一、二级注册结构工程师必备规范汇编

（修订缩印本）

（下　册）

本社　编

中国建筑工业出版社

总　目　录

（附条文说明）

（●为二级注册结构工程师考试必备规范）

中华人民共和国国家标准

钢结构焊接规范

Code for welding of steel structures

GB 50661—2011

主编部门：中华人民共和国住房和城乡建设部
批准部门：中华人民共和国住房和城乡建设部
施行日期：２０１２年８月１日

中华人民共和国住房和城乡建设部

公　告

第 1212 号

关于发布国家标准
《钢结构焊接规范》的公告

现批准《钢结构焊接规范》为国家标准，编号为 GB 50661-2011，自 2012 年 8 月 1 日起实施。其中，第 4.0.1、5.7.1、6.1.1、8.1.8 条为强制性条文，必须严格执行。

本规范由我部标准定额研究所组织中国建筑工业出版社出版发行。

中华人民共和国住房和城乡建设部

2011 年 12 月 5 日

前　言

本规范根据原建设部《关于印发〈2007 年工程建设标准规范制订、修订计划（第二批）〉的通知》（建标〔2007〕126 号）的要求，由中冶建筑研究总院有限公司会同有关单位编制而成。

本规范提出了钢结构焊接连接构造设计、制作、材料、工艺、质量控制、人员等技术要求。同时，为贯彻执行国家技术经济政策，反映钢结构建设领域可持续发展理念，本规范在控制钢结构焊接质量的同时，加强了节能、节材与环境保护等要求。

本规范在编制过程中，总结了近年来我国钢结构焊接的实践经验和研究成果，编制组开展了多项专题研究，充分采纳了已在工程实际中应用的焊接新技术、新工艺、新材料，并借鉴了有关国际标准和国外先进标准，广泛征求了各方面的意见，对具体内容进行了反复讨论和修改，经审查定稿。

本规范的主要内容有：总则，术语和符号，基本规定，材料，焊接连接构造设计，焊接工艺评定，焊接工艺，焊接检验，焊接补强与加固等。

本规范中以黑体字标志的条文为强制性条文，必须严格执行。

本规范由住房和城乡建设部负责管理和对强制性条文的解释，由中冶建筑研究总院有限公司负责具体技术内容的解释。请各单位在本规范执行过程中，总结经验，积累资料，随时将有关意见和建议反馈给中冶建筑研究总院有限公司《钢结构焊接规范》国家标准管理组（地址：北京市海淀区西土城路 33 号；邮政编码：100088；电子邮箱：jyz3408@263.net），以供今后修订时参考。

本规范主编单位：中冶建筑研究总院有限公司

中国二冶集团有限公司

本规范参编单位：国家钢结构工程技术研究中心

中国京冶工程技术有限公司

中国航空工业规划设计研究院

宝钢钢构有限公司

宝山钢铁股份有限公司

中冶赛迪工程技术股份有限公司

水利部水工金属结构质量检验测试中心

江苏沪宁钢机股份有限公司

浙江东南网架股份有限公司

北京远达国际工程管理咨询有限公司

上海中远川崎重工钢结构有限公司

陕西省建筑科学研究院

中铁山桥集团有限公司

浙江精工钢结构有限公司

北京三杰国际钢结构有限公司

上海宝冶建设有限公司

中建钢构有限公司

中建一局钢结构工程有限公司

北京市市政工程设计研究总院

中国电力科学研究院

北京双圆工程咨询监理有限公司

天津二十冶钢结构制造有限公司

大连重工·起重集团有限公司

武钢集团武汉冶金重工有限公司

武钢集团金属结构有限责任公司

本规范主要起草人员： 刘景凤　周文瑛　段　斌　苏　平　侯兆新　马德志　葛家琪　屈朝霞　费新华　马　鹰　江文琳　李翠光　范希贤　董晓辉　刘绪明　张宣关　徐向军　戴为志　尹敏达　王　斌　卢立香　戴立先　何维利　徐德录　刘明学　张爱民　王　晖　胡银华　吴佑明　任文军　贺明玄　曹晓春　王　建　高　良　刘　春

本规范主要审查人员： 杨建平　李本端　鲍广鉴　贺贤娟　但泽义　吴素君　张心东　施天敏　尹士安　张玉玲　吴成材

目 次

Contents

1 总　则

1.0.1 为在钢结构焊接中贯彻执行国家的技术经济政策，做到技术先进、经济合理、安全适用、确保质量、节能环保，制定本规范。

1.0.2 本规范适用于工业与民用钢结构工程中承受静荷载或动荷载、钢材厚度不小于 3mm 的结构焊接。本规范适用的焊接方法包括焊条电弧焊、气体保护电弧焊、药芯焊丝自保护焊、埋弧焊、电渣焊、气电立焊、栓钉焊及其组合。

1.0.3 钢结构焊接必须遵守国家现行安全技术和劳动保护等有关规定。

1.0.4 钢结构焊接除应符合本规范外，尚应符合国家现行有关标准的规定。

2　术语和符号

2.1　术　语

2.1.1 消氢热处理　hydrogen relief heat treatment

对于冷裂纹倾向较大的结构钢，焊接后立即将焊接接头加热至一定温度（250℃～350℃）并保温一段时间，以加速焊接接头中氢的扩散逸出，防止由于扩散氢的积聚而导致延迟裂纹产生的焊后热处理方法。

2.1.2 消应热处理　stress relief heat treatment

焊接后将焊接接头加热到母材 A_{c1} 线以下的一定温度（550℃～650℃）并保温一段时间，以降低焊接残余应力，改善接头组织性能为目的的焊后热处理方法。

2.1.3 过焊孔　weld access hole

在构件焊缝交叉的位置，为保证主要焊缝的连续性，并有利于焊接操作的进行，在相应位置开设的焊缝穿越孔。

2.1.4 免予焊接工艺评定　prequalification of WPS

在满足本规范相应规定的某些特定焊接方法和参数、钢材、接头形式、焊接材料组合的条件下，可以不经焊接工艺评定试验，直接采用本规范规定的焊接工艺。

2.1.5 焊接环境温度　temperature of welding circumstance

施焊时，焊件周围环境的温度。

2.1.6 药芯焊丝自保护焊　flux cored wire selfshield arc welding

不需外加气体或焊剂保护，仅依靠焊丝药芯在高温时反应形成的熔渣和气体保护焊接区进行焊接的方法。

2.1.7 检测　testing

按照规定程序，由确定给定产品的一种或多种特性进行检验、测试处理或提供服务所组成的技术操作。

2.1.8 检查　inspection

对材料、人员、工艺、过程或结果的核查，并确定其相对于特定要求的符合性，或在专业判断的基础上，确定相对于通用要求的符合性。

2.2　符　号

α——焊缝坡口角度；

h——焊缝坡口深度；

b——焊缝坡口根部间隙；

P——焊缝坡口钝边高度；

h_e——焊缝计算厚度；

z——焊缝计算厚度折减值；

h_f——焊脚尺寸；

h_k——加强焊脚尺寸；

L——焊缝的长度；

B——焊缝宽度；

C——焊缝余高；

Δ——对接焊缝错边量；

$D（d）$——主（支）管直径；

Φ——直径；

Ψ——两面角；

δ——试样厚度；

t——板、壁的厚度；

a——间距；

W——型钢杆件的宽度；

Σ_f——角焊缝名义应力；

T_f——角焊缝名义剪应力；

η——焊缝强度折减系数；

f_f^w——角焊缝的抗剪强度设计值；

$HV10$——试验力为 98.07N（10kgf），保持荷载（10～15）s 的维氏硬度；

R_{eH}——上屈服强度；

R_{eL}——下屈服强度；

R_m——抗拉强度；

A——断后伸长率；

Z——断面收缩率。

3　基本规定

3.0.1 钢结构工程焊接难度可按表 3.0.1 分为 A、B、C、D 四个等级。钢材碳当量（CEV）应采用公式（3.0.1）计算。

$$CEV(\%) = C + \frac{Mn}{6} + \frac{Cr + Mo + V}{5} + \frac{Cu + Ni}{15}(\%) \tag{3.0.1}$$

注：本公式适用于非调质钢。

表 3.0.1 钢结构工程焊接难度等级

焊接难度等级 \ 影响因素[a]	板厚 t (mm)	钢材分类[b]	受力状态	钢材碳当量 CEV(%)
A(易)	t≤30	I	一般静载拉、压	CEV≤0.38
B(一般)	30<t≤60	II	静载且板厚方向受拉或间接动载	0.38<CEV≤0.45
C(较难)	60<t≤100	III	直接动载、抗震设防烈度等于7度	0.45<CEV≤0.50
D(难)	t>100	IV	直接动载、抗震设防烈度大于等于8度	CEV>0.50

注：a 根据表中影响因素所处最难等级确定整体焊接难度。

　　b 钢材分类应符合本规范表 4.0.5 的规定。

3.0.2 钢结构焊接工程设计、施工单位应具备与工程结构类型相应的资质。

3.0.3 承担钢结构焊接工程的施工单位应符合下列规定：

　　1 具有相应的焊接质量管理体系和技术标准；

　　2 具有相应资格的焊接技术人员、焊接检验人员、无损检测人员、焊工、焊接热处理人员；

　　3 具有与所承担的焊接工程相适应的焊接设备、检验和试验设备；

　　4 检验仪器、仪表应经计量检定、校准合格且在有效期内；

　　5 对承担焊接难度等级为 C 级和 D 级的施工单位，应具有焊接工艺试验室。

3.0.4 钢结构焊接工程相关人员的资格应符合下列规定：

　　1 焊接技术人员应接受过专门的焊接技术培训，且有一年以上焊接生产或施工实践经验；

　　2 焊接技术负责人除应满足本条 1 款规定外，还应具有中级以上技术职称。承担焊接难度等级为 C 级和 D 级焊接工程的施工单位，其焊接技术负责人应具有高级技术职称；

　　3 焊接检验人员应接受过专门的技术培训，有一定的焊接实践经验和技术水平，并具有检验人员上岗资格证；

　　4 无损检测人员必须由专业机构考核合格，其资格证应在有效期内，并按考核合格项目及权限从事无损检测和审核工作。承担焊接难度等级为 C 级和 D 级焊接工程的无损检测审核人员应具备现行国家标准《无损检测人员资格鉴定与认证》GB/T 9445 中的 3 级资格要求；

　　5 焊工应按所从事钢结构的钢材种类、焊接节点形式、焊接方法、焊接位置等要求进行技术资格考试，并取得相应的资格证书，其施焊范围不得超越资

格证书的规定；

　　6 焊接热处理人员应具备相应的专业技术。用电加热设备加热时，其操作人员应经过专业培训。

3.0.5 钢结构焊接工程相关人员的职责应符合下列规定：

　　1 焊接技术人员负责组织进行焊接工艺评定，编制焊接工艺方案及技术措施和焊接作业指导书或焊接工艺卡，处理施工过程中的焊接技术问题；

　　2 焊接检验人员负责对焊接作业进行全过程的检查和控制，出具检查报告；

　　3 无损检测人员应按设计文件或相应规范规定的探伤方法及标准，对受检部位进行探伤，出具检测报告；

　　4 焊工应按照焊接工艺文件的要求施焊；

　　5 焊接热处理人员应按照热处理作业指导书及相应的操作规程进行作业。

3.0.6 钢结构焊接工程相关人员的安全、健康及作业环境应遵守国家现行安全健康相关标准的规定。

4 材　　料

4.0.1 钢结构焊接工程用钢材及焊接材料应符合设计文件的要求，并应具有钢厂和焊接材料厂出具的产品质量证明书或检验报告，其化学成分、力学性能和其他质量要求应符合国家现行有关标准的规定。

4.0.2 钢材及焊接材料的化学成分、力学性能复验应符合国家现行有关工程质量验收标准的规定。

4.0.3 选用的钢材应具备完善的焊接性资料、指导性焊接工艺、热加工和热处理工艺参数、相应钢材的焊接接头性能数据等资料；新材料应经专家论证、评审和焊接工艺评定合格后，方可在工程中采用。

4.0.4 焊接材料应由生产厂提供熔敷金属化学成分、性能鉴定资料及指导性焊接工艺参数。

4.0.5 钢结构焊接工程中常用国内钢材按其标称屈服强度分类应符合表 4.0.5 的规定。

表 4.0.5 常用国内钢材分类

类别号	标称屈服强度	钢材牌号举例	对应标准号
I	≤295MPa	Q195、Q215、Q235、Q275	GB/T 700
		20、25、15Mn、20Mn、25Mn	GB/T 699
		Q235q	GB/T 714
		Q235GJ	GB/T 19879
		Q235NH、Q265GNH、Q295NH、Q295GNH	GB/T 4171
		ZG 200-400H、ZG 230-450H、ZG 275-485H	GB/T 7659
		G17Mn5QT、G20Mn5N、G20Mn5QT	CECS 235

类别号	标称屈服强度	钢材牌号举例	对应标准号
II	>295MPa 且 ≤370MPa	Q345	GB/T 1591
		Q345q、Q370q	GB/T 714
		Q345GJ	GB/T 19879
		Q310GNH、Q355NH、Q355GNH	GB/T 4171
III	>370MPa 且 ≤420MPa	Q390、Q420	GB/T 1591
		Q390GJ、Q420GJ	GB/T 19879
		Q420q	GB/T 714
		Q415NH	GB/T 4171
IV	>420MPa	Q460、Q500、Q550、Q620、Q690	GB/T 1591
		Q460GJ	GB/T 19879
		Q460NH、Q500NH、Q550NH	GB/T 4171

注：国内新钢材和国外钢材按其屈服强度级别归入相应类别。

4.0.6 T形、十字形、角接接头，当其翼缘板厚度不小于 40mm 时，设计宜采用对厚度方向性能有要求的钢板。钢材的厚度方向性能级别应根据工程的结构类型、节点形式及板厚和受力状态等情况按现行国家标准《厚度方向性能钢板》GB/T 5313 的有关规定进行选择。

4.0.7 焊条应符合现行国家标准《碳钢焊条》GB/T 5117、《低合金钢焊条》GB/T 5118 的有关规定。

4.0.8 焊丝应符合现行国家标准《熔化焊用钢丝》GB/T 14957、《气体保护电弧焊用碳钢、低合金钢焊丝》GB/T 8110 及《碳钢药芯焊丝》GB/T 10045、《低合金钢药芯焊丝》GB/T 17493 的有关规定。

4.0.9 埋弧焊用焊丝和焊剂应符合现行国家标准《埋弧焊用碳钢焊丝和焊剂》GB/T 5293、《埋弧焊用低合金钢焊丝和焊剂》GB/T 12470 的有关规定。

4.0.10 气体保护焊使用的氩气应符合现行国家标准《氩》GB/T 4842 的有关规定，其纯度不应低于 99.95%。

4.0.11 气体保护焊使用的二氧化碳应符合现行行业标准《焊接用二氧化碳》HG/T 2537 的有关规定。焊接难度为 C、D 级和特殊钢结构工程中主要构件的重要焊接节点，采用的二氧化碳质量应符合该标准中优等品的要求。

4.0.12 栓钉焊使用的栓钉及焊接瓷环应符合现行国家标准《电弧螺柱焊用圆柱头焊钉》GB/T 10433 的有关规定。

5 焊接连接构造设计

5.1 一般规定

5.1.1 钢结构焊接连接构造设计，应符合下列规定：

1 宜减少焊缝的数量和尺寸；

2 焊缝的布置宜对称于构件截面的中性轴；

3 节点区的空间应便于焊接操作和焊后检测；

4 宜采用刚度较小的节点形式，宜避免焊缝密集和双向、三向相交；

5 焊缝位置应避开高应力区；

6 应根据不同焊接工艺方法选用坡口形式和尺寸。

5.1.2 设计施工图、制作详图中标识的焊缝符号应符合现行国家标准《焊缝符号表示法》GB/T 324 和《建筑结构制图标准》GB/T 50105 的有关规定。

5.1.3 钢结构设计施工图中应明确规定下列焊接技术要求：

1 构件采用钢材的牌号和焊接材料的型号、性能要求及相应的国家现行标准；

2 钢结构构件相交节点的焊接部位、有效焊缝长度、焊脚尺寸、部分焊透焊缝的焊透深度；

3 焊缝质量等级，有无损检测要求时应标明无损检测的方法和检查比例；

4 工厂制作单元及构件拼装节点的允许范围，并根据工程需要提出结构设计应力图。

5.1.4 钢结构制作详图中应标明下列焊接技术要求：

1 对设计施工图中所有焊接技术要求进行详细标注，明确钢结构构件相交节点的焊接部位、焊接方法、有效焊缝长度、焊缝坡口形式、焊脚尺寸、部分焊透焊缝的焊透深度、焊后热处理要求；

2 明确标注焊缝坡口详细尺寸，如有钢衬垫标注钢衬垫尺寸；

3 对于重型、大型钢结构，明确工厂制作单元和工地拼装焊接的位置，标注工厂制作或工地安装焊缝；

4 根据运输条件、安装能力、焊接可操作性和设计允许范围确定构件分段位置和拼接节点，按设计规范有关规定进行焊缝设计并提交原设计单位进行结构安全审核。

5.1.5 焊缝质量等级应根据钢结构的重要性、荷载特性、焊缝形式、工作环境以及应力状态等情况，按下列原则选用：

1 在承受动荷载且需要进行疲劳验算的构件中，凡要求与母材等强连接的焊缝应焊透，其质量等级应符合下列规定：

1）作用力垂直于焊缝长度方向的横向对接焊

缝或 T 形对接与角接组合焊缝，受拉时应为一级，受压时不应低于二级；

　　2）作用力平行于焊缝长度方向的纵向对接焊缝不应低于二级；

　　3）铁路、公路桥的横梁接头板与弦杆角焊缝应为一级，桥面板与弦杆角焊缝、桥面板与 U 形肋角焊缝（桥面板侧）不应低于二级；

　　4）重级工作制（A6～A8）和起重量 $Q \geqslant 50t$ 的中级工作制（A4、A5）吊车梁的腹板与上翼缘之间以及吊车桁架上弦杆与节点板之间的 T 形接头焊缝应焊透，焊缝形式宜为对接与角接的组合焊缝，其质量等级不应低于二级。

　　2　不需要疲劳验算的构件中，凡要求与母材等强的对接焊缝宜焊透，其质量等级受拉时不应低于二级，受压时不宜低于二级。

　　3　部分焊透的对接焊缝、采用角焊缝或部分焊透的对接与角接组合焊缝的 T 形接头，以及搭接连接角焊缝，其质量等级应符合下列规定：

　　1）直接承受动荷载且需要疲劳验算的结构和吊车起重量等于或大于 50t 的中级工作制吊车梁以及梁柱、牛腿等重要节点不应低于二级；

　　2）其他结构可为三级。

5.2　焊缝坡口形式和尺寸

5.2.1　焊接位置、接头形式、坡口形式、焊缝类型及管结构节点形式(图 5.2.1)代号，应符合表 5.2.1-1～表 5.2.1-5 的规定。

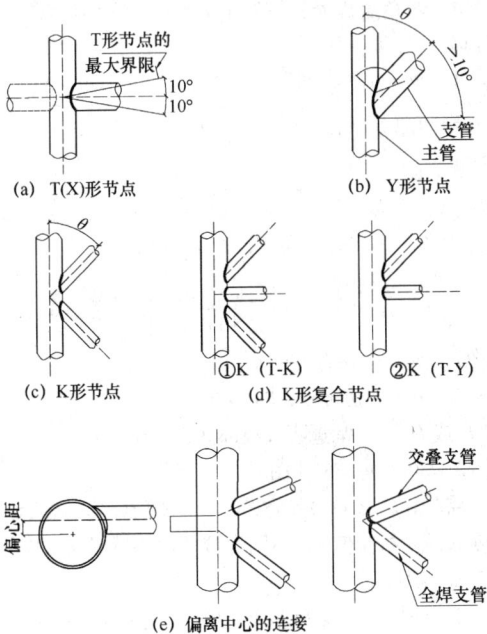

(a) T(X)形节点　　　　(b) Y形节点

(c) K形节点　　　①K (T-K)　②K (T-Y)
　　　　　　　　　(d) K形复合节点

(e) 偏离中心的连接

图 5.2.1　管结构节点形式

表 5.2.1-1　焊接位置代号

代　号	焊接位置
F	平焊
H	横焊
V	立焊
O	仰焊

表 5.2.1-2　接头形式代号

代　号	接头形式
B	对接接头
T	T 形接头
X	十字接头
C	角接接头
F	搭接接头

表 5.2.1-3　坡口形式代号

代　号	坡口形式
I	I 形坡口
V	V 形坡口
X	X 形坡口
L	单边 V 形坡口
K	K 形坡口
U[a]	U 形坡口
J[a]	单边 U 形坡口

注：a 当钢板厚度不小于 50mm 时，可采用 U 形或 J 形坡口。

表 5.2.1-4　焊缝类型代号

代　号	焊缝类型
B(G)	板(管)对接焊缝
C	角接焊缝
Bc	对接与角接组合焊缝

表 5.2.1-5　管结构节点形式代号

代　号	节点形式
T	T 形节点
K	K 形节点
Y	Y 形节点

5.2.2　焊接接头坡口形式、尺寸及标记方法应符合本规范附录 A 的规定。

5.3　焊缝计算厚度

5.3.1　全焊透的对接焊缝及对接与角接组合焊缝，采用双面焊时，反面应清根后焊接，其焊缝计算厚度 h_e 对于对接焊缝应为焊接部位较薄的板厚，对于对接与角接组合焊缝（图 5.3.1），其焊缝计算厚度 h_e 应为坡口根部至焊缝两侧表面（不计余高）的最短距离之和；采用加衬垫单面焊，当坡口形式、尺寸符合本规范表 A.0.2～表 A.0.4 的规定时，其焊缝计算厚度 h_e 应为坡口根部至焊缝表面（不计余高）的最短距离。

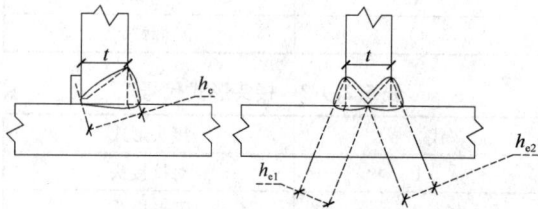

图 5.3.1 全焊透的对接与角接组合焊缝计算厚度 h_e

5.3.2 部分焊透对接焊缝及对接与角接组合焊缝，其焊缝计算厚度 h_e（图 5.3.2）应根据不同的焊接方法、坡口形式及尺寸、焊接位置对坡口深度 h 进行折减，并应符合表 5.3.2 的规定。

V 形坡口 $\alpha \geqslant 60°$ 及 U、J 形坡口，当坡口尺寸符合本规范表 A.0.5～表 A.0.7 的规定时，焊缝计算厚度 h_e 应为坡口深度 h。

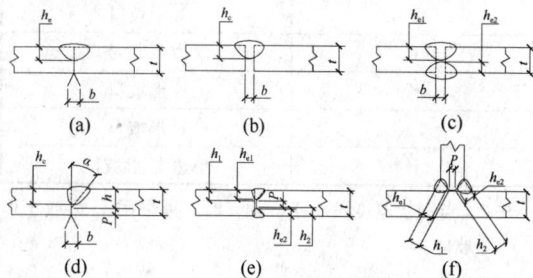

图 5.3.2 部分焊透的对接焊缝及对接与角接组合焊缝计算厚度

表 5.3.2 部分焊透的对接焊缝及对接与角接组合焊缝计算厚度

图号	坡口形式	焊接方法	t (mm)	α (°)	b (mm)	P (mm)	焊接位置	焊缝计算厚度 h_e (mm)
5.3.2(a)	I 形坡口单面焊	焊条电弧焊	3	—	1.0～1.5	—	全部	$t-1$
5.3.2(b)	I 形坡口单面焊	焊条电弧焊	$3<t$ $\leqslant 6$	—	$\dfrac{t}{2}$	—	全部	$\dfrac{t}{2}$
5.3.2(c)	I 形坡口双面焊	焊条电弧焊	$3<t$ $\leqslant 6$	—	$\dfrac{t}{2}$	—	全部	$\dfrac{3}{4}t$
5.3.2(d)	单 V 形坡口	焊条电弧焊	$\geqslant 6$	45	0	3	全部	$h-3$
5.3.2(d)	L 形坡口	气体保护焊	$\geqslant 6$	45	0	3	F、H	h
5.3.2(d)	L 形坡口	气体保护焊	$\geqslant 6$	45	0	3	V、O	$h-3$
5.3.2(d)	L 形坡口	埋弧焊	$\geqslant 12$	60	0	6	F	h
5.3.2(d)	L 形坡口	埋弧焊	$\geqslant 12$	60	0	6	H	$h-3$

续表 5.3.2

图号	坡口形式	焊接方法	t (mm)	α (°)	b (mm)	P (mm)	焊接位置	焊缝计算厚度 h_e (mm)
5.3.2(e)、(f)	K 形坡口	焊条电弧焊	$\geqslant 8$	45	0	3	全部	h_1+h_2 -6
5.3.2(e)、(f)	K 形坡口	气体保护焊	$\geqslant 12$	45	0	3	F、H	h_1+h_2
5.3.2(e)、(f)	K 形坡口	气体保护焊	$\geqslant 12$	45	0	3	V、O	h_1+h_2-6
5.3.2(e)、(f)	K 形坡口	埋弧焊	$\geqslant 20$	60	0	6	F	h_1+h_2

5.3.3 搭接角焊缝及直角角焊缝计算厚度 h_e（图 5.3.3）应按下列公式计算（塞焊和槽焊焊缝计算厚度 h_e 可按角焊缝的计算方法确定）：

1 当间隙 $b \leqslant 1.5$ 时：

$$h_e = 0.7h_f \qquad (5.3.3\text{-}1)$$

2 当间隙 $1.5 < b \leqslant 5$ 时：

$$h_e = 0.7(h_f - b) \qquad (5.3.3\text{-}2)$$

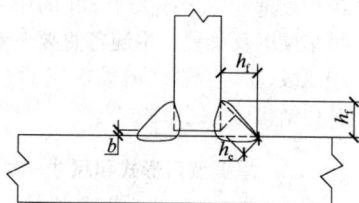

图 5.3.3 直角角焊缝及搭接角焊缝计算厚度

5.3.4 斜角角焊缝计算厚度 h_e，应根据两面角 Ψ 按下列公式计算：

1 $\Psi = 60° \sim 135°$［图 5.3.4(a)、(b)、(c)］：

当间隙 b、b_1 或 $b_2 \leqslant 1.5$ 时：

$$h_e = h_f \cos \frac{\Psi}{2} \qquad (5.3.4\text{-}1)$$

当间隙 $1.5 < b$、b_1 或 $b_2 \leqslant 5$ 时：

$$h_e = \left[h_f - \frac{b(\text{或 } b_1 、 b_2)}{\sin \psi} \right] \cos \frac{\Psi}{2} \qquad (5.3.4\text{-}2)$$

式中：Ψ——两面角，(°)；

h_f——焊脚尺寸，mm；

b、b_1 或 b_2——焊缝坡口根部间隙，mm。

2 $30° \leqslant \Psi < 60°$［图 5.3.4(d)］：

将公式(5.3.4-1)和公式(5.3.4-2)所计算的焊缝计算厚度 h_e 减去折减值 z，不同焊接条件的折减值 z 应符合表 5.3.4 的规定。

3 $\Psi < 30°$：必须进行焊接工艺评定，确定焊缝计算厚度。

表 5.3.4　30°≤Ψ<60°时的焊缝计算厚度折减值 z

两面角 Ψ	焊接方法	折减值 z(mm)	
		焊接位置 V 或 O	焊接位置 F 或 H
60°>Ψ ≥45°	焊条电弧焊	3	3
	药芯焊丝自保护焊	3	0
	药芯焊丝气体保护焊	3	0
	实心焊丝气体保护焊	3	0
45°>Ψ ≥30°	焊条电弧焊	6	6
	药芯焊丝自保护焊	6	3
	药芯焊丝气体保护焊	10	6
	实心焊丝气体保护焊	10	6

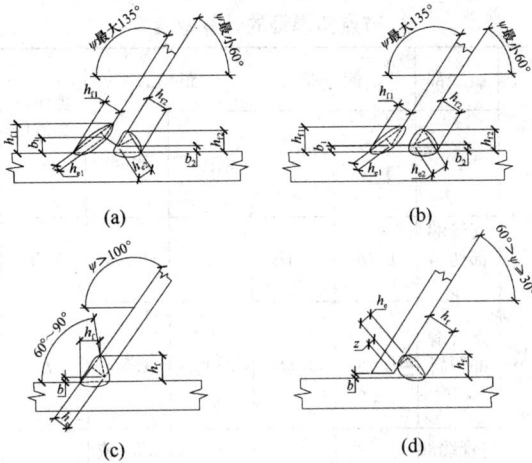

图 5.3.4　斜角角焊缝计算厚度

Ψ—两面角；b、b_1 或 b_2—根部间隙；h_f—焊脚尺寸；
h_e—焊缝计算厚度；z—焊缝计算厚度折减值

5.3.5　圆钢与平板、圆钢与圆钢之间的焊缝计算厚度 h_e 应按下列公式计算：

1　圆钢与平板连接[图 5.3.5(a)]：
$$h_e = 0.7h_f \qquad (5.3.5-1)$$

2　圆钢与圆钢连接[图 5.3.5(b)]：
$$h_e = 0.1(\varphi_1 + 2\varphi_2) - a \qquad (5.3.5-2)$$

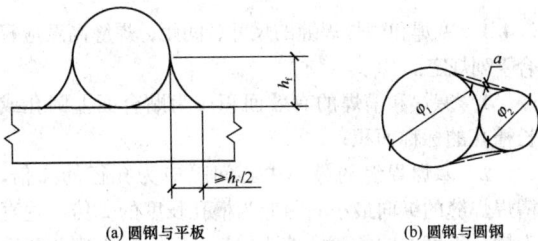

(a) 圆钢与平板　　　　(b) 圆钢与圆钢

图 5.3.5　圆钢与平板、圆钢与圆钢焊缝计算厚度

式中：φ_1——大圆钢直径，mm；

φ_2——小圆钢直径，mm；

a——焊缝表面至两个圆钢公切线的间距，mm。

5.3.6　圆管、矩形管 T、Y、K 形相贯节点的焊缝计算厚度 h_e，应根据局部两面角 Ψ 的大小，按相贯节点趾部、侧部、跟部各区和局部细节计算取值(图 5.3.6-1、图 5.3.6-2)，且应符合下列规定：

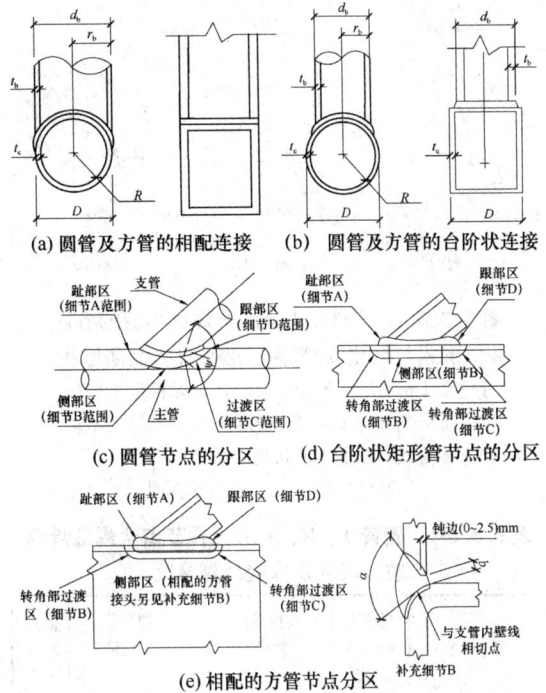

(a) 圆管及方管的相配连接　　(b) 圆管及方管的台阶状连接

(c) 圆管节点的分区　　(d) 台阶状矩形管节点的分区

(e) 相配的方管节点分区

图 5.3.6-1　圆管、矩形管相贯节点焊缝分区

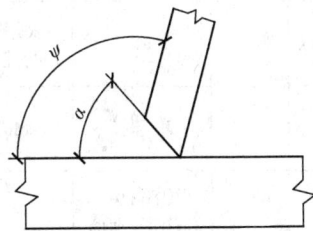

图 5.3.6-2　局部两面角 Ψ
和坡口角度 α

1　管材相贯节点全焊透焊缝各区的形式及尺寸细节应符合图 5.3.6-3 的要求，焊缝坡口尺寸及计算厚度宜符合表 5.3.6-1 的规定；

2　管材台阶状相贯节点部分焊透焊缝各区坡口形式与尺寸细节应符合图 5.3.6-4(a)的要求；矩形管材相配的相贯节点部分焊透焊缝各区坡口形式与尺寸细节应符合图 5.3.6-4(b)的要求。焊缝计算厚度的折减值 z 应符合本规范表 5.3.4 的规定；

3　管材相贯节点各区细节应符合图 5.3.6-5 的要求，角焊缝的焊缝计算厚度 h_e 应符合表 5.3.6-2 的规定。

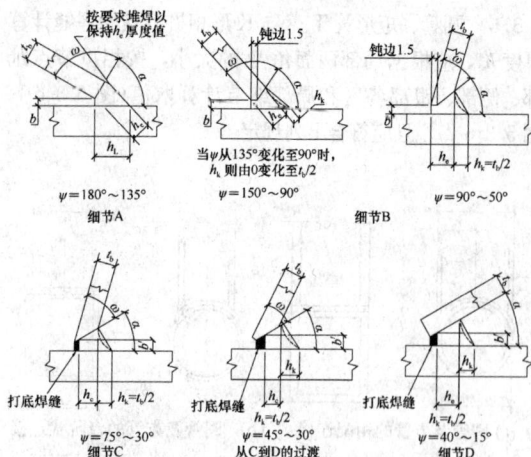

图 5.3.6-3 管材相贯节点全焊透焊缝的各区
坡口形式与尺寸(焊缝为标准平直状剖面形状)

1—尺寸 h_e、h_L、b、b'、ψ、ω、α 见表 5.3.6-1;

2—最小标准平直状焊缝剖面形状如实线所示;

3—可采用虚线所示的下凹状剖面形状;4—支
管厚度;5—h_k:加强焊脚尺寸

**表 5.3.6-1 圆管 T、K、Y 形相贯节点全焊透焊缝
坡口尺寸及焊缝计算厚度**

坡口尺寸			细节 A $\psi=180°$ $\sim135°$	细节 B $\psi=150°$ $\sim50°$	细节 C $\psi=75°$ $\sim30°$	细节 D $\psi=40°$ $\sim15°$
坡口角度 α	最大		90°	$\psi\leqslant105°$:60°	40°;ψ 较大时 60°	—
	最小		45°	37.5°;ψ 较小时 $1/2\psi$	$1/2\psi$	
支管端部斜削角度 ω	最大		90°		根据所需的 α 值确定	
	最小		10° 或 $\psi>$ 105°:45°		10°	
根部间隙 b	最大		5mm	气体保护焊: $\alpha>45°$:6mm; $\alpha\leqslant45°$:8mm 焊条电弧焊和药芯焊丝自保护焊:6mm	—	
	最小		1.5mm	1.5mm		
打底焊后坡口底部宽度 b'	最大		—	—	焊条电弧焊和药芯焊丝自保护焊: $\alpha=25°\sim40°$:3mm; $\alpha=15°\sim25°$:5mm 气体保护焊: $\alpha=30°\sim40°$:3mm; $\alpha=25°\sim30°$:6mm; $\alpha=20°\sim25°$:10mm; $\alpha=15°\sim20°$:13mm	

续表 5.3.6-1

坡口尺寸	细节 A $\psi=180°$ $\sim135°$	细节 B $\psi=150°$ $\sim50°$	细节 C $\psi=75°$ $\sim30°$	细节 D $\psi=40°$ $\sim15°$
焊缝计算厚度 h_e	$\geqslant t_b$	$\psi\geqslant90°$ 时, $\geqslant t_b$; $\psi<90°$ 时,$\geqslant$ $\dfrac{t_b}{\sin\psi}$	$\geqslant\dfrac{t_b}{\sin\psi}$,最大 $1.75t_b$	$\geqslant2t_b$
h_L	$\geqslant\dfrac{t_b}{\sin\psi}$, 最大 $1.75t_b$	—	焊缝可堆焊至满足要求	—

注:坡口角度 $\alpha<30°$ 时应进行工艺评定;由打底焊道保证坡口底部必要的宽度 b'。

**表 5.3.6-2 管材 T、Y、K 形相贯
节点角焊缝的计算厚度**

	趾部	侧 部		跟 部		焊缝计算厚度 (h_e)
ψ	$>120°$	$110°\sim$ $120°$	$100°\sim$ $110°$	$\leqslant100°$	$<60°$	
最小 h_f	支管端部切斜 t_b					
	$1.2t_b$	$1.1t_b$	t_b	$1.5t_b$		$0.7t_b$
	支管端部切斜 $1.4t_b$					
	$1.8t_b$	$1.6t_b$	$1.4t_b$	$1.5t_b$		t_b
	支管端部整个切斜 $60°\sim90°$ 坡口角					
	$2.0t_b$	$1.75t_b$	$1.5t_b$	$1.5t_b$ 或 $1.4t_b$ $+z$ 取较大值		$1.07t_b$

注:1 低碳钢($R_{eH}\leqslant280MPa$)圆管,要求焊缝与管材超强匹配的弹性工作应力设计时,$h_e=0.7t_b$;要求焊缝与管材等强匹配的极限强度设计时,$h_e=1.0t_b$;

2 其他各种情况,$h_e=t_c$ 或 $h_e=1.07t_b$ 中较小值;t_c 为主管壁厚。

5.4 组焊构件焊接节点

5.4.1 塞焊和槽焊焊缝的尺寸、间距、焊缝高度应符合下列规定:

1 塞焊和槽焊的有效面积应为贴合面上圆孔或长槽孔的标称面积;

2 塞焊焊缝的最小中心间隔应为孔径的 4 倍,槽焊焊缝的纵向最小间距应为槽孔长度的 2 倍,垂直于槽孔长度方向的两排槽孔的最小间距应为槽孔宽度的 4 倍;

3 塞焊孔的最小直径不得小于开孔板厚度加 8mm,最大直径应为最小直径值加 3mm 和开孔件厚度的 2.25 倍两值中较大者。槽孔长度不应超过开孔件厚度的 10 倍,最小及最大槽宽规定应与塞焊孔的

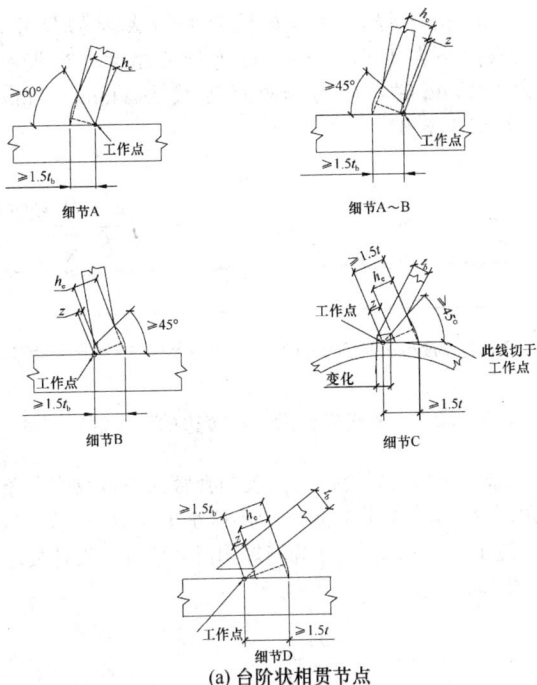

细节A

细节A~B

细节B

细节C

细节D

(a) 台阶状相贯节点

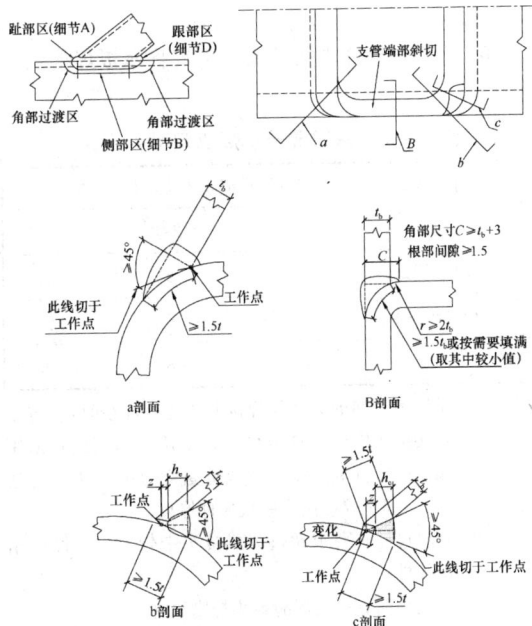

(b) 矩形管材相配的相贯节点

图 5.3.6-4 管材相贯节点部分焊透
焊缝各区坡口形式与尺寸（一）

1—t 为 t_b、t_c 中较薄截面厚度；

2—除过渡区域或跟部区域外，其余部位削斜到边缘；

3—根部间隙 0mm～5mm；4—坡口角度 $\alpha < 30°$
时应进行工艺评定；5—焊缝计算厚度 $h_e > t_b$，
z 折减尺寸见本规范表 5.3.4；6—方管截面角部过
渡区的接头应制作成从一细部圆滑过渡到另一细部，
焊接的起点与终点都应在方管的平直部位，转角部
位应连续焊接，转角处焊缝应饱满

图 5.3.6-4 管材相贯节点部分焊
透焊缝各区坡口形式与尺寸（二）

1—t 为 t_b、t_c 中较薄截面厚度；

2—除过渡区域或跟部区域外，其余部位削斜到边缘；

3—根部间隙 0mm～5mm；4—坡口角度 $\alpha < 30°$
应进行工艺评定；5—焊缝计算厚度 $h_e > t_b$，
z 折减尺寸见本规范表 5.3.4；6—方管截面角部
过渡区的接头应制作成从一细部圆滑过渡到另一细部，
焊接的起点与终点都应在方管的平直部位，转角部位应
连续焊接，转角处焊缝应饱满

最小及最大孔径规定相同；

    4 塞焊和槽焊的焊缝高度应符合下列规定：

    1) 当母材厚度不大于 16mm 时，应与母材厚
度相同；

    2) 当母材厚度大于 16mm 时，不应小于母材
厚度的一半和 16mm 两值中较大者。

    5 塞焊焊缝和槽焊焊缝的尺寸应根据贴合面上
承受的剪力计算确定。

5.4.2 角焊缝的尺寸应符合下列规定：

    1 角焊缝的最小计算长度应为其焊脚尺寸（h_f）
的 8 倍，且不应小于 40mm；焊缝计算长度应为扣除
引弧、收弧长度后的焊缝长度；

    2 角焊缝的有效面积应为焊缝计算长度与计算
厚度（h_e）的乘积。对任何方向的荷载，角焊缝上的
应力应视为作用在这一有效面积上；

    3 断续角焊缝焊段的最小长度不应小于最小计
算长度；

    4 角焊缝最小焊脚尺寸宜按表 5.4.2 取值；

    5 被焊构件中较薄板厚度不小于 25mm 时，宜

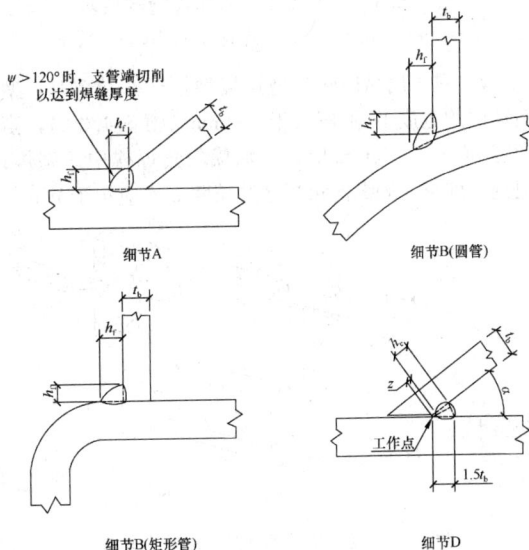

细节A

细节B(圆管)

细节B(矩形管)

细节D

图 5.3.6-5 管材相贯节点角焊缝
接头各区形状与尺寸

1—t_b 为较薄件厚度；2—h_f 为最小焊脚尺寸

采用开局部坡口的角焊缝；

6 采用角焊缝焊接接头，不宜将厚板焊接到较薄板上。

表 5.4.2 角焊缝最小焊脚尺寸（mm）

母材厚度 t[①]	角焊缝最小焊脚尺寸 h_f[②]
$t \leqslant 6$	3[③]
$6 < t \leqslant 12$	5
$12 < t \leqslant 20$	6
$t > 20$	8

注：① 采用不预热的非低氢焊接方法进行焊接时，t 等于焊接接头中较厚件厚度，宜采用单道焊缝；采用预热的非低氢焊接方法或低氢焊接方法进行焊接时，t 等于焊接接头中较薄件厚度；
② 焊缝尺寸不要求超过焊接接头中较薄件厚度的情况除外；
③ 承受动荷载的角焊缝最小焊脚尺寸为 5mm。

5.4.3 搭接接头角焊缝的尺寸及布置应符合下列规定：

1 传递轴向力的部件，其搭接接头最小搭接长度应为较薄件厚度的 5 倍，且不应小于 25mm（图 5.4.3-1），并应施焊纵向或横向双角焊缝；

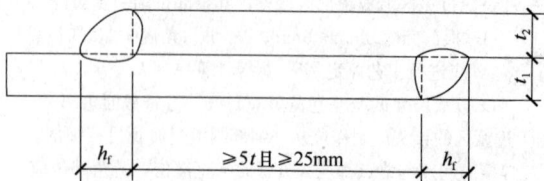

图 5.4.3-1 搭接接头双角焊缝的要求
t—t_1 和 t_2 中较小者；h_f—焊脚尺寸，按设计要求

2 只采用纵向角焊缝连接型钢杆件端部时，型钢杆件的宽度 W 不应大于 200mm（图 5.4.3-2），当宽度 W 大于 200mm 时，应加横向角焊或中间塞焊；型钢杆件每一侧纵向角焊缝的长度 L 不应小于 W；

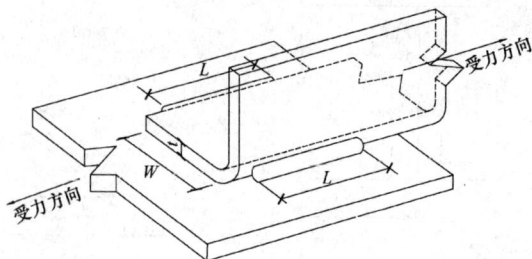

图 5.4.3-2 纵向角焊缝的最小长度

3 型钢杆件搭接接头采用围焊时，在转角处应连续施焊。杆件端部搭接角焊缝作绕焊时，绕焊长度不应小于焊脚尺寸的 2 倍，并应连续施焊；

4 搭接焊缝沿母材棱边的最大焊脚尺寸，当板厚不大于 6mm 时，应为母材厚度，当板厚大于 6mm 时，应为母材厚度减去 1mm～2mm（图 5.4.3-3）；

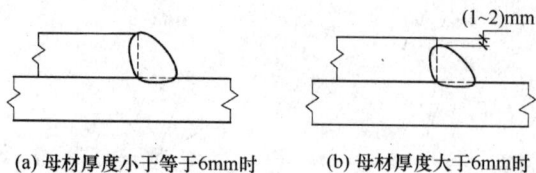

(a) 母材厚度小于等于6mm时　(b) 母材厚度大于6mm时

图 5.4.3-3 搭接焊缝沿母材棱边的最大焊脚尺寸

5 用搭接焊缝传递荷载的套管接头可只焊一条角焊缝，其管材搭接长度 L 不应小于 5（$t_1 + t_2$），且不应小于 25mm。搭接焊缝焊脚尺寸应符合设计要求（图 5.4.3-4）。

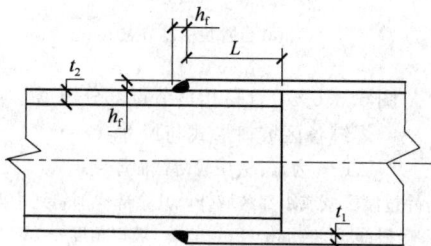

图 5.4.3-4 管材套管连接的
搭接焊缝最小长度

5.4.4 不同厚度及宽度的材料对接时，应作平缓过渡，并应符合下列规定：

1 不同厚度的板材或管材对接接头受拉时，其允许厚度差值（$t_1 - t_2$）应符合表 5.4.4 的规定。当厚度差值（$t_1 - t_2$）超过表 5.4.4 的规定时应将焊缝焊成斜坡状，其坡度最大允许值应为 1：2.5，或将较厚板的一面或两面及管材的内壁或外壁在焊前加工成斜坡，其坡度最大允许值应为 1：2.5（图 5.4.4）。

表 5.4.4 不同厚度钢材对接
的允许厚度差（mm）

较薄钢材厚度 t_2	$5 \leqslant t_2 \leqslant 9$	$9 < t_2 \leqslant 12$	$t_2 > 12$
允许厚度差 $t_1 - t_2$	2	3	4

2 不同宽度的板材对接时，应根据施工条件采用热切割、机械加工或砂轮打磨的方法使之平缓过渡，其连接处最大允许坡度值应为 1：2.5 ［图 5.4.4(e)］。

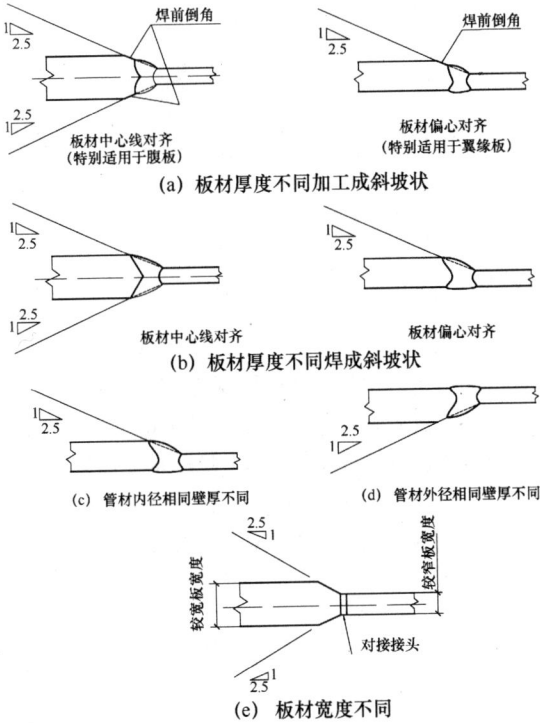

图 5.4.4　对接接头部件厚度、
宽度不同时的平缓过渡要求

5.5　防止板材产生层状撕裂的节点、选材和工艺措施

5.5.1　在 T 形、十字形及角接接头设计中，当翼缘板厚度不小于 20mm 时，应避免或减少使母材板厚方向承受较大的焊接收缩应力，并宜采取下列节点构造设计：

1　在满足焊透深度要求和焊缝致密性条件下，宜采用较小的焊接坡口角度及间隙[图 5.5.1-1(a)]；

2　在角接接头中，宜采用对称坡口或偏向于侧板的坡口[图 5.5.1-1(b)]；

3　宜采用双面坡口对称焊接代替单面坡口非对称焊接[图 5.5.1-1(c)]；

4　在 T 形或角接接头中，板厚方向承受焊接拉应力的板材端宜伸出接头焊缝区[图 5.5.1-1(d)]；

5　在 T 形、十字形接头中，宜采用铸钢或锻钢过渡段，并宜以对接接头取代 T 形、十字形接头[图 5.5.1-1(e)、图 5.5.1-1(f)]；

6　宜改变厚板接头受力方向，以降低厚度方向的应力(图 5.5.1-2)；

7　承受静荷载的节点，在满足接头强度计算要求的条件下，宜用部分焊透的对接与角接组合焊缝代替全焊透坡口焊缝(图 5.5.1-3)。

5.5.2　焊接结构中母材厚度方向上需承受较大焊接收缩应力时，应选用具有较好厚度方向性能的钢材。

5.5.3　T 形接头、十字接头、角接接头宜采用下列

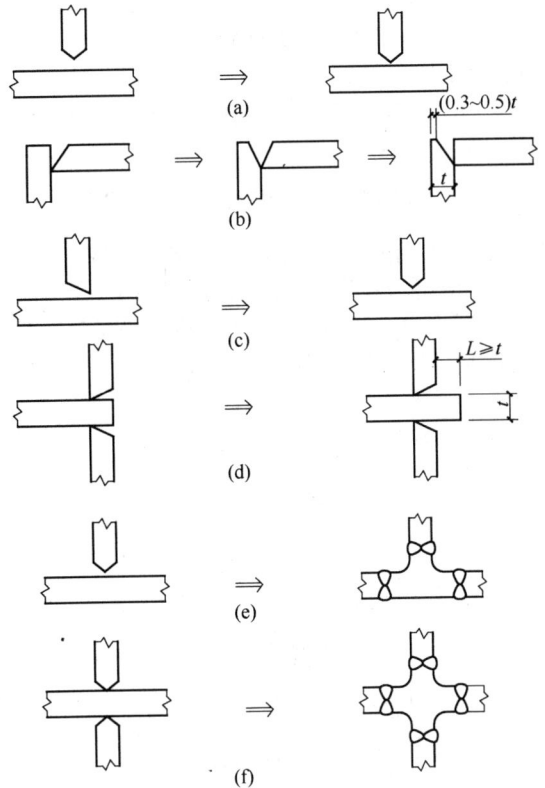

不良　　　　　　　　　　　　　　良

图 5.5.1-1　T 形、十字形、角接接头
防止层状撕裂的节点构造设计

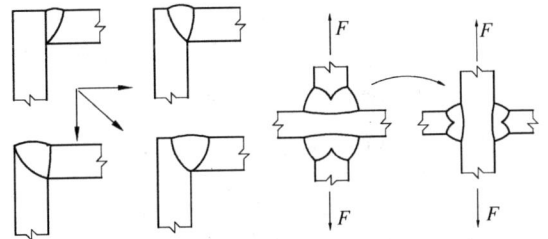

图 5.5.1-2　改善厚度方向焊接应力大小的措施

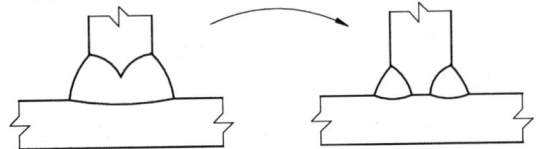

图 5.5.1-3　采用部分焊透对接与
角接组合焊缝代替全焊透坡口焊缝

焊接工艺和措施：

1　在满足接头强度要求的条件下，宜选用具有较好熔敷金属塑性性能的焊接材料；应避免使用熔敷金属强度过高的焊接材料；

2　宜采用低氢或超低氢焊接材料和焊接方法进行焊接；

3　可采用塑性较好的焊接材料在坡口内翼缘板表面上先堆焊塑性过渡层；

4 应采用合理的焊接顺序，减少接头的焊接拘束应力；十字接头的腹板厚度不同时，应先焊具有较大熔敷量和收缩量的接头；

5 在不产生附加应力的前提下，宜提高接头的预热温度。

5.6 构件制作与工地安装焊接构造设计

5.6.1 构件制作焊接节点形式应符合下列规定：

1 桁架和支撑的杆件与节点板的连接节点宜采用图 5.6.1-1 的形式；当杆件承受拉力时，焊缝应在搭接杆件节点板的外边缘处提前终止，间距 a 不应小于 h_f；

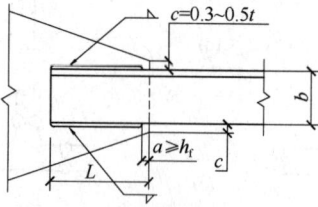

(a) 两面侧焊

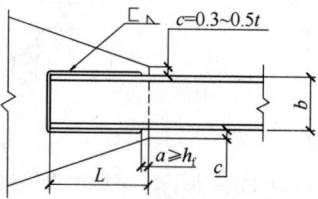

(b) 三面围焊

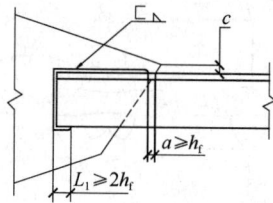

(c) L形围焊

图 5.6.1-1 桁架和支撑杆件与节点板连接节点

2 型钢与钢板搭接，其搭接位置应符合图5.6.1-2 的要求；

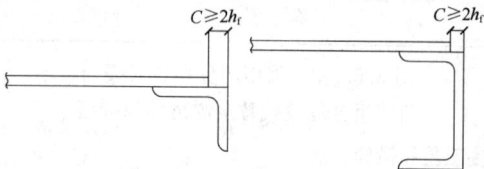

图 5.6.1-2 型钢与钢板搭接节点
h_f—焊脚尺寸

3 搭接接头上的角焊缝应避免在同一搭接接触面上相交（图 5.6.1-3）；

4 要求焊缝与母材等强和承受动荷载的对接接头，其纵横两方向的对接焊缝，宜采用 T 形交叉；

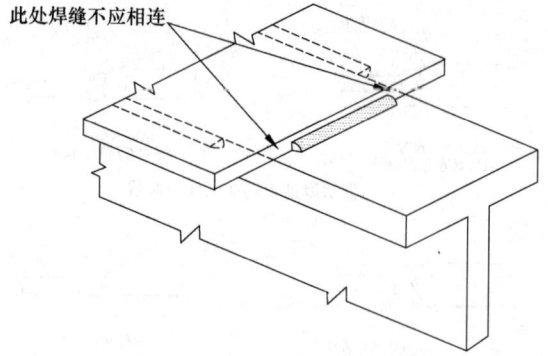

图 5.6.1-3 在搭接接触面上避免相交的角焊缝

交叉点的距离不宜小于 200mm，且拼接料的长度和宽度不宜小于 300mm（图 5.6.1-4）；如有特殊要求，施工图应注明焊缝的位置；

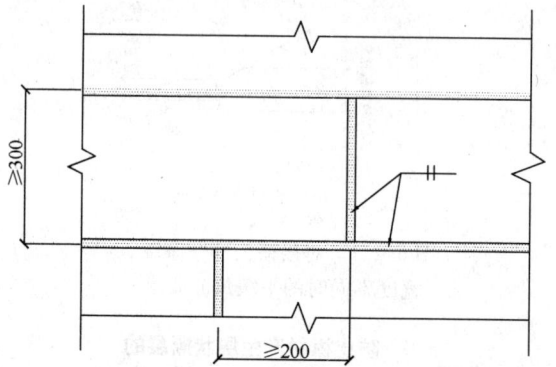

图 5.6.1-4 对接接头 T 形交叉

5 角焊缝作纵向连接的部件，如在局部荷载作用区采用一定长度的对接与角接组合焊缝来传递荷载，在此长度以外坡口深度应逐步过渡至零，且过渡长度不应小于坡口深度的 4 倍；

6 焊接箱形组合梁、柱的纵向焊缝，宜采用全焊透或部分焊透的对接焊缝（图 5.6.1-5）；要求全焊透时，应采用衬垫单面焊[图 5.6.1-5(b)]；

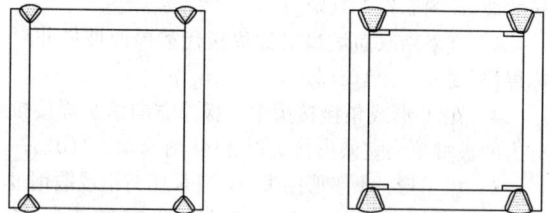

(a) 部分焊透焊缝　　　　　(b) 全焊透焊缝

图 5.6.1-5 箱形组合柱的纵向组装焊缝

7 只承受静荷载的焊接组合 H 形梁、柱的纵向连接焊缝，当腹板厚度大于 25mm 时，宜采用全焊透焊缝或部分焊透焊缝[图 5.6.1-6(b)、(c)]；

8 箱形柱与隔板的焊接，应采用全焊透焊缝[图5.6.1-7(a)]；对无法进行电弧焊焊接的焊缝，宜采用电渣焊焊接，且焊缝宜对称布置[图 5.6.1-7(b)]；

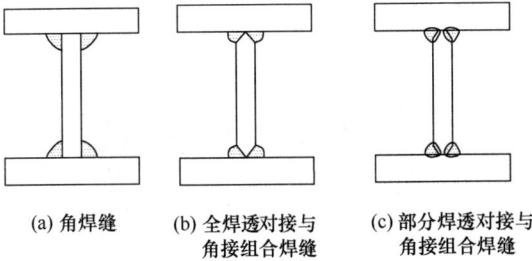

图 5.6.1-6 角焊缝、全焊透及部分焊透
对接与角接组合焊缝

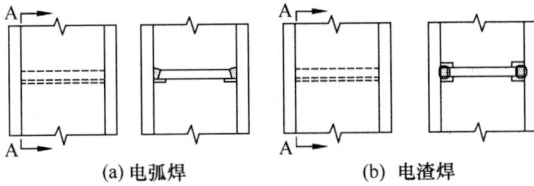

图 5.6.1-7 箱形柱与隔板的焊接接头形式

9 钢管混凝土组合柱的纵向和横向焊缝，应采用双面或单面全焊透接头形式（高频焊除外），纵向焊缝焊接接头形式见图 5.6.1-8；

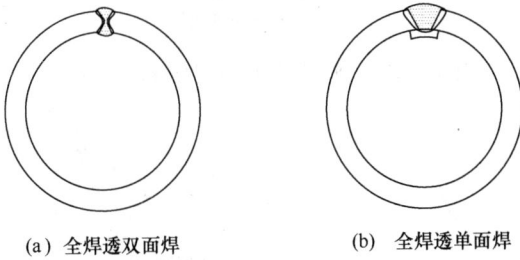

图 5.6.1-8 钢管柱纵向焊缝焊接接头形式

10 管-球结构中，对由两个半球焊接而成的空心球，采用不加肋和加肋两种形式时，其构造见图 5.6.1-9。

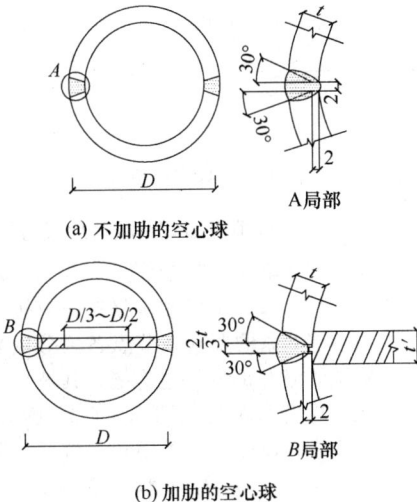

图 5.6.1-9 空心球制作焊接接头形式

5.6.2 工地安装焊接节点形式应符合下列规定：

1 H形框架柱安装拼接接头宜采用高强度螺栓和焊接组合节点或全焊接节点[图 5.6.2-1（a）、图 5.6.2-1(b)]。采用高强度螺栓和焊接组合节点时，腹板应采用高强度螺栓连接，翼缘板应采用单V形坡口加衬垫全焊透焊缝连接[图 5.6.2-1(c)]。采用全焊接节点时，翼缘板应采用单V形坡口加衬垫全焊透焊缝，腹板宜采用K形坡口双面部分焊透焊缝，反面不应清根；设计要求腹板全焊透时，如腹板厚度不大于20mm，宜采用单V形坡口加衬垫焊接[图 5.6.2-1(d)]，如腹板厚度大于20mm，宜采用K形坡口，应反面清根后焊接[图 5.6.2-1(e)]；

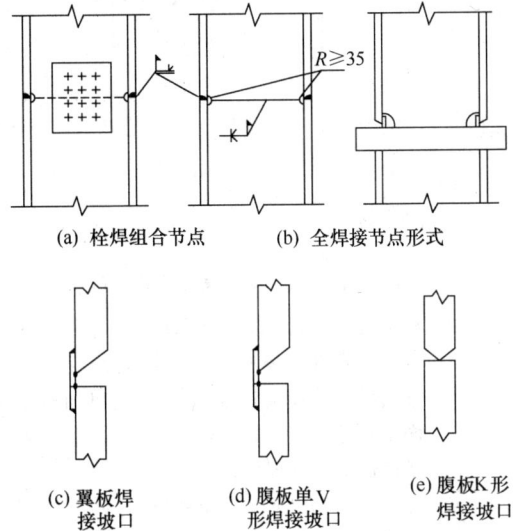

图 5.6.2-1 H形框架柱安装拼接节点及坡口形式

2 钢管及箱形框架柱安装拼接应采用全焊接头，并应根据设计要求采用全焊透焊缝或部分焊透焊缝。全焊透焊缝坡口形式应采用单V形坡口加衬垫，见图 5.6.2-2；

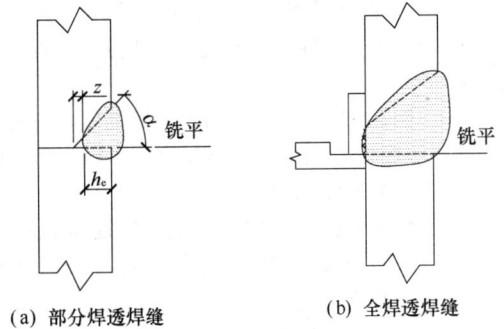

图 5.6.2-2 箱形及钢管框架柱安装拼接接头坡口形式

3 桁架或框架梁中，焊接组合H形、T形或箱形钢梁的安装拼接采用全焊连接时，翼缘板与腹板拼接截面形式见图 5.6.2-3，工地安装纵焊缝焊接质量要求应与两侧工厂制作焊缝质量要求相同；

4 框架柱与梁刚性连接时，应采用下列连接节点形式：

(a) H形梁

(b) T形梁   (c) 箱形梁

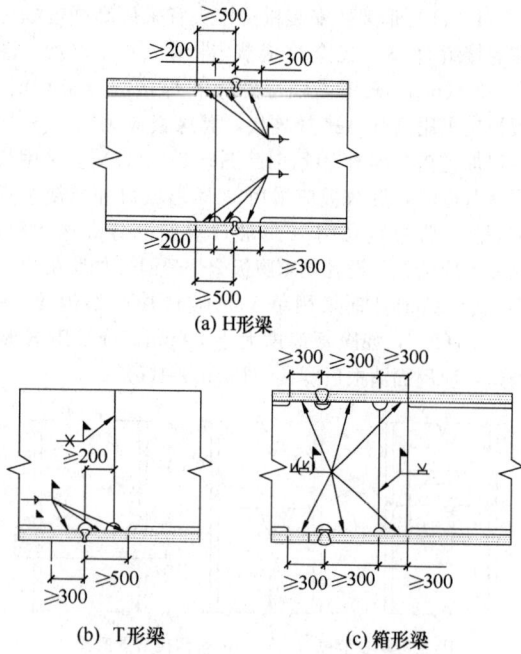

图 5.6.2-3　桁架或框架梁安装焊接节点形式

1) 柱上有悬臂梁时，梁的腹板与悬臂梁腹板宜采用高强度螺栓连接；梁翼缘板与悬臂梁翼缘板的连接宜采用 V 形坡口加衬垫单面全焊透焊缝[图 5.6.2-4(a)]，也可采用双面焊全焊透焊缝；

2) 柱上无悬臂梁时，梁的腹板与柱上已焊好的承剪板宜采用高强度螺栓连接，梁翼缘板与柱身的连接应采用单边 V 形坡口加衬垫单面全焊透焊缝[图 5.6.2-4(b)]；

3) 梁与 H 形柱弱轴方向刚性连接时，梁的腹板与柱的纵筋板宜采用高强度螺栓连接；梁翼缘板与柱横隔板的连接应采用 V 形坡口加衬垫单面全焊透焊缝[图 5.6.2-4(c)]。

5　管材与空心球工地安装焊接节点应采用下列形式：

1) 钢管内壁加套管作为单面焊接坡口的衬垫时，坡口角度、根部间隙及焊缝加强应符合图 5.6.2-5(b)的要求；

2) 钢管内壁不用套管时，宜将管端加工成 30°～60°折线形坡口，预装配后应根据间隙尺寸要求，进行管端二次加工[图 5.6.2-5(c)]；要求全焊透时，应进行焊接工艺评定试验和接头的宏观切片检验以确认坡口尺寸和焊接工艺参数。

6　管-管连接的工地安装焊接节点形式应符合下列要求：

1) 管-管对接：在壁厚不大于 6mm 时，可采用 I 形坡口加衬垫单面全焊透焊缝[图 5.6.2-6(a)]；在壁厚大于 6mm 时，可采用 V 形坡

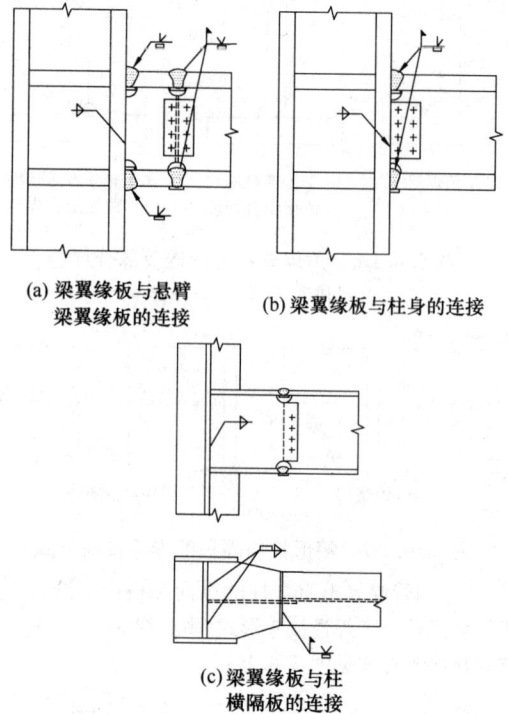

(a) 梁翼缘板与悬臂   (b) 梁翼缘板与柱身的连接
梁翼缘板的连接

(c) 梁翼缘板与柱横隔板的连接

图 5.6.2-4　框架柱与梁刚性连接节点形式

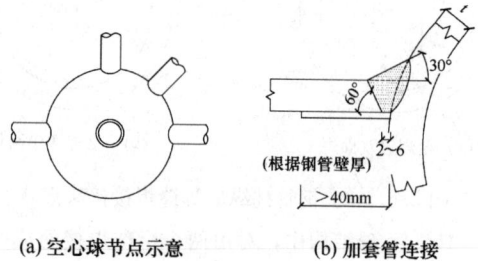

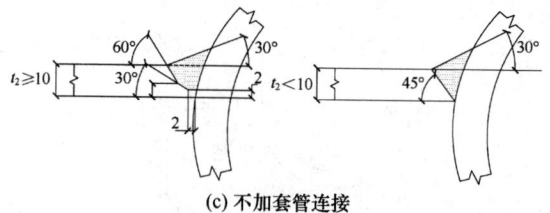

(a) 空心球节点示意   (b) 加套管连接

(c) 不加套管连接

图 5.6.2-5　管-球节点形式及坡口形式与尺寸

口加衬垫单面全焊透焊缝[图 5.6.2-6(b)]；

2) 管-管 T、Y、K 形相贯接头：应按本规范第 5.3.6 条的要求在节点各区分别采用全焊透焊缝和部分焊透焊缝，其坡口形式及尺寸应符合本规范图 5.3.6-3、图 5.3.6-4 的要求；设计要求采用角焊缝时，其坡口形式及尺寸应符合本规范图 5.3.6-5 的要求。

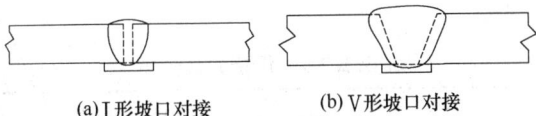

(a) I 形坡口对接   (b) V 形坡口对接

图 5.6.2-6　管-管对接连接节点形式

5.7　承受动载与抗震的焊接构造设计

5.7.1 承受动载需经疲劳验算时，严禁使用塞焊、槽焊、电渣焊和气电立焊接头。

5.7.2 承受动载时，塞焊、槽焊、角焊、对接接头应符合下列规定：

1 承受动载不需要进行疲劳验算的构件，采用塞焊、槽焊时，孔或槽的边缘到构件边缘在垂直于应力方向上的间距不应小于此构件厚度的 5 倍，且不应小于孔或槽宽度的 2 倍；构件端部搭接接头的纵向角焊缝长度不应小于两侧焊缝间的垂直间距 a，且在无塞焊、槽焊等其他措施时，间距 a 不应大于较薄件厚度 t 的 16 倍，见图 5.7.2；

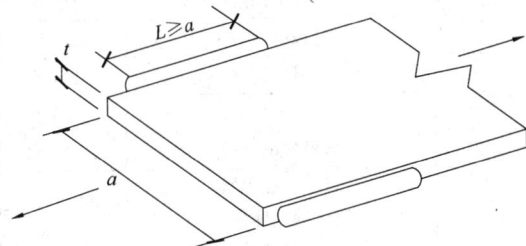

图 5.7.2　承受动载不需进行疲劳验算时
构件端部纵向角焊缝长度及间距要求

a—不应大于 $16t$（中间有塞焊焊缝或槽焊焊缝时除外）

2 严禁采用焊脚尺寸小于 5mm 的角焊缝；

3 严禁采用断续坡口焊缝和断续角焊缝；

4 对接与角接组合焊缝和 T 形接头的全焊透坡口焊缝应采用角焊缝加强，加强焊脚尺寸应不小于接头较薄件厚度的 1/2，但最大值不得超过 10mm；

5 承受动载需经疲劳验算的接头，当拉应力与焊缝轴线垂直时，严禁采用部分焊透对接焊缝、背面不清根的无衬垫焊缝；

6 除横焊位置以外，不宜采用 L 形和 J 形坡口；

7 不同板厚的对接接头承受动载时，应按本规范第 5.4.4 条的规定做成平缓过渡。

5.7.3 承受动载构件的组焊节点形式应符合下列规定：

1 有对称横截面的部件组合节点，应以构件轴线对称布置焊缝，当应力分布不对称时应作相应调整；

2 用多个部件组叠成构件时，应沿构件纵向采用连续焊缝连接；

3 承受动载荷需经疲劳验算的桁架，其弦杆和腹杆与节点板的搭接焊缝采用围焊，杆件焊缝间距

不应小于 50mm。节点板连接形式应符合图 5.7.3-1 的要求；

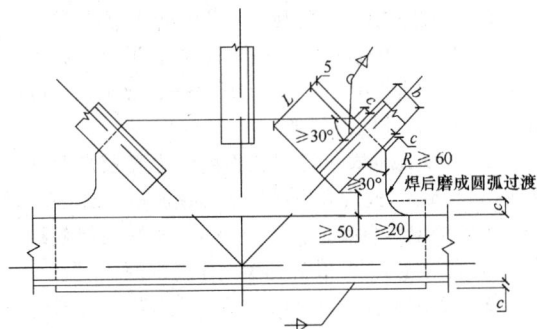

图 5.7.3-1　桁架弦杆、腹杆与节点板连接形式

$L > b$；$c \geqslant 2h_f$

4 实腹吊车梁横向加劲板与翼缘板之间的焊缝应避免与吊车梁纵向主焊缝交叉。其焊接节点构造宜采用图 5.7.3-2 的形式。

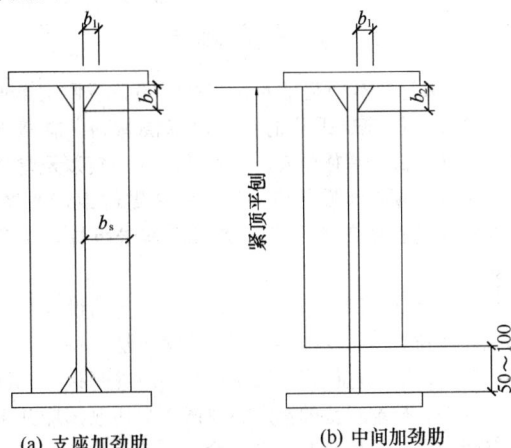

(a) 支座加劲肋   (b) 中间加劲肋

图 5.7.3-2　实腹吊车梁横向加劲肋板连接构造

$b_1 \approx \dfrac{b_s}{3}$ 且 $\leqslant$ 40mm；$b_2 \approx \dfrac{b_s}{2}$ 且 $\leqslant$ 60mm

5.7.4 抗震结构框架柱与梁的刚性连接节点焊接时，应符合下列规定：

1 梁的翼缘板与柱之间的对接与角接组合焊缝的加强焊脚尺寸应不小于翼缘板厚的 1/4，但最大值不得超过 10mm；

2 梁的下翼缘板与柱之间宜采用 L 或 J 形坡口无衬垫单面全焊透焊缝，并应在反面清根后封底成平缓过渡形状；采用 L 形坡口加衬垫单面全焊透焊缝时，焊接完成后应去除全部长度的衬垫及引弧板、引出板，打磨清除未熔合或夹渣等缺陷后，再封底焊成平缓过渡形状。

5.7.5 柱连接焊缝引弧板、引出板、衬垫应符合下列规定：

1 引弧板、引出板、衬垫均应去除；

2 去除时应沿柱-梁交接拐角处切割成圆弧过渡，且切割表面不得有大于 1mm 的缺棱；

3 下翼缘衬垫沿长度去除后必须打磨清理接头背面焊缝的焊渣等缺欠，并应焊补至焊缝平缓过渡。

5.7.6 梁柱连接处梁腹板的过焊孔应符合下列规定：

1 腹板上的过焊孔宜在腹板-翼缘板组合纵焊缝焊接完成后切除引弧板、引出板时一起加工，且应保证加工的过焊孔圆滑过渡；

2 下翼缘处腹板过焊孔高度应为腹板厚度且不应小于 20mm，过焊孔边缘与下翼缘板相交处与柱-梁翼缘板焊缝熔合线间距应大于 10mm。腹板-翼缘板组合纵焊缝不应绕过过焊孔处的腹板厚度围焊；

3 腹板厚度大于 40mm 时，过焊孔热切割应预热 65℃ 以上，必要时可将切割表面磨光后进行磁粉或渗透探伤；

4 不应采用堆焊方法封堵过焊孔。

6 焊接工艺评定

6.1 一般规定

6.1.1 除符合本规范第 6.6 节规定的免予评定条件外，施工单位首次采用的钢材、焊接材料、焊接方法、接头形式、焊接位置、焊后热处理制度以及焊接工艺参数、预热和后热措施等各种参数的组合条件，应在钢结构构件制作及安装施工之前进行焊接工艺评定。

6.1.2 应由施工单位根据所承担钢结构的设计节点形式、钢材类型、规格，采用的焊接方法，焊接位置等，制订焊接工艺评定方案，拟定相应的焊接工艺评定指导书，按本规范的规定施焊试件、切取试样并由具有相应资质的检测单位进行检测试验，测定焊接接头是否具有所要求的使用性能，并出具检测报告；应由相关机构对施工单位的焊接工艺评定施焊过程进行见证，并由具有相应资质的检查单位根据检测结果及本规范的相关规定对拟定的焊接工艺进行评定，并出具焊接工艺评定报告。

6.1.3 焊接工艺评定的环境应反映工程施工现场的条件。

6.1.4 焊接工艺评定中的焊接热输入、预热、后热制度等施焊参数，应根据被焊材料的焊接性制订。

6.1.5 焊接工艺评定所用设备、仪表的性能应处于正常工作状态，焊接工艺评定所用的钢材、栓钉、焊接材料必须能覆盖实际工程所用材料并应符合相关标准要求，并应具有生产厂出具的质量证明文件。

6.1.6 焊接工艺评定试件应由该工程施工企业中持证的焊接人员施焊。

6.1.7 焊接工艺评定所用的焊接方法、施焊位置分类代号应符合表 6.1.7-1、表 6.1.7-2 及图 6.1.7-1～图 6.1.7-4 的规定，钢材类别应符合本规范表 4.0.5 的规定，试件接头形式应符合本规范表 5.2.1 的

要求。

表 6.1.7-1 焊接方法分类

焊接方法类别号	焊接方法	代号
1	焊条电弧焊	SMAW
2-1	半自动实心焊丝二氧化碳气体保护焊	GMAW-CO$_2$
2-2	半自动实心焊丝富氩+二氧化碳气体保护焊	GMAW-Ar
2-3	半自动药芯焊丝二氧化碳气体保护焊	FCAW-G
3	半自动药芯焊丝自保护焊	FCAW-SS
4	非熔化极气体保护焊	GTAW
5-1	单丝自动埋弧焊	SAW-S
5-2	多丝自动埋弧焊	SAW-M
6-1	熔嘴电渣焊	ESW-N
6-2	丝极电渣焊	ESW-W
6-3	板极电渣焊	ESW-P
7-1	单丝气电立焊	EGW-S
7-2	多丝气电立焊	EGW-M
8-1	自动实心焊丝二氧化碳气体保护焊	GMAW-CO$_2$A
8-2	自动实心焊丝富氩+二氧化碳气体保护焊	GMAW-ArA
8-3	自动药芯焊丝二氧化碳气体保护焊	FCAW-GA
8-4	自动药芯焊丝自保护焊	FCAW-SA
9-1	非穿透栓钉焊	SW
9-2	穿透栓钉焊	SW-P

表 6.1.7-2 施焊位置分类

焊接位置		代号	焊接位置	代号
板材	平	F	管材 水平转动平焊	1G
	横	H	竖立固定横焊	2G
	立	V	水平固定全位置焊	5G
	仰	O	倾斜固定全位置焊	6G
			倾斜固定加挡板全位置焊	6GR

6.1.8 焊接工艺评定结果不合格时，可在原焊件上就不合格项目重新加倍取样进行检验。如还不能达到合格标准，应分析原因，制订新的焊接工艺评定方案，按原步骤重新评定，直到合格为止。

6.1.9 除符合本规范第 6.6 节规定的免予评定条件外，对于焊接难度等级为 A、B、C 级的钢结构焊接工程，其焊接工艺评定有效期应为 5 年；对于焊接难度等级为 D 级的钢结构焊接工程应按工程项目进行

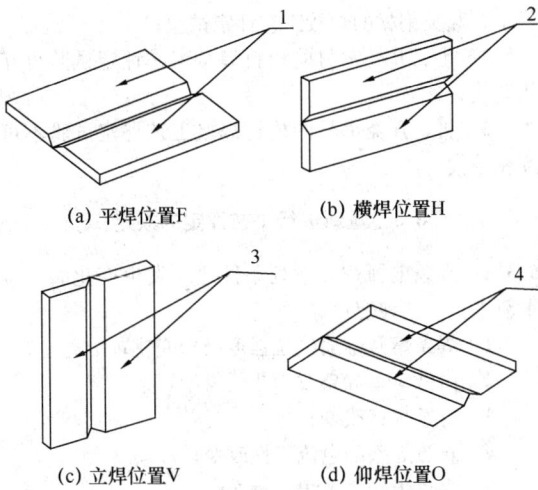

(a) 平焊位置F　　(b) 横焊位置H

(c) 立焊位置V　　(d) 仰焊位置O

图 6.1.7-1　板材对接试件焊接位置

1—板平放，焊缝轴水平；2—板横立，焊缝轴水平；
3—板 90°放置，焊缝轴垂直；4—板平放，焊缝轴水平

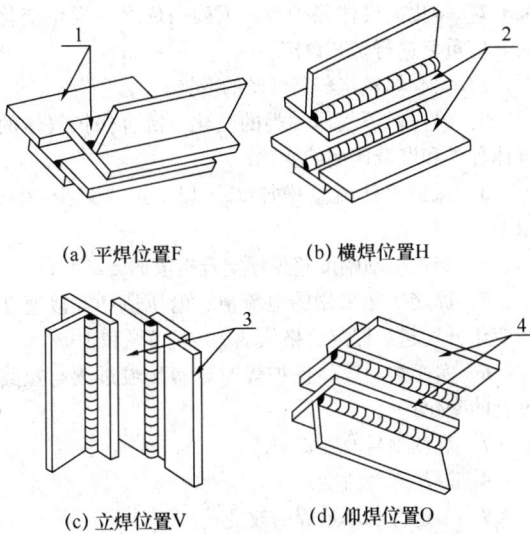

(a) 平焊位置F　　(b) 横焊位置H

(c) 立焊位置V　　(d) 仰焊位置O

图 6.1.7-2　板材角接试件焊接位置

1—板 45°放置，焊缝轴水平；2—板平放，焊缝轴水平；
3—板竖立，焊缝轴垂直；4—板平放，焊缝轴水平

焊接工艺评定。

6.1.10　焊接工艺评定文件包括焊接工艺评定报告、焊接工艺评定指导书、焊接工艺评定记录表、焊接工艺评定检验结果表及检验报告，应报相关单位审查备案。焊接工艺评定文件宜采用本规范附录 B 的格式。

6.2　焊接工艺评定替代规则

6.2.1　不同焊接方法的评定结果不得互相替代。不同焊接方法组合焊接可用相应板厚的单种焊接方法评定结果替代，也可用不同焊接方法组合焊接评定，但弯曲及冲击试样切取位置应包含不同的焊接方法；同

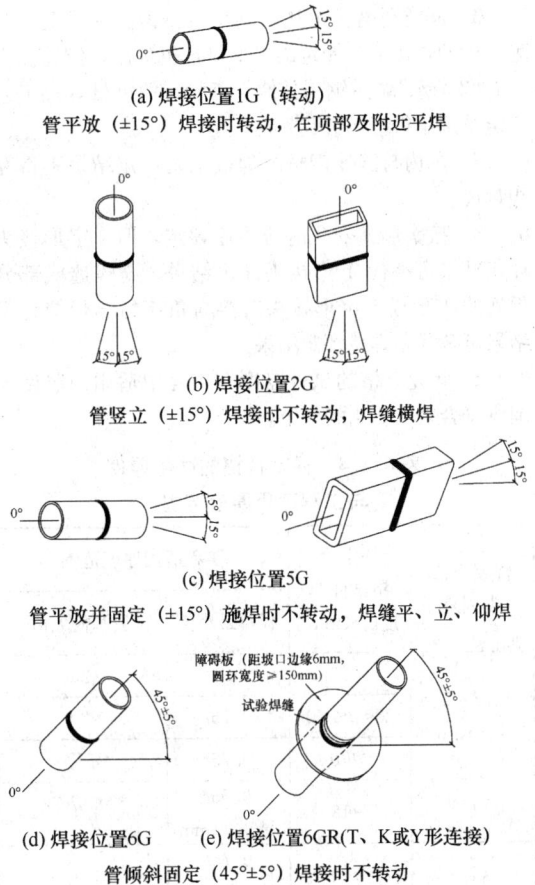

(a) 焊接位置1G（转动）

管平放（±15°）焊接时转动，在顶部及附近平焊

(b) 焊接位置2G

管竖立（±15°）焊接时不转动，焊缝横焊

(c) 焊接位置5G

管平放并固定（±15°）施焊时不转动，焊缝平、立、仰焊

(d) 焊接位置6G　　(e) 焊接位置6GR(T、K 或 Y 形连接)

管倾斜固定（45°±5°）焊接时不转动

图 6.1.7-3　管材对接试件焊接位置

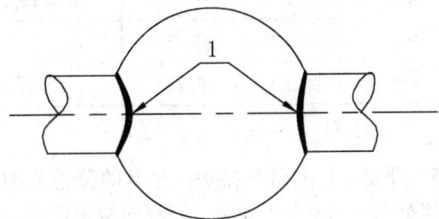

图 6.1.7-4　管-球接头试件

1—焊接位置分类按管材对接接头

种牌号钢材中，质量等级高的钢材可替代质量等级低的钢材，质量等级低的钢材不可替代质量等级高的钢材。

6.2.2　除栓钉焊外，不同钢材焊接工艺评定的替代规则应符合下列规定：

1　不同类别钢材的焊接工艺评定结果不得互相替代；

2　Ⅰ、Ⅱ类同类别钢材中当强度和质量等级发生变化时，在相同供货状态下，高级别钢材的焊接工艺评定结果可替代低级别钢材；Ⅲ、Ⅳ类同类别钢材中的焊接工艺评定结果不得相互替代；除Ⅰ、Ⅱ类别钢材外，不同类别的钢材组合焊接时应重新评定，不得用单类钢材的评定结果替代；

3 同类别钢材中轧制钢材与铸钢、耐候钢与非耐候钢的焊接工艺评定结果不得互相替代，控轧控冷（TMCP）钢、调质钢与其他供货状态的钢材焊接工艺评定结果不得互相替代；

4 国内与国外钢材的焊接工艺评定结果不得互相替代。

6.2.3 接头形式变化时应重新评定，但十字形接头评定结果可替代T形接头评定结果，全焊透或部分焊透的T形或十字形接头对接与角接组合焊缝评定结果可替代角焊缝评定结果。

6.2.4 评定合格的试件厚度在工程中适用的厚度范围应符合表6.2.4的规定。

**表 6.2.4 评定合格的试件厚度
与工程适用厚度范围**

焊接方法类别号	评定合格试件厚度(t)(mm)	工程适用厚度范围	
		板厚最小值	板厚最大值
1、2、3、4、5、8	≤25	3mm	$2t$
	25<t≤70	$0.75t$	$2t$
	>70	$0.75t$	不限
6	≥18	$0.75t$ 最小18mm	$1.1t$
7	≥10	$0.75t$ 最小10mm	$1.1t$
9	1/3ϕ≤t<12	t	$2t$，且大于16mm
	12≤t<25	$0.75t$	$2t$
	t≥25	$0.75t$	$1.5t$

注：ϕ为栓钉直径。

6.2.5 评定合格的管材接头，壁厚的覆盖范围应符合本规范第6.2.4条的规定，直径的覆盖原则应符合下列规定：

1 外径小于600mm的管材，其直径覆盖范围不应小于工艺评定试验管材的外径；

2 外径不小于600mm的管材，其直径覆盖范围不应小于600mm。

6.2.6 板材对接与外径不小于600mm的相应位置管材对接的焊接工艺评定可互相替代。

6.2.7 除栓钉焊外，横焊位置评定结果可替代平焊位置，平焊位置评定结果不可替代横焊位置。立、仰焊接位置与其他焊接位置之间不可互相替代。

6.2.8 有衬垫与无衬垫的单面焊全焊透接头不可互相替代；有衬垫单面焊全焊透接头和反面清根的双面焊全焊透接头可互相替代；不同材质的衬垫不可互相替代。

6.2.9 当栓钉材质不变时，栓钉焊被焊钢材应符合下列替代规则：

1 Ⅲ、Ⅳ类钢材的栓钉焊接工艺评定试验可替代Ⅰ、Ⅱ类钢材的焊接工艺评定试验；

2 Ⅰ、Ⅱ类钢材的栓钉焊接工艺评定试验可互相替代；

3 Ⅲ、Ⅳ类钢材的栓钉焊接工艺评定试验不可互相替代。

6.3 重新进行工艺评定的规定

6.3.1 焊条电弧焊，下列条件之一发生变化时，应重新进行工艺评定：

1 焊条熔敷金属抗拉强度级别变化；

2 由低氢型焊条改为非低氢型焊条；

3 焊条规格改变；

4 直流焊条的电流极性改变；

5 多道焊和单道焊的改变；

6 清焊根改为不清焊根；

7 立焊方向改变；

8 焊接实际采用的电流值、电压值的变化超出焊条产品说明书的推荐范围。

6.3.2 熔化极气体保护焊，下列条件之一发生变化时，应重新进行工艺评定：

1 实心焊丝与药芯焊丝的变换；

2 单一保护气体种类的变化；混合保护气体的气体种类和混合比例的变化；

3 保护气体流量增加25%以上，或减少10%以上；

4 焊炬摆动幅度超过评定合格值的±20%；

5 焊接实际采用的电流值、电压值和焊接速度的变化分别超过评定合格值的10%、7%和10%；

6 实心焊丝气体保护焊时熔滴颗粒过渡与短路过渡的变化；

7 焊丝型号改变；

8 焊丝直径改变；

9 多道焊和单道焊的改变；

10 清焊根改为不清焊根。

6.3.3 非熔化极气体保护焊，下列条件之一发生变化时，应重新进行工艺评定：

1 保护气体种类改变；

2 保护气体流量增加25%以上，或减少10%以上；

3 添加焊丝或不添加焊丝的改变；冷态送丝和热态送丝的改变；焊丝类型、强度级别型号改变；

4 焊炬摆动幅度超过评定合格值的±20%；

5 焊接实际采用的电流值和焊接速度的变化分别超过评定合格值的25%和50%；

6 焊接电流极性改变。

6.3.4 埋弧焊，下列条件之一发生变化时，应重新进行工艺评定：

1 焊丝规格改变；焊丝与焊剂型号改变；

2 多丝焊与单丝焊的改变；

3 添加与不添加冷丝的改变；

4 焊接电流种类和极性的改变；

5 焊接实际采用的电流值、电压值和焊接速度变化分别超过评定合格值的 10%、7% 和 15%；

6 清焊根改为不清焊根。

6.3.5 电渣焊，下列条件之一发生变化时，应重新进行工艺评定：

1 单丝与多丝的改变；板极与丝极的改变；有、无熔嘴的改变；

2 熔嘴截面积变化大于 30%，熔嘴牌号改变；焊丝直径改变；单、多熔嘴的改变；焊剂型号改变；

3 单侧坡口与双侧坡口的改变；

4 焊接电流种类和极性的改变；

5 焊接电源伏安特性为恒压或恒流的改变；

6 焊接实际采用的电流值、电压值、送丝速度、垂直提升速度变化分别超过评定合格值的 20%、10%、40%、20%；

7 偏离垂直位置超过 10°；

8 成形水冷滑块与挡板的变换；

9 焊剂装入量变化超过 30%。

6.3.6 气电立焊，下列条件之一发生变化时，应重新进行工艺评定：

1 焊丝型号和直径的改变；

2 保护气种类或混合比例的改变；

3 保护气流量增加 25% 以上，或减少 10% 以上；

4 焊接电流极性改变；

5 焊接实际采用的电流值、送丝速度和电压值的变化分别超过评定合格值的 15%、30% 和 10%；

6 偏离垂直位置变化超过 10°；

7 成形水冷滑块与挡板的变换。

6.3.7 栓钉焊，下列条件之一发生变化时，应重新进行工艺评定：

1 栓钉材质改变；

2 栓钉标称直径改变；

3 瓷环材料改变；

4 非穿透焊与穿透焊的改变；

5 穿透焊中被穿透板材厚度、镀层量增加与种类的改变；

6 栓钉焊接位置偏离平焊位置 25° 以上的变化或平焊、横焊、仰焊位置的改变；

7 栓钉焊接方法改变；

8 预热温度比评定合格的焊接工艺降低 20℃ 或高出 50℃ 以上；

9 焊接实际采用的提升高度、伸出长度、焊接时间、电流值、电压值的变化超过评定合格值的 ±5%；

10 采用电弧焊时焊接材料改变。

6.4 试件和检验试样的制备

6.4.1 试件制备应符合下列要求：

1 选择试件厚度应符合本规范表 6.2.4 中规定的评定试件厚度对工程构件厚度的有效适用范围；

2 试件的母材材质、焊接材料、坡口形式、尺寸和焊接必须符合焊接工艺评定指导书的要求；

3 试件的尺寸应满足所制备试样的取样要求。各种接头形式的试件尺寸、试样取样位置应符合图 6.4.1-1～图 6.4.1-8 的要求。

6.4.2 检验试样种类及加工应符合下列规定：

1 检验试样种类和数量应符合表 6.4.2 的规定。

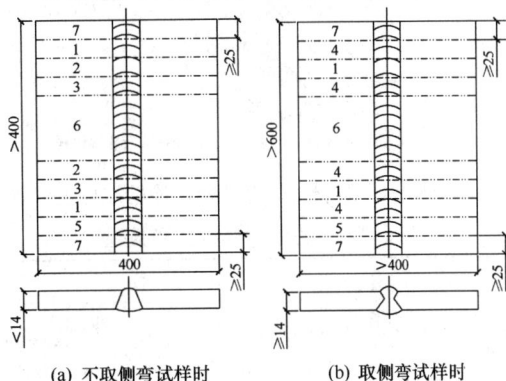

(a) 不取侧弯试样时　　(b) 取侧弯试样时

图 6.4.1-1　板材对接接头试件及试样取样

1—拉伸试样；2—背弯试样；3—面弯试样；4—侧弯试样；5—冲击试样；6—备用；7—舍弃

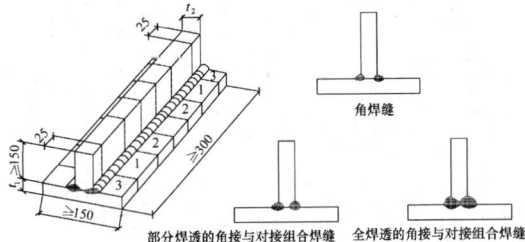

图 6.4.1-2　板材角焊缝和 T 形对接与角组合焊缝接头试件及宏观试样的取样

1—宏观酸蚀试样；2—备用；3—舍弃

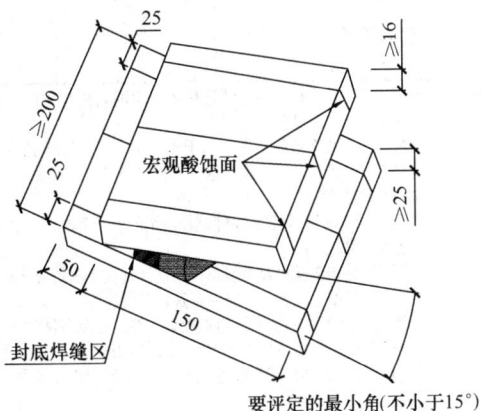

图 6.4.1-3　斜 T 形接头（锐角根部）

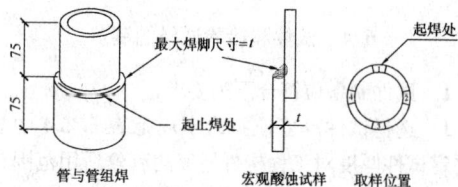

(a) 圆管套管接头与宏观试样

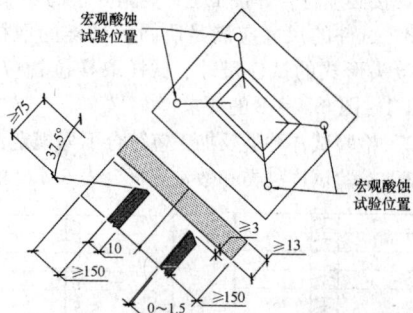

(b) 矩形管T形角接和对接与角接组合焊缝接头及宏观试样

图6.4.1-4 管材角焊缝致密性检验取样位置

表6.4.2 检验试样种类和数量[a]

母材形式	试件形式	试件厚度(mm)	试样数量									
			无损探伤	全断面拉伸	拉伸	面弯	背弯	侧弯	30°弯曲	冲击[d]		宏观酸蚀及硬度[e,f]
										焊缝中心	热影响区	
板、管	对接接头	<14	要	管2[b]	2	2	2	—	—	3	3	—
		≥14	要	—	2	—	—	4	—	3	3	—
板、管	板T形、斜T形和管T、K、Y形角接接头	任意	要	—	—	—	—	—	—	—	—	板2[g]、管4
板	十字形接头	任意	要	—	2	—	—	—	—	—	—	2
管-管	十字形接头	任意	要	2[c]	—	—	—	—	—	—	—	4
管-球	—											2
板-焊钉	栓钉焊接头	底板≥12	—	5	—	—	—	5	—	—	—	—

注：a 当相应标准对母材某项力学性能无要求时，可免做焊接接头的该项力学性能试验；
b 管材对接全截面拉伸试样适用于外径不大于76mm的圆管对接试件，当管径超过该规定时，应按图6.4.1-6或图6.4.1-7截取拉伸试样；
c 管-管、管-球接头全截面拉伸试样适用的管径和壁厚由试验机的能力决定；
d 是否进行冲击试验以及试验条件按设计选用钢材的要求确定；
e 硬度试验根据工程实际情况确定是否需要进行；
f 圆管T、K、Y形和十字形相贯接头试件的宏观酸蚀试样应在接头的趾部、侧面及跟部各取一件；矩形管接头全焊透T、K、Y形接头试件的宏观酸蚀试样应在接头的角部各取一个，详见图6.4.1-4；
g 斜T形接头(锐角根部)按图6.4.1-3进行宏观酸蚀检验。

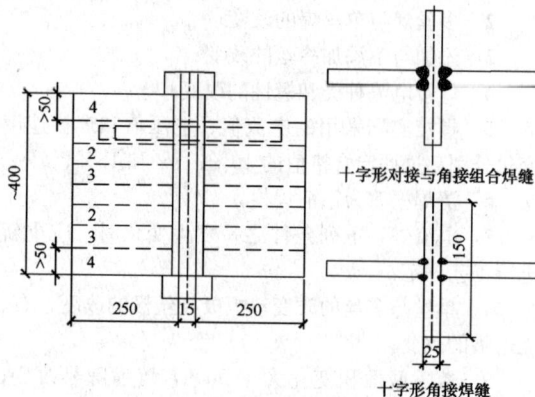

图6.4.1-5 板材十字形角接(斜角接)及对接与角接组合焊缝接头试件及试样取样
1—宏观酸蚀试样；2—拉伸试样、冲击试样(要求时)；3—舍弃

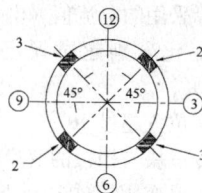

(a) 拉力试验为整管时弯曲试样取样位置

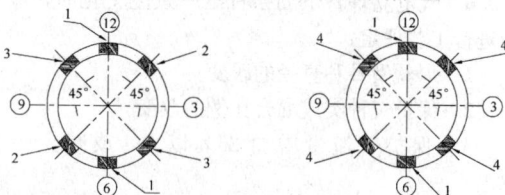

(b) 不要求冲击试验时取样位置

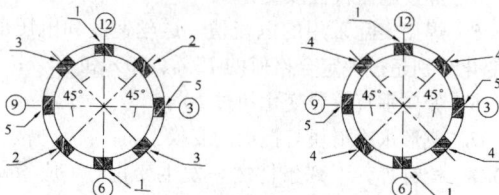

(c) 要求冲击试验时取样位置

图6.4.1-6 管材对接接头试件、试样及取样位置
③⑥⑨⑫—钟点记号，为水平固定位置焊接时的定位
1—拉伸试样；2—面弯试样；3—背弯试样；
4—侧弯试样；5—冲击试样

2 对接接头检验试样的加工应符合下列要求：
　　1)拉伸试样的加工应符合现行国家标准《焊接接头拉伸试验方法》GB/T 2651的有关规定；根据试验机能力可采用全截面拉伸试样或沿厚度方向分层取样；分层取样时试样厚度应覆盖焊接试件的全厚度；应按试验机的能力和要求加工；
　　2)弯曲试样的加工应符合现行国家标准《焊接接头弯曲试验方法》GB/T 2653的有关规定；焊缝余高或衬垫应采用机械方法去除至与母材齐平，试样受拉面应保留母材原轧制表

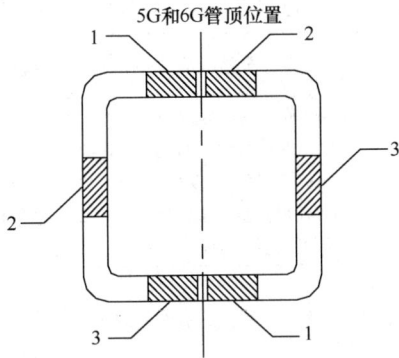

图 6.4.1-7 矩形管材对接接头试样取样位置
1—拉伸试样；2—面弯或侧弯试样、冲击试样(要求时)；
3—背弯或侧弯试样、冲击试样(要求时)

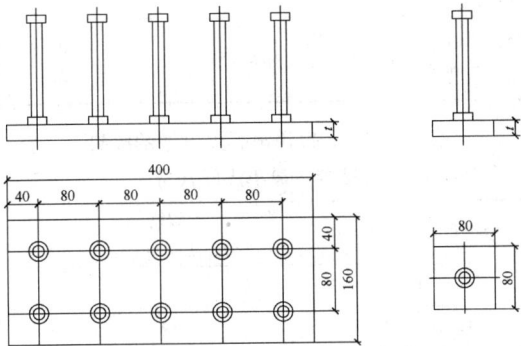

(a) 试件的形状及尺寸　　(b) 试样的形状及尺寸

图 6.4.1-8 栓钉焊焊接试件及试样

面；当板厚大于 40mm 时可分片切取，试样厚度应覆盖焊接试件的全厚度；

3)冲击试样的加工应符合现行国家标准《焊接接头冲击试验方法》GB/T 2650 的有关规定；其取样位置单面焊时应位于焊缝正面，双面焊时应位于后焊面，与母材原表面的距离不应大于 2mm；热影响区冲击试样缺口加工位置应符合图 6.4.2-1 的要求，不同牌号钢材焊接时其接头热影响区冲击试样应取自对冲击性能要求较低的一侧；不同焊接方法组合的焊接接头，冲击试样的取样应能覆盖所有焊接方法焊接的部位(分层取样)；

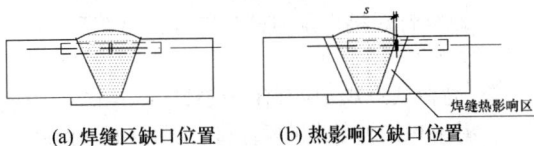

(a) 焊缝区缺口位置　　(b) 热影响区缺口位置

图 6.4.2-1 对接接头冲击试样缺口加工位置
注：热影响区冲击试样根据不同焊接工艺，缺口轴线至试样轴线与熔合线交点的距离 $S=0.5mm\sim1mm$，并应尽可能使缺口多通过热影响区。

4)宏观酸蚀试样的加工应符合图 6.4.2-2 的要

求。每块试样应取一面进行检验，不得将同一切口的两个侧面作为两个检验面。

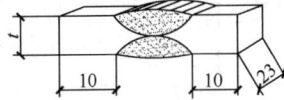

图 6.4.2-2 对接接头宏观酸蚀试样

3 T 形角接接头宏观酸蚀试样的加工应符合图 6.4.2-3 的要求。

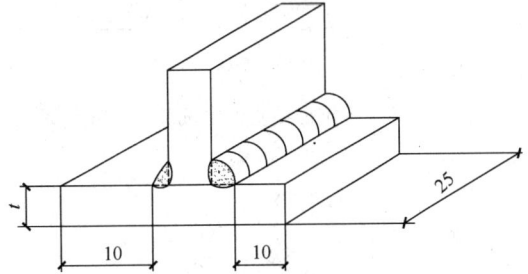

图 6.4.2-3 角接接头宏观酸蚀试样

4 十字形接头检验试样的加工应符合下列要求：

1)接头拉伸试样的加工应符合图 6.4.2-4 的要求；

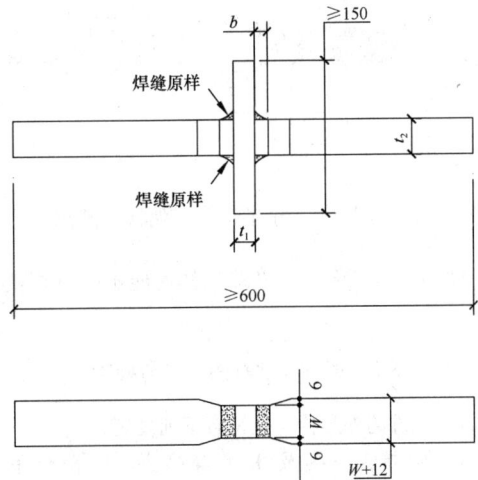

图 6.4.2-4 十字形接头拉伸试样
t_2—试验材料厚度；b—根部间隙；$t_2<36mm$ 时，$W=35mm$，$t_2\geqslant36$ 时，$W=25mm$；平行区长度：$t_1+2b+12mm$

2)接头冲击试样的加工应符合图 6.4.2-5 的要求；

3)接头宏观酸蚀试样的加工应符合图 6.4.2-6 的要求，检验面的选取应符合本条第 2 款第 4 项的规定。

5 斜 T 形角接接头、管-球接头、管-管相贯接头的宏观酸蚀试样的加工宜符合图 6.4.2-2 的要求，检验面的选取应符合本条第 2 款第 4 项的规定。

6 采用热切割取样时，应根据热切割工艺和试

(a) 焊缝金属区

(b) 热影响区

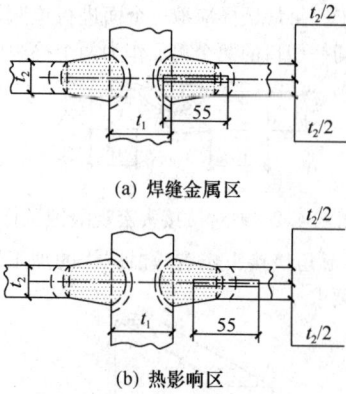

图 6.4.2-5 十字形接头冲击试验的取样位置

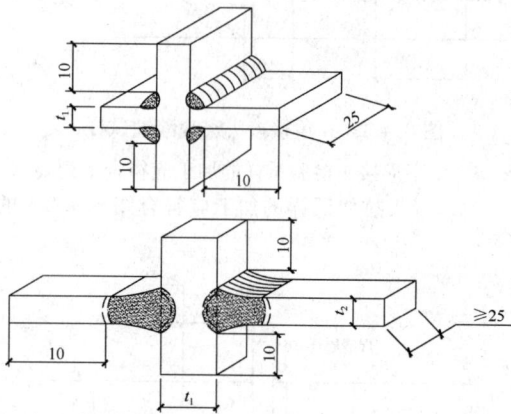

图 6.4.2-6 十字形接头宏观酸蚀试样

件厚度预留加工余量,确保试样性能不受热切割的影响。

6.5 试件和试样的试验与检验

6.5.1 试件的外观检验应符合下列规定:

  1 对接、角接及 T 形等接头,应符合下列规定:

    1)用不小于 5 倍放大镜检查试件表面,不得有裂纹、未焊满、未熔合、焊瘤、气孔、夹渣等超标缺陷;

    2)焊缝咬边总长度不得超过焊缝两侧长度的 15%,咬边深度不得超过 0.5mm;

    3)焊缝外观尺寸应符合本规范第 8.2.2 条中一级焊缝的要求(需疲劳验算结构的焊缝外观尺寸应符合本规范第 8.3.2 条的要求);试件角变形可以冷矫正,可以避开焊缝缺陷位置取样。

  2 栓钉焊接接头外观检验应符合表 6.5.1-1 的要求。当采用电弧焊方法进行栓钉焊接时,其焊缝最小焊脚尺寸还应符合表 6.5.1-2 的要求。

表 6.5.1-1 栓钉焊接接头外观检验合格标准

外观检验项目	合格标准	检验方法
焊缝外形尺寸	360°范围内焊缝饱满 拉弧式栓钉焊:焊缝高 $K_1 \geqslant$ 1mm;焊缝宽 $K_2 \geqslant 0.5$mm 电弧焊:最小焊脚尺寸应符合表 6.5.1-2 的规定	目 测、钢 尺、焊缝量规
焊缝缺欠	无气孔、夹渣、裂纹等缺欠	目 测、放大镜(5 倍)
焊缝咬边	咬边深度≤0.5mm,且最大长度不得大于 1 倍的栓钉直径	钢尺、焊缝量规
栓钉焊后高度	高度偏差≤±2mm	钢尺
栓钉焊后倾斜角度	倾斜角度偏差 $\theta \leqslant 5°$	钢 尺、量角器

表 6.5.1-2 采用电弧焊方法的栓钉焊接接头最小焊脚尺寸

栓钉直径(mm)	角焊缝最小焊脚尺寸(mm)
10,13	6
16,19,22	8
25	10

6.5.2 试件的无损检测应在外观检验合格后进行,无损检测方法应根据设计要求确定。射线探伤应符合现行国家标准《金属熔化焊焊接接头射线照相》GB/T 3323 的有关规定,焊缝质量不低于 BⅡ级;超声波探伤应符合现行国家标准《钢焊缝手工超声波探伤方法和探伤结果分级》GB 11345 的有关规定,焊缝质量不低于 BⅡ级。

6.5.3 试样的力学性能、硬度及宏观酸蚀试验方法应符合下列规定:

  1 拉伸试验方法应符合下列规定:

    1)对接接头拉伸试验应符合现行国家标准《焊接接头拉伸试验方法》GB/T 2651 的有关规定;

    2)栓钉焊接接头拉伸试验应符合图 6.5.3-1 的要求。

  2 弯曲试验方法应符合下列规定:

    1)对接接头弯曲试验应符合现行国家标准《焊接接头弯曲试验方法》GB/T 2653 的有关规定,弯心直径为 4δ(δ 为弯曲试样厚度),弯曲角度为 180°;面弯、背弯时试样厚度应为试件全厚度($\delta < 14$mm);侧弯时试样厚度 $\delta = 10$mm,试件厚度不大于 40mm 时,试样宽度应为试件的全厚度,试件厚度大于

40mm 时，可按 20mm～40mm 分层取样；

　　2）栓钉焊接头弯曲试验应符合图 6.5.3-2 的要求。

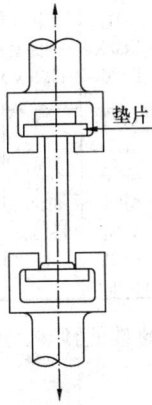

图 6.5.3-1　栓钉焊接头试样
拉伸试验方法

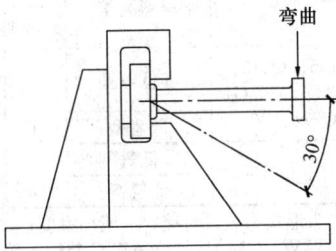

图 6.5.3-2　栓钉焊接头试样
弯曲试验方法

　　3　冲击试验应符合现行国家标准《焊接接头冲击试验方法》GB/T 2650 的有关规定。

　　4　宏观酸蚀试验应符合现行国家标准《钢的低倍组织及缺陷酸蚀检验法》GB 226 的有关规定。

　　5　硬度试验应符合现行国家标准《焊接接头硬度试验方法》GB/T 2654 的有关规定；采用维氏硬度 HV_{10}，硬度测点分布应符合图 6.5.3-3～图 6.5.3-5 的要求，焊接接头各区域硬度测点为 3 点，其中部分焊透对接与角接组合焊缝在焊缝区和热影响区测点可为 2 点，若热影响区狭窄不能并排分布时，该区域测点可平行于焊缝熔合线排列。

6.5.4　试样检验合格标准应符合下列规定：

　　1　接头拉伸试验应符合下列规定：

　　1）接头母材为同钢号时，每个试样的抗拉强度不应小于该母材标准中相应规格规定的下限值；对接接头母材为两种钢号组合时，每个试样的抗拉强度不应小于两种母材标准中相应规格规定下限值的较低者；厚板分片取样时，可取平均值；

　　2）栓钉焊接头拉伸时，当拉伸试样的抗拉荷载大于或等于栓钉焊接端力学性能规定的最小抗拉荷载时，则无论断裂发生于何处，均为

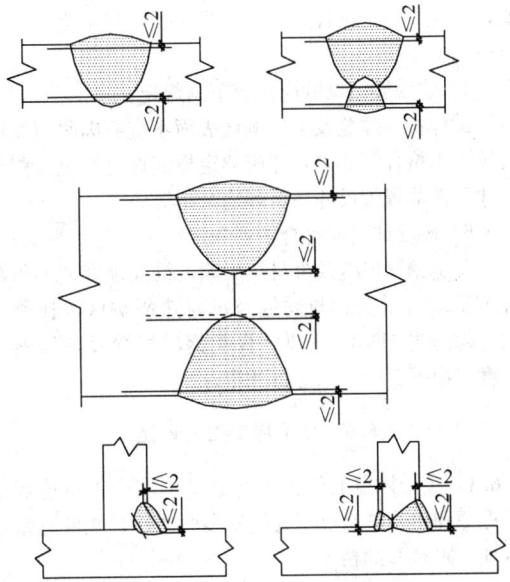

图 6.5.3-3　硬度试验测点位置

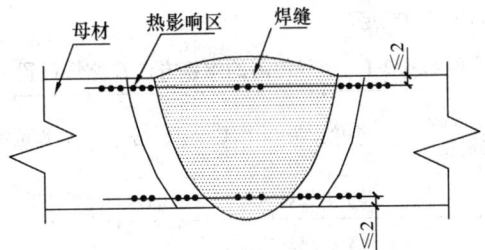

图 6.5.3-4　对接焊缝硬度试验测点分布

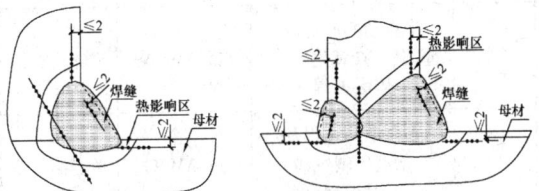

图 6.5.3-5　对接与角接组合焊缝硬度试验测点分布

合格。

　　2　接头弯曲试验应符合下列规定：

　　1）对接接头弯曲试验：试样弯至 180°后应符合下列规定：

　　各试样任何方向裂纹及其他缺欠单个长度不应大于 3mm；

　　各试样任何方向不大于 3mm 的裂纹及其他缺欠的总长不应大于 7mm；

　　四个试样各种缺欠总长不应大于 24mm；

　　2）栓钉焊接头弯曲试验：试样弯曲至 30°后焊接部位无裂纹。

　　3　冲击试验应符合下列规定：

　　焊缝中心及热影响区粗晶区各三个试样的冲击功平均值应分别达到母材标准规定或设计要求的最低

值，并允许一个试样低于以上规定值，但不得低于规定值的70%。

4 宏观酸蚀试验应符合下列规定：

试样接头焊缝及热影响区表面不应有肉眼可见的裂纹、未熔合等缺陷，并应测定根部焊透情况及焊脚尺寸、两侧焊脚尺寸差、焊缝余高等。

5 硬度试验应符合下列规定：

Ⅰ类钢材焊缝及母材热影响区维氏硬度值不得超过 HV280，Ⅱ类钢材焊缝及母材热影响区维氏硬度值不得超过 HV350，Ⅲ、Ⅳ类钢材焊缝及热影响区硬度应根据工程要求进行评定。

6.6 免予焊接工艺评定

6.6.1 免予评定的焊接工艺必须由该施工单位焊接工程师和单位技术负责人签发书面文件，文件宜采用本规范附录B的格式。

6.6.2 免予焊接工艺评定的适用范围应符合下列规定：

1 免予评定的焊接方法及施焊位置应符合表6.6.2-1的规定。

表 6.6.2-1 免予评定的焊接方法及施焊位置

焊接方法类别号	焊接方法	代 号	施焊位置
1	焊条电弧焊	SMAW	平、横、立
2-1	半自动实心焊丝二氧化碳气体保护焊（短路过渡除外）	GMAW-CO$_2$	平、横、立
2-2	半自动实心焊丝富氩+二氧化碳气体保护焊	GMAW-Ar	平、横、立
2-3	半自动药芯焊丝二氧化碳气体保护焊	FCAW-G	平、横、立
5-1	单丝自动埋弧焊	SAW（单丝）	平、平角
9-2	非穿透栓钉焊	SW	平

2 免予评定的母材和焊缝金属组合应符合表6.6.2-2的规定，钢材厚度不应大于40mm，质量等级应为A、B级。

表 6.6.2-2 免予评定的母材和匹配的焊缝金属要求

母材			焊条（丝）和焊剂-焊丝组合分类等级			
钢材类别	母材最小标称屈服强度	钢材牌号	焊条电弧焊 SMAW	实心焊丝气体保护焊 GMAW	药芯焊丝气体保护焊 FCAW-G	埋弧焊 SAW（单丝）
Ⅰ	<235MPa	Q195 Q215	GB/T 5117；E43XX	GB/T 8110；ER49-X	GB/T 10045；E43XT-X	GB/T 5293；F4AX-H08A

续表 6.6.2-2

母材		焊条（丝）和焊剂-焊丝组合分类等级			
Ⅰ	≥235MPa 且 <300MPa	Q235 Q275 Q235GJ	GB/T 5117；E43XX E50XX	GB/T 8110；ER49-X ER50-X	GB/T 10045；E43XT-X E50XT-X	GB/T 5293；F4AX-H08A GB/T 12470；F48AX-H08MnA
Ⅱ	≥300MPa 且 ≤355MPa	Q345 Q345GJ	GB/T 5117；E50XX GB/T 5118；E5015 E5016-X	GB/T 8110；ER50-X	GB/T 17493；E50XT-X	GB/T 5293；F5AX-H08MnA GB/T 12470；F48AX-H08MnA F48AX-H10Mn2 F48AX-H10Mn2A

3 免予评定的最低预热、道间温度应符合表6.6.2-3的规定。

表 6.6.2-3 免予评定的钢材最低预热、道间温度

钢材类别	钢材牌号	设计对焊接材料要求	接头最厚部件的板厚 t（mm）	
			$t ≤ 20$	$20 < t ≤ 40$
Ⅰ	Q195、Q215、Q235、Q235GJ、Q275、20	非低氢型	5℃	20℃
		低氢型		5℃
Ⅱ	Q345、Q345GJ	非低氢型		40℃
		低氢型		20℃

注：1 接头形式为坡口对接，一般拘束度；
2 SMAW、GMAW、FCAW-G 热输入约为 15kJ/cm ～ 25kJ/cm；SAW-S 热输入约为 15kJ/cm ～ 45kJ/cm；
3 采用低氢型焊材时，熔敷金属扩散氢（甘油法）含量应符合下列规定：
焊条 E4315、E4316 不应大于 8mL/100g；
焊条 E5015、E5016 不应大于 6mL/100g；
药芯焊丝不应大于 6mL/100g。
4 焊接接头板厚不同时，应按最大板厚确定预热温度；焊接接头材质不同时，应按高强度、高碳当量的钢材确定预热温度；
5 环境温度不应低于 0℃。

4 焊缝尺寸应符合设计要求，最小焊脚尺寸应符合本规范表5.4.2的规定；最大单道焊缝尺寸应符合本规范表7.10.4的规定。

5 焊接工艺参数应符合下列规定：

1）免予评定的焊接工艺参数应符合表6.6.2-4的规定；

2）要求完全焊透的焊缝，单面焊时应加衬垫，双面焊时应清根；

3）焊条电弧焊焊接时焊道最大宽度不应超过焊条标称直径的4倍，实心焊丝气体保护焊、药芯焊丝气体保护焊焊接时焊道最大宽度不应超过20mm；

4）导电嘴与工件距离：埋弧自动焊 40mm± 10mm；气体保护焊 20mm±7mm；

5）保护气种类：二氧化碳；富氩气体，混合比例为氩气80%＋二氧化碳20%；

6）保护气流量：20L/min～50L/min。

6 免予评定的各类焊接节点构造形式、焊接坡口的形式和尺寸必须符合本规范第5章的要求，并应符合下列规定：

1）斜角焊缝两面角 $\psi > 30°$；

2）管材相贯接头局部两面角 $\psi > 30°$。

7 免予评定的结构荷载特性应为静载。

8 焊丝直径不符合表6.6.2-4的规定时，不得免予评定。

9 当焊接工艺参数按表6.6.2-4、表6.6.2-5的规定值变化范围超过本规范第6.3节的规定时，不得免予评定。

表 6.6.2-4 各种焊接方法免予评定的焊接工艺参数范围

焊接方法代号	焊条或焊丝型号	焊条或焊丝直径(mm)	电流(A)	电流极性	电压(V)	焊接速度(cm/min)
SMAW	EXX15 EXX16 EXX03	3.2	80～140	EXX15: 直流反接	18～26	8～18
		4.0	110～210	EXX16: 交、直流	20～27	10～20
		5.0	160～230	EXX03: 交流	20～27	10～20
GMAW	ER-XX	1.2	打底180～260 填充220～320 盖面220～280	直流反接	25～38	25～45
FCAW	EXX1T1	1.2	打底160～260 填充220～320 盖面220～280	直流反接	25～38	30～55
SAW	HXXX	3.2	400～600	直流反接或交流	24～40	25～65
		4.0	450～700		24～40	
		5.0	500～800		34～40	

注：表中参数为平、横焊位置。立焊电流应比平、横焊减小10%～15%。

表 6.6.2-5 拉弧式栓钉焊免予评定的焊接工艺参数范围

栓钉焊方法代号	栓钉直径(mm)	电流(A)	电流极性	焊接时间(s)	提升高度(mm)	伸出长度(mm)
SW	13	900～1000	直流正接	0.7	1～3	3～4
	16	1200～1300		0.8		4～5

6.6.3 免予焊接工艺评定的钢材表面及坡口处理、焊接材料储存及烘干、引弧板及引出板、焊后处理、焊接环境、焊工资格等要求应符合本规范的规定。

7 焊接工艺

7.1 母材准备

7.1.1 母材上待焊接的表面和两侧应均匀、光洁，

且应无毛刺、裂纹和其他对焊缝质量有不利影响的缺陷。待焊接的表面及距焊缝坡口边缘位置30mm范围内不得有影响正常焊接和焊缝质量的氧化皮、锈蚀、油脂、水等杂质。

7.1.2 焊接接头坡口的加工或缺陷的清除可采用机加工、热切割、碳弧气刨、铲凿或打磨等方法。

7.1.3 采用热切割方法加工的坡口表面质量应符合现行行业标准《热切割 气割质量和尺寸偏差》JB/T 10045.3的有关规定；钢材厚度不大于100mm时，割纹深度不应大于0.2mm；钢材厚度大于100mm时，割纹深度不应大于0.3mm。

7.1.4 割纹深度超过本规范第7.1.3条的规定，以及坡口表面上的缺口和凹槽，应采用机械加工或打磨清除。

7.1.5 母材坡口表面切割缺陷需要进行焊接修补时，应根据本规范规定制订修补焊接工艺，并应记录存档；调质钢及承受动荷载需经疲劳验算的结构，母材坡口表面切割缺陷的修补还应报监理工程师批准后方可进行。

7.1.6 钢材轧制缺欠（图7.1.6）的检测和修复应符合下列要求：

1 焊接坡口边缘上钢材的夹层缺欠长度超过25mm时，应采用无损检测方法检测其深度。当缺欠深度不大于6mm时，应用机械方法清除；当缺欠深度大于6mm且不超过25mm时，应用机械方法清除后焊接修补填满；当缺欠深度大于25mm时，应采用超声波测定其尺寸，如果单个缺欠面积（$a \times d$）或聚集缺欠的总面积不超过被切割钢材总面积（$B \times L$）的4%时为合格，否则不应使用；

2 钢材内部的夹层，其尺寸不超过本条第1款的规定且位置离母材坡口表面距离 b 不小于25mm时不需要修补；距离 b 小于25mm时应进行焊接修补；

3 夹层是裂纹时，裂纹长度 a 和深度 d 均不大于50mm时应进行焊接修补；裂纹深度 d 大于50mm或累计长度超过板宽的20%时不应使用；

4 焊接修补应符合本规范第7.11节的规定。

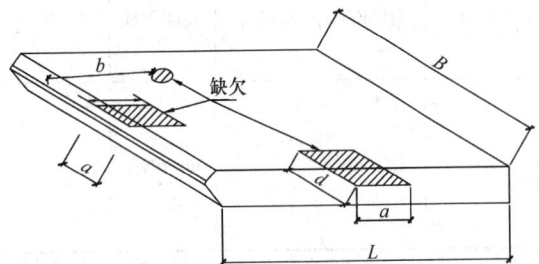

图7.1.6 夹层缺欠

7.2 焊接材料要求

7.2.1 焊接材料熔敷金属的力学性能不应低于相应

母材标准的下限值或满足设计文件要求。

7.2.2 焊接材料贮存场所应干燥、通风良好，应由专人保管、烘干、发放和回收，并应有详细记录。

7.2.3 焊条的保存、烘干应符合下列要求：

1 酸性焊条保存时应有防潮措施，受潮的焊条使用前应在 100℃～150℃ 范围内烘焙 1h～2h；

2 低氢型焊条应符合下列要求：

1）焊条使用前应在 300℃～430℃ 范围内烘焙 1h～2h，或按厂家提供的焊条使用说明书进行烘干。焊条放入时烘箱的温度不应超过规定最高烘焙温度的一半，烘焙时间以烘箱达到规定最高烘焙温度后开始计算；

2）烘干后的低氢焊条应放置于温度不低于 120℃ 的保温箱中存放、待用；使用时应置于保温筒中，随用随取；

3）焊条烘干后在大气中放置时间不应超过 4h，用于焊接Ⅲ、Ⅳ类钢材的焊条，烘干后在大气中放置时间不应超过 2h。重新烘干次数不应超过 1 次。

7.2.4 焊剂的烘干应符合下列要求：

1 使用前应按制造厂家推荐的温度进行烘焙，已受潮或结块的焊剂严禁使用；

2 用于焊接Ⅲ、Ⅳ类钢材的焊剂，烘干后在大气中放置时间不应超过 4h。

7.2.5 焊丝和电渣焊的熔化或非熔化导管表面以及栓钉焊接端面应无油污、锈蚀。

7.2.6 栓钉焊瓷环保存时应有防潮措施，受潮的焊接瓷环使用前应在 120℃～150℃ 范围内烘焙 1h～2h。

7.2.7 常用钢材的焊接材料可按表 7.2.7 的规定选用，屈服强度在 460MPa 以上的钢材，其焊接材料的选用应符合本规范第 7.2.1 条的规定。

表 7.2.7 常用钢材的焊接材料推荐表

母 材					焊 接 材 料			
GB/T 700 和 GB/T 1591 标准钢材	GB/T 19879 标准钢材	GB/T 714 标准钢材	GB/T 4171 标准钢材	GB/T 7659 标准钢材	焊条电弧焊 SMAW	实心焊丝气体保护焊 GMAW	药芯焊丝气体保护焊 FCAW	埋弧焊 SAW
Q215	—	—	—	ZG200-400H ZG230-450H	GB/T 5117：E43XX	GB/T 8110：ER49-X	GB/T 10045：E43XTX-X GB/T 17493：E43XTX-X	GB/T 5293：F4XX-H08A
Q235 Q275	Q235GJ	Q235q	Q235NH Q265GNH Q295NH Q295GNH	ZG275-485H	GB/T 5117：E43XX E50XX GB/T 5118：E50XX-X	GB/T 8110：ER49-X ER50-X	GB/T 10045：E43XTX-X E50XTX-X GB/T 17493：E43XTX-X E49XTX-X	GB/T 5293：F4XX-H08A GB/T 12470：F48XX-H08MnA
Q345 Q390	Q345GJ Q390GJ	Q345q Q370q	Q310GNH Q355NH Q355GNH	—	GB/T 5117：E50XX GB/T 5118：E5015、16-X E5515、16-Xª	GB/T 8110：ER50-X ER55-X	GB/T 10045：E50XTX-X GB/T 17493：E50XTX-X	GB/T 5293：F5XX-H08MnA F5XX-H10Mn2 GB/T 12470：F48XX-H08MnA F48XX-H10Mn2 F48XX-H10Mn2A
Q420	Q420GJ	Q420q	Q415NH	—	GB/T 5118：E5515、16-X E6015、16-Xᵇ	GB/T 8110 ER55-X ER62-Xᵇ	GB/T 17493：E55XTX-X	GB/T 12470：F55XX-H10Mn2A F55XX-H08MnMoA
Q460	Q460GJ	—	Q460NH	—	GB/T 5118：E5515、16-X E6015、16-X	GB/T 8110 ER55-X	GB/T 17493：E55XTX-X E60XTX-X	GB/T 12470：F55XX-H08MnMoA F55XX-H08Mn2MoVA

注：1 被焊母材有冲击要求时，熔敷金属的冲击功不应低于母材规定；

2 焊接接头板厚不小于 25mm 时，宜采用低氢型焊接材料；

3 表中 X 对应焊材标准中的相应规定；

a 仅适用于厚度不大于 35mm 的 Q3459 钢及厚度不大于 16mm 的 Q3709 钢；

b 仅适用于厚度不大于 16mm 的 Q4209 钢。

7.3 焊接接头的装配要求

7.3.1 焊接坡口尺寸宜符合本规范附录 A 的规定。组装后坡口尺寸允许偏差应符合表 7.3.1 的规定。

表 7.3.1 坡口尺寸组装允许偏差

序号	项 目	背面不清根	背面清根
1	接头钝边	±2mm	—
2	无衬垫接头根部间隙	±2mm	+2mm −3mm
3	带衬垫接头根部间隙	+6mm −2mm	—
4	接头坡口角度	+10° −5°	+10° −5°
5	U 形和 J 形坡口 根部半径	+3mm −0mm	—

7.3.2 接头间隙中严禁填塞焊条头、铁块等杂物。

7.3.3 坡口组装间隙偏差超过表 7.3.1 规定但不大于较薄板厚度 2 倍或 20mm 两值中较小值时,可在坡口单侧或两侧堆焊。

7.3.4 对接接头的错边量不应超过本规范表 8.2.2 的规定。当不等厚部件对接接头的错边量超过 3mm 时,较厚部件应按不大于 1:2.5 坡度平缓过渡。

7.3.5 采用角焊缝及部分焊透焊缝连接的 T 形接头,两部件应密贴,根部间隙不应超过 5mm;当间隙超过 5mm 时,应在待焊板端表面堆焊并修磨平整使其间隙符合要求。

7.3.6 T 形接头的角焊缝连接部件的根部间隙大于 1.5mm 且小于 5mm 时,角焊缝的焊脚尺寸应按根部间隙值予以增加。

7.3.7 对于搭接接头及塞焊、槽焊以及钢衬垫与母材间的连接接头,接触面之间的间隙不应超过 1.5mm。

7.4 定 位 焊

7.4.1 定位焊必须由持相应资格证书的焊工施焊,所用焊接材料应与正式焊缝的焊接材料相当。

7.4.2 定位焊缝附近的母材表面质量应符合本规范第 7.1 节的规定。

7.4.3 定位焊缝厚度不应小于 3mm,长度不应小于 40mm,其间距宜为 300mm~600mm。

7.4.4 采用钢衬垫的焊接接头,定位焊宜在接头坡口内进行;定位焊焊接时预热温度宜高于正式施焊预热温度 20℃~50℃;定位焊缝与正式焊缝应具有相同的焊接工艺和焊接质量要求;定位焊焊缝存在裂纹、气孔、夹渣等缺陷时,应完全清除。

7.4.5 对于要求疲劳验算的动荷载结构,应根据结构特点和本节要求制定定位焊工艺文件。

7.5 焊 接 环 境

7.5.1 焊条电弧焊和自保护药芯焊丝电弧焊,其焊接作业区最大风速不宜超过 8m/s,气体保护电弧焊不宜超过 2m/s,如果超出上述范围,应采取有效措施以保障焊接电弧区域不受影响。

7.5.2 当焊接作业处于下列情况之一时严禁焊接:

1 焊接作业区的相对湿度大于 90%;

2 焊件表面潮湿或暴露于雨、冰、雪中;

3 焊接作业条件不符合现行国家标准《焊接与切割安全》GB 9448 的有关规定。

7.5.3 焊接环境温度低于 0℃但不低于−10℃时,应采取加热或防护措施,应确保接头焊接处各方向不小于 2 倍板厚且不小于 100mm 范围内的母材温度,不低于 20℃或规定的最低预热温度二者的较高值,且在焊接过程中不应低于这一温度。

7.5.4 焊接环境温度低于−10℃时,必须进行相应焊接环境下的工艺评定试验,并应在评定合格后再进行焊接,如果不符合上述规定,严禁焊接。

7.6 预热和道间温度控制

7.6.1 预热温度和道间温度应根据钢材的化学成分、接头的拘束状态、热输入大小、熔敷金属含氢量水平及所采用的焊接方法等综合因素确定或进行焊接试验。

7.6.2 常用钢材采用中等热输入焊接时,最低预热温度宜符合表 7.6.2 的要求。

表 7.6.2 常用钢材最低预热温度要求（℃）

钢材 类别	接头最厚部件的板厚 t (mm)				
	t≤20	20<t≤40	40<t≤60	60<t≤80	t>80
Ⅰ a	—	—	40	50	80
Ⅱ	—	20	60	80	100
Ⅲ	20	60	80	100	120
Ⅳ b	20	80	100	120	150

注:1 焊接热输入约为 15kJ/cm~25kJ/cm,当热输入每增大 5kJ/cm 时,预热温度可比表中温度降低 20℃;

2 当采用非低氢焊接材料或焊接方法焊接时,预热温度应比表中规定的温度提高 20℃;

3 当母材施焊处温度低于 0℃时,应根据焊接作业环境、钢材牌号及板厚的具体情况将表中预热温度适当增加,且应在焊接过程中保持这一最低道间温度;

4 焊接接头板厚不同时,应按接头中较厚板的板厚选择最低预热温度和道间温度;

5 焊接接头材质不同时,应按接头中较高强度、较高碳当量的钢材选择最低预热温度;

6 本表不适用于供货状态为调质处理的钢材;控轧控冷（TMCP）钢最低预热温度可由试验确定;

7 "—"表示焊接环境在 0℃以上时,可不采取预热措施;

a 铸钢除外,Ⅰ类钢材中的铸钢预热温度宜参照Ⅱ类钢材的要求确定;

b 仅限于Ⅳ类钢材中的 Q460、Q460GJ 钢。

7.6.3 电渣焊和气电立焊在环境温度为 0℃ 以上施焊时可不进行预热；但板厚大于 60mm 时，宜对引弧区域的母材预热且预热温度不应低于 50℃。

7.6.4 焊接过程中，最低道间温度不应低于预热温度；静载结构焊接时，最大道间温度不宜超过 250℃；需进行疲劳验算的动荷载结构和调质钢焊接时，最大道间温度不宜超过 230℃。

7.6.5 预热及道间温度控制应符合下列规定：

1 焊前预热及道间温度的保持宜采用电加热法、火焰加热法，并应采用专用的测温仪器测量；

2 预热的加热区域应在焊缝坡口两侧，宽度应大于焊件施焊处板厚的 1.5 倍，且不应小于 100mm；预热温度宜在焊件受热面的背面测量，测量点应在离电弧经过前的焊接点各方向不小于 75mm 处；当采用火焰加热器预热时正面测温应在火焰离开后进行。

7.6.6 Ⅲ、Ⅳ类钢材及调质钢的预热温度、道间温度的确定，应符合钢厂提供的指导性参数要求。

7.7 焊后消氢热处理

7.7.1 当要求进行焊后消氢热处理时，应符合下列规定：

1 消氢热处理的加热温度应为 250℃～350℃，保温时间应根据工件板厚按每 25mm 板厚不小于 0.5h，且总保温时间不得小于 1h 确定。达到保温时间后应缓冷至常温；

2 消氢热处理的加热和测温方法应按本规范第 7.6.5 条的规定执行。

7.8 焊后消应力处理

7.8.1 设计或合同文件对焊后消除应力有要求时，需经疲劳验算的动荷载结构中承受拉应力的对接接头或焊缝密集的节点或构件，宜采用电加热器局部退火和加热炉整体退火等方法进行消除应力处理；如仅为稳定结构尺寸，可采用振动法消除应力。

7.8.2 焊后热处理应符合现行行业标准《碳钢、低合金钢焊接构件焊后热处理方法》JB/T 6046 的有关规定。当采用电加热器对焊接构件进行局部消除应力热处理时，尚应符合下列要求：

1 使用配有温度自动控制仪的加热设备，其加热、测温、控温性能应符合使用要求；

2 构件焊缝每侧面加热板（带）的宽度应至少为钢板厚度的 3 倍，且不应小于 200mm；

3 加热板（带）以外构件两侧宜用保温材料适当覆盖。

7.8.3 用锤击法消除中间焊层应力时，应使用圆头手锤或小型振动工具进行，不应对根部焊缝、盖面焊缝或焊缝坡口边缘的母材进行锤击。

7.8.4 用振动法消除应力时，应符合现行行业标准《焊接构件振动时效工艺参数选择及技术要求》JB/T 10375 的有关规定。

7.9 引弧板、引出板和衬垫

7.9.1 引弧板、引出板和钢衬垫板的钢材应符合本规范第 4 章的规定，其强度不应大于被焊钢材强度，且应具有与被焊钢材相近的焊接性。

7.9.2 在焊接接头的端部应设置焊缝引弧板、引出板，应使焊缝在提供的延长段上引弧和终止。焊条电弧焊和气体保护电弧焊焊缝引弧板、引出板长度应大于 25mm，埋弧焊引弧板、引出板长度应大于 80mm。

7.9.3 引弧板和引出板宜采用火焰切割、碳弧气刨或机械等方法去除，去除时不得伤及母材并将割口处修磨至与焊缝端部平整。严禁使用锤击去除引弧板和引出板。

7.9.4 衬垫材质可采用金属、焊剂、纤维、陶瓷等。

7.9.5 当使用钢衬垫时，应符合下列要求：

1 钢衬垫应与接头母材金属贴合良好，其间隙不应大于 1.5mm；

2 钢衬垫在整个焊缝长度内应保持连续；

3 钢衬垫应有足够的厚度以防止烧穿。用于焊条电弧焊、气体保护电弧焊和自保护药芯焊丝电弧焊焊接方法的衬垫板厚度不应小于 4mm；用于埋弧焊焊接方法的衬垫板厚度不应小于 6mm；用于电渣焊焊接方法的衬垫板厚度不应小于 25mm；

4 应保证钢衬垫与焊缝金属熔合良好。

7.10 焊接工艺技术要求

7.10.1 焊接施工前，施工单位应制定焊接工艺文件用于指导焊接施工，工艺文件可依据本规范第 6 章规定的焊接工艺评定结果进行制定，也可依据本规范第 6 章对符合免除工艺评定条件的工艺直接制定焊接工艺文件。焊接工艺文件应至少包括下列内容：

1 焊接方法或焊接方法的组合；

2 母材的规格、牌号、厚度及适用范围；

3 填充金属的规格、类别和型号；

4 焊接接头形式、坡口形式、尺寸及其允许偏差；

5 焊接位置；

6 焊接电源的种类和电流极性；

7 清根处理；

8 焊接工艺参数，包括焊接电流、焊接电压、焊接速度、焊层和焊道分布等；

9 预热温度及道间温度范围；

10 焊后消除应力处理工艺；

11 其他必要的规定。

7.10.2 对于焊条电弧焊、实心焊丝气体保护焊、药芯焊丝气体保护焊和埋弧焊（SAW）焊接方法，每一道焊缝的宽深比不应小于 1.1。

7.10.3 除用于坡口焊缝的加强角焊缝外，如果满足设计要求，应采用最小角焊缝尺寸，最小角焊缝尺寸应符合本规范表5.4.2的规定。

7.10.4 对于焊条电弧焊、半自动实心焊丝气体保护焊、半自动药芯焊丝气体保护焊、药芯焊丝自保护焊和自动埋弧焊焊接方法，其单道焊最大焊缝尺寸宜符合表7.10.4的规定。

表7.10.4 单道焊最大焊缝尺寸

焊道类型	焊接位置	焊缝类型	焊接方法		
			焊条电弧焊	气体保护焊和药芯焊丝自保护焊	单丝埋弧焊
根部焊道最大厚度	平焊	全部	10mm	10mm	—
	横焊		8mm	8mm	—
	立焊		12mm	12mm	—
	仰焊		8mm	8mm	—
填充焊道最大厚度	全部	全部	5mm	6mm	6mm
单道角焊缝最大焊脚尺寸	平焊	角焊缝	10mm	12mm	12mm
	横焊		8mm	10mm	8mm
	立焊		12mm	12mm	—
	仰焊		8mm	8mm	—

7.10.5 多层焊时应连续施焊，每一焊道焊接完成后应及时清理焊渣及表面飞溅物，遇有中断施焊的情况，应采取适当的保温措施，必要时应进行后热处理，再次焊接时重新预热温度应高于初始预热温度。

7.10.6 塞焊和槽焊可采用焊条电弧焊、气体保护电弧焊及药芯焊丝自保护焊等焊接方法。平焊时，应分层焊接，每层熔渣冷却凝固后必须清除再重新焊接；立焊和仰焊时，每道焊缝焊完后，应待熔渣冷却并清除再施焊后续焊道。

7.10.7 在调质钢上严禁采用塞焊和槽焊焊缝。

7.11 焊接变形的控制

7.11.1 钢结构焊接时，采用的焊接工艺和焊接顺序应能使最终构件的变形和收缩最小。

7.11.2 根据构件上焊缝的布置，可按下列要求采用合理的焊接顺序控制变形：

　　1 对接接头、T形接头和十字接头，在工件放置条件允许或易于翻转的情况下，宜双面对称焊接；有对称截面的构件，宜对称于构件中性轴焊接；有对称连接杆件的节点，宜对称于节点轴线同时对称焊接；

　　2 非对称双面坡口焊缝，宜先在深坡口面完成部分焊缝焊接，然后完成浅坡口面焊缝焊接，最后完成深坡口面焊缝焊接。特厚板宜增加轮流对称焊接的循环次数；

　　3 对长焊缝宜采用分段退焊法或多人对称焊

　　接法；

　　4 宜采用跳焊法，避免工件局部热量集中。

7.11.3 构件装配焊接时，应先焊收缩量较大的接头，后焊收缩量较小的接头，接头应在小的拘束状态下焊接。

7.11.4 对于有较大收缩或角变形的接头，正式焊接前应采用预留焊接收缩裕量或反变形方法控制收缩和变形。

7.11.5 多组件构成的组合构件应采取分部组装焊接，矫正变形后再进行总装焊接。

7.11.6 对于焊缝分布相对于构件的中性轴明显不对称的异形截面的构件，在满足设计要求的条件下，可采用调整填充焊缝熔敷数量或补偿加热的方法。

7.12 返 修 焊

7.12.1 焊缝金属和母材的缺欠超过相应的质量验收标准时，可采用砂轮打磨、碳弧气刨、铲凿或机械加工等方法彻底清除。对焊缝进行返修，应按下列要求进行：

　　1 返修前，应清洁修复区域的表面；

　　2 焊瘤、凸起或余高过大，应采用砂轮或碳弧气刨清除过量的焊缝金属；

　　3 焊缝凹陷或弧坑、焊缝尺寸不足、咬边、未熔合、焊缝气孔或夹渣等应在完全清除缺陷后进行焊补；

　　4 焊缝或母材的裂纹应采用磁粉、渗透或其他无损检测方法确定裂纹的范围及深度，用砂轮打磨或碳弧气刨清除裂纹及其两端各50mm长的完好焊缝或母材，修整表面或磨除气刨渗碳层后，应采用渗透或磁粉探伤方法确定裂纹是否彻底清除，再重新进行焊补；对于拘束度较大的焊接接头的裂纹用碳弧气刨清除前，宜在裂纹两端钻止裂孔；

　　5 焊接返修的预热温度应比相同条件下正常焊接的预热温度提高30℃～50℃，并应采用低氢焊接材料和焊接方法进行焊接；

　　6 返修部位应连续焊接。如中断焊接时，应采取后热、保温措施，防止产生裂纹；厚板返修焊宜采用消氢处理；

　　7 焊接裂纹的返修，应由焊接技术人员对裂纹产生的原因进行调查和分析，制定专门的返修工艺方案后进行；

　　8 同一部位两次返修后仍不合格时，应重新制定返修方案，并经业主或监理工程师认可后方可实施。

7.12.2 返修焊的焊缝应按原检测方法和质量标准进行检测验收，填报返修施工记录及返修前后的无损检测报告，作为工程验收及存档资料。

7.13 焊 件 矫 正

7.13.1 焊接变形超标的构件应采用机械方法或局部

加热的方法进行矫正。

7.13.2 采用加热矫正时，调质钢的矫正温度严禁超过其最高回火温度，其他供货状态的钢材的矫正温度不应超过 800℃或钢厂推荐温度两者中的较低值。

7.13.3 构件加热矫正后宜采用自然冷却，低合金钢在矫正温度高于 650℃时严禁急冷。

7.14 焊缝清根

7.14.1 全焊透焊缝的清根应从反面进行，清根后的凹槽应形成不小于 10°的 U 形坡口。

7.14.2 碳弧气刨清根应符合下列规定：

1 碳弧气刨工的技能应满足清根操作技术要求；

2 刨槽表面应光洁，无夹碳、粘渣等；

3 Ⅲ、Ⅳ类钢材及调质钢在碳弧气刨后，应使用砂轮打磨刨槽表面，去除渗碳淬硬层及残留熔渣。

7.15 临 时 焊 缝

7.15.1 临时焊缝的焊接工艺和质量要求应与正式焊缝相同。临时焊缝清除时应不伤及母材，并应将临时焊缝区域修磨平整。

7.15.2 需经疲劳验算结构中受拉部件或受拉区域严禁设置临时焊缝。

7.15.3 对于Ⅲ、Ⅳ类钢材、板厚大于 60mm 的Ⅰ、Ⅱ类钢材、需经疲劳验算的结构，临时焊缝清除后，应采用磁粉或渗透探伤方法对母材进行检测，不允许存在裂纹等缺陷。

7.16 引弧和熄弧

7.16.1 不应在焊缝区域外的母材上引弧和熄弧。

7.16.2 母材的电弧擦伤应打磨光滑，承受动载或Ⅲ、Ⅳ类钢材的擦伤处还应进行磁粉或渗透探伤检测，不得存在裂纹等缺陷。

7.17 电渣焊和气电立焊

7.17.1 电渣焊和气电立焊的冷却块或衬垫块以及导管应满足焊接质量要求。

7.17.2 采用熔嘴电渣焊时，应防止熔嘴上的药皮受潮和脱落，受潮的熔嘴应经过 120℃约 1.5h 的烘焙后方可使用，药皮脱落、锈蚀和带有油污的熔嘴不得使用。

7.17.3 电渣焊和气电立焊在引弧和熄弧时可使用钢制或铜制引熄弧块。电渣焊使用的铜制引熄弧块长度不应小于 100mm，引弧槽的深度不应小于 50mm，引弧槽的截面积应与正式电渣焊接头的截面积一致，可在引弧块的底部加入适当的碎焊丝（φ1mm×1mm）便于起弧。

7.17.4 电渣焊用焊丝应控制 S、P 含量，同时应具有较高的脱氧元素含量。

7.17.5 电渣焊采用Ⅰ形坡口（图 7.17.5）时，坡口间隙 b 与板厚 t 的关系应符合表 7.17.5 的规定。

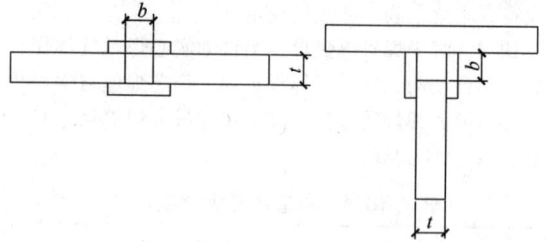

图 7.17.5　电渣焊Ⅰ形坡口

表 7.17.5　电渣焊Ⅰ形坡口间隙与板厚关系

母材厚度 t（mm）	坡口间隙 b（mm）
$t \leqslant 32$	25
$32 < t \leqslant 45$	28
$t > 45$	30～32

7.17.6 电渣焊焊接过程中，可采用填加焊剂和改变焊接电压的方法，调整渣池深度和宽度。

7.17.7 焊接过程中出现电弧中断或焊缝中间存在缺陷，可钻孔清除已焊焊缝，重新进行焊接。必要时应刨开面板采用其他焊接方法进行局部焊补，返修后应重新按检测要求进行无损检测。

8 焊 接 检 验

8.1 一 般 规 定

8.1.1 焊接检验应按下列要求分为两类：

1 自检，是施工单位在制造、安装过程中，由本单位具有相应资质的检测人员或委托具有相应检验资质的检测机构进行的检验；

2 监检，是业主或其代表委托具有相应检验资质的独立第三方检测机构进行的检验。

8.1.2 焊接检验的一般程序包括焊前检验、焊中检验和焊后检验，并应符合下列规定：

1 焊前检验应至少包括下列内容：

　　1）按设计文件和相关标准的要求对工程中所用钢材、焊接材料的规格、型号（牌号）、材质、外观及质量证明文件进行确认；

　　2）焊工合格证及认可范围确认；

　　3）焊接工艺技术文件及操作规程审查；

　　4）坡口形式、尺寸及表面质量检查；

　　5）组对后构件的形状、位置、错边量、角变形、间隙等检查；

　　6）焊接环境、焊接设备等条件确认；

　　7）定位焊缝的尺寸及质量认可；

　　8）焊接材料的烘干、保存及领用情况检查；

　　9）引弧板、引出板和衬垫板的装配质量检查。

2 焊中检验应至少包括下列内容：

1）实际采用的焊接电流、焊接电压、焊接速度、预热温度、层间温度及后热温度和时间等焊接工艺参数与焊接工艺文件的符合性检查；

2）多层多道焊焊道缺欠的处理情况确认；

3）采用双面焊清根的焊缝，应在清根后进行外观检查及规定的无损检测；

4）多层多道焊中焊层、焊道的布置及焊接顺序等检查。

3 焊后检验应至少包括下列内容：

1）焊缝的外观质量与外形尺寸检查；

2）焊缝的无损检测；

3）焊接工艺规程记录及检验报告审查。

8.1.3 焊接检验前应根据结构所承受的荷载特性、施工详图及技术文件规定的焊缝质量等级要求编制检验和试验计划，由技术负责人批准并报监理工程师备案。检验方案应包括检验批的划分、抽样检验的抽样方法、检验项目、检验方法、检验时机及相应的验收标准等内容。

8.1.4 焊缝检验抽样方法应符合下列规定：

1 焊缝处数的计数方法：工厂制作焊缝长度不大于 1000mm 时，每条焊缝应为 1 处；长度大于 1000mm 时，以 1000mm 为基准，每增加 300mm 焊缝数量应增加 1 处；现场安装焊缝每条焊缝应为 1 处。

2 可按下列方法确定检验批：

1）制作焊缝以同一工区（车间）按 300～600 处的焊缝数量组成检验批；多层框架结构可以每节柱的所有构件组成检验批；

2）安装焊缝以区段组成检验批；多层框架结构以每层（节）的焊缝组成检验批。

3 抽样检验除设计指定焊缝外应采用随机取样方式取样，且取样中应覆盖到该批焊缝中所包含的所有钢材类别、焊接位置和焊接方法。

8.1.5 外观检测应符合下列规定：

1 所有焊缝应冷却到环境温度后方可进行外观检测。

2 外观检测采用目测方式，裂纹的检查应辅以 5 倍放大镜并在合适的光照条件下进行，必要时可采用磁粉探伤或渗透探伤检测，尺寸的测量应用量具、卡规。

3 栓钉焊接接头的焊缝外观质量应符合本规范表 6.5.1-1 或表 6.5.1-2 的要求。外观质量检验合格后进行打弯抽样检查，合格标准：当栓钉弯曲至 30° 时，焊缝和热影响区不得有肉眼可见的裂纹，检查数量不应小于栓钉总数的 1% 且不少于 10 个。

4 电渣焊、气电立焊接头的焊缝外观成形应光滑，不得有未熔合、裂纹等缺陷；当板厚小于 30mm 时，压痕、咬边深度不应大于 0.5mm；板厚不小于 30mm 时，压痕、咬边深度不应大于 1.0mm。

8.1.6 焊缝无损检测报告签发人员必须持有现行国家标准《无损检测人员资格鉴定与认证》GB/T 9445 规定的 2 级或 2 级以上资格证书。

8.1.7 超声波检测应符合下列规定：

1 对接及角接接头的检验等级应根据质量要求分为 A、B、C 三级，检验的完善程度 A 级最低，B 级一般，C 级最高，应根据结构的材质、焊接方法、使用条件及承受载荷的不同，合理选用检验级别。

2 对接及角接接头检验范围见图 8.1.7，其确定应符合下列规定：

1）A 级检验采用一种角度的探头在焊缝的单面单侧进行检验，只对能扫查到的焊缝截面进行探测，一般不要求作横向缺欠的检验。母材厚度大于 50mm 时，不得采用 A 级检验。

2）B 级检验采用一种角度探头在焊缝的单面双侧进行检验，受几何条件限制时，应在焊缝单面、单侧采用两种角度探头（两角度之差大于 15°）进行检验。母材厚度大于 100mm 时，应采用双面双侧检验，受几何条件限制时，应在焊缝双面单侧，采用两种角度探头（两角度之差大于 15°）进行检验，检验应覆盖整个焊缝截面。条件允许时应作横向缺欠检验。

3）C 级检验至少应采用两种角度探头在焊缝的单面双侧进行检验。同时应作两个扫查方向和两种探头角度的横向缺欠检验。母材厚度大于 100mm 时，应采用双面双侧检验。检查前应将对接焊缝余高磨平，以便探头在焊缝上作平行扫查。焊缝两侧斜探头扫查经过母材部分应采用直探头作检查。当焊缝母材厚度不小于 100mm，或窄间隙焊缝母材厚度不小于 40mm 时，应增加串列式扫查。

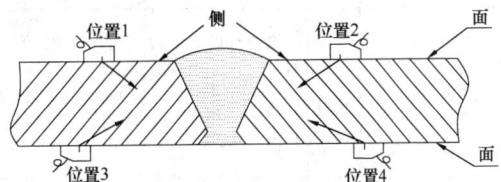

图 8.1.7 超声波检测位置

8.1.8 抽样检验应按下列规定进行结果判定：

1 抽样检验的焊缝数不合格率小于 2% 时，该批验收合格；

2 抽样检验的焊缝数不合格率大于 5% 时，该批验收不合格；

3 除本条第 5 款情况外抽样检验的焊缝数不合格

率为2%～5%时，应加倍抽检，且必须在原不合格部位两侧的焊缝延长线各增加一处，在所有抽检焊缝中不合格率不大于3%时，该批验收合格，大于3%时，该批验收不合格；

4 批量验收不合格时，应对该批余下的全部焊缝进行检验；

5 检验发现1处裂纹缺陷时，应加倍抽查，在加倍抽检焊缝中未再检查出裂纹缺陷时，该批验收合格；检验发现多于1处裂纹缺陷或加倍抽查又发现裂纹缺陷时，该批验收不合格，应对该批余下焊缝的全数进行检查。

8.1.9 所有检出的不合格焊接部位应按本规范第7.11节的规定予以返修至检查合格。

8.2 承受静荷载结构焊接质量的检验

8.2.1 焊缝外观质量应满足表8.2.1的规定。

表8.2.1 焊缝外观质量要求

焊缝质量等级 检验项目	一级	二级	三级
裂纹	不允许		
未焊满	不允许	≤0.2mm+0.02t 且≤1mm，每100mm长度焊缝内未焊满累积长度≤25mm	≤0.2mm+0.04t≤2mm，每100mm长度焊缝内未焊满累积长度≤25mm
根部收缩	不允许	≤0.2mm+0.02t 且≤1mm，长度不限	≤0.2mm+0.04t≤2mm，长度不限
咬边	不允许	深度≤0.05t 且≤0.5mm，连续长度≤100mm，且焊缝两侧咬边总长≤10%焊缝全长	深度≤0.1t 且≤1mm，长度不限
电弧擦伤	不允许		允许存在个别电弧擦伤
接头不良	不允许	缺口深度≤0.05t 且≤0.5mm，每1000mm长度焊缝内不得超过1处	缺口深度≤0.1t 且≤1mm，每1000mm长度焊缝内不得超过1处
表面气孔	不允许		每50mm长度焊缝内允许存在直径<0.4t 且≤3mm的气孔2个；孔距应≥6倍孔径
表面夹渣	不允许		深≤0.2t，长≤0.5t≤20mm

注：t为母材厚度。

8.2.2 焊缝外观尺寸应符合下列规定：

1 对接与角接组合焊缝（图8.2.2），加强角焊缝尺寸 h_k 不应小于 $t/4$ 且不应大于10mm，其允许偏差应为 $h_k{}^{+0.4}_0$。对于加强焊角尺寸 h_k 大于8.0mm的角焊缝其局部焊脚尺寸允许低于设计要求值1.0mm，但总长度不得超过焊缝长度的10%；焊接H形梁腹板与翼缘板的焊缝两端在其两倍翼缘板宽度范围内，焊缝的焊脚尺寸不得低于设计要求值；焊缝余高应符合本规范表8.2.4的要求。

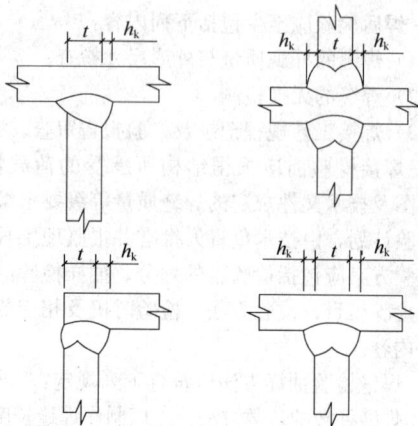

图8.2.2 对接与角接组合焊缝

2 对接焊缝与角焊缝余高及错边允许偏差应符合表8.2.2的规定。

表8.2.2 焊缝余高和错边允许偏差（mm）

序号	项目	示意图	允许偏差	
			一、二级	三级
1	对接焊缝余高（C）		B<20时，C为0～3；B≥20时，C为0～4	B<20时，C为0～3.5；B≥20时，C为0～5
2	对接焊缝错边（Δ）		Δ<0.1t 且≤2.0	Δ<0.15t 且≤3.0
3	角焊缝余高（C）		h_f≤6时C为0～1.5；h_f>6时C为0～3.0	

注：t为对接接头较薄件母材厚度。

8.2.3 无损检测的基本要求应符合下列规定：

1 无损检测应在外观检测合格后进行。Ⅲ、Ⅳ

类钢材及焊接难度等级为 C、D 级时，应以焊接完成 24h 后无损检测结果作为验收依据；钢材标称屈服强度不小于 690MPa 或供货状态为调质状态时，应以焊接完成 48h 后无损检测结果作为验收依据。

2 设计要求全焊透的焊缝，其内部缺欠的检测应符合下列规定：

  1）一级焊缝应进行 100% 的检测，其合格等级不应低于本规范第 8.2.4 条中 B 级检验的 Ⅱ 级要求；

  2）二级焊缝应进行抽检，抽检比例不应小于 20%，其合格等级不应低于本规范第 8.2.4 条中 B 级检测的 Ⅲ 级要求。

3 三级焊缝应根据设计要求进行相关的检测。

8.2.4 超声波检测应符合下列规定：

1 检验灵敏度应符合表 8.2.4-1 的规定；

表 8.2.4-1 距离-波幅曲线

厚度(mm)	判废线(dB)	定量线(dB)	评定线(dB)
3.5～150	φ3×40	φ3×40-6	φ3×40-14

2 缺欠等级评定应符合表 8.2.4-2 的规定；

表 8.2.4-2 超声波检测缺欠等级评定

评定等级	检验等级		
	A	B	C
	板厚 t（mm）		
	3.5～50	3.5～150	3.5～150
Ⅰ	2t/3；最小 8mm	t/3；最小 6mm 最大 40mm	t/3；最小 6mm 最大 40mm
Ⅱ	3t/4；最小 8mm	2t/3；最小 8mm 最大 70mm	2t/3；最小 8mm 最大 50mm
Ⅲ	<t；最小 16mm	3t/4；最小 12mm 最大 90mm	3t/4；最小 12mm 最大 75mm
Ⅳ	超过Ⅲ级者		

3 当检测板厚在 3.5mm～8mm 范围时，其超声波检测的技术参数应按现行行业标准《钢结构超声波探伤及质量分级法》JG/T 203 执行；

4 焊接球节点网架、螺栓球节点网架及圆管 T、K、Y 节点焊缝的超声波探伤方法及缺陷分级应符合现行行业标准《钢结构超声波探伤及质量分级法》JG/T 203 的有关规定；

5 箱形构件隔板电渣焊焊缝无损检测，除应符合本规范第 8.2.3 条的相关规定外，还应按本规范附录 C 进行焊缝焊透宽度、焊缝偏移检测；

6 对超声波检测结果有疑义时，可采用射线检测验证；

7 下列情况之一宜在焊前用超声波检测 T 形、十字形、角接接头坡口处的翼缘板，或在焊后进行翼缘板的层状撕裂检测：

  1）发现钢板有夹层缺欠；

  2）翼缘板、腹板厚度不小于 20mm 的非厚度方向性能钢板；

  3）腹板厚度大于翼缘板厚度且垂直于该翼缘板厚度方向的工作应力较大。

8 超声波检测设备及工艺要求应符合现行国家标准《钢焊缝手工超声波探伤方法和探伤结果分级》GB/T 11345 的有关规定。

8.2.5 射线检测应符合现行国家标准《金属熔化焊焊接接头射线照相》GB/T 3323 的有关规定，射线照相的炙量等级不应低于 B 级的要求，一级焊缝评定合格等级不应低于 Ⅱ 级的要求，二级焊缝评定合格等级不应低于 Ⅲ 级的要求。

8.2.6 表面检测应符合下列规定：

1 下列情况之一应进行表面检测：

  1）设计文件要求进行表面检测；

  2）外观检测发现裂纹时，应对该批中同类焊缝进行 100% 的表面检测；

  3）外观检测怀疑有裂纹缺陷时，应对怀疑的部位进行表面检测；

  4）检测人员认为有必要时。

2 铁磁性材料应采用磁粉检测表面缺欠。不能使用磁粉检测时，应采用渗透检测。

8.2.7 磁粉检测应符合现行行业标准《无损检测 焊缝磁粉检测》JB/T 6061 的有关规定，合格标准应符合本规范第 8.2.1 条、第 8.2.2 条中外观检测的有关规定。

8.2.8 渗透检测应符合现行行业标准《无损检测 焊缝渗透检测》JB/T 6062 的有关规定，合格标准应符合本规范第 8.2.1 条、第 8.2.2 条中外观检测的有关规定。

8.3 需疲劳验算结构的焊缝质量检验

8.3.1 焊缝的外观质量应无裂纹、未熔合、夹渣、弧坑未填满及超过表 8.3.1 规定的缺欠。

表 8.3.1 焊缝外观质量要求

检验项目＼焊缝质量等级	一级	二级	三级
裂纹	不允许		
未焊满	不允许		≤ 0.2mm + 0.02t 且 ≤1mm，每 100mm 长度焊缝内未焊满累积长度≤25mm

焊缝质量等级／检验项目	一级	二级	三级
根部收缩	不允许		≤0.2mm＋0.02t 且 ≤1mm，长度不限
咬边	不允许	深度≤0.05t 且 ≤0.3mm，连续长度≤100mm，且焊缝两侧咬边总长≤10%焊缝全长	深度≤0.1t 且 ≤0.5mm，长度不限
电弧擦伤	不允许		允许存在个别电弧擦伤
接头不良	不允许		缺口深度≤0.05t 且 ≤0.5mm，每1000mm长度焊缝内不得超过1处
表面气孔	不允许		直径小于1.0mm，每米不多于3个，间距不小于20mm
表面夹渣	不允许		深≤0.2t，长≤0.5t 且 ≤20mm

注：1 t 为母材厚度；
　　2 桥面板与弦杆角焊缝、桥面板侧的桥面板与U形肋角焊缝、腹板侧受拉区竖向加劲肋角焊缝的咬边缺陷应满足一级焊缝的质量要求。

8.3.2 焊缝的外观尺寸应符合表 8.3.2 的规定。

表 8.3.2　焊缝外观尺寸要求（mm）

项　目	焊缝种类	允许偏差
焊脚尺寸	主要角焊缝a（包括对接与角接组合焊缝）	$h_f{}^{+2.0}_{\ \ 0}$
	其他角焊缝	$h_f{}^{+2.0}_{-1.0}$b
焊缝高低差	角焊缝	任意25mm范围高低差≤2.0mm
余高	对接焊缝	焊缝宽度 b ≤20mm时≤2.0mm；焊缝宽度 b ＞20mm时≤3.0mm
余高铲磨后	表面高度 横向对接焊缝	高于母材表面不大于0.5mm 低于母材表面不大于0.3mm
	表面粗糙度	不大于50μm

注：a　主要角焊缝是指主要杆件的盖板与腹板的连接焊缝；
　　b　手工焊角焊缝全长的10%允许 $h_f{}^{+2.0}_{-2.0}$。

8.3.3 无损检测应符合下列规定：
　1 无损检测应在外观检查合格后进行。Ⅰ、Ⅱ类钢材及焊接难度等级为 A、B 级时，应以焊接完成 24h 后检测结果作为验收依据，Ⅲ、Ⅳ类钢材及焊接难度等级为 C、D 级时，应以焊接完成 48h 后的检查结果作为验收依据。

　2 板厚不大于 30mm（不等厚对接时，按较薄板计）的对接焊缝除按本规范第 8.3.4 条的规定进行超声波检测外，还应采用射线检测抽检其接头数量的 10% 且不少于一个焊接接头。

　3 板厚大于 30mm 的对接焊缝除按本规范第 8.3.4 条的规定进行超声波检测外，还应增加接头数量的 10% 且不少于一个焊接接头，按检验等级为 C 级、质量等级为不低于一级的超声波检测，检测时焊缝余高应磨平，使用的探头折射角有一个为 45°，探伤范围应为焊缝两端各 500mm。焊缝长度大于 1500mm 时，中部应加探 500mm。当发现超标缺欠时应加倍检验。

　4 用射线和超声波两种方法检验同一条焊缝，必须达到各自的质量要求，该焊缝方可判定为合格。

8.3.4 超声波检测应符合下列规定：
　1 超声波检测设备和工艺要求应符合现行国家标准《钢焊缝手工超声波探伤方法和探伤结果分级》GB/T 11345 的有关规定。

　2 检测范围和检验等级应符合表 8.3.4-1 的规定。距离-波幅曲线及缺欠等级评定应符合表 8.3.4-2、表 8.3.4-3 的规定。

表 8.3.4-1　焊缝超声波检测范围和检验等级

焊缝质量级别	探伤部位	探伤比例	板厚 t（mm）	检验等级
一、二级横向对接焊缝	全长	100%	10≤t≤46	B
			46＜t≤80	B（双面双侧）
二级纵向对接焊缝	焊缝两端各1000mm	100%	10≤t≤46	B
			46＜t≤80	B（双面双侧）
二级角焊缝	两端螺栓孔部位并延长500mm，板梁主梁及纵、横梁跨中加探1000mm	100%	10≤t≤46	B（双面单侧）
	—		46＜t≤80	B（双面单侧）

表 8.3.4-2　超声波检测距离-波幅曲线灵敏度

焊缝质量等级	板厚（mm）	判废线	定量线	评定线
对接焊缝一、二级	10≤t≤46	ϕ3×40-6dB	ϕ3×40-14dB	ϕ3×40-20dB
	46＜t≤80	ϕ3×40-2dB	ϕ3×40-10dB	ϕ3×40-16dB

续表 8.3.4-2

焊缝质量等级		板厚(mm)	判废线	定量线	评定线
全焊透对接与角接组合焊缝一级		$10 \leq t \leq 80$	$\phi 3 \times 40$-4dB	$\phi 3 \times 40$-10dB	$\phi 3 \times 40$-16dB
			$\phi 6$	$\phi 3$	$\phi 2$
角焊缝二级	部分焊透对接与角接组合焊缝	$10 \leq t \leq 80$	$\phi 3 \times 40$-4dB	$\phi 3 \times 40$-10dB	$\phi 3 \times 40$-16dB
	贴角焊缝	$10 \leq t \leq 25$	$\phi 1 \times 2$	$\phi 1 \times 2$-6dB	$\phi 1 \times 2$-12dB
		$25 < t \leq 80$	$\phi 1 \times 2$+4dB	$\phi 1 \times 2$-4dB	$\phi 1 \times 2$-10dB

注：1 角焊缝超声波检测采用铁路钢桥制造专用柱孔标准试块或与其校准过的其他孔形试块；

2 $\phi 6$、$\phi 3$、$\phi 2$ 表示纵波探伤的平底孔参考反射体尺寸。

表 8.3.4-3 超声波检测缺欠等级评定

焊缝质量等级	板厚 t(mm)	单个缺欠指示长度	多个缺欠的累计指示长度
对接焊缝一级	$10 \leq t \leq 80$	$t/4$，最小可为 8mm	在任意 $9t$，焊缝长度范围不超过 t
对接焊缝二级	$10 \leq t \leq 80$	$t/2$，最小可为 10mm	在任意 $4.5t$，焊缝长度范围不超过 t
全焊透对接与角接组合焊缝一级	$10 \leq t \leq 80$	$t/3$，最小可为 10mm	—
角焊缝二级	$10 \leq t \leq 80$	$t/2$，最小可为 10mm	—

注：1 母材板厚不同时，按较薄板评定；

2 缺欠指示长度小于 8mm 时，按 5mm 计。

8.3.5 射线检测应符合现行国家标准《金属熔化焊焊接接头射线照相》GB/T 3323 的有关规定，射线照相质量等级不应低于 B 级，焊缝内部质量等级不应低于 Ⅱ 级。

8.3.6 磁粉检测应符合现行行业标准《无损检测 焊缝磁粉检测》JB/T 6061 的有关规定，合格标准应符合本规范第 8.2.1 条、第 8.2.2 条中外观检验的有关规定。

8.3.7 渗透检测应符合现行行业标准《无损检测 焊缝渗透检测》JB/T 6062 的有关规定，合格标准应符合本规范第 8.2.1 条、第 8.2.2 条中外观检测的有关规定。

9 焊接补强与加固

9.0.1 钢结构焊接补强和加固设计应符合现行国家

标准《建筑结构加固工程施工质量验收规范》GB 50550 及《建筑抗震设计规范》GB 50011 的有关规定。补强与加固的方案应由设计、施工和业主等各方共同研究确定。

9.0.2 编制补强与加固设计方案时，应具备下列技术资料：

1 原结构的设计计算书和竣工图，当缺少竣工图时，应测绘结构的现状图；

2 原结构的施工技术档案资料及焊接性资料，必要时应在原结构构件上截取试件进行检测试验；

3 原结构或构件的损坏、变形、锈蚀等情况的检测记录及原因分析，并应根据损坏、变形、锈蚀等情况确定构件（或零件）的实际有效截面；

4 待加固结构的实际荷载资料。

9.0.3 钢结构焊接补强或加固设计，应考虑时效对钢材塑性的不利影响，不应考虑时效后钢材屈服强度的提高值。

9.0.4 对于受气相腐蚀介质作用的钢结构构件，应根据所处腐蚀环境按现行国家标准《工业建筑防腐蚀设计规范》GB 50046 进行分类。当腐蚀削弱平均量超过原构件厚度的 25% 以及腐蚀削弱平均量虽未超过 25% 但剩余厚度小于 5mm 时，应对钢材的强度设计值乘以相应的折减系数。

9.0.5 对于特殊腐蚀环境中钢结构焊接补强和加固问题应作专门研究确定。

9.0.6 钢结构的焊接补强或加固，可按下列两种方式进行：

1 卸载补强或加固：在需补强或加固的位置使结构或构件完全卸载，条件允许时，可将构件拆下进行补强或加固；

2 负荷或部分卸载状态下进行补强或加固：在需补强或加固的位置上未经卸载或仅部分卸载状态下进行结构或构件的补强或加固。

9.0.7 负荷状态下进行补强与加固工作时，应符合下列规定：

1 应卸除作用于待加固结构上的可变荷载和可卸除的永久荷载。

2 应根据加固时的实际荷载（包括必要的施工荷载），对结构、构件和连接进行承载力验算，当待加固结构实际有效截面的名义应力与其所用钢材的强度设计值之间的比值符合下列规定时应进行补强或加固：

1）β 不大于 0.8（对承受静态荷载或间接承受动态荷载的构件）；

2）β 不大于 0.4（对直接承受动态荷载的构件）。

3 轻钢结构中的受拉构件严禁在负荷状态下进行补强和加固。

9.0.8 在负荷状态下进行焊接补强或加固时，可根据具体情况采取下列措施：

    1 必要的临时支护；

    2 合理的焊接工艺。

9.0.9 负荷状态下焊接补强或加固施工应符合下列要求：

    1 对结构最薄弱的部位或构件应先进行补强或加固；

    2 加大焊缝厚度时，必须从原焊缝受力较小部位开始施焊。道间温度不应超过 200℃，每道焊缝厚度不宜大于 3mm；

    3 应根据钢材材质，选择相应的焊接材料和焊接方法。应采用合理的焊接顺序和小直径焊材以及小电流、多层多道焊接工艺；

    4 焊接补强或加固的施工环境温度不宜低于 10℃。

9.0.10 对有缺损的构件应进行承载力评估。当缺损严重，影响结构安全时，应立即采取卸载、加固措施或对损坏构件及时更换；对一般缺损，可按下列方法进行焊接修复或补强：

    1 对于裂纹，应查明裂纹的起止点，在起止点分别钻直径为 12mm～16mm 的止裂孔，彻底清除裂纹后并加工成侧边斜角大于 10°的凹槽，当采用碳弧气刨方法时，应磨掉渗碳层。预热温度宜为 100℃～150℃，并应采用低氢焊接方法按全焊透对接焊缝要求进行。对承受动荷载的构件，应将补焊焊缝的表面磨平；

    2 对于孔洞，宜将孔边修整后采用加盖板的方法补强；

    3 构件的变形影响其承载能力或正常使用时，应根据变形的大小采取矫正、加固或更换构件等措施。

9.0.11 焊接补强与加固应符合下列要求：

    1 原有结构的焊缝缺欠，应根据其对结构安全影响的程度，分别采取卸载或负荷状态下补强与加固，具体焊接工艺应按本规范第 7.11 节的相关规定执行。

    2 角焊缝补强宜采用增加原有焊缝长度（包括增加端焊缝）或增加焊缝有效厚度的方法。当负荷状态下采用加大焊缝厚度的方法补强时，被补强焊缝的长度不应小于 50mm；加固后的焊缝应力应符合下式要求：

$$\sqrt{\sigma_f^2 + \tau_f^2} \leqslant \eta \times f_f^w \qquad (9.0.11)$$

式中：σ_f——角焊缝按有效截面（$h_e \times l_w$）计算垂直于焊缝长度方向的名义应力；

    τ_f——角焊缝按有效截面（$h_e \times l_w$）计算沿长度方向的名义剪应力；

    η——焊缝强度折减系数，可按表 9.0.11 采用；

    f_f^w——角焊缝的抗剪强度设计值。

表 9.0.11　焊缝强度折减系数 η

被加固焊缝的长度（mm）	≥600	300	200	100	50
η	1.0	0.9	0.8	0.65	0.25

9.0.12 用于补强或加固的零件宜对称布置。加固焊缝宜对称布置，不宜密集、交叉，在高应力区和应力集中处，不宜布置加固焊缝。

9.0.13 用焊接方法补强铆接或普通螺栓接头时，补强焊缝应承担全部计算荷载。

9.0.14 摩擦型高强度螺栓连接的构件用焊接方法加固时，拴接、焊接两种连接形式计算承载力的比值应在 1.0～1.5 范围内。

附录 A　钢结构焊接接头坡口形式、尺寸和标记方法

A.0.1 各种焊接方法及接头坡口形式尺寸代号和标记应符合下列规定：

    1 焊接方法及焊透种类代号应符合表 A.0.1-1 的规定。

表 A.0.1-1　焊接方法及焊透种类代号

代号	焊接方法	焊透种类
MC	焊条电弧焊	完全焊透
MP		部分焊透
GC	气体保护电弧焊药芯焊丝自保护焊	完全焊透
GP		部分焊透
SC	埋弧焊	完全焊透
SP		部分焊透
SL	电渣焊	完全焊透

    2 单、双面焊接及衬垫种类代号应符合表 A.0.1-2 的规定。

表 A.0.1-2　单、双面焊接及衬垫种类代号

反面衬垫种类		单、双面焊接	
代号	使用材料	代号	单、双焊接面规定
BS	钢衬垫	1	单面焊接
BF	其他材料的衬垫	2	双面焊接

    3 坡口各部分尺寸代号应符合表 A.0.1-3 的规定。

表 A.0.1-3　坡口各部分的尺寸代号

代号	代表的坡口各部分尺寸
t	接缝部位的板厚（mm）

代号	代表的坡口各部分尺寸
b	坡口根部间隙或部件间隙（mm）
h	坡口深度（mm）
p	坡口钝边（mm）
α	坡口角度（°）

4 焊接接头坡口形式和尺寸的标记应符合下列规定：

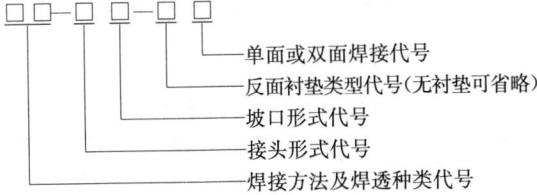

标记示例：焊条电弧焊、完全焊透、对接、Ⅰ形坡口、背面加钢衬垫的单面焊接接头表示为 MC-BⅠ-Bs1。

A.0.2 焊条电弧焊全焊透坡口形式和尺寸宜符合表 A.0.2 的要求。

A.0.3 气体保护焊、自保护焊全焊透坡口形式和尺寸宜符合表 A.0.3 的要求。

A.0.4 埋弧焊全焊透坡口形式和尺寸宜符合表 A.0.4 要求。

A.0.5 焊条电弧焊部分焊透坡口形式和尺寸宜符合表 A.0.5 的要求。

A.0.6 气体保护焊、自保护焊部分焊透坡口形式和尺寸宜符合表 A.0.6 的要求。

A.0.7 埋弧焊部分焊透坡口形式和尺寸宜符合表 A.0.7 的要求。

表 A.0.2 焊条电弧焊全焊透坡口形式和尺寸

序号	标记	坡口形状示意图	板厚（mm）	焊接位置	坡口尺寸（mm）	备注
1	MC-BⅠ-2 / MC-TⅠ-2 / MC-CⅠ-2		3～6	F H V O	$b=\dfrac{t}{2}$	清根
2	MC-BⅠ-B1 / MC-CⅠ-B1		3～6	F H V O	$b=t$	

序号	标记	坡口形状示意图	板厚（mm）	焊接位置	坡口尺寸（mm）		备注
3	MC-BV-2 / MC-CV-2		≥6	F H V O	$b=0～3$ $p=0～3$ $\alpha_1=60°$		清根
4	MC-BV-B1		≥6	F, H V, O	b	α_1	
					6	45°	
				F, V O	10	30°	
					13	20°	
					$p=0～2$		
	MC-CV-B1		≥12	F, H V, O	b	α_1	
					6	45°	
				F, V O	10	30°	
					13	20°	
					$p=0～2$		
5	MC-BL-2 / MC-TL-2 / MC-CL-2		≥6	F H V O	$b=0～3$ $p=0～3$ $\alpha_1=45°$		清根
6	MC-BL-B1			F H V O	b	α_1	
	MC-TL-B1		≥6	F, H V, O （F, V, O）	6	45°	
					(10)	(30°)	
	MC-CL-B1			F, H V, O （F, V, O）	$p=0～2$		
7	MC-BX-2		≥16	F H V O	$b=0～3$ $H_1=\dfrac{2}{3}(t-p)$ $p=0～3$ $H_2=\dfrac{1}{3}(t-p)$ $\alpha_1=45°$ $\alpha_2=60°$		清根

序号	标记	坡口形状示意图	板厚 (mm)	焊接位置	坡口尺寸 (mm)	备注
8	MC-BK-2 MC-TK-2 MC-CK-2		≥16	F H V O	$b=0\sim3$ $H_1=\dfrac{2}{3}(t-p)$ $p=0\sim3$ $H_2=\dfrac{1}{3}(t-p)$ $\alpha_1=45°$ $\alpha_2=60°$	清根

表 A.0.3 气体保护焊、自保护焊
全焊透坡口形式和尺寸

序号	标记	坡口形状示意图	板厚 (mm)	焊接位置	坡口尺寸 (mm)	备注
1	GC-BI-2 GC-TI-2 GC-CI-2		3~8	F H V O	$b=0\sim3$	清根
2	GC-BI-B1 GC-CI-B1		6~10	F H V O	$b=t$	
3	GC-BV-2 GC-CV-2		≥6	F H V O	$b=0\sim3$ $p=0\sim3$ $\alpha_1=60°$	清根
4	GC-BV-B1		≥6	F V O		
	GC-CV-B1		≥12		b | α_1 6 | 45° 10 | 30° $p=0\sim2$	

序号	标记	坡口形状示意图	板厚 (mm)	焊接位置	坡口尺寸 (mm)	备注
5	GC-BL-2 GC-TL-2 GC-CL-2		≥6	F H V O	$b=0\sim3$ $p=0\sim3$ $\alpha_1=45°$	清根
6	GC-BL-B1 GC-TL-B1 GC-CL-B1		≥6	F, H V, O	b | α_1 6 | 45° (F) (10) (30°) $p=0\sim2$	
7	GC-BX-2		≥16	F H V O	$b=0\sim3$ $H_1=\dfrac{2}{3}(t-p)$ $p=0\sim3$ $H_2=\dfrac{1}{3}(t-p)$ $\alpha_1=45°$ $\alpha_2=60°$	清根
8	GC-BK-2 GC-TK-2 GC-CK-2		≥16	F H V O	$b=0\sim3$ $H_1=\dfrac{2}{3}(t-p)$ $p=0\sim3$ $H_2=\dfrac{1}{3}(t-p)$ $\alpha_1=45°$ $\alpha_2=60°$	清根

表 A.0.4　埋弧焊全焊透坡口形式和尺寸

序号	标记	坡口形状示意图	板厚(mm)	焊接位置	坡口尺寸(mm)	备注
1	SC-BI-2		6~12	F	$b=0$	清根
	SC-TI-2		6~10	F		
	SC-CI-2			F		
2	SC-BI-B1		6~10	F	$b=t$	
	SC-CI-B1			F		
3	SC-BV-2		≥12	F	$b=0$　$H_1=t-p$　$p=6$　$\alpha_1=60°$	清根
	SC-CV-2		≥10	F	$b=0$　$p=6$　$\alpha_1=60°$	清根
4	SC-BV-B1		≥10	F	$b=8$　$H_1=t-p$　$p=2$　$\alpha_1=30°$	
	SC-CV-B1			F		
5	SC-BL-2		≥12	F	$b=0$　$H_1=t-p$　$p=6$　$\alpha_1=55°$	清根
			≥10	H		
	SC-TL-2		≥8	F	$b=0$　$H_1=t-p$　$p=6$　$\alpha_1=60°$	
	SC-CL-2		≥8	F	$b=0$　$H_1=t-p$　$p=6$　$\alpha_1=55°$	清根

续表 A.0.4

序号	标记	坡口形状示意图	板厚(mm)	焊接位置	坡口尺寸(mm)	备注
6	SC-BL-B1		≥10	F	b : α_1 — 6 : 45° ; 10 : 30°　$p=2$	
	SC-TL-B1			F		
	SC-CL-B1			F		
7	SC-BX-2		≥20	F	$b=0$　$H_1=\dfrac{2}{3}(t-p)$　$p=6$　$H_2=\dfrac{1}{3}(t-p)$　$\alpha_1=45°$　$\alpha_2=60°$	清根
	SC-BK-2		≥20	F	$b=0$　$H_1=\dfrac{2}{3}(t-p)$　$p=5$　$H_2=\dfrac{1}{3}(t-p)$　$\alpha_1=45°$　$\alpha_2=60°$	清根
			≥12	H		
8	SC-TK-2		≥20	F	$b=0$　$H_1=\dfrac{2}{3}(t-p)$　$p=5$　$H_2=\dfrac{1}{3}(t-p)$　$\alpha_1=45°$　$\alpha_2=60°$	清根
	SC-CK-2		≥20	F	$b=0$　$H_1=\dfrac{2}{3}(t-p)$　$p=5$　$H_2=\dfrac{1}{3}(t-p)$　$\alpha_1=45°$　$\alpha_2=60°$	清根

表 A.0.5 焊条电弧焊部分焊透坡口形式和尺寸

序号	标记	坡口形状示意图	板厚(mm)	焊接位置	坡口尺寸(mm)	备注
1	MP-BI-1 MP-CI-1		3~6	F H V O	$b=0$	
2	MP-BI-2		3~6	F H V O	$b=0$	
	MP-CI-2		6~10	F H V O	$b=0$	
3	MP-BV-1 MP-BV-2 MP-CV-1 MP-CV-2		≥6	F H V O	$b=0$ $H_1 \geqslant 2\sqrt{t}$ $p=t-H_1$ $\alpha_1=60°$	
4	MP-BL-1 MP-BL-2 MP-CL-1 MP-CL-2		≥6	F H V O	$b=0$ $H_1 \geqslant 2\sqrt{t}$ $p=t-H_1$ $\alpha_1=45°$	
5	MP-TL-1 MP-TL-2		≥10	F H V O	$b=0$ $H_1 \geqslant 2\sqrt{t}$ $p=t-H_1$ $\alpha_1=45°$	
6	MP-BX-2		≥25	F H V O	$b=0$ $H_1 \geqslant 2\sqrt{t}$ $p=t-H_1-H_2$ $H_2 \geqslant 2\sqrt{t}$ $\alpha_1=60°$ $\alpha_2=60°$	

续表 A.0.5

序号	标记	坡口形状示意图	板厚(mm)	焊接位置	坡口尺寸(mm)	备注
7	MP-BK-2 MP-TK-2 MP-CK-2		≥25	F H V O	$b=0$ $H_1 \geqslant 2\sqrt{t}$ $p=t-H_1-H_2$ $H_2 \geqslant 2\sqrt{t}$ $\alpha_1=45°$ $\alpha_2=45°$	

表 A.0.6 气体保护焊、自保护焊部分焊透坡口形式和尺寸

序号	标记	坡口形状示意图	板厚(mm)	焊接位置	坡口尺寸(mm)	备注
1	GP-BI-1 GP-CI-1		3~10	F H V O	$b=0$	
2	GP-BI-2		3~10	F H V O	$b=0$	
	GP-CI-2		10~12			
3	GP-BV-1 GP-BV-2 GP-CV-1 GP-CV-2		≥6	F H V O	$b=0$ $H_1 \geqslant 2\sqrt{t}$ $p=t-H_1$ $\alpha_1=60°$	

续表 A.0.6

序号	标记	坡口形状示意图	板厚(mm)	焊接位置	坡口尺寸(mm)	备注
4	GP-BL-1		≥6	F H V O	$b=0$ $H_1\geqslant 2\sqrt{t}$ $p=t-H_1$ $\alpha_1=45°$	
	GP-BL-2					
	GP-CL-1		6~24			
	GP-CL-2					
5	GP-TL-1		≥10	F H V O	$b=0$ $H_1\geqslant 2\sqrt{t}$ $p=t-H_1$ $\alpha_1=45°$	
	GP-TL-2					
6	GP-BX-2		≥25	F H V O	$b=0$ $H_1\geqslant 2\sqrt{t}$ $p=t-H_1-H_2$ $H_2\geqslant 2\sqrt{t}$ $\alpha_1=60°$ $\alpha_2=60°$	
7	GP-BK-2		≥25	F H V O	$b=0$ $H_1\geqslant 2\sqrt{t}$ $p=t-H_1-H_2$ $H_2\geqslant 2\sqrt{t}$ $\alpha_1=45°$ $\alpha_2=45°$	
	GP-TK-2					
	GP-CK-2					

表 A.0.7　埋弧焊部分焊透坡口形式和尺寸

序号	标记	坡口形状示意图	板厚(mm)	焊接位置	坡口尺寸(mm)	备注
1	SP-BI-1		6~12	F	$b=0$	
	SP-CI-1					
2	SP-BI-2		6~20	F	$b=0$	
	SP-CI-2					

续表 A.0.7

序号	标记	坡口形状示意图	板厚(mm)	焊接位置	坡口尺寸(mm)	备注
3	SP-BV-1		≥14	F	$b=0$ $H_1\geqslant 2\sqrt{t}$ $p=t-H_1$ $\alpha_1=60°$	
	SP-BV-2					
	SP-CV-1					
	SP-CV-2					
4	SP-BL-1		≥14	F H	$b=0$ $H_1\geqslant 2\sqrt{t}$ $p=t-H_1$ $\alpha_1=60°$	
	SP-BL-2					
	SP-CL-1					
	SP-CL-2					
5	SP-TL-1		≥14	F H	$b=0$ $H_1\geqslant 2\sqrt{t}$ $p=t-H_1$ $\alpha_1=60°$	
	SP-TL-2					
6	SP-BX-2		≥25	F	$b=0$ $H_1\geqslant 2\sqrt{t}$ $p=t-H_1-H_2$ $H_2\geqslant 2\sqrt{t}$ $\alpha_1=60°$ $\alpha_2=60°$	
7	SP-BK-2		≥25	F H	$b=0$ $H_1\geqslant 2\sqrt{t}$ $p=t-H_1-H_2$ $H_2\geqslant 2\sqrt{t}$ $\alpha_1=60°$ $\alpha_2=60°$	
	SP-TK-2					
	SP-CK-2					

附录B 钢结构焊接工艺评定报告格式

B.0.1 钢结构焊接工艺评定报告封面见图 B.0.1。
B.0.2 钢结构焊接工艺评定报告目录应符合表 B.0.2 的规定。
B.0.3 钢结构焊接工艺评定报告格式应符合表 B.0.3-1～表 B.0.3-12 的规定。

钢结构焊接工艺评定报告

报告编号：＿＿＿＿＿＿＿＿＿

编　　制：＿＿＿＿＿＿＿＿＿＿＿＿＿＿

审　　核：＿＿＿＿＿＿＿＿＿＿＿＿＿＿

批　　准：＿＿＿＿＿＿＿＿＿＿＿＿＿＿

单　　位：＿＿＿＿＿＿＿＿＿＿＿＿＿＿

日　　期：＿＿＿＿年＿＿＿＿月＿＿＿＿日

图 B.0.1 钢结构焊接工艺评定报告封面

表 B.0.2 焊接工艺评定报告目录

序号	报　告　名　称	报告编号	页数
1			
2			
3			
4			
5			
6			
7			
8			
9			
10			

续表 B.0.2

序号	报　告　名　称	报告编号	页数
11			
12			
13			
14			
15			
16			
17			
18			
19			
20			

表 B.0.3-1 焊接工艺评定报告

共　页　第　页

工程(产品)名称			评定报告编号		
委托单位			工艺指导书编号		
项目负责人			依据标准	《钢结构焊接规范》GB 50661-2011	
试样焊接单位			施焊日期		
焊工		资格代号		级别	
母材钢号		板厚或管径×壁厚	轧制或热处理状态		生产厂

化学成分(%)和力学性能

	C	Mn	Si	S	P	Cr	Mo	V	Cu	Ni	B	$R_{eH}(R_{el})$ (N/mm²)	R_m (N/mm²)	A (%)	Z (%)	A_{kv} (J)
标准																
合格证																
复验																

$C_{eq,IIW}$ (%)	$C+\dfrac{Mn}{6}+\dfrac{Cr+Mo+V}{5}+\dfrac{Cu+Ni}{15}=$		P_{cm}(%)	$C+\dfrac{Si}{30}+\dfrac{Mn+Cu+Cr}{20}+\dfrac{Ni}{60}+\dfrac{Mo}{15}+\dfrac{V}{10}+5B=$	

焊接材料	生产厂	牌号	类型	直径(mm)	烘干制度(℃×h)	备注
焊条						
焊丝						
焊剂或气体						

焊接方法		焊接位置		接头形式	
焊接工艺参数	见焊接工艺评定指导书		清根工艺		
焊接设备型号			电源及极性		
预热温度(℃)		道间温度(℃)		后热温度(℃)及时间(min)	
焊后热处理					

评定结论：本评定按《钢结构焊接规范》GB 50661-2011 的规定，根据工程情况编制工艺评定指导书、焊接试件、制取并检验试样、测定性能，确认试验记录正确，评定结果为：
＿＿＿＿。焊接条件及工艺参数适用范围按本评定指导书规定执行

评定		年月日	评定单位：	(签章)
审核		年月日		
技术负责		年月日	年　月　日	

表 B.0.3-2 焊接工艺评定指导书

共 页 第 页

工程名称			指导书编号		
母材钢号		板厚或管径×壁厚	轧制或热处理状态		生产厂
焊接材料	生产厂	牌号	型号	类型	烘干制度(℃×h)	备注
焊条						
焊丝						
焊剂或气体						
焊接方法			焊接位置		
焊接设备型号			电源及极性		
预热温度(℃)		道间温度	后热温度(℃)及时间(min)		
焊后热处理					

接头及坡口尺寸图 ／ 焊接顺序图

焊接工艺参数	道次	焊接方法	焊条或焊丝 牌号 / φ(mm)	焊剂或保护气	保护气体流量(L/min)	电流(A)	电压(V)	焊接速度(cm/min)	热输入(kJ/cm)	备注

技术措施	焊前清理		道间清理	
	背面清根			
	其他:			

编制		日期	年 月 日	审核		日期	年 月 日

表 B.0.3-3 焊接工艺评定记录表

共 页 第 页

工程名称		指导书编号		
焊接方法		焊接位置	设备型号	电源及极性
母材钢号		类别	生产厂	
母材板厚或管径×壁厚			轧制或热处理状态	

接头尺寸及施焊道次顺序	焊接材料			
	焊条	牌号	型号	类型
		生产厂	批号	
		烘干温度(℃)	时间(min)	
	焊丝	牌号	型号	规格(mm)
		生产厂	批号	
	焊剂或气体	牌号	规格(mm)	
		生产厂		
		烘干温度(℃)	时间(min)	

施焊工艺参数记录

道次	焊接方法	焊条(焊丝)直径(mm)	保护气体流量(L/min)	电流(A)	电压(V)	焊接速度(cm/min)	热输入(kJ/cm)	备注

施焊环境	室内/室外	环境温度(℃)		相对湿度	%
预热温度(℃)		道间温度(℃)	后热温度(℃)	时间(min)	
后热处理					

技术措施	焊前清理		道间清理	
	背面清根			
	其他			

焊工姓名		资格代号		级别	施焊日期	年 月 日

记录		日期	年 月 日	审核		日期	年 月 日

表 B.0.3-4 焊接工艺评定检验结果

非 破 坏 检 验				
试验项目	合格标准	评定结果	报告编号	备注
外观				
X 光				
超声波				
磁粉				

拉伸试验	报告编号				弯曲试验	报告编号		
试样编号	R_{eH} (R_{el}) (MPa)	R_m (MPa)	断口位置	评定结果	试样编号	试样类型	弯心直径 D(mm)	弯曲角度	评定结果

冲击试验	报告编号			宏观金相	报告编号
试样编号	缺口位置	试验温度 (℃)	冲击功 A_{kv}(J)	评定结果:	
				硬度试验 报告编号	
				评定结果:	

评定结果:

其他检验:

检验		日期	年 月 日	审核		日期	年 月 日

表 B.0.3-5 栓钉焊焊接工艺评定报告

工程(产品)名称		评定报告编号	
委托单位		工艺指导书编号	
项目负责人		依据标准	
试样焊接单位		施焊日期	
焊 工		资格代号	级别

施焊材料	牌号	型号或材质	规格	热处理或表面状态	烘干制度 (℃×h)	备注
焊接材料						
母 材						
穿透焊板材						
焊 钉						
瓷 环						

焊接方法		焊接位置		接头形式	
焊接工艺参数	见焊接工艺评定指导书				
焊接设备型号		电源及极性			

备 注:

评定结论:

本评定按《钢结构焊接规范》GB 50661-2011 的规定，根据工程情况编制工艺评定指导书、焊接试件、制取并检验试样、测定性能，确认试验记录正确，评定结果为:

焊接条件及工艺参数适用范围应按本评定指导书规定执行

评定		年月日	检测评定单位: (签章)
审核		年月日	
技术负责		年月日	年 月 日

表 B. 0. 3-6 栓钉焊焊接工艺评定指导书

共　页　第　页

工程名称		指导书编号				
焊接方法		焊接位置				
设备型号		电源及极性				
母材钢号		类别	厚度(mm)		生产厂	

接头及试件形式	施焊材料					
	焊接材料	牌号	型号		规格(mm)	
		生产厂			批号	
	穿透焊钢材	牌号		规格(mm)		
		生产厂		表面镀层		
	焊钉	牌号		规格(mm)		
		生产厂				
	瓷环	牌号		规格(mm)		
		生产厂				
	烘干温度(℃)及时间(min)					

焊接工艺参数	序号	电流(A)	电压(V)	时间(s)	保护气体流量(L/min)	伸出长度(mm)	提升高度(mm)	备注
	1							
	2							
	3							
	4							
	5							
	6							
	7							
	8							
	9							
	10							

技术措施	焊前母材清理	
	其他:	

编制		日期	年 月 日	审核		日期	年 月 日

表 B. 0. 3-7 栓钉焊焊接工艺评定记录表

共　页　第　页

工程名称		指导书编号				
焊接方法		焊接位置				
设备型号		电源及极性				
母材钢号		类别	厚度(mm)		生产厂	

接头及试件形式	施焊材料					
	焊接材料	牌号	型号		规格(mm)	
		生产厂			批号	
	穿透焊钢材	牌号		规格(mm)		
		生产厂		表面镀层		
	焊钉	牌号		规格(mm)		
		生产厂				
	瓷环	牌号		规格(mm)		
		生产厂				
	烘干温度(℃)及时间(min)					

施焊工艺参数记录

技术措施	序号	电流(A)	电压(V)	时间(s)	保护气体流量(L/min)	伸出长度(mm)	提升高度(mm)	环境温度(℃)	相对湿度(%)	备注
	1									
	2									
	3									
	4									
	5									
	6									
	7									
	8									
	9									
	焊前母材清理									
	其他:									

焊工姓名		资格代号		级别		施焊日期	年 月 日

编制		日期	年 月 日	审核		日期	年 月 日

表 B.0.3-8 栓钉焊焊接工艺评定试样检验结果

焊缝外观检查

检验项目	实测值（mm）				规定值（mm）	检验结果
	0°	90°	180°	270°		
焊缝高					>1	
焊缝宽					>0.5	
咬边深度					<0.5	
气孔					无	
夹渣					无	

拉伸试验	报告编号			
试样编号	抗拉强度 R_m（MPa）	断口位置	断裂特征	检验结果

弯曲试验	报告编号		
试样编号	试验类型	弯曲角度	检验结果	备注
	锤击	30°		
	锤击	30°		
	锤击	30°		
	锤击	30°		
	锤击	30°		

其他检验：

检验		日期	年 月 日	审核		日期	年 月 日

表 B.0.3-9 免予评定的焊接工艺报告

工程(产品)名称		报告编号	
施工单位		工艺编号	
项目负责人		依据标准	《钢结构焊接规范》GB 50661-2011

母材钢号	板厚或管径×壁厚	轧制或热处理状态	生产厂	

化学成分(%)和力学性能

	C	Mn	Si	S	P	Cr	Mo	V	Cu	Ni	B	$R_{eH}(R_{el})$ (N/mm^2)	R_m (N/mm^2)	A (%)	Z (%)	A_{kv} (J)
标准																
合格证																
复验																

$C_{eq,IIW}$ (%)	$C+\dfrac{Mn}{6}+\dfrac{Cr+Mo+V}{5}+\dfrac{Cu+Ni}{15}=$	P_{cm}(%)	$C+\dfrac{Si}{30}+\dfrac{Mn+Cu+Cr}{20}+\dfrac{Ni}{60}+\dfrac{Mo}{15}+\dfrac{V}{10}+5B=$

焊接材料	生产厂	牌号	类型	直径(mm)	烘干制度（℃×h）	备注
焊条						
焊丝						
焊剂或气体						

焊接方法		焊接位置		接头形式	
焊接工艺参数	见免予评定的焊接工艺		清根工艺		
焊接设备型号			电源及极性		
预热温度(℃)		道间温度(℃)		后热温度(℃)及时间(min)	
焊后热处理					

本报告按《钢结构焊接规范》GB 50661-2011第6.6节关于免予评定的焊接工艺的规定，根据工程情况编制免予评定的焊接工艺报告。焊接条件及工艺参数适用范围按本报告规定执行

编 制		年 月 日	编制单位： （签章）
审 核		年 月 日	
技术负责		年 月 日	年 月 日

表 B.0.3-10　免于评定的焊接工艺

共 页 第 页

工程名称			工艺编号		
母材钢号	板厚或管径×壁厚		轧制或热处理状态		生产厂
焊接材料	生产厂	牌号	型号	类 型	烘干制度(℃×h)	备注
焊 条						
焊 丝						
焊剂或气体						
焊接方法			焊接位置		
焊接设备型号			电源及极性		
预热温度(℃)		道间温度		后热温度(℃)及时间(min)	
焊后热处理					

接头及坡口尺寸图	焊接顺序图

焊接工艺参数

道次	焊接方法	焊条或焊丝		焊剂或保护气	保护气体流量(L/min)	电流(A)	电压(V)	焊接速度(cm/min)	热输入(kJ/cm)	备注
		牌号	φ(mm)							

技术措施

焊前清理		道间清理	
背面清根			
其他：			

编制		日期	年 月 日	审核		日期	年 月 日

表 B.0.3-11　免于评定的栓钉焊焊接工艺报告

共 页 第 页

工程(产品)名称		报告编号	
施工单位		工艺编号	
项目负责人		依据标准	

施焊材料	牌号	型号或材质	规格	热处理或表面状态	烘干制度(℃×h)	备注
焊接材料						
母 材						
穿透焊板材						
焊 钉						
瓷 环						

焊接方法		焊接位置		接头形式	
焊接工艺参数	见免于评定的栓钉焊焊接工艺(编号：____)				
焊接设备型号		电源及极性			

备 注：

本报告按《钢结构焊接规范》GB 50661－2011第6.6节关于免予评定的焊接工艺的规定，根据工程情况编制免予评定的栓钉焊焊接工艺。焊接条件及工艺参数适用范围按本报告规定执行

编 制		年 月 日	编制单位：	(签章)
审 核		年 月 日		
技术负责		年 月 日		年 月 日

表 B.0.3-12　免于评定的栓钉焊焊接工艺

工程名称			工艺编号		
焊接方法			焊接位置		
设备型号			电源及极性		
母材钢号		类别	厚度(mm)		生产厂

接头及试件形式			施焊材料			
	焊接材料	牌号		型号		规格(mm)
		生产厂				批号
	穿透焊钢材	牌号				规格(mm)
		生产厂				表面镀层
	焊钉	牌号				规格(mm)
		生产厂				
	瓷环	牌号				规格(mm)
		生产厂				
	烘干温度(℃)及时间(min)					

焊接工艺参数	序号	电流(A)	电压(V)	时间(s)	伸出长度(mm)	提升高度(mm)	备注

技术措施	焊前母材清理	
	其他:	

编制		日期	年　月　日	审核		日期	年　月　日

附录 C　箱形柱（梁）内隔板电渣焊缝焊透宽度的测量

C.0.1　应采用超声波垂直探伤法以使用的最大声程作为探测范围调整时间轴，在被探工件无缺陷的部位将钢板的第一次底面反射回波调至满幅的 80% 高度作为探测灵敏度基准，垂直于焊缝方向从焊缝的终端开始以 100mm 间隔进行扫查，并对两端各 50mm $+t_1$ 范围进行全面扫查（图 C.0.1）。

C.0.2　焊接前必须在面板外侧标记上焊接预定线，探伤时应以该预定线为基准线。

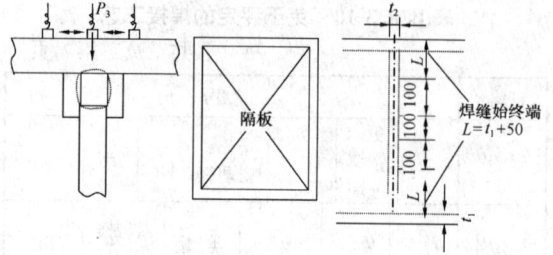

图 C.0.1　扫查方法示意

C.0.3　应把探头从焊缝一侧移动至另一侧，底波高度达到 40% 时的探头中心位置作为焊透宽度的边界点，两侧边界点间距即为焊透宽度。

C.0.4　缺陷指示长度的测定应符合下列规定：

　　1　焊透指示宽度不足时，应按本规范第 C.0.3 条规定扫查求出的焊透指示宽度小于隔板尺寸的沿焊缝长度方向的范围作为缺陷指示长度；

　　2　焊透宽度的边界点错移时，应将焊透宽度边界点向焊接预定线内侧沿焊缝长度方向错位超过 3mm 的范围作为缺陷指示长度；

　　3　缺陷在焊缝长度方向的位置应以缺陷的起点表示。

本规范用词说明

　　1　为便于在执行本规范条文时区别对待，对要求严格程度不同的用词说明如下：

　　　　1)　表示很严格，非这样做不可的用词：

　　　　　　正面词采用"必须"，反面词采用"严禁"；

　　　　2)　表示严格，在正常情况均应这样做的用词：

　　　　　　正面词采用"应"，反面词采用"不应"或"不得"；

　　　　3)　表示允许稍有选择，在条件许可时首先应这样做的用词：

　　　　　　正面词采用"宜"，反面词采用"不宜"；

　　　　4)　表示有选择，在一定条件下可以这样做的，采用"可"。

　　2　条文中指明应按其他有关标准执行的写法为："应符合……的规定"或"应按……执行"。

引用标准名录

　　1　《建筑抗震设计规范》GB 50011

　　2　《工业建筑防腐蚀设计规范》GB 50046

　　3　《建筑结构制图标准》GB/T 50105

　　4　《建筑结构加固工程施工质量验收规范》GB 50550

　　5　《钢的低倍组织及缺陷酸蚀检验法》GB 226

　　6　《焊缝符号表示法》GB/T 324

　　7　《焊接接头冲击试验方法》GB/T 2650

8 《焊接接头拉伸试验方法》GB/T 2651

9 《焊接接头弯曲试验方法》GB/T 2653

10 《焊接接头硬度试验方法》GB/T 2654

11 《金属熔化焊焊接接头射线照相》GB/T 3323

12 《氩》GB/T 4842

13 《碳钢焊条》GB/T 5117

14 《低合金钢焊条》GB/T 5118

15 《埋弧焊用碳钢焊丝和焊剂》GB/T 5293

16 《厚度方向性能钢板》GB/T 5313

17 《气体保护电弧焊用碳钢、低合金钢焊丝》GB/T 8110

18 《无损检测人员资格鉴定与认证》GB/T 9445

19 《焊接与切割安全》GB 9448

20 《碳钢药芯焊丝》GB/T 10045

21 《电弧螺柱焊用圆柱头焊钉》GB/T 10433

22 《钢焊缝手工超声波探伤方法和探伤结果分级》GB 11345

23 《埋弧焊用低合金钢焊丝和焊剂》GB/T 12470

24 《熔化焊用钢丝》GB/T 14957

25 《低合金钢药芯焊丝》GB/T 17493

26 《钢结构超声波探伤及质量分级法》JG/T 203

27 《碳钢、低合金钢焊接构件焊后热处理方法》JB/T 6046

28 《无损检测 焊缝磁粉检测》JB/T 6061

29 《无损检测 焊缝渗透检测》JB/T 6062

30 《热切割 气割质量和尺寸偏差》JB/T 10045.3

31 《焊接构件振动时效工艺参数选择及技术要求》JB/T 10375

32 《焊接用二氧化碳》HG/T 2537

中华人民共和国国家标准

钢结构焊接规范

GB 50661—2011

条 文 说 明

制 定 说 明

《钢结构焊接规范》GB 50661-2011，经住房和城乡建设部2011年12月5日以第1212号公告批准、发布。

本规范制订过程中，编制组进行了大量的调查研究，总结了我国钢结构焊接施工领域的实践经验，同时参考了国外先进技术法规、技术标准，通过大量试验与实际应用验证，取得了钢结构焊接施工及质量验收等方面的重要技术参数。

为便于广大设计、施工、科研、学校等单位有关人员在使用本规范时能正确理解和执行条文规定，《钢结构焊接规范》编制组按章、节、条顺序编制了本规范的条文说明，对条文规定的目的、依据以及执行中需注意的有关事项进行了说明（还着重对强制性条文的强制理由作了解释）。但是，本条文说明不具备与标准正文同等的法律效力，仅供使用者作为理解和把握规范规定的参考。

目　次

1 总　　则

1.0.1　本规范对钢结构焊接给出的具体规定，是为了保证钢结构工程的焊接质量和施工安全，为焊接工艺提供技术指导，使钢结构焊接质量满足设计文件和相关标准的要求。钢结构焊接，应贯彻节材、节能、环保等技术经济政策。本规范的编制主要根据我国钢结构焊接技术发展现状，充分考虑现行的各行业相关标准，同时借鉴欧、美、日等先进国家的标准规定，适当采用我国钢结构焊接的最新科研成果、施工实践编制而成。

1.0.2　在荷载条件、钢材厚度以及焊接方法等方面规定了本规范的适用范围。

对于一般桁架或网架（壳）结构、多层和高层梁－柱框架结构的工业与民用建筑钢结构、公路桥梁钢结构、电站电力塔架、非压力容器罐体以及各种设备钢构架、工业炉窑罐壳体、照明塔架、通廊、工业管道支架、人行过街天桥或城市钢结构跨线桥等钢结构的焊接可参照本规范规定执行。

对于特殊技术要求领域的钢结构，根据设计要求和专门标准的规定补充特殊规定后，仍可参照本规范执行。

本条所列的焊接方法包括了目前我国钢结构制作、安装中广泛采用的焊接方法。

1.0.3　焊接过程是钢材的热加工过程，焊接过程中产生的火花、热量、飞溅物等往往是建筑工地火灾事故的起因，如果安全措施不当，会对焊工的身体造成伤害。因此，焊接施工必须遵守国家现行安全技术和劳动保护的有关规定。

1.0.4　本规范是有关钢结构制作和安装工程对焊接技术要求的专业性规范，是对钢结构相关规范的补充和深化。因此，在钢结构工程焊接施工中，除应按本规范的规定执行外，还应符合国家现行有关强制性标准的规定。

2　术语和符号

2.1　术　　语

国家标准《焊接术语》GB/T 3375 中所确立的相应术语适用于本规范，此外，本规范规定了 8 个特定术语，这些术语是从钢结构焊接的角度赋予其涵义的。

2.2　符　　号

本规范给出了 29 个符号，并对每一个符号给出了相应的定义，本规范各章节中均有引用，其中材料力学性能符号，与现行国家标准《金属材料　拉伸试验　第 1 部分：室温试验方法》GB/T 228.1 相一致，强度符号用英文字母 R、伸长率用英文字母 A、断面收缩率用英文字母 Z 表示。鉴于目前有些相关的产品标准未进行修订，为避免力学性能符号的引用混乱，建议在试验报告中，力学性能名称及其新符号之后，用括号标出旧符号，例如：上屈服强度 R_{eH}（σ_{sU}），下屈服强度 R_{eL}（σ_{sL}），抗拉强度 R_m（σ_b），规定非比例延伸强度 $R_{p0.2}$（$\sigma_{p0.2}$），伸长率 A（δ_5），断面收缩率 $Z(\Psi)$ 等。

3　基 本 规 定

3.0.1　本规范适用的钢材类别、结构类型比较广泛，基本上涵盖了目前钢结构焊接施工的实际需要。为了提高钢结构工程焊接质量，保证结构使用安全，根据影响施工焊接的各种基本因素，将钢结构工程焊接按难易程度区分为易、一般、较难和难四个等级。针对不同情况，施工企业在承担钢结构工程时应具备与焊接难度相适应的技术条件，如施工企业的资质、焊接施工装备能力、施工技术和人员水平能力、焊接工艺技术措施、检验与试验手段、质保体系和技术文件等。

表 3.0.1 中钢材碳当量采用国际焊接学会推荐的公式，研究表明，该公式主要适用于含碳量较高的钢（含碳量≥0.18%），20 世纪 60 年代以后，世界各国为改进钢的性能和焊接性，大力发展了低碳微合金元素的低合金高强钢，对于这类钢，该公式已不适用，为此提出了适用于含碳量较低（0.07%～0.22%）钢的碳当量公式 P_{cm}。

$$P_{cm}(\%) = C + \frac{Si}{30} + \frac{Mn + Cu + Cr}{20} + \frac{Ni}{60} + \frac{Mo}{15} + \frac{V}{10} + 5B \tag{1}$$

但目前国内大部分现行钢材标准主要还是以国际焊接学会 IIW 的碳当量 CEV 作为评价其焊接性优劣的指标，为了与钢材标准规定相一致，本规范仍然沿用国际焊接学会 IIW 的碳当量 CEV 公式，对于含碳量小于 0.18% 的情况，可通过试验或采用 P_{cm} 评价钢材焊接性。

板厚的区分，是按照目前国内钢结构的中厚板使用情况，将 $t \leqslant 30mm$ 定为易焊的结构，将 $t = 30mm$ ～60mm 定为焊接难度一般的结构，将 $t = 60mm$ ～100mm 定为较难焊的结构，$t > 100mm$ 定为难焊的结构。

受力状态的区分参照了有关设计规程。

3.0.2、3.0.3　鉴于目前国内钢结构工程承包的实际情况，结合近二十年来的实际施工经验和教训，要求承担钢结构工程制作安装的企业必须具有相应的资质等级、设备条件、焊接技术质量保证体系，并配备具有金属材料、焊接结构、焊接工艺及设备等方面专业知识的焊接技术责任人员，强调对施工企业焊接相关从业人员的资质要求，明确其职责，是非常必要的。

随着大中城市现代化的进程，在钢结构的设计中越来越多的采用一些超高、超大新型钢结构。这些结构中焊接节点设计复杂，接头拘束度较大，一旦发生质量问题，尤其是裂纹，往往对工程的安全、工期和投资造成很大损失。目前，重大工程中经常采用一些进口钢材或新型国产钢材，这样就要求施工单位必须全面了解其冶炼、铸造、轧制上的特点，掌握钢材的焊接性，才能制订出正确的焊接工艺，确保焊接施工质量。此两条规定了对于特殊结构或采用高强度钢材、特厚材料及焊接新工艺的钢结构工程，其制作、安装单位应具备相应的焊接工艺试验室和基本的焊接试验开发技术人员，是非常必要的。

3.0.4 本规范对焊接相关人员的资格作出了明确规定，借以加强对各类人员的管理。

焊接相关人员，包括焊工、焊接技术人员、焊接检验人员、无损检测人员、焊接热处理人员，是焊接实施的直接或间接参与者，是焊接质量控制环节中的重要组成部分，焊接从业人员的专业素质是关系到焊接质量的关键因素。2008年北京奥运会场馆钢结构工程的成功建设和四川彩虹大桥的倒塌，从正反两个方面都说明了加强焊接从业人员管理的重要性。近年来，随着我国钢结构的突飞猛进，焊接从业人员的数量急剧增加，但由于国内没有相应的准入机制和标准，缺乏对相关人员的有效考核和管理致使一些钢结构企业的焊接从业人员管理水平不高，尤其是在焊工资格管理方面部分企业甚至处于混乱状态，在钢结构工程的生产制作、施工安装过程中埋下隐患，对整个工程的质量安全造成不良影响。因此本标准借鉴欧、美、日等发达国家的先进经验，对焊接从业人员的考核要求从焊工、无损检测人员扩充到了其他相关人员。我国现行可供执行的焊接从业人员技术资格考试规程包括锅炉压力容器相关规程中的人员资格考试标准，对从事该行业的焊工、检验员、无损检测人员等进行必需的考试认可，其焊工的考试资格可以作为钢结构焊工的基本考试要求予以认可。另外，现行行业标准《冶金工程建设焊工考试规程》YB/T 9259则是针对钢结构焊接施工的特点，制定了焊工技术资格考试的基本资格考试、定位焊资格考试和建筑钢结构焊工手法操作技能附加考试规程，可以满足钢结构焊工技术资格考试的要求。

3.0.5 本条对焊接相关人员的职责作出了规定，其中焊接检验人员负责对焊接作业进行全过程的检查和控制，出具检查报告。所谓检查报告，是根据若干检测报告的结果，通过对材料、人员、工艺、过程或质量的核查进行综合判断，确定其相对于特定要求的符合性，或在专业判断的基础上，确定相对于通用要求的符合性所出具的书面报告，如焊接工艺评定报告、焊接材料复验报告等。与检查报告不同，检测报告是对某一产品的一种或多种特性进行测试并提供检测结果，如材料力学性能检测报告、无损检测报告等。

出具检测报告、检查报告的检测机构或检查机构均应具有相应检测、检查资质，其中，检测机构应通过国家认证认可监督管理委员会的 CMA 计量认证（具备国家有关法律、行政法规规定的基本条件和能力，可以向社会出具具有证明作用的数据和结果）或中国合格评定国家认可委员会的试验室认可（符合 CNAS-CL01《检测和校准试验室能力能力认可准则》idt ISO/IEC 17025 的要求）。

3.0.6 焊接过程是钢材的热加工过程，焊接过程中产生的火花、热量、飞溅物、噪声以及烟尘等都是影响焊接相关人员身心健康和安全的不可忽视的因素，从事焊接生产的相关人员必须遵守国家现行安全健康相关标准的规定，其焊接施工环境中的场地、设备及辅助机具的使用和存放，也必须遵守国家现行相关标准的规定。

4 材 料

4.0.1 合格的钢材及焊接材料是获得良好焊接质量的基本前提，其化学成分和力学性能是影响焊接性的重要指标，因此钢材及焊接材料的质量要求必须符合国家现行相关标准的规定。

本条为强制性条文，必须严格执行。

4.0.2 钢材的化学成分决定了钢材的碳当量数值，化学成分是影响钢材的焊接性和焊接接头安全性的重要因素之一。在工程前期准备阶段，钢结构焊接施工企业就应确切的了解所用钢材的化学成分和力学性能，以作为焊接性试验、焊接工艺评定以及钢结构制作和安装的焊接工艺及措施制订的依据。并应按国家现行有关工程质量验收规范要求对钢材的化学成分和力学性能进行必要的复验。

不论对于国产钢材或国外钢材，除满足本规范免予评定规定的材料外，其焊接施工前，必须按本规范第6章的要求进行焊接工艺评定试验，合格后制订出相应的焊接工艺文件或焊接作业指导书。钢材的碳当量，是作为制订焊接工艺评定方案时所考虑的重要因素，但非唯一因素。

4.0.3 焊接材料的选配原则，根据设计要求，除保证焊接接头强度、塑性不低于钢材标准规定的下限值以外，还应保证焊接接头的冲击韧性不低于母材标准规定的冲击韧性下限值。

4.0.4 新材料是指未列入国家或行业标准的材料，或已列入国家或行业标准，但对钢厂或焊接材料生产厂为首次试制或生产。鉴于目前国内新材料技术开发工作发展迅速，其产品的性能和质量良莠不齐，新材料的使用必须有严格的规定。

4.0.5 钢材可按化学成分、强度、供货状态、碳当量等进行分类。按钢材的化学成分分类，可分为低碳钢、低合金钢和不锈钢等；按钢材的标称屈服强度分类，可分为235MPa、295MPa、345MPa、370MPa、390MPa、420MPa、460MPa等级别；按钢材的供货状态分类，可分为热轧钢、正火钢、控轧钢、控轧控冷（TMCP）钢、TMCP＋回火处理钢、淬火＋回火钢、淬火＋自回火钢等。

本规范中，常用国内钢材分类是按钢材的标称屈服强度级别划分的。常用国外钢材大致对应于国内钢材分类见表1所示，由于国内外钢材屈服强度标称值与实际值的差别不尽相同，国外钢材难以完全按国内钢材进行分类，所以只能兼顾参照国内钢材的标称和实际屈服强度来大体区分。

表1 常用国外钢材的分类

类别号	屈服强度（MPa）	国外钢材牌号举例	国外钢材标准
I	195～245	SM400（A、B）t≤200mm；SM400C t≤100mm	JIS G 3106-2004
	215～355	SN400（A、B）6mm$<t$≤100mm；SN400C 16mm$<t$≤100mm	JIS G 3136-2005
	145～185	S185 t≤250mm	EN 10025-2：2004
	175～235	S235JR t≤250mm	EN 10025-2：2004
	175～235	S235J0 t≤250mm	
	165～235	S235J2 t≤400mm	
	195～235	S235 J0W t≤150mm	EN 10025-5：2004
	195～235	S275 J2W t≤150mm	
	≥260	S260NC t≤20mm	EN 10149-3：1996
	≥250	ASTM A36/A36M	ASTM A36/A36M-05
	225～295	E295 t≤250mm	EN 10025-2：2004
	205～275	S275 JR t≤250mm	EN 10025-2：2004
	205～275	S275 J0 t≤250mm	
	195～275	S275 J2 t≤400mm	
	205～275	S275 N t≤250mm	EN 10025-3：2004
		S275 NL t≤250mm	
	240～275	S275 M t≤150mm	EN 10025-4：2004
		S275 ML t≤150mm	
II	≥290	ASTM A572/A572M Gr42 t≤150mm	ASTM A572/A572M-06
	≥315	S315NC t≤20mm	EN 10149-3：1996
	≥315	S315MC t≤20mm	EN 10149-2：1996
	275～325	SM490（A、B）t≤200mm；SM490C t≤100mm	JIS G 3106-2004
	325～365	SM490Y（A、B）t≤100mm	JIS G 3106-2004
	295～445	SN490B 6mm$<t$≤100mm；SN490C 16mm$<t$≤100mm	JIS G 3136-2005

类别号	屈服强度（MPa）	国外钢材牌号举例	国外钢材标准
II	255～335	E335 t≤250mm	EN 10025-2：2004
	275～355	S355 JR t≤250mm	EN 10025-2：2004
	275～355	S355J0 t≤250mm	
	265～355	S355J2 t≤400mm	
	265～355	S355K2 t≤400mm	
	275～355	S355 N t≤250mm	EN 10025-3：2004
		S355 NL t≤250mm	
	320～355	S355 M t≤150mm	EN 10025-4：2004
		S355 ML t≤150mm	
	345～355	S355 J0WP t≤40mm	EN 10025-5：2004
		S355 J2WP t≤40mm	
	295～355	S355 J0W t≤150mm	EN 10025-5：2004
		S355 J2W t≤150mm	
		S355 K2W t≤150mm	
	≥345	ASTM A572/A572M Gr50 t≤100mm	ASTM A572/A572M-06
	≥355	S355NC t≤20mm	EN 10149-3：1996
	≥355	S355MC t≤20mm	EN 10149-2：1996
	≥345	ASTM A913/A913M Gr50	ASTM A913/A913M-07
	285～360	E360 t≤250mm	EN 10025-2：2004
III	325～365	SM520（B、C）t≤100mm	JIS G 3106-2004
	≥380	ASTM A572/A572M Gr55 t≤50mm	ASTM A572/A572M-06
	≥415	ASTM A572/A572M Gr60 t≤32mm	ASTM A572/A572M-06
	≥415	ASTM A913/A913M Gr60	ASTM A913/A913M-07
	320～420	S420 N t≤250mm	EN 10025-3：2004
		S420 NL t≤250mm	
	365～420	S420 M t≤150mm	EN 10025-4：2004
		S420 ML t≤150mm	
IV	420～460	SM570 t≤100mm	JIS G 3106-2004
	≥450	ASTM A572/A572M Gr65 t≤32mm	ASTM A572/A572M-06
	≥420	S420NC t≤20mm	EN 10149-3：1996
	≥420	S420MC t≤20mm	EN 10149-2：1996
	380～450	S450 J0 t≤150mm	EN 10025-2：2004
	370～460	S460 N t≤200mm	EN 10025-3：2004
		S460 NL t≤200mm	
	385～460	S460 M t≤150mm	EN 10025-4：2004
		S460 ML t≤150mm	
	400～460	S460 Q t≤150mm	EN 10025-6：2004
		S460 QL t≤150mm	
		S460 QL1 t≤150mm	
	≥460	S460MC t≤20mm	EN 10149-2：1996
	≥450	ASTM A913/A913M Gr65	ASTM A913/A913M-07

4.0.6 T形、十字形、角接节点，当翼缘板较厚时，由于焊接收缩应力较大，且节点拘束度大，而使板材在近缝区或近板厚中心区沿轧制带状组织晶间产生台阶状层状撕裂。这种现象在国内外工程中屡有发生。焊接工艺技术人员虽然针对这一问题研究出一些改善、克服层状撕裂的工艺措施，取得了一定的实践经验（见本规范第5.5.1条），但要从根本上解决问题，必须提高钢材自身的厚度方向即Z向性能。因此，在设计选材阶段就应考虑选用对于有厚度方向性能要求的钢材。

对于有厚度方向性能要求的钢材，在质量等级后面加上厚度方向性能级别（Z15、Z25或Z35），如Q235GJD Z25。有厚度方向性能要求时，其钢材的P、S含量，断面收缩率值的要求见表2。

表2 钢板厚度方向性能级别及其磷、硫含量、断面收缩率值

级别	磷含量（质量分数），≤（%）	含硫量（质量分数），≤（%）	断面收缩率（Ψ_z，%）	
			三个试样平均值，≥	单个试样值，≥
Z15		0.010	15	10
Z25	≤0.020	0.007	25	15
Z35		0.005	35	25

4.0.7～4.0.9 焊接材料熔敷金属中扩散氢的测定方法应依据现行国家标准《熔敷金属中扩散氢测定方法》GB/T 3965 的规定进行。水银置换法只用于焊条电弧焊；甘油置换法和气相色谱法适用于焊条电弧焊、埋弧焊及气体保护焊。当用甘油置换法测定的熔敷金属材料中的扩散氢含量小于 2mL/100g 时，必须使用气相色谱法测定。钢材分类为Ⅲ、Ⅳ类钢种匹配的焊接材料扩散氢含量指标，由供需双方协商确定，也可以要求供应商提供。埋弧焊时应按现行国家标准并根据钢材的强度级别、质量等级和牌号选择适当焊剂，同时应具有良好的脱渣性等焊接工艺性能。

4.0.11 现行行业标准《焊接用二氧化碳》HG/T 2537 规定的焊接用二氧化碳组分含量要求见表3。重要焊接节点的定义参照现行国家标准《钢结构工程施工质量验收规范》GB 50205 的规定。

表3 焊接用二氧化碳组分含量的要求

项 目	组分含量（%）		
	优等品	一等品	合格品
二氧化碳含量（不小于）	99.9	99.7	99.5
液态水	不得检出	不得检出	不得检出
油			
水蒸气＋乙醇含量（不大于）	0.005	0.02	0.05
气味	无异味	无异味	无异味

注：表中对以非发酵法所得的二氧化碳、乙醇含量不作规定。

5 焊接连接构造设计

5.1 一般规定

5.1.1 钢结构焊接节点的设计原则，主要应考虑便于焊工操作以得到致密的优质焊缝，尽量减少构件变形、降低焊接收缩应力的数值及其分布不均匀性，尤其是要避免局部应力集中。

现代建筑钢结构类型日趋复杂，施工中会遇到各种焊接位置。目前无论是工厂制作还是工地安装施工中仰焊位置已广泛应用，焊工技术水平也已提高，因此本规范未把仰焊列为应避免的焊接操作位置。

对于截面对称的构件，焊缝布置对称于构件截面中性轴的规定是减少构件整体变形的根本措施。但对于桁架中角钢类非对称型材构件端部与节点板的搭接角焊缝，并不需要把焊缝对称布置，因其对构件变形影响不大，也不能提高其承载力。

为了满足建筑艺术的要求，钢结构形状日益多样化，这往往使节点复杂、焊缝密集甚至于立体交叉，而且板厚量大、拘束度大使焊缝不能自由收缩，导致双向、三向焊接应力产生，这种焊接残余应力一般能达到钢材的屈服强度值。这对焊接延迟裂纹以及板材层状撕裂的产生是极重要的影响因素之一。一般在选材上采取控制碳当量，控制焊缝扩散氢含量，工艺上采取预热甚至于消氢热处理，但即使不产生裂纹，施焊后节点区在焊接收缩应力作用下，由于晶格畸变产生的微观应变，将使材料塑性下降，相应强度及硬度增高，使结构在工作荷载作用下产生脆性断裂的可能性增大。因此，要求节点设计时尽可能避免焊缝密集、交叉并使焊缝布置避开高应力区是非常必要的。

此外，为了结构安全而对焊缝几何尺寸要求宁大勿小这种做法是不正确的，不论设计、施工或监理各方都要走出这一概念上的误区。

5.1.2 施工图中应采用统一的标准符号标注，如焊缝计算厚度、焊接坡口形式等焊接有关要求，可以避免在工程实际中因理解偏差而产生质量问题。

5.1.3 本条明确了钢结构设计施工图的具体技术要求：

1 现行国家标准《钢结构设计规范》GB 50017－2003 第1.0.5条（强条）规定："在钢结构设计文件中应注明建筑结构的设计使用年限、钢材牌号、连接材料的型号（或钢号）和对钢材所要求的力学性能、化学成分及其他的附加保证项目。此外，还应注明所要求的焊缝形式、焊缝质量等级、端面刨平顶紧部位及对施工的要求。"其中"对施工的要求"指的是什么，在标准中没有明确指出，本规范作为具体的技术规范，需要在具体条文中予以明确。

2 钢结构设计制图分为钢结构设计施工图和

钢结构施工详图两个阶段。钢结构设计施工图应由具有设计资质的设计单位完成，其内容和深度应满足进行钢结构制作详图设计的要求。

3 本条编制依据《钢结构设计制图深度和表示方法》（03G102），同时参照美国《钢结构焊接规范》AWS D1.1 对钢结构设计施工图的焊接技术要求进行规定。

4 由于构件的分段制作或安装焊缝位置对结构的承载性能有重要影响，同时考虑运输、吊装和施工的方便，特别强调应在设计施工图中明确规定工厂制作和现场拼装节点的允许范围，以保证工程焊接质量与结构安全。

5.1.4 本条明确了钢结构制作详图的具体技术要求：

1 钢结构制作详图一般应由具有钢结构专项设计资质的加工制作单位完成，也可由有该项资质的其他单位完成。钢结构制作详图是对钢结构施工图的细化，其内容和深度应满足钢结构制作、安装的要求。

2 本条编制依据《钢结构设计制图深度和表示方法》（03G102），同时参照美国《钢结构焊接规范》AWS D1.1 对钢结构制作详图焊接技术的要求进行规定。

3 本条明确要求制作详图应根据运输条件、安装能力、焊接可操作性和设计允许范围确定构件分段位置和拼接节点，按设计规范有关规定进行焊缝设计并提交设计单位进行安全审核，以便施工企业遵照执行，保证工程焊接质量与结构安全。

5.1.5 焊缝质量等级是焊接技术的重要控制指标，本条参照现行国家标准《钢结构设计规范》GB 50017，并根据钢结构焊接的具体情况作出了相应规定：

1 焊缝质量等级主要与其受力情况有关，受拉焊缝的质量等级要高于受压或受剪的焊缝；受动荷载的焊缝质量等级要高于受静荷载的焊缝。

2 由于本规范涵盖了钢结构桥梁，因此参照现行行业标准《铁路钢桥制造规范》TB 10212 增加了对桥梁相应部位角焊缝质量等级的规定。

3 与现行国家标准《钢结构设计规范》GB 50017 不同，将"重级工作制（A6～A8）起重量 $Q \geqslant 50t$ 的中级工作制（A4、A5）吊车梁的腹板与上翼缘之间以及吊车桁架上弦杆与节点板之间的 T 形接头焊缝"的质量等级规定纳入本条第1款第4项，不再单独列款。

4 不需要疲劳验算的构件中，凡要求与母材等强的对接焊缝宜予焊透，与现行国家标准《钢结构设计规范》GB 50017 规定的"应予焊透"有所放松，这也是考虑钢结构行业的实际情况，避免要求过严而造成不必要的浪费。

5 本条第3款中，根据钢结构焊接实际情况，在现行国家标准《钢结构设计规范》GB 50017 的基础上，增加了"部分焊透的对接焊缝"及"梁柱、牛腿等重要节点"的内容，第1项中的质量等级规定由原来的"焊缝的外观质量标准应符合二级"改为"焊缝的质量等级应符合二级"。

5.2 焊缝坡口形式和尺寸

5.2.1、5.2.2 现行国家标准《气焊、焊条电弧焊、气体保护焊和高能束焊的推荐坡口》GB/T 985.1 和《埋弧焊的推荐坡口》GB/T 985.2 中规定了坡口的通用形式，其中坡口部分尺寸均给出了一个范围，并无确切的组合尺寸；GB/T 985.1 中板厚 40mm 以上、GB/T 985.2 中板厚 60mm 以上均规定采用 U 形坡口，且没有焊接位置规定及坡口尺寸及装配允差规定。总的来说，上述两个国家标准比较适合于可以使用焊接变位器等工装设备及坡口加工、组装要求较高的产品，如机械行业中的焊接加工，对钢结构制作的焊接施工则不尽适合，尤其不适合于钢结构工地安装中各种钢材厚度和焊接位置的需要。目前大型、大跨度、超高层建筑钢结构多由国内进行施工图设计，在本规范中，将坡口形式和尺寸的规定与国际先进国家标准接轨是十分必要的。美国与日本国家标准中全焊透焊缝坡口的规定差异不大，部分焊透焊缝坡口的规定有些差异。美国《钢结构焊接规范》AWS D1.1 中对部分焊透焊缝坡口的最小焊缝尺寸规定值较小，工程中很少应用。日本建筑施工标准规范《钢结构工程》JASS 6（96年版）所列的日本钢结构协会《焊缝坡口标准》JSSI 03（92年底版）中，对部分焊透焊缝规定最小坡口深度为 $2\sqrt{t}$（t 为板厚）。实际上日本和美国的焊缝坡口形式标准在国际和国内均已广泛应用。本规范参考了日本标准的分类排列方式，综合选用美、日两国标准的内容，制订了三种常用焊接方法的标准焊缝坡口形式与尺寸。

5.3 焊缝计算厚度

5.3.1～5.3.6 焊缝计算厚度是结构设计中构件焊缝承载应力计算的依据，不论是角焊缝、对接焊缝或角接与对接组合焊缝中的全焊透焊缝或部分焊透焊缝，还是管材 T、K、Y 形相贯接头中的全焊透焊缝、部分焊透焊缝、角焊缝，都存在着焊缝计算厚度的问题。对此，设计者应提出明确要求，以免在焊接施工过程中引起混淆，影响结构安全。参照美国《钢结构焊接规范》AWS D1.1，对于对接焊缝、对接与角接组合焊缝，其部分焊透焊缝计算厚度的折减值在第5.3.2条给出了明确规定，见表5.3.2。如果设计者应用该表中的折减值对焊缝承载应力进行计算，即可允许采用不加衬垫的全焊透坡口形式，反面不清根焊接。施工中不使用碳弧气刨清根，对提高施工效率和保障施工安全有很大好处。国内目前某些由日本企业设计的钢结构工程中采用了这种坡口形式，如北京国贸二期超高层钢结构等工程。

同样参照美国《钢结构焊接规范》AWS D1.1，在第5.3.4条中对斜角焊缝不同两面角（Ψ）时的焊缝计算厚度计算公式及折减值，在第5.3.6条中对管材 T、K、Y 形相贯接头全焊透、部分焊透及角焊缝的各区焊缝计算厚度或折减值以及相应的坡口尺寸作了明确规定，以供施工图设计时使用。

5.4　组焊构件焊接节点

5.4.1　为防止母材过热，规定了塞焊和槽焊的最小间隔及最大直径。为保证焊缝致密性，规定了最小直径与板厚关系。塞焊和槽焊的焊缝尺寸应按传递剪力计算确定。

5.4.2　为防止因热输入量过小而使母材热影响区冷却速度过快而形成硬化组织，规定了角焊缝最小长度、断续角焊缝最小长度及角焊缝的最小焊脚尺寸。采用低氢焊接方法，由于降低了氢对焊缝的影响，其最小角焊缝尺寸可比采用非低氢焊接方法时小一些。

5.4.3　本条规定参照了美国《钢结构焊接规范》AWS D1.1。

为防止搭接接头角焊缝在荷载作用下张开，规定了搭接接头角焊缝在传递部件受轴向力时，应采用双角焊缝。

为防止搭接接头受轴向力时发生偏转，规定了搭接接头最小搭接长度。

为防止构件因翘曲而使贴合不好，规定了搭接接头纵向角焊缝连接构件端部时的最小焊缝长度，必要时应增加横向角焊或塞焊。

为保证构件受拉力时有效传递荷载，构件受压时保持稳定，规定了断续搭接角焊缝最大纵向间距。

为防止焊接时材料棱边熔塌，规定了搭接焊缝与材料棱边的最小距离。

5.4.4　不同厚度、不同宽度材料对焊时，为了减小材料因截面及外形突变造成的局部应力集中，提高结构使用安全性，参照美国《钢结构焊接规范》AWS D1.1 及日本建筑施工标准《钢结构工程》JASS 6，规定了当焊缝承受的拉应力超过设计容许拉应力的三分之一时，不同厚度及宽度材料对接时的坡度过渡最大允许值为 1:2.5，以减小材料因截面及外形突变造成的局部应力集中，提高结构使用安全性。

5.5　防止板材产生层状撕裂的节点、选材和工艺措施

5.5.1～5.5.3　在 T 形、十字形及角接接头焊接时，由于焊接收缩应力作用于板厚方向（即垂直于板材纤维的方向）而使板材产生沿轧制带状组织晶间的台阶状层状撕裂。这一现象在国外钢结构焊接工程实践中早已发现，并经过多年试验研究，总结出一系列防止

层状撕裂的措施，在本规范第 4.0.6 条中已规定了对材料厚度方向性能的要求。本条主要从焊接节点形式的优化设计方面提出要求，目的是减小焊缝截面和焊接收缩应力，使焊接收缩应力尽可能作用于板材的轧制纤维方向，同时也给出了防止层状撕裂的相应的焊接工艺措施。

需要注意的是目前我国钢结构正处于蓬勃发展的阶段，近年来在重大工程项目中已发生过多起由层状撕裂而引起的工程质量问题，应在设计与材料要求方面给予足够的重视。

5.6　构件制作与工地安装焊接构造设计

5.6.1　本条规定的节点形式中，第 1、2、4、6、7、8、9 款为生产实践中常用的形式；第 3、5 款引自美国《钢结构焊接规范》AWS D1.1。其中第 5 款适用于为传递局部载荷，采用一定长度的全焊透坡口对接与角接组合焊缝的情况，第 10 款为现行行业标准《空间网格结构技术规程》JGJ 7 的规定，目的是为避免焊缝交叉、减小应力集中程度、防止三向应力，以防止焊接裂纹产生，提高结构使用安全性。

5.6.2　本条规定的安装节点形式中，第 1、2、4 款与国家现行有关标准一致；第 3 款桁架或框架梁安装焊接节点为国内一些施工企业常用的形式。这种焊接节点已在国内一些大跨度钢结构中得到应用，它不仅可以避免焊缝立体交叉，还可以预留一段纵向焊缝最后施焊，以减小横向焊缝的拘束度。第 5 款的图 5.6.2-5(c) 为不加衬套的球－管安装焊接节点形式，管端在现场二次加工调整钢管长度和坡口间隙，以保证单面焊透。这种焊接节点的坡口形式可以避免衬套固定焊接后管长及安装间隙不易调整的缺点，在首都机场四机位大跨度网架工程中已成功应用。

5.7　承受动载与抗震的焊接构造设计

5.7.1　由于塞焊、槽焊、电渣焊和气电立焊焊接热输入大，会在接头区域产生过热的粗大组织，导致焊接接头塑韧性下降而达不到承受动载需经疲劳验算钢结构的焊接质量要求，所以本条为强制性条文。

本条为强制性条文，必须严格执行。

5.7.2　本条对承受动载时焊接节点作出了规定。如承受动载需经疲劳验算时塞焊、槽焊的禁用规定，间接承受动载时塞焊、槽焊孔与板边垂直于应力方向的净距离，角焊缝的最小尺寸，部分焊透焊缝、单边 V 形和单边 U 形坡口的禁用规定以及不同板厚、板宽对焊接接头的过渡坡度的规定均引自美国《钢结构焊接规范》AWS D1.1；角接与对接组合焊缝和 T 形接头坡口焊缝的加强焊脚尺寸要求则给出了最小和最大的限制。需要注意的是，对承受与焊缝轴线垂直的动载拉应力的焊缝，禁止采用部分焊透焊缝、无衬垫单面焊、未经评定的非钢衬垫单面焊；不同板厚对接接

头在承受各种动载力（拉、压、剪）时，其接头斜坡过渡不应大于1:2.5。

5.7.3 本条中第1、2两款引自美国《钢结构焊接规范》AWS D1.1；第3、4两款是根据现行国家标准《钢结构设计规范》GB 50017中有关要求而制订，目的是便于制作施工中注意焊缝的设置，更好的保证构件的制作质量。

5.7.4 本条为抗震结构框架柱与梁的刚性节点焊接要求，引自美国《钢结构焊接规范》AWS D1.1。经历了美国洛杉矶大地震和日本坂神大地震后，国外钢结构专家在对震害后柱-梁节点断裂位置及破坏形式进行了统计并分析其原因，据此对有关规范作了修订，即推荐采用无衬垫单面全焊透焊缝（反面清根后封底焊）或采用陶瓷衬垫单面焊双面成形的焊缝。

5.7.5 本条规定了引弧板、引出板及衬垫板的去除及去除后的处理要求。引弧板、引出板可以用气割工艺割去，但钢衬垫板去除不能采用气割方法，宜采用碳弧气刨方法去除。

6 焊接工艺评定

6.1 一般规定

6.1.1 由于钢结构工程中的焊接节点和焊接接头不可能进行现场实物取样检验，为保证工程焊接质量，必须在构件制作和结构安装施工焊接前进行焊接工艺评定。现行国家标准《钢结构工程施工质量验收规范》GB 50205对此有明确的要求并已将焊接工艺评定报告列入竣工资料必备文件之一。

本规范参照美国《钢结构焊接规范》AWS D1.1，并充分考虑国内钢结构焊接的实际情况，增加了免予焊接工艺评定的相关规定。所谓免予焊接工艺评定就是把符合本规范规定的钢材种类、焊接方法、焊接坡口形式和尺寸、焊接位置、匹配的焊接材料、焊接工艺参数规范化。符合这种规范化焊接工艺规程或焊接作业指导书，施工企业可以不再进行焊接工艺评定试验，而直接使用免予焊接工艺评定的焊接工艺。

本条为强制性条文，必须严格执行。

6.1.2～6.1.10 焊接工艺评定所用的焊接参数，原则上是根据被焊钢材的焊接性试验结果制订，尤其是热输入、预热温度及后热制度。对于焊接性已经被充分了解，有明确的指导性焊接工艺参数，并已在实践中长期使用的国内、外生产的成熟钢种，一般不需要由施工企业进行焊接性试验。对于国内新开发生产的钢种，或者由国外进口未经使用过的钢种，应由钢厂提供焊接性试验评定资料，否则施工企业应进行焊接性试验，以作为制订焊接工艺评定参数的依据。施工企业进行焊接工艺评定还必须根据施工工程的特点和

企业自身的设备、人员条件确定具体焊接工艺，如实记录并与实际施工相一致，以保证施工中得以实施。

考虑到目前国内钢结构飞速发展，在一定时期内，钢结构制作、施工企业的变化尤其是人员、设备、工艺条件也比较大，因此，根据国内实际情况，第6.1.9条根据焊接难度等级对焊接工艺评定的有效期作出了规定。

6.2 焊接工艺评定替代规则

6.2.1、6.2.2 同种牌号钢材中，质量等级高，是指钢材具有更高的冲击功要求，其对焊接材料、焊接工艺参数的选择要求更为严格，因此当质量等级高的钢材焊接工艺评定合格后，必然满足质量等级低的钢材的焊接工艺要求。由于本规范中的Ⅰ、Ⅱ类钢材中，其同类别钢材主要合金成分相似，焊接工艺也比较接近，当高强度、高韧性的钢材工艺评定试验合格后，必然也适用于同类的低级别钢材。而Ⅲ、Ⅳ类钢材，其同类别钢材的主要合金成分或交货状态往往差异较大，为了保证钢结构的焊接质量，要求每一种钢材必须单独进行焊接工艺评定。

6.3 重新进行工艺评定的规定

6.3.1～6.3.7 不同的焊接工艺方法中，各种焊接工艺参数对焊接接头质量产生影响的程度不同。为了保证钢结构焊接施工质量，根据大量的试验结果和实践经验并参考国外先进标准的相关规定，本节各条分别规定了不同焊接工艺方法中各种参数的最大允许变化范围。

6.5 试件和试样的试验与检验

6.5.1～6.5.4 本节对试件和试样的试验与检验作出了相应规定，在基本采用现行行业标准《建筑钢结构焊接技术规程》JGJ 81的相应条款的基础上，增加了硬度试验的相应要求，同时根据现行行业标准《建筑钢结构焊接技术规程》JGJ 81的应用情况，去掉了十字接头、T形接头弯曲试验的要求，使规范更加科学、合理，可操作性大大增强。

6.6 免予焊接工艺评定

6.6.1 对于一些特定的焊接方法和参数、钢材、接头形式和焊接材料种类的组合，其焊接工艺已经长期使用，实践证明，按照这些焊接工艺进行焊接所得到的焊接接头性能良好，能够满足钢结构焊接的质量要求。本着经济合理、安全适用的原则，本规范借鉴了美国《钢结构焊接规范》AWS D1.1，并充分考虑到国内实际情况，对免予评定焊接工艺作出了相应规定。当然，采用免予评定的焊接工艺并不免除对钢结构制作、安装企业资质及焊工个人能力的要求，同时有效的焊接质量控制和监督也必不可少。在实际生产

中，应严格执行规范规定，通过免予评定焊接工艺文件编制可实际操作的焊接工艺，并经焊接工程师和技术负责人签发后，方可使用。

6.6.2 本条规定了免予评定所适用的焊接方法、母材、焊接材料及焊接工艺，在实际应用中必须严格遵照执行。

7 焊 接 工 艺

7.1 母 材 准 备

7.1.1 接头坡口表面质量是保证焊接质量的重要条件，如果坡口表面不干净，焊接时带入各种杂质及碳、氢等物质，是产生焊接热裂纹和冷裂纹的原因。若坡口面上存在氧化皮或铁锈等杂质，在焊缝中可能还会产生气孔。鉴于坡口表面状况对焊缝质量的影响，本条给出了相应规定，与《美国钢结构规范》AWS D1.1、《加拿大钢结构规范》W59 要求相一致。

7.1.3～7.1.5 热切割的坡口表面粗糙度因钢材的厚度不同，割纹深度存在差别，若出现有限深度的缺口或凹槽，可通过打磨或焊接进行修补。

7.1.6 当钢材的切割面上存在钢材的轧制缺陷如夹渣、夹杂物、脱氧产物或气孔等时，其浅的和短的缺陷可以通过打磨清除，而较深和较长的缺陷应采用焊接进行修补，若存在严重的或较难焊接修补的缺陷，该钢材不得使用。

7.2 焊接材料要求

7.2.1 焊接材料对焊接结构的安全性有着极其重要的影响，其熔敷金属化学成分和力学性能及焊接工艺性能应符合国家现行标准的规定，施工企业应采取抽样方法进行验证。

7.2.2 焊接材料的保管规定主要目的是为防止焊接材料锈蚀、受潮和变质，影响其正常使用。

7.2.3 由于低氢型焊条一般用于重要的焊接结构，所以对低氢型焊条的保管要求更为严格。

低氢型焊条焊接前应进行高温烘焙，去除焊条药皮中的结晶水和吸附水，主要是为了防止焊条药皮中的水分在施焊过程中经电弧热分解使焊缝金属中扩散氢含量增加，而扩散氢是焊接延迟裂纹产生的主要因素之一。

调质钢、高强度钢及桥梁结构的焊接接头对氢致延迟裂纹比较敏感，应严格控制其焊接材料中的氢来源。

7.2.4 埋弧焊时，焊剂对焊缝金属具有保护和参与合金化的作用，但焊剂受到油、氧化皮及其他杂质的污染会使焊缝产生气孔并影响焊接工艺性能。对焊剂进行防潮和烘焙处理，是为了降低焊缝金属中的扩散氢含量。需要说明的是，如果焊剂经过严格的防潮和烘焙处理，试验证明熔敷金属的扩散氢含量不大于 8mL/100g，可以认为埋弧焊也是一种低氢的焊接方法。

7.2.5 实心焊丝和药芯焊丝的表面油污和锈蚀等杂质会影响焊接操作，同时容易造成气孔和增加焊缝中的含氢量，应禁止使用表面有油污和锈蚀的焊丝。

7.2.6 栓钉焊接瓷环应确保焊缝挤出后的成型，栓钉焊接瓷环受潮后会影响栓钉焊的工艺性能及焊接质量，所以焊前应烘干受潮的焊接瓷环。

7.3 焊接接头的装配要求

7.3.1～7.3.7 焊接接头的坡口及装配精度是保证焊接质量的重要条件，超出公差要求的坡口角度、钝边尺寸、根部间隙会影响焊接施工操作和焊接接头质量，同时也会增大焊接应力，易于产生延迟裂缝。

7.4 定 位 焊

7.4.1～7.4.5 定位焊缝的焊接质量对整体焊缝质量有直接影响，应从焊前预热、焊材选用、焊工资格及施焊工艺等方面给予充分重视，避免造成正式焊缝中的焊接缺陷。

7.5 焊 接 环 境

7.5.1 实践经验表明：对于焊条电弧焊和自保护药芯焊丝电弧焊，当焊接作业区风速超过 8m/s，对于气体保护电弧焊，当焊接作业区风速超过 2m/s 时，焊接熔渣或气体对熔化的焊缝金属保护环境就会遭到破坏，致使焊缝金属中产生大量的密集气孔。所以实际焊接施工过程中，应避免在上述风速条件下进行施焊，必须进行施焊时应设置防风屏障。

7.5.2～7.5.4 焊接作业环境不符合要求，会对焊接施工造成不利影响。应避免在工件潮湿或雨、雪天气下进行焊接操作，因为水分是氢的来源，而氢是产生焊接延迟裂纹的重要因素之一。

低温会造成钢材脆化，使得焊接过程的冷却速度加快，易于产生淬硬组织，对于碳当量相对较高的钢材焊接是不利的，尤其是对于厚板和接头拘束度大的结构影响更大。本条对低温环境施焊作出了具体规定。

7.6 预热和道间温度控制

7.6.1～7.6.6 对于最低预热温度和道间温度的规定，主要目的是控制焊缝金属和热影响区的冷却速度，降低焊接接头的冷裂倾向。预热温度越高，冷却速度越慢，会有效的降低焊接接头的淬硬倾向和裂纹倾向。

对调质钢而言，不希望较慢的冷却速度，且钢厂也不推荐如此。

本条是根据常用钢材的化学成分、中等结构拘束度、常用的低氢焊接方法和焊接材料以及中等热输入条件给出的可避免焊接接头出现淬硬或裂纹的最低温度。实践经验及试验证明：焊接一般拘束度的接头时，按本条规定的最低预热温度和道间温度，可以防止接头产生裂纹。在实际焊接施工过程中，为获得无裂纹、塑性好的焊接接头，预热温度和道间温度应高于本条规定的最低值。为避免母材过热产生脆性而降低焊接接头的性能，对道间温度的上限也作出了规定。

实际工程结构焊接施工时，应根据母材的化学成分、强度等级、碳当量、接头的拘束状态、热输入大小、焊缝金属含氢量水平及所采用的焊接方法等因素综合判断或进行焊接试验，以确定焊接时的最低预热温度。如果有充分的试验数据证明，选择的预热温度和道间温度能够防止接头焊接时裂纹的产生，可以选择低于表 7.6.2 规定的最低预热温度和道间温度。

为了确保焊接接头预热温度均匀，冷却时具有平滑的冷却梯度，本条对预热的加热范围作出了规定。

电渣焊、气电立焊，热输入较大，焊接速度较慢，一般对焊接预热不作要求。

7.7 焊后消氢热处理

7.7.1 焊缝金属中的扩散氢是延迟裂纹形成的主要影响因素，焊接接头的含氢量越高，裂纹的敏感性越大。焊后消氢热处理的目的就是加速焊接接头中扩散氢的逸出，防止由于扩散氢的积聚而导致延迟裂纹的产生。当然，焊接接头裂纹敏感性还与钢种的化学成分、母材拘束度、预热温度以及冷却条件有关，因此要根据具体情况来确定是否进行焊后消氢热处理。

焊后消氢热处理应在焊后立即进行，处理温度与钢材有关，但一般为 200℃～350℃，本规范规定为 250℃～350℃。温度太低，消氢效果不明显；温度过高，若超出马氏体转变温度则容易在焊接接头中残存马氏体组织。

如果在焊后立即进行消应力处理，则可不必进行消氢热处理。

7.8 焊后消应力处理

7.8.1～7.8.4 焊后消应力处理目前国内多采用热处理和振动两种方法。消应力热处理目的是为了降低焊接残余应力或保持结构尺寸的稳定性，主要用于承受较大拉应力的厚板对接焊缝、承受疲劳应力的厚板或节点复杂、焊缝密集的重要受力构件；局部消应力热处理通常用于重要焊接接头的应力消减。振动消应力处理虽然能达到消减一定应力的目的，但其效果目前学术界还难以准确界定。如果为了稳定结构尺寸，采用振动消应力方法对构件进行整体处理既方便又经济。

某些调质钢、含钒钢和耐大气腐蚀钢进行消应力

热处理后，其显微组织可能发生不良变化，焊缝金属或热影响区的力学性能会产生恶化，甚至产生裂纹，应慎重选择消应力热处理。

此外，还应充分考虑消应力热处理后可能引起的构件变形。

7.9 引弧板、引出板和衬垫

7.9.1～7.9.5 在焊接接头的端部设置引弧板、引出板的目的是：避免因引弧时由于焊接热量不足而引起焊接裂纹，或熄弧时产生焊缝缩孔和裂纹，以影响接头的焊接质量。

引弧板、引出板和衬垫板所用钢材应对焊缝金属性能不产生显著影响，不要求与母材材质相同，但强度等级不应高于母材，焊接性不应比所焊母材差。考虑到承受周期性荷载结构的特殊性，桥梁结构的引弧板、引出板和衬垫板用钢材应为在同一钢材标准条件下不大于被焊母材强度等级的任何钢材。

为确保焊缝的完整性，规定了引弧板、引出板的长度；为防止烧穿，规定了钢衬垫板的厚度。为避免未焊的Ⅰ对接接头形成严重缺口导致焊缝中横向裂缝并延伸和扩展到母材中，要求钢衬垫板在整个焊缝长度内连续或采用熔透焊拼接。

采用铜块和陶瓷作为衬垫主要目的是强制焊缝成形，同时防止烧穿，在大热输入焊接或在狭小的空间结构焊接（如全熔透钢管）中经常使用，但需要注意的是，不得将铜和陶瓷熔入焊缝，以免影响焊缝内部质量。

7.10 焊接工艺技术要求

7.10.1 施工单位用于指导实际焊接操作的焊接工艺文件应根据本规范要求和工艺评定结果进行编制。只有符合本规范要求或经评定合格的焊接工艺方可确保获得满足质量要求的焊缝。如果施工过程中不严格执行焊接工艺文件，将对焊接结构的安全性带来较大隐患，应引起足够关注。

7.10.2 焊道形状是影响焊缝裂纹的重要因素。由于母材的冷却作用，熔融的焊缝金属凝固沿母材金属的边缘开始，并向中部发展直至完成这一过程，最后凝固的液态金属位于通过焊缝中心线的平面内。如果焊缝深度大于其表面宽度，则在焊缝中心凝固之前，焊缝表面可能凝固，此时作用于仍然热的、半液态的焊缝中央或心部的收缩力会导致焊缝中心裂纹并使其扩展而贯穿焊缝纵向全长。

7.10.3 本条规定的最小角焊缝尺寸是基于焊接时应保证足够的热输入，以降低焊缝金属或热影响区产生裂纹的可能性，同时与较薄的连接件（厚度）保持合理的比例。如果最小角焊缝尺寸大于设计尺寸，应按本条规定的最小角焊缝尺寸执行。

7.10.4 本条对于 SMAW、GMAW、FCAW 和

SAW 焊接方法，规定了最大根部焊道厚度、最大填充焊道厚度、最大单道角焊缝尺寸和最大单道焊焊层宽度，主要目的是为了在焊接过程中确保焊接的可操作性和焊缝质量的稳定。实践证明，超出上述限制进行焊接操作，对焊缝的外观质量和内部质量都会产生不利影响。施工单位应按本条规定严格执行。

7.11 焊接变形的控制

7.11.1~7.11.6 焊接变形控制主要目的是保证构件或结构要求的尺寸，但有时对焊接变形控制的同时会造成结构焊接应力和焊接裂纹倾向增大，因此应采取合理的焊接工艺措施、装焊顺序、平衡焊接热输入等方法控制焊接变形，避免采用刚性固定或强制措施控制焊接变形。本条给出的一些方法，是实践经验的总结，可根据实际结构情况合理的采用，对控制构件的焊接变形是十分有效的。

7.12 返 修 焊

7.12.1、7.12.2 焊缝金属或部分母材的缺欠超过相应的质量验收标准时，施工单位可以选择局部修补或全部重焊。焊接或母材的缺陷修补前应分析缺陷的性质和种类及产生原因。如果不是因焊工操作或执行工艺参数不严格而造成的缺陷，应从工艺方面进行改进，编制新的工艺并经过焊接试验评定合格后进行修补，以确保返修成功。多次对同一部位进行返修，会造成母材的热影响区的热应变脆化，对结构的安全有不利影响。

7.13 焊件矫正

7.13.1~7.13.3 允许局部加热矫正焊接变形，但所采用的加热温度应避免引起钢的性能发生变化。本条规定的最高矫正温度是为了防止材质发生变化。在一定温度之上避免急冷，是为了防止淬硬组织的产生。

7.14 焊缝清根

7.14.1 为保证焊缝的焊透质量，必须进行反面清根。清根不彻底或清根后坡口形式不合理容易造成焊缝未焊透和焊接裂纹的产生。

7.14.2 碳弧气刨作为缺陷清除和反面清根的主要手段，其操作工艺对焊接的质量有相当大的影响。碳弧气刨时应避免夹碳、夹渣等缺陷的产生。

7.15 临时焊缝

7.15.1、7.15.2 临时焊缝焊接时应避免焊接区域的母材性能改变和留存焊接缺陷，因此焊接临时焊缝采用的焊接工艺和质量要求与正式焊缝相同。对于 Q420、Q460 等级钢材或厚度大于 40mm 的低合金钢，临时焊缝清除后应采用磁粉或着色方法检测，以确保母材中不残留焊接裂纹或出现淬硬裂纹，对结构

的安全产生不利影响。

7.16 引弧和熄弧

7.16.1 在非焊接区域母材上进行引弧和熄弧时，由于焊接引弧热量不足和迅速冷却，可能导致母材的硬化，形成弧坑裂纹和气孔，成为导致结构破坏的潜在裂纹源。施工过程中应避免这种情况的发生。

7.17 电渣焊和气电立焊

7.17.1~7.17.7 电渣焊主要用于箱形构件内横隔板的焊接。电渣焊是利用电阻热对焊丝熔化建立熔池，再利用熔池的电阻热对填充焊丝和接头母材进行熔化而形成焊接接头。调节焊接工艺参数和焊剂填加量以建立合适大小的熔池是确保电渣焊焊缝质量的关键。

电渣焊的焊接热量较大，引弧时为防止引弧块被熔化而造成熔池建立失败，一般采用铜制引熄弧块，且规定其长度不小于 100mm。规定引弧槽的截面与接头的截面大致相同，主要考虑到在引弧槽中建立的熔池转换到正式接头时，如果截面积相差较大，将造成正式接头的熔合不良或衬垫板烧穿，导致电渣焊失败。

为避免电渣焊时焊缝产生裂纹和缩孔，应采用脱氧元素含量充分且 S、P 含量较低的焊丝。

为了使焊缝金属与接头的坡口面完全熔合，必须在积累了足够的热量状态下开始焊接。如果焊接过程因故中断，熔渣或熔池开始凝固，可重新引弧焊接直至焊缝完成，但应对焊缝重新焊接处的上、下两端各 150mm 范围内进行超声波检测，并对停弧位置进行记录。

8 焊 接 检 验

8.1 一 般 规 定

8.1.1 自检是钢结构焊接质量保证体系中的重要步骤，涉及焊接作业的全过程，包括过程质量控制、检验和产品最终检验。自检人员的资质要求除应满足本规范的相关规定外，其无损检测人员数量的要求尚需满足产品所需检测项目每项不少于两名 2 级及 2 级以上人员的规定。监检同自检一样是产品质量保证体系的一部分，但需由具有资质的独立第三方来完成。监检的比例需根据设计要求及结构的重要性确定，对于焊接难度等级为 A、B 级的结构，监检的主要内容是无损检测，而对于焊接难度等级为 C、D 级的结构其监检内容还应包括过程中的质量控制和检验，见证检验应由具有资质的独立第三方来完成，但见证检验是业主或政府行为，不在产品质量保证范围内。

8.1.2 本条强调了过程检验的重要性，对过程检验的程序和内容进行了规定。就焊接产品质量控制而

言，过程控制比焊后无损检测显得更为重要，特别是对高强钢或特种钢，产品制造过程中工艺参数对产品性能和质量的影响更为直接，产生的不利后果更难于恢复，同时也是用常规无损检测方法无法检测到的。因此正确的过程检验程序和方法是保证产品质量的重要手段。

8.1.3 焊缝在结构中所处的位置不同，承受荷载不同，破坏后产生的危害程度也不同，因此对焊缝质量的要求理应不同。如果一味提高焊缝的质量要求将造成不必要的浪费。本规范参照美国《钢结构焊接规范》AWS D1.1，根据承受荷载不同将焊缝分成动载和静载结构，并提出不同的质量要求。同时要求按设计图及说明文件规定荷载形式和焊缝等级，在检查前按照科学的方法编制检查方案，并由质量工程师批准后实施。设计文件对荷载形式和焊缝等级要求不明确的应依据现行国家标准《钢结构设计规范》GB 50017及本规范的相关规定执行，并须经原设计单位签认。

8.1.4 在现行国家标准《钢结构工程施工质量验收规范》GB 50205中部分探伤的要求是对每条焊缝按规定的百分比进行探伤，且每处不小于 200mm。这样规定虽然对保证每条焊缝质量是有利的，但检验工作量大，检验成本高，特别是结构安装焊缝都不长，大部分焊缝为梁－柱连接焊缝，每条焊缝的长度大多在 250mm～300mm 之间。以概率论为基础的抽样理论表明，制定合理的抽样方案（包括批的构成、采样规定、统计方法），抽样检验的结果完全可以代表该批的质量，这也是与钢结构设计以概率论为基础相一致的。

为了组成抽样检验中的检验批，首先必须知道焊缝个体的数量。一般情况下，作为检验对象的钢结构安装焊缝长度大多较短，通常将一条焊缝作为一个焊缝个体。在工厂制作构件时，箱形钢柱（梁）的纵焊缝、H 形钢柱（梁）的腹板－翼板组合焊缝较长，此时可将一条焊缝划分为每 300mm 为一个检验个体。检验批的构成原则上以同一条件的焊缝个体为对象，一方面要使检验结果具有代表性，另一方面要有利于统计分析缺陷产生的原因，便于质量管理。

取样原则上按随机取样方式，随机取样方法有多种，例如将焊缝个体编号，使用随机数表来规定取样部位等。但要强调的是对同一批次抽查焊缝的取样，一方面要涵盖该批焊缝所涉及的母材类别和焊接位置、焊接方法，以便于客观反映不同难度下的焊缝合格率结果；另一方面自检、监检及见证检验所抽查的对象应尽可能避免重复，只有这样才能达到更有效的控制焊缝质量的目的。

8.1.5 焊接接头在焊接过程中、焊缝冷却过程中及以后相当长的一段时间内均可产生裂纹，但目前钢结构用钢由于生产工艺及技术水平的提高，产生延迟裂纹的几率并不高，同时，在随后的生产制作过程中，

还要进行相应的无损检测。为避免由于检测周期过长使工期延误造成不必要的浪费，本规范借鉴欧美等国家先进标准，规定外观检测应在焊缝冷却以后进行。由于裂纹很难用肉眼直接观察到，因此在外观检测中应用放大镜观察，并注意应有充足的光线。

8.1.6 无损检测是技术性较强的专业技术，按照我国各行业无损检测人员资格考核管理的规定，1 级人员只能在 2 级或 3 级人员的指导下从事检测工作。因此，规定 1 级人员不能独立签发检测报告。

8.1.7 超声波检测的检验等级分为 A、B、C 三级，与现行国家标准《钢焊缝手工超声波探伤方法和探伤结果分级》GB/T 11345 和现行行业标准《钢结构超声波探伤及质量分级法》JG/T 203 基本相同，只是对 B 级的规定作了局部修改。修改的原因是上述两标准在此规定上对建筑钢结构而言存在缺陷，易增加漏检比例。GB 11345 和 JG/T 203 中规定：B 级检验采用一种角度探头在焊缝单面双侧检测。母材厚度大于 100mm 时，双面双侧检测。条件许可应作横向检测。但在钢结构中存在大量无法进行单面双侧检测的节点，为弥补这一缺陷本规范规定：受几何条件限制时，可在焊缝单面、单侧采用两种角度探头（两角度之差大于 15°）进行检验。

8.1.8 本条实际上是引入允许不合格率的概念，事实上，在一批检查个数中要达到 100% 合格往往是不切实际的，既无必要，也浪费大量资源。本着安全、适度的原则，并根据近几年来钢结构焊缝检验的实际情况及数据统计，规定小于抽样数的 2% 时为合格，大于 5% 时为不合格，2%～5% 之间时加倍抽检，不仅确保钢结构焊缝的质量安全，也反映了目前我国钢结构焊接施工水平。

本条为强制性条文，必须严格执行。

8.2 承受静荷载结构焊接质量的检验

8.2.1、8.2.2 外观检测包括焊缝外观缺陷检测和焊缝几何尺寸测量两部分。

8.2.3 无损检测必须在外观检测合格后进行。

裂纹可在焊接、焊缝冷却及以后相当长的一段时间内产生。Ⅰ、Ⅱ类钢材产生焊接延迟裂纹的可能性很小，因此规定在焊缝冷却到室温进行外观检测后即可进行无损检测。Ⅲ、Ⅳ类钢材若焊接工艺不当则具有产生焊缝延迟裂纹的可能性，且裂纹延迟时间较长，有些国外规范规定此类钢焊接裂纹的检查应在焊后 48h 进行。考虑到工厂存放条件、现场安装进度、工序衔接的限制以及随着时间延长，产生延迟裂纹的几率逐渐减小等因素，本规范对Ⅲ、Ⅳ类钢材及焊接难度等级为 C、D 级的结构，规定以 24h 后无损检测的结果作为验收的依据。对钢材标称屈服强度大于 690MPa（调质状态）的钢材，考虑产生延迟裂纹的可能性更大，故规定以焊后 48h 的无损检测结果作为

验收依据。

内部缺陷的检测一般可用超声波探伤和射线探伤。射线探伤具有直观性、一致性好的优点，但其成本高、操作程序复杂、检测周期长，尤其是钢结构中大多为T形接头和角接头，射线检测的效果差，且射线探伤对裂纹、未熔合等危害性缺陷的检出率低。超声波探伤则正好相反，操作程序简单、快速，对各种接头形式的适应性好，对裂纹、未熔合的检测灵敏度高，因此世界上很多国家对钢结构内部质量的控制采用超声波探伤。本规范原则规定钢结构焊缝内部缺陷的检测宜采用超声波探伤，如有特殊要求，可在设计图纸或订货合同中另行规定。

本规范将二级焊缝的局部检验定为抽样检验。这一方面是基于钢结构焊缝的特殊性；另一方面，目前我国推行全面质量管理已有多年的经验，采用抽样检测是可行的，在某种程度上更有利于提高产品质量。

8.2.4 目前钢结构节点设计大量采用局部熔透对接、角接及纯贴角焊缝的节点形式，除纯贴角焊缝节点形式的焊缝内部质量国内外尚无现行无损检测标准外，对于局部熔透对接及角接焊缝均可采用超声波方法进行检测，因此，应与全熔透焊一样对其焊缝的内部质量提出要求。

本条对承受静荷载结构焊缝的超声波检测灵敏度及评定缺陷的允许长度作了适当调整，放宽了评定尺度。这样做的主要目的：一是区别对待静载结构与动载结构焊缝的质量评定；二是尽量减少因不必要的返修造成的浪费及残余应力。

为此规范主编单位进行了大量的试验研究，对国内外相关标准如：《钢焊缝手工超声波探伤方法和探伤结果分级》GB/T 11345、《承压设备无损检测　第3部分：超声检测》JB/T 4730.3、《船舶钢焊缝超声波检测工艺和质量分级》CB/T 3559、《铁路钢桥制造规范》TB 10212、《公路桥涵施工技术规范》JTG/T F50、《起重机械无损检测　钢焊缝超声检测》JB/T 10559、《钢结构焊接规范》AWS D1.1/D1.1M、《超声波探伤评定验收标准》EN 1712、《焊接接头超声波探伤》EN 1714、《铁素体钢超声波检验方法》JIS Z 3060等以《钢焊缝手工超声波探伤方法和探伤结果分级》GB/T 11345为基础进行了对比试验（其中包括理论计算和模拟试验）。通过对试验结果的分析、比较得出如下结论：

《钢焊缝手工超声波探伤方法和探伤结果分级》GB/T 11345标准的检测灵敏度及缺陷评定等级在参与对比的标准中处于中等偏严的水平。

在参与对比的标准中《超声波探伤评定验收标准》EN 1712检测灵敏度最低。

在参与对比的标准中《钢结构焊接规范》AWS D1.1和《起重机械无损检测　钢焊缝超声检测》JB/T 10559标准在小于20mm范围内允许的单个缺陷长度最大，《超声波探伤评定验收标准》EN 1712在20mm～100mm范围内允许的单个缺陷长度最大。

参照上述对比结果，对《钢焊缝手工超声波探伤方法和探伤结果分级》GB/T 11345标准的检测灵敏度及缺陷评定等级进行了适当的调整，本规范中所采用的检测灵敏度及缺陷评定等级与《钢结构焊接规范》AWS D1.1/D1.1M标准相当。

对于目前在高层钢结构、大跨度桁架结构箱形柱（梁）制造中广泛采用的隔板电渣焊的检验，本规范参照日本标准《铁素体钢超声波检验方法》JIS Z 3060以附录的形式给出了探伤方法。

随着钢结构技术进步，对承受板厚方向荷载的厚板（$\delta \geqslant 40mm$）结构产生层状撕裂的原因认识越来越清晰，对材料的质量要求越来越明确。但近年来一些薄板结构（$\delta \leqslant 40mm$）出现层状撕裂问题，有的还造成严重的经济损失。针对这一现象本规范提出相应的检测要求，以杜绝类似情况的发生。

8.2.5 射线探伤作为钢结构内部缺陷检验的一种补充手段，在特殊情况采用，主要用于对接焊缝的检测，按现行国家标准《金属熔化焊焊接接头射线照相》GB/T 3323的有关规定执行。

8.2.6～8.2.8 表面检测主要是作为外观检查的一种补充手段，其目的主要是为了检查焊接裂纹，检测结果的评定按外观检验的有关要求验收。一般来说，磁粉探伤的灵敏度要比渗透检测高，特别是在钢结构中，要求作磁粉探伤的焊缝大部分为角焊缝，其中立焊缝的表面不规则，清理困难，渗透探伤效果差，且渗透探伤难度较大，费用高。因此，为了提高表面缺陷检出率，规定铁磁性材料制作的工件应尽可能采用磁粉检测方法进行检测。只有在因结构形状的原因（如探伤空间狭小）或材料的原因（如材质为奥氏体不锈钢）不能采用磁粉探伤时，宜采用渗透探伤。

8.3　需疲劳验算结构的焊缝质量检验

8.3.1～8.3.7 承受疲劳荷载结构的焊缝质量检验标准基本采用了现行行业标准《铁路钢桥制造规范》TB 10212及《公路桥涵施工技术规范》JTG/T F50的内容，只是增加了磁粉和渗透探伤作为检测表面缺陷的手段。

9　焊接补强与加固

9.0.1 我国现有的有关钢结构加固的技术标准为行业标准《钢结构检测评定及加固技术规程》YB 9257和中国工程建设标准化协会标准《钢结构加固技术规范》CECS 77，抗震设计规范有现行国家标准《建筑抗震设计规范》GB 50011和《构筑物抗震设计规范》GB 50191。为使原有钢结构焊接补强加固安全可靠、经济合理、施工方便、切合实际，加固方案应由设计、施工、业主三方结合，共同研究决定，以便于实践。

9.0.2 原始资料是加固设计必不可少的，是进行设计计算的重要依据。资料越完整，补强加固就越能做到经济合理、安全可靠。

9.0.3～9.0.5 钢材的时效性能系指随时间的推移，钢材的屈服强度增高塑性降低的现象。在对原结构钢材进行试验时应考虑这一影响。在加固设计时，不应考虑由于时效硬化而提高的屈服强度，仍按原有钢材的强度进行计算。当塑性显著降低，延伸率低于许可值时，其加固计算应按弹性阶段进行，即不应考虑内力重分布。对于有气相腐蚀介质作用的钢构件，当腐蚀较严重时，除应考虑腐蚀对原有截面的削弱外，根据已有资料，还应考虑钢材强度的降低。钢材强度的降低幅度与腐蚀介质的强弱有关，腐蚀介质的强弱程度按现行国家标准《工业建筑防腐蚀设计规范》GB 50046 确定。

9.0.7 在负荷状态下进行加固补强时，除必要的施工荷载和难于移动的固定设备或装置外，其他活动荷载都必须卸除。用圆钢、小角钢成的轻钢结构因杆件截面较小，焊接加固时易使原有构件因焊接加热而丧失承载能力，所以不宜在负荷状态下采用焊接加固。特别是圆钢拉杆，更严禁在负荷状态下焊接加固。对原有结构构件中的应力限制主要参考原苏联的有关经验和国内的几个工程试验，同时还吸收了国内的钢结构加固工程经验。原苏联于 1987 年在《改建企业钢结构加固计算建议》中认为所有构件（不论承受静力荷载或是动力荷载）都可按内力重分布原则进行计算，仅对加固时原有构件的名义应力 σ^0（即不考虑次应力和残余应力，按弹性阶段计算的应力）与钢材强度设计值 f 的比值 β 限制如下：

$$\beta = \frac{\sigma^0}{f} \leqslant 0.2 \text{ 特重级动力荷载作用下的结构；}$$

$$\beta = \frac{\sigma^0}{f} \leqslant 0.4 \text{ 对承受动力荷载，其极限塑性应变}$$

值为 0.001 的结构；

$$\beta = \frac{\sigma^0}{f} \leqslant 0.8 \text{ 对承受静力荷载，其极限塑性应变}$$

值为 0.002～0.004 的结构。

国内关于在负荷状态下焊接加固资料都提出了加固时原有构件中的应力极限值可以达到（0.6～0.8）f。而且在静力荷载下，都可按内力重分布原则进行计算。本章对在负荷状态下采用焊接加固时，规定对承受静态荷载的构件，原有构件中的名义应力不应大于钢材强度设计值的 80%，承受动态荷载时，原有构件中的名义应力不应大于强度设计值的 40%。其理由是：

1 原苏联的资料和我国的一些试验和加固工程实践都证明对承受静态荷载的构件取 $\beta \leqslant 0.8$ 是可行的。对承受动态荷载的构件，因本规程不考虑内力重

分布，故参考原苏联的经验，适当扩大应用范围，取 $\beta \leqslant 0.4$。

2 在工程实际中要完全卸荷或大量卸荷一般都是难以实现的。在钢结构中，钢屋架是长期在高应力状态下工作的，因为大部分屋架所承受的荷载中，永久荷载大都占屋面总荷载的 80% 左右，要卸掉这部分荷载（扒掉油毡、拆除大型屋面板）是比较困难的。若应力限制值取强度设计值的 80%，则大多数焊接加固工程都可以在负荷状态下进行。

9.0.8 $\beta \leqslant 0.8$ 这一限制值虽然安全可靠，但仍然比较高，而且还须考虑在焊接过程中，焊接产生的高温会使一部分母材的强度和弹性模量在短时间内降低，故在施工过程中仍应根据具体情况采取必要的安全措施，以防万一。

9.0.9 负荷状态下实施焊接补强和加固是一项艰巨而复杂的工作。由于外部环境和条件差，影响因素多，比新建工程的困难更大，必须认真地进行施工组织设计。本条规定的各项要求是施工中应遵循的最基本事项，也是国内外实践经验的总结。按照要求执行，方能做到安全可靠、经济合理。

9.0.10 对有缺损的钢构件承载能力的评估可根据现行行业标准《钢结构检测评定及加固技术规程》YB 9257 进行。关于缺损的修补方法是总结国内外的经验而得到的。其中裂纹的修补是根据原苏联及国内的实践经验，用热加工矫正变形的温度限制值是参照美国《钢结构焊接规范》AWS D1.1 的规定。

9.0.11 焊缝缺陷的修补方法是根据国内实践经验提出的。采用加大焊缝厚度和加长焊缝长度两种方法来加固角焊缝都是行之有效的。国外资料介绍加长角焊缝长度时，对原有焊缝中的应力限值是不超过焊缝的计算强度。但加大角焊缝厚度时，由于焊接时的热影响会使部分焊缝暂时退出工作，从而降低了原有角焊缝的承载能力。所以对在负荷状态下加大角焊缝厚度时，必须对原有角焊缝中的应力加以限制。

我国有关单位的试验资料指出，焊缝加厚时，原有焊缝中的应力应限制在 $0.8f^w_f$ 以内。据原苏联 20 世纪 60 年代通过试验得出的结论是：加厚焊缝时，焊接接头的最大强度损失一般为 10%～20%。

根据近年来国内的试验研究，在负荷状态下加厚焊缝时，由于施焊时的热作用，在温度 $T \geqslant 600℃$ 区域内的焊缝将退出工作，致使焊缝的平均强度降低。经计算分析并简化后引入了原焊缝在加固时的强度降低系数 η，详见现行中国工程建设标准化协会标准《钢结构加固技术规范》CECS 77 的相关规定。本规范引用了这条规定。

9.0.12 对称布置主要是使补强或加固的零件及焊缝受力均匀，新旧杆件易于共同工作。其他要求是为了避免加固焊缝对原有构件产生不利影响。

9.0.13 考虑铆钉或普通螺栓经焊接补强加固后不能

与焊缝共同工作，因此规定全部荷载应由焊缝承受，保证补强安全可靠。

9.0.14 先栓后焊的高强度螺栓摩擦型连接是可以和焊缝共同工作的，日本、美国、挪威等国以及 ISO 的钢结构设计规范均允许它们共同受力。这种共同工作也为我国的试验研究所证实。虽然我国钢结构设计规范还未纳入这一内容，但考虑在加固这一特定情况下是可以允许的。所以本条作出了可共同工作的原则规定。另外，根据国内的试验研究，加固后两种连接承载力的比例应在 1.0～1.5 范围内，否则荷载将主要由强的连接承担，弱的连接基本不起作用。

中华人民共和国行业标准

高层民用建筑钢结构技术规程

Technical specification for steel structure of tall building

JGJ 99 — 2015

批准部门：中华人民共和国住房和城乡建设部
施行日期：２０１６年５月１日

中华人民共和国住房和城乡建设部
公 告

第 983 号

住房城乡建设部关于发布行业标准
《高层民用建筑钢结构技术规程》的公告

现批准《高层民用建筑钢结构技术规程》为行业标准，编号为 JGJ 99-2015，自 2016 年 5 月 1 日起实施。其中，第 3.6.1、3.7.1、3.7.3、5.2.4、5.3.1、5.4.5、6.1.5、6.4.1、6.4.2、6.4.3、6.4.4、7.5.2、7.5.3、8.8.1 条为强制性条文，必须严格执行。原《高层民用建筑钢结构技术规程》JGJ 99-98 同时废止。

本规程由我部标准定额研究所组织中国建筑工业出版社出版发行。

中华人民共和国住房和城乡建设部

2015 年 11 月 30 日

前 言

根据原建设部《关于印发〈二〇〇四年度工程建设城建、建工行业标准制定、修订计划的通知〉》（建标〔2004〕66 号）的要求，规程编制组经广泛调查研究，认真总结工程实践经验，参考有关国际标准和国外先进标准，在广泛征求意见的基础上，修订了《高层民用建筑钢结构技术规程》JGJ 99-98。

本规程主要技术内容是：1. 总则；2. 术语和符号；3. 结构设计基本规定；4. 材料；5. 荷载与作用；6. 结构计算分析；7. 钢构件设计；8. 连接设计；9. 制作和涂装；10. 安装；11. 抗火设计。

本规程修订的主要内容是：1. 修改了适用范围；2. 修改、补充了结构平面和立面规则性有关规定；3. 调整了部分结构最大适用高度，增加了 7 度（0.15g）、8 度（0.3g）抗震设防区房屋最大适用高度规定；4. 增加了相邻楼层的侧向刚度比的规定；5. 增加了抗震等级的规定；6. 增加了结构抗震性能设计基本方法及抗连续倒塌设计基本要求；7. 增加和修订了高性能钢材 GJ 钢和低合金高强度结构钢的力学性能指标；8. 修改、补充了风荷载及地震作用有关内容；9. 增加了结构刚重比的有关规定；10. 修改、补充了框架柱计算长度的设计规定和框筒结构柱轴压比的限值；11. 增加了伸臂桁架和腰桁架的有关规定；12. 修改了构件连接强度的连接系数；13. 修改了梁柱刚性连接的计算方法、设计规定和构造要求；14. 修改了强柱弱梁的计算规定，增加了圆管柱和十字形截面柱的节点域有效体积的计算公式；15. 修改了钢柱脚的计算方法和设计规定；16. 增加了加强型的梁柱连接形式和骨式连接形式；17. 增加了梁腹板与柱连接板采用焊接的有关内容；18. 增加了钢板剪力墙、异形柱的制作允许偏差值的规定；19. 增加了构件预拼装的有关内容。

本规程中以黑体字标志的条文为强制性条文，必须严格执行。

本规程由住房和城乡建设部负责管理和对强制性条文的解释，由中国建筑标准设计研究院有限公司负责具体技术内容的解释。执行过程中如有意见和建议，请寄送中国建筑标准设计研究院有限公司（地址：北京市海淀区首体南路 9 号主语国际 2 号楼，邮编：100048）。

本 规 程 主 编 单 位：中国建筑标准设计研究院有限公司

本 规 程 参 编 单 位：哈尔滨工业大学
        清华大学
        浙江大学
        同济大学
        西安建筑科技大学
        苏州科技大学
        湖南大学
        广州大学
        中冶集团建筑研究总院
        中国建筑科学研究院
        宝钢钢构有限公司

中国新兴建设开发总公司

钢结构工程公司

上海中巍结构设计事务所
有限公司

浙江杭萧钢构股份有限
公司

江苏沪宁钢机股份有限
公司

深圳建升和钢结构建筑安
装工程有限公司

浙江精工钢结构有限公司

舞阳钢铁有限责任公司

本规程主要起草人员：郁银泉　蔡益燕　钱稼茹
　　　　　　　　　　　童根树　张耀春　李国强
　　　　　　　　　　　柴　昶　贺明玄　王康强
　　　　　　　　　　　崔鸿超　舒兴平　苏明周

陈绍蕃　沈祖炎　王　喆
张文元　孙飞飞　张艳明
顾　强　周　云　郭彦林
石永久　鲍广鉴　申　林
何若全　胡天兵　宋文晶
李元齐　杨强跃　郭海山
易方民　常跃峰　王寅大
陈国栋　梁志远　刘中华
刘晓光　高继领

本规程主要审查人员：周绪红　范　重　路克宽
　　　　　　　　　　　娄　宇　黄世敏　肖从真
　　　　　　　　　　　徐永基　窦南华　冯　远
　　　　　　　　　　　戴国欣　方小丹　吴欣之
　　　　　　　　　　　舒赣平　范懋达　贺贤娟
　　　　　　　　　　　包联进

目　　次

Contents

1 总　　则

1.0.1 为了在高层民用建筑中合理应用钢结构,做到技术先进、安全适用、经济合理、确保质量,制定本规程。

1.0.2 本规程适用于 10 层及 10 层以上或房屋高度大于 28m 的住宅建筑以及房屋高度大于 24m 的其他高层民用建筑钢结构的设计、制作与安装。非抗震设计和抗震设防烈度为 6 度至 9 度抗震设计的高层民用建筑钢结构,其适用的房屋最大高度和结构类型应符合本规程的有关规定。

本规程不适用于建造在危险地段以及发震断裂最小避让距离内的高层民用建筑钢结构。

1.0.3 高层民用建筑钢结构应注重概念设计,综合考虑建筑的使用功能、环境条件、材料供应、制作安装、施工条件因素,优先选用抗震抗风性能好且经济合理的结构体系、构件形式、连接构造和平立面布置。在抗震设计时,应保证结构的整体抗震性能,使整体结构具有必要的承载能力、刚度和延性。

1.0.4 抗震设计的高层民用建筑钢结构,当其房屋高度、规则性、结构类型等超过本规程的规定或抗震设防标准等有特殊要求时,可采用结构抗震性能化设计方法进行补充分析和论证。

1.0.5 高层民用建筑钢结构设计、制作与安装除应符合本规程外,尚应符合国家现行有关标准的规定。

2　术语和符号

2.1　术　　语

2.1.1 高层民用建筑　tall building

10 层及 10 层以上或房屋高度大于 28m 的住宅建筑以及房屋高度大于 24m 的其他高层民用建筑。

2.1.2 房屋高度　building height

自室外地面至房屋主要屋面的高度,不包括突出屋面的电梯机房、水箱、构架等高度。

2.1.3 框架　moment frame

由柱和梁为主要构件组成的具有抗剪和抗弯能力的结构。

2.1.4 中心支撑框架　concentrically braced frame

支撑杆件的工作线交汇于一点或多点,但相交构件的偏心距应小于最小连接构件的宽度,杆件主要承受轴心力。

2.1.5 偏心支撑框架　eccentrically braced frame

支撑框架构件的杆件工作线不交汇于一点,支撑连接点的偏心距大于连接点处最小构件的宽度,可通过消能梁段耗能。

2.1.6 支撑斜杆　diagonal bracing

承受轴力的斜杆,与框架结构协同作用以桁架形式抵抗侧向力。

2.1.7 消能梁段　link

偏心支撑框架中,两根斜杆端部之间或一根斜杆端部与柱间的梁段。

2.1.8 屈曲约束支撑　buckling restrained brace

支撑的屈曲受到套管的约束,能够确保支撑受压屈服前不屈曲的支撑,可作为耗能阻尼器或抗震支撑。

2.1.9 钢板剪力墙　steel plate shear wall

将设置加劲肋或不设加劲肋的钢板作为抗侧力剪力墙,是通过拉力场提供承载能力。

2.1.10 无粘结内藏钢板支撑墙板　shear wall with unbonded bracing inside

以钢板条为支撑,外包混凝土墙板为约束构件的屈曲约束支撑墙板。

2.1.11 带竖缝混凝土剪力墙　slitted reinforced concrete shear wall

将带有一段竖缝的钢筋混凝土墙板作为抗侧力剪力墙,是通过竖缝墙段的抗弯屈服提供承载能力。

2.1.12 延性墙板　shear wall with refined ductility

具有良好延性和抗震性能的墙板。本规程特指:带加劲肋的钢板剪力墙,无粘结内藏钢板支撑墙板、带竖缝混凝土剪力墙。

2.1.13 加强型连接　strengthened beam-to-column connection

采用梁端翼缘扩大或设置盖板等形式的梁与柱刚性连接。

2.1.14 骨式连接　dog-bone beam-to-column connection

将梁翼缘局部削弱的一种梁柱连接形式。

2.1.15 结构抗震性能水准　seismic performance levels of structure

对结构震后损坏状况及继续使用可能性等抗震性能的界定。

2.1.16 结构抗震性能设计　performance-based seismic design of structure

针对不同的地震地面运动水准设定的结构抗震性能水准。

2.2　符　　号

2.2.1 作用和作用效应

a ——加速度;

F ——地震作用标准值;

G ——重力荷载代表值;

H ——水平力;

M ——弯矩设计值;

N ——轴心压力设计值;

Q ——重力荷载设计值;

S —— 作用效应设计值；

T —— 周期；温度；

V —— 剪力设计值；

v —— 风速。

2.2.2 材料指标

c —— 比热；

E —— 弹性模量；

f —— 钢材抗拉、抗压、抗弯强度设计值；

f_c^b、f_t^b、f_v^b —— 螺栓承压、抗拉、抗剪强度设计值；

f_c^w、f_t^w、f_v^w —— 对接焊缝抗压、抗拉、抗剪强度设计值；

f_{ce} —— 钢材端面承压强度设计值；

f_{ck}、f_{tk} —— 混凝土轴心抗压、抗拉强度标准值；

f_{cu}^b —— 螺栓连接板件的极限承压强度；

f_f^w —— 角焊缝抗拉、抗压、抗剪强度设计值；

f_t —— 混凝土轴心抗拉强度设计值；

f_t^a —— 锚栓抗拉强度设计值；

f_u —— 钢材抗拉强度最小值；

f_u^b —— 螺栓钢材的抗拉强度最小值；

f_v —— 钢材抗剪强度设计值；

f_y —— 钢材屈服强度；

G —— 剪切模量；

M_{lp} —— 消能梁段的全塑性受弯承载力；

M_{pb} —— 梁的全塑性受弯承载力；

M_{pc} —— 考虑轴力时，柱的全塑性受弯承载力；

M_u —— 极限受弯承载力；

N_E —— 欧拉临界力；

N_y —— 构件的轴向屈服承载力；

N_t^a —— 单根锚栓受拉承载力设计值；

N_t^b、N_v^b —— 高强度螺栓仅承受拉力、剪力时，抗拉、抗剪承载力设计值；

N_{vu}^b、N_{cu}^b —— 1个高强度螺栓的极限受剪承载力和对应的板件极限承载力；

R —— 构件承载力设计值；

V_l、V_{lc} —— 消能梁段不计入轴力影响和计入轴力影响的受剪承载力；

V_u —— 受剪承载力；

ρ —— 材料密度。

2.2.3 几何参数

A —— 毛截面面积；

A_e^b —— 螺栓螺纹处的有效截面面积；

d —— 螺栓杆公称直径；

h_{0b} —— 梁腹板高度，自翼缘中心线算起；

h_{0c} —— 柱腹板高度，自翼缘中心线算起；

I —— 毛截面惯性矩；

I_e —— 有效截面惯性矩；

K_1、K_2 —— 汇交于柱上端、下端的横梁线刚度之

和与柱线刚度之和的比值；

S —— 面积矩；

t —— 厚度；

V_p —— 节点域有效体积；

W —— 毛截面模量；

W_e —— 有效截面模量；

W_n、W_{np} —— 净截面模量；塑性净截面模量；

W_p —— 塑性截面模量。

2.2.4 系数

α —— 连接系数；

α_{max}、α_{vmax} —— 水平、竖向地震影响系数最大值；

γ_0 —— 结构重要性系数；

γ_{RE} —— 承载力抗震调整系数；

γ_x —— 截面塑性发展系数；

φ —— 轴心受压构件的稳定系数；

φ_b、φ_b' —— 钢梁整体稳定系数；

λ —— 构件长细比；

λ_n —— 正则化长细比；

μ —— 计算长度系数；

ξ —— 阻尼比。

3 结构设计基本规定

3.1 一般规定

3.1.1 高层民用建筑的抗震设防烈度必须按国家审批、颁发的文件确定。一般情况下，抗震设防烈度应采用根据中国地震动参数区划图确定的地震基本烈度。

3.1.2 抗震设计的高层民用建筑，应按现行国家标准《建筑工程抗震设防分类标准》GB 50223 的规定确定其抗震设防类别。本规程中的甲类建筑、乙类建筑、丙类建筑分别为现行国家标准《建筑工程抗震设防分类标准》GB 50223 中的特殊设防类、重点设防类、标准设防类的简称。

3.1.3 抗震设计的高层民用建筑的结构体系应符合下列规定：

1 应具有明确的计算简图和合理的地震作用传递途径；

2 应具有必要的承载能力，足够大的刚度，良好的变形能力和消耗地震能量的能力；

3 应避免因部分结构或构件的破坏而导致整个结构丧失承受重力荷载、风荷载和地震作用的能力；

4 对可能出现的薄弱部位，应采取有效的加强措施。

3.1.4 高层民用建筑的结构体系尚宜符合下列规定：

1 结构的竖向和水平布置宜使结构具有合理的刚度和承载力分布，避免因刚度和承载力突变或结构扭转效应而形成薄弱部位；

2 抗震设计时宜具有多道防线。

3.1.5 高层民用建筑的填充墙、隔墙等非结构构件宜采用轻质板材，应与主体结构可靠连接。房屋高度不低于150m的高层民用建筑外墙宜采用建筑幕墙。

3.1.6 高层民用建筑钢结构构件的钢板厚度不宜大于100mm。

3.2 结构体系和选型

3.2.1 高层民用建筑钢结构可采用下列结构体系：

　1 框架结构；

　2 框架-支撑结构：包括框架-中心支撑、框架-偏心支撑和框架-屈曲约束支撑结构；

　3 框架-延性墙板结构；

　4 筒体结构：包括框筒、筒中筒、桁架筒和束筒结构；

　5 巨型框架结构。

3.2.2 非抗震设计和抗震设防烈度为6度至9度的乙类和丙类高层民用建筑钢结构适用的最大高度应符合表3.2.2的规定。

表 3.2.2　高层民用建筑钢结构适用的最大高度（m）

结构体系	6度，7度(0.10g)	7度(0.15g)	8度(0.20g)	8度(0.30g)	9度(0.40g)	非抗震设计
框架	110	90	90	70	50	110
框架-中心支撑	220	200	180	150	120	240
框架-偏心支撑 框架-屈曲约束支撑 框架-延性墙板	240	220	200	180	160	260
筒体(框筒,筒中筒,桁架筒,束筒) 巨型框架	300	280	260	240	180	360

注：1　房屋高度指室外地面到主要屋面板板顶的高度（不包括局部突出屋顶部分）；

　　2　超过表内高度的房屋，应进行专门研究和论证，采取有效的加强措施；

　　3　表内筒体不包括混凝土筒；

　　4　框架柱包括全钢柱和钢管混凝土柱；

　　5　甲类建筑，6、7、8度时宜按本地区抗震设防烈度提高1度后符合本表要求，9度时应专门研究。

3.2.3 高层民用建筑钢结构的高宽比不宜大于表3.2.3的规定。

表 3.2.3　高层民用建筑钢结构适用的最大高宽比

烈　度	6、7	8	9
最大高宽比	6.5	6.0	5.5

注：1　计算高宽比的高度从室外地面算起；

　　2　当塔形建筑底部有大底盘时，计算高宽比的高度从大底盘顶部算起。

3.2.4 房屋高度不超过50m的高层民用建筑可采用框架、框架-中心支撑或其他体系的结构；超过50m的高层民用建筑，8、9度时宜采用框架-偏心支撑、框架-延性墙板或屈曲约束支撑等结构。高层民用建筑钢结构不应采用单跨框架结构。

3.3 建筑形体及结构布置的规则性

3.3.1 高层民用建筑钢结构的建筑设计应根据抗震概念设计的要求明确建筑形体的规则性。不规则的建筑方案应按规定采取加强措施；特别不规则的建筑方案应进行专门研究和论证，采用特别的加强措施；严重不规则的建筑方案不应采用。

3.3.2 高层民用建筑钢结构及其抗侧力结构的平面布置宜规则、对称，并应具有良好的整体性；建筑的立面和竖向剖面宜规则，结构的侧向刚度沿高度宜均匀变化，竖向抗侧力构件的截面尺寸和材料强度宜自下而上逐渐减小，应避免抗侧力结构的侧向刚度和承载力突变。建筑形体及其结构布置的平面、竖向不规则性，应按下列规定划分：

　1 高层民用建筑存在表3.3.2-1所列的某项平面不规则类型或表3.3.2-2所列的某项竖向不规则类型以及类似的不规则类型，应属于不规则的建筑。

　2 当存在多项不规则或某项不规则超过规定的参考指标较多时，应属于特别不规则的建筑。

表 3.3.2-1　平面不规则的主要类型

不规则类型	定义和参考指标
扭转不规则	在规定的水平力及偶然偏心作用下，楼层两端弹性水平位移（或层间位移）的最大值与其平均值的比值大于1.2
偏心布置	任一层的偏心率大于0.15（偏心率按本规程附录A的规定计算）或相邻层质心相差大于相应边长的15%
凹凸不规则	结构平面凹进的尺寸，大于相应投影方向总尺寸的30%
楼板局部不连续	楼板的尺寸和平面刚度急剧变化，例如，有效楼板宽度小于该层楼板典型宽度的50%，或开洞面积大于该层楼面面积的30%，或有较大的楼层错层

表 3.3.2-2　竖向不规则的主要类型

不规则类型	定义和参考指标
侧向刚度不规则	该层的侧向刚度小于相邻上一层的70%，或小于其上相邻三个楼层侧向刚度平均值的80%；除顶层或出屋面小建筑外，局部收进的水平向尺寸大于相邻下一层的25%
竖向抗侧力构件不连续	竖向抗侧力构件（柱、支撑、剪力墙）的内力由水平转换构件（梁、桁架等）向下传递
楼层承载力突变	抗侧力结构的层间受剪承载力小于相邻上一楼层的80%

3.3.3 不规则高层民用建筑应按下列要求进行水平地震作用计算和内力调整，并应对薄弱部位采取有效的抗震构造措施：

1 平面不规则而竖向规则的建筑，应采用空间结构计算模型，并应符合下列规定：

1）扭转不规则或偏心布置时，应计入扭转影响，在规定的水平力及偶然偏心作用下，楼层两端弹性水平位移（或层间位移）的最大值与其平均值的比值不宜大于 1.5，当最大层间位移角远小于规程限值时，可适当放宽。

2）凹凸不规则或楼板局部不连续时，应采用符合楼板平面内实际刚度变化的计算模型；高烈度或不规则程度较大时，宜计入楼板局部变形的影响。

3）平面不对称且凹凸不规则或局部不连续时，可根据实际情况分块计算扭转位移比，对扭转较大的部位应采用局部的内力增大。

2 平面规则而竖向不规则的高层民用建筑，应采用空间结构计算模型，侧向刚度不规则、竖向抗侧力构件不连续、楼层承载力突变的楼层，其对应于地震作用标准值的剪力应乘以不小于 1.15 的增大系数，应按本规程有关规定进行弹塑性变形分析，并应符合下列规定：

1）竖向抗侧力构件不连续时，该构件传递给水平转换构件的地震内力应根据烈度高低和水平转换构件的类型、受力情况、几何尺寸等，乘以 1.25～2.0 的增大系数；

2）侧向刚度不规则时，相邻层的侧向刚度比应依据其结构类型符合本规程第 3.3.10 条的规定；

3）楼层承载力突变时，薄弱层抗侧力结构的受剪承载力不应小于相邻上一楼层的 65%。

3 平面不规则且竖向不规则的高层民用建筑，应根据不规则类型的数量和程度，有针对性地采取不低于本条第 1、2 款要求的各项抗震措施。特别不规则时，应经专门研究，采取更有效的加强措施或对薄弱部位采用相应的抗震性能化设计方法。

3.3.4 高层民用建筑宜不设防震缝；体型复杂、平立面不规则的建筑，应根据不规则程度、地基基础等因素，确定是否设防震缝；当在适当部位设置防震缝时，宜形成多个较规则的抗侧力结构单元。

3.3.5 防震缝应根据抗震设防烈度、结构类型、结构单元的高度和高差情况，留有足够的宽度，其上部结构应完全分开；防震缝的宽度不应小于钢筋混凝土框架结构缝宽的 1.5 倍。

3.3.6 抗震设计的框架-支撑、框架-延性墙板结构中，支撑、延性墙板宜沿建筑高度竖向连续布置，并应延伸至计算嵌固端。除底部楼层和伸臂桁架所在楼层外，支撑的形式和布置沿建筑竖向宜一致。

3.3.7 高层民用建筑，宜采用有利于减小横风向振动影响的建筑形体。

3.3.8 高层民用建筑钢结构楼盖应符合下列规定：

1 宜采用压型钢板现浇钢筋混凝土组合楼板、现浇钢筋桁架混凝土楼板或钢筋混凝土楼板，楼板应与钢梁有可靠连接；

2 6、7 度时房屋高度不超过 50m 的高层民用建筑，尚可采用装配整体式钢筋混凝土楼板，也可采用装配式楼板或其他轻型楼盖，应将楼板预埋件与钢梁焊接，或采取其他措施保证楼板的整体性；

3 对转换楼层楼盖或楼板有大洞口等情况，宜在楼板内设置钢水平支撑。

3.3.9 建筑物中有较大的中庭时，可在中庭的上端楼层用水平桁架将中庭开口连接，或采取其他增强结构抗扭刚度的有效措施。

3.3.10 抗震设计时，高层民用建筑相邻楼层的侧向刚度变化应符合下列规定：

1 对框架结构，楼层与其相邻上层的侧向刚度比 γ_1 可按式（3.3.10-1）计算，且本层与相邻上层的比值不宜小于 0.7，与相邻上部三层刚度平均值的比值不宜小于 0.8。

$$\gamma_1 = \frac{V_i \Delta_{i+1}}{V_{i+1} \Delta_i} \qquad (3.3.10-1)$$

式中：γ_1 ——楼层侧向刚度比；

V_i、V_{i+1} ——第 i 层和第 $i+1$ 层的地震剪力标准值（kN）；

Δ_i、Δ_{i+1} ——第 i 层和第 $i+1$ 层在地震作用标准值作用下的层间位移（m）。

2 对框架-支撑结构、框架-延性墙板结构、筒体结构和巨型框架结构，楼层与其相邻上层的侧向刚度比 γ_2 可按式（3.3.10-2）计算，且本层与相邻上层的比值不宜小于 0.9；当本层层高大于相邻上层层高的 1.5 倍时，该比值不宜小于 1.1；对结构底部嵌固层，该比值不宜小于 1.5。

$$\gamma_2 = \frac{V_i \Delta_{i+1}}{V_{i+1} \Delta_i} \cdot \frac{h_i}{h_{i+1}} \qquad (3.3.10-2)$$

式中：γ_2 ——考虑层高修正的楼层侧向刚度比；

h_i、h_{i+1} ——第 i 层和第 $i+1$ 层的层高（m）。

3.4 地基、基础和地下室

3.4.1 高层民用建筑钢结构的基础形式，应根据上部结构情况、地下室情况、工程地质、施工条件等综合确定，宜选用筏基、箱基、桩筏基础。当基岩较浅、基础埋深不符合要求时，应验算基础抗拔。

3.4.2 钢框架柱应至少延伸至计算嵌固端以下一层，并且宜采用钢骨混凝土柱，以下可采用钢筋混凝土柱。基础埋深宜一致。

3.4.3 房屋高度超过 50m 的高层民用建筑宜设置地下室。采用天然地基时，基础埋置深度不宜小于房屋总高度的 1/15；采用桩基时，不宜小于房屋总高度的 1/20。

3.4.4 当主楼与裙房之间设置沉降缝时，应采用粗砂等松散材料将沉降缝地面以下部分填实；当不设沉降缝时，施工中宜设后浇带。

3.4.5 高层民用建筑钢结构与钢筋混凝土基础或地下室的钢筋混凝土结构层之间，宜设置钢骨混凝土过渡层。

3.4.6 在重力荷载与水平荷载标准值或重力荷载代表值与多遇水平地震作用标准值共同作用下，高宽比大于 4 时基础底面不宜出现零应力区；高宽比不大于 4 时，基础底面与基础之间零应力区面积不应超过基础底面积的 15%。质量偏心较大的裙楼和主楼，可分别计算基底应力。

3.5 水平位移限值和舒适度要求

3.5.1 在正常使用条件下，高层民用建筑钢结构应具有足够的刚度，避免产生过大的位移而影响结构的承载能力、稳定性和使用要求。

3.5.2 在风荷载或多遇地震标准值作用下，按弹性方法计算的楼层层间最大水平位移与层高之比不宜大于 1/250。

3.5.3 高层民用建筑钢结构在罕遇地震作用下的薄弱层弹塑性变形验算，应符合下列规定：

 1 下列结构应进行弹塑性变形验算：

  1）甲类建筑和 9 度抗震设防的乙类建筑；

  2）采用隔震和消能减震设计的建筑结构；

  3）房屋高度大于 150m 的结构。

 2 下列结构宜进行弹塑性变形验算：

  1）本规程表 5.3.2 所列高度范围且为竖向不规则类型的高层民用建筑钢结构；

  2）7 度 Ⅲ、Ⅳ 类场地和 8 度时乙类建筑。

3.5.4 高层民用建筑钢结构薄弱层或薄弱部位弹塑性层间位移不应大于层高的 1/50。

3.5.5 房屋高度不小于 150m 的高层民用建筑钢结构应满足风振舒适度要求。在现行国家标准《建筑结构荷载规范》GB 50009 规定的 10 年一遇的风荷载标准值作用下，结构顶点的顺风向和横风向振动最大加速度计算值不应大于表 3.5.5 的限值。结构顶点的顺风向和横风向振动最大加速度，可按现行国家标准《建筑结构荷载规范》GB 50009 的有关规定计算，也可通过风洞试验结果判断确定。计算时钢结构阻尼比宜取 0.01~0.015。

表 3.5.5　结构顶点的顺风向和横风向风振加速度限值

使用功能	a_{lim}
住宅、公寓	0.20m/s²
办公、旅馆	0.28m/s²

3.5.6 圆筒形高层民用建筑顶部风速不应大于临界风速，当大于临界风速时，应进行横风向涡流脱落试验或增大结构刚度。顶部风速、临界风速应按下列公式验算：

$$v_n < v_{cr} \tag{3.5.6-1}$$

$$v_{cr} = 5D/T_1 \tag{3.5.6-2}$$

$$v_n = 40\sqrt{\mu_z w_0} \tag{3.5.6-3}$$

式中：v_n——圆筒形高层民用建筑顶部风速（m/s）；

  μ_z——风压高度变化系数；

  w_0——基本风压（kN/m²），按现行国家标准《建筑结构荷载规范》GB 50009 的规定取用；

  v_{cr}——临界风速（m/s）；

  D——圆筒形建筑的直径（m）；

  T_1——圆筒形建筑的基本自振周期（s）。

3.5.7 楼盖结构应具有适宜的舒适度。楼盖结构的竖向振动频率不宜小于 3Hz，竖向振动加速度峰值不应大于表 3.5.7 的限值。楼盖结构竖向振动加速度可按现行行业标准《高层建筑混凝土结构技术规程》JGJ 3 的有关规定计算。

表 3.5.7　楼盖竖向振动加速度限值

人员活动环境	峰值加速度限值（m/s²）	
	竖向自振频率不大于 2Hz	竖向自振频率不小于 4Hz
住宅、办公	0.07	0.05
商场及室内连廊	0.22	0.15

注：楼盖结构竖向频率为 2Hz～4Hz 时，峰值加速度限值可按线性插值选取。

3.6 构件承载力设计

3.6.1 高层民用建筑钢结构构件的承载力应按下列公式验算：

持久设计状况、短暂设计状况

$$\gamma_0 S_d \leqslant R_d \tag{3.6.1-1}$$

地震设计状况　$$S_d \leqslant R_d/\gamma_{RE} \tag{3.6.1-2}$$

式中：γ_0——结构重要性系数，对安全等级为一级的结构构件不应小于 1.1，对安全等级为二级的结构构件不应小于 1.0；

S_d ——作用组合的效应设计值；

R_d ——构件承载力设计值；

γ_{RE} ——构件承载力抗震调整系数。结构构件和连接强度计算时取 0.75；柱和支撑稳定计算时取 0.8；当仅计算竖向地震作用时取 1.0。

3.7 抗震等级

3.7.1 各抗震设防类别的高层民用建筑钢结构的抗震措施应分别符合现行国家标准《建筑工程抗震设防分类标准》GB 50223 和《建筑抗震设计规范》GB 50011 的有关规定。

3.7.2 当建筑场地为 Ⅲ、Ⅳ 类时，对设计基本地震加速度为 0.15g 和 0.30g 的地区，宜分别按抗震设防烈度 8 度（0.2g）和 9 度时各类建筑的要求采取抗震构造措施。

3.7.3 抗震设计时，高层民用建筑钢结构应根据抗震设防分类、烈度和房屋高度采用不同的抗震等级，并应符合相应的计算和构造措施要求。丙类建筑的抗震等级应按现行国家标准《建筑抗震设计规范》GB 50011 的有关规定确定。对甲类建筑和房屋高度超过 50m，抗震设防烈度 9 度时的乙类建筑应采取更有效的抗震措施。

3.8 结构抗震性能化设计

3.8.1 结构抗震性能化设计应根据结构方案的特殊性、选用适宜的结构抗震性能目标，并采取满足预期的抗震性能目标的措施。

结构抗震性能目标应综合考虑抗震设防类别、设防烈度、场地条件、结构的特殊性、建造费用、震后损失和修复难易程度等各项因素选定。结构抗震性能目标可分为 A、B、C、D 四个等级，结构抗震性能可分为 1、2、3、4、5 五个水准，每个性能目标均与一组在指定地震地面运动下的结构抗震性能水准相对应，具体情况可按表 3.8.1 划分。

表 3.8.1 结构抗震性能目标

地震水准＼性能水准	A	B	C	D
多遇地震	1	1	1	1
设防烈度地震	1	2	3	4
预估的罕遇地震	2	3	4	5

3.8.2 结构抗震性能水准可按表 3.8.2 进行宏观判别。

表 3.8.2 各性能水准结构预期的震后性能状况的要求

结构抗震性能水准	宏观损坏程度	损坏部位			继续使用的可能性
		关键构件	普通竖向构件	耗能构件	
第1水准	完好、无损坏	无损坏	无损坏	无损坏	一般不需修理即可继续使用
第2水准	基本完好、轻微损坏	无损坏	无损坏	轻微损坏	稍加修理即可继续使用
第3水准	轻度损坏	轻微损坏	轻微损坏	轻度损坏、部分中度损坏	一般修理后才可继续使用
第4水准	中度损坏	轻度损坏	部分构件中度损坏	中度损坏、部分比较严重损坏	修复或加固后才可继续使用
第5水准	比较严重损坏	中度损坏	部分构件比较严重损坏	比较严重损坏	需排险大修

注：关键构件是指该构件的失效可能引起结构的连续破坏或危及生命安全的严重破坏；普通竖向构件是指关键构件之外的竖向构件；耗能构件包括框架梁、消能梁段、延性墙板及屈曲约束支撑等。

3.8.3 不同抗震性能水准的结构可按下列规定进行设计：

1 第 1 性能水准的结构，应满足弹性设计要求。在多遇地震作用下，其承载力和变形应符合本规程的有关规定；在设防烈度地震作用下，结构构件的抗震承载力应符合下式规定：

$$\gamma_G S_{GE} + \gamma_{Eh} S^*_{Ehk} + \gamma_{Ev} S^*_{Evk} \leqslant R_d / \gamma_{RE}$$

(3.8.3-1)

式中：R_d、γ_{RE} ——分别为构件承载力设计值和承载力抗震调整系数，同本规程第 3.6.1 条；

S_{GE} ——重力荷载代表值的效应；

S^*_{Ehk} ——水平地震作用标准值的构件内力，不需考虑与抗震等级有关的增大系数；

S^*_{Evk} ——竖向地震作用标准值的构件内力，不需考虑与抗震等级有关的增大系数；

γ_G、γ_{Eh}、γ_{Ev} ——分别为上述荷载或作用的分项系数。

2 第 2 性能水准的结构，在设防烈度地震或预估的罕遇地震作用下，关键构件及普通竖向构件的抗震承载力宜符合式（3.8.3-1）的规定；耗能构件的抗震承载力应符合下式规定：

$$S_{GE} + S^*_{Ehk} + 0.4 S^*_{Evk} \leqslant R_k \quad (3.8.3-2)$$

式中：R_k ——截面极限承载力，按钢材的屈服强度计算。

3 第 3 性能水准的结构应进行弹塑性计算分析，在设防烈度地震或预估的罕遇地震作用下，关键构件及普通竖向构件的抗震承载力应符合式（3.8.3-2）的规定，水平长悬臂结构和大跨度结构中的关键构件的抗震承载力尚应符合式（3.8.3-3）的规定；部分耗能构件进入屈服阶段，但不允许发生破坏。在预估的罕遇地震作用下，结构薄弱部位的最大层间位移应满足本规程第3.5.4条的规定。

$$S_{GE} + 0.4S_{Ehk}^* + S_{Evk}^* \leqslant R_k \quad (3.8.3-3)$$

4 第4性能水准的结构应进行弹塑性计算分析，在设防烈度地震或预估的罕遇地震作用下，关键构件的抗震承载力应符合式（3.8.3-2）的规定，水平长悬臂结构和大跨度结构中的关键构件的抗震承载力尚应符合式（3.8.3-3）的规定；允许部分竖向构件以及大部分耗能构件进入屈服阶段，但不允许发生破坏。在预估的罕遇地震作用下，结构薄弱部位的最大层间位移应符合本规程第3.5.4条的规定。

5 第5性能水准的结构应进行弹塑性计算分析，在预估的罕遇地震作用下，关键构件的抗震承载力宜符合式（3.8.3-2）的规定；较多的竖向构件进入屈服阶段，但不允许发生破坏且同一楼层的竖向构件不宜全部屈服；允许部分耗能构件发生比较严重的破坏；结构薄弱部位的层间位移应符合本规程第3.5.4条的规定。

3.9 抗连续倒塌设计基本要求

3.9.1 安全等级为一级的高层民用建筑钢结构应满足抗连续倒塌概念设计的要求，有特殊要求时，可采用拆除构件方法进行抗连续倒塌设计。

3.9.2 抗连续倒塌概念设计应符合下列规定：

1 应采取必要的结构连接措施，增强结构的整体性；

2 主体结构宜采用多跨规则的超静定结构；

3 结构构件应具有适宜的延性，应合理控制截面尺寸，避免局部失稳或整个构件失稳、节点先于构件破坏；

4 周边及边跨框架的柱距不宜过大；

5 转换结构应具有整体多重传递重力荷载途径；

6 框架梁柱宜刚接；

7 独立基础之间宜采用拉梁连接。

3.9.3 抗连续倒塌的拆除构件方法应符合下列规定：

1 应逐个分别拆除结构周边柱、底层内部柱以及转换桁架腹杆等重要构件；

2 可采用弹性静力方法分析剩余结构的内力与变形；

3 剩余结构构件承载力应满足下式要求：

$$R_d \geqslant \beta S_d \quad (3.9.3)$$

式中：S_d——剩余结构构件效应设计值，可按本规程第3.9.4条的规定计算；

R_d——剩余结构构件承载力设计值，可按本规程第3.9.6条的规定计算；

β——效应折减系数，对中部水平构件取0.67，对其他构件取1.0。

3.9.4 结构抗连续倒塌设计时，荷载组合的效应设计值可按下式确定：

$$S_d = \eta_d (S_{Gk} + \sum \psi_{qi} S_{Qi,k}) + \psi_w S_{wk} \quad (3.9.4)$$

式中：S_{Gk}——永久荷载标准值产生的效应；

$S_{Qi,k}$——竖向可变荷载标准值产生的效应；

S_{wk}——风荷载标准值产生的效应；

ψ_{qi}——第i个竖向可变荷载的准永久值系数；

ψ_w——风荷载组合值系数，取0.2；

η_d——竖向荷载动力放大系数，当构件直接与被拆除竖向构件相连时取2.0，其他构件取1.0。

3.9.5 构件截面承载力计算时，钢材强度可取抗拉强度最小值。

3.9.6 当拆除某构件不能满足结构抗连续倒塌要求时，在该构件表面附加80kN/m²侧向偶然作用设计值，此时其承载力应满足下列公式的要求：

$$R_d \geqslant S_d \quad (3.9.6-1)$$
$$S_d = S_{Gk} + 0.6S_{Qk} + S_{Ad} \quad (3.9.6-2)$$

式中：R_d——构件承载力设计值，按本规程第3.6.1条采用；

S_d——作用组合的效应设计值；

S_{Gk}——永久荷载标准值的效应；

S_{Qk}——活荷载标准值的效应；

S_{Ad}——侧向偶然作用设计值的效应。

4 材 料

4.1 选材基本规定

4.1.1 钢材的选用应综合考虑构件的重要性和荷载特征、结构形式和连接方法、应力状态、工作环境以及钢材品种和厚度等因素，合理地选用钢材牌号、质量等级及其性能要求，并应在设计文件中完整地注明对钢材的技术要求。

4.1.2 钢材的牌号和质量等级应符合下列规定：

1 主要承重构件所用钢材的牌号宜选用Q345钢、Q390钢，一般构件宜选用Q235钢，其材质和材料性能应分别符合现行国家标准《低合金高强度结构钢》GB/T 1591或《碳素结构钢》GB/T 700的规定。有依据时可选用更高强度级别的钢材。

2 主要承重构件所用较厚的板材宜选用高性能建筑用GJ钢板，其材质和材料性能应符合现行国家标准《建筑结构用钢板》GB/T 19879的规定。

3 外露承重钢结构可选用Q235NH、Q355NH或Q415NH等牌号的焊接耐候钢，其材质和材料性能要求应符合现行国家标准《耐候结构钢》GB/T 4171的规定。选用时宜附加要求保证晶粒度不小于7

级，耐腐蚀指数不小于 6.0。

    4 承重构件所用钢材的质量等级不宜低于 B 级；抗震等级为二级及以上的高层民用建筑钢结构，其框架梁、柱和抗侧力支撑等主要抗侧力构件钢材的质量等级不宜低于 C 级。

    5 承重构件中厚度不小于 40mm 的受拉板件，当其工作温度低于 −20℃时，宜适当提高其所用钢材的质量等级。

    6 选用 Q235A 或 Q235B 级钢时应选用镇静钢。

4.1.3 承重构件所用钢材应具有屈服强度、抗拉强度、伸长率等力学性能和冷弯试验的合格保证；同时尚应具有碳、硫、磷等化学成分的合格保证。焊接结构所用钢材尚应具有良好的焊接性能，其碳当量或焊接裂纹敏感性指数应符合设计要求或相关标准的规定。

4.1.4 高层民用建筑中按抗震设计的框架梁、柱和抗侧力支撑等主要抗侧力构件，其钢材性能要求尚应符合下列规定：

    1 钢材抗拉性能应有明显的屈服台阶，其断后伸长率 A 不应小于 20%；

    2 钢材屈服强度波动范围不应大于 120N/mm²，钢材实物的实测屈强比不应大于 0.85；

    3 抗震等级为三级及以上的高层民用建筑钢结构，其主要抗侧力构件所用钢材应具有与其工作温度相应的冲击韧性合格保证。

4.1.5 焊接节点区 T 形或十字形焊接接头中的钢板，当板厚不小于 40mm 且沿板厚方向承受较大拉力作用（含较高焊接约束拉应力作用）时，该部分钢板应具有厚度方向抗撕裂性能（Z 向性能）的合格保证。其沿板厚方向的断面收缩率不应小于现行国家标准《厚度方向性能钢板》GB/T 5313 规定的 Z15 级允许限值。

4.1.6 钢框架柱采用箱形截面且壁厚不大于 20mm 时，宜选用直接成方工艺成型的冷弯方（矩）形焊接钢管，其材质和材料性能应符合现行行业标准《建筑结构用冷弯矩形钢管》JG/T 178 中 Ⅰ 级产品的规定；框架柱采用圆钢管时，宜选用直缝焊接圆钢管，其材质和材料性能应符合现行行业标准《建筑结构用冷成型焊接圆钢管》JG/T 381 的规定，其截面规格的径厚比不宜过小。

4.1.7 偏心支撑框架中的消能梁段所用钢材的屈服强度不应大于 345N/mm²，屈强比不应大于 0.8；且屈服强度波动范围不应大于 100N/mm²。有依据时，屈曲约束支撑核心单元可选用材质与性能符合现行国家标准《建筑用低屈服强度钢板》GB/T 28905 的低屈服强度钢。

4.1.8 钢结构楼盖采用压型钢板组合楼板时，宜采用闭口型压型钢板，其材质和材料性能应符合现行国家标准《建筑用压型钢板》GB/T 12755 的相关规定。

4.1.9 钢结构节点部位采用铸钢节点时，其铸钢件宜选用材质和材料性能符合现行国家标准《焊接结构用铸钢件》GB/T 7659 的 ZG 270-480H、ZG 300-500H 或 ZG 340-550H 铸钢件。

4.1.10 钢结构所用焊接材料的选用应符合下列规定：

    1 手工焊焊条或自动焊焊丝和焊剂的性能应与构件钢材性能相匹配，其熔敷金属的力学性能不应低于母材的性能。当两种强度级别的钢材焊接时，宜选用与强度较低钢材相匹配的焊接材料。

    2 焊条的材质和性能应符合现行国家标准《非合金钢及细晶粒钢焊条》GB/T 5117、《热强钢焊条》GB/T 5118 的有关规定。框架梁、柱节点和抗侧力支撑连接节点等重要连接或拼接节点的焊缝宜采用低氢型焊条。

    3 焊丝的材质和性能应符合现行国家标准《熔化焊用钢丝》GB/T 14957、《气体保护电弧焊用碳钢、低合金钢焊丝》GB/T 8110、《碳钢药芯焊丝》GB/T 10045 及《低合金钢药芯焊丝》GB/T 17493 的有关规定。

    4 埋弧焊用焊丝和焊剂的材质和性能应符合现行国家标准《埋弧焊用碳钢焊丝和焊剂》GB/T 5293、《埋弧焊用低合金钢焊丝和焊剂》GB/T 12470 的有关规定。

4.1.11 钢结构所用螺栓紧固件材料的选用应符合下列规定：

    1 普通螺栓宜采用 4.6 或 4.8 级 C 级螺栓，其性能与尺寸规格应符合现行国家标准《紧固件机械性能　螺栓、螺钉和螺柱》GB/T 3098.1、《六角头螺栓 C 级》GB/T 5780 和《六角头螺栓》GB/T 5782 的规定。

    2 高强度螺栓可选用大六角高强度螺栓或扭剪型高强度螺栓。高强度螺栓的材质、材料性能、级别和规格应分别符合现行国家标准《钢结构用高强度大六角头螺栓》GB/T 1228、《钢结构用高强度大六角螺母》GB/T 1229、《钢结构用高强度垫圈》GB/T 1230、《钢结构用高强度大六角头螺栓、大六角螺母、垫圈技术条件》GB/T 1231 和《钢结构用扭剪型高强度螺栓连接副》GB/T 3632 的规定。

    3 组合结构所用圆柱头焊钉（栓钉）连接件的材料应符合现行国家标准《电弧螺柱焊用圆柱头焊钉》GB/T 10433 的规定。其屈服强度不应小于 320N/mm²，抗拉强度不应小于 400N/mm²，伸长率不应小于 14%。

    4 锚栓钢材可采用现行国家标准《碳素结构钢》GB/T 700 规定的 Q235 钢，《低合金高强度结构钢》GB/T 1591 中规定的 Q345 钢、Q390 钢或强度更高的钢材。

4.2 材料设计指标

4.2.1 各牌号钢材的设计用强度值应按表 4.2.1 采用。

表 4.2.1 设计用钢材强度值（N/mm²）

钢材牌号		钢材厚度或直径（mm）	钢材强度		钢材强度设计值		
			抗拉强度最小值 f_u	屈服强度最小值 f_y	抗拉、抗压、抗弯 f	抗剪 f_v	端面承压（刨平顶紧）f_{ce}
碳素结构钢	Q235	≤16	370	235	215	125	320
		>16，≤40		225	205	120	
		>40，≤100		215	200	115	
低合金高强度结构钢	Q345	≤16	470	345	305	175	400
		>16，≤40		335	295	170	
		>40，≤63		325	290	165	
		>63，≤80		315	280	160	
		>80，≤100		305	270	155	
	Q390	≤16	490	390	345	200	415
		>16，≤40		370	330	190	
		>40，≤63		350	310	180	
		>63，≤100		330	295	170	
	Q420	≤16	520	420	375	215	440
		>16，≤40		400	355	205	
		>40，≤63		380	320	185	
		>63，≤100		360	305	175	
建筑结构用钢板	Q345GJ	>16，≤50	490	345	325	190	415
		>50，≤100		335	300	175	

注：表中厚度系指计算点的钢材厚度，对轴心受拉和受压杆系指截面中较厚板件的厚度。

4.2.2 冷弯成型的型材与管材，其强度设计值应按现行国家标准《冷弯薄壁型钢结构技术规范》GB 50018 的规定采用。

4.2.3 焊接结构用铸钢件的强度设计值应按表 4.2.3 采用。

4.2.4 设计用焊缝的强度值应按表 4.2.4 采用。

表 4.2.3 焊接结构用铸钢件的强度设计值（N/mm²）

铸钢件牌号	抗拉、抗压和抗弯 f	抗剪 f_v	端面承压（刨平顶紧）f_{ce}
ZG 270-480H	210	120	310
ZG 300-500H	235	135	325
ZG 340-550H	265	150	355

注：本表适用于厚度为 100mm 以下的铸件。

表 4.2.4 设计用焊缝强度值（N/mm²）

焊接方法和焊条型号	构件钢材		对接焊缝抗拉强度最小值 f_u	对接焊缝强度设计值				角焊缝强度设计值
	钢材牌号	厚度或直径（mm）		抗压 f_c^w	焊缝质量为下列等级时抗拉、抗弯 f_t^w		抗剪 f_v^w	抗拉、抗压和抗剪 f_f^w
					一级二级	三级		
F4XX-H08A 焊剂焊丝自动焊、半自动焊 E43 型焊条手工焊	Q235	≤16	370	215	215	185	125	160
		>16，≤40		205	205	175	120	
		>40，≤100		200	200	170	115	

焊接方法和焊条型号	构件钢材		对接焊缝抗拉强度最小值 f_u	对接焊缝强度设计值				角焊缝强度设计值
	钢材牌号	厚度或直径 (mm)		抗压 f_c^w	焊缝质量为下列等级时抗拉、抗弯 f_t^w		抗剪 f_v^w	抗拉、抗压和抗剪 f_f^w
					一级、二级	三级		
F48XX-H08MnA 或 F48XX-H10Mn2 焊剂-焊丝自动焊、半自动焊 E50 型焊条手工焊	Q345	≤16	470	305	305	260	175	200
		>16，≤40		295	295	250	170	
		>40，≤63		290	290	245	165	
		>63，≤80		280	280	240	160	
		>80，≤100		270	270	230	155	
F55XX-H10Mn2 或 F55XX-H08Mn MoA 焊剂-焊丝自动焊、半自动焊 E55 型焊条手工焊	Q390	≤16	490	345	345	295	200	220
		>16，≤40		330	330	280	190	
		>40，≤63		310	310	265	180	
		>63，≤100		295	295	250	170	
	Q420	≤16	520	375	375	320	215	220
		>16，≤40		355	355	300	205	
		>40，≤63		320	320	270	185	
		>63，≤100		305	305	260	175	
	Q345GJ	>16，≤50	490	325	325	275	185	200
		>50，≤100		300	300	255	170	

注：1 焊缝质量等级应符合现行国家标准《钢结构焊接规范》GB 50661 的规定，其检验方法应符合现行国家标准《钢结构工程施工质量验收规范》GB 50205 的规定。其中厚度小于 8mm 钢材的对接焊缝，不应采用超声波探伤确定焊缝质量等级。

2 对接焊缝在受压区的抗弯强度设计值取 f_c^w，在受拉区的抗弯强度设计值取 f_t^w。

3 表中厚度系指计算点的钢材厚度，对轴心受拉和轴心受压构件系指截面中较厚板件的厚度。

4 进行无垫板的单面施焊对接焊缝的连接计算时，上表规定的强度设计值应乘折减系数 0.85。

5 Q345GJ 钢与 Q345 钢焊接时，焊缝强度设计值按较低者采用。

4.2.5 设计用螺栓的强度值应按表 4.2.5 采用。

表 4.2.5 设计用螺栓的强度值（N/mm²）

螺栓的钢材牌号（或性能等级）和连接构件的钢材牌号		螺栓的强度设计值												锚栓、高强度螺栓钢材的抗拉强度最小值 f_u^b
		普通螺栓						锚栓		承压型连接高强螺栓				
		C 级螺栓			A 级、B 级螺栓									
		抗拉 f_t^b	抗剪 f_v^b	承压 f_c^b	抗拉 f_t^b	抗剪 f_v^b	承压 f_c^b	抗拉 f_t^b	抗剪 f_v^b	抗拉 f_t^b	抗剪 f_v^b	承压 f_c^b		
普通螺栓	4.6 级 4.8 级	170	140	—	—	—	—	—	—	—	—	—		—
	5.6 级	—	—	—	210	190	—							
	8.8 级	—	—	—	400	320	—							
锚栓	Q235 钢	—	—	—				140	80					370
	Q345 钢	—	—	—				180	105					470
	Q390 钢	—	—	—				185	110					490

续表 4.2.5

螺栓的钢材牌号（或性能等级）和连接构件的钢材牌号		螺栓的强度设计值											锚栓、高强度螺栓钢材的抗拉强度最小值 f_u^b
		普通螺栓						锚栓		承压型连接高强螺栓			
		C级螺栓			A级、B级螺栓								
		抗拉 f_t^b	抗剪 f_v^b	承压 f_c^b	抗拉 f_t^b	抗剪 f_v^b	承压 f_c^b	抗拉 f_t^a	抗剪 f_v^a	抗拉 f_t^b	抗剪 f_v^b	承压 f_c^b	
承压型连接的高强度螺栓	8.8级	—	—	—	—	—	—	—	—	400	250	—	830
	10.9级	—	—	—	—	—	—	—	—	500	310	—	1040
所连接构件钢材牌号	Q235钢	—	—	305	—	—	405	—	—	—	—	470	
	Q345钢	—	—	385	—	—	510	—	—	—	—	590	
	Q390钢	—	—	400	—	—	530	—	—	—	—	615	
	Q420钢	—	—	425	—	—	560	—	—	—	—	655	
	Q345GJ钢	—	—	400	—	—	530	—	—	—	—	615	

注：1 A级螺栓用于 $d \leqslant 24mm$ 和 $l \leqslant 10d$ 或 $l \leqslant 150mm$（按较小值）的螺栓；B级螺栓用于 $d > 24mm$ 或 $l > 10d$ 或 $l > 150mm$（按较小值）的螺栓。d 为公称直径，l 为螺杆公称长度。

2 B级螺栓孔的精度和孔壁表面粗糙度及C级螺栓孔的允许偏差和孔壁表面粗糙度，均应符合现行国家标准《钢结构工程施工质量验收规范》GB 50205的规定。

3 摩擦型连接的高强度螺栓钢材的抗拉强度最小值与表中承压型连接的高强度螺栓相应值相同。

5 荷载与作用

5.1 竖向荷载和温度作用

5.1.1 高层民用建筑的楼面活荷载、屋面活荷载及屋面雪荷载等应按现行国家标准《建筑结构荷载规范》GB 50009的规定采用。

5.1.2 计算构件内力时，楼面及屋面活荷载可取为各跨满载，楼面活荷载大于 $4kN/m^2$ 时宜考虑楼面活荷载的不利布置。

5.1.3 施工中采用附墙塔、爬塔等对结构有影响的起重机械或其他施工设备时，应根据具体情况验算施工荷载对结构的影响。

5.1.4 旋转餐厅轨道和驱动设备自重应按实际情况确定。

5.1.5 擦窗机等清洁设备应按实际情况确定其大小和作用位置。

5.1.6 直升机平台的活荷载应采用下列两款中能使平台产生最大内力的荷载：

1 直升机总重量引起的局部荷载，应按实际最大起飞重量决定的局部荷载标准值乘以动力系数确定。对具有液压轮胎起落架的直升机，动力系数可取1.4；当没有机型技术资料时，局部荷载标准值及其作用面积可根据直升机类型按表5.1.6取用。

表 5.1.6 局部荷载标准值及其作用面积

直升机类型	局部荷载标准值（kN）	作用面积（m²）
轻型	20.0	0.20×0.20
中型	40.0	0.25×0.25
重型	60.0	0.30×0.30

2 等效均布活荷载 $5kN/m^2$。

5.1.7 宜考虑施工阶段和使用阶段温度作用对钢结构的影响。

5.2 风 荷 载

5.2.1 垂直于高层民用建筑表面的风荷载，包括主要抗侧力结构和围护结构的风荷载标准值，应按现行国家标准《建筑结构荷载规范》GB 50009的规定计算。

5.2.2 对于房屋高度大于30m且高宽比大于1.5的房屋，应考虑风压脉动对结构产生顺风向振动的影响。结构顺风向风振响应应计算应按随机振动理论进行，结构的自振周期应按结构动力学计算。

对横风向风振作用效应或扭转风振作用效应明显的高层民用建筑，应考虑横风向风振或扭转风振的影响。横风向风振或扭转风振的计算范围、方法及顺风向与横风向效应的组合方法应符合现行国家标准《建筑结构荷载规范》GB 50009的有关规定。

5.2.3 考虑横风向风振或扭转风振影响时，结构顺风向及横风向的楼层层间最大水平位移与层高之比应分别符合本规程第3.5.2条的规定。

5.2.4 基本风压应按现行国家标准《建筑结构荷载规范》GB 50009的规定采用。对风荷载比较敏感的高层民用建筑，承载力设计时应按基本风压的 **1.1 倍**采用。

5.2.5 计算主体结构的风荷载效应时，风荷载体型系数 μ_s 可按下列规定采用：

1 对平面为圆形的建筑可取0.8。

2 对平面为正多边形及三角形的建筑可按下式计算：

$$\mu_s = 0.8 + 1.2/\sqrt{n} \qquad (5.2.5)$$

式中：μ_s——风荷载体型系数；

n——多边形的边数。

3 高宽比 H/B 不大于4的平面为矩形、方形和十字形的建筑可取1.3。

4 下列建筑可取1.4：

1）平面为 V 形、Y 形、弧形、双十字形和井字形的建筑；

2）平面为 L 形和槽形及高宽比 H/B 大于4的平面为十字形的建筑；

3）高宽比 H/B 大于4、长宽比 L/B 不大于1.5的平面为矩形和鼓形的建筑。

5 在需要更细致计算风荷载的场合，风荷载体型系数可由风洞试验确定。

5.2.6 当多栋或群集的高层民用建筑相互间距较近时，宜考虑风力相互干扰的群体效应。一般可将单栋建筑的体型系数 μ_s 乘以相互干扰增大系数，该系数可参考类似条件的试验资料确定，必要时通过风洞试验或数值技术确定。

5.2.7 房屋高度大于200m或有下列情况之一的高层民用建筑，宜进行风洞试验或通过数值技术判断确定其风荷载：

1 平面形状不规则，立面形状复杂；

2 立面开洞或连体建筑；

3 周围地形和环境较复杂。

5.2.8 计算檐口、雨篷、遮阳板、阳台等水平构件的局部上浮风荷载时，风荷载体型系数 μ_s 不宜大于 −2.0。

5.2.9 设计高层民用建筑的幕墙结构时，风荷载应按国家现行标准《玻璃幕墙工程技术规范》JGJ 102、《金属与石材幕墙工程技术规范》JGJ 133、《人造板材幕墙工程技术规范》JGJ 336 和《建筑结构荷载规范》GB 50009 的有关规定采用。

5.3 地震作用

5.3.1 高层民用建筑钢结构的地震作用计算除应符合现行国家标准《建筑抗震设计规范》GB 50011 的有关规定外，尚应符合下列规定：

1 扭转特别不规则的结构，应计入双向水平地震作用下的扭转影响；其他情况，应计算单向水平地震作用下的扭转影响；

2 9度抗震设计时应计算竖向地震作用；

3 高层民用建筑中的大跨度、长悬臂结构，7度（0.15g）、8度抗震设计时应计入竖向地震作用。

5.3.2 高层民用建筑钢结构的抗震计算，应采用下列方法：

1 高层民用建筑钢结构宜采用振型分解反应谱法；对质量和刚度不对称、不均匀的结构以及高度超过100m的高层民用建筑钢结构应采用考虑扭转耦联振动影响的振型分解反应谱法。

2 高度不超过40m、以剪切变形为主且质量和刚度沿高度分布比较均匀的高层民用建筑钢结构，可采用底部剪力法。

3 7度～9度抗震设防的高层民用建筑，下列情况应采用弹性时程分析进行多遇地震下的补充计算。

1）甲类高层民用建筑钢结构；

2）表5.3.2所列的乙、丙类高层民用建筑钢结构；

3）不满足本规程第3.3.2条规定的特殊不规则的高层民用建筑钢结构。

表 5.3.2 采用时程分析的房屋高度范围

烈度、场地类别	房屋高度范围（m）
8 度Ⅰ、Ⅱ类场地和7度	＞100
8 度Ⅲ、Ⅳ类场地	＞80
9 度	＞60

4 计算罕遇地震下的结构变形，应按现行国家标准《建筑抗震设计规范》GB 50011 的规定，采用静力弹塑性分析方法或弹塑性时程分析法。

5 计算安装有消能减震装置的高层民用建筑的结构变形，应按现行国家标准《建筑抗震设计规范》GB 50011 的规定，采用静力弹塑性分析方法或弹塑性时程分析法。

5.3.3 进行结构时程分析时，应符合下列规定：

1 应按建筑场地类别和设计地震分组，选取实际地震记录和人工模拟的加速度时程曲线，其中实际地震记录的数量不应少于总数量的2/3，多组时程曲线的平均地震影响系数曲线应与振型分解反应谱法所采用的地震反应谱曲线在统计意义上相符。进行弹性时程分析时，每条时程曲线计算所得结构底部剪力不应小于振型分解反应谱法计算结果的65%，多条时程曲线计算所得结构底部剪力平均值不应小于振型分解反应谱法计算结果的80%。

2 地震波的持续时间不宜小于建筑结构基本自振周期的 5 倍和15s，地震波的时间间距可取 0.01s 或 0.02s。

3 输入地震加速度的最大值可按表 5.3.3 采用。

表 5.3.3　时程分析所用地震加速度最大值（cm/s²）

地震影响	6 度	7 度	8 度	9 度
多遇地震	18	35（55）	70（110）	140
设防地震	50	100（150）	200（300）	400
罕遇地震	125	220（310）	400（510）	620

注：括号内数值分别用于设计基本地震加速度为 0.15g 和 0.30g 的地区。

4 当取三组加速度时程曲线输入时，结构地震作用效应宜取时程法计算结果的包络值与振型分解反应谱法计算结果的较大值；当取七组及七组以上的时程曲线进行计算时，结构地震作用效应可取时程法计算结果的平均值与振型分解反应谱法计算结果的较大值。

5.3.4　计算地震作用时，重力荷载代表值应取永久荷载标准值和各可变荷载组合值之和。各可变荷载的组合值系数应按表 5.3.4 采用。

表 5.3.4　组合值系数

可变荷载种类		组合值系数
雪荷载		0.5
屋面活荷载		不计入
按实际情况计算的楼面活荷载		1.0
按等效均布荷载计算的楼面活荷载	藏书库、档案库、库房	0.8
	其他民用建筑	0.5

5.3.5　建筑结构的地震影响系数应根据烈度、场地类别、设计地震分组和结构自振周期以及阻尼比确定。其水平地震影响系数最大值 α_{max} 应按表 5.3.5-1 采用；对处于发震断裂带两侧 10km 以内的建筑，尚应乘以近场效应系数。近场效应系数，5km 以内取 1.5，5km～10km 取 1.25。特征周期 T_g 应根据场地类别和设计地震分组按表 5.3.5-2 采用，计算罕遇地震作用时，特征周期应增加 0.05s。周期大于 6.0s 的高层民用建筑钢结构所采用的地震影响系数应专门研究。

表 5.3.5-1　水平地震影响系数最大值 α_{max}

地震影响	6 度	7 度	8 度	9 度
多遇地震	0.04	0.08（0.12）	0.16（0.24）	0.32
设防地震	0.12	0.23（0.34）	0.45（0.68）	0.90
罕遇地震	0.28	0.50（0.72）	0.90（1.20）	1.40

注：7、8 度时括号内的数值分别用于设计基本地震加速度为 0.15g 和 0.30g 的地区。

表 5.3.5-2　特征周期值 T_g（s）

设计地震分组	场地类别				
	I₀	I₁	II	III	IV
第一组	0.20	0.25	0.35	0.45	0.65
第二组	0.25	0.30	0.40	0.55	0.75
第三组	0.30	0.35	0.45	0.65	0.90

5.3.6　建筑结构地震影响系数曲线（图 5.3.6）的阻尼调整和形状参数应符合下列规定：

1　当建筑结构的阻尼比为 0.05 时，地震影响系数曲线的阻尼调整系数应按 1.0 采用，形状参数应符合下列规定：

　1）直线上升段，周期小于 0.1s 的区段；

　2）水平段，自 0.1s 至特征周期 T_g 的区段，地震影响系数应取最大值 α_{max}；

　3）曲线下降段，自特征周期至 5 倍特征周期的区段，衰减指数 γ 应取 0.9；

　4）直线下降段，自 5 倍特征周期至 6.0s 的区段，下降斜率调整系数 η_1 应取 0.02。

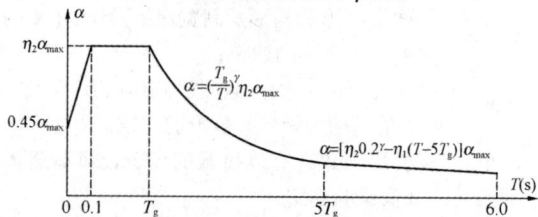

图 5.3.6　地震影响系数曲线

α—地震影响系数；α_{max}—地震影响系数最大值；η_1—直线下降段的下降斜率调整系数；γ—衰减指数；T_g—特征周期；η_2—阻尼调整系数；T—结构自振周期

2　当建筑结构的阻尼比不等于 0.05 时，地震影响系数曲线的阻尼调整系数和形状参数应符合下列规定：

　1）曲线下降段的衰减指数应按下式确定：

$$\gamma = 0.9 + \frac{0.05 - \xi}{0.3 + 6\xi} \qquad (5.3.6\text{-}1)$$

式中：γ——曲线下降段的衰减指数；
　　　ξ——阻尼比。

　2）直线下降段的下降斜率调整系数应按下式确定：

$$\eta_1 = 0.02 + \frac{0.05 - \xi}{4 + 32\xi} \qquad (5.3.6\text{-}2)$$

式中：η_1——直线下降段的下降斜率调整系数，小于 0 时取 0。

　3）阻尼调整系数应按下式确定：

$$\eta_2 = 1 + \frac{0.05 - \xi}{0.08 + 1.6\xi} \qquad (5.3.6\text{-}3)$$

式中：η_2——阻尼调整系数，当小于 0.55 时，应取 0.55。

5.3.7 多遇地震下计算双向水平地震作用效应时可不考虑偶然偏心的影响，但应验算单向水平地震作用下考虑偶然偏心影响的楼层竖向构件最大弹性水平位移与最大和最小弹性水平位移平均值之比；计算单向水平地震作用效应时应考虑偶然偏心的影响。每层质心沿垂直于地震作用方向的偏移值可按下列公式计算：

$$方形及矩形平面 \quad e_i = \pm 0.05 L_i \quad (5.3.7\text{-}1)$$
$$其他形式平面 \quad e_i = \pm 0.172 r_i \quad (5.3.7\text{-}2)$$

式中：e_i——第 i 层质心偏移值（m），各楼层质心偏移方向相同；

r_i——第 i 层相应质点所在楼层平面的转动半径（m）；

L_i——第 i 层垂直于地震作用方向的建筑物长度（m）。

5.4 水平地震作用计算

5.4.1 采用振型分解反应谱法时，对于不考虑扭转耦联影响的结构，应按下列规定计算其地震作用和作用效应：

1 结构 j 振型 i 层的水平地震作用标准值，应按下列公式确定：

$$F_{ji} = \alpha_j \gamma_j X_{ji} G_i \quad (5.4.1\text{-}1)$$
$$\gamma_j = \sum_{i=1}^{n} X_{ji} G_i \Big/ \sum_{i=1}^{n} X_{ji}^2 G_i \ (i=1,2,\cdots,n, j=1,$$
$$2,\cdots,m) \quad (5.4.1\text{-}2)$$

式中：F_{ji}——j 振型 i 层的水平地震作用标准值；

α_j——相应于 j 振型自振周期的地震影响系数，应按本规程第 5.3.5 条、第 5.3.6 条确定；

X_{ji}——j 振型 i 层的水平相对位移；

γ_j——j 振型的参与系数；

G_i——i 层的重力荷载代表值，应按本规程第 5.3.4 条确定；

n——结构计算总层数，小塔楼宜每层作为一个质点参与计算；

m——结构计算振型数；规则结构可取 3，当建筑较高、结构沿竖向刚度不均匀时可取 5～6。

2 水平地震作用效应，当相邻振型的周期比小于 0.85 时，可按下式计算：

$$S_{Ek} = \sqrt{\sum_{j=1}^{m} S_j^2} \quad (5.4.1\text{-}3)$$

式中：S_{Ek}——水平地震作用标准值的效应；

S_j——j 振型水平地震作用标准值的效应（弯矩、剪力、轴向力和位移等）。

5.4.2 考虑扭转影响的平面、竖向不规则结构，按扭转耦联振型分解法计算时，各楼层可取两个正交的水平位移和一个转角位移共三个自由度，并应按

下列规定计算结构的地震作用和作用效应。确有依据时，尚可采用简化计算方法确定地震作用效应。

1 j 振型 i 层的水平地震作用标准值，应按下列公式确定：

$$F_{xji} = \alpha_j \gamma_{tj} X_{ji} G_i$$
$$F_{yji} = \alpha_j \gamma_{tj} Y_{ji} G_i \quad (i=1,2,\cdots,n, j=1,2,\cdots,m)$$
$$(5.4.2\text{-}1)$$
$$F_{tji} = \alpha_j \gamma_{tj} r_i^2 \varphi_{ji} G_i$$

式中：F_{xji}、F_{yji}、F_{tji}——分别为 j 振型 i 层的 x 方向、y 方向和转角方向的地震作用标准值；

X_{ji}、Y_{ji}——分别为 j 振型 i 层质心在 x、y 方向的水平相对位移；

φ_{ji}——j 振型 i 层的相对扭转角；

r_i——i 层转动半径，可取 i 层绕质心的转动惯量除以该层质量的商的正二次方根；

α_j——相当于第 j 振型自振周期 T_j 的地震影响系数，应按本规程第 5.3.5 条、第 5.3.6 条确定；

γ_{tj}——计入扭转的 j 振型参与系数，可按本规程式（5.4.2-2）～式（5.4.2-4）确定；

n——结构计算总质点数，小塔楼宜每层作为一个质点参与计算；

m——结构计算振型数。一般情况可取 9～15，多塔楼建筑每个塔楼振型数不宜小于 9。

当仅考虑 x 方向地震作用时：

$$\gamma_{tj} = \sum_{i=1}^{n} X_{ji} G_i \Big/ \sum_{i=1}^{n} (X_{ji}^2 + Y_{ji}^2 + \varphi_{ji}^2 r_i^2) G_i$$
$$(5.4.2\text{-}2)$$

当仅考虑 y 方向地震作用时：

$$\gamma_{tj} = \sum_{i=1}^{n} Y_{ji} G_i \Big/ \sum_{i=1}^{n} (X_{ji}^2 + Y_{ji}^2 + \varphi_{ji}^2 r_i^2) G_i$$
$$(5.4.2\text{-}3)$$

当考虑与 x 方向斜交的地震作用时：

$$\gamma_{tj} = \gamma_{xj} \cos\theta + \gamma_{yj} \sin\theta \quad (5.4.2\text{-}4)$$

式中：γ_{xj}、γ_{yj}——分别由式（5.4.2-2）、式（5.4.2-3）求得的振型参与系数；

θ——地震作用方向与 x 方向的夹角（度）。

2 单向水平地震作用下，考虑扭转耦联的地震作用效应，应按下列公式确定：

$$S_{Ek} = \sqrt{\sum_{j=1}^{m} \sum_{k=1}^{m} \rho_{jk} S_j S_k} \qquad (5.4.2\text{-}5)$$

$$\rho_{jk} = \frac{8\sqrt{\xi_j \xi_k}(\xi_j + \lambda_T \xi_k)\lambda_T^{1.5}}{(1-\lambda_T^2)^2 + 4\xi_j \xi_k (1+\lambda_T)^2 \lambda_T + 4(\xi_j^2 + \xi_k^2)\lambda_T^2}$$

$$(5.4.2\text{-}6)$$

式中：S_{Ek} ——考虑扭转的地震作用标准值的效应；

S_j、S_k ——分别为 j、k 振型地震作用标准值的效应；

ξ_j、ξ_k ——分别为 j、k 振型的阻尼比；

ρ_{jk} —— j 振型与 k 振型的耦联系数；

λ_T —— k 振型与 j 振型的自振周期比。

3 考虑双向水平地震作用下的扭转地震作用效应，应按下列公式中的较大值确定：

$$S_{Ek} = \sqrt{S_x^2 + (0.85 S_y)^2} \qquad (5.4.2\text{-}7)$$

或

$$S_{Ek} = \sqrt{S_y^2 + (0.85 S_x)^2} \qquad (5.4.2\text{-}8)$$

式中：S_x ——仅考虑 x 向水平地震作用时的地震作用效应，按式（5.4.2-5）计算；

S_y ——仅考虑 y 向水平地震作用时的地震作用效应，按式（5.4.2-5）计算。

5.4.3 采用底部剪力法计算高层民用建筑钢结构的水平地震作用时，各楼层可仅取一个自由度，结构的水平地震作用标准值，应按下列公式确定（图5.4.3）。

$$F_{Ek} = \alpha_1 G_{eq} \qquad (5.4.3\text{-}1)$$

$$F_i = \frac{G_i H_i}{\sum_{j=1}^{n} G_j H_j} F_{Ek}(1 - \delta_n) \quad (i = 1, 2, \cdots, n)$$

$$(5.4.3\text{-}2)$$

$$\Delta F_n = \delta_n F_{Ek} \qquad (5.4.3\text{-}3)$$

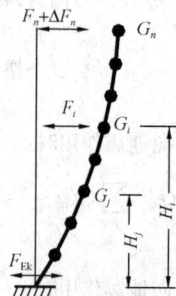

图 5.4.3 结构水平地震作用计算简图

式中：F_{Ek} ——结构总水平地震作用标准值（kN）；

α_1 ——相应于结构基本自振周期的水平地震影响系数值，应按本规程第5.3.5条、第5.3.6条确定；

G_{eq} ——结构等效总重力荷载代表值（kN），多质点可取总重力荷载代表值的85%；

F_i ——质点 i 的水平地震作用标准值（kN）；

G_i、G_j ——分别为集中于质点 i、j 的重力荷载代

表值（kN），应按本规程第5.3.4条确定；

H_i、H_j ——分别为质点 i、j 的计算高度（m）；

δ_n ——顶部附加地震作用系数，按表5.4.3采用；

ΔF_n ——顶部附加水平地震作用（kN）。

表 5.4.3 顶部附加地震作用系数 δ_n

T_g(s)	$T_1 > 1.4 T_g$	$T_1 \leqslant 1.4 T_g$
$T_g \leqslant 0.35$	$0.08 T_1 + 0.07$	
$0.35 < T_g \leqslant 0.55$	$0.08 T_1 + 0.01$	0
$T_g > 0.55$	$0.08 T_1 - 0.02$	

注：T_1 为结构基本自振周期。

5.4.4 高层民用建筑钢结构采用底部剪力法计算水平地震作用时，突出屋面的屋顶间、女儿墙、烟囱等的地震作用效应，宜乘以增大系数3。此增大部分不应往下传递，但与该突出部分相连的构件应予计入；采用振型分解法反应谱时，突出屋面部分可作为一个质点。

5.4.5 多遇地震水平地震作用计算时，结构各楼层对应于地震作用标准值的剪力应符合现行国家标准《建筑抗震设计规范》GB 50011 的有关规定。

5.4.6 高层民用建筑钢结构抗震计算时的阻尼比取值宜符合下列规定：

1 多遇地震下的计算：高度不大于50m可取0.04；高度大于50m且小于200m可取0.03；高度不小于200m时宜取0.02；

2 当偏心支撑框架部分承担的地震倾覆力矩大于地震总倾覆力矩的50%时，多遇地震下的阻尼比可比本条1款相应增加0.005；

3 在罕遇地震作用下的弹塑性分析，阻尼比可取0.05。

5.5 竖向地震作用

5.5.1 9度时的高层民用建筑钢结构，其竖向地震作用标准值应按下列公式确定（图5.5.1）；楼层各构件的竖向地震作用效应可按各构件承受的重力荷载

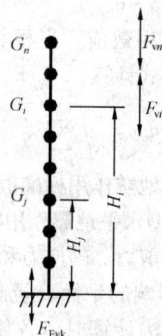

图 5.5.1 结构竖向地震作用计算简图

代表值的比例分配，并宜乘以增大系数 1.5。

$$F_{Evk} = \alpha_{vmax} G_{eq} \quad (5.5.1-1)$$

$$F_{vi} = \frac{G_i H_i}{\sum\limits_{j=1}^{n} G_j H_j} F_{Evk} \quad (5.5.1-2)$$

式中：F_{Evk} ——结构总竖向地震作用标准值（kN）；

F_{vi} ——质点 i 的竖向地震作用标准值（kN）；

α_{vmax} ——竖向地震影响系数最大值，可取水平地震影响系数最大值的 65%；

G_{eq} ——结构等效总重力荷载代表值（kN），可取其总重力荷载代表值的 75%。

5.5.2 跨度大于 24m 的楼盖结构、跨度大于 12m 的转换结构和连体结构，悬挑长度大于 5m 的悬挑结构，结构竖向地震作用效应标准值宜采用时程分析法或振型分解反应谱法进行计算。时程分析计算时输入的地震加速度最大值可按规定的水平输入最大值的 65% 采用，反应谱分析时结构竖向地震影响系数最大值可按水平地震影响系数最大值的 65% 采用，设计地震分组可按第一组采用。

5.5.3 高层民用建筑中，大跨度结构、悬挑结构、转换结构、连体结构的连接体的竖向地震作用标准值，不宜小于结构或构件承受的重力荷载代表值与表 5.5.3 规定的竖向地震作用系数的乘积。

表 5.5.3 竖向地震作用系数

设防烈度	7 度	8 度		9 度
设计基本地震加速度	0.15g	0.20g	0.30g	0.40g
竖向地震作用系数	0.08	0.10	0.15	0.20

注：g 为重力加速度。

6 结构计算分析

6.1 一般规定

6.1.1 在竖向荷载、风荷载以及多遇地震作用下，高层民用建筑钢结构的内力和变形可采用弹性方法计算；罕遇地震作用下，高层民用建筑钢结构的弹塑性变形可采用弹塑性时程分析法或静力弹塑性分析法计算。

6.1.2 计算高层民用建筑钢结构的内力和变形时，可假定楼盖在其自身平面内为无限刚性，设计时应采取相应措施保证楼盖平面内的整体刚度。当楼盖可能产生较明显的面内变形时，计算时应采用楼盖平面内的实际刚度，考虑楼盖的面内变形的影响。

6.1.3 高层民用建筑钢结构弹性计算时，钢筋混凝土楼板与钢梁间有可靠连接，可计入钢筋混凝土楼板对钢梁刚度的增大作用，两侧有楼板的钢梁其惯性矩可取为 $1.5 I_b$，仅一侧有楼板的钢梁其惯性矩可取为 $1.2 I_b$，I_b 为钢梁截面惯性矩。弹塑性计算时，不应

考虑楼板对钢梁惯性矩的增大作用。

6.1.4 结构计算中不应计入非结构构件对结构承载力和刚度的有利作用。

6.1.5 计算各振型地震影响系数所采用的结构自振周期，应考虑非承重填充墙体的刚度影响予以折减。

6.1.6 当非承重墙体为填充轻质砌块、填充轻质墙板或外挂墙板时，自振周期折减系数可取 0.9～1.0。

6.1.7 高层民用建筑钢结构的整体稳定性应符合下列规定：

1 框架结构应满足下式要求：

$$D_i \geqslant 5 \sum_{j=i}^{n} G_j / h_i \ (i=1, 2, \cdots, n)$$

$$(6.1.7-1)$$

2 框架-支撑结构、框架-延性墙板结构、筒体结构和巨型框架结构应满足下式要求：

$$EJ_d \geqslant 0.7 H^2 \sum_{i=1}^{n} G_i \quad (6.1.7-2)$$

式中：D_i ——第 i 楼层的抗侧刚度（kN/mm），可取该层剪力与层间位移的比值；

h_i ——第 i 楼层层高（mm）；

G_i、G_j ——分别为第 i、j 楼层重力荷载设计值（kN），取 1.2 倍的永久荷载标准值与 1.4 倍的楼面可变荷载标准值的组合值；

H ——房屋高度（mm）；

EJ_d ——结构一个主轴方向的弹性等效侧向刚度（kN·mm²），可按倒三角形分布荷载作用下结构顶点位移相等的原则，将结构的侧向刚度折算为竖向悬臂受弯构件的等效侧向刚度。

6.2 弹性分析

6.2.1 高层民用建筑钢结构的弹性计算模型应根据结构的实际情况确定，应能较准确地反映结构的刚度和质量分布以及各结构构件的实际受力状况；可选用空间杆系、空间杆-墙板元及其他组合有限元等计算模型；延性墙板的计算模型，可按本规程附录 B、附录 C、附录 D 的有关规定执行。

6.2.2 高层民用建筑钢结构弹性分析时，应计入重力二阶效应的影响。

6.2.3 高层民用建筑钢结构弹性分析时，应考虑构件的下列变形：

1 梁的弯曲和扭转变形，必要时考虑轴向变形；

2 柱的弯曲、轴向、剪切和扭转变形；

3 支撑的弯曲、轴向和扭转变形；

4 延性墙板的剪切变形；

5 消能梁段的剪切变形和弯曲变形。

6.2.4 钢框架-支撑结构的支撑斜杆两端宜按铰接计算；当实际构造为刚接时，也可按刚接计算。

6.2.5 梁柱刚性连接的钢框架计入节点域剪切变形对侧移的影响时，可将节点域作为一个单独的剪切单元进行结构整体分析，也可按下列规定作近似计算：

1 对于箱形截面柱框架，可按结构轴线尺寸进行分析，但应将节点域作为刚域，梁柱刚域的总长度，可取柱截面宽度和梁截面高度的一半两者的较小值。

2 对于 H 形截面柱框架，可按结构轴线尺寸进行分析，不考虑刚域。

3 当结构弹性分析模型不能计算节点域的剪切变形时，可将框架分析得到的楼层最大层间位移角与该楼层柱下端的节点域在梁端弯矩设计值作用下的剪切变形角平均值相加，得到计入节点域剪切变形影响的楼层最大层间位移角。任一楼层节点域在梁端弯矩设计值作用下的剪切变形角平均值可按下式计算：

$$\theta_m = \frac{1}{n} \sum_{i=1}^{n} \frac{M_i}{GV_{p,i}} \quad (i = 1, 2, \cdots, n) \quad (6.2.5)$$

式中：θ_m —— 楼层节点域的剪切变形角平均值；

M_i —— 该楼层第 i 个节点域在所考虑的受弯平面内的不平衡弯矩（N·mm），由框架分析得出，即 $M_i = M_{b1} + M_{b2}$，M_{b1}、M_{b2} 分别为受弯平面内该楼层第 i 个节点左、右梁端同方向的地震作用组合下的弯矩设计值；

n —— 该楼层的节点域总数；

G —— 钢材的剪切模量（N/mm²）；

$V_{p,i}$ —— 第 i 个节点域的有效体积（mm³），按本规程第 7.3.6 条的规定计算。

6.2.6 钢框架-支撑结构、钢框架-延性墙板结构的框架部分按刚度分配计算得到的地震层剪力应乘以调整系数，达到不小于结构总地震剪力的 25% 和框架部分计算最大层剪力 1.8 倍二者的较小值。

6.2.7 体型复杂、结构布置复杂以及特别不规则的高层民用建筑钢结构，应采用至少两个不同力学模型的结构分析软件进行整体计算。对结构分析软件的分析结果，应进行分析判断，确认其合理、有效后方可作为工程设计的依据。

6.3 弹塑性分析

6.3.1 高层民用建筑钢结构进行弹塑性计算分析时，可根据实际工程情况采用静力或动力时程分析法，并应符合下列规定：

1 当采用结构抗震性能设计时，应根据本规程第 3.8 节的有关规定，预定结构的抗震性能目标；

2 结构弹塑性分析的计算模型应包括全部主要结构构件，应能较正确反映结构的质量、刚度和承载力的分布以及结构构件的弹塑性性能；

3 弹塑性分析宜采用空间计算模型。

6.3.2 高层民用建筑钢结构弹塑性分析时，应考虑构件的下列变形：

1 梁的弹塑性弯曲变形，柱在轴力和弯矩作用下的弹塑性变形，支撑的弹塑性轴向变形，延性墙板的弹塑性剪切变形，消能梁段的弹塑性剪切变形；

2 宜考虑梁柱节点域的弹塑性剪切变形；

3 采用消能减震设计时尚应考虑消能器的弹塑性变形，隔震结构尚应考虑隔震支座的弹塑性变形。

6.3.3 高层民用建筑钢结构弹塑性变形计算应符合下列规定：

1 房屋高度不超过 100m 时，可采用静力弹塑性分析方法；高度超过 150m 时，应采用弹塑性时程分析法；高度为 100m～150m 时，可视结构不规则程度选择静力弹塑性分析法或弹塑性时程分析法；高度超过 300m 时，应有两个独立的计算。

2 复杂结构应首先进行施工模拟分析，应以施工全过程完成后的状态作为弹塑性分析的初始状态。

3 结构构件上应作用重力荷载代表值，其效应与水平地震作用产生的效应组合，分项系数可取 1.0。

4 钢材强度可取屈服强度 f_y。

5 应计入重力荷载二阶效应的影响。

6.3.4 钢柱、钢梁、屈曲约束支撑及偏心支撑消能梁段恢复力模型的骨架线可采用二折线型，其滞回模型可不考虑刚度退化；钢支撑和延性墙板的恢复力模型，应按杆件特性确定。杆件的恢复力模型也可由试验研究确定。

6.3.5 采用静力弹塑性分析法进行罕遇地震作用下的变形计算时，应符合下列规定：

1 可在结构的各主轴方向分别施加单向水平力进行静力弹塑性分析；

2 水平力可作用在各层楼盖的质心位置，可不考虑偶然偏心的影响；

3 结构的每个主轴方向宜采用不少于两种水平力沿高度分布模式，其中一种可与振型分解反应谱法得到的水平力沿高度分布模式相同；

4 采用能力谱法时，需求谱曲线可由现行国家标准《建筑抗震设计规范》GB 50011 的地震影响系数曲线得到，或由建筑场地的地震安全性评价提出的加速度反应谱曲线得到。

6.3.6 采用弹塑性时程分析法进行罕遇地震作用下的变形计算时，应符合下列规定：

1 一般情况下，采用单向水平地震输入，在结构的各主轴方向分别输入地震加速度时程；对体型复杂或特别不规则的结构，宜采用双向水平地震或三向地震输入；

2 地震地面运动加速度时程的选取，时程分析所用地震加速度时程的最大值等，应符合本规程第 5.3.3 条的规定。

6.4 荷载组合和地震作用组合的效应

6.4.1 持久设计状况和短暂设计状况下，当荷载与荷载效应按线性关系考虑时，荷载基本组合的效应设计值应按下式确定：

$$S_d = \gamma_G S_{Gk} + \gamma_L \psi_Q \gamma_Q S_{Qk} + \psi_w \gamma_w S_{wk} \quad (6.4.1)$$

式中：S_d——荷载组合的效应设计值；

γ_G、γ_Q、γ_w——分别为永久荷载、楼面活荷载、风荷载的分项系数；

γ_L——考虑结构设计使用年限的荷载调整系数，设计使用年限为 50 年时取 1.0，设计使用年限为 100 年时取 1.1；

S_{Gk}、S_{Qk}、S_{wk}——分别为永久荷载、楼面活荷载、风荷载效应标准值；

ψ_Q、ψ_w——分别为楼面活荷载组合值系数和风荷载组合值系数，当永久荷载效应起控制作用时应分别取 0.7 和 0.0；当可变荷载效应起控制作用时应分别取 1.0 和 0.6 或 0.7 和 1.0；对书库、档案库、储藏室、通风机房和电梯机房，楼面活荷载组合值系数取 0.7 的场合应取 0.9。

6.4.2 持久设计状况和短暂设计状况下，荷载基本组合的分项系数应按下列规定采用：

1 永久荷载的分项系数 γ_G：当其效应对结构承载力不利时，对由可变荷载效应控制的组合应取 1.2，对由永久荷载效应控制的组合应取 1.35；当其效应对结构承载力有利时，应取 1.0。

2 楼面活荷载的分项系数 γ_Q：一般情况下应取 1.4。

3 风荷载的分项系数 γ_w 应取 1.4。

6.4.3 地震设计状况下，当作用与作用效应按线性关系考虑时，荷载和地震作用基本组合的效应设计值，应按下式确定：

$$S_d = \gamma_G S_{GE} + \gamma_{Eh} S_{Ehk} + \gamma_{Ev} S_{Evk} + \psi_w \gamma_w S_{wk} \quad (6.4.3)$$

式中：S_d——荷载和地震作用基本组合的效应设计值；

S_{GE}——重力荷载代表值的效应；

S_{Ehk}——水平地震作用标准值的效应，尚应乘以相应的增大系数、调整系数；

S_{Evk}——竖向地震作用标准值的效应，尚应乘以相应的增大系数、调整系数；

γ_G、γ_{Eh}、γ_{Ev}、γ_w——分别为上述各相应荷载或作用的分项系数；

ψ_w——风荷载的组合值系数，应取 0.2。

6.4.4 地震设计状况下，荷载和地震作用基本组合的分项系数应按表 6.4.4 采用。当重力荷载效应对结构的承载力有利时，表 6.4.4 中的 γ_G 不应大于 1.0。

表 6.4.4 地震设计状况时荷载和地震作用基本组合的分项系数

参与组合的荷载和作用	γ_G	γ_{Eh}	γ_{Ev}	γ_w	说 明
重力荷载及水平地震作用	1.2	1.3	—	—	抗震设计的高层民用建筑均应考虑
重力荷载及竖向地震作用	1.2	—	1.3	—	9 度抗震设计时考虑；水平长悬臂和大跨度结构 7 度（0.15g）、8 度、9 度抗震设计时考虑
重力荷载、水平地震作用及竖向地震作用	1.2	1.3	0.5	—	9 度抗震设计时考虑；水平长悬臂和大跨度结构 7 度（0.15g）、8 度、9 度抗震设计时考虑
重力荷载、水平地震作用及风荷载	1.2	1.3	—	1.4	60m 以上高层民用建筑考虑
重力荷载、水平地震作用、竖向地震作用及风荷载	1.2	1.3	0.5	1.4	60m 以上高层民用建筑，9 度抗震设计时考虑；水平长悬臂结构和大跨度结构 7 度（0.15g）、8 度、9 度抗震设计时考虑
	1.2	0.5	1.3	1.4	水平长悬臂结构和大跨度结构 7 度（0.15g）、8 度、9 度抗震设计时考虑

6.4.5 非抗震设计时，应按本规程第 6.4.1 条的规定进行荷载组合的效应计算。抗震设计时，应同时按本规程第 6.4.1 条和第 6.4.3 条的规定进行荷载和地震作用组合的效应计算；按本规程第 6.4.3 条计算的组合内力设计值，尚应按本规程的有关规定进行调整。

6.4.6 罕遇地震作用下高层民用建筑钢结构弹塑性变形计算时，可不计入风荷载的效应。

7 钢构件设计

7.1 梁

7.1.1 梁的抗弯强度应满足下式要求：

$$\frac{M_x}{\gamma_x W_{nx}} \leq f \qquad (7.1.1)$$

式中：M_x——梁对 x 轴的弯矩设计值（N·mm）；

W_{nx}——梁对 x 轴的净截面模量（mm³）；

γ_x——截面塑性发展系数，非抗震设计时按现行国家标准《钢结构设计规范》GB 50017 的规定采用，抗震设计时宜取 1.0；

f——钢材强度设计值（N/mm²），抗震设计时应按本规程第 3.6.1 条的规定除以 γ_{RE}。

7.1.2 除设置刚性隔板情况外，梁的稳定应满足下式要求：

$$\frac{M_x}{\varphi_b W_x} \leq f \qquad (7.1.2)$$

式中：W_x——梁的毛截面模量（mm³）（单轴对称者以受压翼缘为准）；

φ_b——梁的整体稳定系数，应按现行国家标准《钢结构设计规范》GB 50017 的规定确定。当梁在端部仅以腹板与柱（或主梁）相连时，φ_b（或 $\varphi_b > 0.6$ 时的 φ'_b）应乘以降低系数 0.85；

f——钢材强度设计值（N/mm²），抗震设计时应按本规程第 3.6.1 条的规定除以 γ_{RE}。

7.1.3 当梁上设有符合现行国家标准《钢结构设计规范》GB 50017 中规定的整体式楼板时，可不计算梁的整体稳定性。

7.1.4 梁设有侧向支撑体系，并符合现行国家标准《钢结构设计规范》GB 50017 规定的受压翼缘自由长度与其宽度之比的限值时，可不计算整体稳定。按三级及以上抗震等级设计的高层民用建筑钢结构，梁受压翼缘在支撑连接点间的长度与其宽度之比，应符合现行国家标准《钢结构设计规范》GB 50017 关于塑性设计时的长细比要求。在罕遇地震作用下可能出现塑性铰处，梁的上下翼缘均应设侧向支撑点。

7.1.5 在主平面内受弯的实腹构件，其抗剪强度应按下式计算：

$$\tau = \frac{VS}{I t_w} \leq f_v \qquad (7.1.5-1)$$

框架梁端部截面的抗剪强度，应按下式计算：

$$\tau = \frac{V}{A_{wn}} \leq f_v \qquad (7.1.5-2)$$

式中：V——计算截面沿腹板平面作用的剪力设计值（N）；

S——计算剪应力处以上毛截面对中性轴的面积矩（mm³）；

I——毛截面惯性矩（mm⁴）；

t_w——腹板厚度（mm）；

A_{wn}——扣除焊接孔和螺栓孔后的腹板受剪面积（mm²）；

f_v——钢材抗剪强度设计值（N/mm²），抗震设计时应按本规程第 3.6.1 条的规定除以 γ_{RE}。

7.1.6 当在多遇地震组合下进行构件承载力计算时，托柱梁地震作用产生的内力应乘以增大系数，增大系数不得小于 1.5。

7.2 轴心受压柱

7.2.1 轴心受压柱的稳定性应满足下式要求：

$$\frac{N}{\varphi A} \leq f \qquad (7.2.1)$$

式中：N——轴心压力设计值（N）；

A——柱的毛截面面积（mm²）；

φ——轴心受压构件稳定系数，应按现行国家标准《钢结构设计规范》GB 50017 的规定采用；

f——钢材强度设计值（N/mm²），抗震设计时应按本规程第 3.6.1 条的规定除以 γ_{RE}。

7.2.2 轴心受压柱的长细比不宜大于 $120 \sqrt{235/f_y}$，f_y 为钢材的屈服强度。

7.3 框 架 柱

7.3.1 与梁刚性连接并参与承受水平作用的框架柱，应按本规程第 6 章的规定计算内力，并应按现行国家标准《钢结构设计规范》GB 50017 的有关规定及本节的规定计算其强度和稳定性。

7.3.2 框架柱的稳定计算应符合下列规定：

1 结构内力分析可采用一阶线弹性分析或二阶线弹性分析。当二阶效应系数大于 0.1 时，宜采用二阶线弹性分析。二阶效应系数不应大于 0.2。框架结构的二阶效应系数应按下式确定：

$$\theta_i = \frac{\sum N \cdot \Delta u}{\sum H \cdot h_i} \qquad (7.3.2-1)$$

式中：$\sum N$——所考虑楼层以上所有竖向荷载之和（kN），按荷载设计值计算；

$\sum H$——所考虑楼层的总水平力（kN），按荷载的设计值计算；

Δu——所考虑楼层的层间位移（m）；

h_i——第 i 楼层的层高（m）。

2 当采用二阶线弹性分析时，应在各楼层的楼盖处加上假想水平力，此时框架柱的计算长度系数取 1.0。

1）假想水平力 H_{ni} 应按下式确定：

$$H_{ni} = \frac{Q_i}{250}\sqrt{\frac{f_y}{235}}\sqrt{0.2 + \frac{1}{n}} \quad (7.3.2\text{-}2)$$

式中：Q_i ——第 i 楼层的总重力荷载设计值（kN）；

n ——框架总层数，当 $\sqrt{0.2+1/n} > 1$ 时，取此根号值为 1.0。

2）内力采用放大系数法近似考虑二阶效应时，允许采用叠加原理进行内力组合。放大系数的计算应采用下列荷载组合下的重力：

$$1.2G + 1.4[\varphi L + 0.5(1-\varphi)L]$$
$$= 1.2G + 1.4\times0.5(1+\varphi)L \quad (7.3.2\text{-}3)$$

式中：G ——为永久荷载；

L ——为活荷载；

φ ——为活荷载的准永久值系数。

3 当采用一阶线弹性分析时，框架结构柱的计算长度系数应符合下列规定：

1）框架柱的计算长度系数可按下式确定：

$$\mu = \sqrt{\frac{7.5K_1K_2 + 4(K_1+K_2) + 1.6}{7.5K_1K_2 + K_1 + K_2}}$$

$$(7.3.2\text{-}4)$$

式中：K_1、K_2 ——分别为交于柱上、下端的横梁线刚度之和与柱线刚度之和的比值。当梁的远端铰接时，梁的线刚度应乘以 0.5；当梁的远端固接时，梁的线刚度应乘以 2/3；当梁近端与柱铰接时，梁的线刚度为零。

2）对底层框架柱：当柱下端铰接且具有明确转动可能时，$K_2 = 0$；柱下端采用平板式铰支座时，$K_2 = 0.1$；柱下端刚接时，$K_2 = 10$。

3）当与柱刚接的横梁承受的轴力很大时，横梁线刚度应乘以按下列公式计算的折减系数。

当横梁远端与柱刚接时　$\alpha = 1 - N_b/(4N_{Eb})$

$$(7.3.2\text{-}5)$$

当横梁远端铰接时　$\alpha = 1 - N_b/N_{Eb} \quad (7.3.2\text{-}6)$

当横梁远端嵌固时　$\alpha = 1 - N_b/(2N_{Eb})$

$$(7.3.2\text{-}7)$$

$$N_{Eb} = \pi^2 EI_b/l_b^2 \quad (7.3.2\text{-}8)$$

式中：α ——横梁线刚度折减系数；

N_b ——横梁承受的轴力（N）；

I_b ——横梁的截面惯性矩（mm⁴）；

l_b ——横梁的长度（mm）。

4）框架结构当设有摇摆柱时，由式（7.3.2-4）计算得到的计算长度系数应乘以按下式计算的放大系数，摇摆柱本身的计算长度系数可取 1.0。

$$\eta = \sqrt{1 + \sum P_k / \sum N_j} \quad (7.3.2\text{-}9)$$

式中：η ——摇摆柱计算长度放大系数；

$\sum P_k$ ——为本层所有摇摆柱的轴力之和（kN）；

$\sum N_j$ ——为本层所有框架柱的轴力之和（kN）。

4 支撑框架采用线性分析设计时，框架柱的计算长度系数应符合下列规定：

1）当不考虑支撑对框架稳定的支承作用，框架柱的计算长度按式（7.3.2-4）计算；

2）当框架柱的计算长度系数取 1.0，或取无侧移失稳对应的计算长度系数时，应保证支撑能对框架的侧向稳定提供支承作用，支撑构件的应力比 ρ 应满足下式要求。

$$\rho \leqslant 1 - 3\theta_i \quad (7.3.2\text{-}10)$$

式中：θ_i ——所考虑柱在第 i 楼层的二阶效应系数。

5 当框架按无侧移失稳模式设计时，应符合下列规定：

1）框架柱的计算长度系数可按下式确定：

$$\mu = \sqrt{\frac{(1+0.41K_1)(1+0.41K_2)}{(1+0.82K_1)(1+0.82K_2)}}$$

$$(7.3.2\text{-}11)$$

式中：K_1、K_2 ——分别为交于柱上、下端的横梁线刚度之和与柱线刚度之和的比值。当梁的远端铰接时，梁的线刚度应乘以 1.5；当梁的远端固接时，梁的线刚度应乘以 2；当梁近端与柱铰接时，梁的线刚度为零。

2）对底层框架柱：当柱下端铰接且具有明确转动可能时，$K_2 = 0$；柱下端采用平板式铰支座时，$K_2 = 0.1$；柱下端刚接时，$K_2 = 10$。

3）当与柱刚接的横梁承受的轴力很大时，横梁线刚度应乘以折减系数。当横梁远端与柱刚接和横梁远端铰接时，折减系数应按本规程式（7.3.2-5）和式（7.3.2-6）计算；当横梁远端嵌固时，折减系数应按本规程式（7.3.2-7）计算。

7.3.3 钢框架柱的抗震承载力验算，应符合下列规定：

1 除下列情况之一外，节点左右梁端和上下柱端的全塑性承载力应满足式（7.3.3-1）、式（7.3.3-2）的要求：

1）柱所在楼层的受剪承载力比相邻上一层的受剪承载力高出 25%；

2）柱轴压比不超过 0.4；

3）柱轴力符合 $N_2 \leqslant \varphi A_c f$ 时（N_2 为 2 倍地震作用下的组合轴力设计值）；

4）与支撑斜杆相连的节点。

2 等截面梁与柱连接时：

$$\sum W_{pc}(f_{yc} - N/A_c) \geqslant \sum(\eta f_{yb}W_{pb})$$

$$(7.3.3\text{-}1)$$

3 梁端加强型连接或骨式连接的端部变截面梁

与柱连接时：

$$\sum W_{pc}(f_{yc} - N/A_c) \geqslant \sum (\eta f_{yb} W_{pb1} + M_v)$$
$$(7.3.3-2)$$

式中：W_{pc}、W_{pb} —— 分别为计算平面内交汇于节点的柱和梁的塑性截面模量（mm³）；

W_{pb1} —— 梁塑性铰所在截面的梁塑性截面模量（mm³）；

f_{yc}、f_{yb} —— 分别为柱和梁钢材的屈服强度（N/mm²）；

N —— 按设计地震作用组合得出的柱轴力设计值（N）；

A_c —— 框架柱的截面面积（mm²）；

η —— 强柱系数，一级取 1.15，二级取 1.10，三级取 1.05，四级取 1.0；

M_v —— 梁塑性铰剪力对梁端产生的附加弯矩（N·mm），$M_v = V_{pb} \cdot x$；

V_{pb} —— 梁塑性铰剪力（N）；

x —— 塑性铰至柱面的距离（mm），塑性铰可取梁端部变截面翼缘的最小处。骨式连接取（0.5～0.75）b_f +（0.30～0.45）h_b，b_f 和 h_b 分别为梁翼缘宽度和梁截面高度。梁端加强型连接可取加强板的长度加四分之一梁高。如有试验依据时，也可按试验取值。

7.3.4 框筒结构柱应满足下式要求：

$$\frac{N_c}{A_c f} \leqslant \beta \qquad (7.3.4)$$

式中：N_c —— 框筒结构柱在地震作用组合下的最大轴向压力设计值（N）；

A_c —— 框筒结构柱截面面积（mm²）；

f —— 框筒结构柱钢材的强度设计值（N/mm²）；

β —— 系数，一、二、三级时取 0.75，四级时取 0.80。

7.3.5 节点域的抗剪承载力应满足下式要求：

$$(M_{b1} + M_{b2})/V_p \leqslant (4/3)f_v \qquad (7.3.5)$$

式中：M_{b1}、M_{b2} —— 分别为节点域左、右梁端作用的弯矩设计值（kN·m）；

V_p —— 节点域的有效体积，可按本规程第 7.3.6 条的规定计算。

7.3.6 节点域的有效体积可按下列公式确定：

工字形截面柱（绕强轴）$V_p = h_{b1} h_{c1} t_p$ (7.3.6-1)

工字形截面柱（绕弱轴）$V_p = 2h_{b1} b t_f$ (7.3.6-2)

箱形截面柱 $V_p = (16/9)h_{b1} h_{c1} t_p$ (7.3.6-3)

圆管截面柱 $V_p = (\pi/2)h_{b1} h_{c1} t_p$ (7.3.6-4)

式中：h_{b1} —— 梁翼缘中心间的距离（mm）；

h_{c1} —— 工字形截面柱翼缘中心间的距离、箱形截面壁板中心间的距离和圆管截面柱管壁中线的直径（mm）；

t_p —— 柱腹板和节点域补强板厚度之和，或局部加厚时的节点域厚度（mm），箱形柱为一块腹板的厚度（mm），圆管柱为壁厚（mm）；

t_f —— 柱的翼缘厚度（mm）；

b —— 柱的翼缘宽度（mm）。

十字形截面柱（图 7.3.6）$V_p = \varphi h_{b1}(h_{c1}t_p + 2bt_f)$

$$(7.3.6-5)$$

$$\varphi = \frac{\alpha^2 + 2.6(1 + 2\beta)}{\alpha^2 + 2.6} \qquad (7.3.6-6)$$

$$\alpha = h_{b1}/b \qquad (7.3.6-7)$$

$$\beta = A_f/A_w \qquad (7.3.6-8)$$

$$A_f = bt_f \qquad (7.3.6-9)$$

$$A_w = h_{c1}t_p \qquad (7.3.6-10)$$

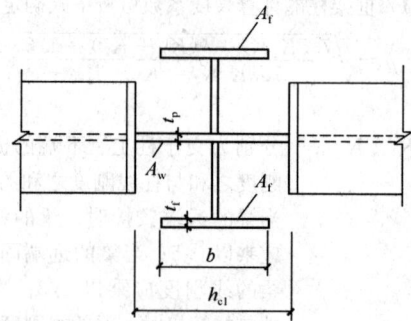

图 7.3.6 十字形柱的节点域体积

7.3.7 柱与梁连接处，在梁上下翼缘对应位置应设置柱的水平加劲肋或隔板。加劲肋（隔板）与柱翼缘所包围的节点域的稳定性，应满足下式要求：

$$t_p \geqslant (h_{0b} + h_{0c})/90 \qquad (7.3.7)$$

式中：t_p —— 柱节点域的腹板厚度（mm），箱形柱时为一块腹板的厚度（mm）；

h_{0b}、h_{0c} —— 分别为梁腹板、柱腹板的高度（mm）。

7.3.8 抗震设计时节点域的屈服承载力应满足下式要求，当不满足时应进行补强或局部改用较厚柱腹板。

$$\psi(M_{pb1} + M_{pb2})/V_p \leqslant (4/3)f_{yv} \qquad (7.3.8)$$

式中：ψ —— 折减系数，三、四级时取 0.75，一、二级时取 0.85；

M_{pb1}、M_{pb2} —— 分别为节点域两侧梁段截面的全塑性受弯承载力（N·mm）；

f_{yv} —— 钢材的屈服抗剪强度，取钢材屈服强度的 0.58 倍。

7.3.9 框架柱的长细比，一级不应大于 $60\sqrt{235/f_y}$，二级不应大于 $70\sqrt{235/f_y}$，三级不应大于 $80\sqrt{235/f_y}$，四级及非抗震设计不应大于 $100\sqrt{235/f_y}$。

7.3.10 进行多遇地震作用下构件承载力计算时，钢结构转换构件下的钢框架柱，地震作用产生的内力应乘以增大系数，其值可采用1.5。

7.4 梁柱板件宽厚比

7.4.1 钢框架梁、柱板件宽厚比限值，应符合表7.4.1的规定。

表 7.4.1　钢框架梁、柱板件宽厚比限值

板件名称		抗震等级				非抗震设计
		一级	二级	三级	四级	
柱	工字形截面翼缘外伸部分	10	11	12	13	13
	工字形截面腹板	43	45	48	52	52
	箱形截面壁板	33	36	38	40	40
	冷成型方管壁板	32	35	37	40	40
	圆管（径厚比）	50	55	60	70	70
梁	工字形截面和箱形截面翼缘外伸部分	9	9	10	11	11
	箱形截面翼缘在两腹板之间部分	30	30	32	36	36
	工字形截面和箱形截面腹板	$72-120\rho$	$72-100\rho$	$80-110\rho$	$85-120\rho$	$85-120\rho$

注：1　$\rho = N/(Af)$ 为梁轴压比；
　　2　表列数值适用于 Q235 钢，采用其他牌号应乘以 $\sqrt{235/f_y}$，圆管应乘以 $235/f_y$；
　　3　冷成型方管适用于 Q235GJ 或 Q345GJ 钢；
　　4　工字形截面和箱形梁的腹板宽厚比，对一、二、三、四级分别不宜大于60、65、70、75。

7.4.2 非抗侧力构件的板件宽厚比应按现行国家标准《钢结构设计规范》GB 50017 的有关规定执行。

7.5 中心支撑框架

7.5.1 高层民用建筑钢结构的中心支撑宜采用：十字交叉斜杆（图 7.5.1-1a），单斜杆（图 7.5.1-1b），人字形斜杆（图 7.5.1-1c）或 V 形斜杆体系。中心支撑斜杆的轴线应交汇于框架梁柱的轴线上。抗震设计的结构不得采用 K 形斜杆体系（图 7.5.1-1d）。当采用只能受拉的单斜杆体系时，应同时设不同倾斜方向的两组单斜杆（图 7.5.1-2），且每层不同方向单斜杆的截面面积在水平方向的投影面积之差不得大于10%。

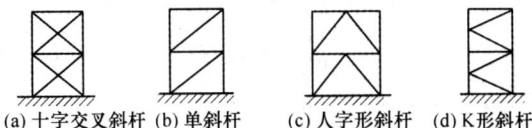

(a) 十字交叉斜杆　(b) 单斜杆　(c) 人字形斜杆　(d) K形斜杆

图 7.5.1-1　中心支撑类型

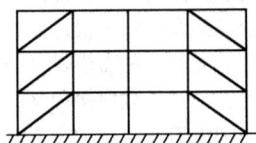

图 7.5.1-2　单斜杆支撑

7.5.2 中心支撑斜杆的长细比，按压杆设计时，不应大于 $120\sqrt{235/f_y}$，一、二、三级中心支撑斜杆不得采用拉杆设计，非抗震设计和四级采用拉杆设计时，其长细比不应大于 180。

7.5.3 中心支撑斜杆的板件宽厚比，不应大于表 7.5.3 规定的限值。

表 7.5.3　钢结构中心支撑板件宽厚比限值

板件名称	一级	二级	三级	四级、非抗震设计
翼缘外伸部分	8	9	10	13
工字形截面腹板	25	26	27	33
箱形截面壁板	18	20	25	30
圆管外径与壁厚之比	38	40	40	42

注：表中数值适用于 Q235 钢，采用其他牌号钢材应乘以 $\sqrt{235/f_y}$，圆管应乘以 $235/f_y$。

7.5.4 支撑斜杆宜采用双轴对称截面。当采用单轴对称截面时，应采取防止绕对称轴屈曲的构造措施。

7.5.5 在多遇地震效应组合作用下，支撑斜杆的受压承载力应满足下式要求：

$$N/(\varphi A_{br}) \leqslant \psi f/\gamma_{RE} \qquad (7.5.5-1)$$
$$\psi = 1/(1+0.35\lambda_n) \qquad (7.5.5-2)$$
$$\lambda_n = (\lambda/\pi)\sqrt{f_y/E} \qquad (7.5.5-3)$$

式中：N ——支撑斜杆的轴压力设计值（N）；

A_{br} ——支撑斜杆的毛截面面积（mm²）；

φ ——按支撑长细比 λ 确定的轴心受压构件稳定系数，按现行国家标准《钢结构设计规范》GB 50017 确定；

ψ ——受循环荷载时的强度降低系数；

$\lambda、\lambda_n$ ——支撑斜杆的长细比和正则化长细比；

E ——支撑杆件钢材的弹性模量（N/mm²）；

$f、f_y$ ——支撑斜杆钢材的抗压强度设计值（N/mm²）和屈服强度（N/mm²）；

γ_{RE} ——中心支撑屈曲稳定承载力抗震调整系数，按本规程第 3.6.1 条采用。

7.5.6 人字形和 V 形支撑框架应符合下列规定：

1 与支撑相交的横梁，在柱间应保持连续。

2 在确定支撑跨的横梁截面时，不应考虑支撑在跨中的支承作用。横梁除应承受大小等于重力荷载代表值的竖向荷载外，尚应承受跨中节点处两根支撑斜杆分别受拉屈服、受压屈曲所引起的不平衡竖向分力和水平分力的作用。在该不平衡力中，支撑的受压屈曲承载力和受拉屈服承载力应分别按 $0.3\varphi A f_y$ 及 Af_y 计算。为了减小竖向不平衡力引起的梁截面过大，可采用跨层 X 形支撑（图 7.5.6a）或采用拉链柱（图 7.5.6b）。

3 在支撑与横梁相交处，梁的上下翼缘应设置

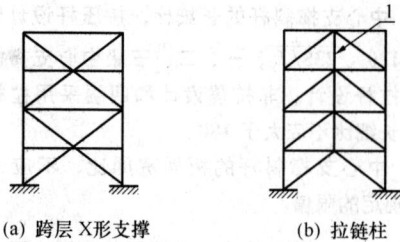

图 7.5.6　人字支撑的加强
1—拉链柱

<table>
<tr><td>(a) 跨层 X 形支撑</td><td>(b) 拉链柱</td></tr>
</table>

侧向支承，该支承应设计成能承受在数值上等于 0.02 倍的相应翼缘承载力 $f_y b_t t_f$ 的侧向力的作用，f_y、b_f、t_f 分别为钢材的屈服强度、翼缘板的宽度和厚度。当梁上为组合楼盖时，梁的上翼缘可不必验算。

7.5.7　当中心支撑构件为填板连接的组合截面时，填板的间距应均匀，每一构件中填板数不得少于 2 块。且应符合下列规定：

1　当支撑屈曲后会在填板的连接处产生剪力时，两填板之间单肢杆件的长细比不应大于组合支撑杆件控制长细比的 0.4 倍。填板连接处的总受剪承载力设计值至少应等于单肢杆件的受拉承载力设计值。

2　当支撑屈曲后不在填板连接处产生剪力时，两填板之间单肢杆件的长细比不应大于组合支撑杆件控制长细比的 0.75 倍。

7.5.8　一、二、三级抗震等级的钢结构，可采用带有耗能装置的中心支撑体系。支撑斜杆的承载力应为耗能装置滑动或屈服时承载力的 1.5 倍。

7.6　偏心支撑框架

7.6.1　偏心支撑框架中的支撑斜杆，应至少有一端与梁连接，并在支撑与梁交点和柱之间或支撑同一跨内另一支撑与梁交点之间形成消能梁段（图 7.6.1）。超过 50m 的钢结构采用偏心支撑框架时，顶层可采用中心支撑。

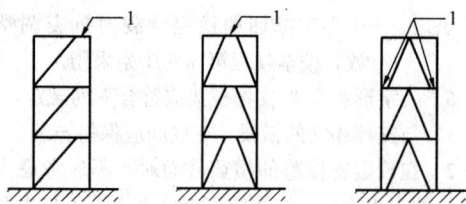

图 7.6.1　偏心支撑框架立面图
1—消能梁段

7.6.2　消能梁段的受剪承载力应符合下列公式的规定：

1　$N \leqslant 0.15Af$ 时

$$V \leqslant \phi V_l \qquad (7.6.2\text{-}1)$$

2　$N > 0.15Af$ 时

$$V \leqslant \phi V_{lc} \qquad (7.6.2\text{-}2)$$

式中：N——消能梁段的轴力设计值（N）；

V——消能梁段的剪力设计值（N）；

ϕ——系数，可取 0.9；

V_l、V_{lc}——分别为消能梁段不计入轴力影响和计入轴力影响的受剪承载力（N），可按本规程第 7.6.3 条的规定计算；有地震作用组合时，应按本规程第 3.6.1 条规定除以 γ_{RE}。

7.6.3　消能梁段的受剪承载力可按下列公式计算：

1　$N \leqslant 0.15Af$ 时

$$\left.\begin{array}{l} V_l = 0.58A_w f_y \ \text{或} \quad V_l = 2M_{lp}/a，\text{取较小值} \\ A_w = (h - 2t_f)t_w \\ M_{lp} = fW_{np} \end{array}\right\}$$

$$(7.6.3\text{-}1)$$

2　$N > 0.15Af$ 时

$$V_{lc} = 0.58A_w f_y \sqrt{1 - [N/(fA)]^2}$$

$$(7.6.3\text{-}2)$$

或　　$V_{lc} = 2.4M_{lp}[1 - N/(fA)]/a，$取较小值

$$(7.6.3\text{-}3)$$

式中：V_l——消能梁段不计入轴力影响的受剪承载力（N）；

V_{lc}——消能梁段计入轴力影响的受剪承载力（N）；

M_{lp}——消能梁段的全塑性受弯承载力（N・mm）；

a、h、t_w、t_f——分别为消能梁段的净长（mm）、截面高度（mm）、腹板厚度和翼缘厚度（mm）；

A_w——消能梁段腹板截面面积（mm²）；

A——消能梁段的截面面积（mm²）；

W_{np}——消能梁段对其截面水平轴的塑性净截面模量（mm³）；

f、f_y——分别为消能梁段钢材的抗压强度设计值和屈服强度值（N/mm²）。

7.6.4　消能梁段的受弯承载力应符合下列公式的规定：

1　$N \leqslant 0.15Af$ 时

$$\frac{M}{W} + \frac{N}{A} \leqslant f \qquad (7.6.4\text{-}1)$$

2　$N > 0.15Af$ 时

$$\left(\frac{M}{h} + \frac{N}{2}\right)\frac{1}{b_f t_f} \leqslant f \qquad (7.6.4\text{-}2)$$

式中：M——消能梁段的弯矩设计值（N・mm）；

N——消能梁段的轴力设计值（N）；

W——消能梁段的截面模量（mm³）；

A——消能梁段的截面面积（mm²）；

h、b_f、t_f——分别为消能梁段的截面高度（mm）、翼缘宽度（mm）和翼缘厚度（mm）。

f ——消能梁端钢材的抗压强度设计值（N/mm²），有地震作用组合时，应按本规程第3.6.1条的规定除以 γ_{RE}。

7.6.5 有地震作用组合时，偏心支撑框架中除消能梁段外的构件内力设计值应按下列规定调整：

1 支撑的轴力设计值

$$N_{br} = \eta_{br} \frac{V_l}{V} N_{br,com} \qquad (7.6.5-1)$$

2 位于消能梁段同一跨的框架梁的弯矩设计值

$$M_b = \eta_b \frac{V_l}{V} M_{b,com} \qquad (7.6.5-2)$$

3 柱的弯矩、轴力设计值

$$M_c = \eta_c \frac{V_l}{V} M_{c,com} \qquad (7.6.5-3)$$

$$N_c = \eta_c \frac{V_l}{V} N_{c,com} \qquad (7.6.5-4)$$

式中： N_{br} ——支撑的轴力设计值（kN）；

M_b ——位于消能梁段同一跨的框架梁的弯矩设计值（kN·m）；

M_c 、N_c ——分别为柱的弯矩（kN·m）、轴力设计值（kN）；

V_l ——消能梁段不计入轴力影响的受剪承载力（kN），取式（7.6.3-1）中的较大值；

V ——消能梁段的剪力设计值（kN）；

$N_{br,com}$ ——对应于消能梁段剪力设计值 V 的支撑组合的轴力计算值（kN）；

$M_{b,com}$ ——对应于消能梁段剪力设计值 V 的位于消能梁段同一跨框架梁组合的弯矩计算值（kN·m）；

$M_{c,com}$ 、$N_{c,com}$ ——分别为对应于消能梁段剪力设计值 V 的柱组合的弯矩计算值（kN·m）、轴力计算值（kN）；

η_{br} ——偏心支撑框架支撑内力设计值增大系数，其值在一级时不应小于1.4，二级时不应小于1.3，三级时不应小于1.2，四级时不应小于1.0；

η_b 、η_c ——分别为位于消能梁段同一跨的框架梁的弯矩设计值增大系数和柱的内力设计值增大系数，其值在一级时不应小于1.3，二、三、四级时不应小于1.2。

7.6.6 偏心支撑斜杆的轴向承载力应符合下式要求：

$$\frac{N_{br}}{\varphi A_{br}} \leqslant f \qquad (7.6.6)$$

式中：N_{br} ——支撑的轴力设计值（N）；

A_{br} ——支撑截面面积（mm²）；

φ ——由支撑长细比确定的轴心受压构件稳

定系数；

f ——钢材的抗拉、抗压强度设计值（N/mm²），有地震作用组合时，应按本规程第3.6.1条的规定除以 γ_{RE}。

7.6.7 偏心支撑框架梁和柱的承载力，应按现行国家标准《钢结构设计规范》GB 50017的规定进行验算；有地震作用组合时，钢材强度设计值应按本规程第3.6.1条的规定除以 γ_{RE}。

7.7 伸臂桁架和腰桁架

7.7.1 伸臂桁架及腰桁架的布置应符合下列规定：

1 在需要提高结构整体侧向刚度时，在框架-支撑组成的筒中筒结构或框架-核心筒结构的适当楼层（加强层）可设置伸臂桁架，必要时可同时在外框柱之间设置腰桁架。伸臂桁架设置在外框架柱与核心构架或核心筒之间，宜在全楼层对称布置。

2 抗震设计结构中设置加强层时，宜采用延性较好、刚度及数量适宜的伸臂桁架及（或）腰桁架，避免加强层范围产生过大的层刚度突变。

3 巨型框架中设置的伸臂桁架应能承受和传递主要的竖向荷载及水平荷载，应与核心构架或核心筒墙体及外框巨柱有同等的抗震性能要求。

4 9度抗震设防时不宜使用伸臂桁架及腰桁架。

7.7.2 伸臂桁架及腰桁架的设计应符合下列规定：

1 伸臂桁架、腰桁架宜采用钢桁架。伸臂桁架应与核心构架柱或核心筒转角部或有T形墙相交部位连接。

2 对抗震设计的结构，加强层及其上、下各一层的竖向构件和连接部位的抗震构造措施，应按规定的结构抗震等级提高一级采用。

3 伸臂桁架与核心构架或核心筒之间的连接应采用刚接，且宜将其贯穿核心筒或核心构架，与另一边的伸臂桁架相连，锚入核心筒剪力墙或核心构架中的桁架弦杆、腹杆的截面面积不小于外部伸臂桁架构件相应截面面积的1/2。腰桁架与外框架柱之间应采用刚性连接。

4 在结构施工阶段，应考虑内筒与外框的竖向变形差。对伸臂结构与核心筒及外框柱之间的连接应按施工阶段受力状况采取临时连接措施，当结构的竖向变形差基本消除后再进行刚接。

5 当伸臂桁架或腰桁架兼作转换层构件时，应按本规程第7.1.6条规定调整内力并验算其竖向变形及承载能力；对抗震设计的结构尚应按性能目标要求采取措施提高其抗震安全性。

6 伸臂桁架上、下楼层在计算模型中宜按弹性楼板假定。

7 伸臂桁架上、下层楼板厚度不宜小于160mm。

7.8 其他抗侧力构件

7.8.1 钢板剪力墙的设计，应符合本规程附录B的有关规定。

7.8.2 无粘结内藏钢板支撑墙板的设计，应符合本规程附录 C 的有关规定。

7.8.3 钢框架-内嵌竖缝混凝土剪力墙板的设计，应符合本规程附录 D 的有关规定。

7.8.4 屈曲约束支撑的设计，应符合本规程附录 E 的有关规定。

8 连接设计

8.1 一般规定

8.1.1 高层民用建筑钢结构的连接，非抗震设计的结构应按现行国家标准《钢结构设计规范》GB 50017 的有关规定执行。抗震设计时，构件按多遇地震作用下内力组合设计值选择截面；连接设计应符合构造措施要求，按弹塑性设计，连接的极限承载力应大于构件的全塑性承载力。

8.1.2 钢框架抗侧力构件的梁与柱连接应符合下列规定：

1 梁与 H 形柱（绕强轴）刚性连接以及梁与箱形柱或圆管柱刚性连接时，弯矩由梁翼缘和腹板受弯区的连接承受，剪力由腹板受剪区的连接承受。

2 梁与柱的连接宜采用翼缘焊接和腹板高强度螺栓连接的形式，也可采用全焊接连接。一、二级时梁与柱宜采用加强型连接或骨式连接。

3 梁腹板用高强度螺栓连接时，应先确定腹板受弯区的高度，并应对设置于连接板上的螺栓进行合理布置，再分别计算腹板连接的受弯承载力和受剪承载力。

8.1.3 钢框架抗侧力结构构件的连接系数 α 应按表 8.1.3 的规定采用。

表 8.1.3 钢构件连接的连接系数 α

母材牌号	梁柱连接		支撑连接、构件拼接		柱 脚	
	母材破坏	高强螺栓破坏	母材或连接板破坏	高强螺栓破坏		
Q235	1.40	1.45	1.25	1.30	埋入式	1.2 (1.0)
Q345	1.35	1.40	1.20	1.25	外包式	1.2 (1.0)
Q345GJ	1.25	1.30	1.10	1.15	外露式	1.0

注：1 屈服强度高于 Q345 的钢材，按 Q345 的规定采用；
    2 屈服强度高于 Q345GJ 的 GJ 钢材，按 Q345GJ 的规定采用；
    3 括号内的数字用于箱形柱和圆管柱；
    4 外露式柱脚是指刚接柱脚，只适用于房屋高度 50m 以下。

8.1.4 梁与柱刚性连接时，梁翼缘与柱的连接、框架柱的拼接、外露式柱脚的柱身与底板的连接以及伸臂桁架等重要受拉构件的拼接，均应采用一级全熔透焊缝，其他全熔透焊缝为二级。非熔透的角焊缝和部分熔透的对接与角接组合焊缝的外观质量标准应为二级。现场一级焊缝宜采用气体保护焊。

焊缝的坡口形式和尺寸，宜根据板厚和施工条件，按现行国家标准《钢结构焊接规范》GB 50661 的要求选用。

8.1.5 构件拼接和柱脚计算时，构件的受弯承载力应考虑轴力的影响。构件的全塑性受弯承载力 M_p 应按下列规定以 M_{pc} 代替：

1 对 H 形截面和箱形截面构件应符合下列规定：

    1）H 形截面（绕强轴）和箱形截面

当 $N/N_y \leqslant 0.13$ 时 $M_{pc} = M_p$ (8.1.5-1)

当 $N/N_y > 0.13$ 时 $M_{pc} = 1.15(1 - N/N_y)M_p$

(8.1.5-2)

    2）H 形截面（绕弱轴）

当 $N/N_y \leqslant A_w/A$ 时 $M_{pc} = M_p$ (8.1.5-3)

当 $N/N_y > A_w/A$ 时

$$M_{pc} = \left\{ 1 - \left(\frac{N - A_w f_y}{N_y - A_w f_y} \right)^2 \right\} M_p \quad (8.1.5\text{-}4)$$

2 圆形空心截面的 M_{pc} 可按下列公式计算：

当 $N/N_y \leqslant 0.2$ 时 $M_{pc} = M_p$ (8.1.5-5)

当 $N/N_y > 0.2$ 时 $M_{pc} = 1.25(1 - N/N_y)M_p$

(8.1.5-6)

式中：N ——构件轴力设计值（N）；

    N_y ——构件的轴向屈服承载力（N）；

    A ——H 形截面或箱形截面构件的截面面积（mm^2）；

    A_w ——构件腹板截面积（mm^2）；

    f_y ——构件腹板钢材的屈服强度（N/mm^2）。

8.1.6 高层民用建筑钢结构承重构件的螺栓连接，应采用高强度螺栓摩擦型连接。考虑罕遇地震时连接滑移，螺栓杆与孔壁接触，极限承载力按承压型连接计算。

8.1.7 高强度螺栓连接受拉或受剪时的极限承载力，应按本规程附录 F 的规定计算。

8.2 梁与柱刚性连接的计算

8.2.1 梁与柱的刚性连接应按下列公式验算：

$$M_u^j \geqslant \alpha M_p \quad (8.2.1\text{-}1)$$

$$V_u^j \geqslant \alpha(\sum M_p/l_n) + V_{Gb} \quad (8.2.1\text{-}2)$$

式中：M_u^j ——梁与柱连接的极限受弯承载力（kN·m）；

    M_p ——梁的全塑性受弯承载力（kN·m）（加强型连接按未扩大的原截面计算），考虑轴力影响时按本规程第 8.1.5 条的 M_{pc} 计算；

    $\sum M_p$ ——梁两端截面的塑性受弯承载力之和（kN·m）；

V_u^j —— 梁与柱连接的极限受剪承载力（kN）；

V_{Gb} —— 梁在重力荷载代表值（9度尚应包括竖向地震作用标准值）作用下，按简支梁分析的梁端截面剪力设计值（kN）；

l_n —— 梁的净跨（m）；

α —— 连接系数，按本规程表 8.1.3 的规定采用。

8.2.2 梁与柱连接的受弯承载力应按下列公式计算：

$$M_j = W_e^j \cdot f \qquad (8.2.2-1)$$

梁与 H 形柱（绕强轴）连接时

$$W_e^j = 2I_e/h_b \qquad (8.2.2-2)$$

梁与箱形柱或圆管柱连接时

$$W_e^j = \frac{2}{h_b}\left\{ I_e - \frac{1}{12}t_{wb}(h_{0b} - 2h_m)^3 \right\} \qquad (8.2.2-3)$$

式中：M_j —— 梁与柱连接的受弯承载力（N·mm）；

W_e^j —— 连接的有效截面模量（mm³）；

I_e —— 扣除过焊孔的梁端有效截面惯性矩（mm⁴）；当梁腹板用高强度螺栓连接时，为扣除螺栓孔和梁翼缘与连接板之间间隙后的截面惯性矩；

h_b、h_{0b} —— 分别为梁截面和梁腹板的高度（mm）；

t_{wb} —— 梁腹板的厚度（mm）；

f —— 梁的抗拉、抗压和抗弯强度设计值（N/mm²）；

h_m —— 梁腹板的有效受弯高度（mm），应按本规程第 8.2.3 条的规定计算。

8.2.3 梁腹板的有效受弯高度 h_m 应按下列公式计算（图 8.2.3）：

H 形柱（绕强轴）$\qquad h_m = h_{0b}/2 \qquad (8.2.3-1)$

箱形柱时 $\qquad h_m = \dfrac{b_j}{\sqrt{\dfrac{b_j t_{wb} f_{yb}}{t_{fc}^2 f_{yc}} - 4}} \qquad (8.2.3-2)$

圆管柱时 $\qquad h_m = \dfrac{b_j}{\sqrt{\dfrac{k_1}{2}}\sqrt{k_2\sqrt{\dfrac{3k_1}{2}} - 4}} \qquad (8.2.3-3)$

当箱形柱、圆管柱 $h_m < S_r$ 时，取 $h_m = S_r$

$$(8.2.3-4)$$

当箱形柱 $h_m > \dfrac{d_j}{2}$ 或 $\dfrac{b_j t_{wb} f_{yb}}{t_{fc}^2 f_{yc}} \leqslant 4$ 时，取 $h_m = \dfrac{d_j}{2}$

$$(8.2.3-5)$$

当圆管柱 $h_m > \dfrac{d_j}{2}$ 或 $k_2\sqrt{\dfrac{3k_1}{2}} \leqslant 4$ 时，取 $h_m = \dfrac{d_j}{2}$

$$(8.2.3-6)$$

式中：d_j —— 箱形柱壁板上下加劲肋内侧之间的距离（mm）；

b_j —— 箱形柱壁板屈服区宽度（mm），$b_j = b_c - 2t_{fc}$；

b_c —— 箱形柱壁板宽度或圆管柱的外径（mm）；

h_m —— 与箱形柱或圆管柱连接时，梁腹板（一侧）的有效受弯高度（mm）；

S_r —— 梁腹板过焊孔高度，高强螺栓连接时为剪力板与梁翼缘间间隙的距离（mm）；

h_{0b} —— 梁腹板高度（mm）；

f_{yb} —— 梁钢材的屈服强度（N/mm²），当梁腹板用高强度螺栓连接时，为柱连接板钢材的屈服强度（N/mm²）；

f_{yc} —— 柱钢材屈服强度（N/mm²）；

t_{fc} —— 箱形柱壁板厚度（mm）；

t_{fb} —— 梁翼缘厚度（mm）；

t_{wb} —— 梁腹板厚度（mm）；

k_1、k_2 —— 圆管柱有关截面和承载力指标，$k_1 = b_j/t_{fc}$，$k_2 = t_{wb}f_{yb}/(t_{fc}f_{yc})$。

8.2.4 抗震设计时，梁与柱连接的极限受弯承载力应按下列规定计算（图 8.2.4）：

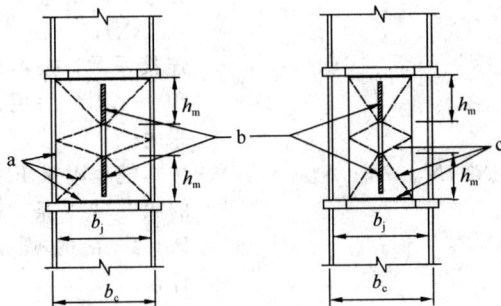

图 8.2.3 工字形梁与箱形柱和圆管柱连接的符号说明

a—壁板的屈服线；b—梁腹板的屈服区；c—钢管壁的屈服线

(a) 箱形柱　　　(b) 圆管柱

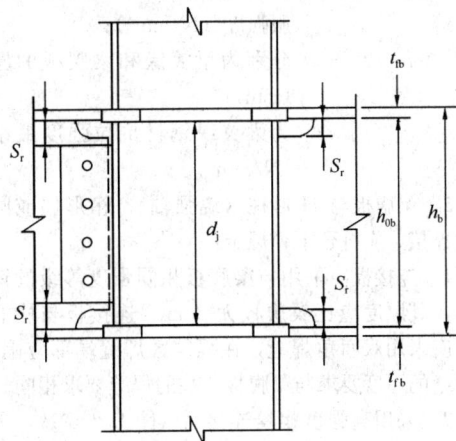

图 8.2.4 梁柱连接

1 梁端连接的极限受弯承载力

$$M_u^j = M_{uf}^j + M_{uw}^j \qquad (8.2.4-1)$$

2 梁翼缘连接的极限受弯承载力

$$M_{uf} = A_f(h_b - t_{fb})f_{ub} \qquad (8.2.4-2)$$

3 梁腹板连接的极限受弯承载力

$$M_{uw} = m \cdot W_{wpe} \cdot f_{yw} \qquad (8.2.4-3)$$

$$W_{wpe} = \frac{1}{4}(h_b - 2t_{fb} - 2S_r)^2 t_{wb} \quad (8.2.4-4)$$

4 梁腹板连接的受弯承载力系数 m 应按下列公式计算：

H 形柱（绕强轴）　　　$m = 1$　　(8.2.4-5)

箱形柱 $m = \min\left\{1,4\dfrac{t_{fc}}{d_j}\sqrt{\dfrac{b_j \cdot f_{yc}}{t_{wb} \cdot f_{yw}}}\right\}$ (8.2.4-6)

圆管柱

$$m = \min\left\{1, \frac{8}{\sqrt{3}k_1 \cdot k_2 \cdot r}\left(\sqrt{k_2\sqrt{\frac{3k_1}{2}} - 4} + r\sqrt{\frac{k_1}{2}}\right)\right\}$$

$$(8.2.4-7)$$

式中：W_{wpe} ——梁腹板有效截面的塑性截面模量（mm³）；

f_{yw} ——梁腹板钢材的屈服强度（N/mm²）；

h_b ——梁截面高度（mm）；

d_j ——柱上下水平加劲肋（横隔板）内侧之间的距离（mm）；

b_j ——箱形柱壁板内侧的宽度或圆管柱内直径（mm），$b_j = b_c - 2t_{fc}$；

r ——圆钢管上下横隔板之间的距离与钢管内径的比值，$r = d_j/b_j$；

t_{fc} ——箱形柱或圆管柱壁板的厚度（mm）；

f_{yc} ——柱钢材屈服强度（N/mm²）；

f_{yf}、f_{yw} ——分别为梁翼缘和梁腹板钢材的屈服强度（N/mm²）；

t_{fb}、t_{wb} ——分别为梁翼缘和梁腹板的厚度（mm）；

f_{ub} ——为梁翼缘钢材抗拉强度最小值（N/mm²）。

8.2.5 梁腹板与 H 形柱（绕强轴）、箱形柱或圆管柱的连接，应符合下列规定：

1 连接板应采用与梁腹板相同强度等级的钢材制作，其厚度应比梁腹板大 2mm。连接板与柱的焊接，应采用双面角焊缝，在强震区焊缝端部应围焊，对焊缝的厚度要求与梁腹板与柱的焊缝要求相同。

2 采用高强度螺栓连接时（图 8.2.5-1），承受弯矩区和承受剪力区的螺栓数应按弯矩在受剪区引起的水平力和剪力作用在受剪区（图 8.2.5-2）分别进行计算，计算时应考虑连接的不同破坏模式取较小值。

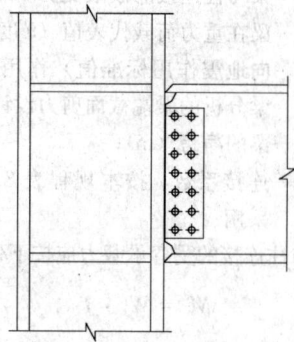

图 8.2.5-1　柱连接板与
梁腹板的螺栓连接

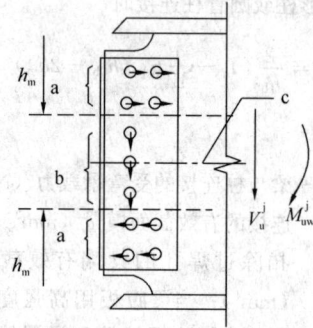

图 8.2.5-2　梁腹板与柱连接时
高强度螺栓连接的内力分担
a—承受弯矩区；b—承受剪力区；c—梁轴线

对承受弯矩区：

$$\alpha V_{um}^j \leqslant N_u^b = \min\{n_1 N_{vu}^b, n_1 N_{cu1}^b, N_{cu2}^b, N_{cu3}^b, N_{cu4}^b\}$$

$$(8.2.5-1)$$

对承受剪力区：

$$V_u^j \leqslant n_2 \cdot \min\{N_{vu}^b, N_{cu1}^b\} \qquad (8.2.5-2)$$

式中：n_1、n_2 ——分别为承受弯矩区（一侧）和承受剪力区需要的螺栓数；

V_{um}^j ——为弯矩 M_{uw}^j 引起的承受弯矩区的水平剪力（kN）；

α ——连接系数，按本规程表 8.1.3 的规定采用；

$N_{vu}^b, N_{cu1}^b, N_{cu2}^b, N_{cu3}^b, N_{cu4}^b$ ——按本规程附录 F 中的第 F.1.1 条、第 F.1.4 条的规定计算。

3 腹板与柱焊接时（图 8.2.5-3），应设置定位螺栓。腹板承受弯矩区内应验算弯应力与剪应力组合的复合应力，承受剪力区可仅按所承受的剪力进行受剪承载力验算。

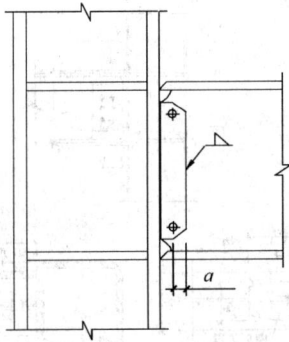

图 8.2.5-3 柱连接板与
梁腹板的焊接连接
a—不小于 50mm

8.3 梁与柱连接的形式和构造要求

8.3.1 框架梁与柱的连接宜采用柱贯通型。在互相
垂直的两个方向都与梁刚性连接时，宜采用箱形柱。
箱形柱壁板厚度小于 16mm 时，不宜采用电渣焊焊接
隔板。

8.3.2 冷成型箱形柱应在梁对应位置设置隔板，并
应采用隔板贯通式连接。柱段与隔板的连接应采用全
熔透对接焊缝（图 8.3.2）。隔板宜采用 Z 向钢制作。
其外伸部分长度 e 宜为 25mm～30mm，以便将相邻
焊缝热影响区隔开。

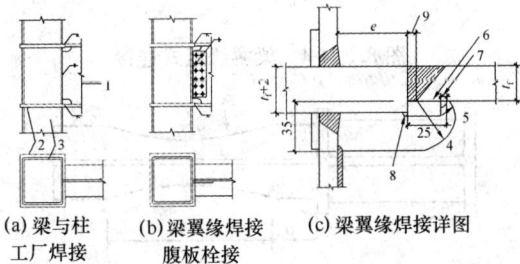

(a) 梁与柱　　(b) 梁翼缘焊接　(c) 梁翼缘焊接详图
工厂焊接　　　腹板栓接

图 8.3.2　框架梁与冷成型箱形柱隔板的连接
1—H 形钢梁；2—横隔板；3—箱形柱；4—大圆弧半径
≈35mm；5—小圆弧半径≈10mm；6—衬板厚度 8mm 以
上；7—圆弧端点至衬板边缘 5mm；8—隔板外侧衬板边
缘采用连续焊缝；9—焊根宽度 7mm，坡口角度 35°

8.3.3 当梁与柱在现场焊接时，梁与柱连接的过焊
孔，可采用常规型（图 8.3.3-1）和改进型（图
8.3.3-2）两种形式。采用改进型时，梁翼缘与柱的
连接焊缝应采用气体保护焊。

梁翼缘与柱翼缘间应采用全熔透坡口焊缝，抗震
等级一、二级时，应检验焊缝的 V 形切口冲击韧性，
其夏比冲击韧性在 -20℃时不低于 27J。

梁腹板（连接板）与柱的连接焊缝，当板厚小于
16mm 时可采用双面角焊缝，焊缝的有效截面高度应
符合受力要求，且不得小于 5mm。当腹板厚度等于
或大于 16mm 时应采用 K 形坡口焊缝。设防烈度 7 度

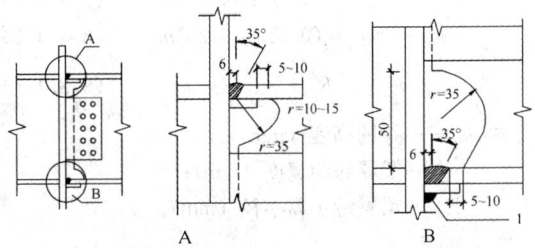

图 8.3.3-1　常规型过焊孔
1—h_w≈5 长度等于翼缘总宽度

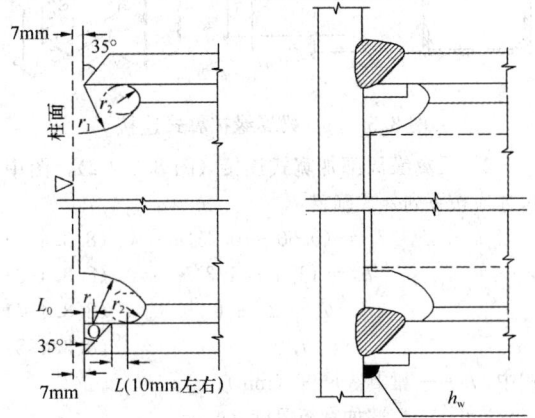

(a) 坡口和焊接孔加工　　(b) 全焊透焊缝

图 8.3.3-2　改进型过焊孔
r_1 = 35mm 左右；r_2 = 10mm 以上；
O 点位置：t_f < 22mm：L_0（mm）= 0
t_f ≥ 22mm：L_0（mm）= 0.75 t_f - 15，t_f 为下翼缘板厚
h_w≈5 长度等于翼缘总宽度

（0.15g）及以上时，梁腹板与柱的连接焊缝应采用围
焊，围焊在竖向部分的长度 l 应大于 400mm 且连续
施焊（图 8.3.3-3）。

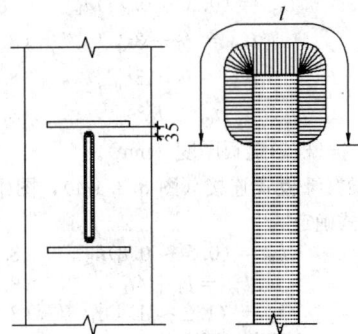

图 8.3.3-3　围焊的施焊要求

8.3.4 梁与柱的加强型连接或骨式连接包含下列形
式，有依据时也可采用其他形式。

1 梁翼缘扩翼式连接（图 8.3.4-1），图中尺寸
应按下列公式确定：

$$l_a = (0.50 \sim 0.75) b_f \qquad (8.3.4-1)$$

$$l_b = (0.30 \sim 0.45)h_b \qquad (8.3.4\text{-}2)$$
$$b_{wf} = (0.15 \sim 0.25)b_f \qquad (8.3.4\text{-}3)$$
$$R = \frac{l_b^2 + b_{wf}^2}{2b_{wf}} \qquad (8.3.4\text{-}4)$$

式中：h_b——梁的高度（mm）；

$\quad\quad b_f$——梁翼缘的宽度（mm）；

$\quad\quad R$——梁翼缘扩翼半径（mm）。

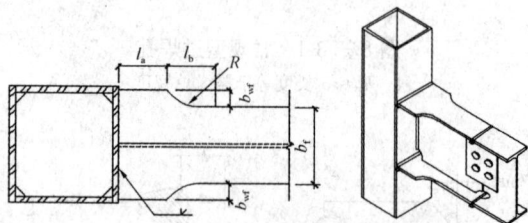

图 8.3.4-1　梁翼缘扩翼式连接

2 梁翼缘局部加宽式连接（图 8.3.4-2），图中尺寸应按下列公式确定：

$$l_a = (0.50 \sim 0.75)h_b \qquad (8.3.4\text{-}5)$$
$$b_s = (1/4 \sim 1/3)b_f \qquad (8.3.4\text{-}6)$$
$$b'_s = 2t_f + 6 \qquad (8.3.4\text{-}7)$$
$$t_s = t_f \qquad (8.3.4\text{-}8)$$

式中：t_f——梁翼缘厚度（mm）；

$\quad\quad t_s$——局部加宽板厚度（mm）。

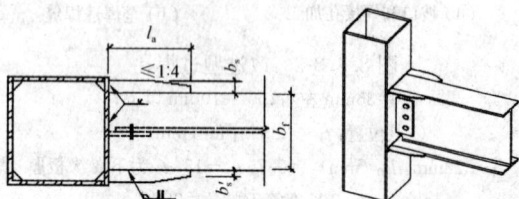

图 8.3.4-2　梁翼缘局部加宽式连接

3 梁翼缘盖板式连接（图 8.3.4-3）：

$$L_{cp} = (0.5 \sim 0.75)h_b \qquad (8.3.4\text{-}9)$$
$$b_{cp1} = b_f - 3t_{cp} \qquad (8.3.4\text{-}10)$$
$$b_{cp2} = b_f + 3t_{cp} \qquad (8.3.4\text{-}11)$$
$$t_{cp} \geqslant t_f \qquad (8.3.4\text{-}12)$$

式中：t_{cp}——楔形盖板厚度（mm）。

4 梁翼缘板式连接（图 8.3.4-4），图中尺寸应按下列公式确定：

$$l_{tp} = (0.5 \sim 0.8)h_b \qquad (8.3.4\text{-}13)$$
$$b_{tp} = b_f + 4t_f \qquad (8.3.4\text{-}14)$$
$$t_{tp} = (1.2 \sim 1.4)t_f \qquad (8.3.4\text{-}15)$$

式中：t_{tp}——梁翼缘板厚度（mm）。

5 梁骨式连接（图 8.3.4-5），切割面应采用铣刀加工。图中尺寸应按下列公式确定：

$$a = (0.5 \sim 0.75)b_f \qquad (8.3.4\text{-}16)$$
$$b = (0.65 \sim 0.85)h_b \qquad (8.3.4\text{-}17)$$
$$c = 0.25b_b \qquad (8.3.4\text{-}18)$$
$$R = (4c^2 + b^2)/8c \qquad (8.3.4\text{-}19)$$

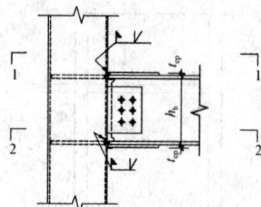

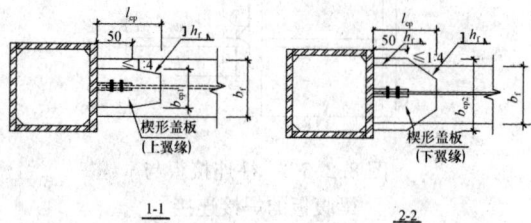

图 8.3.4-3　梁翼缘盖板式连接

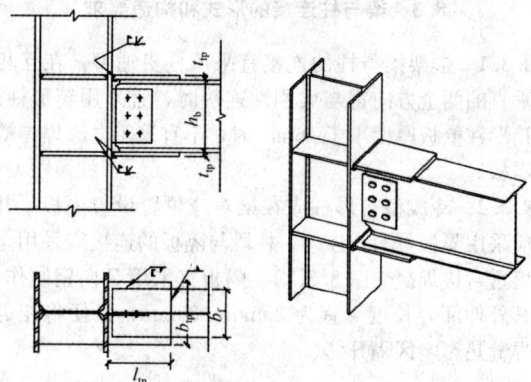

图 8.3.4-4　梁翼缘板式连接

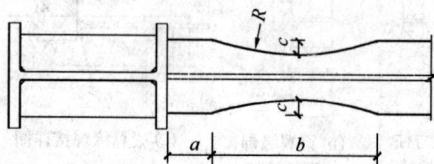

图 8.3.4-5　梁骨式连接

8.3.5 梁与 H 形柱（绕弱轴）刚性连接时，加劲肋应伸至柱翼缘以外 75mm，并以变宽度形式伸至梁翼缘，与后者用全熔透对接焊缝连接。加劲肋应两面设置（无梁外侧加劲肋厚度不应小于梁翼缘厚度之半）。翼缘加劲肋应大于梁翼缘厚度，以协调翼缘的允许偏差。梁腹板与柱连接板用高强螺栓连接。

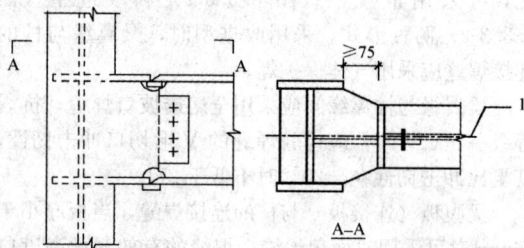

图 8.3.5　梁与 H 形柱弱轴刚性连接
1—梁柱轴线

8.3.6 框架梁与柱刚性连接时，应在梁翼缘的对应位置设置水平加劲肋（隔板）。对抗震设计的结构，水平加劲肋（隔板）厚度不得小于梁翼缘厚度加2mm，其钢材强度不得低于梁翼缘的钢材强度，其外侧应与梁翼缘外侧对齐（图8.3.6）。对非抗震设计的结构，水平加劲肋（隔板）应能传递梁翼缘的集中力，厚度应由计算确定；当内力较小时，其厚度不得小于梁翼缘厚度的1/2，并应符合板件宽厚比限值。水平加劲肋宽度应从柱边缘后退10mm。

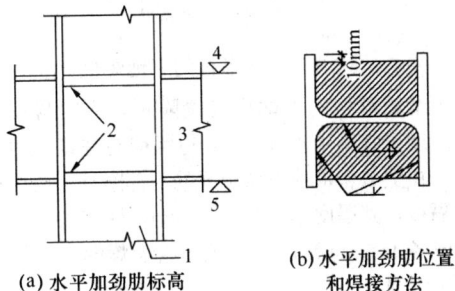

图 8.3.6 柱水平加劲肋与梁翼缘外侧对齐
1—柱；2—水平加劲肋；3—梁；
4—强轴方向梁上端；5—强轴方向梁下端

8.3.7 当柱两侧的梁高不等时，每个梁翼缘对应位置均应按本条的要求设置柱的水平加劲肋。加劲肋的间距不应小于150mm，且不应小于水平加劲肋的宽度（图8.3.7a）。当不能满足此要求时，应调整梁的端部高度，可将截面高度较小的梁腹板高度局部加大，腋部翼缘的坡度不得大于1∶3（图8.3.7b）。当与柱相连的梁在柱的两个相互垂直的方向高度不等时，应分别设置柱的水平加劲肋（图8.3.7c）。

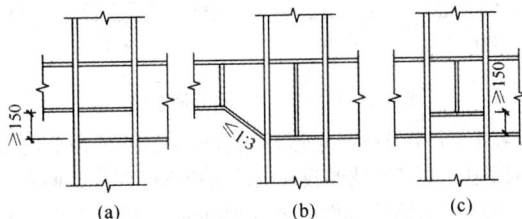

图 8.3.7 柱两侧梁高不等时的水平加劲肋

8.3.8 当节点域厚度不满足本规程第7.3.5条～第7.3.8条要求时，对焊接组合柱宜将腹板在节点域局部加厚（图8.3.8-1），腹板加厚的范围应伸出梁上下

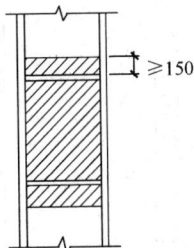

图 8.3.8-1 节点域的加厚

翼缘外不小于150mm；对轧制H形钢柱可贴焊补强板加强（图8.3.8-2）。

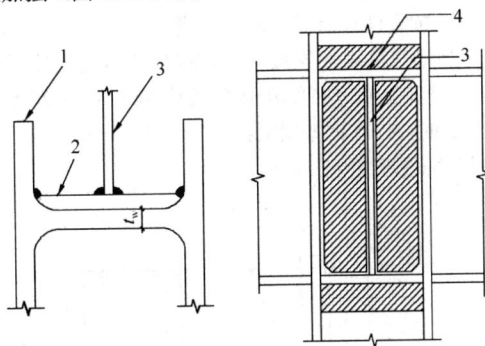

图 8.3.8-2 补强板的设置
1—翼缘；2—补强板；3—弱轴方向梁腹板；
4—水平加劲肋

8.3.9 梁与柱铰接时（图8.3.9），与梁腹板相连的高强度螺栓，除应承受梁端剪力外，尚应承受偏心弯矩的作用，偏心弯矩M应按下式计算。当采用现浇钢筋混凝土楼板将主梁和次梁连成整体时，可不计算偏心弯矩的影响。

$$M = V \cdot e \qquad (8.3.9)$$

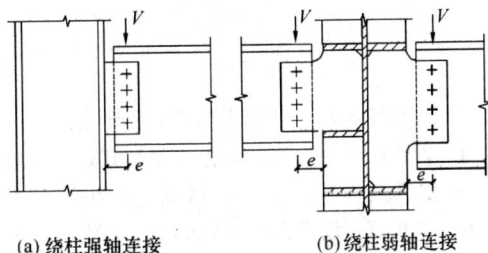

图 8.3.9 梁与柱的铰接

8.4 柱与柱的连接

8.4.1 柱与柱的连接应符合下列规定：

1 钢框架宜采用H形柱、箱形柱或圆管柱，钢骨混凝土柱中钢骨宜采用H形或十字形。

2 框架柱的拼接处至梁面的距离应为1.2m～1.3m或柱净高的一半，取二者的较小值。抗震设计时，框架柱的拼接应采用坡口全熔透焊缝。非抗震设计时，柱拼接也可采用部分熔透焊缝。

3 采用部分熔透焊缝进行柱拼接时，应进行承载力验算。当内力较小时，设计弯矩不得小于柱全塑性弯矩的一半。

8.4.2 箱形柱宜为焊接柱，其角部的组装焊缝一般应采用V形坡口部分熔透焊缝。当箱形柱壁板的Z向性能有保证，通过工艺试验确认不会引起层状撕裂时，可采用单边V形坡口焊缝。

箱形柱含有组装焊缝一侧与框架梁连接后，其抗震性能低于未设焊缝的一侧，应将不含组装焊缝的一侧置于主要受力方向。

组装焊缝厚度不应小于板厚的 1/3,且不应小于 16mm,抗震设计时不应小于板厚的 1/2 (图 8.4.2-1a)。当梁与柱刚性连接时,在框架梁翼缘的上、下 500mm 范围内,应采用全熔透焊缝;柱宽度大于 600mm 时,应在框架梁翼缘的上、下 600mm 范围内采用全熔透焊缝 (图 8.4.2-1b)。

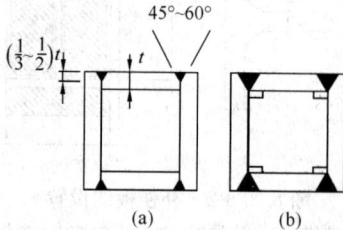

图 8.4.2-1 箱形组合柱
的角部组装焊缝

十字形柱应由钢板或两个 H 形钢焊接组合而成 (图 8.4.2-2);组装焊缝均应采用部分熔透的 K 形坡口焊缝,每边焊接深度不应小于 1/3 板厚。

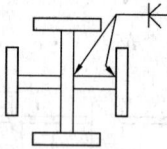

图 8.4.2-2 十字形柱的组装焊缝

8.4.3 在柱的工地接头处应设置安装耳板,耳板厚度应根据阵风和其他施工荷载确定,并不得小于 10mm。耳板宜仅设于柱的一个方向的两侧。

8.4.4 非抗震设计的高层民用建筑钢结构,当柱的弯矩较小且不产生拉力时,可通过上下柱接触面直接传递 25% 的压力和 25% 的弯矩,此时柱的上下端应磨平顶紧,并应与柱轴线垂直。坡口焊缝的有效深度 t_e 不宜小于板厚的 1/2 (图 8.4.4)。

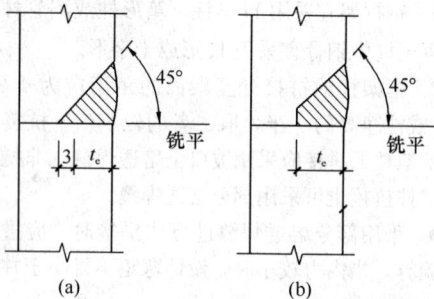

图 8.4.4 柱接头的部分熔透焊缝

8.4.5 H 形柱在工地的接头,弯矩应由翼缘和腹板承受,剪力应由腹板承受,轴力应由翼缘和腹板分担。翼缘接头宜采用坡口全熔透焊缝,腹板可采用高强度螺栓连接。当采用全焊接接头时,上柱翼缘应开 V 形坡口,腹板应开 K 形坡口。

8.4.6 箱形柱的工地接头应全部采用焊接 (图 8.4.6)。非抗震设计时,可按本规程第 8.4.4 条的规定执行。

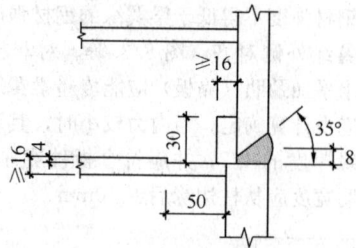

图 8.4.6 箱形柱的工地焊接

下节箱形柱的上端应设置隔板,并应与柱口齐平,厚度不宜小于 16mm。其边缘应与柱口截面一起刨平。在上节箱形柱安装单元的下部附近,尚应设置上柱隔板,其厚度不宜小于 10mm。柱在工地接头的上下侧各 100mm 范围内,截面组装焊缝应采用坡口全熔透焊缝。

8.4.7 当需要改变柱截面积时,柱截面高度宜保持不变而改变翼缘厚度。当需要改变柱截面高度时,对边柱宜采用图 8.4.7a 的做法,对中柱宜采用图 8.4.7b 的做法,变截面的上下端均应设置隔板。当变截面段位于梁柱接头时,可采用图 8.4.7c 的做法,变截面两端距梁翼缘不宜小于 150mm。

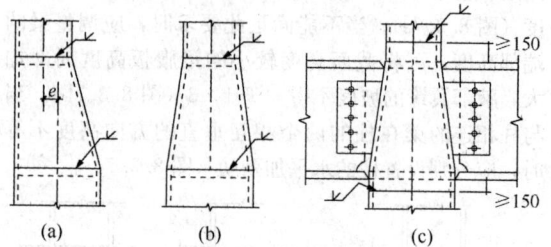

图 8.4.7 柱的变截面连接

8.4.8 十字形柱与箱形柱相连处,在两种截面的过渡段中,十字形柱的腹板应伸入箱形柱内,其伸入长度不应小于钢柱截面高度加 200mm (图 8.4.8)。与上部钢结构相连的钢骨混凝土柱,沿其全高应设栓钉,栓钉间距和列距在过渡段内宜采用 150mm,最

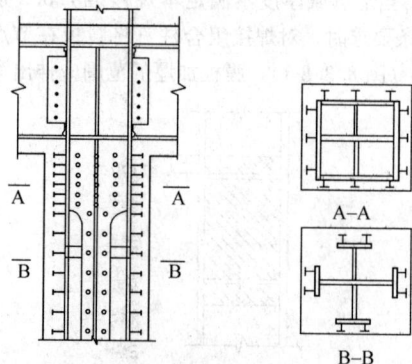

图 8.4.8 十字形柱与箱形柱的连接

大不得超过 200mm；在过渡段外不应大于 300mm。

8.5 梁与梁的连接和梁腹板设孔的补强

8.5.1 梁的拼接应符合下列规定：

1 翼缘采用全熔透对接焊缝，腹板用高强度螺栓摩擦型连接；

2 翼缘和腹板均采用高强度螺栓摩擦型连接；

3 三、四级和非抗震设计时可采用全截面焊接；

4 抗震设计时，应先做螺栓连接的抗滑移承载力计算，然后再进行极限承载力计算；非抗震设计时，可只做抗滑移承载力计算。

8.5.2 梁拼接的受弯、受剪承载力应符合下列规定：

1 梁拼接的受弯、受剪极限承载力应满足下列公式要求：

$$M^j_{ub,sp} \geq \alpha M_p \qquad (8.5.2-1)$$

$$V^j_{ub,sp} \geq \alpha (2M_p/l_n) + V_{Gb} \qquad (8.5.2-2)$$

2 框架梁的拼接，当全截面采用高强度螺栓连接时，其在弹性设计时计算截面的翼缘和腹板弯矩宜满足下列公式要求：

$$M = M_f + M_w \geq M_j \qquad (8.5.2-3)$$

$$M_f \geq (1 - \psi \cdot I_w/I_0)M_j \qquad (8.5.2-4)$$

$$M_w \geq (\psi \cdot I_w/I_0)M_j \qquad (8.5.2-5)$$

式中：$M^j_{ub,sp}$ ——梁拼接的极限受弯承载力（kN·m）；

$V^j_{ub,sp}$ ——梁拼接的极限受剪承载力（kN）；

M_f、M_w ——分别为拼接处梁翼缘和梁腹板的弯矩设计值（kN·m）；

M_j ——拼接处梁的弯矩设计值原则上应等于 $W_b f_y$，当拼接处弯矩较小时，不应小于 $0.5 W_b f_y$，W_b 为梁的截面塑性模量，f_y 为梁钢材的屈服强度（MPa）；

I_w ——梁腹板的截面惯性矩（m⁴）；

I_0 ——梁的截面惯性矩（m⁴）；

ψ ——弯矩传递系数，取 0.4；

α ——连接系数，按本规程表 8.1.3 的规定采用。

8.5.3 抗震设计时，梁的拼接应按本规程第 8.1.5 条的要求考虑轴力的影响；非抗震设计时，梁的拼接可按内力设计，腹板连接应按受全部剪力和部分弯矩计算，翼缘连接应按所分配的弯矩计算。

8.5.4 次梁与主梁的连接宜采用简支连接，必要时也可采用刚性连接（图 8.5.4）。

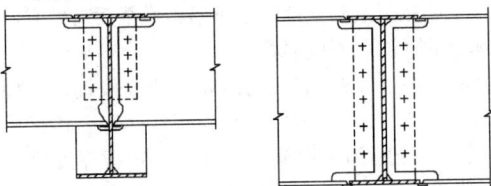

图 8.5.4 梁与梁的刚性连接

8.5.5 抗震设计时，框架梁受压翼缘根据需要设置

侧向支承（图 8.5.5），在出现塑性铰的截面上、下翼缘均应设置侧向支承。当梁上翼缘与楼板有可靠连接时，固端梁下翼缘在梁端 0.15 倍梁跨附近宜设置隔撑（图 8.5.5a）；梁端采用加强型连接或骨式连接时，应在塑性区外设置竖向加劲肋，隔撑与偏置 45° 的竖向加劲肋在梁下翼缘附近相连（图 8.5.5b），该竖向加劲肋不应与翼缘焊接。梁端下翼缘宽度局部加大，对梁下翼缘侧向约束较大时，视情况也可不设隔撑。相邻两支承点间的构件长细比，应符合现行国家标准《钢结构设计规范》GB 50017 对塑性设计的有关规定。

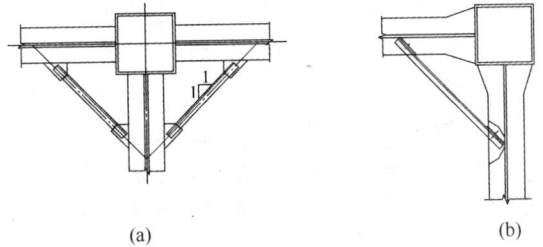

图 8.5.5 梁的隔撑设置

8.5.6 当管道穿过钢梁时，腹板中的孔口应予补强。补强时，弯矩可仅由翼缘承担，剪力由孔口截面的腹板和补强板共同承担，并符合下列规定：

1 不应在距梁端相当于梁高的范围内设孔，抗震设计的结构不应在隔撑范围内设孔。孔口直径不得大于梁高的 1/2。相邻圆形孔口边缘间的距离不得小于梁高，孔口边缘至梁翼缘外皮的距离不得小于梁高的 1/4。

圆形孔直径小于或等于 1/3 梁高时，可不予补强。当大于 1/3 梁高时，可用环形加劲肋加强（图 8.5.6-1a），也可用套管（图 8.5.6-1b）或环形补强板（图 8.5.6-1c）加强。

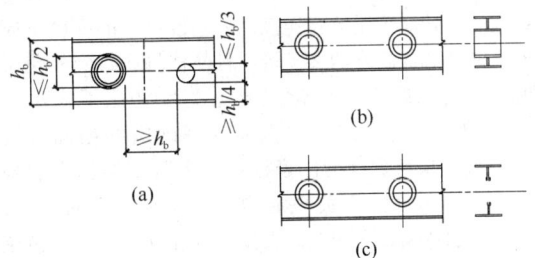

图 8.5.6-1 梁腹板圆形孔口的补强

圆形孔口加劲肋截面不宜小于 100mm×10mm，加劲肋边缘至孔口边缘的距离不宜大于 12mm。圆形孔口用套管补强时，其厚度不宜小于梁腹板厚度。用环形板补强时，若在梁腹板两侧设置，环形板的厚度可稍小于腹板厚度，其宽度可取 75mm～125mm。

2 矩形孔口与相邻孔口间的距离不得小于梁高或矩形孔口长度之较大值。孔口上下边缘至梁翼缘外皮的距离不小于梁高的 1/4。矩形孔口长度不得大于 750mm，孔口高度不得大于梁高的 1/2，其边缘应采用纵向和横向加劲肋加强。

矩形孔口上下边缘的水平加劲肋端部宜伸至孔口边缘以外各 300mm。当矩形孔口长度大于梁高时，其横向加劲肋应沿梁全高设置（图 8.5.6-2）。

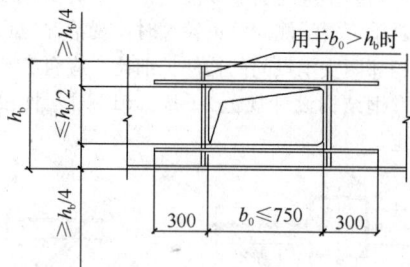

图 8.5.6-2 梁腹板矩形孔口的补强

矩形孔口加劲肋截面不宜小于 125mm×18mm。当孔口长度大于 500mm 时，应在梁腹板两侧设置加劲肋。

8.6 钢 柱 脚

8.6.1 钢柱柱脚包括外露式柱脚、外包式柱脚和埋入式柱脚三类（图 8.6.1-1）。抗震设计时，宜优先采用埋入式；外包式柱脚可在有地下室的高层民用建筑中采用。各类柱脚均应进行受压、受弯、受剪承载力计算，其轴力、弯矩、剪力的设计值取钢柱底部的相应设计值。各类柱脚构造应分别符合下列规定：

1 钢柱外露式柱脚应通过底板锚栓固定于混凝土基础上（图 8.6.1-1a），高层民用建筑的钢柱应采用刚接柱脚。三级及以上抗震等级时，锚栓截面面积不宜小于钢柱下端截面积的 20%。

2 钢柱外包式柱脚由钢柱脚和外包混凝土组成，位于混凝土基础顶面以上（图 8.6.1-1b），钢柱脚与基础的连接应采用抗弯连接。外包混凝土的高度不应小于钢柱截面高度的 2.5 倍，且从柱脚底板到外包层顶部箍筋的距离与外包混凝土宽度之比不应小于 1.0。外包层内纵向受力钢筋在基础内的锚固长度（l_a，l_{aE}）应根据现行国家标准《混凝土结构设计规范》GB 50010 的有关规定确定，且四角主筋的上、下都应加弯钩，弯钩投影长度不应小于 $15d$；外包层中应配置箍筋，箍筋的直径、间距和配箍率应符合现行国家标准《混凝土结构设计规范》GB 50010 中钢筋混凝土柱的要求；外包层顶部箍筋应加密且不应少于 3 道，其间距不应大于 50mm。外包部分的钢柱翼缘表面宜设置栓钉。

3 钢柱埋入式柱脚是将柱脚埋入混凝土基础内（图 8.6.1-1c），H 形截面柱的埋置深度不应小于钢柱截面高度的 2 倍，箱形柱的埋置深度不应小于柱截面长边的 2.5 倍，圆管柱的埋置深度不应小于柱外径的

3 倍；钢柱脚底板应设置锚栓与下部混凝土连接。钢柱埋入部分的侧边混凝土保护层厚度要求（图 8.6.1-2a）：C_1 不得小于钢柱受弯方向截面高度的一半，且不小于 250mm，C_2 不得小于钢柱受弯方向截面高度的 2/3，且不小于 400mm。

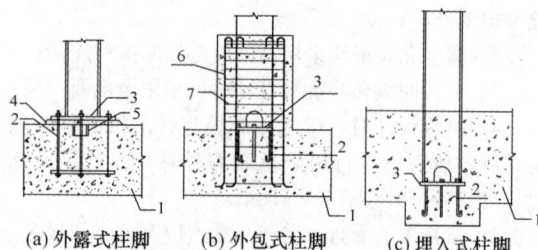

图 8.6.1-1 柱脚的不同形式
1—基础；2—锚栓；3—底板；4—无收缩砂浆；
5—抗剪键；6—主筋；7—箍筋

钢柱埋入部分的四角应设置竖向钢筋，四周应配置箍筋，箍筋直径不应小于 10mm，其间距不大于 250mm；在边柱和角柱柱脚中，埋入部分的顶部和底部尚应设置 U 形钢筋（图 8.6.1-2b），U 形钢筋的开口应向内；U 形钢筋的锚固长度应从钢柱内侧算起，锚固长度（l_a，l_{aE}）应根据现行国家标准《混凝土结构设计规范》GB 50010 的有关规定确定。埋入部分的柱表面宜设置栓钉。

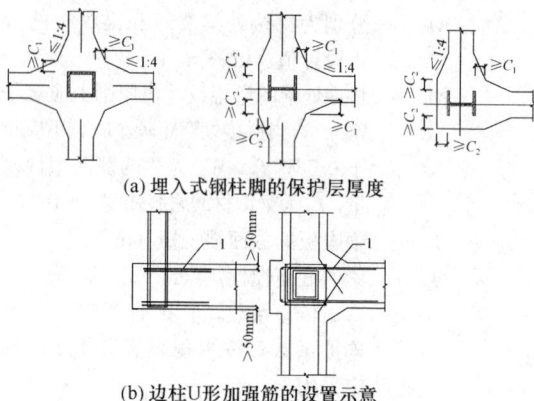

(a) 埋入式钢柱脚的保护层厚度

(b) 边柱 U 形加强筋的设置示意

图 8.6.1-2 埋入式柱脚的其他构造要求
1—U 形加强筋（二根）

在混凝土基础顶部，钢柱应设置水平加劲肋。当箱形柱壁板宽厚比大于 30 时，应在埋入部分的顶部设置隔板；也可在箱形柱的埋入部分填充混凝土，当混凝土填充至基础顶部以上 1 倍箱形截面高度时，埋入部分的顶部可不设隔板。

4 钢柱柱脚的底板均应布置锚栓按抗弯连接设计（图 8.6.1-3），锚栓埋入长度不应小于其直径的 25 倍，锚栓底部应设锚板或弯钩，锚板厚度宜大于 1.3 倍锚栓直径。应保证锚栓四周及底部的混凝土有足够厚度，避免基础冲切破坏；锚栓应按混凝土基础要求设置保护层。

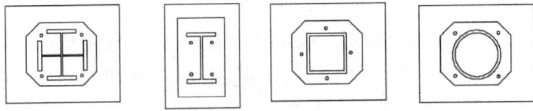

图 8.6.1-3 抗弯连接钢柱底板形状和锚栓的配置

5 埋入式柱脚不宜采用冷成型箱形柱。

8.6.2 外露式柱脚的设计应符合下列规定：

1 钢柱轴力由底板直接传至混凝土基础，按现行国家标准《混凝土结构设计规范》GB 50010 验算柱脚底板下混凝土的局部承压，承压面积为底板面积。

2 在轴力和弯矩作用下计算所需锚栓面积，应按下式验算：

$$M \leqslant M_1 \qquad (8.6.2\text{-}1)$$

式中：M——柱脚弯矩设计值（kN·m）；

M_1——在轴力与弯矩作用下按钢筋混凝土压弯构件截面设计方法计算的柱脚受弯承载力（kN·m）。设截面为底板面积，由受拉边的锚栓单独承受拉力，混凝土基础单独承受压力，受压边的锚栓不参加工作，锚栓和混凝土的强度均取设计值。

3 抗震设计时，在柱与柱脚连接处，柱可能出现塑性铰的柱脚极限受弯承载力应大于钢柱的全塑性抗弯承载力，应按下式验算：

$$M_u \geqslant M_{pc} \qquad (8.6.2\text{-}2)$$

式中：M_{pc}——考虑轴力时柱的全塑性受弯承载力（kN·m），按本规程第 8.1.5 条的规定计算；

M_u——考虑轴力时柱脚的极限受弯承载力（kN·m），按本条第 2 款中计算 M_1 的方法计算，但锚栓和混凝土的强度均取标准值。

4 钢柱底部的剪力可由底板与混凝土之间的摩擦力传递，摩擦系数取 0.4；当剪力大于底板下的摩擦力时，应设置抗剪键，由抗剪键承受全部剪力；也可由锚栓抵抗全部剪力，此时底板上的锚栓孔直径不应大于锚栓直径加 5mm，且锚栓垫片下应设置盖板，盖板与柱底板焊接，并计算焊缝的抗剪强度。当锚栓同时受拉、受剪时，单根锚栓的承载力应按下式计算：

$$\left(\frac{N_t}{N_t^a}\right)^2 + \left(\frac{V_v}{V_v^a}\right)^2 \leqslant 1 \qquad (8.6.2\text{-}3)$$

式中：N_t——单根锚栓承受的拉力设计值（N）；

V_v——单根锚栓承受的剪力设计值（N）；

N_t^a——单根锚栓的受拉承载力（N），取 $N_t^a = A_e f_t^a$；

V_v^a——单根锚栓的受剪承载力（N），取 $V_v^a = A_e f_v^a$；

A_e——单根锚栓截面面积（mm²）；

f_t^a——锚栓钢材的抗拉强度设计值（N/mm²）；

f_v^a——锚栓钢材的抗剪强度设计值（N/mm²）。

8.6.3 外包式柱脚的设计应符合下列规定：

1 柱脚轴向压力由钢柱底板直接传给基础，按现行国家标准《混凝土结构设计规范》GB 50010 验算柱脚底板下混凝土的局部承压，承压面积为底板面积。

2 弯矩和剪力由外包层混凝土和钢柱脚共同承担，按外包层的有效面积计算（图 8.6.3-1）。柱脚的受弯承载力应按下式验算：

$$M \leqslant 0.9 A_s f h_0 + M_1 \qquad (8.6.3\text{-}1)$$

式中：M——柱脚的弯矩设计值（N·mm）；

A_s——外包层混凝土中受拉侧的钢筋截面面积（mm²）；

f——受拉钢筋抗拉强度设计值（N/mm²）；

h_0——受拉钢筋合力点至混凝土受压区边缘的距离（mm）；

M_1——钢柱脚的受弯承载力（N·mm），按本规程第 8.6.2 条外露式钢柱脚 M_1 的计算方法计算。

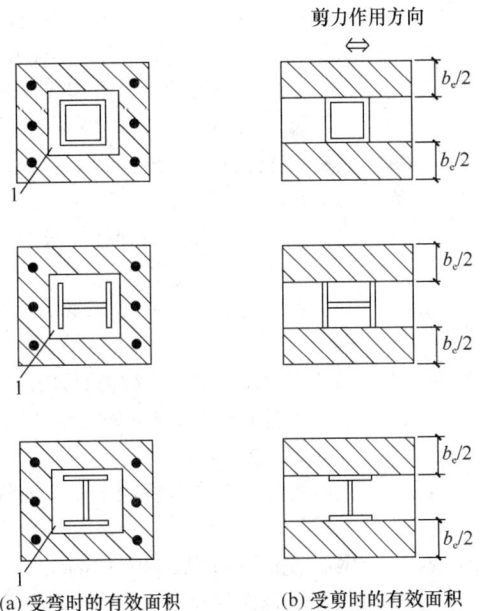

(a) 受弯时的有效面积　　(b) 受剪时的有效面积

图 8.6.3-1 斜线部分为外包式钢筋混凝土的有效面积
1—底板

3 抗震设计时，在外包混凝土顶部箍筋处，柱可能出现塑性铰的柱脚极限受弯承载力应大于钢柱的全塑性受弯承载力（图 8.6.3-2）。柱脚的极限受弯承载力应按下列公式验算：

$$M_u \geqslant \alpha M_{pc} \qquad (8.6.3\text{-}2)$$

16—41

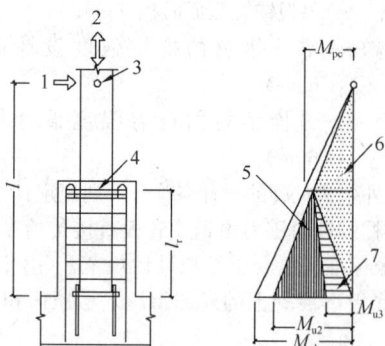

图 8.6.3-2 极限受弯承载力时外包式柱脚的受力状态
1—剪力；2—轴力；3—柱的反弯点；4—最上部箍筋；
5—外包钢筋混凝土的弯矩；6—钢柱的弯矩；
7—作为外露式柱脚的弯矩

$$M_u = \min\{M_{u1}, M_{u2}\} \qquad (8.6.3-3)$$

$$M_{u1} = M_{pc}/(1 - l_r/l) \qquad (8.6.3-4)$$

$$M_{u2} = 0.9 A_s f_{yk} h_0 + M_{u3} \qquad (8.6.3-5)$$

式中：M_u ——柱脚连接的极限受弯承载力（N·mm）；

M_{pc} ——考虑轴力时，钢柱截面的全塑性受弯承载力（N·mm），按本规程第 8.1.5 条的规定计算；

M_{u1} ——考虑轴力影响，外包混凝土顶部箍筋处钢柱弯矩达到全塑性受弯承载力 M_{pc} 时，按比例放大的外包混凝土底部弯矩（N·mm）；

l ——钢柱底板到柱反弯点的距离（mm），可取柱脚所在层层高的 2/3；

l_r ——外包混凝土顶部箍筋到柱底板的距离（mm）；

M_{u2} ——外包钢筋混凝土的抗弯承载力（N·mm）与 M_{u3} 之和；

M_{u3} ——钢柱脚的极限受弯承载力（N·mm），按本规程第 8.6.2 条外露式钢柱脚 M_u 的计算方法计算；

α ——连接系数，按本规程表 8.1.3 的规定采用；

f_{yk} ——钢筋的抗拉强度最小值（N/mm²）。

4 外包层混凝土截面的受剪承载力应满足下式要求：

$$V \leqslant b_e h_0 (0.7 f_t + 0.5 f_{yv} \rho_{sh}) \qquad (8.6.3-6)$$

抗震设计时尚应满足下列公式要求：

$$V_u \geqslant M_u/l_r \qquad (8.6.3-7)$$

$$V_u = b_e h_0 (0.7 f_{tk} + 0.5 f_{yvk} \rho_{sh}) + M_{u3}/l_r \qquad (8.6.3-8)$$

式中：V ——柱底截面的剪力设计值（N）；

V_u ——外包式柱脚的极限受剪承载力（N）；

b_e ——外包层混凝土的截面有效宽度（mm）（图 8.6.3-1b）；

f_{tk} ——混凝土轴心抗拉强度标准值（N/mm²）；

f_t ——混凝土轴心抗拉强度设计值（N/mm²）；

f_{yv} ——箍筋的抗拉强度设计值（N/mm²）；

f_{yvk} ——箍筋的抗拉强度标准值（N/mm²）；

ρ_{sh} ——水平箍筋的配箍率；$\rho_{sh} = A_{sh}/b_e s$，当 $\rho_{sh} > 1.2\%$ 时，取 1.2%；A_{sh} 为配置在同一截面内箍筋的截面面积（mm²）；s 为箍筋的间距（mm）。

8.6.4 埋入式柱脚的设计应符合下列规定：

1 柱脚轴向压力由柱脚底板直接传给基础，应按现行国家标准《混凝土结构设计规范》GB 50010 验算柱脚底板下混凝土的局部承压，承压面积为底板面积。

2 抗震设计时，在基础顶面处柱可能出现塑性铰的柱脚应按埋入部分钢柱侧向应力分布（图 8.6.4-1）验算在轴力和弯矩作用下基础混凝土的侧向抗弯极限承载力。埋入式柱脚的极限受弯承载力不应小于钢柱全塑性抗弯承载力；与极限受弯承载力对应的剪力不应大于钢柱的全塑性抗剪承载力，应按下列公式验算：

$$M_u \geqslant \alpha M_{pc} \qquad (8.6.4-1)$$

$$V_u = M_u/l \leqslant 0.58 h_w t_w f_y \qquad (8.6.4-2)$$

$$M_u = f_{ck} b_c l \{\sqrt{(2l + h_B)^2 + h_B{}^2} - (2l + h_B)\} \qquad (8.6.4-3)$$

式中：M_u ——柱脚埋入部分承受的极限受弯承载力（N·mm）；

M_{pc} ——考虑轴力影响时钢柱截面的全塑性受弯承载力（N·mm），按本规程第 8.1.5 条的规定计算；

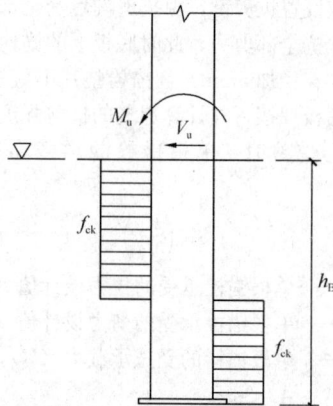

图 8.6.4-1 埋入式柱脚混凝土的侧向应力分布

l ——基础顶面到钢柱反弯点的距离（mm），可取柱脚所在层层高的 2/3；

b_c ——与弯矩作用方向垂直的柱身宽度，对 H 形截面柱取等效宽度（mm）；

h_B ——钢柱脚埋置深度（mm）；

f_{ck} ——基础混凝土抗压强度标准值（N/mm^2）；

α ——连接系数，按本规程表 8.1.3 的规定采用。

3 采用箱形柱和圆管柱时埋入式柱脚的构造应符合下列规定：

1) 截面宽厚比或径厚比较大的箱形柱和圆管柱，其埋入部分应采取措施防止在混凝土侧压力下被压坏。常用方法是填充混凝土（图 8.6.4-2b）；或在基础顶面附近设置内隔板或外隔板（图 8.6.4-2c、d）。

2) 隔板的厚度应按计算确定，外隔板的外伸长度不应小于柱边长（或管径）的 1/10。对于有抗震要求的埋入式柱脚，可在埋入部分设置栓钉（图 8.6.4-2a）。

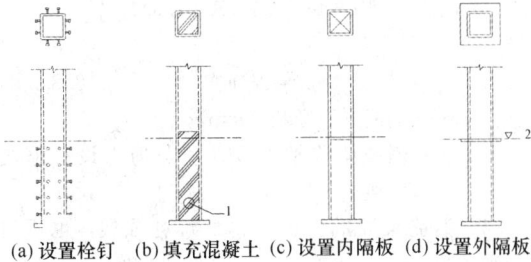

(a) 设置栓钉 (b) 填充混凝土 (c) 设置内隔板 (d) 设置外隔板

图 8.6.4-2 埋入式柱脚的抗压和抗拔构造

1—灌注孔；2—基础顶面

4 抗震设计时，在基础顶面处钢柱可能出现塑性铰的边（角）柱的柱脚埋入混凝土基础部分的上、下部位均需布置 U 形钢筋加强，可按下列公式验算 U 形钢筋数量：

1) 当柱脚受到由内向外作用的剪力时（图 8.6.4-3a）：

$$M_u \leqslant f_{ck} b_c l \left\{ \frac{T_y}{f_{ck} b_c} - l - h_B + \sqrt{(l+h_B)^2 - \frac{2T_y(l+a)}{f_{ck} b_c}} \right\}$$

(8.6.4-4)

2) 当柱脚受到由外向内作用的剪力时（图 8.6.4-3b）：

$$M_u \leqslant -(f_{ck} b_c l^2 + T_y l) + f_{ck} b_c l \sqrt{l^2 + \frac{2T_y(l+h_B-a)}{f_{ck} b_c}}$$

(8.6.4-5)

式中：M_u ——柱脚埋入部分由 U 形加强筋提供的侧向极限受弯承载力（N·mm），可取 M_{pc}；

T_y ——U 形加强筋的受拉承载力（N/mm^2），$T_y = A_t f_{yk}$，A_t 为 U 形加强筋的截面面积（mm^2）之和，f_{yk} 为 U 形加强筋的强度标准值（N/mm^2）；

f_{ck} ——基础混凝土的受压强度标准值（N/mm^2）；

a ——U 形加强筋合力点到基础上表面或到柱底板下表面的距离（mm）（图 8.6.4-3）；

l ——基础顶面到钢柱反弯点的高度（mm），可取柱脚所在层层高的 2/3；

h_B ——钢柱脚埋置深度（mm）；

b_c ——与弯矩作用方向垂直的柱身尺寸（mm）。

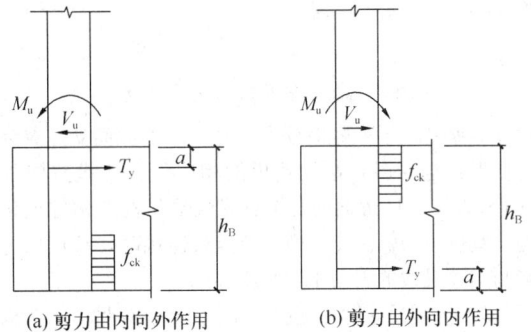

(a) 剪力由内向外作用　　(b) 剪力由外向内作用

图 8.6.4-3 埋入式钢柱脚 U 形加强筋计算简图

8.7 中心支撑与框架连接

8.7.1 中心支撑与框架连接和支撑拼接的设计承载力应符合下列规定：

1 抗震设计时，支撑在框架连接处和拼接处的受拉承载力应满足下式要求：

$$N_{ubr}^j \geqslant \alpha A_{br} f_y$$

(8.7.1)

式中：N_{ubr}^j ——支撑连接的极限受拉承载力（N）；

α ——连接系数，按本规程表 8.1.3 的规定采用；

A_{br} ——支撑斜杆的截面面积（mm^2）；

f_y ——支撑斜杆钢材的屈服强度（N/mm^2）。

2 中心支撑的重心线应通过梁与柱轴线的交点，当受条件限制有不大于支撑杆件宽度的偏心时，节点设计应计入偏心造成的附加弯矩的影响。

8.7.2 当支撑翼缘朝向框架平面外，且采用支托式连接时（图 8.7.2a、b），其平面外计算长度可取轴线长度的 0.7 倍；当支撑腹板位于框架平面内时（图 8.7.2c、d），其平面外计算长度可取轴线长度的 0.9 倍。

8.7.3 中心支撑与梁柱连接处的构造应符合下列规定：

1 柱和梁在与 H 形截面支撑翼缘的连接处，应设置加劲肋。加劲肋应按承受支撑翼缘分担的轴心力

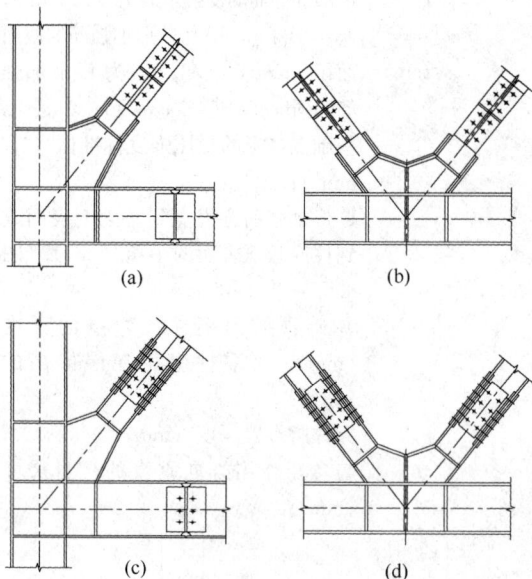

图 8.7.2 支撑与框架的连接

对柱或梁的水平或竖向分力计算。H 形截面支撑翼缘与箱形柱连接时，在柱壁板的相应位置应设置隔板（图 8.7.2）。H 形截面支撑翼缘端部与框架构件连接处，宜做成圆弧。支撑通过节点板连接时，节点板边缘与支撑轴线的夹角不应小于 $30°$。

2 抗震设计时，支撑宜采用 H 形钢制作，在构造上两端应刚接。当采用焊接组合截面时，其翼缘和腹板应采用坡口全熔透焊缝连接。

3 当支撑杆件为填板连接的组合截面时，可采用节点板进行连接（图 8.7.3）。为保证支撑两端的节点板不发生出平面失稳，在支撑端部与节点板约束点连线之间应留有 2 倍节点板厚的间隙。节点板约束点连线应与支撑杆轴线垂直，以免支撑受扭。

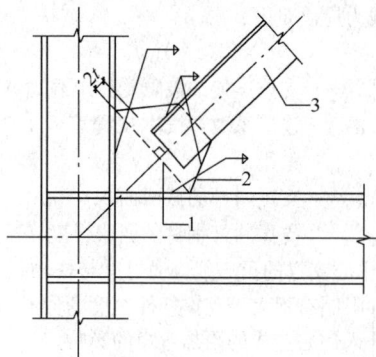

图 8.7.3 组合支撑杆件端部与单壁节点板的连接
1—假设约束；2—单壁节点板；3—组合支撑杆；
t—节点板的厚度

8.8 偏心支撑框架的构造要求

8.8.1 消能梁段及与消能梁段同一跨内的非消能梁段，其板件的宽厚比不应大于表 8.8.1 规定的限值。

表 8.8.1 偏心支撑框架梁板件宽厚比限值

板 件 名 称		宽厚比限值
翼缘外伸部分		8
腹板	当 $N/(Af)\leqslant0.14$ 时	$90[1-1.65N/(Af)]$
	当 $N/(Af)>0.14$ 时	$33[2.3-N/(Af)]$

注：表列数值适用于 Q235 钢，当材料为其他钢号时应乘以 $\sqrt{235/f_y}$，$N/(Af)$ 为梁轴压比。

8.8.2 偏心支撑框架的支撑杆件的长细比不应大于 $120\sqrt{235/f_y}$，支撑杆件的板件宽厚比不应大于现行国家标准《钢结构设计规范》GB 50017 规定的轴心受压构件在弹性设计时的宽厚比限值。

8.8.3 消能梁段的净长应符合下列规定：

1 当 $N\leqslant0.16Af$ 时，其净长不宜大于 $1.6M_{lp}/V_l$。

2 当 $N>0.16Af$ 时：

1) $\rho(A_w/A)<0.3$ 时

$$a\leqslant1.6M_{lp}/V_l \qquad (8.8.3-1)$$

2) $\rho(A_w/A)\geqslant0.3$ 时

$$a\leqslant[1.15-0.5\rho(A_w/A)]1.6M_{lp}/V_l$$
$$(8.8.3-2)$$

$$\rho=N/V \qquad (8.8.3-3)$$

式中：a——消能梁段净长（mm）；

ρ——消能梁段轴力设计值与剪力设计值之比值。

8.8.4 消能梁段的腹板不得贴焊补强板，也不得开洞。

8.8.5 消能梁段的腹板应按下列规定设置加劲肋（图 8.8.5）：

1 消能梁段与支撑连接处，应在其腹板两侧设置加劲肋，加劲肋的高度应为梁腹板高度，一侧的加劲肋宽度不应小于 $(b_f/2-t_w)$，厚度不应小于 $0.75t_w$ 和 10mm 的较大值；

2 当 $a\leqslant1.6M_{lp}/V_l$ 时，中间加劲肋间距不应大于 $(30t_w-h/5)$；

3 当 $2.6M_{lp}/V_l<a\leqslant5M_{lp}/V_l$ 时，应在距消能梁段端部 $1.5b_f$ 处设置中间加劲肋，且中间加劲肋间距不应大于 $(52t_w-h/5)$；

4 当 $1.6M_{lp}/V_l<a\leqslant2.6M_{lp}/V_l$ 时，中间加劲肋的间距可取本条 2、3 两款间的线性插入值；

5 当 $a>5M_{lp}/V_l$ 时，可不设置中间加劲肋；

6 中间加劲肋应与消能梁段的腹板等高，当消能梁段截面的腹板高度不大于 640mm 时，可设置单侧加劲肋；消能梁段截面腹板高度大于 640mm 时，应在两侧设置加劲肋，一侧加劲肋的宽度不应小于 $(b_f/2-t_w)$，厚度不应小于 t_w 和 10mm 的较大值；

7 加劲肋与消能梁段的腹板和翼缘之间可采用角焊缝连接，连接腹板的角焊缝的受拉承载力不应小

于 fA_{st}，连接翼缘的角焊缝的受拉承载力不应小于 $fA_{st}/4$，A_{st} 为加劲肋的横截面面积。

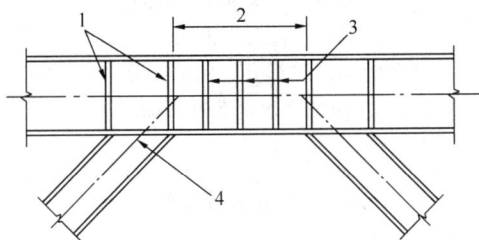

图 8.8.5　消能梁段的腹板加劲肋设置
1—双面全高设加劲肋；2—消能梁段上、下翼缘
均设侧向支撑；3—腹板高大于 640mm 时设双面
中间加劲肋；4—支撑中心线与消能梁段中心线交
于消能梁段内

8.8.6 消能梁段与柱的连接应符合下列规定：

1 消能梁段与柱翼缘应采用刚性连接，且应符合本规程第 8.2 节、第 8.3 节框架梁与柱刚性连接的规定。

2 消能梁段与柱翼缘连接的一端采用加强型连接时，消能梁段的长度可从加强的端部算起，加强的端部梁腹板应设置加劲肋，加劲肋应符合本规程第 8.8.5 条第 1 款的要求。

8.8.7 支撑与消能梁段的连接应符合下列规定：

1 支撑轴线与梁轴线的交点，不得在消能梁段外；

2 抗震设计时，支撑与消能梁段连接的承载力不得小于支撑的承载力，当支撑端有弯矩时，支撑与梁连接的承载力应按抗压弯设计。

8.8.8 消能梁段与支撑连接处，其上、下翼缘应设置侧向支撑，支撑的轴力设计值不应小于消能梁段翼缘轴向极限承载力的 6%，即 $0.06f_yb_ft_f$。f_y 为消能梁段钢材的屈服强度，b_f、t_f 分别为消能梁段翼缘的宽度和厚度。

8.8.9 与消能梁段同一跨框架梁的稳定不满足要求时，梁的上、下翼缘应设置侧向支撑，支撑的轴力设计值不应小于梁翼缘轴向承载力设计值的 2%，即 $0.02fb_ft_f$。f 为框架梁钢材的抗拉强度设计值，b_f、t_f 分别为框架梁翼缘的宽度和厚度。

9　制作和涂装

9.1　一般规定

9.1.1 钢结构制作单位应具有相应的钢结构工程施工资质，应根据已批准的技术设计文件编制施工详图。施工详图应由原设计工程师确认。当修改时，应向原设计单位申报，经同意签署文件后修改才能生效。

9.1.2 钢结构制作前，应根据设计文件、施工详图的要求以及制作厂的条件，编制制作工艺书。制作工艺书应包括：施工中所依据的标准，制作厂的质量保证体系，成品的质量保证体系和措施，生产场地的布置，采用的加工、焊接设备和工艺装备，焊工和检查人员的资质证明，各类检查项目表格和生产进度计算表。

制作工艺书应作为技术文件经发包单位代表或监理工程师批准。

9.1.3 钢结构制作单位宜对构造复杂的构件进行工艺性试验。

9.1.4 钢结构制作、安装、验收及土建施工用的量具，应按同一计量标准进行鉴定，并应具有相同的精度等级。

9.2　材　料

9.2.1 钢结构所用钢材应符合设计文件、本规程第 4 章及国家现行有关标准的规定，应具有质量合格证明文件，并经进场检验合格后使用。常用钢材标准宜按表 9.2.1 采用。

表 9.2.1　常用钢材标准

标准编号	标准名称及牌号
GB/T 700	《碳素结构钢》GB/T 700　Q235
GB/T 1591	《低合金高强度结构钢》GB/T 1591　Q345、Q390、Q420
GB/T 19879	《建筑结构用钢板》GB/T 19879　Q235GJ、Q345GJ、Q390GJ、Q420GJ
GB/T 4171	《耐候结构钢》GB/T 4171　Q235NH、Q355NH、Q415NH
GB/T 7659	《焊接结构用铸钢件》GB/T 7659　ZG270-480H、ZG300-500H、ZG340-550H

9.2.2 钢结构所用焊接材料、连接用普通螺栓、高强度螺栓等紧固件和涂料应符合设计文件、本规程第 4 章及国家现行有关标准的规定，应具有质量合格证明文件，并经进场检验合格后使用。常用焊接材料标准宜按表 9.2.2-1 采用，钢结构连接用紧固件标准宜按表 9.2.2-2 采用，并应符合下列规定：

1 严禁使用药皮脱落或焊芯生锈的焊条，受潮结块或已熔烧过的焊剂以及生锈的焊丝。用于栓钉焊的栓钉，其表面不得有影响使用的裂纹、条痕、凹痕和毛刺等缺陷。

2 焊接材料应集中管理，建立专用仓库，库内要干燥，通风良好，同时应满足产品说明书的要求。

3 螺栓应在干燥通风的室内存放。高强度螺栓的入库验收，应按现行行业标准《钢结构高强度螺栓连接技术规程》JGJ 82 的要求进行，严禁使用锈蚀、沾污、受潮、碰伤和混批的高强度螺栓。

4 涂料应符合设计要求，并存放在专门的仓库内，不得使用过期、变质、结块失效的涂料。

表 9.2.2-1　常用焊接材料标准

标准编号	标准名称
GB/T 5117	《非合金钢及细晶粒钢焊条》
GB/T 5118	《热强钢焊条》
GB/T 14957	《熔化焊用钢丝》
GB/T 8110	《气体保护电弧焊用碳钢、低合金钢焊丝》
GB/T 10045	《碳钢药芯焊丝》
GB/T 17493	《低合金钢药芯焊丝》
GB/T 5293	《埋弧焊用碳钢焊丝和焊剂》
GB/T 12470	《埋弧焊用低合金钢焊丝和焊剂》

表 9.2.2-2　钢结构连接用紧固件标准

标准编号	标准名称
GB/T 5780	《六角头螺栓　C 级》
GB/T 5781	《六角头螺栓　全螺纹　C 级》
GB/T 5782	《六角头螺栓》
GB/T 5783	《六角头螺栓　全螺纹》
GB/T 1228	《钢结构用高强度大六角头螺栓》
GB/T 1229	《钢结构用高强度大六角螺母》
GB/T 1230	《钢结构用高强度垫圈》
GB/T 1231	《钢结构用高强度大六角头螺栓、大六角螺母、垫圈技术条件》
GB/T 3632	《钢结构用扭剪型高强度螺栓连接副》
GB/T 3098.1	《紧固件机械性能　螺栓、螺钉和螺柱》

9.3　放样、号料和切割

9.3.1　放样和号料应符合下列规定：

1　需要放样的工件应根据批准的施工详图放出足尺节点大样；

2　放样和号料应预留收缩量（包括现场焊接收缩量）及切割、铣端等需要的加工余量，钢框架柱尚应按设计要求预留弹性压缩量。

9.3.2　钢框架柱的弹性压缩量，应按结构自重（包括钢结构、楼板、幕墙等的重量）和经常作用的活荷载产生的柱轴力计算。相邻柱的弹性压缩量相差不超过 5mm 时，可采用相同的压缩量。

柱压缩量应由设计单位提出，由制作单位、安装单位和设计单位协商确定。

9.3.3　号料和切割应符合下列规定：

1　主要受力构件和需要弯曲的构件，在号料时

应按工艺规定的方向取料，弯曲件的外侧不应有冲样点和伤痕缺陷；

2　号料应有利于切割和保证零件质量；

3　型钢的下料，宜采用锯切。

9.3.4　框架梁端部过焊孔、圆弧半径和尺寸应符合本规程第 8.3.3 条的要求，孔壁表面应平整，不得采用手工切割。

9.4　矫正和边缘加工

9.4.1　矫正应符合下列规定：

1　矫正可采用机械或有限度的加热（线状加热或点加热），不得采用损伤材料组织结构的方法；

2　进行加热矫正时，应确保最高加热温度及冷却方法不损坏钢材材质。

9.4.2　边缘加工应符合下列规定：

1　需边缘加工的零件，宜采用精密切割来代替机械加工；

2　焊接坡口加工宜采用自动切割、半自动切割、坡口机、刨边等方法进行；

3　坡口加工时，应用样板控制坡口角度和各部分尺寸；

4　边缘加工的精度，应符合表 9.4.2 的规定。

表 9.4.2　边缘加工的允许偏差

边线与号料线的允许偏差 (mm)	边线的弯曲矢高 (mm)	粗糙度 (mm)	缺口 (mm)	渣	坡度
±1.0	$L/3000$，且≤2.0	0.02	1.0（修磨平缓过度）	清除	±2.5°

注：L 为弦长。

9.5　组　装

9.5.1　钢结构构件组装应符合下列规定：

1　组装应按制作工艺规定的顺序进行；

2　组装前应对零部件进行严格检查，填写实测记录，制作必要的工装。

9.5.2　组装允许偏差，应符合现行国家标准《钢结构工程施工质量验收规范》GB 50205 的有关规定。

9.6　焊　接

9.6.1　从事钢结构各种焊接工作的焊工，应按现行国家标准《钢结构焊接规范》GB 50661 的规定经考试并取得合格证后，方可进行操作。

9.6.2　在钢结构中首次采用的钢种、焊接材料、接头形式、坡口形式及工艺方法，应进行焊接工艺评定，其评定结果应符合设计及现行国家标准《钢结构焊接规范》GB 50661 的规定。

9.6.3　钢结构的焊接工作，必须在焊接工程师的指导下进行；并应根据工艺评定合格的试验结果和数

据，编制焊接工艺文件。焊接工作应严格按照所编工艺文件中规定的焊接方法、工艺参数、施焊顺序等进行；并应符合现行国家标准《钢结构焊接规范》GB 50661 的规定。

9.6.4 低氢型焊条在使用前必须按照产品说明书的规定进行烘焙。烘焙后的焊条应放入恒温箱备用，恒温温度不应小于 120℃。使用中应置于保温桶中。烘焙合格的焊条外露在空气中超过 4h 应重新烘焙。焊条的反复烘焙次数不应超过 2 次。

9.6.5 焊剂在使用前必须按产品说明书的规定进行烘焙。焊丝必须除净锈蚀、油污及其他污物。

9.6.6 二氧化碳气体纯度不应低于 99.9%（体积法），其含水量不应大于 0.005%（重量法）。若使用瓶装气体，瓶内气体压力低于 1MPa 时应停止使用。

9.6.7 当采用气体保护焊接时，焊接区域的风速应加以限制。风速在 2m/s 以上时，应设置挡风装置，对焊接现场进行防护。

9.6.8 焊接开始前，应复查组装质量、定位焊质量和焊接部位的清理情况。如不符合要求，应修正合格后方准施焊。

9.6.9 对接接头、T 形接头和要求全熔透的角部焊缝，应在焊缝两端配置引弧板和引出板。手工焊引板长度不应小于 25mm，埋弧自动焊引板长度不应小于 80mm，引焊到引板的焊缝长度不得小于引板长度的 2/3。

9.6.10 引弧应在焊道处进行，严禁在焊道区以外的母材上打火引弧。

9.6.11 焊接时应根据工作地点的环境温度、钢材材质和厚度，选择相应的预热温度对焊件进行预热。无特殊要求时，可按表 9.6.11 选取预热温度。凡需预热的构件，焊前应在焊道两侧各 100mm 范围内均匀进行预热，预热温度的测量应在距焊道 50mm 处进行。当工作地点的环境温度为 0℃ 以下时，焊件的预热温度应通过试验确定。

表 9.6.11 常用的预热温度

钢材分类	环境温度	板厚（mm）	预热及层间宜控温度（℃）
碳素结构钢	0℃ 及以上	≥50	80
低合金高强度结构钢	0℃ 及以上	≥36	100

9.6.12 板厚超过 30mm，且有淬硬倾向和拘束度较大低合金高强度结构钢的焊接，必要时可进行后热处理。后热处理的时间应按每 25mm 板厚为 1h。

后热处理应于焊后立即进行。后热的加热范围为焊缝两侧各 100mm，温度的测量应在距焊缝中心线 75mm 处进行。焊缝后热达到规定温度后，应按规定时间保温，然后使焊件缓慢冷却至常温。

9.6.13 要求全熔透的两面焊焊缝，正面焊完成后在焊背面之前，应认真清除焊缝根部的熔渣、焊瘤和未焊透部分，直至露出正面焊缝金属方可进行背面的焊接。

9.6.14 30mm 以上厚板的焊接，为防止在厚度方向出现层状撕裂，宜采取下列措施：

1 将易发生层状撕裂部位的接头设计成拘束度小、能减小层状撕裂的构造形式（图 9.6.14）；

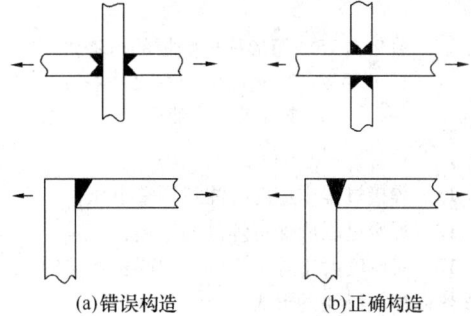

(a)错误构造   (b)正确构造

图 9.6.14 能减少层状撕裂的构造形式

2 焊接前，对母材焊道中心线两侧各 2 倍板厚加 30mm 的区域内进行超声波探伤检查。母材中不得有裂纹、夹层及分层等缺陷存在；

3 严格控制焊接顺序，尽可能减小垂直于板面方向的拘束；

4 根据母材的 C_{eq}（碳当量）和 P_{cm}（焊接裂纹敏感性指数）值选择正确的预热温度和必要的后热处理；

5 采用低氢型焊条施焊，必要时可采用超低氢型焊条。在满足设计强度要求的前提下，采用屈服强度较低的焊条。

9.6.15 高层民用建筑钢结构箱形柱内横隔板的焊接，可采用熔嘴电渣焊设备进行焊接。箱形构件封闭后，通过预留孔用两台焊机同时进行电渣焊（图 9.6.15），施焊时应注意下列事项：

1 施焊现场的相对湿度等于或大于 90% 时，应停止焊接；

2 熔嘴孔内不得受潮、生锈或有污物；

3 应保证稳定的网路电压；

4 电渣焊施焊前必须做工艺试验，确定焊接工艺参数和施焊方法；

5 焊接衬板的下料、加工及装配应严格控制质量和精度，使其与横隔板和翼缘板紧密贴合；当装配缝隙大于 1mm 时，应采取措施进行修整和补救；

6 同一横隔板两侧的电渣焊宜同时施焊，并一次焊接成型；

7 当翼缘板较薄时，翼缘板外部的焊接部位应安装水冷却装置；

8 焊道两端应按要求设置引弧和引出套筒；

9 熔嘴应保持在焊道的中心位置；

10 焊接起动及焊接过程中，应逐渐少量加入

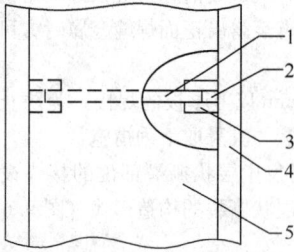

图 9.6.15 箱形柱横隔板的电渣焊
1—横隔板；2—电渣焊部位；3—衬板；
4—翼缘板；5—腹板

焊剂；

11 焊接过程中应随时注意调整电压；

12 焊接过程应保持焊件的赤热状态；

13 对厚度大于等于 70mm 的厚板焊接时，应考虑预热以加快渣池的形成。

9.6.16 栓钉焊接应符合下列规定：

1 焊接前应将构件焊接面上的水、锈、油等有害杂质清除干净，并应按规定烘焙瓷环；

2 栓钉焊电源应与其他电源分开，工作区应远离磁场或采取措施避免磁场对焊接的影响；

3 施焊构件应水平放置。

9.6.17 栓钉焊应按下列规定进行质量检验：

1 目测检查栓钉焊接部位的外观，四周的熔化金属应以形成一均匀小圈而无缺陷为合格。

2 焊接后，自钉头表面算起的栓钉高度 L 的允许偏差应为 ±2mm，栓钉偏离竖直方向的倾斜角度 θ 应小于等于 5°（图 9.6.17）。

3 目测检查合格后，对栓钉进行弯曲试验，弯曲角度为 30°。在焊接面上不得有任何缺陷。

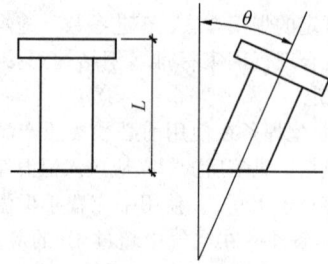

图 9.6.17 栓钉的焊接要求

栓钉焊的弯曲试验采取抽样检查。取样率为每批同类构件抽查 10%，且不应少于 10 件；被抽查构件中，每件检查焊钉数量的 1%，但不应少于 1 个。试验可用手锤进行，试验时应使拉力作用在熔化金属最少的一侧。当达到规定弯曲角度时，焊接面上无任何缺陷为合格。抽样栓钉不合格时，应再取两个栓钉进行试验，只要其中一个仍不符合要求，则余下的全部栓钉都应进行试验。

4 经弯曲试验合格的栓钉可在弯曲状态下使用，不合格的栓钉应更换，并应经弯曲试验检验。

9.6.18 焊缝质量的外观检查，应按设计文件规定的标准在焊缝冷却后进行。由低合金高强度结构钢焊接而成的大型梁柱构件以及厚板焊接件，应在完成焊接工作 24h 后，对焊缝及热影响区是否存在裂缝进行复查。

1 焊缝表面应均匀、平滑，无折皱、间断和未满焊，并与基本金属平缓连接，严禁有裂纹、夹渣、焊瘤、烧穿、弧坑、针状气孔和熔合性飞溅等缺陷；

2 所有焊缝均应进行外观检查，当发现有裂纹疑点时，可用磁粉探伤或着色渗透探伤进行复查。设计文件无规定时，焊缝质量的外观检查可按表 9.6.18-1 及表 9.6.18-2 的规定执行。

表 9.6.18-1　焊缝外观质量要求

检验项目 \ 焊缝质量等级	一级	二级	三级
裂纹	不允许		
未焊满	不允许	≤0.2mm＋0.02t 且≤1mm，每 100mm 长度焊缝内未焊满累计长度≤25mm	≤0.2mm＋0.04t 且≤2mm，每 100mm 长度焊缝内未焊满累计长度≤25mm
根部收缩	不允许	≤0.2mm＋0.02t 且≤1mm，长度不限	≤0.2mm＋0.04t 且≤2mm，长度不限
咬边	不允许	深度≤0.05t 且≤0.5mm，连续长度≤100mm，且焊缝两侧咬边总长≤10%焊缝全长	深度≤0.1t 且≤1mm，长度不限
电弧擦伤	不允许		允许存在个别电弧擦伤
接头不良	不允许	缺口深度≤0.05t 且≤0.5mm，每 1000mm 长度焊缝内不得超过 1 处	缺口深度≤0.1t 且≤1mm，每 1000mm 长度焊缝内不得超过 1 处

焊缝质量等级\检验项目	一级	二级	三级
表面气孔	不允许		每 50mm 长度焊缝内允许存在直径＜ $0.4t$ 且≤3mm 的气孔 2 个；孔距应≥6 倍孔径
表面夹渣	不允许		深≤ $0.2t$，长≤ $0.5t$，且≤20mm

注：t 为母材厚度。

表 9.6.18-2 焊缝余高和错边允许偏差

序号	项目	示意图	允许偏差（mm）	
			一、二级	三级
1	对接焊缝余高（C）		$B<20$ 时，C 为 0～3；$B≥20$ 时，C 为 0～4	$B<20$ 时，C 为 0～3.5；$B≥20$ 时，C 为 0～5
2	对接焊缝错边（△）		$\Delta<0.1t$ 且≤2.0	$\Delta<0.15t$ 且≤3.0
3	角焊缝余高（C）		$h_f≤6$ 时 C 为 0～1.5；$h_f>6$ 时 C 为 0～3.0	

注：t 为对接接头较薄母材厚度。

9.6.19 焊缝的超声波探伤检查应按下列规定进行：

1 图纸和技术文件要求全熔透的焊缝，应进行超声波探伤检查。

2 超声波探伤检查应在焊缝外观检查合格后进行。焊缝表面不规则及有关部位不清洁的程度，应不妨碍探伤的进行和缺陷的辨认，不满足上述要求时事前应对需探伤的焊缝区域进行铲磨和修整。

3 全熔透焊缝的超声波探伤检查数量，应由设计文件确定。设计文件无明确要求时，应根据构件的受力情况确定；受拉焊缝应 100％检查；受压焊缝可抽查 50％，当发现有超过标准的缺陷时，应全部进行超声波检查。

4 超声波探伤检查应根据设计文件规定的标准进行。设计文件无规定时，超声波探伤的检查等级按现行国家标准《焊缝无损检测 超声检测 技术、检测等级和评定》GB/T 11345 标准中规定的 B 级要求执行，受拉焊缝的评定等级为 B 检查等级中的Ⅰ级，

受压焊缝的评定等级为 B 检查等级中的Ⅱ级。

5 超声波检查应做详细记录，并应写出检查报告。

9.6.20 经检查发现的焊缝不合格部位，必须进行返修。

1 当焊缝有裂纹、未焊透和超标准的夹渣、气孔时，必须将缺陷清除后重焊。清除可用碳弧气刨或气割进行。

2 焊缝出现裂纹时，应进行原因分析，并制定出修复措施后方可返修。当裂纹界限清楚时，应从裂纹两端加长 50mm 处开始，沿裂纹全长进行清除后再焊接。

3 对焊缝上出现的间断、凹坑、尺寸不足、弧坑、咬边等缺陷，应予补焊。补焊焊条直径不宜大于 4mm。

4 修补后的焊缝应用砂轮进行修磨，并应按要求重新进行检查。

5 低合金高强度结构钢焊缝，在同一处返修次数不得超过 2 次。对经过 2 次返修仍不合格的焊缝，应会同设计或有关部门研究处理。

9.7 制 孔

9.7.1 制孔应按下列规定进行：

1 宜采用下列制孔方法：

1）使用多轴立式钻床或数控机床等制孔；

2）同类孔径较多时，采用模板制孔；

3）小批量生产的孔，采用样板划线制孔；

4）精度要求较高时，整体构件采用成品制孔。

2 制孔过程中，孔壁应保持与构件表面垂直。

3 孔周围的毛刺、飞边，应用砂轮等清除。

9.7.2 高强度螺栓孔的精度应为 H15 级，孔径的允许偏差应符合表 9.7.2 的规定。

表 9.7.2 高强度螺栓孔径的允许偏差

名称	允许偏差（mm）						
螺栓	12	16	20	(22)	24	(27)	30
孔径	13.5	17.5	22	(24)	26	(30)	33
不圆度（最大和最小直径差）	1.0			1.5			
中心线倾斜	不应大于板厚的 3%，且单层板不得大于 2.0mm，多层板叠组合不得大于 3.0mm						

9.7.3 孔在零件、部件上的位置，应符合设计文件的要求。当设计无要求时，成孔后任意两孔间距离的允许偏差，应符合表 9.7.3 的规定。

表 9.7.3 孔间距离的允许偏差

项 目	允 许 偏 差（mm）			
	≤500	>500~1200	>1200~3000	>3000
同一组内任意两孔间	±1.0	±1.2	—	—
相邻两组的端孔间	±1.2	±1.5	±2.0	±3.0

9.7.4 过焊孔的加工应符合下列规定：

1 过焊孔加工，应根据加工图的要求。

2 当对工字形截面端部坡口的加工没有注明要设置过焊孔时，可采用下列方法之一：

1）不设过焊孔（图 9.7.4-1）按下列规定制作；

2）设置过焊孔（图 9.7.4-2），过焊孔的曲线圆弧应与翼缘相切，其中，$r_1 = 35mm$，$r_2 =$

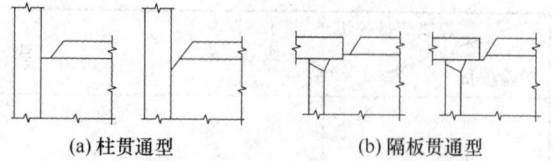

(a) 柱贯通型   (b) 隔板贯通型

图 9.7.4-1 不设过焊孔时的加工形状

10mm，半径改变和与翼缘相切处应光滑过渡。

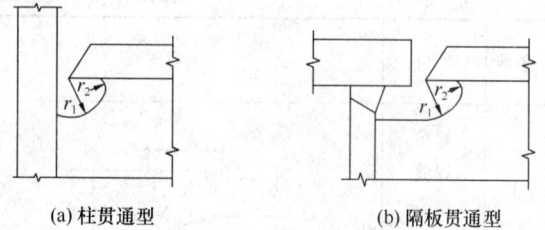

(a) 柱贯通型   (b) 隔板贯通型

图 9.7.4-2 过焊孔的加工

3 过焊孔加工采用切削加工机或带有固定件手动气切加工机。当用手动气切切割机时，过焊孔圆弧的曲线与翼缘连接处应光滑，采用修边器修正。梁柱连接以外的过焊孔加工精度：当切削面的粗糙度为 $R_z \leqslant 100\mu m$ 时，槽口深度应为 1mm 以下；当此精度不能确保时，应采用修边器修正。

9.8 摩擦面的加工

9.8.1 采用高强度螺栓连接时，应对构件摩擦面进行加工处理。处理后的抗滑移系数应符合设计要求。

9.8.2 高强度螺栓连接摩擦面的加工，可采用喷砂、抛丸和砂轮打磨等方法。砂轮打磨方向应与构件受力方向垂直，且打磨范围不得小于螺栓直径的 4 倍。

9.8.3 经处理的摩擦面应采取防油污和损伤的保护措施。

9.8.4 制作厂应在钢结构制作的同时进行抗滑移系数试验，并出具试验报告。试验报告应写明试验方法和结果。

9.8.5 应根据现行行业标准《钢结构高强度螺栓连接技术规程》JGJ 82 的规定或设计文件的要求，制作材质和处理方法相同的复验抗滑移系数用的试件，并与构件同时移交。

9.9 端 部 加 工

9.9.1 构件的端部加工应按下列规定进行：

1 构件的端部加工应在矫正合格后进行；

2 应根据构件的形式采取必要的措施，保证铣平端面与轴线垂直；

3 端部铣平面的允许偏差，应符合表 9.9.1 的规定。

表 9.9.1 端面铣平面的允许偏差

项 目	允许偏差（mm）
两端铣平时构件长度	±2
两端铣平时零件长度	±0.5
铣平面的平面度	0.3
铣平面的垂直度	$l/1500$
表面粗糙度	0.03

9.10 防锈、涂层、编号及发运

9.10.1 钢结构的除锈和涂装工作，应在质量检查部门对制作质量检验合格后进行。

9.10.2 除锈等级分为三级，并应符合表 9.10.2 的规定。

表 9.10.2 除锈质量等级

涂料品种	除锈等级
油性酚醛、醇酸等底漆或防锈漆	St2
高氯化聚乙烯、氯化橡胶、氯磺化聚乙烯、环氧树脂、聚氨酯等底漆或防锈漆	Sa2
无机富锌、有机硅、过氯乙烯等底漆	Sa2 $\frac{1}{2}$

9.10.3 钢结构的防锈涂料和涂层厚度应符合设计要求，涂料应配套使用。

9.10.4 对规定的工厂内涂漆的表面，要用机械或手工方法彻底清除浮锈和浮物。

9.10.5 涂层完毕后，应在构件明显部位印制构件编号。编号应与施工图的构件编号一致，重大构件尚应标明重量、重心位置和定位标记。

9.10.6 根据设计文件要求和构件的外形尺寸、发运数量及运输情况，编制包装工艺。应采取措施防止构件变形。

9.10.7 钢结构的包装和发运，应按吊装顺序配套进行。

9.10.8 钢结构成品发运时，必须与订货单位有严格的交接手续。

9.11 构件预拼装

9.11.1 制作单位应对合同要求或设计文件规定的构件进行预拼装。

9.11.2 钢构件预拼装有实体预拼装和计算机辅助模拟预拼装方法。

9.11.3 除有特殊规定外，构件预拼装应按设计文件和现行国家标准《钢结构工程施工质量验收规范》GB 50205 的有关规定进行验收。

9.11.4 当采用计算机辅助模拟预拼装的偏差超过现行国家标准《钢结构工程施工质量验收规范》GB 50205 的有关规定时，应进行实体预拼装。

9.12 构 件 验 收

9.12.1 构件制作完毕后，检查部门应按施工详图的要求和本节的规定，对成品进行检查验收。成品的外形和几何尺寸的偏差应符合表 9.12.1-1～表 9.12.1-4 的规定。

表 9.12.1-1 高层多节柱的允许偏差

项目		允许偏差（mm）	图例
一节柱长度的制造偏差 Δl		±3.0	
柱底刨平面到牛腿支撑面距离 l 的偏差 Δl_1		±2.0	
楼面间距离的偏差 Δl_2 或 Δl_3		±3.0	
牛腿的翘曲或扭曲 a	$l_5 \leqslant 600$	2.0	
	$l_5 > 600$	3.0	
柱身挠曲矢高		$l/1000$ 且不大于 5.0	
翼缘板倾斜度	$b \leqslant 400$	3.0	
	$b > 400$	5.0	
	接合部位	$B/100$ 且大于 1.5	

项目		允许偏差 (mm)	图例
腹板中心 线偏移		接合部位 1.5	
		其他部分 3.0	
柱截面 尺寸偏差	$h \leqslant 400$	±2.0	
	$400 < h$ < 800	$\pm h/200$	
	$h \geqslant 800$	±4.0	
每节柱的 柱身扭曲		$6h/1000$ 且不大于 5.0	
柱脚底板翘 曲和弯折		3.0	
柱脚螺栓孔对底板 中心线的偏移		1.5	
柱端连接处 的倾斜度		$1.5h/1000$	

表 9.12.1-2　梁的允许偏差

项目		允许偏差 （mm）	图例
梁的长度偏差		$l/2500$ 且 不大于 5	
焊接梁端部 高度偏差	$h \leqslant 800$	± 2.0	
	$h > 800$	± 3.0	
两端最外侧孔间 距离偏差		± 3.0	
梁的弯曲矢高		$l/1000$ 且 不大于 10	
梁的扭曲 （梁高 h）		$h/200$ $\leqslant 8$	
腹板局部 不平直度	$t < 14$	$3l/1000$	
	$t \geqslant 14$	$2l/1000$	
悬臂梁段 端部偏差	竖向偏差	$l/300$	
	水平偏差	3.0	
	水平总偏差	4.0	
悬臂梁段 长度偏差		± 3.0	
梁翼缘板 弯曲偏差		2.0	

表 9.12.1-3　异型断面柱外形尺寸的允许偏差

项目			允许偏差（mm）	图例
单箱体	箱形截面高度 h	连接处	±3.0	
		非连接处	+4.0 +0.0	
	宽度 b		±2.0	
	腹板间距 b_0		±3.0	
	垂直度 Δ		$2b/150$，且 不大于 5.0	
双箱体	箱形截面高度 h	连接处	±4.0	
		非连接处	+8.0 +0.0	
	翼板宽度 b		±2.0	
	腹板间距 b_0		±3.0	
	翼板间距 h_0		±3.0	
	垂直度 Δ		$2b/150$，且 不大于 6.0	
三箱体	箱形截面尺寸 h	连接处	±4.0	
		非连接处	+8.0 +0.0	
	翼板宽度 b		±2.0	
	腹板间距 b_0		±3.0	
	翼板间距 h_0		±3.0	
	垂直度 Δ		非连接处±4.0	
特殊箱体	箱形截面尺寸 h	连接处	±5.0	
		非连接处	+12.0 +0.00	
	翼板宽度 b		+2.0	
	腹板间距 b_0		±3.0	
	翼板间距 h_0		±3.0	
	垂直度 Δ		$2h/150$，且 不大于 5.0	

表 9.12.1-4　钢板剪力墙的允许偏差

项　目	允许偏差（mm）	备注
柱与柱中心轴线间距离 A	±3.0	
柱预装单元总长 L	$-4\sim +2$	
预装块上下相邻两块对角线之差 ΔC	$H/2000$，且≤8.0	H 为相应预装块高度
预装块单块对角线之差 ΔE	$H/2000$，且≤5.0	
摩擦面连接间隙	≤1.0	
墙板边缘的直线度	$H/1500$，且≤5.0	H 为相应预装块高度
板间接口错边（焊接位置）	$t/10$，且≤3.0	t 为相应板件厚度
与预装墙面正交的构件垂直度（地下部分有孔侧）	≤2.0	

注：由于构件的外形影响手工测量，对角线的测量使用全站仪。

9.12.2 构件出厂时，制作单位应分别提交产品质量证明及下列技术文件。提交的技术文件同时应作为制作单位技术文件的一部分存档备查。

    1 钢结构加工图纸；

    2 制作中对问题处理的协议文件；

    3 所用钢材、焊接材料的质量证明书及必要的实验报告；

    4 高强度螺栓抗滑移系数的实测报告；

    5 焊接的无损检验记录；

    6 发运构件的清单。

10 安 装

10.1 一 般 规 定

10.1.1 钢结构安装前，应根据设计图纸编制安装工程施工组织设计。对于复杂、异型结构，应进行施工过程模拟分析并采取相应安全技术措施。

10.1.2 施工详图设计时应综合考虑安装要求；如吊装构件的单元划分、吊点和临时连接件设置、对位和测量控制基准线或基准点、安装焊接的坡口方向和形式等。

10.1.3 施工过程验算时应考虑塔吊设置及其他施工活荷载、风荷载等。施工活荷载可按 0.6kN/m² ～ 1.2kN/m² 选取，风荷载宜按现行国家标准《建筑结构荷载规范》GB 50009 规定的 10 年一遇的风荷载标准值采用。

10.1.4 钢结构安装时应有可靠的作业通道和安全防护措施，应制定极端气候条件下的应对措施。

10.1.5 电焊工应具备安全作业证和技能上岗证。持证焊工须在考试合格项目认可范围有效期内施焊。

10.1.6 安装用的焊接材料、高强度螺栓、普通螺栓、栓钉和涂料等，应具有产品质量证明书，其质量应分别符合现行国家标准《非合金钢及细晶粒钢焊条》GB/T 5117、《热强钢焊条》GB/T 5118、《熔化焊用钢丝》GB/T 14957、《气体保护电弧焊用碳钢、低合金钢焊丝》GB/T 8110、《碳钢药芯焊丝》GB/T 10045、《低合金钢药芯焊丝》GB/T 17493、《埋弧焊用碳钢焊丝和焊剂》GB/T 5293、《埋弧焊用低合金钢焊丝和焊剂》GB/T 12470、《钢结构用高强度大六角头螺栓、大六角螺母、垫圈技术条件》GB/T 1231、《钢结构用扭剪型高强度螺栓连接副》GB/T 3632、《紧固件机械性能 螺栓、螺钉和螺柱》GB/T 3098.1、《六角头螺栓 C 级》GB/T 5780 和《六角头螺栓》GB/T 5782、《电弧螺柱焊用圆柱头焊钉》GB/T 10433 及其他相关标准。

10.1.7 安装用的专用机具和工具，应满足施工要求，并定期进行检验，保证合格。

10.1.8 安装的主要工艺，如测量校正、厚钢板焊接、栓钉焊接、高强度螺栓连接的抗滑移面加工、防腐及防火涂装等，应在施工前进行工艺试验，并应在试验结论的基础上制定各项操作工艺指导书，指导施工。

10.1.9 安装前，应对构件的外形尺寸、螺栓孔直径及位置、连接件位置及角度、焊缝、栓钉焊、高强度螺栓接头抗滑移面加工质量、构件表面的涂层等进行检查，在符合设计文件或本规程第 9 章的要求后，方能进行安装工作。

10.1.10 安装使用的钢尺，应符合本规程第 9.1.4 条的要求。土建施工、钢结构制作、钢结构安装应使用同一标准检验的钢尺。

10.1.11 安装工作应符合环境保护、劳动保护和安全技术方面现行国家有关法规和标准的规定。

10.2 定位轴线、标高和地脚螺栓

10.2.1 钢结构安装前，应对建筑物的定位轴线、平面闭合差、底层柱的位置线、钢筋混凝土基础的标高和混凝土强度等级等进行检查，合格后方能开始安装工作。

10.2.2 框架柱定位测量可采用内控法和外控法。每节柱的定位轴线应从地面控制轴线引上来，不得从下层柱的轴线引出。

10.2.3 地脚螺栓应采用套板或套箍支架独立、精确定位。当地脚螺栓与钢筋相互干扰时，应遵循先施工地脚螺栓，后穿插钢筋的原则，并做好成品保护。螺栓螺纹应采取保护措施。

10.2.4 底层柱地脚螺栓的紧固轴力，应符合设计文件的规定。一般螺母止退可采用双螺母固定。

10.2.5 结构的楼层标高可按相对标高或设计标高进行控制，并符合下列规定：

    1 按相对标高安装时，建筑物高度的累积偏差不得大于各节柱制作、安装、焊接允许偏差的总和。

    2 按设计标高安装时，应以每节柱为单位进行柱标高的测量工作。

10.2.6 第一节柱标高精度控制，可采用在底板下的地脚螺栓上加一调整螺母的方法（图 10.2.6）。

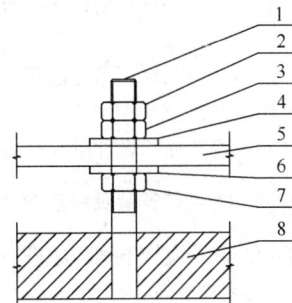

图 10.2.6 柱脚的调整螺母

1—地脚螺栓；2—止退螺母；3—紧固螺母；4—螺母垫板；5—钢柱底板；6—螺母垫板；7—调整螺母；8—钢筋混凝土基础

10.2.7 地脚螺栓施工完毕直至混凝土浇筑终凝前，应加强测量监控，采取必要的成品保护措施。混凝土终凝后应实测地脚螺栓最终定位偏差值，偏差超过允许值影响钢柱就位时，可通过适当扩大柱底板螺栓孔的方法处理。

10.3 构件的质量检查

10.3.1 构件成品出厂时，制作厂应将每个构件的质量检查记录及产品合格证交安装单位。

10.3.2 对柱、梁、支撑等主要构件，应在出厂前进行检查验收，检查合格后方可出厂。

10.3.3 端部进行现场焊接的梁、柱构件，其长度尺寸应按下列方法进行检查：

　　1　柱的长度，应增加柱端焊接产生的收缩变形值和荷载使柱产生的压缩变形值。

　　2　梁的长度应增加梁接头焊接产生的收缩变形值。

10.3.4 钢构件的弯曲变形、扭曲变形以及钢构件上的连接板、螺栓孔等的位置和尺寸，应以钢构件的轴线为基准进行核对，不宜采用钢构件的边棱线作为检查基准线。

10.3.5 钢构件焊缝的外观质量和超声波探伤检查，栓钉的位置及焊接质量，以及涂层的厚度和强度，应符合现行国家标准《钢结构焊接规范》GB 50661、《电弧螺柱焊用圆柱头焊钉》GB/T 10433 和《涂覆涂料前钢材表面处理　表面清洁度的目视评定　第 1 部分：未涂覆过的钢材表面和全面清除原有涂层后的钢材表面的锈蚀等级和处理等级》GB/T 8923.1 等的规定。

10.4 吊装构件的分段

10.4.1 构件分段应综合考虑加工、运输条件和现场起重设备能力，本着方便实施、减少现场作业量的原则进行。

10.4.2 钢柱分段一般宜按（2～3）层一节，分段位置应在楼层梁顶标高以上 1.2m～1.3m；钢梁、支撑等构件一般不宜分段；特殊、复杂构件分段应会同设计共同确定。

10.4.3 各分段单元应能保证吊运过程中的强度和刚度，必要时采取加固措施。

10.4.4 构件分段应在详图设计阶段综合考虑。

10.5 构件的安装及焊接顺序

10.5.1 钢结构的安装应按下列程序进行：

　　1　划分安装流水区段；

　　2　确定构件安装顺序；

　　3　编制构件安装顺序图、安装顺序表；

　　4　进行构件安装，或先将构件组拼成扩大安装单元，再进行安装。

10.5.2 安装流水区段可按建筑物的平面形状、结构形式、安装机械的数量、现场施工条件等因素划分。

10.5.3 构件的安装顺序，平面上应从中间向四周扩展，竖向应由下向上逐渐安装。

10.5.4 构件的安装顺序表，应注明构件的平面位置图、构件所在的详图号，并应包括各构件所用的节点板、安装螺栓的规格数量、构件的重量等。

10.5.5 构件接头的现场焊接应按下列程序进行：

　　1　完成安装流水段内主要构件的安装、校正、固定（包括预留焊接收缩量）；

　　2　确定构件接头的焊接顺序；

　　3　绘制构件焊接顺序图；

　　4　按规定顺序进行现场焊接。

10.5.6 构件接头的焊接顺序，平面上应从中部对称地向四周扩展，竖向可采用有利于工序协调、方便施工、保证焊接质量的顺序。当需要通过焊接收缩微调柱顶垂直偏差值时，可适当调整平面方向接头焊接顺序。

10.5.7 构件的焊接顺序图应根据接头的焊接顺序绘制，并应列出顺序编号，注明焊接工艺参数。

10.5.8 电焊工应严格按分配的焊接顺序施焊，不得自行变更。

10.6 钢构件的安装

10.6.1 柱的安装应先调整标高，再调整水平位移，最后调整垂直偏差，并应重复上述步骤，直到柱的标高、位移、垂直偏差符合要求。调整柱垂直度的缆风绳或支撑夹板，应在柱起吊前在地面绑扎好。

10.6.2 当由多个构件在地面组拼成为扩大安装单元进行安装时，其吊点应经计算确定。

10.6.3 柱、梁、支撑等大构件安装时，应随即进行校正。

10.6.4 当天安装的钢构件应形成空间稳定体系。

10.6.5 当采用内、外爬塔式起重机或外附塔式起重机进行高层民用建筑钢结构安装时，对塔式起重机与钢结构相连接的附着装置，应进行验算，并应采取相应的安全技术措施。

10.6.6 进行钢结构安装时，楼面上堆放的安装荷载应予限制，不得超过钢梁和压型钢板的承载能力。

10.6.7 一节柱的各层梁安装完毕并验收合格后，应立即铺设各层楼面的压型钢板，并安装本节柱范围内的各层楼梯。

10.6.8 钢构件安装和楼盖中的钢筋混凝土楼板的施工，应相继进行，两项作业相距不宜超过 6 层。当超过 6 层时，应由责任工程师会同设计部门和专业质量检查部门共同协商处理。

10.6.9 一个流水段一节柱的全部钢构件安装完毕并验收合格后，方可进行下一个流水段的安装工作。

10.6.10 钢板剪力墙单元应随柱梁等构件从下到上

依次安装。吊装及运输时应采取措施防止平面外变形；钢板剪力墙与柱和梁的连接次序应满足设计要求。当设计无要求时，宜与柱梁等构件同步连接。

10.6.11 对设有伸臂桁架的钢框架-混凝土核心筒结构，为避免由于施工阶段竖向变形差在伸臂结构中产生过大的初应力，应对悬挑段伸臂桁架采取临时定位措施，待竖向变形差基本消除后再进行刚接。

10.6.12 转换桁架或腰桁架应根据制作运输条件和起重能力进行分段并散装，采用由下到上，从中间向两端的顺序安装。

10.7 安装的测量校正

10.7.1 钢结构安装前，应按本规程第10.2.5条的要求确定按设计标高或相对标高安装。

10.7.2 钢结构安装前应根据现场测量基准点分别引测内控和外控测量控制网，作为测量控制的依据。地下结构一般采用外控法，地上结构可根据场地条件和周边建筑情况选择内控法或外控法。

10.7.3 高度大于400m的高层民用建筑的平面控制网在垂直传递时，宜采用GPS进行复核。

10.7.4 柱在安装校正时，水平及垂直偏差应校正到现行国家标准《钢结构工程施工质量验收规范》GB 50205规定的允许偏差以内，垂直偏差应达到±0.000。安装柱和柱之间的主梁时，应根据焊缝收缩量预留焊缝变形值，预留的变形值应作书面记录。

10.7.5 结构安装时，应注意日照、焊接等温度变化引起的热影响对构件的伸缩和弯曲引起的变化，并应采取相应措施。

10.7.6 安装柱与柱之间的主梁构件时，应对柱的垂直度进行监测。除监测这根梁的两端柱子的垂直度变化外，尚应监测相邻各柱因梁连接影响而产生的垂直度变化。

10.7.7 安装压型钢板，应在梁上标出压型钢板铺放的位置线。铺放压型钢板时，相邻两排压型钢板端头的波形槽口应对准。

10.7.8 栓钉施工前应标出栓钉焊接的位置。若钢梁或压型钢板在栓钉位置有锈污或镀锌层，应采用角向砂轮打磨干净。栓钉焊接时应按位置线排列整齐。

10.7.9 在一节柱子高度范围内的全部构件完成安装、焊接、铺设压型钢板、栓接并验收合格后，方能从地面引放上一节柱的定位轴线。

10.7.10 各种构件的安装质量检查记录，应为结构全部安装完毕后的最后一次实测记录。

10.8 安装的焊接工艺

10.8.1 钢结构安装前，应对主要焊接接头的焊缝进行焊接工艺试验，制定所用钢材的焊接材料、有关工艺参数和技术措施。

10.8.2 当焊接作业处于下列情况之一时，严禁焊接：

　　1 焊接作业区的相对湿度大于90%；

　　2 焊件表面潮湿或暴露于雨、冰、雪中；

　　3 焊接作业条件不符合现行国家标准《焊接与切割安全》GB 9448的有关规定。

10.8.3 焊接环境温度低于0℃但不低于-10℃时，应采取加热或防护措施。应确保接头焊接处各方向大于等于2倍板厚且不小于100mm范围内，母材温度不低于20℃和现行国家标准《钢结构焊接规范》GB 50661规定的最低预热温度二者的较大值，且在焊接过程中不应低于该温度。

10.8.4 当焊接环境温度低于-10℃时，必须进行相应焊接环境下的工艺评定试验，并应在评定合格后再进行焊接，否则，严禁焊接。

10.8.5 低碳钢和低合金钢厚钢板，应选用与母材同一强度等级的焊条或焊丝，同时考虑钢材的焊接性能、焊接结构形状、受力状况、设备状况等条件。焊接用的引弧板的材质，应与母材相一致，或通过试验选用。

10.8.6 焊接开始前，应将焊缝处的水分、脏物、铁锈、油污、涂料等清除干净，垫板应靠紧，无间隙。

10.8.7 零件采用定位点焊时，其数量和长度应由计算确定，也可按表10.8.7的数值采用。

表10.8.7 点焊缝的最小长度

钢板厚度 (mm)	点焊缝的最小长度（mm）	
	手工焊、半自动焊	自动焊
3.2以下	30	40
3.2～25	40	50
25以上	50	60

10.8.8 柱与柱接头焊接，应由两名或多名焊工在相对称位置以相等速度同时施焊。

10.8.9 加引弧板焊接柱与柱接头时，柱两对边的焊缝首次焊接的层数不宜超过4层。焊完第一个4层，切去引弧板和清理焊缝表面后，转90°焊另两个相对边的焊缝。这时可焊完8层，再换至另两相对边，如此循环直至焊满整个柱接头的焊缝为止。

10.8.10 不加引弧板焊接柱与柱接头时，应由两名焊工在相对称位置以逆时针方向在距柱角50mm处起焊。焊完一层后，第二层及以后各层均在离前一层起焊点（30～50）mm处起焊。每焊一遍应认真检查清渣，焊到柱角处要稍放慢焊条移动速度，使柱角焊成方角，且焊缝饱满。最后一遍盖面焊缝可采用直径较小的焊条和较小的电流进行焊接。

10.8.11 梁和柱接头的焊接，应设长度大于3倍焊缝厚度的引弧板。引弧板的厚度、坡口角度应和焊缝厚度相适应，焊接后割去引弧板时应留5mm～10mm。

10.8.12 梁和柱接头的焊缝，宜先焊梁的下翼缘板，再焊上翼缘板。先焊梁的一端，待其焊缝冷却至常温后，再焊另一端，不宜对一根梁的两端同时施焊。

10.8.13 柱与柱、梁与柱接头焊接试验完毕后，应将焊接工艺全过程记录下来，测量出焊缝的收缩值，反馈到钢结构制作厂，作为柱和梁加工时增加长度的依据。

厚钢板焊缝的横向收缩值，可按下式计算确定，也可按表10.8.13选用。

$$S = k \times \frac{A}{t} \qquad (10.8.13)$$

式中：S——焊缝的横向收缩值（mm）；
　　　A——焊缝横截面面积（mm²）；
　　　t——焊缝厚度，包括熔深（mm）；
　　　k——常数，一般可取0.1。

表10.8.13　焊缝的横向收缩值

焊缝坡口形式	钢材厚度（mm）	焊缝收缩值（mm）	构件制作增加长度（mm）
上柱　下柱　6mm~9mm　35°	19	1.3~1.6	1.5
	25	1.5~1.8	1.7
	32	1.7~2.0	1.9
	40	2.0~2.3	2.2
	50	2.2~2.5	2.4
	60	2.7~3.0	2.9
	70	3.1~3.4	3.3
	80	3.4~3.7	3.5
	90	3.8~4.1	4.0
	100	4.1~4.4	4.3
柱　梁　35°　6mm~9mm	12	1.0~1.3	1.2
	16	1.1~1.4	1.3
	19	1.2~1.5	1.4
	22	1.3~1.6	1.5
	25	1.4~1.7	1.6
	28	1.5~1.8	1.7
	32	1.7~2.0	1.8

10.8.14 进行手工电弧焊时当风速大于8m/s，进行气体保护焊时当风速大于2m/s，均应采取防风措施方能施焊。

10.8.15 焊接工作完成后，焊工应在焊缝附近打上代号钢印。焊工自检和质量检查员所作的焊缝外观检查以及超声波检查，均应有书面记录。

10.8.16 经检查不合格的焊缝应按本规程第9.6.20条的要求进行返修，并应按同样的焊接工艺进行补焊，再用同样的方法进行质量检查。同一部位的一条焊缝，修理不宜超过2次，否则应更换母材，或由责

任工程师会同设计和专业质量检验部门协商处理。

10.8.17 发现焊接引起的母材裂纹或层状撕裂时，应会同相关部门和人员分析原因，制定专项处理方案。

10.8.18 栓钉焊接开始前，应对采用的焊接工艺参数进行测定，编制焊接工艺方案，并应在施工中执行。

10.9　高强度螺栓施工工艺

10.9.1 高强度螺栓的入库、存放和使用，应符合本规程第9.2.2条第3款的要求。

10.9.2 高强度螺栓拧紧后，丝扣应露出2扣~3扣为宜；高强度螺栓长度可根据表10.9.2选用。

表10.9.2　高强度螺栓需增加的长度

螺栓直径（mm）	接头钢板总厚度外增加的长度（mm）	
	扭剪型高强度螺栓	大六角头高强度螺栓
M12	—	25
M16	25	30
M20	30	35
M22	35	40
M24	40	45
M27	45	50
M30	50	55

10.9.3 高强度螺栓接头的抗滑移面加工，应按本规程第9.8.1条、第9.8.2条的规定进行。

10.9.4 高强度螺栓接头各层钢板安装时发生错孔，允许用铰刀扩孔。一个节点中的扩孔数不宜多于节点孔数的1/3，扩孔直径不得大于原孔径2mm。严禁用气割扩孔。

10.9.5 高强度螺栓应能自由穿入螺孔内，严禁用榔头强行打入或用扳手强行拧入。一组高强度螺栓宜同一方向穿入螺孔内，并宜以扳手向下压为紧固螺栓的方向。

10.9.6 当钢框架梁与柱接头为腹板栓接、翼缘焊接时，宜按先栓后焊的方式进行施工。

10.9.7 在工字钢、槽钢的翼缘上安装高强度螺栓时，应采用与其斜面的斜度相同的斜垫圈。

10.9.8 高强度螺栓应通过初拧、复拧和终拧达到拧紧。终拧前应检查接头处各层钢板是否充分密贴。钢板较薄，板层较少，也可只作初拧和终拧。

10.9.9 高强度螺栓拧紧的顺序，应从螺栓群中部开始，向四周扩展，逐个拧紧。

10.9.10 使用扭剪型高强度螺栓扳子时，应定期进行扭矩值的检查，每天上班前检查一次。

10.9.11 扭剪型高强度螺栓的初拧、复拧、终拧，每完成一次应做一次相应的颜色或记记。

10.9.12 对于个别不能用扭剪型专用扳手进行终拧的扭剪型高强度螺栓，可用六角头高强度螺栓扳手进行终拧（扭转系数为 0.13）。

10.9.13 高强度螺栓不得用作安装螺栓使用。

10.10 现场涂装

10.10.1 高层民用建筑钢结构在一个流水段一节柱的所有构件安装完毕，并对结构验收合格后，结构的现场焊缝、高强度螺栓及其连接点，以及在运输安装过程中构件涂层被磨损的部位，应补刷涂层。涂层应采用与构件制作时相同的涂料和相同的涂刷工艺。

10.10.2 涂装前应将构件表面的焊接飞溅、油污杂质、泥浆、灰尘、浮锈等清除干净。

10.10.3 涂装时环境温度、湿度应符合涂料产品说明书的要求，当产品说明书无要求时，温度应为 5℃～38℃，湿度不应大于 85%。

10.10.4 涂层外观应均匀、平整、丰满，不得有咬底、剥落、裂纹、针孔、漏涂和明显的皱皮流坠，且应保证涂层厚度。当涂层厚度不够时，应增加涂刷的遍数。

10.10.5 经检查确认不合格的涂层，应铲除干净，重新涂刷。

10.10.6 当涂层固化干燥后方可进行下道工序。

10.11 安装的竣工验收

10.11.1 钢结构安装工程的竣工验收应分下列两个阶段进行：

1 每个流水段一节柱的高度范围内全部构件（包括钢楼梯、压型钢板等）安装、校正、焊接、栓接完毕并自检合格后，应作隐蔽工程验收；

2 全部钢结构安装、校正、焊接、栓接完成并经隐蔽工程验收合格后，应做钢结构安装工程的竣工验收。

10.11.2 安装工程竣工验收，应提交下列文件：

1 钢结构施工图和设计变更文件，并在施工图中注明修改内容；

2 钢结构安装过程中，业主、设计单位、钢构件制作厂、钢结构安装单位达成协议的各种技术文件；

3 钢构件出厂合格证；

4 钢结构安装用连接材料（包括焊条、螺栓等）的质量证明文件；

5 钢结构安装的测量检查记录、高强度螺栓安装检查记录、栓钉焊质量检查记录；

6 各种试验报告和技术资料；

7 隐蔽工程分段验收记录。

10.11.3 钢结构安装工程的安装允许偏差应符合现行国家标准《钢结构工程施工质量验收规范》GB 50205 的相关规定。

11 抗火设计

11.1 一般规定

11.1.1 钢结构的梁、柱和楼板宜进行抗火设计。钢结构各种构件的耐火极限应符合现行国家标准《建筑设计防火规范》GB 50016 的规定。

11.1.2 在规定的结构耐火极限时间内，结构或构件的承载力应满足下式要求：

$$R_d \geqslant S_m \qquad (11.1.2)$$

式中：R_d ——结构或构件的承载力；

S_m ——各种作用所产生的组合效应值。

11.1.3 结构的抗火设计可按各种构件分别进行。进行结构某一构件抗火设计时，可仅考虑该构件受火升温。

11.1.4 结构构件抗火设计应按下列步骤进行：

1 确定防火被覆厚度；

2 计算构件在耐火时间内的内部温度；

3 计算构件在外荷载和受火温度作用下的内力；

4 进行构件荷载效应组合；

5 根据构件和受载的类型，按本规程第 11.2 节的有关规定，进行构件抗火验算；

6 当设定的防火被覆厚度不适合时（过小或过大），调整防火被覆厚度，重复本条第 1 款至第 5 款的步骤。

11.1.5 构件在耐火时间内的内部温度可按下列公式计算：

$$T_s = (\sqrt{0.044 + 5.0 \times 10^{-5} B} - 0.2)t + 20 \qquad (11.1.5-1)$$

$$B = \frac{1}{1 + \dfrac{c_i \rho_i d_i F_i}{2 c_s \rho_s V}} \frac{\lambda_i}{d_i} \frac{F_i}{V} \qquad (11.1.5-2)$$

式中：T_s ——构件在耐火时间内的内部温度（℃）；

t ——构件耐火时间（s）；

B ——防火被覆的综合参数；

ρ_s ——钢材的密度，$\rho_s = 7850 \text{kg/m}^3$；

c_s ——钢材的比热，$c_s = 600 \text{J/(kg·K)}$；

ρ_i ——防火保护层的密度（kg/m^3）；

c_i ——防火保护层的比热 [J/(kg·K)]；

F_i ——单位构件长度的防火保护层的内表面积（m^3/m）；

d_i ——防火保护层厚度（m）；

λ_i ——防火保护层的导热系数 [W/(m·K)]。

11.1.6 进行结构构件抗火验算时，受火构件在外荷载作用下的内力，可采用常温下相同荷载所产生的内力。

11.1.7 进行结构抗火验算时，采用下式对荷载效应进行组合：

$$S = \gamma_G S_{Gk} + \sum_i \gamma_{Qi} S_{Qki} + \gamma_W S_{Wk} + \gamma_F S_T$$

$$(11.1.7)$$

式中：S ——荷载组合效应；

S_{Gk} ——永久荷载标准值的效应；

S_{Qki} ——楼面或屋面活载（不考虑屋面雪载）标准值的效应；

S_{Wk} ——风荷载标准值的效应；

S_T ——构件或结构的温度变化（考虑温度效应）产生的效应；

γ_G ——永久荷载分项系数，取 1.0；

γ_{Qi} ——楼面或屋面活载分项系数，取 0.7；

γ_W ——风载分项系数，取 0 或 0.3，选不利情况；

γ_F ——温度效应的分项系数，取 1.0。

11.1.8 进行钢构件抗火设计时，应考虑温度内力的影响。在荷载效应组合中不考虑温度内力时，则对于在结构中受约束较大的构件应将计算所得的保护层厚度增加 30% 作为构件的保护层设计厚度。

11.1.9 连接节点的防火保护层厚度不得小于被连接构件保护层厚度的较大值。

11.2 钢梁与柱的抗火设计

11.2.1 对于钢框架梁，当有楼板作为梁的可靠侧向支撑时，应按下列公式进行梁的抗火验算。

$$\frac{B_n}{8} q l^2 \leqslant W_p \gamma_R \eta_T f \qquad (11.2.1-1)$$

当 $20℃ \leqslant T_s \leqslant 300℃$ 时，

$$\eta_T = 1 \qquad (11.2.1-2)$$

当 $300℃ < T_s < 800℃$ 时，

$$\eta_T = 1.24 \times 10^{-8} T_s^3 - 2.096 \times 10^{-5} T_s^2$$
$$+ 9.228 \times 10^{-3} T_s - 0.2168 \qquad (11.2.1-3)$$

式中：q ——作用在梁上的局部荷载设计值（N/mm）；

l ——梁的跨度（mm）；

B_n ——与梁连接有关的系数，当梁两端铰接时，取 1.0，当梁两端刚接时，取 0.5；

W_p ——梁的塑性截面模量（mm^3）；

f ——常温下钢材的抗拉、抗压和抗弯强度设计值（N/mm^2）；

γ_R ——钢材抗火设计强度调整系数，取 1.1；

η_T ——高温下钢材强度折减系数；

T_s ——火灾下构件的内部温度（℃），按本规程第 11.1.5 条确定。

11.2.2 钢框架柱应按下列公式验算火灾下框架平面内和平面外的整体稳定性。

$$\frac{N}{\varphi_T A} \leqslant 0.75 \gamma_R \eta_T f \qquad (11.2.2-1)$$

$$\varphi_T = \alpha \varphi \qquad (11.2.2-2)$$

式中：N ——火灾下框架柱的轴压力设计值（N）；

φ_T ——按框架平面内或平面外柱的计算长度确定的高温下轴压构件的稳定系数的较小值；

α ——系数，根据构件的长细比和温度按表 11.2.2 确定；

φ ——受压构件的稳定系数，按现行国家标准《钢结构设计规范》GB 50017 的有关规定确定。

表 11.2.2 系数 α 的确定

构件温度（℃） 构件长细比	200	300	400	500	550	570	580	600
$\leqslant 50$	1.00	1.00	1.00	1.00	1.00	1.00	1.00	0.96
100	1.04	1.08	1.12	1.12	1.05	1.00	0.97	0.85
150	1.08	1.14	1.21	1.21	1.11	1.00	0.94	0.74
$\geqslant 200$	1.10	1.17	1.25	1.25	1.13	1.00	0.93	0.68

11.3 压型钢板组合楼板

11.3.1 当压型钢板组合楼板中的压型钢板仅用作混凝土楼板的永久性模板、不充当板底受拉钢筋参与结构受力时，压型钢板可不进行防火保护。

11.3.2 当压型钢板组合楼板中的压型钢板除用作混凝土楼板的永久性模板外、还充当板底受拉钢筋参与结构受力时，组合楼板应按下列规定进行耐火验算与防火设计。

1 组合楼板不允许发生大挠度变形时，在温升关系符合国家现行标准规定的标准火灾作用下，组合楼板的耐火时间 t_d 应按式（11.3.2-1）进行计算。当组合楼板的耐火时间 t_d 大于或等于组合楼板的设计耐火极限 t_m 时，组合楼板可不进行防火保护；当组合楼板的耐火时间 t_d 小于组合楼板的设计耐火极限 t_m 时，应按本规程第 11.3.3 条规定采取措施。

$$t_d = 114.06 - 26.8 \frac{M}{f_t W} \qquad (11.3.2-1)$$

式中：t_d ——无防火保护的组合楼板的耐火时间（min）；

M ——火灾下单位宽度组合楼板内的最大正弯矩设计值（N·mm）；

f_t ——常温下混凝土的抗拉强度设计值（N/mm^2）；

W ——常温下素混凝土板的截面模量（mm^3）。

2 组合楼板允许发生大挠度变形时，组合楼板的耐火验算可考虑组合楼板的薄膜效应。当火灾下组合楼板考虑薄膜效应时的承载力符合下式规定时，组合楼板可不进行防火保护；不符合下式规定时，应按本规程第 11.3.3 条的规定采取措施。

$$q_r \geq q \quad (11.3.2\text{-}2)$$

式中：q_r——火灾下组合楼板考虑薄膜效应时的承载力设计值（kN/m²），应按国家现行标准的规定确定；

q——火灾下组合楼板的荷载设计值（kN/m²），应按国家现行标准的规定确定。

11.3.3 当组合楼板不满足耐火要求时，应对组合楼板进行防火保护，或者在组合楼板内增配足够的钢筋、将压型钢板改为只作模板使用。其中，组合楼板的防火保护应根据组合楼板耐火试验结果确定，耐火试验应按现行国家标准《建筑构件耐火试验方法 第1部分：通用要求》GB/T 9978.1、《建筑构件耐火试验方法 第3部分：试验方法和试验数据应用注释》GB/T 9978.3、《建筑构件耐火试验方法 第5部分：承重水平分隔构件的特殊要求》GB/T 9978.5 的有关规定进行。

附录 A 偏心率计算

A.0.1 偏心率应按下列公式计算：

$$\varepsilon_x = \frac{e_y}{r_{ex}} \quad \varepsilon_y = \frac{e_x}{r_{ey}} \quad (A.0.1\text{-}1)$$

$$r_{ex} = \sqrt{\frac{K_T}{\sum K_x}} \quad r_{ey} = \sqrt{\frac{K_T}{\sum K_y}} \quad (A.0.1\text{-}2)$$

$$K_T = \sum(K_x \cdot y^2) + \sum(K_y \cdot x^2)$$
$$(A.0.1\text{-}3)$$

式中：c_x、c_y——分别为所计算楼层在 x 和 y 方向的偏心率；

e_x、e_y——分别为 x 和 y 方向水平作用合力线到结构刚心的距离；

r_{ex}、r_{ey}——分别为 x 和 y 方向的弹性半径；

$\sum K_x$、$\sum K_y$——分别为所计算楼层各抗侧力构件在 x 和 y 方向的侧向刚度之和；

K_T——所计算楼层的扭转刚度；

x、y——以刚心为原点的抗侧力构件坐标。

附录 B 钢板剪力墙设计计算

B.1 一般规定

B.1.1 钢板剪力墙可采用非加劲钢板和加劲钢板两种形式，并符合下列规定：

1 非抗震设计及四级的高层民用建筑钢结构，采用钢板剪力墙时，可以不设加劲肋（图B.1.1-1）；

2 三级及以上时，宜采用带竖向及（或）水平加劲肋的钢板剪力墙（图B.1.1-2），竖向加劲肋的设置，可采用竖向加劲肋不连续的构造和布置；

3 竖向加劲肋宜两面设置或两面交替设置，横向加劲肋宜单面或两面交替设置。

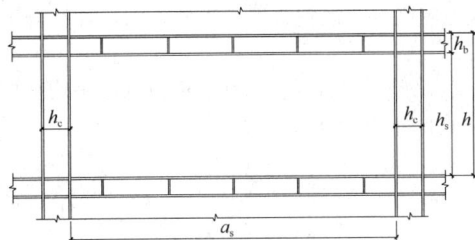

图 B.1.1-1 非加劲钢板剪力墙

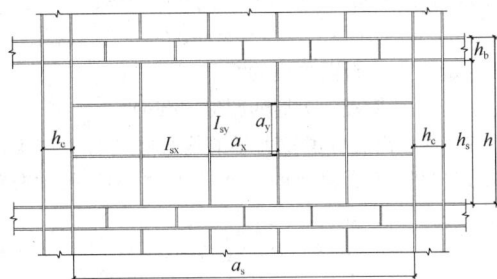

图 B.1.1-2 加劲钢板剪力墙

B.1.2 钢板剪力墙宜按不承受竖向荷载设计。实际情况不易实现时，承受竖向荷载的钢板剪力墙，其竖向应力导致抗剪承载力的下降不应大于20%。

B.1.3 钢板剪力墙的内力分析模型应符合下列规定：

1 不承担竖向荷载的钢板剪力墙，可采用剪切膜单元参与结构的整体内力分析；

2 参与承担竖向荷载的钢板剪力墙，应采用正交异性板的平面应力单元参与结构整体的内力分析。

B.2 非加劲钢板剪力墙计算

B.2.1 不承受竖向荷载的非加劲钢板剪力墙，不利用其屈曲后抗剪强度时，应按下列公式计算其抗剪稳定性：

$$\tau \leq \varphi_s f_v \quad (B.2.1\text{-}1)$$

$$\varphi_s = \frac{1}{\sqrt[3]{0.738 + \lambda_s^6}} \leq 1.0 \quad (B.2.1\text{-}2)$$

$$\lambda_s = \sqrt{\frac{f_y}{\sqrt{3}\tau_{cr0}}} \quad (B.2.1\text{-}3)$$

$$\tau_{cr0} = \frac{k_{ss0}\pi^2 E}{12(1-\nu^2)} \cdot \frac{t^2}{a_s^2} \quad (B.2.1\text{-}4)$$

$$\frac{h_s}{a_s} \geq 1 : k_{ss0} = 6.5 + \frac{5}{(h_s/a_s)^2} \quad (B.2.1\text{-}5)$$

$$\frac{h_s}{a_s} \leq 1 : k_{ss0} = 5 + \frac{6.5}{(h_s/a_s)^2} \quad (B.2.1\text{-}6)$$

式中：f_v——钢材抗剪强度设计值（N/mm²）；

ν——泊松比，可取 0.3；

E——钢材弹性模量（N/mm²）；

a_s、h_s——分别为剪力墙的宽度和高度（mm）；

t——钢板剪力墙的厚度（mm）。

B. 2. 2 不承受竖向荷载的非加劲钢板剪力墙，允许利用其屈曲后强度，但在荷载标准值组合作用下，其剪应力应满足本规程第 B. 2. 1 的要求，且符合下列规定：

1 考虑屈曲后强度的钢板剪力墙的平均剪应力应满足下列公式要求：

$$\tau \leqslant \varphi_{sp} f_v \qquad (\text{B. 2. 2-1})$$

$$\varphi_{sp} = \frac{1}{\sqrt[3]{0.552 + \lambda_s^{3.6}}} \leqslant 1.0 \qquad (\text{B. 2. 2-2})$$

2 按考虑屈曲后强度的设计，其横梁的强度计算中应考虑压力，压力的大小按下式计算：

$$N = (\varphi_{sp} - \varphi_s) a_s t f_v \qquad (\text{B. 2. 2-3})$$

式中：a_s ——钢板剪力墙的宽度（mm）；

t ——钢板剪力墙的厚度（mm）。

3 横梁尚应考虑拉力场的均布竖向分力产生的弯矩，与竖向荷载产生的弯矩叠加。拉力场的均布竖向分力按下式计算：

$$q_s = (\varphi_{sp} - \varphi_s) t f_v \qquad (\text{B. 2. 2-4})$$

4 剪力墙的边框柱，尚应考虑拉力场的水平均布分力产生的弯矩，与其余内力叠加。

5 利用钢板剪力墙屈曲后强度的设计，可设置少量竖向加劲肋组成接近方形的区格，其竖向强度、刚度应分别满足下列公式的要求：

$$N \leqslant (\varphi_{sp} - \varphi_s) a_x t f_v \qquad (\text{B. 2. 2-5})$$

$$\gamma = \frac{EI_{sy}}{Da_x} \geqslant 60 \qquad (\text{B. 2. 2-6})$$

$$D = \frac{Et^3}{12(1 - \nu^2)} \qquad (\text{B. 2. 2-7})$$

式中：a_x ——竖向加劲肋之间的水平距离（mm），在闭口截面加劲肋的情况下是区格净宽；

D ——剪力墙板的抗弯刚度（N·mm）。

B. 2. 3 竖向重力荷载产生的压应力应满足下列公式的要求：

$$\sigma_G \leqslant 0.3 \varphi_\sigma f \qquad (\text{B. 2. 3-1})$$

$$\varphi_\sigma = \frac{1}{(1 + \lambda_\sigma^{2.4})^{0.833}} \qquad (\text{B. 2. 3-2})$$

$$\lambda_\sigma = \sqrt{\frac{f_y}{\sigma_{cr0}}} \qquad (\text{B. 2. 3-3})$$

$$\sigma_{cr0} = \frac{k_{\sigma0} \pi^2 E}{12(1 - \nu^2)} \left(\frac{t}{a_s}\right)^2 \qquad (\text{B. 2. 3-4})$$

$$k_{\sigma0} = \chi \left(\frac{a_s}{h_s} + \frac{h_s}{a_s}\right)^2 \qquad (\text{B. 2. 3-5})$$

式中：χ ——嵌固系数，取 1.23。

B. 2. 4 钢板剪力墙承受弯矩的作用，弯曲应力应满足下列公式要求：

$$\sigma_b \leqslant \varphi_{bs} f \qquad (\text{B. 2. 4-1})$$

$$\varphi_{bs} = \frac{1}{\sqrt[3]{0.738 + \lambda_b^6}} \leqslant 1 \qquad (\text{B. 2. 4-2})$$

$$\lambda_b = \sqrt{\frac{f_y}{\sigma_{bcr0}}} \qquad (\text{B. 2. 4-3})$$

$$\sigma_{bcr0} = \frac{k_{b0} \pi^2 E}{12(1 - \nu^2)} \frac{t^2}{a_s^2} \qquad (\text{B. 2. 4-4})$$

$$k_{b0} = 11 \frac{h_s^2}{a_s^2} + 14 + 2.2 \frac{a_s^2}{h_s^2} \qquad (\text{B. 2. 4-5})$$

B. 2. 5 承受竖向荷载的钢板剪力墙或区格，应力组合应满足下式要求：

$$\left(\frac{\tau}{\varphi_s f_v}\right)^2 + \left(\frac{\sigma_b}{\varphi_{bs} f}\right)^2 + \frac{\sigma_G}{\varphi_\sigma f} \leqslant 1 \qquad (\text{B. 2. 5})$$

B. 2. 6 未加劲的钢板剪力墙，当有洞口时应符合下列规定：

1 洞口边缘应设置边缘构件，其平面外的刚度应满足下式的要求：

$$\gamma_y = \frac{EI_{sy}}{Da_x} \geqslant 150 \qquad (\text{B. 2. 6})$$

2 钢板剪力墙的抗剪承载力，应按洞口高度处的水平剩余截面计算；

3 当钢板剪力墙考虑屈曲后强度时，竖向边缘构件宜采用工字形截面或双加劲肋，尚应按压弯构件验算边缘构件的平面内、平面外稳定。其压力等于剪力扣除屈曲承载力；弯矩等于拉力场水平分力按均布荷载作用在两端固定的洞口边缘加劲肋上。

B. 2. 7 按不承受竖向重力荷载进行内力分析的钢板剪力墙，不考虑实际存在的竖向应力对抗剪承载力的影响，但应限制实际可能存在的竖向应力。竖向应力 σ_G 应满足本规程第 B. 2. 3 条的要求，σ_G 应按下式计算：

$$\sigma_G = \frac{\sum N_i}{\sum A_i + A_s} \qquad (\text{B. 2. 7})$$

式中：$\sum N_i, \sum A_i$ ——分别为重力荷载在剪力墙边框柱中产生的轴力（N）和边框柱截面面积（mm²）的和，当边框是钢管混凝土柱时，混凝土应换算成钢截面面积；

A_s ——剪力墙截面面积（mm²）。

B. 3 仅设置竖向加劲肋的钢板剪力墙计算

B. 3. 1 按本节和第 B. 4 节规定设计的加劲钢板剪力墙，一般不利用其屈曲后强度。竖向加劲肋宜在构造上采取不承受竖向荷载的措施。

B. 3. 2 仅设置竖向加劲肋的钢板剪力墙，其弹性剪切屈曲临界应力应按下列公式计算：

1 当 $\gamma = \dfrac{EI_s}{Da_x} \geqslant \gamma_{rth}$ 时：

$$\tau_{cr} = \tau_{crp} = k_{\tau p} \frac{\pi^2 E}{12(1 - \nu^2)} \frac{t^2}{a_x^2} \qquad (\text{B. 3. 2-1})$$

$$\frac{h_s}{a_x} \geqslant 1: \ k_{\tau p} = \chi \left[5.34 + \frac{4}{(h_s/a_x)^2}\right]$$

$$(\text{B. 3. 2-2})$$

$$\frac{h_s}{a_x} \leqslant 1: \ k_{\tau p} = \chi \left[4 + \frac{5.34}{(h_s/a_x)^2}\right] \qquad (\text{B. 3. 2-3})$$

2 当 $\gamma < \gamma_{rth}$ 时：

$$\tau_{cr} = k_{ss} \frac{\pi^2 E}{12(1-\nu^2)} \frac{t^2}{a_s^2} \quad (\text{B.3.2-4})$$

$$k_{ss} = k_{ss0} \frac{a_x^2}{a_s^2} + \left(k_{\tau p} - k_{ss0} \frac{a_x^2}{a_s^2}\right) \left(\frac{\gamma}{\gamma_{\tau th}}\right)^{0.6}$$
$$(\text{B.3.2-5})$$

3 当 $0.8 \leqslant \beta = \dfrac{h_s}{a_x} \leqslant 5$ 时，$\gamma_{\tau th}$ 应按下列公式计算：

$$\gamma_{\tau th} = 6\eta_v(7\beta^2 - 5) \geqslant 6 \quad (\text{B.3.2-6})$$

$$\eta_v = 0.42 + \frac{0.58}{[1 + 5.42(J_{sy}/I_{sy})^{2.6}]^{0.77}}$$
$$(\text{B.3.2-7})$$

$$a_x = \frac{a_s}{n_v + 1} \quad (\text{B.3.2-8})$$

式中：χ —— 闭口加劲肋时取 1.23，开口加劲肋时取 1.0。

J_{sy}、I_{sy} —— 分别为竖向加劲肋自由扭转常数和惯性矩（mm^4）；

a_x —— 在闭口加劲肋的情况下取区格净宽（mm）；

n_v —— 竖向加劲肋的道数。

B.3.3 仅设置竖向加劲肋的钢板剪力墙，竖向受压弹性屈曲应力应按下列公式计算：

1 当 $\gamma \geqslant \gamma_{\sigma th}$ 时：

$$\sigma_{cr} = \sigma_{crp} = \frac{k_{pan}\pi^2 E}{12(1-\nu^2)} \left(\frac{t}{a_x}\right)^2 \quad (\text{B.3.3-1})$$

式中：k_{pan} —— 小区格竖向受压屈曲系数，取 $k_{pan} = 4\chi$；

χ —— 嵌固系数，开口加劲肋取 1.0，闭口加劲肋取 1.23。

2 当 $\gamma < \gamma_{\sigma th}$ 时：

$$\sigma_{cr} = \sigma_{cr0} + (\sigma_{crp} - \sigma_{cr0})\frac{\gamma}{\gamma_{\sigma th}} \quad (\text{B.3.3-2})$$

式中：σ_{cr0} —— 未加劲钢板剪力墙的竖向屈曲应力。

3 $\gamma_{\sigma th}$ 应按下式计算：

$$\gamma_{\sigma th} = 1.5\left(1 + \frac{1}{n_v}\right)\left[k_{pan}(n_v+1)^2 - k_{\sigma 0}\right]\frac{h_s^2}{a_s^2}$$
$$(\text{B.3.3-3})$$

B.3.4 仅设置竖向加劲肋的钢板剪力墙，其竖向抗弯弹性屈曲应力应按下列公式计算：

1 当 $\gamma \geqslant \gamma_{\sigma th}$ 时：

$$\sigma_{bcrp} = \frac{k_{bpan}\pi^2 E}{12(1-\nu^2)} \left(\frac{t}{a_x}\right)^2 \quad (\text{B.3.4-1})$$

$$k_{bpan} = 4 + 2\beta_{\sigma} + 2\beta_{\sigma}^3 \quad (\text{B.3.4-2})$$

式中：k_{bpan} —— 小区格竖向不均匀受压屈曲系数；

β_{σ} —— 区格两边的应力差除以较大压应力。

2 当 $\gamma < \gamma_{\sigma th}$ 时：

$$\sigma_{bcr} = \sigma_{bcr0} + (\sigma_{bcrp} - \sigma_{bcr0})\frac{\gamma}{\gamma_{\sigma th}} \quad (\text{B.3.4-3})$$

式中：σ_{bcr0} —— 未加劲钢板剪力墙的竖向弯曲屈曲应力（N/mm^2）。

B.3.5 加劲钢板剪力墙，在剪应力、压应力和弯曲应力作用下的弹塑性承载力的计算应符合下列规定：

1 应由受剪、受压和受弯各自的弹性临界应力，分别按本规程第 B.2.1 条、第 B.2.3 条和第 B.2.4 条计算稳定性；

2 在受剪、受压和受弯组合内力作用下的稳定承载力应按本规程第 B.2.5 条计算；

3 当竖向重力荷载产生的应力设计值，不符合本规程第 B.2.7 条的规定时，应采取措施减少竖向荷载传递给剪力墙。

B.4 仅设置水平加劲肋的钢板剪力墙计算

B.4.1 仅设置水平加劲肋的钢板剪力墙的受剪计算，应符合下列规定：

1 当 $\gamma_x = \dfrac{EI_{sx}}{Da_y} \geqslant \gamma_{\tau th,h}$ 时，弹性屈曲剪应力应按小区格计算：

$$\tau_{crp} = k_{\tau p} \frac{\pi^2 E t^2}{12(1-\nu^2)a_s^2} \quad (\text{B.4.1-1})$$

当 $\dfrac{a_y}{a_s} \geqslant 1$ 时，$\quad k_{\tau p} = \chi\left[5.34 + \dfrac{4}{(a_y/a_s)^2}\right]$
$$(\text{B.4.1-2})$$

当 $\dfrac{a_y}{a_s} \leqslant 1$ 时，$\quad k_{\tau p} = \chi\left[4 + \dfrac{5.34}{(a_y/a_s)^2}\right]$
$$(\text{B.4.1-3})$$

当 $0.8 \leqslant \beta_h = \dfrac{a_s}{a_y} \leqslant 5$ 时，$\gamma_{\tau th,h} = 6\eta_h(7\beta_h^2 - 4) \geqslant 5$
$$(\text{B.4.1-4})$$

$$\eta_h = 0.42 + \frac{0.58}{[1 + 5.42(J_{sx}/I_{sx})^{2.6}]^{0.77}}$$
$$(\text{B.4.1-5})$$

$$a_y = \frac{h_s}{n_h + 1} \quad (\text{B.4.1-6})$$

式中：J_{sx}、I_{sx} —— 分别为水平加劲肋自由扭转常数和惯性矩（mm^4）；

a_y —— 在闭口加劲肋的情况下取区格净高（mm）；

n_h —— 水平加劲肋的道数。

2 当 $\gamma < \gamma_{\tau th,h}$ 时：

$$\tau_{cr} = k_{ss} \frac{\pi^2 E}{12(1-\nu^2)} \left(\frac{t}{a_s}\right)^2 \quad (\text{B.4.1-7})$$

$$k_{ss} = k_{ss0} + (k_{\tau p} - k_{ss0}) \left(\frac{\gamma}{\gamma_{\tau th,h}} \right)^{0.6}$$

$$(\text{B.4.1-8})$$

B.4.2 仅设置水平加劲肋的钢板剪力墙竖向受压计算，应符合下列规定：

1 当 $\gamma_x = \dfrac{EI_{sx}}{Da_y} \geqslant \gamma_{x0}$ 时，在竖向荷载作用下的临界应力应按下列公式计算：

$$\sigma_{crp} = k_{pan} \frac{\pi^2 E t^2}{12(1-\nu^2)a_s^2} \quad (\text{B.4.2-1})$$

$$k_{pan} = \left(\frac{a_s}{a_y} + \frac{a_y}{a_s} \right)^2 \quad (\text{B.4.2-2})$$

$$\gamma_{x0} = 0.3 \left(1 + \cos\frac{\pi}{n_h+1} \right) \left(1 + \frac{a_s^2}{a_y^2} \right)^2$$

$$(\text{B.4.2-3})$$

2 当 $\gamma_x < \gamma_{x0}$ 时：

$$\sigma_{cr} = \sigma_{cr0} + (\sigma_{crp} - \sigma_{cr0}) \left(\frac{\gamma}{\gamma_{x0}} \right)^{0.6} \quad (\text{B.4.2-4})$$

B.4.3 仅设置水平加劲肋的钢板剪力墙的受弯计算，应符合下列规定：

1 当 $\gamma_x \geqslant \gamma_{x0}$ 时，在弯矩作用下的临界应力应按下列公式计算：

$$\sigma_{bcrp} = K_{bpan} \frac{\pi^2 D}{a_s^2 t} \quad (\text{B.4.3-1})$$

$$K_{bpan} = 11 \left(\frac{a_y}{a_s} \right)^2 + 14 + 2.2 \left(\frac{a_s}{a_y} \right)^2$$

$$(\text{B.4.3-2})$$

2 当 $\gamma_x < \gamma_{x0}$ 时：

$$\sigma_{b,cr} = \sigma_{bcr0} + (\sigma_{bcrp} - \sigma_{bcr0}) \left(\frac{\gamma}{\gamma_{x0}} \right)^{0.6}$$

$$(\text{B.4.3-3})$$

B.4.4 水平加劲钢板剪力墙，在剪应力、压应力和弯曲应力作用下的弹塑性承载力的验算，应符合下列规定：

1 应由受剪、受压和受弯各自的弹性临界应力，分别按本规程第 B.2.1 条、第 B.2.3 条和第 B.2.4 条计算各自的稳定性；

2 在受剪、受压和受弯组合内力作用下的稳定承载力应按本规程第 B.2.5 条计算；

3 当竖向重力荷载产生的应力设计值，不符合本规程第 B.2.7 条的规定时，应采取措施减小竖向荷载传递给剪力墙。

B.5 设置水平和竖向加劲肋的钢板剪力墙计算

B.5.1 同时设置水平和竖向加劲肋的钢板剪力墙，不宜采用考虑屈曲后强度的计算；加劲肋一侧的计算宽度取钢板剪力墙厚度的 15 倍（图 B.5.1）。加劲肋划分的剪力墙板区格的宽高比宜接近 1；剪力墙板区格的宽厚比应满足下列公式的要求：

当采用开口加劲肋时， $\dfrac{a_x + a_y}{t} \leqslant 220$

$$(\text{B.5.1-1})$$

当采用闭口加劲肋时， $\dfrac{a_x + a_y}{t} \leqslant 250$

$$(\text{B.5.1-2})$$

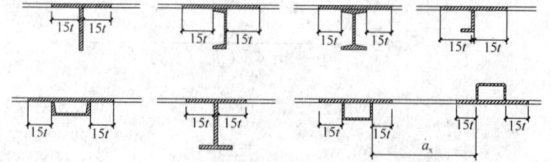

图 B.5.1 单面加劲时计算加劲肋惯性矩的截面

B.5.2 当加劲肋的刚度参数满足下列公式时，可只验算区格的稳定性。

$$\gamma_x = \frac{EI_{sx}}{Da_y} \geqslant 33\eta_h \quad (\text{B.5.2-1})$$

$$\gamma_y = \frac{EI_{sy}}{Da_x} \geqslant 40\eta_v \quad (\text{B.5.2-2})$$

B.5.3 当加劲肋的刚度不符合本规程第 B.5.2 条的规定时，加劲钢板剪力墙的剪切临界应力应满足下列公式的要求：

$$\tau_{cr} = \tau_{cr0} + (\tau_{crp} - \tau_{cr0}) \left(\frac{\gamma_{av}}{36.33 \sqrt{\eta_v \eta_h}} \right)^{0.7} \leqslant \tau_{crp}$$

$$(\text{B.5.3-1})$$

$$\gamma_{av} = \sqrt{\frac{EI_{sx}}{Da_x} \cdot \frac{EI_{sy}}{Da_y}} \quad (\text{B.5.3-2})$$

式中：τ_{crp} —— 小区格的剪切屈曲临界应力（N/ mm²）；

τ_{cr0} —— 未加劲板的剪切屈曲临界应力（N/ mm²）。

B.5.4 当加劲肋的刚度不符合本规程第 B.5.2 条的规定时，加劲钢板剪力墙的竖向临界应力应按下列公式计算：

当 $\dfrac{h_s}{a_s} < \left(\dfrac{D_y}{D_x} \right)^{0.25}$ 时，

$$\sigma_{ycr} = \frac{\pi^2}{a_s^2 t_s} \left(\frac{h_s^2}{a_s^2} D_x + 2D_{xy} + D_y \frac{a_s^2}{h_s^2} \right) \quad (\text{B.5.4-1})$$

当 $\dfrac{h_s}{a_s} \geqslant \left(\dfrac{D_y}{D_x} \right)^{0.25}$ 时，$\sigma_{ycr} = \dfrac{2\pi^2}{a_s^2 t_s} \left(\sqrt{D_x D_y} + D_{xy} \right)$

$$(\text{B.5.4-2})$$

$$D_x = D + \frac{EI_{sx}}{a_y} \quad (\text{B.5.4-3})$$

$$D_y = D + \frac{EI_{sy}}{a_x} \quad (\text{B.5.4-4})$$

$$D_{xy} = D + \frac{1}{2}\left(\frac{GJ_{sx}}{a_x} + \frac{GJ_{sy}}{a_y}\right) \quad (B.5.4\text{-}5)$$

B.5.5 设置水平和竖向加劲肋的钢板剪力墙，其竖向抗弯弹性屈曲应力应按下列公式计算：

当 $\dfrac{h_s}{a_s} < \dfrac{2}{3}\left(\dfrac{D_y}{D_x}\right)^{0.25}$ 时，

$$\sigma_{bcr} = \frac{6\pi^2}{a_s^2 t_s}\left(\frac{a_s^2}{h_s^2}D_y + 2D_{xy} + D_x\frac{h_s^2}{a_s^2}\right) \quad (B.5.5\text{-}1)$$

当 $\dfrac{h_s}{a_s} \geqslant \dfrac{2}{3}\left(\dfrac{D_y}{D_x}\right)^{0.25}$ 时，

$$\sigma_{bcr} = \frac{12\pi^2}{a_s^2 t_s}\left(\sqrt{D_x D_y} + D_{xy}\right) \quad (B.5.5\text{-}2)$$

B.5.6 双向加劲钢板剪力墙，在剪应力、压应力和弯曲应力作用下的弹塑性稳定承载力的验算，应符合下列规定：

1 应由受剪、受压和受弯各自的弹性临界应力，分别按本规程第 B.2.1 条、第 B.2.3 条和第 B.2.4 条计算各自的稳定性；

2 在受剪、受压和受弯组合内力作用下的稳定承载力应按本规程第 B.2.5 条计算；

3 竖向重力荷载作用产生的应力设计值，不宜大于竖向弹塑性稳定承载力设计值的 0.3 倍。

B.5.7 加劲的钢板剪力墙，当有门窗洞口时，应符合下列规定：

1 计算钢板剪力墙的抗剪承载力时，不计算洞口以外部分的水平投影面积；

2 钢板剪力墙上开设门洞时，门洞口边加劲肋的刚度，应满足本规程第 B.2.6 条的要求，加强了的竖向边缘加劲肋应延伸至整个楼层高度，门洞上边的边缘加劲肋宜延伸 600mm 以上。

B.6 弹塑性分析模型

B.6.1 允许利用屈曲后强度的钢板剪力墙，参与整体结构的静力弹塑性分析时，宜采用下列平均剪应力与平均剪应变关系曲线（图 B.6.1）。

B.6.2 允许利用屈曲后强度的钢板剪力墙，平均剪应变应按下列公式计算：

$$\gamma_s = \frac{\varphi'_s f_v}{G} \quad (B.6.2\text{-}1)$$

$$\gamma_{sp} = \gamma_s + \frac{(\varphi'_{sp} - \varphi'_s)f_v}{\kappa G} \quad (B.6.2\text{-}2)$$

$$\kappa = 1 - 0.2\frac{\varphi'_{sp}}{\varphi'_s}, \quad 0.5 \leqslant \kappa \leqslant 0.7$$
$$(B.6.2\text{-}3)$$

式中：φ'_s、φ'_{sp}——分别为扣除竖向重力荷载影响的剩余剪切屈曲强度和屈曲后强度的稳定系数。

B.6.3 设置加劲肋的钢板剪力墙，不利用其屈曲后强度，参与静力弹塑性分析时，应采用下列平均剪

力与平均剪应变关系曲线（图 B.6.3）。

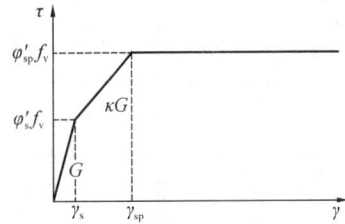

图 B.6.1 考虑屈曲后强度的平均剪应力与平均剪应变关系曲线

τ——平均剪应力；γ——平均剪应变

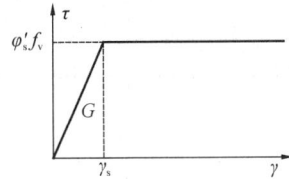

图 B.6.3 未考虑屈曲后强度的平均剪应力与平均剪应变关系曲线

τ——平均剪应力；γ——平均剪应变

B.6.4 弹塑性动力分析时，应采用合适的滞回曲线模型。在设置加劲肋的情况下，可采用双线性弹塑性模型，第二阶段的剪切刚度取为初始刚度的 0.01～0.03，但最大强度应取为 $\varphi'_s f_v$。

B.7 焊接要求

B.7.1 钢柱上应焊接鱼尾板作为钢板剪力墙的安装临时固定，鱼尾板与钢柱应采用熔透焊缝焊接，鱼尾板与钢板剪力墙的安装宜采用水平槽孔，钢板剪力墙与柱子的焊接应采用与钢板等强的对接焊缝，对接焊缝质量等级三级；鱼尾板尾部与钢板剪力墙宜采用角焊缝现场焊接（图 B.7.1）。

B.7.2 当设置水平加劲肋时，可以采用横向加劲肋贯通，钢板剪力墙水平切断的形式，此时钢板剪力墙与水平加劲肋的焊缝，采用熔透焊缝，焊缝质量等级二级，现场应采用自动或半自动气体保护焊，单面熔透焊缝的垫板应采用熔透焊缝焊接在贯通加劲肋上，垫板上部与钢板剪力墙角焊缝焊接。钢板厚度大于等于 22mm 时宜采用 K 形熔透焊。

B.7.3 钢板剪力墙跨的钢梁腹板，其厚度不应小于钢板剪力墙厚度。其翼缘可采用加劲肋代替，但此处加劲肋的截面，不应小于所需要钢梁的翼缘截面。加劲肋与钢柱的焊缝质量等级按梁柱节点的焊缝要求执行。

B.7.4 加劲肋与钢板剪力墙的焊缝，水平加劲肋与柱子的焊缝，水平加劲肋与竖向加劲肋的焊缝，根据加劲肋的厚度可选择双面角焊缝或坡口全熔透焊缝，达到与加劲肋等强，熔透焊缝质量等级为三级。

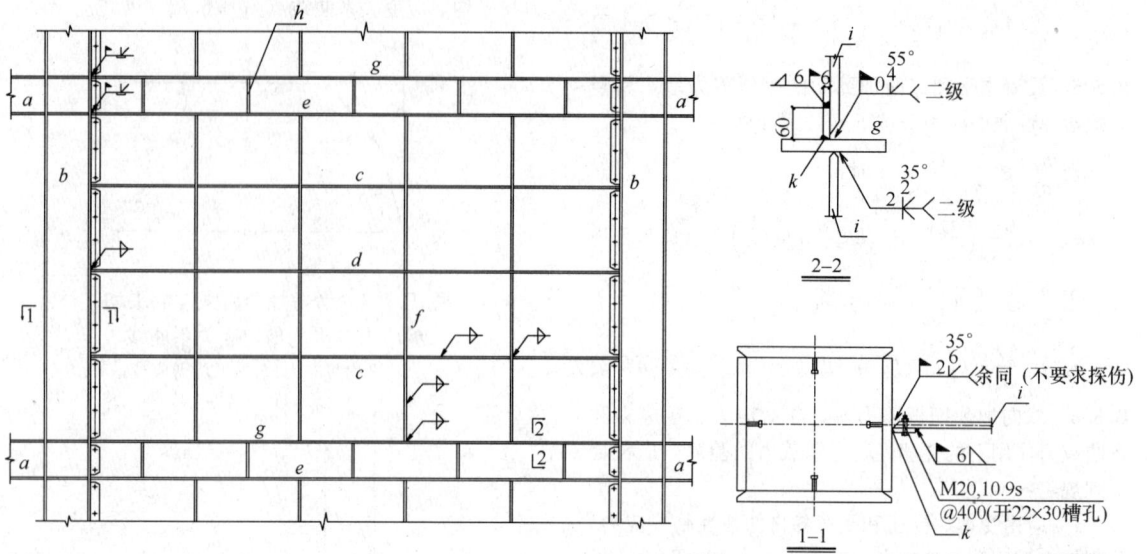

图 B.7.1　焊接要求

a—钢梁；b—钢柱；c—水平加劲肋；d—贯通式水平加劲肋；
e—水平加劲肋兼梁的下翼缘；f—竖向加劲肋；g—贯通式水平
加劲肋兼梁的上翼缘；h—梁内加劲肋，与剪力墙上的加劲肋错开，
可尽量减少加劲肋承担的竖向应力；i—钢板剪力墙；k—工厂熔透焊缝

附录 C　无粘结内藏钢板支撑墙板的设计

C.1　一　般　规　定

C.1.1　内藏钢板支撑的形式宜采用人字支撑、V形支撑或单斜杆支撑，且应设置成中心支撑。若采用单斜杆支撑，应在相应柱间成对对称布置。

C.1.2　内藏钢板支撑的净截面面积，应根据无粘结内藏钢板支撑墙板所承受的楼层剪力按强度条件选择，不考虑屈曲。

C.1.3　无粘结内藏钢板支撑墙板制作中，应对内藏钢板表面的无粘结材料的性能和敷设工艺进行专门的验证。无粘结材料应沿支撑轴向均匀地设置在支撑钢板与墙板孔壁之间。

C.1.4　钢板支撑的材料性能应符合下列规定：

　　1　钢材拉伸应有明显屈服台阶，且钢材屈服强度的波动范围不应大于100N/mm²；

　　2　屈强比不应大于0.8，断后伸长率 A 不应小于20%；

　　3　应具有良好的可焊性。

C.2　构　造　要　求

C.2.1　混凝土墙板厚度 T_c 应满足下列公式要求。支撑承载力调整系数可按表 C.2.1 采用。

$$T_c \geqslant 2\sqrt{A} \cdot \left(\frac{f_y}{235}\right)^{\frac{1}{3}} \cdot \chi \qquad (C.2.1-1)$$

$$T_c \geqslant \left[\frac{6N_{max}a_0}{5bf_t(1-N_{max}/N_E)}\right]^{\frac{1}{2}} \qquad (C.2.1-2)$$

$$T_c \geqslant 140mm \qquad (C.2.1-3)$$

$$T_c \geqslant 7t \qquad (C.2.1-4)$$

$$N_E = \pi^2 E_c I/L^2 \qquad (C.2.1-5)$$

$$I = 5bT_c^3/12 \qquad (C.2.1-6)$$

$$N_{max} = \beta\omega\eta A f_y \qquad (C.2.1-7)$$

式中：A——支撑钢板屈服段的横截面面积（mm²）；

　　　f_y——支撑钢材屈服强度实测值（N/mm²）；

　　　χ——循环荷载下的墙板加厚系数，可结合滞回试验确定，无试验时可取 1.2；

　　　a_0——钢板支撑中部面外初始弯曲矢高与间隙之和（mm）；

　　　b——钢板支撑屈服段的宽度（mm）；

　　　f_t——墙板混凝土的轴心抗拉强度设计值（N/mm²）；

　　　N_E——宽度为 5b 的混凝土墙板的欧拉临界力（N），按两端铰接计算；

　　　E_c——墙板混凝土弹性模量（N/mm²）；

　　　L——钢板支撑长度（mm）；

　　　t——钢板支撑屈服段的厚度（mm）；

　　　N_{max}——钢板支撑的最大轴向承载力（N）；

　　　β——支撑与墙板摩擦作用的受压承载力调整系数；

　　　ω——应变硬化调整系数；

　　　　　——钢板支撑钢材的超强系数，定义为屈服强度实测值与名义值之比，当 f_y 采用实

测值时取 $\eta = 1.0$。

表 C.2.1　支撑承载力调整系数

钢材牌号	η	ω	β
Q235	1.25	1.5	1.2
其他钢材	通过试验或参考相关研究取值		

注：一般采用的钢材要求 $100\text{N/mm}^2 \leqslant f_y \leqslant 345\text{N/mm}^2$。

C.2.2　支撑钢板与墙板间应留置适宜间隙（图 C.2.2），为实现适宜间隙量值，板厚和板宽方向每侧无粘结材料的厚度宜满足下列公式要求：

$$C_t = 0.5\varepsilon_p t \qquad (\text{C.2.2-1})$$

$$C_b = 0.5\varepsilon_p b \qquad (\text{C.2.2-2})$$

$$\varepsilon_p = \delta/L_p \qquad (\text{C.2.2-3})$$

$$\delta = \Delta\cos\alpha \approx h\gamma\cos\alpha \qquad (\text{C.2.2-4})$$

式中：b、t——分别为支撑钢板的宽度和厚度。

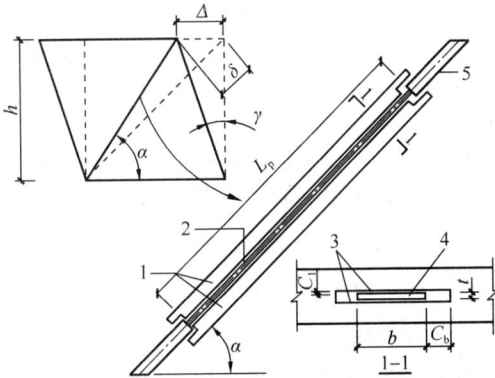

图 C.2.2　钢板支撑与墙板孔道间的适宜间隙
1—墙板；2—屈服段；3—墙板孔壁；
4—钢板支撑；5—弹性段

C.2.3　钢板支撑宜采用较厚实的截面，支撑的宽厚比宜满足下式的要求。钢板支撑两端应设置加劲肋。钢板支撑的厚度不应小于12mm。

$$5 \leqslant b/t \leqslant 19 \qquad (\text{C.2.3})$$

C.2.4　墙板的混凝土强度等级不应小于C20。混凝土墙板内应设双层钢筋网，每层单向最小配筋率不应小于0.2%，且钢筋直径不应小于6mm，间距不应大于150mm。沿支撑周围间距应加密至75mm，加密筋每层单向最小配筋率不应小于0.2%。双层钢筋网之间应适当设置连系钢筋，在支撑钢板周围应加强双层钢筋网之间的拉结，钢筋网的保护层厚度不应小于15mm。应在支撑上部加劲肋端部粘贴松软的泡沫橡胶作为缓冲材料（图 C.2.4）。

C.2.5　在支撑两端的混凝土墙板边缘应设置锚板或角钢等加强件，且应在该处墙板内设置箍筋或加密筋等加强构造（图 C.2.5）。

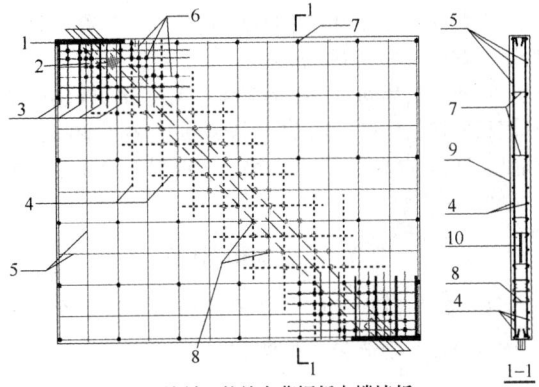

(a) 单斜无粘结内藏钢板支撑墙板

1—锚板；2—泡沫橡胶；3—锚筋；4—加密钢筋；
5—双层双向钢筋；6—加密的钢筋和拉结筋；
7—拉结筋；8—加密拉结筋；9—墙板；10—钢板支撑

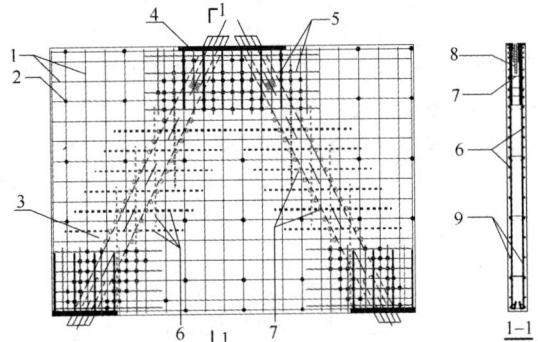

(b) 人字形无粘结内藏钢板支撑墙板

1—双层双向钢筋；2—拉结筋；3—墙板；4—锚板；
5—加密的钢筋和拉结筋；6—加密钢筋；7—加密拉结筋；
8—钢板支撑；9—双层双向钢筋

图 C.2.4　墙板内钢筋布置

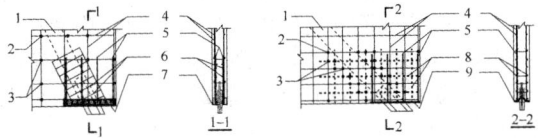

(a) 角钢和箍筋　　(b) 锚板和加密的双层双向钢筋、拉结筋

图 C.2.5　墙板端部的加强构造
1—钢板支撑；2—拉结筋；3—加密的拉结筋；
4—纵横向双层钢筋；5—锚板；6—箍筋；7—角钢；
8—加密的纵横向钢筋；9—锚板

C.2.6　当平卧浇捣混凝土墙板时，应避免钢板自重引起支撑的初始弯曲。应使支撑的初始弯曲矢高小于 $L/1000$，L 为支撑的长度。

C.2.7　支撑钢板应进行刨边加工，应力求沿轴向截面均匀，其两端的加劲肋宜用角焊缝沿侧边均匀施焊，避免偏心和应力集中。

C.2.8　无粘结内藏钢板支撑墙板应仅在节点处与框架结构相连，墙板的四周均应与框架间留有间隙。在无粘结内藏钢板支撑墙板安装完毕后，墙板四周与框架之间的间隙，宜用隔音的弹性绝缘材料填充，并用轻型金属架及耐火板材覆盖。

墙板与框架间的间隙量应综合无粘结内藏钢板支撑墙板的连接构造和施工等因素确定。最小的间隙应满足层间位移达1/50时，墙板与框架在平面内不发生碰撞。

C.3 强度和刚度计算

C.3.1 多遇地震作用下，无粘结内藏钢板支撑承担的楼层剪力 V 应满足下式的要求：

$$0.81 \leqslant \frac{V}{nA_p f_y \cos\alpha} \leqslant 0.90 \qquad (C.3.1)$$

式中：n——支撑斜杆数，单斜杆支撑 $n=1$，人字支撑和 V 形支撑 $n=2$；

α——支撑杆相对水平面的倾角；

A_p——支撑杆屈服段的横截面面积（mm^2）；

f_y——支撑钢材的屈服强度（N/mm^2）。

C.3.2 钢板在屈服前后，不考虑失稳的整个钢板支撑的抗侧刚度应按下列公式计算：

当 $\Delta \leqslant \Delta_y$ 时，$k_e = E(\cos\alpha)^2/(l_p/A_p + l_e/A_e)$
$$(C.3.2-1)$$

当 $\Delta > \Delta_y$ 时，$k_t = (\cos\alpha)^2/(l_p/E_t A_p + l_e/EA_e)$
$$(C.3.2-2)$$

式中：Δ_y——支撑的侧向屈服位移（mm）；

A_e——支撑两端弹性段截面面积（mm^2）；

A_p——中间屈服段截面面积（mm^2）；

l_p——支撑屈服段长度（mm）；

l_e——支撑弹性段的总长度（mm）；

E——钢材的弹性模量（N/mm^2）；

E_t——屈服段的切线模量（N/mm^2）。

C.3.3 无粘结内藏钢板支撑墙板可简化为与其抗侧能力等效的等截面支撑杆件（图 C.3.3）。其等效支撑杆件的截面面积 A_{eq}，等效支撑杆件的屈服强度 f_{yeq}，等效支撑杆件的切线模量 E_{teq}，可按下列公式计算：

$$A_{eq} = L/a \qquad (C.3.3-1)$$

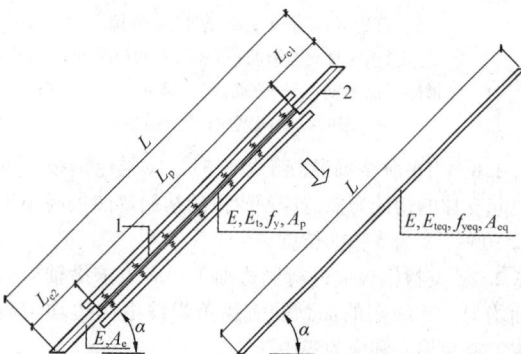

图 C.3.3　无粘结内藏钢板支撑墙板的简化模型
1—屈服段；2—弹性段

$$f_{yeq} = A_p f_y a/L \qquad (C.3.3-2)$$
$$E_{teq} = k_t L/(A_{eq}(\cos\alpha)^2) = a/t \qquad (C.3.3-3)$$
$$L = L_p + L_e \qquad (C.3.3-4)$$
$$L_e = L_{e1} + L_{e2} \qquad (C.3.3-5)$$
$$a = L_p/A_p + L_e/A_e \qquad (C.3.3-6)$$
$$t = L_p/E_t A_p + L_e/EA_e \qquad (C.3.3-7)$$

C.3.4 单斜和人字形无粘结内藏钢板支撑墙板计算分析时，可采用下列两种滞回模型（图 C.3.4）。对于单斜钢板支撑，当拉、压两侧的承载力和刚度相差较小时，也可以采用拉、压两侧一致的滞回模型。

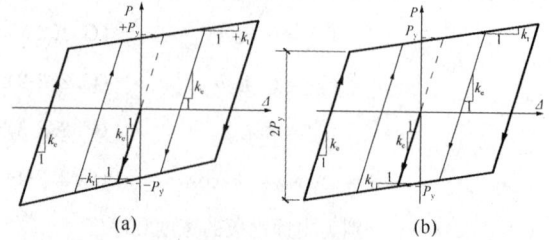

图 C.3.4　无粘结内藏钢板支撑墙板的滞回模型

C.3.5 可应用性能化设计等方法，结合支撑屈服后超强等因素，对与支撑相连的框架梁和柱的承载力进行设计。

C.3.6 当内藏钢板支撑为人字形和 V 字形时，在本规程第 C.3.2 条的基础上，被撑梁的设计不应考虑支撑的竖向支点作用。

C.4 墙板与框架的连接

C.4.1 内藏钢板支撑连接节点的极限承载力，应结合支撑的屈服后超强等因素进行验算，以避免在地震作用下连接节点先于支撑杆件破坏。连接的极限轴力 N_c 应按下列公式计算确定：

受拉时：　　　$N_c = \omega \cdot N_{yc}$ 　　　$(C.4.1-1)$

受压时：　　　$N_c = \omega \cdot \beta \cdot N_{yc}$ 　　　$(C.4.1-2)$

式中：N_{yc}——钢板支撑的屈服承载力。

C.4.2 钢板支撑的上、下节点与钢梁翼缘可采用角焊缝连接（图 C.4.2-1），也可采用带端板的高强度螺栓连接（图 C.4.2-2）。最终的固定，应在楼面自

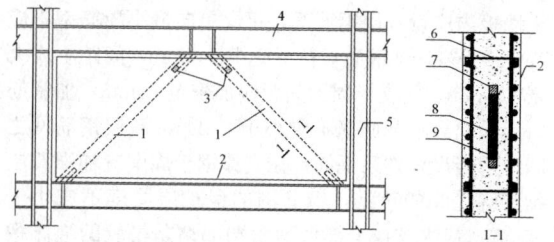

图 C.4.2-1　无粘结内藏钢板支撑墙板与框架的连接
1—无粘结内藏钢板支撑；2—混凝土墙板；3—泡沫橡胶等松软材料；4—钢梁；5—钢柱；6—拉结筋；7—松软材料；8—钢板支撑；9—无粘结材料

重到位后进行，以防支撑承受过大的竖向荷载。

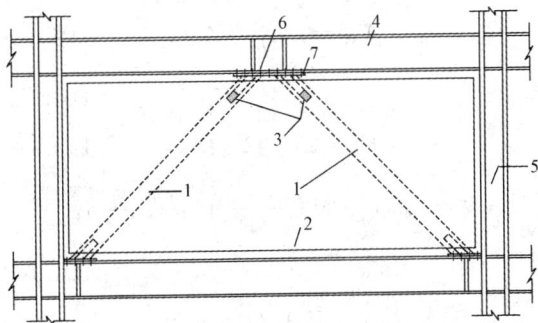

图 C.4.2-2 带端板的高强度螺栓连接方式示意
1—无粘结内藏钢板支撑；2—混凝土墙板；
3—泡沫橡胶等松软材料；4—钢梁；5—钢柱；
6—高强螺栓；7—端板

附录 D 钢框架-内嵌竖缝混凝土剪力墙板

D.1 设计原则与几何尺寸

D.1.1 带竖缝混凝土剪力墙板应按承受水平荷载，不应承受竖向荷载的原则进行设计。

D.1.2 带竖缝混凝土剪力墙板的几何尺寸，可按下列要求确定（图 D.1.2）：

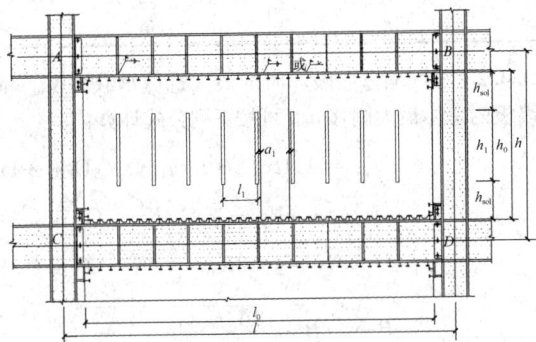

图 D.1.2 带竖缝剪力墙板结构的外形图

1 墙板总尺寸 l、h 应按建筑和结构设计要求确定。

2 竖缝的数目及其尺寸，应按下列公式要求：

$$h_1 \leqslant 0.45 h_0 \tag{D.1.2-1}$$

$$0.6 \geqslant l_1 / h_1 \geqslant 0.4 \tag{D.1.2-2}$$

$$h_{sol} \geqslant l_1 \tag{D.1.2-3}$$

式中：h_0——每层混凝土剪力墙部分的高度（m）；

h_1——竖缝的高度（m）；

h_{sol}——实体墙部分的高度（m）；

l_1——竖缝墙墙肢的宽度（m），包括缝宽。

3 墙板厚度 t 应满足下列公式的要求：

$$t \geqslant \frac{\eta_v V_1}{0.18(l_{10} - a_1) f_c} \tag{D.1.2-4}$$

$$t \geqslant \frac{\eta_v V_1}{k_s l_{10} f_c} \tag{D.1.2-5}$$

$$k_s = \frac{0.9 \lambda_s (l_{10}/h_1)}{0.81 + (l_{10}/h_1)^2 [h_0/(h_0 - h_1)]^2} \tag{D.1.2-6}$$

$$\lambda_s = 0.8(n_1 - 1)/n_l \tag{D.1.2-7}$$

式中：k_s——竖向约束力对实体墙斜截面抗剪承载力影响系数；

η_v——剪力设计值调整系数，可取 1.2；

f_c——混凝土抗压强度设计值（N/mm²）；

λ_s——剪应力不均匀修正系数；

n_l——墙肢的数量；

V_1——单肢竖缝墙的剪力设计值（N）；

l_{10}——单肢竖缝间墙的净宽，$l_{10} = l_1 -$ 缝宽，缝宽一般取为 10mm；

a_1——墙肢内受拉钢筋合力点到竖缝墙混凝土边缘的距离（mm）。

4 内嵌竖缝墙板的框架，梁柱节点应上下扩大加强。

D.1.3 墙板的混凝土强度等级不应低于 C20，也不应高于 C35。

D.2 计 算 模 型

D.2.1 带竖缝剪力墙采用等效剪切膜单元参与整体结构的内力分析时，等效剪切膜的厚度应按下式确定：

$$t' = \frac{3.12h}{E_s l \left[\frac{4.11(h_0 - h_1)}{E_c l_0 t} + \frac{2.79h_1^3}{\sum\limits_{i=1}^{n_l} E_c t l_{1i0}^3} + \frac{4.11h_1}{\sum\limits_{i=1}^{n_l} E_c l_{1i0} t} + \frac{h^2}{2 E_s l_n^2 t_w} \right]} \tag{D.2.1}$$

式中：l_0——竖缝墙的总宽度（mm），$l_0 = \sum\limits_{i=1}^{n_1} l_{1i}$；

E_c——混凝土的弹性模量（N/mm²）；

E_s——钢材的弹性模量（N/mm²）；

l_{1i}——第 i 个墙肢的宽度（mm），包括缝宽；

l_{1i0}——第 i 个墙肢的净宽（mm），$l_{1i0} = l_{1i} -$ 缝宽；

h——层高（mm）；

l_n——钢梁净跨度（mm）；

t_w——钢梁腹板的厚度（mm）；

t——墙板的厚度（mm）。

D.2.2 钢梁梁端截面腹板和上、下加强板共同抵抗梁端剪力。梁端剪力应按下式计算：

$$V_{\text{beam}} = \frac{h}{l_n} V + V_{b,\text{FEM}} \qquad \text{(D. 2. 2)}$$

式中：V ——竖缝墙板承担的总剪力（kN）；

$V_{b,\text{FEM}}$ ——框架梁内力计算输出的剪力（kN）。

D. 3 墙板承载力计算

D. 3. 1 墙板的承载力，宜以一个缝间墙及在相应范围内的实体墙作为计算对象。

D. 3. 2 缝间墙两侧的纵向钢筋，应按对称配筋大偏心受压构件计算确定，且应符合下列规定：

　　1 缝根截面内力应按下列公式计算：

$$M = V_1 h_1 / 2 \qquad \text{(D. 3. 2-1)}$$

$$N_1 = 0.9 V_1 h_1 / l_1 \qquad \text{(D. 3. 2-2)}$$

$$\rho_1 = \frac{A_s}{t(l_{10} - a_1)} \cdot \frac{f_{yv}}{f_c} \qquad \text{(D. 3. 2-3)}$$

　　2 ρ_1 宜为 $0.075 \sim 0.185$，且实配钢筋面积不应超过计算所需面积的 5%。

D. 3. 3 缝间墙斜截面受剪承载力应满足下列公式要求：

$$V_1 \leqslant V_s \qquad \text{(D. 3. 3-1)}$$

$$V_s = \frac{\dfrac{1.75}{\lambda + 1} f_t t(l_{10} - a_1) + f_{yv} \dfrac{A_{sv}}{s}(l_{10} - a_1)}{1 - 0.063 h_1 / l_{10}}$$

$$\text{(D. 3. 3-2)}$$

式中：λ ——偏心受压构件计算截面的剪跨比，$\lambda = h_1 / l_{10}$；

s ——沿竖缝墙高度方向的箍筋间距（mm）；

A_{sv} ——配置在同一截面箍筋的全部截面面积（mm²）；

f_{yv} ——箍筋的抗拉强度设计值（N/mm²）；

f_t ——混凝土抗拉强度设计值（N/mm²）。

D. 3. 4 缝间墙弯曲破坏时的最大抗剪承载力 V_b 应满足下列公式要求：

$$V_1 \leqslant V_b \qquad \text{(D. 3. 4-1)}$$

$$V_b = 1.1 t x f_c \cdot l_1 / h_1 \qquad \text{(D. 3. 4-2)}$$

$$x = -B + \sqrt{B^2 + \frac{2 A_s f(l_1 - 2a_1)}{t f_c}}$$

$$\text{(D. 3. 4-3)}$$

$$B = \frac{l_1}{18} + 0.003 h_0 \qquad \text{(D. 3. 4-4)}$$

式中：x ——缝根截面的缝间墙混凝土受压区高度（mm）；

A_s ——缝间墙所配纵向受拉钢筋截面面积（mm²）；

f ——纵向受拉钢筋抗拉强度设计值（N/mm²）。

D. 3. 5 竖缝墙的配筋及其构造应满足下式要求：

$$V_b \leqslant 0.9 V_s \qquad \text{(D. 3. 5)}$$

D. 4 墙板骨架曲线

D. 4. 1 缝间墙板纵筋屈服时的总受剪承载力 V_{yl} 和墙板的总体侧移 u_y，应按下列公式计算：

$$V_{yl} = \mu \cdot \frac{l_1}{h_1} \cdot A_s f_{sk} \qquad \text{(D. 4. 1-1)}$$

$$u_y = V_{yl} / K_y \qquad \text{(D. 4. 1-2)}$$

$$K_y = B_1 \cdot 12 / (\xi h_1^3) \qquad \text{(D. 4. 1-3)}$$

$$\xi = \left[35 \rho_1 + 20 \left(\frac{l_1 - a_1}{h_1} \right)^2 \right] \left(\frac{h - h_1}{h} \right)^2$$

$$\text{(D. 4. 1-4)}$$

$$B_1 = \frac{E_s A_s (l_1 - a_1)^2}{1.35 + 6(E_s / E_c) \rho} \qquad \text{(D. 4. 1-5)}$$

$$\rho = \frac{A_s}{t(l_{10} - a_1)} \qquad \text{(D. 4. 1-6)}$$

式中：μ ——系数，按表 D.4.1 采用。

A_s ——缝间墙所配纵筋截面面积（mm²）；

K_y ——缝间墙纵筋屈服时墙板的总体抗侧力刚度（N/mm）；

ξ ——考虑剪切变形影响的刚度修正系数；

f_{sk} ——水平横向钢筋的强度标准值（N/mm²）；

B_1 ——缝间墙抗弯刚度（N·mm²）；

ρ ——缝间墙的受拉钢筋的配筋率。

表 D. 4. 1　μ 系数值

a_1	μ
$0.05 l_1$	3.67
$0.10 l_1$	3.41
$0.15 l_1$	3.20

D. 4. 2 缝间墙弯曲破坏时的最大抗剪承载力 V_{ul} 和墙板的总体最大侧移 u_u，可按下列公式计算：

$$V_{ul} = 1.1 t x f_{ck} \cdot l_1 / h_1 \qquad \text{(D. 4. 2-1)}$$

$$u_u = u_y + (V_{ul} - V_{yl}) / K_u \qquad \text{(D. 4. 2-2)}$$

$$K_u = 0.2 K_y \qquad \text{(D. 4. 2-3)}$$

$$x = -B + \sqrt{B^2 + \frac{2 A_s f_{sk}(l_1 - 2a_1)}{t f_{ck}}}$$

$$\text{(D. 4. 2-4)}$$

$$B = l_1 / 18 + 0.003 h_0 \qquad \text{(D. 4. 2-5)}$$

式中：K_u ——缝间墙达到压弯最大力时的总体抗侧移刚度（N/mm）；

x ——缝根截面的缝间墙混凝土受压区高度（mm）；

f_{ck} ——混凝土抗压强度标准值（N/mm²）。

D. 4. 3 墙板的极限侧移可按下式确定：

$$u_{\max} = \frac{h_0}{\sqrt{\rho_1}} \cdot \frac{h_1}{l_1 - a_1} \cdot 10^{-3} \qquad \text{(D. 4. 3)}$$

D. 4. 4 进行墙板的弹塑性分析时，可采用下列墙板骨架曲线（图 D.4.4）。

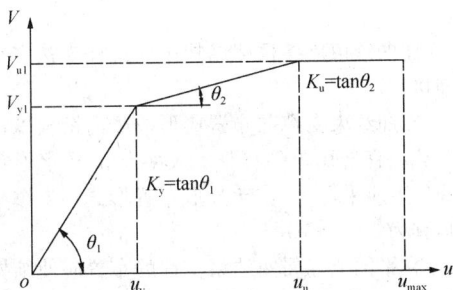

图 D.4.4 墙板的骨架曲线

D.5 强度和稳定性验算

D.5.1 梁柱连接和梁腹板的抗剪强度应满足下列公式要求：

$$Q_u \geq \beta \frac{\sum_{i=1}^{n_l} V_{ul} h}{l_n} \tag{D.5.1-1}$$

$$Q_u = h_w t_w f_v + Q_v \tag{D.5.1-2}$$

$$Q_v = \min\left[(h_{v1} + h_{v2})t_v f_v, \sum N_v^s\right] \tag{D.5.1-3}$$

式中：h_w、t_w —— 分别为钢梁腹板的高度和厚度（mm）；

f_v —— 梁腹板或加强板钢材的抗剪强度设计值（N/mm²）；

β —— 增强系数，梁柱连接的抗剪强度计算时取 1.2，梁腹板抗剪强度计算时取 1.0；

V_{ul} —— 单肢剪力墙弯曲破坏时最大抗剪承载力（N）；

h_{v1}、h_{v2} —— 用于加强梁端截面抗剪强度的角部抗剪加强板的高度（mm）（图 D.5.1）；

t_v —— 角部加强板的厚度（mm）。

$\sum N_v^s$ —— 角部加强板预埋在混凝土墙里面的栓钉提供的抗剪能力（N）。

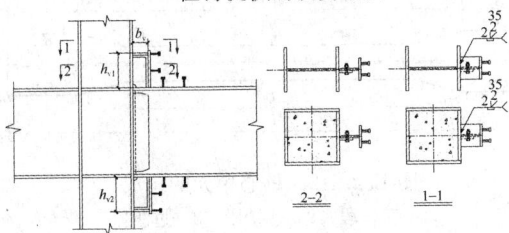

图 D.5.1 梁柱节点角部抗剪加强板

D.5.2 框架梁腹板稳定性计算应符合下列规定：

1 梁腹板受竖缝墙膨胀力作用下的稳定计算应满足下式要求：

$$N_1 \leq \varphi w_b t_w f \tag{D.5.2-1}$$

式中：N_1 —— 缝间墙宽度 l_1 传给钢梁腹板的竖向力（N）；

φ —— 稳定系数，按现行国家标准《钢结构设计规范》GB 50017 的柱子稳定系数 b 曲线计算；

w_b —— 承受竖向力 N_1 的腹板宽度（mm），对蜂窝梁取墩腰处的最小截面，对实腹梁取 l_1；

t_w —— 钢梁腹板的厚度（mm）；

f —— 钢梁腹板钢材的抗压强度设计值（N/mm²）。

2 采用蜂窝梁时，长细比应按下式计算：

$$\lambda = 0.7\sqrt{3}h_w/t_w \tag{D.5.2-2}$$

3 采用实腹梁时，长细比应按下式计算：

$$\lambda = \sqrt{3}h_w/t_w \tag{D.5.2-3}$$

4 当不满足稳定要求时，应设置横向加劲肋，每片缝间墙对应的位置至少设置 1 道加劲肋。

D.5.3 钢梁与墙板采用栓钉的数量 n_s、梁柱节点下部抗剪加强板截面应满足下式要求：

$$V \leq n_s N_v^s + 2b_v t_v f_v \tag{D.5.3}$$

式中：n_s —— 钢梁与墙板间采用的栓钉数量；

N_v^s —— 1 个栓钉的抗剪承载力设计值（N）；

b_v —— 梁柱节点下部加强板的宽度（mm）；

t_v —— 梁柱节点下部加强板的厚度（mm）；

f_v —— 加强板钢材的抗剪强度设计值（N/mm²）。

D.6 构造要求

D.6.1 钢框架-内嵌竖缝混凝土剪力墙板的构造应符合下列规定：

1 墙肢中水平横向钢筋应满足下列公式要求：

当 $\eta_v V_1/V_{y1} < 1$ 时

$$\rho_{sh} \leq 0.65 \frac{V_{y1}}{tl_1 f_{sk}} \tag{D.6.1-1}$$

当 $1 \leq \eta_v V_1/V_{y1} \leq 1.2$ 时

$$\rho_{sh} \leq 0.60 \frac{V_{ul}}{tl_1 f_{sk}} \tag{D.6.1-2}$$

$$\rho_{sh} = \frac{A_{sh}}{ts} \tag{D.6.1-3}$$

式中：s —— 横向钢筋间距（mm）；

A_{sh} —— 同一高度处横向钢筋总截面积（mm²）；

f_{sk} —— 水平横向钢筋的强度标准值（N/mm²）；

V_{y1}、V_{ul} —— 缝间墙纵筋屈服时的抗剪承载力（N）和缝间墙压弯破坏时的抗剪承载力（N），按本规程第 D.4.1 条、第 D.4.2 条计算；

ρ_{sh} —— 墙板水平横向钢筋配筋率，其值不宜小于 0.3%。

2 缝两端的实体墙中应配置横向主筋，其数量不低于缝间墙一侧的纵向钢筋用量。

3 形成竖缝的填充材料宜用延性好、易滑移的耐火材料（如二片石棉板）。

4 高强度螺栓和栓钉的布置应符合现行国家标准《钢结构设计规范》GB 50017 的有关规定。

5 框架梁的下翼缘宜与竖缝墙整浇成一体。吊装就位后，在建筑物的结构部分完成总高度的 70%（含楼板），再与腹板和上翼缘组成的 T 形截面梁现场焊接，组成工字形截面梁。

6 当竖缝墙很宽，影响运输或吊装时，可设置竖向拼接缝。拼接缝两侧采用预埋钢板，钢板厚度不小于 16mm，通过现场焊接连成整体（图 D.6.1）。

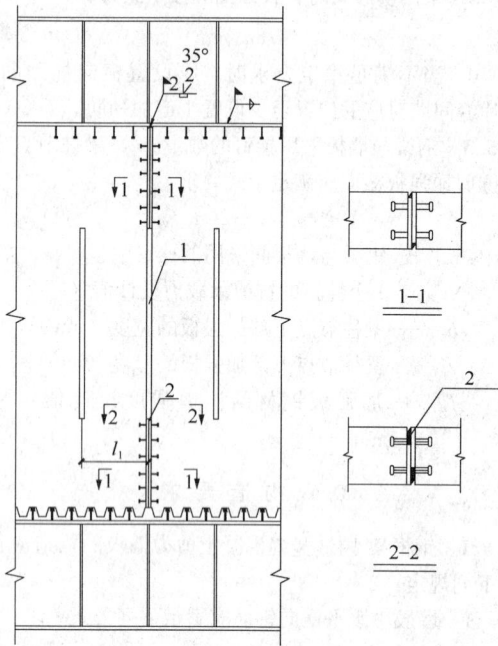

图 D.6.1　设置竖向拼缝的构造要求
1—缝宽等于 2 个预埋板厚；2—绕角焊缝 50mm 长度

附录 E　屈曲约束支撑的设计

E.1　一般规定

E.1.1 屈曲约束支撑的设计应符合下列规定：

1 屈曲约束支撑宜设计为轴心受力构件；

2 耗能型屈曲约束支撑在多遇地震作用下应保持弹性，在设防地震和罕遇地震作用下应进入屈服；承载型屈曲约束支撑在设防地震作用下应保持弹性，在罕遇地震作用下可进入屈服，但不能用作结构体系的主要耗能构件；

3 在罕遇地震作用下，耗能型屈曲约束支撑的连接部分应保持弹性。

E.1.2 屈曲约束支撑框架结构的设计应符合下列规定：

1 屈曲约束支撑框架结构中的梁柱连接宜采用刚接连接；

2 屈曲约束支撑的布置应形成竖向桁架以抵抗水平荷载，宜选用单斜杆形、人字形和 V 字形等布置形式，不应采用 K 形与 X 形布置形式；支撑与柱的夹角宜为 30°～60°；

3 在平面上，屈曲约束支撑的布置应使结构在两个主轴方向的动力特性相近，尽量使结构的质量中心与刚度中心重合，减小扭转地震效应；在立面上，屈曲约束支撑的布置应避免因局部的刚度削弱或突变而形成薄弱部位，造成过大的应力集中或塑性变形集中；

4 屈曲约束支撑框架结构的地震作用计算可采用等效阻尼比修正的反应谱法。对重要的建筑物尚应采用时程分析法补充验算。

E.2　屈曲约束支撑构件

E.2.1 屈曲约束支撑可根据使用需求采用外包钢管混凝土型屈曲约束支撑、外包钢筋混凝土型屈曲约束支撑与全钢型屈曲约束支撑。屈曲约束支撑应由核心单元、约束单元和两者之间的无粘结构造层三部分组成（图 E.2.1-1）。核心单元由工作段、过渡段和连接段组成（图 E.2.1-2）。

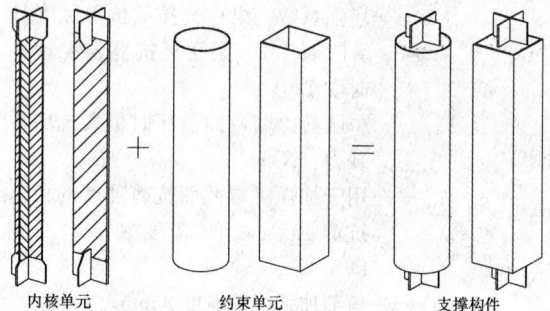

内核单元　　　　约束单元　　　　支撑构件

图 E.2.1-1　屈曲约束支撑的构成

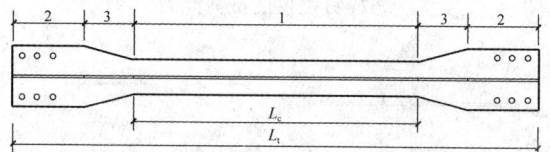

图 E.2.1-2　核心单元的构成
1—工作段；2—连接段；3—过渡段

E.2.2 屈曲约束支撑的承载力应满足下式要求：

$$N \leqslant A_1 f \qquad (E.2.2)$$

式中：N——屈曲约束支撑轴力设计值（N）；

f——核心单元钢材强度设计值（N/mm²）；

A_1——核心单元工作段截面积（mm²）。

E.2.3 屈曲约束支撑的轴向受拉和受压屈服承载力可按下式计算：

$$N_{\text{ysc}} = \eta_y f_y A_1 \qquad (\text{E.2.3})$$

式中：N_{ysc}——屈曲约束支撑的受拉或受压屈服承载力（N）；

f_y——核心单元钢材的屈服强度（N/mm²）；

η_y——核心单元钢材的超强系数，可按表 E.2.3 采用，材性试验实测值不应超出表中数值 15%。

表 E.2.3 核心单元钢材的超强系数 η_y

钢材牌号	η_y
Q235	1.25
Q195	1.15
低屈服点钢（$f_y \leqslant 160\,\text{N/mm}^2$）	1.10

E.2.4 屈曲约束支撑的极限承载力可按下式计算：

$$N_{\text{ymax}} = \omega N_{\text{ysc}} \qquad (\text{E.2.4})$$

式中：N_{ymax}——屈曲约束支撑的极限承载力（N）；

ω——应变强化调整系数，可按表 E.2.4 采用。

表 E.2.4 核心单元钢材的应变强化调整系数 ω

钢材牌号	ω
Q195、Q235	1.5
低屈服点钢（$f_y \leqslant 160\text{N/mm}^2$）	2.0

E.2.5 屈曲约束支撑连接段的承载力设计值应满足下式要求：

$$N_c \geqslant 1.2 N_{\text{ymax}} \qquad (\text{E.2.5})$$

式中：N_c——屈曲约束支撑连接段的轴向承载力设计值（N）。

E.2.6 屈曲约束支撑的约束比宜满足下列公式要求：

$$\zeta = \frac{N_{\text{cm}}}{N_{\text{ysc}}} \geqslant 1.95 \qquad (\text{E.2.6-1})$$

$$N_{\text{cm}} = \frac{\pi^2 (\alpha E_1 I_1 + K E_r I_r)}{L_t^2} \qquad (\text{E.2.6-2})$$

$$E_r I_r = \begin{cases} E_c I_c + E_2 I_2 & \text{外包钢管混凝土型} \\ E_c I_c + E_s I_s & \text{外包钢筋混凝土型} \\ E_2 I_2 & \text{全钢型} \end{cases}$$

$$\qquad (\text{E.2.6-3})$$

$$K = \frac{B_s}{E_r I_r} \qquad (\text{E.2.6-4})$$

$$B_s = (0.22 + 3.75\alpha_E \rho_s) E_c I_c \qquad (\text{E.2.6-5})$$

式中：ζ——屈曲约束支撑的约束比；

N_{cm}——屈曲约束支撑的屈曲荷载（N）；

N_{ysc}——核心单元的受压屈服承载力（N）；

L_t——屈曲约束支撑的总长度（mm）；

α——核心单元钢材屈服后刚度比，通常取 0.02～0.05；

E_1、I_1——分别为核心单元的弹性模量（N/mm²）与核心单元对截面形心的惯性矩（mm⁴）；

E_r、I_r——分别为约束单元的弹性模量（N/mm²）与约束单元对截面形心的惯性矩（mm⁴）；

E_c、E_s、E_2——分别为约束单元所使用的混凝土、钢筋、钢管或全钢构件的弹性模量（N/mm²）；

I_c、I_s、I_2——分别为约束单元所使用的混凝土、钢筋、钢管或全钢构件的截面惯性矩（mm⁴）；当约束单元采用全钢材料时，I_2 取由各个装配式构件所形成的组合截面惯性矩（mm⁴）；

K——约束单元刚度折减系数：当约束单元采用整体式钢管混凝土或整体式全钢时，取 $K=1$；当约束单元外包钢筋混凝土时，按式（E.2.6-4）计算；当约束单元采用全钢构件时，取 $K=1$；

B_s——钢筋混凝土短期刚度（N·mm²）；

α_E——钢筋与混凝土模量比，$\alpha_E = E_s/E_c$；

ρ_s——钢筋混凝土单侧纵向钢筋配筋率，$\rho_s = A_s/(b h_0)$，其中 A_s 为单侧受拉纵向钢筋面积（mm²），b 为钢筋混凝土约束单元的截面宽度（mm），h_0 为钢筋混凝土约束单元的截面有效高度（mm）。

E.2.7 屈曲约束支撑约束单元的抗弯承载力应满足下列公式要求：

$$M \leqslant M_u \qquad (\text{E.2.7-1})$$

$$M = \frac{N_{\text{cmax}} N_{\text{cm}} a}{N_{\text{cm}} - N_{\text{cmax}}} \qquad (\text{E.2.7-2})$$

式中：M——约束单元的弯矩设计值（kN·m）；

M_u——约束单元的受弯承载力（kN·m），当采用钢管混凝土时，按现行行业标准《型钢混凝土组合结构技术规程》JGJ 138 计算；当采用钢筋混凝土时，按现行国家标准《混凝土结构设计规范》GB 50010 计算；当采用全钢构件时，依据边缘屈服准则按现行国家标准《钢结构设计规范》GB 50017 计算；

N_{cmax}——核心单元的极限受压承载力（kN），取 $N_{\text{cmax}} = 2N_{\text{ysc}}$；

a——屈曲约束支撑的初始变形（m），取 $L_t/500$ 和 $b/30$ 两者中的较大值，其中 b 为截面边长尺寸中的较大值，当为圆形截面时，取截面直径。

E.2.8 约束单元的钢管壁厚或钢筋混凝土的体积配

箍率应符合下列规定：

1 当约束单元采用钢管混凝土时，约束单元的钢管壁厚应满足下式要求：

$$t_s \geq \frac{f_{ck}b_1}{12f} \tag{E.2.8-1}$$

2 当约束单元采用钢筋混凝土时，其体积配箍率 ρ_{sv} 应满足下列公式要求：

对矩形截面：

$$\rho_{sv} \geq \frac{(b+h-4a_s)f_{ck}b_1}{6bhf_v} \tag{E.2.8-2}$$

对圆形截面：

$$\rho_{sv} \geq \frac{f_{ck}b_1}{12df_v} \tag{E.2.8-3}$$

式中：t_s——钢管壁厚（mm）；

b_1——核心单元工作段宽度（mm），对于工字形钢和十字形钢，取翼缘宽度（mm）；

f_{ck}——混凝土抗压强度标准值（N/mm²）；

f——钢管钢材的抗拉强度设计值（N/mm²）；

f_v——箍筋的抗拉强度设计值（N/mm²）；

d——圆形截面直径（mm）；

a_s——箍筋的保护层厚度（mm）；

b、h——钢筋混凝土截面边长（mm）。

3 在约束单元端部的 1.5 倍截面长边尺寸范围内，钢管壁厚或钢筋混凝土的配箍率不应小于按式（E.2.8-1）、式（E.2.8-2）或式（E.2.8-3）确定值的 2 倍。

E.2.9 屈曲约束支撑的设计尚应满足以下要求：

1 屈曲约束支撑的钢材选用应满足现行国家标准《金属材料　拉伸试验　第 1 部分：室温试验方法》GB/T 228.1 和《金属材料　室温压缩试验方法》GB/T 7314 的规定，混凝土材料强度等级不宜小于 C25。核心单元宜优先采用低屈服点钢材，其屈强比不应大于 0.8，断后伸长率 A 不应小于 25%，且在 3% 应变下无弱化，应具有夏比冲击韧性 0℃下 27J 的合格保证，核心单元内部不允许有对接接头，且应具有良好的可焊性。

2 核心单元的截面可设计成一字形、工字形、十字形和环形等，其宽厚比或径厚比（外径与壁厚的比值）应满足下列要求：①对一字形板截面宽厚比取 10～20；②对十字形截面宽厚比取 5～10；③对环形截面径厚比不宜超过 22；④对其他截面形式，应满足本规程表 7.5.3 中所规定的一级中心支撑板件宽厚比限值要求；⑤核心单元钢板厚度宜为 10mm～80mm。

3 核心单元钢板与外围约束单元之间的间隙值每一侧不应小于核心单元工作段截面边长的 1/250，一般情况下取 1mm～2mm，并宜采用无粘结材料隔离。

4 当采用钢管混凝土或钢筋混凝土作为约束单元时，加强段伸入混凝土，伸入混凝土部分的过渡段与约束单元之间应预留间隙，并用聚苯乙烯泡沫或海绵橡胶材料填充（图 E.2.9a）。过渡段与加强段不伸入混凝土内部，在外包约束段端部与支撑加强段端部斜面之间应预留间隙（图 E.2.9b）。间隙值应满足罕遇地震作用下核心单元的最大压缩变形的需求。

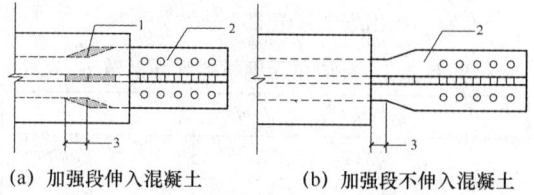

（a）加强段伸入混凝土　　（b）加强段不伸入混凝土

图 E.2.9　端部加强段构造
1—聚苯乙烯泡沫；2—连接加强段；3—间隙

E.3　屈曲约束支撑框架结构

E.3.1 耗能型屈曲约束支撑结构在设防地震和罕遇地震作用下的验算应采用弹塑性分析方法。可采用静力弹塑性分析法或动力弹塑性分析法，其中屈曲约束支撑可选用双线性恢复力模型（图 E.3.1）。

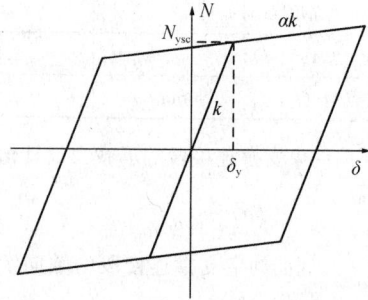

图 E.3.1　屈曲约束支撑双线性恢复力模型
注：N_{ysc} 为屈曲约束支撑的屈服承载力（N）；δ_y 为屈曲约束支撑的初始屈服变形；k 为屈曲约束支撑的刚度（N/mm），$k=EA_e/L_t$；A_e 为屈曲约束支撑的等效截面积（mm²）；L_t 为支撑长度（mm）。

E.3.2 屈曲约束支撑框架的梁柱设计应考虑屈曲约束支撑所传递的最大拉力与最大压力的作用。屈曲约束支撑采用人字形或 V 形布置时，横梁应能承担支撑拉力与压力所产生的竖向力差值，此差值可根据屈曲约束支撑的单轴拉压试验确定。梁柱的板件宽厚比应符合本规程第 7.4.1 条的规定。

E.3.3 屈曲约束支撑与结构的连接节点设计应符合下列规定：

1 屈曲约束支撑与结构的连接宜采用高强度螺栓或销栓连接，也可采用焊接连接。

2 当采用高强度螺栓连接时，螺栓数目 n 可由下式确定：

$$n \geq \frac{1.2N_{ymax}}{0.9n_f\mu P} \tag{E.3.3-1}$$

式中：n_f——螺栓连接的剪切面数量；

μ——摩擦面的抗滑移系数，按现行国家标准《钢结构设计规范》GB 50017 的有关规定采用；

P——每个高强螺栓的预拉力（kN），按现行国家标准《钢结构设计规范》GB 50017 的有关规定采用。

3 当采用焊接连接时，焊缝的承载力设计值 N_f 应满足下式要求：

$$N_f \geqslant 1.2N_{ymax} \qquad (E.3.3\text{-}2)$$

4 梁柱等构件在与屈曲约束支撑相连接的位置处应设置加劲肋。

5 在罕遇地震作用下，屈曲约束支撑与结构的连接节点板不应发生强度破坏与平面外屈曲破坏。

E.4 试验及验收

E.4.1 屈曲约束支撑的设计应基于试验结果，试验至少应有两组：一组为组件试验，考察支撑连接的转动要求；另一组为支撑的单轴试验，以检验支撑的工作性状，特别是在拉压反复荷载作用下的滞回性能。

E.4.2 屈曲约束支撑的试验加载应采取位移控制，对构件试验时控制轴向位移，对组件试验时控制转动位移。

E.4.3 耗能型屈曲约束支撑的单轴试验应按下列加载幅值及顺序进行：

1 依次在 1/300、1/200、1/150、1/100 支撑长度的位移水平下进行拉压往复加载，每级位移水平下循环加载 3 次，轴向累计非弹性变形至少为屈服变形的 200 倍；

2 组件试验可不按 1 款加载幅值与顺序进行。

E.4.4 屈曲约束支撑的试验检验应符合下列规定：

1 同一工程中，屈曲约束支撑应按支撑的构造形式、核心单元材料和屈服承载力分类别进行试验检验。抽样比例为 2%，每种类别至少有一根试件。构造形式和核心单元材料相同且屈服承载力在试件承载力的 50%～150% 范围内的屈曲约束支撑划分为同一类别。

2 宜采用足尺试件进行试验。当试验装置无法满足足尺试验要求时，可减小试件的长度。

3 屈曲约束支撑试件及组件的制作应反映设计实际情况，包括材料、尺寸、截面构成及支撑端部连接等情况。

4 对屈曲约束支撑核心单元的每一批钢材应进行材性试验。

5 当屈曲约束支撑试件的试验结果满足下列要求时，试件检验合格：

1）材性试验结果满足本规程第 E.2.9 条第 1 款的要求；

2）屈曲约束支撑试件的滞回曲线稳定饱满，没有刚度退化现象；

3）屈曲约束支撑不出现断裂和连接部位破坏的现象；

4）屈曲约束支撑试件在每一加载循环中核心单元屈曲后的最大拉、压承载力均不低于屈服荷载，且最大压力和最大拉力之比不大于 1.3。

E.4.5 试验结果的内插或外推应有合理的依据，并应考虑尺寸效应和材料偏差等不利影响。

附录 F 高强度螺栓连接计算

F.1 一 般 规 定

F.1.1 高强度螺栓连接的极限承载力应取下列公式计算得出的较小值：

$$N_{vu}^b = 0.58n_f A_e^b f_u^b \qquad (F.1.1\text{-}1)$$

$$N_{cu}^b = d\Sigma t f_{cu}^b \qquad (F.1.1\text{-}2)$$

式中：N_{vu}^b——1 个高强度螺栓的极限受剪承载力（N）；

N_{cu}^b——1 个高强度螺栓对应的板件极限承载力（N）；

n_f——螺栓连接的剪切面数量；

A_e^b——螺栓螺纹处的有效截面面积（mm²）；

f_u^b——螺栓钢材的抗拉强度最小值（N/mm²）；

f_{cu}^b——螺栓连接板件的极限承压强度（N/mm²），取 $1.5 f_u$；

d——螺栓杆直径（mm）；

Σt——同一受力方向的钢板厚度（mm）之和。

F.1.2 高强度螺栓连接的极限受剪承载力，除应计算螺栓受剪和板件承压外，尚应计算连接板件以不同形式的撕裂和挤穿，取各种情况下的最小值。

F.1.3 螺栓连接的受剪承载力应满足下式要求：

$$N_u^b \geqslant \alpha N \qquad (F.1.3)$$

式中：N——螺栓连接所受拉力或剪力（kN），按构件的屈服承载力计算；

N_u^b——螺栓连接的极限受剪承载力（kN）；

α——连接系数，按本规程表 8.1.3 的规定采用。

F.1.4 高强度螺栓连接的极限受剪承载力应按下列公式计算：

1 仅考虑螺栓受剪和板件承压时：

$$N_u^b = \min\{nN_{vu}^b, nN_{cu1}^b\} \qquad (F.1.4\text{-}1)$$

2 单列高强度螺栓连接时：

$$N_u^b = \min\{nN_{vu}^b, nN_{cu1}^b, N_{cu2}^b, N_{cu3}^b\} \qquad (F.1.4\text{-}2)$$

3 多列高强度螺栓连接时：

$$N_u^b = \min\{nN_{vu}^b, nN_{cu1}^b, N_{cu2}^b, N_{cu3}^b, N_{cu4}^b\} \tag{F.1.4-3}$$

4 连接板挤穿或拉脱时，承载力 $N_{cu2}^b \sim N_{cu4}^b$ 可按下式计算：

$$N_{cu}^b = (0.5A_{ns} + A_{nt})f_u \tag{F.1.4-4}$$

式中：N_u^b ——螺栓连接的极限承载力（N）；

N_{vu}^b ——螺栓连接的极限受剪承载力（N）；

N_{cu1}^b ——螺栓连接同一受力方向的板件承压承载力(N)之和；

N_{cu2}^b ——连接板边拉脱时的受剪承载力（N）（图 F.1.4b）；

N_{cu3}^b ——连接板件沿螺栓中心线挤穿时的受剪承载力（N）（图 F.1.4c）；

N_{cu4}^b ——连接板件中部拉脱时的受剪承载力(N)（图 F.1.4a）；

f_u ——构件母材的抗拉强度最小值（N/mm²）；

A_{ns} ——板区拉脱时的受剪截面面积（mm²）（图 F.1.4）；

A_{nt} ——板区拉脱时的受拉截面面积（mm²）（图 F.1.4）；

n ——连接的螺栓数。

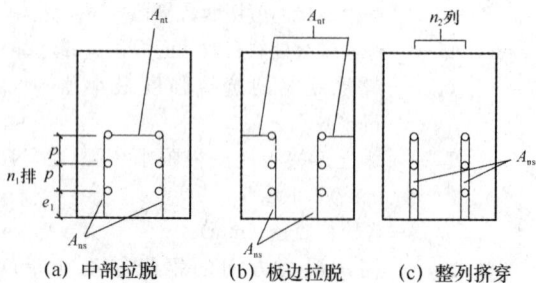

(a) 中部拉脱　　(b) 板边拉脱　　(c) 整列挤穿

图 F.1.4　拉脱举例（计算示意）

中部拉脱 $A_{ns} = 2\{(n_1-1)p + e_1\}t$

板边拉脱 $A_{ns} = 2\{(n_1-1)p + e_1\}t$

整列挤穿 $A_{ns} = 2n_2\{(n_1-1)p + e_1\}t$

F.1.5 高强度螺栓连接在两个不同方向受力时应符合下列规定：

1 弹性设计阶段，高强度螺栓摩擦型连接在摩擦面间承受两个不同方向的力时，可根据力作用方向求出合力，验算螺栓的承载力是否符合要求，螺栓受剪和连接板承压的强度设计值应按弹性设计时的规定取值。

2 弹性设计阶段，高强度螺栓摩擦型连接同时承受摩擦面间剪力和螺栓杆轴方向的外拉力时（如端板连接或法兰连接），其承载力应按下式验算：

$$\frac{N_v}{N_v^b} + \frac{N_t}{N_t^b} \leqslant 1 \tag{F.1.5}$$

式中：N_v、N_t ——所考虑高强度螺栓承受的剪力和拉力设计值（kN）；

N_v^b ——高强度螺栓仅承受剪力时的抗剪

承载力设计值（kN）；

N_t^b ——高强度螺栓仅承受拉力时的抗拉承载力设计值（kN）。

3 极限承载力验算时，考虑罕遇地震作用下摩擦面已滑移，摩擦型连接成为承压型连接，只能考虑一个方向受力。在梁腹板的连接和拼接中，当工形梁与H形柱（绕强轴）连接时，梁腹板全高可同时受弯和受剪，应验算螺栓由弯矩和剪力引起的螺栓连接极限受剪承载力的合力。螺栓群角部的螺栓受力最大，其由弯矩和剪力引起的按本规程式（F.1.4-2）和式（F.1.4-3）分别计算求得的较小者得出的两个剪力，应根据力的作用方向求出合力，进行验算。

F.2　梁拼接的极限承载力计算

F.2.1 梁拼接采用的极限承载力应按下列公式计算：

$$M_u^j \geqslant \alpha M_{pb} \tag{F.2.1-1}$$

$$M_u^j = M_{uf}^j + M_{uw}^j \tag{F.2.1-2}$$

$$V_u^j \leqslant n_w N_{vu}^b \tag{F.2.1-3}$$

式中：M_{pb} ——梁的全塑性截面受弯承载力（kN·m）；

α ——连接系数，按本规程表 8.1.3 确定；

V_u^j ——梁拼接的极限受剪承载力；

n_w ——腹板连接一侧的螺栓数；

N_{vu}^b ——1 个高强度螺栓的极限受剪承载力（kN）。

F.2.2 梁翼缘拼接的极限受弯承载力应按下列公式计算：

$$M_{uf1}^j = A_{nf}f_u(h_b - t_f) \tag{F.2.2-1}$$

$$M_{uf2}^j = A_{ns}f_{us}(h_{bs} - t_{fs}) \tag{F.2.2-2}$$

$$M_{uf3}^j = n_2\{(n_1-1)p + e_{f1}\}t_f f_u(h_b - t_f) \tag{F.2.2-3}$$

$$M_{uf4}^j = n_2\{(n_1-1)p + e_{s1}\}t_{fs}f_{us}(h_{bs} - t_{fs}) \tag{F.2.2-4}$$

$$M_{uf5}^j = n_3 N_{vu}^b h_b \tag{F.2.2-5}$$

式中：M_{uf1}^j ——翼缘正截面净面积决定的最大受弯承载力(N·mm)；

M_{uf2}^j ——翼缘拼接板正截面净面积决定的拼接最大受弯承载力（N·mm）；

M_{uf3}^j ——翼缘沿螺栓中心线挤穿时的最大受弯承载力(N·mm)；

M_{uf4}^j ——翼缘拼接板沿螺栓中心线挤穿时的最大受弯承载力（N·mm）；

M_{uf5}^j ——高强螺栓受剪决定的最大受弯承载力（N·mm）；

A_{nf} ——翼缘正截面净面积（mm²）；

A_{ns} ——翼缘拼接板正截面净面积（mm²）；

f_u——翼缘钢材抗拉强度最小值（N/mm²）；

f_{us}——拼接板钢材抗拉强度最小值（N/mm²）；

h_b——上、下翼缘外侧之间的距离（mm）；

h_{bs}——上、下翼缘拼接板外侧之间的距离（mm）；

n_1——翼缘拼接螺栓每列中的螺栓数；

n_2——翼缘拼接螺栓（沿梁轴线方向）的列数；

n_3——翼缘拼接（一侧）的螺栓数；

e_{f1}——梁翼缘板相邻两列螺栓横向中心间的距离（mm）；

e_{s1}——翼缘拼接板相邻两列螺栓横向中心间的距离（mm）；

t_f——梁翼缘板厚度（mm）；

t_{fs}——翼缘拼接板板厚（mm）（两块时为其和）。

F.2.3 梁腹板拼接的极限承载力应按下列公式计算

$$M_{uw}^j = \min\{M_{uw1}^j, M_{uw2}^j, M_{uw3}^j, M_{uw4}^j, M_{uw5}^j\}$$

(F.2.3-1)

$$M_{uw1}^j = W_{pw} f_u \qquad (F.2.3-2)$$

$$M_{uw2}^j = W_{sn} f_{us} \qquad (F.2.3-3)$$

$$M_{uw3}^j = (\sum r_i^2 / r_m) e_{w1} t_w f_u \qquad (F.2.3-4)$$

$$M_{uw4}^j = (\sum r_i^2 / r_m) e_{s1} t_{ws} f_{us} \qquad (F.2.3-5)$$

$$M_{uw5}^j = \frac{\sum r_i^2}{r_m} \left\{ \sqrt{(N_{vu}^b)^2 - \left(\frac{V_j y_m}{n_w r_m}\right)^2} - \frac{V_j x_m}{n_w r_m} \right\}$$

(F.2.3-6)

$$r_m = \sqrt{x_m^2 + y_m^2} \qquad (F.2.3-7)$$

式中：M_{uw1}^j——梁腹板的极限受弯承载力（N·mm）；

M_{uw2}^j——腹板拼接板正截面决定的极限受弯承载力（N·mm）；

M_{uw3}^j——腹板横向单排螺栓拉脱时的极限受弯承载力（N·mm）；

M_{uw4}^j——腹板拼接板横向单排螺栓拉脱时的极限受弯承载力（N·mm）；

M_{uw5}^j——腹板螺栓决定的极限受弯承载力（N·mm）；

W_{pw}——梁腹板全截面塑性截面模量（mm³）；

W_{sn}——腹板拼接板正截面净面积截面模量（mm³）；

e_{w1}——梁腹板受力方向的端距（mm）；

e_{s1}——腹板拼接板受力方向的端距（mm）；

t_w——梁腹板的板厚（mm）；

t_{ws}——腹板拼接板板厚（mm）（二块时为厚度之和）；

r_i、r_m——腹板螺栓群中心至所计算螺栓的距离（mm），r_m 为 r_i 的最大值；

N_{vu}^b——一个螺栓的极限受剪承载力（N）；

V_j——腹板拼接处的设计剪力（N）；

x_m、y_m——分别为最外侧螺栓至螺栓群中心的横标距和纵标距（mm）。

F.2.4 当梁拼接进行截面极限承载力验算时，最不利截面应取通过翼缘拼接最外侧螺栓孔的截面。当沿梁轴线方向翼缘拼接的螺栓数 n_f 大于该方向腹板拼接的螺栓数 n_w 加 2 时（图 F.2.4a），有效截面为直虚线；当沿梁轴线方向的梁翼缘拼接的螺栓数 n_f 小于或等于该方向腹板拼接的螺栓数 n_w 加 2 时（图 F.2.4b），有效截面位置为折虚线。

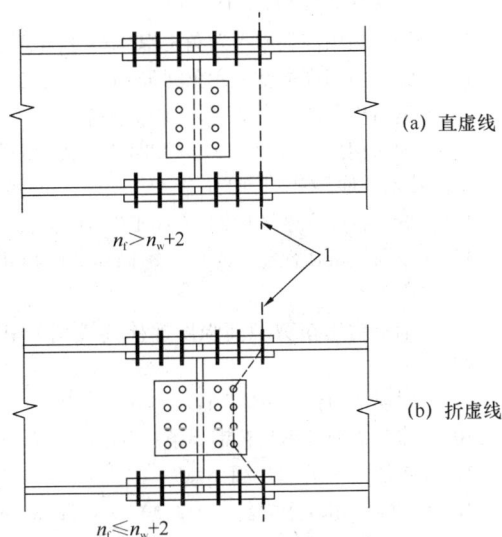

图 F.2.4 有效截面
1—有效断面位置

本规程用词说明

1 为便于在执行本规程条文时区别对待，对于要求严格程度不同的用词说明如下：

1) 表示很严格，非这样做不可的：
正面词采用"必须"，反面词采用"严禁"；

2) 表示严格，在正常情况下均应这样做的：
正面词采用"应"，反面词采用"不应"或"不得"；

3) 表示允许稍有选择，在条件许可时首先应这样做的：
正面词采用"宜"，反面词采用"不宜"；

4) 表示有选择，在一定条件下可以这样做的，采用"可"。

2 条文中指明应按其他标准执行的写法为："应

符合……的规定"或"应按……执行"。

引用标准名录

1 《建筑结构荷载规范》GB 50009
2 《混凝土结构设计规范》GB 50010
3 《建筑抗震设计规范》GB 50011
4 《建筑设计防火规范》GB 50016
5 《钢结构设计规范》GB 50017
6 《冷弯薄壁型钢结构技术规范》GB 50018
7 《钢结构工程施工质量验收规范》GB 50205
8 《建筑工程抗震设防分类标准》GB 50223
9 《钢结构焊接规范》GB 50661
10 《金属材料 拉伸试验 第1部分：室温试验方法》GB/T 228.1
11 《碳素结构钢》GB/T 700
12 《钢结构用高强度大六角头螺栓》GB/T 1228
13 《钢结构用高强度大六角螺母》GB/T 1229
14 《钢结构用高强度垫圈》GB/T 1230
15 《钢结构用高强度大六角头螺栓、大六角螺母、垫圈技术条件》GB/T 1231
16 《低合金高强度结构钢》GB/T 1591
17 《紧固件机械性能 螺栓、螺钉和螺柱》GB/T 3098.1
18 《钢结构用扭剪型高强度螺栓连接副》GB/T 3632
19 《耐候结构钢》GB/T 4171
20 《非合金钢及细晶粒钢焊条》GB/T 5117
21 《热强钢焊条》GB/T 5118
22 《埋弧焊用碳钢焊丝和焊剂》GB/T 5293
23 《厚度方向性能钢板》GB/T 5313
24 《六角头螺栓 C级》GB/T 5780
25 《六角头螺栓 全螺纹 C级》GB/T 5781
26 《六角头螺栓》GB/T 5782
27 《六角头螺栓 全螺纹》GB/T 5783
28 《金属材料 室温压缩试验方法》GB/T 7314
29 《焊接结构用铸钢件》GB/T 7659
30 《气体保护电弧焊用碳钢、低合金钢焊丝》GB/T 8110
31 《涂覆涂料前钢材表面处理 表面清洁度的目视评定 第1部分：未涂覆过的钢材表面和全面清除原有涂层后的钢材表面的锈蚀等级和处理等级》GB/T 8923.1
32 《焊接与切割安全》GB 9448
33 《建筑构件耐火试验方法 第1部分：通用要求》GB/T 9978.1
34 《建筑构件耐火试验方法 第3部分：试验方法和试验数据应用注释》GB/T 9978.3
35 《建筑构件耐火试验方法 第5部分：承重水平分隔构件的特殊要求》GB/T 9978.5
36 《碳钢药芯焊丝》GB/T 10045
37 《电弧螺柱焊用圆柱头焊钉》GB/T 10433
38 《焊缝无损检测 超声检测 技术、检测等级和评定》GB/T 11345
39 《埋弧焊用低合金钢焊丝和焊剂》GB/T 12470
40 《建筑用压型钢板》GB/T 12755
41 《熔化焊用钢丝》GB/T 14957
42 《低合金钢药芯焊丝》GB/T 17493
43 《建筑结构用钢板》GB/T 19879
44 《建筑用低屈服强度钢板》GB/T 28905
45 《高层建筑混凝土结构技术规程》JGJ 3
46 《钢结构高强度螺栓连接技术规程》JGJ 82
47 《玻璃幕墙工程技术规范》JGJ 102
48 《金属与石材幕墙工程技术规范》JGJ 133
49 《型钢混凝土组合结构技术规程》JGJ 138
50 《人造板材幕墙工程技术规范》JGJ 336
51 《建筑结构用冷弯矩形钢管》JG/T 178
52 《建筑结构用冷成型焊接圆钢管》JG/T 381

中华人民共和国行业标准

高层民用建筑钢结构技术规程

JGJ 99 - 2015

条 文 说 明

修 订 说 明

《高层民用建筑钢结构技术规程》JGJ 99－2015，经住房和城乡建设部 2015 年 11 月 30 日以第 983 号公告批准、发布。

本规程是在《高层民用建筑钢结构技术规程》JGJ 99－98 的基础上修订而成。上一版的主编单位是中国建筑技术研究院标准设计研究所（现中国建筑标准设计研究院有限公司），参编单位是北京市建筑设计研究院、哈尔滨建筑大学、冶金部建筑研究总院、清华大学、同济大学、西安建筑科技大学、中国建筑科学研究院结构所、中国建筑科学研究院抗震所、武警学院、中国建筑西北设计院、北京建筑机械厂、北京市机械施工公司、沪东造船厂、中国建筑总公司三局。主要起草人员是蔡益燕、胡庆昌、周炳章、张耀春、俞国音、方鄂华、潘世劼、陈绍蕃、范懋达、王康强、钱稼茹、邱国桦、崔鸿超、赵西安、高小旺、姜峻岳、李云、张良铎、何若全、张相庭、沈祖炎、黄本才、王焕定、丁洁民、秦权、朱聘儒、汪心洌、徐安庭、刘大海、罗家谦、计学润、廉晓飞、王辉、臧国和、陈民权、鲍广鉴、于福海、易兵、郝锐坤、顾强、李国强、陈德彬、钟益村、陈琢如、贺贤娟、李兆凯。

本次修订的主要技术内容是：1. 更加明确了适用范围；2. 修改、补充了选材要求、高性能钢材 GJ 钢、低合金高强度结构钢和高强度螺栓的材料设计指标；3. 调整补充了房屋适用的最大高度；增加了 7 度（0.15g）、8 度（0.30g）抗震设防区房屋最大适用高度的规定；4. 补充了结构平面和立面规则性的有关规定；5. 修改了风荷载标准值作用下的层间位移角限值的规定，增加了风振舒适度计算时结构阻尼比取值及楼盖竖向振动舒适度要求；6. 增加了相邻楼层的侧向刚度比的规定；7. 增加了抗震等级的规定；8. 增加了结构抗震性能基本设计方法及结构抗连续倒塌设计基本要求；9. 风荷载比较敏感的高层民用建筑钢结构承载力设计时，风荷载按基本风压的 1.1 倍采用，扩大了考虑竖向地震作用的计算范围和设计要求；10. 修改了多遇地震作用下钢结构的阻尼比，对不同高度范围采用不同值；11. 增加了刚重比的有关规定；12. 修改、补充了结构计算分析的有关内容，修改了节点域变形对框架层间位移影响的计算方法；13. 正常使用极限状态的效应组合不作为强制性要求，增加了考虑结构设计使用年限的荷载调整系数，补充了竖向地震作用作为主导可变作用的组合工况；14. 修改、

补充了框架柱计算长度的设计规定；15. 增加了梁端采用加强型连接或骨式连接时强柱弱梁的计算规定和圆管截面柱和十字形截面柱的节点域有效体积的计算公式；16. 修改了框架柱、中心支撑长细比的限值规定；17. 修改了框架柱的板件宽厚比限值规定；主梁腹板宽厚比限值取消了适用调幅连续梁的轴压比规定，补充了梁柱连接中梁腹板厚度小于 16mm 时采用角焊缝的规定；18. 增加了伸臂桁架和腰桁架的有关规定；19. 修改了人字支撑、V 形支撑和偏心支撑构件的内力调整系数；20. 修改了钢框架抗震设计的连接系数规定，不再作为承载力抗震调整系数列入，改为全部在承载力连接系数中表达；21. 修改了框架梁与 H 形柱绕弱轴的连接，柱的加劲肋（连续板）改为应伸出柱翼缘以外不小于 75mm，并以变截面形式将宽度改变至梁翼缘宽度的规定；22. 增加了采用电渣焊时箱形柱壁板厚度不应小于 16mm 的规定；23. 修改了梁柱刚性连接的计算方法和设计规定；24. 增加了梁与柱现场焊接时，过焊孔的形式，提出了剪力板与柱的连接焊缝要求；增加了梁腹板与柱连接板采用焊接的有关内容；25. 增加了加强型的梁柱连接形式和骨式连接形式；26. 修改了节点域局部加厚的构造要求；27. 补充了采用现浇钢筋混凝土楼板将主梁和次梁连成整体，可不考虑偏心弯矩影响的规定；28. 补充了梁拼接时按受弯极限承载力的计算规定；29. 修改了钢柱脚的计算方法和设计规定；30. 增加了构件预拼装的有关内容；31. 增加了钢板剪力墙、异形柱的制作允许偏差值的规定；32. 修改了焊缝质量的外观检查的允许偏差的规定；33. 增加了防火涂装的有关内容；34. 修改、补充了钢板剪力墙的形式，计算和构造的有关规定；35. 增加了屈曲约束支撑设计的有关内容；36. 增加了高强度螺栓破坏的形式和计算方法的规定。

本规程修订过程中，编制组调查总结了国内外高层民用建筑钢结构有关研究成果和工程实践经验，开展了梁端加强型连接、节点域变形对框架层间位移影响、构件长细比和板件宽厚比、框架柱计算长度、过焊孔型、框架梁与柱连接计算方法、高强度螺栓连接破坏模式和计算方法、钢板剪力墙、屈曲约束支撑、内藏钢板支撑墙板、内嵌竖缝混凝土剪力墙板等专题研究，参考了国外有关先进技术标准，在全国范围内广泛地征求意见，并对反馈意见进行了汇总和处理。

为便于设计、科研、教学、施工等单位的有关

人员在使用本规程时，能正确理解和执行条文规定，《高层民用建筑钢结构技术规程》编制组按照章、节、条顺序编写了本规程条文说明，对条文规定的目的、依据以及执行中需要注意的有关事宜进行了说明，还着重对强制性条文的强制性理由作了解释。但是，本条文说明不具备与规程正文同等的法律效力，仅供使用者作为理解和把握条文规定的参考。

目　　次

1 总　　则

1.0.1 本条是高层民用建筑工程中合理应用钢结构必须遵循的总方针。

1.0.2 《高层民用建筑钢结构技术规程》JGJ 99 - 98（以下简称98规程）没规定适用高度的下限。本次修订将适用范围修改为10层及10层以上或房屋高度大于28m的住宅建筑，以及房屋高度大于24m的其他高层民用建筑，主要是为了设计人员便于掌握对规程的使用，同时也与我国现行有关标准协调。

　　本条还规定，本规程不适用于建造在危险地段及发震断裂最小避让距离之内的高层民用建筑。大量地震震害及其他自然灾害表明，在危险地段及发震断裂最小避让距离之内建造房屋和构筑物较难幸免灾祸；我国也没有在危险地段和发震断裂的最小避让距离内建造高层民用建筑的工程实践经验和相应的研究成果，本规程也没有专门条款。发震断裂的最小避让距离应符合现行国家标准《建筑抗震设计规范》GB 50011 的有关规定。

1.0.3 注重高层民用建筑钢结构的概念设计，保证结构的整体性，是国内外历次大地震及风灾的重要经验总结。概念设计及结构整体性能是决定高层民用建筑钢结构抗震、抗风性能的重要因素，若结构严重不规则，整体性差，则按目前的结构设计及计算技术水平，较难保证结构的抗震、抗风性能，尤其是抗震性能。

1.0.4 高层民用建筑采用抗震性能设计已是一种趋势。正确应用性能设计方法将有利于判断高层民用建筑钢结构的抗震性能，有针对性地加强结构的关键部位和薄弱部位，为发展安全、适用、经济的结构方案提供创造性的空间。本条提出了对有特殊要求的高层民用建筑钢结构可采用抗震性能设计方法进行分析和论证，具体的抗震性能设计方法见本规程第3.8节。

2　术语和符号

　　本章是根据标准编制要求增加的内容。

　　"高层民用建筑"是参照现行行业标准《高层建筑混凝土结构技术规程》JGJ 3 的定义拟定的。

　　本规程中的"延性墙板"是指：带加劲肋的钢剪力墙板、无粘结内藏钢板支撑墙板和带竖缝混凝土剪力墙板。

　　"加强型连接"是使梁端预期出现的塑性铰外移，减小梁端的应力集中，防止梁端连接破坏的连接形式。本规程主要形式是：梁翼缘扩式、梁翼缘局部加宽式、梁翼缘盖板式和梁翼缘板式。

　　"骨式连接"是采用梁翼缘局部削弱来使预期塑性铰外移的梁柱连接形式。

3　结构设计基本规定

3.1　一般规定

3.1.1 抗震设防烈度是按国家规定权限批准作为一个地区抗震设防依据的地震烈度，一般情况下取50年内超越概率为10%的地震烈度，我国目前分为6、7、8、9度，与设计基本加速度一一对应，见表1。

表1　抗震设防烈度和设计基本地震加速度值的对应关系

抗震设防烈度	6	7	8	9
设计基本地震加速度值	0.05g	0.10 (0.15)g	0.20 (0.30)g	0.40g

3.1.2 建筑工程的抗震设防分类，是根据建筑遭遇地震破坏后，可能造成人员伤亡、直接和间接经济损失、社会影响程度以及建筑在抗震救灾中的作用等因素，对各类建筑所作的抗震设防类别划分。根据高层民用建筑钢结构的特点，具体分为特殊设防类、重点设防类、标准设防类，分别简称甲类、乙类和丙类。建筑抗震设防分类的划分应符合现行国家标准《建筑工程抗震设防分类标准》GB 50223 的规定。

3.1.3、3.1.4 这两条强调了高层民用建筑钢结构概念设计原则，宜采用规则的结构，不应采用严重不规则的结构。

　　规则结构一般指：体型（平面和立面）规则，结构平面布置均匀，对称并具有较好的抗扭刚度；结构竖向布置均匀，结构的刚度、承载力和质量分布均匀、无突变。

　　实际工程设计中，要使结构方案规则往往比较困难，有时会出现平面或竖向布置不规则的情况。本规程第3.3.1条～第3.3.4条分别对结构平面布置及竖向布置的不规则性提出了限制条件。若结构方案中仅有个别项目超过了条款中的规定，此结构属不规则结构，但仍按本规程的有关规定进行计算和采取相应的构造措施；若结构方案中有多项超过了条款中的规定或某一项超过较多，此结构属特别不规则结构，应尽量避免。若结构方案中有多项超过了条款中的规定而且超过较多，则此结构属严重不规则结构，必须对结构方案进行调整。

　　无论采用何种钢结构体系，结构的平面和竖向布置都应使结构具有合理的刚度、质量和承载力分布，避免因局部突变和扭转效应而形成薄弱部位；对可能出现的薄弱部位，在设计中应采取有效措施，增强其抗震能力；结构宜具有多道防线，避免因部分结构或构件的破坏而导致整个结构丧失承受水平风荷载、地震作用和重力荷载的能力。

3.1.5 高层民用建筑钢结构层数较高，减轻填充墙体的自重是减轻结构总重量的有效措施，而且轻质板材容易实现与主体结构的连接构造，能适应钢结构层间位移相对大的特点，减轻或防止其发生破坏。非承重墙体无论与主体结构采用刚性连接还是柔性连接，都应按非结构构件进行抗震设计。

幕墙包覆主体结构而使主体结构免受外界温度变化的影响，有效地减少了主体结构温度变化的不利影响。

3.1.6 自98规程公布以来，高层民用建筑钢结构和大跨度空间结构中，钢板厚度突破100mm的已不少见，但厚板不但制作安装难度较大，而且连接部位焊后受力复杂，作为设计标准仍希望大多数高层民用建筑钢结构将板厚控制在100mm以内，因此保留此规定，确有必要时可采用厚度大于100mm的钢板。

3.2 结构体系和选型

3.2.1 高层民用建筑钢结构应根据房屋高度和高宽比、抗震设防类别、抗震设防烈度、场地类别和施工技术条件等因素考虑其适宜的钢结构体系。

高层民用建筑钢结构采用的结构体系有：框架、框架-支撑体系、框架-延性墙板体系、筒体和巨型框架体系。这里所说的框架是具有抗弯能力的钢框架；框架-支撑体系中的支撑在设计中可采用中心支撑、偏心支撑和屈曲约束支撑；框架-延性墙板体系中的延性墙板主要指钢板剪力墙、无粘结内藏钢板支撑剪力墙板和内嵌竖缝混凝土剪力墙板等。筒体体系包括框筒、筒中筒、桁架筒、束筒，这些筒体采用钢结构容易实现。巨型框架主要是由巨型柱和巨型梁（桁架）组成的结构。

3.2.2 将框架-偏心支撑（延性墙板）单列，有利于促进它的推广应用。筒体和巨型框架以及框架-偏心支撑的适用最大高度，与国内现有建筑已达到的高度相比是保守的。AISC抗震规程对C抗震等级（大致相当于我国0.10g以下）的结构，不要求执行规定的抗震构造措施，明显放宽。据此，有必要对7度按设计加速度划分。对8度也按设计加速度作了划分。

对框架柱在附注中列明为全钢柱和钢管混凝土柱两种，以适合钢结构设计的需要。

3.2.3 高层民用建筑的高宽比，是对结构刚度、整体稳定、承载能力和经济合理性的宏观控制；在结构设计满足本规程规定的承载力、稳定、抗倾覆、变形和舒适度等基本要求后，仅从结构安全角度讲高宽比限值不是必须满足的，主要影响结构设计的经济性。

98规程建议的高宽比限值参考了20世纪国外主要超高层建筑，本次根据发展情况作了相应修订。同时为方便大底盘高层民用建筑钢结构高宽比的计算，规定了底部有大底盘的房屋高度取法。设计人员可根据大底盘的实际情况合理确定。

3.2.4 本条按房屋高度和设防烈度给出了高层民用建筑钢结构房屋的结构选型要求。本次修订又增加了高层民用建筑钢结构不应采用单跨框架结构的要求。

3.3 建筑形体及结构布置的规则性

3.3.1 本条主要针对建筑方案的规则性提出了要求。建筑形体和结构布置应根据抗震概念设计划分为规则和不规则两大类；对于具有不规则的建筑，针对其不规则的具体情况，明确提出不同的要求；强调应避免采用严重不规则的设计方案。

3.3.2 本条结构布置要求、不规则定义和参考指标，与现行国家标准《建筑抗震设计规范》GB 50011的规定基本一致，只是作了文字修改，进一步明确了扭转位移比的含义和保留了偏心布置的不规则类型，偏心率的计算按本规程附录A的规定进行。在计算不规则项数时，表3.3.2-1中扭转不规则和偏心布置不重复计算。

3.3.3 按不规则类型的数量和程度，采取了不同的抗震措施。不规则的程度和设计的上限控制，可根据设防烈度的高低适当调整。对于特别不规则的结构应进行专门研究。本条与现行国家标准《建筑抗震设计规范》GB 50011的规定一致。

3.3.4 提倡避免采用不规则建筑结构方案，不设防震缝。对体型复杂的建筑可分具体情况决定是否设防震缝。总体倾向是：可设缝、可不设缝时，不设缝。设置防震缝可使结构抗震分析模型较为简单，容易估计其地震作用和采取抗震措施，但需考虑扭转地震效应，并按本规程的规定确定缝宽。当不设置防震缝时，结构分析模型复杂，连接处局部应力集中需要加强，而且需仔细估计地震扭转效应等可能导致的不利影响。

3.3.5 本条规定了防震缝设置的要求和防震缝宽度的最小值。

3.3.6 抗剪支撑在竖向连续布置，结构的受力和层间刚度变化都比较均匀，现有工程中基本上采用竖向连续布置的方法。建筑底部的楼层刚度较大，顶层不受层间刚度比规定的限制，这是参考国外有关规定制订的。在竖向支撑桁架与刚性伸臂相交处，照例都是保持刚性伸臂连续，以发挥其水平刚臂的作用。

3.3.7 高层民用建筑钢结构的刚度较小，容易出现对舒适度不利的横风向振动，通过采用合适的建筑形体，可减小横风向振动的影响。

3.3.8 压型钢板现浇钢筋混凝土楼板、现浇钢筋桁架混凝土楼板，整体刚度大，施工方便，是高层民用建筑钢结构楼板的主要形式。这里指的压型钢板是各种由钢板制成的楼承板的泛指。为加强建筑的抗震整体性，6、7度地区超过50m以及8度及以上地区的高层民用建筑钢结构，不应采用装配式楼板或其他轻型楼盖。

3.3.9 在多功能的高层民用建筑中，上部常常要求设置旅馆或者公寓，但这类房间的进深不能太大，因而必需设置中庭，在中庭上下端设置水平桁架是加强刚度的比较好的方法。

3.3.10 正常设计的高层民用建筑下部楼层侧向刚度宜大于上部楼层的侧向刚度，否则变形会集中于侧向刚度小的下部楼层而形成结构软弱层，所以应对下层与相邻上层的侧向刚度比值进行限制。

本次修订，参照现行行业标准《高层建筑混凝土结构技术规程》JGJ 3 的相关规定增补了此条。

3.4 地基、基础和地下室

3.4.1 筏基、箱基、桩筏基础是高层民用建筑常用的基础形式，可根据具体情况选用。

3.4.2 钢框架柱延伸至计算嵌固端以下一层，可作为柱脚；框架柱的竖向荷载宜直接传给基础。

3.4.3 规定基础最小埋置深度，目的是使基础有足够大的抗倾覆能力。抗震设防烈度高时埋置深度应取较大值。

3.4.4 用粗砂等将沉降缝地面以下部分填实的目的是确保主楼基础四周的可靠侧向约束。

3.4.5 高层民用建筑钢结构下部若干层采用钢骨混凝土结构是日本常用做法，它将上部钢结构与钢筋混凝土基础连成整体，使传力均匀，并使框架柱下端完全固定，对结构受力有利。

3.4.6 为使高层民用建筑钢结构在水平力和竖向荷载作用下，其地基压应力不致过于集中，对基础底面压应力较小一端的应力状态作了限制。同时，满足本条规定时，高层民用建筑钢结构的抗倾覆能力有足够的安全储备，不需再验算结构的整体倾覆。

对裙楼和主楼质量偏心较大的高层民用建筑，裙楼与主楼可分别进行基底应力验算。

3.5 水平位移限值和舒适度要求

3.5.1 高层民用建筑层数多，高度大，为保证高层民用建筑钢结构具有必要的刚度，应对其楼层位移加以控制。侧向位移控制实际上是对构件截面大小，刚度大小的一个宏观指标。

在正常情况下，限制高层民用建筑钢结构层间位移的主要目的有：一是保证主体结构基本处于弹性受力状态；二是保证填充墙板、隔墙和幕墙等非结构件的完好，避免产生明显损伤。

3.5.2 本规程采用层间位移角作为刚度控制指标，不扣除整体弯曲转角产生的侧移。本次修订采用了现行国家标准《建筑抗震设计规范》GB 50011 的层间位移角限值。

3.5.3 震害表明，结构如果存在薄弱层，在强烈地震作用下，结构薄弱部位将产生较大的弹塑性变形，会引起结构严重破坏甚至倒塌。本条对不同高层民用

建筑钢结构的薄弱层弹塑性变形验算提出了不同要求，第 1 款所列的结构应进行弹塑性变形验算，第 2 款所列的结构必要时宜进行弹塑性变形验算。

3.5.5 对照国外的研究成果和有关标准，要求高层民用建筑钢结构应具有良好的使用条件，满足舒适度的要求。按现行国家标准《建筑结构荷载规范》GB 50009 规定的 10 年一遇的风荷载取值计算或进行风洞试验确定的结构顶点最大加速度 a_{lim} 不应超过本规程表 3.5.5 的限值。这限值未变，主要是考虑计算舒适度时结构阻尼比的取值影响较大，一般情况下，对房屋高度小于 100m 的钢结构阻尼比取 0.015，对房屋高度大于 100m 的钢结构阻尼比取 0.01。

高层民用建筑的风振反应加速度包括顺风向的最大加速度、横风向最大加速度和扭转角速度。

关于顺风向最大加速度和横风向最大加速度的研究工作虽然较多，但各国的计算方法并不统一，互相之间也存在明显的差异。本次修订取消了 98 规程的计算公式，建议可按现行国家标准《建筑结构荷载规范》GB 50009 的相关规定进行计算。

3.5.6 圆筒形高层民用建筑有时会发生横风向的涡流共振现象，此种振动较为显著，但设计是不允许出现横风向共振的，应予避免。一般情况下，设计中用房屋建筑顶部风速来控制，如果不能满足这一条件，一般可采用增加刚度使自振周期减小来提高临界风速，或者横风向涡流脱落共振验算，其方法可参考结构风工程著作，本条不作规定。

3.5.7 本条主要针对大跨度楼盖结构。楼盖结构舒适度控制已成为钢结构设计的重要工作内容。

对于钢-混凝土组合楼盖结构，一般情况下，楼盖结构竖向频率不宜小于 3Hz，以保证结构具有适宜的舒适度，避免跳跃时周围人群的不舒适。一般住宅、办公、商业建筑楼盖结构的竖向频率小于 3Hz 时，需验算竖向振动加速度。

3.6 构件承载力设计

3.6.1 本条是高层民用建筑钢结构构件承载力设计的原则规定，采用了以概率理论为基础、以可靠指标度量结构可靠度、以分项系数表达的设计方法。本条针对持久设计状况、短暂设计状况和地震设计状况下构件的承载力极限状态设计，与现行国家标准《工程结构可靠性设计统一标准》GB 50153 和《建筑抗震设计规范》GB 50011 保持一致。偶然设计状况（如结构连续倒塌设计）以及结构抗震性能设计时的承载力设计应符合本规程的有关规定，必要时可采用，不作为强制性内容。

结构构件作用组合的效应设计值应符合本规程第 6.4.1 条~第 6.4.4 条规定。由于高层民用建筑钢结构的安全等级一般不低于二级，因此结构重要性系数的取值不应小于 1.0。按照现行国家标准《工程结构

可靠性设计统一标准》GB 50153 的规定，结构重要性系数不再考虑结构设计使用年限的影响。

3.7 抗震等级

3.7.1 本条采用直接引用的方法，规定了各设防类别高层民用建筑钢结构采取的抗震措施（包括抗震构造措施），与现行国家标准《建筑工程抗震设防分类标准》GB 50223 的规定一致。Ⅰ类建筑场地上高层民用建筑抗震构造措施放松要求与现行国家标准《建筑抗震设计规范》GB 50011 的规定一致。

3.7.2 历次大地震的经验表明，同样或相近的建筑，建造于Ⅰ类场地时震害较轻，建造于Ⅲ、Ⅳ类场地震害较重。对Ⅲ、Ⅳ类场地，本条规定对 7 度设计基本地震加速度为 0.15g 以及 8 度设计基本地震加速度 0.30g 的地区，宜分别按抗震设防烈度 8 度（0.20g）和 9 度时各类建筑的要求采取抗震构造措施。

3.7.3 本条采用引用的办法，将抗震等级的划分按现行国家标准《建筑抗震设计规范》GB 50011 的有关规定执行。将不同层数所规定的"作用效应调整系数"和"抗震构造措施"共 7 种，归纳、整理为四个不同要求，称之为抗震等级。将《建筑抗震设计规范》GB 50011 - 2001（以下简称 01 抗规）以 12 层为界改为 50m 为界。对 6 度高度不超过 50m 的钢结构，与 01 抗规相同，其"作用效应调整系数"和"抗震构造措施"可按非抗震设计执行。

不同的抗震等级，体现不同的抗震要求。因此，当构件的承载力明显提高时，允许降低其抗震等级。

对于 7 度（0.15g）和 8 度（0.30g）设防且处于Ⅲ、Ⅳ类场地的高层民用建筑钢结构，宜分别按 8 度和 9 度确定抗震等级。甲、乙类设防的高层民用建筑钢结构，其抗震等级的确定按现行国家标准《建筑抗震设计规范》GB 50011 的有关规定处理。

在执行时，为了确保结构安全，应按构件受力情况采取相应构造措施，对 50m 以下房屋，表列等级偏宽。一般说来，耗能构件应从严，非耗能构件可稍宽。框架体系应从严，支撑框架体系可稍宽；高层从严，多层可稍宽；8、9 度从严，6、7 度可稍宽。

不同结构体系的抗震性能差别较大，破坏后果也不同，在执行时应考虑此影响。

3.8 结构抗震性能化设计

本节是参照现行行业标准《高层建筑混凝土结构技术规程》JGJ 3 的相关规定，结合高层民用建筑钢结构构件的特点拟定的。

3.9 抗连续倒塌设计基本要求

本节是参照现行行业标准《高层建筑混凝土结构技术规程》JGJ 3 的相关规定，结合高层民用建筑钢结构构件的特点拟定的。

4 材 料

4.1 选材基本规定

4.1.1 工程经验表明，以高层民用建筑钢结构为代表的现代钢结构对钢材的品种、质量和性能有着更高的要求，同时也要求在设计选材中更要做好优化比选工作。本条依据相关设计规范和工程经验并结合高层民用建筑钢结构的用钢特点，提出了选材时应综合考虑的诸要素。其中应力状态指弹性或塑性工作状态和附加应力（约束应力、残余应力）情况；工作环境指高温、低温或露天等环境条件；钢材品种指轧制钢材、冷弯钢材或铸钢件；钢材厚度主要指厚板、厚壁钢材。为了保证结构构件的承载力、延性和韧性并防止脆性断裂，工程设计中应综合考虑上述要素，正确合理的选用钢材牌号、质量等级和性能要求。同时由于钢结构工程中钢材费用约可占到工程总费用的 60% 左右，故选材还应充分的考虑到工程的经济性，选用性价比较高的钢材。此外作为工程重要依据，在设计文件中应完整的注明对钢材和连接材料的技术要求，包括牌号、型号、质量等级、力学性能和化学成分、附加保证性能和复验要求，以及应遵循的技术标准等。

4.1.2 钢材的牌号和质量等级的规定，主要是考虑了国内钢材的生产水平、高层和超高层民用建筑钢结构应用的现状、高性能钢材发展的趋势和相关国家标准的规定而修订的。

1 近年来国内建造的高层和超高层民用建筑钢结构除大量应用 Q345 钢外，也较多应用了 Q390 钢与 Q345GJ 厚板。经验表明，由于品种完善和质量性能的提高，现国产结构用钢已可在保有较高强度的同时，也具有较好的延性、韧性和焊接性能，完全能够满足抗风、抗震高层钢结构用钢的综合性能要求。故本条提出承重构件宜采用 Q345、Q390 与 Q235 等牌号的钢材。由于轧制状态交货的钢材在强度提高时，其延性、韧性与焊接性能会有一定幅度的降低。如 Q460 钢的伸长率较 Q345 要降低 15%，按最小值计算的屈强比要提高约 10%；Q500 钢－40℃冲击功较 Q345 钢要降低约 10%，碳当量也相应有所提高。故本条提出了有依据时，如进行性能化设计，经比选确认可同时保证相应的延性与韧性性能时，也可采用更高强度的钢材。本条规定与国外经验也是一致的，如日本 SN 系列高性能钢材（推荐为抗震用钢）仅列出 SN400 钢（相当于 Q235 钢）与 SN490 钢（相当于 Q345 钢），同时专门研出高性能抗震结构用 SA440 钢［屈服强度（440~540）N/mm²，屈强比≤0.8，伸长率≥20%~26%，其 C 级钢可保证 Z25 性能］用于工程；美国抗震规程规定对预期会出现较大非弹性受力构件，如特殊抗弯框架、特殊支撑框架、偏心支撑框架和屈曲约束支撑框架等所用钢材屈服强度均不应超过 345N/mm²；对经受有限非弹性作用的普通抗弯框架和普通中心支撑等结构允许采用屈服强度不大于 380N/mm² 的钢材。

2　GJ 钢板（《建筑结构用钢板》GB/T 19879）是我国专为高层民用建筑钢结构生产的高性能钢板，其性能与日本 SN 系列高性能钢材相当。与同级别低合金结构钢相比，除化学成分优化、并有较好的延性、塑性与焊接性能外，还具有厚度效应小、屈服强度波动范围小等特点，并将屈服强度幅（屈服强度波动范围，对 Q345 钢、Q390 钢为 120 N/mm²）、屈强比、碳当量均作为基本交货条件予以保证。虽然按国家标准《低合金高强度结构钢》GB/T 1591-2008 生产的低合金钢较原标准提高了屈服强度和冲击功，增加了碳当量作为供货条件，综合质量有明显改善，其性能与 GJ 钢板已较为接近，但采用较厚的 GJ 钢板时仍有一定的综合优势。以 Q345 钢 80～100mm 厚板为例，Q345GJ 钢板屈服强度较普通 Q345 钢板可提高 6.5%，伸长率可提高 10%，碳当量可降低 8% 以上，故推荐其为重要构件较厚板件优先选用的钢材。

3　耐候钢是我国早已制订标准并可批量生产的钢种，现可生产 Q235NH、Q355NH、Q415NH、Q460NH 等六种牌号焊接结构用耐候钢，其性能与《低合金高强度结构钢》GB/T 1591 系列钢材相当。除力学性能、延性和韧性性能有保证外，其耐腐蚀性能可为普通钢材的 2 倍以上，并可显著提高涂装附着性能，故用于外露大气环境中有较好的耐腐蚀效果。选用时作为量化的性能指标宜要求其晶粒度不小于 7 级，耐腐蚀性指数不小于 6。但由于以往建筑钢结构工程中耐候钢应用不多，现行国家标准《钢结构设计规范》GB 50017 亦未对其抗力分项系数和强度设计值作出规定，如在工程中选用时需按该规范的规定进行钢材试样统计分析，以确定抗力分项系数和强度设计值。

近年来，我国宝钢、鞍钢、马钢等钢铁企业已研发生产了耐火结构用钢板和 H 形钢，其在 600℃高温作用下，屈服强度降幅不大于 1/3，因而具有较好的耐火性能，但因缺乏实用经验，也缺少相关的设计标准与参数，故本规程暂未列入其相关条文。

4　现行各钢材标准规定的钢材质量等级主要体现了其韧性（冲击吸收功）和化学成分优化方面的差异，质量等级愈高则冲击功保证值越高，而有害元素（硫、磷）含量限值则越低，因而是一个材质综合评定的指标，不同级别钢材价格也有差别。选材时应按优材优用的原则合理选用质量等级。本条根据相关规范规定和工程经验提出了钢材质量等级选用的规定和建议。对抗震结构主要考虑地震具有强烈交变作用的特点，会引起结构构件的高应变低周疲劳，因而二级抗震框架与抗侧力支撑等主要抗侧力构件钢材等级不宜低于 C 级，以保证应有的韧性性能。另应注意部分钢材产品不分质量等级或只限定较低或较高的质量等级（如 Q390GJ 和 Q420GJ 钢板最低质量等级为 C 级，冷弯矩形钢管未规定 Q345E 级与 Q390D、E 级质量等级），选用质量等级时，不应超出其规定范围。

5　防止结构脆断破坏是钢结构选材的基本要求之一。《钢结构设计规范》GB 50017-2003 在选材和构造规定中，均提出了防止结构构件脆断的要求和构造措施。研究表明钢结构的抗脆断性能与环境温度、结构形式、钢材厚度、应力特征、钢材性能、加荷速率等多种因素有关。工作环境温度越低、钢材厚度越厚、名义拉应力越大、应力集中及焊接残余应力越高（特别是有多向拉应力存在时）和加荷速率越快，则钢材韧性越差，结构更易发生脆断。而提高钢材抗脆断能力的主要措施是提高其韧性性能。关于钢材应力状态与厚度、温度对抗脆断性能的影响国内尚较少研究，但欧洲规范 Eurocode 3 对此已有明确的规定，如 J0 级 S335 钢板工作（拉）应力为 $0.75f_y$ 时，其允许厚度在 10℃时可为 60mm，0℃与 -20℃时则分别降至 50mm 与 30mm。高层钢结构具有板件厚度大，焊接残余应力高并承受交变荷载的特点，其选材应考虑防脆断性能的要求。据此，本条提出了宜适当提高低温环境下受拉（包括弯曲受拉）厚板的质量等级。

6　当用平炉及铸锭方法生产时，Q235A 级或 B 级钢的脱氧方法可分为沸腾钢或镇静钢，后者脱氧充分，晶粒细化，材质均匀而性能较好。现转炉和连铸方法生产的钢材一般均为镇静钢，目前已在国内钢材生产总量中约占 90% 以上，故现市场上沸腾钢有时价格反而偏高。根据近年来工程用材经验，钢结构用钢应选用镇静钢。

关于 A 级钢的选用问题，按相关标准规定，Q235A 级钢可能会以超过其含碳量限值（0.22%）交货，而现行国家标准《钢结构设计规范》GB 50017 又以强制性条文规定了"对焊接结构尚应具有碳当量的合格保证"，故一直以来在工程用焊接结构中规定不采用 Q235A 级钢。但参照国内外实际用材经验，美国与日本的 235 级碳素结构钢允许含碳量可达 0.25%，国内也有含碳量达 0.24% 钢材应用于焊接结构的实例，亦即不宜绝对不允许 Q235A 级钢的应用。如对经复验其含碳量合格的 Q235A 级钢或碳含量不大于 0.24% 的 Q235A 级钢，经采取必要的焊接措施并检验认可后仍可用于一般承重结构中。而对 Q345A 级钢，若其碳当量或焊接裂纹敏感性指数符合要求即可用于焊接结构的一般构件，不必因其碳、锰单项指标未符合标准规定而限制其使用。

4.1.3　本条依据现行国家标准《钢结构设计规范》

GB 50017 规定了高层民用建筑钢结构承重构件钢材应保证的基本性能要求，包括化学成分含量限值、力学性能和工艺性能（冷弯、焊接性能）等，冷弯虽属钢材工艺性能但也是体现钢材材质细化和防脆断性能的参考指标，仍应作为承重结构用钢的基本保证项目。目前实际工程中多以碳当量作为量化焊接性能的指标，其计算公式和允许限值可依现行国家标准《低合金高强度结构钢》GB/T 1591 的规定为依据，并按钢材熔炼分析的化学元素含量值计算。由于各种交货状态钢材的碳当量有差异，若对焊接性能有更高要求时，可选用按热机械轧制（TMCP）状态交货的钢材并要求较低的碳当量保证，其在细化晶粒、提高韧性、焊接性能方面有较好的改善效果。

4.1.4 在强烈的交变地震作用下，承重钢结构的工作条件与失效模式与静载作用下的结构是完全不同的。罕遇地震作用时，较大的频率一般为(1~3)Hz，造成建筑物破坏的循环周次通常在(100~200)周以内，因而使结构带有高应变低周疲劳工作的特点，并进入非弹性工作状态。这就要求结构钢材在有较高强度的同时，还应具有适应更大应变与塑性变形的延性和韧性性能，从而实现地震作用能量与结构变形能量的转换，有效地减小地震作用，达到结构大震不倒的设防目标。这一对钢材延性的要求，目前已作为一个基本准则列入美国、加拿大、日本等国的相关技术标准中，我国现行国家标准《建筑抗震设计规范》GB 50011 也以强制性条文规定了为保证结构钢材延性的相应指标要求。综上所述，本条提出了对钢材伸长率和屈强比限值的规定。同时为了保证钢材实物产品的屈强比限值不会有较大的波动，参照 GJ 钢板标准对 Q345GJ、Q390GJ 性能指标的规定，补充提出了钢材的屈服强度波动范围不应大于 $120N/mm^2$ 的要求。

4.1.5 关于抗层状撕裂性能问题，国内外研究和工程经验均表明，因较高拉应力而在沿厚度方向承受较大撕裂作用的钢材，应有抗撕裂性能（Z 向性能）的保证，并需按不同性能等级分别要求板厚方向断面收缩率不小于现行国家标准《厚度方向性能钢板》GB/T 5313 规定的 15%（Z15）、25%（Z25）和 35%（Z35）限值。由于要求 Z 向性能会大幅增加钢材成本（约 15%~20%），而国内有关规范对如何合理选用 Z 向性能等级缺乏专门研究与相应规定，致使目前工程设计中随意扩大或提高要求 Z 向性能的情况时有发生。实际上在高层民用建筑钢结构中有较大撕裂作用的典型部位是厚壁箱型柱与梁的焊接节点区，而高额拉应力主要是焊接约束应力。欧洲钢结构规范 Eurcode3 根据研究成果，已在相关条文中提出了量化确定 Z 向等级的计算方法，表明影响 Z 向性能指标的因素主要是：节点处因钢材收缩而受拉的焊脚厚度、焊接接头形式（T 字形，十字形）、约束焊缝收缩的钢材厚度、焊后部分结构的间接约束以及焊前预热等，可见抗撕裂性

能问题实质上是焊接问题，而结构使用阶段的外拉力并非主要因素。合理的解决方法首先是节点设计应有合理的构造，焊接时采取有效的焊接措施，减少接头区的焊接约束应力等，而不应随意要求并提高 Z 向性能的等级，在采取相应措施后不宜再提出 Z35 抗撕裂性能的要求。综上所述，本条做出了相应的规定。

4.1.6 近年来，在高层民用建筑钢结构工程中，箱形截面与方（矩）钢管截面以其优良的截面特性得到了更普遍的应用。随着现行国家标准《结构用冷弯空心型钢尺寸、外形、重量及允许偏差》GB/T 6728 和行业标准《建筑结构用冷弯矩形钢管》JG/T 178 相继颁布，大尺寸冷弯矩形钢管（600×400×20 或 500×500×20）亦可批量供货，同时后者还规定了按 I 级产品交货时，应以保证成型管材的力学性能，屈强比、碳当量等作为交货基本保证条件，使得产品质量更有保证。现已有多项工程的框架柱采用冷成型方（矩）钢管混凝土柱的实例。同时工程经验表明，当四块板组合箱形截面壁厚小于 16mm，时，不仅加工成本高，工效低而且焊接变形大，导致截面板件平整度差，反而不如采用方（矩）钢管更为合理可行。

由于热轧无缝钢管价格较高，产品规格较小（直径一般小于 500mm）并壁厚公差较大，其 Q345 钢管的屈服强度和−40℃冲击功要低于 Q345 钢板的相应值。故高层民用建筑钢结构工程中选用较大截面圆钢管时，宜选用直缝焊接圆钢管，并要求其原板和成管后管材的材质性能均符合设计要求或相应标准的规定。还应注意选用时为避免过大的冷作硬化效应降低钢管的延性，其截面规格的径厚比不应过小，根据现有的应用经验，对主要承重构件用钢管不宜小于 20（Q235 钢）或 25（Q345 钢）。

4.1.7 为了保证偏心支撑消能梁段有良好的延性和耗能能力，本条依据现行国家标准《建筑抗震设计规范》GB 50011，对其用材的强度级别和屈强比作出了规定。

4.1.8 多年来，高层民用建筑钢结构楼盖结构多采用压型钢板-混凝土组合楼板，压型钢板主要作为模板起到施工阶段的承载作用，所沿用板型多为开口型。现行国家标准《建筑用压型钢板》GB/T 12755 对建筑用压型钢板的材料、质量、性能等技术要求作出了规定，并提出组合楼板用压型钢板宜采用闭口型板，该种板型可增加组合楼板的有效厚度和刚度，提高楼盖使用的舒适度和隔声效果，并便于吊顶构造，近年来已有较多的工程应用实例，本条据此作出了相应规定。

4.1.9 现行国家标准《钢结构设计规范》GB 50017 对铸钢件选材，仅规定了可选用《一般工程用铸造碳钢件》GB/T 11352，但其碳当量过高仅适用于非焊接结构。在近年来国内钢结构工程中，焊接结构用铸钢节点不仅在大跨度管结构中被普遍采用，而且也已

有多个在高层民用建筑钢结构中应用的先例，其节点铸钢件所用材料多采用符合欧洲标准的 G20Mn5 牌号铸钢件。按新修订的国家标准《焊接结构用铸钢件》GB/T 7659－2011 的规定，国内已可生产牌号为 ZG340-550H 的铸钢件，其性能与 G20Mn5 相当。据此，本条提出了焊接结构用铸钢件的选材规定。

关于铸钢件的材质，因其为铸造成型，缺少轧制改善钢材性能的效应，其致密度、晶粒度均不如轧制钢材，故抗力分项系数要比轧制钢材高 15% 以上，亦即强度级别相同时，其强度设计值约低 15%，加之价格是热轧钢材的（2～3）倍。因而铸钢件是一种性价比不高的钢材，选用铸钢件时，应进行认真的优化比选与论证，防止随意扩大用量并增大工程成本的不合理做法。

4.1.10 现行国家标准《钢结构焊接规范》GB 50661 对焊接材料的质量、性能要求及与母材的匹配和焊接工艺、焊接构造等有详细的规定，应作为设计选用焊接材料和技术要求的依据。选用焊接材料时应注意其强度、性能与母材的正确匹配关系。同时对重要构件的焊接应选用低氢型焊条，其型号为 4315（6）、5015（6）或 5515（6）。各类焊接材料与结构钢材的合理匹配关系可见表 2：

表 2　焊接材料与结构钢材的匹配

结构钢材			焊接材料		
《碳素结构钢》GB/T 700 和《低合金高强度结构钢》GB/T 1591	《建筑结构用钢板》GB/T 19879	《耐候结构钢》GB/T 4171	焊条电弧焊	实心焊丝气体保护焊	埋弧焊
Q235	Q235GJ	Q235NH	GB/T 5117 E43XX	GB/T 8110 ER49-X	GB/T 5293 F4XX-H08A
Q345 Q390	Q345GJ Q390GJ	Q355NH Q355GNH	GB/T 5117 E50 XX GB/T 5118 E5015、16-X	GB/T 8110 ER50-X ER55-X	GB/T 5293 F5XX-H08MnA F5XX-H10Mn2 GB/T 12470 F48XX-H08MnA F48XX-H10Mn2 F48XX-H10Mn2A
Q420	Q420GJ	Q415NH	GB/T 5118 E5515、16-X	GB/T 8110 ER55-X	GB/T 12470 F55XX-H10Mn2 F55XX-H08MnMoA

注：1　被焊母材有冲击要求时，熔敷金属的冲击功不应低于母材的规定；
　　2　表中 X 对应各焊材标准中的相应规定。

4.1.11　选用高强度螺栓时，设计人应了解大六角型和扭剪型是指高强度螺栓产品的分类，摩擦型和承压型是指高强度螺栓连接的分类，不应将二者混淆。在选用螺栓强度级别时，应注意大六角螺栓有 8.8 级和 10.9 级两个强度级别，扭剪型螺栓仅有 10.9 级。现行行业标准《钢结构高强度螺栓连接技术规程》JGJ 82，对螺栓材料、性能等级、设计指标、连接接头设计与施工验收等有详细的规定，设计时可作为主要的参照依据。

锚栓一般按其承受拉力计算选择截面，故宜选用 Q345、Q390 等牌号钢。为了增加柱脚刚度或为构造用时，也可选用 Q235 钢。

4.2　材料设计指标

4.2.1　国家标准《钢结构设计规范》GB 50017－2003 中 Q235、Q345 钢材的抗力分项系数的取值依据仍为 1988 年以前的试样与统计分析数据，时效性已较差，而对 Q390 钢、Q420 钢、Q460 钢及 Q345GJ 钢板则一直未进行系统的取样与统计分析工作，现规定的取值多为分析推算所得，其科学性、合理性亦不充分。有鉴于此，负责《钢结构设计规范》GB 50017 修编工作的编制组根据极限状态设计安全度的准则和概率统计分析参数取值的要求，组织了较大规模的国产结构钢材材性调研和试样采集以及试验研究工作。共对上述牌号钢材取集试样 1.8 万余组，代表了十个钢厂约 27 万吨钢材，在统一取样、统一试验，并对材料性能不定性、材料几何特性不定性及试验不定性等重要影响参数深入细致分析的基础上，得出了规律性的相关公式与计算参数，最终经细化分析计算得出了 Q235、Q345、Q390、Q420、Q460 与 Q345GJ 等牌号钢材的抗力分项系数与强度设计值，建议列入规范。该项研究已作为大型课题于 2012 年 9 月通过了专家鉴定并给予较高评价，认为研究结论所得数据代表性强、可信度高，一致同意其建议值可列入正修订的《钢结构设计规范》GB 50017 作为设计依据。本条表 4.2.1 即据此列入了各牌号钢的强度设计值。应用表 4.2.1 各强度设计值时，需注意各钢种系列的厚度分组是不相同的，新采用的抗力分项系数也因厚度分组不同而略有差异，较合理的体现了其性能的差异性。

2008 年在本规程的修订中，中国建筑标准设计研究院与舞阳钢厂、重庆大学等单位也组织了专题研究，对舞阳钢厂的 Q345GJ 钢板产品进行了系统的抽样统计分析与试验研究，其成果也较早通过了专家鉴定，最终确认舞阳钢厂的 Q345GJ 钢板仍可按抗力分项系数为 1.111 取值。这与表 4.2.1 中所列相关值也是一致的。

4.2.3　现行国家标准《钢结构设计规范》GB 50017 规定了《一般工程用铸造碳钢件》GB/T 11352 的强度设计值，其抗力分项系数按 $\gamma_R = 1.282$ 取值。表 4.2.3 即据此值计算列出了焊接结构用铸钢件的强度设计值。

4.2.4　表 4.2.4 根据新的钢材性能指标和调整后的钢材强度设计值，列出了焊缝的强度设计值，同时根据现行国家标准《钢结构焊接规范》GB 50661 和相应的焊剂、焊丝标准补充列出了其与钢材匹配的型号。当抗震设计需进行焊接连接极限承载力验算时，其对接焊缝极限强度可按表中 f_u 取值，角焊缝可按 $0.58f_u$ 取值。

4.2.5 表4.2.5按《钢结构设计规范》GB 50017-2003列出了螺栓和锚栓的强度设计值。同时增加了锚栓和高强度螺栓钢材的抗拉强度最小值。

5 荷载与作用

5.1 竖向荷载和温度作用

5.1.1 高层民用建筑的竖向荷载应按现行国家标准《建筑结构荷载规范》GB 50009的相关规定采用。当业主对楼面活荷载有特别要求时，可按业主的要求采用，但不应小于现行国家标准《建筑结构荷载规范》GB 50009的规定值。

5.1.2 高层民用建筑中活荷载与永久荷载相比是不大的，不考虑活荷载不利分布可简化计算。但楼面活荷载大于 $4kN/m^2$ 时，宜考虑不利布置，如通过增大梁跨中弯矩的方法等。

5.1.3 结构设计要考虑施工时的情况，对结构进行验算。

5.1.6 本条关于直升机平台活荷载的规定，是根据现行国家标准《建筑结构荷载规范》GB 50009的有关规定确定的。

5.1.7 温度作用属于可变的间接荷载，主要由季节性气温变化、太阳辐射、使用热源等因素引起。钢结构对温度比较敏感，所以宜考虑其对结构的影响。

5.2 风 荷 载

5.2.1 风荷载计算主要依据现行国家标准《建筑结构荷载规范》GB 50009的规定。

5.2.2 本条是根据现行国家标准《建筑结构荷载规范》GB 50009的要求拟定的，意在提醒设计人员注意考虑结构顺风向风振、横风向风振或扭转风振对高层民用建筑钢结构的影响。一般高层民用建筑钢结构高度较高，高宽比较大，结构顶点风速可能大于临界风速，引起较明显的结构横向振动。横风向风振作用效应明显一般是指房屋高度超过150m或者高宽比大于5的高层民用建筑钢结构。

判断高层民用建筑钢结构是否需要考虑扭转风振的影响，主要考虑房屋的高度、高宽比、厚宽比、结构自振频率、结构刚度与质量的偏心等多种因素。

5.2.3 横风向效应与顺风向效应是同时发生的，因此必须考虑两者的效应组合。但对于结构侧向位移的控制，不必考虑矢量和方向控制结构的层间位移，而是仍按同时考虑横风向与顺风向影响后的计算方向位移确定。

5.2.4 按照现行国家标准《建筑结构荷载规范》GB 50009的规定，对风荷载比较敏感的高层民用建筑，其基本风压适当提高。因此，本条明确了承载力设计时，应按基本风压的1.1倍采用。

对风荷载是否敏感，主要与高层民用建筑的体型、结构体系和自振特性有关，目前尚无实用的划分标准。一般情况下高度大于60m的高层民用建筑，承载力设计时风荷载计算可按基本风压的1.1倍采用；对于房屋高度不超过60m的高层民用建筑，风荷载取值是否提高，可由设计人员根据实际情况确定。

本条的规定，对设计使用年限为50年和100年的高层民用建筑钢结构都是适用的。

5.2.5 本条是对现行国家标准《建筑结构荷载规范》GB 50009有关规定的适当简化和整理，以便于高层民用建筑钢结构设计时采用。

5.2.6 对高层民用建筑群，当房屋相互间距较近时，由于漩涡的相互干扰，房屋某些部位的局部风压会显著增大，所以设计人员应予注意。对重要的高层民用建筑，建议在风洞试验中考虑周围建筑物的干扰因素。

本规程中所说的风洞试验是指边界层风洞试验。

5.2.7 对结构平面及立面形状复杂、开洞或连体建筑及周围地形和环境复杂的结构，建议进行风洞试验或通过数值计算。对风洞试验或数值计算的结果，当与按规范计算的风荷载存在较大差距时，设计人员应进行分析判断，合理确定建筑物的风荷载取值。

5.2.8 高层民用建筑表面的风荷载压力分布很不均匀，在角隅，檐口，边棱处和附属结构的部位（如阳台、雨篷等外挑构件），局部风压会超过按本规程第5.2.5条体型系数计算的平均风压。根据风洞试验和一些实测成果，并参考国外的风荷载规范，对水平外挑构件，其局部体型系数不宜大于-2.0。

5.2.9 建筑幕墙设计时的风荷载计算，应按现行国家标准《建筑结构荷载规范》GB 50009以及幕墙的相关现行行业标准的有关规定采用。

5.3 地 震 作 用

5.3.1 本条基本采用了引用的方法。除第3款"7度（0.15g）"外，与现行国家标准《建筑抗震设计规范》GB 50011的规定基本一致。某一方向水平地震作用主要由该方向抗侧力构件承担。有斜交抗侧力构件的结构，当交角大于15°时，应考虑斜交构件方向的地震作用计算。扭转特别不规则的结构应考虑双向地震作用的扭转影响。

大跨度指跨度大于24m的楼盖结构、跨度大于12m的转换结构，悬挑长度大于5m的悬挑结构。大跨度、长悬臂结构应验算自身及其支承部位结构的竖向地震效应。

大跨度、长悬臂结构 7 度（0.15g）时也应计入竖向地震作用的影响。主要原因是：高层民用建筑由于高度较高，竖向地震作用效应放大比较明显。

5.3.2 不同的结构采用不同的分析方法在各国抗震规范中均有体现，振型分解反应谱法和底部剪力法仍是基本方法。对高层民用建筑钢结构主要采用振型分解反应谱法，底部剪力法的应用范围较小。弹性时程分析法作为补充计算方法，在高层民用建筑中已得到比较普遍的应用。

本条第 3 款对于需要采用弹性时程分析法进行补充计算的高层民用建筑钢结构作了具体规定，这些结构高度较高或刚度、承载力和质量沿竖向分布不均匀的特别不规则建筑或特别重要的甲、乙类建筑。所谓"补充"，主要指对计算的底部剪力、楼层剪力和层间位移进行比较，当时程法分析结果大于振型分解反应谱法分析结果时，相关部位的构件内力作相应的调整。

本条第 4、5 款规定了罕遇地震和有消能减震装置的高层民用建筑钢结构计算应采用的分析方法。

5.3.3 进行时程分析时，鉴于不同地震波输入进行时程分析的结果不同，本条规定一般可以根据小样本容量下的计算结果来估计地震效应值。通过大量地震加速度记录输入不同结构进行时程分析结果的统计分析，若选用不少于 2 组实际记录和 1 组人工模拟的加速度时程曲线作为输入，计算的平均地震效应值不小于大样本容量平均值的保证率在 85% 以上，而且一般也不会偏大很多。当选用较多的地震波，如 5 组实际记录和 2 组人工模拟时程曲线，则保证率很高。所谓"在统计意义上相符"是指，多组时程波的平均地震影响系数曲线与振型分解反应谱法所用的地震影响系数相比，在对应于结构主要振型的周期点上相差不大于 20%。计算结果的平均底部剪力一般不会小于振型分解反应谱法计算结果的 80%，每条地震波输入的计算结果不会小于 65%；从工程应用角度考虑，可以保证时程分析结果满足最低安全要求。但时程法计算结果也不必过大，每条地震波输入的计算结果不大于 135%，多条地震波输入的计算结果平均值不大于 120%，以体现安全性与经济性的平衡。

正确选择输入的地震加速度时程曲线，要满足地震动三要素的要求，即频谱特性、有效峰值和持续时间均要符合规定。频谱特性可用地震影响系数曲线表征，依据所处的场地类别和设计地震分组确定；加速度的有效峰值按表 5.3.3 采用。输入地震加速度时程曲线的有效持续时间，一般从首次达到该时程曲线最大峰值的 10% 那一点算起，到最后一点达到最大峰值的 10% 为止，约为结构基本周期的（5～10）倍。

本次修订增加了结构抗震性能设计规定，本条第 3 款给出了设防地震（中震）和 6 度时的数值。

5.3.5 本条规定了水平地震影响系数最大值和场地特征周期取值。现阶段仍采用抗震设防烈度所对应的水平地震影响系数最大值 α_{max}，多遇地震烈度（小震）和预估的罕遇地震烈度（大震）分别对应于 50 年设计基准周期内超越概率为 63% 和 2%～3% 的地震烈度。本次按现行国家标准《建筑抗震设计规范》GB 50011 作了修订，补充中震参数和近场效应的规定；同时为了与结构抗震性能设计要求相适应，增加了设防烈度地震（中震）的地震影响系数最大值规定。

根据土层等效剪切波速和场地覆盖层厚度将建筑的场地划分为 Ⅰ、Ⅱ、Ⅲ、Ⅳ 四类，其中 Ⅰ 类分为 I_0 和 I_1 两个亚类，本规程中提及 Ⅰ 类场地而未专门注明 I_0 或 I_1 的均包含这两个亚类。

5.3.6 弹性反应谱理论仍是现阶段抗震设计的最基本理论，本规程的反应谱与现行国家标准《建筑抗震设计规范》GB 50011 一致。这次《建筑抗震设计规范》GB 50011－2010 只对其参数进行调整，达到以下效果：

1 阻尼比为 5% 的地震影响系数维持不变。

2 基本解决了在长周期段不同阻尼比地震影响系数曲线交叉、大阻尼曲线值高于小阻尼曲线值的不合理现象。Ⅰ、Ⅱ、Ⅲ 类场地的地震影响系数曲线在周期接近 6s 时，基本交汇在一点上，符合理论和统计规律。

3 降低了小阻尼（2%～3.5%）的地震影响系数值，最大降低幅度达 18%，使钢结构设计地震作用有所降低。

4 略微提高了阻尼比 6%～10% 的地震影响系数值，长周期部分最大增幅约 5%。

5 适当降低了大阻尼（20%～30%）的地震影响系数，在 $5T_g$ 周期以内，基本不变，长周期部分最大降幅约 10%，扩大了消能减震技术的应用范围。

5.3.7 本条规定主要是考虑结构地震动力反应过程中可能由于地面扭转运动，结构实际的刚度和质量分布相对于计算假定值的偏差，以及在弹塑性反应过程中各抗侧力结构刚度退化程度不同等原因引起的扭转反应增大，特别是目前对地面运动扭转分量的强震实测记录很少，地震作用计算中还不能考虑输入地面运动扭转分量。采用附加偶然偏心作用计算是一种实用方法。

本条规定方形及矩形平面直接取各层质量偶然偏心为 $0.05L_i$，其他形式平面取 $0.172r_i$ 来计算单向水平地震作用。实际计算时，可将每层质心沿主轴的同一方向（正向或反向）偏移。

采用底部剪力法计算地震作用时，也应考虑偶然偏心的不利影响。

当采用双向地震作用计算时，可不考虑偶然偏心的影响，但进行位移比计算时，按单向地震作用考虑偶然偏心影响计算。同时应与单向地震作用考虑偶然偏心的计算结果进行比较，取不利的情况进行设计。

5.4 水平地震作用计算

5.4.2 引用现行国家标准《建筑抗震设计规范》GB 50011 的条文。增加了考虑双向水平地震作用下的地震效应组合方法。根据强震观测记录的统计分析，两个方向水平地震加速度的最大值不相等，二者之比约为 $1:0.85$；而且两个方向的最大值不一定发生在同一时刻，因此采用完全两次型方根法计算两个方向地震作用效应的组合（CQC 法）。

作用效应包括楼层剪力，弯矩和位移，也包括构件内力（弯矩、剪力、轴力、扭矩等）和变形。

本规程建议的振型数是对质量和刚度分布比较均匀的结构而言的。对于质量和刚度分布不均匀的结构，振型分解反应谱法所需的振型数一般可取为振型参与质量达到总质量的 90% 时所需的振型数。

5.4.3 底部剪力法在高层民用建筑水平地震作用计算中已很少应用，但作为一种方法，本规程仍予以保留。

对于规则结构，采用本条方法计算水平地震作用时，仍应考虑偶然偏心的不利影响。

5.4.5 本条采用直接引用方法，与现行国家标准《建筑抗震设计规范》GB 50011 的有关规定一致。由于地震影响系数在长周期段下降较快，对于基本周期大于 3.5s 的结构，由此计算所得的水平地震作用下的结构效应可能过小。出于结构安全的考虑，增加了对各楼层水平地震剪力最小值的要求，规定了不同设防烈度下的楼层最小地震剪力系数值。当不满足时，结构水平地震总剪力和各楼层的水平地震剪力均需要进行相应的调整，或改变结构的刚度使之达到规定的要求。但当基本周期为 3.5s～5.0s 的结构，计算的底部剪力系数比规定值低 15% 以内、基本周期为 5.0s～6.0s 的结构，计算的底部剪力系数比规定值低 18% 以内、基本周期大于 6.0s 的结构，计算的底部剪力系数比规定值低 20% 以内，不必采取提高结构刚度的办法来满足计算剪力系数最小值的要求，而是可采用本条关于剪力系数最小值的规定进行调整设计，满足承载力要求即可。

对于竖向不规则结构的薄弱层的水平地震剪力，本规程第 3.3.3 条规定应乘以不小于 1.15 的增大系数，该层剪力放大后，仍需要满足本条规定，即该层的地震剪力系数不应小于规定数值的 1.15 倍。

扭转效应明显的结构，是指楼层两端弹性水平位移（或层间位移）的最大值与其平均值的比值大于 1.2 倍的结构。

5.4.6 本条引用现行国家标准《建筑抗震设计规范》GB 50011 的规定。

采用该阻尼比后，地震影响系数均应按本规程第 5.3.5 条、第 5.3.6 条的规定计算。

5.5 竖向地震作用

5.5.1 本条竖向地震作用的计算，是现行国家标准《建筑抗震设计规范》GB 50011 所规定的，采用了简化的计算方法。

5.5.2 本条主要考虑目前高层民用建筑中较多采用大跨度和长悬挑结构，需要采用时程分析方法或反应谱方法进行竖向地震分析，给出了反应谱和时程分析计算时需要的数据。反应谱采用水平反应谱的 65%，包括最大值和形状参数，但认为竖向反应谱的特征周期与水平反应谱相比，尤其在远离震中时，明显小于水平反应谱，故本条规定，现行特征周期均按第一组采用。对处于发震断裂 10km 以内的场地，其最大值可能接近水平反应谱，特征周期小于水平谱。

5.5.3 高层民用建筑中的大跨度、悬挑、转换、连体结构的竖向地震作用大小与其所处的位置以及支承结构的刚度都有一定关系，因此对于跨度较大，所处位置较高的情况，建议采用本规程第 5.5.1 条、第 5.5.2 条的规定进行竖向地震作用计算，并且计算结果不宜小于本条规定。

为了简化计算，跨度或悬挑长度不大于本规程第 5.5.2 条规定的大跨结构和悬挑结构，可直接按本条规定的地震作用系数乘以相应的重力荷载代表值作为竖向地震作用标准值。

6 结构计算分析

6.1 一般规定

6.1.1 多遇地震作用下的内力和变形分析是对结构地震反应、截面承载力验算和变形验算最基本的要求。按现行国家标准《建筑抗震设计规范》GB 50011 的规定，建筑物当遭受不低于本地区抗震设防烈度的多遇地震影响时，主体结构不受损坏或不需修理可继续使用，与此相应，结构在多遇地震作用下的反应分析的方法，截面抗震验算，以及层间弹性位移的验算，都是以线弹性理论为基础的。因此，本条规定，当建筑结构进行多遇地震作用下的内力和变形分析时，可假定结构与构件处于弹性工作状态。

现行国家标准《建筑抗震设计规范》GB 50011 同样也规定：当建筑物遭受高于本地区抗震设防烈度的罕遇地震影响时，不致倒塌或者发生危及生命的严重破坏。高层民用建筑钢结构抗侧力系统相对复杂，有可能发生应力集中和变形集中，严重时会导致重大的破坏甚至倒塌的危险，因此，本条也提出了弹塑性变形采用弹塑性分析方法的要求。

6.1.2 一般情况下，可将楼盖视为平面内无限刚性，结构计算时取为刚性楼盖。根据楼板开洞等实际情况，确定结构计算时是否按弹性楼板计算。

6.1.3 钢筋混凝土楼板与钢梁连接可靠时，楼板可作为钢梁的翼缘，两者共同工作，计算钢梁截面的惯性矩时，可计入楼板的作用。大震时，楼板可能开裂，不计入楼板对钢梁刚度的增大作用。

6.1.5 大量工程实测周期表明：实际建筑物自振周期短于计算周期，为不使地震作用偏小，所以要考虑周期折减。对于高层民用建筑钢结构房屋非承重墙体宜采用填充轻质砌块，填充轻质墙板或外挂墙板。

6.1.7 本条用于控制重力 P-Δ 效应不超过 20%，使结构的稳定具有适宜的安全储备。在水平力作用下，高层民用建筑钢结构的稳定应满足本条的规定，不应放松要求。如不满足本条的规定，应调整并增大结构的侧向刚度。

为了便于广大设计人员理解和应用，本条表达采用了行业标准《高层建筑混凝土结构技术规程》JGJ 3-2010 第5.5.4条相同的形式。

6.2 弹性分析

6.2.1 高层民用建筑钢结构是复杂的三维空间受力体系，计算分析时应根据结构实际情况，选取能较准确地反映结构中各构件的实际受力状况的力学模型。目前国内商品化的结构分析软件所采用的力学模型主要有：空间杆系模型、空间杆-墙板元模型以及其他组合有限元模型。

6.2.4 在钢结构设计中，支撑内力一般按两端铰接的计算简图求得，其端部连接的刚度则通过支撑构件的计算长度加以考虑。有弯矩时也应考虑弯矩对支撑的影响。

6.2.5 本条式（6.2.5）参考 J. Struct. Eng, No. 12, ASCE, 1990, Tsai K. C. & Povop E. P., Seismic Panel Zone Design Effects on Elastic story Drift of Steel Frame 一文的方法计算，它忽略了框架分析时节点域刚度的影响，计算结果偏于安全。已在美国 NEHRP 抗震设计手册（第二版）采用。

6.2.6 依据多道防线的概念设计，钢框架-支撑结构、钢框架-延性墙板结构体系中，支撑框架、带延性墙板的框架是第一道防线，在强烈地震中支撑和延性墙板先屈服，内力重分布使框架部分承担的地震剪力增大，二者之和大于弹性计算的总剪力。如果调整的结果框架部分承担的地震剪力不适当增大，则不是"双重抗侧力体系"，而是按刚度分配的结构体系。按美国 IBC 规范的要求，框架部分的剪力调整不小于结构总地震剪力的 25% 则可以认为是双重抗侧力体系了。

6.2.7 体型复杂、结构布置复杂以及特别不规则的高层民用建筑钢结构的受力情况复杂，采用至少两个不同力学模型的结构分析软件进行整体计算分析，可以相互比较和分析，以保证力学分析结果的可靠性。

在计算机软件广泛使用的条件下，除了要选择使用可靠的计算软件外，还应对计算结果从力学概念和工程经验等方面加以分析判断，确认其合理性和可靠性。

6.3 弹塑性分析

6.3.1 对高层民用建筑钢结构进行弹塑性计算分析，可以研究结构的薄弱部位，验证结构的抗震性能，是目前应用越来越多的一种方法。

在进行结构弹塑性计算分析时，应根据工程的重要性、破坏后的危害性及修复的难易程度，设定结构的抗震性能目标。可按本规程第3.8节的有关规定执行。

建立结构弹塑性计算模型时，应包括主要结构构件，并反映结构的质量、刚度和承载力的分布以及结构构件的弹塑性性能。

建议弹塑性分析要采用空间计算模型。

6.3.2 结构弹塑性分析主要的是薄弱层的弹塑性变形分析。本条规定了高层民用建筑钢结构构件主要弹塑性变形类型。

6.3.3、6.3.4 结构材料的性能指标（如弹性模量、强度取值等）以及本构关系，与预定的结构或构件的抗震性能有密切关系，应根据实际情况合理选用。如钢材一般选用材料的屈服强度。

结构弹塑性变形往往比弹性变形大很多，考虑结构几何非线性进行计算是必要的，结果的可靠性也会因此有所提高。

结构材料的本构关系直接影响弹塑性分析结果，选择时应特别注意。

弹塑性计算结果还与分析软件的计算模型以及结构阻尼选取、构件破损程度衡量、有限元的划分有关，存在较多的人为因素和经验因素。因此，弹塑性计算分析首先要了解分析软件的适应性，选用适合于所设计工程的软件，然后对计算结果的合理性进行分析判断。工程设计中有时会遇到计算结果出现不合理或怪异现象，需要结构工程师与软件编制人员共同研究解决。

6.3.5 采用静力弹塑性分析方法时，可用能力谱法或其他有效的方法确定罕遇地震时结构层间弹塑性位移角，可取两种水平力沿高度分布模式得到的层间弹塑性位移角的较大值作为罕遇地震作用下该结构的层间弹塑性位移角。

6.4 荷载组合和地震作用组合的效应

6.4.1～6.4.4 本节是高层民用建筑承载能力极限状态设计时作用组合效应的基本要求，主要根据现行国家标准《工程结构可靠性设计统一标准》GB 50153 以及《建筑结构荷载规范》GB 50009、《建筑抗震设计规范》GB 50011 的有关规定制订。①增加了考虑设计使用年限的可变荷载（楼面活荷载）调整系数；②仅规定了持久、短暂设计状况下以及地震设计状况下，作用基本组合时的作用效应设计值的计算公式，对偶然作用组合、标准组合不做强制性规定。有关结构侧向位移的规定见本规程第3.5.2条；③明确了本节规定不适用于作用和作用效应呈非线性关系的情况；④表6.4.4中增加了7度（0.15g）时，也要考虑水平地震、竖向地震作用同时参与组合的情况；⑤对水平长悬臂结构和大跨度结构，表6.4.4增加了竖向地震作用为主要可变作用的组合工况。

第6.4.1条和6.4.3条均适用于作用和作用效应呈线性关系的情况。如果结构上的作用和作用效应不能以线性关系表达，则作用组合的效应应符合现行国家标准《工程结构可靠性设计统一标准》GB 50153的规定。

持久设计状况和短暂设计状况作用基本组合的效应，当永久荷载效应起控制作用时，永久荷载分项系数取1.35，此时参与组合的可变作用（如楼面活荷载、风荷载等）应考虑相应的组合值系数；持久设计状况和短暂设计状况的作用基本组合的效应，当可变荷载效应起控制作用（永久荷载分项系数取1.2）的组合，如风荷载作为主要可变荷载、楼面活荷载作为次要可变荷载时，其组合值系数分别取1.0和0.7；对车库、档案库、储藏室、通风机房和电梯机房等楼面活荷载较大且相对固定的情况，其楼面活荷载组合系数应由0.7改为0.9；持久设计状况和短暂设计状况的作用基本组合的效应，当楼面活荷载作为主要可变荷载、风荷载作为次要可变荷载时，其组合值系数分别取1.0和0.6。

结构设计使用年限为100年时，本条式（6.4.1）中参与组合的风荷载效应应按现行国家标准《建筑结构荷载规范》GB 50009规定的100年重现期的风压值计算；当高层民用建筑对风荷载比较敏感时，风荷载效应计算尚应符合本规程第5.2.4条的规定。

地震设计状况作用基本组合的效应，当本规程有规定时，地震作用效应标准值应首先乘以相应的调整系数、增大系数，然后再进行效应组合。如薄弱层剪力增大、楼层最小地震剪力系数调整、转换构件地震内力放大、钢框架-支撑结构和钢框架-延性墙板结构有关地震剪力调整等。

7度（0.15g）和8、9度抗震设计的大跨度结构、长悬臂结构应考虑竖向地震作用的影响，如高层民用建筑的大跨度转换构件、连体结构的连接体等。

关于不同设计状况的定义以及作用的标准组合、偶然组合的有关规定，可参照现行国家标准《工程结构可靠性设计统一标准》GB 50153。

6.4.6 一般情况下，可不考虑风荷载与罕遇地震作用的组合效应。

7 钢构件设计

7.1 梁

7.1.1 高层民用建筑钢结构除在预估的罕遇地震作用下出现一系列塑性铰外，在多遇地震作用下应保证不损坏。现行国家标准《钢结构设计规范》GB 50017对一般梁都允许出现少量塑性，即在计算强度时引进大于1的截面塑性发展系数 γ_x，但对直接承受动荷载的梁，取 $\gamma_x=1$。基于上述原因，抗震设计时的梁取 $\gamma_x=1.0$。

在竖向荷载作用下，梁的弯矩取节点弯矩；在水平荷载作用下，梁的弯矩取柱边面弯矩。

7.1.2 支座处仅以腹板与柱（或主梁）相连的梁，由于梁端截面不能保证完全没有扭转，故在验算整体稳定时，φ_b 应乘以0.85的降低系数。

7.1.3、7.1.4 梁的整体稳定性一般由刚性隔板或侧向支撑体系来保证，当有压型钢板现浇钢筋混凝土楼板或现浇钢筋混凝土楼板在梁的受压翼缘上并与其牢固连接，能阻止受压翼缘的侧向位移时，梁不会丧失整体稳定，不必计算其整体稳定性。在梁的受压翼缘上仅铺设压型钢板，当有充分依据时方可不计算梁的整体稳定性。

框架梁在预估的罕遇地震作用下，在可能出现塑性铰的截面（为梁端和集中力作用处）附近均应设置侧向支撑（隔撑），由于地震作用方向变化，塑性铰弯矩的方向也变化，故要求梁的上下翼缘均应设支撑。如梁上翼缘整体稳定性有保证，可仅在下翼缘设支撑。

7.1.5 本条按现行国家标准《钢结构设计规范》GB 50017规定，补充了框架梁端部截面的抗剪强度计算公式。

7.1.6 托柱梁的地震作用产生的内力应乘以增大系数是考虑地震倾覆力矩对传力不连续部位的增值效应，以保证转换构件的设计安全度并具有良好的抗震性能。

7.2 轴心受压柱

7.2.1、7.2.2 轴心受压柱一般为两端铰接，不参与抵抗侧向力的柱。

7.3 框 架 柱

7.3.1 框架柱的强度和稳定，依本规程第6章计算得到的内力，按现行国家标准《钢结构设计规范》GB 50017的有关规定和本节的各项规定计算。

7.3.2 框架柱的稳定计算应符合下列规定：

1 高层民用建筑钢结构，根据抗侧力构件在水平力作用下变形的形态，可分为剪切型（框架结构）、弯曲形（例如高跨比 6 以上的支撑架）和弯剪型；式（7.3.2-1）只适用于剪切型结构，弯剪型和弯曲型计算公式复杂，采用计算机分析更加方便。

2 现行国家标准《钢结构设计规范》GB 50017 对二阶分析时的假想荷载引入钢材强度影响系数 α_y，对强度等级较高的钢材取较大值，若取 α_y 等于 $\sqrt{f_y/235}$，与《钢结构设计规范》GB 50017－2003 规定给出的该系数值基本一致，仅稍大，可使假想水平力表达式简化。

二阶分析法叠加原理严格说来是不适用的，荷载必须先组合才能够进行分析，且工况较多。但考虑到实际工程的二阶效应不大，可近似采用叠加原理。这里规定了对二阶效应采用线性组合时，内力应乘以放大系数，其数值取自式（7.3.2-3）规定的重力荷载组合产生的二阶效应系数。对侧移对应的弯矩进行反施，这个放大系数也应施于侧移对应的支撑架柱子的轴力上。

3 式（7.3.2-4）的计算长度系数是对框架稳定理论的有侧移失稳的七杆模型的解的拟合，最大误差约 1.5%。

当一个结构中存在只承受竖向荷载，不参与抵抗水平力的柱子时，其余柱子的计算长度系数就应按照式（7.3.2-9）放大。这个放大，不仅包括框架柱，也适用于构成支撑架一部分的柱子的计算长度系数。

4 框架-支撑（含延性墙板）结构体系，存在两种相互作用，第 1 种是线性的，在内力分析的层面上得到自动的考虑，第 2 种是稳定性方面的，例如一个没有承受水平力的结构，其中框架部分发生失稳，必然带动支撑架一起失稳，或者在当支撑架足够刚强时，框架首先发生无侧移失稳。

水平力使支撑受拉屈服，则它不再有刚度为框架提供稳定性方面的支持，此时框架柱的稳定性，按无支撑框架考虑。

但是，如果希望支撑架对框架提供稳定性支持，则对支撑架的要求就是两个方面的叠加：既要承担水平力，还要承担对框架柱提供支撑，使框架柱的承载力从有侧移失稳的承载力增加到无侧移失稳的承载力。

研究表明，这两种要求是叠加的，用公式表达是

$$\frac{S_{ith}}{S_i} + \frac{Q_i}{Q_{iy}} \leqslant 1 \tag{1}$$

$$S_{ith} = \frac{3}{h_i}\left(1.2\sum_{j=1}^m N_{jb} - \sum_{j=1}^m N_{ju}\right)_i, \quad i=1,2,\cdots,n \tag{2}$$

式中：Q_i——第 i 层承受的总水平力（kN）；
　　　Q_{iy}——第 i 层支撑能够承受的总水平力（kN）；
　　　S_i——支撑架在第 i 层的层抗侧刚度（kN/mm）；
　　　S_{ith}——为使框架柱从有侧移失稳转化为无侧移

失稳所需要的支撑架的最小刚度（kN/mm）；
　　　N_{jb}——框架柱按照无侧移失稳的计算长度系数决定的压杆承载力（kN）；
　　　N_{ju}——框架柱按照有侧移失稳的计算长度系数决定的压杆承载力（kN）；
　　　h_i——所计算楼层的层高（mm）；
　　　m——本层的柱子数量，含摇摆柱。

《钢结构设计规范》GB 50017－2003 采用了表达式 $S_b \geqslant 3(1.2\sum N_{bi} - \sum N_{0i})$，其中，侧移刚度 S_b 是产生单位侧移倾角的水平力。当改用单位位移的水平力表示时，应除以所计算楼层高度 h_i，因此采用（2）式。

为了方便应用，式（2）进行如下简化：

① 式（2）括号上的有侧移承载力略去，同时 1.2 也改为 1.0，这样得到

$$S_{ith} = \frac{3}{h_i}\sum_{j=1}^m N_{ib} \tag{3}$$

② 将上式的无侧移失稳承载力用各个柱子的轴力代替，代入式（1）得到

$$3\frac{\sum N_i}{S_i h_i} + \frac{Q_i}{Q_{iy}} \leqslant 1 \tag{4}$$

而 $\dfrac{\sum N_i}{S_i h_i}$ 就是二阶效应系数 θ，Q_i/Q_{iy} 就是支撑构件的承载力被利用的百分比，简称利用比，俗称应力比。

对弯曲型支撑架，也有类似于式（1）的公式，因此式（7.3.2-10）适用于任何的支撑架。但是对应弯曲型支撑架，从底部到顶部应采用统一的二阶效应系数，除非结构立面分段（缩进），可以取各段的最大的二阶效应系数。

应力比不满足式（7.3.2-10），但是离 1.0 还有距离，则支撑架对框架仍有一定的支撑作用，此时框架柱的计算长度系数，可以参考有关稳定理论著作计算。

满足式（7.3.2-10）的情况下，框架柱可以按无侧移失稳的模式决定计算长度系数。

5 式（7.3.2-11）早在 20 世纪 40 年代即已提出，与稳定理论的七杆模型的精确结果比较，最大误差仅 1%。

7.3.3 可不验算强柱弱梁的条件之第 1 款第 3）项，系根据陈绍蕃教授的建议进行更正；是将小震地震力加倍得出的内力设计值，而非 01 抗规就是 2 倍地震力产生的轴力。参考美国规定增加了梁端塑性铰外移的强柱弱梁验算公式。骨式连接的塑性铰至柱面的距离，参考 FEMA350 的规定采用；梁端加强型连接可取加强板的长度加四分之一梁高。强柱系数建议以 7 度（0.10g）作为低烈度区分界，大致相当于 AISC 的 C 级，按 AISC 抗震规程，等级 B、C 是低烈度区，

可不执行该标准规定的抗震构造措施。强柱系数实际上已包含系数 1.15，参见本规程第 8.1.5 条式（8.1.5-2）。

7.3.4 一般框筒结构柱不需要满足强柱弱梁的要求，所以对于框筒结构柱要求符合本条轴压比要求，参考日本做法而提出的。轴压比系数的规定按下式计算得到：

$$N \leqslant 0.6A_c \frac{f}{\gamma_{RE}} \tag{5}$$

即

$$\frac{N}{A_c f} \leqslant \frac{0.6}{\gamma_{RE}} = \frac{0.6}{0.75} = 0.80 \tag{6}$$

与结构的延性设计综合考虑，本条偏于安全的规定系数 β：一、二、三级时取 0.75，四级时取 0.80。

7.3.5 柱与梁连接的节点域，应按本条规定验算其抗剪承载力。

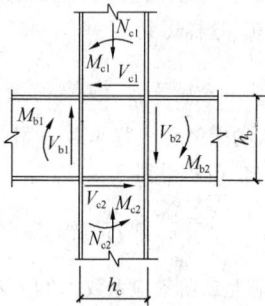

图 1

节点域在周边弯矩和剪力作用下，其剪应力为：

$$\tau = \frac{M_{b1} + M_{b2}}{h_{b1} h_{c1} t_p} - \frac{V_{c1} + V_{c2}}{2h_{c1} t_p} \tag{7}$$

式中 V_{c1} 和 V_{c2} 分别为上下柱传来的剪力，节点域高度和宽度 h_{c1} 和 h_{c2} 分别取梁翼缘中心间距离。

在工程设计中为了简化计算通常略去式中第二项，计算表明，这样使所得剪应力偏高 20%～30%，所以将式（7.3.5）右侧抗剪强度设计值提高三分之一来代替。试验表明，节点域的实际抗剪屈服强度因边缘构件的存在而有较大提高。

7.3.6 本次修订补充了圆管柱和十字形截面柱节点域有效体积 V_p 的计算公式。对于边长不等的矩形箱形柱，其有效节点域体积可参阅有关文献。

7.3.7 日本规定节点板域尺寸自梁柱翼缘中心线算起，AISC 的节点域稳定公式规定自翼缘内侧算起，为了统一起见，拟取自翼缘中心线算起。美国节点板域稳定公式为高度和宽度之和除以 90，历次修订此式未变；我国同济大学和哈工大做过试验，结果都是 1/70，考虑到试件板厚有一定限制，过去对高层用 1/90，对多层用 1/70。板的初始缺陷对平面内稳定影响较大，特别是板厚有限制时，一次试验也难以得出可靠结果。考虑到该式一般不控制，这次修订统一采用 1/90。

7.3.8 对于抗震设计的高层民用建筑钢结构，节点

域应按本条规定验算在预估的罕遇地震作用下的屈服承载力。在抗震设计的结构中，若节点域太厚，将使其不能吸收地震能量。若太薄，又使钢框架的水平位移过大。根据日本的研究，使节点域的屈服承载力为框架梁屈服承载力的（0.7～1.0）倍是适合的。但考虑到日本第一阶段相当于我国 8 度，结合我国实际，为避免由此引起节点域过厚导致多用钢材，本次修订保留了折减系数 ψ，只是将 98 规程的折减系数适当提高，同时将按设防烈度划分改为按抗震等级划分，故三、四级时 ψ 取 0.75，一、二级时 ψ 取 0.85。

7.3.9 框架柱的长细比关系到钢结构的整体稳定。研究表明，钢结构高度加大时，轴力加大，竖向地震对框架柱的影响很大。本条规定比现行国家标准《建筑抗震设计规范》GB 50011 的规定严格。

7.4 梁柱板件宽厚比

7.4.1 本条所列限值是参考了 ANSI/AISC341-10 对主要抗侧力体系的受压板件宽厚比限值以及日本 2004 年提出的规定拟定的。

钢框架梁板件宽厚比应随截面塑性变形发展的程度而满足不同要求。形成塑性铰后需要实现较大转动者，要求最严格。所以按不同的抗震等级划分了不同的要求。梁腹板宽厚比还要考虑轴压力的影响。

按照强柱弱梁的要求，钢框架柱一般不会出现塑性铰，但是考虑材料性能变异，截面尺寸偏差以及一般未计及的竖向地震作用等因素，柱在某些情况下也可能出现塑性铰。因此，柱的板件宽厚比也应考虑按塑性发展来加以限制，不过不需要像梁那样严格。所以本条也按照不同的抗震等级划分了不同的要求。

7.5 中心支撑框架

7.5.1 本条是高层民用建筑钢结构中的中心支撑布置的原则规定。

K 形支撑体系在地震作用下，可能因受压斜杆屈曲或受拉斜杆屈服，引起较大的侧向变形，使柱发生屈曲甚至造成倒塌，故不应在抗震结构中采用。

7.5.2 国内外的研究均表明，支撑杆件的低周疲劳寿命与其长细比成正相关，而与其板件的宽厚比成负相关。为了防止支撑过早断裂，适当放松对按压杆设计的支撑杆件长细比的控制是合理的。欧洲 EC8 对相当于 Q235 钢制成的支撑长细比的限值为 190 左右；美国 ANSI/AISC341-10 规定：对普通中心支撑框架（OCBF）相当于 Q235 钢支撑长细比的限值为 120，而对于延性中心支撑框架（SCBF），不管何钢种的支撑长细比限值均为 200。考虑到本规程没有"普通"和"延性"之分，因此作出了"杆件的长细比不应大于 120……"的规定。

7.5.3 在罕遇地震作用下，支撑杆件要经受较大的弹塑性拉压变形，为了防止过早地在塑性状态下发生

板件的局部屈曲，引起低周疲劳破坏，国内外的有关研究表明，板件宽厚比取得比塑性设计要求更小一些，对支撑抗震有利。哈尔滨工业大学试验研究也证明了这种看法。

本条关于板件宽厚比的限值是根据我国研究并参考国外相关规范拟定的。

还有试验表明，双角钢组合 T 形截面支撑斜杆绕截面对称轴失稳时，会因弯扭屈曲和单肢屈曲而使滞回性能下降，故不宜用于一、二、三级抗震等级的斜杆。

7.5.5 在预估的罕遇地震作用下斜杆反复受拉压，且屈曲后变形增长很大，转为受拉时变形不能完全拉直，这就造成再次受压时承载力降低，即出现退化现象，长细比越大，退化现象越严重，这种现象需要在计算支撑斜杆时予以考虑。式（7.5.5-1）是由国外规范公式加以改写得出的，计算时仍以多遇地震作用为准。

7.5.6 国内外的试验和分析研究均表明，在罕遇地震作用下，人字形和 V 形支撑框架中的成对支撑会交替经历受拉屈服和受压屈曲的循环作用，反复的整体屈曲，使支撑杆的受压承载力降低到初始稳定临界力的 30% 左右，而相邻的支撑受拉仍能接近屈服承载力，在横梁中产生不平衡的竖向分力和水平力的作用，梁应按压弯构件设计。显然支撑截面越大，该不平衡力也越大，将使梁截面增大很多，因此取消了 98 规程中关于该形支撑的设计内力应乘以增大系数 1.5 的规定，并引入了跨层 X 形支撑和拉链柱的概念，以便进一步减少支撑跨梁的用钢量。

顶层和出屋面房间的梁可不执行此条。

7.6 偏心支撑框架

7.6.1 偏心支撑框架的每根支撑，至少应有一端交在梁上，而不是交在梁与柱的交点或相对方向的另一支撑节点上。这样，在支撑与柱之间或支撑与支撑之间，有一段梁，称为消能梁段。消能梁段是偏心支撑框架的"保险丝"，在大震作用下通过消能梁段的非弹性变形耗能，而支撑不屈曲。因此，每根支撑至少一端必须与消能梁段连接。

7.6.2、7.6.3 当消能梁段的轴力设计值不超过 $0.15Af$ 时，按 AISC 规定，忽略轴力影响，消能梁段的受剪承载力取腹板屈服时的剪力和消能梁段两端形成塑性铰时的剪力两者的较小值。本规程根据我国钢结构设计规范关于钢材拉、压、弯强度设计值与屈服强度的关系，取承载力抗震调整系数为 1.0，计算结果与 AISC 相当。当轴力设计值超过 $0.15Af$ 时，则降低梁段的受剪承载力，以保证消能梁段具有稳定的滞回性能。

7.6.5 偏心支撑框架的设计意图是提供消能梁段，当地震作用足够大时，消能梁段屈服，而支撑不屈曲。能否实现这一意图，取决于支撑的承载力。据此，根据抗震等级对支撑的轴压力设计值进行调整，保证消能梁段能进入非弹性变形而支撑不屈曲。

强柱弱梁的设计原则同样适用于偏心支撑框架。考虑到梁钢材的屈服强度可能会提高，为了使塑性铰出现在梁而不是柱中，可将柱的设计内力适当提高。但本条文的要求并不保证底层柱脚不出现塑性铰，当水平位移足够大时，作为固定端的底层柱脚有可能屈服。

为了使塑性铰出现在消能梁段而不是同一跨的框架梁，也应该将同一跨的框架梁的设计弯矩适当提高。

7.7 伸臂桁架和腰桁架

7.7.1 在框架-支撑组成的筒中筒结构或框架-核心筒结构的加强层设置伸臂桁架及（或）腰桁架可以提高结构的侧向刚度，据统计对于 200m～300m 高度的结构，设置伸臂桁架后刚度可提高 15% 左右，设置腰桁架可提高 5% 左右，设计中为提高侧向刚度主要设置伸臂桁架。

由于伸臂桁架形成的加强层造成结构竖向刚度不均匀，使墙、柱形成薄弱层，因此对于抗震设计的结构为提高侧向刚度，优先采用其他措施，尽可能不设置或少设置伸臂桁架。同时由于这个原因提出 9 度抗震设防区不宜采用伸臂桁架。

抗震设计中设置加强层时，需控制每道伸臂桁架刚度不宜过大，需要时可设多道加强层。

非抗震设计的结构，可采用刚性伸臂桁架。

7.7.2 由于设置伸臂桁架在同层及上下层的核心筒与柱的剪力、弯矩都增大，构件截面设计及构造上需加强。

在高烈度设防区，当在较高的或者特别不规则的高层民用建筑中设置加强层时，宜采取进一步的性能设计要求和措施。在设防地震或预估的罕遇地震作用下，对伸臂桁架及相邻上下各一层的竖向构件提出抗震性能的更高要求，但伸臂桁架腹杆性能要求宜低于弦杆。

由于伸臂桁架上下弦同时承受轴力、弯矩、剪力，与一般楼层梁受力状态不同，在计算模型中应按弹性楼板假定计算上下弦的轴力。

8 连 接 设 计

8.1 一 般 规 定

8.1.1 钢框架的连接主要包括：梁与柱的连接、支撑与框架的连接、柱脚的连接以及构件拼接。连接的高强度螺栓数和焊缝长度（截面）宜在构件选择截面时预估。

8.1.2 钢框架梁柱连接设计的基本要求，与梁柱连接的新计算方法有关，详见计算方法规定。98 规程提到的悬臂段式梁柱连接，根据日本 2007 年 JASS 6 的说明，此种连接形式的钢材和螺栓用量均偏高，影响工程造价，且运输和堆放不便；更重要的是梁端焊接影响抗震性能，1995 年阪神地震表明悬臂梁段式连接的梁端破坏率为梁腹板螺栓连接时的 3 倍，虽然其梁端内力传递性能较好和现场施工作业较方便，但综合考虑不宜作为主要连接形式之一推广采用。1994 年北岭地震和 1995 年阪神地震后，美日均规定梁端采用截面减弱型或加强型连接，目的是将塑性铰由柱面外移以减小梁柱连接的破坏，根据现行国家标准《建筑抗震设计规范》GB 50011 的规定，对一、二级的高层民用建筑钢结构宜采用类似的加强措施。

8.1.3 钢结构连接系数修订，系参考日本建筑学会《钢结构连接设计指南》2006 的规定拟定的，见表 3。

表 3

母材牌号	梁柱连接		支撑连接、构件拼接		柱脚	
	母材破断	高强螺栓破断	母材破断	高强螺栓破断		
SS400	1.40	1.45	1.25	1.30	埋入式	1.2
SM490	1.35	1.40	1.20	1.30	外包式	1.2
SN400	1.30	1.35	1.15	1.20	外露式	1.0
SN490	1.25	1.30	1.10	1.15	—	—

注：1 高强度螺栓的极限承载力计算时按承压型连接考虑；
2 柱脚连接系数用于 H 形柱，对箱形柱和圆管柱取 1.0。

该标准说明，钢柱脚的极限受弯承载力与柱的全塑性受弯承载力之比有下列关系：H 形柱埋深达 2 倍柱宽时该比值可达 1.2；箱形柱埋深达 2 倍柱宽时该比值可达 0.8~1.2；圆管柱埋深达 3 倍外径时该比值可能达到 1.0。因此，对箱形柱和圆管柱柱脚的连接系数取 1.0，且圆管柱的埋深不应小于柱外径的 3 倍。

表 3 中的连接系数包括了超强系数和应变硬化系数。按日本规定，SS 是碳素结构钢，SM 是焊接结构钢，SN 是抗震结构钢，其性能等级是逐步提高的；连接系数随钢种的提高而递减，也随钢材的强度等级递增而递减，是以钢材超强系数统计数据为依据的，而应变硬化系数各国普遍采用 1.1。该文献说明，梁柱连接的塑性要求最高，连接系数也最高，而支撑连接和构件拼接的塑性变形相对较小，故连接系数可取较低值。高强螺栓连接受滑移的影响，且螺栓的强屈比低于相应母材的强屈比，影响了承载力。美国和欧洲规范中都没有这样详细的划分和规定。我国目前对建筑钢材的超强系数还没有作过统计。

8.1.4 梁与柱刚性连接的梁端全熔透对接焊缝，属于关键性焊缝，对于通常处于封闭式房屋中温度保持在 10℃ 或稍高的结构，其焊缝金属应具有 -20℃ 时 27J 的夏比冲击韧性。

8.1.5 构件受轴力时的全塑性受弯承载力，对工形截面和箱形截面沿用了 98 规程的规定；对圆管截面参考日本建筑学会《钢结构连接设计指南》2001/2006 的规定列入。

8.2 梁与柱刚性连接的计算

8.2.1 梁截面通常由弯矩控制，故梁的极限受剪承载力取与极限受弯承载力对应的剪力加竖向荷载产生的剪力。

8.2.2、8.2.3 本条给出了新计算方法的梁柱连接弹性设计表达式。其中箱形柱壁板和圆管柱管壁平面外的有效高度也适用于连接的极限受弯承载力计算。

01 抗规规定：当梁翼缘的塑性截面模量与梁全截面的塑性截面模量之比小于 70% 时，梁腹板与柱的连接螺栓不得少于二列；当计算仅需一列时，仍应布置二列，且此时螺栓总数不得少于计算值的 1.5 倍。该法不能对腹板螺栓数进行定量计算，并导致螺栓用量增多。但 01 抗规规定的方法仍可采用。

8.2.4 本条提出的梁柱连接极限承载力的设计计算方法，适用于抗震设计的所有等级，包括可不做结构抗震计算但仍需满足构造要求的低烈度区抗震结构。

钢框架梁柱连接，弯矩除由翼缘承受外，还可由腹板承受，但由于箱形柱壁板出现平面外变形，过去无法对腹板受弯提出对应的计算公式，采用弯矩由翼缘承受的方法，当弯矩超出翼缘抗弯能力时，只能采用加强腹板连接螺栓或采用螺栓连接和焊缝并用等构造措施，做到使其在大震下不坏。日本建筑学会于 1998 年在《钢结构极限状态设计规范》中提出，梁端弯矩可由翼缘和腹板连接的一部分承受的概念，于 2001 提出完整的设计方法，2006 年又将其扩大到圆管柱。

新方法的特点可概括如下：①利用横隔板（加劲肋）对腹板的嵌固作用，发挥了壁板边缘区的抗弯潜能，解决了箱形柱和圆管柱壁板不能承受面外弯矩的问题；②腹板承受弯矩区和承受剪力区的划分思路合理，解决了腹板连接长期无法定量计算的难题；③梁与工形柱（绕弱轴）的连接，以前虽可用内力合成方法解决，但计算繁琐，新方法使计算简化，并显著减少螺栓用量，经济效果显著，值得推广。

本条中的梁腹板连接的极限受弯承载力 M_{uw} 也可由下式直接计算：

$$M_{uw} = \frac{d_j (h_m - S_r)^2}{2h_m} t_{wb} \cdot f_{yw}$$
$$+ \frac{b_j^2 \cdot d_j + (2d_j^2 - b_j^2)h_m - 4d_j \cdot h_m^2}{2b_j \cdot h_m} t_{fc}^2 \cdot f_{yc}$$

(8)

8.2.5 因 $N_{cu2}^b \sim N_{cu4}^b$ 在破断面积计算时已计入螺栓

数，而 N_{vu}^b 和 N_{cu1}^b 为单螺栓的承载力，故仅对单螺栓承载力乘以有关的螺栓数即可。

8.3 梁与柱连接的形式和构造要求

8.3.1 采用电渣焊时箱形柱壁板最小厚度取 16mm 是经专家论证的，更薄时将难以保证焊件质量。当箱形柱壁板小于该值时，可改用 H 形柱、冷成型柱或其他形式柱截面。

8.3.3 过焊孔是为梁翼缘的全熔透焊缝衬板通过设置的，美国标准称为通过孔，日本标准称为扇形切角，本规程按现行国家标准《钢结构焊接规范》GB 50661 称为过焊孔。01 抗规采用了常规型，并列入 2010 版。其上端孔高 35mm，与翼缘相接处圆弧半径改为 10mm，以便减小该处应力集中；下端孔高 50mm，便于施焊时将火口位置错开，以避免腹板处成为震害源点。改进型与梁翼缘焊缝改用气体保护焊有关，上端孔型与常规型相同，下端孔高改为与上端孔相同，唯翼缘板厚大于 22mm 时下端孔的圆弧部分需适当放宽以利操作，并规定腹板焊缝端部应围焊，以减少该处震害。下孔高度减小使腹板焊缝有效长度增大 15mm，对受力有利。鉴于国内长期采用常规型，目前拟推荐优先采用改进型，并对翼缘焊缝采用气体保护焊。此时，下端过焊孔衬板与柱翼缘接触的一侧下边缘，应采用 5mm 角焊缝封闭，防止地震引发裂缝。

美国 ANSI/AISC341-10 规定采用 FEMA350 提出的孔型（图 2），其特点是上下对称，在梁轴线方向孔较长，可适应较大转角，应力集中普遍较小。我国对此种梁端连接形式尚缺少试验验证，采用时应进行试验。

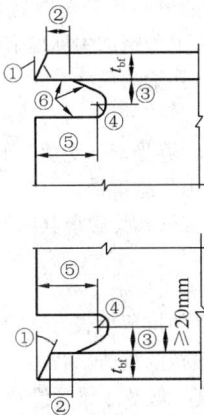

图 2　AISC 推荐孔型

①坡口角度符合有关规定；②翼缘厚度或 12mm，取小者；③（1～0.75）倍翼缘厚度；④最小半径 19mm；⑤3 倍翼缘厚度（±12mm）；⑥表面平整，圆弧开口不大于 25°

ANSI/AISC341-10 规定了四条关键性焊缝，即：梁翼缘与框架柱连接，梁腹板与框架柱连接，梁腹板与柱连接板连接和框架柱的拼接。按本规定，一、二级时对梁翼缘与柱连接焊缝应满足规定的冲击韧性要求，对其余焊缝采取构造措施加强。

8.3.4 本条推荐在一、二级时采用的梁柱刚性连接节点，形式有：梁翼缘扩翼式、梁翼缘局部加宽式、梁翼缘盖板式、梁翼缘板式、梁骨式连接。

梁翼缘加强型节点塑性铰外移的设计原理如图 3 所示。通过在梁上下翼缘局部焊接板板或加大截面，达到提高节点延性，在罕遇地震作用下获得在远离梁柱节点处梁截面塑性发展的设计目标。

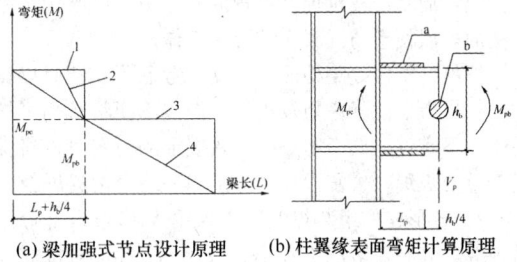

(a) 梁加强式节点设计原理　(b) 柱翼缘表面弯矩计算原理

图 3

1—翼缘板（盖板）抗弯承载力；2—侧板（扩翼式）抗弯承载力；3—钢梁抗弯承载力；4—外荷载产生弯矩；a—加强板；b—塑性铰

8.3.6 加劲肋承受梁翼缘传来的集中力，与梁翼缘轴线对齐施工时难以保证，参考日本做法改为将外边缘对齐。其厚度应比梁翼缘厚 2mm，是考虑板厚存在的公差，且连接存在偏心。加劲肋应采用与梁翼缘同等强度的钢材制作，不得用较低强度等级的钢材，以保证必要的承载力。

8.3.8 对焊接组合柱，宜加厚节点板，将柱腹板在节点域范围更换为较厚板件。加厚板件应伸出柱横向加劲肋之外各 150mm，并采用对接焊缝与柱腹板相连。

轧制 H 形柱贴焊补强板时，其上、下边缘可不伸过柱横向加劲肋或伸过柱横向加劲肋之外各 150mm。当不伸过横向加劲肋时，横向加劲肋应与柱腹板焊接，补强板与横向加劲肋之间的角焊缝应能传递补强板所分担的剪力，且厚度不小于 5mm。当补强板伸过柱横向加劲肋时，横向加劲肋仅与补强板焊接，此焊缝应能将加劲肋传来的力传递给补强板，补强板的厚度及其焊缝应按传递该力的要求设计。补强板侧边可采用角焊缝与柱翼缘相连，其板面尚应采用塞焊与柱腹板连成整体。塞焊点之间的距离，不应大于相连板件中较薄板件厚度的 $21\sqrt{235/f_y}$ 倍。

8.3.9 日本《钢结构标准连接——H 形钢篇》SC-SS-H97 规定："楼盖次梁与主梁用高强度螺栓连接，采取了考虑偏心影响的设计方法，次梁端部的连接除传递剪力外，还应传递偏心弯矩。但是，当采用现浇钢筋混凝土楼板将主梁与次梁连成一体时，偏心弯矩将由混凝土楼板承担，次梁端部的连接计算可忽略偏心弯矩的作用"。参考此规定，凡符合上述条件者，楼盖次梁与钢梁的连接在计算时可以忽略螺栓连接引起的偏心弯矩的影响，此时楼板厚度应符合设计标准的要求（采用组合板时，压型钢板顶面以上的混凝土厚度不应小于 80mm）。

8.4 柱与柱的连接

8.4.1 当高层民用建筑钢结构底部有钢骨混凝土结构层时，H 形截面钢柱延伸至钢骨混凝土中仍为 H 形截面，而箱形柱延伸至钢骨混凝土中，应改用十字形截面，以便于与混凝土结合成整体。

框架柱拼接处距楼面的高度，考虑了安装时操作方便，也考虑位于弯矩较小处。操作不便将影响焊接质量，不宜设在低于本条第 2 款规定的位置。柱拼接属于重要焊缝，抗震设计时应采用一级全熔透焊缝。

8.4.2 箱形柱的组装焊缝通常采用 V 形坡口部分熔透焊缝，其有效熔深不宜小于板厚的 1/3，对抗震设计的结构不宜小于板厚的 1/2。

柱在主梁上下各 600mm 范围内，应采用全熔透焊缝，是考虑该范围柱段在预估的罕遇地震作用时将进入塑性区。600mm 是日本在工程设计中通常采用的数值，当柱截面较小时也有采用 500mm 的。

8.4.3 箱形柱的耳板宜仅设置在一个方向，对工地施焊比较方便。

8.4.4 美国 AISC 规范规定，当柱支承在承压板上或在拼接处端部铣平承压时，应有足够螺栓或焊缝使所有部件均可靠就位，接头应能承受由规定的侧向力和 75% 的计算永久荷载所产生的任何拉力。日本规范规定，在不产生拉力的情况下，端部紧密接触可传递 25% 的压力和 25% 的弯矩。我国现行国家标准《钢结构设计规范》GB 50017 规定，轴心受压柱或压弯柱的端部为铣平端时，柱身的最大压力由铣平端传递，其连接焊缝，铆钉或螺栓应按最大压力的 15% 计算。考虑到高层民用建筑的重要性，本条规定，上下柱接触面可直接传递压力和弯矩各 25%。

8.4.5 当按内力设计柱的拼接时，可按本条规定设计。但在抗震设计的结构中，应按本规程第 8.4.1 条的规定，柱的拼接采用坡口全熔透焊缝和柱身等强，不必做相应计算。

8.4.6 图 8.4.6 所示箱形柱的工地接头，是日本高层民用建筑钢结构中采用的典型构造方式，在我国已建成的高层民用建筑钢结构中也被广泛采用。下柱横隔板应与柱壁板焊接一定深度，使周边铣平后不致将焊根露出。

8.4.7 当柱需要改变截面时，宜将变截面段设于梁接头部位，使柱在层间保持等截面，变截面端的坡度不宜过大。为避免焊缝重叠，柱变截面上下接头的标

高，应离开梁翼缘连接焊缝至少 150mm。

8.4.8 伸入长度参考日本规定采用。十字形截面柱的接头，在抗震设计的结构中应采用焊接。十字形柱与箱形柱连接处的过渡段，位于主梁之下，紧靠主梁。伸入箱形柱内的十字形柱腹板，通过专用工具来焊接。

在钢结构向钢骨混凝土结构过渡的楼层，为了保证传力平稳和提高结构的整体性，栓钉是不可缺少的。

8.5 梁与梁的连接和梁腹板设孔的补强

8.5.1 本条所规定的连接形式中，第 1 种形式应用最多。

8.5.2 高强度螺栓拼接在弹性阶段的抗弯计算，腹板的弯矩传递系数需乘以降低系数，是因为梁弯矩是在翼缘和腹板的拼接板间按其截面惯性矩所占比例进行分配的，由于梁翼缘的拼接板长度大于腹板拼接板长度，在其附近的梁腹板弯矩，有向刚度较大的翼缘侧传递的倾向，其结果使腹板拼接部分承受的弯矩减小。日本《钢结构连接设计指南》（2001/2006）根据试验结果对腹板拼接所受弯矩考虑了折减系数 0.4，本条参考采用。

8.5.4 次梁与主梁的连接，一般为次梁简支于主梁，次梁腹板通过高强度螺栓与主梁连接。次梁与主梁的刚性连接用于梁的跨度较大，要求减小梁的挠度时。图 8.5.4 为次梁与主梁刚性连接的构造举例。

8.5.5 朱聘儒等学者对负弯矩区段组合梁钢部件的稳定性作了计算分析，指出负弯矩区段内的梁部件名义上虽是压弯构件，由于其截面轴压比较小，稳定问题不突出。

8.5.6 本条提出的梁腹板开洞时孔口及其位置的尺寸规定，主要参考美国钢结构标准节点构造大样。

用套管补强有孔梁的承载力时，可根据以下三点考虑：

1) 可分别验算受弯和受剪时的承载力；

2) 弯矩仅由翼缘承受；

3) 剪力由套管和梁腹板共同承担，即

$$V = V_s + V_w \tag{9}$$

式中：V_s——套管的抗剪承载力（kN）；

V_w——梁腹板的抗剪承载力（kN）。

补强管的长度一般等于梁翼缘宽度或稍长，管壁厚度宜比梁腹板厚度大一些。角焊缝的焊脚长度可以取 $0.7t_w$，t_w 为梁腹板厚度。

8.6 钢柱脚

8.6.1 据日本的研究，埋入式柱脚管壁局部变形引起的应力集中，使角部应力最大，而冷加工使钢材变脆。在埋入部分的上端，应采用

内隔板、外隔板、内填混凝土或外侧设置栓钉等措施，对箱形柱壁板进行加强。当采用外隔板时，外伸部分的长度应不小于管径的1/10，板厚不小于钢管柱壁板厚度。

8.6.2 外露式柱脚应用于各种柱脚中，外包式柱脚和埋入式柱脚中钢柱部分与基础的连接，都应按抗弯要求设计。锚栓承载力计算参考了高强度螺栓连接（承压型）同时受拉受剪的承载力计算规定。锚栓抗剪时的孔径不大于锚栓直径加5mm左右的要求，是参考国外规定，国内已有工程成功采用。当不能做到时，应设置抗剪键。

8.6.3 外包式柱脚的设计参考了日本的新规定，与以前的规定相比，在受力机制上有较大修改。它不再通过栓钉抗剪形成力偶递递弯矩，甚至对栓钉设置未作明确规定（但栓钉对加强柱脚整体性作用是不可或缺的），抗弯机制由钢筋混凝土外包层中的受拉纵筋和外包层受压区混凝土受压形成对弯矩的抗力。试验表明，它的破坏过程首先是钢柱本身屈服，随后外包层受压区混凝土出现裂缝，然后外包层在平行于受弯方向出现斜拉裂缝，进而使外包层受拉区粘结破坏。为了确保外包层的塑性变形能力，要求在外包层顶部钢柱达到 M_{pc} 时能形成塑性铰。但是当柱尺寸较大时，外包层高度增大，此要求不易满足。

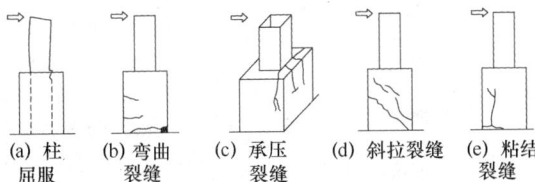

| (a) 柱屈服 | (b) 弯曲裂缝 | (c) 承压裂缝 | (d) 斜拉裂缝 | (e) 粘结裂缝 |

图4 外包式柱脚的受力机制

外包式柱脚设计应注意的主要问题是：①当外包层高度较低时，外包层和柱面间很容易出现粘结破坏，为了确保刚度和承载力，外包层应达到柱截面的2.5倍以上，其厚度应符合有效截面要求。②若纵向钢筋的粘结力和锚固长度不够，纵向钢筋在屈服前会拔出，使承载力降低。为此，纵向钢筋顶部一定要设弯钩，下端也应设弯钩并确保锚固长度不小于 $25d$。③如果箍筋太少，外包层就会出现斜裂缝，箍筋至少要满足通常钢筋混凝土柱的设计要求，其直径和间距应符合现行国家标准《混凝土结构设计规范》GB 50010 的规定。为了防止出现承压裂缝，使剪力能从纵筋顺畅地传给钢筋混凝土，除了通常的箍筋外，柱顶密集配置三道箍筋十分重要。④抗震设计时，在柱脚达到最大受弯承载力之前，不应出现剪切裂缝。⑤采用箱形柱或圆管柱时，若壁板或管壁局部变形，承压力会集中出现在局部。为了防止局部变形，柱壁板宽厚比和径厚比应符合现行国家标准《钢结构设计规范》GB 50017 关于塑性设计规定。也可在柱脚部分的钢管内灌注混凝土。

8.6.4 当边（角）柱混凝土保护层厚度较小时，可能出现冲切破坏，可用下列方法之一补强：①设置栓钉。根据过去的研究，栓钉对于传递弯矩没有什么支配作用，但对于抗拉，由于栓钉受剪，能传递内力。②锚栓。因柱子的弯矩和剪力是靠混凝土的承压力传递的，当埋深较深时，在锚栓中几乎不引起内力，但柱受拉时，锚栓对传递内力起支配作用。在埋深较浅的柱脚中，加大埋深，提高底板和锚栓的刚度，可对锚栓传力起积极作用，已得到试验确认。

8.7 中心支撑与框架连接

8.7.1 为了安装方便，有时将支撑两端在工厂与框架构件焊接在一起，支撑中部设工地拼接，此时拼接应按式（8.7.1）计算。

8.7.2 采用支托式连接时的支撑平面外计算长度，是参考日本的试验研究结果和有关设计规定提出的。H形截面支撑腹板位于框架平面内时的计算长度，是根据主梁上翼缘有混凝土楼板、下翼缘有隔撑以及楼层高度等情况提出的。

8.7.3 试验表明当支撑杆件发生出平面失稳时，将带动两端节点板的出平面弯曲。为了不在单壁节点板内发生节点板的出平面失稳，又能使节点板产生非约束的出平面塑性转动，可在支撑端部与假定的节点板约束线之间留有2倍节点板厚的间隙。按UBC规定，当支撑在节点板平面内屈曲时，支撑连接的设计承载力不应小于支撑截面承载力，以确保塑性铰出现在支撑上而不是节点板。当支撑可能在节点板平面外屈曲时，节点板应按支撑不致屈曲的受压承载力设计。

8.8 偏心支撑框架的构造要求

8.8.1 构件宽厚比参照 AISC 的规定作了适当调整。当梁上翼缘与楼板固定但不能表明其下翼缘侧向固定时，仍需设置侧向支撑。

8.8.3 支撑斜杆轴力的水平分量成为消能梁段的轴向力，当此轴向力较大时，除降低此梁段的受剪承载力外，还需减少该梁段的长度，以保证消能梁段具有良好的滞回性能。

8.8.4 由于腹板上贴焊的补强板不能进入弹塑性变形，因此不能采用补强板，腹板上开洞也会影响其弹塑性变形能力。

8.8.5 为使消能梁段在反复荷载作用下具有良好的滞回性能，需采取合适的构造并加强对腹板的约束：

　　1 消能梁段与支撑斜杆连接处，需设置与腹板等高的加劲肋，以传递梁段的剪力并防止梁腹板屈曲。

　　2 消能梁段腹板的中间加劲肋，需按梁段的长度区别对待，较短时为剪切屈服型，加劲肋间距小些；较长时为弯曲屈服型，需在距端部1.5倍的翼缘宽度处设置加劲肋；中等长度时需同时满足剪切屈服型和弯曲屈服型要求。消能梁段一般应设计成剪切屈服型。

8.8.7 偏心支撑的斜杆轴线与梁轴线的交点，一般在消能梁段的端部，也允许在消能梁段内，此时将产生与消能梁段端部弯矩方向相反的附加弯矩，从而减少消能梁段和支撑杆的弯矩，对抗震有利；但交点不应在消能梁段以外，因此时将增大支撑和消能梁段的弯矩，于抗震不利。

8.8.8 消能梁段两端设置翼缘的侧向隔撑，是为了承受平面外扭转作用。

8.8.9 与消能梁段处于同一跨内的框架梁，同样承受轴力和弯矩，为保持其稳定，也需设置翼缘的侧向隔撑。

9 制作与涂装

9.1 一般规定

9.1.1 钢结构的施工详图，应由承担制作的钢结构制作单位负责绘制且应具有钢结构工程施工资质。编制施工详图时，设计人员应详细了解并熟悉最新的工程规范以及工厂制作和工地安装的专业技术。

施工详图审批认可后，由于材料代用、工艺或其他原因，可能需要进行修改。修改时应向原设计单位申报，并签署文件后才能生效，作为施工的依据。

9.1.2 钢结构的制作是一项很严密的流水作业过程，应当根据工程特点编制制作工艺。制作工艺应包括：施工中所依据的标准，制作厂的质量保证体系，成品的质量保证体系和为保证成品达到规定的要求而制定的措施，生产场地的布置，采用的加工、焊接设备和工艺装备，焊工和检查人员的资质证明，各类检查项目表格，生产进度计算表。一部完整的考虑周密的制作工艺是保证质量的先决条件，是制作前期工作的重要环节。

9.1.3 在制作构造复杂的构件时，应根据构件的组成情况和受力情况确定其加工、组装、焊接等的方法，保证制作质量，必要时应进行工艺性试验。

9.1.4 本条规定了对钢尺和其他主要测量工具的检测要求，测量部门的校定是保证质量和精度的关键。校定得出的钢卷尺各段尺寸的偏差表，在使用中应随时依照调整。由于高层民用建筑钢结构工程施工周期较长，随着气温的变化，会使量具产生误差，特别是在大量工程测量中会更为明显，各个部门要按气温情况来计算温度修正值，以保证尺寸精度。

9.2 材料

9.2.1 本条对采用的钢材必须具有质量证明书并符合各项要求，作出了明确规定，对质量有疑义的钢材应抽样检查。这里的"疑义"是指对有质量证明书的

材料有怀疑，而不包括无质量证明书的材料。

对国内材料，考虑其实际情况，对材质证明中有个别指标缺项者，可允许补作试验。

9.2.2 本条款提到的各种焊接材料、螺栓、防腐材料，为国家标准规定的产品或设计文件规定使用的产品，故均应符合国家标准的规定和设计要求，并应有质量证明书。

选用的焊接材料，应与构件所用钢材的强度相匹配，必要时应通过试验确定。表4、表5仅做参考，选用时应根据焊接工艺的具体情况作出适当的修正。厚板的焊接，特别是当低合金结构钢的板厚大于25mm时，应采用碱性低氢焊条，若采用酸性焊条，会使焊缝金属大量吸收氢，甚至引起焊缝开裂。

表 4 焊条选用表

钢号	焊条型号		备注
	国标	牌号	
Q235	E4303	J422	厚板结构的焊条宜选用低氢型焊条
	E4316	J426	
	E4315	J427	
	E4301	J423	
Q345	E5016	J506	主要承重构件、厚板结构及应力较大的低合金结构钢的焊接，应选用低氢型焊条，以防低氢脆
	E5016	J507	
	E5003	J502	
	E5001	J503	

表 5 自动焊、半自动焊的焊丝和焊剂选用表

钢号	焊条型号	备注
Q235	H08A+HJ431	H08Mn2Si
	H08A+HJ430	
	H08MnA+HJ230	
Q345	H08A+HJ431	H08Mn2SiA
	H08A+HJ430	
	H08Mn2+HJ230	

本条款对焊接材料的贮存和管理做了必要的规定，编写时参考了现行行业标准《焊接材料质量管理规程》JB/T 3223、焊接材料产品样本等资料。由于各种资料提法不一，本规程仅对两项指标进行了一般性的规定。焊接材料保管的好坏对焊接质量影响很大，因此在条件许可时，应从严控制各项指标。

螺栓的质量优劣对连接部位的质量和安全以及构件寿命的长短都有影响，所以应严格按规定存放、管理和使用。扭系数是高强度螺栓的重要指标，若螺栓碰伤、混批，扭矩系数就无法保证，因此有以上问

题的高强度螺栓应禁用。

在腐蚀损失中，钢结构的腐蚀损失占有重要份额，因此对高层民用建筑钢结构采用的防腐涂料的质量，应给予足够重视。对防腐涂料应加强管理，禁止使用失效涂料，保证涂装质量。

9.3 放样、号料和切割

9.3.1 为保证钢结构的制作质量，凡几何形状不规则的节点，均应按1：1放足尺大样，核对安装尺寸和焊缝长度，并根据需要制作样板或样杆。

焊接收缩量可根据分析计算或参考经验数据确定，必要时应作工艺试验。

9.3.2 钢框架柱的弹性压缩量，应根据经常作用的荷载引起的柱轴力确定。压缩量与分担的荷载面积有关，周边柱压缩量较小，中间柱压缩量较大，因此，各柱的压缩量是不等的。根据日本《超高层建筑》构造篇的介绍，弹性压缩需要的长度增量在相邻柱间相差不超过5mm时，对梁的连接在容许范围之内，可以采用相同的增量。这样，可以按此原则将柱子分为若干组，从而减少增量值的种类。在钢结构和混凝土混合结构高层建筑中，混凝土剪力墙的压应力较低，而柱的压应力很高，二者的压缩量相差颇大，应予以特别重视。

9.3.3 关于号料和切割的要求，要注意下列事项：

1 弯曲件的取料方向，一般应使弯折线与钢材轧制方向垂直，以防止出现裂纹。

2 号料工作应考虑切割的方法和条件，要便于切割下料工序的进行。

3 钢结构制作中，宽翼缘型钢等材料采用锯切下料时，切割面一般不需再加工，从而可大大提高生产效率，宜普遍推广使用，但有端部铣平要求的构件，应按要求另行铣端。由于高层民用建筑钢结构构件的尺寸精度要求较高，下料时除锯切外，还应尽量使用自动切割、半自动切割、切板机等，以保证尺寸精度。

9.4 矫正和边缘加工

9.4.1 对矫正的要求可说明如下：

1 本条规定了矫正的一般方法，强调要根据钢材的特性、工艺的可能性以及成形后的外观质量等因素，确定矫正方法；

2 碳素结构钢和低合金高强度结构钢允许加热矫正的工艺要求，在现行国家标准《钢结构工程施工质量验收规范》GB 50205中已有具体规定，故本条只提出原则要求。

9.4.2 对边缘加工的要求，可说明如下：

1 精密切割与普通火焰切割的切割机具和切割工艺过程基本相同，但精密切割采用精密割咀和丙烷气，切割后断面的平整和尺寸精度均高于普通火焰切割，可完成焊接坡口加工等，以代替刨床加工，对提高切割质量和经济效益有很大益处。本条规定的目的，是提高制作质量和促进我国钢结构制作工艺的进步。

2 钢结构的焊接坡口形式较多，精度要求较高，采用手工方法加工难以保证质量，应尽量使用机械加工。

3 使用样板控制焊接坡口尺寸及角度的方法，是方便可行的，但要时常检验，应在自检、互检和交检的控制下，确保其质量。

4 本条参考了现行国家标准《钢结构工程施工质量验收规范》GB 50205的规定，并增加了被加工表面的缺口、清渣及坡度的要求，为了更为明确，以表格的形式表示。

在表9.4.2中，边线是指刨边或铣边加工后的边线，规定的容许偏差是根据零件尺寸或不经划线刨边和铣边的零件尺寸的容许偏差确定的，弯曲矢高的偏差不得与尺寸偏差叠加。

9.5 组 装

9.5.1 对组装的要求，可作如下说明：

1 构件的组装工艺要根据高层民用建筑钢结构的特点来考虑。组装工艺应包括：组装次序、收缩量分配、定位点、偏差要求、工装设计等。

2 零部件的检查应在组装前进行，应检查编号、数量、几何尺寸、变形和有害缺陷等。

9.5.2 组装允许偏差，按照现行国家标准《钢结构工程施工质量验收规范》GB 50205的有关规定执行。

9.6 焊 接

9.6.1 高层民用建筑钢结构的焊接与一般建筑钢结构的焊接有所不同，对焊工的技术水平要求更高，特别是几种新的焊接方法的采用，使得焊工的培训工作显得更为重要。因此，在施工中焊工应按其技术水平从事相应的焊接工作，以保证焊接质量。

停焊时间的增加和技术的老化，都将直接影响焊接质量。因此，对焊工应每三年考核一次，停焊超过半年的焊工应重新进行考核。

9.6.2 首次采用是指本单位在此以前未曾使用过的钢材、焊接材料、接头形式及工艺方法，都必须进行工艺评定。工艺评定应对可焊性、工艺性和力学性能等方面进行试验和鉴定，达到规定标准后方可用于正式施工。在工艺评定中应选出正确的工艺参数指导实际生产，以保证焊接质量能满足设计要求。

9.6.3 高层民用建筑钢结构对焊接质量的要求高，厚板较多、新的接头形式和焊接方法的采用，都对工艺措施提出更严格的要求。因此，焊接工作必须在焊接工程师的指导下进行，并应制定工艺文件，指导施工。

施工中应严格按照工艺文件的规定执行，在有疑义时，施工人员不得擅自修改，应上报技术部门，由主管工程师根据情况进行处理。

9.6.4 由于生产的焊条各个厂都有各自的配方和工艺流程，控制含水率的措施也有差异，因此本规程对焊条的烘焙温度和时间未做具体规定，仅规定按产品说明书的要求进行烘焙。

低氢型焊条的烘焙次数过多，药皮中的铁合金容易氧化，分解碳酸盐，易老化变质，降低焊接质量，所以本规程对反复烘焙次数进行了控制，以不超过二次为限。

本条款的制定，参考了国家现行标准《焊接材料质量管理规程》JB/T 3223、《钢结构焊接规范》GB 50661和美国标准《钢结构焊接规范》ANSI/AWS D1.1-88。

9.6.5 为了严格控制焊剂中的含水量，焊剂在使用前必须按规定进行烘焙。焊丝表面的油污和锈蚀在高温作用下会分解出气体，易在焊缝中造成气孔和裂纹等缺陷，因此，对焊丝表面必须仔细进行清理。

9.6.6 本条款选自原国家机械委员会颁布的《二氧化碳气体保护焊工艺规程》JB 2286-87，用于二氧化碳气体保护焊的保护气体，必须满足本条款之规定数值，方可达到良好的保护效果。

9.6.7 焊接场地的风速大时，会破坏二氧化碳气体对焊接电弧的保护作用，导致焊缝产生缺陷。因此，本条给出了风速限值，超过此限值时应设置防护装置。

9.6.8 装配间隙过大会影响焊接质量，降低接头强度。定位焊的施焊条件较差，出现各种缺陷的机会多。焊接区的油污、锈蚀在高温作用下分解出气体，易造成气孔、裂纹等缺陷。据此，特对焊前进行检查和修整做出规定。

9.6.9 本条是对一些较重要的焊缝应配置引弧板和引出板作出的具体规定。焊缝通过引板过渡升温，可以防止构件端部未焊透、未熔合等缺陷，同时也对消除熄弧处弧坑有利。

9.6.10 在焊区以外的母材上打火引弧，会导致被烧伤母材表面应力集中，缺口附近的断裂韧性值降低，承受动荷载时的疲劳强度也将受到影响，特别是低合金结构钢对缺口的敏感性高于碳素结构钢，故更应避免"乱打弧"现象。

9.6.11 本条的制定参考了现行国家标准《钢结构工程施工质量验收规范》GB 50205和部分国内高层民用建筑钢结构制作的有关技术资料。钢板厚度越大，散热速度越快，焊接热影响区易形成组织硬化，生成焊接残余应力，使焊缝金属和熔合线附近产生裂纹。当板厚超过一定数值时，用预热的办法减慢冷却速度，有利于氢的逸出和降低残余应力，是防止裂纹的一项工艺措施。

本条仅给出了环境温度为0℃以上时的预热温度，对于环境温度在0℃以下者未做具体规定，制作单位应通过试验确定适当的预热温度。

9.6.12 后热处理也是防止裂纹的一项措施，一般与预热措施配合使用。后热处理使焊件从焊后温度过渡到环境温度的过程延长，即降低冷却速度，有利于焊缝中氢的逸出，能较好地防止冷裂纹的产生，同时能调整焊接收缩应力，防止收缩应力裂纹。考虑到高层民用建筑钢结构厚板较多，防止裂纹是关键问题之一，故将后热处理列入规程条款中。因各工程的具体情况不同，各制作单位的施焊条件也不同，所以未做硬性规定，制作单位应通过工艺评定来确定工艺措施。

9.6.13 高层民用建筑钢结构的主要受力节点中，要求全熔透的焊缝较多，清根则是保证焊缝熔透的措施之一。清根方法以碳弧气刨为宜，清根工作应由培训合格的人员进行，以保证清根质量。

9.6.14 层状撕裂的产生是由于焊缝中存在收缩应力，当接头处拘束度过大时，会导致沿板厚度方向产生较大的拉力，此时若钢板中存在片状硫化夹杂物，就易产生层状撕裂。厚板在高层民用建筑钢结构中应用较多，特别是大于50mm厚板的使用，存在着层状撕裂的危险。因此，防止沿厚度方向产生层状撕裂是梁柱接头中最值得注意的问题。根据国内外一些资料的介绍和一些制作单位的经验，本条款综合给出了几个方面可采取的措施。由于裂纹的形成是错综复杂的，所以施工中应采取哪些措施，需依据具体情况具体分析而定。

碳当量法是将各种元素按相当于含碳量的作用总合起来，碳是各种合金元素中对钢材淬硬、冷裂影响最明显的因素，国际焊接学会推荐的碳当量为 C_{eq}（%）＝ $C + Mn/6 + (Ni + Cu)/15 + (Cr + Mo + V)/5$，$C_{eq}$ 值越高，钢材的淬硬倾向越大，需较高的预热温度和严格的工艺措施。

焊接裂纹敏感系数是日本提出和应用的，它计入钢材化学成分，同时考虑板厚和焊缝含氢量对裂纹倾向的影响，由此求出防止裂纹的预热温度。焊接裂纹敏感性指数 P_{cm}（%）＝ $C + Si/30 + Mn/20 + Cu/20 + Ni/60 + Cr/20 + Mo/15 + V/10 + 5B$，预热温度 $T℃ = 1440 P_{cm} - 392$。

9.6.15 消耗熔嘴电渣焊在高层民用建筑钢结构中是常用的一种焊接技术，由于熔嘴电渣焊的施焊部位是封闭的，消除缺陷相当困难，因此要求改善焊接环境和施焊条件，当出现影响焊接质量的情况时，应停止焊接。

为保证焊接工作的正常进行，对垫板下料和加工精度应严格要求，并应严格控制装配间隙。间隙过大易使熔池铁水泄漏，造成缺陷。当间隙大于1mm时，应进行修整和补救。

焊接时应由两台电渣焊机在构件两侧同时施焊，以防焊件变形。因焊接电压随焊接过程而变化，施焊时应随时注意调整，以保持规定数值。

焊接过程中应使焊件处于赤热状态，其表面温度在800℃以上时熔合良好，当表面温度不足800℃时，应适当调整焊接工艺参数，适量增加渣池的总热能。采用电渣焊的板材宜选用热轧、正火的钢材。

9.6.16 栓钉焊接面上的水、锈、油等有害杂质对焊接质量有影响，因此，在焊接前应将焊接面上的杂质仔细清除干净，以保证栓钉的顺利进行。从事栓钉焊的焊工应经过专门训练，栓钉焊所用电源应为专门电源，在与其他电源并用时必须有足够的容量。

9.6.17 栓钉焊是一种特殊焊接方法，其检查方法不同于其他焊接方法，因此，本规程将栓钉焊的质量检验作为一项专门条款给出。本条款的编制按现行国家标准《钢结构工程施工质量验收规范》GB 50205和参考了日本的有关标准和资料。

栓钉焊缝外观应全部检查，其焊肉形状应整齐，焊接部位应全部熔合。

需更换不合格栓钉时，在去掉旧栓钉以后，焊接新栓钉之前，应先修补母材，将母材缺损处磨修平整，然后再焊新栓钉，更换过的栓钉应重新做弯曲试验，以检验新栓钉的焊接质量。

9.6.18 本条款对焊缝质量的外观检查时间进行了规定，这里考虑延迟裂纹的出现需要一定的时间，而高层民用建筑钢结构构件采用低合金高强度结构钢及厚板较多，存在延迟断裂的可能性更大，对构件的安全存在着潜在的危险，因此应对焊缝的检查时间进行控制。考虑到实际生产情况，将全部检查项目都放到24h后进行有一定困难，所以仅对24h后应对裂纹倾向进行复验作出了规定。

本条款在严禁的缺陷一项中，增加了熔合性飞溅的内容。当熔合性飞溅严重时，说明施焊中的焊接热能量过大，由此造成施焊区温度过高，接头韧性降低，影响接头质量，因此，对焊接中出现的熔合性飞溅要严加控制。

焊缝质量的外观检验标准大部分均由设计规定，设计无规定者极少。本规程给出的表9.6.18-1、表9.6.18-2仅用于设计无规定时。该表的编制，参考了现行国家标准《钢结构焊接规范》GB 50661。

9.6.19 钢结构节点部位中，有相当一部分是要求全熔透的，因此，本规程特将焊缝的超声波检查探伤作为一个专门条款提出。

按照现行国家标准《钢结构工程施工质量验收规范》GB 50205的规定，焊缝检验分为三个等级，一级用于动荷载或静荷载受拉，二级用于动荷载或静荷载受压，三级用于其他角焊缝。本条款给出的超检数量，参考了该规范的规定。在现行国家标准《焊缝无损检测 超声检测 技术、检测等级和评定》GB/T

11345中，按检验的完善程度分为A、B、C三个等级。A级最低，B级一般，C级最高。评定等级分为Ⅰ、Ⅱ、Ⅲ、Ⅳ四个等级，Ⅰ级最高、Ⅳ级最低。根据高层民用建筑钢结构的特点和要求以及施工单位的建议，本条款比照《焊缝无损检测 超声检测 技术、检测等级和评定》GB/T 11345的规定，给出了高层民用建筑钢结构受拉、受压焊缝应到的检验等级和评定等级。

本条款给出的超声波检查数量和等级标准，仅限于设计文件无规定时使用。

9.6.20 为保证焊接质量，应对不合格焊缝的返修工作给予充分重视，一般应编制返修工艺。本规程仅对几种返修方法作出了一般性规定，施工单位还应根据具体情况作出返修方法的规定。

焊缝裂纹是焊接工作中最危险的缺陷，也是导致结构脆性断裂的原因之一。焊缝产生裂纹的原因很多，也很复杂，一般较难分辨清楚。因此，焊工不得随意修补裂纹，必须由技术人员制定出返修措施后再进行返修。

本条款对低合金高强度结构钢的返修次数作出了明确规定。因低合金高强度结构钢在同一处返修的次数过多，容易损伤合金元素，在热影响区产生晶粒粗大和硬脆过热组织，并伴有较大残余应力停滞在返修区段，易发生质量事故。

9.7 制 孔

9.7.1 制孔分零件制孔和成品制孔，即组装前制孔和组装后制孔。

保证孔的精度可以有很多方法，目前国外广泛使用的多轴立式钻床、数控钻床等，可以达到很高精度，消除了尺寸误差，但这些设备国内还不普及，所以本规程推荐模板制孔的方法。正确使用钻模制孔，可以保证高强度螺栓组装孔和工地安装孔的精度。采用模板制孔应注意零件、构件与模板贴紧，以免铁屑进入钻套。零件、构件上的中心线与模板中心线要对齐。

9.7.4 钢框架梁与柱连接中的梁端过焊孔，有以下几种形式：

1）柱贯通型连接中的常规过焊孔；
2）柱贯通型连接中的梁上翼缘无过焊孔形式；
3）梁贯通型连接中的常规过焊孔；
4）梁贯通型连接中的无过焊孔形式。

本条是引用了《日本建筑工程标准 JASS 6 钢结构工程》（2007）中的新构造规定。翼缘无过焊孔的连接目前在日本钢结构制作中应用已较多且颇受欢迎，因为它既有较好的抗震性能，又省工。随着电渣焊限定柱壁板厚度（不小于16mm），梁贯通型连接已难以避免，势在必行。本条也列入了梁贯通型连接有过焊孔和无过焊孔的构造形式，供设计和施工时参考。

9.8 摩擦面的加工

9.8.1 高强度螺栓结合面的加工，是为了保证连接接触面的抗滑移系数达到设计要求。结合面加工的方法和要求，应按现行行业标准《钢结构高强度螺栓连接技术规程》JGJ 82 执行。

9.8.2 本条参考现行国家标准《钢结构工程施工质量验收规范》GB 50205，规定了喷砂、抛丸和砂轮打磨等方法，是为方便施工单位根据自己的条件选择。但不论选用哪一种方法，凡经加工过的表面，其抗滑移系数值必须达到设计要求。

本条文去掉了酸洗加工的方法，是因为现行国家标准《钢结构设计规范》GB 50017 已不允许用酸洗加工，而且酸洗在建筑结构上很难做到，即使小型构件能用酸洗，残存的酸液往往会继续腐蚀连接面。

9.8.3 经过处理的抗滑移面，如有油污或涂有油漆等物，将会降低抗滑移系数值，故对加工好的连接面必须加以保护。

9.8.4 本条规定了制作单位进行抗滑移系数试验的时间和试验报告的主要内容。一般说来，制作单位宜在钢结构制作前进行抗滑移系数试验，并将其纳入工艺，指导生产。

9.8.5 本条规定了高强度螺栓抗滑移系数试件的制作依据和标准。考虑到我国目前高层民用建筑钢结构施工有采用国外标准的工程，所以本文中也允许按设计文件规定的制作标准制作试件。

9.9 端部加工

9.9.1 有些构件端部要求磨平顶紧以传递荷载，这时端部要精加工。为保证加工质量，本条规定构件要在矫正合格后才能进行端部加工。表 9.9.1 是根据现行国家标准《钢结构工程施工质量验收规范》GB 50205 的规定制定的。

9.10 防锈、涂层、编号及发运

9.10.1、9.10.2 参照现行国家标准《钢结构工程施工质量验收规范》GB 50205 的规定制定。

9.10.3 本条指出了防锈涂料和涂层厚度的依据标准，强调涂料要配套使用。

9.10.4 本条规定了涂漆表面的处理要求，以保证构件的外观质量，对有特殊要求的，应按设计文件的规定进行。

9.10.5 本条规定在涂层完毕后对构件编号的要求。由于高层民用建筑钢结构构件数量多，品种多，施工场地相对狭小，构件编号是一件很重要的工作。编号应有统一规定和要求，以利于识别。

9.10.6 包装对成品质量有直接影响。合格的产品，如果发运、堆放和管理不善，仍可能发生质量问题，

所以应当引起重视。一般构件要有防止变形的措施，易碰部位要有适当的保护措施；节点板、垫板等小型零件宜装箱保存；零星构件及其他部件等，都要按同一类别用螺栓和铁丝紧固成束；高强度螺栓、螺母、垫圈应配套并有防止受潮等保护措施；经过精加工的构件表面和有特殊要求的孔壁要有保护措施等。

9.10.7 高层民用建筑钢结构层数多，施工场地相对狭小，如果存放和发运不当，会给安装单位造成很大困难，影响工程进度和带来不必要的损失，所以制作单位应与吊装单位根据安装施工组织设计的次序，认真编制安装程序表，进行包装和发运。

9.10.8 由于高层民用建筑钢结构数量大，品种多，一旦管理不善，造成的后果是严重的，所以本条规定的目的是强调制作单位在成品发运时，一定要与订货单位作好交接工作，防止出现构件混乱、丢失等问题。

9.11 构件预拼装

9.11.1～9.11.4 对于连接复杂的构件及受运输条件和吊装条件限制，设计规定或者合同要求的构件在出厂前应进行预拼装。有关预拼装方法和验收标准应符合现行国家标准《钢结构工程施工质量验收规范》GB 50205 和《钢结构工程施工规范》GB 50755 的规定。

9.12 构件验收

9.12.1 本节所指验收，是构件出厂验收，即对具备出厂条件的构件按照工程标准要求检查验收。

表 9.12.1-1～表 9.12.1-4 的允许偏差，是参考了现行国家标准《钢结构工程施工质量验收规范》GB 50205 和日本《建筑工程钢结构施工验收规范》编制的，根据我国高层民用建筑钢结构施工情况，对其中各项做了补充和修改，补充和修改的依据是通过一些新建高层民用建筑钢结构的施工调查取得的。钢桁架外形尺寸的允许偏差应符合《钢结构工程施工质量验收规范》GB 50205 的相关要求。

9.12.2 本条是在现行国家标准《钢结构工程施工质量验收规范》GB 50205 规定的基础上，结合高层民用建筑钢结构的特点制定的，增加了无损检验和必要的材料复验要求。

本条规定的目的，是要制作单位为安装单位提供在制作过程中变更设计、材料代用等的资料，以便据此施工，同时也为竣工验收提供原始资料。

10 安　装

10.1 一　般　规　定

10.1.1 编制施工组织设计或施工方案是组织高层民

用建筑钢结构安装的重要工作，应按结构安装施工组织设计的一般要求，结合钢结构的特点进行编制，其具体内容这里不拟一一列举。

异型、复杂结构施工过程中，结构构件的受力与设计使用状态有较大差异，结构应力会产生复杂的变化，甚至出现应力和变形超限的情况，施工过程模拟分析可以有效地预测施工风险，通过采取必要的安全措施确保施工过程安全。

10.1.3 塔吊锚固往往会对安装中的结构有较大影响，需要通过精确计算确保结构和锚固的安全。

10.1.6 安装用的焊接材料、高强度螺栓和栓钉等，必须具有产品出厂的质量证明书，并符合设计要求和有关标准的要求，必要时还应对这些材料进行复验，合格后方能使用。

10.1.7 高层民用建筑钢结构工程安装工期较长，使用的机具和工具必须进行定期检验，保证达到使用要求的性能及各项指标。

10.1.8 安装的主要工艺，在安装工作开始前必须进行工艺试验（也叫工艺考核），以试验得出的各项参数指导施工。

10.1.9 高层民用建筑钢结构构件数量很多，构件制作尺寸要求严，对钢结构加工质量的检查，应比单层房屋钢结构构件要求更严格，特别是外形尺寸，要求安装单位在构件制作时就派员到构件制作单位进行检查，发现超出允许偏差的质量问题时，一定要在厂内修理，避免运到现场再修理。

10.1.10 土建施工单位、钢结构制作单位和钢结构安装单位三家使用的钢尺，必须是由同一计量部门由同一标准鉴定的。原则上，应由土建施工单位（总承包单位）向安装单位提供鉴定合格的钢尺。

10.1.11 高层民用建筑钢结构是多单位、多机械、多工种混合施工的工程，必须严格遵守国家和企业颁发的现行环境保护和劳动保护法规以及安全技术规程。在施工组织设计中，要针对工程特点和具体条件提出环境保护、安全施工和消防方面的措施。

10.2 定位轴线、标高和地脚螺栓

10.2.1 安装单位对土建施工单位提出的钢结构安装定位轴线、水准标高、柱基础位置线、预埋地脚螺栓位置线、钢筋混凝土基础面的标高、混凝土强度等级等各项数据，必需进行复查，符合设计和规范的要求后，方能进行安装。上述各项的实际偏差不得超过允许偏差。

10.2.2 柱子的定位轴线，可根据现场场地宽窄，在建筑物外部或建筑物内部设辅助控制轴线。

现场比较宽敞、钢结构总高度在100m以内时，可在柱子轴线的延长线上适当位置设置控制桩位，在每条延长线上设置两个桩位，供架设经纬仪用；现场比较狭小、钢结构总高度在100m以上时，可在建筑物内部设辅助线，至少要设3个点，每2点连成的线最好要垂直，因此，三点不得在一条直线上。

钢结构安装时，每一节柱子的定位轴线不得使用下一节柱子的定位轴线，应从地面控制轴线引到高空，以保证每节柱子安装正确无误，避免产生过大的累积偏差。

10.2.3 地脚螺栓（锚栓）可选用固定式或可动式，以一次或二次的方法埋设。不管用何种方法埋设，其螺栓的位置、标高、丝扣长度等应符合设计和规范的要求。

施工中经常出现地脚螺栓与底板钢筋位置冲突干扰，地脚螺栓不能正常就位而影响施工，必须做好工序间的协调。

10.2.4 地脚螺栓的紧固力一般由设计规定，也可按表6采用。地脚螺栓螺母的止退，一般可用双螺母，也可在螺母拧紧后将螺母与螺栓杆焊牢。

表6 地脚螺栓紧固力

地脚螺栓直径（mm）	紧固轴力（kN）
30	60
36	90
42	150
48	160
56	240
64	300

10.2.5 钢结构安装时，其标高控制可以用两种方法：一是按相对标高安装，柱子的制作长度偏差只要不超过规范规定的允许偏差±3mm即可，不考虑焊缝的收缩变形和荷载引起的压缩变形对柱子的影响，建筑物总高度只要达到各节柱制作允许偏差总和以及柱压缩变形总和就算合格；另一种是按设计标高安装（不是绝对标高，不考虑建筑物沉降），即按土建施工单位提供的基础标高安装，第一节柱子底面标高和各节柱子累加尺寸的总和，应符合设计要求的总尺寸，每节柱接头产生的收缩变形和建筑物荷载引起的压缩变形，应加到柱子的加工长度中去，钢结构安装完成后，建筑物总高度应符合设计要求的总高度。

10.2.6 底层第一节柱安装时，可在柱子底板下的地脚螺栓上加一个螺母，螺母上表面的标高调整到与柱底板标高齐平，放上柱子后，利用底板下的螺母控制柱子的标高，精度可达±1mm以内，用以代替在柱子的底板下做水泥墩子的老办法。柱子底板下预留的空隙，可以用无收缩砂浆以捻浆法填实。使用这种方法时，对地脚螺栓的强度和刚度应进行计算。

10.2.7 地脚螺栓定位后往往会受到钢筋绑扎、混凝土浇筑及振捣等工序的影响，成品保护难度很大。即使初始定位精确，最终位置往往会发生一定的偏移，个别会出现超过规范允许值的偏差。本条规定可以对柱底板孔适当扩大予以解决，但扩大值一般不应超过

20mm，且应在工厂完成。

10.3 构件的质量检查

10.3.1 安装单位应派有检查经验的人员深入到钢结构制作单位，从构件制作过程到构件成品出厂，逐个进行细致检查，并作好书面记录。

10.3.2 对主要构件，如梁、柱、支撑等的制作质量，应在出厂前进行验收。

10.3.3 对端头用坡口焊缝连接的梁、柱、支撑等构件，在检查其长度尺寸时，应将焊缝的收缩值计入构件的长度。如按设计标高进行安装时，还要将柱子的压缩变形值计入构件的长度。

制作单位在构件加工时，应将焊缝收缩值和压缩变形值计入构件长度。

10.3.4 在检查构件外形尺寸、构件上的节点板、螺栓孔等位置时，应以构件的中心线为基准进行检查，不得以构件的棱边、侧面对准基准线进行检查，否则可能导致误差。

10.4 吊装构件的分段

10.4.1～10.4.4 为提高综合施工效率，构件分段应尽量减少。但由于受工厂和现场起重能力限制，构件分段重量应满足吊装要求；受运输条件限制，构件尺寸不宜太大。同时，应综合考虑构件分段后单元的刚度满足吊装运输要求。这些问题都应在详图设计阶段综合考虑确定。

10.5 构件的安装及焊接顺序

10.5.1 钢结构的安装顺序对安装质量有很大影响，为了确保安装质量，应遵循本条规定的步骤。

10.5.2 流水区段的划分要考虑本条列举的诸因素，区段内的结构应具有整体性和便于划分。

10.5.3 每节柱高范围内全部构件的安装顺序，不论是柱、梁、支撑或其他构件，平面上应从中间向四周扩展安装，竖向要由下向上逐件安装，这样在整个安装过程中，由于上部和周边处于自由状态，构件安装进档和测量校正都易于进行，能取得良好的安装效果。

有一种习惯，即先安装一节柱子的顶层梁。但顶层梁固定了，将使中间大部分构件进档困难，测量校正费力费时，增加了安装的难度。

10.5.4 钢结构构件的安装顺序，要用图和表格的形式表示，图中标出每个构件的安装顺序，表中给出每一顺序号的构件名称、编号，安装时需用节点板的编号、数量、高强度螺栓的型号、规格、数量，普通螺栓的规格和数量等。从构件质量检查、运输、现场堆存到结构安装，都使用这一表格，可使高层建筑钢结构安装有条不紊，有节奏、有秩序地进行。

10.5.5 构件接头的现场焊接顺序，比构件的安装顺序更为重要，如果不按合理的顺序进行焊接，就会使结构产生过大的变形，严重的会将焊缝拉裂，造成重大质量事故。本条规定的作业顺序必须严格执行，不得任意变更。高层民用建筑钢结构构件接头的焊接工作，应在一个流水段的一节柱范围内，全部构件的安装、校正、固定、预留焊缝收缩量（也考虑温度变化的影响）和弹性压缩量均已完成并经质量检查部门检查合格后方能开始，因焊接后再发现大的偏差将无法纠正。

10.5.6 构件接头的焊接顺序，在平面上应从中间向四周并对称扩展焊接，使整个建筑物外形尺寸得到良好的控制，焊缝产生的残余应力也较小。

柱与柱接头和梁与柱接头的焊接以互相协调为好，一般可以先焊一节柱的顶层梁，再从下往上焊各层梁与柱的接头；柱与柱的接头可以先焊也可以最后焊。

10.5.7 焊接顺序编完后，应绘出焊接顺序图，列出焊接顺序表，表中注明构件接头采用那种焊接工艺，标明使用的焊条、焊丝、焊剂的型号、规格、焊接电流，在焊接工作完成后，记入焊工代号，对于监督和管理焊接工作有指导作用。

10.5.8 构件接头的焊接顺序按照参加焊接工作的焊工人数进行分配后，应在规定时间内完成焊接，如不能按时完成，就会打乱焊接顺序。而且，焊工不得自行调换焊接顺序，更不允许改变焊接顺序。

10.6 钢构件的安装

10.6.1 柱子的安装工序应该是：①调整标高；②调整位移（同时调整上柱和下柱的扭转）；③调整垂直偏差。如此重复数次。如果不按这样的工序调整，会很费时间，效率很低。

10.6.2 当构件截面较小，在地面将几个构件拼成扩大单元进行安装时，吊点的位置和数量应由计算或试吊确定，以防因吊点位置不正确造成结构永久变形。

10.6.3 柱子、主梁、支撑等主要构件安装时，应在就位并临时固定后，立即进行校正，并永久固定（柱接头临时耳板用高强度螺栓固定，也是永久固定的一种）。不能使一节柱子高度范围内的各个构件都临时连接，这样在其他构件安装时，稍有外力，该单元的构件都会变动，钢结构尺寸将不易控制，安装达不到优良的质量，也很不安全。

10.6.4 已安装的构件，要在当天形成稳定的空间体系。安装工作中任何时候，都要考虑安装好的构件是否稳定牢固，因为随时可能会由于停电、刮风、下雨、下雪等而停止安装。

10.6.5 安装高层民用建筑钢结构使用的塔式起重机，有外附在建筑物上的，随着建筑物增高，起重机的塔身也要往上接高，起重机塔身的刚度要靠与钢结构的附着装置来维持。采用内爬式塔式起重机时，随着建筑物的增高，要依靠钢结构一步一步往上爬升。塔式起重机的爬升装置和附着装置及其对钢结构的影响，都必须进行计算，根据计算结果，制定相应的技术措施。

10.6.6　楼面上铺设的压型钢板和楼板的模板，承载能力比较小，不得在上面堆放过重的施工机械等集中荷载。安装活荷载必须限制或经过计算，以防压坏钢梁和压型钢板，造成事故。

10.6.7　一节柱的各层梁安装完毕后，宜随即把楼梯安装上，并铺好楼面压型钢板。这样的施工顺序，既方便下一道工序，又保证施工安全。国内有些高层民用建筑钢结构的楼梯和压型钢板施工，与钢结构错开（6~10）层，施工人员上下要从塔式起重机上爬行，既不方便，也不安全。

10.6.8　楼板对建筑物的刚度和稳定性有重要影响，楼板还是抗扭的重要结构，因此，要求钢结构安装到第6层时，应将第一层楼板的钢筋混凝土浇完，使钢结构安装和楼板施工相距不超过6层。如果因某些原因超过6层或更多层数时，应由现场责任工程师会同设计和质量监督部门研究解决。

10.6.9　一个流水段一节柱子范围的构件要一次装齐并验收合格，再开始安装上面一节柱的构件，不要造成上下数节柱的构件都不装齐，结果东补一根构件，西补一根构件，既延长了安装工期，又不能保证工程质量，施工也很不安全。

10.6.10　钢板剪力墙在国内应用相对较少。在形式上又有纯钢板剪力墙和组合式钢板剪力墙，构造形式有加肋和不加肋之分，连接节点又分为高强度螺栓连接和焊接连接，差异性较大。共同特点是单元尺寸大，平面外刚度差，本条仅对钢板剪力墙施工提出原则性要求。

10.6.11　在混合结构中，由于内筒和外框自重差异较大，沉降变形不均匀，如果不采取措施，极易在伸臂桁架中产生较大的初始内应力。在结构施工完成后，这种不均匀变形基本趋于完成，此时再焊接伸臂桁架连接节点，能最大限度减小或消除桁架的初始应力。

10.6.12　转换桁架或腰桁架尺寸和重量都较大，现场一般采用原位散装法，安装工艺及要求同钢柱和钢梁。

10.7　安装的测量校正

10.7.1　钢结构安装中，楼层高度的控制可以按相对标高，也可以按设计标高，但在安装前要先决定用哪一种方法，可会同建设单位、设计单位、质量检查部门共同商定。

10.7.2　地上结构测量方法应结合工程特点和周边条件确定。可以采用内控法，也可以采用外控法，或者内控外控结合使用。

10.7.3　建筑高度较高时，控制点需要经过多次垂直投递时，为减小多次投递可能造成的累计偏差过大，采用GPS定位技术对投递后的控制点进行复核，可以保证控制点精度小于等于20mm。

10.7.4　柱子安装时，垂直偏差一定要校正到±0.000，先不留焊缝收缩量。在安装和校正柱与柱之间的主梁时，再把柱子撑开，留出接头焊接收缩量，这时柱子产生的内力，在焊接完成和焊缝收缩后也就消失。

10.7.5　高层民用建筑钢结构对温度很敏感，日照、季节温差、焊接等产生的温度变化，会使它的各种构件在安装过程中不断变动外形尺寸，安装中要采取能调整这种偏差的技术措施。

如果日照变化小的早中晚或阴天进行构件的校正工作，由于高层民用建筑钢结构平面尺寸较小，又要分流水段，每节柱的施工周期很短，这样做的结果就会因测量校正工作拖了安装进度。

另一种方法是不论在什么时候，都以当时经纬仪的垂直平面为垂直基准，进行柱子的测量校正工作。温度的变化会使柱子的垂直度发生变化，这些偏差在安装柱与柱之间的主梁时，用外力强制复位，使之回到要求的位置（焊接接头别忘了留焊缝收缩量），这时柱子内会产生（30~40）N/mm²的温度应力，试验证明，它比由于构件加工偏差进行强制校正时产生的内力要小得多。

10.7.6　仅对被安装的柱子本身进行测量校正是不够的，柱子一般有多层梁，一节柱有二层、三层，甚至四层梁，柱和柱之间的主梁截面大，刚度也大，在安装主梁时柱子会变动，产生超出规定的偏差。因此，在安装柱和柱之间的主梁时，还要对柱子进行跟踪校正；对有些主梁连系的隔跨甚至隔两跨的柱子，也要一起监测。这时，配备的测量人员也要适当增加，只有采取这样的措施，柱子的安装质量才有保证。

10.7.7　在楼面安装压型钢板前，梁面上必须先放出压型钢板的位置线，按照图纸规定的行距、列距顺序排放。要注意相邻二列压型钢板的槽口必须对齐，使组合楼板钢筋混凝土下层的主筋能顺利地放入压型钢板的槽内。

10.7.8　栓钉也要按图纸的规定，在钢梁上放出栓钉的位置线，使栓钉焊完后在钢梁上排列整齐。

11.7.9　各节柱的定位轴线，一定要从地面控制轴线引上来，并且要在下一节柱的全部构件安装、焊接、栓接并验收合格后进行引线工作；如果提前将线引上来，该层有的构件还在安装，结构还会变动，引上来的线也在变动，这样就保证不了柱子定位轴线的准确性。

10.7.10　结构安装的质量检查记录，必须是构件已安装完成，而且焊接、栓接等工作也已完成并验收合格后的最后一次检查记录，中间检查的各次记录不能作为安装的验收记录。如柱子的垂直度偏差检查记录，只能是在安装完毕，且柱间梁的安装、焊接、栓接也已完成后所作的测量记录。

10.8 安装的焊接工艺

10.8.1 高层民用建筑钢结构柱子和主梁的钢板，一般都比较厚，材质要求也较严，主要接头要求用焊缝连接，并达到与母材等强。这种焊接工作，工艺比较复杂，施工难度大，不是一般焊工能够很快达到所要求技术水平的。所以在开工前，必须针对工程具体要求，进行焊接工艺试验，以便一方面提高焊工的技术水平，一方面取得与实际焊接工艺一致的各项参数，制定符合高层民用建筑钢结构焊接施工的工艺规程，指导安装现场的焊接施工。

10.8.2～10.8.4 焊接作业环境不符合要求，会对焊接施工造成不利影响。应避免在工件潮湿或雨、雪天气下进行焊接操作，因为水分是氢的来源，而氢是产生焊接延迟裂纹的重要因素之一。另外，低温会造成钢材脆化，使得焊接过程的冷却速度加快，易于产生淬硬组织，影响焊接质量。

10.8.5 焊接用的焊条、焊丝、焊剂等焊接材料，在选用时应与母材强度等级相匹配，并考虑钢材的焊接性能等条件。钢材焊接性能可参考下列碳当量公式选用：C_{eq}（％）＝$C+Mn/6+Si/24+Ni/40+Cr/5+Mo/4+V/14<0.44\%$，引弧板的材质必须与母材一致，必要时可通过试验选用。

10.8.6 焊接工作开始前，焊口应清理干净，这一点往往为焊工所忽视。如果焊口清理不干净，垫板又不密贴，会严重影响焊接质量，造成返工。

10.8.7 定位点焊是焊接构件组拼时的重要工序，定位点焊不当会严重影响焊接质量。定位点焊的位置、长度、厚度应由计算确定，其焊接质量应与焊缝相同。定位点焊的焊工，应该是具有点焊技能考试合格的焊工，这一点往往被忽视。由装配工任意进行点焊是不对的。

10.8.8 框架柱截面一般较大，钢板又较厚，焊接时应由两个或多个焊工在柱子两个相对边的对称位置以大致相等的速度逆时针方向施焊，以免产生焊接变形。

10.8.9 柱子接头用引弧板进行焊接时，首先焊接的相对边焊缝不宜超过4层，焊毕应清理焊根，更换引弧板方向，在另两边连续焊8层，然后清理焊根和更换引弧板方向，在相垂直的另两边焊8层，如此循环进行，直到将焊缝全部焊完，参见图5。

10.8.10 柱子接头不加引弧板焊接时，两个焊工在对面焊接，一个焊工焊两面，也可以两个焊工以逆时针方向转圈焊接。前者要在第一层起弧点和第二层起弧点相距30mm～50mm开始焊接（图5）。每层焊道要认真清渣，焊到柱棱角处放慢焊条运行速度，使

柱棱成为方角。

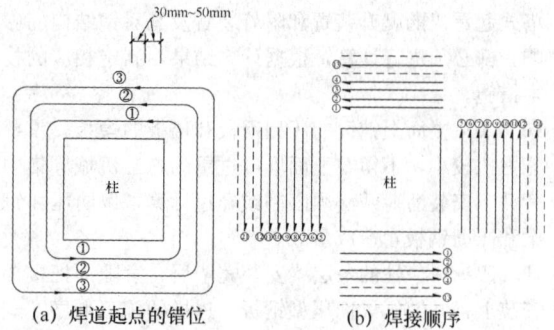

图 5 柱接头焊接顺序

（a）焊道起点的错位 （b）焊接顺序

10.8.11 梁与柱接头的焊缝在一条焊缝的两个端头加引弧板（另一侧为收弧板）。引弧板的长度不小于30mm，其坡口角应与焊缝坡口一致。焊接工作结束后，要等焊缝冷却再割去引弧板，并留5mm～10mm，以免损伤焊缝。

10.8.12 梁翼缘与柱的连接焊缝，一般宜先焊梁的下翼缘再焊上翼缘。由于在荷载下梁的下翼缘受压，上翼缘受拉，故认为先焊下翼缘最合理。一根梁两个端头的焊缝不宜同时焊接，宜先焊一端头，再焊另一端头。

10.8.13 柱与柱、梁与柱接头的焊接收缩值，可用试验的方法，或按公式计算，或参考经验公式确定，有条件时最好用试验的方法。制作单位应将焊接收缩值加到构件制作长度中去。

10.8.14 规定焊接时的风速是为了保证焊接质量。

10.8.15 焊接工作完成后，焊工应在距焊缝5mm～10mm的明显位置上打上焊工代号钢印，此规定在施工中必须严格执行。焊缝的外观检查和超声波探伤检查的各次记录，都应整理成书面形式，以便在发现问题时便于分析查找原因。

10.8.16 一条焊缝重焊如超过二次，母材和焊缝将不能保证原设计的要求，此时应更换母材。如果设计和检验部门同意进行局部处理，是允许的，但要保证处理质量。

10.8.17 母材由于焊接产生层状撕裂时，若缺陷严重，要更换母材；若缺陷仅发生在局部，经设计和质量检验部门同意，可以局部处理。

10.8.18 栓钉焊有直接焊在钢梁上和穿透压型钢板焊在钢梁上两种形式，施工前必须进行试焊，焊点处有铁锈、油污等脏物时，要用砂轮清除锈污，露出金属光泽。焊接时，焊点处不能有水和结露。压型钢板表面有锌层必须除去以免产生铁锌共晶体熔敷金属。栓钉焊的地线装置必须正确，防止产生偏弧。

10.9 高强度螺栓施工工艺

10.9.2 高强度螺栓长度按下式计算：

$$L = A + B + C + D \tag{10}$$

式中：L 为螺杆需要的长度；A 为接头各层钢板厚度总和；B 为垫圈厚度；C 为螺母厚度；D 为拧紧螺栓后丝扣露出（2～3）扣的长度。

统计出各种长度的高强度螺栓后，要进行归类合并，以 5mm 或 10mm 为级差，种类应越少越好。表 10.9.2 列出的数值，是根据上列公式计算的结果。

10.9.4 高强度螺栓节点上的螺栓孔位置、直径等超过规定偏差时，应重新制孔，将原孔用电焊填满磨平，再放线重新打孔。安装中遇到几层钢板的螺孔不能对正时，只允许用铰刀扩孔。扩孔直径不得超过原孔径 2mm。绝对禁止用气割扩高强度螺栓孔，若用气割扩高强度螺栓孔时应按重大质量事故处理。

10.9.5 高强度螺栓按扭矩系数使螺杆产生额定的拉力。如果螺栓不是自由穿入而是强行打入，或用螺母把螺栓强行拉入螺孔内，则钢板的孔壁与螺栓杆产生挤压力，将使扭矩转化的拉力很大一部分被抵消，使钢板压紧力达不到设计要求，结果达不到高强度螺栓接头的安装质量，这是必须注意的。

高强度螺栓在一个接头上的穿入方向要一致，目的是为了整齐美观和操作方便。

10.9.6 高层民用建筑钢结构中，柱与梁的典型连接，是梁的腹板用高强度螺栓连接，梁翼缘用焊接。这种接头的施工顺序是，先拧紧腹板上的螺栓，再焊接梁翼缘板的焊缝，或称"先栓后焊"。焊接热影响使高强度螺栓轴力损约 5%～15%（平均损失 10% 左右），这部分损失在螺栓连接设计中通常忽略不计。

10.9.8 高强度螺栓初拧和复拧的目的，是先把螺栓接头各层钢板压紧；终拧则使每个螺栓的轴力比较均匀。如果钢板不预先压紧，一个接头的螺栓全部拧完后，先拧的螺栓就会松动。因此，初拧和复拧完毕要检查钢板密贴的程度。一般初拧扭矩不能用得太小，最好用终拧扭矩的 89%。

10.9.9 高强度螺栓拧紧的次序，应从螺栓群中部向四周扩展逐个拧紧，无论是初拧、复拧还是终拧，都要遵守这一规则，目的是使高强度螺栓接头的各层钢板达到充分密贴，避免产生弹簧效应。

10.9.10 拧紧高强度螺栓用的定扭矩扳子，要定期进行定扭矩值的检查，每天上下午上班前要校核一次。高强度螺栓使用扭矩大，扳手在强大的扭矩下工作，原来调好的扭矩值很容易变动，所以检查定扭矩扳子的额定扭矩值，是十分必要的。

10.9.11 高强度螺栓从安装到终拧要经过几次拧紧，每遍都不能少，为了明确拧紧的次数，规定每拧一遍都要做上记号。用不同记号区别初拧、复拧、终拧，是防止漏拧的较好办法。

10.9.13 作为安装螺栓使用会损伤高强螺栓丝扣，影响终拧扭矩。

10.10 现 场 涂 装

10.10.1 钢结构都要用防火涂层，因此钢结构加工厂在构件制作时只作防锈处理，用防锈涂层刷两道，不涂刷面层。但构件的接头，不论是焊接还是螺栓连接，一般是不刷油漆和各种涂料的，所以钢结构安装完成后，要补刷这些部位的涂层。钢结构安装后补刷涂层的部位，包括焊缝周围、高强度螺栓及摩擦面外露部分，以及构件在运输安装时涂层被擦伤的部位。

10.10.2 灰尘、杂质、飞溅等会影响油漆与钢材的粘接强度，影响耐久性。涂装前必须彻底清除。

10.10.3 本条规定涂装时温度以 5℃～38℃ 为宜，该规定只适合室内无阳光直接照射的情况，一般来说钢材表面温度比气温高 2℃～3℃。如果在阳光直接照射下，钢材表面温度比气温高 8℃～12℃，涂装时漆膜耐热性只能在 40℃ 以下，当超过 43℃ 时，漆膜容易产生气泡而局部鼓起，降低附着力。低于 0℃ 时，漆膜容易冻结而不易固化。湿度超过 85% 时，钢材表面有露点凝结，漆膜附着力差。

10.10.4～10.10.6 钢结构安装补刷涂层工作，必须在整个安装流水段内的结构验收合格后进行，否则在刷涂层后再作别的项目工作，还会损伤涂层。涂料和涂刷工艺应和结构加工时所用相同。露天、冬季涂刷，还要制定相应的施工工艺。

10.11 安装的竣工验收

10.11.1～10.11.3 钢结构的竣工验收工作分为两步：第一步是每个流水区段一节柱子的全部构件安装、焊接、栓接等各单项工程，全部检查合格后，要进行隐蔽工程验收工作，这时要求这一段内的原始记录应该齐全。第二步是在各流水区段的各项工程全部检查合格后，进行竣工验收。竣工验收按照本节规定的各条，由各相关单位办理。

钢结构的整体偏差，包括整个建筑物的平面弯曲、垂直度、总高度允许偏差等，本规程不再做具体规定，按现行国家标准《钢结构工程施工质量验收规范》GB 50205 的规定执行。

11 抗 火 设 计

11.3 压型钢板组合楼板

11.3.1 压型钢板组合楼板是建筑钢结构中常用的楼板形式。压型钢板使用有两种方式：一是压型钢板只作为混凝土板的施工模板，在使用阶段不考虑压型钢板的受力作用（实际上不能算是组合楼板）；二是压型钢板除了作为施工模板外，还与混凝土板形成组合楼板共同受力。显然，当压型钢板只作为模板使用时，不需要进行防火保护。当压型钢板作为组合楼板的受力结构使用时，由于火灾高温对压型钢板的承载力会有较大影响，因此应进行耐火验算与抗火设计。

11.3.2 组合楼板中压型钢板、混凝土楼板之间的粘结，在楼板升温不高时即发生破坏，压型钢板在火灾下对楼板的承载力实际几乎不起作用。但忽略压型钢板的素混凝土板仍有一定的耐火能力。式（11.3.2-1）给出的耐火时间即为素混凝土板的耐火时间，此时楼板的挠度很小。

组合楼板在火灾下可产生很大的变形，"薄膜效应"是英国 Cardington 八层足尺钢结构火灾试验（1995 年～1997 年）的一个重要发现（图 6），这一现象也出现于 2001 年 5 月我国台湾省东方科学园大楼的火灾事故。楼板在大变形下产生的薄膜效应，使楼板在火灾下的承载力可比基于小挠度破坏准则的承载力高出许多。利用薄膜效应，发挥楼板的抗火性能潜能，有助于降低工程费用。

组合楼板在火灾下薄膜效应的大小与板块形状、板块的边界条件等有很大关系。如图 7a 所示支承于梁柱格栅上的钢筋混凝土楼板，在火灾下可能产生两种破坏模式：①梁的承载能力小于板的承载能力时，梁先于板发生破坏，梁内将首先形成塑性铰（图 7b），随着荷载的增加，屈服线将贯穿整个楼板；在这种破坏模式下，楼板不会产生薄膜效应；②梁的承载力大于楼板的承载力时，楼板首先屈服，梁内不产生塑性铰，此时楼板的极限承载力将取决于单个板块的性能，其屈服形式如图 7c 所示；如楼板周边上的垂直支承变形一直很小，楼板在变形较大的情况下就会产生薄膜效应。因此，楼板产生薄膜效应的一个重要条件是：火灾下楼板周边有垂直支承且支承的变形一直很小。

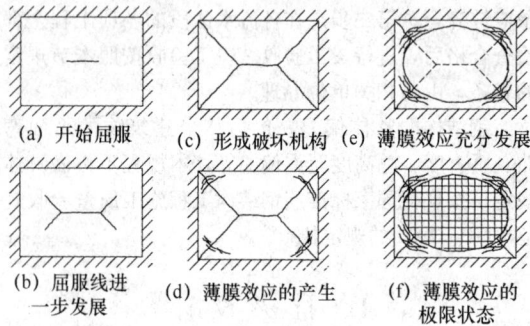

(a) 开始屈服　(c) 形成破坏机构　(e) 薄膜效应充分发展

(b) 屈服线进一步发展　(d) 薄膜效应的产生　(f) 薄膜效应的极限状态

图 6　均匀受荷楼板随着温度升高形成薄膜效应的过程

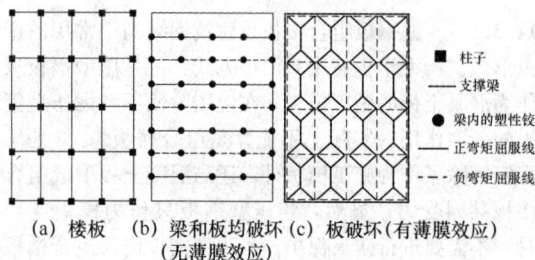

■ 柱子
— 支撑梁
● 梁内的塑性铰
— 正弯矩屈服线
--- 负弯矩屈服线

(a) 楼板　(b) 梁和板均破坏（无薄膜效应）　(c) 板破坏（有薄膜效应）

图 7　楼板弯曲破坏的形式

11.3.3　由于楼板的面积很大，对压型钢板进行防火

保护，工程量大、费用高、施工周期长。在有些情况下，将压型钢板设计为只作模板使用是更经济、可行的解决措施。

压型钢板进行防火保护时，常采用防火涂料。对于防火涂料保护的压型钢板组合楼板，目前尚没有简便的耐火验算方法，因此本条规定基于标准耐火试验结果确定防火保护。

附录 B　钢板剪力墙设计计算

B.1　一般规定

B.1.1　主要用于抗震的抗侧力构件不承担竖向荷载，在欧美日等国的抗震设计规范中是一个常见的要求，但是实际工程中具体的构造是很难做到这一点。因此在实践上对这个要求应进行灵活的理解：设置了钢板剪力墙开间的框架梁和柱，不能因为钢板剪力墙承担了竖向荷载而减小截面。这样，即使钢板剪力墙发生了屈曲，框架梁和柱也能够承担竖向荷载，从而限制钢板剪力墙屈曲变形的发展。

梁内加劲肋与剪力墙上加劲肋错开，可以减小或避免加劲肋承担竖向力，所以应采用这种构造和布置。

B.1.3　剪切膜单元刚度矩阵，参考《钢结构设计方法》（童根树，中国建筑工业出版社，2007 年 11 月）或有关有限元分析方面的专门书籍。

加劲肋采取不承担竖向荷载的构造，使得地震作用下，加劲肋可以起到类似防屈曲支撑的外套管那样的作用，有利于提高钢板剪力墙的抗震性能（延性和耗能能力）。

B.2　非加劲钢板剪力墙计算

B.2.1　本条提出的钢板剪力墙弹塑性屈曲的稳定系数，是早期 EC3（1994 年版本）分段公式的简化和修正，对比如图 8 所示。

按照不承担竖向荷载设计的钢板剪力墙，无需考

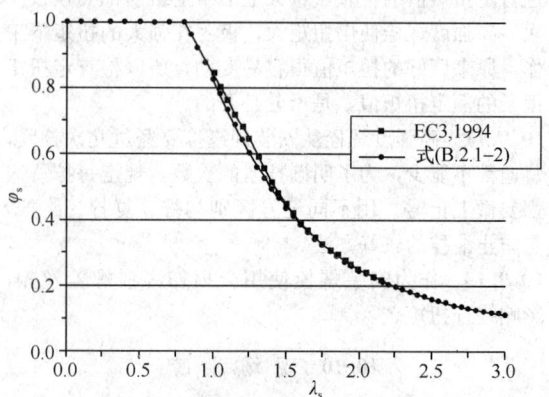

图 8　钢板剪力墙弹塑性屈曲的稳定系数对比

虑竖向荷载在钢板剪力墙内实际产生的应力，因为钢板剪力墙一旦变形，共同的作用使得钢梁能够马上分担竖向荷载，并传递到两边柱子，变形不会发展。

B.2.2 考虑屈曲后的抗剪强度计算公式，参照《冷弯薄壁型钢结构技术规范》GB 50018-2003 和 EC3 的简化公式，但是进行了连续化，由分段表示改为连续表示。对比如图 9 所示。

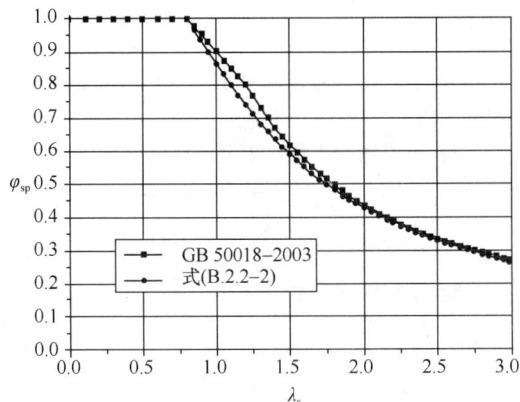

图 9 考虑屈曲后的抗剪强度对比

B.3 仅设置竖向加劲肋钢板剪力墙计算

B.3.1 竖向加劲肋中断是措施之一。

B.5 设置水平和竖向加劲肋的钢板剪力墙计算

B.5.2 经过分析表明，在设置了水平加劲肋的情况下，只要 $\gamma_x = \gamma_y \geqslant 22\eta$，就不会发生整体的屈曲，考虑一部分缺陷影响，这里放大 1.5 倍。竖向加劲肋，虽然不要求它承担竖向应力，但是无论采用何种构造，它都会承担荷载，其抗弯刚度就要折减，因此对竖向加劲肋的刚度要求增加 20%。

B.5.3 剪切应力作用下，竖向和水平加劲肋是不受力的，加劲肋的刚度完全被用来对钢板提供支撑，使其剪切屈曲应力得到提高，此时按照支撑的概念来对设置加劲肋以后的临界剪应力提出计算公式。有限元分析表明：如果按照 98 规程的规定，即式 (11) 来计算：

$$\tau_{cr} = 3.5 \frac{\pi^2}{h_s^2 t_s} D_x^{1/4} D_y^{3/4} \tag{11}$$

即使这个公式本身，按照正交异性板剪切失稳的理论分析来判断，已经非常的保守，但与有限元分析得到的剪切临界应力计算结果相比也是偏大的，属不安全的。因此在剪切临界应力的计算上，在加劲肋充分加劲的情况下，应放弃正交异性板的理论。

在竖向应力作用下，加劲钢板剪力墙的屈曲则完全不同，此时竖向加劲肋参与承受竖向荷载，并且还可能是钢板对加劲肋提供支援。

B.6 弹塑性分析模型

B.6.2 钢板剪力墙屈曲后的剪切刚度，从屈曲瞬时

的约 0.7G 逐渐下降，可以减小到 $(0.6 \sim 0.4)G$，这里取一个中间值。

B.6.4 非加劲的钢板剪力墙，不推荐应用在设防烈度较高（例如 7 度（0.15g）及以上）的地震区；滞回曲线形状随高厚比变化，标准作出规定将非常复杂。而对于设置加劲肋的钢板剪力墙，其设计思路已经发生变化，例如，此时屈曲后的退化就不是很严重，因此，作为近似可以采用理想弹塑性模型。但是考虑到实际工程的千变万化，设计人员仍要注意设置加劲肋以后的滞回曲线的形状与理想的双线性曲线之间的差别。

附录 C 无粘结内藏钢板支撑墙板的设计

C.2 构 造 要 求

C.2.1 公式（C.2.1-1）是在 $\alpha = 45°$、$L = 4.3$m 的单斜无粘结支撑墙板轴心受压的基础上得出的，故暂且建议实际工程应用中，α 应取 45°左右，且 $L \leqslant 4.3$m，方可用此公式确定墙板厚度。当 $L \geqslant 4.3$m，且 $\alpha < 40°$或 $\alpha > 50°$时，应通过试验和分析确定墙板的厚度。

应用公式（C.2.1-2）～式（C.2.1-4）时，不受支撑倾角和长度限制。但结合所作的试验研究，支撑屈服后承载力进一步增大是客观事实，且考虑间隙对整体压弯作用的增大，对相关文献的公式进行了修正。

表 7 中三个系数的取值，建议通过试验确定。对于 Q235 钢材，表中系数是结合所作试验与相关文献确定的，为偏于安全，三个系数取值偏大。如表 7 所示，它们各有一定的取值范围。建议在工程设计中，根据具体情况由试验确定。当由试验确定时，$\omega = +N_u/N_{yc}$，$+N_u$ 为实测的支撑在最大设计层间位移角时的轴向受拉承载力，N_{yc} 为支撑的实测屈服轴力，$N_{yc} = \eta A f_y$，当 f_y 采用实测值时 $\eta = 1.0$；$\beta = |-N_u| \div (+N)$，$-N_u$ 为实测的支撑在最大设计层间位移角时的轴向受压承载力。

表 7

钢材牌号	η	ω	β
Q235	1.15～1.25	1.2～1.5	1.1～1.2
其他牌号的钢材，这三个系数可通过试验或参考相关研究确定。			

利用公式（C.2.1-2）确定墙板厚度时，需要试算。即事先假定墙板厚度（因为公式右侧 N_E 的计算中需要先给 T_c 一个预设值），然后计算公式右侧，如果假定厚度满足该公式，则假定成立（如假定的墙板

厚度超出公式右侧计算值较多，可以减小假定厚度，重新验算）；如果假定厚度不满足该公式（表明假定厚度偏小），重新增大假定厚度，并验算，直至所假定的厚度满足该公式。式（C.2.1-3）、式（C.2.1-4）为构造要求。

C.2.2 为隔离支撑与墙板间的黏着力，避免钢板受压时横向变形胀裂墙板，需要在钢板与墙板孔壁间为敷设无粘结材料留置间隙。

C.3 强度和刚度计算

C.3.1 给出支撑设计承载力 V 与抗侧屈服承载力的比值范围，是为了使支撑在多遇地震作用下处于弹性，而在罕遇地震作用下能先于框架梁和柱子屈服而耗能。

C.3.4 对于单斜钢板支撑，因泊松效应和支撑受压后与墙板孔壁产生摩擦等因素，使相同侧移时，支撑的受压承载力高于受拉承载力。在多遇地震作用下，结构设计中需要考虑支撑拉压作用下受力差异对结构受力的不利作用时，可偏于安全取：$|-P_y|=1.1\times|+P_y|$。

C.3.5 这是为实现预估的罕遇地震作用下，钢支撑框架结构主要利用无粘结内藏钢板支撑墙板耗能和尽量保持框架梁和柱处于弹性的抗震设计目的。

C.3.6 抗震分析表明，罕遇地震作用下，因支撑大幅累积塑性变形，导致其对被撑梁竖向支点作用几乎消失。

附录 D 钢框架-内嵌竖缝混凝土剪力墙板

D.1 设计原则与几何尺寸

D.1.1 使用阶段竖缝剪力墙板会承受一定的竖向荷载，本条规定不应承受竖向荷载是指：

1 横梁应该按照承受全部的竖向荷载设计，不能因为竖缝剪力墙承受竖向荷载而减小梁的截面；

2 两侧的立柱要按照承受其从属面积内全部的竖向荷载设计，为在预估的罕遇地震作用下竖缝剪力墙板开裂、竖向承载能力下降而发生的"竖向荷载重新卸载给两侧的柱子"做好准备，以保证整体结构的"大震不到"；

3 为达成以上目的，竖缝剪力墙的内力分析模型应按不承担竖向荷载的剪切膜单元进行分析。

D.1.2 本条前三款与98规程一致，第4款是新增要求，其目的：一是增强梁柱节点竖向抗剪能力；二是增强框架梁上下翼缘与竖缝墙板之间的传力，避免竖缝板与钢梁连接面成为薄弱环节。

D.2 计算模型

D.2.1 混凝土实体墙和缝间墙的刚度计算采用现行

国家标准《混凝土结构设计规范》GB 50010 的有关规定，同时考虑混凝土的开裂因素，对弹性模量乘以0.7系数。竖缝墙刚度等效必须考虑如下变形分量：

1）单位侧向力作用下缝间墙的弯曲变形：

$$\Delta_{cs1}=\frac{h_1^{'3}}{8.4\sum_{i=1}^{n_l}E_c I_{csi}}=\frac{(1.25h_1)^3}{8.4\sum_{i=1}^{n_l}E_c I_{csi}}=\frac{2.79h_1^3}{\sum_{i=1}^{n_l}E_c l_{li0}^3} \tag{12}$$

系数 1.25 是参考了联肢剪力墙的连梁的有效跨度而引入的。

2）单位侧向力作用下缝间墙的剪切变形：

$$\Delta_{cs2}=\frac{1.71h_1}{\sum_{i=1}^{n_l}G_c l_{li0}t} \tag{13}$$

3）单位侧向力作用下上、下实体墙部分的剪切变形：

$$\Delta_c=\frac{1.71(h_0-h_1)}{G_c l_0 t} \tag{14}$$

4）单位侧向力作用下钢梁腹板剪切变形产生的层间侧移：

$$\Delta_b=\frac{h}{G_s l_n t_w} \tag{15}$$

竖缝剪力墙总体抗侧刚度由下式得出：

$$K=(\Delta_c+\Delta_{cs1}+\Delta_{cs2}+\Delta_b)^{-1} \tag{16}$$

按照这个等效的刚度，换算出等效剪切膜的厚度。

在有限元的实现上，等效剪切板作为一个单元，四个角点（图10）的位移记为 u_i、v_i（$i=1,2,3,4$），从这些位移中计算出剪切板的剪应变。整个剪力墙区块的变形包括剪切变形、弯曲变形和伸缩变形，变形示意图分别见图11，由于弯曲变形和伸缩变形中节点域两对角线的长度保持相等，两对角线长度差仅由剪切变形引起，因此可以通过两对角线变形后的长度差来计算等效剪切板的剪切角。记剪切变形为 γ，L_d 为变形前剪力墙对角线的长度，L_1' 和 L_2' 为变形后剪力墙两对角线的长度，h 和 l 分别为剪力墙的层高和跨度（梁形心到梁形心，柱形心到柱形心），变形后对角线的长度差为：

$$L_1'=\sqrt{(l+u_2-u_3)^2+(h+v_3-v_2)^2}$$
$$\approx L_d+\frac{l}{L_d}(u_2-u_3)+\frac{h}{L_d}(v_3-v_2)$$
$$L_2'=\sqrt{(l+u_4-u_1)^2+(h+v_4-v_1)^2}$$
$$\approx L_d+\frac{l}{L_d}(u_4-u_1)+\frac{h}{L_d}(v_4-v_1)$$
$$L_2'-L_1'=\frac{l}{L_d}(u_2-u_3-u_4+u_1)$$
$$+\frac{h}{L_d}(v_3-v_2-v_4+v_1)$$

而如果剪切板单纯发生剪切变形，则由：

$$L_2'-L_1'=\sqrt{(l+\gamma h)^2+h^2}-\sqrt{(l-\gamma h)^2+h^2}$$

$$= \sqrt{L_d^2 + 2\gamma lh} - \sqrt{L_d^2 - 2\gamma lh}$$

式中：$L_d = \sqrt{h^2 + l^2}$。略去高阶微量，得到剪切角为：

$$\gamma = \frac{(L_2' - L_1')L_d}{2lh}$$

$$= \frac{1}{2}\left(\frac{u_2 - u_3 - u_4 + u_1}{h} + \frac{\nu_3 - \nu_2 - \nu_4 + \nu_1}{l}\right)$$

(17)

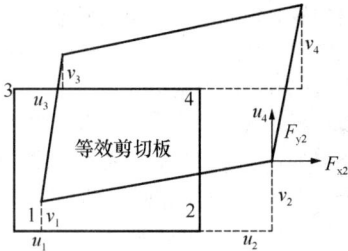

图 10 剪切膜四角点的位移

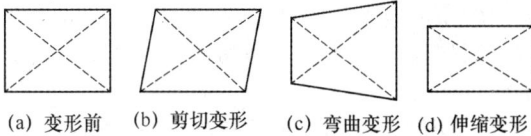

(a) 变形前 (b) 剪切变形 (c) 弯曲变形 (d) 伸缩变形

图 11 竖缝剪力墙的变形分解

节点力和剪切膜内的剪力的关系是：

$$V_x = F_{x3} + F_{x4} = -(F_{x1} + F_{x2}) = G_s t_{eq} l\gamma$$

$$= \frac{1}{2}G_s t_{eq}\left(\frac{l}{h}(u_1 + u_2 - u_3 - u_4)\right.$$

$$\left. + \nu_1 + \nu_3 - \nu_2 - \nu_4\right)$$

$$V_y = F_{y2} + F_{y4} = -(F_{y1} + F_{y3}) = Gth\gamma$$

$$= \frac{1}{2}G_s t_{eq}\left(u_1 + u_2 - u_3 - u_4\right.$$

$$\left. + \frac{h}{l}(\nu_1 + \nu_3 - \nu_2 - \nu_4)\right)$$

$F_{x1} = F_{x2}$，$F_{x3} = F_{x4}$，$F_{y2} = F_{y4}$，$F_{y1} = F_{y3}$，则得到剪切膜的刚度矩阵是：

$$
\begin{Bmatrix} F_{x1} \\ F_{y1} \\ F_{x2} \\ F_{y2} \\ F_{x3} \\ F_{y3} \\ F_{x4} \\ F_{y4} \end{Bmatrix} = \frac{1}{4}Gth \begin{bmatrix} l/h & 1 & l/h & -1 & -l/h & 1 & -l/h & -1 \\ 1 & h/l & 1 & -h/l & -1 & h/l & -1 & -h/l \\ l/h & 1 & l/h & -1 & -l/h & 1 & -l/h & -1 \\ -1 & -h/l & -1 & h/l & 1 & -h/l & 1 & h/l \\ -l/h & -1 & -l/h & 1 & l/h & -1 & l/h & 1 \\ 1 & h/l & 1 & -h/l & -1 & h/l & -1 & -h/l \\ -l/h & -1 & -l/h & 1 & l/h & -1 & l/h & 1 \\ -1 & -h/l & -1 & h/l & 1 & -h/l & 1 & h/l \end{bmatrix} \begin{Bmatrix} u_1 \\ \nu_1 \\ u_2 \\ \nu_2 \\ u_3 \\ \nu_3 \\ u_4 \\ \nu_4 \end{Bmatrix}
$$

(18)

剪切膜的单元刚度矩阵必须与其他单元一起使用。

D. 2. 2 内嵌竖缝墙的钢框架梁的梁端小段长度范围内存在很大的剪力，剪切膜模型无法掌握，必须按照

式（D.2.2）计算，确保梁端的抗剪强度得到满足。

D. 3 墙板承载力计算

D. 3. 2 若超出此范围过多，则应重新调整缝间墙肢数 n_l、缝间墙尺寸 l_1、h_1 以及 a_1（受力纵筋合力点至缝间墙边缘的距离）、f_c 和 f_y 的值，使 ρ_1 尽可能控制在上述范围内。

D. 3. 5 这是为了确保竖缝墙墙肢发生延性较好的压弯破坏。

D. 5 强度和稳定性验算

D. 5. 1 角部加强板起三个非常重要的作用：

1 为竖缝墙的安装提供快速固定，使墙板准确就位；

2 帮助框架梁抵抗式（D.2.2）的梁端剪力；

3 加强梁下翼缘与竖缝墙连接面的水平抗剪强度，避免出现抗剪薄弱坏节。

D. 6 构 造 要 求

D. 6. 1 这是为了让竖缝墙尽量少地承受竖向荷载。形成竖缝的填充材料可采用石棉板等。

附录 E 屈曲约束支撑的设计

E. 1 一 般 规 定

E. 1. 1 由于屈曲约束支撑在偏心受力状态下，可能在过渡段预留的空隙处发生弯曲，导致整个支撑破坏，所以屈曲约束支撑应用于结构中宜设计成轴心受力构件，并且要保证在施工过程中不产生过大的误差导致屈曲约束支撑成为偏心受力构件。

耗能型屈曲约束支撑在风荷载或多遇地震作用产生的内力必须小于屈曲约束支撑的屈服强度，而在设防地震与罕遇地震作用下，屈曲约束支撑作为结构中附加的主要耗能装置，应具有稳定的耗能能力，减小主体结构的破坏。

根据"强节点弱杆件"的抗震设计原则，在罕遇地震作用下核心单元发生应变强化后，屈曲约束支撑的连接部分仍不应发生损坏。

E. 1. 2 在屈曲约束支撑框架中，支撑与梁柱节点宜设计为刚性连接，便于梁柱节点部位的支撑节点的构造设计。尽管刚性连接可能会导致一定的次弯矩，但其影响可忽略不计。尽管铰接连接从受力分析是最合理的，但由于对连接精度的控制不易实现，故较少在工程中采用。

采用 K 形支撑布置方式，在罕遇地震作用下，屈曲约束支撑会使柱承受较大的水平力，故不宜采用。而由于屈曲约束支撑的构造特点，X 形布置也难

以实现。

屈曲约束支撑的总体布置原则与中心支撑的布置原则类似。屈曲约束支撑可根据需要沿结构的两个主轴方向分别设置或仅在一个主轴方向布置，但应使结构在两个主轴方向的动力特性相近。屈曲约束支撑在结构中布置时通常是各层均布置为最优，也可以仅在薄弱层布置，但后者由于增大了个别层的层间刚度，需要考虑相邻层层间位移放大的现象。屈曲约束支撑的数量、规格和分布应通过技术性和经济性的综合分析合理确定，且布置方案应有利于提高整体结构的消能能力，形成均匀合理的受力体系，减少不规则性。

E.2 屈曲约束支撑构件

E.2.1 屈曲约束支撑的常用截面如图 12 所示。

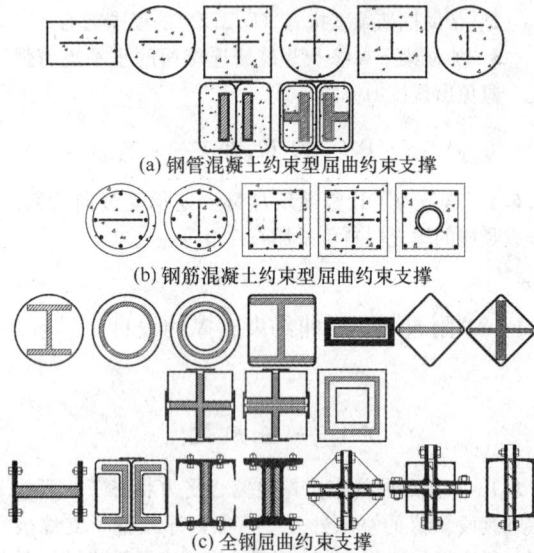

(a) 钢管混凝土约束型屈曲约束支撑

(b) 钢筋混凝土约束型屈曲约束支撑

(c) 全钢屈曲约束支撑

图 12 屈曲约束支撑常用截面形式

屈曲约束支撑一般由三个部分组成：核心单元、无粘结构造层与约束单元。

核心单元是屈曲约束支撑中主要的受力元件，由特定强度的钢材制成，一般采用延性较好的低屈服点钢材或 Q235 钢，且应具有稳定的屈服强度值。常见的截面形式为十字形、T 形、双 T 形、一字形或管形，适用于不同的承载力要求和耗能需求。

无粘结构造层是屈曲约束机制形成的关键。无粘结材料可选用橡胶、聚乙烯、硅胶、乳胶等，将其附着于核心单元表面，目的在于减少或消除核心单元与约束单元之间的摩擦剪力，保证外围约束单元不承担或极少承担轴向力。核心单元与约束单元之间还应留足间隙，以防止核心单元受压膨胀后与约束单元发生接触，进而在二者之间产生摩擦力。该间隙值也不能过大，否则核心屈服段的局部屈曲变形会较大，从而对支撑承载力与耗能能力产生不利影响。

约束单元是为核心单元提供约束机制的构件，主要形式有钢管混凝土、钢筋混凝土或全钢构件（如钢管、槽钢、角钢等）组成。约束单元不承受任何轴力。

其中核心单元也由三个部分组成：工作段、过渡段、连接段。

工作段也称为约束屈服段，该部分是支撑在反复荷载下发生屈服的部分，是耗能机制形成的关键。

过渡段是约束屈服段的延伸部分，是屈服段与非屈服段之间的过渡部分。为确保连接段处于弹性阶段，需要增加核心单元的截面积。可通过增加构件的截面宽度或者焊接加劲肋的方式来实现，但截面的转换应尽量平缓以避免应力集中。

连接段是屈曲约束支撑与主体结构连接的部分。为便于现场安装，连接段与结构之间通常采用螺栓连接，也可采用焊接。连接段的设计应考虑安装公差，此外还应采取措施防止局部屈曲。

E.2.2 设计承载力是屈曲约束支撑的弹性承载力，用于静力荷载、风荷载与多遇地震作用工况下的弹性设计验算，一般情况下先估计一个支撑吨位、确定核心单元材料，然后确定支撑构件核心单元的截面面积。

E.2.3 屈曲约束支撑的轴向承载力由工作段控制，因此应根据该段的截面面积来计算轴向受拉和受压屈服承载力 N_{ysc}。

由于钢材依据屈服强度的最低值——强度标准值供货，所以钢材的实际屈服强度可能明显高于理论屈服强度标准值。为了确保结构中屈曲约束支撑首先屈服，设计中宜采用实际屈服强度来验算。由于实际屈服强度有一定的离散性，为方便设计，本条给出了三种钢材的超强系数中间值。

屈曲约束支撑的性能可靠性完全依赖于支撑构造的合理性，而且其对设计和制作缺陷十分敏感，难以通过一般性的设计要求来保证。因此，不能将屈曲约束支撑当作一般的钢结构构件来设计制作，必须由专业厂家作为产品来供货，其性能须经过严格的试验验证，其制作应有完善的质量保证体系，并且在实际工程应用时按照本规程第 E.2.3 条的规定进行抽样检验。

由于屈曲约束支撑按照其屈服承载力 N_{ysc} 来供货，因此式（E.2.3）中的工作段截面面积 A_1 为名义值，为避免因材料的实际屈服强度过大而造成工作段的实际截面面积过小，本条规定超强系数材性试验实测值不应大于表 E.2.3 中数值的 15%。

E.2.4 极限承载力用于屈曲约束支撑的节点及连接设计。钢材经过多次拉压屈服以后会发生应变强化，应力会超过屈服强度，应变强化调整系数 ω 是钢材应力因应变强化可能达到的最大值与实际屈服强度的比值。

E.2.5 由于约束单元的作用，屈曲约束支撑的受压承载力大于受拉承载力，在应变强化系数中将这一因素一并考虑。屈曲约束支撑的连接段应按支撑的预期最大承载力来设计。式（E.2.5）中的系数1.2是安全系数。

E.2.6 Mochizuki等的研究认为，屈曲约束支撑的失稳承载力为核心钢支撑与约束单元失稳承载力的线性组合，如式（19）所示：

$$N_{cm} = \frac{\pi^2}{L_t^2}(E_1 I_1 + K E_r I_r) \tag{19}$$

式中：N_{cm}为修正后的屈曲约束支撑失稳承载力；K为约束单元抗弯刚度的折减系数，$0 \leqslant K \leqslant 1$，反映随着混凝土开裂和裂缝发展，约束单元抗弯刚度的降低。当支撑芯材屈服后，取屈服后弹性模量为αE_1，α为支撑芯材屈服后刚度比，通常取2%～5%。由N_{cm}大于核心钢支撑的屈服承载力N_{ysc}的条件，得到：

$$N_{cm} = \frac{\pi^2}{L_t^2}(\alpha E_1 I_1 + K E_r I_r) \geqslant N_{ysc} \tag{20}$$

约束单元为钢管混凝土时，Black等认为$K=1$。用钢筋混凝土作为约束单元时，考虑纵向弯曲对钢筋混凝土抗弯刚度的降低影响，系数K可由式（21）确定：

$$K = \frac{B_s}{E_r I_r} \tag{21}$$

式中：B_s为钢筋混凝土截面的短期刚度，$B_s = (0.22 + 3.75 \alpha_E \rho_s) E_c I_c$，$\alpha_E$为钢筋与混凝土模量比，$\alpha_E = E_s/E_c$，$\rho_s$为单边纵向钢筋配筋率，$\rho_s = A_s/(bh_0)$，$A_s$为受拉纵向钢筋面积；$h_0$为截面有效高度。

由于约束单元对核心单元的约束作用和钢材的强化，屈曲约束支撑的极限受压承载力N_{ymax}往往大于N_{ysc}。因此，为避免屈曲约束支撑在达到N_{ymax}前产生整体失稳，建议将式（20）修改为：

$$N_{cm} = \frac{\pi^2}{L_t^2}(\alpha E_1 I_1 + K E_r I_r) \geqslant N_{ymax} = \beta \omega N_{ysc} \tag{22}$$

式中：β为受压承载力调整系数，由受压极限承载力N_{cmax}和受拉极限承载力N_{tmax}之比$\beta = N_{cmax}/N_{tmax}$确定，FEMA450规定$\beta \leqslant 1.3$；$\omega$为钢材应变强化调整系数，根据Iwata M和Tremblay R的试验结果，支撑应变为1.5%～4.8%时，$\omega=1.2\sim1.5$。偏于安全取$\beta=1.3$，$\omega=1.5$，则有$\beta\omega=1.95$，因此有：

$$\frac{\pi^2(\alpha E_1 I_1 + K E_r I_r)}{L_t^2} \geqslant 1.95 N_{ysc} \tag{23}$$

当采用钢管混凝土作为支撑约束单元时，取$K=1$，则式（23）与Kmiura建议的约束钢管混凝土Euler稳定承载力应大于1.9倍核心单元屈服承载力的要求接近。

对于全钢型屈曲约束支撑，其约束单元只有全钢构件，其受力途径比较明确，故计算可以简化，E_r、I_r直接取为外约束全钢构件全截面的弹性模量和截面惯性矩。

E.2.7 依据上海中巍钢结构设计有限公司委托清华大学所做的研究成果，屈曲约束支撑的抗弯计算要求应与其整体稳定计算相同，即应采用极限荷载N_{cmax}作为抗弯设计的控制荷载，并应考虑约束混凝土部分开裂的刚度折减。

如图13所示，设屈曲约束支撑的初始缺陷为正弦函数，则在屈曲约束支撑的极限荷载N_{cmax}作用下的平衡方程为

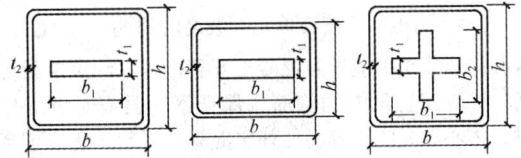

(a) 截面形式

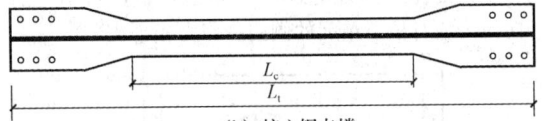

(b) 核心钢支撑

图13 屈曲约束支撑截面形式和核心单元

$$K E_r I_r \frac{d^2 \nu}{dx^2} + (\nu + \nu_0)P_u = 0 \tag{24}$$

$$\nu_0 = a \sin \frac{\pi x}{L_t} \tag{25}$$

式中：ν_0为初始挠度，ν为轴向荷载产生的挠度；a为跨中初始变形，取值建议$L_t/500$（《钢结构设计规范》GB 50017-2003）和$(B1, B2)_{max}/30$（《混凝土结构设计规范》GB 50010-2010）两者中较大值。由式（23）、式（24）可解得屈曲约束支撑跨中弯曲变形为：

$$\nu + \nu_0 = \frac{a}{1 - \dfrac{N_{cmax}}{N_{cm}}} \sin \frac{\pi x}{L_t} \tag{26}$$

则在极限荷载N_{cmax}作用下约束单元的跨中最大弯矩为：

$$M_{rmax} = N_{cmax}(\nu + \nu_0)_{max} = \frac{N_{cmax} N_{cm} a}{N_{cm} - N_{cmax}} \tag{27}$$

按M_{rmax}进行约束单元的抗弯设计即可。

E.2.8 核心单元在轴压力作用下会对约束单元产生侧向膨胀作用，侧向膨胀作用的大小与无粘结层厚度有关。通常无粘结材料的弹性模量远小于钢和混凝土材料，当无粘结层较厚时，约束单元对核心单元的约束作用较弱。随着轴向压力增大，核心单元板件最终形成如图14所示的多波高阶屈曲模态。此时当采用钢管混凝土作为约束单元时，可直接按抗弯要求确定钢管壁厚；采用钢筋混凝土作为约束单元时，箍筋可按现行国家标准《混凝土结构设计规范》GB 50010中的构造要求配置即可。

当无粘结构造层较薄时，核心单元在轴压力作用下的侧向膨胀会对约束单元产生挤压作用（图15）。

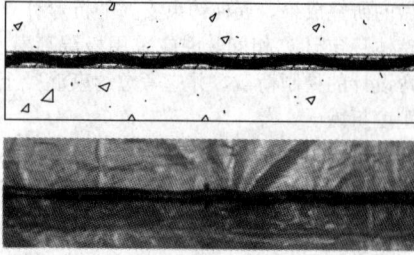

图 14 核心单元多波高阶屈曲

这种挤压作用可能导致混凝土开裂，所以约束单元应通过计算配置足够的箍筋或保证钢管具有足够的壁厚。核心单元膨胀容易使外包混凝土开裂，所以不考虑混凝土的抗拉强度，可将核心单元截面横向膨胀对约束单元的作用力简化如图 16 所示，箍筋或钢管的环向拉力应与核心单元的侧向膨胀力相平衡。

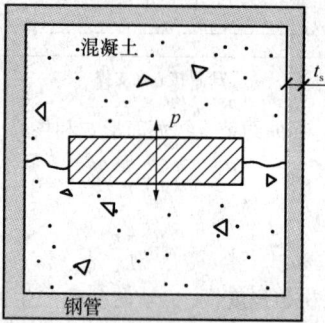

图 15 核心单元的挤压膨胀

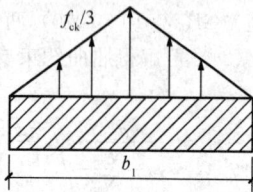

图 16 核心单元对约束
单元膨胀力示意图

按此受力模型，采用有限元方法对不同钢板厚度和混凝土强度时界面上的压应力进行分析。根据分析结果，当钢板与混凝土界面为完全无粘结时，中部截面核心单元膨胀对混凝土产生的界面压应力分布近似如图 16 所示。当约束单元为钢管时，可得支撑中部钢管的壁厚 t_s 应满足下式：

$$t_s \geqslant \frac{f_{ck}b_1}{12f_y} \qquad (28)$$

式中：f_{ck} 为混凝土轴心抗压强度标准值；f_y 为钢管的屈服强度。

当采用钢筋混凝土时，可得到支撑中部箍筋的体积配箍率 ρ_{sv} 为：

$$\rho_{sv} \geqslant \frac{(b+h-4a_s)f_{ck}b_1}{6bhf_{yv}} \qquad (29)$$

式中：b、h 为截面边长；a_s 为混凝土保护层厚度；

f_{yv} 为箍筋屈服强度。

由于核心单元与混凝土界面存在摩擦，特别是在屈曲约束支撑端部，膨胀比中部大，因此支撑端部应采取一定的加强措施。根据试验结果和有限元分析结果，屈曲约束支撑端部的钢管壁厚或者配箍率可取式（28）和式（29）计算值的两倍，且端部加强区长度可取为构件长边边长的 1.5 倍。

E.2.9 屈曲约束支撑的核心单元截面可选用一字形、十字形、H 形或环形。Mase S，Yabe Y 等人的试验研究表明，当核心单元截面采用一字形时，其宽厚比对屈曲约束支撑的低周疲劳性能有一定影响，截面积相同，宽厚比越小，极限承载力越高，力学行为越稳定。另外，对钢材的性能应有一定的要求，钢材的屈强比不应大于 0.8，且在 3% 应变下无弱化，有较好的低周疲劳性能，当作为金属屈服型阻尼器设计时，可选择低屈服点特种钢材，但核心单元内部不能存在对接焊缝，因为焊接残余应力会影响核心单元的性能。

通常使用的无粘结材料有：环氧树脂、沥青油漆、乙烯基层＋泡沫、橡胶层、硅树脂橡胶层等，厚度为 0.15mm～3.5mm。Wakabayashi 等研究了各种无粘结材料对屈曲约束支撑性能的影响，建议采用"硅树脂＋环氧树脂"做无粘结材料。其他研究者也建议了多种无粘结构造，如 0.15mm～0.2mm 聚乙烯薄膜、1.5mm 丁基橡胶、2mm 硅树脂橡胶层等。

在外包混凝土约束段端部与支撑加强段端部斜面之间预留间隙，主要是为了避免在支撑受压时端部斜面楔入外包混凝土中，所以预留的间隙值应考虑罕遇地震下核心单元的最大压缩变形。

E.3 屈曲约束支撑框架结构

E.3.2 通过国内外已有的对支撑结构的分析表明，在地震作用时，地震水平力集中在支撑上，作为力传递路径的楼板也将产生平面内的剪力。单独的组合大梁有可能发生楼板剪切破坏的情况，此时水平面内作用有剪力，当大梁中间部分设置有"人"形支撑时，支撑所产生的剪力与上述水平剪力合成使楼板剪力变得非常大而导致其发生平面内的剪切破坏。由此可见，屈曲约束支撑设计时必须慎重考虑结构内力的传递路径。

E.3.3 屈曲约束支撑与结构之间可以采用螺栓连接或焊接连接。采用螺栓连接可方便替换，建议采用高强度螺栓摩擦型连接，主要是为了保证地震作用下螺栓与连接板件间不发生相对滑移，减少螺栓滑移对支撑非弹性变形的影响。对于极限承载力较大的屈曲约束支撑，如节点采用螺栓连接，所需的螺栓数量比较多，使得节点所需连接段较长，此时也可采用焊接连接。

为了保证屈曲约束支撑具有足够的耗能能力，支撑的连接节点不应先于核心单元破坏。故屈曲约束支撑与梁柱的连接节点应有足够的强度储备。在设计支撑连接节点时，最大作用力按照支撑极限承载力的1.2倍考虑。

屈曲约束支撑与梁、柱构件的连接节点板应保证在最大作用力下不发生强度破坏和稳定破坏。节点板在支撑压力作用下的稳定性可按现行国家标准《钢结构设计规范》GB 50017中节点板强度与稳定性计算的相关规定计算。

E.4 试验及验收

E.4.1～E.4.5 本节主要参照美国FEMA450、ANSI/AISC341-05的相关规定以及国内的相关试验研究结果制定，其中加载幅值结合现行国家标准《建筑抗震设计规范》GB 50011制定。

对支撑进行单轴试验的目的在于，为屈曲约束支撑满足强度和非弹性变形的要求提供证明，为检验支撑的工作性状，特别是在拉压反复荷载作用下的滞回性能，以及连接节点的设计计算提供依据。

支撑单轴试验中，试件中核心单元的形状和定位都应与原型支撑相同；试验的连接构造应尽可能接近实际的原型连接构造；试验构件中屈曲约束单元的材料应与原型支撑相同。

试验还应满足以下要求：

1）荷载-位移历程图应表现出稳定的滞回特性，且不出现刚度退化现象。

2）试验中不应出现开裂、支撑失稳或支撑端部连接失效的现象。

3）对于支撑试验，在变形大于第一个屈服点的轴向变形值时，每一加载周期的最大拉力和最大压力都不应小于核心单元的屈服强度。

4）对于支撑试验，在变形大于第一个屈服点的轴向变形值时，每一加载周期的最大压力和最大拉力的比值不应大于1.3。

附录F 高强度螺栓连接计算

F.1 一般规定

F.1.4 板件受拉和受剪破坏时的强度不同，为了简化计算，式（F.1.4-4）将受剪破坏的计算截面近似取为与孔边相切的截面长度的一半，对受拉和受剪时的破断强度取相同值f_u，该式参考日本规定的计算方法。

中华人民共和国行业标准

空间网格结构技术规程

Technical specification for space frame structures

JGJ 7—2010

批准部门：中华人民共和国住房和城乡建设部
实施日期：2 0 1 1 年 3 月 1 日

中华人民共和国住房和城乡建设部
公　告

第 700 号

关于发布行业标准
《空间网格结构技术规程》的公告

现批准《空间网格结构技术规程》为行业标准，编号为 JGJ 7－2010，自 2011 年 3 月 1 日起实施。其中，第 3.1.8、3.4.5、4.3.1、4.4.1、4.4.2 条为强制性条文，必须严格执行。原行业标准《网架结构设计与施工规程》JGJ 7－91 和《网壳结构技术规程》JGJ 61－2003 同时废止。

本规程由我部标准定额研究所组织中国建筑工业出版社出版发行。

中华人民共和国住房和城乡建设部
2010 年 7 月 20 日

前　　言

根据原建设部《关于印发〈二 OO 四年度工程建设城建、建工行业标准制订、修订计划〉的通知》（建标〔2004〕66 号）的要求，规程编制组经广泛调查研究，认真总结实践经验，参考有关国际标准和国外先进标准，并在广泛征求意见的基础上，修订了本规程。

本规程的主要技术内容是：总则、术语和符号、基本规定、结构计算、杆件和节点的设计与构造、制作、安装与交验等，包括了空间网格结构的定义、网格形式、计算模型、稳定与抗震分析、杆件和各类节点的设计与构造要求、制作、安装与交验。

本规程修订的主要技术内容是：将《网架结构设计与施工规程》JGJ 7－91 和《网壳结构技术规程》JGJ 61－2003 的内容合并。在计算方面，对《网壳结构技术规程》JGJ 61－2003 的稳定分析极限承载力与容许承载力之比系数 K 作出了调整，并对采用大直径空心球时焊接空心球受拉与受压承载力设计值计算公式作适当调整，改进了压弯或拉弯的承载力计算公式。结构体系方面，新增了立体管桁架、立体拱架与张弦立体拱架。在杆件与节点方面，新增了对杆件设计时的低应力小规格拉杆、受力方向相邻弦杆截面刚度变化等构造方面的要求。新增铸钢节点、销轴式节点与预应力拉索节点。对组合网架补充了螺栓环节点与焊接球缺节点。增加了聚四氟乙烯可滑动支座节点。在制作、安装施工方面，新增了折叠展开式整体提升法，新增了高空散装法对拼装支架搭设的具体要求。

本规程中以黑体字标志的条文为强制性条文，必须严格执行。

本规程由住房和城乡建设部负责管理和对强制性条文的解释，由中国建筑科学研究院负责具体技术内容的解释。执行过程中如有意见或建议，请寄送中国建筑科学研究院（地址：北京市北三环东路 30 号中国建筑科学研究院建筑结构研究所，邮编：100013）。

本 规 程 主 编 单 位：中国建筑科学研究院
本 规 程 参 编 单 位：浙江大学
　　　　　　　　　　　东南大学
　　　　　　　　　　　哈尔滨工业大学
　　　　　　　　　　　北京工业大学
　　　　　　　　　　　同济大学
　　　　　　　　　　　中国建筑标准设计研究院
　　　　　　　　　　　上海建筑设计研究院有限公司
　　　　　　　　　　　煤炭工业太原设计研究院
　　　　　　　　　　　天津大学
　　　　　　　　　　　浙江东南网架股份有限公司
　　　　　　　　　　　徐州飞虹网架（集团）有限公司

本规程主要起草人员：赵基达　蓝　天　董石麟
　　　　　　　　　　　严　慧　肖　炽　沈世钊
　　　　　　　　　　　曹　资　赵　阳　刘锡良
　　　　　　　　　　　张运田　姚念亮　钱若军
　　　　　　　　　　　范　峰　刘善维　张毅刚
　　　　　　　　　　　王平山　周观根　韩庆华
　　　　　　　　　　　钱基宏　宋　涛　崔靖华

本规程主要审查人员：沈祖炎　尹德钰　范　重
　　　　　　　　　　　耿笑冰　甘　明　朱　丹
　　　　　　　　　　　吴耀华　杨庆山　马宝民
　　　　　　　　　　　周　岱　张　伟

目　　次

Contents

1 总　　则

1.0.1 为了在空间网格结构的设计与施工中贯彻执行国家的技术经济政策，做到技术先进、安全适用、经济合理、确保质量，制定本规程。

1.0.2 本规程适用于主要以钢杆件组成的空间网格结构，包括网架、单层或双层网壳及立体桁架等结构的设计与施工。

1.0.3 设计空间网格结构时，应从工程实际情况出发，合理选用结构方案、网格布置与构造措施，并应综合考虑材料供应、加工制作与现场施工安装方法，以取得良好的技术经济效果。

1.0.4 单层网壳结构不应设置悬挂吊车。网架和双层网壳结构直接承受工作级别为 A3 及以上的悬挂吊车荷载，当应力变化的循环次数大于或等于 $5×10^4$ 次时，应进行疲劳计算，其容许应力幅及构造应经过专门的试验确定。

1.0.5 进行空间网格结构设计与施工时，除应符合本规程外，尚应符合国家现行有关标准的规定。

2 术语和符号

2.1 术　　语

2.1.1 空间网格结构　space frame, space latticed structure
按一定规律布置的杆件、构件通过节点连接而构成的空间结构，包括网架、曲面型网壳以及立体桁架等。

2.1.2 网架　space truss, space grid
按一定规律布置的杆件通过节点连接而形成的平板型或微曲面型空间杆系结构，主要承受整体弯曲内力。

2.1.3 交叉桁架体系　intersecting lattice truss system
以二向或三向交叉桁架构成的体系。

2.1.4 四角锥体系　square pyramid system
以四角锥为基本单元构成的体系。

2.1.5 三角锥体系　triangular pyramid system
以三角锥为基本单元构成的体系。

2.1.6 组合网架　composite space truss
由作为上弦构件的钢筋混凝土板与钢腹杆及下弦杆构成的平板型网架结构。

2.1.7 网壳　latticed shell, reticulated shell
按一定规律布置的杆件通过节点连接而形成的曲面状空间杆系或梁系结构，主要承受整体薄膜内力。

2.1.8 球面网壳　spherical latticed shell, braced dome
外形为球面的单层或双层网壳结构。

2.1.9 圆柱面网壳　cylindrical latticed shell, braced vault
外形为圆柱面的单层或双层网壳结构。

2.1.10 双曲抛物面网壳　hyperbolic paraboloid latticed shell
外形为双曲抛物面的单层或双层网壳结构。

2.1.11 椭圆抛物面网壳　elliptic paraboloid latticed shell
外形为椭圆抛物面的单层或双层网壳结构。

2.1.12 联方网格　lamella grid
由二向斜交杆件构成的菱形网格单元。

2.1.13 肋环型　ribbed type
球面上由径向与环向杆件构成的梯形网格单元。

2.1.14 肋环斜杆型　ribbed type with diagonal bars (Schwedler dome)
球面上由径向、环向与斜杆构成的三角形网格单元。

2.1.15 三向网格　three-way grid
由三向杆件构成的类等边三角形网格单元。

2.1.16 扇形三向网格　fan shape three-way grid (Kiewitt dome)
球面上径向分为 n（$n=6$，8）个扇形曲面，在扇形曲面内由平行杆件构成联方网格，与环向杆件共同形成三角形网格单元。

2.1.17 葵花形三向网格　sunflower shape three-way grid
球面上由放射状二向斜交杆件构成联方网格，与环向杆件共同形成三角形网格单元。

2.1.18 短程线型　geodesic type
以球内接正 20 面体相应的等边球面三角形为基础，再作网格划分的三向网格单元。

2.1.19 组合网壳　composite latticed shell
由作为上弦构件的钢筋混凝土板与钢腹杆及下弦杆构成的网壳结构。

2.1.20 立体桁架　spatial truss
由上弦、腹杆与下弦杆构成的横截面为三角形或四边形的格构式桁架。

2.1.21 焊接空心球节点　welded hollow spherical joint
由两个热冲压钢半球加肋或不加肋焊接成空心球的连接节点。

2.1.22 螺栓球节点　bolted spherical joint
由螺栓球、高强螺栓、销子（或螺钉）、套筒、锥头或封板等零部件组成的机械装配式节点。

2.1.23 嵌入式毂节点　embedded hub joint
由柱状毂体、杆端嵌入件、上下盖板、中心螺栓、平垫圈、弹簧垫圈等零部件组成的机械装配式节点。

2.1.24 铸钢节点 cast steel joint

以铸造工艺制造的用于复杂形状或受力条件的空间节点。

2.1.25 销轴节点 pin axis joint

由销轴和销板构成，具有单向转动能力的机械装配式节点。

2.2 符　号

2.2.1 作用、作用效应与响应

F——空间网格结构节点荷载向量；

F_{Evki}——作用在 i 节点的竖向地震作用标准值；

F_{Exji}，F_{Eyji}，F_{Ezji}——j 振型、i 节点分别沿 x、y、z 方向的地震作用标准值；

$F_{t+\Delta t}$——网壳全过程稳定分析时 $t+\Delta t$ 时刻节点荷载向量；

F_t——滑移时总启动牵引力；

F_{t1}、F_{t2}——整体提升时起重滑轮组的拉力；

G_i——空间网格结构第 i 节点的重力荷载代表值；

G_{ok}——滑移牵引力计算时空间网格结构的总自重标准值；

G_1——整体提升时每根拔杆所负担的空间网格结构、索具等荷载；

g_{ok}——网架自重荷载标准值；

M——作用于空心球节点的主钢管杆端弯矩；

$N_{t+\Delta t}^{(i-1)}$——网壳全过程稳定分析时 $t+\Delta t$ 时刻相应的杆件节点内力向量；

N_p——多维反应谱法计算时第 p 杆的最大内力响应值；

N_x、N_y、N_{xy}——组合网架带肋平板的 x、y 向的压力与剪力；

N_{oi}、N_{ti}——组合网架肋和平板等代杆系的轴向力设计值；

N_R——空心球节点的轴向受压或受拉承载力设计值；

N_m——单层网壳空心球节点拉弯或压弯的承载力设计值；

N——作用于空心球节点的主钢管杆端轴力；

N_t^b——高强度螺栓抗拉承载力设计值；

N_{Evi}——竖向地震作用引起的第 i 杆件轴向力设计值；

N_{Gi}——在重力荷载代表值作用下第 i 杆件轴向力设计值；

N_E^{rz}，N_E^c，N_E^d——网壳的主肋、环杆及斜杆的地震作用轴向力标准值；

N_{Gmax}^m，N_{Gmax}^c，N_{Gmax}^d——重力荷载代表值作用下网壳的主肋、环杆及斜杆轴向力标准值的绝对最大值；

N_E^r，N_E^e——网壳抬高端斜杆、其他弦杆与斜杆的地震作用轴向力标准值；

N_{Gmax}^r，N_{Gmax}^e——重力荷载代表值作用下网壳抬高端 1/5 跨度范围内斜杆、其他弦杆与斜杆轴向力标准值的绝对最大值；

N_E^t，N_E^l，N_E^w——网壳横向弦杆、纵向弦杆与腹杆的地震作用轴向力标准值；

N_{Gmax}^l，N_{Gmax}^w——重力荷载代表值作用下网壳纵向弦杆、腹杆轴向力标准值的绝对最大值；

$[q_{ks}]$——按网壳稳定性验算确定的容许承载力标准值；

q_w——除网架自重以外的屋面荷载或楼面荷载的标准值；

s_{Ek}——空间网格结构杆件地震作用标准值的效应；

s_j、s_k——j 振型、k 振型地震作用标准值的效应；

Δt——温差；

u——网架结构可不考虑温度作用影响的下部支承结构与支座的允许水平位移；

U、$\dot{U}$、$\ddot{U}$——节点位移向量、速度向量、加速度向量；

$\ddot{U}_g$——地面运动加速度向量；

U_{ix}、U_{iy}、U_{iz}——节点 i 在 x、y、z 三个方向最大位移响应值；

$\Delta U^{(i)}$——网壳全过程稳定分析时当前位移的迭代增量；

X_{ji}、Y_{ji}、Z_{ji}——j 振型、i 节点的 x、y、z 方向的相对位移。

2.2.2 材料性能

E——材料的弹性模量；

f——钢材的抗拉强度设计值；

f_t^t——高强度螺栓经热处理后的抗拉强度设计值；

ν——材料的泊松比；

α——材料的线膨胀系数。

2.2.3 几何参数与截面特性

A_{eff}——螺栓球节点中高强度螺栓的有效截面面积；

A_i——组合网架带肋板在 i (i=1, 2, 3, 4) 方向等代杆系的截面面积；

B——圆柱面网壳的宽度或跨度；

B_e——网壳的等效薄膜刚度；

B_{e11}、B_{e22}——网壳沿 1、2 方向的等效薄膜刚度；

b_{hp}——嵌入式毂节点嵌入榫颈部宽度；

C——结构阻尼矩阵；

D——空心球节点的空心球外径、螺栓球节点的钢球直径；

D_{e11}、D_{e22}——网壳沿 1、2 方向的等效抗弯刚度；

D_e——网壳的等效抗弯刚度；

d——与空心球相连的主钢管杆件的外径；

d_1、d_2——汇交于空心球节点的两根钢管的外径；

d_1^b、d_s^b——螺栓球节点两相邻螺栓的较大直径、较小直径；

d_h——嵌入式毂节点的毂体直径；

d_{ht}——嵌入式毂节点的嵌入榫直径；

f——圆柱面网壳的矢高；

f_1——网架结构的基本频率；

h_{hp}——嵌入式毂节点嵌入榫高度；

K——空间网格结构总弹性刚度矩阵；

K_t——网壳全过程稳定分析时 t 时刻结构的切线刚度矩阵；

L——圆柱面壳的长度或跨度；

L_2——网架短向跨度；

l_s——螺栓球节点的套筒长度；

l——杆件节点之间中心长度；螺栓球节点的高强度螺栓长度；

l_0——杆件的计算长度；

r——球面或圆柱面网壳的曲率半径；滑移时滚动轴的半径；

M——空间网格结构质量矩阵；

r_1、r_2——椭圆抛物面网壳两个方向的主曲率半径；

r_1——滑移时滚轮的外圆半径；

s——组合网架 1、2 两方向肋的间距；

t——空心球壁厚，组合网架平板厚度；

α——嵌入式毂节点的杆件两端嵌入榫不共面的扭角；

θ——汇交于空心球节点任意两相邻

杆件夹角；汇交于螺栓球节点两相邻螺栓间的最小夹角；

φ——嵌入式毂节点毂体嵌入榫的中线与其相连的杆件轴线的垂线之间的夹角。

2.2.4 计算系数

c——场地修正系数；空心球节点压弯或拉弯计算时的主钢管偏心系数；

g——重力加速度；

k——滚动滑移时钢制轮与钢之间的滚动摩擦系数；

m——按振型分解反应谱法计算中考虑的振型数；

α_j、α_{vj}——相应于 j 振型自振周期的水平与竖向地震影响系数；

γ_j——j 振型参与系数；

ζ——滑移时阻力系数；

ζ_j、ζ_k——j、k 振型的阻尼比；

η_d——空心球节点加肋承载力提高系数；

η_0——大直径空心球节点承载力调整系数；

η_m——考虑空心球节点受压弯或拉弯作用的影响系数；

λ——抗震设防烈度系数；螺栓球节点套筒外接圆直径与螺栓直径的比值；

λ_T——k 振型与 j 振型的自振周期比；

$[\lambda]$——杆件的容许长细比；

μ_1、μ_2——滑移时滑动、滚动摩擦系数；

ξ——螺栓球节点螺栓拧入球体长度与螺栓直径的比值；

ρ_{jk}——多维反应谱法计算时 j 振型与 k 振型的耦联系数；

ψ_v——竖向地震作用系数。

3 基 本 规 定

3.1 结 构 选 型

3.1.1 网架结构可采用双层或多层形式；网壳结构可采用单层或双层形式，也可采用局部双层形式。

3.1.2 网架结构可选用下列网格形式：

1 由交叉桁架体系组成的两向正交正放网架、两向正交斜放网架、两向斜交斜放网架、三向网架、单向折线形网架（图 A.0.1）；

2 由四角锥体系组成的正放四角锥网架、正放抽空四角锥网架、棋盘形四角锥网架、斜放四角锥网架、星形四角锥网架（图A.0.2）；

3 由三角锥体系组成的三角锥网架、抽空三角锥网架、蜂窝形三角锥网架（图A.0.3）。

3.1.3 网壳结构可采用球面、圆柱面、双曲抛物面、椭圆抛物面等曲面形式，也可采用各种组合曲面形式。

3.1.4 单层网壳可选用下列网格形式：

1 单层圆柱面网壳可采用单向斜杆正交正放网格、交叉斜杆正交正放网格、联方网格及三向网格等形式（图B.0.1）。

2 单层球面网壳可采用肋环型、肋环斜杆型、三向网格、扇形三向网格、葵花形三向网格、短程线型等形式（图B.0.2）。

3 单层双曲抛物面网壳宜采用三向网格，其中两个方向杆件沿直纹布置。也可采用两向正交网格，杆件沿主曲率方向布置，局部区域可加设斜杆（图B.0.3）。

4 单层椭圆抛物面网壳可采用三向网格、单向斜杆正交正放网格、椭圆底面网格等形式（图B.0.4）。

3.1.5 双层网壳可由两向、三向交叉的桁架体系或由四角锥体系、三角锥体系等组成，其上、下弦网格可采用本规程第3.1.4条的方式布置。

3.1.6 立体桁架可采用直线或曲线形式。

3.1.7 空间网格结构的选型应结合工程的平面形状、跨度大小、支承情况、荷载条件、屋面构造、建筑设计等要求综合分析确定。杆件布置及支承设置应保证结构体系几何不变。

3.1.8 单层网壳应采用刚接节点。

3.2 网架结构设计的基本规定

3.2.1 平面形状为矩形的周边支承网架，当其边长比（即长边与短边之比）小于或等于1.5时，宜选用正放四角锥网架、斜放四角锥网架、棋盘形四角锥网架、正放抽空四角锥网架、两向正交斜放网架、两向正交正放网架。当其边长比大于1.5时，宜选用两向正交正放网架、正放四角锥网架或正放抽空四角锥网架。

3.2.2 平面形状为矩形、三边支承一边开口的网架可按本规程第3.2.1条进行选型，开口边必须具有足够的刚度并形成完整的边桁架，当刚度不满足要求时可采用增加网架高度、增加网架层数等办法加强。

3.2.3 平面形状为矩形、多点支承的网架可根据具体情况选用正放四角锥网架、正放抽空四角锥网架、两向正交正放网架。

3.2.4 平面形状为圆形、正六边形及接近正六边形等周边支承的网架，可根据具体情况选用三向网架、三角锥网架或抽空三角锥网架。对中小跨度，也可选用蜂窝形三角锥网架。

3.2.5 网架的网格高度与网格尺寸应根据跨度大小、荷载条件、柱网尺寸、支承情况、网格形式以及构造要求和建筑功能等因素确定，网架的高跨比可取1/10～1/18。网架在短向跨度的网格数不宜小于5。确定网格尺寸时宜使相邻杆件间的夹角大于45°，且不宜小于30°。

3.2.6 网架可采用上弦或下弦支承方式，当采用下弦支承时，应在支座边形成边桁架。

3.2.7 当采用两向正交正放网架，应沿网架周边网格设置封闭的水平支撑。

3.2.8 多点支承的网架有条件时宜设柱帽。柱帽宜设置于下弦平面之下（图3.2.8a），也可设置于上弦平面之上（图3.2.8b）或采用伞形柱帽（图3.2.8c）。

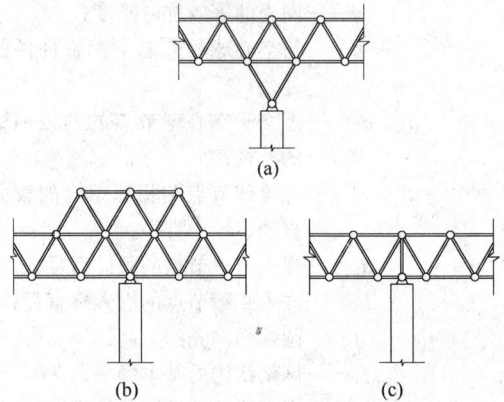

图3.2.8 多点支承网架柱帽设置

3.2.9 对跨度不大于40m的多层建筑的楼盖及跨度不大于60m的屋盖，可采用以钢筋混凝土板代替上弦的组合网架结构。组合网架宜选用正放四角锥形式、正放抽空四角锥形式、两向正交正放形式、斜放四角锥形式和蜂窝形三角锥形式。

3.2.10 网架屋面排水找坡可采用下列方式：

1 上弦节点上设置小立柱找坡（当小立柱较高时，应保证小立柱自身的稳定性并布置支撑）；

2 网架变高度；

3 网架结构起坡。

3.2.11 网架自重荷载标准值可按下式估算：

$$g_{ok} = \sqrt{q_w L_2}/150 \qquad (3.2.11)$$

式中：g_{ok}——网架自重荷载标准值（kN/m²）；

q_w——除网架自重以外的屋面荷载或楼面荷载的标准值（kN/m²）；

L_2——网架的短向跨度（m）。

3.3 网壳结构设计的基本规定

3.3.1 球面网壳结构设计宜符合下列规定：

1 球面网壳的矢跨比不宜小于1/7；

2 双层球面网壳的厚度可取跨度（平面直径）的1/30～1/60；

3 单层球面网壳的跨度（平面直径）不宜大于 80m。

3.3.2 圆柱面网壳结构设计宜符合下列规定：

1 两端边支承的圆柱面网壳，其宽度 B 与跨度 L 之比（图 3.3.2）宜小于 1.0，壳体的矢高可取宽度 B 的 1/3～1/6；

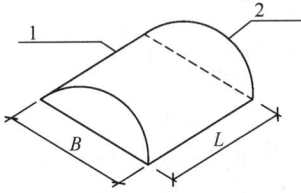

图 3.3.2 圆柱面网壳跨度 L、
宽度 B 示意
1—纵向边；2—端边

2 沿两纵向边支承或四边支承的圆柱面网壳，壳体的矢高可取跨度 L（宽度 B）的 1/2～1/5；

3 双层圆柱面网壳的厚度可取宽度 B 的 1/20～1/50；

4 两端边支承的单层圆柱面网壳，其跨度 L 不宜大于 35m；沿两纵向边支承的单层圆柱面网壳，其跨度（此时为宽度 B）不宜大于 30m。

3.3.3 双曲抛物面网壳结构设计宜符合下列规定：

1 双曲抛物面网壳底面的两对角线长度之比不宜大于 2；

2 单块双曲抛物面壳体的矢高可取跨度的 1/2～1/4（跨度为两个对角支承点之间的距离），四块组合双曲抛物面壳体每个方向的矢高可取相应跨度的 1/4～1/8；

3 双层双曲抛物面网壳的厚度可取短向跨度的 1/20～1/50；

4 单层双曲抛物面网壳的跨度不宜大于 60m。

3.3.4 椭圆抛物面网壳结构设计宜符合下列规定：

1 椭圆抛物面网壳的底边两跨度之比不宜大于 1.5；

2 壳体每个方向的矢高可取短向跨度的 1/6～1/9；

3 双层椭圆抛物面网壳的厚度可取短向跨度的 1/20～1/50；

4 单层椭圆抛物面网壳的跨度不宜大于 50m。

3.3.5 网壳的支承构造应可靠传递竖向反力，同时应满足不同网壳结构形式所必需的边缘约束条件；边缘约束构件应满足刚度要求，并应与网壳结构一起进行整体计算。各类网壳的相应支座约束条件应符合下列规定：

1 球面网壳的支承点应保证抵抗水平位移的约束条件；

2 圆柱面网壳当沿两纵向边支承时，支承点应保证抵抗侧向水平位移的约束条件；

3 双曲抛物面网壳应通过边缘构件将荷载传递给下部结构；

4 椭圆抛物面网壳及四块组合双曲抛物面网壳应通过边缘构件沿周边支承。

3.4 立体桁架、立体拱架与张弦立体拱架设计的基本规定

3.4.1 立体桁架的高度可取跨度的 1/12～1/16。

3.4.2 立体拱架的拱架厚度可取跨度的 1/20～1/30，矢高可取跨度的 1/3～1/6。当按立体拱架计算时，两端下部结构除了可靠传递竖向反力外还应保证抵抗水平位移的约束条件。当立体拱架跨度较大时应进行立体拱架平面内的整体稳定性验算。

3.4.3 张弦立体拱架的拱架厚度可取跨度的 1/30～1/50，结构矢高可取跨度的 1/7～1/10，其中拱架矢高可取跨度的 1/14～1/18，张弦的垂度可取跨度的 1/12～1/30。

3.4.4 立体桁架支承于下弦节点时桁架整体应有可靠的防侧倾体系，曲线形的立体桁架应考虑支座水平位移对下部结构的影响。

3.4.5 对立体桁架、立体拱架和张弦立体拱架应设置平面外的稳定支撑体系。

3.5 结构挠度容许值

3.5.1 空间网格结构在恒荷载与活荷载标准值作用下的最大挠度值不宜超过表 3.5.1 中的容许挠度值。

表 3.5.1 空间网格结构的容许挠度值

结构体系	屋盖结构（短向跨度）	楼盖结构（短向跨度）	悬挑结构（悬挑跨度）
网架	1/250	1/300	1/125
单层网壳	1/400	—	1/200
双层网壳立体桁架	1/250	1/250	1/125

注：对于设有悬挂起重设备的屋盖结构，其最大挠度值不宜大于结构跨度的 1/400。

3.5.2 网架与立体桁架可预先起拱，其起拱值可取不大于短向跨度的 1/300。当仅为改善外观要求时，最大挠度可取恒荷载与活荷载标准值作用下挠度减去起拱值。

4 结 构 计 算

4.1 一般计算原则

4.1.1 空间网格结构应进行重力荷载及风荷载作用下的位移、内力计算，并应根据具体情况，对地震、温度变化、支座沉降及施工安装荷载等作用下的位

移、内力进行计算。空间网格结构的内力和位移可按弹性理论计算；网壳结构的整体稳定性计算应考虑结构的非线性影响。

4.1.2 对非抗震设计，作用及作用组合的效应应按现行国家标准《建筑结构荷载规范》GB 50009 进行计算，在杆件截面及节点设计中，应按作用基本组合的效应确定内力设计值；对抗震设计，地震组合的效应应按现行国家标准《建筑抗震设计规范》GB 50011 计算。在位移验算中，应按作用标准组合的效应确定其挠度。

4.1.3 对于单个球面网壳和圆柱面网壳的风载体型系数，可按现行国家标准《建筑结构荷载规范》GB 50009 取值；对于多个连接的球面网壳和圆柱面网壳，以及各种复杂形体的空间网格结构，当跨度较大时，应通过风洞试验或专门研究确定风载体型系数。对于基本自振周期大于 0.25s 的空间网格结构，宜进行风振计算。

4.1.4 分析网架结构和双层网壳结构时，可假定节点为铰接，杆件只承受轴向力；分析立体管桁架时，当杆件的节间长度与截面高度（或直径）之比不小于 12（主管）和 24（支管）时，也可假定节点为铰接；分析单层网壳时，应假定节点为刚接，杆件除承受轴向力外，还承受弯矩、扭矩、剪力等。

4.1.5 空间网格结构的外荷载可按静力等效原则将节点所辖区域内的荷载集中作用在该节点上。当杆件上作用有局部荷载时，应另行考虑局部弯曲内力的影响。

4.1.6 空间网格结构分析时，应考虑上部空间网格结构与下部支承结构的相互影响。空间网格结构的协同分析可把下部支承结构折算等效刚度和等效质量作为上部空间网格结构分析时的条件；也可把上部空间网格结构折算等效刚度和等效质量作为下部支承结构分析时的条件；也可以将上、下部结构整体分析。

4.1.7 分析空间网格结构时，应根据结构形式、支座节点的位置、数量和构造情况以及支承结构的刚度，确定合理的边界约束条件。支座节点的边界约束条件，对于网架、双层网壳和立体桁架，应按实际构造采用两向或一向可侧移、无侧移的铰接支座或弹性支座；对于单层网壳，可采用不动铰支座，也可采用刚接支座或弹性支座。

4.1.8 空间网格结构施工安装阶段与使用阶段支承情况不一致时，应区别不同支承条件分析计算施工安装阶段和使用阶段在相应荷载作用下的结构位移和内力。

4.1.9 根据空间网格结构的类型、平面形状、荷载形式及不同设计阶段等条件，可采用有限元法或基于连续化假定的方法进行计算。选用计算方法的适用范围和条件应符合下列规定：

1 网架、双层网壳和立体桁架宜采用空间杆系

有限元法进行计算；

2 单层网壳应采用空间梁系有限元法进行计算；

3 在结构方案选择和初步设计时，网架结构、网壳结构也可分别采用拟夹层板法、拟壳法进行计算。

4.2 静 力 计 算

4.2.1 按有限元法进行空间网格结构静力计算时可采用下列基本方程：

$$KU = F \qquad (4.2.1)$$

式中：K——空间网格结构总弹性刚度矩阵；

U——空间网格结构节点位移向量；

F——空间网格结构节点荷载向量。

4.2.2 空间网格结构应经过位移、内力计算后进行杆件截面设计，如杆件截面需要调整应重新进行计算，使其满足设计要求。空间网格结构设计后，杆件不宜替换，如必须替换时，应根据截面及刚度等效的原则进行。

4.2.3 分析空间网格结构因温度变化而产生的内力，可将温差引起的杆件固端反力作为等效荷载反向作用在杆件两端节点上，然后按有限元法分析。

4.2.4 当网架结构符合下列条件之一时，可不考虑由于温度变化而引起的内力：

1 支座节点的构造允许网架侧移，且允许侧移值大于或等于网架结构的温度变形值；

2 网架周边支承、网架验算方向跨度小于 40m，且支承结构为独立柱；

3 在单位力作用下，柱顶水平位移大于或等于下式的计算值：

$$u = \frac{L}{2\xi EA_m}\left(\frac{E\alpha\,\Delta t}{0.038f} - 1\right) \qquad (4.2.4)$$

式中：f——钢材的抗拉强度设计值（N/mm²）；

E——材料的弹性模量（N/mm²）；

α——材料的线膨胀系数（1/℃）；

Δt——温差（℃）；

L——网架在验算方向的跨度（m）；

A_m——支承（上承或下承）平面弦杆截面积的算术平均值（mm²）；

ξ——系数，支承平面弦杆为正交正放时 $\xi = 1.0$，正交斜放时 $\xi = \sqrt{2}$，三向时 $\xi = 2.0$。

4.2.5 预应力空间网格结构分析时，可根据具体情况将预应力作为初始内力或外力来考虑，然后按有限元法进行分析。对于索应考虑几何非线性的影响，并应按预应力施加程序对预应力施工全过程进行分析。

4.2.6 斜拉空间网格结构可按有限元法进行分析。斜拉索（或钢棒）应根据具体情况施加预应力，以确保在风荷载和地震作用下斜拉索处于受拉状态，必要时可设置稳定索加强。

4.2.7 由平面桁架系或角锥体系组成的矩形平面、周边支承网架结构，可简化为正交异性或各向同性的平板按拟夹层板法进行位移、内力计算。

4.2.8 网壳结构采用拟壳法分析时，可根据壳面形式、网格布置和构件截面把网壳等代为当量薄壳结构，在由相应边界条件求得拟壳的位移和内力后，可按几何和平衡条件返回计算网壳杆件的内力。网壳等效刚度可按本规程附录 C 进行计算。

4.2.9 组合网架结构可按有限元法进行位移、内力计算。分析时应将组合网架的带肋平板离散成能承受轴力、膜力和弯矩的梁元和板壳元，将腹杆和下弦作为承受轴力的杆元，并应考虑两种不同材料的材性。

4.2.10 组合网架结构也可采用空间杆系有限元法作简化计算。分析时可将组合网架的带肋平板等代为仅能承受轴力的上弦，并与腹杆和下弦构成两种不同材料的等代网架，按空间杆系有限元法进行位移、内力计算。等代上弦截面及带肋平板中内力可按本规程附录 D 确定。

4.3 网壳的稳定性计算

4.3.1 单层网壳以及厚度小于跨度 1/50 的双层网壳均应进行稳定性计算。

4.3.2 网壳的稳定性可按考虑几何非线性的有限元法（即荷载—位移全过程分析）进行计算，分析中可假定材料为弹性，也可考虑材料的弹塑性。对于大型和形状复杂的网壳结构宜采用考虑材料弹塑性的全过程分析方法。全过程分析的迭代方程可采用下式：

$$K_t \Delta U^{(i)} = F_{t+\Delta t} - N_{t+\Delta t}^{(i-1)} \qquad (4.3.2)$$

式中：K_t——t 时刻结构的切线刚度矩阵；

$\Delta U^{(i)}$——当前位移的迭代增量；

$F_{t+\Delta t}$——$t+\Delta t$ 时刻外部所加的节点荷载向量；

$N_{t+\Delta t}^{(i-1)}$——$t+\Delta t$ 时刻相应的杆件节点内力向量。

4.3.3 球面网壳的全过程分析可按满跨均布荷载进行，圆柱面网壳和椭圆抛物面网壳除应考虑满跨均布荷载外，尚应考虑半跨活荷载分布的情况。进行网壳全过程分析时应考虑初始几何缺陷（即初始曲面形状的安装偏差）的影响，初始几何缺陷分布可采用结构的最低阶屈曲模态，其缺陷最大计算值可按网壳跨度的 1/300 取值。

4.3.4 按本规程第 4.3.2 条和第 4.3.3 条进行网壳结构全过程分析求得的第一个临界点处的荷载值，可作为网壳的稳定极限承载力。网壳稳定容许承载力（荷载取标准值）应等于网壳稳定极限承载力除以安全系数 K。当按弹塑性全过程分析时，安全系数 K 可取为 2.0；当按弹性全过程分析、且为单层球面网壳、柱面网壳和椭圆抛物面网壳时，安全系数 K 可取为 4.2。

4.3.5 当单层球面网壳跨度小于 50m、单层圆柱面网壳拱向跨度小于 25m、单层椭圆抛物面网壳跨度小于 30m 时，或进行网壳稳定性初步计算时，其容许承载力可按本规程附录 E 进行计算。

4.4 地震作用下的内力计算

4.4.1 对用作屋盖的网架结构，其抗震验算应符合下列规定：

1 在抗震设防烈度为 8 度的地区，对于周边支承的中小跨度网架结构应进行竖向抗震验算，对于其他网架结构均应进行竖向和水平抗震验算；

2 在抗震设防烈度为 9 度的地区，对各种网架结构应进行竖向和水平抗震验算。

4.4.2 对于网壳结构，其抗震验算应符合下列规定：

1 在抗震设防烈度为 7 度的地区，当网壳结构的矢跨比大于或等于 1/5 时，应进行水平抗震验算；当矢跨比小于 1/5 时，应进行竖向和水平抗震验算；

2 在抗震设防烈度为 8 度或 9 度的地区，对各种网壳结构应进行竖向和水平抗震验算。

4.4.3 在单维地震作用下，对空间网格结构进行多遇地震作用下的效应计算时，可采用振型分解反应谱法；对于体型复杂或重要的大跨度结构，应采用时程分析法进行补充计算。

4.4.4 按时程分析法计算空间网格结构地震效应时，其动力平衡方程应为：

$$M\ddot{U} + C\dot{U} + KU = -M\ddot{U}_g \qquad (4.4.4)$$

式中：M——结构质量矩阵；

C——结构阻尼矩阵；

K——结构刚度矩阵；

$\ddot{U}$，$\dot{U}$，U——结构节点相对加速度向量、相对速度向量和相对位移向量；

$\ddot{U}_g$——地面运动加速度向量。

4.4.5 采用时程分析法时，应按建筑场地类别和设计地震分组选用不少于两组的实际强震记录和一组人工模拟的加速度时程曲线，其平均地震影响系数曲线应与振型分解反应谱法所采用的地震影响系数曲线在统计意义上相符。加速度曲线峰值应根据与抗震设防烈度相应的多遇地震的加速度时程曲线最大值进行调整，并应选择足够长的地震动持续时间。

4.4.6 采用振型分解反应谱法进行单维地震效应分析时，空间网格结构 j 振型、i 节点的水平或竖向地震作用标准值应按下式确定：

$$\left. \begin{array}{l} F_{Exji} = \alpha_j \gamma_j X_{ji} G_i \\ F_{Eyji} = \alpha_j \gamma_j Y_{ji} G_i \\ F_{Ezji} = \alpha_j \gamma_j Z_{ji} G_i \end{array} \right\} \qquad (4.4.6-1)$$

式中：F_{Exji}、F_{Eyji}、F_{Ezji}——j 振型、i 节点分别沿 x、y、z 方向的地震作用标准值；

α_j——相应于 j 振型自振周期的水平地震影响系数，

按现行国家标准《建筑抗震设计规范》GB 50011 确定；当仅 z 方向竖向地震作用时，竖向地震影响系数取 $0.65\alpha_j$；

X_{ji}、Y_{ji}、Z_{ji}——分别为 j 振型、i 节点的 x、y、z 方向的相对位移；

G_i——空间网格结构第 i 节点的重力荷载代表值，其中恒载取结构自重标准值；可变荷载取屋面雪荷载或积灰荷载标准值，组合值系数取 0.5；

γ_j——j 振型参与系数，应按公式（4.4.6-2）～（4.4.6-4）确定。

当仅 x 方向水平地震作用时，j 振型参与系数应按下式计算：

$$\gamma_j = \frac{\sum_{i=1}^{n} X_{ji} G_i}{\sum_{i=1}^{n}(X_{ji}^2 + Y_{ji}^2 + Z_{ji}^2)G_i} \quad (4.4.6\text{-}2)$$

当仅 y 方向水平地震作用时，j 振型参与系数应按下式计算：

$$\gamma_j = \frac{\sum_{i=1}^{n} Y_{ji} G_i}{\sum_{i=1}^{n}(X_{ji}^2 + Y_{ji}^2 + Z_{ji}^2)G_i} \quad (4.4.6\text{-}3)$$

当仅 z 方向竖向地震作用时，j 振型参与系数应按下式计算：

$$\gamma_j = \frac{\sum_{i=1}^{n} Z_{ji} G_i}{\sum_{i=1}^{n}(X_{ji}^2 + Y_{ji}^2 + Z_{ji}^2)G_i} \quad (4.4.6\text{-}4)$$

式中：n——空间网格结构节点数。

4.4.7 按振型分解反应谱法进行在多遇地震作用下单维地震作用效应分析时，网架结构杆件地震作用效应可按下式确定：

$$S_{Ek} = \sqrt{\sum_{j=1}^{m} S_j^2} \quad (4.4.7\text{-}1)$$

网壳结构杆件地震作用效应宜按下列公式确定：

$$S_{Ek} = \sqrt{\sum_{j=1}^{m}\sum_{k=1}^{m} \rho_{jk} S_j S_k} \quad (4.4.7\text{-}2)$$

$$\rho_{jk} = \frac{8\zeta_j\zeta_k(1+\lambda_T)\lambda_T^{1.5}}{(1-\lambda_T^2)^2 + 4\zeta_j\zeta_k(1+\lambda_T)^2\lambda_T} \quad (4.4.7\text{-}3)$$

式中：S_{Ek}——杆件地震作用标准值的效应；

S_j、S_k——分别为 j、k 振型地震作用标准值的效应；

ρ_{jk}——j 振型与 k 振型的耦联系数；

ζ_j、ζ_k——分别为 j、k 振型的阻尼比；

λ_T——k 振型与 j 振型的自振周期比；

m——计算中考虑的振型数。

4.4.8 当采用振型分解反应谱法进行空间网格结构地震效应分析时，对于网架结构宜至少取前 10～15 个振型，对于网壳结构宜至少取前 25～30 个振型，以进行效应组合；对于体型复杂或重要的大跨度空间网格结构需要取更多振型进行效应组合。

4.4.9 在抗震分析时，应考虑支承体系对空间网格结构受力的影响。此时宜将空间网格结构与支承体系共同考虑，按整体分析模型进行计算；亦可把支承体系简化为空间网格结构的弹性支座，按弹性支承模型进行计算。

4.4.10 在进行结构地震效应分析时，对于周边落地的空间网格结构，阻尼比值可取 0.02；对设有混凝土结构支承体系的空间网格结构，阻尼比值可取 0.03。

4.4.11 对于体型复杂或较大跨度的空间网格结构，宜进行多维地震作用下的效应分析。进行多维地震效应计算时，可采用多维随机振动分析方法、多维反应谱法或时程分析法。当按多维反应谱法进行空间网格结构三维地震效应分析时，结构各节点最大位移响应与各杆件最大内力响应可按本规程附录 F 公式进行组合计算。

4.4.12 周边支承或多点支承与周边支承相结合的用于屋盖的网架结构，其竖向地震作用效应可按本规程附录 G 进行简化计算。

4.4.13 单层球面网壳结构、单层双曲抛物面网壳结构和正放四角锥双层圆柱面网壳结构水平地震作用效应可按本规程附录 H 进行简化计算。

5 杆件和节点的设计与构造

5.1 杆 件

5.1.1 空间网格结构的杆件可采用普通型钢或薄壁型钢。管材宜采用高频焊管或无缝钢管，当有条件时应采用薄壁管型截面。杆件采用的钢材牌号和质量等级应符合现行国家标准《钢结构设计规范》GB 50017 的规定。杆件截面应按现行国家标准《钢结构设计规范》GB 50017 根据强度和稳定性的要求计算确定。

5.1.2 确定杆件的长细比时，其计算长度 l_0 应按表 5.1.2 采用。

表 5.1.2　杆件的计算长度 l_0

结构体系	杆件形式	节点形式				
		螺栓球	焊接空心球	板节点	毂节点	相贯节点
网架	弦杆及支座腹杆	$1.0l$	$0.9l$	$1.0l$	—	—
	腹杆	$1.0l$	$0.8l$	$0.8l$	—	—
双层网壳	弦杆及支座腹杆	$1.0l$	$1.0l$	$1.0l$	—	—
	腹杆	$1.0l$	$0.9l$	$0.9l$	—	—
单层网壳	壳体曲面内	—	$0.9l$	—	$1.0l$	$0.9l$
	壳体曲面外	—	$1.6l$	—	$1.6l$	$1.6l$
立体桁架	弦杆及支座腹杆	$1.0l$	$1.0l$	—	—	$1.0l$
	腹杆	$1.0l$	$0.9l$	—	—	$0.9l$

注：l 为杆件的几何长度（即节点中心间距离）。

5.1.3 杆件的长细比不宜超过表 5.1.3 中规定的数值。

表 5.1.3　杆件的容许长细比 $[\lambda]$

结构体系	杆件形式	杆件受拉	杆件受压	杆件受压与压弯	杆件受拉与拉弯
网架立体桁架双层网壳	一般杆件	300	180	—	—
	支座附近杆件	250		—	—
	直接承受动力荷载杆件	250		—	—
单层网壳	一般杆件	—	—	150	250

5.1.4 杆件截面的最小尺寸应根据结构的跨度与网格大小按计算确定，普通角钢不宜小于 L50×3，钢管不宜小于 ϕ48×3。对大、中跨度空间网格结构，钢管不宜小于 ϕ60×3.5。

5.1.5 空间网格结构杆件分布应保证刚度的连续性，受力方向相邻的弦杆其杆件截面面积之比不宜超过 1.8 倍，多点支承的网架结构其反弯点处的上、下弦杆宜按构造要求加大截面。

5.1.6 对于低应力、小规格的受拉杆件其长细比宜按受压杆件控制。

5.1.7 在杆件与节点构造设计时，应考虑便于检查、清刷与油漆，避免易于积留湿气或灰尘的死角与凹槽，钢管端部应进行封闭。

5.2　焊接空心球节点

5.2.1 由两个半球焊接而成的空心球，可根据受力大小分别采用不加肋空心球（图 5.2.1-1）和加肋空心球（图 5.2.1-2）。空心球的钢材宜采用现行国家标准《碳素结构钢》GB/T 700 规定的 Q235B 钢或《低

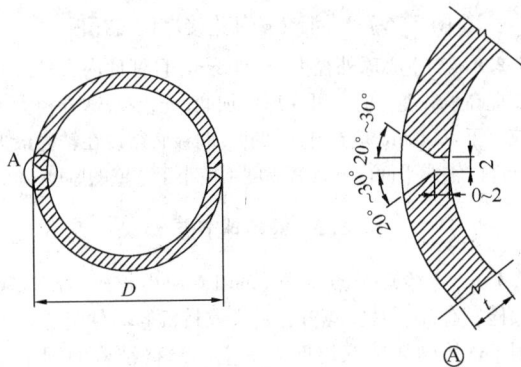

图 5.2.1-1　不加肋空心球

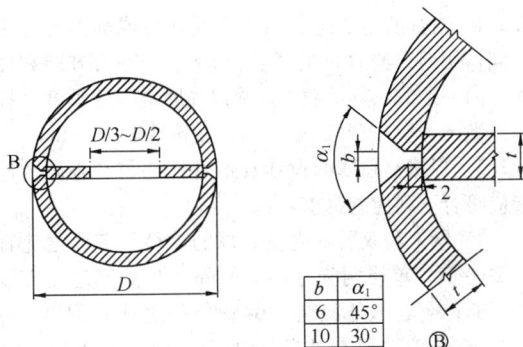

b	α_1
6	45°
10	30°

图 5.2.1-2　加肋空心球

合金高强度结构钢》GB/T 1591 规定的 Q345B、Q345C 钢。产品质量应符合现行行业标准《钢网架焊接空心球节点》JG/T 11 的规定。

5.2.2 当空心球直径为 120mm～900mm 时，其受压和受拉承载力设计值 N_R（N）可按下式计算：

$$N_R = \eta_0 \left(0.29 + 0.54 \frac{d}{D} \right) \pi t d f \quad (5.2.2)$$

式中：η_0——大直径空心球节点承载力调整系数，当空心球直径≤500mm 时，$\eta_0 = 1.0$；当空心球直径＞500mm 时，$\eta_0 = 0.9$；

D——空心球外径（mm）；

t——空心球壁厚（mm）；

d——与空心球相连的主钢管杆件的外径（mm）；

f——钢材的抗拉强度设计值（N/mm²）。

5.2.3 对于单层网壳结构，空心球承受压弯或拉弯的承载力设计值 N_m 可按下式计算：

$$N_m = \eta_m N_R \quad (5.2.3-1)$$

式中：N_R——空心球受压和受拉承载力设计值（N）；

η_m——考虑空心球受压弯或拉弯作用的影响系数，应按图 5.2.3 确定，图中偏心系数 c 应按下式计算：

$$c = \frac{2M}{Nd} \quad (5.2.3-2)$$

式中：M——杆件作用于空心球节点的弯矩（N·mm）；

N——杆件作用于空心球节点的轴力（N）；

d——杆件的外径（mm）。

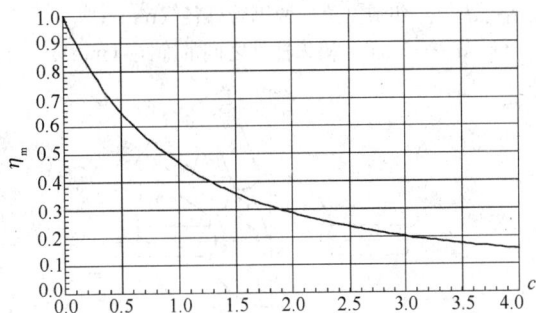

图 5.2.3　考虑空心球受压弯或拉弯作用的影响系数 η_m

5.2.4 对加肋空心球，当仅承受轴力或轴力与弯矩共同作用但以轴力为主（$\eta_m \geq 0.8$）且轴力方向和加肋方向一致时，其承载力可乘以加肋空心球承载力提高系数 η_d，受压球取 $\eta_d = 1.4$，受拉球取 $\eta_d = 1.1$。

5.2.5 焊接空心球的设计及钢管杆件与空心球的连接应符合下列构造要求：

1 网架和双层网壳空心球的外径与壁厚之比宜取 25～45；单层网壳空心球的外径与壁厚之比宜取 20～35；空心球外径与主钢管外径之比宜取 2.4～3.0；空心球壁厚与主钢管的壁厚之比宜取 1.5～2.0；空心球壁厚不宜小于 4mm。

2 不加肋空心球和加肋空心球的成型对接焊接，应分别满足图 5.2.1-1 和图 5.2.1-2 的要求。加肋空心球的肋板可用平台或凸台，采用凸台时，其高度不得大于 1mm。

3 钢管杆件与空心球连接，钢管应开坡口，在钢管与空心球之间应留有一定缝隙并予以焊透，以实现焊缝与钢管等强，否则应按角焊缝计算。钢管端头可加套管与空心球焊接（图 5.2.5）。套管壁厚不应小于 3mm，长度可为 30mm～50mm。

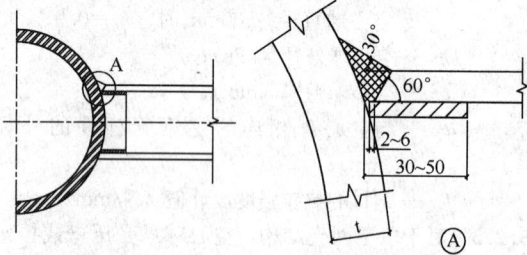

图 5.2.5　钢管加套管的连接

4 角焊缝的焊脚尺寸 h_f 应符合下列规定：

1）当钢管壁厚 $t_c \leq 4mm$ 时，$1.5t_c \geq h_f > t_c$；

2）当 $t_c > 4mm$ 时，$1.2t_c \geq h_f > t_c$。

5.2.6 在确定空心球外径时，球面上相邻杆件之间的净距 a 不宜小于 10mm（图 5.2.6），空心球直径可按下式估算：

$$D = (d_1 + 2a + d_2)/\theta \qquad (5.2.6)$$

式中：θ——汇集于球节点任意两相邻钢管杆件间的夹角（rad）；

d_1，d_2——组成 θ 角的两钢管外径（mm）；

a——球面上相邻杆件之间的净距（mm）。

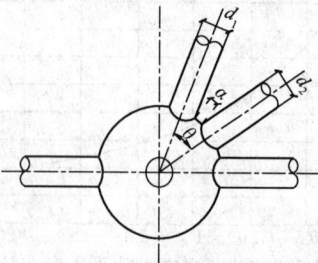

图 5.2.6　空心球节点相邻钢管杆件

5.2.7 当空心球直径过大、且连接杆件又较多时，为了减少空心球节点直径，允许部分腹杆与腹杆或腹杆与弦杆相汇交，但应符合下列构造要求：

1 所有汇交杆件的轴线必须通过球中心线；

2 汇交两杆中，截面积大的杆件必须全截面焊在球上（当两杆截面积相等时，取受拉杆），另一杆坡口焊在相汇交杆上，但应保证有 3/4 截面焊在球上，并应按图 5.2.7-1 设置加劲板；

3 受力大的杆件，可按图 5.2.7-2 增设支托板。

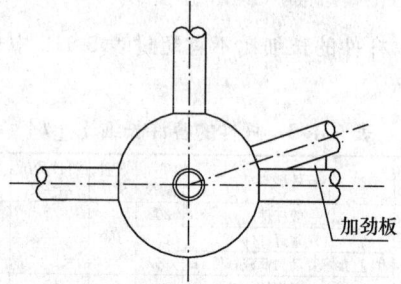

图 5.2.7-1　汇交杆件连接

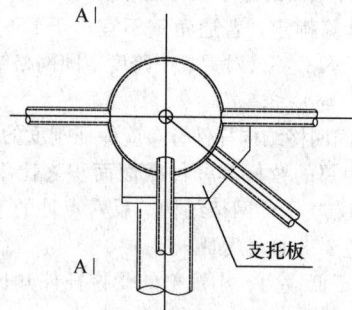

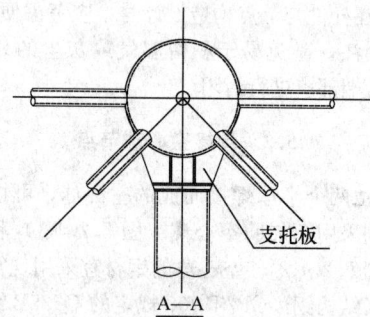

图 5.2.7-2　汇交杆件连接增设支托板

5.2.8 当空心球外径大于 300mm，且杆件内力较大需要提高承载能力时，可在球内加肋；当空心球外径大于或等于 500mm，应在球内加肋。肋板必须设在轴力最大杆件的轴线平面内，且其厚度不应小于球壁的厚度。

5.3　螺栓球节点

5.3.1 螺栓球节点（图 5.3.1）应由钢球、高强度螺栓、套筒、紧固螺钉、锥头或封板等零件组成，可用于连接网架和双层网壳等空间网格结构的圆钢管杆件。

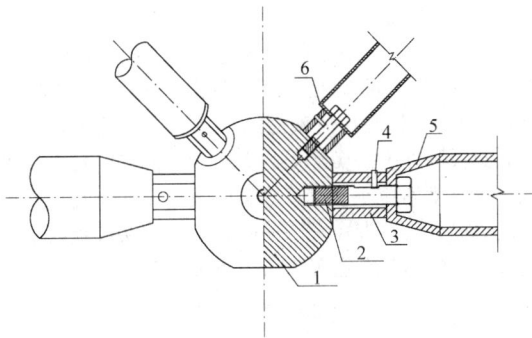

图 5.3.1 螺栓球节点
1—钢球；2—高强度螺栓；3—套筒；
4—紧固螺钉；5—锥头；6—封板

5.3.2 用于制造螺栓球节点的钢球、高强度螺栓、套筒、紧固螺钉、封板、锥头的材料可按表 5.3.2 的规定选用，并应符合相应标准技术条件的要求。产品质量应符合现行行业标准《钢网架螺栓球节点》JG/T 10 的规定。

表 5.3.2　螺栓球节点零件材料

零件名称	推荐材料	材料标准编号	备　注
钢　球	45 号钢	《优质碳素结构钢》GB/T 699	毛坯钢球锻造成型
高强度螺栓	20MnTiB、40Cr、35CrMo	《合金结构钢》GB/T 3077	规格 M12～M24
	35VB、40Cr、35CrMo		规格 M27～M36
	35CrMo、40Cr		规格 M39～M64×4
套筒	Q235B	《碳素结构钢》GB/T 700	套筒内孔径为 13mm～34mm
	Q345	《低合金高强度结构钢》GB/T 1591	套筒内孔径为 37mm～65mm
	45 号钢	《优质碳素结构钢》GB/T 699	
紧固螺钉	20MnTiB	《合金结构钢》GB/T 3077	螺钉直径宜尽量小
	40Cr		
锥头或封板	Q235B	《碳素结构钢》GB/T 700	钢号宜与杆件一致
	Q345	《低合金高强度结构钢》GB/T 1591	

5.3.3 钢球直径应保证相邻螺栓在球体内不相碰并应满足套筒接触面的要求（图 5.3.3），可分别按下列公式核算，并按计算结果中的较大者选用。

$$D \geqslant \sqrt{\left(\frac{d_s^b}{\sin\theta} + d_1^b \cot\theta + 2\xi d_1^b\right)^2 + \lambda^2 d_1^{b^2}}$$

(5.3.3-1)

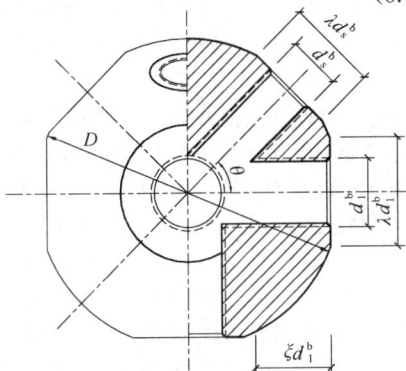

图 5.3.3　螺栓球与直径有关的尺寸

$$D \geqslant \sqrt{\left(\frac{\lambda d_s^b}{\sin\theta} + \lambda d_1^b \cot\theta\right)^2 + \lambda^2 d_1^{b^2}}$$

(5.3.3-2)

式中：D——钢球直径（mm）；

θ——两相邻螺栓之间的最小夹角（rad）；

d_1^b——两相邻螺栓的较大直径（mm）；

d_s^b——两相邻螺栓的较小直径（mm）；

ξ——螺栓拧入球体长度与螺栓直径的比值，可取为 1.1；

λ——套筒外接圆直径与螺栓直径的比值，可取为 1.8。

当相邻杆件夹角 θ 较小时，尚应根据相邻杆件及相关封板、锥头、套筒等零部件不相碰的要求核算螺栓球直径。此时可通过检查可能相碰点至球心的连线与相邻杆件轴线间的夹角不大于 θ 的条件进行核算。

5.3.4 高强度螺栓的性能等级应按规格分别选用。对于 M12～M36 的高强度螺栓，其强度等级应按 10.9 级选用；对于 M39～M64 的高强度螺栓，其强度等级应按 9.8 级选用。螺栓的形式与尺寸应符合现行国家标准《钢网架螺栓球节点用高强度螺栓》GB/T 16939 的要求。选用高强度螺栓的直径应由杆件内力确定，高强度螺栓的受拉承载力设计值 N_t^b 应按下式计算：

$$N_t^b = A_{eff} f_t^b$$

(5.3.4)

式中：f_t^b——高强度螺栓经热处理后的抗拉强度设计值，对 10.9 级，取 430N/mm²；对 9.8 级，取 385N/mm²；

A_{eff}——高强度螺栓的有效截面积，可按表 5.3.4 选取。当螺栓上钻有键槽或钻孔时，A_{eff} 值取螺纹处或键槽、钻孔处二者中的较小值。

表 5.3.4　常用高强度螺栓在螺纹处的有效截面面积 A_{eff} 和承载力设计值 N_t^b

性能等级	规格 d	螺距 p (mm)	A_{eff} (mm²)	N_t^b (kN)
10.9 级	M12	1.75	84	36.1
	M14	2	115	49.5
	M16	2	157	67.5
	M20	2.5	245	105.3
	M22	2.5	303	130.5
	M24	3	353	151.5
	M27	3	459	197.5
	M30	3.5	561	241.2
	M33	3.5	694	298.4
	M36	4	817	351.3
9.8 级	M39	4	976	375.6
	M42	4.5	1120	431.5
	M45	4.5	1310	502.8
	M48	5	1470	567.1
	M52	5	1760	676.7
	M56×4	4	2144	825.4
	M60×4	4	2485	956.6
	M64×4	4	2851	1097.6

注：螺栓在螺纹处的有效截面面积 $A_{eff} = \pi(d - 0.9382p)^2/4$。

5.3.5 受压杆件的连接螺栓直径，可按其内力设计值绝对值求得螺栓直径计算后，按表 5.3.4 的螺栓直径系列减少 1~3 个级差。

5.3.6 套筒（即六角形无纹螺母）外形尺寸应符合扳手开口系列，端部要求平整，内孔径可比螺栓直径大 1mm。

套筒可按现行国家标准《钢网架螺栓球节点用高强度螺栓》GB/T 16939 的规定与高强度螺栓配套采用，对于受压杆件的套筒应根据其传递的最大压力值验算其抗压承载力和端部有效截面的局部承压力。

对于开设滑槽的套筒应验算套筒端部到滑槽端部的距离，应使该处有效截面的抗剪力不低于紧固螺钉的抗剪力，且不小于 1.5 倍滑槽宽度。

套筒长度 l_s（mm）和螺栓长度 l（mm）可按下列公式计算（图 5.3.6）：

$$l_s = m + B + n \quad (5.3.6\text{-}1)$$
$$l = \xi d + l_s + h \quad (5.3.6\text{-}2)$$

式中：B——滑槽长度（mm），$B = \xi d - K$；

ξd——螺栓伸入钢球长度（mm），d 为螺栓直径，ξ 一般取 1.1；

m——滑槽端部紧固螺钉中心到套筒端部的距离（mm）；

n——滑槽顶部紧固螺钉中心至套筒顶部的距离（mm）；

K——螺栓露出套筒距离（mm），预留 4mm~5mm，但不应少于 2 个丝扣；

h——锥头底板厚度或封板厚度（mm）。

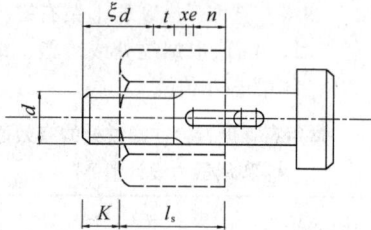

（a）拧入前

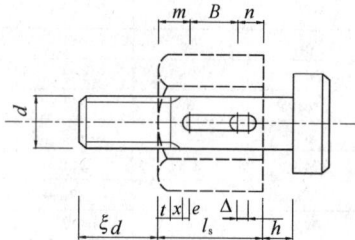

（b）拧入后

图 5.3.6 套筒长度及螺栓长度

图中：t——螺纹根部到滑槽附加余量，取 2 个丝扣；

x——螺纹收尾长度；

e——紧固螺钉的半径；

Δ——滑槽预留量，一般取 4mm。

5.3.7 杆件端部应采用锥头（图 5.3.7a）或封板连接（图 5.3.7b），其连接焊缝的承载力应不低于连接钢管，焊缝底部宽度 b 可根据连接钢管壁厚取 2mm~5mm。锥头任何截面的承载力应不低于连接钢管，封板厚度应按实际受力大小计算确定，封板及锥头底板厚度不应小于表 5.3.7 中数值。锥头底板外径宜较套筒外接圆直径大 1mm~2mm，锥头底板内平台直径宜比螺栓头直径大 2mm。锥头倾角应小于 40°。

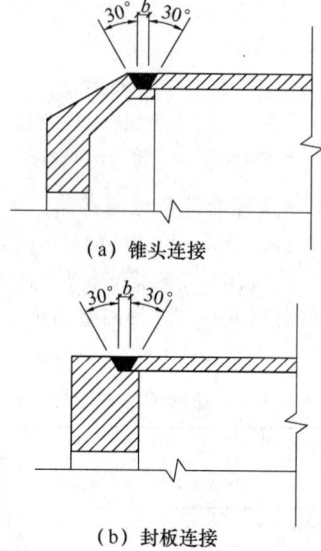

（a）锥头连接

（b）封板连接

图 5.3.7 杆件端部连接焊缝

表 5.3.7 封板及锥头底板厚度

高强度螺栓规格	封板/锥头底厚（mm）	高强度螺栓规格	锥头底厚（mm）
M12、M14	12	M36~M42	30
M16	14	M45~M52	35
M20~M24	16	M56×4~M60×4	40
M27~M33	20	M64×4	45

5.3.8 紧固螺钉宜采用高强度钢材，其直径可取螺栓直径的 0.16~0.18 倍，且不宜小于 3mm。紧固螺钉规格可采用 M5~M10。

5.4 嵌入式毂节点

5.4.1 嵌入式毂节点（图 5.4.1）可用于跨度不大于 60m 的单层球面网壳及跨度不大于 30m 的单层圆柱面网壳。

5.4.2 嵌入式毂节点的毂体、杆端嵌入件、盖板、中心螺栓的材料可按表 5.4.2 的规定选用，并应符合相应材料标准的技术条件。产品质量应符合现行行业标准《单层网壳嵌入式毂节点》JG/T 136 的规定。

5.4.3 毂体的嵌入槽以及与其配合的嵌入榫应做成小圆柱状（图 5.4.3、图 5.4.6a）。杆端嵌入件倾角 φ（即嵌入榫的中线和嵌入件轴线的垂线之间的夹角）和柱面网壳斜杆两端嵌入榫不共面的扭角 α 可按本规程附录 J 进行计算。

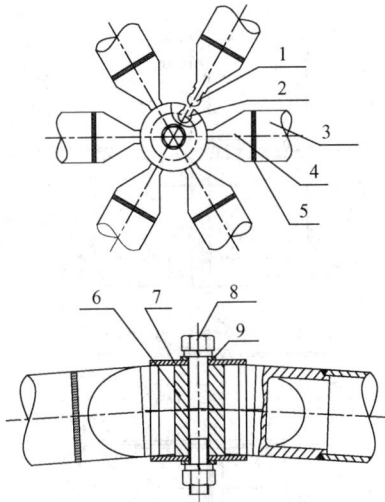

图 5.4.1 嵌入式毂节点

1—嵌入榫；2—毂体嵌入槽；3—杆件；4—杆端嵌入
件；5—连接焊缝；6—毂体；7—盖板；8—中心螺栓；
9—平垫圈、弹簧垫圈

表 5.4.2 嵌入式毂节点零件推荐材料

零件名称	推荐材料	材料标准编号	备　注
毂体	Q235B	《碳素结构钢》GB/T 700	毂体直径宜采用100mm～165mm
盖板			—
中心螺栓			
杆端嵌入件	ZG230-450H	《焊接结构用碳素钢铸件》GB 7659	精密铸造

5.4.4 嵌入件几何尺寸（图 5.4.3）应按下列计算
方法及构造要求设计：

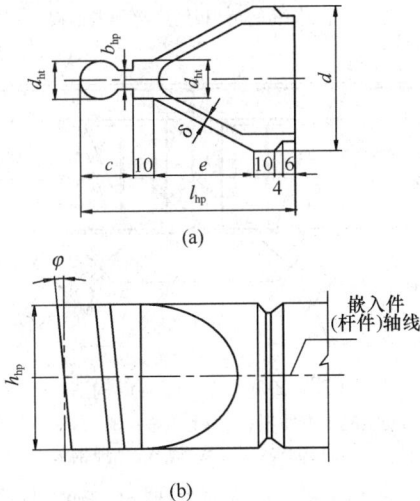

(a)

(b)

图 5.4.3 嵌入件的主要尺寸

注：δ—杆端嵌入件平面壁厚，不宜小于 5mm。

1 嵌入件颈部宽度 b_{hp} 应按与杆件等强原则计算，
宽度 b_{hp} 及高度 h_{hp} 应按拉弯或压弯构件进行强度验算；

2 当杆件为圆管且嵌入件高度 h_{hp} 取圆管外径 d
时，$b_{hp} \geqslant 3t_c$（t_c 为圆管壁厚）；

3 嵌入榫直径 d_{ht} 可取 $1.7b_{hp}$ 且不宜小于 16mm；

4 尺寸 c 可根据嵌入榫直径 d_{ht} 及嵌入槽尺寸
计算；

5 尺寸 e 可按下式计算：

$$e = \frac{1}{2}(d - d_{ht})\cot 30° \qquad (5.4.4)$$

5.4.5 杆件与杆端嵌入件应采用焊接连接，可参照
螺栓球节点锥头与钢管的连接焊缝。焊缝强度应与所
连接的钢管等强。

5.4.6 毂体各嵌入槽轴线间夹角 θ（即汇交于该节点
各杆件轴线间的夹角在通过该节点中心切平面上的投
影）及毂体其他主要尺寸（图 5.4.6）可按本规程附
录 J 进行计算。

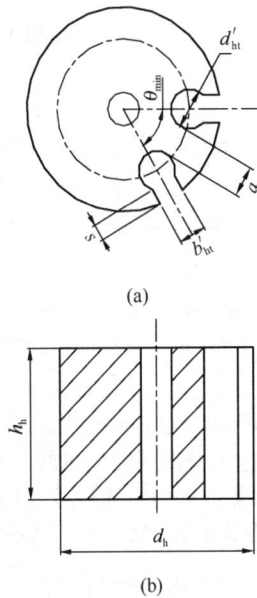

(a)

(b)

图 5.4.6 毂体各主要尺寸

5.4.7 中心螺栓直径宜采用 16mm～20mm，盖板厚
度不宜小于 4mm。

5.5 铸 钢 节 点

5.5.1 空间网格结构中杆件汇交密集、受力复杂且
可靠性要求高的关键部位节点可采用铸钢节点。铸钢
节点的设计和制作应符合国家现行有关标准的规定。

5.5.2 焊接结构用铸钢节点的材料应符合现行国家
标准《焊接结构用碳素钢铸件》GB 7659 的规定，必
要时可参照国际标准或其他国家的相关标准执行；非
焊接结构用铸钢节点的材料应符合现行国家标准《一
般工程用铸造碳钢件》GB/T 11352 的规定。

5.5.3 铸钢节点的材料应具有屈服强度、抗拉强度、
伸长率、截面收缩率、冲击韧性等力学性能和碳、
硅、锰、硫、磷等化学成分含量的合格保证，对焊接
结构用铸钢节点的材料还应具有碳当量的合格保证。

5.5.4 铸钢节点设计时应根据铸钢件的轮廓尺寸选
择合理的壁厚，铸件壁间应设计铸造圆角。制造时应

严格控制铸造工艺、铸模精度及热处理工艺。

5.5.5 铸钢节点设计时应采用有限元法进行实际荷载工况下的计算分析，其极限承载力可根据弹塑性有限元分析确定。当铸钢节点承受多种荷载工况且不能明显判断其控制工况时，应分别进行计算以确定其最小极限承载力。极限承载力数值不宜小于最大内力设计值的 3.0 倍。

5.5.6 铸钢节点可根据实际情况进行检验性试验或破坏性试验。检验性试验时试验荷载不应小于最大内力设计值的 1.3 倍；破坏性试验时试验荷载不应小于最大内力设计值的 2.0 倍。

5.6 销轴式节点

5.6.1 销轴式节点（图 5.6.1）适用于约束线位移、放松角位移的转动铰节点。

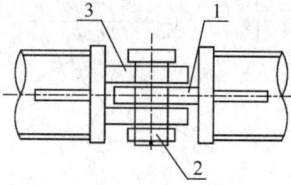

图 5.6.1 销轴式节点
1—销板Ⅰ；2—销轴；3—销板Ⅱ

5.6.2 销轴式节点应保证销轴的抗弯强度和抗剪强度、销板的抗剪强度和抗拉强度满足设计要求，同时应保证在使用过程中杆件与销板的转动方向一致。

5.6.3 销轴式节点的销板孔径宜比销轴的直径大1mm～2mm，各销板之间宜预留 1mm～5mm 间隙。

5.7 组合结构的节点

5.7.1 组合网架与组合网壳结构的上弦节点构造应符合下列规定：

　　1 应保证钢筋混凝土带肋平板与组合网架、组合网壳的腹杆、下弦杆能共同工作；

　　2 腹杆的轴线与作为上弦的带肋板有效截面的中轴线应在节点处交于一点；

　　3 支承钢筋混凝土带肋板的节点板应能有效地传递水平剪力。

5.7.2 钢筋混凝土带肋板与腹杆连接的节点构造可采用下列三种形式：

　　1 焊接十字板节点（图 5.7.2-1），可用于杆件为角钢的组合网架与组合网壳；

　　2 焊接球缺节点（图 5.7.2-2），可用于杆件为圆钢管、节点为焊接空心球的组合网架与组合网壳；

　　3 螺栓环节点（图 5.7.2-3），可用于杆件为圆钢管、节点为螺栓球的组合网架与组合网壳。

5.7.3 组合网架与组合网壳结构节点的构造应符合下列规定：

　　1 钢筋混凝土带肋板的板肋底部预埋钢板应与

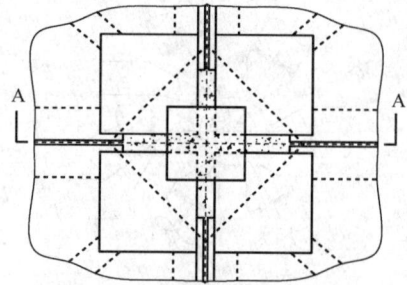

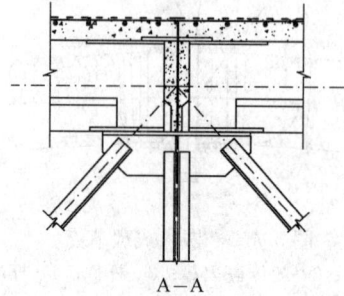

A—A

图 5.7.2-1 焊接十字板节点构造

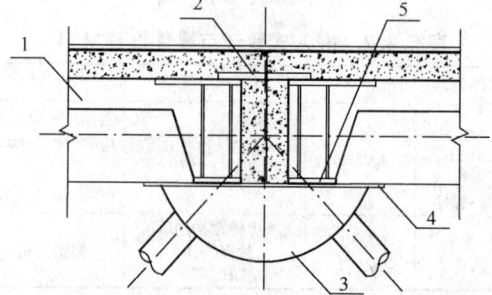

图 5.7.2-2 焊接球缺节点构造
1—钢筋混凝土带肋板；2—上盖板；3—球缺节点；
4—圆形钢板；5—板肋底部预埋钢板

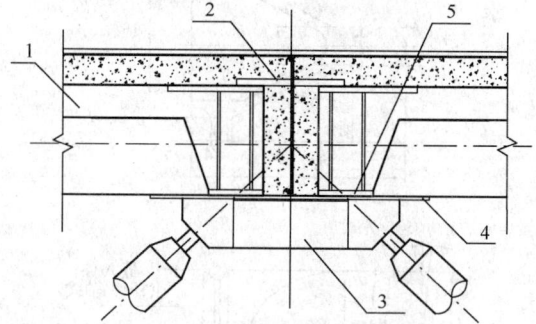

图 5.7.2-3 螺栓环节点构造
1—钢筋混凝土带肋板；2—上盖板；3—螺栓环节点；
4—圆形钢板；5—板肋底部预埋钢板

十字节点板的盖板（或球缺与螺栓环上的圆形钢板）焊接，必要时可在盖板（或圆形钢板）上焊接 U 形短钢筋，并在板缝中浇灌细石混凝土，构成水平盖板的抗剪键；

　　2 后浇板缝中宜配置通长钢筋；

　　3 当节点承受负弯矩时应设置上盖板，并应将其与板肋顶部预埋钢板焊接；

4 当组合网架用于楼层时，板面宜采用配筋后浇的细石混凝土面层；

5 组合网架与组合网壳未形成整体时，不得在钢筋混凝土上弦板上施加不均匀集中荷载。

5.8 预应力索节点

5.8.1 预应力索可采用钢绞线拉索、扭绞型平行钢丝拉索或钢拉杆，相应的拉索形式与端部节点锚固可采用下列方式：

1 钢绞线拉索，索体应由带有防护涂层的钢绞线制成，外加防护套管。固定端可采用挤压锚，张拉端可采用夹片锚，锚板应外带螺母用以微调整索索力（图5.8.1-1）。

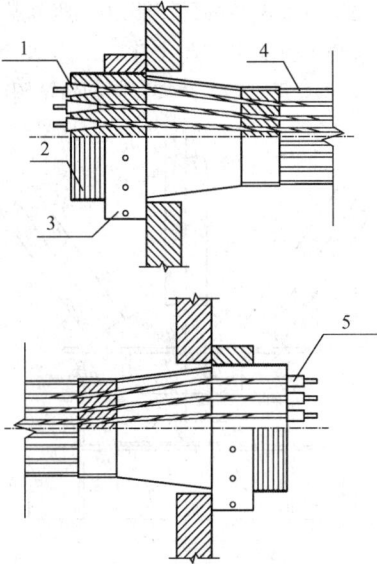

图 5.8.1-1　钢绞线拉索
1—夹片锚；2—锚板；3—外螺母；
4—护套；5—挤压锚

2 扭绞型平行钢丝拉索，索体应为平行钢丝束扭绞成型，外加防护层。钢索直径较小时可采用压接方式锚固，钢索直径大于30mm时宜采用铸锚方式锚固。锚固节点可外带螺母或采用耳板销轴节点（图5.8.1-2）。

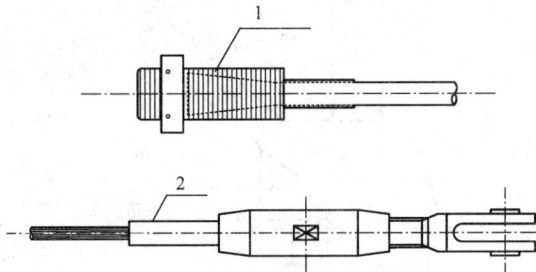

图 5.8.1-2　扭绞型平行钢丝拉索
1—铸锚；2—压接锚

3 钢拉杆，拉杆应为带有防护涂层的优质碳素结构钢、低合金高强度钢、合金结构钢或不锈钢，两

端锚固方式应为耳板销轴节点，并宜配有可调节索长的调节套筒（图5.8.1-3）。

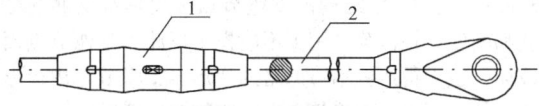

图 5.8.1-3　钢拉杆
1—调节套筒；2—钢棒

5.8.2 预应力体外索在索的转折处应设置鞍形垫板，以保证索的平滑转折（图5.8.2）。

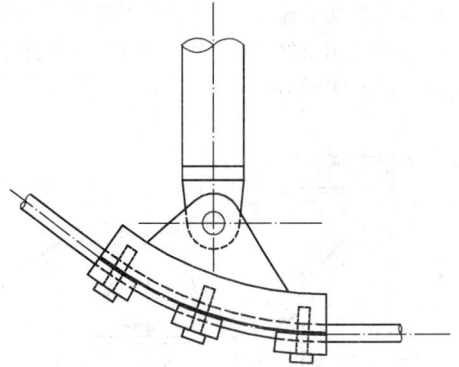

图 5.8.2　预应力体外索的鞍形垫板

5.8.3 张弦立体拱架撑杆下端与索相连的节点宜采用两半球铸钢索夹形式，索夹的连接螺栓应受力可靠，便于在拉索预应力各阶段拧紧索夹。张弦立体拱架的拉索宜采用两端带有铸锚的扭绞型平行钢丝索，拱架端部宜采用铸钢件作为索的锚固节点（图5.8.3）。

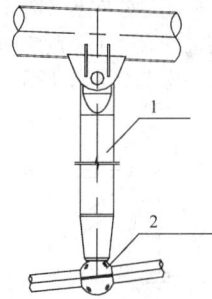

(a) 张弦立体拱架撑杆节点

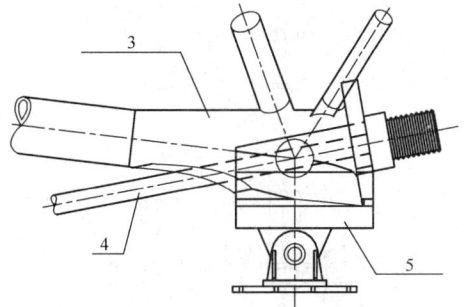

(b)张弦立体拱架支座索锚固节点
图 5.8.3　张弦立体拱架节点
1—撑杆；2—铸钢索夹；3—铸钢锚固节点；
4—索；5—支座节点

5.9 支座节点

5.9.1 空间网格结构的支座节点必须具有足够的强度和刚度，在荷载作用下不应先于杆件和其他节点而破坏，也不得产生不可忽略的变形。支座节点构造形式应传力可靠、连接简单，并应符合计算假定。

5.9.2 空间网格结构的支座节点应根据其主要受力特点，分别选用压力支座节点、拉力支座节点、可滑移与转动的弹性支座节点以及兼受轴力、弯矩与剪力的刚性支座节点。

5.9.3 常用压力支座节点可按下列构造形式选用：

1 平板压力支座节点（图5.9.3-1），可用于中、小跨度的空间网格结构；

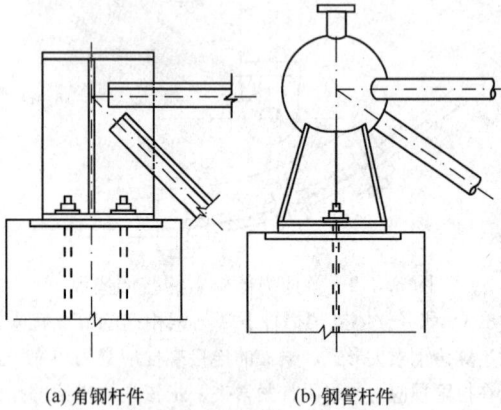

(a) 角钢杆件　　　　　(b) 钢管杆件

图 5.9.3-1　平板压力支座节点

2 单面弧形压力支座节点（图5.9.3-2），可用于要求沿单方向转动的大、中跨度空间网格结构，支座反力较大时可采用图5.9.3-2b所示支座；

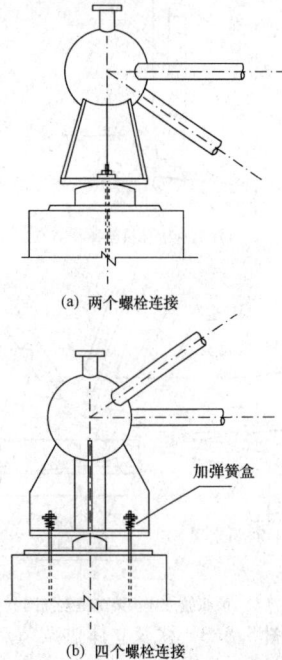

(a) 两个螺栓连接

加弹簧盒

(b) 四个螺栓连接

图 5.9.3-2　单面弧形压力支座节点

3 双面弧形压力支座节点（图5.9.3-3），可用于温度应力变化较大且下部支承结构刚度较大的大跨度空间网格结构；

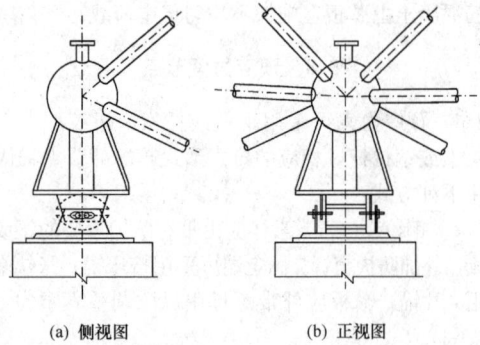

(a) 侧视图　　　　　(b) 正视图

图 5.9.3-3　双面弧形压力支座节点

4 球铰压力支座节点（图5.9.3-4），可用于有抗震要求、多点支承的大跨度空间网格结构。

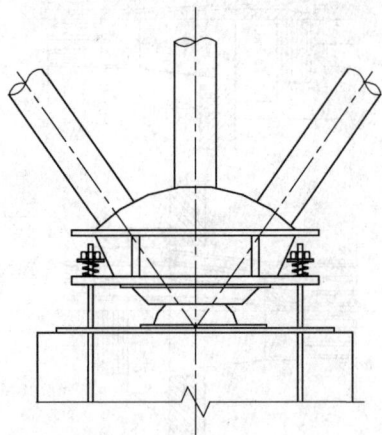

图 5.9.3-4　球铰压力支座节点

5.9.4 常用拉力支座节点可按下列构造形式选用：

1 平板拉力支座节点（同图5.9.3-1），可用于较小跨度的空间网格结构；

2 单面弧形拉力支座节点（图5.9.4-1），可用于要求沿单方向转动的中、小跨度空间网格结构；

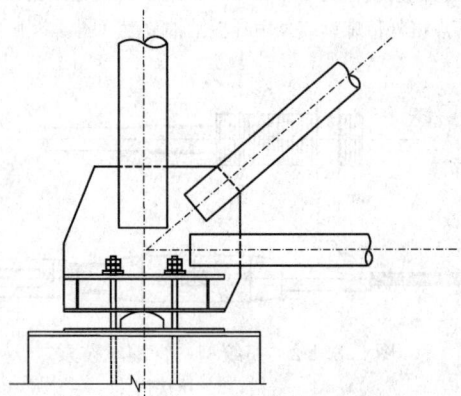

图 5.9.4-1　单面弧形拉力支座节点

3 球铰拉力支座节点（图 5.9.4-2），可用于多点支承的大跨度空间网格结构。

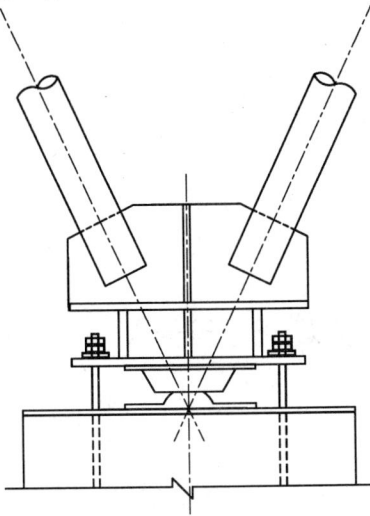

图 5.9.4-2　球铰拉力支座节点

5.9.5 可滑动铰支座节点（图 5.9.5），可用于中、小跨度的空间网格结构。

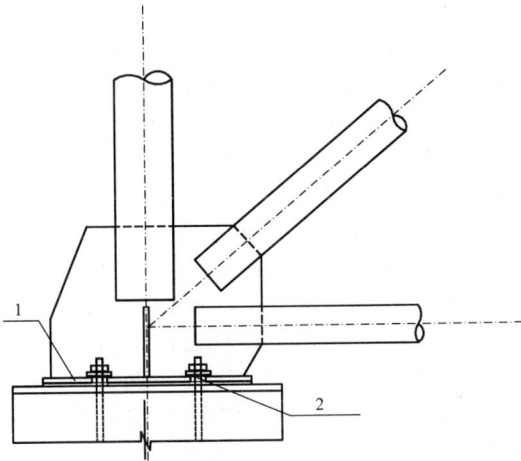

图 5.9.5　可滑动铰支座节点
1—不锈钢板或聚四氟乙烯垫板；
2—支座底板开设椭圆形长孔

5.9.6 橡胶板式支座节点（图 5.9.6），可用于支座反力较大、有抗震要求、温度影响、水平位移较大与有转动要求的大、中跨度空间网格结构，可按本规程附录 K 进行设计。

5.9.7 刚接支座节点（图 5.9.7）可用于中、小跨度空间网格结构中承受轴力、弯矩与剪力的支座节点。支座节点竖向支承板厚度应大于焊接空心球节点球壁厚度 2mm，球体置入深度应大于 2/3 球径。

5.9.8 立体管桁架支座节点可按图 5.9.8 选用。

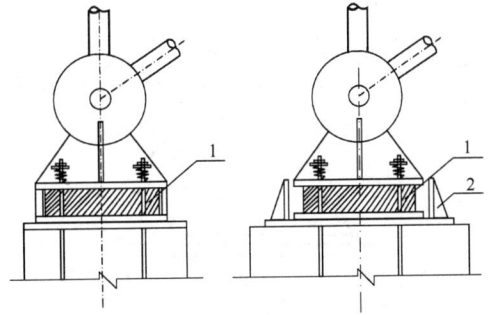

图 5.9.6　橡胶板式支座节点
1—橡胶垫板；2—限位件

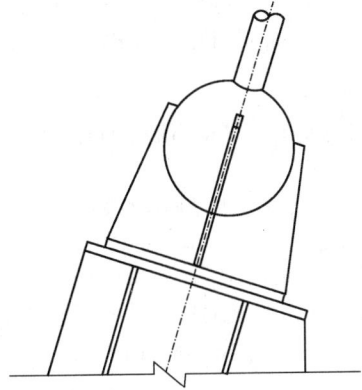

图 5.9.7　刚接支座节点

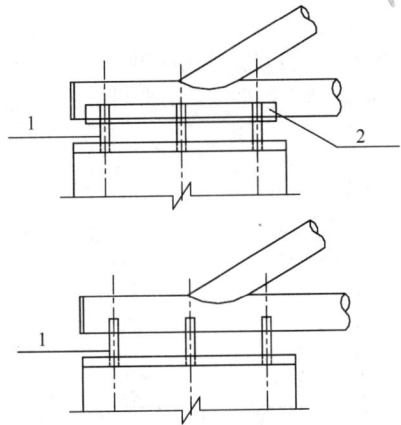

图 5.9.8　立体管桁架支座节点
1—加劲板；2—弧形垫板

5.9.9 支座节点的设计与构造应符合下列规定：

1 支座竖向支承板中心线应与竖向反力作用线一致，并与支座节点连接的杆件汇交于节点中心；

2 支座球节点底部至支座底板间的距离应满足支座斜腹杆与柱或边梁不相碰的要求（图 5.9.9-1）；

3 支座竖向支承板应保证其自由边不发生侧向屈曲，其厚度不宜小于 10mm；对于拉力支座节点，

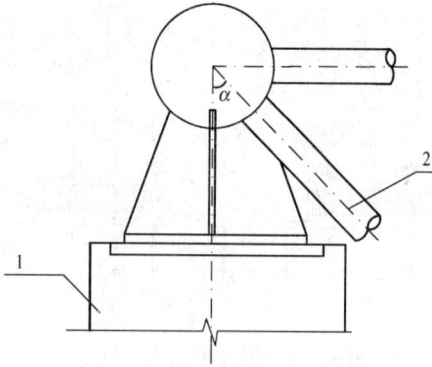

图 5.9.9-1 支座球节点底部与支座
底板间的构造高度
1—柱；2—支座斜腹杆

支座竖向支承板的最小截面积及连接焊缝应满足强度要求；

4 支座节点底板的净面积应满足支承结构材料的局部受压要求，其厚度应满足底板在支座竖向反力作用下的抗弯要求，且不宜小于 12mm；

5 支座节点底板的锚孔孔径应比锚栓直径大 10mm 以上，并应考虑适应支座节点水平位移的要求；

6 支座节点锚栓按构造要求设置时，其直径可取 20mm～25mm，数量可取 2～4 个；受拉支座的锚栓应经计算确定，锚固长度不应小于 25 倍锚栓直径，并应设置双螺母；

7 当支座底板与基础面摩擦力小于支座底部的水平反力时应设置抗剪键，不得利用锚栓传递剪力（图 5.9.9-2）；

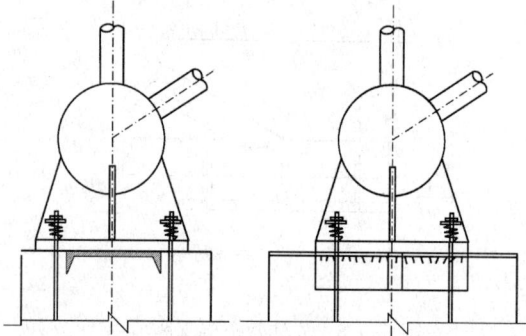

图 5.9.9-2 支座节点抗剪键

8 支座节点竖向支承板与螺栓球节点焊接时，应将螺栓球球体预热至 150℃～200℃，以小直径焊条分层、对称施焊，并应保温缓慢冷却。

5.9.10 弧形支座板的材料宜用铸钢，单面弧形支座板也可用厚钢板加工而成。板式橡胶支座应采用由多层橡胶片与薄钢板相间粘合而成的橡胶垫板，其材料性能及计算构造要求可按本规程附录 K 确定。

5.9.11 压力支座节点中可增设与埋头螺栓相连的过渡钢板，并应与支座预埋钢板焊接（图 5.9.11）。

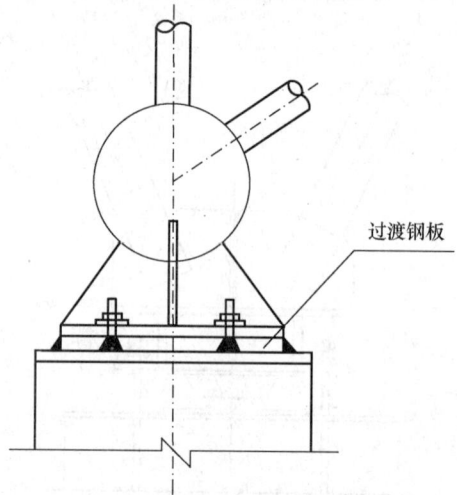

图 5.9.11 采用过渡钢板的压力支座节点

6 制作、安装与交验

6.1 一般规定

6.1.1 钢材的品种、规格、性能等应符合国家现行产品标准和设计要求，并具有质量合格证明文件。钢材的抽样复验应符合现行国家标准《钢结构工程施工质量验收规范》GB 50205 的规定。

6.1.2 空间网格结构在施工前，施工单位应编制施工组织设计，在施工过程中应严格执行。

6.1.3 空间网格结构的制作、安装、验收及放线宜采用钢尺、经纬仪、全站仪等，钢尺在使用时拉力应一致。测量器具必须经计量检验部门检定合格。

6.1.4 焊接工作宜在制作厂或施工现场地面进行，以尽量减少高空作业。焊工应经过考试取得合格证，并经过相应项目的焊接工艺考核合格后方可上岗。

6.1.5 空间网格结构安装前，应根据定位轴线和标高基准点复核和验收支座预埋件、预埋锚栓的平面位置和标高。预埋件、预埋锚栓的施工偏差应符合现行国家标准《钢结构工程施工质量验收规范》GB 50205 的规定。

6.1.6 空间网格结构的安装方法，应根据结构的类型、受力和构造特点，在确保质量、安全的前提下，结合进度、经济及施工现场技术条件综合确定。空间网格结构的安装可选用下列方法：

1 高空散装法 适用于全支架拼装的各种类型的空间网格结构，尤其适用于螺栓连接、销轴连接等非焊接连接的结构。并可根据结构特点选用少支架的悬挑拼装施工方法：内扩法（由边支座向中央悬挑拼装）、外扩法（由中央向边支座悬挑拼装）。

2 分条或分块安装法 适用于分割后结构的刚度和受力状况改变较小的空间网格结构。分条或分块的大小应根据起重设备的起重能力确定。

3 滑移法 适用于能设置平行滑轨的各种空间网格结构，尤其适用于必须跨越施工（待安装的屋盖结构下部不允许搭设支架或行走起重机）或场地狭窄、起重运输不便等情况。当空间网格结构为大柱网或平面狭长时，可采用滑架法施工。

4 整体吊装法 适用于中小型空间网格结构，吊装时可在高空平移或旋转就位。

5 整体提升法 适用于各种空间网格结构，结构在地面整体拼装完毕后提升至设计标高、就位。

6 整体顶升法 适用于支点较少的各种空间网格结构。结构在地面整体拼装完毕后顶升至设计标高、就位。

7 折叠展开式整体提升法 适用于柱面网壳结构等。在地面或接近地面的工作平台上折叠拼装，然后将折叠的机构用提升设备提升到设计标高，最后在高空补足原先去掉的杆件，使机构变成结构。

6.1.7 安装方法确定后，应分别对空间网格结构各吊点反力、竖向位移、杆件内力、提升或顶升时支承柱的稳定性和风载下空间网格结构的水平推力等进行验算，必要时应采取临时加固措施。当空间网格结构分割成条、块状或悬挑法安装时，应对各相应施工工况进行跟踪验算，对有影响的杆件和节点应进行调整。安装用支架或起重设备拆除前应对相应各阶段工况进行结构验算，以选择合理的拆除顺序。

6.1.8 安装阶段结构的动力系数宜按下列数值选取：液压千斤顶提升或顶升取 1.1；穿心式液压千斤顶钢绞线提升取 1.2；塔式起重机、拔杆吊装取 1.3；履带式、汽车式起重机吊取 1.4。

6.1.9 空间网格结构正式安装前宜进行局部或整体试拼装，当结构较简单或确有把握时可不进行试拼装。

6.1.10 空间网格结构不得在六级及六级以上的风力下进行安装。

6.1.11 空间网格结构在进行涂装前，必须对构件表面进行处理，清除毛刺、焊渣、铁锈、污物等。经过处理的表面应符合设计要求和国家现行有关标准的规定。

6.1.12 空间网格结构宜在安装完毕、形成整体后再进行屋面板及吊挂构件等的安装。

6.2 制作与拼装要求

6.2.1 空间网格结构的杆件和节点应在专门的设备或胎具上进行制作与拼装，以保证拼装单元的精度和互换性。

6.2.2 空间网格结构制作与安装中所有焊缝应符合设计要求。当设计无要求时应符合下列规定：

1 钢管与钢管的对接焊缝应为一级焊缝；

2 球管对接焊缝、钢管与封板（或锥头）的对接焊缝应为二级焊缝；

3 支管与主管、支管与支管的相贯焊缝应符合现行行业标准《建筑钢结构焊接技术规程》JGJ 81 的规定；

4 所有焊缝均应进行外观检查，检查结果应符合现行行业标准《建筑钢结构焊接技术规程》JGJ 81 的规定；对一、二级焊缝应作无损探伤检验，一级焊缝探伤比例为 100%，二级焊缝探伤比例为 20%，探伤比例的计数方法为焊缝条数的百分比，探伤方法及缺陷分级应分别符合现行行业标准《钢结构超声波探伤及质量分级法》JG/T 203 和《建筑钢结构焊接技术规程》JGJ 81 的规定。

6.2.3 空间网格结构的杆件接长不得超过一次，接长杆件总数不应超过杆件总数的 10%，并不得集中布置。杆件的对接焊缝距节点或端头的最短距离不得小于 500mm。

6.2.4 空间网格结构制作尚应符合下列规定：

1 焊接球节点的半圆球，宜用机床坡口。焊接后的成品球表面应光滑平整，不应有局部凸起或折皱。焊接球的尺寸允许偏差应符合表 6.2.4-1 的规定。

表 6.2.4-1 焊接球尺寸的允许偏差

项　目	规格（mm）	允许偏差（mm）
直径	$D \leqslant 300$	±1.5
	$300 < D \leqslant 500$	±2.5
	$500 < D \leqslant 800$	±3.5
	$D > 800$	±4.0
圆度	$D \leqslant 300$	1.5
	$300 < D \leqslant 500$	2.5
	$500 < D \leqslant 800$	3.5
	$D > 800$	4.0
壁厚减薄量	$t \leqslant 10$	$0.18t$，且不应大于 1.5
	$10 < t \leqslant 16$	$0.15t$，且不应大于 2.0
	$16 < t \leqslant 22$	$0.12t$，且不应大于 2.5
	$22 < t \leqslant 45$	$0.11t$，且不应大于 3.5
	$t > 45$	$0.08t$，且不应大于 4.0
对口错边量	$t \leqslant 20$	1.0
	$20 < t \leqslant 40$	2.0
	$t > 40$	3.0

注：D 为焊接球的外径，t 为焊接球的壁厚。

2 螺栓球不得有裂纹。螺纹应按 6H 级精度加工，并应符合现行国家标准《普通螺纹　公差》GB/T 197 的规定。螺栓球的尺寸允许偏差应符合表 6.2.4-2 的规定。

表 6.2.4-2　螺栓球尺寸的允许偏差

项　目	规格(mm)	允许偏差
毛坯球直径	D≤120	+2.0mm −1.0mm
	D>120	+3.0mm −1.5mm
球的圆度	D≤120	1.5mm
	120<D≤250	2.5mm
	D>250	3.5mm
同一轴线上两铣平面平行度	D≤120	0.2mm
	D>120	0.3mm
铣平面距球中心距离	—	±0.2mm
相邻两螺栓孔中心线夹角		±30′
铣平面与螺栓孔轴线垂直度	—	0.005r

注：D 为螺栓球直径，r 为铣平面半径。

3　嵌入式毂节点杆端嵌入榫与毂体槽口相配合部分的制造精度应满足 0.1mm～0.3mm 间隙配合的要求。杆端嵌入件倾角 φ 制造中以 30′ 分类，与杆件组焊时，在专用胎具上微调，其调整后的偏差为 20′。嵌入式毂节点尺寸允许偏差应符合表 6.2.4-3 的规定。

表 6.2.4-3　嵌入式毂节点尺寸的允许偏差

项　目	允许偏差
嵌入槽圆孔对分布圆中心线的平行度	0.3mm
分布圆直径	±0.3mm
直槽部分对圆孔平行度	0.2mm
毂体嵌入槽间夹角	±20′
毂体端面对嵌入槽分布圆中心线的端面跳动	0.3mm
端面间平行度	0.5mm

6.2.5　钢管杆件宜用机床下料。杆件下料长度应预加焊接收缩量，其值可通过试验确定。杆件制作长度的允许偏差应为±1mm。采用螺栓球节点连接的杆件其长度应包括锥头或封板；采用嵌入式毂节点连接的杆件，其长度应包括杆端嵌入件。

6.2.6　支座节点、铸钢节点、预应力索锚固节点、H 型钢、方管、预应力索等的制作加工应符合设计及现行国家标准《钢结构工程施工质量验收规范》GB 50205 等的规定。

6.2.7　空间网格结构宜在拼装模架上进行小拼，以保证小拼单元的形状和尺寸的准确性。小拼单元的允许偏差应符合表 6.2.7 规定。

表 6.2.7　小拼单元的允许偏差

项　目	范　围	允许偏差 （mm）
节点中心偏移	D≤500	2.0
	D>500	3.0
杆件中心与节点中心的偏移	d (b)≤200	2.0
	d (b)>200	3.0
杆件轴线的弯曲矢高	—	L₁/1000，且不应大于 5.0
网格尺寸	L≤5000	±2.0
	L>5000	±3.0
锥体（桁架）高度	h≤5000	±2.0
	h>5000	±3.0
对角线长度	L≤7000	±3.0
	L>7000	±4.0
平面桁架节点处杆件轴线错位	d (b)≤200	2.0
	d (b)>200	3.0

注：1　D 为节点直径；

2　d 为杆件直径，b 为杆件截面边长；

3　L_1 为杆件长度，L 为网格尺寸，h 为锥体（桁架）高度。

6.2.8　分条或分块的空间网格结构单元长度不大于 20m 时，拼接边长度允许偏差应为±10mm；当条或块单元长度大于 20m 时，拼接边长度允许偏差应为±20mm。高空总拼应有保证精度的措施。

6.2.9　空间网格结构在总拼前应精确放线，放线的允许偏差应为边长的 1/10000。总拼所用的支承点应防止下沉。总拼时应选择合理的焊接工艺顺序，以减少焊接变形和焊接应力。拼装与焊接顺序应从中间向两端或四周发展。网壳结构总拼完成后应检查曲面形状，其局部凹陷的允许偏差应为跨度的 1/1500，且不应大于 40mm。

6.2.10　螺栓球节点及用高强度螺栓连接的空间网格结构，按有关规定拧紧高强度螺栓后，应对高强度螺栓的拧紧情况逐一检查，压杆不得存在缝隙，确保高强度螺栓拧紧。安装完成后应对拉杆套筒的缝隙和多余的螺孔用油腻子填嵌密实，并应按规定进行防腐处理。

6.2.11　支座安装应平整垫实，必要时可用钢板调整，不得强迫就位。

6.3　高空散装法

6.3.1　采用小拼单元或杆件直接在高空拼装时，其顺序应能保证拼装精度，减少累积误差。悬挑法施工时，应先拼成可承受自重的几何不变结构体系，然后逐步扩拼。为减少扩拼时结构的竖向位移，可设置少量支撑。空间网格结构在拼装过程中应对控制点空间坐标随时跟踪测量，并及时调整至设计要求值，不应使拼装偏差逐步积累。

6.3.2 当选用扣件式钢管搭设拼装支架时，应在立杆柱网中纵横每相隔15m～20m设置格构柱或格构框架，作为核心结构。格构柱或格构框架必须设置交叉斜杆，斜杆与立杆或水平杆交叉处节点必须用扣件连接牢固。

6.3.3 格构柱应验算强度、整体稳定性和单根立杆稳定性；拼装支架除应验算单根立杆强度和稳定性外，尚应采取构造措施保证整体稳定性。压杆计算长度 l_0 应取支架步高。

计算时工作条件系数 μ_a 可取 0.36，高度影响系数 μ_b 可按下式计算：

$$\mu_b = \frac{1}{1 + 0.005H_s} \quad (6.3.3)$$

式中：μ_b ——高度影响系数；

H_s ——支架搭设高度（m）。

6.3.4 对于高宽比比较大的拼装支架还应进行抗倾覆验算。

6.3.5 拼装支架搭设应符合下列规定：

1 必须设置足够完整的垂直剪刀撑和水平剪刀撑；

2 支架应与土建结构连接牢固，当无连接条件时，应设置安全缆风绳、抛撑等；

3 支架立杆安装每步高允许垂直偏差应为±7mm；支架总高20m以下时，全高允许垂直偏差应为±30mm；支架总高20m以上时，全高允许垂直偏差应为±48mm；

4 扣件拧紧力矩不应小于40N·m，抽检率不应低于20%；

5 支架在结构自重及施工荷载作用下，其立杆总沉降量不应大于10mm；

6 支架搭设的其余技术要求应符合现行行业标准《建筑施工扣件式钢管脚手架安全技术规范》JGJ 130 的相关规定。

6.3.6 在拆除支架过程中应防止个别支承点集中受力，宜根据各支承点的结构自重挠度值，采用分区、分阶段按比例下降或用每步不大于10mm的等步下降法拆除支承点。

6.4 分条或分块安装法

6.4.1 将空间网格结构分成条状单元或块状单元在高空连成整体时，分条或分块结构单元应具有足够刚度并保证自身的几何不变性，否则应采取临时加固措施。

6.4.2 在分条或分块之间的合拢处，可采用安装螺栓或其他临时定位等措施。设置独立的支撑点或拼装支架时，应符合本规程第6.3.2条的规定。合拢时可

用千斤顶或其他方法将网格单元顶升至设计标高，然后连接。

6.4.3 网格单元宜减少中间运输。如需运输时，应采取措施防止变形。

6.5 滑 移 法

6.5.1 滑移可采用单条滑移法、逐条积累滑移法与滑架法。

6.5.2 空间网格结构在滑移时应至少设置两条滑轨，滑轨间必须平行。根据结构支承情况，滑轨可以倾斜设置，结构可上坡或下坡牵引。当滑轨倾斜时，必须采取安全措施，使结构在滑移过程中不致因自重向下滑动。对曲面空间网格结构的条状单元可用辅助支架调整结构的高低；对非矩形平面空间网格结构，在滑轨两边可对称或非对称将结构悬挑。

6.5.3 滑轨可固定于梁顶面或专用支架上，也可置于地面，轨面标高宜高于或等于空间网格结构支座设计标高。滑轨及专用支架应能抵抗滑移时的水平力及竖向力，专用支架的搭设应符合本规程第6.3.2条的规定。滑轨接头处应垫实，两端应做圆倒角，滑轨两侧应无障碍，滑轨表面应光滑平整，并应涂润滑油。大跨度空间网格结构的滑轨采用钢轨时，安装应符合现行国家标准《桥式和门式起重机制造和轨道安装公差》GB/T 10183 的规定。

6.5.4 对大跨度空间网格结构，宜在跨中增设中间滑轨。中间滑轨宜用滚动摩擦方式滑移，两边滑轨宜用滑动摩擦方式滑移。当滑移单元由于增设中间滑轨引起杆件内力变号时，应采取措施防止杆件失稳。

6.5.5 当设置水平导向轮时，宜设在滑轨内侧，导向轮与滑轨的间隙应在 10mm～20mm 之间。

6.5.6 空间网格结构滑移时可用卷扬机或手拉葫芦牵引，根据牵引力大小及支座之间的杆件承载力，左右每边采用一点或多点牵引。牵引速度不宜大于0.5m/min，不同步值不应大于50mm。牵引力可按滑动摩擦或滚动摩擦分别按下列公式进行验算：

1 滑动摩擦

$$F_t \geqslant \mu_1 \cdot \zeta \cdot G_{ok} \quad (6.5.6\text{-}1)$$

式中：F_t ——总启动牵引力；

G_{ok} ——空间网格结构的总自重标准值；

μ_1 ——滑动摩擦系数，在自然轧制钢表面，经粗除锈充分润滑的钢与钢之间可取0.12～0.15；

ζ ——阻力系数，当有其他因素影响牵引力时，可取1.3～1.5。

2 滚动摩擦

$$F_t \geqslant \left(\frac{k}{r_1} + \mu_2 \frac{r}{r_1}\right) \cdot G_{ok} \cdot \zeta_1 \quad (6.5.6\text{-}2)$$

式中：F_t ——总启动牵引力；

G_{ok} ——空间网格结构总自重标准值；

k ——钢制轮与钢轨之间滚动摩擦力臂，当圆顶轨道车轮直径为 100mm～150mm 时，取 0.3mm，车轮直径为 200mm～300mm 时，取 0.4mm；

μ_2 ——车轮轴承摩擦系数，滑动开式轴承取 0.1，稀油润滑取 0.08，滚珠轴承取 0.015，滚柱轴承、圆锥滚子轴承取 0.02；

ζ_1 ——阻力系数，由小车制造安装精度、钢轨安装精度、牵引的不同步程度等因素确定，取 1.1～1.3；

r_1 ——滚轮的外圆半径（mm）；

r ——轴的半径（mm）。

6.5.7 空间网格结构在滑移施工前，应根据滑移方案对杆件内力、位移及支座反力进行验算。当采用多点牵引时，还应验算牵引不同步对结构内力的影响。

6.6 整体吊装法

6.6.1 空间网格结构整体吊装可采用单根或多根拔杆起吊，也可采用一台或多台起重机起吊就位，并应符合下列规定：

　　1 当采用单根拔杆整体吊装方案时，对矩形网架，可通过调整缆风绳使空间网格结构平移就位；对正多边形或圆形结构可通过旋转使结构转动就位；

　　2 当采用多根拔杆方案时，可利用每根拔杆两侧起重机滑轮组中产生水平力不等原理推动空间网格结构平移或转动就位（图 6.6.1）；

　　3 空间网格结构吊装设备可根据起重滑轮组的拉力进行受力分析，提升或就位阶段可分别按下列公式计算起重滑轮组的拉力：

　　提升阶段（图 6.6.1a），

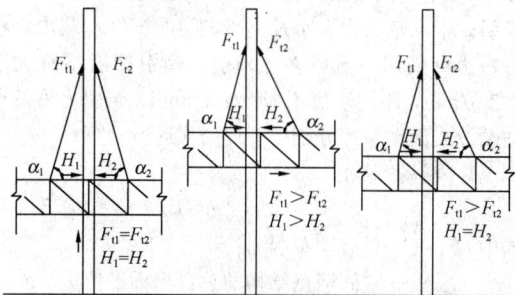

(a)提升阶段　　(b)移位阶段　　(c)就位阶段

图 6.6.1　空间网格结构空中移位示意

$$F_{t1} = F_{t2} = \frac{G_1}{2\sin\alpha_1} \quad (6.6.1-1)$$

就位阶段（图 6.6.1b），

$$F_{t1}\sin\alpha_1 + F_{t2}\sin\alpha_2 = G_1 \quad (6.6.1-2)$$

$$F_{t1}\cos\alpha_1 = F_{t2}\cos\alpha_2 \quad (6.6.1-3)$$

式中：G_1 ——每根拔杆所担负的空间网格结构、索具等荷载（kN）；

F_{t1}、F_{t2} ——起重滑轮组的拉力（kN）；

α_1、α_2 ——起重滑轮组钢丝绳与水平面的夹角（rad）。

6.6.2 在空间网格结构整体吊装时，应保证各吊点起升及下降的同步性。提升高差允许值（即相邻两拔杆间或相邻两吊点组的合力点间的相对高差）可取吊点间距离的 1/400，且不宜大于 100mm，或通过验算确定。

6.6.3 当采用多根拔杆或多台起重机吊装空间网格结构时，宜将拔杆或起重机的额定负荷能力乘以折减系数 0.75。

6.6.4 在制订空间网格结构就位总拼方案时，应符合下列规定：

　　1 空间网格结构的任何部位与支承柱或拔杆的净距不应小于 100mm；

　　2 如支承柱上设有凸出构造（如牛腿等），应防止空间网格结构在提升过程中被凸出物卡住；

　　3 由于空间网格结构错位需要，对个别杆件暂不组装时，应进行结构验算。

6.6.5 拔杆、缆风绳、索具、地锚、基础及起重滑轮组的穿法等，均应进行验算，必要时可进行试验检验。

6.6.6 当采用多根拔杆吊装时，拔杆安装必须垂直，缆风绳的初始拉力值宜取吊装时缆风绳中拉力的 60%。

6.6.7 当采用单根拔杆吊装时，应采用球铰底座；当采用多根拔杆吊装时，在拔杆的起重平面内可采用单向铰接头。拔杆在最不利荷载组合作用下，其支承基础对地面的平均压力不应大于地基承载力特征值。

6.6.8 当空间网格结构承载能力允许时，在拆除拔杆时可采用在结构上设置滑轮组将拔杆悬挂于空间网格结构上逐段拆除的方法。

6.7 整体提升法

6.7.1 空间网格结构整体提升可在结构柱上安装提升设备进行提升，也可在进行柱子滑模施工的同时提升，此时空间网格结构可作为操作平台。

6.7.2 提升设备的使用负荷能力，应将额定负荷能力乘以折减系数，穿心式液压千斤顶可取 0.5～0.6；电动螺杆升板机可取 0.7～0.8；其他设备通过试验确定。

6.7.3 空间网格结构整体提升时应保证同步。相邻两提升点和最高与最低两个点的提升允许高差值应通过验算或试验确定。在通常情况下，相邻两个提升点允许高差值，当用升板机时，应为相邻点距离的 1/400，且不应大于 15mm；当采用穿心式液压千斤顶时，应为相邻点距离的 1/250，且不应大于 25mm。最高点与最低点允许高差值，当采用升板机时应为 35mm，当采用穿心式液压千斤顶时应为 50mm。

6.7.4 提升设备的合力点与吊点的偏移值不应大

于 10mm。

6.7.5 整体提升法的支承柱应进行稳定性验算。

6.8 整体顶升法

6.8.1 当空间网格结构采用整体顶升法时，宜利用空间网格结构的支承柱作为顶升时的支承结构，也可在原支承柱处或其附近设置临时顶升支架。

6.8.2 顶升用的支承柱或临时支架上的缀板间距，应为千斤顶使用行程的整倍数，其标高偏差不得大于 5mm，否则应用薄钢板垫平。

6.8.3 顶升千斤顶可采用螺旋千斤顶或液压千斤顶，其使用负荷能力应将额定负荷能力乘以折减系数，丝杠千斤顶取 0.6～0.8，液压千斤顶取 0.4～0.6。各千斤顶的行程和升起速度必须一致，千斤顶及其液压系统必须经过现场检验合格后方可使用。

6.8.4 顶升时各顶升点的允许高差应符合下列规定：

　　1 不应大于相邻两个顶升支承结构间距的 1/1000，且不应大于 15mm；

　　2 当一个顶升点的支架结构上有两个或两个以上千斤顶时，不应大于千斤顶间距的 1/200，且不应大于 10mm。

6.8.5 千斤顶应保持垂直，千斤顶或千斤顶合力的中心与顶升点结构中心线偏移值不应大于 5mm。

6.8.6 顶升前及顶升过程中空间网格结构支座中心对柱基轴线的水平偏移值不得大于柱截面短边尺寸的 1/50 及柱高的 1/500。

6.8.7 顶升用的支承结构应进行稳定性验算，验算时除应考虑空间网格结构和支承结构自重、与空间网格结构同时顶升的其他静载和施工荷载外，尚应考虑上述荷载偏心和风荷载所产生的影响。如稳定性不满足时，应采取措施予以解决。

6.9 折叠展开式整体提升法

6.9.1 将柱面网壳结构由结构变成机构，在地面拼装完成后用提升设备整体提升到设计标高，然后在高空补足杆件，使机构成为结构。在作为机构的整个提升过程中应对网壳结构的杆件内力、节点位移及支座反力进行验算，必要时应采取临时加固措施。

6.9.2 提升用的工具宜采用液压设备，并宜采用计算机同步控制。提升点应根据设计计算确定，可采用四点或四点以上的提升点进行提升。提升速度不宜大于 0.2m/min，提升点的不同步值不应大于提升点间距的 1/500，且不应大于 40mm。

6.9.3 在提升过程中只允许机构在竖直方向作一维运动。提升用的支架应符合本规程第 6.3.2 条的规定，并应设置导轨。

6.9.4 柱面网壳结构由若干条铰线分成多个区域，每条铰线包含多个活动铰，应保证同一铰线上的各个铰节点在一条直线上，各条铰线之间应相互平行。

6.9.5 对提升过程中可能出现瞬变的柱面网壳结构，应设置临时支撑或临时拉索。

6.10 组合空间网格结构施工

6.10.1 预制钢筋混凝土板几何尺寸的允许偏差及混凝土质量标准应符合现行国家标准《混凝土结构工程施工质量验收规范》GB 50204 的有关规定。

6.10.2 灌缝混凝土应采用微膨胀补偿收缩混凝土，并应连续灌筑。当灌缝混凝土强度达到强度等级的 75% 以上时，方可拆除支架。

6.10.3 组合空间网格结构的腹杆及下弦杆的制作、拼装允许偏差及焊缝质量要求应符合本规程第 6.2 节的规定。

6.10.4 组合空间网格结构安装方法可采用高空散装法、整体提升法、整体顶升法。

6.10.5 组合空间网格结构在未形成整体前，不得拆除支架或施加局部集中荷载。

6.11 交　　验

6.11.1 空间网格结构的制作、拼装和安装的每道工序完成后均应进行检查，凡未经检查，不得进行下一工序的施工，每道工序的检查均应作出记录，并汇总存档。结构安装完成后必须进行交工验收。

　　组成空间网格结构的各种节点、杆件、高强度螺栓、其他零配件、构件、连接件等均应有出厂合格证及检验记录。

6.11.2 交工验收时，应检查空间网格结构的各边长度、支座的中心偏移和高度偏差，各允许偏差应符合下列规定：

　　1 各边长度的允许偏差应为边长的 1/2000 且不应大于 40mm；

　　2 支座中心偏移的允许偏差应为偏移方向空间网格结构边长（或跨度）的 1/3000，且不应大于 30mm；

　　3 周边支承的空间网格结构，相邻支座高差的允许偏差应为相邻间距的 1/400，且不大于 15mm；对多点支承的空间网格结构，相邻支座高差的允许偏差应为相邻间距的 1/800，且不应大于 30mm；支座最大高差的允许偏差不应大于 30mm。

6.11.3 空间网格结构安装完成后，应对挠度进行测量。测量点的位置可由设计单位确定。当设计无要求时，对跨度为 24m 及以下的情况，应测量跨中的挠度；对跨度为 24m 以上的情况，应测量跨中及跨度方向四等分点的挠度。所测得的挠度值不应超过现荷载条件下挠度计算值的 1.15 倍。

6.11.4 空间网格结构工程验收，应具备下列文件和记录：

　　1 空间网格结构施工图、设计变更文件、竣工图；

　　2 施工组织设计；

3 所用钢材及其他材料的质量证明书和试验报告；

4 零部件产品合格证和试验报告；

5 焊接质量检验资料；

6 总拼就位后几何尺寸偏差、支座高度偏差和挠度测量记录。

附录 A 常用网架形式

A.0.1 交叉桁架体系可采用下列五种形式：

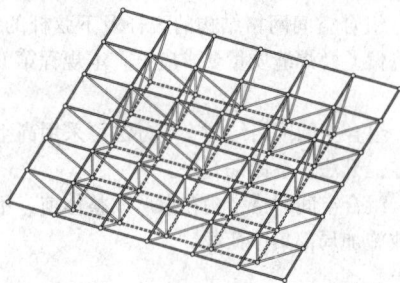

图 A.0.1（a） 两向正交正放网架

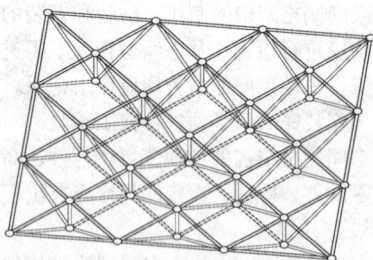

图 A.0.1（b） 两向正交斜放网架

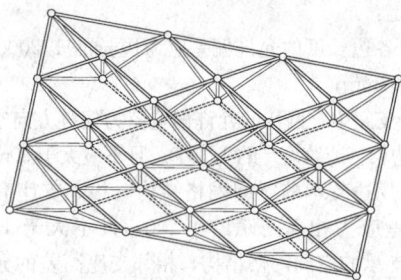

图 A.0.1（c） 两向斜交斜放网架

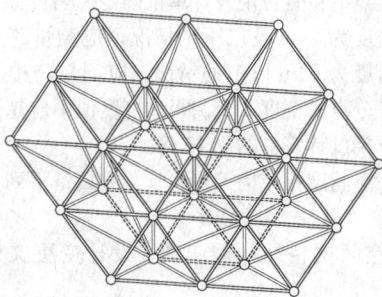

图 A.0.1（d） 三向网架

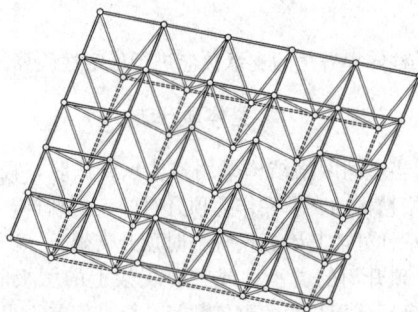

图 A.0.1（e） 单向折线形网架

A.0.2 四角锥体系可采用下列五种形式：

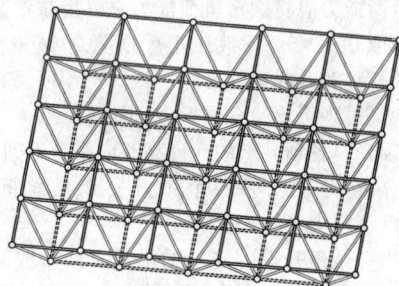

图 A.0.2（a） 正放四角锥网架

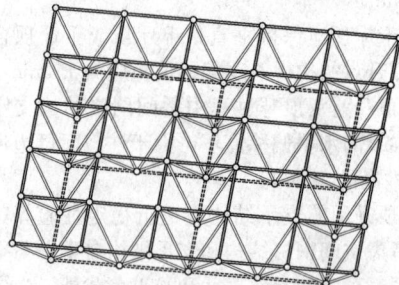

图 A.0.2（b） 正放抽空四角锥网架

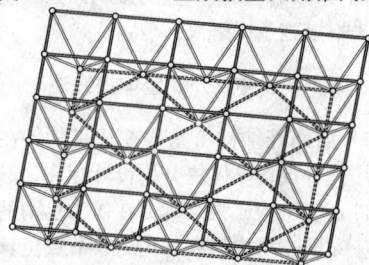

图 A.0.2（c） 棋盘形四角锥网架

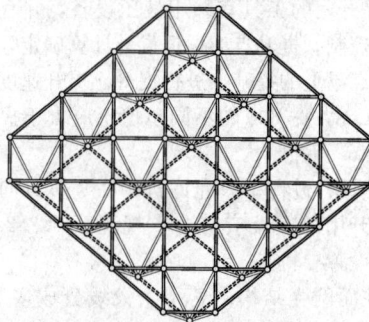

图 A.0.2（d） 斜放四角锥网架

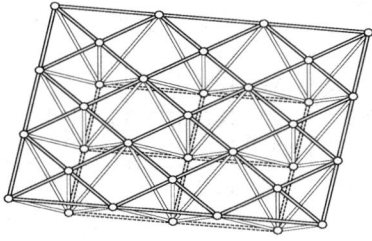

图 A.0.2（e） 星形四角锥网架

A.0.3 三角锥体系可采用下列三种形式：

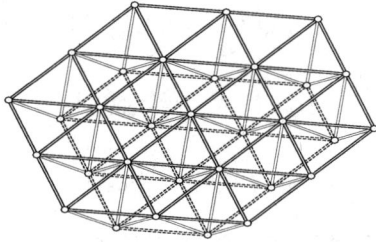

图 A.0.3（a） 三角锥网架

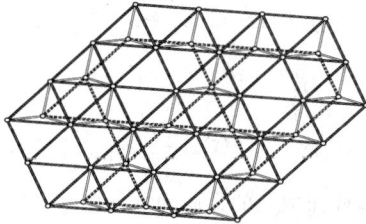

图 A.0.3（b） 抽空三角锥网架

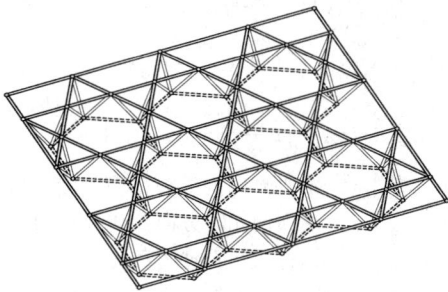

图 A.0.3（c） 蜂窝形三角锥网架

附录 B 常用网壳形式

B.0.1 单层圆柱面网壳网格可采用下列四种形式：

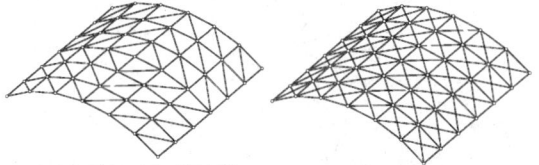

(a) 单向斜杆正交正放网格　　(b) 交叉斜杆正交正放网格

(c) 联方网格　　(d) 三向网格(其网格也可转90°方向布置)

图 B.0.1 单层圆柱面网壳网格形式

B.0.2 单层球面网壳网格可采用下列六种形式：

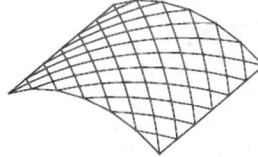
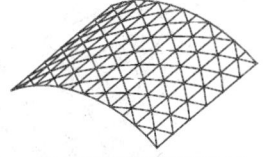

(a)肋环型　　(b)肋环斜杆型

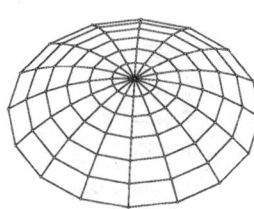
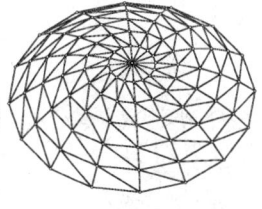

(c)三向网格　　(d)扇形三向网格

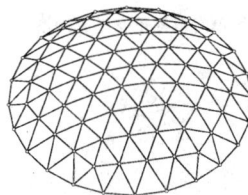
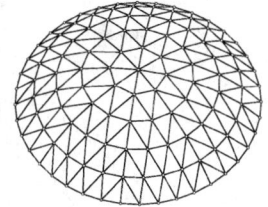

(e)葵花形三向网格　　(f)短程线型

图 B.0.2 单层球面网壳网格形式

B.0.3 单层双曲抛物面网壳网格可采用下列二种形式：

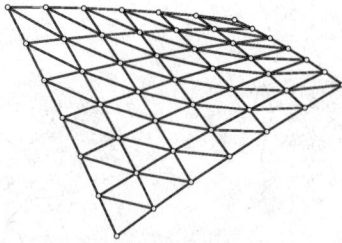

(a) 杆件沿直纹布置

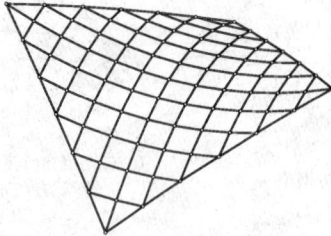

(b) 杆件沿主曲率方向布置

图 B.0.3　单层双曲抛物面网
壳网格形式

B.0.4 单层椭圆抛物面网壳网格可采用下列三种
形式：

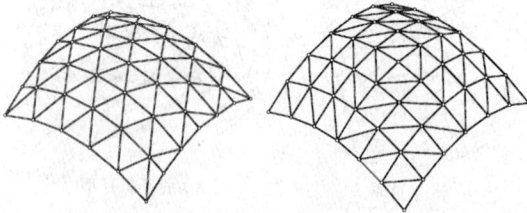

(a) 三向网格　　　(b)单向斜杆正交正放网格

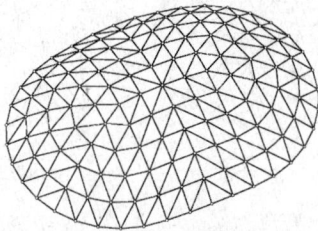

(c) 椭圆底面网格

图 B.0.4　单层椭圆抛物面网壳网格形式

附录 C　网壳等效刚度的计算

C.0.1　网壳的各种常用网格形式可分为图 C.0.1 所
示三种类型，其等效薄膜刚度 B_e 和等效抗弯刚度 D_e
可按不同类型所给出的下列公式进行计算。

1　扇形三向网格球面网壳主肋处的网格（方向
1 代表径向）或其他各类网壳中单斜杆正交网格（图
C.0.1a）

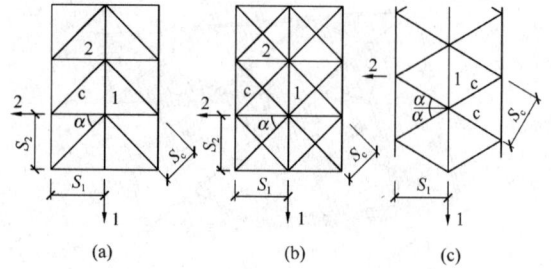

(a)　　　　　(b)　　　　　(c)

图 C.0.1　网壳常用网格形式

$$\left.\begin{array}{l} B_{e11} = \dfrac{EA_1}{s_1} + \dfrac{EA_c}{s_c}\sin^4\alpha \\[2mm] B_{e22} = \dfrac{EA_2}{s_2} + \dfrac{EA_c}{s_c}\cos^4\alpha \end{array}\right\} \quad \text{(C.0.1-1)}$$

$$\left.\begin{array}{l} D_{e11} = \dfrac{EI_1}{s_1} + \dfrac{EI_c}{s_c}\sin^4\alpha \\[2mm] D_{e22} = \dfrac{EI_2}{s_2} + \dfrac{EI_c}{s_c}\cos^4\alpha \end{array}\right\} \quad \text{(C.0.1-2)}$$

2　各类网壳中的交叉斜杆正交网格（图
C.0.1b）

$$\left.\begin{array}{l} B_{e11} = \dfrac{EA_1}{s_1} + 2\dfrac{EA_c}{s_c}\sin^4\alpha \\[2mm] B_{e22} = \dfrac{EA_2}{s_2} + 2\dfrac{EA_c}{s_c}\cos^4\alpha \end{array}\right\} \quad \text{(C.0.1-3)}$$

$$\left.\begin{array}{l} D_{e11} = \dfrac{EI_1}{s_1} + 2\dfrac{EI_c}{s_c}\sin^4\alpha \\[2mm] D_{e22} = \dfrac{EI_2}{s_2} + 2\dfrac{EI_c}{s_c}\cos^4\alpha \end{array}\right\} \quad \text{(C.0.1-4)}$$

3　圆柱面网壳的三向网格（方向 1 代表纵向）
或椭圆抛物面网壳的三向网格（图 C.0.1c）

$$\left.\begin{array}{l} B_{e11} = \dfrac{EA_1}{s_1} + 2\dfrac{EA_c}{s_c}\sin^4\alpha \\[2mm] B_{e22} = 2\dfrac{EA_c}{s_c}\cos^4\alpha \end{array}\right\} \quad \text{(C.0.1-5)}$$

$$\left.\begin{array}{l} D_{e11} = \dfrac{EI_1}{s_1} + 2\dfrac{EI_c}{s_c}\sin^4\alpha \\[2mm] D_{e22} = 2\dfrac{EI_c}{s_c}\cos^4\alpha \end{array}\right\} \quad \text{(C.0.1-6)}$$

式中：　B_{e11}——沿 1 方向的等效薄膜刚度，当为圆
　　　　　　　　球面网壳时方向 1 代表径向，当为
　　　　　　　　圆柱面网壳时代表纵向；

　　　　B_{e22}——沿 2 方向的等效薄膜刚度，当为圆
　　　　　　　　球面网壳时方向 2 代表环向，当为
　　　　　　　　圆柱面网壳时代表横向；

　　　　D_{e11}——沿 1 方向的等效抗弯刚度；

　　　　D_{e22}——沿 2 方向的等效抗弯刚度；

A_1、A_2、A_c——沿 1、2 方向和斜向的杆件截面
　　　　　　　　面积；

　　s_1、s_2、s_c——1、2 方向和斜向的网格间距；

　　I_1、I_2、I_c——沿 1、2 方向和斜向的杆件截面惯

性矩；

α——沿 2 方向杆件和斜杆的夹角。

附录 D 组合网架结构的简化计算

D.0.1 当组合网架结构的带肋平板采用如图 D.0.1a 的布置形式时，可假定为四组杆系组成的等代上弦杆（图 D.0.1b），其截面面积应按下列公式计算：

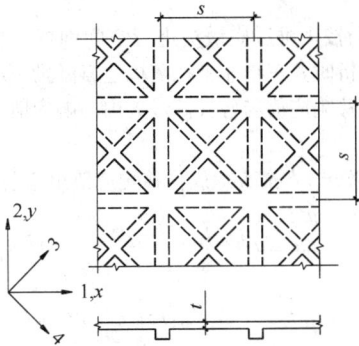

(a) 带肋平板

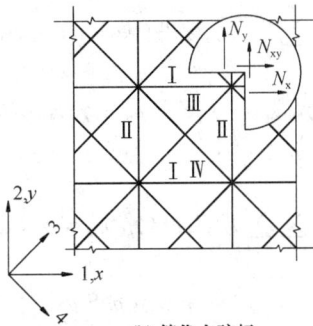

(b) 等代上弦杆

图 D.0.1 组合网架结构的计算简图

$$A_i = A_{0i} + A_{ti} (i = 1, 2, 3, 4) \quad (D.0.1-1)$$

$$A_{t1} = A_{t2} = 0.75\eta ts \quad (D.0.1-2)$$

$$A_{t3} = A_{t4} = \frac{0.75}{\sqrt{2}}\eta ts \quad (D.0.1-3)$$

式中：A_{0i}——i 方向肋的截面面积（$i = 1, 2, 3, 4$）；

A_{ti}——带肋板的平板部分在 i 方向等代杆系的截面面积（$i=1, 2, 3, 4$）；计算矩形平面组合网架边界处内力时，A_{t1}、A_{t2} 应减半，取 $0.375\eta ts$；

t——平板厚度；

s——1、2 两方向肋的间距；

η——考虑钢筋混凝土平板泊松比 ν 的修正系数，当 $\nu = 1/6$ 时，可取 $\eta = 0.825$。

组合网架带肋平板的混凝土弹性模量，在长期荷载组合下应乘折减系数 0.5，在短期荷载组合下应乘折减系数 0.85。

D.0.2 肋和平板等代杆系的轴向力设计值 N_{0i}、N_{ti} 可按下列公式计算：

$$N_{0i} = \frac{A_{0i}}{A_i}N_i \quad (D.0.2-1)$$

$$N_{ti} = \frac{A_{ti}}{A_i}N_i \quad (D.0.2-2)$$

式中：N_i——由截面积为 A_i 的等代上弦杆组成的网架结构所求得的上弦内力设计值（$i = 1, 2, 3, 4$）。

D.0.3 Ⅰ、Ⅲ类三角形单元与Ⅱ、Ⅳ类三角形单元（图 D.0.1b）内的平板内力设计值 N_x、N_y、N_{xy} 可分别按下列公式计算：

$$\begin{Bmatrix} N_x \\ N_y \\ N_{xy} \end{Bmatrix} = \frac{1}{2s} \begin{bmatrix} 2 & 1 & 1 \\ -2 & 3 & 3 \\ 0 & 1 & -1 \end{bmatrix} \begin{Bmatrix} N_{t1} \\ \sqrt{2}N_{t3} \\ \sqrt{2}N_{t4} \end{Bmatrix}$$

$$(D.0.3-1)$$

$$\begin{Bmatrix} N_x \\ N_y \\ N_{xy} \end{Bmatrix} = \frac{1}{2s} \begin{bmatrix} -2 & 3 & 3 \\ 2 & 1 & 1 \\ 0 & 1 & -1 \end{bmatrix} \begin{Bmatrix} N_{t2} \\ \sqrt{2}N_{t3} \\ \sqrt{2}N_{t4} \end{Bmatrix}$$

$$(D.0.3-2)$$

式中：N_{ti}——三角形单元边界处相应平板等代杆系的轴力设计值。计算矩形平面组合网架边界处内力时，N_{t1}、N_{t2} 应加倍，取 $2N_{t1}$、$2N_{t2}$。

D.0.4 根据板的连接构造，对多支点双向多跨连续板或四支点单跨板，应计算带肋板的肋中和板中的局部弯曲内力。

附录 E 网壳结构稳定承载力计算公式

E.0.1 当单层球面网壳跨度小于 50m、单层圆柱面网壳宽度小于 25m、单层椭圆抛物面网壳跨度小于 30m，或对网壳稳定性进行初步计算时，其容许承载力标准值 $[q_{ks}]$（kN/m^2）可按下列公式计算：

1 单层球面网壳

$$[q_{ks}] = 0.25 \frac{\sqrt{B_e D_e}}{r^2} \quad (E.0.1-1)$$

式中：B_e——网壳的等效薄膜刚度（kN/m）；

D_e——网壳的等效抗弯刚度（$kN \cdot m$）；

r——球面的曲率半径（m）。

扇形三向网壳的等效刚度 B_e 和 D_e 应按主肋处的网格尺寸和杆件截面进行计算；短程线型网壳应按三角形球面上的网格尺寸和杆件截面进行计算；肋环斜杆型和葵花形三向网壳应按自承重圈梁算起第三圈环梁处的网格尺寸和杆件截面进行计算。网壳径向和环向的等效刚度不相同时，可采用两个方向的平均值。

2 单层椭圆抛物面网壳，四边铰支在刚性横隔上

$$[q_{ks}] = 0.28\mu \frac{\sqrt{B_e D_e}}{r_1 r_2} \quad (E.0.1-2)$$

$$\mu = \cfrac{1}{1 + 0.956\,\cfrac{q}{g} + 0.076\left(\cfrac{q}{g}\right)^2}$$

(E.0.1-3)

式中：r_1、r_2 ——椭圆抛物面网壳两个方向的主曲率半径（m）；

μ ——考虑荷载不对称分布影响的折减系数；

g、q ——作用在网壳上的恒荷载和活荷载（kN/m²）。

注：公式（E.0.1-3）的适用范围为 $q/g = 0 \sim 2$。

3 单层圆柱面网壳

1) 当网壳为四边支承，即两纵边固定铰支（或固结），而两端铰支在刚性横隔上时：

$$[q_{ks}] = 17.1\,\frac{D_{e11}}{r^3(L/B)^3} + 4.6 \times 10^{-5}\,\frac{B_{e22}}{r(L/B)}$$
$$+ 17.8\,\frac{D_{e22}}{(r+3f)B^2}$$

(E.0.1-4)

式中：L、B、f、r ——分别为圆柱面网壳的总长度、宽度、矢高和曲率半径（m）；

D_{e11}、D_{e22} ——分别为圆柱面网壳纵向（零曲率方向）和横向（圆弧方向）的等效抗弯刚度（kN·m）；

B_{e22} ——圆柱面网壳横向等效薄膜刚度（kN/m）。

当圆柱面网壳的长宽比 L/B 不大于 1.2 时，由式（E.0.1-4）算出的容许承载力应乘以考虑荷载不对称分布影响的折减系数 μ。

$$\mu = 0.6 + \frac{1}{2.5 + 5\,\dfrac{q}{g}}$$

(E.0.1-5)

注：公式（E.0.1-5）的适用范围为 $q/g = 0 \sim 2$。

2) 当网壳仅沿两纵边支承时：

$$[q_{ks}] = 17.8\,\frac{D_{e22}}{(r+3f)B^2}$$

(E.0.1-6)

3) 当网壳为两端支承时：

$$[q_{ks}] =$$
$$\mu\left(0.015\,\frac{\sqrt{B_{e11}D_{e11}}}{r^2\,\sqrt{L/B}} + 0.033\,\frac{\sqrt{B_{e22}D_{e22}}}{r^2(L/B)\xi} + 0.020\,\frac{\sqrt{I_h I_v}}{r^2\,\sqrt{Lr}}\right)$$
$$\xi = 0.96 + 0.16(1.8 - L/B)^4$$

(E.0.1-7)

式中：B_{e11} ——圆柱面网壳纵向等效薄膜刚度；

I_h、I_v ——边梁水平方向和竖向的线刚度（kN·m）。

对于桁架式边梁，其水平方向和竖向的线刚度可按下式计算：

$$I_{h,v} = E(A_1 a_1^2 + A_2 a_2^2)/L$$

(E.0.1-8)

式中：A_1、A_2 ——分别为两根弦杆的面积；

a_1、a_2 ——分别为相应的形心距。

两端支承的单层圆柱面网壳尚应考虑荷载不对称

分布的影响，其折减系数 μ 可按下式计算：

$$\mu = 1.0 - 0.2\,\frac{L}{B}$$

(E.0.1-9)

注：公式（E.0.1-9）的适用范围为 $L/B = 1.0 \sim 2.5$。

以上各式中网壳等效刚度的计算公式可见本规程附录C。

附录F 多维反应谱法计算公式

F.0.1 当按多维反应谱法进行空间网格结构三维地震效应分析时，三维非平稳随机地震激励下结构各节点最大位移响应值与各杆件最大内力响应值可按下列公式计算：

1 第 i 节点最大地震位移响应值组合公式：

$$U_{ix} = \left\{ \sum_{j=1}^m \sum_{k=1}^m \phi_{j,ix}\phi_{k,ix}\left[(\gamma_{jx}S_{hxj} + \gamma_{jy}S_{hyj})\right.\right.$$
$$\left.\left.(\gamma_{kx}S_{hxk} + \gamma_{ky}S_{hyk})\rho_{jk} + \gamma_{jz}\gamma_{kz}\rho_{jk}S_{vj}S_{vk}\right]\right\}^{\frac{1}{2}}$$

(F.0.1-1)

$$U_{iy} = \left\{ \sum_{j=1}^m \sum_{k=1}^m \phi_{j,iy}\phi_{k,iy}\left[(\gamma_{jx}S_{hxj} + \gamma_{jy}S_{hyj})\right.\right.$$
$$\left.\left.(\gamma_{kx}S_{hxk} + \gamma_{ky}S_{hyk})\rho_{jk} + \gamma_{jz}\gamma_{kz}\rho_{jk}S_{vj}S_{vk}\right]\right\}^{\frac{1}{2}}$$

(F.0.1-2)

$$U_{iz} = \left\{ \sum_{j=1}^m \sum_{k=1}^m \phi_{j,iz}\phi_{k,iz}\left[(\gamma_{jx}S_{hxj} + \gamma_{jy}S_{hyj})(\gamma_{kx}S_{hxk}\right.\right.$$
$$\left.\left. + \gamma_{ky}S_{hyk})\rho_{jk} + \gamma_{jz}\gamma_{kz}\rho_{jk}S_{vj}S_{vk}\right]\right\}^{\frac{1}{2}}$$

(F.0.1-3)

$$\rho_{jk} =$$
$$\frac{2\sqrt{\zeta_j\zeta_k}\left[(\omega_j + \omega_k)^2(\zeta_j + \zeta_k) + (\omega_j^2 - \omega_k^2)(\zeta_j - \zeta_k)\right]}{4(\omega_j - \omega_k)^2 + (\omega_j + \omega_k)^2(\zeta_j + \zeta_k)^2}$$

(F.0.1-4)

$$S_{hxj} = \frac{\alpha_{hxj}g}{\omega_j^2},$$
$$S_{hyj} = \frac{\alpha_{hyj}g}{\omega_j^2},$$
$$S_{vj} = \frac{\alpha_{vj}g}{\omega_j^2}, \quad S_{hxk} = \frac{\alpha_{hxk}g}{\omega_k^2},$$
$$S_{hyk} = \frac{\alpha_{hyk}g}{\omega_k^2}, \quad S_{vk} = \frac{\alpha_{vk}g}{\omega_k^2}$$

(F.0.1-5)

式中：U_{ix}、U_{iy}、U_{iz} ——依次为节点 i 在 X、Y、Z 三个方向最大位移响应值；

m ——计算时所考虑的振型数；

ϕ ——振型矩阵，$\phi_{j,ix}$、$\phi_{k,ix}$ 分别为相应 j 振型、k 振型时节点 i 在 X 方向的振型值；$\phi_{j,iy}$、$\phi_{k,iy}$ 与

$\phi_{j,iz}$、$\phi_{k,iz}$ 类推；

γ ——振型参与系数，γ_{jx}、γ_{jy}、γ_{jz} 依次为第 j 振型在 X、Y、Z 激励方向的振型参与系数；

ρ_{jk} ——振型间相关系数；

ω_j、ω_k ——分别为相应第 j 振型、第 k 振型的圆频率；

ζ_j、ζ_k ——分别为相应第 j 振型、第 k 振型的阻尼比；

S_{hxj}、S_{hyj} ——分别为相应于 j 振型自振周期的 X 向水平位移反应谱值和 Y 向水平位移反应谱值；

S_{hxk}、S_{hyk} ——分别为相应于 k 振型自振周期的 X 向水平位移反应谱值和 Y 向水平位移反应谱值；

S_{vj} ——相应于 j 振型自振周期的竖向位移反应谱值；

S_{vk} ——相应于 k 振型自振周期的竖向位移反应谱值；

g ——重力加速度；

α_{hxj}、α_{hyj}、α_{vj} ——依次为相应于 j 振型自振周期的 X 向水平、Y 向水平与竖向地震影响系数，取 $\alpha_{hyj}=0.85\alpha_{hxj}$，$\alpha_{vj}=0.65\alpha_{hxj}$；

α_{hxk}、α_{hyk}、α_{vk} ——依次为相应于 k 振型自振周期的 X 向水平、Y 向水平与竖向地震影响系数，取 $\alpha_{hyk}=0.85\alpha_{hxk}$，$\alpha_{vk}=0.65\alpha_{hxk}$。

2 第 p 杆最大地震内力响应值（即随机振动中最大响应的均值）的组合公式为：

$$N_p = \left\{ \sum_{j=1}^{m}\sum_{k=1}^{m} \beta_{jp}\beta_{kp}\left[(\gamma_{jx}S_{hxj}+\gamma_{jy}S_{hyj})(\gamma_{kx}S_{hxk}+\gamma_{ky}S_{hyk})\rho_{jk}+\gamma_{jz}\gamma_{kz}\rho_{jk}S_{vj}S_{vk}\right]\right\}^{\frac{1}{2}} \quad \text{(F.0.1-6)}$$

$$\beta_{jp}=\sum_{q=1}^{t}T_{pq}\phi_{jq},\ \beta_{kp}=\sum_{q=1}^{t}T_{pq}\phi_{kq} \quad \text{(F.0.1-7)}$$

式中：N_p ——第 p 杆的最大内力响应值；

t ——结构总自由度数；

T ——内力转换矩阵，T_{pq} 为矩阵中的元素，根据节点编号和单元类型确定。

附录 G　用于屋盖的网架结构竖向地震作用和作用效应的简化计算

G.0.1 对于周边支承或多点支承和周边支承相结合的用于屋盖的网架结构，竖向地震作用标准值可按下式确定：

$$F_{Evki}=\pm\psi_v\cdot G_i \quad \text{(G.0.1)}$$

式中：F_{Evki} ——作用在网架第 i 节点上竖向地震作用标准值；

ψ_v ——竖向地震作用系数，按表 G.0.1 取值。

表 G.0.1　竖向地震作用系数

设防烈度	场 地 类 别		
	Ⅰ	Ⅱ	Ⅲ、Ⅳ
8	—	0.08	0.10
9	0.15	0.15	0.20

对于平面复杂或重要的大跨度网架结构可采用振型分解反应谱法或时程分析法作专门的抗震分析和验算。

G.0.2 对于周边简支、平面形式为矩形的正放类和斜放类（指上弦杆平面）用于屋盖的网架结构，在竖向地震作用下所产生的杆件轴向力标准值可按下列公式计算：

$$N_{Evi}=\pm\xi_i\mid N_{Gi}\mid \quad \text{(G.0.2-1)}$$

$$\xi_i=\lambda\xi_v\left(1-\frac{r_i}{r}\eta\right) \quad \text{(G.0.2-2)}$$

式中：N_{Evi} ——竖向地震作用引起第 i 杆的轴向力标准值；

N_{Gi} ——在重力荷载代表值作用下第 i 杆轴向力标准值；

ξ_i ——第 i 杆竖向地震轴向力系数；

λ ——抗震设防烈度系数，当 8 度时 $\lambda=1$，9 度时 $\lambda=2$；

ξ_v ——竖向地震轴向力系数，可根据网架结构的基本频率按图 G.0.2-1 和表 G.0.2-1 取用；

r_i ——网架结构平面的中心 O 至第 i 杆中点 B 的距离（图 G.0.2-2）；

r ——OA 的长度，A 为 OB 线段与圆（或椭圆）锥面圆周的交点（图 G.0.2-2）；

η ——修正系数，按表 G.0.2-2 取值。

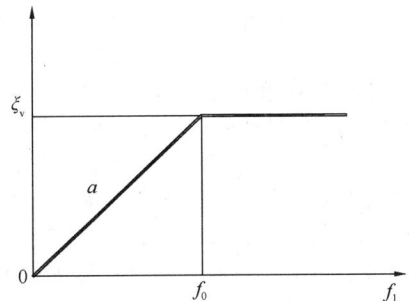

图 G.0.2-1　竖向地震轴向力系数的变化
注：a 及 f_0 值可按表 G.0.2-1 取值。

网架结构的基本频率可近似按下式计算：

$$f_1 = \frac{1}{2}\sqrt{\frac{\sum G_j w_j}{\sum G_j w_j^2}} \qquad (G.0.2\text{-}3)$$

式中：w_j——重力荷载代表值作用下第 j 节点竖向位移。

表 G.0.2-1　确定竖向地震轴向力系数的参数

场地类别	a		f_0 (Hz)
	正放类	斜放类	
Ⅰ	0.095	0.135	5.0
Ⅱ	0.092	0.130	3.3
Ⅲ	0.080	0.110	2.5
Ⅳ	0.080	0.110	1.5

表 G.0.2-2　修正系数

网架结构上弦杆布置形式	平面形式	η
正放类	正方形	0.19
	矩　形	0.13
斜放类	正方形	0.44
	矩　形	0.20

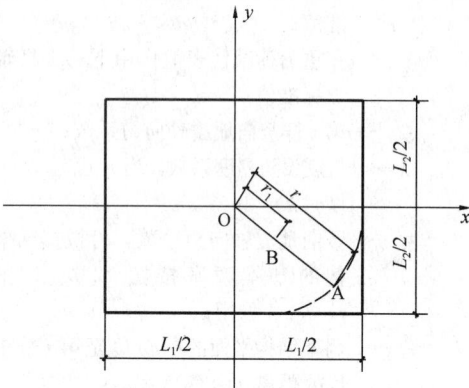

图 G.0.2-2　计算修正系数的长度

附录 H　网壳结构水平地震内力系数

H.0.1　对于轻屋盖的单层球面网壳结构，采用扇形三向网格、肋环斜杆型或短程线型网格，当周边固定铰支承，按 7 度或 8 度设防、Ⅲ类场地、设计地震分组第一组进行多遇地震效应计算时，其杆件地震作用轴向力标准值可按下列方法计算：

当主肋、环杆、斜杆分别各自取等截面杆设计时：

主肋：　　　$N_E^m = c\xi_m N_{Gmax}^m$　　　(H.0.1-1)

环肋：　　　$N_E^c = c\xi_c N_{Gmax}^c$　　　(H.0.1-2)

斜杆：　　　$N_E^d = c\xi_d N_{Gmax}^d$　　　(H.0.1-3)

式中：N_E^m，N_E^c，N_E^d——网壳的主肋、环杆及斜杆的地震作用轴向力标准值；

N_{Gmax}^m，N_{Gmax}^c，N_{Gmax}^d——重力荷载代表值作用下网壳的主肋、环杆及斜杆的轴向力标准值的绝对最大值；

ξ_m、ξ_c、ξ_d——主肋、环杆及斜杆地震轴向力系数；设防烈度为 7 度时，按表 H.0.1-1 确定，8 度时取表中数值的 2 倍；

c——场地修正系数，按表 H.0.1-2 确定。

表 H.0.1-1　单层球面网壳杆件地震轴向力系数 ξ

矢跨比（f/L）	0.167	0.200	0.250	0.300
ξ_m	0.16			
ξ_c	0.30	0.32	0.35	0.38
ξ_d	0.26	0.28	0.30	0.32

表 H.0.1-2　场地修正系数 c

场地类别	Ⅰ	Ⅱ	Ⅲ	Ⅳ
c	0.54	0.75	1.00	1.55

H.0.2　对于轻屋盖单层双曲抛物面网壳结构，斜杆为拉杆（沿斜杆方向角点为抬高端）、弦杆为正交正放网格；当四角固定铰支承、四边竖向铰支承，按 7 度或 8 度设防、Ⅲ类场地、设计地震分组第一组进行多遇地震效应计算时，其杆件地震作用轴向力标准值可按下列方法计算：

除了刚度远远大于内部杆的周边及抬高端斜杆外，所有弦杆及斜杆均取等截面杆件设计时：

抬高端斜杆：$N_E^r = c\xi N_{Gmax}^r$　　(H.0.2-1)

弦杆及其他斜杆：$N_E^c = c\xi N_{Gmax}^c$　(H.0.2-2)

式中：N_E^r，N_E^c——网壳抬高端斜杆及其他弦杆与斜杆的地震作用轴向力标准值；

N_{Gmax}^r——重力荷载代表值作用下，网壳抬高端 1/5 跨度范围内斜杆的轴向力标准值的绝对最大值；

N_{Gmax}^c——重力荷载代表值作用下，网壳全部弦杆和其他斜杆的轴向力标准值的绝对最大值；

ξ——网壳杆件地震轴向力系数；设防烈度为 7 度时，$\xi = 0.15$ 取，8 度时取 $\xi = 0.30$。

H.0.3　对于轻屋盖正放四角锥双层圆柱面网壳结构，沿两纵边固定铰支承在上弦节点、两端竖向铰支在刚性横隔上，当按 7 度及 8 度设防、Ⅲ类场地、设计地震分组第一组进行多遇地震效应计算时，其杆件地震作用轴向力标准值可按下列方法计算：

当纵向弦杆、腹杆分别按等截面设计，横向弦杆分为两类时：

横向上、下弦杆：$N_E = c\xi_t N_G$ (H.0.3-1)

纵向弦杆：$N_E^l = c\xi_l N_{Gmax}^l$ (H.0.3-2)

腹杆：$N_E^w = c\xi_w N_{Gmax}^w$ (H.0.3-3)

式中：N_E，N_E^l，N_E^w——网壳横向弦杆、纵向弦杆与腹杆的地震作用轴向力标准值；

N_G——重力荷载代表值作用下网壳横向弦杆轴向力标准值；

N_{Gmax}^l，N_{Gmax}^w——重力荷载代表值作用下分别为网壳纵向弦杆与腹杆轴向力标准值的绝对最大值；

ξ_t、ξ_l、ξ_w——横向弦杆、纵向弦杆、腹杆的地震轴向力系数；设防烈度为7度时，按表H.0.3确定，8度时取表中数值的2倍。

表 H.0.3 双层圆柱面网壳地震轴向力系数 ξ

横向弦杆 ξ_t		f/B	0.167	0.200	0.250	0.300
	图中阴影部分杆件	上弦	0.22	0.28	0.40	0.54
		下弦	0.34	0.40	0.48	0.60
	图中空白部分杆件	上弦	0.18	0.23	0.33	0.44
		下弦	0.27	0.32	0.40	0.48
纵向弦杆 ξ_l		上弦	0.18	0.32	0.56	0.78
		下弦	0.10	0.16	0.24	0.34
腹杆 ξ_w			0.50			

附录 J 嵌入式毂节点主要尺寸的计算公式

J.0.1 嵌入式毂节点的毂体嵌入槽以及与其配合的嵌入榫呈圆柱状。嵌入榫的中线和其相连杆件轴线的垂线之间的夹角，即杆件端嵌入榫倾角 φ（图5.4.3b），可分别按下列公式计算：

对于球面网壳杆件及圆柱面网壳的环向杆件：

$$\varphi = \arcsin\left(\frac{l}{2r}\right)$$ (J.0.1-1)

对于圆柱面网壳的斜杆：

$$\varphi = \arcsin\frac{2r\sin^2\dfrac{\beta}{2}}{\sqrt{4r^2\sin^2\dfrac{\beta}{2} + \dfrac{l_b^2}{4}}}$$ (J.0.1-2)

式中：r——球面或圆柱面网壳的曲率半径；

l——杆件几何长度；

β——圆柱面网壳相邻两母线所对应的中心角（图J.0.1c）；

l_b——斜杆所对应的三角形网格底边几何长度，对于单向斜杆及交叉斜杆正交正放网格

按图J.0.1a取用；对于联方网格及三向网格按图J.0.1b取用。

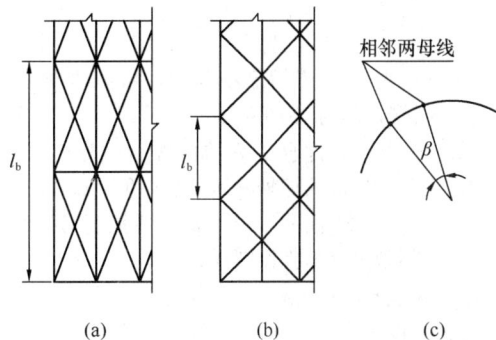

图 J.0.1 圆柱面网壳的网格尺寸与角度

J.0.2 球面网壳杆件和圆柱面网壳的环向杆件，同一根杆件的两端嵌入榫中心线在同一平面内；圆柱面网壳的斜杆两端嵌入榫的中心线不在同一平面内（图J.0.2），其扭角 α 应按下式计算：

$$\alpha = \pm\operatorname{arccot}\left(\frac{l}{2l_b}\tan\frac{\beta}{2}\right)$$ (J.0.2)

式中：l——杆件几何长度；

l_b——见图J.0.1中(a)、(b)；

β——见图J.0.1中(c)。

注："＋"表示顺时针向；"－"表示逆时针向。

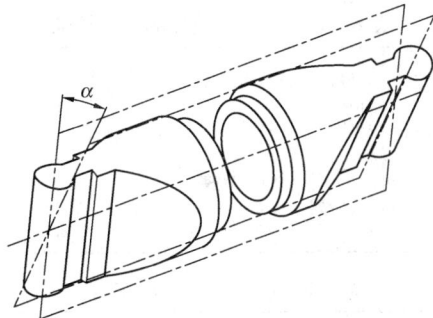

图 J.0.2 圆柱面网壳斜杆两端嵌入榫中心线的扭角

J.0.3 嵌入式毂节点中的毂体上各嵌入槽轴线间夹角 θ 应为汇交于该节点各杆件轴线间的夹角在通过该节点中心切平面上的投影（图5.4.6a），应按下式计算：

$$\theta = \arccos\frac{\cos\theta_0 - \sin\varphi_1 \cdot \sin\varphi_2}{\cos\varphi_1 \cdot \cos\varphi_2}$$ (J.0.3)

式中：θ_0——相汇交二杆间的夹角，可按三角形网格用余弦定理计算；

φ_1、φ_2——相汇交二杆件嵌入榫的中线与相应嵌入件（杆件）轴线的垂线之间的夹角（即杆端嵌入榫倾角）（图5.4.3）。

J.0.4 毂体的其他各主要尺寸（图5.4.6）应符合下列规定：

毂体直径 d_h 应分别按下列公式计算，并按计算结果中的较大者选用。

$$d_\mathrm{h} = \frac{(2a + d'_\mathrm{ht})}{\theta_\mathrm{min}} + d'_\mathrm{ht} + 2s \qquad \text{(J.0.4-1)}$$

$$d_\mathrm{h} = 2\left(\frac{d+10}{\theta_\mathrm{min}} + c - l_\mathrm{hp}\right) \qquad \text{(J.0.4-2)}$$

式中：a——两嵌入槽间最小间隙，可取本规程第 5.4.4 条中的 b_hp；

d'_ht——按嵌入榫直径 d_ht 加上配合间隙；

θ_min——毂体嵌入槽轴线间最小夹角（rad）；

s——按截面面积 $2h_\mathrm{h} \cdot s$ 的抗剪强度与杆件抗拉强度等强原则计算。

槽口宽度 b'_hp 等于嵌入件颈部宽度 b_hp 加上配合间隙；毂体高度等于嵌入件高度（管径）加 1mm。

附录 K 橡胶垫板的材料性能及计算构造要求

K.0.1 橡胶垫板的胶料物理性能与力学性能可按表 K.0.1-1、表 K.0.1-2 采用。

表 K.0.1-1 胶料的物理性能

胶料类型	硬度（邵氏）	扯断力（MPa）	伸长率（%）	300%定伸强度（MPa）	扯断永久变形（%）	适用温度不低于
氯丁橡胶	60°±5°	≥18.63	≥4.50	≥7.84	≤25	−25℃
天然橡胶	60°±5°	≥18.63	≥5.00	≥8.82	≤20	−40℃

表 K.0.1-2 橡胶垫板的力学性能

允许抗压强度 $[\sigma]$（MPa）	极限破坏强度（MPa）	抗压弹性模量 E（MPa）	抗剪弹性模量 G（MPa）	摩擦系数 μ
7.84~9.80	>58.82	由支座形状系数 β 按表 K.0.1-3 查得	0.98~1.47	（与钢）0.2（与混凝土）0.3

表 K.0.1-3 "$E-\beta$" 关系

β	4	5	6	7	8	9	10	11	12
E（MPa）	196	265	333	412	490	579	657	745	843

β	13	14	15	16	17	18	19	20
E（MPa）	932	1040	1157	1285	1422	1559	1706	1863

注：支座形状系数 $\beta = \dfrac{ab}{2(a+b)d_i}$；$a$，$b$ 分别为支座短边及长边长度（m）；d_i 为中间橡胶层厚度（m）。

K.0.2 橡胶垫板的设计计算应符合下列规定：

1 橡胶垫板的底面面积 A 可根据承压条件按下式计算：

$$A \geqslant \frac{R_\mathrm{max}}{[\sigma]} \qquad \text{(K.0.2-1)}$$

式中：A——橡胶垫板承压面积，即 $A = a \times b$（如橡胶垫板开有螺孔，则应减去开孔面积）；

a，b——支座的短边与长边的边长；

R_max——网架全部荷载标准值作用下引起的支座反力；

$[\sigma]$——橡胶垫板的允许抗压强度，按本规程表 K.0.1-2 采用。

2 橡胶垫板厚度应根据橡胶层厚度与中间各层钢板厚度确定（图 K.0.2）。

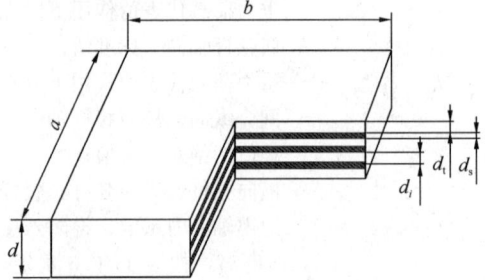

图 K.0.2 橡胶垫板的构造

橡胶层厚度可由上、下表层及各钢板间的橡胶片厚度之和确定：

$$d_0 = 2d_\mathrm{t} + n d_i \qquad \text{(K.0.2-2)}$$

式中：d_0——橡胶层厚度；

d_t、d_i——分别为上（下）表层及中间各层橡胶片厚度；

n——中间橡胶片的层数。

根据橡胶剪切变形条件，橡胶层厚度应同时满足下列公式的要求：

$$d_0 \geqslant 1.43u \qquad \text{(K.0.2-3)}$$

$$d_0 \leqslant 0.2a \qquad \text{(K.0.2-4)}$$

式中：u——由于温度变化等原因在网架支座处引起的水平位移。

上、下表层橡胶片厚度宜取 2.5mm，中间橡胶层常用厚度宜取 5mm、8mm、11mm，钢板厚度宜取用 2mm~3mm。

3 橡胶垫板平均压缩变形 w_m 可按下式计算：

$$w_\mathrm{m} = \frac{\sigma_\mathrm{m} d_0}{E} \qquad \text{(K.0.2-5)}$$

式中：σ_m——平均压应力，$\sigma_\mathrm{m} = \dfrac{R_\mathrm{max}}{A}$。

橡胶垫板的平均压缩变形应满足下列条件：

$$0.05d_0 \geqslant w_\mathrm{m} \geqslant \frac{1}{2}\theta_\mathrm{max}a \qquad \text{(K.0.2-6)}$$

式中：θ_max——结构在支座处的最大转角（rad）。

4 在水平力作用下橡胶垫板应按下式进行抗滑移验算：

$$\mu R_\mathrm{g} \geqslant GA\frac{u}{d_0} \qquad \text{(K.0.2-7)}$$

式中：μ——橡胶垫板与混凝土或钢板间的摩擦系数，按本规程表 K.0.1-2 采用；

R_g——乘以荷载分项系数 0.9 的永久荷载标准值作用下引起的支座反力；

G——橡胶垫板的抗剪弹性模量，按本规程表
　　　K.0.1-2采用。

K.0.3 橡胶垫板的构造应符合下列规定：

1 对气温不低于－25℃地区，可采用氯丁橡胶垫板；对气温不低于－30℃地区，可采用耐寒氯丁橡胶垫板；对气温不低于－40℃地区，可采用天然橡胶垫板；

2 橡胶垫板的长边应顺网架支座切线方向平行放置，与支柱或基座的钢或混凝土间可用502胶等胶粘剂粘结固定；

3 橡胶垫板上的螺孔直径应大于螺栓直径10mm～20mm，并应与支座可能产生的水平位移相适应；

4 橡胶垫板外宜设限位装置，防止发生超限位移；

5 设计时宜考虑长期使用后因橡胶老化而需更换的条件，在橡胶垫板四周可涂以防止老化的酚醛树脂，并粘结泡沫塑料；

6 橡胶垫板在安装、使用过程中，应避免与油脂等油类物质以及其他对橡胶有害的物质的接触。

K.0.4 橡胶垫板的弹性刚度计算应符合下列规定：

1 分析计算时应把橡胶垫板看作为一个弹性元件，其竖向刚度 K_{z0} 和两个水平方向的侧向刚度 K_{n0} 和 K_{s0} 分别可取为：

$$K_{z0} = \frac{EA}{d_0}, \ K_{n0} = K_{s0} = \frac{GA}{d_0} \quad \text{(K.0.4-1)}$$

2 当橡胶垫板搁置在网架支承结构上，应计算橡胶垫板与支承结构的组合刚度。如支承结构为独立柱时，悬臂独立柱的竖向刚度 K_{zl} 和两个水平方向的侧向刚度 K_{nl}、K_{sl} 应分别为：

$$K_{zl} = \frac{E_l A_l}{l}, \ K_{nl} = \frac{3E_l I_{nl}}{l^3}, \ K_{sl} = \frac{3E_l I_{sl}}{l^3}$$

$$\text{(K.0.4-2)}$$

式中：E_l——支承柱的弹性模量；

　　I_{nl}、I_{sl}——支承柱截面两个方向的惯性矩；

　　l——支承柱的高度。

橡胶垫板与支承结构的组合刚度，可根据串联弹性元件的原理，分别求得相应的组合竖向与侧向刚度 K_z、K_n、K_s，即：

$$K_z = \frac{K_{z0}K_{zl}}{K_{z0} + K_{zl}}, K_n = \frac{K_{n0}K_{nl}}{K_{n0} + K_{nl}}, K_s = \frac{K_{s0}K_{sl}}{K_{s0} + K_{sl}}$$

$$\text{(K.0.4-3)}$$

本规程用词说明

1 为便于在执行本规程条文时区别对待，对要求严格程度不同的用词说明如下：

　　1）表示很严格，非这样做不可的：

　　　　正面词采用"必须"，反面词采用"严禁"；

　　2）表示严格，在正常情况下均应这样做的：

　　　　正面词采用"应"，反面词采用"不应"或"不得"；

　　3）表示允许稍有选择，在条件许可时首先这样做的：

　　　　正面词采用"宜"，反面词采用"不宜"；

　　4）表示有选择，在一定条件下可以这样做的，采用"可"。

2 条文中指明应按其他有关标准执行的写法为："应符合……的规定"或"应按……执行"。

引用标准名录

1 《建筑结构荷载规范》GB 50009

2 《建筑抗震设计规范》GB 50011

3 《钢结构设计规范》GB 50017

4 《混凝土结构工程施工质量验收规范》GB 50204

5 《钢结构工程施工质量验收规范》GB 50205

6 《普通螺纹　公差》GB/T 197

7 《优质碳素结构钢》GB/T 699

8 《碳素结构钢》GB/T 700

9 《低合金高强度结构钢》GB/T 1591

10 《合金结构钢》GB/T 3077

11 《焊接结构用碳素钢铸件》GB 7659

12 《桥式和门式起重机制造和轨道安装公差》GB/T 10183

13 《一般工程用铸造碳钢件》GB/T 11352

14 《钢网架螺栓球节点用高强度螺栓》GB/T 16939

15 《建筑钢结构焊接技术规程》JGJ 81

16 《建筑施工扣件式钢管脚手架安全技术规范》JGJ 130

17 《钢网架螺栓球节点》JG/T 10

18 《钢网架焊接空心球节点》JG/T 11

19 《单层网壳嵌入式毂节点》JG/T 136

20 《钢结构超声波探伤及质量分级法》JG/T 203

中华人民共和国行业标准

空间网格结构技术规程

JGJ 7—2010

条 文 说 明

制 订 说 明

《空间网格结构技术规程》JGJ 7-2010，经住房和城乡建设部 2010 年 7 月 20 日以 700 号公告批准、发布。

本规程是在《网架结构设计与施工规程》JGJ 7-91 和《网壳结构技术规程》JGJ 61-2003 的基础上合并修订而成的。《网架结构设计与施工规程》JGJ 7-91 的主编单位是中国建筑科学研究院、浙江大学，参编单位是天津大学、东南大学、煤炭部太原煤矿设计研究院、河海大学、同济大学、中国建筑标准设计研究所，主要起草人员是蓝天、董石麟、刘锡良、肖炽、刘善维、钱若军、陈扬骥、严慧、张运田、蒋寅、樊晓红；《网壳结构技术规程》JGJ 61-2003 的主编单位是中国建筑科学研究院，参编单位是浙江大学、煤炭部太原设计研究院、北京工业大学、同济大学、哈尔滨建筑大学、上海建筑设计研究院、北京市机械施工公司，主要起草人员是蓝天、董石麟、刘善维、刘景园、沈世钊、陈昕、钱若军、曹资、严慧、董继斌、姚念亮、陆锡军、张伟、赵鹏飞、樊晓红。

本规程修订过程中，编制组对我国空间网格结构近年来的发展、技术进步与工程应用情况进行了大量调查研究，总结了许多工程实践经验，在收集了大量试验资料的同时补充了多项试验，并与国内新颁布的相关标准进行了协调，为规程修订提供了重要依据。

为便于广大设计、施工、科研、学校等单位的有关人员在使用本规程时能正确理解和执行条文规定，《空间网格结构技术规程》编制组按章、节、条顺序编制了本规程的条文说明，对条文规定的目的、依据以及执行中需注意的有关事项进行了说明，还着重对强制性条文的理由作了解释。但是，本条文说明不具备与标准正文同等的法律效力，仅供使用者作为理解和把握标准规定的参考。

目　次

1 总　则

1.0.1 本条是空间网格结构的设计与施工中必须遵循的原则。

1.0.2 本规程是以原《网架结构设计与施工规程》JGJ 7-91与原《网壳结构技术规程》JGJ 61-2003为主，综合考虑二本规程共同点与各自特点，将网架、网壳与新增加的立体桁架统称空间网格结构。空间网格结构包括主要承受弯曲内力的平板型网架、主要承受薄膜力的单层与双层网壳，同时也包括现在常用的立体管桁架。当平板型网架上弦构件或双层网壳上弦构件采用钢筋混凝土板时，构成了组合网架或组合网壳。当空间网格结构采用预应力索组合时形成预应力空间网格结构，本规程中的有关章节均可适用于这些类型空间网格的设计与施工。

　　原《网架结构设计与施工规程》JGJ 7-91中对于网架的最大跨度有规定，而《网壳结构技术规程》JGJ 61-2003已不再对跨度作限定，因此本规程也不再对最大跨度作专门限定。因为不论空间网格结构跨度大小，其结构设计都将受到承载能力与稳定的约束，而其构造与施工原理都是相同的，这样更有利于空间网格结构的技术发展与进步。

　　为了便于在空间网格结构设计时理解相关条文，对空间网格屋盖结构的跨度划分为：大跨度为60m以上；中跨度为30m～60m；小跨度为30m以下。

1.0.3 对于采用何种类型的空间结构体系，应由设计人员综合考虑建筑要求、下部结构布置、结构性能与施工制作安装而确定，以取得良好的技术经济效果。

1.0.4 单层网壳由于承受集中力对于其内力与稳定性不利，故不宜设置悬挂吊车，而网架与双层网壳结构有很好的空间受力性能，承受悬挂吊车荷载后比之平面桁架杆件能迅速分散且内力分布比较均匀。但动荷载会使杆件和节点产生疲劳，例如钢管杆件连接锥头或空心球的焊缝、焊接空心球本身及螺栓球与高强度螺栓，目前这方面的试验资料还不多。故本规程规定当直接承受工作级别为A3级以上的悬挂吊车荷载，且应力变化的循环次数大于或等于5×10^4次时，可由设计人员根据具体情况，如动力荷载的大小与容许应力幅经过专门的试验来确定其疲劳强度与构造要求。

3 基本规定

3.1 结构选型

3.1.1 当网架结构跨度较大，需要较大的网架结构高度而网格尺寸与杆件长细比又受限时，可采用三层形式；当网壳结构跨度较大时，因受整体稳定影响应采用双层网壳，为了既满足整体稳定要求，又使结构相对比较轻巧，也可采用局部双层网壳形式。

3.1.2 条文中按网格组成形式，如交叉桁架体系、四角锥体系与三角锥体系，列出了国内常用的13种网架形式。

3.1.3 网壳结构的曲面形式多种多样，能满足不同建筑造型的要求。本规程中仅列出一般常用的典型几何曲面，即球面、圆柱面、双曲抛物面与椭圆抛物面，这些曲面都可以几何学方程表达。必要时可通过这几个典型的几何曲面互相组合，创造更多类型的曲面形式。此外，网壳也可以采用非典型曲面，往往是在给定的边界与外形条件下，采用多项式的数学方程来拟合其曲面，或者采用链线、膜等实验手段来寻求曲面。

3.1.4 单层网壳的杆件布置方式变化多样，本条中仅对常用曲面给出一些最常用的形式供设计人员选用，设计人员也可以参照现有的布置方式进行变换。

　　本规程根据网格的形成方式对不同形式的网壳统一命名。例如联方型，国外称Lamella，用于圆柱网壳时早期多为木梁构成的菱形网格，节点为刚性连接，从而保证壳体几何不变。用于钢网壳时一般加纵向杆件或由纵向的屋面檩条而形成三角形网格，这样就由联方网格演变为三向网格；如在球面网壳中，对肋环斜杆型，国外都是以这种形式网壳的提出者Schwedler的名字命名，称为施威德勒穹顶；又如扇形三向网格与葵花形网格在国外往往都列为联方型穹顶，如果杆件按放射状曲线，自球中心开始将球面分成大小不等的菱形，即形成本条的葵花形网格球面网壳；如果将圆形平面划分为若干个扇形（一般是6或8个），再以平行肋分成大小相等的菱形，这种形式在国外以其创始人Kiewitt的名字命名，称为凯威特穹顶，为了在屋面上放檩条而设置了环肋，这样就划分为三角形网格，本规程统一称为扇形三向网格球面网壳。

3.1.6 立体桁架通常是由二根上弦、一根下弦或一根上弦、二根下弦组成的单向桁架式结构体系，早期都是采用直线形式，近几年曲线形式的立体桁架以其建筑形式丰富在航站楼、会展中心中广泛应用，且一般都采用钢管相贯节点形式。

3.1.7 本条文使设计人员可对不同的建筑选用最适宜的空间网格结构。应注意网架与网壳在受力特性与支承条件方面有较大差异。网架结构整体以承受弯曲内力为主，支承条件应提供竖向约束（结构计算时水平约束可以放松，只是应局部水平约束处理以保证不出现刚体位移，或直接采用下部结构的水平刚度）；而网壳则以承受薄膜内力为主，支承条件一般都希望有水平约束，能可靠承受网壳结构的水平推力或水平切向力。

3.1.8 网架、双层网壳、立体桁架在计算时节点可采用铰接模型，并在网架与双层网壳的设计与制作中可采用接近铰接的螺栓球节点。而单层网壳虽与双层网壳形式相似，但计算分析与节点构造截然不同，单层网壳是刚接杆件体系，计算时杆件必须采用梁单元，考虑6个自由度，且设计与构造上必须达到刚性节点要求。

3.2 网架结构设计的基本规定

3.2.1 对于周边支承的矩形网架，宜根据不同的边长比选用相应的网架类型以取得较好的经济指标。

3.2.2 平面形状为矩形，三边支承一边开口的网架，对开口边的刚度有一定要求，通常有两种处理方法：一种是在网架开口边加反梁（图1）。另一种方法是将整体网架的高度较周边支承时的高度适当加高，开口边杆件适当加大。根据48m×48m平面三边支承一边开口的两向正交正放网架、两向正交斜放网架、斜向四角锥网架、正放四角锥和正放抽空四角锥网架等五种网架的计算结果表明，加反梁和不加反梁两种方法的用钢量及挠度都相差不多，故上述支承条件的中小跨度网架，上述两种方法都可采用。当跨度较大或平面形状比较狭长时，则在开口边加反梁的方法较为有利。设计时应注意在开口边要形成边桁架，以加强整体性。

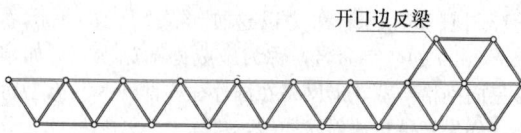

图 1　网架开口边加反梁

3.2.3 对平面形状为矩形多点支承的网架，选用两向正交正放、正放四角锥或正放抽空四角锥网架较为合适，因为多点支承时，这种正放类型网架的受力性能比斜放类型合理，挠度也小。对四点支承网架的计算表明，正向正交正放网架与两向正交斜放网架的内力比为5：7，挠度比为6：7。

3.2.4 平面形状为圆形、正六边形和接近正六边形的多边形且周边支承的网架，大多应用于大中跨度的公共建筑中。从平面布置及建筑造型看，比较适宜选用三向网架、三角锥网架和抽空三角锥网架。特别是当平面形状为正六边形时，这种网架的网格布置规整，杆件种类少，施工较方便。经计算表明，三向网架、三角锥和抽空三角锥网架的用钢量和挠度较为接近，故在规程中予以推荐采用。

蜂窝形三角锥网架计算用钢量较少，建筑造型也好，适用于各种规则的平面形状。但其上弦网格是由六边形和三角形交叉组成，屋面构造较为复杂，整体性也差些，目前国内在大跨度屋盖中还缺少实践经验，故建议在中小跨度屋盖中采用。

3.2.5 网架的最优高跨比则主要取决于屋面体系（采用钢筋混凝土屋面时为1/10～1/14，采用轻屋面时为1/13～1/18），并有较宽的最优高度带。规程中所列的高跨比是根据网架优化结果通过回归分析而得。优化时以造价为目标函数，综合考虑了杆件、节点、屋面与墙面的影响，因而具有比较科学的依据。对于网格尺寸应综合考虑柱网尺寸与网架的网格形式，网架二相邻杆间夹角不宜小于30°，这是网架的制作与构造要求的需要，以免杆件相碰或节点尺寸过大。

3.2.6 网架结构一般采用上弦支承方式。当因建筑功能要求采用下弦支承时，应在网架的四周支座边形成竖直或倾斜的边桁架，以确保网架的几何不变形性，并可有效地将上弦垂直荷载和水平荷载传至支座。

3.2.7 两向正交正放网架平面内的水平刚度较小，为保证各榀网架平面外的稳定性及有效传递与分配作用于屋盖结构的风荷载等水平荷载，应沿网架上弦周边网格设置封闭的水平支撑，对于大跨度结构或当下弦周边支撑时应沿下弦周边网格设置封闭的水平支撑。

3.2.8 对多点支承网架，由于支承柱较少，柱子周围杆件的内力一般很大。在柱顶设置柱帽可减小网架的支承跨度，并分散支承柱周围杆件内力，节点构造也较易处理，所以多点支承网架一般宜在柱顶设置柱帽。柱帽形式可结合建筑功能（如通风、采光等）要求而采用不同形式。

3.2.9 以钢筋混凝土板代替上弦的组合网架结构国内已建成近40幢。用于楼层中的新乡百货大楼售货大厅楼层网架，平面几何尺寸为34m×34m；用于屋盖中的抚州体育馆网架，平面几何尺寸为58m×45.5m，都取得了较好的技术经济效果。规程中规定组合网架用于楼层中跨度不大于40m；用于屋盖中跨度不大于60m是以上述实践为依据的。

3.2.10 网架屋面排水坡度的形成方式，过去大多采用在上弦节点上加小立柱形成排水坡。但当网架跨度较大时，小立柱自身高度也随之增加，引起小立柱自身的稳定问题。当小立柱较高时应布置支撑，用于解决小立柱的稳定问题，同时有效将屋面风荷载与地震等水平力传递到网架结构。近年来为克服上述缺点，多采用变高度网架形成排水坡，这种做法不但节省了小立柱，而且网架内力也趋于均匀，缺点是网架杆件与节点种类增多，给网架加工制作增加一定麻烦。

3.2.11 网架自重的估算公式是一个近似的经验公式，原网架规程中的网架自重估算公式均小于工程实际，而近几年来网架一般都采用轻屋面，网架自重估算偏小的影响较大，为确保网架结构的安全，根据大量工程的统计结果，对原网架规程的网架自重计算公式作了适当提高，将原分母下的参数200调整至150，使网架自重估算值比原网架规程公式约增加 30%。另外由于型钢网架工程应用很少，故该公式中不再列入型钢网架自重调整系数。

3.3 网壳结构设计的基本规定

3.3.1～3.3.4 各条分别对球面网壳、圆柱面网壳、双曲抛物面网壳及椭圆抛物面网壳的构造尺寸以及单层网壳的适用跨度作了规定，这是根据国内外已建成的网壳工程统计分析所得的经验数值。根据国内外已建成的单层网壳工程情况，考虑到单层网壳非线性屈曲分析技术的进步，将单层网壳适用跨度比《网壳结构技术规程》JGJ 61-2003 作了适当放宽。但在接近该限值时单层网壳其受力将主要受整体稳定控制，故工程设计时不宜大于各类单层网壳的跨度限值。圆柱面网壳可采用两端边支承、沿两纵向边支承或沿四边支承，对于不同的支承方式本规程给出了相应的几何参数要求。

3.3.5 网壳的支承构造，包括其支座节点与边缘构件，对网壳的正确受力是十分重要的。如果不能满足所必需的边缘约束条件，实现不了网壳以承受薄膜内力为主的受力特性的要求，有时会造成弯曲内力的大幅度增加，使网壳杆件内力变化，甚至内力产生反号。对边缘构件要有刚度要求，以实现网壳支座的边缘约束条件。为准确分析网壳受力，边缘约束构件应与网壳结构一起进行整体计算。

3.4 立体桁架、立体拱架与张弦 立体拱架设计的基本规定

3.4.1～3.4.3 立体桁架高跨比与网架的高跨比一致。立体拱架的矢高与双层圆柱面网壳一致，而对拱架厚度比双层圆柱面网壳适当加厚。张弦立体拱架的结构矢高、拱架矢高与张弦的垂度是参照近几年工程应用情况给出的。立体桁架、立体拱架与张弦立体拱架近几年工程应用比较多的是采用相贯节点的管桁架形式；管桁架截面常为上弦两根杆件、下弦一根杆件的倒三角形。管桁架的弦杆（主管）与腹杆（支管）及两腹杆（支管）之间的夹角不宜小于 30°。

3.4.4 防侧倾体系可以是边桁架或上弦纵向水平支撑。曲线形的立体桁架在竖向荷载作用下其支座水平位移较大，下部结构设计时要考虑这一影响。

3.4.5 当立体桁架、立体拱架与张弦立体拱架应用于大、中跨度屋盖结构时，其平面外的稳定性应引起重视，应在上弦设置水平支撑体系（结合檩条）以保证立体桁架（拱架）平面外的稳定性。

3.5 结构挠度容许值

3.5.1 空间网格结构的计算容许挠度，是综合近年国内外的工程设计与使用经验而定的。对网架、立体桁架用于屋盖时规定为不宜超过网架短向跨度或桁架跨度的 1/250。一般情况下，按强度控制而选用的杆件不会因为这样的刚度要求而加大截面。至于一些跨度特别大的网架，即使采用了较小的高度（如跨高比为 1/16），只要选择恰当的网架形式，其挠度仍可满足小于 1/250 跨度的要求。当网架用作楼层时则参考混凝土结构设计规范，容许挠度取跨度的 1/300。网壳结构的最大计算位移规定为单层不得超过短向跨度的 1/400，双层不得超过短向跨度的 1/250，由于网壳的竖向刚度较大，一般情况下均能满足此要求。对于在屋盖结构中设有悬挂起重设备的，为保证悬挂起重设备的正常运行，与钢结构设计规范一致，其最大挠度值提高到不宜大于结构跨度的 1/400。

3.5.2 国内已建成的网架，有的起拱，有的不起拱。起拱给网架制作增加麻烦，故一般网架可以不起拱。当网架或立体桁架跨度较大时，可考虑起拱，起拱值可取小于或等于网架短向跨度（立体桁架跨度）的 1/300。此时杆件内力变化"较小"，设计时可按不起拱计算。

4 结 构 计 算

4.1 一般计算原则

4.1.1 空间网格结构主要应对使用阶段的外荷载（对网架结构主要为竖向荷载，网壳结构则包括竖向和水平向荷载）进行内力、位移计算，对单层网壳通常要进行稳定性计算，并据此进行杆件截面设计。此外，对地震、温度变化、支座沉降及施工安装荷载，应根据具体情况进行内力、位移计算。由于在大跨度结构中风荷载往往非常关键，本条特别强调风荷载作用下的计算。

4.1.3 风荷载往往对网壳的内力和变形有很大影响，对在现行国家标准《建筑结构荷载规范》GB 50009 中没有相应的风荷载体型系数及跨度较大的复杂形体空间网格结构，应进行模型风洞试验以确定风荷载体型系数，也可通过数值风洞等方法分析确定体型系数。大跨度结构的风振问题非常复杂，特别对于大型、复杂形体的空间网格结构宜进行基于随机振动理论的风振响应计算或风振时程分析。

4.1.4 网架结构、双层网壳和立体桁架的计算模型可假定为空间铰接杆系结构，忽略节点刚度的影响，不计次应力；单层网壳的计算模型应假定为空间刚接梁系结构，杆件要承受轴力、弯矩（包括扭矩）和剪力。

立体桁架中，主管是指在节点处连续贯通的杆件，如桁架弦杆；支管则指在节点处断开并与主管相连的杆件，如与主管相连的腹杆。

4.1.5 作用在空间网格结构杆件上的局部荷载在分析时先按静力等效原则换算成节点荷载进行整体计

算，然后考虑局部弯曲内力的影响。

4.1.6 空间网格结构与其支承结构之间相互作用的影响往往十分复杂，因此分析时应考虑两者的相互作用而进行协同分析。结构分析时应根据上、下部的影响设计结构体系的传力路线，确定上、下部连接的刚度并选择合适的计算模型。

4.1.7 空间网格结构的支承条件对结构的计算结果有较大的影响，支座节点在哪些方向有约束或为弹性约束应根据支承结构的刚度和支座节点的连接构造来确定。

网架结构、双层网壳按铰接杆系结构每个节点有三个线位移来确定支承条件，网架结构一般下部为独立柱或框架柱支承，柱的水平侧向刚度较小，并由于网架受力为类似于板的弯曲型，因此对于网架支座的约束可采用两向或一向可侧移铰接支座或弹性支座；单层网壳结构按刚接梁系结构每个节点有三个线位移和三个角位移来确定支承条件。因此，单层网壳支承条件的形式比网架结构和双层网壳的要多。

4.1.8 网格结构在施工安装阶段的支承条件往往与使用阶段不一致，如采用悬挑拼装施工的网壳结构，其支承边界条件与使用状态下网壳的边界条件完全不同。此时应特别注意施工安装阶段全过程位移和内力分析计算，并可作为网壳的初内力和初应变而残留在网壳内。

4.1.9 网格结构的计算方法较多，列入本规程的只是比较常用的和有效的计算方法。总体上包括两类计算方法，即基于离散化假定的有限元方法（包括空间杆系有限元法和空间梁系有限元法）和基于连续化假定的方法（包括拟夹层板分析法和拟壳分析法）。

空间杆系有限元法即空间桁架位移法，可用来计算各种形式的网架结构、双层网壳结构和立体桁架结构。

空间梁系有限元法即空间刚架位移法，主要用于单层网壳的内力、位移和稳定性计算。

拟夹层板分析法和拟壳分析法物理概念清晰，有时计算也很方便，常与有限元法互为补充，但计算精度和适用性不如有限元法，故本规程建议仅在结构方案选择和初步设计时采用。

4.2 静 力 计 算

4.2.1 有限单元法是将网格结构的每根杆件作为一个单元，采用矩阵位移法进行计算。网架结构和双层网壳以杆件节点的三个线位移为未知数，单层网壳以节点的三个线位移和三个角位移为未知数。无论是理论分析及模型试验乃至工程实践均表明，这种杆系的有限单元法是迄今为止分析网格结构最为有效、适用范围最为广泛且相对而言精度也是最高的方法。目前这种方法在国内外已被普遍应用于网格结构的设计计算中，因此本规程将其列为分析网格结构的主要

方法。

有限单元法可以用来分析不同类型、具有任意平面和几何外形、具有不同的支承方式及不同的边界条件、承受不同类型外荷载的网格结构。有限单元法不仅可用于网壳结构的静力分析，还可用于动力分析、抗震分析以及稳定分析。这种方法适合于在计算机上进行运算，目前我国相关单位已编制了一些网格结构分析与设计的计算机软件可供使用。由于杆系和梁系有限元法在不少书本已有详尽的论述，本规程仅列出其基本方程。

值得指出，对于空间梁单元，尚有考虑弯曲、剪切、扭转、翘曲和轴向变形耦合影响的、更为精确的单元。每个节点除了通常的三个线位移和三个角位移，还考虑截面翘曲的影响，即增加了表征截面翘曲变形的翘曲角自由度，因此每个节点有七个自由度。目前的大多数分析程序只包含了一般的空间梁单元，可满足大多数实际工程的计算精度要求；对于杆件约束扭转影响十分显著的情况，可考虑采用七个自由度的空间梁单元。

4.2.2 空间网格结构设计中，由于杆件截面调整而进行的重分析次数一般为 3~4 次。空间网格结构设计后，如由于备料困难等原因必须进行杆件替换时，应根据截面及刚度等效的原则进行，被替换的杆件应不是结构的主要受力杆件且数量不宜过多（通常不超过全部杆件的 5%），否则应重新复核。

4.2.3 本条给出了空间网格结构温度内力的计算原则。对于杆件只承受轴向力的网架结构和双层网壳结构，因温差引起的杆件内力可由下式计算：

$$N_{ij} = \overline{N}_{ij} - E\Delta t \alpha A_{ij} \qquad (1)$$

式中：$\overline{N}_{ij}$——温度变化等效荷载作用下的杆件内力；

E——空间网格结构材料的弹性模量；

α——空间网格结构材料的线膨胀系数，对于钢材 $\alpha = 0.000012/℃$；

A_{ij}——杆件的截面面积；

Δt——温差（℃），以升温为正。

空间网格结构的温度应力是指在温度场变化作用下产生的应力，温度场变化范围应取施工安装完毕时的气温与当地常年最高或最低气温之差。一般情况下，可取均匀温度场，即式（1）中的温差 Δt。但对某些大型复杂结构，在有些情况下（如室内构件与室外构件、迎光面构件与背光面构件等）会形成梯度较大的温度场分布，此时应进行温度场分析，确定合理的温度场分布，相应的，式（1）中的 Δt 应改为 Δt_{ij}。

4.2.4 对于网架结构，温度应力主要由支承体系阻碍网架变形而产生，其中支承平面的弦杆受影响最大，应作为网架是否考虑温度应力的依据。支承平面弦杆的布置情况，可归纳为正交正放、正交斜放、三

向等三类。

其次，在网架的不同区域中，支承平面弦杆的温度应力也不同。计算表明，边缘区域比中间区域大，考虑到边缘区域杆件大部分由构造决定，有较富裕的强度储备，本条将支承平面弦杆的跨中区域最大温度应力小于 $0.038f$ （f 为钢材强度设计值）作为不必进行温度应力验算的依据，条文中的规定经计算均满足这一要求。

4.2.5 对于预应力空间网格结构，往往采用多次分批施加预应力及加荷的原则（即多阶段设计原则），使结构在使用荷载下达到最佳内力状态。同时，由于施工工艺和施工设备的限制，施工过程中也会出现分级分批张拉预应力的情况。因此预应力网格结构的设计不仅要分析结构在使用阶段的受力特性，而且要考虑结构在施工阶段的受力性能，施工阶段的受力分析甚至可能比使用阶段更重要。因此，对预应力空间网格结构进行考虑施工程序的全过程分析是十分必要的。

4.2.6 斜拉索的单元分析可采用有限单元法和二力直杆法（亦称等效弹性模量法）。有限元分析中的索单元主要包括二节点直线杆单元和多节点曲线索单元两类。前者没有考虑索自重垂度的影响，索长度较小时误差较小，通常需将整索划分为若干单元；后者则考虑了索自重垂度影响，可视整索为一个单元。

对斜拉网格结构的整体而言，二力直杆法也是有限元方法。将斜拉索等代为弹性模量随索张力大小而变化的受拉二力直杆单元，其刚度矩阵即归结为常规杆单元的刚度矩阵。等效弹性模量可由下式计算：

$$E_{eq} = \frac{E}{1 + \dfrac{EA(\gamma Al)^2}{12T^3}} \qquad (2)$$

式中：E——斜拉索的弹性模量；

A——斜拉索的截面面积；

γ——斜拉索的比重；

l——斜拉索的水平跨度；

T——斜拉索的索张力。

显然，E_{eq} 与斜拉索的索张力有关。该方法十分有效，在斜拉结构和塔桅结构的分析中应用广泛。

4.2.7 网架结构的拟夹层板法计算，是指把网架结构连续化为由上、下表层（即上、下弦杆）和夹心层（即腹杆）组成的正交异性或各向同性的夹层板，采用考虑剪切变形的、具有三个广义位移的平板理论的分析方法。一般情况下，由平面桁架系或角锥体组成的网架结构均可采用这种方法来计算。通过分析比较，拟夹层板法的计算精度在通常情况下能满足工程的要求。

拟夹层板法曾是国内应用较广的方法之一。采用该法计算网架结构时，可直接查用图表，比较简便，容易掌握，不必借助于电子计算机。目前国内已有不

少著作和手册介绍此法，并有现成图表可供设计人员使用，故本规程不再给出具体的计算公式和计算图表。

4.2.8 大部分网壳结构可通过连续化的计算模型等代为正交异性，甚至各向同性的薄壳结构，并根据边界条件求解薄壳的微分方程式而得出薄壳的位移和内力，然后可通过内力等效的原则，由拟壳结构的薄膜内力和弯曲内力返回计算网壳杆件的轴力、弯矩和剪力。

4.2.9、4.2.10 组合网架结构的计算分析目前主要采用有限元法。对于上弦带肋平板有两种计算模型，一是将带肋平板分离为梁元与板壳元；另一是把带肋平板等代为上弦杆，仍采用空间桁架位移法作简化计算。本规程把这两种计算方法均推荐为分析组合网架时采用。

按空间桁架位移法简化计算组合网架的具体步骤、等代上弦杆截面积的确定及反算平板中的薄膜内力均在本规程附录 D 中作了阐述。该法计算简便，可采用普通网架结构的计算程序，目前国内许多组合网架实际工程的分析计算均采用了该方法，能满足工程计算精度的要求。

4.3 网壳的稳定性计算

4.3.1 单层网壳和厚度较小的双层网壳均存在整体失稳（包括局部壳面失稳）的可能性；设计某些单层网壳时，稳定性还可能起控制作用，因而对这些网壳应进行稳定性计算。从大量双曲抛面网壳的全过程分析与研究来看，从实用角度出发，可以不考虑这类网壳的失稳问题，作为一种替代保证，结构刚度应该是设计中的主要考虑因素，而这是在常规计算中已获保证的。

4.3.2 以非线性有限元分析为基础的结构荷载-位移全过程分析可以把结构强度、稳定乃至刚度等性能的整个变化历程表示得十分清楚，因而可以从全局的意义上来研究网壳结构的稳定性问题。目前，考虑几何及材料非线性的荷载-位移全过程分析方法已相当成熟，包括对初始几何缺陷、荷载分布方式等因素影响的分析方法也比较完善。因而现在完全有可能要求对实际大型网壳结构进行仅考虑几何非线性的或考虑双重非线性的荷载-位移全过程分析，在此基础上确定其稳定性承载力。考虑双重非线性的全过程分析（即弹塑性全过程分析）可以给出精确意义上的结果，只是需耗费较多计算时间。在可能条件下，尤其对于大型的和形状复杂的网壳结构，应鼓励进行考虑双重非线性的全过程分析。

4.3.3 当网壳受恒载和活载作用时，其稳定性承载力以恒载与活载的标准组合来衡量。大量算例分析表明：荷载的不对称分布（实际计算中取活载的半跨分布）对球面网壳的稳定性承载力无不利影响；对四边

支承的柱面网壳当其长宽比 $L/B \leqslant 1.2$ 时，活载的半跨分布对网壳稳定性承载力有一定影响；而对椭圆抛物面网壳和两端支承的圆柱面网壳，活载的半跨分布影响则较大，应在计算中考虑。

初始几何缺陷对各类网壳的稳定性承载力均有较大影响，应在计算中考虑。网壳的初始几何缺陷包括节点位置的安装偏差、杆件的初弯曲、杆件对节点的偏心等，后面两项是与杆件计算有关的缺陷。我们在分析网壳稳定性时有一个前提，即在强度设计阶段网壳所有杆件都已经过强度和杆件稳定验算。这样，与杆件有关的缺陷对网壳总体稳定性（包括局部壳面失稳问题）的影响就自然地被限制在一定范围内，而且在相当程度上可以由关于网壳初始几何缺陷（节点位置偏差）的讨论来覆盖。

节点安装位置偏差沿壳面的分布是随机的。通过实例进行的研究表明：当初始几何缺陷按最低阶屈曲模态分布时，求得的稳定性承载力是可能的最不利值。这也就是本规程推荐采用的方法。至于缺陷的最大值，按理应采用施工中的容许最大安装偏差；但大量算例表明，当缺陷达到跨度的 1/300 左右时，其影响往往才充分展现；从偏于安全角度考虑，本条规定了"按网壳跨度的 1/300"作为理论计算的取值。

4.3.4 确定安全系数 K 时考虑到下列因素：（1）荷载等外部作用和结构抗力的不确定性可能带来的不利影响；（2）复杂结构稳定性分析中可能的不精确性和结构工作条件中的其他不利因素。对于一般条件下的钢结构，第一个因素可用系数 1.64 来考虑；第二个因素暂设用系数 1.2 来考虑，则对于按弹塑性全过程分析求得的稳定极限承载力，安全系数 K 应取为 $1.64 \times 1.2 \approx 2.0$。对于按弹性全过程分析求得的稳定极限承载力，安全系数 K 中尚应考虑由于计算中未考虑材料弹塑性而带来的误差；对单层球面网壳、柱面网壳和双曲扁网壳的系统分析表明，塑性折减系数 c_p（即弹塑性极限荷载与弹性极限荷载之比）从统计意义上可取为 0.47，则系数 K 应取为 $1.64 \times 1.2 / 0.47 \approx 4.2$。对其他形状更为复杂的网壳无法作系统分析，对这类网壳和一些大型或特大型网壳，宜进行弹塑性全过程分析。

4.3.5 本条附录给出的稳定性实用计算公式是由大规模参数分析的方法求出的，即结合不同类型的网壳结构，在其基本参数（几何参数、构造参数、荷载参数等）的常规变化范围内，应用非线性有限元分析方法进行大规模的实际尺寸网壳的全过程分析，对所得到的结果进行统计分析和归纳，得出网壳结构稳定性的变化规律，最后用拟合方法提出网壳稳定性的实用计算公式。总计对 2800 余例球面、圆柱面和椭圆抛物面网壳进行了全过程分析。所提出的公式形式简单，便于应用。

给出实用计算公式的目的是为了设计人员应用方

便；然而，尽管所进行的参数分析规模较大，但仍然难免有某些疏漏之处，简单的公式形式也很难把复杂的实际现象完全概括进来，因而条文中对这些公式的应用范围作了适当限制。

4.4 地震作用下的内力计算

4.4.1、4.4.2 本二条给出的抗震验算原则是通过对网架与网壳结构进行大量计算机实例计算与理论分析总结得出的，系针对水平放置的空间网格结构。

网架结构属于平板网格结构体系。由大量网架结构计算机分析结果表明，当支承结构刚度较大时，网架结构将以竖向振动为主。所以在设防烈度为 8 度的地震区，用于屋盖的网架结构应进行竖向和水平抗震验算，但对于周边支承的中小跨度网架结构，可不进行水平抗震验算，可仅进行竖向抗震验算。在抗震设防烈度为 6 度或 7 度的地区，网架结构可不进行抗震验算。

网壳结构属于曲面网格结构体系。与网架结构相比，由于壳面的拱起，使得结构竖向刚度增加，水平刚度有所降低，因而使网壳结构水平振动将与竖向振动属同一数量级，尤其是矢跨比较大的网壳结构，将以水平振动为主。对大量网壳结构计算机分析结果表明，在设防烈度为 7 度的地震区，当网壳结构矢跨比不小于 1/5 时，竖向地震作用对网壳结构的影响不大，而水平地震作用的影响不可忽略，因此本条规定在设防烈度为 7 度的地震区，矢跨比不小于 1/5 的网壳结构可不进行竖向抗震验算，但必须进行水平抗震验算。在抗震设防烈度为 6 度的地区，网壳结构可不进行抗震验算。

4.4.5 采用时程分析法时，应考虑地震动强度、地震动谱特征和地震动持续时间等地震动三要素，合理选择与调整地震波。

1 地震动强度

地震动强度包括加速度、速度及位移值。采用时程分析法时，地震动强度是指直接输入地震响应方程的加速度的大小。加速度峰值是加速度曲线幅值中最大值。当震源、震中距、场地、谱特征等因素均相同，而加速度峰值高时，则建筑物遭受的破坏程度大。

为了与设计时的地震烈度相当，对选用的地震记录加速度时程曲线应按适当的比例放大或缩小。根据选用的实际地震波加速度峰值与设防烈度相应的多遇地震时的加速度时程曲线最大值相等的原则，实际地震波的加速度峰值的调整公式为：

$$a'(t) = \frac{A'_{max}}{A_{max}} a(t) \qquad (3)$$

式中：$a'(t)$、A'_{max}——调整后地震加速度曲线及峰值；

$a(t)$、A_{max}——原记录的地震加速度曲线及峰值。

调整后的加速度时程的最大值 A'_{max} 按《建筑抗震设计规范》GB 50011－2001 表 5.1.2-2 采用，即：

表 1　时程分析所用的地震加速度时程曲线的最大值（cm/s²）

地震影响	6 度	7 度	8 度	9 度
多遇地震	18	35(55)	70(110)	140

注：括号内的数值分别用于设计基本地震加速度为 0.15g 和 0.30g 的地区。

2　地震动谱特征

地震动谱特征包括谱形状、峰值、卓越周期等因素，与震源机制、地震波传播途径、反射、折射、散射和聚焦以及场地特性、局部地质条件等多种因素相关。当所选用的加速度时程曲线幅值的最大值相同，而谱特征不同，则计算出的地震响应往往相差很大。

考虑到地震动的谱特征，在选取实际地震波时，首先应选择与场地类别相同的一组地震波，而后经计算选用其平均地震影响系数曲线与振型分解反应谱法所采用的地震影响系数曲线在统计意义上相符的加速度时程曲线。所谓"在统计意义上相符"指的是，用选择的加速度时程曲线计算单质点体系得出的地震影响系数曲线与振型分解反应谱法所采用的地震影响系数曲线相比，在不同周期值时均相差不大于 20%。

3　地震动持续时间

所取地震动持续时间不同，计算出的地震响应亦不同。尤其当结构进入非线性阶段后，由于持续时间的差异，使得能量损耗积累不同，从而影响了地震响应的计算结果。

地震动持续时间有不同定义方法，如绝对持时、相对持时和等效持时，使用最方便的是绝对持时。按绝对持时计算时，输入的地震加速度时程曲线的持续时间内应包含地震记录最强部分，并要求选择足够长的持续时间，一般建议取不少结构基本周期的 10 倍，且不小于 10s。

4.4.8　为设计人员使用简便，根据大量计算机分析，本条给出振型分解反应谱法所需至少考虑的振型数。按《建筑抗震设计规范》GB 50011－2001 条文说明，振型个数一般亦可取振型参与质量达到总质量 90% 所需的振型数。

4.4.10　阻尼比取值应根据结构实测与试验结果经统计分析而得来。

1　多高层钢结构阻尼比取值

有关结构阻尼比取值有多种建议，早期以 20 世纪 60 年代纽马克（N. M. Newmark）及 20 世纪 70 年代武藤清给出的实测值资料较为系统。日本建筑学会阻尼评定委员会于 2003 年发布了 205 栋多高层建筑阻尼比实测结果，其中钢结构 137 栋，钢-混凝土混合结构 43 栋，混凝土结构 25 栋。由大量实测结果分析统计得出阻尼比变化规律及第一阶阻尼比 ζ_1 的简化计算公式，并给出绝大部分钢结构 ζ_1 均小于 0.02 的结论。

影响阻尼比值的因素甚为复杂，现仍属于正在研究的课题。在没有其他充分科学依据之前，多高层钢结构阻尼比取 0.02 是可行的。

2　空间网格结构阻尼比取值

空间网格结构的阻尼比值最好是由空间网格结构实测和试验统计分析得出，但至今这方面的资料甚少。研究表明，结构类型与材料是影响结构阻尼比值的重要因素，所以在缺少实测资料的情况下，可参考多高层钢结构，对于落地支承的空间网格结构阻尼比可取 0.02。

对设有混凝土结构支承体系的空间网格结构，阻尼比值可采用下式计算：

$$\zeta = \frac{\sum_{s=1}^{n} \zeta_s W_s}{\sum_{s=1}^{n} W_s} \qquad (4)$$

式中：ζ——考虑支承体系与空间网格结构共同工作时，整体结构的阻尼比；

ζ_s——第 s 个单元阻尼比；对钢构件取 0.02，对混凝土构件取 0.05；

n——整体结构的单元数；

W_s——第 s 个单元的位能。

梁元位能为：

$$W_s = \frac{L_s}{6(EI)_s}(M_{as}^2 + M_{bs}^2 - M_{as}M_{bs}) \qquad (5)$$

杆元位能为：

$$W_s = \frac{N_s^2 L_s}{2(EA)_s} \qquad (6)$$

式中：L_s、$(EI)_s$、$(EA)_s$——分别为第 s 杆的计算长度、抗弯刚度和抗拉刚度；

M_{as}、M_{bs}、N_s——分别取第 s 杆两端在重力荷载代表值作用下的静弯矩和静轴力。

上述阻尼比值计算公式是考虑到不同材料构件对结构阻尼比的影响，将空间网格结构与混凝土结构支承体系视为整体结构，引用等效结构法的思路，用位能加权平均法推导得出的。

为简化计算，对于设有混凝土结构支承的空间网格结构，当将空间网格结构与混凝土结构支承体系按整体结构分析或采用弹性支座简化模型计算时，本条给出阻尼比可取 0.03 的建议值。这是经大量计算机实例计算及收集的实测结果经统计分析得来。

4.4.11　地震时的地面运动是一复杂的多维运动，包括三个平动分量和三个转动分量。对于一般传统结构仅分别进行单维地震作用效应分析即可满足设计要求的精确度，但对于体型复杂或较大跨度的网格结构，宜进行多维地震作用下的效应分析。这是由于空间网格结构为空间结构体系，呈现明显的空间受力和变形特点，如水平和竖向地震对网壳结构的反应都有较大影响。因此，需对网壳结构进行多维地震响应分析。此外，网壳结构频率甚为密集，应考虑各振型之间的相关性。根据大量空间网格结构计算机分析，如单层球面网壳，除少数杆件外，三维地震内力均大于单维地震内力，有些杆件地震内力要大 1.5 倍～2 倍左右，可见对于体型复杂或较大跨度的空间网格结构宜进行多维地震响应分析。

进行多维地震效应计算时，可采用多维随机振动分析方法、多维反应谱法或时程分析法。按《建筑抗震设计规范》GB 50011 - 2001，当多维地震波输入时，其加速度最大值通常按 1(水平 1)：0.85(水平 2)：0.65(竖向)的比例调整。

由于空间网格结构自由度甚多，由传统的随机振动功率谱方法推导的 CQC 表达式计算工作量巨大，很难用于工程计算，因此建议采用多维虚拟激励随机振动分析方法。该法自动包含了所有参振振型间的相关性以及激励之间的相关性，与传统的 CQC 法完全等价，是一种精确、快速的 CQC 法，特别适用于分析自由度多、频率密集的网壳结构在多维地震作用下的随机响应。

为了更便于设计人员采用，以多维随机振动分析理论为基础，建立了空间网格结构多维抗震分析的实用反应谱法。附录 F 给出的即是按多维反应谱法进行空间网格结构三维地震效应分析时，各节点最大位移响应与各杆件最大内力响应的组合公式。其中考虑了《建筑抗震设计规范》GB 50011 - 2001 所提出的当三维地震作用时，其加速度最大值按 1(水平 1)：0.85(水平 2)：0.65(竖向)的比例。

采用时程分析法进行多维地震效应计算时，计算方法与单维地震效应分析相同，仅地面运动加速度向量中包含了所考虑的几个方向同时发生的地面运动加速度项。

4.4.12 为简化计算，本条给出周边支承或多点支承与周边支承相结合的用于屋盖的网架结构竖向地震作用效应简化计算方法。

本规程附录 G 中所列出的简化计算方法是采用反应谱法和时程法，对不同跨度、不同形式的周边支承或多点支承与周边支承相结合的用于屋盖的网架结构进行了竖向地震作用下的大量计算机分析，总结地震内力系数分布规律而提出的。

4.4.13 为了减少 7 度和 8 度设防烈度时网壳结构的设计工作量，在大量实例分析的基础上，给出承受均布荷载的几种常用网壳结构杆件地震轴向力系数值，以便于设计人员直接采用。

对于单层球面网壳结构，考虑了各类杆件各自为等截面情况；对于单层双曲抛物面网壳结构，考虑了

弦杆和斜杆均为等截面情况，仅抬高端斜拉杆由于受力较大需要另行设计；

对于双层圆柱面网壳结构，考虑纵向弦杆和腹杆分别为等截面情况。由于横向弦杆各单元地震内力系数沿网壳横向 1/4 跨度附近较大，所以给出的地震内力系数除按矢跨比、上下弦不同外，还按横向弦杆各单元位置划分了两类区域，在本规程表 H.0.3 中以阴影与空白分别表示。

5　杆件和节点的设计与构造

5.1　杆　　件

5.1.1 本条明确规定网格结构杆件的材质应符合现行国家标准《钢结构设计规范》GB 50017 的有关规定，严禁采用非结构用钢管。管材强调了采用高频焊管或无缝钢管，主要考虑高频焊管价格比无缝钢管便宜，且高频焊管性能完全满足使用要求。

5.1.2 空间网格结构杆件的计算长度按结构类型、节点形式与杆件所处的部位分别考虑。

网架结构压杆计算长度的确定主要是根据国外理论研究和有关手册规定以及我国对网架压杆计算长度的试验研究。对螺栓球节点，因杆两端接近铰接，计算长度取几何长度（节点至节点的距离）。对空心球节点网架，由于受该节点上相邻拉杆的约束，其杆件的计算长度可作适当折减，弦杆及支座腹杆取 0.9l，腹杆则仍按普通钢结构的规定取 0.8l。对采用板节点的，为偏于安全，仍按一般平面桁架的规定。

双层网壳的节点一般可视为铰接。但由于双层网壳中大多数上、下弦杆均受压，它们对腹杆的转动约束要比网架小，因此对焊接空心球节点和板节点的双层网壳的腹杆计算长度作了调整，其计算长度取 0.9l，而上、下弦杆和螺栓球节点的双层网壳杆件的计算长度仍取为几何长度。

单层网壳在壳体曲面内、外的屈曲模态不同，因此其杆件在壳体曲面内、外的计算长度不同。

在壳体曲面内，壳体屈曲模态类似于无侧移的平面刚架。由于空间汇交的杆件较少，且相邻环向（纵向）杆件的内力、截面都较小，因此相邻杆件对压杆的约束作用不大，这样其计算长度主要取决于节点对杆件的约束作用。根据我国的试验研究，考虑焊接空心球节点与相贯节点对杆的约束作用时，杆件计算长度可取 0.9l，而毂节点在壳体曲面内对杆件的约束作用很小，杆件的计算长度应取为几何长度。

在壳体曲面外，壳体有整体屈曲和局部凹陷两种屈曲模态，在规定杆件计算长度时，仅考虑了局部凹陷一种屈曲模态。由于网壳环向（纵向）杆件可能受压、受拉或内力为零，因此其横向压杆的支承作用不确定，在考虑压杆计算长度时，可以不计其影响，而

仅考虑压杆远端的横向杆件给予的弹性转动约束，经简化计算，并适当考虑节点的约束作用，取其计算长度为1.6l。

对于立体桁架，其上弦压杆与支座腹杆无其他杆件约束，故其计算长度均取1.0l，采用空心球节点与相贯节点时，腹杆计算长度取0.9l。

5.1.3 空间网格结构杆件的长细比按结构类型，杆件所处位置与受力形式考虑如下：

网架、双层网壳与立体桁架其压杆的长细比仍取用原网架规程取值，即[λ]≤180，多年网架工程实践证明这个压杆的长细比取值是适宜的，是完全可以保证结构安全的。

从网架工程的实践来，很少有拉杆其长细比达到400的，本次修订中将网架、立体桁架与双层网壳的长细比限值调整到与双层网壳一致，统一取[λ]≤300。对于网架、立体桁架与双层网壳的支座附件杆件，由于边界条件复杂，杆件内力有时产生变号，故对其长细比控制从严，[λ]≤250。对于直接承受动力荷载的杆件，从严控制于[λ]≤250。

统计已建成的单层网壳其压杆的计算长细比一般在60~150。考虑到网壳结构主要由受压杆件组成，压杆太柔会造成杆件初弯曲等几何初始缺陷，对网壳的整体稳定形成不利影响；另外杆件的初始弯曲，会引起二阶力的作用，因此，单层网壳杆件受压与压弯时其长细比按照现行国家标准《钢结构设计规范》GB 50017的有关规定取[λ]≤150。

5.1.4 根据多年来空间网格结构的工程实践规定了杆件截面的最小尺寸。但这并不是说，所有空间网格工程都可以采用本条规定的最小截面尺寸，这里明确指出，杆件最小截面尺寸必须在实际工程中根据计算分析经杆件截面验算后确定。

5.1.5 空间网格结构杆件当其内力分布变化较大时，如杆件按满应力设计，将会造成沿受力方向相邻杆件规格过于悬殊，而造成杆件截面刚度的突变，故从构造要求考虑，其受力方向相连续的杆件截面面积之比不宜超过1.8倍，对于多点支承网架，虽然其反弯点处杆件内力很小，也应考虑杆件刚度连续原则，对反弯点处的上下弦杆宜按构造要求加大截面。

5.1.6 由于大量的空间网格结构实际工程中，小规格的低应力拉杆经常会出现弯曲变形，其主要原因是此类杆件受制作、安装及活荷载分布影响时，小拉力杆转化为压杆而导致杆件弯曲，故对于低应力的小规格拉杆宜按压杆来控制长细比。

5.1.7 本条规定提醒设计人员注意细部构造设计，避免给施工和维护造成困难。

5.2 焊接空心球节点

5.2.1 目前针对焊接空心球的有关试验和理论分析基本集中在焊接空心球和圆钢管的连接。因此本条明确焊接空心球适用于连接圆钢管。如需应用焊接空心球连接其他类型截面的钢管，应进行专门的研究。

5.2.2 焊接空心球在我国已广泛用作网架结构的节点，近年来在单层网壳结构中也得到了应用，取得了一定的经验。

由于网架和网壳结构中空心球为多向受力，计算与试验均很复杂，为简化，以往设计中均以单向受力（受压或受拉）情况下空心球的承载能力来决定空心球的允许设计荷载。而单向受力空心球的承载力，原《网架结构设计与施工规程》JGJ 7-91中的公式是以大量的试验数据（其中绝大多数为单向受压且球直径为500mm以下）用数理统计方法得出的经验公式。随着工程应用的发展，出现了直径大于500mm的空心球，同时随着计算技术的进步，已有条件对空心球节点进行数值计算分析，原《网壳结构技术规程》JGJ 61-2003编制时即采用数值计算和已有试验结果一起参与数理统计，进行回归分析，数值分析结果表明，在满足空心球的有关构造要求后，单向拉、压时空心球均为强度破坏。考虑设计使用方便，将空心球节点承载力设计值公式统一为一种形式。数值计算分析考虑了节点破坏时钢管与球体连接处已进入塑性状态，产生较大的塑性变形，故采用了以弹塑性理论为基础的非线性有限元法。本次规程编制时仍采用拉、压承载力设计值统一公式形式，根据空心球制作实际情况和钢板供货大量出现负公差的情况，对空心球壁厚的允许减薄量进行了放宽，同时放宽了对较大直径空心球直径允许偏差和圆度允许偏差的限制，以及对口错边量的限制。据此，本次修编中又作了上述限制放宽后的计算分析，并与原规程未放宽时的计算结果作了比较，在此基础上对《网壳结构技术规程》JGJ 61-2003公式中的相关系数作了调整。

因目前大于500mm直径的焊接空心球制作质量离散性较大，试验数据离散性较大，同时试验数据也较少，因此对于直径大于500mm的焊接空心球，对其承载力设计值考虑0.9的折减系数，以保证足够的安全度。

经本次修订调整后的公式，基本覆盖了数值分析和试验结果，同时与其他经验公式比较也均能覆盖。由于受拉空心球的试验较少，大直径空心球受拉试验更少，当有可靠试验依据时，大直径受拉空心球强度设计值可适当提高。

5.2.3 单层网壳的杆端除承受轴向力外，尚有弯矩、扭矩及剪力作用。在单层球面及柱面网壳中，由于弯矩作用在杆与球接触面产生的附加正应力在不同部分出入较大，一般可增加20%~50%左右。对轴力和弯矩共同作用下的节点承载力，《网壳结构技术规程》JGJ 61-2003根据经验给出了考虑空心球承受压弯或拉弯作用的影响系数$\eta_m=0.8$。本次修订时，根据试验结果、有限元分析和简化理论分析，得到了η_m与

偏心系数 c 相应的的计算公式，偏心系数 $c = 2M/(Nd)$，η_m 不再限定为统一的 0.8。η_m 可采用下述方法确定：

(1) $0 \leqslant c \leqslant 0.3$ 时

$$\eta_m = \frac{1}{1+c} \qquad (7)$$

(2) $0.3 < c < 2.0$ 时

$$\eta_m = \frac{2}{\pi}\sqrt{3+0.6c+2c^2} - \frac{2}{\pi}(1+\sqrt{2}c) + 0.5 \qquad (8)$$

(3) $c \geqslant 2.0$ 时

$$\eta_m = \frac{2}{\pi}\sqrt{c^2+2} - \frac{2c}{\pi} \qquad (9)$$

上式中：

$$c = \frac{2M}{Nd} \qquad (10)$$

式中：M——作用在节点上的弯矩（N·mm）；

N——作用在节点上的轴力（N）。

为了便于设计人员使用，本规程中将上述公式以图形形式表示，设计人员只要根据偏心系数 c，即可按图查到影响系数 η_m。

5.2.4 《网壳结构技术规程》JGJ 61-2003 采用了承载力提高系数 η_d 考虑空心球设加劲肋的作用，受压球取 $\eta_d = 1.4$，受拉球取 $\eta_d = 1.1$。考虑到承受弯矩为主的空心球目前还缺少工程实践，加劲肋对弯矩作用下节点承载力的影响尚无足够的试验结果，实际工程中也难以保证加劲肋位于弯矩作用平面内，因此在弯矩较大的情况下，不考虑加劲肋的作用，以确保安全。对以轴力为主而弯矩较小的情况（$\eta_m \geqslant 0.8$），仍可考虑加劲肋承载力提高系数。

5.2.5 本条中所提出的一些构造要求是为了避免空心球在受压时会由于失稳而破坏。为了使钢管杆件与空心球连接焊缝做到与钢管等强，规定钢管应开坡口（从工艺要求考虑钢管壁厚大于 6mm 的必须开坡口），焊缝要焊透。根据大量工程实践的经验，钢管端部加套管是保证焊缝质量、方便拼装的好办法。当采用的焊接工艺可以保证焊接质量时，也可以不加套管。此外本条对管、球坡口焊缝尺寸与角焊缝高度也作了具体规定。

5.2.8 加肋空心球的肋板应设置在空间网格结构最大杆件与主要受力杆件组成的轴线平面内。对于受力较大的特殊节点，应根据各主要杆件在空心球节点的连接情况，验算肋板平面外空心球节点的承载能力。

5.3 螺栓球节点

5.3.1 利用高强度螺栓将圆钢管与螺栓球连接而成的螺栓球节点，在构造上比较接近于铰接计算模型，因此适用于双层以及两层以上的空间网格结构中圆钢管杆件的节点连接。

5.3.2 螺栓球节点的材料在选用时考虑以下因素：

螺栓球节点上沿各汇交杆件的轴向端部设有相应螺孔，当分别拧入杆件中的高强度螺栓后即形成网架整体。钢球的硬度可略低于螺栓的硬度，材料强度也较螺栓低，因而球体原坯材料选用 45 号钢，且不进行热处理，可以满足设计要求，并便于加工制作。球体原坯宜采用锻造成型。

锥头或封板是圆钢管杆件通过高强度螺栓与钢球连接的过渡零件，它与钢管焊接成一体，因此其钢号宜与钢管一致，以方便施焊。

套筒主要传递压力，因此对于与较小直径高强度螺栓（≤M33）相应的套筒，可选取 Q235 钢。对于与较大直径高强度螺栓（≥M36）相应的套筒，为避免由于套筒承压面积的增大而加大钢球直径，宜选用 Q345 钢或 45 号钢。

高强度螺栓的钢材应保证其抗拉强度、屈服强度与淬透性能满足设计技术条件的要求。结合目前国内钢材的供应情况和实际使用效果，推荐采用 40Cr 钢、35CrMo 钢，同时考虑到多年使用和厂家习惯用材，对于 M12～M24 的高强度螺栓还可采用 20MnTiB 钢，M27～M36 的高强度螺栓还可采用 35VB 钢。

紧固螺钉也宜选用高强度钢材，以免拧紧高强度螺栓时被剪断。

5.3.4 现行国家标准《钢网架螺栓球节点用高强度螺栓》GB/T 16939 将高强度螺栓的性能等级按照其直径大小分为 10.9 级与 9.8 级两个等级，这是根据我国高强度螺栓生产的实际情况而确定的。

高强度螺栓在制作过程中要经过热处理，使成调质钢。热处理的方式是先淬火，再高温回火。淬火可以提高钢材强度，但降低了它的韧性，再回火可恢复钢的韧性。对于采用规程推荐材料的高强度螺栓，影响其能否淬透的主要因素是螺栓直径的大小。当螺栓直径较小（M12～M36）时，其截面芯部能淬透，因此在此直径范围内的高强度螺栓性能等级定为 10.9 级。对大直径高强度螺栓（M39～M64×4），由于芯部不能淬透，从稳妥、可靠、安全出发将其性能等级定为 9.8 级。

本规程采用高强度螺栓经热处理后的抗拉强度设计值为 430N/mm²，为使 9.8 级的高强度螺栓与其具有相同的抗力分项系数，其抗拉强度设计值相应定为 385N/mm²。由于本规程中已考虑了螺栓直径对性能等级的影响，在计算高强度螺栓抗拉设计承载力时，不必再乘以螺栓直径对承载力的影响系数。

高强度螺栓的最高性能等级采用 10.9 级，即经过热处理后的钢材极限抗拉强度 f_u 达 1040N/mm²～1240N/mm²，规定不低于 1000N/mm²，屈服强度与抗拉强度之比为 0.9，以防止高强度螺栓发生延迟断裂。所谓延迟断裂是指钢材在一定的使用环境下，虽然使用应力远低于屈服强度，但经过一段时间后，外表可能尚未发现明显塑性变形，钢材却发生了突然脆断现象。导致延迟断裂的重要因素是应力腐蚀，而应力腐蚀则随高强度螺栓抗拉强度的提高而增加。因此性能等级为10.9级与9.8级的高强度螺栓，其抗拉强度的下限值分别取1000N/mm²与900N/mm²，可使螺栓保持一定的断裂韧度。

5.3.5 根据螺栓球节点连接受力特点可知，杆件的轴向压力主要是通过套筒端面承压来传递的，螺栓主要起连接作用。因此对于受压杆件的连接螺栓可不作验算。但从构造上考虑，连接螺栓直径也不宜太小，设计时可按该杆件内力绝对值求得螺栓直径后适当减小，建议减小幅度不大于表5.3.4中螺栓直径系列的3个级差。减少螺栓直径后的套筒应根据传递的压力值验算其承压面积，以满足实际受力要求，此时套筒可能有别于一般套筒，施工安装时应予以注意。

5.3.7 钢管端部的锥头或封板以及它们与钢管间的连接焊缝均为杆件的重要组成部分，应确保锥头或封板以及连接焊缝与钢管等强，一般封板用于连接直径小于76mm的钢管，锥头用于连接直径大于或等于76mm的钢管。

封板与锥头的计算可考虑塑性的影响，其底板厚度都不应太薄，否则在较小的荷载作用下即可能使塑性区在底板处贯通，从而降低承载力。

锥头底板厚度和锥壁厚度变化应与内力变化协调，锥壁与锥头底板及钢管交接处应和缓变化，以减少应力集中。

本规程中的表5.3.7摘自《钢网架螺栓球节点用高强度螺栓》GB/T 16939–1997附录A表3。

5.4 嵌入式毂节点

5.4.1 嵌入式毂节点是20世纪80年代我国自行开发研制的装配式节点体系。对嵌入式毂节点的足尺模型及采用此节点装成的单层球面网壳的试验结果证明，结构本身具有足够的强度、刚度和安全保证。

20多年来，我国用嵌入式毂节点已建成近100个单层球面网壳和圆柱面网壳，面积达20余万平方米。曾应用于体育馆、展览馆、娱乐中心、食堂等建筑的屋盖。并在40m～60m的煤泥浓缩池、贮煤库和20000m³以上的储油罐中采用。这些已建成的工程经多年的应用实践证明了这种节点的可靠性。

5.4.2 杆端嵌入件的形式比较复杂，嵌入榫的倾角也各不相同，采用机械加工工艺难于实现，一般铸钢件又不能满足精度要求，故选择精密铸造工艺生产嵌入件。

5.4.6 毂体是嵌入式毂节点的主体部件，毛坯可用热轧大直径棒料，经机械加工而成。为保证汇于毂体的杆件可靠地连接在一起，毂体应有足够的刚度和强度，嵌入槽的尺寸精度应保证各嵌入件能顺利嵌入并良好吻合。毂体直径是根据以下原则确定的：

1 槽孔开口处的抗剪强度大于杆件截面的抗拉

强度；

2 保证两槽孔间有足够的强度；

3 相邻两杆件不能相碰。

5.5 铸 钢 节 点

5.5.1 铸钢节点由于自重大、造价高，所以在实际工程中主要适用于有特殊要求的关键部位。

5.5.2、5.5.3 铸钢件的材质必须符合化学成分及力学性能的要求，同时应具有良好的焊接性能，以保证与被连接件的焊接质量。当节点设计需要更高等级的铸钢材料时，可参照国际标准或其他国家的相关标准执行，如德国标准或日本标准。

5.5.5、5.5.6 条件具备时铸钢件均宜进行足尺试验或缩尺试验，试验要求由设计单位提出。铸钢节点试验必须辅以有限元分析和对比，以便确定节点内部的应力分布。考虑到铸钢材料的离散性、设计经验的不足及弹塑性有限元分析的不定性，其安全系数比其他节点略有提高。

5.6 销轴式节点

5.6.3 销轴式节点一般为外露节点，同时为保证安装精度，销轴式节点的销轴与销板均应进行精确加工。

5.7 组合结构的节点

5.7.1、5.7.2 组合网架与组合网壳上弦节点的连接构造合理性直接关系到组合网架和组合网壳结构能否协同工作。根据工程实践经验和试验研究成果，本条中给出的组合网架和组合网壳结构上弦节点构造图经合理设计可保证这两种不同材料的构件间的共同工作，可实现上弦节点在上弦平面内与各杆件间连接的要求。

图5.7.2-1中所示节点构造主要用于角钢组合网架，板肋底部预埋钢板应与十字节点板的盖板焊接牢固以传递内力，必要时盖板上可焊接U形短钢筋（在板缝中后浇筑细石混凝土）或为盖板加抗剪锚筋，缝中宜配置通长钢筋，以从构造上加强整体性。当组合网架用于楼层时，宜在预制混凝土板上配筋后浇筑细石混凝土面层。在已建成使用的新乡百货大楼扩建工程以及长沙纺织大厦工程中都采用了类似的经验。

当腹杆为圆钢管、节点为焊接空心球时，可将图5.7.2-1所示十字节点板改用冲压成型的球缺（一般不足半球）与钢盖板焊接，预制钢筋混凝土上弦板可直接搁置在球缺节点的支承盖板上，并将上弦板肋上的预埋件与盖板焊接牢固。灌缝后将上弦板四角顶部的埋板间连以另一盖板使之成为整体铰支座（图5.7.2-2）。对于采用螺栓球节点的组合网架，上弦点与腹杆间的连接件亦可将图5.7.2-1所示十字节点板改用相应的螺栓环等代替（图5.7.2-3）。这些构造方案在国内组合网架工程中均有所采用。

5.7.3 组合网格结构施工支架的搭设应符合施工负荷的要求，在节点未形成整体前严禁在钢筋混凝土面板上施加过量不均匀荷载，防止施工支架超载破坏而危及结构安全。

5.8 预应力索节点

5.8.1 设计中采用哪种预应力索应根据具体结构与施工条件来确定。钢绞线拉索施工简便且成本低，但预应力锚头尺寸较大并需加防护外套，防腐要求高；扭绞型平行钢丝拉索其制索与锚头的加工都必须在工厂完成，质量可靠，但索的长度控制要求严且施工技术要求高；钢棒拉杆是近年开始应用的一种新形式，端部用螺纹连接质量可靠，防护处理容易，当拉杆较长时要10m左右设一个接头。除了小吨位的拉索外，对于大吨位的拉索应有可靠的索长微调系统以确保索力的正确。

5.8.2 体外索转折处设鞍形垫板，其作用是保证索在转折处的弯曲半径以免应力集中。

5.8.3 张弦桁架撑杆下端与索连接节点要求设置随时可以上紧的索夹是为了防止预应力张拉时索夹的可能滑动。桁架端部预应力索锚固处因节点内力大且应力复杂，故宜用铸钢节点。

5.9 支 座 节 点

5.9.1 空间网格结构支座节点的构造应与结构分析所取的边界条件相符，否则将使结构的实际内力、变形与计算内力、变形出现较大差异，并可能由此而危及空间网格结构的整体安全。一个合理的支座节点必须是受力明确、传力简捷、安全可靠。同时还应做到构造简单合理、制作拼装方便，并具有较好的经济性。

5.9.2 根据空间网格结构支座节点的主要受力特点可分为压力支座节点、拉力支座节点、可滑移、转动的弹性支座节点以及兼受轴力、弯矩与剪力的刚性支座节点。

5.9.3 平板压力支座节点构造简单、加工方便，但支座底板下应力分布不均匀，与计算假定相差较大。一般仅适用于较小跨度的网架支座。

单面弧形压力支座节点及双面弧形压力支座节点，支座节点可沿弧面转动。它们可分别应用于要求支座节点沿单方向转动的中小跨度网架结构，或为适应温度变化而需支座节点转动并有一定侧移，且下部支承结构具有较大刚度的大跨度网架结构，双面弧形是在支座底板与支承面顶板上焊有带椭圆孔的梯形钢板然后以螺栓将它们连为一体。这种支座节点构造与不动圆柱铰支承的约束条件比较接近，但它只能沿一个方向转动，而且不利于抗震。虽然这种节点构造较复杂但鉴于当前铸造工艺的进步，这类节点制作尚属

方便，具有一定应用空间。

球铰压力支座节点是由一个置于支承和面上的凸形半实心球与一个连于节点支承底板的凹形半球相嵌合，并以锚栓相连而成，锚栓螺母下设弹簧以适应节点转动，这种构造可使支座节点绕两个水平轴自由转动而不产生线位移。它既能较好地承受水平力又能自由转动，比较符合不动球铰支承的约束条件且有利于抗震。但其构造较复杂，一般用于多点支承的大跨度空间网格结构。

可滑动铰支座节点（图5.9.5）、板式橡胶支座节点（图5.9.6）可按有侧移铰支座计算。常用压力支座节点可按相对于节点球体中心的铰接支座计算，但应考虑下部结构的侧向刚度。

5.9.4 对于某些矩形平面周边支承的网架，如两向正交斜放网架，在竖向荷载作用下网架角隅支座上常出现拉力，因此应根据传递支座拉力的要求来设计这种支座节点。常用拉力支座节点主要有平板拉力支座节点、单面弧形拉力支座节点以及球铰拉力支座。它们共同的特点都是利用连接支座节点与下部支承结构的锚栓来传递拉力，此时锚栓应有足够的锚固深度。且锚栓应设置双螺母，并应将锚栓上的垫板焊于相应的支座底板上。

当支座拉力较小时，为简便起见，可采用与平板压力支座节点相同的构造。但此时锚栓承受拉力，因此平板拉力支座节点仅适用于跨度较小的网架。

当支座拉力较大，且对支座节点有转动要求时，可在单面弧形压力支座节点的基础上增设锚栓承力架，当锚栓承受较大拉力时，藉以减轻支座底板的负担。可用于大、中跨度的网架。

5.9.6 板式橡胶支座是在支座底板与支承面顶板或过渡钢板间加设橡胶垫板而实现的一种支座节点。由于橡胶垫板具有良好的弹性和较大的剪切变位能力，因而支座既可微量转动又可在水平方向产生一定的弹性变位。为防止橡胶垫板产生过大的水平变位，可将支座底板与支承面顶板或过渡钢板加工成"盆"形，或在节点周边设置其他限位装置（可在橡胶垫板外围设图5.9.6所示钢板或角钢构成的方框，橡胶垫板与方框间应留有足够空隙）。防止橡胶垫板可能产生的过大位移。支座底板与支承面顶板或过渡钢板由贯穿橡胶垫板的锚栓连成整体。锚栓的螺母下也应设置压力弹簧以适应支座的转动。支座底板与橡胶垫板上应开设相应的圆形或椭圆形锚孔，以适应支座的水平变位。

板式橡胶支座在我国网格结构中已得到普遍应用，效果良好。本规程附录K列出了橡胶垫板的材料性能及有关计算与构造要点，可供设计参考。

5.9.7 刚接支座节点应能可靠地传递轴向力、弯矩与剪力。因此这种支座节点除本身应具有足够刚度外，支座的下部支承结构也应具有较大刚度，使下部

结构在支座反力作用下所产生的位移和转动都能控制在设计允许范围内。

图 5.9.7 表示空心球节点刚接支座。它是将刚度较大的支座节点板直接焊于支承顶面的预埋钢板上，并将十字节点板与节点球体焊成整体，利用焊缝传力。锚栓设计时应考虑支座节点弯矩的影响。

5.9.8 当立体管桁架支座反力较小时可采用图 5.9.8 所示构造。但对于支座反力较大的管桁架节点宜在管桁架管件底部加设弧形垫板，通过弧形垫板使杆件与支座竖向支承板相连，既可使钢管杆件截面得到加强，同时也可避免主要连接焊缝横切钢管杆件截面，改善支座节点附近杆件的受力状况。

5.9.9 考虑到支座节点可能存在一定的水平反力，为减少由此而产生的附加弯矩，应尽量减小支座球节点中心至支座底板的距离。

对于上弦支承空间网格结构，设计时应控制边缘斜腹杆与支座节点竖向中心线间具有适当夹角，防止斜腹杆与支座柱边相碰，在支座设计时应进行放样验算。

支座底板与支座竖板厚度应根据支座反力进行验算，确保其强度与稳定性要求。

当支座节点中的水平剪力大于竖向压力的 40% 时，不应利用锚栓抗剪。此时应通过抗剪键传递水平剪力。

5.9.10 弧形支座板由于形状变异，宜用铸钢浇铸成型。为简便起见，单面弧形支座板也可用厚钢板加工成型。橡胶支座垫板系指由符合橡胶材料技术要求的多层橡胶片与薄钢板相间粘合压制而成的橡胶垫板，一般由工程橡胶制品厂专业生产。不得采用纯橡胶垫板。

5.9.11 在实际工程中要求将支座节点底板上的锚孔精确对准已埋入支承柱内的锚栓，对土建施工精度要求较高，因此对传递压力为主的网架压力支座节点中也可以在支座底板与支承面顶板间增设过渡钢板。

过渡钢板上设埋头螺栓与支座底板相连，过渡钢板可通过侧焊缝与支承面顶板相连，这种构造支座底板传力虽较间接，但可简化施工。当支座底板面积较大时可在过渡钢板上开设椭圆形孔，以槽焊与支承面顶板相连，以确保钢板间的紧密接触。

6 制作、安装与交验

6.1 一般规定

6.1.1 空间网格结构的施工，首先必须加强对材质的检验，经验表明，由于材质不清或采用可焊性差的合金钢材常造成焊接质量差等隐患，甚至造成返工等质量问题。

6.1.3 空间网格结构施工控制几何尺寸精度的难度较大，而且精度要求比一般平面结构严格，故所用测量器具应经计量检验合格。

6.1.4 为了保证空间网格结构施工的焊接质量，明确规定焊工应经过考核合格，持证上岗，并规定焊接内容应与考试内容相同。

6.1.5 在工程实践中，由于支座预埋件或预埋锚栓的偏差较大，安装单位在没有复核和验收的情况下，勿忙施工，常造成事故。为避免这种情况的发生，特规定本条文。

6.1.6 空间网格结构各种安装方法的主要内容和区别如下：

1 高空散装法是指网格结构的杆件和节点或事先拼成的小拼单元直接在设计位置总拼，拼装时一般要搭设全支架，有条件时，可选用局部支架的悬挑法安装，以减少支架的用量。

2 分条分块安装法是将整个空间网格结构的平面分割成若干条状或块状单元，吊装就位后再在高空拼成整体。分条一般是在网格结构的长跨方向上分割。条状单元的大小，视起重机起重能力而定。

3 滑移法是将网格结构的条状单元向一个方向滑移的施工方法。网格结构的滑移方向可以水平、向上、向下或曲线方向。它比分条安装法具有网格结构安装与室内土建施工平行作业的优点，因而缩短工期，节约拼装支架，起重设备也容易解决。

对于具有中间柱子的大面积房屋或狭长平面的矩形建筑可采用滑架法施工，分段的空间网格结构在可滑移的拼装架上就位拼装完成，移动拼装支架，再拼接下一段网格结构，如此反复进行，直至网格结构拼装完成。滑架法的特点是拼装支架移动而结构本身在原位逐条高空拼装，结构拼装后不再移动，比较安全。

4 整体吊装法吊装中小型空间网格结构时，一般采用多台吊车抬吊或拔杆起吊，大型空间网格结构由于重量较大及起重高度较高，则宜用多根拔杆吊装，在高空作移动或转动就位安装。

5、6 整体提升或整体顶升方法只能作垂直起升，不能作水平移动。提升与顶升的区别是：当空间网格结构在起重设备的下面称为提升；当空间网格结构在起重设备的上面称为顶升。由于空间网格结构的重心和提（顶）升力作用点的相对位置不同，其施工特点也有所不同。当采用顶升法时，应特别注意由于顶升的不同步，顶升设备作用力的垂直度等原因而引起的偏移问题，应采取措施尽量减少其偏移，而对提升法来说，则不是主要问题。因此，起升、下降的同步控制，顶升法要求更严格。

7 折叠展开式整体提升法的特点是首先将柱面网壳结构分成若干块，块与块之间设置若干活动铰节点使之形成若干能够灵活转动的铰线，并去掉铰线上方或下方的杆件，使结构变成机构。安装时提升设备将变成机构的柱面网壳结构垂直地向上运动，柱面网壳结构便能逐渐形成所需的结构形状，再将因结构转动需要而拆去的杆件补上即可。这种安装方法，由于是在地面或接近地面拼装，因而可以省去大量的拼装支架和大型起重设备。折叠展开式整体提升法也可适用于球面网壳结构的安装。

对某些空间网格结构根据其结构特点和现场条件，可采用两种或两种以上不同的安装方法结合起来综合运用，以求安装方法的更合理化。例如球面网壳结构可以将四周向内扩拼的悬挑法（内扩法）与中央部分用提升法或吊装法结合起来安装。

6.1.7 选择吊点时，首先应使吊点位置与空间网格结构支座相接近；其次应使各起重设备的负荷尽量接近，避免由于起重设备负荷悬殊而引起起升时过大的升差。在大型空间网格结构安装中应加强对起重设备的维修管理，达到安装过程中确保安全可靠的要求，当采用升板机或滑模千斤顶安装空间网格结构时，还应考虑个别设备出故障而加大邻近设备负荷的因素。

6.1.8 安装阶段的动力系数是在正常施工条件下，在现场实测所得。当用履带式或汽车式起重机吊装时，应选择同型号的设备，起吊时应采用最低档起重速度，严禁高速起升和急刹车。

6.2 制作与拼装要求

6.2.2 对焊缝质量的检验，首先应对全部焊缝进行外观检查。无损探伤检验的取样部位以设计单位为主并与监理、施工单位协商确定，首先应检验应力最大以及跨中与支座附近的拉杆。

6.2.3 空间网格结构杆件在接长时，钢管的对接焊缝必须保证一级焊缝。对接杆件不应布置在支座腹杆、跨中的下弦杆及承受疲劳荷载的杆件。

6.2.4 焊接球节点允许偏差值中壁厚减薄量允许偏差由两部分组成：一是钢板负公差，二是在轧制过程中空心球局部拉薄量，是根据工厂长期生产实践统计值计算而来。

螺栓球由圆钢经加热后锻压而成，在加工过程中有时会产生表面微裂纹，表面微裂纹可经打磨处理，严禁存在深度更深或内部的裂纹。

6.2.9 空间网格结构的总拼，应采取合理的施焊顺序，尽量减少焊接变形和焊接应力。总拼时的施焊顺序应从中间向两端或从中间向四周发展。这样，网格结构在拼接时就可以有一端自由收缩，焊工可随时调节尺寸（如预留收缩量的调整等），既保证网格结构尺寸的准确又使焊接应力较小。

按照本规程第 4.3.3 条，对网壳结构稳定性进行全过程分析时考虑初始曲面安装偏差，计算值可取网壳跨度的 1/300。实际上安装允许偏差不仅由稳定计算控制，还应考虑屋面排水、美观等因素，因此，将此值定为随跨度变化（跨度的 1/1500）并给予一最

大限值 40mm，进行双控。

6.2.10 螺栓球节点的高强度螺栓应确保拧紧，工程中总存在个别高强度螺栓拧紧不够的所谓"假拧"情况，因此本条文强调要设专人对高强度螺栓拧紧情况逐根检查。另外螺栓球节点拧紧螺栓后不加任何填嵌密封与防腐处理时，接头与大气相通，其中高强度螺栓与钢管、锥头或封板等内壁容易腐蚀，因此施工后必须认真执行密封防腐要求。

6.3 高空散装法

6.3.3 对于重大工程或当缺乏经验时，对所设计的支架应进行试压，以检验其承载力、刚度及有无不均匀沉降等。

当选用扣件式钢管搭设拼装支架时，其核心结构应用多立杆格构柱（图 2），常用有二立杆、三立杆、四立杆、五立杆、六立杆、七立杆等形式。

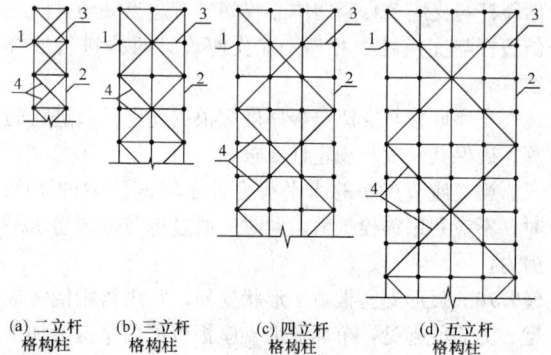

(a) 二立杆 格构柱　(b) 三立杆 格构柱　(c) 四立杆 格构柱　(d) 五立杆 格构柱

图 2　几种格构柱构造示意
1—扣件；2—立杆；3—水平杆；4—斜杆

格构柱极限承载力 P_E 计算公式为：

$$P_E = \frac{\pi^2 EI}{4H^2} \cdot \frac{1}{1 + U\frac{\pi^2 EI}{4H^2}} \cdot \mu_a \cdot \mu_b \quad (11)$$

式中：P_E——格构柱极限承载力；

E——钢弹性模量；

I——格构柱整体惯性矩；

$$I = \sum (IX + Aa^2);$$

H——格构柱总高；

μ_a——工作条件系数，$\mu_a = 0.36$；

μ_b——高度影响系数 $\mu_b = \dfrac{1}{1 + 0.005H_s}$

（H_s——支架搭设高度）；

U——单位水平位移：

二立杆时：　$U = \dfrac{2kd^2}{hb^2}$　　(12)

三立杆时：$U = \dfrac{(3/4)k(1 + \sin^2\alpha)d^2 + (1/2)kb^2}{hb^2}$

$$(13)$$

四立杆时：$U=\dfrac{(2/3)k(1+\sin^2\alpha)d^2+(1/3)kb^2}{hb^2}$

$$\hspace{10cm}(14)$$

五立杆时：$U=\dfrac{(5/8)k(1+\sin^2\alpha)d^2+(1/4)kb^2}{hb^2}$

$$\hspace{10cm}(15)$$

六立杆时：$U=\dfrac{(3/5)k(1+\sin^2\alpha)d^2+(1/5)kb^2}{hb^2}$

$$\hspace{10cm}(16)$$

七立杆时：$U=\dfrac{(7/12)k(1+\sin^2\alpha)d^2+(1/6)kb^2}{hb^2}$

$$\hspace{10cm}(17)$$

式中：k——扣件挠曲系数，$k=0.001\text{mm/N}$；

$\quad\quad\alpha$——斜杆与地面水平夹角；

$\quad\quad d$——一个单元网格斜杆对角线长；

$\quad\quad b$——一个单元网格的宽（立杆间距）；

$\quad\quad h$——一个单元网格高（水平杆步高）。

格构柱间距一般取 15m～20m，其余支架水平步高与立杆间距布置与格构支架相同。

单根立杆稳定验算：

$$\frac{N}{\varphi A}\cdot\frac{1}{\mu_a\mu_b}\leqslant f \hspace{3cm}(18)$$

式中：N——每根立杆所承受的荷载；

$\quad\quad\varphi$——轴心受压构件的稳定系数，根据长细比 λ 由行业标准《建筑施工扣件式钢管脚手架安全技术规范》JGJ 130－2001 附录 C 表 C 取值；

$\quad\quad A$——立杆截面面积；

$\quad\quad f$——钢材抗压强度计算值，$f=205\text{N/mm}^2$。

立杆强度验算：

$$\frac{N}{A}\cdot\frac{1}{\mu_a\mu_b}\leqslant f \hspace{3cm}(19)$$

式中各符号意义相同。

6.4 分条或分块安装法

6.4.1 当空间网格结构分割成条状或块状单元后，对于正放类空间网格结构，在自重作用下若能形成稳定体系，可不考虑加固措施。而对于斜放类空间网格结构，分割后往往形成几何可变体系，因而需要设置临时加固杆件。各种加固杆件在空间网格结构形成整体后方可拆除。

6.4.2 空间网格结构被分割成条（块）状单元后，在合拢处产生的挠度值一般均超过空间网格结构形成整体后该处的自重挠度值。因此，在总拼前应用千斤顶等设备调整其挠度，使之与空间网格结构形成整体后该处挠度相同，然后进行总拼。

6.5 滑 移 法

6.5.1 滑移法一般分为单条滑移法、逐条积累滑移法和滑架法三种，前二种为结构滑移；而后一种为支

架滑移，结构本身不滑移。

1 单条滑移法——几何不变的空间网格结构单元在滑轨上单条滑移到设计位置后拼接成整体；

2 逐条积累滑移法——几何不变的空间网格结构单元在滑轨上逐条积累滑移到设计位置形成整体结构；

3 滑架法——施工时先搭设一个拼装支架，在拼装支架上拼装空间网格结构，完成相应几何不变的空间网格结构单元后移动拼装支架拼装下一单元。空间网格结构在分段滑移的拼装支架上分段拼装成整体，结构本身不滑移。

6.5.2 采用滑移法施工时，应至少设置两条滑轨，滑轨之间必须平行，表面光滑平整，滑轨接头处垫实。如不垫实，当网格结构滑到该处时，滑轨接头处会因承受重量而下陷，未下陷处就会挡住滑移中的支座而形成"卡轨"。

6.5.3 滑轨可固定在梁顶面（混凝土梁或钢梁）、地面及专用支架上，滑轨设置可以等高也可以不等高。

6.5.4 对跨度大的空间网格结构在滑移时，除两边的滑轨外，一般在中间也可设置滑轨。中间滑轨一般采用滚动摩擦，两边滑轨采用滑动摩擦。牵引点设置在两边滑轨，中间滑轨不设牵引点。由于增设了中间滑轨，改变了结构的受力情况，因此必须进行验算。当杆件应力不满足设计要求时应采取临时加固措施。

6.6 整体吊装法

6.6.2 根据空间网格结构吊装时现场实测资料，当相邻吊点间高差达吊点间距离的 1/400 时，各节点的反力约增加 15％～30％，因此本条将提升高差允许值予以限制。

6.6.6 为防止在起吊和旋转过程中拔杆端部偏移过大，应加大缆风绳预紧力，缆风绳初始拉力应取该缆风绳受力的 60％。

6.7 整体提升法

6.7.3 在提升过程中，由于设备本身的因素，施工荷载的不均匀以及操作方面等原因，会出现升差。当升差超过某一限值时，会对空间网格结构杆件产生过大的附加应力，甚至使杆件内力变号，还会使空间网格结构产生较大的偏移。因此，必须严格控制空间网格结构相邻提升点及最高与最低点的允许升差。

6.7.4 为防止起升时空间网格结构晃动，故对提升设备的合力点及其偏移值作出规定。

6.8 整体顶升法

6.8.4 整体顶升法允许升差值的规定同本规程第 6.7.3 条，由于整体顶升法大多用于支点较少的点支承空间网格结构，一般跨度较大，因此，允许升差值有所不同。

6.9 折叠展开式整体提升法

6.9.4 为保证在展开运动中各铰线平行，应用全站仪进行全过程跟踪测量校正。

6.9.5 在提升过程中，机构的空间铰在运行轨迹中有时会出现三排铰在一直线上的瞬变状态，在施工组织设计中应给予足够的重视，并采取可靠的措施，以确保柱面网壳结构在展开的运动中不致出现瞬变而失稳。

6.10 组合空间网格结构施工

6.10.1～6.10.3 组合空间网格结构中的钢筋混凝土板的混凝土质量、钢筋材质要求、预制板的几何尺寸及灌缝混凝土要求等均应符合现行国家标准《混凝土结构工程施工质量验收规范》GB 50204 要求。

为增强预制板灌缝后的整体性，灌缝混凝土应连续浇筑，不留设施工缝。

6.10.5 组合空间网格结构在施工时应特别注意，在未形成整体结构前（即未形成整体组合结构前），安装用的支撑体系必须牢固可靠，并不得集中堆放屋面板等局部集中荷载。

6.11 交 验

6.11.2 空间网格结构安装中如支座标高产生偏差，可用钢板垫平垫实。如支座水平位置超过允许值，应由设计、监理、施工单位共同研究解决办法。严禁用捯链等强行就位。

6.11.3 空间网格结构若干控制点的挠度是对设计和施工的质量综合反映，故必须测量这些数据值并记录存档。挠度测量点的位置一般由设计单位确定。当设计无要求时，对小跨度，设在下弦中央一点；对大、中跨度，可设五点：下弦中央一点，两向下弦跨度四分点处各二点；对三向网架应测量每向跨度三个四等分点处的挠度，测量点应能代表整个结构的变形情况。本条文中允许实测挠度值大于现荷载条件下挠度计算值（最多不超过 15%）是考虑到材料性能、施工误差与计算上可能产生的偏差。

中华人民共和国国家标准

砌体结构设计规范

Code for design of masonry structures

GB 50003—2011

主编部门：中华人民共和国住房和城乡建设部
批准部门：中华人民共和国住房和城乡建设部
施行日期：２０１２年８月１日

中华人民共和国住房和城乡建设部
公　告

第 1094 号

关于发布国家标准
《砌体结构设计规范》的公告

　　现批准《砌体结构设计规范》为国家标准，编号为 GB 50003 - 2011，自 2012 年 8 月 1 日起实施。其中，第 3.2.1、3.2.2、3.2.3、6.2.1、6.2.2、6.4.2、7.1.2、7.1.3、7.3.2（1、2）、9.4.8、10.1.2、10.1.5、10.1.6 条（款）为强制性条文，必须严格执行。原《砌体结构设计规范》GB 50003 -

2001 同时废止。

　　本规范由我部标准定额研究所组织中国建筑工业出版社出版发行。

中华人民共和国住房和城乡建设部

2011 年 7 月 26 日

前　　言

　　本规范是根据原建设部《关于印发〈2007 年工程建设标准规范制订、修订计划（第一批）〉的通知》（建标［2007］125 号）的要求，由中国建筑东北设计研究院有限公司会同有关单位在《砌体结构设计规范》GB 50003 - 2001 的基础上进行修订而成的。

　　修订过程中，编制组按"增补、简化、完善"的原则，在考虑了我国的经济条件和砌体结构发展现状，总结了近年来砌体结构应用的新经验，调查了我国汶川、玉树地震中砌体结构的震害，进行了必要的试验研究及在借鉴砌体结构领域科研的成熟成果基础上，增补了在节能减排、墙材革新的环境下涌现出来部分新型砌体材料的条款，完善了有关砌体结构耐久性、构造要求、配筋砌块砌体构件及砌体结构构件抗震设计等有关内容，同时还对砌体强度的调整系数等进行了必要的简化。

　　修订内容在全国范围内广泛征求了有关设计、科研、教学、施工、企业及相关管理部门的意见和建议，经多次反复讨论、修改、充实，最后经审查定稿。

　　本规范共分 10 章和 4 个附录，主要技术内容包括：总则，术语和符号，材料，基本设计规定，无筋砌体构件，构造要求，圈梁、过梁、墙梁及挑梁，配筋砖砌体构件，配筋砌块砌体构件，砌体结构构件抗震设计等。

　　本规范主要修订内容是：增加了适应节能减排、墙材革新要求、成熟可行的新型砌体材料，并提出相应的设计方法；根据试验研究，修订了部分砌体强度

的取值方法，对砌体强度调整系数进行了简化；增加了提高砌体耐久性的有关规定；完善了砌体结构的构造要求；针对新型砌体材料墙体存在的裂缝问题，增补了防止或减轻因材料变形而引起墙体开裂的措施；完善和补充了夹心墙设计的构造要求；补充了砌体组合墙平面外偏心受压计算方法；扩大了配筋砌块砌体结构的应用范围，增加了框支配筋砌块剪力墙房屋的设计规定；根据地震震害，结合砌体结构特点，完善了砌体结构的抗震设计方法，补充了框架填充墙的抗震设计方法。

　　本规范中以黑体字标志的条文是强制性条文，必须严格执行。

　　本规范由住房和城乡建设部负责管理和对强制性条文的解释，中国建筑东北设计研究院有限公司负责具体技术内容的解释。在执行过程中，请各单位结合工程实践，认真总结经验，并将意见和建议寄交中国建筑东北设计研究院有限公司《砌体结构设计规范》管理组（地址：沈阳市和平区光荣街 65 号，邮编：110003，Email：gaoly@masonry.cn），以便今后修订时参考。

　　本规范主编单位、参编单位、参加单位、主要起草人及主要审查人：

主 编 单 位：中国建筑东北设计研究院有限公司
参 编 单 位：中国机械工业集团公司
　　　　　　　湖南大学
　　　　　　　长沙理工大学
　　　　　　　浙江大学

哈尔滨工业大学　　　　　　　　参 加 单 位：贵州开磷磷业有限责任公司
西安建筑科技大学　　　　　　　主要起草人：高连玉　徐　建　苑振芳
重庆市建筑科学研究院　　　　　　　　　　　施楚贤　梁建国　严家熹　唐岱新
同济大学　　　　　　　　　　　　　　　　　林文修　梁兴文　龚绍熙　周炳章
北京市建筑设计研究院　　　　　　　　　　　吴明舜　金伟良　刘　斌　薛慧立
重庆大学　　　　　　　　　　　　　　　　　程才渊　李　翔　骆万康　杨伟军
云南省建筑技术发展中心　　　　　　　　　　胡秋谷　王凤来　何建罡　张兴富
广州市民用建筑科研设计院　　　　　　　　　赵成文　黄　靓　王庆霖　刘立新
沈阳建筑大学　　　　　　　　　　　　　　　谢丽丽　刘　明　肖小松　秦士洪
郑州大学　　　　　　　　　　　　　　　　　雷　波　姜　凯　余祖国　熊立红
陕西省建筑科学研究院　　　　　　　　　　　侯汝欣　岳增国　郭樟根
中国地震局工程力学研究所　　　主要审查人：周福霖　孙伟民　马建勋　王存贵
南京工业大学　　　　　　　　　　　　　　　由世岐　陈正祥　张友亮　张京街
四川省建筑科学研究院　　　　　　　　　　　顾祥林

目　次

Contents

1 总 则

1.0.1 为了贯彻执行国家的技术经济政策，坚持墙材革新、因地制宜、就地取材，合理选用结构方案和砌体材料，做到技术先进、安全适用、经济合理、确保质量，制定本规范。

1.0.2 本规范适用于建筑工程的下列砌体结构设计，特殊条件下或有特殊要求的应按专门规定进行设计：

    1 砖砌体：包括烧结普通砖、烧结多孔砖、蒸压灰砂普通砖、蒸压粉煤灰普通砖、混凝土普通砖、混凝土多孔砖的无筋和配筋砌体；

    2 砌块砌体：包括混凝土砌块、轻集料混凝土砌块的无筋和配筋砌体；

    3 石砌体：包括各种料石和毛石的砌体。

1.0.3 本规范根据现行国家标准《建筑结构可靠度设计统一标准》GB 50068 规定的原则制订。设计术语和符号按照现行国家标准《建筑结构设计术语和符号标准》GB/T 50083 的规定采用。

1.0.4 按本规范设计时，荷载应按现行国家标准《建筑结构荷载规范》GB 50009 的规定执行；墙体材料的选择与应用应按现行国家标准《墙体材料应用统一技术规范》GB 50574 的规定执行；混凝土材料的选择应符合现行国家标准《混凝土结构设计规范》GB 50010 的要求；施工质量控制应符合现行国家标准《砌体结构工程施工质量验收规范》GB 50203、《混凝土结构工程施工质量验收规范》GB 50204 的要求；结构抗震设计应符合现行国家标准《建筑抗震设计规范》GB 50011 的有关规定。

1.0.5 砌体结构设计除应符合本规范规定外，尚应符合国家现行有关标准的规定。

2 术语和符号

2.1 术 语

2.1.1 砌体结构 masonry structure

由块体和砂浆砌筑而成的墙、柱作为建筑物主要受力构件的结构。是砖砌体、砌块砌体和石砌体结构的统称。

2.1.2 配筋砌体结构 reinforced masonry structure

由配置钢筋的砌体作为建筑物主要受力构件的结构。是网状配筋砌体柱、水平配筋砌体墙、砖砌体和钢筋混凝土面层或钢筋砂浆面层组合砌体柱（墙）、砖砌体和钢筋混凝土构造柱组合墙和配筋砌块砌体剪力墙结构的统称。

2.1.3 配筋砌块砌体剪力墙结构 reinforced concrete masonry shear wall structure

由承受竖向和水平作用的配筋砌块砌体剪力墙和

混凝土楼、屋盖所组成的房屋建筑结构。

2.1.4 烧结普通砖 fired common brick

由煤矸石、页岩、粉煤灰或黏土为主要原料，经过焙烧而成的实心砖。分烧结煤矸石砖、烧结页岩砖、烧结粉煤灰砖、烧结黏土砖等。

2.1.5 烧结多孔砖 fired perforated brick

以煤矸石、页岩、粉煤灰或黏土为主要原料，经焙烧而成、孔洞率不大于 35%，孔的尺寸小而数量多，主要用于承重部位的砖。

2.1.6 蒸压灰砂普通砖 autoclaved sand-lime brick

以石灰等钙质材料和砂等硅质材料为主要原料，经坯料制备、压制排气成型、高压蒸汽养护而成的实心砖。

2.1.7 蒸压粉煤灰普通砖 autoclaved flyash-lime brick

以石灰、消石灰（如电石渣）或水泥等钙质材料与粉煤灰等硅质材料及集料（砂等）为主要原料，掺加适量石膏，经坯料制备、压制排气成型、高压蒸汽养护而成的实心砖。

2.1.8 混凝土小型空心砌块 concrete small hollow block

由普通混凝土或轻集料混凝土制成，主规格尺寸为 390mm×190mm×190mm、空心率为 25%～50% 的空心砌块。简称混凝土砌块或砌块。

2.1.9 混凝土砖 concrete brick

以水泥为胶结材料，以砂、石等为主要集料，加水搅拌、成型、养护制成的一种多孔的混凝土半盲孔砖或实心砖。多孔砖的主规格尺寸为 240mm×115mm×90mm、240mm×190mm×90mm、190mm×190mm×90mm 等；实心砖的主规格尺寸为 240mm×115mm×53mm、240mm×115mm×90mm 等。

2.1.10 混凝土砌块（砖）专用砌筑砂浆 mortar for concrete small hollow block

由水泥、砂、水以及根据需要掺入的掺和料和外加剂等组分，按一定比例，采用机械拌和制成，专门用于砌筑混凝土砌块的砌筑砂浆。简称砌块专用砂浆。

2.1.11 混凝土砌块灌孔混凝土 grout for concrete small hollow block

由水泥、集料、水以及根据需要掺入的掺和料和外加剂等组分，按一定比例，采用机械搅拌后，用于浇注混凝土砌块砌体芯柱或其他需要填实部位孔洞的混凝土。简称砌块灌孔混凝土。

2.1.12 蒸压灰砂普通砖、蒸压粉煤灰普通砖专用砌筑砂浆 mortar for autoclaved silicate brick

由水泥、砂、水以及根据需要掺入的掺和料和外加剂等组分，按一定比例，采用机械拌和制成，专门用于砌筑蒸压灰砂砖或蒸压粉煤灰砖砌体，且砌体抗剪强度应不低于烧结普通砖砌体的取值的砂浆。

2.1.13 带壁柱墙 pilastered wall

沿墙长度方向隔一定距离将墙体局部加厚，形成的带垛墙体。

2.1.14 混凝土构造柱 structural concrete column

在砌体房屋墙体的规定部位，按构造配筋，并按先砌墙后浇灌混凝土柱的施工顺序制成的混凝土柱。通常称为混凝土构造柱，简称构造柱。

2.1.15 圈梁 ring beam

在房屋的檐口、窗顶、楼层、吊车梁或基础顶面标高处，沿砌体墙水平方向设置封闭状的按构造配筋的混凝土梁式构件。

2.1.16 墙梁 wall beam

由钢筋混凝土托梁和梁上计算高度范围内的砌体墙组成的组合构件。包括简支墙梁、连续墙梁和框支墙梁。

2.1.17 挑梁 cantilever beam

嵌固在砌体中的悬挑式钢筋混凝土梁。一般指房屋中的阳台挑梁、雨篷挑梁或外廊挑梁。

2.1.18 设计使用年限 design working life

设计规定的时期。在此期间结构或结构构件只需进行正常的维护便可按其预定的目的使用，而不需进行大修加固。

2.1.19 房屋静力计算方案 static analysis scheme of building

根据房屋的空间工作性能确定的结构静力计算简图。房屋的静力计算方案包括刚性方案、刚弹性方案和弹性方案。

2.1.20 刚性方案 rigid analysis scheme

按楼盖、屋盖作为水平不动铰支座对墙、柱进行静力计算的方案。

2.1.21 刚弹性方案 rigid-elastic analysis scheme

按楼盖、屋盖与墙、柱为铰接，考虑空间工作的排架或框架对墙、柱进行静力计算的方案。

2.1.22 弹性方案 elastic analysis scheme

按楼盖、屋盖与墙、柱为铰接，不考虑空间工作的平面排架或框架对墙、柱进行静力计算的方案。

2.1.23 上柔下刚多层房屋 upper flexible and lower rigid complex multistorey building

在结构计算中，顶层不符合刚性方案要求，而下面各层符合刚性方案要求的多层房屋。

2.1.24 屋盖、楼盖类别 types of roof or floor structure

根据屋盖、楼盖的结构构造及其相应的刚度对屋盖、楼盖的分类。根据常用结构，可把屋盖、楼盖划分为三类，而认为每一类屋盖和楼盖中的水平刚度大致相同。

2.1.25 砌体墙、柱高厚比 ratio of height to sectional thickness of wall or column

砌体墙、柱的计算高度与规定厚度的比值。规定

厚度对墙取墙厚，对柱取对应的边长，对带壁柱墙取截面的折算厚度。

2.1.26 梁端有效支承长度 effective support length of beam end

梁端在砌体或刚性垫块界面上压应力沿梁跨方向的分布长度。

2.1.27 计算倾覆点 calculating overturning point

验算挑梁抗倾覆时，根据规定所取的转动中心。

2.1.28 伸缩缝 expansion and contraction joint

将建筑物分割成两个或若干个独立单元，彼此能自由伸缩的竖向缝。通常有双墙伸缩缝、双柱伸缩缝等。

2.1.29 控制缝 control joint

将墙体分割成若干个独立墙肢的缝，允许墙肢在其平面内自由变形，并对外力有足够的抵抗能力。

2.1.30 施工质量控制等级 category of construction quality control

根据施工现场的质保体系、砂浆和混凝土的强度、砌筑工人技术等级综合水平划分的砌体施工质量控制级别。

2.1.31 约束砌体构件 confined masonry member

通过在无筋砌体墙片的两侧、上下分别设置钢筋混凝土构造柱、圈梁形成的约束作用提高无筋砌体墙片延性和抗力的砌体构件。

2.1.32 框架填充墙 infilled wall in concrete frame structure 在框架结构中砌筑的墙体。

2.1.33 夹心墙 cavity wall with insulation

墙体中预留的连续空腔内填充保温或隔热材料，并在墙的内叶和外叶之间用防锈的金属拉结件连接形成的墙体。

2.1.34 可调节拉结件 adjustable tie

预埋在夹心墙内、外叶墙的灰缝内，利用可调节特性，消除内外叶墙因竖向变形不一致而产生的不利影响的拉结件。

2.2 符　号

2.2.1 材料性能

MU——块体的强度等级；

M——普通砂浆的强度等级；

Mb——混凝土块体（砖）专用砌筑砂浆的强度等级；

Ms——蒸压灰砂普通砖、蒸压粉煤灰普通砖专用砌筑砂浆的强度等级；

C——混凝土的强度等级；

Cb——混凝土砌块灌孔混凝土的强度等级；

f_1——块体的抗压强度等级值或平均值；

f_2——砂浆的抗压强度平均值；

f、f_k——砌体的抗压强度设计值、标准值；

f_g——单排孔且对穿孔的混凝土砌块灌孔砌体

抗压强度设计值（简称灌孔砌体抗压强度设计值）；

f_{vg}——单排孔且对穿孔的混凝土砌块灌孔砌体抗剪强度设计值（简称灌孔砌体抗剪强度设计值）；

f_t、$f_{t,k}$——砌体的轴心抗拉强度设计值、标准值；

f_{tm}、$f_{tm,k}$——砌体的弯曲抗拉强度设计值、标准值；

f_v、$f_{v,k}$——砌体的抗剪强度设计值、标准值；

f_{VE}——砌体沿阶梯形截面破坏的抗震抗剪强度设计值；

f_n——网状配筋砖砌体的抗压强度设计值；

f_y、f_y'——钢筋的抗拉、抗压强度设计值；

f_c——混凝土的轴心抗压强度设计值；

E——砌体的弹性模量；

E_c——混凝土的弹性模量；

G——砌体的剪变模量。

2.2.2　作用和作用效应

N——轴向力设计值；

N_l——局部受压面积上的轴向力设计值、梁端支承压力；

N_0——上部轴向力设计值；

N_t——轴心拉力设计值；

M——弯矩设计值；

M_r——挑梁的抗倾覆力矩设计值；

M_{ov}——挑梁的倾覆力矩设计值；

V——剪力设计值；

F_1——托梁顶面上的集中荷载设计值；

Q_1——托梁顶面上的均布荷载设计值；

Q_2——墙梁顶面上的均布荷载设计值；

σ_0——水平截面平均压应力。

2.2.3　几何参数

A——截面面积；

A_b——垫块面积；

A_c——混凝土构造柱的截面面积；

A_l——局部受压面积；

A_n——墙体净截面面积；

A_0——影响局部抗压强度的计算面积；

A_s、A_s'——受拉、受压钢筋的截面面积；

a——边长、梁端实际支承长度距离；

a_i——洞口边至墙梁最近支座中心的距离；

a_0——梁端有效支承长度；

a_s、a_s'——纵向受拉、受压钢筋重心至截面近边的距离；

b——截面宽度、边长；

b_c——混凝土构造柱沿墙长方向的宽度；

b_f——带壁柱墙的计算截面翼缘宽度、翼墙计算宽度；

b_f'——T形、倒L形截面受压区的翼缘计算宽度；

b_s——在相邻横墙、窗间墙之间或壁柱间的距离范围内的门窗洞口宽度；

c、d——距离；

e——轴向力的偏心距；

H——墙体高度、构件高度；

H_i——层高；

H_0——构件的计算高度、墙梁跨中截面的计算高度；

h——墙厚、矩形截面较小边长、矩形截面的轴向力偏心方向的边长、截面高度；

h_b——托梁高度；

h_0——截面有效高度、垫梁折算高度；

h_T——T形截面的折算厚度；

h_w——墙体高度、墙梁墙体计算截面高度；

l——构造柱的间距；

l_0——梁的计算跨度；

l_n——梁的净跨度；

I——截面惯性矩；

i——截面的回转半径；

s——间距、截面面积矩；

x_0——计算倾覆点到墙外边缘的距离；

u_{max}——最大水平位移；

W——截面抵抗矩；

y——截面重心到轴向力所在偏心方向截面边缘的距离；

z——内力臂。

2.2.4　计算系数

α——砌块砌体中灌孔混凝土面积和砌体毛面积的比值、修正系数、系数；

α_M——考虑墙梁组合作用的托梁弯矩系数；

β——构件的高厚比；

$[\beta]$——墙、柱的允许高厚比；

β_V——考虑墙梁组合作用的托梁剪力系数；

γ——砌体局部抗压强度提高系数、系数；

γ_a——调整系数；

γ_f——结构构件材料性能分项系数；

γ_0——结构重要性系数；

γ_G——永久荷载分项系数；

γ_{RE}——承载力抗震调整系数；

δ——混凝土砌块的孔洞率、系数；

ζ——托梁支座上部砌体局压系数；

ζ_c——芯柱参与工作系数；

ζ_s——钢筋参与工作系数；

η_i——房屋空间性能影响系数；

η_c——墙体约束修正系数；

η_N——考虑墙梁组合作用的托梁跨中轴力系数；

λ——计算截面的剪跨比；

μ——修正系数、剪压复合受力影响系数；

μ_1——自承重墙允许高厚比的修正系数；

μ_2——有门窗洞口墙允许高厚比的修正系数；

μ_c——设构造柱墙体允许高厚比提高系数；

ξ——截面受压区相对高度、系数；

ξ_b——受压区相对高度的界限值；

ξ_1——翼墙或构造柱对墙梁墙体受剪承载力影响系数；

ξ_2——洞口对墙梁墙体受剪承载力影响系数；

ρ——混凝土砌块砌体的灌孔率、配筋率；

ρ_s——按层间墙体竖向截面计算的水平钢筋面积率；

φ——承载力的影响系数、系数；

φ_n——网状配筋砖砌体构件的承载力的影响系数；

φ_0——轴心受压构件的稳定系数；

φ_{com}——组合砖砌体构件的稳定系数；

ψ——折减系数；

ψ_M——洞口对托梁弯矩的影响系数。

3 材 料

3.1 材料强度等级

3.1.1 承重结构的块体的强度等级，应按下列规定采用：

1 烧结普通砖、烧结多孔砖的强度等级：MU30、MU25、MU20、MU15 和 MU10；

2 蒸压灰砂普通砖、蒸压粉煤灰普通砖的强度等级：MU25、MU20 和 MU15；

3 混凝土普通砖、混凝土多孔砖的强度等级：MU30、MU25、MU20 和 MU15；

4 混凝土砌块、轻集料混凝土砌块的强度等级：MU20、MU15、MU10、MU7.5 和 MU5；

5 石材的强度等级：MU100、MU80、MU60、MU50、MU40、MU30 和 MU20。

注：1 用于承重的双排孔或多排孔轻集料混凝土砌块砌体的孔洞率不应大于35%；

2 对用于承重的多孔砖及蒸压硅酸盐砖的折压比限值和用于承重的非烧结材料多孔砖的孔洞率、壁及肋尺寸限值及碳化、软化性能要求应符合现行国家标准《墙体材料应用统一技术规范》GB 50574 的有关规定；

3 石材的规格、尺寸及其强度等级可按本规范附录 A 的方法确定。

3.1.2 自承重墙的空心砖、轻集料混凝土砌块的强度等级，应按下列规定采用：

1 空心砖的强度等级：MU10、MU7.5、MU5 和 MU3.5；

2 轻集料混凝土砌块的强度等级：MU10、MU7.5、MU5 和 MU3.5。

3.1.3 砂浆的强度等级应按下列规定采用：

1 烧结普通砖、烧结多孔砖、蒸压灰砂普通砖和蒸压粉煤灰普通砖砌体采用的普通砂浆强度等级：M15、M10、M7.5、M5 和 M2.5；蒸压灰砂普通砖和蒸压粉煤灰普通砖砌体采用的专用砌筑砂浆强度等级：Ms15、Ms10、Ms7.5、Ms5.0；

2 混凝土普通砖、混凝土多孔砖、单排孔混凝土砌块和煤矸石混凝土砌块砌体采用的砂浆强度等级：Mb20、Mb15、Mb10、Mb7.5 和 Mb5；

3 双排孔或多排孔轻集料混凝土砌块采用的砂浆强度等级：Mb10、Mb7.5 和 Mb5；

4 毛料石、毛石砌体采用的砂浆强度等级：M7.5、M5 和 M2.5。

注：确定砂浆强度等级时应采用同类块体为砂浆强度试块底模。

3.2 砌体的计算指标

3.2.1 龄期为 28d 的以毛截面计算的砌体抗压强度设计值，当施工质量控制等级为 **B** 级时，应根据块体和砂浆的强度等级分别按下列规定采用：

1 烧结普通砖、烧结多孔砖砌体的抗压强度设计值，应按表 3.2.1-1 采用。

表 3.2.1-1 烧结普通砖和烧结多孔砖砌体的抗压强度设计值（MPa）

砖强度等级	砂浆强度等级					砂浆强度
	M15	M10	M7.5	M5	M2.5	0
MU30	3.94	3.27	2.93	2.59	2.26	1.15
MU25	3.60	2.98	2.68	2.37	2.06	1.05
MU20	3.22	2.67	2.39	2.12	1.84	0.94
MU15	2.79	2.31	2.07	1.83	1.60	0.82
MU10	—	1.89	1.69	1.50	1.30	0.67

注：当烧结多孔砖的孔洞率大于30%时，表中数值应乘以0.9。

2 混凝土普通砖和混凝土多孔砖砌体的抗压强度设计值，应按表 3.2.1-2 采用。

表 3.2.1-2 混凝土普通砖和混凝土多孔砖砌体的抗压强度设计值（MPa）

砖强度等级	砂浆强度等级					砂浆强度
	Mb20	Mb15	Mb10	Mb7.5	Mb5	0
MU30	4.61	3.94	3.27	2.93	2.59	1.15
MU25	4.21	3.60	2.98	2.68	2.37	1.05
MU20	3.77	3.22	2.67	2.39	2.12	0.94
MU15	—	2.79	2.31	2.07	1.83	0.82

3 蒸压灰砂普通砖和蒸压粉煤灰普通砖砌体的抗压强度设计值，应按表 3.2.1-3 采用。

表 3.2.1-3　蒸压灰砂普通砖和蒸压粉煤灰普通砖砌体的抗压强度设计值（MPa）

砖强度等级	砂浆强度等级				砂浆强度
	M15	M10	M7.5	M5	0
MU25	3.60	2.98	2.68	2.37	1.05
MU20	3.22	2.67	2.39	2.12	0.94
MU15	2.79	2.31	2.07	1.83	0.82

注：当采用专用砂浆砌筑时，其抗压强度设计值按表中数值采用。

4 单排孔混凝土砌块和轻集料混凝土砌块对孔砌筑砌体的抗压强度设计值，应按表 3.2.1-4 采用。

表 3.2.1-4　单排孔混凝土砌块和轻集料混凝土砌块对孔砌筑砌体的抗压强度设计值（MPa）

砌块强度等级	砂浆强度等级					砂浆强度
	Mb20	Mb15	Mb10	Mb7.5	Mb5	0
MU20	6.30	5.68	4.95	4.44	3.94	2.33
MU15	—	4.61	4.02	3.61	3.20	1.89
MU10	—	—	2.79	2.50	2.22	1.31
MU7.5	—	—	—	1.93	1.71	1.01
MU5	—	—	—	—	1.19	0.70

注：1　对独立柱或厚度为双排组砌的砌块砌体，应按表中数值乘以 0.7；
　　2　对 T 形截面墙体、柱，应按表中数值乘以 0.85。

5 单排孔混凝土砌块对孔砌筑时，灌孔砌体的抗压强度设计值 f_g，应按下列方法确定：

1）混凝土砌块砌体的灌孔混凝土强度等级不应低于 Cb20，且不应低于 1.5 倍的块体强度等级。灌孔混凝土强度指标取同强度等级的混凝土强度指标。

2）灌孔混凝土砌块砌体的抗压强度设计值 f_g，应按下列公式计算：

$$f_g = f + 0.6\alpha f_c \quad (3.2.1-1)$$
$$\alpha = \delta\rho \quad (3.2.1-2)$$

式中：f_g——灌孔混凝土砌块砌体的抗压强度设计值，该值不应大于未灌孔砌体抗压强度设计值的 2 倍；

　　f——未灌孔混凝土砌块砌体的抗压强度设计值，应按表 3.2.1-4 采用；

　　f_c——灌孔混凝土的轴心抗压强度设计值；

　　α——混凝土砌块砌体中灌孔混凝土面积与砌体毛面积的比值；

　　δ——混凝土砌块的孔洞率；

　　ρ——混凝土砌块砌体的灌孔率，系截面灌孔

混凝土面积与截面孔洞面积的比值，灌孔率应根据受力或施工条件确定，且不应小于 33%。

6 双排孔或多排孔轻集料混凝土砌块砌体的抗压强度设计值，应按表 3.2.1-5 采用。

表 3.2.1-5　双排孔或多排孔轻集料混凝土砌块砌体的抗压强度设计值（MPa）

砌块强度等级	砂浆强度等级			砂浆强度
	Mb10	Mb7.5	Mb5	0
MU10	3.08	2.76	2.45	1.44
MU7.5	—	2.13	1.88	1.12
MU5	—	—	1.31	0.78
MU3.5	—	—	0.95	0.56

注：1　表中的砌块为火山渣、浮石和陶粒轻集料混凝土砌块；
　　2　对厚度方向为双排组砌的轻集料混凝土砌块砌体的抗压强度设计值，应按表中数值乘以 0.8。

7 块体高度为 180mm～350mm 的毛料石砌体的抗压强度设计值，应按表 3.2.1-6 采用。

表 3.2.1-6　毛料石砌体的抗压强度设计值（MPa）

毛料石强度等级	砂浆强度等级			砂浆强度
	M7.5	M5	M2.5	0
MU100	5.42	4.80	4.18	2.13
MU80	4.85	4.29	3.73	1.91
MU60	4.20	3.71	3.23	1.65
MU50	3.83	3.39	2.95	1.51
MU40	3.43	3.04	2.64	1.35
MU30	2.97	2.63	2.29	1.17
MU20	2.42	2.15	1.87	0.95

注：对细料石砌体、粗料石砌体和干砌勾缝石砌体，表中数值应分别乘以调整系数 1.4、1.2 和 0.8。

8 毛石砌体的抗压强度设计值，应按表 3.2.1-7 采用。

表 3.2.1-7　毛石砌体的抗压强度设计值（MPa）

毛石强度等级	砂浆强度等级			砂浆强度
	M7.5	M5	M2.5	0
MU100	1.27	1.12	0.98	0.34
MU80	1.13	1.00	0.87	0.30
MU60	0.98	0.87	0.76	0.26
MU50	0.90	0.80	0.69	0.23
MU40	0.80	0.71	0.62	0.21
MU30	0.69	0.61	0.53	0.18
MU20	0.56	0.51	0.44	0.15

3.2.2 龄期为 28d 的以毛截面计算的各类砌体的轴心抗拉强度设计值、弯曲抗拉强度设计值和抗剪强度设计值，应符合下列规定：

1 当施工质量控制等级为 B 级时，强度设计值应按表 3.2.2 采用：

表 3.2.2 沿砌体灰缝截面破坏时砌体的轴心抗拉强度设计值、弯曲抗拉强度设计值和抗剪强度设计值（MPa）

强度类别	破坏特征及砌体种类	砂浆强度等级			
		≥M10	M7.5	M5	M2.5
轴心抗拉（沿齿缝）	烧结普通砖、烧结多孔砖	0.19	0.16	0.13	0.09
	混凝土普通砖、混凝土多孔砖	0.19	0.16	0.13	—
	蒸压灰砂普通砖、蒸压粉煤灰普通砖	0.12	0.10	0.08	—
	混凝土和轻集料混凝土砌块	0.09	0.08	0.07	—
	毛石	—	0.07	0.06	0.04
弯曲抗拉（沿齿缝）	烧结普通砖、烧结多孔砖	0.33	0.29	0.23	0.17
	混凝土普通砖、混凝土多孔砖	0.33	0.29	0.23	—
	蒸压灰砂普通砖、蒸压粉煤灰普通砖	0.24	0.20	0.16	—
	混凝土和轻集料混凝土砌块	0.11	0.09	0.08	—
	毛石	—	0.11	0.09	0.07
弯曲抗拉（沿通缝）	烧结普通砖、烧结多孔砖	0.17	0.14	0.11	0.08
	混凝土普通砖、混凝土多孔砖	0.17	0.14	0.11	—
	蒸压灰砂普通砖、蒸压粉煤灰普通砖	0.12	0.10	0.08	—
	混凝土和轻集料混凝土砌块	0.08	0.06	0.05	—
抗剪	烧结普通砖、烧结多孔砖	0.17	0.14	0.11	0.08
	混凝土普通砖、混凝土多孔砖	0.17	0.14	0.11	—
	蒸压灰砂普通砖、蒸压粉煤灰普通砖	0.12	0.10	0.08	—
	混凝土和轻集料混凝土砌块	0.09	0.08	0.06	—
	毛石	—	0.19	0.16	0.11

注：1 对于用形状规则的块体砌筑的砌体，当搭接长度与块体高度的比值小于 1 时，其轴心抗拉强度设计值 f_t 和弯曲抗拉强度设计值 f_{tm} 应按表中数值乘以搭接长度与块体高度比值后采用。

2 表中数值是依据普通砂浆砌筑的砌体确定，采用经研究性试验且通过技术鉴定的专用砂浆砌筑的蒸压灰砂普通砖、蒸压粉煤灰普通砖砌体，其抗剪强度设计值按相应普通砂浆强度等级砌筑的烧结普通砖砌体采用。

3 对混凝土普通砖、混凝土多孔砖、混凝土和轻集料混凝土砌块砌体，表中的砂浆强度等级分别为：≥Mb10、Mb7.5 及 Mb5。

2 单排孔混凝土砌块对孔砌筑时，灌孔砌体的抗剪强度设计值 f_{vg}，应按下式计算：

$$f_{vg}=0.2f_g^{0.55} \quad (3.2.2)$$

式中：f_g——灌孔砌体的抗压强度设计值（MPa）。

3.2.3 下列情况的各类砌体，其砌体强度设计值应乘以调整系数 γ_a：

1 对无筋砌体构件，其截面面积小于 0.3m² 时，γ_a 为其截面面积加 0.7；对配筋砌体构件，当其中砌体截面面积小于 0.2m² 时，γ_a 为其截面面积加 0.8；构件截面面积以"m²"计；

2 当砌体用强度等级小于 M5.0 的水泥砂浆砌筑时，对第 3.2.1 条各表中的数值，γ_a 为 0.9；对第 3.2.2 条表 3.2.2 中数值，γ_a 为 0.8；

3 当验算施工中房屋的构件时，γ_a 为 1.1。

3.2.4 施工阶段砂浆尚未硬化的新砌砌体的强度和稳定性，可按砂浆强度为零进行验算。对于冬期施工采用掺盐砂浆法施工的砌体，砂浆强度等级按常温施工的强度等级提高一级时，砌体强度和稳定性可不验算。配筋砌体不得用掺盐砂浆施工。

3.2.5 砌体的弹性模量、线膨胀系数和收缩系数、摩擦系数分别按下列规定采用。砌体的剪变模量按砌体弹性模量的 0.4 倍采用。烧结普通砖砌体的泊松比可取 0.15。

1 砌体的弹性模量，按表 3.2.5-1 采用：

表 3.2.5-1 砌体的弹性模量（MPa）

砌体种类	砂浆强度等级			
	≥M10	M7.5	M5	M2.5
烧结普通砖、烧结多孔砖砌体	1600f	1600f	1600f	1390f
混凝土普通砖、混凝土多孔砖砌体	1600f	1600f	1600f	—
蒸压灰砂普通砖、蒸压粉煤灰普通砖砌体	1060f	1060f	1060f	—
非灌孔混凝土砌块砌体	1700f	1600f	1500f	—
粗料石、毛料石、毛石砌体	—	5650	4000	2250
细料石砌体	—	17000	12000	6750

注：1 轻集料混凝土砌块砌体的弹性模量，可按表中混凝土砌块砌体的弹性模量采用；

2 表中砌体抗压强度设计值不按 3.2.3 条进行调整；

3 表中砂浆为普通砂浆，采用专用砂浆砌筑的砌体的弹性模量也按此表取值；

4 对混凝土普通砖、混凝土多孔砖、混凝土和轻集料混凝土砌块砌体，表中的砂浆强度等级分别为：≥Mb10、Mb7.5 及 Mb5；

5 对蒸压灰砂普通砖和蒸压粉煤灰普通砖砌体，当采用专用砂浆砌筑时，其强度设计值按表中数值采用。

2 单排孔且对孔砌筑的混凝土砌块灌孔砌体的弹性模量，应按下列公式计算：

$$E = 2000 f_g \qquad (3.2.5)$$

式中：f_g——灌孔砌体的抗压强度设计值。

3 砌体的线膨胀系数和收缩率，可按表 3.2.5-2 采用。

表 3.2.5-2 砌体的线膨胀系数和收缩率

砌体类别	线膨胀系数 $(10^{-6}/℃)$	收缩率 (mm/m)
烧结普通砖、烧结多孔砖砌体	5	−0.1
蒸压灰砂普通砖、蒸压粉煤灰普通砖砌体	8	−0.2
混凝土普通砖、混凝土多孔砖、混凝土砌块砌体	10	−0.2
轻集料混凝土砌块砌体	10	−0.3
料石和毛石砌体	8	—

注：表中的收缩率系由达到收缩允许标准的块体砌筑 28d 的砌体收缩系数。当地方有可靠的砌体收缩试验数据时，亦可采用当地的试验数据。

4 砌体的摩擦系数，可按表 3.2.5-3 采用。

表 3.2.5-3 砌体的摩擦系数

材料类别	摩擦面情况	
	干燥	潮湿
砌体沿砌体或混凝土滑动	0.70	0.60
砌体沿木材滑动	0.60	0.50
砌体沿钢滑动	0.45	0.35
砌体沿砂或卵石滑动	0.60	0.50
砌体沿粉土滑动	0.55	0.40
砌体沿黏性土滑动	0.50	0.30

4 基本设计规定

4.1 设计原则

4.1.1 本规范采用以概率理论为基础的极限状态设计方法，以可靠指标度量结构构件的可靠度，采用分项系数的设计表达式进行计算。

4.1.2 砌体结构应按承载能力极限状态设计，并满足正常使用极限状态的要求。

4.1.3 砌体结构和结构构件在设计使用年限内及正常维护条件下，必须保持满足使用要求，而不需大修或加固。设计使用年限可按现行国家标准《建筑结构可靠度设计统一标准》GB 50068 的有关规定确定。

4.1.4 根据建筑结构破坏可能产生的后果（危及人的生命、造成经济损失、产生社会影响等）的严重性，建筑结构应按表 4.1.4 划分为三个安全等级，设计时应根据具体情况适当选用。

表 4.1.4 建筑结构的安全等级

安全等级	破坏后果	建筑物类型
一级	很严重	重要的房屋
二级	严重	一般的房屋
三级	不严重	次要的房屋

注：1 对于特殊的建筑物，其安全等级可根据具体情况另行确定。
2 对抗震设防区的砌体结构设计，应按现行国家标准《建筑抗震设防分类标准》GB 50223 根据建筑物重要性区分建筑物类别。

4.1.5 砌体结构按承载能力极限状态设计时，应按下列公式中最不利组合进行计算：

$$\gamma_0 \left(1.2 S_{Gk} + 1.4 \gamma_L S_{Q1k} + \gamma_L \sum_{i=2}^{n} \gamma_{Qi} \psi_{ci} S_{Qik} \right) \leqslant R(f, a_k \cdots) \qquad (4.1.5\text{-}1)$$

$$\gamma_0 \left(1.35 S_{Gk} + 1.4 \gamma_L \sum_{i=1}^{n} \psi_{ci} S_{Qik} \right) \leqslant R(f, a_k \cdots) \qquad (4.1.5\text{-}2)$$

式中：γ_0——结构重要性系数。对安全等级为一级或设计使用年限为 50a 以上的结构构件，不应小于 1.1；对安全等级为二级或设计使用年限为 50a 的结构构件，不应小于 1.0；对安全等级为三级或设计使用年限为 1a～5a 的结构构件，不应小于 0.9；

γ_L——结构构件的抗力模型不定性系数。对静力设计，考虑结构设计使用年限的荷载调整系数，设计使用年限为 50a，取 1.0；设计使用年限为 100a，取 1.1；

S_{Gk}——永久荷载标准值的效应；

S_{Q1k}——在基本组合中起控制作用的一个可变荷载标准值的效应；

S_{Qik}——第 i 个可变荷载标准值的效应；

$R(\cdot)$——结构构件的抗力函数；

γ_{Qi}——第 i 个可变荷载的分项系数；

ψ_{ci}——第 i 个可变荷载的组合值系数。一般情况下应取 0.7；对书库、档案库、储藏室或通风机房、电梯机房应取 0.9；

f——砌体的强度设计值，$f = f_k/\gamma_f$；

f_k——砌体的强度标准值，$f_k = f_m - 1.645\sigma_f$；

γ_f——砌体结构的材料性能分项系数，一般情况下，宜按施工质量控制等级为 B 级考虑，取 $\gamma_f = 1.6$；当为 C 级时，取 $\gamma_f = 1.8$；当为 A 级时，取 $\gamma_f = 1.5$；

f_m——砌体的强度平均值，可按本规范附录 B 的方法确定；

σ_f——砌体强度的标准差；

a_k——几何参数标准值。

注：1 当工业建筑楼面活荷载标准值大于 4kN/m² 时，式中系数 1.4 应为 1.3；

2 施工质量控制等级划分要求，应符合现行国家标准《砌体结构工程施工质量验收规范》GB 50203 的有关规定。

4.1.6 当砌体结构作为一个刚体，需验算整体稳定性时，应按下列公式中最不利组合进行验算：

$$\gamma_0\left(1.2S_{G2k}+1.4\gamma_L S_{Q1k}+\gamma_L\sum_{i=2}^{n}S_{Qik}\right)\leqslant 0.8S_{G1k}$$

$$(4.1.6\text{-}1)$$

$$\gamma_0\left(1.35S_{G2k}+1.4\gamma_L\sum_{i=1}^{n}\psi_{ci}S_{Qik}\right)\leqslant 0.8S_{G1k}$$

$$(4.1.6\text{-}2)$$

式中：S_{G1k}——起有利作用的永久荷载标准值的效应；

S_{G2k}——起不利作用的永久荷载标准值的效应。

4.1.7 设计应明确建筑结构的用途，在设计使用年限内未经技术鉴定或设计许可，不得改变结构用途、构件布置和使用环境。

4.2 房屋的静力计算规定

4.2.1 房屋的静力计算，根据房屋的空间工作性能分为刚性方案、刚弹性方案和弹性方案。设计时，可按表 4.2.1 确定静力计算方案。

表 4.2.1 房屋的静力计算方案

	屋盖或楼盖类别	刚性方案	刚弹性方案	弹性方案
1	整体式、装配整体和装配式无檩体系钢筋混凝土屋盖或钢筋混凝土楼盖	$s<32$	$32\leqslant s\leqslant 72$	$s>72$
2	装配式有檩体系钢筋混凝土屋盖、轻钢屋盖和有密铺望板的木屋盖或木楼盖	$s<20$	$20\leqslant s\leqslant 48$	$s>48$
3	瓦材屋面的木屋盖和轻钢屋盖	$s<16$	$16\leqslant s\leqslant 36$	$s>36$

注：1 表中 s 为房屋横墙间距，其长度单位为"m"；

2 当屋盖、楼盖类别不同或横墙间距不同时，可按本规范第 4.2.7 条的规定确定房屋的静力计算方案；

3 对无山墙或伸缩缝处无横墙的房屋，应按弹性方案考虑。

4.2.2 刚性和刚弹性方案房屋的横墙，应符合下列规定：

1 横墙中开有洞口时，洞口的水平截面面积不应超过横墙截面面积的 50%；

2 横墙的厚度不宜小于 180mm；

3 单层房屋的横墙长度不宜小于其高度，多层房屋的横墙长度不宜小于 $H/2$（H 为横墙总高度）。

注：1 当横墙不能同时符合上述要求时，应对横墙的刚度进行验算。如其最大水平位移值 $u_{max}\leqslant\dfrac{H}{4000}$ 时，仍可视作刚性或刚弹性方案房屋的横墙；

2 凡符合注 1 刚度要求的一段横墙或其他结构构件（如框架等），也可视作刚性或刚弹性方案房屋的横墙。

4.2.3 弹性方案房屋的静力计算，可按屋架或大梁与墙（柱）为铰接的、不考虑空间工作的平面排架或框架计算。

4.2.4 刚弹性方案房屋的静力计算，可按屋架、大梁与墙（柱）铰接并考虑空间工作的平面排架或框架计算。房屋各层的空间性能影响系数，可按表 4.2.4 采用，其计算方法应按本规范附录 C 的规定采用。

表 4.2.4 房屋各层的空间性能影响系数 η_i

屋盖或楼盖类别	横 墙 间 距 s（m）															
	16	20	24	28	32	36	40	44	48	52	56	60	64	68	72
1	—	—	—	—	0.33	0.39	0.45	0.50	0.55	0.60	0.64	0.68	0.71	0.74	0.77
2	—	0.35	0.45	0.54	0.61	0.68	0.73	0.78	0.82	—	—	—	—	—	—
3	0.37	0.49	0.60	0.68	0.75	0.81	—	—	—	—	—	—	—	—	—

注：i 取 $1\sim n$，n 为房屋的层数。

4.2.5 刚性方案房屋的静力计算，应按下列规定进行：

1 单层房屋：在荷载作用下，墙、柱可视为上端不动铰支承于屋盖，下端嵌固于基础的竖向构件；

2 多层房屋：在竖向荷载作用下，墙、柱在每层高度范围内，可近似地视作两端铰支的竖向构件；在水平荷载作用下，墙、柱可视作竖向连续梁；

3 对本层的竖向荷载，应考虑对墙、柱的实际偏心影响，梁端支承压力 N_l 到墙内边的距离，应取梁端有效支承长度 a_0 的 0.4 倍（图 4.2.5）。由上面楼层传来的荷载 N_u，可视作作用于上一楼层的墙、柱的截面重心处；

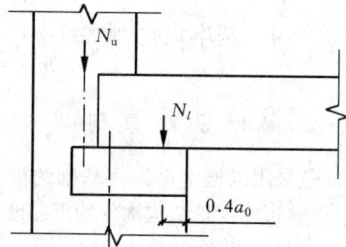

图 4.2.5 梁端支承压力位置

注：当板支撑于墙上时，板端支承压力 N_l 到墙内边的距离可取板的实际支承长度 a 的 0.4 倍。

4 对于梁跨度大于 9m 的墙承重的多层房屋，按上述方法计算时，应考虑梁端约束弯矩的影响。可按梁两端固结计算梁端弯矩，再将其乘以修正系数 γ 后，按墙体线性刚度分到上层墙底部和下层墙顶部，

修正系数 γ 可按下式计算：

$$\gamma = 0.2\sqrt{\frac{a}{h}} \qquad (4.2.5)$$

式中：a——梁端实际支承长度；

h——支承墙体的墙厚，当上下墙厚不同时取下部墙厚，当有壁柱时取 h_T。

4.2.6 刚性方案多层房屋的外墙，计算风荷载时应符合下列要求：

1 风荷载引起的弯矩，可按下式计算：

$$M = \frac{wH_i^2}{12} \qquad (4.2.6)$$

式中：w——沿楼层高均布风荷载设计值（kN/m）；

H_i——层高（m）。

2 当外墙符合下列要求时，静力计算可不考虑风荷载的影响：

1）洞口水平截面面积不超过全截面面积的 2/3；

2）层高和总高不超过表 4.2.6 的规定；

3）屋面自重不小于 0.8kN/m²。

表 4.2.6 **外墙不考虑风荷载影响时的最大高度**

基本风压值（kN/m²）	层高（m）	总高（m）
0.4	4.0	28
0.5	4.0	24
0.6	4.0	18
0.7	3.5	18

注：对于多层混凝土砌块房屋，当外墙厚度不小于 190mm、层高不大于 2.8m，总高不大于 19.6m，基本风压不大于 0.7kN/m² 时，可不考虑风荷载的影响。

4.2.7 计算上柔下刚多层房屋时，顶层可按单层房屋计算，其空间性能影响系数可根据屋盖类别按本规范表 4.2.4 采用。

4.2.8 带壁柱墙的计算截面翼缘宽度 b_f，可按下列规定采用：

1 多层房屋，当有门窗洞口时，可取窗间墙宽度；当无门窗洞口时，每侧翼墙宽度可取壁柱高度（层高）的 1/3，但不应大于相邻壁柱间的距离；

2 单层房屋，可取壁柱宽加 2/3 墙高，但不应大于窗间墙宽度和相邻壁柱间的距离；

3 计算带壁柱墙的条形基础时，可取相邻壁柱间的距离。

4.2.9 当转角墙段角部受竖向集中荷载时，计算截面的长度可从角点算起，每侧宜取层高的 1/3。当上述墙体范围内有门窗洞口时，则计算截面取至洞边，但不宜大于层高的 1/3。当上层的竖向集中荷载传至本层时，可按均布荷载计算，此时转角墙段可按角形

截面偏心受压构件进行承载力验算。

4.3 耐久性规定

4.3.1 砌体结构的耐久性应根据表 4.3.1 的环境类别和设计使用年限进行设计。

表 4.3.1 **砌体结构的环境类别**

环境类别	条件
1	正常居住及办公建筑的内部干燥环境
2	潮湿的室内或室外环境，包括与无侵蚀性土和水接触的环境
3	严寒和使用化冰盐的潮湿环境（室内或室外）
4	与海水直接接触的环境，或处于滨海地区的盐饱和的气体环境
5	有化学侵蚀的气体、液体或固态形式的环境，包括有侵蚀性土壤的环境

4.3.2 当设计使用年限为 50a 时，砌体中钢筋的耐久性选择应符合表 4.3.2 的规定。

表 4.3.2 **砌体中钢筋耐久性选择**

环境类别	钢筋种类和最低保护要求	
	位于砂浆中的钢筋	位于灌孔混凝土中的钢筋
1	普通钢筋	普通钢筋
2	重镀锌或有等效保护的钢筋	当采用混凝土灌孔时，可为普通钢筋；当采用砂浆灌孔时应为重镀锌或有等效保护的钢筋
3	不锈钢或有等效保护的钢筋	重镀锌或有等效保护的钢筋
4 和 5	不锈钢或等效保护的钢筋	不锈钢或等效保护的钢筋

注：1 对夹心墙的外叶墙，应采用重镀锌或有等效保护的钢筋；

2 表中的钢筋即为国家现行标准《混凝土结构设计规范》GB 50010 和《冷轧带肋钢筋混凝土结构技术规程》JGJ 95 等标准规定的普通钢筋或非预应力钢筋。

4.3.3 设计使用年限为 50a 时，砌体中钢筋的保护层厚度，应符合下列规定：

1 配筋砌体中钢筋的最小混凝土保护层应符合表 4.3.3 的规定；

2 灰缝中钢筋外露砂浆保护层的厚度不应小于15mm；

3 所有钢筋端部均应有与对应钢筋的环境类别条件相同的保护层厚度；

4 对填实的夹心墙或特别的墙体构造，钢筋的最小保护层厚度，应符合下列规定：

1）用于环境类别1时，应取20mm厚砂浆或灌孔混凝土与钢筋直径较大者；

2）用于环境类别2时，应取20mm厚灌孔混凝土与钢筋直径较大者；

3）采用重镀锌钢筋时，应取20mm厚砂浆或灌孔混凝土与钢筋直径较大者；

4）采用不锈钢筋时，应取钢筋的直径。

表 4.3.3　钢筋的最小保护层厚度

环境类别	混凝土强度等级			
	C20	C25	C30	C35
	最低水泥含量（kg/m³）			
	260	280	300	320
1	20	20	20	20
2	—	25	25	25
3	—	40	40	30
4	—	—	40	40
5	—	—	—	40

注：1　材料中最大氯离子含量和最大碱含量应符合现行国家标准《混凝土结构设计规范》GB 50010的规定；

2　当采用防渗砌块体和防渗砂浆时，可以考虑部分砌体（含抹灰层）的厚度作为保护层，但对环境类别1、2、3，其混凝土保护层的厚度相应不应小于10mm、15mm和20mm；

3　钢筋砂浆面层的组合砌体构件的钢筋保护层厚度宜比表4.3.3规定的混凝土保护层厚度数值增加5mm～10mm；

4　对安全等级为一级或设计使用年限为50a以上的砌体结构，钢筋保护层的厚度应至少增加10mm。

4.3.4 设计使用年限为50a时，夹心墙的钢筋连接件或钢筋网片、连接钢板、锚固螺栓或钢筋，应采用重镀锌或等效的防护涂层，镀锌层的厚度不应小于290g/m²；当采用环氧涂层时，灰缝钢筋涂层厚度不应小于290μm，其余部件涂层厚度不应小于450μm。

4.3.5 设计使用年限为50a时，砌体材料的耐久性应符合下列规定：

1 地面以下或防潮层以下的砌体、潮湿房间的墙或环境类别2的砌体，所用材料的最低强度等级应符合表4.3.5的规定；

表 4.3.5　地面以下或防潮层以下的砌体、潮湿房间的墙所用材料的最低强度等级

潮湿程度	烧结普通砖	混凝土普通砖、蒸压普通砖	混凝土砌块	石材	水泥砂浆
稍潮湿的	MU15	MU20	MU7.5	MU30	M5
很潮湿的	MU20	MU20	MU10	MU30	M7.5
含水饱和的	MU20	MU25	MU15	MU40	M10

注：1　在冻胀地区，地面以下或防潮层以下的砌体，不宜采用多孔砖，如采用时，其孔洞应用不低于M10的水泥砂浆预先灌实。当采用混凝土空心砌块时，其孔应采用强度等级不低于Cb20的混凝土预先灌实；

2　对安全等级为一级或设计使用年限大于50a的房屋，表中材料强度等级应至少提高一级。

2 处于环境类别3～5等有侵蚀性介质的砌体材料应符合下列规定：

1）不应采用蒸压灰砂普通砖、蒸压粉煤灰普通砖；

2）应采用实心砖，砖的强度等级不应低于MU20，水泥砂浆的强度等级不应低于M10；

3）混凝土砌块的强度等级不应低于MU15，灌孔混凝土的强度等级不应低于Cb30，砂浆的强度等级不应低于Mb10；

4）应根据环境条件对砌体材料的抗冻指标、耐酸、碱性能提出要求，或符合有关规范的规定。

5　无筋砌体构件

5.1　受压构件

5.1.1 受压构件的承载力，应符合下式的要求：

$$N \leqslant \varphi f A \qquad (5.1.1)$$

式中：N——轴向力设计值；

φ——高厚比β和轴向力的偏心距e对受压构件承载力的影响系数；

f——砌体的抗压强度设计值；

A——截面面积。

注：1　对矩形截面构件，当轴向力偏心方向的截面边长大于另一方向的边长时，除按偏心受压计算外，还应对较小边长方向，按轴心受压进行验算；

2　受压构件承载力的影响系数φ，可按本规范附录D的规定采用；

3　对带壁柱墙，当考虑翼缘宽度时，可按本规范第4.2.8条采用。

5.1.2 确定影响系数φ时，构件高厚比β应按下列公式计算：

对矩形截面　　　$\beta = \gamma_\beta \dfrac{H_0}{h}$　　　(5.1.2-1)

对 T 形截面 $\quad \beta = \gamma_\beta \dfrac{H_0}{h_T}$ (5.1.2-2)

式中：γ_β——不同材料砌体构件的高厚比修正系数，按表 5.1.2 采用；

H_0——受压构件的计算高度，按本规范表 5.1.3 确定；

h——矩形截面轴向力偏心方向的边长，当轴心受压时为截面较小边长；

h_T——T 形截面的折算厚度，可近似按 $3.5i$ 计算，i 为截面回转半径。

表 5.1.2 高厚比修正系数 γ_β

砌体材料类别	γ_β
烧结普通砖、烧结多孔砖	1.0
混凝土普通砖、混凝土多孔砖、混凝土及轻集料混凝土砌块	1.1
蒸压灰砂普通砖、蒸压粉煤灰普通砖、细料石	1.2
粗料石、毛石	1.5

注：对灌孔混凝土砌块砌体，γ_β 取 1.0。

5.1.3 受压构件的计算高度 H_0，应根据房屋类别和构件支承条件等按表 5.1.3 采用。表中的构件高度 H，应按下列规定采用：

1 在房屋底层，为楼板顶面到构件下端支点的距离。下端支点的位置，可取在基础顶面。当埋置较深且有刚性地坪时，可取室外地面下 500mm 处；

2 在房屋其他层，为楼板或其他水平支点间的距离；

3 对于无壁柱的山墙，可取层高加山墙尖高度的 1/2；对于带壁柱的山墙可取壁柱处的山墙高度。

表 5.1.3 受压构件的计算高度 H_0

房屋类别			柱		带壁柱墙或周边拉接的墙		
			排架方向	垂直排架方向	$s>2H$	$2H \geqslant s >H$	$\leqslant H$
有吊车的单层房屋	变截面柱上段	弹性方案	$2.5H_u$	$1.25H_u$		$2.5H_u$	
		刚性、刚弹性方案	$2.0H_u$	$1.25H_u$		$2.0H_u$	
	变截面柱下段		$1.0H_l$	$0.8H_l$		$1.0H_l$	
无吊车的单层和多层房屋	单跨	弹性方案	$1.5H$	$1.0H$		$1.5H$	
		刚弹性方案	$1.2H$	$1.0H$		$1.2H$	
	多跨	弹性方案	$1.25H$	$1.0H$		$1.25H$	
		刚弹性方案	$1.10H$	$1.0H$		$1.1H$	
	刚性方案		$1.0H$	$1.0H$	$1.0H$	$0.4s+0.2H$	$0.6s$

注：1 表中 H_u 为变截面柱的上段高度；H_l 为变截面柱的下段高度；
 2 对于上端为自由端的构件，$H_0=2H$；
 3 独立砖柱，当无柱间支撑时，柱在垂直排架方向的 H_0 应按表中数值乘以 1.25 后采用；
 4 s 为房屋横墙间距；
 5 自承重墙的计算高度应根据周边支承或拉接条件确定。

5.1.4 对有吊车的房屋，当荷载组合不考虑吊车作用时，变截面柱上段的计算高度可按本规范表 5.1.3 规定采用；变截面柱下段的计算高度，可按下列规定采用：

1 当 $H_u/H \leqslant 1/3$ 时，取无吊车房屋的 H_0；

2 当 $1/3 < H_u/H < 1/2$ 时，取无吊车房屋的 H_0 乘以修正系数，修正系数 μ 可按下式计算：

$$\mu = 1.3 - 0.3 I_u/I_l \quad (5.1.4)$$

式中：I_u——变截面柱上段的惯性矩；

I_l——变截面柱下段的惯性矩。

3 当 $H_u/H \geqslant 1/2$ 时，取无吊车房屋的 H_0。但在确定 β 值时，应采用上柱截面。

注：本条规定也适用于无吊车房屋的变截面柱。

5.1.5 按内力设计值计算的轴向力的偏心距 e 不应超过 $0.6y$。y 为截面重心到轴向力所在偏心方向截面边缘的距离。

5.2 局 部 受 压

5.2.1 砌体截面中受局部均匀压力时的承载力，应满足下式的要求：

$$N_l \leqslant \gamma f A_l \quad (5.2.1)$$

式中：N_l——局部受压面积上的轴向力设计值；

γ——砌体局部抗压强度提高系数；

f——砌体的抗压强度设计值，局部受压面积小于 $0.3m^2$，可不考虑强度调整系数 γ_a 的影响；

A_l——局部受压面积。

5.2.2 砌体局部抗压强度提高系数 γ，应符合下列规定：

1 γ 可按下式计算：

$$\gamma = 1 + 0.35 \sqrt{\dfrac{A_0}{A_l} - 1} \quad (5.2.2)$$

式中：A_0——影响砌体局部抗压强度的计算面积。

2 计算所得 γ 值，尚应符合下列规定：

1) 在图 5.2.2 (a) 的情况下，$\gamma \leqslant 2.5$；

2) 在图 5.2.2 (b) 的情况下，$\gamma \leqslant 2.0$；

3) 在图 5.2.2 (c) 的情况下，$\gamma \leqslant 1.5$；

4) 在图 5.2.2 (d) 的情况下，$\gamma \leqslant 1.25$；

5) 按本规范第 6.2.13 条的要求灌孔的混凝土砌块砌体，在 1)、2) 款的情况下，尚应符合 $\gamma \leqslant 1.5$；未灌孔混凝土砌块砌体，$\gamma = 1.0$；

6) 对多孔砖砌体孔洞难以灌实时，应按 $\gamma = 1.0$ 取用；当设置混凝土垫块时，按垫块下的砌体局部受压计算。

5.2.3 影响砌体局部抗压强度的计算面积，可按下列规定采用：

1 在图 5.2.2 (a) 的情况下，$A_0 = (a + c + h)h$；

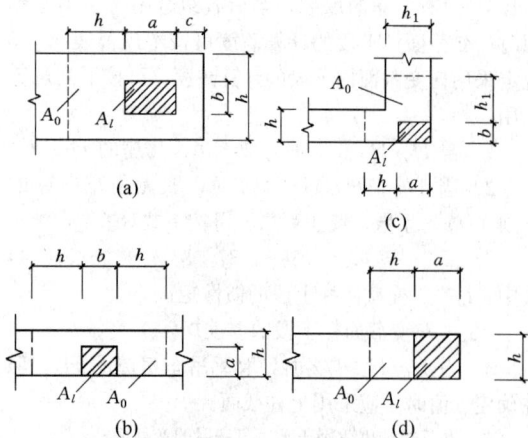

图 5.2.2 影响局部抗压强度的面积 A_0

2 在图 5.2.2（b）的情况下，$A_0 = (b+2h)h$；

3 在图 5.2.2（c）的情况下，

$$A_0 = (a+h)h + (b+h_1-h)h_1；$$

4 在图 5.2.2（d）的情况下，$A_0 = (a+h)h$；

式中：a、b——矩形局部受压面积 A_l 的边长；

h、h_1——墙厚或柱的较小边长，墙厚；

c——矩形局部受压面积的外边缘至构件边缘的较小距离，当大于 h 时，应取为 h。

5.2.4 梁端支承处砌体的局部受压承载力，应按下列公式计算：

$$\psi N_0 + N_l \leqslant \eta \gamma f A_l \qquad (5.2.4-1)$$

$$\psi = 1.5 - 0.5 \frac{A_0}{A_l} \qquad (5.2.4-2)$$

$$N_0 = \sigma_0 A_l \qquad (5.2.4-3)$$

$$A_l = a_0 b \qquad (5.2.4-4)$$

$$a_0 = 10\sqrt{\frac{h_c}{f}} \qquad (5.2.4-5)$$

式中：ψ——上部荷载的折减系数，当 A_0/A_l 大于或等于 3 时，应取 ψ 等于 0；

N_0——局部受压面积内上部轴向力设计值(N)；

N_l——梁端支承压力设计值（N）；

σ_0——上部平均压应力设计值（N/mm²）；

η——梁端底面压应力图形的完整系数，应取 0.7，对于过梁和墙梁应取 1.0；

a_0——梁端有效支承长度（mm）；当 a_0 大于 a 时，应取 a_0 等于 a，a 为梁端实际支承长度（mm）；

b——梁的截面宽度（mm）；

h_c——梁的截面高度（mm）；

f——砌体的抗压强度设计值（MPa）。

5.2.5 在梁端设有刚性垫块时的砌体局部受压，应符合下列规定：

1 刚性垫块下的砌体局部受压承载力，应按下列公式计算：

$$N_0 + N_l \leqslant \varphi \gamma_1 f A_b \qquad (5.2.5-1)$$

$$N_0 = \sigma_0 A_b \qquad (5.2.5-2)$$

$$A_b = a_b b_b \qquad (5.2.5-3)$$

式中：N_0——垫块面积 A_b 内上部轴向力设计值（N）；

φ——垫块上 N_0 与 N_l 合力的影响系数，应取 β 小于或等于 3，按第 5.1.1 条规定取值；

γ_1——垫块外砌体面积的有利影响系数，γ_1 应为 0.8γ，但不小于 1.0。γ 为砌体局部抗压强度提高系数，按公式（5.2.2）以 A_b 代替 A_l 计算得出；

A_b——垫块面积（mm²）；

a_b——垫块伸入墙内的长度（mm）；

b_b——垫块的宽度（mm）。

2 刚性垫块的构造，应符合下列规定：

1）刚性垫块的高度不应小于 180mm，自梁边算起的垫块挑出长度不应大于垫块高度 t_b；

2）在带壁柱墙的壁柱内设刚性垫块时（图 5.2.5），其计算面积应取壁柱范围内的面积，而不应计算翼缘部分，同时壁柱上垫块伸入翼墙内的长度不应小于 120mm；

3）当现浇垫块与梁端整体浇筑时，垫块可在梁高范围内设置。

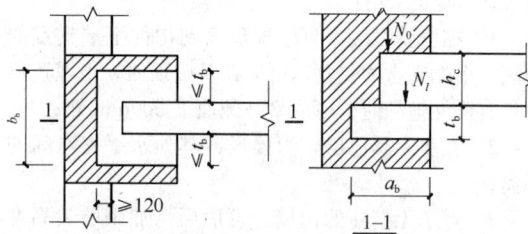

图 5.2.5 壁柱上设有垫块时梁端局部受压

3 梁端设有刚性垫块时，垫块上 N_l 作用点的位置可取梁端有效支承长度 a_0 的 0.4 倍。a_0 应按下式确定：

$$a_0 = \delta_1 \sqrt{\frac{h_c}{f}} \qquad (5.2.5-4)$$

式中：δ_1——刚性垫块的影响系数，可按表 5.2.5 采用。

表 5.2.5 系数 δ_1 值表

σ_0/f	0	0.2	0.4	0.6	0.8
δ_1	5.4	5.7	6.0	6.9	7.8

注：表中其间的数值可采用插入法求得。

5.2.6 梁下设有长度大于 πh_0 的垫梁时，垫梁上梁端有效支承长度 a_0 可按公式（5.2.5-4）计算。垫梁下的砌体局部受压承载力，应按下列公式计算：

$$N_0 + N_l \leqslant 2.4\delta_2 f b_b h_0 \qquad (5.2.6-1)$$

$$N_0 = \pi b_b h_0 \sigma_0/2 \qquad (5.2.6-2)$$

$$h_0 = 2\sqrt[3]{\frac{E_c I_c}{Eh}} \qquad (5.2.6-3)$$

式中：N_0——垫梁上部轴向力设计值（N）；

b_b——垫梁在墙厚方向的宽度（mm）；

δ_2——垫梁底面压应力分布系数，当荷载沿墙厚方向均匀分布时可取 1.0，不均匀分布时可取 0.8；

h_0——垫梁折算高度（mm）；

E_c、I_c——分别为垫梁的混凝土弹性模量和截面惯性矩；

E——砌体的弹性模量；

h——墙厚（mm）。

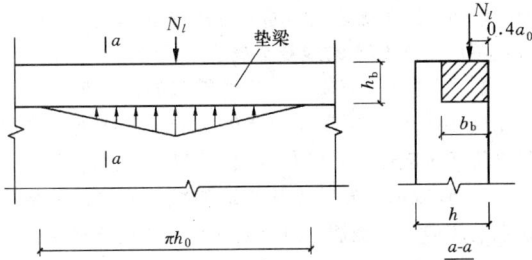

图 5.2.6　垫梁局部受压

5.3　轴心受拉构件

5.3.1　轴心受拉构件的承载力，应满足下式的要求：

$$N_t \leqslant f_t A \qquad (5.3.1)$$

式中：N_t——轴心拉力设计值；

f_t——砌体的轴心抗拉强度设计值，应按表 3.2.2 采用。

5.4　受　弯　构　件

5.4.1　受弯构件的承载力，应满足下式的要求：

$$M \leqslant f_{tm} W \qquad (5.4.1)$$

式中：M——弯矩设计值；

f_{tm}——砌体弯曲抗拉强度设计值，应按表 3.2.2 采用；

W——截面抵抗矩。

5.4.2　受弯构件的受剪承载力，应按下列公式计算：

$$V \leqslant f_v bz \qquad (5.4.2-1)$$
$$z = I/S \qquad (5.4.2-2)$$

式中：V——剪力设计值；

f_v——砌体的抗剪强度设计值，应按表 3.2.2 采用；

b——截面宽度；

z——内力臂，当截面为矩形时取 z 等于 $2h/3$（h 为截面高度）；

I——截面惯性矩；

S——截面面积矩。

5.5　受　剪　构　件

5.5.1　沿通缝或沿阶梯形截面破坏时受剪构件的承载力，应按下列公式计算：

$$V \leqslant (f_v + \alpha \mu \sigma_0) A \qquad (5.5.1-1)$$

当 $\gamma_G = 1.2$ 时，$\mu = 0.26 - 0.082 \dfrac{\sigma_0}{f}$ 　(5.5.1-2)

当 $\gamma_G = 1.35$ 时，$\mu = 0.23 - 0.065 \dfrac{\sigma_0}{f}$ 　(5.5.1-3)

式中：V——剪力设计值；

A——水平截面面积；

f_v——砌体抗剪强度设计值，对灌孔的混凝土砌块砌体取 f_{vg}；

α——修正系数；当 $\gamma_G = 1.2$ 时，砖（含多孔砖）砌体取 0.60，混凝土砌块砌体取 0.64；当 $\gamma_G = 1.35$ 时，砖（含多孔砖）砌体取 0.64，混凝土砌块砌体取 0.66；

μ——剪压复合受力影响系数；

f——砌体的抗压强度设计值；

σ_0——永久荷载设计值产生的水平截面平均压应力，其值不应大于 $0.8f$。

6　构　造　要　求

6.1　墙、柱的高厚比验算

6.1.1　墙、柱的高厚比应按下式验算：

$$\beta = \frac{H_0}{h} \leqslant \mu_1 \mu_2 [\beta] \qquad (6.1.1)$$

式中：H_0——墙、柱的计算高度；

h——墙厚或矩形柱与 H_0 相对应的边长；

μ_1——自承重墙允许高厚比的修正系数；

μ_2——有门窗洞口墙允许高厚比的修正系数；

$[\beta]$——墙、柱的允许高厚比，应按表 6.1.1 采用。

注：1　墙、柱的计算高度应按本规范第 5.1.3 条采用；

2　当与墙连接的相邻两墙间的距离 $s \leqslant \mu_1 \mu_2 [\beta] h$ 时，墙的高度可不受本条限制；

3　变截面柱的高厚比可按上、下截面分别验算，其计算高度可按第 5.1.4 条的规定采用。验算上柱的高厚比时，墙、柱的允许高厚比可按表 6.1.1 的数值乘以 1.3 后采用。

表 6.1.1　墙、柱的允许高厚比 $[\beta]$ 值

砌体类型	砂浆强度等级	墙	柱
无筋砌体	M2.5	22	15
	M5.0 或 Mb5.0、Ms5.0	24	16
	≥M7.5 或 Mb7.5、Ms7.5	26	17
配筋砌块砌体	—	30	21

注：1　毛石墙、柱的允许高厚比应按表中数值降低 20%；

2　带有混凝土或砂浆面层的组合砖砌体构件的允许高厚比，可按表中数值提高 20%，但不得大于 28；

3　验算施工阶段砂浆尚未硬化的新砌砌体构件高厚比时，允许高厚比对墙取 14，对柱取 11。

6.1.2　带壁柱墙和带构造柱墙的高厚比验算，应按下列规定进行：

1　按公式（6.1.1）验算带壁柱墙的高厚比，此

时公式中 h 应改用带壁柱墙截面的折算厚度 h_T，在确定截面回转半径时，墙截面的翼缘宽度，可按本规范第 4.2.8 条的规定采用；当确定带壁柱墙的计算高度 H_0 时，s 应取与之相交相邻墙之间的距离。

2 当构造柱截面宽度不小于墙厚时，可按公式 (6.1.1) 验算带构造柱墙的高厚比，此时公式中 h 取墙厚；当确定带构造柱墙的计算高度 H_0 时，s 应取相邻横墙间的距离；墙的允许高厚比 $[\beta]$ 可乘以修正系数 μ_c，μ_c 可按下式计算：

$$\mu_c = 1 + \gamma \frac{b_c}{l} \qquad (6.1.2)$$

式中：γ——系数。对细料石砌体，$\gamma = 0$；对混凝土砌块、混凝土多孔砖、粗料石、毛料石及毛石砌体，$\gamma = 1.0$；其他砌体，$\gamma = 1.5$；

b_c——构造柱沿墙长方向的宽度；

l——构造柱的间距。

当 $b_c/l > 0.25$ 时取 $b_c/l = 0.25$，当 $b_c/l < 0.05$ 时取 $b_c/l = 0$。

注：考虑构造柱有利作用的高厚比验算不适用于施工阶段。

3 按公式 (6.1.1) 验算壁柱间墙或构造柱间墙的高厚比时，s 应取相邻壁柱间或相邻构造柱间的距离。设有钢筋混凝土圈梁的带壁柱墙或带构造柱墙，当 $b/s \geqslant 1/30$ 时，圈梁可视作壁柱间墙或构造柱间墙的不动铰支点（b 为圈梁宽度）。当不满足上述条件且不允许增加圈梁宽度时，可按墙体平面外等刚度原则增加圈梁高度，此时，圈梁仍可视为壁柱间墙或构造柱间墙的不动铰支点。

6.1.3 厚度不大于 240mm 的自承重墙，允许高厚比修正系数 μ_1，应按下列规定采用：

1 墙厚为 240mm 时，μ_1 取 1.2；墙厚为 90mm 时，μ_1 取 1.5；当墙厚小于 240mm 且大于 90mm 时，μ_1 按插入法取值。

2 上端为自由端墙的允许高厚比，除按上述规定提高外，尚可提高 30%。

3 对厚度小于 90mm 的墙，当双面采用不低于 M10 的水泥砂浆抹面，包括抹面层的墙厚不小于 90mm 时，可按墙厚等于 90mm 验算高厚比。

6.1.4 对有门窗洞口的墙，允许高厚比修正系数，应符合下列要求：

1 允许高厚比修正系数，应按下式计算：

$$\mu_2 = 1 - 0.4 \frac{b_s}{s} \qquad (6.1.4)$$

式中：b_s——在宽度 s 范围内的门窗洞口总宽度；

s——相邻横墙或壁柱之间的距离。

2 当按公式 (6.1.4) 计算的 μ_2 的值小于 0.7 时，μ_2 取 0.7；当洞口高度等于或小于墙高的 1/5 时，μ_2 取 1.0。

3 当洞口高度大于或等于墙高的 4/5 时，可按独立墙段验算高厚比。

6.2 一般构造要求

6.2.1 预制钢筋混凝土板在混凝土圈梁上的支承长度不应小于 80mm，板端伸出的钢筋应与圈梁可靠连接，且同时浇筑；预制钢筋混凝土板在墙上的支承长度不应小于 100mm，并应按下列方法进行连接：

1 板支承于内墙时，板端钢筋伸出长度不应小于 70mm，且与支座处沿墙配置的纵筋绑扎，用强度等级不应低于 C25 的混凝土浇筑成板带；

2 板支承于外墙时，板端钢筋伸出长度不应小于 100mm，且与支座处沿墙配置的纵筋绑扎，并用强度等级不应低于 C25 的混凝土浇筑成板带；

3 预制钢筋混凝土板与现浇板对接时，预制板端钢筋应伸入现浇板中进行连接后，再浇筑现浇板。

6.2.2 墙体转角处和纵横墙交接处应沿竖向每隔 400mm～500mm 设拉结钢筋，其数量为每 120mm 墙厚不少于 1 根直径 6mm 的钢筋；或采用焊接钢筋网片，埋入长度从墙的转角或交接处算起，对实心砖墙每边不小于 500mm，对多孔砖墙和砌块墙不小于 700mm。

6.2.3 填充墙、隔墙应分别采取措施与周边主体结构构件可靠连接，连接构造和嵌缝材料应能满足传力、变形、耐久和防护要求。

6.2.4 在砌体中留槽洞及埋设管道时，应遵守下列规定：

1 不应在截面长边小于 500mm 的承重墙体、独立柱内埋设管线；

2 不宜在墙体中穿行暗线或预留、开凿沟槽，当无法避免时应采取必要的措施或按削弱后的截面验算墙体的承载力。

注：对受力较小或未灌孔的砌块砌体，允许在墙体的竖向孔洞中设置管线。

6.2.5 承重的独立砖柱截面尺寸不应小于 240mm×370mm。毛石墙的厚度不宜小于 350mm，毛料石柱较小边长不宜小于 400mm。

注：当有振动荷载时，墙、柱不宜采用毛石砌体。

6.2.6 支承在墙、柱上的吊车梁、屋架及跨度大于或等于下列数值的预制梁的端部，应采用锚固件与墙、柱上的垫块锚固：

1 对砖砌体为 9m；

2 对砌块和料石砌体为 7.2m。

6.2.7 跨度大于 6m 的屋架和跨度大于下列数值的梁，应在支承处砌体上设置混凝土或钢筋混凝土垫块；当墙中设有圈梁时，垫块与圈梁宜浇成整体。

1 对砖砌体为 4.8m；

2 对砌块和料石砌体为 4.2m；

3 对毛石砌体为 3.9m。

6.2.8 当梁跨度大于或等于下列数值时，其支承处宜加设壁柱，或采取其他加强措施：

1 对 240mm 厚的砖墙为 6m；对 180 mm 厚的砖墙为 4.8m；

2 对砌块、料石墙为 4.8m。

6.2.9 山墙处的壁柱或构造柱宜砌至山墙顶部，且屋面构件应与山墙可靠拉结。

6.2.10 砌块砌体应分皮错缝搭砌，上下皮搭砌长度不应小于 90mm。当搭砌长度不满足上述要求时，应在水平灰缝内设置不小于 2 根直径不小于 4mm 的焊接钢筋网片（横向钢筋的间距不应大于 200mm，网片每端应伸出该垂直缝不小于 300mm）。

6.2.11 砌块墙与后砌隔墙交接处，应沿墙高每 400mm 在水平灰缝内设置不少于 2 根直径不小于 4mm、横筋间距不应大于 200mm 的焊接钢筋网片（图 6.2.11）。

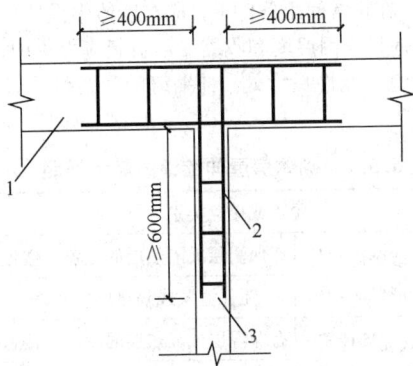

图 6.2.11 砌块墙与后砌隔墙交接处钢筋网片
1—砌块墙；2—焊接钢筋网片；3—后砌隔墙

6.2.12 混凝土砌块房屋，宜将纵横墙交接处，距墙中心线每边不小于 300mm 范围内的孔洞，采用不低于 Cb20 混凝土沿全墙高灌实。

6.2.13 混凝土砌块墙体的下列部位，如未设圈梁或混凝土垫块，应采用不低于 Cb20 混凝土将孔洞灌实：

1 搁栅、檩条和钢筋混凝土楼板的支承面下，高度不应小于 200mm 的砌体；

2 屋架、梁等构件的支承面下，长度不应小于 600mm，高度不应小于 600mm 的砌体；

3 挑梁支承面下，距墙中心线每边不应小于 300mm，高度不应小于 600mm 的砌体。

6.3 框架填充墙

6.3.1 框架填充墙墙体除应满足稳定要求外，尚应考虑水平风荷载及地震作用的影响。地震作用可按现行国家标准《建筑抗震设计规范》GB 50011 中非结构构件的规定计算。

6.3.2 在正常使用和正常维护条件下，填充墙的使用年限宜与主体结构相同，结构的安全等级可按二级

考虑。

6.3.3 填充墙的构造设计，应符合下列规定：

1 填充墙宜选用轻质块体材料，其强度等级应符合本规范第 3.1.2 条的规定；

2 填充墙砌筑砂浆的强度等级不宜低于 M5（Mb5、Ms5）；

3 填充墙体墙厚不应小于 90mm；

4 用于填充墙的夹心复合砌块，其两肢块体之间应有拉结。

6.3.4 填充墙与框架的连接，可根据设计要求采用脱开或不脱开方法。有抗震设防要求时宜采用填充墙与框架脱开的方法。

1 当填充墙与框架采用脱开的方法时，宜符合下列规定：

1）填充墙两端与框架柱，填充墙顶面与框架梁之间留出不小于 20mm 的间隙；

2）填充墙端部应设置构造柱，柱间距宜不大于 20 倍墙厚且不大于 4000mm，柱宽度宜不小于 100mm。柱竖向钢筋不宜小于 $\phi10$，箍筋宜为 ϕ^R5，竖向间距不宜大于 400mm。竖向钢筋与框架梁或其挑出部分的预埋件或预留钢筋连接，绑扎接头时不小于 30d，焊接时（单面焊）不小于 10d（d 为钢筋直径）。柱顶与框架梁（板）应预留不小于 15mm 的缝隙，用硅酮胶或其他弹性密封材料封缝。当填充墙有宽度大于 2100mm 的洞口时，洞口两侧应加设宽度不小于 50mm 的单筋混凝土柱；

3）填充墙两端宜卡入设在梁、板底及柱侧的卡口铁件内，墙侧卡口板的竖向间距不宜大于 500mm，墙顶卡口板的水平间距不宜大于 1500mm；

4）墙体高度超过 4m 时宜在墙高中部设置与柱连通的水平系梁。水平系梁的截面高度不小于 60mm。填充墙高不宜大于 6m；

5）填充墙与框架柱、梁的缝隙可采用聚苯乙烯泡沫塑料板条或聚氨酯发泡材料充填，并用硅酮胶或其他弹性密封材料封缝；

6）所有连接用钢筋、金属配件、铁件、预埋件等均应作防腐防锈处理，并应符合本规范第 4.3 节的规定。嵌缝材料应能满足变形和防护要求。

2 当填充墙与框架采用不脱开的方法时，宜符合下列规定：

1）沿柱高每隔 500mm 配置 2 根直径 6mm 的拉结钢筋（墙厚大于 240mm 时配置 3 根直径 6mm），钢筋伸入填充墙长度不宜小于 700mm，且拉结钢筋应错开截断，相距不宜小于 200mm。填充墙墙顶应与框架梁紧

密结合。顶面与上部结构接触处宜用一皮砖或配砖斜砌楔紧；

2）当填充墙有洞口时，宜在窗洞口的上端或下端、门洞口的上端设置钢筋混凝土带，钢筋混凝土带应与过梁的混凝土同时浇筑，其过梁的断面及配筋由设计确定。钢筋混凝土带的混凝土强度等级不小于 C20。当有洞口的填充墙尽端至门窗洞口边距离小于 240mm 时，宜采用钢筋混凝土门窗框；

3）填充墙长度超过 5m 或墙长大于 2 倍层高时，墙顶与梁宜有拉接措施，墙体中部应加设构造柱；墙高度超过 4m 时宜在墙高中部设置与柱连接的水平系梁，墙高超过 6m 时，宜沿墙高每 2m 设置与柱连接的水平系梁，梁的截面高度不小于 60mm。

6.4　夹　心　墙

6.4.1　夹心墙的夹层厚度，不宜大于 120mm。

6.4.2　**外叶墙的砖及混凝土砌块的强度等级，不应低于 MU10。**

6.4.3　夹心墙的有效面积，应取承重或主叶墙的面积。高厚比验算时，夹心墙的有效厚度，按下式计算：

$$h_l = \sqrt{h_1^2 + h_2^2} \qquad (6.4.3)$$

式中：h_l——夹心复合墙的有效厚度；

h_1、h_2——分别为内、外叶墙的厚度。

6.4.4　夹心墙外叶墙的最大横向支承间距，宜按下列规定采用：设防烈度为 6 度时不宜大于 9m，7 度时不宜大于 6m，8、9 度时不宜大于 3m。

6.4.5　夹心墙的内、外叶墙，应由拉结件可靠拉结，拉结件宜符合下列规定：

1　当采用环形拉结件时，钢筋直径不应小于 4mm，当为 Z 形拉结件时，钢筋直径不应小于 6mm；拉结件应沿竖向梅花形布置，拉结件的水平和竖向最大间距分别不宜大于 800mm 和 600mm；对有振动或有抗震设防要求时，其水平和竖向最大间距分别不宜大于 800mm 和 400mm；

2　当采用可调拉结件时，钢筋直径不应小于 4mm，拉结件的水平和竖向最大间距均不宜大于 400mm。叶墙间灰缝的高差不大于 3mm，可调拉结件中孔眼和扣钉间的公差不大于 1.5mm；

3　当采用钢筋网片作拉结件时，网片横向钢筋的直径不应小于 4mm；其间距不应大于 400mm；网片的竖向间距不宜大于 600mm；对有振动或有抗震设防要求时，不宜大于 400mm；

4　拉结件在叶墙上的搁置长度，不应小于叶墙厚度的 2/3，并不应小于 60mm；

5　门窗洞口周边 300mm 范围内应附加间距不大于 600mm 的拉结件。

6.4.6　夹心墙拉结件或网片的选择与设置，应符合

下列规定：

1　夹心墙宜用不锈钢拉结件。拉结件用钢筋制作或采用钢筋网片时，应先进行防腐处理，并应符合本规范 4.3 的有关规定；

2　非抗震设防地区的多层房屋，或风荷载较小地区的高层的夹芯墙可采用环形或 Z 形拉结件；风荷载较大地区的高层建筑房屋宜采用焊接钢筋网片；

3　抗震设防地区的砌体房屋（含高层建筑房屋）夹心墙应采用焊接钢筋网作为拉结件。焊接网应沿夹心墙连续通长设置，外叶墙至少有一根纵向钢筋。钢筋网片可计入内叶墙的配筋率，其搭接与锚固长度应符合有关规范的规定；

4　可调节拉结件宜用于多层房屋的夹心墙，其竖向和水平间距均不应大于 400mm。

6.5　防止或减轻墙体开裂的主要措施

6.5.1　在正常使用条件下，应在墙体中设置伸缩缝。伸缩缝应设在因温度和收缩变形引起应力集中、砌体产生裂缝可能性最大处。伸缩缝的间距可按表 6.5.1 采用。

表 6.5.1　砌体房屋伸缩缝的最大间距（m）

屋盖或楼盖类别		间距
整体式或装配整体式钢筋混凝土结构	有保温层或隔热层的屋盖、楼盖	50
	无保温层或隔热层的屋盖	40
装配式无檩体系钢筋混凝土结构	有保温层或隔热层的屋盖、楼盖	60
	无保温层或隔热层的屋盖	50
装配式有檩体系钢筋混凝土结构	有保温层或隔热层的屋盖	75
	无保温层或隔热层的屋盖	60
瓦材屋盖、木屋盖或楼盖、轻钢屋盖		100

注：1　对烧结普通砖、烧结多孔砖、配筋砌块砌体房屋，取表中数值；对石砌体、蒸压灰砂普通砖、蒸压粉煤灰普通砖、混凝土砌块、混凝土普通砖和混凝土多孔砖房屋，取表中数值乘以 0.8 的系数，当墙体有可靠外保温措施时，其间距可取表中数值；

2　在钢筋混凝土屋面上挂瓦的屋盖应按钢筋混凝土屋盖采用；

3　层高大于 5m 的烧结普通砖、烧结多孔砖、配筋砌块砌体结构单层房屋，其伸缩缝间距可按表中数值乘以 1.3；

4　温差较大且变化频繁地区和严寒地区不采暖的房屋及构筑物墙体的伸缩缝的最大间距，应按表中数值予以适当减小；

5　墙体的伸缩缝应与结构的其他变形缝相重合，缝宽度应满足各种变形缝的变形要求；在进行立面处理时，必须保证缝隙的变形作用。

6.5.2　房屋顶层墙体，宜根据情况采取下列措施：

1　屋面应设置保温、隔热层；

2　屋面保温（隔热）层或屋面刚性面层及砂浆找平层应设置分隔缝，分隔缝间距不宜大于 6m，其

缝宽不小于 30mm，并与女儿墙隔开；

3 采用装配式有檩体系钢筋混凝土屋盖和瓦材屋盖；

4 顶层屋面板下设置现浇钢筋混凝土圈梁，并沿内外墙拉通，房屋两端圈梁下的墙体内宜设置水平钢筋；

5 顶层墙体有门窗等洞口时，在过梁上的水平灰缝内设置 2～3 道焊接钢筋网片或 2 根直径 6mm 钢筋，焊接钢筋网片或钢筋应伸入洞口两端墙内不小于 600mm；

6 顶层及女儿墙砂浆强度等级不低于 M7.5（Mb7.5、Ms7.5）；

7 女儿墙应设置构造柱，构造柱间距不宜大于 4m，构造柱应伸至女儿墙顶并与现浇钢筋混凝土压顶整浇在一起；

8 对顶层墙体施加竖向预应力。

6.5.3 房屋底层墙体，宜根据情况采取下列措施：

1 增大基础圈梁的刚度；

2 在底层的窗台下墙体灰缝内设置 3 道焊接钢筋网片或 2 根直径 6mm 钢筋，并应伸入两边窗间墙内不小于 600mm。

6.5.4 在每层门、窗过梁上方的水平灰缝内及窗台下第一和第二道水平灰缝内，宜设置焊接钢筋网片或 2 根直径 6mm 钢筋，焊接钢筋网片或钢筋应伸入两边窗间墙内不小于 600mm。当墙长大于 5m 时，宜在每层墙高度中部设置 2～3 道焊接钢筋网片或 3 根直径 6mm 的通长水平钢筋，竖向间距为 500mm。

6.5.5 房屋两端和底层第一、第二开间门窗洞处，可采取下列措施：

1 在门窗洞口两边墙体的水平灰缝中，设置长度不小于 900mm、竖向间距为 400mm 的 2 根直径 4mm 的焊接钢筋网片。

2 在顶层和底层设置通长钢筋混凝土窗台梁，窗台梁高宜为块材高度的模数，梁内纵筋不少于 4 根，直径不小于 10mm，箍筋直径不小于 6mm，间距不大于 200mm，混凝土强度等级不低于 C20。

3 在混凝土砌块房屋门窗洞口两侧不少于一个孔洞中设置直径不小于 12mm 的竖向钢筋，竖向钢筋应在楼层圈梁或基础内锚固，孔洞用不低于 Cb20 混凝土灌实。

6.5.6 填充墙砌体与梁、柱或混凝土墙体结合的界面处（包括内、外墙），宜在粉刷前设置钢丝网片，网片宽度可取 400mm，并沿界面缝两侧各延伸 200mm，或采取其他有效的防裂、盖缝措施。

6.5.7 当房屋刚度较大时，可在窗台下或窗台角处墙体内、在墙体高度或厚度突然变化处设置竖向控制缝。竖向控制缝宽度不宜小于 25mm，缝内填以压缩性能好的填充材料，且外部用密封材料密封，并采用不吸水的、闭孔发泡聚乙烯实心圆棒（背衬）作为密

封膏的隔离物（图 6.5.7）。

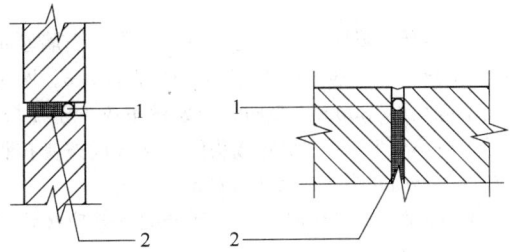

图 6.5.7 控制缝构造
1—不吸水的、闭孔发泡聚乙烯实心圆棒；
2—柔软、可压缩的填充物

6.5.8 夹心复合墙的外叶墙宜在建筑墙体适当部位设置控制缝，其间距宜为 6m～8m。

7 圈梁、过梁、墙梁及挑梁

7.1 圈 梁

7.1.1 对于有地基不均匀沉降或较大振动荷载的房屋，可按本节规定在砌体墙中设置现浇混凝土圈梁。

7.1.2 厂房、仓库、食堂等空旷单层房屋应按下列规定设置圈梁：

1 砖砌体结构房屋，檐口标高为 5m～8m 时，应在檐口标高处设置圈梁一道；檐口标高大于 8m 时，应增加设置数量；

2 砌块及料石砌体结构房屋，檐口标高为 4m～5m 时，应在檐口标高处设置圈梁一道；檐口标高大于 5m 时，应增加设置数量；

3 对有吊车或较大振动设备的单层工业房屋，当未采取有效的隔振措施时，除在檐口或窗顶标高处设置现浇混凝土圈梁外，尚应增加设置数量。

7.1.3 住宅、办公楼等多层砌体结构民用房屋，且层数为 3 层～4 层时，应在底层和檐口标高处各设置一道圈梁。当层数超过 4 层时，除应在底层和檐口标高处各设置一道圈梁外，至少应在所有纵、横墙上隔层设置。多层砌体工业房屋，应每层设置现浇混凝土圈梁。设置墙梁的多层砌体结构房屋，应在托梁、墙梁顶面和檐口标高处设置现浇钢筋混凝土圈梁。

7.1.4 建筑在软弱地基或不均匀地基上的砌体结构房屋，除按本节规定设置圈梁外，尚应符合现行国家标准《建筑地基基础设计规范》GB 50007 的有关规定。

7.1.5 圈梁应符合下列构造要求：

1 圈梁宜连续地设在同一水平面上，并形成封闭状；当圈梁被门窗洞口截断时，应在洞口上部增设相同截面的附加圈梁。附加圈梁与圈梁的搭接长度不应小于其中到中垂直间距的 2 倍，且不得小于 1m；

2 纵、横墙交接处的圈梁应可靠连接。刚弹性

和弹性方案房屋，圈梁应与屋架、大梁等构件可靠连接；

3 混凝土圈梁的宽度宜与墙厚相同，当墙厚不小于 240mm 时，其宽度不宜小于墙厚的 2/3。圈梁高度不应小于 120mm。纵向钢筋数量不应少于 4 根，直径不应小于 10mm，绑扎接头的搭接长度按受拉钢筋考虑，箍筋间距不应大于 300mm。

4 圈梁兼作过梁时，过梁部分的钢筋应按计算面积另行增配。

7.1.6 采用现浇混凝土楼（屋）盖的多层砌体结构房屋，当层数超过 5 层时，除应在檐口标高处设置一道圈梁外，可隔层设置圈梁，并应与楼（屋）面板一起现浇。未设置圈梁的楼面板嵌入墙内的长度不应小于 120mm，并沿墙长配置不少于 2 根直径为 10mm的纵向钢筋。

7.2 过 梁

7.2.1 对有较大振动荷载或可能产生不均匀沉降的房屋，应采用混凝土过梁。当过梁的跨度不大于 1.5m 时，可采用钢筋砖过梁；不大于 1.2m 时，可采用砖砌平拱过梁。

7.2.2 过梁的荷载，应按下列规定采用：

1 对砖和砌块砌体，当梁、板下的墙体高度 h_w 小于过梁的净跨 l_n 时，过梁应计入梁、板传来的荷载，否则可不考虑梁、板荷载；

2 对砖砌体，当过梁上的墙体高度 h_w 小于 $l_n/3$ 时，墙体荷载应按墙体的均布自重采用，否则应按高度为 $l_n/3$ 墙体的均布自重来采用；

3 对砌块砌体，当过梁上的墙体高度 h_w 小于 $l_n/2$ 时，墙体荷载应按墙体的均布自重采用，否则应按高度为 $l_n/2$ 墙体的均布自重采用。

7.2.3 过梁的计算，宜符合下列规定：

1 砖砌平拱受弯和受剪承载力，可按 5.4.1 条和 5.4.2 条计算；

2 钢筋砖过梁的受弯承载力可按式（7.2.3）计算，受剪承载力，可按本规范第 5.4.2 条计算；

$$M \leqslant 0.85 h_0 f_y A_s \qquad (7.2.3)$$

式中：M——按简支梁计算的跨中弯矩设计值；

h_0——过梁截面的有效高度，$h_0 = h - a_s$；

a_s——受拉钢筋重心至截面下边缘的距离；

h——过梁的截面计算高度，取过梁底面以上的墙体高度，但不大于 $l_n/3$；当考虑梁、板传来的荷载时，则按梁、板下的高度采用；

f_y——钢筋的抗拉强度设计值；

A_s——受拉钢筋的截面面积。

3 混凝土过梁的承载力，应按混凝土受弯构件计算。验算过梁下砌体局部受压承载力时，可不考虑上层荷载的影响；梁端底面压应力图形完整系数可取

1.0，梁端有效支承长度可取实际支承长度，但不应大于墙厚。

7.2.4 砖砌过梁的构造，应符合下列规定：

1 砖砌过梁截面计算高度内的砂浆不宜低于M5（Mb5、Ms5）；

2 砖砌平拱用竖砖砌筑部分的高度不应小于 240mm；

3 钢筋砖过梁底面砂浆层处的钢筋，其直径不应小于 5mm，间距不宜大于 120mm，钢筋伸入支座砌体内的长度不宜小于 240mm，砂浆层的厚度不宜小于 30mm。

7.3 墙 梁

7.3.1 承重与自承重简支墙梁、连续墙梁和框支墙梁的设计，应符合本节规定。

7.3.2 采用烧结普通砖砌体、混凝土普通砖砌体、混凝土多孔砖砌体和混凝土砌块砌体的墙梁设计应符合下列规定：

1 墙梁设计应符合表 7.3.2 的规定：

表 7.3.2 墙梁的一般规定

墙梁类别	墙体总高度 (m)	跨度 (m)	墙体高跨比 h_w/l_{0i}	托梁高跨比 h_b/l_{0i}	洞宽比 b_h/l_{0i}	洞高 h_h
承重墙梁	≤18	≤9	≥0.4	≥1/10	<0.3	$\leqslant 5h_w/6$ 且 $h_w - h_h$ ≥0.4m
自承重墙梁	≤18	≤12	≥1/3	≥1/15	≤0.8	—

注：墙体总高度指托梁顶面到檐口的高度，带阁楼的坡屋面应算到山尖墙 1/2 高度处。

2 墙梁计算高度范围内每跨允许设置一个洞口，洞口高度，对窗洞取洞顶至托梁顶面距离。对自承重墙梁，洞口至边支座中心的距离不应小于 $0.1l_{0i}$，门窗洞上口至墙顶的距离不应小于 0.5m。

3 洞口边缘至支座中心的距离，距边支座不应小于墙梁计算跨度的 0.15 倍，距中支座不应小于墙梁计算跨度的 0.07 倍。托梁支座处上部墙体设置混凝土构造柱、且构造柱边缘至洞口边缘的距离不小于 240mm 时，洞口边至支座中心距离的限值可不受本规定限制。

4 托梁高跨比，对无洞口墙梁不宜大于 1/7，对靠近支座有洞口的不宜大于 1/6。配筋砌块砌体墙梁的托梁高跨比可适当放宽，但不宜小于 1/14；当墙梁结构中的墙体均为配筋砌块砌体时，墙体总高度可不受本规定限制。

7.3.3 墙梁的计算简图，应按图 7.3.3 采用。各计算参数应符合下列规定：

1 墙梁计算跨度，对简支墙梁和连续墙梁取净跨的 1.1 倍或支座中心线距离的较小值；框支墙梁支

座中心线距离，取框架柱轴线间的距离；

2 墙体计算高度，取托梁顶面上一层墙体（包括顶梁）高度，当 h_w 大于 l_0 时，取 h_w 等于 l_0（对连续墙梁和多跨框支墙梁，l_0 取各跨的平均值）；

3 墙梁跨中截面计算高度，取 $H_0 = h_w + 0.5h_b$；

4 翼墙计算宽度，取窗间墙宽度或横墙间距的 2/3，且每边不大于 3.5 倍的墙体厚度和墙梁计算跨度的 1/6；

5 框架柱计算高度，取 $H_c = H_{cn} + 0.5h_b$；H_{cn} 为框架柱的净高，取基础顶面至托梁底面的距离。

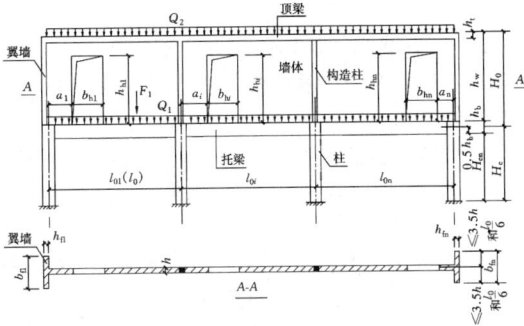

图 7.3.3 墙梁计算简图

$l_0(l_{0i})$—墙梁计算跨度；h_w—墙体计算高度；h—墙体厚度；H_0—墙梁跨中截面计算高度；b_{f1}—翼墙计算宽度；H_c—框架柱计算高度；b_{hi}—洞口宽度；h_{hi}—洞口高度；a_i—洞口边缘至支座中心的距离；Q_1、F_1—承重墙梁的托梁顶面的荷载设计值；Q_2—承重墙梁的墙梁顶面的荷载设计值

7.3.4 墙梁的计算荷载，应按下列规定采用：

1 使用阶段墙梁上的荷载，应按下列规定采用：

1）承重墙梁的托梁顶面的荷载设计值，取托梁自重及本层楼盖的恒荷载和活荷载；

2）承重墙梁的墙梁顶面的荷载设计值，取托梁以上各层墙体自重，以及墙梁顶面以上各层楼（屋）盖的恒荷载和活荷载；集中荷载可沿作用的跨度近似化为均布荷载；

3）自承重墙梁的墙梁顶面的荷载设计值，取托梁自重及托梁以上墙体自重。

2 施工阶段托梁上的荷载，应按下列规定采用：

1）托梁自重及本层楼盖的恒荷载；

2）本层楼盖的施工荷载；

3）墙体自重，可取高度为 $l_{0max}/3$ 的墙体自重，开洞时尚应按洞顶以下实际分布的墙体自重复核；l_{0max} 为各计算跨度的最大值。

7.3.5 墙梁应分别进行托梁使用阶段正截面承载力和斜截面受剪承载力计算、墙体受剪承载力和托梁支座上部砌体局部受压承载力计算，以及施工阶段托梁承载力验算。自承重墙梁可不验算墙体受剪承载力和砌体局部受压承载力。

7.3.6 墙梁的托梁正截面承载力，应按下列规定计算：

1 托梁跨中截面应按混凝土偏心受拉构件计算，第 i 跨跨中最大弯矩设计值 M_{bi} 及轴心拉力设计值 N_{bti} 可按下列公式计算：

$$M_{bi} = M_{1i} + \alpha_M M_{2i} \qquad (7.3.6\text{-}1)$$

$$N_{bti} = \eta_N \frac{M_{2i}}{H_0} \qquad (7.3.6\text{-}2)$$

1）当为简支墙梁时：

$$\alpha_M = \psi_M \left(1.7\frac{h_b}{l_0} - 0.03\right) \qquad (7.3.6\text{-}3)$$

$$\psi_M = 4.5 - 10\frac{a}{l_0} \qquad (7.3.6\text{-}4)$$

$$\eta_N = 0.44 + 2.1\frac{h_w}{l_0} \qquad (7.3.6\text{-}5)$$

2）当为连续墙梁和框支墙梁时：

$$\alpha_M = \psi_M \left(2.7\frac{h_b}{l_{0i}} - 0.08\right) \qquad (7.3.6\text{-}6)$$

$$\psi_M = 3.8 - 8.0\frac{a_i}{l_{0i}} \qquad (7.3.6\text{-}7)$$

$$\eta_N = 0.8 + 2.6\frac{h_w}{l_{0i}} \qquad (7.3.6\text{-}8)$$

式中：M_{1i}——荷载设计值 Q_1、F_1 作用下的简支梁跨中弯矩或按连续梁、框架分析的托梁第 i 跨跨中最大弯矩；

M_{2i}——荷载设计值 Q_2 作用下的简支梁跨中弯矩或按连续梁、框架分析的托梁第 i 跨跨中最大弯矩；

α_M——考虑墙梁组合作用的托梁跨中截面弯矩系数，可按公式（7.3.6-3）或（7.3.6-6）计算，但对自承重简支墙梁应乘以折减系数 0.8；当公式（7.3.6-3）中的 $h_b/l_0 > 1/6$ 时，取 $h_b/l_0 = 1/6$；当公式（7.3.6-3）中的 $h_b/l_{0i} > 1/7$ 时，取 $h_b/l_{0i} = 1/7$；当 $\alpha_M > 1.0$ 时，取 $\alpha_M = 1.0$；

η_N——考虑墙梁组合作用的托梁跨中截面轴力系数，可按公式（7.3.6-5）或（7.3.6-8）计算，但对自承重简支墙梁应乘以折减系数 0.8；当 $h_w/l_{0i} > 1$ 时，取 $h_w/l_{0i} = 1$；

ψ_M——洞口对托梁跨中截面弯矩的影响系数，对无洞口墙梁取 1.0，对有洞口墙梁可按公式（7.3.6-4）或（7.3.6-7）计算；

a_i——洞口边缘至墙梁最近支座中心的距离，当 $a_i > 0.35l_{0i}$ 时，取 $a_i = 0.35l_{0i}$。

2 托梁支座截面应按混凝土受弯构件计算，第 j 支座的弯矩设计值 M_{bj} 可按下列公式计算：

$$M_{bj} = M_{1j} + \alpha_M M_{2j} \qquad (7.3.6\text{-}9)$$

$$\alpha_M = 0.75 - \frac{a_i}{l_{0i}} \qquad (7.3.6\text{-}10)$$

式中：M_{1j} ——荷载设计值 Q_1、F_1 作用下按连续梁或框架分析的托梁第 j 支座截面的弯矩设计值；

M_{2j} ——荷载设计值 Q_2 作用下按连续梁或框架分析的托梁第 j 支座截面的弯矩设计值；

α_M ——考虑墙梁组合作用的托梁支座截面弯矩系数，无洞口墙梁取 0.4，有洞口墙梁可按公式（7.3.6-10）计算。

7.3.7 对多跨框支墙梁的框支边柱，当柱的轴向压力增大对承载力不利时，在墙梁荷载设计值 Q_2 作用下的轴向压力值应乘以修正系数 1.2。

7.3.8 墙梁的托梁斜截面受剪承载力应按混凝土受弯构件计算，第 j 支座边缘截面的剪力设计值 V_{bj} 可按下式计算：

$$V_{bj} = V_{1j} + \beta_v V_{2j} \qquad (7.3.8)$$

式中：V_{1j} ——荷载设计值 Q_1、F_1 作用下按简支梁、连续梁或框架分析的托梁第 j 支座边缘截面剪力设计值；

V_{2j} ——荷载设计值 Q_2 作用下按简支梁、连续梁或框架分析的托梁第 j 支座边缘截面剪力设计值；

β_v ——考虑墙梁组合作用的托梁剪力系数，无洞口墙梁边支座截面取 0.6，中间支座截面取 0.7；有洞口墙梁边支座截面取 0.7，中间支座截面取 0.8；对自承重墙梁，无洞口时取 0.45，有洞口时取 0.5。

7.3.9 墙梁的墙体受剪承载力，应按公式（7.3.9）验算，当墙梁支座处墙体中设置上、下贯通的落地混凝土构造柱，且其截面不小于 240mm×240mm 时，可不验算墙梁的墙体受剪承载力。

$$V_2 \leqslant \xi_1 \xi_2 \left(0.2 + \frac{h_b}{l_{0i}} + \frac{h_t}{l_{0i}}\right) f h h_w \qquad (7.3.9)$$

式中：V_2 ——在荷载设计值 Q_2 作用下墙梁支座边缘截面剪力的最大值；

ξ_1 ——翼墙影响系数，对单层墙梁取 1.0，对多层墙梁，当 $b_f/h = 3$ 时取 1.3，当 $b_f/h = 7$ 时取 1.5，当 $3 < b_f/h < 7$ 时，按线性插入取值；

ξ_2 ——洞口影响系数，无洞口墙梁取 1.0，多层有洞口墙梁取 0.9，单层有洞口墙梁取 0.6；

h_t ——墙梁顶面圈梁截面高度。

7.3.10 托梁支座上部砌体局部受压承载力，应按公式（7.3.10-1）验算，当墙梁的墙体中设置上、下贯通的落地混凝土构造柱，且其截面不小于 240mm×

240mm 时，或当 b_f/h 大于等于 5 时，可不验算托梁支座上部砌体局部受压承载力。

$$Q_2 \leqslant \zeta f h \qquad (7.3.10\text{-}1)$$

$$\zeta = 0.25 + 0.08 \frac{b_f}{h} \qquad (7.3.10\text{-}2)$$

式中：ζ ——局压系数。

7.3.11 托梁应按混凝土受弯构件进行施工阶段的受弯、受剪承载力验算，作用在托梁上的荷载可按本规范第 7.3.4 条的规定采用。

7.3.12 墙梁的构造应符合下列规定：

1 托梁和框支柱的混凝土强度等级不应低于 C30；

2 承重墙梁的块体强度等级不应低于 MU10，计算高度范围内墙体的砂浆强度等级不应低于 M10（Mb10）；

3 框支墙梁的上部砌体房屋，以及设有承重的简支墙梁或连续墙梁的房屋，应满足刚性方案房屋的要求；

4 墙梁的计算高度范围内的墙体厚度，对砖砌体不应小于 240mm，对混凝土砌块砌体不应小于 190mm；

5 墙梁洞口上方应设置混凝土过梁，其支承长度不应小于 240mm；洞口范围内不应施加集中荷载；

6 承重墙梁的支座处应设置落地翼墙，翼墙厚度，对砖砌体不应小于 240mm，对混凝土砌块砌体不应小于 190mm，翼墙宽度不应小于墙梁墙体厚度的 3 倍，并与墙梁墙体同时砌筑。当不能设置翼墙时，应设置落地且上、下贯通的混凝土构造柱；

7 当墙梁墙体在靠近支座 1/3 跨度范围内开洞时，支座处应设置落地且上、下贯通的混凝土构造柱，并应与每层圈梁连接；

8 墙梁计算高度范围内的墙体，每天可砌筑高度不应超过 1.5m，否则，应加设临时支撑；

9 托梁两侧各两个开间的楼盖应采用现浇混凝土楼盖，楼板厚度不应小于 120mm，当楼板厚度大于 150mm 时，应采用双层双向钢筋网，楼板上应少开洞，洞口尺寸大于 800mm 时应设洞口边梁；

10 托梁每跨底部的纵向受力钢筋应通长设置，不应在跨中弯起或截断；钢筋连接应采用机械连接或焊接；

11 托梁跨中截面的纵向受力钢筋总配筋率不应小于 0.6%；

12 托梁上部通长布置的纵向钢筋面积与跨中下部纵向钢筋面积之比值不应小于 0.4；连续墙梁或多跨框支墙梁的托梁支座上部附加纵向钢筋从支座边缘算起每边延伸长度不应小于 $l_0/4$；

13 承重墙梁的托梁在砌体墙、柱上的支承长度不应小于 350mm；纵向受力钢筋伸入支座的长度应符合受拉钢筋的锚固要求；

14 当托梁截面高度 h_b 大于等于 450mm 时，应沿梁截面高度设置通长水平腰筋，其直径不应小于 12mm，间距不应大于 200mm；

15 对于洞口偏置的墙梁，其托梁的箍筋加密区范围应延到洞口外，距洞边的距离大于等于托梁截面高度 h_b（图 7.3.12），箍筋直径不应小于 8mm，间距不应大于 100mm。

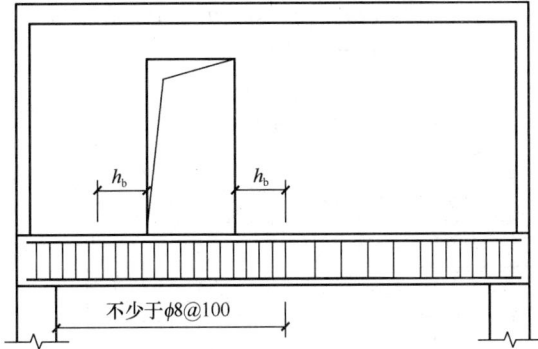

不少于 $\phi 8@100$

图 7.3.12　偏开洞时托梁箍筋加密区

7.4　挑　　梁

7.4.1 砌体墙中混凝土挑梁的抗倾覆，应按下列公式进行验算：

$$M_{ov} \leqslant M_r \qquad (7.4.1)$$

式中：M_{ov}——挑梁的荷载设计值对计算倾覆点产生的倾覆力矩；

M_r——挑梁的抗倾覆力矩设计值。

7.4.2 挑梁计算倾覆点至墙外边缘的距离可按下列规定采用：

1 当 l_1 不小于 $2.2 h_b$ 时（l_1 为挑梁埋入砌体墙中的长度，h_b 为挑梁的截面高度），梁计算倾覆点到墙外边缘的距离可按式（7.4.2-1）计算，且其结果不应大于 $0.13 l_1$。

$$x_0 = 0.3 h_b \qquad (7.4.2\text{-}1)$$

式中：x_0——计算倾覆点至墙外边缘的距离（mm）；

2 当 l_1 小于 $2.2 h_b$ 时，梁计算倾覆点到墙外边缘的距离可按下式计算：

$$x_0 = 0.13 l_1 \qquad (7.4.2\text{-}2)$$

3 当挑梁下有混凝土构造柱或垫梁时，计算倾覆点到墙外边缘的距离可取 $0.5 x_0$。

7.4.3 挑梁的抗倾覆力矩设计值，可按下式计算：

$$M_r = 0.8 G_r (l_2 - x_0) \qquad (7.4.3)$$

式中：G_r——挑梁的抗倾覆荷载，为挑梁尾端上部 45°扩展角的阴影范围（其水平长度为 l_3）内本层的砌体与楼面恒荷载标准值之和（图 7.4.3）；当上部楼层无挑梁时，抗倾覆荷载中可计及上部楼层的楼面永久荷载；

l_2——G_r 作用点至墙外边缘的距离。

7.4.4 挑梁下砌体的局部受压承载力，可按下式验算（图 7.4.4）：

$$N_l \leqslant \eta \gamma f A_l \qquad (7.4.4)$$

式中：N_l——挑梁下的支承压力，可取 $N_l = 2R$，R 为挑梁的倾覆荷载设计值；

η——梁端底面压应力图形的完整系数，可取 0.7；

γ——砌体局部抗压强度提高系数，对图 7.4.4a 可取 1.25；对图 7.4.4b 可取 1.5；

A_l——挑梁下砌体局部受压面积，可取 $A_l = 1.2 b h_b$，b 为挑梁的截面宽度，h_b 为挑梁的截面高度。

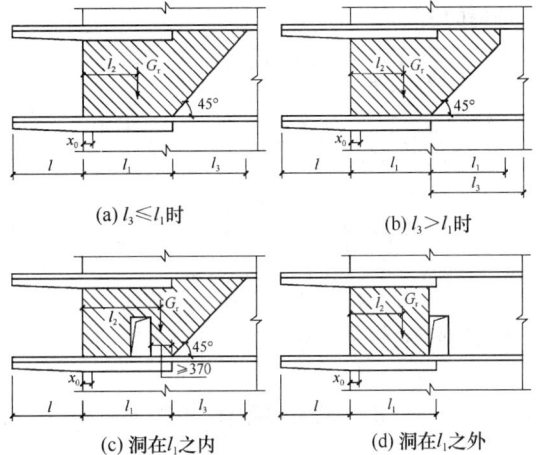

(a) $l_3 \leqslant l_1$ 时　　　　　　　(b) $l_3 > l_1$ 时

(c) 洞在 l_1 之内　　　　　　　(d) 洞在 l_1 之外

图 7.4.3　挑梁的抗倾覆荷载

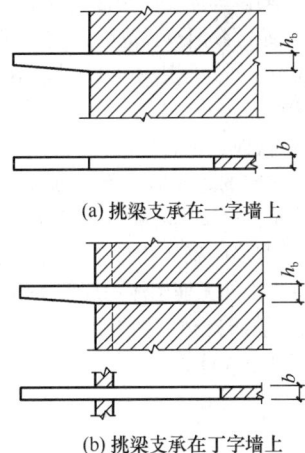

(a) 挑梁支承在一字墙上

(b) 挑梁支承在丁字墙上

图 7.4.4　挑梁下砌体局部受压

7.4.5 挑梁的最大弯矩设计值 M_{max} 与最大剪力设计值 V_{max}，可按下列公式计算：

$$M_{max} = M_0 \qquad (7.4.5\text{-}1)$$

$$V_{max} = V_0 \qquad (7.4.5\text{-}2)$$

式中：M_0——挑梁的荷载设计值对计算倾覆点截面产生的弯矩；

V_0——挑梁的荷载设计值在挑梁墙外边缘处截面产生的剪力。

7.4.6 挑梁设计除应符合现行国家标准《混凝土结构设计规范》GB 50010 的有关规定外，尚应满足下列要求：

1 纵向受力钢筋至少应有 1/2 的钢筋面积伸入梁尾端，且不少于 2φ12。其余钢筋伸入支座的长度不应小于 2l_1/3；

2 挑梁埋入砌体长度 l_1 与挑出长度 l 之比宜大于 1.2；当挑梁上无砌体时，l_1 与 l 之比宜大于 2。

7.4.7 雨篷等悬挑构件可按第 7.4.1 条～7.4.3 条进行抗倾覆验算，其抗倾覆荷载 G_r 可按图 7.4.7 采用，G_r 距墙外边缘的距离为墙厚的 1/2，l_3 为门窗洞口净跨的 1/2。

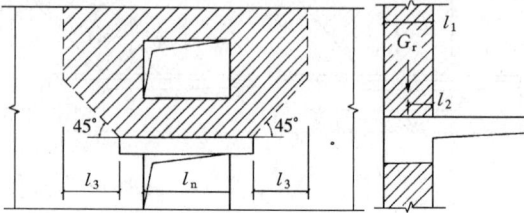

图 7.4.7 雨篷的抗倾覆荷载

G_r—抗倾覆荷载；l_1—墙厚；l_2—G_r 距墙外边缘的距离

8 配筋砖砌体构件

8.1 网状配筋砖砌体构件

8.1.1 网状配筋砖砌体受压构件，应符合下列规定：

1 偏心距超过截面核心范围（对于矩形截面即 $e/h > 0.17$），或构件的高厚比 $\beta > 16$ 时，不宜采用网状配筋砖砌体构件；

2 对矩形截面构件，当轴向力偏心方向的截面边长大于另一方向的边长时，除按偏心受压计算外，还应对较小边长方向按轴心受压进行验算；

3 当网状配筋砖砌体构件下端与无筋砌体交接时，尚应验算交接处无筋砌体的局部受压承载力。

8.1.2 网状配筋砖砌体（图 8.1.2）受压构件的承载力，应按下列公式计算：

$$N \leqslant \varphi_n f_n A \qquad (8.1.2\text{-}1)$$

$$f_n = f + 2\left(1 - \frac{2e}{y}\right)\rho f_y \qquad (8.1.2\text{-}2)$$

$$\rho = \frac{(a+b)A_s}{abs_n} \qquad (8.1.2\text{-}3)$$

式中：N——轴向力设计值；

φ_n——高厚比和配筋率以及轴向力的偏心距对网状配筋砖砌体受压构件承载力的影响系数，可按附录 D.0.2 的规定采用；

f_n——网状配筋砖砌体的抗压强度设计值；

A——截面面积；

e——轴向力的偏心距；

y——自截面重心至轴向力所在偏心方向截面边缘的距离；

ρ——体积配筋率；

f_y——钢筋的抗拉强度设计值，当 f_y 大于 320MPa 时，仍采用 320MPa；

a、b——钢筋网的网格尺寸；

A_s——钢筋的截面面积；

s_n——钢筋网的竖向间距。

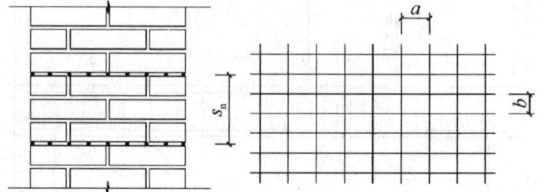

图 8.1.2 网状配筋砖砌体

8.1.3 网状配筋砖砌体构件的构造应符合下列规定：

1 网状配筋砖砌体中的体积配筋率，不应小于 0.1%，并不应大于 1%；

2 采用钢筋网时，钢筋的直径宜采用 3mm ～4mm；

3 钢筋网中钢筋的间距，不应大于 120mm，并不应小于 30mm；

4 钢筋网的间距，不应大于五皮砖，并不应大于 400mm；

5 网状配筋砖砌体所用的砂浆强度等级不应低于 M7.5；钢筋网应设置在砌体的水平灰缝中，灰缝厚度应保证钢筋上下至少各有 2mm 厚的砂浆层。

8.2 组合砖砌体构件

Ⅰ 砖砌体和钢筋混凝土面层或钢筋砂浆面层的组合砌体构件

8.2.1 当轴向力的偏心距超过本规范第 5.1.5 条规定的限值时，宜采用砖砌体和钢筋混凝土面层或钢筋砂浆面层组成的组合砖砌体构件（图 8.2.1）。

8.2.2 对于砖墙与组合砌体一同砌筑的 T 形截面构件（图 8.2.1b），其承载力和高厚比可按矩形截面组合砌体构件计算（图 8.2.1c）。

8.2.3 组合砖砌体轴心受压构件的承载力，应按下式计算：

$$N \leqslant \varphi_{com}(fA + f_c A_c + \eta_s f'_y A'_s) \qquad (8.2.3)$$

式中：φ_{com}——组合砖砌体构件的稳定系数，可按表 8.2.3 采用；

A——砖砌体的截面面积；

f_c——混凝土或面层水泥砂浆的轴心抗压强

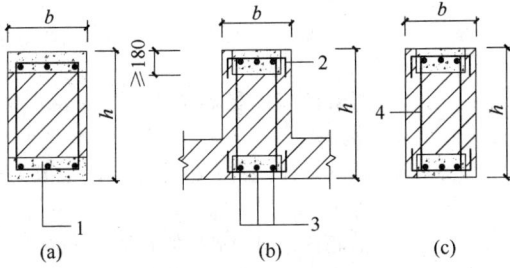

图 8.2.1 组合砖砌体构件截面

1—混凝土或砂浆；2—拉结钢筋；3—纵向钢筋；4—箍筋

度设计值，砂浆的轴心抗压强度设计值可取为同强度等级混凝土的轴心抗压强度设计值的 70%，当砂浆为 M15 时，取 5.0MPa；当砂浆为 M10 时，取 3.4MPa；当砂浆强度为 M7.5 时，取 2.5MPa；

A_c ——混凝土或砂浆面层的截面面积；

η_s ——受压钢筋的强度系数，当为混凝土面层时，可取 1.0；当为砂浆面层时可取 0.9；

f'_y ——钢筋的抗压强度设计值；

A'_s ——受压钢筋的截面面积。

表 8.2.3 组合砖砌体构件的稳定系数 φ_{com}

高厚比	配筋率 ρ（%）					
β	0	0.2	0.4	0.6	0.8	$\geqslant 1.0$
8	0.91	0.93	0.95	0.97	0.99	1.00
10	0.87	0.90	0.92	0.94	0.96	0.98
12	0.82	0.85	0.88	0.91	0.93	0.95
14	0.77	0.80	0.83	0.86	0.89	0.92
16	0.72	0.75	0.78	0.81	0.84	0.87
18	0.67	0.70	0.73	0.76	0.79	0.81
20	0.62	0.65	0.68	0.71	0.73	0.75
22	0.58	0.61	0.64	0.66	0.68	0.70
24	0.54	0.57	0.59	0.61	0.63	0.65
26	0.50	0.52	0.54	0.56	0.58	0.60
28	0.46	0.48	0.50	0.52	0.54	0.56

注：组合砖砌体构件截面的配筋率 $\rho = A'_s / bh$。

8.2.4 组合砖砌体偏心受压构件的承载力，应按下列公式计算：

$$N \leqslant fA' + f_cA'_c + \eta_s f'_y A'_s - \sigma_s A_s$$

$$(8.2.4-1)$$

或

$$Ne_N \leqslant fS_s + f_cS_{c,s} + \eta_s f'_y A'_s (h_0 - a'_s)$$

$$(8.2.4-2)$$

此时受压区的高度 x 可按下列公式确定：

$$fS_N + f_cS_{c,N} + \eta_s f'_y A'_s e'_N - \sigma_s A_s e_N = 0$$

$$(8.2.4-3)$$

$$e_N = e + e_a + (h/2 - a_s) \quad (8.2.4-4)$$

$$e'_N = e + e_a - (h/2 - a'_s) \quad (8.2.4-5)$$

$$e_a = \frac{\beta^2 h}{2200}(1 - 0.022\beta) \quad (8.2.4-6)$$

式中：A' ——砖砌体受压部分的面积；

A'_c ——混凝土或砂浆面层受压部分的面积；

σ_s ——钢筋 A_s 的应力；

A_s ——距轴向力 N 较远侧钢筋的截面面积；

S_s ——砖砌体受压部分的面积对钢筋 A_s 重心的面积矩；

$S_{c,s}$ ——混凝土或砂浆面层受压部分的面积对钢筋 A_s 重心的面积矩；

S_N ——砖砌体受压部分的面积对轴向力 N 作用点的面积矩；

$S_{c,N}$ ——混凝土或砂浆面层受压部分的面积对轴向力 N 作用点的面积矩；

e_N、e'_N ——分别为钢筋 A_s 和 A'_s 重心至轴向力 N 作用点的距离（图 8.2.4）；

e ——轴向力的初始偏心距，按荷载设计值计算，当 e 小于 $0.05h$ 时，应取 e 等于 $0.05h$；

e_a ——组合砖砌体构件在轴向力作用下的附加偏心距；

h_0 ——组合砖砌体构件截面的有效高度，取 $h_0 = h - a_s$；

a_s、a'_s ——分别为钢筋 A_s 和 A'_s 重心至截面较近边的距离。

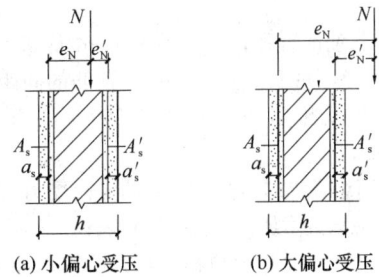

图 8.2.4 组合砖砌体偏心受压构件

(a) 小偏心受压 　 (b) 大偏心受压

8.2.5 组合砖砌体钢筋 A_s 的应力 σ_s（单位为 MPa，正值为拉应力，负值为压应力）应按下列规定计算：

1 当为小偏心受压，即 $\xi > \xi_b$ 时，

$$\sigma_s = 650 - 800\xi \quad (8.2.5-1)$$

2 当为大偏心受压，即 $\xi \leqslant \xi_b$ 时，

$$\sigma_s = f_y \quad (8.2.5-2)$$

$$\xi = x/h_0 \quad (8.2.5-3)$$

式中：σ_s ——钢筋的应力，当 $\sigma_s > f_y$ 时，取 $\sigma_s = f_y$；

当 $\sigma_s < f'_y$ 时，取 $\sigma_s = f_y$；

ξ——组合砖砌体构件截面的相对受压区高度；

f_y——钢筋的抗拉强度设计值。

3 组合砖砌体构件受压区相对高度的界限值 ξ_b，对于 HRB400 级钢筋，应取 0.36；对于 HRB335 级钢筋，应取 0.44；对于 HPB300 级钢筋，应取 0.47。

8.2.6 组合砖砌体构件的构造应符合下列规定：

1 面层混凝土强度等级宜采用 C20。面层水泥砂浆强度等级不宜低于 M10。砌筑砂浆的强度等级不宜低于 M7.5；

2 砂浆面层的厚度，可采用 30mm～45mm。当面层厚度大于 45mm 时，其面层宜采用混凝土；

3 竖向受力钢筋宜采用 HPB300 级钢筋，对于混凝土面层，亦可采用 HRB335 级钢筋。受压钢筋一侧的配筋率，对砂浆面层，不宜小于 0.1%，对混凝土面层，不宜小于 0.2%。受拉钢筋的配筋率，不应小于 0.1%。竖向受力钢筋的直径，不应小于 8mm，钢筋的净间距，不应小于 30mm；

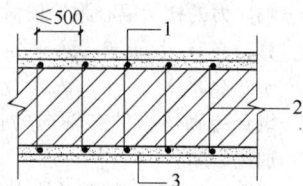

图 8.2.6　混凝土或砂浆

面层组合墙

1—竖向受力钢筋；2—拉结钢筋；

3—水平分布钢筋

4 箍筋的直径，不宜小于 4mm 及 0.2 倍的受压钢筋直径，并不宜大于 6mm。箍筋的间距，不应大于 20 倍受压钢筋的直径及 500mm，并不应小于 120mm；

5 当组合砖砌体构件一侧的竖向受力钢筋多于 4 根时，应设置附加箍筋或拉结钢筋；

6 对于截面长短边相差较大的构件如墙体等，应采用穿通墙体的拉结钢筋作为箍筋，同时设置水平分布钢筋。水平分布钢筋的竖向间距及拉结钢筋的水平间距，均不应大于 500mm（图 8.2.6）；

7 组合砖砌体构件的顶部和底部，以及牛腿部位，必须设置钢筋混凝土垫块。竖向受力钢筋伸入垫块的长度，必须满足锚固要求。

Ⅱ　砖砌体和钢筋混凝土构造柱组合墙

8.2.7 砖砌体和钢筋混凝土构造柱组合墙（图 8.2.7）的轴心受压承载力，应按下列公式计算：

$$N \leqslant \varphi_{com}[fA + \eta(f_cA_c + f'_yA'_s)]$$

(8.2.7-1)

$$\eta = \left[\frac{1}{\dfrac{l}{b_c} - 3}\right]^{\frac{1}{4}}$$

(8.2.7-2)

式中：φ_{com}——组合砖墙的稳定系数，可按表 8.2.3 采用；

η——强度系数，当 l/b_c 小于 4 时，取 l/b_c 等于 4；

l——沿墙长方向构造柱的间距；

b_c——沿墙长方向构造柱的宽度；

A——扣除孔洞和构造柱的砖砌体截面面积；

A_c——构造柱的截面面积。

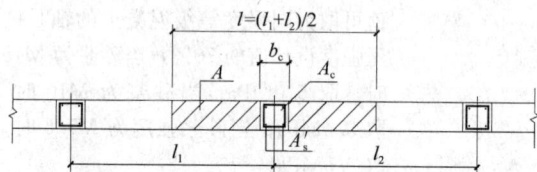

图 8.2.7　砖砌体和构造柱组合墙截面

8.2.8 砖砌体和钢筋混凝土构造柱组合墙，平面外的偏心受压承载力，可按下列规定计算：

1 构件的弯矩或偏心距可按本规范第 4.2.5 条规定的方法确定；

2 可按本规范第 8.2.4 条和 8.2.5 条的规定确定构造柱纵向钢筋，但截面宽度应改为构造柱间距 l；大偏心受压时，可不计受压区构造柱混凝土和钢筋的作用，构造柱的计算配筋不应小于第 8.2.9 条规定的要求。

8.2.9 组合砖墙的材料和构造应符合下列规定：

1 砂浆的强度等级不应低于 M5，构造柱的混凝土强度等级不宜低于 C20；

2 构造柱的截面尺寸不宜小于 240mm×240mm，其厚度不应小于墙厚，边柱、角柱的截面宽度宜适当加大。柱内竖向受力钢筋，对于中柱，钢筋数量不宜少于 4 根、直径不宜小于 12mm；对于边柱、角柱，钢筋数量不宜少于 4 根、直径不宜小于 14mm。构造柱的竖向受力钢筋的直径也不宜大于 16mm。其箍筋，一般部位宜采用直径 6mm、间距 200mm，楼层上下 500mm 范围内宜采用直径 6mm、间距 100mm。构造柱的竖向受力钢筋应在基础梁和楼层圈梁中锚固，并应符合受拉钢筋的锚固要求；

3 组合砖墙砌体结构房屋，应在纵横墙交接处、墙端部和较大洞口的洞边设置构造柱，其间距不宜大于 4m。各层洞口宜设置在相应位置，并宜上下对齐；

4 组合砖墙砌体结构房屋应在基础顶面、有组合墙的楼层处设置现浇钢筋混凝土圈梁。圈梁的截面高度不宜小于 240mm；纵向钢筋数量不宜少于 4 根、直径不宜小于 12mm，纵向钢筋应伸入构造柱内，并应符合受拉钢筋的锚固要求；圈梁的箍筋直径宜采用

6mm、间距 200mm；

5 砖砌体与构造柱的连接处应砌成马牙槎，并应沿墙高每隔 500mm 设 2 根直径 6mm 的拉结钢筋，且每边伸入墙内不宜小于 600mm；

6 构造柱可不单独设置基础，但应伸入室外地坪下 500mm，或与埋深小于 500mm 的基础梁相连；

7 组合砖墙的施工顺序应为先砌墙后浇混凝土构造柱。

9 配筋砌块砌体构件

9.1 一般规定

9.1.1 配筋砌块砌体结构的内力与位移，可按弹性方法计算。各构件应根据结构分析所得的内力，分别按轴心受压、偏心受压或偏心受拉构件进行正截面承载力和斜截面承载力计算，并应根据结构分析所得的位移进行变形验算。

9.1.2 配筋砌块砌体剪力墙，宜采用全部灌芯砌体。

9.2 正截面受压承载力计算

9.2.1 配筋砌块砌体构件正截面承载力，应按下列基本假定进行计算：

1 截面应变分布保持平面；

2 竖向钢筋与其毗邻的砌体、灌孔混凝土的应变相同；

3 不考虑砌体、灌孔混凝土的抗拉强度；

4 根据材料选择砌体、灌孔混凝土的极限压应变：当轴心受压时不应大于 0.002；偏心受压时的极限压应变不应大于 0.003；

5 根据材料选择钢筋的极限拉应变，且不应大于 0.01；

6 纵向受拉钢筋屈服与受压区砌体破坏同时发生时的相对界限受压区的高度，应按下式计算：

$$\xi_b = \frac{0.8}{1 + \frac{f_y}{0.003E_s}} \quad (9.2.1)$$

式中：ξ_b——相对界限受压区高度 ξ_b 为界限受压区高度与截面有效高度的比值；

f_y——钢筋的抗拉强度设计值；

E_s——钢筋的弹性模量。

7 大偏心受压时受拉钢筋考虑在 $h_0 - 1.5x$ 范围内屈服并参与工作。

9.2.2 轴心受压配筋砌块砌体构件，当配有箍筋或水平分布钢筋时，其正截面受压承载力应按下列公式计算：

$$N \leqslant \varphi_{0g}(f_g A + 0.8 f'_y A'_s) \quad (9.2.2\text{-}1)$$

$$\varphi_{0g} = \frac{1}{1 + 0.001\beta^2} \quad (9.2.2\text{-}2)$$

式中：N——轴向力设计值；

f_g——灌孔砌体的抗压强度设计值，应按第 3.2.1 条采用；

f'_y——钢筋的抗压强度设计值；

A——构件的截面面积；

A'_s——全部竖向钢筋的截面面积；

φ_{0g}——轴心受压构件的稳定系数；

β——构件的高厚比。

注：1 无箍筋或水平分布钢筋时，仍应按式（9.2.2）计算，但应取 $f'_y A'_s = 0$；

2 配筋砌块砌体构件的计算高度 H_0 可取层高。

9.2.3 配筋砌块砌体构件，当竖向钢筋仅配在中间时，其平面外偏心受压承载力可按本规范式（5.1.1）进行计算，但应采用灌孔砌体的抗压强度设计值。

9.2.4 矩形截面偏心受压配筋砌块砌体构件正截面承载力计算，应符合下列规定：

1 相对界限受压区高度的取值，对 HPB300 级钢筋取 ξ_b 等于 0.57，对 HRB335 级钢筋取 ξ_b 等于 0.55，对 HRB400 级钢筋取 ξ_b 等于 0.52；当截面受压区高度 x 小于等于 $\xi_b h_0$ 时，按大偏心受压计算；当 x 大于 $\xi_b h_0$ 时，按为小偏心受压计算。

2 大偏心受压时应按下列公式计算（图 9.2.4）：

$$N \leqslant f_g bx + f'_y A'_s - f_y A_s - \sum f_{si} A_{si} \quad (9.2.4\text{-}1)$$

$$Ne_N \leqslant f_g bx(h_0 - x/2) + f'_y A'_s(h_0 - a'_s) - \sum f_{si} S_{si} \quad (9.2.4\text{-}2)$$

式中：N——轴向力设计值；

f_g——灌孔砌体的抗压强度设计值；

f_y、f'_y——竖向受拉、压主筋的强度设计值；

b——截面宽度；

f_{si}——竖向分布钢筋的抗拉强度设计值；

A_s、A'_s——竖向受拉、压主筋的截面面积；

A_{si}——单根竖向分布钢筋的截面面积；

S_{si}——第 i 根竖向分布钢筋对竖向受拉主筋的面积矩；

e_N——轴向力作用点到竖向受拉主筋合力点之间的距离，可按第 8.2.4 条的规定计算；

a'_s——受压区纵向钢筋合力点至截面受压区边缘的距离，对 T 形、L 形、工形截面当翼缘受压时取 100mm，其他情况取 300mm；

a_s——受拉区纵向钢筋合力点至截面受拉区边缘的距离，对 T 形、L 形、工形截面当翼缘受压时取 300mm，其他情况取 100mm。

3 当大偏心受压计算的受压区高度 x 小于 $2a'_s$ 时，其正截面承载力可按下式进行计算：

$$Ne'_N \leqslant f_y A_s(h_0 - a'_s) \quad (9.2.4\text{-}3)$$

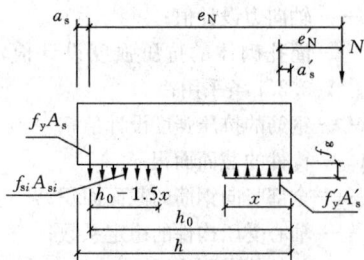

(a) 大偏心受压

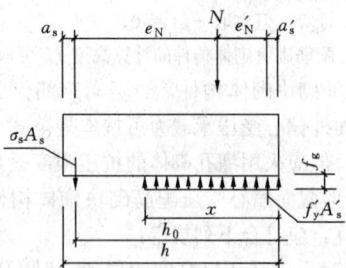

(b) 小偏心受压

图 9.2.4 矩形截面偏心受压正截面
承载力计算简图

式中：e'_N——轴向力作用点至竖向受压主筋合力点之间的距离，可按本规范第 8.2.4 条的规定计算。

4 小偏心受压时，应按下列公式计算（图 9.2.4）：

$$N \leqslant f_g bx + f'_y A'_s - \sigma_s A_s \quad (9.2.4-4)$$

$$Ne_N \leqslant f_g bx(h_0 - x/2) + f'_y A'_s(h_0 - a'_s) \quad (9.2.4-5)$$

$$\sigma_s = \frac{f_y}{\xi_b - 0.8}\left(\frac{x}{h_0} - 0.8\right) \quad (9.2.4-6)$$

注：当受压区竖向受压主筋无箍筋或无水平钢筋约束时，可不考虑竖向受压主筋的作用，即取 $f'_y A'_s = 0$。

5 矩形截面对称配筋砌块砌体小偏心受压时，也可近似按下列公式计算钢筋截面面积：

$$A_s = A'_s = \frac{Ne_N - \xi(1 - 0.5\xi)f_g bh_0^2}{f'_y(h_0 - a'_s)} \quad (9.2.4-7)$$

$$\xi = \frac{x}{h_0} = \frac{N - \xi_b f_g bh_0}{\dfrac{Ne_N - 0.43 f_g bh_0^2}{(0.8 - \xi_b)(h_0 - a'_s)} + f_g bh_0} + \xi_b \quad (9.2.4-8)$$

注：小偏心受压计算中未考虑竖向分布钢筋的作用。

9.2.5 T 形、L 形、工形截面偏心受压构件，当翼缘和腹板的相交处采用错缝搭接砌筑和同时设置中距不大于 1.2m 的水平配筋带（截面高度大于等于 60mm，钢筋不少于 2φ12 时），可考虑翼缘的共同工作，翼缘的计算宽度应按表 9.2.5 中的最小值采用，其正截面受压承载力应按下列规定计算：

1 当受压区高度 x 小于等于 h'_f 时，应按宽度为 b'_f 的矩形截面计算；

2 当受压区高度 x 大于 h'_f 时，则应考虑腹板的受压作用，应按下列公式计算：

1）当为大偏心受压时，

$$N \leqslant f_g[bx + (b'_f - b)h'_f] + f'_y A'_s - f_y A_s - \sum f_{si} A_{si} \quad (9.2.5-1)$$

$$Ne_N \leqslant f_g[bx(h_0 - x/2) + (b'_f - b)h'_f(h_0 - h'_f/2)] + f'_y A'_s(h_0 - a'_s) - \sum f_{si} S_{si} \quad (9.2.5-2)$$

2）当为小偏心受压时，

$$N \leqslant f_g[bx + (b'_f - b)h'_f] + f'_y A'_s - \sigma_s A_s \quad (9.2.5-3)$$

$$Ne_N \leqslant f_g[bx(h_0 - x/2) + (b'_f - b)h'_f(h_0 - h'_f/2)] + f'_y A'_s(h_0 - a'_s) \quad (9.2.5-4)$$

式中：b'_f——T 形、L 形、工形截面受压区的翼缘计算宽度；

h'_f——T 形、L 形、工形截面受压区的翼缘厚度。

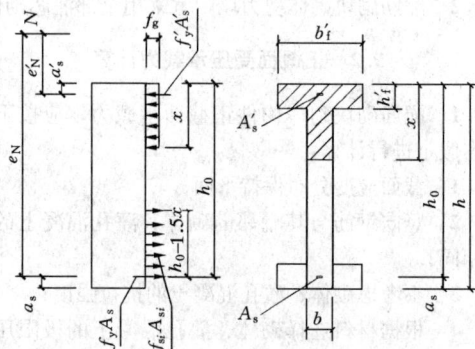

图 9.2.5 T 形截面偏心受压构件
正截面承载力计算简图

表 9.2.5 T 形、L 形、工形截面偏心受压构件翼缘计算宽度 b'_f

考虑情况	T、工形截面	L 形截面
按构件计算高度 H_0 考虑	$H_0/3$	$H_0/6$
按腹板间距 L 考虑	L	$L/2$
按翼缘厚度 h'_f 考虑	$b + 12h'_f$	$b + 6h'_f$
按翼缘的实际宽度 b'_f 考虑	b'_f	b'_f

9.3 斜截面受剪承载力计算

9.3.1 偏心受压和偏心受拉配筋砌块砌体剪力墙，其斜截面受剪承载力应根据下列情况进行计算：

1 剪力墙的截面，应满足下式要求：

$$V \leqslant 0.25 f_g bh_0 \quad (9.3.1-1)$$

式中：V——剪力墙的剪力设计值；

b——剪力墙截面宽度或 T 形、倒 L 形截面腹板宽度；

h_0——剪力墙截面的有效高度。

2 剪力墙在偏心受压时的斜截面受剪承载力，

应按下列公式计算：

$$V \leqslant \frac{1}{\lambda - 0.5}\left(0.6 f_{vg} b h_0 + 0.12 N \frac{A_w}{A}\right) + 0.9 f_{yh}\frac{A_{sh}}{s} h_0$$
(9.3.1-2)

$$\lambda = M / V h_0 \tag{9.3.1-3}$$

式中：f_{vg}——灌孔砌体的抗剪强度设计值，应按第3.2.2条的规定采用；

M、N、V——计算截面的弯矩、轴向力和剪力设计值，当 N 大于 $0.25 f_g b h$ 时取 $N = 0.25 f_g b h$；

A——剪力墙的截面面积，其中翼缘的有效面积，可按表9.2.5的规定确定；

A_w——T 形或倒 L 形截面腹板的截面面积，对矩形截面取 A_w 等于 A；

λ——计算截面的剪跨比，当 λ 小于 1.5 时取 1.5，当 λ 大于或等于 2.2 时取 2.2；

h_0——剪力墙截面的有效高度；

A_{sh}——配置在同一截面内的水平分布钢筋或网片的全部截面面积；

s——水平分布钢筋的竖向间距；

f_{yh}——水平钢筋的抗拉强度设计值。

3 剪力墙在偏心受拉时的斜截面受剪承载力应按下列公式计算：

$$V \leqslant \frac{1}{\lambda - 0.5}\left(0.6 f_{vg} b h_0 - 0.22 N \frac{A_w}{A}\right) + 0.9 f_{yh}\frac{A_{sh}}{s} h_0$$
(9.3.1-4)

9.3.2 配筋砌块砌体剪力墙连梁的斜截面受剪承载力，应符合下列规定：

1 当连梁采用钢筋混凝土时，连梁的承载力应按现行国家标准《混凝土结构设计规范》GB 50010 的有关规定进行计算；

2 当连梁采用配筋砌块砌体时，应符合下列规定：

1）连梁的截面，应符合下列规定：

$$V_b \leqslant 0.25 f_g b h_0 \tag{9.3.2-1}$$

2）连梁的斜截面受剪承载力应按下列公式计算：

$$V_b \leqslant 0.8 f_{vg} b h_0 + f_{yv}\frac{A_{sv}}{s} h_0 \tag{9.3.2-2}$$

式中：V_b——连梁的剪力设计值；

b——连梁的截面宽度；

h_0——连梁的截面有效高度；

A_{sv}——配置在同一截面内箍筋各肢的全部截面面积；

f_{yv}——箍筋的抗拉强度设计值；

s——沿构件长度方向箍筋的间距。

注：连梁的正截面受弯承载力应按现行国家标准《混凝土结构设计规范》GB 50010 受弯构件的有关规定进行计算，当采用配筋砌块砌体时，应采用其相应的计算参数和指标。

9.4 配筋砌块砌体剪力墙构造规定

Ⅰ 钢 筋

9.4.1 钢筋的选择应符合下列规定：

1 钢筋的直径不宜大于 25mm，当设置在灰缝中时不应小于 4mm，在其他部位不应小于 10mm；

2 配置在孔洞或空腔中的钢筋面积不应大于孔洞或空腔面积的 6%。

9.4.2 钢筋的设置，应符合下列规定：

1 设置在灰缝中钢筋的直径不宜大于灰缝厚度的 1/2；

2 两平行的水平钢筋间的净距不应小于 50mm；

3 柱和壁柱中的竖向钢筋的净距不宜小于 40mm（包括接头处钢筋间的净距）。

9.4.3 钢筋在灌孔混凝土中的锚固，应符合下列规定：

1 当计算中充分利用竖向受拉钢筋强度时，其锚固长度 l_a，对 HRB335 级钢筋不应小于 $30d$；对 HRB400 和 RRB400 级钢筋不应小于 $35d$；在任何情况下钢筋（包括钢筋网片）锚固长度不应小于 300mm；

2 竖向受拉钢筋不应在受拉区截断。如必须截断时，应延伸至按正截面受弯承载力计算不需要该钢筋的截面以外，延伸的长度不应小于 $20d$；

3 竖向受压钢筋在跨中截断时，必须伸至按计算不需要该钢筋的截面以外，延伸的长度不应小于 $20d$；对绑扎骨架中末端无弯钩的钢筋，不应小于 $25d$；

4 钢筋骨架中的受力光圆钢筋，应在钢筋末端作弯钩，在焊接骨架、焊接网以及轴心受压构件中，不作弯钩；绑扎骨架中的受力带肋钢筋，在钢筋的末端不做弯钩。

9.4.4 钢筋的直径大于 22mm 时宜采用机械连接接头，接头的质量应符合国家现行有关标准的规定；其他直径的钢筋可采用搭接接头，并应符合下列规定：

1 钢筋的接头位置宜设置在受力较小处；

2 受拉钢筋的搭接接头长度不应小于 $1.1 l_a$，受压钢筋的搭接接头长度不应小于 $0.7 l_a$，且不应小于 300mm；

3 当相邻接头钢筋的间距不大于 75mm 时，其搭接长度应为 $1.2 l_a$。当钢筋间的接头错开 $20d$ 时，搭接长度可不增加。

9.4.5 水平受力钢筋（网片）的锚固和搭接长度应符合下列规定：

1 在凹槽砌块混凝土带中钢筋的锚固长度不宜小于 $30d$，且其水平或垂直弯折段的长度不宜小于 $15d$ 和 200mm；钢筋的搭接长度不宜小于 $35d$；

2 在砌体水平灰缝中，钢筋的锚固长度不宜小于 50d，且其水平或垂直弯折段的长度不宜小于 20d 和 250mm；钢筋的搭接长度不宜小于 55d；

    3　在隔皮或错缝搭接的灰缝中为 55d＋2h，d 为灰缝受力钢筋的直径，h 为水平灰缝的间距。

Ⅱ　配筋砌块砌体剪力墙、连梁

9.4.6　配筋砌块砌体剪力墙、连梁的砌体材料强度等级应符合下列规定：

    1　砌块不应低于 MU10；

    2　砌筑砂浆不应低于 Mb7.5；

    3　灌孔混凝土不应低于 Cb20。

    注：对安全等级为一级或设计使用年限大于 50a 的配筋砌块砌体房屋，所用材料的最低强度等级应至少提高一级。

9.4.7　配筋砌块砌体剪力墙厚度、连梁截面宽度不应小于 190mm。

9.4.8　配筋砌块砌体剪力墙的构造配筋应符合下列规定：

    1　应在墙的转角、端部和孔洞的两侧配置竖向连续的钢筋，钢筋直径不应小于 **12mm**；

    2　应在洞口的底部和顶部设置不小于 2ϕ10 的水平钢筋，其伸入墙内的长度不应小于 40d 和 600mm；

    3　应在楼（屋）盖的所有纵横墙处设置现浇钢筋混凝土圈梁，圈梁的宽度和高度应等于墙厚和块高，圈梁主筋不应少于 4ϕ10，圈梁的混凝土强度等级不应低于同层混凝土块体强度等级的 2 倍，或该层灌孔混凝土的强度等级，也不应低于 C20；

    4　剪力墙其他部位的竖向和水平钢筋的间距不应大于墙长、墙高的 1/3，也不应大于 **900mm**；

    5　剪力墙沿竖向和水平方向的构造钢筋配筋率均不应小于 **0.07%**。

9.4.9　按壁式框架设计的配筋砌块砌体窗间墙除应符合本规范第 9.4.6 条～9.4.8 条规定外，尚应符合下列规定：

    1　窗间墙的截面应符合下列要求规定：

        1）墙宽不应小于 800mm；

        2）墙净高与墙宽之比不宜大于 5。

    2　窗间墙中的竖向钢筋应符合下列规定：

        1）每片窗间墙中沿全高不应少于 4 根钢筋；

        2）沿墙的全截面配置足够的抗弯钢筋；

        3）窗间墙的竖向钢筋的配筋率不宜小于 0.2%，也不宜大于 0.8%。

    3　窗间墙中的水平分布钢筋应符合下列规定：

        1）水平分布钢筋应在墙端部纵筋处向下弯折射 90°，弯折段长度不小于 15d 和 150mm；

        2）水平分布钢筋的间距：在距墙边 1 倍墙宽范围内不应大于 1/4 墙宽，其余部位不应大于 1/2 墙宽；

        3）水平分布钢筋的配筋率不宜小于 0.15%。

9.4.10　配筋砌块砌体剪力墙，应按下列情况设置边

缘构件：

    1　当利用剪力墙端部的砌体受力时，应符合下列规定：

        1）应在一字墙的端部至少 3 倍墙厚范围内的孔中设置不小于 ϕ12 通长竖向钢筋；

        2）应在 L、T 或＋字形墙交接处 3 或 4 个孔中设置不小于 ϕ12 通长竖向钢筋；

        3）当剪力墙的轴压比大于 0.6f_g 时，除按上述规定设置竖向钢筋外，尚应设置间距不大于 200mm、直径不小于 6mm 的钢箍。

    2　当在剪力墙墙端设置混凝土柱作为边缘构件时，应符合下列规定：

        1）柱的截面宽度宜不小于墙厚，柱的截面高度宜为 1～2 倍的墙厚，并不应小于 200mm；

        2）柱的混凝土强度等级不宜低于该墙体块体强度等级的 2 倍，或不低于该墙体灌孔混凝土的强度等级，也不应低于 Cb20；

        3）柱的竖向钢筋不宜小于 4ϕ12，箍筋不宜小于 ϕ6、间距不宜大于 200mm；

        4）墙体中的水平钢筋应在柱中锚固，并应满足钢筋的锚固要求；

        5）柱的施工顺序宜为先砌砌块墙体，后浇捣混凝土。

9.4.11　配筋砌块砌体剪力墙中当连梁采用钢筋混凝土时，连梁混凝土的强度等级不宜低于同层墙体块体强度等级的 2 倍，或同层墙体灌孔混凝土的强度等级，也不应低于 C20；其他构造尚应符合现行国家标准《混凝土结构设计规范》GB 50010 的有关规定。

9.4.12　配筋砌块砌体剪力墙中当连梁采用配筋砌块砌体时，连梁应符合下列规定：

    1　连梁的截面应符合下列规定：

        1）连梁的高度不应小于两皮砌块的高度和 400mm；

        2）连梁应采用 H 型砌块或凹槽砌块组砌，孔洞应全部浇灌混凝土。

    2　连梁的水平钢筋宜符合下列规定：

        1）连梁上、下水平受力钢筋宜对称、通长设置，在灌孔砌体内的锚固长度不宜小于 40d 和 600mm；

        2）连梁水平受力钢筋的含钢率不宜小于 0.2%，也不宜大于 0.8%。

    3　连梁的箍筋应符合下列规定：

        1）箍筋的直径不应小于 6mm；

        2）箍筋的间距不宜大于 1/2 梁高和 600mm；

        3）在距支座等于梁高范围内的箍筋间距不应大于 1/4 梁高，距支座表面第一根箍筋的间距不应大于 100mm；

        4）箍筋的面积配筋率不宜小于 0.15%；

5）箍筋宜为封闭式，双肢箍末端弯钩为135°；单肢箍末端的弯钩为180°，或弯90°加12倍箍筋直径的延长段。

Ⅲ 配筋砌块砌体柱

9.4.13 配筋砌块砌体柱（图9.4.13）除应符合本规范第9.4.6条的要求外，尚应符合下列规定：

1 柱截面边长不宜小于400mm，柱高度与截面短边之比不宜大于30；

2 柱的竖向受力钢筋的直径不宜小于12mm，数量不应少于4根，全部竖向受力钢筋的配筋率不宜小于0.2%；

3 柱中箍筋的设置应根据下列情况确定：

1）当纵向钢筋的配筋率大于0.25%，且柱承受的轴向力大于受压承载力设计值的25%时，柱应设箍筋；当配筋率小于等于0.25%时，或柱承受的轴向力小于受压承载力设计值的25%时，柱中可不设置箍筋；

2）箍筋直径不宜小于6mm；

3）箍筋的间距不应大于16倍的纵向钢筋直径、48倍箍筋直径及柱截面短边尺寸中较小者；

4）箍筋应封闭，端部应弯钩或绕纵筋水平弯折90°，弯折段长度不小于10d；

5）箍筋应设置在灰缝或灌孔混凝土中。

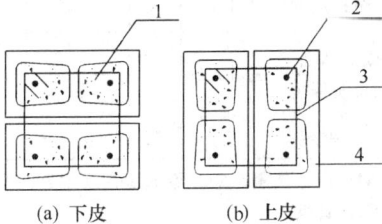

图9.4.13 配筋砌块砌体柱截面示意
1—灌孔混凝土；2—钢筋；3—箍筋；4—砌块

10 砌体结构构件抗震设计

10.1 一般规定

10.1.1 抗震设防地区的普通砖（包括烧结普通砖、蒸压灰砂普通砖、蒸压粉煤灰普通砖、混凝土普通砖）、多孔砖（包括烧结多孔砖、混凝土多孔砖）和混凝土砌块等砌体承重的多层房屋，底层或底部两层框架-抗震墙砌体房屋，配筋砌块砌体抗震墙房屋，除应符合本规范第1章至第9章的要求外，尚应按本章规定进行抗震设计，同时尚应符合现行国家标准《建筑抗震设计规范》GB 50011、《墙体材料应用统一技术规范》GB 50574的有关规定。甲类设防建筑不宜采用砌体结构，当需采用时，应进行专门研究并采取高于本章规定的抗震措施。

注：本章中"配筋砌块砌体抗震墙"指全部灌芯配筋砌块砌体。

10.1.2 本章适用的多层砌体结构房屋的总层数和总高度，应符合下列规定：

1 房屋的层数和总高度不应超过表10.1.2的规定；

表10.1.2 多层砌体房屋的层数和总高度限值（m）

房屋类别		最小墙厚度(mm)	设防烈度和设计基本地震加速度													
			6		7				8				9			
			0.05g		0.10g		0.15g		0.20g		0.30g		0.40g			
			高度	层数	高度	层数	高度	层数	高度	层数	高度	层数	高度	层数		
多层砌体房屋	普通砖	240	21	7	21	7	21	7	18	6	15	5	12	4		
	多孔砖	240	21	7	21	7	18	6	18	6	15	5	9	3		
	多孔砖	190	21	7	21	7	18	6	15	5	12	4	—	—		
	混凝土砌块	190	21	7	21	7	18	6	18	6	15	5	9	3		
底部框架-抗震墙砌体房屋	普通砖多孔砖	240	22	7	22	7	19	6	16	5	—	—	—	—		
	多孔砖	190	22	7	19	6	16	5	13	4	—	—	—	—		
	混凝土砌块	190	22	7	22	7	19	6	16	5	—	—	—	—		

注：**1** 房屋的总高度指室外地面到主要屋面板板顶或檐口的高度，半地下室从地下室室内地面算起，全地下室和嵌固条件好的半地下室应允许从室外地面算起；对带阁楼的坡屋面应算到山尖墙的1/2高度处；

2 室内外高差大于0.6m时，房屋总高度应允许比表中的数据适当增加，但增加量应少于1.0m；

3 乙类的多层砌体房屋仍按本地区设防烈度查表，其层数应减少一层且总高度应降低3m；不应采用底部框架-抗震墙砌体房屋。

2 各层横墙较少的多层砌体房屋，总高度应比表10.1.2中的规定降低3m，层数相应减少一层；各层横墙很少的多层砌体房屋，还应再减少一层；

注：横墙较少是指同一楼层内开间大于4.2m的房间占该层总面积的40%以上；其中，开间不大于4.2m的房间占该层总面积不到20%且开间大于4.8m的房间占该层总面积的50%以上为横墙很少。

3 抗震设防烈度为6、7度时，横墙较少的丙类多层砌体房屋，当按现行国家标准《建筑抗震设计规范》GB 50011规定采取加强措施并满足抗震承载力要求时，其高度和层数应允许仍按表10.1.2中的规定采用；

4 采用蒸压灰砂普通砖和蒸压粉煤灰普通砖的砌体房屋，当砌体的抗剪强度仅达到普通黏土砖砌体的70%时，房屋的层数应比普通砖房屋减少一层，总高度应减少3m；当砌体的抗剪强度达到普通黏土砖砌体的取值时，房屋层数和总高度的要求同普通砖房屋。

10.1.3 本章适用的配筋砌块砌体抗震墙结构和部分框支抗震墙结构房屋最大高度应符合表10.1.3的规定。

表10.1.3 配筋砌块砌体抗震墙房屋适用的最大高度（m）

结构类型 最小墙厚（mm）		设防烈度和设计基本地震加速度					
		6度	7度		8度		9度
		0.05g	0.10g	0.15g	0.20g	0.30g	0.40g
配筋砌块砌体抗震墙	190mm	60	55	45	40	30	24
部分框支抗震墙		55	49	40	31	24	—

注：1 房屋高度指室外地面到主要屋面板板顶的高度（不包括局部突出屋顶部分）；

2 某层或几层开间大于6.0m以上的房间建筑面积占相应层建筑面积40%以上时，表中数据相应减少6m；

3 部分框支抗震墙结构指首层或底部两层为框支层的结构，不包括仅个别框支墙的情况；

4 房屋的高度超过表内高度时，应根据专门研究，采取有效的加强措施。

10.1.4 砌体结构房屋的层高，应符合下列规定：

1 多层砌体结构房屋的层高，应符合下列规定：

1）多层砌体结构房屋的层高，不应超过3.6m；

注：当使用功能确有需要时，采用约束砌体等加强措施的普通砖房屋，层高不应超过3.9m。

2）底部框架-抗震墙砌体房屋的底部，层高不应超过4.5m；当底层采用约束砌体抗震墙时，底层的层高不应超过4.2m。

2 配筋混凝土空心砌块抗震墙房屋的层高，应符合下列规定：

1）底部加强部位（不小于房屋高度的1/6且不小于底部二层的高度范围）的层高（房屋总高度小于21m时取一层），一、二级不宜大于3.2m，三、四级不应大于3.9m；

2）其他部位的层高，一、二级不应大于3.9m，三、四级不应大于4.8m。

10.1.5 考虑地震作用组合的砌体结构构件，其截面承载力应除以承载力抗震调整系数 γ_{RE}，承载力抗震调整系数应按表10.1.5采用。当仅计算竖向地震作用时，各类结构构件承载力抗震调整系数均应采用1.0。

表10.1.5 承载力抗震调整系数

结构构件类别	受力状态	γ_{RE}
两端均设有构造柱、芯柱的砌体抗震墙	受剪	0.9
组合砖墙	偏压、大偏拉和受剪	0.9
配筋砌块砌体抗震墙	偏压、大偏拉和受剪	0.85
自承重墙	受剪	1.0
其他砌体	受剪和受压	1.0

10.1.6 配筋砌块砌体抗震墙结构房屋抗震设计时，结构抗震等级应根据设防烈度和房屋高度按表10.1.6采用。

表10.1.6 配筋砌块砌体抗震墙结构房屋的抗震等级

结构类型		设防烈度						
		6		7		8		9
配筋砌块砌体抗震墙	高度（m）	≤24	>24	≤24	>24	≤24	>24	≤24
	抗震墙	四	三	三	二	二	一	一
部分框支抗震墙	非底部加强部位抗震墙	四	三	三	二	二	一	不应采用
	底部加强部位抗震墙	三	二	二	一	一	特一	
	框支框架	二	二	一	一	特一	特一	

注：1 对于四级抗震等级，除本章有规定外，均按非抗震设计采用；

2 接近或等于高度分界时，可结合房屋不规则程度及场地、地基条件确定抗震等级。

10.1.7 结构抗震设计时，地震作用应按现行国家标准《建筑抗震设计规范》GB 50011 的规定计算。结构的截面抗震验算，应符合下列规定：

1 抗震设防烈度为6度时，规则的砌体结构房屋构件，应允许不进行抗震验算，但应有符合现行国家标准《建筑抗震设计规范》GB 50011 和本章规定的抗震措施；

2 抗震设防烈度为7度和7度以上的建筑结构，应进行多遇地震作用下的截面抗震验算。6度时，下列多层砌体结构房屋的构件，应进行多遇地震作用下的截面抗震验算：

1）平面不规则的建筑；

2）总层数超过三层的底部框架-抗震墙砌体房屋；

3）外廊式和单面走廊式底部框架-抗震墙砌体房屋；

4）托梁等转换构件。

10.1.8 配筋砌块砌体抗震墙结构应进行多遇地震作用下的抗震变形验算，其楼层内最大的层间弹性位移角不宜超过 1/1000。

10.1.9 底部框架-抗震墙砌体房屋的钢筋混凝土结构部分，除应符合本章规定外，尚应符合现行国家标准《建筑抗震设计规范》GB 50011—2010 第 6 章的有关要求；此时，底部钢筋混凝土框架的抗震等级，6、7、8 度时应分别按三、二、一级采用；底部钢筋混凝土抗震墙和配筋砌块砌体抗震墙的抗震等级，6、7、8 度时应分别按三、三、二级采用。多层砌体房屋局部有上部砌体墙不能连续贯通落地时，托梁、柱的抗震等级，6、7、8 度时应分别按三、三、二级采用。

10.1.10 配筋砌块砌体短肢抗震墙及一般抗震墙设置，应符合下列规定：

1 抗震墙宜沿主轴方向双向布置，各向结构刚度、承载力宜均匀分布。高层建筑不宜采用全部为短肢墙的配筋砌块砌体抗震墙结构，应形成短肢抗震墙与一般抗震墙共同抵抗水平地震作用的抗震墙结构。9 度时不宜采用短肢墙。

2 纵横方向的抗震墙宜拉通对齐；较长的抗震墙可采用楼板或弱连梁分为若干个独立的墙段，每个独立墙段的总高度与长度之比不宜小于 2，墙肢的截面高度也不宜大于 8m；

3 抗震墙的门窗洞口宜上下对齐，成列布置；

4 一般抗震墙承受的第一振型底部地震倾覆力矩不应小于结构总倾覆力矩的 50%，且两个主轴方向，短肢抗震墙截面面积与同一层所有抗震墙截面面积比例不宜大于 20%；

5 短肢抗震墙宜设翼缘。一字形短肢墙平面外不宜布置与之单侧相交的楼面梁。

6 短肢墙的抗震等级应比表 10.1.6 的规定提高一级采用；已为一级时，配筋应按 9 度的要求提高；

7 配筋砌块砌体抗震墙的墙肢截面高度不宜小于墙肢截面宽度的 5 倍。

注：短肢抗震墙是指墙肢截面高度与宽度之比为 5～8 的抗震墙，一般抗震墙是指墙肢截面高度与宽度之比大于 8 的抗震墙。L 形，T 形，十形等多肢墙截面的长短肢性质应由较长一肢确定。

10.1.11 部分框支配筋砌块砌体抗震墙房屋的结构布置，应符合下列规定：

1 上部的配筋砌块砌体抗震墙与框支层落地抗震墙或框架应对齐或基本对齐；

2 框支层应沿纵横两方向设置一定数量的抗震墙，并均匀布置或基本均匀布置。框支层抗震墙可采用配筋砌块砌体抗震墙或钢筋混凝土抗震墙，但在同一层内不应混用；

3 矩形平面的部分框支配筋砌块砌体抗震墙房屋结构的楼层侧向刚度比和底层框架部分承担的地震倾覆力矩，应符合现行国家标准《建筑抗震设计规范》GB 50011—2010 第 6.1.9 条的有关要求。

10.1.12 结构材料性能指标，应符合下列规定：

1 砌体材料应符合下列规定：

1）普通砖和多孔砖的强度等级不应低于 MU10，其砌筑砂浆强度等级不应低于 M5；蒸压灰砂普通砖、蒸压粉煤灰普通砖及混凝土砖的强度等级不应低于 MU15，其砌筑砂浆强度等级不应低于 Ms5（Mb5）；

2）混凝土砌块的强度等级不应低于 MU7.5，其砌筑砂浆强度等级不应低于 Mb7.5；

3）约束砖砌体墙，其砌筑砂浆强度等级不应低于 M10 或 Mb10；

4）配筋砌块砌体抗震墙，其混凝土空心砌块的强度等级不应低于 MU10，其砌筑砂浆强度等级不应低于 Mb10。

2 混凝土材料，应符合下列规定：

1）托梁，底部框架-抗震墙砌体房屋中的框架梁、框架柱、节点核芯区、混凝土墙和过渡层底板，部分框支配筋砌块砌体抗震墙结构中的框支梁和框支柱等转换构件、节点核芯区、落地混凝土墙和转换层楼板，其混凝土的强度等级不应低于 C30；

2）构造柱、圈梁、水平现浇钢筋混凝土带及其他各类构件不应低于 C20，砌块砌体芯柱和配筋砌块砌体抗震墙的灌孔混凝土强度等级不应低于 Cb20。

3 钢筋材料应符合下列规定：

1）钢筋宜选用 HRB400 级钢筋和 HRB335 级钢筋，也可采用 HPB300 级钢筋；

2）托梁、框架梁、框架柱等混凝土构件和落地混凝土墙，其普通受力钢筋宜优先选用 HRB400 钢筋。

10.1.13 考虑地震作用组合的配筋砌体结构构件，其配置的受力钢筋的锚固和接头，除应符合本规范第 9 章的要求外，尚应符合下列规定：

1 纵向受拉钢筋的最小锚固长度 l_{ae}，抗震等级为一、二级时，l_{ae} 取 $1.15l_a$，抗震等级为三级时，l_{ae} 取 $1.05l_a$，抗震等级为四级时，l_{ae} 取 $1.0l_a$，l_a 为受拉钢筋的锚固长度，按第 9.4.3 条的规定确定。

2 钢筋搭接接头，对一、二级抗震等级不小于 $1.2l_a + 5d$；对三、四级不小于 $1.2l_a$。

3 配筋砌块砌体剪力墙的水平分布钢筋沿墙长应连续设置，两端的锚固应符合下列规定：

1）一、二级抗震等级剪力墙，水平分布钢筋可绕主筋弯 180°弯钩,弯钩端部直段长度不宜小于 12d;水平分布钢筋亦可弯入端部灌孔混凝土中,锚固长度不应小于 30d,且不应小于 250mm;

2)三、四级剪力墙,水平分布钢筋可弯入端部灌孔混凝土中,锚固长度不应小于 20d,且不应小于 200mm;

3)当采用焊接网片作为剪力墙水平钢筋时,应在钢筋网片的弯折端部加焊两根直径与抗剪钢筋相同的横向钢筋,弯入灌孔混凝土的长度不应小于 150mm。

10.1.14 砌体结构构件进行抗震设计时,房屋的结构体系、高宽比、抗震横墙的间距、局部尺寸的限值、防震缝的设置及结构构造措施等,除满足本章规定外,尚应符合现行国家标准《建筑抗震设计规范》GB 50011 的有关规定。

10.2 砖砌体构件

Ⅰ 承载力计算

10.2.1 普通砖、多孔砖砌体沿阶梯形截面破坏的抗震抗剪强度设计值,应按下式确定:

$$f_{vE} = \zeta_N f_v \qquad (10.2.1)$$

式中:f_{vE}——砌体沿阶梯形截面破坏的抗震抗剪强度设计值;

f_v——非抗震设计的砌体抗剪强度设计值;

ζ_N——砖砌体抗震抗剪强度的正应力影响系数,应按表 10.2.1 采用。

表 10.2.1 砖砌体强度的正应力影响系数

砌体类别	σ_0/f_v						
	0.0	1.0	3.0	5.0	7.0	10.0	12.0
普通砖、多孔砖	0.80	0.99	1.25	1.47	1.65	1.90	2.05

注:σ_0 为对应于重力荷载代表值的砌体截面平均压应力。

10.2.2 普通砖、多孔砖墙体的截面抗震受剪承载力,应按下列公式验算:

1 一般情况下,应按下式验算:

$$V \leqslant f_{vE} A / \gamma_{RE} \qquad (10.2.2-1)$$

式中:V——考虑地震作用组合的墙体剪力设计值;

f_{vE}——砖砌体沿阶梯形截面破坏的抗震抗剪强度设计值;

A——墙体横截面面积;

γ_{RE}——承载力抗震调整系数,应按表 10.1.5 采用。

2 采用水平配筋的墙体,应按下式验算:

$$V \leqslant \frac{1}{\gamma_{RE}}(f_{vE} A + \zeta_s f_{yh} A_{sh}) \qquad (10.2.2-2)$$

式中:ζ_s——钢筋参与工作系数,可按表 10.2.2 采用;

f_{yh}——墙体水平纵向钢筋的抗拉强度设计值;

A_{sh}——层间墙体竖向截面的总水平纵向钢筋面积,其配筋率不应小于 0.07% 且不大于 0.17%。

表 10.2.2 钢筋参与工作系数(ζ_s)

墙体高宽比	0.4	0.6	0.8	1.0	1.2
ζ_s	0.10	0.12	0.14	0.15	0.12

3 墙段中部基本均匀的设置构造柱,且构造柱的截面不小于 240mm×240mm(当墙厚 190mm 时,亦可采用 240mm×190mm),构造柱间距不大于 4m 时,可计入墙段中部构造柱对墙体受剪承载力的提高作用,并按下式进行验算:

$$V \leqslant \frac{1}{\gamma_{RE}}\left[\eta_c f_{vE}(A - A_c) + \zeta_c f_t A_c + 0.08 f_{yc} A_{sc} + \zeta_s f_{yh} A_{sh}\right]$$

$$(10.2.2-3)$$

式中:A_c——中部构造柱的横截面面积(对横墙和内纵墙,$A_c > 0.15A$ 时,取 0.15A;对外纵墙,$A_c > 0.25A$ 时,取 0.25A);

f_t——中部构造柱的混凝土轴心抗拉强度设计值;

A_{sc}——中部构造柱的纵向钢筋截面总面积,配筋率不应小于 0.6%,大于 1.4% 时取 1.4%;

f_{yh}、f_{yc}——分别为墙体水平钢筋、构造柱纵向钢筋的抗拉强度设计值;

ζ_c——中部构造柱参与工作系数,居中设一根时取 0.5,多于一根时取 0.4;

η_c——墙体约束修正系数,一般情况取 1.0,构造柱间距不大于 3.0m 时取 1.1;

A_{sh}——层间墙体竖向截面的总水平纵向钢筋面积,其配筋率不应小于 0.07% 且不大于 0.17%,水平纵向钢筋配筋率小于 0.07% 时取 0。

10.2.3 无筋砖砌体墙的截面抗震受压承载力,按第 5 章计算的截面非抗震受压承载力除以承载力抗震调整系数进行计算;网状配筋砖墙、组合砖墙的截面抗震受压承载力,按第 8 章计算的截面非抗震受压承载力除以承载力抗震调整系数进行计算。

Ⅱ 构造措施

10.2.4 各类砖砌体房屋的现浇钢筋混凝土构造柱(以下简称构造柱),其设置应符合现行国家标准《建筑抗震设计规范》GB 50011 的有关规定,并应符合下列规定：

1 构造柱设置部位应符合表10.2.4的规定；

2 外廊式和单面走廊式的房屋，应根据房屋增加一层的层数，按表10.2.4的要求设置构造柱，且单面走廊两侧的纵墙均应按外墙处理；

3 横墙较少的房屋，应根据房屋增加一层的层数，按表10.2.4的要求设置构造柱。当横墙较少的房屋为外廊式或单面走廊式时，应按本条2款要求设置构造柱；但6度不超过四层、7度不超过三层和8度不超过二层时应按增加二层的层数对待；

4 各层横墙很少的房屋，应按增加二层的层数设置构造柱；

5 采用蒸压灰砂普通砖和蒸压粉煤灰普通砖的砌体房屋，当砌体的抗剪强度仅达到普通黏土砖砌体的70％时（普通砂浆砌筑），应根据增加一层的层数按本条1～4款要求设置构造柱；但6度不超过四层、7度不超过三层和8度不超过二层时应按增加二层的层数对待；

6 有错层的多层房屋，在错层部位应设置墙，其与其他墙交接处应设置构造柱；在错层部位的错层楼板位置应设置现浇钢筋混凝土圈梁；当房屋层数不低于四层时，底部1/4楼层处错层部位墙中部的构造柱间距不宜大于2m。

表10.2.4 砖砌体房屋构造柱设置要求

房 屋 层 数				设 置 部 位	
6度	7度	8度	9度		
≤五	≤四	≤三		楼、电梯间四角，楼梯斜梯段上下端对应的墙体处；	隔12m或单元横墙与外纵墙交接处；楼梯间对应的另一侧内横墙与外纵墙交接处
六	五	四	二	外墙四角和对应转角；错层部位横墙与外纵墙交接处；山墙与内纵墙交接处	隔开间横墙（轴线）与外墙交接处；山墙与内纵墙交接处
七	六、七	五、六	三、四	内墙（轴线）与外墙交接处；内墙的局部较小墙垛处；较大洞口两侧	内纵墙与横墙（轴线）交接处

注：1 较大洞口，内墙指不小于2.1m的洞口；外墙在内外墙交接处已设置构造柱时允许适当放宽，但洞侧墙体应加强；

　　2 当按本条第2～5款规定确定的层数超出表10.2.4范围时，构造柱设置要求不应低于表中相应烈度的最高要求且宜适当提高。

10.2.5 多层砖砌体房屋的构造柱应符合下列构造规定：

1 构造柱的最小截面可为180mm×240mm（墙厚190mm时为180mm×190mm）；构造柱纵向钢筋宜采用4φ12，箍筋直径可采用6mm，间距不宜大于250mm，且在柱上、下端适当加密；当6、7度超过六层、8度超过五层和9度时，构造柱纵向钢筋宜采用4φ14，箍筋间距不应大于200mm；房屋四角的构造柱应适当加大截面及配筋；

2 构造柱与墙连接处应砌成马牙槎，沿墙高每隔500mm设2φ6水平钢筋和φ4分布短筋平面内点焊组成的拉结网片或φ4点焊钢筋网片，每边伸入墙内不宜小于1m。6、7度时，底部1/3楼层，8度时底部1/2楼层，9度时全部楼层，上述拉结钢筋网片应沿墙体水平通长设置；

3 构造柱与圈梁连接处，构造柱的纵筋应在圈梁纵筋内侧穿过，保证构造柱纵筋上下贯通；

4 构造柱可不单独设置基础，但应伸入室外地面下500mm，或与埋深小于500mm的基础圈梁相连；

5 房屋高度和层数接近本规范表10.1.2的限值时，纵、横墙内构造柱间距尚应符合下列规定：

　　1）横墙内的构造柱间距不宜大于层高的二倍；下部1/3楼层的构造柱间距适当减小；

　　2）当外纵墙开间大于3.9m时，应另设加强措施。内纵墙的构造柱间距不宜大于4.2m。

10.2.6 约束普通砖墙的构造，应符合下列规定：

1 墙段两端设有符合现行国家标准《建筑抗震设计规范》GB 50011要求的构造柱，且墙肢两端及中部构造柱的间距不大于层高或3.0m，较大洞口两侧应设置构造柱；构造柱最小截面尺寸不宜小于240mm×240mm（墙厚190mm时为240mm×190mm），边柱和角柱的截面宜适当加大；构造柱的纵筋和箍筋设置宜符合表10.2.6的要求。

2 墙体在楼、屋盖标高处均设置满足现行国家标准《建筑抗震设计规范》GB 50011要求的圈梁，上部各楼层处圈梁截面高度不宜小于150mm；圈梁纵向钢筋应采用强度等级不低于HRB335的钢筋，6、7度时不小于4φ10，8度时不小于4φ12，9度时不小于4φ14；箍筋不小于φ6。

表10.2.6 构造柱的纵筋和箍筋设置要求

位置	纵向钢筋			箍筋		
	最大配筋率（％）	最小配筋率（％）	最小直径（mm）	加密区范围（mm）	加密区间距（mm）	最小直径（mm）
角柱	1.8	0.8	14	全高	100	6
边柱			14	上端700		
中柱	1.4	0.6	12	下端500		

10.2.7 房屋的楼、屋盖与承重墙构件的连接，应符合下列规定：

1 钢筋混凝土预制楼板在梁、承重墙上必须具有足够的搁置长度。当圈梁未设在板的同一标高时，板端的搁置长度，在外墙上不应小于 120mm，在内墙上，不应小于 100mm，在梁上不应小于 80mm，当采用硬架支模连接时，搁置长度允许不满足上述要求；

2 当圈梁设在板的同一标高时，钢筋混凝土预制楼板端头应伸出钢筋，与墙体的圈梁相连接。当圈梁设在板底时，房屋端部大房间的楼盖，6 度时房屋的屋盖和 7～9 度时房屋的楼、屋盖，钢筋混凝土预制板应相互拉结，并应与梁、墙或圈梁拉结；

3 当板的跨度大于 4.8m 并与外墙平行时，靠外墙的预制板侧边应与墙或圈梁拉结；

4 钢筋混凝土预制楼板侧边之间应留有不小于 20mm 的空隙，相邻跨预制楼板板缝宜贯通，当板缝宽度不小于 50mm 时应配置板缝钢筋；

5 装配整体式钢筋混凝土楼、屋盖，应在预制板叠合层上双向配置通长的水平钢筋，预制板应与后浇的叠合层有可靠的连接。现浇板和现浇叠合层应跨越承重内墙或梁，伸入外墙内长度应不小于 120mm 和 1/2 墙厚；

6 现浇或装配整体式钢筋混凝土楼、屋盖与墙体有可靠连接的房屋，应允许不另设圈梁，但楼板沿抗震墙体周边均应加强配筋并应与相应的构造柱钢筋可靠连接。

10.3 混凝土砌块砌体构件

Ⅰ 承载力计算

10.3.1 混凝土砌块砌体沿阶梯形截面破坏的抗震抗剪强度设计值，应按下式计算：

$$f_{vE} = \zeta_N f_v \qquad (10.3.1)$$

式中：f_{vE}——砌体沿阶梯形截面破坏的抗震抗剪强度设计值；

f_v——非抗震设计的砌体抗剪强度设计值；

ζ_N——砌块砌体抗震抗剪强度的正应力影响系数，应按表 10.3.1 采用。

表 10.3.1　砌块砌体抗震抗剪强度的正应力影响系数

砌体类别	σ_0/f_v						
	1.0	3.0	5.0	7.0	10.0	12.0	≥16.0
混凝土砌块	1.23	1.69	2.15	2.57	3.02	3.32	3.92

注：σ_0 为对应于重力荷载代表值的砌体截面平均压应力。

10.3.2 设置构造柱和芯柱的混凝土砌块墙体的截面抗震受剪承载力，可按下式验算：

$$V \leqslant \frac{1}{\gamma_{RE}}[f_{vE}A + (0.3f_{t1}A_{c1} + 0.3f_{t2}A_{c2}$$
$$+ 0.05f_{y1}A_{s1} + 0.05f_{y2}A_{s2})\zeta_c] \qquad (10.3.2)$$

式中：f_{t1}——芯柱混凝土轴心抗拉强度设计值；

f_{t2}——构造柱混凝土轴心抗拉强度设计值；

A_{c1}——墙中部芯柱截面总面积；

A_{c2}——墙中部构造柱截面总面积，$A_{c2} = bh$；

A_{s1}——芯柱钢筋截面总面积；

A_{s2}——构造柱钢筋截面总面积；

f_{y1}——芯柱钢筋抗拉强度设计值；

f_{y2}——构造柱钢筋抗拉强度设计值；

ζ_c——芯柱和构造柱参与工作系数，可按表 10.3.2 采用。

表 10.3.2　芯柱和构造柱参与工作系数

灌孔率 ρ	$\rho < 0.15$	$0.15 \leqslant \rho < 0.25$	$0.25 \leqslant \rho < 0.5$	$\rho \geqslant 0.5$
ζ_c	0	1.0	1.10	1.15

注：灌孔率指芯柱根数（含构造柱和填实孔洞数量）与孔洞总数之比。

10.3.3 无筋混凝土砌块砌体抗震墙的截面抗震受压承载力，应按本规范第 5 章计算的截面非抗震受压承载力除以承载力抗震调整系数进行计算。

Ⅱ 构造措施

10.3.4 混凝土砌块房屋应按表 10.3.4 的要求设置钢筋混凝土芯柱。对外廊式和单面走廊式的房屋、横墙较少的房屋、各层横墙很少的房屋，尚应分别按本规范第 10.2.4 条第 2、3、4 款关于增加层数的对应要求，按表 10.3.4 的要求设置芯柱。

表 10.3.4　混凝土砌块房屋芯柱设置要求

房屋层数				设置部位	设置数量
6度	7度	8度	9度		
≤五	≤四	≤三		外墙四角和对应转角；楼、电梯间四角；楼梯斜梯段上下端对应的墙体处；大房间内外墙交接处；错层部位横墙与外纵墙交接处；隔12m或单元横墙与外纵墙交接处	外墙转角，灌实3个孔；内外墙交接处，灌实4个孔；楼梯斜段上下端对应的墙体处，灌实2个孔
六	五	四	一	同上；隔开间横墙（轴线）与外纵墙交接处	
七	六	五	二	同上；各内墙（轴线）与外纵墙交接处；内纵墙与横墙（轴线）交接处和洞口两侧	外墙转角，灌实5个孔；内外墙交接处，灌实4个孔；内墙交接处，灌实4～5个孔；洞口两侧各灌实1个孔

房屋层数				设　置　部　位	设置数量
6度	7度	8度	9度		
	七	六	三	同上； 横墙内芯柱间距不宜大于 2m	外墙转角，灌实7个孔； 内外墙交接处，灌实5个孔； 内墙交接处，灌实4～5个孔； 洞口两侧各灌实1个孔

注：1　外墙转角、内外墙交接处、楼电梯间四角等部位，应允许采用钢筋混凝土构造柱替代部分芯柱。

2　当按 10.2.4 条第 2～4 款规定确定的层数超出表 10.3.4 范围，芯柱设置要求不应低于表中相应烈度的最高要求且宜适当提高。

10.3.5 混凝土砌块房屋混凝土芯柱，尚应满足下列要求：

　　1　混凝土砌块砌体墙纵横墙交接处、墙段两端和较大洞口两侧宜设置不少于单孔的芯柱；

　　2　有错层的多层房屋，错层部位应设置墙，墙中部的钢筋混凝土芯柱间距宜适当加密，在错层部位纵横墙交接处宜设置不少于 4 孔的芯柱；在错层部位的错层楼板位置尚应设置现浇钢筋混凝土圈梁；

　　3　为提高墙体抗震受剪承载力而设置的芯柱，宜在墙体内均匀布置，最大间距不宜大于 2.0m。当房屋层数或高度等于或接近表 10.1.2 中限值时，纵、横墙内芯柱间距尚应符合下列要求：

　　　　1）底部 1/3 楼层横墙中部的芯柱间距，7、8 度时不宜大于 1.5m；9 度时不宜大于 1.0m；

　　　　2）当外纵墙开间大于 3.9m 时，应另设加强措施。

10.3.6 梁支座处墙内宜设置芯柱，芯柱灌实孔数不少于 3 个。当 8、9 度房屋采用大跨梁或井字梁时，宜在梁支座处墙内设置构造柱；并应考虑梁端弯矩对墙体和构造柱的影响。

10.3.7 混凝土砌块砌体房屋的圈梁，除应符合现行国家标准《建筑抗震设计规范》GB 50011 要求外，尚应符合下述构造要求：

　　圈梁的截面宽度宜取墙宽且不应小于 190mm，配筋宜符合表 10.3.7 的要求，箍筋直径不小于 φ6；基础圈梁的截面宽度宜取墙宽，截面高度不应小于 200mm，纵筋不应少于 4φ14。

表 10.3.7　混凝土砌块砌体房屋圈梁配筋要求

配　筋	烈　度		
	6、7	8	9
最小纵筋	4φ10	4φ12	4φ14
箍筋最大间距（mm）	250	200	150

10.3.8 楼梯间墙体构件除按规定设置构造柱或芯柱外，尚应通过墙体配筋增强其抗震能力，墙体应沿墙高每隔 400mm 水平通长设置 φ4 点焊拉结钢筋网片；楼梯间墙体中部的芯柱间距，6 度时不宜大于 2m；7、8 度时不宜大于 1.5m；9 度时不宜大于 1.0m；房屋层数或高度等于或接近表 10.1.2 中限值时，底部 1/3 楼层芯柱间距适当减小。

10.3.9 混凝土砌块房屋的其他抗震构造措施，尚应符合本规范第 10.2 节和现行国家标准《建筑抗震设计规范》GB 50011 有关要求。

10.4　底部框架-抗震墙砌体房屋抗震构件

Ⅰ　承载力计算

10.4.1 底部框架-抗震墙砌体房屋中的钢筋混凝土抗震构件的截面抗震承载力应按国家现行标准《混凝土结构设计规范》GB 50010 和《建筑抗震设计规范》GB 50011 的规定计算。配筋砌块砌体抗震墙的截面抗震承载力应按本规范第 10.5 节的规定计算。

10.4.2 底部框架-抗震墙砌体房屋中，计算由地震剪力引起的柱端弯矩时，底层柱的反弯点高度比可取 0.55。

10.4.3 底部框架-抗震墙砌体房屋中，底部框架、托梁和抗震墙组合的内力设计值尚应按下列要求进行调整：

　　1　柱的最上端和最下端组合的弯矩设计值应乘以增大系数，一、二、三级的增大系数应分别按 1.5、1.25 和 1.15 采用。

　　2　底部框架梁或托梁尚应按现行国家标准《建筑抗震设计规范》GB 50011—2010 第 6 章的相关规定进行内力调整。

　　3　抗震墙墙肢不应出现小偏心受拉。

10.4.4 底层框架-抗震墙砌体房屋中嵌砌于框架之间的砌体抗震墙，应符合本规范第 10.4.8 条的构造要求，其抗震验算应符合下列规定：

　　1　底部框架柱的轴向力和剪力，应计入砌体墙引起的附加轴向力和附加剪力，其值可按下列公式确定：

$$N_f = V_w H_f / l \tag{10.4.4-1}$$
$$V_f = V_w \tag{10.4.4-2}$$

式中：N_f——框架柱的附加轴压力设计值；

　　　　V_w——墙体承担的剪力设计值，柱两侧有墙时可取二者的较大值；

　　　　H_f、l——分别为框架的层高和跨度；

　　　　V_f——框架柱的附加剪力设计值。

　　2　嵌砌于框架之间的砌体抗震墙及两端框架柱，其抗震受剪承载力应按下式验算：

$$V \leqslant \frac{1}{\gamma_{REc}} \sum (M_{yc}^u + M_{yc}^l)/H_0 + \frac{1}{\gamma_{REw}} \sum f_{vE} A_{w0}$$

$$\tag{10.4.4-3}$$

式中：V——嵌砌砌体墙及两端框架柱剪力设计值；

γ_{REc}——底层框架柱承载力抗震调整系数，可采用 0.8；

M_{yc}^{t}、M_{yc}^{f}——分别为底层框架柱上下端的正截面受弯承载力设计值，可按现行国家标准《混凝土结构设计规范》GB 50010 非抗震设计的有关公式取等号计算；

H_0——底层框架柱的计算高度，两侧均有砌体墙时取柱净高的 2/3，其余情况取柱净高；

γ_{REw}——嵌砌砌体抗震墙承载力抗震调整系数，可采用 0.9；

A_{w0}——砌体墙水平截面的计算面积，无洞口时取实际截面的 1.25 倍，有洞口时取截面净面积，但不计入宽度小于洞口高度 1/4 的墙肢截面面积。

10.4.5 由重力荷载代表值产生的框支墙梁托梁内力应按本规范第 7.3 节的有关规定计算。重力荷载代表值应按现行国家标准《建筑抗震设计规范》GB 50011 的有关规定计算。但托梁弯矩系数 α_M、剪力系数 β_V 应予增大；当抗震等级为一级时，增大系数取为 1.15；当为二级时，取为 1.10；当为三级时，取为 1.05；当为四级时，取为 1.0。

Ⅱ 构造措施

10.4.6 底部框架-抗震墙砌体房屋中底部抗震墙的厚度和数量，应由房屋的竖向刚度分布来确定。当采用约束普通砖墙时其厚度不得小于 240mm；配筋砌块砌体抗震墙厚度，不应小于 190mm；钢筋混凝土抗震墙厚度，不宜小于 160mm；且均不宜小于层高或无支长度的 1/20。

10.4.7 底部框架-抗震墙砌体房屋的底部采用钢筋混凝土抗震墙或配筋砌块砌体抗震墙时，其截面和构造应符合现行国家标准《建筑抗震设计规范》GB 50011 的有关规定。配筋砌块砌体抗震墙尚应符合下列规定：

1 墙体的水平分布钢筋应采用双排布置；

2 墙体的分布钢筋和边缘构件，除应满足承载力要求外，可根据墙体抗震等级，按 10.5 节关于底部加强部位配筋砌块砌体抗震墙的分布钢筋和边缘构件的规定设置。

10.4.8 6 度设防的底层框架-抗震墙房屋的底层采用约束普通砖墙时，其构造除应同时满足 10.2.6 要求外，尚应符合下列规定：

1 墙长大于 4m 时和洞口两侧，应在墙内增设钢筋混凝土构造柱。构造柱的纵向钢筋不宜少于 4φ14；

2 沿墙高每隔 300mm 设置 2φ8 水平钢筋与 φ4 分布短筋平面内点焊组成的通长拉结网片，并锚入框架柱内；

3 在墙体半高附近尚应设置与框架柱相连的钢筋混凝土水平系梁，系梁截面宽度不应小于墙厚，截面高度不应小于 120mm，纵筋不应小于 4φ12，箍筋直径不应小于 φ6，箍筋间距不应大于 200mm。

10.4.9 底部框架-抗震墙砌体房屋的框架柱和钢筋混凝土托梁，其截面和构造除应符合现行国家标准《建筑抗震设计规范》GB 50011 的有关要求外，尚应符合下列规定：

1 托梁的截面宽度不应小于 300mm，截面高度不应小于跨度的 1/10，当墙体在梁端附近有洞口时，梁截面高度不宜小于跨度的 1/8；

2 托梁上、下部纵向贯通钢筋最小配筋率，一级时不应小于 0.4%，二、三级时分别不应小于 0.3%；当托墙梁受力状态为偏心受拉时，支座上部纵向钢筋至少应有 50% 沿梁全长贯通，下部纵向钢筋应全部直通到柱内；

3 托梁箍筋的直径不应小于 10mm，间距不应大于 200mm；梁端在 1.5 倍梁高且不小于 1/5 净跨范围内，以及上部墙体的洞口处和洞口两侧各 500mm 且不小于梁高的范围内，箍筋间距不应大于 100mm；

4 托梁沿梁高每侧应设置不小于 1φ14 的通长腰筋，间距不应大于 200mm。

10.4.10 底部框架-抗震墙砌体房屋的上部墙体，对构造柱或芯柱的设置及其构造应符合多层砌体房屋的要求，同时应符合下列规定：

1 构造柱截面不宜小于 240mm×240mm（墙厚 190mm 时为 240mm×190mm），纵向钢筋不宜少于 4φ14，箍筋间距不宜大于 200mm；

2 芯柱每孔插筋不应小于 1φ14；芯柱间应沿墙高设置间距不大于 400mm 的 φ4 焊接水平钢筋片；

3 顶层的窗台标高处，宜沿纵横墙通长设置的水平现浇钢筋混凝土带；其截面高度不小于 60mm，宽度不小于墙厚，纵向钢筋不少于 2φ10，横向分布筋的直径不小于 6mm 且其间距不大于 200mm。

10.4.11 过渡层墙体的材料强度等级和构造要求，应符合下列规定：

1 过渡层砌体块材的强度等级不应低于 MU10，砖砌体砌筑砂浆强度的等级不应低于 M10，砌块砌体砌筑砂浆强度的等级不应低于 Mb10；

2 上部砌体墙的中心线宜同底部的托梁、抗震墙的中心线相重合。当过渡层砌体墙与底部框架梁、抗震墙不对齐时，应另设置托墙转换梁，并且应对底层和过渡层相关结构构件另外采取加强措施；

3 托梁上过渡层砌体墙的洞口不宜设置在框架柱或抗震墙边框柱的正上方；

4 过渡层应在底部框架柱、抗震墙边框柱、砌体抗震墙的构造柱或芯柱所对应处设置构造柱或芯柱，并宜上下贯通。过渡层墙体内的构造柱间距不宜大于层高；芯柱除按本规范第 10.3.4 条和 10.3.5 条规定外，砌块砌体墙体中部的芯柱宜均匀布置，最大间距不宜大于 1m；

构造柱截面不宜小于 240mm × 240mm（墙厚 190mm 时为 240mm × 190mm），其纵向钢筋，6、7 度时不宜少于 4φ16，8 度时不宜少于 4φ18。芯柱的纵向钢筋，6、7 度时不宜少于每孔 1φ16，8 度时不宜少于每孔 1φ18。一般情况下，纵向钢筋应锚入下部的框架柱或混凝土墙内；当纵向钢筋锚固在托墙梁内时，托墙梁的相应位置应加强；

5 过渡层的砌体墙，凡宽度不小于 1.2m 的门洞和 2.1m 的窗洞，洞口两侧宜增设截面不小于 120mm × 240mm（墙厚 190mm 时为 120mm × 190mm）的构造柱或单孔芯柱；

6 过渡层砖砌体墙，在相邻构造柱间应沿墙高每隔 360mm 设置 2φ6 通长水平钢筋与 φ4 分布短筋平面内点焊组成的拉结网片或 φ4 点焊钢筋网片；过渡层砌块砌体墙，在芯柱之间沿墙高应每隔 400mm 设置 φ4 通长水平点焊钢筋网片；

7 过渡层的砌体墙在窗台标高处，应设置沿纵横墙通长的水平现浇钢筋混凝土带。

10.4.12 底部框架-抗震墙砌体房屋的楼盖应符合下列规定：

1 过渡层的底板应采用现浇钢筋混凝土楼板，且板厚不应小于 120mm，并应采用双排双向配筋，配筋率分别不应小于 0.25%；应少开洞、开小洞，当洞口尺寸大于 800mm 时，洞口周边应设置边梁；

2 其他楼层，采用装配式钢筋混凝土楼板时均应设现浇圈梁，采用现浇钢筋混凝土楼板时则允许不另设圈梁，但楼板沿抗震墙体周边均应加强配筋并应与相应的构造柱、芯柱可靠连接。

10.4.13 底部框架-抗震墙砌体房屋的其他抗震构造措施，应符合本章其他各节和现行国家标准《建筑抗震设计规范》GB 50011 的有关要求。

10.5 配筋砌块砌体抗震墙

I 承载力计算

10.5.1 考虑地震作用组合的配筋砌块砌体抗震墙的正截面承载力应按本规范第 9 章的规定计算，但其抗力应除以承载力抗震调整系数。

10.5.2 配筋砌块砌体抗震墙承载力计算时，底部加强部位的截面组合剪力设计值 V_w，应按下列规定调整：

1 当抗震等级为一级时， $V_w = 1.6V$

$$(10.5.2-1)$$

2 当抗震等级为二级时， $V_w = 1.4V$

$$(10.5.2-2)$$

3 当抗震等级为三级时， $V_w = 1.2V$

$$(10.5.2-3)$$

4 当抗震等级为四级时， $V_w = 1.0V$

$$(10.5.2-4)$$

式中： V——考虑地震作用组合的抗震墙计算截面的剪力设计值。

10.5.3 配筋砌块砌体抗震墙的截面，应符合下列规定：

1 当剪跨比大于 2 时：

$$V_w \leqslant \frac{1}{\gamma_{RE}} 0.2 f_g b h_0 \quad (10.5.3-1)$$

2 当剪跨比小于或等于 2 时：

$$V_w \leqslant \frac{1}{\gamma_{RE}} 0.15 f_g b h_0 \quad (10.5.3-2)$$

10.5.4 偏心受压配筋砌块砌体抗震墙的斜截面受剪承载力，应按下列公式计算：

$$V_w \leqslant \frac{1}{\gamma_{RE}} \left[\frac{1}{\lambda - 0.5} \left(0.48 f_{vg} b h_0 + 0.10N \frac{A_w}{A} \right) + 0.72 f_{yh} \frac{A_{sh}}{s} h_0 \right] \quad (10.5.4-1)$$

$$\lambda = \frac{M}{V h_0} \quad (10.5.4-2)$$

式中： f_{vg}——灌孔砌块砌体的抗剪强度设计值，按本规范第 3.2.2 条的规定采用；

M——考虑地震作用组合的抗震墙计算截面的弯矩设计值；

N——考虑地震作用组合的抗震墙计算截面的轴向力设计值，当时 $N > 0.2 f_g b h$，取 $N = 0.2 f_g b h$；

A——抗震墙的截面面积，其中翼缘的有效面积，可按第 9.2.5 条的规定计算；

A_w——T 形或 I 字形截面抗震墙腹板的截面面积，对于矩形截面取 $A_w = A$；

λ——计算截面的剪跨比，当 $\lambda \leqslant 1.5$ 时，取 $\lambda = 1.5$；当 $\lambda \geqslant 2.2$ 时，取 $\lambda = 2.2$；

A_{sh}——配置在同一截面内的水平分布钢筋的全部截面面积；

f_{yh}——水平钢筋的抗拉强度设计值；

f_g——灌孔砌体的抗压强度设计值；

s——水平分布钢筋的竖向间距；

γ_{RE}——承载力抗震调整系数。

10.5.5 偏心受拉配筋砌块砌体抗震墙，其斜截面受剪承载力，应按下列公式计算：

$$V_w \leqslant \frac{1}{\gamma_{RE}} \left[\frac{1}{\lambda - 0.5} \left(0.48 f_{vg} b h_0 - 0.17N \frac{A_w}{A} \right) + 0.72 f_{yh} \frac{A_{sh}}{s} h_0 \right] \quad (10.5.5)$$

注：当 $0.48 f_{vg} b h_0 - 0.17N \frac{A_w}{A} < 0$ 时，取 $0.48 f_{vg} b h_0 - 0.17N \frac{A_w}{A} = 0$。

10.5.6 配筋砌块砌体抗震墙跨高比大于2.5的连梁应采用钢筋混凝土连梁，其截面组合的剪力设计值和斜截面承载力，应符合现行国家标准《混凝土结构设计规范》GB 50010对连梁的有关规定；跨高比小于或等于2.5的连梁可采用配筋砌块砌体连梁，采用配筋砌块砌体连梁时，应采用相应的计算参数和指标；连梁的正截面承载力应除以相应的承载力抗震调整系数。

10.5.7 配筋砌块砌体抗震墙连梁的剪力设计值，抗震等级一、二、三级时应按下式调整，四级时可不调整：

$$V_b = \eta_v \frac{M_b^l + M_b^r}{l_n} + V_{Gb} \quad (10.5.7)$$

式中：V_b——连梁的剪力设计值；

η_v——剪力增大系数，一级时取1.3；二级时取1.2；三级时取1.1；

M_b^l、M_b^r——分别为梁左、右端考虑地震作用组合的弯矩设计值；

V_{Gb}——在重力荷载代表值作用下，按简支梁计算的截面剪力设计值；

l_n——连梁净跨。

10.5.8 抗震墙采用配筋混凝土砌块砌体连梁时，应符合下列规定：

1 连梁的截面应满足下式的要求：

$$V_b \leqslant \frac{1}{\gamma_{RE}} (0.15 f_g b h_0) \quad (10.5.8-1)$$

2 连梁的斜截面受剪承载力应按下式计算：

$$V_b = \frac{1}{\gamma_{RE}} \left(0.56 f_{vg} b h_0 + 0.7 f_{yv} \frac{A_{sv}}{s} h_0 \right)$$
$$(10.5.8-2)$$

式中：A_{sv}——配置在同一截面内的箍筋各肢的全部截面面积；

f_{yv}——箍筋的抗拉强度设计值。

Ⅱ 构 造 措 施

10.5.9 配筋砌块砌体抗震墙的水平和竖向分布钢筋应符合下列规定，抗震墙底部加强区的高度不小于房屋高度的1/6，且不小于房屋底部两层的高度。

1 抗震墙水平分布钢筋的配筋构造应符合表10.5.9-1的规定：

表10.5.9-1 抗震墙水平分布钢筋的配筋构造

抗震等级	最小配筋率（%）		最大间距（mm）	最小直径（mm）
	一般部位	加强部位		
一级	0.13	0.15	400	$\phi 8$
二级	0.13	0.13	600	$\phi 8$
三级	0.11	0.13	600	$\phi 8$
四级	0.10	0.10	600	$\phi 6$

注：1 水平分布钢筋宜双排布置，在顶层和底部加强部位，最大间距不应大于400mm；
2 双排水平分布钢筋应不小于$\phi 6$拉结筋，水平间距不应大于400mm。

2 抗震墙竖向分布钢筋的配筋构造应符合表10.5.9-2的规定：

表10.5.9-2 抗震墙竖向分布钢筋的配筋构造

抗震等级	最小配筋率（%）		最大间距（mm）	最小直径（mm）
	一般部位	加强部位		
一级	0.15	0.15	400	$\phi 12$
二级	0.13	0.13	600	$\phi 12$
三级	0.11	0.13	600	$\phi 12$
四级	0.10	0.10	600	$\phi 12$

注：竖向分布钢筋宜采用单排布置，直径不应大于25mm，9度时配筋率不应小于0.2%。在顶层和底部加强部位，最大间距应适当减小。

10.5.10 配筋砌块砌体抗震墙除应符合本规范第9.4.11的规定外，应在底部加强部位和轴压比大于0.4的其他部位的墙肢设置边缘构件。边缘构件的配筋范围：无翼墙端部为3孔配筋；"L"形转角节点为3孔配筋；"T"形转角节点为4孔配筋；边缘构件范围内应设置水平箍筋；配筋砌块砌体抗震墙边缘构件的配筋应符合表10.5.10的要求。

表10.5.10 配筋砌块砌体抗震墙边缘构件的配筋要求

抗震等级	每孔竖向钢筋最小量		水平箍筋最小直径	水平箍筋最大间距（mm）
	底部加强部位	一般部位		
一级	1ϕ20（4ϕ16）	1ϕ18（4ϕ16）	$\phi 8$	200
二级	1ϕ18（4ϕ16）	1ϕ16（4ϕ14）	$\phi 6$	200
三级	1ϕ16（4ϕ12）	1ϕ14（4ϕ12）	$\phi 6$	200
四级	1ϕ14（4ϕ12）	1ϕ12（4ϕ12）	$\phi 6$	200

注：1 边缘构件水平箍筋宜采用横筋为双筋的搭接点焊网片形式；
2 当抗震等级为二、三级时，边缘构件箍筋应采用HRB400级或RRB400级钢筋；
3 表中括号中数字为边缘构件采用混凝土边框柱时的配筋。

10.5.11 宜避免设置转角窗，否则，转角窗开间相关墙体尽端边缘构件最小纵筋直径应比表10.5.10的规定值提高一级，且转角窗开间的楼、屋面应采用现浇钢筋混凝土楼、屋面板。

10.5.12 配筋砌块砌体抗震墙在重力荷载代表值作用下的轴压比，应符合下列规定：

1 一般墙体的底部加强部位，一级（9度）不宜大于0.4，一级（8度）不宜大于0.5，二、三级不宜大于0.6，一般部位，均不宜大于0.6；

2 短肢墙体全高范围，一级不宜大于0.50，二、三级不宜大于0.60；对于无翼缘的一字形短肢墙，其轴压比限值应相应降低0.1；

3 各向墙肢截面均为3~5倍墙厚的独立小墙肢，一级不宜大于0.4，二、三级不宜大于0.5；对于无翼缘的一字形独立小墙肢，其轴压比限值应相应降低 0.1。

10.5.13 配筋砌块砌体圈梁构造，应符合下列规定：

1 各楼层标高处，每道配筋砌块砌体抗震墙均应设置现浇钢筋混凝土圈梁，圈梁的宽度应为墙厚，其截面高度不宜小于 200mm；

2 圈梁混凝土抗压强度不应小于相应灌孔砌块砌体的强度，且不应小于 C20；

3 圈梁纵向钢筋直径不应小于墙中水平分布钢筋的直径，且不应小于 4ϕ12；基础圈梁纵筋不应小于 4ϕ12；圈梁及基础圈梁箍筋直径不应小于 ϕ8，间距不应大于 200mm；当圈梁高度大于 300mm 时，应沿梁截面高度方向设置腰筋，其间距不应大于 200mm，直径不应小于 ϕ10；

4 圈梁底部嵌入墙顶砌块孔洞内，深度不宜小于 30mm；圈梁顶部应是毛面。

10.5.14 配筋砌块砌体抗震墙连梁的构造，当采用混凝土连梁时，应符合本规范第 9.4.12 条的规定和现行国家标准《混凝土结构设计规范》GB 50010 中有关地震区连梁的构造要求；当采用配筋砌块砌体连梁时，除应符合本规范第 9.4.13 条的规定以外，尚应符合下列规定：

1 连梁上下水平钢筋锚入墙体内的长度，一、二级抗震等级不应小于 1.1l_a，三、四级抗震等级不应小于 l_a，且不应小于 600mm；

2 连梁的箍筋应沿梁长布置，并应符合表 10.5.14 的规定：

表 10.5.14 连梁箍筋的构造要求

抗震等级	箍筋加密区			箍筋非加密区	
	长度	箍筋最大间距	直径	间距(mm)	直径
一级	2h	100mm，6d，1/4h 中的小值	ϕ10	200	ϕ10
二级	1.5h	100mm，8d，1/4h 中的小值	ϕ8	200	ϕ8
三级	1.5h	150mm，8d，1/4h 中的小值	ϕ8	200	ϕ8
四级	1.5h	150mm，8d，1/4h 中的小值	ϕ8	200	ϕ8

注：h 为连梁截面高度；加密区长度不小于 600mm。

3 在顶层连梁伸入墙体的钢筋长度范围内，应设置间距不大于 200mm 的构造箍筋，箍筋直径应与连梁的箍筋直径相同；

4 连梁不宜开洞。当需要开洞时，应在跨中梁高 1/3 处预埋外径不大于 200mm 的钢套管，洞口上下的有效高度不应小于 1/3 梁高，且不应小于 200mm，洞口处应配补强钢筋并在洞周边浇筑灌孔混凝土，被洞口削弱的截面应进行受剪承载力验算。

10.5.15 配筋砌块砌体抗震墙房屋的基础与抗震墙结合处的受力钢筋，当房屋高度超过 50m 或一级抗震等级时宜采用机械连接或焊接。

附录 A 石材的规格尺寸及其强度等级的确定方法

A.0.1 石材按其加工后的外形规则程度，可分为料石和毛石，并应符合下列规定：

1 料石：

1）细料石：通过细加工，外表规则，叠砌面凹入深度不应大于 10mm，截面的宽度、高度不宜小于 200mm，且不宜小于长度的 1/4。

2）粗料石：规格尺寸同上，但叠砌面凹入深度不应大于 20mm。

3）毛料石：外形大致方正，一般不加工或仅稍加修整，高度不应小于 200mm，叠砌面凹入深度不应大于 25mm。

2 毛石：形状不规则，中部厚度不应小于 200mm。

A.0.2 石材的强度等级，可用边长为 70mm 的立方体试块的抗压强度表示。抗压强度取三个试件破坏强度的平均值。试件也可采用表 A.0.2 所列边长尺寸的立方体，但应对其试验结果乘以相应的换算系数后方可作为石材的强度等级。

表 A.0.2 石材强度等级的换算系数

立方体边长(mm)	200	150	100	70	50
换算系数	1.43	1.28	1.14	1	0.86

A.0.3 石砌体中的石材应选用无明显风化的天然石材。

附录 B 各类砌体强度平均值的计算公式和强度标准值

B.0.1 各类砌体的强度平均值应符合下列规定：

1 各类砌体的轴心抗压强度平均值应按表 B.0.1-1 中计算公式确定：

表 B.0.1-1 轴心抗压强度平均值 f_m（MPa）

砌体种类	$f_m = k_1 f_1^\alpha (1+0.07 f_2) k_2$		
	k_1	α	k_2
烧结普通砖、烧结多孔砖、蒸压灰砂普通砖、蒸压粉煤灰普通砖、混凝土普通砖、混凝土多孔砖	0.78	0.5	当 $f_2 < 1$ 时，$k_2 = 0.6 + 0.4 f_2$

续表 B.0.1-1

砌体种类	$f_m = k_1 f_1^{\alpha}(1+0.07 f_2) k_2$		
	k_1	α	k_2
混凝土砌块、轻集料混凝土砌块	0.46	0.9	当 $f_2=0$ 时，$k_2=0.8$
毛料石	0.79	0.5	当 $f_2<1$ 时，$k_2=0.6+0.4 f_2$
毛石	0.22	0.5	当 $f_2<2.5$ 时，$k_2=0.4+0.24 f_2$

注：1 k_2 在表列条件以外时均等于1；
　　2 式中 f_1 为块体（砖、石、砌块）的强度等级值；f_2 为砂浆抗压强度平均值。单位均以 MPa 计；
　　3 混凝土砌块砌体的轴心抗压强度平均值，当 $f_2>$ 10MPa 时，应乘系数 $1.1-0.01 f_2$，MU20 的砌体应乘系数 0.95，且满足 $f_1 \geqslant f_2$，$f_1 \leqslant 20$MPa。

2 各类砌体的轴心抗拉强度平均值、弯曲抗拉强度平均值和抗剪强度平均值应按表 B.0.1-2 中计算公式确定：

表 B.0.1-2　轴心抗拉强度平均值 $f_{t,m}$、弯曲抗拉强度平均值 $f_{tm,m}$ 和抗剪强度平均值 $f_{v,m}$（MPa）

砌体种类	$f_{t,m}=k_3\sqrt{f_2}$	$f_{tm,m}=k_4\sqrt{f_2}$		$f_{v,m}=k_5\sqrt{f_2}$
	k_3	k_4		k_5
		沿齿缝	沿通缝	
烧结普通砖、烧结多孔砖、混凝土普通砖、混凝土多孔砖	0.141	0.250	0.125	0.125
蒸压灰砂普通砖、蒸压粉煤灰普通砖	0.09	0.18	0.09	0.09
混凝土砌块	0.069	0.081	0.056	0.069
毛料石	0.075	0.113	—	0.188

B.0.2 各类砌体的强度标准值按表 B.0.2-1～表 B.0.2-5 采用：

表 B.0.2-1　烧结普通砖和烧结多孔砖砌体的抗压强度标准值 f_k（MPa）

砖强度等级	砂浆强度等级					砂浆强度
	M15	M10	M7.5	M5	M2.5	0
MU30	6.30	5.23	4.69	4.15	3.61	1.84
MU25	5.75	4.77	4.28	3.79	3.30	1.68
MU20	5.15	4.27	3.83	3.39	2.95	1.50
MU15	4.46	3.70	3.32	2.94	2.56	1.30
MU10	—	3.02	2.71	2.40	2.09	1.07

表 B.0.2-2　混凝土砌块砌体的抗压强度标准值 f_k（MPa）

砌块强度等级	砂浆强度等级					砂浆强度
	Mb20	Mb15	Mb10	Mb7.5	Mb5	0
MU20	10.08	9.08	7.93	7.11	6.30	3.73
MU15	—	7.38	6.44	5.78	5.12	3.03
MU10	—	—	4.47	4.01	3.55	2.10
MU7.5	—	—	—	3.10	2.74	1.62
MU5	—	—	—	—	1.90	1.13

表 B.0.2-3　毛料石砌体的抗压强度标准值 f_k（MPa）

料石强度等级	砂浆强度等级			砂浆强度
	M7.5	M5	M2.5	0
MU100	8.67	7.68	6.68	3.41
MU80	7.76	6.87	5.98	3.05
MU60	6.72	5.95	5.18	2.64
MU50	6.13	5.43	4.72	2.41
MU40	5.49	4.86	4.23	2.16
MU30	4.75	4.20	3.66	1.87
MU20	3.88	3.43	2.99	1.53

表 B.0.2-4　毛石砌体的抗压强度标准值 f_k（MPa）

毛石强度等级	砂浆强度等级			砂浆强度
	M7.5	M5	M2.5	0
MU100	2.03	1.80	1.56	0.53
MU80	1.82	1.61	1.40	0.48
MU60	1.57	1.39	1.21	0.41
MU50	1.44	1.27	1.11	0.38
MU40	1.28	1.14	0.99	0.34
MU30	1.11	0.98	0.86	0.29
MU20	0.91	0.80	0.70	0.24

表 B.0.2-5　沿砌体灰缝截面破坏时的轴心抗拉强度标准值 $f_{t,k}$、弯曲抗拉强度标准值 $f_{tm,k}$ 和抗剪强度标准值 $f_{v,k}$（MPa）

强度类别	破坏特征	砌体种类	砂浆强度等级			
			≥M10	M7.5	M5	M2.5
轴心抗拉	沿齿缝	烧结普通砖、烧结多孔砖、混凝土普通砖、混凝土多孔砖	0.30	0.26	0.21	0.15
		蒸压灰砂普通砖、蒸压粉煤灰普通砖	0.19	0.16	0.13	—
			0.15	0.13	0.10	—
		混凝土砌块	—	0.12	0.10	0.07
		毛石				

续表 B.0.2-5

强度类别	破坏特征	砌体种类	砂浆强度等级			
			≥M10	M7.5	M5	M2.5
弯曲抗拉	沿齿缝	烧结普通砖、烧结多孔砖、混凝土普通砖、混凝土多孔砖	0.53	0.46	0.38	0.27
		蒸压灰砂普通砖、蒸压粉煤灰普通砖	0.38	0.32	0.26	—
		混凝土砌块	0.17	0.15	0.12	—
		毛石	—	0.18	0.14	0.10
	沿通缝	烧结普通砖、烧结多孔砖、混凝土普通砖、混凝土多孔砖	0.27	0.23	0.19	0.13
		蒸压灰砂普通砖、蒸压粉煤灰普通砖	0.19	0.16	0.13	—
		混凝土砌块	—	0.10	0.08	—
抗剪		烧结普通砖、烧结多孔砖、混凝土普通砖、混凝土多孔砖	0.27	0.23	0.19	0.13
		蒸压灰砂普通砖、蒸压粉煤灰普通砖	0.19	0.16	0.13	—
		混凝土砌块	0.15	0.13	0.10	—
		毛石	—	0.29	0.24	0.17

附录 C 刚弹性方案房屋的静力计算方法

C.0.1 水平荷载（风荷载）作用下，刚弹性方案房屋墙、柱内力分析可按以下方法计算，并将两步结果叠加，得出最后内力：

1 在平面计算简图中，各层横梁与柱连接处加水平铰支杆，计算其在水平荷载（风荷载）作用下无侧移时的内力与各支杆反力 R_i（图 C.0.1a）。

2 考虑房屋的空间作用，将各支杆反力 R_i 乘以由表 4.2.4 查得的相应空间性能影响系数 η_i，并反向施加于节点上，计算其内力（图 C.0.1b）。

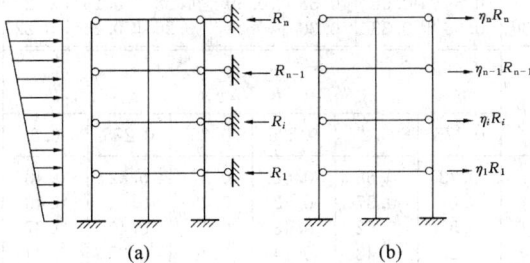

(a)   (b)

图 C.0.1 刚弹性方案房屋的静力计算简图

附录 D 影响系数 φ 和 φ_n

D.0.1 无筋砌体矩形截面单向偏心受压构件（图 D.0.1）承载力的影响系数 φ，可按表 D.0.1-1～表 D.0.1-3 采用或按下列公式计算，计算 T 形截面受压构件的 φ 时，应以折算厚度 h_T 代替公式（D.0.1-2）中的 h。$h_T = 3.5i$，i 为 T 形截面的回转半径。

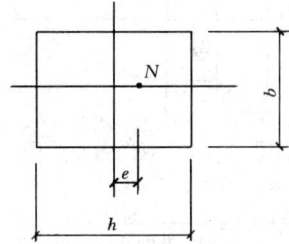

图 D.0.1 单向偏心受压

当 $\beta \leqslant 3$ 时：

$$\varphi = \frac{1}{1 + 12\left(\dfrac{e}{h}\right)^2} \qquad \text{(D.0.1-1)}$$

当 $\beta > 3$ 时：

$$\varphi = \frac{1}{1 + 12\left[\dfrac{e}{h} + \sqrt{\dfrac{1}{12}\left(\dfrac{1}{\varphi_0} - 1\right)}\right]^2}$$

（D.0.1-2）

$$\varphi_0 = \frac{1}{1 + \alpha\beta^2} \qquad \text{(D.0.1-3)}$$

式中：e——轴向力的偏心距；

h——矩形截面的轴向力偏心方向的边长；

φ_0——轴心受压构件的稳定系数；

α——与砂浆强度等级有关的系数，当砂浆强度等级大于或等于 M5 时，α 等于 0.0015；当砂浆强度等级等于 M2.5 时，α 等于 0.002；当砂浆强度等级 f_2 等于 0 时，α 等于 0.009；

β——构件的高厚比。

D.0.2 网状配筋砖砌体矩形截面单向偏心受压构件承载力的影响系数 φ_n，可按表 D.0.2 采用或按下列公式计算：

$$\varphi_n = \frac{1}{1 + 12\left[\dfrac{e}{h} + \sqrt{\dfrac{1}{12}\left(\dfrac{1}{\varphi_{0n}} - 1\right)}\right]^2}$$

（D.0.2-1）

$$\varphi_{0n} = \frac{1}{1 + (0.0015 + 0.45\rho)\beta^2} \quad \text{(D.0.2-2)}$$

式中：φ_{0n}——网状配筋砖砌体受压构件的稳定系数；

ρ——配筋率（体积比）。

D.0.3 无筋砌体矩形截面双向偏心受压构件（图 D.0.3）承载力的影响系数，可按下列公式计算，当一个方向的偏心率（e_b/b 或 e_h/h）不大于另一个方向的偏心率的5%时，可简化按另一个方向的单向偏心受压，按本规范第 D.0.1 条的规定确定承载力的影响系数。

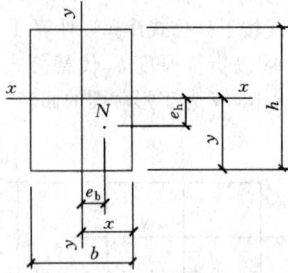

图 D.0.3 双向偏心受压

$$\varphi = \cfrac{1}{1+12\left[\left(\cfrac{e_b+e_{ib}}{b}\right)^2+\left(\cfrac{e_h+e_{ih}}{h}\right)^2\right]}$$

(D.0.3-1)

$$e_{ib} = \cfrac{b}{\sqrt{12}}\sqrt{\cfrac{1}{\varphi_0}-1}\left(\cfrac{\cfrac{e_b}{b}}{\cfrac{e_b}{b}+\cfrac{e_h}{h}}\right)$$

(D.0.3-2)

$$e_{ih} = \cfrac{h}{\sqrt{12}}\sqrt{\cfrac{1}{\varphi_0}-1}\left(\cfrac{\cfrac{e_h}{h}}{\cfrac{e_b}{b}+\cfrac{e_h}{h}}\right)$$

(D.0.3-3)

式中：e_b、e_h——轴向力在截面重心 x 轴、y 轴方向的偏心距，e_b、e_h 宜分别不大于 $0.5x$ 和 $0.5y$；

x、y——自截面重心沿 x 轴、y 轴至轴向力所在偏心方向截面边缘的距离；

e_{ib}、e_{ih}——轴向力在截面重心 x 轴、y 轴方向的附加偏心距。

表 D.0.1-1　影响系数 φ（砂浆强度等级 ≥M5）

β	$\dfrac{e}{h}$ 或 $\dfrac{e}{h_T}$						
	0	0.025	0.05	0.075	0.1	0.125	0.15
≤3	1	0.99	0.97	0.94	0.89	0.84	0.79
4	0.98	0.95	0.90	0.85	0.80	0.74	0.69
6	0.95	0.91	0.86	0.81	0.75	0.69	0.64
8	0.91	0.86	0.81	0.76	0.70	0.64	0.59
10	0.87	0.82	0.76	0.71	0.65	0.60	0.55
12	0.82	0.77	0.71	0.66	0.60	0.55	0.51
14	0.77	0.72	0.66	0.61	0.56	0.51	0.47
16	0.72	0.67	0.61	0.56	0.52	0.47	0.44
18	0.67	0.62	0.57	0.52	0.48	0.44	0.40
20	0.62	0.57	0.53	0.48	0.44	0.40	0.37

续表 D.0.1-1

β	$\dfrac{e}{h}$ 或 $\dfrac{e}{h_T}$						
	0	0.025	0.05	0.075	0.1	0.125	0.15
22	0.58	0.53	0.49	0.45	0.41	0.38	0.35
24	0.54	0.49	0.45	0.41	0.38	0.35	0.32
26	0.50	0.46	0.42	0.38	0.35	0.33	0.30
28	0.46	0.42	0.39	0.36	0.33	0.30	0.28
30	0.42	0.39	0.36	0.33	0.31	0.28	0.26

β	$\dfrac{e}{h}$ 或 $\dfrac{e}{h_T}$					
	0.175	0.2	0.225	0.25	0.275	0.3
≤3	0.73	0.68	0.62	0.57	0.52	0.48
4	0.64	0.58	0.53	0.49	0.45	0.41
6	0.59	0.54	0.49	0.45	0.42	0.38
8	0.54	0.50	0.46	0.42	0.39	0.36
10	0.50	0.46	0.42	0.39	0.36	0.33
12	0.47	0.43	0.39	0.36	0.33	0.31
14	0.43	0.40	0.36	0.34	0.31	0.29
16	0.40	0.37	0.34	0.31	0.29	0.27
18	0.37	0.34	0.31	0.29	0.27	0.25
20	0.34	0.32	0.29	0.27	0.25	0.23
22	0.32	0.30	0.27	0.25	0.24	0.22
24	0.30	0.28	0.26	0.24	0.22	0.21
26	0.28	0.26	0.24	0.22	0.21	0.19
28	0.26	0.24	0.22	0.21	0.19	0.18
30	0.24	0.22	0.21	0.20	0.18	0.17

表 D.0.1-2　影响系数 φ（砂浆强度等级 M2.5）

β	$\dfrac{e}{h}$ 或 $\dfrac{e}{h_T}$						
	0	0.025	0.05	0.075	0.1	0.125	0.15
≤3	1	0.99	0.97	0.94	0.89	0.84	0.79
4	0.97	0.94	0.89	0.84	0.78	0.73	0.67
6	0.93	0.89	0.84	0.78	0.73	0.67	0.62
8	0.89	0.84	0.78	0.72	0.67	0.62	0.57
10	0.83	0.78	0.72	0.67	0.61	0.56	0.52
12	0.78	0.72	0.67	0.61	0.56	0.52	0.47
14	0.72	0.66	0.61	0.56	0.51	0.47	0.43
16	0.66	0.61	0.56	0.51	0.47	0.43	0.40
18	0.61	0.56	0.51	0.47	0.43	0.40	0.36
20	0.56	0.51	0.47	0.43	0.39	0.36	0.33
22	0.51	0.47	0.43	0.39	0.36	0.33	0.31
24	0.46	0.43	0.39	0.36	0.33	0.31	0.28
26	0.42	0.39	0.36	0.33	0.31	0.28	0.26
28	0.39	0.36	0.33	0.30	0.28	0.26	0.24
30	0.36	0.33	0.30	0.28	0.26	0.24	0.22

β	$\dfrac{e}{h}$ 或 $\dfrac{e}{h_T}$					
	0.175	0.2	0.225	0.25	0.275	0.3
≤3	0.73	0.68	0.62	0.57	0.52	0.48
4	0.62	0.57	0.52	0.48	0.44	0.40
6	0.57	0.52	0.48	0.44	0.40	0.37
8	0.52	0.48	0.44	0.40	0.37	0.34
10	0.47	0.43	0.40	0.37	0.34	0.31

续表 D.0.1-2

β	$\frac{e}{h}$ 或 $\frac{e}{h_T}$					
	0.175	0.2	0.225	0.25	0.275	0.3
12	0.43	0.40	0.37	0.34	0.31	0.29
14	0.40	0.36	0.34	0.31	0.29	0.27
16	0.36	0.34	0.31	0.29	0.26	0.25
18	0.33	0.31	0.29	0.26	0.24	0.23
20	0.31	0.28	0.26	0.24	0.23	0.21
22	0.28	0.26	0.24	0.23	0.21	0.20
24	0.26	0.24	0.23	0.21	0.20	0.18
26	0.24	0.22	0.21	0.20	0.18	0.17
28	0.22	0.21	0.20	0.18	0.17	0.16
30	0.21	0.20	0.18	0.17	0.16	0.15

表 D.0.1-3　影响系数 φ（砂浆强度 0）

β	$\frac{e}{h}$ 或 $\frac{e}{h_T}$						
	0	0.025	0.05	0.075	0.1	0.125	0.15
≤3	1	0.99	0.97	0.94	0.89	0.84	0.79
4	0.87	0.82	0.77	0.71	0.66	0.60	0.55
6	0.76	0.70	0.65	0.59	0.54	0.50	0.46
8	0.63	0.58	0.54	0.49	0.45	0.41	0.38
10	0.53	0.48	0.44	0.41	0.37	0.34	0.32
12	0.44	0.40	0.37	0.34	0.31	0.29	0.27
14	0.36	0.33	0.31	0.28	0.26	0.24	0.23
16	0.30	0.28	0.26	0.24	0.22	0.21	0.19
18	0.26	0.24	0.22	0.21	0.19	0.18	0.17
20	0.22	0.20	0.19	0.18	0.17	0.16	0.15
22	0.19	0.18	0.16	0.15	0.14	0.14	0.13
24	0.16	0.15	0.14	0.13	0.13	0.12	0.11
26	0.14	0.13	0.13	0.12	0.11	0.11	0.10
28	0.12	0.12	0.11	0.11	0.10	0.10	0.09
30	0.11	0.10	0.10	0.09	0.09	0.09	0.08

β	$\frac{e}{h}$ 或 $\frac{e}{h_T}$					
	0.175	0.2	0.225	0.25	0.275	0.3
≤3	0.73	0.68	0.62	0.57	0.52	0.48
4	0.51	0.46	0.43	0.39	0.36	0.33
6	0.42	0.39	0.36	0.33	0.30	0.28
8	0.35	0.32	0.30	0.28	0.25	0.24
10	0.29	0.27	0.25	0.23	0.22	0.20
12	0.25	0.23	0.21	0.20	0.19	0.17
14	0.21	0.20	0.18	0.17	0.16	0.15
16	0.18	0.17	0.16	0.15	0.14	0.13
18	0.16	0.15	0.14	0.13	0.12	0.12
20	0.14	0.13	0.12	0.12	0.11	0.10
22	0.12	0.12	0.11	0.10	0.10	0.09
24	0.11	0.10	0.10	0.09	0.09	0.08
26	0.10	0.09	0.09	0.08	0.08	0.07
28	0.09	0.08	0.08	0.08	0.07	0.07
30	0.08	0.07	0.07	0.07	0.07	0.06

表 D.0.2　影响系数 φ_n

ρ（%）	β \ e/h	0	0.05	0.10	0.15	0.17
0.1	4	0.97	0.89	0.78	0.67	0.63
	6	0.93	0.84	0.73	0.62	0.58
	8	0.89	0.78	0.67	0.57	0.53
	10	0.84	0.72	0.62	0.52	0.48
	12	0.78	0.67	0.56	0.48	0.44
	14	0.72	0.61	0.52	0.44	0.41
	16	0.67	0.56	0.47	0.40	0.37
0.3	4	0.96	0.87	0.76	0.65	0.61
	6	0.91	0.80	0.69	0.59	0.55
	8	0.84	0.74	0.62	0.53	0.49
	10	0.78	0.67	0.56	0.47	0.44
	12	0.71	0.60	0.51	0.43	0.40
	14	0.64	0.54	0.46	0.38	0.36
	16	0.58	0.49	0.41	0.35	0.32
0.5	4	0.94	0.85	0.74	0.63	0.59
	6	0.88	0.77	0.66	0.56	0.52
	8	0.81	0.69	0.59	0.50	0.46
	10	0.73	0.62	0.52	0.44	0.41
	12	0.65	0.55	0.46	0.39	0.36
	14	0.58	0.49	0.41	0.35	0.32
	16	0.51	0.43	0.36	0.31	0.29
0.7	4	0.93	0.83	0.72	0.61	0.57
	6	0.86	0.75	0.63	0.53	0.50
	8	0.77	0.66	0.56	0.47	0.43
	10	0.68	0.58	0.49	0.41	0.38
	12	0.60	0.50	0.42	0.36	0.33
	14	0.52	0.44	0.37	0.31	0.30
	16	0.46	0.38	0.33	0.28	0.26
0.9	4	0.92	0.82	0.71	0.60	0.56
	6	0.83	0.72	0.61	0.52	0.48
	8	0.73	0.63	0.53	0.45	0.42
	10	0.64	0.54	0.46	0.38	0.36
	12	0.55	0.47	0.39	0.33	0.31
	14	0.48	0.40	0.34	0.29	0.27
	16	0.41	0.35	0.30	0.25	0.24
1.0	4	0.91	0.81	0.70	0.59	0.55
	6	0.82	0.71	0.60	0.51	0.47
	8	0.72	0.61	0.52	0.43	0.41
	10	0.62	0.53	0.44	0.37	0.35
	12	0.54	0.45	0.38	0.32	0.30
	14	0.46	0.39	0.33	0.28	0.26
	16	0.39	0.34	0.28	0.24	0.23

本规范用词说明

1　为便于在执行本规范条文时区别对待，对要求严格程度不同的用词说明如下：

1）表示很严格，非这样做不可的：

正面词采用"必须"，反面词采用"严禁"；

2）表示严格，在正常情况下均应这样做的：

正面词采用"应"，反面词采用"不应"或"不得"；

3）表示允许稍有选择，在条件许可时首先应
这样做的：
正面词采用"宜"，反面词采用"不宜"；

4）表示有选择，在一定条件下可以这样做的，
采用"可"。

2 本规范中指明应按其他有关标准执行的写法
为"应符合……的规定"或"应按……执行"。

引用标准名录

1 《建筑地基基础设计规范》GB 50007

2 《建筑结构荷载规范》GB 50009

3 《混凝土结构设计规范》GB 50010

4 《建筑抗震设计规范》GB 50011

5 《建筑结构可靠度设计统一标准》GB 50068

6 《建筑结构设计术语和符号标准》GB/T 50083

7 《砌体结构工程施工质量验收规范》GB 50203

8 《混凝土结构工程施工质量验收规范》
GB 50204

9 《建筑抗震设防分类标准》GB 50223

10 《墙体材料应用统一技术规范》GB 50574

11 《冷轧带肋钢筋混凝土结构技术规程》JGJ 95

中华人民共和国国家标准

砌体结构设计规范

GB 50003—2011

条 文 说 明

修 订 说 明

本修订是根据原建设部《关于印发〈2007 年工程建设标准规范制定、修订计划（第一批）〉的通知》（建标〔2007〕125 号）的要求，由中国建筑东北设计研究院有限公司会同有关设计、研究、施工、研究、教学和相关企业等单位，于 2007 年 9 月开始对《砌体结构设计规范》GB 50003 - 2001（以下简称 2001 规范）进行全面修订。

为了做好对 2001 规范的修订工作，更好的保证规范修订的先进性，与时俱进地将砌体结构领域的创新成果、成熟材料与技术充分体现的标准当中，砌体结构设计规范国家标准管理组在向原建设部提出修订申请的同时，还向 2001 规范参编单位及参编人征集了修订意见和建议，如 2007 年 1 月 23 日在南京召开了有 2001 规范修订主要参编人参加的修订方案及内容研讨会；2007 年 10 月 25 日在江苏宿迁召开了有 2001 规范各章节主要编制人参加的规范修订预备会议。两次会议结合 2001 规范使用过程中存在的问题、近年来我国砌体结构的相关研究成果及国外研究动态，认真讨论了该规范的修订内容，确定了本次规范的修订原则为"增补、简化、完善"。这些准备工作为修订工作的正式启动奠定了基础。

2007 年 12 月 7 日《砌体结构设计规范》GB 50003 - 2001 编制组成立暨第一次修订工作会议在湖南长沙召开。修订组负责人对修订组人员的构成、前期准备工作、修订大纲草案、人员分组情况进行了详细报告。与会代表经过认真讨论，拟定了《砌体结构设计规范》修订大纲，并确定本次修订的重点是：

1）在本规范执行过程中，有关部门和技术人员反映的问题较多、较突出且急需修改的内容；

2）增补近年来砌体结构领域成熟的新材料、新成果、新技术；

3）简化砌体结构设计计算方法；

4）补充砌体结构的裂缝控制措施和耐久性要求。

修订期间，各章、节负责人进行了大量、系统的调研、试验、研究工作。在认真总结了 2001 规范在应用过程中的经验的同时，针对近十年来我国的经济建设高速发展而带来建筑结构体系的新变化；针对我国科学发展、节能减排、墙材革新、低碳绿色等基本战略的推进而涌现出来的砌体结构基本理论及工程应用领域的累累硕果及应用经验进行了必要的修订。修订期间我国经受了汶川、玉树大地震，编制组成员第一时间奔赴震区进行了砌体结构震害调查，在此基础上进行了多次专门针对砌体结构抗震设计部分修订的研讨会。如 2008 年 10 月 8 日～9 日在上海同济大学召开了砌体结构构件抗震设计（第 10 章）修订研讨会；2009 年 8 月 1 日～2 日在北京召开修订阶段工作通报会，重点研究了砌体结构构件抗震设计的修订内容。2009 年 9 月还在重庆召开了构造部分（第 6 章）修订初稿研讨会。

《砌体结构设计规范》（修订）征求意见稿自 2010 年 4 月 20 日在国家工程建设标准化信息网上公示后，编制组将征集到的意见和建议进行了汇总和梳理，于 2010 年 7 月 23 日在哈尔滨又召开专门会议进行研究。会后编制组将征求意见稿又进行了必要的修改与完善。

2010 年 12 月 4 日～5 日，由住房和城乡建设部标准定额司主持，召开了《砌体结构设计规范》修订送审稿审查会。会议认为，修订送审稿继续保持 2001 版规范的基本规定是合适的，所增加、完善的新内容反映了我国砌体结构领域研究的创新成果和工程应用的实践经验，比 2001 版规范更加全面、更加细致、更加科学。新版规范的颁布与实施将使我给砌体结构设计提高到新的水平。

2001 规范的主编单位：中国建筑东北设计研究院

2001 规范的参编单位：湖南大学、哈尔滨建筑大学、浙江大学、同济大学、机械工业部设计研究院、西安建筑科技大学、重庆建筑科学研究院、郑州工业大学、重庆建筑大学、北京市建筑设计研究院、四川省建筑科学研究院、云南省建筑技术发展中心、长沙交通学院、广州市民用建筑科研设计院、沈阳建筑工程学院、中国建筑西南设计研究院、陕西省建筑科学研究院、合肥工业大学、深圳艺蓁工程设计有限公司、长沙中盛建筑勘察设计有限公司等

2001 规范主要起草人：苑振芳　施楚贤　唐岱新
严家熺　龚绍熙　徐　建
胡秋谷　王庆霖　周炳章
林文修　刘立新　骆万康
梁兴文　侯汝欣　刘　斌
何建罡　吴明舜　张　英
谢丽丽　梁建国　金伟良
杨伟军　李　翔　王凤来

刘　明　姜洪斌　何振文
雷　波　吴存修　肖亚明
张宝印　李　岗　李建辉

为便于广大设计、施工、科研、学校等单位有关人员在使用本规范时能正确理解和执行条文规定，《砌体结构设计规范》编制组按章、节、条顺序编制了本规范的条文说明，对条文规定的目的、依据以及执行中需注意的有关事项进行了说明。但是，本条文说明不具备与规范正文同等的法律效力，仅供使用者作为理解和把握规范规定的参考。

目　次

1 总 则

1.0.1、1.0.2 本规范的修订是依据国家有关政策，特别是近年来墙材革新、节能减排产业政策的落实及低碳、绿色建筑的发展，将近年来砌体结构领域的创新成果及成熟经验纳入本规范。砌体结构类别和应用范围也较 2001 规范有所扩大，增加的主要内容有：

1　混凝土普通砖、混凝土多孔砖等新型材料砌体；

2　组合砖墙，配筋砌块砌体剪力墙结构；

3　抗震设防区的无筋和配筋砌体结构构件设计。

为了使新增加的内容做到技术先进、性能可靠、适用可行，以中国建筑东北设计研究有限公司为主编单位的编制组近年来进行了大量的调查及试验研究，针对我国实施墙材革新、建筑节能，发展循环经济、低碳绿色建材的特点及 21 世纪涌现出来的新技术、新装备进行了实践与创新。如对利用新工艺、新设备生产的蒸压粉煤灰砖（蒸压灰砂砖）等硅酸盐砖、混凝土砖等非烧结块材砌体进行了全面、系统的试验与研究，编制出中国工程建设协会标准《蒸压粉煤灰砖建筑技术规程》CECS256 和《混凝土砖建筑技术规程》CECS257，也为一些省、市编制了相应的地方标准，使得高品质墙材产品与建筑应用得到有效整合。

近年来，组合砖墙、配筋砌块砌体剪力墙结构及抗震设防区的无筋和配筋砌体结构构件设计研究取得了一定进展，湖南大学、哈尔滨工业大学、同济大学、北京市建筑设计研究院、中国建筑东北设计研究院有限公司等单位的研究取得了不菲的成绩，此次修订，充分引用了这些成果。

应当指出，为确保砌块结构、混凝土砖结构、蒸压粉煤灰（灰砂）砖砌体结构，特别是配筋砌块砌体剪力墙结构的工程质量及整体受力性能，应采用工作性能好、粘结强度较高的专用砌筑砂浆及高流态、低收缩、高强度的专用灌孔混凝土。即随着新型砌体材料的涌现，必须有与其相配套的专用材料。随着我国预拌砂浆的行业的兴起及各类专用砂浆的推广，各类砌体结构性能明显得到改善和提高。近年来，与新型墙材砌体相配套的专用砂浆标准相继问世，如《混凝土小型空心砌块砌筑砂浆》JC860、《混凝土小型空心砌块灌孔混凝土》JC861 和《砌体结构专用砂浆应用技术规程》CECS 等。

1.0.3～1.0.5 由于本规范较大地扩充了砌体材料类别和其相应的结构体系，因而列出了尚需同时参照执行的有关标准规范，包括施工及验收规范。

2 术语和符号

2.1 术 语

2.1.5 研究表明，孔洞率大于 35% 的多孔砖，其折压比较低，且砌体开裂提前呈脆性破坏，故应对空洞率加以限制。

2.1.6、2.1.7 根据近年来蒸压灰砂普通砖、蒸压粉煤灰普通砖制砖工艺及设备的发展现状和建筑应用需求，蒸压砖定义中增加了压制排气成型、高压蒸汽养护的内容，以区分新旧制砖工艺，推广、采用新工艺、新设备，体现了标准的先进性。

2.1.12 蒸压灰砂普通砖、蒸压粉煤灰普通砖等蒸压硅酸盐砖是半干压法生产的，制砖钢模十分光亮，在高压成型时会使砖质地密实、表面光滑，吸水率也较小，这种光滑的表面影响了砖与砖的砌筑与粘结，使墙体的抗剪强度较烧结普通砖低 1/3，从而影响了这类砖的推广和应用。故采用工作性好、粘结力高、耐候性强且方便施工的专用砌筑砂浆（强度等级宜为 Ms15、Ms10、Ms7.5、Ms5 四种，s 为英文单词蒸汽压力 Steam pressure 及硅酸盐 Silicate 的第一个字母）已成为推广、应用蒸压硅酸盐砖的关键。

根据现行国家标准《建筑抗震设计规范》GB 50011-2010 第 10.1.24 条："采用蒸压灰砂普通砖和蒸压粉煤灰普通砖的砌体房屋，当砌体的抗剪强度仅达到普通黏土砖砌体的 70% 时，房屋的层数应比普通砖房屋减少一层，总高度应减少 3m；当砌体的抗剪强度达到普通黏土砖砌体的取值时，房屋层数和总高度的要求同普通砖房屋。"本规范规定：该类砌体的专用砌筑砂浆必须保证其砌体抗剪强度不低于烧结普通砖砌体的取值。

需指出，以提高砌体抗剪强度为主要目标的专用砌筑砂浆的性能指标，应按现行国家标准《墙体材料应用统一技术规范》GB 50574 规定，经研究性试验确定。当经研究性试验结果的砌体抗剪强度高于普通砂浆砌筑的烧结普通砖砌体的取值时，仍按烧结普通砖砌体的取值。

3 材 料

3.1 材料强度等级

3.1.1 材料强度等级的合理限定，关系到砌体结构房屋安全、耐久，一些建筑由于采用了规范禁用的劣质墙材，使墙体出现的裂缝、变形，甚至出现了楼歪歪、楼垮垮案例，对此必须严加限制。鉴于一些地区近年来推广、应用混凝土普通砖及混凝土多孔砖，为确保结构安全，在大量试验研究的基础上，增补了混凝土普通砖及混凝土多孔砖的强度等级要求。

砌块包括普通混凝土砌块和轻集料混凝土砌块。轻集料混凝土砌块包括煤矸石混凝土砌块和孔洞率不大于 35％的火山渣、浮石和陶粒混凝土砌块。

非烧结砖的原材料及其配比、生产工艺及多孔砖的孔型、肋及壁的尺寸等因素都会影响砖的品质，进而会影响到砌体质量，调查发现不同地区或不同企业的非烧结砖的上述因素不尽一致，块型及肋、壁尺寸大相径庭，考虑到砌体耐久性要求，删除了强度等级为 MU10 的非烧结砖作为承重结构的块体。

对蒸压灰砂砖和蒸压粉煤灰砖等蒸压硅酸盐砖列出了强度等级。根据建材标准指标，蒸压灰砂砖、蒸压粉煤灰砖等蒸压硅酸盐砖不得用于长期受热 200℃以上、受急冷急热和有酸性介质侵蚀的建筑部位。

对于蒸压粉煤灰砖和掺有粉煤灰 15％以上的混凝土砌块，我国标准《砌墙砖试验方法》GB/T 2542和《混凝土小型空心砌块试验方法》GB/T 4111 确定碳化系数均采用人工碳化系数的试验方法。现行国家标准《墙体材料应用统一技术规范》GB 50574 规定的碳化系数不应小于 0.85，按原规范块体强度应乘系数 1.15×0.85＝0.98，接近 1.0，故取消了该系数。

为了保证承重类多孔砖（砌块）的结构性能，其孔洞率及肋、壁的尺寸也必须符合《墙体材料应用统一技术规范》GB 50574 的规定。

鉴于蒸压多孔灰砂砖及蒸压粉煤灰多孔砖的脆性大、墙体延性也相应较差以及缺少系统的试验数据。故本规范仅对蒸压普通硅酸盐砖砌体作出规定。

实践表明，蒸压灰砂砖和蒸压粉煤灰砖等硅酸盐墙材制品的原材料配比及生产工艺状况（如掺灰量的不同、养护制度的差异等）将直接影响着砖的脆性（折压比），砖越脆墙体开裂越早。根据中国建筑东北设计研究院有限公司及沈阳建筑大学试验结果，制品中不同的粉煤灰掺量，其抗折强度相差甚多，即脆性特征相差较大，因此规定合理的折压比将有利于提高砖的品质，改善砖的脆性，也提高墙体的受力性能。

同样，含孔洞块材的砌体试验也表明：仅用含孔洞块材的抗压强度作为衡量其强度指标是不全面的，多孔砖或空心砖（砌块）孔型、孔的布置不合理将导致块体的抗折强度降低很大，降低了墙体的延性，墙体容易开裂。当前，制砖企业或模具制造企业随意确定砖型、孔型及砖的细部尺寸现象较为普遍，已发生影响墙体质量的案例，对此必须引起重视。国家标准《墙体材料应用统一技术规范》GB 50574，明确规定需控制用于承重的蒸压硅酸盐砖和承重多孔砖的折压比。

3.1.2 原规范未对用于自承重墙的空心砖、轻质块体强度等级进行规定，由于这类砌体用于填充墙的范围越来越广，一些强度低、性能差的低劣块材被用于

工程，出现了墙体开裂及地震时填充墙脆性垮塌严重的现象。为确保自承重墙体的安全，本次修订，按国家标准《墙体材料应用统一技术规范》GB 50574，增补了该条。

3.1.3 采用混凝土砖（砌块）砌体以及蒸压硅酸盐砖砌体时，应采用与块体材料相适应且能提高砌筑工作性能的专用砌筑砂浆；尤其对于块体高度较高的普通混凝土砖空心砌块，普通砂浆很难保证竖向灰缝的砌筑质量。调查发现，一些砌块建筑墙体的灰缝不饱满，有的出现了"瞎缝"，影响了墙体的整体性。本条文规定采用混凝土砖（砌块）砌体时，应采用强度等级不小于 Mb5.0 的专用砌筑砂浆（b 为英文单词"砌块"或"砖"brick 的第一个字母）。蒸压硅酸盐砖则由于其表面光滑，与砂浆粘结力较差，砌体沿灰缝抗剪强度较低，影响了蒸压硅酸盐砖在地震设防区的推广与应用。因此，为了保证砂浆砌筑时的工作性能和砌体抗剪强度不低于用普通砂浆砌筑的烧结普通砖砌体，应采用粘结性强度高、工作性能好的专用砂浆砌筑。

强度等级 M2.5 的普通砂浆，可用于砌体检测与鉴定。

3.2 砌体的计算指标

3.2.1 砌体的计算指标是结构设计的重要依据，通过大量、系统的试验研究，本条作为强制性条文，给出了科学、安全的砌体计算指标。与 3.1.1 相对应，本条文增加了混凝土多孔砖、蒸压灰砂砖、蒸压粉煤灰砖和轻骨料混凝土砌块砌体的抗压强度指标，并对单排孔且孔对孔砌筑的混凝土砌块砌体灌孔后的强度作了修订。根据长沙理工大学等单位的大量试验研究结果，混凝土多孔砖砌体的抗压强度试验值与按烧结黏土砖砌体计算公式的计算值比值平均为 1.127，偏安全地取烧结黏土砖的抗压强度值。

根据目前应用情况，表 3.2.1-4 增补砂浆强度等级 Mb20，其砌体取值采用原规范公式外推得到。因水泥煤渣混凝土砌块问题多，属淘汰品，取消了水泥煤渣混凝土砌块。

1 本条文说明可参照 2001 规范的条文说明。

2 近年来混凝土普通砖及混凝土多孔砖在各地大量涌现，尤其在浙江、上海、湖南、辽宁、河南、江苏、湖北、福建、安徽、广西、河北、内蒙古、陕西等省市区得到迅速发展，一些地区颁布了当地的地方标准。为了统一设计技术，保障结构质量与安全，中国建筑东北设计研究院有限公司会同长沙理工大学、沈阳建筑大学、同济大学等单位进行了大量、系统的试验和研究，如：混凝土砖砌体基本力学性能试验研究；借助试验及有限元方法分析了肋厚对砌体性能的影响研究和砖的抗折性能；混凝土多孔砖砌体受压承载力试验；混凝土多孔砖墙低周反复荷载的拟静

力试验；混凝土多孔砖砌体结构模型房屋的子结构拟动力和拟静力试验；混凝土多孔砖砌体底框房屋模型房屋拟静力试验；混凝土多孔砖砌体结构模型房屋振动台试验等。并编制了《混凝土多孔砖建筑技术规范》CECS257，其中主要成果为本次修订的依据。

3 蒸压灰砂砖砌体强度指标系根据湖南大学、重庆市建筑科学研究院和长沙市城建科研所的蒸压灰砂砖砌体抗压强度试验资料，以及《蒸压灰砂砖砌体结构设计与施工规程》CECS 20：90 的抗压强度指标确定的。根据试验统计，蒸压灰砂砖砌体抗压强度试验值 f'' 和烧结普通砖砌体强度平均值公式 f_m 的比值（f''/f_m）为 0.99，变异系数为 0.205。将蒸压灰砂砖砌体的抗压强度指标取用烧结普通砖砌体的抗压强度指标。

蒸压粉煤灰砖砌体强度指标依据四川省建筑科学研究院、长沙理工大学、沈阳建筑大学和中国建筑东北设计研究院有限公司的蒸压粉煤灰砖砌体抗压强度试验资料，并参考其他有关单位的试验资料，粉煤灰砖砌体的抗压强度相当或略高于烧结普通砖砌体的抗压强度。本次修订将蒸压粉煤灰砖的抗压强度指标取用烧结普通砖砌体的抗压强度指标。遵照国家标准《墙体材料应用统一技术规范》GB 50574 "墙体不应采用非蒸压硅酸盐砖" 的规定，本次修订仍未列入蒸养粉煤灰砖砌体。

应该指出，蒸压灰砂砖砌体和蒸压粉煤灰砖砌体的抗压强度指标系采用同类砖为砂浆强度试块底模时的抗压强度指标。当采用黏土砖底模时砂浆强度会提高，相应的砌体强度达不到规范要求的强度指标，砌体抗压强度降低 10% 左右。

4 随着砌块建筑的发展，补充收集了近年来混凝土砌块砌体抗压强度试验数据，比 2001 规范有较大的增加，共 116 组 818 个试件，遍及四川、贵州、广西、广东、河南、安徽、浙江、福建八省。本次修订，按以上试验数据采用原规范强度平均值公式拟合，当材料强度 $f_1 \geqslant 20\text{MPa}$、$f_2 > 15\text{MPa}$ 时，以及当砂浆强度高于砌块强度时，88 规范强度平均值公式的计算值偏高，应用 88 规范强度平均值公式在该范围不安全，表明在该范围的强度平均值公式不能应用。当删除了这些试验数据后按 94 组统计，抗压强度试验值 f' 和抗压强度平均值公式的计算值 f_m 的比值为 1.121，变异系数为 0.225。

为适应砌块建筑的发展，本次修订增加了 MU20 强度等级。根据现有高强砌块砌体的试验资料，在该范围其砌体抗压强度试验值仍较强度平均值公式的计算值偏低。本次修订采用降低砂浆强度对 2001 规范抗压强度平均值公式进行修正，修正后的砌体抗压强度平均值公式为：

$$f_m = 0.46 f_1^{0.9}(1 + 0.07 f_2)(1.1 - 0.01 f_2)$$
$$(f_2 > 10\text{MPa})$$

对 MU20 的砌体适当降低了强度值。

5 对单排孔且对孔砌筑的混凝土砌块灌孔砌体，建立了较为合理的抗压强度计算方法。GBJ 3-88 灌孔砌体抗压强度提高系数 φ_1 按下式计算：

$$\varphi_1 = \frac{0.8}{1 - \delta} \leqslant 1.5 \qquad (1)$$

该式规定了最低灌孔混凝土强度等级为 C15，且计算方便。收集了广西、贵州、河南、四川、广东共 20 组 82 个试件的试验数据和近期湖南大学 4 组 18 个试件以及哈尔滨建筑大学 4 组 24 个试件的试验数据，试验数据反映 GBJ 3-88 的 φ_1 值偏低，且未考虑不同灌孔混凝土强度对 φ_1 的影响，根据湖南大学等单位的研究成果，经研究采用下式计算：

$$f_{gm} = f_m + 0.63 \alpha f_{cu,m} \qquad (\rho \geqslant 33\%) \qquad (2)$$
$$f_g = f + 0.6 \alpha f_c \qquad (3)$$

同时为了保证灌孔混凝土在砌块孔洞内的密实，灌孔混凝土应采用高流动性、高粘结性、低收缩性的细石混凝土。由于试验采用的块体强度、灌孔混凝土强度，一般在 MU10～MU20、C10～C30 范围，同时少量试验表明高强度灌孔混凝土砌体达不到公式（2）的 f_{gm}，经过试验数据综合分析，本次修订对灌实砌体强度提高系数作了限制 $f_g/f \leqslant 2$。同时根据试验试件的灌孔率（ρ）均大于 33%，因此对公式灌孔率适用范围作了规定。灌孔混凝土强度等级规定不应低于 Cb20。灌孔混凝土性能应符合《混凝土小型空心砌块灌孔混凝土》JC 861 的规定。

6 多排孔轻集料混凝土砌块在我国寒冷地区应用较多，特别是我国吉林和黑龙江地区已开始推广应用，这类砌块材料目前有火山渣混凝土、浮石混凝土和陶粒混凝土，多排孔砌块主要考虑节能要求，排数有二排、三排和四排，孔洞率较小，砌块规格各地不一致，块体强度等级较低，一般不超过 MU10，为了多排孔轻集料混凝土砌块建筑的推广应用，《混凝土砌块建筑技术规程》JGJ/T 145 列入了轻集料混凝土砌块建筑的设计和施工规定。规范应用了 JGJ/T 14 收集的砌体强度试验数据。

规范应用的试验资料为吉林、黑龙江两省火山渣、浮石、陶粒混凝土砌块砌体强度试验数据 48 组 243 个试件，其中多排孔单砌砌体试件共 17 组 109 个试件，多排孔组砌砌体 21 组 70 个试件，单排孔砌体 10 组 64 个试件。多排孔单砌砌体强度试验值 f' 和公式平均值 f_m 比值为 1.615，变异系数为 0.104。多排孔组砌砌体强度试验值 f' 和公式平均值 f_m 比值为 1.003，变异系数为 0.202。从统计参数分析，多排孔单砌强度较高，组砌后明显偏低，考虑多排孔砌块砌体强度和单排孔砌块砌体强度有差别，同时偏于安全考虑，本次修订对孔洞率不大于 35% 的双排孔或多排孔轻骨料混凝土砌块砌体的抗压强度设计值，按单排孔混凝土砌块砌体强度设计值乘以 1.1 采用。对组砌的砌体的抗压强度设计值乘以 0.8 采用。

值得指出的是，轻集料砌块的建筑应用，应采用以强度等级和密度等级双控的原则，避免只重视块体强度而忽视其耐久性。调查发现，当前许多企业，以生产陶粒砌块为名，代之以大量的炉渣等工业废弃物，严重降低了块材质量，为建筑工程质量埋下隐患。应遵照国家标准《墙体材料应用统一技术规范》GB 50574，对轻集料砌块强度等级和密度等级双控的原则进行质量控制。

7、8 除毛料石砌体和毛石砌体的抗压强度设计值作了适当降低外，条文未作修改。

本条中砌筑砂浆等级为 0 的砌体强度，为供施工验算时采用。

3.2.2 沿砌体灰缝截面破坏时砌体的轴心抗拉强度设计值、弯曲抗拉强度设计值和抗剪强度设计值是涉及砌体结构设计安全的重要指标。本条文也增加了混凝土砖、混凝土多孔砖砌体灰缝截面破坏时砌体的轴心抗拉强度设计值、弯曲抗拉强度设计值和抗剪强度设计值。

近年来长沙理工大学、沈阳建筑大学、中国建筑东北设计研究院有限公司等单位对混凝土砖、混凝土多孔砖沿砌体灰缝截面破坏时砌体的轴心抗拉强度、弯曲抗拉强度和抗剪强度进行了系统的试验研究，研究成果表明，混凝土砖、混凝土多孔砖的上述强度均高于烧结普通砖砌体，为可靠，本次修订不作提高。

蒸压灰砂砖砌体抗剪强度系根据湖南大学、重庆市建筑科学研究院和长沙市城建科研所的通缝抗剪强度试验资料，以及《蒸压灰砂砖砌体结构设计与施工规程》CECS 20：90 的抗剪强度指标确定的。灰砂砖砌体的抗剪强度各地区的试验数据有差异，主要原因是各地区生产的灰砂砖所用砂的细度和生产工艺（半干压法压制成型）不同，以及采用的试验方法和砂浆试块采用的底模砖不同引起。本次修订以双剪试验方法和以灰砂砖作砂浆试块底模的试验数据为依据，并考虑了灰砂砖砌体通缝抗剪强度的变异。根据试验资料，蒸压灰砂砖砌体的抗剪强度设计值较烧结普通砖砌体的抗剪强度有较大的降低。用普通砂浆砌筑的蒸压灰砂砖砌体的抗剪强度取砖砌体抗剪强度的0.70 倍。

蒸压粉煤灰砖砌体抗剪强度取值依据四川省建筑科学研究院、沈阳建筑大学和长沙理工大学的研究报告，其抗剪强度较烧结普通砖砌体的抗剪强度有较大降低，用普通砂浆砌筑的蒸压粉煤灰砖砌体抗剪强度设计值取烧结普通砖砌体抗剪强度的 0.70 倍。

为有效提高蒸压硅酸盐砖砌体的抗剪强度，确保结构的工程质量，应积极推广、应用专用砌筑砂浆。表中的砌筑砂浆为普通砂浆，当该类砖采用专用砂浆砌筑时，其砌体沿砌体灰缝截面破坏时砌体的轴心抗拉强度设计值、弯曲抗拉强度设计值和抗剪强度设计

值按普通烧结砖砌体的采用。当专用砂浆的砌体抗剪强度高于烧结普通砖砌体时，其砌体抗剪强度仍取烧结普通砖砌体的强度设计值。

轻集料混凝土砌块砌体的抗剪强度指标系根据黑龙江、吉林等地区抗剪强度试验资料。共收集 16 组89 个试验数据，试验值 f' 和混凝土砌块抗剪强度平均值 $f_{v,m}$ 的比值为 1.41。对于孔洞率小于或等于35％的双排孔或多排孔砌块砌体的抗剪强度按混凝土砌块砌体抗剪强度乘以 1.1 采用。

单排孔且孔对孔砌筑混凝土砌块灌孔砌体的通缝抗剪强度是本次修订中增加的内容，主要依据湖南大学 36 个试件和辽宁建筑科学研究院 66 个试件的试验资料，试件采用了不同的灌孔率。砂浆强度和砌块强度，通过分析灌孔后通缝抗剪强度和灌孔率。灌孔砌体的抗压强度有关，回归分析的抗剪强度平均值公式为：

$$f_{vg,m} = 0.32 f_{g,m}^{0.55}$$

试验值 $f'_{v,m}$ 和公式值 $f_{vg,m}$ 的比值为 1.061，变异系数为 0.235。

灌孔后的抗剪强度设计值公式为：$f_{vg} = 0.208 f_g^{0.55}$，取 $f_{vg} = 0.20 f_g^{0.55}$。

需指出，承重单排孔混凝土空心砌块砌体对穿孔（上下皮砌块孔与孔相对）是保证混凝土砌块与砌筑砂浆有效粘结、成型混凝土芯柱所必需的条件。目前我国多数企业生产的砌块对此均欠考虑，生产的块材往往不能满足砌筑时的孔对孔，其砌体通缝抗剪能力必然比按规范计算结构有所降低。工程实践表明，由于非对穿孔墙体砂浆的有效粘结面少、墙体的整体性差，已成为空心砌块建筑墙体渗、漏、裂的主要原因，也成为震害严重的原因之一（玉树震害调查表明，用非对穿孔空心砌块砌墙及专用砂浆的缺失，成为当地空心砌块建筑毁坏的原因之一）。故必须对此予以强调，要求设备制作企业在空心砌块模具的加工时，就应对块材的应用情况有所了解。

3.2.3 因砌体强度设计值调整系数关系到结构的安全，故将本条定为强制性条文。水泥砂浆调整系数在73 及 88 规范中基本参照苏联规范，由专家讨论确定的调整系数。四川省建筑科学研究院对大孔洞率条型孔多孔砖砌体力学性能试验表明，中、高强度水泥砂浆对砌体抗压强度和砌体抗剪强度无不利影响。试验表明，当 $f_2 \geqslant 5MPa$ 时，可不调整。本规范仍保持2001 规范的取值，偏于安全。

3.2.5 全国 65 组 281 个灌孔混凝土砌块砌体试件试验结果分析表明，2001 规范中单排孔对孔砌筑的灌孔混凝土砌块砌体弹性模量取值偏低，低估了灌孔混凝土砌块砌体墙的水平刚度，对框支灌孔混凝土砌块砌体剪力墙和灌孔混凝土砌块砌体房屋的抗震设计偏于不安全。由理论和试验结果分析、统计，并参照国外有关标准的取值，取 $E = 2000 f_g$。

因为弹性模量是材料的基本力学性能，与构件尺寸等无关，而强度调整系数主要是针对构件强度与材料强度的差别进行的调整，故弹性模量中的砌体抗压强度值不需用3.2.3条进行调整。

本条增加了砌体的收缩率，因国内砌体收缩试验数据少。本次修订主要参考了块体的收缩、长沙理工大学的试验数据，并参考了ISO/TC 179/SCI的规定，经分析确定的。砌体的收缩和块体的上墙含水率、砌体的施工方法等有密切关系。如当地有可靠的砌体收缩率的试验数据，亦可采用当地试验数据。

长沙理工大学、郑州大学等单位的试验结果表明，混凝土多孔砖的力学指标抗压强度和弹性模量与烧结砖相同，混凝土多孔砖的其他物理指标与混凝土砌块相同，如摩擦系数和线膨胀系数是参考本规范中混凝土小砌块砌体取值的。

4 基本设计规定

4.1 设计原则

4.1.1～4.1.5 根据《建筑结构可靠度设计统一标准》GB 50068，结构设计仍采用概率极限状态设计原则和分项系数表达的计算方法。本次修订，根据我国国情适当提高了建筑结构的可靠度水准；明确了结构和结构构件的设计使用年限的含意、确定和选择；并根据建设部关于适当提高结构安全度的指示，在第4.1.5条作了几个重要改变：

1　针对以自重为主的结构构件，永久荷载的分项系数增加了1.35的组合，以改进自重为主构件可靠度偏低的情况；

2　引入了《施工质量控制等级》的概念。

长期以来，我国设计规范的安全度未和施工技术、施工管理水平等挂钩，而实际上它们对结构的安全度影响很大。因此为保证规范规定的安全度，有必要考虑这种影响。发达国家在设计规范中明确地提出了这方面的规定，如欧共体规范、国际标准。我国在学习国外先进管理经验的基础上，并结合我国的实际情况，首先在《砌体工程施工及验收规范》GB 50203-98中规定了砌体施工质量控制等级。它根据施工现场的质保体系、砂浆和混凝土的强度、砌筑工人技术等级方面的综合水平划为A、B、C三个等级。但因当时砌体规范尚未修订，它无从与现行规范相对应，故其规定的A、B、C三个等级，只能与建筑物的重要性程度相对应。这容易引起误解。而实际的内涵是在不同的施工控制水平下，砌体结构的安全度不应该降低，它反映了施工技术、管理水平和材料消耗水平的关系。因此本规范引入了施工质量控制等级的概念，考虑到一些具体情况，砌体规范只规定了B级和C级施工质量控制等级。当采用C级时，砌体强度设计值应乘第3.2.3条的γ_a，$\gamma_a=0.89$；当采用A级施工质量控制等级时，可将表中砌体强度设计值提高5%。施工质量控制等级的选择主要根据设计和建设单位商定，并在工程设计图中明确设计采用的施工质量控制等级。

因此本规范中的A、B、C三个施工质量控制等级应按《砌体结构工程施工质量验收规范》GB 50203中对应的等级要求进行施工质量控制。

但是考虑到我国目前的施工质量水平，对一般多层房屋宜按B级控制。对配筋砌体剪力墙高层建筑，设计时宜选用B级的砌体强度指标，而在施工时宜采用A级的施工质量控制等级。这样做是有意提高这种结构体系的安全储备。

4.1.6 在验算整体稳定性时，永久荷载效应与可变荷载效应符号相反，而前者对结构起有利作用。因此，若永久荷载分项系数仍取同号效应时相同的值，则将影响构件的可靠度。为了保证砌体结构和结构构件具有必要的可靠度，故当永久荷载对整体稳定有利时，取$\gamma_G=0.8$。本次修订增加了永久荷载控制的组合项。

4.2 房屋的静力计算规定

取消上刚下柔多层房屋的静力计算方案及原附录的计算方法。这是考虑到这种结构存在着显著的刚度突变，在构造处理不当或偶发事件中存在着整体失效的可能性。况且通过适当的结构布置，如增加横墙，可成为符合刚性方案的结构，既经济又安全的砌体结构静力方案。

4.2.5 第3款，计算表明，因屋盖梁下砌体承受的荷载一般较楼盖梁小，承载力裕度较大，当采用楼盖梁的支承长度后，对其承载力影响很小。这样做以简化设计计算。板下砌体的受压和梁下砌体受压是不同的。板下是大面积接触，且板的刚度要比梁的小得多，而所受荷载也要小得多，故板下砌体应力分布要平缓得多。根据《国际标准》ISO 9652-1规定：楼面活荷载不大于5kN/m² 时，偏心距 $e=0.05(l_1-l_2)\leqslant h/3$。式中 l_1、l_2 分别为墙两侧板的跨度，h墙厚。当墙厚小于200mm时，该偏心距应乘以折减系数 $h/200$；当双向板跨比达到1∶2时，板的跨度可取短边长的2/3。考虑到我国砌体房屋多年的工程经验和梁传荷载下支承压力方法的一致性原则，则取 $0.4a$ 是安全的也是对规范的补充。

第4款，即对于梁跨度大于9m的墙承重的多层房屋，应考虑梁端约束弯矩影响的计算。

试验表明上部荷载对梁端的约束随压应力的增大呈下降趋势，在砌体局压临破坏时约束基本消失。但在使用阶段对于跨度比较大的梁，其约束弯矩对墙体受力影响应予考虑。根据三维有限元分析，$a/h=0.75$，$l=5.4m$，上部荷载 $\sigma_0/f_m=0.1$、0.2、0.3、

0.4 时，梁端约束弯矩与按框架分析的梁端弯矩的比值分别为 0.28、0.377、0.449、0.511。为了设计方便，将其替换为梁端约束弯矩与梁固端弯矩的比值 K，分别为 8.3%、12.2%、16.6%、21.4%。为此拟合成公式 4.2.5 予以反映。

本方法也适用于上下墙厚不同的情况。

4.2.6 根据表 4.2.6 所列条件（墙厚 240mm）验算表明，由风荷载引起的应力仅占竖向荷载的 5% 以下，可不考虑风荷载影响。

4.3 耐久性规定

砌体结构的耐久性包括两个方面，一是对配筋砌体结构构件的钢筋的保护，二是对砌体材料保护。原规范中虽均有反映，但比较分散，而且对砌体耐久性的要求或保护措施相对比较薄弱一些。因此随着人们对工程结构耐久性要求的关注，有必要对砌体结构的耐久性进行增补和完善并单独作为一节。砌体结构的耐久性与钢筋混凝土结构既有相同处但又有一些优势。相同处是指砌体结构中的钢筋保护增加了砌体部分，而比混凝土结构的耐久性好，无筋砌体尤其是烧结类砖砌体的耐久性更好。本节耐久性规定主要根据工程经验并参照国内外有关规范增补的：

1 关于环境类别

环境类别主要根据国际标准《配筋砌体结构设计规范》ISO 9652‐3 和英国标准 BS5628。其分类方法和我国《混凝土结构设计规范》GB 50010 很接近。

2 配筋砌体中钢筋的保护层厚度要求，英国规范比美国规范更严，而国际标准有一定灵活性表现在：

1）英国规范认为砖砌体或其他材料具有吸水性，内部允许存在渗流，因此就钢筋的防腐要求而论，砌体保护层几乎起不到防腐作用，可忽略不计。另外砂浆的防腐性能通常较相同厚度的密实混凝土防腐性能差，因此在相同暴露情况下，要求的保护层厚度通常比混凝土截面保护层大。

2）国际标准与英国标准要求相同，但在砌体块体和砂浆满足抗渗性能要求条件下钢筋的保护层可考虑部分砌体厚度。

3）据 UBC 砌体规范 2002 版本，其对环境仅有室内正常环境和室外或暴露于地基土中两类，而后者的钢筋保护层，当钢筋直径大于 No.5（$\phi = 16$）不小于 2 英寸（50.8mm），当不大于 No.5 时不小于 1.5 英寸（38.1mm）。在条文解释中，传统的钢筋是不镀锌的，砌体保护层可以延缓钢筋的锈蚀速度，保护层厚度是指从砌体外表面到钢筋最外层的距离。如果横向钢筋围着主筋，则应从箍筋的最外边缘测量。

砌体保护层包括砌块、抹灰层、面层的厚度。在水平灰缝中，钢筋保护层厚度是指从钢筋的最外缘到抹灰层外表面的砂浆和面层总厚度。

4）本条的 5 类环境类别对应情况下钢筋混凝土保护层厚度采用了国际标准的规定，并在环境类别 1～3 时给出了采用防渗块材和砂浆时混凝土保护的低限值，并参照国外规范规定了某些钢筋的防腐镀（涂）层的厚度或等效的保护。随着新防腐材料或技术的发展也可采用性价比更好、更节能环保的钢筋防护材料。

5）砌体中钢筋的混凝土保护层厚度要求基本上同混凝土规范，但适用的环境条件也根据砌体结构复合保护层的特点有所扩大。

3 无筋砌体

无筋高强度等级砖石结构经历数百年和上千年考验其耐久性是不容置疑的。对非烧结块材、多孔块材的砌体处于冻胀或某些侵蚀环境条件下其耐久性易于受损，故提高其砌体材料的强度等级是最有效和普遍采用的方法。

地面以下或防潮层以下的砌体采用多孔砖或混凝土空心砌块时，应将其孔洞预先用不低于 M10 的水泥砂浆或不低于 Cb20 的混凝土灌实，不应随砌随灌，以保证灌孔混凝土的密实度及质量。

鉴于全国范围内的蒸压灰砂砖、蒸压粉煤灰砖等蒸压硅酸盐砖的制砖工艺、制造设备等有着较大的差异，砖的品质不尽一致；又根据国家现行的材料标准，本次修订规定，环境类别为 3～5 等有侵蚀性介质的情况下，不应采用蒸压灰砂砖和蒸压粉煤灰砖。

5 无筋砌体构件

5.1 受压构件

5.1.1、5.1.5 无筋砌体受压构件承载力的计算，具有概念清楚、方便技术的特点，即：

1 轴向力的偏心距按荷载设计值计算。在常遇荷载情况下，直接采用其设计值代替标准值计算偏心距，由此引起承载力的降低不超过 6%。

2 承载力影响系数 φ 的公式，不仅符合试验结果，且计算简化。

综合上述 1 和 2 的影响，新规范受压构件承载力与原规范的承载力基本接近，略有下调。

3 计算公式按附加偏心距分析方法建立，与单向偏心受压构件承载力的计算公式相衔接，并与试验结果吻合较好。湖南大学 48 根短柱和 30 根长柱的双向偏心受压试验表明，试验值与本方法计算值的平均比值，对于短柱为 1.236，长柱为 1.329，其变异系数分别为 0.103 和 0.163。而试验值与苏联规范计算值的平均比值，对于短柱为 1.439，对于长柱为 1.478，其变异系数分别为 0.163 和 0.225。此外，试验表明，当 $e_b>0.3b$ 和 $e_h>0.3h$ 时，随着荷载的增加，砌体内水平裂缝和竖向裂缝几乎同时产生，甚至水平裂缝较竖向裂缝出现早，因而设计双向偏心受压构件时，对偏心距的限值较单向偏心受压时偏心距的限值规定得小些是必要的。分析还表明，当一个方向的偏心率（如 e_b/b）不大于另一个方向的偏心率（如 e_h/h）的 5% 时，可简化按另一方向的单向偏心受压（如 e_h/h）计算，其承载力的误差小于 5%。

5.2 局 部 受 压

5.2.4 关于梁端有效支承长度 a_0 的计算公式，规范提供了 $a_0=38\sqrt{\dfrac{N_l}{bf\tan\theta}}$，和简化公式 $a_0=10\sqrt{\dfrac{h_c}{f}}$，如果前式中 $\tan\theta$ 取 1/78，则也成了近似公式，而且 $\tan\theta$ 取为定值后反而与试验结果有较大误差。考虑到两个公式计算结果不一样，容易在工程应用上引起争端，为此规范明确只列后一个公式。这在常用跨度梁情况下和精确公式误差约为 15%，不致影响局部受压安全度。

5.2.5 试验和有限元分析表明，垫块上表面 a_0 较小，这对于垫块下局压承载力计算影响不是很大（有垫块时局压应力大为减小），但可能对其下的墙体受力不利，增大了荷载偏心距，因此有必要给出垫块上表面梁端有效支承长度 a_0 计算方法。根据试验结果，考虑与现浇垫块局部承载力相协调，并经分析简化也采用公式（5.2.4-5）的形式，只是系数另外作了具体规定。

对于采用与梁端现浇成整体的刚性垫块与预制刚性垫块下局压有些区别，但为简化计算，也可按后者计算。

5.2.6 梁搁置在圈梁上则存在出平面不均匀的局部受压情况，而且这是大多数的受力状态。经过计算分析考虑了柔性垫梁不均匀局压情况，给出 $\delta_2=0.8$ 的修正系数。

此时 a_0 可近似按刚性垫块情况计算。

5.5 受 剪 构 件

5.5.1 根据试验和分析，砌体沿通缝受剪构件承载力可采用复合受力影响系数的剪摩理论公式进行计算。

1 公式（5.5.1-1）～公式（5.5.1-3）适用于烧结的普通砖、多孔砖、蒸压的灰砂砖和粉煤灰砖以及混凝土砌块等多种砌体构件水平抗剪计算。该式系由重庆建筑大学在试验研究基础上对包括各类砌体的国内 19 项试验数据进行统计分析的结果。此外，因砌体竖缝抗剪强度很低，可将阶梯形截面近似按其水

平投影的水平截面来计算。

2 公式（5.5.1）的模式系基于剪压复合受力相关性的两次静力试验，包括 M2.5、M5.0、M7.5 和 M10 等四种砂浆与 MU10 页岩砖共 231 个数据统计回归而得。此相关性亦为动力试验所证实。研究结果表明：砌体抗剪强度并非如摩尔和库仑两种理论随 σ_0/f_m 的增大而持续增大，而是在 $\sigma_0/f_m=0\sim0.6$ 区间增长逐步减慢；而当 $\sigma_0/f_m>0.6$ 后，抗剪强度迅速下降，以致 $\sigma_0/f_m=1.0$ 时为零。整个过程包括了剪摩、剪压和斜压等三个破坏阶段与破坏形态。当按剪摩公式形式表达时，其剪压复合受力影响系数 μ 非定值而为斜直线方程，并适用于 $\sigma_0/f_m=0\sim0.8$ 的近似范围。

3 根据国内 19 份不同试验共 120 个数据的统计分析，实测抗剪承载力与按有关公式计算值之比值的平均值为 0.960，标准差为 0.220，具有 95% 保证率的统计值为 0.598（≈0.6）。又取 $\gamma_1=1.6$ 而得出（5.5.1）公式系列。

4 式中修正系数 α 系通过对常用的砖砌体和混凝土空心砌块砌体，当用于四种不同开间及楼（屋）盖结构方案时可能导致的最不利承重墙，采用（5.5.1）公式与抗震设计规范公式抗剪强度之比较分析而得出的，并根据 $\gamma_G=1.2$ 和 1.35 两种荷载组合以及不同砌体类别而取用不同的 α 值。引入 α 系数意在考虑试验与工程实验的差异，统计数据有限以及与现行两本规范衔接过渡，从而保持大致相当的可靠度水准。

5 简化公式中 σ_0 定义为永久荷载设计值引起的水平截面压应力。根据不同的荷载组合而有与 $\gamma_G=1.2$ 和 1.35 相应的（5.5.1-2）及（5.5.1-3）等不同 μ 值计算公式。

6 构 造 要 求

6.1 墙、柱的高厚比验算

6.1.1 由于配筋砌体的使用越来越普遍，本次修订增加了配筋砌体的内容，因此本节也相应增加了配筋砌体高厚比的限值。由于配筋砌体的整体性比无筋砌体好，刚度较无筋砌体大，因此在无筋砌体高厚比最高限值为 28 的基础上作了提高，配筋砌体高厚比最高限值为 30。

6.1.2 墙中设混凝土构造柱时可提高墙体使用阶段的稳定性和刚度，设混凝土构造柱墙在使用阶段的允许高厚比提高系数 μ_c，是在对设混凝土构造柱的各种砖墙、砌块墙和石砌墙的整体稳定性和刚度进行分析后提出的偏下限公式。为与组合砖墙承载力计算相协调，规定 $b_c/l>0.25$（即 $l/b_c<4$ 时取 $l/b_c=4$）；当 $b_c/l<0.05$（即 $l/b_c>20$）时，表明构造柱间距过

大，对提高墙体稳定性和刚度作用已很小。

由于在施工过程中大多是先砌筑墙体后浇筑构造柱，应注意采取措施保证设构造柱墙在施工阶段的稳定性。

对壁柱间墙或带构造柱墙的高厚比验算，是为了保证壁柱间墙和带构造柱墙的局部稳定。如高厚比验算不能满足公式（6.1.1）要求时，可在墙中设置钢筋混凝土圈梁。当圈梁宽度 b 与相邻壁柱间或相邻构造柱间的距离 s 的比值 $b/s \geqslant 1/30$ 时，圈梁可视作不动铰支点。当相邻壁柱间的距离 s 较大，为满足上述要求，圈梁宽度 $b < s/30$ 时，可按等刚度原则增加圈梁高度。

6.1.3 用厚度小于 90mm 的砖或块材砌筑的隔墙，当双面用较高强度等级的砂浆抹灰时，经部分地区工程实践证明，其稳定性满足使用要求。本次修订时增加了对于厚度小于 90mm 的墙，当抹灰层砂浆强度等级等于或大于 M5 时，包括抹灰层的墙厚达到或超过90mm 时，可按 $h = 90$mm 验算高厚比的规定。

6.1.4 对有门窗洞口的墙 $[\beta]$ 的修正系数 μ_2，系根据弹性稳定理论并参照实践经验拟定的。根据推导，μ_2 尚与门窗高度有关，按公式（6.1.4）算得的 μ_2，约相当于门窗洞高为墙高 2/3 时的数值。当洞口高度等于或小于墙高 1/5 时，可近似采用 μ_2 等于 1.0。当洞口高度大于或等于墙高的 4/5 时，门窗洞口墙的作用已较小。因此，在本次修编中，对当洞口高度大于或等于墙高的 4/5 时，作了较严格的要求，按独立墙段验算高厚比。这在某些仓库建筑中会遇到这种情况。

6.2 一般构造要求

6.2.1 本条是强制性条文，汶川地震灾害的经验表明，预制钢筋混凝土板之间有可靠连接，才能保证楼面板的整体作用，增加墙体约束，减小墙体竖向变形，避免楼板在较大位移时坍塌。

该条是保整结构安全与房屋整体性的主要措施之一，应严格执行。

6.2.2 工程实践表明，墙体转角处和纵横墙交接处设拉结钢筋是提高墙体稳定性和房屋整体性的重要措施之一。该项措施对防止墙体温度或干缩变形引起的开裂也有一定作用。调查发现，一些开有大（多）孔洞的块材墙体，其设于墙体灰缝内的拉结钢筋大多放到了孔洞处，严重影响了钢筋的拉结。研究表明，由于多孔砖孔洞的存在，钢筋在多孔砖砌体灰缝内的锚固承载力小于同等条件下在实心砖砌体灰缝内的锚固承载力。根据试验数据和可靠性分析，对于孔洞率不大于 30% 的多孔砖，墙体水平灰缝拉结筋的锚固长度应为实心砖墙体的 1.4 倍。为保障墙体的整体性能与安全，特制定此条文，并将其定为强制性条文。

6.2.4 在砌体中留槽及埋设管道对砌体的承载力影响较大，故本条规定了有关要求。

6.2.6 同 2001 规范相应条文关于梁下不同材料支承墙体时的规定。

6.2.8 对厚度小于或等于 240mm 的墙，当梁跨度大于或等于本条规定时，其支承处宜加设壁柱。如设壁柱后影响房间的使用功能。也可采用配筋砌体或在墙中设钢筋混凝土柱等措施对墙体予以加强。

6.2.11 本条根据工程实践将砌块墙与后砌隔墙交接处的拉结钢筋网片的构造具体化，并加密了该网片沿墙高设置的间距（400mm）。

6.2.12 为增强混凝土砌块房屋的整体性和抗裂能力和工程实践经验提出了本规定。为保证灌实质量，要求其坍落度为 160mm～200mm 的专用灌孔混凝土（Cb）。

6.2.13 混凝土小型砌块房屋在顶层和底层门窗洞口两边易出现裂缝，规定在顶层和底层门窗洞口两边200mm 范围内的孔洞用混凝土灌实，为保证灌实质量，要求混凝土坍落度为 160mm～200mm。

6.3 框架填充墙

6.3.1 本条系新增加内容。主要基于以往历次大地震，尤其是汶川地震的震害情况表明，框架（含框剪）结构填充墙等非结构构件均遭到不同程度破坏，有的损害甚至超出了主体结构，导致不必要的经济损失，尤其高级装饰条件下的高层建筑的损失更为严重。同样也曾发生过受较大水平风荷载作用而导则墙体毁坏并殃及地面建筑、行人的案例。这种现象应引起人们的广泛关注，防止或减轻该类墙体震害及强风作用的有效设计方法和构造措施已成为工程界的急需和共识。

现行国家标准《建筑抗震设计规范》GB 50011已对属非结构构件的框架填充墙的地震作用的计算有详细规定，本规范不再列出。

6.3.3

1 填充墙选用轻质砌体材料可减轻结构重量、降低造价、有利于结构抗震；

2 填充墙体材料强度等级不应过低，否则，当框架稍有变形时，填充墙体就可能开裂，在意外荷载或烈度不高的地震作用时，容易遭到损坏，甚至造成人员伤亡和财产损失；

4 目前有些企业自行研制、开发了夹心复合砌块，即两叶薄型混凝土砌块中间夹有保温层（如EPS、XPS 等），并将其用于框架结构的填充墙。虽然墙的整体宽度一般均大于 90mm，但每片混凝土薄块仅为 30mm～40mm。由于保温夹层较软，不能对混凝土块体构成有效的侧限，因此当混凝土梁（板）变形并压紧墙时，单叶墙会因高厚比过大而出现失稳崩坏，故内外叶间必须有可靠的拉结。

6.3.4 震害经验表明：嵌砌在框架和梁中间的填充

墙砌体，当强度和刚度较大，在地震发生时，产生的水平地震作用力，将会顶推框架梁柱，易造成柱节点处的破坏，所以强度过高的填充墙并不完全有利于框架结构的抗震。本条规定填充墙与框架柱、梁连接处构造，可根据设计要求采用脱开或不脱开的方法。

1 填充墙与框架柱、梁脱开是为了减小地震时填充墙对框架梁、柱的顶推作用，避免混凝土框架的损坏。本条除规定了填充墙与框架柱、梁脱开间隙的构造要求，同时为保证填充墙平面外的稳定性，规定了在填充墙两端的梁、板底及柱（墙）侧增设卡口铁件的要求。

需指出的是，设于填充墙内的构造柱施工时，不需预留马牙槎。柱顶预留的不小于 15mm 的缝隙，则为了防止楼板（梁）受弯变形后对柱的挤压。

2 本款为填充墙与框架采用不脱开的方法时的相应的作法。

调查表明，由于混凝土柱（墙）深入填充墙的拉结钢筋断于同一截面位置，当墙体发生竖向变形时，该部位常常产生裂缝。故本次修订规定埋入填充墙内的拉结筋应错开截断。

6.4 夹 心 墙

为适应我国建筑节能要求，作为高效节能墙体的多叶墙，即夹心墙的设计，在这次修编中，根据我国的试验并参照国外规范的有关规定新增加的一节。2001 规范将"夹心墙"定名为"夹芯墙，为了与国家标准《墙体材料应用统一技术规范》GB 50574 及相关标准相一致，本次修订改为夹心墙。

6.4.1 通过必要的验证性试验，本次修订将 2001 规范规定的夹心墙的夹层厚度不宜大于 100mm 改为 120mm，扩大了适用范围，也为夹心墙内设置空气间层提供了方便。

6.4.2 夹心墙的外叶墙处于环境恶劣的室外，当采用低强度的外叶墙时，易因劣化、脱落而殒物伤人。故对其块体材料的强度提出了较高的要求。本条为强制性条文，应严格执行。

6.4.5 我国的一些科研单位，如中国建筑科学研究院、哈尔滨建筑大学、湖南大学、南京工业大学等先后作了一定数量的夹心墙的静、动力试验（包括钢筋拉结和丁砖拉结等构造方案），并提出了相应的构造措施和计算方法。试验表明，在竖向荷载作用下，拉结件能协调内、外叶墙的变形，夹心墙通过拉结件为内叶墙提供了一定的支持作用，提高了内叶墙的承载力和增加了叶墙的稳定性，在往复荷载作用下，钢筋拉结件能在大变形情况下防止外叶墙失稳破坏，内外叶墙变形协调，共同工作。因此钢筋拉结件对防止已开裂墙体在地震作用下不致脱落、倒塌有重要作用。另外不同拉接方案对比试验表明，采用钢筋拉结件的夹心墙片，不仅破坏较轻，并且其变形能力和承载能

力的发挥也较好。本次修订引入了国外应用较为普遍的可调拉结件，这种拉结件预埋在夹心墙内、外叶墙的灰缝内，利用可调节特性，消除内外叶墙因竖向变形不一致而产生的不利影响，宜采用。

6.4.6 叶墙的拉结件或钢筋网片采用热镀锌进行防腐处理时，其镀层厚度不应小于 290g/m²。采用其他材料涂层应具有等效防腐性能。

6.5 防止或减轻墙体开裂的主要措施

6.5.1 为防止墙体房屋因长度过大由于温差和砌体干缩引起墙体产生竖向整体裂缝，规定了伸缩缝的最大间距。考虑到石砌体、灰砂砖和混凝土砌块与砌体材料性能的差异，根据国内外有关资料和工程实践经验对上述砌体伸缩缝的最大间距予以折减。

按表 6.5.1 设置的墙体伸缩缝，一般不能同时防止由于钢筋混凝土屋盖的温度变形和砌体干缩变形引起的墙体局部裂缝。

6.5.2

1 屋面设置保温、隔热层的规定不仅适用与设计，也适用于施工阶段，调查发现，一些砌体结构工程的混凝土屋面由于未对板材采取应有的防晒（冻）措施，混凝土构件在裸露环境下所产生的温度应力将顶层墙体拉裂现象，故也应对施工期的混凝土屋盖应采取临时的保温、隔热措施。

2～8 为了防止和减轻由于钢筋混凝土屋盖的温度变化和砌体干缩变形以及其他原因引起的墙体裂缝，本次修编将国内外比较成熟的一些措施列出，使用者可根据自己的具体情况选用。

对顶层墙体施加预应力的具体方法和构造措施如下：

①在顶层端开间纵向墙体布置без张无粘结预应力钢筋，预应力钢筋可采用热轧 HRB400 钢筋，间距宜为 400mm～600mm，直径宜为 16mm～18mm，预应力钢筋的张拉控制应力宜为 $0.50～0.65f_{yk}$，在墙体内产生 0.35MPa～0.55MPa 的有效压应力，预应力总损失可取 25%；

②采用后张法施加预应力，预应力钢筋可采用扭矩扳手或液压千斤顶张拉，扭矩扳手使用前需进行标定，施加预应力时，砌体抗压强度及混凝土立方体抗压强度不宜低于设计值的 80%；

③预应力钢筋下端（固定端）可以锚固于下层楼面圈梁内，锚固长度不宜小于 30d，预应力钢筋上端（张拉端）可采用螺丝端杆锚具锚固于屋面圈梁上，屋面圈梁应进行局部承压验算；

④预应力钢筋应采取可靠的防锈措施，可直接在钢筋表面涂刷防腐涂料、包缠防腐材料等措施。

防止墙体裂缝的措施尚在不断总结和深化，故不限于所列方法。当有实践经验时，也采用其他措施。

6.5.4 本条原是考虑到蒸压灰砂砖、混凝土砌块和其他非烧结砖砌体的干缩变形较大，当实体墙长超过5m时，往往在墙体中部出现两端小、中间大的竖向收缩裂缝，为防止或减轻这类裂缝的出现，而提出的一条措施。该项措施也适合于其他墙体材料设计时参考使用，因此此次修编，去掉了墙体材料的限制。

6.5.5 本条原是根据混凝土砌块房屋在这些部位易出现裂缝，并参照一些工程设计经验和标通图，提出的有关措施。该项措施也可供其他墙体材料设计时参考使用，因此此次修编，去掉了混凝土砌块房屋的限制。

6.5.6 由于填充墙与框架柱、梁的缝隙采用了聚苯乙烯泡沫塑料板条或聚氨酯发泡材料充填，且用硅酮胶或其他弹性密封材料封缝，为防止该部位裂缝的显现，亦采用耐久、耐看的缝隙装饰条进行建筑构造处理。

6.5.7 关于控制缝的概念主要引自欧、美规范和工程实践。它主要针对高收缩率砌体材料，如非烧结砖和混凝土砌块，其干缩率为 0.2mm/m～0.4mm/m，是烧结砖的 2～3 倍。因此按对待烧结砖砌体结构的温度区段和抗裂措施是远远不够的。在本规范 6.2 节的不少条的措施是针对这个问题的，亦显然是不完备的。按照欧美规范，如英国规范规定，对黏土砖砌体的控制间距为 10m～15m，对混凝土砌块和硅酸盐砖（本规范指的是蒸压灰砂砖、粉煤灰砖等）砌体一般不应大于 6m；美国混凝土协会（ACI）规定，无筋砌体的最大控制缝间距为 12m～18m，配筋砌体的控制缝不超过 30m。这远远超过我国砌体规范温度区段的间距。这也是按本规范的温度区段和有关抗裂构造措施不能消除在砌体房屋中裂缝的一个重要原因。控制缝是根据砌体材料的干缩特性，把较长的砌体房屋的墙体划分成若干个较小的区段，使砌体因温度、干缩变形引起的应力或裂缝很小，而达到可以控制的地步，故称控制缝（control joint）。控制缝为单墙设缝，不同我国普遍采用的双墙温度缝。该缝沿墙长方向能自己伸缩，而在墙体出平面则能承受一定的水平力。因此该缝材料还对防水密封有一定要求。关于在房屋纵墙上，按本条规定设缝的理论分析是这样的；房屋墙体刚度变化、高度变化均会引起变形突变，正是裂缝的多发处，而在这些位置设置控制缝就解决了这个问题，但随之提出的问题是，留控制缝后对砌体房屋的整体刚度有何影响，特别是对房屋的抗震影响如何，是个值得关注的问题。哈尔滨工业大学对一般七层砌体住宅，在顶层按 10m 左右在纵墙的门或窗洞部位设置控制缝进行了抗震分析，其结论是：控制缝引起的墙体刚度降低很小，至少在低烈度区，如不大于 7 度情况下，是安全可靠的。控制缝在我国因系新作法，在实施上需结合工程情况设置控制缝和适合的嵌缝材料。这方面的材料可参见《现代砌体结构—全国砌体结构学术会议论文集》（中国建筑工业出版社 2000）。本条控制缝宽度取值是参照美国规范 ACI 530.1-05/ASCE 6-05/TMS 602-05 的规定。

6.5.8 根据夹心墙热效应及叶墙间的变形性差异（内叶墙受到外叶墙保护、内、外叶墙间变形不同）使外叶墙更易产生裂缝的特点，规定了这种墙体设置控制缝的间距。

7 圈梁、过梁、墙梁及挑梁

7.1 圈 梁

7.1.2、7.1.3 该两条所表述的圈梁设置涉及砌体结构的安全，故将其定为强制性条文。根据近年来工程反馈信息和住房商品化对房屋质量要求的不断提高，加强了多层砌体房屋圈梁的设置和构造。这有助于提高砌体房屋的整体性、抗震和抗倒塌能力。

7.1.6 由于预制混凝土楼、屋盖普遍存在裂缝，许多地区采用了现浇混凝土楼板，为此提出了本条的规定。

7.2 过 梁

7.2.1 本条强调过梁宜采用钢筋混凝土过梁。

7.2.3 砌有一定高度墙体的钢筋混凝土过梁按受弯构件计算严格说是不合理的。试验表明过梁也是偏拉构件。过梁与墙梁并无明确分界定义，主要差别在于过梁支承于平行的墙体上，且支承长度较长；一般跨度较小，承受的梁板荷载较小。当过梁跨度较大或承受较大梁板荷载时，应按墙梁设计。

7.3 墙 梁

7.3.1 本条较原规范的规定更为明确。

7.3.2 墙梁构造限值尺寸，是墙梁构件结构安全的重要保证，本条规定墙梁设计应满足的条件。关于墙体总高度、墙梁跨度的规定，主要根据工程经验。$\frac{h_w}{l_{0i}} \geqslant 0.4\left(\frac{1}{3}\right)$ 的规定是为了避免墙体发生斜拉破坏。

托梁是墙梁的关键构件，限制 $\frac{h_b}{l_{0i}}$ 不致过小不仅从承载力方面考虑，而且较大的托梁刚度对改善墙体抗剪性能和托梁支座上部砌体局部受压性能也是有利的，对承重墙梁改为 $\frac{h_b}{l_{0i}} \geqslant \frac{1}{10}$。但随着 $\frac{h_b}{l_{0i}}$ 的增大，竖向荷载向跨中分布，而不是向支座集聚，不利于组合作用充分发挥，因此，不应采用过大的 $\frac{h_b}{l_{0i}}$。洞宽和洞高限制是为了保证墙体整体性并根据试验情况作出的。偏开洞口对墙梁组合作用发挥是极不利的，洞口外墙肢过小，极易剪坏或被推出破坏，限制洞距 a_i

及采取相应构造措施非常重要。对边支座为 $a_i \geqslant 0.15l_{0i}$；增加中支座 $a_i \geqslant 0.07l_{0i}$ 的规定。此外，国内、外均进行过混凝土砌块砌体和轻质混凝土砌块砌体墙梁试验，表明其受力性能与砖砌体墙梁相似。故采用混凝土砌块砌体墙梁可参照使用。而大开间墙梁模型拟动力试验和深梁试验表明，对称开两个洞的墙梁和偏开一个洞的墙梁受力性能类似。对多层房屋的纵向连续墙梁每跨对称开两个窗洞时也可参照使用。

本次修订主要作了以下修改：

1) 近几年来，混凝土普通砖砌体、混凝土多孔砖砌体和混凝土砌块砌体在工程中有较多应用，故增加了由这三种砌体组成的墙梁。

2) 对于多层房屋的墙梁，要求洞口设置在相同位置并上、下对齐，工程中很难做到，故取消了此规定。

7.3.3 本条给出与第 7.3.1 条相应的计算简图。计算跨度取值系根据墙梁为组合深梁，其支座应力分布比较均匀而确定的。墙体计算高度仅取一层层高是偏于安全的，分析表明，当 $h_w > l_0$ 时，主要是 $h_w = l_0$ 范围内的墙体参与组合作用。H_0 取值基于轴拉力作用于托梁中心，h_f 限值系根据试验和弹性分析并偏于安全确定的。

7.3.4 本条分别给出使用阶段和施工阶段的计算荷载取值。承重墙梁在托梁顶面荷载作用下不考虑组合作用，仅在墙梁顶面荷载作用下考虑组合作用。有限元分析及 2 个两层带翼墙的墙梁试验表明，当 $\dfrac{b_f}{l_0} = 0.13 \sim 0.3$ 时，在墙梁顶面已有 $30\% \sim 50\%$ 上部楼面荷载传至翼墙。墙梁支座处的落地混凝土构造柱同样可以分担 $35\% \sim 65\%$ 的楼面荷载。但本条不再考虑上部楼面荷载的折减，仅在墙体受剪和局压计算中考虑翼墙的有利作用，以提高墙梁的可靠度，并简化计算。$1 \sim 3$ 跨 7 层框支墙梁的有限元分析表明，墙梁顶面以上各层集中力可按作用的跨度近似化为均布荷载（一般不超过该层该跨荷载的 30%），再按本节方法计算墙梁承载力是安全可靠的。

7.3.5 试验表明，墙梁在顶面荷载作用下主要发生三种破坏形态，即：由于跨中或洞口边缘处纵向钢筋屈服，以及由于支座上部纵向钢筋屈服而产生的正截面破坏；墙体或托梁斜截面剪切破坏以及托梁支座上部砌体局部受压破坏。为保证墙梁安全可靠地工作，必须进行本条规定的各项承载力计算。计算分析表明，自承重墙梁可满足墙体受剪承载力和砌体局部受压承载力的要求，无需验算。

7.3.6 试验和有限元分析表明，在墙梁顶面荷载作用下，无洞口简支墙梁正截面破坏发生在跨中截面，托梁处于小偏心受拉状态；有洞口简支墙梁正截面破坏发生在洞口内边缘截面，托梁处于大偏心受拉状

态。原规范基于试验结果给出考虑墙梁组合作用，托梁按混凝土偏心受拉构件计算的设计方法及相应公式。其中，内力臂系数 γ 基于 56 个无洞口墙梁试验，采用与混凝土深梁类似的形式，$\gamma = 0.1(4.5 + l_0/H_0)$，计算值与试验值比值的平均值 $\mu = 0.885$，变异系数 $\delta = 0.176$，具有一定的安全储备，但方法过于繁琐。本规范在无洞口和有洞口简支墙梁有限元分析的基础上，直接给出托梁弯矩和轴力计算公式。既保持考虑墙梁组合作用，托梁按混凝土偏心受拉构件设计的合理模式，又简化了计算，并提高了可靠度。托梁弯矩系数 α_M 计算值与有限元值之比；对无洞口墙梁 $\mu = 1.644$，$\delta = 0.101$；对有洞口墙梁 $\mu = 2.705$，$\delta = 0.381$ 托梁轴力系数 η_N 计算值与有限元值之比，$\mu = 1.146$，$\delta = 0.023$；对有洞口墙梁 $\mu = 1.153$，$\delta = 0.262$。对于直接作用在托梁顶面的荷载 Q_1、F_1 将由托梁单独承受而不考虑墙梁组合作用，这是偏于安全的。

连续墙梁是在 21 个连续墙梁试验基础上，根据 2 跨、3 跨、4 跨和 5 跨等跨无洞口和有洞口连续墙梁有限元分析提出的。对于跨中截面，直接给出托梁弯矩和轴拉力计算公式，按混凝土偏心受拉构件设计，与简支墙梁托梁的计算模式一致。对于支座截面，有限元分析表明其为大偏心受压构件，忽略轴压力按受弯构件计算是偏于安全的。弯矩系数 α_M 是考虑各种因素在通常工程应用的范围变化并取最大值，其安全储备是较大的。在托梁顶面荷载 Q_1、F_1 作用下，以及在墙梁顶面荷载 Q_2 作用下均采用一般结构力学方法分析连续托梁内力，计算较简便。

单跨框支墙梁是在 9 个单跨框支墙梁试验基础上，根据单跨无洞口和有洞口框支墙梁有限元分析，对托梁跨中截面直接给出弯矩和轴拉力公式，并按混凝土偏心受拉构件计算，也与简支墙梁托梁计算模式一致。框支墙梁在托梁顶面荷载 q_1、F_1 和墙梁顶面荷载 q_2 作用下分别采用一般结构力学方法分析框架内力，计算较简便。本规范在 19 个双跨框支墙梁试验基础上，根据 2 跨、3 跨和 4 跨无洞口和有洞口框支墙梁有限元分析，对托梁跨中截面也直接给出弯矩和轴力按混凝土偏心受拉构件计算，与单跨框支墙梁协调一致。托梁支座截面也按受弯构件计算。

为简化计算，连续墙梁和框支墙梁采用统一的 α_M 和 η_N 表达式。边跨跨中 α_M 计算值与有限元值之比，对连续墙梁，无洞口时，$\mu = 1.251$，$\delta = 0.095$，有洞口时，$\mu = 1.302$，$\delta = 0.198$；对框支墙梁，无洞口时，$\mu = 2.1$，$\delta = 0.182$，有洞口时，$\mu = 1.615$，$\delta = 0.252$。η_N 计算值与有限元值之比，对连续墙梁，无洞口时，$\mu = 1.129$，$\delta = 0.039$，有洞口时，$\mu = 1.269$，$\delta = 0.181$；对框支墙梁，无洞口时，$\mu = 1.047$，$\delta = 0.181$，有洞口时，$\mu = 0.997$，$\delta = 0.135$。中支座 α_M 计算值与有限元值之比，对连续墙梁，无

洞口时，$\mu=1.715$，$\delta=0.245$，有洞口时，$\mu=1.826$，$\delta=0.332$；对框支墙梁，无洞口时，$\mu=2.017$，$\delta=0.251$，有洞口时，$\mu=1.844$，$\delta=0.295$。

7.3.7 有限元分析表明，多跨框支墙梁存在边柱之间的大拱效应，使边柱轴压力增大，中柱轴压力减少，故在墙梁顶面荷载 Q_2 作用下当边柱轴压力增大不利时应乘以 1.2 的修正系数。框架柱的弯矩计算不考虑墙梁组合作用。

7.3.8 试验表明，墙梁发生剪切破坏时，一般情况下墙体先于托梁进入极限状态而剪坏。当托梁混凝土强度较低，箍筋较少时，或墙体采用构造框架约束砌体的情况下托梁可能稍后剪坏。故托梁与墙体应分别计算受剪承载力。本规范规定托梁受剪承载力统一按受弯构件计算。剪力系数 β_v 按不同情况取值且有较大提高。因而提高了可靠度，且简化了计算。简支墙梁 β_v 计算值与有限元值之比，对无洞口墙梁 $\mu=1.102$，$\delta=0.078$；对有洞口墙梁 $\mu=1.397$，$\delta=0.123$。β_v 计算值与有限元值之比，对连续墙梁边支座，无洞口时 $\mu=1.254$、$\delta=0.135$，有洞口时 $\mu=1.404$、$\delta=0.159$；中支座，无洞口时 $\mu=1.094$、$\delta=0.062$，有洞口时 $\mu=1.098$、$\delta=0.162$。对框支墙梁边支座，无洞口时 $\mu=1.693$、$\delta=0.131$，有洞口时 $\mu=2.011$，$\delta=0.31$；中支座，无洞口时 $\mu=1.588$、$\delta=0.093$，有洞口时 $\mu=1.659$、$\delta=0.187$。

7.3.9 试验表明：墙梁的墙体剪切破坏发生于 $h_w/l_0<0.75\sim0.80$，托梁较强，砌体相对较弱的情况下。当 $h_w/l_0<0.35\sim0.40$ 时发生承载力较低的斜拉破坏，否则，将发生斜压破坏。原规范根据砌体在复合应力状态下的剪切强度，经理论分析得出墙体受剪承载力公式并进行试验验证。并按正交设计方法找出影响显著的因素 h_b/l_0 和 a/l_0；根据试验资料回归分析，给出 $V_2\leqslant\xi_2(0.2+h_b/l_0)hh_wf$。计算值与 47 个简支无洞口墙梁试验结果比较，$\mu=1.062$，$\delta=0.141$；与 33 个简支有洞口墙梁试验结果比较，$\mu=0.966$，$\delta=0.155$。工程实践表明，由于此式给出的承载力较低，往往成为墙梁设计中的控制指标。试验表明，墙梁顶面圈梁（称为顶梁）如同放在砌体上的弹性地基梁，能将楼层荷载部分传至支座，并和托梁一起约束墙体横向变形，延缓和阻滞斜裂缝开展，提高墙体受剪承载力。本规范根据 7 个设置顶梁的连续墙梁剪切破坏试验结果，给出考虑顶梁作用的墙体受剪承载力公式（7.3.9），计算值与试验值之比，$\mu=0.844$，$\delta=0.084$。工程实践表明，墙梁顶面以上集中荷载占各层荷载比值不大，且经各层传递至墙梁顶面已趋均匀，故将墙梁顶面以上各层集中荷载均除以跨度近似化为均布荷载计算。由于翼墙或构造柱的存在，使多层墙梁楼盖荷载向翼墙或构造柱卸荷而减少墙体剪力，改善墙体受剪性能，故采用翼墙影响系数 ξ_1。为了简化计算，单层墙梁洞口影响系数 ξ_2 不再

采用公式表达，与多层墙梁一样给出定值。

7.3.10 试验表明，当 $h_w/l_0>0.75\sim0.80$，且无翼墙，砌体强度较低时，易发生托梁支座上方因竖向正应力集中而引起的砌体局部受压破坏。为保证砌体局部受压承载力，应满足 $\sigma_{ymax}h\leqslant\gamma fh$（$\sigma_{ymax}$ 为最大竖向压应力，γ 为局压强度提高系数）。令 $C=\sigma_{ymax}h/Q_2$ 称为应力集中系数，则上式变为 $Q_2\leqslant\gamma f h/C$。令 $\zeta=\gamma/C$，称为局压系数，即得到（7.3.10-1）式。根据 16 个发生局压破坏的无翼墙墙梁试验结果，$\zeta=0.31\sim0.414$；若取 $\gamma=1.5$，$C=4$，则 $\zeta=0.37$。翼墙的存在，使应力集中减少，局部受压有较大改善；当 $b_f/h=2\sim5$ 时，$C=1.33\sim2.38$，$\zeta=0.475\sim0.747$。则根据试验结果确定（7.3.10-2）式。近年来采用构造框架约束砌体的墙梁试验和有限元分析表明，构造柱对减少应力集中，改善局部受压的作用更明显，应力集中系数可降至 1.6 左右。计算分析表明，当 $b_f/h\geqslant5$ 或设构造柱时，可不验算砌体局部受压承载力。

7.3.11 墙梁是在托梁上砌筑砌体墙形成的。除应限制计算高度范围内墙体每天的可砌高度，严格进行施工质量控制外；尚应进行托梁在施工荷载作用下的承载力验算，以确保施工安全。

7.3.12 为保证托梁与上部墙体共同工作，保证墙梁组合作用的正常发挥，本条对墙梁基本构造要求作了相应的规定。

本次修订，增加了托梁上部通长布置的纵向钢筋面积与跨中下部纵向钢筋面积之比值不应小于 0.4 的规定。

7.4 挑　　梁

7.4.2 对 88 规范中规定的计算倾覆点，针对 $l_1\geqslant2.2h_b$ 时的两个公式，经分析采用近似公式（$x_0=0.3h_b$），和弹性地基梁公式（$x_0=0.25\sqrt[4]{h_b^3}$）相比，当 $h_b=250mm\sim500mm$ 时，$\mu=1.051$，$\delta=0.064$；并对挑梁下设有构造柱时的计算倾覆点位置作了规定（取 $0.5x_0$）。

8　配筋砖砌体构件

本章规定了二类配筋砌体构件的设计方法。第一类为网状配筋砖砌体构件。第二类为组合砖砌体构件，又分为砖砌体和钢筋混凝土面层或钢筋砂浆面层组成的组合砖砌体构件；砖砌体和钢筋混凝土构造柱组成的组合砖墙。

8.1　网状配筋砖砌体构件

8.1.2 原规范中网状配筋砖砌体构件的体积配筋率 ρ 有配筋百分率 $\left(\rho=\dfrac{V_s}{V}100\right)$ 和配筋率 $\left(\rho=\dfrac{V_s}{V}\right)$ 两

种表述，为避免混淆，方便使用，现统一采用后者，即体积配筋率 $\rho = \dfrac{V_s}{V}$。由此，网状配筋砖砌体矩形截面单向偏心受压构件承载力的影响系数，改按下式计算：

$$\varphi_{\mathrm{on}} = \frac{1}{1 + (0.0015 + 0.45\rho)\beta^2}$$

此外，工程上很少采用连弯钢筋网，因而删去了对连弯钢筋网的规定。

8.2 组合砖砌体构件

Ⅰ 砖砌体和钢筋混凝土面层或钢筋砂浆面层的组合砌体构件

8.2.2 对于砖墙与组合砌体一同砌筑的 T 形截面构件，通过分析和比较表明，高厚比验算和截面受压承载力均按矩形截面组合砌体构件进行计算是偏于安全的，亦避免了原规范在这两项计算上的不一致。

8.2.3~8.2.5 砖砌体和钢筋混凝土面层或钢筋砂浆面层组合的砌体构件，其受压承载力计算公式的建立，详见 88 规范的条文说明。本次修订依据《混凝土结构设计规范》GB 50010 中混凝土轴心受压强度设计值，对面层水泥砂浆的轴心抗压强度设计值作了调整；按钢筋强度的取值，对受压区相对高度的界限值，作了相应的补充和调整。

Ⅱ 砖砌体和钢筋混凝土构造柱组合墙

8.2.7 在荷载作用下，由于构造柱和砖墙的刚度不同，以及内力重分布的结果，构造柱分担墙体上的荷载。此外，构造柱与圈梁形成"弱框架"，砌体受到约束，也提高了墙体的承载力。设置构造柱砖墙与组合砖砌体构件有类似之处，湖南大学的试验研究表明，可采用组合砖砌体轴心受压构件承载力的计算公式，但引入强度系数以反映前者与后者的差别。

8.2.8 对于砖砌体和钢筋混凝土构造柱组合墙平面外的偏心受压承载力，本条的规定是一种简化、近似的计算方法且偏于安全。

8.2.9 有限元分析和试验结果表明，设有构造柱的砖墙，边柱处于偏心受压状态，设计时宜适当增大边柱截面及增大配筋。如可采用 240mm×370mm，配 4φ14 钢筋。

在影响设置构造柱砖墙承载力的诸多因素中，柱间距的影响最为显著。理论分析和试验结果表明，对于中间柱，它对柱每侧砌体的影响长度约为 1.2m；对于边柱，其影响长度约为 1m。构造柱间距为 2m 左右时，柱的作用得到充分发挥。构造柱间距大于 4m 时，它对墙体受压承载力的影响很小。

为了保证构造柱与圈梁形成一种"弱框架"，对砖墙产生较大的约束，因而本条对钢筋混凝土圈梁的

设置作了较为严格的规定。

9 配筋砌块砌体构件

9.1 一般规定

9.1.1 本条规定了配筋砌块剪力墙结构内力及位移分析的基本原则。

9.2 正截面受压承载力计算

9.2.1、9.2.4 国外的研究和工程实践表明，配筋砌块砌体的力学性能与钢筋混凝土的性能非常相近，特别在正截面承载力的设计中，配筋砌体采用了与钢筋混凝土完全相同的基本假定和计算模式。如国际标准《配筋砌体设计规范》，《欧共体配筋砌体结构统一规则》EC6 和美国建筑统一法规（UBC）——《砌体规范》均对此作了明确的规定。我国哈尔滨工业大学、湖南大学、同济大学等的试验结果也验证了这种理论的适用性。但是在确定灌孔砌体的极限压应变时，采用了我国自己的试验数据。

9.2.2 由于配筋灌孔砌体的稳定性不同于一般砌体的稳定性，根据欧拉公式和灌心砌体受压应力-应变关系，考虑简化并与一般砌体的稳定系数相一致，给出公式（9.2.2-2）。该公式也与试验结果拟合较好。

9.2.3 按我国目前混凝土砌块标准，砌块的厚度为 190mm，标准块最大孔洞率为 46%，孔洞尺寸 120mm×120mm 的情况下，孔洞中只能设置一根钢筋。因此配筋砌块砌体墙在平面外的受压承载力，按无筋砌体构件受压承载力的计算模式是一种简化处理。

9.2.5 表 9.2.5 中翼缘计算宽度取值引自国际标准《配筋砌体设计规范》，它和钢筋混凝土 T 形及倒 L 形受弯构件位于受压区的翼缘计算宽度的规定和钢筋混凝土剪力墙有效缘宽度的规定非常接近。但保证翼缘和腹板共同工作的构造是不同的。对钢筋混凝土结构，翼墙和腹板是由整浇的钢筋混凝土进行连接的；对配筋砌块砌体，翼墙和腹板是通过在交接处块体的相互咬砌、连接钢筋（或连接铁件），或配筋带进行连接的，通过这些连接构造，以保证承受腹板和翼墙共同工作时产生的剪力。

9.3 斜截面受剪承载力计算

9.3.1 试验表明，配筋灌孔砌块砌体剪力墙的抗剪受力性能，与非灌实砌块砌体墙有较大的区别：由于灌孔混凝土的强度较高，砂浆的强度对墙体抗剪承载力的影响较少，这种墙体的抗剪性能更接近于钢筋混凝土剪力墙。

配筋砌块砌体剪力墙的抗剪承载力除材料强度

外，主要与垂直正应力、墙体的高宽比或剪跨比，水平和垂直配筋率等因素有关：

1 正应力 σ_0，也即轴压比对抗剪承载力的影响，在轴压比不大的情况下，墙体的抗剪能力、变形能力随 σ_0 的增加而增加。湖南大学的试验表明，当 σ_0 从 1.1MPa 提高到 3.95MPa 时，极限抗剪承载力提高了 65%，但当 $\sigma_0 > 0.75 f_m$ 时，墙体的破坏形态转为斜压破坏，σ_0 的增加反而使墙体的承载力有所降低。因此应对墙体的轴压比加以限制。国际标准《配筋砌体设计规范》，规定 $\sigma_0 = N/bh_0 \leq 0.4f$，或 $N \leq 0.4bhf$。本条根据我国试验，控制正应力对抗剪承载力的贡献不大于 0.12N，这是偏于安全的，而美国规范为 0.25N。

2 剪力墙的高宽比或剪跨比（λ）对其抗剪承载力有很大的影响。这种影响主要反映在不同的应力状态和破坏形态，小剪跨比试件，如 $\lambda \leq 1$，则趋于剪切破坏，而 $\lambda > 1$，则趋于弯曲破坏，剪切破坏的墙体的抗侧承载力远大于弯曲破坏墙体的抗侧承载力。

关于两种破坏形式的界限剪跨比（λ），尚与正应力 σ_0 有关。目前收集到的国内外试验资料中，大剪跨比试验数据较少。根据哈尔滨建筑大学所作的 7 个墙片数据认为 $\lambda = 1.6$ 可作为两种破坏形式的界限值。根据我国沈阳建工学院、湖南大学、哈尔滨建筑大学、同济大学等试验数据，统计分析提出的反映剪跨比影响的关系式，其中的砌体抗剪强度，是在综合考虑混凝土砌块、砂浆和混凝土注芯率基础上，用砌体的抗压强度的函数（$\sqrt{f_g}$）表征的。这和无筋砌体的抗剪模式相似。国际标准和美国规范也均采用这种模式。

3 配筋砌块砌体剪力墙中的钢筋提高了墙体的变形能力和抗剪能力。其中水平钢筋（网）在通过斜截面上直接受拉抗剪，但它在墙体开裂前几乎不受力，墙体开裂直至达到极限荷载时所有水平钢筋均参与受力并达到屈服。而竖向钢筋主要通过销栓作用抗剪，极限荷载时该钢筋达不到屈服，墙体破坏时部分竖向钢筋可屈服。据试验和国外有关文献，竖向钢筋的抗剪贡献为 $0.24 f_{yw} A_{sv}$，本公式未直接反映竖向钢筋的贡献，而是通过综合考虑正应力的影响，以无筋砌体部分承载力的调整给出的。根据 41 片墙体的试验结果：

$$V_{g,m} = \frac{1.5}{\lambda + 0.5}(0.143 \sqrt{f_{g,m}} + 0.246N_k) + f_{yh,m}\frac{A_{sh}}{s}h_0 \qquad (4)$$

$$V_g = \frac{1.5}{\lambda + 0.5}(0.13 \sqrt{f_g}bh_0 + 0.12N\frac{A_w}{A}) + 0.9f_{yh}\frac{A_{sh}}{s}h_0 \qquad (5)$$

试验值与按上式计算值的平均比值为 1.188，其变异系数为 0.220。现取偏下限值，即将上式乘 0.9，并

根据设定的配筋砌体剪力墙的可靠度要求，得到上列的计算公式。

上列公式较好地反映了配筋砌块砌体剪力墙抗剪承载力主要因素。从砌体规范本身来讲是较理想的系统表达式。但考虑到我国规范体系的理论模式的一致性要求，经与《混凝土结构设计规范》GB 50010 和《建筑抗震设计规范》GB 50011 协调，最终将上列公式改写成具有钢筋混凝土剪力墙的模式，但又反映砌体特点的计算表达式。这些特点包括：

①砌块灌孔砌体只能采用抗剪强度 f_{vg}，而不能像混凝土那样采用抗拉强度 f_t。

②试验表明水平钢筋的贡献是有限的，特别是在较大剪跨比的情况下更是如此。因此根据试验并参照国际标准，对该项的承载力进行了降低。

③轴向力或正应力对抗剪承载力的影响项，砌体规范根据试验和计算分析，对偏压和偏拉采用了不同的系数：偏压为 +0.12，偏拉为 −0.22。我们认为钢筋混凝土规范对两者不加区别是欠妥的。

现将上式中由抗压强度模式表达的方式改为抗剪强度模式的转换过程进行说明，以帮助了解该公式的形成过程：

①由 $f_{vg} = 0.208 f_g^{0.55}$ 则有 $f_g^{0.55} = \frac{1}{0.208}f_{vg}$；

②根据公式模式的一致性要求及公式中砌体项采用 $\sqrt{f_g}$ 时，对高强砌体材料偏低的情况，也将 $\sqrt{f_g}$ 调为 $f_g^{0.55}$；

③将 $f_g^{0.55} = \frac{1}{0.208}f_{vg}$ 代入公式（2）中，则得到砌体项的数值 $\frac{0.13}{0.208}f_{vg} = 0.625 f_{vg}$，取 $0.6 f_{vg}$；

④根据计算，将式（2）中的剪跨比影响系数，由 $\frac{1.5}{\lambda + 0.5}$ 改为 $\frac{1}{\lambda - 0.5}$，则完成了如公式（9.3.1-2）的全部转换。

9.3.2 本条主要参照国际标准《配筋砌体设计规范》、《钢筋混凝土高层建筑结构设计与施工规程》和配筋混凝土砌块砌体剪力墙的试验数据制定的。

配筋砌块砌体连梁，当跨高比较小时，如小于2.5，即所谓"深梁"的范围，而此时的受力更像小剪跨比的剪力墙，只不过 σ_0 的影响很小；当跨高比大于 2.5 时，即所谓的"浅梁"范围，而此时受力则更像大剪跨比的剪力墙。因此剪力墙的连梁除满足正截面承载力要求外，还必须满足受剪承载力要求，以避免连梁产生受剪破坏后导致剪力墙的延性降低。

对连梁截面的控制要求，是基于这种构件的受剪承载力应该具有一个上限值，根据我国的试验，并参照混凝土结构的设计原则，取为 $0.25 f_g bh_0$。在这种情况下能保证连梁的承载能力发挥和变形处在可控的工作状态之内。

另外，考虑到连梁受力较大、配筋较多时，配筋

砌块砌体连梁的布筋和施工要求较高，此时只要按材料的等强原则，也可将连梁部分设计成混凝土的，国内的一些试点工程也是这样做的，虽然在施工程序上增加一定的模板工作量，但工程质量是可保证的。故本条增加了这种选择。

9.4 配筋砌块砌体剪力墙构造规定

Ⅰ 钢 筋

9.4.1~9.4.5 从配筋砌块砌体对钢筋的要求看，和钢筋混凝土结构对钢筋的要求有很多相同之处，但又有其特点，如钢筋的规格要受到孔洞和灰缝的限制；钢筋的接头宜采用搭接或非接触搭接接头，以便于先砌墙后插筋、就位绑扎和浇灌混凝土的施工工艺。

对于钢筋在砌体灌孔混凝土中锚固的可靠性，人们比较关注，为此我国沈阳建筑大学和北京建筑工程学院作了专门锚固试验，表明，位于灌孔混凝土中的钢筋，不论位置是否对中，均能在远小于规定的锚固长度内达到屈服。这是因为灌孔混凝土中的钢筋处在周边有砌块壁形成约束条件下的混凝土所至，这比钢筋在一般混凝土中的锚固条件要好。国际标准《配筋砌体设计规范》ISO9652 中有砌块约束的混凝土内的钢筋锚固粘结强度比无砌块约束（不在块体孔内）的数值（混凝土强度等级为 C10~C25 情况下），对光圆钢筋高出 85%~20%；对带肋钢筋高出 140%~64%。

试验发现对于配置在水平灰缝中的受力钢筋，其握裹条件较灌孔混凝土中的钢筋要差一些，因此在保证足够的砂浆保护层的条件下，其搭接长度较其他条件下要长。

Ⅱ 配筋砌块砌体剪力墙、连梁

9.4.6 根据配筋砌块剪力墙用于中高层结构需要较多层更高的材料等级作的规定。

9.4.7 这是根据承重混凝土砌块的最小厚度规格尺寸和承重墙支承长度确定的。最通常采用的配筋砌块砌体墙的厚度为 190mm。

9.4.8 这是确保配筋砌块砌体剪力墙结构安全的最低构造配筋要求。它加强了孔洞的削弱部位和墙体的周边，规定了水平及竖向钢筋的间距和构造配筋率。

剪力墙的配筋比较均匀，其隐函的构造含钢率约为 0.05%~0.06%。据国外规范的背景材料，该构造配筋率有两个作用：一是限制砌体干缩裂缝，二是能保证剪力墙具有一定的延性，一般在非地震设防地区的剪力墙结构应满足这种要求。对局部灌孔砌体，为保证水平配筋带（国外叫系梁）混凝土的浇筑密实，提出竖筋间距不大于 600mm，这是来自我国的工程实践。

9.4.9 本条参照美国建筑统一法规——《砌体规范》

的内容。和钢筋混凝土剪力墙一样，配筋砌块砌体剪力墙随着墙中洞口的增大，变成一种由抗侧力构件（柱）与水平构件（梁）组成的体系。随窗间墙与连接构件的变化，该体系近似于壁式框架结构体系。试验证明，砌体壁式框架是抵抗剪力与弯矩的理想结构。如比例合适、构造合理，此种结构具有良好的延性。这种体系必须按强柱弱梁的概念进行设计。

对于按壁式框架设计和构造，混凝土砌块剪力墙（肢），必须采用 H 型或凹槽砌块组砌，孔洞全部灌注混凝土，施工时需进行严格的监理。

9.4.10 配筋砌块砌体剪力墙的边缘构件，即剪力墙的暗柱，要求在该区设置一定数量的竖向构造钢筋和横向箍筋或等效的约束件，以提高剪力墙的整体抗弯能力和延性。美国规范规定，只有在墙端的应力大于 $0.4f'_m$，同时其破坏模式为弯曲形的条件下才应设置。该规范未给出弯曲破坏的标准。但规定了一个"塑性铰区"，即从剪力墙底部到等于墙长的高度范围，即我国混凝土剪力墙结构底部加强区的范围。

根据我国哈尔滨建筑大学、湖南大学作的剪跨比大于 1 的试验表明：当 $\lambda=2.67$ 时呈现明显的弯曲破坏特征；$\lambda=2.18$ 时，其破坏形态有一定程度的剪切破坏成分；$\lambda=1.6$ 时，出现明显的 X 形裂缝，仍为压区破坏，剪切破坏成分呈现得十分明显，属弯剪型破坏。可将 $\lambda=1.6$ 作为弯剪破坏的界限剪跨比。据此本条将 $\lambda=2$ 作为弯曲破坏对应的剪跨比。其中的 $0.4f_{g.m}$，换算为我国的设计值约为 $0.8f_g$。

关于边缘构件构造配筋，美国规范未规定具体数字，但其条文说明借用混凝土剪力墙边缘构件的概念，只是对边缘构件的设置原则仍有不同观点。本条是根据工程实践和参照我国有关规范的有关要求，及砌块剪力墙的特点给出的。

另外，在保证等强设计的原则，并在砌块砌筑、混凝土浇筑质量保证的情况下，给出了砌块砌体剪力墙端采用混凝土柱为边缘构件的方案。这种方案虽然在施工程序上增加模板工序，但能集中设置竖向钢筋，水平钢筋的锚固也易解决。

9.4.11 本条和第 9.3.2 条相对应，规定了当采用混凝土连梁时的有关技术要求。

9.4.12 本条是参照美国规范和混凝土砌块的特点以及我国的工程实践制定的。

混凝土砌块砌体剪力墙连梁由 H 型砌块或凹槽砌块组砌，并应全部浇注混凝土，是确保其整体性和受力性能的关键。

Ⅲ 配筋砌块砌体柱

9.4.13 本条主要根据国际标准《配筋砌体设计规范》制定的。

采用配筋混凝土砌块砌体柱或壁柱，当轴向荷载较小时，可仅在孔洞配置竖向钢筋，而不需配置箍筋，具有施工方便、节省模板，在国外应用很普遍；而当荷载较大时，则按照钢筋混凝土柱类似的方式设置构造箍筋。从其构造规定看，这种柱是预制装配整体式钢筋混凝土柱，适用于荷载不太大砌块墙（柱）的建筑，尤其是清水墙砌块建筑。

10 砌体结构构件抗震设计

10.1 一 般 规 定

10.1.1 鉴于对于常规的砖、砌块砌体，抗震设计时本章规定不能满足甲类设防建筑的特殊要求，因此明确说明甲类设防建筑不宜采用砌体结构，如需采用，应采用质量很好的砖砌体，并应进行专门研究和采取高于本章规定的抗震措施。

10.1.2 多层砌体结构房屋的总层数和总高度的限定，是此类房屋抗震设计的重要依据，故将此条定为强制性条文。

坡屋面阁楼层一般仍需计入房屋总高度和层数；坡屋面下的阁楼层，当其实际有效使用面积或重力荷载代表值小于顶层30%时，可不计入房屋总高度和层数，但按局部突出计算地震作用效应。对不带阁楼的坡屋面，当坡屋面坡度大于45°时，房屋总高度宜算到山尖墙的1/2高度处。

嵌固条件好的半地下室应同时满足下列条件，此时房屋的总高度应允许从室外地面算起，其顶板可视为上部多层砌体结构的嵌固端：

 1） 半地下室顶板和外挡土墙采用现浇钢筋混凝土；

 2） 当半地下室开有窗洞处并设置窗井，内横墙延伸至窗井外挡土墙并与其相交；

 3） 上部外墙均与半地下室墙体对齐，与上部墙体不对齐的半地下室内纵、横墙总量分别不大于30%；

 4） 半地下室室内地面至室外地面的高度应大于地下室净高的二分之一，地下室周边回填土压实系数不小于0.93。

采用蒸压灰砂普通砖和蒸压粉煤灰普通砖砌体的房屋，当砌体的抗剪强度达到普通黏土砖砌体的取值时，按普通砖砌体房屋的规定确定层数和总高度限值；当砌体的抗剪强度介于普通黏土砖砌体抗剪强度的70%～100%之间时，房屋的层数和总高度限值宜比普通砖砌体房屋酌情适当减少。

10.1.3 国内外有关试验研究结果表明，配筋砌块砌体抗震墙结构的承载能力明显高于普通砌体，其竖向和水平灰缝使其具有较大的耗能能力，受力性能和计算方法都与钢筋混凝土抗震墙结构相似。在上海、哈尔滨、大庆等地都成功建造过18层的配筋砌块砌体抗震墙住宅房屋。通过这些试点工程的试验研究和计算分析，表明配筋砌块砌体抗震墙结构在8层～18层范围时具有很强的竞争力，相对现浇钢筋混凝土抗震墙结构房屋，土建造价要低5%～7%。本次规范修订从安全、经济诸方面综合考虑，并对近年来的试验研究和工程实践经验的分析、总结，将适用高度在原规范基础上适当增加，同时补充了7度（0.15g）、8度（0.30g）和9度的有关规定。当横墙较少时，类似多层砌体房屋，也要求其适用高度有所降低。当经过专门研究，有可靠试验依据，采取必要的加强措施，房屋高度可以适当增加。

根据试验研究和理论分析结果，在满足一定设计要求并采取适当抗震构造措施后，底部为部分框支抗震墙的配筋混凝土砌块抗震墙房屋仍具有较好的抗震性能，能够满足6度～8度抗震设防的要求，但考虑到此类结构形式的抗震性能相对不利，因此在最大适用高度限制上给予了较为严格的规定。

10.1.4 已有的试验研究表明，抗震墙的高度对抗震墙出平面偏心受压强度和变形有直接关系，因此本条规定配筋砌块砌体抗震墙房屋的层高主要是为了保证抗震墙出平面的承载力、刚度和稳定性。由于砌块的厚度一般为190mm，因此当房屋的层高为3.2m～4.8m时，与普通钢筋混凝土抗震墙的要求基本相当。

10.1.5 承载力抗震调整系数是结构抗震的重要依据，故将此条定为强制性条文。2001规范10.2.4条中提到普通砖、多孔砖墙体的截面抗震受压承载力计算方法，其承载力抗震调整系数详本表，但原来本表并没有给出，此次修订补充了各种构件受压状态时的承载力抗震调整系数。砌体受压状态时承载力抗震调整系数宜取1.0。

表中配筋砌块砌体抗震墙的偏压、大偏拉和受剪承载力抗震调整系数与抗震规范中钢筋混凝土墙相同，为0.85。对于灌孔率达不到100%的配筋砌块砌体，如果承载力抗震调整系数采用0.85，抗力偏大，因此建议取1.0。对两端均设有构造柱、芯柱的砌块砌体抗震墙，受剪承载力抗震调整系数取0.9。

2001规范中，砖砌体和钢筋混凝土面层或钢筋砂浆面层的组合砖墙、砖砌体和钢筋混凝土构造柱的组合墙，偏压、大偏拉和受剪状态时承载力抗震调整系数如按抗震规范中钢筋混凝土墙取为0.85，数值偏小，故此次修订时将两种组合砖墙在偏压、大偏拉和受剪状态下承载力抗震调整系数调整为0.9。

10.1.6 配筋砌块砌体结构的抗震等级是考虑了结构构件的受力性能和变形性能，同时参照了钢筋混凝土房屋的抗震设计要求而确定的，主要是根据抗震设防分类、烈度和房屋高度等因素划分配筋砌块砌体结构的不同抗震等级。考虑到底部为部分框支抗震墙的配筋混凝土砌块抗震墙房屋的抗震性能相对不利并影响安全，规定对于8度时房屋总高度大于24m及9度时不应采用此类结构形式。

10.1.7 根据现行《建筑抗震设计规范》GB 50011，补充了结构的构件截面抗震验算的相关规定，进一步明确 6 度时对规则建筑局部托墙梁及支承其的柱子等重要构件尚应进行截面抗震验算。

多层砌体房屋不符合下列要求之一时可视为平面不规则，6 度时仍要求进行多遇地震作用下的构件截面抗震验算。

　　1）平面轮廓凹凸尺寸，不超过典型尺寸的 50%；

　　2）纵横向砌体抗震墙的布置均匀对称，沿平面内基本对齐；且同一轴线上的门、窗间墙宽度比较均匀；墙面洞口的面积，6、7 度时不宜大于墙面总面积的 55%，8、9 度时不宜大于 50%；

　　3）房屋纵横向抗震墙体的数量相差不大；横墙的间距和内纵墙累计长度满足现行《建筑抗震设计规范》GB 50011 的要求；

　　4）有效楼板宽度不小于该层楼板典型宽度的 50%，或开洞面积不大于该层楼面面积的 30%；

　　5）房屋错层的楼板高差不超过 500mm。

6 度且总层数不超过三层的底层框架-抗震墙砌体房屋，由于地震作用小，根据以往设计经验，底层的抗震验算均满足要求，因此可以不进行包括底层在内的截面抗震验算。如果外廊式和单面走廊式的多层房屋采用底层框架-抗震墙，其高宽比较大且进深大多为一跨，单跨底层框架-抗震墙的安全冗余度小于多跨，此时应对其进行抗震验算。

10.1.8 作为中高层、高层配筋砌块砌体抗震墙结构应和钢筋混凝土抗震墙结构一样需对地震作用下的变形进行验算，参照钢筋混凝土抗震墙结构和配筋砌体材料结构的特点，规定了层间弹性位移角的限值。

配筋砌块砌体抗震墙存在水平灰缝和垂直灰缝，在地震作用下具有较好的耗能能力，而且灌孔砌体的强度和弹性模量也低于相对应的混凝土，其变形比普通钢筋混凝土抗震墙大。根据同济大学、哈尔滨工业大学、湖南大学等有关单位的试验研究结果，综合参考了钢筋混凝土抗震墙弹性层间位移角限值，规定了配筋砌块砌体抗震墙结构在多遇地震作用下的弹性层间位移角限值为 1/1000。

10.1.9 补充了多层砌体房屋局部有上部砌体墙不能连续贯通落地时，托墙梁、柱的抗震等级，考虑其对整体建筑抗震性能的影响相对小，因此比底部框架-抗震墙砌体房屋中托墙梁、柱的抗震等级适当降低。

10.1.10 根据房屋抗震设计的规则性要求，提出配筋混凝土砌块房屋平面和竖向布置简单、规则、抗震墙拉通对直的要求，从结构体型的设计上保证房屋具有较好的抗震性能。对墙肢长度的要求，是考虑到抗震墙结构应具有延性，高宽比大于 2 的延性抗震墙，

可避免脆性的剪切破坏，要求墙段的长度（即墙段截面高度）不宜大于 8m。当墙很长时，可通过开设洞口将长墙分成长度较小、较均匀的超静定次数较高的联肢墙，洞口连梁宜采用约束弯矩较小的弱连梁（其跨高比宜大于 6）。

由于配筋砌块砌体抗震墙的竖向钢筋设置在砌块孔洞内（距墙端约 100mm），墙肢长度很短时很难充分发挥作用，尽管短肢抗震墙结构有利于建筑布置，能扩大使用空间，减轻结构自重，但其抗震性能较差，因此一般抗震墙不能过少、墙肢不宜过短，不应设计多数为短肢抗震墙的建筑，而要求设置足够数量的一般抗震墙，形成以一般抗震墙为主、短肢抗震墙与一般抗震墙相结合的共同抵抗水平力的结构，保证房屋的抗震能力。本条文参照有关规定，对短肢抗震墙截面面积与同一层内所有抗震墙截面面积比例作了规定。

一字形短肢抗震墙延性及平面外稳定均十分不利，因此规定不宜布置单侧楼面梁与之平面外垂直或斜交，同时要求短肢抗震墙应尽可能设置翼缘，保证短肢抗震墙具有适当的抗震能力。

10.1.11 对于部分框支配筋砌块砌体抗震墙房屋，保持纵向受力构件的连续性是防止结构纵向刚度突变而产生薄弱层的主要措施，对结构抗震有利。在结构平面布置时，由于配筋砌块砌体抗震墙和钢筋混凝土抗震墙在承载力、刚度和变形能力方面都有一定差异，因此应避免在同一层面上混合使用。与框支层相邻的上部楼层担负结构转换，在地震时容易遭受破坏，因此除在计算时应满足有关规定之外，在构造上也应予以加强。框支层抗震墙往往要承受较大的弯矩、轴力和剪力，应选用整体性能好的基础，否则抗震墙不能充分发挥作用。

10.1.12 此次修订将本规范抗震设计所用的各种结构材料的性能指标最低要求进行了汇总和补充。

由于本次修订规范普遍对砌体材料的强度等级作了上调，以利砌体建筑向轻质高强发展。砌体结构构件抗震设计对材料的最低强度等级要求，也应随之提高。

配筋砌块砌体抗震墙的灌孔混凝土强度与混凝土砌块块材的强度应该匹配，才能充分发挥灌孔砌体的结构性能，因此砌块的强度和灌孔混凝土的强度不应过低，而且低强度的灌孔混凝土其和易性也较差，施工质量无法保证。试验结果表明，砂浆强度对配筋砌块砌体抗震墙的承载能力影响不大，但考虑到浇灌混凝土时砌块砌体应具有一定的强度，因此砌筑砂浆的强度等级宜适当高一些。

10.1.13 参照钢筋混凝土结构并结合配筋砌体的特点，提出的受力钢筋的锚固和接头要求。

根据我国的试验研究，在配筋砌体灌孔混凝土中的钢筋锚固和搭接，远远小于本条规定的长度就能达

到屈服或流限，不比在混凝土中锚固差，一种解释是位于砌块灌孔混凝土中的钢筋的锚固受到的周围材料的约束更大些。

配筋砌块砌体抗震墙水平钢筋端头锚固的要求是根据国内外试验研究成果和经验提出的。配筋砌块砌体抗震墙的水平钢筋，当采用围绕墙端竖向钢筋180°加12d延长段锚固时，对施工造成较大的难度，而一般作法是将该水平钢筋在末端弯钩锚于灌孔混凝土中，弯入长度为200mm，在试验中发现这样的弯折锚固长度已能保证该水平钢筋能达到屈服。因此，考虑不同的抗震等级和施工因素，给出该锚固长度规定。对焊接网片，一般钢筋直径较细均在$\phi5$以下，加上较密的横向钢筋锚固较好，末端弯折并锚入混凝土的做法更增加网片的锚固作用。

底部框架-抗震墙砌体房屋中，底部配筋砌体墙边框梁、柱混凝土强度不低于C30，因此建议抗震墙中水平或竖向钢筋在边框梁、柱中的锚固长度，按现行国家标准《混凝土结构设计规范》GB 50010 的规定确定。

10.2 砖砌体构件

I 承载力计算

10.2.1 本次修订，对表内数据作了调整，使f_{vE}与σ的函数关系基本不变。

10.2.2 砌体结构体系按照构件配筋率大小分为无筋砌体结构体系和配筋砌体结构体系。无筋砌体结构体系中，因为构造原因，有的墙片四周设置了钢筋混凝土约束构件。对于普通砖、多孔砖砌体构件，当构造柱间距大于 3.0m 时，只考虑周边约束构件对无筋墙体的变形性能提高作用，不考虑其对强度的提高。

当在墙段中部基本均匀设置截面不小于 240mm ×240mm（墙厚 190mm 时为 240mm×190mm）且间距不大于 4m 的构造柱时，可考虑构造柱对墙体受剪承载力的提高作用。墙段中部均匀设置构造柱时本条所采用的公式，考虑了砌体受混凝土柱的约束、作用于墙体上的垂直压应力、构造柱混凝土和纵向钢筋参与受力等影响因素，较为全面，公式形式合理，概念清楚。

10.2.3 作用于墙顶的轴向集中压力，其影响范围在下部墙体逐渐向两边扩散，考虑影响范围内构造柱的作用，进行砖砌体和钢筋混凝土构造柱的组合墙的截面抗震受压承载力验算时，可计入墙顶轴向集中压力影响范围内构造柱的提高作用。

II 构造措施

10.2.4 对于抗震规范没有涵盖的层数较少的部分房屋，建议在外墙四角等关键部位适当设置构造柱。对6度时三层及以下房屋，建议楼梯间墙体也应设置构

造柱以加强其抗倒塌能力。

当砌体房屋有错层部位时，宜对错层部位墙体采取增加构造柱等加强措施。本条适用于错层部位所在平面位置可能在地震作用下对错层部位及其附近结构构件产生较大不利影响，甚至影响结构整体抗震性能的砌体房屋，必要时尚应对结构其他相关部位采取有效措施进行加强。对于局部楼板板块略降标高处，不必按本条采取加强措施。错层部位两侧楼板板顶高差大于 1/4 层高时，应按规定设置防震缝。

10.2.6 根据抗震规范相关规定，提出约束普通砖墙构造要求。

10.2.7 当采用硬架支模连接时，预制楼板的搁置长度可以小于条文中的规定。硬架支模的施工方法是，先架设梁或圈梁的模板，再将预制楼板支承在具有一定刚度的硬支架上，然后浇筑梁或圈梁、现浇叠合层等的混凝土。

采用预制楼板时，预制板端支座位置的圈梁顶应尽可能设在板顶的同一标高或采用 L 形圈梁，便于预制楼板端头钢筋伸入圈梁内。

当板的跨度大于 4.8m 并与外墙平行时，靠外墙的预制板侧边应与墙或圈梁拉结，可在预制板顶面上放置间距不少于 300mm，直径不少于 6mm 的短钢筋，短钢筋一端钩在靠外墙预制板的内侧纵向板间缝隙内，另一端锚固在墙或圈梁内。

10.3 混凝土砌块砌体构件

I 承载力计算

10.3.1 本次修订，对表内数据作了调整，但f_{vE}与σ_0的函数关系基本不变。根据有关试验资料，当$\sigma_0/f_v \geq 16$时，砌块砌体的正应力影响系数如仍按剪摩公式线性增加，则其值偏高，偏于不安全。因此当σ_0/f_v大于 16 时，砌块砌体的正应力影响系数都按$\sigma_0/f_v = 16$时取 3.92。

10.3.2 对无筋砌块砌体房屋中的砌体构件，灌芯对砌体抗剪强度提高幅度很大，当灌芯率$\rho \geq 0.15$时，适当考虑灌芯和插筋对抗剪承载力的提高作用。

II 构造措施

10.3.4、10.3.5 为加强砌块砌体抗震性能，应按《建筑抗震设计规范》GB 50011-2010 第 7.4.1 条及其他条文和本规范其他条文要求的部位设置芯柱。除此之外，对其他部位砌块砌体墙，考虑芯柱间距过大时芯柱对砌块砌体墙抗震性能的提高作用很小，因此明确提出其他部位砌块砌体墙的最低芯柱密度设置要求。

当房屋层数或高度等于或接近表 10.1.2 中限值时，对底部芯柱密度需要适当加大的楼层范围，按6、7 度和 8、9 度不同烈度分别加以规定。

10.3.7 由于各层砌块砌体均配置水平拉结筋，因此对圈梁高度和纵筋适当比砖砌体房屋作了调整。对圈梁的纵筋根据不同烈度进行了进一步规定。

10.3.8 楼梯间为逃生时重要通道，但该处又是结构薄弱部位，因此其抗倒塌能力应特别注意加强。本次修订通过设置楼梯间周围墙体的配筋，增强其抗震能力。

10.4 底部框架-抗震墙砌体房屋抗震构件

Ⅰ 承载力计算

10.4.2 汶川地震震害调查中发现，底部框架-抗震墙砌体房屋底层柱是在柱顶和柱底同时发生破坏，进一步验证了底层柱反弯点在层高一半附近，底层柱的反弯点高度比取 0.55 还是合理的。

10.4.3 参照抗震规范关于钢筋混凝土部分框支抗震墙结构的规定，应对底部框架柱上下端的弯矩设计值进行适当放大，避免地震作用下底部框架柱上下端很快形成塑性铰造成倒塌。

考虑底部抗震墙已承担全部地震剪力，不必再按抗震规范对底部加强部位抗震墙的组合弯矩计算值进行放大，因此只建议按一般部位抗震墙进行强剪弱弯的调整。

Ⅱ 构造措施

10.4.8 补充了墙体半高附近尚应设置与框架柱相连的钢筋混凝土水平系梁的最小截面尺寸和最小配筋量限值。

底层墙体构造柱的纵向钢筋直径不宜小于过渡层的构造柱，因此补充规定底层墙体构造柱的纵向钢筋不应少于 4φ14。

当底层层高较高时，门窗等大洞口顶距地高度不超过层高的 1/2.5 时，可将钢筋混凝土水平系梁设置在洞顶标高，洞口顶处可与洞口过梁合并。

10.4.9 考虑托墙梁在上部墙体未破坏前可能受拉，适当加大了梁上、下部纵向贯通钢筋最小配筋率。

10.4.11 过渡层即与底部框架-抗震墙相邻的上一砌体楼层。本次修订，加强了过渡层砌体墙的相关要求。过渡层构造柱纵向钢筋配置的最小要求，增加了 6 度时的加强要求。

上部墙体与底部框架梁、抗震墙不对齐时，需设置支承在框架梁或抗震墙上的托墙转换次梁，其对底部框架梁或抗震墙以及过渡层相关墙体都会产生影响，应予以考虑。

对于上部墙体为砌块砌体墙时，对应下部钢筋混凝土框架柱或抗震墙边框柱及构造柱的位置，过渡层砌块墙体宜设置构造柱。当底部采用配筋砌块砌体抗震墙时，过渡层砌块墙体中部的芯柱宜与底部墙体芯柱对齐，上下贯通。

10.4.12 为加强过渡层底板抗剪能力，参考抗震规范关于转换层楼板的要求，补充了该楼板配筋要求。

10.5 配筋砌块砌体抗震墙

Ⅰ 承载力计算

10.5.2 在配筋砌块砌体抗震墙房屋抗震设计计算中，抗震墙底部的荷载作用效应最大，因此应根据计算分析结果，对底部截面的组合剪力设计值采用按不同抗震等级确定剪力放大系数的形式进行调整，以使房屋的最不利截面得到加强。

10.5.3～10.5.5 规定配筋砌块砌体抗震墙的截面抗剪能力限制条件，是为了规定抗震墙截面尺寸的最小值，或者说是限制了抗震墙截面的最大名义剪应力值。试验研究结果表明，抗震墙的名义剪应力过高，灌孔砌体会在早期出现斜裂缝，水平抗剪钢筋不能充分发挥作用，即使配置很多水平抗剪钢筋，也不能有效地提高抗震墙的抗剪能力。

配筋砌块砌体抗震墙截面应力控制值，类似于混凝土抗压强度设计值，采用"灌孔砌块砌体"的抗压强度，它不同于砌体抗压强度，也不同于混凝土抗压强度。配筋砌块砌体抗震墙反复加载的受剪承载力比单调加载有所降低，其降低幅度和钢筋混凝土抗震墙很接近。因此，将静力承载力乘以降低系数 0.8，作为抗震设计中偏心受压时抗震墙的斜截面受剪承载力计算公式。根据湖南大学等单位不同轴压比（或不同的正应力）的墙片试验表明，限制正应力对砌体的抗侧能力的贡献在适当的范围是合适的。如国际标准《配筋砌体设计规范》，限制 $N \leqslant 0.4fbh$，美国规范为 $0.25N$，我国混凝土规范为 $0.2f_cbh$。本规范从偏于安全亦取 $0.2f_gbh$。

钢筋混凝土抗震墙在偏心受压和偏心受拉时斜截面承载力计算公式中 N 项取用了相同系数，我们认为欠妥。此时 N 虽为作用效应，但属抗力项，当 N 为拉力时应偏于安全取小。根据可靠度要求，配筋砌块抗震墙偏心受拉时斜截面受剪承载力取用了与偏心受压不同的形式。

10.5.6 配筋砌块砌体由于受其块型、砌筑方法和配筋方式的影响，不适宜做跨高比较大的梁构件。而在配筋砌块砌体抗震墙结构中，连梁是保证房屋整体性的重要构件，为了保证连梁与抗震墙节点处在弯曲屈服前不会出现剪切破坏和具有适当的刚度和承载能力，对于跨高比大于 2.5 的连梁宜采用受力性能更好的钢筋混凝土连梁，以确保连梁构件的"强剪弱弯"。对于跨高比小于 2.5 的连梁（主要指窗下墙部分），则还是允许采用配筋砌块砌体连梁。

配筋砌体抗震墙的连梁的设计原则是作为抗震墙结构的第一道防线，即连梁破坏应先于抗震墙，而对连梁本身则要求其斜截面的抗剪能力高于正截面的抗弯能力，以体现"强剪弱弯"的要求。对配筋砌块连梁，试算和试设计表明，对高烈度区和对较高的抗震等级（一、二级）情况下，连梁超筋的情况比较多，而对砌块连梁在孔中配置钢筋的数量又受到限制。在这种情况下，一是减小连梁的截面高度（应在满足弹塑性变形要求的情况下），二是连梁设计成混凝土的。本条是参照建筑抗震设计规范和砌块抗震墙房屋的特点规定的剪力调整幅度。

10.5.7 抗震墙的连梁的受力状况，类似于两端固定但同时存在支座有竖向和水平位移的梁的受力，也类似层间抗震墙的受力，其截面控制条件类同抗震墙。

10.5.8 多肢配筋砌块砌体抗震墙的承载力和延性与连梁的承载力和延性有很大关系。为了避免连梁产生受剪破坏后导致抗震墙延性降低，本条规定跨高比大于2.5的连梁，必须满足受剪承载力要求。对跨高比小于2.5的连梁，已属混凝土深梁。在较高烈度和一级抗震等级出现超筋的情况下，宜采取措施，使连梁的截面高度减小，来满足连梁的破坏先于与其连接的抗震墙，否则应对其承载力进行折减。考虑到当连梁跨高比大于2.5时，相对截面高度较小，局部采用混凝土连梁对砌块建筑的施工工作量增加不多，只要按等强设计原则，其受力仍能得到保证，也易于设计人员的接受。此次修订将原规范10.4.8、10.4.9合并，并取跨高比≤2.5之表达式。

Ⅱ 构 造 措 施

10.5.9 本条是在参照国内外配筋砌块砌体抗震墙试验研究和经验的基础上规定的。美国UBC砌体部分和美国抗震规范规定，对不同的地震设防烈度，有不同的最小含钢率要求。如在7度以内，要求在墙的端部、顶部和底部，以及洞口的四周配置竖向和水平构造钢筋，钢筋的间距不应大于3m。该构造钢筋的面积为130mm²，约一根ϕ12~ϕ14钢筋，经折算其隐含的构造含钢率约为0.06％；而对≥8度时，抗震墙应在竖向和水平方向均匀设置钢筋，每个方向钢筋的间距不应大于该方向长度的1/3和1.20m，最小钢筋面积不应小于0.07％，两个方向最小含钢率之和也不应小于0.2％。根据美国规范条文解释，这种最小含钢率是抗震墙最小的延性和抗裂要求。

抗震设计时，为保证出现塑性铰后抗震墙具有足够的延性，该范围内应当加强构造措施，提高其抗剪力破坏的能力。由于抗震墙底部塑性铰出现都有一定范围，因此对其作了规定。一般情况下单个塑性铰发展高度为墙底截面以上墙肢截面高度h_w的范围。

为什么配筋混凝土砌块砌体抗震墙的最小构造含钢率比混凝土抗震墙的小呢，根据背景解释：钢筋混凝土要求相当大的最小含钢率，因为它在塑性状态浇筑，在水化过程中产生显著的收缩。而在砌体施工时，作为主要部分的块体，尺寸稳定，仅在砌体中加

入了塑性的砂浆和灌孔混凝土。因此在砌体墙中可收缩的材料要比混凝土中少得多。这个最小含钢率要求，已被规定为混凝土的一半。但在美国加利福尼亚建筑师办公室要求则高于这个数字，它规定，总的最小含钢率不小于0.3％，任一方向不小于0.1％（加利福尼亚是美国高烈度区和地震活跃区）。根据我国进行的较大数量的不同含钢率（竖向和水平）的伪静力墙片试验表明，配筋能明显提高墙体在水平反复荷载作用下的变形能力。也就是说在本条规定的这种最小含钢率情况下，墙体具有一定的延性，裂缝出现后不会立即发生剪坏倒塌。本规范仅在抗震等级为四级时将μ_{min}定为0.07％，其余均≥0.1％，比美国规范要高一些，也约为我国混凝土规范最小含钢率的一半以上。由于配筋砌块砌体建筑的总高度在本规程已有限制，所以其最小构造配筋率比现浇混凝土抗震墙有一定程度的减小。此次修订对最小配筋率作了适当微调。

10.5.10 在配筋砌块砌体抗震墙结构中，边缘构件无论是在提高墙体强度和变形能力方面的作用都非常明显，因此参照混凝土抗震墙结构边缘构件设置的要求，结合配筋砌块砌体抗震墙的特点，规定了边缘构件的配筋要求。

在配筋砌块砌体抗震墙端部设置水平箍筋是为了提高对砌体的约束作用及墙端部混凝土的极限压应变，提高墙体的延性。根据工程经验，水平箍筋放置于砌体灰缝中，受灰缝高度限制（一般灰缝高度为10mm），水平箍筋直径不小于6mm，且不应大于8mm比较合适；当箍筋直径较大时，将难以保证砌体结构灰缝的砌筑质量，会影响配筋砌块砌体强度；灰缝过厚则会给现场施工和施工验收带来困难，也会影响砌体的强度。抗震等级为一级水平箍筋最小直径为ϕ8，二~四级为ϕ6，为了适当弥补钢筋直径减小造成的损失，本条文注明抗震等级为一、二、三级时，应采用HRB335或RRB335级钢筋。亦可采用其他等效的约束件如等截面面积，厚度不大于5mm的一次冲压钢圈，对边缘构件，将具有更强约束作用。

通过试点工程，这种约束区的最小配筋率有相当的覆盖面。这种含钢率也考虑能在约120mm×120mm孔洞中放得下：对含钢为0.4％、0.6％、0.8％，相应的钢筋直径为3ϕ14、3ϕ18、3ϕ20，而约束箍筋的间距只能在砌块灰缝或带凹槽的系块中设置，其间距只能最小为200mm。对更大的钢筋直径并考虑到钢筋在孔洞中的接头和墙体中水平钢筋，很容易造成浇灌混凝土的困难。当采用290mm厚的混凝土空心砌块时，这个问题就可解决了，但这种砌块的重量过大，施工砌筑有一定难度，故我国目前的砌块系列也在190mm范围以内。另外，考虑到更大的适应性，增加了混凝土柱作边缘构件的方案。

10.5.11 转角窗的设置将削弱结构的抗扭能力，配

筋砌块砌体抗震墙较难采取措施（如：墙加厚，梁加高），故建议避免转角窗的设置。但配筋砌块砌体抗震墙结构受力特性类似于钢筋混凝土抗震墙结构，若需设置转角窗，则应适当增加边缘构件配筋，并且将楼、屋面板做成现浇板以增强整体性。

10.5.12 配筋砌块砌体抗震墙在重力荷载代表值作用下的轴压比控制是为了保证配筋砌块砌体在水平荷载作用下的延性和强度的发挥，同时也是为了防止墙片截面过小、配筋率过高，保证抗震墙结构延性。本条文对一般墙、短肢墙、一字形短肢墙的轴压比限值作了区别对待，由于短肢墙和无翼缘的一字形短肢墙的抗震性能较差，因此对其轴压比限值应该作更为严格的规定。

10.5.13 在配筋砌块砌体抗震墙和楼盖的结合处设置钢筋混凝土圈梁，可进一步增加结构的整体性，同时该圈梁也可作为建筑竖向尺寸调整的手段。钢筋混凝土圈梁作为配筋砌块砌体抗震墙的一部分，其强度应和灌孔砌块砌体强度基本一致，相互匹配，其纵筋配筋量不应小于配筋砌块砌体抗震墙水平筋数量，其间距不应大于配筋砌块砌体抗震墙水平筋间距，并宜适当加密。

10.5.14 本条是根据国内外试验研究成果和经验，并参照钢筋混凝土抗震墙连梁的构造要求和砌块的特点给出的。配筋混凝土砌块砌体抗震墙的连梁，从施工程序考虑，一般采用凹槽或 H 型砌块砌筑，砌筑时按要求设置水平构造钢筋，而横向钢筋或箍筋则需砌到楼层高度和达到一定强度后方能在孔中设置。这是和钢筋混凝土抗震墙连梁不同之点。

中华人民共和国国家标准

砌体结构工程施工质量验收规范

Code for acceptance of constructional
quality of masonry structures

GB 50203—2011

主编部门：陕 西 省 住 房 和 城 乡 建 设 厅
批准部门：中华人民共和国住房和城乡建设部
施行日期：2 0 1 2 年 5 月 1 日

中华人民共和国住房和城乡建设部
公　　告

第 936 号

关于发布国家标准《砌体结构
工程施工质量验收规范》的公告

现批准《砌体结构工程施工质量验收规范》为国家标准，编号为 GB 50203-2011，自 2012 年 5 月 1 日起实施。其中，第 4.0.1（1、2）、5.2.1、5.2.3、6.1.8、6.1.10、6.2.1、6.2.3、7.1.10、7.2.1、8.2.1、8.2.2、10.0.4 条（款）为强制性条文，必须严格执行。原《砌体工程施工质量验收规范》GB 50203

-2002 同时废止。

本规范由我部标准定额研究所组织中国建筑工业出版社出版发行。

中华人民共和国住房和城乡建设部
2011 年 2 月 18 日

前　　言

根据住房和城乡建设部《关于印发〈2008 年工程建设标准规范制订、修订计划（第一批）〉的通知》（建标[2008]102 号）的要求，由陕西省建筑科学研究院和陕西建工集团总公司会同有关单位在原《砌体工程施工质量验收规范》GB 50203-2002 的基础上修订完成的。

本规范在编制过程中，编制组经广泛调查研究，认真总结实践经验，参考有关国际标准和国外先进标准，并在广泛征求意见的基础上，最后经审查定稿。

本规范共分 11 章和 3 个附录，主要技术内容包括：总则、术语、基本规定、砌筑砂浆、砖砌体工程、混凝土小型空心砌块砌体工程、石砌体工程、配筋砌体工程、填充墙砌体工程、冬期施工、子分部工程验收。

本规范修订的主要内容是：

1　增加砌体结构工程检验批的划分规定；

2　增加"一般项目"检测值的最大超差值为允许偏差值的 1.5 倍的规定；

3　修改砌筑砂浆的合格验收条件；

4　修改砌体轴线位移、墙面垂直度及构造柱尺寸验收的规定；

5　增加填充墙与框架柱、梁之间的连接构造按照设计规定进行脱开连接或不脱开连接施工；

6　增加填充墙与主体结构间连接钢筋采用植筋方法时的锚固拉拔力检测及验收规定；

7　修改轻骨料混凝土小型空心砌块、蒸压加气混凝土砌块墙体墙底部砌筑其他块体或现浇混凝土坎台的规定；

8　修改冬期施工中同条件养护砂浆试块的留置

数量及试压龄期的规定；将氯盐砂浆法划入掺外加剂法；删除冻结法施工；

9　附录中增加填充墙砌体植筋锚固力检验抽样判定；填充墙砌体植筋锚固力检测记录。

本规范中以黑体字标志的条文为强制性条文，必须严格执行。

本规范由住房和城乡建设部负责管理和对强制性条文的解释，由陕西省住房和城乡建设厅负责日常管理，陕西省建筑科学研究院负责具体技术内容的解释。执行过程中如有意见或建议，请寄送陕西省建筑科学研究院（地址：西安市环城西路北段 272 号，邮编：710082）。

本 规 范 主 编 单 位：陕西省建筑科学研究院
陕西建工集团总公司

本 规 范 参 编 单 位：四川省建筑科学研究院
辽宁省建设科学研究院
天津市建工工程总承包公司
中天建设集团有限公司
中国建筑东北设计研究院
爱舍（天津）新型建材有限公司

本规范主要起草人员：张昌叙　高宗祺　吴　体
张书禹　郝宝林　张鸿勋
刘　斌　申京涛　吴建军
侯汝欣　和　平　王小院

本规范主要审查人员：王庆霖　周九仪　吴松勤
薛永武　高连玉　金　睿
何益民　赵　瑞　王华生

目　次

Contents

1 总　则

1.0.1 为加强建筑工程的质量管理，统一砌体结构工程施工质量的验收，保证工程质量，制定本规范。

1.0.2 本规范适用于建筑工程的砖、石、小砌块等砌体结构工程的施工质量验收。本规范不适用于铁路、公路和水工建筑等砌石工程。

1.0.3 砌体结构工程施工中的技术文件和承包合同对施工质量验收的要求不得低于本规范的规定。

1.0.4 本规范应与现行国家标准《建筑工程施工质量验收统一标准》GB 50300 配套使用。

1.0.5 砌体结构工程施工质量的验收除应执行本规范外，尚应符合国家现行有关标准的规定。

2 术　语

2.0.1 砌体结构　masonry structure

由块体和砂浆砌筑而成的墙、柱作为建筑物主要受力构件的结构。是砖砌体、砌块砌体和石砌体结构的统称。

2.0.2 配筋砌体　reinforced masonry

由配置钢筋的砌体作为建筑物主要受力构件的结构。是网状配筋砌体柱、水平配筋砌体墙、砖砌体和钢筋混凝土面层或钢筋砂浆面层组合砌体柱（墙）、砖砌体和钢筋混凝土构造柱组合墙和配筋小砌块砌体剪力墙结构的统称。

2.0.3 块体　masonry units

砌体所用各种砖、石、小砌块的总称。

2.0.4 小型砌块　small block

块体主规格的高度大于 115mm 而又小于 380mm 的砌块，包括普通混凝土小型空心砌块、轻骨料混凝土小型空心砌块、蒸压加气混凝土砌块等。简称小砌块。

2.0.5 产品龄期　products age

烧结砖出窑；蒸压砖、蒸压加气混凝土砌块出釜；混凝土砖、混凝土小型空心砌块成型后至某一日期的天数。

2.0.6 蒸压加气混凝土砌块专用砂浆　special mortar for autoclaved aerated concrete block

与蒸压加气混凝土性能相匹配的，能满足蒸压加气混凝土砌块砌体施工要求和砌体性能的砂浆，分为适用于薄灰砌筑法的蒸压加气混凝土砌块粘结砂浆；适用于非薄灰砌筑法的蒸压加气混凝土砌块砌筑砂浆。

2.0.7 预拌砂浆　ready-mixed mortar

由专业生产厂生产的湿拌砂浆或干混砂浆。

2.0.8 施工质量控制等级　category of constuction quality control

按质量控制和质量保证若干要素对施工技术水平所作的分级。

2.0.9 瞎缝　blind seam

砌体中相邻块体间无砌筑砂浆，又彼此接触的水平缝或竖向缝。

2.0.10 假缝　suppositious seam

为掩盖砌体灰缝内在质量缺陷，砌筑砌体时仅在靠近砌体表面处抹有砂浆，而内部无砂浆的竖向灰缝。

2.0.11 通缝　continuous seam

砌体中上下皮块体搭接长度小于规定数值的竖向灰缝。

2.0.12 相对含水率　comparatively percentage of moisture

含水率与吸水率的比值。

2.0.13 薄层砂浆砌筑法　the method of thin-layer mortar masonry

采用蒸压加气混凝土砌块粘结砂浆砌筑蒸压加气混凝土砌块墙体的施工方法，水平灰缝厚度和竖向灰缝宽度为 2mm～4mm。简称薄灰砌筑法。

2.0.14 芯柱　core column

在小砌块墙体的孔洞内浇灌混凝土形成的柱，有素混凝土芯柱和钢筋混凝土芯柱。

2.0.15 实体检测　in-situ inspection

由有检测资质的检测单位采用标准的检验方法，在工程实体上进行原位检测或抽取试样在试验室进行检验的活动。

3 基　本　规　定

3.0.1 砌体结构工程所用的材料应有产品合格证书、产品性能型式检验报告，质量应符合国家现行有关标准的要求。块体、水泥、钢筋、外加剂尚应有材料主要性能的进场复验报告，并应符合设计要求。严禁使用国家明令淘汰的材料。

3.0.2 砌体结构工程施工前，应编制砌体结构工程施工方案。

3.0.3 砌体结构的标高、轴线，应引自基准控制点。

3.0.4 砌筑基础前，应校核放线尺寸，允许偏差应符合表 3.0.4 的规定。

表 3.0.4　放线尺寸的允许偏差

长度 L、宽度 B（m）	允许偏差（mm）
L（或 B）≤30	±5
30<L（或 B）≤60	±10
60<L（或 B）≤90	±15
L（或 B）>90	±20

3.0.5 伸缩缝、沉降缝、防震缝中的模板应拆除干净，不得夹有砂浆、块体及碎渣等杂物。

3.0.6 砌筑顺序应符合下列规定：

1 基底标高不同时，应从低处砌起，并应由高处向低处搭砌。当设计无要求时，搭接长度 L 不应小于基础底的高差 H，搭接长度范围内下层基础应扩大砌筑（图 3.0.6）；

2 砌体的转角处和交接处应同时砌筑，当不能同时砌筑时，应按规定留槎、接槎。

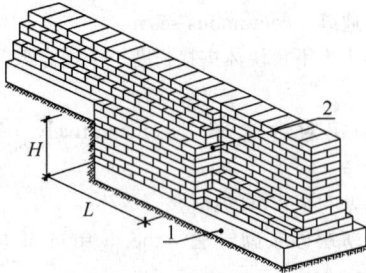

图 3.0.6 基底标高不同时的搭砌示意图（条形基础）
1—混凝土垫层；2—基础扩大部分

3.0.7 砌筑墙体应设置皮数杆。

3.0.8 在墙上留置临时施工洞口，其侧边离交接处墙面不应小于 500mm，洞口净宽度不应超过 1m。抗震设防烈度为 9 度地区建筑物的临时施工洞口位置，应会同设计单位确定。临时施工洞口应做好补砌。

3.0.9 不得在下列墙体或部位设置脚手眼：

1 120mm 厚墙、清水墙、料石墙、独立柱和附墙柱；

2 过梁上与过梁成 60°角的三角形范围及过梁净跨度 1/2 的高度范围内；

3 宽度小于 1m 的窗间墙；

4 门窗洞口两侧石砌体 300mm，其他砌体 200mm 范围内；转角处石砌体 600mm，其他砌体 450mm 范围内；

5 梁或梁垫下及其左右 500mm 范围内；

6 设计不允许设置脚手眼的部位；

7 轻质墙体；

8 夹心复合墙外叶墙。

3.0.10 脚手眼补砌时，应清除脚手眼内掉落的砂浆、灰尘；脚手眼处砖及填塞用砖应湿润，并应填实砂浆。

3.0.11 设计要求的洞口、沟槽、管道应于砌筑时正确留出或预埋，未经设计同意，不得打凿墙体和在墙体上开凿水平沟槽。宽度超过 300mm 的洞口上部，应设置钢筋混凝土过梁。不应在截面长边小于 500mm 的承重墙体、独立柱内埋设管线。

3.0.12 尚未施工楼面或屋面的墙或柱，其抗风允许自由高度不得超过表 3.0.12 的规定。如超过表中限值时，必须采用临时支撑等有效措施。

表 3.0.12 墙和柱的允许自由高度（m）

墙(柱)厚(mm)	砌体密度>1600 (kg/m³)			砌体密度 1300～1600 (kg/m³)		
	风载(kN/m²)			风载(kN/m²)		
	0.3 (约7级风)	0.4 (约8级风)	0.5 (约9级风)	0.3 (约7级风)	0.4 (约8级风)	0.5 (约9级风)
190	—	—	1.4	1.1	0.7	
240	2.8	2.1	1.4	2.2	1.7	1.1
370	5.2	3.9	2.6	4.2	3.2	2.1
490	8.6	6.5	4.3	7.0	5.2	3.5
620	14.0	10.5	7.0	11.4	8.6	5.7

注：**1** 本表适用于施工处相对标高 H 在 10m 范围内的情况。如 10m<H≤15m，15m<H≤20m 时，表中的允许自由高度应分别乘以 0.9、0.8 的系数；如 H>20m 时，应通过抗倾覆验算确定其允许自由高度；

2 当所砌筑的墙有横墙或其他结构与其连接，而且间距小于表中相应墙、柱的允许自由高度的 2 倍时，砌筑高度可不受本表的限制；

3 当砌体密度小于 1300kg/m³ 时，墙和柱的允许自由高度应另行验算确定。

3.0.13 砌筑完基础或每一楼层后，应校核砌体的轴线和标高。在允许偏差范围内，轴线偏差可在基础顶面或楼面上校正，标高偏差宜通过调整上部砌体灰缝厚度校正。

3.0.14 搁置预制梁、板的砌体顶面应平整，标高一致。

3.0.15 砌体施工质量控制等级分为三级，并应按表 3.0.15 划分。

表 3.0.15 施工质量控制等级

项目	施工质量控制等级		
	A	B	C
现场质量管理	监督检查制度健全，并严格执行；施工方有在岗专业技术管理人员，人员齐全，并持证上岗	监督检查制度基本健全，并能执行；施工方有在岗专业技术管理人员，人员齐全，并持证上岗	有监督检查制度；施工方有在岗专业技术管理人员
砂浆、混凝土强度	试块按规定制作，强度满足验收规定，离散性小	试块按规定制作，强度满足验收规定，离散性较小	试块按规定制作，强度满足验收规定，离散性大

续表 3.0.15

项目	施工质量控制等级		
	A	B	C
砂浆拌合	机械拌合；配合比计量控制严格	机械拌合；配合比计量控制一般	机械或人工拌合；配合比计量控制较差
砌筑工人	中级工以上，其中，高级工不少于30%	高、中级工不少于70%	初级工以上

注：1 砂浆、混凝土强度离散性大小根据强度标准差确定；
    2 配筋砌体不得为C级施工。

3.0.16 砌体结构中钢筋（包括夹心复合墙内外叶墙间的拉结件或钢筋）的防腐，应符合设计规定。

3.0.17 雨天不宜在露天砌筑墙体，对下雨当日砌筑的墙体应进行遮盖。继续施工时，应复核墙体的垂直度，如果垂直度超过允许偏差，应拆除重新砌筑。

3.0.18 砌体施工时，楼面和屋面堆载不得超过楼板的允许荷载值。当施工层进料口处施工荷载较大时，楼板下宜采取临时支撑措施。

3.0.19 正常施工条件下，砖砌体、小砌块砌体每日砌筑高度宜控制在1.5m或一步脚手架高度内；石砌体不宜超过1.2m。

3.0.20 砌体结构工程检验批的划分应同时符合下列规定：

    1 所用材料类型及同类型材料的强度等级相同；

    2 不超过250m³砌体；

    3 主体结构砌体一个楼层（基础砌体可按一个楼层计）；填充墙砌体量少时可多个楼层合并。

3.0.21 砌体结构工程检验批验收时，其主控项目应全部符合本规范的规定；一般项目应有80%及以上的抽检处符合本规范的规定；有允许偏差的项目，最大超差值为允许偏差值的1.5倍。

3.0.22 砌体结构分项工程中检验批抽检时，各抽检项目的样本最小容量除有特殊要求外，按不应小于5确定。

3.0.23 在墙体砌筑过程中，当砌筑砂浆初凝后，块体被撞动或需移动时，应将砂浆清除后再铺浆砌筑。

3.0.24 分项工程检验批质量验收可按本规范附录A各相应记录表填写。

4 砌 筑 砂 浆

4.0.1 水泥使用应符合下列规定：

    1 水泥进场时应对其品种、等级、包装或散装仓号、出厂日期等进行检查，并应对其强度、安定性进行复验，其质量必须符合现行国家标准《通用硅酸盐水泥》GB 175 的有关规定。

    2 当在使用中对水泥质量有怀疑或水泥出厂超过三个月（快硬硅酸盐水泥超过一个月）时，应复查试验，并按复验结果使用。

    3 不同品种的水泥，不得混合使用。

    抽检数量：按同一生产厂家、同品种、同等级、同批号连续进场的水泥，袋装水泥不超过 200t 为一批，散装水泥不超过 500t 为一批，每批抽样不少于一次。

    检验方法：检查产品合格证、出厂检验报告和进场复验报告。

4.0.2 砂浆用砂宜采用过筛中砂，并应满足下列要求：

    1 不应混有草根、树叶、树枝、塑料、煤块、炉渣等杂物；

    2 砂中含泥量、泥块含量、石粉含量、云母、轻物质、有机物、硫化物、硫酸盐及氯盐含量（配筋砌体砌筑用砂）等应符合现行行业标准《普通混凝土用砂、石质量及检验方法标准》JGJ 52 的有关规定；

    3 人工砂、山砂及特细砂，应经试配能满足砌筑砂浆技术条件要求。

4.0.3 拌制水泥混合砂浆的粉煤灰、建筑生石灰、建筑生石灰粉及石灰膏应符合下列规定：

    1 粉煤灰、建筑生石灰、建筑生石灰粉的品质指标应符合现行行业标准《粉煤灰在混凝土及砂浆中应用技术规程》JGJ 28、《建筑生石灰》JC/T 479、《建筑生石灰粉》JC/T 480 的有关规定；

    2 建筑生石灰、建筑生石灰粉熟化为石灰膏，其熟化时间分别不得少于 7d 和 2d；沉淀池中储存的石灰膏，应防止干燥、冻结和污染，严禁采用脱水硬化的石灰膏；建筑生石灰粉、消石灰粉不得替代石灰膏配制水泥石灰砂浆；

    3 石灰膏的用量，应按稠度 120mm±5mm 计量，现场施工中石灰膏不同稠度的换算系数，可按表 4.0.3 确定。

表 4.0.3 石灰膏不同稠度的换算系数

稠度(mm)	120	110	100	90	80	70	60	50	40	30
换算系数	1.00	0.99	0.97	0.95	0.93	0.92	0.90	0.88	0.87	0.86

4.0.4 拌制砂浆用水的水质，应符合现行行业标准《混凝土用水标准》JGJ 63 的有关规定。

4.0.5 砌筑砂浆应进行配合比设计。当砌筑砂浆的组成材料有变更时，其配合比应重新确定。砌筑砂浆的稠度宜按表 4.0.5 的规定采用。

表 4.0.5　砌筑砂浆的稠度

砌　体　种　类	砂浆稠度（mm）
烧结普通砖砌体 蒸压粉煤灰砖砌体	70～90
混凝土实心砖、混凝土多孔砖砌体 普通混凝土小型空心砌块砌体 蒸压灰砂砖砌体	50～70
烧结多孔砖、空心砖砌体 轻骨料小型空心砌块砌体 蒸压加气混凝土砌块砌体	60～80
石砌体	30～50

注：1　采用薄灰砌筑法砌筑蒸压加气混凝土砌块砌体时，加气混凝土粘结砂浆的加水量按照其产品说明书控制；

2　当砌筑其他块体时，其砌筑砂浆的稠度可根据块体吸水特性及气候条件确定。

4.0.6　施工中不应采用强度等级小于 M5 水泥砂浆替代同强度等级水泥混合砂浆，如需替代，应将水泥砂浆提高一个强度等级。

4.0.7　在砂浆中掺入的砌筑砂浆增塑剂、早强剂、缓凝剂、防冻剂、防水剂等砂浆外加剂，其品种和用量应经有资质的检测单位检验和试配确定。所用外加剂的技术性能应符合国家现行有关标准《砌筑砂浆增塑剂》JG/T 164、《混凝土外加剂》GB 8076、《砂浆、混凝土防水剂》JC 474 的质量要求。

4.0.8　配制砌筑砂浆时，各组分材料应采用质量计量，水泥及各种外加剂配料的允许偏差为±2%；砂、粉煤灰、石灰膏等配料的允许偏差为±5%。

4.0.9　砌筑砂浆应采用机械搅拌，搅拌时间自投料完起算应符合下列规定：

1　水泥砂浆和水泥混合砂浆不得少于 120s；

2　水泥粉煤灰砂浆和掺用外加剂的砂浆不得少于 180s；

3　掺增塑剂的砂浆，其搅拌方式、搅拌时间应符合现行行业标准《砌筑砂浆增塑剂》JG/T 164 的有关规定。

4　干混砂浆及加气混凝土砌块专用砂浆宜按掺用外加剂的砂浆确定搅拌时间或按产品说明书采用。

4.0.10　现场拌制的砂浆应随拌随用，拌制的砂浆应在 3h 内使用完毕；当施工期间最高气温超过 30℃时，应在 2h 内使用完毕。预拌砂浆及蒸压加气混凝土砌块专用砂浆的使用时间应按照厂方提供的说明书确定。

4.0.11　砌体结构工程使用的湿拌砂浆，除直接使用外必须储存在不吸水的专用容器内，并根据气候条件采取遮阳、保温、防雨雪等措施，砂浆在储存过程中严禁随意加水。

4.0.12　砌筑砂浆试块强度验收时其强度合格标准应符合下列规定：

1　同一验收批砂浆试块强度平均值应大于或等于设计强度等级值的 1.10 倍；

2　同一验收批砂浆试块抗压强度的最小一组平均值应大于或等于设计强度等级值的 85%。

注：1　砌筑砂浆的验收批，同一类型、强度等级的砂浆试块不应少于 3 组；同一验收批砂浆只有 1 组或 2 组试块时，每组试块抗压强度平均值应大于或等于设计强度等级值的 1.10 倍；对于建筑结构的安全等级为一级或设计使用年限为 50 年及以上的房屋，同一验收批砂浆试块的数量不得少于 3 组；

2　砂浆强度应以标准养护，28d 龄期的试块抗压强度为准；

3　制作砂浆试块的砂浆稠度应与配合比设计一致。

抽检数量：每一检验批且不超过 250m³ 砌体的各类、各强度等级的普通砌筑砂浆，每台搅拌机应至少抽检一次。验收批的预拌砂浆、蒸压加气混凝土砌块专用砂浆，抽检可为 3 组。

检验方法：在砂浆搅拌机出料口或在湿拌砂浆的储存容器出料口随机取样制作砂浆试块（现场拌制的砂浆，同盘砂浆只作 1 组试块），试块标养 28d 后作强度试验。预拌砂浆中的湿拌砂浆稠度应在进场时取样检验。

4.0.13　当施工中或验收时出现下列情况，可采用现场检验方法对砂浆或砌体强度进行实体检测，并判定其强度：

1　砂浆试块缺乏代表性或试块数量不足；

2　对砂浆试块的试验结果有怀疑或有争议；

3　砂浆试块的试验结果，不能满足设计要求；

4　发生工程事故，需要进一步分析事故原因。

5　砖砌体工程

5.1　一般规定

5.1.1　本章适用于烧结普通砖、烧结多孔砖、混凝土多孔砖、混凝土实心砖、蒸压灰砂砖、蒸压粉煤灰砖等砌体工程。

5.1.2　用于清水墙、柱表面的砖，应边角整齐，色泽均匀。

5.1.3　砌体砌筑时，混凝土多孔砖、混凝土实心砖、蒸压灰砂砖、蒸压粉煤灰砖等块体的产品龄期不应小于 28d。

5.1.4　有冻胀环境和条件的地区，地面以下或防潮层以下的砌体，不应采用多孔砖。

5.1.5　不同品种的砖不得在同一楼层混砌。

5.1.6 砌筑烧结普通砖、烧结多孔砖、蒸压灰砂砖、蒸压粉煤灰砖砌体时，砖应提前1d～2d适度湿润，严禁采用干砖或处于吸水饱和状态的砖砌筑，块体湿润程度宜符合下列规定：

1 烧结类块体的相对含水率60%～70%；

2 混凝土多孔砖及混凝土实心砖不需浇水湿润，但在气候干燥炎热的情况下，宜在砌筑前对其喷水湿润。其他非烧结类块体的相对含水率40%～50%。

5.1.7 采用铺浆法砌筑砌体，铺浆长度不得超过750mm；当施工期间气温超过30℃时，铺浆长度不得超过500mm。

5.1.8 240mm厚承重墙的每层墙的最上一皮砖，砖砌体的阶台水平面上及挑出层的外皮砖，应整砖丁砌。

5.1.9 弧拱式及平拱式过梁的灰缝应砌成楔形缝，拱底灰缝宽度不宜小于5mm，拱顶灰缝宽度不应大于15mm，拱体的纵向及横向灰缝应填实砂浆；平拱式过梁拱脚下面应伸入墙内不小于20mm；砖砌平拱过梁底应有1%的起拱。

5.1.10 砖过梁底部的模板及其支架拆除时，灰缝砂浆强度不应低于设计强度的75%。

5.1.11 多孔砖的孔洞应垂直于受压面砌筑。半盲孔多孔砖的封底面应朝上砌筑。

5.1.12 竖向灰缝不应出现瞎缝、透明缝和假缝。

5.1.13 砖砌体施工临时间断处补砌时，必须将接槎处表面清理干净，洒水湿润，并填实砂浆，保持灰缝平直。

5.1.14 夹心复合墙的砌筑应符合下列规定：

1 墙体砌筑时，应采取措施防止空腔内掉落砂浆和杂物；

2 拉结件设置应符合设计要求，拉结件在叶墙上的搁置长度不应小于叶墙厚度的2/3，并不应小于60mm；

3 保温材料品种及性能应符合设计要求。保温材料的浇注压力不应对砌体强度、变形及外观质量产生不良影响。

5.2 主控项目

5.2.1 砖和砂浆的强度等级必须符合设计要求。

抽检数量：每一生产厂家，烧结普通砖、混凝土实心砖每15万块，烧结多孔砖、混凝土多孔砖、蒸压灰砂砖及蒸压粉煤灰砖每10万块各为一验收批，不足上述数量时按1批计，抽检数量为1组。砂浆试块的抽检数量执行本规范第4.0.12条的有关规定。

检验方法：查砖和砂浆试块试验报告。

5.2.2 砌体灰缝砂浆应密实饱满，砖墙水平灰缝的砂浆饱满度不得低于80%；砖柱水平灰缝和竖向灰缝饱满度不得低于90%。

抽检数量：每检验批抽查不应少于5处。

检验方法：用百格网检查砖底面与砂浆的粘结痕迹面积，每处检测3块砖，取其平均值。

5.2.3 砖砌体的转角处和交接处应同时砌筑，严禁无可靠措施的内外墙分砌施工。在抗震设防烈度为8度及8度以上地区，对不能同时砌筑而又必须留置的临时间断处应砌成斜槎，普通砖砌体斜槎水平投影长度不应小于高度的2/3，多孔砖砌体的斜槎长高比不应小于1/2。斜槎高度不得超过一步脚手架的高度。

抽检数量：每检验批抽查不应少于5处。

检验方法：观察检查。

5.2.4 非抗震设防及抗震设防烈度为6度、7度地区的临时间断处，当不能留斜槎时，除转角处外，可留直槎，但直槎必须做成凸槎，且应加设拉结钢筋，拉结钢筋应符合下列规定：

1 每120mm墙厚放置1Φ6拉结钢筋（120mm厚墙应放置2Φ6拉结钢筋）；

2 间距沿墙高不应超过500mm，且竖向间距偏差不应超过100mm；

3 埋入长度从留槎处算起每边均不应小于500mm，对抗震设防烈度6度、7度的地区，不应小于1000mm；

4 末端应有90°弯钩（图5.2.4）。

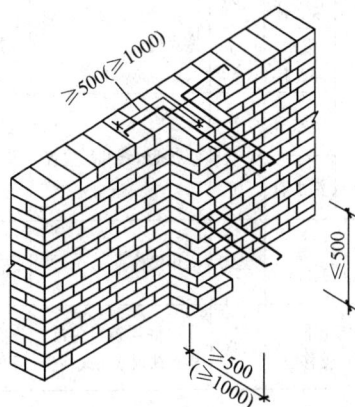

图5.2.4 直槎处拉结钢筋示意图

抽检数量：每检验批抽查不应少于5处。

检验方法：观察和尺量检查。

5.3 一般项目

5.3.1 砖砌体组砌方法应正确，内外搭砌，上、下错缝。清水墙、窗间墙无通缝；混水墙中不得有长度大于300mm的通缝，长度200mm～300mm的通缝每间不超过3处，且不得位于同一面墙体上。砖柱不得采用包心砌法。

抽检数量：每检验批抽查不应少于5处。

检验方法：观察检查。砌体组砌方法抽检每处应为3m～5m。

5.3.2 砖砌体的灰缝应横平竖直，厚薄均匀，水平灰缝厚度及竖向灰缝宽度宜为 10mm，但不应小于 8mm，也不应大于 12mm。

抽检数量：每检验批抽查不应少于 5 处。

检验方法：水平灰缝厚度用尺量 10 皮砖砌体高度折算；竖向灰缝宽度用尺量 2m 砌体长度折算。

5.3.3 砖砌体尺寸、位置的允许偏差及检验应符合表 5.3.3 的规定。

表 5.3.3 砖砌体尺寸、位置的允许偏差及检验

项次	项目		允许偏差（mm）	检验方法	抽检数量
1	轴线位移		10	用经纬仪和尺或用其他测量仪器检查	承重墙、柱全数检查
2	基础、墙、柱顶面标高		±15	用水准仪和尺检查	不应少于 5 处
3	墙面垂直度	每层	5	用 2m 托线板检查	不应少于 5 处
		全高 ≤10m	10	用经纬仪、吊线和尺或用其他测量仪器检查	外墙全部阳角
		全高 >10m	20		
4	表面平整度	清水墙、柱	5	用 2m 靠尺和楔形塞尺检查	不应少于 5 处
		混水墙、柱	8		
5	水平灰缝平直度	清水墙	7	拉 5m 线和尺检查	不应少于 5 处
		混水墙	10		
6	门窗洞口高、宽（后塞口）		±10	用尺检查	不应少于 5 处
7	外墙上下窗口偏移		20	以底层窗口为准，用经纬仪或吊线检查	不应少于 5 处
8	清水墙游丁走缝		20	以每层第一皮砖为准，用吊线和尺检查	不应少于 5 处

6 混凝土小型空心砌块砌体工程

6.1 一般规定

6.1.1 本章适用于普通混凝土小型空心砌块和轻骨料混凝土小型空心砌块（以下简称小砌块）等砌体工程。

6.1.2 施工前，应按房屋设计图绘编小砌块平、立面排块图，施工中应按排块图施工。

6.1.3 施工采用的小砌块的产品龄期不应小于 28d。

6.1.4 砌筑小砌块时，应清除表面污物，剔除外观质量不合格的小砌块。

6.1.5 砌筑小砌块砌体，宜选用专用小砌块砌筑砂浆。

6.1.6 底层室内地面以下或防潮层以下的砌体，应采用强度等级不低于 C20（或 Cb20）的混凝土灌实小砌块的孔洞。

6.1.7 砌筑普通混凝土小型空心砌块砌体，不需对小砌块浇水湿润，如遇天气干燥炎热，宜在砌筑前对其喷水湿润；对轻骨料混凝土小砌块，应提前浇水湿润，块体的相对含水率宜为 40%～50%。雨天及小砌块表面有浮水时，不得施工。

6.1.8 承重墙体使用的小砌块应完整、无破损、无裂缝。

6.1.9 小砌块墙体应孔对孔、肋对肋错缝搭砌。单排孔小砌块的搭接长度应为块体长度的 1/2；多排孔小砌块的搭接长度可适当调整，但不宜小于小砌块长度的 1/3，且不应小于 90mm。墙体的个别部位不能满足上述要求时，应在灰缝中设置拉结钢筋或钢筋网片，但竖向通缝仍不得超过两皮小砌块。

6.1.10 小砌块应将生产时的底面朝上反砌于墙上。

6.1.11 小砌块墙体宜逐块坐（铺）浆砌筑。

6.1.12 在散热器、厨房和卫生间等设备的卡具安装处砌筑的小砌块，宜在施工前用强度等级不低于 C20（或 Cb20）的混凝土将其孔洞灌实。

6.1.13 每步架墙（柱）砌筑完后，应随即刮平墙体灰缝。

6.1.14 芯柱处小砌块墙体砌筑应符合下列规定：

　　1 每一楼层芯柱处第一皮砌块应采用开口小砌块；

　　2 砌筑时应随砌随清除小砌块孔内的毛边，并将灰缝中挤出的砂浆刮净。

6.1.15 芯柱混凝土宜选用专用小砌块灌孔混凝土。浇筑芯柱混凝土应符合下列规定：

　　1 每次连续浇筑的高度宜为半个楼层，但不应大于 1.8m；

　　2 浇筑芯柱混凝土时，砌筑砂浆强度应大于 1MPa；

　　3 清除孔内掉落的砂浆等杂物，并用水冲淋孔壁；

　　4 浇筑芯柱混凝土前，应先注入适量与芯柱混凝土成分相同的去石砂浆；

　　5 每浇筑 400mm～500mm 高度捣实一次，或边浇筑边捣实。

6.1.16 小砌块复合夹心墙的砌筑应符合本规范第 5.1.14 条的规定。

6.2 主控项目

6.2.1 小砌块和芯柱混凝土、砌筑砂浆的强度等级必须符合设计要求。

抽检数量：每一生产厂家，每1万块小砌块为一验收批，不足1万块按一批计，抽检数量为1组；用于多层以上建筑的基础和底层的小砌块抽检数量不应少于2组。砂浆试块的抽检数量应执行本规范第4.0.12条的有关规定。

检验方法：检查小砌块和芯柱混凝土、砌筑砂浆试块试验报告。

6.2.2 砌体水平灰缝和竖向灰缝的砂浆饱满度，按净面积计算不得低于90%。

抽检数量：每检验批抽查不应少于5处。

检验方法：用专用百格网检测小砌块与砂浆粘结痕迹，每处检测3块小砌块，取其平均值。

6.2.3 墙体转角处和纵横交接处应同时砌筑。临时间断处应砌成斜槎，斜槎水平投影长度不应小于斜槎高度。施工洞口可预留直槎，但在洞口砌筑和补砌时，应在直槎上下搭砌的小砌块孔洞内用强度等级不低于C20（或Cb20）的混凝土灌实。

抽检数量：每检验批抽查不应少于5处。

检验方法：观察检查。

6.2.4 小砌块砌体的芯柱在楼盖处应贯通，不得削弱芯柱截面尺寸；芯柱混凝土不得漏灌。

抽检数量：每检验批抽查不应少于5处。

检验方法：观察检查。

6.3 一 般 项 目

6.3.1 砌体的水平灰缝厚度和竖向灰缝宽度宜为10mm，但不应小于8mm，也不应大于12mm。

抽检数量：每检验批抽查不应少于5处。

检验方法：水平灰缝厚度用尺量5皮小砌块的高度折算；竖向灰缝宽度用尺量2m砌体长度折算。

6.3.2 小砌块砌体尺寸、位置的允许偏差应按本规范第5.3.3条的规定执行。

7 石砌体工程

7.1 一 般 规 定

7.1.1 本章适用于毛石、毛料石、粗料石、细料石等砌体工程。

7.1.2 石砌体采用的石材应质地坚实，无裂纹和无明显风化剥落；用于清水墙、柱表面的石材，尚应色泽均匀；石材的放射性应经检验，其安全性应符合现行国家标准《建筑材料放射性核素限量》GB 6566的有关规定。

7.1.3 石材表面的泥垢、水锈等杂质，砌筑前应清除干净。

7.1.4 砌筑毛石基础的第一皮石块应坐浆，并将大面向下；砌筑料石基础的第一皮石块应用丁砌层坐浆砌筑。

7.1.5 毛石砌体的第一皮及转角处、交接处和洞口处，应用较大的平毛石砌筑。每个楼层（包括基础）砌体的最上一皮，宜选用较大的毛石砌筑。

7.1.6 毛石砌筑时，对石块间存在较大的缝隙，应先向缝内填灌砂浆并捣实，然后再用小石块嵌填，不得先填小石块后填灌砂浆，石块间不得出现无砂浆相互接触现象。

7.1.7 砌筑毛石挡土墙应按分层高度砌筑，并应符合下列规定：

1 每砌3皮~4皮为一个分层高度，每个分层高度应将顶层石块砌平；

2 两个分层高度间分层处的错缝不得小于80mm。

7.1.8 料石挡土墙，当中间部分用毛石砌筑时，丁砌料石伸入毛石部分的长度不应小于200mm。

7.1.9 毛石、毛料石、粗料石、细料石砌体灰缝厚度应均匀，灰缝厚度应符合下列规定：

1 毛石砌体外露面的灰缝厚度不宜大于40mm；

2 毛料石和粗料石的灰缝厚度不宜大于20mm；

3 细料石的灰缝厚度不宜大于5mm。

7.1.10 挡土墙的泄水孔当设计无规定时，施工应符合下列规定：

1 泄水孔应均匀设置，在每米高度上间隔2m左右设置一个泄水孔；

2 泄水孔与土体间铺设长宽各为300mm、厚200mm的卵石或碎石作疏水层。

7.1.11 挡土墙内侧回填土必须分层夯填，分层松土厚度宜为300mm。墙顶土面应有适当坡度使流水流向挡土墙外侧面。

7.1.12 在毛石和实心砖的组合墙中，毛石砌体与砖砌体应同时砌筑，并每隔4皮~6皮砖用2皮~3皮丁砖与毛石砌体拉结砌合；两种砌体间的空隙应填实砂浆。

7.1.13 毛石墙和砖墙相接的转角处和交接处应同时砌筑。转角处、交接处应自纵墙（或横墙）每隔4皮~6皮砖高度引出不小于120mm与横墙（或纵墙）相接。

7.2 主 控 项 目

7.2.1 石材及砂浆强度等级必须符合设计要求。

抽检数量：同一产地的同类石材抽检不应少于1组。砂浆试块的抽检数量执行本规范第4.0.12条的有关规定。

检验方法：料石检查产品质量证明书，石材、砂浆检查试块试验报告。

7.2.2 砌体灰缝的砂浆饱满度不应小于80%。

抽检数量：每检验批抽查不应少于5处。

检验方法：观察检查。

7.3 一般项目

7.3.1 石砌体尺寸、位置的允许偏差及检验方法应符合表 7.3.1 的规定。

表 7.3.1 石砌体尺寸、位置的允许偏差及检验方法

项次	项目		允许偏差（mm） 毛石砌体 基础	毛石砌体 墙	料石砌体 毛料石 基础	毛料石 墙	粗料石 基础	粗料石 墙	细料石 墙、柱	检验方法
1	轴线位置		20	15	20	15	10	10	10	用经纬仪和尺检查，或用其他测量仪器检查
2	基础和墙砌体顶面标高		±25	±15	±25	±15	±15	±15	±10	用水准仪和尺检查
3	砌体厚度		+30	+20 −10	+30	+20 −10	+15	+10 −5	+10 −5	用尺检查
4	墙面垂直度	每层	—	20	—	20	—	10	7	用经纬仪、吊线和尺检查或用其他测量仪器检查
4	墙面垂直度	全高	—	30	—	30	—	25	10	
5	表面平整度	清水墙、柱	—	—	—	20	—	10	5	细料石用2m靠尺和楔形塞尺检查，其他用两直尺垂直于灰缝拉2m线和尺检查
5	表面平整度	混水墙、柱	—	—	—	20	—	15	—	
6	清水墙水平灰缝平直度		—	—	—	—	—	10	5	拉10m线和尺检查

抽检数量：每检验批抽查不应少于5处。

7.3.2 石砌体的组砌形式应符合下列规定：

1 内外搭砌，上下错缝，拉结石、丁砌石交错设置；

2 毛石墙拉结石每 0.7m² 墙面不应少于1块。

抽检数量：每检验批抽查不应少于5处。

检验方法：观察检查。

8 配筋砌体工程

8.1 一般规定

8.1.1 配筋砌体工程除应满足本章要求和规定外，尚应符合本规范第5章及第6章的要求和规定。

8.1.2 施工配筋小砌块砌体剪力墙，应采用专用的小砌块砌筑砂浆砌筑，专用小砌块灌孔混凝土浇筑芯柱。

8.1.3 设置在灰缝内的钢筋，应居中置于灰缝内，水平灰缝厚度应大于钢筋直径4mm以上。

8.2 主控项目

8.2.1 钢筋的品种、规格、数量和设置部位应符合设计要求。

检验方法：检查钢筋的合格证书、钢筋性能复试试验报告、隐蔽工程记录。

8.2.2 构造柱、芯柱、组合砌体构件、配筋砌体剪力墙构件的混凝土及砂浆的强度等级应符合设计要求。

抽检数量：每检验批砌体，试块不应少于1组，验收批砌体试块不得少于3组。

检验方法：检查混凝土和砂浆试块试验报告。

8.2.3 构造柱与墙体的连接应符合下列规定：

1 墙体应砌成马牙槎，马牙槎凹凸尺寸不宜小于60mm，高度不应超过300mm，马牙槎应先退后进，对称砌筑；马牙槎尺寸偏差每一构造柱不应超过2处；

2 预留拉结钢筋的规格、尺寸、数量及位置应正确，拉结钢筋应沿墙高每隔500mm设2Φ6，伸入墙内不宜小于600mm，钢筋的竖向移位不应超过100mm，且竖向移位每一构造柱不得超过2处；

3 施工中不得任意弯折拉结钢筋。

抽检数量：每检验批抽查不应少于5处。

检验方法：观察检查和尺量检查。

8.2.4 配筋砌体中受力钢筋的连接方式及锚固长度、搭接长度应符合设计要求。

抽检数量：每检验批抽查不应少于5处。

检验方法：观察检查。

8.3 一般项目

8.3.1 构造柱一般尺寸允许偏差及检验方法应符合表 8.3.1 的规定。

表 8.3.1 构造柱一般尺寸允许偏差及检验方法

项次	项目		允许偏差（mm）	检验方法
1	中心线位置		10	用经纬仪和尺检查或用其他测量仪器检查
2	层间错位		8	用经纬仪和尺检查或用其他测量仪器检查
3	垂直度	每层	10	用2m托线板检查
3	垂直度	全高 ≤10m	15	用经纬仪、吊线和尺检查或用其他测量仪器检查
3	垂直度	全高 >10m	20	

抽检数量：每检验批抽查不应少于5处。

8.3.2 设置在砌体灰缝中钢筋的防腐保护应符合本规范第 3.0.16 条的规定，且钢筋防护层完好，不应有肉眼可见裂纹、剥落和擦痕等缺陷。

抽检数量：每检验批抽查不应少于5处。

检验方法：观察检查。

8.3.3 网状配筋砖砌体中，钢筋网规格及放置间距应符合设计规定。每一构件钢筋网沿砌体高度位置超过设计规定一皮砖厚不得多于一处。

抽检数量：每检验批抽查不应少于5处。

检验方法：通过钢筋网成品检查钢筋规格，钢筋网放置间距采用局部剔缝观察，或用探针刺入灰缝内检查，或用钢筋位置测定仪测定。

8.3.4 钢筋安装位置的允许偏差及检验方法应符合表8.3.4的规定。

表 8.3.4 钢筋安装位置的允许偏差和检验方法

项　目		允许偏差（mm）	检 验 方 法
受力钢筋保护层厚度	网状配筋砌体	±10	检查钢筋网成品，钢筋网放置位置局部剔缝观察，或用探针刺入灰缝内检查，或用钢筋位置测定仪测定
	组合砖砌体	±5	支模前观察与尺量检查
	配筋小砌块砌体	±10	浇筑灌孔混凝土前观察与尺量检查
配筋小砌块砌体墙凹槽中水平钢筋间距		±10	钢尺量连续三档，取最大值

抽检数量：每检验批抽查不应少于5处。

9 填充墙砌体工程

9.1 一 般 规 定

9.1.1 本章适用于烧结空心砖、蒸压加气混凝土砌块、轻骨料混凝土小型空心砌块等填充墙砌体工程。

9.1.2 砌筑填充墙时，轻骨料混凝土小型空心砌块和蒸压加气混凝土砌块的产品龄期不应小于28d，蒸压加气混凝土砌块的含水率宜小于30%。

9.1.3 烧结空心砖、蒸压加气混凝土砌块、轻骨料混凝土小型空心砌块等的运输、装卸过程中，严禁抛掷和倾倒；进场后应按品种、规格堆放整齐，堆置高度不宜超过2m。蒸压加气混凝土砌块在运输及堆放中应防止雨淋。

9.1.4 吸水率较小的轻骨料混凝土小型空心砌块及采用薄灰砌筑法施工的蒸压加气混凝土砌块，砌筑前不应对其浇（喷）水湿润；在气候干燥炎热的情况下，对吸水率较小的轻骨料混凝土小型空心砌块宜在砌筑前喷水湿润。

9.1.5 采用普通砌筑砂浆砌筑填充墙时，烧结空心砖、吸水率较大的轻骨料混凝土小型空心砌块应提前

1d～2d浇（喷）水湿润。蒸压加气混凝土砌块采用蒸压加气混凝土砌块砌筑砂浆或普通砌筑砂浆砌筑时，应在砌筑当天对砌块砌筑面喷水湿润。块体湿润程度宜符合下列规定：

1 烧结空心砖的相对含水率60%～70%；

2 吸水率较大的轻骨料混凝土小型空心砌块、蒸压加气混凝土砌块的相对含水率40%～50%。

9.1.6 在厨房、卫生间、浴室等处采用轻骨料混凝土小型空心砌块、蒸压加气混凝土砌块砌筑墙体时，墙底部宜现浇混凝土坎台，其高度宜为150mm。

9.1.7 填充墙拉结筋处的下皮小砌块宜采用半盲孔小砌块或用混凝土灌实孔洞的小砌块；薄灰砌筑法施工的蒸压加气混凝土砌块砌体，拉结筋应放置在砌块上表面设置的沟槽内。

9.1.8 蒸压加气混凝土砌块、轻骨料混凝土小型空心砌块不应与其他块体混砌，不同强度等级的同类块体也不得混砌。

注：窗台处和因安装门窗需要，在门窗洞口处两侧填充墙上、中、下部可采用其他块体局部嵌砌；对与框架柱、梁不脱开方法的填充墙，填塞填充墙顶部与梁之间缝隙可采用其他块体。

9.1.9 填充墙砌体砌筑，应待承重主体结构检验批验收合格后进行。填充墙与承重主体结构间的空（缝）隙部位施工，应在填充墙砌筑14d后进行。

9.2 主 控 项 目

9.2.1 烧结空心砖、小砌块和砌筑砂浆的强度等级应符合设计要求。

抽检数量：烧结空心砖每10万块为一验收批，小砌块每1万块为一验收批，不足上述数量时按一批计，抽检数量为1组。砂浆试块的抽检数量执行本规范第4.0.12条的有关规定。

检验方法：查砖、小砌块进场复验报告和砂浆试块试验报告。

9.2.2 填充墙砌体应与主体结构可靠连接，其连接构造应符合设计要求，未经设计同意，不得随意改变连接构造方法。每一填充墙与柱的拉结筋的位置超过一皮块体高度的数量不得多于一处。

抽检数量：每检验批抽查不应少于5处。

检验方法：观察检查。

9.2.3 填充墙与承重墙、柱、梁的连接钢筋，当采用化学植筋的连接方式时，应进行实体检测。锚固钢筋拉拔试验的轴向受拉非破坏承载力检验值应为6.0kN。抽检钢筋在检验值作用下应基材无裂缝、钢筋无滑移宏观裂损现象；持荷2min期间荷载值降低不大于5%。检验批验收可按本规范表B.0.1通过正常检验一次、二次抽样判定。填充墙砌体植筋锚固力检测记录可按本规范表C.0.1填写。

抽检数量：按表9.2.3确定。

检验方法：原位试验检查。

表 9.2.3　检验批抽检锚固钢筋样本最小容量

检验批的容量	样本最小容量	检验批的容量	样本最小容量
≤90	5	281~500	20
91~150	8	501~1200	32
151~280	13	1201~3200	50

9.3　一般项目

9.3.1 填充墙砌体尺寸、位置的允许偏差及检验方法应符合表 9.3.1 的规定。

**表 9.3.1　填充墙砌体尺寸、位置的
允许偏差及检验方法**

项次	项　目		允许偏差（mm）	检验方法
1	轴线位移		10	用尺检查
2	垂直度（每层）	≤3m	5	用 2m 托线板或吊线、尺检查
		>3m	10	
3	表面平整度		8	用 2m 靠尺和楔形尺检查
4	门窗洞口高、宽（后塞口）		±10	用尺检查
5	外墙上、下窗口偏移		20	用经纬仪或吊线检查

抽检数量：每检验批抽查不应少于 5 处。

9.3.2 填充墙砌体的砂浆饱满度及检验方法应符合表 9.3.2 的规定。

表 9.3.2　填充墙砌体的砂浆饱满度及检验方法

砌体分类	灰缝	饱满度及要求	检验方法
空心砖砌体	水平	≥80%	采用百格网检查块体底面或侧面砂浆的粘结痕迹面积
	垂直	填满砂浆，不得有透明缝、瞎缝、假缝	
蒸压加气混凝土砌块、轻骨料混凝土小型空心砌块砌体	水平	≥80%	
	垂直	≥80%	

抽检数量：每检验批抽查不应少于 5 处。

9.3.3 填充墙留置的拉结钢筋或网片的位置应与块体皮数相符合。拉结钢筋或网片应置于灰缝中，埋置长度应符合设计要求，竖向位置偏差不应超过一皮高度。

抽检数量：每检验批抽查不应少于 5 处。

检验方法：观察和用尺量检查。

9.3.4 砌筑填充墙时应错缝搭砌，蒸压加气混凝土砌块搭砌长度不应小于砌块长度的 1/3；轻骨料混凝土小型空心砌块搭砌长度不应小于 90mm；竖向通缝

不应大于 2 皮。

抽检数量：每检验批抽查不应少于 5 处。

检验方法：观察检查。

9.3.5 填充墙的水平灰缝厚度和竖向灰缝宽度应正确，烧结空心砖、轻骨料混凝土小型空心砌块砌体的灰缝应为 8mm~12mm；蒸压加气混凝土砌块砌体当采用水泥砂浆、水泥混合砂浆或蒸压加气混凝土砌块砌筑砂浆时，水平灰缝厚度和竖向灰缝宽度不应超过 15mm；当蒸压加气混凝土砌块砌体采用蒸压加气混凝土砌块粘结砂浆时，水平灰缝厚度和竖向灰缝宽度宜为 3mm~4mm。

抽检数量：每检验批抽查不应少于 5 处。

检验方法：水平灰缝厚度用尺量 5 皮小砌块的高度折算；竖向灰缝宽度用尺量 2m 砌体长度折算。

10　冬期施工

10.0.1 当室外日平均气温连续 5d 稳定低于 5℃时，砌体工程应采取冬期施工措施。

　　注：1　气温根据当地气象资料确定；

　　　　2　冬期施工期限以外，当日最低气温低于 0℃时，也应按本章的规定执行。

10.0.2 冬期施工的砌体工程质量验收除应符合本章要求外，尚应符合现行行业标准《建筑工程冬期施工规程》JGJ/T 104 的有关规定。

10.0.3 砌体工程冬期施工应有完整的冬期施工方案。

10.0.4 冬期施工所用材料应符合下列规定：

　　1　石灰膏、电石膏等应防止受冻，如遭冻结，应经融化后使用；

　　2　拌制砂浆用砂，不得含有冰块和大于 10mm 的冻结块；

　　3　砌体用块体不得遭水浸冻。

10.0.5 冬期施工砂浆试块的留置，除应按常温规定要求外，尚应增加 1 组与砌体同条件养护的试块，用于检验转入常温 28d 的强度。如有特殊需要，可另外增加相应龄期的同条件养护的试块。

10.0.6 地基土有冻胀性时，应在未冻的地基上砌筑，并应防止在施工期间和回填土前地基受冻。

10.0.7 冬期施工中砖、小砌块浇（喷）水湿润应符合下列规定：

　　1　烧结普通砖、烧结多孔砖、蒸压灰砂砖、蒸压粉煤灰砖、烧结空心砖、吸水率较大的轻骨料混凝土小型空心砌块在气温高于 0℃条件下砌筑时，应浇水湿润；在气温低于、等于 0℃条件下砌筑时，可不浇水，但必须增大砂浆稠度；

　　2　普通混凝土小型空心砌块、混凝土多孔砖、混凝土实心砖及采用薄灰砌筑法的蒸压加气混凝土砌块施工时，不应对其浇（喷）水湿润；

3 抗震设防烈度为 9 度的建筑物，当烧结普通砖、烧结多孔砖、蒸压粉煤灰砖、烧结空心砖无法浇水湿润时，如无特殊措施，不得砌筑。

10.0.8 拌合砂浆时水的温度不得超过 80℃，砂的温度不得超过 40℃。

10.0.9 采用砂浆掺外加剂法、暖棚法施工时，砂浆使用温度不应低于 5℃。

10.0.10 采用暖棚法施工，块体在砌筑时的温度不应低于 5℃，距离所砌的结构底面 0.5m 处的棚内温度也不应低于 5℃。

10.0.11 在暖棚内的砌体养护时间，应根据暖棚内温度，按表 10.0.11 确定。

表 10.0.11　暖棚法砌体的养护时间

暖棚的温度（℃）	5	10	15	20
养护时间（d）	≥6	≥5	≥4	≥3

10.0.12 采用外加剂法配制的砌筑砂浆，当设计无要求，且最低气温等于或低于 −15℃时，砂浆强度等级应较常温施工提高一级。

10.0.13 配筋砌体不得采用掺氯盐的砂浆施工。

11　子分部工程验收

11.0.1 砌体工程验收前，应提供下列文件和记录：

　　1　设计变更文件；

　　2　施工执行的技术标准；

　　3　原材料出厂合格证书、产品性能检测报告和进场复验报告；

　　4　混凝土及砂浆配合比通知单；

　　5　混凝土及砂浆试件抗压强度试验报告单；

　　6　砌体工程施工记录；

　　7　隐蔽工程验收记录；

　　8　分项工程检验批的主控项目、一般项目验收记录；

　　9　填充墙砌体植筋锚固力检测记录；

　　10　重大技术问题的处理方案和验收记录；

　　11　其他必要的文件和记录。

11.0.2 砌体子分部工程验收时，应对砌体工程的观感质量作出总体评价。

11.0.3 当砌体工程质量不符合要求时，应按现行国家标准《建筑工程施工质量验收统一标准》GB 50300 有关规定执行。

11.0.4 有裂缝的砌体应按下列情况进行验收：

　　1　对不影响结构安全性的砌体裂缝，应予以验收，对明显影响使用功能和观感质量的裂缝，应进行处理；

　　2　对有可能影响结构安全性的砌体裂缝，应由有资质的检测单位检测鉴定，需返修或加固处理的，待返修或加固处理满足使用要求后进行二次验收。

附录 A　砌体工程检验批质量验收记录

A.0.1 为统一砌体结构工程检验批质量验收记录用表，特列出表 A.0.1-1～表 A.0.1-5，以供质量验收采用。

A.0.2 对配筋砌体工程检验批质量验收记录，除应采用表 A.0.1-4 外，尚应配合采用表 A.0.1-1 或表 A.0.1-2。

A.0.3 对表 A.0.1-1～表 A.0.1-5 中有数值要求的项目，应填写检测数据。

表 A.0.1-1　砖砌体工程检验批质量验收记录

工程名称		分项工程名称		验收部位	
施工单位				项目经理	
施工执行标准名称及编号				专业工长	
分包单位				施工班组组长	
	质量验收规范的规定		施工单位检查评定记录		监理（建设）单位验收记录
主控项目	1. 砖强度等级	设计要求 MU			
	2. 砂浆强度等级	设计要求 M			
	3. 斜槎留置	5.2.3 条			
	4. 转角、交接处	5.2.3 条			
	5. 直槎拉结钢筋及接槎处理	5.2.4 条			
	6. 砂浆饱满度	≥80%（墙）			
		≥90%（柱）			

	质量验收规范的规定		施工单位检查评定记录								监理(建设)单位验收记录
一般项目	1. 轴线位移	≤10mm									
	2. 垂直度(每层)	≤5mm									
	3. 组砌方法	5.3.1条									
	4. 水平灰缝厚度	5.3.2条									
	5. 竖向灰缝宽度	5.3.2条									
	6. 基础、墙、柱顶面标高	±15mm 以内									
	7. 表面平整度	≤5mm(清水)									
		≤8mm(混水)									
	8. 门窗洞口高、宽(后塞口)	±10mm 以内									
	9. 窗口偏移	≤20mm									
	10. 水平灰缝平直度	≤7mm(清水)									
		≤10mm(混水)									
	11. 清水墙游丁走缝	≤20mm									
施工单位检查评定结果	项目专业质量检查员: 项目专业质量(技术)负责人: 年 月 日										
监理(建设)单位验收结论	监理工程师(建设单位项目工程师): 年 月 日										

注：本表由施工项目专业质量检查员填写，监理工程师(建设单位项目技术负责人)组织项目专业质量(技术)负责人等进行验收。

表 A.0.1-2 混凝土小型空心砌块砌体
工程检验批质量验收记录

工程名称			分项工程名称		验收部位	
施工单位					项目经理	
施工执行标准 名称及编号					专业工长	
分包单位					施工班组 组长	

	质量验收规范的规定		施工单位 检查评定记录	监理(建设) 单位验收记录
主控项目	1. 小砌块强度等级	设计要求 MU		
	2. 砂浆强度等级	设计要求 M		
	3. 混凝土强度等级	设计要求 C		
	4. 转角、交接处	6.2.3条		
	5. 斜槎留置	6.2.3条		
	6. 施工洞口砌法	6.2.3条		
	7. 芯柱贯通楼盖	6.2.4条		
	8. 芯柱混凝土灌实	6.2.4条		
	9. 水平缝饱满度	≥90%		
	10. 竖向缝饱满度	≥90%		
一般项目	1. 轴线位移	≤10mm		
	2. 垂直度(每层)	≤5mm		
	3. 水平灰缝厚度	8mm～12mm		
	4. 竖向灰缝宽度	8mm～12mm		
	5. 顶面标高	±15mm 以内		
	6. 表面平整度	≤5mm(清水)		
		≤8mm(混水)		
	7. 门窗洞口	±10mm 以内		
	8. 窗口偏移	≤20mm		
	9. 水平灰缝平直度	≤7mm(清水)		
		≤10mm(混水)		

施工单位检查 评定结果	项目专业质量检查员:　　项目专业质量(技术)负责人: 　　　　　　　　　　　　　　　　　　　　　　年　月　日
监理(建设)单位 验收结论	监理工程师(建设单位项目工程师): 　　　　　　　　　　　　　　　　　　　　　　年　月　日

注: 本表由施工项目专业质量检查员填写,监理工程师(建设单位项目技术负责人)组织项目专业质量(技术)负责人等进行验收。

表 A.0.1-3　石砌体工程检验批质量验收记录

			分项工程名称		验收部位	
工程名称						
施工单位					项目经理	
施工执行标准 名称及编号					专业工长	
分包单位					施工班组 组长	

		质量验收规范的规定		施工单位 检查评定记录								监理(建设) 单位验收记录
主控项目	1. 石材强度等级	设计要求 MU										
	2. 砂浆强度等级	设计要求 M										
	3. 砂浆饱满度	≥80%										
一般项目	1. 轴线位移	7.3.1条										
	2. 砌体顶面标高	7.3.1条										
	3. 砌体厚度	7.3.1条										
	4. 垂直度(每层)	7.3.1条										
	5. 表面平整度	7.3.1条										
	6. 水平灰缝平直度	7.3.1条										
	7. 组砌形式	7.3.2条										

施工单位检查 评定结果	项目专业质量检查员：　　项目专业质量(技术)负责人： 　　　　　　　　　　　　　　　　　　　　　年　月　日
监理(建设)单位 验收结论	监理工程师(建设单位项目工程师)： 　　　　　　　　　　　　　　　　　　　　　年　月　日

注：本表由施工项目专业质量检查员填写，监理工程师(建设单位项目技术负责人)组织项目专业质量(技术)负责人等进
　　行验收。

表 A.0.1-4　配筋砌体工程检验批质量验收记录

工程名称			分项工程名称		验收部位	
施工单位					项目经理	
施工执行标准 名称及编号					专业工长	
分包单位					施工班组 组长	

	质量验收规范的规定		施工单位 检查评定记录	监理(建设) 单位验收记录
主控项目	1. 钢筋品种、规格、数量和设置部位	8.2.1条		
	2. 混凝土强度等级	设计要求 C		
	3. 马牙槎尺寸	8.2.3条		
	4. 马牙槎拉结筋	8.2.3条		
	5. 钢筋连接	8.2.4条		
	6. 钢筋锚固长度	8.2.4条		
	7. 钢筋搭接长度	8.2.4条		
一般项目	1. 构造柱中心线位置	≤10mm		
	2. 构造柱层间错位	≤8mm		
	3. 构造柱垂直度(每层)	≤10mm		
	4. 灰缝钢筋防腐	8.3.2条		
	5. 网状配筋规格	8.3.3条		
	6. 网状配筋位置	8.3.3条		
	7. 钢筋保护层厚度	8.3.4条		
	8. 凹槽中水平钢筋间距	8.3.4条		

施工单位检查 评定结果	项目专业质量检查员：　项目专业质量(技术)负责人： 年　月　日
监理(建设)单位 验收结论	监理工程师(建设单位项目工程师)： 年　月　日

注：本表由施工项目专业质量检查员填写，监理工程师(建设单位项目技术负责人)组织项目专业质量(技术)负责人等进行验收。

表 A.0.1-5 填充墙砌体工程检验批质量验收记录

工程名称			分项工程名称			验收部位	
施工单位						项目经理	
施工执行标准 名称及编号						专业工长	
分包单位						施工班组 组长	

	质量验收规范的规定			施工单位 检查评定记录			监理(建设) 单位验收记录	
主控项目	1. 块体强度等级		设计要求 MU					
	2. 砂浆强度等级		设计要求 M					
	3. 与主体结构连接		9.2.2条					
	4. 植筋实体检测		9.2.3条	见填充墙砌体植筋锚固力检测记录				
一般项目	1. 轴线位移		≤10mm					
	2. 墙面垂直度(每层)	≤3m	≤5mm					
		>3m	≤10mm					
	3. 表面平整度		≤8mm					
	4. 门窗洞口		±10mm					
	5. 窗口偏移		≤20mm					
	6. 水平缝砂浆饱满度		9.3.2条					
	7. 竖缝砂浆饱满度		9.3.2条					
	8. 拉结筋、网片位置		9.3.3条					
	9. 拉结筋、网片埋置长度		9.3.3条					
	10. 搭砌长度		9.3.4条					
	11. 灰缝厚度		9.3.5条					
	12. 灰缝宽度		9.3.5条					

施工单位检查 评定结果	项目专业质量检查员: 项目专业质量(技术)负责人: 年 月 日
监理(建设)单位 验收结论	监理工程师(建设单位项目工程师): 年 月 日

注：本表由施工项目专业质量检查员填写，监理工程师(建设单位项目技术负责人)组织项目专业质量(技术)负责人等进行验收。

附录 B 填充墙砌体植筋锚固力检验抽样判定

B.0.1 填充墙砌体植筋锚固力检验抽样判定应按表 B.0.1、表 B.0.2 判定。

表 B.0.1 正常一次性抽样的判定

样本容量	合格判定数	不合格判定数
5	0	1
8	1	2
13	1	2
20	2	3
32	3	4
50	5	6

表 B.0.2 正常二次性抽样的判定

抽样次数与样本容量	合格判定数	不合格判定数
(1) —5 (2) —10	0 1	2 2
(1) —8 (2) —16	0 1	2 2
(1) —13 (2) —26	0 3	3 4
(1) —20 (2) —40	1 3	3 4
(1) —32 (2) —64	2 6	5 7
(1) —50 (2) —100	3 9	6 10

注：本表应用参照现行国家标准《建筑结构检测技术标准》GB/T 50344-2004 第 3.3.14 条条文说明。

附录 C 填充墙砌体植筋锚固力检测记录

C.0.1 填充墙砌体植筋锚固力检测记录应按表 C.0.1 填写。

表 C.0.1 填充墙砌体植筋锚固力检测记录

共 页 第 页

工程名称		分项工程名称		植筋日期	
施工单位		项目经理			
分包单位		施工班组长		检测日期	
检测执行标准及编号					

试件编号	实测荷载(kN)	检测部位		检测结果	
		轴 线	层	完好	不符合要求情况
监理（建设）单位验收结论					
备注	1. 植筋埋置深度（设计）： mm； 2. 设备型号： ； 3. 基材混凝土设计强度等级为（C ）； 4. 锚固钢筋拉拔承载力检验值：6.0kN。				

复核： 检测： 记录：

本规范用词说明

1 为便于在执行本规范条文时区别对待，对要求严格程度不同的用词说明如下：

　　1）表示很严格，非这样做不可的用词：
　　　　正面词采用"必须"，反面词采用"严禁"；
　　2）表示严格，在正常情况下均应这样做的用词：
　　　　正面词采用"应"，反面词采用"不应"或"不得"；
　　3）表示允许稍有选择，在条件许可时首先应这样做的用词：
　　　　正面采用"宜"，反面词采用"不宜"；
　　4）表示有选择，在一定条件下可以这样做的用词，采用"可"。

2 条文中指明应按其他有关标准、规范执行的写法为"应符合……规定（或要求）"或"应按……执行"。

引用标准名录

1 《建筑工程施工质量验收统一标准》GB 50300
2 《通用硅酸盐水泥》GB 175
3 《建筑材料放射性核素限量》GB 6566
4 《混凝土外加剂》GB 8076
5 《粉煤灰在混凝土及砂浆中应用技术规程》JGJ 28
6 《普通混凝土用砂、石质量及检验方法标准》JGJ 52
7 《混凝土用水标准》JGJ 63
8 《建筑工程冬期施工规程》JGJ/T 104
9 《砌筑砂浆增塑剂》JG/T 164
10 《砂浆、混凝土防水剂》JC 474
11 《建筑生石灰》JC/T 479
12 《建筑生石灰粉》JC/T 480

中华人民共和国国家标准

砌体结构工程施工质量验收规范

GB 50203—2011

条 文 说 明

修 订 说 明

本规范是在《砌体工程施工质量验收规范》GB 50203-2002 的基础上修订而成，上一版的主编单位是陕西省建筑科学研究设计院，参编单位是陕西省建筑工程总公司、四川省建筑科学研究院、天津建工集团总公司、辽宁省建设科学研究院、山东省潍坊市建筑工程质量监督站，主要起草人员是张昌叙、张鸿勋、侯汝欣、佟贵森、张书禹、赵瑞。

本规范修订继续遵循"验评分离、强化验收、完善手段、过程控制"的指导原则。

本规范修订过程中，编制组进行了大量调查研究，结合砌体结构"四新"的推广运用，丰富和完善了规范内容；通过5·12汶川大地震的震害调查，针对砌体结构施工质量的薄弱环节，充实了规范条文内容；与正修订的《砌体结构设计规范》GB 50003、《建筑工程施工质量验收统一标准》GB 50300、《建筑工程冬期施工规程》JGJ 104 等标准进行了协调沟通。此外，还参考国外先进技术标准，对我国目前砌体结构工程施工质量现状进行分析，为科学、合理确定我国规范的质量控制参数提供了依据。

为便于广大设计、施工、科研、学校等单位有关人员在使用本规范时能正确理解和执行条文规定，《砌体结构工程施工质量验收规范》编制组按章、节、条顺序编制了本规范的条文说明，对条文规定的目的、依据以及在执行中需注意的有关事项进行了说明。但是，本条文说明不具备与规范正文同等的法律效力，仅供使用者作为理解和把握规范规定的参考。

目　　次

1 总　则

1.0.1 制定本规范的目的，是为了统一砌体结构工程施工质量的验收，保证安全使用。

1.0.2 本规范对砌体结构工程施工质量验收的适用范围作了规定。

1.0.3 本规范是对砌体结构工程施工质量的最低要求，应严格遵守。因此，工程承包合同和施工技术文件（如设计文件、企业标准、施工措施等）对工程质量的要求均不得低于本规范的规定。

当设计文件和工程承包合同对施工质量的要求高于本规范的规定时，验收时应以设计文件和工程承包合同为准。

1.0.4 国家标准《建筑工程施工质量验收统一标准》GB 50300 规定了房屋建筑各专业工程施工质量验收规范编制的统一原则和要求，故执行本规范时，尚应遵守该标准的相关规定。

1.0.5 砌体结构工程施工质量的验收综合性较强，涉及面较广，为了保证砌体结构工程的施工质量，必须全面执行国家现行有关标准。

3　基本规定

3.0.1 在砌体结构工程中，采用不合格的材料不可能建造出符合质量要求的工程。材料的产品合格证书和产品性能检测报告是工程质量评定中必备的资料，因此特提出了要求。

本次规范修订增加了"质量应符合国家现行标准的要求"，以强调对合格材料质量的要求。

块体、水泥、钢筋、外加剂等产品质量应符合下列国家现行标准的要求：

1 块体：《烧结普通砖》GB 5101、《烧结多孔砖》GB 13544、《烧结空心砖和空心砌块》GB 13545、《混凝土实心砖》GB/T 21144、《混凝土多孔砖》JC 943、《蒸压灰砂砖》GB 11945、《蒸压灰砂空心砖》JC/T 637、《粉煤灰砖》JC 239、《普通混凝土小型空心砌块》GB 8239、《轻集料混凝土小型空心砌块》GB/T 15229、《蒸压加气混凝土砌块》GB 11968 等。

2 水泥：《通用硅酸盐水泥》GB 175、《砌筑水泥》GB/T 3183、《快硬硅酸盐水泥》JC 314 等。

3 钢筋：《钢筋混凝土用钢　第 1 部分：热轧光圆钢筋》GB 1499.1、《钢筋混凝土用钢　第 2 部分：热轧带肋钢筋》GB 1499.2 等。

4 外加剂：《混凝土外加剂》GB 8076、《砂浆、混凝土防水剂》JC 474、《砌筑砂浆增塑剂》JC/T 164 等。

3.0.2 砌体结构工程施工是一项系统工程，为有条不紊地进行，确保施工安全，达到工程质量优、进度

快、成本低，应在施工前编制施工方案。

3.0.4 在砌体结构工程施工中，砌筑基础前放线是确定建筑平面尺寸和位置的基础工作，通过校核放线尺寸，达到控制放线精度的目的。

3.0.5 本条系新增加条文。针对砌体结构房屋施工中较普遍存在的问题，强调了伸缩缝、沉降缝、防震缝的施工要求。

3.0.6 基础高低台的合理搭接，对保证基础的整体性和受力至关重要。本次规范修订中补充了基底标高不同时的搭砌示意图，以便对条文的理解。

砌体的转角处和交接处同时砌筑可以保证墙体的整体性，从而提高砌体结构的抗震性能。从震害调查看到，不少砌体结构建筑，由于砌体的转角处和交接处未同时砌筑，接搓不良导致外墙甩出和砌体倒塌，因此必须重视砌体的转角处和交接处的砌筑。

3.0.7 本条系新增加条文。使用皮数杆对保证砌体灰缝的厚度均匀、平直和控制砌体高度及高度变化部位的位置十分重要。

3.0.8 在墙上留置临时洞口系施工需要，但洞口位置不当或洞口过大，虽经补砌，但也会程度不同地削弱墙体的整体性。

3.0.9 砌体留置的脚手眼虽经补砌，但它对砌体的整体性能和使用功能或多或少会产生不良影响。因此，在一些受力不太有利和使用功能有特殊要求的部位对脚手眼设置作了规定。本次修订增加了不得在轻质墙体、夹心复合墙外叶墙设置脚手眼的规定，主要是考虑在这类墙体上安放脚手架不安全，也会造成墙体的损坏。

3.0.10 在实际工程中往往对脚手眼的补砌比较随意，忽视脚手眼的补砌质量，故提出脚手眼补砌的要求。

3.0.11 建筑工程施工中，常存在各工种之间配合不好的问题，例如水电安装中的一些洞口、埋设管道等常在砌好的砌体上打凿，往往对砌体造成较大损坏，特别是在墙体上开凿水平沟槽对墙体受力极为不利。

本次规范修订时将过梁明确为钢筋混凝土过梁；补充规定不应在截面长边小于 500mm 的承重墙体、独立柱内埋设管线，以不影响结构受力。

3.0.12 表 3.0.12 的数值系根据 1956 年《建筑安装工程施工及验收暂行技术规范》第二篇中表一规定推算而得。验算时，为偏安全计，略去了墙或柱底部砂浆与楼板（或下部墙体）间的粘结作用，只考虑墙体的自重和风荷载进行倾覆验算。经验算，安全系数在 1.1～1.5 之间。为了比较切合实际和方便查对，将原表中的风压值改为 0.3、0.4、0.5 kN/m² 三种，并列出风的相应级数。

施工处标高可按下式计算：

$$H = H_0 + h/2 \qquad (1)$$

式中：H——施工处的标高；

H_0——起始计算自由高度处的标高；

h——表 3.0.12 内相应的允许自由高度。

对于设置钢筋混凝土圈梁的墙或柱，其砌筑高度未达圈梁位置时，h 应从地面（或楼面）算起；超过圈梁时，h 可从最近的一道圈梁算起，但此时圈梁混凝土的抗压强度应达到 5N/mm² 以上。

3.0.14 为保证混凝土结构工程施工中预制梁、板的安装施工质量而提出的相应规定。对原条文内容中的安装时应坐浆及砂浆的规定予以删除，原因是考虑该部分内容不属砌体结构工程施工的内容。

3.0.15 在采用以概率理论为基础的极限状态设计方法中，材料的强度设计值系由材料标准值除以材料性能分项系数确定，而材料性能分项系数与材料质量和施工水平相关。对于施工水平，由于在砌体的施工中存在大量的手工操作，所以，砌体结构的施工质量在很大程度上取决于人的因素。

在国际标准中，施工水平按质量监督人员、砂浆强度试验及搅拌、砌筑工人技术熟练程度等情况分为三级，材料性能分项系数也相应取为不同的数值。

为与国际标准接轨，在 1998 年颁布实施的国家标准《砌体工程施工及验收规范》GB 50203 - 98 中就参照国际标准，已将施工质量控制等级纳入规范中。随后，国家标准《砌体结构设计规范》GB 50003 - 2001 在砌体强度设计值的规定中，也考虑了砌体施工质量控制等级对砌体强度设计值的影响。

砂浆和混凝土的施工（生产）质量，可按强度离散性大小分为"优良"、"一般"和"差"三个等级。强度离散性分为"离散性小"、"离散性较小"和"离散性大"三个等次，其划分系按照砂浆、混凝土强度标准差确定。根据现行行业标准《砌筑砂浆配合比设计规程》JGJ/T 98 及原国家标准《混凝土检验评定标准》GBJ 107 - 87，砂浆、混凝土强度标准差可参见表 1 及表 2。

表 1　砌筑砂浆质量水平

强度标准差（MPa） 强度等级 质量水平	M5	M7.5	M10	M15	M20	M30
优　良	1.00	1.50	2.00	3.00	4.00	6.00
一　般	1.25	1.88	2.50	3.75	5.00	7.50
差	1.50	2.25	3.00	4.50	6.00	9.00

表 2　混凝土质量水平

评定标准 生产单位 强度等级 质量水平	优良		一般		差	
	<C20	≥C20	<C20	≥C20	<C20	≥C20
强度标准差（MPa）	预拌混凝土厂	≤3.0	≤3.5	≤4.0	≤5.0	>4.0	>5.0
	集中搅拌混凝土的施工现场	≥3.5	≤4.0	≤4.5	≤5.5	>4.5	>5.5
强度等于或大于混凝土强度等级值的百分率（%）	预拌混凝土厂、集中搅拌混凝土的施工现场	≥95		>85		≤85	

对 A 级施工质量控制等级，砌筑工人中高级工的比例由原规范"不少于 20％"提高到"不少于 30％"，是考虑为适应近年来砌体结构工程施工中的新结构、新材料、新工艺、新设备不断增加，保证施工质量的需要。

3.0.16 从建筑物的耐久性考虑，现行国家标准《砌体结构设计规范》GB 50003 根据砌体结构的环境类别，对设置在砂浆和混凝土中的钢筋规定了相应的防护措施。

3.0.18 在楼面上进行砌筑施工时，常常出现以下几种超载现象：一是集中堆载；二是抢进度或遇停电时，提前多备料；三是采用井架或门架上料时，接料平台高出楼面有坎，造成运料车对楼板产生较大的振动荷载。这些超载现象常使楼板底产生裂缝，严重时会导致安全事故。

3.0.19 本条系新增加条文。对墙体砌筑每日砌筑高度的控制，其目的是保证砌体的砌筑质量和生产安全。

3.0.20 本条系新增加条文。针对砌体结构工程的施工特点，将现行国家标准《建筑工程施工质量验收统一标准》GB 50300 对检验批的规定具体化。

3.0.21 现行国家标准《建筑工程施工质量验收统一标准》GB 50300 在制定检验批抽样方案时，对生产方和使用方风险概率提出了明确的规定。该标准经修订后，对于计数抽样的主控项目、一般项目规定了正常检查一次、二次抽样判定规定。本规范根据上述标准并结合砌体工程的实际情况，采用一次抽样判定。其中，对主控项目应全部符合合格标准；对一般项目应有 80% 及以上的抽检处符合合格标准，均比国家标准《建筑工程施工质量验收统一标准》的要求略严，且便于操作。

本条文补充了对一般项目中的最大超差值作了规定，其值为允许偏差值 1.5 倍。这是从工程实际的现状考虑的，在这种施工偏差下，不会造成结构安全问题和影响使用功能及观感效果。

3.0.22 本条为增加条文。为使砌体结构工程施工质量抽检更具有科学性，在本次规范修订中，遵照现行国家标准《建筑工程施工质量验收统一标准》GB 50300 的要求，对原规范条文抽检项目的抽样方案作了修改，即将抽检数量按检验批的百分数（一般规定为 10%）抽取的方法修改为按现行国家标准《逐批检查计数抽样程序及抽样表》GB 2828 对抽样批的最小容量确定。抽样批的最小容量的规定引用现行国家标准《建筑结构检测技术标准》GB/T 50344 第 3.3.13 条表 3.3.13，但在本规范引用时作了以下考虑：检验批的样本最小容量在检验批容量 90 及以下不再细分。针对砌体结构工程实际，检验项目的检验批容量一般不大于 90，故各抽检项目的样本最小容量除有特殊要求（如砖砌体和混凝土小型空心砌块砌体的承重墙、柱的轴线位移应全数检查；外墙阳角数量小于 5 时，垂直度检查应为全部阳角；填充墙后植锚固钢筋的抽检最小容量规定等）外，按不应小于 5 确定，以便于检验批的统计和质量判定。

4 砌筑砂浆

4.0.1 水泥的强度及安定性是判定水泥质量是否合格的两项主要技术指标，因此在水泥使用前应进行复验。

由于各种水泥成分不一，当不同水泥混合使用后有可能发生材性变化或强度降低现象，引起工程质量问题。

本条文参照现行国家标准《混凝土结构工程施工质量验收规范》GB 50204 的相关规定对原规范条文进行了个别文字修改。

4.0.2 砂中草根等杂物，含泥量、泥块含量、石粉含量过大，不但会降低砌筑砂浆的强度和均匀性，还导致砂浆的收缩值增大，耐久性降低，影响砌体质量。砂中氯离子超标，配制的砌筑砂浆、混凝土会对其中钢筋的耐久性产生不良影响。砂含泥量、泥块含量、石粉含量及云母、轻物质、有机物、硫化物、硫酸盐、氯盐含量应符合表 3 的规定。

表 3　砂杂质含量（%）

项　　目	指标
泥	≤5.0
泥块	≤2.0
云母	≤2.0
轻物质	≤1.0
有机物（用比色法试验）	合格
硫化物及硫酸盐（折算成 SO₃ 按重量计）	≤1.0
氯化物（以氯离子计）	≤0.06
注：含量按质量计	

4.0.3 脱水硬化的石灰膏、消石灰粉不能起塑化作用又影响砂浆强度，故不应使用。建筑生石灰粉由于其细度有限，在砂浆搅拌时直接干掺起不到改善砂浆和易性及保水的作用。建筑生石灰粉的细度依照现行行业标准《建筑生石灰粉》JC/T 480 列于表 4 中，由表看出，建筑生石灰粉的细度远不及水泥的细度（0.08mm 筛的筛余不大于 10%）。

表 4　建筑生石灰粉的细度

项　　目		钙质生石灰粉			镁质生石灰粉		
		优等品	一等品	合格品	优等品	一等品	合格品
细度	0.90mm 筛的筛余（%）不大于	0.2	0.5	1.5	0.2	0.5	1.5
	0.125mm 筛的筛余（%）不大于	7.0	12.0	18.0	7.0	12.0	18.0

为使石灰膏计量准确，根据原标准《砌体工程施工及验收规范》GB 50203-98 引入表 4.0.3。

4.0.4 当水中含有有害物质时，将会影响水泥的正常凝结，并可能对钢筋产生锈蚀作用。

4.0.5 砌筑砂浆通过配合比设计确定的配合比，是使施工中砌筑砂浆达到设计强度等级，符合砂浆试块合格验收条件，减小砂浆强度离散性的重要保证。

砌筑砂浆的稠度选择是否合适，将直接影响砌筑的难易和质量，表 4.0.5 砌筑砂浆稠度范围的规定主要是考虑了块体吸水特性、铺砌面有无孔洞及气候条件的差异。

4.0.6 该条内容系根据新修订的国家标准《砌体结构设计规范》GB 50003 的下述规定编写：当砌体用强度等级小于 M5 的水泥砂浆砌筑时，砌体强度设计值应予降低，其中抗压强度值乘以 0.9 的调整系数；轴心抗拉、弯曲抗拉、抗剪强度值乘以 0.8 的调整系数；当砌筑砂浆强度等级大于和等于 M5 时，砌体强度设计值不予降低。

4.0.7 由于在砌筑砂浆中掺用的砂浆增塑剂、早强剂、缓凝剂、防冻剂等产品种类繁多，性能及质量也存在差异，为保证砌筑砂浆的性能和砌体的砌筑质量，应对外加剂的品种和用量进行检验和试配，符合要求后方可使用。对砌筑砂浆增塑剂，2004 年国家已发布、实施了行业标准《砌筑砂浆增塑剂》JG/T 164，在技术性能的型式检验中，包括掺用该外加剂砂浆砌筑的砌体强度指标检验，使用时应遵照执行。

本条文由原规范的强制性条文修改为非强制性条文，是为了更方便地执行该条文的要求。

4.0.8 砌筑砂浆各组成材料计量不精确，将直接影响砂浆实际的配合比，导致砂浆强度误差和离散性加大，不利于砌体砌筑质量的控制和砂浆强度的验收。为确保砂浆各组分材料的计量精确，本条文增加了质量计量的允许偏差。

4.0.9 为了降低劳动强度和克服人工拌制砂浆不易搅拌均匀的缺点，规定砌筑砂浆应采用机械搅拌。同时，为使物料充分拌合，保证砂浆拌合质量，对不同品种砂浆分别规定了搅拌时间的要求。

4.0.10 根据以前规范编制组所进行的试验和收集的国内资料分析，在一般气候情况下，水泥砂浆和水泥混合砂浆在3h和4h使用完，砂浆强度降低一般不超过20%，虽然对砌体强度有所影响，但降低幅度在10%以内，又因为大部分砂浆已在之前使用完毕，故对整个砌体的影响只局限于很小的范围。当气温较高时，水泥凝结加速，砂浆拌制后的使用时间应予缩短。

近年来，设计中对砌筑砂浆强度普遍提高，水泥用量增加，因此将砌筑砂浆拌合后的使用时间作了一些调整，统一按照水泥砂浆的使用时间进行控制，这对施工质量有利，又便于记忆和控制。

4.0.12 我国近年颁布实施的现行国家标准《建筑结构可靠度设计标准》GB 50068 要求："质量验收标准宜在统计理论的基础上制定"。现行国家标准《建筑工程施工质量验收统一标准》GB 50300-2001 第3.0.5条规定，主控项目合格质量水平的生产方风险（或错判概率 α）和使用方风险（或漏判概率 β）均不宜超过5%。这些要求和规定都是编制建筑工程施工质量验收规范应遵循的原则。

国家标准《砌体工程施工质量验收规范》GB 50203 关于砌筑砂浆试块强度验收条件引自原《建筑安装工程质量检验评定标准 TJ 301-74 建筑工程》，并已执行多年。经分析发现，上述砌筑砂浆试块强度验收条件的确定较缺乏科学性，具体表现在以下几方面：

1）20世纪70年代我国尚未采用极限状态设计方法，因此，对砌筑砂浆质量的评定也未考虑结构的可靠度原则。

2）当同一验收批砌筑砂浆试块抗压强度平均值等于设计强度等级所对应的立方体抗压强度时，其满足设计强度的概率太低，仅为50%。

3）当砌筑砂浆试块强度等于设计强度等级所对应的立方体抗压强度的75%时，砌体强度较设计值小9%～13%，这将对结构的安全使用产生不良影响。

根据结构可靠度分析，当砌筑砂浆质量水平一般，即砂浆试块强度统计的变异系数为0.25，验收批砌筑砂浆试块抗压强度平均值为设计强度的1.10倍时，砌筑砂浆强度达到和超过设计强度的统计概率为65.5%，砌体强度达到95%规范值的统计概率

为78.8%；砌筑砂浆试块强度最小值为85%设计强度时，砌体强度值只较规范设计值降低2%～8%，砌筑砂浆抗压强度等于和大于85%设计强度的统计概率为84.1%。还应指出，当砌筑砂浆试块改为带底试模制作后，砂浆试块强度统计的变异系数将较砖底试模减小，这对砌筑砂浆质量的提高和砌体质量是有利的。此外，砌体强度除与块体、砌筑砂浆强度直接相关外，尚与施工过程的质量控制有关，如砌筑砂浆的拌制质量及强度的离散性、块体砌筑前浇水湿润程度、砌筑手法、灰缝厚度及砂浆饱满度等。因此欲保证砌体的强度，除应使块体和砌筑砂浆合格外，尚应加强施工过程控制，这是保证砌体施工质量的综合措施。

鉴于上述分析，同时考虑砂浆拌制后到使用时存在的时间间隔对其强度的不利影响，本次规范修订中对砌筑砂浆试块抗压强度合格验收条件较原规范作了一定提高。砌筑砂浆拌制后随时间延续的强度变化规律是：在一般气温（低于30°C）情况下，砂浆拌制2h～6h后，强度降低20%～30%，10h降低50%以上，24h降低70%以上。以上试验大多采用水泥混合砂浆。对水泥砂浆而言，由于水泥用量较多，砂浆的保水性又较水泥混合砂浆差，其影响程度会更大。当气温较高（高于30°C）情况下，砂浆强度下降幅度也将更大一些。

当砂浆试块数量不足3组时，其强度的代表性较差，验收也存在较大风险，如只有1组试块时，其错判概率至少为30%。因此，为确保砌体结构施工验收的可靠性，对重要房屋一个验收批砂浆试块的数量规定为不得少于3组。

试验表明，砌筑砂浆的稠度对试块立方体抗压强度有一定影响，特别是当采用带底试模时，这种影响将十分明显。为如实反映施工中砌筑砂浆的强度，制作砂浆试块的砂浆稠度应与配合比设计一致，在实际操作中应注意砌筑砂浆的用水量控制。此外，根据现行行业标准《预拌砂浆》JC/T 230 规定，预拌砂浆中的湿拌砂浆在交货时应进行稠度检验。

对工厂生产的预拌砂浆、加气混凝土专用砂浆，由于其材料稳定，计量准确，砂浆质量较好，强度值离散性较小，故可适当减少现场砂浆试块的制作数量，但每验收批各类、各强度等级砂浆试块不应少于3组。

根据统计学原理，抽检子样容量越大则结果判定越准确。对砌体结构工程施工，通常在一个检验批留置的同类型、同强度等级的砂浆试块数量不多，故在砌筑砂浆试块抗压强度验收时，为使砂浆试块强度具有更好的代表性，减小强度评定风险，宜将多个检验批的同类型、同强度等级的砌筑砂浆作为一个验收批进行评定验收；当检验批的同类型、同强度等级砌筑砂浆试块组数较多时，砂浆强度验收也可按检验批进

行，此时的砌筑砂浆验收批即等同于检验批。

4.0.13 施工中，砌筑砂浆强度直接关系砌体质量。因此，规定了在一些非正常情况下应测定工程实体中的砂浆或砌体的实际强度。其中，当砂浆试块的试验结果已不能满足设计要求时，通过实体检测以便于进行强度核算和结构加固处理。

5 砖砌体工程

5.1 一般规定

5.1.1 本条所列砖是指以传统标准砖基本尺寸 240mm×115mm×53mm 为基础，适当调整尺寸，采用烧结、蒸压养护或自然养护等工艺生产的长度不超过 240mm，宽度不超过 190mm，厚度不超过 115mm 的实心或多孔（通孔、半盲孔）的主规格砖及其配砖。

5.1.3 混凝土多孔砖、混凝土普通砖、蒸压灰砂砖、蒸压粉煤灰砖早期收缩值大，如果这时用于墙体上，很容易出现收缩裂缝。为有效控制墙体的这类裂缝产生，在砌筑时砖的产品龄期不应小于 28d，使其早期收缩值在此期间内完成大部分。实践证明，这是预防墙体早期开裂的一个重要技术措施。此外，混凝土多孔砖、混凝土普通砖的强度等级进场复验也需产品龄期为 28d。

5.1.4 有冻胀环境和条件的地区，地面以下或防潮层以下的砌体，常处于潮湿的环境中，对多孔砖砌体的耐久性能有不利影响。因此，现行国家标准《砌体结构设计规范》GB 50003 对多孔砖的使用作出了以下规定，"在冻胀地区，地面以下或防潮层以下的砌体，不宜采用多孔砖，如采用时，其孔洞应用水泥砂浆灌实。"鉴于多孔砖孔洞小且量大，施工中用水泥砂浆灌实费工、耗材、不易保证质量，故作本条规定。

5.1.5 不同品种砖的收缩特性的差异容易造成墙体收缩裂缝的产生。

5.1.6 试验研究和工程实践证明，砖的湿润程度对砌体的施工质量影响较大。干砖砌筑不仅不利于砂浆强度的正常增长，大大降低砌体强度，影响砌体的整体性，而且砌筑困难；吸水饱和的砖砌筑时，会使刚砌的砌体尺寸稳定性差，易出现墙体平面外弯曲，砂浆易流淌，灰缝厚度不均，砌体强度降低。

砖含水率对砌体抗压强度的影响，湖南大学曾通过试验研究得出两者之间的相关性，即砌体的抗压强度随砖含水率的增加而提高，反之亦然。根据砌体抗压强度影响系数公式得到，含水率为零的烧结黏土砖的砌体抗压强度仅为含水率为 15% 砖的砌体抗压强度的 77%。

砖含水率对砌体抗剪强度的影响，国内外许多学者都进行过这方面的研究，试验资料较多，但结论并不完全相同。可以认为，各国（地）砖的性质不同，是试验结论不一致的主要原因。一般来说，砖砌体抗剪强度随着砖的湿润程度增加而提高，但是如果砖浇得过湿，砖表面的水膜将影响砖和砂浆间的粘结，对抗剪强度不利。美国 Robert 等在专著中指出：砖的初始吸水速率是影响砌体抗剪强度的重要因素，并指出，初始吸水速率大的砖，必须在使用前预湿水，使其达到较佳范围时方能砌筑。前苏联学者认为，黏土砖的含水率对砌体粘结强度的影响还与砂浆的种类及砂浆稠度有关，砖含水率在一定范围时，砌体的抗剪强度得以提高。近年来，长沙理工大学等单位通过试验获取的数据和收集的国内诸多学者研究成果撰写的研究论文指出，非烧结砖的上墙含水率对砌体抗剪强度影响，存在着最佳相对含水率，其范围是 43%～55%，并从试验结果看出，蒸压粉煤灰砖在绝干状态和吸水饱和状态时，抗剪强度均大大降低，约为最佳相对含水率的 30%～40%。

鉴于上述分析，考虑各类砌筑用砖的吸水特性，如吸水率大小、吸水和失水速度快慢等的差异（有时存在十分明显的差异，例如从资料收集中得到，我国各地生产的烧结普通黏土砖的吸水率变化范围为 13.2%～21.4%），砖砌筑时适宜的含水率也应有所不同。因此，需要在砌筑前对砖预湿的程度采用含水率控制是不适宜的，为了便于在施工中对适宜含水率有更清晰的了解和控制，块体砌筑时的适宜含水率宜采用相对含水率表示。根据国内外学者的试验研究成果和施工实践经验，以及国家标准《砌体工程施工质量验收规范》GB 50203 - 2002 的相关规定，本次规范修订按照块体吸水、失水速度快慢对烧结类、非烧结类块体的预湿程度采用相对含水率控制，并对适宜相对含水率范围分别作出了规定。

5.1.7 砖砌体砌筑宜随铺砂浆随砌筑。采用铺浆法砌筑时，铺浆长度对砌体的抗剪强度影响明显，陕西省建筑科学研究院的试验表明，在气温 15℃时，铺浆后立即砌砖和铺浆后 3min 再砌砖，砌体的抗剪强度相差 30%。气温较高时砖和砂浆中的水分蒸发较快，影响工人操作和砌筑质量，因而应缩短铺浆长度。

5.1.8 从有利于保证砌体的完整性、整体性和受力的合理性出发，强调本条所述部位应采用整砖丁砌。

5.1.9 平拱式过梁是弧拱式过梁的一个特例，是矢高极小的一种拱形结构，拱底应一定起拱量，从砖拱受力特点及施工工艺考虑，必须保证拱脚下面伸入墙内的长度，并保持楔形灰缝形态。

5.1.10 过梁底部模板是砌筑过程中的承重结构，只有砂浆达到一定强度后，过梁部位砌体方能承受荷载作用，才能拆除底模。本次经修订的规范将砖过梁底部的模板及其支架拆除时对灰缝砂浆强度进行了提高，是为了更好地保证安全。

5.1.11 多孔砖的孔洞垂直于受压面，能使砌体有较大的有效受压面积，有利于砂浆结合层进入上下砖块的孔洞中产生"销键"作用，提高砌体的抗剪强度和砌体的整体性。此外，孔洞垂直于受压面砌筑也符合砌体强度试验时试件的砌筑方法。

5.1.12 竖向灰缝砂浆的饱满度一般对砌体的抗压强度影响不大，但是对砌体的抗剪强度影响明显。根据四川省建筑科学研究院、南京新宁砖瓦厂等单位的试验结果得到：当竖缝砂浆很不饱满甚至完全无砂浆时，其对角加载砌体的抗剪强度约降低30%。此外，透明缝、瞎缝和假缝对房屋的使用功能也会产生不良影响。

5.1.13 砖砌体的施工临时间断处的接槎部位是受力的薄弱点，为保证砌体的整体性，必须强调补砌时的要求。

5.2 主控项目

5.2.1 在正常施工条件下，砖砌体的强度取决于砖和砂浆的强度等级，为保证结构的受力性能和使用安全，砖和砂浆的强度等级必须符合设计要求。

烧结普通砖、混凝土实心砖检验批的数量，系参考砌体检验批划分的基本数量（250m³砌体）确定；烧结多孔砖、混凝土多孔砖、蒸压灰砂砖及蒸压粉煤灰砖检验批数量根据产品的特点并参考产品标准作了适当调整。

5.2.2 水平灰缝砂浆饱满度不小于80%的规定沿用已久，根据四川省建筑科学研究院试验结果，当砂浆水平灰缝饱满度达到73%时，则可达到设计规范所规定的砌体抗压强度值。砖柱为独立受力的重要构件，为保证其安全性，在本次规范修订中对水平灰缝砂浆饱满度的要求有所提高，并增加了对竖向灰缝饱满度的规定。

5.2.3、5.2.4 砖砌体转角处和交接处的砌筑和接槎质量，是保证砖砌体结构整体性能和抗震性能的关键之一，地震震害充分证明了这一点。根据陕西省建筑科学研究院对交接处同时砌筑和不同留槎形式接槎部位连接性能的试验分析，同时砌筑的连接性能最佳；留踏步槎（斜槎）的次之；留直槎并按规定加拉结钢筋的再次之；仅留直槎不加设拉结钢筋的最差。上述不同砌筑和留槎形式试件的水平抗拉力之比为1.00、0.93、0.85、0.72。因此，对抗震设防烈度8度及8度以上地区，不能同时砌筑时应留斜槎。对抗震设计烈度为6度、7度地区的临时间断处，允许留直槎并按规定加设拉结钢筋，这主要是从实际出发，在保证施工质量的前提下，留直槎加设拉结钢筋时，其连接性能较留斜槎时降低有限，对抗震设计烈度不高的地区允许采用留直槎加设拉结钢筋是可行的。

多孔砖砌体斜槎长高比明确为不小于1/2，是从多孔砖规格尺寸、组砌方法及施工实际出发考虑的。

多孔砖砌体根据砖规格尺寸，留置斜槎的长高比一般为1:2。

斜槎高度不得超过一步脚手架高度的规定，主要是为了尽量减少砌体的临时间断处对结构整体性的不利影响。

5.3 一般项目

5.3.1 本条是从确保砌体结构整体性和有利于结构承载出发，对组砌方法提出的基本要求，施工中应予满足。砖砌体的"通缝"系指相邻上下两皮砖搭接长度小于25mm的部位。本次规范修订对混水墙的最大通缝长度作了限制。此外，参考原国家标准《建筑工程质量检验评定标准》GBJ 301－88第6.1.6条对砖砌体上下错缝的规定，将原规范"混水墙中长度大于或等于300mm的通缝每间不超过3处，且不得位于同一面墙体上"修改为"混水墙中不得有长度大于300mm的通缝，长度200mm～300mm的通缝每间不得超过3处，且不得位于同一面墙体上"。

采用包心砌法的砖柱，质量难以控制和检查，往往会形成空心柱，降低了结构安全性。

5.3.2 灰缝横平竖直，厚薄均匀，不仅使砌体表面美观，又使砌体的变形及传力均匀。此外，灰缝增厚砌体抗压强度降低，反之则砌体抗压强度提高；灰缝过薄将使块体间的粘结不良，产生局部挤压现象，也会降低砌体强度。湖南大学曾研究砌体灰缝厚度对砌体抗压强度的影响，经对国内外的一些试验数据进行回归分析后得出影响系数公式。根据该公式分析，对普通砖砌体而言，与标准水平灰缝厚度10mm相比较，12mm水平灰缝厚度砌体的抗压强度降低5.4%；8mm水平灰缝厚度砌体的抗压强度提高6.1%。对多孔砖砌体，其变化幅度还要大些，与标准水平灰缝厚度10mm相比较，12mm水平灰缝厚度砌体的抗压强度降低9.1%；8mm水平灰缝厚度砌体的抗压强度提高11.1%。

砌体竖向灰缝宽度过宽或过窄不仅影响观感质量，而且易造成灰缝砂浆饱满度较差，影响砌体的使用功能、整体性及降低砌体的抗剪强度。因此，在本次规范修订中增加了砖砌体竖向灰缝宽度的规定。

5.3.3 本条所列砖砌体一般尺寸偏差，对整个建筑物的施工质量、建筑美观和确保有效使用面积均会产生影响，故施工中对其偏差应予以控制。

对于钢筋混凝土楼、屋盖整体现浇的房屋，其结构整体性良好；对于装配整体式楼、屋盖结构，国家标准《砌体结构设计规范》GB 50003－2001经修订后，加强了楼、屋盖结构的整体性规定：在抗震设防地区，预制钢筋混凝土板板端应有伸出钢筋相互有效连接，并用混凝土浇筑成板带，其板端支承长度不应小于60mm，板带宽不小于80mm，混凝土强度等级不应低于C20。另外，根据工程实践及调研结果看到，实际工程中砌体的轴线位置和墙面垂直度的偏差值均不大，但有时也会出现略大于《砌体工程施工质量验收规范》GB 50203－2002 允许偏差值的规定，这不符合主控项目的验收要求，如要返工将十分困难。鉴于上述分析，墙体轴线位置和墙面垂直度尺寸的最大偏差值按表中允许偏差控制施工质量（允许有 20%及以下的超差点的最大超差值为允许偏差值的 1.5 倍），墙体的受力性能和楼、屋盖的安全性是能保证的。

　　本次规范修订中，通过工程调查将门窗洞口高、宽（后塞口）的允许偏差由原规范的±5mm 增加为±10mm。

6　混凝土小型空心
砌块砌体工程

6.1　一　般　规　定

6.1.2　编制小砌块平、立面排块图是施工准备的一项重要工作，也是保证小砌块墙体施工质量的重要技术措施。在编制时，宜由水电管线安装人员与土建施工人员共同商定。

6.1.3　小砌块龄期达到 28d 之前，自身收缩速度较快，其后收缩速度减慢，且强度趋于稳定。为有效控制砌体收缩裂缝，检验小砌块的强度，规定砌体施工时所用的小砌块，产品龄期不应小于 28d。本次规范修订时，考虑到在施工中有时难于确定小砌块的生产日期，因此将本条文修改为非强制性条文。

6.1.5　专用的小砌块砌筑砂浆是指符合现行行业标准《混凝土小型空心砌块和混凝土砖砌筑砂浆》JC 860 的砌筑砂浆，该砂浆可提高小砌块与砂浆间的粘结力，且施工性能好。

6.1.6　用混凝土填小砌块砌体一些部位的孔洞，属于构造措施，主要目的是提高砌体的耐久性及结构整体性。现行国家标准《砌体结构设计规范》GB 50003 有如下规定："在冻胀地区，地面以下或防潮层以下的砌体……当采用混凝土砌块砌体时，其孔洞应采用强度等级不低于 Cb20 的混凝土灌实"。

6.1.7　普通混凝土小砌块具有吸水率小和吸水、失水速度迟缓的特点，一般情况下砌墙时可不浇水。轻骨料混凝土小砌块的吸水率较大，吸水、失水速度较普通混凝土小砌块快，应提前对其浇水湿润。

6.1.8　小砌块为薄壁、大孔且块体较大的建筑材料，单个块体如果存在破损、裂缝等质量缺陷，对砌体强度将产生不利影响；小砌块的原有裂缝也容易发展并形成墙体新的裂缝。条文经改动后较原规范条文"承重墙体严禁使用断裂小砌块"更全面。

6.1.9、6.1.10　确保小砌块砌体的砌筑质量，可简单归纳为六个字：对孔、错缝、反砌。所谓对孔，即在保证上下皮小砌块搭砌要求的前提下，使上皮小砌块的孔洞尽量对准下皮小砌块的孔洞，使上、下皮小

砌块的壁、肋可较好传递竖向荷载，保证砌体的整体性及强度；所谓错缝，即上、下皮小砌块错开砌筑（搭砌），以增强砌体的整体性，这属于砌筑工艺的基本要求；所谓反砌，即小砌块生产时的底面朝上砌筑于墙体上，易于铺放砂浆和保证水平灰缝砂浆的饱满度，这也是确定砌体强度指标的试件的基本砌法。

6.1.11　小砌块砌体相对于砖砌体，小砌块块体大，水平灰缝坐（铺）浆面窄小，竖缝面积大，砌筑一块费时多，为缩短坐（铺）浆后的间隔时间，减少对砌筑质量的不良影响，特作此规定。

6.1.13　灰缝经过刮平，将对表层砂浆起到压实作用，减少砂浆中水分的蒸发，有利于保证砂浆强度的增长。

6.1.14　凡有芯柱之处均应设清扫口，一是用于清扫孔洞底撒落的杂物，二是便于上下芯柱钢筋连接。

　　芯柱孔洞内壁的毛边、砂浆不仅使芯柱断面缩小，而且混入混凝土中还会影响其质量。

6.1.15　小砌块灌孔混凝土系指符合现行行业标准《混凝土砌块（砖）砌体用灌孔混凝土》JC 861 的专用混凝土，该混凝土性能好，对保证砌体施工质量和结构受力十分有利。

　　5·12汶川地震的震害表明，在遭遇地震时芯柱将发挥重要作用，在地震烈度较高的地区，芯柱破坏较为严重，而破坏的芯柱多数都存在浇筑不密实的情况。由于芯柱混凝土较难浇筑密实，因此，本次规范修订特别补充了芯柱的施工质量控制要求。

6.2　主　控　项　目

6.2.1　在正常施工条件下，小砌块砌体的强度取决于小砌块和砌筑砂浆的强度等级；芯柱混凝土强度等级也是砌体力学性能能否满足要求最基本的条件。因此，为保证结构的受力性能和使用安全，小砌块和芯柱混凝土、砌筑砂浆的强度等级必须符合设计要求。

6.2.2　小砌块砌体施工时对砂浆饱满度的要求，严于砖砌体的规定。究其原因：一是由于小砌块壁较薄，肋较窄，小砌块与砂浆的粘结面不大；二是砂浆饱满度对砌体强度及墙体整体性影响远较砖砌体大，其中，抗剪强度较低又是小砌块的一个弱点；三是考虑了建筑物使用功能（如防渗漏）的需要。竖向灰缝饱满度对防止墙体裂缝和渗水至关重要，故在本次修订中，将垂直灰缝的饱满度要求由原来的 80%提高至 90%。

6.2.3　墙体转角处和纵横墙交接处同时砌筑可保证墙体结构整体性，其作用效果参见本规范 5.2.3 条文说明。由于受小砌块块体尺寸的影响，临时间断处斜槎长度与高度比例不同于砖砌体，故在修订时对斜槎的水平投影长度进行了调整。

　　本次经修订的规范允许在施工洞口处预留直槎，但应在直槎处的两侧小砌块孔洞中灌实混凝土，以保证接槎处墙体的整体性。该处理方法较设置构造柱

简便。

6.2.4 芯柱在楼盖处不贯通将会大大削弱芯柱的抗震作用。芯柱混凝土浇筑质量对小砌块建筑的安全至关重要，根据5·12汶川地震震害调查分析，在小砌块建筑墙体中芯柱较普遍存在混凝土不密实的情况，甚至有的芯柱存在一段中缺失混凝土（断柱），从而导致墙体开裂、错位破坏较为严重。故在本次规范修订时增加了对芯柱混凝土浇筑质量的要求。

6.3 一 般 项 目

6.3.1 小砌块水平灰缝厚度和竖向灰缝宽度的规定，可参阅本规范第5.3.2条说明，经多年施工经验表明，此规定是合适的。

7 石砌体工程

7.1 一 般 规 定

7.1.2 对砌体所用石材的质量作出规定，以满足砌体的强度，耐久性及美观的要求。为了避免石材放射性物质对环境造成污染和人体造成的伤害，增加了对石材放射性进行检验的要求。

7.1.4 为使毛石基础和料石基础与地基或基础垫层结合紧密，保证传力均匀和石块平稳，故要求砌筑毛石基础时的第一皮石块应坐浆并将大面向下，砌筑料石基础时的第一皮石块应用丁砌层坐浆砌筑。

7.1.5 毛石砌体中一些重要受力部位用较大的平毛石砌筑，是为了加强该部位砌体的整体性。同时，为使砌体传力均匀及搁置的梁、楼板（或屋面板）平稳牢固，要求在每个楼层（包括基础）砌体的顶面，选用较大的毛石砌筑。

7.1.6 石砌体砌筑时砂浆是否饱满，是影响砌体整体性和砌体强度的一个重要因素。由于毛石形状不规则，棱角多，砌筑时容易形成空隙，为了保证砌筑质量，施工中应特别注意防止石块间无浆直接接触或有空隙的现象。

7.1.7 规定砌筑毛石挡土墙时，由于毛石大小和形状各异，因此应每砌3皮～4皮石块作为一个分层高度，并通过对顶层石块的砌平，即大致平整（为避免理解不准确，用"砌平"替代原规范的"找平"要求），及时发现并纠正砌筑中的偏差，以保证工程质量。

7.1.8 从挡土墙的整体性和稳定性考虑，对料石挡土墙，当设计未作具体要求时，从经济出发，中间部分可填砌毛石，但应使丁砌料石伸入毛石部分的长度不小于200mm，以保证其整体性。

7.1.9 石砌体的灰缝厚度按本条规定进行控制，经多年实践是可行的，既便于施工操作，又能满足砌体强度和稳定性要求。本次规范修订中，增加的毛石砌

体外露面的灰缝厚度规定，系根据原规范对毛石挡土墙的相应规定确定的。

7.1.10 为了防止地面水渗入而造成挡土墙基础沉陷，或墙体受附加水压作用产生破坏或倒塌，因此要求挡土墙设置泄水孔，同时给出了泄水孔的疏水层的要求。

7.1.11 挡土墙内侧回填土的质量是保证挡土墙可靠性的重要因素之一；挡土墙顶部坡面便于排水，不会导致挡土墙内侧土含水量和墙的侧向土压力明显变化，以确保挡土墙的安全。

7.1.12 据本条规定毛石和实心砖的组合墙中，毛石砌体与砖砌体应同时砌筑，是为了确保砌体的整体性。每隔4皮～6皮砖用2皮～3皮丁砖与毛石砌体拉结砌合。这样既可保证拉结良好，又便于砌筑。

7.1.13 据调查，一些地区有时为了就地取材和适应建筑要求，而采用砖和毛石两种材料分别砌筑纵墙和横墙。为了加强墙体的整体性和便于施工，故参照砖墙的留槎规定和本规范7.1.12条对毛石和实心砖的组合墙的连接要求，作出本条规定。

7.2 主 控 项 目

7.2.1 在正常施工条件下，石砌体的强度取决于石材和砌筑砂浆强度等级，为保证结构的受力性能和使用安全，石材和砌筑砂浆的强度等级必须符合设计要求。

7.2.2 砌体灰缝砂浆的饱满度，将直接影响石砌体的力学性能、整体性能和耐久性能。

7.3 一 般 项 目

7.3.1 根据工程实践及调研结果，将原规范主控项目中的轴线位置和墙面垂直度尺寸允许偏差检验纳入本条文，条文说明参阅本规范第5.3.3条。砌体厚度项目中的毛石基础、毛料石基础和粗料石基础的一般尺寸允许偏差下限为"0"控制，即不允许出现负偏差，这一规定将有利于基础工程的安全可靠性。本次规范修订中考虑毛石墙砌体表面平整度难于检验，故删去了允许偏差的规定。毛石墙砌体表面平整情况可通过规感检查作出评价。

7.3.2 本条规定是为了加强砌体内部的拉结作用，保证砌体的整体性。

8 配筋砌体工程

8.1 一 般 规 定

8.1.1 为避免重复，本章在"一般规定"，"主控项目"，"一般项目"的条文内容上，尚应符合本规范第5章及第6章的规定。

8.1.2 参见本规范第6.1.5条及6.1.15条文说明。

8.1.3 砌体水平灰缝中钢筋居中放置有两个目的：一是对钢筋有较好的保护；二是有利于钢筋的锚固。

8.2 主控项目

8.2.1、8.2.2 配筋砌体中的钢筋品种、规格、数量和混凝土、砂浆的强度直接影响砌体的结构性能，因此应符合设计要求。

8.2.3 构造柱是房屋抗震设防的重要措施，为保证构造柱与墙体的可靠连接，使构造柱能充分发挥其作用而提出了施工要求。外露的拉结钢筋有时会妨碍施工，必要时进行弯折是可以的，但不应随意弯折，以免钢筋在灰缝中产生松动和不平直，影响其锚固性能。

8.2.4 本条文为原规范第8.1.3、8.3.5条条文的合并及修改，因受力钢筋的连接方式及锚固、搭接长度对其受力至关重要，为保证配筋砌体的结构性能将该修改条文纳入主控项目。

8.3 一般项目

8.3.1 构造柱位置及垂直度的允许偏差系根据《设置钢筋混凝土构造柱多层砖房抗震技术规程》JGJ/T 13的规定而确定的，经多年工程实践，证明其尺寸允许偏差是适宜的。因构造柱位置及垂直度在允许偏差情况下不会明显影响结构安全，故将其由原规范"主控项目"修改为"一般项目"进行质量验收。

8.3.4 本条项目内容系引用现行国家标准《砌体结构设计规范》GB 50003的相关规定。

9 填充墙砌体工程

9.1 一般规定

9.1.2 轻骨料混凝土小型空心砌块，为水泥胶凝增强的块体，以28d强度为标准设计强度，且龄期达到28d之前，自身收缩较快；蒸压加气混凝土砌块出釜后虽然强度已达到要求，但出釜时含水率大多在35%～40%，根据有关实验和资料介绍，在短期（10d～30d）制品的含水率下降一般不会超过10%，特别是在大气湿度较高地区。为有效控制蒸压加气混凝土砌块上墙时的含水率和墙体收缩裂缝，对砌筑时的产品龄期进行了规定。

另外，现行行业标准《蒸压加气混凝土建筑应用技术规程》JGJ/T 17-2008第3.0.4条规定"加气混凝土制品砌筑或安装时的含水率宜小于30%"，本规范对此条规定予以引用。

9.1.3 用于填充墙的空心砖、蒸压加气混凝土砌块、轻骨料混凝土小型空心砌块强度不高，碰撞易碎，应在运输、装卸中做到文明装卸，以减少损耗和提高砌体外观质量。蒸压加气混凝土砌块吸水率可达70%，

为降低蒸压加气混凝土砌块砌筑时的含水率，减少墙体的收缩，有效控制收缩裂缝产生，蒸压加气混凝土砌块出釜后堆放及运输中应采取防雨措施。

9.1.4、9.1.5 块体砌筑前浇水湿润，是为了增强与砌筑砂浆的粘结和砌筑砂浆强度增长的需要。

本条系修改条文，主要修改内容为：一是对原规范条文中"蒸压加气混凝土砌块砌筑时，应向砌筑面适量浇水"的规定分为薄灰砌筑法砌筑和普通砌筑砂浆砌筑或蒸压加气混凝土砌块砌筑砂浆两种情况。其中，当采用薄灰砌筑法施工时，由于使用与其配套的专用砂浆，故不需对砌块浇（喷）水湿润；当采用普通砌筑砂浆或蒸压加气混凝土砌块砌筑砂浆砌筑时，应在砌筑当天对砌块砌筑面喷水湿润。二是考虑轻骨料小型空心砌块种类多，吸水率有大有小，因此对吸水率大的小砌块应提前浇（喷）水湿润。三是砌筑前对块体浇喷水湿润程度作出规定，并用块体的相对含水率表示，这更为明确和便于控制。

9.1.6 经多年的工程实践，当采用轻骨料混凝土小型空心砌块或蒸压加气混凝土填充墙施工时，除多水房间外可不需要在墙底部另砌烧结普通砖或多孔砖、普通混凝土小型空心砌块、现浇混凝土坎台等，因此本次规范修订将原规范条文进行了修改。

浇筑一定高度混凝土坎台的目的，主要是考虑有利于提高多水房间填充墙墙底的防水效果。混凝土坎台高度由原规范"不宜小于200mm"的规定修改为"宜为150mm"，是考虑踢脚线（板）便于遮盖填充墙底有可能产生的收缩裂缝。

9.1.8 在填充墙中，由于蒸压加气混凝土砌块砌体、轻骨料混凝土小型空心砌块砌体的收缩较大，强度不高，为防止或控制砌体干缩裂缝的产生，作出不应混砌的规定，以免不同性质的块体组砌在一起易引起收缩裂缝产生。对于窗台处和因构造需要，在填充墙底、顶部及填充墙门窗洞口两侧上、中、下局部处，采用其他块体嵌砌和填塞时，由于这些部位的特殊性，不会对墙体裂缝产生附加的不利影响。

9.1.9 本条文中"填充墙砌体的施工应待承重主体结构检验批验收合格后进行"系增加要求，这既是从施工实际出发，又对施工质量有保证；填充墙砌筑完成到与承重主体结构间的空（缝）隙进行处理的间隔时间由至少7d修改为14d。这些要求有利于承重主体结构施工质量不合格的处理，减少混凝土收缩对填充墙砌体的不利影响。

9.2 主控项目

9.2.1 为加强质量控制和验收，将原规范条文对砖、砌块的强度等级只检查产品合格证书、产品性能检测报告修改为查砖、小砌块强度等级的进场复验报告，并规定了抽检数量。

9.2.2 汶川5·12大地震震害表明：当填充墙与主

体结构间无连接或连接不牢，墙体在水平地震荷载作用下极易破坏和倒塌；填充墙与主体结构间的连接不合理，例如当设计中不考虑填充墙参与水平地震力作用，但由于施工原因导致填充墙与主体结构共同工作，使框架柱常产生柱上部的短柱剪切破坏，进而危及房屋结构的安全。

经修订的现行国家标准《砌体结构设计规范》GB 50003 规定，填充墙与框架柱、梁的连接构造分为脱开方法和不脱开方法两类。鉴于此，本次规范修订时对条文进行了相应修改。

9.2.3 近年来，填充墙与承重墙、柱、梁、板之间的拉结钢筋，施工中常采用后植筋，这种施工方法虽然方便，但常常因锚固胶或灌浆料质量问题，钻孔、清孔、注胶或灌浆操作不规范，使钢筋锚固不牢，起不到应有的拉结作用。同时，对填充墙植筋的锚固力检测的抽检数量及施工验收无相关规定，从而使填充墙后植拉结筋的施工质量验收流于形式。因此，在本次规范修订中修编组从确保工程质量考虑，增加应对填充墙的后植拉结钢筋进行现场非破坏性检验。检验荷载值系根据现行行业标准《混凝土结构后锚固技术规程》JGJ 145 确定，并按下式计算：

$$N_t = 0.90A_s f_{yk} \quad (2)$$

式中：N_t——后植筋锚固承载力荷载检验值；

A_s——锚筋截面面积（以钢筋直径 6mm 计）；

f_{yk}——锚筋屈服强度标准值。

填充墙与承重墙、柱、梁、板之间的拉结钢筋锚固质量的判定，系参照现行国家标准《建筑结构检测技术标准》GB/T 50344 计数抽样检测时对主控项目的检测判定规定。

9.3 一般项目

9.3.1 本次规范修订中，通过工程调查将门窗洞口高、宽（后塞口）的允许偏差由原规范的 ±5mm 增加为 ±10mm。

9.3.2 填充墙体的砂浆饱满度虽不会涉及结构的重大安全，但会对墙体的使用功能产生影响，应予规定。砂浆饱满度的具体规定是参照本规范第 5 章、第 6 章的规定确定的。

9.3.4 错缝搭砌及竖向通缝长度的限制是增强砌体整体性的需要。

9.3.5 蒸压加气混凝土砌块尺寸比空心砖、轻骨料混凝土小型空心砌块大，故当其采用普通砌筑砂浆时，砌体水平灰缝厚度和竖向灰缝宽度的规定要稍大一些。灰缝过厚和过宽，不仅浪费砌筑砂浆，而且砌体灰缝的收缩也将加大，不利于砌体裂缝的控制。当蒸压加气混凝土砌块砌体采用加气混凝土粘结砂浆进行薄灰砌筑法施工时，水平灰缝厚度和竖向灰缝宽度可以大大减薄。

10 冬期施工

10.0.1 室外日平均气温连续 5d 稳定低于 5℃时，作为划定冬期施工的界限，其技术效果和经济效果均比较好。若冬期施工期规定得太短，或者应采取冬期施工措施时没有采取，都会导致技术上的失误，造成工程质量事故；若冬期施工期规定得太长，将增加冬期施工费用和工程造价，并给施工带来不必要的麻烦。

10.0.2 砌体工程冬期施工，由于气温低，必须采取一些必要的冬期施工措施来确保工程质量，同时又要保证常温施工情况下的一些工程质量要求。因此，质量验收除应符合本章规定外，尚应符合本规范前面各章的要求及现行行业标准《建筑工程冬期施工规程》JGJ/T 104 的规定。

10.0.3 砌体工程在冬期施工过程中，只有加强管理，制定完整的冬期施工方案，才能保证冬期施工技术措施的落实和工程质量。

10.0.4 石灰膏、电石膏等若受冻使用，将直接影响砂浆强度。

砂中含有冰块和大于 10mm 的冻结块，将影响砂浆的均匀性、强度增长和砌体灰缝厚度的控制。

遭水浸冻的砖或其他块体，使用时将降低它们与砂浆的粘结强度，并因它们的温度较低而影响砂浆强度的增长，因此规定砌体用块体不得遭水浸冻。

10.0.5 为了解冬期施工措施（如掺用防冻剂或其他措施）的效果及砌筑砂浆的质量，应留置与砌体同条件养护的砂浆试块，测试检验所需龄期和转入常温 28d 的强度。

10.0.6 实践证明，在冻胀基土上砌筑基础，待基土解冻时会因不均匀沉降造成基础和上部结构破坏；施工期间和回填土前如地基受冻，会因地基冻胀造成砌体胀裂或因地基土解冻造成砌体损坏。

10.0.7 烧结普通砖、烧结多孔砖、蒸压灰砂砖、蒸压粉煤灰砖、烧结空心砖、蒸压加气混凝土砌块、吸水率较大的轻骨料混凝土小型空心砌块的湿润程度对砌体强度的影响较大，特别对抗剪强度的影响更为明显，故规定在气温高于 0℃条件下砌筑时，应浇水湿润。在气温低于、等于 0℃条件下砌筑时如再浇水，水将在块体表面结成冰薄膜，会降低与砂浆的粘结，同时也给施工操作带来诸多不便。此时，应适当增加砂浆稠度，以便施工操作、保证砂浆强度和增强砂浆与块体间的粘结效果。普通混凝土小型空心砌块、混凝土砖因吸水率小和初始吸水速度慢在砌筑施工中不需浇（喷）水湿润。

抗震设防烈度为 9 度的地区，因地震时产生的地震反应十分强烈，故对施工提出严格要求。

10.0.8 这是为了避免砂浆拌合时因水和砂过热造成水泥假凝而影响施工。

10.0.9 根据国家现有经济和技术水平，北方地区已极少采用冻结法施工，因此，正在修订的行业标准《建筑工程冬期施工规程》JGJ/T 104 取消了砌体冻结施工。所以，本规范也相应删去砌体冻结法施工的内容。

修订的行业标准《建筑工程冬期施工规程》JGJ/T 104 将氯盐砂浆法纳入外加剂法，为了统一，不再单提氯盐砂浆法。

砂浆使用温度的规定主要是考虑在砌筑过程中砂浆能保持良好的流动性，从而保证灰缝砂浆的饱满度和粘结强度。

10.0.10 主要目的是保证砌体中砂浆具有一定温度以利其强度增长。

10.0.11 为有利于砌体强度的增长，暖棚内应保持一定的温度。表中最少养护期是根据砂浆强度和养护温度之间的关系确定的。砂浆强度达到设计强度的30%，即达到砂浆允许受冻临界强度值后，拆除暖棚后遇到负温度也不会引起强度损失。

10.0.12 本条文根据修订的行业标准《建筑工程冬期施工规程》JGJ/T 104 相应规定进行了修改，以保证工程质量。有关研究表明，当气温等于或低于一15℃时，砂浆受冻后强度损失约为10%～30%。

10.0.13 掺氯盐的砂浆氯离子含量较大，为避免氯离子对钢筋的腐蚀，确保结构的耐久性，作此规定。

11 子分部工程验收

11.0.4 砌体中的裂缝常有发生，且又涉及工程质量的验收。因此，本条分两种情况，对裂缝是否影响结构安全性作了不同的验收规定。

中华人民共和国国家标准

木结构设计标准

Standard for design of timber structures

GB 50005—2017

主编部门：中华人民共和国住房和城乡建设部
批准部门：中华人民共和国住房和城乡建设部
施行日期：２０１８年８月１日

中华人民共和国住房和城乡建设部
公　告

第 1745 号

住房城乡建设部关于发布国家标准
《木结构设计标准》的公告

现批准《木结构设计标准》为国家标准，编号为 GB 50005-2017，自 2018 年 8 月 1 日起实施。其中，第 3.1.3、3.1.12、4.1.6、4.1.14、4.3.1、4.3.4、4.3.6、7.4.11、7.7.1、11.2.9 条为强制性条文，必须严格执行。原国家标准《木结构设计规范》GB 50005-2003 同时废止。

本标准在住房城乡建设部门户网站（www. mohurd. gov. cn）公开，并由我部标准定额研究所组织中国建筑工业出版社出版发行。

中华人民共和国住房和城乡建设部

2017 年 11 月 20 日

前　言

根据住房和城乡建设部《关于印发〈2009 年工程建设标准规范制订、修订计划〉的通知》（建标〔2009〕88 号）的要求，标准编制组经广泛的调查研究，认真总结实践经验，参考有关国际标准和国外先进标准，并在广泛征求意见的基础上，修订了本标准。

本标准的主要技术内容是：1 总则；2 术语与符号；3 材料；4 基本规定；5 构件计算；6 连接设计；7 方木原木结构；8 胶合木结构；9 轻型木结构；10 防火设计；11 木结构防护。

本标准修订的主要内容是：

1 完善了木材材质分级及强度等级的规定，扩大了国产树种和进口木材树种的利用范围；

2 对进口木材及木材产品的强度设计值进行了可靠度分析研究，确定了在本标准中的强度设计指标；

3 补充了方木原木结构和组合木结构的相关设计规定；

4 协调完善了胶合木结构、轻型木结构的设计规定；

5 完善了木结构构件稳定计算和连接设计的规定；

6 补充完善了抗震设计、防火设计和耐久性设计的规定。

本标准中以黑体字标志的条文为强制性条文，必须严格执行。

本标准由住房和城乡建设部负责管理和对强制

条文的解释，由中国建筑西南设计研究院有限公司负责具体技术内容的解释。本标准执行过程中如有意见或建议，请寄送中国建筑西南设计研究院有限公司（地址：四川省成都市天府大道北段 866 号，邮编：610042）。

本 标 准 主 编 单 位：中国建筑西南设计研究院有限公司
四川省建筑科学研究院

本 标 准 参 编 单 位：哈尔滨工业大学
同济大学
重庆大学
四川大学
中国林业科学研究院
公安部四川消防研究所
公安部天津消防研究所
北京林业大学
上海现代建筑设计（集团）有限公司
美国林业与纸业协会——APA 工程木协会
中国欧盟商会——欧洲木业协会
加拿大木业协会
日本贸易振兴机构——日本木材出口协会
汉高（中国）投资有限公司瑞士普邦公司

四川省明迪木构建设工程
有限公司

苏州昆仑绿建木结构科技
股份有限公司

赫英木结构制造（天津）
有限公司

优沃德（北京）粘合剂有
限公司

大连双华木业有限公司

大兴安岭神州北极木业有
限公司

中国森林控股——满洲里
三发木业有限公司

四川林合益竹木新材料有
限公司

本标准主要起草人员：龙卫国　王永维　杨学兵

祝恩淳　倪　春　何敏娟
许　方　周淑容　蒋明亮
张新培　殷亚方　邱培芳
凌程建　黄德祥　任海青
申世杰　高承勇　张家华
赵　川　张绍明　张海燕
张华君　倪　竣　李国昌
李俊明　范永华　张东彪
陈子琦　石梌勇　白伟东
密宏勇　李和麟　欧加加

本标准主要审查人员：沈世钊　徐厚军　黄小坤
宋晓勇　赵克伟　王　戈
王林安　熊海贝　章一萍
陆伟东　杨　军　许清风
田福弟　戚建祥　阙泽利

目　次

Contents

1 总　则

1.0.1 为使木结构设计中贯彻执行国家的技术经济政策，做到技术先进、安全适用、经济合理、确保质量和保护环境，制定本标准。

1.0.2 本标准适用于建筑工程中方木原木结构、胶合木结构和轻型木结构的设计。

1.0.3 木结构的设计除应符合本标准外，尚应符合国家现行有关标准的规定。

2　术语和符号

2.1　术　语

2.1.1 木结构　timber structure
采用以木材为主制作的构件承重的结构。

2.1.2 原木　log
伐倒的树干经打枝和造材加工而成的木段。

2.1.3 锯材　sawn timber
原木经制材加工而成的成品材或半成品材，分为板材与方材。

2.1.4 方木　square timber
直角锯切且宽厚比小于3的锯材。又称方材。

2.1.5 板材　plank
直角锯切且宽厚比大于或等于3的锯材。

2.1.6 规格材　dimension lumber
木材截面的宽度和高度按规定尺寸加工的规格化木材。

2.1.7 结构复合木材　structural composite lumber
采用木质的单板、单板条或木片等，沿构件长度方向排列组坯，并采用结构用胶粘剂叠层胶合而成，专门用于承重结构的复合材料。包括旋切板胶合木、平行木片胶合木、层叠木片胶合木和定向木片胶合木，以及其他具有类似特征的复合木产品。

2.1.8 胶合木层板　glued lamina
用于制作层板胶合木的板材，接长时采用胶合指形接头。

2.1.9 木材含水率　moisture content of wood
木材内所含水分的质量占木材绝干质量的百分比。

2.1.10 顺纹　parallel to grain
木构件木纹方向与构件长度方向一致。

2.1.11 横纹　perpendicular to grain
木构件木纹方向与构件长度方向垂直。

2.1.12 斜纹　an angle to grain
木构件木纹方向与构件长度方向形成某一角度。

2.1.13 层板胶合木　glued laminated timber
以厚度不大于45mm的胶合木层板沿顺纹方向叠层胶合而成的木制品。也称胶合木或结构用集成材。

2.1.14 正交层板胶合木　cross laminated timber
以厚度为15mm～45mm的层板相互叠层正交组坯后胶合而成的木制品。也称正交胶合木。

2.1.15 胶合原木　laminated log
以厚度大于30mm、层数不大于4层的锯材沿顺纹方向胶合而成的木制品。常用于井干式木结构或梁柱式木结构。

2.1.16 工字形木搁栅　wood I-joist
采用规格材或结构用复合材作翼缘，木基结构板材作腹板，并采用结构胶粘剂胶结而组成的工字形截面的受弯构件。

2.1.17 墙骨柱　stud
轻型木结构的墙体中按一定间隔布置的竖向承重骨架构件。

2.1.18 目测分级木材　visually stress-graded lumber
采用肉眼观测方式来确定木材材质等级的木材。

2.1.19 机械应力分级木材　machine stress-rated lumber
采用机械应力测定设备对木材进行非破坏性试验，按测定的木材弯曲强度和弹性模量确定强度等级的木材。

2.1.20 齿板　truss plate
经表面镀锌处理的钢板冲压成多齿的连接件，用于轻型木桁架节点的连接或受拉杆件的接长。

2.1.21 木基结构板　wood-based structural panels
以木质单板或木片为原料，采用结构胶粘剂热压制成的承重板材，包括结构胶合板和定向木片板。

2.1.22 木基结构板剪力墙　shear wall of wood-based structural panels
面层采用木基结构板，墙骨柱或间柱采用规格材、方木或胶合木而构成的，用于承受竖向和水平作用的墙体。

2.1.23 指接节点　finger joint
在连接点处，采用胶粘剂连接的锯齿状的对接节点，简称指接。指接分为胶合木层板的指接和胶合木构件的指接。

2.1.24 速生材　fast-growing wood
生长快、成材早、轮伐期短的木材。

2.1.25 方木原木结构　sawn and log timber structures
承重构件主要采用方木或原木制作的建筑结构。

2.1.26 轻型木结构　light wood frame construction
用规格材、木基结构板或石膏板制作的木构架墙体、楼板和屋盖系统构成的建筑结构。

2.1.27 胶合木结构　glued laminated timber structures
承重构件主要采用胶合木制作的建筑结构。也称层板胶合木结构。

2.1.28 井干式木结构 log cabins; log house

采用截面经适当加工后的原木、方木和胶合原木作为基本构件，将构件水平向上层层叠加，并在构件相交的端部采用层层交叉咬合连接，以此组成的井字形木墙体作为主要承重体系的木结构。

2.1.29 穿斗式木结构 CHUANDOU-style timber structure

按屋面檩条间距，沿房屋进深方向竖立一排木柱，檩条直接由木柱支承，柱子之间不用梁，仅用穿透柱身的穿枋横向拉结起来，形成一榀木构架。每两榀木构架之间使用斗枋和纤子连接组成承重的空间木构架。

2.1.30 抬梁式木结构 TAILIANG-style timber structure

沿房屋进深方向，在木柱上支承木梁，木梁上再通过短柱支承上层减短的木梁，按此方法叠放数层逐层减短的梁组成一榀木构架。屋面檩条放置于各层梁端。

2.1.31 木框架剪力墙结构 post and beam with shear wall construction

在方木原木结构中，主要由地梁、梁、横架梁与柱构成木框架，并在间柱上铺设木基结构板，以承受水平作用的木结构体系。

2.1.32 正交胶合木结构 cross laminated timber structure

墙体、楼面板和屋面板等承重构件采用正交胶合木制作的建筑结构。其结构形式主要为箱形结构或板式结构。

2.1.33 销连接 dowel-type fasteners

是采用销轴类紧固件将被连接的构件连成一体的连接方式。销连接也称为销轴类连接。销轴类紧固件包括螺栓、销、六角头木螺钉、圆钉和螺纹钉。

2.2 符 号

2.2.1 作用和作用效应

C——设计对变形、裂缝等规定的相应限值；

C_r——齿板剪-拉复合承载力设计值；

M——弯矩设计值；

M_x、M_y——构件截面 x 轴和 y 轴的弯矩设计值；

M_0——横向荷载作用下跨中最大初始弯矩设计值；

M_r——齿板受弯承载力设计值；

N——轴向力设计值；

N_b——保险螺栓所承受的拉力设计值；

N_r——板齿承载力设计值；

N_s——板齿抗滑移承载力设计值；

R_d——结构或结构构件的抗力设计值；

R_f——按耐火极限燃烧后残余木构件的承载

力设计值；

S_d——作用组合的效应设计值；

S_k——火灾发生后验算受损木构件的荷载偶然组合的效应设计值；

T_r——齿板受拉承载力设计值；

V——剪力设计值；

V_d——剪力墙、楼盖和屋盖受剪承载力设计值；

V_r——齿板受剪承载力设计值；

W_d——六角头木螺钉的抗拔承载力设计值；

Z_d——销轴类紧固件每个剪面的受剪承载力设计值；

Z——受剪承载力参考设计值；

w——构件按荷载效应的标准组合计算的挠度；

w_x、w_y——荷载效应的标准组合计算的沿构件截面 x 轴和 y 轴方向的挠度。

2.2.2 材料性能或结构的设计指标

C_{r1}、C_{r2}——沿 l_1、l_2 方向齿板剪-拉复合强度设计值；

E——木质材料弹性模量平均值；

E_k——木质材料弹性模量标准值；

f_{ck}、f_c——木质材料顺纹抗压及承压强度标准值、设计值；

$f_{c\alpha}$——木质材料斜纹承压强度设计值；

$f_{c,90}$——木材的横纹承压强度设计值；

f_{mk}、f_m——木质材料抗弯强度标准值、设计值；

f_{tk}、f_t——木质材料顺纹抗拉强度标准值、设计值；

f_{vk}、f_v——木质材料顺纹抗剪强度标准值、设计值；

f_{vd}——采用木基结构板材作面板的剪力墙、楼盖和屋盖的抗剪强度设计值；

f_{em}——主构件销槽承压强度标准值；

f_{es}——次构件销槽承压强度标准值；

f_{yb}——销轴类紧固件抗弯强度标准值；

$f_{t,j,k}$、$f_{m,j,k}$——指接节点的抗拉强度标准值、宽度方向的抗弯强度标准值；

G——木构件材料的全干相对密度；

K_w——剪力墙的抗剪刚度；

n_r——板齿强度设计值；

n_s——板齿抗滑移强度设计值；

t_r——齿板抗拉强度设计值；

v_r——齿板抗剪强度设计值；

β_n——木材燃烧 1.00h 的名义线性炭化速率；

$[w]$——受弯构件的挠度限值；

$[\lambda]$——受压构件的长细比限值。

2.2.3 几何参数

A——构件全截面面积，或齿板表面净面积；

A_n——构件净截面面积;

A_0——受压构件截面的计算面积;

A_c——承压面面积;

B_e——楼盖、屋盖平行于荷载方向的有效宽度;

b——构件的截面宽度;

b_n——变截面受压构件截面的有效边长;

b_t——垂直于拉力方向的齿板截面计算宽度;

b_v——剪面宽度,或平行于剪力方向的齿板受剪截面宽度;

d——原木或销轴类紧固件的直径;

d_{ef}——有效炭化层厚度;

e_0——构件的初始偏心距;

h——构件的截面高度;

h_d——六角头木螺钉有螺纹部分打入主构件的有效长度;

h_n——受弯构件在切口处净截面高度;

h_w——剪力墙的高度;

I——构件的全截面惯性矩;

i——构件截面的回转半径;

l——构件长度;

l_0——受压构件的计算长度;

l_e——受弯构件计算长度;

l_v——剪面计算长度

S——剪切面以上的截面面积对中性轴的面积矩;

t_m——单剪连接或双剪连接时,较厚构件或中部构件的厚度;

t_s——单剪连接或双剪连接时,较薄构件或边部构件的厚度;

W——构件的全截面抵抗矩;

W_n——构件的净截面抵抗矩;

W_{nx}、W_{ny}——构件截面沿 x 轴和 y 轴的净截面抵抗矩;

α——上弦与下弦的夹角,或作用力方向与构件木纹方向的夹角;

λ——受压构件的长细比;

λ_B——受弯构件的长细比。

2.2.4 计算系数及其他

a——支座条件计算系数;

C_m——含水率调整系数;

C_t——温度环境调整系数;

K_B——局部受压长度调整系数;

K_{Zcp}——局部受压尺寸调整系数;

k_d——永久荷载效应控制时,木质材料强度设计值调整系数;

k_h——桁架端节点弯矩影响系数;

k_g——销轴类紧固件受剪承载力的群栓组合作用系数;

k_l——长度计算系数;

k_{min}——销槽承压最小有效长度系数;

t——耐火极限;

β——材料剪切变形相关系数;

ρ——可变荷载标准值与永久荷载标准值的比率;

φ——轴心受压构件的稳定系数;

φ_l——受弯构件的侧向稳定系数;

φ_m——考虑轴向力和初始弯矩共同作用的折减系数;

φ_y——轴心压杆在垂直于弯矩作用平面 y-y 方向按长细比 λ_y 确定的稳定系数;

ψ_v——考虑沿剪面长度剪应力分布不均匀的强度折减系数;

γ_0——结构重要性系数;

γ_{RE}——构件承载力抗震调整系数。

3 材 料

3.1 木 材

3.1.1 承重结构用材可采用原木、方木、板材、规格材、层板胶合木、结构复合木材和木基结构板。

3.1.2 方木、原木和板材可采用目测分级,选材标准应符合本标准附录 A 第 A.1 节的规定。在工厂目测分级并加工的方木构件的材质等级应符合表 3.1.2 的规定,选材标准应符合本标准附录 A 第 A.1.4 条的规定。不应采用商品材的等级标准替代本标准规定的材质等级。

表 3.1.2 工厂加工方木构件的材质等级

项次	构件用途	材质等级		
1	用于梁的构件	I_e	II_e	III_e
2	用于柱的构件	I_f	II_f	III_f

3.1.3 方木原木结构的构件设计时,应根据构件的主要用途选用相应的材质等级。当采用目测分级木材时,不应低于表 3.1.3-1 的要求;当采用工厂加工的方木用于梁柱构件时,不应低于表 3.1.3-2 的要求。

表 3.1.3-1 方木原木构件的材质等级要求

项次	主要用途	最低材质等级
1	受拉或拉弯构件	I_a
2	受弯或压弯构件	II_a
3	受压构件及次要受弯构件	III_a

表 3.1.3-2　工厂加工方木构件的材质等级要求

项次	主要用途	最低材质等级
1	用于梁	III_e
2	用于柱	III_f

3.1.4　方木和原木应从本标准表 4.3.1-1 和表 4.3.1-2 所列的树种中选用。主要的承重构件应采用针叶材；重要的木制连接件应采用细密、直纹、无节和无其他缺陷的耐腐硬质阔叶材。

3.1.5　在木结构工程中使用进口木材应符合下列规定：

1　应选择天然缺陷和干燥缺陷少、耐腐性较好的树种；

2　应有经过认可的认证标识，并应附有相关技术文件；

3　应符合国家对木材进口的动物植物检疫的相关规定；

4　应有中文标识，并应按国别、等级、规格分批堆放，不应混淆；储存期间应防止霉变、腐朽和虫蛀；

5　首次在我国使用的树种应经试验确定物理力学性能后按本标准要求使用。

3.1.6　轻型木结构用规格材可分为目测分级规格材和机械应力分级规格材。目测分级规格材的材质等级分为七级；机械分级规格材按强度等级分为八级，其等级应符合表 3.1.6 的规定。

表 3.1.6　机械应力分级规格材强度等级表

等级	M10	M14	M18	M22	M26	M30	M35	M40
弹性模量 E （N/mm²）	8000	8800	9600	10000	11000	12000	13000	14000

3.1.7　轻型木结构用规格材截面尺寸应符合本标准附录 B 第 B.1.1 条的规定。对于速生树种的结构用规格材截面尺寸应符合本标准附录 B 第 B.1.2 条的规定。

3.1.8　当规格材采用目测分级时，分级的选材标准应符合本标准附录 A 第 A.3 节的规定。当采用目测分级规格材设计轻型木结构构件时，应根据构件的用途按表 3.1.8 的规定选用相应的材质等级。

表 3.1.8　目测分级规格材的材质等级

类别	主要用途	材质等级	截面最大尺寸（mm）
A	结构用搁栅、结构用平放厚板和轻型木框架构件	I_c	285
		II_c	
		III_c	
		IV_c	
B	仅用于墙骨柱	IV_{c1}	
C	仅用于轻型木框架构件	II_{c1}	90
		III_{c1}	

3.1.9　在木结构中使用木基结构板、结构复合木材和工字形木搁栅，应符合下列规定：

1　用作屋面板、楼面板和墙面板的木基结构板应符合国家现行标准《木结构覆板用胶合板》GB/T 22349、《定向刨花板》LY/T 1580 的相关规定。进口木基结构板应有认证标识、板材厚度以及板材的使用条件等说明。

2　用作梁或柱的结构复合木材的强度应满足设计要求。进口结构复合木材应有认证标识以及其他相关的说明文件。

3　对于用作楼盖和屋盖的工字形木搁栅应符合现行国家标准《建筑结构用木工字梁》GB/T 28985 的相关规定。进口工字形木搁栅应有认证标识以及其他相关的说明文件。

3.1.10　胶合木层板应采用目测分级或机械分级，并宜采用针叶材树种制作。除普通胶合木层板的材质等级标准应符合本标准附录 A 第 A.2 节的规定外，其他胶合木层板分级的选材标准应符合现行国家标准《胶合木结构技术规范》GB/T 50708 及《结构用集成材》GB/T 26899 的相关规定。

3.1.11　正交胶合木采用的层板应符合下列规定：

1　层板应采用针叶材树种制作，并应采用目测分级或机械分级的板材；

2　层板材质的等级标准应符合本标准第 3.1.10 条的规定，当层板直接采用规格材制作时，材质的等级标准应符合本标准附录 A 第 A.3 节的相关规定；

3　横向层板可采用由针叶材树种制作的结构复合材；

4　同一层层板应采用相同的强度等级和相同的树种木材（图 3.1.11）。

图 3.1.11　正交胶合木截面的层板组合示意图
1—层板长度方向与构件长度方向相同的顺向层板；
2—层板长度方向与构件宽度方向相同的横向层板

3.1.12　制作构件时，木材含水率应符合下列规定：

1　板材、规格材和工厂加工的方木不应大于 19%。

2　方木、原木受拉构件的连接板不应大于 18%。

3　作为连接件，不应大于 15%。

4　胶合木层板和正交胶合木层板应为 8%～15%，且同一构件各层木板间的含水率差别不应大于 5%。

5　井干式木结构构件采用原木制作时不应大于 25%；采用方木制作时不应大于 20%；采用胶合原木木材制作时不应大于 18%。

3.1.13 现场制作的方木或原木构件的木材含水率不应大于 25%。当受条件限制，使用含水率大于 25% 的木材制作原木或方木结构时，应符合下列规定：

　　1 计算和构造应符合本标准有关湿材的规定；

　　2 桁架受拉腹杆宜采用可进行长短调整的圆钢；

　　3 桁架下弦宜选用型钢或圆钢；当采用木下弦时，宜采用原木或破心下料（图3.1.13）的方木；

　　4 不应使用湿材制作板材结构及受拉构件的连接板；

　　5 在房屋或构筑物建成后，应加强结构的检查和维护，结构的检查和维护可按本标准附录C的规定进行。

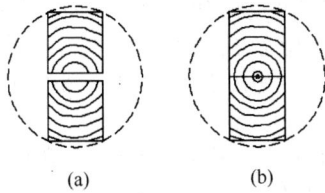

图 3.1.13　破心下料的方木

3.2　钢材与金属连接件

3.2.1 承重木结构中使用的钢材宜采用 Q235 钢、Q345 钢、Q390 钢和 Q420 钢，并应分别符合现行国家标准《碳素结构钢》GB/T 700 和《低合金高强度结构钢》GB/T 1591 的有关规定。

3.2.2 对于承重木结构中的钢材，当采用国外进口金属连接件时，应提供产品质量合格证书，并应符合设计要求且应对其材料进行复验。

3.2.3 下列情况的承重构件或连接材料宜采用 D 级碳素结构钢或 D 级、E 级低合金高强度结构钢：

　　1 直接承受动力荷载或振动荷载的焊接构件或连接件；

　　2 工作温度等于或低于 −30℃的构件或连接件。

3.2.4 用于承重木结构中的钢材应具有抗拉强度、伸长率、屈服强度和硫、磷含量的合格保证，对焊接构件或连接件尚应有含碳量的合格保证。钢木桁架的圆钢下弦直径 d 大于 20mm 的拉杆，以及焊接承重结构或是重要的非焊接承重结构采用的钢材，还应具有冷弯试验的合格保证。

3.2.5 选用的普通螺栓应符合现行国家标准《六角头螺栓》GB/T 5782 和《六角头螺栓　C级》GB/T 5780 的规定。

3.2.6 高强度螺栓应符合现行国家标准《钢结构用高强度大六角头螺栓》GB/T 1228、《钢结构用高强度大六角螺母》GB/T 1229、《钢结构用高强度垫圈》GB/T 1230、《钢结构用高强度大六角头螺栓、大六角螺母、垫圈技术条件》GB/T 1231、《钢结构用扭剪型高强度螺栓连接副》GB/T 3632 的有关规定。

3.2.7 锚栓可采用现行国家标准《碳素结构钢》GB/T 700 中规定的 Q235 钢或《低合金高强度结构钢》GB/T 1591 中规定的 Q345 钢制成。

3.2.8 钉应符合现行国家标准《钢钉》GB 27704 的规定。

3.2.9 钢构件焊接用的焊条，应符合现行国家标准《非合金钢及细晶粒钢焊条》GB/T 5117 及《热强钢焊条》GB/T 5118 的规定。焊条的型号应与主体金属的力学性能相适应。

3.2.10 金属连接件及螺钉等应进行防腐蚀处理或采用不锈钢产品。与防腐木材直接接触的金属连接件及螺钉等应避免防腐剂引起的腐蚀。

3.2.11 对处于外露环境，且对耐腐蚀有特殊要求的或在腐蚀性气态和固态介质作用下的承重钢构件，宜采用耐候钢，并应符合现行国家标准《耐候结构钢》GB/T 4171 的规定。

3.2.12 对于完全外露的金属连接件可采取涂刷防火涂料等防火措施，防火涂料的涂刷工艺应满足设计要求，以及国家现行相关标准的规定。

3.2.13 钢木混合结构中使用的钢材，应符合现行国家标准《钢结构设计标准》GB 50017 和《建筑抗震设计规范》GB 50011 中对钢材的有关规定。

4　基　本　规　定

4.1　设　计　原　则

4.1.1 本标准应采用以概率理论为基础的极限状态设计法。

4.1.2 本标准所采用的设计基准期应为 50 年。

4.1.3 木结构设计使用年限应符合表 4.1.3 的规定。

表 4.1.3　设计使用年限

类别	设计使用年限	示　例
1	5 年	临时性建筑结构
2	25 年	易于替换的结构构件
3	50 年	普通房屋和构筑物
4	100 年及以上	标志性建筑和特别重要的建筑结构

4.1.4 根据建筑结构破坏后果的严重程度，建筑结构划分为三个安全等级。设计时应根据具体情况，按表 4.1.4 规定选用相应的安全等级。

表 4.1.4　建筑结构的安全等级

安全等级	破坏后果	建筑物类型
一级	很严重	重要的建筑物

续表 4.1.4

安全等级	破坏后果	建筑物类型
二级	严重	一般的建筑物
三级	不严重	次要的建筑物

注：对有特殊要求的建筑物、文物建筑和优秀历史建筑，其安全等级可根据具体情况另行确定。

4.1.5 建筑物中各类结构构件的安全等级，宜与整个结构的安全等级相同，对其中部分结构构件的安全等级，可根据其重要程度适当调整，但不应低于三级。

4.1.6 当确定承重结构用材的强度设计值时，应计入荷载持续作用时间对木材强度的影响。

4.1.7 对于承载能力极限状态，结构构件应按荷载效应的基本组合，采用下列极限状态设计表达式：

$$\gamma_0 S_d \leqslant R_d \qquad (4.1.7)$$

式中：γ_0——结构重要性系数，应按现行国家标准《建筑结构可靠性设计统一标准》GB 50068 的相关规定选用；

S_d——承载能力极限状态下作用组合的效应设计值，应按现行国家标准《建筑结构荷载规范》GB 50009 进行计算；

R_d——结构或结构构件的抗力设计值。

4.1.8 结构构件的截面抗震验算应采用下列设计表达式：

$$S \leqslant R/\gamma_{RE} \qquad (4.1.8)$$

式中：γ_{RE}——承载力抗震调整系数；

S——地震作用效应与其他作用效应的基本组合；按现行国家标准《建筑抗震设计规范》GB 50011 进行计算；

R——结构构件的承载力设计值。

4.1.9 对正常使用极限状态，结构构件应按荷载效应的标准组合，采用下列极限状态设计表达式：

$$S_d \leqslant C \qquad (4.1.9)$$

式中：S_d——正常使用极限状态下作用组合的效应设计值；

C——设计对变形、裂缝等规定的相应限值。

4.1.10 风荷载和多遇地震作用时，木结构建筑的水平层间位移不宜超过结构层高的 1/250。

4.1.11 木结构建筑的楼层水平作用力宜按抗侧力构件的从属面积或从属面积上重力荷载代表值的比例进行分配。此时水平作用力的分配可不考虑扭转影响，但是对较长的墙体宜乘以 1.05～1.10 的放大系数。

4.1.12 风荷载作用下，轻型木结构的边缘墙体所分配到的水平剪力宜乘以 1.2 的调整系数。

4.1.13 木结构应采取可靠措施，防止木构件腐朽或被虫蛀，应确保达到设计使用年限。

4.1.14 承重结构用胶必须满足结合部位的强度和耐久性的要求，应保证其胶合强度不低于木材顺纹抗剪和横纹抗拉的强度，并应符合环境保护的要求。

4.1.15 木结构中的钢构件设计，应符合现行国家标准《钢结构设计标准》GB 50017 的规定。

4.2 抗震设计规定

4.2.1 木结构建筑抗震设计应符合现行国家标准《建筑抗震设计规范》GB 50011 的相关规定。

4.2.2 木结构建筑应按现行国家标准《建筑抗震设防分类标准》GB 50223 的规定确定其抗震设防类别和相应的抗震设防标准。

4.2.3 木结构建筑的结构体系应符合下列规定：

1 平面布置宜简单、规则，减少偏心。楼层平面宜连续，不宜有较大凹凸或开洞。

2 竖向布置宜规则、均匀，不宜有过大的外挑和内收。结构的侧向刚度沿竖向自下而上宜均匀变化，竖向抗侧力构件宜上下对齐，并应可靠连接。

3 结构薄弱部位应采取措施提高抗震能力。当建筑物平面形状复杂、各部分高度差异大或楼层荷载相差较大时，可设置防震缝；防震缝两侧的上部结构应完全分离，防震缝的最小宽度不应小于 100mm。

4 当有挑檐时，挑檐与主体结构应具有良好的连接。

4.2.4 除木结构混合建筑外，木结构建筑中不宜出现表 4.2.4 中规定的一种或多种不规则类型。

表 4.2.4　木结构不规则结构类型表

序号	结构不规则类型	不规则定义
1	扭转不规则	楼层最大弹性水平位移或层间位移大于该楼层两端弹性水平位移或层间位移平均值的 1.2 倍
2	上下楼层抗侧力构件不连续	上下层抗侧力单元之间平面错位大于楼盖搁栅高度的 4 倍或大于 1.2m
3	楼层抗侧力突变	抗侧力结构的层间抗剪承载力小于相邻上一楼层的 65%

4.2.5 当木结构建筑的结构不规则时，应进行地震作用计算和内力调整，并应对薄弱部位采取有效的抗震构造措施。

4.2.6 当轻型木结构建筑进行抗震验算时，水平地震作用可采用底部剪力法计算。相应于结构基本自振周期的水平地震影响系数 α_1 可取水平地震影响系数最大值。

4.2.7 以剪切变形为主，且质量和刚度沿高度分布比较均匀的胶合木结构或其他方木原木结构的抗震验算可采用底部剪力法。其结构基本自振周期特性应按空间结构模型计算。

4.2.8 对于扭转不规则或楼层抗侧力突变的轻型木结构，以及质量和刚度沿高度分布不均匀的胶合木结构或方木原木结构的抗震验算，应采用振型分解反应谱法。

4.2.9 木结构建筑的地震影响系数应根据烈度、场地类别、设计地震分组和结构自振周期以及阻尼比按现行国家标准《建筑抗震设计规范》GB 50011 的相关规定确定。木结构建筑地震作用计算阻尼比可取 0.05。

4.2.10 木结构建筑进行构件抗震验算时，承载力抗震调整系数 γ_{RE} 应符合表 4.2.10 的规定。当仅计算竖向地震作用时，各类构件的承载力抗震调整系数 γ_{RE} 均应取为 1.0。

表 4.2.10 承载力抗震调整系数

构件名称	系数 γ_{RE}
柱，梁	0.80
各类构件（偏拉、受剪）	0.85
木基结构板剪力墙	0.85
连接件	0.90

4.2.11 当木结构建筑为本标准表 4.2.4 中规定的结构不规则建筑时，楼层水平力应按抗侧力构件层间等效抗侧刚度的比例分配，并应同时计入扭转效应对各抗侧力构件的附加作用。

4.2.12 对于抗震设防烈度为 8 度、9 度时的大跨度及长悬臂胶合木结构，应按现行国家标准《建筑抗震设计规范》GB 50011 的规定进行竖向地震作用下的验算。

4.2.13 木结构建筑进行构件抗震验算时，应符合下列规定：

　　1 对于支撑上下楼层不连续抗侧力单元的梁、柱或楼盖，其地震组合作用效应应乘以不小于 1.15 的增大系数；

　　2 对于具有薄弱层的木结构，薄弱层剪力应乘以不小于 1.15 的增大系数；

　　3 轻型木结构在验算屋盖与下部结构连接部位的连接强度及局部承压时，应对地震作用引起的侧向力乘以 1.2 倍的放大系数。

4.2.14 对于楼、屋面结构上设置的围护墙、隔墙、幕墙、装饰贴面和附属机电设备系统等非结构构件，及其与结构主体的连接，应进行抗震设计。非结构构件抗震验算时，连接件的承载力抗震调整系数 γ_{RE} 可取 1.0。

4.2.15 抗震设防烈度为 8 度和 9 度地区设计木结构建筑，可采用隔震、消能设计。

4.3 强度设计指标和变形值

4.3.1 方木、原木、普通层板胶合木和胶合原木等木材的设计指标应按下列规定确定：

　　1 木材的强度等级应根据选用的树种按表 4.3.1-1 和表 4.3.1-2 的规定采用；

表 4.3.1-1 针叶树种木材适用的强度等级

强度等级	组别	适　用　树　种
TC17	A	柏木　长叶松　湿地松　粗皮落叶松
	B	东北落叶松　欧洲赤松　欧洲落叶松
TC15	A	铁杉　油杉　太平洋海岸黄柏　花旗松—落叶松　西部铁杉　南方松
	B	鱼鳞云杉　西南云杉　南亚松
TC13	A	油松　西伯利亚落叶松　云南松　马尾松　扭叶松　北美落叶松　海岸松　日本扁柏　日本落叶松
	B	红皮云杉　丽江云杉　樟子松　红松　西加云杉　欧洲云杉　北美山地云杉　北美短叶松
TC11	A	西北云杉　西伯利亚云杉　西黄松　云杉—松—冷杉　铁—冷杉　加拿大铁杉　杉木
	B	冷杉　速生杉木　速生马尾松　新西兰辐射松　日本柳杉

表 4.3.1-2 阔叶树种木材适用的强度等级

强度等级	适　用　树　种
TB20	青冈　椆木　甘巴豆　冰片香　重黄娑罗双　重坡垒　龙脑香　绿心樟　紫心木　孪叶苏木　双龙瓣豆
TB17	栎木　腺瘤豆　筒状非洲楝　蟹木楝　深红默罗藤黄木
TB15	锥栗　桦木　黄娑罗双　异翅香　水曲柳　红尼克樟
TB13	深红娑罗双　浅红娑罗双　白娑罗双　海棠木
TB11	大叶椴　心形椴

　　2 木材的强度设计值及弹性模量应按表 4.3.1-3 的规定采用。

表 4.3.1-3　方木、原木等木材的强度设计值和弹性模量（N/mm²）

强度等级	组别	抗弯 f_m	顺纹抗压及承压 f_c	顺纹抗拉 f_t	顺纹抗剪 f_v	横纹承压 $f_{c,90}$ 全表面	局部表面和齿面	拉力螺栓垫板下	弹性模量 E
TC17	A	17	16	10	1.7	2.3	3.5	4.6	10000
	B		15	9.5	1.6				
TC15	A	15	13	9.0	1.6	2.1	3.1	4.2	10000
	B		12	9.0	1.5				
TC13	A	13	12	8.5	1.5	1.9	2.9	3.8	10000
	B		10	8.0	1.4				9000
TC11	A	11	10	7.5	1.4	1.8	2.7	3.6	9000
	B		10	7.0	1.2				
TB20	—	20	18	12	2.8	4.2	6.3	8.4	12000
TB17	—	17	16	11	2.4	3.8	5.7	7.6	11000
TB15	—	15	14	10	2.0	3.1	4.7	6.2	10000
TB13	—	13	12	9.0	1.4	2.4	3.6	4.8	8000
TB11	—	11	10	8.0	1.3	2.1	3.2	4.1	7000

注：计算木构件端部的拉力螺栓垫板时，木材横纹承压强度设计值应按"局部表面和齿面"一栏的数值采用。

4.3.2　对于下列情况，本标准表 4.3.1-3 中的设计指标，尚应按下列规定进行调整：

1　当采用原木，验算部位未经切削时，其顺纹抗压、抗弯强度设计值和弹性模量可提高 15%；

2　当构件矩形截面的短边尺寸不小于 150mm 时，其强度设计值可提高 10%；

3　当采用含水率大于 25% 的湿材时，各种木材的横纹承压强度设计值和弹性模量以及落叶松木材的抗弯强度设计值宜降低 10%。

4.3.3　木材斜纹承压的强度设计值，可按下列公式确定：

当 $\alpha < 10°$ 时

$$f_{c\alpha} = f_c \qquad (4.3.3-1)$$

当 $10° < \alpha < 90°$ 时

$$f_{c\alpha} = \left[\frac{f_c}{1 + \left(\frac{f_c}{f_{c,90}} - 1 \right) \frac{\alpha - 10°}{80°} \sin\alpha} \right]$$

$$(4.3.3-2)$$

式中：$f_{c\alpha}$——木材斜纹承压的强度设计值（N/mm²）；

α——作用力方向与木纹方向的夹角（°）；

f_c——木材的顺纹抗压强度设计值（N/mm²）；

$f_{c,90}$——木材的横纹承压强度设计值（N/mm²）。

4.3.4　已经确定的国产树种目测分级规格材的强度设计值和弹性模量应按表 4.3.4 的规定取值。

表 4.3.4　国产树种目测分级规格材强度设计值和弹性模量

树种名称	材质等级	截面最大尺寸 (mm)	强度设计值（N/mm²）抗弯 f_m	顺纹抗压 f_c	顺纹抗拉 f_t	顺纹抗剪 f_v	横纹承压 $f_{c,90}$	弹性模量 E (N/mm²)
杉木	Ⅰc	285	9.5	11.0	6.5	1.2	4.0	10000
	Ⅱc		8.0	10.5	6.0	1.2	4.0	9500
	Ⅲc		8.0	10.0	5.0	1.2	4.0	9500
兴安落叶松	Ⅰc	285	11.0	15.5	5.1	1.6	5.3	13000
	Ⅱc		6.0	13.3	3.9	1.6	5.3	12000
	Ⅲc		6.0	11.4	2.1	1.6	5.3	12000
	Ⅳc		5.0	9.0	2.0	1.6	5.3	11000

4.3.5 制作胶合木采用的木材树种级别、适用树种及树种组合应符合表4.3.5的规定。

表 4.3.5 胶合木适用树种分级表

树种级别	适用树种及树种组合名称
SZ1	南方松、花旗松—落叶松、欧洲落叶松以及其他符合本强度等级的树种
SZ2	欧洲云杉、东北落叶松以及其他符合本强度等级的树种
SZ3	阿拉斯加黄扁柏、铁—冷杉、西部铁杉、欧洲赤松、樟子松以及其他符合本强度等级的树种
SZ4	鱼鳞云杉、云杉—松—冷杉以及其他符合本强度等级的树种

注：表中花旗松—落叶松、铁—冷杉产地为北美地区。南方松产地为美国。

4.3.6 采用目测分级和机械弹性模量分级层板制作的胶合木的强度设计指标值应按下列规定采用：

1 胶合木应分为异等组合与同等组合二类，异等组合应分为对称异等组合与非对称异等组合。

2 胶合木强度设计值及弹性模量应按表4.3.6-1、表4.3.6-2和表4.3.6-3的规定取值。

表 4.3.6-1 对称异等组合胶合木的强度
设计值和弹性模量（N/mm²）

强度等级	抗弯 f_m	顺纹抗压 f_c	顺纹抗拉 f_t	弹性模量 E
TC$_{YD}$40	27.9	21.8	16.7	14000
TC$_{YD}$36	25.1	19.7	14.8	12500
TC$_{YD}$32	22.3	17.6	13.0	11000
TC$_{YD}$28	19.5	15.5	11.1	9500
TC$_{YD}$24	16.7	13.4	9.9	8000

注：当荷载的作用方向与层板窄边垂直时，抗弯强度设计值 f_m 应乘以0.7的系数，弹性模量 E 应乘以0.9的系数。

表 4.3.6-2 非对称异等组合胶合木的强度
设计值和弹性模量（N/mm²）

强度等级	抗弯 f_m		顺纹抗压 f_c	顺纹抗拉 f_t	弹性模量 E
	正弯曲	负弯曲			
TC$_{YF}$38	26.5	19.5	21.1	15.5	13000
TC$_{YF}$34	23.7	17.4	18.3	13.6	11500
TC$_{YF}$31	21.6	16.0	16.9	12.4	10500
TC$_{YF}$27	18.8	13.9	14.8	11.1	9000
TC$_{YF}$23	16.0	11.8	12.0	9.3	6500

注：当荷载的作用方向与层板窄边垂直时，抗弯强度设计值 f_m 应采用正向弯曲强度设计值，并乘以0.7的系数，弹性模量 E 应乘以0.9的系数。

表 4.3.6-3 同等组合胶合木的强度设计
值和弹性模量（N/mm²）

强度等级	抗弯 f_m	顺纹抗压 f_c	顺纹抗拉 f_t	弹性模量 E
TC$_T$40	27.9	23.2	17.9	12500
TC$_T$36	25.1	21.1	16.1	11000
TC$_T$32	22.3	19.0	14.2	9500
TC$_T$28	19.5	16.9	12.4	8000
TC$_T$24	16.7	14.8	10.5	6500

3 胶合木构件顺纹抗剪强度设计值应按表4.3.6-4的规定取值。

表 4.3.6-4 胶合木构件顺纹抗剪强度
设计值（N/mm²）

树种级别	顺纹抗剪强度设计值 f_v
SZ1	2.2
SZ2、SZ3	2.0
SZ4	1.8

4 胶合木构件横纹承压强度设计值应按表4.3.6-5的规定取值。

表 4.3.6-5 胶合木构件横纹承压强度设计值（N/mm²）

树种级别	局部横纹承压强度设计值 $f_{c,90}$		全表面横纹承压强度设计值 $f_{c,90}$
	构件中间承压	构件端部承压	
SZ1	7.5	6.0	3.0
SZ2、SZ3	6.2	5.0	2.5
SZ4	5.0	4.0	2.0
承压位置示意图	构件中间承压	构件端部承压 1 当 $h \geqslant 100mm$ 时，$a \leqslant 100mm$ 2 当 $h < 100mm$ 时，$a \leqslant h$	构件全表面承压

4.3.7 进口北美地区目测分级方木、规格材和结构材的强度设计值及弹性模量，应按本标准附录D的规定采用。

4.3.8 承重结构用材强度标准值及弹性模量标准值，均应按本标准附录E的规定采用。

4.3.9 进行承重结构用材的强度设计值和弹性模量调整应符合下列规定：

1 在不同的使用条件下，强度设计值和弹性模量应乘以表4.3.9-1规定的调整系数。

表4.3.9-1 不同使用条件下木材强度设计值和弹性模量的调整系数

使用条件	调整系数	
	强度设计值	弹性模量
露天环境	0.9	0.85
长期生产性高温环境，木材表面温度达40℃～50℃	0.8	0.8
按恒荷载验算时	0.8	0.8
用于木构筑物时	0.9	1.0
施工和维修时的短暂情况	1.2	1.0

注：1 当仅有恒荷载或恒荷载产生的内力超过全部荷载所产生的内力的80%时，应单独以恒荷载进行验算；

2 当若干条件同时出现时，表列各系数应连乘。

2 对于不同的设计使用年限，强度设计值和弹性模量应乘以表4.3.9-2规定的调整系数。

表4.3.9-2 不同设计使用年限时木材强度设计值和弹性模量的调整系数

设计使用年限	调整系数	
	强度设计值	弹性模量
5年	1.10	1.10
25年	1.05	1.05
50年	1.00	1.00
100年及以上	0.90	0.90

3 对于目测分级规格材，强度设计值和弹性模量应乘以表4.3.9-3规定的尺寸调整系数。

表4.3.9-3 目测分级规格材尺寸调整系数

等级	截面高度 (mm)	抗弯强度 截面宽度（mm）		顺纹抗压强度	顺纹抗拉强度	其他强度
		40和65	90			
Ⅰc、Ⅱc、Ⅲc、Ⅳc、Ⅳc1	≤90	1.5	1.5	1.15	1.5	1.0
	115	1.4	1.4	1.1	1.4	1.0
	140	1.3	1.3	1.1	1.3	1.0
	185	1.2	1.2	1.05	1.2	1.0
	235	1.1	1.2	1.0	1.1	1.0
	285	1.0	1.1	1.0	1.0	1.0
Ⅱc1、Ⅲc1	≤90	1.0	1.0	1.0	1.0	1.0

4 当荷载作用方向与规格材宽度方向垂直时，规格材的抗弯强度设计值 f_m 应乘以表4.3.9-4规定的平放调整系数。

表4.3.9-4 平放调整系数

截面高度 h（mm）	截面宽度 b（mm）					
	40和65	90	115	140	185	≥235
h≤65	1.00	1.10	1.10	1.15	1.15	1.20
65<h≤90	—	1.00	1.05	1.05	1.05	1.10

注：当截面宽度与表中尺寸不同时，可按插值法确定平放调整系数。

5 当规格材作为搁栅，且数量大于3根，并与楼面板、屋面板或其他构件有可靠连接时，其抗弯强度设计值 f_m 应乘以1.15的共同作用系数。

4.3.10 对于规格材、胶合木和进口结构材的强度设计值和弹性模量，除应符合本标准第4.3.9条的规定外，尚应按下列规定进行调整：

1 当楼屋面可变荷载标准值与永久荷载标准值的比率（Q_k/G_k）$\rho<1.0$时，强度设计值应乘以调整系数 k_d，调整系数 k_d 按下式进行计算，且 k_d 不应大于1.0：

$$k_d = 0.83 + 0.17\rho \qquad (4.3.10)$$

2 当有雪荷载、风荷载作用时，应乘以表4.3.10中规定的调整系数。

表4.3.10 雪荷载、风荷载作用下强度设计值和弹性模量的调整系数

使用条件	调整系数	
	强度设计值	弹性模量
当雪荷载作用时	0.83	1.0
当风荷载作用时	0.91	1.0

4.3.11 对本标准尚未列入，并由工厂生产的结构复合木材、国产树种规格材、工字形搁栅的强度标准值和设计指标，应按本标准附录F的规定进行确定。

4.3.12 正交胶合木的强度设计值和弹性模量应按本标准附录G的相关规定采用。

4.3.13 对于承重结构用材的横纹抗拉强度设计值可取其顺纹抗剪强度设计值的1/3。

4.3.14 当使用本标准尚未列入的进口木材时，应由出口国提供该木材的物理力学指标及主要材性，按木结构专门的可靠度分析方法确定其强度设计指标和弹性模量。

4.3.15 受弯构件的挠度限值应按表4.3.15的规定采用。

表 4.3.15　受弯构件挠度限值

项次	构件类别		挠度限值 $[w]$
1	檩条	$l \leqslant 3.3m$	$l/200$
		$l > 3.3m$	$l/250$
2	椽条		$l/150$
3	吊顶中的受弯构件		$l/250$
4	楼盖梁和搁栅		$l/250$
5	墙骨柱	墙面为刚性贴面	$l/360$
		墙面为柔性贴面	$l/250$
6	屋盖大梁	工业建筑	$l/120$
		民用建筑 无粉刷吊顶	$l/180$
		有粉刷吊顶	$l/240$

注：表中 l 为受弯构件的计算跨度。

4.3.16 对于轻型木桁架的变形限值应符合现行行业标准《轻型木桁架技术规范》JGJ/T 265 的规定。

4.3.17 受压构件的长细比限值应按表 4.3.17 的规定采用。

表 4.3.17　受压构件长细比限值

项次	构件类别	长细比限值 $[\lambda]$
1	结构的主要构件，包括桁架的弦杆、支座处的竖杆或斜杆，以及承重柱等	$\leqslant 120$
2	一般构件	$\leqslant 150$
3	支撑	$\leqslant 200$

注：构件的长细比 λ 应按 $\lambda = l_0/i$ 计算，其中，l_0 为受压构件的计算长度（mm）；i 为构件截面的回转半径（mm）。

4.3.18 标注原木直径时，应以小头为准。原木构件沿其长度的直径变化率，可按每米 9mm 或当地经验数值采用。验算挠度和稳定时，可取构件的中央截面；验算抗弯强度时，可取弯矩最大处截面。

4.3.19 本标准采用的木材名称及常用树种木材主要特性应按本标准附录 H 的规定执行；主要进口木材现场识别要点及其主要材性应按本标准附录 J 的规定执行。

4.3.20 当锯材或规格材采用刻痕加压防腐处理时，其弹性模量应乘以不大于 0.9 的折减系数，其他强度设计值应乘以不大于 0.8 的折减系数。

5　构件计算

5.1　轴心受拉和轴心受压构件

5.1.1 轴心受拉构件的承载能力应按下式验算：

$$\frac{N}{A_n} \leqslant f_t \qquad (5.1.1)$$

式中：f_t——构件材料的顺纹抗拉强度设计值（N/mm²）；

N——轴心受拉构件拉力设计值（N）；

A_n——受拉构件的净截面面积（mm²），计算 A_n 时应扣除分布在 150mm 长度上的缺孔投影面积。

5.1.2 轴心受压构件的承载能力应按下列规定进行验算：

1 按强度验算时，应按下式验算：

$$\frac{N}{A_n} \leqslant f_c \qquad (5.1.2-1)$$

2 按稳定验算时，应按下式验算：

$$\frac{N}{\varphi A_0} \leqslant f_c \qquad (5.1.2-2)$$

式中：f_c——构件材料的顺纹抗压强度设计值（N/mm²）；

N——轴心受压构件压力设计值（N）；

A_n——受压构件的净截面面积（mm²）；

A_0——受压构件截面的计算面积（mm²），应按本标准第 5.1.3 条的规定确定；

φ——轴心受压构件稳定系数，应按本标准第 5.1.4 条的规定确定。

5.1.3 按稳定验算时受压构件截面的计算面积，应按下列规定采用：

1 无缺口时，取 $A_0 = A$，A 为受压构件的全截面面积；

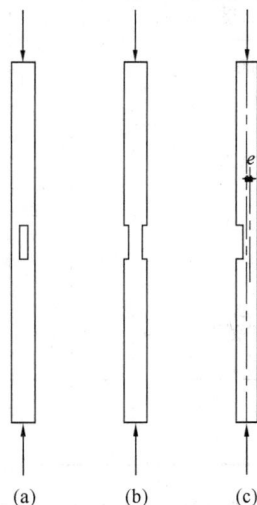

图 5.1.3　受压构件缺口

2 缺口不在边缘时（图 5.1.3a），取 $A_0 = 0.9A$；

3 缺口在边缘且为对称时（图 5.1.3b），取 $A_0 = A_n$；

4 缺口在边缘但不对称时（图 5.1.3c），取 A_0

$=A_n$，且应按偏心受压构件计算；

5 验算稳定时，螺栓孔可不作为缺口考虑；

6 对于原木应取平均直径计算面积。

5.1.4 轴心受压构件稳定系数 φ 的取值应按下列公式确定：

$$\lambda_c = c_c \sqrt{\frac{\beta E_k}{f_{ck}}} \qquad (5.1.4\text{-}1)$$

$$\lambda = \frac{l_0}{i} \qquad (5.1.4\text{-}2)$$

当 $\lambda > \lambda_c$ 时 $\quad \varphi = \frac{a_c \pi^2 \beta E_k}{\lambda^2 f_{ck}} \qquad (5.1.4\text{-}3)$

当 $\lambda \leqslant \lambda_c$ 时 $\quad \varphi = \dfrac{1}{1 + \dfrac{\lambda^2 f_{ck}}{b_c \pi^2 \beta E_k}} \qquad (5.1.4\text{-}4)$

式中： λ——受压构件长细比；

$\quad i$——构件截面的回转半径（mm）；

$\quad l_0$——受压构件的计算长度（mm），应按本标准第 5.1.5 条的规定确定；

$\quad f_{ck}$——受压构件材料的抗压强度标准值（N/mm²）；

$\quad E_k$——构件材料的弹性模量标准值（N/mm²）；

a_c、b_c、c_c——材料相关系数，应按表 5.1.4 的规定取值；

$\quad \beta$——材料剪切变形相关系数，应按表 5.1.4 的规定取值。

表 5.1.4 相关系数的取值

构件材料		a_c	b_c	c_c	β	E_k/f_{ck}
方木原木	TC15、TC17、TB20	0.92	1.96	4.13	1.00	330
	TC11、TC13、TB11、TB13、TB15、TB17	0.95	1.43	5.28		300
规格材、进口方木和进口结构材		0.88	2.44	3.68	1.03	按本标准附录 E 的规定采用
胶合木		0.91	3.69	3.45	1.05	

5.1.5 受压构件的计算长度应按下式确定：

$$l_0 = k_l l \qquad (5.1.5)$$

式中：l_0——计算长度；

$\quad l$——构件实际长度；

$\quad k_l$——长度计算系数，应按表 5.1.5 的规定取值。

表 5.1.5 长度计算系数 k_l 的取值

失稳模式						
k_l	0.65	0.8	1.2	1.0	2.1	2.4

5.1.6 变截面受压构件中，回转半径应取构件截面每边的有效边长 b_n 进行计算。有效边长 b_n 应按下列规定确定：

1 变截面矩形构件的有效边长 b_n 应按下式计算：

$$b_n = b_{min} + (b_{max} - b_{min})\left[a - 0.15\left(1 - \frac{b_{min}}{b_{max}}\right)\right]$$
$$(5.1.6\text{-}1)$$

式中：b_{min}——受压构件计算边的最小边长；

$\quad b_{max}$——受压构件计算边的最大边长；

$\quad a$——支座条件计算系数，应按表 5.1.6 的规定取值。

2 当构件支座条件不符合表 5.1.6 中的规定时，截面有效边长 b_n 可按下式计算：

$$b_n = b_{min} + \frac{b_{max} - b_{min}}{3} \qquad (5.1.6\text{-}2)$$

表 5.1.6 计算系数 a 的取值

构件支座条件	a 值
截面较大端为固定，较小端为自由或铰接	0.7
截面较小端为固定，较大端为自由或铰接	0.3
两端铰接，构件尺寸朝一端缩小	0.5
两端铰接，构件尺寸朝两端缩小	0.7

5.2 受弯构件

5.2.1 受弯构件的受弯承载能力应按下列规定进行验算：

1 按强度验算时，应按下式验算：

$$\frac{M}{W_n} \leqslant f_m \qquad (5.2.1\text{-}1)$$

2 按稳定验算时，应按下式验算：

$$\frac{M}{\varphi_l W_n} \leqslant f_m \qquad (5.2.1\text{-}2)$$

式中：f_m——构件材料的抗弯强度设计值（N/mm²）；

$\quad M$——受弯构件弯矩设计值（N·mm）；

$\quad W_n$——受弯构件的净截面抵抗矩（mm³）；

$\quad \varphi_l$——受弯构件的侧向稳定系数，应按本标准第 5.2.2 条和第 5.2.3 条确定。

5.2.2 受弯构件的侧向稳定系数 φ_l 应按下列公式计算：

$$\lambda_m = c_m \sqrt{\frac{\beta E_k}{f_{mk}}} \qquad (5.2.2\text{-}1)$$

$$\lambda_B = \sqrt{\frac{l_e h}{b^2}} \qquad (5.2.2\text{-}2)$$

当 $\lambda_B > \lambda_m$ 时 $\varphi_l = \frac{a_m \beta E_k}{\lambda_B^2 f_{mk}}$ (5.2.2-3)

当 $\lambda_B \leqslant \lambda_m$ 时 $\varphi_l = \dfrac{1}{1 + \dfrac{\lambda_B^2 f_{mk}}{b_m \beta E_k}}$ (5.2.2-4)

式中: E_k ——构件材料的弹性模量标准值 (N/mm²);

f_{mk} ——受弯构件材料的抗弯强度标准值 (N/mm²);

λ_B ——受弯构件的长细比, 不应大于50;

b ——受弯构件的截面宽度 (mm);

h ——受弯构件的截面高度 (mm);

a_m、b_m、c_m ——材料相关系数, 应按表 5.2.2-1 的规定取值;

l_e ——受弯构件计算长度, 应按表 5.2.2-2 的规定采用;

β ——材料剪切变形相关系数, 应按表 5.2.2-1 的规定取值。

表 5.2.2-1 相关系数的取值

构件材料		a_m	b_m	c_m	β	E_k/f_{mk}
方木原木	TC15、TC17、TB20	0.7	4.9	0.9	1.00	220
	TC11、TC13、TB11					
	TB13、TB15、TB17					220
规格材、进口方木和进口结构材		0.7	4.9	0.9	1.03	按本标准附录E的规定采用
胶合木		0.7	4.9	0.9	1.05	

表 5.2.2-2 受弯构件的计算长度

梁的类型和荷载情况	荷载作用在梁的部位		
	顶部	中部	底部
简支梁, 两端相等弯矩	$l_e = 1.00 l_u$		
简支梁, 均匀分布荷载	$l_e = 0.95 l_u$	$l_e = 0.90 l_u$	$l_e = 0.85 l_u$
简支梁, 跨中一个集中荷载	$l_e = 0.80 l_u$	$l_e = 0.75 l_u$	$l_e = 0.70 l_u$
悬臂梁, 均匀分布荷载	$l_e = 1.20 l_u$		
悬臂梁, 在悬端一个集中荷载	$l_e = 1.70 l_u$		
悬臂梁, 在悬端作用弯矩	$l_e = 2.00 l_u$		

注: 表中 l_u 为受弯构件两个支撑点之间的实际距离。当支座处有侧向支撑而沿构件长度方向无附加支撑时, l_u 为支座之间的距离; 当受弯构件在构件中间点以及支座处有侧向支撑时, l_u 为中间支撑与端支座之间的距离。

5.2.3 当受弯构件的两个支座处设有防止其侧向位移和侧倾的侧向支承, 并且截面的最大高度对其截面宽度之比以及侧向支承满足下列规定时, 侧向稳定系数 φ_l 应取为1:

1 $h/b \leqslant 4$ 时, 中间未设侧向支承;

2 $4 < h/b \leqslant 5$ 时, 在受弯构件长度上有类似檩条等构件作为侧向支承;

3 $5 < h/b \leqslant 6.5$ 时, 受压边缘直接固定在密铺板上或直接固定在间距不大于610mm的搁栅上;

4 $6.5 < h/b \leqslant 7.5$ 时, 受压边缘直接固定在密铺板上或直接固定在间距不大于610mm的搁栅上, 并且受弯构件之间安装有横隔板, 其间隔不超过受弯构件截面高度的8倍;

5 $7.5 < h/b \leqslant 9$ 时, 受弯构件的上下边缘在长度方向上均有限制侧向位移的连续构件。

5.2.4 受弯构件的受剪承载能力应按下式验算:

$$\frac{VS}{Ib} \leqslant f_v \qquad (5.2.4)$$

式中: f_v ——构件材料的顺纹抗剪强度设计值 (N/mm²);

V ——受弯构件剪力设计值 (N), 应符合本标准第5.2.5条规定;

I ——构件的全截面惯性矩 (mm⁴);

b ——构件的截面宽度 (mm);

S ——剪切面以上的截面面积对中性轴的面积矩 (mm³)。

5.2.5 当荷载作用在梁的顶面, 计算受弯构件的剪力设计值 V 时, 可不考虑梁端处距离支座长度为梁截面高度范围内, 梁上所有荷载的作用。

5.2.6 受弯构件上的切口设计应符合下列规定:

1 应尽量减小切口引起的应力集中, 宜采用逐渐变化的锥形切口, 不宜采用直角形切口;

2 简支梁支座处受拉边的切口深度, 锯材不应超过梁截面高度的1/4; 层板胶合材不应超过梁截面高度的1/10;

3 可能出现负弯矩的支座处及其附近区域不应设置切口。

5.2.7 矩形截面受弯构件支座处受拉面有切口时, 实际的受剪承载能力, 应按下式验算:

$$\frac{3V}{2bh_n} \left(\frac{h}{h_n} \right)^2 \leqslant f_v \qquad (5.2.7)$$

式中: f_v ——构件材料的顺纹抗剪强度设计值 (N/mm²);

b ——构件的截面宽度 (mm);

h ——构件的截面高度 (mm);

h_n ——受弯构件在切口处净截面高度 (mm);

V ——剪力设计值 (N), 可按工程力学原理确定, 并且不考虑本标准第5.2.5条的规定。

5.2.8 受弯构件局部承压的承载能力应按下式进行验算:

$$\frac{N_c}{bl_b K_B K_{Zcp}} \leqslant f_{c,90} \qquad (5.2.8)$$

式中：N_c——局部压力设计值（N）；

b——局部承压面宽度（mm）；

l_b——局部承压面长度（mm）；

$f_{c,90}$——构件材料的横纹承压强度设计值（N/mm²），当承压面长度 $l_b \leqslant 150$mm，且承压面外缘距构件端部不小于 75mm 时，$f_{c,90}$ 取局部表面横纹承压强度设计值，否则应取全表面横纹承压强度设计值；

K_B——局部受压长度调整系数，应按表 5.2.8-1 的规定取值，当局部受压区域内有较高弯曲应力时，$K_B = 1$；

K_{Zcp}——局部受压尺寸调整系数，应按表 5.2.8-2 的规定取值。

表 5.2.8-1　局部受压长度调整系数 K_B

顺纹测量承压长度（mm）	修正系数 K_B
≤12.5	1.75
25.0	1.38
38.0	1.25
50.0	1.19
75.0	1.13
100.0	1.10
≥150.0	1.00

注：1　当承压长度为中间值时，可采用插入法求出 K_B 值；

　　2　局部受压的区域离构件端部不应小于 75mm。

表 5.2.8-2　局部受压尺寸调整系数 K_{Zcp}

构件截面宽度与构件截面高度的比值	K_{Zcp}
≤1.0	1.00
≥2.0	1.15

注：比值在 1.0～2.0 之间时，可采用插入法求出 K_{Zcp} 值。

5.2.9　受弯构件的挠度应按下式验算：

$$w \leqslant [w] \qquad (5.2.9)$$

式中：$[w]$——受弯构件的挠度限值（mm），应按本标准表 4.3.15 的规定采用；

w——构件按荷载效应的标准组合计算的挠度（mm）。

5.2.10　双向受弯构件应按下列规定进行验算：

1　按承载能力验算时，应按下式验算：

$$\frac{M_x}{W_{nx} f_{mx}} + \frac{M_y}{W_{ny} f_{my}} \leqslant 1 \qquad (5.2.10-1)$$

2　按挠度验算时，挠度应按下式计算：

$$w = \sqrt{w_x^2 + w_y^2} \qquad (5.2.10-2)$$

式中：M_x、M_y——相对于构件截面 x 轴和 y 轴产生

的弯矩设计值（N·mm）；

f_{mx}、f_{my}——构件正向弯曲或侧向弯曲的抗弯强度设计值（N/mm²）；

W_{nx}、W_{ny}——构件截面沿 x 轴、y 轴的净截面抵抗矩（mm³）；

w_x、w_y——荷载效应的标准组合计算的对构件截面 x 轴、y 轴方向的挠度（mm）。

5.3　拉弯和压弯构件

5.3.1　拉弯构件的承载能力应按下式验算：

$$\frac{N}{A_n f_t} + \frac{M}{W_n f_m} \leqslant 1 \qquad (5.3.1)$$

式中：N、M——轴向拉力设计值（N）、弯矩设计值（N·mm）；

A_n、W_n——按本标准第 5.1.1 条规定计算的构件净截面面积（mm²）、净截面抵抗矩（mm³）；

f_t、f_m——构件材料的顺纹抗拉强度设计值、抗弯强度设计值（N/mm²）。

5.3.2　压弯构件及偏心受压构件的承载能力应按下列规定进行验算：

1　按强度验算时，应按下式验算：

$$\frac{N}{A_n f_c} + \frac{M_0 + Ne_0}{W_n f_m} \leqslant 1 \qquad (5.3.2-1)$$

2　按稳定验算时，应按下式验算：

$$\frac{N}{\varphi \varphi_m A_0} \leqslant f_c \qquad (5.3.2-2)$$

$$\varphi_m = (1-k)^2 (1-k_0) \qquad (5.3.2-3)$$

$$k = \frac{Ne_0 + M_0}{W f_m \left(1 + \sqrt{\dfrac{N}{A f_c}}\right)} \qquad (5.3.2-4)$$

$$k_0 = \frac{Ne_0}{W f_m \left(1 + \sqrt{\dfrac{N}{A f_c}}\right)} \qquad (5.3.2-5)$$

式中：φ——轴心受压构件的稳定系数；

A_0——计算面积，按本标准第 5.1.3 条确定；

φ_m——考虑轴向力和初始弯矩共同作用的折减系数；

N——轴向压力设计值（N）；

M_0——横向荷载作用下跨中最大初始弯矩设计值（N·mm）；

e_0——构件轴向压力的初始偏心距（mm），当不能确定时，可按 0.05 倍构件截面高度采用；

f_c、f_m——考虑调整系数后的构件材料的顺纹抗压强度设计值、抗弯强度设计值（N/mm²）；

W——构件全截面抵抗矩（mm³）。

5.3.3　压弯构件或偏心受压构件弯矩作用平面外的

侧向稳定性时，应按下式验算：

$$\frac{N}{\varphi_y A_0 f_c} + \left(\frac{M}{\varphi_l W f_m}\right)^2 \leqslant 1 \qquad (5.3.3)$$

式中：φ_y——轴心压杆在垂直于弯矩作用平面 $y\text{-}y$ 方向按长细比 λ_y 确定的轴心压杆稳定系数，按本标准第 5.1.4 条确定；

φ_l——受弯构件的侧向稳定系数，按本标准第 5.2.2 条和第 5.2.3 条确定；

N、M——轴向压力设计值（N）、弯曲平面内的弯矩设计值（N·mm）；

W——构件全截面抵抗矩（mm³）。

6 连 接 设 计

6.1 齿 连 接

6.1.1 齿连接可采用单齿或双齿的形式（图6.1.1），并应符合下列规定：

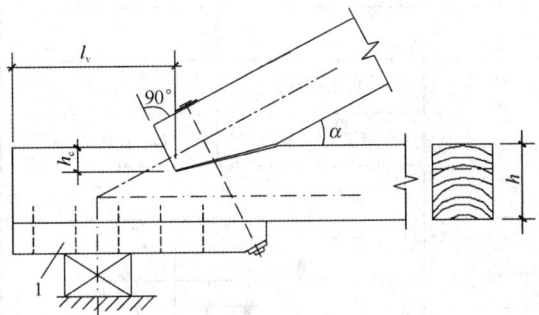

(a) 单齿连接

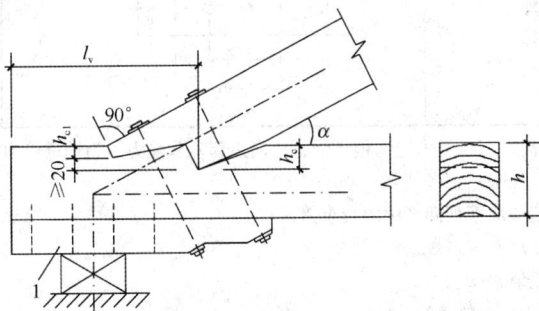

(b) 双齿连接

图 6.1.1 齿连接示意
1—附木

1 齿连接的承压面应与所连接的压杆轴线垂直。

2 单齿连接应使压杆轴线通过承压面中心。

3 木桁架支座节点的上弦轴线和支座反力的作用线，当采用方木或板材时，宜与下弦净截面的中心线交汇于一点；当采用原木时，可与下弦毛截面的中心线交汇于一点，此时，刻齿处的截面可按轴心受拉验算。

4 齿连接的齿深，对于方木不应小于 20mm；对于原木不应小于 30mm。

5 桁架支座节点齿深不应大于 $h/3$，中间节点的齿深不应大于 $h/4$，h 为沿齿深方向的构件截面高度。

6 双齿连接中，第二齿的齿深 h_c 应比第一齿的齿深 h_{c1} 至少大 20mm。单齿和双齿第一齿的剪面长度不应小于 4.5 倍齿深。

7 当受条件限制只能采用湿材制作时，木桁架支座节点齿连接的剪面长度应比计算值加长 50mm。

6.1.2 单齿连接应按下列规定进行验算：

1 按木材承压时，应按下式验算：

$$\frac{N}{A_c} \leqslant f_{c\alpha} \qquad (6.1.2\text{-}1)$$

式中：$f_{c\alpha}$——木材斜纹承压强度设计值（N/mm²），应按本标准第 4.3.3 条的规定确定；

N——作用于齿面上的轴向压力设计值（N）；

A_c——齿的承压面面积（mm²）。

2 按木材受剪时，应按下式验算：

$$\frac{V}{l_v b_v} \leqslant \psi_v f_v \qquad (6.1.2\text{-}2)$$

式中：f_v——木材顺纹抗剪强度设计值（N/mm²）；

V——作用于剪面上的剪力设计值（N）；

l_v——剪面计算长度（mm），其取值不应大于齿深 h_c 的 8 倍；

b_v——剪面宽度（mm）；

ψ_v——沿剪面长度剪应力分布不匀的强度降低系数，应按表 6.1.2 的规定采用。

表 6.1.2 单齿连接抗剪强度降低系数

l_v/h_c	4.5	5	6	7	8
ψ_v	0.95	0.89	0.77	0.70	0.64

6.1.3 双齿连接的承压应按本标准公式（6.1.2-1）验算，但其承压面面积应取两个齿承压面面积之和。

双齿连接的受剪，仅考虑第二齿剪面的工作，应按本标准公式（6.1.2-2）计算，并应符合下列规定：

1 计算受剪应力时，全部剪力 V 应由第二齿的剪面承受；

2 第二齿剪面的计算长度 l_v 的取值，不应大于齿深 h_c 的 10 倍；

3 双齿连接沿剪面长度剪应力分布不匀的强度降低系数 ψ_v 值应按表 6.1.3 的规定采用。

表 6.1.3 双齿连接抗剪强度降低系数

l_v/h_c	6	7	8	10
ψ_v	1.0	0.93	0.85	0.71

6.1.4 桁架支座节点采用齿连接时，应设置保险螺栓，但不考虑保险螺栓与齿的共同工作。木桁架下弦支座应设置附木，并与下弦用钉钉牢。钉子数量可按构造布置确定。附木截面宽度与下弦相同，其截面高度不应小于 $h/3$，h 为下弦截面高度。

6.1.5 保险螺栓的设置和验算应符合下列规定：

1 保险螺栓应与上弦轴线垂直。

2 保险螺栓应按本标准第 4.1.15 条的规定进行净截面抗拉验算，所承受的轴向拉力应按下式确定：

$$N_b = N\tan(60° - \alpha) \qquad (6.1.5)$$

式中：N_b——保险螺栓所承受的轴向拉力（N）；

N——上弦轴向压力的设计值（N）；

α——上弦与下弦的夹角（°）。

3 保险螺栓的强度设计值应乘以 1.25 的调整系数。

4 双齿连接宜选用两个直径相同的保险螺栓，但不考虑本标准第 7.1.12 条规定的调整系数。

6.2 销 连 接

6.2.1 销轴类紧固件的端距、边距、间距和行距最小尺寸应符合表 6.2.1 的规定。当采用螺栓、销或六角头木螺钉作为紧固件时，其直径不应小于 6mm。

表 6.2.1 销轴类紧固件的端距、边距、间距和行距的最小值尺寸

距离名称		顺纹荷载作用时		横纹荷载作用时	
最小端距 e_1	受力端	$7d$		受力边	$4d$
	非受力端	$4d$		非受力边	$1.5d$
最小边距 e_2	当 $l/d \leqslant 6$	$1.5d$		$4d$	
	当 $l/d > 6$	取 $1.5d$ 与 $r/2$ 两者较大值			
最小间距 s		$4d$		$4d$	
最小行距 r		$2d$		当 $l/d \leqslant 2$	$2.5d$
				当 $2 < l/d < 6$	$(5l + 10d)/8$
				当 $l/d \geqslant 6$	$5d$
几何位置示意图					

注：1 受力端为销槽受力指向端部；非受力端为销槽受力背离端部；受力边为销槽受力指向边部；非受力边为销槽受力背离端部。

2 表中 l 为紧固件长度，d 为紧固件的直径；并且 l/d 值应取下列两者中的较小值：

  1）紧固件在主构件中的贯入深度 l_m 与直径 d 的比值 l_m/d；

  2）紧固件在侧面构件中的总贯入深度 l_s 与直径 d 的比值 l_s/d。

3 当钉连接不预钻孔时，其端距、边距、间距和行距应为表中数值的 2 倍。

6.2.2 交错布置的销轴类紧固件（图 6.2.2），其端距、边距、间距和行距的布置应符合下列规定：

1 对于顺纹荷载作用下交错布置的紧固件，当相邻行上的紧固件在顺纹方向的间距不大于 4 倍紧固件的直径（d）时，则可将相邻行的紧固件确认是位于同一截面上。

2 对于横纹荷载作用下交错布置的紧固件，当相邻行上的紧固件在横纹方向的间距不小于 $4d$ 时，则紧固件在顺纹方向的间距不受限制；当相邻行上的紧固件在横纹方向的间距小于 $4d$ 时，则紧固件在顺纹方向的间距应符合本标准表 6.2.1 的规定。

6.2.3 当六角头木螺钉承受轴向上拔荷载时，端距 e_1、边距 e_2、间距 s 以及行距 r 应满足表 6.2.3 的

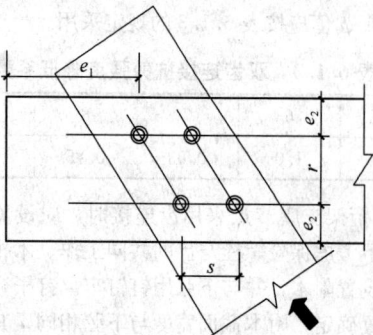

图 6.2.2 紧固件交错布置几何位置示意

规定。

表 6.2.3　六角头木螺钉承受轴向上拔荷载时的端距、边距、间距和行距的最小值

距离名称	最小值
端距 e_1	$4d$
边距 e_2	$1.5d$
行距 r 和间距 s	$4d$

注：表中 d 为六角头木螺钉的直径。

6.2.4　对于采用单剪或对称双剪的销轴类紧固件的连接（图 6.2.4），当剪面承载力设计值按本标准第 6.2.5 条的规定进行计算时，应符合下列规定：

　　1　构件连接面应紧密接触；

　　2　荷载作用方向应与销轴类紧固件轴线方向垂直；

　　3　紧固件在构件上的边距、端距以及间距应符合本标准表 6.2.1 或表 6.2.3 中的规定；

　　4　六角头木螺钉在单剪连接中的主构件上或双剪连接中侧构件上的最小贯入深度不应包括端尖部分的长度，并且，最小贯入深度不应小于六角头木螺钉直径的 4 倍。

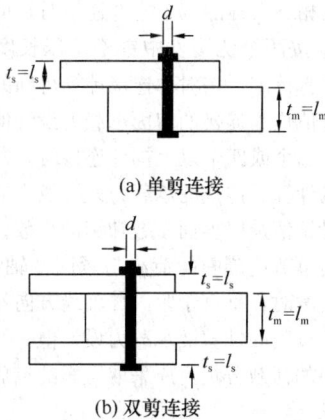

(a) 单剪连接

(b) 双剪连接

图 6.2.4　销轴类紧固件的连接方式

6.2.5　对于采用单剪或对称双剪连接的销轴类紧固件，每个剪面的承载力设计值 Z_d 应按下式进行计算：

$$Z_d = C_m C_n C_t k_g Z \qquad (6.2.5)$$

式中：C_m——含水率调整系数，应按表 6.2.5 中规定采用；

　　　C_n——设计使用年限调整系数，应按本标准表 4.3.9-2 的规定采用；

　　　C_t——温度调整系数，应按表 6.2.5 中规定采用；

　　　k_g——群栓组合系数，应按本标准附录 K 的规定确定；

　　　Z——承载力参考设计值，应按本标准第 6.2.6 条的规定确定。

表 6.2.5　使用条件调整系数

序号	调整系数	采用条件	取值
1	含水率调整系数 C_m	使用中木构件含水率大于 15% 时	0.8
		使用中木构件含水率小于 15% 时	1.0
2	温度调整系数 C_t	长期生产性高温环境，木材表面温度达 40℃～50℃ 时	0.8
		其他温度环境时	1.0

6.2.6　对于单剪连接或对称双剪连接，单个销的每个剪面的承载力参考设计值 Z 应按下式进行计算：

$$Z = k_{min} t_s d f_{es} \qquad (6.2.6)$$

式中：k_{min}——为单剪连接时较薄构件或双剪连接时边部构件的销槽承压最小有效长度系数，应按本标准第 6.2.7 条的规定确定；

　　　t_s——较薄构件或边部构件的厚度（mm）；

　　　d——销轴类紧固件的直径（mm）；

　　　f_{es}——构件销槽承压强度标准值（N/mm²），应按本标准第 6.2.8 条的规定确定。

6.2.7　销槽承压最小有效长度系数 k_{min} 应按下列 4 种破坏模式进行计算，并应按下式进行确定：

$$k_{min} = min[k_I, k_{II}, k_{III}, k_{IV}] \qquad (6.2.7-1)$$

　　1　屈服模式 Ⅰ 时，应按下列规定计算销槽承压有效长度系数 k_I：

　　1）销槽承压有效长度系数 k_I 应按下式计算：

$$k_I = \frac{R_e R_t}{\gamma_I} \qquad (6.2.7-2)$$

式中：R_e——为 f_{em}/f_{es}；

　　　R_t——为 t_m/t_s；

　　　t_m——较厚构件或中部构件的厚度（mm）；

　　　f_{em}——较厚构件或中部构件的销槽承压强度标准值（N/mm²），应按本标准第 6.2.8 条的规定确定；

　　　γ_I——屈服模式 Ⅰ 的抗力分项系数，应按表 6.2.7 的规定取值。

　　2）对于单剪连接时，应满足 $R_e R_t \leqslant 1.0$。

　　3）对于双剪连接时，应满足 $R_e R_t \leqslant 2.0$，且销槽承压有效长度系数 k_I 应按下式计算：

$$k_I = \frac{R_e R_t}{2\gamma_I} \qquad (6.2.7-3)$$

　　2　屈服模式 Ⅱ 时，应按下列公式计算单剪连接的销槽承压有效长度系数 k_{II}：

$$k_{II} = \frac{k_{sII}}{\gamma_{II}} \qquad (6.2.7-4)$$

$$k_{sII} = \frac{\sqrt{R_e + 2R_e^2(1 + R_t + R_t^2) + R_t^2 R_e^3} - R_e(1 + R_t)}{1 + R_e}$$

$$(6.2.7-5)$$

式中：γ_{II}——屈服模式 II 的抗力分项系数，应按表
6.2.7 的规定取值。

　　3 屈服模式 III 时，应按下列规定计算销槽承压
有效长度系数 k_{III}：

　　1）销槽承压有效长度系数 k_{III} 按下式计算：

$$k_{III} = \frac{k_{sIII}}{\gamma_{III}} \qquad (6.2.7\text{-}6)$$

式中：γ_{III}——屈服模式 III 的抗力分项系数，应按表
6.2.7 的规定取值。

　　2）当单剪连接的屈服模式为 III_m 时：

$$k_{sIII} = \frac{R_t R_e}{1 + 2R_e}\left[\sqrt{2(1+R_e) + \frac{1.647(1+2R_e)k_{ep}f_{yk}d^2}{3R_e R_t^2 f_{es} t_s^2}} - 1\right]$$
$$(6.2.7\text{-}7)$$

式中：f_{yk}——销轴类紧固件屈服强度标准值（N/mm²）；
　　　k_{ep}——弹塑性强化系数。

　　3）当屈服模式为 III_s 时：

$$k_{sIII} = \frac{R_e}{2 + R_e}\left[\sqrt{\frac{2(1+R_e)}{R_e} + \frac{1.647(1+2R_e)k_{ep}f_{yk}d^2}{3R_e f_{es} t_s^2}} - 1\right]$$
$$(6.2.7\text{-}8)$$

　　4）当采用 Q235 钢等具有明显屈服性能的钢
材时，取 $k_{ep} = 1.0$；当采用其他钢材时，
应按具体的弹塑性强化性能确定，其强化
性能无法确定时，仍应取 $k_{ep} = 1.0$；

　　4 屈服模式 IV 时，应按下列公式计算销槽承压
有效长度系数 k_{IV}：

$$k_{IV} = \frac{k_{sIV}}{\gamma_{IV}} \qquad (6.2.7\text{-}9)$$

$$k_{sIV} = \frac{d}{t_s}\sqrt{\frac{1.647 R_e k_{ep} f_{yk}}{3(1+R_e)f_{es}}} \qquad (6.2.7\text{-}10)$$

式中：γ_{IV}——屈服模式 IV 的抗力分项系数，应按表
6.2.7 的规定取值。

表 6.2.7　构件连接时剪面承载力的
抗力分项系数 γ 取值表

连接件类型	各屈服模式的抗力分项系数			
	γ_I	γ_{II}	γ_{III}	γ_{IV}
螺栓、销或六角头木螺钉	4.38	3.63	2.22	1.88
圆钉	3.42	2.83	2.22	1.88

6.2.8　销槽承压强度标准值应按下列规定取值：

　　1　当 6mm≤d≤25mm 时，销轴类紧固件销槽顺
纹承压强度 $f_{e,0}$ 应按下式确定：

$$f_{e,0} = 77G \qquad (6.2.8\text{-}1)$$

式中：G——主构件材料的全干相对密度；常用树种
　　　　木材的全干相对密度按本标准附录 L 的
　　　　规定确定。

　　2　当 6mm≤d≤25mm 时，销轴类紧固件销槽横
纹承压强度 $f_{e,90}$ 应按下式确定：

$$f_{e,90} = \frac{212G^{1.45}}{\sqrt{d}} \qquad (6.2.8\text{-}2)$$

式中：d——销轴类紧固件直径（mm）。

　　3　当作用在构件上的荷载与木纹呈夹角 α 时，
销槽承压强度 $f_{e,\alpha}$ 应按下式确定：

$$f_{e,\alpha} = \frac{f_{e,0}f_{e,90}}{f_{e,0}\sin^2\alpha + f_{e,90}\cos^2\alpha} \qquad (6.2.8\text{-}3)$$

式中：α——荷载与木纹方向的夹角。

　　4　当 d<6mm 时，销槽承压强度 f_e 应按下式
确定：

$$f_e = 115G^{1.84} \qquad (6.2.8\text{-}4)$$

　　5　当销轴类紧固件插入主构件端部并且与主构
件木纹方向平行时，主构件上的销槽承压强度取
$f_{e,90}$。

　　6　紧固件在钢材上的销槽承压强度 f_{es} 应按现行
国家标准《钢结构设计标准》GB 50017 规定的螺栓
连接的构件销槽承压强度设计值的 1.1 倍计算。

　　7　紧固件在混凝土构件上的销槽承压强度按混
凝土立方体抗压强度标准值的 1.57 倍计算。

6.2.9　当销轴类紧固件的贯入深度小于 10 倍销轴直
径时，承压面的长度不应包括销轴尖端部分的长度。

6.2.10　互相不对称的三个构件连接时，剪面承载力
设计值 Z_d 应按两个侧构件中销槽承压长度最小的侧
构件作为计算标准，按对称连接计算得到的最小剪面
承载力设计值作为连接的剪面承载力设计值。

6.2.11　当四个或四个以上构件连接时，每一剪面应
按单剪连接计算。连接的承载力设计值应取最小的剪
面承载力设计值乘以剪面个数和销的个数。

6.2.12　当单剪连接中的荷载与紧固件轴线呈除 90°
外的一定角度时，垂直于紧固件轴线方向作用的荷载
分量不应超过紧固件剪面承载力设计值。平行于紧固
件轴线方向的荷载分量，应采取可靠的措施，满足局
部承压要求。

6.2.13　当六角头木螺钉承受侧向荷载和外拔荷载共
同作用时（图 6.2.13），其承载力设计值应按下式
确定：

$$Z_{d,\alpha} = \frac{(W_d h_d) Z_d}{(W_d h_d)\cos^2\alpha + Z_d\sin^2\alpha} \qquad (6.2.13)$$

式中：α——木构件表面与荷载作用方向的夹角；
　　　h_d——六角头木螺钉有螺纹部分打入主构件的
　　　　　有效长度（mm）；
　　　W_d——六角头木螺钉的抗拔承载力设计值（N/
　　　　　mm），应按本标准第 6.2.14 条的规定
　　　　　确定；
　　　Z_d——六角头木螺钉的剪面受剪承载力设计值
　　　　　（kN）。

6.2.14　六角头木螺钉的抗拔承载力设计值 W_d 应按
下式计算：

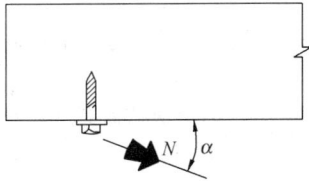

图 6.2.13 六角头木螺钉受侧向、外拔荷载

$$W_d = C_m C_t k_g C_{eg} W \qquad (6.2.14)$$

式中：C_m——含水率调整系数，应按本标准表6.2.5
中规定采用；

C_t——温度环境调整系数，应按本标准表
6.2.5中规定采用；

k_g——组合系数，应按本标准附录K的规定
确定；

C_{eg}——端部木纹调整系数，应按表6.2.14的
规定采用；

W——抗拔承载力参考设计值（N/mm）；按
本标准第6.2.15条确定。

表 6.2.14 端面调整系数

序号	采用条件	C_{eg}取值
1	当六角头木螺钉的轴线与插入构件的木纹方向垂直时	1.00
2	当六角头木螺钉的轴线与插入构件的木纹方向平行时	0.75

6.2.15 当六角头木螺钉的轴线与木纹垂直时，六角
头木螺钉的抗拔承载力参考设计值应按下式确定：

$$W = 43.2 G^{3/2} d^{3/4} \qquad (6.2.15)$$

式中：W——抗拔承载力参考设计值（N/mm）；

G——主构件材料的全干相对密度，按本标准
附录L的规定确定；

d——木螺钉直径（mm）。

6.3 齿 板 连 接

6.3.1 齿板连接适用于轻型木结构建筑中规格材桁
架的节点连接及受拉杆件的接长。齿板不应用于传递
压力。下列条件，不宜采用齿板连接：

1 处于腐蚀环境；

2 在潮湿的使用环境或易产生冷凝水的部位，
使用经阻燃剂处理过的规格材。

6.3.2 齿板应由镀锌薄钢板制作。镀锌应在齿板制
造前进行，镀锌层重量不应低于275g/m²。钢板可采
用Q235碳素结构钢和Q345低合金高强度结构钢。
齿板采用的钢材性能应满足表6.3.2的要求。对于进
口齿板，当有可靠依据时，也可采用其他型号的
钢材。

表 6.3.2 齿板采用钢材的性能要求

钢材品种	屈服强度（N/mm²）	抗拉强度（N/mm²）	伸长率δ_5（%）
Q235	≥235	≥370	26
Q345	≥345	≥470	21

6.3.3 齿板连接应按下列规定进行验算：

1 应按承载能力极限状态荷载效应的基本组合，
验算齿板连接的板齿承载力、齿板受拉承载力、齿板
受剪承载力和剪-拉复合承载力；

2 应按正常使用极限状态标准组合，验算板齿
的抗滑移承载力。

6.3.4 在节点处，应按轴心受压或轴心受拉构件进
行构件净截面强度验算，构件净截面高度h_n应按下
列规定取值：

1 在支座端节点处，下弦杆件的净截面高度h_n
应为杆件截面底边到齿板上边缘的尺寸，上弦杆件的
h_n应为齿板在杆件截面高度方向的垂直距离（图
6.3.4a）；

2 在腹杆节点和屋脊节点处，杆件的净截面高
度h_n应为齿板在杆件截面高度方向的垂直距离（图
6.3.4b、c）。

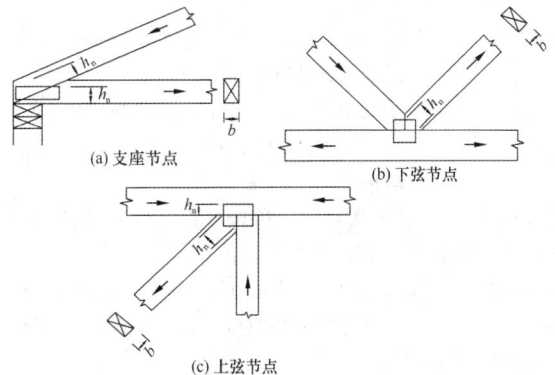

(a) 支座节点 　(b) 下弦节点

(c) 上弦节点

图 6.3.4 杆件净截面尺寸示意

6.3.5 齿板的板齿承载力设计值N_r应按下列公式
计算：

$$N_r = n_r k_h A \qquad (6.3.5-1)$$
$$k_h = 0.85 - 0.05(12\tan\alpha - 2.0) \qquad (6.3.5-2)$$

式中：N_r——板齿承载力设计值（N）；

n_r——板齿强度设计值（N/mm²），按本标准
附录M的规定取值；

A——齿板表面净面积（mm²），是指用齿板
覆盖的构件面积减去相应端距a及边
距e内的面积（图6.3.5），端距a应
平行于木纹量测，并不大于12mm或
1/2齿长的较大者，边距e应垂直于木
纹量测，并取6mm或1/4齿长的较
大者；

k_h——桁架端节点弯矩影响系数，应符合
$0.65 \leqslant k_h \leqslant 0.85$ 的规定；

α——桁架端节点处上、下弦间的夹角（°）。

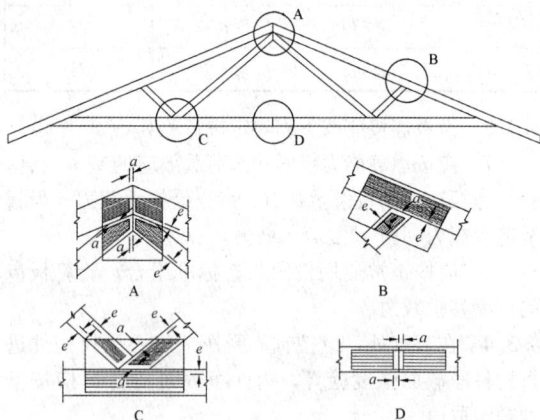

图 6.3.5　齿板的端距和边距示意

6.3.6　齿板受拉承载力设计值应按下式计算：

$$T_r = k t_r b_t \qquad (6.3.6)$$

式中：T_r——齿板受拉承载力设计值（N）；

b_t——垂直于拉力方向的齿板截面计算宽度（mm），应按本标准第 6.3.7 条的规定取值；

t_r——齿板抗拉强度设计值（N/mm），按本标准附录 M 的规定取值；

k——受拉弦杆对接时齿板抗拉强度调整系数，应按本标准第 6.3.7 条的规定取值。

6.3.7　受拉弦杆对接时，齿板计算宽度 b_t 和抗拉强度调整系数 k 应按下列规定取值：

1　当齿板宽度小于或等于弦杆截面高度 h 时，齿板的计算宽度 b_t 可取齿板宽度，齿板抗拉强度调整系数应取 $k = 1.0$。

2　当齿板宽度大于弦杆截面高度 h 时，齿板的计算宽度 b_t 可取 $b_t = h + x$，x 取值应符合下列规定：

1）对接处无填块时，x 应取齿板凸出弦杆部分的宽度，但不应大于 13mm；

2）对接处有填块时，x 应取齿板凸出弦杆部分的宽度，但不应大于 89mm。

3　当齿板宽度大于弦杆截面高度 h 时，抗拉强度调整系数 k 应按下列规定取值：

1）对接处齿板凸出弦杆部分无填块时，应取 $k = 1.0$；

2）对接处齿板凸出弦杆部分有填块且齿板凸出部分的宽度小于等于 25mm 时，应取 $k = 1.0$；

3）对接处齿板凸出弦杆部分有填块且齿板凸出部分的宽度大于 25mm 时，k 应按下式计算：

$$k = k_1 + \beta k_2 \qquad (6.3.7)$$

式中：$\beta = x/h$；k_1、k_2 为计算系数，应按表 6.3.7 的规定取值。

4　对接处采用的填块截面宽度应与弦杆相同。在桁架节点处进行弦杆对接时，该节点处的腹杆可视为填块。

表 6.3.7　计算系数 k_1、k_2

弦杆截面高度 h（mm）	k_1	k_2
65	0.96	-0.228
90～185	0.962	-0.288
285	0.97	-0.079

注：当 h 值为表中数值之间时，可采用插入法求出 k_1、k_2 值。

6.3.8　齿板受剪承载力设计值应按下式计算：

$$V_r = \nu_r b_v \qquad (6.3.8)$$

式中：V_r——齿板受剪承载力设计值（N）；

b_v——平行于剪力方向的齿板受剪截面宽度（mm）；

ν_r——齿板抗剪强度设计值（N/mm），应按本标准附录 M 的规定取值。

6.3.9　当齿板承受剪-拉复合力时（图 6.3.9），齿板剪-拉复合承载力设计值应按下列公式计算：

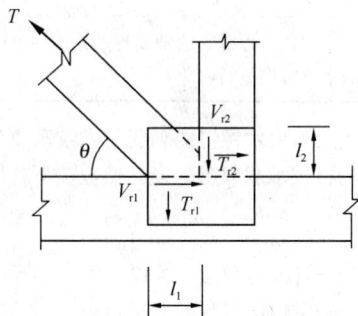

图 6.3.9　齿板剪-拉复合受力

$$C_r = C_{r1} l_1 + C_{r2} l_2 \qquad (6.3.9-1)$$

$$C_{r1} = V_{r1} + \frac{\theta}{90}(T_{r1} - V_{r1}) \qquad (6.3.9-2)$$

$$C_{r2} = T_{r2} + \frac{\theta}{90}(V_{r2} - T_{r2}) \qquad (6.3.9-3)$$

式中：C_r——齿板剪-拉复合承载力设计值（N）；

C_{r1}——沿 l_1 方向齿板剪-拉复合强度设计值（N/mm）；

C_{r2}——沿 l_2 方向齿板剪-拉复合强度设计值（N/mm）；

l_1——所考虑的杆件沿 l_1 方向的被齿板覆盖的长度（mm）；

l_2——所考虑的杆件沿 l_2 方向的被齿板覆盖的

长度（mm）；

V_{r1}——沿 l_1 方向齿板抗剪强度设计值（N/mm）；

V_{r2}——沿 l_2 方向齿板抗剪强度设计值（N/mm）；

T_{r1}——沿 l_1 方向齿板抗拉强度设计值（N/mm）；

T_{r2}——沿 l_2 方向齿板抗拉强度设计值（N/mm）；

θ——杆件轴线间夹角（°）。

6.3.10 板齿抗滑移承载力应按下式计算：

$$N_s = n_s A \qquad (6.3.10)$$

式中：N_s——板齿抗滑移承载力（N）；

n_s——板齿抗滑移强度设计值（N/mm²），应按本标准附录 M 的规定取值；

A——齿板表面净截面（mm²）。

6.3.11 弦杆对接处，当需考虑齿板的受弯承载力时，齿板受弯承载力设计值 M_r 应按下列公式计算：

$$M_r = 0.27t_r(0.5w_b + y)^2 + 0.18bf_c(0.5h - y)^2 - T_f y$$
$$(6.3.11-1)$$

$$y = \frac{0.25bhf_c + 1.85T_f - 0.5w_b t_r}{t_r + 0.5bf_c}$$
$$(6.3.11-2)$$

$$w_b = kb_t \qquad (6.3.11-3)$$

对接节点处的弯距 M_f 和拉力 T_f 应满足下列公式的规定：

$$M_r \geqslant M_f \qquad (6.3.11-4)$$

$$t_r \cdot w_b \geqslant T_f \qquad (6.3.11-5)$$

式中：M_r——齿板受弯承载力设计值（N·mm）；

t_r——齿板抗拉强度设计值（N/mm）；

w_b——齿板截面计算的有效宽度（mm）；

b_t——齿板计算宽度（mm），应按本标准第 6.3.7 条的规定确定；

k——齿板抗拉强度调整系数，应按本标准第 6.3.7 条的规定确定；

y——弦杆中心线与木/钢组合中心轴线的距离（mm），可为正数或负数；当 y 在齿板之外时，弯矩公式（6.3.11-1）失效，不能采用；

b、h——分别为弦杆截面宽度、高度（mm）；

T_f——对接节点处的拉力设计值（N），对接节点处受压取 0；

M_f——对接节点处的弯矩设计值（N·mm）；

f_c——规格材顺纹抗压强度设计值（N/mm²）。

6.3.12 齿板连接的构造应符合下列规定：

1 齿板应成对的对称设置于构件连接节点的两侧；

2 采用齿板连接的构件厚度不应小于齿嵌入构件深度的两倍；

3 在与桁架弦杆平行及垂直方向，齿板与弦杆的最小连接尺寸，在腹杆轴线方向齿板与腹杆的最小连接尺寸均应符合表 6.3.12 的规定；

4 弦杆对接所用齿板宽度不应小于弦杆相应宽度的 65%。

表 6.3.12 齿板与桁架弦杆、腹杆最小连接尺寸（mm）

规格材截面尺寸（mm×mm）	桁架跨度 L（m）		
	$L\leqslant12$	$12<L\leqslant18$	$18<L\leqslant24$
40×65	40	45	—
40×90	40	45	50
40×115	40	45	50
40×140	40	50	60
40×185	50	60	65
40×235	65	70	75
40×285	75	75	85

6.3.13 受压弦杆对接时，应符合下列规定：

1 对接各杆件的齿板板齿承载力设计值不应小于该杆轴向压力设计值的 65%；

2 对竖切受压节点（图 6.3.13），对接各杆的齿板板齿承载力设计值不应小于垂直于受压弦杆对接面的荷载分量设计值的 65% 与平行于受压弦杆对接面的荷载分量设计值之矢量和。

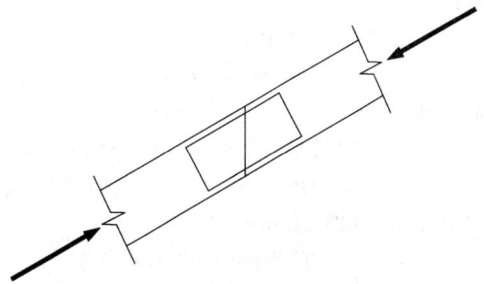

图 6.3.13 弦杆对接时竖切受压节点示意

7 方木原木结构

7.1 一般规定

7.1.1 方木原木结构可采用下列结构类型：

1 穿斗式木结构；

2 抬梁式木结构；

3 井干式木结构；

4 木框架剪力墙结构；

5 梁柱式木结构；

6 作为楼盖或屋盖在混凝土结构、砌体结构、钢结构中组合使用的混合木结构。

7.1.2 方木原木结构构件应采用经施工现场分级或工厂分等分级的方木、原木制作，亦可采用结构复合木材和胶合原木制作。

7.1.3 由地震作用或风荷载产生的水平力应由柱、剪力墙、楼盖和屋盖共同承受。木框架剪力墙结构的基本构造要求可按本标准第 9.1 节的相关规定执行。

7.1.4 方木原木结构设计应符合下列要求：

1 木材宜用于结构的受压或受弯构件；

2 在受弯构件的受拉边，不应打孔或开设缺口；

3 对于在干燥过程中容易翘裂的树种木材，用于制作桁架时，宜采用钢下弦；当采用木下弦，对于原木其跨度不宜大于 15m，对于方木其跨度不应大于 12m，且应采取防止裂缝的有效措施；

4 木屋盖宜采用外排水，采用内排水时，不应采用木制天沟；

5 应保证木构件，特别是钢木桁架，在运输和安装过程中的强度、刚度和稳定性，宜在施工图中提出注意事项；

6 木结构的钢材部分应有防锈措施。

7.1.5 在可能造成灾害的台风地区和山区风口地段，方木原木结构的设计应采取提高建筑物抗风能力的有效措施，并应符合下列规定：

1 应尽量减小天窗的高度和跨度；

2 应采用短出檐或封闭出檐，除檐口的瓦面应加压砖或座灰外，其余部位的瓦面也宜加压砖或座灰；

3 山墙宜采用硬山墙；

4 檩条与桁架或山墙、桁架与墙或柱、门窗框与墙体等的连接均应采用可靠锚固措施。

7.1.6 在结构的同一节点或接头中有两种或多种不同的连接方式时，计算时应只考虑一种连接传递内力，不应考虑几种连接的共同工作。

7.1.7 杆系结构中的木构件，当有对称削弱时，其净截面面积不应小于构件毛截面面积的 50%；当有不对称削弱时，其净截面面积不应小于构件毛截面面积的 60%。

7.1.8 圆钢拉杆和拉力螺栓的直径，应按计算确定，但不宜小于 12mm。圆钢拉杆和拉力螺栓的方形钢垫板尺寸，可按下列公式计算：

1 垫板面积（mm²）

$$A = \frac{N}{f_{c\alpha}} \qquad (7.1.8-1)$$

2 垫板厚度（mm）

$$t = \sqrt{\frac{N}{2f}} \qquad (7.1.8-2)$$

式中：N——轴心拉力设计值（N）；

$f_{c\alpha}$——木材斜纹承压强度设计值（N/mm²），应根据轴心拉力 N 与垫板下木构件木纹方向的夹角，按本标准第 4.3.3 条的规定确定；

f——钢材抗弯强度设计值（N/mm²）。

7.1.9 系紧螺栓的钢垫板尺寸可按构造要求确定，其厚度不宜小于 0.3 倍螺栓直径，其边长不应小于 3.5 倍螺栓直径。当为圆形垫板时，其直径不应小于 4 倍螺栓直径。

7.1.10 桁架的圆钢下弦、三角形桁架跨中竖向钢拉杆、受振动荷载影响的钢拉杆以及直径等于或大于 20mm 的钢拉杆和拉力螺栓，应采用双螺帽。

7.1.11 在房屋或构筑物建成后，应按本标准附录 C 对木结构进行检查和维护。对于用湿材制作的木结构，应加强使用前和使用后的第 1～2 年内的检查和维护工作。

7.1.12 当采用两根圆钢共同受拉时，钢材的强度设计值宜乘以 0.85 的调整系数。对圆钢拉杆验算螺纹部分的净截面受拉，其强度设计值应按现行国家标准《钢结构设计标准》GB 50017 采用。

7.1.13 当剪力墙或木屋盖与砌体结构、钢筋混凝土结构或钢结构等下部结构连接时，应将作用在连接点的水平力和上拔力乘以 1.2 倍的放大系数。

7.2 梁 和 柱

7.2.1 当木梁的两端由墙或梁支承时，应按两端简支的受弯构件计算，柱应按两端铰接计算。

7.2.2 矩形木柱截面尺寸不宜小于 100mm × 100mm，且不应小于柱支承的构件截面宽度。

7.2.3 柱底与基础或与固定在基础上的地梁应有可靠锚固。木柱与混凝土基础接触面应采取防腐防潮措施。位于底层的木柱底面应高于室外地平面 300 mm。柱与基础的锚固可采用 U 形扁钢、角钢和柱靴。

7.2.4 梁在支座上的最小支承长度不应小于 90 mm，梁与支座应紧密接触。

7.2.5 木梁在支座处应设置防止其侧倾的侧向支承和防止其侧向位移的可靠锚固。当梁采用方木制作时，其截面高宽比不宜大于 4。对于高宽比大于 4 的木梁应根据稳定承载力的验算结果，采取必要的保证侧向稳定的措施。

7.2.6 木梁与木柱或钢柱在支座处，可采用 U 形连接件或连接钢板连接。木梁与砌体或混凝土连接时，木梁不应与砌体或混凝土构件直接接触，并应设置防潮层。

7.3 墙 体

7.3.1 方木原木结构的墙体应按下列构造类型选用：

1 墙体应采用轻质材料墙板作为填充墙，并应直接与木框架进行连接；

2 木骨架组合墙体应采用墙面板、规格材作为墙体材料，并应直接与木框架进行连接；

3 木框架剪力墙应采用墙面板、间柱和方木构件作为墙体材料，并与木框架的梁柱进行连接，木框架剪力墙应分为隐柱和明柱墙两种（图7.3.1）；

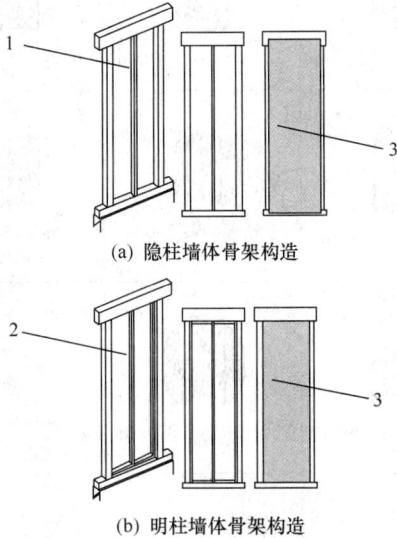

(a) 隐柱墙体骨架构造

(b) 明柱墙体骨架构造

图 7.3.1 木框架剪力墙构造示意
1—与框架柱截面高度相同的间柱；2—截面高度小于框架柱的间柱；3—墙面板

4 井干式木结构墙体应采用截面经过适当加工后的方木、原木和胶合原木作为墙体基本构件，水平向上层层咬合叠加组成。

7.3.2 轻质材料墙体按构造要求设计，可不进行结构计算。

7.3.3 木骨架组合墙体应分为承重墙体或非承重墙体。墙体的墙骨柱宽度不应小于40mm，最大间距应为610mm。当承重墙的墙面板采用木基结构板时，其厚度不应小于11mm；当非承重墙的墙面板采用木基结构板时，其厚度不应小于9mm；墙体构造应符合现行国家标准《木骨架组合墙体技术规范》GB/T 50361中规定的相关构造要求。

7.3.4 当木骨架组合墙体作为承重墙体时，墙骨柱应按两端铰接的轴心受压构件计算，构件在平面外的计算长度应为墙骨柱长度。当墙骨柱两侧布置墙面板时，平面内应进行强度验算；外墙墙骨应考虑风荷载影响，按两端铰接的压弯构件计算。

7.3.5 木框架剪力墙结构的墙体作为剪力墙时，剪力墙受剪承载力设计值 V_d 应按下式进行计算：

$$V_d = \sum f_{vd} l \tag{7.3.5}$$

式中：f_{vd}——单面采用木基结构板作面板的剪力墙的抗剪强度设计值（kN/m），应按本标准附录N的规定取值；

l——平行于荷载方向的剪力墙墙肢长度

（m）。

7.3.6 木框架剪力墙结构的剪力墙应符合下列规定：

1 墙体两端连接部应设置截面不小于105mm×105mm的端柱；

2 当墙体采用的木基结构板厚度不小于24mm、墙体长度不小于1000mm时，应在墙体中间设置柱子或间柱；

3 当采用的木基结构板厚度小于24mm、墙体长度不小于600mm时，应在墙体中间设置间柱；

4 墙体面板宜采用竖向铺设，当采用横向铺设时，面板拼接缝部位应设置横撑；墙体面板应采用钉子将面板与横撑、间柱或柱子连接；

5 间柱截面尺寸应大于30mm×60mm，墙体端部用于连接的间柱截面尺寸应大于45mm×60mm。

7.3.7 当木框架剪力墙结构采用明柱剪力墙时，剪力墙的间柱和端部连接柱截面尺寸应大于30mm×60mm。端部连接柱应采用直径大于3.40mm、长度大于75mm和间距应小于200mm的钉子与柱和梁连接。当面板厚度不小于24mm时，固定端部连接柱的钉子直径应大于3.8mm，长度应大于90mm，间距应小于100mm。

7.3.8 钉连接的单面覆板剪力墙顶部的水平位移应按下式计算：

$$\Delta = \frac{V_k h_w}{K_w} \tag{7.3.8}$$

式中：Δ——剪力墙顶部水平位移（mm）；

V_k——每米长度上剪力墙顶部承受的水平剪力标准值（kN/m）；

h_w——剪力墙的高度（mm）；

K_w——剪力墙的抗剪刚度，应按本标准附录表N.0.1的规定取值。

7.3.9 井干式木结构墙体构件的截面形式可按表7.3.9的规定选用，并且，矩形构件的截面宽度尺寸不宜小于70mm，高度尺寸不宜小于95mm；圆形构件的截面直径不宜小于130mm。

7.3.10 井干式木结构的墙体除山墙外，每层的高度不宜大于3.6m。墙体水平构件上下层之间应采用木销或其他连接方式进行连接，边部连接点距离墙体端部不应大于700mm，同一层的连接点间距不应大于2.0m，且上下相邻两层的连接点应错位布置。

7.3.11 当采用木销进行水平构件的上下连接时，应采用截面尺寸不小于25mm×25mm的方形木销。连接点处应在构件上预留圆孔，圆孔直径应小于木销截面对角线尺寸3mm～5mm。

7.3.12 井干式木结构在墙体转角和交叉处，相交的水平构件应采用凹凸榫相互搭接，凹凸榫搭接位置距构件端部的尺寸不应小于木墙体的厚度，并不应小于150mm。外墙上凹凸榫搭接处的端部，应采用墙体通高并可调节松紧的锚固螺栓进行加固（图7.3.12）。

在抗震设防烈度等于 6 度的地区，锚固螺栓的直径不应小于 12mm；在抗震设防烈度大于 6 度的地区，锚固螺栓的直径不应小于 20mm。

表 7.3.9　井干式木结构常用截面形式

采用材料		截面形式				
方木		70mm≤b≤120mm	90mm≤b≤150mm	90mm≤b≤150mm	90mm≤b≤150mm	90mm≤b≤150mm
胶合原木	一层组合	95mm≤b≤150mm	70mm≤b≤150mm	95mm≤b≤150mm	150mm≤φ≤260mm	90mm≤b≤180mm
	二层组合	95mm≤b≤150mm	150mm≤b≤300mm	150mm≤b≤260mm	150mm≤φ≤300mm	—
原木		130mm≤φ	150mm≤φ	—	—	—

注：表中 b 为截面宽度，$φ$ 为圆截面直径。

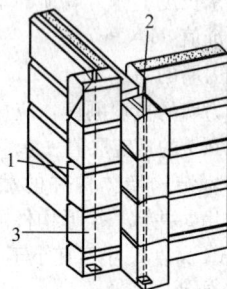

图 7.3.12　转角结构示意
1—墙体水平构件；2—凹凸榫；
3—通高锚固螺栓

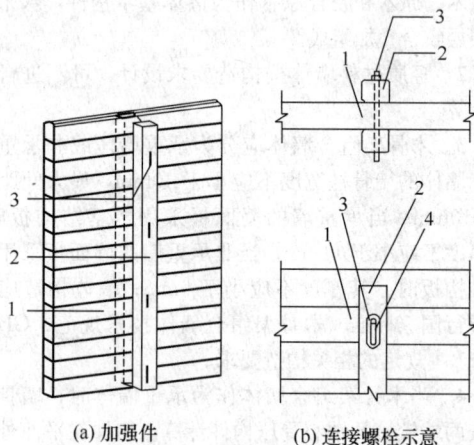

(a) 加强件　　　　(b) 连接螺栓示意

图 7.3.14　墙体方木加强件示意
1—墙体构件；2—方木加强件；3—连接螺栓；
4—安装间隙（椭圆形孔）

7.3.13　井干式木结构每一块墙体宜在墙体长度方向上设置通高的并可调节松紧的拉结螺栓，拉结螺栓与墙体转角的距离不应大于 800mm，拉结螺栓之间的间距不应大于 2.0m，直径不应小于 12mm。

7.3.14　井干式木结构的山墙或长度大于 6.0m 的墙体，宜在中间位置设置方木加强件（图 7.3.14）或采取其他加强措施进行加强。方木加强件应在墙体的两边对称布置，其截面尺寸不应小于 120mm×120mm。加强件之间应采用螺栓连接，并应采用允许上下变形的螺栓孔。

7.3.15　井干式木结构应在长度大于 800mm 的悬臂墙末端和大开口洞的周边墙端设置墙体加强措施。

7.3.16　井干式木结构墙体构件与构件之间应采取防水和保温隔热措施。构件与混凝土基础接触面之间应设置防潮层，并应在防潮层上设置经防腐防虫处理的垫木。与混凝土基础直接接触的其他木构件应采用经防腐防虫处理的木材。

7.3.17 井干式木结构墙体垫木的设置应符合下列规定：

1 垫木的宽度不应小于墙体厚度。

2 垫木应采用直径不小于12mm、间距不大于2.0m的锚栓与基础锚固。在抗震设防和需要考虑抗风能力的地区，锚栓的直径和间距应满足承受水平作用的要求。

3 锚栓埋入基础深度不应小于300mm，每根垫木两端应各有一根锚栓，端距应为100mm～300mm。

7.3.18 井干式木结构墙体在门窗洞口切断处，宜采用防止墙体沉降造成门窗变形或损坏的有效措施。对于墙体在无门窗的洞口切断处，在墙体端部应采用防止墙体变形的加固措施。

7.3.19 井干式木结构中承重的立柱应设置能调节高度的设施。屋顶构件与墙体结构之间应有可靠的连接，并且连接处应具有调节滑动的功能。

7.3.20 在抗震设防烈度为8度、9度或强风暴地区，井干式木结构墙体通高的拉结螺栓和锚固螺栓应与混凝土基础牢固锚接。

7.4 楼盖及屋盖

7.4.1 木屋面木基层宜由挂瓦条、屋面板、椽条、檩条等构件组成。设计时应根据所用屋面防水材料、房屋使用要求和当地气象条件，选用不同的木基层的组成形式。

7.4.2 屋面木基层中的受弯构件的验算应符合下列规定：

1 强度应按恒荷载和活荷载，或恒荷载和雪荷载组合，以及恒荷载和施工集中荷载组合进行验算；

2 挠度应按恒荷载和活荷载，或恒荷载和雪荷载组合进行验算；

3 在恒荷载和施工集中荷载作用下，进行施工或维修阶段承载能力验算时，构件材料强度设计值应乘以本标准表4.3.9-1中规定的调整系数。

7.4.3 对设有锻锤或其他较大振动设备的木结构房屋，屋面宜设置由木基结构板材构成的屋面结构层。

7.4.4 木框架剪力墙结构的楼盖、屋盖受剪承载力设计值应按下式进行计算：

$$V_d = f_{vd}B_e \qquad (7.4.4)$$

式中：f_{vd}——采用木基结构板的楼盖、屋盖抗剪强度设计值（kN/m），应按本标准附录P的规定取值；

B_e——楼盖、屋盖平行于荷载方向的有效宽度（m），应按本标准第9.2.5条的规定取值。

7.4.5 在木框架剪力墙结构中，当屋盖位于空旷的房间上时，应在屋盖的椽条之间或斜撑梁之间设置加固挡块。加固挡块应设置在檩条处，并应采用结构胶

合板及圆钉将加固挡块与檩条连接（图7.4.5）。

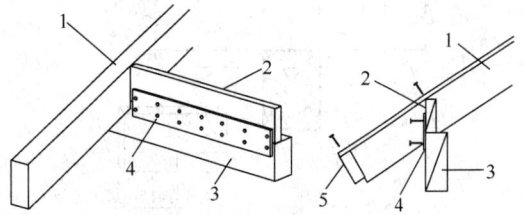

图7.4.5 加固挡块连接示意
1—椽条或斜撑梁；2—加固挡块；
3—檩条；4—结构胶合板连接板；5—封檐板

7.4.6 木框架剪力墙结构采用的剪力墙直接与屋盖构件连接时，应采取保证屋盖构件与剪力墙之间牢固连接的有效措施。

7.4.7 与椽条或檩条垂直的挂瓦条、屋面板的长度至少应跨越三根椽条或檩条，挂瓦条、椽条和屋面板等构件接长时，接头应设置在下层支承构件上，且接头应错开布置。

7.4.8 方木檩条宜正放，其截面高宽比不宜大于2.5。当方木檩条斜放时，其截面高宽比不宜大于2，并应按双向受弯构件进行计算。若有可靠措施以消除或减少檩条沿屋面方向的弯矩和挠度时，可根据采取措施后的情况进行计算。

7.4.9 当采用钢木檩条时，应采取措施保证受拉钢筋下弦折点处的侧向稳定。

7.4.10 双坡屋面的椽条在屋脊处应相互连接牢固。

7.4.11 抗震设防烈度为8度和9度地区屋面木基层抗震设计，应符合下列规定：

1 采用斜放檩条应设置木基结构板或密铺屋面板，檐口瓦应固定在挂瓦条上；

2 檩条应与屋架连接牢固，双脊檩应相互拉结，上弦节点处的檩条应与屋架上弦用螺栓连接；

3 支承在砌体山墙上的檩条，其搁置长度不应小于120mm，节点处檩条应与山墙卧梁用螺栓锚固。

7.4.12 井干式木结构屋面构件应采用螺栓、钉或连接件与木墙体构件固定。

7.4.13 下列部位的檩条应与桁架上弦锚固，当有山墙时尚应与山墙卧梁锚固：

1 支撑的节点处，包括参加工作的檩条见本标准图7.7.2；

2 为保证桁架上弦侧向稳定所需的支承点；

3 屋架的脊节点处。

7.4.14 檩条的锚固可根据房屋跨度、支撑方式及使用条件选用螺栓、卡板（图7.4.14）、暗销或其他可靠方法。上弦横向支撑的斜杆应采用螺栓与桁架上弦锚固。

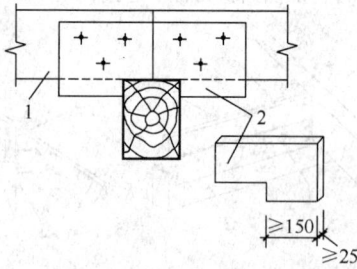

图 7.4.14 卡板锚固示意
1—檩条；2—卡板

7.5 桁　架

7.5.1 采用方木原木制作木桁架时，选型可根据具体条件确定，并宜采用静定的结构体系。当桁架跨度较大或使用湿材时，应采用钢木桁架；对跨度较大的三角形原木桁架，宜采用不等节间的桁架形式。

7.5.2 当木桁架采用木檩条时，桁架间距不宜大于4m；当采用钢木檩条或胶合木檩条时，桁架间距不宜大于6m。

7.5.3 桁架中央高度与跨度之比不应小于表7.5.3规定的最小高跨比。

表 7.5.3　桁架最小高跨比

序号	桁　架　类　型	h/l
1	三角形木桁架	1/5
2	三角形钢木桁架；平行弦木桁架；弧形、多边形和梯形木桁架	1/6
3	弧形、多边形和梯形钢木桁架	1/7

注：h 为桁架中央高度；l 为桁架跨度。

7.5.4 桁架制作应按其跨度的 1/200 起拱。

7.5.5 桁架的内力计算时，应符合下列规定：

1 桁架节点可假定为铰接，并将荷载集中在各个节点上，按节点荷载计算各杆轴向力；

2 当上弦因节间荷载而承受弯矩时，应按压弯构件进行计算。跨间弯矩按简支梁计算，节点处支座弯矩可按下式计算。

$$M=-\frac{1}{10}(g+q)l^2 \qquad (7.5.5)$$

式中：g、q——上弦的均布恒载、活载或雪载设计值；

l——杆件的计算长度。

7.5.6 桁架压杆的计算长度取值应符合下列规定：

1 在结构平面内，桁架弦杆及腹杆应取节点中心间的距离。

2 在结构平面外，桁架上弦应取锚固檩条间距离；桁架腹杆应取节点中心间距离。在杆系拱、框架及类似结构中的受压下弦，应取侧向支撑点间的距离。

7.5.7 设计木桁架时，其构造应符合下列要求：

1 受拉下弦接头应保证轴心传递拉力；下弦接头不宜多于两个；接头应锯平对正，宜采用螺栓和木夹板连接。

2 当受拉下弦接头采用螺栓木夹板或钢夹板连接时，接头每端的螺栓数由计算确定，但不宜少于6个，且不应排成单行；当采用木夹板时，应选用优质的气干木材制作，其厚度不应小于下弦宽度的 1/2；若桁架跨度较大，木夹板的厚度不宜小于 100mm；当采用钢夹板时，其厚度不应小于 6mm。

3 桁架上弦的受压接头应设在节点附近，并不宜设在支座节间和脊节间内；受压接头应锯平，可用木夹板连接，但接缝每侧至少应有两个螺栓系紧；木夹板的厚度宜取上弦宽度的 1/2，长度宜取上弦宽度的 5 倍。

4 当支座节点采用齿连接时，应使下弦的受剪面避开髓心（图 7.5.7），并应在施工图中注明此要求。

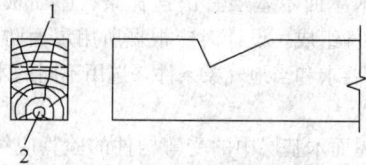

图 7.5.7　受剪面避开髓心示意
1—受剪面；2—髓心

7.5.8 钢木桁架的下弦可采用圆钢或型钢，并应符合下列规定：

1 当跨度较大或有振动影响时，宜采用型钢；

2 圆钢下弦应设有调整松紧的装置；

3 当下弦节点间距大于 250 倍圆钢直径时，应对圆钢下弦拉杆设置吊杆；

4 杆端有螺纹的圆钢拉杆，当直径大于22mm时，宜将杆端加粗，其螺纹应由车床加工；

5 圆钢应经调直，需接长时宜采用机械连接或对接焊、双帮条焊，不应采用搭接焊。焊接接头的质量应符合现行国家标准《钢结构工程施工质量验收规范》GB 50205 的规定。

7.5.9 当桁架上设有悬挂吊车时，吊点应设在桁架节点处；腹杆与弦杆应采用螺栓或其他连接件扣紧；支撑杆件与桁架弦杆应采用螺栓连接；当为钢木桁架时，应采用型钢下弦。

7.5.10 当有吊顶时，桁架下弦与吊顶构件间应保持不小于 100mm 的净距。

7.5.11 抗震设防烈度为 8 度和 9 度地区的屋架抗震

设计，应符合下列规定：

1 钢木屋架宜采用型钢下弦，屋架的弦杆与腹杆宜用螺栓系紧，屋架中所有的圆钢拉杆和拉力螺栓，均应采用双螺帽；

2 屋架端部应采用不小于 $\phi20$ 的锚栓与墙、柱锚固。

7.5.12 当桁架跨度不小于 9m 时，桁架支座应采用螺栓与墙、柱锚固。当桁架与木柱连接时，木柱柱脚与基础应采用螺栓锚固。

7.5.13 设计轻屋面或开敞式建筑的木屋盖时，不论桁架跨度大小，均应将上弦节点处的檩条与桁架、桁架与柱、木柱与基础等予以锚固。

7.6 天 窗

7.6.1 设置天窗应符合下列规定：

1 当设置双面天窗时，天窗架的跨度不应大于屋架跨度的 1/3；

2 单面天窗的立柱应设置在屋架的节点部位；

3 双面天窗的荷载宜由屋脊节点及其相邻的上弦节点共同承担，并应设置斜杆与屋架上弦连接，以保证天窗架的稳定。

4 在房屋的两端开间内不宜设置天窗。

5 天窗的立柱，应与桁架上弦牢固连接，当采用通长木夹板时，夹板不宜与桁架下弦直接连接（图 7.6.1）。

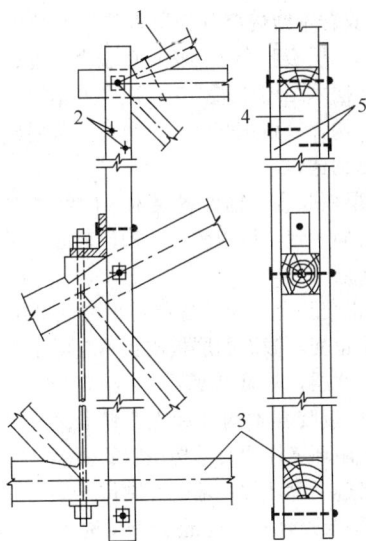

图 7.6.1 立柱的木夹板示意
1—天窗架；2—圆钉；3—下弦；
4—立柱；5—木夹板

7.6.2 为防止天窗边柱受潮腐朽，边柱处屋架的檩条宜放在边柱内侧（图 7.6.2）。其窗樘和窗扇宜放在边柱外侧，并加设有效的挡雨设施。开敞式天窗应

加设有效的挡雨板，并应做好泛水处理。

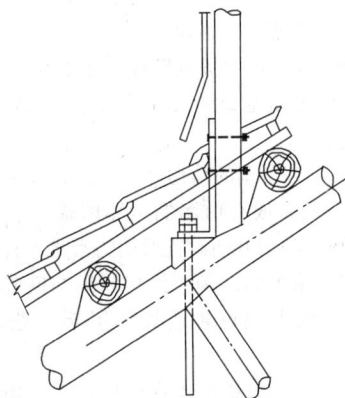

图 7.6.2 边柱柱脚构造示意

7.6.3 抗震设防烈度为 8 度和 9 度地区，不宜设置天窗。

7.7 支 撑

7.7.1 在施工和使用期间，应设置保证结构空间稳定的支撑，并应设置防止桁架侧倾、保证受压弦杆侧向稳定和能够传递纵向水平力的支撑构件，以及应采取保证支撑系统正常工作的锚固措施。

7.7.2 上弦横向支撑的设置应符合下列规定：

1 当采用上弦横向支撑，房屋端部为山墙时，应在端部第二开间内设置上弦横向支撑（图 7.7.2）；

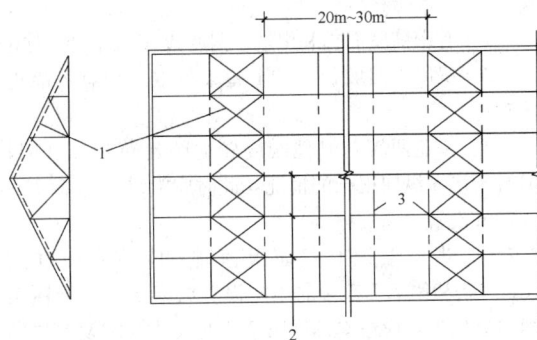

图 7.7.2 上弦横向支撑
1—上弦横向支撑；2—参加支撑工作的檩条；3—屋架

2 当房屋端部为轻型挡风板时，应在端开间内设置上弦横向支撑；

3 当房屋纵向很长时，对于冷摊瓦屋面或跨度大的房屋，上弦横向支撑应沿纵向每 20m～30m 设置一道；

4 上弦横向支撑的斜杆当采用圆钢，应设有调整松紧的装置。

7.7.3 下列部位均应设置垂直支撑：

1 梯形屋架的支座竖杆处；

2 下弦低于支座的下沉式屋架的折点处；

3 设有悬挂吊车的吊轨处；

4 杆系拱、框架结构的受压部位处；

5 大跨度梁的支座处。

7.7.4 垂直支撑的设置应符合下列规定：

1 应根据屋架跨度尺寸的大小，沿跨度方向设置一道或两道；

2 除设有吊车的结构外，可仅在无山墙的房屋两端第一开间，或有山墙的房屋两端第二开间内设置，但均应在其他开间设置通长的水平系杆；

3 设有吊车的结构应沿房屋纵向间隔设置，并在垂直支撑的下端设置通长的屋架下弦纵向水平系杆；

4 对上弦设置横向支撑的屋盖，当加设垂直支撑时，可仅在有上弦横向支撑的开间中设置，但应在其他开间设置通长的下弦纵向水平系杆。

7.7.5 屋盖应根据结构的形式和跨度、屋面构造及荷载等情况选用上弦横向支撑或垂直支撑。但当房屋跨度较大或有锻锤、吊车等振动影响时，除应设置上弦横向支撑外，尚应设置垂直支撑。支撑构件的截面尺寸，可按构造要求确定。

7.7.6 木柱承重房屋中，若柱间无刚性墙或木基结构板剪力墙，除应在柱顶设置通长的水平系杆外，尚应在房屋两端及沿房屋纵向每隔 20m～30m 设置柱间支撑。木柱和桁架之间应设抗风斜撑，斜撑上端应连在桁架上弦节点处，斜撑与木柱的夹角不应小于 30^0。

7.7.7 对于下列情况的非开敞式房屋，可不设置支撑：

1 有密铺屋面板和山墙，且跨度不大于 9m 时；

2 房屋为四坡顶，且半屋架与主屋架有可靠连接时；

3 屋盖两端与其他刚度较大的建筑物相连时；但对于房屋纵向很长的情况，此时应沿纵向每隔 20m～30m 设置一道支撑。

7.7.8 当屋架设有双面天窗时，应按本标准第 7.7.3 条和第 7.7.5 条的规定设置天窗支撑。天窗架两边立柱处，应按本标准第 7.7.6 条的规定设置柱间支撑，且在天窗范围内沿主屋架的脊节点和支撑节点，应设置通长的纵向水平系杆。

7.7.9 在抗震地区，支撑的设置应符合下列规定：

1 抗震设防烈度为 6 度和 7 度地区，支撑布置应按本节的规定设置；

2 抗震设防烈度为 8 度地区，对屋面采用冷摊瓦或稀铺屋面板的木结构，不论是否设置垂直支撑，都应在房屋单元两端第二开间及每隔 20m 设置一道上弦横向支撑；

3 抗震设防烈度为 9 度地区，对密铺屋面板的木结构，不论是否设置垂直支撑，都应在房屋单元两端第二开间设置一道上弦横向支撑；

4 抗震设防烈度为 9 度地区，对于冷摊瓦或稀铺屋面板的木结构，除应在房屋单元两端第二开间及每隔 20m 同时设置一道上弦横向支撑和下弦横向支撑外，尚应隔间设置垂直支撑并加设下弦通长水平系杆。

7.7.10 地震区的木结构房屋的屋架与柱连接处应设置斜撑，当斜撑采用木夹板时，与木柱及屋架上、下弦连接处应采用螺栓连接；木柱柱顶应设暗榫插入屋架下弦并用 U 形扁钢连接（图 7.7.10）。

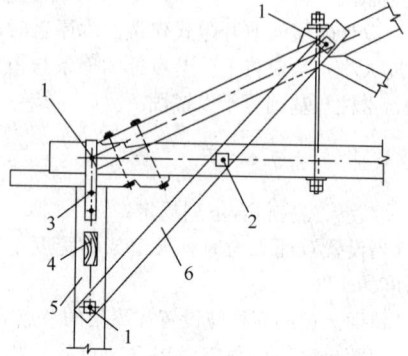

图 7.7.10　木构架端部斜撑连接
1—连接螺栓；2—椭圆孔连接螺栓；3—U 形扁钢；
4—水平系杆；5—木柱；6—斜撑

8　胶合木结构

8.0.1 胶合木结构应分为层板胶合木结构和正交胶合木结构。层板胶合木结构适用于大跨度、大空间的单层或多层木结构建筑。正交胶合木结构适用于楼盖和屋盖结构，或由正交胶合木组成的单层或多层箱形板式木结构建筑。

8.0.2 层板胶合木构件各层木板的纤维方向应与构件长度方向一致。层板胶合木构件截面的层板层数不应低于 4 层。

8.0.3 正交胶合木构件各层木板之间纤维的方向应相互叠层正交，截面的层板层数不应低于 3 层，并且不宜大于 9 层，其总厚度不应大于 500mm。

8.0.4 层板胶合木构件和正交胶合木构件设计时，应根据使用环境注明对结构用胶的要求，构件生产厂家应严格遵循设计的要求生产制作。

8.0.5 层板胶合木结构的设计与构造要求应符合现行国家标准《胶合木结构技术规范》GB/T 50708 的相关规定。

8.0.6 层板胶合木构件的制作要求应符合现行国家标准《胶合木结构技术规范》GB/T 50708 和《结构用集成材》GB/T 26899 的相关规定。

8.0.7 制作正交胶合木所用木板的尺寸应符合下列规定：

1 层板厚度 t 为：15mm≤t≤45mm；

2 层板宽度 *b* 为：80mm≤*b*≤250mm。

8.0.8 正交胶合木应由长度相同和厚度相同的木板组成同一层层板。木板可采用指接节点进行接长，指接节点的强度应符合下列公式之一：

$$f_{t,j,k} \geqslant 5 + f_{tk} \qquad (8.0.8\text{-}1)$$

$$f_{m,j,k} \geqslant 8 + 1.4 f_{tk} \qquad (8.0.8\text{-}2)$$

式中：$f_{t,j,k}$——指接节点的抗拉强度标准值（N/mm²）；

$f_{m,j,k}$——指接节点宽度方向抗弯强度标准值（N/mm²）；

f_{tk}——木板的抗拉强度标准值（N/mm²）。

8.0.9 正交胶合木构件可用于楼面板、屋面板和墙板，构件的设计应符合本标准附录 G 的相关规定。

8.0.10 正交胶合木外层层板的长度方向应为顺纹配置，并可采用两层木板顺纹配置作为外层层板（图8.0.10a）。当设计需要时，横纹层板也可采用两层木板配置（图8.0.10b）。

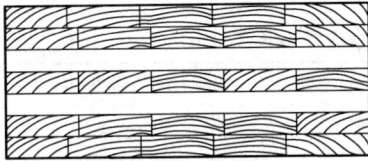

(a) 外侧顺纹层板两层配置

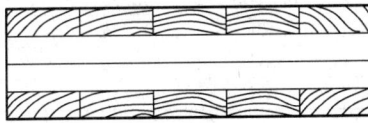

(b) 横纹层板两层配置

图 8.0.10　正交胶合木层板配置截面示意

8.0.11 正交胶合木构件可采用指接进行构件的接长，并应符合下列规定：

1 构件指接处，构件两端的截面的层板应排列相同，构件纹理方向应保持一致；

2 构件指接节点的指榫长度应不小于 45mm。

8.0.12 当正交胶合木构件采用指接进行构件的接长时，指接节点处的强度应按下列规定确定：

1 当按国家相关试验标准进行构件指接节点处的强度验证试验时，节点的抗弯强度标准值不应低于设计要求的指接构件抗弯强度标准值；

2 当不进行构件指接节点处的强度验证试验时，构件指接节点处的抗弯强度和抗拉强度设计值可按无指接构件的 67% 取值，抗压强度设计值可与无指接构件相同。

8.0.13 正交胶合木在胶合时，木板表面应光滑，无灰尘，无杂质，无污染物和其他影响粘结的渗出物质。层板涂胶后应在所有胶粘剂规定的时间要求内进行加压胶合，胶合前不应污染胶合面。

8.0.14 正交胶合木同一层的外侧顺纹木板之间的拼接面宜采用胶粘剂进行胶合。同一层的内侧顺纹木板和同一层的横纹木板之间的拼接面可采用拼接，但拼接缝不应大于 6mm。

8.0.15 正交胶合木采用的胶粘剂应满足强度和耐久性的要求，胶粘剂的类型和性能要求应符合现行国家标准《胶合木结构技术规范》GB/T 50708 和《结构用集成材》GB/T 26899 的相关规定。

9 轻型木结构

9.1 一般规定

9.1.1 轻型木结构的层数不宜超过 3 层。对于上部结构采用轻型木结构的组合建筑，木结构的层数不应超过 3 层，且该建筑总层数不应超过 7 层。

9.1.2 轻型木结构的平面布置宜规则，质量和刚度变化宜均匀。所有构件之间应有可靠的连接，必要的锚固、支撑，足够的承载力，保证结构正常使用的刚度，良好的整体性。

9.1.3 构件及连接应根据选用树种、材质等级、作用荷载、连接形式及相关尺寸，按本标准相关章节的规定进行设计。

9.1.4 在验算屋盖与下部结构连接部位的连接强度及局部承压时，应对风荷载引起的上拔力乘以 1.2 倍的放大系数。

9.1.5 轻型木结构的剪力墙应承受由地震作用或风荷载产生的全部剪力。各剪力墙承担的水平剪力可按面积分配法和刚度分配法进行分配。当按刚度分配法进行分配时，各墙体的水平剪力可按下式计算：

$$V_j = \frac{K_{wj}L_j}{\sum_{i=1}^{n} K_{wi}L_i} V \qquad (9.1.5)$$

式中：V_j——第 *j* 面剪力墙承担的水平剪力；

V——楼层由地震作用或风荷载产生的 *X* 方向或 *Y* 方向的总水平剪力；

K_{wi}、K_{wj}——第 *i*、*j* 面剪力墙单位长度的抗剪刚度，按本标准附录 N 的规定采用；

L_i、L_j——第 *i*、*j* 面剪力墙的长度；当墙上开孔尺寸小于 900mm×900mm 时，墙体可按一面墙计算；

n——*X* 方向或 *Y* 方向的剪力墙数。

9.1.6 对于 3 层及 3 层以下的轻型木结构建筑，当符合下列条件时，可按构造要求进行抗侧力设计：

1 建筑物每层面积不应超过 600m²，层高不应大于 3.6m。

2 楼面活荷载标准值不应大于 2.5kN/m²；屋面活荷载标准值不应大于 0.5 kN/m²。

3 建筑物屋面坡度不应小于 1：12，也不应大于1：1；纵墙上檐口悬挑长度不应大于1.2m；山墙上檐口悬挑长度不应大于0.4m。

4 承重构件的净跨距不应大于12.0m。

9.1.7 当抗侧力设计按构造要求进行设计时，在不同抗震设防烈度的条件下，剪力墙最小长度应符合表9.1.7-1的规定；在不同风荷载作用时，剪力墙最小长度应符合表9.1.7-2的规定。

表9.1.7-1 按抗震构造要求设计时剪力墙的最小长度 （m）

抗震设防烈度		最大允许层数	木基结构板材剪力墙最大间距（m）	剪力墙的最小长度		
				单层、二层或三层的顶层	二层的底层或三层的二层	三层的底层
6度	—	3	10.6	0.02A	0.03A	0.04A
7度	0.10g	3	10.6	0.05A	0.09A	0.14A
	0.15g	3	7.6	0.08A	0.15A	0.23A
8度	0.20g	2	7.6	0.10A	0.20A	

注：1 表中A指建筑物的最大楼层面积（m²）。

2 表中剪力墙的最小长度以墙体一侧采用9.5mm厚木基结构板材作面板、150mm钉距的剪力墙为基础。当墙体两侧均采用木基结构板材作面板时，剪力墙的最小长度为表中规定长度的50%。当墙体两侧均采用石膏板作面板时，剪力墙的最小长度为表中规定长度的200%。

3 对于其他形式的剪力墙，其最小长度可按表中数值乘以$\frac{3.5}{f_{vt}}$确定，f_{vt}为其他形式剪力墙抗剪强度设计值。

4 位于基础顶面和底层之间的架空层剪力墙的最小长度应与底层规定相同。

5 当楼面有混凝土面层时，表中剪力墙的最小长度应增加20%。

表9.1.7-2 按抗风构造要求设计时剪力墙的最小长度 （m）

基本风压（kN/m²）				最大允许层数	木基结构板材剪力墙最大间距（m）	剪力墙的最小长度		
地面粗糙度						单层、二层或三层的顶层	二层的底层或三层的二层	三层的底层
A	B	C	D					
—	0.30	0.40	0.50	3	10.6	0.34L	0.68L	1.03L
—	0.35	0.50	0.60	3	10.6	0.40L	0.80L	1.20L
0.35	0.45	0.60	0.70	3	7.6	0.51L	1.03L	1.54L
0.40	0.55	0.75	0.80	2	7.6	0.62L	1.25L	

注：1 表中L指垂直于该剪力墙方向的建筑物长度（m）。

2 表中剪力墙的最小长度以墙体一侧采用9.5mm厚木基结构板材作面板、150mm钉距的剪力墙为基础。当墙体两侧均采用木基结构板材作面板时，剪力墙的最小长度为表中规定长度的50%。当墙体两侧均采用石膏板作面板时，剪力墙的最小长度为表中规定长度的200%。

3 对于其他形式的剪力墙，其最小长度可按表中数值乘以$\frac{3.5}{f_{vt}}$确定，f_{vt}为其他形式剪力墙抗剪强度设计值。

4 位于基础顶面和底层之间的架空层剪力墙的最小长度应与底层规定相同。

9.1.8 当抗侧力设计按构造要求进行设计时，剪力墙的设置应符合下列规定（图9.1.8）：

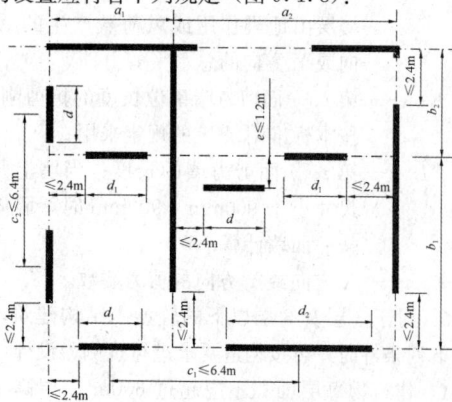

图9.1.8 剪力墙平面布置要求
a_1、a_2—横向承重墙之间距离；
b_1、b_2—纵向承重墙之间距离；
c_1、c_2—承重墙墙段之间距离；
d_1、d_2—承重墙墙肢长度；e—墙肢错位距离

1 单个墙段的墙肢长度不应小于0.6m，墙段的高宽比不应大于4：1；

2 同一轴线上相邻墙段之间的距离不应大于6.4m；

3 墙端与离墙端最近的垂直方向的墙段边的垂直距离不应大于2.4m；

4 一道墙中各墙段轴线错开距离不应大于1.2m。

9.1.9 当按构造要求进行抗侧力设计时，结构平面不规则与上下层墙体之间的错位应符合下列规定：

1 上下层构造剪力墙外墙之间的平面错位不应大于楼盖搁栅高度的4倍，且不应大于1.2m；

2 对于进出面没有墙体的单层车库两侧构造剪力墙，或顶层楼盖屋盖外伸的单肢构造剪力墙，其无侧向支撑的墙体端部外伸距离不应大于1.8m（图9.1.9-1）；

3 相邻楼盖错层的高度不应大于楼盖搁栅的截

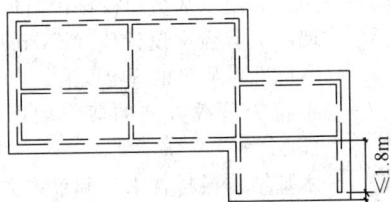

图 9.1.9-1 无侧向支撑的外伸剪力墙示意

面高度；

4 楼盖、屋盖平面内开洞面积不应大于四周支撑剪力墙所围合面积的30%，且洞口的尺寸不应大于剪力墙之间间距的50%（图9.1.9-2）。

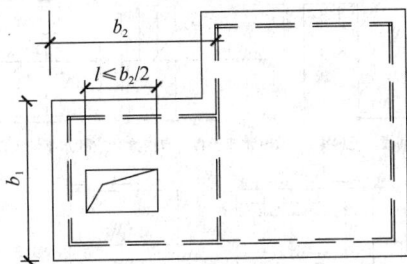

图 9.1.9-2 楼盖、屋盖开洞示意

9.1.10 各剪力墙承担的楼层水平作用力宜按剪力墙从属面积上重力荷载代表值的比例进行分配。当按面积分配法和刚度分配法得到的剪力墙水平作用力的差值超过15%时，剪力墙应按两者中最不利情况进行设计。

9.1.11 由2根～5根相同的规格材组成拼合柱时，拼合柱的抗压强度设计值应按下列规定取值：

1 当拼合柱采用钉连接时，拼合柱的抗压强度设计值应取相同截面面积的方木柱的抗压强度设计值的60%；

2 当拼合柱采用直径大于等于6.5mm的螺栓连接时，拼合柱的抗压强度设计值应取相同截面面积的方木柱的抗压强度设计值的75%。

9.2 楼盖、屋盖

9.2.1 当楼盖、屋盖搁栅两端由墙或梁支承时，搁栅宜按两端简支的受弯构件进行设计。

9.2.2 当由搁栅支承的墙体与搁栅跨度方向垂直，并离搁栅支座的距离小于搁栅截面高度时，搁栅的抗剪切验算可忽略该墙体产生的作用荷载。

9.2.3 楼盖搁栅设计宜考虑搁栅的振动控制，并可按本标准附录Q的规定进行搁栅的振动验算。

9.2.4 轻型木结构的楼、屋盖受剪承载力设计值应按下式计算：

$$V_d = f_{vd} k_1 k_2 B_e \qquad (9.2.4)$$

式中：f_{vd}——采用木基结构板材的楼、屋盖抗剪强度设计值（kN/m），应按本标准附

录P的规定取值；

k_1——木基结构板材含水率调整系数，应按表9.2.4-1的规定取值；

k_2——骨架构件材料树种的调整系数，应按表9.2.4-2的规定取值；

B_e——楼盖、屋盖平行于荷载方向的有效宽度（m），应按本标准第9.2.5条的规定取值。

表 9.2.4-1 木基结构板材含水率调整系数 k_1

木基结构板材的含水率 w	$w < 16\%$	$16\% \leqslant w < 19\%$
含水率调整系数 k_1	1.0	0.8

表 9.2.4-2 骨架构件材料树种的调整系数 k_2

序号	树种名称	调整系数 k_2
1	兴安落叶松、花旗松—落叶松类、南方松、欧洲赤松、欧洲落叶松、欧洲云杉	1.0
2	铁—冷杉类、欧洲道格拉斯松	0.9
3	杉木、云杉—松—冷杉类、新西兰辐射松	0.8
4	其他北美树种	0.7

9.2.5 楼盖、屋盖平行于荷载方向的有效宽度 B_e 应根据楼盖、屋盖平面开口位置和尺寸（图9.2.5），按下列规定确定：

1 当 $c < 610mm$ 时，取 $B_e = B - b$；其中，B 为平行于荷载方向的楼盖、屋盖宽度（m），b 为平行于荷载方向的开孔尺寸（m）；b 不应大于 $B/2$，且不应大于3.5m；

2 当 $c \geqslant 610mm$ 时，取 $B_e = B$。

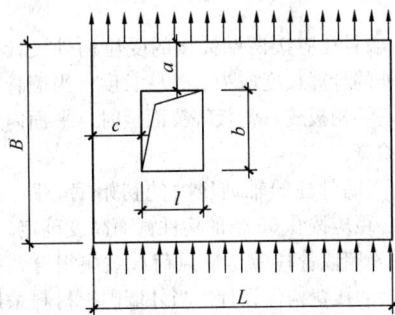

图 9.2.5 楼、屋盖有效宽度计算简图

9.2.6 垂直于荷载方向的楼盖、屋盖的边界杆件及其连接件的轴向力 N 应按下式计算：

$$N = \frac{M_1}{B_0} \pm \frac{M_2}{a} \qquad (9.2.6-1)$$

均布荷载作用时，简支楼盖、屋盖弯矩设计值 M_1 和 M_2 应分别按下列公式计算：

$$M_1 = \frac{qL^2}{8} \quad (9.2.6-2)$$

$$M_2 = \frac{q_e l^2}{12} \quad (9.2.6-3)$$

式中：M_1——楼盖、屋盖平面内的弯矩设计值（kN·m）；

B_0——垂直于荷载方向的楼盖、屋盖边界杆件中心距（m）；

M_2——楼盖、屋盖开孔长度内的弯矩设计值（kN·m）；

a——垂直于荷载方向的开孔边缘到楼盖、屋盖边界杆件的距离，$a \geqslant 0.6m$；

q——作用于楼盖、屋盖的侧向均布荷载设计值（kN/m）；

q_e——作用于楼盖、屋盖单侧的侧向荷载设计值（kN/m），一般取侧向均布荷载 q 的一半；

L——垂直于荷载方向的楼盖、屋盖长度（m）；

l——垂直于荷载方向的开孔尺寸（m），l 不应大于 $B/2$，且不应大于 3.5m。

9.2.7 平行于荷载方向的楼盖、屋盖的边界杆件，当作用在边界杆件上下的剪力分布不同时，应验算边界杆件的轴向力。

9.2.8 在楼盖、屋盖长度范围内的边界杆件宜连续；当中间断开时，应采取能够抵抗所承担轴向力的加固连接措施。楼盖、屋盖的覆面板不应作为边界杆件的连接板。

9.2.9 当楼盖、屋盖边界杆件同时承受轴力和楼盖、屋盖传递的竖向力时，杆件应按压弯或拉弯构件设计。

9.3 墙 体

9.3.1 墙骨柱应按两端铰接的受压构件设计，构件在平面外的计算长度应为墙骨柱长度。当墙骨柱两侧布置木基结构板或石膏板等覆面板时，平面内可仅进行强度验算。

9.3.2 当墙骨柱的轴向压力的初始偏心距为零时，初始偏心距应按 0.05 倍的构件截面高度确定。

9.3.3 外墙墙骨柱应考虑风荷载效应组合，并应按两端铰接的压弯构件设计。当外墙围护材料采用砖石等较重材料时，应考虑围护材料产生的墙骨柱平面外的地震作用。

9.3.4 轻型木结构的剪力墙应按下列规定进行设计：

1 剪力墙墙肢的高宽比不应大于 3.5。

2 单面采用竖向铺板或水平铺板（图 9.3.4）的轻型木结构剪力墙受剪承载力设计值应按下式计算：

$$V_d = \sum f_{vd} k_1 k_2 k_3 l \quad (9.3.4)$$

式中：f_{vd}——单面采用木基结构板材作面板的剪力墙的抗剪强度设计值（kN/m），应按本标准附录 N 的规定取值；

l——平行于荷载方向的剪力墙墙肢长度（m）；

k_1——木基结构板材含水率调整系数，应按本标准表 9.2.4-1 的规定取值；

k_2——骨架构件材料树种的调整系数，应按本标准表 9.2.4-2 的规定取值；

k_3——强度调整系数；仅用于无横撑水平铺板的剪力墙，应按表 9.3.4 的规定取值。

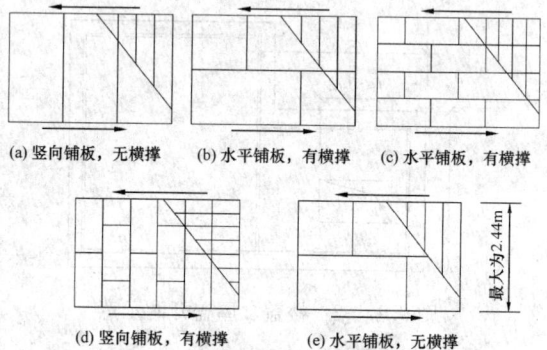

（a）竖向铺板，无横撑   （b）水平铺板，有横撑   （c）水平铺板，有横撑

（d）竖向铺板，有横撑   （e）水平铺板，无横撑

图 9.3.4 剪力墙铺板示意

表 9.3.4 无横撑水平铺设面板的剪力墙强度调整系数 k_3

边支座上钉的间距（mm）	中间支座上钉的间距（mm）	墙骨柱间距（mm）			
		300	400	500	600
150	150	1.0	0.8	0.6	0.5
150	300	0.8	0.6	0.5	0.4

注：墙骨柱柱间无横撑剪力墙的抗剪强度可将有横撑剪力墙的抗剪强度乘以抗剪调整系数。有横撑剪力墙的面板边支座上钉的间距为 150mm，中间支座上钉的间距为 300mm。

3 对于双面铺板的剪力墙，无论两侧是否采用相同材料的木基结构板材，剪力墙的受剪承载力设计值应取墙体两面受剪承载力设计值之和。

9.3.5 剪力墙两侧边界杆件所受的轴向力应按下式计算：

$$N = \frac{M}{B_0} \quad (9.3.5)$$

式中：N——剪力墙边界杆件的拉力或压力设计值（kN）；

M——侧向荷载在剪力墙平面内产生的弯矩（kN·m）；

B_0——剪力墙两侧边界构件的中心距（m）。

9.3.6 剪力墙边界杆件在长度上宜连续。当中间断开时，应采取能够抵抗所承担轴向力的加强连接措施。剪力墙的覆面板不应作为边界杆件的连接板。

9.3.7 当进行抗侧力设计时，剪力墙墙肢应进行抗倾覆验算。墙体与基础应采用金属连接件进行连接。

9.3.8 钉连接的单面覆板剪力墙顶部的水平位移应按下式计算：

$$\Delta = \frac{VH_w^3}{3EI} + \frac{MH_w^2}{2EI} + \frac{VH_w}{LK_w} + \frac{H_w d_a}{L} + \theta_i \cdot H_w$$

$$(9.3.8)$$

式中：Δ——剪力墙顶部位移总和（mm）；

V——剪力墙顶部最大剪力设计值（N）；

M——剪力墙顶部最大弯矩设计值（N·mm）；

H_w——剪力墙高度（mm）；

I——剪力墙转换惯性矩（mm⁴）；

E——墙体构件弹性模量（N/mm²）；

L——剪力墙长度（mm）；

K_w——剪力墙剪切刚度（N/mm），包括木基结构板剪切变形和钉的滑移变形，应按本标准附录 N 的规定取值；

d_a——墙体紧固件由剪力和弯矩引起的竖向伸长变形，包括抗拔紧固件的滑移、抗拔紧固件的伸长、连接板压坏等；

θ_i——第 i 层剪力墙的转角，为该层及以下各层转角的累加。

9.4 轻型木桁架

9.4.1 轻型木桁架的设计和构造要求除应符合本标准规定外，尚应符合现行行业标准《轻型木桁架技术规范》JGJ/T 265 的相关规定。

9.4.2 桁架静力计算模型应满足下列条件：

1 弦杆应为多跨连续杆件；

2 弦杆在屋脊节点、变坡节点和对接节点处应为铰接节点；

3 弦杆对接节点处用于抗弯时应为刚接节点；

4 腹杆两端节点应为铰接节点；

5 桁架两端与下部结构连接一端应为固定铰支，另一端应为活动铰支。

9.4.3 桁架设计模型中对各类相应节点的计算假定应符合现行行业标准《轻型木桁架技术规范》JGJ/T 265 的相关规定。

9.4.4 桁架构件设计时，各杆件的轴力与弯矩值的取值应符合下列规定：

1 杆件的轴力应取杆件两端轴力的平均值；

2 弦杆节间弯矩应取该节间所承受的最大弯矩；

3 对拉弯或压弯杆件，轴力应取杆件两端轴力的平均值，弯矩应取杆件跨中弯矩与两端弯矩中较大者。

9.4.5 验算桁架受压构件的稳定时，其计算长度 l_0 应符合下列规定：

1 平面内，应取节点中心间距的 0.8 倍；

2 平面外，屋架上弦应取上弦与相邻檩条连接点之间的距离，腹杆应取节点中心距离，若下弦受压时，其计算长度应取侧向支撑点之间的距离。

9.4.6 当相同桁架数量大于或等于 3 榀且桁架之间的间距不大于 610mm，并且所有桁架均与楼面板或屋面板有可靠连接时，桁架弦杆的抗弯强度设计值 f_m 可乘以 1.15 的共同作用系数。

9.4.7 金属齿板节点设计时，作用于节点上的力应取与该节点相连杆件的杆端内力。

9.4.8 当木桁架端部采用梁式端节点时（图 9.4.8），在支座内侧支承点上的下弦杆截面高度不应小于 1/2 原下弦杆截面高度或 100mm 两者中的较大值，并应按下列规定验算该端支座节点的承载力：

1 端节点抗弯验算时，用于抗弯验算的弯矩应为支座反力乘以从支座内侧边缘到上弦杆起始点的水平距离 L（图 9.4.8）。

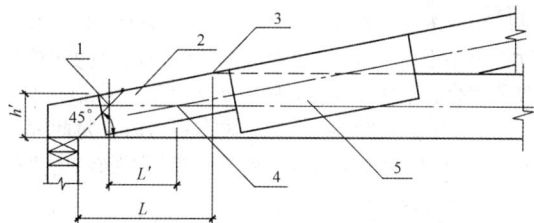

图 9.4.8 桁架梁式端节点示意
1—投影交点；2—抗剪齿板；3—上弦杆起始点；
4—上下弦杆轴线交点；5—主要齿板

2 当图 9.4.8 中投影交点比上、下弦杆轴线交点更接近桁架端部时，端节点应进行抗剪验算。桁架端部下弦规格材的受剪承载力应按下式验算：

$$\frac{1.5V}{nbh'} \leqslant f_v$$

$$(9.4.8-1)$$

式中：b——规格材截面宽度（mm）；

f_v——规格材顺纹抗剪强度设计值（N/mm²）；

V——梁端支座总反力（N）；

n——当由多榀相同尺寸的规格材木桁架形成组合桁架时，n 为形成组合桁架的桁架榀数；

h'——下弦杆在投影交点处的截面计算高度（mm）。

3 当桁架端部下弦规格材的受剪承载力不满足公式（9.4.8-1）时，梁端应设置抗剪齿板。抗剪齿板的尺寸应覆盖上下弦杆轴线交点与投影交点之间的距离 L'，且强度应符合下列规定：

1） 下弦杆轴线上、下方的齿板截面受剪承载力均应能抵抗梁端节点净剪力 V_1；

2）沿着下弦杆轴线的齿板截面受剪承载力应能抵抗梁端节点净剪力 V_1；

3）梁端节点净剪力应按下式计算：

$$V_1 = \left(\frac{1.5V}{nh'} - bf_v\right)L' \qquad (9.4.8-2)$$

式中：L'——上下弦杆轴线交点与投影交点之间的距离（mm）。

9.4.9 对于由多榀桁架组成的组合桁架，作用于组合桁架的荷载应由每榀桁架均匀承担。当多榀桁架之间采用钉连接时，钉的承载力应按下式验算：

$$q\left(\frac{n-1}{n}\right)\left(\frac{s}{n_r}\right) \leqslant N_v \qquad (9.4.9)$$

式中：N_v——钉连接的受剪承载力设计值（N）；

n——组成组合桁架的桁架榀数；

s——钉连接的间距（mm）；

n_r——钉列数；

q——作用于组合桁架的均布线荷载（N/mm）。

9.4.10 木屋架与下部结构的连接应符合下列规定：

1 当木桁架不承受上拔作用力时，木屋架与下部结构应采用钉连接，钉的数量不应少于 3 枚，钉长度不应小于 80mm。屋盖端部以及洞口两侧的木桁架宜采用金属连接件连接，间距不应大于 2.4m。

2 当木屋架端部承受上拔作用力时，每间隔不大于 2.4m 的距离，应有一榀木屋架与下部结构之间采用金属抗拔连接件进行连接。

9.5 组合建筑中轻型木结构

9.5.1 组合建筑的抗震设计宜采用振型分解反应谱法。当底部结构平均抗侧刚度与上部相邻木结构的平均抗侧刚度之比大于 10，且整体结构的基本自振周期不大于上部木结构的基本自振周期的 1.1 倍时，上部木结构与下部结构可分别采用底部剪力法单独进行抗震计算，并且验算下部结构时应考虑来自上部木结构底部剪力的作用。

9.5.2 采用轻型木屋盖的多层民用建筑，主体结构的地震作用应符合现行国家标准《建筑抗震设计规范》GB 50011 的有关规定。木屋盖可作为顶层质点作用在屋架支座处，顶层质点的等效重力荷载可取木屋盖重力荷载代表值与 1/2 墙体重力荷载代表值之和。其余质点可取重力荷载代表值的 85%。作用在轻型木屋盖的水平荷载应按下式确定：

$$F_E = \frac{G_r}{G_{eq}} \cdot F_{Ek} \qquad (9.5.2)$$

式中：F_E——轻型木屋盖的水平荷载；

G_r——木屋盖重力荷载代表值；

G_{eq}——顶层质点的等效重力荷载；

F_{Ek}——顶层水平地震作用标准值。

9.5.3 当木屋盖和木楼盖作为混凝土或砌体墙体的侧向支承时（图 9.5.3），应采用锚固连接件直接将墙体与木屋盖、楼盖连接。锚固连接件的承载力应根据墙体传递的水平荷载计算，且锚固连接沿墙体方向的承载力不应小于 3.0kN/m。

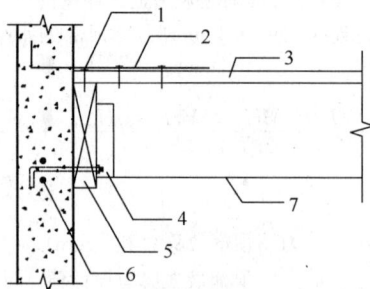

图 9.5.3 木楼盖作为墙体侧向支承示意
1—边界钉连接；2—预埋拉条；3—结构胶合板；4—搁栅挂件；5—封头搁栅；6—预埋钢筋；7—搁栅

9.5.4 轻型木结构与砌体结构、钢筋混凝土结构或钢结构等下部结构的连接应采用锚栓连接。锚栓直径不应小于 12mm，间距不应大于 2.0m，锚栓埋入深度不应小于 300mm，地梁板两端各应设置 1 根锚栓，端距应为 100mm～300mm。

9.5.5 当砌体结构、钢筋混凝土结构或钢结构采用轻型木屋盖系统时，宜在其结构的顶部设置木梁板，木屋盖应与木梁板连接。木梁板与砌体结构、钢筋混凝土结构或钢结构的连接应符合本标准第 9.5.4 条的规定。

9.6 构 造 要 求

9.6.1 墙骨柱应符合下列规定：

1 承重墙的墙骨柱截面尺寸应由计算确定；

2 墙骨柱在层高内应连续，可采用指接连接，但不应采用连接板进行连接；

3 墙骨柱间距不应大于 610mm；

4 墙骨柱在墙体转角和交接处应进行加强，转角处的墙骨柱数量不应少于 3 根（图 9.6.1）；

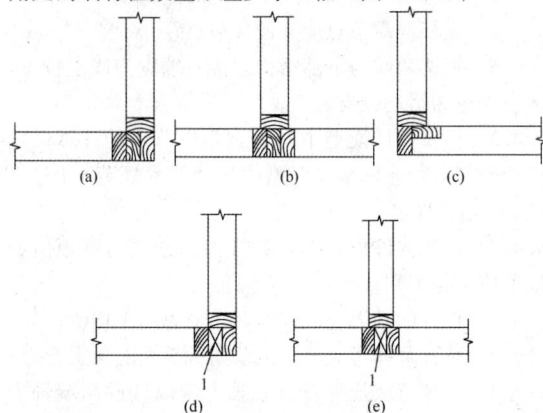

图 9.6.1 墙骨柱在转角处和交接处加强示意
1—木填块

5 开孔宽度大于墙骨柱间距的墙体，开孔两侧的墙骨柱应采用双柱，开孔宽度小于或等于墙骨柱间净距并位于墙骨柱之间的墙体，开孔两侧可用单根墙骨柱；

6 墙骨柱的最小截面尺寸和最大间距应符合本标准附录 B 第 B.2 节的规定；

7 对于非承重墙体的门洞，当墙体需要考虑耐火极限的要求时，门洞边应至少采用两根截面高度与底梁板宽度相同的规格材进行加强。

9.6.2 墙体应符合下列规定：

1 墙体底部应有底梁板或地梁板，底梁板或地梁板在支座上突出的尺寸不应大于墙体宽度的 1/3，宽度不应小于墙骨柱的截面高度。

2 墙体顶部应有顶梁板，其宽度不应小于墙骨柱截面的高度；承重墙的顶梁板不宜少于两层；非承重墙的顶梁板可为单层。

3 多层顶梁板上、下层的接缝应至少错开一个墙骨柱间距，接缝位置应在墙骨柱上；在墙体转角和交接处，上、下层顶梁板应交错相互搭接；单层顶梁板的接缝应位于墙骨柱上，并宜在接缝处的顶面采用镀锌薄钢带以钉连接。

9.6.3 当承重墙的开洞宽度大于墙骨柱间距时，应在洞顶加设由计算确定的过梁。

9.6.4 当墙面板采用木基结构板作面板，且最大墙骨柱间距为 410mm 时，板材的最小厚度不应小于 9mm；当最大墙骨柱间距为 610mm 时，板材的最小厚度不应小于 11mm。

9.6.5 当墙面板采用石膏板作面板，且最大墙骨柱间距为 410mm 时，板材的最小厚度不应小于 9mm；当最大墙骨柱间距为 610mm 时，板材的最小厚度不应小于 12mm。

9.6.6 墙面板的设置应符合下列规定：

1 墙面板相邻面板之间的接缝应位于骨架构件上，面板可水平或竖向铺设，面板之间应留有不小于 3mm 的缝隙。

2 墙面板的尺寸不应小于 1.2m×2.4m，在墙面边界或开孔处，可使用宽度不小于 300mm 的窄板，但不应多于两块；当墙面板的宽度小于 300mm 时，应加设用于固定墙面板的填块。

3 当墙体两侧均有面板，且每侧面板边缘钉间距小于 150mm 时，墙体两侧面板的接缝应互相错开一个墙骨柱的间距，不应固定在同一根骨架构件上；当骨架构件的宽度大于 65mm 时，墙体两侧面板拼缝可固定在同一根构件上，但钉应交错布置。

9.6.7 楼盖应采用间距不大于 610mm 的楼盖搁栅、木基结构板的楼面结构层，以及木基结构板或石膏板铺设的吊顶组成。楼盖搁栅可采用规格材或工程木产品，截面尺寸由计算确定。

9.6.8 楼盖搁栅在支座上的搁置长度不应小于

40mm。在靠近支座部位的搁栅底部宜采用连续木底撑、搁栅横撑或剪刀撑（图 9.6.8）。木底撑、搁栅横撑或剪刀撑在搁栅跨度方向的间距不应大于 2.1m。当搁栅与木板条或吊顶板直接固定在一起时，搁栅间可不设置支撑。

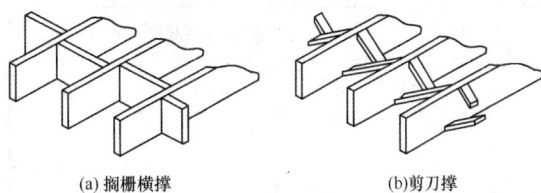

(a) 搁栅横撑   (b) 剪刀撑

图 9.6.8 搁栅间支撑示意

9.6.9 楼盖开孔的构造应符合下列规定：

1 对于开孔周围与搁栅垂直的封头搁栅，当长度大于 1.2m 时，封头搁栅应采用两根；当长度超过 3.2m 时，封头搁栅的尺寸应由计算确定。

2 对于开孔周围与搁栅平行的封边搁栅，当封头搁栅长度超过 800mm 时，封边搁栅应采用两根；当封头搁栅长度超过 2.0m 时，封边搁栅的截面尺寸应由计算确定。

3 对于开孔周围的封头搁栅以及被开孔切断的搁栅，当依靠楼盖搁栅支承时，应选用合适的金属搁栅托架或采用正确的钉连接方式。

9.6.10 支承墙体的楼盖搁栅应符合下列规定：

1 平行于搁栅的非承重墙，应位于搁栅或搁栅间的横撑上，横撑可用截面不小于 40mm×90mm 的规格材，横撑间距不应大于 1.2m；

2 平行于搁栅的承重内墙，不应支承于搁栅上，应支承于梁或墙上；

3 垂直于搁栅或与搁栅相交的角度接近垂直的非承重内墙，其位置可设置在搁栅上任何位置；

4 垂直于搁栅的承重内墙，距搁栅支座不应大于 610mm，否则，搁栅尺寸应由计算确定。

9.6.11 带悬挑的楼盖搁栅，当其截面尺寸为 40mm×185mm 时，悬挑长度不应大于 400mm；当其截面尺寸不小于 40mm×235mm 时，悬挑长度不应大于 610mm。未作计算的搁栅悬挑部分不应承受其他荷载。

当悬挑搁栅与主搁栅垂直时，未悬挑部分长度不应小于其悬挑部分长度的 6 倍，其端部应根据连接构造要求与两根边框梁用钉连接。

9.6.12 楼面板的设置应符合下列规定：

1 楼面板的厚度及允许楼面活荷载的标准值应符合表 9.6.12 的规定。

2 楼面板的尺寸不应小于 1.2m×2.4m，在楼盖边界或开孔处，允许使用宽度不小于 300mm 的窄板，但不应多于两块；当结构板的宽度小于 300mm 时，应加设填块固定。

3 铺设木基结构板材时，板材长度方向应与搁栅垂直，宽度方向的接缝应与搁栅平行，并应相互错开不少于两根搁栅的距离。

4 楼面板的接缝应连接在同一搁栅上。

表 9.6.12 楼面板厚度及允许楼面活荷载标准值

最大搁栅间距 （mm）	木基结构板的最小厚度（mm）	
	$Q_k \leqslant 2.5 kN/m^2$	$2.5 kN/m^2 < Q_k < 5.0 kN/m^2$
410	15	15
500	15	18
610	18	22

9.6.13 屋盖可采用由规格材制作的、间距不大于610mm的轻型桁架构成；当跨度较小时，也可直接由屋脊板或屋脊梁、椽条和顶棚搁栅等构成。桁架、椽条和顶棚搁栅的截面应由计算确定，并应有可靠的锚固和支撑。

9.6.14 屋盖系统的椽条或搁栅应符合下列规定：

1 椽条或搁栅沿长度方向应连续，但可用连接板在竖向支座上连接；

2 椽条或搁栅在边支座上的搁置长度不应小于40mm；

3 屋谷和屋脊椽条的截面高度应比其他处椽条的截面高度大50mm；

4 椽条或搁栅在屋脊处可由承重墙或支承长度不小于90mm的屋脊梁支承；椽条的顶端在屋脊两侧应采用连接板或按钉连接的构造要求相互连接；

5 当椽条连杆跨度大于2.4mm时，应在连杆中部加设通长纵向水平系杆，系杆截面尺寸不应小于20mm×90mm（图9.6.14）；

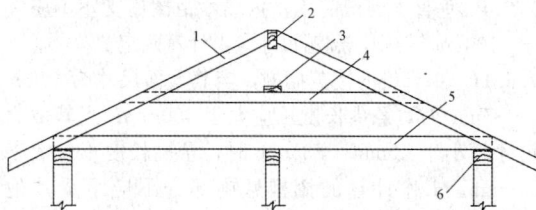

图 9.6.14 椽条连杆加设通长纵向水平系杆示意
1—椽条；2—屋脊板；3—椽条连杆侧向支撑；
4—椽条连杆；5—顶棚搁栅；6—顶梁板

6 当椽条连杆的截面尺寸不小于40mm×90mm时，对于屋面坡度大于1∶3的屋盖，可将椽条连杆作为椽条的中间支座；

7 当屋面坡度大于1∶3，且屋脊两侧的椽条与顶棚搁栅的钉连接符合本标准附录B第B.3.1条的规定时，屋脊板可不设置支座。

9.6.15 当屋面或吊顶开孔大于椽条或搁栅间距离时，开孔周围的构件应按本标准第9.6.9条的规定进行加强。

9.6.16 上人屋顶的屋面板应符合本标准第9.6.12条对楼面板的规定。对于不上人屋顶的屋面板应符合下列的规定：

1 屋面板的厚度及允许屋面荷载的标准值应符合表9.6.16的规定。

2 屋面板的尺寸不应小于1.2m×2.4m，在屋盖边界或开孔处，允许使用宽度不小于300mm的窄板，但不应多于两块；当屋面板的宽度小于300mm时，应加设填块固定。

3 铺设木基结构板材时，板材长度方向应与椽条或木桁架垂直，宽度方向的接缝应与椽条或木桁架平行，并应相互错开不少于两根椽条或木桁架的距离。

4 屋面板接缝应连接在同一椽条或木桁架上，板与板之间应留有不小于3mm的空隙。

表 9.6.16 屋面板厚度及允许屋面荷载标准值

支承板的间距 （mm）	木基结构板的最小厚度（mm）	
	$G_k \leqslant 0.3 kN/m^2$ $S_k \leqslant 2.0 kN/m^2$	$0.3 kN/m^2 < G_k \leqslant 1.3 kN/m^2$ $S_k \leqslant 2.0 kN/m^2$
410	9	11
500	9	11
610	12	12

注：当恒荷载标准值 $G_k > 1.3 kN/m^2$ 或雪荷载标准值 $S_k \geqslant 2.0 kN/m^2$，轻型木结构的构件及连接不能按构造设计，而应通过计算进行设计。

9.6.17 轻型木结构构件之间采用钉连接时，钉的直径不应小于2.8mm，并应符合本标准附录B第B.3.3条的规定。楼面板、屋面板及墙面板与轻型木结构构架的钉连接应符合本标准附录B第B.3.2条的规定。

9.6.18 楼盖、屋盖和顶棚构件的开孔或缺口应符合下列规定：

1 搁栅的开孔尺寸不应大于搁栅截面高度的1/4，且距搁栅边缘不应小于50mm；

2 允许在搁栅上开缺口，但缺口应位于搁栅顶面，缺口距支座边缘不应大于搁栅截面高度的1/2，缺口高度不应大于搁栅截面高度的1/3；

3 承重墙墙骨柱截面开孔或开凿缺口后的剩余高度不应小于截面高度的2/3，非承重墙不应小于40mm；

4 墙体顶梁板的开孔或开凿缺口后的剩余宽度不应小于50mm；

5 除设计已有规定外，不应随意在屋架构件上开孔或留缺口。

9.6.19 梁在支座上的搁置长度不应小于90mm，支座表面应平整，梁与支座应紧密接触。

9.6.20 由多根规格材用钉连接制作成的拼合截面梁（图9.6.20）应符合下列规定：

　　1 拼合截面梁中单根规格材的对接位置应位于梁的支座处。

　　2 拼合截面梁为连续梁时，梁中单根规格材的对接位置应位于距支座1/4梁净跨150mm的范围内；相邻的单根规格材不应在同一位置上对接；在同一截面上对接的规格材数量不应超过拼合梁规格材总数的一半；任一根规格材在同一跨内不应有两个或两个以上的接头，并在有接头的相邻一跨内不应再次对接；边跨内不应对接。

　　3 当拼合截面梁采用40mm宽的规格材组成时，规格材之间应沿梁高采用等分布置的两排钉连接，钉长不应小于90mm，钉的间距不应大于450mm，钉的端距为100mm～150mm。

　　4 当拼合截面梁采用40mm宽的规格材以螺栓连接时，螺栓直径不应小于12mm，螺栓中距不应大于1.2m，螺栓端距不应大于600mm。

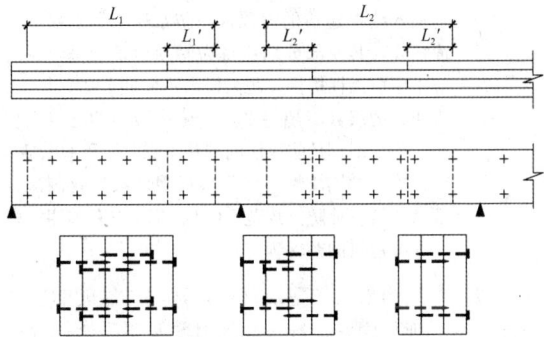

图9.6.20　钉连接拼合截面梁示意

　　9.6.21 规格材组成的拼合柱应符合下列规定：

　　1 当拼合柱采用钉连接时，拼合柱的连接应符合下列规定：

　　　1） 沿柱长度方向的钉间距不应大于单根规格材厚度的6倍，且不应小于20倍钉的直径d，钉的端距应大于15d，且应小于18d；

　　　2） 钉应贯穿拼合柱的所有规格材，且钉入最后一根规格材的深度不应小于规格材厚度的3/4，相邻钉应分别在柱的两侧沿柱长度方向交错打入；

　　　3） 当拼合柱中单根规格材的宽度大于其厚度的3倍时，在宽度方向应至少布置两排钉；

　　　4） 当在柱宽度方向布置两排及两排以上的钉时，钉的行距不应小于10d，且不应大于20d；边距不应小于5d，且不应大于20d；

　　　5） 当拼合柱仅有一排钉时，相邻的钉应错开钉入，当超过两排钉时，相邻列的钉应错开钉入。

　　2 当拼合柱采用螺栓连接时，拼合柱的连接应符合下列规定：

　　　1） 规格材与螺母之间应采用金属垫片，螺母拧紧后，规格材之间应紧密接触；

　　　2） 沿柱长度方向的螺栓间距不应大于单根规格材厚度的6倍，且不应小于4倍螺栓直径，螺栓的端距应大于7d，且应小于8.5d；

　　　3） 当拼合柱中单根规格材的宽度大于其厚度的3倍时，在宽度方向应至少布置两排螺栓；

　　　4） 当在柱宽度方向布置两排及两排以上的螺栓时，螺栓的行距不应小于1.5d，且不应大于10d，边距不应小于1.5d，且不应大于10d。

　　9.6.22 与基础顶面连接的地梁板应采用直径不小于12mm的锚栓与基础锚固，间距不应大于2.0m。锚栓埋入基础深度不应小于300mm，每根地梁板两端应各有一根锚栓，端距应为100mm～300mm。

　　9.6.23 轻型木结构的墙体应支承在混凝土基础或砌体基础顶面的混凝土圈梁上，混凝土基础或圈梁顶面砂浆应平整，倾斜度不应大于2‰。

10　防火设计

10.1　一般规定

10.1.1 木结构建筑的防火设计和防火构造除应符合本章的规定外，尚应符合现行国家标准《建筑设计防火规范》GB 50016的有关规定。

10.1.2 本章规定的防火设计方法适用于耐火极限不超过2.00h的构件防火设计。防火设计应采用下列设计表达式：

$$S_k \leqslant R_f \qquad (10.1.2)$$

式中：S_k——火灾发生后验算受损木构件的荷载偶然拼合的效应设计值，永久荷载和可变荷载均应采用标准值；

　　　R_f——按耐火极限燃烧后残余木构件的承载力设计值。

10.1.3 残余木构件的承载力设计值计算时，构件材料的强度和弹性模量应采用平均值。材料强度平均值应为材料强度标准值乘以表10.1.3规定的调整系数。

表10.1.3　防火设计强度调整系数

构件材料种类	抗弯强度	抗拉强度	抗压强度
目测分级木材	2.36	2.36	1.49
机械分级木材	1.49	1.49	1.20
胶合木	1.36	1.36	1.36

10.1.4 木构件燃烧 t 小时后，有效炭化层厚度应按下式计算：

$$d_{ef} = 1.2\beta_n t^{0.813} \qquad (10.1.4)$$

式中：d_{ef}——有效炭化层厚度（mm）；

β_n——木材燃烧 1.00h 的名义线性炭化速率（mm/h）；采用针叶材制作的木构件的名义线性炭化速率为 38mm/h；

t——耐火极限（h）。

10.1.5 当验算燃烧后的构件承载能力时，应按本标准第 5 章的各项相关规定进行验算，并应符合下列规定：

  1 验算构件燃烧后的承载能力时，应采用构件燃烧后的剩余截面尺寸；

  2 当确定构件强度值需要考虑尺寸调整系数或体积调整系数时，应按构件燃烧前的截面尺寸计算相应调整系数。

10.1.6 构件连接的耐火极限不应低于所连接构件的耐火极限。

10.1.7 三面受火和四面受火的木构件燃烧后剩余截面（图 10.1.7）的几何特征应根据构件实际受火面和有效炭化厚度进行计算。单面受火和相邻两面受火的木构件燃烧后剩余截面可按本标准第 10.1.4 条进行确定。

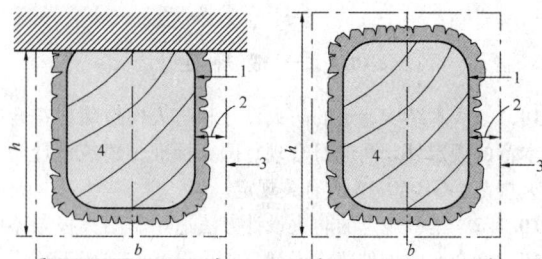

图 10.1.7 三面受火和四面受火构件截面

1—构件燃烧后剩余截面边缘；2—有效炭化厚度 d_{ef}；
3—构件燃烧前截面边缘；4—剩余截面；
h—燃烧前截面高度（mm）；b—燃烧前截面宽度（mm）

10.1.8 木结构建筑构件的燃烧性能和耐火极限不应低于表 10.1.8 的规定。常用木构件的燃烧性能和耐火极限可按本标准附录 R 的规定确定。

表 10.1.8 木结构建筑中构件的燃烧性能和耐火极限

构件名称	燃烧性能和耐火极限（h）
防火墙	不燃性 3.00
电梯井墙体	不燃性 1.00
承重墙、住宅建筑单元之间的墙和分户墙、楼梯间的墙	难燃性 1.00
非承重外墙、疏散走道两侧的隔墙	难燃性 0.75

续表 10.1.8

构件名称	燃烧性能和耐火极限（h）
房间隔墙	难燃性 0.50
承重柱	可燃性 1.00
梁	可燃性 1.00
楼板	难燃性 0.75
屋顶承重构件	可燃性 0.50
疏散楼梯	难燃性 0.50
吊顶	难燃性 0.15

注：1 除现行国家标准《建筑设计防火规范》GB 50016 另有规定外，当同一座木结构建筑存在不同高度的屋顶时，较低部分的屋顶承重构件和屋面不应采用可燃性构件；当较低部分的屋顶承重构件采用难燃性构件时，其耐火极限不应小于 0.75h；

  2 轻型木结构建筑的屋顶，除防水层、保温层和屋面板外，其他部分均应视为屋顶承重构件，且不应采用可燃性构件，耐火极限不应低于 0.50h；

  3 当建筑的层数不超过 2 层、防火墙间的建筑面积小于 600m²，且防火墙间的建筑长度小于 60m 时，建筑构件的燃烧性能和耐火极限应按现行国家标准《建筑设计防火规范》GB 50016 中有关四级耐火等级建筑的要求确定。

10.1.9 木结构采用的建筑材料，其燃烧性能的技术指标应符合现行国家标准《建筑材料及制品燃烧性能分级》GB 8624 的规定。

10.2 防火构造

10.2.1 轻型木结构建筑中，下列存在密闭空间的部位应采用连续的防火分隔措施：

  1 当层高大于 3m 时，除每层楼、屋盖处的顶梁板或底梁板可作为竖向防火分隔外，应沿墙高每隔 3m 在墙骨柱之间设置竖向防火分隔；当层高小于或等于 3m 时，每层楼、屋盖处的顶梁板或底梁板可作为竖向防火分隔；

  2 楼盖和屋盖内应设置水平防火分隔，且水平分隔区的长度或宽度不应大于 20m，分隔的面积不应大于 300m²。

  3 屋盖、楼盖和吊顶中的水平构件与墙体竖向构件的连接处应设置防火分隔。

  4 楼梯上下第一步踏板与楼盖交接处应设置防火分隔。

10.2.2 轻型木结构设置防火分隔时，防火分隔可采用下列材料制作：

  1 截面宽度不小于 40mm 的规格材；

  2 厚度不小于 12mm 的石膏板；

3 厚度不小于12mm的胶合板或定向木片板；

4 厚度不小于0.4mm的钢板；

5 厚度不小于6mm的无机增强水泥板；

6 其他满足防火要求的材料。

10.2.3 当管道穿越木墙体时，应采用防火封堵材料对接触面和缝隙进行密实封堵；当管道穿越楼盖或屋盖时，应采用不燃性材料对接触面和缝隙进行密实封堵。

10.2.4 木结构建筑中的各个构件或空间内需填充吸声、隔热、保温材料时，其材料的燃烧性能不应低于B_1级。

10.2.5 当采用厚度为50mm以上的锯材或胶合木作为屋面板或楼面板时（图10.2.5a），楼面板或屋面板端部应坐落在支座上，其防火设计和构造应符合下列规定：

1 当屋面板或楼面板采用单舌或双舌企口板连接时（图10.2.5b），屋面板或楼面板可作为仅有底面一面受火的受弯构件进行设计。

2 当屋面板或楼面板采用直边拼接时，屋面板或楼面板可作为两侧部分受火而底面完全受火的受弯构件，可按三面受火构件进行防火设计。此时，两侧部分受火的炭化率应为有效炭化率的1/3。

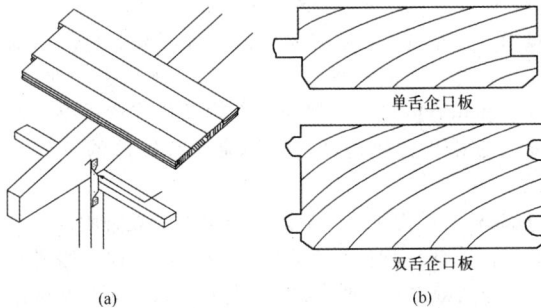

图10.2.5 锯材或胶合木楼、屋面板示意

10.2.6 当木梁与木柱、木梁与木梁采用金属连接件连接时，金属连接件的防火构造可采用下列方法：

1 可将金属连接件嵌入木构件内，固定用的螺栓孔可采用木塞封堵，所有的连接缝可采用防火封堵材料填缝；

2 金属连接件表面采用截面厚度不小于40mm的木材作为表面附加防火保护层；

3 将梁柱连接处包裹在耐火极限为1.00h的墙体中；

4 采用厚度大于15mm的耐火纸面石膏板在梁柱连接处进行分隔保护。

10.2.7 木结构建筑中配电线路的敷设应采用下列防火措施：

1 消防配电线路应采用阻燃和耐火电线、电缆或矿物绝缘电缆；

2 用于重要木结构公共建筑的电源主干线路应采用矿物绝缘线缆；

3 电线、电缆直接明敷时应穿金属管或金属线槽保护；当采用矿物绝缘线缆时可直接明敷；

4 电线、电缆穿越墙体、楼盖或屋盖时，应穿金属套管，并应采用防火封堵材料对其空隙进行封堵。

10.2.8 安装在木构件上的开关、插座及接线盒应符合下列规定：

1 当开关、插座及接线盒有金属套管保护时，应采用金属盒体；

2 当开关、插座及接线盒有矿棉保护时，可采用难燃性盒体；

3 安装在木骨架墙体上时，墙体中相邻两根木骨柱之间的两侧面板上，应仅在其中一侧设置开关、插座及接线盒；当设计需要在墙体中相邻两根木骨柱之间的两侧面板上均设置开关、插座及接线盒时，应采取局部的防火分隔措施。

10.2.9 安装在木结构建筑楼盖、屋盖及吊顶上的照明灯具应采用金属盒体，且应采用不低于所在部位墙体或楼盖、屋盖耐火极限的石膏板对金属盒体进行分隔保护。

10.2.10 当管道内的流体造成管道外壁温度达到120℃及以上时，管道及其包覆材料或内衬以及施工时使用的胶粘剂应为不燃材料；对于外壁温度低于120℃的管道及其包覆材料或内衬，其燃烧性能不应低于B_1级。

10.2.11 当采用非金属不燃材料制作烟道、烟囱、火炕等采暖或炊事管道时，应符合下列规定：

1 与木构件相邻部位的壁厚不应小于240mm；

2 与木构件之间的净距不应小于100mm；

3 与木构件之间的缝隙应具备良好的通风条件，或可采用70mm的矿棉保护层隔热。

10.2.12 当采用金属材料制作烟道、烟囱、火炕等采暖或炊事管道时，应采用厚度为70mm的矿棉保护层隔热，并应在保护层外部包覆耐火极限不低于1.00h的防火保护。

10.2.13 木结构建筑中放置烹饪炉的平台应为不燃材料，烹饪炉上方750mm以及周围400mm的范围内不应有可燃装饰或可燃装置。

10.2.14 附设在木结构居住建筑内的机动车库应符合下列规定：

1 车库总面积不宜超过60m²；

2 不宜设置与室内相通的窗洞，可仅设置一樘不直通卧室的单扇乙级防火门；

3 车库与室内的隔墙耐火极限不应低于2.00h。

10.2.15 当木结构建筑需要进行防雷设计时，除应满足现行国家标准《建筑防雷设计规范》GB 50057的相关规定外，还应符合下列规定：

1 木结构建筑的防雷等级可根据其重要性、使用性质、发生雷电事故的可能性和后果划分。

2 木结构建筑宜采用装设在屋顶的避雷网或避雷带作为防直击雷的接闪器，突出屋面的所有金属构件均应与防雷装置可靠焊接。

3 引下线宜沿木结构建筑外墙明卡敷设，并应在距室外地面上 1.8m 处设置断接卡，连接板处应有明显标志。当引下线为墙内暗敷时，应采用绝缘套管进行保护。

4 地面上 1.7m 以下至地面下 0.3m 的一段接地线应采用改性塑料管或橡胶管等进行保护。

5 室内电缆、导线与防雷引下线之间的距离不应小于 2.0m。

10.2.16 当胶合木构件考虑耐火极限的要求时，其层板组坯除应符合构件强度设计的规定外，还应符合下列防火构造规定：

1 对于耐火极限为 1.00h 的胶合木构件，当构件为非对称异等组合时，应在受拉边减去一层中间层板，并应增加一层表面抗拉层板。当构件为对称异等组合时，应在上下两边各减去一层中间层板，并应各增加一层表面抗拉层板。构件设计时，强度设计值应按未改变层板组合的情况取值。

2 对于耐火极限为 1.50h 或 2.00h 的胶合木构件，当构件为非对称异等组合时，应在受拉边减去两层中间层板，并应增加两层表面抗拉层板。当构件为对称异等组合时，应在上下两边各减去两层中间层板，并应各增加两层表面抗拉层板。构件设计时，强度设计值应按未改变层板组合的情况取值。

11 木结构防护

11.1 一般规定

11.1.1 木结构建筑应根据当地气候条件、白蚁危害程度及建筑物特征采取有效的防水、防潮和防白蚁措施，保证结构和构件在设计使用年限内正常工作。

11.1.2 木结构建筑使用的木材含水率应符合本标准第 3.1.12 条的规定，应防止木材在运输、存放和施工过程中遭受雨淋和潮气。

11.2 防水防潮

11.2.1 木结构建筑应有效地利用周围地势、其他建筑物及树木，应减少外围护结构表面的环境暴露程度。

11.2.2 木结构建筑应有效利用悬挑结构、雨篷等设施对外墙面和门窗进行保护，宜减少在围护结构上开窗开洞的部位。

11.2.3 木结构建筑应采取有效措施提高整个建筑围护结构的气密性能，应在下列部位的接触面和连接点设置气密层：

1 相邻单元之间；

2 室内空间与车库之间；

3 室内空间与非调温调湿地下室之间；

4 室内空间与架空层之间；

5 室内空间与通风屋顶空间之间。

11.2.4 在年降雨量高于 1000mm 的地区，或环境暴露程度很高的木结构建筑，应采用防雨幕墙。在外墙防护板和外墙防水膜之间应设置排水通风空气层，其净厚度宜在 10mm 以上，有效空隙不应低于排水通风空气层总空隙的 70%；空隙开口处应设置连续的防虫网。

11.2.5 在混凝土地基周围、地下室和架空层内，应采取防止水分和潮气由地面入侵的排水、防水及防潮等有效措施。在木构件和混凝土构件之间应铺设防潮膜。建筑物室内外地坪高差不应小于 300mm。当建筑物底层采用木楼盖时，木构件的底部距离室外地坪的高度不应小于 300mm。

11.2.6 木结构建筑屋顶宜采用坡屋顶。屋顶空间宜安装通风孔。采用自然通风时，通风孔总面积应不小于保温吊顶面积的 1/300。通风孔应均匀设置，并应采取防止昆虫或雨水进入的措施。

11.2.7 外墙和非通风屋顶的设计应减少蒸汽内部冷凝，并有效促进潮气散发。在严寒和寒冷地区，外墙和非通风屋顶内侧应具有较低蒸汽渗透性；在夏热冬暖和炎热地区，外侧应具有较低的蒸汽渗透率。

11.2.8 在门窗洞口、屋面、外墙开洞处、屋顶露台和阳台等部位均应设置防水、防潮和排水的构造措施，应有效地利用泛水材料促进局部排水。泛水板向外倾斜的最终坡度不应低于 5%。屋顶露台和阳台的地面最终排水坡度不应小于 2%。

11.2.9 木结构的防水防潮措施应按下列规定设置：

1 当桁架和大梁支承在砌体或混凝土上时，桁架和大梁的支座下应设置防潮层；

2 桁架、大梁的支座节点或其他承重木构件不应封闭在墙体或保温层内；

3 支承在砌体或混凝土上的木柱底部应设置垫板，严禁将木柱直接砌入砌体中，或浇筑在混凝土中；

4 在木结构隐蔽部位应设置通风孔洞；

5 无地下室的底层木楼盖应架空，并应采取通风防潮措施。

11.3 防生物危害

11.3.1 木结构建筑受生物危害区域应根据白蚁和腐朽的危害程度划分为四个区域等级，各区域等级包括的地区应按表 11.3.1 的规定确定。

表 11.3.1 生物危害地区划分表

序号	生物危害区域等级	白蚁危害程度	包括地区
1	Z1	低危害地带	新疆、西藏西北部、青海西北部、甘肃西北部、宁夏北部、内蒙古除突泉至赤峰一带以东地区和加格达奇地区外的绝大部分地区、黑龙江北部
2	Z2	中等危害地带，无白蚁	西藏中部、青海东南部、甘肃南部、宁夏南部、内蒙古东南部、四川西北部、陕西北部、山西北部、河北北部、辽宁西北部、吉林西北部、黑龙江南部
3	Z3	中等危害地带，有白蚁	西藏南部、四川西部少部分地区、云南德钦以北少部分地区、陕西中部、山西南部、河北南部、北京、天津、山东、河南、安徽北部、江苏北部、辽宁东南部、吉林东南部
4	Z4	严重危害地带，有乳白蚁	云南除德钦以北的其他地区、四川东南大部、甘肃武都以南少部分地区、陕西汉中以南少部分地区、河南信阳以南少部分地区、安徽南部、江苏南部、上海、贵州、重庆、广西、湖北、湖南、江西、浙江、福建、贵州、广东、海南、香港、澳门、台湾

11.3.2 当木结构建筑施工现场位于白蚁危害区域等级为 Z2、Z3 和 Z4 区域内时，木结构建筑的施工应符合下列规定：

   1 施工前应对场地周围的树木和土壤进行白蚁检查和灭蚁工作；

   2 应清除地基土中已有的白蚁巢穴和潜在的白蚁栖息地；

   3 地基开挖时应彻底清除树桩、树根和其他埋在土壤中的木材；

   4 所有施工时产生的木模板、废木材、纸质品及其他有机垃圾，应在建造过程中或完工后及时清理干净；

   5 所有进入现场的木材、其他林产品、土壤和绿化用树木，均应进行白蚁检疫，施工时不应采用任何受白蚁感染的材料；

   6 应按设计要求做好防治白蚁的其他各项措施。

11.3.3 当木结构建筑位于白蚁危害区域等级为 Z3 和 Z4 区域内时，木结构建筑的防白蚁设计应符合下列规定：

   1 直接与土壤接触的基础和外墙，应采用混凝土或砖石结构；基础和外墙中出现的缝隙宽度不应大于 0.3mm；

   2 当无地下室时，底层地面应采用混凝土结构，并宜采用整浇的混凝土地面；

   3 由地下通往室内的设备电缆缝隙、管道孔缝隙、基础顶面与底层混凝土地坪之间的接缝，应采用防白蚁物理屏障或土壤化学屏障进行局部处理；

   4 外墙的排水通风空气层开口处应设置连续的防虫网，防虫网隔栅孔径应小于 1mm；

   5 地基的外排水层或外保温绝热层不宜高出室外地坪，否则应作局部防白蚁处理。

11.3.4 在白蚁危害区域等级为 Z3 和 Z4 的地区，应采用防白蚁土壤化学处理和白蚁诱饵系统等防虫措施。土壤化学处理和白蚁诱饵系统应使用对人体和环境无害的药剂。

11.4 防 腐

11.4.1 木结构建筑采用的防腐、防虫构造措施应在设计图纸中作出规定。

11.4.2 所有在室外使用，或与土壤直接接触的木构件，应采用防腐木材。在不直接接触土壤的情况下，可采用其他耐久木材或耐久木制品。

11.4.3 当木构件与混凝土或砖石砌体直接接触时，木构件应采用防腐木材。

11.4.4 当承重结构使用马尾松、云南松、湿地松、桦木，并位于易腐朽或易遭虫害的地方时，应采用防腐木材。

11.4.5 在白蚁危害区域等级为 Z4 的地区，木结构建筑宜采用具有防白蚁功能的防腐处理木材。

11.4.6 木构件的机械加工应在防腐防虫药剂处理前进行。木构件经防腐防虫处理后，应避免重新切割或钻孔。由于技术上的原因，确有必要作局部修整时，应对木材暴露的表面，涂刷足够的同品牌或同品种药剂。

11.4.7 当金属连接件、齿板及螺钉与含铜防腐剂处理的木材接触时，金属连接件、齿板及螺钉应避免防腐剂引起的腐蚀，并应采用热浸镀锌或不锈钢产品。

11.4.8 防腐防虫药剂配方及技术指标应符合现行国家标准《木材防腐剂》GB/T 27654 的相关规定。在任何情况下，均不应使用未经鉴定合格的药剂。防腐木材的使用分类和要求应满足现行国家标准《防腐木材的使用分类和要求》GB/T 27651 的相关规定。

11.4.9 木结构的防腐、防虫采用药剂加压处理时，该药剂在木材中的保持量和透入度应达到设计文件规定的要求。设计未作规定时，则应符合现行国家标准《木结构工程施工质量验收规范》GB 50206 的相关规定。

附录 A 承重结构木材材质标准

A.1 方木原木结构用木材材质标准

A.1.1 现场目测分级方木的材质标准应符合表 A.1.1 的规定。

表 A.1.1 现场目测分级方木材质标准

项次	缺 陷 名 称	材 质 等 级		
		Ⅰa	Ⅱa	Ⅲa
1	腐朽	不允许	不允许	不允许
2	木节 在构件任一面任何 150mm 长度上所有木节尺寸的总和,不应大于所在面宽的	1/3 在连接部位为 1/4	2/5	1/2
3	斜纹 任何 1m 材长上平均倾斜高度,不应大于	50mm	80mm	120mm
4	髓心	应避开受剪面	不限	不限
5	裂缝	在连接部位的受剪面上	不允许	不允许	不允许
		在连接部位的受剪面附近,其裂缝深度(当有对面裂缝时,裂缝深度用两者之和)不应大于材宽的	1/4	1/3	不限
6	虫蛀	允许有表面虫沟,不应有虫眼		

注：1 对于死节(包括松软节和腐朽节),除按一般木节测量外,必要时尚应按缺孔验算;若死节有腐朽迹象,则应经局部防腐处理后使用;

2 木节尺寸按垂直于构件长度方向测量。木节表现为条状时,在条状的一面不计(图 A.1.1),直径小于 10mm 的活节不计。

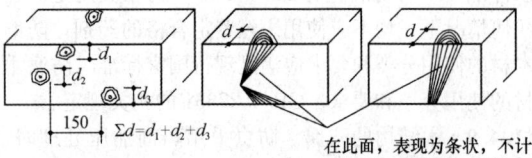

图 A.1.1 木节测量方法示意

A.1.2 现场目测分级原木的材质标准应符合表 A.1.2 的规定。

表 A.1.2 现场目测分级原木材质标准

项次	缺 陷 名 称	材质等级		
		Ⅰa	Ⅱa	Ⅲa
1	腐朽	不允许	不允许	不允许
2	木节	在构件任一面任何 150mm 长度上沿周长所有木节尺寸的总和,不应大于所测部位原木周长的	1/4	1/3	不限
		每个木节的最大尺寸,不应大于所测部位原木周长的	1/10 在连接部位为 1/12	1/6	1/6
3	扭纹 小头 1m 材长上倾斜高度不应大于	80mm	120mm	150mm
4	髓心	应避开受剪面	不限	不限
5	虫蛀	允许有表面虫沟,不应有虫眼		

注：1 对于死节(包括松软节和腐朽节),除按一般木节测量外,必要时尚应按缺孔验算;若死节有腐朽迹象,则应经局部防腐处理后使用;

2 木节尺寸按垂直于构件长度方向测量,直径小于 10mm 的活节不量;

3 对于原木的裂缝,可通过调整其方位(使裂缝尽量垂直于构件的受剪面)予以使用。

A.1.3 现场目测分级板材的材质标准应符合表 A.1.3 的规定。

表 A.1.3 现场目测分级板材材质标准

项次	缺 陷 名 称	材质等级		
		Ⅰa	Ⅱa	Ⅲa
1	腐朽	不允许	不允许	不允许
2	木节 在构件任一面任何 150mm 长度上所有木节尺寸的总和,不应大于所在面宽的	1/4 在连接部位为 1/5	1/3	2/5
3	斜纹 任何 1m 材长上平均倾斜高度,不应大于	50mm	80mm	120mm
4	髓心	不允许	不允许	不允许
5	裂缝 在连接部位的受剪面及其附近	不允许	不允许	不允许
6	虫蛀	允许有表面虫沟,不应有虫眼		

注：对于死节(包括松软节和腐朽节),除按一般木节测量外,必要时尚应按缺孔验算。若死节有腐朽迹象,则应经局部防腐处理后使用。

A.1.4 采用工厂目测分级的方木用于梁或柱时,其材质标准应符合表 A.1.4-1 或表 A.1.4-2 的规定。

表 A.1.4-1　用于梁的工厂目测分级方木材质标准（宽度≥114mm，高度≥宽度＋50mm）

项次	特征和缺陷	材质等级		
		Ⅰe	Ⅱe	Ⅲe
1	干裂	在构件端部的单个表面或相对表面，裂缝总长不大于 b/4		不限
2	生长速度	每 25mm 长度内不少于 4 道年轮		不限
3	劈裂	长度不大于 h/2	长度不大于 h 且不大于 L/6	长度不超过 2h 且不大于 L/6
4	轮裂	限于端部，长度不超过 b/6		1）单个面有表面轮裂时，裂缝长度和深度不大于 L/2 和 b/2； 2）单个面允许等效裂缝 3）两个表面有贯通轮裂时，裂缝长度不大于 1220mm
5	树皮囊	1）长度为 305mm 时，允许宽度不大于 1.6mm 2）长度为 205mm 时，允许宽度不大于 3.2mm 3）长度为 100mm 时，允许宽度不大于 9.6mm	不限	不限
6	腐朽——白腐	不允许		不大于 1/3 体积
7	腐朽——蜂窝腐	不允许		每 610mm 长度内不大于 h/6
8	腐朽——不健全材	不允许		表面斑点，不大于 h/6
9	钝棱	钝棱全长内不大于该表面宽度的 1/8；或 1/4 长度内不大于该表面宽度的 1/4	钝棱全长内不大于该表面宽度的 1/4，或 1/4 长度内不大于该表面宽度的 1/3	钝棱全长内不大于该表面宽度的 1/3，或 1/4 长度内不大于该表面宽度的 1/2
10	针孔虫眼	每 900cm² 允许 30 个直径小于 1.6mm 的针孔虫眼		不限
11	大虫眼	每 610mm 长度内限一个直径小于 6.4mm 的大虫眼	每 305mm 长度内限一个直径小于 6.4mm 的大虫眼	不限
12	斜纹	不大于 1∶14	不大于 1∶10	不大于 1∶6

项次		材面高度（mm）	健全节，坚实节		健全节，坚实节		健全节，不坚实或有孔洞节	
			位于窄面或宽面边缘的节子尺寸（mm）	位于宽面中心线附近的节子尺寸（mm）	位于窄面或宽面边缘的节子尺寸（mm）	位于宽面中心线附近的节子尺寸（mm）	位于窄面或宽面边缘的节子尺寸（mm）	位于宽面中心线附近的节子尺寸（mm）
13	节子	205	48	51	67	76	114	114
		255	51	67	73	95	143	143
		305	54	79	83	114	175	175
		355	60	86	89	127	191	191
		405	64	92	95	133	206	206
		450	70	92	98	143	219	219
		510	73	98	105	149	232	232
		560	76	102	111	159	241	241
		610	79	108	114	165	254	254

注：1　表中 h 为构件截面高度（宽面）；b 为构件截面宽度（窄面）；L 为构件长度；

2　等效裂缝指当表面轮裂的裂缝长度小于 L/2 时，相应的裂缝深度可根据表面轮裂的等效裂缝面积增加；同样，当裂缝深度小于 b/2 时，相应的裂缝长度可根据表面轮裂的等效裂缝面积增加；

3　白腐——木材中白腐菌引起的白色或棕色的小壁孔或斑点；蜂窝腐——与白腐相似但囊孔更大。

表 A.1.4-2　用于柱的工厂目测分级方木材质标准（宽度≥114mm，高度≤宽度+50mm）

项次	特征和缺陷	材质等级		
		Ⅰf	Ⅱf	Ⅲf
1	干裂	在构件端部的单个表面或相对表面，裂缝总长不大于 $b/4$		不限
2	生长速度	每 25mm 长度内不少于 4 道年轮		不限
3	劈裂	长度不大于 $h/2$	长度不大于 h 且不大于 $L/6$	劈裂
4	轮裂	限于端部，长度不超过 $b/6$		1）单个面有表面轮裂时，裂缝长度和深度不大于 $L/2$ 和 $b/2$； 2）单个面允许等效裂缝 3）两个表面有贯通轮裂时，裂缝长度不大于 1220mm
5	树皮囊	1）长度为 305mm 时，允许宽度不大于 1.6mm 2）长度为 205mm 时，允许宽度不大于 3.2mm 3）长度为 100mm 时，允许宽度不大于 9.6mm	不限	不限
6	腐朽——白腐	白腐菌引起的白色或棕色的小壁孔或斑点，不允许		不大于 1/3 体积
7	腐朽——蜂窝腐	与白腐相似但囊孔更大，不允许		每 610mm 长度内不大于 $h/6$
8	腐朽——不健全材	不允许		表面斑点，不大于 $h/6$
9	钝棱	钝棱全长内不大于该表面宽度的 1/8；或 1/4 长度内不大于该表面宽度的 1/4	钝棱全长内不大于该表面宽度的 1/4，或 1/4 长度内不大于该表面宽度的 1/3	钝棱全长内不大于该表面宽度的 1/3，或 1/4 长度内不大于该表面宽度的 1/2
10	针孔虫眼	每 900cm² 允许 30 个直径小于 1.6mm 的针孔虫眼		不限
11	大虫眼	每 610mm 长度内限一个直径小于 6.4mm 的大虫眼	每 305mm 长度内限一个直径小于 6.4mm 的大虫眼	不限
12	斜纹	不大于 1:12	不大于 1:10	不大于 1:6

13　节子

材面高度（mm）	健全节，坚实节	健全节，坚实节	健全节，不坚实或有孔洞节	不健全节
	位于任何位置的节子尺寸（mm）			
125	25	38	64	
150	32	48	76	
205	41	64	95	
255	51	79	127	
305	60	95	152	均为健全节相应尺寸的 1/2
355	64	102	165	
405	70	108	178	
435	76	114	191	

注：1　表中，h 为构件截面高度（宽面）；b 为构件截面宽度（窄面）；L 为构件长度；
　　2　等效裂缝指当表面轮裂的裂缝长度小于 $L/2$ 时，相应的裂缝深度可根据表面轮裂的等效裂缝面积增加；同样，当裂缝深度小于 $b/2$ 时，相应的裂缝长度可根据表面轮裂的等效裂缝面积增加；
　　3　白腐——木材中白腐菌引起的白色或棕色的小壁孔或斑点；蜂窝腐——与白腐相似但囊孔更大。

A.2 普通胶合木层板材质标准

A.2.1 普通胶合木层板材质等级标准应符合表 A.2.1 的规定。

表 A.2.1 普通胶合木层板材质等级标准

项次	缺陷名称		材质等级		
			Ⅰb	Ⅱb	Ⅲb
1	腐朽		不允许	不允许	不允许
2	木节	在构件任一面任何 200mm 长度上所有木节尺寸的总和，不应大于所在面宽的	1/3	2/5	1/2
		在木板指接及其两端各 100mm 范围内	不允许	不允许	不允许
3	斜纹 任何 1m 材长上平均倾斜高度，不应大于		50mm	80mm	150mm
4	髓心		不允许	不允许	不允许
5	裂缝	在木板窄面上的裂缝，其深度（有对面裂缝用两者之和）不应大于板宽的	1/4	1/3	1/2
		在木板宽面上的裂缝，其深度（有对面裂缝用两者之和）不应大于板厚的	不限	不限	对侧立腹板工字梁的腹板：1/3，对其他板材不限
6	虫蛀		允许有表面虫沟，不应有虫眼		
7	涡纹 在木板指接及其两端各 100mm 范围内		不允许	不允许	不允许

注：1 同表 A.1.1 注；
  2 按本标准选材配料时，尚应注意避免在制成的胶合构件的连接受剪面上有裂缝；
  3 对于有过大缺陷的木材，可截去缺陷部分，经重新接长后按所定级别使用。

A.3 轻型木结构用规格材材质标准

A.3.1 轻型木结构用规格材材质标准应符合表 A.3.1 的规定。

表 A.3.1 轻型木结构用规格材材质标准

项次	缺陷名称	材质等级			
		Ⅰc	Ⅱc	Ⅲc	Ⅳc
		最大截面高度 $h_m \leqslant 285$mm			
1	振裂和干裂	允许裂缝不贯通，长度不大于 610mm		贯通时，长度不大于 610mm；不贯通时，长度不大于 910mm 或 $L/4$	贯通时，长度不大于 $L/3$；不贯通时，全长；三面环裂时，长度不大于 $L/6$
2	漏刨	不大于 10% 的构件有轻度跳刨		轻度跳刨，其中不大于 5% 的构件有中度漏刨或有长度不超过 610 mm 的重度漏刨	轻度跳刨，其中不大于 10% 的构件全长有重度漏刨
3	劈裂	长度不大于 b		长度不大于 $1.5b$	长度不大于 $L/6$
4	斜纹	斜率不大于 1:12	斜率不大于 1:10	斜率不大于 1:8	斜率不大于 1:4
5	钝棱	不大于 $h/4$ 和 $b/4$，全长；若每边钝棱不大于 $h/2$ 或 $b/3$，则长度不大于 $L/4$		不大于 $h/3$ 和 $b/3$，全长；若每边钝棱不大于 $2h/3$ 或 $b/2$，则长度不大于 $L/4$	不超过 $h/2$ 和 $b/2$，全长；若每边钝棱不超过 $7h/8$ 或 $3b/4$，则长度不大于 $L/4$

续表 A.3.1

项次	缺陷名称	材质等级			
		I$_c$	II$_c$	III$_c$	IV$_c$
		最大截面高度 $h_m \leqslant 285mm$			
6	针孔虫眼	以最差材面为准，按节孔的要求，每25mm的节孔允许等效为48个直径小于1.6mm的针孔虫眼			
7	大虫眼	以最差材面为准，按节孔的要求，每25mm的节孔允许等效为12个直径小于6.4mm的大虫眼			
8	腐朽——材心	不允许		当 $b>40mm$，不允许；否则不大于 $h/3$ 和 $b/3$	不大于1/3截面，并不损坏钉入边
9	腐朽——白腐	不允许		不大于构件表面1/3	不限制
10	腐朽——蜂窝腐	不允许		仅允许 b 为40mm构件，且不大于 $h/6$；坚实	不大于 b，坚实
11	腐朽——局部片状腐	不允许		不大于 $h/6$；当窄面有时，允许长度为节孔尺寸的二倍	不大于1/3截面
12	腐朽——不健全材	不允许		最大尺寸 $h/12$ 和 51mm 长，或等效的多个小尺寸	不大于1/3截面，长度不大于 $L/6$ 长度，并不损坏钉入边
13	扭曲、横弯和顺弯	1/2中度		轻度	中度

14 节子和节孔		每1220mm 长度内，允许的节孔尺寸（mm）			每910mm 长度内，允许的节孔尺寸（mm）			每610mm 长度内，允许的节孔尺寸（mm）			每305mm 长度内，允许的节孔尺寸（mm）		
	截面高度（mm）	健全节，均匀分布的死节		死节和节孔	健全节，均匀分布的死节		死节和节孔	任何节子		节孔	任何节子		节孔
		材边	材心		材边	材心		材边	材心		材边	材心	
	40	10	10	10	13	13	13	16	16	16	19	19	19
	65	13	13	13	19	19	19	22	22	22	32	32	32
	90	19	22	19	25	38	25	32	51	32	44	64	44
	115	25	38	22	32	48	29	41	60	35	57	76	48
	140	29	48	25	38	57	32	48	73	38	70	95	51
	185	38	57	32	51	70	38	64	89	51	89	114	64
	235	48	67	32	64	93	38	83	108	64	114	140	76
	285	57	76	32	76	95	38	95	121	76	140	165	89

续表 A.3.1

项次	缺陷名称	材质等级		
		IV_{c1}	II_{c1}	III_{c1}
		最大截面高度 $h_m \leqslant 285$mm	最大截面高度 $h_m \leqslant 90$mm	
1	振裂和干裂	不贯通时，全长；贯通和三面环裂时，长度不大于 $L/3$	允许裂缝不贯通，长度不大于 610mm	裂缝贯通时，长度不大于 610mm；裂缝不贯通时，长度不大于 910mm 或 $L/4$
2	漏刨	中度漏刨，其中不大于 10% 的构件宽面有重度漏刨	不大于 10% 的构件有轻度跳刨	轻度跳刨，其中不大于 5% 的构件有中度漏刨或有长度不超过 610 mm 的重度漏刨
3	劈裂	长度不大于 $2b$	长度不大于 b	长度不大于 $1.5b$
4	斜纹	斜率不大于 1:4	斜率不大于 1:6	斜率不大于 1:4
5	钝棱	不大于 $h/3$ 和 $b/2$，全长；若每边钝棱不大于 $h/2$ 或 $3b/4$，则长度不大于 $L/4$	不超过 $h/4$ 和 $b/4$，全长；若每边钝棱不超过 $h/2$ 或 $b/3$，则长度不大于 $L/4$	不超过 $h/3$ 和 $b/3$，全长；若每边钝棱不超过 $2h/3$ 或 $b/2$，则长度不大于 $L/4$
6	针孔虫眼	以最差材面为准，按节孔的要求，每 25mm 的节孔允许等效为 48 个直径小于 1.6mm 的针孔虫眼		
7	大虫眼	以最差材面为准，按节孔的要求，每 25mm 的节孔允许等效为 12 个直径小于 6.4mm 的大虫眼		
8	腐朽——材心	不大于 1/3 截面，并不损坏钉入边	不允许	不大于 $h/3$ 或 $b/3$
9	腐朽——白腐	无限制	不允许	不大于构件表面 1/3
10	腐朽——蜂窝腐	不大于 b，坚实	不允许	仅允许 b 为 40mm 构件，且不大于 $h/6$；坚实
11	腐朽——局部片状腐	不大于 1/3 截面	不允许	不大于 $h/6$；当窄面有时，允许长度为节孔尺寸的二倍
12	腐朽——不健全材	不大于 1/3 截面，长度不大于 $L/6$ 长度，并不损坏钉入边	不允许	最大尺寸 $b/12$ 和长为 51mm 或等效的多个小尺寸；
13	扭曲、横弯和顺弯	1/2 中度	1/2 中度	轻度

项次		截面高度（mm）	每 305mm 长度内，允许的节孔尺寸（mm）			每 910mm 长度内，允许的节孔尺寸（mm）		每 610mm 长度内，允许的节孔尺寸（mm）	
			任何节子		节孔	健全节，均匀分布的死节	死节和节孔	任何节子	节孔
			材边	材心					
14	节子和节孔	40	19	19	19	19	16	25	19
		65	32	32	32	32	19	38	25
		90	44	64	38	38	25	52	32
		115	57	76	44	—	—	—	—
		140	70	95	51	—	—	—	—
		185	89	114	64	—	—	—	—
		235	114	140	76	—	—	—	—
		285	140	165	89	—	—	—	—

注：1 表中 h 为构件截面高度（宽面）；b 为构件截面宽度（窄面）；L 为构件长度，h_m 为构件截面最大高度；

　　2 漏刨有：轻度跳刨——深度不大于 1.6mm，长度不大于 1220mm 的一组漏刨，漏刨间表面有刨光；中度漏刨——在部分或全部表面有深度不超过 1.6mm 的漏刨或全部糙面；重度漏刨——宽度上深度大于 3.2mm 的漏刨；

　　3 当钝棱长度不超过 304mm 且钝棱表面满足对漏刨的规定时，不在构件端部的钝棱容许占据构件的部分或全部宽面；当钝棱的长度不超过最大节孔直径的 2 倍且钝棱的表面满足对节孔的规定时，不在构件端部的钝棱容许占据构件的部分或全部宽面；该缺陷在每根构件中允许出现一次，含有该缺陷的构件总数不应超过 5%；

　　4 材心腐——沿髓心发展的局部腐朽；白腐——木材中白腐菌引起的白色或棕色的小壁孔或斑点；蜂窝腐——与白腐相似但囊孔更大；局部片状腐——槽状或壁状的腐朽区域；

　　5 节孔可以全部或部分贯通构件。除非特别说明，节孔的测量方法同节子。

附录 B 轻型木结构的有关要求

B.1 规格材的截面尺寸

B.1.1 轻型木结构用规格材截面尺寸应符合表 B.1.1 的规定。

表 B.1.1 结构规格材截面尺寸表

截面尺寸 宽(mm)×高(mm)	40× 40	40× 65	40× 90	40× 115	40× 140	40× 185	40× 235	40× 285
截面尺寸 宽(mm)×高(mm)	—	65× 65	65× 90	65× 115	65× 140	65× 185	65× 235	65× 285
截面尺寸 宽(mm)×高(mm)	—	—	90× 90	90× 115	90× 140	90× 185	90× 235	90× 285

注：1 表中截面尺寸均为含水率不大于 19%、由工厂加工的干燥木材尺寸；

  2 当进口规格材截面尺寸与表中尺寸相差不超 2mm 时，应与其相应规格材等同使用；但在计算时，应按进口规格材实际截面进行计算。

B.1.2 轻型木结构用速生树种规格材截面尺寸应符合表 B.1.2 的规定。

表 B.1.2 速生树种结构规格材截面尺寸表

截面尺寸 宽（mm）× 高（mm）	45× 75	45× 90	45× 140	45× 190	45× 240	45× 290

注：表中截面尺寸均为含水率不大于 19%、由工厂加工的干燥木材尺寸。

B.2 墙骨柱最小截面尺寸和最大间距

B.2.1 轻型木结构墙骨柱的最小截面尺寸和最大间距（图 B.2.1）应符合表 B.2.1 的规定。

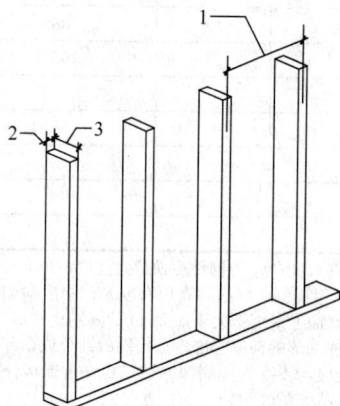

图 B.2.1 墙骨柱的最小截面尺寸和最大间距示意
1—最大间距；2—最小截面宽度；3—最小截面高度

表 B.2.1 墙骨柱的最小截面尺寸和最大间距

墙的类型	承受荷载情况	最小截面尺寸 （宽度 mm× 高度 mm）	最大间距 （mm）	最大层高 （m）
内墙	不承受荷载	40×40	410	2.4
		90×40	410	3.6
	屋盖	40×65	410	2.4
		40×90	610	3.6
	屋盖加一层楼	40×90	410	3.6
	屋盖加二层楼	40×140	410	4.2
	屋盖加三层楼	40×90	310	3.6
		40×140	310	4.2
外墙	屋盖	40×65	410	2.4
		40×90	610	3.0
	屋盖加一层楼	40×90	410	3.0
		40×140	610	3.0
	屋盖加二层楼	40×90	310	3.0
		65×90	410	3.0
	屋盖加三层楼	40×140	410	3.6
		40×140	310	1.8

B.3 构件之间的钉连接要求

B.3.1 轻型木结构屋面椽条与顶棚搁栅的钉连接应符合表 B.3.1 的规定。

表 B.3.1 椽条与顶棚搁栅钉连接（屋脊板无支承）

屋面坡度	椽条间距 （mm）	椽条与每根顶棚搁栅连接处的最少钉数（颗） 钉长≥80mm，钉直径 d≥2.8mm	
		房屋宽度为 8m	房屋宽度为 9.8m
1:3	400	4	5
	610	6	8
1:2.4	400	4	6
	610	5	7
1:2	400	4	4
	610	4	5
1:1.71	400	4	4
	610	4	5
1:1.33	400	4	4
	610	4	4
1:1	400	4	4
	610	4	4

B.3.2 轻型木结构墙面板、楼面板和屋面板与支承构件的钉连接应符合表 B.3.2 的规定。

表 B.3.2 墙面板、楼（屋）面板与支承构件的钉连接要求

连接面板名称	连接件的最小长度（mm）				钉的最大间距
	普通圆钢钉	螺纹圆钉或麻花钉	屋面钉或木螺钉	U形钉	
厚度小于13mm的石膏墙板	不允许	不允许	45	不允许	沿板边缘支座150mm；沿板跨中支座300mm
厚度小于10mm的木基结构板材	50	45	不允许	40	
厚度10mm～20mm的木基结构板材	50	45	不允许	50	
厚度大于20mm的木基结构板材	60	50	不允许	不允许	

注：钉距每块面板边缘不应小于10mm；钉应牢固的打入骨架构件中，钉面应与板面齐平。

B.3.3 轻型木结构构件之间的钉连接应符合表 B.3.3 的规定。

表 B.3.3 轻型木结构的钉连接要求

序号	连接构件名称	最小钉长（mm）	钉的最少数量或最大间距 钉直径 $d \geqslant 2.8mm$
1	楼盖搁栅与墙体顶梁板或底梁板——斜向钉合	80	2颗
2	边框梁或封边板与墙体顶梁板或底梁板——斜向钉合	80	150mm
3	楼盖搁栅木底撑或扁钢底撑与楼盖搁栅	60	2颗
4	搁栅间剪刀撑和横撑	60	每端2颗
5	开孔周边双层封边梁或双层加强搁栅	80	2颗或3颗 间距300mm
6	木梁两侧附加托木与木梁	80	每根搁栅处2颗
7	搁栅与搁栅连接板	80	每端2颗
8	被切搁栅与开孔封头搁栅（沿开孔周边垂直钉连接）	80	3颗

续表 B.3.3

序号	连接构件名称	最小钉长（mm）	钉的最少数量或最大间距 钉直径 $d \geqslant 2.8mm$
9	开孔处每根封头搁栅与封边搁栅的连接（沿开孔周边垂直钉连接）	80	5颗
10	墙骨柱与墙体顶梁板或底梁板，采用斜向钉合或	60	4颗
	垂直钉合	80	2颗
11	开孔两侧双根墙骨柱，或在墙体交接或转角处的墙骨柱	80	610mm
12	双层顶梁板	80	610mm
13	墙体底梁板或地梁板与搁栅或封头块（用于外墙）	80	400mm
14	内隔墙与框架或楼面板	80	610mm
15	墙体底梁板或地梁板与搁栅或封头块；内隔墙与框架或楼面板（用于传递剪力墙的剪力时）	80	150mm
16	非承重墙开孔顶部水平构件	80	每端2颗
17	过梁与墙骨柱	80	每端2颗
18	顶棚搁栅与墙体顶梁板——每侧采用斜向钉连接	80	2颗
19	屋面椽条、桁架或屋面搁栅与墙体顶梁板——斜向钉连接	80	3颗
20	椽条板与顶棚搁栅	80	3颗
21	椽条与搁栅（屋脊板有支座时）	80	3颗
22	两侧椽条在屋脊通过连接板连接，连接板与每根椽条的连接	60	4颗
23	椽条与屋脊板——斜向钉连接或垂直钉连接	80	3颗
24	椽条拉杆每端与椽条	80	3颗
25	椽条拉杆侧向支撑与拉杆	60	2颗

续表 B.3.3

序号	连接构件名称	最小钉长（mm）	钉的最少数量或最大间距 钉直径 $d \geqslant 2.8mm$
26	屋脊椽条与屋脊或屋谷椽条	80	2 颗
27	椽条撑杆与椽条	80	3 颗
28	椽条撑杆与承重墙——斜向钉连接	80	2 颗

附录 C 木结构检查与维护要求

C.0.1 木结构工程在交付使用前应进行一次全面的检查，应着重检查下列各项：

1 构件支座节点和构件连接节点均应逐个检查，凡是松动的螺栓均应拧紧；

2 跨度较大的梁和桁架的起拱位置和高度是否与设计相符；

3 全部圆钢拉杆和螺栓应逐个检查，凡松动的螺栓应拧紧，并应检查丝扣部分是否正常，螺纹净面积有无过度削弱的情况，是否有防锈措施等。

C.0.2 在工程交付使用后的两年内，业主或物业管理部门应根据当地雪季、雨季和风季前后的气候特点每年安排一次常规检查。两年以后的检查，可视具体情况予以安排，但进行常规检查的时间间隔不应大于 5 年。

C.0.3 常规检查的项目应着重检查下列各项：

1 木屋架支座节点是否受潮、腐蚀或被虫蛀；天沟和天窗是否漏水或排水不畅；木屋架下弦接头处是否有拉开现象，夹板的螺孔附近是否有裂缝。

2 木屋架是否明显的下垂或倾斜；拉杆是否锈蚀，螺帽是否松动，垫板是否变形。

3 构件支座和连接等部位木材是否有受潮或腐朽迹象。

4 构件之间连接节点是否松动。当采用金属连接件时，固定用的螺帽是否松动，金属件是否有化学性侵蚀迹象。

5 轻型木桁架的齿板表面是否有严重的腐蚀，齿板是否松动和脱落。

6 对于暴露在室外或者经常位于在潮湿环境中的木构件，构件是否有严重的开裂和腐朽迹象。

7 木构件之间或木构件与建筑物其他构件之间的连接处，应检查隐藏面是否出现潮湿或腐朽。

C.0.4 当发现有可能危及木结构安全的情况时，应及时进行维护或加固。

C.0.5 构件需进行结构性破坏的维修时，应经过专门设计才能进行。

C.0.6 业主或物业管理部门宜对木结构建筑建立检查和维护的技术档案。对于木结构公共建筑和工业建筑应建立健全检查和维护的技术档案。

附录 D 进口的结构用材强度设计值和弹性模量

D.1 进口北美地区目测分级方木的强度指标

D.1.1 进口北美地区目测分级方木的强度设计值和弹性模量应按表 D.1.1 的规定取值。

表 D.1.1 进口北美地区目测分级方木强度设计值和弹性模量

树种名称	用途	材质等级	强度设计值（N/mm²）					弹性模量 E (N/mm²)
			抗弯 f_m	顺纹抗压 f_c	顺纹抗拉 f_t	顺纹抗剪 f_v	横纹承压 $f_{c,90}$	
花旗松—落叶松类（美国）	梁	I_e	16.2	10.1	7.9	1.7	6.5	11000
		II_e	13.7	8.5	5.6	1.7	6.5	11000
		III_e	8.9	5.5	3.5	1.7	6.5	9000
	柱	I_f	15.2	10.5	8.3	1.7	6.5	11000
		II_f	12.1	9.2	6.8	1.7	6.5	11000
		III_f	7.6	6.4	3.9	1.7	6.5	9000
花旗松—落叶松类（加拿大）	梁	I_e	16.2	10.1	7.9	1.7	6.5	11000
		II_e	13.2	8.5	5.6	1.7	6.5	11000
		III_e	8.9	5.5	3.5	1.7	6.5	9000
	柱	I_f	15.2	10.5	8.3	1.7	6.5	11000
		II_f	12.1	9.2	6.8	1.7	6.5	11000
		III_f	7.3	6.4	3.9	1.7	6.5	9000
铁—冷杉类（美国）	梁	I_e	13.2	8.5	6.2	1.4	4.2	9000
		II_e	10.6	6.9	4.3	1.4	4.2	9000
		III_e	6.8	4.6	2.9	1.4	4.2	7600
	柱	I_f	12.1	8.5	6.6	1.4	4.2	9000
		II_f	9.9	7.8	5.4	1.4	4.2	9000
		III_f	5.8	5.3	3.1	1.4	4.2	7600
铁—冷杉类（加拿大）	梁	I_e	12.7	8.2	6.0	1.4	4.2	9000
		II_e	10.1	6.9	4.1	1.4	4.2	9000
		III_e	5.8	4.3	2.7	1.4	4.2	7600
	柱	I_f	11.6	8.7	6.4	1.4	4.2	9000
		II_f	9.4	7.8	5.2	1.4	4.2	9000
		III_f	5.6	5.3	3.1	1.4	4.2	7600

续表 D.1.1

| 树种名称 | 用途 | 材质等级 | 强度设计值（N/mm²） | | | | | 弹性模量 E (N/mm²) |
			抗弯 f_m	顺纹抗压 f_c	顺纹抗拉 f_t	顺纹抗剪 f_v	横纹承压 $f_{c,90}$	
南方松	梁	I_e	15.2	8.7	8.3	1.3	4.4	10300
		II_e	13.7	7.6	7.4	1.3	4.4	10300
		III_e	8.6	4.8	4.6	1.3	4.4	8300
	柱	I_f	15.2	8.7	8.3	1.3	4.4	10300
		II_f	13.7	7.6	7.4	1.3	4.4	10300
		III_f	8.6	4.8	4.6	1.3	4.4	8300
云杉—松—冷杉类	梁	I_e	11.1	7.1	5.4	1.7	3.9	9000
		II_e	9.1	5.7	3.7	1.7	3.9	9000
		III_e	6.1	3.9	2.5	1.7	3.9	6900
	柱	I_f	10.6	7.3	5.8	1.7	3.9	9000
		II_f	8.6	6.4	4.6	1.7	3.9	9000
		III_f	5.1	4.6	2.7	1.7	3.9	6900
其他北美针叶材树种	梁	I_e	10.6	6.9	5.2	1.3	3.6	7600
		II_e	9.1	5.7	3.7	1.3	3.6	7600
		III_e	5.8	3.9	2.5	1.3	3.6	6200
	柱	I_f	10.6	7.3	5.6	1.3	3.6	7600
		II_f	8.1	6.4	4.3	1.3	3.6	7600
		III_f	4.8	4.3	2.7	1.3	3.6	6200

D.1.2 进口北美地区目测分级方木用于梁时，其强度设计值和弹性模量的尺寸调整系数 k 应按表 D.1.2 的规定采用。

表 D.1.2　尺寸调整系数 k

荷载作用方向	调整条件		抗弯强度设计值 f_m	其他强度设计值	弹性模量 E
垂直于宽面	材质等级	I_e	0.86	1.00	1.00
		II_e	0.74	1.00	0.90
		III_e	1.00	1.00	1.00
垂直于窄面	窄面尺寸	≤305	1.00	1.00	1.00
		>305	$k=\left(\dfrac{305}{h}\right)^{\frac{1}{9}}$	1.00	1.00

注：表中 h 为方木宽面尺寸。

D.1.3 进口北美地区目测分级方木的材质等级与本标准的目测分级方木材质等级的对应关系可按表 D.1.3 的规定采用。

表 D.1.3　北美地区工厂目测分级方木材质等级与本标准对应关系表

本标准材质等级		北美地区材质等级
梁	I_e	Select Structural
	II_e	No.1
	III_e	No.2
柱	I_f	Select Structural
	II_f	No.1
	III_f	No.2

D.2　进口北美地区规格材的强度设计值和弹性模量

D.2.1 进口北美地区目测分级规格材的强度设计值和弹性模量应按表 D.2.1 的规定取值，并应乘以本标准表 4.3.9-3 规定的尺寸调整系数。

表 D.2.1　进口北美地区目测分级规格材强度设计值和弹性模量

| 树种名称 | 材质等级 | 截面最大尺寸 (mm) | 强度设计值（N/mm²） | | | | | 弹性模量 E (N/mm²) |
			抗弯 f_m	顺纹抗压 f_c	顺纹抗拉 f_t	顺纹抗剪 f_v	横纹承压 $f_{c,90}$	
花旗松—落叶松类（美国）	I_c	285	18.1	16.1	8.7	1.8	7.2	13000
	II_c		12.1	13.8	5.7	1.8	7.2	12000
	III_c		9.4	12.3	4.1	1.8	7.2	11000
	IV_c、IV_{c1}		5.4	7.1	2.4	1.8	7.2	9700
	II_{c1}	90	10.0	15.4	4.3	1.8	7.2	10000
	III_{c1}		5.6	12.7	2.4	1.8	7.2	9300
花旗松—落叶松类（加拿大）	I_c	285	14.8	17.0	6.7	1.8	7.2	13000
	II_c		10.0	14.6	4.5	1.8	7.2	12000
	III_c		8.0	13.0	3.4	1.8	7.2	11000
	IV_c、IV_{c1}		4.6	7.9	1.9	1.8	7.2	10000
	II_{c1}	90	8.4	16.0	3.6	1.8	7.2	10000
	III_{c1}		4.7	13.0	2.0	1.8	7.2	9400
铁—冷杉类（美国）	I_c	285	15.9	14.3	7.9	1.5	4.7	11000
	II_c		10.7	12.6	5.2	1.5	4.7	10000
	III_c		8.4	12.0	3.9	1.5	4.7	9300
	IV_c、IV_{c1}		4.9	6.7	2.2	1.5	4.7	8300
	II_{c1}	90	8.9	14.3	4.1	1.5	4.7	9000
	III_{c1}		5.0	12.0	2.3	1.5	4.7	8000
铁—冷杉类（加拿大）	I_c	285	14.8	15.7	6.3	1.5	4.7	12000
	II_c		10.8	14.0	4.5	1.5	4.7	11000
	III_c		9.6	13.0	3.7	1.5	4.7	11000
	IV_c、IV_{c1}		5.6	7.7	2.2	1.5	4.7	10000
	II_{c1}	90	10.2	16.1	4.0	1.5	4.7	10000
	III_{c1}		5.7	13.7	2.2	1.5	4.7	9400

続表 D.2.1

树种名称	材质等级	截面最大尺寸(mm)	强度设计值(N/mm²) 抗弯 f_m	顺纹抗压 f_c	顺纹抗拉 f_t	顺纹抗剪 f_v	横纹承压 $f_{c,90}$	弹性模量 E (N/mm²)
南方松	I_c	285	16.2	15.7	10.2	1.8	6.5	12000
	II_c		10.6	13.4	6.2	1.8	6.5	11000
	III_c		7.8	11.8	2.1	1.8	6.5	9700
	IV_c、IV_{c1}		4.5	6.8	3.9	1.8	6.5	8700
	II_{c1}	90	8.3	14.8	3.9	1.8	6.5	9200
	III_{c1}		4.7	12.1	2.2	1.8	6.5	8300
云杉—松—冷杉类	I_c	285	13.4	13.0	5.7	1.4	4.9	10500
	II_c		9.8	11.5	4.0	1.4	4.9	10000
	III_c		8.7	10.9	3.2	1.4	4.9	9500
	IV_c、IV_{c1}		5.0	6.3	1.9	1.4	4.9	8500
	II_{c1}	90	9.2	13.2	3.4	1.4	4.9	9000
	III_{c1}		5.1	11.2	1.9	1.4	4.9	8100
其他北美针叶材树种	I_c	285	10.0	14.5	3.7	1.4	3.9	8100
	II_c		7.2	12.1	2.7	1.4	3.9	7600
	III_c		6.1	10.1	2.2	1.4	3.9	7000
	IV_c、IV_{c1}		3.5	5.9	1.4	1.4	3.9	6400
	II_{c1}	90	6.7	13.0	2.3	1.4	3.9	6700
	III_{c1}		3.6	10.4	1.3	1.4	3.9	6100

注：当荷载作用方向垂直于规格材宽度时，表中抗弯强度应乘以本标准表 4.3.9-4 规定的平放调整系数。

D.2.2 进口北美地区机械分级规格材的强度设计值和弹性模量应按表 D.2.2 的规定取值。

表 D.2.2 北美地区进口机械分级规格材强度设计值和弹性模量

规格材产地	强度等级	强度设计值(N/mm²) 抗弯 f_m	顺纹抗压 f_c	顺纹抗拉 f_t	顺纹抗剪 f_v	横纹承压 $f_{c,90}$	弹性模量 E (N/mm²)
北美地区	2850Fb-2.3E	28.3	19.7	20.0	—	—	15900
	2700Fb-2.2E	26.8	19.2	18.7	—	—	15200
	2550Fb-2.1E	25.3	18.5	17.8	—	—	14500
	2400Fb-2.0E	23.8	18.1	16.7	—	—	13800
	2250Fb-1.9E	22.3	17.6	15.2	—	—	13100
	2100Fb-1.8E	20.8	17.2	13.7	—	—	12400
	1950Fb-1.7E	19.4	16.5	11.9	—	—	11700
	1800Fb-1.6E	17.9	16.0	10.2	—	—	11000
	1650Fb-1.5E	16.4	15.6	8.9	—	—	10300
	1500Fb-1.4E	14.5	15.3	7.4	—	—	9700
	1450Fb-1.3E	14.0	15.0	6.6	—	—	9000
	1350Fb-1.3E	13.0	14.8	6.2	—	—	9000
	1200Fb-1.2E	11.6	12.9	4.7	—	—	8300
	900Fb-1.0E	8.7	9.7	2.9	—	—	6900

注：1 表中机械分级规格材的横纹承压强度设计值 $f_{c,90}$ 和顺纹抗剪强度设计值 f_v，应根据采用的树种或树种组合，按本标准表 D.2.1 中相同树种或树种组合的横纹承压和顺纹抗剪强度设计值确定。
2 当荷载作用方向垂直于规格材宽度时，表中抗弯强度应乘以本标准表 4.3.9-4 规定的平放调整系数。

D.2.3 进口北美地区目测分级规格材材质等级与本标准目测分级规格材材质等级对应关系应按表 D.2.3 的规定采用。

表 D.2.3 北美地区目测分级规格材材质等级与本标准的对应关系

本标准规格材等级 分类	等级	北美规格材等级 STRUCTURAL LIGHT FRAMING & STRUCTURAL JOISTS AND PLANKS	STUDS	LIGHT FRAMING	截面最大尺寸(mm)
A	I_c	Select structural	—	—	285
	II_c	No.1	—	—	
	III_c	No.2	—	—	
	IV_c	No.3	—	—	
B	IV_{c1}	—	Stud	—	
C	II_{c1}	—	—	Construction	90
	III_{c1}	—	—	Standard	

D.3 进口结构材的强度设计值和弹性模量

D.3.1 进口欧洲地区结构材的强度设计值和弹性模量应按表 D.3.1 的规定取值。当符合本标准第 D.3.2 条的规定时，相关的强度设计值应乘以尺寸调整系数 k_h。

表 D.3.1 进口欧洲地区结构材的强度设计值和弹性模量

强度等级	强度设计值(N/mm²) 抗弯 f_m	顺纹抗压 f_c	顺纹抗拉 f_t	顺纹抗剪 f_v	横纹承压 $f_{c,90}$	弹性模量 E (N/mm²)
C40	26.5	15.5	12.9	1.9	5.5	14000
C35	23.2	14.9	11.3	1.9	5.3	13000
C30	19.8	13.7	9.7	1.9	5.2	12000
C27	17.9	13.1	8.6	1.9	5.0	11500
C24	15.9	12.5	7.5	1.9	4.8	11000
C22	14.6	11.9	7.0	1.9	4.6	10000
C20	13.2	11.3	6.4	1.7	4.4	9500
C18	11.9	11.0	5.5	1.6	4.2	9000
C16	10.6	10.1	5.4	1.5	4.2	8000
C14	9.3	9.5	4.3	1.4	3.8	7000

D.3.2 当采用进口欧洲地区结构材，且构件受弯截面的高度尺寸和受拉截面的宽边尺寸小于 150mm 时，结构材的抗弯强度和抗拉强度应乘以尺寸调整系数

k_h。尺寸调整系数 k_h 应按下列公式确定：

$$k_h = \left(\frac{150}{h}\right)^{0.2} \quad (D.3.2-1)$$

$$1 \leqslant k_h \leqslant 1.3 \quad (D.3.2-2)$$

D.3.3 进口新西兰结构材的强度设计值和弹性模量应按表 D.3.3 的规定取值。

表 D.3.3 进口新西兰结构材强度设计值和弹性模量

| 强度等级 | 强度设计值（N/mm²） | | | | | 弹性模量 E（N/mm²） |
	抗弯 f_m	顺纹抗压 f_c	顺纹抗拉 f_t	顺纹抗剪 f_v	横纹承压 $f_{c,90}$	
SG15	23.6	23.4	9.3	1.8	6.0	15200
SG12	16.1	16.7	5.6	1.8	6.0	12000
SG10	11.5	13.4	3.2	1.8	6.0	10000
SG8	8.1	12.0	2.4	1.8	6.0	8000
SG6	5.8	10.0	1.6	1.8	6.0	6000

注：当荷载作用方向垂直于规格材宽面时，表中抗弯强度应乘以本标准表 4.3.9-4 规定的平放调整系数。

附录 E 承重结构用材的强度标准值和弹性模量标准值

E.1 国产树种规格材的强度标准值和弹性模量标准值

E.1.1 已经确定的国产树种目测分级规格材的强度标准值和弹性模量标准值应按表 E.1.1 的规定取值，并应乘以本标准表 4.3.9-3 规定的尺寸调整系数。

表 E.1.1 国产树种目测分级规格材强度标准值和弹性模量标准值

| 树种名称 | 材质等级 | 截面最大尺寸（mm） | 强度标准值（N/mm²） | | | 弹性模量标准值 E_k（N/mm²） |
			抗弯 f_{mk}	顺纹抗压 f_{ck}	顺纹抗拉 f_{tk}	
杉木	I_c	285	15.2	15.6	11.6	6100
	II_c		13.5	14.9	10.3	5700
	III_c		13.5	14.8	9.4	5700
兴安落叶松	I_c	285	17.6	22.5	10.5	8600
	II_c		11.2	18.9	7.6	7400
	III_c		11.2	16.9	4.9	7400
	IV_c		9.6	14.0	3.5	7000

E.2 胶合木的强度标准值和弹性模量标准值

E.2.1 胶合木的强度标准值和弹性模量标准值应按下列规定取值：

1 对称异等组合胶合木强度标准值和弹性模量标准值应按表 E.2.1-1 的规定取值；

表 E.2.1-1 对称异等组合胶合木的强度标准值和弹性模量标准值

强度等级	抗弯 f_{mk}（N/mm²）	顺纹抗压 f_{ck}（N/mm²）	顺纹抗拉 f_{tk}（N/mm²）	弹性模量标准值 E_k（N/mm²）
TC_{YD}40	40	31	27	11700
TC_{YD}36	36	28	24	10400
TC_{YD}32	32	25	21	9200
TC_{YD}28	28	22	18	7900
TC_{YD}24	24	19	16	6700

2 非对称异等组合胶合木强度标准值和弹性模量标准值应按表 E.2.1-2 的规定取值；

表 E.2.1-2 非对称异等组合胶合木的强度标准值和弹性模量标准值

| 强度等级 | 抗弯 f_{mk}（N/mm²） | | 顺纹抗压 f_{ck}（N/mm²） | 顺纹抗拉 f_{tk}（N/mm²） | 弹性模量标准值 E_k（N/mm²） |
	正弯曲	负弯曲			
TC_{YF}38	38	28	30	25	10900
TC_{YF}34	34	25	26	22	9600
TC_{YF}31	31	23	24	20	8800
TC_{YF}27	27	20	21	18	7500
TC_{YF}23	23	17	17	15	5400

3 同等组合胶合木的强度标准值和弹性模量应按表 E.2.1-3 的规定取值。

表 E.2.1-3 同等组合胶合木的强度标准值和弹性模量标准值

强度等级	抗弯 f_{mk}（N/mm²）	顺纹抗压 f_{ck}（N/mm²）	顺纹抗拉 f_{tk}（N/mm²）	弹性模量标准值 E_k（N/mm²）
TC_T40	40	33	29	10400
TC_T36	36	30	26	9200
TC_T32	32	27	23	7900
TC_T28	28	24	20	6700
TC_T24	24	21	17	5400

E.3 进口北美地区目测分级方木的强度标准值和弹性模量标准值

E.3.1 进口北美地区目测分级方木强度标准值和弹性模量标准值应按表 E.3.1 的规定取值。

表 E.3.1 进口北美地区目测分级方木强度标准值和弹性模量标准值

| 树种名称 | 用途 | 材质等级 | 强度标准值（N/mm²） | | | 弹性模量标准值 E_k（N/mm²） |
			抗弯 f_{mk}	顺纹抗压 f_{ck}	顺纹抗拉 f_{tk}	
花旗松—落叶松类（美国）	梁	Ⅰe	23.2	14.4	13.8	6500
		Ⅱe	19.6	12.1	9.8	6500
		Ⅲe	12.7	7.9	6.2	5300
	柱	Ⅰf	21.7	15.1	14.5	6500
		Ⅱf	17.4	13.1	12.0	6500
		Ⅲf	10.9	9.2	6.9	5300
花旗松—落叶松类（加拿大）	梁	Ⅰe	23.2	14.4	13.8	6500
		Ⅱe	18.8	12.1	9.8	6500
		Ⅲe	12.7	7.9	6.2	5300
	柱	Ⅰf	21.7	15.1	14.5	6500
		Ⅱf	17.4	13.1	12.0	6500
		Ⅲf	10.5	9.2	6.9	5300
铁—冷杉类（美国）	梁	Ⅰe	18.8	12.1	10.9	5300
		Ⅱe	15.2	9.8	7.6	5300
		Ⅲe	9.8	6.6	5.1	4500
	柱	Ⅰf	17.4	12.8	11.6	5300
		Ⅱf	14.1	11.1	9.4	5300
		Ⅲf	8.3	7.5	5.4	4500
铁—冷杉类（加拿大）	梁	Ⅰe	18.1	11.8	10.5	5300
		Ⅱe	14.5	9.8	7.2	5300
		Ⅲe	8.3	6.2	4.7	4500
	柱	Ⅰf	16.7	12.5	11.2	5300
		Ⅱf	13.4	11	9.1	5300
		Ⅲf	8.0	7.5	5.4	4500
南方松	梁	Ⅰe	21.7	12.5	14.5	6100
		Ⅱe	19.6	10.8	13.0	6100
		Ⅲe	12.3	6.9	8.0	4900
	柱	Ⅰf	21.7	12.5	14.5	6100
		Ⅱf	19.6	10.8	13.0	6100
		Ⅲf	12.3	6.9	8.0	4900

续表 E.3.1

| 树种名称 | 用途 | 材质等级 | 强度标准值（N/mm²） | | | 弹性模量标准值 E_k（N/mm²） |
			抗弯 f_{mk}	顺纹抗压 f_{ck}	顺纹抗拉 f_{tk}	
云杉—松—冷杉类	梁	Ⅰe	15.9	10.2	9.4	5300
		Ⅱe	13.0	8.2	6.5	5300
		Ⅲe	8.7	5.6	4.3	4100
	柱	Ⅰf	15.2	11.5	10.1	5300
		Ⅱf	12.3	9.2	8.0	5300
		Ⅲf	7.2	6.6	4.7	4100
其他北美针叶材树种	梁	Ⅰe	15.2	9.8	9.1	4500
		Ⅱe	13.0	8.2	6.5	4500
		Ⅲe	8.3	5.6	4.3	3700
	柱	Ⅰf	14.5	11	9.8	4500
		Ⅱf	11.6	9.2	7.6	4500
		Ⅲf	6.9	6.2	4.7	3700

E.4 进口北美地区规格材的强度标准值和弹性模量标准值

E.4.1 进口北美地区目测分级规格材强度标准值和弹性模量标准值应按表 E.4.1 的规定取值，并应乘以本标准表 4.3.9-3 规定的尺寸调整系数。

表 E.4.1 北美地区进口目测分级规格材强度标准值和弹性模量标准值

| 树种名称 | 材质等级 | 截面最大尺寸（mm） | 强度标准值（N/mm²） | | | 弹性模量标准值 E_k（N/mm²） |
			抗弯 f_{mk}	顺纹抗压 f_{ck}	顺纹抗拉 f_{tk}	
花旗松—落叶松类（美国）	Ⅰc	285	29.9	23.2	17.3	7600
	Ⅱc		20.0	19.9	11.4	7000
	Ⅲc		17.2	17.8	9.4	6400
	Ⅳc、Ⅳc1		10.0	10.3	5.4	5700
	Ⅱc1	90	18.3	22.2	9.9	6000
	Ⅲc1		10.2	18.3	5.6	5500
花旗松—落叶松类（加拿大）	Ⅰc	285	24.4	24.6	13.3	7600
	Ⅱc		16.6	21.1	8.9	7000
	Ⅲc		14.6	18.8	7.7	6500
	Ⅳc、Ⅳc1		8.4	10.8	4.5	5800
	Ⅱc1	90	15.5	23.5	8.2	6100
	Ⅲc1		8.6	19.3	4.6	5600

续表 E.4.1

树种名称	材质等级	截面最大尺寸(mm)	强度标准值(N/mm²)			弹性模量标准值 E_k (N/mm²)
			抗弯 f_{mk}	顺纹抗压 f_{ck}	顺纹抗拉 f_{tk}	
铁—冷杉类(美国)	I_c	285	26.4	20.7	15.7	6400
	II_c		17.8	18.1	10.4	5900
	III_c		15.4	16.8	8.9	5500
	$IV_c \cdot IV_{cl}$		8.9	9.7	5.1	4900
	II_{cl}	90	16.4	20.6	9.4	5100
	III_{cl}		9.1	17.3	5.3	4700
铁—冷杉类(加拿大)	I_c	285	24.5	22.7	12.5	7000
	II_c		17.9	20.2	9.0	6800
	III_c		17.6	19.2	8.6	6500
	$IV_c \cdot IV_{cl}$		10.2	11.1	5.0	5800
	II_{cl}	90	18.7	23.3	9.1	6100
	III_{cl}		10.4	19.8	5.1	5600
南方松	I_c	285	26.8	22.8	20.3	7200
	II_c		17.5	19.4	12.2	6500
	III_c		14.4	17.0	8.5	5700
	$IV_c \cdot IV_{cl}$		8.3	9.8	4.9	5100
	II_{cl}	90	15.2	21.4	9.0	5400
	III_{cl}		8.5	17.5	5.0	4900
云杉—松—冷杉类	I_c	285	22.1	18.8	11.2	6200
	II_c		16.1	16.7	8.0	5900
	III_c		15.9	15.7	7.5	5600
	$IV_c \cdot IV_{cl}$		9.2	9.1	4.3	5000
	II_{cl}	90	16.8	19.1	7.9	5300
	III_{cl}		9.4	16.2	4.4	4800
其他北美针叶材树种	I_c	285	16.5	20.9	7.4	4800
	II_c		11.8	17.4	5.3	4500
	III_c		11.2	14.7	5.0	4200
	$IV_c \cdot IV_{cl}$		6.5	8.5	2.9	3800
	II_{cl}	90	11.9	18.3	5.3	4000
	III_{cl}		6.6	15.1	3.0	3600

E.4.2 进口北美地区机械分级规格材的强度标准值和弹性模量标准值应按表 E.4.2 的规定取值。

表 E.4.2 进口北美地区机械分级规格材强度标准值和弹性模量标准值

强度等级	强度标准值(N/mm²)			弹性模量标准值 E_k (N/mm²)
	抗弯 f_{mk}	顺纹抗压 f_{ck}	顺纹抗拉 f_{tk}	
2850Fb-2.3E	41.3	28.2	33.3	13000
2700Fb-2.2E	39.1	27.5	31.1	12400
2550Fb-2.1E	36.9	26.5	29.7	11900
2400Fb-2.0E	34.8	25.9	27.9	11300
2250Fb-1.9E	32.6	25.2	25.3	10700
2100Fb-1.8E	30.4	24.6	22.8	10200
1950Fb-1.7E	28.2	23.6	19.9	9600
1800Fb-1.6E	26.1	22.9	17.0	9000
1650Fb-1.5E	23.9	22.3	14.8	8500
1500Fb-1.4E	21.7	21.6	13.0	7900
1450Fb-1.3E	21.0	21.3	11.6	7300
1350Fb-1.3E	19.6	21.0	10.9	7300
1200Fb-1.2E	17.4	18.3	8.7	6800
900Fb-1.0E	13.0	13.8	5.1	5600

E.5 进口结构材强度标准值和弹性模量标准值

E.5.1 进口欧洲地区结构材强度标准值和弹性模量标准值应按表 E.5.1 的规定取值。当符合本标准第 D.3.2 条的规定时,相关的强度标准值应乘以尺寸调整系数 k_h。

表 E.5.1 进口欧洲地区结构材的强度标准值和弹性模量标准值

强度等级	强度标准值(N/mm²)			弹性模量标准值 E_k (N/mm²)
	抗弯 f_{mk}	顺纹抗压 f_{ck}	顺纹抗拉 f_{tk}	
C40	38.6	22.4	24.0	9400
C35	33.8	21.5	21.0	8700
C30	28.9	19.8	18.0	8000
C27	26.0	18.9	16.0	7700
C24	23.2	17.2	14.0	7400
C22	21.2	16.3	13.0	6700
C20	19.3	15.5	12.0	6400
C18	17.4	16.4	11.0	6000
C16	15.4	14.6	10.0	5400
C14	13.5	13.8	8.0	4700

E.5.2 进口新西兰结构材的强度标准值和弹性模量标准值应按表 E.5.2 的规定取值。

表 E.5.2 进口新西兰结构材强度标准值和弹性模量标准值

强度等级	强度标准值（N/mm²）			弹性模量标准值 E_k（N/mm²）
	抗弯 f_{mk}	顺纹抗压 f_{ck}	顺纹抗拉 f_{tk}	
SG15	41.0	35.0	23.0	10200
SG12	28.0	25.0	14.0	8000
SG10	20.0	20.0	8.0	6700
SG8	14.0	18.0	6.0	5400
SG6	10.0	15.0	4.0	4000

E.6 防火设计时方木原木材料强度标准值和弹性模量

E.6.1 防火设计时，方木原木的强度标准值和弹性模量应按表 E.6.1 的规定取值。

表 E.6.1 方木原木防火设计时的强度标准值和弹性模量

强度等级	组别	抗弯 f_{mk} (N/mm²)	顺纹抗压 f_{ck} (N/mm²)	顺纹抗拉 f_{tk} (N/mm²)	弹性模量 E (N/mm²)
TC17	A	38	32	27	10000
	B		30	26	
TC15	A	33	26	24	10000
	B		24	24	
TC13	A	29	24	23	10000
	B		20	22	9000
TC11	A	24	20	20	9000
	B		20	19	
TB20	—	44	36	32	12000
TB17	—	38	32	30	11000
TB15	—	33	28	27	10000
TB13	—	29	24	24	8000
TB11	—	24	20	22	7000

附录 F 工厂生产的结构材强度指标确定方法

F.0.1 本附录适用于尚未列入本标准强度设计指标，并由工厂规模化生产的结构材强度标准值和强度设计指标的确定。

F.0.2 工厂规模化生产的结构材应包括下列木材产品：
　　1 结构复合材
　　　　1) 旋切板胶合木（LVL）；
　　　　2) 平行木片胶合木（PSL）；
　　　　3) 层叠木片胶合木（LSL）；
　　　　4) 定向木片胶合木（OSL）；
　　　　5) 其他类似特征的复合木产品；
　　2 国产树种的目测分级或机械分级规格材；
　　3 工字形木搁栅。

F.0.3 结构材的生产厂家应建立生产该产品的质量保证体系，应获得第三方质量鉴定机构的认证通过，并接受其对生产过程的监控。

F.0.4 结构材的每一种产品应按国家现行相关标准规定的试验方法进行测试，确定其抗弯强度、弹性模量、顺纹抗拉强度、顺纹抗压强度、横纹抗压强度和抗剪强度等的标准值 f_k 和设计值 f。

F.0.5 当对结构材进行强度参数的测试时，试件应具有足够的代表性，各种影响构件承载能力的因素均应单独进行试验。

F.0.6 对于生产结构材的每个工厂，可根据各自的生产能力和产品需求，确定某一因素或某些因素的测试，试件数量不应少于 10 个。应根据测试结果计算该批次结构材产品有条件限定的强度标准值，并在一定时间范围进行累计评估。

F.0.7 每个因素的强度标准值应按下式确定：

$$f_k = m - kS \qquad (F.0.7)$$

式中：f_k ——强度标准值；
　　　　m ——试件强度的平均值；
　　　　S ——试件强度的标准差；
　　　　k ——特征系数，按本附录第 F.0.8 条确定。

F.0.8 特征系数 k 应根据 75% 置信水平、5% 分位值和试件数量 n，按表 F.0.8 的规定取值。

表 F.0.8 特征系数 k 值表

n	10	11	12	13	14	15	16	17	18	19	20	21	22
k	2.104	2.074	2.048	2.026	2.008	1.991	1.977	1.964	1.952	1.942	1.932	1.924	1.916
n	23	24	25	26	27	28	29	30	31	32	33	34	35
k	1.908	1.901	1.895	1.889	1.883	1.878	1.873	1.869	1.864	1.860	1.856	1.853	1.849

n	36	37	38	39	40	41	42	43	44	45	46	47	48
k	1.846	1.842	1.839	1.836	1.834	1.831	1.828	1.826	1.824	1.822	1.819	1.817	1.815
n	49	50	55	60	65	70	80	90	100	120	140	160	180
k	1.813	1.811	1.802	1.795	1.788	1.783	1.773	1.765	1.758	1.747	1.739	1.733	1.727
n	200	250	300	350	400	450	500	600	700	800	900	≥1000	—
k	1.723	1.714	1.708	1.703	1.699	1.696	1.693	1.689	1.686	1.683	1.681	1.645	—

F.0.9 结构材强度设计值应根据其强度的标准值和变异系数，按木结构专门的可靠度分析方法进行确定。

F.0.10 弹性模量应取试件的弹性模量平均值。

F.0.11 当进口的结构材符合本附录相关规定时，其提供的强度标准值和变异系数亦可等同使用。

附录 G　正交胶合木强度设计指标和计算要求

G.0.1 正交胶合木的强度设计值应根据外侧层板采用的树种和强度等级，按本标准第 4 章和附录 D 中规定的木材强度设计值选用。其中，正交胶合木的抗弯强度设计值还应乘以组合系数 k_c。组合系数 k_c 应按下式计算，且不应大于 1.2。

$$k_c = 1 + 0.025n \tag{G.0.1}$$

式中：n——最外侧层板并排配置的层板数量。

G.0.2 正交胶合木构件的应力和有效刚度应基于平面假设和各层板的刚度进行计算。计算时应只考虑顺纹方向的层板参与计算。

G.0.3 正交胶合木构件的有效抗弯刚度（EI）应按下列公式计算：

$$(EI) = \sum_{i=1}^{n_l} (E_i I_i + E_i A_i e_i^2) \tag{G.0.3-1}$$

$$I_i = \frac{b t_i^3}{12} \tag{G.0.3-2}$$

$$A_i = b t_i \tag{G.0.3-3}$$

式中：E_i——参加计算的第 i 层顺纹层板的弹性模量（N/mm^2）；

I_i——参加计算的第 i 层顺纹层板的截面惯性矩（mm^4）；

A_i——参加计算的第 i 层顺纹层板的截面面积（mm^2）；

b——构件的截面宽度（mm）；

t_i——参加计算的第 i 层顺纹层板的截面高度（mm）；

n_l——参加计算的顺纹层板的层数；

e_i——参加计算的第 i 层顺纹层板的重心至截面重心的距离（图 G.0.3）。

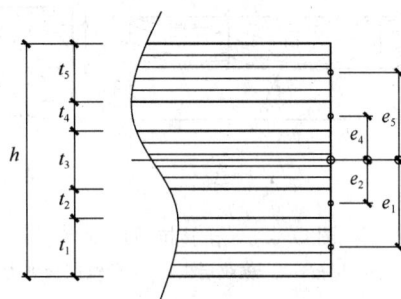

图 G.0.3　截面计算示意

G.0.4 当正交胶合木受弯构件的跨度大于构件截面高度 h 的 10 倍时，构件的受弯承载能力应按下式验算：

$$\frac{M E_l h}{2(EI)} \leqslant f_m \tag{G.0.4}$$

式中：E_l——最外侧顺纹层板的弹性模量（N/mm^2）；

f_m——最外侧层板的平置抗弯强度设计值（N/mm^2）；

M——受弯构件弯矩设计值（N·mm）；

(EI)——构件的有效抗弯刚度（N·mm^2）；

h——构件的截面高度（mm）。

G.0.5 正交胶合木受弯构件应按下列公式验算构件的滚剪承载能力（图 G.0.5）：

$$\frac{V \cdot \Delta S}{I_{ef} b} \leqslant f_r \tag{G.0.5-1}$$

$$\Delta S = \frac{\sum_{i=1}^{\frac{n_l}{2}} (E_i b t_i e_i)}{E_0} \tag{G.0.5-2}$$

$$I_{ef} = \frac{(EI)}{E_0} \tag{G.0.5-3}$$

$$E_0 = \frac{\sum_{i=1}^{n_l} b t_i E_i}{A} \tag{G.0.5-4}$$

式中：V——受弯构件剪力设计值（N）；

$\quad\quad b$——构件的截面宽度（mm）；

$\quad\quad n_l$——参加计算的顺纹层板层数；

$\quad\quad E_0$——构件的有效弹性模量（N/mm²）；

$\quad\quad f_r$——构件的滚剪强度设计值（N/mm²），按本标准附录第 G.0.6 条规定取值；

$\quad\quad A$——参加计算的各层顺纹层板的截面总面积（mm²）；

$\quad\quad n_l/2$——表示仅计算构件截面对称轴以上部分或对称轴以下部分。

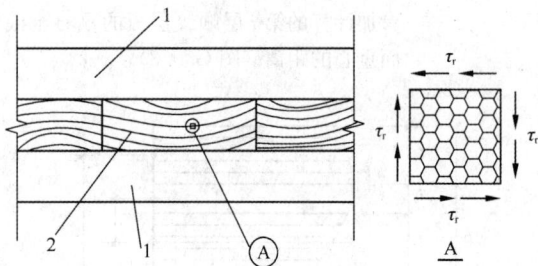

图 G.0.5　扭转抗剪示意
1—顺纹层板；2—横纹层板；3—顺纹层板剪力

G.0.6　正交胶合木受弯构件的滚剪强度设计值应按下列规定取值：

　　1　当构件施加的胶合压力不小于 0.3MPa，构件截面宽度不小于 4 倍高度，并且层板上无开槽时，滚剪强度设计值应取最外侧层板的顺纹抗剪强度设计值的 0.38 倍；

　　2　当不满足本条第 1 款的规定，且构件施加的胶合压力大于 0.07MPa 时，滚剪强度设计值应取最外侧层板的顺纹抗剪强度设计值的 0.22 倍。

G.0.7　承受均布荷载的正交胶合木受弯构件的挠度应按下式计算：

$$w = \frac{5qbl^4}{384(EI)} \quad\quad (G.0.7)$$

式中：q——受弯构件单位面积上承受的均布荷载设计值（N/mm²）；

$\quad\quad b$——构件的截面宽度（mm）；

$\quad\quad l$——受弯构件计算跨度；

$\quad\quad (EI)$——构件的有效抗弯刚度（N·mm²）。

附录 H　本标准采用的木材名称及常用树种木材主要特性

H.1　本标准采用的木材名称

H.1.1　经归类的木材名称应按下列规定采用：

　　1　中国木材：

　　1）东北落叶松包括兴安落叶松和黄花落叶松（长白落叶松）二种；

　　2）铁杉包括铁杉、云南铁杉及丽江铁杉；

　　3）西南云杉包括麦吊云杉、油麦吊云杉、巴秦云杉及产于四川西部的紫果云杉和云杉；

　　4）西北云杉包括产于甘肃、青海的紫果云杉和云杉；

　　5）红松包括红松、华山松、广东松、台湾及海南五针松；

　　6）冷杉包括各地区产的冷杉属木材，有苍山冷杉、冷杉、岷江冷杉、杉松冷杉、臭冷杉、长苞冷杉等；

　　7）栎木包括麻栎、槲栎、柞木、小叶栎、辽东栎、抱栎、栓皮栎等；

　　8）青冈包括青冈、小叶青冈、竹叶青冈、细叶青冈、盘克青冈、滇青冈、福建青冈、黄青冈等；

　　9）椆木包括柄果椆、包椆、石栎、茸毛椆（猪栎）等；

　　10）锥栗包括红锥、米槠、苦槠、罗浮锥、大叶锥（钩粟）、栲树、南岭锥、高山锥、吊成锥、甜槠等；

　　11）桦木包括白桦、硕桦、西南桦、红桦、棘皮桦等。

　　2　进口木材：

　　1）花旗松—落叶松类包括北美黄杉、粗皮落叶松；

　　2）铁—冷杉类包括加州红冷杉、巨冷杉、大冷杉、太平洋银冷杉、西部铁杉、白冷杉等；

　　3）铁—冷杉类（加拿大）包括太平洋冷杉、西部铁杉；

　　4）南方松类包括火炬松、长叶松、短叶松、湿地松；

　　5）云杉—松—冷杉类包括落基山冷杉、香脂冷杉、黑云杉、北美山地云杉、北美短叶松、扭叶松、红果云杉、白云杉；

　　6）俄罗斯落叶松包括西伯利亚落叶松和兴安落叶松。

H.2　主要国产木材识别要点及其基本特性和主要加工性能

H.2.1　国产针叶树材识别要点及其基本特性和主要加工性能宜符合表 H.2.1 的规定。

H.2.2　国产阔叶树材识别要点及其基本特性和主要加工性能宜符合表 H.2.2 的规定。

表 H.2.1 国产针叶树材

序号	木材名称	树种名称（中文名/拉丁名）	科别	主要产地	木材识别要点	木材基本特性和主要加工性能
1	冷杉 Abies spp.	苍山冷杉 A. delavayi 黄果冷杉 A. ernestii 冷杉 A. fabric 巴山冷杉 A. fargesii 岷江冷杉 A. faxoniana 中甸冷杉 A. ferreana 川滇冷杉 A. forrestii 长苞冷杉 A. georgei 杉松冷杉 A. holophylla 台湾冷杉 A. kawakamii 臭冷杉 A. Nephrolepis 西伯利亚冷杉 A. sibirica 西藏冷杉 A. Spectabilis 鳞皮冷杉 A. squamata	Pinaceae 松科	川、鄂、陕、甘、豫、滇、藏、辽、吉、黑、晋、冀、台	木材浅黄褐色至浅红褐色；轻而软；结构细至中；早材至晚材渐变，硬度一致。生长轮明显。轴向薄壁组织不见	气干密度约 0.38g/cm³ ～ 0.51g/cm³。强度甚低，纹理直；结构中而匀；木材轻而软；干缩中；冲击性中
2	红杉 Larix spp.	太白红杉 L. chinensis 西藏红杉 L. griffithiana 四川红杉 L. Mastersiana 红杉 L. potaninii 大果红杉 L. potaninii/ var.macrocarpa 怒江红杉 L. speciosa	Pinaceae 松科	川、甘、滇、藏	边材黄褐色，与心材区别明显。心材红褐或鲜红褐色；生长轮明显，早晚材略急变。轴向薄壁组织不见；木射线稀至中	气干密度约 0.45 ～ 0.5g/cm³。强度低，耐腐性中等。干缩中，干燥较快，在干燥时有翘裂倾向。握钉力中，少劈裂
3	落叶松 Larix spp.	落叶松 L. gmelini 日本落叶松 L. kaempferi 黄花落叶松 L. olgensis 西伯利亚落叶松 L. sibirica 华北落叶松 L. principis-Rupprechtii	Pinaceae 松科	黑、小兴安岭	边材黄褐色，与心材区别明显，心材红褐或黄红褐色。生长轮明显，早材至晚材急变。轴向薄壁组织未见。树脂道为轴向和径向两类；轴向者在横切面上肉眼下可见，放大镜下可见或明显，常分布于晚材带内；径向较小，不易看见	气干密度约 0.625g/cm³ ～ 0.696g/cm³。强度中，耐腐性强。干缩大，干燥较慢，易开裂、劈裂和轮裂。握钉力中，胶粘性质中等
4	云杉 Picea spp.	云杉 P. Asperata 麦吊云杉 P. brachytyla 油麦吊云杉 P. brachytyla/var. complanata 青海云杉 P. Crassifolia 红皮云杉 P. koraiensis 长白鱼鳞云杉 P. jezoensis/var. komarovii 鱼鳞云杉 P. jezoensis var. microsperma 丽江云杉 P. Likiangensis 白杆云杉 P. meyeri 川西云杉 P. likiangensis/var. balfouriana 林芝云杉 P. likiangensis var. linzhiensis 台湾云杉 P. Orrisonicola 巴秦云杉 P. neoveitchii 西伯利亚云杉 P. Obovata 紫果云杉 P. purpurea 鳞皮云杉 P. Retroflexa 青杆云杉 P. wilsonii 天山云杉 P. schrenkiana var. tianshanica	Pinaceae 松科	川、滇、陕、鄂、青、甘、宁、新、内蒙、吉、黑、晋、冀、豫、台	木材浅黄褐色，心材、边材无区别。略有松脂气味。生长轮明显，轮间晚材带色深；宽度均匀至略均匀；早材至晚材渐变。树脂道分轴向和径向两类；轴向者在肉眼下横切面上间或可见，放大镜下明显	气干密度约 0.29g/cm³。强度低至中，不耐腐，且防腐处理最难。干缩小或中，干燥快且少裂，易加工，握钉力甚低

序号	木材名称	树种名称（中文名/拉丁名）	科别	主要产地	木材识别要点	木材基本特性和主要加工性能
5	硬木松 Pinus spp.	加勒比松 P. caribaea 高山松 P. densata 赤松 P. densiflora 湿地松 P. elliottii 黄山松 P. angshanensis 马尾松 P. massoniana 思茅松 P. kesiya var. /langbianensis 刚松 P. Rigida 樟子松 P. sylvestris var. /mongolica 油松 P. Tabulaeformis 火炬松 P. taeda 台湾松 P. Taiwanensis 黑松 P. thunbergii 云南松 P. yunnanensis	Pinaceae 松科	辽、吉、黑、内蒙、冀、晋、陕、甘、鲁、豫、苏、皖、赣、浙、粤、桂、闽、湘、鄂、台	边材浅黄褐色或黄白色，与心材区别明显，心材红褐色。木材有光泽，松脂气味浓厚，无特殊滋味。生长轮明显，略不均匀。早材至晚材急变或略急变。树脂道有轴向和径向两种	气干密度约 0.45g/cm³ ～ 0.5g/cm³。强度中等。耐腐性中等，但防腐处理不易。干燥较慢，干缩略大，机械加工容易，握钉力及胶粘性能好
6	软木松 Pinus spp.	华山松 P. armandi 海南五针松 P. fenzeliana 台湾果松 P. armandi var. /mastersiana 乔松 P. griffithii 红松 P. koraiensis 广东松 P. kwangtungensis 新疆五针松 P. sibiric	Pinaceae 松科	川、黔、滇、甘、宁、新、陕、藏、晋、鄂、豫、赣、粤、琼、桂、湘、辽、吉、黑	边材黄白或浅黄褐色，与心材区别明显。心材红褐或浅红褐色。松脂味较浓。生长轮略明显。早材至晚材渐变。树脂道分轴向和径向两类：轴向者在肉眼下呈浅色斑点状，数量多，单独。径向在放大镜下通常不见	气干密度约 0.43g/cm³ ～ 0.51g/cm³。强度低，耐腐性较强。干缩小至中，干燥快，且干后性质好。易加工，切面光滑，易钉钉，胶粘性较差
7	铁杉 Tsuga spp.	铁杉 T. Chinensis 云南铁杉 T. dumosa 南方铁杉 T. chinensis var. /tchekiangensis 丽江铁杉 T. forrestii 长苞铁杉 Tsugo-Keteleeria longibracteata	Pinaceae 松科	川、黔、鄂、赣、闽、陕、甘、豫、皖、浙、桂、滇、藏	边材黄白至淡黄褐色或淡黄褐色微红，心材、边材区别不明显。生长有令人不愉快的气味和无特殊滋味。生长轮明显，早材至晚材略急变至急变。树脂道缺乏	气干密度约 0.5g/cm³。强度中，耐腐性较好，干缩小或中。易加工、握钉力强

注：本表参考《中国主要木材名称》GB/T 16734—1997。

表 H.2.2 国产阔叶树材

序号	木材名称	树种名称（中文名/拉丁名）	科别	主要产地	木材识别要点	木材基本特性和主要加工性能
1	桦木 Betula spp.	红桦 B. albo－sinensis 西南桦 B. alnoide 坚桦 B. Chinensis 棘皮桦 B. Dahurica 光皮桦 B. Luminifera 小叶桦 B. microphylla 白桦 B. platyphylla 天山桦 B. tianschanica	Betulacea 桦木科	内蒙、黑、吉、辽、冀、晋、豫、陕、甘、川、宁、青、粤、桂、湘、黔、滇、新	木材无特殊滋味和气味。生长轮略明显或明显；散孔材，管孔略少略小，在肉眼下呈白点状；轴向薄壁组织在放大镜下可见；轮界状	气干密度约 0.59g/cm³ ～ 0.72g/cm³。强度中，不耐腐。干缩大，干燥快，且干后性质好，不翘曲。易加工，切面光滑，握钉力大，胶粘容易

序号	木材名称	树种名称（中文名/拉丁名）	科别	主要产地	木材识别要点	木材基本特性和主要加工性能
2	黄锥 *Castanopsis* spp.	高山锥 *C. delavayi* 海南锥 *C. hainanensis*	壳斗科 Fagaceae	滇、黔、川、桂、粤、琼	木材黄褐或浅栗褐色，心边材区别不明显；无特殊气味和滋味；生长轮不明显至略明显；散孔至半环孔材。轴向薄壁组织在放大镜下明显，以星散一聚合及离管带状为主。有宽窄两种射线	气干密度约 0.83g/cm³。强度高，耐腐。干缩大，干燥困难，容易产生开裂或劈裂与表面硬化。加工困难，切面光滑，握钉力大，有劈裂倾向，胶粘容易
3	白锥 *Castanopsis* spp.	米槠 *C. carlesii* 罗浮锥 *C. fabri* 栲树 *C. fargesii* 裂斗锥 *C. Fissa* 丝丝锥 *C. indica*	壳斗科 Fagaceae	闽、浙、赣、粤、琼、桂、湘、鄂、黔、川、藏、台	木材浅红褐或栗褐色微红，心边材区别不明显；有光泽，无特殊气味或滋味。生长轮略明显；环孔材；早材至晚材急变。轴向薄壁组织量多，放大镜下明显，以星散一聚合及离管带状为主。有宽窄两种射线	气干密度约 0.5g/cm³ ～ 0.59g/cm³。强度低或中，不耐腐。干缩小或中，干燥困难，容易产生开裂和变形，容易出现皱缩现象，开裂可贯通整根原木。加工容易，握钉力不大，胶粘容易
4	红锥 *Castanopsis* spp.	华南锥 *C. concinna* 南岭锥 *C. fordii* 红锥 *C. hystrix*	壳斗科 Fagaceae	闽、粤、赣、桂、湘、浙、黔、滇、藏	边材暗红褐色，与心材区别明显；心材红褐，鲜红褐或砖红色。有光泽；无特殊气味或滋味。生长轮略明显。环孔材或半环孔材至散孔材；具侵填体；早材至晚材略渐变。轴向薄壁组织在放大镜下湿切面上可见，离管带状及似傍管状。通常为窄木射线	气干密度约 0.73g/cm³。强度中，耐腐性强。干缩中，干燥困难，微裂。握钉力中至大，胶粘容易。纹理斜；结构细至中
5	苦槠 *Castanopsis* spp.	甜槠 *C. Eyrei* 丝栗 *C. platyacantha* 苦槠 *C. sclerophylla*	壳斗科 Fagaceae	闽、赣、桂、粤、湘、滇、川、黔、桂	木材褐色，心边材区别不明显；有光泽；无特殊气味滋味。生长轮略明显；环孔材；少数有侵填体；早材至晚材急变。轴向薄壁组织量多，放大镜下明显，以星散一聚合及离管带状为主	气干密度约 0.55g/cm³ ～ 0.61g/cm³。强度低或低至中，略耐腐。干缩小或中，干燥慢，不翘曲，但易开裂。加工容易，握钉力中，胶粘容易。纹理斜；结构细至中

序号	木材名称	树种名称（中文名/拉丁名）	科别	主要产地	木材识别要点	木材基本特性和主要加工性能
6	红青冈 *Cyclobalanopsis* spp.	竹叶青冈 *C. Bambusaefolia* 薄叶青冈 *C. blakei* 福建青冈 *C. Chungii* 黄青冈 *C. delavayi*	壳斗科 Fagaceae	粤、桂、滇、黔、闽、赣、川	边材红褐色或浅红褐色，与心材区别略明显；心材暗红褐色或紫红褐色。生长轮不明显；散孔材，管孔放大镜下明显，大小略一致；具侵填体。轴向薄壁组织多，主为离管带状。木射线有宽窄两种。	气干密度约 1.0g/cm³。强度甚高，耐腐性强。干缩大，干燥困难，有翘曲现象，握钉力大，胶粘容易。纹理直；结构粗而匀
7	白青冈 *Cyclobalanopsis* spp.	青冈 *C. glauca* 滇青冈 *C. glaucoides* 细叶青冈 *C. myrsinaefolia*	壳斗科 Fagaceae	湘、桂、鄂、川、闽、赣、皖、浙、陕	木材灰黄，灰褐带红或浅红褐色带灰，心边材区别不明显。生长轮不明显；散孔至半环孔材。轴向薄壁组织量多；主为离管带状。有宽窄两种木射线	气干密度约 0.6g/cm³ ～ 0.65g/cm³。强度高，耐腐，防腐处理困难。干缩大，干燥困难。加工困难，握钉力强，胶粘容易。纹理斜；结构细至中
8	红椆 *Lithocarpus* spp.	红椆 *L fenzelianus* 脚板椆 *L handelianus*	壳斗科 Fagaceae	台、闽、粤、桂、琼、川	边材灰红褐或浅红褐色，与心材区别明显，心材呈紫红褐色。生长轮略明显或不明显；散孔材。轴向薄壁组织量多；在放大镜下可见至明显；主为傍管带状。有宽窄两种木射线	气干密度约 0.88g/cm³ ～ 0.92g/cm³。强度高，耐腐性强。干缩大，干燥困难。加工困难，握钉力强，胶粘容易。纹理斜；结构中而匀
9	椆木 *Lithocarpus* spp.	茸毛椆 *L. dealbatus* 石栎 *L. glaber* 柄果椆 *L. longipedicellatus*	壳斗科 Fagaceae	粤、桂、滇、黔、闽、浙、琼	边材灰红褐或浅红褐色，与心材区别明显，心材呈红褐色或红褐色带紫。生长轮略明显或不明显；散孔材；侵填体偶见。轴向薄壁组织量多；在放大镜下可见至明显；主为傍管带状。有宽窄两种木射线	气干密度约 0.65g/cm³ ～ 0.91g/cm³。强度中，不耐腐。干缩中，干燥困难。加工不难，切削面光滑，握钉力强，胶粘容易。纹理斜；结构中而匀

序号	木材名称	树种名称（中文名/拉丁名）	科别	主要产地	木材识别要点	木材基本特性和主要加工性能
10	白桐 Lithocarpus spp.	包桐 L..cleistocarpus 华南桐 L. fenestratus	壳斗科 Fagaceae	桂、粤、湘、赣、闽、黔、滇、川、藏	木材浅灰红褐或暗黄褐色，心边材区别不明显。生长轮不明显；散孔至半环孔材；侵填体偶见。轴向薄壁组织量多；在放大镜下可见至明显；呈细弦线及似傍管状。有宽窄两种木射线	气干密度约 0.65g/cm³ ～ 0.91g/cm³。强度中，不耐腐。干缩中，干燥困难。加工不难，切削面光滑，握钉力强，胶粘容易。纹理斜；结构中而匀
11	麻栎 Quercus spp.	麻栎 Q. acutissima 栓皮栎 Q. variabilis	壳斗科 Fagaceae	华东、中南、西南、华北、西南及辽、陕、甘、皖、赣、浙、闽、湘、苏	边材暗黄褐或灰黄褐色，与心材区别略明显。心材浅红褐色。生长轮甚明显；环孔材；具侵填体；早晚材急变。轴向薄壁组织量多，主为星散—聚合及离管带状	气干密度约 0.91g/cm³ ～ 0.93g/cm³。强度中至高，心材耐腐，边材易腐朽。干缩中或大，干燥困难。加工困难，不易获得光滑切削面；握钉力强，胶粘容易。纹理直；结构粗
12	槲栎 Quercus spp.	槲栎 Q. Aliena 槲树 Q. Dentata 白栎 Q. Fabri 辽东栎 Q. Liaotungensis 柞木 Q. monolica	壳斗科 Fagaceae	皖、赣、浙、湘、鄂、川、滇、苏、冀、甘、辽、桂、黔、陕	边材浅黄褐色，与心材区别明显。心材浅栗褐或栗褐色。生长轮甚明显；环孔材；具侵填体；早晚材急变。轴向薄壁组织量多，呈离管细弦线排列	气干密度约 0.76g/cm³ ～ 0.88g/cm³。强度中或中至高，耐腐。干缩大，干燥困难。加工困难，不易获得光滑切削面；握钉力强，胶粘容易。纹理直；结构粗，不均匀
13	高山栎 Quercus spp.	高山栎 Q. Aquifolioides 四川栎 Q. engleriana	壳斗科 Fagaceae	川、鄂、黔、滇、湘、桂、赣、陕、藏	边材浅灰褐色或黄褐色，与心材区别略明显或不明显。心材浅红褐至红褐色。生长轮缺如或不明显；散孔材。轴向薄壁组织在放大镜下明显，呈断续离管细弦线排列，并似傍管状。木射线有宽窄两种	气干密度约 0.96g/cm³。强度甚高，耐腐性强。干缩大，干燥困难，有翘曲现象。握钉力大，胶粘容易

注：本表参考《中国主要木材名称》GB/T 16734—1997。

附录 J 主要进口木材识别要点及其基本特性和主要加工性能

J.0.1 进口针叶树材识别要点及其基本特性和主要加工性能宜符合表 J.0.1 的规定。

表 J.0.1 进口针叶树材

序号	木材名称	树种名称（中文名/拉丁名）	商品材名称	科别	主要产地	木材识别要点	木材基本特性和主要加工性能
1	冷杉 *Abies* spp.	欧洲冷杉 *A. alba* 美丽冷杉 *A. amabilis* 香脂冷杉 *A. balsamea* 西班牙冷杉 *A. Pinsapo* 希腊冷杉 *A. cephalonica* 北美冷杉 *A. grandis* 科州冷杉 *A. Concolor* 西伯利亚冷杉 *A. sibirica*	**Fir** Pacific silver fir White fir Grand fir	Pinaceae 松科	亚洲、欧洲及北美洲	木材白至黄褐色，心边材区别不明显。生长轮清晰，早晚材过渡渐变。薄壁组织不可见，木射线在径切面有细而密的不显著斑纹，无树脂道、木材纹理直而匀	气干密度约 0.42g/cm³～0.48g/cm³，强度中，不耐腐，干缩略大，易干燥、加工、钉钉，胶粘性能良好
2	落叶松 *Larix* spp.	欧洲落叶松 *L. Decidua* 落叶松 *L. gmelinii* 北美落叶松 *L. Laricina* 粗皮落叶松 *L. occidentalis* 西伯利亚落叶松 *L. sibirica*	**Larch** European larch Tamarack Western larch	Pinaceae 松科	北美、欧洲及西伯利亚等	边材带白色，狭窄，心材黄褐色（速生材淡红褐色）。生长轮宽而清晰，早晚材过渡急变。薄壁组织不可见，木射线仅在径面可见细而密不明显的斑纹。有纵向树脂道。木材略含油质，手感稍润滑，但无气味。木材纹理呈螺旋纹	气干密度约 0.56g/cm³～0.7g/cm³，强度高，耐腐性强，但防腐处理难。干缩较大，干燥较慢，在干燥过程中易轮裂。加工难，钉钉易劈
3	云杉 *Picea* spp.	欧洲云杉 *P. Abies* 恩氏云杉 *P. engelmannii* 白云杉 *P. glauca* 日本鱼鳞云杉 *P. jezoensis* 黑云杉 *P. Mariana* 倒卵云杉 *P. obovata* 红云杉 *P. Rubens* 西加云 *P. sitchensis*	**Spruce** European spruce White spruce Black spruce Red spruce Sitka spruce	Pinaceae 松科	北美、欧洲及西伯利亚等	心边材无明显区别，色呈白至淡黄褐色，有光泽。生长轮清晰，早材至晚材宽数倍。薄壁组织不可见，有纵向树脂道。木材纹理直而匀	气干密度约 0.56g/cm³～0.7g/cm³，强度低至中，不耐腐，且防腐处理难。干缩较小，干燥快且少裂，易加工、钉钉，胶粘性能良好
4	硬木松 *Pinus* spp.	北美短叶松 *P. banksiana* 加勒比松 *P. caribaea* 扭叶松 *P. contorta* 赤松 *P. densiflora* 萌芽松 *P. echinata* 湿地松 *P. elliottii* 岛松 *P. insularisi* 卡西亚松 *P. kesiya* 长叶松 *P. Palustris* 海岸松 *P. Pinastor* 西黄松 *P. Ponderosa* 辐射松 *P. Radiate* 刚松 *P. Rigida* 晚松 *P. Serotina* 欧洲赤松 *P. Sylvestris* 火炬松 *P. taeda*	**Hard pine** Lodgepole pine Southern pine Maritime pine Ponderosa pine Radiata pine Scotch pine	Pinaceae 松科	亚洲、欧洲及北美洲	边材近白至淡黄、橙白色，心材明显，呈淡红褐或浅褐色。含树脂多，生长轮清晰。早晚材过渡急变。薄壁组织及木射线不可见，有轴向和径向树脂道及明显的树脂气味。木材纹理直但不均匀	气干密度约 0.5g/cm³～0.7g/cm³，强度中至较高。耐腐性中等，但防腐处理不易。干燥慢，干缩略大，加工较难，握钉力及胶粘性能好

序号	木材名称	树种名称（中文名/拉丁名）	商品材名称	科别	主要产地	木材识别要点	木材基本特性和主要加工性能
5	软木松 *Pinus*spp.	乔松 *P.griffithii* 红松 *P.koraiensis* 糖松 *P.lambertiana* 加洲山松 *P.monticola* 西伯利亚松 *P.sibirica* 北美乔 *P.strobus*	**Soft pine** Siberica pine	Pinaceae 松科	亚洲、欧洲及北美洲	边材浅红白色，心材淡褐微带红色，心边材区别明显，但无清晰的界限。生长轮清晰，早晚材过渡渐变。木射线不可见，有轴向和径向树脂道，多均匀分布在晚材带。木材纹理直而匀	气干密度约0.4g/cm³～0.5g/cm³。强度较低或至中等，不耐腐。干缩小，干燥快，且干后性质好。易加工，切面光滑，易钉钉，胶粘性能好
6	黄杉（曾用名：花旗松）*Pseudotsuga* spp.	北美黄杉 *P.menziesii* 该种分为北部（含海岸型）与南部两类，北部产的木材强度较高，南部产的木材强度较低，使用时应加注意	**Douglas fir**	Pinaceae 松科	北美洲	边材灰白至淡黄褐色，心材桔黄至浅桔红色，心边材界限分明。在原木截面上可见边材有一白色树脂圈，生长轮清晰，但不均匀，早晚材过渡急变。薄壁组织及木射线不可见。木材纹理直，有松脂香味	气干密度约0.53g/cm³。强度较高，但变化幅度较大，使用时除应注意区分其产地外，尚应限制其生长轮的平均宽度不应过大。耐腐性中，干燥性较好，干后不易开裂翘曲。易加工，握钉力良好，胶粘性能好
7	铁杉 *Tsuga* spp.	加拿大铁杉 *T.canadensis* 异叶铁杉 *T.heteophylla* 高山铁杉 *T.metensiana*	**Hemlock** Eastern hemlock Western hemlock	Pinaceae 松科	北美洲	边材灰白至浅黄褐色，心材色略深，心材边材界限不分明。生长轮清晰，早晚材过渡渐变。薄壁组织不可见，无树脂道。新伐材有酸性气味，木材纹理直而匀	气干密度约0.47g/cm³。强度中，不耐腐，且防腐处理难，干缩略大，干燥较慢。易加工、钉钉，胶粘性能良好
8	日本柳杉	日本柳杉 *Cryptomeria japonica*	日本柳杉 日本杉 Japanese cedar, Sugi	cupressaceae 柏科	日本	边心材的边界清晰，边材近白色，心材呈淡红色～赤褐色。木理清晰通直。散发特殊芳香	平均气干密度约0.38g/cm³，较轻软。材质比较一致，心材的保存性能中等。易于切削加工，干燥性能、胶粘性能、耐磨性能均为良好，油漆性能、握钉力一般

序号	木材名称	树种名称（中文名/拉丁名）	商品材名称	科别	主要产地	木材识别要点	木材基本特性和主要加工性能
9	日本扁柏	日本扁柏 *Chamaecyparis obtusa*	日本扁柏 日本柏 日本桧木 Japanese cypress, Hinoki	cupressaceae 柏科	日本	心材呈淡黄白色、淡红白色，边材呈淡黄白色。纹理精致，有光泽。散发特殊芳香	平均气干密度约0.44g/cm³，稍轻软。木理通直均匀，材质一致。心材的耐久、耐湿、耐水性能优良，便于长期保存。易于加工，干燥性能、胶粘性能、油漆性能、耐磨性能均为良好，握钉力一般
10	日本落叶松	日本落叶松 *Larix kaempferi*	日本落叶松 Japanese larch, Karamatsu	Pinaceae 松科	日本	心材呈褐色，边材呈黄白色。年轮清晰可见，纹理较粗	平均气干密度约0.50g/cm³，在针叶树中属于重硬材质。心材保存性能中等，具有较高的耐久性和耐湿性。干燥性能良好，加工性能、胶粘性能、耐磨性能均为中等，油漆性能一般，握钉力较大
11	新西兰辐射松	新西兰辐射松 *P. Radiata*	新西兰辐射松 radiata pine	Pinaceae 松科	新西兰	边材颜色呈白色到浅黄色和橘黄色，心材颜色明显，呈淡红棕色或淡棕色。80%的树干为边材。木材纹理垂直、均匀。可生产无节疤和瑕疵的长度清材	速生树种，气干密度约为 0.4g/cm³ ～ 0.7g/cm³。结构材中等强度，耐腐性差，但易于耐久性处理。可快速烘干，缩水率平均。易于加工、握钉力及胶合力强

注：本表参考《中国主要进口木材名称》GB/T 18513—2001。

J.0.2 进口阔叶树材识别要点及其基本特性和主要加工性能宜符合表 J.0.2 的规定。

表 J.0.2 进口阔叶树材

序号	木材名称	树种名称（中文名/拉丁名）	商品材名称	科别	主要产地	木材识别要点	木材基本特性和主要加工性能
1	李叶苏木 *Hymeneae* spp.	李叶苏木 *H. courbaril* 剑叶李叶苏木 *H. oblongifolia*	Jatoba Courbaril, Jatoba, Jutai, Jatai, Algarrobo, Locust	Caesalpiniaceae 苏木科	中美、南美、加勒比及西印度群岛	边材白或浅灰色，略带浅红褐色，心材黄褐至红褐色，有条纹，心边材区别明显。生长轮清晰，管孔分布不匀，呈单独状，含树胶。轴向薄壁组织呈轮界状、翼状或聚翼状，木射线多，径面有显著银光斑纹，弦面无波痕，有胞间道。木材有光泽，纹理直或交错	气干密度0.88g/cm³～0.96g/cm³。强度高，耐腐。干燥快，易加工

序号	木材名称	树种名称 (中文名/拉丁名)	商品材名称	科别	主要产地	木材识别要点	木材基本特性和 主要加工性能
2	甘巴豆 *Koompassia*	甘巴豆 *malaccensis*	Kempas	Caesalpiniaceae 苏木科	马来西亚、印度尼西亚、文莱等	边材白或浅黄色，心材新切面呈浅红至砖红色，久变深桔红色。生长轮不清晰，管孔散生，分布较匀，有侵填体。轴向薄壁组织呈环管束状、似翼状或连续成段的窄带状，木射线可见，在径面呈斑纹，弦面呈波浪。无胞间道，木材有光泽，且有黄褐色条纹，纹理交错间有波状纹	气干密度 0.77g/cm³ ～ 1.1g/cm³。强度高，耐腐，干缩小，干燥性质良好，加工难，钉钉易劈裂
3	紫心木 *Peltogyne* spp.	紫心苏木 *P. lecointei* 巴西紫心苏木 *P. maranhensis*	Purpleheart, Amarante	Caesalpiniaceae 苏木科	热带南美	边材白色且有紫色条纹，心材为紫色，心边材区别明显，生长轮略清晰，管孔分布均匀，呈单独或 2～3 个径列，偶见树胶。轴向薄壁组织呈翼状、聚翼状，间有断续带状。木射线色浅可见，径面有斑纹，弦面无波痕，无胞间道。木材有光泽，纹理直，间有波纹及交错纹	气干密度常 > 0.8g/cm³。强度高，耐腐，心材极难浸注。干燥快，加工难，钉钉易劈裂
4	异翅香 *Anisoptera* spp.	中脉异翅香 *A. costata* 短柄异翅香 *A. curtisii*	Marsawa, Pengiran, Kra-bark	Dipterocarpaceae 龙脑香科	马来西亚、印度尼西亚、泰国等	边材浅黄色，心材浅黄褐或淡红色，生材心边材区别不明显，久之心材色变深。生长轮不清晰。管孔呈单独、间或成对状，有侵填体。轴向薄壁组织呈环管状、环管束状或呈散状，木射线色浅可见，径面有斑纹，有胞间道。木材有光泽，纹理直或略交错，有时略有螺旋纹	气干密度约 0.6g/cm³。强度中，心材略耐腐，防腐处理难。干燥慢，加工难，胶粘性能良好
5	龙脑香 (曾用名：克隆、阿必通) *Dipterocarpus* spp.	龙脑香 *D. alatus* 大花龙脑香 *D. grandiflorus*	Apitong, Keruing, Keroeing, Gurjun, Yang	Dipterocarpaceae 龙脑香科	菲律宾、马来西亚、泰国、印度、缅甸、老挝等	边材灰褐至灰黄或紫灰色，心材新切面为紫红色，久变深紫红褐或浅红褐色，心边材区别明显。生长轮不清晰，管孔散生，分布不匀，无侵填体，含褐色树胶。轴向薄壁组织呈傍管型、离管型，周边薄壁组织存在于胞间道周围呈翼状，木射线可见，有轴向胞间道，在横截面呈白点状	气干密度通常 0.7g/cm³～0.8g/cm³。强度高，心材略耐腐，而边材不耐腐，防腐处理较易。干缩大且不匀，干燥较慢，易翘裂。加工难，易钉钉，胶粘性能良好

序号	木材名称	树种名称 （中文名/拉丁名）	商品材名称	科别	主要产地	木材识别要点	木材基本特性和 主要加工性能
6	冰片香 （曾用名： 山樟） *Dryobalanops* spp.	黑冰片香 *D. fus-ca*	Kapur	Dipterocarpaceae 龙脑香科	马来西 亚、印度 尼西亚	边材浅黄褐或略带粉红色，新切面心材为粉红至深红色，久变为红褐、深褐或紫红褐色，心边材区别明显。生长轮不清晰，管孔呈单独体，分布匀，有侵填物。轴向薄壁组织呈傍管状或翼状。木射线少，有径面上的斑纹、弦面上的波痕。有轴向胞间道，呈白色点状、单独或断续的长弦列。木材有光泽，新切面有类似樟木气味，纹理略交错至明显交错	气干密度约0.8g/cm³。强度高、耐腐，但防腐处理难，干缩大，干燥缓慢，易劈裂。加工难，但钉钉不难，胶粘性能好
7	重坡垒 *Hopeas* spp.	坚坡垒 *H. ferrea* 俯 重 坡 垒 *H. Nutens*	Giam, Selangan, Thingan-net, Thakiam	Dipterocarpaceae 龙脑香科	马来西 亚等	材色浅褐至黄褐色，久变深褐色，边材色浅，心边材易区别。生长轮不清晰，管孔散生，分布均匀。轴向薄壁组织呈环管束状、翼状或聚翼状，木射线可见，有轴向胞间道，在横截面呈点状或长弦列。木材纹理交错	强度高、耐腐，但防腐处理难，干缩较大，干燥较慢，易裂，加工较难，但加工后可得光滑的表面
8	重黄娑罗双 （曾用名： 梢木） *Shorea*spp.	椭圆娑罗双 *S. el-liptica* 平 滑 娑 罗 双 *S. laevis*	Balau, Bangkirai, Selangan batu	Dipterocarpaceae 龙脑香科	马来西 亚、印度 尼 西 亚、 泰国等	材色浅褐至黄褐色，久变深褐色，边材色浅，心边材易区别。生长轮不清晰，管孔散生，分布均匀。轴向薄壁组织呈环管束状、翼状或聚翼状，木射线可见，有轴向胞间道，在横截面呈点状或长弦列。木材纹理交错	气干密度0.85g/cm³～1.15g/cm³。强度高、耐腐，但防腐处理难，干缩较大，干燥较慢，易裂，加工较难，但加工后可得光滑的表面
9	重红娑罗双 （曾用名： 红梢） *Shorea*spp.	胶 状 娑 罗 双 *S. collina* 创伤娑罗双 *S. pl-agata*	Red balau, Gisok, Balau merah	Dipterocarpaceae 龙脑香科	印度尼 西亚、马 来 西 亚、 菲律宾	心材浅红褐至深红褐色，与边材区别明显。生长轮不清晰，管孔散生，分布均匀。轴向薄壁组织呈环管束状、翼状或聚翼状，木射线可见，有轴向胞间道，在横截面呈点状或长弦列。木材纹理交错	气干密度0.8g/cm³～0.88g/cm³。强度高、耐腐，但防腐处理难，干缩较大，干燥较慢，易裂，加工较难，但加工后可得光滑的表面

序号	木材名称	树种名称 (中文名/拉丁名)	商品材名称	科别	主要产地	木材识别要点	木材基本特性和 主要加工性能
10	白娑罗双 Shorea spp.	云南娑罗双 S. as-samica 白粉娑罗双 S. dealbata 片状娑罗双 S. la-mellata	White meranti, Melapi, Meranti puteh	Dipterocarpaceae 龙脑香科	印度尼西亚、马来西亚、泰国等	心材新伐时白色,久变浅黄褐色,边材色浅,心边材区别明显。生长轮不清晰,管孔散生,少数斜列,分布较匀。轴向薄壁组织多,木射线窄,仅见波痕,有胞间道,在横截面呈白点状、同心圆或长弦列。木材纹理交错	气干密度 0.5g/cm³～0.9g/cm³。强度中至高、不耐腐,防腐处理难。干缩中至略大,干燥快,加工易至难
11	黄娑罗双 Shorea spp.	法桂娑罗双 S. faguetiana 坡垒叶娑罗双 S. hopeifolia 多花娑罗双 S. multiflora	Yellow meranti, Yellow seraya, Meranti putih	Dipterocarpaceae 龙脑香科	印度尼西亚、马来西亚、菲律宾	心材浅黄褐或浅褐色带黄,边材新伐时亮黄至浅黄褐色,心边材区别明显。生长轮不清晰,管孔散生,分布颇匀,有侵填体。轴向薄壁组织多,木射线细,有胞间道,在横截面呈白点状长弦列。木材纹理交错	气干密度 0.58g/cm³～0.74g/cm³。强度中,耐腐中。易干燥、加工、钉钉,胶粘性能良好
12	浅红娑罗双 Shorea spp.	毛叶娑罗双 S. dasyphylla 广椭娑罗双 S. ovalis 小叶娑罗双 S. parvifolia	Light red meranti, Red seraya, Meranti merah, Light red philippine mahogany	Dipterocarpaceae 龙脑香科	印度尼西亚、马来西亚、菲律宾等	心材浅红至浅红褐色,边材色较浅,心边材区别明显。生长轮不清晰,管孔散生、斜列,分布匀,有侵填体。轴向薄壁组织呈傍管型、环管束状及翼状,少数聚翼状。木射线及跑间道同黄梅兰蒂。木材纹理交错	气干密度 0.39g/cm³～0.75g/cm³。强度略低于深红娑罗双,其余性质同黄娑罗双
13	深红娑罗双 Shorea spp.	渐尖娑罗双 S. acuminata 卵圆娑罗双 S. ovata	Dark red meranti, Meranti merah, Obar suluk,	Dipterocarpaceae 龙脑香科	印度尼西亚、马来西亚、菲律宾等	边材桃红色,心材红至深红色,有时微紫,心边材区别略明显。生长轮不清晰,管孔散生、斜列,分布匀,偶见侵填体。木射线狭窄但可见,有胞间道,在横截面呈白点状长弦列。木材纹理交错	气干密度 0.56g/cm³～0.86g/cm³。强度中,耐腐,但心材防腐处理难。干燥快,易加工、钉钉,胶粘性能良好
14	双龙瓣豆 Diplotropis spp.	马氏双龙瓣豆 D. martiusii 紫双龙瓣豆 D. purpurea	Sucupira, Sapupira, Tatabu, Coeur pehors	Fabaceae 蝶形花科	巴西、圭亚那、苏里南、秘鲁等	边材灰白略带黄色,心材浅褐至深褐色,心边材区别明显。生长轮略清晰,管孔分布均匀,呈单独状,轴向薄壁组织呈环管束状、聚翼状连接成断续窄带。木射线略细,径面有斑纹,弦面无波痕,无胞间道。木材光泽弱,手触有腊质感,纹理直或不规则	气干密度通常＞0.9g/cm³。强度高,耐腐,加工难

序号	木材名称	树种名称 （中文名/拉丁名）	商品材名称	科别	主要产地	木材识别要点	木材基本特性和 主要加工性能
15	海棠木 *Calophyllum* spp.	海棠木 *C. ino- phyllum* 大果海棠木 *C. macrocarpum*	Bintangor, Bitaog, Bongnget, Tanghon, Mu-u, Santa maria	Guttiferae 藤黄科	中美及 南美、泰 国、缅甸、 越南、菲 律宾、马 来西亚、 印度尼西 亚、巴布 亚新几 内亚	心材红或深红色，有时夹杂暗红色条纹，边材较浅，心边材区别明显。生长轮不清晰，管孔少。轴向薄壁组织呈带状，木射线细，径面上有斑纹，弦面无波痕，无胞间道。木材有光泽，纹理交错	气干密度 0.6g/cm³～0.74g/cm³。强度低，耐腐。干缩较大，干燥慢，易翘曲，易加工，但加工时易起毛或撕裂，钉钉难，胶粘性能好
16	尼克樟 *Nectandra* spp.	红尼克樟 *N. rubra*	Red louro	Lauraceae 樟科	圭亚那、 巴西、苏 里南、玻 利维亚等	边材黄灰至略带浅红灰色，心材略带浅红褐色至红褐色，心边材区别不明显。生长轮不清晰、管孔分布颇匀，呈单独或2个～3个径列，有侵填体。轴向薄壁组织呈环管状、环管束状或翼状，木射线略少，无胞间道。木材略有光泽，纹理直，间有螺旋状	气干密度 0.64g/cm³～0.77g/cm³。强度中，耐腐，但防腐处理难。易干燥、加工，胶粘性能良好
17	绿心樟 *Ocotea* spp.	绿心樟 *O. rodiaei*	Greenheart	Lauraceae 樟科	圭亚那、 苏里南、 委内瑞拉 及巴西等	边材浅黄白色，心材浅黄绿色，有光泽，心边材区别不明显。生长轮不清晰，管孔分布匀，呈单独或2个～3个径列，含树胶。轴向薄壁组织呈环管束状、环管状或星散状。木射线细色浅，放大镜下见径面斑纹，弦面无波痕，无胞间道。木材纹理直或交错	气干密度＞0.97g/cm³。强度高，耐腐。干燥难，端面易劈裂，但翘曲小，加工难，钉钉易劈，胶粘性能好
18	蟹木楝 *Carapa* spp.	大花蟹木楝 *C. grandiflora* 圭亚那蟹木楝 *C. guianensis*	Crabwood, Andiroba, Indian crabwood, Uganda crabwood	Meliaceaae 楝科	非洲、 中美洲、 南美洲及 东南亚	木材深褐至黑褐色，心材较边材略深，心边材区别不明显。生长轮清晰，管孔分布较匀，呈单独或2个～3个径列，含深色侵填体。轴向薄壁组织呈环管状或轮界状，木射线略多，径面有斑纹，弦面无波痕，无胞间道。木材径面有光泽，纹理直或略交错	气干密度 0.65g/cm³～0.72g/cm³。强度中，耐腐中，干缩中。易加工，钉钉易裂，胶粘性能良好

序号	木材名称	树种名称（中文名/拉丁名）	商品材名称	科别	主要产地	木材识别要点	木材基本特性和主要加工性能
19	筒状非洲楝（曾用名：沙比利）*Entandrophragma* spp.	筒状非洲楝 *E. cylindricum*	Sapele, Aboudikro, Sapelli-Mahagoni	Meliaceaae 楝科	西非、中非及东非	边材浅黄或灰白色，心材为深红或深紫色，心边材区别明显。生长轮清晰；管孔呈单独、短径列、径列或斜径列。薄壁组织呈轮界状、环管状或宽带状；木射线细不明显，径面有规则的条状花纹或断续短条纹。木材具有香椿似的气味，纹理交错	气干密度 0.61g/cm³～0.67/cm³ 强度中，耐腐中，易干燥、加工、钉钉，胶粘性能良好
20	腺瘤豆 *Piptadeniastrum* spp.	腺瘤豆 *P. africanum*	Dabema, Dahoma, Ekhimi, Toum, Kabari,	Mimosaceae 含羞草科	热带非洲	边材灰白色，心材浅黄灰褐至黄褐色，心边材区别明显。生长轮清晰。管孔呈单独或 2 个～4 个径列，有树胶。轴向薄壁组织呈不连续的轮界状、管束状、翼状和聚翼状；木射线细且可见。木材新切面有难闻的气味，纹理较直或交错	气干密度约 0.7g/cm³。强度中，耐腐。干燥缓慢，变形大，易加工、钉钉，胶粘性能良好
21	椴木 *Tilia* spp.	心形椴 *T. cordata* 大叶椴 *T. plalyphyiios*	Basswood, Lime, Linden, Common lime	Tiliaceae 椴树科	北美洲、欧洲及亚洲	木材白色略带浅红色，心边材区别不明显。生长轮略清晰，管孔略小。木射线在径面有斑纹。木材纹理直	气干密度约 0.42g/cm³～0.56/cm³。强度低，不耐腐，但易防腐处理。易干燥，且干后性质好，易加工，加工后切面光滑

注：本表参考《中国主要进口木材名称》GB/T 18513—2001。

附录 K 构件中紧固件数量的确定与常用紧固件群栓组合系数

K.1 构件中紧固件数量的确定

K.1.1 当两个或两个以上承受单剪或多剪的销轴类紧固件，沿荷载方向直线布置时，紧固件可视作一行。

K.1.2 当相邻两行上的紧固件交错布置时，每一行中紧固件的数量按下列规定确定：

1 紧固件交错布置的行距 a 小于相邻行中沿长度方向上两交错紧固件间最小间距 b 的 1/4 时，即 $b > 4a$ 时，相邻行按一行计算紧固件数量（图 K.1.2a、图 K.1.2b、图 K.1.2e）；

2 当 $b \leqslant 4a$ 时，相邻行分为两行计算紧固件数量（图 K.1.2c、图 K.1.2d、图 K.1.2f）；

3 当紧固件的行数为偶数时，本条第 1 款规定

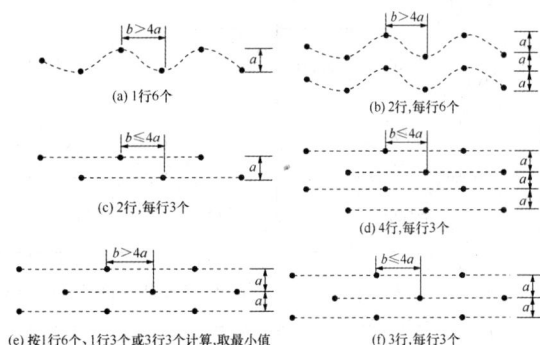

图 K.1.2 交错布置紧固件在每行中数量确定示意

适用于任何一行紧固件的数量计算（图 K.1.2b、图 K.1.2d）；当行数为奇数时，分别对各行的 k_g 进行确定（图 K.1.2e、图 K.1.2f）。

K.1.3 计算主构件截面面积 A_m 和侧构件截面面积 A_s 时，应采用毛截面的面积。当荷载沿横纹方向作用在构件上时，其等效截面面积等于构件的厚度与紧固件群外包宽度的乘积。紧固件群外包宽度应取两边缘

紧固件之间中心线的距离（图 K.1.3）。当仅有一行紧固件时，该行紧固件的宽度等于顺纹方向紧固件间距要求的最小值。

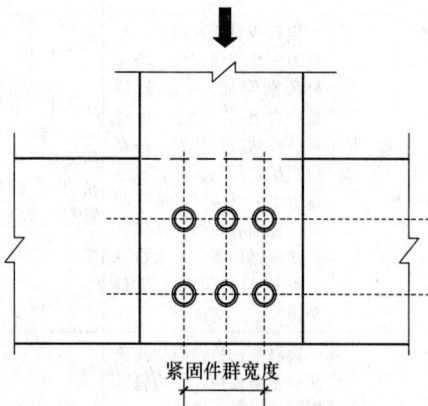

图 K.1.3　构件横纹荷载作用时
紧固件群外包宽度示意

K.2　常用紧固件群栓组合系数

K.2.1　当销类连接件直径小于 25mm，并且螺栓、销、六角头木螺钉排成一行时，各单根紧固件的承载力设计值应乘以紧固件群栓组合系数 k_g。

K.2.2　当销类连接件符合下列条件时，群栓组合系数 k_g 可取 1.0：

1　直径 D 小于 6.5 mm 时；

2　仅有一个紧固件时；

3　两个或两个以上的紧固件沿顺纹方向仅排成一行时；

4　两行或两行以上的紧固件，每行紧固件分别采用单独的连接板连接时。

K.2.3　在构件连接中，当侧面构件为木材时，常用紧固件的群栓组合系数 k_g 应符合表 K.2.3 的规定。

K.2.4　在构件连接中，当侧面构件为钢材时，常用紧固件的群栓组合系数 k_g 应符合表 K.2.4 的规定。

表 K.2.3　螺栓、销和木螺钉的群栓组合系数 k_g（侧构件为木材）

A_s/A_m	A_s (mm²)	每排中紧固件的数量										
		2	3	4	5	6	7	8	9	10	11	12
0.5	3225	0.98	0.92	0.84	0.75	0.68	0.61	0.55	0.50	0.45	0.41	0.38
	7740	0.99	0.96	0.92	0.87	0.81	0.76	0.70	0.65	0.61	0.47	0.53
	12900	0.99	0.98	0.95	0.91	0.87	0.83	0.78	0.74	0.70	0.66	0.62
	18060	1.00	0.98	0.96	0.93	0.90	0.87	0.83	0.79	0.76	0.72	0.69
	25800	1.00	0.99	0.97	0.95	0.93	0.90	0.87	0.84	0.81	0.78	0.75
	41280	1.00	0.99	0.98	0.97	0.95	0.93	0.91	0.89	0.87	0.84	0.82
1	3225	1.00	0.97	0.91	0.85	0.78	0.71	0.64	0.59	0.54	0.49	0.45
	7740	1.00	0.99	0.96	0.93	0.88	0.84	0.79	0.74	0.70	0.65	0.61
	12900	1.00	0.99	0.98	0.95	0.92	0.89	0.86	0.82	0.78	0.75	0.71
	18060	1.00	0.99	0.98	0.97	0.94	0.92	0.89	0.86	0.83	0.80	0.77
	25800	1.00	1.00	0.99	0.98	0.96	0.94	0.92	0.90	0.87	0.85	0.82
	41280	1.00	1.00	0.99	0.98	0.97	0.96	0.95	0.93	0.91	0.90	0.88

注：当侧构件截面毛面积与主构件截面毛面积之比 $A_s/A_m > 1.0$ 时，应采用 A_m/A_s 和 A_m 值查表。

表 K.2.4 螺栓、销和木螺丝的群栓组合系数 k_g（侧构件为钢材）

A_m/A_s	A_m (mm²)	每排中紧固件的数量										
		2	3	4	5	6	7	8	9	10	11	12
12	3225	0.97	0.89	0.80	0.70	0.62	0.55	0.49	0.44	0.40	0.37	0.34
	7740	0.98	0.93	0.85	0.77	0.70	0.63	0.57	0.52	0.47	0.43	0.40
	12900	0.99	0.96	0.92	0.86	0.80	0.75	0.69	0.64	0.60	0.55	0.52
	18060	0.99	0.97	0.94	0.90	0.85	0.81	0.76	0.71	0.67	0.63	0.59
	25800	1.00	0.98	0.96	0.94	0.90	0.87	0.83	0.79	0.76	0.72	0.69
	41280	1.00	0.99	0.98	0.96	0.94	0.91	0.88	0.86	0.83	0.80	0.77
	77400	1.00	0.99	0.99	0.98	0.96	0.95	0.93	0.91	0.90	0.87	0.85
	129000	1.00	1.00	0.99	0.99	0.98	0.97	0.96	0.95	0.93	0.92	0.90
18	3225	0.99	0.93	0.85	0.76	0.68	0.61	0.54	0.49	0.44	0.41	0.37
	7740	0.99	0.95	0.90	0.83	0.75	0.69	0.62	0.57	0.52	0.48	0.44
	12900	1.00	0.98	0.94	0.90	0.85	0.79	0.74	0.69	0.65	0.60	0.56
	18060	1.00	0.98	0.96	0.93	0.89	0.85	0.80	0.76	0.72	0.68	0.64
	25800	1.00	0.99	0.97	0.95	0.93	0.90	0.87	0.83	0.80	0.77	0.73
	41280	1.00	0.99	0.98	0.97	0.95	0.93	0.91	0.89	0.86	0.83	0.81
	77400	1.00	1.00	0.99	0.98	0.97	0.96	0.95	0.93	0.92	0.90	0.88
	129000	1.00	1.00	0.99	0.99	0.98	0.98	0.97	0.96	0.95	0.94	0.92
24	25800	1.00	0.99	0.97	0.95	0.93	0.89	0.86	0.83	0.79	0.76	0.72
	41280	1.00	0.99	0.98	0.97	0.95	0.93	0.91	0.88	0.85	0.83	0.80
	77400	1.00	1.00	0.99	0.98	0.97	0.96	0.95	0.93	0.91	0.90	0.88
	129000	1.00	1.00	0.99	0.99	0.98	0.98	0.97	0.96	0.95	0.93	0.92
30	25800	1.00	0.98	0.96	0.93	0.89	0.85	0.81	0.77	0.73	0.69	0.65
	41280	1.00	0.99	0.97	0.95	0.93	0.90	0.87	0.83	0.80	0.77	0.73
	77400	1.00	0.99	0.99	0.97	0.96	0.94	0.92	0.90	0.88	0.85	0.83
	129000	1.00	1.00	0.99	0.98	0.97	0.96	0.95	0.94	0.92	0.90	0.89
35	25800	0.99	0.97	0.94	0.91	0.86	0.82	0.77	0.73	0.68	0.64	0.60
	41280	1.00	0.98	0.96	0.94	0.91	0.87	0.84	0.80	0.76	0.73	0.69
	77400	1.00	0.99	0.98	0.97	0.95	0.92	0.90	0.88	0.85	0.82	0.79
	129000	1.00	0.99	0.99	0.98	0.97	0.95	0.94	0.92	0.90	0.88	0.86
42	25800	0.99	0.97	0.93	0.88	0.83	0.78	0.73	0.68	0.63	0.59	0.55
	41280	0.99	0.98	0.95	0.92	0.88	0.84	0.80	0.76	0.72	0.68	0.64
	77400	1.00	0.99	0.97	0.95	0.93	0.90	0.88	0.85	0.81	0.78	0.75
	129000	1.00	0.99	0.98	0.97	0.96	0.94	0.92	0.90	0.88	0.85	0.83
50	25800	0.99	0.96	0.91	0.85	0.79	0.74	0.68	0.63	0.58	0.54	0.51
	41280	0.99	0.97	0.94	0.90	0.85	0.81	0.76	0.72	0.67	0.63	0.59
	77400	1.00	0.98	0.97	0.94	0.91	0.88	0.85	0.81	0.78	0.74	0.71
	129000	1.00	0.99	0.98	0.96	0.95	0.92	0.90	0.87	0.85	0.82	0.79

附录 L 常用树种木材的全干相对密度

L.0.1 常用树种木材的全干相对密度可按表 L.0.1 的规定确定。

表 L.0.1 常用树种木材的全干相对密度

树种及树种组合木材	全干相对密度 G	机械分级（MSR）树种木材及强度等级	全干相对密度 G
阿拉斯加黄扁柏	0.46	花旗松—落叶松	
海岸西加云杉	0.39		
花旗松—落叶松	0.50	$E\leqslant13100$MPa	0.50
花旗松—落叶松（加拿大）	0.49	$E=13800$MPa	0.51
花旗松—落叶松（美国）	0.46	$E=14500$MPa	0.52
东部铁杉、东部云杉	0.41	$E=15200$MPa	0.53
东部白松	0.36	$E=15860$MPa	0.54
铁—冷杉	0.43	$E=16500$MPa	0.55
铁冷杉（加拿大）	0.46	南方松	
北部树种	0.35		
北美黄松、西加云杉	0.43	$E=11720$MPa	0.55
南方松	0.55	$E=12400$MPa	0.57
云杉—松—冷杉	0.42	云杉—松—冷杉	
西部铁杉	0.47		
欧洲云杉	0.46	$E=11720$MPa	0.42
欧洲赤松	0.52	$E=12400$MPa	0.46
欧洲冷杉	0.43	西部针叶材树种	
欧洲黑松、欧洲落叶松	0.58		
欧洲花旗松	0.50	$E=6900$MPa	0.36
东北落叶松	0.55	铁—冷杉	
樟子松、红松、华山松	0.42		
新疆落叶松、云南松	0.44	$E\leqslant10300$MPa	0.43
鱼鳞云杉、西南云杉	0.44	$E=11000$MPa	0.44
丽江云杉、红皮云杉	0.41	$E=11720$MPa	0.45
西北云杉	0.37	$E=12400$MPa	0.46
马尾松	0.44	$E=13100$MPa	0.47
冷杉	0.36	$E=13800$MPa	0.48
南亚松	0.45	$E=14500$MPa	0.49
铁杉	0.47	$E=15200$MPa	0.50
油杉	0.48	$E=15860$MPa	0.51
油松	0.43	$E=16500$MPa	0.52
杉木	0.34	—	—
速生松	0.30	—	—
木基结构板	0.50	—	—

树种及树种组合木材	全干相对密度 G	机械分级（MSR）树种木材及强度等级	全干相对密度 G
进口欧洲地区结构材			
强度等级	全干相对密度 G	强度等级	全干相对密度 G
C40	0.45	C22	0.38
C35	0.44	C20	0.37
C30	0.44	C18	0.36
C27	0.40	C16	0.35
C24	0.40	C14	0.33
进口新西兰结构材			
强度等级	全干相对密度 G	强度等级	全干相对密度 G
SG15	0.53	SG12	0.50
SG10	0.46	SG8	0.41
SG6	0.36	—	—

附录 M 齿板强度设计值的确定

M.0.1 当由试验确定板齿和齿板强度设计值时，应按现行国家标准《木结构试验方法标准》GB/T 50329 规定的方法进行试验，并应符合下列规定：

 1 确定板齿的极限承载力和抗滑移承载力时，每一种试验方法应各取 10 个试件；

 2 确定齿板的受拉极限承载力和受剪极限承载力时，每一种试验方法应各取 3 个试件；

 3 由试验确定的板齿和齿板的极限承载力应按现行国家标准《木结构试验方法标准》GB/T 50329 规定的修正系数进行校正。

M.0.2 板齿强度设计值的确定应符合下列规定：

 1 荷载平行于齿板主轴（$\beta=0°$）时，板齿强度设计值按下式计算：

$$n_{r} = \frac{n_{r,u1}\,n_{r,u2}}{n_{r,u1}\sin^2\alpha + n_{r,u2}\cos^2\alpha} \quad \text{(M.0.2-1)}$$

 2 荷载垂直于齿板主轴（$\beta=90°$）时，板齿强度设计值按下式计算：

$$n'_{r} = \frac{n'_{r,u1}\,n'_{r,u2}}{n'_{r,u1}\sin^2\alpha + n'_{r,u2}\cos^2\alpha} \quad \text{(M.0.2-2)}$$

式中：$n_{r,u1}$、$n_{r,u2}$、$n'_{r,u1}$ 和 $n'_{r,u2}$——分别为按本标准第 M.0.1 条确定的 10 个与夹角 α、β 相关的板

齿极限强度试验值中的 3 个最小值的平均值除以极限强度调整系数 k。

3 确定 $n_{r,u1}$、$n_{r,u2}$、$n'_{r,u1}$ 和 $n'_{r,u2}$ 时，对应的夹角 β 与 α 取值应符合表 M.0.2-1 的规定。

表 M.0.2-1 板齿极限强度与荷载作用方向的对应表

荷载作用方向	板齿极限强度			
	$n_{r,u1}$	$n'_{r,u1}$	$n_{r,u2}$	$n'_{r,u2}$
与木纹的夹角 α (°)	0	0	90	90
与齿板主轴的夹角 β (°)	0	90	0	90

4 极限强度调整系数 k 应符合表 M.0.2-2 的规定。

表 M.0.2-2 极限强度调整系数表

木材种类	未经阻燃处理木材		已阻燃处理木材	
含水率 w	$w \leqslant 15\%$	$15\% < w \leqslant 19\%$	$w \leqslant 15\%$	$15\% < w \leqslant 19\%$
调整系数 k	2.89	3.61	3.23	4.54

5 当齿板主轴与荷载方向夹角 β 不等于 "0°" 或 "90°" 时，板齿强度设计值应在 n_r 与 n'_r 间用线性插值法确定。

M.0.3 板齿抗滑移强度设计值的确定应符合下列规定：

1 荷载平行于齿板主轴（$\beta = 0°$）时，板齿抗滑移强度设计值按下式计算：

$$n_s = \frac{n_{s,u1}\, n_{s,u2}}{n_{s,u1}\, \sin^2\alpha + n_{s,u2}\, \cos^2\alpha} \quad (M.0.3-1)$$

2 荷载垂直于齿板主轴（$\beta = 90°$）时，板齿强度设计值按下式计算：

$$n'_s = \frac{n'_{s,u1}\, n'_{s,u2}}{n'_{s,u1}\, \sin^2\alpha + n'_{s,u2}\, \cos^2\alpha} \quad (M.0.3-2)$$

式中：$n_{s,u1}$、$n_{s,u2}$、$n'_{s,u1}$ 和 $n'_{s,u2}$——分别为按本标准第 M.0.1 条确定的 10 个与夹角 α、β 相关的板齿极限强度试验值中的 3 个最小值的平均值除以系数 k_s。

3 确定 $n_{s,u1}$、$n_{s,u2}$、$n'_{s,u1}$ 和 $n'_{s,u2}$ 时，对应的夹角 β 与 α 取值应符合表 M.0.3 的规定。

表 M.0.3 板齿抗滑移极限强度与荷载作用方向的对应表

荷载作用方向	板齿极限强度			
	$n_{s,u1}$	$n'_{s,u1}$	$n_{s,u2}$	$n'_{s,u2}$
与木纹的夹角 α (°)	0	0	90	90
与齿板主轴的夹角 β (°)	0	90	0	90

4 对含水率小于或等于 15% 的规格材，k_s 应为 1.40，对含水率大于 15% 且小于 19% 的规格材 k_s 应为 1.75。

5 当齿板主轴与荷载方向夹角 β 不等于 "0°" 或 "90°" 时，板齿抗滑移强度设计值应在 n_s 与 n'_s 间用线性插值法确定。

M.0.4 齿板抗拉强度设计值的确定应分别按本标准第 M.0.1 条确定的 3 个齿板抗拉极限强度校正试验值中 2 个最小值的平均值除以 1.75 选取。

M.0.5 齿板抗剪强度设计值的确定应分别按本标准第 M.0.1 条确定的 3 个齿板抗剪极限强度校正试验值中 2 个最小值的平均值除以 1.75 选取。若齿板主轴与荷载方向夹角 β 与试验方法的规定不同时，齿板抗剪强度设计值应按线性插值法确定。

附录 N 木基结构板的剪力墙抗剪强度设计值

N.0.1 单面采用木基结构板材的木框架剪力墙结构的剪力墙抗剪强度设计值和抗剪刚度应按表 N.0.1 的规定取值。

表 N.0.1 木框架剪力墙抗剪强度设计值 f_{vd} 和抗剪刚度 K_w

板厚度 (mm)	钉子尺寸		钉间距 (mm)							
			150		100		75		50	
	长度 (mm)	直径 (mm)	抗剪强度 f_{vd} (kN/m)	抗剪刚度 K_w (kN/mm)	抗剪强度 f_{vd} (kN/m)	抗剪刚度 K_w (kN/mm)	抗剪强度 f_{vd} (kN/m)	抗剪刚度 K_w (kN/mm)	抗剪强度 f_{vd} (kN/m)	抗剪刚度 K_w (kN/mm)
9	50	2.84	5.0	0.91	7.1	1.18	—	—	—	—
12	50	2.84	4.9	0.78	7.1	1.07	8.7	1.31	11.2	1.68
	65	3.25	5.8	0.88	7.9	1.19	9.6	1.44	12.2	1.83
24	75	3.66	9.8	1.57	14.2	2.13	17.4	2.61	22.4	3.36

注：1 本表为墙体一面铺设木基结构板的数值，对于双面铺设木基结构板的剪力墙，其值应为表中数值的两倍；
　　2 表中剪力墙的抗剪强度设计值适用于隐柱墙；
　　3 当剪力墙为明柱墙时，本表则只适用钉间距不大于 100mm 的剪力墙；
　　4 当剪力墙是在楼面板之上固定支承柱的剪力墙时，本表则只适用钉间距不大于 100mm 的剪力墙。

N.0.2 单面采用木基结构板材的轻型木结构剪力墙的抗剪强度设计值和抗剪刚度应按表 N.0.2 的规定取值。

表 N.0.2 轻型木结构剪力墙抗剪强度设计值 f_{vd} 和抗剪刚度 K_w

面板最小名义厚度 (mm)	钉入骨架构件的最小深度 (mm)	钉直径 (mm)	面板边缘钉的间距 (mm)												
			150			100			75			50			
			f_{vd} (kN/m)	K_w (kN/mm)		f_{vd} (kN/m)	K_w (kN/mm)		f_{vd} (kN/m)	K_w (kN/mm)		f_{vd} (kN/m)	K_w (kN/mm)		
				OSB	PLY		OSB	PLY		OSB	PLY		OSB	PLY	
9.5	31	2.84	3.5	1.9	1.5	5.4	2.6	1.9	7.0	3.5	2.3	9.1	5.6	3.0	
9.5	38	3.25	3.9	3.0	2.1	5.7	4.4	2.6	7.3	5.4	3.0	9.5	7.9	3.5	
11.0	38	3.25	4.3	2.5	1.9	6.2	3.9	2.5	8.0	4.9	3.0	10.5	7.4	3.7	
12.5	38	3.25	4.7	2.3	1.8	6.8	3.3	2.3	8.7	4.4	2.6	11.4	6.8	3.5	
12.5	41	3.66	5.5	3.9	2.5	8.2	5.3	3.0	10.7	6.5	3.3	13.7	9.1	4.0	
15.5	41	3.66	6.0	2.8	2.3	9.1	4.6	2.8	11.9	5.8	3.2	15.6	8.4	3.9	

注：1 表中 OSB 为定向木片板；PLY 为结构胶合板；

2 表中抗剪强度和刚度为钉连接的木基结构板材的面板，在干燥使用条件下，标准荷载持续时间的值；当考虑风荷载和地震作用时，表中抗剪强度和刚度应乘以调整系数 1.25；

3 当钉的间距小于 50mm 时，位于面板拼缝处的骨架构件的宽度不应小于 64mm，钉应错开布置；可采用两根 40mm 宽的构件组合在一起传递剪力；

4 当直径为 3.66mm 的钉的间距小于 75mm 或钉入骨架构件的深度小于 41mm 时，位于面板拼缝处的骨架构件的宽度不应小于 64mm，钉应错开布置；可采用二根 40mm 宽的构件组合在一起传递剪力；

5 当剪力墙面板采用射钉或非标准钉连接时，表中抗剪强度和刚度应乘以折算系数 $(d_1/d_2)^2$；其中，d_1 为非标准钉的直径，d_2 为表中标准钉的直径。

附录 P 木基结构板的楼盖、屋盖抗剪强度设计值

P.0.1 采用木基结构板材的木框架剪力墙结构楼盖抗剪强度设计值应根据楼盖的构造类型（图 P.0.1），按表 P.0.1 的规定取值。

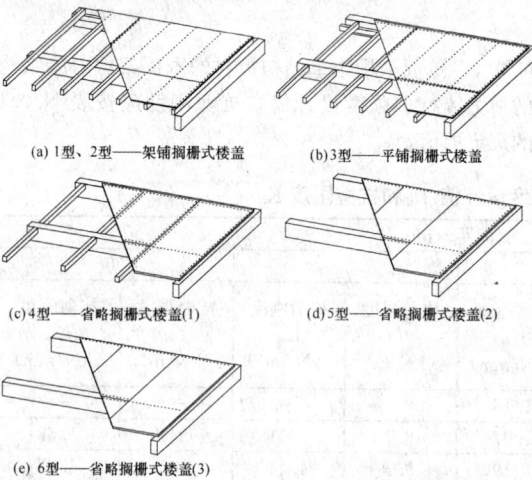

(a) 1型、2型——架铺搁栅式楼盖

(b) 3型——平铺搁栅式楼盖

(c) 4型——省略搁栅式楼盖(1)

(d) 5型——省略搁栅式楼盖(2)

(e) 6型——省略搁栅式楼盖(3)

图 P.0.1 楼盖结构形式类型示意

P.0.2 采用木基结构板材的木框架剪力墙结构屋盖抗剪强度设计值应根据屋盖的构造类型（图 P.0.2），按表 P.0.2 的规定取值。

P.0.3 采用木基结构板材的轻型木结构楼盖、屋盖抗剪强度设计值应根据表 P.0.3-1 规定的楼盖、屋盖构造类型，按表 P.0.3-2 的规定取值。

表 P.0.1 木框架剪力墙结构楼盖抗剪强度设计值 f_{vd}（kN/m）

构件名称	类型	构造形式	板厚度 (mm)	钉子尺寸		抗剪强度		
				长度 (mm)	直径 (mm)	钉间距(mm)		
						150	100	75
楼面结构形式	1 型	架铺搁栅式楼盖(1) 在楼面梁上设置间距≤350mm 的搁栅，并用圆钉将木基结构板固定在板下的搁栅上	≥12	50	2.8	1.96	—	—
	2 型	架铺搁栅式楼盖(2) 在楼面梁上设置间距≤500mm 的搁栅，并用圆钉将木基结构板固定在板下的搁栅上				1.37	—	—
	3 型	平铺搁栅式楼盖 搁栅的顶面与楼面梁顶面相同，并用圆钉将木基结构板固定在板下的楼面梁和搁栅上				3.92	—	—
	4 型	省略搁栅式楼盖(1) 在间距≤1000mm 的纵横楼面梁或支柱上，直接用圆钉将木基结构板固定在板下的楼面梁上	≥24	75	3.4	7.84	9.3	12.6
	5 型	省略搁栅式楼盖(2) 在间距≤1000mm 的纵横楼面梁上，将板的短边方向用圆钉与楼面梁固定；并将楼面边四周的板边用圆钉将板固定在楼面梁上				3.53	5.4	6.9
	6 型	省略搁栅式楼盖(3) 在间距≤1000mm 的纵横楼面梁上，将板的短边方向用圆钉与楼面梁固定				2.35	4.2	5.3

(a)1型——椽条式屋盖(1)　(b) 2型——椽条式屋盖(2)　(c) 3型——斜撑梁式屋盖(1)

(d) 4型——斜撑梁式屋盖(2)　(e) 5型——斜撑梁式屋盖(3)

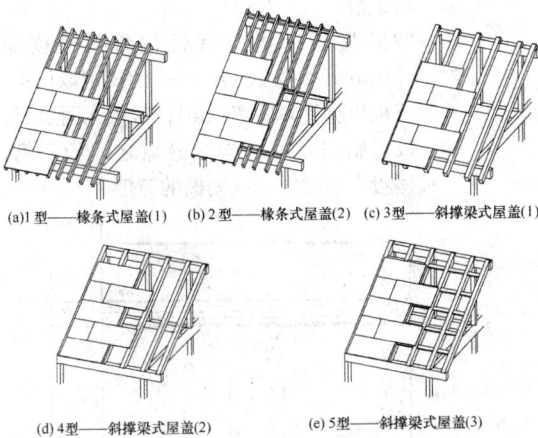

图 P.0.2　屋盖结构形式类型示意

表 P.0.2　木框架剪力墙结构屋盖抗剪强度设计值 f_{vd}（kN/m）

构件	类型	构造形式	板厚度(mm)	钉子尺寸 长度(mm)	钉子尺寸 直径(mm)	抗剪强度 钉间距(mm) 150	100	75
屋面结构形式	1型	椽条式屋盖（1） 在间距≤500mm的椽条上，用圆钉将木基结构板固定在椽条上，椽条与檩条用金属连接件连接	≥12	50	2.84	1.37	—	—
	2型	椽条式屋盖（2） 在间距≤500mm的椽条之间，位于檩条处设置有与椽条相同断面尺寸的加固挡块，并用圆钉将木基结构板固定在椽条上				1.96	—	—
	3型	斜撑梁式屋盖（1） 在间距≤1000mm的斜撑梁上，将木基结构板的短边用圆钉与斜撑梁固定	≥24	75	3.66	2.35	4.23	5.27
	4型	斜撑梁式屋盖（2） 斜撑梁间距≤1000mm，将木基结构板的短边用圆钉与斜撑梁固定，并用圆钉将檐檩和脊檩处的板边固定在檐檩和脊檩上				3.53	5.41	6.85
	5型	斜撑梁式屋盖（3） 斜撑梁间距≤1000mm，斜撑梁之间设置有横撑和加固挡块，用圆钉将木基结构板四周固定在斜撑梁、脊梁、横撑和加固挡块上；加固挡块用连接板与檩条相接				7.84	9.28	12.57

注：表中抗剪强度值为沿着屋盖表面的值，屋盖水平方向的抗剪强度值应为 $f_{vd} \cdot \cos\theta$（θ 为屋面坡度）。

表 P.0.3-1　楼盖、屋盖构造类型

类型	1型	2型	3型	4型
示意图				
构造形式	横向骨架，纵向横撑	纵向骨架，横向横撑	纵向骨架，横向横撑	横向骨架，纵向横撑

表 P.0.3-2　采用木基结构板材的楼盖、屋盖抗剪强度设计值 f_{vd}

面板最小名义厚度(mm)	钉入骨架构件的最小深度(mm)	钉直径(mm)	骨架构件的最小宽度(mm)	有填块 平行于荷载的面板边缘连续的情况下（3型和4型），面板边缘钉的间距(mm) 150	100	65	50	无填块 面板边缘钉的最大间距为150mm 荷载与面板连续边垂直的情况下（1型） 150	所有其他情况下（2型、3型、4型）
				在其他情况下（1型和2型），面板边缘钉的间距(mm) 150	150	100	75		
				f_{vd} (kN/m)	f_{vd} (kN/m)	f_{vd} (kN/m)	f_{vd} (kN/m)	f_{vd} (kN/m)	f_{vd} (kN/m)
9.5	31	2.84	38	3.3	4.5	6.7	7.5	3.0	2.2
			64	3.7	5.0	7.5	8.5	3.3	2.5
9.5	38	3.25	38	4.3	5.7	8.6	9.7	3.9	2.9
			64	4.8	6.4	9.7	10.9	4.3	3.2
11.0	38	3.25	38	4.5	6.0	9.0	10.3	4.1	3.0
			64	5.1	6.8	10.2	11.5	4.5	3.4
12.5	38	3.25	38	4.8	6.4	9.5	10.7	4.3	3.2
			64	5.4	7.2	10.7	12.1	4.7	3.5
12.5	41	3.66	38	5.2	6.9	10.3	11.7	4.5	3.4
			64	5.8	7.7	11.6	13.1	5.2	3.9
15.5	41	3.66	38	5.7	7.6	11.4	13.0	5.1	3.9
			64	6.4	8.5	12.9	14.7	5.7	4.3
18.5	41	3.66	64	—	11.5	16.7	—	—	—
			89	—	13.4	19.2	—	—	—

注：1　表中抗剪强度为钉连接的木基结构板材的面板，在干燥使用条件下，标准荷载持续时间的值；当考虑风荷载和地震作用时，表中剪切强度应乘以调整系数 1.25；

2　当钉的间距小于 50mm 时，位于面板拼缝处的骨架构件的宽度不应小于 64mm，钉应错开布置；可采用两根 40mm 宽的构件组合在一起传递剪力；

3　当直径为 3.66mm 的钉的间距小于 75mm 或钉入骨架构件的深度小于 41mm 时，位于面板拼缝处的骨架构件的宽度不应小于 64mm，钉应错开布置；可采用两根 40mm 宽的构件组合在一起传递剪力；

4　当剪力墙采用射钉或非标准钉连接时，表中剪切强度应乘以折算系数 $(d_1/d_2)^2$；其中，d_1 为非标准钉的直径，d_2 为表中标准钉的直径；

5　当钉的直径为 3.66mm，面板最小名义厚度为 18.5mm 时，应布置两排钉。

附录 Q　楼盖搁栅振动控制的计算方法

Q.0.1　当楼盖搁栅（图 Q.0.1）由振动控制时，搁栅的跨度 l 应按下列公式验算：

$$l \leq \frac{1}{8.22} \frac{(EI_e)^{0.284}}{K_s^{0.14} m^{0.15}}　\text{(Q.0.1-1)}$$

$$EI_e = E_j I_j + b(E_{s/\!/} I_s + E_t I_t) + E_f A_f h^2$$

$$-(E_jA_j + E_fA_f)y^2 \quad (Q.0.1\text{-}2)$$

$$E_fA_f = \frac{b(E_{s/\!/}A_s + E_tA_t)}{1 + 10\dfrac{b(E_{s/\!/}A_s + E_tA_t)}{S_n l_1^2}} \quad (Q.0.1\text{-}3)$$

$$h = \frac{h_j}{2} + \frac{E_{s/\!/}A_s\dfrac{h_s}{2} + E_tA_t\left(h_s + \dfrac{h_t}{2}\right)}{E_{s/\!/}A_s + E_tA_t}$$

$$(Q.0.1\text{-}4)$$

$$y = \frac{E_fA_f}{(E_jA_j + E_fA_f)}h \quad (Q.0.1\text{-}5)$$

$$K_s = 0.0294 + 0.536\left(\frac{K_j}{K_j + K_f}\right)^{0.25}$$

$$+ 0.516\left(\frac{K_j}{K_j + K_f}\right)^{0.5}$$

$$- 0.31\left(\frac{K_j}{K_j + K_f}\right)^{0.75} \quad (Q.0.1\text{-}6)$$

$$K_j = \frac{EI_e}{l^3} \quad (Q.0.1\text{-}7)$$

无楼板面层的楼板时,

$$K_f = \frac{0.585 \times l \times E_{s\perp}I_s}{b^3} \quad (Q.0.1\text{-}8)$$

有楼板面层的楼板时,

$$K_f = \frac{0.585 \times l \times \left[E_{s\perp}I_s + E_tI_t + \dfrac{E_{s\perp}A_s \times E_tA_t}{E_{s\perp}A_s + E_tA_t}\left(\dfrac{h_s + h_c}{2}\right)^2\right]}{b^3}$$

$$(Q.0.1\text{-}9)$$

式中:l——振动控制的搁栅跨度(m);

b——搁栅间距(m);

h_j——搁栅高度(m);

h_s——楼板厚度(m);

h_t——楼板面层厚度(m);

E_jA_j——搁栅轴向刚度(N);

$E_{s/\!/}A_s$——平行于搁栅的楼板轴向刚度(N/m),按表 Q.0.1-1 的规定取值;

$E_{s\perp}A_s$——垂直于搁栅的楼板轴向刚度(N/m),按表 Q.0.1-1 的规定取值;

E_tA_t——楼板面层轴向刚度(N/m),按表 Q.0.1-2 的规定取值;

E_jI_j——搁栅弯曲刚度(N·m²/m);

$E_{s/\!/}I_s$——平行于搁栅的楼板弯曲刚度(N·m²/m),按表 Q.0.1-1 的规定取值;

$E_{s\perp}I_s$——垂直于搁栅的楼板弯曲刚度(N·m²/m),按表 Q.0.1-1 的规定取值;

E_tI_t——楼板面层弯曲刚度(N·m²/m),按表 Q.0.1-2 的规定取值;

m——等效 T 形梁的线密度(kg/m),包括楼板面层、木基结构板和搁栅;

K_s——考虑楼板和楼板面层侧向刚度影响的调整系数;

S_n——搁栅-楼板连接的荷载-位移弹性模量(N/m/m),按表 Q.0.1-3 的规定取值;

l_1——楼板板缝计算距离(m);楼板无面层时,取与搁栅垂直的楼板缝隙之间的距离,楼板有面层时,取搁栅的跨度。

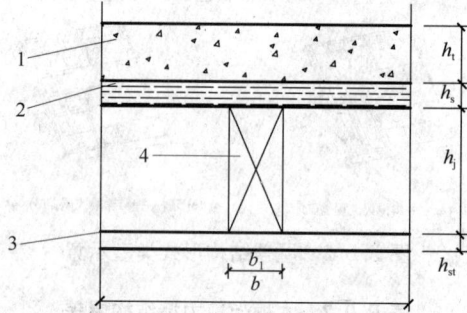

图 Q.0.1 楼盖搁栅示意
1—楼板面层;2—木基结构楼板层;
3—吊顶层;4—搁栅

表 Q.0.1-1 楼板的力学性能

板的类型	楼板厚度 h_s(m)	E_sI_s (N·m²/m)		E_sA_s (N/m)		ρ_s (kg/m³)
		0°	90°	0°	90°	
定向木片板 (OSB)	0.012	1100	220	4.3×10^7	2.5×10^7	600
	0.015	1400	310	5.3×10^7	3.1×10^7	600
	0.018	2800	720	6.4×10^7	3.7×10^7	600
	0.022	6100	2100	7.6×10^7	4.4×10^7	600
花旗松结构胶合板	0.0125	1700	350	9.4×10^7	4.7×10^7	550
	0.0155	3000	630	9.4×10^7	4.7×10^7	550
	0.0185	4600	1300	12.0×10^7	4.7×10^7	550
	0.0205	5900	1900	13.0×10^7	4.7×10^7	550
	0.0225	8800	2500	13.0×10^7	7.5×10^7	550
其他针叶材树种结构胶合板	0.0125	1200	350	7.1×10^7	4.8×10^7	500
	0.0155	2000	630	7.1×10^7	4.7×10^7	500
	0.0185	3400	1400	9.5×10^7	4.7×10^7	500
	0.0205	4000	1900	10.0×10^7	4.7×10^7	500
	0.0225	6100	2500	11.0×10^7	7.5×10^7	500

注:1 0°指平行于板表面纹理(或板长)的轴向和弯曲刚度;

    2 90°指垂直于板表面纹理(或板长)的轴向和弯曲刚度;

    3 楼板采用木基结构板材的长度方向应与搁栅垂直时,$E_{s/\!/}A_s$ 和 $E_{s/\!/}I_s$ 应采用表中 90°的设计值。

表 Q.0.1-2　楼板面层的力学性能

材料	E_t(N/m²)	ρ_c(kg/m³)
轻质混凝土	按生产商要求取值	按生产商要求取值
一般混凝土	$22×10^9$	2300
石膏混凝土	$18×10^9$	1670
木板	按表 Q.0.1-1 取值	按表 Q.0.1-1 取值

注：1　表中"一般混凝土"按 C20 混凝土（20MPa）采用；
　　2　计算取每米板宽，即 $A_t = h_t$，$I_t = h_t^3/12$。

表 Q.0.1-3　搁栅-楼板连接的荷载-位移弹性模量

类　　型	S_n(N/m/m)
搁栅-楼板仅用钉连接	$5×10^6$
搁栅-楼板由钉和胶连接	$1×10^8$
有楼板面层的楼板	$5×10^6$

Q.0.2　当搁栅之间有交叉斜撑、板条、填块或横撑等侧向支撑（图 Q.0.2），且侧向支撑之间的间距不应大于 2m 时，由振动控制的搁栅跨度 l 可按表 Q.0.2 中规定的比例增加。

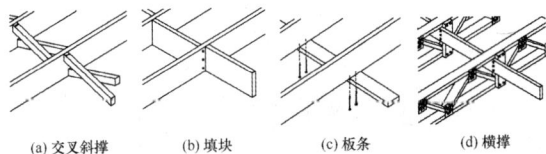

(a) 交叉斜撑　　(b) 填块　　(c) 板条　　(d) 横撑

图 Q.0.2　常用的侧向支撑

表 Q.0.2　有侧向支撑时搁栅跨度增加的比例

类型	跨度增加(%)	侧向支撑安装要求
采用不小于 40mm×150mm（2"×6"）的横撑时	10%	按桁架生产商要求
采用不小于 40mm×40mm（2"×2"）的交叉斜撑时	4%	在斜撑两端至少一颗 64mm 长的螺纹钉
采用不小于 20mm×90mm（1"×4"）的板条时	5%	板条与搁栅底部至少两颗 64mm 长的螺纹钉
采用与搁栅高度相同的不小于 40mm 厚的填块时	8%	与规格材搁栅至少三颗 64mm 长的螺纹钉连接，与木工字梁至少四颗 64mm 长的螺纹钉连接
同时采用不小于 40mm×40mm 的交叉斜撑，以及不小于 20mm×90mm 的板条时	8%	—
同时采用不小于 20mm×90mm 的板条，以及与搁栅高度相同的不小于 40mm 厚的填块时	10%	—

附录 R　木结构构件燃烧性能和耐火极限

R.0.1　木结构构件的燃烧性能和耐火极限应符合表 R.0.1 的规定。

表 R.0.1　木结构构件的燃烧性能和耐火极限

构件名称			截面图和结构厚度或截面最小尺寸（mm）	耐火极限(h)	燃烧性能
承重墙	两侧为耐火石膏板的承重内墙	1　15mm 厚耐火石膏板 2　墙骨柱最小截面 40mm×90mm 3　填充岩棉或玻璃棉 4　15mm 厚耐火石膏板 5　墙骨柱间距为 400mm 或 610mm	最小厚度120mm	1.00	难燃性
	曝火面为耐火石膏板，另一侧为定向刨花板的承重外墙	1　15mm 厚耐火石膏板 2　墙骨柱最小截面 40mm×90mm 3　填充岩棉或玻璃棉 4　15mm 厚定向刨花板 5　墙骨柱间距为 400mm 或 610mm	最小厚度120mm 曝火面	1.00	难燃性

	构件名称	截面图和结构厚度或截面最小尺寸（mm）	耐火极限（h）	燃烧性能
非承重墙	两侧为石膏板的非承重内墙	1 双层 15mm 厚耐火石膏板 2 双排墙骨柱，墙骨柱截面 40mm×90mm 3 填充岩棉或玻璃棉 4 双层 15mm 厚耐火石膏板 5 墙骨柱间距为 400mm 或 610mm　　厚度245mm	2.00	难燃性
		1 双层 15mm 厚耐火石膏板 2 双排墙骨柱交错放置在 40mm×140mm 的底梁板上，墙骨柱截面 40mm×90mm 3 填充岩棉或玻璃棉 4 双层 15mm 厚耐火石膏板 5 墙骨柱间距为 400mm 或 610mm　　厚度200mm	2.00	难燃性
		1 双层 12mm 厚耐火石膏板 2 墙骨柱截面 40mm×90mm 3 填充岩棉或玻璃棉 4 双层 12mm 厚耐火石膏板 5 墙骨柱间距为 400mm 或 610mm　　厚度138mm	1.00	难燃性
		1 12mm 厚耐火石膏板 2 墙骨柱最小截面 40mm×90mm 3 填充岩棉或玻璃棉 4 12mm 厚耐火石膏板 5 墙骨柱间距为 400mm 或 610mm　　最小厚度114mm	0.75	难燃性
		1 15mm 厚普通石膏板 2 墙骨柱最小截面 40mm×90mm 3 填充岩棉或玻璃棉 4 15mm 厚普通石膏板 5 墙骨柱间距为 400mm 或 610mm　　最小厚度120mm	0.50	难燃性
	一侧石膏板，另一侧定向刨花板的非承重外墙	1 12mm 厚耐火石膏板 2 墙骨柱最小截面 40mm×90mm 3 填充岩棉或玻璃棉 4 12mm 厚定向刨花板 5 墙骨柱间距为 400mm 或 610mm　　最小厚度114mm　曝火面	0.75	难燃性
		1 15mm 厚普通石膏板 2 墙骨柱最小截面 40mm×90mm 3 填充岩棉或玻璃棉 4 15mm 厚定向刨花板 5 墙骨柱间距为 400mm 或 610mm　　最小厚度120mm　曝火面	0.75	难燃性

续表 R.0.1

构件名称		截面图和结构厚度或截面最小尺寸（mm）	耐火极限（h）	燃烧性能
楼盖	1 楼面板为 18mm 厚定向刨花板或胶合板 2 实木搁栅或工字木搁栅，间距 400mm 或 610mm 3 填充岩棉或玻璃棉 4 吊顶为双层 12mm 耐火石膏板		1.00	难燃性
	1 楼面板为 15mm 厚定向刨花板或胶合板 2 实木搁栅或工字木搁栅，间距 400mm 或 610mm 3 填充岩棉或玻璃棉 4 13mm 隔声金属龙骨 5 吊顶为 12mm 耐火石膏板		0.50	难燃性
吊顶	1 木楼盖结构 2 木板条 30mm×50mm，间距 400mm 3 吊顶为 12mm 耐火石膏板	独立吊顶，厚度 34mm 406 406	0.25	难燃性
屋顶承重构件	1 屋顶椽条或轻型木桁架，间距 400mm 或 610mm 2 填充保温材料 3 吊顶为 12mm 耐火石膏板		0.50	难燃性

本标准用词说明

1 为便于在执行本标准条文时区别对待，对要求严格程度不同的用词说明如下：

1）表示很严格，非这样做不可的：

正面词采用"必须"，反面词采用"严禁"。

2）表示严格，在正常情况下均应这样做的：

正面词采用"应"，反面词采用"不应"或"不得"。

3）表示允许稍有选择，在条件许可时首先应这样做的：

正面词采用"宜"，反面词采用"不宜"。

4）表示有选择，在一定条件下可以这样做的，采用"可"。

2 本标准中指明应按其他有关标准执行的写法为"应按……执行"或"应符合……的规定"。

引用标准名录

1 《建筑结构荷载规范》GB 50009

2 《建筑抗震设计规范》GB 50011

3 《建筑设计防火规范》GB 50016

4 《钢结构设计标准》GB 50017

5 《建筑防雷设计规范》GB 50057

6 《建筑结构可靠性设计统一标准》GB 50068

7 《钢结构工程施工质量验收规范》GB 50205

8 《木结构工程施工质量验收规范》GB 50206

9 《建筑抗震设防分类标准》GB 50223

10 《木结构试验方法标准》GB/T 50329

11 《木骨架组合墙体技术规范》GB/T 50361

12 《胶合木结构技术规范》GB/T 50708

13 《碳素结构钢》GB/T 700

14 《钢结构用高强度大六角头螺栓》GB/T 1228

15 《钢结构用高强度大六角螺母》GB/T 1229

16 《钢结构用高强度垫圈》GB/T 1230

17 《钢结构用高强度大六角头螺栓、大六角螺母、垫圈技术条件》GB/T 1231

18 《低合金高强度结构钢》GB/T 1591

19 《钢结构用扭剪型高强度螺栓连接副》GB/T 3632

20 《耐候结构钢》GB/T 4171

21 《锯材缺陷》GB/T 4832

22 《非合金钢及细晶粒钢焊条》GB/T 5117

23 《热强钢焊条》GB/T 5118

24 《六角头螺栓　C 级》GB/T 5780

25 《六角头螺栓》GB/T 5782

26 《建筑材料及制品燃烧性能分级》GB 8624

27 《中国主要木材名称》GB/T 16734

28 《中国主要进口木材名称》GB/T 18513

29 《木结构覆板用胶合板》GB/T 22349

30 《结构用集成材》GB/T 26899

31 《防腐木材的使用分类和要求》GB/T 27651

32 《木材防腐剂》GB/T 27654

33 《钢钉》GB 27704

34 《建筑结构用木工字梁》GB/T 28985

35 《轻型木桁架技术规范》JGJ/T 265

36 《定向刨花板》LY/T 1580

中华人民共和国国家标准

木结构设计标准

GB 50005－2017

条 文 说 明

编 制 说 明

《木结构设计标准》GB 50005－2017 经住房和城乡建设部 2017 年 11 月 20 日以 1745 号公告批准、发布。

本标准是在《木结构设计规范》GB 50005－2003（2005 年版）的基础上修订而成的。上一版的主编单位是中国建筑西南设计研究院、四川省建筑科学研究院，参编单位是哈尔滨工业大学、重庆大学、公安部四川消防科学研究所、四川大学、苏州科技学院，主要起草人是林颖、王永维、蒋寿时、陈正祥、古天纯、黄绍胤、樊承谋、王渭云、梁坦、张新培、杨学兵、许方、倪春、余培明、周淑容、龙卫国。

本次修订过程中，标准编制组经过广泛的调查研究，总结了近年工程建设中木结构应用的经验，参考了有关国际标准和国外先进标准，结合我国最新研究成果，确定了各项技术指标和技术要求。

为了便于设计、审图、科研和学校等单位有关人员在使用本标准时能正确理解和执行条文规定，《木结构设计标准》编制组按章、节、条顺序编写了本标准的条文说明，对条文规定的目的、编制依据以及执行中需注意的有关事项进行了说明，还着重对强制性条文的强制性理由做了解释。但是，本条文说明不具备与标准正文同等的法律效力，仅供使用者作为理解和把握标准内容的参考。

目 次

1 总　　则

1.0.1　本条主要阐明编制本标准的目的。

就木结构建筑而言，除应做到保证安全和人体健康、保护环境及维护公共利益外，还应大力发展人工林，合理使用木结构，充分发挥木结构在建筑工程中的作用，改变过去由于对生态保护重视不够，我国森林资源破坏严重，导致被动地限制木结构在建筑工程中正常使用的状态，做到合理地使用木材（天然林材、速生林材），以促进我国木结构建筑的发展。近几年来，人们对绿色低碳建筑的认识不断深入和发展，以及我国经济水平的不断提高，给木结构建筑的应用提供了良好的基本条件。

1.0.2　关于本标准的适用范围：

1　根据修编任务提出的"积极总结和吸收国内外设计和应用木结构的成熟经验，特别是现代木结构的先进技术，使修订后的标准满足和适应当前经济和社会发展的需要"的要求，本标准在建筑中的适用范围应为民用建筑、单层工业建筑和多种使用功能的大中型公共建筑；随着建筑结构技术的发展，本标准也适用于木混合结构中承重木结构的设计。

2　按木结构承重构件采用的木材划分，适用于方木原木结构、胶合木结构和轻型木结构的设计。

3　由于本标准未考虑木材在临时性工程和工具结构中的应用问题，因此，本标准不适用于临时性建筑设施以及施工用支架、模板和把杆等工具结构的设计。

本标准依据现行国家标准《工程结构可靠性设计统一标准》GB 50153 及《建筑结构可靠性设计统一标准》GB 50068 的原则制定。由于《建筑结构可靠性设计统一标准》GB 50068（以下简称《统一标准》）对建筑结构设计的基本原则（结构可靠度和极限状态设计原则）作出了统一规定，并明确要求各类材料结构的设计规范必须予以遵守。因此，本标准以《统一标准》为依据，对木结构的设计原则作出相应的具体规定。

1.0.3　主要明确规范应配套使用。由于与木结构设计相关的国家标准和行业标准较多，因此在实际使用时，其他强制性标准规范的相关规定也应参照执行。

2　术语和符号

2.1　术　　语

本次修订时，在我国惯用的木结构术语基础上，列出了新术语，主要是根据《木材科技词典》、《木材性质术语》LY/T 1788 及参照国际上木结构技术常用术语进行编写。例如，结构复合材、木基结构板剪力墙等。对于一些新材料和新的结构形式也列出了部分新术语，如胶合原木、正交胶合木、木框架剪力墙结构等。

对于国际上木结构建筑行业通常采用的"第三方认证机构"的术语，在本次修订时，考虑到我国实际情况并未在本标准中列出。考虑到我国主要进口的木材及木制品多是经过第三方认证机构认证的，因此，对于"第三方认证机构"需要作出下列说明：

1　第三方认证机构应由木结构构件或材料的生产商专门聘用。

2　第三方认证机构在不事先通知或尽可能不事先通知生产商的情况下，对生产商的产品质量保证体系进行审核，对工厂生产过程进行检测；审核应包括对工厂的质量保证体系进行评审与批准，检测应包括对随机抽检的产品的质量以及质量保证数据进行检验。

3　国际上通常要求合格的第三方认证机构应具备下列资格条件：

　　1）经由国际认证论坛（IAF）认可，应符合国际标准 ISO/IEC 17020《合格评定——各类检查机构能力的通用要求》以及国际标准 ISO/IEC 17065《合格评定——对认证产品、过程和服务机构的要求》的有关规定，或应符合国家认可的产品认证体系。

　　2）拥有经过培训的符合国际标准或符合国家认可的产品认证体系要求的技术人员。

　　3）技术人员进行检验和试验时，应根据相关标准对检验、取样以及试验的要求，对木结构产品的分级标准、尺寸规定、树种分类、施工要求、加工成型工艺、胶合工艺、制作工艺等特性进行验证。

　　4）第三方认证机构与被检验或试验产品的制造公司之间无任何经济利益关系，并且，不被任何这类公司所拥有、运营或控制。

2.1.7　结构复合木材是现代木结构经常采用的结构材料之一，它包括旋切板胶合木（单板层积材，LVL——Laminated Veneer Lumber）、平行木片胶合木（单板条层积材，PSL——Parallel Strand Lumber）、层叠木片胶合木（定向木片层积材，LSL——Laminated Strand Lumber）和定向木片胶合木（OSL——Oriented Strand Lumber），以及其他具有类似特征的复合木产品。随着木材加工业的发展，将出现更多新的结构复合木产品。

2.1.22　木基结构板剪力墙主要用于梁柱式木结构或轻型木结构中的墙体。

2.1.25　方木原木结构在国家标准《木结构设计规范》GB 50005—2003（2005 年版）（以下简称"原2003版规范"）中称为普通木结构。在本次修订时，考虑以木结构承重构件采用的主要木材材料来划分木结构建筑，因而，将普通木结构的名称改为方木原木结构。其结构形式包括梁柱式结构、木框架剪力墙结构、井干式结构、穿斗式结构、抬梁式结构以及方木原木屋盖体系等。

2.1.27 胶合木结构主要包括梁柱式结构、空间桁架、拱、门架和空间薄壳等结构形式，以及包括直线梁、变截面梁和曲线梁。

2.1.31 木框架剪力墙结构是方木原木结构中的主要结构形式之一，该结构形式在现代木结构建筑中受到广泛应用，其具体的形式可参考第 7.1.1 条的条文说明。

2.1.32 正交胶合木结构是近年来国际上研究较多的一种木结构，大多数研究的目的是为了将其应用于高层木结构建筑中。本标准对正交胶合木结构作出了基本规定。

2.2 符　号

在"原 2003 版规范"的符号基础上，根据本次修订内容的需要，增加了若干新的符号。例如，销轴类紧固件每个剪面的受剪承载力设计值 Z_d、根据耐火极限 t 的要求确定的有效炭化层厚度 d_{ef} 等有关符号。

3 材　料

3.1 木　材

3.1.1 本次修订时，承重结构用木材首次增加了"结构复合材"等现代工业化生产的木结构用材。

3.1.2 我国对方木原木承重结构所用木材的分级，历来按其材质分为三级，这次修订未对该材质标准进行修改。本次修订增加了在工厂大批量、工业化生产的目测分级方木的材质等级。

工厂目测分级是指木材在工业化加工流程中，通过具有相应资质的目测分级专业技术人员对木材进行分等分级。为了便于使用材质标准，现就板、方材的材质标准中，如何考虑木材缺陷的限值问题作如下简介：

1 木节

由图 1 可见，外观相同的木节对板材和方材的削弱是不同的。同一大小的木节，在板材中为贯通节，

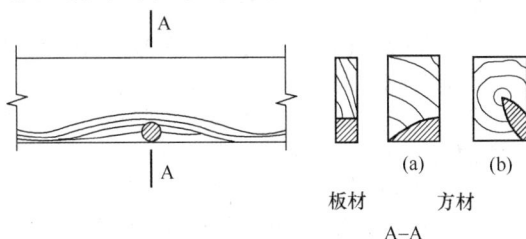

图 1　板材、方材中的木节

在方木中则为锥形节。显然，木节对方木的削弱要比板材小，方木所保留的未割断的木纹也比板材多，因此，若将板、方材的材质标准分开，则方木木节的限值，便可在不降低构件设计承载力的前提下予以适当放宽。为了确定具体放宽尺度，编制组曾以云南松、杉木、冷杉和马尾松为试件，进行了 158 根构件试验，并根据其结果制定了材质标准中方木木节限值的规定。

2 斜纹

我国材质标准中斜纹的限值，早期一直沿用苏联的规定。过去修订规范时曾对其使用效果进行了调查。结果表明：

1）有不少树种木材，其内外纹理的斜度不一致，往往当表层纹理接近限值时，其内层纹理的斜度已略嫌大；

2）如木材纹理较斜、木构件含水率偏高，在干燥过程中就会产生扭翘变形和斜裂缝，而对构件受力不利。

因此，有必要适当加严木材表面斜纹的限值。

为了评估标准中斜纹限值加严后对成批木材合格率的影响，本标准 1973 年版编制组曾对斜纹材较多的落叶松和云南松进行抽样调查。其结果表明，按现行标准的斜纹限值选材并不显著影响合格率（表 1）。

表 1　仅按斜纹要求选材在成批来料中的合格率

树种名称	材质等级		
	Ⅰa	Ⅱa	Ⅲa
落叶松	78.4%	92.2%	97.2%
云南松	71.8%~82.2%	77.8%~91.2%	91.0%~94.1%

3 髓心

现行材质标准对方木有髓心应避开受剪面的规定。这是根据以前北京市建筑设计院和原西南建筑科学研究所对木材裂缝所作的调查，以及该所对近百根木材所作的观测的结果制定的。因为在有髓心的方木上最大裂缝（以下简称主裂缝）一般生在较宽的面上，并位于离髓心最近的位置，逐渐向着髓心发展（见表 2）。一般从髓心所在位置，即可判定最大裂缝将发生在哪个面的哪个部位。若避开髓心即意味着在剪面上避开了危险的主裂缝。因此，这也是防止裂缝危害的一项很有效的措施。

另外，在板材截面上，若有髓心，不仅将显著降低木板的承载能力，而且可能产生危险的裂缝和过大的截面变形，对构件及其连接的受力均很不利。因此，在板材的材质标准中，作了不允许有髓心规定。多年来的实践证明，这对板材的选料不会造成很大的损耗。

表2 木材干缩裂缝位置与髓心的关系

项次	裂缝规律	说　明
1		原木的干裂（除轮裂外），一般沿径向，朝着髓心发展，对于原木的构件只要不采用单排螺栓连接，一般不易在受剪面上遇到危险性裂缝
2		这是有髓心方木常见的主裂缝。它发生在方木较宽的面上。并位于最近髓心的位置（一般与髓心处于同一水平面上），故应使连接的受剪面避开髓心
3		这三种干缩裂缝多发生在原木未解锯前。锯成方木后，有时还会稍稍发展，但对螺栓连接无甚影响，值得注意的是这种裂缝，若在近裂缝一侧刻齿槽，可能对齿连接的承载能力稍有影响
4		若将近裂缝的一面朝下，齿槽刻在远离裂缝一侧，就避免了裂缝对齿连接的危害

4　裂缝

裂缝是影响结构安全的一个重要因素，材质标准中应当规定其限值。试验结果表明，裂缝对木结构承载能力的影响程度，随着裂缝所在部位的不同以及木材纹理方向的变化，相差悬殊。一般说来，在连接的受剪面上，裂缝将直接降低其承载能力，而位于受剪面附近的裂缝，是否对连接的受力有影响，以及影响的大小，则在很大程度上取决于木材纹理是否正常。至于裂缝对受拉、受弯以及受压构件的影响，在木纹顺直的情况下，是不明显的。但若木纹的斜度很大，则其影响将显得十分突出，几乎随着斜纹的斜度增大，而使构件的承载力呈直线下降；这以受拉构件最为严重，受弯构件次之，受压构件较轻。

综上所述，本标准以加严对木材斜纹的限制为前提，作出了对裂缝的规定：一是不容许连接的受剪面上有裂缝；二是对连接受剪面附近的裂缝深度加以限制。至于"受剪面附近"的含义，一般可理解为：在受剪面上下各30mm的范围内。

3.1.3 本条为强制性条文。方木原木材料按强度分为8个等级，按材质分为3个级别，因此，采用方木原木构件时，确定了采用树种也就明确了材料强度等级。但是，相同强度等级的方木原木构件更重要的是，应根据构件主要用途来确定选用的材质级别，以保证结构安全。

3.1.4 近几年来，我国每年从国外进口相当数量的木材，其中部分用于工程建设。考虑到今后一段时期，建筑工程采用的木材大量还是依靠进口木材，故在本条中增加了进口木材树种。考虑到这方面的用途，对材料的质量与耐久性的要求较高，而目前木材的进口渠道多，质量相差悬殊，若不加强技术管理，容易使工程遭受不应有的经济损失，甚至发生质量、安全事故。因此，有必要对进口木材的选材及设计指标的确定，作出统一的规定，以确保工程的安全、质量与经济效益。

3.1.5 一段时期来，工程建设所需的进口木材，在其订货、商检、保存和使用等方面，均因缺乏专门的技术标准，无法正常管理，而存在不少问题。例如：有的进口木材，由于订货时随意选择木材的树种与等级，致使应用时增加了处理工作量与损耗；有的进口木材，不附质量证书或商检报告，使接收工作增加很多麻烦；有的进口木材，由于管理混乱，木材的名称与产地不详，给使用造成困难。此外，有些单位对不熟悉的树种木材，不经试验便盲目使用，造成了一些不应有的工程事故。鉴于以上情况，提出了这些基本规定，要求工程结构的设计、施工与管理人员执行。

3.1.6～3.1.8 轻型木结构用规格材主要根据用途分类。分类越细越经济，但过细又给生产和施工带来不便。我国规格材材质等级定为三类七个等级，规定了每等的材质标准。规格材材质等级分为三类主要是用途各不相同。

与我国传统方法一样，采用目测法分级时，与之相关的设计值应通过对不同树种、不同等级规格材的足尺试验确定。本标准给出的规格材基本截面尺寸是为了使轻型木结构的设计和施工标准化。但是，目前大部分进口规格材的尺寸是按英制生产的，所以本标准允许在采用进口规格材时，其截面尺寸只要与本标准表B.1.1和表B.1.2所列规格材尺寸相差不大于2mm，在工程中视作等同。为避免对构件的安装和工程维修造成影响，在一栋建筑中不应将不同宽度规格系列的规格材混用，即不能将按英制生产的规格材与本标准规定的尺寸系列的规格材在同一栋建筑中混合使用。

考虑到我国木材加工业的状况，对于机械分级规格材定为8个等级，并规定了分级的基本强度指标。

3.1.9 本条对木结构中使用的木基结构板材、结构复合材和工字形木搁栅等材料作了规定。

1 木基结构板材应满足集中荷载、冲击荷载以及均布荷载试验要求。同时，考虑到施工过程中，会因天气、工期耽误等因素，板材可能受潮，这就要求木基结构板材应有相应的耐潮湿能力、搁栅的中心间距以及板厚等要求，均应清楚地表明在板材上。

2 考虑到我国木结构建筑材料的现状，许多结构复合材构件及工字形木搁栅等产品需要进口，因

20—94

此，对于这些进口工程木产品，当国内尚无国家标准时，可参考有关的国际标准或其他相关标准来执行，具体的有下列相关标准：

1）《建筑用木基板特性、合格评定和标记》，EN 13986，Wood based panels for use in construction-characteristics，evaluation of conformity and marking

2）《木基板——楼屋盖、墙体承重板性能规定和要求》，EN 12871，Wood-based panels-Performance specifications and requirements for load bearing boards for use in floors，walls and roofs

3）《木结构——结构用单板层积材——要求》，EN 14374，Timber structures-Structural laminated veneer lumber-Requirements

4）《木结构——单板层积材——结构属性》，ISO 22390，Timber structures-Laminated veneer lumber-Structural properties

5）《结构复合材评定标准》，ASTM D 5456，Standard specification for evaluation of structural composite lumber products

6）《预制工字梁结构承载力能力确定和监测的标准》，ASTM D5055，Standard specification for establishing and monitoring structural capacities of prefabricated wood i-joists

3.1.10 关于层板胶合木用材等级及其材质标准

对于普通层板胶合木用材材质标准的可靠性，曾经委托原哈尔滨建筑工程学院按随机取样的原则，做了30根受弯构件破坏试验，其结果表明，按现行材质标准选材所制成的胶合构件，能够满足承重结构可靠度的要求。同时较为符合我国木材的材质状况，可以提高低等级木材在承重结构中的利用率。

近几年，随着我国胶合木结构的不断发展，主要是采用目测分级层板和机械分级层板来制作胶合木。目测分级层板和机械分级层板的材质标准已在现行国家标准《胶合木结构技术规范》GB/T 50708 和《结构用集成材》GB/T 26899 中作出了具体规定。

3.1.11 正交胶合木作为现代木结构建筑的木材产品，被大量应用于木结构工程中，包括居住建筑和商业建筑。正交胶合木构件作为板式构件适用于楼面、屋面或墙体。目前，制作正交胶合木的顺向层板均采用针叶材，而横向层板除采用针叶材外也可采用由针叶材树种制作的结构复合材。由于在设计时不考虑横向层板的强度作用，因此，对于横向层板的材质要求可适当放松。

另外，正交胶合木的每层板可采用不同的强度等级进行组合。考虑到正交胶合木同一层层板的胶合性能应相同，本标准要求同一层层板应采用相同的强度等级和相同的树种木材。当设计允许时，同一层层板

中大于90%的木板强度等级应符合该层规定的强度等级，不符合该层强度等级的木板，其强度设计值不应低于该层规定强度的35%。

3.1.12 本条为强制性条文。木材含水率是指木材中所含水分的质量占其烘干质量的百分比。规定木材含水率的理由和依据如下：

1 木结构若采用较干的木材制作，在相当程度上减小了因木材干缩造成的松弛变形和裂缝的危害，对保证工程质量作用很大。因此，原则上应要求木材经过干燥。考虑到结构用材的截面尺寸较大，只有气干法较为切实可行，故只能要求尽量提前备料，使木材在合理堆放和不受曝晒的条件下逐渐风干。根据调查，这一工序即使时间很短，也能收到一定的效果。

2 原木和方木的含水率沿截面内外分布很不均匀。原西南建筑科学研究所对30余根云南松木材的实测表明，在料棚气干的条件下，当木材表层20mm深处的含水率降到16.2%～19.6%时，其截面平均含水率为24.7%～27.3%。基于现场对含水率的检验只需一个大致的估计，引用了这一关系作为检验的依据。但是，上述试验是以120mm×160mm中等规格的方木进行测定的。若木材截面很大，按上述关系估计其平均含水率就会偏低很多，这是因为大截面的木材内部水分很难蒸发之故。例如，中国林业科学研究院曾经测得：当大截面原木的表层含水率已降低到12%以下时，其内部含水率仍高达40%以上。但这个问题并不影响使用这条补充规定，因为对大截面木材来说，内部干燥总归很慢，关键是只要表层干到一定程度，便能收到控制含水率的效果。

3 当前结构用材的干燥过程完全采用工业化手段，对于各种不同木材都能使其满足规定的含水率要求。本标准规定的含水率是最基本的要求。

条文中，方木、原木受拉构件的连接板是指利用方木原木制作的木制夹板。连接件是指在构件节点中起主要作用的木制连接件，例如，在不采用金属齿板连接的轻型木桁架中，采用定向刨花板（OSB）作为构件节点连接的连接板。

3.1.13 本标准根据各地历年来使用湿材总结的经验教训，以及有关科研成果，作了湿材只能用于原木和方木构件的规定（其接头的连接板不允许用湿材）。因为这两类构件受木材干裂的危害不如板材构件严重。

湿材是指含水率大于25%的木材，湿材对结构的危害主要是：在结构的关键部位可能引起危险性的裂缝；促使木材腐朽易遭虫蛀；使节点松动，结构变形增大等。针对这些问题，本标准采取了下列措施：

1 防止裂缝的危害方面：除首先推荐采用钢木结构外，在选材上加严了斜纹的限值，以减少斜裂缝的危害；要求受剪面避开髓心，以免裂缝与受剪面重合；在制材上，要求尽可能采用"破心下料"的方法，

以保证方木的重要受力部位不受干缩裂缝的危害；在构造上，对齿连接的受剪面长度和螺栓连接的端距均予以适当加大，以减小木材开裂的影响等。

2 减小构件变形和节点松动方面，将木材的弹性模量和横纹承压的计算指标予以适当降低，以减小湿材干缩变形的影响，并要求桁架受拉腹杆采用圆钢，以便于调整。此外，还根据湿材在使用过程中容易出现的问题，在检查和维护方面作了具体的规定。

3 防腐防虫方面，给出防潮、通风构造示意图。

"破心下料"的制作方法作如下说明：

因为含髓心的方木，其截面上的年层大部分完整，内外含水率梯度又很大，以致干缩时，弦向变形受到径向约束，边材的变形受到心材约束，从而使内应力过大，造成木材严重开裂。为了解除这种约束，可沿髓心剖开原木，然后再锯成方材，就能使木材干缩时变形较为自由，显著减小了开裂程度。原西南建筑科学研究院进行的近百根木材的试验和三个试点工程，完全证明了其防裂效果。但"破心下料"也有其局限性，即要求原木的径级至少在320mm以上，才能锯出屋架料规格的方木，同时制材要在髓心位置下锯，对制材速度稍有影响。因此本标准建议仅用于受裂缝危害最大的桁架受拉下弦，尽量减小采用"破心下料"构件的数量，以便于推广。

3.2 钢材与金属连接件

3.2.1 本标准在钢结构设计规范有关规定的基础上，进一步明确承重木结构用钢宜以我国常用的钢材为主。这些钢材有长期生产和使用经验，具有材质稳定、性能可靠、经济指标较好、供应也较有保证等优点。

3.2.2 考虑到目前我国木结构工程中大量使用进口的金属连接件，对此本标准作了原则性的规定。要求国外进口金属连接件其质量应符合相关的产品要求或应符合工程设计的要求，且应对其材料进行复验。

3.2.4 主要明确在钢材质量合格保证的问题上，不能因用于木结构而放松了要求。

另外，考虑到钢木桁架的圆钢下弦、直径 $d \geqslant$ 20mm 的钢拉杆（包括连接件）为结构中的重要构件，若其材质有问题，易造成重大工程安全事故，因此，有必要对这些钢构件作出"还应具有冷弯试验合格保证"的补充规定。

3.2.9 工地乱用焊条的情况时有发生，容易导致工程安全事故的发生，因而有必要加以明确。

4 基 本 规 定

4.1 设 计 原 则

4.1.1 根据《统一标准》规定，本标准仍采用以概率理论为基础的极限状态设计方法。

在本标准1988版的修订过程中，重新对目标可靠指标 β_0 进行了校准。校准所需要的荷载统计参数（表3）及影响木结构抗力的主要因素的统计参数（表4），分别由建筑结构荷载规范管理组和木结构设计规范管理组提供。这些参数的数据是通过调查、实测和试验取得的。在统计分析中，还参考了国内外有关文献推荐的经过实践检验的方法。因而，不论从数据来源或处理上均较可靠，可以用于木结构可靠度的计算。

表3 荷载（或荷载效应）的统计参数

荷载种类	平均值/标准值	变异系数
恒荷载	1.06	0.07
办公楼楼面活荷载	0.524	0.288
住宅楼面荷载	0.644	0.233
雪荷载	1.139	0.225

表4 木构件抗力的统计参数

构件受力类		受弯	顺纹受压	顺纹受拉	顺纹受剪
天然缺陷	K_{Q1}	0.75	0.80	0.66	—
	δ_{Q1}	0.16	0.14	0.19	—
干燥缺陷	K_{Q2}	0.85	—	0.90	0.82
	δ_{Q2}	0.04	—	0.04	0.10
长期荷载	K_{Q3}	0.72	0.72	0.72	0.72
	δ_{Q3}	0.12	0.12	0.12	0.12
尺寸影响	K_{Q4}	0.89	—	0.75	0.90
	δ_{Q4}	0.06	—	0.07	0.06
几何特性偏差	K_A	0.94	0.96	0.96	0.96
	δ_A	0.08	0.06	0.06	0.06
方程精确性	P	1.00	1.00	1.00	0.97
	δ_P	0.05	0.05	0.05	0.08

假定主要的随机变量服从下列分布：

恒荷载：正态分布；

楼面活荷载、风荷载、雪荷载：极值Ⅰ型分布；

抗力：对数正态分布。

根据上述计算条件，反演得到按"原2003版规范"设计的各类构件，其可靠指标如下：

受弯   3.8

顺纹受压   3.8

顺纹受拉   4.3

顺纹受剪   3.9

按照《统一标准》的规定，一般工业与民用建筑的木结构，其安全等级应取二级，其可靠指标不应小于下列规定值。

对于延性破坏的构件   3.2

对于脆性破坏的构件   3.7

由此可见，均符合《统一标准》要求。

4.1.2～4.1.5 根据《统一标准》作出的规定。

4.1.6 本条为强制性条文。木材具有的一个显著特点就是在荷载的长期作用下强度会降低，因此，荷载持续作用时间对木材强度的影响较大，在确定木材强度时必须考虑荷载持续时间影响系数 K_{Q3}。另外，在确定木材强度时也要满足《统一标准》对可靠度的相关规定。具体方法可见本标准第 4.3.7 条的条文说明。

4.1.7 承载能力极限状态可理解为结构或结构构件发挥允许的最大承载功能的状态。结构构件由于塑性变形而使其几何形状发生显著改变，虽未达到最大承载能力，但已彻底不能使用，也属于达到或超过这种极限状态。因此，当结构或结构构件出现下列状态之一时，即认为达到或超过承载能力极限状态：

1 整个结构或结构的一部分作为刚体失去平衡（如倾覆等）；

2 结构构件或连接因材料强度被超过而破坏（包括疲劳破坏），或因过度的塑性变形而不适于继续承载；

3 结构转变为机动体系；

4 结构或结构构件丧失稳定（如压屈等）。

正常使用极限状态可理解为结构或结构构件达到或超过使用功能上允许的某个限值的状态。例如：某些构件必须控制变形、裂缝才能满足使用要求，因过大的变形会造成房屋内粉刷层剥落，填充墙和隔墙开裂及屋面漏水等后果。过大的裂缝会影响结构的耐久性，过大的变形、裂缝也会造成用户心理上的不安全感。因此，当结构或结构构件出现下列状态之一时，即认为达到或超过了正常使用极限状态：

1 影响正常使用或外观的变形；

2 影响正常使用或耐久性能的局部损坏，包括裂缝；

3 影响正常使用的振动；

4 影响正常使用的其他特定状态。

根据协调，有关结构荷载的规定，一律由现行国家标准《建筑结构荷载规范》GB 50009（以下简称《荷载规范》）制定。本条文仅为规范间衔接的需要作些原则规定，其中需要说明的是：

1 荷载按现行《荷载规范》施行，应理解为：除荷载标准值外，还包括荷载分项系数和荷载组合系数在内，均应按该规范所确定的数值采用，不应擅自改变。

2 对于正常使用极限状态的计算，由于资料不足，研究不够充分，仍沿用多年以来使用的方法，即仅考虑按荷载标准组合进行计算。并只考虑荷载的短期效应组合，而不考虑长期效应的组合。

建筑结构的安全等级主要按建筑结构破坏后果的严重性划分。根据《统一标准》的规定分类三级。大量的一般工业与民用建筑定为二级。从过去修订规范所作的调查分析可知，这一规定是符合木结构实际情况的，因此，本标准作了相应的规定。但应注意的是，对于人员密集的影剧院和体育馆等建筑应按重要建筑物考虑，对于临时性的建筑则可按次要建筑物考虑。至于纪念性建筑和其他有特殊要求的建筑物，其安全等级可按具体情况另行确定，不受《统一标准》约束。结构重要性系数综合《建筑结构可靠度设计统一标准》GB 50068-2001 第 1.0.5 条和第 1.0.8 条因素来确定。

4.1.10 根据同济大学对两层轻型木结构足尺房屋模型振动台试验研究表明，木结构建筑的弹性和弹塑性层间位移角限制值可以达到 1/250 和 1/30。考虑到木结构整体抗变形能力较强的特点，故建议木结构建筑的水平层间位移不应超过结构层高的 1/250。

4.1.13 木构件腐朽或被虫蛀将严重影响木结构建筑的使用年限，因而，要求必须采取相应的防腐和防虫措施，以确保木结构建筑达到设计使用年限。确保木结构耐久性的基本原则应采用整体防护原则，从设计、施工、材料选择、维护维修出发，针对不同区域、具体位置的气候、腐朽和白蚁危害程度，延长使用寿命，提高耐久性。在所有这些措施中，合理设计和施工应该是最为根本的措施，可以最为有效地提高整个建筑的性能和使用寿命。

4.1.14 本条为强制性条文。胶合结构的承载能力首先取决于胶的强度及其耐久性。因此，对胶的质量要有严格的要求：

1 应保证胶缝的强度不低于木材顺纹抗剪和横纹抗拉的强度。

因为不论在荷载作用下或由于木材胀缩引起的内力，胶缝主要是受剪应力和垂直于胶缝方向的正应力作用。一般说来，胶缝对压应力的作用总是能够胜任的。因此，关键在于保证胶缝的抗剪和抗拉强度。当胶缝的强度不低于木材顺纹抗剪和横纹抗拉强度时，就意味着胶连接的破坏基本上沿着木材部分发生，这也就保证了胶连接的可靠性。

2 应保证胶缝工作的耐久性。

胶缝的耐久性取决于它的抗老化能力和抗生物侵蚀能力。因此，主要要求胶的抗老化能力应与结构的用途和使用年限相适应。但为了防止使用变质的胶，故提出对每批胶均应经过胶结能力的检验，合格后方可使用。

所有胶种必须符合有关环境保护的规定。对于新的胶种，在使用前必须提出经过主管机关鉴定合格的试验研究报告为依据，通过试点工程验证后，方可逐步推广应用。

4.2 抗震设计规定

4.2.3 参考抗震规范中对"8、9 度框架结构房屋防震缝两侧结构层高相差较大时，可根据需要在防震缝两侧沿房屋全高各设置不少于两道垂直于防震缝的抗撞墙"的规定，对木结构建筑设置抗震缝作出类似的规定。"防震缝两侧均应设置墙体"不仅仅是针对轻型木结构，对于梁柱式木结构也适用。

4.2.6 "结构基本周期的水平地震影响系数 α_1 应取水平地震影响系数最大值"是根据同济大学对 8 个足尺轻型木结构房屋模型的基本自振周期的实测数据及试验结果分析确定。在同济大学的试验中可知，房屋基本自振周期与剪力墙刚度、激振程度及扭转等因素密切相关，仅考虑房屋的高度是不够的；采用"原2003版规范"第 9.2.2 条的规定所得周期小于结构的实测基本自振周期，且随着抗侧剪力墙长度的减小、激振程度的增大、结构不对称性的增强等两者差值不断增大。因此，本标准建议对于 3 层及以下轻型木结构房屋的地震影响系数直接取最大值。

4.2.7 以剪切变形为主，且质量和刚度沿高度分布比较均匀的胶合木结构或其他梁柱式木结构建筑的结构基本自振周期，目前无法给出具体的计算公式，因此本标准建议由计算机整体分析模型进行计算。对于抬梁式、穿斗式等传统木结构，其基本自振周期大约在 0.4s～0.7s 之间。对于抬梁式和穿斗式的基本自振周期，可以考虑按照其自振周期的范围、计算机整体分析模型互相参照进行确定。

4.2.8 对于不规则的木结构建筑的抗震验算参照现行国家标准《建筑抗震设计规范》GB 50011 的相关规定，宜采用振型分解反应谱法计算。

4.2.11 木结构建筑的楼层水平地震力按抗侧力构件的从属面积上重力荷载代表值的比例进行分配时，由于木结构建筑楼面多为单向板，在荷载分配时应特别注意。

4.3 强度设计指标和变形值

4.3.1 本条为强制性条文。本标准和原规范一样只保留荷载分项系数，而将抗力分项系数隐含在强度设计值内。因此，本章所给出的木材强度设计值，应等于木材的强度标准值除以抗力分项系数。但对不同树种的木材，尚需按本标准所划分的强度等级，并参照长期工程实践经验，进行合理的归类，故实际给出的木材强度设计值是经过调整后的，与直接按上述方法算得的数值略有不同。现将本标准在木材分级及其设计指标的确定上所作的考虑扼要介绍如下：

1 木材的强度设计值

主要考虑下列几点：

  1） 原规范的考虑是：应使归入每一强度等级的树种木材，其各项受力性质的可靠指标 β 等于或接近于本标准采用的目标可靠性指标 β_0。所谓"接近"含义，是指该树种木材的可靠性指标 β 应满足下列界限值的

要求：

$$\beta_0 - 0.25 \leqslant \beta \leqslant \beta_0 + 0.25 \qquad (1)$$

《统一标准》取消了不超过 ± 0.25 的规定，取 $\beta \geqslant \beta_0$。

  2） 对自然缺陷较多的树种木材，如落叶松、云南松和马尾松等，不能单纯按其可靠性指标进行分级，需根据主要使用地区的意见进行调整，以使其设计指标的取值，与工程实践经验相符。

  3） 对同一树种有多个产地试验数据的情况，其设计指标的确定，系采用加权平均值作为该树种的代表值。其"权"数按每个产地的木材蓄积量确定。

  根据上述原则确定的强度设计值，可在材料总用量基本不变的前提下，使木构件可靠指标的一致性得到显著改善。

2 木材的弹性模量

"原2003版规范"通过调查研究，曾总结了下列情况：

  1） 178 种国产木材的试验数据表明，木材的 E 值不仅与树种有关，而且差异之大不容忽视，以东北落叶松与杨木为例，前者高达 $12800 N/mm^2$，而后者仅为 $7500 N/mm^2$。

  2） 英、美、澳、北欧等国的设计规范，对于木材的 E 值均按不同树种分别给出。

  3） 我国南方地区从长期使用原木檩条的观察中发现，其实际挠度比方木和半圆木为小。原建筑工程部建筑科学研究院的试验数据和湖南省建筑设计院的实测结果证实了这一观察结果。初步分析认为是由于原木的纤维基本完整，在相同的受力条件下，其变形较小的缘故。

  4） 原建筑工程部建筑科学研究院对 10 根木梁在荷载作用下，其木材含水率由饱和变至气干状态所作的挠度实测表明，湿材构件因其初始含水率高、弹性模量低而增大的变形部分，在木材干燥后不能得到恢复。因此，在确定使用湿材作构件的弹性模量时，应考虑含水率的影响，才能保证木构件在使用中的正常工作，这一结论已为四川、云南、新疆等地的调查数据所证实。

  根据以上情况，对弹性模量的取值仍按原规范作了如下规定：

  1） 区别树种确定其设计值；

  2） 原木的弹性模量允许比方木提高 15%；

  3） 考虑到湿材的变形较大，其弹性模量宜比正常取值降低 10%。

本次修订时，结合木结构可靠度课题的调研工

作，重新考核了上述规定，认为是符合实际的，因此予以保留。但对木材弹性模量的基本取值，则根据受弯木构件在正常使用极限状态设计条件下可靠度的校准结果作了一些调整。表 4.3.1-1 中的弹性模量设计值就是根据调整结果给出的。

3　木材横纹承压设计指标 $f_{c,90}$

《木结构设计规范》GBJ 5-73 版规范修订组根据各地反映，按我国早期规范设计的垫木和垫板的尺寸偏小，往往在使用中出现变形过大的迹象。为此，原规范修订组曾在四川、福建、湖南、广东、新疆、云南等地进行过调查实测。其结果基本上可以归纳为两种情况：一是因设计不合理所造成的；二是因使用湿材变形增大所导致的。为了验证后一种情况，原西南建筑科学研究院曾以云南松和冷杉做了 6 组试验。其结果表明，湿材的横纹承压变形不仅较大，而且不能随着木材的干燥和强度的提高而得到恢复。

基于以上结论，对前一种情况，采取了给出合理的计算公式予以解决，见本标准式（7.1.8）；对后一种情况，根据试验结果和四川、内蒙古、云南等地的设计经验，取用一个降低系数（0.9）以考虑湿材对构件变形的影响。

4　增加了进口材的树种和设计指标

目前我国结构用木材主要依靠进口，按照进口木材在工程上应用的相关规定，并由原 2003 版规范修订组根据新的资料，按我国分级原则，进行了局部调整。本次修订时，增加了日本木材树种和设计指标，以及进口北美地区目测分级方木的强度指标。

4.3.2　有关本条的规定说明以下几点：

1　由于本标准已考虑了干燥缺陷对木材强度的影响，因而本标准表 4.3.1-3 所给出的设计指标，除横纹承压强度设计值和弹性模量需按木构件制作时的含水率予以区别对待外，其他各项指标对气干材和湿材同样适用，而不必另乘其他折减系数。但应指出的是，本标准作出这一规定还有一个基本假设，即湿材做的构件能在结构未受到全部设计荷载作用之前就已达到气干状态。对于这一假设，只要设计能满足结构的通风要求，是不难实现的。

2　对于截面短边尺寸 $b \geqslant 150mm$ 方木的受弯，以及直接使用原木的受弯和顺纹受压，曾根据有关地区的实践经验和当时设计指标取值的基准，作出了其容许应力可提高 15% 的规定。"原 2003 版规范"修订时，对强度设计值的取值，改以目标可靠指标为依据，其基准也作了相应的变动。根据重新核算结果，$b \geqslant 150mm$ 的方木以提高 10% 较恰当。

4.3.3　考虑到目前的计算技术和计算机（计算器）设备的应用，取消了原条文中的木材斜纹承压强度设计值手工查值图。

4.3.4　本条为强制性条文。本次修订时，根据中国林业科学研究木材工业研究所提供的数据文件"国产

杉木与落叶松规格材强度性质"为依据，首次确定了国产规格材强度设计值。国产目测分级规格材强度设计值是采用按可靠度分析结果进行确定。本次主要对国产杉木、兴安岭落叶松规格材的强度设计指标进行了确定。按可靠度分析的具体方法可见本标准第 4.3.7 条说明。

对于国产树种的机械分级规格材强度设计指标，本次修订时缺少相关实测数据，因此，仍然保留 2003 版规范的相关规定。

4.3.6　本条为强制性条文。本规定仅适用于层板组合不低于 4 层的胶合木。

这次修订时，对胶合木构件的强度设计值也按可靠度分析结果进行了确定，胶合木的强度标准值 f_k 和强度变异系数 δ_f 是采用国家标准《胶合木结构技术规范》GB/T 50708-2012（以下简称《胶规》）的相关规定。由于本标准按可靠度分析结果确定的胶合木各等级强度设计值与《胶规》有所不同，因此，强度等级用弯曲强度设计值表示就产生了不协调。如《胶规》中同等组合 TC$_T$30 等级的抗弯强度设计值，本标准修正为 27.7N/mm^2，与 30N/mm^2 不符合。虑到今后胶合木的发展需要，本标准将胶合木各强度等级符号修改为按抗弯强度标准值表示，如《胶规》中同等组合 TC$_T$30 现改为 TC$_T$40，40 为该等级的抗弯强度标准值 40 N/mm^2。

4.3.7　根据现行《统一标准》的规定，对进口木材的强度设计值按可靠度分析结果重新进行了修订。

1　可靠度分析原则及方法

根据《统一标准》规定的，一般工业与民用建筑的木结构安全等级为二级，其结构构件承载力极限状态的可靠度指标 β_0 值不应低于 3.2（延性破坏，受弯和受压）或 3.7（脆性破坏，受拉）。在规定的目标可靠度 β_0 条件下，抗力分项系数 γ_R 除了与变异系数 δ_f 有关外，还与荷载组合的种类及其荷载比率 ρ（活载/恒载）有关。因此，在可靠度分析时，对荷载组合及荷载比率采用平均或加权平均的方法，是不能满足可靠度要求的。因为，这样总有部分荷载组合或荷载比率的情况下，构件的实际可靠度将低于目标可靠度 β_0。编制组结合本次可靠度分析结果，多次研究确定了进口木材强度设计值可靠度分析方法和设计值计算方法，并按下列原则进行：

1）根据可靠度分析结果，确定材料强度的变异系数 δ_f 与抗力分项系数 γ_R 之间的基准关系曲线。"$\delta_f \sim \gamma_R$ 基准曲线"适用于所有结构木材强度设计值的确定。

2）"$\delta_f \sim \gamma_R$ 基准曲线"根据可靠度计算分析得到（图 2）。该曲线是以"恒载+住宅类楼面荷载"组合中，荷载比率（活/恒）ρ=1.5 的曲线为基准线，并用于确定木材的强度设计值指标。对于按此基准曲线计

算时，不满足可靠度要求的其他工况和荷载比率，采用强度调整系数进行调整，以保证满足可靠度的要求。

3）根据木材出口国提供其出口的木材强度标准值 f_k 和强度变异系数 δ_f，并按"$\delta_f \sim \gamma_R$ 基准曲线"确定该种进口木材的抗力分项系数 γ_R。

4）进口木材的强度设计值 f_d 按下式计算确定，并由本标准主编单位对计算结果作最终核定。

$$f_d = \frac{f_k K_{Q3}}{\gamma_R} \tag{2}$$

式中：K_{Q3}——荷载持续时间对木材强度的影响系数，取 0.72。

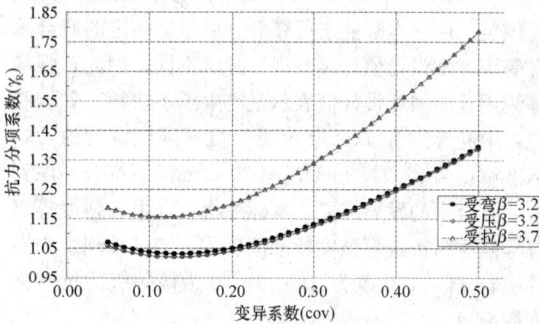

图 2　$\delta_f \sim \gamma_R$ 基准曲线

2　功能函数和基本参数

可靠度分析中，采用一阶二次矩的方法编程计算，功能函数和计算统计参数的确定如下：

1）功能函数

可变荷载效应控制组合：

$$f(R, d, q) = \frac{R}{f_k} - \frac{\overline{K_{Q3}}}{\gamma_R(\gamma_G + \gamma_Q \rho)}(d + q\rho) \tag{3}$$

永久荷载效应控制组合：

$$f(R, d, q) = \frac{R}{f_k} - \frac{\overline{K_{Q3}}}{\gamma_R(\gamma_G + \psi_c \gamma_Q \rho)}(d + q\rho) \tag{4}$$

式中：R——构件抗力，随机变量；

f_k——强度标准值，5% 分位值；

γ_R——抗力分项系数；

γ_G——永久荷载分项系数；

γ_Q——可变荷载分项系数；

ψ_c——荷载组合系数；

$\overline{K_{Q3}}$——载持续时间影响系数均值，取 0.72；

ρ——可变荷载标准值与永久荷载标准值的比率（Q_k/G_k）；

d——永久荷载真实值与标准值的比率 G/G_k，随机变量；

q——可变荷载真实值与标准值的比率 Q/Q_k，随机变量。

构件抗力 R 按下式计算：

$$R = K_{Q3} K_A K_P f \tag{5}$$

式中：f——构件材料强度，随机变量；

K_{Q3}——荷载持续时间影响系数，随机变量；

K_A——构件几何特征不定性影响系数，随机变量；

K_P——计算模式误差影响系数，随机变量。

2）可靠度分析计算参数

① 荷载统计参数：按表 5 确定。

表 5　荷载统计参数

荷载种类	平均值/标准值	变异系数	分布类型
恒荷载	1.060	0.070	正态分布
办公室楼面活荷载	0.524	0.288	极值Ⅰ型分布
住宅楼面活荷载	0.644	0.233	极值Ⅰ型分布
风荷载（50 年重现期）	0.908	0.193	极值Ⅰ型分布
雪荷载（50 年重现期）	1.139	0.225	极值Ⅰ型分布

② 构件抗力统计参数：假设构件的抗力和材料强度均服从对数正态分布。构件抗力影响参数按表 6 确定。

表 6　构件抗力统计参数

受力类型			顺纹受压	顺纹受拉	受弯
长期荷载影响系数	均值	K_{Q3}	0.72	0.72	0.72
	变异系数	δ_{Q3}	0.12	0.12	0.12
几何特征偏差影响系数	均值	K_A	1.0	1.0	1.0
	变异系数	δ_A	0.03	0.03	0.05
方程精确性影响系数	均值	K_P	1	1	1
	变异系数	δ_P	0.05	0.05	0.05

③ 可变荷载与恒荷载的比值 ρ：考虑到我国现代木结构建筑的应用范围较广，因此，本次可靠度分析时，$\rho = Q_k/G_k$ 的取值为 0、0.2、0.3、0.5、1.0、1.5、2.0、3.0、4.0。

④ 荷载组合：根据木结构建筑的适用范围，考虑按单一恒载、恒载＋办公楼面荷载组合、恒载＋住宅楼面荷载组合、恒载＋雪荷载组合、恒载＋风荷载组合等进行可靠度分析。

3　本标准进口木材力学性能的确定

对于进口木材的强度标准值 f_k 和强度变异系数 δ_f 的具体数据，是由木材出口国或地区提交给本标准编制组，同时提交了相关的背景资料。提交的数据是木材出口国或地区根据各自的实验数据，考虑到实验方法和实验条件等不同对强度标准值和变异系数的影响，经过适当微调后确定的。

4 国产木材力学性能的确定

在本次修订中，根据中国林业科学研究院木材工业研究所提供的规格材足尺试验的测试数据，按可靠度分析结果确定了国产杉木、兴安岭落叶松规格材的强度设计指标。首次增加了国产规格材的设计指标，能够积极地推进国产规格材或锯材在木结构工程建设中的应用。

4.3.10 在对进口木材强度设计值按可靠度分析时，最终采用的"$\delta_f \sim \gamma_R$ 基准曲线"是恒载＋住宅楼面荷载组合下，$\rho = 1.5$ 为基本条件。在这种情况下，存在以下情况：

1 对于恒载＋住宅楼面荷载、恒载＋办公楼面荷载，$\rho < 1.0$ 时，均偏于不安全，需要对强度设计值按公式（4.3.10）进行调整。

2 "$\delta_f \sim \gamma_R$ 基准曲线"与恒载＋雪荷载、$\rho = 1.0$ 相比较，$\gamma_{R住} / \gamma_{R雪} = 0.8$（平均），即不安全 −20%，若 $\rho > 1.0$ 更不利。与恒载＋风荷载、$\rho = 1.0$ 相比较，$\gamma_{R住} / \gamma_{R风} = 0.83$（平均）即不安全 −17%，而 $\rho > 1.0$ 时更不利。因此，为了简化，恒载与风或雪荷载组合（当有多种可变荷载与恒荷载组合情况，风荷载或雪荷载作 S_{Q1k}）时，强度设计值降低 17%，即风荷载或雪荷载起控制作用时强度设计值应乘以 0.83 的调整系数。由于风荷载为短期荷载作用，这时强度设计值可以适当提高 10%；因此，最终风荷载起控制作用时强度设计值调整系数为 0.83×1.10=0.91。

屋面活荷载（或其他活荷载）与雪荷载的作用效应比值应按下列方法判断：

1) 荷载比率 $\rho < 1.0$ 时，当 $\dfrac{1.2G_k + 1.4Q_k}{0.83 + 0.17\rho} \geq \dfrac{1.2G_k + 1.4Q_{sk}}{0.83}$（$Q_k$ 为活荷载标准值；Q_{sk} 为雪荷载标准值；G_k 为恒荷载标准值），则雪荷载不起控制作用。否则，应按雪荷载作用情况进行计算。

2) 荷载比率 $\rho \geq 1.0$ 时，当 $1.2G_k + 1.4Q_k \geq \dfrac{1.2G_k + 1.4Q_{sk}}{0.83}$，则雪荷载不起控制作用。

否则，按雪荷载作用情况进行计算。

一般情况下，对于不上人屋面的雪荷载标准值 $Q_{sk} \leq 0.34 \text{kN/m}^2$ 时，雪荷载不起控制作用。对于上人屋面的雪荷载标准值 $Q_{sk} \leq 1.4 \text{kN/m}^2$ 时，雪荷载不起控制作用。

4.3.11 由于在实际使用中，不断有新型的木质结构材或结构构件被研制或生产，为了推广应用这些新材料、新构件，特对其强度值确定方法作出了规定。本条规定主要是针对专业加工企业经过标准化、规模化生产的新材料或新构件。在保证安全可靠的情况下，

使其定型合格一批就可在工程中应用一批，并可随着试验数据不断累积，使新材料、新构件的各种力学性能不断完善。

4.3.15 在木屋盖结构中，木檩条挠度偏大一直是使用单位经常反映的问题之一。早期的研究多认为是我国规范对木材弹性模量设计取值不合理所致，为此，在实测和试验基础上，对木材弹性模量设计值作了较全面的修订。以前修订时，借助于概率法，对 GBJ 5 −88 按正常使用极限状态设计的可靠指标进行校准，校准是在下列工作基础上进行的：

1 用广义的结构构件抗力 R 和综合荷载效应 S 这两个相互独立的综合随机变量，对影响正常使用极限状态的各变量进行归纳。

2 假定 R、S 均服从对数正态分布。

校准采用了下列简化公式：

$$\beta = \frac{\ln\left(K \times \dfrac{R_R}{R_S}\right)}{\sqrt{\delta_R^2 + \delta_S^2}} \tag{6}$$

1) K 为正常使用极限状态下构件的安全系数。"原1988版规范"规定的允许挠度值（如檩条为 $L/200$），实际上是设计时的容许值，并非正常使用极限状态的极限值，调查表明，当 $L > 3.3\text{m}$ 的檩条、搁栅和吊顶梁其挠度达 $L/150$ 时（对 $L < 3.3\text{m}$ 的檩条为 $L/120$ 时），便不能正常使用，故可将 $L/150$ 视为挠度极限值，而 $L/150$ 和 $L/200$ 之差即为正常使用极限状态的安全裕度。或可认为，挠度极限值与挠度限值之比，为正常使用极限状态下的安全系数。各种受弯构件的 β 值见表 7。

表 7 β 值的校准结果

构件分类	檩条 $L>3.3\text{m}$			檩条 $L\leqslant 3.3\text{m}$			搁栅		吊顶梁
荷载组合	G+S	G+S	G+S	G+S	G+S	G+S	G+L₁	G+L₂	G
Q_N/G_K	0.2	0.3	0.5	0.2	0.3	0.5	1.5	1.5	0
K	1.33	1.33	1.33	1.67	1.67	1.67	1.67	1.67	1.67
R_R	0.83	0.83	0.83	0.83	0.83	0.83	0.83	0.83	1.04
δ_R	0.14	0.14	0.14	0.14	0.14	0.14	0.14	0.14	0.14
R_S	1.074	1.079	1.088	1.074	1.079	1.088	0.844	0.94	1.06
δ_S	0.07	0.076	0.091	0.07	0.076	0.091	0.15	0.13	0.07
β	0.18	0.14	0.087	1.63	1.51	1.45	2.42	2.03	3.15
m_β	0.14			1.55			2.22		3.15

2) R_R 为广义构件抗力 R 的平均值 μ_R 与其标准值 R_K 之比，即 $R_R = \mu_R / R_K$，δ_R 为 R 的变异系数。

弹性模量的标准值虽是用小试件弹性模量值为代表，但实际上构件弹性模量与小试件弹性模量有下列不同：小试件弹性模量以短期荷载作用下、高跨比较大的、无疵清材小试件进行试验得来的。而构件则承

受长期荷载、高跨比较小且含有木材天然缺陷，以及由于施工制作的误差，其截面惯矩也有较大的变异。这些因素均使构件广义抗力不同于用小试件弹性模量确定的标准抗力。通过试验研究和大量调查计算所确定的各种受弯构件的 R_R 和 δ_R 列于表8。

  3）R_S 为综合荷载效应 S 的平均值 μ_S 与其标准值 S_K 之比，即 $R_S = \mu_S/S_K$，δ_S 为 S 的变异系数。根据表 4.3.15 的数据和不同的恒、活荷载比值，算得的 R_S、δ_S 见表8。

从表8的校准结果可知：

  1）跨度 $L \leqslant 3.3\text{m}$ 的檩条和搁栅的可靠指标符合《统一标准》的要求。

  2）吊顶梁的可靠指标较高，这也是合适的，因为吊顶梁是以恒荷载为主的构件，应有较高的可靠指标。

  3）跨度 $L > 3.3\text{m}$ 的檩条的可靠指标显著偏低，究其原因，主要是相应的挠度容许值定得偏大。

显而易见，对于檩条挠度偏大的问题，以采取局部修订受弯构件控制值的办法解决最为合理、有效。因此，将檩条挠度限值的规定分为两档：一档（$L \leqslant 3.3\text{m}$）为 $L/200$；另一档（$L > 3.3\text{m}$）为 $L/250$。

根据挠度限值计算得到跨度 $L > 3.3\text{m}$ 的檩条的可靠指标 $\beta = 1.55$，较好地满足了《统一标准》的要求。

墙骨柱的挠度限值规定是防止墙骨柱按两端铰接的受压构件、压弯构件计算时，弯曲变形过大对覆面材料产生不利的影响。

4.3.16 受压构件长细比限值的规定，主要是为了从构造上采取措施，以避免单纯依靠计算，取值过大而造成刚度不足。对于这个限值，在这几年发布的国外标准中，一般规定都比较宽。例如，美国标准为173（$L_0/h \leqslant 50$）；北欧五国和ISO的标准均为170（次要构件为200）。由于我国尚缺乏这方面的实践经验，有待今后做工作后再考虑。

4.3.17 我国20世纪50年代的规范曾参照苏联的规定，将原木直径变化率取为每米10mm，但由于没有明确标注原木直径时以大头还是小头为准，以致在执行中出现过一些争议。以前修订规范，通过调查实测了解到：我国常用树种的原木，其直径变化率大致在每米9mm～10mm之间，且习惯上多以小头为准来标注原木的直径。因此，在明确以小头为准的同时，规定了原木直径变化率可按每米9mm采用。这样确定的设计截面的直径，一般偏于安全。

4.3.19 当锯材和规格材采用加压防腐处理时，其强度设计值一般不会改变。如果采用刻痕的方法进行加压防腐处理，由于构件截面受到损伤，因此，构件的强度有一定的降低。本条的强度降低系数值参照美国相关标准确定。

当采用加压防腐处理的锯材和规格材设计木结构建筑时，木构件强度验算和连接设计应符合本标准第5章和第6章的相关规定。

4.3.20 有关木结构中的钢材部分应按现行国家标准《钢结构设计标准》GB 50017 的规定采用。只有遇到特殊问题时，才由本标准作出补充规定。

5 构 件 计 算

5.1 轴心受拉和轴心受压构件

5.1.1 考虑到受拉构件在设计时总是验算有螺孔或齿槽的部位，故将考虑孔槽应力集中影响的应力集中系数，直接包含在木材抗拉强度设计值的数值内，这样不但方便，也不至于漏乘。

计算受拉构件的净截面面积 A_n 时，考虑有缺孔木材受拉时有"迂回"破坏的特征（图3），故规定应将分布在150mm长度上的缺孔投影在同一截面上扣除，其所以定为150mm，是考虑到与本标准附录表 A.1.1 中有关木节的规定相一致。

计算受拉下弦支座节点处的净截面面积 A_n 时，应将槽齿和保险螺栓的削弱一并扣除（图4）。

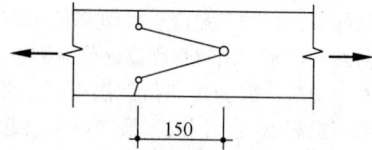

图3 受拉构件的"迂回"破坏示意

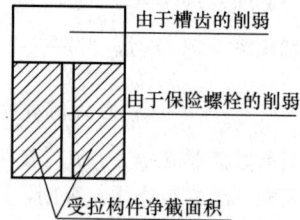

图4 受拉构件净截面示意

5.1.2、5.1.3 对轴心受压构件的稳定验算，当缺口不在边缘时，构件截面的计算面积 A_n 的取值规定说明如下：

根据建筑力学的分析，局部缺孔对构件的临界荷载的影响甚小。按照建筑力学的一般方法，有缺孔构件的临界力为 N_{cr}^h，可按下式计算：

$$N_{cr}^h = \frac{\pi^2 EI}{l^2}\left[1 - \frac{2}{l}\int_0^l \frac{I_h}{I} \sin^2 \frac{\pi z}{l}\mathrm{d}z\right] \quad (7)$$

式中：I——无缺孔截面惯性矩；

   I_h——缺孔截面惯性矩；

   l——构件长度；

当缺孔宽度等于截面宽度的一半（按本标准第7.1.7条所规定的最大缺孔情形），长度等于构件长度的1/10（图5）时，根据上式并化简可求得临界力为：

对 x-x 轴

$$N_{crx}^h = 0.975 N_{crx}$$

对 y-y 轴

$$N_{cry}^h = 0.9 N_{cry}$$

式中：N_{crx}、N_{cry}——对 x 轴或对 y 轴失稳时无缺孔构件的临界力。

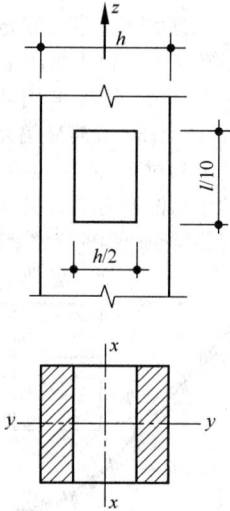

图 5　缺孔尺寸示意

因此，为了计算简便，同时保证结构安全，对于缺孔不在边缘时，一律采用 $A_0 = 0.9A$。

5.1.4 本次修订时，考虑到"原2003版规范"规定的轴心受压构件稳定系数 φ 值计算公式存在下列问题和不足：

1 原公式的稳定系数 φ 值计算仅适用于方木原木制作的构件，不适用于规格材、胶合木以及其他工程木产品制作的构件。

2 稳定系数的计算与木材抗压强度设计值、弹性模量无关。

因此，需要对计算公式进行修改。此次修订，对各国木结构设计规范中稳定系数的计算方法进行了调研和比较分析，在继承我国传统计算方法和特点的基础上，结合现代木产品的特点提出了适用于各类木产品构件的稳定系数统一计算式，并通过试验研究、随机有限元分析和回归分析确定了计算式所含各系数的值。

轴心受压木构件的稳定承载力应按下式表示：

$$N_{cr \cdot R} = f_{cr \cdot d} A = \frac{f_{cr \cdot k} K_{cr \cdot DOL}}{\gamma_{cr \cdot R}} A \quad (8)$$

式中：$N_{cr \cdot R}$——构件的稳定承载力设计值；

$f_{cr \cdot d}$——符合稳定承载力要求的木材强度设

计值，或称为临界应力设计值；

$f_{cr \cdot k}$——临界应力标准值；

$K_{cr \cdot DOL}$——荷载持续时间对稳定承载力的影响系数；

$\gamma_{cr \cdot R}$——满足可靠性要求的稳定承载力的抗力分项系数；

A——构件截面面积。

轴心受压木构件有强度破坏和失稳破坏两种失效形式，理论上需要两种设计指标，即强度设计值和临界应力设计值。为简化，设计规范实际采用的稳定承载力表达式为：

$$N_{cr \cdot R} = f_c \varphi A = \frac{f_{ck} K_{DOL}}{\gamma_R} \varphi A \quad (9)$$

式中：f_c——木材或木产品的抗压强度设计值；

f_{ck}——木材或木产品的抗压强度标准值；

φ——木压杆的稳定系数；

K_{DOL}——荷载持续时间对为木材或木产品强度的影响系数；

γ_R——满足可靠性要求的抗力分项系数。

根据式（8）、（9），压杆的稳定系数可表示为：

$$\varphi = \frac{f_{cr \cdot k} K_{cr \cdot DOL} \gamma_R}{\gamma_{cr \cdot R} f_{ck} K_{DOL}} \quad (10)$$

各国木结构设计规范对式（10）中有关参数的处理方法不同，使稳定系数的具体表达式也各不相同。我国基于第1类稳定问题，即基于理想压杆稳定理论求解临界力，结果即为欧拉公式表示的临界力（弹塑性阶段用切线模量计算）。认为荷载持续作用时间对木材强度和稳定承载力（本质上是对木材弹性模量的影响）的影响效果相同，即 $K_{cr \cdot DOL} = K_{DOL}$，且认为轴心受压木构件强度问题和稳定问题具有相同的抗力分项系数，即 $\gamma_{cr \cdot R} = \gamma_R$。基于这种认识和处理方法，式（10）简化为：

$$\varphi = \frac{f_{cr \cdot k}}{f_{ck}} \quad (11)$$

对于理想的细长压杆（大柔度杆），临界应力的标准值为：

$$f_{cr \cdot k} = \frac{\pi^2 E_k}{\lambda^2} \quad (12)$$

式中：E_k——木材或木产品弹性模量的标准值。

将式（12）代入式（11），得：

$$\varphi = \frac{\pi^2 E_k}{\lambda^2 f_{ck}} \quad (13)$$

公式（13）即为我国木结构设计规范细长木压杆稳定系数计算式的原始形式。早期的《木结构设计规范》GBJ 5-73 参考苏联规范，取 $E_k / f_{ck} \approx 312$，故 $\varphi = \frac{3100}{\lambda^2}$。GBJ 5-88 将方木、原木按树种木材的强度等级分为两组，E_k / f_{ck} 分别取 330 和 300，并考虑了非理想压杆的试验结果，调整为 $\varphi = \dfrac{3000}{\lambda^2}$ 和 $\varphi = \dfrac{2800}{\lambda^2}$。

各国木结构设计规范中，对荷载持续作用时间的影响效果和抗力分项系数的处理方法各有不同，见表 8。

**表 8　各国规范木压杆稳定系数
计算式中相关参数的处理**

规范国别	$K_{cr \cdot DOL}$	$\gamma_{cr \cdot R}$	E/f_c	计算式的形式
中国	$K_{cr \cdot DOL} = K_{DOL}$	$\gamma_{cr \cdot R} = \gamma_R$	定值	分段
日本	$K_{cr \cdot DOL} = K_{DOL}$	$\gamma_{cr \cdot R} = \gamma_R$	定值	分段
俄罗斯	$K_{cr \cdot DOL} = K_{DOL}$	$\gamma_{cr \cdot R} = \gamma_R$	定值	分段
欧洲	$K_{cr \cdot DOL} = K_{DOL}$	$\gamma_{cr \cdot R} = \gamma_R$	变量	连续
美国	$K_{cr \cdot DOL} = 1.0$	$\gamma_{cr \cdot R} \neq \gamma_R$	变量	连续
加拿大	$K_{cr \cdot DOL} = 1.0$	$\gamma_{cr \cdot R} \neq \gamma_R$	变量	连续
澳大利亚	$K_{cr \cdot DOL} = K_{DOL}$	$\gamma_{cr \cdot R} \neq \gamma_R$	变量	分段

此次修订面临的问题是对我国木结构设计规范稳定系数的计算式作出调整和改进，使进口产品构件稳定系数的计算方法和原则与我国的方木、原木一致。另一方面，这种改进与调整，还应体现我国规范的延续性，即沿用我国规范对稳定系数计算中有关参数的处理方法（见表 10），但应将弹性模量与抗压强度之比 E/f_c 视为变量。为此，提出了各类木产品受压构件稳定系数的统一计算式，并经回归分析，确定了稳定系数统一计算式中各常数的值，各常数间的关系为

$$c = \pi \sqrt{\frac{ab}{(b-a)}}。$$

轴心受压构件稳定系数的计算精度比较：

1）方木、原木

本标准稳定系数计算结果与"原 2003 版规范"结果比较，两者完全吻合，几乎没有差别。保持了 2003 版规范中原木、方木构件的稳定系数计算结果。

2）进口锯材（北美规格材、北美方木、欧洲结构木材）

北美规格材的系数 $a = 0.876$，$b = 2.437$，是全部树种和强度等级规格材回归结果的平均值；适用于北美方木的系数 $a = 0.871$，$b = 2.443$，是全部树种和强度等级的北美方木回归结果的平均值。同时，欧洲结构木材由 C14 到 C50 所有强度等级回归结果的平均值为 $a = 0.877$，$b = 2.433$。这表明三类进口木材的系数值是非常接近，完全可以采用相同的系数。最终，将适用于北美规格材、北美方木和欧洲锯材（统

称为进口锯材）系数 a、b 分别取以上数值的平均值，并由此计算系数 c 的值，列于本标准表 5.1.4。

图 6 是以北美规格材为例进行分析比较结果。美国规范和欧洲规范计算结果的最大偏差为 4.4％（$\lambda = 132$），平均偏差为 2.8％。本条公式（5.1.4-3）、公式（5.1.4-4）的计算结果与美国规范相比，最大偏差为 11.3％（$\lambda = 73$），平均偏差为 5.6％。随机有限元分析结果与美国规范的最大偏差为 11.9％（$\lambda = 90$），平均偏差为 8.0％。试验结果仅代表稳定承载力的平均值，不宜与图中的曲线严格相比，但作为参考，试验结果与美国规范的偏差为 28.1％（$\lambda = 180$），略显偏大，但其他各点处偏差不超过 19.7％（$\lambda = 90$），6 种长细比处的平均偏差为 12.3％（注：哈工大完成了规格材受压构件稳定承载力试验）。

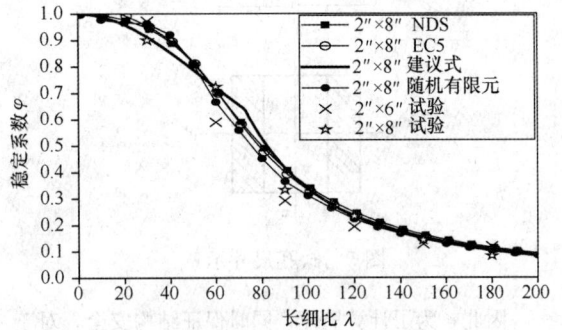

图 6　北美规格材受压构件稳定系数比较
（SPF No.2 2″×8″）

3）层板胶合木（目测分级层板和机械弹性模量分级层板胶合木）

普通层板胶合木的强度设计指标与同树种的方木、原木相同，受压构件稳定系数的计算方法也相同。需要解决的是目测分级层板和机械弹性模量分级层板胶合木构件的稳定系数计算问题。对各强度等级的同等组合胶合木、对称异等组合和非对称异等组合胶合木受压构件的稳定系数进行了拟合计算，获得系数 a、b、c 的值，然后取全部强度等级所适用系数的平均值，列于本标准表 5.1.4。

图 7 以同等组合胶合木 TCT24 为例，给出了按本条公式（5.1.4-3）、公式（5.1.4-4）计算的胶合木构件稳定系数与美国规范和欧洲规范计算结果的对比。美国规范和欧洲规范计算结果的最大偏差为 2.3％（$\lambda = 117$），平均偏差为 1.6％。本标

准公式计算结果与美国规范相比，最大偏差不超过 10.1%（$\lambda = 61$），平均偏差为 5.2%。

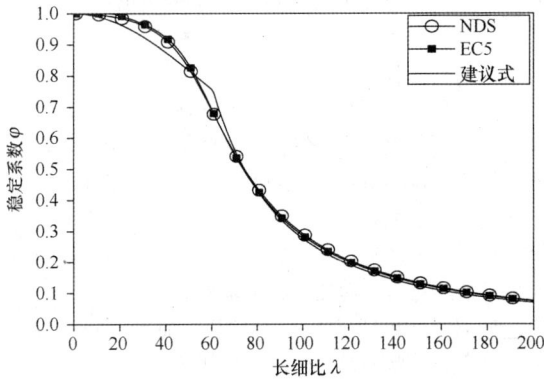

图 7　层板胶合木受压构件稳定系数
比较（TCT24）

5.2　受 弯 构 件

5.2.2　"原 2003 版规范"附录 L 提供了用于计算锯材受弯构件的稳定系数 φ_l，但未给出计算胶合木材和机械分级木材时的稳定系数。本条计算原理与本标准第 5.1.4 条类似，表 9 列出了受弯构件侧向稳定系数计算式中各常数针对各类木材的回归分析数值。由于各类木材间回归分析的常数数值差别不大，故取统一的数值，不再区分木材类别。

表 9　各类受弯木构件稳定系数算式中
常数 a、b、c 的值

进口锯材均值	0.700	4.931	0.903
我国胶合木平均	0.701	4.927	0.904
我国方木、原木	0.703	4.830	0.907
平均	0.701	4.896	0.905

最终取值为：$a = 0.70$，$b = 4.90$，$c = 0.90$。

受弯构件侧向稳定系数的计算精度比较：

1　方木、原木（图 8）：本条公式（5.2.2-3）、

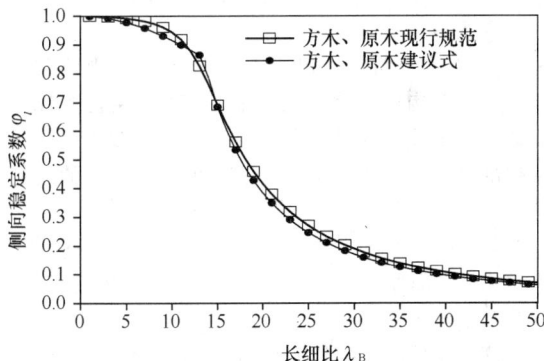

图 8　方木与原木受弯构件侧向稳定系数比较

公式（5.2.2-4）计算结果与"原 2003 版规范"计算结果的最大偏差为 10.5%（$\lambda = 50$），平均差别为 7.1%。

2　进口锯材（北美规格材、北美方木、欧洲结构木材）：图 9 以规格材为例，给出了北美锯材受弯构件侧向稳定系数计算结果比较。美国规范和欧洲规范计算结果的最大差别为 5.3%（$\lambda_B = 14$），平均差别为 1.9%。本条公式（5.2.2-3）、公式（5.2.2-4）计算结果与美国规范相比，最大偏差为 7.8%（$\lambda_B = 19$），平均差别为 3.5%。

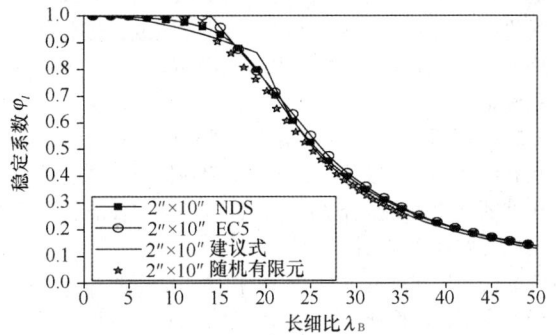

图 9　北美锯材受弯构件侧向稳定系数比较
（SPF No. 2 2″×10″）

3　层板胶合木（目测分级层板和机械弹性模量分级层板胶合木）：图 10 以同等组合胶合木 TCT24 为例，给出了本条公式（5.2.2-3）、公式（5.2.2-4）计算结果与美国规范和欧洲规范计算结果的对比。美国规范和欧洲规范计算结果的最大差别为 4.9%（$\lambda_B = 19$），平均差别为 1.5%。本条公式计算结果与美国规范相比，最大偏差不超过 7.6%（$\lambda_B = 15$），平均差别为 4.2%。

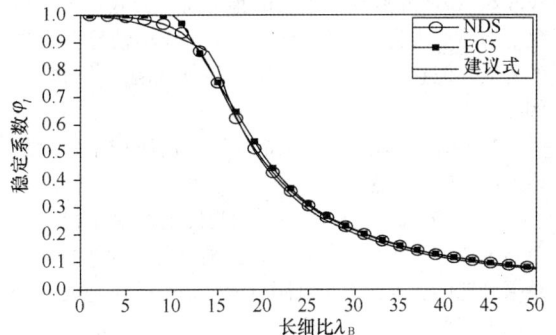

图 10　胶合木受压构件侧向稳定系数比较
（TCT24）

5.2.3　当截面高宽比的限值和锚固要求符合本条的相应规定时，受弯构件已从构造上满足了侧向稳定的要求。

5.2.4　在一般情况下，受弯木构件的剪切工作对构件强度不起控制作用，设计上往往略去了这方面的验

算。由于实际工程情况复杂，且曾发生过因忽略验算木材抗剪强度而导致的事故，因此，还是应当注意对某些受弯构件的抗剪验算，例如：

1 当构件的跨度与截面高度之比很小时；

2 在构件支座附近有大的集中荷载时；

3 当采用胶合工字梁或 T 形梁时。

5.2.8 本条根据加拿大木结构设计规范 086 的相关条文制定。调整系数 K_{Zcp} 考虑了木材纹理对局部受压承载力的影响。调整系数 K_B 考虑了特殊情况下局部受压承载力的提高。调整系数 K_B 和 K_{Zcp} 的取值是根据加拿大林产品创新研究院（Lum，1994 和 1995）的科研成果确定。本条仅适用于目测分级或机械分级规格材。对于工程木产品，调整系数 K_B 和 K_{Zcp} 应由试验确定。

5.2.9 受弯构件的挠度验算，属于按正常使用极限状态的设计。在这种情况下，采用弹性分析方法确定构件的挠度通常是合适的。因此，条文中没有特别指出挠度的计算方法。

5.2.10 早期规范对双向受弯构件的挠度验算未作明确的规定，因而在实际设计中，往往只验算沿截面高度方向的挠度，这是不正确的，应按构件的总挠度进行验算，以保证双向受弯构件（如斜放檩条）的正常工作。

5.3 拉弯和压弯构件

5.3.1 本条虽给出原木和锯材拉弯构件的承载力验算公式，但应指出的是木构件同时承受拉力和弯矩的作用，对木材的工作十分不利，在设计上应尽量采取措施予以避免。例如，在三角形桁架的木下弦中，就可以采取净截面对中的办法，以防止受拉构件的最薄弱部位——有缺口的截面上产生弯矩。

5.3.2 1973 年版规范采用的雅辛斯基公式，虽然避免了边缘应力公式在相对偏心率 m 较小情况下出现的矛盾，但它本身也存在着一些难以克服的缺陷。例如：

1 未考虑轴向力与弯矩共同作用所产生的附加挠度的影响，不能全面反映压弯构件的工作特性。

2 该公式的准确性，很大程度上取决于稳定系数 φ 的取值。然而 φ 值却是根据轴心受压构件的试验结果确定的。因此，很难同时满足轴心受压与偏心受压两方面要求。

3 属于单一参数的经验公式结构，对数据拟合的适应性差。

1988 年修订规范，由于对 φ 值公式和木材抗弯、抗压强度设计值的取值方法都作了较大的变动，致使本已很难调整的雅辛斯基公式变得更难以适应新的情况。试算结果表明，与过去设计值相比，其最大偏差可达 +12% 和 −26%。为此，决定改用根据设计经验与试验确定的双 φ 公式验算压弯构件的承载能

力，即：

$$\frac{N}{\varphi\varphi_m A_n} \leqslant f_c \qquad (14)$$

式中：φ_m——考虑轴心力和横向弯矩共同作用的折减系数；

φ——稳定系数。

由于公式有两个参数进行调整与控制，容易适应各种条件的变化。为了具体考察公式的适用性，曾以不同的相对偏心率 m 和长细比 λ，对不同强度等级的木构件进行了试算，并与相同条件下的边缘应力公式计算值、雅辛斯基公式计算值、国内外试验值以及经验设计值等进行了对比，其结果表明：

1 在常用的相对偏心率 m 和长细比 λ 的区段内，所有计算、试验和设计的结果均甚接近。

2 在较小的相对偏心率的区段内，例如当 $m \leqslant 0.1$ 时，公式的部分计算结果虽比边缘应力公式的计算值低很多，但与试验值相比，却较为接近。这也进一步说明了公式的合理性。因为正是在这一区段内，边缘应力公式存在着固有的缺陷，致使所算得的压弯构件的承载能力反而比轴心受压还要高。

3 在相对偏心率和长细比都很大的区段内，例如当 $m=10$、$\lambda=120 \sim 150$ 时，公式的计算结果要比边缘应力公式计算值低约 14%（个别值可低达 17%）；比试验值低约 8%（个别值可低达 12%）。但这样大偏心距与长细比的构件，在工程中实属罕遇。即使遇到，也应在设计上作偏于安全的处理。

综上所述，公式从总体情况来看是合理的、适用的。尽管在局部情况中，可能使木材的用量略有增加，但从木结构可靠度的校准结果来看，是有必要的。

在 2002 年修订规范时，考虑到压弯构件和偏压构件具有不同的受力性质，偏压构件的承载能力要低一些，苏联规范的压弯构件计算中对偏压构件的情况补充了附加验算公式，此附加验算公式完全是根据压弯和偏压的对比试验求得的。而此试验值又和我国的理论公式相一致，为全面地反映压弯和偏压以及介于其间的构件受力性质，将 GBJ 5‑88 中的 φ_m 公式修订为"原 2003 版规范"公式（5.3.2‑4）～公式（5.3.2‑6）。

5.3.3 本次修订时，保留了"原 2003 版规范"对拉弯和压弯构件验算公式，作为原木和锯材的计算公式。对于胶合木材的拉弯和压弯构件参照现行国家标准《胶合木结构技术规范》GB/T 50708 的规定验算。

5.3.4 GBJ 5‑88 关于压弯构件或偏心受压构件在弯矩作用平面外的稳定性验算，不考虑弯矩的影响，仅在弯矩作用平面外按轴心压杆稳定验算。在 2002 年修订规范时，经验算发现在弯矩较大的情况下偏于不安全，故按一般力学原理提出验算公式（5.3.4）。

6 连接计算

6.1 齿连接

6.1.1 齿连接的可靠性在很大程度上取决于其构造是否合理。因此，尽管齿连接的形式很多，本标准仅推荐采用正齿构造的单齿连接和双齿连接。所谓正齿，是指齿槽的承压面正对着所抵承的受压构件，使该构件传来的压力明确地作用在承压面上，以保证其垂直分力对齿连接受剪面的横向压紧作用，以改善木材的受剪工作条件。因此，在本条文中规定：

1 齿槽的承压面应与所连接的压杆轴线垂直；

2 单齿连接压杆轴线应通过承压面中心。

与此同时，考虑到正确的齿连接设计还与所采用的齿深和齿长有关，因此，也相应地作了必要的规定，以防止因这方面构造不当，而导致齿连接承载能力的急剧下降。

另外，应指出的是，当采用湿材制作时，齿连接的受剪工作可能受到木材端裂的危害。为此，若干屋架的下弦未采用"破心下料"的方木制作，或直接使用原木时，其受剪面的长度应比计算值加大 50mm，以保证实际的受剪面有足够的长度。

6.1.2 1988 年规范根据下列关系确定 ψ_v 值：

1 单齿连接

由于木材抗剪强度设计值所引用的尺寸影响系数是以 $l_v/h_c=4$ 的试件试验结果确定的，在考虑沿剪面长度剪应力分布不均匀的影响时，应将 $l_v/h_c=4$ 的 ψ_v 值定为 1.0。据此，将试验曲线进行了平移，并得到当 $l_v/h_c \geqslant 6$ 的 ψ_v 值关系为：

$$\psi_v = 1.155 - 0.064 l_v/h_c \tag{15}$$

1988 规范即按此式确定 $l_v/h_c \geqslant 6$ 时的 ψ_v 值。至于 $l_v/h_c=4.5$ 及 $l_v/h_c=5$ 时 ψ_v 取值，则按 $l_v/h_c=4$ 和 $l_v/h_c=6$ 时 ψ_v 值的连线确定。

2 双齿连接

对试验曲线作同上的平移后得到当 $l_v/h_c \geqslant 6$ 时的 ψ_v 值的关系式为：

$$\psi_v = 1.435 - 0.0725 l_v/h_c \tag{16}$$

根据 ψ_v 值和有关的抗力统计参数，计算了齿连接的可靠指标，其结果可以满足目标可靠指标的要求（参见表 10）。

表 10 齿连接可靠指标 β 及其一致性比较

连接形式	GBJ 5-88	
	m_β	S_β
单 齿	3.86	0.39
双 齿	3.86	0.39

注：S_β 越小表示 β 的一致性越好。

6.1.4 在齿连接中，木材抗剪属于脆性工作，其破坏一般无预兆。为防止意外，应采取保险的措施。长期的工程实践表明，在被连接的构件间用螺栓予以拉结，可以起到保险的作用。因为它可使齿连接在其受剪面万一遭到破坏时，不致引起整个结构的坍塌，从而也就为抢修提供了必要的时间。因此，本标准规定：桁架的支座节点采用齿连接时，必须设置保险螺栓。

为了正确设计保险螺栓，本标准对下列问题作了统一规定：

1 构造符合要求的保险螺栓，其承受的拉力设计值可按本标准推荐的简便公式确定。因为保险螺栓的受力情况尽管复杂，但在这种情况下，其计算结果与试验值较为接近，可以满足实用的要求。

2 考虑到木材的剪切破坏是突然发生的，对螺栓有一定的冲击作用，故规定螺栓宜选用延性较好的钢材（例如：Q235 钢材）制作。但它的强度设计值仍可乘以 1.25 的调整系数，以考虑其受力的短暂性。

3 关于螺栓与齿能否共同工作的问题，原建筑工程部建筑科学研究院和原四川省建筑科学研究所的试验结果均证明：在齿未破坏前，保险螺栓几乎是不受力的。故明确规定在设计中不应考虑二者的共同工作。

4 在双齿连接中，保险螺栓一般设置两个。考虑到木材剪切破坏后，节点变形较大，两个螺栓受力较为均匀，故规定不考虑本标准第 7.1.14 条的调整系数。

6.2 销连接

6.2.5～6.2.7 "原 2003 版规范"提供了螺栓连接和钉连接的侧向承载力计算公式。该公式根据销连接的计算原理并考虑螺栓或钉在方木和原木桁架中的常用情况，适当简化而制定的，完全不适用于现代木结构工程的设计。另外，"原 2003 版规范"是以木材的顺纹抗压强度计算螺栓连接的承载力，而作为现代木产品，由于缺陷的影响，同一树种不同强度等级木材的顺纹抗压强度大不相同，但木材缺陷对其销槽承压强度的影响并不显著。并且，同树种不同强度等级的木材，其销槽承压强度并无很大差别。若仍按木材的顺纹抗压强度计算，结果将与实际情况不符。因此，本次修订时，关于螺栓连接设计需要从计算方法和销槽承压强度取值两个方面加以改进。

1 销连接承载力计算方法的确定

目前，国际上广泛采用的是 Johansen 销连接承载力计算方法，即欧洲屈服模式（见图 11）。该方法以销槽承压和销承弯应力-应变关系为刚塑性模型为基础，并以连接产生 0.05d（d 销直径）的塑性变形为承载力极限状态的标志。与我国目前采用的理想弹塑性材料本构模型相比，屈服模式 I_m、I_s 和 Ⅳ 对应的极限承载力是相同的。对屈服模式 Ⅱ、III_m 和 III_s，基于刚塑性本构模型所计算的极限承载力略高于理想弹塑性材料本构模型，但差距基本在 10% 以内。为便于不同材质等级的木构件螺栓连接设计计算，修订时采用了基于欧洲屈服模式的销连接承载力计算方法。

以图 11 所示不同厚度和强度木构件典型的单剪连接和双剪连接为例，销槽承压屈服和销屈服各含三种不同形式：

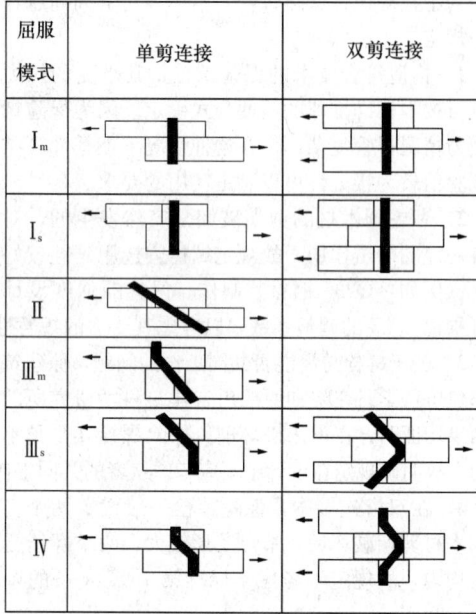

图 11 销连接的屈服模式

1）对销槽承压屈服而言，如果单剪连接中较厚构件（厚度 c）的销槽承压强度较低，而较薄构件（厚度 a）的强度较高（双剪连接中厚度 c 为中部构件、厚度 a 为边部构件），且较薄构件对销有足够的钳制力，不使其转动，则较厚构件沿销槽全长 c 均达到销槽承压强度 f_{hc} 而失效，为屈服模式 I_m。

2）如果两构件的销槽承压强度相同或较薄构件的强度较低，较厚构件对销有足够的钳制力，不使其转动，则较薄构件沿销槽全长 a 均达到销槽承压强度 f_{ha} 而失效，为屈服模式 I_s。

3）如果较厚构件的厚度 c 不足或较薄构件的销槽承压强度较低，两者对销均无足够的钳制力，销刚体转动，导致较薄、较厚构件均有部分长度的销槽达到销槽承压强度 f_{ha}、f_{hc} 而失效，为屈服模式 Ⅱ。

销承弯屈服并形成塑性铰导致的销连接失效，也含三种屈服模式：

1）如果较薄构件的销槽承压强度远高于较厚构件并有足够的钳制销转动的能力，则销在较薄构件中出现塑性铰，为屈服模

式 $Ⅲ_m$。

2）如果两构件销槽承压强度相同，则销在较厚构件中出现塑性铰，为屈服模式 $Ⅲ_s$。

3）如果两构件的销槽承压强度均较高，或销的直径 d 较小，则两构件中均出现塑性铰而失效，为屈服模式 Ⅳ。

单剪连接共有六种屈服模式。对于双剪连接，由于对称受力，则仅有 I_m、I_s 和 $Ⅲ_s$、Ⅳ 等四种屈服模式。

公式（6.2.7-2）中，当 $R_e R_t < 1.0$ 时，对应于屈服模式 I_m；当 $R_e R_t = 1.0$ 时，对应模式 I_s。公式（6.2.7-4）、（6.2.7-6）、（6.2.7-7）、（6.2.7-9）分别对应于屈服模式 Ⅱ、$Ⅲ_s$、$Ⅲ_m$ 和 Ⅳ。双剪连接不计式（6.2.7-4）、（6.2.7-6）。

本条相关公式中含圆钢销屈服强度的各项是与圆钢销的塑性铰对应的，其处理方法与欧美国家有所不同。例如美国木结构设计规范 NDS-2005，考虑圆钢销塑性完全发展，弯矩标准值取为 $M_{yk} = \pi d^3 f_{yk} k_w / 32 = d^3 f_{yk}/6$，其中 $k_w \approx 1.7$。而我国销连接计算中，考虑塑性并不充分发展，取 $k_w \approx 1.4$。另一不同之处是采用了弹塑性系数 k_{ep}，以体现所用钢销材质特性对连接承载力的影响。对于我国木结构中常用的 Q235 等钢材，符合理性弹塑性假设，取 $k_{ep} = 1.0$；而 NDS-2005 则考虑钢材的强化性质，取 $k_{ep} = 1.3$。目前，哈尔滨工业大学完成的螺栓连接承载力试验，证明我国采用 $k_w = 1.4$、$k_{ep} = 1.0$ 的传统方法，更符合实际情况。

2 屈服模式的抗力分项系数 γ 的确定

屈服模式的抗力分项系数 γ 的确定是统计分析了东北落叶松等 8 种已知全干密度树种木材，在各种失效模式下对应的螺栓连接的承载力比较结果。其结果列于表 11。抗力分项系数按下式确定：

$$\gamma_i = R_{ki}/R_{di} \qquad (17)$$

式中：γ_i——各种屈服模式的抗力分项系数；

R_{ki}——各种屈服模式下，按本条公式计算的不计抗力分项系数的承载力标准值；

R_{di}——各种屈服模式下，按"原 2003 版规范"计算的承载力设计值。

表 11 螺栓连接的抗力分项系数分析结果

屈服模式	抗力分项系数平均值 $\bar{\gamma}_l$	变异系数	与原 2003 版规范承载力设计值的绝对误差平均值	统计分析的树种
Ⅰ（I_m、I_s）	4.38	0.069	6.3%	南方松东北落叶松花旗松—落叶松铁杉—冷杉西部铁杉北美山地松云杉—松—冷杉樟子松
Ⅱ（Ⅱ）	3.63	0.11	8.4%	
Ⅲ（$Ⅲ_s$、$Ⅲ_m$）	2.22	0.082	6.9%	
Ⅳ（Ⅳ）	1.88	0.035	3.1%	

钉连接的抗力分项系数，可按上述类似过程得出。

6.3 齿板连接

6.3.1 齿板为薄钢板制成（图12），受压承载力极低，故不能将齿板用于传递压力。为保证齿板质量，所用钢材应满足条文规定的国家标准要求。由于齿板较薄，生锈会降低其承载力以及耐久性。为防止生锈，齿板应由镀锌钢板制成且对镀锌层质量应有所规定。考虑到条文规定的镀锌要求在腐蚀与潮湿环境仍然是不够的，故不能将齿板用于腐蚀以及潮湿环境。

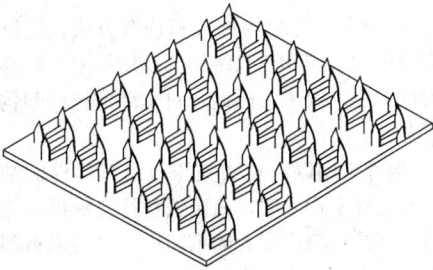

图12 常用齿板示意

6.3.2 目前木结构建筑工程中采用的基本是进口齿板，由于国内外钢材的性能各不相同，因此，本标准给出了齿板采用钢材的性能要求，以方便进口齿板的检测和使用。

6.3.3 齿板存在三种基本破坏模式。其一为板齿屈服并从木材中拔出；其二为齿板净截面受拉破坏；其三为齿板剪切破坏。故设计齿板时，应对板齿承载力、齿板受拉承载力与受剪承载力进行验算。另外，在木桁架节点中，齿板常处于-拉复合受力状态，故尚应对剪-拉复合承载力进行验算。

板齿滑移过大将导致木桁架产生影响其正常使用的变形，故应对板齿抗滑移承载力进行验算。

6.3.4 在节点处，应采用构件的净截面验算构件的抗拉和抗压强度。构件抗拉或抗压计算时的 h_n 是指抗拉或抗压构件在节点中实际受力处的有效高度。当抗拉或抗压构件中的轴力除以有效截面面积后得到的应力超过木材抗拉或抗压承载能力时，在削弱的净截面处有可能发生抗拉或抗压的破坏。

6.3.5～6.3.10 2002年修订时，鉴于当时我国缺乏齿板连接的研究与工程积累，故齿板承载力计算公式主要参考加拿大木结构设计规范提出。考虑到中、加两国结构设计规范的不同，作了适当调整。随着近年来我国大专院校和科研机构相继开展了金属齿板连接的研究，对金属齿板连接的研究也获得了一些有价值的科研成果。这些成果对本次齿板连接部分的修订也提供了参考。

6.3.11 国内外有关的拉弯节点试验表明，所有的节点破坏都发生在齿板净截面处，因此，金属齿板的受弯承载力也需要进行验算。本条中各公式是参照《美国轻型木桁架国家设计规范》（ANSI/TPI 1-National Design Standard for Metal Plate Connected Wood Truss Construction）和《加拿大轻型木桁架设计规程》（TPIC-Truss Design Procedures and Specifications for Light Metal Plate Connected Wood Trusses）。这些公式基于试验和理论的结合，并在行业标准《轻型木桁架技术规范》JGJ/T 265中已采用。

6.3.12 齿板为成对对称设置，故被连接构件厚度不能小于齿嵌入深度的两倍。齿板与弦杆、腹杆连接尺寸过小易导致木桁架在搬运、安装过程中损坏。

6.3.13 齿板安装不正确则不能保证齿板连接承载力达到设计要求。

6.3.14 在设计用于连接受压杆件的齿板时，齿板本身不传递压力，但连接受压对接节点的齿板刚度会影响节点处压力的分配。一般在设计时假定齿板的承载力为压力的 65%，并按此进行板齿的验算。

虽然在生产加工时应尽量保证对接杆件的接头处没有缝隙，但在实际生产过程中很难做到。当受压节点有缝隙时，齿板将承受 100% 的压力直到缝隙闭合为止。研究表明，当接头处有缝隙时，齿板会发生局部屈曲和滑移。当缝隙在 1.6mm 范围内时，通常主要的变形是齿滑移。当缝隙在 3.2mm 左右时，齿板多会产生局部屈曲。在任何情况下，由 1.6mm～3.2mm 的缝隙导致的局部屈曲或滑移不会导致节点的破坏。对于节点设计来说，缝隙处发生的局部屈曲不会影响桁架的强度。由于平行弦楼盖桁架通常由挠度控制，所以平行弦楼盖桁架中受压对接节点的位移变形会进一步影响桁架的挠度。

7 方木原木结构

7.1 一般规定

7.1.1 方木原木结构中包括了多种结构形式，本条所列的结构形式为我国目前主要采用的结构形式，许多是按我国传统结构方式进行建造的。在本次修订时，对方木原木结构的结构形式作出了具体规定，是为了在实际工程中更好地应用方木原木结构。

木框架剪力墙结构是方木原木结构的主要结构形式之一，在现代木结构建筑中得到广泛应用。它是在中国的传统木结构技术基础上发展形成的现代木结构方法。随着木结构的发展，传统的梁柱式木结构在多地震、多台风地区已经发展演化成为在柱上铺设结构木基结构板材而构成剪力墙，在楼面梁或屋架上铺设木基结构板材而构成水平构件的木框架剪力墙结构形式。即木框架剪力墙结构是以木框架承受轴向荷载，以剪力墙、楼盖、屋盖构件抵抗地震、台风等剪力的结构形式（图13）。

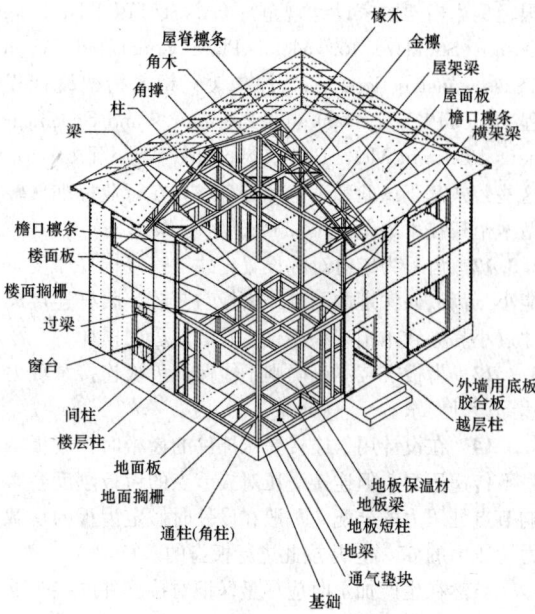

图13　木框架剪力墙结构的木构架示意

对于木框架剪力墙结构中部分术语作下列说明：

1 间柱（mabashira）：为了支承墙体及防止剪力墙面板向面外翘曲凸出，在柱与柱之间设置的截面较小的柱子。间柱自身不承受垂直荷载，而是与石膏板、墙面板或面板内的横向水平支撑等构成剪力墙，承受垂直荷载和水平荷载的作用。

2 横架梁（collar tie beam/ring beam）：二层及二层以上楼面板下与柱子连接形成整体的横向构件。也称为柱间系梁。

3 地板梁（ground floor beam/sleeper）：支承一楼地面板和地面搁栅的水平梁。是构成一楼地面楼盖的主要构件，一般由地板短柱支撑（地板短柱可采用木制、钢制或塑料制作）。

4 角撑（horizontal angle brace）：固定在地梁、横架梁、桁架等构件平面相交处的加固辅助构件。有木制、钢制角撑。

5 金檩（intermediate purlin）：在屋盖构造中，位于屋脊檩条与檐口檩条之间，支承椽条的水平构件。

6 斜撑梁（cant beam in roof）：在斜撑梁式屋盖构造中垂直安放在屋脊檩、檐口檩上以支承望板的构件。与椽条式屋盖构造中的椽条的功能相似的这一屋架主要构件由于从房屋剖面上呈倾斜状故称为斜撑梁，也简称斜梁。

7.1.2 方木原木结构的承重构件一般由原木或锯材制作，随着木材工业的发展，一些承重构件也可采用

结构复合材和胶合原木制作。特别是木框架剪力墙结构的构件制作时可使用锯材，也可使用符合强度和耐久性能要求的胶合木材、单板层积材（LVL）、胶合板等材料制作。

7.1.3 木框架剪力墙结构的抗侧力构造可按本标准第9.1节进行设计。但是，本标准表9.1.7-1、表9.1.7-2规定的轻型木结构剪力墙最小长度的具体数值，不能直接适用于木框架剪力墙结构的剪力墙设计，需要按表注3重新进行设计。对木框架剪力墙结构而言，最小抗剪强度设计值为4.9kN（本标准附录N表N.0.1），因此，设计时剪力墙的最小长度应为本标准表9.1.7-1和表9.1.7-2中各数值的0.72倍（3.5kN/4.9kN）。

7.1.4 选用合理的结构形式和构造方法，可以保证木结构的正常工作和延长结构的使用年限，能够收到良好的技术经济效果。因此，对木结构选型和构造作了如下考虑：

1 推荐采用以木材为受压或受弯构件的结构形式。虽然工程实践表明，只要选材符合标准，构造处理得当，即使在跨度很大的桁架中，采用木材制作的受拉构件，也能安全可靠地工作，但问题在于木材的天然缺陷对构件受拉性能影响很大，必须选用优质并经过干燥的材料才能胜任。从方木原木的材料供应情况来看，几乎很难办到。因此，方木原木结构推荐采用钢木桁架或撑托式结构。在这类结构中，木材仅作为受压或压弯构件，它们对木材材质和含水率的要求均较受拉构件为低，可收到既充分利用材料，又确保工程质量的效果。

2 方木原木结构中，在受弯构件的受拉边打孔或开设缺口将严重破坏锯材或原木自身的木纤维构造，特别是受力时产生应力集中，对受弯构件带来不利的影响。

3 为合理利用缺陷较多、干燥中容易翘裂的树种木材（如落叶松、云南松等），由于这类木材的翘裂变形，过去在跨度较大的房屋中使用，问题比较多。其原因虽是多方面的，但关键在于使用湿材，而又未采取防止裂缝的措施。针对这一情况，并根据有关科研成果和工程使用经验，规定了屋架跨度的限值，并强调应采取有效的防止裂缝危害的措施。

4 多跨木屋盖房屋的内排水，常由于天沟构造处理不当或检修不及时产生堵水渗透，致使木屋架支座节点受潮腐朽，影响屋盖承重木结构的安全，因此推荐采取外排水的结构形式。

木制天沟经常由于天沟刚度不够，变形过大，或因油毡防水层局部损坏，致使天沟腐朽、漏水，直接危害屋架支座节点。有些工程曾出过这样的质量事故，因此在本标准中规定"不应采用木制天沟"。

5 在设计时，应合理地减少构件截面的规格，以符合工业化生产的要求。

7.1.5 为了减少风灾对木结构的破坏影响，在总结沿海地区经验的基础上，本标准提出一些构造要求，以加强木结构房屋的抗风能力。

造成风灾危害除因设计计算考虑不周外，一般均由于构造处理不当所引起，根据浙江、福建、广东等地调查，砖木结构建筑物因台风造成的破坏过程一般是：迎风面的大部分门窗框先被破坏或屋盖的山墙出檐部分先被掀开缺口，接着大风直贯室内，瓦、屋面板、檩条等相继被刮掉，最后造成山墙和屋架呈悬臂孤立状态而倒塌。

构造措施方面应注意下列几点：

1 为防止瞬间风吸力超过屋盖各个部件的自重，避免屋瓦等被掀揭，宜采用增加屋面自重和加强瓦材与屋盖木基层整体性的办法（如压砖、坐灰、瓦材加以固定等）。

2 应防止门窗扇和门窗框被刮掉。因为这将使原来封闭的建筑变为局部开敞式，改变了整个建筑的风载体型系数，这是造成房屋倒塌的重要因素。因此，除使用应注意经常维修外，强调门窗应予锚固。

3 应注意局部构造处理以减少风力的作用。例如，檐口处出檐与不出檐，檐口封闭与不封闭，其局部表面的风载体型系数相差甚大。因此，出檐要短或做成封闭出檐，山墙宜做成硬山，以及在满足采光和通风要求下尽量减少天窗的高度和跨度等，都是减少风害的有效措施。

4 应加强房屋的整体性和锚固措施，锚固可采用不同的构造方式，但其做法应足以抵抗风力。

7.1.6 这是根据工程教训与试验结论而作出的规定。在我国木结构工程中，曾发生过数起因采用齿连接与螺栓连接共同受力而导致齿连接超载破坏的事故，值得引起注意。

7.1.8、7.1.9 调查发现，一些工程中有拉力螺栓钢垫板陷入木材的情况。其主要原因之一是钢垫板未经计算，选用的尺寸偏小所致。因此本标准提出了钢垫板应经计算的要求。为了设计方便，本标准列入了方形钢垫板的计算公式。

假定 $N/4$ 产生的弯矩，由 A-A 截面承受（图14），并忽略螺栓孔的影响，则钢垫板面积 A 为：

$$A = \frac{拉杆轴向拉力设计值}{垫板下木材横纹承压强度设计值} = \frac{N}{f_{c,90}}$$
(18)

而由 $\frac{b}{3} \times \frac{N}{4} = \frac{1}{6}bt^2f$，可得垫板厚度 t 为：

$$t = \sqrt{\frac{N}{2f}}$$
(19)

式中：f——钢垫板的抗弯强度设计值。

计算垫板尺寸时注意下列两点：

1 若钢垫板不是方形，则不能套用此公式，应根据具体情况另行计算。

2 当计算支座节点或脊节点的钢垫板时，考虑到这些部位的木纹不连续，垫板下木材横纹承压强度设计值应按本标准表 4.3.1-3 中局部表面和齿面一栏的数值确定。

7.1.10 根据工程实践经验，对较重要的圆钢构件采用双螺帽，拧紧后能防止意外的螺帽松脱事故，在有振动的场所，其作用尤为显著。

7.1.11 由于木材固有的缺陷，即使设计和施工都很良好的木结构，也会因使用不当、维护不善而导致木材受潮腐朽、连接松弛、结构变形过大等问题发生，直接影响结构的安全和寿命。因此，为了保证木结构的安全工作并延长使用寿命，必须加强对木结构在使用过程中的检查与维护工作。

本标准附录 C 的检查和维护要点，是根据各地木结构使用经验以及工程结构检查和调查中发生的问题总结出来的。

7.1.12 两根圆钢共同受拉是钢木桁架常见的构造。考虑到其受力不均的影响，本标准根据有关单位的实测数据和长期的设计经验，作出了钢材的强度设计值应乘以 0.85 调整系数的补充规定。

7.1.13 对于方木原木结构与砌体结构、钢筋混凝土结构或钢结构组成的混合结构，在两种不同材料的结构连接处，连接点的设计是十分关键的，需要提高连接点处的作用力，保证连接的可靠性。

7.2 梁 和 柱

7.2.1 方木原木结构中的柱一般按两端铰连接的受压构件设计，梁一般按单跨简支受弯构件设计。对于木框架剪力墙结构，虽然梁柱的连接基本采用特殊的金属连接件，但是，柱还是按两端铰连接的受压构件设计，梁还是按单跨简支梁设计。

7.2.2 在木框架剪力墙结构中，为了避免柱发生屈曲，其截面尺寸应不小于 100mm×100mm。木框架剪力墙结构中常用的截面尺寸为 105mm×105mm、120mm×120mm、150mm×150mm 等。

7.2.3 柱底与基础，或与固定在基础上的地梁的锚固形式多种多样。图15 所示是木框架剪力墙结构中，柱与基础、地梁锚固所采用的连接方式之一。

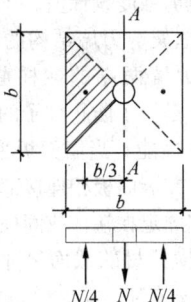

图14 钢垫板受力示意

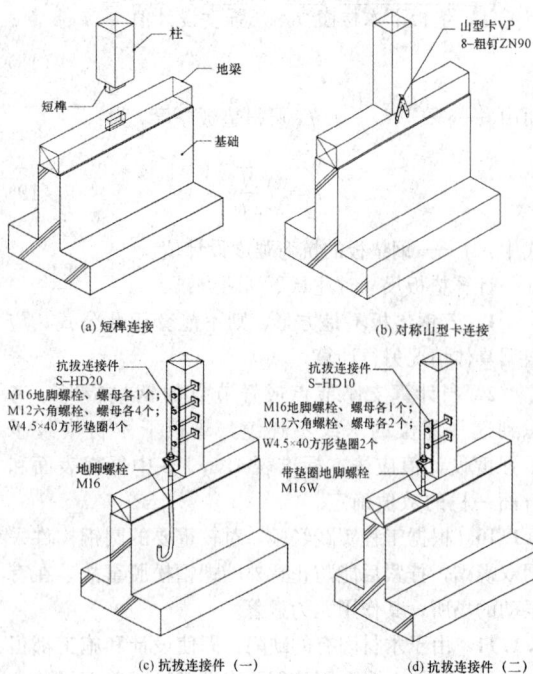

(a) 短榫连接

(b) 对称山型卡连接

(c) 抗拔连接件（一）

(d) 抗拔连接件（二）

图15 柱与基础、地梁锚固连接示意

7.2.6 木柱与木梁的连接形式多种多样，没有统一的形式，在保证连接安全可靠的基础上，可以进行各种设计。对于木框架剪力墙结构中木柱与木梁的连接，除采用短榫和山型卡外，也采用如图16所示的连接件进行连接。图17所示是木框架剪力墙结构中木梁与木梁之间的连接方式。

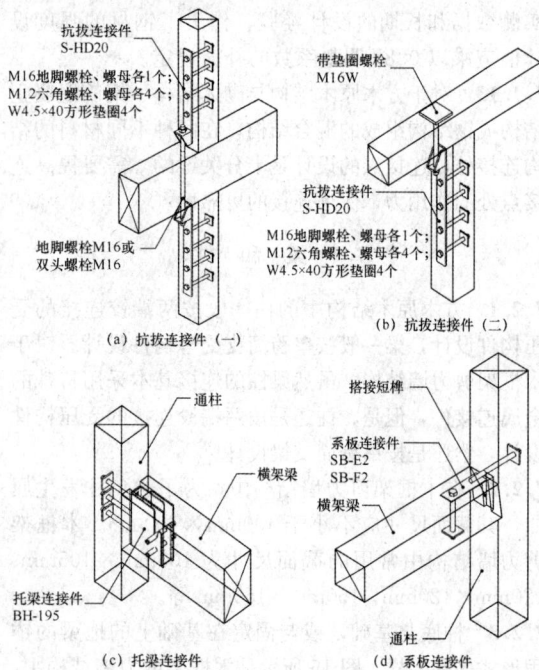

(a) 抗拔连接件（一）

(b) 抗拔连接件（二）

(c) 托梁连接件

(d) 系板连接件

图16 柱与梁锚固连接示意

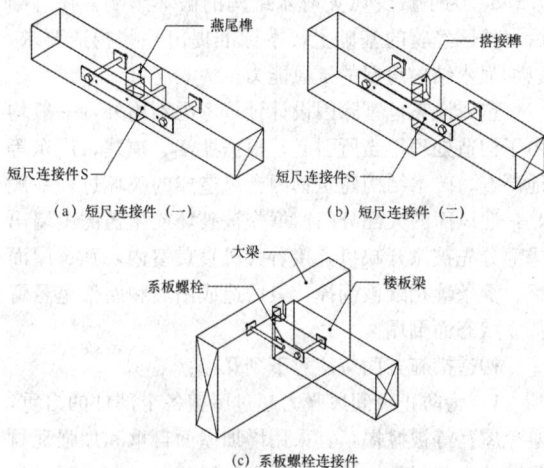

(a) 短尺连接件（一）

(b) 短尺连接件（二）

(c) 系板螺栓连接件

图17 梁与梁锚固连接示意

7.3 墙 体

7.3.1 木框架剪力墙结构中的墙因构造不同可分为隐柱墙和明柱墙。隐柱墙即在柱、梁等结构构件外侧固定胶合板等面板而构成的剪力墙，该类墙的柱、梁等结构构件隐蔽在墙内而不外露于墙面板外，施工简单，墙的性能稳定。明柱墙则是在柱、梁等结构构件内侧用钉固定横撑材后将胶合板等面板再固定在横撑材所构成的墙，该类墙的柱、梁等结构构件外露于墙面板外，施工虽然相对隐柱墙而言稍微麻烦，由于柱、梁等木材构件外露于室内而令人感受到木结构住宅中木材的存在，同时由于木材对室内湿气的调节功能等更能发挥，让居住者更能感受到木结构住宅的舒适性和健康性。

7.3.3 木骨架组合墙体目前也大量用于梁柱体系的传统木结构建筑中，改变了传统木结构墙体保温节能性能较差的缺点。

7.3.5 木框架剪力墙结构的剪力墙的受剪承载力设计值应按公式（7.3.5）计算。在参照日本相关规范时，木框架剪力墙结构的剪力墙设计与本标准规定的轻型木结构剪力墙设计有所不同。经过编制组研究，将两种墙体的抗剪设计验算进行了协调统一，并按轻型木结构剪力墙的形式进行了换算。本标准附录N规定了剪力墙的抗剪强度设计值。

7.3.6 本条对木框架剪力墙结构的剪力墙构造要求给出了规定。剪力墙两端的端柱截面要求不小于105mm×105mm，是为了防止柱子的弯曲变形和确保钉连接部位的连接性能。当墙面板采用横向铺设时，为了传递剪力需在墙面板相连接部位设置横撑，并用钉将横撑的两端固定在端柱或间柱之上。

7.3.7 隐柱墙的横撑材的截面尺寸也应大于30mm×60mm。在墙体安装时，固定横撑材的钉子尺寸应根据墙面板的厚度不同而不同，在施工中应加以注意。

7.3.9 井干式木结构建筑越来越受用户欢迎，目前在我国已形成由北向南发展的趋势。井干式木结构的墙体构件一般采用方木和原木制作，由于方木原木干燥比较困难，使用过程中墙体容易变形，因此，许多井干式木结构建筑的墙体构件也采用胶合木材制作。

7.4 楼盖及屋盖

7.4.2 设计屋面板或挂瓦条时，是否需要计算，可根据屋面具体情况和当地长期使用的实践经验决定。

7.4.3 有锻锤或其他较大振动设备的房屋需设置屋面板的规定，主要是针对过去某些工程，由于厂房振动较大，造成屋面瓦材滑移或掉落的事故而采取的措施。

7.4.4 在木框架剪力墙结构的楼盖、屋盖的设计时，可按本标准第9章有关轻型木结构的楼盖、屋盖设计的规定进行。木框架剪力墙结构的混合结构设计也可参照本标准第9.5节的相关规定执行。

7.4.5 为了提高位于客厅、会议厅等空旷房间处屋盖的受剪承载力，在屋盖椽条或斜撑梁之间设置加固挡块，能有效地传递水平剪力并防止椽条或斜撑梁的位移。如本标准图7.4.5所示，宜在椽条或斜撑梁与檩条（或小屋架梁）的连接部分附近设置加固挡块。采用结构胶合板制作的连接板将加固挡块固定在檩条（或小屋架梁）上，能保证屋盖整体抗剪强度的提高。若无法使用加固挡块时，可在椽条或斜撑梁的端部处设置具有同样作用的封檐板。例如，在本标准附录P第P.0.2条中，采用了加固挡块的2型和5型结构形式的屋盖，其抗剪强度较高。

7.4.8～7.4.10 对这些规定需作如下几点说明：

1 木檩条截面高宽比的规定，是根据调查实测结果提出的。其目的是为了从构造上防止檩条沿屋面方向的变形过大，以保证其正常工作。这对楞摊瓦的屋面尤为重要，应在设计中予以重视。

2 正放檩条可节约木材，其构造也比较简单，故推荐采用。

3 钢木檩条受拉钢筋下折处的节点容易摆动，应采取措施保证其侧向稳定。有些工程用一根钢筋（或木条）将同开间的钢木檩条下折处连牢，以增加侧向稳定，使用效果较好，也不费事，故在条文中提出这一要求。

7.4.11 对8度和9度抗震设防地区的屋面木基层设计，提出了必要的加强措施，以利于抗震。

7.4.13 檩条与屋架上弦的连接各地做法不同，多数地区采用钉连接。有的地区当屋架跨度较大时，则将节点檩条用螺栓锚固。

7.4.14 檩条锚固方法，除应考虑是否需要承受风吸力外，还应考虑屋盖所采用的支撑形式。当采用垂直支撑时，由于每榀屋架均与支撑有连系，檩条的锚固一般采用钉连接即能满足要求。当有振动影响或在较大跨度房屋中采用上弦横向支撑时，支撑节点处的檩条应用螺栓、暗销或卡板等锚固，以加强屋面的整体性。

7.5 桁 架

7.5.1 桁架的选型主要取决于屋面材料、木材的材质与规格。本标准作了如下考虑：

1 钢木桁架具有构造合理，能避免斜纹、木节、裂缝等缺陷的不利影响，解决下弦选材困难和易于保证工程质量等优点，故推荐在桁架跨度较大或采用湿材或采用新利用树种时应用。

2 三角形原木桁架采用不等节间的结构形式比较经济。根据设计经验，当跨度在15m～18m之间，开间在3m～4m的相同条件下，可比等节间桁架节约木材10%～18%。故推荐在跨度较大的原木桁架中应用。

7.5.3 桁架的高跨比过小，将使桁架的变形过大，过去在工程中曾发生过高跨比过小引起的质量事故。因此，根据国内外长期使用经验，对各类型木桁架的最小高跨比作出具体规定。经过系统的验算表明，如将高跨比放宽一档，将使桁架的相对挠度增加13.2%～27.7%，桁架上弦应力增大12.8%～32.2%。这不仅使得桁架的刚度大为削弱，而且使得木材的用量增加7.7%～12.5%。

7.5.4 为了保证屋架不产生影响人安全感的挠度，不论木屋架和钢木屋架，在制作时均应加以起拱。对于起拱的数值，是根据长期使用经验确定的，并应在起拱的同时调整上下弦，以保证屋架的高跨比不变。

7.5.6 当确定屋架上弦平面外的计算长度时，虽可根据稳定验算的需要自行确定应锚固的檩条根数和位置，但下列檩条，在任何情况下均须与上弦锚固：

1 桁架上弦节点（包括节点）处的檩条；

2 用作支撑系统杆件的檩条。

另外，应注意的是锚固方法，必须符合本标准第7.4.13条的要求，否则不能算作锚固。

7.5.7 木桁架的下弦受拉接头、上弦受压接头和支座节点均是桁架结构中的关键部位。为了保证其工作的可靠性，设计时应注意三个要点：一是传力明确；二是能防止木材裂缝的危害；三是接头应有足够的侧向刚度。本条规定的构造措施，就是根据这三点要求，在总结各地实践经验的基础上提出的。其中需要加以说明的有下列几点：

1 在受拉接头中，最忌的是受剪面与木材的主裂缝重合（裂缝尚未出现时，最忌与木材的髓心所在面重合）。为了防止出现这一情况，最佳的办法是采用"破心下料"锯成的方木；或是在配料时，能通过方位的调整，而使螺栓的受剪面避开裂缝或髓心。然而这两项措施并非在所有情况下都能做到，因此，在推荐上述措施的同时，应进一步采取必要的保险措施，以使接头不至于发生脆性破坏。这些措施包括：

    1）规定接头每端的螺栓数目不宜少于 6 个，以使连接中的螺栓直径不致过粗，这就从构造上保证了接头受力具有较好的韧性。

    2）规定螺栓不应排成单行，从而保证了半数以上螺栓的剪面不会与主裂缝重合，其余的螺栓，虽仍有可能遇到裂缝，但此时的主裂缝已不位于截面高度的中央，很难有贯通之可能，提高了接头工作的可靠性。

    3）规定在跨度较大的桁架中，采用较厚的木夹板，其目的在于保证螺栓处于良好的受力状态，并使接头具有较大的侧向刚度。

  2 在上弦接头中，最忌的是接头位置不当和侧向刚度差。为此，本条对这两个关键问题都作了必要的规定。强调上弦受压接头"应锯平对接"，其目的在于防止采用"斜搭接"。因为斜搭接不仅不易紧密抵承，更主要的是它的侧向刚度差，容易使上弦鼓出平面外。

  3 在桁架的支座节点中采用齿连接，只要其受剪面能避开髓心（或木材的主裂缝），一般就不会出安全事故。因此，本条规定对于这一构造措施应在施工图中注明。

  4 对木桁架的最大跨度问题，由于各地使用的树种不同，经验也不同，要规定一个统一的限值较为困难。况且，大跨度木桁架的主要问题是下弦接头多，致使桁架的挠度大。为了减小桁架的变形，本条作出了"下弦接头不宜多于两个"的规定。由于商品材的长度有限，因而这一规定本身已间接地起到了限制木桁架跨度的作用。

7.5.8 钢木桁架具有良好的工作性能，可以解决大跨度木结构以及在木结构工程中使用湿材的许多涉及安全的技术问题，因此得到广泛的应用。但由于设计、施工水平不同，在应用中也发生了一些工程质量事故。调查表明，这些事故几乎都是由于构造不当造成，而不是钢木桁架本身的性能问题。为了从构造上采取统一的技术措施，以确保钢木桁架的质量，曾组织了"钢木桁架合理构造的试验规定"这一重点课题的研究，本标准根据其研究成果，将其与安全有关的结论作出必要的规定。可采用焊接一段较粗短的圆钢的方式将杆端加粗。

7.5.9 调查的结果表明，尽管各地允许采用的吊车吨位不同，但只要采取了必要的技术措施，其运行结果均未对结构产生危及安全和正常使用的影响。因此，本条仅从保证承重结构的工作安全出发，对桁架其支撑的构造提出设计要求，而未具体限制吊车的最大吨位。

7.5.11 对 8 度和 9 度抗震设防区的屋架设计，提出了必要的加强措施，以利于抗震。

7.5.12 就一般情况而言，桁架支座均应用螺栓与墙、柱锚固。但在调查中发现有若干地区，仅在桁架跨度较大的情况下，才加以锚固。故本标准规定为 9m 及其以上的桁架必须锚固。至于 9m 以下的桁架是否需要锚固，则由各地自行处理。

7.5.13 这是根据工程实践经验与教训作出的规定，在执行时只能补充当地原有的有效措施，而不能削减本条所规定的锚固。

7.6 天 窗

7.6.1～7.6.3 天窗分为单面天窗和双面天窗，天窗是屋盖结构中的一个薄弱部位。若构造处理不当，容易发生质量事故。根据调查，主要有下列几个问题：

  1 天窗过于高大，使屋面刚度削弱很多，兼之天窗重心较高，更易导致天窗侧向失稳。

  2 如果采用大跨度的天窗，而又未设中柱，仅靠两个边柱将荷载集中地传给屋架的两个节点，致使屋架的变形过大。

  3 仅由两根天窗柱传力的天窗本身不是稳定的结构，不能正常工作。

  4 天窗边柱的夹板通至下弦，并用螺栓直接与下弦系紧，致使天窗荷载在边柱上与上弦抵承不良的情况下传给下弦，从而导致下弦的木材被撕裂。因此，规定夹板不宜与桁架下弦直接连接。

  5 有些工程由于天窗防雨设施不良，引起其边柱和屋架的木材受潮腐朽，从而危及承重结构的安全。

  针对以上存在的问题，制定了本节的条文，以便从构造上消除隐患，保证整个屋盖结构的正常工作。

7.7 支 撑

7.7.1、7.7.2 檩条的锚固主要是使屋面与桁架连成整体，以保证桁架上弦的侧向稳定及抵抗风吸力的作用。当采用上弦横向支撑时，檩条的锚固尤为重要，因为在无支撑的区间内，防止桁架的侧倾和保证上弦的侧向稳定，均需依靠参加支撑工作的通长檩条。

  本标准对保证木屋盖空间稳定所作的规定，是在总结工程实践、试验实测结果以及综合分析各方面意见的基础上制定的。从试验研究和理论分析结果来看，这些规定比较符合实际情况。

  1 关于屋面刚度的作用

  实践和试验证明，不同构造方式的屋面有不同的刚度。普通单层密铺屋面板有相当大的刚度，即使是楞摊瓦屋面也有一定的刚度。编制组曾对一楞摊瓦屋面房屋进行了刚度试验，该房屋采用跨度为 15m 的原木屋架，下弦标高 4m，屋架间距 3.9m，240mm 山墙（三根 490mm×490mm 壁柱），稀铺屋面板（空隙约 60%）。当取掉垂直支撑后（无其他支撑），在房屋端部屋架节点的檩条上加纵向水平荷载。当每个节点水平荷载达 2.8kN 时，屋架脊节点的瞬时水平变位为：端起第 1 榀屋架为 6.5mm；第 6 榀为 4.9mm；第 12 榀为 4.4mm。这说明楞摊瓦屋面也有一定的刚度，并且能将屋面的纵向水平力传递相当远的距离。

由于屋面刚度对保证上弦出平面稳定、传递屋面的纵向水平力都起相当大的作用，因此，在考虑木屋盖的空间稳定时，屋面刚度是一个不可忽视的因素。

2 关于支撑的作用

支撑是保证平面结构空间稳定的一项措施，各种支撑的作用和效果因支撑的形式、构造和外力特点而异。根据试验实测和工程实践经验表明：

1) 垂直支撑能有效地防止屋架的侧倾，并有助于保持屋盖的整体性，因而也有助于保证屋盖刚度可靠地发挥作用，而不致遭到不应有的削弱。

注：垂直支撑系指在两榀屋架的上、下弦间设置交叉腹杆（或人字腹杆），并在下弦平面设置纵向水平系杆，用螺栓连接，与上部锚固的檩条构成一个稳定的桁架体系。

2) 上弦横向支撑在参与支撑工作的檩条与屋架有可靠锚固的条件下，能起到空间桁架的作用。

3) 下弦横向支撑对承受下弦平面的纵向水平力比较直接有效。

综上所述，说明任何一种支撑系统都不是保证屋盖空间稳定的唯一措施，但在"各得其所"的条件下，又都是重要而有效的措施。因此，在工程实践中，应从房屋的具体构造情况出发，考虑各种支撑的受力特点，合理地加以选用。而在复杂的情况下，还应把不同支撑系统配合起来使用，使之共同发挥各自应有的作用。

例如，在一般房屋中，屋盖的纵向水平力主要是房屋两端的风力和屋架上弦出平面而产生的水平力。根据试验实测，后一种水平力，其数值不大，而且力的方向又不一致的。因此在风力不大的情况下，需要支撑承担的纵向水平力亦不大，采用上弦横向支撑或垂直支撑均能达到保证屋盖空间稳定的要求；但若为圆钢下弦的钢木屋架，则宜选用上弦横向支撑，较容易解决构造问题。

若房屋跨度较大，或有较大的风力和吊车振动影响时，则以选用上弦横向支撑和垂直支撑共同工作为好。对"跨度较大"的理解，有的认为指跨度大于或等于 15m 的房屋，有的认为若屋面荷载很大，跨度为 12m 的房屋就应算"跨度较大"。在执行中各地可根据本地区经验确定。

7.7.3 关于上弦横向支撑的设置方法，本标准侧重于房屋的两端，因为风力的作用主要在两端。当房屋跨度较大，或为楞摊瓦屋面时，为保证房屋中间部分

的屋盖刚度，应在中间每隔 20m～30m 设置一道。在上弦横向支撑开间内设置垂直支撑，主要是为了施工和维修方便，以及加强屋盖的整体作用。

7.7.4 工程实测与试验结果表明，只有当垂直支撑能起到竖向桁架体系的作用时，才能收到应有的传力效果。因此，本标准规定，凡是垂直支撑均应加设通长的纵向水平系杆，使之与锚固的檩条、交叉的腹杆（或人字形腹杆）共同构成一个不变的桁架体系。仅有交叉腹杆的"剪刀撑"不算垂直支撑。

7.7.5 本条所述部位均需设置垂直支撑。其目的是为了保证这些部位的稳定或是为了传递纵向水平力。这些垂直支撑沿房屋纵向的布置间距可根据具体情况确定，但应有通长的系杆互相连系。

7.7.6 在执行本条时，应注意下列两点：

1 若房屋中同时有横向支撑与柱间支撑时，两种支撑应布置在同一开间内，使之更好地共同工作。

2 在木柱与桁架之间设有抗风斜撑时，木柱与斜撑连接处的截面强度应按压弯构件验算。

7.7.7 明确规定屋盖中可不设置支撑的范围，其目的虽然是为了考虑屋面刚度和两端房屋刚度对屋盖空间稳定的作用，但也为了防止擅自扩大不设置支撑的范围。条文中有关界限值的规定，主要是根据实践经验和调查资料确定的。

7.7.8 有天窗时屋盖的空间稳定问题，主要是天窗架的稳定和天窗范围内主屋架上弦的侧向稳定问题。

在实际调查中发现，有的工程在天窗范围内无保证屋架上弦侧向稳定的措施，致使屋架上弦向平面外鼓出。各地经验认为一般只要在主屋架的脊节点处设置通长的水平系杆，即可保证上弦的侧向稳定。但若天窗跨度较大，房屋两端刚度又较差时，则宜设置天窗范围内的主屋架上弦横向支撑（不论房屋有无上弦横向支撑，在天窗范围内均应设置）。

7.7.9 根据抗震设防烈度不同对木结构支撑的设置要求也不同，对 8 度和 9 度地区的木结构房屋支撑系统作了相应的加强。

7.7.10 由于木柱房屋在柱顶与屋架的连接处比较薄弱，因此，规定在地震区的木柱房屋中，应在屋架与木柱连接处加设斜撑并做好连接。

8 胶合木结构

8.0.1 本标准关于胶合木结构的条文，适用于由木板胶合而成的承重构件以及由木板胶合构件组成的承重结构，包括层板胶合木结构和正交胶合木（CLT）结构。考虑到正交胶合木结构在国际上已有一定使用经验，而且可以建造多层的木结构建筑，是目前国际上木结构建筑技术先进国家广泛采用的建筑结构形式之一，因此，本次修订参照欧洲标准并结合我国国情，增加了正交胶合木结构相关条文。

8.0.2 本条对胶合木构件制作要求作出规定。制作胶合木构件所用的木板应有材质等级的正规标注，并应按本标准相关规定，根据构件不同受力要求和用途选材。为了使各层木板在整体工作时协调，要求各层木板的木纹与构件长度方向一致。

8.0.3 正交胶合木构件主要为板式构件，各层木板的纤维方向应相互叠层正交，即上下层层板的木纤维方向应纵横相交。由于外侧层板和横纹层板可采用两层木板组成一层，因此，本条规定正交胶合木构件的总厚度不应大于 500mm。

8.0.4 这是为了保证制作胶合木构件按照设计要求生产合格产品。

8.0.5 本标准没有对剪板连接作出相应规定，当采用剪板进行连接的胶合木构件应参照现行国家标准《胶合木结构技术规范》GB/T 50708 的相关规定进行构件节点的连接设计。

8.0.6 现行国家标准《胶合木结构技术规范》GB/T 50708 已对层板胶合木结构作出了具体的规定。

8.0.8、8.0.9 正交胶合木所用木层板的厚度根据材质不同而有所不同。同一层层板采用相同厚度是为了确保加压时各层木层板压平，胶缝密合，从而保证胶合质量。当层板采用指接节点进行接长时，应对指接节点进行足尺构件的抗弯或抗拉试验，以保证指接节点的强度符合本条要求。

8.0.10 正交胶合木构件主要是板式承重构件，最适合直接用作楼面板、屋面板，也可用作墙板构件。目前，在欧洲地区部分国家，当采用钢筋混凝土结构核心筒的结构形式后，正交胶合木结构已建成 8 层～9 层高的居住建筑。

8.0.11 对正交胶合木构件的翘曲和裂纹有较高要求时，可在每层层板上按顺纹方向开槽。开槽的深度应不大于层板厚度的 80%，开槽的宽度应不大于 4mm。

正交胶合木的层数一般采用奇数层。但是，应注意区分木层板的层数与构件计算层数的区别。图 18 所示为部分木层板层数与计算层数不同的正交胶合木构件。

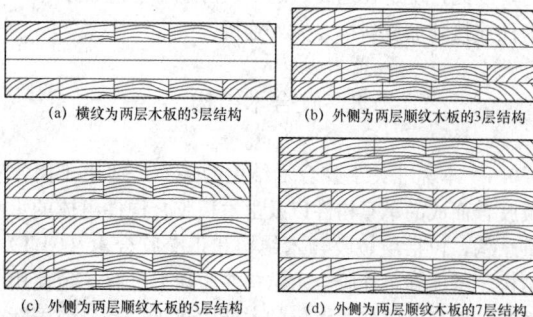

(a) 横纹为两层木板的3层结构　　(b) 外侧为两层顺纹木板的3层结构

(c) 外侧为两层顺纹木板的5层结构　　(d) 外侧为两层顺纹木板的7层结构

图 18　正交胶合木构件木层板组合示意

8.0.12、8.0.13 正交胶合木构件一般采用全跨整体制作，当需要采用指接接长构件（也称大指接连接）的方式时，应满足本条的规定。大指接节点是贯穿于正交胶合木构件端部整个横截面的指接，一般有两种连接形式，如图 19 所示。

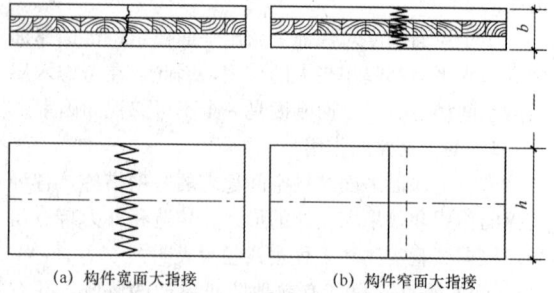

(a) 构件宽面大指接　　　　(b) 构件窄面大指接

图 19　正交胶合木构件采用大指接示意

8.0.14 正交胶合木构件外侧层板的性能和强度指标直接影响整个构件的强度设计值，外侧同层木板之间采用结构胶粘接，可提高外侧层板的整体性，能够进一步保证构件的安全性。

9　轻型木结构

9.1　一　般　规　定

9.1.1 轻型木结构是一种将小尺寸木构件按不大于 610mm 的中心间距密置而成的结构形式。结构的承载力、刚度和整体性是通过主要结构构件（骨架构件）和次要结构构件（墙面板，楼面板和屋面板）共同作用得到的。轻型木结构亦称"平台式骨架结构"，这是因为施工时，每层楼面为一个平台，上一层结构的施工作业可在该平台上完成，其基本构造见图 20。

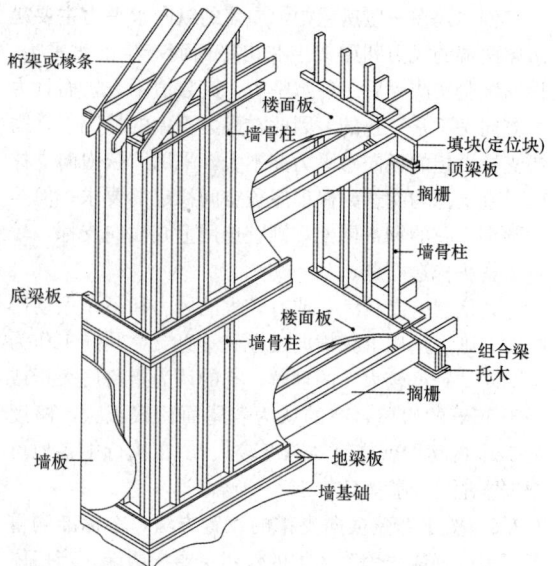

图 20　轻型木结构基本构造示意

本章的规定参考了《加拿大国家建筑规范》2010年版（National Building Code of Canada）（以下简称《加拿大建规-2010》）中住宅和小型建筑一章以及美国《国际建筑规范》2006年版（International Building Code）（以下简称《美国建规-2006》）中轻型木结构设计的有关内容。此外，还参考了《加拿大轻型木结构工程手册》2009年版（Canadian Engineering Guide for Wood Frame Construction）和美国林纸协会《木结构设计标准》2012年版（National Design Specification for Wood Construction）的有关规定。

9.1.2 与其他建筑材料的结构相比，轻型木结构质量相对较轻，因此在地震和风荷载作用下具有很好的延性。尽管如此，对于不规则建筑和有大开口的建筑，仍应注意结构设计的有关要求。所谓不规则建筑，除了指建筑物的形状不规则外，还包括结构本身的刚度和质量分布的不均匀。轻型木结构是一种具有高次超静定的结构体系，这个优点使得一些非结构构件也能起到抗侧向力的功能。但是这种高次超静定的结构使得结构分析非常复杂。所以，许多情况下，设计上往往采用经过长期工程实践证明的可靠构造。

9.1.3 轻型木结构的抗侧力设计按构造要求进行时，承受竖向荷载的构件（板、梁、柱及桁架等），仍应按本标准有关要求进行验算。

9.1.6 对于建设规模不大、体型和平面布置简单的住宅建筑，抗侧向力设计可根据经过长期工程实践证明的构造设计进行。

参考《加拿大建规-2010》和《美国建规-2006》中住宅和小型建筑设计的有关条文，本标准第9.1.6条至第9.1.9条规定了使用构造设计法的限制条件。超出这些范围，轻型木结构建筑仍可使用，但需采用工程设计法设计。

9.1.7 地震荷载和风荷载分别是建筑物重量和建筑物迎风面的函数，"原2003版规范"的表述和具体数值没有很好地反映这一特点。例如，虽然地震荷载在建筑物的横向和纵向的作用是相同的，按"原2003版规范"的剪力墙最小长度在建筑物的横向和纵向并不相同。对风荷载而言，风荷载的大小是和风向垂直的建筑面积的函数，但"原2003版规范"的剪力墙最小长度是和风向平行的建筑面积的函数。本标准表9.1.7-1和表9.1.7-2分别考虑了地震荷载和风荷载的特点，弥补了"原2003版规范"的不足。

9.1.8 本条参考了《加拿大建规-2010》中住宅和小型建筑设计的有关条文。

9.1.9 本条参考了《美国建规-2006》的有关条文，对"原2003版规范"进行了补充。剪力墙外墙之间的平面错位示意见图21。相邻楼盖错层的高度不应大于楼盖搁栅的截面高度示意见图22。对于不满足本条规定的轻型木结构，应按工程设计法进行设计。

行设计。

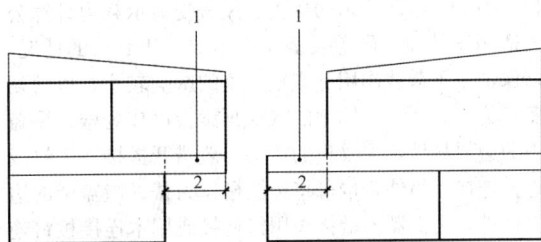

图21　外墙平面错位示意
1—楼面搁栅；2—错位距离

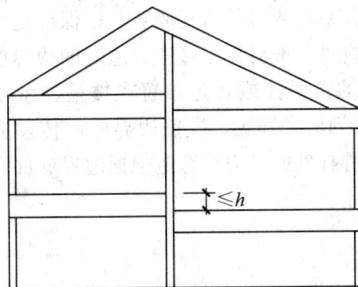

图22　楼盖错层高度示意
h—楼盖搁栅截面高度

9.1.10 在北美地区，一般轻型木结构房屋均采用柔性楼盖假定进行侧向力作用分配，但是这一假定并不是总是正确的。如果轻型木楼盖表面有连续的混凝土面层（或厚度不大于38mm连续的非结构性混凝土面层），采用刚性楼盖假定进行侧向力作用分配更为合理。如果不能确定楼盖是柔性还是刚性楼盖，应按柔性和刚性楼盖假定计算剪力墙承担的侧向力，剪力墙应按两者中最不利情况进行设计。

9.2 楼盖、屋盖

9.2.1 轻型木结构的搁栅通常搁置在墙体之上，各跨之间不连续。因此楼盖、屋盖的搁栅应按简支受弯构件进行强度设计。

9.2.2 本条参考加拿大《木结构设计规范》2010年版（CSA 086-Engineering design in wood）（以下简称《加拿大木结构规范-2010》）的相关条文。当作用在搁栅上的荷载离搁栅支座的距离小于搁栅截面高度时，该荷载由支座直接承担。

9.2.3 本条参考加拿大林产创新研究院的科研成果（Hu, L. J., 2011. New Design Method for Determining Vibration Controlled Spans of Wood Joisted Floors, FPInnovations Report, Montreal, QC）。研究表明，楼盖搁栅振动和楼盖的刚度和自震频率相关。本标准附录Q的计算公式和超过100个实测楼盖振动数据结果吻合。

9.2.4～9.2.6 参考《加拿大木结构规范-2010》和《加拿大轻型木结构工程手册》2009年版（Canadian

Engineering Guide for Wood Frame Construction）的相关条文。本条给出的楼盖、屋盖受剪承载力计算公式适用于楼盖、屋盖长宽比小于或等于4∶1的情况，以保证水平荷载作用下弯矩产生的影响较小，以剪切变形为主。通常墙体中的双层顶梁板可作为楼、屋盖中的边界杆件，顶梁板的接头一般错开搭接并用钉或螺栓连接。另外，也可将边搁栅作为楼、屋盖中的边界杆件，边搁栅的端接头用钉连接或用木连接板钉接或用螺栓连接。

9.2.7、9.2.8 当支承楼盖、屋盖的下部剪力墙体没有沿全长布置时，在各剪力墙墙肢边缘会出现应力集中，此时需对边界杆件进行验算，以保证足够的承载力。边界杆件一般可以是楼盖、屋盖的边界搁栅，下部剪力墙的顶梁板或者是布置在楼盖、屋盖中的连杆。图23列出了楼盖、屋盖边界杆件传递剪力的示意图。边界杆件的轴力计算应根据边界杆件设置的具体情况确定。

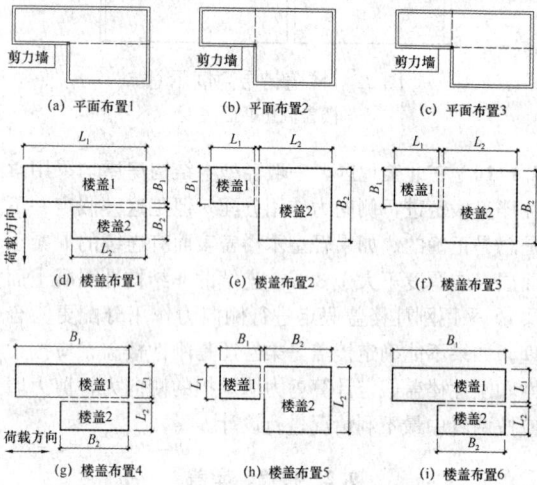

图 23　楼盖、屋盖中边界杆件传递剪力

9.3　墙　体

9.3.1 由于墙骨柱两端与顶梁板和底梁板一般用钉连接，因此可将墙骨柱与顶梁板和底梁板的连接假定为铰接。构件在平面外的计算长度为墙骨柱长度。由于墙骨柱两侧的木基结构板或石膏板等覆面板可阻止构件平面内失稳，因此构件在平面内只需要进行强度验算。

9.3.4 本条参考《加拿大木结构规范-2010》的相关条文。剪力墙的受剪承载力为洞口间墙肢受剪承载力之和，洞口部分受剪承载力忽略不计。剪力墙墙肢高宽比限制为3.5，这主要是为了保证墙肢的受力和变形以剪切受力和变形为主。当剪力墙墙肢的高宽比增加时，墙肢的结构表现接近于悬臂梁。

9.3.5、9.3.7 剪力墙平面内的弯矩由剪力墙两端的边界墙骨柱承受。在验算受拉边界构件时，当上拔力大于重力荷载时，应设置抗拔紧固件将上拔力传递到下部结构；在验算受压边界构件时，应考虑上部结构传来的竖向力与平面外荷载的共同作用。

9.3.8 剪力墙的水平位移参考加拿大《木结构设计规范》2014年版的相关计算公式。它是一个近似公式，包括四部分：第一项是由剪力和弯矩导致的位移，第二项是由抗拔紧固件伸长和边界受压构件压缩引起的位移，第三项是由木基结构板材的剪切变形和钉变形引起的位移，第四项是因剪力墙底部转动所引起的位移。抗拔紧固件的伸长变形（d_a）取决于紧固件的类型，d_a 的取值一般由厂家的技术资料给定。

9.4　轻型木桁架

本节内容参照行业标准《轻型木桁架技术规范》JGJ/T 265-2012 的相关条文作出规定。其条文说明详见《轻型木桁架技术规范》JGJ/T 265-2012 中对应各条说明。

9.5　组合建筑中轻型木结构

9.5.1 本条参考了美国《建筑结构最小荷载规范》2010年版（ASCE/SEI 7-10 Minimum Design Loads for Buildings and Other Structures）第12.2.3.2条和同济大学2006年轻型木混合结构（底层混凝土结构和上部2层轻木结构）振动台试验结果。试验结果及理论分析表明，当抗侧刚度之比小于4时，整体结构可采用底部剪力法进行计算。

美国 ASCE/SEI 7-10 第12.2.3.2条指出：对于下刚上柔的结构，当下部刚度是上部刚度的10倍以上，且上部结构的周期不大于整体结构周期的1.1倍时，上下两部分可以分开独立计算，各部分按相应的条款计算，并考虑上部对下部的作用。同济大学2006年振动台试验结果及理论分析表明，当下部抗侧刚度与上部木结构抗侧刚度比大于8时，上下两部分可分开计算，各自按相应规范进行。

对于下刚上柔的混合结构，除应考虑上部柔性结构对下部刚性结构的作用，尚应考虑下部结构对上部结构的动力放大因素。美国 ASCE/SEI 7-10 没有考虑这一动力放大因素。这是因为当下部结构的周期远小于上部结构的周期时（在这种情况下，上部结构的周期接近整体结构的周期），下部结构对上部结构的动力放大因素可忽略不计。对于木结构而言，非结构构件对结构周期有很大的影响。考虑到在计算结构周期时设计人员通常只考虑结构构件的刚度，这将导致计算得到的结构周期大于结构的实际周期。考虑到这一因素，当上部结构的周期接近整体结构周期的1.1倍时，可适当考虑下部结构对上部结构加速度放大系数。在这种情况下，建议加速度放大系数取1.2。

9.5.2 分析表明，对于采用轻型木屋盖的多层民用建筑，屋盖对顶层以下墙体的剪力和位移影响甚小，仅对屋架处的剪力影响较大。由于屋盖抗侧刚度尚没有推荐计算方法，为方便设计，故仍按顶层一个质点的方法进行设计。轻型木屋盖的水平荷载可按公式（9.5.2）计算。

9.5.3 本条参考了《加拿大木结构规范-2010》第9.3.5.1条的相关内容。木构件和砌体或混凝土构件之间的连接不应采用斜钉连接。试验表明这种连接方式在横向力的作用下不可靠。

9.6 构 造 要 求

9.6.1 轻型木结构墙骨柱的竖向荷载承载力与墙骨柱本身截面的高度、墙骨柱之间的间距以及层高有关。竖向荷载作用下的墙骨柱的侧向弯曲和截面宽度与墙骨柱的高度比值有关。如果截面高度方向与墙面垂直，则墙体面板约束了墙骨柱侧向弯曲，同截面高度方向与墙面平行布置的方式相比，承载力大了许多。所以，除了在荷载很小的情况下，例如在阁楼的山墙面，墙骨柱可按截面高度方向与墙面平行的方向放置，否则墙骨柱的截面高度方向必须与墙面垂直。在地下室中，如用墙体代替柱和梁而墙体表面无面板时，应在墙骨柱之间加横撑防止墙骨柱的侧向弯曲。

开孔两侧的双墙骨柱是为了加强开孔边构件传递荷载的能力。

9.6.4 如果外墙维护材料直接固定在墙体骨架材料上（或固定在与面板上连接的木筋上），面板采用何种材料对钉的抗拔力影响不大。但是，当维护材料直接固定在面板上时，只有结构胶合板和定向木片板才能提供所需的钉的抗拔力。这时，面板的厚度根据所需维护材料的要求而定。

本条给出的墙面板材是针对根据板材的生产标准生产并适合室外用的结构板材，包括结构胶合板和定向木片板。最小厚度是指板材的名义厚度。

9.6.6 施工时应采用正确的施工方法保证剪力墙能满足设计承载力要求。

当用木基结构板材时，为了适应板材变形，板材之间应留有3mm空隙。板材随着含水率的变化，空隙的宽度会有所变化。

面板上的钉不应过度打入。这是因为钉的过度打入会对剪力墙的承载力和延性有极大的破坏。所以建议钉距板和框架材料边缘至少10mm，以减少框架材料的可能劈裂以及防止钉从板边被拉出。

剪力墙的单位受剪承载力通过板材的足尺试验得到。试验发现，过度使用窄长板材会导致剪力墙和楼、屋盖的受剪承载力降低。所以为了保证最小受剪承载力，窄板的数量应有所限制。

足尺试验还表明，如果剪力墙两侧安装同类型的木基结构板材，墙体的受剪承载力约是墙体只有单面墙板的2倍。为了达到这一承载力，板材接缝应互相错开；当墙体两侧的面板拼缝不能互相错开时，墙骨柱的宽度必须至少为65mm（或用两根截面为40mm宽的构件组合在一起）。

9.6.7 设计搁栅时，搁栅在均布荷载作用下，受荷面积等于跨度乘以搁栅间距。因为大部分的楼盖体系中，互相平行的搁栅数量大于3根。3根以上互相平行、等间距的构件在荷载作用下，其抗弯强度可以提高。所以在设计楼盖搁栅的抗弯承载力时，可将抗弯强度设计值乘以1.15的调整系数（见本标准第4.3.9条的有关规定）。当按使用极限状态设计楼盖时，则不需考虑构件的共同作用。设计根据结构的变形要求进行。

9.6.8 如果搁置长度不够，会导致搁栅或支座的破坏。最小搁置长度的要求也是搁栅与支座钉连接的要求。搁栅底撑、间撑和剪刀撑用来提高楼盖体系抗变形和抗振动能力。如采用其他工程木产品代替规格材搁栅，则构件之间可采用不同的支撑方式。

9.6.9 在楼梯开孔周围，被截断的搁栅的端部应支承在封头搁栅上，封头搁栅应支承在楼盖搁栅或封边搁栅上。封头搁栅所承受的荷载值根据所支承的被截断的搁栅数量计算，被截断搁栅的跨度越大，承受的荷载越大。封头搁栅或封边搁栅是否需要采用双层加强或通过计算单独设计，都取决于封头搁栅的跨度。一般来说，开孔时，为降低封头搁栅的跨度，一般将开孔长边布置在平行于搁栅的方向。

9.6.10 一般来讲，位于搁栅上的非承重隔墙引起的附加荷载较小，不需要另外增加加强搁栅。但是，当平行于搁栅的隔墙不位于搁栅上时，隔墙的附加荷载可能会引起楼面板变形。在这种情况下，应在隔墙下搁栅间，按1.2m中心间距布置截面40mm×90mm、长度为搁栅净距的填块，填块两端支承在搁栅上，并将隔墙荷载传至搁栅。

对于承重墙，墙下搁栅可能会超出设计承载力。当承重隔墙与搁栅平行时，承重隔墙应由下层承重墙体或梁承载。当承重隔墙与搁栅垂直时，如隔墙仅承担上部阁楼荷载，承重墙与支座的距离不应大于900mm。如隔墙承载上部一层楼盖时，承重墙与支座的距离不应大于610mm。

9.6.12 本条给出的楼面板材是针对根据板材的生产标准生产的结构板材，包括结构胶合板和定向木片板。最小厚度是指板材的名义厚度。

铺设板材时，应将板的长向与搁栅长度方向垂直。

9.6.18 大部分的骨架构件允许在其上开缺口或开孔。对于搁栅和椽条只要缺口和开孔尺寸不超过限定条件，并且位置靠近支座弯矩较小的地方就能保证安全。如果不满足本条的缺口和开孔规定，则开孔构件必须加强。

屋面桁架构件上的缺口和开孔的要求比其他一般骨架构件的要求要高，这主要是因为桁架构件本身的材料截面有效利用率高。单个桁架构件的强度值较高，截面较经济，所以任何截面的削弱将严重破坏桁架构件的承载力。管道和布线应尽量避开构件，安排在阁楼空间或在吊顶内。

9.6.20 承受均布荷载的等跨连续梁，最大弯矩一般出现在支座和跨中，在每跨距支座 1/4 点附近的弯矩几乎为零，所以接缝位置最好设在每跨的 1/4 点附近。

同一截面上的接缝数量应有限制以保证梁的连续性。除此之外，单根构件的接缝数量在任何一跨内不能超过一个，这也是为了保证梁的连续性。横向相邻构件的接缝不能出现在同一点。

10 防火设计

10.1 一般规定

10.1.1 本条规定木结构防火设计的适用范围以及与现行国家标准《建筑设计防火规范》GB 50016 之间的关系。对于本章未规定的部分，按《建筑设计防火规范》GB 50016 中有关木结构建的规定执行。

10.1.2 本章防火验算的相关规定仅适用于木构件耐火极限不超过 2.00h 的要求。对于木结构建筑的承重梁、柱和屋顶承重构件的耐火极限通常为 1.00h。

10.1.3 考虑到火灾属于偶然设计状况，应采用偶然组合进行设计。根据现行国家标准《建筑结构荷载规范》GB 50009 的规定，偶然荷载的代表值不乘以分项系数，而直接采用标准值进行验算。

当荷载直接采用标准值的组合，即在火灾情况下，燃烧后构件承载力的计算相当于采用容许应力法进行计算。参考美国《木结构设计规范》（NDS 2015）以及美国林业及纸业协会出版的第 10 号技术报告《计算暴露木构件的耐火极限》，在一般情况下，采用容许应力法进行计算时，构件的允许应力等于材料强度 5% 的分位值作为标准值，除以调整系数得到。而火灾时，允许应力则采用材料强度的平均值。平均值与 5% 分位值的关系为：

$$f_m = f_{0.05} / (1 - 1.645 \times COV) \tag{20}$$

为了简化防火验算，本条对木构件采用的材料仅分为目测分级木材、机械分级木材和胶合木三类，根据其变异系数 COV，确定了各个强度调整系数见表 12。对于胶合木构件材料的变异系数 COV 的取值根据《美国木结构设计规范》（NDS 2015）。

表 12 本标准中将强度标准值调整至允许应力设计值的调整系数

构件材料类型	强度	变异系数 COV	$1/(1-1.645 \times COV)$
胶合木	抗弯强度	0.16[1]	1.36
	顺纹抗压	0.16[1]	1.36
	顺纹抗拉	0.16[1]	1.36
目测分级木材	抗弯强度	0.35	2.36
	顺纹抗压	0.20	1.49
	顺纹抗拉	0.35	2.36
机械分级木材	抗弯强度	0.20	1.49
	顺纹抗压	0.10	1.20
	顺纹抗拉	0.20	1.49

注：[1] 数据来源于 1999 年美国出版的《木材手册》。

10.1.4 有效炭化层厚度计算公式参考《美国木结构设计规范》（NDS 2015）以及美国林业及纸业协会出版的第 10 号技术报告《计算暴露木构件的耐火极限》的规定。公式中的名义线形炭化速率 β_n 是一维状态下炭化速率，取 38mm/h，该数值与欧洲《木结构设计规范（第 2 部分）—— 结构耐火设计》中规定的一维炭化速率的数值（0.65mm/min）相同。名义线形炭化速率 β_n 与效炭化速率 β_e 的相互关系为：

$$\beta_e = \frac{1.2\beta_n}{t^{0.187}}$$

式中 t 为耐火极限（h）。β_e 是为二维状态下，考虑了构件角部燃烧情况以及炭化速率的非线性。

10.1.8 "原 2003 版规范"参考了 1999 年美国国家防火协会（NFPA）标准 220、2000 年美国的《国际建筑规范》（IBC）以及 1995 年《加拿大国家建筑规范》中对于木结构建筑的燃烧性能和耐火极限的有关规定。

在本次修订时，结合现行国家标准《建筑设计防火规范》GB 50016 的修订意见和相关条文，以及我国其他有关防火试验标准对于材料燃烧性能和耐火极限的要求而制定的。

10.1.9 我国对建筑材料的燃烧性能有比较严格的要求，各项技术指标都必须符合现行国家标准《建筑材料及制品燃烧性能分级》GB 8624 的要求。

10.2 防火构造

10.2.1 轻型木结构建筑的防火主要是采用构造防火体系来保证结构安全。轻型木结构建筑中存在许多密闭的空间，在这些密闭空间内按要求做好防火构造措施，是轻型木结构建筑预防火灾十分重要的技术措施之一。

10.2.3 封堵是木结构建筑防火构造中重要的技术措施，封堵部分的耐火极限不应低于所在部位墙体或楼盖、屋盖的耐火极限。

10.2.6 木结构建筑中构件与构件之间的连接处是需要采取防火构造的主要部位，对金属连接件采用的防火保护措施有许多不同的方法，本条规定的保护方法并不是唯一可行的方法，设计人员可以在保证构件连接处安全可靠的原则下进行防火构造的设计。

10.2.16 对于需要考虑耐火极限要求的胶合木结构构件，除了进行构件强度的防火验算外，构件制作时，为了使表面层板完全碳化后还能保持构件的极限承载力，在木层板按相关规范规定的标准组坯进行粘结时，还应按本条规定的防火构造要求增加表面层板的层数。

11 木结构防护

11.1 一般规定

11.1.1 防水防潮，保持木构件干燥，是最为根本的防腐朽措施，同时也可以有效减少白蚁滋生。在生物危害非常严峻及关键部位，应该积极使用防腐处理木材或天然耐久木材，有效提高局部和个别部件的性能和使用寿命。凡是在重要部位，设计和施工时应积极采用多道防护措施，避免单一防护措施破坏引起不必要的损失。

11.2 防水防潮

11.2.1 建筑围护结构通常包括屋顶、外墙、地基，以及与地面接触的楼板等，暴露于室外环境的门窗、屋顶露台、天窗和阳台也属于建筑围护结构的一部分。影响建筑围护结构性能的水分来源主要有雨水、雪水和地下水，还有室外和室内空气中的水蒸气，以及建造过程中材料自身的水分。研究和实践表明，建筑暴露于风雨的程度越高，遭受水分破坏的可能性越大。建筑所处的地势、周围的建筑物和树木等，都影响建筑物的暴露程度。周围的建筑物越高，对该建筑所提供的保护程度就越大。在非常暴露的高坡上或在大湖边，建筑遭受风雨侵袭的程度就比有遮挡条件下的要高，但这两种情况下暴露于地下水的程度又不一样，要具体情况具体考虑。

11.2.2 建筑平、立面过于复杂，围护结构上开洞过多，阳台、门窗等非常暴露，都会增加建筑防水防潮的难度。

11.2.3 提高围护结构气密性不仅对于防止雨水侵入，防止潮湿水蒸气在维护结构内冷凝作用明显，而且对于减少建筑供暖制冷所需能源，提高隔声性能，改善居住舒适度，都尤为重要。大部分建筑材料，如规格材、胶合板、定向木片板、石膏板及大多数柔性材料都具有较高的气密性，保证建筑维护结构气密性的关键在于保证气密层在不同材料和部件的连接及开

洞处的连续性。采用胶带粘接和使用密封条等可以提高接触面和连接点气密性。

11.2.4 排水通风空气层可采用在外墙防水膜上铺设厚度不小于10mm、宽度约为40mm的钉板木条，竖向与墙骨柱通常采用钉连接。钉板木条应使用防腐处理木材。

11.2.6 避免采用十分复杂的屋面结构，尽量减少屋面的连接和开洞。在必要的连接和开洞处，应提供可靠的保护措施，合理地使用泛水结构，防止雨水渗漏。要确保檐沟、落水管和地面排水系统的畅通。

轻型木结构常采用通风屋顶，即通过在屋檐、山墙、屋脊等处设置通风口来保证屋顶和天花板之间的通风，促进屋顶空间的防水防潮。这种情况下屋顶空间是室外环境，必须在天花板处设置气密层，可以通过铺设石膏板，并在石膏板之间及与其他构件连接处采用密封措施来实现。通常在天花板上铺设保温隔热材料以满足该地区的保温隔热要求。2006 IRC（International Residential Code，《国际民宅规范》）规定通风屋顶自然通风时通风孔总面积不应小于通风空间总面积的1/150；在一定条件下通风开孔要求可以降到1/300。

11.2.7 非通风屋顶设计类似于外墙设计，屋顶包括气密层。该情况下屋檐、山墙、屋脊等处不设置通风口，屋顶空间是室内环境，与其他室内空间一起进行调温调湿。在北方严寒和寒冷地区，通常可在墙体和屋架龙骨内侧铺设一层0.15mm厚的塑料薄膜隔汽层或具有较低蒸汽渗透率的涂料；不应在外侧（排水通风空气层内侧）使用具有很低蒸汽渗透率的外墙防水膜或保温材料。在夏热冬暖和炎热地区，不应使用蒸汽阻隔材料如聚乙烯薄膜、低蒸汽渗透率涂料、乙烯基或金属膜覆面材料等作为内装饰材料，包括顶棚的内装饰材料。

11.2.9 本条为强制性条文。木材的腐朽，系受木腐菌侵害所致。在木结构建筑中，木腐菌主要依赖潮湿的环境而得以生存与发展，各地的调查表明，凡是在结构构造上封闭的部位以及易经常受潮的场所，其木构件无不受木腐菌的侵害，严重者甚至会发生木结构坍塌事故。与此相反，若木结构所处的环境通风干燥良好，其木构件的使用年限，即使已逾百年，仍然可保持完好无损的状态。因此，为防止木结构腐朽，首先应采取既经济又有效的构造措施，只有在采取构造措施后仍有可能遭受菌害的结构或部位，才需用防腐剂进行处理。

建筑木结构构造上的防腐措施，主要是通风与防潮。本条的内容便是根据各地工程实践经验总结而成。

这里应指出的是，通过构造上的通风、防潮，使木结构经常保持干燥，在很多情况下能对虫害起到一定的抑制作用，应与药剂配合使用，以取得更好的防

虫效果。

11.3 防生物危害

11.3.1 木结构建筑受生物危害地区根据危害程度划分为四个区域等级，每一区域包括的地区见表11.3.1。具体区域划分可按国家标准《中国陆地木材腐朽与白蚁危害等级区域划分》GB/T 33041-2016的规定确定。

11.4 防 腐

11.4.2～11.4.5 这些情况下，虽然在构造上采取了通风防潮的措施，但仍需采用经药剂处理的木构件或结构部位。但是，应选用哪种药剂以及如何处理才能达到防护的要求，应符合现行国家标准《木结构工程施工质量验收规范》GB 50206 的规定。防腐木材应包括防腐实木、防腐胶合木、防腐木质人造板、防腐正交胶合木以及其他的防腐工程木产品。

11.4.6～11.4.9 根据木结构防腐防虫工程的实践经验编制。为了保证工程的安全和质量，应严格执行这些条文中规定的程序与技术要求。

附录 M 齿板强度设计值的确定

国际上，由于金属齿板带有专利产品的性质，在标准规范中一般都没有给出金属齿板具体的强度设计值。当采用某一型号的齿板时，由生产商提供具体的强度设计值。为了满足我国木结构工程设计的需要，本标准编制组在修订过程中组织专家对进口齿板强度设计值进行了研究，规定了金属齿板按试验进行各种强度设计值的确定。

进口齿板中，符合本标准规定的金属齿板可按表13选用。

表 13 各种齿板的强度等级

序号	齿板型号
1	MiTek MT20/MII 20, Alpine Wave
2	Alpine HS20, ForeTruss FT20
3	MiTek 18 HS, Alpine HS18
4	MiTek MT-16/MII-16, London ES-16

注：表中齿板型号均为进口齿板，采用时应根据生产商及型号对照选用。

附录 N 木基结构板的剪力墙抗剪强度设计值

N.0.1 木框架剪力墙结构中的剪力墙与轻型木结构的剪力墙在构成要素、构造上均有较大差异。木框架

剪力墙结构中的剪力墙的抗剪强度设计值的确定方法有通过实验确定和结构计算两种方法。在木结构住宅主要采用木框架剪力墙结构的日本，一般是通过实验确定剪力墙的抗剪强度设计值。日本的剪力墙抗剪强度设计值的正确性，获得了1995年兵库县南部地震等数次巨大地震和足尺大住宅的众多振动台实验的验证。本条表 N.0.1 规定的木框架剪力墙抗剪强度设计值基本是基于结构计算确定的数值，其中数种剪力墙的确定值通过实验进行了验证。木框架剪力墙结构中的剪力墙有下列几点说明：

1 剪力墙结构部分虽然可使用多种树种的木材，但本条采用了强度等级为 TC11B 的（如日本柳杉）构件所制作的剪力墙抗剪强度设计值作为标准设计值。换言之，即使构成剪力墙的部分或全部构件使用强度等级较高的木材，虽然该剪力墙的抗剪强度有所提高，但从结构安全方面考虑，不再提高该剪力墙的抗剪强度设计值，仍然以表中规定的标准设计值进行设计。

2 剪力墙的抗剪强度设计值以隐柱墙构造形式剪力墙的荷载变形曲线中的屈服应力、弹性变形时的应力、最大应力、具有一定吸能性的荷载中的最小值确定，该荷载变形关系通过实验和理论解析的组合运用求出。并且，对计算确定的原数值综合考虑了施工精度和耐久性的影响，采用了乘以降低系数 0.85 的安全调整。

3 根据实验和理论解析，隐柱墙的抗剪强度几乎不受墙体高度和长度的变化影响，但是，明柱墙的抗剪强度随墙体高度和长度的变化而有所变化。从结构安全方面考虑，并使设计简单化，本标准对于明柱墙的抗剪强度设计值，仍然采用隐柱墙的抗剪强度设计值。

4 本条规定的木框架剪力墙的抗剪强度设计值是针对日本 JAS 标准规定的结构用胶合板（其性能与国外的结构用胶合板基本相同）为面材的剪力墙确定的。

5 对于本条表中规定的构造形式以外的剪力墙，其抗剪强度设计值，可以根据使用面板材料的耐水性、强度以及剪力墙的实验和理论解析确定。

附录 P 木基结构板的楼盖、屋盖抗剪强度设计值

P.0.1、P.0.2 木框架剪力墙结构中，楼盖、屋盖抗剪强度设计值的确定方法与附录 N 中第 N.0.1 条木框架剪力墙抗剪强度设计值确定方法相同。由于屋盖的构成形式较多，其中部分形式的屋盖是通过实验确定的。

中华人民共和国国家标准

门式刚架轻型房屋钢结构技术规范

Technical code for steel structure of light-weight
building with gabled frames

GB 51022—2015

主编部门：中华人民共和国住房和城乡建设部
批准部门：中华人民共和国住房和城乡建设部
施行日期：２０１６年８月１日

中华人民共和国住房和城乡建设部
公　告

第 991 号

住房城乡建设部关于发布国家标准
《门式刚架轻型房屋钢结构技术规范》的公告

现批准《门式刚架轻型房屋钢结构技术规范》为国家标准，编号为 GB 51022 - 2015，自 2016 年 8 月 1 日起实施。其中，第 14.2.5 条为强制性条文，必须严格执行。

本规范由我部标准定额研究所组织中国建筑工业出版社出版发行。

中华人民共和国住房和城乡建设部

2015 年 12 月 3 日

前　言

根据住房和城乡建设部《关于印发〈2008 年工程建设标准规范制订、修订计划（第一批）〉的通知》（建标〔2008〕102 号）的要求，规范编制组经广泛调查研究，认真总结工程实践经验，参考有关国际标准和国外先进标准，在广泛征求意见的基础上，编制了本规范。

本规范的主要技术内容是：1. 总则；2. 术语和符号；3. 基本设计规定；4. 荷载和荷载组合的效应；5. 结构形式和布置；6. 结构计算分析；7. 构件设计；8. 支撑系统设计；9. 檩条与墙梁设计；10. 连接和节点设计；11. 围护系统设计；12. 钢结构防护；13. 制作；14. 运输、安装与验收。

本规范中以黑体字标志的条文为强制性条文，必须严格执行。

本规范由住房和城乡建设部负责管理和对强制性条文的解释，由中国建筑标准设计研究院有限公司负责具体技术内容的解释。执行过程中如有意见和建议，请寄送中国建筑标准设计研究院有限公司（地址：北京市海淀区首体南路 9 号主语国际 2 号楼，邮编 100048）。

本 规 范 主 编 单 位：中国建筑标准设计研究院有限公司

本 规 范 参 编 单 位：浙江大学

同济大学
西安建筑科技大学
清华大学
浙江杭萧钢构股份有限公司
巴特勒（上海）有限公司
美建建筑系统（中国）有限公司
中国建筑科学研究院
中国建筑金属结构协会建筑钢结构委员会
江西省建筑设计研究总院

本规范主要起草人员：郁银泉　蔡益燕　童根树
张其林　陈友泉　刘承宗
王赛宁　苏明周　王　喆
陈绍蕃　沈祖炎　张　伟
吴梓伟　石永久　金新阳
张跃锋　张　航　许秋华
申　林　胡天兵

本规范主要审查人员：汪大绥　顾　强　徐厚军
贺明玄　陈基发　王元清
姜学诗　丁大益　朱　丹
郭　兵　郭海山

目　　次

Contents

1 总　　则

1.0.1 为规范门式刚架轻型房屋钢结构的设计、制作、安装及验收，做到安全适用、技术先进、经济合理、确保质量，制定本规范。

1.0.2 本规范适用于房屋高度不大于18m，房屋高宽比小于1，承重结构为单跨或多跨实腹门式刚架、具有轻型屋盖、无桥式吊车或有起重量不大于20t的A1~A5工作级别桥式吊车或3t悬挂式起重机的单层钢结构房屋。

本规范不适用于按现行国家标准《工业建筑防腐蚀设计规范》GB 50046 规定的对钢结构具有强腐蚀介质作用的房屋。

1.0.3 门式刚架轻型房屋钢结构的设计、制作、安装及验收，除应符合本规范外，尚应符合国家现行有关标准的规定。

2　术语和符号

2.1　术　　语

2.1.1 门式刚架轻型房屋　light-weight building with gabled frames
承重结构采用变截面或等截面实腹刚架，围护系统采用轻型钢屋面和轻型外墙的单层房屋。

2.1.2 房屋高度　height of building
自室外地面至屋面的平均高度。当屋面坡度角不大于10°时可取檐口高度。当屋面坡度角大于10°时应取檐口高度和屋脊高度的平均值。单坡房屋当屋面坡度角不大于10°时，可取较低的檐口高度。

2.1.3 夹层　mezzanine
为一侧与刚架柱连接的室内平台，通常沿房屋纵向设置，少数情况沿山墙设置。

2.1.4 摇摆柱　leaning stanchion
上、下端铰接的轴心受压构件。

2.1.5 隅撑　diagonal brace
用于支承斜梁和柱受压翼缘的支撑构件。

2.1.6 抗风柱　end wall column
设置于山墙，用于将山墙风荷载传到屋盖水平支撑的柱子。

2.1.7 孔口　opening
在房屋的外包面（墙面和屋面）上未设置永久性有效封闭装置的部分。

2.1.8 敞开式房屋　opening building
各墙面都至少有80%面积为孔口的房屋。

2.1.9 部分封闭式房屋　partially enclosed building
受外部正风压力的墙面上孔口总面积超过该房屋其余外包面（墙面和屋面）上孔口面积的总和，并超

过该墙毛面积的10%，且其余外包面的开孔率不超过20%的房屋。

2.1.10 封闭式房屋　enclosed building
在所封闭的空间中无符合部分封闭式房屋或敞开式房屋定义的那类孔口的房屋。

2.1.11 边缘带　edge strip
确定围护结构构件和面板上风荷载系数时，在外墙和屋面上划分的位于房屋端部和边缘的区域。

2.1.12 端区　end zone
确定主刚架上风荷载系数时，在外墙和屋面上划分的位于房屋端部和边缘的区域。

2.1.13 中间区　middle zone
在外墙和屋面上划分的不属于边缘带和端区的区域。

2.1.14 有效受风面积　effective wind load area
确定风荷载系数时取用的承受风荷载的有效面积。

2.2　符　　号

2.2.1 作用和作用效应

F ——上翼缘所受的集中荷载；

M_{cr} ——楔形变截面梁弹性屈曲临界弯矩；

M_f ——两翼缘所承担的弯矩；

M_e ——构件有效截面所承担的弯矩；

M_f^N ——兼承压力 N 时两翼缘所能承受的弯矩；

N ——轴心拉力或轴心压力设计值；

N_{cr} ——欧拉临界力；

N_s ——拉力场产生的压力；

N_t ——一个高强度螺栓的受拉承载力设计值；

N_{t2} ——翼缘内第二排一个螺栓的轴向拉力设计值；

R_d ——结构构件承载力的设计值；

S_E ——考虑多遇地震作用时，荷载和地震作用效应组合的设计值；

S_{Ehk} ——水平地震作用标准值的效应；

S_{Evk} ——竖向地震作用标准值的效应；

S_k ——雪荷载标准值；

S_0 ——基本雪压；

S_{Gk} ——永久荷载效应标准值；

S_{Qk} ——竖向可变荷载效应标准值；

S_{wk} ——风荷载效应标准值；

S_{GE} ——重力荷载代表值的效应；

V_d ——腹板受剪承载力设计值；

V_{max} ——檩条的最大剪力；

$V_{x',max}$、$V_{y',max}$ ——分别为竖向荷载和水平荷载产生的剪力；

V_y ——檩条支座反力;

W ——1个柱距内檩间支撑承担受力区域的屋面总竖向荷载设计值;

w_k ——风荷载标准值;

w_0 ——基本风压。

2.2.2 材料性能和抗力

E ——钢材的弹性模量;

f ——钢材的强度设计值;

f_v ——钢材的抗剪强度设计值;

f_t ——被连接板件钢材抗拉强度设计值;

f_f^w ——角焊缝强度设计值;

G ——钢材的剪切模量;

R_1 ——与节点域剪切变形对应的刚度;

R_2 ——连接的弯曲刚度。

2.2.3 几何参数

A_0、A_1 ——小端和大端截面的毛截面面积;

A_e ——有效截面面积;

A_{e1} ——大端的有效截面面积;

A_f ——构件翼缘的截面面积;

A_k ——隅撑杆的截面面积;

A_{n1} ——单杆件的净截面面积;

A_p ——檩条的截面面积;

A_{st} ——两条斜加劲肋的总截面面积;

d_b ——斜梁端部高度或节点域高度;

e_1 ——梁截面的剪切中心到檩条形心线的距离;

e_w、e_f ——分别为螺栓中心至腹板和翼缘板表面的距离;

h_1 ——梁端翼缘板中心间的距离;

h_b ——按屋面基本雪压确定的雪荷载高度;

h_c ——腹板受压区宽度;

h_d ——积雪堆积高度;

h_0 ——檩条腹板扣除冷弯半径后的平直段高度;

h_r ——高低屋面的高差;

h_{sT0}、h_{sB0} ——分别是小端截面上、下翼缘的中面到剪切中心的距离;

h_w ——腹板的高度;

h_{w1}、h_{w0} ——楔形腹板大端和小端腹板高度;

I_1 ——被隅撑支撑的翼缘绕弱轴的惯性矩;

I_2 ——与檩条连接的翼缘绕弱轴的惯性矩;

I_p ——檩条截面绕强轴的惯性矩;

$I_{\omega 0}$ ——小端截面的翘曲惯性矩;

$I_{\omega \eta}$ ——变截面梁的等效翘曲惯性矩;

i_{x1} ——大端截面绕强轴的回转半径;

I_y ——变截面梁绕弱轴惯性矩;

i_{y1} ——大端截面绕弱轴的回转半径;

I_{yT}、I_{yB} ——弯矩最大截面受压翼缘和受拉翼缘绕弱轴的惯性矩;

J、I_y、I_{ω} ——大端截面的自由扭转常数、绕弱轴惯性矩、翘曲惯性矩;

J_0 ——小端截面自由扭转常数;

J_{η} ——变截面梁等效圣维南扭转常数;

W_e ——构件有效截面最大受压纤维的截面模量;

W_{e1} ——大端有效截面最大受压纤维的截面模量;

W_{enx}、W_{eny} ——对截面主轴 x、y 轴的有效净截面模量或净截面模量;

W_{n1x} ——杆件的净截面模量;

W_{x1} ——弯矩较大截面受压边缘的截面模量;

γ ——变截面梁楔率;

γ_p ——腹板区格的楔率;

λ_s ——腹板剪切屈曲通用高厚比;

η_i ——惯性矩比。

2.2.4 计算系数及其他

k_τ ——受剪板件的屈曲系数;

n_p ——檩间支撑承担受力区域的檩条数;

β_{mx}、β_{tx} ——等效弯矩系数;

$\beta_{x\eta}$ ——截面不对称系数;

γ_{Eh} ——水平地震作用分项系数;

γ_{Ev} ——竖向地震作用分项系数;

γ_G ——永久或重力荷载分项系数;

γ_0 ——结构重要性系数;

γ_Q ——竖向可变荷载分项系数;

γ_{RE} ——承载力抗震调整系数;

γ_w ——风荷载分项系数;

γ_x ——截面塑性开展系数;

λ_1 ——按大端截面计算的,考虑计算长度系数的长细比;

$\bar{\lambda}_1$ ——通用长细比;

λ_p ——与板件受弯、受压有关的参数;

λ_s ——与板件受剪有关的参数;

λ_{1y} ——绕弱轴的长细比;

$\bar{\lambda}_{1y}$ ——绕弱轴的通用长细比;

λ_b ——梁的通用长细比;

μ_r ——屋面积雪分布系数;

μ_w ——风荷载系数;

μ_z ——风压高度变化系数;

ρ ——有效宽度系数;

φ_{by} ——梁的整体稳定系数;

φ_{min} ——腹杆的轴压稳定系数;

φ_s ——腹板剪切屈曲稳定系数;

φ_x——杆件轴心受压稳定系数；

χ_{tap}——腹板屈曲后抗剪强度的楔率折减系数；

ψ_Q、ψ_w——分别为可变荷载组合值系数和风荷载组合值系数。

3 基本设计规定

3.1 设 计 原 则

3.1.1 门式刚架轻型房屋钢结构采用以概率理论为基础的极限状态设计方法，以可靠指标度量结构构件的可靠度，采用分项系数的设计表达式进行设计。

3.1.2 门式刚架轻型房屋钢结构的承重构件，应按承载能力极限状态和正常使用极限状态进行设计。

3.1.3 当结构构件按承载能力极限状态设计时，持久设计状况、短暂设计状况应满足下式要求：

$$\gamma_0 S_d \leqslant R_d \qquad (3.1.3)$$

式中：γ_0——结构重要性系数。对安全等级为一级的结构构件不小于 1.1，对安全等级为二级的结构构件不小于 1.0，门式刚架钢结构构件安全等级可取二级，对于设计使用年限为 25 年的结构构件，γ_0 不应小于0.95；

S_d——不考虑地震作用时，荷载组合的效应设计值，应符合本规范第 4.5.2 条的规定；

R_d——结构构件承载力设计值。

3.1.4 当抗震设防烈度 7 度（0.15g）及以上时，应进行地震作用组合的效应验算，地震设计状况应满足下式要求：

$$S_E \leqslant R_d/\gamma_{RE} \qquad (3.1.4)$$

式中：S_E——考虑多遇地震作用时，荷载和地震作用组合的效应设计值，应符合本规范第 4.5.4 条的规定；

γ_{RE}——承载力抗震调整系数。

3.1.5 承载力抗震调整系数应按表 3.1.5 采用。

表 3.1.5 承载力抗震调整系数 γ_{RE}

构件或连接	受力状态	γ_{RE}
梁、柱、支撑、螺栓、节点、焊缝	强度	0.85
柱、支撑	稳定	0.90

3.1.6 当结构构件按正常使用极限状态设计时，应根据现行国家标准《建筑结构荷载规范》GB 50009 的规定采用荷载的标准组合计算变形，并应满足本规范第 3.3 节的要求。

3.1.7 结构构件的受拉强度应按净截面计算，受压强度应按有效净截面计算，稳定性应按有效截面计算，变形和各种稳定系数均可按毛截面计算。

3.2 材 料 选 用

3.2.1 钢材选用应符合下列规定：

1 用于承重的冷弯薄壁型钢、热轧型钢和钢板，应采用现行国家标准《碳素结构钢》GB/T 700 规定的 Q235 和《低合金高强度结构钢》GB/T 1591 规定的 Q345 钢材。

2 门式刚架、吊车梁和焊接的檩条、墙梁等构件宜采用 Q235B 或 Q345A 及以上等级的钢材。非焊接的檩条和墙梁等构件可采用 Q235A 钢材。当有根据时，门式刚架、檩条和墙梁可采用其他牌号的钢材制作。

3 用于围护系统的屋面及墙面板材应采用符合现行国家标准《连续热镀锌钢板及钢带》GB/T 2518、《连续热镀铝锌合金镀层钢板及钢带》GB/T 14978 和《彩色涂层钢板及钢带》GB/T 12754 规定的钢板，采用的压型钢板应符合现行国家标准《建筑用压型钢板》GB/T 12755 的规定。

3.2.2 连接件应符合下列规定：

1 普通螺栓应符合现行国家标准《六角头螺栓 C 级》GB/T 5780 和《六角头螺栓》GB/T 5782 的规定，其机械性能与尺寸规格应符合现行国家标准《紧固件机械性能 螺栓、螺钉和螺柱》GB/T 3098.1 的规定；

2 高强度螺栓应符合现行国家标准《钢结构用高强度大六角头螺栓》GB/T 1228、《钢结构用高强度大六角螺母》GB/T 1229、《钢结构用高强度垫圈》GB/T 1230、《钢结构用高强度大六角头螺栓、大六角螺母、垫圈技术条件》GB/T 1231 或《钢结构用扭剪型高强度螺栓连接副》GB/T 3632 的规定；

3 连接屋面板和墙面板采用的自攻、自钻螺栓应符合现行国家标准《十字槽盘头自钻自攻螺钉》GB/T 15856.1、《十字槽沉头自钻自攻螺钉》GB/T 15856.2、《十字槽半沉头自钻自攻螺钉》GB/T 15856.3、《六角法兰面自钻自攻螺钉》GB/T 15856.4、《六角凸缘自钻自攻螺钉》GB/T 15856.5 或《开槽盘头自攻螺钉》GB/T 5282、《开槽沉头自攻螺钉》GB/T 5283、《开槽半沉头自攻螺钉》GB/T 5284、《六角头自攻螺钉》GB/T 5285 的规定；

4 抽芯铆钉应采用现行行业标准《标准件用碳素钢热轧圆钢及盘条》YB/T 4155 中规定的 BL2 或 BL3 号钢制成，同时应符合现行国家标准《封闭型平圆头抽芯铆钉》GB/T 12615.1～GB/T 12615.4、《封闭型沉头抽芯铆钉》GB/T 12616.1～GB/T 12616.1、《开口型沉头抽芯铆钉》GB/T 12617.1～GB/T 12617.5、《开口型平圆头抽芯铆钉》GB/T 12618.1～GB/T 12618.6 的规定；

5 射钉应符合现行国家标准《射钉》GB/T 18981 的规定；

6 锚栓钢材可采用符合现行国家标准《碳素结构钢》GB/T 700 规定的 Q235 级钢或符合现行国家标准《低合金高强度结构钢》GB/T 1591 规定的 Q345 级钢。

3.2.3 焊接材料应符合下列规定：

1 手工焊焊条或自动焊焊丝的牌号和性能应与构件钢材性能相适应，当两种强度级别的钢材焊接时，宜选用与强度较低钢材相匹配的焊接材料；

2 焊条的材质和性能应符合现行国家标准《非合金钢及细晶粒钢焊条》GB/T 5117、《热强钢焊条》GB/T 5118 的有关规定；

3 焊丝的材质和性能应符合现行国家标准《熔化焊用钢丝》GB/T 14957、《气体保护电弧焊用碳钢、低合金钢焊丝》GB/T 8110 及《碳钢药芯焊丝》GB/T 10045、《低合金钢药芯焊丝》GB/T 17493 的有关规定；

4 埋弧焊用焊丝和焊剂的材质和性能应符合现行国家标准《埋弧焊用碳钢焊丝和焊剂》GB/T 5293、《埋弧焊用低合金钢焊丝和焊剂》GB/T 12470 的有关规定。

3.2.4 钢材设计指标应符合下列规定：

1 各牌号钢材的设计用强度值，应按表 3.2.4-1 采用。

表 3.2.4-1 设计用钢材强度值（N/mm²）

牌号	钢材厚度或直径（mm）	抗拉、抗压、抗弯强度设计值 f	抗剪强度设计值 f_v	屈服强度最小值 f_y	端面承压强度设计值（刨平顶紧）f_{ce}
Q235	≤6	215	125	235	320
	>6，≤16	215	125		
	>16，≤40	205	120	225	
Q345	≤6	305	175	345	400
	>6，≤16	305	175		
	>16，≤40	295	170	335	
LQ550	≤0.6	455	260	530	
	>0.6，≤0.9	430	250	500	
	>0.9，≤1.2	400	230	460	—
	>1.2，≤1.5	360	210	420	

注：本规范将 550 级钢材定名为 LQ550 仅用于屋面及墙面板。

2 焊缝强度设计值应按表 3.2.4-2 采用。

表 3.2.4-2 焊缝强度设计值（N/mm²）

焊接方法和焊条型号	牌号	厚度或直径（mm）	对接焊缝				角焊缝
			抗压 f_c^w	抗拉、抗弯 f_t^w		抗剪 f_v^w	抗拉、压、剪 f_f^w
				一、二级焊缝	三级焊缝		
自动焊、半自动焊和 E43 型焊条的手工焊	Q235	≤6	215	215	185	125	160
		>6，≤16	215	215	185	125	
		>16，≤40	205	205	175	120	
自动焊、半自动焊和 E50 型焊条的手工焊	Q345	≤6	305	305	260	175	200
		>6，≤16	305	305	265	175	
		>16，≤40	295	295	250	170	

注：1 焊缝质量等级应符合现行国家标准《钢结构工程施工质量验收规范》GB 50205 的规定。其中厚度小于 8mm 的对接焊缝，不宜用超声波探伤确定焊缝质量等级。

2 对接焊缝抗弯受压区强度设计值取 f_c^w，抗弯受拉区强度设计值取 f_t^w。

3 表中厚度系指计算点钢材的厚度，对轴心受力构系指截面中较厚板件的厚度。

3 螺栓连接的强度设计值应按表 3.2.4-3 采用。

表 3.2.4-3 螺栓连接的强度设计值（N/mm²）

钢材牌号/或性能等级		普通螺栓						锚栓		承压型连接高强度螺栓		
		C 级螺栓			A 级、B 级螺栓							
		抗拉 f_t^b	抗剪 f_v^b	承压 f_c^b	抗拉 f_t^b	抗剪 f_v^b	承压 f_c^b	抗拉 f_t^a	抗剪 f_v^a	抗拉 f_t^b	抗剪 f_v^b	承压 f_c^b
普通螺栓	4.6 级 4.8 级	170	140	—	—	—	—					
	5.6 级	—	—	—	210	190	—					
	8.8 级	—	—	—	400	320	—					
锚栓	Q235							140	80			
	Q345							180	105			
承压型连接高强度螺栓	8.8 级									400	250	
	10.9 级									500	310	
构件	Q235			305			405					470
	Q345			385			510					590

注：1 A 级螺栓用于 d≤24mm 和 l≤10d 或 l≤150mm（按较小值）的螺栓；B 级螺栓用于 d>24mm 和 l>10d 或 l>150mm（按较小值）的螺栓。d 为公称直径，l 为螺杆公称长度。

2 A、B 级螺栓孔的精度和孔壁表面粗糙度，C 级螺栓孔的允许偏差和孔壁表面粗糙度，均应符合现行国家标准《钢结构工程施工质量验收规范》GB 50205 的要求。

4 冷弯薄壁型钢采用电阻点焊时，每个焊点的受剪承载力设计值应符合现行国家标准《冷弯薄壁型钢结构技术规范》GB 50018 的规定。当冷弯薄壁型钢构件全截面有效时，可采用现行国家标准《冷弯薄壁型钢结构技术规范》GB 50018 规定的考虑冷弯效应的强度设计值计算构件的强度。经退火、焊接、热镀锌等热处理的构件不予考虑。

5 钢材的物理性能指标应按现行国家标准《钢结构设计规范》GB 50017 的规定采用。

3.2.5 当计算下列结构构件或连接时，本规范第 3.2.4 条规定的强度设计值应乘以相应的折减系数。当下列几种情况同时存在时，相应的折减系数应连乘。

1 单面连接的角钢：

1) 按轴心受力计算强度和连接时，应乘以系数 0.85。

2) 按轴心受压计算稳定性时：

等边角钢应乘以系数 $0.6+0.0015\lambda$，但不大于 1.0。

短边相连的不等边角钢应乘以系数 $0.5+0.0025\lambda$，但不大于 1.0。

长边相连的不等边角钢应乘以系数 0.70。

注：λ 为长细比，对中间无连系的单角钢压杆，应按最小回转半径计算确定。当 $\lambda < 20$ 时，取 $\lambda = 20$。

2 无垫板的单面对接焊缝应乘以系数 0.85。

3 施工条件较差的高空安装焊缝应乘以系数 0.90。

4 两构件采用搭接连接或其间填有垫板的连接以及单盖板的不对称连接应乘以系数 0.90。

5 平面桁架式檩条端部的主要受压腹杆应乘以系数 0.85。

3.2.6 高强度螺栓连接时，钢材摩擦面的抗滑移系数 μ 应按表 3.2.6-1 的规定采用，涂层连接面的抗滑移系数 μ 应按表 3.2.6-2 的规定采用。

表 3.2.6-1　钢材摩擦面的抗滑移系数 μ

连接处构件接触面的处理方法		构件钢号	
		Q235	Q345
普通钢结构	抛丸（喷砂）	0.35	0.40
	抛丸（喷砂）后生赤锈	0.45	0.45
	钢丝刷清除浮锈或未经处理的干净轧制面	0.30	0.35
冷弯薄壁型钢结构	抛丸（喷砂）	0.35	0.40
	热轧钢材轧制面清除浮锈	0.30	0.35
	冷轧钢材轧制面清除浮锈	0.25	—

注：1　钢丝刷除锈方向应与受力方向垂直；

2　当连接构件采用不同钢号时，μ 按相应较低的取值；

3　采用其他方法处理时，其处理工艺及抗滑移系数值均需要由试验确定。

表 3.2.6-2　涂层连接面的抗滑移系数 μ

表面处理要求	涂装方法及涂层厚度	涂层类别	抗滑移系数 μ
抛丸除锈，达到 Sa2 $\frac{1}{2}$ 级	喷涂或手工涂刷，$50\mu m \sim 75\mu m$	醇酸铁红	0.15
		聚氨酯富锌	
		环氧富锌	
	喷涂或手工涂刷，$50\mu m \sim 75\mu m$	无机富锌	0.35
		水性无机富锌	
	喷涂，$30\mu m \sim 60\mu m$	锌加（ZINA）	
	喷涂，$80\mu m \sim 120\mu m$	防滑防锈硅酸锌漆（HES-2）	0.45

注：当设计要求使用其他涂层（热喷铝、镀锌等）时，其钢材表面处理要求、涂层厚度及抗滑移系数均需由试验确定。

3.2.7 单个高强度螺栓的预拉力设计值应按表 3.2.7 的规定采用。

表 3.2.7　单个高强度螺栓的预拉力设计值 P（kN）

螺栓的性能等级	螺栓公称直径（mm）					
	M16	M20	M22	M24	M27	M30
8.8 级	80	125	150	175	230	280
10.9 级	100	155	190	225	290	355

3.3　变形规定

3.3.1 在风荷载或多遇地震标准值作用下的单层门式刚架的柱顶位移值，不应大于表 3.3.1 规定的限值。夹层处柱顶的水平位移限值宜为 $H/250$，H 为夹层处柱高度。

表 3.3.1　刚架柱顶位移限值（mm）

吊车情况	其他情况	柱顶位移限值
无吊车	当采用轻型钢墙板时	$h/60$
	当采用砌体墙时	$h/240$
有桥式吊车	当吊车有驾驶室时	$h/400$
	当吊车由地面操作时	$h/180$

注：表中 h 为刚架柱高度。

3.3.2 门式刚架受弯构件的挠度值，不应大于表3.3.2规定的限值。

表3.3.2 受弯构件的挠度与跨度比限值（mm）

构件类别		构件挠度限值
竖向挠度	门式刚架斜梁 仅支承压型钢板屋面和冷弯型钢檩条	$L/180$
	门式刚架斜梁 尚有吊顶	$L/240$
	门式刚架斜梁 有悬挂起重机	$L/400$
	夹层 主梁	$L/400$
	夹层 次梁	$L/250$
	檩条 仅支承压型钢板屋面	$L/150$
	檩条 尚有吊顶	$L/240$
	压型钢板屋面板	$L/150$
水平挠度	墙板	$L/100$
	抗风柱或抗风桁架	$L/250$
	墙梁 仅支承压型钢板墙	$L/100$
	墙梁 支承砌体墙	$L/180$ 且 $\leqslant 50$mm

注：1 表中 L 为跨度；
　　2 对门式刚架斜梁，L 取全跨；
　　3 对悬臂梁，按悬伸长度的2倍计算受弯构件的跨度。

3.3.3 由柱顶位移和构件挠度产生的屋面坡度改变值，不应大于坡度设计值的1/3。

3.4 构 造 要 求

3.4.1 钢结构构件的壁厚和板件宽厚比应符合下列规定：

　　1 用于檩条和墙梁的冷弯薄壁型钢，壁厚不宜小于1.5mm。用于焊接主刚架构件腹板的钢板，厚度不宜小于4mm；当有根据时，腹板厚度可取不小于3mm。

　　2 构件中受压板件的宽厚比，不应大于现行国家标准《冷弯薄壁型钢结构技术规范》GB 50018规定的宽厚比限值；主刚架构件受压板件中，工字形截面构件受压翼缘板自由外伸宽度 b 与其厚度 t 之比，不应大于 $15\sqrt{235/f_y}$；工字形截面梁、柱构件腹板的计算高度 h_w 与其厚度 t_w 之比，不应大于250。当受压板件的局部稳定临界应力低于钢材屈服强度时，应按实际应力验算板件的稳定性，或采用有效宽度计算构件的有效截面，并验算构件的强度和稳定。

3.4.2 构件长细比应符合下列规定：

　　1 受压构件的长细比，不宜大于表3.4.2-1规定的限值。

表3.4.2-1 受压构件的长细比限值

构件类别	长细比限值
主要构件	180
其他构件及支撑	220

　　2 受拉构件的长细比，不宜大于表3.4.2-2规定的限值。

表3.4.2-2 受拉构件的长细比限值

构件类别	承受静力荷载或间接承受动力荷载的结构	直接承受动力荷载的结构
桁架杆件	350	250
吊车梁或吊车桁架以下的柱间支撑	300	—
除张紧的圆钢或钢索支撑除外的其他支撑	400	—

注：1 对承受静力荷载的结构，可仅计算受拉构件在竖向平面内的长细比；
　　2 对直接或间接承受动力荷载的结构，计算单角钢受拉构件的长细比时，应采用角钢的最小回转半径；在计算单角钢交叉受拉杆件平面外长细比时，应采用与角钢肢边平行轴的回转半径；
　　3 在永久荷载与风荷载组合作用下受压时，其长细比不宜大于250。

3.4.3 当地震作用组合的效应控制结构设计时，门式刚架轻型房屋钢结构的抗震构造措施应符合下列规定：

　　1 工字形截面构件受压翼缘板自由外伸宽度 b 与其厚度 t 之比，不应大于 $13\sqrt{235/f_y}$；工字形截面梁、柱构件腹板的计算高度 h_w 与其厚度 t_w 之比，不应大于160；

　　2 在檐口或中柱的两侧三个檩距范围内，每道檩条处屋面梁均应布置双侧隔撑；边柱的檐口墙檩处均应双侧设置隔撑；

　　3 当柱脚刚接时，锚栓的面积不应小于柱子截面面积的0.15倍；

　　4 纵向支撑采用圆钢或钢索时，支撑与柱子腹板的连接应采用不能相对滑动的连接；

　　5 柱的长细比不应大于150。

4 荷载和荷载组合的效应

4.1 一 般 规 定

4.1.1 门式刚架轻型房屋钢结构采用的设计荷载应包括永久荷载、竖向可变荷载、风荷载、温度作用和地震作用。

4.1.2 吊挂荷载宜按活荷载考虑。当吊挂荷载位置固定不变时，也可按恒荷载考虑。屋面设备荷载应按实际情况采用。

4.1.3 当采用压型钢板轻型屋面时，屋面按水平投影面积计算的竖向活荷载的标准值应取 $0.5kN/m^2$，对承受荷载水平投影面积大于 $60m^2$ 的刚架构件，屋面竖向均布活荷载的标准值可取不小于 $0.3kN/m^2$。

4.1.4 设计屋面板和檩条时，尚应考虑施工及检修集中荷载，其标准值应取 $1.0kN$ 且作用在结构最不利位置上；当施工荷载有可能超过时，应按实际情况采用。

4.2 风 荷 载

4.2.1 门式刚架轻型房屋钢结构计算时，风荷载作用面积应取垂直于风向的最大投影面积，垂直于建筑物表面的单位面积风荷载标准值应按下式计算：

$$w_k = \beta \mu_w \mu_z w_0 \qquad (4.2.1)$$

式中：w_k——风荷载标准值（kN/m^2）；

w_0——基本风压（kN/m^2），按现行国家标准《建筑结构荷载规范》GB 50009 的规定值采用；

μ_z——风压高度变化系数，按现行国家标准《建筑结构荷载规范》GB 50009 的规定采用；当高度小于 10m 时，应按 10m 高度处的数值采用；

μ_w——风荷载系数，考虑内、外风压最大值的组合，按本规范第 4.2.2 条的规定采用；

β——系数，计算主刚架时取 $\beta=1.1$；计算檩条、墙梁、屋面板和墙面板及其连接时，取 $\beta=1.5$。

4.2.2 对于门式刚架轻型房屋，当房屋高度不大于 18m，房屋高宽比小于 1 时，风荷载系数 μ_w 应符合下列规定。

1 主刚架的横向风荷载系数，应按表 4.2.2-1 的规定采用（图 4.2.2-1a、图 4.2.2-1b）；

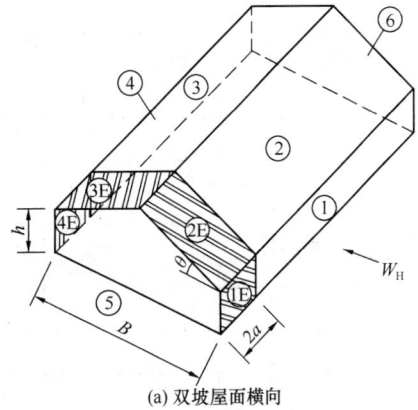

(a) 双坡屋面横向

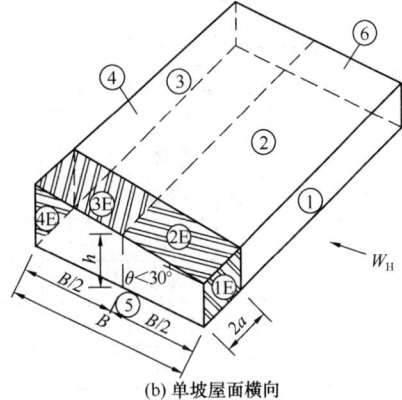

(b) 单坡屋面横向

图 4.2.2-1 主刚架的横向风荷载系数分区

θ—屋面坡度角，为屋面与水平的夹角；B—房屋宽度；h—屋顶至室外地面的平均高度；双坡屋面可近似取檐口高度，单坡屋面可取跨中高度；a—计算围护结构构件时的房屋边缘带宽度，取房屋最小水平尺寸的10%或0.4h之中较小值，但不得小于房屋最小尺寸的4%或1m。图中①、②、③、④、⑤、⑥、1E、2E、3E、4E为分区编号；W_H为横风向来风

表 4.2.2-1 主刚架横向风荷载系数

房屋类型	屋面坡度角 θ	荷载工况	端区系数				中间区系数				山墙
			1E	2E	3E	4E	1	2	3	4	5 和 6
封闭式	$0°\leq\theta\leq5°$	(+i)	+0.43	-1.25	-0.71	-0.60	+0.22	-0.87	-0.55	-0.47	-0.63
		(-i)	+0.79	-0.89	-0.35	-0.25	+0.58	-0.51	-0.19	-0.11	-0.27
	$\theta=10.5°$	(+i)	+0.49	-1.25	-0.76	-0.67	+0.26	-0.87	-0.58	-0.51	-0.63
		(-i)	+0.85	-0.89	-0.40	-0.31	+0.62	-0.51	-0.22	-0.15	-0.27
	$\theta=15.6°$	(+i)	+0.54	-1.25	-0.81	-0.74	+0.30	-0.87	-0.62	-0.55	-0.63
		(-i)	+0.90	-0.89	-0.45	-0.38	+0.66	-0.51	-0.26	-0.19	-0.27
	$\theta=20°$	(+i)	+0.62	-1.25	-0.87	-0.82	+0.35	-0.87	-0.66	-0.61	-0.63
		(-i)	+0.98	-0.89	-0.51	-0.46	+0.71	-0.51	-0.30	-0.25	-0.27
	$30°\leq\theta\leq45°$	(+i)	+0.51	+0.09	-0.71	-0.66	+0.38	+0.03	-0.61	-0.55	-0.63
		(-i)	+0.87	+0.45	-0.35	-0.30	+0.74	+0.39	-0.25	-0.19	-0.27

房屋类型	屋面坡度角 θ	荷载工况	端区系数 1E	2E	3E	4E	中间区系数 1	2	3	4	山墙 5和6
部分封闭式	0°≤θ≤5°	(+i)	+0.06	−1.62	−1.08	−0.98	−0.15	−1.24	−0.92	−0.84	−1.00
		(−i)	+1.16	−0.52	+0.02	+0.12	+0.95	−0.14	+0.18	+0.26	+0.10
	θ=10.5°	(+i)	+0.12	−1.62	−1.13	−1.04	−0.11	−1.24	−0.95	−0.88	−1.00
		(−i)	+1.22	−0.52	−0.03	+0.06	+0.99	−0.14	+0.15	+0.22	+0.10
	θ=15.6°	(+i)	+0.17	−1.62	−1.20	−1.11	+0.07	−1.24	−0.99	−0.92	−1.00
		(−i)	+1.27	−0.52	−0.10	−0.01	+1.03	−0.14	+0.11	+0.18	+0.10
	θ=20°	(+i)	+0.25	−1.62	−1.24	−1.19	−0.02	−0.24	−1.03	−0.98	−1.00
		(−i)	+1.35	−0.52	−0.14	−0.09	+1.08	−0.14	+0.07	+0.22	+0.10
	30°≤θ≤45°	(+i)	+0.14	−0.28	−1.08	−1.03	+0.01	−0.34	−0.98	−1.30	−1.00
		(−i)	+1.24	+0.82	+0.02	+0.07	+1.11	+0.76	+0.12	+0.18	+0.10
敞开式	0°≤θ≤10°	平衡	+0.75	−0.50	−0.50	−0.75	+0.75	−0.50	−0.50	−0.75	−0.75
		不平衡	+0.75	−0.20	−0.60	−0.75	+0.75	−0.20	−0.60	−0.75	−0.75
	10°<θ≤25°	平衡	+0.75	−0.50	−0.50	−0.75	+0.75	−0.50	−0.50	−0.75	−0.75
		不平衡	+0.75	+0.50	−0.50	−0.75	+0.75	+0.50	−0.50	−0.75	−0.75
		不平衡	+0.75	+0.15	−0.65	−0.75	+0.75	+0.15	−0.65	−0.75	−0.75
	25°<θ≤45°	平衡	+0.75	−0.50	−0.50	−0.75	+0.75	−0.50	−0.50	−0.75	−0.75
		不平衡	+0.75	+1.40	+0.20	−0.75	+0.75	+1.40	−0.20	−0.75	−0.75

注：1 封闭式和部分封闭式房屋荷载工况中的（+i）表示内压为压力，（−i）表示内压为吸力。敞开式房屋荷载工况中的平衡表示 2 和 3 区、2E 和 3E 区风荷载情况相同，不平衡表示不同。

2 表中正号和负号分别表示风力朝向板面和离开板面。

3 未给出的 θ 值系数可用线性插值。

4 当 2 区的屋面压力系数为负时，该值适用于 2 区从屋面边缘算起垂直于檐口方向延伸宽度为房屋最小水平尺寸 0.5 倍或 2.5h 的范围，取二者中的较小值。2 区的其余面积，直到屋脊线，应采用 3 区的系数。

2 主刚架的纵向风荷载系数，应按表 4.2.2-2 的规定采用（图 4.2.2-2a、图 4.2.2-2b、图 4.2.2-2c）；

3 外墙的风荷载系数，应按表 4.2.2-3a、表 4.2.2-3b 的规定采用（图 4.2.2-3）；

4 双坡屋面和挑檐的风荷载系数，应按表 4.2.2-4a、表 4.2.2-4b、表 4.2.2-4c、表 4.2.2-4d、表 4.2.2-4e、表 4.2.2-4f、表 4.2.2-4g、表 4.2.2-4h、表 4.2.2-4i 的规定采用（图 4.2.2-4a、图 4.2.2-4b、图 4.2.2-4c）；

5 多个双坡屋面和挑檐的风荷载系数，应按表 4.2.2-5a、表 4.2.2-5b、表 4.2.2-5c、表 4.2.2-5d 的规定采用（图 4.2.2-5）；

6 单坡屋面的风荷载系数，应按表 4.2.2-6a、表 4.2.2-6b、表 4.2.2-6c、表 4.2.2-6d 的规定采用（图 4.2.2-6a、图 4.2.2-6b）；

7 锯齿形屋面的风荷载系数，应按表 4.2.2-7a、表 4.2.2-7b 的规定采用（图 4.2.2-7）。

表 4.2.2-2　主刚架纵向风荷载系数（各种坡度角 θ）

房屋类型	荷载工况	端区系数 1E	2E	3E	4E	中间区系数 1	2	3	4	侧墙 5和6
封闭式	(+i)	+0.43	−1.25	−0.71	−0.61	+0.22	−0.87	−0.55	−0.47	−0.63
	(−i)	+0.79	−0.89	−0.35	−0.25	+0.58	−0.51	−0.19	−0.11	−0.27
部分封闭式	(+i)	+0.06	−1.62	−1.08	−0.98	−0.15	−1.24	−0.92	−0.84	−1.00
	(−i)	+1.16	−0.52	+0.02	+0.12	+0.95	−0.14	+0.18	+0.26	+0.10
敞开式	按图 4.2.2-2 (c) 取值									

注：1 敞开式房屋中的 0.75 风荷载系数适用于房屋表面的任何覆盖面；

2 敞开式屋面在垂直于屋脊的平面上，刚架投影实腹区最大面积应乘以 1.3N 系数，采用该系数时，应满足下列条件：0.1≤φ≤0.3，1/6≤h/B≤6，S/B≤0.5。其中，φ 为刚架实腹部分与山墙毛面积的比值；N 是横向刚架的数量。

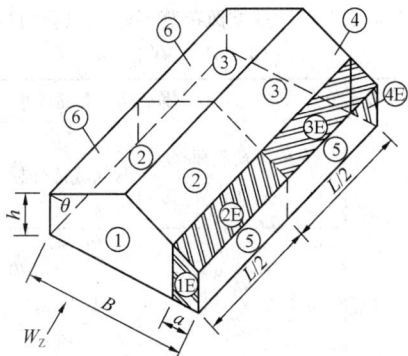

(a) 双坡屋面纵向

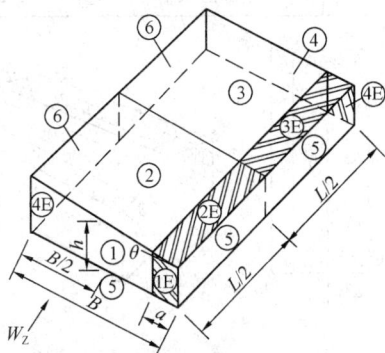

(b) 单坡屋面纵向

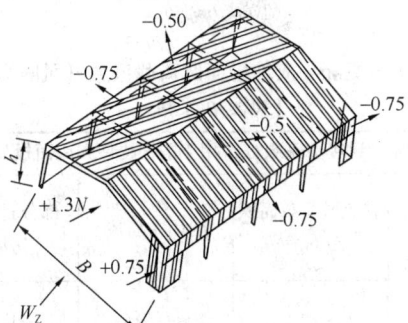

(c) 敞开式房屋纵向

图 4.2.2-2　主刚架的纵向风荷载系数分区
图中①、②、③、④、⑤、⑥、1E、2E、3E、4E为
分区编号；W_z为纵风向来风

表 4.2.2-3a　外墙风荷载系数（风吸力）

分区	有效风荷载面积 A （m²）	封闭式房屋	部分封闭式房屋
角部（5）	$A \leqslant 1$ $1 < A < 50$ $A \geqslant 50$	-1.58 $+0.353\log A$ $-1.58-0.98$	-1.95 $+0.353\log A$ $-1.95-1.35$
中间区（4）	$A \leqslant 1$ $1 < A < 50$ $A \geqslant 50$	-1.28 $+0.176\log A$ $-1.28-0.98$	-1.65 $+0.176\log A$ $-1.65-1.35$

表 4.2.2-3b　外墙风荷载系数（风压力）

分区	有效风荷载面积 A （m²）	封闭式房屋	部分封闭式房屋
各区	$A \leqslant 1$ $1 < A < 50$ $A \geqslant 50$	$+1.18$ $-0.176\log A$ $+1.18+0.88$	$+1.55$ $-0.176\log A$ $+1.55+1.25$

外墙风压力系数 μ_w，用于围护构件和外墙板

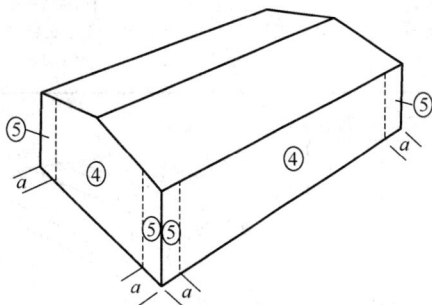

图 4.2.2-3　外墙风荷载系数分区

表 4.2.2-4a　双坡屋面风荷载系数（风吸力）
（0°≤θ≤10°）

屋面风吸力系数 μ_w，用于围护构件和屋面板

分区	有效风荷载面积 A （m²）	封闭式房屋	部分封闭式房屋
角部（3）	$A \leqslant 1$ $1 < A < 10$ $A \geqslant 10$	-2.98 $+1.70\log A$ $-2.98-1.28$	-3.35 $+1.70\log A$ $-3.35-1.65$
边区（2）	$A \leqslant 1$ $1 < A < 10$ $A \geqslant 10$	-1.98 $+0.70\log A$ $-1.98-1.28$	-2.35 $+0.70\log A$ $-2.35-1.65$
中间区（1）	$A \leqslant 1$ $1 < A < 10$ $A \geqslant 10$	-1.18 $+0.10\log A$ $-1.18-1.08$	-1.55 $+0.10\log A$ $-1.55-1.45$

表 4.2.2-4b　双坡屋面风荷载系数（风压力）
（0°≤θ≤10°）

屋面风压力系数 μ_w，用于围护构件和屋面板

分区	有效风荷载面积 A （m²）	封闭式房屋	部分封闭式房屋
各区	$A \leqslant 1$ $1 < A < 10$ $A \geqslant 10$	$+0.48$ $-0.10\log A$ $+0.48+0.38$	$+0.85$ $-0.10\log A$ $+0.85+0.75$

表 4.2.2-4c　挑檐风荷载系数（风吸力）
（0°≤θ≤10°）

分区	有效风荷载面积 A（m²）	封闭或部分封闭房屋
角部（3）	$A \leqslant 1$ $1 < A < 10$ $A \geqslant 10$	-2.80 $+2.00\log A - 2.80$ -0.80
边区（2） 中间区（1）	$A \leqslant 1$ $1 < A < 10$ $10 < A < 50$ $A \geqslant 50$	-1.70 $+0.10\log A - 1.70$ $+0.715\log A - 2.32$ -1.10

挑檐风吸力系数 μ_{w}，用于围护构件和屋面板（表头）

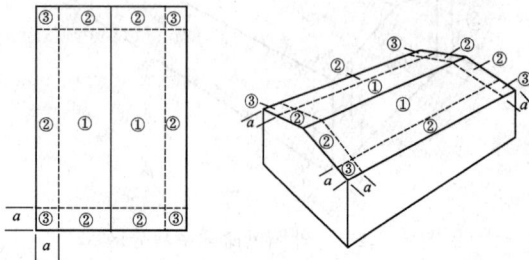

图 4.2.2-4a　双坡屋面和挑檐风荷载系数分区
（0°≤θ≤10°）

表 4.2.2-4d　双坡屋面风荷载系数（风吸力）
（10°≤θ≤30°）

屋面风吸力系数 μ_{w}，用于围护构件和屋面板

分区	有效风荷载面积 A（m²）	封闭式房屋	部分封闭式房屋
角部（3） 边区（2）	$A \leqslant 1$ $1 < A < 10$ $A \geqslant 10$	-2.28 $+0.70\log A$ $-2.28-1.58$	-2.65 $+0.70\log A$ $-2.65-1.95$
中间区（1）	$A \leqslant 1$ $1 < A < 10$ $A \geqslant 10$	-1.08 $+0.10\log A$ $-1.08-0.98$	-1.45 $+0.10\log A$ $-1.45-1.35$

表 4.2.2-4e　双坡屋面风荷载系数（风压力）
（10°≤θ≤30°）

屋顶风压力系数 μ_{w}，用于围护构件和屋面板

分区	有效风荷载面积 A（m²）	封闭式房屋	部分封闭式房屋
各区	$A \leqslant 1$ $1 < A < 10$ $A \geqslant 10$	$+0.68$ $-0.20\log A$ $+0.68+0.48$	$+1.05$ $-0.20\log A$ $+1.05+0.85$

表 4.2.2-4f　挑檐风荷载系数（风吸力）
（10°≤θ≤30°）

挑檐风吸力系数 μ_{w}，用于围护构件和屋面板

分区	有效风荷载面积 A（m²）	封闭或部分封闭房屋
角部（3）	$A \leqslant 1$ $1 < A < 10$ $A \geqslant 10$	-3.70 $+1.20\log A - 3.70$ -2.50
边区（2）	全部面积	-2.20

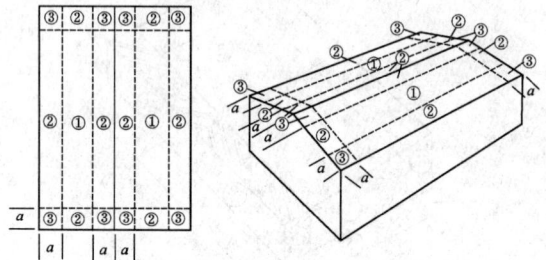

图 4.2.2-4b　双坡屋面和挑檐风荷载系数分区
（10°≤θ≤30°）

表 4.2.2-4g　双坡屋面风荷载系数（风吸力）
（30°≤θ≤45°）

屋面风吸力系数 μ_{w}，用于围护构件和屋面板

分区	有效风荷载面积 A（m²）	封闭式房屋	部分封闭式房屋
角部（3） 边区（2）	$A \leqslant 1$ $1 < A < 10$ $A \geqslant 10$	-1.38 $+0.20\log A$ $-1.38-1.18$	-1.75 $+0.20\log A$ $-1.75-1.55$
中间区（1）	$A \leqslant 1$ $1 < A < 10$ $A \geqslant 10$	-1.18 $+0.20\log A$ $-1.18-0.98$	-1.55 $+0.20\log A$ $-1.55-1.35$

表 4.2.2-4h　双坡屋面风荷载系数（风压力）
（30°≤θ≤45°）

屋面风压力系数 μ_{w}，用于围护构件和屋面板

分区	有效风荷载面积 A（m²）	封闭式房屋	部分封闭式房屋
各区	$A \leqslant 1$ $1 < A < 10$ $A \geqslant 10$	$+1.08$ $-0.10\log A$ $+1.08+0.98$	$+1.45$ $-0.10\log A$ $+1.45+1.35$

表 4.2.2-4i 挑檐风荷载系数（风吸力）
(30°≤θ≤45°)

挑檐风吸力系数 μ_w，用于围护构件和屋面板		
分区	有效风荷载面积 A（m²）	封闭或部分封闭房屋
角部（3） 边区（2）	$A \leqslant 1$ $1 < A < 10$ $A \geqslant 10$	-2.00 $+0.20\log A - 2.00$ -1.80

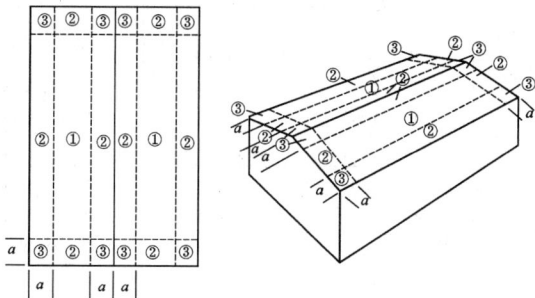

图 4.2.2-4c 双坡屋面和挑檐风荷载系数分区
(30°≤θ≤45°)

表 4.2.2-5a 多跨双坡屋面风荷载系数（风吸力）
(10°<θ≤30°)

屋面风吸力系数 μ_w，用于围护构件和屋面板		
分区	有效风荷载面积 A（m²）	封闭式房屋	部分封闭式房屋
角部 (3)	$A \leqslant 1$ $1 < A < 10$ $A \geqslant 10$	-2.88 $+1.00\log A$ $-2.88-1.88$	-3.25 $+1.00\log A$ $-3.25-2.25$
边区 (2)	$A \leqslant 1$ $1 < A < 10$ $A \geqslant 10$	-2.38 $+0.50\log A$ $-2.38-1.88$	-2.75 $+0.50\log A$ $-2.75-2.25$
中间区 (1)	$A \leqslant 1$ $1 < A < 10$ $A \geqslant 10$	-1.78 $+0.20\log A$ $-1.78-1.58$	-2.15 $+0.20\log A$ $-2.15-1.95$

表 4.2.2-5b 多跨双坡屋面风荷载系数（风压力）
(10°<θ≤30°)

屋面风压力系数 μ_w，用于围护构件和屋面板		
分区	有效风荷载面积 A（m²）	封闭式房屋	部分封闭式房屋
各区	$A \leqslant 1$ $1 < A < 10$ $A \geqslant 10$	$+0.78$ $-0.20\log A$ $+0.78+0.58$	$+1.15$ $-0.20\log A$ $+1.15+0.95$

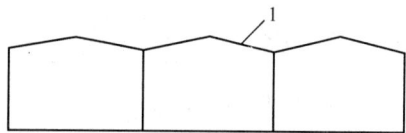

图 4.2.2-5 多跨双坡屋面风荷载系数分区
1—每个双坡屋面分区按图 4.2.2-4c 执行

表 4.2.2-5c 多跨双坡屋面风荷载系数（风吸力）
(30°<θ≤45°)

屋面风吸力系数 μ_w，用于围护构件和屋面板		
分区	有效风荷载面积 A（m²）	封闭式房屋	部分封闭式房屋
角部 (3)	$A \leqslant 1$ $1 < A < 10$ $A \geqslant 10$	-2.78 $+0.90\log A$ $-2.78-1.88$	-3.15 $+0.90\log A$ $-3.15-2.25$
边区 (2)	$A \leqslant 1$ $1 < A < 10$ $A \geqslant 10$	-2.68 $+0.80\log A$ $-2.68-1.88$	-3.05 $+0.80\log A$ $-3.05-2.25$
中间区 (1)	$A \leqslant 1$ $1 < A < 10$ $A \geqslant 10$	-2.18 $+0.90\log A$ $-2.18-1.28$	-2.55 $+0.90\log A$ $-2.55-1.65$

表 4.2.2-5d 多跨双坡屋面风荷载系数（风压力）
(30°<θ≤45°)

屋面风压力系数 μ_w，用于围护构件和屋面板		
分区	有效风荷载面积 A（m²）	封闭式房屋	部分封闭式房屋
各区	$A \leqslant 1$ $1 < A < 10$ $A \geqslant 10$	$+1.18$ $-0.20\log A$ $+1.18+0.98$	$+1.55$ $-0.20\log A$ $+1.55+1.35$

表 4.2.2-6a 单坡屋面风荷载系数（风吸力）
(3°<θ≤10°)

屋面风吸力系数 μ_w，用于围护构件和屋面板		
分区	有效风荷载面积 A（m²）	封闭式房屋	部分封闭式房屋
高区 角部 (3′)	$A \leqslant 1$ $1 < A < 10$ $A \geqslant 10$	-2.78 $+1.0\log A$ $-2.78-1.78$	-3.15 $+1.0\log A$ $-3.15-2.15$
低区 角部 (3)	$A \leqslant 1$ $1 < A < 10$ $A \geqslant 10$	-1.98 $+0.60\log A$ $-1.98-1.38$	-2.35 $+0.60\log A$ $-2.35-1.75$

21—15

续表 4.2.2-6a

屋面风吸力系数 μ_w, 用于围护构件和屋面板			
分区	有效风荷载面积 A（m²）	封闭式房屋	部分封闭式房屋
高区边区(2')	$A \leqslant 1$ $1 < A < 10$ $A \geqslant 10$	-1.78 $+0.10\log A$ $-1.78-1.68$	-2.15 $+0.10\log A$ $-2.15-2.05$
低区边区(2)	$A \leqslant 1$ $1 < A < 10$ $A \geqslant 10$	-1.48 $+0.10\log A$ $-1.48-1.38$	-1.85 $+0.10\log A$ $-1.85-1.75$
中间区(1)	全部面积	-1.28	-1.65

表 4.2.2-6c 单坡屋面风荷载系数（风吸力）
（$10° < \theta \leqslant 30°$）

屋面风吸力系数 μ_w, 用于围护构件和屋面板			
分区	有效风荷载面积 A（m²）	封闭式房屋	部分封闭式房屋
高区角部(3)	$A \leqslant 1$ $1 < A < 10$ $A \geqslant 10$	-3.08 $+0.90\log A$ $-3.08-2.18$	-3.45 $+0.90\log A$ $-3.45-2.55$
边区(2)	$A \leqslant 1$ $1 < A < 10$ $A \geqslant 10$	-1.78 $+0.40\log A$ $-1.78-1.38$	-2.15 $+0.40\log A$ $-2.15-1.75$
中间区(1)	$A \leqslant 1$ $1 < A < 10$ $A \geqslant 10$	-1.48 $+0.20\log A$ $-1.48-1.28$	-1.85 $+0.20\log A$ $-1.85-1.65$

表 4.2.2-6b 单坡屋面风荷载系数（风压力）
（$3° < \theta \leqslant 10°$）

屋面风压力系数 μ_w, 用于围护构件和屋面板			
分区	有效风荷载面积 A（m²）	封闭式房屋	部分封闭式房屋
各区	$A \leqslant 1$ $1 < A < 10$ $A \geqslant 10$	$+0.48$ $-0.10\log A$ $+0.48+0.38$	$+0.85$ $-0.10\log A$ $+0.85+0.75$

表 4.2.2-6d 单坡屋面风荷载系数（风压力）
（$10° < \theta \leqslant 30°$）

屋面风压力系数 μ_w, 用于围护构件和屋面板			
分区	有效风荷载面积 A（m²）	封闭式房屋	部分封闭式房屋
各区	$A \leqslant 1$ $1 < A < 10$ $A \geqslant 10$	$+0.58$ $-0.10\log A$ $+0.58+0.48$	$+0.95$ $-0.10\log A$ $+0.95+0.85$

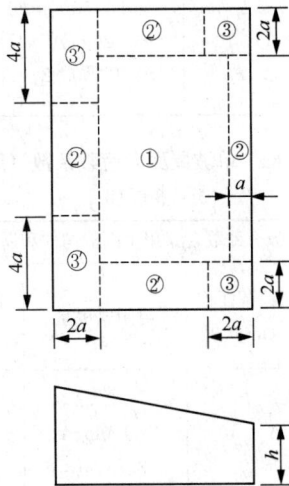

图 4.2.2-6a 单坡屋面风荷载系数分区
（$3° < \theta \leqslant 10°$）

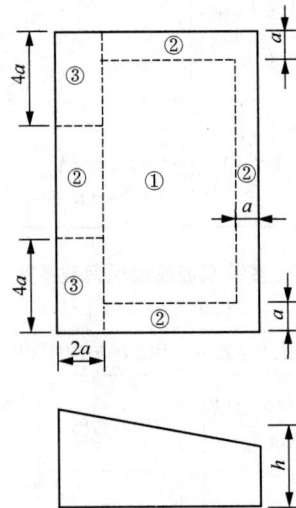

图 4.2.2-6b 单坡屋面风荷载系数分区
（$10° < \theta \leqslant 30°$）

表 4.2.2-7a 锯齿形屋面风荷载系数（风吸力）

锯齿形屋面风吸力系数 μ_w，用于围护构件和屋面板			
分区	有效风荷载面积 A（m²）	封闭式房屋	部分封闭式房屋
第1跨角部（3）	$A \leqslant 1$ $1 < A \leqslant 10$ $10 < A < 50$ $A \geqslant 50$	-4.28 $+0.40\log A - 4.28$ $+2.289\log A$ -6.169 -2.28	-4.65 $+0.40\log A - 4.65$ $+2.289\log$ $A - 6.539$ -2.65
第2、3、4跨角部（3）	$A \leqslant 10$ $10 < A < 50$ $A \geqslant 50$	-2.78 $+1.001\log A$ $-3.781 - 2.08$	-3.15 $+1.001\log A$ $-4.151 - 2.45$
边区（2）	$A \leqslant 1$ $1 < A < 50$ $A \geqslant 50$	-3.38 $+0.942\log A$ $-3.38 - 1.78$	-3.75 $+0.942\log A$ $-3.75 - 2.15$
中间区（1）	$A \leqslant 1$ $1 < A < 50$ $A \geqslant 50$	-2.38 $+0.647\log A$ $-2.38 - 1.28$	-2.75 $+0.647\log A$ $-2.75 - 1.65$

表 4.2.2-7b 锯齿形屋面风荷载系数（风压力）

锯齿形屋面风压力系数 μ_w，用于围护构件和屋面板			
分区	有效风荷载面积 A（m²）	封闭式房屋	部分封闭式房屋
角部（3）	$A \leqslant 1$ $1 < A < 10$ $A \geqslant 10$	$+0.98$ $-0.10\log A$ $+0.98 + 0.88$	$+1.35$ $-0.10\log A$ $+1.35 + 1.25$
边区（2）	$A \leqslant 1$ $1 < A < 10$ $A \geqslant 10$	$+1.28$ $-0.30\log A$ $+1.28 + 0.98$	$+1.65$ $-0.30\log A$ $+1.65 + 1.35$
中间区（1）	$A \leqslant 1$ $1 < A < 50$ $A \geqslant 50$	$+0.88$ $-0.177\log A$ $+0.88 + 0.58$	$+1.25$ $-0.177\log A$ $+1.25 + 0.95$

4.2.3 门式刚架轻型房屋构件的有效风荷载面积（A）可按下式计算：

$$A = lc \qquad (4.2.3)$$

式中：l ——所考虑构件的跨度（m）；

c ——所考虑构件的受风宽度（m），应大于（$a+b$）/2 或 $l/3$；a、b 分别为所考虑构件（墙架柱、墙梁、檩条等）在左、右侧或上、下侧与相邻构件间的距离；无确定宽度的外墙和其他板式构件采用 $c = l/3$。

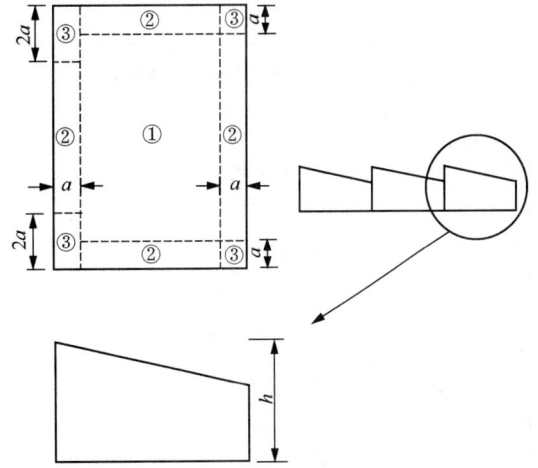

图 4.2.2-7 锯齿形屋面风荷载系数分区

4.3 屋面雪荷载

4.3.1 门式刚架轻型房屋钢结构屋面水平投影面上的雪荷载标准值，应按下式计算：

$$S_k = \mu_r S_0 \qquad (4.3.1)$$

式中：S_k ——雪荷载标准值（kN/m²）；

μ_r ——屋面积雪分布系数；

S_0 ——基本雪压（kN/m²），按现行国家标准《建筑结构荷载规范》GB 50009 规定的 100 年重现期的雪压采用。

4.3.2 单坡、双坡、多坡房屋的屋面积雪分布系数应按表 4.3.2 采用。

表 4.3.2 屋面积雪分布系数

项次	类别	屋面形式及积雪分布系数 μ_r							
1	单跨单坡屋面								
		θ	≤25°	30°	35°	40°	45°	50°	55°	≥60°
		μ_r	1.00	0.85	0.70	0.55	0.40	0.25	0.10	0
2	单跨双坡屋面	均匀分布的情况 μ_r 不均匀分布的情况 $0.75\mu_r$　$1.25\mu_r$ μ_r 按第 1 项规定采用							

续表 4.3.2

项次	类别	屋面形式及积雪分布系数 μ_r
3	双跨双坡屋面	均匀分布情况 1.0 不均匀分布情况1 1.4 μ_r　　　　μ_r 不均匀分布情况2 2.0 μ_r　　　　μ_r θ L　　L μ_r 按第1项规定采用

注：1 对于双跨双坡屋面，当屋面坡度不大于 1/20 时，内屋面可不考虑表中第 3 项规定的不均匀分布的情况，即表中的雪分布系数 1.4 及 2.0 均按 1.0 考虑。

2 多跨屋面的积雪分布系数，可按第 3 项的规定采用。

4.3.3 当高低屋面及相邻房屋屋面高低满足 $(h_r - h_b)/h_b$ 大于 0.2 时，应按下列规定考虑雪堆积和漂移：

1 高低屋面应考虑低跨屋面雪堆积分布（图 4.3.3-1）；

2 当相邻房屋的间距 s 小于 6m 时，应考虑低屋面雪堆积分布（图 4.3.3-2）；

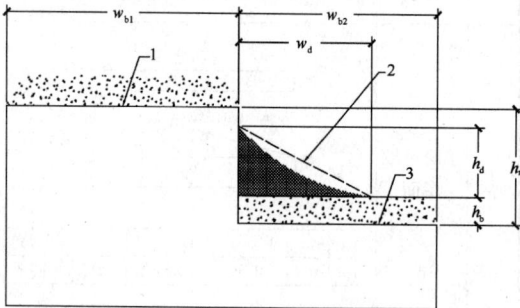

图 4.3.3-1　高低屋面低屋面雪堆积分布示意
1—高屋面；2—积雪区；3—低屋面

3 当高屋面坡度 θ 大于 10°且未采取防止雪下滑的措施时，应考虑高屋面的雪漂移，积雪高度应增加 40%，但最大取 $h_r - h_b$；当相邻房屋的间距大于 h_r 或 6m 时，不考虑高屋面的雪漂移（图 4.3.3-3）；

4 当屋面突出物的水平长度大于 4.5m 时，应考虑屋面雪堆积分布（图 4.3.3-4）；

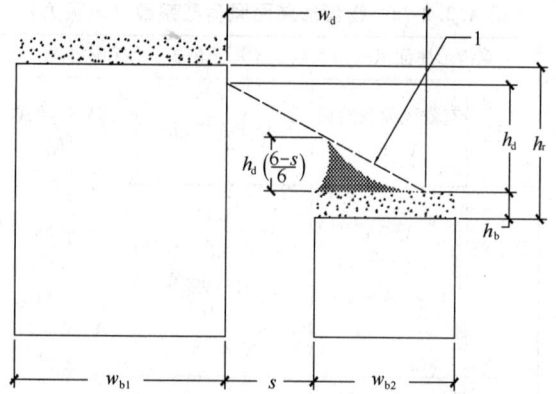

图 4.3.3-2　相邻房屋低屋面雪堆积分布示意
1—积雪区

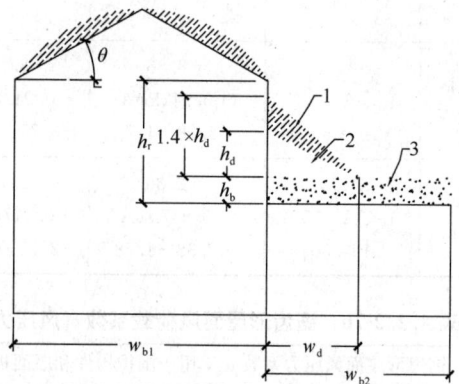

图 4.3.3-3　高屋面雪漂移低屋面雪堆积分布示意
1—漂移积雪；2—积雪区；3—屋面雪载

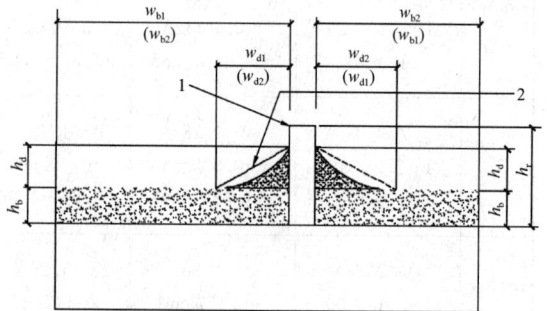

图 4.3.3-4　屋面有突出物雪堆积分布示意
1—屋面突出物；2—积雪区

5 积雪堆积高度 h_d 应按下列公式计算，取两式计算高度的较大值：

$$h_d = 0.416 \sqrt[3]{w_{b1}} \sqrt[4]{S_0 + 0.479} - 0.457 \leqslant h_r - h_b$$
(4.3.3-1)

$$h_d = 0.208 \sqrt[3]{w_{b2}} \sqrt[4]{S_0 + 0.479} - 0.457 \leqslant h_r - h_b$$
(4.3.3-2)

式中： h_d ——积雪堆积高度（m）；

h_r ——高低屋面的高差（m）；

h_b ——按屋面基本雪压确定的雪荷载高度（m）， $h_b = \dfrac{100S_0}{\rho}$ ， ρ 为积雪平均密度（kg/m³）；

w_{b1} 、 w_{b2} ——屋面长（宽）度（m），最小取7.5m。

6 积雪堆积长度 w_d 应按下列规定确定：

当 $h_d \leqslant h_r - h_b$ 时， $w_d = 4h_d$ （4.3.3-3）

当 $h_d > h_r - h_b$ 时， $w_d = 4h_d^2/(h_r - h_b) \leqslant 8(h_r - h_b)$

（4.3.3-4）

7 堆积雪荷载的最高点荷载值 S_{max} 应按下式计算：

$$S_{max} = h_d \times \rho \quad (4.3.3\text{-}5)$$

4.3.4 各地区积雪的平均密度 ρ 应符合下列规定：

1 东北及新疆北部地区取 180kg/m³；

2 华北及西北地区取 160kg/m³，其中青海取150kg/m³；

3 淮河、秦岭以南地区一般取 180kg/m³，其中江西、浙江取 230kg/m³。

4.3.5 设计时应按下列规定采用积雪的分布情况：

1 屋面板和檩条按积雪不均匀分布的最不利情况采用；

2 刚架斜梁按全跨积雪的均匀分布、不均匀分布和半跨积雪的均匀分布，按最不利情况采用；

3 刚架杜可按全跨积雪的均匀分布情况采用。

4.4 地震作用

4.4.1 门式刚架轻型房屋钢结构的抗震设防类别和抗震设防标准，应按现行国家标准《建筑工程抗震设防分类标准》GB 50223 的规定采用。

4.4.2 门式刚架轻型房屋钢结构应按下列原则考虑地震作用：

1 一般情况下，按房屋的两个主轴方向分别计算水平地震作用；

2 质量与刚度分布明显不对称的结构，应计算双向水平地震作用并计入扭转的影响；

3 抗震设防烈度为 8 度、9 度时，应计算竖向地震作用，可分别取该结构重力荷载代表值的 10% 和 20%，设计基本地震加速度为 0.30g 时，可取该结构重力荷载代表值的 15%；

4 计算地震作用时尚应考虑墙体对地震作用的影响。

4.5 荷载组合和地震作用组合的效应

4.5.1 荷载组合应符合下列原则：

1 屋面均布活荷载不与雪荷载同时考虑，应取

两者中的较大值；

2 积灰荷载与雪荷载或屋面均布活荷载中的较大值同时考虑；

3 施工或检修集中荷载不与屋面材料或檩条自重以外的其他荷载同时考虑；

4 多台吊车的组合应符合现行国家标准《建筑结构荷载规范》GB 50009 的规定；

5 风荷载不与地震作用同时考虑。

4.5.2 持久设计状况和短暂设计状况下，当荷载与荷载效应按线性关系考虑时，荷载基本组合的效应设计值应按下式确定：

$$S_d = \gamma_G S_{Gk} + \psi_Q \gamma_Q S_{Qk} + \psi_w \gamma_w S_{wk} \quad (4.5.2)$$

式中： S_d ——荷载组合的效应设计值；

γ_G ——永久荷载分项系数；

γ_Q ——竖向可变荷载分项系数；

γ_w ——风荷载分项系数；

S_{Gk} ——永久荷载效应标准值；

S_{Qk} ——竖向可变荷载效应标准值；

S_{wk} ——风荷载效应标准值；

ψ_Q 、 ψ_w ——分别为可变荷载组合值系数和风荷载组合值系数，当永久荷载效应起控制作用时应分别取 0.7 和 0；当可变荷载效应起控制作用时应分别取 1.0 和 0.6 或 0.7 和 1.0。

4.5.3 持久设计状况和短暂设计状况下，荷载基本组合的分项系数应按下列规定采用：

1 永久荷载的分项系数 γ_G ：当其效应对结构承载力不利时，对由可变荷载效应控制的组合应取1.2，对由永久荷载效应控制的组合应取 1.35；当其效应对结构承载力有利时，应取 1.0；

2 竖向可变荷载的分项系数 γ_Q 应取 1.4；

3 风荷载分项系数 γ_w 应取 1.4。

4.5.4 地震设计状况下，当作用与作用效应按线性关系考虑时，荷载与地震作用基本组合效应设计值应按下式确定：

$$S_E = \gamma_G S_{GE} + \gamma_{Eh} S_{Ehk} + \gamma_{Ev} S_{Evk} \quad (4.5.4)$$

式中： S_E ——荷载和地震效应组合的效应设计值；

S_{GE} ——重力荷载代表值的效应；

S_{Ehk} ——水平地震作用标准值的效应；

S_{Evk} ——竖向地震作用标准值的效应；

γ_G ——重力荷载分项系数；

γ_{Eh} ——水平地震作用分项系数；

γ_{Ev} ——竖向地震作用分项系数。

4.5.5 地震设计状况下，荷载和地震作用基本组合的分项系数应按表 4.5.5 采用。当重力荷载效应对结构的承载力有利时，表 4.5.5 中 γ_G 不应大于 1.0。

表 4.5.5　地震设计状况时荷载和作用的分项系数

参与组合的荷载和作用	γ_G	γ_{Eh}	γ_{Ev}	说明
重力荷载及水平地震作用	1.2	1.3	—	
重力荷载及竖向地震作用	1.2	—	1.3	8度、9度抗震设计时考虑
重力荷载、水平地震及竖向地震作用	1.2	1.3	0.5	8度、9度抗震设计时考虑

5　结构形式和布置

5.1　结构形式

5.1.1　在门式刚架轻型房屋钢结构体系中，屋盖宜采用压型钢板屋面板和冷弯薄壁型钢檩条，主刚架可采用变截面实腹刚架，外墙宜采用压型钢板墙面板和冷弯薄壁型钢墙梁。主刚架斜梁下翼缘和刚架柱内翼缘平面外的稳定性，应由隅撑保证。主刚架间的交叉支撑可采用张紧的圆钢、钢索或型钢等。

5.1.2　门式刚架分为单跨（图 5.1.2a）、双跨（图 5.1.2b）、多跨（图 5.1.2c）刚架以及带挑檐的（图 5.1.2d）和带毗屋的（图 5.1.2e）刚架等形式。多跨刚架中间柱与斜梁的连接可采用铰接。多跨刚架宜采用双坡或单坡屋盖（图 5.1.2f），也可采用由多个双坡屋盖组成的多跨刚架形式。

　当设置夹层时，夹层可沿纵向设置（图 5.1.2g）或在横向端跨设置（图 5.1.2h）。夹层与柱的连接可采用刚性连接或铰接。

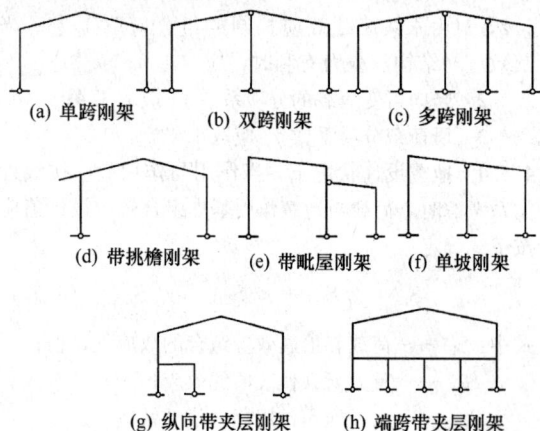

(a) 单跨刚架　　(b) 双跨刚架　　(c) 多跨刚架

(d) 带挑檐刚架　(e) 带毗屋刚架　(f) 单坡刚架

(g) 纵向带夹层刚架　　(h) 端跨带夹层刚架

图 5.1.2　门式刚架形式示例

5.1.3　根据跨度、高度和荷载不同，门式刚架的梁、柱可采用变截面或等截面实腹焊接工字形截面或轧制H形截面。设有桥式吊车时，柱宜采用等截面构件。变截面构件宜做成改变腹板高度的楔形；必要时也可改变腹板厚度。结构构件在制作单元内不宜改变翼缘截面，当必要时，仅可改变翼缘厚度；邻接的制作单

元可采用不同的翼缘截面，两单元相邻截面高度宜相等。

5.1.4　门式刚架的柱脚宜按铰接支承设计。当用于工业厂房且有 5t 以上桥式吊车时，可将柱脚设计成刚接。

5.1.5　门式刚架可由多个梁、柱单元构件组成。柱宜为单独的单元构件，斜梁可根据运输条件划分为若干个单元。单元构件本身应采用焊接，单元构件之间宜通过端板采用高强度螺栓连接。

5.2　结构布置

5.2.1　门式刚架轻型房屋钢结构的尺寸应符合下列规定：

　1　门式刚架的跨度，应取横向刚架柱轴线间的距离。

　2　门式刚架的高度，应取室外地面至柱轴线与斜梁轴线交点的高度。高度应根据使用要求的室内净高确定，有吊车的厂房应根据轨顶标高和吊车净空要求确定。

　3　柱的轴线可取通过柱下端（较小端）中心的竖向轴线。斜梁的轴线可取通过变截面梁段最小端中心与斜梁上表面平行的轴线。

　4　门式刚架轻型房屋的檐口高度，应取室外地面至房屋外侧檩条上缘的高度。门式刚架轻型房屋的最大高度，应取室外地面至屋盖顶部檩条上缘的高度。门式刚架轻型房屋的宽度，应取房屋侧墙墙梁外皮之间的距离。门式刚架轻型房屋的长度，应取两端山墙墙梁外皮之间的距离。

5.2.2　门式刚架的单跨跨度宜为 12m～48m。当有根据时，可采用更大跨度。当边柱宽度不等时，其外侧应对齐。门式刚架的间距，即柱网轴线在纵向的距离宜为 6m～9m，挑檐长度可根据使用要求确定，宜为 0.5m～1.2m，其上翼缘坡度宜与斜梁坡度相同。

5.2.3　门式刚架轻型房屋的屋面坡度宜取 1/8～1/20，在雨水较多的地区宜取其中的较大值。

5.2.4　门式刚架轻型房屋钢结构的温度区段长度，应符合下列规定：

　1　纵向温度区段不宜大于 300m；

　2　横向温度区段不宜大于 150m，当横向温度区段大于 150m 时，应考虑温度的影响；

　3　当有可靠依据时，温度区段长度可适当加大。

5.2.5　需要设置伸缩缝时，应符合下列规定：

　1　在搭接檩条的螺栓连接处宜采用长圆孔，该处屋面板在构造上应允许胀缩或设置双柱；

　2　吊车梁与柱的连接处宜采用长圆孔。

5.2.6　在多跨刚架局部抽掉中间柱或边柱处，宜布置托梁或托架。

5.2.7　屋面檩条的布置，应考虑天窗、通风屋脊、采光带、屋面材料、檩条供货规格等因素的影响。屋

面压型钢板厚度和檩条间距应按计算确定。

5.2.8 山墙可设置由斜梁、抗风柱、墙梁及其支撑组成的山墙墙架，或采用门式刚架。

5.2.9 房屋的纵向应有明确、可靠的传力体系。当某一柱列纵向刚度和强度较弱时，应通过房屋横向水平支撑，将水平力传递至相邻柱列。

5.3 墙架布置

5.3.1 门式刚架轻型房屋钢结构侧墙墙梁的布置，应考虑设置门窗、挑檐、遮阳和雨篷等构件和围护材料的要求。

5.3.2 门式刚架轻型房屋钢结构的侧墙，当采用压型钢板作围护时，墙梁宜布置在刚架柱的外侧，其间距应随墙板板型和规格确定，且不应大于计算要求的间距。

5.3.3 门式刚架轻型房屋的外墙，当抗震设防烈度在 8 度及以下时，宜采用轻型金属墙板或非嵌砌砌体；当抗震设防烈度为 9 度时，应采用轻型金属墙板或与柱柔性连接的轻质墙板。

6 结构计算分析

6.1 门式刚架的计算

6.1.1 门式刚架应按弹性分析方法计算。

6.1.2 门式刚架不宜考虑应力蒙皮效应，可按平面结构分析内力。

6.1.3 当未设置柱间支撑时，柱脚应设计成刚接，柱应按双向受力进行设计计算。

6.1.4 当采用二阶弹性分析时，应施加假想水平荷载。假想水平荷载应取竖向荷载设计值的 0.5%，分别施加在竖向荷载的作用处。假想荷载的方向与风荷载或地震作用的方向相同。

6.2 地震作用分析

6.2.1 计算门式刚架地震作用时，其阻尼比取值应符合下列规定：

　　1 封闭式房屋可取 0.05；

　　2 敞开式房屋可取 0.035；

　　3 其余房屋应按外墙面积开孔率插值计算。

6.2.2 单跨房屋、多跨等高房屋可采用基底剪力法进行横向刚架的水平地震作用计算，不等高房屋可按振型分解反应谱法计算。

6.2.3 有吊车厂房，在计算地震作用时，应考虑吊车自重，平均分配于两牛腿处。

6.2.4 当采用砌体墙做围护墙体时，砌体墙的质量应沿高度分配到不少于两个质量集中点作为钢柱的附加质量，参与刚架横向的水平地震作用计算。

6.2.5 纵向柱列的地震作用采用基底剪力法计算时，应保证每一集中质量处，均能将按高度和质量大小分配的地震力传递到纵向支撑或纵向框架。

6.2.6 当房屋的纵向长度不大于横向宽度的 1.5 倍，且纵向和横向均有高低跨，宜按整体空间刚架模型对纵向支撑体系进行计算。

6.2.7 门式刚架可不进行强柱弱梁的验算。在梁柱采用端板连接或梁柱节点处是梁柱下翼缘圆弧过渡时，也可不进行强节点弱杆件的验算。其他情况下，应进行强节点弱杆件计算，计算方法应按现行国家标准《建筑抗震设计规范》GB 50011 的规定执行。

6.2.8 门式刚架轻型房屋带夹层时，夹层的纵向抗震设计可单独进行，对内侧柱列的纵向地震作用应乘以增大系数 1.2。

6.3 温度作用分析

6.3.1 当房屋总宽度或总长度超出本规范第 5.2.4 条规定的温度区段最大长度时，应采取释放温度应力的措施或计算温度作用效应。

6.3.2 计算温度作用效应时，基本气温应按现行国家标准《建筑结构荷载规范》GB 50009 的规定采用。温度作用效应的分项系数宜采用 1.4。

6.3.3 房屋纵向结构采用全螺栓连接时，可对温度作用效应进行折减，折减系数可取 0.35。

7 构件设计

7.1 刚架构件计算

7.1.1 板件屈曲后强度利用应符合下列规定：

　　1 当工字形截面构件腹板受弯及受压板幅利用屈曲后强度时，应按有效宽度计算截面特性。受压区有效宽度应按下式计算：

$$h_e = \rho h_c \qquad (7.1.1\text{-}1)$$

式中：h_e ——腹板受压区有效宽度（mm）

　　　　h_c ——腹板受压区宽度（mm）；

　　　　ρ ——有效宽度系数，$\rho > 1.0$ 时，取 1.0。

　　2 有效宽度系数 ρ 应按下列公式计算。

$$\rho = \frac{1}{(0.243 + \lambda_p^{1.25})^{0.9}} \qquad (7.1.1\text{-}2)$$

$$\lambda_p = \frac{h_w/t_w}{28.1\sqrt{k_\sigma}\sqrt{235/f_y}} \qquad (7.1.1\text{-}3)$$

$$k_\sigma = \frac{16}{\sqrt{(1+\beta)^2 + 0.112(1-\beta)^2} + (1+\beta)}$$
$$(7.1.1\text{-}4)$$

$$\beta = \sigma_2/\sigma_1 \qquad (7.1.1\text{-}5)$$

式中：λ_p ——与板件受弯、受压有关的参数，当 $\sigma_1 < f$ 时，计算 λ_p 可用 $\gamma_R \sigma_1$ 代替式（7.1.1-3）中的 f_y，γ_R 为抗力分项系数，对 Q235 和 Q345 钢，γ_R 取 1.1；

h_w ——腹板的高度（mm），对楔形腹板取板幅平均高度；

t_w ——腹板的厚度（mm）；

k_σ ——杆件在正应力作用下的屈曲系数；

β ——截面边缘正应力比值（图7.1.1），$-1 \leqslant \beta \leqslant 1$；

σ_1、σ_2 ——分别为板边最大和最小应力，且 $|\sigma_2| \leqslant |\sigma_1|$。

3 腹板有效宽度 h_e 应按下列规则分布（图 7.1.1）：

当截面全部受压，即 $\beta \geqslant 0$ 时

$$h_{e1} = 2h_e/(5-\beta) \qquad (7.1.1-6)$$

$$h_{e2} = h_e - h_{e1} \qquad (7.1.1-7)$$

当截面部分受拉，即 $\beta < 0$ 时

$$h_{e1} = 0.4h_e \qquad (7.1.1-8)$$

$$h_{e2} = 0.6h_e \qquad (7.1.1-9)$$

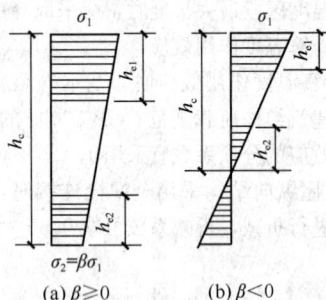

图 7.1.1 腹板有效宽度的分布

4 工字形截面构件腹板的受剪板幅，考虑屈曲后强度时，应设置横向加劲肋，板幅的长度与板幅范围内的大端截面高度相比不应大于 3。

5 腹板高度变化的区格，考虑屈曲后强度，其受剪承载力设计值应按下列公式计算：

$$V_d = \chi_{tap}\varphi_{ps}h_{w1}t_w f_v \leqslant h_{w0}t_w f_v \qquad (7.1.1-10)$$

$$\varphi_{ps} = \frac{1}{(0.51+\lambda_s^{3.2})^{1/2.6}} \leqslant 1.0 \qquad (7.1.1-11)$$

$$\chi_{tap} = 1 - 0.35\alpha^{0.2}\gamma_p^{2/3} \qquad (7.1.1-12)$$

$$\gamma_p = \frac{h_{w1}}{h_{w0}} - 1 \qquad (7.1.1-13)$$

$$\alpha = \frac{a}{h_{w1}} \qquad (7.1.1-14)$$

式中：f_v ——钢材抗剪强度设计值（N/mm²）；

h_{w1}、h_{w0} ——楔形腹板大端和小端腹板高度（mm）；

t_w ——腹板的厚度（mm）；

λ_s ——与板件受剪有关的参数，按本条第6款的规定采用；

χ_{tap} ——腹板屈曲后抗剪强度的楔率折减系数；

γ_p ——腹板区格的楔率；

α ——区格的长度与高度之比；

a ——加劲肋间距（mm）。

6 参数 λ_s 应按下列公式计算：

$$\lambda_s = \frac{h_{w1}/t_w}{37\sqrt{k_\tau}\sqrt{235/f_y}} \qquad (7.1.1-15)$$

当 $a/h_{w1} < 1$ 时 $k_\tau = 4 + 5.34/(a/h_{w1})^2$

$$(7.1.1-16)$$

当 $a/h_{w1} \geqslant 1$ 时 $k_\tau = \eta_s[5.34 + 4/(a/h_{w1})^2]$

$$(7.1.1-17)$$

$$\eta_s = 1 - \omega_1\sqrt{\gamma_p} \qquad (7.1.1-18)$$

$$\omega_1 = 0.41 - 0.897\alpha + 0.363\alpha^2 - 0.041\alpha^3$$

$$(7.1.1-19)$$

式中：k_τ ——受剪板件的屈曲系数；当不设横向加劲肋时，取 $k_\tau = 5.34\eta_s$。

7.1.2 刚架构件的强度计算和加劲肋设置应符合下列规定：

1 工字形截面受弯构件在剪力 V 和弯矩 M 共同作用下的强度，应满足下列公式要求：

当 $V \leqslant 0.5V_d$ 时

$$M \leqslant M_e \qquad (7.1.2-1)$$

当 $0.5V_d < V \leqslant V_d$ 时

$$M \leqslant M_f + (M_e - M_f)\left[1 - \left(\frac{V}{0.5V_d} - 1\right)^2\right]$$

$$(7.1.2-2)$$

当截面为双轴对称时

$$M_f = A_f(h_w + t_f)f \qquad (7.1.2-3)$$

式中：M_f ——两翼缘所承担的弯矩（N·mm）；

M_e ——构件有效截面所承担的弯矩（N·mm），$M_e = W_e f$；

W_e ——构件有效截面最大受压纤维的截面模量（mm³）；

A_f ——构件翼缘的截面面积（mm²）；

h_w ——计算截面的腹板高度（mm）；

t_f ——计算截面的翼缘厚度（mm）；

V_d ——腹板受剪承载力设计值（N），按本规范式（7.1.1-10）计算。

2 工字形截面压弯构件在剪力 V、弯矩 M 和轴压力 N 共同作用下的强度，应满足下列公式要求：

当 $V \leqslant 0.5V_d$ 时

$$\frac{N}{A_e} + \frac{M}{W_e} \leqslant f \qquad (7.1.2-4)$$

当 $0.5V_d \leqslant V < V_d$ 时

$$M \leqslant M_f^N + (M_e^N - M_f^N)\left[1 - \left(\frac{V}{0.5V_d} - 1\right)^2\right]$$

$$(7.1.2-5)$$

$$M_e^N = M_e - NW_e/A_e \qquad (7.1.2-6)$$

当截面为双轴对称时

$$M_f^N = A_f(h_w + t)(f - N/A_e) \qquad (7.1.2-7)$$

式中：A_e ——有效截面面积（mm²）；

M_f^N ——兼承压力 N 时两翼缘所能承受的弯矩（N·mm）。

3 梁腹板应在与中柱连接处、较大集中荷载作用处和翼缘转折处设置横向加劲肋，并符合下列规定：

1) 梁腹板利用屈曲后强度时，其中间加劲肋除承受集中荷载和翼缘转折产生的压力外，尚应承受拉力场产生的压力。该压力应按下列公式计算：

$$N_s = V - 0.9\varphi_s h_w t_w f_v \qquad (7.1.2\text{-}8)$$

$$\varphi_s = \frac{1}{\sqrt[3]{0.738 + \lambda_s^6}} \qquad (7.1.2\text{-}9)$$

式中：N_s——拉力场产生的压力（N）；

V——梁受剪承载力设计值（N）；

φ_s——腹板剪切屈曲稳定系数，$\varphi_s \leqslant 1.0$；

λ_s——腹板剪切屈曲通用高厚比，按本规范式（7.1.1-15）计算；

h_w——腹板的高度（mm）；

t_w——腹板的厚度（mm）。

2) 当验算加劲肋稳定性时，其截面应包括每侧 $15t_w \sqrt{235/f_y}$ 宽度范围内的腹板面积，计算长度取 h_w。

4 小端截面应验算轴力、弯矩和剪力共同作用下的强度。

7.1.3 变截面柱在刚架平面内的稳定应按下列公式计算：

$$\frac{N_1}{\eta_t \varphi_x A_{e1}} + \frac{\beta_{mx} M_1}{(1 - N_1/N_{cr})W_{e1}} \leqslant f \qquad (7.1.3\text{-}1)$$

$$N_{cr} = \pi^2 E A_{e1} / \lambda_1^2 \qquad (7.1.3\text{-}2)$$

当 $\bar{\lambda}_1 \geqslant 1.2$ 时 $\eta_t = 1 \qquad (7.1.3\text{-}3)$

当 $\bar{\lambda}_1 < 1.2$ 时 $\eta_t = \dfrac{A_0}{A_1} + \left(1 - \dfrac{A_0}{A_1}\right) \times \dfrac{\bar{\lambda}_1^2}{1.44}$

$$(7.1.3\text{-}4)$$

$$\lambda_1 = \frac{\mu H}{i_{x1}} \qquad (7.1.3\text{-}5)$$

$$\bar{\lambda}_1 = \frac{\lambda_1}{\pi} \sqrt{\frac{E}{f_y}} \qquad (7.1.3\text{-}6)$$

式中：N_1——大端的轴向压力设计值（N）；

M_1——大端的弯矩设计值（N·mm）；

A_{e1}——大端的有效截面面积（mm²）；

W_{e1}——大端有效截面最大受压纤维的截面模量（mm³）；

φ_x——杆件轴心受压稳定系数，楔形柱按本规范附录 A 规定的计算长度系数由现行国家标准《钢结构设计规范》GB 50017 查得，计算长细比时取大端截面的回转半径；

β_{mx}——等效弯矩系数，有侧移刚架柱的等效弯矩系数 β_{mx} 取 1.0；

N_{cr}——欧拉临界力（N）；

λ_1——按大端截面计算的，考虑计算长度系数的长细比；

$\bar{\lambda}_1$——通用长细比；

i_{x1}——大端截面绕强轴的回转半径（mm）；

μ——柱计算长度系数，按本规范附录 A 计算；

H——柱高（mm）；

A_0、A_1——小端和大端截面的毛截面面积（mm²）；

E——柱钢材的弹性模量（N/mm²）；

f_y——柱钢材的屈服强度值（N/mm²）。

注：当柱的最大弯矩不出现在大端时，M_1 和 W_{e1} 分别取最大弯矩和该弯矩所在截面的有效截面模量。

7.1.4 变截面刚架梁的稳定性应符合下列规定：

1 承受线性变化弯矩的楔形变截面梁段的稳定性，应按下列公式计算：

$$\frac{M_1}{\gamma_x \varphi_b W_{x1}} \leqslant f \qquad (7.1.4\text{-}1)$$

$$\varphi_b = \frac{1}{(1 - \lambda_{b0}^{2n} + \lambda_b^{2n})^{1/n}} \qquad (7.1.4\text{-}2)$$

$$\lambda_{b0} = \frac{0.55 - 0.25k_\sigma}{(1+\gamma)^{0.2}} \qquad (7.1.4\text{-}3)$$

$$n = \frac{1.51}{\lambda_b^{0.1}} \sqrt[3]{\frac{b_1}{h_1}} \qquad (7.1.4\text{-}4)$$

$$k_\sigma = k_M \frac{W_{x1}}{W_{x0}} \qquad (7.1.4\text{-}5)$$

$$\lambda_b = \sqrt{\frac{\gamma_x W_{x1} f_y}{M_{cr}}} \qquad (7.1.4\text{-}6)$$

$$k_M = \frac{M_0}{M_1} \qquad (7.1.4\text{-}7)$$

$$\gamma = (h_1 - h_0)/h_0 \qquad (7.1.4\text{-}8)$$

式中：φ_b——楔形变截面梁段的整体稳定系数，$\varphi_b \leqslant 1.0$；

k_σ——小端截面压应力除以大端截面压应力得到的比值；

k_M——弯矩比，为较小弯矩除以较大弯矩；

λ_b——梁的通用长细比；

γ_x——截面塑性开展系数，按现行国家标准《钢结构设计规范》GB 50017 的规定取值；

M_{cr}——楔形变截面梁弹性屈曲临界弯矩（N·mm），按本条第 2 款计算；

b_1、h_1——弯矩较大截面的受压翼缘宽度和上、下翼缘中面之间的距离（mm）；

W_{x1}——弯矩较大截面受压边缘的截面模量（mm³）；

γ——变截面梁楔率；

h_0——小端截面上、下翼缘中面之间的距离（mm）；

M_0——小端弯矩（N·mm）；

M_1——大端弯矩（N·mm）。

2 弹性屈曲临界弯矩应按下列公式计算：

$$M_{cr} = C_1 \frac{\pi^2 EI_y}{L^2}\left[\beta_{x\eta} + \sqrt{\beta_{x\eta}^2 + \frac{I_{\omega\eta}}{I_y}\left(1 + \frac{GJ_\eta L^2}{\pi^2 EI_{\omega\eta}}\right)}\right]$$
$$(7.1.4-9)$$

$$C_1 = 0.46k_M^2\eta_i^{0.346} - 1.32k_M\eta_i^{0.132} + 1.86\eta_i^{0.023}$$
$$(7.1.4-10)$$

$$\beta_{x\eta} = 0.45(1+\gamma\eta)h_0\frac{I_{yT}-I_{yB}}{I_y}$$
$$(7.1.4-11)$$

$$\eta = 0.55 + 0.04(1-k_\sigma)\sqrt[3]{\eta_i}$$
$$(7.1.4-12)$$

$$I_{\omega\eta} = I_{\omega0}(1+\gamma\eta)^2 \quad (7.1.4-13)$$
$$I_{\omega0} = I_{yT}h_{sT0}^2 + I_{yB}h_{sB0}^2 \quad (7.1.4-14)$$
$$J_\eta = J_0 + \frac{1}{3}\gamma\eta(h_0 - t_f)t_w^3 \quad (7.1.4-15)$$

$$\eta_i = \frac{I_{yB}}{I_{yT}} \quad (7.1.4-16)$$

式中：C_1——等效弯矩系数，$C_1 \leqslant 2.75$；

η_i——惯性矩比；

I_{yT}、I_{yB}——弯矩最大截面受压翼缘和受拉翼缘绕弱轴的惯性矩（mm^4）；

$\beta_{x\eta}$——截面不对称系数；

I_y——变截面梁绕弱轴惯性矩（mm^4）；

$I_{\omega\eta}$——变截面梁的等效翘曲惯性矩（mm^4）；

$I_{\omega0}$——小端截面的翘曲惯性矩（mm^4）；

J_η——变截面梁等效圣维南扭转常数；

J_0——小端截面自由扭转常数；

h_{sT0}、h_{sB0}——分别是小端截面上、下翼缘的中面到剪切中心的距离（mm）；

t_f——翼缘厚度（mm）；

t_w——腹板厚度（mm）；

L——梁段平面外计算长度（mm）。

7.1.5 变截面柱的平面外稳定应分段按下列公式计算，当不能满足时，应设置侧向支撑或隔撑，并验算每段的平面外稳定。

$$\frac{N_1}{\eta_{ty}\varphi_y A_{e1}f} + \left(\frac{M_1}{\varphi_b \gamma_x W_{e1}f}\right)^{1.3-0.3k_\sigma} \leqslant 1$$
$$(7.1.5-1)$$

$$\text{当 } \bar{\lambda}_{1y} \geqslant 1.3 \text{ 时 } \eta_{ty} = 1 \quad (7.1.5-2)$$

$$\text{当 } \bar{\lambda}_{1y} < 1.3 \text{ 时 } \eta_y = \frac{A_0}{A_1} + \left(1 - \frac{A_0}{A_1}\right) \times \frac{\bar{\lambda}_{1y}^2}{1.69}$$
$$(7.1.5-3)$$

$$\bar{\lambda}_{1y} = \frac{\lambda_{1y}}{\pi}\sqrt{\frac{f_y}{E}} \quad (7.1.5-4)$$

$$\lambda_{1y} = \frac{L}{i_{y1}} \quad (7.1.5-5)$$

式中：$\bar{\lambda}_{1y}$——绕弱轴的通用长细比；

λ_{1y}——绕弱轴的长细比；

i_{y1}——大端截面绕弱轴的回转半径（mm）；

φ_y——轴心受压构件弯矩作用平面外的稳定

系数，以大端为准，按现行国家标准《钢结构设计规范》GB 50017 的规定采用，计算长度取纵向柱间支撑点间的距离；

N_1——所计算构件段大端截面的轴压力（N）；

M_1——所计算构件段大端截面的弯矩（N·mm）；

φ_b——稳定系数，按本规范第 7.1.4 条计算。

7.1.6 斜梁和隔撑的设计，应符合下列规定：

1 实腹式刚架斜梁在平面内可按压弯构件计算强度，在平面外应按压弯构件计算稳定。

2 实腹式刚架斜梁的平面外计算长度，应取侧向支承点间的距离；当斜梁两翼缘侧向支承点间的距离不等时，应取最大受压翼缘侧向支承点间的距离。

3 当实腹式刚架斜梁的下翼缘受压时，支承在屋面斜梁上翼缘的檩条，不能单独作为屋面斜梁的侧向支承。

4 屋面斜梁和檩条之间设置的隔撑满足下列条件时，下翼缘受压的屋面斜梁的平面外计算长度可考虑隔撑的作用：

1）在屋面斜梁的两侧均设置隔撑（图 7.1.6）；

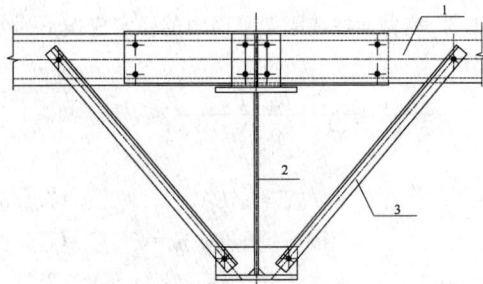

图 7.1.6 屋面斜梁的隔撑
1—檩条；2—钢梁；3—隔撑

2）隔撑的上支承点的位置不低于檩条形心线；

3）符合对隔撑的设计要求。

5 隔撑单面布置时，应考虑隔撑作为檩条的实际支座承受的压力对屋面斜梁下翼缘的水平作用。屋面斜梁的强度和稳定性计算宜考虑其影响。

6 当斜梁上翼缘承受集中荷载处不设横向加劲肋时，除应按现行国家标准《钢结构设计规范》GB 50017 的规定验算腹板上边缘正应力、剪应力和局部压应力共同作用时的折算应力外，尚应满足下列公式要求：

$$F \leqslant 15\alpha_m t_w^2 f\sqrt{\frac{t_f}{t_w}}\sqrt{\frac{235}{f_y}} \quad (7.1.6-1)$$

$$\alpha_m = 1.5 - M/(W_e f) \quad (7.1.6-2)$$

式中：F——上翼缘所受的集中荷载（N）；

t_f、t_w——分别为斜梁翼缘和腹板的厚度（mm）；

α_m——参数，$\alpha_m \leqslant 1.0$，在斜梁负弯矩区取 1.0；

M——集中荷载作用处的弯矩（N·mm）；

W_e——有效截面最大受压纤维的截面模量（mm³）。

7 隔撑支撑梁的稳定系数应按本规范第7.1.4条的规定确定，其中 k_σ 为大、小端应力比，取三倍隔撑间距范围内的梁段的应力比，楔率 γ 取三倍隔撑间距计算；弹性屈曲临界弯矩应按下列公式计算：

$$M_{cr} = \frac{GJ + 2e\sqrt{k_b(EI_y e_1^2 + EI_\omega)}}{2(e_1 - \beta_x)} \qquad (7.1.6-3)$$

$$k_b = \frac{1}{l_{kk}}\left[\frac{(1-2\beta)l_p}{2EA_p} + (a+h)\frac{(3-4\beta)}{6EI_p}\right.$$
$$\left.\beta l_p^2 \tan\alpha + \frac{l_k^2}{\beta l_p EA_k \cos\alpha}\right]^{-1} \qquad (7.1.6-4)$$

$$\beta_x = 0.45h\frac{I_1 - I_2}{I_y} \qquad (7.1.6-5)$$

式中：J、I_y、I_ω——大端截面的自由扭转常数，绕弱轴惯性矩和翘曲惯性矩（mm⁴）；

G——斜梁钢材的剪切模量（N/mm²）；

E——斜梁钢材的弹性模量（N/mm²）；

a——檩条截面形心到梁上翼缘中心的距离（mm）；

h——大端截面上、下翼缘中面间的距离（mm）；

α——隔撑和檩条轴线的夹角（°）；

β——隔撑与檩条的连接点离开主梁的距离与檩条跨度的比值；

l_p——檩条的跨度（mm）；

I_p——檩条截面绕强轴的惯性矩（mm⁴）；

A_p——檩条的截面面积（mm²）；

A_k——隔撑杆的截面面积（mm²）；

l_k——隔撑杆的长度（mm）；

l_{kk}——隔撑的间距（mm）；

e——隔撑下支撑点到檩条形心线的垂直距离（mm）；

e_1——梁截面的剪切中心到檩条形心线的距离（mm）；

I_1——被隔撑支撑的翼缘绕弱轴的惯性矩（mm⁴）；

I_2——与檩条连接的翼缘绕弱轴的惯性矩（mm⁴）。

7.2 端部刚架的设计

7.2.1 抗风柱下端与基础的连接可铰接也可刚接。在屋面材料能够适应较大变形时，抗风柱柱顶可采用固定连接（图7.2.1），作为屋面斜梁的中间竖向铰

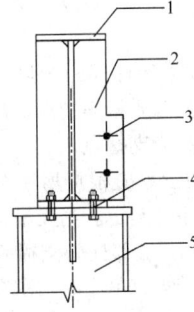

图7.2.1 抗风柱与端部刚架连接
1—厂房端部屋面梁；2—加劲肋；3—屋面支撑连接孔；4—抗风柱与屋面梁的连接；5—抗风柱支座。

7.2.2 端部刚架的屋面斜梁与檩条之间，除本规范第7.2.3条规定的抗风柱位置外，不宜设置隔撑。

7.2.3 抗风柱处，端开间的两根屋面斜梁之间应设置刚性系杆。屋脊高度小于10m的房屋或基本风压不小于0.55kN/m²时，屋脊高度小于8m的房屋，可采用隔撑一双檩条体系代替刚性系杆，此时隔撑应采用高强度螺栓与屋面斜梁和檩条连接，与冷弯型钢檩条的连接应增设双面填板增强局部承压强度，连接点不应低于型檩条中心线；在隔撑与双檩条的连接点处，沿屋面坡度方向对檩条施加隔撑轴向承载力设计值3%的力，验算双檩条在组合内力作用下的强度和稳定性。

7.2.4 抗风柱作为压弯杆件验算强度和稳定性，可在抗风柱和墙梁之间设置隔撑，平面外弯扭稳定的计算长度，应取不小于两倍隔撑间距。

8 支撑系统设计

8.1 一般规定

8.1.1 每个温度区段、结构单元或分期建设的区段、结构单元应设置独立的支撑系统，与刚架结构一同构成独立的空间稳定体系。施工安装阶段，结构临时支撑的设置尚应符合本规范第14章的相关规定。

8.1.2 柱间支撑与屋盖横向支撑宜设置在同一开间。

8.2 柱间支撑系统

8.2.1 柱间支撑应设在侧墙柱列，当房屋宽度大于60m时，在内柱列宜设置柱间支撑。当有吊车时，每个吊车跨两侧柱列均应设置吊车柱间支撑。

8.2.2 同一柱列不宜混用刚度差异大的支撑形式。在同一柱列设置的柱间支撑共同承担该柱列的水平荷载，水平荷载应按各支撑的刚度进行分配。

8.2.3 柱间支撑采用的形式宜为：门式框架、圆钢或钢索交叉支撑、型钢交叉支撑、方管或圆管人字支

撑等。当有吊车时，吊车牛腿以下交叉支撑应选用型钢交叉支撑。

8.2.4 当房屋高度大于柱间距2倍时，柱间支撑宜分层设置。当沿柱高有质量集中点、吊车牛腿或低屋面连接点处应设置相应支撑点。

8.2.5 柱间支撑的设置应根据房屋纵向柱距、受力情况和温度区段等条件确定。当无吊车时，柱间支撑间距宜取 30m～45m，端部柱间支撑宜设置在房屋端部第一或第二开间。当有吊车时，吊车牛腿下部支撑宜设置在温度区段中部，当温度区段较长时，宜设置在三分点内，且支撑间距不应大于50m。牛腿上部支撑设置原则与无吊车时的柱间支撑设置相同。

8.2.6 柱间支撑的设计，应按支承于柱脚基础上的竖向悬臂桁架计算；对于圆钢或钢索交叉支撑应按拉杆设计，型钢可按拉杆设计，支撑中的刚性系杆应按压杆设计。

8.3 屋面横向和纵向支撑系统

8.3.1 屋面端部横向支撑应布置在房屋端部和温度区段第一或第二开间，当布置在第二开间时应在房屋端部第一开间抗风柱顶部对应位置布置刚性系杆。

8.3.2 屋面支撑形式可选用圆钢或钢索交叉支撑；当屋面斜梁承受悬挂吊车荷载时，屋面横向支撑应选用型钢交叉支撑。屋面横向交叉支撑节点布置应与抗风柱相对应，并应在屋面梁转折处布置节点。

8.3.3 屋面横向支撑应按支承于柱间支撑柱顶水平桁架设计；圆钢或钢索应按拉杆设计，型钢可按拉杆设计，刚性系杆应按压杆设计。

8.3.4 对设有带驾驶室且起重量大于15t桥式吊车的跨间，应在屋盖边缘设置纵向支撑；在有抽柱的柱列，沿托架长度应设置纵向支撑。

8.4 隅撑设计

8.4.1 当实腹式门式刚架的梁、柱翼缘受压时，应在受压翼缘侧布置隅撑与檩条或墙梁相连接。

8.4.2 隅撑应按轴心受压构件设计。轴力设计值 N 可按下式计算，当隅撑成对布置时，每根隅撑的计算轴力可取计算值的 $\frac{1}{2}$。

$$N = Af/(60\cos\theta) \qquad (8.4.2)$$

式中：A——被支撑翼缘的截面面积（mm²）；

f——被支撑翼缘钢材的抗压强度设计值（N/mm²）；

θ——隅撑与檩条轴线的夹角（°）。

8.5 圆钢支撑与刚架连接节点设计

8.5.1 圆钢支撑与刚架连接节点可用连接板连接（图8.5.1）。

8.5.2 当圆钢支撑直接与梁柱腹板连接，应设置垫

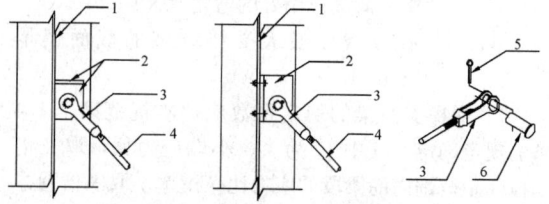

图 8.5.1 圆钢支撑与连接板连接
1—腹板；2—连接板；3—U形连接夹；
4—圆钢；5—开口销；6—插销

块或垫板且尺寸 B 不小于 4 倍圆钢支撑直径（图8.5.2）。

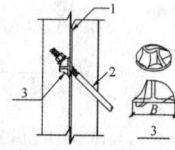

(a) 弧形垫块

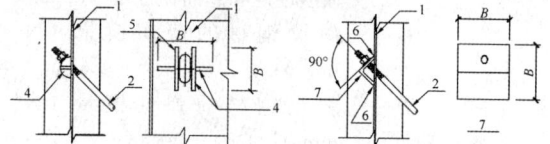

(b) 弧形垫板　　　　　(c) 角钢垫块

图 8.5.2 圆钢支撑与腹板连接
1—腹板；2—圆钢；3—弧形垫块；4—弧形垫板，厚度≥10mm；5—单面焊；6—焊接；7—角钢垫块，厚度≥12mm

9 檩条与墙梁设计

9.1 实腹式檩条设计

9.1.1 檩条宜采用实腹式构件，也可采用桁架式构件；跨度大于9m的简支檩条宜采用桁架式构件。

9.1.2 实腹式檩条宜采用直卷边槽形和斜卷边Z形冷弯薄壁型钢，斜卷边角度宜为60°，也可采用直卷边Z形冷弯薄壁型钢或高频焊接H型钢。

9.1.3 实腹式檩条可设计成单跨简支构件也可设计成连续构件，连续构件可采用嵌套搭接方式组成，计算檩条挠度和内力时应考虑因嵌套搭接方式松动引起刚度的变化。

　　实腹式檩条也可采用多跨静定梁模式（图9.1.3），跨内檩条的长度 l 宜为 0.8L，檩条端头的节点应有刚性连接件夹住构件的腹板，使节点具有抗扭转能力，跨中檩条的整体稳定按节点间檩条或反弯点之间檩条为简支梁模式计算。

9.1.4 实腹式檩条卷边的宽厚比不宜大于13，卷边宽度与翼缘宽度之比不宜小于 0.25，不宜大于 0.326。

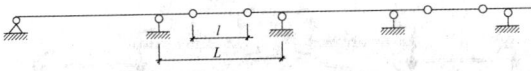

图 9.1.3 多跨静定梁模式
L—檩条跨度；l—跨内檩条长度

9.1.5 实腹式檩条的计算，应符合下列规定：

1 当屋面能阻止檩条侧向位移和扭转时，实腹式檩条可仅做强度计算，不做整体稳定性计算。强度可按下列公式计算：

$$\frac{M_{x'}}{W_{enx'}} \leq f \qquad (9.1.5\text{-}1)$$

$$\frac{3V_{y'\max}}{2h_0 t} \leq f_v \qquad (9.1.5\text{-}2)$$

式中：$M_{x'}$——腹板平面内的弯矩设计值（N·mm）；

$W_{enx'}$——按腹板平面内（图 9.1.5，绕 $x'\text{-}x'$ 轴）计算的有效净截面模量（对冷弯薄壁型钢）或净截面模量（对热轧型钢）（mm³），冷弯薄壁型钢的有效净截面，应按现行国家标准《冷弯薄壁型钢结构技术规范》GB 50018 的方法计算，其中，翼缘屈曲系数可取 3.0，腹板屈曲系数可取 23.9，卷边屈曲系数可取 0.425；对于双檩条搭接段，可取两檩条有效净截面模量之和并乘以折减系数 0.9；

$V_{y'\max}$——腹板平面内的剪力设计值（N）；

h_0——檩条腹板扣除冷弯半径后的平直段高度（mm）；

t——檩条厚度（mm），当双檩条搭接时，取两檩条厚度之和并乘以折减系数 0.9；

f——钢材的抗拉、抗压和抗弯强度设计值（N/mm²）；

f_v——钢材的抗剪强度设计值（N/mm²）。

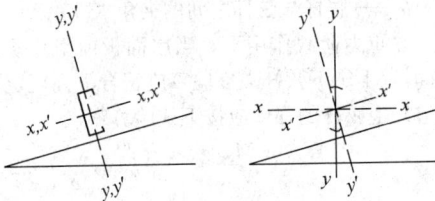

图 9.1.5 檩条的计算惯性轴

2 当屋面不能阻止檩条侧向位移和扭转时，应按下式计算檩条的稳定性：

$$\frac{M_x}{\varphi_{by}W_{enx}} + \frac{M_y}{W_{eny}} \leq f \qquad (9.1.5\text{-}3)$$

式中：M_x、M_y——对截面主轴 x、y 轴的弯矩设计值（N·mm）；

W_{enx}、W_{eny}——对截面主轴 x、y 轴的有效净截面

模量（对冷弯薄壁型钢）或净截面模量（对热轧型钢）（mm³）；

φ_{by}——梁的整体稳定系数，冷弯薄壁型钢构件按现行国家标准《冷弯薄壁型钢结构技术规范》GB 50018，热轧型钢构件按现行国家标准《钢结构设计规范》GB 50017 的规定计算。

3 在风吸力作用下，受压下翼缘的稳定性应按现行国家标准《冷弯薄壁型钢结构技术规范》GB 50018 的规定计算；当受压下翼缘有内衬板约束且能防止檩条截面扭转时，整体稳定性可不做计算。

9.1.6 当檩条腹板高厚比大于 200 时，应设置檩托板连接檩条腹板传力；当腹板高厚比不大于 200 时，也可不设置檩托板，由翼缘支承传力，但应按下列公式计算檩条的局部屈曲承压能力。当不满足下列规定时，对腹板应采取局部加强措施。

1 对于翼缘有卷边的檩条

$$P_n = 4t^2 f(1-0.14\sqrt{R/t})(1+0.35\sqrt{b/t})$$
$$(1-0.02\sqrt{h_0/t}) \qquad (9.1.6\text{-}1)$$

2 对于翼缘无卷边的檩条

$$P_n = 4t^2 f(1-0.4\sqrt{R/t})(1+0.6\sqrt{b/t})$$
$$(1-0.03\sqrt{h_0/t}) \qquad (9.1.6\text{-}2)$$

式中：P_n——檩条的局部屈曲承压能力；

t——檩条的壁厚（mm）；

f——檩条钢材的强度设计值（N/mm²）；

R——檩条冷弯的内表面半径（mm），可取 1.5t；

b——檩条传力的支承长度（mm），不应小于 20mm；

h_0——檩条腹板扣除冷弯半径后的平直段高度（mm）。

3 对于连续檩条在支座处，尚应按下式计算檩条的弯矩和局部承压组合作用。

$$\left(\frac{V_y}{P_n}\right)^2 + \left(\frac{M_x}{M_n}\right)^2 \leq 1.0 \qquad (9.1.6\text{-}3)$$

式中：V_y——檩条支座反力（N）；

P_n——由式（9.1.6-1）或式（9.1.6-2）得到的檩条局部屈曲承压能力（N），当为双檩条时，取两者之和；

M_x——檩条支座处的弯矩（N·mm）；

M_n——檩条的受弯承载能力（N·mm），当为双檩条时，取两者之和乘以折减系数 0.9。

9.1.7 檩条兼做屋面横向水平支撑压杆和纵向系杆时，檩条长细比不应大于 200。

9.1.8 兼做压杆、纵向系杆的檩条应按压弯构件计算，在本规范式（9.1.5-1）和式（9.1.5-3）中叠加

轴向力产生的应力，其压杆稳定系数应按构件平面外方向计算，计算长度应取拉条或撑杆的间距。

9.1.9 吊挂在屋面上的普通集中荷载宜通过螺栓或自攻钉直接作用在檩条的腹板上，也可在檩条之间加设冷弯薄壁型钢作为扁担支承吊挂荷载，冷弯薄壁型钢扁担与檩条间的连接宜采用螺栓或自攻钉连接。

9.1.10 檩条与刚架的连接和檩条与拉条的连接应符合下列规定：

1 屋面檩条与刚架斜梁宜采用普通螺栓连接，檩条每端应设两个螺栓（图9.1.10-1）。檩条连接宜采用檩托板，檩条高度较大时，檩托板处宜设加劲板。嵌套搭接方式的Z形连续檩条，当有可靠依据时，可不设檩托，由Z形檩条翼缘用螺栓连于刚架上。

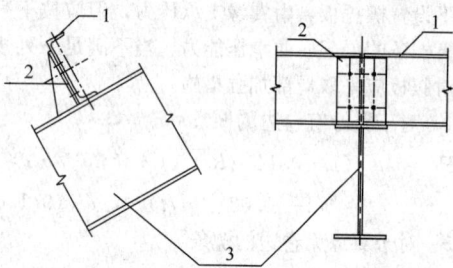

图 9.1.10-1　檩条与刚架斜梁连接
1—檩条；2—檩托；3—屋面斜梁

2 连续檩条的搭接长度 $2a$ 不宜小于10％的檩条跨度（图9.1.10-2），嵌套搭接部分的檩条应采用螺栓连接，按连续檩条支座处弯矩验算螺栓连接强度。

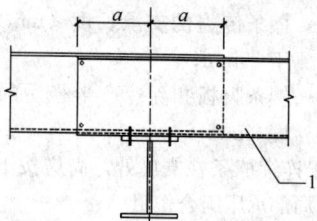

图 9.1.10-2　连续檩条的搭接
1—檩条

3 檩条之间的拉条和撑杆应直接连于檩条腹板上，并采用普通螺栓连接（图9.1.10-3a），斜拉条端部宜弯折或设置垫块（图9.1.10-3b、图9.1.10-3c）。

4 屋脊两侧檩条之间可用槽钢、角钢和圆钢相连（图9.1.10-4）。

9.2　桁架式檩条设计

9.2.1 桁架式檩条可采用平面桁架式，平面桁架式檩条应设置拉条体系。

9.2.2 平面桁架式檩条的计算，应符合下列规定：

1 所有节点均应按铰接进行计算，上、下弦杆

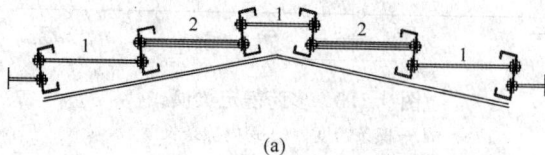

(a)

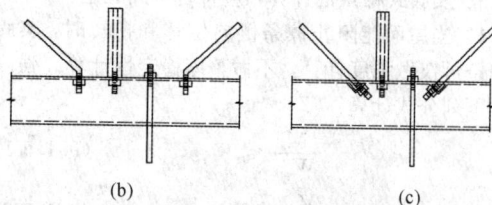

(b)　　　　　　(c)

图 9.1.10-3　拉条和撑杆与檩条连接
1—拉条；2—撑杆

(a)屋脊檩条用槽钢相连　　(b)屋脊檩条用圆钢相连

图 9.1.10-4　屋脊檩条连接

轴向力应按下式计算：

$$N_s = M_x/h \qquad (9.2.2\text{-}1)$$

对上弦杆应计算节间局部弯矩，应按下式计算：

$$M_{1x} = q_x a^2/10 \qquad (9.2.2\text{-}2)$$

腹杆受轴向压力应按下式计算：

$$N_w = V_{max}/\sin\theta \qquad (9.2.2\text{-}3)$$

式中：N_s——檩条上、下弦杆的轴向力（N）；

N_w——腹杆的轴向压力（N）；

M_x、M_{1x}——垂直于屋面板方向的主弯矩和节间次弯矩（N·mm）；

h——檩条上、下弦杆中心的距离（mm）；

q_x——垂直于屋面的荷载（N/mm）；

a——上弦杆节间长度（mm）；

V_{max}——檩条的最大剪力（N）；

θ——腹杆与弦杆之间的夹角（°）。

2 在重力荷载作用下，当屋面板能阻止檩条侧向位移时，上、下弦杆强度验算应符合下列规定：

1） 上弦杆的强度应按下式验算：

$$\frac{N_s}{A_{n1}} + \frac{M_{1x}}{W_{n1x}} \leqslant 0.9f \qquad (9.2.2\text{-}4)$$

式中：A_{n1}——杆件的净截面面积（mm²）；

W_{n1x}——杆件的净截面模量（mm³）；

f——钢材强度设计值（N/mm²）。

2） 下弦杆的强度应按下式验算：

$$\frac{N_s}{A_{n1}} \leqslant 0.9f \qquad (9.2.2\text{-}5)$$

3） 腹杆应按下列公式验算：

强度

$$\frac{N_w}{A_{n1}} \leqslant 0.9f \qquad (9.2.2\text{-}6)$$

稳定

$$\frac{N_w}{\varphi_{\min}A_{n1}} \le 0.9f \qquad (9.2.2\text{-}7)$$

式中：$\varphi_{\min}$ ——腹杆的轴压稳定系数，为（φ_x，φ_y）两者的较小值，计算长度取节点间距离。

3 在重力荷载作用下，当屋面板不能阻止檩条侧向位移时，应按下式计算上弦杆的平面外稳定：

$$\frac{N_s}{\varphi_y A_{n1}} + \frac{\beta_{tx}M_{1x}}{\varphi_b W_{n1xc}} \le 0.9f \qquad (9.2.2\text{-}8)$$

式中：φ_y ——上弦杆轴心受压稳定系数，计算长度取侧向支撑点的距离；

φ_b ——上弦杆均匀受弯整体稳定系数，计算长度取上弦杆侧向支撑点的距离。上弦杆 $I_y \ge I_x$ 时可取 $\varphi_b = 1.0$；

β_{tx} ——等效弯矩系数，可取 0.85；

W_{n1xc} ——上弦杆在 M_{1x} 作用下受压纤维的净截面模量（mm^3）。

4 在风吸力作用下，下弦杆的平面外稳定应按下式计算：

$$\frac{N_s}{\varphi_y A_{n1}} \le 0.9f \qquad (9.2.2\text{-}9)$$

式中：φ_y ——下弦杆平面外受压稳定系数，计算长度取侧向支撑点的距离。

9.3 拉 条 设 计

9.3.1 实腹式檩条跨度不宜大于 12m，当檩条跨度大于 4m 时，宜在檩条间跨中位置设置拉条或撑杆；当檩条跨度大于 6m 时，宜在檩条跨度三分点处各设一道拉条或撑杆；当檩条跨度大于 9m 时，宜在檩条跨度四分点处各设一道拉条或撑杆。斜拉条和刚性撑杆组成的桁架结构体系应分别设在檐口和屋脊处（图 9.3.1），当构造能保证屋脊处拉条互相拉结平衡，在屋脊处可不设斜拉条和刚性撑杆。

当单坡长度大于 50m，宜在中间增加一道双向斜拉条和刚性撑杆组成的桁架结构体系（图 9.3.1）。

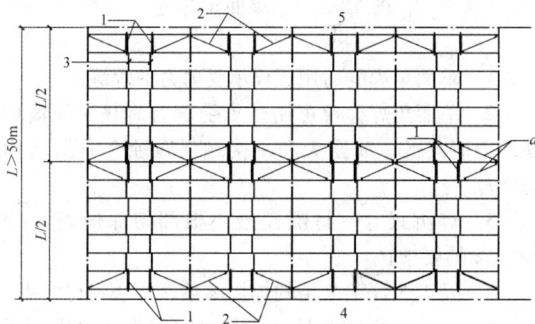

图 9.3.1 双向斜拉条和撑杆体系
1—刚性撑杆；2—斜拉条；3—拉条；4—檐口位置；
5—屋脊位置；L—单坡长度；a—斜拉条与
刚性撑杆组成双向斜拉条和刚性撑杆体系

9.3.2 撑杆长细比不应大于 220；当采用圆钢做拉条时，圆钢直径不宜小于 10mm。圆钢拉条可设在距檩条翼缘 1/3 腹板高度的范围内。

9.3.3 檩间支撑的形式可采用刚性支撑系统或柔性支撑系统。应根据檩条的整体稳定性设置一层檩间支撑或上、下二层檩间支撑。

9.3.4 屋面对檩条产生倾覆力矩，可采取变化檩条翼缘的朝向使之相互平衡，当不能平衡倾覆力矩时，应通过檩间支撑传递至屋面梁，檩间支撑由拉条和斜拉条共同组成。应根据屋面荷载、坡度计算檩条的倾覆力大小和方向，验算檩间支撑体系的承载力。倾覆力 P_L 作用在靠近檩条上翼缘的拉条上，以朝向屋脊方向为正，应按下列公式计算：

1 当 C 形檩条翼缘均朝屋脊同一方向时：

$$P = 0.05W \qquad (9.3.4\text{-}1)$$

2 简支 Z 形檩条

当 1 道檩间支撑：

$$P_L = \left(\frac{0.224b^{1.32}}{n_p^{0.65}d^{0.83}t^{0.50}} - \sin\theta\right)W \qquad (9.3.4\text{-}2)$$

当 2 道檩间支撑：

$$P_L = 0.5\left(\frac{0.474b^{1.22}}{n_p^{0.57}d^{0.89}t^{0.33}} - \sin\theta\right)W$$

$$(9.3.4\text{-}3)$$

多于 2 道檩间支撑：

$$P_L = 0.35\left(\frac{0.474b^{1.22}}{n_p^{0.57}d^{0.89}t^{0.33}} - \sin\theta\right)W$$

$$(9.3.4\text{-}4)$$

3 连续 Z 形檩条

当 1 道檩间支撑：

$$P_L = C_{ms}\left(\frac{0.116b^{1.32}L^{0.18}}{n_p^{0.70}dt^{0.50}} - \sin\theta\right)W$$

$$(9.3.4\text{-}5)$$

当 2 道檩间支撑：

$$P_L = C_{th}\left(\frac{0.181b^{1.15}L^{0.25}}{n_p^{0.54}d^{1.11}t^{0.29}} - \sin\theta\right)W$$

$$(9.3.4\text{-}6)$$

当多于 2 道檩间支撑：

$$P_L = 0.7C_{th}\left(\frac{0.181b^{1.15}L^{0.25}}{n_p^{0.54}d^{1.11}t^{0.29}} - \sin\theta\right)W$$

$$(9.3.4\text{-}7)$$

式中：P ——1 个柱距内拉条的总内力设计值（N），当有多道拉条时由其平均分担；

P_L ——1 根拉条的内力设计值（N）；

b ——檩条翼缘宽度（mm）；

d —— 檩条截面高度（mm）；

t —— 檩条壁厚（mm）；

L —— 檩条跨度（mm）；

θ —— 屋面坡度角（°）；

n_p —— 檩间支撑承担受力区域的檩条数，当 n_p < 4 时，n_p 取4；当 $4 \leqslant n_p \leqslant 20$ 时，n_p 取实际值；当 $n_p > 20$ 时，n_p 取20；

C_{ms} —— 系数，当檩间支撑位于端跨时，C_{ms} 取1.05；位于其他位置处，C_{ms} 取0.90；

C_{th} —— 系数，当檩间支撑位于端跨时，C_{th} 取0.57；位于其他位置处，C_{th} 取0.48；

W —— 1个柱距内檩间支撑承担受力区域的屋面总竖向荷载设计值（N），向下为正。

9.4 墙 梁 设 计

9.4.1 轻型墙体结构的墙梁宜采用卷边槽形或卷边 Z 形的冷弯薄壁型钢或高频焊接 H 型钢，兼做窗框的墙梁和门框等构件宜采用卷边槽形冷弯薄壁型钢或组合矩形截面构件。

9.4.2 墙梁可设计成简支或连续构件，两端支承在刚架柱上，墙梁主要承受水平风荷载，宜将腹板置于水平面。当墙板底部端头自承重且墙梁与墙板间有可靠连接时，可不考虑墙面自重引起的弯矩和剪力。当墙梁需承受墙板重量时，应考虑双向弯曲。

9.4.3 当墙梁跨度为 4m～6m 时，宜在跨中设一道拉条；当墙梁跨度大于 6m 时，宜在跨间三分点处各设一道拉条。在最上层墙梁处宜设斜拉条将拉力传至承重柱或墙架柱；当墙板的竖向荷载有可靠途径直接传至地面或托梁时，可不设传递竖向荷载的拉条。

9.4.4 单侧挂墙板的墙梁，应按下列公式计算其强度和稳定：

1 在承受朝向面板的风压时，墙梁的强度可按下列公式验算：

$$\frac{M_{x'}}{W_{enx'}} + \frac{M_{y'}}{W_{eny'}} \leqslant f \qquad (9.4.4\text{-}1)$$

$$\frac{3V_{y',max}}{2h_0 t} \leqslant f_v \qquad (9.4.4\text{-}2)$$

$$\frac{3V_{x',max}}{4b_0 t} \leqslant f_v \qquad (9.4.4\text{-}3)$$

式中：$M_{x'}$、$M_{y'}$ —— 分别为水平荷载和竖向荷载产生的弯矩（N·mm），下标 x' 和 y' 分别表示墙梁的竖向轴和水平轴，当墙板底部端头自承重时，$M_{y'} = 0$；

$V_{x',max}$、$V_{y',max}$ —— 分别为竖向荷载和水平荷载产生的剪力（N）；当墙板底部端头自承重时，$V_{x',max} = 0$；

$W_{enx'}$、$W_{eny'}$ —— 分别为绕竖向轴 x' 和水平轴 y' 的有效净截面模量（对冷弯薄壁

型钢）或净截面模量（对热轧型钢）（mm³）；

b_0、h_0 —— 分别为墙梁在竖向和水平方向的计算高度（mm），取板件弯折处两圆弧起点之间的距离；

t —— 墙梁壁厚（mm）。

2 仅外侧设有压型钢板的墙梁在风吸力作用下的稳定性，可按现行国家标准《冷弯薄壁型钢结构技术规范》GB 50018 的规定计算。

9.4.5 双侧挂墙板的墙梁，应按本规范第 9.4.4 条计算朝向面板的风压和风吸力作用下的强度；当有一侧墙板底部端头自承重时，$M_{y'}$ 和 $V_{x',max}$ 均可取 0。

10 连接和节点设计

10.1 焊 接

10.1.1 当被连接板件的最小厚度大于 4mm 时，其对接焊缝、角焊缝和部分熔透对接焊缝的强度，应分别按现行国家标准《钢结构设计规范》GB 50017 的规定计算。当最小厚度不大于 4mm 时，正面角焊缝的强度增大系数 β_f 取 1.0。焊接质量等级的要求应按现行国家标准《钢结构工程施工质量验收规范》GB 50205 的规定执行。

10.1.2 当 T 形连接的腹板厚度不大于 8mm，并符合下列规定时，可采用自动或半自动埋弧焊接单面角焊缝（图 10.1.2）。

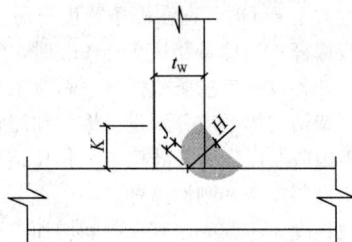

图 10.1.2 单面角焊缝

1 单面角焊缝适用于仅承受剪力的焊缝；

2 单面角焊缝仅可用于承受静力荷载和间接承受动力荷载的、非露天和不接触强腐蚀介质的结构构件；

3 焊脚尺寸、焊喉及最小根部熔深应符合表 10.1.2 的要求；

4 经工艺评定合格的焊接参数、方法不得变更；

5 柱与底板的连接，柱与牛腿的连接，梁端板的连接，吊车梁及支承局部吊挂荷载的吊架等，除非设计专门规定，不得采用单面角焊缝；

6 由地震作用控制结构设计的门式刚架轻型房屋钢结构构件不得采用单面角焊缝连接。

表10.1.2 单面角焊缝参数（mm）

腹板厚度 t_w	最小焊脚尺寸 k	有效厚度 H	最小根部熔深 J（焊丝直径1.2~2.0）
3	3.0	2.1	1.0
4	4.0	2.8	1.2
5	5.0	3.5	1.4
6	5.5	3.9	1.6
7	6.0	4.2	1.8
8	6.5	4.6	2.0

10.1.3 刚架构件的翼缘与端板或柱底板的连接，当翼缘厚度大于12mm时宜采用全熔透对接焊缝，并应符合现行国家标准《气焊、焊条电弧焊、气体保护焊和高能束焊的推荐坡口》GB/T 985.1和《埋弧焊的推荐坡口》GB/T 985.2的相关规定；其他情况宜采用等强连接的角焊缝或角对接组合焊缝，并应符合现行国家标准《钢结构焊接规范》GB 50661的相关规定。

10.1.4 牛腿上、下翼缘与柱翼缘的焊接应采用坡口全熔透对接焊缝，焊缝等级为二级；牛腿腹板与柱翼缘板间的焊接应采用双面角焊缝，焊脚尺寸不应小于牛腿腹板厚度的0.7倍。

10.1.5 柱子在牛腿上、下翼缘600mm范围内，腹板与翼缘的连接焊缝应采用双面角焊缝。

10.1.6 当采用喇叭形焊缝时应符合下列规定：

1 喇叭形焊缝可分为单边喇叭形焊缝（图10.1.6-1）和双边喇叭形焊缝（图10.1.6-2）。单边喇叭形焊缝的焊脚尺寸 h_f 不得小于被连接板的厚度。

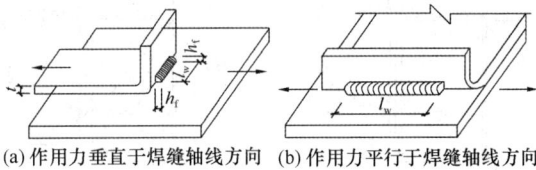

(a) 作用力垂直于焊缝轴线方向　(b) 作用力平行于焊缝轴线方向

图10.1.6-1 单边喇叭形焊缝

t—被连接板的最小厚度；h_f—焊脚尺寸；

l_w—焊缝有效长度

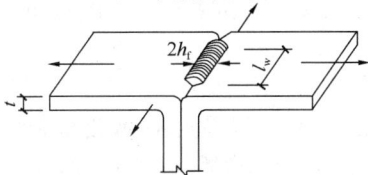

图10.1.6-2 双边喇叭形焊缝

t—被连接板的最小厚度；h_f—焊脚尺寸；

l_w—焊缝有效长度

2 当连接板件的最小厚度不大于4mm时，喇叭形焊缝连接的强度应按对接焊缝计算，其焊缝的抗剪强度可按下式计算：

$$\tau = \frac{N}{t l_w} \leqslant \beta f_t \qquad (10.1.6\text{-}1)$$

式中：N——轴心拉力或轴心压力设计值（N）；

t——被连接板件的最小厚度（mm）；

l_w——焊缝有效长度（mm），等于焊缝长度扣除2倍焊脚尺寸；

β——强度折减系数；当通过焊缝形心的作用力垂直于焊缝轴线方向时（图10.1.6-1a），$\beta = 0.8$；当通过焊缝形心的作用力平行于焊缝轴线方向时（图10.1.6-1b），$\beta = 0.7$；

f_t——被连接板件钢材抗拉强度设计值（N/mm²）。

3 当连接板件的最小厚度大于4mm时，喇叭形焊缝连接的强度应按角焊缝计算。

1) 单边喇叭形焊缝的抗剪强度可按下式计算：

$$\tau = \frac{N}{h_f l_w} \leqslant \beta f_f^w \qquad (10.1.6\text{-}2)$$

2) 双边喇叭形焊缝的抗剪强度可按下式计算：

$$\tau = \frac{N}{2 h_f l_w} \leqslant \beta f_f^w \qquad (10.1.6\text{-}3)$$

式中：h_f——焊脚尺寸（mm）；

β——强度折减系数；当通过焊缝形心的作用力垂直于焊缝轴线方向时（图10.1.6-1a），$\beta = 0.75$；当通过焊缝形心的作用力平行于焊缝轴线方向时（图10.1.6-1b），$\beta = 0.7$；

f_f^w——角焊缝强度设计值（N/mm²）。

4 在组合构件中，组合件间的喇叭形焊缝可采用断续焊缝。断续焊缝的长度不得小于8t和40mm，断续焊缝间的净距不得大于15t（对受压构件）或30t（对受拉构件），t为焊件的最小厚度。

10.2 节点设计

10.2.1 节点设计应传力简捷，构造合理，具有必要的延性；应便于焊接，避免应力集中和过大的约束应力；应便于加工及安装，容易就位和调整。

10.2.2 刚架构件间的连接，可采用高强度螺栓端板连接。高强度螺栓直径应根据受力确定，可采用M16~M24螺栓。高强度螺栓承压型连接可用于承受静力荷载和间接承受动力荷载的结构；重要结构或承受动力荷载的结构应采用高强度螺栓摩擦型连接；用来耗能的连接接头可采用承压型连接。

10.2.3 门式刚架横梁与立柱连接节点，可采用端板竖放（图10.2.3a）、平放（图10.2.3b）和斜放（图10.2.3c）三种形式。斜梁与刚架柱连接节点的受拉侧，宜采用端板外伸式，与斜梁端板连接的柱的翼缘部位应与端板等厚；斜梁拼接时宜使端板与构件外边缘垂直（图10.2.3d），应采用外伸式连接，并使翼缘内外螺栓群中心与翼缘中心重合或接近。连接节点处的三角形短加劲板长边与短边之比宜大于 1.5：1.0，不满足时可增加板厚。

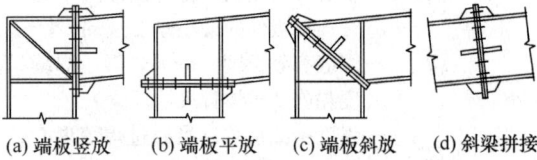

(a) 端板竖放 (b) 端板平放 (c) 端板斜放 (d) 斜梁拼接

图 10.2.3 刚架连接节点

10.2.4 端板螺栓宜成对布置。螺栓中心至翼缘板表面的距离，应满足拧紧螺栓时的施工要求，不宜小于 45mm。螺栓端距不应小于 2 倍螺栓孔径；螺栓中距不应小于 3 倍螺栓孔径。当端板上两对螺栓间最大距离大于 400mm 时，应在端板中间增设一对螺栓。

10.2.5 当端板连接只承受轴向力和弯矩作用或剪力小于其抗滑移承载力时，端板表面可不作摩擦面处理。

10.2.6 端板连接应按所受最大内力和按能够承受不小于较小被连接截面承载力的一半设计，并取两者的大值。

10.2.7 端板连接节点设计应包括连接螺栓设计、端板厚度确定、节点域剪应力验算、端板螺栓处构件腹板强度、端板连接刚度验算，并应符合下列规定：

1 连接螺栓应按现行国家标准《钢结构设计规范》GB 50017 验算螺栓在拉力、剪力或拉剪共同作用下的强度。

2 端板厚度 t 应根据支承条件确定（图 10.2.7-1），各种支承条件端板区格的厚度应分别按下列公式计算：

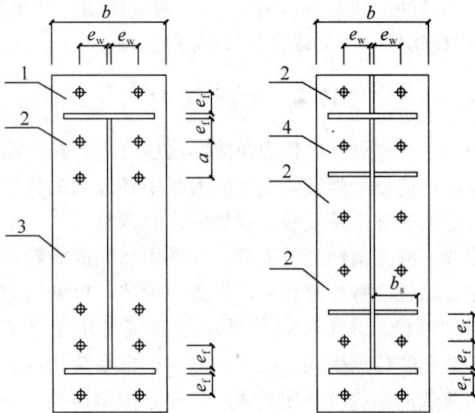

图 10.2.7-1 端板支承条件

1—伸臂；2—两边；3—无肋；4—三边

  1）伸臂类区格

$$t \geqslant \sqrt{\frac{6e_f N_t}{bf}} \quad (10.2.7\text{-}1)$$

  2）无加劲肋类区格

$$t \geqslant \sqrt{\frac{3e_w N_t}{(0.5a + e_w)f}} \quad (10.2.7\text{-}2)$$

  3）两邻边支承类区格

当端板外伸时

$$t \geqslant \sqrt{\frac{6e_f e_w N_t}{[e_w b + 2e_f(e_f + e_w)]f}} \quad (10.2.7\text{-}3)$$

当端板平齐时

$$t \geqslant \sqrt{\frac{12e_f e_w N_t}{[e_w b + 4e_f(e_f + e_w)]f}} \quad (10.2.7\text{-}4)$$

  4）三边支承类区格

$$t \geqslant \sqrt{\frac{6e_f e_w N_t}{[e_w(b + 2b_s) + 4e_f^2]f}} \quad (10.2.7\text{-}5)$$

式中：N_t ——一个高强度螺栓的受拉承载力设计值（N/mm²）；

  e_w、e_f ——分别为螺栓中心至腹板和翼缘板表面的距离（mm）；

  b、b_s ——分别为端板和加劲肋板的宽度（mm）；

  a ——螺栓的间距（mm）；

  f ——端板钢材的抗拉强度设计值（N/mm²）。

  **5）端板厚度取各种支承条件计算确定的板厚最大值，但不应小于 16mm 及 0.8 倍的高强度螺栓直径。

3 门式刚架斜梁与柱相交的节点域（图 10.2.7-2a），应按下式验算剪应力，当不满足式（10.2.7-6）要求时，应加厚腹板或设置斜加劲肋（图 10.2.7-2b）。

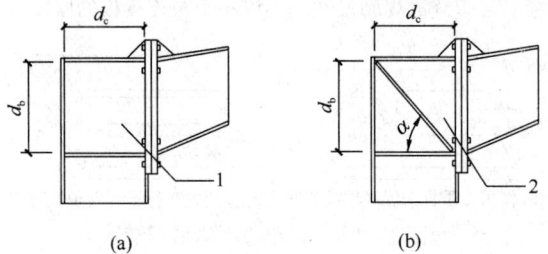

(a)　　　　　(b)

图 10.2.7-2 节点域

1—节点域；2—使用斜向加劲肋补强的节点域

$$\tau = \frac{M}{d_b d_c t_c} \leqslant f_v \quad (10.2.7\text{-}6)$$

式中：d_c、t_c ——分别为节点域的宽度和厚度（mm）；

  d_b ——斜梁端部高度或节点域高度（mm）；

  M ——节点承受的弯矩（N·mm），对多跨刚架中间柱处，应取两侧斜梁端弯矩的代数和或柱端弯矩；

  f_v ——节点域钢材的抗剪强度设计值（N/mm²）。

4 端板螺栓处构件腹板强度应按下列公式计算：

当 $N_{t2} \leqslant 0.4P$ 时 $\dfrac{0.4P}{e_w t_w} \leqslant f$ (10.2.7-7)

当 $N_{t2} > 0.4P$ 时 $\dfrac{N_{t2}}{e_w t_w} \leqslant f$ (10.2.7-8)

式中：N_{t2}——翼缘内第二排一个螺栓的轴向拉力设计值（N/mm^2）；

      P——1个高强度螺栓的预拉力设计值（N）；

      e_w——螺栓中心至腹板表面的距离（mm）；

      t_w——腹板厚度（mm）；

      f——腹板钢材的抗拉强度设计值（N/mm^2）。

  5 端板连接刚度应按下列规定进行验算：

  1）梁柱连接节点刚度应满足下式要求：

$$R \geqslant 25EI_b/l_b \quad (10.2.7\text{-}9)$$

式中：R——刚架梁柱转动刚度（N·mm）；

      I_b——刚架横梁跨间的平均截面惯性矩（mm^4）；

      l_b——刚架横梁跨度（mm），中柱为摇摆柱时，取摇摆柱与刚架柱距离的2倍；

      E——钢材的弹性模量（N/mm^2）。

  2）梁柱转动刚度应按下列公式计算：

$$R = \dfrac{R_1 R_2}{R_1 + R_2} \quad (10.2.7\text{-}10)$$

$$R_1 = Gh_1 d_c t_p + Ed_b A_{st} \cos^2 \alpha \sin \alpha$$
$$(10.2.7\text{-}11)$$

$$R_2 = \dfrac{6EI_e h_1^2}{1.1 e_f^3} \quad (10.2.7\text{-}12)$$

式中：R_1——与节点域剪切变形对应的刚度（N·mm）；

      R_2——连接的弯曲刚度，包括端板弯曲、螺栓拉伸和柱翼缘弯曲所对应的刚度（N·mm）；

      h_1——梁端翼缘板中心间的距离（mm）；

      t_p——柱节点域腹板厚度（mm）；

      I_e——端板惯性矩（mm^4）；

      e_f——端板外伸部分的螺栓中心到其加劲肋外边缘的距离（mm）；

      A_{st}——两条斜加劲肋的总截面积（mm^2）；

      α——斜加劲肋倾角（°）；

      G——钢材的剪切模量（N/mm^2）。

10.2.8 屋面梁与摇摆柱连接节点应设计成铰接节点，采用端板横放的顶接连接方式（图10.2.8）。

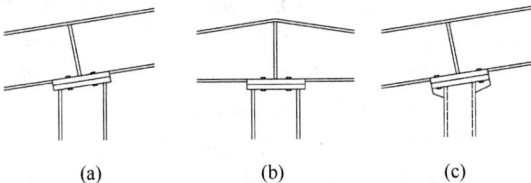

图 10.2.8 屋面梁和摇摆柱连接节点

10.2.9 吊车梁承受动力荷载，其构造和连接节点应符合下列规定：

  1 焊接吊车梁的翼缘板与腹板的拼接焊缝宜采用加引弧板的熔透对接焊缝，引弧板割去处应予打磨平整。焊接吊车梁的翼缘与腹板的连接焊缝严禁采用单面角焊缝。

  2 在焊接吊车梁或吊车桁架中，焊透的T形接头宜采用对接与角接组合焊缝（图10.2.9-1）。

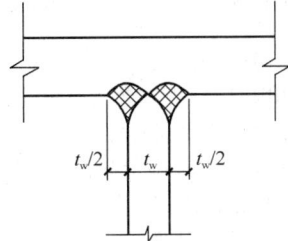

图 10.2.9-1 焊透的 T 形连接焊缝

t_w—腹板厚度

  3 焊接吊车梁的横向加劲肋不得与受拉翼缘相焊，但可与受压翼缘焊接。横向加劲肋宜在距受拉下翼缘50mm～100mm处断开（图10.2.9-2），其与腹板的连接焊缝不宜在肋下端起落弧。当吊车梁受拉翼缘与支撑相连时，不宜采用焊接。

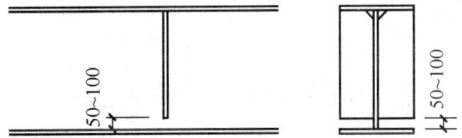

图 10.2.9-2 横向加劲肋设置

  4 吊车梁与制动梁的连接，可采用高强度螺栓摩擦型连接或焊接。吊车梁与刚架上柱的连接处宜设长圆孔（图10.2.9-3a）；吊车梁与牛腿采用垫板宜采用焊接连接（图10.2.9-3b）；吊车梁之间应采用高强度螺栓连接。

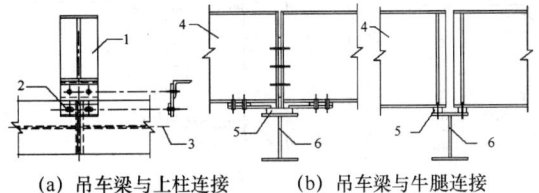

(a) 吊车梁与上柱连接   (b) 吊车梁与牛腿连接

图 10.2.9-3 吊车梁连接节点

1—上柱；2—长圆孔；3—吊车中心线；4—吊车梁；
5—垫板；6—牛腿

10.2.10 用于支承吊车梁的牛腿可做成等截面，也可做成变截面；采用变截面牛腿时，牛腿悬臂端截面高度不应小于根部高度的1/2（图10.2.10）。柱在牛腿上、下翼缘的相应位置处应设置横向加劲肋；在牛腿上翼缘吊车梁支座处应设置垫板，垫板与牛腿上翼

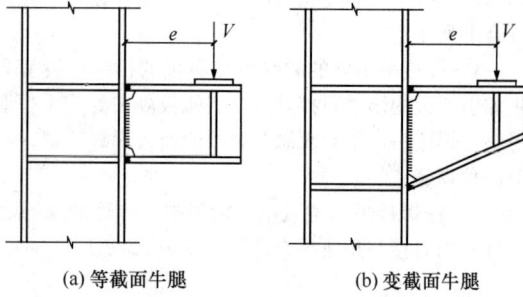

(a) 等截面牛腿　　　　(b) 变截面牛腿

图 10.2.10　牛腿节点

缘连接应采用围焊；在吊车梁支座对应的牛腿腹板处应设置横向加劲肋。牛腿与柱连接处承受剪力 V 和弯矩 M 的作用，其截面强度和连接焊缝应按现行国家标准《钢结构设计规范》GB 50017 的规定进行计算，弯矩 M 应按下式计算。

$$M = Ve \qquad (10.2.10)$$

式中：V——吊车梁传来的剪力（N）；

　　　e——吊车梁中心线离柱面的距离（mm）。

10.2.11　在设有夹层的结构中，夹层梁与柱可采用刚接，也可采用铰接（图 10.2.11）。当采用刚接连接时，夹层梁翼缘与柱翼缘应采用全熔透焊接，腹板采用高强度螺栓与柱连接。柱与夹层梁上、下翼缘对应处应设置水平加劲肋。

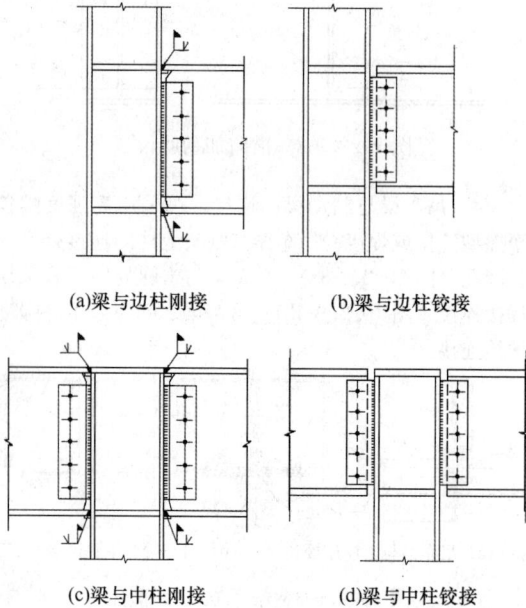

(a)梁与边柱刚接　　　　(b)梁与边柱铰接

(c)梁与中柱刚接　　　　(d)梁与中柱铰接

图 10.2.11　夹层梁与柱连接节点

10.2.12　抽柱处托架或托梁宜与柱采用铰接连接（图 10.2.12a）。当托架或托梁挠度较大时，也可采用刚接连接，但柱应考虑由此引起的弯矩影响。屋面梁搁置在托架或托梁上宜采用铰接连接（图 10.2.12b），当采用刚接，则托梁应选择抗扭性能较好的截面。托架或托梁连接尚应考虑屋面梁产生的水

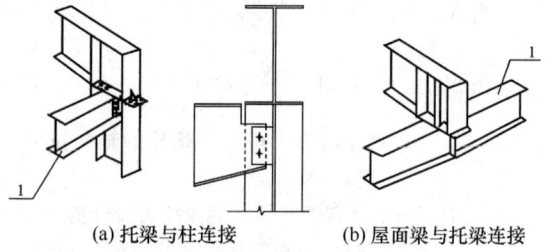

(a) 托梁与柱连接　　　　(b) 屋面梁与托梁连接

图 10.2.12　托梁连接节点

1—托梁

平推力。

10.2.13　女儿墙立柱可直接焊于屋面梁上（图 10.2.13），应按悬臂构件计算其内力，并应对女儿墙立柱与屋面梁连接处的焊缝进行计算。

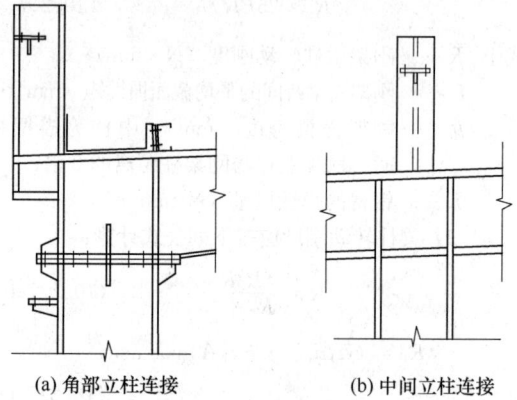

(a) 角部立柱连接　　　　(b) 中间立柱连接

图 10.2.13　女儿墙连接节点

10.2.14　气楼或天窗可直接焊于屋面梁或槽钢托梁上（图 10.2.14），当气楼间距与屋面钢梁相同时，槽钢托梁可取消。气楼支架及其连接应进行计算。

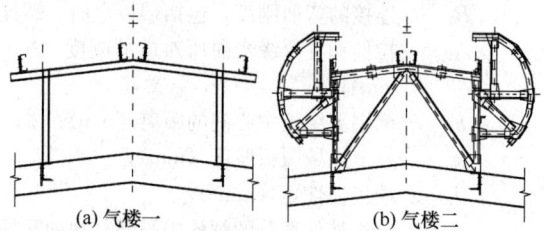

(a) 气楼一　　　　(b) 气楼二

图 10.2.14　气楼大样

10.2.15　柱脚节点应符合下列规定：

　　1　门式刚架柱脚宜采用平板式铰接柱脚（图 10.2.15-1）；也可采用刚接柱脚（图 10.2.15-2）。

　　2　计算带有柱间支撑的柱脚锚栓在风荷载作用下的上拔力时，应计入柱间支撑产生的最大竖向分力，且不考虑活荷载、雪荷载、积灰荷载和附加荷载影响，恒载分项系数应取 1.0。计算柱脚锚栓的受拉承载力时，应采用螺纹处的有效截面面积。

　　3　带靴梁的锚栓不宜受剪，柱底受剪承载力按底板与混凝土基础间的摩擦力取用，摩擦系数可取 0.4，计算摩擦力时应考虑屋面风吸力产生的上拔力

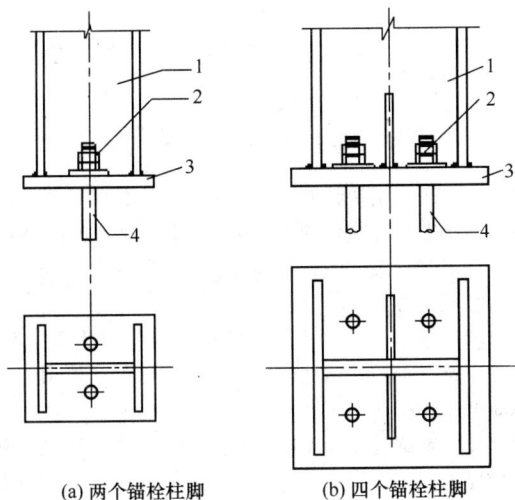

(a) 两个锚栓柱脚　　(b) 四个锚栓柱脚

图 10.2.15-1　铰接柱脚
1—柱；2—双螺母及垫板；3—底板；4—锚栓

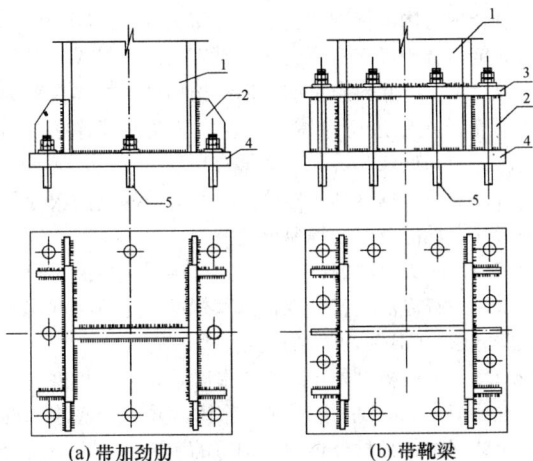

(a) 带加劲肋　　(b) 带靴梁

图 10.2.15-2　刚接柱脚
1—柱；2—加劲板；3—锚栓支承托座；4—底板；5—锚栓

的影响。当剪力由不带靴梁的锚栓承担时，应将螺母、垫板与底板焊接，柱底的受剪承载力可按 0.6 倍的锚栓受剪承载力取用。当柱底水平剪力大于受剪承载力时，应设置抗剪键。

4 柱脚锚栓应采用 Q235 钢或 Q345 钢制作。锚栓端部应设置弯钩或锚件，且应符合现行国家标准《混凝土结构设计规范》GB 50010 的有关规定。锚栓的最小锚固长度 l_a（投影长度）应符合表 10.2.15 的规定，且不应小于 200mm。锚栓直径 d 不宜小于 24mm，且应采用双螺母。

表 10.2.15　锚栓的最小锚固长度

锚栓钢材	混凝土强度等级					
	C25	C30	C35	C40	C45	≥C50
Q235	20d	18d	16d	15d	14d	14d
Q345	25d	23d	21d	19d	18d	17d

11　围护系统设计

11.1　屋面板和墙面板的设计

11.1.1 屋面及墙面板可选用镀层或涂层钢板、不锈钢板、铝镁锰合金板、钛锌板、铜板等金属板材或其他轻质材料板材。

11.1.2 一般建筑用屋面及墙面彩色镀层压型钢板，其计算和构造应按现行国家标准《冷弯薄壁型钢结构技术规范》GB 50018 的规定执行。

11.1.3 屋面板与檩条的连接方式可分为直立缝锁边连接型、扣合式连接型、螺钉连接型。

11.1.4 屋面及墙面板的材料性能，应符合下列规定：

1 采用彩色镀层压型钢板的屋面及墙面板的基板力学性能应符合现行国家标准《建筑用压型钢板》GB/T 12755 的要求，基板屈服强度不应小于 350N/mm²，对扣合式连接板基板屈服强度不应小于 500 N/mm²。

2 采用热镀锌基板的镀锌量不应小于 275g/m²，并应采用涂层；采用镀铝锌基板的镀铝锌量不应小于 150g/m²，并应符合现行国家标准《彩色涂层钢板及钢带》GB/T 12754 及《连续热镀铝锌合金镀层钢板及钢带》GB/T 14978 的要求。

11.1.5 屋面及墙面外板的基板厚度不应小于 0.45mm，屋面及墙面内板的基板厚度不应小于 0.35mm。

11.1.6 当采用直立缝锁边连接或扣合式连接时，屋面板不应作为檩条的侧向支撑；当屋面板采用螺钉连接时，屋面板可作为檩条的侧向支撑。

11.1.7 对房屋内部有自然采光要求时，可在金属板屋面设置点状或带状采光板。当采用带状采光板时，应采取释放温度变形的措施。

11.1.8 金属板材屋面板与相配套的屋面采光板连接时，必须在长度方向和宽度方向上使用有效的密封胶进行密封，连接方式宜和金属板材之间的连接方式一致。

11.1.9 金属屋面以上附件的材质宜优先采用铝合金或不锈钢，与屋面板的连接要有可靠的防水措施。

11.1.10 屋面板沿板长方向的搭接位置宜在屋面檩条上，搭接长度不应小于 150mm，在搭接处应做防水处理；墙面板搭接长度不应小于 120mm。

11.1.11 屋面排水坡度不应小于表 11.1.11 的限值：

表 11.1.11　屋面排水坡度限值

连接方式	屋面排水坡度
直立缝锁边连接板	1/30
扣合式连接板及螺钉连接板	1/20

11.1.12 在风荷载作用下，屋面板及墙面板与檩条之间连接的抗拔承载力应有可靠依据。

11.2 保温与隔热

11.2.1 门式刚架轻型房屋的屋面和墙面其保温隔热在满足节能环保要求的前提下，应选用导热系数较小的保温隔热材料，并应结合防水、防潮与防火要求进行设计。钢结构房屋的隔热应主要采用轻质纤维状保温材料和轻质有机发泡材料，墙面也可采用轻质砌块或加气混凝土板材。

11.2.2 屋面和墙面的保温隔热构造应根据热工计算确定。保温隔热材料应相互匹配。

11.2.3 屋面保温隔热可采用下列方法之一：

1 在压型钢板下设带铝箔防潮层的玻璃纤维毡或矿棉毡卷材；当防潮层未用纤维增强，尚应在底部设置钢丝网或玻璃纤维织物等具有抗拉能力的材料，以承托隔热材料的自重；

2 金属面复合夹芯板；

3 在双层压型钢板中间填充保温材料；

4 在压型钢板上铺设刚性发泡保温材料，外铺热熔柔性防水卷材。

11.2.4 外墙保温隔热可采用下列方法之一：

1 采用与屋面相同的保温隔热做法；

2 外侧采用压型钢板，内侧采用预制板、纸面石膏板或其他纤维板，中间填充保温材料；

3 采用加气混凝土砌块或加气混凝土板，外侧涂装防水涂料；

4 采用多孔砖等轻质砌体。

11.3 屋面排水设计

11.3.1 天沟截面形式可采用矩形或梯形。外天沟可用彩色金属镀层钢板制作，钢板厚度不应小于0.45mm。内天沟宜用不锈钢材料制作，钢板厚度不宜小于1.0mm。采用其他材料时应做可靠防腐处理，普通钢板天沟的钢板厚度不应小于3.0mm。

11.3.2 天沟应符合下列构造要求：

1 房屋的伸缩缝或沉降缝处的天沟应对应设置变形缝。

2 屋面板应延伸入天沟。当采用内天沟时，屋面板与天沟连接应采取密封措施。

3 内天沟应设置溢流口，溢流口顶低于天沟上檐50mm～100mm。当无法设置溢流口时，应适当增加落水管数量。

4 屋面排水采用内排水时，集水盒外应有网罩防止垃圾堵塞落水管。

11.3.3 落水管的截面形式可采用圆形或方形截面。落水管材料可用金属镀层钢板、不锈钢、PVC等材料。集水盒与天沟应密封连接。落水管应与墙面结构或其他构件可靠连接。

12 钢结构防护

12.1 一般规定

12.1.1 门式刚架轻型房屋钢结构应进行防火与防腐设计。钢结构防腐设计应按结构构件的重要性、大气环境侵蚀性分类和防护层设计使用年限确定合理的防腐涂装设计方案。

12.1.2 钢结构防护层设计使用年限不应低于5年；使用中难以维护的钢结构构件，防护层设计使用年限不应低于10年。

12.1.3 钢结构设计文件中应注明钢结构定期检查和维护要求。

12.2 防火设计

12.2.1 钢结构的防火设计、钢结构构件的耐火极限应符合现行国家标准《建筑设计防火规范》GB 50016的规定，合理确定房屋的防火类别与防火等级。

12.2.2 防火涂料施工前，钢结构构件应按本规范第12.3节的规定进行除锈，并进行防锈底漆涂装。防火涂料应与底漆相容，并能结合良好。

12.2.3 应根据钢结构构件的耐火极限确定防火涂层的形式、性能及厚度等要求。

12.2.4 防火涂料的粘结强度、抗压强度应满足设计要求，检查方法应符合现行国家标准《建筑构件耐火试验方法》GB/T 9978的规定。

12.2.5 采用板材外包防火构造时，钢结构构件应按本规范第12.3节的规定进行除锈，并进行底漆和面漆涂装保护；板材外包防火构造的耐火性能，应符合现行国家标准《建筑设计防火规范》GB 50016的有关规定或通过试验确定。

12.2.6 当采用混凝土外包防火构造时，钢结构构件应进行除锈，不应涂装防锈漆；其混凝土外包厚度及构造要求应符合现行国家标准《建筑设计防火规范》GB 50016的有关规定。

12.2.7 对于直接承受振动作用的钢结构构件，采用防火厚型涂层或外包构造时，应采取构造补强措施。

12.3 涂 装

12.3.1 设计时应对构件的基材种类、表面除锈等级、涂层结构、涂层厚度、涂装方法、使用状况以及预期耐蚀寿命等综合考虑，提出合理的除锈方法和涂装要求。

12.3.2 钢材表面原始锈蚀等级，除锈方法与等级要求应符合现行国家标准《涂覆涂料前钢材表面处理 表面清洁度的目视测定 第1部分：未涂覆过的钢材表面和全面清除原有涂层后的钢材表面的锈蚀等级和处理等级》GB/T 8923.1的规定。

12.3.3 处于弱腐蚀环境和中等腐蚀环境的承重构件，工厂制作涂装前，其表面应采用喷射或抛射除锈方法，除锈等级不应低于 Sa2；现场采用手工和动力工具除锈方法，除锈等级不应低于 St2。防锈漆的种类与钢材表面除锈等级要匹配，应符合表 12.3.3 的规定。

表 12.3.3 钢材表面最低除锈等级

涂料品种	除锈等级
油性酚醛、醇酸等底漆或防锈漆	St2
高氯化聚乙烯、氯化橡胶、氯磺化聚乙烯、环氧树脂、聚氨酯等底漆或防锈漆	Sa2
无机富锌、有机硅、过氯乙烯等底漆	Sa2½

12.3.4 钢结构除锈和涂装工程应在构件制作质量经检验合格后进行。表面处理后到涂底漆的时间间隔不应超过 4h，处理后的钢材表面不应有焊渣、灰尘、油污、水和毛刺等。

12.3.5 应根据环境侵蚀性分类和钢结构涂装系统的设计使用年限合理选用涂料品种。

12.3.6 当环境腐蚀作用分类为弱腐蚀和中等腐蚀时，室内外钢结构漆膜干膜总厚度分别不宜小于 $125\mu m$ 和 $150\mu m$，位于室外和有特殊要求的部位，宜增加涂层厚度 $20\mu m \sim 40\mu m$，其中室内钢结构底漆厚度不宜小于 $50\mu m$，室外钢结构底漆厚度不宜小于 $75\mu m$。

12.3.7 涂装应在适宜的温度、湿度和清洁环境中进行。涂装固化温度应符合涂料产品说明书的要求；当产品说明书无要求时，涂装固化温度为 5℃～38℃。施工环境相对湿度大于 85% 时不得涂装。漆膜固化时间与环境温度、相对湿度和涂料品种有关，每道涂层涂装后，表面至少在 4h 内不得被雨淋和沾污。

12.3.8 涂层质量及厚度的检查方法应按现行国家标准《漆膜附着力测定法》GB 1720 或《色漆和清漆 漆膜的划格试验》GB/T 9286 的规定执行，并应按构件数的 1% 抽查，且不应少于 3 件，每件检测 3 处。

12.3.9 涂装完成后，构件的标志、标记和编号应清晰完整。

12.3.10 涂装工程验收应包括在中间检查和竣工验收中。

12.4 钢结构防腐其他要求

12.4.1 宜采用易于涂装和维护的实腹式或闭口构件截面形式，闭口截面应进行封闭；当采用缀合截面的杆件时，型钢间的空隙宽度应满足涂装施工和维护的要求。

12.4.2 对于屋面檩条、墙梁、隔撑、拉条等冷弯薄壁构件，以及压型钢板，宜采用表面热浸镀锌或镀铝锌防腐。

12.4.3 采用热浸镀锌等防护措施的连接件及构件，其防腐蚀要求不应低于主体结构，安装后宜采用与主体结构相同的防腐蚀措施，连接处的缝隙，处于不低于弱腐蚀环境时，应采取封闭措施。

12.4.4 采用镀锌防腐时，室内钢构件表面双面镀锌量不应小于 $275g/m^2$；室外钢构件表面双面镀锌量不应小于 $400g/m^2$。

12.4.5 不同金属材料接触的部位，应采取避免接触腐蚀的隔离措施。

13 制 作

13.1 一般规定

13.1.1 钢材抽样复验、焊接材料检查验收、钢结构的制作应按现行国家标准《钢结构工程施工质量验收规范》GB 50205 和《钢结构工程施工规范》GB 50755 的规定执行。

13.1.2 钢结构所采用的钢材、辅材、连接和涂装材料应具有质量证明书，并应符合设计文件和国家现行有关标准的规定。

13.1.3 钢构件在制作前，应根据设计文件、施工详图的要求和制作单位的技术条件编制加工工艺文件，制定合理的工艺流程和建立质量保证体系。

13.2 钢构件加工

13.2.1 材料放样、号料、切割、标注时应根据设计和工艺要求进行。

13.2.2 焊条、焊丝等焊接材料应根据材质、种类、规格分类堆放在干燥的焊材储藏室，保持完好整洁。

13.2.3 焊接 H 型截面构件时，翼缘和腹板以及端板必须校正平直。焊接变形过大的构件，可采用冷作或局部加热方式矫正。

13.2.4 过焊孔宜用锁口机加工，也可采用划线切割，其切割面的平面度、割纹深度及局部缺口深度均应符合现行国家标准《钢结构工程施工质量验收规范》GB 50205 的规定。

13.2.5 较厚钢板上数量较多的相同孔组宜采用钻模的方式制孔，较薄钢板和冷弯薄壁型钢构件宜采用冲孔的方式制孔。冷弯薄壁型钢构件上两孔中心间距不得小于 80mm。

13.2.6 冷弯薄壁型钢的切割面和剪切面应无裂纹、锯齿和大于 5mm 的非设计缺角。冷弯薄壁型钢切割允许偏差应为 ±2mm。

13.3 构件外形尺寸

13.3.1 钢构件外观要求无明显弯曲变形，翼缘板、端部边缘平直。翼缘表面和腹板表面不应有明显的凹凸面、损伤和划痕，以及焊瘤、油污、泥砂、毛刺等。

13.3.2 单层钢柱外形尺寸的偏差不应大于表 13.3.2 规定的允许偏差。

表 13.3.2 单层钢柱外形尺寸允许偏差

序号	项 目	允许偏差 (mm)	图 例
1	柱底面到柱端与斜梁连接的最上一个安装孔的距离（H_2）	$\pm H_2/1500$ ± 5.0	
2	柱底面到牛腿支承面距离（H_1）	$\pm H_1/2000$ ± 4.0	
3	受力托板表面到第一个安装孔的距离（a）	± 1.0	
4	牛腿面的翘曲（d）	2.0	
5	柱身扭转：牛腿处 其他处	3.0 5.0	
6	柱截面的宽度和高度	$+3.0$ -2.0	
7	柱身弯曲矢高（f）	$H/1000$ 9.0	
8	翼缘板对腹板的垂直度（d）： 连接处 其他处	1.5 $b/100$ 3.0	
9	柱脚底板平面度	3.0	
10	柱脚螺栓孔中心对柱轴线的距离（a）	2.0	

13.3.3 焊接实腹梁外形尺寸的偏差不应大于表 13.3.3 规定的允许偏差。

表 13.3.3 焊接实腹梁外形尺寸的允许偏差

序号	项 目	允许偏差 (mm)	图 例
1	端板上靠近梁中心线第一个螺栓孔距离（a）	± 1.0	
2	端板与翼缘板倾斜度（a_1, a_2） $h \leqslant 300$；$b \leqslant 200$ $h > 300$；$b > 200$	± 1.0 ± 1.5	

序号	项 目	允许偏差 （mm）	图 例
3	梁上下翼缘中点偏离梁中心线 （a_1，a_2）	±3.0	
4	端板外角孔中心到梁中心距离 （a_3，a_4）	±1.5	
5	端板内凹弯曲度（c）	$h/300$	
6	翼缘板倾斜度（d） 连接处： 其他处：	 2.0 3.0	
7	梁截面的宽度和高度	＋3.0， －2.0	
8	腹板偏离翼缘中心线（e）	2.0	
9	腹板局部不平直度（f） 且：板厚(mm) 　　6～10 　　10～12 　　≥14	$h/100$ 5.0 4.0 3.0	
10	侧弯及拱弯（c_1，c_2） L≤9m L>9m	 6.0 9.0	
11	梁的长度（L）	±L/2000 ±10.0	
12	扭曲	$h/250$ 10.0	

13.3.4 檩条和墙梁外形尺寸的偏差不应大于表 13.3.4 规定的允许偏差。

表 13.3.4　檩条和墙梁外形尺寸的允许偏差

序号	项目	符号	允许偏差 （mm）
1	截面高度	h	±3
2	翼缘宽度	b	＋5 －2
3	斜卷边或直角卷边长度	a_1	＋6 －3

序号	项目	符号	允许偏差 （mm）
4	翼缘不平整	θ_1	±3°
5	斜卷边角度	θ_2	±5°
6	腹板孔中心至构件中线距离	a_2	±1.0
7	腹板孔中心至构件中心距离	a_3	±1.5
8	翼缘孔中心至构件中心距离	a_4	±3
9	翼缘孔中心至腹板外缘距离	a_5	±3
10	同一组内腹板横向孔间距离	s_1	±1.5
11	同一组内腹板纵向孔间距离	s_2	±1.5
12	两端螺栓群中心距离	s_3	±3
13	构件的长度	L	≤9m时±3，>9m时±4
14	弯曲度	c	≤$L/500$
15	最小厚度	t	按所用钢带的现行国家标准执行
16	示意图		

13.3.5 压型金属板的偏差不应大于表 13.3.5 规定的允许偏差。

表 13.3.5 压型金属板允许偏差

项目			允许偏差（mm）
波距			±2.0
波高	压型板	$h≤70$	±1.5
		$h>70$	±2
覆盖宽度	波纹压型板	$h≤70$	−3，+9
		$h>70$	−2，+6
	卷边锁缝 压型板	$h≤70$	−2，+6
		$h>70$	−3，+9

项目		允许偏差（mm）
板长		−3，+6
板横向剪断偏差		5
板端横向切断变形		10
折弯面夹角	边缘折弯面夹角	±2°
	其他折弯面夹角	±3°
边线及板肋侧弯		≤$L/500$
板平整区和自由边不直度 （0.1m长度范围内偏离板边中心线）		2
最小厚度		按所用材料的现行 国家标准执行

注：L 为板的长度；h 为板断面高度（mm）。

13.3.6 金属泛水和收边件的几何尺寸偏差不应大于表 13.3.6 规定的允许偏差。

表 13.3.6 金属泛水和收边件加工允许偏差

检查项目	允许偏差（mm）
长度	±6
横向剪断偏差	5
截面尺寸	±3
角度	±3°
最小厚度	按所用材料的现行国家标准执行

13.4 构件焊缝

13.4.1 钢结构构件的各种连接焊缝，应根据产品加工图样要求的焊缝质量等级选择相应的焊接工艺进行施焊，在产品加工时，同一断面上拼板焊缝间距不宜小于 200mm。

13.4.2 焊接作业环境应符合现行国家标准《钢结构焊接规范》GB 50661 的有关规定。

13.4.3 焊缝无损探伤应按国家现行标准《焊缝无损检测 超声检测 技术、检测等级和评定》GB/T 11345 和《钢结构超声波探伤及质量分级法》JG/T 203 的规定进行探伤。焊缝质量等级和探伤比例应符合表 13.4.3 的规定。

表 13.4.3 焊缝质量等级

焊缝质量等级		一级	二级	三级
内部缺陷超声波探伤	评定等级	Ⅱ	Ⅲ	—
	检验等级	B 级	B 级	—
	探伤比例	100%	20%	—

注：探伤比例的计数方法：对同一类型的焊缝，工厂制作焊缝按每条焊缝计算百分比；现场安装焊缝按每一接头焊缝累计长度计算百分比；当探伤长度不小于 200mm 时，不应少于一条焊缝。

13.4.4 经探伤检验不合格的焊缝，除应将不合格部位的焊缝返修外，尚应加倍进行复检；当复检仍不合格时，应将该焊缝进行 100% 探伤检查。

14 运输、安装与验收

14.1 一般规定

14.1.1 钢结构的运输与安装应按施工组织设计进行，运输与安装程序必须保证结构的稳定性和不导致永久性变形。

14.1.2 钢构件安装前，应对构件的外形尺寸，螺栓孔位置及直径、连接件位置、焊缝、摩擦面处理、防腐涂层等进行详细检查，对构件的变形、缺陷，应在地面进行矫正、修复，合格后方可安装。

14.1.3 钢结构安装过程中，现场进行制孔、焊接、组装、涂装等工序的施工应符合现行国家标准《钢结构工程施工质量验收规范》GB 50205 的有关规定。

14.1.4 钢结构构件在运输、存放、吊装过程损坏的涂层，应先补涂底漆，再补涂面漆。

14.1.5 钢构件在吊装前应清除表面上的油污、冰雪、泥沙和灰尘等杂物。

14.2 安装与校正

14.2.1 钢结构安装前应对房屋的定位轴线，基础轴线和标高，地脚螺栓位置进行检查，并应进行基础复测和与基础施工方办理交接验收。

14.2.2 刚架柱脚的锚栓应采用可靠方法定位，房屋的平面尺寸除应测量直角边长外，尚应测量对角线长度。在钢结构安装前，均应校对锚栓的空间位置，确保基础顶面的平面尺寸和标高符合设计要求。

14.2.3 基础顶面直接作为柱的支承面和基础顶面预埋钢板或支座作为柱的支承面时，支承面、地脚螺栓（锚栓）的偏差不应大于表 14.2.3 规定的允许偏差。

表 14.2.3 支承面、地脚螺栓（锚栓）的允许偏差

项目		允许偏差（mm）
支承面	标高	±3.0
	水平度	L/1000
地脚螺栓	螺栓中心偏差	5.0
	螺栓露出长度	+20.0 / 0
	螺纹长度	+20.0 / 0
	预留孔中心偏差	10.0

注：L 为柱脚底板的最大平面尺寸。

14.2.4 柱基础二次浇筑的预留空间，当柱脚铰接时不宜大于 50mm，柱脚刚接时不宜大于 100mm。柱脚安装时柱标高精度控制，可采用在底板下的地脚螺栓上加调整螺母的方法进行（图 14.2.4）。

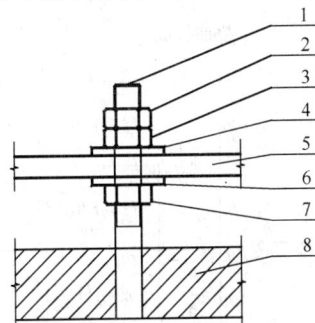

图 14.2.4 柱脚的安装
1—地脚螺栓；2—止退螺母；3—紧固螺母；4—螺母垫板；5—钢柱底板；6—底部螺母垫板；7—调整螺母；8—钢筋混凝土基础

14.2.5 门式刚架轻型房屋钢结构在安装过程中，应根据设计和施工工况要求，采取措施保证结构整体稳固性。

14.2.6 主构件的安装应符合下列规定：

1 安装顺序宜先从靠近山墙的有柱间支撑的两端刚架开始。在刚架安装完毕后应将其间的檩条、支撑、隅撑等全部装好，并检查其垂直度。以这两榀刚架为起点，向房屋另一端顺序安装。

2 刚架安装宜先立柱子，将在地面组装好的斜梁吊装就位，并与柱连接。

3 钢结构安装在形成空间刚度单元并校正完毕后，应及时对柱底板和基础顶面的空隙采用细石混凝土二次浇筑。

4 对跨度大、侧向刚度小的构件，在安装前要确定构件重心，应选择合理的吊点位置和吊具，对重要的构件和细长构件应进行吊前的稳定性验算，并根据验算结果进行临时加固，构件安装过程中宜采取必要的牵拉、支撑、临时连接等措施。

5 在安装过程中，应减少高空安装工作量。在起重设备能力允许的条件下，宜在地面组拼成扩大安装单元，对受力大的部位宜进行必要的固定，可增加铁扁担、滑轮组等辅助手段，应避免盲目冒险吊装。

6 对大型构件的吊点应进行安装验算，使各部位产生的内力小于构件的承载力，不至于产生永久变形。

14.2.7 钢结构安装的校正应符合下列规定：

1 钢结构安装的测量和校正，应事前根据工程特点编制测量工艺和校正方案。

2 刚架柱、梁、支撑等主要构件安装就位后，应立即校正。校正后，应立即进行永久性固定。

14.2.8 有可靠依据时，可利用已安装完成的钢结构吊装其他构件和设备。操作前应采取相应的保证措施。

14.2.9 设计要求顶紧的节点，接触面应有 70% 的面紧贴，用 0.3mm 厚塞尺检查，可插入的面积之和不得大于顶紧节点总面积的 30%，边缘最大间隙不应大于 0.8mm。

14.2.10 刚架柱安装的偏差不应大于表 14.2.10 规定的允许偏差。

表 14.2.10　刚架柱安装的允许偏差

序号	项目			允许偏差(mm)	图示
1	柱脚底座中心线对定位轴线的偏移 (Δ)			5.0	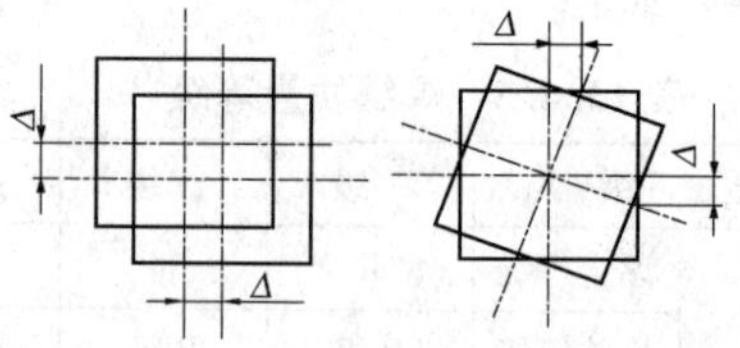
2	柱基准点标高	有吊车梁的柱		+3.0 −5.0	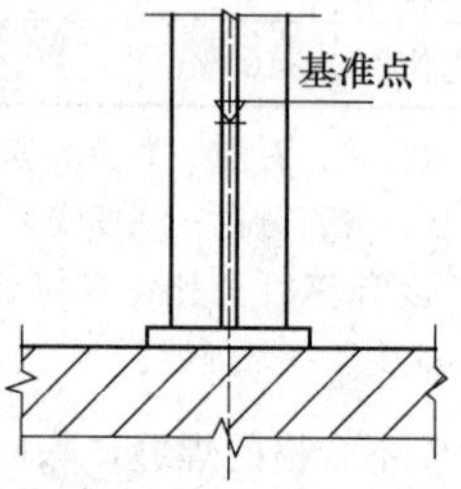
3		无吊车梁的柱		+5.0 −8.0	
4	挠曲矢高			$H/1000$ 10.0	
5	柱轴线垂直度 (Δ)	单层柱	$H \leqslant 12\text{m}$	10.0	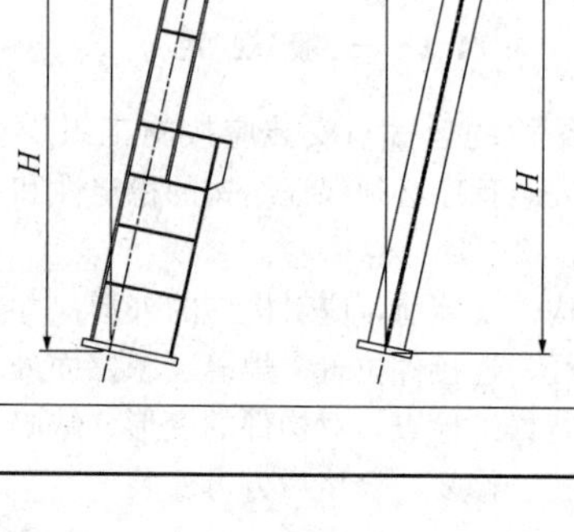
6			$H > 12\text{m}$	$H/1000$ 20.0	
7		多层柱	底层柱	10.0	
8			柱全高	20.0	
9	柱顶标高 (Δ)			$\leqslant \pm 10.0$	

14.2.11 刚架斜梁安装的偏差不应大于表 14.2.11 规定的允许偏差。

表 14.2.11　刚架斜梁安装的允许偏差

项　目		允许偏差（mm）
梁跨中垂直度		$H/500$
梁翘曲	侧向	$L/1000$
	垂直方向	$+10.0，-5.0$
相邻梁接头部位	中心错位	3.0
	顶面高差	2.0
相邻梁顶面高差	支承处	1.0
	其他处	$L/500$

注：H 为梁跨中断面高度，L 为相邻梁跨度的最大值。

14.2.12 吊车梁安装的偏差不应大于表 14.2.12 规定的允许偏差。

表 14.2.12　吊车梁安装的允许偏差

序号	项　目	允许偏差（mm）	图　例
1	梁的跨中垂直度（△）	$h/500$	
2	侧向弯曲失高	$L/1500$ 10.0	
3	垂直上拱矢高	10.0	
4	两端支座中心位移（△）：安装在钢柱上时，对牛腿中心的偏移	5.0	
5	吊车梁支座加劲板中心与柱子承压加劲板中心的偏移（△）	$t/2$	
6	同一跨间内同一横截面吊车梁顶面高差（△）： 支座处 其他处	10.0 15.0	
7	同一跨间任一横截面的吊车梁中心跨距（L）	±10.0	

序号	项 目	允许偏差（mm）	图 例
8	同一列相邻两柱间吊车梁顶面高差（△）	L/1500 10.0	
9	相邻两吊车梁接头部位错位（△）： 中心错位 顶面高差	2.0 1.0	

14.2.13 主钢结构安装调整好后，应张紧柱间支撑、屋面支撑等受拉支撑构件。

14.3 高强度螺栓

14.3.1 对进入现场的高强度螺栓连接副应进行复检，复检的数据应符合现行国家标准《钢结构工程施工质量验收规范》GB 50205 的规定，对于大六角头高强度螺栓连接副的扭矩系数复检数据除应符合规定外，尚可作为施拧的参数。

14.3.2 对于高强度螺栓摩擦型连接，应按现行国家标准《钢结构工程施工质量验收规范》GB 50205 的规定和设计文件要求对摩擦面的抗滑移系数进行测试。

14.3.3 安装时使用临时螺栓的数量，应能承受构件自重和连接校正时外力作用，每个节点上穿入的数量不宜少于 2 个。连接用高强度螺栓不得兼作临时螺栓。

14.3.4 高强度螺栓的安装严禁强行敲打入孔，扩孔可采用合适的铰刀及专用扩孔工具进行，修正后的最大孔径应小于 1.2 倍螺栓直径，不应采用气割扩孔。

14.3.5 高强度螺栓连接的钢板接触面应平整，接触面间隙小于 1.0mm 时可不处理；1.0mm～3.0mm 时，应将高出的一侧磨成 1：10 的斜面，打磨方向应与受力方向垂直；大于 3.0mm 的间隙应加垫板，垫板两面的处理方法应与连接板摩擦处理方法相同。

14.3.6 高强度螺栓连接副的拧紧应分为初拧、复拧、终拧，宜按由螺栓群节点中心位置顺序向外缘拧紧的方法施拧，初拧、复拧、终拧应在 24h 内完成。

14.3.7 大六角头高强度螺栓施工扭矩的验收，可先在螺杆和螺母的侧面划一直线，然后将螺母拧松约 60°，再用扭矩扳手重新拧紧，使端线重合，此时测得的扭矩应在施工前测得扭矩±10% 范围内方为合格。

14.3.8 每个节点扭矩抽检螺栓连接副数应为 10%，且不应少于一个螺栓连接副。抽验不符合要求的，应重新抽样 10% 检查，当仍不合格，欠拧、漏拧的应补拧，超拧的应更换螺栓。扭矩检查应在施工 1h 后，24h 内完成。

14.4 焊接及其他紧固件

14.4.1 安装定位焊接应符合下列规定：

1 现场焊接应由具有焊接合格证的焊工操作，严禁无合格证者施焊；

2 采用的焊接材料型号应与焊件材质相匹配；

3 焊缝厚度不应超过设计焊缝高度的 2/3，且不应大于 8mm；

4 焊缝长度不宜少于 25mm。

14.4.2 普通螺栓连接应符合下列规定：

1 每个螺栓一端不得垫两个以上垫圈，不得用大螺母代替垫圈；

2 螺栓拧紧后，尾部外露螺纹不得少于 2 个螺距；

3 螺栓孔不应采用气割扩孔。

14.4.3 当构件的连接为焊接和高强度螺栓混用的连接方式时，应按先栓接后焊接的顺序施工。

14.4.4 自钻自攻螺钉、拉铆钉、射钉等与连接钢板应紧固密贴，外观排列整齐。其规格尺寸应与被连接钢板相匹配，其间距、边距等应符合设计要求。

14.4.5 射钉、拉铆钉、地脚锚栓应根据制造厂商的相关技术文件和设计要求进行工程质量验收。

14.5 檩条和墙梁的安装

14.5.1 根据安装单元的划分，主构件安装完毕后应立即进行檩条、墙梁等次构件的安装。

14.5.2 除最初安装的两榀刚架外，其余刚架间檩条、墙梁和檐檩等的螺栓均应在校准后再拧紧。

14.5.3 檩条和墙梁安装时，应及时设置撑杆或拉条并拉紧，但不应将檩条和墙梁拉弯。

14.5.4 檩条和墙梁等冷弯薄壁型钢构件吊装时应采取适当措施，防止产生永久变形，并应垫好绳扣与构件的接触部位。

14.5.5 不得利用已安装就位的檩条和墙梁构件起吊其他重物。

14.6 围护系统安装

14.6.1 在安装墙板和屋面板时，墙梁和檩条应保持平直。

14.6.2 隔热材料应平整铺设，两端应固定到结构主体上，采用单面隔汽层时，隔汽层应置于建筑物的内侧。隔汽层的纵向和横向搭接处应粘接或缝合。位于端部的毡材应利用隔汽层反折封闭。当隔汽层材料不能承担隔热材料自重时，应在隔汽层下铺设支承网。

14.6.3 固定式屋面板与檩条连接及墙板与墙梁连接时，螺钉中心距不宜大于300mm。房屋端部与屋面板端头连接，螺钉的间距宜加密。屋面板侧边搭接处钉距可适当放大，墙板侧边搭接处钉距可比屋面板侧边搭接处进一步加大。

14.6.4 在屋面板的纵横方向搭接处，应连续设置密封胶条。檐口处的搭接边除设置胶条外，尚应设置与屋面板剖面形状相同的堵头。

14.6.5 在角部、屋脊、檐口、屋面板孔口或突出物周围，应设置具有良好密封性能和外观的泛水板或包边板。

14.6.6 安装压型钢板屋面时，应采取有效措施将施工荷载分布至较大面积，防止因施工集中荷载造成屋面板局部压屈。

14.6.7 在屋面上施工时，应采用安全绳等安全措施，必要时采用安全网。

14.6.8 压型钢板铺设要注意常年风向，板肋搭接应与常年风向相背。

14.6.9 每安装5块～6块压型钢板，应检查板两端的平整度，当有误差时，应及时调整。

14.6.10 压型钢板安装的偏差不应大于表14.6.10规定的允许偏差。

表14.6.10 压型钢板安装的允许偏差

项　　目	允许偏差（mm）
在梁上压型钢板相邻列的错位	10.0
檐口处相邻两块压型钢板端部的错位	5.0
压型钢板波纹线对屋脊的垂直度	L/1000
墙面板波纹线的垂直度	H/1000
墙面包角板的垂直度	H/1000
墙面相邻两块压型钢板下端的错位	5.0

注：H为房屋高度；L为压型钢板长度。

14.7 验　　收

14.7.1 根据现行国家标准《建筑工程施工质量验收统一标准》GB 50300的规定，钢结构应按分部工程竣工验收，大型钢结构工程可划分成若干个子分部工程进行竣工验收。

14.7.2 钢结构分部工程合格质量标准应符合下列规定：

　　1 各分项工程质量均应符合合格质量标准；

　　2 质量控制资料和文件应完整；

　　3 各项检验应符合现行国家标准《钢结构工程施工质量验收规范》GB 50205的规定。

14.7.3 钢结构分部工程竣工验收时，应提供下列文件和记录：

　　1 钢结构工程竣工图纸及相关设计文件；

　　2 施工现场质量管理检查记录；

　　3 有关安全及功能的检验和见证检测项目检查记录；

　　4 有关观感质量检验项目检查记录；

　　5 分部工程所含各分项工程质量验收记录；

　　6 分项工程所含各检验批质量验收记录；

　　7 强制性条文检验项目检查记录及证明文件；

　　8 隐蔽工程检验项目检查验收记录；

　　9 原材料、成品质量合格证明文件、中文标志及性能检测报告；

　　10 不合格项的处理记录及验收记录；

　　11 重大质量、技术问题实施方案及验收记录；

　　12 其他有关文件和记录。

14.7.4 钢结构工程质量验收记录应符合下列规定：

　　1 施工现场质量管理检查记录应按现行国家标准《建筑工程施工质量验收统一标准》GB 50300的有关规定执行；

　　2 分项工程验收记录应按现行国家标准《建筑工程施工质量验收统一标准》GB 50300的有关规定执行；

　　3 分项工程验收批验收记录应按现行国家标准《钢结构工程施工质量验收规范》GB 50205的有关规定执行；

4 分部（子分部）工程验收记录应按现行国家标准《建筑工程施工质量验收统一标准》GB 50300 的有关规定执行。

附录 A 刚架柱的计算长度

A.0.1 小端铰接的变截面门式刚架柱有侧移弹性屈曲临界荷载及计算长度系数可按下列公式计算：

$$N_{cr} = \frac{\pi^2 E I_1}{(\mu H)^2} \quad (A.0.1-1)$$

$$\mu = 2 \left(\frac{I_1}{I_0}\right)^{0.145} \sqrt{1 + \frac{0.38}{K}} \quad (A.0.1-2)$$

$$K = \frac{K_z}{6 i_{c1}} \left(\frac{I_1}{I_0}\right)^{0.29} \quad (A.0.1-3)$$

式中：μ——变截面柱换算成以大端截面为准的等截面柱的计算长度系数；

I_0——立柱小端截面的惯性矩（mm^4）；

I_1——立柱大端截面惯性矩（mm^4）；

H——楔形变截面柱的高度（mm）；

K_z——梁对柱子的转动约束（N·mm）；

i_{c1}——柱的线刚度（N·mm），$i_{c1} = E I_1 / H$。

A.0.2 确定刚架梁对刚架柱的转动约束，应符合下列规定：

1 在梁的两端都与柱子刚接时，假设梁的变形形式使得反弯点出现在梁的跨中，取出半跨梁，远端铰支，在近端施加弯矩（M），求出近端的转角（θ），应由下式计算转动约束：

$$K_z = \frac{M}{\theta} \quad (A.0.2)$$

2 当刚架梁远端简支，或刚架梁的远端是摇摆柱时，本规范第 A.0.3 条中的 s 应为全跨的梁长；

3 刚架梁近端与柱子简支，转动约束应为 0。

A.0.3 楔形变截面梁对刚架柱的转动约束，应按刚架梁变截面情况分别按下列公式计算：

1 刚架梁为一段变截面（图 A.0.3-1）：

$$K_z = 3 i_1 \left(\frac{I_0}{I_1}\right)^{0.2} \quad (A.0.3-1)$$

$$i_1 = \frac{E I_1}{s} \quad (A.0.3-2)$$

式中：I_0——变截面梁跨中小端截面的惯性矩（mm^4）；

I_1——变截面梁檐口大端截面的惯性矩（mm^4）；

s——变截面梁的斜长（mm）。

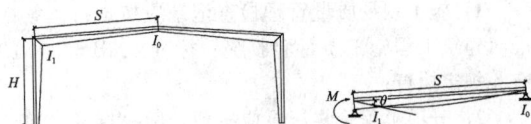

图 A.0.3-1　刚架梁为一段变截面及其转动刚度计算模型

2 刚架梁为二段变截面（图 A.0.3-2）：

$$\frac{1}{K_z} = \frac{1}{K_{11,1}} + \frac{2 s_2}{s} \frac{1}{K_{12,1}} +$$

$$\left(\frac{s_2}{s}\right)^2 \frac{1}{K_{22,1}} + \left(\frac{s_2}{s}\right)^2 \frac{1}{K_{22,2}} \quad (A.0.3-3)$$

$$K_{11,1} = 3 i_{11} R_1^{0.2} \quad (A.0.3-4)$$

$$K_{12,1} = 6 i_{11} R_1^{0.44} \quad (A.0.3-5)$$

$$K_{22,1} = 3 i_{11} R_1^{0.712} \quad (A.0.3-6)$$

$$K_{22,2} = 3 i_{21} R_2^{0.712} \quad (A.0.3-7)$$

$$R_1 = \frac{I_{10}}{I_{11}} \quad (A.0.3-8)$$

$$R_2 = \frac{I_{20}}{I_{21}} \quad (A.0.3-9)$$

$$i_{11} = \frac{E I_{11}}{s_1} \quad (A.0.3-10)$$

$$i_{21} = \frac{E I_{21}}{s_2} \quad (A.0.3-11)$$

$$s = s_1 + s_2 \quad (A.0.3-12)$$

式中：R_1——与立柱相连的第 1 变截面梁段，远端截面惯性矩与近端截面惯性矩之比；

R_2——第 2 变截面梁段，近端截面惯性矩与远端截面惯性矩之比；

s_1——与立柱相连的第 1 段变截面梁的斜长（mm）；

s_2——第 2 段变截面梁的斜长（mm）；

s——变截面梁的斜长（mm）；

i_{11}——以大端截面惯性矩计算的线刚度（N·mm）；

i_{21}——以第 2 段远端截面惯性矩计算的线刚度（N·mm）；

I_{10}、I_{11}、I_{20}、I_{21}——变截面梁惯性矩（mm^4）（图 A.0.3-2）。

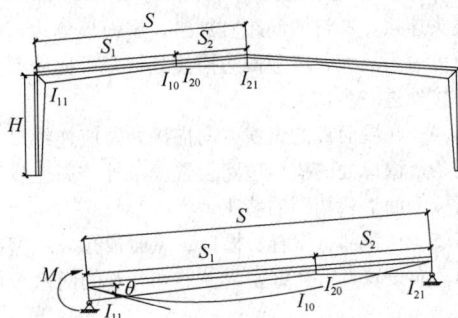

图 A.0.3-2　刚架梁为二段变截面及其转动刚度计算模型

3 刚架梁为三段变截面（图 A.0.3-3）：

$$\frac{1}{K_z} = \frac{1}{K_{11,1}} + 2 \left(1 - \frac{s_1}{s}\right) \frac{1}{K_{12,1}} + \left(1 - \frac{s_1}{s}\right)^2 \left(\frac{1}{K_{22,1}} + \frac{1}{3 i_2}\right) + \frac{2 s_3 (s_2 + s_3)}{s^2} \frac{1}{6 i_2} + \left(\frac{s_3}{s}\right)^2 \left(\frac{1}{3 i_2} + \frac{1}{K_{22,3}}\right)$$

$$(A.0.3-13)$$

$$K_{11,1} = 3 i_{11} R_1^{0.2} \quad (A.0.3-14)$$

$$K_{12,1} = 6i_{11}R_1^{0.44} \qquad \text{(A. 0. 3-15)}$$

$$K_{22,1} = 3i_{11}R_1^{0.712} \qquad \text{(A. 0. 3-16)}$$

$$K_{22,3} = 3i_{31}R_3^{0.712} \qquad \text{(A. 0. 3-17)}$$

$$R_1 = \frac{I_{10}}{I_{11}}, R_3 = \frac{I_{30}}{I_{31}} \qquad \text{(A. 0. 3-18)}$$

$$i_{11} = \frac{EI_{11}}{s_1}, i_2 = \frac{EI_2}{s_2}, i_{31} = \frac{EI_{31}}{s_3} \qquad \text{(A. 0. 3-19)}$$

式中：I_{10}、I_{11}、I_2、I_{30}、I_{31} ——变截面梁惯性矩（mm⁴）（图 A. 0. 3-3）。

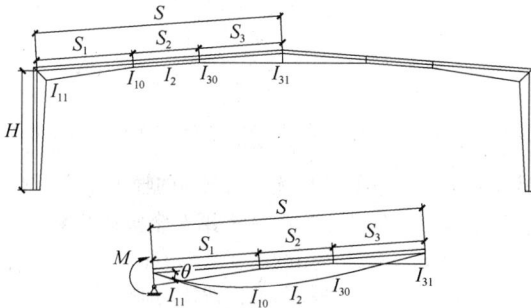

图 A. 0. 3-3　刚架梁为三段变截面及其
转动刚度计算模型

A. 0. 4　当为阶形柱或两段柱子时，下柱和上柱的计算长度应按下列公式确定：

下柱计算长度系数

$$\mu_1 = \sqrt{\gamma} \cdot \mu_2 \qquad \text{(A. 0. 4-1)}$$

上柱计算长度系数

$$\mu_2 = \sqrt{\frac{6K_1K_2 + 4(K_1 + K_2) + 1.52}{6K_1K_2 + K_1 + K_2}}$$

$$\text{(A. 0. 4-2)}$$

$$K_2 = \frac{K_{z2}}{6i_{c2}} \qquad \text{(A. 0. 4-3)}$$

$$K_1 = \frac{K_{z1}}{6i_{c2}} + \frac{b + \sqrt{b^2 - 4ac}}{12a} \qquad \text{(A. 0. 4-4)}$$

$$a = (a_1 b_1 \gamma - a_2 b_2)i_{c2}^2 \qquad \text{(A. 0. 4-5)}$$

$$b = (K_{z0}i_{c1}\gamma b_1 - \gamma c_2 a_1 - i_{c1}a_3 b_2 + c_1 a_2)i_{c1}$$

$$\text{(A. 0. 4-6)}$$

$$c = i_{c1}(c_1 a_3 - K_{z0}c_2\gamma) \qquad \text{(A. 0. 4-7)}$$

$$a_1 = K_{z0} + i_{c1} \qquad \text{(A. 0. 4-8)}$$

$$a_2 = K_{z0} + 4i_{c1} \qquad \text{(A. 0. 4-9)}$$

$$a_3 = 4K_{z0} + 9.12i_{c1} \qquad \text{(A. 0. 4-10)}$$

$$b_1 = K_{z2} + 4i_{c2} \qquad \text{(A. 0. 4-11)}$$

$$b_2 = K_{z2} + i_{c2} \qquad \text{(A. 0. 4-12)}$$

$$c_1 = K_{z1}K_{z2} + (K_{z1} + K_{z2})i_{c2}$$

$$\text{(A. 0. 4-13)}$$

$$c_2 = K_{z1}K_{z2} + 4(K_{z1} + K_{z2})i_{c2} + 9.12i_{c2}^2$$

$$\text{(A. 0. 4-14)}$$

$$\gamma = \frac{N_2 H_2}{N_1 H_1} \frac{i_{c1}}{i_{c2}} \qquad \text{(A. 0. 4-15)}$$

$$i_{c1} = \frac{EI_{11}}{H_1}\left(\frac{I_{10}}{I_{11}}\right)^{0.29} \qquad \text{(A. 0. 4-16)}$$

$$i_{c2} = \frac{EI_2}{H_2} \qquad \text{(A. 0. 4-17)}$$

式中：　K_{z0} ——柱脚对柱子提供的转动约束（N·mm）；柱脚铰支时，$K_{z0} = 0.5i_{c1}$；柱脚固定时，$K_{z0} = 50i_{c1}$；

　　　　K_{z1} ——中间梁（低跨屋面梁，夹层梁）对柱子提供的转动约束（N·mm），按本规范第 A. 0. 3 条确定；

　　　　K_{z2} ——屋面梁对上柱柱顶的转动约束（N·mm），按本规范第 A. 0. 3 条确定；

　　　　i_{c1} ——下柱为变截面时，下柱线刚度（N·mm）；

　　　　i_{c2} ——上柱线刚度（N·mm）；

I_1、I_2、I_{10}、I_{11} ——柱子的惯性矩（mm⁴）（图 A. 0. 4）；

　N_1、N_2 ——分别为下柱和上柱的轴力（N）；

　H_1、H_2 ——分别为下柱和上柱的高度（mm）。

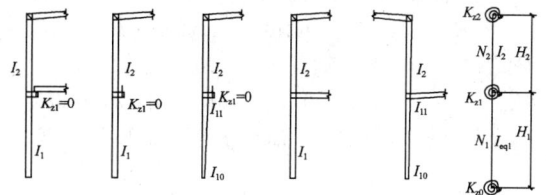

图 A. 0. 4　变截面阶形刚架柱的计算模型

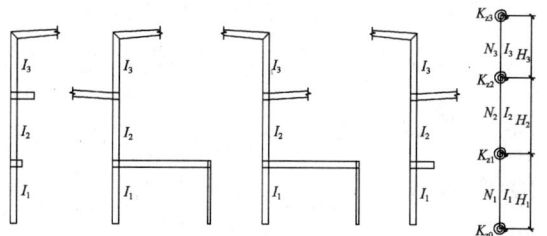

图 A. 0. 5　三阶刚架柱的计算模型

A. 0. 5　当为二阶柱或三段柱子时，下柱、中柱和上柱的计算长度，应按不同的计算模型确定（图 A. 0. 5），或按下列公式计算：

$$\mu_2 = \sqrt{\frac{6K_1K_2 + 4(K_1 + K_2) + 1.52}{6K_1K_2 + K_1 + K_2}}$$

$$\text{(A. 0. 5-1)}$$

$$\mu_1 = \sqrt{\gamma_1} \cdot \mu_2 \qquad (A.0.5\text{-}2)$$

$$\mu_3 = \sqrt{\gamma_3} \cdot \mu_2 \qquad (A.0.5\text{-}3)$$

中段柱：$K_1 = K_{b1} - \dfrac{\eta}{6}$，$K_2 = K_{b2} - \dfrac{\xi}{6}$

$$(A.0.5\text{-}4)$$

ξ、η 由下列公式给出的三组解中之一确定，且三组解中满足式（A.0.5-7，A.0.5-8，A.0.5-9）的 K_1，K_2 为唯一有效解。

$$\eta_j = 2\sqrt[3]{r}\cos\left[\frac{\theta + 2(j-2)\pi}{3}\right] - \frac{b}{3a} \qquad (j=1,2,3)$$

$$(A.0.5\text{-}5)$$

$$\xi_j = \frac{6(e_3\eta + e_4)}{e_1\eta + e_2} \qquad (j=1,2,3)$$

$$(A.0.5\text{-}6)$$

$$K_1 > -\frac{1}{6} \qquad (A.0.5\text{-}7)$$

$$K_2 > -\frac{1}{6} \qquad (A.0.5\text{-}8)$$

$$6K_1K_2 + K_1 + K_2 > 0 \qquad (A.0.5\text{-}9)$$

其中：$r = \sqrt{\dfrac{m^3}{27}}$；$\theta = \arccos\dfrac{-n}{\sqrt{-4m^3/27}}$；$\Delta = \dfrac{n^2}{4} + \dfrac{m^3}{27}$；$m = \dfrac{3ac - b^2}{3a^2}$；$n = \dfrac{2b^3 - 9abc + 27a^2d}{27a^3}$；$a = \gamma_1 a_2 g_4 - a_1 g_1$；$b = \gamma_1 a_2 g_5 + 6\gamma_1 K_{b0}K_{c1}g_4 - a_1 g_2 - 6K_{c1}a_3 g_1$；$c = \gamma_1 a_2 g_6 + 6\gamma_1 K_{b0}K_{c1}g_5 - a_1 g_3 - 6K_{c1}a_3 g_2$；$d = 6K_{c1}(\gamma_1 K_{b0}g_6 - a_3 g_3)$；$e_1 = a_2 b_1 \gamma_1 - a_1 b_2 \gamma_3$；$e_2 = 6K_{c1}(K_{b0}\gamma_1 b_1 - a_3 b_2 \gamma_3)$；$e_3 = K_{c3}(\gamma_3 K_{b3}a_1 - b_3 a_2 \gamma_1)$；$e_4 = 6K_{c1}K_{c3}(\gamma_3 K_{b3}a_3 - \gamma_1 K_{b0}b_3)$；$a_1 = 6K_{b0} + 4K_{c1}$；$a_2 = 6K_{b0} + K_{c1}$；$a_3 = 4K_{b0} + 1.52K_{c1}$；$b_1 = 6K_{b3} + 4K_{c3}$；$b_2 = 6K_{b3} + K_{c3}$；$b_3 = 4K_{b3} + 1.52K_{c3}$；$c_1 = 6K_{b1} + 4$；$c_2 = 6K_{b1} + 1$；$d_1 = 6K_{b2} + 4$；$d_2 = 6K_{b2} + 1$；$f_1 = 6K_{b1}K_{b2} + K_{b2} + K_{b1}$；$f_2 = 6K_{b1}K_{b2} + 4(K_{b2} + K_{b1}) + 1.52$；$g_1 = e_3 - \dfrac{1}{6}d_2 e_1$；$g_2 = f_1 e_1 - c_2 e_3 - \dfrac{1}{6}d_2 e_2 + e_4$；$g_3 = f_1 e_2 - c_2 e_4$；$g_4 = e_3 - \dfrac{1}{6}d_1 e_1$；$g_5 = f_2 e_1 - c_1 e_3 - \dfrac{1}{6}d_1 e_2 + e_4$；$g_6 = f_2 e_2 - c_1 e_4$；$K_{b0} = \dfrac{K_{z0}}{6i_{c2}}$；$K_{b1} = \dfrac{K_{z1}}{6i_{c2}}$；$K_{b2} = \dfrac{K_{z2}}{6i_{c2}}$；$K_{b3} = \dfrac{K_{z3}}{6i_{c2}}$；$K_{c1} = \dfrac{i_{c1}}{i_{c2}}$；$K_{c3} = \dfrac{i_{c3}}{i_{c2}}$；$\gamma_1 = \dfrac{N_2 H_2}{N_1 H_1} \dfrac{i_{c1}}{i_{c2}}$；$\gamma_3 = \dfrac{N_2 H_2}{N_3 H_3} \dfrac{i_{c3}}{i_{c2}}$；$i_{c1} = \dfrac{EI_1}{H_1}$；$i_{c2} = \dfrac{EI_2}{H_2}$；$i_{c3} = \dfrac{EI_3}{H_3}$；

式中：μ_1、μ_2、μ_3 ——分别为下段柱、中段柱和上段柱的计算长度系数；

i_{c1}、i_{c2}、i_{c3} ——分别为下段柱、中段柱和上段柱的线刚度（N·mm）。

A.0.6 当有摇摆柱（图 A.0.6）时，确定梁对刚架柱的转动约束时应假设梁远端铰支在摇摆柱的柱顶，且确定的框架柱的计算长度系数应乘以放大系数 η。

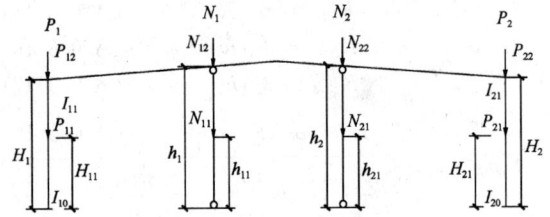

图 A.0.6 带有摇摆柱的框架

1 放大系数 η 应按下列公式计算：

$$\eta = \sqrt{1 + \frac{\sum N_j/h_j}{1.1\sum P_i/H_i}} \qquad (A.0.6\text{-}1)$$

$$N_j = \frac{1}{h_j}\sum_k N_{jk}h_{jk} \qquad (A.0.6\text{-}2)$$

$$P_i = \frac{1}{H_i}\sum_k P_{ik}H_{ik} \qquad (A.0.6\text{-}3)$$

式中：N_j ——换算到柱顶的摇摆柱的轴压力（N）；

N_{jk}、h_{jk} ——第 j 个摇摆柱上第 k 个竖向荷载（N）和其作用的高度（mm）；

P_i ——换算到柱顶的框架柱的轴压力（N）；

P_{ik}、H_{ik} ——第 i 个柱子上第 k 个竖向荷载和其作用的高度（mm）；

h_j ——第 j 个摇摆柱高度（mm）；

H_i ——第 i 个刚架柱高度（mm）。

2 当摇摆柱的柱子中间无竖向荷载时，摇摆柱的计算长度系数取 1.0；

3 当摇摆柱的柱子中间作用有竖向荷载时，可考虑上、下柱段的相互作用，决定各柱段的计算长度系数。

A.0.7 采用二阶分析时，柱的计算长度应符合下列规定：

1 等截面单段柱的计算长度系数可取 1.0；

2 有吊车厂房，二阶或三阶柱各柱段的计算长度系数，应按柱顶无侧移，柱顶铰接的模型确定。有夹层或高低跨，各柱段的计算长度系数可取 1.0；

3 柱脚铰接的单段变截面柱子的计算长度系数 μ_r 应按下列公式计算：

$$\mu_r = \frac{1 + 0.035\gamma}{1 + 0.54\gamma}\sqrt{\frac{I_1}{I_0}} \qquad (A.0.7\text{-}1)$$

$$\gamma = \frac{h_1}{h_0} - 1 \qquad (A.0.7\text{-}2)$$

式中：γ ——变截面柱的楔率；

h_0、h_1 ——分别是小端和大端截面的高度（mm）；

I_0、I_1 ——分别是小端和大端截面的惯性矩（mm⁴）。

A.0.8 单层多跨房屋，当各跨屋面梁的标高无突变（无高低跨）时，可考虑各柱相互支援作用，采用修正的计算长度系数进行刚架柱的平面内稳定计算。修正的计算长度系数应按下列公式计算。当计算值小于 1.0 时，应取 1.0。

$$\mu'_j = \frac{\pi}{h_j}\sqrt{\frac{EI_{cj}\left[1.2\sum(P_i/H_i)+\sum(N_k/h_k)\right]}{P_j \cdot K}}$$

(A. 0. 8-1)

$$\mu'_j = \frac{\pi}{h_j}\sqrt{\frac{EI_{cj}\left[1.2\sum(P_i/H_i)+\sum(N_k/h_k)\right]}{1.2P_j\sum(P_{crj}/H_j)}}$$

(A. 0. 8-2)

式中：N_k、h_k——分别为摇摆柱上的轴力（N）和高度（mm）；

K——在檐口高度作用水平力求得的刚架抗侧刚度（N/mm）；

P_{crj}——按传统方法计算的框架柱的临界荷载，其计算长度系数可按式（A. 0. 1-2）计算。

A. 0. 9 按本附录确定的刚架柱计算长度系数适用于屋面坡度不大于1/5的情况，超过此值时应考虑横梁轴向力的不利影响。

本规范用词说明

1 为便于在执行本规范条文时区别对待，对于要求严格程度不同的用词说明如下：

1）表示很严格，非这样做不可的：

正面词采用"必须"，反面词采用"严禁"；

2）表示严格，在正常情况下均应这样做的：

正面词采用"应"，反面词采用"不应"或"不得"；

3）表示允许稍有选择，在条件许可时首先应这样做的：

正面词采用"宜"，反面词采用"不宜"；

4）表示有选择，在一定条件下可以这样做的，采用"可"。

2 条文中指明应按其他标准执行的写法为："应符合……的规定"或"应按……执行"。

引用标准名录

1 《建筑结构荷载规范》GB 50009

2 《混凝土结构设计规范》GB 50010

3 《建筑抗震设计规范》GB 50011

4 《建筑设计防火规范》GB 50016

5 《钢结构设计规范》GB 50017

6 《冷弯薄壁型钢结构技术规范》GB 50018

7 《工业建筑防腐蚀设计规范》GB 50046

8 《钢结构工程施工质量验收规范》GB 50205

9 《建筑工程抗震设防分类标准》GB 50223

10 《建筑工程施工质量验收统一标准》GB 50300

11 《钢结构焊接规范》GB 50661

12 《钢结构工程施工规范》GB 50755

13 《碳素结构钢》GB/T 700

14 《气焊、焊条电弧焊、气体保护焊和高能束焊的推荐坡口》GB/T 985.1

15 《埋弧焊的推荐坡口》GB/T 985.2

16 《钢结构用高强度大六角头螺栓》GB/T 1228

17 《钢结构用高强度大六角螺母》GB/T 1229

18 《钢结构用高强度垫圈》GB/T 1230

19 《钢结构用高强度大六角头螺栓、大六角螺母、垫圈技术条件》GB/T 1231

20 《低合金高强度结构钢》GB/T 1591

21 《漆膜附着力测定法》GB 1720

22 《连续热镀锌钢板及钢带》GB/T 2518

23 《紧固件机械性能 螺栓、螺钉和螺柱》GB/T 3098.1

24 《钢结构用扭剪型高强度螺栓连接副》GB/T 3632

25 《非合金钢及细晶粒钢焊条》GB/T 5117

26 《热强钢焊条》GB/T 5118

27 《开槽盘头自攻螺钉》GB/T 5282

28 《开槽沉头自攻螺钉》GB/T 5283

29 《开槽半沉头自攻螺钉》GB/T 5284

30 《六角头自攻螺钉》GB/T 5285

31 《埋弧焊用碳钢焊丝和焊剂》GB/T 5293

32 《六角头螺栓 C级》GB/T 5780

33 《六角头螺栓》GB/T 5782

34 《气体保护电弧焊用碳钢、低合金钢焊丝》GB/T 8110

35 《涂覆涂料前钢材表面处理 表面清洁度的目视测定 第1部分：未涂覆过的钢材表面和全面清除原有涂层后的钢材表面的锈蚀等级和处理等级》GB/T 8923.1

36 《色漆和清漆 漆膜的划格试验》GB/T 9286

37 《建筑构件耐火试验方法》GB/T 9978.1～GB/T 9978.9

38 《碳钢药芯焊丝》GB/T 10045

39 《焊缝无损检测 超声检测 技术、检测等级和评定》GB/T 11345

40 《埋弧焊用低合金钢焊丝和焊剂》GB/T 12470

41 《封闭型平圆头抽芯铆钉》GB/T 12615.1～GB/T 12615.4

42 《封闭型沉头抽芯铆钉》GB/T 12616.1

43 《开口型沉头抽芯铆钉》GB/T 12617.1～GB/T 12617.5

44 《开口型平圆头抽芯铆钉》GB/T 12618.1～GB/T 12618.6

45 《彩色涂层钢板及钢带》GB/T 12754

46 《建筑用压型钢板》GB/T 12755

47 《熔化焊用钢丝》GB/T 14957

48 《连续热镀铝锌合金镀层钢板及钢带》GB/T 14978

49 《十字槽盘头自钻自攻螺钉》GB/T 15856.1

50 《十字槽沉头自钻自攻螺钉》GB/T 15856.2

51 《十字槽半沉头自钻自攻螺钉》GB/T 15856.3

52 《六角法兰面自钻自攻螺钉》GB/T 15856.4

53 《六角凸缘自钻自攻螺钉》GB/T 15856.5

54 《低合金钢药芯焊丝》GB/T 17493

55 《射钉》GB/T 18981

56 《钢结构超声波探伤及质量分级法》JG/T 203

57 《标准件用碳素钢热轧圆钢及盘条》YB/T 4155

中华人民共和国国家标准

门式刚架轻型房屋钢结构技术规范

GB 51022—2015

条 文 说 明

制 订 说 明

《门式刚架轻型房屋钢结构技术规范》GB 51022－2015，经住房和城乡建设部 2015 年 12 月 3 日以第 991 号公告批准、发布。

本规范在编制过程中，编制组进行了广泛的调查研究，认真总结了工程实践经验，参考了有关国际标准和国外先进标准，开展了多项专题研究，并以多种方式广泛征求了有关单位和专家的意见，对主要问题进行了反复讨论、协调，最终确定各项技术参数和技术要求。

为了便于广大设计、施工、科研、学校等单位有关人员在使用本规范时正确理解和执行条文规定，《门式刚架轻型房屋钢结构技术规范》编制组按章、节、条顺序编制了本规范的条文说明。对条文规定的目的、依据及执行中需注意的有关事项进行了说明，还着重对强制性条文的强制性理由作了解释。但是，本条文说明不具备与标准正文同等的法律效力，仅供使用者作为理解和把握规范规定的参考。

目　次

1 总　则

1.0.2 本条明确了本规范的适用范围。房屋高度不大于 18m，高宽比小于 1，主要是针对本规范的风荷载系数的要求而规定的。本规范的风荷载系数主要是根据美国金属房屋制造商协会（MBMA）低矮房屋的风压系数借鉴而来。MBMA 的《金属房屋系统手册 2006》中的系数就是对高度不大于 18m，高宽比小于 1 的单层房屋经风洞试验的结果。

悬挂式吊车的起重量通常不大于 3t，当有需要并采取可靠技术措施时，起重量允许不大于 5t。

考虑到此种结构构件的截面较薄，因此不适用于有强腐蚀介质作用的房屋。强腐蚀介质的划分可参照现行国家标准《工业建筑防腐蚀设计规范》GB 50046 的规定。

房屋高度超过 18m 的类似建筑，构件的强度、稳定性设计可参照本规范。

2　术语和符号

"门式刚架轻型房屋"是房屋高度不大于 18m，房屋高宽比小于 1，采用变截面或等截面实腹刚架，围护系统采用轻型钢屋面和轻型外墙（有时也采用非嵌砌砌体墙），设置起重量不超过 20t 的轻中级工作制桥式吊车或悬挂式吊车的钢结构单层房屋。

"摇摆柱"是指上、下端铰接的轴心受压构件，用于刚架的中间支承可有效地减小刚架梁在竖向荷载下的挠度和弯矩，但不能提供侧向刚度，不能用于支承吊车梁。

"隅撑"是用于支承斜梁和柱受压翼缘的支撑构件，应根据设计方案设置。单面设置的隅撑受压时对斜梁产生不利影响，应将该处隅撑截面适当加强。隅撑截面应符合规范的规定。隅撑应采用直径不小于 M14 的单个螺栓连接。

3　基本设计规定

3.1　设计原则

3.1.4 由于单层门式刚架轻型房屋钢结构的自重较小，设计经验和振动台试验表明，当抗震设防烈度为 7 度（0.1g）及以下时，一般不需要做抗震验算；当为 7 度（0.15g）及以上时，横向刚架和纵向框架均需进行抗震验算。当设有夹层或有与门式刚架相连接的附属房屋时，应进行抗震验算。国家标准《建筑抗震设计规范》GB 50011 - 2010 考虑到轻型房屋钢结构的特点，在第 9.2.1 条中指出：单层的轻型钢结构厂房的抗震设计，应符合专门的规定。

3.1.5 承载力抗震调整系数 γ_{RE} 对强度破坏取 0.85，稳定破坏取 0.9，是鉴于门式刚架轻型房屋钢结构构件的延性一般，塑性发展有限。

3.2　材料选用

3.2.1 因 Q235A 级钢的含碳量不能保证焊接要求，故焊接结构不宜采用，只能用于非焊接结构。

3.2.4 本条推荐 LQ550 钢板用于屋面板或墙面板，是参考了现行行业标准《低层冷弯薄壁型钢房屋建筑技术规程》JGJ 227 的规定给出的。对 LQ550 级钢材，由于厚度较薄，不会采用端面承压的构造，因此不再给出端面承压的强度设计值。其他级别的钢板，可参照 Q235、Q345 钢材采用相应的强度设计值。

3.2.5 本规范第 3.2.4 条规定的强度设计值是结构处于正常工作情况下求得的，对一些工作情况处于不利的结构构件或连接，其强度设计值应乘以相应的折减系数。几种情况同时存在，相应的折减系数应连乘是指有几种情况存在，那么这几种情况的折减系数应连乘。

3.3　变形规定

3.3.1 门式刚架轻型房屋钢结构的使用经验表明，门式刚架平面内的柱顶位移的限值，对设有桥式吊车的房屋应该严格，从而拟定了限值。

研究表明，由于平板柱脚的嵌固性、围护结构的蒙皮效应以及结构空间作用等因素的影响，门式刚架柱顶的实际位移一般小于其计算值。对于铰接柱脚刚架，若按位移限值设计，刚架柱顶实际位移仅为规定值的 50% 左右。

3.3.2 为减小跨度大于 30m 的钢斜梁的竖向挠度，建议应起拱。

3.4　构造要求

3.4.1 根据目前国内材料供应情况，檩条壁厚不宜小于 1.5mm；根据我国目前制作和安装的一般水平，刚架构件的腹板厚度不宜小于 4mm；由技术条件较好的企业制作，当有可靠的质量保证措施时，允许采用 3mm。

3.4.2 轻型房屋钢结构受压构件的长细比，可比普通钢结构的规定适当放宽，表 3.4.2-1 所列数值系参照国外的有关规定和现行国家标准《钢结构设计规范》GB 50017 的规定拟定的。

3.4.3 本条是针对轻型房屋钢结构由地震作用组合的效应控制结构设计时，根据轻型钢结构的特点采取的相应抗震构造措施。除本条外，还可采取将构件之间的连接尽量采用螺栓连接；刚性系杆的布置应确保梁或柱截面的受压侧得到可靠的侧向支撑等措施。

4 荷载和荷载组合的效应

4.1 一 般 规 定

4.1.2 吊挂的管道、桥架、屋顶风机等，工程上常称为"吊挂荷载"或"附加荷载"。当其作用的位置和（或）作用时间具有不确定性时，宜按活荷载考虑。当作用位置固定不变，也可按恒荷载考虑。

4.1.3 本条所指活荷载仅指屋面施工及检修时的人员荷载，当屋面均布活荷载的标准值取 $0.5kN/m^2$ 时，可不考虑其最不利布置。

4.2 风 荷 载

4.2.1 本次制定增加了开敞式结构的风荷载系数。本规范未做规定的，设计者应按现行国家标准《建筑结构荷载规范》GB 50009 的规定采用，也可借鉴国外规范。本条风荷载系数采用了 MBMA 手册中规定的风荷载系数，该系数已考虑内、外风压力最大值的组合。按照现行国家标准《建筑结构荷载规范》GB 50009 的规定，对风荷载比较敏感的结构，基本风压应适当提高。门式刚架轻型房屋钢结构属于对风荷载比较敏感的结构，因此，计算主钢架时，β 系数取 1.1 是对基本风压的适当提高；计算檩条、墙梁和屋面板及其连接时取 1.5，是考虑阵风作用的要求。通过 β 系数使本规范的风荷载和现行国家标准《建筑结构荷载规范》GB 50009 的风荷载基本协调一致。

本规范将 μ_w 称为风荷载系数，以示与现行国家标准《建筑结构荷载规范》GB 50009 中风荷载体型系数 μ_s 的区别。

4.2.2 本条是借鉴美国金属房屋制造商协会 MBMA《金属房屋系统手册 2006》拟定的。本条给出了本规范所规定风荷载的适用条件。必须注意，对于本规范未做规定的房屋类型、体型和房屋高度，如采用现行国家标准《建筑结构荷载规范》GB 50009 规定的风荷载体型系数 μ_s 则阵风系数也应配套采用相应的规定值。

由于风可以从任意方向吹来，内部压力系数应根据最不利原则与外部压力系数组合，从而得到风荷载的控制工况，也就是本条给出的风荷载系数。通过"鼓风效应"和"吸风效应"分别与外部压力系数组合得到两种工况：一种为"鼓风效应"（+i）与外部压力系数组合，另一种为"吸风效应"（−i）与外部压力系数组合。结构设计时，两种工况均应考虑，并取用最不利工况下的荷载。这种低矮房屋屋面风吸力较大，这是本规范与现行国家标准《建筑结构荷载规范》GB 50009 最大的不同点，檩条在风吸力作用下有可能产生下翼缘失稳，在设计时应予以注意。

4.2.3 构件风荷载系数是按构件的有效风荷载面积确定的，但结构受力分析需按实际受荷面积计算。

4.3 屋面雪荷载

4.3.1 按照现行国家标准《建筑结构荷载规范》GB 50009 的规定，对雪荷载敏感的结构，应采用 100 年重现期的雪压。门式刚架轻型房屋钢结构屋盖较轻，属于对雪荷载敏感的结构。雪荷载经常是控制荷载，极端雪荷载作用下容易造成结构整体破坏，后果特别严重，基本雪压应适当提高。因此，本条明确了设计门式刚架轻型房屋钢结构时应按 100 年重现期的雪压采用。

4.3.2 本条选择了 3 种典型的屋面形式，按现行国家标准《建筑结构荷载规范》GB 50009 的规定给出了屋面积雪分布系数。其他类型的屋面形式可参照现行国家标准《建筑结构荷载规范》GB 50009 的规定采用。

4.3.3 轻型钢结构房屋自重轻，对雪荷载较为敏感。近几年雪灾调查表明，雪荷载的堆积是造成破坏的主要原因。从实际积雪分布形态看，与美国 MBMA 规定的计算较为接近，实例证明参照美国 MBMA 进行雪荷载设计的结构在雪灾中表现良好，故本次制定主要参考了美国规范对雪荷载设计的相关规定。

为减小雪灾事故，轻型钢结构房屋宜采用单坡或双坡屋面的形式；对高低跨屋面，宜采用较小的屋面坡度；减少女儿墙、屋面突出物等，以减低积雪危害。

4.3.4 本条是按现行国家标准《建筑结构荷载规范》GB 50009 的条文说明等相关资料拟定的。

4.3.5 设计时原则上应按表 4.3.2 中给出的积雪分布情况，分别计算荷载效应值，并按最不利的情况确定结构构件的截面，但这样的设计计算工作量较大，根据设计经验允许设计人员按本条规定进行简化设计。

4.4 地 震 作 用

4.4.2 本条是按现行国家标准《建筑抗震设计规范》GB 50011 的规定，结合门式刚架轻型房屋钢结构的特点拟定的。

4.5 荷载组合和地震作用组合的效应

4.5.2、4.5.3 这两条是门式刚架轻型房屋钢结构承载能力极限状态设计时作用组合效应的基本要求，主要根据现行国家标准《工程结构可靠性设计统一标准》GB 50153 以及《建筑结构荷载规范》GB 50009 的有关规定制定。1）规定了持久、短暂设计状况下作用基本组合时的作用效应设计值的计算公式。2）明确了不适用于作用和作用效应呈非线性关系的情况。

持久设计状况和短暂设计状况作用基本组合的效

应，当永久荷载效应起控制作用时，永久荷载分项系数取 1.35，此时参与组合的可变作用（如屋面活荷载）应考虑相应的组合值系数；持久设计状况和短暂设计状况的作用基本组合的效应，当可变荷载效应起控制作用（永久荷载分项系数取 1.2）的组合，如风荷载作为主要可变荷载、屋面活荷载作为次要可变荷载时，其组合值系数分别取 1.0 和 0.7；持久设计状况和短暂设计状况的作用基本组合的效应，当屋面活荷载作为主要可变荷载、风荷载作为次要可变荷载时，其组合值系数分别取 1.0 和 0.6。

关于不同设计状况的定义以及作用的标准组合、偶然组合的有关规定，可参照现行国家标准《工程结构可靠性设计统一标准》GB 50153。

5 结构形式和布置

5.1 结构形式

5.1.2 实践表明，多跨刚架采用双坡或单坡屋顶有利于屋面排水，在多雨地区宜采用这些形式。

5.2 结构布置

5.2.1 研究表明，按本条规定的刚架构件轴线与按构件实际重心线的计算结果相比，前者偏于安全。

5.2.2 门式刚架的边柱柱宽不等是常见的，例如，当采用山墙墙架时，以及双跨结构中部分刚架的中间柱被抽掉时。

5.2.3 当取屋面坡度小于 1/20 时，应考虑结构变形后雨水顺利排泄的能力。核算时应考虑安装误差、支座沉降、构件挠度、侧移和起拱等的影响。

6 结构计算分析

6.1 门式刚架的计算

6.1.2 应力蒙皮效应是指通过屋面板的面内刚度，将分摊到屋面的水平力传递到山墙结构的一种效应。应力蒙皮效应可以减小门式刚架梁柱受力，减小梁柱截面，从而节省用钢量。但是，应力蒙皮效应的实现需要满足一定的构造措施：自攻螺钉连接屋面板与檩条；传力途径不要中断，即屋面不得大开口（坡度方向的条形采光带）；屋面与屋面梁之间要增设剪力传递件（剪力传递件是与檩条相同截面的短的 C 形或 Z 形钢，安装在屋面梁上，顺坡方向，上翼缘与屋面板采用自攻螺钉连接，下翼缘与屋面梁采用螺栓连接或焊接）；房屋的总长度不大于总跨度的 2 倍；山墙结构增设柱间支撑以传递应力蒙皮效应传递来的水平力至基础。

在立柱采用箱形柱的情况下，门式刚架宜采用空

间模型分析，箱形柱应按照双向压弯构件计算。

6.2 地震作用分析

6.2.7 本条所指的其他情况是全焊接或栓焊混合梁柱连接节点。

6.3 温度作用分析

6.3.1 房屋纵向释放温度应力的措施是采用长圆孔；吊车轨道采用斜切留缝的措施；吊车梁与吊车梁端部连接采用碟形弹簧。

门式刚架轻型房屋钢结构横向无吊车跨可以在屋面梁支承处采用椭圆孔或可以滑动的支座释放温度应力。

门式刚架轻型房屋钢结构横向每一跨均有吊车时，应计算温度应力；设置高低跨可显著降低温度应力。

图 1 是横向刚架设置温度缝的一个构造，其要点是：①滑动面要采取措施减小摩擦力。采用滚轴或者聚四氟乙烯板（特氟隆板）摩擦系数为 0.04，可以最大限度减小摩擦力，可以在轻型钢结构屋面采用（屋面无额外的设备荷载）。采用滚轴时，应验算梁和牛腿腹板的局部承压强度。②起支承作用的一侧钢柱，宜适当加强。

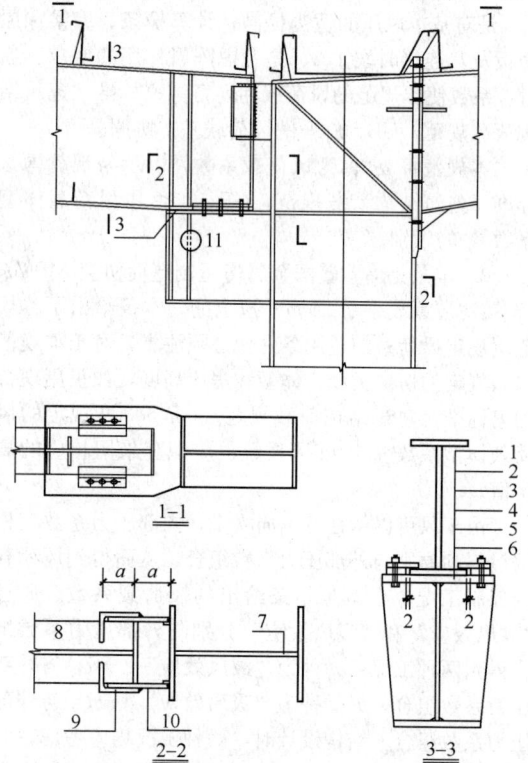

图 1 刚架横向温度缝节点图
1—梁下翼缘；2—1mm 不锈钢板包裹；3—4mm 聚四氟乙烯板；4—聚四氟乙烯专用表面处理剂；5—强力结构胶；6—牛腿上翼缘板；7—钢柱；8—钢梁；9—前挡；10—侧挡板；11—纵向刚性系杆

7 构件设计

7.1 刚架构件计算

7.1.1 本条取消了中国工程建设标准化协会标准《门式刚架轻型房屋钢结构技术规程》CECS102：2002（以下简称 CECS102：2002 规程）中要求腹板高度变化不超过每米 60mm 的限制；剪切屈曲系数和屈曲后强度采用的计算方法是在等截面区格的公式上乘以一个楔率折减系数。

另外受弯时局部屈曲后有效宽度系数 ρ 和考虑屈曲后强度的剪切屈曲稳定系数 φ_{ps}，从 CECS102：2002 规程的三段式改为连续的公式，以简化规范的书写。新的公式与原分段的表达式的对比见图 2、图 3。

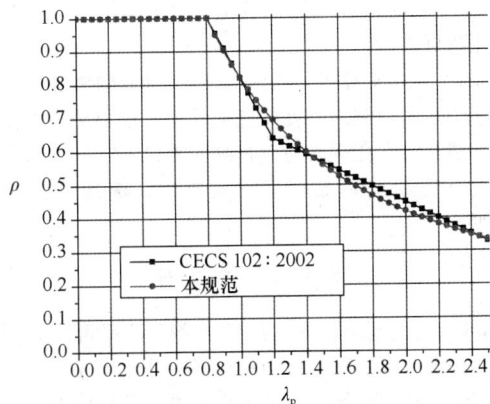

图 2

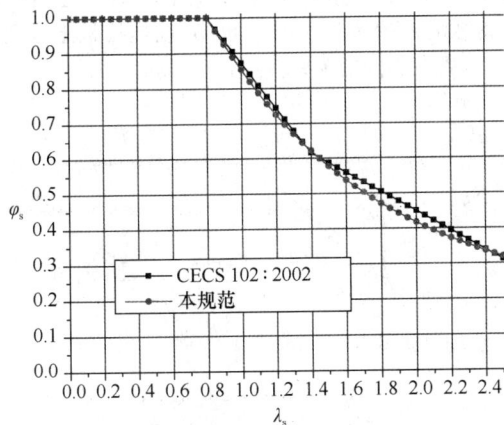

图 3

7.1.2 这里参照了 CECS102：2002 规程，但是剪切屈曲稳定系数的公式做了连续化处理。

7.1.3 本条将 CECS102：2002 规程的规定修改为轴力和弯矩采用同一个截面，即大端截面，以便能够退化成等截面构件；另外弯矩放大系数从 $\dfrac{1}{1-\varphi N/N_{cr}}$

的形式修改为 $\dfrac{1}{1-N/N_{cr}}$ 的形式，因为前者使得弯矩放大偏小很多，偏不安全。

7.1.4 本条专门为房屋抽柱而增设的托梁进行稳定性计算而制定的（图 4），也可用于类似情况。屋面梁如果不设隅撑，有明确的侧向支承点，侧向支承点之间的区段稳定性按照本条计算。

变截面梁的稳定性，在弹性阶段失稳时，弯扭失稳的二阶效应只与弯矩大小等有关，因此 k_M 是重要的参数；但是在弹塑性阶段，更重要的是应力比 k_σ，所以就有了 k_σ 这一应力比作为参数。

λ_0 是规定一个起始的长细比，小于这个长细比，稳定系数等于 1。研究表明，热轧构件纯弯时，在通用长细比为 0.4 时稳定系数已经是 1.0。焊接构件的稳定系数低于热轧构件，因此取在 0.3 处作为稳定系数等于 1.0 的终止点。对楔形变截面构件，λ_{b0} 会略微变小。

研究发现，式（7.1.4-2）中的指数与截面高宽比发生关系，这与欧洲钢结构设计规范 EC3 的规定类似，只是更加细致了。EC3 规定，高宽比以 2 为界，小于 2 的稳定系数较高，大于 2 的稳定系数较小。

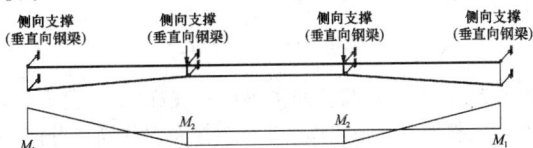

图 4 变截面托梁（抽柱引起）的稳定性计算

7.1.5 本条的确定有如下考虑：

1 轴力项也取自大端，便于退化成等截面的公式。

2 CECS102：2002 规程的等效弯矩系数 β_t 取 1.0 或与平面内欧拉临界荷载发生关系且接近于 1，不合理，因此进行较大修改。

3 压弯杆的平面外稳定，等截面构件的等效弯矩系数 $\beta_{tx} = 0.65 + 0.35\dfrac{M_0}{M_1}$，因为实际框架柱的两端弯矩往往引起双曲率弯曲，$\beta_{tx}$ 将小于 0.65，这样对弯矩的折减很大，在特定的区域会偏于不安全。本条采用的相关公式，弯矩项的指数在 1.0～1.6 之间变化，曲线外凸。相关曲线外凸，等效于考虑弯矩变号对稳定性的有利作用，又避免了特定区域的不安全。

压弯杆的平面外计算长度通常取侧向支承点之间的距离，若各段线刚度差别较大，确定计算长度时可考虑各段间的相互约束。

7.1.6 屋面斜梁的平面外计算长度取两倍檩距，似乎已成了一个默认的选项，有设计人员因此而认为隅撑可以间隔布置，这是不对的。本条特别强调隅撑不作为梁的固定的侧向支承，不能充分地给梁提供侧向支撑，而仅仅是弹性支座。根据理论分析，隔撑支撑的梁的计算长度不小于2倍隔撑间距，梁下翼缘面积越大，则隔撑的支撑作用相对越弱，计算长度就越大。

单面隔撑，虽然可能可以作为屋面斜梁的平面外侧向非完全支撑，但是其副作用很严重，如何考虑其副作用，本条第5款特别加以规定。

7.2 端部刚架的设计

7.2.1～7.2.4 抗风柱的上端，以前常采用弹簧板连接，在轻钢房屋中，弹簧板连接的理由已经不存在，应采用直接的能够有效传递竖向荷载和水平力的连接。

端部屋面斜梁，因为只能单面设置隔撑，隔撑对屋面斜梁施加了侧向推力，有潜在的危害，因此特别加以规定。

檩条一隔撑体系，兼作刚性系杆，有一定的经济性，但用在端部开间，因为风荷载较大，有一定问题，因此，本条作了一些限制和更为严格的要求。

8 支撑系统设计

8.1 一 般 规 定

8.1.2 屋面支撑与柱间支撑应布置在同一开间，以组成完整的空间稳定体系。如支撑布置在同一开间有困难时，应布置在相邻开间内，且应设置可靠的传力构件。

8.2 柱间支撑系统

8.2.1 屋面钢斜梁多跨连续时，连续跨内屋面横向支撑可以形成横向水平放置桁架，柱间支撑是水平放置桁架的支座。设置柱间支撑的内柱列的距离一般不宜大于60m。吊车支撑的柱间支撑根据实际需要，也可不延伸至屋面。

8.2.2 在同一温度区段内，门式刚架纵向支撑系统的设置应力求支撑形式统一，不同柱列间的支撑抗侧刚度与其承担的屋面面积相匹配。在同一柱列刚度差异大的支撑形式，不能协同工作，造成支撑内力分配不均衡。引起在支撑开间的相邻开间内纵向杆件产生附加内力。

每个柱列承受柱列两（单）侧临跨中线围成范围内的山墙风荷载或按屋面重力荷载代表值计算的地震作用。

在同一柱列上为单一支撑形式的情况，假定各支撑分得的水平力均相同。

若无法实现不同柱列间的抗侧刚度与其承受的风或地震作用相匹配，应进行空间分析，以确定内力在各列支撑上的分配。

8.2.3 交叉支撑一般选用张紧的圆钢或钢索，当支撑承受吊车等动力荷载时，应选用型钢交叉支撑。

8.2.4 框架柱支撑工作平台、大的工艺荷载、吊车牛腿荷载以及低屋面时，在这些连接点处应对应分层设置支撑点。

8.2.5 下部支撑布置间距过长时，会约束吊车梁因温度变化所产生的伸缩变形，从而在支撑内产生温度附加内力。

8.3 屋面横向和纵向支撑系统

8.3.1 刚性系杆承受抗风柱顶传来的风荷载，按压杆设计。也可用抗风柱顶临近的两根檩条兼做，按压弯杆件设计。

8.3.2 屋面横向支撑承受端部抗风柱荷载，其作用点应布置交叉撑节点。当屋面梁承受悬挂吊车荷载时，吊车梁位置也应布置交叉撑节点。

8.3.3 刚性系杆可以用临近节点的两根檩条兼做，按压弯杆件设计。

8.3.4 纵向支撑可设置在吊车跨间单侧边缘；当提供刚架平面内侧向刚度的柱抽柱时，刚架平面内侧向刚度削弱，在托架处应设置纵向支撑。纵向支撑形式一般宜选用圆钢或钢索交叉支撑，檩条可兼作撑杆用。

8.4 隔 撑 设 计

8.4.1 门式刚架轻型房屋的檩条和墙梁可以对刚架构件提供支撑，减小钢架构件平面外无支撑长度；檩条、墙梁与钢架梁、柱外翼缘相连点是钢构件的外侧支点，隔撑与钢架梁、柱内翼缘相连点是钢构件的内侧支点。隔撑宜连接在内翼缘（图5（a）），也可连接内翼缘附近的腹板（图5（b））或连接板上（图5（c）），距内翼缘的距离不大于100mm。

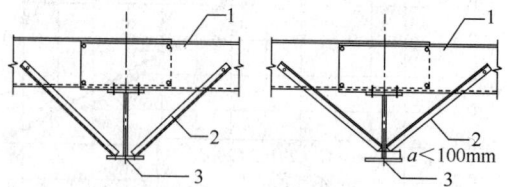

(a) 隔撑与梁柱内翼缘连接　　(b) 隔撑与梁柱腹板连接

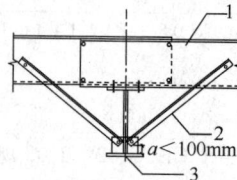

(c) 隔撑与连接板连接

图5　隔撑与梁柱的连接

1—檩条或墙梁；2—隔撑；3—梁或柱

9 檩条与墙梁设计

9.1 实腹式檩条设计

9.1.2 部分钢结构手册 Z 形檩条斜卷边角度按 45°，偏小，对翼缘的约束不利。在浙江大学等单位所做的连续檩条受力试验中，可观察到斜卷边为 45° 时的檩条嵌套搭接端头有明显的展平趋势。按有限元理论分析，卷边对翼缘的约束与卷边角度的 $\sin^2\theta$ 成正比，故建议斜卷边角度 60° 为宜。

9.1.3 计算嵌套搭接方式组成的连续檩条的挠度和内力时，需考虑嵌套搭接松动的影响。浙江大学和杭萧钢构所做的嵌套搭接连续檩条的试验情况是：斜卷边角度为 60°，嵌套搭接的内檩条翼缘宽度小于外檩条宽度 5mm，嵌套搭接长度为檩条跨度的 10%（单边为 5%）。试验结果表明，为考虑嵌套搭接的松动影响，计算挠度时，双檩条搭接段可按 0.5 倍的单檩条刚度拟合；计算内力时，可按均匀连续单檩条计算，但支座处要释放 10% 的弯矩转移到跨中。钢构企业需根据各自的技术标准，由试验确定檩条因嵌套搭接松动引起的刚度变化。

檩条采用多跨静定梁模式，挠度小、内力小，当跨度较大时，有较好的经济性。如以连续梁模式的反弯点作为多跨静定梁的分段节点，跨中檩条长度约为 0.7L，考虑到安装施工的方便，建议跨中檩条长度宜为 0.8L，檩条的稳定性按节点间檩条或反弯点之间檩条为简支梁模式计算，要求檩条端头节点处应有抗扭转能力，宜用槽钢、角钢或冷弯薄壁型钢在两面夹住檩条的腹板，连接点的两侧各布置不少于两个竖向排列的螺栓。

9.1.4 建议卷边的宽厚比（过去习惯称卷边高厚比，对于斜卷边容易引起混乱，故统一改称宽厚比）不宜大于 13，根据如下：

① 卷边屈曲临界值 $\dfrac{0.425\pi^2 E}{12(1-\mu^2)} \cdot \left(\dfrac{t}{a}\right)^2 = f_y = 345$，得 $a/t = 15$；

② 按美国钢铁协会《冷弯型钢设计手册》（AISI Cold-Formed Steel Design Manual）的建议为 $a/t \leqslant 14$（注：AISI 的 a 值扣除了弯曲段仅按直线段计算，故实际的宽厚比限值还要更大些）；

③ 现行国家标准《冷弯薄壁型钢结构技术规范》GB 50018 建议 $a/t \leqslant 12$，本规范综合考虑取 $a/t \leqslant 13$。

设计卷边的宽度与翼缘宽度及板件宽厚比密切相关，卷边宽度与翼缘宽度之比不宜小于 0.25，是为了保证卷边对翼缘有较充分的约束，使翼缘屈曲系数不小于 3.0，此根据 AISI 设计指南卷边充分加劲条件下的翼缘屈曲系数 $k_a = 5.25 - 5a/b \leqslant 4.0$；卷边宽度与翼缘宽度之比不宜大于 0.326，是为了保证任何情况下卷边不先于翼缘局部屈曲，即翼缘和卷边的弹性临界屈曲应力符合 $\dfrac{4.0\pi^2 E}{12(1-\mu^2)} \cdot \left(\dfrac{t}{b}\right)^2 \leqslant \dfrac{0.425\pi^2 E}{12(1-\mu^2)} \cdot \left(\dfrac{t}{a}\right)^2$。为满足这两个条件，可按下式确定卷边宽度：

$$a = 15 + (b - 50) \times 0.2 \qquad (1)$$

式中：a——卷边宽度（mm）；
b——翼缘宽度（mm）。

常规的檩条规格按照式（1）可得到表 1 的数值，值得注意的是：当翼缘宽度大于 80mm 时，所需檩条壁厚超过本规范基本设计规定的最小用材厚度 1.5mm。按本条规定檩条设计符合经济合理性。

表 1 檩条合适的卷边宽度和最小用材厚度（mm）

b	40	50	60	70	80	90	100
a	13	15	17	19	21	23	25
a/b	0.325	0.300	0.283	0.271	0.262	0.256	0.250
t_{min}	1.5	1.5	1.5	1.5	1.6	1.8	1.9

注：t_{min} 为按本规范第 3.4 节的构造要求及本条规定得到的最小板件厚度。

9.1.5 本条对 CECS102：2002 规程作了较大修改，说明如下：

1 轻钢结构的屋面坡度通常不大于 1/10，且屋面板的蒙皮效应对于檩条有显著的侧向支撑效果，故仅需依据腹板平面内计算其几何特性、荷载、内力等，无需计算垂直于腹板的荷载分量作用，无需对 Z 形檩条按主惯性矩计算应力和挠度，可大大简化计算。澳大利亚 G. J. Hancock 教授来华所做的研究报告称："气囊试验表明，檩条在风吸力作用下的变形仅发生在腹板平面内"，支持上述的计算方法；另一方面，主惯性矩虽然比垂直于腹板的惯性矩大，但主轴的截面高度也比腹板平面内的截面高度大，因此这两者计算的抗弯模量相差不大，按主轴计算的抗弯模量稍小，而风荷载（风荷载垂直于翼缘）作用弯矩按主轴计算也稍小，显然，按腹板平面内计算其几何特性、荷载、内力等是方便的、合理的。对于屋面坡度大于 1/10 且屋面板蒙皮效应较小者，宜考虑计算侧向荷载作用。

2 国家标准《冷弯薄壁型钢结构技术规范》GB 50018-2002 的翼缘屈曲系数是 0.98，考虑板组效应后为 1.3（板组效应系数大于 1.0），过于保守，根据陈绍蕃教授的"卷边槽钢的局部相关屈曲和畸变屈曲"（2002 年第 23 卷第 1 期《建筑结构学报》）、浙江大学吴金秋的硕士论文"斜卷边檩条的弹性屈曲分析"及美国 AISI 设计指南的计算公式，宜取翼缘的屈曲系数为 3.0，经过国家标准《冷弯薄壁型钢结构技术规范》GB 50018-2002 规定的板组效应（翼缘板组效应系数稍小于1.0）方法修正后，屈曲系数可能会稍有减小，但仍远大于1.3。当翼缘的板组效应系数大于1.0，则说明腹板屈曲能力大于翼缘屈曲能力，腹板设计高度不足，意味在相同用钢量前提下，有效截面几何特性可随腹板高度的增加而增加，构件的承载能力可随之提高；反之，则说明腹板屈曲能力小于翼缘屈曲能力，其设计高度已用足，再仅仅提高截面高度效果不好。

对于嵌套搭接构成的连续檩条，在嵌套搭接段内，具有双檩条强度。根据浙江大学和杭萧钢构所做的试验研究，5根在支座处破坏的双檩条强度承载能力平均值为理论计算值的93.8%，故其承载能力需要0.9系数予以折减，本条采用几何特性值折减为0.9的办法。

3 当有内衬板固定在受压下翼缘时，相当于有密集的小拉条在侧向约束下翼缘，故无需考虑其整体稳定性。

9.1.6 檩托焊在屋面梁上使运输不方便，较容易碰坏，当檩条高厚比不超过200时，可考虑取消檩托，直接在檩条的下翼缘冲孔用螺栓连接，此时檩条由腹板承压传力，需验算腹板的承压屈曲能力（即Web Crippling），本条直接引用《North American Specification for the Design of Cold-Formed Steel Structural Members》2001年版本的计算公式，该计算公式由试验研究得出。

9.1.9 吊挂集中荷载直接作用在檩条的翼缘上有较大的偏心扭矩，檩条易产生畸性变形，故集中荷载宜通过螺栓或自攻钉直接作用在檩条的腹板上传力。镀锌的冷弯薄壁型钢构件，不适合采用焊接施工方式：一是高空焊接质量难以控制；二是焊点防锈困难，故建议采用螺栓或自攻钉连接。

9.1.10 采用连续檩条有很好的经济效益，根据浙江大学和同济大学所做的连续檩条力学试验，连续檩条的刚度随嵌套搭接长度的增加而增加。当嵌套搭接长度趋近10%的檩条跨度时，再增加搭接长度对檩条刚度影响很小；另一方面，嵌套搭接长度取10%（单边为5%）的跨度可满足搭接端头的弯矩值不大于跨中弯矩，由此，跨中截面成为构件验算的控制截面，故规定连续檩条的搭接长度 $2a$ 宜不小于10%的檩条跨度，但需注意，对于端跨的檩条，为满足搭接端头的弯矩不大于跨中弯矩，需要加大搭接长度50%。

檩条之间的拉条和撑杆应设置在檩条的受压部位，由于恒载和活载组合下檩条上部受压，恒载和风载组合下檩条下部受压，需同时考虑这两种工况，故应采用双层拉条体系，当檩条下翼缘连接有内衬板时，该内衬板可代替下层拉条体系的作用，可仅设上层拉条体系；如拉条采用两端分别靠近上、下翼缘的连接方式（图9.1.10-3（a）），则要求屋面板能约束

檩条上翼缘的侧向位移。

9.2 桁架式檩条设计

9.2.2 所有的强度和稳定验算考虑节点的偏心影响，设计强度值均乘以折减系数0.9。

9.3 拉 条 设 计

本节规定是针对屋面檩条中的拉条设计。

9.3.1 一般情况下，多道拉条宜均匀间隔布置，如考虑弯矩图按不均匀间隔布置拉条对檩条稳定更为有利，也可按非均匀布置。

如果屋面单坡长度太大时，斜拉条的强度有可能不足以承受檩条倾覆荷载，但其计算较复杂（见本规范第9.3.4条），故建议当屋面单坡长度每超过50m时，增加一道斜拉条体系，此规则与屋面板温度（伸缩缝）区间长度不宜超过50m有对应关系。

9.3.3 檩间支撑的作用是：其一，对檩条侧向支撑提高其稳定承载能力；其二，将屋面荷载对檩条产生的倾覆力传递到屋面梁，如何考虑设置一层檩间支撑或上、下二层檩间支撑，见本规范第9.1.10条条文说明。

9.3.4 本条直接引自美国钢铁协会《冷弯型钢设计手册1996》（AISI Cold-Formed Steel Design Manual 1996）。

9.4 墙 梁 设 计

9.4.1 当墙梁兼做窗框和门框时应采用卷边槽形冷弯薄壁型钢或组合矩形截面构件以使窗、门框洞形成平台面。

9.4.3 当墙板的竖向荷载有可靠途径直接传至地面或托梁时，可不设传递竖向荷载的拉条。墙板可以约束檩条外侧翼缘的侧向位移，故无需验算墙梁外侧翼缘受压时的稳定性；在风吸力作用下，檩条的内侧翼缘受压，如果没有内衬板约束墙梁的内侧翼缘，则需考虑靠近内侧翼缘设置拉条作为其侧向支撑点以提高墙梁的稳定承载能力。

9.4.4 当墙面板是采用自承重方式，即其下端直接支承在矮墙或地面上，则对檩条计算强度和稳定时，令 $M_y = 0$ 和 $V_{x',\max} = 0$。

10 连接和节点设计

10.1 焊 接

10.1.2 根据同济大学所做的试验研究，T形连接单面焊已列入上海市《轻型钢结构制作及安装验收规程》DGTJ 08-010-2001。本条规定了单面角焊缝的适用范围。

10.1.3 本条规定当翼缘厚度大于12mm时宜采用全

熔透对接焊缝，这是根据国内一些大型钢结构企业的意见而确定的。

10.1.4 考虑牛腿承受吊车的动力荷载，故本条规定牛腿上下翼缘和柱翼缘应采用坡口全熔透对接焊缝连接。

10.1.6 喇叭形焊缝的计算，系参考美国 AISI 规定拟定的。试验表明，当板厚 $t \leqslant 4mm$ 时，破坏将出现在钢板而不是焊缝上，故计算公式右侧采用了钢板的强度设计值。

10.2 节 点 设 计

10.2.2 在端板连接中可采用高强度螺栓摩擦型或承压型连接，目前工程上以摩擦型连接居多，但不得用普通螺栓来代替高强度螺栓，因为端板厚度是根据端板屈服线发挥的承载力确定的，只有采用按规范施加预拉力的高强度螺栓，才可能出现上述屈服线。

10.2.3 连接节点一般采用端板平放和竖放的形式，当节点设计时螺栓较多而不能布置时，可采用端板斜放的连接形式，有利于布置螺栓，加长抗弯连接的力臂。近几年的实验与工程破坏事故表明，长、短边长之比小于 1.5：1.0 的三角形短加劲板不能确保外伸端板强度。

10.2.4 此处螺栓主要受拉而不是受剪，其作用方向与端板垂直。美国金属房屋制造商协会 MBMA 规定螺栓间距不得大于 600mm，本条结合我国情况适当减小。

10.2.5 同济大学进行的系列实验表明：在抗滑移承载力计算时，考虑涂刷防锈漆的干净表面情况，抗滑移系数可取 0.2。具体可根据涂装方法及涂层厚度，按本规范表 3.2.6-2 取值来计算抗滑移承载力。

10.2.7 确定端板厚度时，根据支承条件将端板划分为外伸板区、无加劲肋板区、两相邻边支承板区（其中，端板平齐式连接时将平齐边视为简支边，外伸式连接时才将该边视为固定边）和三支承板区，然后分别计算各板区在其特定屈服模式下螺栓达极限拉力、板区材料达全截面屈服时的板厚。在此基础上，考虑到限制其塑性发展和保证安全性的需要，将螺栓极限拉力用抗拉承载力设计值代换，将板区材料的屈服强度用强度设计值代换，并取各板区厚度最大值作为所计算端板的厚度。这种端板厚度计算方法，大体上相当于塑性分析和弹性设计时得出的板厚。当允许端板发展部分塑性时，可将所得板厚乘以 0.9。

门式刚架梁柱连接节点的转动刚度如与理想刚接条件相差太大时，如仍按理想刚接计算内力与确定计算长度，将导致结构可靠度不足，成为安全隐患。本条关于节点端板连接刚度的规定参考欧洲钢结构设计规范 EC3，符合本条相关公式的梁柱节点接近于理想刚接。试验表明：节点域设置斜加劲肋可使梁柱连接刚度明显提高，斜加劲肋可作为提高节点刚度的重要

措施。

10.2.9 吊车梁腹板宜机械加工开坡口，其坡口角度应按腹板厚度以焊透要求为前提，但宜满足图 10.2.9-1 中规定的焊脚尺寸的要求。

关于焊接吊车梁中间横向加劲板端部是否与受压翼缘焊接的问题，国外有两种不同的意见：一种认为焊接后几年就出现开裂，故不主张焊接；另一种认为没有什么问题，可以相焊。根据我国的实践经验，若仅顶紧不焊，则当横向加劲肋与腹板焊接后，由于温度收缩而使加劲肋脱离翼缘，顶不紧了，只好再补充焊接，故本条规定横向加劲肋可与受压翼缘相焊，在实际工程应用中也没有发现什么问题。由于吊车梁的疲劳破坏一般是从受拉区开裂开始，故横向加劲肋不得与受拉翼缘相焊，也不应另加零件与受拉翼缘焊接，加劲肋宜在距受拉翼缘不少于 50mm～100mm 处断开。

吊车梁上翼缘与制动梁的连接，重庆大学等单位对此进行了专门研究，通过静力、疲劳试验和理论分析，科学地论证了只要能保证焊接质量和控制焊接变形仅用单面角焊缝连接的可行性，并已在一些工程中应用。吊车梁上翼缘与柱的连接，既要传递水平力，又要防止因构造欠妥使吊车梁在垂直平面内弯曲时形成的端部嵌固作用而产生较大的负弯矩，导致连接件开裂，故宜采用高强度螺栓连接，国内有些设计单位采用板铰连接的方式，效果较好。

10.2.15 在进行柱脚锚栓抗拔计算和设计时，与柱间支撑相连的柱要考虑支撑竖向风荷载的影响。

柱底水平剪力由底板与基础表面之间的摩擦力承受，摩擦系数取 0.4。当剪力超过摩擦力，剪力仅由锚栓承受时，要采取措施。底板和锚栓间的间隙要小，应将螺母、垫板与底板焊接，以防止底板移动。另外，锚栓的混凝土保护层厚度要确保。考虑锚栓部分受剪，柱底承受的水平剪力按 0.6 倍的锚栓受剪承载力取用。

当需要设置抗剪键时，抗剪键可采用钢板、角钢或工字钢等垂直焊于柱底板的底面，并应对其截面和连接焊缝的受剪承载力进行计算。抗剪键不应与基础表面的定位钢板接触。

11 围护系统设计

11.1 屋面板和墙面板的设计

11.1.3 直立缝锁边连接型是指压制时预先将屋面板与板的横向连接处弯折一定的角度，现场再用专用卷边机弯卷一定的角度，并且在板与板之间预涂密封胶，其屋面板与檩条间通过嵌入板缝的连接片连接，有较高的防水性能和释放温度变形的能力。

扣合式连接型是指将叠合后的屋面板通过卡座与

檩条间连接。

螺钉连接型是指将叠合后的屋面板通过螺钉与檩条间连接。

11.2 保温与隔热

11.2.2 屋面和墙面的保温隔热材料在具体施工和构造设计时,应满足热工计算设定的条件,例如,铺设屋面保温棉时,应保证檩条间保温棉的厚度不要受到过多挤压,檩条间保温棉适当下垂是有利于保温的。

11.3 屋面排水设计

11.3.1 屋面雨水排水系统可分为两种:内天沟(图6(a)、图6(b))系统和外天沟(图6(c))系统;内天沟材料一般采用304不锈钢制造;寒冷地区优先采用外天沟系统,如采用内天沟系统,内天沟及落水管宜有防冻措施。金属屋面一般采用无纵向坡度天沟。

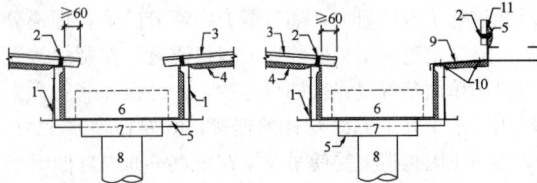

(a) 内天沟典型节点　　(b) 内天沟与墙面连接节点

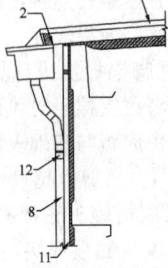

(c) 外天沟典型节点

图6 天沟典型节点

1—檩条;2—密封堵头;3—屋面板;4—保湿棉;5—支撑角钢;6—网罩;7—集水盆;8—落水管;9—泛水板;10—密封胶;11—堵面板;12—管箍

11.3.2 雨水从屋面流入天沟时,会在天沟内壁产生冲击和飞溅,仅靠屋面板伸入到内天沟一定长度不能保证达到防水效果,必须在屋面板与天沟之间有密封防水措施。

网罩一般用不锈钢丝等防腐蚀性能良好的材料制造。

12 钢结构防护

12.1 一般规定

12.1.2 防护层设计使用年限指在合理设计、正确施

工、正常使用和维护的条件下,轻型钢结构防护层预估的使用年限(即达到第一次大修或维护前的使用年限)。

难以维护的轻型钢结构指不便于检查或维护施工难度大、成本高的情况。如钢结构因为外观或防火需要外包板材等。对使用中难以维护的轻型钢结构,其防护层应提出更高的要求。

目前条件下,为控制投资在可承受的范围内,本条提出最低的要求。一般轻型钢结构防护层设计使用年限采用了ISO 12944中钢结构涂装系统的设计使用年限中期下限的要求。难以维护的轻型钢结构采用了ISO 12944中钢结构涂装系统的设计使用年限中期中限的要求。当条件许可时,设计可提出更高的要求(表2)。

表2 ISO 12944钢结构涂装系统的设计使用年限

等级	耐久年限
短期	2~5年
中期	5~15年
长期	15年以上

12.2 防火设计

12.2.2 一般防火涂料主要功能为防火,防锈功能主要由底漆完成;防锈底漆品种与防火涂料,设计需提出兼容性与附着力要求。

12.2.3 钢结构构件耐火极限宜采用消防机构实际构件耐火试验的数据。当构件形式与试验构件不同时,可按有关标准进行推算。

12.2.5、12.2.6 钢结构构件进行除锈后,可视情况进行涂装保护;外包或板材外贴的厚度及构造要求见现行国家标准《建筑设计防火规范》GB 50016的有关规定或通过试验确定。

12.2.7 本条所提的构造补强措施可采用点焊挂钢丝网片后涂装防火涂料;外包防火板时应加密连接件并采用合适的螺钉。

12.3 涂 装

12.3.1 涂装有防火涂料的钢构件,当防火涂料形成完整的密闭面层时,可以不涂装防腐面漆。

12.3.3 研究表明,钢材表面除锈等级是保证钢结构涂装质量最重要的环节,钢结构设计文件应注明钢材表面除锈等级。某些涂料品种,如无机富锌底漆、有机硅、过氯乙烯等底漆,钢材表面除锈等级应达到Sa2½。

12.3.5 不同的涂料品种,在不同环境中,其耐候性、耐久性并不相同。应注意环境的酸碱性,空气湿度,光线(紫外线)等对涂料耐久性的影响。如醇酸涂料,可适应弱酸性介质环境,但不适用偏碱性介质

环境；环氧涂料，不适应室外环境等。确定涂料品种时，应结合技术经济比较，合理选用。底漆、中间漆及面漆，应采用相互结合良好的配套涂层。

12.3.6 防锈涂层一般由底漆、中间漆及面漆组成。对于薄浆型涂层，通常采用底漆、中间漆 2 遍～3 遍、面漆 2 遍～3 遍，每遍涂层厚度 20μm～40μm 为宜，满足涂层总厚度要求。当涂层总厚度要求大于 150μm 时，其中间漆或面漆可采用厚浆型涂料。

12.4 钢结构防腐其他要求

12.4.2 对双角钢，双槽钢等肢背相靠缀合截面的杆件形式，不利于涂装和检查维护，在不低于中等腐蚀环境中应避免采用。

12.4.3 应采用热浸镀锌连接件、紧固件及构件，对于板材其镀锌量不应小于 275g/m²（双面）；必要时，细薄的紧固件可采用不锈钢制作，不应采用电镀锌紧固件及构件。

当采用热浸镀锌连接件、紧固件及构件需进行防火防腐面层涂装保护时，镀锌面应先涂刷磷化底漆，以保证外涂层与镀锌层良好附着力。

12.4.4 本条所指的钢构件是主要和次要的受力构件。

12.4.5 为避免不同金属材料间引起接触腐蚀，可采用绝缘层隔离措施。

13 制 作

13.1 一 般 规 定

13.1.2 当对钢材的质量有疑义时，应按国家现行有关标准的规定进行抽样检验。

13.2 钢构件加工

13.2.1 应优先采用数控切割，按设计和工艺要求的尺寸、焊接收缩、加工余量及割缝宽度等尺寸，编制切割程序。厚度不大于 6mm 薄板宜采用等离子切割，厚度不大于 12mm 的钢板可采用剪板机剪切，更厚的钢板可采用气割。不大于 L90×10 的型钢可剪切，更大的型钢宜锯切，也可采用气割。切割允许偏差为 ±2mm。碳素结构钢在环境温度低于 －16℃、低合金高强度结构钢在环境温度低于 －12℃时，不得进行剪切。号料时应在零件、部件上标注原材料厂家的炉批号、工程项目的验收批号、构件号、零件号、零件数量以及加工方法符号等。

13.2.2 焊条不得有锈蚀、破损、脏物；焊丝不得有锈蚀、油污；焊条应按焊条产品说明书要求烘干。低氢型焊条烘干温度应为 300℃～430℃，保温时间应为 1h～2h，烘干后应放置于 120℃保温箱中存放、待用，领用时应置于保温筒，随用随取。烘干后的低氢型焊条在大气中放置时间超过 4h 应重新烘干，焊条重复烘干次数不应超过 2 次。受潮的焊条不应使用。气体保护焊用的焊丝盘卷应按焊接工艺规定领用。

13.2.3 焊接 H 型截面构件时，翼缘和腹板必须校正平直，并用活动胎具卡紧，严格按顺序施焊，减小焊接变形。组装用的平台和胎架应符合构件组装的精度要求，并具有足够的强度和刚度，经检查验收后才能使用。冷矫正可直接在设备上进行，碳素结构钢在环境温度低于 －16℃、低合金高强度结构钢在环境温度低于 －12℃时，不能进行冷矫正和冷弯曲。当无条件冷矫正时，应首先确定加热位置和加热顺序，宜先矫正刚性大的方向和变形大的部位。

13.3 构件外形尺寸

13.3.2 H 型钢断面形状不符合要求的，应采用冷作方法矫正，不适合采用冷作方法矫正的构件，也可采用火攻方法矫正。

13.3.3 表 13.3.3 中的"腹板局部不平直度（f）"的定义：因腹板鼓曲变形在其纵向符合正弦波规律，因此鼓曲度"f"的定义应是正弦波的单向波幅，即：以腹板中性面为基准线测量鼓曲度，按此定义的鼓曲度符合腹板变形后的力学特征，用做验收标准更为科学。

13.3.5 压型金属板的尺寸偏差通常对安全性没有影响，由于板的面内刚度很小，叠放加卷曲包装、运输和搬运可能会改变板在全自由状态下的宽度。这并不影响板的使用，只需在铺设到位后，保证板的覆盖宽度偏差符合要求即可。由于原材料残余应力或加工工艺的影响，压型板成型后，平整区和自由边可能出现连续波浪形变形，影响外观和搭接处防水。为此，规定局部区域（0.1m 范围）最大偏差不大于 2mm，相当于局部面外弯曲变形小于 1/50。本条文规定的偏差适用于目前广泛使用的冷轧钢板、不锈钢板、镀层钢板、铝板以及铝锰镁板等各种金属板。

13.3.6 金属泛水和收边件对房屋外观影响较大，应保持平直，不允许有褶皱。

14 运输、安装与验收

14.2 安装与校正

14.2.5 门式刚架轻型房屋钢结构在安装过程中，应及时安装屋面水平支撑和柱间支撑。采取措施对于保证施工阶段结构稳定非常重要，临时稳定缆风绳就是临时措施之一。要求每一施工步完成时，结构均具有临时稳定的特征。安装过程中形成的临时空间结构稳定体系能承受结构自重、风荷载、雪荷载、施工荷载以及吊装过程冲击荷载的作用。

14.3 高强度螺栓

14.3.2 抗滑移系数试件与钢结构连接构件应为同一材质、同一批制作、同一性能等级、同一摩擦面处理工艺，使用同一直径的高强度螺栓。

附录 A 刚架柱的计算长度

A.0.1 变截面柱子的平面内稳定计算公式改为以大端截面为准，因此需要以大端截面为准的计算长度系数，式（A.0.1-2）由弹性稳定分析得到。

A.0.2 实际工程梁的变截面方式多样，本条规定如何求梁对柱子的转动约束，这个转动约束用以确定框架柱的计算长度系数。

A.0.4 本条提供了两层柱或两段柱（单阶柱）如何确定上下柱的计算长度系数，采用的是初等代数法，也可以采用有限元方法确定。

A.0.5 本条提供了二阶柱或三段柱（双阶柱）如何确定上中下三段柱子的计算长度系数，采用的是初等代数法，也可以采用有限元方法确定。

A.0.6 本条为摇摆柱中间支承竖向荷载提供了稳定性的计算方法。

A.0.7 二阶分析，柱子的计算长度取 1.0。变截面柱子，要换算成大端截面，μ_t 是换算系数。

A.0.8 屋面梁在一个标高上时，框架有侧移失稳是一种整体失稳，存在着柱子与柱子间的相互支援作用，考虑这种相互支援后的计算长度系数计算公式就是式（A.0.8-1）或式（A.0.8-2），求得的计算长度系数如果小于 1.0，应取 1.0。

中华人民共和国国家标准

烟 囱 设 计 规 范

Code for design of chimneys

GB 50051—2013

主编部门：中 国 冶 金 建 设 协 会
批准部门：中华人民共和国住房和城乡建设部
施行日期：2 0 1 3 年 5 月 1 日

中华人民共和国住房和城乡建设部
公　告

第 1596 号

住房城乡建设部关于发布国家标准
《烟囱设计规范》的公告

现批准《烟囱设计规范》为国家标准，编号为 GB 50051—2013，自 2013 年 5 月 1 日起实施。其中，第 3.1.5、3.2.6、3.2.12、9.5.3（4）、14.1.1 条（款）为强制性条文，必须严格执行。原国家标准《烟囱设计规范》GB 50051—2002 同时废止。

本规范由我部标准定额研究所组织中国计划出版社出版发行。

中华人民共和国住房和城乡建设部

2012 年 12 月 25 日

前　言

本规范是根据住房和城乡建设部《关于〈印发 2010 年工程建设标准规范制订、修订计划〉的通知》（建标〔2010〕43 号）的要求，由中冶东方工程技术有限公司会同有关单位共同对原国家标准《烟囱设计规范》GB 50051—2002（以下简称"原规范"）进行全面修订而成。

本规范在修订过程中，规范修订组开展了多项专题调研、试验与理论研究，进行了广泛的调查分析，总结了近年来我国烟囱设计的实践经验，与相关的标准规范进行了协调，与国际先进的标准规范进行了比较和借鉴，最后经审查定稿。

本规范共分 14 章和 3 个附录，主要内容包括：总则，术语，基本规定，材料，荷载与作用，砖烟囱，单筒式钢筋混凝土烟囱，套筒式和多管式烟囱，玻璃钢烟囱，钢烟囱，烟囱的防腐蚀，烟囱基础，烟道，航空障碍灯和标志等。

本次修订的主要内容如下：

1. 为满足湿烟气防腐蚀需要，增加了玻璃钢烟囱，本规范由原规范的 13 章增加到 14 章。

2. 对钢筋混凝土烟囱修改了有孔洞时的计算公式。原规范计算公式仅限于同一截面的两个孔洞中心线夹角为 180°，本次修订对两个孔洞中心线夹角不作限制，方便了工程应用。

3. 为满足烟囱防腐蚀需要，对烟气类别进行了划分，重新定义了烟气腐蚀等级。在大量实践和调研的基础上，针对各种不同类别烟气，对烟囱的选型和防腐蚀处理作出了更加科学的规定。

4. 对钢烟囱的局部稳定计算进行了修订。原规范计算公式不全面，仅考虑了筒壁弹性屈曲影响，本规范综合考虑了弹性屈曲和弹塑性屈曲影响，参照欧洲标准进行了修订。

5. 对于风荷载局部风压和横风向共振相应进行了修订。增加了局部风压对环形截面产生的风弯矩计算公式；调整了横风向共振计算规定。

6. 将原规范中具有共性内容统一合并到基本规定一章里。

7. 增加了烟囱水平位移限值和烟气排放监测系统设置的规定。

8. 增加了桩基础设计规定。

9. 为适应工程应用需要，并结合工程实践经验，将原规范规定的钢筋混凝土烟囱适用高度由原来 210m 调整到 240m。

10. 为满足实际设计需要，在原规范基础上，对钢内筒烟囱和砖内筒烟囱的计算和构造进行更加详细的规定。

本规范中以黑体字标志的条文为强制性条文，必须严格执行。

本规范由住房和城乡建设部负责管理和对强制性条文的解释，由中冶东方工程技术有限公司负责具体技术内容的解释。本规范在执行过程中如有意见或建议，请寄送中冶东方工程技术有限公司国家标准《烟囱设计规范》管理组（地址：上海市浦东新区龙东大道 3000 号张江集电港 5 号楼 301 室，邮政编码：201203），以便今后修订时参考。

本规范主编单位、参编单位、参加单位、主要起草人和主要审查人：

主 编 单 位：中冶东方工程技术有限公司

参 编 单 位：大连理工大学

华东电力设计院

西北电力设计院

上海富晨化工有限公司

冀州市中意复合材料有限公司

中冶建筑研究总院有限公司

中冶长天国际工程有限责任公司

中冶焦耐工程技术有限公司

西安建筑科技大学

河北衡兴环保设备工程有限公司

河北省电力勘测设计研究院

苏州云白环境设备制造有限公司

北京方圆计量工程技术公司

参 加 单 位：重庆大众防腐有限公司

上海德昊化工有限公司

杭州中昊科技有限公司

亚什兰（中国）投资有限公司

欧文斯科宁（中国）投资有限公司

主要起草人：牛春良　宋玉普　蔡洪良　解宝安

　　　　　　陆士平　王立成　车　轶　李国树

　　　　　　孙献民　王永焕　李吉娃　龚　佳

　　　　　　李　宁　郭　亮　李晓文　郭全国

　　　　　　邢克勇　姚应军　付国勤

主要审查人：陆卯生　马人乐　张文革　陈　博

　　　　　　张长信　于淑琴　鞠洪国　陈　飞

　　　　　　刘坐镇

目　　次

Contents

1 总　则

1.0.1 为了在烟囱设计中贯彻执行国家的技术经济政策，做到安全、适用、经济、保证质量，制定本规范。

1.0.2 本规范适用于圆形截面的砖烟囱、钢筋混凝土烟囱、钢烟囱、玻璃钢烟囱等单筒烟囱，以及由砖、钢、玻璃钢为内筒的套筒式烟囱和多管式烟囱的设计。

1.0.3 烟囱的设计除应符合本规范外，尚应符合国家现行有关标准的规定。

2　术　语

2.1　术　语

2.1.1　烟囱　chimney
用于排放烟气或废气的高耸构筑物。

2.1.2　筒身　shaft
烟囱基础以上部分，包括筒壁、隔热层和内衬等部分。

2.1.3　筒壁　shell
烟囱筒身的最外层结构，整个筒身承重部分。

2.1.4　隔热层　insulation
置于筒壁与内衬之间，使筒壁受热温度不超过规定的最高温度。

2.1.5　内衬　lining
分段支承在筒壁牛腿之上的自承重结构或依靠分布在筒壁上的锚筋直接附于筒壁上的浇筑体，对隔热层或筒壁起到保护作用。

2.1.6　钢烟囱　steel chimney
筒壁材质为钢材的烟囱。

2.1.7　钢筋混凝土烟囱　reinforced concrete chimney
筒壁材质为钢筋混凝土的烟囱。

2.1.8　砖烟囱　brick chimney
筒壁材质为砖砌体的烟囱。

2.1.9　自立式烟囱　self-supporting chimney
筒身在不加任何附加支撑的条件下，自身构成一个稳定结构的烟囱。

2.1.10　拉索式烟囱　guyed chimney
筒身与拉索共同组成稳定体系的烟囱。

2.1.11　塔架式钢烟囱　framed steel chimney
排烟筒主要承担自身竖向荷载，水平荷载主要由钢塔架承担的钢烟囱。

2.1.12　单筒式烟囱　single tube chimney
内衬和隔热层直接分段支承在筒壁牛腿上的普通烟囱。

2.1.13　套筒式烟囱　tube-in-tube chimney
筒壁内设置一个排烟筒的烟囱。

2.1.14　多管式烟囱　multi-flue chimney
两个或多个排烟筒共用一个筒壁或塔架组成的烟囱。

2.1.15　烟道　flue
排烟系统的一部分，用以将烟气导入烟囱。

2.1.16　横风向风振　across-wind sympathetic vibration
在烟囱背风侧产生的旋涡脱落频率较稳定且与结构自振频率相等时，产生的横风向的共振现象。

2.1.17　临界风速　critical wind speed
结构产生横风向共振时的风速。

2.1.18　锁住区　lock in range
风的旋涡脱落频率与结构自振频率相等的范围。

2.1.19　破风圈　strake
通过破坏风的有规律的旋涡脱落来减少横风向共振响应的减振装置。

2.1.20　温度作用　temperature action
结构或构件受到外部或内部条件约束，当外界温度变化时或在有温差的条件下，不能自由胀缩而产生的作用。

2.1.21　传热系数　heat transfer coefficient
结构两侧空气温差为1K，在单位时间内通过结构单位面积的传热量，单位为 W/(m² · K)。

2.1.22　导热系数　thermal conductivity
材料导热特性的一个物理指标。数值上等于热流密度除以负温度梯度，单位为 W/(m · K)。

2.1.23　附加弯矩　additional bending moment
因结构侧向变形，结构自重作用或竖向地震作用在结构水平截面产生的弯矩。

2.1.24　航空障碍灯　warning lamp
在机场一定范围内，用于标识高耸构筑物或高层建筑外形轮廓与高度、对航空飞行器起到警示作用的灯具。

2.1.25　玻璃钢烟囱　glass fiber reinforced plastic chimney
以玻璃纤维及其制品为增强材料、以合成树脂为基体材料，用机械缠绕成型工艺制造的一种烟囱，简称 GFRP。

2.1.26　反应型阻燃树脂　reactive flame-retardant resin
树脂的分子主链中含有氯、溴、磷等阻燃元素，在不添加或少量添加辅助阻燃材料后，可使固化后的玻璃钢材料具有点燃困难、离火自熄的性能。

2.1.27　基体材料　matrix
玻璃钢材料中的树脂部分。

2.1.28　环氧乙烯基酯树脂　epoxy vinyl ester resin
由环氧树脂与不饱和一元羧酸加成聚合反应，在分子主链的端部形成不饱和活性基团，可与苯乙烯等稀释剂和交联剂进行固化反应而生成的热固性树脂。

2.1.29　极限氧指数　limited oxygen index(LOI)
在规定条件下，试样在氮、氧混合气体中，维持平衡燃烧所需的最低氧浓度(体积百分含量)。

2.1.30　火焰传播速率　flame-spread rating
采用标准方法对一厚度为 3mm～4mm，且以玻璃纤维短切原丝毡增强、树脂含量为 70%～75% 的玻璃钢层合板所测定的一个指数值。

2.1.31　缠绕　winding
在控制张力和预定线型的条件下，以浸有树脂的连续纤维或织物缠绕到芯模或模具上成型制品的一种方法。

2.1.32　缠绕角　winding angle
缠绕在芯模上的纤维束或带的长度方向与芯模子午线或母线间的夹角。

2.1.33　螺旋缠绕　helical winding
浸渍过树脂的纤维或带以与芯模轴线成非 0° 或 90° 角的方向连续缠绕到芯模上的方法。

2.1.34　环向缠绕　hoop winding
浸渍过树脂的纤维或带以与芯模轴线成 90° 或接近 90° 角的方向连续缠绕到芯模上的方法。

2.1.35　缠绕循环　winding cycle
缠绕纤维均匀布满在芯模表面上的过程。

2.1.36 增强材料 reinforcement

加入树脂基体中能使复合材料制品的力学性能显著提高的纤维材料。

2.1.37 表面毡 surfacing mat

由定长或连续的纤维单丝粘结而成的紧密薄片,用于复合材料的表面层。

2.1.38 短切原丝毡 chopped-strand mat

由粘结剂将随机分布的短切原丝粘结而成的一种毡,简称短切毡。

2.1.39 热变形温度 heat-deflection temperature(HDT)

当树脂浇铸体试件在等速升温的规定液体传热介质中,按简支梁模型,在规定的静荷载作用下,产生规定变形量时的温度。

2.1.40 玻璃化温度 glass transition temperature(Tg)

当树脂浇铸体试件在一定升温速率下达到一定温度值时,从一种硬的玻璃状脆性状态转变为柔性的弹性状态,物理参数出现不连续的变化的现象时,所对应的温度。

2.1.41 玻璃钢的临界温度 GFRP critical temperature

高温下玻璃钢性能下降速度开始急剧增加时的温度,是判断玻璃钢结构层材料能否在长期高温下工作的重要依据。

3 基 本 规 定

3.1 设 计 原 则

3.1.1 烟囱结构及其附属构件的极限状态设计,应包括下列内容:

1 烟囱结构或附属构件达到最大承载力,如发生强度破坏、局部或整体失稳以及因过度变形而不适于继续承载的承载能力极限状态。

2 烟囱结构或附属构件达到正常使用规定的限值,如达到变形、裂缝和最高受热温度等规定限值的正常使用极限状态。

3.1.2 对于承载能力极限状态,应根据不同的设计状况分别进行基本组合和地震组合设计。对于正常使用极限状态,应分别按作用效应的标准组合、频遇组合和准永久组合进行设计。

3.1.3 烟囱应根据其高度按表 3.1.3 划分安全等级。

表 3.1.3 烟囱的安全等级

安 全 等 级	烟囱高度(m)
一级	≥200
二级	<200

注:对于高度小于 200m 的电厂烟囱,当单机容量大于或等于 300MW 时,其安全等级按一级确定。

3.1.4 对于持久设计状况和短暂设计状况,烟囱承载能力极限状态设计应按下列公式的最不利值确定:

$$\gamma_0\left(\sum_{i=1}^{m}\gamma_{Gi}S_{Gik}+\gamma_{Q1}\gamma_{L1}S_{Q1k}+\sum_{j=2}^{n}\gamma_{Qj}\psi_{cj}\gamma_{Lj}S_{Qjk}\right)\leqslant R_d$$
$$(3.1.4-1)$$

$$\gamma_0\left(\sum_{i=1}^{m}\gamma_{Gi}S_{Gik}+\sum_{j=1}^{n}\gamma_{Qj}\psi_{cj}\gamma_{Lj}S_{Qjk}\right)\leqslant R_d \quad (3.1.4-2)$$

式中:γ_0——烟囱重要性系数,按本规范第 3.1.5 条的规定采用;

γ_{Gi}——第 i 个永久作用分项系数,按本规范第 3.1.6 条的规定采用;

γ_{Q1}——第 1 个可变作用(主导可变作用)的分项系数,按本规范第 3.1.6 条的规定采用;

γ_{Qj}——第 j 个可变作用的分项系数,按本规范第 3.1.6 条的

规定采用;

S_{Gik}——第 i 个永久作用标准值的效应;

S_{Q1k}——第 1 个可变作用(主导可变作用)标准值的效应;

S_{Qjk}——第 j 个可变作用标准值的效应;

ψ_{cj}——第 j 个可变作用的组合值系数,按本规范第 3.1.7 条的规定采用;

γ_{L1}、γ_{Lj}——第 1 个和第 j 个考虑烟囱设计使用年限的可变作用调整系数,按现行国家标准《建筑结构荷载规范》GB 50009 采用;

R_d——烟囱或烟囱构件的抗力设计值。

3.1.5 对安全等级为一级的烟囱,烟囱的重要性系数 γ_0 不应小于 1.1。

3.1.6 承载能力极限状态计算时,作用效应基本组合的分项系数应按表 3.1.6 的规定采用。

表 3.1.6 基本组合分项系数

作用名称	分项系数		备 注	
	符号	数值		
永久作用	γ_G	1.20	用于式(3.1.4-1)	其效应对承载能力不利时
		1.35	用于式(3.1.4-2)	
		1.00	一般构件	其效应对承载能力有利时
		0.90	抗倾覆和滑移验算	
风荷载	γ_W	1.40		
平台上活荷载	γ_L	1.40		
安装检修荷载	γ_A	1.30	当对结构承载力有利时取 0	
环向烟气负压	γ_{CP}	1.10	用于玻璃钢烟囱	
裹冰荷载	γ_I	1.40		
温度作用	γ_T	1.10	用于玻璃钢烟囱	
		1.00	其他类型烟囱	

注:用于套筒式或多管式烟囱支承平台水平构件承载力计算时,永久作用分项系数 γ_G 取 1.35。

3.1.7 承载能力极限状态计算时,应按表 3.1.7 的规定确定相应的组合值系数。

表 3.1.7 作用效应的组合情况及组合值系数

作用效应的组合情况		第 1 个可变作用	其他可变作用	组合值系数				
				ψ_{cW}	ψ_{cMa}	ψ_{cL}	ψ_{cT}	ψ_{cCP}
Ⅰ	$G+W+L$	W	M_a+L	1.00	1.00	0.70	—	—
Ⅱ	$G+A+W+L$	A	$W+M_a+L$	0.60	1.00	0.70	—	—
Ⅲ	$G+I+W+L$	I	$W+M_a+L$	0.60	1.00	0.70	—	—
Ⅳ	$G+T+W+CP$	T	$W+CP$	1.00	—	—	1.00	1.00
Ⅴ	$G+T+CP$	T	CP	—	—	—	1.00	1.00
Ⅵ	$G+AT+CP$	AT	CP	—	—	—	1.00	1.00

注:1 G 表示烟囱或结构构件自重,W 为风荷载,M_a 为附加弯矩,A 为安装荷载(包括施工吊装设备重量、起吊重量和平台上的施工荷载),I 为裹冰荷载,L 为平台活荷载(包括检修维护和生产操作活荷载),T 表示烟气温度作用,AT 表示非正常运行烟气温度作用,CP 表示环向烟气负压。组合Ⅳ、Ⅴ、Ⅵ用于自立式或悬挂式排烟内筒计算。

2 砖烟囱和塔架式钢烟囱可不计算附加弯矩 M_a。

3.1.8 抗震设防的烟囱除应按本规范第 3.1.4 条～第 3.1.7 条极限承载能力计算外,尚应按下列公式进行截面抗震验算:

$$\gamma_{GE}S_{GE}+\gamma_{Eh}S_{Ehk}+\gamma_{Ev}S_{Evk}+\psi_{WE}\gamma_W S_{Wk}+\psi_{MaE}S_{MaE}\leqslant R_d/\gamma_{RE}$$
$$(3.1.8-1)$$

$$\gamma_{GE}S_{GE}+\gamma_{Eh}S_{Ehk}+\gamma_{Ev}S_{Evk}+\psi_{WE}\gamma_W S_{Wk}+\psi_{MaE}S_{MaE}+\psi_{cT}S_T\leqslant R_d/\gamma_{RE}$$
$$(3.1.8-2)$$

式中:γ_{RE}——承载力抗震调整系数,砖烟囱和玻璃钢烟囱取 1.0;

钢筋混凝土烟囱取 0.9;钢烟囱取 0.8;钢塔架按本规范第 10 章规定采用;当仅计算竖向地震作用时,各类烟囱和构件均应采用 1.0;

γ_{Eh}——水平地震作用分项系数,按表 3.1.8-1 的规定采用;

γ_{Ev}——竖向地震作用分项系数,按表 3.1.8-1 的规定采用;

S_{Ehk}——水平地震作用标准值的效应,按本规范第 5.5 节的规定进行计算;

S_{Evk}——竖向地震作用标准值的效应,按本规范第 5.5 节的规定进行计算;

S_{Wk}——风荷载标准值作用效应;

S_{MaE}——由地震作用、风荷载、日照和基础倾斜引起的附加弯矩效应,应按本规范第 7.2 节的规定计算;

S_{GE}——重力荷载代表值的效应,重力荷载代表值取烟囱及其构配件自重标准值和各层平台活荷载组合值之和。活荷载的组合值系数,应按表 3.1.8-2 的规定采用;

S_T——烟气温度作用效应;

γ_w——风荷载分项系数,按本规范表 3.1.6 的规定采用;

ψ_{WE}——风荷载的组合值系数,取 0.20;

ψ_{MaE}——由地震作用、风荷载、日照和基础倾斜引起的附加弯矩组合系数,取 1.0;

ψ_{cT}——温度作用组合系数,取 1.0;

γ_{GE}——重力荷载分项系数,一般情况应取 1.2,当重力荷载对烟囱承载能力有利时,不应大于 1.0。

表 3.1.8-1 地震作用分项系数

地震作用		γ_{Eh}	γ_{Ev}
仅计算水平地震作用		1.3	0
仅计算竖向地震作用		0	1.3
同时计算水平和竖向地震作用	水平地震作用为主时	1.3	0.5
	竖向地震作用为主时	0.5	1.3

表 3.1.8-2 计算重力荷载代表值时活荷载组合值系数

活荷载种类		组合值系数
积灰荷载		0.9
筒壁顶部平台活荷载		不计入
其余各层平台	按实际情况计算的平台活荷载	1.0
	按等效均布荷载计算的平台活荷载	0.2

3.1.9 对于正常使用极限状态,应根据不同设计要求,采用作用效应的标准组合或准永久组合进行设计,并应符合下列规定:

1 标准组合应用于验算钢筋混凝土烟囱筒壁的混凝土压应力、钢筋拉应力、裂缝宽度,以及地基承载力或结构变形验算等,并应按下式计算:

$$\sum_{i=1}^{m} S_{Gik} + S_{Q1k} + \sum_{j=2}^{n} \psi_{cj} S_{Qjk} \leqslant C \quad (3.1.9-1)$$

式中:C——烟囱或结构构件达到正常使用要求的规定限值。

2 准永久组合用于地基变形的计算,应按下式确定:

$$\sum_{i=1}^{m} S_{Gik} + \sum_{j=1}^{n} \psi_{qj} S_{Qjk} \leqslant C \quad (3.1.9-2)$$

式中:ψ_{qj}——第 j 个可变作用效应的准永久值系数,平台活荷载取 0.6;积灰荷载取 0.8;一般情况下不计及风荷载,但对于风玫瑰图呈严重偏心的地区,可采用风荷载频遇值系数 0.4 进行计算。

3.1.10 荷载效应及温度作用效应的标准组合应符合表 3.1.10 的情况,并应采用相应的组合值系数。

表 3.1.10 荷载效应和温度作用效应的标准组合值系数

	荷载和温度作用的效应组合			组合值系数		备 注
情况	永久荷载	第一个可变荷载	其他可变荷载	ψ_{cW}	ψ_{cMa}	
I	G	T	$W + M_a$	1	1	用于计算水平截面
II	—	T	—	—	—	用于计算垂直截面

3.2 设计规定

3.2.1 设计烟囱时,应根据使用条件、烟囱高度、材料供应及施工条件等因素,确定采用砖烟囱、钢筋混凝土烟囱或钢烟囱。下列情况不应采用砖烟囱:

1 高度大于 60m 的烟囱。

2 抗震设防烈度为 9 度地区的烟囱。

3 抗震设防烈度为 8 度时,III、IV 类场地的烟囱。

3.2.2 烟囱内衬的设置应符合下列规定:

1 砖烟囱应符合下列规定:

  1)当烟气温度大于 400℃ 时,内衬应沿筒壁全高设置;

  2)当烟气温度小于或等于 400℃ 时,内衬可在筒壁下部局部设置,其最低设置高度应超过烟道孔顶,超过高度不宜小于孔高的 1/2。

2 钢筋混凝土单筒烟囱的内衬宜沿筒壁全高设置。

3 当筒壁温度符合本规范第 3.3.1 条温度限值且满足防腐蚀要求时,钢烟囱可不设置内衬。但当筒壁温度较高时,应采取防烫伤措施。

4 当烟气腐蚀等级为弱腐蚀及以上时,烟囱内衬设置尚应符合本规范第 11 章的有关规定。

5 内衬厚度应由温度计算确定,但烟道进口处一节或地下烟道基础内部分的厚度不应小于 200mm 或一砖。其他各节不应小于 100mm 或半砖。内衬各节的搭接长度不应小于 300mm 或六皮砖(图 3.2.2)。

3.2.3 隔热层的构造应符合下列规定:

1 采用砖砌内衬、空气隔热层时,厚度宜采用 50mm,同时应在内衬靠筒壁一侧按竖向间距 1m,环向间距为 500mm 挑出顶砖,顶砖与筒壁间应留 10mm 缝隙。

2 填料隔热层的厚度宜采用 80mm~200mm,同时应在内衬上设置间距为 1.5m~2.5m 整圈防沉带,防沉带与筒壁之间应留出 10mm 的温度缝(图 3.2.3)。

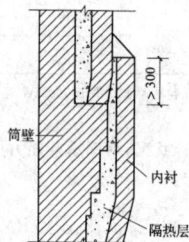

图 3.2.2 内衬搭接(mm)　　图 3.2.3 防沉带构造(mm)

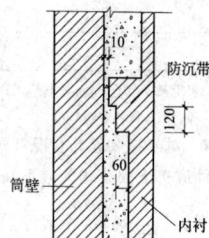

3.2.4 烟囱在同一平面内,有两个烟道口时,宜设置隔烟墙,其高度宜采用烟道孔高度的(0.5~1.5)倍。隔烟墙厚度应根据烟气压力进行计算确定,抗震设防地区应计算地震作用。

3.2.5 烟囱外表面的爬梯应按下列规定设置:

1 爬梯应距离地面 2.5m 处开始设置,并应直至烟囱顶端。

2 爬梯应设在常年主导风向的上风向。

3 烟囱高度大于 40m 时,应在爬梯上设置活动休息板,其间隔不应超过30m。

3.2.6 烟囱爬梯应设置安全防护围栏。

3.2.7 烟囱外部检修平台，应按下列规定设置：

　　1 烟囱高度小于60m时，无特殊要求可不设置。

　　2 烟囱高度为60m～100m时，可仅在顶部设置。

　　3 烟囱高度大于100m时，可在中部适当增设平台。

　　4 当设置航空障碍灯时，检修平台可与障碍灯维护平台共用，可不再单独设置检修平台。

　　5 当设置烟气排放监测系统时，应根据本规范第3.5.1条规定设置采样平台后，采样平台可与检修平台共用。

　　6 烟囱平台应设置高度不低于1.1m的安全护栏和不低于100mm的脚部挡板。

3.2.8 无特殊要求时，砖烟囱可不设检修平台和信号灯平台。

3.2.9 爬梯和烟囱外部平台各杆件长度不宜超过2.5m，杆件之间可采用螺栓连接。

3.2.10 爬梯和平台等金属构件，宜采用热浸镀锌防腐，镀层厚度应满足表3.2.10的要求，并应符合现行国家标准《金属覆盖层 钢铁制件热浸镀锌层 技术要求及试验方法》GB/T 13912 的有关规定。

表3.2.10　金属热浸镀锌最小厚度

镀层厚度（μm）	钢构件厚度 t（mm）			
	t<1.6	1.6≤t≤3.0	3.0<t≤6.0	t>6
平均厚度	45	55	70	85
局部厚度	35	45	55	70

3.2.11 爬梯、平台与筒壁的连接应满足强度和耐久性要求。

3.2.12 烟囱筒身应设置防雷设施。

3.2.13 烟囱筒身应设沉降观测点和倾斜观测点。清灰装置应根据实际烟气情况确定是否设置。

3.2.14 烟囱基础宜采用环形或圆形板式基础。在条件允许时，可采用壳体基础。对于高度较小且为地上烟道入口的砖烟囱，亦可采用毛石砌体或毛石混凝土刚性基础，基础材质要求应符合本规范第4章的有关规定。

3.2.15 筒壁的计算截面位置应按下列规定采用：

　　1 水平截面应取筒壁各节的底截面。

　　2 垂直截面可取各节底部单位高度的截面。

3.2.16 在荷载的标准组合效应作用下，钢筋混凝土烟囱、钢结构烟囱和玻璃钢烟囱任意高度的水平位移不应大于该点离地高度的1/100，砖烟囱不应大于1/300。

3.3　受热温度允许值

3.3.1 烟囱筒壁和基础的受热温度应符合下列规定：

　　1 烧结普通黏土砖筒壁的最高受热温度不应超过400℃。

　　2 钢筋混凝土筒壁和基础以及素混凝土基础的最高受热温度不应超过150℃。

　　3 非耐热钢烟囱筒壁的最高受热温度应符合表3.3.1的规定。

表3.3.1　钢烟囱筒壁的最高受热温度

钢　材	最高受热温度（℃）	备注
碳素结构钢	250	用于沸腾钢
	350	用于镇静钢
低合金结构钢和可焊接低合金耐候钢	400	—

　　4 玻璃钢烟囱最高受热温度应符合本规范第9章的有关规定。

3.4　钢筋混凝土烟囱筒壁设计规定

3.4.1 对正常使用极限状态，按作用效应标准组合计算的混凝土压应力和钢筋拉应力，应符合本规范第7.4.1条的规定。

3.4.2 对正常使用极限状态，按作用效应标准组合计算的最大水平裂缝宽度和最大垂直裂缝宽度不应大于表3.4.2规定的限值。

表3.4.2　裂缝宽度限值（mm）

部　位	最大裂缝宽度限值
筒壁顶部20m范围内	0.15
其余部位	0.20

3.4.3 安全等级为一级的单筒式钢筋混凝土烟囱，以及套筒式或多管式钢筋混凝土烟囱的筒壁，应采用双侧配筋。其他单筒式钢筋混凝土烟囱筒壁内侧的下列部位应配置钢筋：

　　1 筒壁厚度大于350mm时。

　　2 夏季筒壁外表面温度长时间大于内侧温度时。

3.4.4 筒壁最小配筋率应符合表3.4.4的规定。

表3.4.4　筒壁最小配筋率（%）

配筋方式		双侧配筋	单侧配筋
竖向钢筋	外侧	0.25	0.40
	内侧	0.20	—
环向钢筋	外侧	0.25(0.20)	0.25
	内侧	0.10(0.15)	—

注：括号内数字为套筒式或多管式钢筋混凝土烟囱最小配筋率。

3.4.5 筒壁环向钢筋应配在竖向钢筋靠筒壁表面（双侧配筋时指内、外表面）一侧，环向钢筋的保护层厚度不应小于30mm。

3.4.6 筒壁钢筋最小直径和最大间距应符合表3.4.6的规定。当为双侧配筋时，内外侧钢筋应用拉筋拉结，拉筋直径不应小于6mm，纵横间距宜为500mm。

表3.4.6　筒壁钢筋最小直径和最大间距（mm）

配筋种类	最小直径	最大间距
竖向钢筋	10	外侧250，内侧300
环向钢筋	8	200，且不大于壁厚

3.4.7 竖向钢筋的分段长度，宜取移动模板的倍数，并加搭接长度。

　　钢筋搭接长度应按现行国家标准《混凝土结构设计规范》GB 50010的规定执行，接头位置应相互错开，并在任一搭接范围内，不应超过截面内钢筋总面积的1/4。

　　当钢筋采用焊接接头时，其焊接类型及质量应符合现行行业标准《钢筋焊接及验收规程》JGJ 18的有关规定。

3.5　烟气排放监测系统

3.5.1 当连续监测烟气排放系统装置离地高度超过2.5m时，应在监测装置下部1.2m～1.3m标高处设置采样平台。平台应设置爬梯或Z形楼梯。当监测装置离地高度超过5m时，平台应设置Z形楼梯、旋转楼梯或升降梯。

3.5.2 安装连续监测烟气排放系统装置的工作区域应提供永久性的电源，并应设防雷接地装置。

3.6　烟囱检修与维护

3.6.1 烟囱设计应设置用于维护和检修的设施。

3.6.2 烟囱设计文件对外露钢结构构件和钢烟囱宜规定检查和维护要求。

4　材　料

4.1　砖　石

4.1.1 砖烟囱筒壁宜采用烧结普通黏土砖，且强度等级不应低于MU10，砂浆强度等级不应低于M5。

4.1.2 烟囱及烟道的内衬材料可按下列规定采用：

1 当烟气温度低于 400℃时,可采用强度等级为 MU10 的烧结普通黏土砖和强度等级为 M5 的混合砂浆。

2 当烟气温度为 400℃～500℃时,可采用强度等级为 MU10 的烧结普通黏土砖和耐热砂浆。

3 当烟气温度高于 500℃时,可采用黏土质耐火砖和黏土质火泥泥浆,也可采用耐热混凝土。

4 当烟气腐蚀等级为弱腐蚀及以上时,内衬材料尚应符合本规范第 11 章的有关规定。

4.1.3 石砌基础的材料应采用未风化的天然石材,并应根据地基土的潮湿程度按下列规定采用:

1 当地基土稍湿时,应采用强度等级不低于 MU30 的石材和强度等级不低于 M5 的水泥砂浆砌筑。

2 当地基土很湿时,应采用强度等级不低于 MU30 的石材和强度等级不低于 M7.5 的水泥砂浆砌筑。

3 当地基土含水饱和时,应采用强度等级不低于 MU40 的石材和强度等级不低于 M10 的水泥砂浆砌筑。

4.1.4 砖砌体在温度作用下的抗压强度设计值和弹性模量,可不计入温度的影响,应按现行国家标准《砌体结构设计规范》GB 50003 的有关规定执行。

4.1.5 砖砌体的线膨胀系数 α_m 可按下列规定采用:

1 当砌体受热温度 T 为 20℃～200℃时,α_m 可采用 $5×10^{-6}/℃$。

2 当砌体受热温度 $T>200℃$,且 $T≤400℃$时,α_m 可按下式确定:

$$\alpha_m = 5×10^{-6} + \frac{T-200}{200}×10^{-6} \qquad (4.1.5)$$

4.2 混凝土

4.2.1 钢筋混凝土烟囱筒壁的混凝土宜按下列规定采用:

1 混凝土宜采用普通硅酸盐水泥或矿渣硅酸盐水泥配制,强度等级不应低于 C25。

2 混凝土的水胶比不宜大于 0.45,每立方米混凝土水泥用量不应超过 450kg。

3 对于腐蚀环境下的烟囱,筒壁和基础混凝土的基本要求尚应符合现行国家标准《工业建筑防腐蚀设计规范》GB 50046 的有关规定。

4 混凝土的骨料应坚硬致密,粗骨料宜采用玄武岩、闪长岩、花岗岩等破碎的碎石或河卵石。细骨料宜采用天然砂,也可采用玄武岩、闪长岩、花岗岩等岩石经破碎筛分后的产品,但不得含有金属矿物、云母、硫酸化合物和硫化物。

5 粗骨料粒径不应超过筒壁厚度的 1/5 和钢筋净距的 3/4,同时最大粒径不应超过 60mm;泵送混凝土时最大粒径不应超过 40mm。

4.2.2 基础与烟道混凝土最低强度等级应满足现行国家标准《混凝土结构设计规范》GB 50010 和《工业建筑防腐蚀设计规范》GB 50046 的有关规定,壳体基础混凝土强度等级不应低于 C30,非壳体钢筋混凝土基础混凝土强度等级不应低于 C25。

4.2.3 混凝土在温度作用下的强度标准值应按表 4.2.3 的规定采用。

表 4.2.3 混凝土在温度作用下的强度标准值(N/mm²)

受力状态	符号	温度(℃)	混凝土强度等级				
			C20	C25	C30	C35	C40
轴心抗压	f_{ctk}	20	13.40	16.70	20.10	23.40	26.80
		60	11.30	14.20	16.60	19.40	22.20
		100	10.70	13.40	15.60	18.30	20.90
		150	10.10	12.70	14.80	17.30	19.80

续表4.2.3

受力状态	符号	温度(℃)	混凝土强度等级				
			C20	C25	C30	C35	C40
轴心抗拉	f_{ttk}	20	1.54	1.78	2.01	2.20	2.39
		60	1.24	1.41	1.57	1.74	1.86
		100	1.08	1.23	1.37	1.52	1.63
		150	0.93	1.06	1.18	1.31	1.40

注:温度为中间值时,可采用线性插入法计算。

4.2.4 受热温度值应按下列规定采用:

1 轴心受压及轴心受拉时应取计算截面的平均温度。

2 弯曲受压时应取表面最高受热温度。

4.2.5 混凝土在温度作用下的强度设计值应按下列公式计算:

$$f_{ct} = \frac{f_{ctk}}{\gamma_{ct}} \qquad (4.2.5-1)$$

$$f_{tt} = \frac{f_{ttk}}{\gamma_{tt}} \qquad (4.2.5-2)$$

式中:f_{ct}、f_{tt}——混凝土在温度作用下的轴心抗压、轴心抗拉强度设计值(N/mm²);

　　　f_{ctk}、f_{ttk}——混凝土在温度作用下的轴心抗压、轴心抗拉强度标准值,按本规范表 4.2.3 的规定采用(N/mm²);

　　　γ_{ct}、γ_{tt}——混凝土在温度作用下的轴心抗压强度、轴心抗拉强度分项系数,按表 4.2.5 的规定采用。

表 4.2.5 混凝土在温度作用下的材料分项系数

构件名称	γ_{ct}	γ_{tt}
筒壁	1.85	1.50
壳体基础	1.60	1.40
其他构件	1.40	1.40

4.2.6 混凝土在温度作用下的弹性模量可按下式计算:

$$E_{ct} = \beta_c E_c \qquad (4.2.6)$$

式中:E_{ct}——混凝土在温度作用下的弹性模量(N/mm²);

　　　β_c——混凝土在温度作用下的弹性模量折减系数,按表 4.2.6 的规定采用;

　　　E_c——混凝土弹性模量(N/mm²),按现行国家标准《混凝土结构设计规范》GB 50010 的规定采用。

表 4.2.6 混凝土弹性模量折减系数 β_c

系数	受热温度(℃)				受热温度的取值
	20	60	100	150	
β_c	1.00	0.85	0.75	0.65	承载能力极限状态计算时,取筒壁、壳体基础等的平均温度。正常使用极限状态计算时,取筒壁内表面温度

注:温度为中间值时,应采用线性插入法计算。

4.2.7 混凝土的线膨胀系数 α_c 可采用 $1.0×10^{-5}/℃$。

4.3 钢筋和钢材

4.3.1 钢筋混凝土筒壁的配筋宜采用 HRB335 级钢筋,也可采用 HRB400 级钢筋。抗震设防烈度 8 度及以上地区,宜选用 HRB335E、HRB400E 级钢筋。砖筒壁的环向钢筋可采用 HPB300 级钢筋。钢筋性能应符合现行国家标准《钢筋混凝土用钢 第 1 部分:热轧光圆钢筋》GB 1499.1 和《钢筋混凝土用钢 第 2 部分:热轧带肋钢筋》GB 1499.2 的有关规定。

4.3.2 在温度作用下,钢筋的强度标准值应按下式计算:

$$f_{ytk} = \beta_{yt} f_{yk} \qquad (4.3.2)$$

式中：f_{ytk}——钢筋在温度作用下强度标准值(N/mm^2)；

f_{yk}——钢筋在常温下强度标准值(N/mm^2)，按现行国家标准《混凝土结构设计规范》GB 50010采用；

β_{yt}——钢筋在温度作用下强度折减系数，温度不大于100℃时取1.00，150℃时取0.90，中间值采用线性插入。

4.3.3 钢筋的强度设计值应按下式计算：

$$f_{yt} = \frac{f_{ytk}}{\gamma_{yt}} \qquad (4.3.3)$$

式中：f_{yt}——钢筋在温度作用下的抗拉强度设计值(N/mm^2)；

γ_{yt}——钢筋在温度作用下的抗拉强度分项系数，按表4.3.3的规定采用。

表4.3.3 钢筋在温度作用下的材料分项系数

序号	构件名称	γ_{yt}
1	钢筋混凝土筒壁	1.6
2	壳体基础	1.2
3	砖筒壁竖筋	1.9
4	砖筒壁环筋	1.6
5	其他构件	1.1

注：当钢筋在温度作用下的抗拉强度设计值的计算值大于现行国家标准《混凝土结构设计规范》GB 50010规定的常温下相应数值时，应取常温下强度设计值。

4.3.4 钢烟囱的钢材、钢筋混凝土烟囱及砖烟囱附件的钢材，应符合现行国家标准《钢结构设计规范》GB 50017的有关规定，并应符合下列规定：

1 钢烟囱塔架和筒壁可采用Q235、Q345、Q390、Q420钢。其质量应分别符合现行国家标准《碳素结构钢》GB/T 700和《低合金高强度结构钢》GB/T 1591的规定。

2 处在大气潮湿地区的钢烟囱塔架和筒壁或排放烟气属于中等腐蚀性的筒壁，宜采用Q235NH、Q295NH或Q355NH可焊接低合金耐候钢。其质量应符合现行国家标准《耐候结构钢》GB/T 4171的有关规定。腐蚀性烟气分级应按本规范第11章的规定执行。

3 烟囱的平台、爬梯和砖烟囱的环向钢箍宜采用Q235B级钢材。

4.3.5 当作用温度不大于100℃时，钢材和焊缝的强度设计值应按现行国家标准《钢结构设计规范》GB 50017的规定采用。对未作规定的耐候钢应按表4.3.5-1和表4.3.5-2的规定采用。

表4.3.5-1 耐候钢的强度设计值(N/mm^2)

钢材		抗拉、抗压和抗弯强度 f	抗剪强度 f_v	端面承压(刨平顶紧) f_{ce}
牌号	厚度 t(mm)			
Q235NH	$t \leq 16$	210	120	275
	$16 < t \leq 40$	200	115	275
	$40 < t \leq 60$	190	110	275
Q295NH	$t \leq 16$	265	150	320
	$16 < t \leq 40$	255	145	320
	$40 < t \leq 60$	245	140	320
Q355NH	$t \leq 16$	315	185	370
	$16 < t \leq 40$	310	180	370
	$40 < t \leq 60$	300	170	370

表4.3.5-2 耐候钢的焊缝强度设计值(N/mm^2)

焊接方法和焊条型号	构件钢材		对接焊缝				角焊缝
	牌号	厚度 t(mm)	抗压强度 f_c^w	焊接质量为下列等级时，抗拉强度 f_t^w		抗剪强度 f_v^w	抗拉、抗压和抗剪 f_f^w
				一级、二级	三级		
自动焊、半自动焊和E43型焊条的手工焊	Q235NH	$t \leq 16$	210	210	175	120	140
		$16 < t \leq 40$	200	200	170	115	140
		$40 < t \leq 60$	190	190	160	110	140
	Q295NH	$t \leq 16$	265	265	225	150	140
		$16 < t \leq 40$	255	255	215	145	140
		$40 < t \leq 60$	245	245	210	140	140
自动焊、半自动焊和E50型焊条的手工焊	Q355NH	$t \leq 16$	315	315	270	185	165
		$16 < t \leq 40$	310	310	260	180	165
		$40 < t \leq 60$	300	300	255	170	165

注：1 自动焊和半自动焊所采用的焊丝和焊剂，应保证其熔敷金属抗拉强度不低于相应手工焊焊条的数值。

2 焊缝质量等级应符合现行国家标准《钢结构工程施工质量验收规范》GB 50205的有关规定。

3 对接焊缝抗压区强度取 f_c^w，抗弯受拉区强度设计值取 f_t^w。

4.3.6 Q235、Q345、Q390和Q420钢材及其焊缝在温度作用下的强度设计值，应按下列公式计算：

$$f_t = \gamma_s f \qquad (4.3.6-1)$$

$$f_{vt} = \gamma_s f_v \qquad (4.3.6-2)$$

$$f_{xt}^w = \gamma_s f_x^w \qquad (4.3.6-3)$$

$$\gamma_s = 1.0 + \frac{T}{767 \times \ln\dfrac{T}{1750}} \qquad (4.3.6-4)$$

式中：f_t——钢材在温度作用下的抗拉、抗压和抗弯强度设计值(N/mm^2)；

f_{vt}——钢材在温度作用下的抗剪强度设计值(N/mm^2)；

f_{xt}^w——焊缝在温度作用下各种受力状态的强度设计值(N/mm^2)，下标字母 x 为字母 c(抗压)、t(抗拉)、v(抗剪)和f(角焊缝强度)的代表；

γ_s——钢材及焊缝在温度作用下强度设计值的折减系数；

f——钢材在温度不大于100℃时的抗拉、抗压和抗弯强度设计值(N/mm^2)；

f_v——钢材在温度不大于100℃时的抗剪强度设计值(N/mm^2)；

f_x^w——焊缝在温度大于100℃时各种受力状态的强度设计值(N/mm^2)，下标字母 x 为字母 c(抗压)、t(抗拉)、v(抗剪)和f(角焊缝强度)的代表；

T——钢材或焊缝计算处温度(℃)。

4.3.7 钢筋在温度作用下的弹性模量可不计及温度折减，应按现行国家标准《混凝土结构设计规范》GB 50010采用。钢材在温度作用下的弹性模量应折减，并应按下式计算：

$$E_t = \beta_d E \qquad (4.3.7)$$

式中：E_t——钢材在温度作用下的弹性模量(N/mm^2)；

β_d——钢材在温度作用下弹性模量的折减系数，按表4.3.7的规定采用；

E——钢材在作用温度小于或等于100℃时的弹性模量(N/mm^2)，按现行国家标准《钢结构设计规范》GB 50017的规定采用。

表4.3.7 钢材弹性模量的温度折减系数

折减系数	作用温度(℃)						
	≤ 100	150	200	250	300	350	400
β_d	1.00	0.98	0.96	0.94	0.92	0.88	0.83

注：温度为中间值时，应采用线性插入法计算。

4.3.8 钢筋和钢材的线膨胀系数 α_s 可采用 $1.2 \times 10^{-5} / ℃$。

4.4 材料热工计算指标

4.4.1 隔热材料应采用无机材料,其干燥状态下的重力密度不宜大于 $8kN/m^3$。

4.4.2 材料的热工计算指标,应按实际试验资料确定。当无试验资料时,对几种常用的材料,干燥状态下可按表 4.4.2 的规定采用。在确定材料的热工计算指标时,应计入下列因素对隔热材料导热性能的影响:

1 对于松散型隔热材料,应计入由于运输、捆扎、堆放等原因所造成的导热系数增大的影响。

2 对于烟气温度低于 150℃ 时,宜采用憎水性隔热材料。当采用非憎水性隔热材料时应计入湿度对导热性能的影响。

表 4.4.2 材料在干燥状态下的热工计算指标

材料种类		最高使用温度(℃)	重力密度(kN/m³)	导热系数[W/(m·K)]
普通黏土砖砌体		500	18	$0.81+0.0006T$
黏土耐火砖砌体		1400	19	$0.93+0.0006T$
陶土砖砌体		1150	18~22	$(0.35\sim1.10)+0.0005T$
漂珠轻质耐火砖		900	6~11	$0.20\sim0.40$
硅藻土砖砌体		900	5	$0.12+0.00023T$
			6	$0.14+0.00023T$
			7	$0.17+0.00023T$
普通钢筋混凝土		200	24	$1.74+0.0005T$
普通混凝土		200	23	$1.51+0.0005T$
耐火混凝土		1200	19	$0.82+0.0006T$
轻骨料混凝土(骨料为页岩陶粒或浮石)		400	15	$0.67+0.00012T$
			13	$0.53+0.00012T$
			11	$0.42+0.00012T$
膨胀珍珠岩(松散体)		750	0.8~2.5	$(0.052\sim0.076)+0.0001T$
水泥珍珠岩制品		600	4.5	$(0.058\sim0.16)+0.0001T$
高炉水渣		800	5.0	$(0.1\sim0.16)+0.0003T$
岩棉		500	0.5~2.5	$(0.036\sim0.05)+0.0002T$
矿渣棉		600	1.2~1.5	$(0.031\sim0.044)+0.0002T$
矿渣棉制品		600	3.5~4.0	$(0.047\sim0.07)+0.0002T$
垂直封闭空气层(厚度为50mm)		—	—	$0.333+0.0052T$
建筑钢		—	78.5	58.15
自然干燥下	砂土	—	16	$0.35\sim1.28$
	黏土	—	18~20	$0.58\sim1.45$
	黏土夹砂	—	18	$0.69\sim1.26$

注:1 有条件时应采用实测数据。
　　2 表中 T 为烟气温度(℃)。

5 荷载与作用

5.1 荷载与作用的分类

5.1.1 烟囱的荷载与作用可按下列规定分类:

1 结构自重、土压力、拉线的拉力应为永久作用。

2 风荷载、烟气温度作用、大气温度作用、安装检修荷载、平台活荷载、裹冰荷载、地震作用、烟气压力及地基沉陷等应为可变作用。

3 拉线断线应为偶然作用。

5.1.2 烟气产生的烟气温度作用和烟气压力作用应按正常运行工况和非正常运行工况确定。因脱硫装置或余热锅炉设备故障等原因所引起的事故状态,应按非正常运行工况确定,并应按短暂设计状况进行设计。

5.1.3 本规范未规定的荷载与作用,均应按现行国家标准《建筑结构荷载规范》GB 50009 和《建筑抗震设计规范》GB 50011 的规定采用。

5.2 风 荷 载

5.2.1 基本风压应按现行国家标准《建筑结构荷载规范》GB 50009 规定的 50 年一遇的风压采用,但基本风压不得小于 $0.35kN/m^2$。烟囱安全等级为一级时,其计算风压应按基本风压的 1.1 倍确定。

5.2.2 计算塔架式钢烟囱风荷载时,可不计入塔架与排烟筒的相互影响,可分别计算塔架和排烟筒的基本风荷载。

5.2.3 塔架式钢烟囱的排烟筒为两个及以上时,排烟筒的风荷载体型系数,应由风洞试验确定。

5.2.4 对于圆形钢筋混凝土烟囱和自立式钢结构烟囱,当其坡度小于或等于 2% 时,应根据雷诺数的不同情况进行横风向风振验算;并应符合下列规定:

1 用于横风向风振验算的雷诺数 Re、临界风速和烟囱顶部风速,应分别按下列公式计算:

$$Re=69000vd \quad (5.2.4-1)$$

$$v_{cr,j}=\frac{d}{S_t \times T_j} \quad (5.2.4-2)$$

$$v_H=40\sqrt{\mu_H w_0} \quad (5.2.4-3)$$

式中:$v_{cr,j}$——第 j 振型临界风速(m/s);

v_H——烟囱顶部 H 处风速(m/s);

v——计算高度处风速(m/s),计算烟囱筒身风振时,可取 $v=v_{cr,j}$;

d——圆形杆件外径(m),计算烟囱筒身时,可取烟囱 2/3 高度处外径;

S_t——斯脱罗哈数,圆形截面结构或杆件的取值范围为 0.2~0.3,对于非圆形截面杆件可取 0.15;

T_j——结构或杆件的第 j 振型自振周期(s);

μ_H——烟囱顶部 H 处风压高度变化系数;

w_0——基本风压(kN/m^2)。

2 当 $Re<3\times10^5$,且 $v_H>v_{cr,j}$ 时,自立式钢烟囱和钢筋混凝土烟囱可不计算亚临界横风向共振荷载,但对于塔架式钢烟囱的塔架杆件,在构造上应采取防振措施或控制杆件的临界风速不小于 15m/s。

3 当 $Re\geqslant3.5\times10^6$,且 $1.2v_H>v_{cr,j}$ 时,应验算其共振响应。横风向共振响应可采用下列公式进行简化计算:

$$w_{czj}=|\lambda_j|\frac{v_{cr,j}^2\varphi_{zj}}{12800\zeta_j} \quad (5.2.4-4)$$

$$\lambda_j=\lambda_j(H_1/H)-\lambda_j(H_2/H) \quad (5.2.4-5)$$

$$H_1 = H \left(\frac{v_{cr,j}}{1.2 v_H} \right)^{\frac{1}{\alpha}} \qquad (5.2.4\text{-}6)$$

$$H_2 = H \left(\frac{1.3 v_{cr,j}}{v_H} \right)^{\frac{1}{\alpha}} \qquad (5.2.4\text{-}7)$$

式中：ζ_j——第 j 振型结构阻尼比，对于第一振型，混凝土烟囱取 0.05；无内衬钢烟囱取 0.01，有内衬钢烟囱取 0.02；玻璃钢烟囱取 0.035；对于高振型的阻尼比，无实测资料时，可按第一振型选用；

    w_{crj}——横风向共振响应等效风荷载（kN/m²）；

    H——烟囱高度（m）；

    H_1——横风向共振荷载范围起点高度（m）；

    H_2——横风向共振荷载范围终点高度（m）；

    α——地面粗糙度系数，按现行国家标准《建筑结构荷载规范》GB 50009 的规定取值，对于钢烟囱可根据实际情况取不利数值；

    φ_{zj}——在 z 高度处结构的 j 振型系数；

    $\lambda_j(H_i/H)$——j 振型计算系数，根据"锁住区"起点高度 H_1 或终点高度 H_2 与烟囱整个高度 H 的比值按表 5.2.4 选用。

表 5.2.4 $\lambda_j(H_i/H)$ 计算系数

振型序号	H_i/H										
	0	0.1	0.2	0.3	0.4	0.5	0.6	0.7	0.8	0.9	1.0
1	1.56	1.55	1.54	1.49	1.42	1.31	1.15	0.94	0.68	0.37	0
2	0.83	0.82	0.76	0.60	0.37	0.09	−0.16	−0.33	−0.38	−0.27	0
3	0.52	0.48	0.32	0.06	−0.19	−0.30	−0.21	0	0.20	0.23	0

注：中间值可采用线性插值计算。

    4 当雷诺数为 $3 \times 10^5 \leqslant Re \leqslant 3.5 \times 10^6$ 时，可不计算横风向共振荷载。

5.2.5 在验算横风向共振时，应计算风速小于基本设计风压工况下可能发生的最不利共振响应。

5.2.6 当烟囱发生横风向共振时，可将横风向共振荷载效应 S_C 与对应风速下顺风向荷载效应 S_A 按下式进行组合：

$$S = \sqrt{S_C^2 + S_A^2} \qquad (5.2.6)$$

5.2.7 在径向局部风压作用下，烟囱竖向截面最大环向风弯矩可按下列公式计算：

$$M_{\theta in} = 0.314 \mu_z w_0 r^2 \qquad (5.2.7\text{-}1)$$

$$M_{\theta out} = 0.272 \mu_z w_0 r^2 \qquad (5.2.7\text{-}2)$$

式中：$M_{\theta in}$——筒壁内侧受拉环向风弯矩（kN·m/m）；

    $M_{\theta out}$——筒壁外侧受拉环向风弯矩（kN·m/m）；

    μ_z——风压高度变化系数；

    r——计算高度处烟囱外半径（m）。

5.3 平台活荷载与积灰荷载

5.3.1 烟囱平台活荷载取值应符合下列规定：

    1 分段支承排烟筒和悬挂式排烟筒的承重平台除应承受排烟筒自重荷载外，还应计入 7kN/m²～11kN/m² 的施工检修荷载。当构件从属受荷面积大于或等于 50m² 时应取小值，小于或等于 20m² 时应取大值，中间可线性插值。

    2 用于自立式或悬挂式钢内筒的吊装平台，应根据施工吊装方案，确定荷载设计值。但平台各构件的活荷载应 7kN/m²～11kN/m²。当构件从属受荷面积大于或等于 50m² 时可取小值，小于或等于 20m² 时应取大值，中间可线性插值。

    3 非承重检修平台、采样平台和障碍灯平台，活荷载可取 3kN/m²。

    4 套筒式或多管式钢筋混凝土烟囱顶部平台，活荷载可取 7kN/m²。

5.3.2 排烟筒内壁应根据内衬材料特性及烟气条件，计入 0～50mm 厚积灰荷载。干积灰重力密度可取 10.4kN/m³；潮湿积灰重力密度可取 11.7kN/m³；湿积灰重力密度可取 12.8kN/m³。

5.3.3 烟囱积灰平台的积灰荷载应按实际情况确定，并不宜小于 7kN/m²。

5.4 裹冰荷载

5.4.1 拉索式钢烟囱的拉索和塔架式钢烟囱的塔架，符合裹冰气象条件时，应计算裹冰荷载。裹冰荷载可按现行国家标准《高耸结构设计规范》GB 50135 的有关规定进行计算。

5.5 地震作用

5.5.1 烟囱抗震验算应符合下列规定：

    1 本规范未作规定的均应按现行国家标准《建筑抗震设计规范》GB 50011 的有关规定执行。

    2 在地震作用计算时，钢筋混凝土烟囱和砖烟囱的结构阻尼比可取 0.05，无内衬钢烟囱可取 0.01，有内衬钢烟囱可取 0.02，玻璃钢烟囱可取 0.035。

    3 抗震设防烈度为 6 度和 7 度时，可不计算竖向地震作用；8 度和 9 度时，应计算竖向地震作用。

5.5.2 抗震设防烈度为 6 度时，Ⅰ、Ⅱ 类场地的砖烟囱，可仅配置环向钢箍或环向钢筋，其他抗震设防地区的砖烟囱应按本规范第 6.5 节的规定配置竖向钢筋。

5.5.3 下列烟囱可不进行截面抗震验算，但应满足抗震构造要求：

    1 抗震设防烈度为 7 度时 Ⅰ、Ⅱ 类场地，且基本风压 $w_0 \geqslant 0.5\text{kN/m}^2$ 的钢筋混凝土烟囱。

    2 抗震设防烈度为 7 度时 Ⅲ、Ⅳ 类场地和 8 度时 Ⅰ、Ⅱ 类场地，且高度不超过 45m 的砖烟囱。

5.5.4 水平地震作用可按现行国家标准《建筑抗震设计规范》GB 50011 规定的振型分解反应谱法进行计算。高度不超过 150m 时，可计算前 3 个振型组合；高度超过 150m 时，可计算前 3 个～5 个振型组合；高度大于 200m 时，计算的振型数量不应少于 5 个。

5.5.5 烟囱竖向地震作用标准值可按下列公式计算：

    1 烟囱根部的竖向地震作用可按下式计算：

$$F_{Ev0} = \pm 0.75 \alpha_{vmax} G_E \qquad (5.5.5\text{-}1)$$

    2 其余各截面可按下列公式计算：

$$F_{Evik} = \pm \eta \left(G_{iE} - \frac{G_{iE}^2}{G_E} \right) \qquad (5.5.5\text{-}2)$$

$$\eta = 4(1+C)\kappa_v \qquad (5.5.5\text{-}3)$$

式中：F_{Evik}——计算截面 i 的竖向地震作用标准值（kN），对于烟囱根部截面，当 $F_{Evik} < F_{Ev0}$ 时，取 $F_{Evik} = F_{Ev0}$；

    G_{iE}——计算截面 i 以上的烟囱重力荷载代表值（kN），取截面 i 以上的重力荷载标准值与平台活荷载组合值之和，活荷载组合值系数按本规范表 3.1.8-2 的规定采用；套筒或多管式烟囱，当采用自承重式排烟筒时，G_{iE} 不包括排烟筒重量；当采用平台支承排烟筒时，平台及排烟筒重量通过平台传给外承重筒，在 G_{iE} 计入平台及排烟筒重量；

    G_E——基础顶面以上的烟囱总重力荷载代表值（kN），取烟囱总重力荷载标准值与各层平台活荷载组合值之和，活荷载组合值系数按本规范表 3.1.8-2 的规定采用；套筒或多管式烟囱，当采用自承重式排烟筒时，G_E 不包括排烟筒重量；当采用平台支承排烟筒时，平台及排烟筒重量通过平台传给外承重筒，在 G_E 中计入平台及排烟筒重量；

    C——结构材料的弹性恢复系数，砖烟囱取 $C = 0.6$；钢筋混凝土烟囱与玻璃钢烟囱取 $C = 0.7$；钢烟囱取 $C = 0.8$；

κ_v——竖向地震系数,按现行国家标准《建筑抗震设计规范》GB 50011规定的设计基本地震加速度与重力加速度比值的65%采用,7度取$\kappa_v=0.065(0.1)$;8度取$\kappa_v=0.13(0.2)$;9度取$\kappa_v=0.26$;$\kappa_v=0.1$和$\kappa_v=0.2$分别用于设计基本地震加速度为$0.15g$和$0.30g$的地区;

α_{vmax}——竖向地震影响系数最大值,按现行国家标准《建筑抗震设计规范》GB 50011的规定,取水平地震影响系数最大值的65%。

5.5.6 悬挂式和分段支承式排烟筒竖向地震力计算时,可将悬挂或支承平台作为排烟筒根部、排烟筒自由端作为顶部按本规范第5.5.5条进行计算,并应根据悬挂或支承平台的高度位置,对计算结果乘以竖向地震效应增大系数,增大系数可按下列公式进行计算:

$$\beta = \zeta \beta_{vi} \tag{5.5.6-1}$$

$$\beta_{vi} = 4(1+C)\left(1 - \frac{G_{iE}}{G_E}\right) \tag{5.5.6-2}$$

$$\zeta = \frac{1}{1 + \frac{G_{vE}L^3}{47EIT_{vg}^2}} \tag{5.5.6-3}$$

式中:β——竖向地震效应增大系数;

β_{vi}——修正前第i层悬挂或支承平台竖向地震效应增大系数;

ζ——平台刚度对竖向地震效应的折减系数;

G_{vE}——悬挂(或支承)平台一根主梁所承受的总重力荷载(包括主梁自重荷载)代表值(kN);

L——主梁跨度(m);

E——主梁材料的弹性模量(kN/m²);

I——主梁截面惯性矩(m⁴);

T_{vg}——竖向地震场地特征周期(s),可取设计第一组水平地震特征周期的65%。

5.6 温度作用

5.6.1 烟囱内部的烟气温度,应符合下列规定:

1 计算烟囱最高受热温度和确定材料在温度作用下的折减系数时,应采用烟囱使用时的最高温度。

2 确定烟气露点温度和防腐蚀措施时,应采用烟气温度变化范围下限值。

5.6.2 烟囱外部的环境温度,应按下列规定采用:

1 计算烟囱最高受热温度和确定材料在温度作用下的折减系数时,应采用极端最高温度。

2 计算筒壁温度差时,应采用极端最低温度。

5.6.3 筒壁计算出的各点受热温度,均不应大于本规范第3.3.1条和表4.4.2规定的相应材料最高使用温度允许值。

5.6.4 烟囱内衬、隔热层和筒壁以及基础和烟道各点的受热温度(图5.6.4-1和图5.6.4-2),可按下式计算:

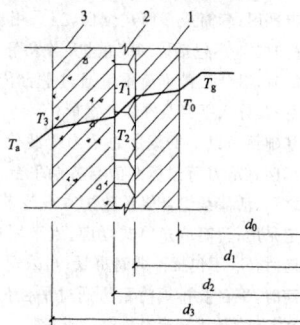

图 5.6.4-1 单筒烟囱传热计算
1—内衬;2—隔热层;3—筒壁

$$T_{cj} = T_g - \frac{T_g - T_a}{R_{tot}}\left(R_{in} + \sum_{i=1}^{j} R_i\right) \tag{5.6.4}$$

式中:T_{cj}——计算点j的受热温度(℃);

T_g——烟气温度(℃);

T_a——空气温度(℃);

R_{tot}——内衬、隔热层、筒壁或基础环壁及环壁外侧计算土层等总热阻(m²·K/W);

R_i——第i层热阻(m²·K/W);

R_{in}——内衬内表面的热阻(m²·K/W)。

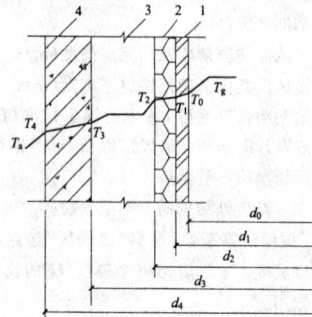

图 5.6.4-2 套筒烟囱传热计算
1—内筒;2—隔热层;3—空气层;4—筒壁

5.6.5 单筒烟囱内衬、隔热层、筒壁热阻以及总热阻,可分别按下列公式计算:

$$R_{tot} = R_{in} + \sum_{i=1}^{3} R_i + R_{ex} \tag{5.6.5-1}$$

$$R_{in} = \frac{1}{\alpha_{in} d_0} \tag{5.6.5-2}$$

$$R_i = \frac{1}{2\lambda_i}\ln\frac{d_i}{d_{i-1}} \tag{5.6.5-3}$$

$$R_{ex} = \frac{1}{\alpha_{ex} d_3} \tag{5.6.5-4}$$

式中:R_i——筒身第i层结构热阻($i=1$代表内衬;$i=2$代表隔热层;$i=3$代表筒壁)(m²·K/W);

λ_i——筒身第i层结构导热系数[W/(m·K)];

α_{in}——内衬内表面传热系数[W/(m²·K)];

α_{ex}——筒壁外表面传热系数[W/(m²·K)];

R_{ex}——筒壁外表面的热阻(m²·K/W);

d_0、d_1、d_2、d_3——分别为内衬、隔热层、筒壁内直径及筒壁外直径(m)。

5.6.6 套筒烟囱内筒、隔热层、筒壁热阻以及总热阻,可分别按下列公式进行计算:

$$R_{tot} = R_{in} + \sum_{i=1}^{4} R_i + R_{ex} \tag{5.6.6-1}$$

$$R_{in} = \frac{1}{\beta \alpha_{in} d_0} \tag{5.6.6-2}$$

$$R_1 = \frac{1}{2\beta\lambda_1}\ln\frac{d_1}{d_0} \tag{5.6.6-3}$$

$$R_2 = \frac{1}{2\beta\lambda_2}\ln\frac{d_2}{d_1} \tag{5.6.6-4}$$

$$R_3 = \frac{1}{\alpha_s d_2} \tag{5.6.6-5}$$

$$R_4 = \frac{1}{2\lambda_4}\ln\frac{d_1}{d_3} \tag{5.6.6-6}$$

$$R_{ex} = \frac{1}{\alpha_{ex} d_4} \tag{5.6.6-7}$$

$$\alpha_s = 1.211 + 0.0681 T_g \tag{5.6.6-8}$$

式中:β——通风条件时的外筒与内筒传热比,外筒与内筒间距不应小于100mm,并取$\beta=0.5$;

α_s——有通风条件时,外筒内表面与内筒外表面的传热系数。

5.6.7 矩形烟道侧壁或地下烟道的烟囱基础底板的总热阻可按

本规范公式(5.6.5-1)计算,各层热阻可按下列公式进行计算:

$$R_{in} = \frac{1}{\alpha_{in}} \qquad (5.6.7\text{-}1)$$

$$R_i = \frac{t_i}{\lambda_i} \qquad (5.6.7\text{-}2)$$

$$R_{ex} = \frac{1}{\alpha_{ex}} \qquad (5.6.7\text{-}3)$$

式中:t_i——分别为内衬、隔热层、筒壁或计算土层厚度(m)。

5.6.8 内衬内表面的传热系数和筒壁或计算土层外表面的传热系数,可分别按表5.6.8-1及表5.6.8-2采用。

表5.6.8-1 内衬内表面的传热系数 α_{in}

烟气温度(℃)	传热系数[W/(m²·K)]
50~100	33
101~300	38
>300	58

表5.6.8-2 筒壁或计算土层外表面的传热系数 α_{ex}

季　节	传热系数[W/(m²·K)]
夏季	12
冬季	23

5.6.9 在烟道口高度范围内烟气温差可按下式计算:

$$\Delta T_0 = \beta T_g \qquad (5.6.9)$$

式中:ΔT_0——烟道入口高度范围内烟气温差(℃);

β——烟道口范围烟气不均匀温度变化系数,宜根据实际工程情况选取,当无可靠经验时,可按表5.6.9选取。

表5.6.9 烟道口范围烟气不均匀温度变化系数 β

烟道情况	一个烟道	两个或多个烟道	
		直接与烟囱连接	在烟囱外部通过汇流烟道连接
	干式除尘	湿式除尘或湿法脱硫	
β	0.15	0.30	0.30	0.45

注:多烟道时,烟气温度 T_g 按各烟道烟气流量加权平均值确定。

5.6.10 烟道口上部烟气温差可按下式进行计算:

$$\Delta T_g = \Delta T_0 \cdot e^{-\zeta_t \cdot z/d_0} \qquad (5.6.10)$$

式中:ΔT_g——距离烟道口顶部 z 高度处的烟气温差(℃);

ζ_t——衰减系数;多烟道且设有隔烟墙时,取 $\zeta_t = 0.15$;其余情况 $\zeta_t = 0.40$;

z——距离烟道口顶部计算点的距离(m);

d_0——烟道口上部烟囱内直径(m)。

5.6.11 沿烟囱直径两端,筒壁厚度中点处温度差可按下式进行计算:

$$\Delta T_m = \Delta T_g \left(1 - \frac{R_{tot}^c}{R_{tot}}\right) \qquad (5.6.11)$$

式中:R_{tot}^c——从烟囱内衬内表面到烟囱筒壁中点的总热阻(m²·K/W)。

5.6.12 自立式钢烟囱或玻璃钢烟囱由筒壁温差产生的水平位移,可按下列公式计算:

$$u_x = \theta_0 H_B \left(z + \frac{1}{2}H_B\right) + \frac{\theta_0}{V}\left[z - \frac{1}{V}(1 - e^{-V \cdot z})\right] \qquad (5.6.12\text{-}1)$$

$$\theta_0 = 0.811 \times \frac{\alpha_z \Delta T_{m0}}{d} \qquad (5.6.12\text{-}2)$$

$$V = \zeta_t / d \qquad (5.6.12\text{-}3)$$

式中:u_x——距离烟道口顶部 z 处筒壁截面的水平位移(m);

θ_0——在烟道口范围内的截面转角变位(rad);

H_B——筒壁烟道口高度(m);

α_z——筒壁材料的纵向膨胀系数;

d——筒壁厚度中点所在圆直径(m);

ΔT_{m0}——$z = 0$ 时 ΔT_m 计算值。

5.6.13 在不计算支承平台水平约束和重力影响的情况下,悬挂式排烟筒由筒壁温差产生的水平位移可按下式计算:

$$u_x = \frac{\theta_0}{V}\left[z - \frac{1}{V}(1 - e^{-V \cdot z})\right] \qquad (5.6.13)$$

5.6.14 钢或玻璃钢内筒轴向温度应力应根据各层支承平台约束情况确定。内筒可按梁柱计算模型处理,并应根据各层支承平台位置的位移与按本规范第5.6.12条或第5.6.13条计算的相应位置处的位移相等计算梁柱内力,该内力可近似为内筒计算温度应力。内筒计算温度应力也可按下列公式计算:

$$\sigma_m^T = 0.4 E_{zc} \alpha_z \Delta T_m \qquad (5.6.14\text{-}1)$$

$$\sigma_{sec}^T = 0.1 E_{zc} \alpha_z \Delta T_g \qquad (5.6.14\text{-}2)$$

$$\sigma_b^T = 0.5 E_{zb} \alpha_z \Delta T_w \qquad (5.6.14\text{-}3)$$

式中:σ_m^T——筒身弯曲温度应力(MPa);

σ_{sec}^T——温度次应力(MPa);

σ_b^T——筒壁内外温差引起的温度应力(MPa);

E_{zc}——筒壁纵向受压或受拉弹性模量(MPa);

E_{zb}——筒壁纵向弯曲弹性模量(MPa);

ΔT_w——筒壁内外温差(℃)。

5.6.15 钢或玻璃钢内筒环向温度应力可按下式计算:

$$\sigma_\theta^T = 0.5 E_{\theta b} \alpha_\theta \Delta T_w \qquad (5.6.15)$$

式中:α_θ——筒壁材料环向膨胀系数;

$E_{\theta b}$——筒壁环向弯曲弹性模量(MPa)。

5.7 烟气压力计算

5.7.1 烟气压力可按下列公式计算:

$$p_g = 0.01(\rho_a - \rho_g)h \qquad (5.7.1\text{-}1)$$

$$\rho_a = \rho_{ao}\frac{273}{273 + T_a} \qquad (5.7.1\text{-}2)$$

$$\rho_g = \rho_{go}\frac{273}{273 + T_g} \qquad (5.7.1\text{-}3)$$

式中:p_g——烟气压力(kN/m²);

ρ_a——烟囱外部空气密度(kg/m³);

ρ_g——烟气密度(kg/m³);

h——烟道口中心标高到烟囱顶部的距离(m);

ρ_{ao}——标准状态下的大气密度(kg/m³),按 1.285kg/m³ 采用;

ρ_{go}——标准状态下的烟气密度(kg/m³),按燃烧计算结果采用;无计算数据时,干式除尘(干烟气)取 1.32kg/m³,湿式除尘(湿烟气)取 1.28kg/m³;

T_a——烟囱外部环境温度(℃);

T_g——烟气温度(℃)。

5.7.2 钢内筒非正常操作压力或爆炸压力应根据各工程实际情况确定,且其负压值不应小于 2.5kN/m²。压力值可沿钢内筒高度取恒定值。

5.7.3 烟气压力对排烟筒产生的环向拉应力或压应力可按下式计算:

$$\sigma_\theta = \frac{p_g r}{t} \qquad (5.7.3)$$

式中:σ_θ——烟气压力产生的环向拉应力(烟气正压运行)或压应力(烟气负压运行)(kN/m²);

r——排烟筒半径(m);

t——排烟筒壁厚(m)。

6 砖烟囱

6.1 一般规定

6.1.1 砖烟囱筒壁设计，应进行下列计算和验算：

1 水平截面应进行承载力极限状态计算和荷载偏心距验算，并应符合下列规定：

1）在永久作用和风荷载设计值作用下，按本规范第 6.2.1 条的规定进行承载能力极限状态计算。

2）抗震设防烈度为 6 度（Ⅲ、Ⅳ类场地）以上地区的砖烟囱，应按本规范第 6.5 节有关规定进行竖向钢筋计算。

3）在永久作用和风荷载设计值作用下，按本规范第 6.2.2 条验算水平截面抗裂度。

2 在温度作用下，应按正常使用极限状态，进行环向钢箍或环向钢筋计算。计算出的环向钢箍或环向钢筋截面积，小于构造值时，应按构造值配置。

6.2 水平截面计算

6.2.1 筒壁在永久作用和风荷载共同作用下，水平截面极限承载能力应按下列公式计算：

$$N \leqslant \varphi f A \qquad (6.2.1-1)$$

$$\varphi = \frac{1}{1 + \left(\dfrac{e_0}{i} + \beta\sqrt{\alpha}\right)^2} \qquad (6.2.1-2)$$

$$\beta = h_d/d \qquad (6.2.1-3)$$

式中：N——永久作用产生的轴向压力设计值（N）；

f——砖砌体抗压强度设计值，按现行国家标准《砌体结构设计规范》GB 50003 的规定采用；

A——计算截面面积（mm²）；

φ——高径比 β 及轴向力偏心距 e_0 对承载力的影响系数；

β——计算截面以上筒壁高径比；

h_d——计算截面至筒壁顶端的高度（m）；

d——烟囱计算截面直径（m）；

i——计算截面的回转半径（m）；

e_0——在风荷载设计值作用下，轴向力至截面重心的偏心距（m）；

α——与砂浆强度等级有关的系数，当砂浆等级 $\geqslant$M5 时，$\alpha = 0.0015$；当砂浆等级为 M2.5 时，$\alpha = 0.0020$。

6.2.2 筒壁的水平截面抗裂度，应符合下列公式的要求：

$$e_k \leqslant r_{com} \qquad (6.2.2-1)$$

$$r_{com} = W/A \qquad (6.2.2-2)$$

式中：e_k——在风荷载标准值作用下，轴力至截面重心的偏心距（m）；

r_{com}——计算截面核心距（m）；

W——计算截面最小弹性抵抗矩（m³）。

6.2.3 在风荷载设计值作用下，轴向力至截面重心的偏心距，应符合下式的要求：

$$e_0 \leqslant 0.6a \qquad (6.2.3)$$

式中：a——计算截面重心至筒壁外边缘的最小距离（m）。

6.2.4 配置竖向钢筋的筒壁截面可不受本规范第 6.2.2 条和第 6.2.3 条限制。

6.3 环向钢箍计算

6.3.1 在筒壁温度差作用下，筒壁每米高度所需的环向钢箍截面面积，可按下列公式计算：

$$A_h = 500 \frac{r_2}{f_{at}} \varepsilon_m E'_{mt} \ln\left(1 + \frac{t\varepsilon_m}{r_1\varepsilon_t}\right) \qquad (6.3.1-1)$$

$$\varepsilon_t = \frac{\gamma_t t \alpha_m \Delta T}{r_2 \ln(r_2/r_1)} \qquad (6.3.1-2)$$

$$\varepsilon_m = \varepsilon_t - \frac{f_{at}}{E_{sh}} \geqslant 0 \qquad (6.3.1-3)$$

$$E_{sh} = \frac{E}{1 + \dfrac{n}{6r_2}} \qquad (6.3.1-4)$$

式中：A_h——每米高筒壁所需的环向钢箍截面面积（mm²）；

r_1——筒壁内半径（mm）；

r_2——筒壁外半径（mm），用于式(6.3.1-4)时单位为（m）；

ε_m——筒壁内表面相对压缩变形值；

ε_t——筒壁外表面在温度差作用下的自由相对伸长值；

α_m——砖砌体线膨胀系数，取 $5 \times 10^{-6}/$℃；

γ_t——温度作用分项系数，取 $\gamma_t = 1.6$；

ΔT——筒壁内外表面温度差（℃）；

t——筒壁厚度（mm）；

f_{at}——环向钢箍抗拉强度设计值，可取 $f_{at} = 145$N/mm²；

E'_{mt}——砖砌体在温度作用下的弹塑性模量，当筒壁内表面温度 $T \leqslant 200$℃ 时，取 $E'_{mt} = E_m/3$；当 $T \geqslant 350$℃ 时，取 $E'_{mt} = E_m/5$；中间值线性插值求得；

E_{sh}——环向钢箍折算弹性模量（N/mm²）；

E——环向钢箍钢材弹性模量（N/mm²）；

n——一圈环向钢箍的接头数量。

6.3.2 筒壁内表面相对压缩变形值 ε_m 小于 0 时，应按构造配环向钢箍。

6.4 环向钢筋计算

6.4.1 当砖烟囱采用配置环向钢筋的方案时，在筒壁温度差作用下，每米高筒壁所需的环向钢筋截面面积，可按下列公式计算：

$$A_{sm} = 500 \frac{r_s \eta}{f_{yt}} \varepsilon_m E'_{mt} \ln\left(1 + \frac{t_0 \varepsilon_m}{r_1 \varepsilon_t}\right) \qquad (6.4.1-1)$$

$$\varepsilon_t = \frac{\gamma_t t_0 \alpha_m \Delta T_s}{r_s \ln(r_s/r_1)} \qquad (6.4.1-2)$$

$$\varepsilon_m = \varepsilon_t - \frac{\psi_{st} f_{yt}}{E_{st}} \geqslant 0 \qquad (6.4.1-3)$$

$$t_0 = t - a \qquad (6.4.1-4)$$

式中：A_{sm}——每米高筒壁所需的环向钢筋截面面积（mm²）；

t_0——计算截面筒壁有效厚度（mm）；

a——筒壁外边缘至环向钢筋的距离，单根环向钢筋取 $a = 30$mm，双根筋取 $a = 45$mm；

r_s——环向钢筋所在圆（双根筋为环向钢筋重心处）半径（mm）；

ΔT_s——筒壁内表面与环向钢筋处温度差值；

η——与环向钢筋根数有关的系数，单根筋（指每个断面）$\eta = 1.0$，双根时 $\eta = 1.05$；

f_{yt}——温度作用下，钢筋抗拉强度设计值（N/mm²）；

E_{st}——环向钢筋在温度作用下弹性模量（N/mm²）；

γ_t——温度作用分项系数，取 $\gamma_t = 1.4$；

ψ_{st}——裂缝间环向钢筋应变不均匀系数，当筒壁内表面温度 $T \leqslant 200$℃ 时，$\psi_{st} = 0.6$；$T \geqslant 350$℃ 时，$\psi_{st} = 1.0$，中间值线性插入求得。

6.4.2 筒壁内表面相对压缩变形值 ε_m 小于 0 时，应按构造配环向钢筋。

6.5 竖向钢筋计算

6.5.1 抗震设防地区的砖烟囱竖向配筋，可按下列规定确定：

1 各水平截面所需的竖向钢筋截面面积，可按下列公式计算：

$$A_s = \frac{\beta M - (\gamma_G G_k - \gamma_{Ev} F_{Evk}) r_p}{r_p f_{yt}} \qquad (6.5.1-1)$$

$$M = \gamma_{Eh} M_{Ek} + \psi_{cWE} \gamma_w M_{Wk} \qquad (6.5.1-2)$$

$$\beta = \frac{\theta}{\sin\theta} \quad (6.5.1-3)$$

$$\theta = \pi - \frac{\sin\theta}{a_c} \quad (6.5.1-4)$$

式中：A_n——计算截面所需的竖向钢筋总截面面积(mm^2)；

　　　β——弯矩影响系数(图6.5.1)；

　　　M_{Ek}——水平地震作用在计算截面产生的弯矩标准值(N·m)；

　　　M_{Wk}——风荷载在计算截面产生的弯矩标准值(N·m)；

　　　G_k——计算截面重力标准值(N)；

　　　F_{Evk}——计算截面竖向地震作用产生轴向力标准值(N)；

　　　r_p——计算截面筒壁平均半径(m)；

　　　f_{yt}——考虑温度作用钢筋抗拉强度设计值(N/mm^2)；

　　　γ_{Eh}——水平地震作用分项系数 $\gamma_{Eh}=1.3$；

　　　γ_w——风荷载分项系数 $\gamma_w=1.4$；

　　　θ——受压区半角；

　　　γ_G——重力荷载分项系数，$\gamma_G=1.0$；

　　　γ_{Ev}——竖向地震作用分项系数，本规范表3.1.8-1规定采用；

　　　ψ_{cWE}——地震作用时风荷载组合系数，取 $\psi_{cWE}=0.2$。

　2 弯矩影响系数 β，可根据参数 a_c 由图6.5.1查得。a_c 可按下式计算：

$$a_c = \frac{M}{\varphi_0 r_p A f - (\gamma_G G_k - \gamma_{Ev} F_{Evk})r_p} \quad (6.5.1-5)$$

式中：φ_0——轴心受压纵向挠曲系数，按本规范公式(6.2.1-2)计算时取 $e_0=0$；

　　　A——计算截面筒壁截面面积(mm^2)；

　　　f——砖砌体抗压强度设计值(N/mm^2)。

6.5.2 当计算出的配筋值小于构造配筋时，应按构造配筋。

6.5.3 配置竖向钢筋的砖烟囱应同时配置环向钢筋。

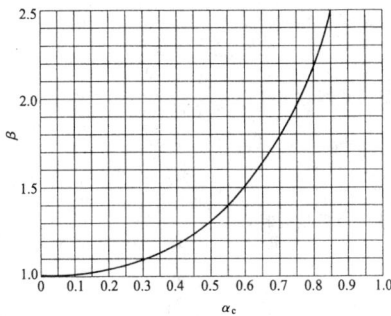

图6.5.1 弯矩影响系数 β

6.6 构造规定

6.6.1 砖烟囱筒壁宜设计成截顶圆锥形，筒壁坡度、分节高度和壁厚应符合下列规定：

　1 筒壁坡度宜采用2%～3%。

　2 分节高度不宜超过15m。

　3 筒壁厚度应按下列原则确定：

　　1)当筒壁内径小于或等于3.5m时，筒壁最小厚度应为240mm；当内径大于3.5m时，最小厚度应为370mm。

　　2)当设有平台时，平台所在节的筒壁厚度宜大于或等于370mm。

　　3)筒壁厚度可按分节高度自下而上减薄，但同一节厚度应相同。

　　4)筒壁顶部可向外局部加厚，总加厚厚度宜为180mm，并应以阶梯形外挑出，每阶挑出不宜超过60mm。加厚部分的上部以1:3水泥砂浆抹成排水坡(图6.6.1)。

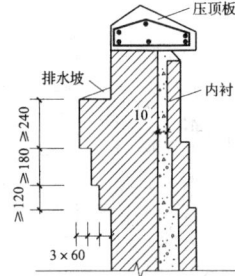

图6.6.1 筒首构造(mm)

6.6.2 内衬到顶的烟囱宜设钢筋混凝土压顶板(图6.6.1)。

6.6.3 支承内衬的环形悬臂应在筒身分节处以阶梯形向内挑出，每阶挑出不宜超过60mm，挑出总高度应由剪切计算确定，但最上阶的高度不应小于240mm。

6.6.4 筒壁上孔洞设置应符合下列规定：

　1 在同一平面设置两个孔洞时，宜对称设置。

　2 孔洞对应圆心角不应超过50°。孔洞宽度不大于1.2m时，孔顶宜采用半圆拱；孔洞宽度大于1.2m时，宜在孔顶设置钢筋混凝土圈梁。

　3 配置竖向钢箍或环向钢筋的砖筒壁，在孔洞上下砌体中应配置直径为6mm环向钢箍，其截面面积不应小于被切断的环向钢箍或环向钢筋截面面积。

　4 当孔洞较大时，宜设砖垛加强。

6.6.5 筒壁与钢筋混凝土基础接触处，当基础环壁内表面温度大于100℃时，在筒壁根部1.0m范围内，宜将环向配筋或环向钢箍增加1倍。

6.6.6 环向钢箍按计算配置时，间距宜为0.5m～1.5m；按构造配置时，间距不宜大于1.5m。

　环向钢箍的宽度不宜小于60mm，厚度不宜小于6mm。每圈环向钢箍接头不应少于2个，每段长度不宜超过5m。环向钢箍接头的螺栓宜采用Q235级钢材，其净截面面积不应小于环向钢箍截面面积。环向钢箍接头位置应沿筒壁高度互相错开。环向钢箍接头做法见图6.6.6。

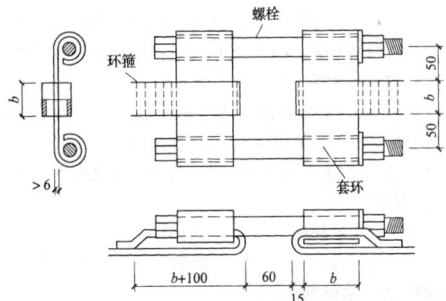

图6.6.6 环向钢箍接头(mm)
1—环向钢箍；2—螺栓；3—套环

6.6.7 环向钢箍安装时应施加预应力，预应力可按表6.6.7采用。

表6.6.7 环向钢箍预应力值(N/mm^2)

安装时温度(℃)	$T>10$	$10 \geqslant T \geqslant 0$	$T<0$
预应力值	30	50	60

6.6.8 环向钢筋按计算配置时，直径宜为6mm～8mm，间距不应少于3皮砖，且不应大于8皮砖；按构造配置时，直径宜为6mm，间距不应大于8皮砖。

　同一平面内环向钢筋不宜多于2根，2根钢筋的间距应为30mm。

　钢筋搭接长度应为钢筋直径的40倍，接头位置应互相错开。

钢筋的保护层应为30mm(图6.6.8)。

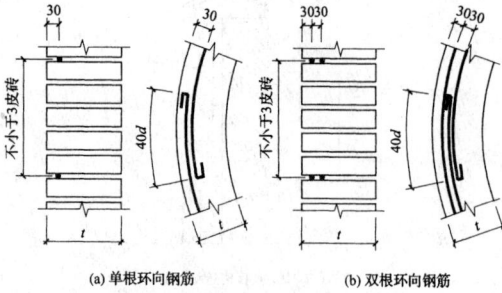

(a) 单根环向钢筋　　　　(b) 双根环向钢筋

图 6.6.8 环向钢筋配置(mm)

6.6.9 在环形悬臂和简壁顶部加厚范围内,环向钢筋应适当增加。

6.6.10 抗震设防地区的砖烟囱,其配筋不应小于表6.6.10的规定。

表 6.6.10 抗震设防地区砖烟囱上部的最小配筋

配筋方式	烈度和场地类别		
	6度Ⅲ、Ⅳ类场地	7度Ⅰ、Ⅱ类场地	7度Ⅲ、Ⅳ类场地,8度Ⅰ、Ⅱ类场地
配筋范围	0.5H 到顶端	0.5H 到顶端	H≤30m时全高;H>30m时由 0.4H 到顶端
竖向配筋	φ8,间距 500mm～700mm,且不少于6根	φ10间距 500mm～700mm,且不少于6根	φ10间距 500mm,且不少于6根

注:1 竖向筋接头应搭接钢筋直径的 40 倍,钢筋在搭接范围内应用铁丝绑牢,钢筋宜设直角弯钩。

2 烟囱顶部宜设钢筋混凝土压顶圈梁以锚固竖向钢筋。

3 竖向钢筋应配置在距简壁外表面120mm处。

7 单筒式钢筋混凝土烟囱

7.1 一般规定

7.1.1 本章适用于高度不大于240m的钢筋混凝土烟囱设计。

7.1.2 钢筋混凝土烟囱筒壁设计,应进行下列计算或验算:

　1 附加弯矩计算应符合下列规定:

　　1)承载能力极限状态下的附加弯矩。当在抗震设防地区时,尚应计算地震作用下的附加弯矩。

　　2)正常使用极限状态下的附加弯矩。该状态下不应计算地震作用。

　2 水平截面承载能力极限状态计算。

　3 正常使用极限状态的应力计算应分别计算水平截面和垂直截面的混凝土和钢筋应力。

　4 正常使用极限状态的裂缝宽度验算。

7.2 附加弯矩计算

7.2.1 承载能力极限状态和正常使用极限状态计算时,简身重力荷载对简壁水平截面 i 产生的附加弯矩 M_{ai}(图 7.2.1),可按下式计算:

$$M_{ai} = \frac{q_i(h-h_i)^2}{2}\left[\frac{h+2h_i}{3}\left(\frac{1}{\rho_c}+\frac{\alpha_c\Delta T}{d}\right)+\tan\theta\right] \quad (7.2.1)$$

式中:q_i——距简壁顶$(h-h_i)/3$处的折算线分布重力荷载,可按本规范公式(7.2.3-1)计算;

　h——简身高度(m);

　h_i——计算截面 i 的高度(m);

　$1/\rho_c$——简身代表截面处的弯曲变形曲率,可按本规范公式

(7.2.5-1)、公式(7.2.5-2)、公式(7.2.5-4)和公式(7.2.5-5)计算;

　α_c——混凝土的线膨胀系数;

　ΔT——由日照产生的简身阳面与阴面的温度差,应按当地实测数据采用。当无实测数据时,可按20℃采用;

　d——高度为 0.4h 处的简身外直径(m);

　θ——基础倾斜角(rad),按现行国家标准《建筑地基基础设计规范》GB 50007规定的地基允许倾斜值采用。

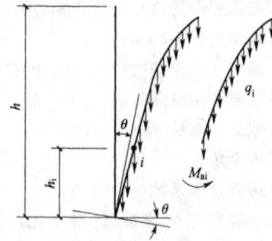

图 7.2.1 附加弯矩

7.2.2 抗震设防地区的钢筋混凝土烟囱,简身重力荷载及竖向地震作用对简壁水平截面 i 产生的附加弯矩 M_{Eai},可按下式计算:

$$M_{Eai} = \frac{q_i(h-h_i)^2 \pm \gamma_{Ev}F_{Evik}(h-h_i)}{2}$$
$$\left[\frac{h+2h_i}{3}\left(\frac{1}{\rho_{Ec}}+\frac{\alpha_c\Delta T}{d}\right)+\tan\theta\right] \quad (7.2.2)$$

式中:$1/\rho_{Ec}$——考虑地震作用时,简身代表截面处的变形曲率,按本规范公式(7.2.5-3)计算;

　γ_{Ev}——竖向地震作用系数,取 0.50;

　F_{Evik}——水平截面 i 的竖向地震作用标准值。

7.2.3 计算截面 i 附加弯矩时,其折算线分布重力荷载 q_i 值,可按下列公式进行计算:

$$q_i = \frac{2(h-h_i)}{3h}(q_0-q_1)+q_1 \quad (7.2.3-1)$$

承载能力极限状态时:

$$q_0 = \frac{G}{h} \quad (7.2.3-2)$$

$$q_1 = \frac{G_1}{h_1} \quad (7.2.3-3)$$

正常使用极限状态时:

$$q_0 = \frac{G_k}{h} \quad (7.2.3-4)$$

$$q_1 = \frac{G_{1k}}{h_1} \quad (7.2.3-5)$$

式中:q_0——整个简身的平均线分布重力荷载(kN/m);

　q_1——简身顶部第一节的平均线分布重力荷载(kN/m);

　G、G_k——分别为简身(内衬、隔热层、简壁)全部自重荷载设计值和标准值(kN);

　G_1、G_{1k}——分别为简身顶部第一节全部自重荷载设计值和标准值(kN);

　h_1——简身顶部第一节高度(m)。

7.2.4 简身代表截面处,轴向力对简壁水平截面中心的相对偏心距,应按下列公式计算:

　1 承载能力极限状态应按下列公式计算:

　　1)不考虑地震作用时:

$$\frac{e}{r} = \frac{M_w+M_a}{N\cdot r} \quad (7.2.4-1)$$

　　2)当考虑地震作用时:

$$\frac{e_E}{r} = \frac{M_E+\psi_{cwE}M_w+M_{Ea}}{N\cdot r} \quad (7.2.4-2)$$

　2 正常使用极限状态应按下式计算:

$$\frac{e_k}{r} = \frac{M_{wk} + M_{ak}}{N_k \cdot r} \tag{7.2.4-3}$$

式中：N——筒身代表截面处的轴向力设计值(kN)；

N_k——筒身代表截面处的轴向力标准值(kN)；

M_w——筒身代表截面处的风弯矩设计值(kN·m)；

M_{wk}——筒身代表截面处的风弯矩标准值(kN·m)；

M_a——筒身代表截面处承载能力极限状态附加弯矩设计值(kN·m)；

M_{ak}——筒身代表截面处正常使用极限状态附加弯矩标准值(kN·m)；

M_E——筒身代表截面处的地震作用弯矩设计值(kN·m)；

M_{Ea}——筒身代表截面处的地震作用时附加弯矩设计值(kN·m)；

e——按作用效应基本组合计算的轴向力设计值对混凝土筒壁圆心轴线的偏心距(m)；

e_E——按含地震作用的荷载效应基本组合计算的轴向力设计值对混凝土筒壁圆心轴线的偏心距(m)；

e_k——按荷载效应标准组合计算的轴向力标准值对混凝土筒壁圆心轴线的偏心距(m)；

ψ_{cWE}——含地震作用效应的基本组合中风荷载组合系数，取0.2；

r——筒壁代表截面处的筒壁平均半径(m)。

7.2.5 筒身代表截面处的变形曲率 $1/\rho_c$ 和 $1/\rho_{Ec}$，可按下列公式计算：

1 承载能力极限状态可按下列公式计算：

1) 当 $\frac{e}{r} \leqslant 0.5$ 时：

$$\frac{1}{\rho_c} = \frac{1.6(M_w + M_a)}{0.33 E_{ct} I} \tag{7.2.5-1}$$

2) 当 $\frac{e}{r} > 0.5$ 时：

$$\frac{1}{\rho_c} = \frac{1.6(M_w + M_a)}{0.25 E_{ct} I} \tag{7.2.5-2}$$

3) 当计算地震作用时：

$$\frac{1}{\rho_{Ec}} = \frac{M_E + \psi_{cWE} M_w + M_{Ea}}{0.25 E_{ct} I} \tag{7.2.5-3}$$

2 正常使用极限状态可按下列公式计算：

1) 当 $\frac{e_k}{r} \leqslant 0.5$ 时：

$$\frac{1}{\rho_c} = \frac{M_{wk} + M_{ak}}{0.65 E_{ct} I} \tag{7.2.5-4}$$

2) 当 $\frac{e_k}{r} > 0.5$ 时：

$$\frac{1}{\rho_c} = \frac{M_{wk} + M_{ak}}{0.4 E_{ct} I} \tag{7.2.5-5}$$

式中：E_{ct}——筒身代表截面处的筒壁混凝土在温度作用下的弹性模量(kN/m²)；

I——筒身代表截面惯性矩(m⁴)。

7.2.6 计算筒身代表截面处的变形曲率 $1/\rho_c$ 和 $1/\rho_{Ec}$ 时，可先假定附加弯矩初始值，承载能力极限状态计算时可假定 $M_a = 0.35 M_w$，计及地震作用时可 $M_{Ea} = 0.35 M_E$，正常使用极限状态可取 $M_{ak} = 0.2 M_w$，代入有关公式求得附加弯矩值与假定值相差不超过5%时，可不再计算，不满足该条件时应进行循环迭代，并直到前后两次的附加弯矩不超过5%为止。其最后值应为所求的附加弯矩值，与之相应的曲率值应为筒身变形终曲率。

7.2.7 筒身代表截面处的附加弯矩可不迭代，可按下列公式直接计算：

1 承载能力极限状态时：

$$M_a = \frac{\frac{1}{2} q_i (h-h_i)^2 \left[\frac{h+2h_i}{3}\left(\frac{1.6M_w}{\alpha_e E_{ct} I} + \frac{\alpha_c \Delta T}{d}\right) + \tan\theta\right]}{1 - \frac{q_i (h-h_i)^2}{2} \cdot \frac{(h+2h_i)}{3} \cdot \frac{1.6}{\alpha_e E_{ct} I}} \tag{7.2.7-1}$$

2 承载能力极限状态下，计算地震作用时：

$$M_{Ea} =$$

$$\frac{\frac{q_i (h-h_i)^2 \pm \gamma_{Ev} F_{Evik}(h-h_i)}{2}\left[\frac{h+2h_i}{3}\left(\frac{M_E + \psi_{cWE}M_w}{\alpha_e E_{ct} I} + \frac{\alpha_c \Delta T}{d}\right) + \tan\theta\right]}{1 - \frac{q_i (h-h_i)^2 \pm \gamma_{Ev} F_{Evik}(h-h_i)}{2} \cdot \frac{(h+2h_i)}{3} \cdot \frac{1}{\alpha_e E_{ct} I}} \tag{7.2.7-2}$$

3 正常使用极限状态时：

$$M_{ak} = \frac{\frac{1}{2} q_i (h-h_i)^2 \left[\frac{h+2h_i}{3}\left(\frac{M_{wk}}{\alpha_e E_{ct} I} + \frac{\alpha_c \Delta T}{d}\right) + \tan\theta\right]}{1 - \frac{q_i (h-h_i)^2}{2} \cdot \frac{h+2h_i}{3} \cdot \frac{1}{\alpha_e E_{ct} I}} \tag{7.2.7-3}$$

式中：α_e——刚度折减系数，承载能力极限状态时，当 $\frac{e}{r} \leqslant 0.5$ 时，取 $\alpha_e = 0.33$；当 $\frac{e}{r} > 0.5$ 以及地震作用时，取 $\alpha_e = 0.25$；正常使用极限状态时，当 $\frac{e_k}{r} \leqslant 0.5$ 时，$\alpha_e = 0.65$；当 $\frac{e_k}{r} > 0.5$ 时，取 $\alpha_e = 0.4$。

注：在确定 $\frac{e}{r}$ 或 $\frac{e_k}{r}$ 时，按第7.2.6条假定附加弯矩，然后确定公式(7.2.7-1)、(7.2.7-2)或(7.2.7-3)中的 α_e 值。再用计算出的附加弯矩复核 $\frac{e}{r}$ 或 $\frac{e_k}{r}$ 值是否符合所采用的 α_e 值条件。否则应另确定 α_e 值。

7.2.8 筒身代表截面可按下列规定确定：

1 当筒身各段坡度均小于或等于3%时，可按下列规定确定：

1) 筒身无烟道孔时，取筒身最下节的筒壁底截面。

2) 筒身有烟道孔时，取洞口上一节的筒壁底截面。

2 当筒身下部 $h/4$ 范围内有大于3%的坡度时，可按下列规定确定：

1) 在坡度小于3%的区段内无烟道孔时，取该区段的筒壁底截面。

2) 在坡度小于3%的区段内有烟道孔时，取洞口上一节筒壁底截面。

7.2.9 当筒身坡度不符合本规范第7.2.8条的规定时，筒身附加弯矩可按下式进行计算(图7.2.9)：

$$M_{ai} = \sum_{j=i+1}^{n} G_j (u_j - u_i) \tag{7.2.9}$$

式中：G_j——筒身 j 质点的重力(计算地震作用时应包括竖向地震作用)；

u_i、u_j——筒身 i、j 质点的最终水平位移，计算时包括日照温差和基础倾斜的影响。

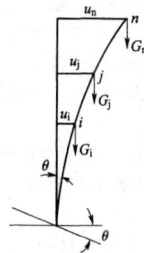

图 7.2.9 附加弯矩计算

7.3 烟囱筒壁承载能力极限状态计算

7.3.1 钢筋混凝土烟囱筒壁水平截面极限状态承载能力，应按下列公式计算：

1 当烟囱筒壁计算截面无孔洞时[图7.3.1(a)]：

$$M + M_a \leqslant \alpha_1 f_{ct} A r \frac{\sin\alpha\pi}{\pi} + f_{yt} A_s r \frac{\sin\alpha\pi + \sin\alpha_t\pi}{\pi} \tag{7.3.1-1}$$

$$\alpha = \frac{N + f_{yt}A_s}{\alpha_1 f_{ct}A + 2.5 f_{yt}A_s} \quad (7.3.1-2)$$

当 $\alpha \geqslant \dfrac{2}{3}$ 时:

$$\alpha = \frac{N}{\alpha_1 f_{ct}A + f_{yt}A_s} \quad (7.3.1-3)$$

2 当筒壁计算截面有孔洞时:

1) 有一个孔洞[图 7.3.1(b)]:

$$M + M_a \leqslant \frac{r}{\pi - \theta}\{(\alpha_1 f_{ct}A + f_{yt}A_s)[\sin(\alpha\pi - \alpha\theta + \theta) - \sin\theta]$$

$$+ f_{yt}A_s \sin[\alpha_t(\pi - \theta)]\} \quad (7.3.1-4)$$

$$A = 2(\pi - \theta)rt \quad (7.3.1-5)$$

2) 有两个孔洞,且 $\alpha_0 = \pi$ 时[图 7.3.1(c)]:

$$M + M_a \leqslant \frac{r}{\pi - \theta_1 - \theta_2}\{(\alpha_1 f_{ct}A + f_{yt}A_s)[\sin(\pi\alpha - \alpha\theta_1 - \alpha\theta_2 + \theta_1)$$

$$- \sin\theta_1] + f_{yt}A_s[\sin(\alpha_t\pi - \alpha_t\theta_1 - \alpha_t\theta_2 + \theta_2) - \sin\theta_2]\}$$

$$(7.3.1-6)$$

$$A = 2(\pi - \theta_1 - \theta_2)rt \quad (7.3.1-7)$$

3) 有两个孔洞,且当 $\alpha_0 \leqslant \alpha(\pi - \theta_1 - \theta_2) + \theta_1 + \theta_2$ 时,可按 $\theta = \theta_1 + \theta_2$ 的单孔洞截面计算;

4) 当 $\alpha(\pi - \theta_1 - \theta_2) + \theta_1 + \theta_2 < \alpha_0 \leqslant \pi - \theta_2 - \alpha_t(\pi - \theta_1 - \theta_2)$ 时 [图 7.3.1(d)]:

$$M + M_a \leqslant \frac{r}{\pi - \theta_1 - \theta_2}\{(\alpha_1 f_{ct}A + f_{yt}A_s)[\sin(\alpha\pi - \alpha\theta_1 - \alpha\theta_2 + \theta_1)$$

$$- \sin\theta_1] + f_{yt}A_s \sin(\alpha_t\pi - \alpha_t\theta_1 - \alpha_t\theta_2)\} \quad (7.3.1-8)$$

5) 当 $\alpha_0 > \pi - \theta_2 - \alpha_t(\pi - \theta_1 - \theta_2)$ 时[图 7.3.1(e)]:

$$M + M_a \leqslant \frac{r}{\pi - \theta_1 - \theta_2}\{(\alpha_1 f_{ct}A + f_{yt}A_s)[\sin(\alpha\pi - \alpha\theta_1 - \alpha\theta_2 + \theta_1)$$

$$- \sin\theta_1] + \frac{f_{yt}A_s}{2}[\sin(\beta_2') + \sin\beta_2 - \sin(\pi - \alpha_0 + \theta_2) +$$

$$\sin(\pi - \alpha_0 - \theta_2)]\} \quad (7.3.1-9)$$

$$\beta_2 = k - \arcsin\left(-\frac{m}{2\sin k}\right) \quad (7.3.1-10)$$

$$\beta_2' = k + \arcsin\left(-\frac{m}{2\sin k}\right) \quad (7.3.1-11)$$

$$m = \cos(\pi - \alpha_0 - \theta_2) - \cos(\pi - \alpha_0 + \theta_2) \quad (7.3.1-12)$$

$$k = \alpha_t(\pi - \theta_1 - \theta_2) + \theta_2 \quad (7.3.1-13)$$

$$A = 2(\pi - \theta_1 - \theta_2)rt \quad (7.3.1-14)$$

式中:N——计算截面轴向力设计值(kN);

α——受压区混凝土截面面积与全截面面积的比值;

α_t——受拉竖向钢筋截面面积与全部竖向钢筋截面面积的比值,$\alpha_t = 1 - 1.5\alpha$,当 $\alpha \geqslant \dfrac{2}{3}$ 时,$\alpha_t = 0$;

A——计算截面的筒壁截面面积(m^2);

f_{ct}——混凝土在温度作用下轴心抗压强度设计值(kN/m^2);

α_1——受压区混凝土矩形应力图的应力与混凝土抗压强度设计值的比值,当混凝土强度等级不超过 C50 时,$\alpha_1 = 1.0$,当为 C80 时,$\alpha_1 = 0.94$,其间按线性内插法取用;

A_s——计算截面钢筋总截面面积(m^2);

f_{yt}——计算截面钢筋在温度作用下的抗拉强度设计值(kN/m^2);

M——计算截面弯矩设计值($kN \cdot m$);

M_a——计算截面附加弯矩设计值($kN \cdot m$);

r——计算截面筒壁平均半径(m);

t——筒壁厚度(m);

θ——计算截面有一个孔洞时的孔洞半角(rad);

θ_1——计算截面有两个孔洞时,大孔洞的半角(rad);

θ_2——计算截面有两个孔洞时,小孔洞的半角(rad);

α_0——计算截面有两个孔洞时,两孔洞角平分线的夹角(rad)。

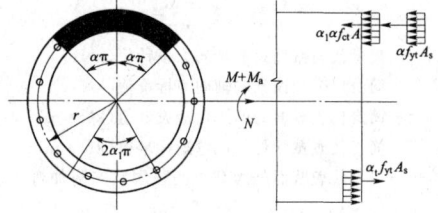

(a) 筒壁没有孔洞

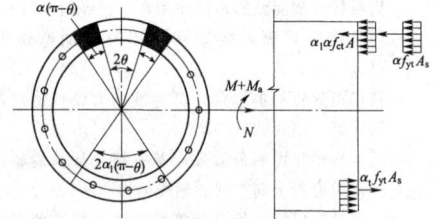

(b) 筒壁有一个孔洞

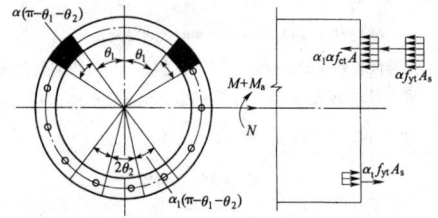

(c) 筒壁两个孔洞 ($\alpha_0 = \pi$, 大孔位于受压区)

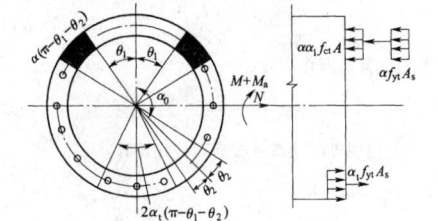

(d) 筒壁两个孔洞 ($\alpha_0 \neq \pi$, 其中小孔位于拉压区之间)

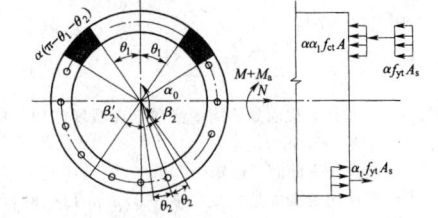

(e) 筒壁两个孔洞 ($\alpha_0 \neq \pi$, 其中小孔位于受拉区内)

图 7.3.1 截面极限承载能力计算

7.3.2 筒壁竖向截面极限承载能力,可按现行国家标准《混凝土结构设计规范》GB 50010 正截面受弯承载力进行计算。

7.4 烟囱筒壁正常使用极限状态计算

7.4.1 正常使用极限状态计算应包括下列内容:

1 计算在荷载标准值和温度共同作用下混凝土与钢筋应力,以及温度单独作用下钢筋应力,并应满足下列公式的要求:

$$\sigma_{cwt} \leqslant 0.4 f_{ctk} \quad (7.4.1-1)$$

$$\sigma_{swt} \leqslant 0.5 f_{ytk} \quad (7.4.1-2)$$

$$\sigma_{st} \leqslant 0.5 f_{ytk} \quad (7.4.1-3)$$

式中:σ_{cwt}——在荷载标准值和温度共同作用下混凝土的应力值(N/mm^2);

    σ_{swt}——在荷载标准值和温度共同作用下竖向钢筋的应力值(N/mm^2);

    σ_{st}——在温度作用下环向和竖向钢筋的应力值(N/mm^2);

    f_{ctk}——混凝土在温度作用下的强度标准值,按本规范表4.2.3的规定取值(N/mm^2);

    f_{ytk}——钢筋在温度作用下的强度标准值,按本规范第4.3.2条的规定取值(N/mm^2)。

  2 验算筒壁裂缝宽度,并应符合本规范表3.4.2的规定。

    I 荷载标准值作用下的水平截面应力计算

7.4.2 钢筋混凝土筒壁水平截面在自重荷载、风荷载和附加弯矩(均为标准值)作用下的应力计算,应根据轴向力标准值对筒壁圆心的偏心距 e_k 与截面核心距 r_{co} 的相应关系($e_k > r_{co}$ 或 $e_k \leqslant r_{co}$),分别采用图 7.4.2 所示的应力计算简图,并应符合下列规定:

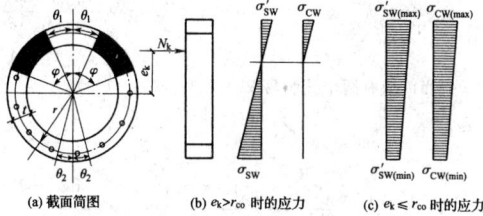

(a) 截面简图 (b) $e_k > r_{co}$ 时的应力 (c) $e_k \leqslant r_{co}$ 时的应力

图 7.4.2 在荷载标准值作用下截面应力计算

  1 轴向力标准值对筒壁圆心的偏心距应按下式计算:

$$e_k = \frac{M_{wk} + M_{nk}}{N_k} \tag{7.4.2-1}$$

式中:M_{wk}——计算截面由风荷载标准值产生的弯矩($kN \cdot m$);

    M_{ak}——计算截面正常使用极限状态的附加弯矩标准值($kN \cdot m$);

    N_k——计算截面的轴向力标准值(kN)。

  2 截面核心距 r_{co} 可按下列公式计算:

    1)当筒壁计算截面无孔洞时:

$$r_{co} = 0.5r \tag{7.4.2-2}$$

    2)当筒壁计算截面有一个孔洞(将孔洞置于受压区)时:

$$r_{co} = \frac{\pi - \theta - 0.5\sin 2\theta - 2\sin\theta}{2(\pi - \theta - \sin\theta)}r \tag{7.4.2-3}$$

    3)当筒壁计算截面有两个孔洞($\alpha_0 = \pi$,并将大孔洞置于受压区)时:

$$r_{co} = \frac{\pi - \theta_1 - \theta_2 - 0.5(\sin 2\theta_1 + \sin 2\theta_2) + 2\cos\theta_2(\sin\theta_2 - \sin\theta_1)}{2[\sin\theta_2 - \sin\theta_1 + (\pi - \theta_1 - \theta_2)\cos\theta_2]}r \tag{7.4.2-4}$$

    4)当筒壁计算截面有两个孔洞($\alpha_0 \neq \pi$,并将大孔洞置于受压区)且 $\alpha_0 \leqslant \pi - \theta_2$ 时:

$$r_{co} = \{[(\pi - \theta_1 - \theta_2) - 0.5[\sin 2\theta_1 - 0.5\sin 2(\alpha_0 - \theta_2) + 0.5\sin 2(\alpha_0 + \theta_2)] + \sin(\alpha_0 - \theta_2) - \sin(\alpha_0 + \theta_2) - 2\sin\theta_1]/[2(\pi - \theta_1 - \theta_2) + \sin(\alpha_0 - \theta_2) - \sin(\alpha_0 + \theta_2) - 2\sin\theta_1]\}r \tag{7.4.2-5}$$

    5)当筒壁计算截面有两个孔洞($\alpha_0 \neq \pi$,并将大孔置于受压区)且 $\alpha_0 > \pi - \theta_2$ 时:

$$r_{co} = \{[(\pi - \theta_1 - \theta_2) - 0.5[\sin 2\theta_1 - 0.5\sin 2(\alpha_0 - \theta_2) + 0.5\sin 2(\alpha_0 + \theta_2)] - \cos(\alpha_0 + \theta_2)[\sin(\alpha_0 - \theta_2) - \sin(\alpha_0 + \theta_2) - 2\sin\theta_1]/-2(\pi - \theta_1 - \theta_2)\cos(\alpha_0 + \theta_2) + \sin(\alpha_0 - \theta_2) - \sin(\alpha_0 + \theta_2) - 2\sin\theta_1]\}r \tag{7.4.2-6}$$

7.4.3 当 $e_k > r_{co}$ 时,筒壁水平截面混凝土及钢筋应力应按下列公式计算:

  1 背风侧混凝土压应力 σ_{cw} 应按下列公式计算:

    1)当筒壁计算截面无孔洞时:

$$\sigma_{cw} = \frac{N_k}{A_0}C_{c1} \tag{7.4.3-1}$$

$$C_{c1} = \frac{\pi(1 + \alpha_{Et}\rho_t)(1 - \cos\varphi)}{\sin\varphi - (\varphi + \pi\alpha_{Et}\rho_t)\cos\varphi} \tag{7.4.3-2}$$

    2)当筒壁计算截面有一个孔洞时:

$$\sigma_{cw} = \frac{N_k}{A_0}C_{c2} \tag{7.4.3-3}$$

$$C_{c2} = \frac{(1 + \alpha_{Et}\rho_t)(\pi - \theta)(\cos\theta - \cos\varphi)}{\sin\varphi - (1 + \alpha_{Et}\rho_t)\sin\theta - [\varphi - \theta + (\pi - \theta)\alpha_{Et}\rho_t]\cos\varphi} \tag{7.4.3-4}$$

    3)当筒壁计算截面有两个孔洞($\alpha_0 = \pi$)时:

$$\sigma_{cw} = \frac{N_k}{A_0}C_{c3} \tag{7.4.3-5}$$

$$C_{c3} = \frac{B_{c3}}{D_{c3}} \tag{7.4.3-6}$$

$$B_{c3} = (\pi - \theta_1 - \theta_2)(1 + \alpha_{Et}\rho_t)(\cos\theta_1 - \cos\varphi) \tag{7.4.3-7}$$

$$D_{c3} = \sin\varphi - (1 + \alpha_{Et}\rho_t)\sin\theta_1 - [\varphi - \theta_1 + \alpha_{Et}\rho_t(\pi - \theta_1 - \theta_2)]\cos\varphi + \alpha_{Et}\rho_t\sin\theta_2 \tag{7.4.3-8}$$

    4)当筒壁计算截面有两个孔洞($\alpha_0 < \pi$)时:

$$\sigma_{cw} = \frac{N_k}{A_0}C_{c4} \tag{7.4.3-9}$$

$$C_{c4} = \frac{B_{c4}}{D_{c4}} \tag{7.4.3-10}$$

$$B_{c4} = (\pi - \theta_1 - \theta_2)(1 + \alpha_{Et}\rho_t)(\cos\theta_1 - \cos\varphi) \tag{7.4.3-11}$$

$$D_{c4} = \sin\varphi - (1 + \alpha_{Et}\rho_t)\sin\theta_1 - [\varphi - \theta_1 + \alpha_{Et}\rho_t(\pi - \theta_1 - \theta_2)]\cos\varphi + \frac{1}{2}\alpha_{Et}\rho_t[\sin(\alpha_0 - \theta_2) - \sin(\alpha_0 + \theta_2)] \tag{7.4.3-12}$$

式中:A_0——筒壁计算截面的换算面积,按本规范公式(7.4.5-1)计算;

    α_{Et}——在温度和荷载长期作用下,钢筋的弹性模量与混凝土的弹塑性模量的比值,按本规范公式(7.4.5-2)计算;

    φ——筒壁计算截面的受压区半角;

    ρ_t——竖向钢筋总配筋率(包括筒壁外侧和内侧配筋)。

  2 迎风侧竖向钢筋拉应力 σ_{sw} 应按下列公式计算:

    1)当筒壁计算截面无孔洞时:

$$\sigma_{sw} = \alpha_{Et}\frac{N_k}{A_0}C_{s1} \tag{7.4.3-13}$$

$$C_{s1} = \frac{1 + \cos\varphi}{1 - \cos\varphi}C_{c1} \tag{7.4.3-14}$$

    2)当筒壁计算截面有一个孔洞时:

$$\sigma_{sw} = \alpha_{Et}\frac{N_k}{A_0}C_{s2} \tag{7.4.3-15}$$

$$C_{s2} = \frac{1 + \cos\varphi}{\cos\theta - \cos\varphi}C_{c2} \tag{7.4.3-16}$$

    3)当筒壁计算截面有两个孔洞($\alpha_0 = \pi$)时:

$$\sigma_{sw} = \alpha_{Et}\frac{N_k}{A_0}C_{s3} \tag{7.4.3-17}$$

$$C_{s3} = \frac{\cos\theta_2 + \cos\varphi}{\cos\theta_1 - \cos\varphi}C_{c3} \tag{7.4.3-18}$$

    4)当筒壁有两个孔洞($\alpha_0 \neq \pi$,将大孔洞置于受压区)且 $\alpha_0 \leqslant \pi - \theta_2$ 时:

$$\sigma_{sw} = \alpha_{Et}\frac{N_k}{A_0}C_{s4} \tag{7.4.3-19}$$

$$C_{s4} = \frac{1 + \cos\varphi}{\cos\theta_1 - \cos\varphi}C_{c4} \tag{7.4.3-20}$$

    5)当筒壁有两个孔洞($\alpha_0 \neq \pi$,将大孔洞置于受压区)且 $\alpha_0 > \pi - \theta_2$ 时:

$$\sigma_{sw} = \alpha_{Et}\frac{N_k}{A_0}C_{s5} \tag{7.4.3-21}$$

$$C_{s5} = \frac{\cos(\alpha_0 + \theta_2) + \cos\varphi}{\cos\theta_1 - \cos\varphi}C_{c4} \tag{7.4.3-22}$$

  3 受压区半角 φ,应按下列公式确定:

1）当筒壁计算截面无孔洞时：

$$\frac{e_k}{r} = \frac{\varphi - 0.5\sin2\varphi + \pi\alpha_{E_t}\rho_t}{2[\sin\varphi - (\varphi + \pi\alpha_{E_t}\rho_t)\cos\varphi]} \quad (7.4.3-23)$$

2）当筒壁计算截面有一个孔洞时：

$$\frac{e_k}{r} =$$

$$\frac{(1+\alpha_{E_t}\rho_t)(\varphi-\theta-0.5\sin2\theta+2\sin\theta\cos\theta)-0.5\sin2\varphi+\alpha_{E_t}\rho_t(\pi-\varphi)}{2\{\sin\varphi-(1+\alpha_{E_t}\rho_t)\sin\theta-[\varphi-\theta+(\pi-\theta)\alpha_{E_t}\rho_t]\cos\varphi\}}$$

$$(7.4.3-24)$$

3）当筒壁计算截面有两个孔洞（$\alpha_0 = \pi$）时：

$$\frac{e_k}{r} = \frac{B_{ec1}}{D_{ec1}} \quad (7.4.3-25)$$

$$B_{ec1} = (1+\alpha_{E_t}\rho_t)(\varphi-\theta_1-0.5\sin2\theta_1+2\cos\varphi\sin\theta_1)-0.5\sin2\varphi$$
$$+\alpha_{E_t}\rho_t(\pi-\varphi-\theta_2-0.5\sin2\theta_2-2\cos\varphi\sin\theta_2) \quad (7.4.3-26)$$

$$D_{ec1} = 2\{\sin\varphi-(1+\alpha_{E_t}\rho_t)\sin\theta_1-[\varphi-\theta_1+\alpha_{E_t}\rho_t(\pi-\theta_1-\theta_2)]\cos\varphi$$
$$+\alpha_{E_t}\rho_t\sin\theta_2\} \quad (7.4.3-27)$$

4）当开两个孔洞（$\alpha_0 \neq \pi$），将大孔洞置于受压区时：

$$\frac{e_k}{r} = \frac{B_{ec2}}{D_{ec2}} \quad (7.4.3-28)$$

$$B_{ec2} = (1+\alpha_{E_t}\rho_t)(\varphi-\theta_1-0.5\sin2\theta_1+2\cos\varphi\sin\theta_1)-0.5\sin2\varphi$$
$$+\alpha_{E_t}\rho_t[\pi-\varphi-\theta_2-0.25\sin(2\alpha_0+2\theta_2)$$
$$+0.25\sin(2\alpha_0-2\theta_2)+\cos\varphi\sin(\alpha_0+\theta_2)-\cos\varphi\sin(\alpha_0-\theta_2)]$$

$$(7.4.3-29)$$

$$D_{ec2} = 2\{\sin\varphi-(1+\alpha_{E_t}\rho_t)\sin\theta_1-[\varphi-\theta_1+\alpha_{E_t}\rho_t(\pi-\theta_1-\theta_2)]$$
$$\cos\varphi+\frac{1}{2}\alpha_{E_t}\rho_t[\sin(\alpha_0-\theta_2)-\sin(\alpha_0+\theta_2)]\} \quad (7.4.3-30)$$

7.4.4 当 $e_k \leqslant r_{c0}$ 时，筒壁水平截面混凝土压应力应按下列公式计算：

1 背风侧的混凝土压应力 σ_{cw} 应按下列公式计算：

1）当筒壁计算截面无孔洞时：

$$\sigma_{cw} = \frac{N_k}{A_0}C_{c5} \quad (7.4.4-1)$$

$$C_{c5} = 1 + 2\frac{e_k}{r} \quad (7.4.4-2)$$

2）当筒壁计算截面有一个孔洞时：

$$\sigma_{cw} = \frac{N_k}{A_0}C_{c6} \quad (7.4.4-3)$$

$$C_{c6} = 1 + \frac{2\left(\frac{e_k}{r}+\frac{\sin\theta}{\pi-\theta}\right)[(\pi-\theta)\cos\theta+\sin\theta]}{\pi-\theta-0.5\sin2\theta-2\frac{\sin^2\theta}{\pi-\theta}}$$

$$(7.4.4-4)$$

3）当筒壁计算截面有两个孔洞（$\alpha_0 = \pi$）时：

$$\sigma_{cw} = \frac{N_k}{A_0}C_{c7} \quad (7.4.4-5)$$

$$C_{c7} = 1 + \frac{2\left(\frac{e_k}{r}+\frac{\sin\theta_1-\sin\theta_2}{\pi-\theta_1-\theta_2}\right)[(\pi-\theta_1-\theta_2)\cos\theta_1-\sin\theta_2+\sin\theta_1]}{(\pi-\theta_1-\theta_2)-0.5(\sin2\theta_1+\sin2\theta_2)-2\frac{(\sin\theta_2-\sin\theta_1)^2}{\pi-\theta_1-\theta_2}}$$

$$(7.4.4-6)$$

4）当筒壁计算截面有两个孔洞（$\alpha_0 \neq \pi$，将大孔洞置于受压区）时：

$$\sigma_{cw} = \frac{N_k}{A_0}C_{c8} \quad (7.4.4-7)$$

$$C_{c8} = 1 + \frac{2\left(\frac{e_k}{r}+\frac{\sin\theta_1+P_1}{\pi-\theta_1-\theta_2}\right)[(\pi-\theta_1-\theta_2)\cos\theta_1+\sin\theta_1+P_1]}{(\pi-\theta_1-\theta_2)-0.5(\sin2\theta_1+P_2)-2\frac{(\sin\theta_1+P_1)^2}{\pi-\theta_1-\theta_2}}$$

$$(7.4.4-8)$$

$$P_1 = \frac{1}{2}[\sin(\alpha_0+\theta_2)-\sin(\alpha_0-\theta_2)] \quad (7.4.4-9)$$

$$P_2 = \frac{1}{2}[\sin2(\alpha_0+\theta_2)-\sin2(\alpha_0-\theta_2)] \quad (7.4.4-10)$$

2 迎风侧混凝土压应力 σ'_{cw} 应按下列公式计算：

1）当筒壁计算截面无孔洞时：

$$\sigma'_{cw} = \frac{N_k}{A_0}C_{c9} \quad (7.4.4-11)$$

$$C_{c9} = 1 - 2\frac{e_k}{r} \quad (7.4.4-12)$$

2）当筒壁计算截面有一个孔洞时：

$$\sigma'_{cw} = \frac{N_k}{A_0}C_{c10} \quad (7.4.4-13)$$

$$C_{c10} = 1 - \frac{2\left(\frac{e_k}{r}+\frac{\sin\theta}{\pi-\theta}\right)(\pi-\theta-\sin\theta)}{\pi-\theta-0.5\sin2\theta-2\frac{\sin^2\theta}{\pi-\theta}} \quad (7.4.4-14)$$

3）当筒壁计算截面有两个孔洞（$\alpha_0 = \pi$）时：

$$\sigma'_{cw} = \frac{N_k}{A_0}C_{c11} \quad (7.4.4-15)$$

$$C_{c11} = 1 - \frac{2\left(\frac{e_k}{r}+\frac{\sin\theta_1-\sin\theta_2}{\pi-\theta_1-\theta_2}\right)[(\pi-\theta_1-\theta_2)\cos\theta_2+\sin\theta_2-\sin\theta_1]}{(\pi-\theta_1-\theta_2)-0.5(\sin2\theta_1+\sin2\theta_2)-2\frac{(\sin\theta_2-\sin\theta_1)^2}{\pi-\theta_1-\theta_2}}$$

$$(7.4.4-16)$$

4）当筒壁有两个孔洞（$\alpha_0 \neq \pi$）时且 $\alpha_0 \leqslant \pi-\theta_2$ 时：

$$\sigma'_{cw} = \frac{N_k}{A_0}C_{c12} \quad (7.4.4-17)$$

$$C_{c12} = 1 - \frac{2\left(\frac{e_k}{r}+\frac{\sin\theta_1+P_1}{\pi-\theta_1-\theta_2}\right)[(\pi-\theta_1-\theta_2)-\sin\theta_1-P_1]}{(\pi-\theta_1-\theta_2)-0.5(\sin2\theta_1+P_2)-2\frac{(\sin\theta_1+P_1)^2}{\pi-\theta_1-\theta_2}}$$

$$(7.4.4-18)$$

5）当筒壁有两个孔洞（$\alpha_0 \neq \pi$）时且 $\alpha_0 > \pi-\theta_2$ 时：

$$\sigma'_{cw} = \frac{N_k}{A_0}C_{c13} \quad (7.4.4-19)$$

$$C_{c13} =$$

$$1 - \frac{2\left(\frac{e_k}{r}+\frac{\sin\theta_1+P_1}{\pi-\theta_1-\theta_2}\right)[-(\pi-\theta_1-\theta_2)\cos(\alpha_0+\theta_2)-\sin\theta_1-P_1]}{(\pi-\theta_1-\theta_2)-0.5(\sin2\theta_1+P_2)-2\frac{(\sin\theta_1+P_1)^2}{\pi-\theta_1-\theta_2}}$$

$$(7.4.4-20)$$

7.4.5 筒壁水平截面的换算截面积 A_0 和 α_{E_t} 应按下列公式计算：

$$A_0 = 2rt(\pi-\theta_1-\theta_2)(1+\alpha_{E_t}\rho_t) \quad (7.4.5-1)$$

$$\alpha_{E_t} = 2.5\frac{E_s}{E_{ct}} \quad (7.4.5-2)$$

式中：E_s——钢筋弹性模量（N/mm^2）；

E_{ct}——混凝土在温度作用下的弹性模量（N/mm^2），按本规范第 4.2.6 条规定采用。

Ⅱ 荷载标准值和温度共同作用下的水平截面应力计算

7.4.6 在计算荷载标准值和温度共同作用下的筒壁水平截面应力前，首先应按下列公式计算应变参数：

1 压应变参数 P_c 值应按下列公式计算：

当 $e_k > r_{c0}$ 时：

$$P_c = \frac{1.8\sigma_{cw}}{\varepsilon_t E_{ct}} \quad (7.4.6-1)$$

$$\varepsilon_t = 1.25(\alpha_c T_c - \alpha_s T_s) \quad (7.4.6-2)$$

当 $e_k \leqslant r_{c0}$ 时：

$$P_c = \frac{2.5\sigma_{cw}}{\varepsilon_t E_{ct}} \quad (7.4.6-3)$$

2 拉应变参数 P_s 值（仅适用于 $e_k > r_{c0}$）应按下列公式计算：

$$P_s = \frac{0.7\sigma_{sw}}{\varepsilon_t E_s} \quad (7.4.6-4)$$

式中：ε_t——筒壁内表面与外侧钢筋的相对自由变形值；

α_c、α_s——分别为混凝土、钢筋的线膨胀系数，按本规范第 4.2.7 条和第 4.3.8 条的规定采用；

T_c、T_s——分别为筒壁内表面、外侧竖向钢筋的受热温度（℃），按本规范第5.6节规定计算；

σ_{cw}、σ_{sw}——分别为在荷载标准值作用下背风侧混凝土压应力、迎风侧竖向钢筋拉应力(N/mm²)，按本规范第7.4.3条～第7.4.5条规定计算。

7.4.7 背风侧混凝土压应力 σ_{cwt}(图7.4.7)，应按下列公式计算：

1 当 $P_c \geqslant 1$ 时：

$$\sigma_{cwt} = \sigma_{cw} \tag{7.4.7-1}$$

2 当 $P_c < 1$ 时：

$$\sigma_{cwt} = \sigma_{cw} + E'_{ct}\varepsilon_t(\xi_{wt} - P_c)\eta_{ct1} \tag{7.4.7-2}$$

当 $e_k > r_{co}$ 时：

$$E'_{ct} = 0.55 E_{ct} \tag{7.4.7-3}$$

当 $e_k \leqslant r_{co}$ 时：

$$E'_{ct} = 0.4 E_{ct} \tag{7.4.7-4}$$

当 $1 > P_c > \dfrac{1 + 2\alpha_{E\eta}\rho'\left(1 - \dfrac{c'}{t_0}\right)}{2[1 + \alpha_{E\eta}(\rho + \rho')]}$ 时：

$$\xi_{wt} = P_c + \frac{1 + 2\alpha_{E\eta}\left(\rho + \rho'\dfrac{c'}{t_0}\right)}{2[1 + \alpha_{E\eta}(\rho + \rho')]} \tag{7.4.7-5}$$

当 $P_c \leqslant \dfrac{1 + 2\alpha_{E\eta}\rho'\left(1 - \dfrac{c'}{t_0}\right)}{2[1 + \alpha_{E\eta}(\rho + \rho')]}$ 时：

$$\xi_{wt} = -\alpha_{E\eta}(\rho + \rho') + $$
$$\sqrt{[\alpha_{E\eta}(\rho + \rho')]^2 + 2\alpha_{E\eta}\left(\rho + \rho'\dfrac{c'}{t_0}\right) + 2P_c[1 + \alpha_{E\eta}(\rho + \rho')]} \tag{7.4.7-6}$$

$$\alpha_{E\eta} = \frac{E_s}{E'_{ct}} \tag{7.4.7-7}$$

当 $P_c \leqslant 0.2$ 时：

$$\eta_{ct1} = 1 - 2.6 P_c \tag{7.4.7-8}$$

当 $P_c > 0.2$ 时：

$$\eta_{ct1} = 0.6(1 - P_c) \tag{7.4.7-9}$$

式中：E'_{ct}——在温度和荷载长期作用下混凝土的弹塑性模量(N/mm²)；

ξ_{wt}——在荷载标准值和温度共同作用下筒壁厚度内受压区的相对高度系数；

ρ、ρ'——分别为筒壁外侧和内侧竖向钢筋配筋率；

t_0——筒壁有效厚度(mm)；

c'——筒壁内侧竖向钢筋保护层厚度(mm)；

η_{ct1}——温度应力衰减系数。

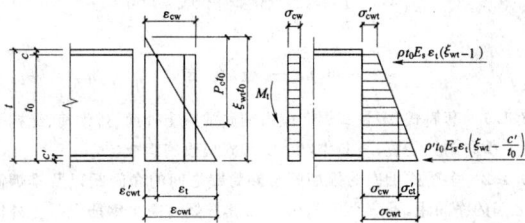

(a) $1 > P_c > \dfrac{1 + 2\alpha_{E\eta}\rho'\left(1 - \dfrac{c'}{t_0}\right)}{2[1 + \alpha_{E\eta}(\rho + \rho')]}$ 时

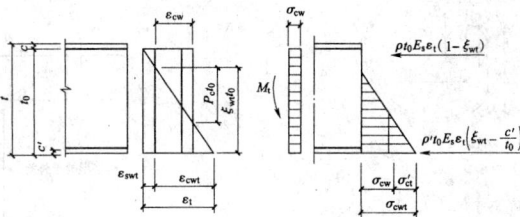

(b) $P_c \leqslant \dfrac{1 + 2\alpha_{E\eta}\rho'\left(1 - \dfrac{c'}{t_0}\right)}{2[1 + \alpha_{E\eta}(\rho + \rho')]}$ 时

图7.4.7 水平截面背风侧混凝土的应变和应力(宽度为1)

7.4.8 迎风侧竖向钢筋应力 σ_{swt}(图7.4.8)，应按下列公式计算：

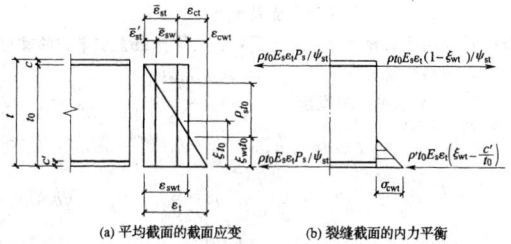

(a) 平均截面的截面应变　　(b) 裂缝截面的内力平衡

图7.4.8 水平截面迎风侧钢筋的应变和应力计算(宽度为1)

1 当 $e_k > r_{co}$，$P_s \geqslant \dfrac{\rho + \psi_{st}\rho'\dfrac{c'}{t_0}}{\rho + \rho'}$ 时：

$$\sigma_{swt} = \sigma_{sw} \tag{7.4.8-1}$$

2 当 $e_k > r_{co}$，$P_s < \dfrac{\rho + \psi_{st}\rho'\dfrac{c'}{t_0}}{\rho + \rho'}$ 时：

$$\sigma_{swt} = \frac{E_s}{\psi_{st}}\varepsilon_t(1 - \xi_{wt}) \tag{7.4.8-2}$$

$$\xi_{wt} = -\alpha_{E\eta}\left(\frac{\rho}{\psi_{st}} + \rho'\right) + $$
$$\left\{\left[\alpha_{E\eta}\left(\frac{\rho}{\psi_{st}} + \rho'\right)\right]^2 + 2\alpha_{E\eta}\left(\frac{\rho}{\psi_{st}} + \rho'\frac{c'}{t_0}\right) - 2\alpha_{E\eta}(\rho + \rho')\frac{P_s}{\psi_{st}}\right\}^{\frac{1}{2}} \tag{7.4.8-3}$$

式中：ψ_{st}——受拉钢筋在温度作用下的应变不均匀系数，按本规范公式(7.4.9-4)计算。

3 当 $e_k \leqslant r_{co}$，$P_c \leqslant \dfrac{1 + 2\alpha_{E\eta}\rho'\left(1 - \dfrac{c'}{t_0}\right)}{2[1 + \alpha_{E\eta}(\rho + \rho')]}$ 时：

$$\sigma_{swt} = \sigma_{st} \tag{7.4.8-4}$$

4 $e_k \leqslant r_{co}$，$P_c > \dfrac{1 + 2\alpha_{E\eta}\rho'\left(1 - \dfrac{c'}{t_0}\right)}{2[1 + \alpha_{E\eta}(\rho + \rho')]}$ 时，截面全部受压，不应进行计算。钢筋应按极限承载能力计算结果配置。

Ⅲ 温度作用下水平截面和垂直截面应力计算

7.4.9 裂缝处水平截面和垂直截面在温度单独作用下混凝土压应力 σ_{ct} 和钢筋拉应力 σ_{st}(图7.4.9)，应按下列公式计算：

$$\sigma_{ct} = E'_{ct}\varepsilon_t\xi_1 \tag{7.4.9-1}$$

$$\sigma_{st} = \frac{E_s}{\psi_{st}}\varepsilon_t(1 - \xi_1) \tag{7.4.9-2}$$

$$\xi_1 = -\alpha_{E\eta}\left(\frac{\rho}{\psi_{st}} + \rho'\right) + \sqrt{\left[\alpha_{E\eta}\left(\frac{\rho}{\psi_{st}} + \rho'\right)\right]^2 + 2\alpha_{E\eta}\left(\frac{\rho}{\psi_{st}} + \rho'\frac{c'}{t_0}\right)} \tag{7.4.9-3}$$

$$\psi_{st} = \frac{1.1 E_s\varepsilon_t(1 - \xi_1)\rho_{te}}{E_s\varepsilon_t(1 - \xi_1)\rho_{te} + 0.65 f_{ttk}} \tag{7.4.9-4}$$

式中：E'_{ct}——在温度和荷载长期作用下混凝土的弹塑性模量(N/mm²)，按本规范公式(7.4.7-3)计算；

f_{ttk}——混凝土在温度作用下的轴心抗拉强度标准值(N/mm²)，按本规范表4.2.3采用；

ρ_{te}——以有效受拉混凝土截面积计算的受拉钢筋配筋率，取 $\rho_{te} = 2\rho_o$。

当计算的 $\psi_{st} < 0.2$ 时取 $\psi_{st} = 0.2$；$\psi_{st} > 1$ 时取 $\psi_{st} = 1$。

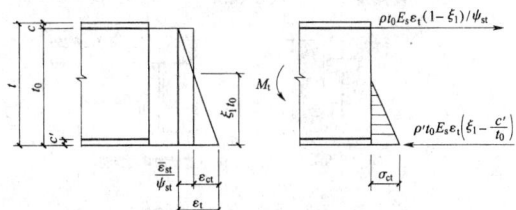

(a) 截面应变　　　(b) 内力平衡

图7.4.9 裂缝处水平截面和垂直截面应变和应力计算(宽度为1)

Ⅳ 筒壁裂缝宽度计算

7.4.10 钢筋混凝土筒壁应按下列公式计算最大水平裂缝宽度和最大垂直裂缝宽度：

1 最大水平裂缝宽度应按下列公式计算：

$$w_{max} = k\alpha_{cr}\psi\frac{\sigma_{swt}}{E_s}\left(1.9c + 0.08\frac{d_{eq}}{\rho_{te}}\right) \quad (7.4.10\text{-}1)$$

$$\psi = 1.1 - 0.65\frac{f_{ttk}}{\rho_{te}\sigma_{st}} \quad (7.4.10\text{-}2)$$

$$d_{eq} = \frac{\sum n_i d_i^2}{\sum n_i \nu_i d_i} \quad (7.4.10\text{-}3)$$

式中：σ_{swt}——荷载标准值和温度共同作用下竖向钢筋在裂缝处的拉应力（N/mm^2）；

α_{cr}——构件受力特征系数，当$\sigma_{swt} = \sigma_{sw}$时，取$\alpha_{cr} = 2.4$，在其他情况时，取$\alpha_{cr} = 2.1$；

k——烟囱工作条件系数，取$k = 1.2$；

n_i——第i种钢筋根数；

ρ_{te}——以有效受拉混凝土截面积计算的受拉钢筋配筋率，当$\sigma_{swt} = \sigma_{sw}$时，$\rho_{te} = \rho + \rho'$，当为其他情况时，$\rho_{te} = 2\rho$，当$\rho_{te} < 0.01$时，取$\rho_{te} = 0.01$；

$d_i、d_{eq}$——第i种受拉钢筋及等效钢筋的直径（mm）；

c——混凝土保护层厚度（mm）；

ν_i——纵向受拉钢筋的相对黏结特性系数，光圆钢筋取0.7，带肋钢筋取1.0。

2 最大垂直裂缝宽度应按公式（7.4.10-1）～公式（7.4.10-3）进行计算，σ_{swt}应以σ_{st}代替，并应$\alpha_{cr} = 2.1$。

7.5 构 造 规 定

7.5.1 钢筋混凝土烟囱筒壁的坡度，分节高度和厚度应符合下列规定：

1 筒壁坡度宜采用2%，对高烟囱也可采用几种不同的坡度。

2 筒壁分节高度，应为移动模板的倍数，且不宜超过15m。

3 筒壁最小厚度应符合本规范表7.5.1的规定。

表 7.5.1 筒壁最小厚度

筒壁顶口内径 D(m)	最小厚度(mm)
D≤4	140
4<D≤6	160
6<D≤8	180
D>8	180+(D-8)×10

注：采用滑动模板施工时，最小厚度不宜小于160mm。

4 筒壁厚度可根据分节高度自下而上阶梯形减薄，但同一节厚度宜相同。

7.5.2 筒壁环形悬臂和筒壁顶部加厚区段的构造，应符合下列规定（图7.5.2）：

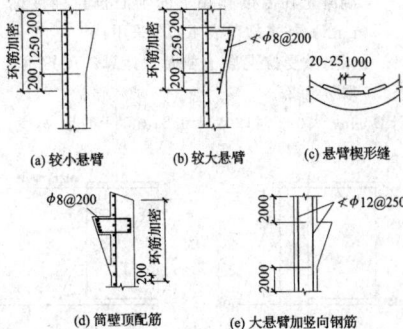

图 7.5.2 悬臂及筒顶配筋(mm)

1 环形悬臂可按构造配置钢筋。受力较大或挑出较长的悬臂应按牛腿计算配置钢筋。

2 在环形悬臂中，应沿悬臂设置垂直楔形缝，缝的宽度应为20mm～25mm，缝的间距宜为1m。

3 在环形悬臂处和筒壁顶部加厚区段内，筒壁外侧环向钢筋应适当加密，宜比非加厚区段增加1倍配筋。

4 当环形悬臂挑出较长或荷载较大时，宜在悬臂上下各2m范围内，对筒壁内外侧竖向钢筋及环向钢筋应适当加密，宜比非加厚区段增加1倍配筋。

7.5.3 筒壁上设有孔洞时，应符合下列规定：

1 在同一水平截面内有两个孔洞时，宜对称设置。

2 孔洞对应的圆心角不应超过70°。在同一水平截面内总的开孔圆心角不得超过140°。

3 孔洞宜设计成圆形。矩形孔洞的转角宜设计成弧形（图7.5.3）。

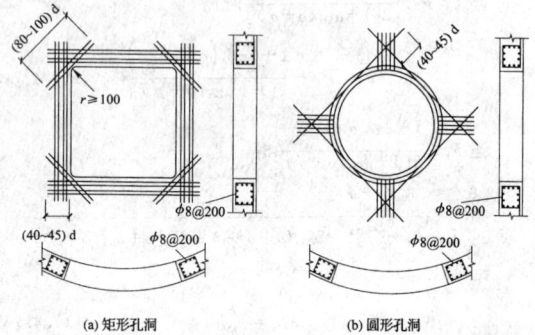

(a) 矩形孔洞　　　　(b) 圆形孔洞

图 7.5.3 洞口加固筋(mm)

4 孔洞周围应配补强钢筋，并应布置在孔洞边缘3倍筒壁厚度范围内，其截面面积宜为同方向被切断钢筋截面面积的1.3倍。其中环向补强钢筋的一半应贯通整个环形截面。矩形孔洞转角处应配置与水平方向成45°角的斜向钢筋，每个转角处的钢筋，按筒壁厚度每100mm不应小于250mm²，且不应少于2根。

补强钢筋伸过洞口边缘的长度，抗震设防地区应为钢筋直径的45倍，非抗震设防地区应为钢筋直径的40倍。

8 套筒式和多管式烟囱

8.1 一 般 规 定

8.1.1 套筒式、多管式烟囱应由钢筋混凝土外筒、排烟筒、结构平台、横向制晃装置、竖向楼（电）梯和附属设施组成。

8.1.2 多管式烟囱的排烟筒与外筒壁之间的净间距以及排烟筒之间的净间距，不宜小于750mm。其排烟筒高出钢筋混凝土外筒的高度不宜小于排烟筒直径，且不宜小于3m。

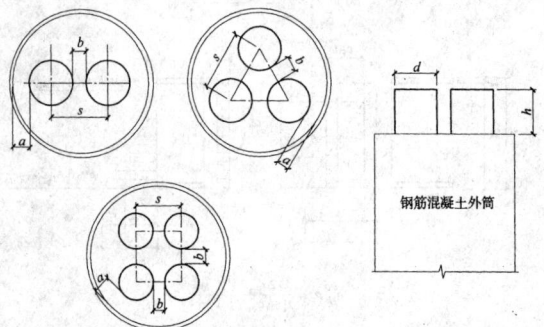

图 8.1.2 多管式烟囱布置
a—排烟筒与外筒壁之间的净间距；b—排烟筒之间的净间距

8.1.3 套筒式烟囱的排烟筒与外筒壁之间的净间距 a 不宜小于 1000mm。其排烟筒高出钢筋混凝土外筒的高度 h 宜在 2 倍的内外筒净间距 a 至 1 倍钢内筒直径范围内。

8.1.4 排烟筒可依据实际情况,选择砖砌体结构、钢结构或玻璃钢结构。

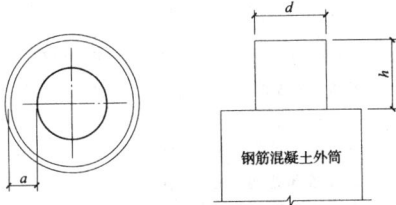

图 8.1.3 套筒式烟囱布置

8.1.5 结构平台应根据排烟筒的结构特性,并宜结合横向制晃装置、施工方案及运行条件设置。

8.1.6 钢梯宜设置在钢筋混凝土外筒内部。当运行维护需要时,可设置电梯。

8.1.7 套筒式和多管式烟囱应进行下列计算或验算:

　　1 承重外筒应进行水平截面承载能力极限状态计算和水平裂缝宽度验算。

　　2 排烟筒的计算应符合下列规定:

　　　　1)分段支撑的砖内筒,应进行受热温度和环箍或环筋计算。

　　　　2)自立式砖砌内筒,除进行受热温度和环箍或环筋计算外,在抗震设防地区还应进行地震作用下的抗震承载力验算和顶部最大水平位移计算。

　　　　3)自立式钢内筒应进行强度、整体稳定、局部稳定和洞口补强计算。

　　　　4)悬挂式钢内筒应进行整体强度、局部强度和悬挂结点强度计算。

8.2 计 算 规 定

8.2.1 在风荷载或地震作用下,外筒计算时,可不计入内筒抗弯刚度的影响。

8.2.2 自立式钢内筒的极限承载能力计算,除应包括自重荷载、烟气温度作用外,还应计入外筒在承受风荷载、地震作用、附加弯矩、烟道水平推力及施工安装和检修荷载的影响。腐蚀厚度裕度不应计入计算截面的有效截面面积。

8.2.3 内筒外层表面温度不应大于 50℃。

8.2.4 排烟筒计算时,对非正常烟气运行温度工况,对应外筒风荷载组合值系数可取为 0.2。

8.2.5 顶部平台以上部分钢内筒的风压脉动系数、风振系数,可按外筒顶部标高处的数值采用。

8.2.6 钢内筒在支承位置以上自由段的相对变形应小于其自由段高度的 1/100。变形和强度计算时,不应计入腐蚀裕度的刚度和强度影响。

8.3 自立式钢内筒

8.3.1 钢内筒和钢筋混凝土外筒的基本自振周期宜符合下式的要求:

$$\left| \frac{(T_c - T_s)}{T_c} \right| \geqslant 0.2 \tag{8.3.1}$$

式中:T_c——钢筋混凝土外筒的基本自振周期(s);
　　　　T_s——钢内筒的基本自振周期(s)。

8.3.2 钢内筒长细比应满足下式要求:

$$\frac{l_0}{i} \leqslant 80 \tag{8.3.2}$$

式中:l_0——钢内筒相邻横向支承点距(m);
　　　　i——钢内筒截面回转半径,对圆环形截面,取环形截面的平均半径的 0.707 倍(m)。

8.3.3 钢内筒基本自振周期可按下式计算:

$$T_s = \alpha_t \sqrt{\frac{G_0 l_{max}^4}{9.81 EI}} \tag{8.3.3}$$

式中:T_s——钢内筒基本自振周期(s);
　　　　α_t——特征系数,当两端铰接支承,$\alpha_t = 0.637$;当一端固定、一端铰,$\alpha_t = 0.408$;当两端固定支承,$\alpha_t = 0.281$;当一端固定、一端自由,$\alpha_t = 1.786$;
　　　　I——截面惯性矩(m^4),计算时,不计入截面开孔影响;
　　　　G_0——钢内筒单位长度重量,包括保温、防护层等所有结构的自重(N/m);
　　　　l_{max}——钢内筒相邻横向支承点最大间距(m);
　　　　E——钢材的弹性模量(N/m^2)。

8.3.4 钢内筒可根据制晃装置处位移,按连续杆件计算钢内筒内力。

8.3.5 钢内筒截面设计强度应按下列规定取值:

　　1 钢内筒水平截面抗压强度设计允许值应按下列公式计算:

$$f_{ch} = \eta_h \zeta_h f_t \tag{8.3.5-1}$$

$$\eta_h = \frac{21600}{18000 + (l_{0i}/i)^2} \tag{8.3.5-2}$$

式中:f_{ch}——钢内筒水平截面抗压强度设计值(N/mm^2);
　　　　η_h——钢内筒水平截面处的曲折系数,当 $\eta_h > 1.0$ 时,取 1.0;
　　　　f_t——钢材在温度作用下的抗压强度设计值(N/mm^2);
　　　　l_{0i}——钢内筒计算截面处两相邻横向支承点间距(m)。

　　2 钢内筒强度折减系数 ζ_h 应按下列公式计算:

当 $C \leqslant 5.60$ 时:

$$\zeta_h = 0.125C \tag{8.3.5-3}$$

当 $C > 5.60$ 时:

$$\zeta_h = 0.583 + 0.021C \tag{8.3.5-4}$$

$$C = \frac{t}{r} \cdot \frac{E}{f_t} \tag{8.3.5-5}$$

式中:C——计算系数;
　　　　t——内筒筒壁厚度(mm);
　　　　r——内筒筒壁半径(mm)。

　　3 钢内筒水平截面处的抗剪强度设计允许值,应按下式计算:

$$f_{vh} = 0.5 f_{ch} \tag{8.3.5-6}$$

8.3.6 制晃装置计算应符合下列规定:

　　1 自立式和悬挂式钢内筒,内筒与外筒之间的制晃装置承受的力,应根据内外筒变形协调计算。

　　2 当钢内筒采用刚性制晃装置,沿圆周方向 4 点均匀设置时,钢内筒支承环的弯矩、环向轴力及沿内筒半径方向的剪力(图 8.3.6),可按下列公式计算:

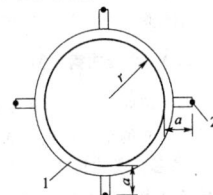

图 8.3.6 支承环受力
1—支承环;2—支撑点

$$M_{max} = F_k(0.015r + 0.25a) \tag{8.3.6-1}$$

$$V_{max} = F_k\left(0.12 + 0.32\frac{a}{r}\right) \tag{8.3.6-2}$$

当 $a/r \leqslant 0.656$ 时:

$$N_{max} = \frac{F_k}{4} \tag{8.3.6-3}$$

当 $a/r > 0.656$ 时：

$$N_{max} = F_k \left(0.04 + 0.32 \frac{a}{r} \right) \qquad (8.3.6-4)$$

式中：M_{max}——支承环的最大弯矩（kN·m）；

V_{max}——支承环沿半径方向的最大剪力（kN）；

N_{max}——支承环沿圆周方向的最大拉力（kN）；

F_k——外筒在 k 层制晃装置处，传给每一个内筒的最大水平力（kN），可根据变形协调求得；

r——钢内筒半径（m）；

a——支承点的偏心距离（m）。

8.3.7 钢内筒环向加强环的截面积和截面惯性矩应按下列公式计算：

1 正常运行情况下：

$$A \geqslant \frac{2\beta_t lr}{f_t} p_g \qquad (8.3.7-1)$$

$$I \geqslant \frac{2\beta_t lr^3}{3E} p_g \qquad (8.3.7-2)$$

2 非正常运行情况下：

$$A \geqslant \frac{1.5\beta_t lr}{f_t} p_g^{AT} \qquad (8.3.7-3)$$

$$I \geqslant \frac{1.5\beta_t lr^3}{3E} p_g^{AT} \qquad (8.3.7-4)$$

式中：A——环向加强环截面积（m²）；

I——环向加强环截面惯性矩（m⁴）；

l——钢内筒加劲肋间距（m）；

β_t——动力系数，取 2.0；

p_g——正常运行情况下的烟气压力，按本规范第 5 章规定计算（kN/m²）；

p_g^{AT}——非正常运行情况下的烟气压力，根据非正常烟气温度按本规范第 5 章规定计算（kN/m²）。

8.3.8 钢内筒环向加强环（图 8.3.8）截面特性计算中，应计入钢内筒钢板有效高度 h_e，计入面积不应大于加强环截面面积，h_e 可按下式计算：

$$h_e = 1.56 \sqrt{rt} \qquad (8.3.8)$$

式中：h_e——钢内筒钢板有效高度（m）；

t——钢内筒钢板厚度（m）。

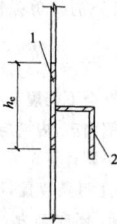

图 8.3.8 加强环截面
1—钢内筒钢板有效高度 2—加劲肋

8.4 悬挂式钢内筒

8.4.1 悬挂式钢内筒可采用整体悬挂和分段悬挂结构方式；也可采用中上部分悬挂、底部自立的组合结构方式。当采用分段悬挂式时，分段数不宜过多；各悬挂段的长细比不宜超过 120。

8.4.2 悬挂平台对悬挂段钢内筒的约束作用应根据悬挂平台和悬挂段钢内筒间的相对刚度关系确定：当平台梁的转动刚度与钢内筒线刚度的比值小于 0.1 时，可将悬挂端简化为不动铰支座；当比值大于 10 时，可将悬挂端简化为固定端；当比值介于 0.1~10 时，应将悬吊端简化为弹性转动支座。

8.4.3 悬挂段钢内筒的水平地震作用，可只计算在水平地震作用下钢筋混凝土外筒壁传给悬挂段钢内筒的作用效应。悬挂平台和悬挂段钢内筒的竖向地震作用可按本规范第 5 章的规定

计算。

8.4.4 悬挂段钢内筒设计强度应满足下列公式要求：

$$\frac{N_i}{A_{ni}} + \frac{M_i}{W_{ni}} \leqslant \sigma_t \qquad (8.4.4-1)$$

$$\sigma_t = \gamma_t \cdot \beta \cdot f_t \qquad (8.4.4-2)$$

式中：M_i——钢内筒水平计算截面 i 的最大弯矩设计值（N·mm）；

N_i——与 M_i 相应轴向拉力设计值，包括内筒自重和竖向地震作用（N）；

A_{ni}——计算截面处的净截面面积（mm²）；

W_{ni}——计算截面处的净截面抵抗矩（mm³）；

f_t——温度作用下钢材抗拉、抗压强度设计值（N/mm²），按本规范第 4.3.6 条进行计算；

β——焊接效率系数。一级焊缝时，取 $\beta=0.85$；二级焊缝时，取 $\beta=0.7$；

γ_t——悬挂段钢内筒抗拉强度设计值调整系数；对于风、地震及正常运行荷载组合，γ_t 可取 1.0；对于非正常运行工况下的温差荷载组合，γ_t 可取 1.1。

8.5 砖 内 筒

8.5.1 砖内筒宜在满足强度、稳定和变形的条件下，采用整体自承重结构形式。当烟囱高度超过 60m 或采用整体自承重形式不经济时，可采用分段支承形式。

8.5.2 砖内筒的材质选择及防腐蚀设计应符合本规范第 11 章的有关规定。

8.5.3 砖内筒应符合下列规定：

1 砖内筒采用分段支承时，支承平台间距应根据砖内筒的强度和稳定性等综合因素确定。套筒式砖内筒可采用由承重环梁、钢支柱、平台钢梁、平台剪力撑和平台钢格栅板组成的斜撑式支承平台支承。

2 分段支承的砖内筒，其下部的积灰平台可采用钢筋混凝土结构。当平台梁跨度较大时，可在跨中增设承重柱。

3 套筒式砖内筒烟囱的钢筋混凝土外筒和砖内筒在烟囱顶部可采用盖板进行封闭，盖板与外筒壁的连接应安全可靠，并应保证内筒温度变化时自由变形。多管式砖内筒烟囱应设置顶部封闭平台。

8.5.4 采用分段支承的砖内筒，在支承平台处的搭接接头，应满足砖内筒纵向和环向温度变形要求。

8.5.5 烟囱的钢筋混凝土外筒壁与排烟筒之间，应按检修维护的要求设置检修维护平台及竖向楼梯。套筒式砖内筒烟囱可在钢筋混凝土外筒的上部外侧设置直爬梯通至烟囱筒顶，多管式砖内筒烟囱应在内部设置直爬梯通至烟囱筒顶。

8.6 构 造 规 定

8.6.1 钢筋混凝土外筒除应符合本规范第 7.5 节的有关规定外，尚应符合下列规定：

1 钢筋混凝土外筒上部宜设计成等直径圆筒结构。筒的下部可根据需要放坡。

2 外筒的最小厚度不宜小于 250mm。筒壁应采用双侧配筋。

3 外筒筒壁顶部内外环向钢筋，在自上而下 5m 高度范围内，钢筋面积应比计算值增加一倍。

4 承重平台的大梁和吊装平台的大梁，应支承在筒壁内侧。筒壁预留孔洞的尺寸，应满足大梁安装就位要求，且筒壁厚度应适

当增大。大梁对筒壁产生的偏心距宜减小,大梁支承点处应有支承垫板并配置局部承压钢筋网片。施工完毕后,应将筒壁孔洞用混凝土封闭。

5 外筒壁仅有1个~2个烟道口时,筒壁洞口的设置和配筋应符合本规范第7.5.3条规定。

当烟道口为3个~4个时,除应符合本规范第7.5.3条的有关规定外,在洞口上下的环向加固筋应有50%钢筋沿整个周圈布置。另外50%加固筋应伸过洞口边缘一倍钢筋锚固长度。

6 当采用钢内筒时,外筒底部应预留吊装钢内筒的安装孔。选择在外筒外部焊接成筒的施工方案时,安装孔宽度应大于钢内筒外径0.5m~1.0m,孔的高度应根据施工方法确定。吊装完成后,应用砖砌体将安装孔封闭,并应在其中开设一个检修大门。

7 外筒应在下部第一层平台上部1.5m处,开设4个~8个进风口。进风口的总面积宜为外筒内表面与内筒外表面所包围的水平面积的5%。在顶层平台下应设4个~8个出风口,其面积宜小于进风口面积。

8 外筒的附属设施宜热浸镀锌防腐,镀层厚度应满足本规范第3.2.10条要求,并应采用镀锌自锚螺栓固定。

8.6.2 内筒构造应符合下列规定:

1 烟道与内筒相交处,应在内筒上设置烟气导流平台。

2 烟道入口以上区段应设隔热层。隔热层宜选择无碱超细玻璃棉或泡沫玻璃棉,厚度宜由计算确定,应外包无丝铝箔。

3 钢内筒与水平烟道接口处,内筒应增加竖向和环向加劲肋(角钢或槽钢),环向加劲肋间距宜为1.5m。洞口边缘应设加强立柱;必要时可与外筒之间增设支撑(图8.6.2-1)。

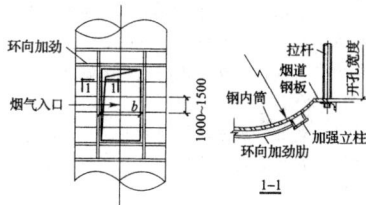

图 8.6.2-1 洞口加劲布置和节点(mm)
b—洞口宽度

4 钢内筒宜全高设置设环向加劲肋。其间距可采用一倍钢内筒直径,最大间距应为钢内筒直径的1.5倍,且不应大于7.5m。每个环所要求的最小截面应按本规范第8.3.7条计算确定,并不应小于表8.6.2规定数值。

表8.6.2 钢烟囱加劲肋最小截面尺寸

钢烟囱直径 d(m)	最小加劲角钢(mm)
d≤4.50	L 75×75×6
4.50<d≤6.00	L 100×80×6
6.00<d≤7.50	L 125×80×8
7.50<d≤9.00	L 140×90×10
9.00<d≤10.50	L 160×100×10

5 环向加劲肋宜采用等肢或不等肢角钢、T型钢制作,翼板应向外,与钢内筒可用连续焊缝或间断焊缝焊接。

6 自立式内筒应在根部设置一个检查人孔。

7 钢内筒的筒壁顶部构造,可按图8.6.2-2处理。

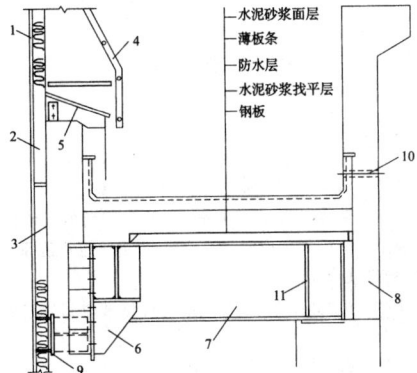

图 8.6.2-2 烟囱顶部构造
1—钢内筒;2—隔热层;3—外包不锈钢;4—直梯;5—防雨通风帽;6—支撑点;7—信号平台梁;8—外筒;9—加强支承环;10—溢水管;11—加劲肋

8.6.3 钢平台构造应符合下列要求:

1 钢平台的计算与构造均应按现行国家标准《钢结构设计规范》GB 50017的规定执行。受到烟气温度影响时,还应计算由于温度作用造成钢材强度的降低。

2 钢平台易受到烟气冷凝酸蚀的部位,应局部做隔离防腐措施。

3 各层平台应设置吊物孔。吊物孔尺寸及吊物时承受的重力,应根据安装、检修方案确定,平台下是否安装永久性单轨吊,应根据是否需要确定。

4 各层平台应设置照明和通信设施。上层照明开关应设在下层平台上。

5 各层平台的通道宽度不应小于750mm,洞口周圈应设栏杆和踢脚板。与排烟筒相接触的孔洞,应留有一定空隙。

8.6.4 制晃装置应符合下列要求:

1 采用钢内筒时,应设置制晃装置。

2 可采用刚性制晃装置,也可采用柔性的制晃装置。当采用刚性制晃装置时,宜利用平台为约束构件。每隔一层平台宜设置一道。制晃装置对内筒仅起水平弹性约束作用,不应约束钢内筒由于烟气温度作用而产生的竖向和水平方向的温度变形。

3 制晃装置处内筒的加强环,可按图8.6.4进行加强。

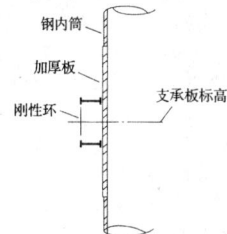

图 8.6.4 内筒加强环

8.6.5 悬挂钢内筒的悬挂平台与下部相邻的横向约束平台间距不宜小于15m。最下层横向约束平台与膨胀伸缩节间的钢内筒悬壁长度不宜大于25m。

8.6.6 砖内筒结构砖砌体的厚度不宜小于200mm,砖内筒外表面设置的封闭层厚度不宜小于30mm,封闭层外表面按照计算设置的隔热层厚度不宜小于60mm。

8.6.7 砖内筒的砖砌体内可不配置竖向钢筋,但应按计算和构造要求配制环向钢筋或在外表面设置环向钢箍,环向钢箍的最小尺寸不应小于60mm×6mm(宽×厚),沿高度方向间距不宜超过1000mm。

8.6.8 钢筋混凝土承重环宜采用现场浇筑。斜撑式支承平台的钢筋混凝土承重梁可采用分段预制,环梁分段长度宜为3m,环梁最小环向间距采用750mm~1400mm,钢支柱最小环向间距宜与环梁分段长度相匹配,宜采用1500mm~2800mm。

8.6.9 多管式砖内筒烟囱分段支承平台的混凝土板厚不宜小于150mm。

9 玻璃钢烟囱

9.1 一般规定

9.1.1 当选用玻璃钢烟囱时，应符合下列规定：

1 烟气长期运行温度不得超过 100℃。当烟气超出运行条件时，可在烟囱前端采取冷却降温措施，也可将选用的原材料和制成品的性能经试验验证后确定。

2 事故发生时的 30min 内温度不得超过树脂的玻璃化温度（Tg）。

3 环境最低温度不宜低于-40℃。

9.1.2 玻璃钢烟囱直径和高度应符合下列规定：

1 自立式玻璃钢烟囱的高度不宜超过 30m，且其高径比（H/D）不宜大于 10；

2 拉索式玻璃钢烟囱的高度不宜超过 45m，且其高径比（H/D）不宜大于 20；

3 塔架式、套筒式或多管式玻璃钢烟囱，其跨径比（L/D）不宜大于 10。

注：H 为烟囱高度（m）；L 为玻璃钢烟囱横向支承间距（m）；D 为玻璃钢烟囱直径（m）。

9.1.3 玻璃钢烟囱的设计，应计入烟气运行的流速、温度、磨损及化学介质腐蚀等因素的影响。当烟气流速超过 31m/s 时，应在拐角以及突变部位的树脂中添加耐磨填料或采取其他技术措施。

9.1.4 平台活荷载与筒壁积灰荷载的取值应符合本规范第 5 章的有关规定。

9.1.5 结构强度和承载力计算时，不应计入筒壁防腐蚀内衬层的厚度和外表面层厚度，但应计算其重量影响。

9.1.6 玻璃钢烟囱设计使用年限不宜少于 30 年。

9.1.7 塔架式和拉索式玻璃钢烟囱层间挠度不应超过相应支撑段间距的 1/120。

9.2 材料

9.2.1 玻璃钢烟囱的筒壁应由防腐蚀内衬层、结构层和外表面层组成，并应符合下列规定：

1 防腐蚀内衬层应由富树脂层和次内衬层组成：富树脂层厚度不应小于 0.25mm，宜采用玻璃纤维表面毡，其树脂含量不应小于 85%（重量比），也可选用有机合成纤维材料；次内衬层应采用玻璃纤维短切毡或喷射纱，其厚度不应小于 2mm，树脂含量不应小于 70%（重量比）。

当内衬层需作防静电处理时，可采用导电碳纤维毡或导电碳填料，其内表面的连续表面电阻率不应大于 $1.0 \times 10^6 \Omega$，静电释放装置的对地电阻不应大于 25Ω。

2 结构层应由玻璃纤维连续纱或玻璃纤维织物浸渍树脂缠绕成型，其树脂含量应为 35%±5%（重量比），厚度应由计算确定。

3 外表面层中的最后一层树脂应采取无空气阻聚的措施。当玻璃钢烟囱暴露在室外时，外表面层应添加紫外线吸收剂，外表面层厚度不应小于 0.5mm。

9.2.2 玻璃钢烟囱的基体材料应选用反应型阻燃环氧乙烯基酯树脂，除其液体树脂技术指标应符合现行国家标准《纤维增强塑料用液体不饱和聚酯树脂》GB/T 8237 的规定外，其他性能和技术要求尚应符合下列规定：

1 树脂浇铸体的主要性能应符合表 9.2.2 的要求；

表 9.2.2 树脂浇铸体的主要性能

力学性能	耐蚀层树脂	结构层树脂
拉伸强度（MPa）	≥60.0	≥60.0
拉伸模量（GPa）	≥3.0	≥3.0

续表 9.2.2

力学性能	耐蚀层树脂	结构层树脂
断裂延伸率（%）	≥3.0	≥2.5
热变形温度 HDT（℃，1.82MPa）	≥100	
耐碱性（10%NaOH，100℃）	≥100h 无异状	

2 烟气最高设计使用温度（T）应小于或等于 HDT-20℃。

3 防腐蚀内层和结构层宜选用同类型的树脂。当选用不同类型的树脂时，层间不应脱层。

4 阻燃性能应符合下列要求：

1）反应型阻燃环氧乙烯基酯树脂浇铸体的极限氧指数（LOI）不小于 23；

2）当反应型阻燃环氧乙烯基酯树脂含量为 35%±5%（重量比），添加 0～3%阻燃协同剂（Sb₂O₃）时，玻璃钢极限氧指数（LOI）不应小于 32；

3）玻璃钢的火焰传播速率不应大于 45。

5 当有可靠经验和安全措施保证时，玻璃钢烟囱的基体材料可选用其他类型的树脂。

9.2.3 玻璃钢烟囱增强材料应符合下列规定：

1 富树脂层宜选用耐化学型 C-glass 表面毡或有机合成材料，也可选用 C 型中碱玻璃纤维表面毡；次内层应选用 E-CR 类型的玻璃纤维短切原丝毡或喷射纱。当有防静电要求时，可选用导电碳纤维毡或布。玻璃纤维短切原丝毡质量应符合现行国家标准《玻璃纤维短切原丝毡和连续原丝毡》GB/T 17470 的规定。

2 结构层应选用 E-CR 类型的玻璃纤维的缠绕纱、单向布；在排放潮湿烟气条件下，可选用 E 型玻璃纤维的缠绕纱、单向布。其质量应符合现行国家标准《玻璃纤维无捻粗纱》GB/T 18369、《玻璃纤维无捻粗纱布》GB/T 18370 的规定。

3 玻璃钢烟囱筒体之间连接所用的玻璃纤维无捻粗纱布、短切原丝毡或单向布的类型，应与筒体增强材料一致。

4 玻璃纤维表面处理采用的偶联剂应与选用的树脂匹配。

9.2.4 玻璃钢材料性能宜通过试验确定。当无条件进行试验时，应符合下列规定：

1 当采用环向缠绕纱和轴向单向布的铺层结构时，常温下纤维缠绕玻璃钢材料的性能宜符合表 9.2.4-1 的规定。

表 9.2.4-1 常温下纤维缠绕玻璃钢主要力学性能指标

项　　目	数值（MPa）
环向抗拉强度标准值 $f_{\theta tk}$	≥220
环向抗弯强度标准值 $f_{\theta bk}$	≥330
轴向抗压强度标准值 f_{zck}	≥140
轴向拉伸弹性模量 E_{zt}	≥16000
轴向弯曲弹性模量 E_{zb}	≥8000
轴向压缩弹性模量 E_{zc}	≥16000
轴向抗拉强度标准值 f_{ztk}	≥190
轴向抗弯强度标准值 f_{zbk}	≥140
剪切弹性模量 G_k	≥7000
环向拉伸弹性模量 $E_{\theta t}$	≥28000
环向弯曲弹性模量 $E_{\theta b}$	≥18000
环向压缩弹性模量 $E_{\theta c}$	≥20000

2 当采用短切毡和方格布交替铺层的手糊玻璃钢板时，常温下玻璃钢材料的性能宜符合表 9.2.4-2 的规定。

3 玻璃钢的重力密度、膨胀系数、泊松比和导热系数等计算指标，可按表 9.2.4-3 的规定取值。

表 9.2.4-2　常温下手糊玻璃钢板的主要力学性能指标(MPa)

拉伸强度	弯曲强度	层间剪切强度	弯曲弹性模量
≥160	≥200	≥20	≥7000

表 9.2.4-3　玻璃钢主要计算参数

项　目	数　值
环纵向泊松比 $\nu_{z\theta}$	0.23
纵向热膨胀系数 α_z	2.0×10^{-5}/℃
重力密度	$(17\sim20)$ kN/m³
纵环向泊松比 $\nu_{\theta z}$	0.12
环向热膨胀系数 α_θ	1.2×10^{-5}/℃
导热系数	$(0.23\sim0.29)$[W/(m·K)]

9.2.5　玻璃钢材料强度设计值应根据下列公式进行计算:

$$f_{zc} = \gamma_{zct} \cdot \frac{f_{zck}}{\gamma_{zc}} \qquad (9.2.5\text{-}1)$$

$$f_{zt} = \gamma_{ztt} \cdot \frac{f_{ztk}}{\gamma_{zt}} \qquad (9.2.5\text{-}2)$$

$$f_{zb} = \gamma_{zbt} \cdot \frac{f_{zbk}}{\gamma_{zb}} \qquad (9.2.5\text{-}3)$$

$$f_{\theta t} = \gamma_{\theta tt} \cdot \frac{f_{\theta tk}}{\gamma_{\theta t}} \qquad (9.2.5\text{-}4)$$

$$f_{\theta b} = \gamma_{\theta bt} \cdot \frac{f_{\theta bk}}{\gamma_{\theta b}} \qquad (9.2.5\text{-}5)$$

$$f_{\theta c} = \gamma_{\theta ct} \cdot \frac{f_{\theta ck}}{\gamma_{\theta c}} \qquad (9.2.5\text{-}6)$$

式中:　f_{zc}、f_{zck}——玻璃钢纵向抗压强度设计值、标准值
　　　　　　　(N/mm^2);

　　　f_{zt}、f_{ztk}——玻璃钢纵向抗拉强度设计值、标准值
　　　　　　　(N/mm^2);

　　　f_{zb}、f_{zbk}——玻璃钢纵向弯曲抗拉(或抗压)强度设
　　　　　　　计值、标准值(N/mm^2);

　　　$f_{\theta t}$、$f_{\theta tk}$——玻璃钢环向抗拉强度设计值、标准值
　　　　　　　(N/mm^2);

　　　$f_{\theta b}$、$f_{\theta bk}$——玻璃钢环向弯曲抗拉(或)抗压强度设
　　　　　　　计值、标准值(N/mm^2);

　　　$f_{\theta c}$、$f_{\theta ck}$——玻璃钢环向抗压强度设计值、标准值
　　　　　　　(N/mm^2);

　　　γ_{zc}、γ_{zt}、γ_{zb}、$\gamma_{\theta t}$、$\gamma_{\theta b}$、$\gamma_{\theta c}$——玻璃钢材料分项系数,取值不应小于
　　　　　　　表 9.2.5-1 规定的数值;

　　　γ_{zct}、γ_{ztt}、γ_{zbt}、$\gamma_{\theta tt}$、$\gamma_{\theta bt}$、$\gamma_{\theta ct}$——玻璃钢材料温度折减系数,取值不应
　　　　　　　大于表 9.2.5-2 规定的数值。

表 9.2.5-1　玻璃钢烟囱的材料分项系数

受力状态	符　号	作用效应的组合情况	
		用于组合Ⅳ、Ⅵ及本规范公式(3.1.8-2)	用于组合Ⅴ
轴心受压	γ_{zc} 或 $\gamma_{\theta c}$	3.2	3.6
轴心受拉	γ_{zt} 或 $\gamma_{\theta t}$	2.6	8.0
弯曲受拉或弯曲受压	γ_{zb} 或 $\gamma_{\theta b}$	2.0	2.5

注:组合Ⅳ、Ⅴ、Ⅵ应符合本规范第 3.1.7 条的规定。

表 9.2.5-2　玻璃钢烟囱的材料温度折减系数

温度(℃)	材料温度折减系数	
	γ_{zct}、γ_{zbt}、$\gamma_{\theta ct}$	γ_{ztt}、γ_{zbt}、$\gamma_{\theta tt}$
20	1.00	1.00
60	0.70	0.95
90	0.60	0.85

注:表中温度为中间值时,可采用线性插值确定。

9.2.6　玻璃钢弹性模量应计算温度折减,当烟气温度不大于
100℃时,折减系数可按 0.8 取值。

9.3　筒壁承载能力计算

9.3.1　在弯矩、轴力和温度作用下,自立式玻璃钢内筒纵向抗压
强度应符合下列公式的要求:

$$\sigma_{zc} = \frac{N_i}{A_{ni}} + \frac{M_i}{W_{ni}} + \gamma_T(\sigma_m^T + \sigma_{sec}^T) \leqslant f_{zc}(\text{或}\ \sigma_{crt}^z)$$
$$(9.3.1\text{-}1)$$

$$\sigma_{zb} = \gamma_T \sigma_b^T \leqslant f_{zb} \qquad (9.3.1\text{-}2)$$

$$\sigma_{crt}^z = k\sqrt{\frac{E_{zb}E_{\theta c}}{3(1-\nu_{z\theta}\nu_{\theta z})}} \times \frac{t_0}{\gamma_{zc} r} \qquad (9.3.1\text{-}3)$$

$$k = 1.0 - 0.9(1.0 - e^{-x}) \qquad (9.3.1\text{-}4)$$

$$x = \frac{1}{16}\sqrt{\frac{r}{t_0}} \qquad (9.3.1\text{-}5)$$

式中:　A_{ni}——计算截面处的结构层净截面面积(mm^2);

　　　W_{ni}——计算截面处的结构层净截面抵抗矩(mm^3);

　　　M_i——玻璃钢烟囱水平计算截面 i 的最大弯矩设计值
　　　　　　($N\cdot mm$);

　　　N_i——与 M_i 相应轴向压力或轴向拉力设计值(N);

　　　f_{zc}——玻璃钢轴心抗压强度设计值(N/mm^2);

　　　f_{zb}——玻璃钢纵向弯曲抗拉强度设计值(N/mm^2);

　　　E_{zb}——玻璃钢轴向弯曲弹性模量(N/mm^2);

　　　$E_{\theta c}$——玻璃钢环向压缩弹性模量(N/mm^2);

　　　σ_{crt}^z——筒壁轴向临界应力(N/mm^2);

　　　t_0——烟囱筒壁玻璃钢结构层厚度(mm);

　　　r——筒壁计算截面结构层中心半径(mm);

　　　σ_m^T、σ_{sec}^T、σ_b^T——筒身弯曲温度应力、温度次应力和筒壁内外温差
　　　　　　引起的温度应力(MPa),按本规范第五章规定进
　　　　　　行计算;

　　　γ_T——温度作用分项系数,取 $\gamma_T = 1.1$。

9.3.2　在弯矩、轴力和温度作用下,悬挂式玻璃钢内筒纵向抗拉
强度应按下列公式计算:

$$\sigma_{zt} = \frac{N_i}{A_{ni}} + \frac{M_i}{W_{ni}} + \gamma_T(\sigma_m^T + \sigma_{sec}^T) \leqslant f_{zt}^s \qquad (9.3.2\text{-}1)$$

$$\sigma_{zt} = \frac{N_i}{A_{ni}} + \gamma_T(\sigma_m^T + \sigma_{sec}^T) \leqslant f_{zt}^l \qquad (9.3.2\text{-}2)$$

$$\sigma_{zb} = \gamma_T \sigma_b^T \leqslant f_{zb} \qquad (9.3.2\text{-}3)$$

$$\frac{\sigma_{zt}}{f_{zt}^l} + \frac{\sigma_{zb}}{f_{zb}} \leqslant 1 \qquad (9.3.2\text{-}4)$$

式中:f_{zt}^s——玻璃钢轴心受拉强度设计值(N/mm^2),抗力分项系
　　　　　　数取 2.6;

　　　f_{zt}^l——玻璃钢轴心受拉强度设计值(N/mm^2),抗力分项系
　　　　　　数取 8.0。

9.3.3　玻璃钢筒壁在烟气负压和风荷载环向弯矩作用下,其强度
可按下列公式计算:

$$\sigma_\theta = \frac{pr}{t_0} \leqslant \sigma_{crt}^\theta \qquad (9.3.3\text{-}1)$$

$$\sigma_{\theta b} = \frac{M_{\theta in}}{W_\theta} + \sigma_\theta^T \leqslant f_{\theta b} \qquad (9.3.3\text{-}2)$$

$$\frac{\sigma_\theta}{\sigma_{crt}^\theta} + \frac{\sigma_{\theta b}}{f_{\theta b}} \leqslant 1 \qquad (9.3.3\text{-}3)$$

$$\sigma_{crt}^\theta = 0.765(E_{\theta b})^{3/4} \cdot (E_{zc})^{1/4} \cdot \frac{r}{L_s} \cdot \left(\frac{t_0}{r}\right)^{1.5} \cdot \frac{1}{\gamma_{\theta c}}$$
$$(9.3.3\text{-}4)$$

式中:$M_{\theta in}$——局部风压产生的环向单位高度风弯矩($N\cdot mm/mm$),
　　　　　　按本规范第 5.2.7 条计算;

　　　p——烟气压力(N/mm^2);

　　　W_θ——筒壁厚度沿环向单位高度截面抵抗矩(mm^3/mm);

　　　$E_{\theta b}$——玻璃钢环向弯曲弹性模量(N/mm^2);

　　　E_{zc}——玻璃钢轴向受压弹性模量(N/mm^2);

L_s——筒壁加筋肋间距（mm）；

σ_θ^T——筒壁环向温度应力（N/mm²），按本规范第5章的规定进行计算；

σ_{crt}^θ——筒壁环向临界应力（N/mm²）。

9.3.4 负压运行的自立式玻璃钢内筒，筒壁强度应按下式计算：

$$\frac{\sigma_{zc}}{\sigma_{crt}^z} + \left(\frac{\sigma_\theta}{\sigma_{crt}^\theta}\right)^2 \leqslant 1 \qquad (9.3.4)$$

9.3.5 玻璃钢烟囱可采用加劲肋的方法提高玻璃钢烟囱筒壁刚度，加劲肋影响截面抗弯刚度应满足下式要求：

$$E_s I_s \geqslant \frac{2pL_s r^3}{1.15} \qquad (9.3.5)$$

式中：E_s——加劲肋沿环向弯曲模量（N/mm²）；

I_s——加劲肋及筒壁影响截面有效宽度惯性矩（mm⁴）。筒壁影响截面有效宽度可采用 $L = 1.56\sqrt{rt_0}$，且计算影响面积不大于加强肋截面面积。

9.3.6 玻璃钢筒壁分段采用平端对接时，宜内外双面粘贴连接，并应对粘贴连接宽度、厚度及铺层分别按下列要求进行计算：

1 粘贴连接接口宽度应满足下式要求：

$$W \geqslant \left(\frac{N_i}{2\pi r} + \frac{M_i}{\pi r^2}\right) \cdot \frac{\gamma_\tau}{f_\tau} \qquad (9.3.6\text{-}1)$$

式中：N_i，M_i——连接截面上部筒身总重力荷载设计值（N）与连接截面处弯矩设计值（N·mm）；

f_τ——手糊板层间允许剪切强度（MPa），可按试验数据采用，当无试验数据时可取20MPa；

γ_τ——手糊板层间剪切强度分项系数，取 $\gamma_\tau = 10$。

2 粘贴连接接口厚度（计算时不计防腐蚀层厚度）应满足下式要求：

$$t \geqslant \left(\frac{N_i}{2\pi r} + \frac{M_i}{\pi r^2}\right) \cdot \frac{\gamma_{zc}}{f_{zc}} \qquad (9.3.6\text{-}2)$$

式中：f_{zc}——手糊板轴向抗压强度（MPa），当无试验数据时可采用140MPa；

γ_{zc}——手糊板轴向抗压强度分项系数，取 $\gamma_{zc} = 10$。

9.3.7 玻璃钢烟囱开孔宜采用圆形，洞孔应力应满足本规范公式（10.3.2-16）的要求。

9.4 构造规定

9.4.1 玻璃钢烟囱下部烟道接口宜设计成圆形。

9.4.2 拉索式玻璃钢烟囱拉索设置应满足以下规定：

1 当烟囱高度与直径之比小于15时，可设1层拉索，拉索位置应距烟囱顶部小于 $h/3$ 处。

2 烟囱高度与直径之比大于15时，可设2层拉索；上层拉索系结位置，宜距烟囱顶部小于 $h/3$ 处；下层拉索宜设在上层拉索位置至烟囱底的1/2高度处。

3 拉索宜为3根，平面夹角为120°，拉索与烟囱轴向夹角不宜小于25°。

9.4.3 玻璃钢加强肋间距不应超过烟囱直径的1.5倍，并不应大于8m。

9.4.4 每段玻璃钢烟囱之间连接应符合下列规定：

1 宜采用平端对接，对接处筒体的内外面的粘贴连接面的宽度、厚度应按本规范第9.3.6条计算确定，但全厚度时的宽度不应小于400mm。

2 当筒体直径小于4m时，也可采用承插连接，承插深度不应小于100mm，内外部接缝处糊制宽度不应小于400mm。

3 接缝处采用玻璃纤维短切原丝毡和无捻粗纱布交替糊制，第一层和最后一层应是玻璃纤维短切原丝毡。

9.4.5 烟囱膨胀节宜采用玻璃钢法兰形式连接，连接节点应严密，连接材料的防腐蚀和耐温性能应符合烟气工艺要求。

9.4.6 玻璃钢烟囱的筒壁结构层最小厚度应满足表9.4.6的规定。

表9.4.6 玻璃钢烟囱的筒壁结构层最小厚度（mm）

烟囱直径（m）	结构层最小厚度	备注
≤2.5	6	中间值线性插入
>4	10	

9.5 烟囱制作要求

9.5.1 玻璃钢烟囱的制造环境应符合下列规定：

1 应在工厂室内或在有临时围护结构的现场制作。

2 制作场所应通风。

3 环境温度宜为15℃～30℃，所有材料和设备温度应高于露点温度3℃；当环境温度低于10℃时，应采用加热保温措施，并严禁用明火或蒸汽直接加热。

4 原材料使用时的温度，不应低于环境温度。

9.5.2 玻璃钢烟囱的制造设备应符合下列要求：

1 缠绕机在整个玻璃钢内衬分段长度上的缠绕角应在±1.5°以内。

2 制造玻璃钢内衬所用的筒芯（模具）的外表面应均匀，其直径的偏差（沿长度方向）应控制在设计直径的±0.25%以内。

3 树脂混合设备应计量准确，应先在树脂中按比例加入促进剂，并应混合均匀；在输送到玻璃纤维浸胶槽前，应按比例加入固化剂，并应搅拌均匀。

4 玻璃纤维增强材料使用时，应符合均匀、连续、可重复的输送要求，在缠绕中，不应产生间隙、空隙或者结构损伤。

9.5.3 树脂的使用应符合下列要求：

1 在制造前，应进行树脂胶凝时间的试验。

2 树脂黏度可通过加入气相二氧化硅或苯乙烯调节，其加入量不得超过树脂重量的3%。

3 已加入促进剂和引发剂的树脂，应在树脂凝胶前用完。已发生凝胶的树脂不得使用。

4 促进剂与固化剂严禁同时加入树脂中。

9.5.4 玻璃纤维增强材料使用前不得有损坏、污染和水分。

9.5.5 玻璃钢烟囱应分段制造，每段长度应同制造能力相匹配，同时应符合安装和接缝总数最少的原则。

9.5.6 制造玻璃钢内衬所用的筒芯（模具）使用前应符合下列规定：

1 表面应洁净、光滑、无缺陷。

2 表面应使用聚酯薄膜或脱模剂。

9.5.7 防腐蚀内衬层的制造应符合下列规定：

1 富树脂层应先将配好的树脂均匀涂覆到旋转的筒芯（模具）上，再将玻璃纤维表面毡缠绕到筒芯（模具）上，并应完全浸润。

次内衬层应在富树脂层上采用玻璃纤维短切原丝毡和树脂衬贴，并应充分碾压、去除气泡、浸润完全，应直至到达设计规定的厚度。

当施工条件可靠时，也可采用喷射工艺，厚度应均匀。

2 同层玻璃纤维原丝毡的叠加宽度不应少于10mm。

3 在防腐蚀内衬层放热固化完成后，应检查是否存在气泡、斑点和凹凸不平，并应进行修补。

9.5.8 结构层与防腐蚀内衬层的制造间隔时间应符合下列规定：

1 防腐蚀内衬层固化完成后，表面应采用丙酮擦拭发黏后再进行结构层制作。

2 防腐蚀内衬层固化完成后超过24h，应检查表面是否有污染和水分，并应用丙酮擦拭，应根据擦拭后表面状态按下列要求进一步处理：

1）当擦拭后表面发黏时，可进行结构层制造。

2）当擦拭后表面不发黏，或表面有污染时，应打磨去除表面光泽，清理干净后进行结构层制造。

3 结构层与防腐蚀内衬层的制造间隔时间不宜超过72h。

9.5.9 结构层的制造应符合下列规定：

1 应在防腐蚀内衬层固化后再缠绕结构层。当在缠绕开始前,应先在内衬层表面均匀涂布一道树脂。

2 采用玻璃纤维连续纱浸渍树脂后,应以规定的缠绕角度连续成型;也可根据设计要求,采用环向连续缠绕、轴向加衬单向布的交替成型方法。

3 缠绕角度应允许在±1.5°内变化。

4 缠绕作业不能持续到最终厚度,或因设备故障而延迟完成时,重新开始缠绕作业的间隔时间和表面处理方法应按本规范第9.5.8条执行。

9.5.10 外表层的制造应符合下列规定:

1 玻璃钢烟囱内衬的外表面应采用无空气阻聚的树脂封面。

2 玻璃钢烟囱在室外使用时,外表面层应添加紫外线吸收剂。

9.5.11 玻璃钢烟囱筒体的制造误差应符合下列规定:

1 各分段筒体的直径误差应小于直径的1%。

2 各分段筒体的高度误差不应超过本段高度的±0.5%,且不超过13mm。

3 各分段筒体的厚度误差不应超过内衬厚度的−10%~+20%,或重量误差应控制为−5%~+10%。

9.6 安装要求

9.6.1 在装卸、存放和安装期间,应计入吊装荷载及变形对玻璃钢筒体产生的不利影响。

9.6.2 玻璃钢烟囱分段装卸时,应采用柔性吊索。

9.6.3 直径超过3m的分段玻璃钢烟囱宜垂直存放和移动。

9.6.4 当分段的玻璃钢烟囱进行水平和垂直位置的相互变换时,应符合底部边缘点的荷载设计要求,且防腐蚀层表面不得产生裂纹。

9.6.5 每段玻璃钢烟囱上的对称吊环,应满足安装期间所施加的各种载荷。

10 钢 烟 囱

10.1 一般规定

10.1.1 钢烟囱可分为塔架式、自立式和拉索式。外筒为钢筒壁的套筒式和多管式钢烟囱,外筒可按本章第10.3节有关自立式钢烟囱的规定进行设计,内筒布置与计算应按本规范第8章有关规定进行设计。

10.1.2 钢塔架及拉索计算可按现行国家标准《高耸结构设计规范》GB 50135的有关规定进行。

10.1.3 当烟气温度较高时,对于无隔热层的钢烟囱应在其底部2m高度范围内,采取隔热措施或设置安全防护栏。

10.1.4 钢烟囱选用的材料应符合现行国家标准《钢结构设计规范》GB 50017的规定。

10.2 塔架式钢烟囱

10.2.1 钢塔架可根据排烟筒的数量确定,水平截面可设计成三角形和方形。

10.2.2 钢塔架沿高度可采用单坡度或多坡度形式。塔架底部宽度与高度之比,不宜小于1/8。

10.2.3 对于高度较高,底部较宽的钢塔架,宜在底部各边增设拉杆。

10.2.4 钢塔架的计算应符合下列规定:

1 在风荷载和地震作用下,应根据排烟筒与钢塔架的连接方式,计算排烟筒对塔架的作用力。

2 当钢塔架截面为三角形时,在风荷载与地震作用下,应计算三种作用方向[图10.2.4(a)]。

3 当钢塔架截面为四边形时,在风荷载与地震作用下,应计算两种作用方向[图10.2.4(b)]。

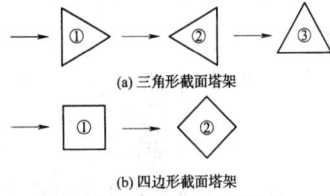

(a) 三角形截面塔架

(b) 四边形截面塔架

图 10.2.4 塔架外力作用方向

4 当钢塔架与排烟筒采用整体吊装时应对钢塔架进行吊装验算。

5 钢塔架应计算由脉动风引起的风振影响,当钢塔架的基本自振周期小于0.25s时,可不计算风振影响。

6 钢塔架杆件的自振频率应与塔架的自振频率相互错开。

7 对承受上拔力和横向力的钢塔架基础,除地基应进行强度计算和变形验算外,尚应进行抗拔和抗滑稳定性验算。

10.2.5 钢塔架腹杆宜按下列规定确定:

1 塔架顶层和底层宜采用刚性K型腹杆。

2 塔架中间层宜采用预加拉紧的柔性交叉腹杆。

3 塔柱及刚性腹杆采用钢管,当为组合截面时宜采用封闭式组合截面。

4 交叉柔性腹杆宜采用圆钢。

10.2.6 钢塔架平台与排烟筒连接时,可采用滑道式连接(图10.2.6)。

10.2.7 钢塔架应沿塔面变坡处或受力情况复杂处构造薄弱处设置横隔,其余可沿塔架高度每隔2个~3个节间设置一道横隔。塔架应沿高度每隔20m~30m设一道休息平台或检修平台。

10.2.8 钢塔架抗震验算时,其构件及连接节点的承载力抗震调整系数可采用表10.2.8数值。

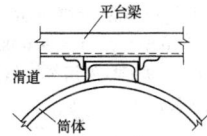

图 10.2.6 滑道式连接

表 10.2.8 塔架构件及连接节点承载力抗震调整系数

塔架构件 调整系数	塔柱	腹杆	支座斜杆	节点
γ_{RE}	0.85	0.80	0.90	1.00

10.2.9 塔架式钢烟囱的水平弯矩,应按排烟筒与塔架变形协调进行计算。

10.2.10 排烟筒的构造要求应与自立式钢烟囱相同。

10.3 自立式钢烟囱

10.3.1 自立式钢烟囱的直径 d 和对应位置高度 h 之间的关系应根据强度和变形要求,经过计算后确定,并宜满足下式的要求;当不满足下式要求时,烟囱下部直径宜扩大或采用其他减震等措施:

$$h \leqslant 30d \qquad (10.3.1)$$

10.3.2 自立式钢烟囱应进行下列计算:

1 弯矩和轴向力作用下,钢烟囱强度应按下式进行计算:

$$\frac{N_i}{A_{ni}} + \frac{M_i}{W_{ni}} \leqslant f_t \qquad (10.3.2-1)$$

式中:M_i——钢烟囱水平计算截面 i 处最大弯矩设计值(包括风弯矩和水平地震作用弯矩)(N·mm);

N_i——与 M_i 相应轴向压力或轴向拉力设计值(包括结构自重和竖向地震作用)(N);

A_{ni}——计算截面处的净截面面积(mm²);

W_{ni}——计算截面处的净截面抵抗矩(mm³);

f_t——温度作用下钢材抗拉、抗压强度设计值(N/mm²),按本规范第4.3.6条进行计算。

2 弯矩和轴向力作用下,钢烟囱局部稳定性应按下列公式进行验算:

$$\sigma_N + \sigma_B \leqslant \sigma_{crt} \quad (10.3.2\text{-}2)$$

$$\sigma_N = \frac{N_i}{A_{ni}} \quad (10.3.2\text{-}3)$$

$$\sigma_B = \frac{M_i}{W_{ni}} \quad (10.3.2\text{-}4)$$

$$\sigma_{crt} = \begin{cases} (0.909 - 0.375\beta^{1.2})f_{yt} & \beta \leqslant \sqrt{2} \\ \dfrac{0.68}{\beta^2}f_{yt} & \beta > \sqrt{2} \end{cases} \quad (10.3.2\text{-}5)$$

$$\beta = \sqrt{\frac{f_{yt}}{\alpha \sigma_{et}}} \quad (10.3.2\text{-}6)$$

$$\sigma_{et} = 1.21E_t \cdot \frac{t}{D_i} \quad (10.3.2\text{-}7)$$

$$\alpha = \delta \cdot \frac{\alpha_N \sigma_N + \alpha_B \sigma_B}{\sigma_N + \sigma_B} \quad (10.3.2\text{-}8)$$

$$\alpha_N = \begin{cases} \dfrac{0.83}{\sqrt{1 + D_i/(200t)}} & \dfrac{D_i}{t} \leqslant 424 \\ \dfrac{0.7}{\sqrt{0.1 + D_i/(200t)}} & \dfrac{D_i}{t} > 424 \end{cases} \quad (10.3.2\text{-}9)$$

$$\alpha_B = 0.189 + 0.811\alpha_N \quad (10.3.2\text{-}10)$$

$$f_{yt} = \gamma_s f_y \quad (10.3.2\text{-}11)$$

式中:σ_{crt}——烟囱筒壁局部稳定临界应力(N/mm²);

f_y——钢材屈服强度(N/mm²);

γ_s——钢材在温度作用下强度设计值折减系数,按本规范第4.3.6条确定;

t——筒壁厚度(mm);

E_t——温度作用下钢材的弹性模量(N/mm²);

D_i——i截面钢烟囱外直径(mm);

δ——烟囱筒体几何缺陷折减系数,当 $w \leqslant 0.01l$ 时(图10.3.2),取 $\delta = 1.0$;当 $w = 0.02l$ 时,取 $\delta = 0.5$;当 $0.01l < w < 0.02l$ 时,采用线性插值;不允许出现 $w > 0.02l$ 的情况。

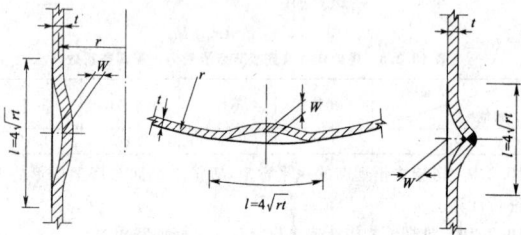

图 10.3.2 钢烟囱筒体几何缺陷示意

3 在弯矩和轴向力作用下,钢烟囱的整体稳定性应按下列公式进行验算:

$$\frac{N_i}{\varphi A_{bi}} + \frac{M_i}{W_{bi}(1 - 0.8N_i/N_{Ex})} \leqslant f_t \quad (10.3.2\text{-}12)$$

$$N_{Ex} = \frac{\pi^2 E_t A_{bi}}{\lambda^2} \quad (10.3.2\text{-}13)$$

式中:A_{bi}——计算截面处的毛截面面积(mm²);

W_{bi}——计算截面处的毛截面抵抗矩(mm³);

N_{Ex}——欧拉临界力(N);

λ——烟囱长细比,按悬臂构件计算;

φ——焊接圆筒截面轴心受压构件稳定系数,按本规范附录B采用。

4 地脚螺栓最大拉力可按下式计算:

$$P_{max} = \frac{4M}{nd} - \frac{N}{n} \quad (10.3.2\text{-}14)$$

式中:P_{max}——地脚螺栓的最大拉力(kN);

M——烟囱底部最大弯矩设计值(kN·m);

N——与弯矩相应的轴向压力设计值(kN);

d——地脚螺栓所在圆直径(m);

n——地脚螺栓数量。

5 钢烟囱底座基础局部受压应力,可按下式计算:

$$\sigma_{cbt} = \frac{G}{A_t} + \frac{M}{W} \leqslant \omega \beta_t f_{ct} \quad (10.3.2\text{-}15)$$

式中:σ_{cbt}——钢烟囱(包括钢内筒)荷载设计值作用下,在混凝土底座处产生的局部受压应力(N/mm²);

G——烟囱底座部重力荷载设计值(kN);

A_t——钢烟囱与混凝土基础的接触面面积(mm²);

W——钢烟囱与混凝土基础的接触面截面抵抗矩(mm³);

ω——荷载分布影响系数,可取 $\omega = 0.675$;

β_t——混凝土局部受压时强度提高系数,按现行国家标准《混凝土结构设计规范》GB 50010 的有关规定计算;

f_{ct}——混凝土在温度作用下的轴心抗压强度设计值。

6 烟道入口宜设计成圆形。矩形孔洞的转角宜设计成圆弧形。孔洞应力应满足下式要求:

$$\sigma = \left(\frac{N}{A_0} + \frac{M}{W_0}\right)\alpha_k \leqslant f_t \quad (10.3.2\text{-}16)$$

式中:A_0——洞口补强后水平截面面积,应不小于无孔洞的相应圆筒壁水平截面面面积(mm²);

W_0——洞口补强后水平截面最小抵抗矩(mm³);

f_t——温度作用下的钢材抗压强度设计值(N/mm²);

N——洞口截面处轴向力设计值(N);

M——洞口截面处弯矩设计值(N·mm);

α_k——洞口应力集中系数,孔洞圆角半径 r 与孔洞宽度 b 之比,$r/b = 0.1$ 时,可取 $\alpha_k = 4$,$r/b \geqslant 0.2$ 时,取 $\alpha_k = 3$,中间值线性插入。

10.3.3 钢烟囱的筒壁最小厚度应满足下列公式要求:

烟囱高度不大于20m时:

$$t_{min} = 4.5 + C \quad (10.3.3\text{-}1)$$

烟囱高度大于20m时:

$$t_{min} = 6 + C \quad (10.3.3\text{-}2)$$

式中:t_{min}——筒壁最小厚度(mm);

C——腐蚀厚度裕度,有隔热层时 $C = 2mm$,无隔热层时取 $C = 3mm$。

10.3.4 隔热层的设置应符合下列规定:

1 当烟气温度高于本规范表3.3.1规定的最高受热温度时,应设置隔热层。

2 隔热层厚度应由温度计算确定,但最小厚度不宜小于50mm。对于全辐射炉型的烟囱,隔热层厚度不宜小于75mm。

3 隔热层应与烟囱筒壁牢固连接,当采用不定型现场浇注材料时,可采用锚固钉或金属网固定。烟囱顶部可设置钢板圈保护隔离层边缘。钢板圈厚度不应小于6mm。

4 应沿烟囱高度方向,每隔1m~1.5m设置一个角钢支承环。

5 当烟气温度高于560℃时,隔热层的锚固件可采用不锈钢(1Cr18Ni9Ti)制造。烟气温度低于560℃时,可采用一般碳素钢制造。

10.3.5 破风圈的设置应符合下列规定:

1 当烟囱的临界风速小于6m/s~7m/s时,应设置破风圈。当烟囱的临界风速为7m/s~13.4m/s,小于设计风速,且采用改变烟囱高度、直径和增加厚度等措施不经济时,也可设置破风圈。

2 设置破风圈范围的烟囱体型系数应按1.2采用。

3 需设置破风圈时,应在距烟囱上端不小于烟囱高度1/3的范围内设置。

4 破风圈型式可采用螺旋板型或交错排列直立板型,并应符合下列规定:

1)当采用螺旋板型时,其螺旋板厚度不小于6mm,宽度为烟囱外径的 1/10。螺旋板为三道,沿圆周均布,螺旋节距可为烟囱外直径的 5 倍。

  2)当交错排列直立板型时,其直立板厚度不小于 6mm,长度不大于 1.5m,宽度为烟囱外径的 1/10,每圈立板数量为 4 块,沿烟囱圆周均布,相邻圈立板相互错开 45°。

10.3.6 烟囱顶部可设置用于涂刷油漆的导轨滑车及滑车钢丝绳。

10.4 拉索式钢烟囱

10.4.1 当烟囱高度与直径之比大于 30($h/d>30$)时,可采用拉索式钢烟囱。

10.4.2 当烟囱高度与直径之比小于 35 时,可设一层拉索。拉索宜为 3 根,平面夹角宜为 120°,拉索与烟囱轴向夹角不应小于 25°。拉索系结位置距烟囱顶部应小于 $h/3$ 处。

10.4.3 烟囱高度与直径之比大于 35 时,可设两层拉索;上层拉索系结位置,宜距烟囱顶部小于 $h/3$ 处;下层拉索系结位置,宜设在上层拉索至烟囱底的 1/2 高度处。

10.4.4 拉索式烟囱在风荷载和地震作用下的内力计算,可按现行国家标准《高耸结构设计规范》GB 50135 的规定计算,并应计及横风向风振的影响。

10.4.5 拉索式钢烟囱筒身的构造措施,应与自立式钢烟囱相同。

11 烟囱的防腐蚀

11.1 一般规定

11.1.1 燃煤烟气可按下列规定分类:

  1 相对湿度小于 60%、温度大于或等于 90℃ 的烟气,应为干烟气。

  2 相对湿度大于或等于 60%、温度大于 60℃ 但小于 90℃ 的烟气,应为潮湿烟气。

  3 相对湿度为饱和状态、温度小于 60℃ 的烟气,应为湿烟气。

11.1.2 当排放非燃煤烟气时,烟气分类可根据经验并按本规范第 11.1.1 条的规定确定。烟囱设计应按烟气分类及相应腐蚀等级,采取对应的防腐蚀措施。

11.1.3 对于烟气主要腐蚀介质为二氧化硫的干烟气,当烟气温度低于 150℃,且烟气二氧化硫含量大于 500ppm 时,应计入烟气的腐蚀性影响,并应按下列规定确定其腐蚀等级:

  1 当二氧化硫含量为 500ppm~1000ppm 时,应为弱腐蚀干烟气。

  2 当二氧化硫含量大于 1000ppm 且小于或等于 1800ppm 时,应为中等腐蚀干烟气。

  3 当二氧化硫含量大于 1800ppm 时,应为强腐蚀干烟气。

11.1.4 湿法脱硫后的烟气应为强腐蚀性湿烟气;湿法脱硫烟气经过再加热后应为强腐蚀性潮湿烟气。

11.1.5 烟囱设计应计入周围环境对烟囱外部的腐蚀影响,可根据现行国家标准《工业建筑防腐蚀设计规范》GB 50046 的有关规定采取防腐蚀措施。

11.1.6 当烟囱所排放烟气的特性发生变化时,应对原烟囱的防腐蚀措施进行重新评估。

11.1.7 湿烟气烟囱设计应符合下列规定:

  1 排烟筒内部应设置冷凝液收集装置。

  2 烟囱顶部钢筋混凝土外筒筒首、避雷针和爬梯等,应计入烟羽造成的腐蚀影响,并应采取防腐蚀措施。

  3 排烟筒应按大型管道设备的要求设置定期检修维护设施。

11.2 烟囱结构型式选择

11.2.1 烟囱的结构型式应根据烟气的分类和腐蚀等级确定,可按表 11.2.1 的要求并结合实际情况进行选取。

表 11.2.1 烟囱结构型式

烟囱类型		干烟气			潮湿烟气	湿烟气
		弱腐蚀性	中等腐蚀	强腐蚀		
砖烟囱		○	□	×	×	×
单筒式钢筋混凝土烟囱		○	□	△	△	△
套筒或多管式烟囱	砖内筒	□	□	○	□	×
	钢内筒 防腐金属内衬	△	△	△	△	○
	钢内筒 轻质防腐砖内衬	□	□	○	□	□
	钢内筒 防腐涂层内衬	□	□	△	△	△
	钢内筒 耐酸混凝土内衬	□	□	○	△	△
	玻璃钢内筒	△	△	△	○	○

注:1 "○"建议采用的方案;"□"可采用的方案;"△"不宜采用的方案;"×"不应采用的方案。

  2 选择表中所列方案时,其材料性能应与实际烟囱运行工况相适应。当烟气温度较高时,内衬材料应满足长期耐高温要求。

11.2.2 排放干烟气的烟囱结构型式的选择应符合下列规定:

  1 烟囱高度小于或等于 100m 时,可采用单筒式烟囱。当烟气属强腐蚀性时,宜采用砖套筒式烟囱。

  2 烟囱高度大于 100m,且排放强腐蚀性烟气时,宜采用套筒式或多管式烟囱;当排放中等腐蚀性烟气时,可采用套筒式或多管式烟囱,也可采用单筒式烟囱;当排放弱腐蚀性烟气时,宜采用单筒式烟囱。

11.2.3 排放潮湿烟气的烟囱结构型式的选择应符合下列规定:

  1 宜采用套筒式或多管式烟囱。

  2 每个排烟筒接入锅炉台数应结合排烟筒的防腐措施确定。300MW 以下机组每个排烟筒接入锅炉台数不宜超过 2 台,且不应超过 4 台;300MW 及其以上机组每个排烟筒接入锅炉台数不应超过 2 台;1000MW 及其以上机组每个排烟筒接入锅炉台数不应超过 1 台。

11.2.4 排放湿烟气的烟囱结构型式的选择应符合下列规定:

  1 应采用套筒式或多管式烟囱。

  2 每个排烟筒接入锅炉台数应结合排烟筒的防腐措施确定。200MW 以下机组每个排烟筒接入锅炉台数不宜超过 2 台,且不应超过 4 台;200MW 及其以上机组每个排烟筒接入锅炉台数不应超过 2 台;600MW 及其以上机组每个排烟筒接入锅炉台数宜为 1 台;1000MW 及其以上机组为每个排烟筒接入锅炉台数不应超过 1 台。

11.3 砖烟囱的防腐蚀

11.3.1 当排放弱腐蚀性等级干烟气时,烟囱内衬宜按烟囱全高设置;当排放中等腐蚀性等级干烟气时,烟囱内衬应按烟囱全高设置。

11.3.2 当排放中等腐蚀性等级干烟气时,烟囱内衬宜采用耐火砖和耐酸胶泥(或耐酸砂浆)砌筑。

11.4 单筒式钢筋混凝土烟囱的防腐蚀

11.4.1 单筒式钢筋混凝土烟囱筒壁混凝土强度等级应符合下列规定:

  1 当排放弱腐蚀性干烟气时,混凝土强度等级不应低于 C30。

  2 当排放中等腐蚀性干烟气时,混凝土强度等级不应低于 C35。

3 当排放强腐蚀性干烟气或潮湿烟气时，混凝土强度等级不应低于 C40。

11.4.2 单筒式钢筋混凝土烟囱筒壁内侧混凝土保护层最小厚度和腐蚀裕度厚度，应符合下列规定：

1 当排放弱腐蚀性干烟气时，混凝土最小保护层厚度应为 35mm。

2 当排放中等腐蚀性干烟气时，筒壁厚度宜增加 30mm 的腐蚀裕度，混凝土最小保护层厚度宜为 40mm。

3 当排放强等腐蚀性干烟气或潮湿烟气时，筒壁厚度宜增加 50mm 的腐蚀裕度，混凝土最小保护层厚度宜为 50mm。

11.4.3 单筒式钢筋混凝土烟囱内衬和隔热层，应符合下列规定：

1 当排放弱腐蚀性干烟气时，内衬宜采用耐酸砖（砌块）和耐酸胶泥砌筑或轻质、耐酸、隔热整体浇注防腐内衬。

2 当排放中等以及强腐蚀性干烟气或潮湿烟气时，内衬应采用耐酸胶泥和耐酸砖（砌块）砌筑或轻质、耐酸、隔热整体浇注防腐内衬。

3 当排放强腐蚀性烟气时，砌体类内衬最小厚度不宜小于 200mm；当采用轻质、耐酸、隔热整体浇注防腐蚀内衬时，其最小厚度不宜小于 150mm。

4 烟囱保温隔热层应采用耐酸憎水性的材料制品。

5 钢筋混凝土筒壁内表面应设置防腐蚀隔离层。

11.4.4 烟囱内的烟气压力宜符合下列规定：

1 烟囱高度不超过 100m 时，烟囱内部烟气压力可不受限制。

2 烟囱高度大于 100m 时，当排放弱腐蚀性等级烟气时，烟气压力不宜超过 100Pa；当排放中等腐蚀性等级烟气时，烟气压力不宜超过 50Pa。

3 当排放强腐蚀性烟气时，烟气宜负压运行。

4 当烟气正压压力超过本条第 1 款~第 3 款的规定时，可采取下列措施：

1）增大烟囱顶部出口内直径，降低顶部烟气排放的出口流速。

2）调整烟囱外形尺寸，减小烟囱外表面的坡度或内衬内表面的粗糙度。

3）在烟囱顶部做烟气扩散装置。

11.4.5 烟囱内衬耐酸砖（砌块）和耐酸砂浆（或耐酸胶泥）砌筑，应采用挤压法施工，砌体中的水平灰缝和垂直灰缝应饱满、密实。当采用轻质、耐酸、隔热整体浇注防腐蚀内衬时，不宜设缝。

11.5 套筒式和多管式烟囱的砖内筒防腐蚀

11.5.1 砖内筒的材料选择应符合下列规定：

1 当排放中等腐蚀性干烟气时，砖内筒宜采用耐酸砖（砌块）和耐酸胶泥（耐酸砂浆）砌筑；砖内筒的保温隔热层宜采用轻质隔热防腐的玻璃棉制品。

2 当排放强腐蚀性烟气或潮湿烟气时，排烟内筒采用耐酸砖（砌块）和耐酸胶泥（耐酸砂浆）砌筑；砖内筒的保温隔热层应采用轻质隔热防腐的玻璃棉制品。

3 在满足内筒砌体强度和稳定的条件下，应采用轻质耐酸材料砌筑。

4 排烟内筒耐酸砖（砌块）宜采用异形形状，砌体施工应符合本规范第 11.4.5 条的规定。

11.5.2 砖内筒防腐蚀应符合下列规定：

1 内筒中排放的烟气宜处于负压运行状态。当出现正压运行状态时，耐酸砖（砌块）砌体结构的外表面应设置密实型耐酸砂浆封闭层；也可在内外筒间的夹层中设置风机加压，并应使内外筒间夹层中的空气压力超过相应处排烟内筒中的烟气压力值 50Pa。

2 内筒外表面应按计算和构造要求确定设置保温隔热层，并

应使烟气不在内筒内表面出现结露现象。

3 内筒各分段接头处，应采用耐酸防腐蚀材料连接，烟气不应渗漏，并应满足温度伸缩要求（图 11.5.2）。

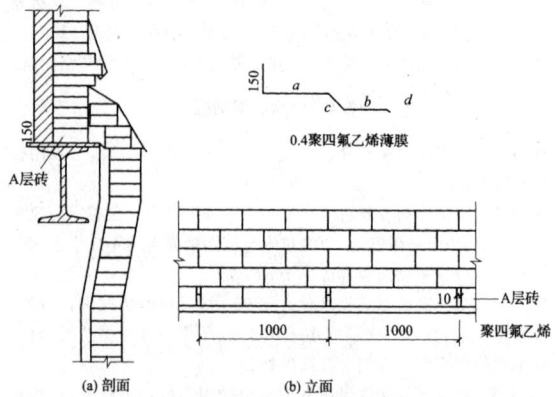

图 11.5.2 内筒接头构造（mm）

4 砖内筒支承结构应进行防腐蚀保护。

11.6 套筒式和多管式烟囱的钢内筒防腐蚀

11.6.1 钢内筒内衬应按本规范表 11.2.1 选用。

11.6.2 钢内筒材料及结构构造应符合下列规定：

1 钢内筒的外表面和导流板以下的内表面应采用耐高温防腐蚀涂料防护。

2 钢内筒的外保温层应分两层铺设，接缝应错开。钢内筒采用轻质防腐蚀砖内衬时，可不设外保温层。

3 钢内筒筒首保温层应采用不锈钢包裹，其余部位可采用铝板包裹。

11.7 钢烟囱的防腐蚀

11.7.1 钢烟囱内衬防腐蚀设计可按本规范第 11.6 节设计进行。

11.7.2 钢烟囱外表面设计应计入大气环境的腐蚀影响因素，宜采取长效防腐蚀措施。

12 烟囱基础

12.1 一般规定

12.1.1 烟囱地基基础的计算，除应符合本规范的规定外，尚应符合国家现行标准《建筑地基基础设计规范》GB 50007 和《建筑桩基技术规范》JGJ 94 的有关规定。在抗震设防地区还应符合现行国家标准《建筑抗震设计规范》GB 50011 的规定。

12.1.2 基础截面极限承载能力计算和正常使用极限状态验算，应按现行国家标准《混凝土结构设计规范》GB 50010 的有关规定进行。

12.1.3 对于有烟气通过的基础，材料强度应计算温度作用的影响。

12.2 地基计算

12.2.1 烟囱基础地基压力计算，应符合下列规定：

1 轴心荷载作用时：

$$p_k = \frac{N_k + G_k}{A} \leqslant f_a \qquad (12.2.1\text{-}1)$$

2 偏心荷载作用时除应满足公式(12.2.1-1)的要求外,尚应符合下列要求:

1)地基最大压力:

$$p_{kmax} = \frac{N_k + G_k}{A} + \frac{M_k}{W} \leqslant 1.2f_a \qquad (12.2.1\text{-}2)$$

2)地基最小压力:

板式基础:

$$p_{kmin} = \frac{N_k + G_k}{A} - \frac{M_k}{W} \geqslant 0 \qquad (12.2.1\text{-}3)$$

壳体基础:

$$p_{kmin} = \frac{N_k}{A} - \frac{M_k}{W} \geqslant 0 \qquad (12.2.1\text{-}4)$$

式中:N_k——相应荷载效应标准组合时,上部结构传至基础顶面竖向力值(kN);

G_k——基础自重标准值和基础上土重标准值之和(kN);

f_a——修正后的地基承载力特征值(kPa);

M_k——相应于荷载效应标准组合时,传至基础底面的弯矩值(kN·m);

W——基础底面的抵抗矩(m³);

A——基础底面面积(m²)。

3 自立式钢烟囱和塔架基础可按现行国家标准《高耸结构设计规范》GB 50135 的有关规定进行设计。

12.2.2 地基的沉降和基础倾斜,应按现行国家标准《建筑地基基础设计规范》GB 50007 和本规范第 3.1.9 条的规定进行计算。

12.2.3 环形或圆形基础下的地基平均附加压应力系数,可按本规范附录 C 采用。

12.3 刚性基础计算

12.3.1 刚性基础的外形尺寸(图12.3.1),应按下列公式确定:

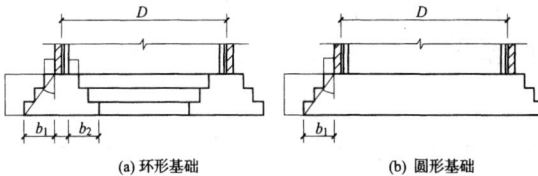

图 12.3.1 刚性基础(mm)

1 当为环形基础时:

$$b_1 \leqslant 0.8h\tan\alpha \qquad (12.3.1\text{-}1)$$

$$b_2 \leqslant h\tan\alpha \qquad (12.3.1\text{-}2)$$

2 当为圆形基础时:

$$b_1 \leqslant 0.8h\tan\alpha \qquad (12.3.1\text{-}3)$$

$$h \geqslant \frac{D}{3\tan\alpha} \qquad (12.3.1\text{-}4)$$

式中:b_1、b_2——基础台阶悬挑尺寸(m);

h——基础高度(m);

$\tan\alpha$——基础台阶宽高比,按现行国家标准《建筑地基基础设计规范》GB 50007 的规定采用;

D——基础顶面筒壁内直径(m)。

12.4 板式基础计算

12.4.1 板式基础外形尺寸(图12.4.1)的确定,宜符合下列规定:

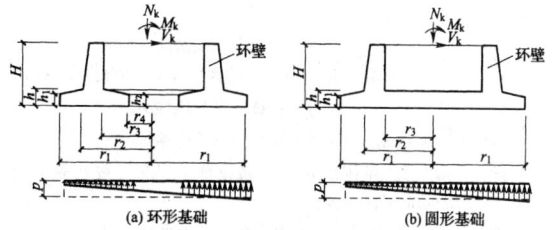

图 12.4.1 基础尺寸与底面压力计算

1 当为环形基础时,宜按下列公式计算:

$$r_4 \approx \beta r_z \qquad (12.4.1\text{-}1)$$

$$h \geqslant \frac{r_1 - r_2}{2.2} \qquad (12.4.1\text{-}2)$$

$$h \geqslant \frac{r_3 - r_4}{3.0} \qquad (12.4.1\text{-}3)$$

$$h_1 \geqslant \frac{h}{2} \qquad (12.4.1\text{-}4)$$

$$h_2 \geqslant \frac{h}{2} \qquad (12.4.1\text{-}5)$$

$$r_z = \frac{r_2 + r_3}{2} \qquad (12.4.1\text{-}6)$$

2 当为圆形基础时,宜按下列公式计算:

$$\frac{r_1}{r_z} \approx 1.5 \qquad (12.4.1\text{-}7)$$

$$h \geqslant \frac{r_1 - r_2}{2.2} \qquad (12.4.1\text{-}8)$$

$$h \geqslant \frac{r_3}{4.0} \qquad (12.4.1\text{-}9)$$

$$h_1 \geqslant \frac{h}{2} \qquad (12.4.1\text{-}10)$$

式中:β——基础底板平面外形系数,根据 r_1 与 r_2 的比值,由图 12.4.11-2 查得,或按 $\beta = -3.9 \times \left(\frac{r_1}{r_z}\right)^3 + 12.9 \times \left(\frac{r_1}{r_z}\right)^2 - 15.3 \times \frac{r_1}{r_z} + 7.3$ 进行计算;

r_z——环壁底面中心点半径。其余符号见图12.4.1。

12.4.2 计算基础底板的内力时,基础底板的压力可按均布荷载采用,并应取外悬挑中点处的最大压力(图12.4.1),其值应按下式计算:

$$p = \frac{N}{A} + \frac{M_z}{I} \cdot \frac{r_1 + r_2}{2} \qquad (12.4.2)$$

式中:M_z——作用于基础底面的总弯矩设计值(kN·m);

N——作用于基础顶面的垂直荷载设计值(kN)(不含基础自重及土重);

A——基础底面面积(m²);

I——基础底面惯性矩(m⁴)。

12.4.3 在环壁与底板交接处的冲切强度可按下列公式计算(图12.4.3):

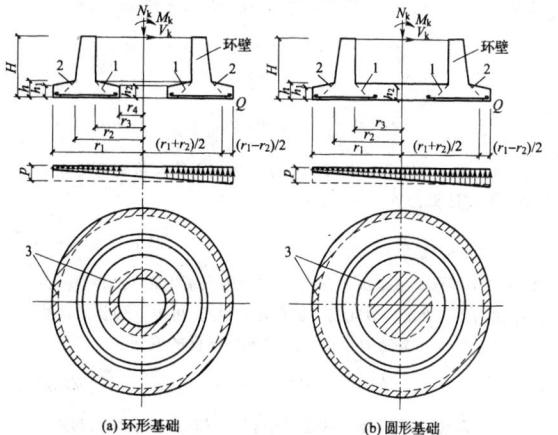

图 12.4.3 底板冲切强度计算
1—验算环壁内边缘冲切强度时破坏锥体的斜截面;
2—验算环壁外边缘冲切强度时破坏锥体的斜截面;
3—冲切破坏锥体的底截面

$$F_l \le 0.35\beta_h f_{tt}(b_t + b_b)h_0 \qquad (12.4.3-1)$$

$$b_b = 2\pi(r_2 + h_0) \quad \text{（用于验算环壁外边缘）} \qquad (12.4.3-2)$$

$$b_b = 2\pi(r_3 - h_0) \quad \text{（用于验算环壁内边缘）} \qquad (12.4.3-3)$$

$$b_t = 2\pi r_2 \quad \text{（用于验算环壁外边缘）} \qquad (12.4.3-4)$$

$$b_t = 2\pi r_3 \quad \text{（用于验算环壁内边缘）} \qquad (12.4.3-5)$$

式中：F_l——冲切破坏体以外的荷载设计值（kN），按本规范第12.4.4条计算；

$\quad\quad f_{tt}$——混凝土在温度作用下的抗拉强度设计值（kN/m^2）；

$\quad\quad b_b$——冲切破坏锥体斜截面的下边圆周长（m）；

$\quad\quad b_t$——冲切破坏锥体斜截面的上边圆周长（m）；

$\quad\quad h_0$——基础底板计算截面处的有效厚度（m）；

$\quad\quad \beta_h$——受冲切承载力截面高度影响系数，当 h 不大于 800mm 时 β_h 取 1.0；当 h 大于或等于 2000mm 时，β_h 取 0.9，其间按线性内插法采用。

12.4.4 冲切破坏锥体以外的荷载 F_l，可按下列公式计算：

1 计算环壁外边缘时：
$$F_l = p\pi[r_1^2 - (r_2 + h_0)^2] \qquad (12.4.4-1)$$

2 计算环壁内边缘时：

1）环形基础：
$$F_l = p\pi[(r_3 - h_0)^2 - r_4^2] \qquad (12.4.4-2)$$

2）圆形基础：
$$F_l = p\pi(r_3 - h_0)^2 \qquad (12.4.4-3)$$

12.4.5 环形基础底板下部和底板内悬挑上部均采用径、环向配筋时，确定底板配筋用的弯矩设计值可按下列公式计算：

1 底板下部半径 r_2 处单位弧长的径向弯矩设计值：
$$M_R = \frac{p}{3(r_1 + r_2)}(2r_1^3 - 3r_1^2 r_2 + r_2^3) \qquad (12.4.5-1)$$

2 底板下部单位宽度的环向弯矩设计值：
$$M_\theta = \frac{M_R}{2} \qquad (12.4.5-2)$$

3 底板内悬挑上部单位宽度的环向弯矩设计值：
$$M_{\theta T} = \frac{pr_z}{6(r_z - r_4)}\left(\frac{2r_4^3 - 3r_z^2 r_4 + r_z^3}{r_z} - \frac{4r_1^3 - 6r_1^2 r_z + 2r_z^3}{r_1 + r_z}\right) \qquad (12.4.5-3)$$

12.4.6 圆形基础底板下部采用径、环向配筋，环壁以内底板上部为等面积方格网配筋时，确定底板配筋的弯矩设计值，可按下列规定计算：

1 当 $r_1/r_z \le 1.8$ 时，底板下部径向弯矩和环向弯矩设计值，分别应按本规范公式（12.4.5-1）和公式（12.4.5-2）进行计算。

2 当 $r_1/r_z > 1.8$ 时，基础外形不合理，不宜采用。采用时，其底板下部的径向和环向弯矩设计值，应分别按下列公式计算：
$$M_R = \frac{p}{12r_2}(2r_1^3 + 3r_1^2 r_3 + r_1^2 r_2 - 3r_1 r_2^2 - 3r_1 r_2 r_3) \qquad (12.4.6-1)$$

$$M_\theta = \frac{p}{12}(4r_1^2 - 3r_1 r_2 - 3r_1 r_3) \qquad (12.4.6-2)$$

3 环壁以内底板上部两个正交方向单位宽度的弯矩设计值，应按下式计算：
$$M_T = \frac{p}{6}\left(r_z^2 - \frac{4r_1^3 - 6r_1^2 r_z + 2r_z^3}{r_1 + r_z}\right) \qquad (12.4.6-3)$$

12.4.7 圆形基础底板下部和环壁以内底板上部均采用等面积方格网配筋时，确定底板配筋用的弯矩设计值，可按下列公式计算：

1 底板下部在两个正交方向单位宽度的弯矩：
$$M_B = \frac{p}{6r_1}(2r_1^3 - 3r_1^2 r_2 + r_2^3) \qquad (12.4.7-1)$$

2 环壁以内底板上部在两个正交方向单位宽度的弯矩：
$$M_T = \frac{p}{6}\left(r_z^2 - 2r_1^2 + 3r_1 r_z - \frac{r_z^3}{r_1}\right) \qquad (12.4.7-2)$$

12.4.8 当按本规范公式（12.4.5-3）、公式（12.4.6-3）或公式

（12.4.7-2）计算所得的弯矩 $M_{\theta T}$ 或 M_T 不大于 0 时，环壁以内底板上部不宜配置钢筋。但当 $p_{kmin} - \frac{G_k}{A} < 0$，或基础有烟气通过且烟气温度较高时，应按构造配筋。

12.4.9 环形和圆形基础底板外悬挑上部可不配置钢筋，但当地基反力最小边扣除基础自重和土重、基础底面出现负值（$p_{kmin} - \frac{G_k}{A} < 0$）时，底板外悬挑上部应配置钢筋。其用于配筋的弯矩值可近似按承受均布荷载 q 的悬臂构件进行计算，且均布荷载 q 可按下式计算：
$$q = \frac{M_x r_1}{I} - \frac{N}{A} \qquad (12.4.9)$$

12.4.10 底板下部配筋，应取半径 r_2 处的底板有效高度 h_0，并应按等厚度进行计算。

当采用径、环向配筋时，其径向钢筋可按 r_2 处满足计算要求呈辐射状配置；环向钢筋可按等直径等间距配置。

12.4.11 圆形基础底板下部不需配筋范围半径 r_d（图 12.4.11-1），应按下列公式计算：

1 径、环向配筋时：
$$r_d \le \beta_0 r_z - 35d \qquad (12.4.11-1)$$

2 等面积方格网配置时：
$$r_d \le r_3 + r_2 - r_1 - 35d \qquad (12.4.11-2)$$

式中：β_0——底板下部钢筋理论切断系数，按 r_1/r_z 由图 12.4.11-2 查得；

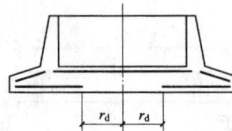

图 12.4.11-1 不需配筋范围 r_d

图 12.4.11-2 β 与 β_0 系数

$\quad\quad d$——受力钢筋直径（mm）。

12.4.12 当有烟气通过基础时，基础底板与环壁，可按下列规定计算受热温度：

1 基础环壁的受热温度，应按本规范公式（5.6.4）进行计算。计算时环壁外侧的计算土层厚度（图 12.4.12）可按下式计算：
$$H_1 = 0.505H - 0.325 + 0.05DH \qquad (12.4.12)$$

式中：H_1——计算土层厚度（m）；

$\quad\quad H$、D——分别为由内衬内表面计算的基础环壁埋深（m）和直径（m），见图 12.4.12 所示。

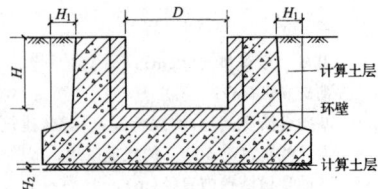

图 12.4.12 计算土层厚度示意

2 基础底板的受热温度，可采用地温代替本规范公式（5.6.4）中的空气温度 T_a，应按第一类温度边界问题进行计算。

计算时基础底板下的计算土层厚度(图 12.4.12)和地温可按下列规定采用：

    1)计算底板最高受热温度时 $H_2=0.3m$,地温取 15℃。

    2)计算底板温度差时 $H_2=0.2m$,地温取 10℃。

    3 计算出的基础环壁及底板的最高受热温度,应小于或等于混凝土的最高受热温度允许值。

12.4.13 计算基础底板配筋时,应根据最高受热温度,采用本规范第 4.2 节和第 4.3 节规定的混凝土和钢筋在温度作用下的强度设计值。

12.4.14 在计算基础环壁和底板配筋,且未计算温度作用产生的应力时,配筋宜增加 15%。

12.5 壳体基础计算

12.5.1 壳体基础的外形尺寸(图 12.5.1)应按下列规定确定：

    1 倒锥壳(下壳)的控制尺寸 r_2 应按下列公式确定：

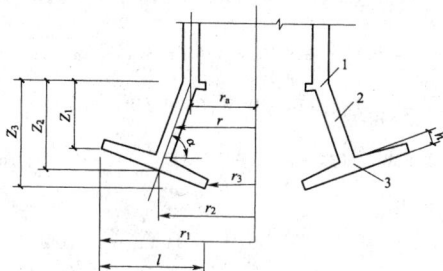

图 12.5.1 正倒锥组合壳基础
1—上环梁;2—正锥壳;3—倒锥壳

$$p_{kmax}=\frac{N_k+G_k}{2\pi r_2}+\frac{M_k}{\pi r_2^2} \quad (12.5.1\text{-}1)$$

$$p_{kmin}=\frac{N_k+G_k}{2\pi r_2}-\frac{M_k}{\pi r_2^2} \quad (12.5.1\text{-}2)$$

$$\frac{p_{kmax}}{p_{kmin}}\leqslant 3 \quad (12.5.1\text{-}3)$$

式中：G_k——基础自重标准值和至埋深 z_2 处的土重标准值之和(kN)；

    p_{kmax}、p_{kmin}——分别为下壳经向长度内,沿环向(r_2 处)单位长度范围内,在水平投影面上的最大和最小地基反力标准值(kN/m)。

    2 下壳经向水平投影宽度 l 可按下列公式确定：

$$l=\frac{p_k}{f_a} \quad (12.5.1\text{-}4)$$

$$p_k=\frac{(N_k+G_k)(1+\cos\theta_0)}{2r_2(\pi+\theta_0\cos\theta_0-\sin\theta_0)} \quad (12.5.1\text{-}5)$$

式中：p_k——在荷载标准值作用下,下壳经向水平投影宽度 l 和沿半径为 r_2 的环向单位弧长范围内产生的总地基反力标准值(kN/m)；

    θ_0——地基塑性区对应的方位角,可根据 e/r_2 查表 12.5.1,$e=M_k/(N_k+G_k)$。

表 12.5.1 θ_0 与 e/r_2 的对应值

e/r_2	θ_0	e/r_2	θ_0	e/r_2	θ_0
0	3.1416	0.17	2.4195	0.34	1.7010
0.01	3.0934	0.18	2.3792	0.35	1.6534
0.02	3.0488	0.19	2.3389	0.36	1.6045
0.03	3.0039	0.20	2.2985	0.37	1.5542
0.04	2.9596	0.21	2.2581	0.38	1.5024
0.05	2.9159	0.22	2.2175	0.39	1.4486
0.06	2.8727	0.23	2.1767	0.40	1.3927

续表12.5.1

e/r_2	θ_0	e/r_2	θ_0	e/r_2	θ_0
0.07	2.8299	0.24	2.1357	0.41	1.3341
0.08	2.7877	0.25	2.0944	0.42	1.2723
0.09	2.7458	0.26	2.0528	0.43	1.2067
0.10	2.7043	0.27	2.0109	0.44	1.1361
0.11	2.6630	0.28	1.9685	0.45	1.0591
0.12	2.6620	0.29	1.9256	0.46	0.9733
0.13	2.5813	0.30	1.8821	0.47	0.8746
0.14	2.5407	0.31	1.8380	0.48	0.7545
0.15	2.5002	0.32	1.7932	0.50	0
0.16	2.4598	0.33	1.7476		

    3 下壳内、外半径 r_3、r_1 可按下列公式确定：

$$r_3=\frac{1}{2}\left(\frac{2}{3}r_2-l\right)+\sqrt{\frac{1}{4}\left(l-\frac{2}{3}r_2\right)^2+\frac{1}{3}(r_2^2+r_2l-l^2)}$$
$$(12.5.1\text{-}6)$$

$$r_1=r_3+l \quad (12.5.1\text{-}7)$$

    4 下壳与上壳(正锥壳)相交边缘处的下壳有效厚度 h 可按下列公式确定：

$$h\geqslant\frac{2.2Q_c}{0.75f_t} \quad (12.5.1\text{-}8)$$

$$Q_c=\frac{1}{2}p_1\frac{1}{\sin\alpha} \quad (12.5.1\text{-}9)$$

式中：Q_c——下壳最大剪力(N),计算时不计下壳自重；

    f_t——混凝土的抗拉强度设计值(N/mm²)；

    p_1——在荷载设计值作用下,下壳经向水平投影宽度 l 和沿半径为 r_2 的环向单位弧长范围内产生的总地基反力设计值(kN/m),按本规范公式(12.5.1-5)计算,其中 G_k、N_k 采用设计值。

12.5.2 正倒锥组合壳体基础的计算可按下列原则进行：

    1 正锥壳(上壳)可按无矩理论计算。

    2 倒锥壳(下壳)可按极限平衡理论计算。

12.5.3 正锥壳的经、环向薄膜内力,可按下列公式计算：

$$N_\alpha=-\frac{N_1}{2\pi r\sin\alpha}-\frac{M_1+H_1(r-r_a)\tan\alpha}{\pi r^2\sin\alpha} \quad (12.5.3\text{-}1)$$

$$N_\theta=0 \quad (12.5.3\text{-}2)$$

式中：N_1、M_1——分别为壳上边缘处总的垂直力(kN)和弯矩设计值(kN·m)；

    N_α、N_θ——分别为壳体计算截面处单位长度的经向、环向薄膜力(kN)；

    H_1——作用于壳上边缘处的水平剪力设计值(kN)；

    r_a、r——分别为壳体上边缘及计算截面的水平半径(m)(图 12.5.1)；

    α——壳面与水平面的夹角(°)(图 12.5.1)。

12.5.4 倒锥壳的计算,可按下列步骤进行：

    1 倒锥壳水平投影面上的最大土反力 q_{ymax} 可按下列公式计算(图 12.5.4-1)：

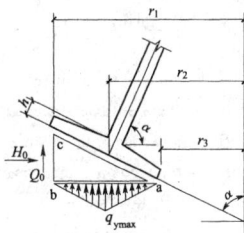

图 12.5.4-1 倒锥壳土反力

$$q_{ymax} = \frac{2\left(p_k - Q_0 \dfrac{r_1}{r_2}\right)}{r_1 - r_3} \qquad (12.5.4\text{-}1)$$

$$Q_0 = H_0 \tan\varphi_0 + c_0(z_3 - z_1) \qquad (12.5.4\text{-}2)$$

$$H_0 = 0.25\gamma_0(z_3^2 - z_1^2)\tan^2\left(\frac{1}{2}\varphi_0 + 45°\right) \quad (12.5.4\text{-}3)$$

$$\varphi_0 = \frac{1}{2}\varphi \qquad (12.5.4\text{-}4)$$

$$c_0 = \frac{1}{2}c \qquad (12.5.4\text{-}5)$$

式中：q_{ymax}——倒锥壳水平投影面上的最大土反力(kN/mm^2)；

$\quad\varphi_0$——土的计算内摩擦角(°)；

$\quad\varphi$——土的实际内摩擦角(°)；

$\quad c_0$——土的计算黏聚力；

$\quad c$——土的实际黏聚力；

$\quad\gamma_0$——土的重力密度(kN/mm^3)；

$\quad H_0$——作用在 bc 面上总的被动土压力(kN)；

$\quad Q_0$——作用在 bc 面上总的剪切力(kN)。

2 壳体特征系数 C_s，当 $C_s < 2$ 时应为短壳，$C_s \geqslant 2$ 时应为长壳。C_s 可按下式计算：

$$C_s = \frac{r_1 - r_3}{2h\sin\alpha} \qquad (12.5.4\text{-}6)$$

式中：h——为倒锥壳与正锥壳相交处倒锥壳的厚度(m)。

3 倒锥壳内力(图 12.5.4-2)可按下列公式计算：

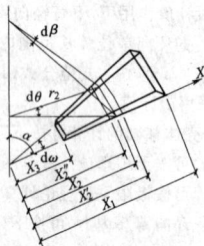

图 12.5.4-2　几何尺寸

1) 当为短壳时：

环向拉力 N_θ：

$$N_\theta = \frac{1}{6}(B_2 q_{ymax} + B_3 H + B_5)(x_1 - x_3)(x_1 + x_2 + x_3)$$
$$(12.5.4\text{-}7)$$

$$H = 0.5\gamma_0 z_2 \tan^2\left(\frac{1}{2}\varphi_0 + 45°\right) \qquad (12.5.4\text{-}8)$$

$$M_{a1} = \frac{1}{x_2' W_1}(B_0 q_{ymax} + B_1 H + B_4) \qquad (12.5.4\text{-}9)$$

$$M_{a2} = \frac{1}{x_2'' W_2}(B_0 q_{ymax} + B_1 H + B_4) \qquad (12.5.4\text{-}10)$$

$$W_1 = \frac{12(x_1 - x_2)}{(x_1^2 - x_2'^2)(x_1 - x_2')^2} \qquad (12.5.4\text{-}11)$$

$$W_2 = \frac{12(x_2 - x_3)}{(x_2''^2 - x_3^2)(x_2'' - x_3)^2} \qquad (12.5.4\text{-}12)$$

$$B_0 = \sin^2\alpha + \tan\varphi_0 \sin\alpha\cos\alpha \qquad (12.5.4\text{-}13)$$

$$B_1 = \cos^2\alpha + \tan\varphi_0 \sin\alpha\cos\alpha \qquad (12.5.4\text{-}14)$$

$$B_2 = \sin\alpha\cos\alpha - \tan\varphi_0 \sin^2\alpha \qquad (12.5.4\text{-}15)$$

$$B_3 = \tan\varphi_0 \cos^2\alpha - \sin\alpha\cos\alpha \qquad (12.5.4\text{-}16)$$

$$B_4 = c_0 \sin 2\alpha \qquad (12.5.4\text{-}17)$$

$$B_5 = c_0 \cos 2\alpha \qquad (12.5.4\text{-}18)$$

2) 当为长壳时(图 12.5.4-3)：

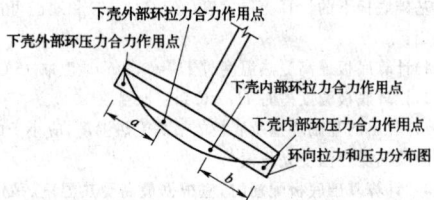

图 12.5.4-3　长壳环向压、拉力分布

a、b——分别为下壳外部和内部环向拉、压合力作用点间的距离

环向拉力 $N_{\theta 1}$：

$$N_{\theta 1} = N_\theta(C_s - 1) \qquad (12.5.4\text{-}19)$$

$$N_\theta = \frac{1}{6}(B_2 q_{ymax} + B_3 H + B_5)(x_1 - x_3)(x_1 + x_2 + x_3)$$
$$(12.5.4\text{-}20)$$

$$M_{a1} = \frac{1}{x_2'}\left\{\frac{1}{W_1}\left[q_{ymax}(B_0 + W_1 W_3 B_2) + HB_1 + B_4 + W_1 W_3(HB_3 + B_5)\right] - \frac{1}{2}N_\theta(C_s - 1)k_1(x_1 - x_2')\cot\alpha\right\} (12.5.4\text{-}21)$$

$$M_{a2} = \frac{1}{x_2''}\left\{\frac{1}{W_2}\left[q_{ymax}(B_0 + W_2 W_4 B_2) + HB_1 + B_4 + W_2 W_4(HB_3 + B_5)\right] - \frac{1}{2}N_\theta(C_s - 1)k_0(x_2'' - x_3)\cot\alpha\right\}$$
$$(12.5.4\text{-}22)$$

$$W_3 = \frac{1}{6}(x_1^2 + x_1 x_2 - 2x_2^2)k_0(x_1 - x_2')\cot\alpha$$
$$(12.5.4\text{-}23)$$

$$W_4 = \frac{1}{6}(x_2^2 - x_2 x_3 - x_3^2)k_1(x_2'' - x_3)\cot\alpha$$
$$(12.5.4\text{-}24)$$

$$k_0 = \frac{a}{x_1 - x_2'} \qquad (12.5.4\text{-}25)$$

$$k_1 = \frac{b}{x_2'' - x_3} \qquad (12.5.4\text{-}26)$$

12.5.5 组合壳上环梁的内力可按下列公式计算(图 12.5.5)：

$$N_{\theta M} = r_e N_{aa3}\cos\alpha \qquad (12.5.5\text{-}1)$$

$$M_a = -N_{ab1}e_1 - N_{aa3}e_3 \qquad (12.5.5\text{-}2)$$

$$M_\theta = M_a r_e \qquad (12.5.5\text{-}3)$$

式中：$N_{\theta M}$——环梁的环向力(kN)(以受拉为正)；

$\quad M_a$——环梁单位长度上的扭矩($kN \cdot m$)(围绕环梁截面重心以顺时针方向转动为正)；

$\quad M_\theta$——环梁的环向弯矩($kN \cdot m$)(以下表面受拉为正)；

$\quad N_{aai}$，N_{abi}——分别为第 i 个($i = 1$ 代表烟囱筒壁；$i = 3$ 代表基础的正锥壳)壳体小径边缘和大径边缘处单位长度上的薄膜经向力(kN)(以受拉为正)；

$\quad r_e$——环梁截面重心处的半径(m)；

$\quad e_i$——分别为壳体($i = 1,3$)的薄膜经向力至环梁截面重心的距离(m)(图 12.5.5)。

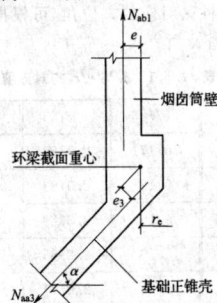

图 12.5.5　上环梁受力

12.5.6 组合壳体基础底部构件的冲切强度，可按本规范第

第12.4.2条～第12.4.4条的有关规定计算。冲切破坏锥体斜截面的下边圆周长 S_x 和冲切破坏锥体以外的荷载 Q_c（图12.5.6），应按下列公式计算：

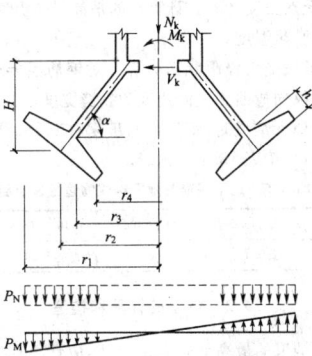

图 12.5.6　正倒锥组合壳

1 验算外边缘时：

$$S_x = 2\pi[r_2 + h_0(\sin\alpha + \cos\alpha)] \quad (12.5.6\text{-}1)$$

$$Q_c = p\pi\{r_1^2 - [r_2 + h_0(\sin\alpha + \cos\alpha)]^2\} \quad (12.5.6\text{-}2)$$

2 验算内边缘时：

$$S_x = 2\pi[r_3 - h_0(\sin\alpha - \cos\alpha)] \quad (12.5.6\text{-}3)$$

$$Q_c = p\pi\{[r_3 - h_0(\sin\alpha - \cos\alpha)]^2 - r_4^2\} \quad (12.5.6\text{-}4)$$

式中：h_0——计算截面的有效高度(m)。

12.6　桩　基　础

12.6.1　当地基存在下列情况之一时，宜采用桩基础：

　　1　震陷性、湿陷性、膨胀性、冻胀性或侵蚀性等不良土层时。

　　2　上覆土层为强度低、压缩性高的软弱土层，不能满足强度和变形要求时。

　　3　在抗震设防地区地基持力层范围内有可液化土层时。

12.6.2　烟囱桩基础可采用预制钢筋混凝土桩、混凝土灌注桩和钢桩。桩型、桩横断面尺寸及桩端持力层的选择应综合计入地质情况、施工条件、施工工艺、建筑场地环境等因素，并应充分利用各桩型特点以满足安全、经济及工期等方面的要求，可按现行行业标准《建筑桩基技术规范》JGJ 94 的规定进行设计。

12.6.3　烟囱桩基础的承台平面可为圆形或环形，桩的平面布置应以承台平面中心点，呈放射状布置。桩的分布半径，应根据烟囱筒身荷载的作用点的位置，在荷载作用点（基础环壁中心）两侧布置，并应内疏外密，应以加大群桩的平面抵抗矩，不宜采用单圈布置。桩间距应符合现行行业标准《建筑桩基技术规范》JGJ 94 的要求。

12.6.4　烟囱桩基竖向承载力计算应按现行行业标准《建筑桩基技术规范》JGJ 94 的规定进行。偏心荷载作用时，以承台中心对称布置的桩可按下列公式计算：

$$N_{ik} = \frac{F_k + G_k}{n} \pm \frac{M_k r_i}{\frac{1}{2}\sum_{j=1}^{n} r_j^2} \quad (12.6.4\text{-}1)$$

$$N_{ik} \leqslant 1.2 R_a \quad (12.6.4\text{-}2)$$

$$\frac{F_k + G_k}{n} \leqslant R_a \quad (12.6.4\text{-}3)$$

式中：N_{ik}——相应于荷载效应标准组合时，第 i 根桩的竖向力（kN）；

　　　　F_k——相应于荷载效应标准组合时作用于桩基承台顶面的竖向力（kN）；

　　　　G_k——桩基承台自重及承台上土自重标准值（kN）；

　　　　M_k——相应于荷载效应标准组合时作用承台底面的弯矩值（kN·m）；

　　　　R_a——单桩竖向承载力特征值(kN)；

　　　　r_i——第 i 根桩所在圆的半径(m)；

　　　　n——桩基中的桩数。

12.6.5　烟囱桩基的桩顶作用效应计算、桩基沉降计算及桩基的变形允许值、桩基水平承载力与位移计算、桩身承载力与抗裂计算、桩承台计算等，均应符合现行行业标准《建筑桩基技术规范》JGJ 94 的规定。

12.6.6　烟囱桩基承台的内力分析，应按基本组合考虑荷载效应，对于低桩承台（在承台不脱空条件下）可不计入承台及上覆填土的自重，可采用净荷载计算桩顶反力；对于高桩承台应取全部荷载。对于桩出现拉力的承台，其上表面应配置受拉钢筋。

12.6.7　桩基础防腐蚀应符合现行国家标准《工业建筑防腐蚀设计规范》GB 50046 的有关规定。

12.7　基　础　构　造

12.7.1　烟囱与烟道沉降缝设置，应符合下列规定：

　　1　当为地面烟道或地下烟道时，沉降缝应设在基础的边缘处。

　　2　当为架空烟道时，沉降缝可设在筒壁边缘处。

　　3　当为壳基时，宜采用地面烟道或架空烟道。

12.7.2　基础的底面应设混凝土垫层，厚度宜采用100mm。

12.7.3　设置地下烟道时，基础宜设贮灰槽，槽底面应低于烟道底面 250mm～500mm。

12.7.4　设置地下烟道的基础，当烟气温度较高，采用普通混凝土不能满足本规范第3.3.1条规定时，宜将烟气入口提高至基础顶面以上。

12.7.5　烟囱周围的地面应设护坡，坡度不应小于2%。护坡的最低处，应高出周围地面100mm。护坡宽度不应小于1.5m。

12.7.6　板式基础的环壁宜设计成内表面垂直、外表面倾斜的形式，上部厚度应比筒壁、隔热层和内衬的总厚度增加 50mm～100mm。环壁高出地面不宜小于 400mm。

12.7.7　板式基础底板下部径向和环向（或纵向和横向）钢筋的最小配筋率不宜小于 0.15%，配筋最小直径和最大间距应符合表12.7.7 的规定。当底板厚度大于 2000mm 时，宜在板厚中间部位设置温度应力钢筋。

表 12.7.7　板式基础配筋最小直径及最大间距(mm)

部位	配筋种类		最小直径	最大间距
环壁	竖向钢筋		12	250
	环向钢筋		12	200
底板下部	径、环向配筋	径向	12	r_2处250,外边缘 400
		环向	12	250
	方格网配筋		12	250

12.7.8　板式基础底板上部按构造配筋时，其钢筋最小直径与最大间距，应符合表12.7.8 的规定。

表 12.7.8　板式基础底板上部的构造配筋(mm)

基础形式	配筋种类	最小直径	最大间距
环形基础	径、环向配筋	12	径向250,环向250
圆形基础	方格网配筋	12	250

12.7.9　基础环壁设有孔洞时，应符合本规范第7.5.3条的有关规定。洞口下部距基础底部距离较小时，该处的环壁应增加补强钢筋。必要时可按两端固接的曲梁进行计算。

12.7.10　壳体基础可按图 12.7.10 及表 12.7.10 所示外形尺寸进行设计。壳体厚度不应小于300mm。壳体基础与筒壁相接处，应设置环梁。

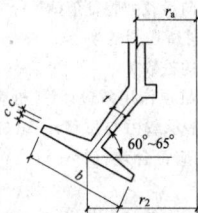

图 12.7.10 壳体基础外形

表 12.7.10 壳体基础外形尺寸

基础形式	t	b	c
正、倒锥组合壳	$(0.035\sim0.06)r_2$	$(0.35\sim0.55)r_2$	$(0.05\sim0.065)r_2$

12.7.11 壳体上不宜设孔洞,如需设置孔洞时,孔洞边缘距壳体上下边距离不宜小于1m,孔洞周围应按本规范第7.5.3条规定配置补强钢筋。

12.7.12 壳体基础应配双层钢筋,其直径不应小于12mm,间距不应大于200mm。受力钢筋接头应采用焊接。当钢筋直径小于14mm时,亦可采用搭接,搭接长度不应小于40d,接头位置应相互错开,壳体最小配筋率(径向和环向)均不应小于0.4%。上壳上下边缘附近构造环向钢筋应适当加强。

12.7.13 壳体基础钢筋保护层不应小于40mm。

12.7.14 壳体基础不宜留施工缝,如必须设置时,应对施工缝采取处理措施。

12.7.15 桩基承台构造应符合以下规定:

1 承台外形尺寸宜满足板式基础合理外形尺寸(12.4.1)的要求;底板厚度不应小于300mm;承台周边距桩中心距离不应小于桩直径或桩断面边长,且边桩外缘至承台外缘的距离不应小于150mm。

2 承台钢筋保护层厚度不应小于40mm,当无混凝土垫层时,不应小于70mm。承台混凝土强度等级不应低于C25。

3 承台配筋应按计算确定。底板下部钢筋最小配筋率不宜小于0.15%(径向和环向),且环壁及底板上、下部配筋最小直径和最大间距应符合表12.7.7和表12.7.8的规定;当底板厚度大于2000mm时,宜在板厚中间部位设置温度应力钢筋。

4 承台其他构造要求应与本节的要求相同,并应符合现行行业标准《建筑桩基技术规范》JGJ 94 的规定。

13 烟 道

13.1 一 般 规 定

13.1.1 烟道可按下列类型分类:

1 地下烟道。

2 地面烟道。

3 架空烟道。

13.1.2 烟道的材料选择,宜符合下列规定:

1 下列情况地下烟道宜采用钢筋混凝土烟道:

1)净空尺寸较大。

2)地面荷载较大或有汽车、火车通过。

3)有防水要求。

2 除本条第1款的情况外,地下烟道及地面烟道可采用砖砌烟道。

3 架空烟道宜采用钢筋混凝土结构,也可采用钢烟道。

13.1.3 烟道的结构形式宜按下列规定采用:

1 砖砌烟道的顶部应做成半圆拱。

2 钢筋混凝土烟道宜做成箱形封闭框架,也可做成槽型,顶

盖宜为预制板。

3 钢烟道宜设计成圆筒形或矩形。

13.1.4 烟道应进行下列计算:

1 最高受热温度计算。计算出的最高受热温度,应小于或等于材料的允许受热温度。

2 结构承载能力极限状态计算。对钢筋混凝土架空烟道还应验算烟道沿纵向弯曲产生的挠度和裂缝宽度。

13.1.5 当为地下烟道时,烟道应与厂房柱基础、设备基础、电缆沟等保持距离,可按表13.1.5确定。

表 13.1.5 地下烟道与地下构筑物边缘最小距离

烟气温度(℃)	<200	200~400	401~600	601~800
距离(m)	≥0.1	≥0.2	≥0.4	≥0.5

13.2 烟道的计算和构造

13.2.1 地下烟道的最高受热温度计算,应计算周围土壤的热阻作用,计算土层厚度(图13.2.1)可按下列公式计算:

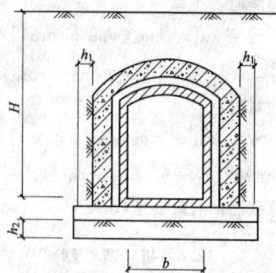

图 13.2.1 计算土层厚度示意

1 计算烟道侧墙时:

$$h_1 = 0.505H - 0.325 + 0.05bH \quad (13.2.1-1)$$

2 计算烟道底板时:

$$h_2 = 0.3(地温取 15℃) \quad (13.2.1-2)$$

3 计算烟道顶板时,取实际土层厚度。

式中:H、b——分别为从内衬内表面算起的烟道埋深和宽度(m)(图13.2.1);

h_1——烟道侧面计算土层厚度(m);

h_2——烟道底面计算土层厚度(m)。

13.2.2 确定计算土层厚度后,可按本规范公式(5.6.4)计算烟道受热温度,其计算原则应与本规范第12.4.12条相同。计算受热温度应满足材料受热温度允许值。对材料强度应计算温度作用的影响。

13.2.3 地面荷载应根据实际情况确定,但不得小于10kN/m²。对于钢铁厂的炼钢车间、轧钢车间外部的地下烟道,在无足够依据时,可采用30kN/m² 荷载进行计算。

13.2.4 地下烟道在计算时应分别按侧墙两侧无土、一侧无土和两侧有土等荷载工况计算。

13.2.5 地下砖砌烟道(图13.2.5)的承载能力计算应符合下列规定:

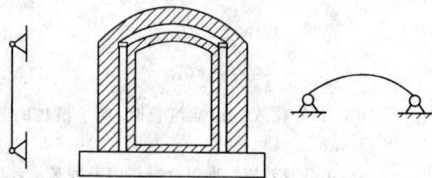

图 13.2.5 砖烟道型式

1 烟道侧墙的计算模型可按下列原则采用:

1)当侧墙两侧有土时,墙可按上(拱脚处)下端铰接,并仅

计算拱顶范围以外的地面荷载，按偏心受压计算。

2）当侧墙两侧无土时，侧墙可按上端（拱脚处）悬臂，下端固结，验算拱顶推力作用下的承载能力，不计入内衬对侧墙的推力。

3）砖砌地下烟道不允许出现一侧有土、另一侧无土的情况。

2 砖砌烟道的顶拱应按双铰拱计算。其荷载组合应计算拱上无土、拱上有土、拱上有地面荷载（并计算最不利分布）等情况。

当顶拱截面内有弯矩产生时，截面内的合力作用点不应超过截面核心距。

3 砖砌烟道的底板计算可按下列原则确定：

1）当为钢筋混凝土底板时，地基反力可按平均分布采用。

2）当底板为素混凝土时，地基反力按侧壁压力呈45°角扩散。

13.2.6 钢筋混凝土地下烟道应按下列规定进行计算：

1 槽型地下烟道的顶盖、侧墙可按下列规定计算[图13.2.6(a)]：

1）预制顶板按两端简支板计算。

2）侧墙按上部有盖板和无盖板两种情况计算：

当上部有盖板时，上支点可按铰接计算。

当上部无盖板时，侧墙可按悬臂计算。

2 封闭箱型地下烟道[图13.2.6(b)]可按封闭框架计算。

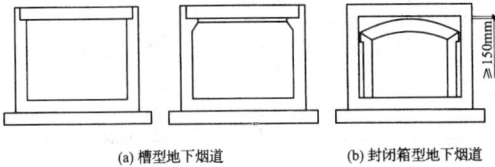

(a) 槽型地下烟道   (b) 封闭箱型地下烟道

图13.2.6 钢筋混凝土烟道

13.2.7 地面砖烟道（图13.2.7）的承载能力可按下端固接的拱形框架进行计算。

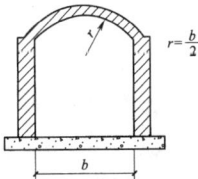

图13.2.7 地面砖烟道

13.2.8 架空烟道计算应符合下列规定：

1 架空烟道应计算自重荷载、风荷载、底板积灰荷载和烟气压力。在抗震设防地区尚应计算地震作用。

2 烟道内的烟气压力，可取±2.5kN/m²。

3 架空烟道在进行温度计算时，除计算出的最高受热温度要满足材料受热温度允许值外，还应使温度差值符合下列要求：

1）砖砌烟道的侧墙，不大于20℃。

2）钢筋混凝土烟道及砖砌烟道的钢筋混凝土的底板和顶板，不应大于40℃。

13.2.9 烟道的构造应符合下列规定：

1 地下砖烟道的顶拱中心夹角宜为60°～90°，顶拱厚度不应小于一砖，侧墙厚度不应小于一砖半。

2 砖烟道（包括地下及地面砖烟道）所采用砖的强度等级不应低于MU10，砂浆强度等级不应低于M2.5。当温度较高时应采用耐热砂浆。

3 地下及地面烟道均宜设内衬和隔热层。砖内衬的顶应做成拱形，其拱脚应向烟道侧壁伸出，并应与烟道侧壁留10mm空隙。浇注料内衬宜在烟道内壁敷设一层钢筋网后施工。

4 不设内衬的烟道，应在烟道内表面抹黏土保护层。

5 当为封闭式箱形钢筋混凝土烟道时，拱形砖内衬的拱顶至

烟道顶板底表面应留有不小于150mm的空隙。

6 烟道与炉子基础及烟囱基础连接处，应设置沉降缝。对于地下烟道，在地面荷载变化较大处，也应设置沉降缝。

7 较长的烟道应设置伸缩缝。地面及地下烟道的伸缩缝最大间距应为20m，架空烟道不宜超过25m，缝宽宜为20mm～30mm。缝中应填塞石棉绳等可压缩的耐高温材料。当有防水要求时，伸缩缝的处理应满足防水要求。

抗震设防地区的架空烟道与烟囱之间防震缝的宽度，应按现行国家标准《建筑抗震设计规范》GB 50011执行。

8 连接引风机和烟囱之间的钢烟道，应设置补偿器。

13.2.10 烟道防腐蚀应符合本规范第11章有关规定。

14 航空障碍灯和标志

14.1 一 般 规 定

14.1.1 对于下列影响航空器飞行安全的烟囱应设置航空障碍灯和标志：

1 在民用机场净空保护区域内修建的烟囱。

2 在民用机场净空保护区域外、但在民用机场进近管制区域内修建高出地表150m的烟囱。

3 在建有高架直升机停机坪的城市中，修建影响飞行安全的烟囱。

14.1.2 中光强B型障碍灯应为红色闪光灯，并应晚间运行。闪光频率应为20次/min～60次/min，闪光的有效光强不应小于2000cd±25%。

14.1.3 高光强A型障碍灯应为白色闪光灯，并应全天候运行。闪光频率应为40次/min～60次/min，闪光的有效光强应随背景亮度变光强闪光，白天应为200000cd，黄昏及黎明应为20000cd，夜间应为2000cd。

14.1.4 烟囱标志应采用橙色与白色相间或红色与白色相间的水平油漆带。

14.2 障碍灯的分布

14.2.1 障碍灯的设置应显示出烟囱的最顶点和最大边缘。

14.2.2 高度小于或等于45m的烟囱，可只在烟囱顶部设置一层障碍灯。高度超过45m的烟囱应设置多层障碍灯，各层的间距不应大于45m，并宜相等。

14.2.3 烟囱顶部的障碍灯应设置在烟囱顶端以下1.5m～3m范围内，高度超过150m的烟囱可设置在烟囱顶部7.5m范围内。

14.2.4 每层障碍灯的数量应根据其所在标高烟囱的外径确定，并应符合下列规定：

1 外径小于或等于6m，每层应设3个障碍灯。

2 外径超过6m，但不大于30m时，每层应设4个障碍灯。

3 外径超过30m，每层应设6个障碍灯。

14.2.5 高度超过150m的烟囱顶层应采用高光强A型障碍灯，其间距应控制在75m～105m范围内，在高光强A型障碍灯分层之间应设置低、中光强障碍灯。

14.2.6 高度低于150m的烟囱，也可采用高光强A型障碍灯，采用高光强A型障碍灯后，可不必再用色标漆标志烟囱。

14.2.7 每层障碍灯应设置维护平台。

14.3 航空障碍灯设计要求

14.3.1 所有障碍灯应同时闪光，高光强A型障碍灯应自动变光强，中光强B型障碍灯应自动启闭，所有障碍灯应能自动监控，并应使其保证正常状态。

14.3.2 设置障碍灯时，应避免使周围居民感到不适，从地面应能看到散逸的光线。

附录 A　环形截面几何特性计算公式

表 A　环形截面几何特性计算公式

计算内容	简图及计算式		
重心至圆心的距离 y_0	0	$r\dfrac{\sin\theta}{\pi-\theta}$	$r\dfrac{\sin\theta_1-\sin\theta_2}{\pi-\theta_1-\theta_2}$
重心至截面边缘的距离 y_1	r_2	$r_2\cos\theta-r\dfrac{\sin\theta_1-\sin\theta_2}{\pi-\theta_1-\theta_2}$	$r_2\cos\theta_2-r\dfrac{\sin\theta_1-\sin\theta_2}{\pi-\theta_1-\theta_2}$
y_2	r_2	$r_2\cos\theta+r\dfrac{\sin\theta_1-\sin\theta_2}{\pi-\theta_1-\theta_2}$	$r_2\cos\theta_1+r\dfrac{\sin\theta_1-\sin\theta_2}{\pi-\theta_1-\theta_2}$
截面面积 A	$2\pi rt$	$2rt(\pi-\theta)$	$2rt(\pi-\theta_1-\theta_2)$
重心轴的截面惯性矩 I	πtr^3	$r^3t\left(\pi-\theta-\cos\theta\sin\theta\\-2\dfrac{\sin^2\theta}{\pi-\theta}\right)$	$r^3t\left[\pi-\theta_1-\theta_2\\-\cos\theta_1\sin\theta_1\\-\cos\theta_2\sin\theta_2\\-2\dfrac{(\sin\theta_1-\sin\theta_2)^2}{\pi-\theta_1-\theta_2}\right]$

注：r_2 为外半径；r 为平均半径（$r=r_2-t/2$）；t 为壁厚。

附录 B　焊接圆筒截面轴心受压稳定系数

表 B　焊接圆筒截面轴心受压稳定系数 φ

$\lambda\sqrt{\dfrac{f_y}{235}}$	0	10	20	30	40	50	60	70	80	90	100	110	120
0	1.000	0.992	0.970	0.936	0.899	0.856	0.807	0.751	0.688	0.621	0.555	0.493	0.437
1	1.000	0.991	0.967	0.932	0.895	0.852	0.802	0.745	0.681	0.614	0.549	0.487	0.432
2	1.000	0.989	0.963	0.929	0.891	0.847	0.797	0.739	0.675	0.608	0.542	0.481	0.426
3	0.999	0.987	0.960	0.925	0.887	0.842	0.791	0.732	0.668	0.601	0.536	0.475	0.421
4	0.999	0.985	0.957	0.922	0.882	0.838	0.786	0.726	0.661	0.594	0.529	0.470	0.416
5	0.998	0.983	0.953	0.918	0.878	0.833	0.780	0.720	0.655	0.588	0.523	0.464	0.411
6	0.997	0.981	0.950	0.914	0.874	0.828	0.774	0.714	0.648	0.581	0.517	0.458	0.406
7	0.996	0.978	0.946	0.910	0.870	0.823	0.769	0.707	0.641	0.575	0.511	0.453	0.402
8	0.995	0.976	0.943	0.906	0.865	0.818	0.763	0.701	0.635	0.568	0.505	0.447	0.397
9	0.994	0.973	0.939	0.903	0.861	0.813	0.757	0.694	0.628	0.561	0.499	0.442	0.392

$\lambda\sqrt{\dfrac{f_y}{235}}$	130	140	150	160	170	180	190	200	210	220	230	240	250
0	0.387	0.345	0.308	0.276	0.249	0.225	0.204	0.186	0.170	0.156	0.144	0.133	0.123
1	0.383	0.341	0.304	0.273	0.246	0.223	0.202	0.184	0.169	0.155	0.143	0.132	
2	0.378	0.337	0.301	0.270	0.244	0.220	0.200	0.183	0.167	0.154	0.142	0.131	
3	0.374	0.333	0.298	0.267	0.241	0.218	0.198	0.181	0.166	0.153	0.141	0.130	
4	0.370	0.329	0.295	0.264	0.239	0.216	0.196	0.180	0.165	0.152	0.140	0.129	
5	0.355	0.326	0.291	0.262	0.236	0.214	0.195	0.178	0.163	0.150	0.138	0.128	
6	0.361	0.322	0.288	0.259	0.234	0.212	0.193	0.176	0.162	0.149	0.137	0.127	
7	0.357	0.318	0.285	0.256	0.232	0.210	0.191	0.175	0.160	0.147	0.136	0.126	
8	0.353	0.315	0.282	0.254	0.229	0.208	0.190	0.173	0.159	0.146	0.135	0.125	
9	0.349	0.311	0.279	0.251	0.227	0.206	0.188	0.172	0.158	0.145	0.134	0.124	

注：表中 φ 值按下列公式计算：

当 $\lambda_n=\dfrac{\lambda}{\pi}\sqrt{\dfrac{f_y}{E}}\leqslant0.215$ 时，$\varphi=1-\alpha_1\lambda_n^2$；当 $\lambda_n>0.215$ 时，$\varphi=\dfrac{1}{2\lambda_n^2}$

$$\left[(\alpha_2+\alpha_3\lambda_n+\lambda_n^2)-\sqrt{(\alpha_2+\alpha_3\lambda_n+\lambda_n^2)^2-4\lambda_n^2}\right];$$

其中，$\alpha_1=0.65$，$\alpha_2=0.965$，$\alpha_3=0.300$。

附录 C　环形和圆形基础的最终沉降量和倾斜的计算

C.0.1　基础最终沉降量可按下列规定进行计算：

1　环形基础可计算环宽中点 C、D[图 C.0.1(a)]的沉降；圆形基础应计算圆心 O 点[图 C.0.1(b)]的沉降。

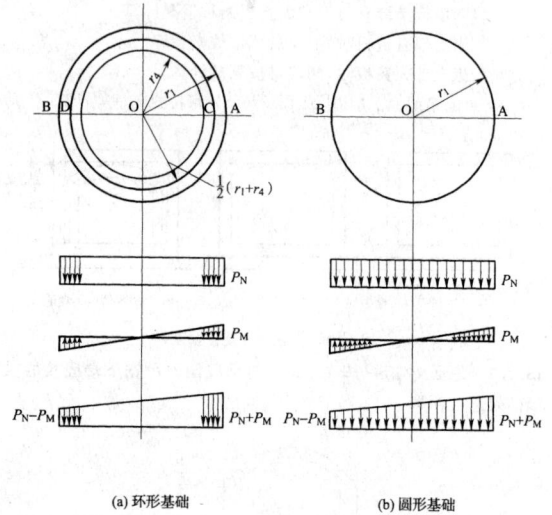

(a)环形基础　　　(b)圆形基础

图 C.0.1　板式基础底板下压力

计算应按现行国家标准《建筑地基基础设计规范》GB 50007 进行。平均附加应力系数 $\bar\alpha$，可按表 C.0.1-1～表 C.0.1-3 采用。

2　计算环形基础沉降量时，其环宽中点的平均附加应力系数 $\bar\alpha$ 值，应分别按大圆与小圆由表 C.0.1-1～表 C.0.1-3 中相应的 Z/R 和 b/R 栏查得的数值相减后采用。

C.0.2　基础倾斜可按下列规定进行计算：

1　分别计算与基础最大压力 p_{max} 及最小压力 p_{min} 相对应的基础外边缘 A、B 两点的沉降量 S_A 和 S_B，基础的倾斜值 m_θ，可按下式计算：

$$m_\theta=\frac{S_A-S_B}{2r_1}\qquad(C.0.2-1)$$

式中：r_1——圆形基础的半径或环形基础的外圆半径。

2　计算在梯形荷载作用下的基础沉降量 S_A 和 S_B 时，可将荷载分为均布荷载和三角形荷载，分别计算其相应的沉降量再进行叠加。

3　计算环形基础在三角形荷载作用下的倾斜值时，可按半径 r_1 的圆板在三角形荷载作用下，算得的 A、B 两点沉降值，减去半径为 r_i 的圆板在相应的梯形荷载作用下，算得的 A、B 两点沉降值。

C.0.3　正倒锥组合壳体基础，其最终沉降量和倾斜值，可按下壳水平投影的环板基础进行计算。

表 C.0.1-1　圆形面积上均布荷载作用下土中任意点竖向平均附加应力系数 $\bar{\alpha}$

Z/R ＼ b/R	0	0.200	0.400	0.600	0.800	1.000	1.200	1.400	1.600	1.800	2.000	2.200	2.400	2.600	2.800	3.000	3.200	3.400	3.600	3.800	4.000
0	1.000	1.000	1.000	1.000	1.000	0.500	0	0	0	0	0	0	0	0	0	0	0	0	0	0	0
0.20	0.998	0.997	0.996	0.992	0.964	0.482	0.025	0.004	0.001	0.001	0	0	0	0	0	0	0	0	0	0	0
0.40	0.986	0.984	0.997	0.955	0.880	0.465	0.079	0.022	0.008	0.003	0.002	0.001	0.001	0	0	0	0	0	0	0	0
0.60	0.960	0.956	0.941	0.902	0.803	0.447	0.121	0.045	0.019	0.009	0.005	0.003	0.002	0.001	0	0	0	0	0	0	0
0.80	0.923	0.917	0.895	0.845	0.739	0.430	0.149	0.066	0.032	0.016	0.009	0.005	0.003	0.002	0.001	0.001	0	0	0	0	0
1.00	0.878	0.870	0.835	0.790	0.685	0.413	0.167	0.083	0.044	0.024	0.015	0.009	0.006	0.004	0.003	0.002	0.001	0.001	0	0	0
1.20	0.831	0.823	0.795	0.740	0.638	0.396	0.177	0.096	0.054	0.032	0.020	0.013	0.008	0.006	0.004	0.003	0.002	0.001	0.001	0	0
1.40	0.784	0.776	0.747	0.693	0.597	0.380	0.183	0.105	0.063	0.039	0.025	0.017	0.011	0.008	0.006	0.004	0.003	0.002	0.002	0.001	0.001
1.60	0.739	0.731	0.704	0.649	0.561	0.364	0.186	0.112	0.070	0.045	0.030	0.021	0.014	0.010	0.007	0.005	0.004	0.003	0.002	0.002	0.001
1.80	0.697	0.689	0.662	0.613	0.529	0.350	0.186	0.116	0.076	0.050	0.035	0.024	0.017	0.012	0.009	0.007	0.005	0.004	0.003	0.002	0.002
2.00	0.658	0.650	0.625	0.578	0.500	0.336	0.185	0.119	0.080	0.055	0.038	0.027	0.020	0.015	0.011	0.008	0.006	0.005	0.004	0.003	0.002
2.20	0.623	0.615	0.591	0.546	0.473	0.322	0.183	0.120	0.083	0.058	0.042	0.030	0.022	0.017	0.012	0.010	0.007	0.006	0.005	0.004	0.003
2.40	0.590	0.582	0.560	0.518	0.450	0.309	0.180	0.121	0.085	0.061	0.044	0.033	0.024	0.019	0.014	0.011	0.009	0.007	0.005	0.005	0.004
2.60	0.560	0.553	0.531	0.492	0.428	0.297	0.176	0.121	0.086	0.063	0.046	0.035	0.026	0.020	0.016	0.012	0.010	0.008	0.006	0.005	0.004
2.80	0.532	0.526	0.505	0.468	0.408	0.285	0.173	0.120	0.087	0.064	0.048	0.037	0.028	0.022	0.017	0.013	0.011	0.009	0.007	0.006	0.005
3.00	0.507	0.501	0.483	0.447	0.390	0.274	0.169	0.119	0.087	0.065	0.049	0.038	0.030	0.023	0.018	0.015	0.012	0.009	0.008	0.006	0.005
3.20	0.484	0.478	0.460	0.427	0.373	0.265	0.165	0.117	0.087	0.066	0.050	0.039	0.032	0.024	0.019	0.016	0.013	0.010	0.008	0.007	0.006
3.40	0.463	0.457	0.440	0.408	0.357	0.255	0.160	0.115	0.086	0.066	0.051	0.040	0.033	0.025	0.020	0.017	0.014	0.011	0.008	0.007	0.006
3.60	0.443	0.438	0.421	0.392	0.343	0.246	0.156	0.113	0.085	0.066	0.052	0.041	0.034	0.026	0.021	0.017	0.014	0.012	0.010	0.008	0.006
3.80	0.425	0.420	0.404	0.376	0.330	0.238	0.152	0.112	0.085	0.066	0.052	0.041	0.034	0.027	0.022	0.018	0.015	0.012	0.010	0.008	0.007
4.00	0.409	0.404	0.389	0.361	0.318	0.230	0.149	0.109	0.084	0.065	0.052	0.042	0.035	0.028	0.023	0.019	0.016	0.013	0.011	0.009	0.007
4.20	0.393	0.388	0.374	0.348	0.306	0.223	0.145	0.107	0.082	0.065	0.052	0.042	0.035	0.028	0.023	0.019	0.017	0.014	0.011	0.009	0.008
4.40	0.379	0.374	0.360	0.336	0.295	0.216	0.141	0.105	0.081	0.064	0.052	0.042	0.035	0.029	0.024	0.020	0.017	0.014	0.012	0.010	0.008
4.60	0.365	0.361	0.348	0.324	0.285	0.209	0.137	0.103	0.080	0.064	0.051	0.042	0.035	0.029	0.024	0.021	0.017	0.015	0.012	0.010	0.009
4.80	0.353	0.349	0.336	0.313	0.276	0.203	0.134	0.101	0.079	0.063	0.051	0.042	0.035	0.029	0.024	0.021	0.018	0.015	0.013	0.011	0.009
5.00	0.341	0.337	0.325	0.303	0.267	0.197	0.131	0.099	0.078	0.062	0.051	0.042	0.035	0.029	0.025	0.021	0.018	0.015	0.013	0.011	0.010

简图

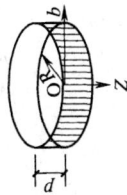

表 C. 0.1-2　圆形面积上三角形分布荷载作用下对称轴下土中任意竖向点向平均附加应力系数 $\bar{\alpha}$

| Z/R | \multicolumn{21}{c}{b/R} |
	0	0.200	0.400	0.600	0.800	1.000	1.200	1.400	1.600	1.800	2.000	2.200	2.400	2.600	2.800	3.000	3.200	3.400	3.600	3.800	4.000
0	0.500	0.400	0.300	0.200	0.100	0	0	0	0	0	0	0	0	0	0	0	0	0	0	0	0
0.20	0.499	0.399	0.300	0.200	0.100	0	0	0	0	0	0	0	0	0	0	0	0	0	0	0	0
0.40	0.493	0.396	0.298	0.200	0.102	0.016	0.002	0	0	0	0	0	0	0	0	0	0	0	0	0	0
0.60	0.480	0.387	0.293	0.200	0.107	0.030	0.008	0.003	0	0	0	0	0	0	0	0	0	0	0	0	0
0.80	0.462	0.377	0.287	0.199	0.112	0.041	0.016	0.003	0.001	0.001	0	0	0	0	0	0	0	0	0	0	0
1.00	0.439	0.360	0.278	0.196	0.117	0.050	0.023	0.007	0.003	0.002	0.001	0.001	0	0	0	0	0	0	0	0	0
1.20	0.416	0.343	0.267	0.192	0.120	0.057	0.030	0.012	0.006	0.004	0.002	0.001	0.001	0.001	0	0	0	0	0	0	0
1.40	0.392	0.326	0.257	0.187	0.121	0.063	0.036	0.017	0.009	0.006	0.004	0.002	0.001	0.001	0.001	0	0	0	0	0	0
1.60	0.370	0.310	0.245	0.181	0.121	0.067	0.040	0.021	0.013	0.008	0.005	0.004	0.002	0.001	0.001	0.001	0	0	0	0	0
1.80	0.349	0.294	0.234	0.175	0.120	0.070	0.044	0.025	0.016	0.010	0.007	0.005	0.003	0.002	0.001	0.001	0.001	0.001	0	0	0
2.00	0.329	0.279	0.224	0.169	0.119	0.072	0.046	0.028	0.019	0.012	0.009	0.006	0.004	0.002	0.002	0.001	0.001	0.001	0.001	0	0
2.20	0.312	0.265	0.214	0.163	0.116	0.073	0.048	0.031	0.021	0.014	0.010	0.007	0.005	0.003	0.002	0.002	0.001	0.001	0.001	0.001	0
2.40	0.295	0.252	0.205	0.157	0.114	0.073	0.049	0.033	0.023	0.016	0.012	0.009	0.006	0.004	0.003	0.002	0.002	0.001	0.001	0.001	0.001
2.60	0.280	0.240	0.196	0.151	0.111	0.072	0.050	0.035	0.025	0.018	0.013	0.010	0.007	0.004	0.004	0.002	0.002	0.002	0.002	0.001	0.001
2.80	0.266	0.229	0.187	0.145	0.108	0.071	0.051	0.036	0.026	0.019	0.014	0.011	0.008	0.005	0.004	0.003	0.002	0.002	0.002	0.001	0.001
3.00	0.254	0.218	0.180	0.140	0.105	0.070	0.051	0.037	0.027	0.020	0.015	0.012	0.009	0.006	0.005	0.003	0.003	0.002	0.002	0.002	0.002
3.20	0.242	0.209	0.172	0.135	0.102	0.069	0.051	0.037	0.028	0.021	0.016	0.013	0.010	0.006	0.005	0.003	0.003	0.003	0.003	0.002	0.002
3.40	0.232	0.200	0.166	0.130	0.099	0.067	0.050	0.037	0.029	0.022	0.017	0.014	0.010	0.007	0.006	0.004	0.003	0.003	0.003	0.002	0.002
3.60	0.222	0.192	0.159	0.125	0.096	0.066	0.050	0.038	0.029	0.023	0.018	0.015	0.011	0.008	0.006	0.004	0.004	0.003	0.003	0.003	0.003
3.80	0.213	0.184	0.152	0.121	0.094	0.065	0.049	0.038	0.029	0.023	0.018	0.015	0.011	0.009	0.007	0.005	0.004	0.004	0.004	0.003	0.003
4.00	0.205	0.177	0.148	0.117	0.091	0.063	0.048	0.037	0.030	0.023	0.019	0.016	0.012	0.010	0.007	0.005	0.004	0.004	0.004	0.003	0.003
4.20	0.197	0.171	0.142	0.113	0.088	0.062	0.047	0.037	0.029	0.024	0.019	0.016	0.013	0.010	0.008	0.006	0.005	0.004	0.004	0.004	0.003
4.40	0.190	0.165	0.138	0.110	0.086	0.061	0.045	0.037	0.029	0.024	0.019	0.016	0.013	0.011	0.008	0.006	0.005	0.005	0.005	0.004	0.004
4.60	0.183	0.159	0.133	0.107	0.083	0.059	0.044	0.036	0.029	0.024	0.019	0.016	0.013	0.011	0.009	0.007	0.006	0.005	0.005	0.004	0.004
4.80	0.177	0.154	0.129	0.104	0.081	0.058	0.043	0.036	0.028	0.023	0.019	0.016	0.014	0.011	0.009	0.007	0.006	0.005	0.005	0.005	0.004
5.00	0.171	0.151	0.125	0.101	0.077	0.057	0.042	0.035	0.028	0.023	0.019	0.016	0.014	0.012	0.010	0.008	0.007	0.006	0.005	0.005	0.004

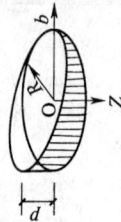

简图

表 C. 0. 1-3　圆形面积上三角形分布荷载作用下对称轴下土中任意点竖向平均附加应力系数 ᾱ

简图：圆形面积，半径 R，厚度 d，坐标轴 b、z，原点 O

Z/R	b/R = −0.200	−0.400	−0.600	−0.800	−1.000	−1.200	−1.400	−1.600	−1.800	−2.000	−2.200	−2.400	−2.600	−2.800	−3.000	−3.200	−3.400	−3.600	−3.800	−4.000
0	0.600	0.700	0.800	0.900	0.500	0	0	0	0	0	0	0	0	0	0	0	0	0	0	0
0.20	0.598	0.697	0.791	0.862	0.466	0.024	0	0	0	0	0	0	0	0	0	0	0	0	0	0
0.40	0.589	0.679	0.755	0.774	0.435	0.071	0.004	0.001	0	0	0	0	0	0	0	0	0	0	0	0
0.60	0.569	0.647	0.702	0.691	0.406	0.106	0.019	0.007	0.003	0.001	0	0	0	0	0	0	0	0	0	0
0.80	0.541	0.608	0.646	0.622	0.380	0.126	0.038	0.015	0.007	0.004	0.001	0.001	0	0	0	0	0	0	0	0
1.00	0.511	0.567	0.594	0.565	0.356	0.137	0.054	0.025	0.013	0.007	0.002	0.001	0.001	0.001	0.001	0	0	0	0	0
1.20	0.479	0.527	0.548	0.517	0.333	0.142	0.066	0.034	0.019	0.011	0.004	0.003	0.001	0.001	0.001	0.001	0.001	0.001	0.001	0.001
1.40	0.449	0.491	0.506	0.476	0.313	0.143	0.075	0.042	0.024	0.015	0.006	0.004	0.002	0.002	0.002	0.001	0.001	0.001	0.001	0.001
1.60	0.421	0.457	0.470	0.441	0.294	0.142	0.080	0.048	0.029	0.018	0.009	0.006	0.003	0.003	0.003	0.002	0.001	0.001	0.001	0.001
1.80	0.395	0.428	0.438	0.410	0.278	0.140	0.084	0.052	0.033	0.022	0.012	0.008	0.004	0.004	0.004	0.003	0.002	0.001	0.001	0.001
2.00	0.372	0.401	0.409	0.383	0.263	0.137	0.085	0.055	0.036	0.024	0.014	0.010	0.005	0.005	0.004	0.003	0.002	0.002	0.002	0.001
2.20	0.350	0.376	0.384	0.360	0.248	0.134	0.087	0.057	0.039	0.026	0.017	0.012	0.007	0.006	0.005	0.004	0.003	0.002	0.002	0.002
2.40	0.331	0.355	0.362	0.339	0.236	0.130	0.087	0.058	0.040	0.028	0.019	0.014	0.008	0.007	0.006	0.005	0.003	0.003	0.002	0.002
2.60	0.313	0.336	0.341	0.320	0.225	0.126	0.085	0.059	0.042	0.030	0.021	0.015	0.010	0.008	0.007	0.006	0.004	0.003	0.003	0.002
2.80	0.297	0.318	0.323	0.303	0.214	0.122	0.084	0.059	0.042	0.031	0.022	0.016	0.011	0.009	0.008	0.006	0.004	0.004	0.003	0.002
3.00	0.283	0.302	0.307	0.288	0.204	0.118	0.082	0.058	0.043	0.032	0.023	0.017	0.012	0.010	0.008	0.007	0.005	0.004	0.004	0.003
3.20	0.269	0.287	0.292	0.274	0.196	0.114	0.081	0.057	0.043	0.032	0.024	0.018	0.013	0.011	0.009	0.007	0.005	0.005	0.004	0.003
3.40	0.257	0.274	0.278	0.261	0.188	0.110	0.079	0.056	0.043	0.033	0.025	0.019	0.014	0.012	0.009	0.008	0.006	0.005	0.005	0.004
3.60	0.246	0.262	0.266	0.250	0.180	0.107	0.077	0.055	0.042	0.033	0.025	0.020	0.015	0.012	0.010	0.008	0.006	0.006	0.005	0.004
3.80	0.236	0.251	0.255	0.239	0.173	0.104	0.076	0.054	0.042	0.033	0.026	0.020	0.016	0.013	0.010	0.008	0.007	0.006	0.005	0.004
4.00	0.224	0.241	0.244	0.229	0.167	0.101	0.074	0.053	0.042	0.033	0.026	0.021	0.017	0.013	0.011	0.009	0.007	0.006	0.006	0.005
4.20	0.217	0.231	0.234	0.220	0.161	0.098	0.072	0.052	0.041	0.033	0.026	0.021	0.017	0.014	0.011	0.009	0.008	0.007	0.006	0.005
4.40	0.209	0.222	0.225	0.212	0.155	0.095	0.070	0.051	0.040	0.033	0.026	0.021	0.018	0.014	0.012	0.010	0.008	0.007	0.006	0.005
4.60	0.202	0.214	0.217	0.204	0.150	0.092	0.069	0.050	0.040	0.032	0.026	0.021	0.018	0.014	0.012	0.010	0.008	0.007	0.006	0.005
4.80	0.195	0.207	0.209	0.197	0.145	0.090	0.067	0.050	0.040	0.032	0.026	0.021	0.018	0.015	0.012	0.010	0.009	0.007	0.006	0.005
5.00	0.188	0.201	0.202	0.190	0.140	0.087	0.064	0.049	0.039	0.031	0.026	0.021	0.018	0.015	0.013	0.011	0.009	0.008	0.007	0.006

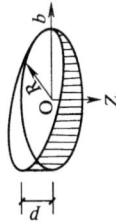

本规范用词说明

1 为便于在执行本规范条文时区别对待,对要求严格程度不同的用词说明如下:

1)表示很严格,非这样做不可的:
　　正面词采用"必须",反面词采用"严禁";
2)表示严格,在正常情况下均应这样做的:
　　正面词采用"应",反面词采用"不应"或"不得";
3)表示允许稍有选择,在条件许可时首先应这样做的:
　　正面词采用"宜",反面词采用"不宜";
4)表示有选择,在一定条件下可以这样做的,采用"可"。

2 条文中指明应按其他有关标准执行的写法为:"应符合……的规定"或"应按……执行"。

引用标准名录

《砌体结构设计规范》GB 50003
《建筑地基基础设计规范》GB 50007
《建筑结构荷载规范》GB 50009
《混凝土结构设计规范》GB 50010
《建筑抗震设计规范》GB 50011
《钢结构设计规范》GB 50017
《工业建筑防腐蚀设计规范》GB 50046
《高耸结构设计规范》GB 50135
《钢结构工程施工质量验收规范》GB 50205
《碳素结构钢》GB/T 700
《钢筋混凝土用钢　第1部分:热轧光圆钢筋》GB 1499.1
《钢筋混凝土用钢　第2部分:热轧带肋钢筋》GB 1499.2
《低合金高强度结构钢》GB/T 1591
《耐候结构钢》GB/T 4171
《纤维增强塑料用液体不饱和聚酯树脂》GB/T 8237
《金属覆盖层　钢铁制件热浸镀锌层　技术要求及试验方法》GB/T 13912
《玻璃纤维短切原丝毡和连续原丝毡》GB/T 17470
《玻璃纤维无捻粗纱》GB/T 18369
《玻璃纤维无捻粗纱布》GB/T 18370
《钢筋焊接及验收规程》JGJ 18
《建筑桩基技术规范》JGJ 94

中华人民共和国国家标准

烟 囱 设 计 规 范

GB 50051—2013

条 文 说 明

修 订 说 明

本规范是在《烟囱设计规范》GB 50051—2002 的基础上修订而成。上一版规范的主编单位是包头钢铁设计研究总院（现为中冶东方工程技术有限公司），参编单位是西安建筑科技大学、大连理工大学、西北电力设计院、华东电力设计院、山东电力工程咨询院、中国成都化工工程公司、长沙冶金设计研究总院、鞍山焦化耐火材料设计研究院、北京市计量科学研究所。主要起草人是牛春良、杨春田、于淑琴、宋玉普、 卫云亭 、陆卯生、赵德厚、鞠洪国、 王赞泓 、黄惠嘉、黄承逸、赵国藩、岳鹤龄、狄原沆、傅国勤、魏业培、张长信、蔡洪良、解宝安、乔永胜、郭亮、朱向前、张小平。

本次规范修订过程中，修订组进行了广泛的调查研究，特别是对近年来烟气脱硫后烟囱的破坏情况进行了大量调研，总结了烟囱腐蚀与防护经验，对烟囱防腐蚀作出了更为详细的规定，并新增了玻璃钢烟囱设计内容，扩大了烟囱防腐蚀的选择范围。在修订过程中，同时也参考了国外先进技术标准，进一步完善了规范内容。

近年来，非圆形截面的异形烟囱应用较多，其截面应力分析以及风荷载计算等均需要深入研究；虽然本次规范修订对烟囱防腐蚀做了较多工作，但限于现有工业材料水平，还不能做到既安全可靠又经济适用这一水准，需要在今后修订中逐步予以完善。

为了准确理解本规范的技术规定，按照《工程建设标准编写规定》的要求，编制组编写了《烟囱设计规范》条文说明。本条文说明不具备与规范正文同等的法律效力，仅供使用者作为理解和把握规范规定的参考。

目　次

1 总 则

1.0.2 本次规范修订增加了玻璃钢烟囱设计内容,同时明确规范适用于圆形截面烟囱设计。与非圆形截面的异形烟囱相比,圆形截面烟囱对减少风荷载阻力、降低温度应力集中等具有明显优势。但随着城市多样化建设发展需要,近几年异形烟囱发展较快,对于异形烟囱需要对风荷载体形系数、振动特性等进行专门研究,本规范给出的截面承载能力极限状态和正常使用极限状态等计算公式都不再适用。

1.0.3 本规范修订过程与有关的现行规范进行了协调,对于有些规范并不完全适用于烟囱设计的内容,本规范根据烟囱的特点进行了一些特殊规定。

3 基本规定

3.1 设计原则

3.1.1 本规范采用以概率理论为基础的极限状态设计方法,以可靠指标度量结构构件的可靠度,采用分项系数的设计表达式进行结构计算。烟囱设计根据现行国家标准《建筑结构可靠度设计统一标准》GB 50068 和《工程结构可靠性设计统一标准》GB 50153 的规定划分为两类极限状态——承载能力极限状态和正常使用极限状态。

3.1.2 根据现行国家标准《工程结构可靠性设计统一标准》GB 50153,工程结构设计分为四种设计状况,即持久设计状况、短暂设计状况、偶然设计状况和地震设计状况。偶然设计状况适用于结构出现异常情况,包括火灾、爆炸、撞击时的情况,烟囱设计未涉及此类设计状况。承载能力极限状态设计,应根据不同的设计状况分别进行基本组合和地震组合设计。对于正常使用极限状态,应分别按作用效应的标准组合、频遇组合和准永久组合进行设计。

3.1.3 烟囱安全等级主要根据烟囱高度确定,对于电力系统烟囱考虑了单机容量。原规范规定当单机容量大于或等于 200 兆瓦(MW)时为一级,过于严格,本次规范修订规定大于或等于 300 兆瓦(MW)时为一级。

3.1.4 根据现行国家标准《工程结构可靠性设计统一标准》GB 50153,对极限承载能力表达式进行了修改,增加了活荷载调整系数。安全等级为一级的烟囱,其风荷载调整系数为 1.1。

3.1.5 取消了原规范设计使用年限为 100 年烟囱安全等级为一级的规定。在极限承载能力表达式中包含了活荷载设计使用年限调整系数,为避免重复计算,取消了该项规定。现行国家标准《工程结构可靠性设计统一标准》GB 50153 规定,安全等级为一级的房屋建筑的结构重要性系数不应小于 1.1。烟囱为高耸结构,其结构重要性系数不应低于该项要求。

3.1.6 本次规范修订增加了玻璃钢烟囱。由于玻璃钢烟囱在温度作用下,材料强度离散性较大,同时为与国际标准接轨,本次规范修订增加了玻璃钢烟囱温度作用分项系数为 1.10。规定对结构受力有利时,平台活荷载和检修、安装荷载分项系数取值为 0。

3.1.7 根据烟囱的工作特性,本条列出了烟囱可能发生的各种荷载效应和作用效应的基本组合情况。其中组合情况Ⅰ是普遍发生的;组合情况Ⅱ多发生于套筒式或多管式烟囱;组合情况Ⅲ用于塔架或拉索验算。组合Ⅳ、Ⅴ、Ⅵ用于自立式或悬挂式钢内筒或玻璃钢内筒计算。由于平台约束对内筒将产生较大温度应力,需要进

行该类组合计算。

为了与现行国家标准《高耸结构设计规范》GB 50135 的规定一致,在安装检修为第 1 可变荷载时,风荷载的组合系数由 0.45 调整到 0.60,同时考虑其他平台活荷载。

附加弯矩属可变荷载,组合中应予折减。但由于缺乏统计数据且考虑到自重为其产生的主要因素,故组合系数为 1.00。

增加了温度组合工况,原规范将该种工况列为正常使用状态下,温度和风荷载共同作用情况,主要用于钢筋混凝土烟囱筒壁验算。由于温度作用长期存在,在自立式或悬挂式钢内筒或玻璃钢内筒极限承载能力验算时,也应考虑其组合,并且其组合系数应取 1.00。

由于砖烟囱和塔架式钢烟囱的结构特点,其变形较小,可不考虑其附加弯矩影响。

3.1.8 根据需要,本次修订增加了玻璃钢烟囱、塔架抗震调整系数。同时规定仅计算竖向地震作用时,抗震调整系数取 1.0,以与现行国家标准《建筑抗震设计规范》GB 50011 强制性条文一致。重力荷载代表值计算时,积灰荷载组合系数由 0.5 调整为 0.9,与烟囱实际运行情况以及《建筑结构荷载规范》GB 50009 一致。

公式(3.1.8-1)用于普通烟囱及套筒(或多管)烟囱外筒的抗震验算;公式(3.1.8-2)用于自立式或悬挂式排烟内筒抗震验算,主要是考虑平台约束对内筒产生的温度应力影响。

3.1.9 钢筋混凝土烟囱在承载能力极限状态计算时未考虑温度应力,原因是考虑混凝土开裂后温度应力消失。但在正常使用极限状态应考虑温度应力,故需在该阶段进行应力验算。

烟囱地基变形计算,主要包括基础最终沉降量计算及基础倾斜计算。在长期荷载作用下,地基所产生的变形主要是由于土中孔隙水的消散、孔隙水的减少而发生的。风荷载是瞬时作用的活荷载,在其作用下土中孔隙水一般来不及消散,土体积的变化也迟缓于风荷载,故风荷载产生的地基变形可按瞬时变形考虑。影响烟囱基础沉降和倾斜的主要因素,是作用于筒身的长期荷载、邻近建筑的相互影响以及地基本身的不均匀性,而瞬时作用的影响是很小的,故一般情况下,计算烟囱基础的地基变形时,不考虑风荷载。但对于烟囱来讲,风荷载是主要活荷载,特殊情况下,即对于风玫瑰图严重偏心的地区,为确保结构的稳定性,应考虑风荷载。

增加了积灰荷载准永久系数取值。

3.2 设计规定

3.2.1 烟囱筒壁的材料选择,在一般情况下主要依据烟囱的高度和地震烈度。从目前国内情况看,烟囱高度大于 80m 时,一般采用钢筋混凝土筒壁。烟囱高度小于或等于 60m 时,多数采用砖烟囱。烟囱高度介于 60m 至 80m 之间时,除要考虑烟囱高度和地震烈度外,还宜根据烟囱直径、烟气温度、材料供应及施工条件等情况进行综合比较后确定。

砖烟囱的抗震性能较差。即使是配置竖向钢筋的砖烟囱,遇到较高烈度的地震仍难免发生一定程度的破坏。而且高烈度区砖烟囱的竖向配筋量很大,导致施工质量难以保证,而造价与钢筋混凝土烟囱相差不大。

3.2.2 烟囱内衬设置的主要作用是降低筒壁温度,保证筒壁的受热温度在限值之内,减少材料力学性能的降低和降低筒壁温度应力以减少裂缝开展。设置内衬还可以减少烟气对筒壁的腐蚀和磨损。考虑上述因素,本条对内衬的设置区域、温度界限分别作了规定。钢筋混凝土单筒烟囱的内衬宜沿筒壁全高设置,当有积灰平台时,可仅在烟道口以上部分设置。

钢烟囱可以不设置内衬,主要是指烟气无腐蚀、或虽有腐蚀但采用防腐蚀涂料的钢烟囱。当烟气温度过高或仅通过防腐涂料不能够满足要求时,仍需设置内衬。

3.2.4 隔烟墙高度问题一直存在争议,原规范规定应超过烟道孔

顶,超出高度不小于1/2孔高。但实际应用中,许多烟道孔高度很大,难以实现。调研表明底部1/3烟气容易灌入对面烟道,上部2/3烟气会直接被抽入烟囱。为此,本次规范修订规定隔烟墙高度宜采用烟道孔高度的0.5倍~1.5倍,烟囱高度较低和烟道孔较矮的烟囱宜取较大值,反之取较小值。

3.2.6 我国以往烟囱爬梯一般在一定高度(约10m)处开始设置安全防护围栏,与国际标准相比,安全等级较低,本次修改要求全高设置,且为强制性条文。烟囱是高耸结构,爬梯是后续烟囱高空维护、检查的唯一通道,围栏是保护使用人员安全的重要设施,其重要性同平台栏杆一样,必须设置。

3.2.10 爬梯和平台等金属构件是宜腐蚀构件,特别是这些构件长期处于露天和烟气等化学腐蚀介质可能腐蚀的环境里,因此,宜采取热浸镀锌防腐措施。

3.2.11 爬梯、平台与筒壁连接的可靠性,直接关系到烟囱使用期间高空作业人员的生命安全,因此必须满足强度和耐久性要求。

3.2.12 防雷装置是烟囱附属系统中的重要组成部分,烟囱一般均高出周围建筑物,其防雷设施设置尤为重要,必须按有关防雷标准进行防雷设计。

3.2.13 烟囱沉降和倾斜对其结构安全影响敏感,需要设置专门的观测装置。烟囱底部是否设置清灰系统(包括积灰平台、漏斗和清灰孔等),应根据实际需要确定。在烟囱使用寿命期间无积灰产生的,可以不设。

3.2.15 筒壁计算截面的选取,是以具有代表性、计算方便又偏于安全为原则而确定的。因烟囱的坡度、筒身各层厚度及截面配筋的变化都在分节处,同时筒身的自重、风荷载及温度也按分节进行计算。这样,在每节底部的水平截面总是该节的最不利截面。因而本规范规定在计算水平截面时,取筒壁各节的底截面。

垂直截面本可以选择任意单位高度为计算截面。因为各节底部截面的一些数据是现成的(如筒壁内外半径、内衬及隔热层厚度)。所以计算垂直截面时,也规定取筒壁各节底部单位高度为计算截面。

3.2.16 原规范的水平位移限值未明确规定,有关要求应符合原国家标准《高耸结构设计规范》GBJ 135—90 的规定,即控制变形为离地高度的1/100。新修订的《高耸结构设计规范》GB 50135—2006 所规定的高耸结构变形控制不适合烟囱设计要求,故本次规范修订给出水平变位限值。

美国《Code Requirements for Reinforced Concrete Chimneys and Commentary》ACI 307—08 规定烟囱顶部位移值为烟囱高度的1/300。根据我国实际应用情况,规定钢筋混凝土烟囱和钢烟囱位移限值为离地高度的1/100,而砖烟囱,需要控制水平截面偏心距不得大于其核心距,其位移限值应严格控制,确定为1/300。

3.3 受热温度允许值

3.3.1 烟囱筒壁温度和基础的最高受热温度允许值仍与原规范的规定相同。

1 对于普通黏土砖砌体的筒壁,限制最高使用温度,是依据在温度作用下材料性能的变化、温度应力的大小、筒壁使用效果等因素综合考虑的。砖砌体在400℃温度作用下,强度有所降低(主要是砂浆强度降低)。由于筒壁的高温区仅在筒壁内侧,筒壁内的温度是由内向外递减的,平均温度要小于400℃。

2 钢筋混凝土及混凝土的受热温度允许规定为150℃,这是因为从烟囱的大量调查中发现,由于温度的作用,筒壁裂缝比较普遍,有些还相当严重。这是由于一方面温度应力、混凝土的收缩及徐变、施工质量等因素综合造成的,另一方面,烟气的温度不仅长期作用,且由于在使用过程中受热温度还可能出现超温现象。超温现象除了因为烟气温度升高(事故或燃料改变)外,还与内衬及隔热层性能达不到设计要求有关。这些都将导致筒壁温度升

高。综合以上因素,限制钢筋混凝土筒壁的设计最高受热温度为150℃。

3 关于钢筋混凝土基础的设计最高受热温度,实际调查中发现,凡烟气穿过基础的高温烟囱,基础有的出现严重酥碎,有的已全部烧坏。这是因为热量在土中不易散发,蓄积的热量使基础受热温度愈来愈高,导致混凝土解体。在原规范编制过程中,进行了大试件模拟试验。在试验的基础上,给出了温度计算公式。在设计过程中发现,用上述公式计算,对烟气温度大于350℃的基础,很难仅用隔热的措施使基础受热温度降至150℃以下。如果采取通风散热或改用耐热混凝土为基础材料等措施,则尚缺乏工程实践经验。因此,高温烟囱应避免采用有烟气穿过的基础而可将烟道入口升至地面。

非耐热钢烟囱筒壁受热温度的适用范围摘自国家标准《钢制压力容器》GB 150—1998。

3.4 钢筋混凝土烟囱筒壁设计规定

3.4.1 本条给出了在正常使用极限状态计算时控制混凝土及钢筋的应力限值,以防止混凝土及钢筋应力过大。

3.4.2 原规范与现行国家标准《混凝土结构设计规范》GB 50010统一,裂缝宽度限值区分了使用环境类别,并对裂缝宽度限值作了规定。由于烟囱工作环境恶劣,裂缝普遍,因此,本次修订规定所有钢筋混凝土烟囱上部20m范围最大裂缝宽度为0.15mm,其余部位全部为0.20mm。

3.5 烟气排放监测系统

3.5.1 烟气排放连续监测系统(Continuous Emissions Monitoring Systems,简称CEMS)的设置,由环保或工艺有关专业设置,土建专业应预留位置并设置用于采样的平台。

3.5.2 安装烟气CEMS的工作区域应提供永久性的电源,以保障烟气CEMS的正常运行。安装在高空位置的烟气CEMS要采取措施防止发生雷击事故,做好接地,以保证人身安全和仪器的运行安全。

4 材 料

4.1 砖 石

4.1.1 砖烟囱筒壁材料的选用考虑了以下情况。

(1)从对砖烟囱的调查研究发现,砖的强度等级低于或等于MU7.5时,砌体的耐久性差,容易风化腐蚀。特别是处于潮湿环境或具有腐蚀性介质作用时更为突出。故将砖的强度等级提高一级,规定其强度等级不应低于MU10。

(2)烟气中一般都含有不同程度的腐蚀介质,烟囱筒壁一般会受到烟气腐蚀的作用。在调查的砖烟囱中,发现砂浆被腐蚀后丧失强度,用手易将砂浆剥离。但砖仍具有一定的强度,说明砂浆的耐腐蚀性不如砖。从调研中还可以看到烟囱筒首部分腐蚀更为严重,砂浆疏松剥落。因此,从耐腐蚀上要求砂浆强度等级不应低于M5。

通过对配筋砖烟囱调查发现,用M2.5混合砂浆砌筑配有环向钢筋的砖筒壁,由于砂浆强度低,密实性差,钢筋锈蚀严重,钢筋周围有黄色锈斑,钢筋与砂浆黏结不好,难以保证共同工作。而用M5混合砂浆砌筑的烟囱投产使用多年,烟囱外表无明显裂缝,凿开后钢筋锈蚀较轻,砂浆密实饱满。所以,从防止钢筋锈蚀和保证钢筋

与砂浆共同工作出发,砖筒壁的砂浆强度等级也不应低于M5。

烧结黏土砖可有效满足温度收缩及遇水膨胀,故砖烟囱宜选用烧结黏土砖。当其他类型砌块性能达到上述性能时,也可采用。

4.1.2 本条规定了烟囱及烟道的内衬材料。

在已投产使用的烟囱中,内衬开裂是比较普遍存在的问题。有的烟囱内衬在温度反复作用下,开裂长达几米或十几米,且沿整个壁厚贯通。内衬的开裂导致筒壁受热温度升高并产生裂缝,内衬已成为烟囱正常使用下的薄弱环节。开裂严重直接影响烟囱的正常使用。因此,在内衬材料的选择上应予以重视。

内衬直接受烟气温度及烟气中腐蚀性介质的作用,因此内衬材料应根据烟气温度及腐蚀程度选择,依据烟气温度,可选用普通黏土砖或黏土质耐火砖做内衬;当烟气中含有较强的腐蚀性介质时,按本规范第11章有关规定执行。

4.2 混 凝 土

4.2.1 钢筋混凝土烟囱筒壁混凝土的采用有以下考虑:

1 普通硅酸盐水泥和矿渣硅酸盐水泥除具有一般水泥特性外尚有抗硫酸盐侵蚀性好的优点。适合用于烟囱筒壁。但矿渣硅酸盐水泥抗冻性差,平均气温在10℃以下时不宜使用。

2 对混凝土水灰比和水泥用量的限制是为了减少混凝土中水泥石和粗骨料之间在较高温度作用时的变形差。水泥石在第一次受热时产生较大收缩。含水量愈大,收缩变形愈大。骨料受热后则膨胀。而水泥石与骨料间的变形差增大的结果导致混凝土产生更大内应力和更多内部微细裂缝,从而降低混凝土强度。限制水泥用量的目的也是为了不使水泥石过多,避免产生过大的收缩变形。

5 对粗骨料粒径的限制也可减少它与水泥石之间的变形差。

4.2.2 在规范编制调研中发现,当设有地下烟道的烟囱基础受到烟气温度作用后,混凝土开裂、疏松现象普遍,严重的已烧坏。并且作为高耸构筑物的基础,混凝土强度等级应高于一般基础。为此,本条对基础与烟道混凝土最低强度等级的要求作了适当提高。

4.2.3 表4.2.3列入混凝土在温度作用下的强度标准值。现行国家标准《建筑结构可靠度设计统一标准》GB 50068要求:"在各类材料的结构设计与施工规范中,应对材料和构件的力学性能、几何参数等质量特征提出明确的要求。"

温度作用下混凝土试件各类强度可以用以下随机方程表达:

$$f_{xt} = \gamma_x f_x \tag{1}$$

式中:f_{xt}——温度作用下混凝土各类强度(轴心抗压 f_{ct} 和轴心抗拉 f_{tt})试验值(N/mm^2);

γ_x——温度作用下混凝土试件各类强度的折减系数;

f_x——常温下混凝土各类强度的试验值(N/mm^2)。

本规范根据国内外 375 个 γ_x 的试验子样按不同强度类别及不同温度进行参数估计和分布假设检验得到各项统计参数及判断(不拒绝韦伯分布)。对随机变量 f_x 则全部采用了现行国家标准《混凝土结构设计规范》GB 50010 中的统计参数求得各种强度等级及不同强度类别的 f_x 的密度函数。根据 γ_x 及 f_x 的密度函数,采用统计模拟方法(蒙脱卡洛法)即可采集到 f_{xt} 的子样数据。再经统计检验得 f_{xt} 的各项统计参数及概率密度函数为正态分布。最后,混凝土在温度作用下的各类强度标准值按下式计算:

$$f_{xtk} = \mu_{fxt}(1 - 1.645\delta_{fxt}) \tag{2}$$

式中:f_{xtk}——温度作用下混凝土各类强度(轴心抗压 f_{ctk} 和轴心抗拉 f_{ttk})的标准值(N/mm^2);

μ_{fxt}——随机变量 f_{xt} 的平均值(见表1);

δ_{fxt}——随机变量 f_{xt} 的标准差(见表1)。

表4.2.3中的数值根据计算结果作了少量调整。

表 1 温度作用下混凝土强度平均值及变异系数

强度类别	符号	温度(℃)	混凝土强度等级					
			C15	C20	C25	C30	C35	C40
轴心抗压	$\frac{\mu_{fct}}{\delta_{fct}}$	60	13.83 0.24	17.38 0.21	20.90 0.20	23.53 0.18	27.08 0.17	30.47 0.15
		100	13.98 0.26	17.57 0.24	21.12 0.22	23.78 0.21	27.37 0.20	30.80 0.19
		150	12.83 0.25	16.12 0.23	19.38 0.21	21.83 0.19	25.11 0.19	28.26 0.16
轴心抗拉	$\frac{\mu_{ftt}}{\delta_{ftt}}$	60	1.65 0.23	1.87 0.21	2.04 0.19	2.20 0.17	2.39 0.16	2.52 0.16
		100	1.53 0.25	1.73 0.23	1.89 0.20	2.03 0.20	2.21 0.19	2.33 0.17
		150	1.40 0.24	1.59 0.22	1.73 0.20	1.86 0.19	2.02 0.18	2.13 0.17

4.2.5 本条对混凝土强度设计值的规定都是按工程经验校准法计算确定的。考虑烟囱竖向浇灌施工和养护条件与一般水平构件的差异,混凝土在温度作用下的轴心抗压设计强度折减系数采用0.8,据此进行工程经验校准,得到混凝土在温度作用下的轴心抗压强度材料分项系数为1.85。

4.2.6 本规范利用采集到的 320 个混凝土在温度作用下的弹性模量试验数据,用参数估计和概率分布的假设检验方法,取保证率为50%来计算弹性模量标准值。

4.3 钢筋和钢材

4.3.1 对钢筋混凝土筒壁未推荐采用光圆钢筋,因为在温度作用下光圆钢筋与混凝土的黏结力显著下降。如温度为100℃时,约为常温的3/4。温度为200℃时,约为常温的1/2。温度为450℃时,黏结力全部破坏。由于国家标准《混凝土结构设计规范》GB 50010修订,高强度钢筋 HRB400 和 RRBF400 为推广品种之一,本次规范修订也增加了该类钢筋的使用,但未推荐更高等级的钢筋,因为当钢筋应力过高时,会引起裂缝宽度过大。为了减小裂缝宽度,采取了控制钢筋拉应力的措施。

4.3.2 现行国家标准《混凝土结构设计规范》GB 50010 对热轧钢筋在常温下的标准值都已作出规定。本条所列的强度标准值的取值方法是常温下热轧钢筋的强度标准值乘以温度折减系数。

4.3.3 钢筋的强度设计值的分项系数是按工程经验校正法确定。

4.3.5 耐候钢的抗拉、抗压和抗弯强度设计值是以现行国家标准《焊接结构用耐候钢》GB 4172 规定的钢材屈服强度除以抗力分项系数而得。其他则按现行国家标准《钢结构设计规范》GB 50017换算公式计算。本条对耐候钢的角焊缝强度设计值适当降低,相当于增加了一定的腐蚀裕度。

4.3.6 对 Q235、Q345、Q390 和 Q420 钢材强度设计值的温度折减系数是采用欧洲钢结构协会(ECCS)的规定值。耐候钢在温度作用下钢材和焊缝的强度设计值的温度折减系数宜要求供货厂商提供或通过试验确定。

4.3.7 由于限制了钢筋混凝土筒壁和基础的最高受热温度不超过150℃,钢筋弹性模量降低很少。为使计算简化,本条规定了筒壁和基础的钢筋弹性模量不予折减。

钢烟囱的最高受热温度规定为400℃。因此钢材在温度作用下的弹性模量应予折减。为与屈服强度折减系数配套,本条也采用了欧洲钢结构协会(ECCS)的规定。

4.4 材料热工计算指标

4.4.1 隔热材料应采用重力密度小,隔热性能好的无机材料。隔热材料宜为整体性好、不易破碎和变形、吸水率低、具有一定强度并便于施工的轻质材料。根据烟气温度及材料最高使用温度确定材料的种类。常用的隔热材料有:硅藻土砖、膨胀珍珠岩、水泥膨胀珍珠岩制品、岩棉、矿渣棉等。

4.4.2 材料的热工计算指标离散性较大,应按所选用的材料实际试验资料确定。但有的生产厂家无产品性能指标试验资料提供时，可按正文表 4.4.2 采用。

导热系数是建筑材料的热物理特性指标之一，单位为瓦(特)每米开(尔文)[W/(m·K)]。说明材料传递热时的能力。导热系数除与材料的重度、湿度有关外，还与温度有关。材料重度小，其导热系数低；材料湿度大，其导热系数就愈大。烟囱隔热层处于工作状态时，一般材料应为干燥状态。由于施工方法(如双滑或内砌外滑)或使用不当，致使隔热材料有一定湿度，应采取措施尽量控制材料的湿度，或根据实践经验考虑湿度对导热系数的影响。材料随受热温度的提高，导热系数增大。对烟囱来说，一般烟气温度较高，温度对导热系数的影响不能忽略。在计算筒身各层受热温度时，应采用相应温度下的导热系数。在烟囱计算中，按下式来表达：

$$\lambda = a + bT \tag{3}$$

式中：a——温度为 0℃ 时导热系数；
 b——系数，相当于温度增高 1℃ 时导热系数增加值；
 T——平均受热温度(℃)。

要准确地给出材料的导热系数是比较困难的，本规范给出的导热系数数值，参考了有关资料和规范，以及国内各生产厂和科研单位的试验数据加以分析整理，当无材料试验数据时可以采用。

5 荷载与作用

5.1 荷载与作用的分类

5.1.1 对烟囱来讲，温度作用具有准永久性质。但从温度变化的幅度角度看，又具有较大的可变性。因此在荷载与作用的分类时，将温度作用划分为可变荷载。由于机械故障等原因造成降温设备事故时，会使烟气温度迅速增高，但持续时间较短，这种情况的温度作用为偶然荷载。

5.2 风 荷 载

5.2.2、5.2.3 塔架内有三个或四个排烟筒时，排烟筒的风荷载体型系数，目前有关资料很少，且缺乏通用性。因此，在条文中规定：应进行模拟试验来确定。

当然，这样规定将给设计工作带来一定困难，因此，在此介绍一些情况，可供设计时参考。

(1)上海东方明珠电视塔塔身为三柱式，设计前进行了模拟风洞试验。试件直径 30mm，高 200mm，柱间净距 0.75d，相当于 φ = 0.727，风速 17m/s。测定结果如图 1。

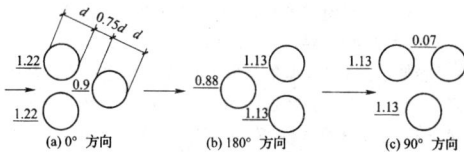

图 1 三筒风洞试验

最大体型系数出现在图 1(a)所示风向，以整体系数来表示，$\mu_s = 3.34/2.75 = 1.21$。

根据各国的试验结果，当迎风面挡风系数 $\varphi > 0.5$ 时，μ_s 值随着 φ 的增大而增大，特别是在 $d·V \geq 6m^2/s$ 时，遵守这一规律，对于三个排烟筒一般均属于 $\varphi > 0.5$，$d·V \geq 6m^2/s$ 的情况(d 为管径，V 为风速)。

因此，在无法进行试验的情况下，对三个排烟筒的整体风荷载体型系数，可：

$$\mu_s = 1 + 0.4\varphi \tag{4}$$

(2)四个排烟筒的情况，日本做过风洞试验。该试验是为某电厂 200m 塔架式钢烟囱而做的，排烟筒布置情况如图 2。

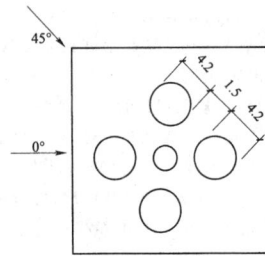

图 2 四筒式布置

经试验后确定排烟筒的体型系数 $\mu_s = 1.10$。这个数值比圆管塔架的 μ_s 要小一些，但有一定参考价值。在无条件试验时，四筒式排烟筒的 μ_s 值，可参考下式：

0°风攻角时： $\mu_s = 1 + 0.2\varphi \tag{5}$

45°风攻角时： $\mu_s = 1.2(1 + 0.1\varphi) \tag{6}$

(3)关于排烟筒与塔架对 μ_s 的互相影响问题，各国规范均未考虑。原冶金部建筑研究总院在宝钢 200m 塔架式钢烟囱所做的风洞试验，塔架内为两个排烟筒的情况下，在某些风向下，塔架反而使烟囱体型系数有所增大。但一般情况，排烟筒体型系数大约降低 0.09～0.13，平均降低 0.11。因此，一般可不考虑塔架与排烟筒的相互作用。

5.2.4 本条对烟囱的横风向风振计算作了具体规定。近年来虽未发现由于横风向风振致烟囱破坏，但在烟囱使用情况调查中，发现钢筋混凝土烟囱上部，普遍出现水平裂缝。这除了与温度作用有关外，也不能排除与横风向风振有关。对于钢烟囱，由于阻尼系数较小，往往横风向风振起控制作用，因此考虑横风向风振是必要的。

5.2.5 基本设计风压是在设计基准期内可能发生的最大风压值，实践证明，横风向最不利共振往往发生在低于基本设计风压工况下，因此要求进行验算。

5.2.7 上口直径较大的钢筋混凝土烟囱和钢烟囱，其上部环向风弯矩较大，需要经过计算确定配筋数量或截面尺寸，本次规范修订增加了相关计算内容。

5.3 平台活荷载与积灰荷载

5.3.1 将原规范其他章节荷载内容修订完善后，统一放到本章。

5.3.2 根据排烟筒内壁部分工程实际调研情况，发现许多烟囱内壁存在较厚积灰，本次修订增加该部分内容。积灰厚度与表面粗糙情况、干湿交替运行等因素有关，应结合烟囱实际运行情况确定积灰厚度，如燃烧天然气的烟囱可不考虑积灰。烟灰重力密度参考国外标准给出。

5.5 地 震 作 用

5.5.4 原规范规定烟囱高度不超过 100m 时，可采用简化方法计算水平地震力。简化计算与实际结果误差较大，特别是自振周期相差会达到 50%，随着计算机普及和发展，应该全部采用振型分解反应谱法进行计算。本次规范修改取消了简化计算方法。

5.5.5 本规范给出的烟囱在竖向地震作用下的计算方法，是根据冲量原理推导的。对于烟囱等高耸构筑物，根据上述理论，推导出的竖向地震作用计算公式(5.5.5-2)和公式(5.5.5-3)。

用这两个公式计算的竖向地震力的绝对值，沿高度的分布规律为：在烟囱上部和下部相对较小，而在烟囱中下部 $h/3$ 附近(在烟囱质量重心处)竖向地震力最大。

对公式(5.5.5-2)进行整理得：

$$\frac{F_{Evik}}{G_{iE}} = \pm\eta\left(1 - \frac{G_{iE}}{G_E}\right) \qquad (7)$$

由公式(5.5.5-3)可以看出，竖向地震力与结构自重荷载的比值，自下而上呈线性增大规律。这与地震震害及地震时在高层建筑上的实测结果是相符合的。

针对上述计算公式，规范组进行了验证性试验。做了180m钢筋混凝土烟囱和45m砖烟囱模拟试验，模型比例分别为1/40和1/15。竖向地震力沿高度的分布规律，试验结果与理论计算结果吻合较好(见图3)。其最大竖向地震力的绝对值，发生在烟囱质量重心处，在烟囱的上部和下部相对较小。

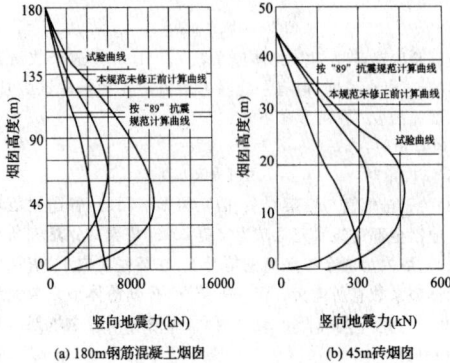

图 3 试验与理论计算竖向地震力比较
注："89"抗震规范指原国家标准《建筑抗震设计规范》GBJ 11—89。

为了偏于安全，本规范规定：烟囱根部取 $F_{Ev0} = \pm 0.75\alpha_{vmax}G_E$，而其余截面按公式(5.5.5-2)计算，但在烟囱下部，当计算的竖向地震力小于 F_{Ev0} 时，取等于 F_{Ev0}(见图4)。

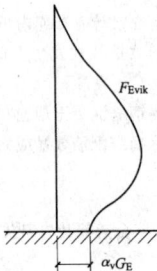

图 4 本规范竖向地震力分布

用本规范提出的竖向地震力计算方法得到的竖向地震作用，与原国家标准《建筑抗震设计规范》GBJ 11—89 计算的竖向地震作用对比如下：

1 《建筑抗震设计规范》GBJ 11—89 给出的竖向地震力最大值在烟囱根部，数值为：

$$F_{Evk} = \alpha_{max}G_{eq} \qquad (8)$$

符号意义见该规范。同时该规范第11.1.5条规定，烟囱竖向地震作用效应的增大系数，采用2.5。因此烟囱根部最大竖向地震力标准值为：

$$F_{Evkmax} = 2.5\alpha_{vmax}G_{eq} = 2.5 \times 0.65\alpha_{max} \times 0.75G_E$$
$$= 1.028\frac{a}{g}G_E \qquad (9)$$

式中：a——设计基本地震加速度，见现行国家标准《建筑抗震设计规范》GB 50011；

g——重力加速度。

2 本规范最大竖向地震力标准值发生在烟囱中下部，数值为：

$$F_{Evkmax} = (1 + C)\kappa_v G_E = 0.65(1 + C)\frac{a}{g}G_E \qquad (10)$$

3 将结构弹性恢复系数代入公式(10)，得到两种计算方法计算的竖向地震力最大值比较，见表2。

表 2 两种计算方法得到的竖向地震力最大值比较

烟囱类别	砖烟囱	混凝土烟囱	钢烟囱
竖向地震力比值 $\frac{公式10}{公式9}$	1.01	1.07	1.14

可见，对于砖烟囱和钢筋混凝土烟囱而言，两种计算方法所得竖向地震力最大值基本相等。两种计算方法的最大区别，在于竖向地震作用的最大值位置不在同一点，用本规范给出的计算方法计算的最大竖向地震力，发生在大约距烟囱根部 h/3 处。因此，在上部约 2h/3 范围内，按本规范计算的竖向地震力较《建筑抗震设计规范》GBJ 11—89 计算结果偏大，这是符合震害规律的。

5.5.6 对于悬挂钢内筒或分段支承的砖内筒，其竖向地震作用主要是由外筒通过悬挂(或支承)平台传递给内筒。因此，在竖向地震作用计算时，可以把悬挂(或支承)平台作为排烟筒根部，自由端作为顶部按规范公式进行计算。

无论是水平地震，还是竖向地震，它们对地面上除刚体外的结构物都具有一定的动力放大作用。这种动力放大效应沿结构高度不是固定的，而是变化的，变化规律是自下而上逐渐增大。

美国圣费尔南多地震，在近十座多层及高层建筑上，测得竖向加速度沿建筑高度呈线性增大，最大值为地面加速度的4倍。1995年日本阪神地震时，在高层建筑上，也测到同样规律。但在高耸构筑物上，还没有地震实测值。《烟囱设计规范》编制组进行的烟囱模型竖向地震响应试验，测试了竖向地震作用沿高度的变化规律，烟囱模型顶部地震加速度放大倍数约为6倍～8倍。

烟囱各点竖向地震加速度为：

$$a_{vi} = \frac{F_{Evik}}{m_{iE}} = \frac{F_{Evik}g}{G_{iE}} = 4(1 + C)k_v g\left(1 - \frac{G_{iE}}{G_E}\right)$$
$$= 4(1 + C)\frac{a_{v0}}{g}g\left(1 - \frac{G_{iE}}{G_E}\right)$$
$$= 4a_{v0}(1 + C)\left(1 - \frac{G_{iE}}{G_E}\right) \qquad (11)$$

式中：a_{vi}、a_{v0}——分别表示烟囱各截面和地面竖向加速度值。

由上式可得各截面竖向地震加速度放大系数为：

$$\beta_{vi} = \frac{a_{vi}}{a_{v0}} = 4(1 + C)\left(1 - \frac{G_{iE}}{G_E}\right) \qquad (12)$$

5.6 温 度 作 用

5.6.5 内衬、隔热层和筒壁及总热阻按环壁法公式给出，取消了平壁法计算公式。烟囱是截头圆锥体，其直径在各个截面上均不一致，与习惯采用平面墙壁法，即四周无限长的平面假定不相符，致使温度计算结果有误差。

5.6.6 参照国外规范，本条给出了套筒烟囱温度场计算所需的各层热阻计算公式。套筒烟囱由于设有进风口和出风口，属于通风状态，与全封闭状态有较大区别。在通风状态下，内外筒间距应不小于100mm，并在烟囱高度范围内应设置进气孔和排气孔，进气孔和排气孔的面积在数值上应等于外筒上口内直径的2/3。

5.6.9、5.6.10 在烟道口及上部的一定范围内，烟气温度沿高度和环向分布是非均匀的，从而沿烟道直径方向产生温差，该温差在烟道口高度范围可按固定数值采用，而在烟道口顶部则沿高度逐渐衰减。

5.6.11 筒壁厚度中点温差用于计算筒壁温度变形和弯矩。

5.6.13、5.6.14 温度效应是由烟气在纵向及环向产生的不均匀温度场所引起的，要计算出由温度效应在截面上产生的内力就需要先计算出温度作用下钢内筒烟囱产生的变形。由于钢内筒在制晃平台处变形受到约束,因此钢内筒的截面上产生了内力。

（1）横截面上的温度分布假定。

横截面上的温度分布假定如图 5,其中:

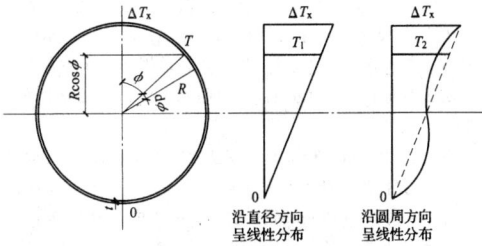

图 5　横截面上的温度分布假定

$$T_1 = \Delta T_x (1 + \cos\phi)/2 \quad (13)$$

$$T_2 = \Delta T_x (1 - \phi/\pi) \quad (14)$$

式中:ΔT_x——从钢内筒烟囱烟道入口顶部算起距离 x 处的截面温差($\mathbb{C}$);

（2）转角变形计算。

从假定的温差分布可以看到,沿直径方向的线性温差分布引起恒定的转角变形为:

$$\theta = \alpha \Delta T_x / d \quad (15)$$

式中:α——钢材的线性膨胀系数;

d——钢内筒直径。

同时,由于温度沿钢内筒圆周方向的不均匀分布产生次应力,使截面产生转角变位 θ_s,在圆周上取微元 dA,微元面积 $dA = Rd\phi t$。

从温差分布应力图上可以得到微元上的应力 $f_\phi = \alpha(T_2 - T_1)E$,因此微元上的荷载为 $f_\phi dA = \alpha(T_2 - T_1)ERd\phi t$,

荷载对截面中性轴取矩得:

$$M = 2\int_0^\pi f_\phi R\cos\phi dA = 2\int_0^\pi \alpha(T_2 - T_1)ER\cos\phi dA$$

$$= -0.2976\alpha ER^2 t \Delta T_x$$

M 引起的转角 θ_s 为:

$$\theta_s = \frac{M}{EI} = \frac{-0.2976\alpha ER^2 t}{E\pi R^3 t} \Delta T_x = -0.1895 \frac{\alpha \Delta T_x}{d} \quad (16)$$

一阶效应与二阶效应两者产生的转角位移之和即为钢内筒的总转角:

$$\theta_x = \theta + \theta_s = 0.811\alpha \Delta T_x / d \quad (17)$$

式中:R——钢内筒半径;

E——钢材弹性模量;

t——为筒壁厚度。

（3）钢内筒温差作用下的水平变形组成。

钢内筒的温差分布由两部分组成,烟道入口高度范围内截面温差取恒值 ΔT_{x0} 和从烟道入口顶部以上距离 x 处的截面温差值 ΔT_x。在不同的温差作用下,钢内筒烟囱的水平变形由两部分组成。

1）第一部分是烟道口区域温差产生的变形,沿高度线性变化。

由于钢内筒为悬吊,膨胀节处可看作为自由端,因此烟道口区域产生的变形只对底部的自立段有影响,对上部悬吊段没有影响。

2）第二部分是由烟道口以上截面温差引起的变形,沿高度呈曲线变化。

烟道口的顶部标高一般在 25m 左右,所以烟道以上截面温差产生的变形对底部自立段和悬吊段均有影响。

（4）烟道口范围钢内筒烟囱水平线变形计算。

1）在烟道范围内,截面转角变位是常数,如图 6,即:

$$\theta_0 = \theta_{x=0} = 0.811\alpha \Delta T_x / d$$

转角曲线图的面积为:

$$A_B = \theta_0 H_B$$

距离烟道口顶部上 x 处钢内筒烟囱截面在等值温度作用下的水平线变位为:

$$u_{xT} = \theta_0 H_B (H_B/2 + x)$$

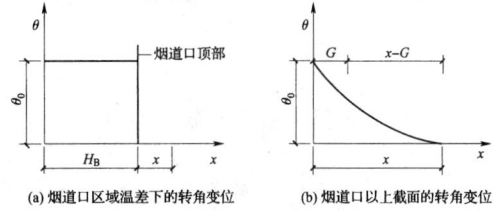

(a) 烟道口区域温差下的转角变位　　(b) 烟道口以上截面的转角变位

图 6　钢内筒横截面转角曲线

2）距离烟道口顶部上 x 处钢内筒烟囱截面的转角如图 6(b),计算公式为:

$$\theta = 0.811\alpha\eta_t \Delta T_0 e^{-\zeta_t \cdot x/d}/d$$

令 $\theta_0 = 0.811\alpha\eta_t \Delta T_0 / 2R$,$V = \zeta_t / d$

则 $\theta = \theta_0 e^{-V \cdot x}$

转角曲线图的面积为:

$$A = \int_0^x \theta dx = \theta_0 \int_0^x e^{-V \cdot x} dx = -\frac{\theta_0}{V} e^{-V \cdot x}\Big|_0^x = \frac{\theta_0}{V}(1 - e^{-V \cdot x})$$

将转角曲线图对 0 点取矩得:

$$M_0 = \int_0^x \theta x dx = \theta_0 \int_0^x e^{-V \cdot x} x dx = -\frac{\theta_0}{V^2} e^{-V \cdot x}(-Vx - 1)\Big|_0^x$$

$$= \frac{\theta_0}{V^2}[1 - e^{-V \cdot x}(Vx + 1)]$$

转角曲线的重心为:$G = M_0 / A$,距离烟道口顶部上 x 处钢内筒烟囱截面在温差作用下的水平线变位为:

$$u'_{xt} = A(x - G) = Ax - M_0 = \frac{\theta_0 x}{V}(1 - e^{-V \cdot x}) -$$

$$\frac{\theta_0}{V^2}[1 - e^{-V \cdot x}(Vx + 1)] = \frac{\theta_0}{V}\left[x - \frac{1}{V}(1 - e^{-V \cdot x})\right]$$

3）根据上面的分析和推导可以得到钢内筒底部自立段和上部悬吊段的水平变位计算公式:

自立段:

$$u_x = u_{xt} + u'_{xt} = \theta_0 H_B\left(\frac{H_B}{2} + x\right) + \frac{\theta_0}{V}\left[x - \frac{1}{V}(1 - e^{-V \cdot x})\right]$$

$$(18)$$

悬吊段:

$$u_x = u'_{xt} = \frac{\theta_0}{V}\left[x - \frac{1}{V}(1 - e^{-V \cdot x})\right] \quad (19)$$

$$\theta_0 = 0.811\alpha\eta_t \Delta T_0 / d \quad (20)$$

5.6.15 烟囱在温度作用下将产生变形,当变形受到约束时将产生温度应力。内筒由于横向支承和底部约束等影响,将产生筒身弯曲应力、次应力和筒壁厚度方向温差引起的温度应力。

6　砖　烟　囱

6.1　一　般　规　定

6.1.1 本条规定与原规范相同。

6.2　水平截面计算

6.2.1 原规范 $\varphi = \dfrac{1}{1 + \left(\dfrac{e_0}{i} + \lambda\sqrt{\dfrac{\alpha}{12}}\right)^2}$,$\lambda$ 为长细比。本次修改采用高径比。二者计算结果相当。

6.2.2 原规范截面抗裂度验算采用荷载标准值,本次修订为设计值。

6.6　构　造　规　定

6.6.10 本条规定了砖烟囱最小配筋值和范围。砖烟囱地震破坏特点明显,历次地震几乎都有砖烟囱破坏案例,其共同特点就是掉头或上部一定范围破坏,因此规定砖烟囱上部一定范围需要配置钢筋。

7 单筒式钢筋混凝土烟囱

7.1 一般规定

7.1.1 目前,我国电厂钢筋混凝土烟囱的建设高度大多都在240m左右,并已经应用多年。实践证明,应用本规范完全可以满足240m烟囱设计需要,故将原规范规定的210m限制高度提高到240m。

7.1.2 本条规定了钢筋混凝土烟囱必须要进行的计算内容。

7.2 附加弯矩计算

7.2.2 在抗震设防地区的钢筋混凝土烟囱,应在极限状态承载能力计算中,考虑地震作用(水平和竖向)及风荷载、日照和基础倾斜产生的附加弯矩,称之为 $P-\Delta$ 效应,规范中定义为地震附加弯矩 M_{Eai}。

在水平地震作用下,烟囱的振型可能出现高振型(特别是高烟囱)。通过计算分析,烟囱多振型的组合振型位移 $\left(\sum_{j=1}^{n}\delta_{ij}^{2}\right)^{1/2}$ 曲线,与第一振型的位移 δ_{i1} 曲线基本相吻合(图7),其位移差对计算简身的 $P-\Delta$ 效应影响甚小,可用曲率系数加以调正。因此,仍可按第一振型等曲率(地震作用终曲率)计算地震作用下的附加弯矩。

由于考虑竖向地震与水平地震共同作用,对竖向地震考虑了分项系数 γ_{Ev}。

7.2.3 本条给出了烟囱筒身折算线分布重力 q_i 值的计算公式。筒身(含筒壁、隔热层、内衬)重力荷载沿高度线分布 q_i 值是不规律的,虽呈上小下大的分布形式,但非呈直线变化。为了简化计算,采用了呈直线分布代替其实际分布,使其计算结果基本等效(图8)。

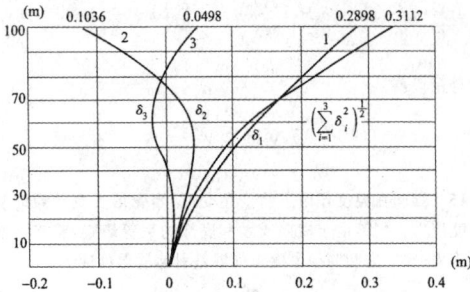

图7 三个振型变位曲线

图8 重力分布

7.2.8 本条规定了筒身代表截面的选择位置。筒身的曲率沿高度是变化的。为了简化计算,采用某一截面的曲率,代表筒身的实际曲率,然后按等曲率计算附加弯矩。这个截面定义为代表截面。代表截面的确定,是以等曲率和实际曲率计算出的筒身顶部变位近似相等确定的。代表截面的确定,是通过对工程实例和预计烟囱的发展趋势,进行分析和计算后确定的。

用代表截面曲率计算出的烟囱顶部变位,一般比实际曲率算得的筒顶变位大 $1.6\%\sim15.2\%$。

7.2.9 当烟囱筒身下部坡度不满足本规范第7.2.8条的规定时,筒身的水平变位和附加弯矩,不能再用筒身代表截面处的曲率按等曲率计算,筒身附加弯矩可按附加弯矩的定义公式计算。在变位计算时应考虑筒身日照温差、基础倾斜的影响和筒壁材料受压后塑性发展引起的非线性影响,计算的水平位移是筒身变形的最终变形。

一般为了优化烟囱基础设计,使基础底板外悬挑尺寸在基础合理外形尺寸之内,在筒身下部 $h/4$ 范围内加大筒身的坡度,增大基础环壁的上口直径,减少基础底板的外悬挑尺寸,以优化基础设计。

如果烟囱筒身下部大于3%的坡度范围超过 $h/4$ 时,仍按代表截面的变形曲率计算附加弯矩,会使筒身附加弯矩计算值增大,与实际附加弯矩误差较大。

7.3 烟囱筒壁承载能力极限状态计算

7.3.1 钢筋混凝土烟囱筒壁水平截面承载能力极限状态计算公式在原规范基础上进行了较大调整。原规范给出了在烟囱筒壁上开设一个或两个孔洞计算公式,但对开孔有严格限制,即同一截面开两个孔时,要求两个孔的角平分线夹角为180°,这大大限制了实际应用。本次规范修改,两个孔的角平分线夹角不再限制,给出通用计算公式,会使规范应用面更加广泛。

7.4 烟囱筒壁正常使用极限状态计算

7.4.1 正常使用极限状态的计算内容包括:在荷载标准值和温度共同作用下的水平截面背风侧混凝土与迎风侧钢筋的应力计算以及温度单独作用下钢筋应力计算;垂直截面环向钢筋在温度作用下的应力及混凝土裂缝开展宽度计算。

7.4.2~7.4.5 在荷载标准值作用下,筒壁水平截面混凝土压应力与竖向钢筋拉应力的计算公式采用了以下假定:

(1)全截面受压时,截面应力呈梯形或三角形分布。局部受压时,压区和拉区应力都呈三角形分布。

(2)平均应变和开裂截面应变都符合平截面假定。

(3)受拉区混凝土不参与工作。

(4)计入高温与荷载长期作用下对混凝土产生塑性的影响。

(5)竖向钢筋按截面等效的钢筒考虑,其分布半径等于环形截面的平均半径。

与极限承载能力状态相对应,本次规范修改调整了同一截面开两个孔洞时的计算公式。

7.4.6~7.4.9 在荷载标准值和温度共同作用下的筒壁水平截面应力值通常为正常使用极限状态起控制作用的值。计算公式采用了以下假定:

(1)截面应变符合平截面假定。

(2)温度单独作用下压区应力图形呈三角形。

(3)受拉区混凝土不参与工作。

(4)计算混凝土压应力时,不考虑截面开裂后钢筋的应变不均匀系数 φ_{st},即 $\varphi_{st}=1$ 及混凝土应变不均匀系数,即 $\varphi_{ct}=1$。在计算钢筋的拉应力时考虑 φ_{st},但不考虑 φ_{ct}。

(5)烟囱筒壁能自由伸缩变形但不能自由转动。因此温度应力只需计算由筒壁内外表面温差引起的弯曲约束下的应力值。

(6)计算方法为分别计算温度作用和荷载标准值作用下的应力后进行叠加。在叠加时考虑荷载标准值作用对温度作用下的混凝土压应力及钢筋拉应力的降低。荷载标准值作用下的应力值按本规范第7.4.2条~第7.4.5条规定计算。

7.4.10 裂缝计算公式引用了现行国家标准《混凝土结构设计规范》GB 50010中的公式。但公式中增加了一个大于1的工作条件系数 k,其理由是:

（1）烟囱处于室外环境及温度作用下，混凝土的收缩比室内结构大得多。在长期高温作用下，钢筋与混凝土间的黏结强度有所降低，滑移增大。这些均可导致裂缝宽度增加。

（2）烟囱筒壁模型试验结果表明，烟囱筒壁外表面由温度作用造成的竖向裂缝并不是沿圆周均匀分布，而是集中在局部区域，应是由于混凝土的非匀质性引起的，而《混凝土结构设计规范》GB 50010公式中，裂缝间距计算部分，与烟囱实际情况不甚符合，以致裂缝开展宽度的实测值大部分大于《混凝土结构设计规范》GB 50010中公式的计算值。重庆电厂240m烟囱的竖向裂缝亦远非均匀分布，实测值也大于计算值。

（3）模型试验表明，在荷载固定温度保持恒温时，水平裂缝仍继续增大。估计是裂缝间钢筋与混凝土的膨胀差所致。

（4）根据西北电力设计院和西安建筑科技大学对国内四个混凝土烟囱钢保护层的实测结果，都大于设计值。即使施工偏差在验收规范许可范围内，也不能保证沿周长均匀分布。这必将影响裂缝宽度。

8 套筒式和多管式烟囱

8.1 一般规定

8.1.1 套筒式和多管式烟囱，国外于20世纪70年代就开始采用。而我国的第一座多管（四筒）烟囱，是20世纪80年代初建于秦岭电厂的高210m烟囱，内为分段支承的四筒烟囱。从那时起，在国内建了多座套筒式和多管式烟囱。内筒包括分段支承、自立式砖砌内筒及钢内筒等形式。套筒式和多管式烟囱，至今已有二十几年实践经验。

8.1.2 多管烟囱各排烟筒之间距离的确定主要考虑以下两种因素：

1 从安装、维护和人员通行方面考虑，不宜小于750mm。

2 从烟囱出口烟气最大抬升高度方面考虑，宜取 $S=(1.35\sim1.40)d$，实际应用中，可灵活掌握。

排烟筒高出钢筋混凝土外筒的高度 h 的规定，主要为减少烟气下泄对外筒的腐蚀影响，同时又考虑了烟囱顶部的整体外观。

8.1.3 套筒式烟囱的内筒与外筒壁之间一般布置有转梯，考虑到人员通行及基本作业空间需要，本次修订将该部分内容纳入规范，建议其净距不宜小于1000mm。

8.1.7 套筒式和多管式烟囱的计算，分为外部承重筒和内部排烟筒两部分。外筒应进行承载能力极限状态计算和水平截面正常使用应力及裂缝宽度计算，可不考虑温度作用。除增加了平台荷载外，与本规范第7章的单筒式钢筋混凝土烟囱的计算相同。

内筒的计算则需根据内筒的形式，进行受热温度及承载能力极限状态计算。

8.2 计算规定

8.2.1 钢筋混凝土外筒计算时，需特别注意的是：平台荷载和吊装荷载。如采用分段支承式砖内筒，平台荷载较大，外筒壁要承受由平台梁传来的集中荷载。关于吊装荷载，是指钢内筒安装时，采用上部吊装方案而言。此项荷载应根据施工方案而定。有的施工单位采用下部顶升方案，此时便没有吊装荷载。

8.3 自立式钢内筒

8.3.4 外筒对钢内筒产生的内力由外筒位移引起钢内筒相应变形而产生。

8.3.7 制晃装置加强环的计算公式，均为在实际工程设计中采用的公式，具有一定实践经验。

8.3.8 为增强钢内筒承受内部负压的能力，防止负压条件下钢内筒的失稳（圆柱壳在均匀压力下失稳形态为不稳定分岔失稳）和阻止产生椭圆形振动，钢内筒设置环向加劲肋。

8.4 悬挂式钢内筒

8.4.1 悬挂式钢内筒结构形式的选择，应按照工程设计条件、钢内筒中排放烟气的压力分布状况、烟气腐蚀性和耐久性要求综合考虑确定。

对于分段悬挂式钢内筒，它是将钢内筒分为一段或几段悬挂于不同高度的烟囱内部平台上，各分段之间通过可自由变形的膨胀伸缩节连接，以消除热胀冷缩和烟囱水平变位现象造成的纵（横）向伸缩变形影响。钢内筒膨胀伸缩节的防渗漏防腐处理比较困难，是烟囱整体结构防腐设计和施工的薄弱环节；钢内筒分段数偏多会引起膨胀伸缩节的数量增多，由此带来较大的烟气冷凝结露酸液渗漏腐蚀风险和隐患。

另外，针对悬挂式钢内筒的计算研究分析表明，分段数增加，钢内筒节省的用钢量不很明显；而由此带来的膨胀伸缩节烟气渗漏腐蚀隐患弊端要大于用钢量节省的效益。因此，分段悬挂式钢内筒的悬挂段数不宜过多，以1段为宜，最多不超过2段；膨胀伸缩节的设置标高位置应尽量降低。

8.4.2 钢内筒的抗弯刚度比悬挂平台梁的抗弯刚度要大得多，悬挂平台梁不足以阻止钢内筒整体转动，应具体分析悬挂平台梁对钢内筒的转动约束作用。

平台梁对钢内筒的转动约束刚度可以通过内筒支座间的转角刚度来求得。钢内筒通过悬吊支座与平台梁连接，悬吊支座一般对称布置，因此，求平台梁对双钢内筒的转动约束大小，可以在两个对称的平台梁上各作用两个力，使其形成两个力偶。设其中一个平台梁与悬吊支座连接处作用集中力 F，求出一个平台梁的挠度大小 Δ，则两个平台梁之间的相对位移即为 2Δ，根据弯矩与转角之间的关系可以得到平台梁的转动刚度 k_1：

$$k_1 = \frac{M}{\theta} = \frac{nFd}{\theta} = \frac{nFd^2}{2\Delta} \tag{21}$$

式中：n——单个平台梁上悬吊支座的个数；

2Δ——位于同一直径上的一对悬吊点的位移差；

d——钢内筒的直径。

8.4.3 当悬挂平台下悬挂段钢内筒的长度较小时，钢内筒线刚度较大，由转动产生的钢内筒应力较大，因此该段钢内筒不宜太短。在水平地震作用下，多跨悬挂钢内筒由自身惯性力产生的地震内力只在最下层横向约束平台处较大，其他层很小，可忽略不计。因此，在进行横向约束平台布置时，可考虑将最下层的钢内筒悬臂段的长度设置得小些。分析表明，当该段长度不大于25m时，钢内筒由自身惯性力产生的地震内力可忽略不计。

悬挂段钢内筒的竖向地震作用可按支承在悬挂平台上倒立的钢内筒按本规范第5章的有关规定计算。

8.4.4 本规范给出的悬挂式钢内筒抗拉强度设计值公式是根据极限状态设计方法和容许应力法之间的换算得到的。

内筒允许应力是根据美国土木工程师学会标准《钢内筒设计与施工》ASCE 13—75规定的钢内筒抗拉强度容许应力值的计算公式转变而来。

8.5 砖内筒

8.5.1 受砌体材料强度和投资费用控制的约束，国内砖内筒烟囱基本上都是采用分段支承形式。

8.5.3 分段支承的套筒式砖内筒烟囱内部平台间距一般按25m左右考虑，分段支承的多管式砖内筒烟囱内部平台间距一般按30m左右考虑。

对于分段支承的套筒式砖内筒烟囱，考虑到内部空间紧凑和布置的便利性，本规范给出了经常采用的内部平台结构形式，即采用钢筋混凝土环梁、钢支柱、平台钢梁和平台支撑组成的内部平台体系。

对于分段支承的多管式砖内筒烟囱，由于内部空间较大，建议采用梁板体系的内部平台结构。从施工的角度考虑，平台建议采用钢结构。

采用分段支承形式的套筒式和多管式砖内筒烟囱,在各分段内部支承平台处的连接示意详见图9～图12。

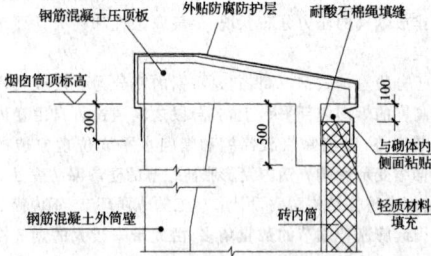

图 9 套筒式砖内筒烟囱筒首连接示意

8.5.4 通常采用设置100mm的缝隙考虑各分段的砖内筒,在烟气温度作用下产生的竖向变形。水平方向的变形(径向)很小,忽略不计。

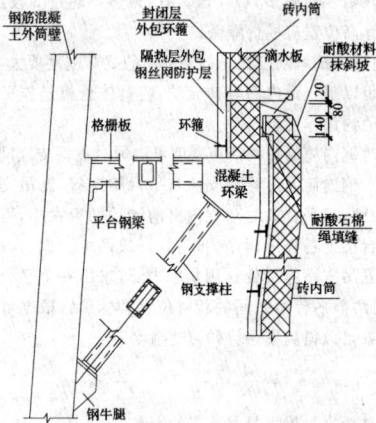

图 10 套筒式砖内筒烟囱内部平台连接示意

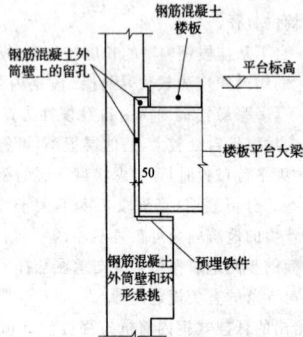

图 11 多管式砖内筒烟囱平台梁端部连接示意

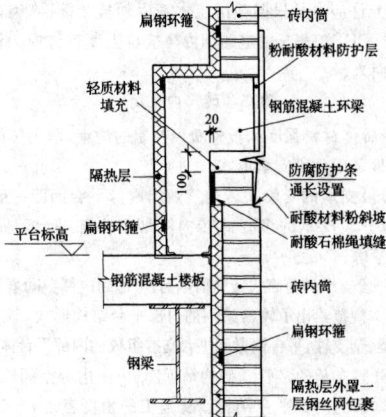

图 12 多管式砖内筒烟囱平台处砖内筒连接示意

8.5.5 烟囱中排放烟气的砖内筒一般应按管道设备的检修维护要求设置通行梯子。

8.6 构 造 规 定

8.6.1 钢筋混凝土外筒由于半径较大,且承受平台传来的荷载,所以,对筒壁的最小厚度,牛腿附近配筋的加强等规定与单筒式钢筋混凝土烟囱有所不同。在本条内,除对有特殊要求的内容加以说明外,其余应按第7章单筒式钢筋混凝土烟囱的有关规定执行。

8.6.2 对套筒式和多管式烟囱,顶层平台有一些特殊要求,其功能主要起封闭作用。在此处积灰严重,烟囱在使用时应定期清灰。另外,在多雨地区,必须考虑排水。一般应设置排水管。根据使用经验,排水管的直径应大于或等于300mm,否则易堵塞。

8.6.3 采用钢筋混凝土平台,梁和板的断面尺寸很大,平台的重量过大,且施工也十分困难。而钢平台自重轻且施工方便。

8.6.4 制晃装置仅用于钢内筒情况。因为烟囱很高,相对而言钢内筒长细比较大,必须设置制晃装置,使外筒起到保持内筒稳定的作用。不管是采用刚性制晃装置,还是采用柔性制晃装置,均需要在水平方向起到约束作用。而在竖向,却要满足内筒在烟气温度作用下,能够自由伸缩。

8.6.5 相关数值取自西安建筑科技大学与西北电力设计院共同完成的《高烟囱悬吊钢内筒设计研究报告》(2010 年 5 月)研究成果。

8.6.6～8.6.9 这些构造要求都是结合以往火力发电厂分段支承的套筒式或多管式砖内筒烟囱设计实践得出的,已在数十座烟囱工程中得到检验和验证。

9 玻璃钢烟囱

9.1 一 般 规 定

9.1.1 在美国材料与试验协会标准《燃煤电厂玻璃纤维增强塑料(FRP)烟囱内筒设计、制造和安装标准指南》ASTM D5364(以下简称"ASTM D5364"中规定了玻璃钢烟囱适合于无GGH 的湿饱和烟气运行温度(60℃以下),当 FGD 吸收塔有旁路时,在开启旁路烟道后的烟气温度,则在短时间内不超过121℃。国内燃煤电厂用于排放湿法脱硫烟气的温度,在无GGH 时,在45℃～55℃范围,有GGH时,在80℃～95℃范围。从我们调查的国内化工、冶金和轻工等行业现有玻璃钢烟囱(大多数用于脱酸后的烟气)的使用情况来看,绝大多数长期运行温度不超过 100℃。所以确定100℃为本规范所选玻璃钢材质适合长期使用的最高温度。

当烟气超出本规范规定的运行条件时(如大于100℃),可在烟囱前段采取冷却降温措施(如喷淋冷却),以确保烟气运行温度在规定的区间内。

随着科技进步和发展,将不断有高性能材料出现,因此对于超过本条规定的温度条件而要选用玻璃钢材质,则需要评估和试验确定,这也有利于玻璃钢烟囱未来发展和不断完善。

在事故发生时,短时间内烟气温度急剧升高,而玻璃钢短期内的使用温度极限应不能超过基体树脂的玻璃化温度(T_g)。

基体树脂类型不同,其固化后的玻璃化温度也不同。我们对两种类型四个品种的反应型阻燃环氧乙烯基酯树脂的 T_g 和HDT进行了检测验证,同样能满足本条的温度条件。

材料的耐寒性能常用脆化温度(T_b)来表示。工程上常把在某一低温下材料受力作用时只有极少变形就产生脆性破坏的这个温度称为脆化温度。同常温下性能相比,随着温度的降低,玻璃钢材料的分子无规则热运动减慢,结构趋于有序排列;树脂将会发生收缩,柔性越好收缩越大,同时树脂伸长率下降,而拉伸强度和弹性模量将增大,弯曲强度也会增加,树脂呈现脆性倾向。鉴于目前已有正常使用在−40℃下玻璃钢材质的管道和储罐情况,确定了未含外保温层的玻璃钢烟囱筒体在本环境温度的使用下限指标。

9.1.2 烟囱的设计高度及高径比多是参照实际案例确定的。另外,参考 ASTM D5364 中规定:L/r 不超过 20,故取自立式 H/D 不大于 10;拉索式 H/D 不大于 20;塔架式、套筒式或多管式 L/D 不宜大于 10。

9.1.3 由于玻璃钢材质的耐磨性能不强,在高的烟气流速下,对拐角或突变部位的冲击和磨损加大,导致腐蚀加强。可通过在树脂中添加耐磨填料(如碳化硅等)来提高该部位玻璃钢的耐磨性。本条引用了 ASTM D5364 中的烟气流速值。

9.1.5 防腐蚀内层及外表层树脂含量较高,强度及模量较低,在计算结构强度和承载力时,均不考虑。

9.1.6 设计使用年限参考了以下标准(表3);

表 3 设计使用年限参考标准

标　准	ASTM D5364	CICIND
使用寿命	35 年	25 年

注:CICIND 指国际工业烟囱协会《玻璃钢(GRP)内筒标准规范》。

9.1.7 玻璃钢的弹性模量较低,因此需对挠度作出相应规定。

9.2 材　　料

9.2.1 富树脂层和次内层由于具有比较高的树脂含量,固化后的交联密度高,使得玻璃钢表面致密,抗化学介质的扩散渗透能力增强。

玻璃钢是一种绝缘性能比较好的材质,玻璃钢烟囱在使用中可能产生大量的静电,会导致安全运行隐患,所以需要考虑静电释放和接地措施。

树脂中通常含有苯乙烯交联剂,在固化过程中由于空气中的氧阻聚作用,使得固化后表面产生发黏等固化不完全现象。无空气阻聚的树脂一般是在树脂中添加少量的石蜡,在树脂固化过程中,石蜡会慢慢迁移到表面,形成隔绝空气的一层薄膜,使得表面固化完全,使用在最后一层。

紫外线将会破坏树脂分子链中苯环等结构的化学稳定性,因此对室外的玻璃钢烟囱,或者对有可能接受到紫外线照射的部位,其表面层树脂中,应加入抗紫外线的吸收剂。

9.2.2 环氧乙烯基酯树脂是目前国内外玻璃钢烟囱制造中的常用树脂,其固化后树脂及其玻璃钢制品在耐高温、耐腐蚀、耐久性和物理力学等方面的综合性能优良。从国内调查反馈来看,采用环氧乙烯基酯树脂制造玻璃钢烟囱已过半,而在烟塔合一的工程应用中,已经全部采用环氧乙烯基酯树脂,但基本上以非阻燃型树脂为主。

关于本规范中采用阻燃树脂的背景介绍如下:

(1)ASTM D5364 中,对玻璃钢烟囱的树脂明确了应选用含卤素的化学阻燃树脂。从北美地区目前应用的玻璃钢烟囱情况来看,几乎都采用反应型阻燃环氧乙烯基酯树脂。

(2)国际工业烟囱协会(CICIND)《玻璃钢(GRP)内筒标准规范》对树脂的选用主要有三类:环氧乙烯基酯树脂、不饱和聚酯树脂(双酚A富马酸型和氯菌酸型)和酚醛树脂。对于阻燃性能,认为在需要和规定时,在玻璃钢内衬的内、外表层采用反应型阻燃树脂,或者全部采用反应型阻燃树脂。同时强调应当遵守本地或国家的消防条例,并认为采用内外表面阻燃的结构是无法限制规模很大的火焰。

(3)现行国家标准《火力发电厂与变电所设计防火规范》GB 50229—2006第3.0.1将烟囱的火灾危险性归为"丁类",耐火等级为2级,但没有涉及玻璃钢烟囱及其材质的要求。但第8.1.5条对"室内采暖系统的管道管件及保温材料"提出了强制性条文"应采用不燃材料";第8.2.7条规定了对"空气调节系统风道及其附件应采用不燃材料制作";第8.2.8条规定"空气调节系统

风道的保温材料,冷水管道的保温材料,消声材料及其黏结剂采用不燃烧材料或者难燃烧材料"。

(4)现行国家标准《建筑设计防火规范》GB 50016—2006 第10.3.15条规定:"通风、空气调节系统的风管应采用不燃材料",但"接触腐蚀性介质的风管和柔性接头可以采用难燃材料"。

从国内已发生的玻璃钢烟囱火灾事故及由于脱硫塔火灾引起的钢排烟筒出火案例来看,同样也需要引起我们高度重视玻璃钢烟囱的阻燃性问题。因此从安全消防角度考虑,采用阻燃树脂是防玻璃钢材质在存放、安装和运行过程中避免着火、火焰扩散和传播事故发生的措施之一。

树脂的热变形温度应超过烟气设计温度20℃以上,这是国内外对在温度条件下使用玻璃钢材料的通常规则,主要是确保作为结构材料的玻璃钢不能在超出其临界温度的环境下长期运行。临界温度范围取决于玻璃钢的基体树脂—固化体系,而同纤维类型和玻璃钢所受应力状态的类型关系不大。对于树脂的三个温度有如下关系:临界温度<热变形温度<玻璃化温度。

现行国家标准《纤维增强用液体不饱和聚酯树脂》GB/T 8237没有规定树脂固化后的拉伸强度等指标,而这些指标对玻璃钢烟囱所用树脂的质量控制是必须的,故作规定值。

树脂结构中的酯基是最容易受到酸和碱化学侵蚀的基团,已有研究表明:酸对酯基的侵蚀是可逆反应过程;而碱对酯基的侵蚀是个不可逆反应,其树脂浇铸体试样在碱溶液中会发生由表及里的溶胀、开裂以致破碎。在防腐蚀性能上通常以此来推断:即树脂的耐碱性好,其耐酸性能也好。现行国家标准《乙烯基酯树脂防腐蚀工程技术规范》GB/T 50590对反应型阻燃环氧乙烯基酯树脂的质量要求中,列入了耐碱性试验指标。本规范中对四种反应型阻燃环氧乙烯基酯树脂浇铸体的耐碱性进行了试验和验证,作为判断树脂耐腐蚀性能的重要依据。

玻璃钢材质的阻燃性表征之一是采用有限氧指数值(LOI):国内消防法规对难燃材料的要求之一是LOI不小于32。我们用未添加或添加少量三氧化二锑,树脂含量在35%左右的四种反应型阻燃环氧乙烯基酯树脂玻璃钢样条验证,能够满足上指标要求。

玻璃钢材质的阻燃性表征之二是火焰传播速率:它是采用美国材料与试验协会标准《建筑材料表面燃烧性能试验方法》ASTM E84隧道法测定的玻璃钢层合板的一个指数值。表示火焰前沿沿着材料表面的发展速度,关系到火灾波及邻近可燃物而使火势扩大的一个评估指标。国内无相对应的标准,但已有测定机构提供专门服务。

玻璃钢烟囱是长期使用且维修困难的高耸构筑物,由于烟气的强腐蚀性,因此防腐蚀层应设计成树脂含量高、纤维含量低的抗渗性铺层,结构层主要考虑其在运行温度条件下的力学性能为主,因此纤维含量高;从国外已有运行实例看,其防腐蚀层和结构层全部采用反应型阻燃环氧乙烯基酯树脂,综合性能优异,同时也有效防止了因防腐蚀层和结构层采用不同树脂可能造成的界面相容性问题,避免了脱层。

9.2.4 玻璃钢材料的性能数据高低,在树脂确定的情况下,与所采用纤维的类型、品质以及工艺铺层结构有关,可根据烟囱的受力特点,设计相应的工艺铺层,通过试验确定。本条表9.2.4-1～表9.2.4-3所列是缠绕玻璃钢及手糊玻璃钢制品的性能数据,没有采用通常的实验室制样方法,而是用更加接近工程实际的工厂化条件进行的生产制样,按国家有关标准进行检测,并依据现行国家标准《建筑结构可靠度设计统一标准》GB 50068和《工程结构可靠性设计统一标准》GB 50153规定的原则确定的标准值,可供没有条件进行试验的设计选用和参考。

表9.2.4-1和表9.2.4-3是采用缠绕试验铺层方法,用2层环向缠绕纱与4层单向布交替制作,具体如表4;

表 4　缠绕试验铺层做法

纤维名称	规　格	树脂含量
单向布	430g/m²	43%
缠绕纱	2400Tex	35%

表 9.2.4-2 是采用手糊板试验铺层方法,用 3 层玻璃布与 3 层短切毡交替铺层,具体如表 5:

表 5　手糊板试验铺层做法

纤维名称	规　格	树脂含量
玻璃布	610g/m²	50%
短切毡	450g/m²	70%

9.2.5 玻璃钢材料的材料分项系数参考了 ASTM D5364 中的规定,但考虑我国制作工艺及现场管理的实际水平,在实际取值时应大于或等于本规范所规定的分项系数。

为了确定玻璃钢烟囱材料在各种受力状态下的力学指标,中冶东方工程技术有限公司委托有关单位做了有关试验。通过试验可以看到,玻璃钢材料的力学指标离散性比较大。规范给出的材料分项系数虽然较一般建议大,但仍不足以保证结构设计已经可靠,原因是在温度作用下材料的力学指标又会有变化,规范给出 60℃和 90℃设计温度下强度指标折减系数。这样可尽量保证玻璃钢烟囱在不同温度下具有相近可靠度保证率。

9.2.6 通过试验可以得出结论,玻璃钢材料的力学性能随着温度升高会有较大幅度的降低,因此当烟气温度不大于 100℃,采用弹性模量进行计算时折减系数取 0.8 考虑。

9.3　筒壁承载能力计算

9.3.1、9.3.2 考虑了玻璃钢烟囱受拉、受压、受弯及组合最不利情况下的轴向强度计算。

9.3.3~9.3.5 计算公式部分内容参考了 ASTM D5364 中的有关规定。

9.3.6 玻璃钢烟囱的接口可采用平端对接、承插粘接等多种形式,在直径大于 4m 时宜采用平端对接,此处平端对接的粘接计算主要考虑自重与连接截面处弯矩的因素。

9.4　构造规定

9.4.1 玻璃钢材料为各向异性,容易产生应力集中,因此下部烟道接口建议设计成圆形,以尽量减小对玻璃钢筒体的破坏。

9.4.2 玻璃钢材料的弹性模量较低,故设置拉索时要保证 H/D 不大于 10,且要充分考虑拉索预紧力对烟囱的应力影响。

9.4.3 加强肋的设置间距参考了 ASTM D5364 中的规定。

9.4.4 玻璃钢烟囱的连接可采用承插粘接或平端对接等方式。

9.4.6 考虑到玻璃钢烟囱的结构刚度和耐久性,故对玻璃钢的结构层最小厚度作了规定,按照玻璃钢烟囱的直径差异,确定了两种不同直径系列的烟囱最小厚度。

9.5　烟囱制作要求

9.5.1 对于直径小的玻璃钢烟囱,可以在制造商的工厂内制作,对于直径大,运输有困难的,应在项目现场或其附近临时有围护结构的工场内制作,这样可保证满足制造时的环境温度和湿度要求。

树脂中的苯乙烯是有嗅味的易燃、易挥发化学品,除加强劳动保护外,还加强工作场所的通风。

温度过低,树脂固化速度变慢,影响工作效率和固化后产品的强度,温度过高,树脂固化速度太快,来不及制作的材料会浪费;湿度大,空气中的水分对树脂固化速度和固化后玻璃钢性能会有影响。在环境温度为(15~30)℃下材料和设备温度高于露点温度 3℃,通常其相对湿度不大于 80%。

低温存放,利于树脂有长的存储期。但在使用时,材料温度应同环境温度相一致,否则固化剂的用量配方不能确定,树脂的黏度也会变大,影响同纤维的浸润。

9.5.3 树脂的黏度是使用工艺中的重要性能,而且与温度的关系密切:

当温度下降、树脂黏度上升时,不利于浸透纤维。加入苯乙烯稀释,使得树脂黏度下降,可提高纤维浸润性能,但是加入的苯乙烯量不宜超过 3%,如果用量大则会影响树脂的相关性能。

当温度上升、树脂黏度下降时,黏度太小,利于纤维浸透树脂,但会产生树脂流挂缺胶,同样也影响产品质量,而加入适量的触变剂(如:气相二氧化硅),则可有效防止流胶。

树脂常温固化时所采用的固化剂均系过氧化物(如过氧化甲乙酮,过氧化环己酮等),它同配套的促进剂(如环烷酸钴等)直接混合将会发生剧烈的化学反应引起燃烧和火灾,严重时甚至会发生爆炸事故,危及生命和财产安全,因此严禁两者同时加入。

9.5.4 玻璃纤维增强材料如有污物和水分将会影响与树脂的浸润,造成界面的无效结合,影响固化,从而使材料的性能下降。

9.5.5 分段制造的每节筒体长度,主要从缠绕的设备能力和安装能力等方面综合考虑,筒体连接越少,效率也越高。

9.5.6 筒芯表面使用聚酯薄膜或脱模剂(如聚乙烯醇),会提供光滑的内表面,以保证玻璃钢筒体脱模时不损坏筒芯表面。

9.5.7 防腐蚀内层是直接接触烟气介质的,要求具有高的树脂含量和很好的抗渗透性能。如果存在气泡等制造中的缺陷,会直接影响产品的防腐蚀性能,应及时修补。

9.5.8 筒体结构层与防腐蚀内层的制造间隔时间的控制目的:是防止运行中发生结构层与防腐蚀内层脱层。尤其在结构层与防腐蚀内层所用树脂不一致的情况下,需要特别注意控制。防腐蚀内层所用往往是含胶量大于 70%的耐温性好、固化交联密度高的树脂,如果间隔时间长了,结构层与防腐蚀内层的界面融合就会存在隐患。从已发生的玻璃钢罐体结构层与防腐蚀内层的脱层事故分析,主要是这个原因。

9.5.9 在结构层缠绕开始前,先在防腐蚀层表面涂布树脂主要是提高层间结合。

9.6　安　装　要　求

9.6.2 刚性类吊索材料(如钢丝绳)容易损坏筒体表面,以采用尼龙等柔性类吊索为好。

9.6.3 玻璃钢材质具有高强度低模量的特性,垂直存放和移动主要是要保持筒体不变形。

9.6.4、9.6.5 这两条对筒体吊装提出要求。

10　钢　烟　囱

10.2　塔架式钢烟囱

10.2.1 在过去的设计中,常用的塔架截面形式主要有三角形和四边形,并优先选用三角形。因为三角形截面塔架为几何不变形状,整体稳定性好、刚度大、抗扭能力强,对基础沉降不敏感。

10.2.2 塔架在风荷载作用下,其弯矩图形近似于折线形。一般将塔架立面形式做成与受力情况相符的折线形,为了方便塔架的制作安装,塔面的坡度不宜过多,一般变坡以 3 个~4 个为宜。

根据实践经验,塔架底部宽度一般按塔架高度的 1/4 至 1/8 范围内选用,多数按塔架高度的 1/5 至 1/6 决定其底部尺寸。在此范围内确定的塔架底部宽度,对控制塔架的水平变位、降低结构自振周期、减少基础的内力等都是有利的。

10.2.3 增设拉杆是为了减小塔架底部和节间的变形,并使底部节间有足够的刚度和稳定性。

10.2.4 排烟筒与塔架平台或横隔相连,在风荷载和地震作用下,排烟筒相当于一根连续梁,将风荷载和地震力通过连接点传给钢塔架。但应注意排烟筒在温度作用下可自由变形。

钢塔架与排烟筒采用整体吊装时,顶部吊点的上节间内力往往大于按承载能力极限状态设计时的内力,所以必须进行吊装验算。

10.2.5 由于排烟筒伸出塔架,对塔顶将产生较大的水平集中力,在塔架底部接近地面两个节间又有较大的剪力,可能有扭矩产生。所以在塔架顶层和底层采用刚性 K 型腹杆,以保证塔架在这两部分具有可靠的刚度。组合截面做成封闭式,除提高杆件的强度和刚度外,更有利于防腐,提高杆件的防腐能力。

采用预加拉紧的柔性交叉腹杆,使交叉腹杆不受长细比的限制,能消除杆件的残余变形,可加强塔架的整体刚度,减小水平变位和横向变形。由于断面减小,降低了用钢量和投资。

钢管性能优越于其他截面,它各向同性,对受压受扭均有利,并有良好的空气动力性能,风阻小、防腐涂料省、施工维修方便,对可能受压,也可能受扭的塔柱和 K 型腹杆选用钢管是合理的。

承受拉力的预加拉紧的柔性交叉腹杆,选用风阻小、抗腐蚀能力强、直径小面积大的圆钢,既经济又合理。

10.2.6 滑道式连接是将排烟筒体用滑道与平台梁相连,在垂直方向可自由变位,抵抗水平力和扭矩。当排烟筒是悬挂时,排烟筒底部或靠近底部处与平台梁连接可采用承托式,即将筒体支承在平台梁上。承托板需开椭圆螺栓孔,使筒体在水平方向有很小的间隙变位,而在垂直方向能向上自由伸缩。以上部位与平台梁的连接可采用滑道式。

10.2.8 本次规范修订,增加了塔架抗震验算时构件及连接节点的承载力抗震调整系数。

10.3 自立式钢烟囱

10.3.1 原规范规定烟囱高径比宜满足于 $h \leqslant 20d$,在一些情况下偏于严格,特别是风荷载较小地区。按此规定设计,往往烟囱应力水平较低。本次规范修订将此限定放宽为 $h \leqslant 30d$,可在满足强度和变形要求的前提下,在此范围内进行高径比选择。当钢烟囱的强度和变形由风振控制时,可采用可靠的减震措施来满足要求。

10.3.2 强度和整体稳定性计算公式,基本参照现行国家标准《钢结构设计规范》GB 50017 中的公式。只因钢烟囱一直在较高温度下的不利环境中工作,没有考虑截面塑性发展,在强度和稳定计算公式中取消了截面塑性发展系数 γ。等效弯矩系数 β_m 由于悬臂结构时为 1,所以稳定性公式中取消了 β_m。

钢烟囱局部稳定计算公式参照 CICIND 标准进行了修订。原规范局部稳定计算公式为圆柱壳弹性屈服应力形式,未考虑钢材塑性屈曲和制作加工几何缺陷影响,在某些情况下,计算结果不安全。

10.3.3 本条规定钢烟囱的最小厚度是为了保证结构刚度和耐久性。

10.3.4 温度超过 425℃时,碳素钢要产生蠕变,在荷载作用下易产生永久变形。为了控制钢材使用温度,当温度达到 400℃时,应设置隔热层,以降低钢筒壁的受热温度。

碳素钢的抗氧化温度上限为 560℃,金属锚固件温度不应超过此界限。因为金属锚固件一旦超过抗氧化界限出现氧化现象,将造成连接松动,影响正常使用。

10.3.5 钢烟囱发生横风向风振(共振)现象在实际工程中有所发生,特别是烟囱刚度较小,临界风速一般小于设计的最大风速,因此,临界风速出现的概率较大。一旦临界风速出现,涡流脱落的频率与烟囱的自振频率相同(或几乎相同),烟囱就会发生横风向共振。因此,在设计中,应尽量避免出现共振现象。如果调整烟囱的刚度难以达到目的时,在烟囱上部设置破风圈是一种较有效的解决方法。除了破风圈以外,也可以采用其他形式的减振装置对烟囱进行减振。

10.4 拉索式钢烟囱

10.4.1 当烟囱高度与直径之比大于 30($h/d>30$)时,可采用拉索式钢烟囱。实际应用中,如果经过技术经济比较,虽然 $h/d \leqslant 30$,但采用拉索式钢烟囱更合理,也可采用该种烟囱。

11 烟囱的防腐蚀

11.1 一般规定

11.1.1~11.1.4 烟囱烟气根据其温度、湿度及结露状况分类;对于干烟气将原规范腐蚀等级按燃煤含硫量确定改为直接按烟气含硫量确定;烟气分为干烟气、潮湿烟气和湿烟气三类,对应各类烟气又分别划分为强、中、弱三种腐蚀等级,各类烟气虽腐蚀等级相同,但腐蚀程度不同,采取的防腐蚀措施也不同。规范规定湿法脱硫后的烟气为强腐蚀性湿烟气、湿法脱硫烟气经过再加热之后为强腐蚀性潮湿烟气,其他方式产生的湿烟气或潮湿烟气的腐蚀等级应根据具体情况加以确定。

11.1.6 烟囱防腐蚀材料应满足烟囱实际存在的各运行工况条件,且应能适用于各工况可能存在交替变化的情况。

11.1.7 湿烟气烟囱冷凝液从实际工程掌握的情况,流量在每小时数吨至数十吨,故排烟筒底部必须设置冷凝液收集装置,有条件时可在钢内筒其他部位设置冷凝液收集装置,可有效减少烟囱雨现象。

11.2 烟囱结构型式选择

11.2.1 烟囱结构型式的选择是防腐蚀措施的重要环节。原规范提出了烟囱结构型式选择要求以来,针对不同的烟气腐蚀性等级选择的烟囱结构型式,对保证烟囱安全可靠地正常使用和耐久性都起到了非常重要的指导性意义。

结合近 10 年来火力发电厂烟囱及其他行业烟囱,在不同使用条件,特别是烟气湿法脱硫运行条件下,采用不同烟囱结构型式和防腐蚀措施在运行后出现的渗漏腐蚀现象及处理经验,提出了对排放不同腐蚀性等级的干烟气、湿烟气和潮湿烟气的烟囱结构型式的选择要求。

根据对 20 座湿法脱硫现场调研,湿法脱硫机组实时运行温度统计数据为,无 GGH 运行工况(湿烟气)平均温度为 52℃,设 GGH 运行工况(潮湿烟气)平均温度为 83℃。

在湿法脱硫无 GGH 运行工况(湿烟气)下,烟囱内有冷凝液积累。在湿法脱硫设 GGH 运行工况(潮湿烟气)下,烟囱内无冷凝液积累,烟囱内的积灰处于干燥状态。

湿烟气烟囱内有冷凝液流淌,要解决防腐问题首先必须满足防渗,应采用整体气密的排烟筒或防腐内衬。钢内筒防腐内衬主要有:

(1)钢内筒衬防腐金属材料指钢内筒衬镍板或钛板等,国内工程仅挂贴钛板和复合钛板有应用,且多为复合钛板。

(2)钢内筒衬轻质防腐砖指进口玻璃砖防腐系统、国产玻璃砖防腐系统、国产泡沫玻化砖防腐系统。

(3)玻璃钢排烟筒在国外大型电厂有较多湿烟囱应用案例;国内在小型电厂有应用案例,在大型电厂塔合一烟道有应用案例。

(4)钢内筒衬防腐涂料主要指目前应用较多的玻璃鳞片。

到目前为止,国内湿烟气烟囱运行时间不长,大部分未超过 6 年,但还是暴露出了诸多问题,有待进一步改进。

(1)钢内筒衬钛板总体使用情况良好,但挂贴钛板出现了钛板局部腐蚀穿孔的现象,复合钛板钢内筒出现了焊缝连接部位渗漏现象。

(2)钢内筒衬进口玻璃砖防腐系统使用情况良好,表面耐烟气冲刷性能稍弱。

(3)钢内筒衬国产玻璃砖防腐系统的工程问题突出,除施工质量的过程控制没有落实外,砖、胶出现较多材料失效的现象。

(4)钢内筒衬国产泡沫玻化砖防腐系统出现问题的工程较多,从现场调研结果反映出,砖、胶性能与进口产品相比较有差距;目前钢内筒产生的腐蚀的主要原因是施工工艺造成的胶饱满密实缺陷问题。

国内燃煤电厂新建机组有7座烟囱采用进口玻璃砖防腐系统,目前使用状况良好。

统计的国内约30座采用国产玻璃砖、国产泡沫玻化砖防腐系统的烟囱,有较多出现了不同程度的腐蚀情况;一般在投运后1年~2年内发生,最短在投运1个月后即出现了钢内筒腐蚀穿孔现象。

与进口玻璃砖防腐系统相比,国产玻璃砖、国产泡沫玻化砖防腐系统在原材料、施工质量过程控制和管理方面尚存一定差距,有较大的改进空间。

(5)钢内筒衬玻璃鳞片材料使用寿命较短,一般为5年~8年。使用期间维护工程量大,到目前为止,较多的工程已进行过维修。对用于实际使用时间少于10年的湿烟气烟囱,其经济性有一定优势。对于防腐涂层内衬,在选用时,应对其抗渗性能和断裂延伸率等性能加以限制。

本规范表11.2.1是总结近年来实践经验得出的,在选用时应结合实际烟囱运行工况的差异性进行调整。应根据烟囱的实际工况,对内衬防腐材料的耐酸、耐热老化、耐热冲击和耐磨性能以及断裂延伸率、抗渗透性能等主要性能指标进行综合评价后予以确定。

11.2.4 根据近几年火力发电厂工程排放湿烟气烟囱的渗漏腐蚀现象较为普遍和严重的调查情况,提出了应采用具备检修条件的套筒式或多管式烟囱。

每个排烟筒接入锅炉台数根据发电厂机组规模进行了规定,其他行业可对照其规模容量执行。

11.3 砖烟囱的防腐蚀

11.3.1 砖烟囱一般用于不超过60m高度的低烟囱。由于砌体结构的抗渗性能不宜保证,因此烟囱中排放的烟气类型限定于干烟气。

11.3.2 砖烟囱的主要防腐蚀措施是根据烟气的腐蚀性等级做好防腐蚀内衬材料的选择和有效控制施工质量。水泥砂浆和石灰水泥砂浆的耐腐蚀性最差,当受到腐蚀后,体积发生膨胀,内衬的整体性和严密性易受到破坏,一般不在砖烟囱的内衬中使用。普通黏土砖耐腐蚀性也较差,受腐蚀后易出现掉皮现象,一般不应在排放中等腐蚀等级的砖烟囱内衬中使用。

11.4 单筒式钢筋混凝土烟囱的防腐蚀

11.4.2 对于排放干烟气的单筒式烟囱,已形成了一套安全有效、适合国情的单筒式烟囱防腐蚀措施适用标准,实践证明使用效果良好。

近几年湿烟气烟囱(烟囱脱硫改造工程或新建脱硫烟囱工程),单筒式烟囱出现了较严重的渗漏腐蚀现象,有的已威胁到了烟囱钢筋混凝土筒壁的安全可靠性。基于此,单筒式烟囱中排放的烟气类型限定于干烟气和潮湿烟气。

11.4.3 结合近年来轻质耐酸隔热防腐整体浇注料在干烟气条件下单筒式烟囱中的使用情况,补充了该种材料。

11.4.4 单筒式烟囱是截锥圆形,上小下大形状,烟囱中上部区段运行的烟气正压压力值较大,对单筒式烟囱中烟气正压压力数值加以限制,减少烟气渗透腐蚀。

11.5 套筒式和多管式烟囱的砖内筒防腐蚀

11.5.1 烟囱中砖砌体排烟内筒的材料全部选用耐酸防腐蚀性能

的;在条件许可时选用轻质型的,以减小排烟内筒的荷重。

11.7 钢烟囱的防腐蚀

11.7.1 从防腐蚀的角度考虑,钢烟囱高度不起主要作用。所以,本节末区分钢烟囱高度而分别提出相关的设计要求。

11.7.2 根据钢烟囱外表面检修维护困难的特点,提出了采用长效防腐措施。

12 烟囱基础

12.1 一般规定

12.1.1~12.1.3 这一部分规定仍与原规范相同。

12.2 地基计算

12.2.1~12.2.3 这一节完全与原规范相同。

12.3 刚性基础计算

12.3.1 刚性基础在满足底面积的前提下,需确定合理的高度及台阶尺寸,公式(12.3.1-1)~公式(12.3.1-4)均与原规范相同,实践已经证明这些公式是合理的。

12.4 板式基础计算

12.4.1~12.4.11 这11条给出了板式基础外形尺寸的确定及环形和圆形板式基础的冲切强度和弯矩的计算公式。

12.4.12 设置地下烟道的基础,将直接受到温度作用。由于基础周围是土壤,温度不易扩散,所以基础的温度很高。当烟气温度超过350℃时,采用隔热层的措施,使基础混凝土的受热温度小于或等于150℃,隔热层已相当厚。当烟气温度更高时,采用隔热的办法就更难满足混凝土受热的要求,此时可把烟气入口改在基础顶面以上或采用通风隔热措施以避免基础承受高温。曾考虑过采用耐热混凝土作为基础材料。但由于对耐热混凝土作为在高温(大于150℃)作用下的受力结构,国内还没有完整的试验结果和成熟的使用经验。因此未列入本规范。

12.4.14 地下基础在温度作用下,基础内外表面将产生温度差,即有温度应力产生。温度应力与荷载应力进行组合。由于板式基础在荷载作用下所产生的内力,是按极限平衡理论计算的。其计算假定:在极限状态下,基础已充分开裂,开裂成几个极限平衡体。在这种充分开裂的情况下,已无法求解整体基础的温度应力。所以,对于温度应力与荷载应力,本规范未给出应力组合计算公式,仅在配筋数量上适当考虑温度作用的影响。

12.5 壳体基础计算

12.5.1~12.5.5 根据有关试验和实际工程设计经验,本规范正倒锥组合壳的"正截锥"(上下环梁之间的截锥体),按"无矩"理论计算;"倒截锥"(底板壳)按极限平衡理论进行内力计算;环梁按内力平衡条件计算。由于"正截锥"壳是按无矩理论计算的,忽略了壳的边缘效应(弯矩 M,水平力 V)对环梁的影响。但是,由于按无矩理论计算的薄膜经向力,大于按有矩理论的计算值,使两种计算方法的结果,在壳的边缘处比较接近。为了安全起见,在壳基础构造的第12.7.12条,特别强调"上壳上下边缘附近构造环向钢筋适当加强"。

12.6 桩 基 础

12.6.3 桩基承台优先考虑采用环形,桩宜对称布置在环壁中心位置两侧,可适当偏外侧布置,并通过反复试算,逐步调整,直到符合全部要求为止。

12.7 基础构造

12.7.7 考虑到整体弯曲对基础底板作用时的影响,底板下部钢筋构造加强,规定最小配筋率径向和环向(或纵向和横向)不宜小于 0.15%。当底板厚度大于 2000mm 时,增加双向钢筋网是为了减少大体积混凝土温度收缩的影响,并提高底板的抗剪承载力。

12.7.12 壳体基础主要处于薄膜受力状态,用材节省,需满足最低配筋要求。

13 烟　　道

13.1 一般规定

13.1.1 本条是对实际工程经验的总结。由于烟道的材料、计算方法均与烟道的类型有关,烟道从工艺角度分为地下烟道、地面烟道和架空烟道。架空烟道一般用于电厂烟囱。

13.1.5 地下烟道与地下构筑物之间的最小距离,是按已有工程经验确定的。在设计工作中满足本条规定的前提下,可根据实践经验确定。

13.2 烟道的计算和构造

13.2.1 地下烟道应对其受热温度进行计算,本条给出了地下温度场土层影响厚度的计算公式。土层影响厚度计算公式是根据试验确定的。计算出的温度应小于材料受热温度允许值。

13.2.7 地面烟道的计算(一般为砖砌烟道),一般按封闭框架考虑。拱型顶应做成半圆型,因为半圆拱的水平推力较小。

13.2.8 架空烟道的计算中应考虑自重荷载、风荷载、积灰荷载和烟道内的烟气压力。在抗震设防地区还应考虑地震作用。其中积灰荷载和烟气压力是根据电厂烟囱给出的,根据现行行业标准《火力发电厂烟风煤粉管道设计技术规程》DL/T 5121 烟道内的烟气压力一般按 $\pm 2.5 \mathrm{kN/m^2}$ 考虑。其他工厂的烟气压力和积灰荷载应另行考虑。

在架空烟道的温度作用计算中,需要对烟道侧墙的温度差进行计算,避免温差过大引起烟道开裂。

13.2.9 钢烟道胀缩,对多管式的钢内筒水平推力较大,在连接引风机和烟囱之间的一段钢烟道内设置补偿器,可减小钢烟道对钢内筒的推力,设置补偿器后,仅在构造上考虑钢内筒与基础的连接。

14 航空障碍灯和标志

14.1 一般规定

14.1.1 烟囱对空中航空飞行器视为障碍物,是造成飞行安全的隐患,因此烟囱应设置障碍标志。我国颁布的《民用航空法》、

国务院、中央军委发布的《关于保护机场净空》的文件等一系列行政法规都规定了航空障碍物必须设置的场所和范围。民用机场净空保护区域是指在民用机场及其周围区域上空,依据现行行业标准《民用机场飞行区技术标准》MH 5001—2006 规定的障碍物限制面划定的空间范围。在该范围内的烟囱应设置航空障碍灯和标志。

14.1.2~14.1.4 国际民用航空公约《附件十四》,针对烟囱尤其是高烟囱有严格的技术要求和规定。中国民用航空局制定的《民用机场飞行区技术标准》MH 5001—2006 和国务院、中央军委国发〔2001〕29 号《军用机场净空规定》对障碍灯和标志都有明确规定。本节的制定参照了上述标准。在《民用机场飞行区技术标准》MH 5001—2006 中将高光强障碍灯划分为 A、B 型,将中光强障碍灯划分为 A、B、C 型。其中适合安装在高耸烟囱的障碍灯形式为高光强 A 型障碍灯及中光强 B 型障碍灯。本次规范修订对障碍灯选用型号作出了规定。

14.2 障碍灯的分布

14.2.1~14.2.7 航空障碍灯的分布及标志可参照图 13 进行设置。

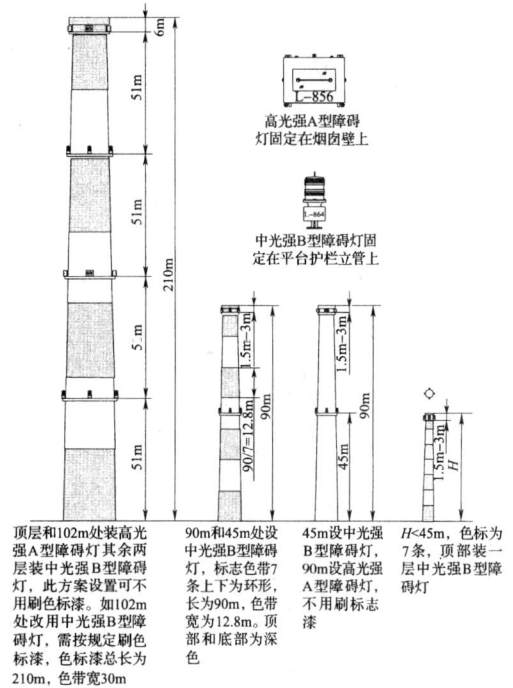

图 13 烟囱设置航空障碍灯分布及标志

中华人民共和国行业标准

高层建筑混凝土结构技术规程

Technical specification for concrete structures of tall building

JGJ 3—2010

批准部门：中华人民共和国住房和城乡建设部
施行日期：２０１１年１０月１日

中华人民共和国住房和城乡建设部
公　告

第 788 号

关于发布行业标准
《高层建筑混凝土结构技术规程》的公告

现批准《高层建筑混凝土结构技术规程》为行业标准，编号为 JGJ 3 - 2010，自 2011 年 10 月 1 日起实施。其中，第 3.8.1、3.9.1、3.9.3、3.9.4、4.2.2、4.3.1、4.3.2、4.3.12、4.3.16、5.4.4、5.6.1、5.6.2、5.6.3、5.6.4、6.1.6、6.3.2、6.4.3、7.2.17、8.1.5、8.2.1、9.2.3、9.3.7、10.1.2、10.2.7、10.2.10、10.2.19、10.3.3、10.4.4、10.5.2、10.5.6、11.1.4 条为强制性条文，必须严格执行。原行业标准《高层建筑混凝土结构技术规程》JGJ 3 - 2002 同时废止。

本规程由我部标准定额研究所组织中国建筑工业出版社出版发行。

中华人民共和国住房和城乡建设部
2010 年 10 月 21 日

前　言

根据原建设部《关于印发〈2006 年工程建设标准规范制定、修订计划（第一批）〉的通知》（建标〔2006〕77 号）的要求，规程编制组经广泛调查研究，认真总结工程实践经验，参考有关国际标准和国外先进标准，在广泛征求意见的基础上，修订本规程。

本规程主要技术内容是：1. 总则；2. 术语和符号；3. 结构设计基本规定；4. 荷载和地震作用；5. 结构计算分析；6. 框架结构设计；7. 剪力墙结构设计；8. 框架-剪力墙结构设计；9. 筒体结构设计；10. 复杂高层建筑结构设计；11. 混合结构设计；12. 地下室和基础设计；13. 高层建筑结构施工。

本规程修订的主要内容是：1. 修改了适用范围；2. 修改、补充了结构平面和立面规则性有关规定；3. 调整了部分结构最大适用高度，增加了 8 度（0.3g）抗震设防区房屋最大适用高度规定；4. 增加了结构抗震性能设计基本方法及抗连续倒塌设计基本要求；5. 修改、补充了房屋舒适度设计规定；6. 修改、补充了风荷载及地震作用有关内容；7. 调整了"强柱弱梁、强剪弱弯"及部分构件内力调整系数；8. 修改、补充了框架、剪力墙（含短肢剪力墙）、框架-剪力墙、筒体结构的有关规定；9. 修改、补充了复杂高层建筑结构的有关规定；10. 混合结构增加了筒中筒结构、钢管混凝土、钢板剪力墙有关设计规定；11. 补充了地下室设计有关规定；12. 修改、补充了结构施工有关规定。

本规程中以黑体字标志的条文为强制性条文，必须严格执行。

本规程由住房和城乡建设部负责管理和对强制性条文的解释，由中国建筑科学研究院负责具体技术内容的解释。执行过程中如有意见和建议，请寄送中国建筑科学研究院（地址：北京北三环东路 30 号，邮

编：100013）。

本 规 程 主 编 单 位： 中国建筑科学研究院

本 规 程 参 编 单 位： 北京市建筑设计研究院
华东建筑设计研究院有限公司
广东省建筑设计研究院
中建国际（深圳）设计顾问有限公司
上海市建筑科学研究院（集团）有限公司
清华大学
广州容柏生建筑结构设计事务所
北京建工集团有限责任公司
中国建筑第八工程局有限公司

本规程主要起草人员： 徐培福　黄小坤　容柏生
程懋堃　汪大绥　胡绍隆
傅学怡　肖从真　方鄂华
钱稼茹　王翠坤　肖绪文
艾永祥　齐五辉　周建龙
陈　星　蒋利学　李盛勇
张显来　赵　俭

本规程主要审查人员： 吴学敏　徐永基　柯长华
王亚勇　樊小卿　窦南华
娄　宇　王立长　左　江
莫　庸　袁金西　施祖元
周　定　李亚明　冯　远
方泰生　吕西林　杨嗣信
李景芳

目　次

Contents

1 总 则

1.0.1 为在高层建筑工程中合理应用混凝土结构（包括钢和混凝土的混合结构），做到安全适用、技术先进、经济合理、方便施工，制定本规程。

1.0.2 本规程适用于 10 层及 10 层以上或房屋高度大于 28m 的住宅建筑以及房屋高度大于 24m 的其他高层民用建筑混凝土结构。非抗震设计和抗震设防烈度为 6 至 9 度抗震设计的高层民用建筑结构，其适用的房屋最大高度和结构类型应符合本规程的有关规定。

本规程不适用于建造在危险地段以及发震断裂最小避让距离内的高层建筑结构。

1.0.3 抗震设计的高层建筑混凝土结构，当其房屋高度、规则性、结构类型等超过本规程的规定或抗震设防标准等有特殊要求时，可采用结构抗震性能设计方法进行补充分析和论证。

1.0.4 高层建筑结构应注重概念设计，重视结构的选型和平面、立面布置的规则性，加强构造措施，择优选用抗震和抗风性能好且经济合理的结构体系。在抗震设计时，应保证结构的整体抗震性能，使整体结构具有必要的承载能力、刚度和延性。

1.0.5 高层建筑混凝土结构设计与施工，除应符合本规程外，尚应符合国家现行有关标准的规定。

2 术语和符号

2.1 术 语

2.1.1 高层建筑 tall building, high-rise building

10 层及 10 层以上或房屋高度大于 28m 的住宅建筑和房屋高度大于 24m 的其他高层民用建筑。

2.1.2 房屋高度 building height

自室外地面至房屋主要屋面的高度，不包括突出屋面的电梯机房、水箱、构架等高度。

2.1.3 框架结构 frame structure

由梁和柱为主要构件组成的承受竖向和水平作用的结构。

2.1.4 剪力墙结构 shearwall structure

由剪力墙组成的承受竖向和水平作用的结构。

2.1.5 框架-剪力墙结构 frame-shearwall structure

由框架和剪力墙共同承受竖向和水平作用的结构。

2.1.6 板柱-剪力墙结构 slab-column shearwall structure

由无梁楼板和柱组成的板柱框架与剪力墙共同承受竖向和水平作用的结构。

2.1.7 筒体结构 tube structure

由竖向筒体为主组成的承受竖向和水平作用的建筑结构。筒体结构的筒体分剪力墙围成的薄壁筒和由密柱框架或壁式框架围成的框筒等。

2.1.8 框架-核心筒结构 frame-corewall structure

由核心筒与外围的稀柱框架组成的筒体结构。

2.1.9 筒中筒结构 tube in tube structure

由核心筒与外围框筒组成的筒体结构。

2.1.10 混合结构 mixed structure, hybrid structure

由钢框架（框筒）、型钢混凝土框架（框筒）、钢管混凝土框架（框筒）与钢筋混凝土核心筒体所组成的共同承受水平和竖向作用的建筑结构。

2.1.11 转换结构构件 structural transfer member

完成上部楼层到下部楼层的结构形式转变或上部楼层到下部楼层结构布置改变而设置的结构构件，包括转换梁、转换桁架、转换板等。部分框支剪力墙结构的转换梁亦称为框支梁。

2.1.12 转换层 transfer story

设置转换结构构件的楼层，包括水平结构构件及其以下的竖向结构构件。

2.1.13 加强层 story with outriggers and/or belt members

设置连接内筒与外围结构的水平伸臂结构（梁或桁架）的楼层，必要时还可沿该楼层外围结构设置带状水平桁架或梁。

2.1.14 连体结构 towers linked with connective structure(s)

除裙楼以外，两个或两个以上塔楼之间带有连接体的结构。

2.1.15 多塔楼结构 multi-tower structure with a common podium

未通过结构缝分开的裙楼上部具有两个或两个以上塔楼的结构。

2.1.16 结构抗震性能设计 performance-based seismic design of structure

以结构抗震性能目标为基准的结构抗震设计。

2.1.17 结构抗震性能目标 seismic performance objectives of structure

针对不同的地震地面运动水准设定的结构抗震性能水准。

2.1.18 结构抗震性能水准 seismic performance levels of structure

对结构震后损坏状况及继续使用可能性等抗震性能的界定。

2.2 符 号

2.2.1 材料力学性能

C20——表示立方体强度标准值为 $20N/mm^2$ 的混凝土强度等级；

E_c——混凝土弹性模量；

E_s ——钢筋弹性模量；

f_{ck}、f_c ——分别为混凝土轴心抗压强度标准值、设计值；

f_{tk}、f_t ——分别为混凝土轴心抗拉强度标准值、设计值；

f_{yk} ——普通钢筋强度标准值；

f_y、f_y' ——分别为普通钢筋的抗拉、抗压强度设计值；

f_{yv} ——横向钢筋的抗拉强度设计值；

f_{yh}、f_{yw} ——分别为剪力墙水平、竖向分布钢筋的抗拉强度设计值。

2.2.2 作用和作用效应

F_{Ek} ——结构总水平地震作用标准值；

F_{Evk} ——结构总竖向地震作用标准值；

G_E ——计算地震作用时，结构总重力荷载代表值；

G_{eq} ——结构等效总重力荷载代表值；

M ——弯矩设计值；

N ——轴向力设计值；

S_d ——荷载效应或荷载效应与地震作用效应组合的设计值；

V ——剪力设计值；

w_0 ——基本风压；

w_k ——风荷载标准值；

ΔF_n ——结构顶部附加水平地震作用标准值；

Δu ——楼层层间位移。

2.2.3 几何参数

a_s、a_s' ——分别为纵向受拉、受压钢筋合力点至截面近边的距离；

A_s、A_s' ——分别为受拉区、受压区纵向钢筋截面面积；

A_{sh} ——剪力墙水平分布钢筋的全部截面面积；

A_{sv} ——梁、柱同一截面各肢箍筋的全部截面面积；

A_{sw} ——剪力墙腹板竖向分布钢筋的全部截面面积；

A ——剪力墙截面面积；

A_w ——T形、I形截面剪力墙腹板的面积；

b ——矩形截面宽度；

b_b、b_c、b_w ——分别为梁、柱、剪力墙截面宽度；

B ——建筑平面宽度、结构迎风面宽度；

d ——钢筋直径；桩身直径；

e ——偏心距；

e_0 ——轴向力作用点至截面重心的距离；

e_i ——考虑偶然偏心计算地震作用时，第 i 层质心的偏移值；

h ——层高；截面高度；

h_0 ——截面有效高度；

H ——房屋高度；

H_i ——房屋第 i 层距室外地面的高度；

l_a ——非抗震设计时纵向受拉钢筋的最小锚固长度；

l_{ab} ——受拉钢筋的基本锚固长度；

l_{abE} ——抗震设计时纵向受拉钢筋的基本锚固长度；

l_{aE} ——抗震设计时纵向受拉钢筋的最小锚固长度；

s ——箍筋间距。

2.2.4 系数

α ——水平地震影响系数值；

α_{max}、α_{vmax} ——分别为水平、竖向地震影响系数最大值；

α_1 ——受压区混凝土矩形应力图的应力与混凝土轴心抗压强度设计值的比值；

β_c ——混凝土强度影响系数；

β_z —— z 高度处的风振系数；

γ_j —— j 振型的参与系数；

γ_{Eh} ——水平地震作用的分项系数；

γ_{Ev} ——竖向地震作用的分项系数；

γ_G ——永久荷载（重力荷载）的分项系数；

γ_w ——风荷载的分项系数；

γ_{RE} ——构件承载力抗震调整系数；

η_p ——弹塑性位移增大系数；

λ ——剪跨比；水平地震剪力系数；

λ_v ——配箍特征值；

μ_N ——柱轴压比；墙肢轴压比；

μ_s ——风荷载体型系数；

μ_z ——风压高度变化系数；

ξ_y ——楼层屈服强度系数；

ρ_{sv} ——箍筋面积配筋率；

ρ_w ——剪力墙竖向分布钢筋配筋率；

Ψ_w ——风荷载的组合值系数。

2.2.5 其他

T_1 ——结构第一平动或平动为主的自振周期（基本自振周期）；

T_t ——结构第一扭转振动或扭转振动为主的自振周期；

T_g ——场地的特征周期。

3 结构设计基本规定

3.1 一 般 规 定

3.1.1 高层建筑的抗震设防烈度必须按照国家规定的权限审批、颁发的文件（图件）确定。一般情况下，抗震设防烈度应采用根据中国地震动参数区划图确定的地震基本烈度。

3.1.2 抗震设计的高层混凝土建筑应按现行国家标

准《建筑工程抗震设防分类标准》GB 50223 的规定确定其抗震设防类别。

> 注：本规程中甲类建筑、乙类建筑、丙类建筑分别为现行国家标准《建筑工程抗震设防分类标准》GB 50223 中特殊设防类、重点设防类、标准设防类的简称。

3.1.3 高层建筑混凝土结构可采用框架、剪力墙、框架-剪力墙、板柱-剪力墙和筒体结构等结构体系。

3.1.4 高层建筑不应采用严重不规则的结构体系，并应符合下列规定：

1 应具有必要的承载能力、刚度和延性；

2 应避免因部分结构或构件的破坏而导致整个结构丧失承受重力荷载、风荷载和地震作用的能力；

3 对可能出现的薄弱部位，应采取有效的加强措施。

3.1.5 高层建筑的结构体系尚宜符合下列规定：

1 结构的竖向和水平布置宜使结构具有合理的刚度和承载力分布，避免因刚度和承载力局部突变或结构扭转效应而形成薄弱部位；

2 抗震设计时宜具有多道防线。

3.1.6 高层建筑混凝土结构宜采取措施减小混凝土收缩、徐变、温度变化、基础差异沉降等非荷载效应的不利影响。房屋高度不低于 150m 的高层建筑外墙宜采用各类建筑幕墙。

3.1.7 高层建筑的填充墙、隔墙等非结构构件宜采用各类轻质材料，构造上应与主体结构可靠连接，并应满足承载力、稳定和变形要求。

3.2 材　料

3.2.1 高层建筑混凝土结构宜采用高强高性能混凝土和高强钢筋；构件内力较大或抗震性能有较高要求时，宜采用型钢混凝土、钢管混凝土构件。

3.2.2 各类结构用混凝土的强度等级均不应低于 C20，并应符合下列规定：

1 抗震设计时，一级抗震等级框架梁、柱及其节点的混凝土强度等级不应低于 C30；

2 筒体结构的混凝土强度等级不宜低于 C30；

3 作为上部结构嵌固部位的地下室楼盖的混凝土强度等级不宜低于 C30；

4 转换层楼板、转换梁、转换柱、箱形转换结构以及转换厚板的混凝土强度等级均不应低于 C30；

5 预应力混凝土结构的混凝土强度等级不宜低于 C40、不应低于 C30；

6 型钢混凝土梁、柱的混凝土强度等级不宜低于 C30；

7 现浇非预应力混凝土楼盖结构的混凝土强度等级不宜高于 C40；

8 抗震设计时，框架柱的混凝土强度等级，9 度时不宜高于 C60，8 度时不宜高于 C70；剪力墙的混凝土强度等级不宜高于 C60。

3.2.3 高层建筑混凝土结构的受力钢筋及其性能应符合现行国家标准《混凝土结构设计规范》GB 50010 的有关规定。按一、二、三级抗震等级设计的框架和斜撑构件，其纵向受力钢筋尚应符合下列规定：

1 钢筋的抗拉强度实测值与屈服强度实测值的比值不应小于 1.25；

2 钢筋的屈服强度实测值与屈服强度标准值的比值不应大于 1.30；

3 钢筋最大拉力下的总伸长率实测值不应小于 9%。

3.2.4 抗震设计时混合结构中钢材应符合下列规定：

1 钢材的屈服强度实测值与抗拉强度实测值的比值不应大于 0.85；

2 钢材应有明显的屈服台阶，且伸长率不应小于 20%；

3 钢材应有良好的焊接性和合格的冲击韧性。

3.2.5 混合结构中的型钢混凝土竖向构件的型钢及钢管混凝土的钢管宜采用 Q345 和 Q235 等级的钢材，也可采用 Q390、Q420 等级或符合结构性能要求的其他钢材；型钢梁宜采用 Q235 和 Q345 等级的钢材。

3.3 房屋适用高度和高宽比

3.3.1 钢筋混凝土高层建筑结构的最大适用高度应区分为 A 级和 B 级。A 级高度钢筋混凝土乙类和丙类高层建筑的最大适用高度应符合表 3.3.1-1 的规定，B 级高度钢筋混凝土乙类和丙类高层建筑的最大适用高度应符合表 3.3.1-2 的规定。

平面和竖向均不规则的高层建筑结构，其最大适用高度宜适当降低。

表 3.3.1-1 A 级高度钢筋混凝土高层建筑的最大适用高度（m）

结构体系		非抗震设计	抗震设防烈度				
			6 度	7 度	8 度 0.20g	8 度 0.30g	9 度
框架		70	60	50	40	35	—
框架-剪力墙		150	130	120	100	80	50
剪力墙	全部落地剪力墙	150	140	120	100	80	60
	部分框支剪力墙	130	120	100	80	50	不应采用
筒体	框架-核心筒	160	150	130	100	90	70
	筒中筒	200	180	150	120	100	80
板柱-剪力墙		110	80	70	55	40	不应采用

> 注：1 表中框架不含异形柱框架；
> 2 部分框支剪力墙结构指地面以上有部分框支剪力墙的剪力墙结构；
> 3 甲类建筑，6、7、8 度时宜按本地区抗震设防烈度提高一度后符合本表的要求，9 度时应专门研究；
> 4 框架结构、板柱-剪力墙结构以及 9 度抗震设防的表列其他结构，当房屋高度超过本表数值时，结构设计应有可靠依据，并采取有效的加强措施。

表 3.3.1-2 B 级高度钢筋混凝土高层建筑的最大适用高度（m）

结构体系		非抗震设计	抗震设防烈度			
			6 度	7 度	8 度	
					0.20g	0.30g
框架-剪力墙		170	160	140	120	100
剪力墙	全部落地剪力墙	180	170	150	130	110
	部分框支剪力墙	150	140	120	100	80
筒体	框架-核心筒	220	210	180	140	120
	筒中筒	300	280	230	170	150

注：1 部分框支剪力墙结构指地面以上有部分框支剪力墙的剪力墙结构；

　　2 甲类建筑，6、7 度时宜按本地区设防烈度提高一度后符合本表的要求，8 度时应专门研究；

　　3 当房屋高度超过表中数值时，结构设计应有可靠依据，并采取有效的加强措施。

3.3.2 钢筋混凝土高层建筑结构的高宽比不宜超过表 3.3.2 的规定。

表 3.3.2 钢筋混凝土高层建筑结构适用的最大高宽比

结构体系	非抗震设计	抗震设防烈度		
		6 度、7 度	8 度	9 度
框架	5	4	3	—
板柱-剪力墙	6	5	4	—
框架-剪力墙、剪力墙	7	6	5	4
框架-核心筒	8	7	6	4
筒中筒	8	8	7	5

3.4 结构平面布置

3.4.1 在高层建筑的一个独立结构单元内，结构平面形状宜简单、规则，质量、刚度和承载力分布宜均匀。不应采用严重不规则的平面布置。

3.4.2 高层建筑宜选用风作用效应较小的平面形状。

3.4.3 抗震设计的混凝土高层建筑，其平面布置宜符合下列规定：

　　1 平面宜简单、规则、对称，减少偏心；

　　2 平面长度不宜过长（图 3.4.3），L/B 宜符合表 3.4.3 的要求；

表 3.4.3 平面尺寸及突出部位尺寸的比值限值

设防烈度	L/B	l/B_max	l/b
6、7 度	≤6.0	≤0.35	≤2.0
8、9 度	≤5.0	≤0.30	≤1.5

　　3 平面突出部分的长度 l 不宜过大、宽度 b 不宜过小（图 3.4.3），l/B_{max}、l/b 宜符合表 3.4.3 的要求；

　　4 建筑平面不宜采用角部重叠或细腰形平面布置。

3.4.4 抗震设计时，B 级高度钢筋混凝土高层建筑、混合结构高层建筑及本规程第 10 章所指的复杂高层建筑结构，其平面布置应简单、规则，减少偏心。

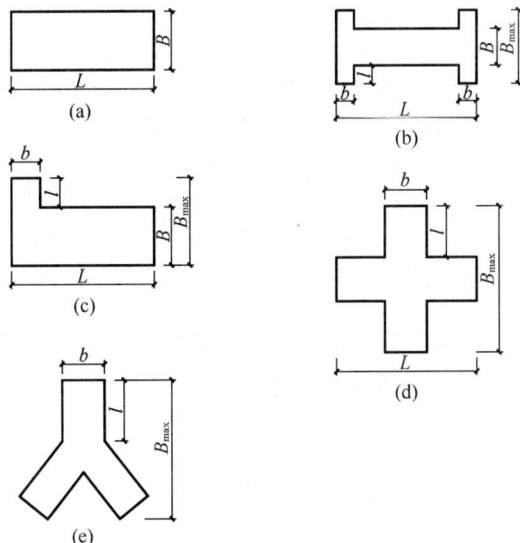

图 3.4.3 建筑平面示意

3.4.5 结构平面布置应减少扭转的影响。在考虑偶然偏心影响的规定水平地震力作用下，楼层竖向构件最大的水平位移和层间位移，A 级高度高层建筑不宜大于该楼层平均值的 1.2 倍，不应大于该楼层平均值的 1.5 倍；B 级高度高层建筑、超过 A 级高度的混合结构及本规程第 10 章所指的复杂高层建筑不宜大于该楼层平均值的 1.2 倍，不应大于该楼层平均值的 1.4 倍。结构扭转为主的第一自振周期 T_t 与平动为主的第一自振周期 T_1 之比，A 级高度高层建筑不应大于 0.9，B 级高度高层建筑、超过 A 级高度的混合结构及本规程第 10 章所指的复杂高层建筑不应大于 0.85。

　　注：当楼层的最大层间位移角不大于本规程第 3.7.3 条规定的限值的 40% 时，该楼层竖向构件的最大水平位移和层间位移与该楼层平均值的比值可适当放松，但不应大于 1.6。

3.4.6 当楼板平面比较狭长、有较大的凹入或开洞时，应在设计中考虑其对结构产生的不利影响。有效楼板宽度不宜小于该层楼面宽度的 50%；楼板开洞总面积不宜超过楼面面积的 30%；在扣除凹入或开洞后，楼板在任一方向的最小净宽度不宜小于 5m，且开洞后每一边的楼板净宽度不应小于 2m。

3.4.7 艹字形、井字形等外伸长度较大的建筑，当中央部分楼板有较大削弱时，应加强楼板以及连接部位墙体的构造措施，必要时可在外伸段凹槽处设置连接梁或连接板。

3.4.8 楼板开大洞削弱后，宜采取下列措施：

　　1 加厚洞口附近楼板，提高楼板的配筋率，采用双层双向配筋；

　　2 洞口边缘设置边梁、暗梁；

　　3 在楼板洞口角部集中配置斜向钢筋。

3.4.9 抗震设计时，高层建筑宜调整平面形状和结构布置，避免设置防震缝。体型复杂、平立面不规则的建筑，应根据不规则程度、地基基础条件和技术经济等因素的比较分析，确定是否设置防震缝。

3.4.10 设置防震缝时，应符合下列规定：

1 防震缝宽度应符合下列规定：

1）框架结构房屋，高度不超过 15m 时不应小于 100mm；超过 15m 时，6 度、7 度、8 度和 9 度分别每增加高度 5m、4m、3m 和 2m，宜加宽 20mm；

2）框架-剪力墙结构房屋不应小于本款 1）项规定数值的 70%，剪力墙结构房屋不应小于本款 1）项规定数值的 50%，且二者均不宜小于 100mm。

2 防震缝两侧结构体系不同时，防震缝宽度应按不利的结构类型确定；

3 防震缝两侧的房屋高度不同时，防震缝宽度可按较低的房屋高度确定；

4 8、9 度抗震设计的框架结构房屋，防震缝两侧结构层高相差较大时，防震缝两侧框架柱的箍筋应沿房屋全高加密，并可根据需要沿房屋全高在缝两侧各设置不少于两道垂直于防震缝的抗撞墙；

5 当相邻结构的基础存在较大沉降差时，宜增大防震缝的宽度；

6 防震缝宜沿房屋全高设置，地下室、基础可不设防震缝，但在与上部防震缝对应处应加强构造和连接；

7 结构单元之间或主楼与裙房之间不宜采用牛腿托梁的做法设置防震缝，否则应采取可靠措施。

3.4.11 抗震设计时，伸缩缝、沉降缝的宽度均应符合本规程第 3.4.10 条关于防震缝宽度的要求。

3.4.12 高层建筑结构伸缩缝的最大间距宜符合表 3.4.12 的规定。

表 3.4.12 伸缩缝的最大间距

结构体系	施工方法	最大间距（m）
框架结构	现浇	55
剪力墙结构	现浇	45

注：1 框架-剪力墙的伸缩缝间距可根据结构的具体布置情况取表中框架结构与剪力墙结构之间的数值；

2 当屋面无保温或隔热措施、混凝土的收缩较大或室内结构因施工外露时间较长时，伸缩缝间距应适当减小；

3 位于气候干燥地区、夏季炎热且暴雨频繁地区的结构，伸缩缝的间距宜适当减小。

3.4.13 当采用有效的构造措施和施工措施减小温度和混凝土收缩对结构的影响时，可适当放宽伸缩缝的间距。这些措施可包括但不限于下列方面：

1 顶层、底层、山墙和纵墙端开间等受温度变

化影响较大的部位提高配筋率；

2 顶层加强保温隔热措施，外墙设置外保温层；

3 每 30m～40m 间距留出施工后浇带，带宽 800mm～1000mm，钢筋采用搭接接头，后浇带混凝土宜在 45d 后浇筑；

4 采用收缩小的水泥、减少水泥用量、在混凝土中加入适宜的外加剂；

5 提高每层楼板的构造配筋率或采用部分预应力结构。

3.5 结构竖向布置

3.5.1 高层建筑的竖向体型宜规则、均匀，避免有过大的外挑和收进。结构的侧向刚度宜下大上小，逐渐均匀变化。

3.5.2 抗震设计时，高层建筑相邻楼层的侧向刚度变化应符合下列规定：

1 对框架结构，楼层与其相邻上层的侧向刚度比 γ_1 可按式（3.5.2-1）计算，且本层与相邻上层的比值不宜小于 0.7，与相邻上部三层刚度平均值的比值不宜小于 0.8。

$$\gamma_1 = \frac{V_i \Delta_{i+1}}{V_{i+1} \Delta_i} \qquad (3.5.2\text{-}1)$$

式中：γ_1 ——楼层侧向刚度比；

V_i、V_{i+1} ——第 i 层和第 $i+1$ 层的地震剪力标准值（kN）；

Δ_i、Δ_{i+1} ——第 i 层和第 $i+1$ 层在地震作用标准值作用下的层间位移（m）。

2 对框架-剪力墙、板柱-剪力墙结构、剪力墙结构、框架-核心筒结构、筒中筒结构，楼层与其相邻上层的侧向刚度比 γ_2 可按式（3.5.2-2）计算，且本层与相邻上层的比值不宜小于 0.9；当本层层高大于相邻上层层高的 1.5 倍时，该比值不宜小于 1.1；对结构底部嵌固层，该比值不宜小于 1.5。

$$\gamma_2 = \frac{V_i \Delta_{i+1}}{V_{i+1} \Delta_i} \frac{h_i}{h_{i+1}} \qquad (3.5.2\text{-}2)$$

式中：γ_2 ——考虑层高修正的楼层侧向刚度比。

3.5.3 A 级高度高层建筑的楼层抗侧力结构的层间受剪承载力不宜小于其相邻上一层受剪承载力的 80%，不应小于其相邻上一层受剪承载力的 65%；B 级高度高层建筑的楼层抗侧力结构的层间受剪承载力不应小于其相邻上一层受剪承载力的 75%。

注：楼层抗侧力结构的层间受剪承载力是指在所考虑的水平地震作用方向上，该层全部柱、剪力墙、斜撑的受剪承载力之和。

3.5.4 抗震设计时，结构竖向抗侧力构件宜上、下连续贯通。

3.5.5 抗震设计时，当结构上部楼层收进部位到室外地面的高度 H_1 与房屋高度 H 之比大于 0.2 时，上部楼层收进后的水平尺寸 B_1 不宜小于下部楼层水平尺寸 B 的 75%（图 3.5.5a、b）；当上部结构楼层相

对于下部楼层外挑时,上部楼层水平尺寸 B_1 不宜大于下部楼层的水平尺寸 B 的 1.1 倍,且水平外挑尺寸 a 不宜大于 4m(图 3.5.5c、d)。

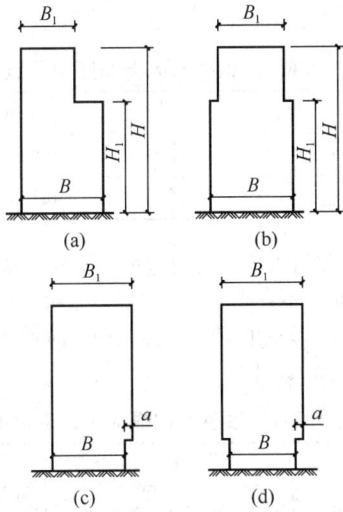

图 3.5.5 结构竖向收进和外挑示意

3.5.6 楼层质量沿高度宜均匀分布,楼层质量不宜大于相邻下部楼层质量的 1.5 倍。

3.5.7 不宜采用同一楼层刚度和承载力变化同时不满足本规程第 3.5.2 条和 3.5.3 条规定的高层建筑结构。

3.5.8 侧向刚度变化、承载力变化、竖向抗侧力构件连续性不符合本规程第 3.5.2、3.5.3、3.5.4 条要求的楼层,其对应于地震作用标准值的剪力应乘以 1.25 的增大系数。

3.5.9 结构顶层取消部分墙、柱形成空旷房间时,宜进行弹性或弹塑性时程分析补充计算并采取有效的构造措施。

3.6 楼 盖 结 构

3.6.1 房屋高度超过 50m 时,框架-剪力墙结构、筒体结构及本规程第 10 章所指的复杂高层建筑结构应采用现浇楼盖结构,剪力墙结构和框架结构宜采用现浇楼盖结构。

3.6.2 房屋高度不超过 50m 时,8、9 度抗震设计时宜采用现浇楼盖结构;6、7 度抗震设计时可采用装配整体式楼盖,且应符合下列要求:

1 无现浇叠合层的预制板,板端搁置在梁上的长度不宜小于 50mm。

2 预制板板端宜预留胡子筋,其长度不宜小于 100mm。

3 预制空心板孔端应有堵头,堵头深度不宜小于 60mm,并应采用强度等级不低于 C20 的混凝土浇灌密实。

4 楼盖的预制板板缝上缘宽度不宜小于 40mm,板缝大于 40mm 时应在板缝内配置钢筋,并宜贯通整个结构单元。现浇板缝、板缝梁的混凝土强度等级宜高于预制板的混凝土强度等级。

5 楼盖每层宜设置钢筋混凝土现浇层。现浇层厚度不应小于 50mm,并应双向配置直径不小于 6mm、间距不大于 200mm 的钢筋网,钢筋应锚固在梁或剪力墙内。

3.6.3 房屋的顶层、结构转换层、大底盘多塔楼结构的底盘顶层、平面复杂或开洞过大的楼层、作为上部结构嵌固部位的地下室楼层应采用现浇楼盖结构。一般楼层现浇楼板厚度不应小于 80mm,当板内预埋暗管时不宜小于 100mm;顶层楼板厚度不宜小于 120mm,宜双层双向配筋;转换层楼板应符合本规程第 10 章的有关规定;普通地下室顶板厚度不宜小于 160mm;作为上部结构嵌固部位的地下室楼层的顶楼盖应采用梁板结构,楼板厚度不宜小于 180mm,应采用双层双向配筋,且每层每个方向的配筋率不宜小于 0.25%。

3.6.4 现浇预应力混凝土楼板厚度可按跨度的 1/45～1/50 采用,且不宜小于 150mm。

3.6.5 现浇预应力混凝土板设计中应采取措施防止或减小主体结构对楼板施加预应力的阻碍作用。

3.7 水平位移限值和舒适度要求

3.7.1 在正常使用条件下,高层建筑结构应具有足够的刚度,避免产生过大的位移而影响结构的承载力、稳定性和使用要求。

3.7.2 正常使用条件下,结构的水平位移应按本规程第 4 章规定的风荷载、地震作用和第 5 章规定的弹性方法计算。

3.7.3 按弹性方法计算的风荷载或多遇地震标准值作用下的楼层层间最大水平位移与层高之比 $\Delta u/h$ 宜符合下列规定:

1 高度不大于 150m 的高层建筑,其楼层层间最大位移与层高之比 $\Delta u/h$ 不宜大于表 3.7.3 的限值。

表 3.7.3 楼层层间最大位移与层高之比的限值

结构体系	$\Delta u/h$ 限值
框架	1/550
框架-剪力墙、框架-核心筒、板柱-剪力墙	1/800
筒中筒、剪力墙	1/1000
除框架结构外的转换层	1/1000

2 高度不小于 250m 的高层建筑,其楼层层间最大位移与层高之比 $\Delta u/h$ 不宜大于 1/500。

3 高度在 150m～250m 之间的高层建筑,其楼层层间最大位移与层高之比 $\Delta u/h$ 的限值可按本条第 1 款和第 2 款的限值线性插入取用。

注：楼层层间最大位移 Δu 以楼层竖向构件最大的水平位移差计算，不扣除整体弯曲变形。抗震设计时，本条规定的楼层位移计算可不考虑偶然偏心的影响。

3.7.4 高层建筑结构在罕遇地震作用下的薄弱层弹塑性变形验算，应符合下列规定：

1 下列结构应进行弹塑性变形验算：

1）7～9 度时楼层屈服强度系数小于 0.5 的框架结构；

2）甲类建筑和 9 度抗震设防的乙类建筑结构；

3）采用隔震和消能减震设计的建筑结构；

4）房屋高度大于 150m 的结构。

2 下列结构宜进行弹塑性变形验算：

1）本规程表 4.3.4 所列高度范围且不满足本规程第 3.5.2～3.5.6 条规定的竖向不规则高层建筑结构；

2）7 度 III、IV 类场地和 8 度抗震设防的乙类建筑结构；

3）板柱-剪力墙结构。

注：楼层屈服强度系数为按构件实际配筋和材料强度标准值计算的楼层受剪承载力与按罕遇地震作用计算的楼层弹性地震剪力的比值。

3.7.5 结构薄弱层（部位）层间弹塑性位移应符合下式规定：

$$\Delta u_p \leqslant [\theta_p] h \qquad (3.7.5)$$

式中：Δu_p——层间弹塑性位移；

$[\theta_p]$——层间弹塑性位移角限值，可按表 3.7.5 采用；对框架结构，当轴压比小于 0.40 时，可提高 10%；当柱子全高的箍筋构造采用比本规程中框架柱箍筋最小配箍特征值大 30% 时，可提高 20%，但累计提高不宜超过 25%；

h——层高。

表 3.7.5 层间弹塑性位移角限值

结构体系	$[\theta_p]$
框架结构	1/50
框架-剪力墙结构、框架-核心筒结构、板柱-剪力墙结构	1/100
剪力墙结构和筒中筒结构	1/120
除框架结构外的转换层	1/120

3.7.6 房屋高度不小于 150m 的高层混凝土建筑结构应满足风振舒适度要求。在现行国家标准《建筑结构荷载规范》GB 50009 规定的 10 年一遇的风荷载标准值作用下，结构顶点的顺风向和横风向振动最大加速度计算值不应超过表 3.7.6 的限值。结构顶点的顺

风向和横风向振动最大加速度可按现行行业标准《高层民用建筑钢结构技术规程》JGJ 99 的有关规定计算，也可通过风洞试验结果判断确定，计算时结构阻尼比宜取 0.01～0.02。

表 3.7.6 结构顶点风振加速度限值 a_{lim}

使用功能	a_{lim}（m/s²）
住宅、公寓	0.15
办公、旅馆	0.25

3.7.7 楼盖结构应具有适宜的舒适度。楼盖结构的竖向振动频率不宜小于 3Hz，竖向振动加速度峰值不应超过表 3.7.7 的限值。楼盖结构竖向振动加速度可按本规程附录 A 计算。

表 3.7.7 楼盖竖向振动加速度限值

人员活动环境	峰值加速度限值（m/s²）	
	竖向自振频率不大于 2Hz	竖向自振频率不小于 4Hz
住宅、办公	0.07	0.05
商场及室内连廊	0.22	0.15

注：楼盖结构竖向自振频率为 2Hz～4Hz 时，峰值加速度限值可按线性插值选取。

3.8 构件承载力设计

3.8.1 高层建筑结构构件的承载力应按下列公式验算：

持久设计状况、短暂设计状况

$$\gamma_0 S_d \leqslant R_d \qquad (3.8.1-1)$$

地震设计状况 $\qquad S_d \leqslant R_d / \gamma_{RE} \qquad (3.8.1-2)$

式中：γ_0——结构重要性系数，对安全等级为一级的结构构件不应小于 1.1，对安全等级为二级的结构构件不应小于 1.0；

S_d——作用组合的效应设计值，应符合本规程第 5.6.1～5.6.4 条的规定；

R_d——构件承载力设计值；

γ_{RE}——构件承载力抗震调整系数。

3.8.2 抗震设计时，钢筋混凝土构件的承载力抗震调整系数应按表 3.8.2 采用；型钢混凝土构件和钢构件的承载力抗震调整系数应按本规程第 11.1.7 条的规定采用。当仅考虑竖向地震作用组合时，各类结构构件的承载力抗震调整系数均应取为 1.0。

表 3.8.2 承载力抗震调整系数

构件类别	梁	轴压比小于 0.15 的柱	轴压比不小于 0.15 的柱	剪力墙		各类构件	节点
受力状态	受弯	偏压	偏压	偏压	局部承压	受剪、偏拉	受剪
γ_{RE}	0.75	0.75	0.80	0.85	1.0	0.85	0.85

3.9 抗震等级

3.9.1 各抗震设防类别的高层建筑结构，其抗震措

施应符合下列要求：

1 甲类、乙类建筑：应按本地区抗震设防烈度提高一度的要求加强其抗震措施，但抗震设防烈度为9度时应比9度更高的要求采取抗震措施；当建筑场地为Ⅰ类时，应允许仍按本地区抗震设防烈度的要求采取抗震构造措施。

2 丙类建筑：应按本地区抗震设防烈度确定其抗震措施；当建筑场地为Ⅰ类时，除6度外，应允许按本地区抗震设防烈度降低一度的要求采取抗震构造措施。

3.9.2 当建筑场地为Ⅲ、Ⅳ类时，对设计基本地震加速度为0.15g和0.30g的地区，宜分别按抗震设防烈度8度（0.20g）和9度（0.40g）时各类建筑的要求采取抗震构造措施。

3.9.3 抗震设计时，高层建筑钢筋混凝土结构构件应根据抗震设防分类、烈度、结构类型和房屋高度采用不同的抗震等级，并应符合相应的计算和构造措施要求。A级高度丙类建筑钢筋混凝土结构的抗震等级应按表3.9.3确定。当本地区的设防烈度为9度时，A级高度乙类建筑的抗震等级应按特一级采用，甲类建筑应采用更有效的抗震措施。

注：本规程"特一级和一、二、三、四级"即"抗震等级为特一级和一、二、三、四级"的简称。

表3.9.3 A级高度的高层建筑结构抗震等级

结构类型		烈度						
		6度		7度		8度		9度
框架结构		三		二		一		一
框架-剪力墙结构	高度（m）	≤60	>60	≤60	>60	≤60	>60	≤50
	框架	四	三	三	二	二	一	一
	剪力墙	三		二		一		一
剪力墙结构	高度（m）	≤80	>80	≤80	>80	≤80	>80	≤60
	剪力墙	四	三	三	二	二	一	一
部分框支剪力墙结构	非底部加强部位的剪力墙	四	三	三	二	二	一	
	底部加强部位的剪力墙	三	二	二	一	一	特一	
	框支框架	二	二	一	一	特一	特一	
筒体结构	框架-核心筒	框架		三		二		一
		核心筒		二		二		一
	筒中筒	内筒		三		二		一
		外筒		三		二		一
板柱-剪力墙结构	高度	≤35	>35	≤35	>35	≤35	>35	
	框架、板柱及柱上板带	三	二	二	二	一	一	
	剪力墙	二	二	二	一	二	一	

注：1 接近或等于高度分界时，应结合房屋不规则程度及场地、地基条件适当确定抗震等级；
   2 底部带转换层的筒体结构，其转换框架的抗震等级应按表中部分框支剪力墙结构的规定采用；
   3 当框架-核心筒结构的高度不超过60m时，其抗震等级应允许按框架-剪力墙结构采用。

3.9.4 抗震设计时，B级高度丙类建筑钢筋混凝土结构的抗震等级应按表3.9.4确定。

表3.9.4 B级高度的高层建筑结构抗震等级

结构类型		烈度		
		6度	7度	8度
框架-剪力墙	框架	二	一	一
	剪力墙	二	一	特一
剪力墙	剪力墙	二	一	一
部分框支剪力墙	非底部加强部位剪力墙	二	一	一
	底部加强部位剪力墙	一	一	特一
	框支框架	一	特一	特一
框架-核心筒	框架	二	一	一
	筒体	二	一	特一
筒中筒	外筒	二	一	特一
	内筒	二	一	特一

注：底部带转换层的筒体结构，其转换框架和底部加强部位筒体的抗震等级应按表中部分框支剪力墙结构的规定采用。

3.9.5 抗震设计的高层建筑，当地下室顶层作为上部结构的嵌固端时，地下一层相关范围的抗震等级应按上部结构采用，地下一层以下抗震构造措施的抗震等级可逐层降低一级，但不应低于四级；地下室中超出上部主楼相关范围且无上部结构的部分，其抗震等级可根据具体情况采用三级或四级。

3.9.6 抗震设计时，与主楼连为整体的裙房的抗震等级，除应按裙房本身确定外，相关范围不应低于主楼的抗震等级；主楼结构在裙房顶板上、下各一层应适当加强抗震构造措施。裙房与主楼分离时，应按裙房本身确定抗震等级。

3.9.7 甲、乙类建筑按本规程第3.9.1条提高一度确定抗震措施时，或Ⅲ、Ⅳ类场地且设计基本地震加速度为0.15g和0.30g的丙类建筑按本规程第3.9.2条提高一度确定抗震构造措施时，如果房屋高度超过提高一度后对应的房屋最大适用高度，则应采取比对应抗震等级更有效的抗震构造措施。

3.10 特一级构件设计规定

3.10.1 特一级抗震等级的钢筋混凝土构件除应符合一级钢筋混凝土构件的所有设计要求外，尚应符合本节的有关规定。

3.10.2 特一级框架柱应符合下列规定：

1 宜采用型钢混凝土柱、钢管混凝土柱；

2 柱端弯矩增大系数 η_c、柱端剪力增大系数 η_{vc} 应增大20%；

3 钢筋混凝土柱柱端加密区最小配箍特征值 λ_v 应按本规程表6.4.7规定的数值增加0.02采用；全部纵向钢筋构造配筋百分率，中、边柱不应小于1.4%，角柱不应小于1.6%。

3.10.3 特一级框架梁应符合下列规定：

1 梁端剪力增大系数 η_{vb} 应增大20%；

2 梁端加密区箍筋最小面积配筋率应增大10%。

3.10.4 特一级框支柱应符合下列规定：

1 宜采用型钢混凝土柱、钢管混凝土柱。

2 底层柱下端及与转换层相连的柱上端的弯矩增大系数取 1.8，其余各层柱端弯矩增大系数 η_c 应增大 20%；柱端剪力增大系数 η_{vc} 应增大 20%；地震作用产生的柱轴力增大系数取 1.8，但计算柱轴压比时可不计该项增大。

3 钢筋混凝土柱柱端加密区最小配箍特征值 λ_v 应按本规程表 6.4.7 的数值增大 0.03 采用，且箍筋体积配箍率不应小于 1.6%；全部纵向钢筋最小构造配筋百分率取 1.6%。

3.10.5 特一级剪力墙、筒体墙应符合下列规定：

1 底部加强部位的弯矩设计值应乘以 1.1 的增大系数，其他部位的弯矩设计值应乘以 1.3 的增大系数；底部加强部位的剪力设计值，应按考虑地震作用组合的剪力计算值的 1.9 倍采用，其他部位的剪力设计值，应按考虑地震作用组合的剪力计算值的 1.4 倍采用。

2 一般部位的水平和竖向分布钢筋最小配筋率应取为 0.35%，底部加强部位的水平和竖向分布钢筋的最小配筋率应取为 0.40%。

3 约束边缘构件纵向钢筋最小构造配筋率应取为 1.4%，配箍特征值宜增大 20%；构造边缘构件纵向钢筋的配筋率不应小于 1.2%。

4 框支剪力墙结构的落地剪力墙底部加强部位边缘构件宜配置型钢，型钢宜向上、下各延伸一层。

5 连梁的要求同一级。

3.11 结构抗震性能设计

3.11.1 结构抗震性能设计应分析结构方案的特殊性、选用适宜的结构抗震性能目标，并采取满足预期的抗震性能目标的措施。

结构抗震性能目标应综合考虑抗震设防类别、设防烈度、场地条件、结构的特殊性、建造费用、震后损失和修复难易程度等各项因素选定。结构抗震性能目标分为 A、B、C、D 四个等级，结构抗震性能分为 1、2、3、4、5 五个水准（表 3.11.1），每个性能目标均与一组在指定地震地面运动下的结构抗震性能水准相对应。

表 3.11.1　结构抗震性能目标

地震水准 性能水准 性能目标	A	B	C	D
多遇地震	1	1	1	1
设防烈度地震	1	2	3	4
预估的罕遇地震	2	3	4	5

3.11.2 结构抗震性能水准可按表 3.11.2 进行宏观判别。

表 3.11.2　各性能水准结构预期的震后性能状况

结构抗震性能水准	宏观损坏程度	损坏部位			继续使用的可能性
		关键构件	普通竖向构件	耗能构件	
1	完好、无损坏	无损坏	无损坏	无损坏	不需修理即可继续使用
2	基本完好、轻微损坏	无损坏	无损坏	轻微损坏	稍加修理即可继续使用
3	轻度损坏	轻微损坏	轻微损坏	轻度损坏、部分中度损坏	一般修理后可继续使用
4	中度损坏	轻度损坏	部分构件中度损坏	中度损坏、部分比较严重损坏	修复或加固后可继续使用
5	比较严重损坏	中度损坏	部分构件比较严重损坏	比较严重损坏	需排险大修

注：“关键构件”是指该构件的失效可能引起结构的连续破坏或危及生命安全的严重破坏；“普通竖向构件”是指“关键构件”之外的竖向构件；“耗能构件”包括框架梁、剪力墙连梁及耗能支撑等。

3.11.3 不同抗震性能水准的结构可按下列规定进行设计：

1 第 1 性能水准的结构，应满足弹性设计要求。在多遇地震作用下，其承载力和变形应符合本规程的有关规定；在设防烈度地震作用下，结构构件的抗震承载力应符合下式规定：

$$\gamma_G S_{GE} + \gamma_{Eh} S_{Ehk}^* + \gamma_{Ev} S_{Evk}^* \leqslant R_d / \gamma_{RE}$$

$$(3.11.3-1)$$

式中：　R_d、γ_{RE}——分别为构件承载力设计值和承载力抗震调整系数，同本规程第 3.8.1 条；

S_{GE}、γ_G、γ_{Eh}、γ_{Ev}——同本规程第 5.6.3 条；

S_{Ehk}^*——水平地震作用标准值的构件内力，不需考虑与抗震等级有关的增大系数；

S_{Evk}^*——竖向地震作用标准值的构件内力，不需考虑与抗震等级有关的增大系数。

2 第 2 性能水准的结构，在设防烈度地震或预估的罕遇地震作用下，关键构件及普通竖向构件的抗震承载力宜符合式 (3.11.3-1) 的规定；耗能构件的受剪承载力宜符合式 (3.11.3-1) 的规定，其正截面承载力应符合下式规定：

$$S_{GE} + S_{Ehk}^* + 0.4 S_{Evk}^* \leqslant R_k \quad (3.11.3-2)$$

式中：R_k——截面承载力标准值，按材料强度标准值计算。

3 第 3 性能水准的结构应进行弹塑性计算分析。在设防烈度地震或预估的罕遇地震作用下，关键构件及普通竖向构件的正截面承载力应符合式（3.11.3-2）的规定，水平长悬臂结构和大跨度结构中的关键构件正截面承载力尚应符合式（3.11.3-3）的规定，其受剪承载力宜符合式（3.11.3-1）的规定；部分耗能构件进入屈服阶段，但其受剪承载力应符合式（3.11.3-2）的规定。在预估的罕遇地震作用下，结构薄弱部位的层间位移角应满足本规程第3.7.5条的规定。

$$S_{GE} + 0.4S_{Ehk}^* + S_{Evk}^* \leqslant R_k \quad (3.11.3-3)$$

4 第4性能水准的结构应进行弹塑性计算分析。在设防烈度或预估的罕遇地震作用下，关键构件的抗震承载力应符合式（3.11.3-2）的规定，水平长悬臂结构和大跨度结构中的关键构件正截面承载力尚应符合式（3.11.3-3）的规定；部分竖向构件以及大部分耗能构件进入屈服阶段，但钢筋混凝土竖向构件的受剪截面应符合式（3.11.3-4）的规定，钢-混凝土组合剪力墙的受剪截面应符合式（3.11.3-5）的规定。在预估的罕遇地震作用下，结构薄弱部位的层间位移角应符合本规程第3.7.5条的规定。

$$V_{GE} + V_{Ek}^* \leqslant 0.15 f_{ck} b h_0 \quad (3.11.3-4)$$

$$(V_{GE} + V_{Ek}^*) - (0.25 f_{ak} A_a + 0.5 f_{spk} A_{sp})$$
$$\leqslant 0.15 f_{ck} b h_0 \quad (3.11.3-5)$$

式中：V_{GE}——重力荷载代表值作用下的构件剪力（N）；

V_{Ek}^*——地震作用标准值的构件剪力（N），不需考虑与抗震等级有关的增大系数；

f_{ck}——混凝土轴心拉压强度标准值（N/mm²）；

f_{ak}——剪力墙端部暗柱中型钢的强度标准值（N/mm²）；

A_a——剪力墙端部暗柱中型钢的截面面积（mm²）；

f_{spk}——剪力墙墙内钢板的强度标准值（N/mm²）；

A_{sp}——剪力墙墙内钢板的横截面面积（mm²）。

5 第5性能水准的结构应进行弹塑性计算分析。在预估的罕遇地震作用下，关键构件的抗震承载力宜符合式（3.11.3-2）的规定；较多的竖向构件进入屈服阶段，但同一楼层的竖向构件不宜全部屈服；竖向构件的受剪截面应符合式（3.11.3-4）或（3.11.3-5）的规定；允许部分耗能构件发生比较严重的破坏；结构薄弱部位的层间位移角应符合本规程第3.7.5条的规定。

3.11.4 结构弹塑性计算分析除应符合本规程第5.5.1条的规定外，尚应符合下列规定：

1 高度不超过150m的高层建筑可采用静力弹塑性分析方法；高度超过200m时，应采用弹塑性时程分析法；高度在150m～200m之间，可视结构自振特性和不规则程度选择静力弹塑性方法或弹塑性时程分析方法。高度超过300m的结构，应有两个独立的

计算，进行校核。

2 复杂结构应进行施工模拟分析，应以施工全过程完成后的内力为初始状态。

3 弹塑性时程分析宜采用双向或三向地震输入。

3.12 抗连续倒塌设计基本要求

3.12.1 安全等级为一级的高层建筑结构应满足抗连续倒塌概念设计要求；有特殊要求时，可采用拆除构件方法进行抗连续倒塌设计。

3.12.2 抗连续倒塌概念设计应符合下列规定：

1 应采取必要的结构连接措施，增强结构的整体性。

2 主体结构宜采用多跨规则的超静定结构。

3 结构构件应具有适宜的延性，避免剪切破坏、压溃破坏、锚固破坏、节点先于构件破坏。

4 结构构件应具有一定的反向承载能力。

5 周边及边跨框架的柱距不宜过大。

6 转换结构应具有整体多重传递重力荷载途径。

7 钢筋混凝土结构梁柱宜刚接，梁板顶、底钢筋在支座处宜按受拉要求连续贯通。

8 钢结构框架梁柱宜刚接。

9 独立基础之间宜采用拉梁连接。

3.12.3 抗连续倒塌的拆除构件方法应符合下列规定：

1 逐个分别拆除结构周边柱、底层内部柱以及转换桁架腹杆等重要构件。

2 可采用弹性静力方法分析剩余结构的内力与变形。

3 剩余结构构件承载力应符合下式要求：

$$R_d \geqslant \beta S_d \quad (3.12.3)$$

式中：S_d——剩余结构构件效应设计值，可按本规程第3.12.4条的规定计算；

R_d——剩余结构构件承载力设计值，可按本规程第3.12.5条的规定计算；

β——效应折减系数。对中部水平构件取0.67，对其他构件取1.0。

3.12.4 结构抗连续倒塌设计时，荷载组合的效应设计值可按下式确定：

$$S_d = \eta_d (S_{Gk} + \sum \psi_{qi} S_{Qi,k}) + \Psi_w S_{wk} \quad (3.12.4)$$

式中：S_{Gk}——永久荷载标准值产生的效应；

$S_{Qi,k}$——第i个竖向可变荷载标准值产生的效应；

S_{wk}——风荷载标准值产生的效应；

ψ_{qi}——可变荷载的准永久值系数；

Ψ_w——风荷载组合值系数，取0.2；

η_d——竖向荷载动力放大系数。当构件直接与被拆除竖向构件相连时取2.0，其他构件取1.0。

3.12.5 构件截面承载力计算时，混凝土强度可取标

准值；钢材强度，正截面承载力验算时，可取标准值的 1.25 倍，受剪承载力验算时可取标准值。

3.12.6 当拆除某构件不能满足结构抗连续倒塌设计要求时，在该构件表面附加 80kN/m² 侧向偶然作用设计值，此时其承载力应满足下列公式要求：

$$R_d \geqslant S_d \qquad (3.12.6\text{-}1)$$

$$S_d = S_{Gk} + 0.6S_{Qk} + S_{Ad} \qquad (3.12.6\text{-}2)$$

式中：R_d ——构件承载力设计值，按本规程第 3.8.1 条采用；

S_d ——作用组合的效应设计值；

S_{Gk} ——永久荷载标准值的效应；

S_{Qk} ——活荷载标准值的效应；

S_{Ad} ——侧向偶然作用设计值的效应。

4 荷载和地震作用

4.1 竖向荷载

4.1.1 高层建筑的自重荷载、楼（屋）面活荷载及屋面雪荷载等应按现行国家标准《建筑结构荷载规范》GB 50009 的有关规定采用。

4.1.2 施工中采用附墙塔、爬塔等对结构受力有影响的起重机械或其他施工设备时，应根据具体情况确定对结构产生的施工荷载。

4.1.3 旋转餐厅轨道和驱动设备的自重应按实际情况确定。

4.1.4 擦窗机等清洗设备应按其实际情况确定其自重的大小和作用位置。

4.1.5 直升机平台的活荷载应采用下列两款中能使平台产生最大内力的荷载：

　　1 直升机总重量引起的局部荷载，按由实际最大起飞重量决定的局部荷载标准值乘以动力系数确定。对具有液压轮胎起落架的直升机，动力系数可取 1.4；当没有机型技术资料时，局部荷载标准值及其作用面积可根据直升机类型按表 4.1.5 取用。

表 4.1.5　局部荷载标准值及其作用面积

直升机类型	局部荷载标准值 （kN）	作用面积 （m²）
轻型	20.0	0.20×0.20
中型	40.0	0.25×0.25
重型	60.0	0.30×0.30

　　2 等效均布活荷载 5kN/m²。

4.2 风荷载

4.2.1 主体结构计算时，风荷载作用面积应取垂直于风向的最大投影面积，垂直于建筑物表面的单位面积风荷载标准值应按下式计算：

$$w_k = \beta_z \mu_s \mu_z w_0 \qquad (4.2.1)$$

式中：w_k ——风荷载标准值（kN/m²）；

w_0 ——基本风压（kN/m²），应按本规程第 4.2.2 条的规定采用；

μ_z ——风压高度变化系数，应按现行国家标准《建筑结构荷载规范》GB 50009 的有关规定采用；

μ_s ——风荷载体型系数，应按本规程第 4.2.3 条的规定采用；

β_z ——z 高度处的风振系数，应按现行国家标准《建筑结构荷载规范》GB 50009 的有关规定采用。

4.2.2 基本风压应按照现行国家标准《建筑结构荷载规范》GB 50009 的规定采用。对风荷载比较敏感的高层建筑，承载力设计时应按基本风压的 1.1 倍采用。

4.2.3 计算主体结构的风荷载效应时，风荷载体型系数 μ_s 可按下列规定采用：

　　1 圆形平面建筑取 0.8；

　　2 正多边形及截角三角形平面建筑，由下式计算：

$$\mu_s = 0.8 + 1.2/\sqrt{n} \qquad (4.2.3)$$

式中：n——多边形的边数。

　　3 高宽比 H/B 不大于 4 的矩形、方形、十字形平面建筑取 1.3；

　　4 下列建筑取 1.4：

　　　1）V 形、Y 形、弧形、双十字形、井字形平面建筑；

　　　2）L 形、槽形和高宽比 H/B 大于 4 的十字形平面建筑；

　　　3）高宽比 H/B 大于 4，长宽比 L/B 不大于 1.5 的矩形、鼓形平面建筑。

　　5 在需要更细致进行风荷载计算的场合，风荷载体型系数可按本规程附录 B 采用，或由风洞试验确定。

4.2.4 当多栋或群集的高层建筑相互间距较近时，宜考虑风力相互干扰的群体效应。一般可将单栋建筑的体型系数 μ_s 乘以相互干扰增大系数，该系数可参考类似条件的试验资料确定；必要时宜通过风洞试验确定。

4.2.5 横风向振动效应或扭转风振效应明显的高层建筑，应考虑横风向风振或扭转风振的影响。横风向风振或扭转风振的计算范围、方法以及顺风向与横风向效应的组合方法应符合现行国家标准《建筑结构荷载规范》GB 50009 的有关规定。

4.2.6 考虑横风向风振或扭转风振影响时，结构顺风向及横风向的侧向位移应分别符合本规程第 3.7.3 条的规定。

4.2.7 房屋高度大于 200m 或有下列情况之一时，宜进行风洞试验判断确定建筑物的风荷载：

    1 平面形状或立面形状复杂；

    2 立面开洞或连体建筑；

    3 周围地形和环境较复杂。

4.2.8 檐口、雨篷、遮阳板、阳台等水平构件，计算局部上浮风荷载时，风荷载体型系数 μ_s 不宜小于 2.0。

4.2.9 设计高层建筑的幕墙结构时，风荷载应按国家现行标准《建筑结构荷载规范》GB 50009、《玻璃幕墙工程技术规范》JGJ 102、《金属与石材幕墙工程技术规范》JGJ 133 的有关规定采用。

4.3 地震作用

4.3.1 各抗震设防类别高层建筑的地震作用，应符合下列规定：

    1 甲类建筑：应按批准的地震安全性评价结果且高于本地区抗震设防烈度的要求确定；

    2 乙、丙类建筑：应按本地区抗震设防烈度计算。

4.3.2 高层建筑结构的地震作用计算应符合下列规定：

    1 一般情况下，应至少在结构两个主轴方向分别计算水平地震作用；有斜交抗侧力构件的结构，当相交角度大于 15° 时，应分别计算各抗侧力构件方向的水平地震作用。

    2 质量与刚度分布明显不对称的结构，应计算双向水平地震作用下的扭转影响；其他情况，应计算单向水平地震作用下的扭转影响。

    3 高层建筑中的大跨度、长悬臂结构，7 度 (0.15g)、8 度抗震设计时应计入竖向地震作用。

    4 9 度抗震设计时应计算竖向地震作用。

4.3.3 计算单向地震作用时应考虑偶然偏心的影响。每层质心沿垂直于地震作用方向的偏移值可按下式采用：

$$e_i = \pm 0.05 L_i \quad (4.3.3)$$

式中：e_i——第 i 层质心偏移值（m），各楼层质心偏移方向相同；

    L_i——第 i 层垂直于地震作用方向的建筑物总长度（m）。

4.3.4 高层建筑结构应根据不同情况，分别采用下列地震作用计算方法：

    1 高层建筑结构宜采用振型分解反应谱法；对质量和刚度不对称、不均匀的结构以及高度超过 100m 的高层建筑结构应采用考虑扭转耦联振动影响的振型分解反应谱法。

    2 高度不超过 40m、以剪切变形为主且质量和刚度沿高度分布比较均匀的高层建筑结构，可采用底部剪力法。

    3 7～9 度抗震设防的高层建筑，下列情况应采用弹性时程分析法进行多遇地震下的补充计算：

      1）甲类高层建筑结构；

      2）表 4.3.4 所列的乙、丙类高层建筑结构；

      3）不满足本规程第 3.5.2～3.5.6 条规定的高层建筑结构；

      4）本规程第 10 章规定的复杂高层建筑结构。

表 4.3.4　采用时程分析法的高层建筑结构

设防烈度、场地类别	建筑高度范围
8 度 Ⅰ、Ⅱ 类场地和 7 度	>100m
8 度 Ⅲ、Ⅳ 类场地	>80m
9 度	>60m

注：场地类别应按现行国家标准《建筑抗震设计规范》GB 50011 的规定采用。

4.3.5 进行结构时程分析时，应符合下列要求：

    1 应按建筑场地类别和设计地震分组选取实际地震记录和人工模拟的加速度时程曲线，其中实际地震记录的数量不应少于总数量的 2/3，多组时程曲线的平均地震影响系数曲线应与振型分解反应谱法所采用的地震影响系数曲线在统计意义上相符；弹性时程分析时，每条时程曲线计算所得结构底部剪力不应小于振型分解反应谱法计算结果的 65%，多条时程曲线计算所得结构底部剪力的平均值不应小于振型分解反应谱法计算结果的 80%。

    2 地震波的持续时间不宜小于建筑结构基本自振周期的 5 倍和 15s，地震波的时间间距可取 0.01s 或 0.02s。

    3 输入地震加速度的最大值可按表 4.3.5 采用。

表 4.3.5　时程分析时输入地震加速度的最大值（cm/s^2）

设防烈度	6 度	7 度	8 度	9 度
多遇地震	18	35（55）	70（110）	140
设防地震	50	100（150）	200（300）	400
罕遇地震	125	220（310）	400（510）	620

注：7、8 度时括号内数值分别用于设计基本地震加速度为 0.15g 和 0.30g 的地区，此处 g 为重力加速度。

    4 当取三组时程曲线进行计算时，结构地震作用效应宜取时程法计算结果的包络值与振型分解反应谱法计算结果的较大值；当取七组及七组以上时程曲线进行计算时，结构地震作用效应可取时程法计算结果的平均值与振型分解反应谱法计算结果的较大值。

4.3.6 计算地震作用时，建筑结构的重力荷载代表值应取永久荷载标准值和可变荷载组合值之和。可变荷载的组合值系数应按下列规定采用：

1 雪荷载取 0.5；

2 楼面活荷载按实际情况计算时取 1.0；按等效均布活荷载计算时，藏书库、档案库、库房取 0.8，一般民用建筑取 0.5。

4.3.7 建筑结构的地震影响系数应根据烈度、场地类别、设计地震分组和结构自振周期及阻尼比确定。其水平地震影响系数最大值 α_{max} 应按表 4.3.7-1 采用；特征周期应根据场地类别和设计地震分组按表 4.3.7-2 采用，计算罕遇地震作用时，特征周期应增加 0.05s。

注：周期大于 6.0s 的高层建筑结构所采用的地震影响系数应作专门研究。

表 4.3.7-1　水平地震影响系数最大值 α_{max}

地震影响	6 度	7 度	8 度	9 度
多遇地震	0.04	0.08 (0.12)	0.16 (0.24)	0.32
设防地震	0.12	0.23 (0.34)	0.45 (0.68)	0.90
罕遇地震	0.28	0.50 (0.72)	0.90 (1.20)	1.40

注：7、8 度时括号内数值分别用于设计基本地震加速度为 0.15g 和 0.30g 的地区。

表 4.3.7-2　特征周期值 T_g（s）

设计地震分组	场地类别				
	I_0	I_1	II	III	IV
第一组	0.20	0.25	0.35	0.45	0.65
第二组	0.25	0.30	0.40	0.55	0.75
第三组	0.30	0.35	0.45	0.65	0.90

4.3.8 高层建筑结构地震影响系数曲线（图 4.3.8）的形状参数和阻尼调整应符合下列规定：

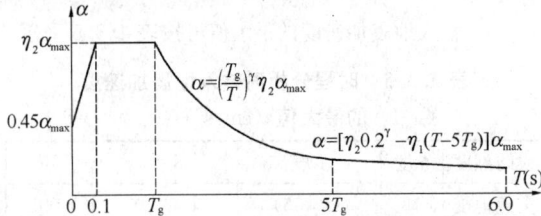

图 4.3.8　地震影响系数曲线

α—地震影响系数；α_{max}—地震影响系数最大值；T—结构自振周期；T_g—特征周期；γ—衰减指数；η_1—直线下降段下降斜率调整系数；η_2—阻尼调整系数

1 除有专门规定外，钢筋混凝土高层建筑结构的阻尼比应取 0.05，此时阻尼调整系数 η_2 应取 1.0，形状参数应符合下列规定：

1）直线上升段，周期小于 0.1s 的区段；

2）水平段，自 0.1s 至特征周期 T_g 的区段，地震影响系数应取最大值 α_{max}；

3）曲线下降段，自特征周期至 5 倍特征周期的区段，衰减指数 γ 取 0.9；

4）直线下降段，自 5 倍特征周期至 6.0s 的区段，下降斜率调整系数 η_1 应取 0.02。

2 当建筑结构的阻尼比不等于 0.05 时，地震影响系数曲线的分段情况与本条第 1 款相同，但其形状参数和阻尼调整系数 η_2 应符合下列规定：

1）曲线下降段的衰减指数应按下式确定：

$$\gamma = 0.9 + \frac{0.05 - \zeta}{0.3 + 6\zeta} \qquad (4.3.8-1)$$

式中：γ——曲线下降段的衰减指数；

ζ——阻尼比。

2）直线下降段的下降斜率调整系数应按下式确定：

$$\eta_1 = 0.02 + \frac{0.05 - \zeta}{4 + 32\zeta} \qquad (4.3.8-2)$$

式中：η_1——直线下降段的斜率调整系数，小于 0 时应取 0。

3）阻尼调整系数应按下式确定：

$$\eta_2 = 1 + \frac{0.05 - \zeta}{0.08 + 1.6\zeta} \qquad (4.3.8-3)$$

式中：η_2——阻尼调整系数，当 η_2 小于 0.55 时，应取 0.55。

4.3.9 采用振型分解反应谱方法时，对于不考虑扭转耦联振动影响的结构，应按下列规定进行地震作用和作用效应的计算：

1 结构第 j 振型 i 层的水平地震作用的标准值应按下列公式确定：

$$F_{ji} = \alpha_j \gamma_j X_{ji} G_i \qquad (4.3.9-1)$$

$$\gamma_j = \frac{\sum\limits_{i=1}^{n} X_{ji} G_i}{\sum\limits_{i=1}^{n} X_{ji}^2 G_i} (i=1,2,\cdots,n; j=1,2,\cdots,m)$$

$$(4.3.9-2)$$

式中：G_i——i 层的重力荷载代表值，应按本规程第 4.3.6 条的规定确定；

F_{ji}——第 j 振型 i 层水平地震作用的标准值；

α_j——相应于 j 振型自振周期的地震影响系数，应按本规程第 4.3.7、4.3.8 条确定；

X_{ji}——j 振型 i 层的水平相对位移；

γ_j——j 振型的参与系数；

n——结构计算总层数，小塔楼宜每层作为一个质点参与计算；

m——结构计算振型数。规则结构可取 3，当建筑较高、结构沿竖向刚度不均匀时可取 5～6。

2 水平地震作用效应，当相邻振型的周期比小于 0.85 时，可按下式计算：

$$S = \sqrt{\sum\limits_{j=1}^{m} S_j^2} \qquad (4.3.9-3)$$

式中：S——水平地震作用标准值的效应；

S_j——j 振型的水平地震作用标准值的效应（弯矩、剪力、轴向力和位移等）。

4.3.10 考虑扭转影响的平面、竖向不规则结构，按扭转耦联振型分解法计算时，各楼层可取两个正交的水平位移和一个转角位移共三个自由度，并应按下列规定计算地震作用和作用效应。确有依据时，可采用简化计算方法确定地震作用。

1 j 振型 i 层的水平地震作用标准值，应按下列公式确定：

$$F_{xji} = \alpha_j \gamma_{tj} X_{ji} G_i$$

$$F_{yji} = \alpha_j \gamma_{tj} Y_{ji} G_i \quad (i = 1, 2, \cdots, n; j = 1, 2, \cdots, m)$$

$$(4.3.10-1)$$

$$F_{tji} = \alpha_j \gamma_{tj} r_i^2 \varphi_{ji} G_i$$

式中：F_{xji}、F_{yji}、F_{tji}——分别为 j 振型 i 层的 x 方向、y 方向和转角方向的地震作用标准值；

X_{ji}、Y_{ji}——分别为 j 振型 i 层质心在 x、y 方向的水平相对位移；

φ_{ji}——j 振型 i 层的相对扭转角；

r_i——i 层转动半径，取 i 层绕质心的转动惯量除以该层质量的商的正二次方根；

α_j——相应于第 j 振型自振周期 T_j 的地震影响系数，应按本规程第 4.3.7、4.3.8 条确定；

γ_{tj}——考虑扭转的 j 振型参与系数，可按本规程公式（4.3.10-2）～（4.3.10-4）确定；

n——结构计算总质点数，小塔楼宜每层作为一个质点参加计算；

m——结构计算振型数，一般情况下可取 9～15，多塔楼建筑每个塔楼的振型数不宜小于 9。

当仅考虑 x 方向地震作用时：

$$\gamma_{tj} = \sum_{i=1}^{n} X_{ji} G_i \Big/ \sum_{i=1}^{n} (X_{ji}^2 + Y_{ji}^2 + \varphi_{ji}^2 r_i^2) G_i$$

$$(4.3.10-2)$$

当仅考虑 y 方向地震作用时：

$$\gamma_{tj} = \sum_{i=1}^{n} Y_{ji} G_i \Big/ \sum_{i=1}^{n} (X_{ji}^2 + Y_{ji}^2 + \varphi_{ji}^2 r_i^2) G_i$$

$$(4.3.10-3)$$

当考虑与 x 方向夹角为 θ 的地震作用时：

$$\gamma_{tj} = \gamma_{xj} \cos\theta + \gamma_{yj} \sin\theta \quad (4.3.10-4)$$

式中：γ_{xj}、γ_{yj}——分别为由式（4.3.10-2）、（4.3.10-3）求得的振型参与系数。

2 单向水平地震作用下，考虑扭转耦联的地震作用效应，应按下列公式确定：

$$S = \sqrt{\sum_{j=1}^{m} \sum_{k=1}^{m} \rho_{jk} S_j S_k} \quad (4.3.10-5)$$

$$\rho_{jk} = \frac{8\sqrt{\zeta_j \zeta_k}(\zeta_j + \lambda_T \zeta_k)\lambda_T^{1.5}}{(1-\lambda_T^2)^2 + 4\zeta_j \zeta_k (1+\lambda_T^2)\lambda_T + 4(\zeta_j^2 + \zeta_k^2)\lambda_T^2}$$

$$(4.3.10-6)$$

式中：S——考虑扭转的地震作用标准值的效应；

S_j、S_k——分别为 j、k 振型地震作用标准值的效应；

ρ_{jk}——j 振型与 k 振型的耦联系数；

λ_T——k 振型与 j 振型的自振周期比；

ζ_j、ζ_k——分别为 j、k 振型的阻尼比。

3 考虑双向水平地震作用下的扭转地震作用效应，应按下列公式中的较大值确定：

$$S = \sqrt{S_x^2 + (0.85 S_y)^2} \quad (4.3.10-7)$$

或

$$S = \sqrt{S_y^2 + (0.85 S_x)^2} \quad (4.3.10-8)$$

式中：S_x——仅考虑 x 向水平地震作用时的地震作用效应，按式（4.3.10-5）计算；

S_y——仅考虑 y 向水平地震作用时的地震作用效应，按式（4.3.10-5）计算。

4.3.11 采用底部剪力法计算结构的水平地震作用时，可按本规程附录 C 执行。

4.3.12 多遇地震水平地震作用计算时，结构各楼层对应于地震作用标准值的剪力应符合下式要求：

$$V_{Eki} \geqslant \lambda \sum_{j=i}^{n} G_j \quad (4.3.12)$$

式中：V_{Eki}——第 i 层对应于水平地震作用标准值的剪力；

λ——水平地震剪力系数，不应小于表 4.3.12 规定的值；对于竖向不规则结构的薄弱层，尚应乘以 1.15 的增大系数；

G_j——第 j 层的重力荷载代表值；

n——结构计算总层数。

表 4.3.12 楼层最小地震剪力系数值

类 别	6 度	7 度	8 度	9 度
扭转效应明显或基本周期小于 3.5s 的结构	0.008	0.016 (0.024)	0.032 (0.048)	0.064
基本周期大于 5.0s 的结构	0.006	0.012 (0.018)	0.024 (0.036)	0.048

注：1 基本周期介于 3.5s 和 5.0s 之间的结构，应允许线性插入取值；

2 7、8 度时括号内数值分别用于设计基本地震加速度为 0.15g 和 0.30g 的地区。

4.3.13 结构竖向地震作用标准值可采用时程分析方

法或振型分解反应谱方法计算，也可按下列规定计算（图 4.3.13）：

1 结构总竖向地震作用标准值可按下列公式计算：

$$F_{Evk} = \alpha_{vmax} G_{eq} \quad (4.3.13-1)$$

$$G_{eq} = 0.75 G_E \quad (4.3.13-2)$$

$$\alpha_{vmax} = 0.65 \alpha_{max} \quad (4.3.13-3)$$

式中：F_{Evk} ——结构总竖向地震作用标准值；

α_{vmax} ——结构竖向地震影响系数最大值；

G_{eq} ——结构等效总重力荷载代表值；

G_E ——计算竖向地震作用时，结构总重力荷载代表值，应取各质点重力荷载代表值之和。

2 结构质点 i 的竖向地震作用标准值可按下式计算：

$$F_{vi} = \frac{G_i H_i}{\sum\limits_{j=1}^{n} G_j H_j} F_{Evk} \quad (4.3.13-4)$$

式中：F_{vi} ——质点 i 的竖向地震作用标准值；

G_i、G_j ——分别为集中于质点 i、j 的重力荷载代表值，应按本规程第 4.3.6 条的规定计算；

H_i、H_j ——分别为质点 i、j 的计算高度。

3 楼层各构件的竖向地震作用效应可按各构件承受的重力荷载代表值比例分配，并宜乘以增大系数 1.5。

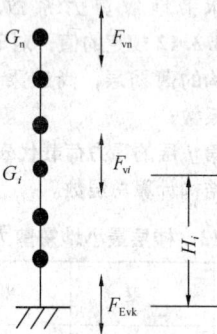

图 4.3.13 结构竖向地震作用计算示意

4.3.14 跨度大于 24m 的楼盖结构、跨度大于 12m 的转换结构和连体结构、悬挑长度大于 5m 的悬挑结构，结构竖向地震作用效应标准值宜采用时程分析方法或振型分解反应谱方法进行计算。时程分析计算时输入的地震加速度最大值可按规定的水平输入最大值的 65% 采用，反应谱分析时结构竖向地震影响系数最大值可按水平地震影响系数最大值的 65% 采用，但设计地震分组可按第一组采用。

4.3.15 高层建筑中，大跨度结构、悬挑结构、转换结构、连体结构的连接体的竖向地震作用标准值，不宜小于结构或构件承受的重力荷载代表值与表 4.3.15 所规定的竖向地震作用系数的乘积。

表 4.3.15 竖向地震作用系数

设防烈度	7 度	8 度		9 度
设计基本地震加速度	0.15g	0.20g	0.30g	0.40g
竖向地震作用系数	0.08	0.10	0.15	0.20

注：g 为重力加速度。

4.3.16 计算各振型地震影响系数所采用的结构自振周期应考虑非承重墙体的刚度影响予以折减。

4.3.17 当非承重墙体为砌体墙时，高层建筑结构的计算自振周期折减系数可按下列规定取值：

1 框架结构可取 0.6～0.7；

2 框架-剪力墙结构可取 0.7～0.8；

3 框架-核心筒结构可取 0.8～0.9；

4 剪力墙结构可取 0.8～1.0。

对于其他结构体系或采用其他非承重墙体时，可根据工程情况确定周期折减系数。

5 结构计算分析

5.1 一般规定

5.1.1 高层建筑结构的荷载和地震作用应按本规程第 4 章的有关规定进行计算。

5.1.2 复杂结构和混合结构高层建筑的计算分析，除应符合本章规定外，尚应符合本规程第 10 章和第 11 章的有关规定。

5.1.3 高层建筑结构的变形和内力可按弹性方法计算。框架梁及连梁等构件可考虑塑性变形引起的内力重分布。

5.1.4 高层建筑结构分析模型应根据结构实际情况确定。所选取的分析模型应能较准确地反映结构中各构件的实际受力状况。

高层建筑结构分析，可选择平面结构空间协同、空间杆系、空间杆-薄壁杆系、空间杆-墙板元及其他组合有限元等计算模型。

5.1.5 进行高层建筑内力与位移计算时，可假定楼板在其自身平面内为无限刚性，设计时应采取相应的措施保证楼板平面内的整体刚度。

当楼板可能产生较明显的面内变形时，计算时应考虑楼板的面内变形影响或对采用楼板面内无限刚性假定计算方法的计算结果进行适当调整。

5.1.6 高层建筑结构按空间整体工作计算分析时，应考虑下列变形：

1 梁的弯曲、剪切、扭转变形，必要时考虑轴向变形；

2 柱的弯曲、剪切、轴向、扭转变形；

3 墙的弯曲、剪切、轴向、扭转变形。

5.1.7 高层建筑结构应根据实际情况进行重力荷载、风荷载和（或）地震作用效应分析，并应按本规程第

5.6 节的规定进行荷载效应和作用效应计算。

5.1.8 高层建筑结构内力计算中，当楼面活荷载大于 4kN/m² 时，应考虑楼面活荷载不利布置引起的结构内力的增大；当整体计算中未考虑楼面活荷载不利布置时，应适当增大楼面梁的计算弯矩。

5.1.9 高层建筑结构在进行重力荷载作用效应分析时，柱、墙、斜撑等构件的轴向变形宜采用适当的计算模型考虑施工过程的影响；复杂高层建筑及房屋高度大于 150m 的其他高层建筑结构，应考虑施工过程的影响。

5.1.10 高层建筑结构进行风作用效应计算时，正反两个方向的风作用效应宜按两个方向计算的较大值采用；体型复杂的高层建筑，应考虑风向角的不利影响。

5.1.11 结构整体内力与位移计算中，型钢混凝土和钢管混凝土构件宜按实际情况直接参与计算，并应按本规程第 11 章的有关规定进行截面设计。

5.1.12 体型复杂、结构布置复杂以及 B 级高度高层建筑结构，应采用至少两个不同力学模型的结构分析软件进行整体计算。

5.1.13 抗震设计时，B 级高度的高层建筑结构、混合结构和本规程第 10 章规定的复杂高层建筑结构，尚应符合下列规定：

1 宜考虑平扭耦联计算结构的扭转效应，振型数不应小于 15，对多塔楼结构的振型数不应小于塔楼数的 9 倍，且计算振型数应使各振型参与质量之和不小于总质量的 90%；

2 应采用弹性时程分析法进行补充计算；

3 宜采用弹塑性静力或弹塑性动力分析方法补充计算。

5.1.14 对多塔楼结构，宜按整体模型和各塔楼分开的模型分别计算，并采用较不利的结果进行结构设计。当塔楼周边的裙楼超过两跨时，分塔楼模型宜至少附带两跨的裙楼结构。

5.1.15 对受力复杂的结构构件，宜按应力分析的结果校核配筋设计。

5.1.16 对结构分析软件的计算结果，应进行分析判断，确认其合理、有效后方可作为工程设计的依据。

5.2 计 算 参 数

5.2.1 高层建筑结构地震作用效应计算时，可对剪力墙连梁刚度予以折减，折减系数不宜小于 0.5。

5.2.2 在结构内力与位移计算中，现浇楼盖和装配整体式楼盖中，梁的刚度可考虑翼缘的作用予以增大。近似考虑时，楼面梁刚度增大系数可根据翼缘情况取 1.3～2.0。

对于无现浇面层的装配式楼盖，不宜考虑楼面梁刚度的增大。

5.2.3 在竖向荷载作用下，可考虑框架梁端塑性变

形内力重分布对梁端负弯矩乘以调幅系数进行调幅，并应符合下列规定：

1 装配整体式框架梁端负弯矩调幅系数可取为 0.7～0.8，现浇框架梁端负弯矩调幅系数可取为 0.8～0.9；

2 框架梁端负弯矩调幅后，梁跨中弯矩应按平衡条件相应增大；

3 应先对竖向荷载作用下框架梁的弯矩进行调幅，再与水平作用产生的框架梁弯矩进行组合；

4 截面设计时，框架梁跨中截面正弯矩设计值不应小于竖向荷载作用下按简支梁计算的跨中弯矩设计值的 50%。

5.2.4 高层建筑结构楼面梁受扭计算时应考虑现浇楼盖对梁的约束作用。当计算中未考虑现浇楼盖对梁扭转的约束作用时，可对梁的计算扭矩予以折减。梁扭矩折减系数应根据梁周围楼盖的约束情况确定。

5.3 计算简图处理

5.3.1 高层建筑结构分析计算时宜对结构进行力学上的简化处理，使其既能反映结构的受力性能，又适应于所选用的计算分析软件的力学模型。

5.3.2 楼面梁与竖向构件的偏心以及上、下层竖向构件之间的偏心宜按实际情况计入结构的整体计算。当结构整体计算中未考虑上述偏心时，应采用柱、墙端附加弯矩的方法予以近似考虑。

5.3.3 在结构整体计算中，密肋板楼盖宜按实际情况进行计算。当不能按实际情况计算时，可按等刚度原则对密肋梁进行适当简化后再行计算。

对平板无梁楼盖，在计算中应考虑板的面外刚度影响，其面外刚度可按有限元方法计算或近似将柱上板带等效为框架梁计算。

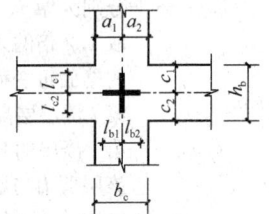

图 5.3.4 刚域

5.3.4 在结构整体计算中，宜考虑框架或壁式框架梁、柱节点区的刚域（图 5.3.4）影响，梁端截面弯矩可取刚域端截面的弯矩计算值。刚域的长度可按下列公式计算：

$$l_{b1} = a_1 - 0.25h_b \quad (5.3.4\text{-}1)$$

$$l_{b2} = a_2 - 0.25h_b \quad (5.3.4\text{-}2)$$

$$l_{c1} = c_1 - 0.25b_c \quad (5.3.4\text{-}3)$$

$$l_{c2} = c_2 - 0.25b_c \quad (5.3.4\text{-}4)$$

当计算的刚域长度为负值时，应取为零。

5.3.5 在结构整体计算中，转换层结构、加强层结构、连体结构、竖向收进结构（含多塔楼结构），应选用合适的计算模型进行分析。在整体计算中对转换层、加强层、连接体等做简化处理的，宜对其局部进

23—23

行更细致的补充计算分析。

5.3.6 复杂平面和立面的剪力墙结构，应采用合适的计算模型进行分析。当采用有限元模型时，应在截面变化处合理地选择和划分单元；当采用杆系模型计算时，对错洞墙、叠合错洞墙可采取适当的模型化处理，并应在整体计算的基础上对结构局部进行更细致的补充计算分析。

5.3.7 高层建筑结构整体计算中，当地下室顶板作为上部结构嵌固部位时，地下一层与首层侧向刚度比不宜小于2。

5.4 重力二阶效应及结构稳定

5.4.1 当高层建筑结构满足下列规定时，弹性计算分析时可不考虑重力二阶效应的不利影响。

　　1 剪力墙结构、框架-剪力墙结构、板柱剪力墙结构、筒体结构：

$$EJ_d \geqslant 2.7H^2 \sum_{i=1}^{n} G_i \qquad (5.4.1\text{-}1)$$

　　2 框架结构：

$$D_i \geqslant 20 \sum_{j=i}^{n} G_j / h_i \quad (i=1,2,\cdots,n)$$

$$(5.4.1\text{-}2)$$

式中：EJ_d——结构一个主轴方向的弹性等效侧向刚度，可按倒三角形分布荷载作用下结构顶点位移相等的原则，将结构的侧向刚度折算为竖向悬臂受弯构件的等效侧向刚度；

　　　　H——房屋高度；

　　　　G_i、G_j——分别为第 i、j 楼层重力荷载设计值，取 1.2 倍的永久荷载标准值与 1.4 倍的楼面可变荷载标准值的组合值；

　　　　h_i——第 i 楼层层高；

　　　　D_i——第 i 楼层的弹性等效侧向刚度，可取该层剪力与层间位移的比值；

　　　　n——结构计算总层数。

5.4.2 当高层建筑结构不满足本规程第 5.4.1 条的规定时，结构弹性计算时应考虑重力二阶效应对水平力作用下结构内力和位移的不利影响。

5.4.3 高层建筑结构的重力二阶效应可采用有限元方法进行计算；也可采用对未考虑重力二阶效应的计算结果乘以增大系数的方法近似考虑。近似考虑时，结构位移增大系数 F_1、F_{1i} 以及结构构件弯矩和剪力增大系数 F_2、F_{2i} 可分别按下列规定计算，位移计算结果仍应满足本规程第 3.7.3 条的规定。

　　对框架结构，可按下列公式计算：

$$F_{1i} = \cfrac{1}{1 - \sum_{j=i}^{n} G_j / (D_i h_i)} \quad (i=1,2,\cdots,n)$$

$$(5.4.3\text{-}1)$$

$$F_{2i} = \cfrac{1}{1 - 2\sum_{j=i}^{n} G_j / (D_i h_i)} \quad (i=1,2,\cdots,n)$$

$$(5.4.3\text{-}2)$$

对剪力墙结构、框架-剪力墙结构、筒体结构，可按下列公式计算：

$$F_1 = \cfrac{1}{1 - 0.14H^2 \sum_{i=1}^{n} G_i / (EJ_d)} \quad (5.4.3\text{-}3)$$

$$F_2 = \cfrac{1}{1 - 0.28H^2 \sum_{i=1}^{n} G_i / (EJ_d)} \quad (5.4.3\text{-}4)$$

5.4.4 高层建筑结构的整体稳定性应符合下列规定：

　　1 剪力墙结构、框架-剪力墙结构、筒体结构应符合下式要求：

$$EJ_d \geqslant 1.4H^2 \sum_{i=1}^{n} G_i \qquad (5.4.4\text{-}1)$$

　　2 框架结构应符合下式要求：

$$D_i \geqslant 10 \sum_{j=i}^{n} G_j / h_i \quad (i=1,2,\cdots,n)$$

$$(5.4.4\text{-}2)$$

5.5 结构弹塑性分析及薄弱层弹塑性变形验算

5.5.1 高层建筑混凝土结构进行弹塑性计算分析时，可根据实际工程情况采用静力或动力时程分析方法，并应符合下列规定：

　　1 当采用结构抗震性能设计时，应根据本规程第 3.11 节的有关规定预定结构的抗震性能目标；

　　2 梁、柱、斜撑、剪力墙、楼板等结构构件，应根据实际情况和分析精度要求采用合适的简化模型；

　　3 构件的几何尺寸、混凝土构件所配的钢筋和型钢、混合结构的钢构件应按实际情况参与计算；

　　4 应根据预定的结构抗震性能目标，合理取用钢筋、钢材、混凝土材料的力学性能指标以及本构关系。钢筋和混凝土材料的本构关系可按现行国家标准《混凝土结构设计规范》GB 50010 的有关规定采用；

　　5 应考虑几何非线性影响；

　　6 进行动力弹塑性计算时，地面运动加速度时程的选取、预估罕遇地震作用时的峰值加速度取值以及计算结果的选用应符合本规程第 4.3.5 条的规定；

　　7 应对计算结果的合理性进行分析和判断。

5.5.2 在预估的罕遇地震作用下，高层建筑结构薄弱层（部位）弹塑性变形计算可采用下列方法：

　　1 不超过 12 层且层侧向刚度无突变的框架结构可采用本规程第 5.5.3 条规定的简化计算法；

　　2 除第 1 款以外的建筑结构可采用弹塑性静力或动力分析方法。

5.5.3 结构薄弱层（部位）的弹塑性层间位移的简化计算，宜符合下列规定：

1 结构薄弱层（部位）的位置可按下列情况确定：

1）楼层屈服强度系数沿高度分布均匀的结构，可取底层；

2）楼层屈服强度系数沿高度分布不均匀的结构，可取该系数最小的楼层（部位）和相对较小的楼层，一般不超过2～3处。

2 弹塑性层间位移可按下列公式计算：

$$\Delta u_p = \eta_p \Delta u_e \qquad (5.5.3\text{-}1)$$

或

$$\Delta u_p = \mu \Delta u_y = \frac{\eta_p}{\xi_y} \Delta u_y \qquad (5.5.3\text{-}2)$$

式中：Δu_p——弹塑性层间位移（mm）；

Δu_y——层间屈服位移（mm）；

μ——楼层延性系数；

Δu_e——罕遇地震作用下按弹性分析的层间位移（mm）。计算时，水平地震影响系数最大值应按本规程表4.3.7-1采用；

η_p——弹塑性位移增大系数，当薄弱层（部位）的屈服强度系数不小于相邻层（部位）该系数平均值的0.8时，可按表5.5.3采用；当不大于该平均值的0.5时，可按表内相应数值的1.5倍采用；其他情况可采用内插法取值；

ξ_y——楼层屈服强度系数。

表 5.5.3　结构的弹塑性位移增大系数 η_p

ξ_y	0.5	0.4	0.3
η_p	1.8	2.0	2.2

5.6　荷载组合和地震作用组合的效应

5.6.1 持久设计状况和短暂设计状况下，当荷载与荷载效应按线性关系考虑时，荷载基本组合的效应设计值应按下式确定：

$$S_d = \gamma_G S_{Gk} + \gamma_L \psi_Q \gamma_Q S_{Qk} + \psi_w \gamma_w S_{wk} \quad (5.6.1)$$

式中：S_d——荷载组合的效应设计值；

γ_G——永久荷载分项系数；

γ_Q——楼面活荷载分项系数；

γ_w——风荷载的分项系数；

γ_L——考虑结构设计使用年限的荷载调整系数，设计使用年限为50年时取1.0，设计使用年限为100年时取1.1；

S_{Gk}——永久荷载效应标准值；

S_{Qk}——楼面活荷载效应标准值；

S_{wk}——风荷载效应标准值；

ψ_Q、ψ_w——分别为楼面活荷载组合值系数和风荷载

组合值系数，当永久荷载效应起控制作用时应分别取0.7和0.0；当可变荷载效应起控制作用时应分别取1.0和0.6或0.7和1.0。

注：对书库、档案库、储藏室、通风机房和电梯机房，本条楼面活荷载组合值系数取0.7的场合应取为0.9。

5.6.2 持久设计状况和短暂设计状况下，荷载基本组合的分项系数应按下列规定采用：

1 永久荷载的分项系数 γ_G：当其效应对结构承载力不利时，对由可变荷载效应控制的组合应取1.2，对由永久荷载效应控制的组合应取1.35；当其效应对结构承载力有利时，应取1.0。

2 楼面活荷载的分项系数 γ_Q：一般情况下应取1.4。

3 风荷载的分项系数 γ_w 应取1.4。

5.6.3 地震设计状况下，当作用与作用效应按线性关系考虑时，荷载和地震作用基本组合的效应设计值应按下式确定：

$$S_d = \gamma_G S_{GE} + \gamma_{Eh} S_{Ehk} + \gamma_{Ev} S_{Evk} + \psi_w \gamma_w S_{wk}$$

$$(5.6.3)$$

式中：S_d——荷载和地震作用组合的效应设计值；

S_{GE}——重力荷载代表值的效应；

S_{Ehk}——水平地震作用标准值的效应，尚应乘以相应的增大系数、调整系数；

S_{Evk}——竖向地震作用标准值的效应，尚应乘以相应的增大系数、调整系数；

γ_G——重力荷载分项系数；

γ_w——风荷载分项系数；

γ_{Eh}——水平地震作用分项系数；

γ_{Ev}——竖向地震作用分项系数；

ψ_w——风荷载的组合值系数，应取0.2。

5.6.4 地震设计状况下，荷载和地震作用基本组合的分项系数应按表5.6.4采用。当重力荷载效应对结构的承载力有利时，表5.6.4中 γ_G 不应大于1.0。

表 5.6.4　地震设计状况时荷载和作用的分项系数

参与组合的荷载和作用	γ_G	γ_{Eh}	γ_{Ev}	γ_w	说　明
重力荷载及水平地震作用	1.2	1.3	—	—	抗震设计的高层建筑结构均应考虑
重力荷载及竖向地震作用	1.2	—	1.3	—	9度抗震设计时考虑；水平长悬臂和大跨度结构7度（0.15g）、8度、9度抗震设计时考虑
重力荷载、水平地震及竖向地震作用	1.2	1.3	0.5	—	9度抗震设计时考虑；水平长悬臂和大跨度结构7度（0.15g）、8度、9度抗震设计时考虑

续表 5.6.4

参与组合的荷载和作用	γ_G	γ_{Eh}	γ_{Ev}	γ_w	说　明
重力荷载、水平地震作用及风荷载	1.2	1.3	—	1.4	60m 以上的高层建筑考虑
重力荷载、水平地震作用、竖向地震作用及风荷载	1.2	1.3	0.5	1.4	60m 以上的高层建筑，9 度抗震设计时考虑；水平长悬臂和大跨度结构 7 度（0.15g）、8 度、9 度抗震设计时考虑
	1.2	0.5	1.3	1.4	水平长悬臂结构和大跨度结构，7 度（0.15g）、8 度、9 度抗震设计时考虑

注：1　g 为重力加速度；
　　2　"—"表示组合中不考虑该项荷载或作用效应。

5.6.5　非抗震设计时，应按本规程第 5.6.1 条的规定进行荷载组合的效应计算。抗震设计时，应同时按本规程第 5.6.1 条和 5.6.3 条的规定进行荷载和地震作用组合的效应计算；按本规程第 5.6.3 条计算的组合内力设计值，尚应按本规程的有关规定进行调整。

6　框架结构设计

6.1　一般规定

6.1.1　框架结构应设计成双向梁柱抗侧力体系。主体结构除个别部位外，不应采用铰接。

6.1.2　抗震设计的框架结构不应采用单跨框架。

6.1.3　框架结构的填充墙及隔墙宜选用轻质墙体。抗震设计时，框架结构如采用砌体填充墙，其布置应符合下列规定：

　1　避免形成上、下层刚度变化过大。

　2　避免形成短柱。

　3　减少因抗侧刚度偏心而造成的结构扭转。

6.1.4　抗震设计时，框架结构的楼梯间应符合下列规定：

　1　楼梯间的布置应尽量减小其造成的结构平面不规则。

　2　宜采用现浇钢筋混凝土楼梯，楼梯结构应有足够的抗倒塌能力。

　3　宜采取措施减小楼梯对主体结构的影响。

　4　当钢筋混凝土楼梯与主体结构整体连接时，应考虑楼梯对地震作用及其效应的影响，并应对楼梯构件进行抗震承载力验算。

6.1.5　抗震设计时，砌体填充墙及隔墙应具有自身稳定性，并应符合下列规定：

　1　砌体的砂浆强度等级不应低于 M5，当采用砖及混凝土砌块时，砌块的强度等级不应低于 MU5；采用轻质砌块时，砌块的强度等级不应低于 MU2.5。墙顶应与框架梁或楼板密切结合。

　2　砌体填充墙应沿框架柱全高每隔 500mm 左右设置 2 根直径 6mm 的拉筋，6 度时拉筋宜沿墙全长贯通，7、8、9 度时拉筋应沿墙全长贯通。

　3　墙长大于 5m 时，墙顶与梁（板）宜有钢筋拉结；墙长大于 8m 或层高的 2 倍时，宜设置间距不大于 4m 的钢筋混凝土构造柱；墙高超过 4m 时，墙体半高处（或门洞上皮）宜设置与柱连接且沿墙全长贯通的钢筋混凝土水平系梁。

　4　楼梯间采用砌体填充墙时，应设置间距不大于层高且不大于 4m 的钢筋混凝土构造柱，并应采用钢丝网砂浆面层加强。

6.1.6　框架结构按抗震设计时，不应采用部分由砌体墙承重之混合形式。框架结构中的楼、电梯间及局部出屋顶的电梯机房、楼梯间、水箱间等，应采用框架承重，不应采用砌体墙承重。

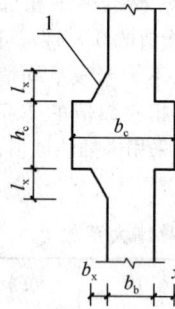

图 6.1.7　水平加腋梁
1—梁水平加腋

6.1.7　框架梁、柱中心线宜重合。当梁柱中心线不能重合时，在计算中应考虑偏心对梁柱节点核心区受力和构造的不利影响，以及梁荷载对柱子的偏心影响。

梁、柱中心线之间的偏心距，9 度抗震设计时不应大于柱截面在该方向宽度的 1/4；非抗震设计和 6～8 度抗震设计时不宜大于柱截面在该方向宽度的 1/4，如偏心距大于该方向柱宽的1/4时，可采取增设梁的水平加腋（图 6.1.7）等措施。设置水平加腋后，仍须考虑梁柱偏心的不利影响。

　1　梁的水平加腋厚度可取梁截面高度，其水平尺寸宜满足下列要求：

$$b_x / l_x \leqslant 1/2 \qquad (6.1.7-1)$$
$$b_x / b_b \leqslant 2/3 \qquad (6.1.7-2)$$
$$b_b + b_x + x \geqslant b_c/2 \qquad (6.1.7-3)$$

式中：b_x——梁水平加腋宽度（mm）；

　　　l_x——梁水平加腋长度（mm）；

　　　b_b——梁截面宽度（mm）；

　　　b_c——沿偏心方向柱截面宽度（mm）；

　　　x——非加腋侧梁边到柱边的距离（mm）。

　2　梁采用水平加腋时，框架节点有效宽度 b_j 宜符合下式要求：

　1）当 $x=0$ 时，b_j 按下式计算：

$$b_j \leqslant b_b + b_x \qquad (6.1.7-4)$$

2）当 $x\neq0$ 时，b_j 取（6.1.7-5）和（6.1.7-6）二式计算的较大值，且应满足公式（6.1.7-7）的要求：

$$b_j \leqslant b_b + b_x + x \quad (6.1.7-5)$$
$$b_j \leqslant b_b + 2x \quad (6.1.7-6)$$
$$b_j \leqslant b_b + 0.5h_c \quad (6.1.7-7)$$

式中：h_c——柱截面高度（mm）。

6.1.8 不与框架柱相连的次梁，可按非抗震要求进行设计。

6.2 截 面 设 计

6.2.1 抗震设计时，除顶层、柱轴压比小于0.15者及框支梁柱节点外，框架的梁、柱节点处考虑地震作用组合的柱端弯矩设计值应符合下列要求：

1 一级框架结构及9度时的框架：

$$\sum M_c = 1.2 \sum M_{bua} \quad (6.2.1-1)$$

2 其他情况：

$$\sum M_c = \eta_c \sum M_b \quad (6.2.1-2)$$

式中：$\sum M_c$——节点上、下柱端截面顺时针或逆时针方向组合弯矩设计值之和；上、下柱端的弯矩设计值，可按弹性分析的弯矩比例进行分配；

$\sum M_b$——节点左、右梁端截面逆时针或顺时针方向组合弯矩设计值之和；当抗震等级为一级且节点左、右梁端均为负弯矩时，绝对值较小的弯矩应取零；

$\sum M_{bua}$——节点左、右梁端逆时针或顺时针方向实配的正截面抗震受弯承载力所对应的弯矩值之和，可根据实际配筋面积（计入受压钢筋和梁有效翼缘宽度范围内的楼板钢筋）和材料强度标准值并考虑承载力抗震调整系数计算；

η_c——柱端弯矩增大系数；对框架结构，二、三级分别取1.5和1.3；对其他结构中的框架，一、二、三、四级分别取1.4、1.2、1.1和1.1。

6.2.2 抗震设计时，一、二、三级框架结构的底层柱底截面的弯矩设计值，应分别采用考虑地震作用组合的弯矩值与增大系数1.7、1.5、1.3的乘积。底层框架柱纵向钢筋应按上、下端的不利情况配置。

6.2.3 抗震设计的框架柱、框支柱端部截面的剪力设计值，一、二、三、四级时应按下列公式计算：

1 一级框架结构和9度时的框架：

$$V = 1.2(M_{cua}^t + M_{cua}^b)/H_n \quad (6.2.3-1)$$

2 其他情况：

$$V = \eta_{vc}(M_c^t + M_c^b)/H_n \quad (6.2.3-2)$$

式中：M_c^t、M_c^b——分别为柱上、下端顺时针或逆时针方向截面组合的弯矩设计值，

应符合本规程第6.2.1条、6.2.2条的规定；

M_{cua}^t、M_{cua}^b——分别为柱上、下端顺时针或逆时针方向实配的正截面抗震受弯承载力所对应的弯矩值，可根据实配钢筋面积、材料强度标准值和重力荷载代表值产生的轴向压力设计值并考虑承载力抗震调整系数计算；

H_n——柱的净高；

η_{vc}——柱端剪力增大系数。对框架结构，二、三级分别取1.3、1.2；对其他结构类型的框架，一、二级分别取1.1和1.2，三、四级均取1.1。

6.2.4 抗震设计时，框架角柱应按双向偏心受力构件进行正截面承载力设计。一、二、三、四级框架角柱经按本规程第6.2.1～6.2.3条调整后的弯矩、剪力设计值应乘以不小于1.1的增大系数。

6.2.5 抗震设计时，框架梁端部截面组合的剪力设计值，一、二、三级应按下列公式计算；四级时可直接取考虑地震作用组合的剪力计算值。

1 一级框架结构及9度时的框架：

$$V = 1.1(M_{bua}^l + M_{bua}^r)/l_n + V_{Gb} \quad (6.2.5-1)$$

2 其他情况：

$$V = \eta_{vb}(M_b^l + M_b^r)/l_n + V_{Gb} \quad (6.2.5-2)$$

式中：M_b^l、M_b^r——分别为梁左、右端逆时针或顺时针方向截面组合的弯矩设计值。当抗震等级为一级且梁两端弯矩均为负弯矩时，绝对值较小一端的弯矩应取零；

M_{bua}^l、M_{bua}^r——分别为梁左、右端逆时针或顺时针方向实配的正截面抗震受弯承载力所对应的弯矩值，可根据实配钢筋面积（计入受压钢筋，包括有效翼缘宽度范围内的楼板钢筋）和材料强度标准值并考虑承载力抗震调整系数计算；

l_n——梁的净跨；

V_{Gb}——梁在重力荷载代表值（9度时还应包括竖向地震作用标准值）作用下，按简支梁分析的梁端截面剪力设计值；

η_{vb}——梁剪力增大系数，一、二、三级分别取1.3、1.2和1.1。

6.2.6 框架梁、柱，其受剪截面应符合下列要求：

1 持久、短暂设计状况

$$V \leqslant 0.25\beta_c f_c bh_0 \qquad (6.2.6\text{-}1)$$

2 地震设计状况

跨高比大于 2.5 的梁及剪跨比大于 2 的柱：

$$V \leqslant \frac{1}{\gamma_{RE}}(0.2\beta_c f_c bh_0) \qquad (6.2.6\text{-}2)$$

跨高比不大于 2.5 的梁及剪跨比不大于 2 的柱：

$$V \leqslant \frac{1}{\gamma_{RE}}(0.15\beta_c f_c bh_0) \qquad (6.2.6\text{-}3)$$

框架柱的剪跨比可按下式计算：

$$\lambda = M^c/(V^c h_0) \qquad (6.2.6\text{-}4)$$

式中：V——梁、柱计算截面的剪力设计值；

λ——框架柱的剪跨比；反弯点位于柱高中部的框架柱，可取柱净高与计算方向 2 倍柱截面有效高度之比值；

M^c——柱端截面未经本规程第 6.2.1、6.2.2、6.2.4 条调整的组合弯矩计算值，可取柱上、下端的较大值；

V^c——柱端截面与组合弯矩计算值对应的组合剪力计算值；

β_c——混凝土强度影响系数；当混凝土强度等级不大于 C50 时取 1.0；当混凝土强度等级为 C80 时取 0.8；当混凝土强度等级在 C50 和 C80 之间时可按线性内插取用；

b——矩形截面的宽度，T 形截面、工形截面的腹板宽度；

h_0——梁、柱截面计算方向有效高度。

6.2.7 抗震设计时，一、二、三级框架的节点核心区应进行抗震验算；四级框架节点可不进行抗震验算。各抗震等级的框架节点均应符合构造措施的要求。

6.2.8 矩形截面偏心受压框架柱，其斜截面受剪承载力应按下列公式计算：

1 持久、短暂设计状况

$$V \leqslant \frac{1.75}{\lambda+1}f_t bh_0 + f_{yv}\frac{A_{sv}}{s}h_0 + 0.07N$$
$$(6.2.8\text{-}1)$$

2 地震设计状况

$$V \leqslant \frac{1}{\gamma_{RE}}\left(\frac{1.05}{\lambda+1}f_t bh_0 + f_{yv}\frac{A_{sv}}{s}h_0 + 0.056N\right)$$
$$(6.2.8\text{-}2)$$

式中：λ——框架柱的剪跨比；当 $\lambda<1$ 时，取 $\lambda=1$；当 $\lambda>3$ 时，取 $\lambda=3$；

N——考虑风荷载或地震作用组合的框架柱轴向压力设计值，当 N 大于 $0.3f_c A_c$ 时，取 $0.3f_c A_c$。

6.2.9 当矩形截面框架柱出现拉力时，其斜截面受剪承载力应按下列公式计算：

1 持久、短暂设计状况

$$V \leqslant \frac{1.75}{\lambda+1}f_t bh_0 + f_{yv}\frac{A_{sv}}{s}h_0 - 0.2N$$
$$(6.2.9\text{-}1)$$

2 地震设计状况

$$V \leqslant \frac{1}{\gamma_{RE}}\left(\frac{1.05}{\lambda+1}f_t bh_0 + f_{yv}\frac{A_{sv}}{s}h_0 - 0.2N\right)$$
$$(6.2.9\text{-}2)$$

式中：N——与剪力设计值 V 对应的轴向拉力设计值，取绝对值；

λ——框架柱的剪跨比。

当公式（6.2.9-1）右端的计算值或公式（6.2.9-2）右端括号内的计算值小于 $f_{yv}\dfrac{A_{sv}}{s}h_0$ 时，应取等于 $f_{yv}\dfrac{A_{sv}}{s}h_0$，且 $f_{yv}\dfrac{A_{sv}}{s}h_0$ 值不应小于 $0.36f_t bh_0$。

6.2.10 本章未作规定的框架梁、柱和框支梁、柱截面的其他承载力验算，应按照现行国家标准《混凝土结构设计规范》GB 50010 的有关规定执行。

6.3 框架梁构造要求

6.3.1 框架结构的主梁截面高度可按计算跨度的 $1/10\sim1/18$ 确定；梁净跨与截面高度之比不宜小于 4。梁的截面宽度不宜小于梁截面高度的 $1/4$，也不宜小于 200mm。

当梁高较小或采用扁梁时，除应验算其承载力和受剪截面要求外，尚应满足刚度和裂缝的有关要求。在计算梁的挠度时，可扣除梁的合理起拱值；对现浇梁板结构，宜考虑梁受压翼缘的有利影响。

6.3.2 框架梁设计应符合下列要求：

1 抗震设计时，计入受压钢筋作用的梁端截面混凝土受压区高度与有效高度之比值，一级不应大于 0.25，二、三级不应大于 0.35。

2 纵向受拉钢筋的最小配筋百分率 ρ_{min}（%），非抗震设计时，不应小于 0.2 和 $45f_t/f_y$ 二者的较大值；抗震设计时，不应小于表 6.3.2-1 规定的数值。

表 6.3.2-1 梁纵向受拉钢筋最小配筋
百分率 ρ_{min}（%）

抗震等级	位 置	
	支座（取较大值）	跨中（取较大值）
一级	0.40 和 $80f_t/f_y$	0.30 和 $65f_t/f_y$
二级	0.30 和 $65f_t/f_y$	0.25 和 $55f_t/f_y$
三、四级	0.25 和 $55f_t/f_y$	0.20 和 $45f_t/f_y$

3 抗震设计时，梁端截面的底面和顶面纵向钢筋截面面积的比值，除按计算确定外，一级不应小于 0.5，二、三级不应小于 0.3。

4 抗震设计时，梁端箍筋的加密区长度、箍筋最大间距和最小直径应符合表 6.3.2-2 的要求；当梁端纵向钢筋配筋率大于 2% 时，表中箍筋最小直径应增大 2mm。

当 $T/(Vb)$ 大于 2.0 时，取 2.0。

式中：T、V——分别为扭矩、剪力设计值；

ρ_{tl}、b——分别为受扭纵向钢筋的面积配筋率、梁宽。

表 6.3.2-2 梁端箍筋加密区的长度、箍筋最大间距和最小直径

抗震等级	加密区长度（取较大值）（mm）	箍筋最大间距（取最小值）（mm）	箍筋最小直径（mm）
一	$2.0h_b$，500	$h_b/4$，$6d$，100	10
二	$1.5h_b$，500	$h_b/4$，$8d$，100	8
三	$1.5h_b$，500	$h_b/4$，$8d$，150	8
四	$1.5h_b$，500	$h_b/4$，$8d$，150	6

注：1 d 为纵向钢筋直径，h_b 为梁截面高度；
2 一、二级抗震等级框架梁，当箍筋直径大于 12mm，肢数不少于 4 肢且肢距不大于 150mm 时，箍筋加密区最大间距允许适当放松，但不应大于 150mm。

6.3.3 梁的纵向钢筋配置，尚应符合下列规定：

1 抗震设计时，梁端纵向受拉钢筋的配筋率不宜大于 2.5%，不应大于 2.75%；当梁端受拉钢筋的配筋率大于 2.5% 时，受压钢筋的配筋率不应小于受拉钢筋的一半。

2 沿梁全长顶面和底面应至少各配置两根纵向配筋，一、二级抗震设计时钢筋直径不应小于 14mm，且分别不应小于梁两端顶面和底面纵向配筋中较大截面面积的 1/4；三、四级抗震设计和非抗震设计时钢筋直径不应小于 12mm。

3 一、二、三级抗震等级的框架梁内贯通中柱的每根纵向钢筋的直径，对矩形截面柱，不宜大于柱在该方向截面尺寸的 1/20；对圆形截面柱，不宜大于纵向钢筋所在位置柱截面弦长的 1/20。

6.3.4 非抗震设计时，框架梁箍筋配筋构造应符合下列规定：

1 应沿梁全长设置箍筋，第一个箍筋应设置在距支座边缘 50mm 处。

2 截面高度大于 800mm 的梁，其箍筋直径不宜小于 8mm；其余截面高度的梁不应小于 6mm。在受力钢筋搭接长度范围内，箍筋直径不应小于搭接钢筋最大直径的 1/4。

3 箍筋间距不应大于表 6.3.4 的规定；在纵向受拉钢筋的搭接长度范围内，箍筋间距尚不应大于搭接钢筋较小直径的 5 倍，且不应大于 100mm；在纵向受压钢筋的搭接长度范围内，箍筋间距尚不应大于搭接钢筋较小直径的 10 倍，且不应大于 200mm。

4 承受弯矩和剪力的梁，当梁的剪力设计值大于 $0.7f_tbh_0$ 时，其箍筋的面积配筋率应符合下式规定：

$$\rho_{sv} \geqslant 0.24 f_t / f_{yv} \qquad (6.3.4\text{-}1)$$

5 承受弯矩、剪力和扭矩的梁，其箍筋面积配筋率和受扭纵向钢筋的面积配筋率应分别符合公式（6.3.4-2）和（6.3.4-3）的规定：

$$\rho_{sv} \geqslant 0.28 f_t / f_{yv} \qquad (6.3.4\text{-}2)$$

$$\rho_{tl} \geqslant 0.6 \sqrt{\frac{T}{Vb}} f_t / f_y \qquad (6.3.4\text{-}3)$$

表 6.3.4 非抗震设计梁箍筋最大间距（mm）

h_b(mm) ＼ V	$V > 0.7 f_t bh_0$	$V \leqslant 0.7 f_t bh_0$
$h_b \leqslant 300$	150	200
$300 < h_b \leqslant 500$	200	300
$500 < h_b \leqslant 800$	250	350
$h_b > 800$	300	400

6 当梁中配有计算需要的纵向受压钢筋时，其箍筋配置尚应符合下列规定：

1）箍筋直径不应小于纵向受压钢筋最大直径的 1/4；

2）箍筋应做成封闭式；

3）箍筋间距不应大于 $15d$ 且不应大于 400mm；当一层内的受压钢筋多于 5 根且直径大于 18mm 时，箍筋间距不应大于 $10d$（d 为纵向受压钢筋的最小直径）；

4）当梁截面宽度大于 400mm 且一层内的纵向受压钢筋多于 3 根时，或当梁截面宽度不大于 400mm 但一层内的纵向受压钢筋多于 4 根时，应设置复合箍筋。

6.3.5 抗震设计时，框架梁的箍筋尚应符合下列构造要求：

1 沿梁全长箍筋的面积配筋率应符合下列规定：

一级 $\qquad \rho_{sv} \geqslant 0.30 f_t / f_{yv}$ （6.3.5-1）
二级 $\qquad \rho_{sv} \geqslant 0.28 f_t / f_{yv}$ （6.3.5-2）
三、四级 $\quad \rho_{sv} \geqslant 0.26 f_t / f_{yv}$ （6.3.5-3）

式中：ρ_{sv}——框架梁沿梁全长箍筋的面积配筋率。

2 在箍筋加密区范围内的箍筋肢距：一级不宜大于 200mm 和 20 倍箍筋直径的较大值，二、三级不宜大于 250mm 和 20 倍箍筋直径的较大值，四级不宜大于 300mm。

3 箍筋应有 135° 弯钩，弯钩端头直段长度不应小于 10 倍的箍筋直径和 75mm 的较大值。

4 在纵向钢筋搭接长度范围内的箍筋间距，钢筋受拉时不应大于搭接钢筋较小直径的 5 倍，且不应大于 100mm；钢筋受压时不应大于搭接钢筋较小直径的 10 倍，且不应大于 200mm。

5 框架梁非加密区箍筋最大间距不宜大于加密区箍筋间距的 2 倍。

6.3.6 框架梁的纵向钢筋不应与箍筋、拉筋及预埋件等焊接。

6.3.7 框架梁上开洞时，洞口位置宜位于梁跨中 1/3 区段，洞口高度不应大于梁高的 40%；开洞较大时应进行承载力验算。梁上洞口周边应配置附加纵向钢筋和箍筋（图6.3.7），并应符合计算及构造要求。

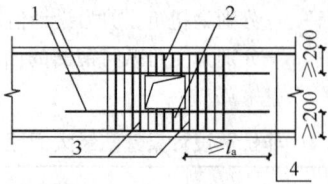

图6.3.7 梁上洞口周边配筋构造示意
1—洞口上、下附加纵向钢筋；2—洞口上、下附加箍筋；
3—洞口两侧附加箍筋；4—梁纵向钢筋；l_a—受拉钢筋的
锚固长度

6.4 框架柱构造要求

6.4.1 柱截面尺寸宜符合下列规定：

1 矩形截面柱的边长，非抗震设计时不宜小于250mm，抗震设计时，四级不宜小于300mm，一、二、三级时不宜小于400mm；圆柱直径，非抗震和四级抗震设计时不宜小于350mm，一、二、三级时不宜小于450mm。

2 柱剪跨比宜大于2。

3 柱截面高宽比不宜大于3。

6.4.2 抗震设计时，钢筋混凝土柱轴压比不宜超过表6.4.2的规定；对于Ⅳ类场地上较高的高层建筑，其轴压比限值应适当减小。

表6.4.2 柱轴压比限值

结构类型	抗 震 等 级			
	一	二	三	四
框架结构	0.65	0.75	0.85	—
板柱-剪力墙、框架-剪力墙、框架-核心筒、筒中筒结构	0.75	0.85	0.90	0.95
部分框支剪力墙结构	0.60	0.70	—	—

注：1 轴压比指柱考虑地震作用组合的轴向压力设计值与柱全截面面积和混凝土轴心抗压强度设计值乘积的比值；
2 表内数值适用于混凝土强度等级不高于C60的柱。当混凝土强度等级为C65~C70时，轴压比限值宜比表中数值降低0.05；当混凝土强度等级为C75~C80时，轴压比限值宜比表中数值降低0.10；
3 表内数值适用于剪跨比大于2的柱；剪跨比不大于2但不小于1.5的柱，其轴压比限值应比表中数值减小0.05；剪跨比小于1.5的柱，其轴压比限值应专门研究并采取特殊构造措施；
4 当沿柱全高采用井字复合箍，箍筋间距不大于100mm、肢距不大于200mm、直径不小于12mm，或当沿柱全高采用复合螺旋箍，箍筋螺距不大于100mm、肢距不大于200mm、直径不小于12mm，或当沿柱全高采用连续复合螺旋箍，且螺距不大于80mm、肢距不大于200mm、直径不小于10mm时，轴压比限值可增加0.10；
5 当柱截面中部设置由附加纵向钢筋形成的芯柱，且附加纵向钢筋的截面面积不小于柱截面面积的0.8%时，柱轴压比限值可增加0.05。当本项措施与注4的措施共同采用时，柱轴压比限值可比表中数值增加0.15，但箍筋的配箍特征值仍可按轴压比增加0.10的要求确定；
6 调整后的柱轴压比限值不大于1.05。

6.4.3 柱纵向钢筋和箍筋配置应符合下列要求：

1 柱全部纵向钢筋的配筋率，不应小于表6.4.3-1的规定值，且柱截面每一侧纵向钢筋配筋率不应小于0.2%；抗震设计时，对Ⅳ类场地上较高的高层建筑，表中数值应增加0.1。

表6.4.3-1 柱纵向受力钢筋最小配筋百分率（%）

柱类型	抗 震 等 级				非抗震
	一级	二级	三级	四级	
中柱、边柱	0.9 (1.0)	0.7 (0.8)	0.6 (0.7)	0.5 (0.6)	0.5
角柱	1.1	0.9	0.8	0.7	0.5
框支柱	1.1	0.9	—	—	0.7

注：1 表中括号内数值适用于框架结构；
2 采用335MPa级、400MPa级纵向受力钢筋时，应分别按表中数值增加0.1和0.05采用；
3 当混凝土强度等级高于C60时，上述数值应增加0.1采用。

2 抗震设计时，柱箍筋在规定的范围内应加密，加密区的箍筋间距和直径，应符合下列要求：

1）箍筋的最大间距和最小直径，应按表6.4.3-2采用；

表6.4.3-2 柱端箍筋加密区的构造要求

抗震等级	箍筋最大间距（mm）	箍筋最小直径（mm）
一级	6d 和 100 的较小值	10
二级	8d 和 100 的较小值	8
三级	8d 和 150（柱根 100）的较小值	8
四级	8d 和 150（柱根 100）的较小值	6（柱根8）

注：1 d为柱纵向钢筋直径（mm）；
2 柱根指框架柱底部嵌固部位。

2）一级框架柱的箍筋直径大于12mm且箍筋肢距不大于150mm及二级框架柱箍筋直径不小于10mm且肢距不大于200mm时，除柱根外最大间距应允许采用150mm；三级框架柱的截面尺寸不大于400mm时，箍筋最小直径应允许采用6mm；四级框架柱的剪跨比不大于2或柱中全部纵向钢筋的配筋率大于3%时，箍筋直径不应小于8mm；

3）剪跨比不大于2的柱，箍筋间距不应大于100mm。

6.4.4 柱的纵向钢筋配置，尚应满足下列规定：

1 抗震设计时，宜采用对称配筋。

2 截面尺寸大于400mm的柱，一、二、三级抗震设计时其纵向钢筋间距不宜大于200mm；抗震等级为四级和非抗震设计时，柱纵向钢筋间距不宜大于300mm；柱纵向钢筋净距均不应小于50mm。

3 全部纵向钢筋的配筋率，非抗震设计时不宜大于5%、不应大于6%，抗震设计时不应大于5%。

4 一级且剪跨比不大于2的柱，其单侧纵向受拉钢筋的配筋率不宜大于1.2%。

5 边柱、角柱及剪力墙端柱考虑地震作用组合产生小偏心受拉时，柱内纵筋总截面面积应比计算值增加25%。

6.4.5 柱的纵筋不应与箍筋、拉筋及预埋件等焊接。

6.4.6 抗震设计时，柱箍筋加密区的范围应符合下列规定：

1 底层柱的上端和其他各层柱的两端，应取矩形截面柱之长边尺寸（或圆形截面柱之直径）、柱净高之1/6和500mm三者之最大值范围；

2 底层柱刚性地面上、下各500mm的范围；

3 底层柱柱根以上1/3柱净高的范围；

4 剪跨比不大于2的柱和因填充墙等形成的柱净高与截面高度之比不大于4的柱全高范围；

5 一、二级框架角柱的全高范围；

6 需要提高变形能力的柱的全高范围。

6.4.7 柱加密区范围内箍筋的体积配箍率，应符合下列规定：

1 柱箍筋加密区箍筋的体积配箍率，应符合下式要求：

$$\rho_v \geqslant \lambda_v f_c / f_{yv} \qquad (6.4.7)$$

式中：ρ_v——柱箍筋的体积配箍率；

λ_v——柱最小配箍特征值，宜按表6.4.7采用；

f_c——混凝土轴心抗压强度设计值，当柱混凝土强度等级低于C35时，应按C35计算；

f_{yv}——柱箍筋或拉筋的抗拉强度设计值。

表6.4.7 柱端箍筋加密区最小配箍特征值 λ_v

抗震等级	箍筋形式	柱轴压比								
		≤0.30	0.40	0.50	0.60	0.70	0.80	0.90	1.00	1.05
一	普通箍、复合箍	0.10	0.11	0.13	0.15	0.17	0.20	0.23	—	—
	螺旋箍、复合或连续复合螺旋箍	0.08	0.09	0.11	0.13	0.15	0.18	0.21	—	—
二	普通箍、复合箍	0.08	0.09	0.11	0.13	0.15	0.17	0.19	0.22	0.24
	螺旋箍、复合或连续复合螺旋箍	0.06	0.07	0.09	0.11	0.13	0.15	0.17	0.20	0.22
三	普通箍、复合箍	0.06	0.07	0.09	0.11	0.13	0.15	0.17	0.20	0.22
	螺旋箍、复合或连续复合螺旋箍	0.05	0.06	0.07	0.09	0.11	0.13	0.15	0.18	0.20

注：普通箍指单个矩形箍或单个圆形箍；螺旋箍指单个连续螺旋箍筋；复合箍指由矩形、多边形、圆形箍或拉筋组成的箍筋；复合螺旋箍指由螺旋箍与矩形、多边形、圆形箍或拉筋组成的箍筋；连续复合螺旋箍指全部螺旋箍由同一根钢筋加工而成的箍筋。

2 对一、二、三、四级框架柱，其箍筋加密区范围内箍筋的体积配箍率尚且分别不应小于0.8%、0.6%、0.4%和0.4%。

3 剪跨比不大于2的柱宜采用复合螺旋箍或井字复合箍，其体积配箍率不应小于1.2%；设防烈度为9度时，不应小于1.5%。

4 计算复合螺旋箍筋的体积配箍率时，其非螺旋箍筋的体积应乘以换算系数0.8。

6.4.8 抗震设计时，柱箍筋设置尚应符合下列规定：

1 箍筋应为封闭式，其末端应做成135°弯钩且弯钩末端平直段长度不应小于10倍的箍筋直径，且不应小于75mm。

2 箍筋加密区的箍筋肢距，一级不宜大于200mm，二、三级不宜大于250mm和20倍箍筋直径的较大值，四级不宜大于300mm。每隔一根纵向钢筋宜在两个方向有箍筋约束；采用拉筋组合箍时，拉筋宜紧靠纵向钢筋并勾住封闭箍筋。

3 柱非加密区的箍筋，其体积配箍率不宜小于加密区的一半；其箍筋间距，不应大于加密区箍筋间距的2倍，且一、二级不应大于10倍纵向钢筋直径，三、四级不应大于15倍纵向钢筋直径。

6.4.9 非抗震设计时，柱中箍筋应符合下列规定：

1 周边箍筋应为封闭式；

2 箍筋间距不应大于400mm，且不应大于构件截面的短边尺寸和最小纵向受力钢筋直径的15倍；

3 箍筋直径不应小于最大纵向钢筋直径的1/4，且不应小于6mm；

4 当柱中全部纵向受力钢筋的配筋率超过3%时，箍筋直径不应小于8mm，箍筋间距不应大于最小纵向钢筋直径的10倍，且不应大于200mm，箍筋末端应做成135°弯钩且弯钩末端平直段长度不应小于10倍箍筋直径；

5 当柱每边纵筋多于3根时，应设置复合箍筋；

6 柱内纵向钢筋采用搭接做法时，搭接长度范围内箍筋直径不应小于搭接钢筋较大直径的1/4；在纵向受拉钢筋的搭接长度范围内的箍筋间距不应大于搭接钢筋较小直径的5倍，且不应大于100mm；在纵向受压钢筋的搭接长度范围内的箍筋间距不应大于搭接钢筋较小直径的10倍，且不应大于200mm。当受压钢筋直径大于25mm时，尚应在搭接接头端面外100mm的范围内各设置两道箍筋。

6.4.10 框架节点核心区应设置水平箍筋，且应符合下列规定：

1 非抗震设计时，箍筋配置应符合本规程第6.4.9条的有关规定，但箍筋间距不宜大于250mm；对四边有梁与之相连的节点，可仅沿节点周边设置矩形箍筋。

2 抗震设计时，箍筋的最大间距和最小直径宜符合本规程第6.4.3条有关柱箍筋的规定。一、二、三级框架节点核心区配箍特征值分别不宜小于0.12、0.10和0.08，且箍筋体积配箍率分别不宜小于0.6%、0.5%和0.4%。柱剪跨比不大于2的框架节点核心区的体积配箍率不宜小于核心区上、下柱端体积配箍率中的较大值。

6.4.11 柱箍筋的配筋形式，应考虑浇筑混凝土的工艺要求，在柱截面中心部位应留出浇筑混凝土所用导管的空间。

6.5 钢筋的连接和锚固

6.5.1 受力钢筋的连接接头应符合下列规定:

1 受力钢筋的连接接头宜设置在构件受力较小部位;抗震设计时,宜避开梁端、柱端箍筋加密区范围。钢筋连接可采用机械连接、绑扎搭接或焊接。

2 当纵向受力钢筋采用搭接做法时,在钢筋搭接长度范围内应配置箍筋,其直径不应小于搭接钢筋较大直径的1/4。当钢筋受拉时,箍筋间距不应大于搭接钢筋较小直径的5倍,且不应大于100mm;当钢筋受压时,箍筋间距不应大于搭接钢筋较小直径的10倍,且不应大于200mm。当受压钢筋直径大于25mm时,尚应在搭接接头两个端面外100mm范围内各设置两道箍筋。

6.5.2 非抗震设计时,受拉钢筋的最小锚固长度应取 l_a。受拉钢筋绑扎搭接的搭接长度,应根据位于同一连接区段内搭接钢筋截面面积的百分率按下式计算,且不应小于300mm:

$$l_l = \zeta l_a \qquad (6.5.2)$$

式中:l_l——受拉钢筋的搭接长度(mm);

l_a——受拉钢筋的锚固长度(mm),应按现行国家标准《混凝土结构设计规范》GB 50010 的有关规定采用;

ζ——受拉钢筋搭接长度修正系数,应按表6.5.2采用。

表 6.5.2 纵向受拉钢筋搭接长度修正系数 ζ

同一连接区段内搭接钢筋面积百分率(%)	≤25	50	100
受拉搭接长度修正系数 ζ	1.2	1.4	1.6

注:同一连接区段内搭接钢筋面积百分率取在同一连接区段内有搭接接头的受力钢筋与全部受力钢筋面积之比。

6.5.3 抗震设计时,钢筋混凝土结构构件纵向受力钢筋的锚固和连接,应符合下列要求:

1 纵向受拉钢筋的最小锚固长度 l_{aE} 应按下列规定采用:

一、二级抗震等级 $l_{aE} = 1.15l_a$ (6.5.3-1)

三级抗震等级 $l_{aE} = 1.05l_a$ (6.5.3-2)

四级抗震等级 $l_{aE} = 1.00l_a$ (6.5.3-3)

2 当采用绑扎搭接接头时,其搭接长度不应小于下式的计算值:

$$l_{lE} = \zeta l_{aE} \qquad (6.5.3-4)$$

式中:l_{lE}——抗震设计时受拉钢筋的搭接长度。

3 受拉钢筋直径大于25mm、受压钢筋直径大于28mm时,不宜采用绑扎搭接接头。

4 现浇钢筋混凝土框架梁、柱纵向受力钢筋的连接方法,应符合下列规定:

1)框架柱:一、二级抗震等级及三级抗震等级的底层,宜采用机械连接接头,也可采用绑扎搭接或焊接接头;三级抗震等级的其他部位和四级抗震等级,可采用绑扎搭接或焊接接头;

2)框支梁、框支柱:宜采用机械连接接头;

3)框架梁:一级宜采用机械连接接头,二、三、四级可采用绑扎搭接或焊接接头。

5 位于同一连接区段内的受拉钢筋接头面积百分率不宜超过50%;

6 当接头位置无法避开梁端、柱端箍筋加密区时,应采用满足等强度要求的机械连接接头,且钢筋接头面积百分率不宜超过50%;

7 钢筋的机械连接、绑扎搭接及焊接,尚应符合国家现行有关标准的规定。

6.5.4 非抗震设计时,框架梁、柱的纵向钢筋在框架节点区的锚固和搭接(图6.5.4)应符合下列要求:

1 顶层中节点柱纵向钢筋和边节点柱内侧纵向钢筋应伸至柱顶;当从梁底边计算的直线锚固长度不小于 l_a 时,可不必水平弯折,否则应向柱内或梁、板内水平弯折,当充分利用柱纵向钢筋的抗拉强度时,其锚固段弯折前的竖直投影长度不应小于 $0.5l_{ab}$,弯折后的水平投影长度不宜小于12倍的柱纵向钢筋直径。此处,l_{ab} 为钢筋基本锚固长度,应符合现行国家标准《混凝土结构设计规范》GB 50010 的有关规定。

2 顶层端节点处,在梁宽范围以内的柱外侧纵向钢筋可与梁上部纵向钢筋搭接,搭接长度不应小于 $1.5l_a$;在梁宽范围以外的柱外侧纵向钢筋可伸入现浇板内,其伸入长度与伸入梁内的相同。当柱外侧纵向钢筋的配筋率大于1.2%时,伸入梁内的柱纵向钢筋宜分两批截断,其截断点之间的距离不宜小于20倍的柱纵向钢筋直径。

3 梁上部纵向钢筋伸入端节点的锚固长度,直线锚固时不应小于 l_a,且伸过柱中心线的长度不宜小于5倍的梁纵向钢筋直径;当柱截面尺寸不足时,梁上部纵向钢筋应伸至节点对边并向下弯折,弯折水平段的投影长度不应小于 $0.4l_{ab}$,弯折后竖直投影长度不应小于15倍纵向钢筋直径。

4 当计算中不利用梁下部纵向钢筋的强度时,其伸入节点内的锚固长度应取不小于12倍的梁纵向钢筋直径。当计算中充分利用梁下部钢筋的抗拉强度时,梁下部纵向钢筋可采用直线方式或向上90°弯折方式锚固于节点内,直线锚固时的锚固长度不应小于 l_a;弯折锚固时,弯折水平段的投影长度不应小于 $0.4l_{ab}$,弯折后竖直投影长度不应小于15倍纵向钢筋直径。

5 当采用锚固板锚固措施时,钢筋锚固构造应符合现行国家标准《混凝土结构设计规范》GB 50010 的有关规定。

6.5.5 抗震设计时,框架梁、柱的纵向钢筋在框架节点区的锚固和搭接(图6.5.5)应符合下列要求:

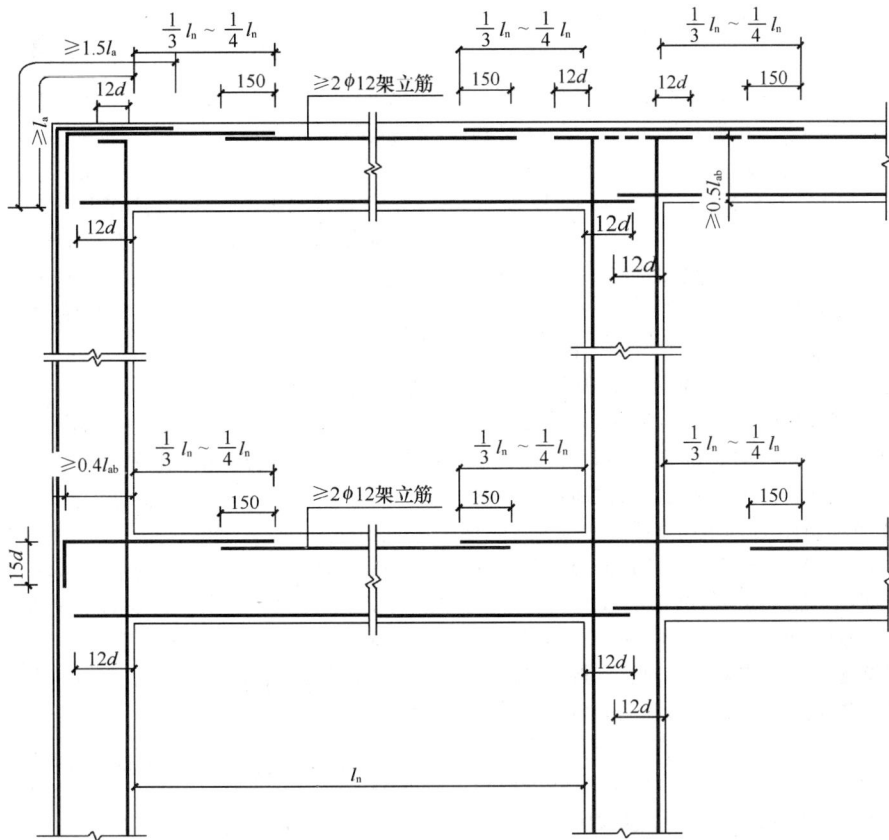

图 6.5.4 非抗震设计时框架梁、柱纵向钢筋在节点区的锚固示意

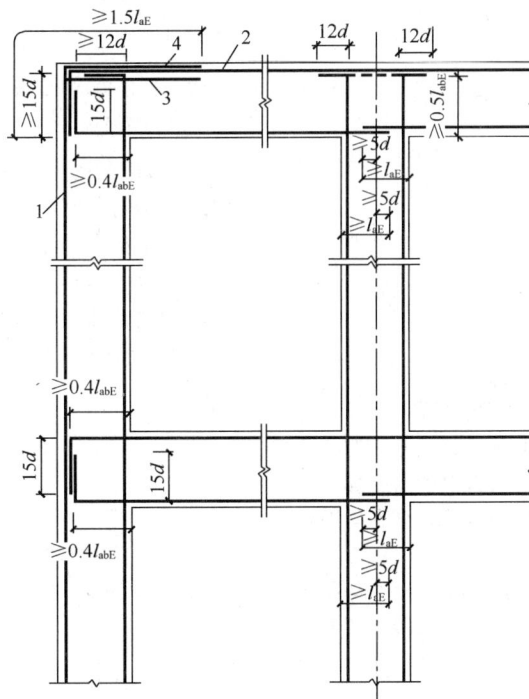

图 6.5.5 抗震设计时框架梁、柱纵向钢筋在节点区的锚固示意

1—柱外侧纵向钢筋；2—梁上部纵向钢筋；3—伸入梁内的柱外侧纵向钢筋；
4—不能伸入梁内的柱外侧纵向钢筋，可伸入板内

1 顶层中节点柱纵向钢筋和边节点柱内侧纵向钢筋应伸至柱顶。当从梁底边计算的直线锚固长度不小于 l_{aE} 时，可不必水平弯折，否则应向柱内或梁内、板内水平弯折，锚固段弯折前的竖直投影长度不应小于 $0.5l_{abE}$，弯折后的水平投影长度不宜小于 12 倍的柱纵向钢筋直径。此处，l_{abE} 为抗震时钢筋的基本锚固长度，一、二级取 $1.15l_{ab}$，三、四级分别取 $1.05l_{ab}$ 和 $1.00l_{ab}$。

2 顶层端节点处，柱外侧纵向钢筋可与梁上部纵向钢筋搭接，搭接长度不应小于 $1.5l_{aE}$，且伸入梁内的柱外侧纵向钢筋截面面积不宜小于柱外侧全部纵向钢筋截面面积的 65%；在梁宽范围以外的柱外侧纵向钢筋可伸入现浇板内，其伸入长度与伸入梁内的相同。当柱外侧纵向钢筋的配筋率大于 1.2% 时，伸入梁内的柱纵向钢筋宜分两批截断，其截断点之间的距离不宜小于 20 倍的柱纵向钢筋直径。

3 梁上部纵向钢筋伸入端节点的锚固长度，直线锚固时不应小于 l_{aE}，且伸过柱中心线的长度不应小于 5 倍的梁纵向钢筋直径；当柱截面尺寸不足时，梁上部纵向钢筋应伸至节点对边并向下弯折，锚固段弯折前的水平投影长度不应小于 $0.4l_{abE}$，弯折后的竖直投影长度应取 15 倍的梁纵向钢筋直径。

4 梁下部纵向钢筋的锚固与梁上部纵向钢筋相同，但采用 90°弯折方式锚固时，竖直段应向上弯入节点内。

7 剪力墙结构设计

7.1 一般规定

7.1.1 剪力墙结构应具有适宜的侧向刚度，其布置应符合下列规定：

1 平面布置宜简单、规则，宜沿两个主轴方向或其他方向双向布置，两个方向的侧向刚度不宜相差过大。抗震设计时，不应采用仅单向有墙的结构布置。

2 宜自下到上连续布置，避免刚度突变。

3 门窗洞口宜上下对齐、成列布置，形成明确的墙肢和连梁；宜避免造成墙肢宽度相差悬殊的洞口设置；抗震设计时，一、二、三级剪力墙的底部加强部位不宜采用上下洞口不对齐的错洞墙，全高均不宜采用洞口局部重叠的叠合错洞墙。

7.1.2 剪力墙不宜过长，较长剪力墙宜设置跨高比较大的连梁将其分成长度较均匀的若干墙段，各墙段的高度与墙段长度之比不宜小于 3，墙段长度不宜大于 8m。

7.1.3 跨高比小于 5 的连梁应按本章的有关规定设计，跨高比不小于 5 的连梁宜按框架梁设计。

7.1.4 抗震设计时，剪力墙底部加强部位的范围，

应符合下列规定：

1 底部加强部位的高度，应从地下室顶板算起；

2 底部加强部位的高度可取底部两层和墙体总高度的 1/10 二者的较大值，部分框支剪力墙结构底部加强部位的高度应符合本规程第 10.2.2 条的规定；

3 当结构计算嵌固端位于地下一层底板或以下时，底部加强部位宜延伸到计算嵌固端。

7.1.5 楼面梁不宜支承在剪力墙或核心筒的连梁上。

7.1.6 当剪力墙或核心筒墙肢与其平面外相交的楼面梁刚接时，可沿楼面梁轴线方向设置与梁相连的剪力墙、扶壁柱或在墙内设置暗柱，并应符合下列规定：

1 设置沿楼面梁轴线方向与梁相连的剪力墙时，墙的厚度不宜小于梁的截面宽度；

2 设置扶壁柱时，其截面宽度不应小于梁宽，其截面高度可计入墙厚；

3 墙内设置暗柱时，暗柱的截面高度可取墙的厚度，暗柱的截面宽度可取梁宽加 2 倍墙厚；

4 应通过计算确定暗柱或扶壁柱的纵向钢筋（或型钢），纵向钢筋的总配筋率不宜小于表 7.1.6 的规定。

表 7.1.6 暗柱、扶壁柱纵向钢筋的构造配筋率

设计状况	抗 震 设 计				非抗震设计
	一级	二级	三级	四级	
配筋率（%）	0.9	0.7	0.6	0.5	0.5

注：采用 400MPa、335MPa 级钢筋时，表中数值宜分别增加 0.05 和 0.10。

5 楼面梁的水平钢筋应伸入剪力墙或扶壁柱，伸入长度应符合钢筋锚固要求。钢筋锚固段的水平投影长度，非抗震设计时不宜小于 $0.4l_{ab}$，抗震设计时不宜小于 $0.4l_{abE}$；当锚固段的水平投影长度不满足要求时，可将楼面梁伸出墙面形成梁头，梁的纵筋伸入梁头后弯折锚固（图 7.1.6），也可采取其他可靠的锚固措施。

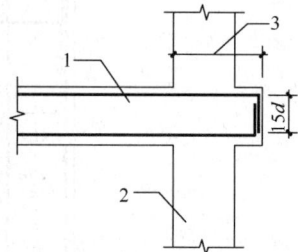

图 7.1.6 楼面梁伸出
墙面形成梁头
1—楼面梁；2—剪力墙；3—楼面
梁钢筋锚固水平投影长度

6 暗柱或扶壁柱应设置箍筋，箍筋直径，一、二、三级时不应小于 8mm，四级及非抗震时不应小于 6mm，且均不应小于纵向钢筋直径的 1/4；箍筋间距，一、二、三级时不应大于 150mm，四级及非抗震时不应大于 200mm。

7.1.7 当墙肢的截面高度与厚度之比不大于 4 时，宜按框架柱进行截面设计。

7.1.8 抗震设计时，高层建筑结构不应全部采用短肢剪力墙；B 级高度高层建筑以及抗震设防烈度为 9 度的 A 级高度高层建筑，不宜布置短肢剪力墙，不应采用具有较多短肢剪力墙的剪力墙结构。当采用具有较多短肢剪力墙的剪力墙结构时，应符合下列规定：

1 在规定的水平地震作用下，短肢剪力墙承担的底部倾覆力矩不宜大于结构底部总地震倾覆力矩的 50%；

2 房屋适用高度应比本规程表 3.3.1-1 规定的剪力墙结构的最大适用高度适当降低，7 度、8 度（0.2g）和 8 度（0.3g）时分别不应大于 100m、80m 和 60m。

> 注：1 短肢剪力墙是指截面厚度不大于 300mm、各肢截面高度与厚度之比的最大值大于 4 但不大于 8 的剪力墙；
> 2 具有较多短肢剪力墙的剪力墙结构是指，在规定的水平地震作用下，短肢剪力墙承担的底部倾覆力矩不小于结构底部总地震倾覆力矩的 30% 的剪力墙结构。

7.1.9 剪力墙应进行平面内的斜截面受剪、偏心受压或偏心受拉、平面外轴心受压承载力验算。在集中荷载作用下，墙内无暗柱时还应进行局部受压承载力验算。

7.2 截面设计及构造

7.2.1 剪力墙的截面厚度应符合下列规定：

1 应符合本规程附录 D 的墙体稳定验算要求。

2 一、二级剪力墙：底部加强部位不应小于 200mm，其他部位不应小于 160mm；一字形独立剪力墙底部加强部位不应小于 220mm，其他部位不应小于 180mm。

3 三、四级剪力墙：不应小于 160mm，一字形独立剪力墙的底部加强部位尚不应小于 180mm。

4 非抗震设计时不应小于 160mm。

5 剪力墙井筒中，分隔电梯井或管道井的墙肢截面厚度可适当减小，但不宜小于 160mm。

7.2.2 抗震设计时，短肢剪力墙的设计应符合下列规定：

1 短肢剪力墙截面厚度除应符合本规程第 7.2.1 条的要求外，底部加强部位尚不应小于 200mm，其他部位尚不应小于 180mm。

2 一、二、三级短肢剪力墙的轴压比，分别不宜大于 0.45、0.50、0.55，一字形截面短肢剪力墙的轴压比限值应相应减少 0.1。

3 短肢剪力墙的底部加强部位应按本节 7.2.6 条调整剪力设计值，其他各层一、二、三级时剪力设计值应分别乘以增大系数 1.4、1.2 和 1.1。

4 短肢剪力墙边缘构件的设置应符合本规程第 7.2.14 条的规定。

5 短肢剪力墙的全部竖向钢筋的配筋率，底部加强部位一、二级不宜小于 1.2%，三、四级不宜小于 1.0%；其他部位一、二级不宜小于 1.0%，三、四级不宜小于 0.8%。

6 不宜采用一字形短肢剪力墙，不宜在一字形短肢剪力墙上布置平面外与之相交的单侧楼面梁。

7.2.3 高层剪力墙结构的竖向和水平分布钢筋不应单排配置。剪力墙截面厚度不大于 400mm 时，可采用双排配筋；大于 400mm、但不大于 700mm 时，宜采用三排配筋；大于 700mm 时，宜采用四排配筋。各排分布钢筋之间拉筋的间距不应大于 600mm，直径不应小于 6mm。

7.2.4 抗震设计的双肢剪力墙，其墙肢不宜出现小偏心受拉；当任一墙肢为偏心受拉时，另一墙肢的弯矩设计值及剪力设计值应乘以增大系数 1.25。

7.2.5 一级剪力墙的底部加强部位以上部位，墙肢的组合弯矩设计值和组合剪力设计值应乘以增大系数，弯矩增大系数可取为 1.2，剪力增大系数可取为 1.3。

7.2.6 底部加强部位剪力墙截面的剪力设计值，一、二、三级时应按式（7.2.6-1）调整，9 度一级剪力墙应按式（7.2.6-2）调整；二、三级的其他部位及四级时可不调整。

$$V = \eta_{vw} V_w \qquad (7.2.6\text{-}1)$$

$$V = 1.1 \frac{M_{wua}}{M_w} V_w \qquad (7.2.6\text{-}2)$$

式中：V——底部加强部位剪力墙截面剪力设计值；

V_w——底部加强部位剪力墙截面考虑地震作用组合的剪力计算值；

M_{wua}——剪力墙正截面抗震受弯承载力，应考虑承载力抗震调整系数 γ_{RE}，采用实配纵筋面积、材料强度标准值和组合的轴力设计值等计算，有翼墙时应计入墙两侧各一倍翼墙厚度范围内的纵向钢筋；

M_w——底部加强部位剪力墙底截面弯矩的组合计算值；

η_{vw}——剪力增大系数，一级取 1.6，二级取 1.4，三级取 1.2。

7.2.7 剪力墙墙肢截面剪力设计值应符合下列规定：

1 永久、短暂设计状况

$$V \leqslant 0.25\beta_c f_c b_w h_{w0} \qquad (7.2.7\text{-}1)$$

2 地震设计状况

剪跨比 λ 大于 2.5 时

$$V \leqslant \frac{1}{\gamma_{RE}}(0.20\beta_c f_c b_w h_{w0}) \qquad (7.2.7\text{-}2)$$

剪跨比 λ 不大于 2.5 时

$$V \leqslant \frac{1}{\gamma_{RE}}(0.15\beta_c f_c b_w h_{w0}) \qquad (7.2.7\text{-}3)$$

剪跨比可按下式计算：

$$\lambda = M^c/(V^c h_{w0}) \qquad (7.2.7\text{-}4)$$

式中：V——剪力墙墙肢截面的剪力设计值；

$\quad h_{w0}$——剪力墙截面有效高度；

$\quad \beta_c$——混凝土强度影响系数，应按本规程第 6.2.6 条采用；

$\quad \lambda$——剪跨比，其中 M^c、V^c 应取同一组合的、未按本规程有关规定调整的墙肢截面弯矩、剪力计算值，并取墙肢上、下端截面计算的剪跨比的较大值。

7.2.8 矩形、T 形、I 形偏心受压剪力墙墙肢（图 7.2.8）的正截面受压承载力应符合现行国家标准《混凝土结构设计规范》GB 50010 的有关规定，也可按下列规定计算：

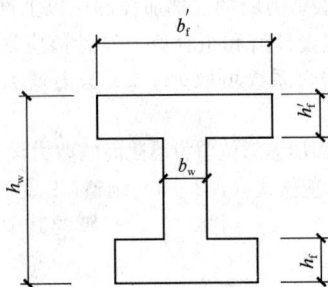

图 7.2.8 截面及尺寸

1 持久、短暂设计状况

$$N \leqslant A'_s f'_y - A_s \sigma_s - N_{sw} + N_c \qquad (7.2.8\text{-}1)$$

$$N\left(e_0 + h_{w0} - \frac{h_w}{2}\right) \leqslant A'_s f'_y(h_{w0} - a'_s) - M_{sw} + M_c$$
$$\qquad (7.2.8\text{-}2)$$

当 $x > h'_f$ 时

$$N_c = \alpha_1 f_c b_w x + \alpha_1 f_c (b'_f - b_w)h'_f$$
$$\qquad (7.2.8\text{-}3)$$

$$M_c = \alpha_1 f_c b_w x\left(h_{w0} - \frac{x}{2}\right) + \alpha_1 f_c (b'_f - b_w)h'_f$$
$$\left(h_{w0} - \frac{h'_f}{2}\right) \qquad (7.2.8\text{-}4)$$

当 $x \leqslant h'_f$ 时

$$N_c = \alpha_1 f_c b'_f x \qquad (7.2.8\text{-}5)$$

$$M_c = \alpha_1 f_c b'_f x\left(h_{w0} - \frac{x}{2}\right) \qquad (7.2.8\text{-}6)$$

当 $x \leqslant \xi_b h_{w0}$ 时

$$\sigma_s = f_y \qquad (7.2.8\text{-}7)$$

$$N_{sw} = (h_{w0} - 1.5x)b_w f_{yw}\rho_w \qquad (7.2.8\text{-}8)$$

$$M_{sw} = \frac{1}{2}(h_{w0} - 1.5x)^2 b_w f_{yw}\rho_w \quad (7.2.8\text{-}9)$$

当 $x > \xi_b h_{w0}$ 时

$$\sigma_s = \frac{f_y}{\xi_b - 0.8}\left(\frac{x}{h_{w0}} - \beta_c\right) \qquad (7.2.8\text{-}10)$$

$$N_{sw} = 0 \qquad (7.2.8\text{-}11)$$

$$M_{sw} = 0 \qquad (7.2.8\text{-}12)$$

$$\xi_b = \frac{\beta_c}{1 + \dfrac{f_y}{E_s \varepsilon_{cu}}} \qquad (7.2.8\text{-}13)$$

式中：a'_s——剪力墙受压区端部钢筋合力点到受压区边缘的距离；

$\quad b'_f$——T 形或 I 形截面受压区翼缘宽度；

$\quad e_0$——偏心距，$e_0 = M/N$；

$\quad f_y$、f'_y——分别为剪力墙端部受拉、受压钢筋强度设计值；

$\quad f_{yw}$——剪力墙墙体竖向分布钢筋强度设计值；

$\quad f_c$——混凝土轴心抗压强度设计值；

$\quad h'_f$——T 形或 I 形截面受压区翼缘的高度；

$\quad h_{w0}$——剪力墙截面有效高度，$h_{w0} = h_w - a'_s$；

$\quad \rho_w$——剪力墙竖向分布钢筋配筋率；

$\quad \xi_b$——界限相对受压区高度；

$\quad \alpha_1$——受压区混凝土矩形应力图的应力与混凝土轴心抗压强度设计值的比值，混凝土强度等级不超过 C50 时取 1.0，混凝土强度等级为 C80 时取 0.94，混凝土强度等级在 C50 和 C80 之间时可按线性内插取值；

$\quad \beta_c$——混凝土强度影响系数，按本规程第 6.2.6 条的规定采用；

$\quad \varepsilon_{cu}$——混凝土极限压应变，应按现行国家标准《混凝土结构设计规范》GB 50010 的有关规定采用。

2 地震设计状况，公式 (7.2.8-1)、(7.2.8-2) 右端均应除以承载力抗震调整系数 γ_{RE}，γ_{RE} 取 0.85。

7.2.9 矩形截面偏心受拉剪力墙的正截面受拉承载力应符合下列规定：

1 永久、短暂设计状况

$$N \leqslant \frac{1}{\dfrac{1}{N_{0u}} + \dfrac{e_0}{M_{wu}}} \qquad (7.2.9\text{-}1)$$

2 地震设计状况

$$N \leqslant \frac{1}{\gamma_{RE}} \left[\frac{1}{\dfrac{1}{N_{0u}} + \dfrac{e_0}{M_{wu}}} \right] \qquad (7.2.9\text{-}2)$$

N_{0u} 和 M_{wu} 可分别按下列公式计算：

$$N_{0u} = 2A_s f_y + A_{sw} f_{yw} \qquad (7.2.9\text{-}3)$$

$$M_{wu} = A_s f_y (h_{w0} - a'_s) + A_{sw} f_{yw} \frac{(h_{w0} - a'_s)}{2} \qquad (7.2.9\text{-}4)$$

式中：A_{sw}——剪力墙竖向分布钢筋的截面面积。

7.2.10 偏心受压剪力墙的斜截面受剪承载力应符合下列规定：

1 永久、短暂设计状况

$$V \leqslant \frac{1}{\lambda - 0.5} \left(0.5 f_t b_w h_{w0} + 0.13 N \frac{A_w}{A} \right) + f_{yh} \frac{A_{sh}}{s} h_{w0} \qquad (7.2.10\text{-}1)$$

2 地震设计状况

$$V \leqslant \frac{1}{\gamma_{RE}} \left[\frac{1}{\lambda - 0.5} \left(0.4 f_t b_w h_{w0} + 0.1 N \frac{A_w}{A} \right) + 0.8 f_{yh} \frac{A_{sh}}{s} h_{w0} \right] \qquad (7.2.10\text{-}2)$$

式中：N——剪力墙截面轴向压力设计值，N 大于 $0.2 f_c b_w h_w$ 时，应取 $0.2 f_c b_w h_w$；

A——剪力墙全截面面积；

A_w——T 形或 I 形截面剪力墙腹板的面积，矩形截面时应取 A；

λ——计算截面的剪跨比，λ 小于 1.5 时应取 1.5，λ 大于 2.2 时应取 2.2，计算截面与墙底之间的距离小于 $0.5 h_{w0}$ 时，λ 应按距墙底 $0.5 h_{w0}$ 处的弯矩值与剪力值计算；

s——剪力墙水平分布钢筋间距。

7.2.11 偏心受拉剪力墙的斜截面受剪承载力应符合下列规定：

1 永久、短暂设计状况

$$V \leqslant \frac{1}{\lambda - 0.5} \left(0.5 f_t b_w h_{w0} - 0.13 N \frac{A_w}{A} \right) + f_{yh} \frac{A_{sh}}{s} h_{w0} \qquad (7.2.11\text{-}1)$$

上式右端的计算值小于 $f_{yh} \dfrac{A_{sh}}{s} h_{w0}$ 时，应取等于 $f_{yh} \dfrac{A_{sh}}{s} h_{w0}$。

2 地震设计状况

$$V \leqslant \frac{1}{\gamma_{RE}} \left[\frac{1}{\lambda - 0.5} \left(0.4 f_t b_w h_{w0} - 0.1 N \frac{A_w}{A} \right) + 0.8 f_{yh} \frac{A_{sh}}{s} h_{w0} \right] \qquad (7.2.11\text{-}2)$$

上式右端方括号内的计算值小于 $0.8 f_{yh} \dfrac{A_{sh}}{s} h_{w0}$ 时，应

取等于 $0.8 f_{yh} \dfrac{A_{sh}}{s} h_{w0}$。

7.2.12 抗震等级为一级的剪力墙，水平施工缝的抗滑移应符合下式要求：

$$V_{wj} \leqslant \frac{1}{\gamma_{RE}} (0.6 f_y A_s + 0.8 N) \qquad (7.2.12)$$

式中：V_{wj}——剪力墙水平施工缝处剪力设计值；

A_s——水平施工缝处剪力墙腹板内竖向分布钢筋和边缘构件中的竖向钢筋总面积（不包括两侧翼墙），以及在墙体中有足够锚固长度的附加竖向插筋面积；

f_y——竖向钢筋抗拉强度设计值；

N——水平施工缝处考虑地震作用组合的轴向力设计值，压力取正值，拉力取负值。

7.2.13 重力荷载代表值作用下，一、二、三级剪力墙墙肢的轴压比不宜超过表 7.2.13 的限值。

表 7.2.13　剪力墙墙肢轴压比限值

抗震等级	一级（9度）	一级 （6、7、8度）	二、三级
轴压比限值	0.4	0.5	0.6

注：墙肢轴压比是指重力荷载代表值作用下墙肢承受的轴压力设计值与墙肢的全截面面积和混凝土轴心抗压强度设计值乘积之比值。

7.2.14 剪力墙两端和洞口两侧应设置边缘构件，并应符合下列规定：

1 一、二、三级剪力墙底层墙肢底截面的轴压比大于表 7.2.14 的规定值时，以及部分框支剪力墙结构的剪力墙，应在底部加强部位及相邻的上一层设置约束边缘构件，约束边缘构件应符合本规程第 7.2.15 条的规定；

2 除本条第 1 款所列部位外，剪力墙应按本规程第 7.2.16 条设置构造边缘构件；

3 B 级高度高层建筑的剪力墙，宜在约束边缘构件层与构造边缘构件层之间设置 1~2 层过渡层，过渡层边缘构件的箍筋配置要求可低于约束边缘构件的要求，但应高于构造边缘构件的要求。

表 7.2.14　剪力墙可不设约束边缘构件的最大轴压比

等级或烈度	一级（9度）	一级 （6、7、8度）	二、三级
轴压比	0.1	0.2	0.3

7.2.15 剪力墙的约束边缘构件可为暗柱、端柱和翼墙（图 7.2.15），并应符合下列规定：

1 约束边缘构件沿墙肢的长度 l_c 和箍筋配箍特征值 λ_v 应符合表 7.2.15 的要求，其体积配箍率 ρ_v 应按下式计算：

$$\rho_v = \lambda_v \frac{f_c}{f_{yv}} \qquad (7.2.15)$$

式中：ρ_v——箍筋体积配箍率。可计入箍筋、拉筋以及符合构造要求的水平分布钢筋，计入的水平分布钢筋的体积配箍率不应大于总体积配箍率的30%；

λ_v——约束边缘构件配箍特征值；

f_c——混凝土轴心抗压强度设计值；混凝土强度等级低于C35时，应取C35的混凝土轴心抗压强度设计值；

f_{yv}——箍筋、拉筋或水平分布钢筋的抗拉强度设计值。

表7.2.15 约束边缘构件沿墙肢的长度 l_c 及其配箍特征值 λ_v

项　目	一级（9度）		一级（6、7、8度）		二、三级	
	$\mu_N \leq 0.2$	$\mu_N > 0.2$	$\mu_N \leq 0.3$	$\mu_N > 0.3$	$\mu_N \leq 0.4$	$\mu_N > 0.4$
l_c（暗柱）	$0.20h_w$	$0.25h_w$	$0.15h_w$	$0.20h_w$	$0.15h_w$	$0.20h_w$
l_c（翼墙或端柱）	$0.15h_w$	$0.20h_w$	$0.10h_w$	$0.15h_w$	$0.10h_w$	$0.15h_w$
λ_v	0.12	0.20	0.15	0.20	0.12	0.20

注：1　μ_N 为墙肢在重力荷载代表值作用下的轴压比，h_w 为墙肢的长度；

2　剪力墙的翼墙长度小于翼墙厚度的3倍或端柱截面边长小于2倍墙厚时，按无翼墙、无端柱查表；

3　l_c 为约束边缘构件沿墙肢的长度（图7.2.15）。对暗柱不应小于墙厚和400mm的较大值；有翼墙或端柱时，不应小于翼墙厚度或端柱沿墙肢方向截面高度加300mm。

2　剪力墙约束边缘构件阴影部分（图7.2.15）的竖向钢筋除应满足正截面受压（受拉）承载力计算要求外，其配筋率一、二、三级时分别不应小于1.2%、1.0%和1.0%，并分别不应少于$8\phi16$、$6\phi16$和$6\phi14$的钢筋（ϕ表示钢筋直径）。

3　约束边缘构件内箍筋或拉筋沿竖向的间距，一级不宜大于100mm，二、三级不宜大于150mm；箍筋、拉筋沿水平方向的肢距不宜大于300mm，不应大于竖向钢筋间距的2倍。

7.2.16　剪力墙构造边缘构件的范围宜按图7.2.16中阴影部分采用，其最小配筋应满足表7.2.16的规定，并应符合下列规定：

1　竖向配筋应满足正截面受压（受拉）承载力的要求；

2　当端柱承受集中荷载时，其竖向钢筋、箍筋直径和间距应满足框架柱的相应要求；

3　箍筋、拉筋沿水平方向的肢距不宜大于300mm，不应大于竖向钢筋间距的2倍；

4　抗震设计时，对于连体结构、错层结构以及B级高度高层建筑结构中的剪力墙（筒体），其构造边缘构件的最小配筋应符合下列要求：

1）竖向钢筋最小量应比表7.2.16中的数值提高$0.001A_c$采用；

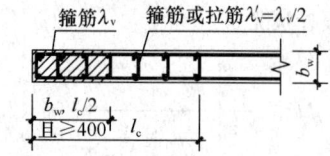

(a) 暗柱

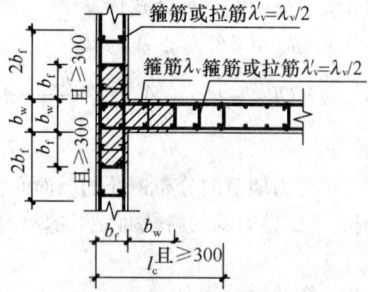

(b) 有翼墙

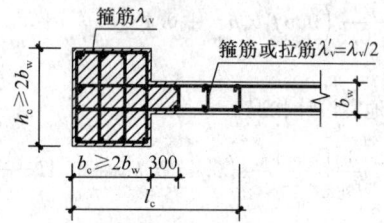

(c) 有端柱

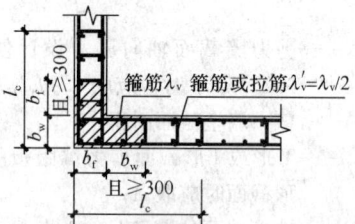

(d) 转角墙（L形墙）

图7.2.15　剪力墙的约束边缘构件

表7.2.16　剪力墙构造边缘构件的最小配筋要求

抗震等级	底部加强部位		
	竖向钢筋最小量（取较大值）	箍　筋	
		最小直径（mm）	沿竖向最大间距（mm）
一	$0.010A_c$，$6\phi16$	8	100
二	$0.008A_c$，$6\phi14$	8	150
三	$0.006A_c$，$6\phi12$	6	150
四	$0.005A_c$，$4\phi12$	6	200

抗震等级	其他部位		
	竖向钢筋最小量（取较大值）	拉　筋	
		最小直径（mm）	沿竖向最大间距（mm）
一	$0.008A_c$，$6\phi14$	8	150
二	$0.006A_c$，$6\phi12$	8	200
三	$0.005A_c$，$4\phi12$	6	200
四	$0.004A_c$，$4\phi12$	6	250

注：1　A_c 为构造边缘构件的截面面积，即图7.2.16剪力墙截面的阴影部分；

2　符号ϕ表示钢筋直径；

3　其他部位的转角处宜采用箍筋。

2）箍筋的配筋范围宜取图 7.2.16 中阴影部分，其配箍特征值 λ_v 不宜小于 0.1。

5 非抗震设计的剪力墙，墙肢端部应配置不少于 4ϕ12 的纵向钢筋，箍筋直径不应小于 6mm、间距不宜大于 250mm。

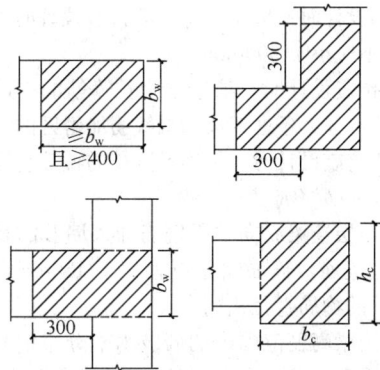

图 7.2.16　剪力墙的构造边缘构件范围

7.2.17　**剪力墙竖向和水平分布钢筋的配筋率，一、二、三级时均不应小于 0.25%，四级和非抗震设计时均不应小于 0.20%。**

7.2.18　剪力墙的竖向和水平分布钢筋的间距均不宜大于 300mm，直径不应小于 8mm。剪力墙的竖向和水平分布钢筋的直径不宜大于墙厚的 1/10。

7.2.19　房屋顶层剪力墙、长矩形平面房屋的楼梯间和电梯间剪力墙、端开间纵向剪力墙以及端山墙的水平和竖向分布钢筋的配筋率均不应小于 0.25%，间距均不应大于 200mm。

7.2.20　剪力墙的钢筋锚固和连接应符合下列规定：

1　非抗震设计时，剪力墙纵向钢筋最小锚固长度应取 l_a；抗震设计时，剪力墙纵向钢筋最小锚固长度应取 l_{aE}。l_a、l_{aE} 的取值应符合本规程第 6.5 节的有关规定。

2　剪力墙竖向及水平分布钢筋采用搭接连接时（图 7.2.20），一、二级剪力墙的底部加强部位，接头位置应错开，同一截面连接的钢筋数量不宜超过总数量的 50%，错开净距不宜小于 500mm；其他情况剪力墙的钢筋可在同一截面连接。分布钢筋的搭接长度，非抗震设计时不应小于 1.2l_a，抗震设计时不应小于 1.2l_{aE}。

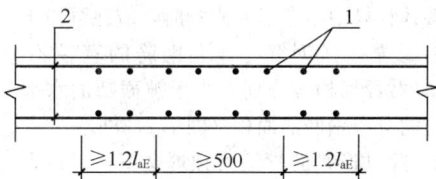

图 7.2.20　剪力墙分布钢筋的搭接连接
1—竖向分布钢筋；2—水平分布钢筋；
非抗震设计时图中 l_{aE} 取 l_a

3　暗柱及端柱内纵向钢筋连接和锚固要求宜与框架柱相同，宜符合本规程第 6.5 节的有关规定。

7.2.21　连梁两端截面的剪力设计值 V 应按下列规定确定：

1　非抗震设计以及四级剪力墙的连梁，应分别取考虑水平风荷载、水平地震作用组合的剪力设计值。

2　一、二、三级剪力墙的连梁，其梁端截面组合的剪力设计值应按式（7.2.21-1）确定，9 度时一级剪力墙的连梁应按式（7.2.21-2）确定。

$$V = \eta_{vb} \frac{M_b^l + M_b^r}{l_n} + V_{Gb} \qquad (7.2.21\text{-}1)$$

$$V = 1.1(M_{bua}^l + M_{bua}^r)/l_n + V_{Gb}$$
$$(7.2.21\text{-}2)$$

式中：M_b^l、M_b^r ——分别为连梁左右端截面顺时针或逆时针方向的弯矩设计值；

M_{bua}^l、M_{bua}^r ——分别为连梁左右端截面顺时针或逆时针方向实配的抗震受弯承载力所对应的弯矩值，应按实配钢筋面积（计入受压钢筋）和材料强度标准值并考虑承载力抗震调整系数计算；

l_n ——连梁的净跨；

V_{Gb} ——在重力荷载代表值作用下按简支梁计算的梁端截面剪力设计值；

η_{vb} ——连梁剪力增大系数，一级取 1.3，二级取 1.2，三级取 1.1。

7.2.22　连梁截面剪力设计值应符合下列规定：

1　永久、短暂设计状况
$$V \leqslant 0.25\beta_c f_c b_b h_{b0} \qquad (7.2.22\text{-}1)$$

2　地震设计状况

跨高比大于 2.5 的连梁
$$V \leqslant \frac{1}{\gamma_{RE}}(0.20\beta_c f_c b_b h_{b0}) \qquad (7.2.22\text{-}2)$$

跨高比不大于 2.5 的连梁
$$V \leqslant \frac{1}{\gamma_{RE}}(0.15\beta_c f_c b_b h_{b0}) \qquad (7.2.22\text{-}3)$$

式中：V ——按本规程第 7.2.21 条调整后的连梁截面剪力设计值；

b_b ——连梁截面宽度；

h_{b0} ——连梁截面有效高度；

β_c ——混凝土强度影响系数，见本规程第 6.2.6 条。

7.2.23　连梁的斜截面受剪承载力应符合下列规定：

1　永久、短暂设计状况
$$V \leqslant 0.7f_t b_b h_{b0} + f_{yv} \frac{A_{sv}}{s} h_{b0} \qquad (7.2.23\text{-}1)$$

2 地震设计状况

跨高比大于 2.5 的连梁

$$V \leqslant \frac{1}{\gamma_{RE}}\left(0.42 f_t b_b h_{b0} + f_{yv}\frac{A_{sv}}{s}h_{b0}\right)$$

$$(7.2.23-2)$$

跨高比不大于 2.5 的连梁

$$V \leqslant \frac{1}{\gamma_{RE}}\left(0.38 f_t b_b h_{b0} + 0.9 f_{yv}\frac{A_{sv}}{s}h_{b0}\right)$$

$$(7.2.23-3)$$

式中：V——按 7.2.21 条调整后的连梁截面剪力设计值。

7.2.24 跨高比（l/h_b）不大于 1.5 的连梁，非抗震设计时，其纵向钢筋的最小配筋率可取为 0.2%；抗震设计时，其纵向钢筋的最小配筋率宜符合表 7.2.24 的要求；跨高比大于 1.5 的连梁，其纵向钢筋的最小配筋率可按框架梁的要求采用。

表 7.2.24 跨高比不大于 1.5 的连梁纵向钢筋的最小配筋率（%）

跨高比	最小配筋率（采用较大值）
$l/h_b \leqslant 0.5$	$0.20, 45 f_t/f_y$
$0.5 < l/h_b \leqslant 1.5$	$0.25, 55 f_t/f_y$

7.2.25 剪力墙结构连梁中，非抗震设计时，顶面及底面单侧纵向钢筋的最大配筋率不宜大于 2.5%；抗震设计时，顶面及底面单侧纵向钢筋的最大配筋率宜符合表 7.2.25 的要求。如不满足，则应按实配钢筋进行连梁强剪弱弯的验算。

表 7.2.25 连梁纵向钢筋的最大配筋率（%）

跨 高 比	最大配筋率
$l/h_b \leqslant 1.0$	0.6
$1.0 < l/h_b \leqslant 2.0$	1.2
$2.0 < l/h_b \leqslant 2.5$	1.5

7.2.26 剪力墙的连梁不满足本规程第 7.2.22 条的要求时，可采取下列措施：

1 减小连梁截面高度或采取其他减小连梁刚度的措施。

2 抗震设计剪力墙连梁的弯矩可塑性调幅；内力计算时已经按本规程第 5.2.1 条的规定降低了刚度的连梁，其弯矩值不宜再调幅，或限制再调幅范围。此时，应取弯矩调幅后相应的剪力设计值校核其是否满足本规程第 7.2.22 条的规定；剪力墙中其他连梁和墙肢的弯矩设计值宜视调幅连梁数量的多少而相应适当增大。

3 当连梁破坏对承受竖向荷载无明显影响时，可按独立墙肢的计算简图进行第二次多遇地震作用下的内力分析，墙肢截面应按两次计算的较大值计算配筋。

7.2.27 连梁的配筋构造（图 7.2.27）应符合下列规定：

1 连梁顶面、底面纵向水平钢筋伸入墙肢的长度，抗震设计时不应小于 l_{aE}，非抗震设计时不应小于 l_a，且均不应小于 600mm。

2 抗震设计时，沿连梁全长箍筋的构造应符合本规程第 6.3.2 条框架梁梁端箍筋加密区的箍筋构造要求；非抗震设计时，沿连梁全长的箍筋直径不应小于 6mm，间距不应大于 150mm。

3 顶层连梁纵向水平钢筋伸入墙肢的长度范围内应配置箍筋，箍筋间距不宜大于 150mm，直径应与该连梁的箍筋直径相同。

4 连梁高度范围内的墙肢水平分布钢筋应在连梁内拉通作为连梁的腰筋。连梁截面高度大于 700mm 时，其两侧面腰筋的直径不应小于 8mm，间距不应大于 200mm；跨高比不大于 2.5 的连梁，其两侧腰筋的总面积配筋率不应小于 0.3%。

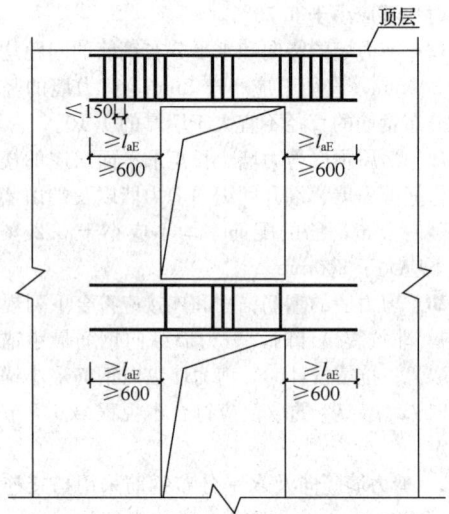

图 7.2.27 连梁配筋构造示意

注：非抗震设计时图中 l_{aE} 取 l_a

7.2.28 剪力墙开小洞口和连梁开洞应符合下列规定：

1 剪力墙开有边长小于 800mm 的小洞口、且在结构整体计算中不考虑其影响时，应在洞口上、下和左、右配置补强钢筋，补强钢筋的直径不应小于 12mm，截面面积应分别不小于被截断的水平分布钢筋和竖向分布钢筋的面积（图 7.2.28a）；

2 穿过连梁的管道宜预埋套管，洞口上、下的截面有效高度不宜小于梁高的 1/3，且不宜小于 200mm；被洞口削弱的截面应进行承载力验算，洞口处应配置补强纵向钢筋和箍筋（图 7.2.28b），补强纵向钢筋的直径不应小于 12mm。

(a)剪力墙洞口

(b)连梁洞口

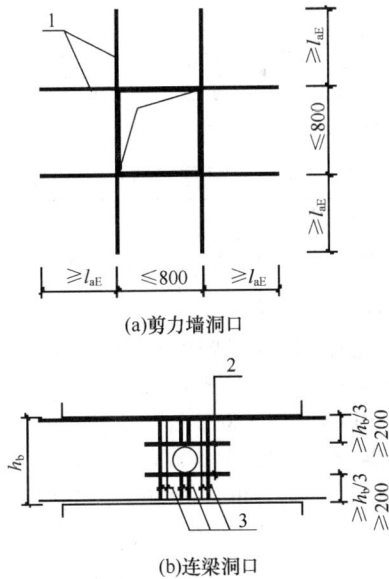

图 7.2.28 洞口补强配筋示意
1—墙洞口周边补强钢筋；2—连梁洞口上、
下补强纵向箍筋；3—连梁洞口补强箍筋；
非抗震设计时图中 l_{aE} 取 l_a

8 框架-剪力墙结构设计

8.1 一般规定

8.1.1 框架-剪力墙结构、板柱-剪力墙结构的结构布置、计算分析、截面设计及构造要求除应符合本章的规定外，尚应分别符合本规程第 3、5、6 和 7 章的有关规定。

8.1.2 框架-剪力墙结构可采用下列形式：

1 框架与剪力墙（单片墙、联肢墙或较小井筒）分开布置；

2 在框架结构的若干跨内嵌入剪力墙（带边框剪力墙）；

3 在单片抗侧力结构内连续分别布置框架和剪力墙；

4 上述两种或三种形式的混合。

8.1.3 抗震设计的框架-剪力墙结构，应根据在规定的水平力作用下结构底层框架部分承受的地震倾覆力矩与结构总地震倾覆力矩的比值，确定相应的设计方法，并应符合下列规定：

1 框架部分承受的地震倾覆力矩不大于结构总地震倾覆力矩的 10% 时，按剪力墙结构进行设计，其中的框架部分应按框架-剪力墙结构的框架进行设计；

2 当框架部分承受的地震倾覆力矩大于结构总地震倾覆力矩的 10% 但不大于 50% 时，按框架-剪力墙结构进行设计；

3 当框架部分承受的地震倾覆力矩大于结构总地震倾覆力矩的 50% 但不大于 80% 时，按框架-剪力墙结构进行设计，其最大适用高度可比框架结构适当增加，框架部分的抗震等级和轴压比限值宜按框架结构的规定采用；

4 当框架部分承受的地震倾覆力矩大于结构总地震倾覆力矩的 80% 时，按框架-剪力墙结构进行设计，但其最大适用高度宜按框架结构采用，框架部分的抗震等级和轴压比限值应按框架结构的规定采用。当结构的层间位移角不满足框架-剪力墙结构的规定时，可按本规程第 3.11 节的有关规定进行结构抗震性能分析和论证。

8.1.4 抗震设计时，框架-剪力墙结构对应于地震作用标准值的各层框架总剪力应符合下列规定：

1 满足式（8.1.4）要求的楼层，其框架总剪力不必调整；不满足式（8.1.4）要求的楼层，其框架总剪力应按 $0.2V_0$ 和 $1.5V_{f,max}$ 二者的较小值采用；

$$V_f \geqslant 0.2V_0 \qquad (8.1.4)$$

式中：V_0 ——对框架柱数量从下至上基本不变的结构，应取对应于地震作用标准值的结构底层总剪力；对框架柱数量从下至上分段有规律变化的结构，应取每段底层结构对应于地震作用标准值的总剪力；

V_f ——对应于地震作用标准值且未经调整的各层（或某一段内各层）框架承担的地震总剪力；

$V_{f,max}$ ——对框架柱数量从下至上基本不变的结构，应取对应于地震作用标准值且未经调整的各层框架承担的地震总剪力中的最大值；对框架柱数量从下至上分段有规律变化的结构，应取每段中对应于地震作用标准值且未经调整的各层框架承担的地震总剪力中的最大值。

2 各层框架所承担的地震总剪力按本条第 1 款调整后，应按调整前、后总剪力的比值调整每根框架柱和与之相连框架梁的剪力及端部弯矩标准值，框架柱的轴力标准值可不予调整；

3 按振型分解反应谱法计算地震作用时，本条第 1 款所规定的调整可在振型组合之后、并满足本规程第 4.3.12 条关于楼层最小地震剪力系数的前提下进行。

8.1.5 框架-剪力墙结构应设计成双向抗侧力体系；抗震设计时，结构两主轴方向均应布置剪力墙。

8.1.6 框架-剪力墙结构中，主体结构构件之间除个别节点外不应采用铰接；梁与柱或柱与剪力墙的中线宜重合；框架梁、柱中心线之间有偏离时，应符合本规程第 6.1.7 条的有关规定。

8.1.7 框架-剪力墙结构中剪力墙的布置宜符合下列规定：

1 剪力墙宜均匀布置在建筑物的周边附近、楼梯间、电梯间、平面形状变化及恒载较大的部位，剪

力墙间距不宜过大;

　　2 平面形状凹凸较大时,宜在凸出部分的端部附近布置剪力墙;

　　3 纵、横剪力墙宜组成 L 形、T 形和 [形等形式;

　　4 单片剪力墙底部承担的水平剪力不应超过结构底部总水平剪力的 30%;

　　5 剪力墙宜贯通建筑物的全高,宜避免刚度突变;剪力墙开洞时,洞口宜上下对齐;

　　6 楼、电梯间等竖井宜尽量与靠近的抗侧力结构结合布置;

　　7 抗震设计时,剪力墙的布置宜使结构各主轴方向的侧向刚度接近。

8.1.8 长矩形平面或平面有一部分较长的建筑中,其剪力墙的布置尚宜符合下列规定:

　　1 横向剪力墙沿长方向的间距宜满足表 8.1.8 的要求,当这些剪力墙之间的楼盖有较大开洞时,剪力墙的间距应适当减小;

　　2 纵向剪力墙不宜集中布置在房屋的两尽端。

表 8.1.8　剪力墙间距（m）

楼盖形式	非抗震设计（取较小值）	抗震设防烈度		
		6 度、7 度（取较小值）	8 度（取较小值）	9 度（取较小值）
现　　浇	5.0B, 60	4.0B, 50	3.0B, 40	2.0B, 30
装配整体	3.5B, 50	3.0B, 40	2.5B, 30	—

　　注：1　表中 B 为剪力墙之间的楼盖宽度（m）;
　　　　2　装配整体式楼盖的现浇层应符合本规程第 3.6.2 条的有关规定;
　　　　3　现浇层厚度大于 60mm 的叠合楼板可作为现浇板考虑;
　　　　4　当房屋端部未布置剪力墙时,第一片剪力墙与房屋端部的距离,不宜大于表中剪力墙间距的 1/2。

8.1.9 板柱-剪力墙结构的布置应符合下列规定:

　　1 应同时布置筒体或两主轴方向的剪力墙以形成双向抗侧力体系,并应避免结构刚度偏心,其中剪力墙或筒体应分别符合本规程第 7 章和第 9 章的有关规定,且宜在对应剪力墙或筒体的各楼层处设置暗梁。

　　2 抗震设计时,房屋的周边应设置边梁形成周边框架,房屋的顶层及地下室顶板宜采用梁板结构。

　　3 有楼、电梯间等较大开洞时,洞口周围宜设置框架梁或边梁。

　　4 无梁板可根据承载力和变形要求采用无柱帽（柱托）板或有柱帽（柱托）板形式。柱托板的长度和厚度应按计算确定,且每方向长度不宜小于板跨度的 1/6,其厚度不宜小于板厚度的 1/4。7 度时宜采用有柱托板,8 度时应采用有柱托板,此时托板每方向长度尚不宜小于同方向柱截面宽度和 4 倍板厚之和,托板总厚度尚不应小于柱纵向钢筋直径的 16 倍。当

无柱托板且无梁板受冲切承载力不足时,可采用型钢剪力架（键）,此时板的厚度并不应小于 200mm。

　　5 双向无梁板厚度与长跨之比,不宜小于表 8.1.9 的规定。

表 8.1.9　双向无梁板厚度与长跨的最小比值

非预应力楼板		预应力楼板	
无柱托板	有柱托板	无柱托板	有柱托板
1/30	1/35	1/40	1/45

8.1.10 抗风设计时,板柱-剪力墙结构中各层筒体或剪力墙应能承担不小于 80% 相应方向该层承担的风荷载作用下的剪力;抗震设计时,应能承担各层全部相应方向该层承担的地震剪力,而各层板柱部分尚应能承担不小于 20% 相应方向该层承担的地震剪力,且应符合有关抗震构造要求。

8.2　截面设计及构造

8.2.1 框架-剪力墙结构、板柱-剪力墙结构中,剪力墙的竖向、水平分布钢筋的配筋率,抗震设计时均不应小于 0.25%,非抗震设计时均不应小于 0.20%,并应至少双排布置。各排分布筋之间应设置拉筋,拉筋的直径不应小于 6mm、间距不应大于 600mm。

8.2.2 带边框剪力墙的构造应符合下列规定:

　　1 带边框剪力墙的截面厚度应符合本规程附录 D 的墙体稳定计算要求,且应符合下列规定:

　　　　1）抗震设计时,一、二级剪力墙的底部加强部位不应小于 200mm;

　　　　2）除本款 1）项以外的其他情况下不应小于 160mm。

　　2 剪力墙的水平钢筋应全部锚入边框柱内,锚固长度不应小于 l_a（非抗震设计）或 l_{aE}（抗震设计）;

　　3 与剪力墙重合的框架梁可保留,亦可做成宽度与墙厚相同的暗梁,暗梁截面高度可取墙厚的 2 倍或与该榀框架梁截面等高,暗梁的配筋可按构造配置且应符合一般框架梁相应抗震等级的最小配筋要求;

　　4 剪力墙截面宜按工字形设计,其端部的纵向受力钢筋应配置在边框柱截面内;

　　5 边框柱截面宜与该榀框架其他柱的截面相同,边框柱应符合本规程第 6 章有关框架柱构造配筋规定;剪力墙底部加强部位边框柱的箍筋宜沿全高加密;当带边框剪力墙上的洞口紧邻边框柱时,边框柱的箍筋宜沿全高加密。

8.2.3 板柱-剪力墙结构设计应符合下列规定:

　　1 结构分析中规则的板柱结构可用等代框架法,其等代梁的宽度宜采用垂直于等代框架方向两侧柱距各 1/4;宜采用连续体有限元空间模型进行更准确的计算分析。

　　2 楼板在柱周边临界截面的冲切应力,不宜超过 $0.7f_t$,超过时应配置抗冲切钢筋或抗剪栓钉,当

地震作用导致柱上板带支座弯矩反号时还应对反向作复核。板柱节点冲切承载力可按现行国家标准《混凝土结构设计规范》GB 50010 的相关规定进行验算，并应考虑节点不平衡弯矩作用下产生的剪力影响。

3 沿两个主轴方向均应布置通过柱截面的板底连续钢筋，且钢筋的总截面面积应符合下式要求：

$$A_s \geq N_G / f_y \qquad (8.2.3)$$

式中：A_s——通过柱截面的板底连续钢筋的总截面面积；

N_G——该层楼面重力荷载代表值作用下的柱轴向压力设计值，8 度时尚宜计入竖向地震影响；

f_y——通过柱截面的板底连续钢筋的抗拉强度设计值。

8.2.4 板柱-剪力墙结构中，板的构造设计应符合下列规定：

1 抗震设计时，应在柱上板带中设置构造暗梁，暗梁宽度取柱宽及两侧各 1.5 倍板厚之和，暗梁支座上部钢筋截面积不宜小于柱上板带钢筋截面积的 50%，并应全跨拉通，暗梁下部钢筋应不小于上部钢筋的 1/2。暗梁箍筋的布置，当计算不需要时，直径不应小于 8mm，间距不宜大于 $3h_0/4$，肢距不宜大于 $2h_0$；当计算需要时应按计算确定，且直径不应小于 10mm，间距不宜大于 $h_0/2$，肢距不宜大于 $1.5h_0$。

2 设置柱托板时，非抗震设计时托板底部宜布置构造钢筋；抗震设计时托板底部钢筋应按计算确定，并应满足抗震锚固要求。计算柱上板带的支座钢筋时，可考虑托板厚度的有利影响。

3 无梁楼板开局部洞口时，应验算承载力及刚度要求。当未作专门分析时，在板的不同部位开单个洞的大小应符合图 8.2.4 的要求。若在同一部位开多个洞时，则在同一截面上各个洞宽之和不应大于该部位单个洞的允许宽度。所有洞边均应设置补强钢筋。

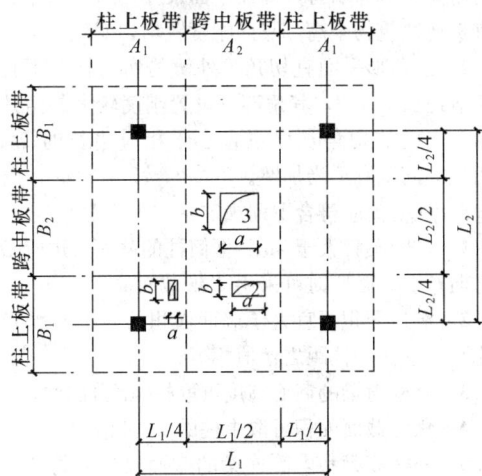

图 8.2.4 无梁楼板开洞要求

注：洞 1：$a \leq a_c/4$ 且 $a \leq t/2$，$b \leq b_c/4$ 且 $b \leq t/2$，其中，a 为洞口短边尺寸，b 为洞口长边尺寸，a_c 为相应于洞口短边方向的柱宽，b_c 为相应于洞口长边方向的柱宽，t 为板厚；洞 2：$a \leq A_2/4$ 且 $b \leq B_1/4$；洞 3：$a \leq A_2/4$ 且 $b \leq B_2/4$

9 筒体结构设计

9.1 一般规定

9.1.1 本章适用于钢筋混凝土框架-核心筒结构和筒中筒结构，其他类型的筒体结构可参照使用。筒体结构各种构件的截面设计和构造措施除应遵守本章规定外，尚应符合本规程第 6～8 章的有关规定。

9.1.2 筒中筒结构的高度不宜低于 80m，高宽比不宜小于 3。对高度不超过 60m 的框架-核心筒结构，可按框架-剪力墙结构设计。

9.1.3 当相邻层的柱不贯通时，应设置转换梁等构件。转换构件的结构设计应符合本规程第 10 章的有关规定。

9.1.4 筒体结构的楼盖外角宜设置双层双向钢筋（图 9.1.4），单层单向配筋率不宜小于 0.3%，钢筋的直径不应小于 8mm，间距不应大于 150mm，配筋范围不宜小于外框架（或外筒）至内筒外墙中距的 1/3 和 3m。

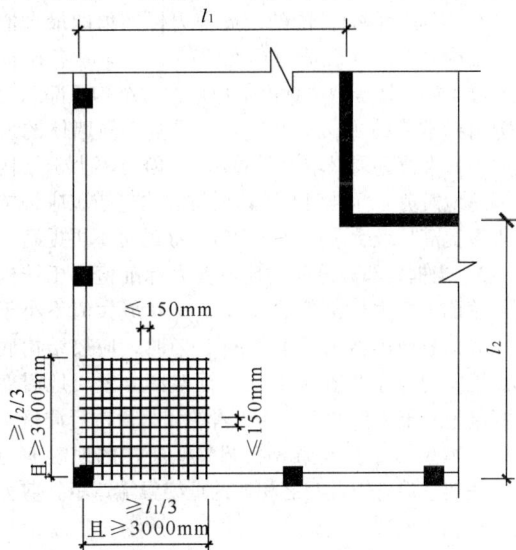

图 9.1.4 板角配筋示意

9.1.5 核心筒或内筒的外墙与外框柱间的中距，非抗震设计大于 15m、抗震设计大于 12m 时，宜采取增设内柱等措施。

9.1.6 核心筒或内筒中剪力墙截面形状宜简单；截面形状复杂的墙体可按应力进行截面设计校核。

9.1.7 筒体结构核心筒或内筒设计应符合下列规定：

1 墙肢宜均匀、对称布置；

2 筒体角部附近不宜开洞，当不可避免时，筒角内壁至洞口的距离不应小于 500mm 和开洞墙截面厚度的较大值；

3 筒体墙应按本规程附录 D 验算墙体稳定，且外墙厚度不应小于 200mm，内墙厚度不应小于 160mm，必要时可设置扶壁柱或扶壁墙；

4 筒体墙的水平、竖向配筋不应少于两排，其最小配筋率应符合本规程第 7.2.17 条的规定；

5 抗震设计时，核心筒、内筒的连梁宜配置对角斜向钢筋或交叉暗撑；

6 筒体墙的加强部位高度、轴压比限值、边缘构件设置以及截面设计，应符合本规程第 7 章的有关规定。

9.1.8 核心筒或内筒的外墙不宜在水平方向连续开洞，洞间墙肢的截面高度不宜小于 1.2m；当洞间墙肢的截面高度与厚度之比小于 4 时，宜按框架柱进行截面设计。

9.1.9 抗震设计时，框筒柱和框架柱的轴压比限值可按框架-剪力墙结构的规定采用。

9.1.10 楼盖主梁不宜搁置在核心筒或内筒的连梁上。

9.1.11 抗震设计时，筒体结构的框架部分按侧向刚度分配的楼层地震剪力标准值应符合下列规定：

1 框架部分分配的楼层地震剪力标准值的最大值不宜小于结构底部总地震剪力标准值的 10%。

2 当框架部分分配的地震剪力标准值的最大值小于结构底部总地震剪力标准值的 10% 时，各层框架部分承担的地震剪力标准值应增大到结构底部总地震剪力标准值的 15%；此时，各层核心筒墙体的地震剪力标准值宜乘以增大系数 1.1，但可不大于结构底部总地震剪力标准值，墙体的抗震构造措施应按抗震等级提高一级后采用，已为特一级的可不再提高。

3 当框架部分分配的地震剪力标准值小于结构底部总地震剪力标准值的 20%，但其最大值不小于结构底部总地震剪力标准值的 10% 时，应按结构底部总地震剪力标准值的 20% 和框架部分楼层地震剪力标准值中最大值的 1.5 倍二者的较小值进行调整。

按本条第 2 款或第 3 款调整框架柱的地震剪力后，框架柱端弯矩及与之相连的框架梁端弯矩、剪力应进行相应调整。

有加强层时，本条框架部分分配的楼层地震剪力标准值的最大值不应包括加强层及其上、下层的框架剪力。

9.2 框架-核心筒结构

9.2.1 核心筒宜贯通建筑物全高。核心筒的宽度不宜小于筒体总高的 1/12，当筒体结构设置角筒、剪力墙或增强结构整体刚度的构件时，核心筒的宽度可适当减小。

9.2.2 抗震设计时，核心筒墙体设计尚应符合下列规定：

1 底部加强部位主要墙体的水平和竖向分布钢筋的配筋率均不宜小于 0.30%；

2 底部加强部位角部墙体约束边缘构件沿墙肢的长度宜取墙肢截面高度的 1/4，约束边缘构件范围内应主要采用箍筋；

3 底部加强部位以上角部墙体宜按本规程 7.2.15 条的规定设置约束边缘构件。

9.2.3 框架-核心筒结构的周边柱间必须设置框架梁。

9.2.4 核心筒连梁的受剪截面应符合本规程第 9.3.6 条的要求，其构造设计应符合本规程第 9.3.7、9.3.8 条的有关规定。

9.2.5 对内筒偏置的框架-筒体结构，应控制结构在考虑偶然偏心影响的规定地震力作用下，最大楼层水平位移和层间位移不应大于该楼层平均值的 1.4 倍，结构扭转为主的第一自振周期 T_t 与平动为主的第一自振周期 T_1 之比不应大于 0.85，且 T_1 的扭转成分不宜大于 30%。

9.2.6 当内筒偏置、长宽比大于 2 时，宜采用框架-双筒结构。

9.2.7 当框架-双筒结构的双筒间楼板开洞时，其有效楼板宽度不宜小于楼板典型宽度的 50%，洞口附近楼板应加厚，并应采用双层双向配筋，每层单向配筋率不应小于 0.25%；双筒间楼板宜按弹性板进行细化分析。

9.3 筒 中 筒 结 构

9.3.1 筒中筒结构的平面外形宜选用圆形、正多边形、椭圆形或矩形等，内筒宜居中。

9.3.2 矩形平面的长宽比不宜大于 2。

9.3.3 内筒的宽度可为高度的 1/12～1/15，如有另外的角筒或剪力墙时，内筒平面尺寸可适当减小。内筒宜贯通建筑物全高，竖向刚度宜均匀变化。

9.3.4 三角形平面宜切角，外筒的切角长度不宜小于相应边长的 1/8，其角部可设置刚度较大的角柱或角筒；内筒的切角长度不宜小于相应边长的 1/10，切角处的筒壁宜适当加厚。

9.3.5 外框筒应符合下列规定：

1 柱距不宜大于 4m，框筒柱的截面长边应沿筒壁方向布置，必要时可采用 T 形截面；

2 洞口面积不宜大于墙面面积的 60%，洞口高宽比宜与层高和柱距之比相近；

3 外框筒梁的截面高度可取柱净距的 1/4；

4 角柱截面面积可取中柱的 1～2 倍。

9.3.6 外框筒梁和内筒连梁的截面尺寸应符合下列规定：

1 持久、短暂设计状况

$$V_b \leqslant 0.25\beta_c f_c b_b h_{b0} \tag{9.3.6-1}$$

2 地震设计状况

1）跨高比大于 2.5 时

$$V_b \leqslant \frac{1}{\gamma_{RE}}(0.20\beta_c f_c b_b h_{b0}) \quad (9.3.6-2)$$

2) 跨高比不大于 2.5 时

$$V_b \leqslant \frac{1}{\gamma_{RE}}(0.15\beta_c f_c b_b h_{b0}) \quad (9.3.6-3)$$

式中：V_b ——外框筒梁或内筒连梁剪力设计值；

b_b ——外框筒梁或内筒连梁截面宽度；

h_{b0} ——外框筒梁或内筒连梁截面的有效高度；

β_c ——混凝土强度影响系数，应按本规程第 6.2.6 条规定采用。

9.3.7 外框筒梁和内筒连梁的构造配筋应符合下列要求：

1 非抗震设计时，箍筋直径不应小于 8mm；抗震设计时，箍筋直径不应小于 10mm。

2 非抗震设计时，箍筋间距不应大于 150mm；抗震设计时，箍筋间距沿梁长不变，且不应大于 100mm，当梁内设置交叉暗撑时，箍筋间距不应大于 200mm。

3 框筒梁上、下纵向钢筋的直径均不应小于 16mm，腰筋的直径不应小于 10mm，腰筋间距不应大于 200mm。

9.3.8 跨高比不大于 2 的框筒梁和内筒连梁宜增配对角斜向钢筋。跨高比不大于 1 的框筒梁和内筒连梁宜采用交叉暗撑（图 9.3.8），且应符合下列规定：

1 梁的截面宽度不宜小于 400mm；

2 全部剪力应由暗撑承担，每根暗撑应由不少于 4 根纵向钢筋组成，纵筋直径不应小于 14mm，其总面积 A_s 应按下列公式计算：

1) 持久、短暂设计状况

$$A_s \geqslant \frac{V_b}{2f_y \sin\alpha} \quad (9.3.8-1)$$

2) 地震设计状况

$$A_s \geqslant \frac{\gamma_{RE} V_b}{2f_y \sin\alpha} \quad (9.3.8-2)$$

式中：α ——暗撑与水平线的夹角；

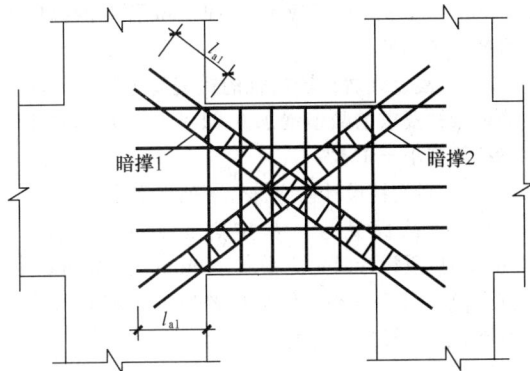

图 9.3.8 梁内交叉暗撑的配筋

3 两个方向暗撑的纵向钢筋应采用矩形箍筋或螺旋箍筋绑成一体，箍筋直径不应小于 8mm，箍筋间距不应大于 150mm；

4 纵筋伸入竖向构件的长度不应小于 l_{a1}，非抗震设计时 l_{a1} 可取 l_a，抗震设计时 l_{a1} 宜取 $1.15 l_a$；

5 梁内普通箍筋的配置应符合本规程第 9.3.7 条的构造要求。

10 复杂高层建筑结构设计

10.1 一 般 规 定

10.1.1 本章对复杂高层建筑结构的规定适用于带转换层的结构、带加强层的结构、错层结构、连体结构以及竖向体型收进、悬挑结构。

10.1.2 9 度抗震设计时不应采用带转换层的结构、带加强层的结构、错层结构和连体结构。

10.1.3 7 度和 8 度抗震设计时，剪力墙结构错层高层建筑的房屋高度分别不宜大于 80m 和 60m；框架-剪力墙结构错层高层建筑的房屋高度分别不应大于 80m 和 60m。抗震设计时，B 级高度高层建筑不宜采用连体结构；底部带转换层的 B 级高度筒中筒结构，当外筒框支层以上采用由剪力墙构成的壁式框架时，其最大适用高度应比本规程表 3.3.1-2 规定的数值适当降低。

10.1.4 7 度和 8 度抗震设计的高层建筑不宜同时采用超过两种本规程第 10.1.1 条所规定的复杂高层建筑结构。

10.1.5 复杂高层建筑结构的计算分析应符合本规程第 5 章的有关规定。复杂高层建筑结构中的受力复杂部位，尚宜进行应力分析，并按应力进行配筋设计校核。

10.2 带转换层高层建筑结构

10.2.1 在高层建筑结构的底部，当上部楼层部分竖向构件（剪力墙、框架柱）不能直接连续贯通落地时，应设置结构转换层，形成带转换层高层建筑结构。本节对带托墙转换层的剪力墙结构（部分框支剪力墙结构）及带托柱转换层的筒体结构的设计作出规定。

10.2.2 带转换层的高层建筑结构，其剪力墙底部加强部位的高度应从地下室顶板算起，宜取至转换层以上两层且不宜小于房屋高度的 1/10。

10.2.3 转换层上部结构与下部结构的侧向刚度变化应符合本规程附录 E 的规定。

10.2.4 转换结构构件可采用转换梁、桁架、空腹桁架、箱形结构、斜撑等，非抗震设计和 6 度抗震设计时可采用厚板，7、8 度抗震设计时地下室的转换结构构件可采用厚板。特一、一、二级转换结构构件的水平地震作用计算内力应分别乘以增大系数 1.9、1.6、1.3；转换结构构件应按本规程第 4.3.2 条的规定考虑竖向地震作用。

10.2.5 部分框支剪力墙结构在地面以上设置转换层的位置，8度时不宜超过3层，7度时不宜超过5层，6度时可适当提高。

10.2.6 带转换层的高层建筑结构，其抗震等级应符合本规程第3.9节的有关规定，带托柱转换层的筒体结构，其转换柱和转换梁的抗震等级按部分框支剪力墙结构中的框支框架采纳。对部分框支剪力墙结构，当转换层的位置设置在3层及3层以上时，其框支柱、剪力墙底部加强部位的抗震等级宜按本规程表3.9.3和表3.9.4的规定提高一级采用，已为特一级时可不提高。

10.2.7 转换梁设计应符合下列要求：

1 转换梁上、下部纵向钢筋的最小配筋率，非抗震设计时均不应小于0.30%；抗震设计时，特一、一、和二级分别不应小于0.60%、0.50%和0.40%。

2 离柱边1.5倍梁截面高度范围内的梁箍筋应加密，加密区箍筋直径不应小于10mm、间距不应大于100mm。加密区箍筋的最小面积配筋率，非抗震设计时不应小于$0.9f_t/f_{yv}$；抗震设计时，特一、一和二级分别不应小于$1.3f_t/f_{yv}$、$1.2f_t/f_{yv}$和$1.1f_t/f_{yv}$。

3 偏心受拉的转换梁的支座上部纵向钢筋至少应有50%沿梁全长贯通，下部纵向钢筋应全部直通到柱内；沿梁腹板高度应配置间距不大于200mm、直径不小于16mm的腰筋。

10.2.8 转换梁设计尚应符合下列规定：

1 转换梁与转换柱截面中线宜重合。

2 转换梁截面高度不宜小于计算跨度的1/8。托柱转换梁截面宽度不应小于其上所托柱在梁宽方向的截面宽度。框支梁截面宽度不宜大于框支柱相应方向的截面宽度，且不宜小于其上墙体截面厚度的2倍和400mm的较大值。

3 转换梁截面组合的剪力设计值应符合下列规定：

持久、短暂设计状况　　$V \leqslant 0.20\beta_c f_c bh_0$

(10.2.8-1)

地震设计状况　　$V \leqslant \dfrac{1}{\gamma_{RE}}(0.15\beta_c f_c bh_0)$

(10.2.8-2)

4 托柱转换梁应沿腹板高度配置腰筋，其直径不宜小于12mm、间距不宜大于200mm。

5 转换梁纵向钢筋接头宜采用机械连接，同一连接区段内接头钢筋截面面积不宜超过全部纵筋截面面积的50%，接头位置应避开上部墙体开洞部位、梁上托柱部位及受力较大部位。

6 转换梁不宜开洞。若必须开洞时，洞口边离开支座柱边的距离不宜小于梁截面高度；被洞口削弱的截面应进行承载力计算，因开洞形成的上、下弦杆应加强纵向钢筋和抗剪箍筋的配置。

7 对托柱转换梁的托柱部位和框支梁上部的墙体开洞部位，梁的箍筋应加密配置，加密区范围可取梁上托柱边或墙边两侧各1.5倍转换梁高度；箍筋直径、间距及面积配筋率应符合本规程第10.2.7条第2款的规定。

8 框支剪力墙结构中的框支梁上、下纵向钢筋和腰筋（图10.2.8）应在节点区可靠锚固，水平段应伸至柱边，且非抗震设计时不应小于$0.4l_{ab}$，抗震设计时不应小于$0.4l_{abE}$，梁上部第一排纵向钢筋应向柱内弯折锚固，且应延伸过梁底不小于l_a（非抗震设计）或l_{aE}（抗震设计）；当梁上部配置多排纵向钢筋时，其内排钢筋锚入柱内的长度可适当减小，但水平段长度和弯下段长度之和不应小于钢筋锚固长度l_a（非抗震设计）或l_{aE}（抗震设计）。

9 托柱转换梁在转换层宜在托柱位置设置正交方向的框架梁或楼面梁。

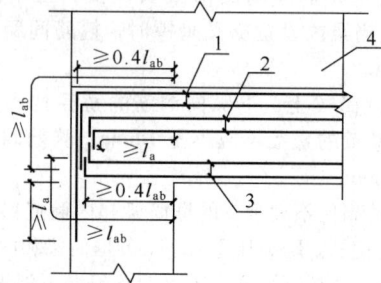

图10.2.8 框支梁主筋和腰筋的锚固

1—梁上部纵向钢筋；2—梁腰筋；3—梁下部纵向钢筋；4—上部剪力墙；抗震设计时图中l_a、l_{ab}分别取为l_{aE}、l_{abE}

10.2.9 转换层上部的竖向抗侧力构件（墙、柱）宜直接落在转换层的主要转换构件上。

10.2.10 转换柱设计应符合下列要求：

1 柱内全部纵向钢筋配筋率应符合本规程第6.4.3条中框支柱的规定；

2 抗震设计时，转换柱箍筋应采用复合螺旋箍或井字复合箍，并应沿柱全高加密，箍筋直径不应小于10mm，箍筋间距不应大于100mm和6倍纵向钢筋直径的较小值；

3 抗震设计时，转换柱的箍筋配箍特征值应比普通框架柱要求的数值增加0.02采用，且箍筋体积配箍率不应小于1.5%。

10.2.11 转换柱设计尚应符合下列规定：

1 柱截面宽度，非抗震设计时不宜小于400mm，抗震设计时不应小于450mm；柱截面高度，非抗震设计时不宜小于转换梁跨度的1/15，抗震设计时不宜小于转换梁跨度的1/12。

2 一、二级转换柱由地震作用产生的轴力应分别乘以增大系数1.5、1.2，但计算柱轴压比时可不考虑该增大系数。

3 与转换构件相连的一、二级转换柱的上端和底层柱下端截面的弯矩组合值应分别乘以增大系数

1.5、1.3，其他层转换柱柱端弯矩设计值应符合本规程第 6.2.1 条的规定。

4 一、二级柱端截面的剪力设计值应符合本规程第 6.2.3 条的有关规定。

5 转换角柱的弯矩设计值和剪力设计值应分别在本条第 3、4 款的基础上乘以增大系数 1.1。

6 柱截面的组合剪力设计值应符合下列规定：

持久、短暂设计状况 $V \leqslant 0.20\beta_c f_c bh_0$

$$(10.2.11-1)$$

地震设计状况 $V \leqslant \dfrac{1}{\gamma_{RE}}(0.15\beta_c f_c bh_0)$

$$(10.2.11-2)$$

7 纵向钢筋间距均不应小于 80mm，且抗震设计时不宜大于 200mm，非抗震设计时不宜大于 250mm；抗震设计时，柱内全部纵向钢筋配筋率不宜大于 4.0%。

8 非抗震设计时，转换柱宜采用复合螺旋箍或井字复合箍，其箍筋体积配箍率不宜小于 0.8%，箍筋直径不宜小于 10mm，箍筋间距不宜大于 150mm。

9 部分框支剪力墙结构中的框支柱在上部墙体范围内的纵向钢筋应伸入上部墙体内不少于一层，其余柱纵筋应锚入转换层梁内或板内；从柱边算起，锚入梁内、板内的钢筋长度，抗震设计时不应小于 l_{aE}，非抗震设计时不应小于 l_a。

10.2.12 抗震设计时，转换梁、柱的节点核心区应进行抗震验算，节点应符合构造措施的要求。转换梁、柱的节点核心区应按本规程第 6.4.10 条的规定设置水平箍筋。

10.2.13 箱形转换结构上、下楼板厚度均不宜小于 180mm，应根据转换柱的布置和建筑功能要求设置双向横隔板；上、下板配筋设计时应同时考虑板局部弯曲和箱形转换层整体弯曲的影响，横隔板宜按深梁设计。

10.2.14 厚板设计应符合下列规定：

1 转换厚板的厚度可由抗弯、抗剪、抗冲切截面验算确定。

2 转换厚板可局部做成薄板，薄板与厚板交界处可加腋；转换厚板亦可局部做成夹心板。

3 转换厚板宜按整体计算时所划分的主要交叉梁系的剪力和弯矩设计值进行截面设计并按有限元法分析结果进行配筋校核；受弯纵向钢筋可沿转换板上、下部双层双向配置，每一方向总配筋率不宜小于 0.6%；转换板内暗梁的抗剪箍筋面积配筋率不宜小于 0.45%。

4 厚板外周边宜配置钢筋骨架网。

5 转换厚板上、下部的剪力墙、柱的纵向钢筋均应在转换厚板内可靠锚固。

6 转换厚板上、下一层的楼板应适当加强，楼板厚度不宜小于 150mm。

10.2.15 采用空腹桁架转换层时，空腹桁架宜满层设置，应有足够的刚度。空腹桁架的上、下弦杆宜考虑楼板作用，并应加强上、下弦杆与框架柱的锚固连接构造；竖腹杆应按剪弱弯进行配筋设计，并加强箍筋配置以及与上、下弦杆的连接构造措施。

10.2.16 部分框支剪力墙结构的布置应符合下列规定：

1 落地剪力墙和筒体底部墙体应加厚；

2 框支柱周围楼板不应错层布置；

3 落地剪力墙和筒体的洞口宜布置在墙体的中部；

4 框支梁上一层墙体内不宜设置边门洞，也不宜在框支中柱上方设置门洞；

5 落地剪力墙的间距 l 应符合下列规定：

　　1）非抗震设计时，l 不宜大于 $3B$ 和 36m；

　　2）抗震设计时，当底部框支层为 1～2 层时，l 不宜大于 $2B$ 和 24m；当底部框支层为 3 层及 3 层以上时，l 不宜大于 $1.5B$ 和 20m；此处，B 为落地墙之间楼盖的平均宽度。

6 框支柱与相邻落地剪力墙的距离，1～2 层框支层时不宜大于 12m，3 层及 3 层以上框支层时不宜大于 10m；

7 框支框架承担的地震倾覆力矩应小于结构总地震倾覆力矩的 50%；

8 当框支梁承托剪力墙并承托转换次梁及其上剪力墙时，应进行应力分析，按应力校核配筋，并加强构造措施。B级高度部分框支剪力墙高层建筑的结构转换层，不宜采用框支主、次梁方案。

10.2.17 部分框支剪力墙结构框支柱承受的水平地震剪力标准值应按下列规定采用：

1 每层框支柱的数目不多于 10 根时，当底部框支层为 1～2 层时，每根柱所受的剪力应至少取结构基底剪力的 2%；当底部框支层为 3 层及 3 层以上时，每根柱所受的剪力应至少取结构基底剪力的 3%。

2 每层框支柱的数目多于 10 根时，当底部框支层为 1～2 层时，每层框支柱承受剪力之和应至少取结构基底剪力的 20%；当框支层为 3 层及 3 层以上时，每层框支柱承受剪力之和应至少取结构基底剪力的 30%。

框支柱剪力调整后，应相应调整框支柱的弯矩及柱端框架梁的剪力和弯矩，但框支梁的剪力、弯矩、框支柱的轴力可不调整。

10.2.18 部分框支剪力墙结构中，特一、一、二、三级落地剪力墙底部加强部位的弯矩设计值应按墙底截面有地震作用组合的弯矩值乘以增大系数 1.8、1.5、1.3、1.1 采用；其剪力设计值应按本规程第 3.10.5 条、第 7.2.6 条的规定进行调整。落地剪力墙墙肢不宜出现偏心受拉。

10.2.19 部分框支剪力墙结构中，剪力墙底部加强部位墙体的水平和竖向分布钢筋的最小配筋率，抗震设计时不应小于 0.3%，非抗震设计时不应小于 0.25%；抗震设计时钢筋间距不应大于 200mm，钢筋直径不应小于 8mm。

10.2.20 部分框支剪力墙结构的剪力墙底部加强部位，墙体两端宜设置翼墙或端柱，抗震设计时尚应按本规程第 7.2.15 条的规定设置约束边缘构件。

10.2.21 部分框支剪力墙结构的落地剪力墙基础应有良好的整体性和抗转动的能力。

10.2.22 部分框支剪力墙结构框支梁上部墙体的构造应符合下列规定：

1 当梁上部的墙体开有边门洞时（图 10.2.22），洞边墙体宜设置翼墙、端柱或加厚，并应按本规程第 7.2.15 条约束边缘构件的要求进行配筋设计；当洞口靠近梁端部且梁的受剪承载力不满足要求时，可采取框支梁加腋或增大框支墙洞口连梁刚度等措施。

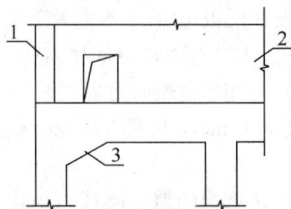

图 10.2.22 框支梁上墙体有边
门洞时洞边墙体的构造要求
1—翼墙或端柱；2—剪力墙；
3—框支梁加腋

2 框支梁上部墙体竖向钢筋在梁内的锚固长度，抗震设计时不应小于 l_{aE}，非抗震设计时不应小于 l_a。

3 框支梁上部一层墙体的配筋宜按下列规定进行校核：

1) 柱上墙体的端部竖向钢筋面积 A_s：
$$A_s = h_c b_w (\sigma_{01} - f_c) / f_y \quad (10.2.22\text{-}1)$$

2) 柱边 $0.2l_n$ 宽度范围内竖向分布钢筋面积 A_{sw}：
$$A_{sw} = 0.2l_n b_w (\sigma_{02} - f_c) / f_{yw}$$
$$(10.2.22\text{-}2)$$

3) 框支梁上部 $0.2l_n$ 高度范围内墙体水平分布筋面积 A_{sh}：
$$A_{sh} = 0.2l_n b_w \sigma_{xmax} / f_{yh} \quad (10.2.22\text{-}3)$$

式中：l_n ——框支梁净跨度（mm）；
h_c ——框支柱截面高度（mm）；
b_w ——墙肢截面厚度（mm）；
σ_{01} ——柱上墙体 h_c 范围内考虑风荷载、地震作用组合的平均压应力设计值（N/mm²）；
σ_{02} ——柱边墙体 $0.2l_n$ 范围内考虑风荷载、地震作用组合的平均压应力设计值（N/mm²）；

σ_{xmax} ——框支梁与墙体交接面上考虑风荷载、地震作用组合的水平拉应力设计值（N/mm²）。

有地震作用组合时，公式（10.2.22-1）～（10.2.22-3）中 σ_{01}、σ_{02}、σ_{xmax} 均应乘以 γ_{RE}，γ_{RE} 取 0.85。

4 框支梁与其上部墙体的水平施工缝处宜按本规程第 7.2.12 条的规定验算抗滑移能力。

10.2.23 部分框支剪力墙结构中，框支转换层楼板厚度不宜小于 180mm，应双层双向配筋，且每层每方向的配筋率不宜小于 0.25%，楼板中钢筋应锚固在边梁或墙体内；落地剪力墙和筒体外围的楼板不宜开洞。楼板边缘和较大洞口周边应设置边梁，其宽度不宜小于板厚的 2 倍，全截面纵向钢筋配筋率不应小于 1.0%。与转换层相邻楼层的楼板也应适当加强。

10.2.24 部分框支剪力墙结构中，抗震设计的矩形平面建筑框支转换层楼板，其截面剪力设计值应符合下列要求：
$$V_f \leqslant \frac{1}{\gamma_{RE}} (0.1\beta_c f_c b_t t_f) \quad (10.2.24\text{-}1)$$
$$V_f \leqslant \frac{1}{\gamma_{RE}} (f_y A_s) \quad (10.2.24\text{-}2)$$

式中：b_f、t_f ——分别为框支转换层楼板的验算截面宽度和厚度；
V_f ——由不落地剪力墙传到落地剪力墙处按刚性楼板计算的框支层楼板组合的剪力设计值，8 度时应乘以增大系数 2.0，7 度时应乘以增大系数 1.5。验算落地剪力墙时可不考虑此增大系数；
A_s ——穿过落地剪力墙的框支转换层楼盖（包括梁和板）的全部钢筋的截面面积；
γ_{RE} ——承载力抗震调整系数，可取 0.85。

10.2.25 部分框支剪力墙结构中，抗震设计的矩形平面建筑框支转换层楼板，当平面较长或不规则以及各剪力墙内力相差较大时，可采用简化方法验算楼板平面内受弯承载力。

10.2.26 抗震设计时，带托柱转换层的筒体结构的外围转换柱与内筒、核心筒外墙的中距不宜大于 12m。

10.2.27 托柱转换层结构，转换构件采用桁架时，转换桁架斜腹杆的交点、空腹桁架的竖腹杆宜与上部密柱的位置重合；转换桁架的节点应加强配筋及构造措施。

10.3 带加强层高层建筑结构

10.3.1 当框架-核心筒、筒中筒结构的侧向刚度不能满足要求时，可利用建筑避难层、设备层空间，设置适宜刚度的水平伸臂构件，形成带加强层的高层建筑结构。必要时，加强层也可同时设置周边水平环带构件。水平伸臂构件、周边环带构件可采用斜腹杆桁架、实体梁、箱形梁、空腹桁架等形式。

10.3.2 带加强层高层建筑结构设计应符合下列规定：

1 应合理设计加强层的数量、刚度和设置位置。当布置1个加强层时，可设置在0.6倍房屋高度附近；当布置2个加强层时，可分别设置在顶层和0.5倍房屋高度附近；当布置多个加强层时，宜沿竖向从顶层向下均匀布置。

2 加强层水平伸臂构件宜贯通核心筒，其平面布置宜位于核心筒的转角、T字节点处；水平伸臂构件与周边框架的连接宜采用铰接或半刚接；结构内力和位移计算中，设置水平伸臂桁架的楼层宜考虑楼板平面内的变形。

3 加强层及其相邻层的框架柱、核心筒应加强配筋构造。

4 加强层及其相邻层楼盖的刚度和配筋应加强。

5 在施工程序及连接构造上应采取减小结构竖向温度变形及轴向压缩差的措施，结构分析模型应能反映施工措施的影响。

10.3.3 抗震设计时，带加强层高层建筑结构应符合下列要求：

1 加强层及其相邻层的框架柱、核心筒剪力墙的抗震等级应提高一级采用，一级应提高至特一级，但抗震等级已经为特一级时应允许不再提高；

2 加强层及其相邻层的框架柱，箍筋应全柱段加密配置，轴压比限值应按其他楼层框架柱的数值减小0.05采用；

3 加强层及其相邻层核心筒剪力墙应设置约束边缘构件。

10.4 错层结构

10.4.1 抗震设计时，高层建筑沿竖向宜避免错层布置。当房屋不同部位因功能不同而使楼层错层时，宜采用防震缝划分为独立的结构单元。

10.4.2 错层两侧宜采用结构布置和侧向刚度相近的结构体系。

10.4.3 错层结构中，错开的楼层不应归并为一个刚性楼板，计算分析模型应能反映错层影响。

10.4.4 抗震设计时，错层处框架柱应符合下列要求：

1 截面高度不应小于600mm，混凝土强度等级不应低于C30，箍筋应全柱段加密配置；

2 抗震等级应提高一级采用，一级应提高至特一级，但抗震等级已经为特一级时应允许不再提高。

10.4.5 在设防烈度地震作用下，错层处框架柱的截面承载力宜符合本规程公式（3.11.3-2）的要求。

10.4.6 错层处平面外受力的剪力墙的截面厚度，非抗震设计时不应小于200mm，抗震设计时不应小于250mm，并均应设置与之垂直的墙肢或扶壁柱；抗震设计时，其抗震等级应提高一级采用。错层处剪力墙的混凝土强度等级不应低于C30，水平和竖向分布钢筋的配筋率，非抗震设计时不应小于0.3%，抗震设计时不应小于0.5%。

10.5 连体结构

10.5.1 连体结构各独立部分宜有相同或相近的体型、平面布置和刚度；宜采用双轴对称的平面形式。7度、8度抗震设计时，层数和刚度相差悬殊的建筑不宜采用连体结构。

10.5.2 7度（0.15g）和8度抗震设计时，连体结构的连接体应考虑竖向地震的影响。

10.5.3 6度和7度（0.10g）抗震设计时，高位连体结构的连接体宜考虑竖向地震的影响。

10.5.4 连接体结构与主体结构宜采用刚性连接。刚性连接时，连接体结构的主要结构构件应至少伸入主体结构一跨并可靠连接；必要时可延伸至主体部分的内筒，并与内筒可靠连接。

当连接体结构与主体结构采用滑动连接时，支座滑移量应能满足两个方向在罕遇地震作用下的位移要求，并应采取防坠落、撞击措施。罕遇地震作用下的位移要求，应采用时程分析方法进行计算复核。

10.5.5 刚性连接的连接体结构可设置钢梁、钢桁架、型钢混凝土梁，型钢应伸入主体结构至少一跨并可靠锚固。连接体结构的边梁截面宜加大；楼板厚度不宜小于150mm，宜采用双层双向钢筋网，每层每方向钢筋网的配筋率不宜小于0.25%。

当连接体结构包含多个楼层时，应特别加强其最下面一个楼层及顶层的构造设计。

10.5.6 抗震设计时，连接体及与连接体相连的结构构件应符合下列要求：

1 连接体及与连接体相连的结构构件在连接体高度范围及其上、下层，抗震等级应提高一级采用，一级提高至特一级，但抗震等级已经为特一级时应允许不再提高；

2 与连接体相连的框架柱在连接体高度范围及其上、下层，箍筋应全柱段加密配置，轴压比限值应按其他楼层框架柱的数值减小0.05采用；

3 与连接体相连的剪力墙在连接体高度范围及其上、下层应设置约束边缘构件。

10.5.7 连体结构的计算应符合下列规定：

1 刚性连接的连接体楼板应按本规程第10.2.24条进行受剪截面和承载力验算；

2 刚性连接的连接体楼板较薄弱时，宜补充分塔楼模型计算分析。

10.6 竖向体型收进、悬挑结构

10.6.1 多塔楼结构以及体型收进、悬挑程度超过本规程第3.5.5条限值的竖向不规则高层建筑结构应遵守本节的规定。

10.6.2 多塔楼结构以及体型收进、悬挑结构，竖向体型突变部位的楼板宜加强，楼板厚度不宜小于150mm，宜双层双向配筋，每层每方向钢筋网的配筋率不宜小于0.25%。体型突变部位上、下层结构的楼板也应加强构造措施。

10.6.3 抗震设计时，多塔楼高层建筑结构应符合下列规定：

1 各塔楼的层数、平面和刚度宜接近；塔楼对底盘宜对称布置；上部塔楼结构的综合质心与底盘结构质心的距离不宜大于底盘相应边长的20%。

2 转换层不宜设置在底盘屋面的上层塔楼内。

3 塔楼中与裙房相连的外围柱、剪力墙，从固定端至裙房屋面上一层的高度范围内，柱纵向钢筋的最小配筋率宜适当提高，剪力墙宜按本规程第7.2.15条的规定设置约束边缘构件，柱箍筋宜在裙楼屋面上、下层的范围内全高加密；当塔楼结构相对于底盘结构偏心收进时，应加强底盘周边竖向构件的配筋构造措施。

4 大底盘多塔楼结构，可按本规程第5.1.14条规定的整体和分塔楼计算模型分别验算整体结构和各塔楼结构扭转为主的第一周期与平动为主的第一周期的比值，并应符合本规程第3.4.5条的有关要求。

10.6.4 悬挑结构设计应符合下列规定：

1 悬挑部位应采取降低结构自重的措施。

2 悬挑部位结构宜采用冗余度较高的结构形式。

3 结构内力和位移计算中，悬挑部位的楼层宜考虑楼板平面内的变形，结构分析模型应能反映水平地震对悬挑部位可能产生的竖向振动效应。

4 7度（0.15g）和8、9度抗震设计时，悬挑结构应考虑竖向地震的影响；6、7度抗震设计时，悬挑结构宜考虑竖向地震的影响。

5 抗震设计时，悬挑结构的关键构件以及与之相邻的主体结构关键构件的抗震等级宜提高一级采用，一级提高至特一级，抗震等级已经为特一级时，允许不再提高。

6 在预估罕遇地震作用下，悬挑结构关键构件的截面承载力宜符合本规程公式（3.11.3-3）的要求。

10.6.5 体型收进高层建筑结构、底盘高度超过房屋高度20%的多塔楼结构的设计应符合下列规定：

1 体型收进处宜采取措施减小结构刚度的变化，上部收进结构的底部楼层层间位移角不宜大于相邻下部区段最大层间位移角的1.15倍；

2 抗震设计时，体型收进部位上、下各2层塔楼周边竖向结构构件的抗震等级宜提高一级采用，一级提高至特一级，抗震等级已经为特一级时，允许不再提高；

3 结构偏心收进时，应加强收进部位以下2层结构周边竖向构件的配筋构造措施。

11 混合结构设计

11.1 一般规定

11.1.1 本章规定的混合结构，系指由外围钢框架或型钢混凝土、钢管混凝土框架与钢筋混凝土核心筒所组成的框架-核心筒结构，以及由外围钢框筒或型钢混凝土、钢管混凝土框筒与钢筋混凝土核心筒所组成的筒中筒结构。

11.1.2 混合结构高层建筑适用的最大高度应符合表11.1.2的规定。

表11.1.2 混合结构高层建筑适用的最大高度（m）

结构体系		非抗震设计	抗震设防烈度				
			6度	7度	8度 0.2g	8度 0.3g	9度
框架-核心筒	钢框架-钢筋混凝土核心筒	210	200	160	120	100	70
	型钢（钢管）混凝土框架-钢筋混凝土核心筒	240	220	190	150	130	70
筒中筒	钢外筒-钢筋混凝土核心筒	280	260	210	160	140	80
	型钢（钢管）混凝土外筒-钢筋混凝土核心筒	300	280	230	170	150	90

注：平面和竖向均不规则的结构，最大适用高度应适当降低。

11.1.3 混合结构高层建筑的高宽比不宜大于表11.1.3的规定。

表11.1.3 混合结构高层建筑适用的最大高宽比

结构体系	非抗震设计	抗震设防烈度		
		6度、7度	8度	9度
框架-核心筒	8	7	6	4
筒中筒	8	8	7	5

11.1.4 抗震设计时，混合结构房屋应根据设防类别、烈度、结构类型和房屋高度采用不同的抗震等级，并应符合相应的计算和构造措施要求。丙类建筑混合结构的抗震等级应按表11.1.4确定。

表11.1.4 钢-混凝土混合结构抗震等级

结构类型		抗震设防烈度					
		6度		7度		8度		9度
房屋高度（m）		≤150	>150	≤130	>130	≤100	>100	≤70
钢框架-钢筋混凝土核心筒	钢筋混凝土核心筒	二		特一		特一		特一
型钢（钢管）混凝土框架-钢筋混凝土核心筒	钢筋混凝土核心筒	二				特一		特一
	型钢（钢管）混凝土框架	三						

续表 11.1.4

结构类型		抗震设防烈度						
		6 度		7 度		8 度		9 度
房屋高度（m）		≤180	>180	≤150	>150	≤120	>120	≤90
钢外筒-钢筋混凝土核心筒	钢筋混凝土核心筒	二	二	二	一	特一	特一	特一
型钢（钢管）混凝土外筒-钢筋混凝土核心筒	钢筋混凝土核心筒	二	二	二	一	特一	特一	特一
	型钢（钢管）混凝土外筒	三	二	二	二	一	一	一

注：钢结构构件抗震等级，抗震设防烈度为6、7、8、9度时应分别取四、三、二、一级。

11.1.5 混合结构在风荷载及多遇地震作用下，按弹性方法计算的最大层间位移与层高的比值应符合本规程第3.7.3条的有关规定；在罕遇地震作用下，结构的弹塑性层间位移应符合本规程第3.7.5条的有关规定。

11.1.6 混合结构框架所承担的地震剪力应符合本规程第9.1.11条的规定。

11.1.7 地震设计状况下，型钢（钢管）混凝土构件和钢构件的承载力抗震调整系数 γ_{RE} 可分别按表11.1.7-1和表11.1.7-2采用。

表 11.1.7-1 型钢（钢管）混凝土构件承载力抗震调整系数 γ_{RE}

正截面承载力计算				斜截面承载力计算
型钢混凝土梁	型钢混凝土柱及钢管混凝土柱	剪力墙	支撑	各类构件及节点
0.75	0.80	0.85	0.80	0.85

表 11.1.7-2 钢构件承载力抗震调整系数 γ_{RE}

强度破坏（梁、柱、支撑、节点板件、螺栓、焊缝）	屈曲稳定（柱、支撑）
0.75	0.80

11.1.8 当采用压型钢板混凝土组合楼板时，楼板混凝土可采用轻质混凝土，其强度等级不应低于LC25；高层建筑钢-混凝土混合结构的内部隔墙应采用轻质隔墙。

11.2 结 构 布 置

11.2.1 混合结构房屋的结构布置除应符合本节的规定外，尚应符合本规程第3.4、3.5节的有关规定。

11.2.2 混合结构的平面布置应符合下列规定：

1 平面宜简单、规则、对称、具有足够的整体抗扭刚度，平面宜采用方形、矩形、多边形、圆形、椭圆形等规则平面，建筑的开间、进深宜统一；

2 筒中筒结构体系中，当外围钢框架柱采用H形截面柱时，宜将柱截面强轴方向布置在外围筒体平面内；角柱宜采用十字形、方形或圆形截面；

3 楼盖主梁不宜搁置在核心筒或内筒的连梁上。

11.2.3 混合结构的竖向布置应符合下列规定：

1 结构的侧向刚度和承载力沿竖向宜均匀变化、无突变，构件截面宜由下至上逐渐减小。

2 混合结构的外围框架柱沿高度宜采用同类结构构件；当采用不同类型结构构件时，应设置过渡层，且单柱的抗弯刚度变化不宜超过30%。

3 对于刚度变化较大的楼层，应采取可靠的过渡加强措施。

4 钢框架部分采用支撑时，宜采用偏心支撑和耗能支撑，支撑宜双向连续布置；框架支撑宜延伸至基础。

11.2.4 8、9度抗震设计时，应在楼面钢梁或型钢混凝土梁与混凝土筒体交接处及混凝土筒体四角墙内设置型钢柱；7度抗震设计时，宜在楼面钢梁或型钢混凝土梁与混凝土筒体交接处及混凝土筒体四角墙内设置型钢柱。

11.2.5 混合结构中，外围框架平面内梁与柱应采用刚性连接；楼面梁与钢筋混凝土筒体及外围框架柱的连接可采用刚接或铰接。

11.2.6 楼盖体系应具有良好的水平刚度和整体性，其布置应符合下列规定：

1 楼面宜采用压型钢板现浇混凝土组合楼板、现浇混凝土楼板或预应力混凝土叠合楼板，楼板与钢梁应可靠连接；

2 机房设备层、避难层及外伸臂桁架上下弦杆所在楼层的楼板宜采用钢筋混凝土楼板，并应采取加强措施；

3 对于建筑物楼面有较大开洞或为转换楼层时，应采用现浇混凝土楼板；对楼板大开洞部位宜采取设置刚性水平支撑等加强措施。

11.2.7 当侧向刚度不足时，混合结构可设置刚度适宜的加强层。加强层宜采用伸臂桁架，必要时可配合布置周边带状桁架。加强层设计应符合下列规定：

1 伸臂桁架和周边带状桁架宜采用钢桁架。

2 伸臂桁架应与核心筒墙体刚接，上、下弦杆均应延伸至墙体内且贯通，墙体内宜设置斜腹杆或暗撑；外伸臂桁架与外围框架柱宜采用铰接或半刚接，周边带状桁架与外框架柱的连接宜采用刚性连接。

3 核心筒墙体与伸臂桁架连接处宜设置构造型钢柱，型钢柱宜至少延伸至伸臂桁架高度范围以外上、下各一层。

4 当布置有外伸桁架加强层时，应采取有效措施减少由于外框柱与混凝土筒体竖向变形差异引起的桁架杆件内力。

11.3 结 构 计 算

11.3.1 弹性分析时，宜考虑钢梁与现浇混凝土楼板的共同作用，梁的刚度可取钢梁刚度的1.5～2.0倍，但应保证钢梁与楼板有可靠连接。弹塑性分析时，可不考虑楼板与梁的共同作用。

11.3.2 结构弹性阶段的内力和位移计算时，构件刚度取值应符合下列规定：

1 型钢混凝土构件、钢管混凝土柱的刚度可按下列公式计算：

$$EI = E_c I_c + E_a I_a \tag{11.3.2-1}$$

$$EA = E_c A_c + E_a A_a \tag{11.3.2-2}$$

$$GA = G_c A_c + G_a A_a \tag{11.3.2-3}$$

式中：$E_c I_c$，$E_c A_c$，$G_c A_c$——分别为钢筋混凝土部分的截面抗弯刚度、轴向刚度及抗剪刚度；

$E_a I_a$，$E_a A_a$，$G_a A_a$——分别为型钢、钢管部分的截面抗弯刚度、轴向刚度及抗剪刚度。

2 无端柱型钢混凝土剪力墙可近似按相同截面的混凝土剪力墙计算其轴向、抗弯和抗剪刚度，可不计端部型钢对截面刚度的提高作用；

3 有端柱型钢混凝土剪力墙可按 H 形混凝土截面计算其轴向和抗弯刚度，端柱内型钢可折算为等效混凝土面积计入 H 形截面的翼缘面积，墙的抗剪刚度可不计入型钢作用；

4 钢板混凝土剪力墙可将钢板折算为等效混凝土面积计算其轴向、抗弯和抗剪刚度。

11.3.3 竖向荷载作用计算时，宜考虑钢柱、型钢混凝土（钢管混凝土）柱与钢筋混凝土核心筒竖向变形差异引起的结构附加内力，计算竖向变形差异时宜考虑混凝土收缩、徐变、沉降及施工调整等因素的影响。

11.3.4 当混凝土筒体先于外围框架结构施工时，应考虑施工阶段混凝土筒体在风力及其他荷载作用下的不利受力状态；应验算在浇筑混凝土之前外围型钢结构在施工荷载及可能的风载作用下的承载力、稳定及变形，并据此确定钢结构安装与浇筑楼层混凝土的间隔层数。

11.3.5 混合结构在多遇地震作用下的阻尼比可取为 0.04。风荷载作用下楼层位移验算和构件设计时，阻尼比可取为 0.02～0.04。

11.3.6 结构内力和位移计算时，设置伸臂桁架的楼层以及楼板开大洞的楼层应考虑楼板平面内变形的不利影响。

11.4 构件设计

11.4.1 型钢混凝土构件中型钢板件（图 11.4.1）的宽厚比不宜超过表 11.4.1 的规定。

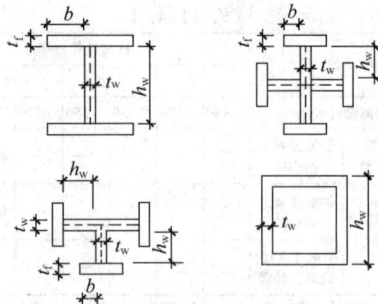

图 11.4.1 型钢板件示意

11.4.2 型钢混凝土梁应满足下列构造要求：

1 混凝土粗骨料最大直径不宜大于 25mm，型钢宜采用 Q235 及 Q345 级钢材，也可采用 Q390 或其他符合结构性能要求的钢材。

2 型钢混凝土梁的最小配筋率不宜小于 0.30%，梁的纵向钢筋宜避免穿过柱中型钢的翼缘。梁的纵向的受力钢筋不宜超过两排；配置两排钢筋时，第二排钢筋宜配置在型钢截面外侧。当梁的腹板高度大于 450mm 时，在梁的两侧面应沿梁高度配置纵向构造钢筋，纵向构造钢筋的间距不宜大于 200mm。

3 型钢混凝土梁中型钢的混凝土保护层厚度不宜小于 100mm，梁纵向钢筋净距及梁纵向钢筋与型钢骨架的最小净距不应小于 30mm，且不小于粗骨料最大粒径的 1.5 倍及梁纵向钢筋直径的 1.5 倍。

4 型钢混凝土梁中的纵向受力钢筋宜采用机械连接。如纵向钢筋需贯穿型钢柱腹板并以 90°弯折固定在柱截面内时，抗震设计的弯折前直段长度不应小于钢筋抗震基本锚固长度 l_{abE} 的 40%，弯折直段长度不应小于 15 倍纵向钢筋直径；非抗震设计的弯折前直段长度不应小于钢筋基本锚固长度 l_{ab} 的 40%，弯折直段长度不应小于 12 倍纵向钢筋直径。

5 梁上开洞不宜大于梁截面总高的 40%，且不宜大于内含型钢截面高度的 70%，并应位于梁高及型钢高度的中间区域。

6 型钢混凝土悬臂梁自由端的纵向受力钢筋应设置专门的锚固件，型钢梁的上翼缘宜设置栓钉；型钢混凝土转换梁在型钢上翼缘宜设置栓钉。栓钉的最大间距不宜大于 200mm，栓钉的最小间距沿梁轴线方向不应小于 6 倍的栓钉杆直径，垂直梁方向的间距不应小于 4 倍的栓钉杆直径，且栓钉中心至型钢板件边缘的距离不应小于 50mm。栓钉顶面的混凝土保护层厚度不应小于 15mm。

11.4.3 型钢混凝土梁的箍筋应符合下列规定：

1 箍筋的最小面积配筋率应符合本规程第 6.3.4 条第 4 款和第 6.3.5 条第 1 款的规定，且不应小于 0.15%。

2 抗震设计时，梁端箍筋应加密配置。加密区范围，一级取梁截面高度的 2.0 倍，二、三、四级取

表 11.4.1 型钢板件宽厚比限值

钢号	梁		柱		
			H、十、T 形截面		箱形截面
	b/t_f	h_w/t_w	b/t_f	h_w/t_w	h_w/t_w
Q235	23	107	23	96	72
Q345	19	91	19	81	61
Q390	18	83	18	75	56

梁截面高度的 1.5 倍；当梁净跨小于梁截面高度的 4 倍时，梁箍筋应全跨加密配置。

　　3　型钢混凝土梁应采用具有 135°弯钩的封闭式箍筋，弯钩的直段长度不应小于 8 倍箍筋直径。非抗震设计时，梁箍筋直径不应小于 8mm，箍筋间距不应大于 250mm；抗震设计时，梁箍筋的直径和间距应符合表 11.4.3 的要求。

表 11.4.3　梁箍筋直径和间距（mm）

抗震等级	箍筋直径	非加密区箍筋间距	加密区箍筋间距
一	≥12	≤180	≤120
二	≥10	≤200	≤150
三	≥10	≤250	≤180
四	≥8	250	200

11.4.4　抗震设计时，混合结构中型钢混凝土柱的轴压比不宜大于表 11.4.4 的限值，轴压比可按下式计算：

$$\mu_N = N/(f_c A_c + f_a A_a) \qquad (11.4.4)$$

式中：μ_N——型钢混凝土柱的轴压比；
　　　N——考虑地震组合的柱轴向力设计值；
　　　A_c——扣除型钢后的混凝土截面面积；
　　　f_c——混凝土的轴心抗压强度设计值；
　　　f_a——型钢的抗压强度设计值；
　　　A_a——型钢的截面面积。

表 11.4.4　型钢混凝土柱的轴压比限值

抗震等级	一	二	三
轴压比限值	0.70	0.80	0.90

　　注：1　转换柱的轴压比应比表中数值减少 0.10 采用；
　　　　2　剪跨比不大于 2 的柱，其轴压比应比表中数值减少 0.05 采用；
　　　　3　当采用 C60 以上混凝土时，轴压比宜减少 0.05 采用。

11.4.5　型钢混凝土柱设计应符合下列构造要求：

　　1　型钢混凝土柱的长细比不宜大于 80。

　　2　房屋的底层、顶层以及型钢混凝土与钢筋混凝土交接层的型钢混凝土柱宜设置栓钉，型钢截面为箱形的柱子也宜设置栓钉，栓钉水平间距不宜大于 250mm。

　　3　混凝土粗骨料的最大直径不宜大于 25mm。型钢柱中型钢的保护厚度不宜小于 150mm；柱纵向钢筋净间距不宜小于 50mm，且不应小于柱纵向钢筋直径的 1.5 倍；柱纵向钢筋与型钢的最小净距不应小于 30mm，且不应小于粗骨料最大粒径的 1.5 倍。

　　4　型钢混凝土柱的纵向钢筋最小配筋率不宜小于 0.8%，且在四角应各配置一根直径不小于 16mm 的纵向钢筋。

　　5　柱中纵向受力钢筋的间距不宜大于 300mm；

当间距大于 300mm 时，宜附加配置直径不小于 14mm 的纵向构造钢筋。

　　6　型钢混凝土柱的型钢含钢率不宜小于 4%。

11.4.6　型钢混凝土柱箍筋的构造设计应符合下列规定：

　　1　非抗震设计时，箍筋直径不应小于 8mm，箍筋间距不应大于 200mm。

　　2　抗震设计时，箍筋应做成 135°弯钩，箍筋弯钩直段长度不应小于 10 倍箍筋直径。

　　3　抗震设计时，柱端箍筋应加密，加密区范围应取矩形截面柱长边尺寸（或圆形截面柱直径）、柱净高的 1/6 和 500mm 三者的最大值；对剪跨比不大于 2 的柱，其箍筋均应全高加密，箍筋间距不应大于 100mm。

　　4　抗震设计时，柱箍筋的直径和间距应符合表 11.4.6 的规定，加密区箍筋最小体积配箍率尚应符合式（11.4.6）的要求，非加密区箍筋最小体积配箍率不应小于加密区箍筋最小体积配箍率的一半；对剪跨比不大于 2 的柱，其箍筋体积配箍率尚不应小于 1.0%，9 度抗震设计时尚不应小于 1.3%。

$$\rho_v \geqslant 0.85 \lambda_v f_c / f_y \qquad (11.4.6)$$

式中：λ_v——柱最小配箍特征值，宜按本规程表 6.4.7 采用。

表 11.4.6　型钢混凝土柱箍筋直径和间距（mm）

抗震等级	箍筋直径	非加密区箍筋间距	加密区箍筋间距
一	≥12	≤150	≤100
二	≥10	≤200	≤100
三、四	≥8	≤200	≤150

　　注：箍筋直径除应符合表中要求外，尚不应小于纵向钢筋直径的 1/4。

11.4.7　型钢混凝土梁柱节点应符合下列构造要求：

　　1　型钢柱在梁水平翼缘处应设置加劲肋，其构造不应影响混凝土浇筑密实；

　　2　箍筋间距不宜大于柱端加密区间距的 1.5 倍，箍筋直径不宜小于柱端箍筋加密区的箍筋直径；

　　3　梁中钢筋穿过梁柱节点时，不宜穿过柱型钢翼缘；需穿过柱腹板时，柱腹板截面损失率不宜大于 25%，当超过 25% 时，则需进行补强；梁中主筋不得与柱型钢直接焊接。

11.4.8　圆形钢管混凝土构件及节点可按本规程附录 F 进行设计。

11.4.9　圆形钢管混凝土柱尚应符合下列构造要求：

　　1　钢管直径不宜小于 400mm。

　　2　钢管壁厚不宜小于 8mm。

　　3　钢管外径与壁厚的比值 D/t 宜在（20～100）$\sqrt{235/f_y}$ 之间，f_y 为钢材的屈服强度。

　　4　圆钢管混凝土柱的套箍指标 $\dfrac{f_a A_a}{f_c A_c}$，不应小于

0.5，也不宜大于 2.5。

    5 柱的长细比不宜大于 80。

    6 轴向压力偏心率 e_0/r_c 不宜大于 1.0，e_0 为偏心距，r_c 为核心混凝土横截面半径。

    7 钢管混凝土柱与框架梁刚性连接时，柱内或柱外应设置与梁上、下翼缘位置对应的加劲肋；加劲肋设置于柱内时，应留孔以利混凝土浇筑；加劲肋设置于柱外时，应形成加劲环板。

    8 直径大于 2m 的圆形钢管混凝土构件应采取有效措施减小钢管内混凝土收缩对构件受力性能的影响。

11.4.10 矩形钢管混凝土柱应符合下列构造要求：

    1 钢管截面短边尺寸不宜小于 400mm；

    2 钢管壁厚不宜小于 8mm；

    3 钢管截面的高宽比不宜大于 2，当矩形钢管混凝土柱截面最大边尺寸不小于 800mm 时，宜采取在柱子内壁上焊接栓钉、纵向加劲肋等构造措施；

    4 钢管管壁板件的边长与其厚度的比值不应大于 $60\sqrt{235/f_y}$；

    5 柱的长细比不宜大于 80；

    6 矩形钢管混凝土柱的轴压比应按本规程公式（11.4.4）计算，并不宜大于表 11.4.10 的限值。

表 11.4.10 矩形钢管混凝土柱轴压比限值

一级	二级	三级
0.70	0.80	0.90

11.4.11 当核心筒墙体承受的弯矩、剪力和轴力均较大时，核心筒墙体可采用型钢混凝土剪力墙或钢板混凝土剪力墙。钢板混凝土剪力墙的受剪截面及受剪承载力应符合本规程第 11.4.12、11.4.13 条的规定，其构造设计应符合本规程第 11.4.14、11.4.15 条的规定。

11.4.12 钢板混凝土剪力墙的受剪截面应符合下列规定：

    1 持久、短暂设计状况

$$V_{cw} \leqslant 0.25 f_c b_w h_{w0} \qquad (11.4.12\text{-}1)$$

$$V_{cw} = V - \left(\frac{0.3}{\lambda} f_a A_{al} + \frac{0.6}{\lambda - 0.5} f_{sp} A_{sp} \right)$$
$$(11.4.12\text{-}2)$$

    2 地震设计状况

剪跨比 λ 大于 2.5 时

$$V_{cw} \leqslant \frac{1}{\gamma_{RE}} (0.20 f_c b_w h_{w0}) \qquad (11.4.12\text{-}3)$$

剪跨比 λ 不大于 2.5 时

$$V_{cw} \leqslant \frac{1}{\gamma_{RE}} (0.15 f_c b_w h_{w0}) \qquad (11.4.12\text{-}4)$$

$$V_{cw} = V - \frac{1}{\gamma_{RE}} \left(\frac{0.25}{\lambda} f_a A_{al} + \frac{0.5}{\lambda - 0.5} f_{sp} A_{sp} \right)$$
$$(11.4.12\text{-}5)$$

式中：V——钢板混凝土剪力墙截面承受的剪力设

计值；

    V_{cw}——仅考虑钢筋混凝土截面承担的剪力设计值；

    λ——计算截面的剪跨比。当 $\lambda < 1.5$ 时，取 $\lambda = 1.5$，当 $\lambda > 2.2$ 时，取 $\lambda = 2.2$；当计算截面与墙底之间的距离小于 $0.5h_{w0}$ 时，λ 应按距离墙底 $0.5h_{w0}$ 处的弯矩值与剪力值计算；

    f_a——剪力墙端部暗柱中所配型钢的抗压强度设计值；

    A_{al}——剪力墙一端所配型钢的截面面积，当两端所配型钢截面面积不同时，取较小一端的面积；

    f_{sp}——剪力墙墙身所配钢板的抗压强度设计值；

    A_{sp}——剪力墙墙身所配钢板的横截面面积。

11.4.13 钢板混凝土剪力墙偏心受压时的斜截面受剪承载力，应按下列公式进行验算：

    1 持久、短暂设计状况

$$V \leqslant \frac{1}{\lambda - 0.5} \left(0.5 f_t b_w h_{w0} + 0.13 N \frac{A_w}{A} \right) + f_{yv} \frac{A_{sh}}{s} h_{w0}$$
$$+ \frac{0.3}{\lambda} f_a A_{al} + \frac{0.6}{\lambda - 0.5} f_{sp} A_{sp} \qquad (11.4.13\text{-}1)$$

    2 地震设计状况

$$V \leqslant \frac{1}{\gamma_{RE}} \left[\frac{1}{\lambda - 0.5} \left(0.4 f_t b_w h_{w0} + 0.1 N \frac{A_w}{A} \right) \right.$$
$$\left. + 0.8 f_{yv} \frac{A_{sh}}{s} h_{w0} + \frac{0.25}{\lambda} f_a A_{al} + \frac{0.5}{\lambda - 0.5} f_{sp} A_{sp} \right]$$
$$(11.4.13\text{-}2)$$

式中：N——剪力墙承受的轴向压力设计值，当大于 $0.2 f_c b_w h_w$ 时，取为 $0.2 f_c b_w h_w$。

11.4.14 型钢混凝土剪力墙、钢板混凝土剪力墙应符合下列构造要求：

    1 抗震设计时，一、二级抗震等级的型钢混凝土剪力墙、钢板混凝土剪力墙底部加强部位，其重力荷载代表值作用下墙肢的轴压比不宜超过本规程表 7.2.13 的限值，其轴压比可按下式计算：

$$\mu_N = N/(f_c A_c + f_a A_a + f_{sp} A_{sp})$$
$$(11.4.14)$$

式中：N——重力荷载代表值作用下墙肢的轴向压力设计值；

    A_c——剪力墙墙肢混凝土截面面积；

    A_a——剪力墙所配型钢的全部截面面积。

    2 型钢混凝土剪力墙、钢板混凝土剪力墙在楼层标高处宜设置暗梁。

    3 端部配置型钢的混凝土剪力墙，型钢的保护层厚度宜大于 100mm；水平分布钢筋应绕过或穿过墙端型钢，且应满足钢筋锚固长度要求。

4 周边有型钢混凝土柱和梁的现浇钢筋混凝土剪力墙，剪力墙的水平分布钢筋应绕过或穿过周边柱型钢，且应满足钢筋锚固长度要求；当采用间隔穿过时，宜另加补强钢筋。周边柱的型钢、纵向钢筋、箍筋配置应符合型钢混凝土柱的设计要求。

11.4.15 钢板混凝土剪力墙尚应符合下列构造要求：

1 钢板混凝土剪力墙体中的钢板厚度不宜小于10mm，也不宜大于墙厚的1/15；

2 钢板混凝土剪力墙的墙身分布钢筋配筋率不宜小于0.4%，分布钢筋间距不宜大于200mm，且应与钢板可靠连接；

3 钢板与周围型钢构件宜采用焊接；

4 钢板与混凝土墙体之间连接件的构造要求可按照现行国家标准《钢结构设计规范》GB 50017 中关于组合梁抗剪连接件构造要求执行，栓钉间距不宜大于300mm；

5 在钢板墙角部1/5板跨且不小于1000mm范围内，钢筋混凝土墙体分布钢筋、抗剪栓钉间距宜适当加密。

11.4.16 钢梁或型钢混凝土梁与混凝土筒体应有可靠连接，应能传递竖向剪力及水平力。当钢梁或型钢混凝土梁通过埋件与混凝土筒体连接时，预埋件应有足够的锚固长度，连接做法可按图11.4.16采用。

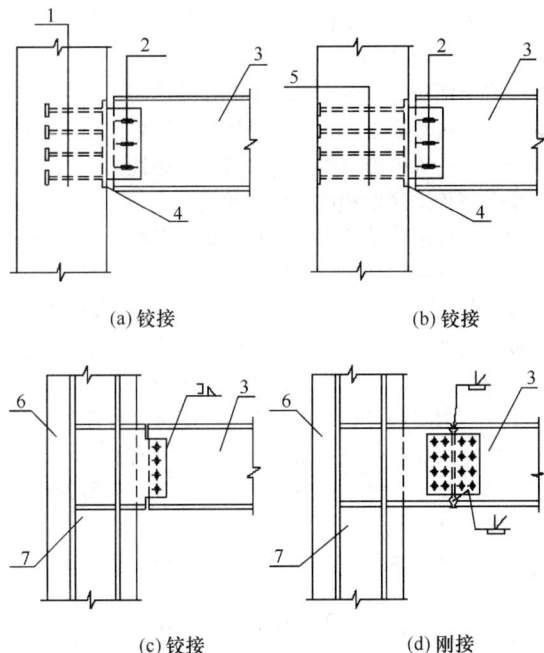

(a) 铰接 (b) 铰接

(c) 铰接 (d) 刚接

图 11.4.16　钢梁、型钢混凝土梁与混凝土核心筒的连接构造示意

1—栓钉；2—高强度螺栓及长圆孔；3—钢梁；4—预埋件端板；5—穿筋；6—混凝土墙；7—墙内预埋钢骨柱

11.4.17 抗震设计时，混合结构中的钢柱及型钢混凝土柱、钢管混凝土柱宜采用埋入式柱脚。采用埋入式柱脚时，应符合下列规定：

1 埋入深度应通过计算确定，且不宜小于型钢柱截面长边尺寸的2.5倍；

2 在柱脚部位和柱脚向上延伸一层的范围内宜设置栓钉，其直径不宜小于19mm，其竖向及水平间距不宜大于200mm。

注：当有可靠依据时，可通过计算确定栓钉数量。

11.4.18 钢筋混凝土核心筒、内筒的设计，除应符合本规程第9.1.7条的规定外，尚应符合下列规定：

1 抗震设计时，钢框架-钢筋混凝土核心筒结构的筒体底部加强部位分布钢筋的最小配筋率不宜小于0.35%，筒体其他部位的分布筋不宜小于0.30%；

2 抗震设计时，框架-钢筋混凝土核心筒混合结构的筒体底部加强部位约束边缘构件沿墙肢的长度宜取墙肢截面高度的1/4，筒体底部加强部位以上墙体宜按本规程第7.2.15条的规定设置约束边缘构件；

3 当连梁抗剪截面不足时，可采取在连梁中设置型钢或钢板等措施。

11.4.19 混合结构中结构构件的设计，尚应符合国家现行标准《钢结构设计规范》GB 50017、《混凝土结构设计规范》GB 50010、《高层民用建筑钢结构技术规程》JGJ 99、《型钢混凝土组合结构技术规程》JGJ 138 的有关规定。

12　地下室和基础设计

12.1　一般规定

12.1.1 高层建筑宜设地下室。

12.1.2 高层建筑的基础设计，应综合考虑建筑场地的工程地质和水文地质状况、上部结构的类型和房屋高度、施工技术和经济条件等因素，使建筑物不致发生过量沉降或倾斜，满足建筑物正常使用要求；还应了解邻近地下构筑物及各项地下设施的位置和标高等，减少与相邻建筑的相互影响。

12.1.3 在地震区，高层建筑宜避开对抗震不利的地段；当条件不允许避开不利地段时，应采取可靠措施，使建筑物在地震时不致由于地基失效而破坏，或者产生过量下沉或倾斜。

12.1.4 基础设计宜采用当地成熟可靠的技术；宜考虑基础与上部结构相互作用的影响。施工期间需要降低地下水位的，应采取避免影响邻近建筑物、构筑物、地下设施等安全和正常使用的有效措施；同时还应注意施工降水的时间要求，避免停止降水后水位过早上升而引起建筑物上浮等问题。

12.1.5 高层建筑应采用整体性好、能满足地基承载力和建筑物容许变形要求并能调节不均匀沉降的基础形式；宜采用筏形基础或带桩基的筏形基础，必要时可采用箱形基础。当地质条件好且能满足地基承载力和变形要求时，也可采用交叉梁式基础或其他形式基础；当地基承载力或变形不满足设计要求时，可采用桩基或复合地基。

12.1.6 高层建筑主体结构基础底面形心宜与永久作用重力荷载重心重合；当采用桩基础时，桩基的竖向刚度中心宜与高层建筑主体结构永久重力荷载重心重合。

12.1.7 在重力荷载与水平荷载标准值或重力荷载代表值与多遇水平地震标准值共同作用下，高宽比大于4的高层建筑，基础底面不宜出现零应力区；高宽比不大于4的高层建筑，基础底面与地基之间零应力区面积不应超过基础底面面积的15%。质量偏心较大的裙楼与主楼可分别计算基底应力。

12.1.8 基础应有一定的埋置深度。在确定埋置深度时，应综合考虑建筑物的高度、体型、地基土质、抗震设防烈度等因素。基础埋置深度可从室外地坪算至基础底面，并宜符合下列规定：

1 天然地基或复合地基，可取房屋高度的1/15；

2 桩基础，不计桩长，可取房屋高度的1/18。

当建筑物采用岩石地基或采取有效措施时，在满足地基承载力、稳定性要求及本规程第12.1.7条规定的前提下，基础埋深可比本条第1、2两款的规定适当放松。

当地基可能产生滑移时，应采取有效的抗滑移措施。

12.1.9 高层建筑的基础和与其相连的裙房的基础，设置沉降缝时，应考虑高层主楼基础有可靠的侧向约束及有效埋深；不设沉降缝时，应采取有效措施减少差异沉降及其影响。

12.1.10 高层建筑基础的混凝土强度等级不宜低于C25。当有防水要求时，混凝土抗渗等级应根据基础埋置深度按表12.1.10采用，必要时可设置架空排水层。

表 12.1.10　基础防水混凝土的抗渗等级

基础埋置深度 H (m)	抗渗等级
$H < 10$	P6
$10 \leqslant H < 20$	P8
$20 \leqslant H < 30$	P10
$H \geqslant 30$	P12

12.1.11 基础及地下室的外墙、底板，当采用粉煤灰混凝土时，可采用60d或90d龄期的强度指标作为其混凝土设计强度。

12.1.12 抗震设计时，独立基础宜沿两个主轴方向设置基础系梁；剪力墙基础应具有良好的抗转动能力。

12.2　地下室设计

12.2.1 高层建筑地下室顶板作为上部结构的嵌固部位时，应符合下列规定：

1 地下室顶板应避免开设大洞口，其混凝土强度等级应符合本规程第3.2.2条的有关规定，楼盖设计应符合本规程第3.6.3条的有关规定；

2 地下一层与相邻上层的侧向刚度比应符合本规程第5.3.7条的规定；

3 地下室顶板对应于地上框架柱的梁柱节点设计应符合下列要求之一：

1）地下一层柱截面每侧的纵向钢筋面积除应符合计算要求外，不应少于地上一层对应柱每侧纵向钢筋面积的1.1倍；地下一层梁端顶面和底面的纵向钢筋应比计算值增大10%采用。

2）地下一层柱每侧的纵向钢筋面积不小于地上一层对应柱每侧纵向钢筋面积的1.1倍且地下室顶板梁柱节点左右梁端截面与下柱上端同一方向实配的受弯承载力之和不小于地上一层对应柱下端实配的受弯承载力的1.3倍。

4 地下室至少一层与上部对应的剪力墙墙肢端部边缘构件的纵向钢筋截面面积不应小于地上一层对应的剪力墙墙肢边缘构件的纵向钢筋截面面积。

12.2.2 高层建筑地下室设计，应综合考虑上部荷载、岩土侧压力及地下水的不利作用影响。地下室应满足整体抗浮要求，可采取排水、加配重或设置抗拔锚桩（杆）等措施。当地下水具有腐蚀性时，地下室外墙及底板应采取相应的防腐蚀措施。

12.2.3 高层建筑地下室不宜设置变形缝。当地下室长度超过伸缩缝最大间距时，可考虑利用混凝土后期强度，降低水泥用量；也可每隔30m～40m设置贯通顶板、底部及墙板的施工后浇带。后浇带可设置在柱距三等分的中间范围内以及剪力墙附近，其方向宜与梁正交，沿竖向应在结构同跨内；底板及外墙的后浇带宜增设附加防水层；后浇带封闭时间宜滞后45d以上，其混凝土强度等级宜提高一级，并宜采用无收缩混凝土，低温入模。

12.2.4 高层建筑主体结构地下室底板与扩大地下室底板交界处，其截面厚度和配筋应适当加强。

12.2.5 高层建筑地下室外墙设计应满足水土压力及地面荷载侧压作用下承载力要求，其竖向和水平分布钢筋应双层双向布置，间距不宜大于150mm，配筋率不宜小于0.3%。

12.2.6 高层建筑地下室外周回填土应采用级配砂石、砂土或灰土，并应分层夯实。

12.2.7 有窗井的地下室，应设外挡土墙，挡土墙与地下室外墙之间应有可靠连接。

12.3 基 础 设 计

12.3.1 高层建筑基础设计应以减小长期重力荷载作用下地基变形、差异变形为主。计算地基变形时，传至基础底面的荷载效应采用正常使用极限状态下荷载效应的准永久组合，不计入风荷载和地震作用；按地基承载力确定基础底面积及埋深或按桩基承载力确定桩数时，传至基础或承台底面的荷载效应采用正常使用状态下荷载效应的标准组合，相应的抗力采用地基承载力特征值或桩基承载力特征值；风荷载组合效应下，最大基底反力不应大于承载力特征值的 1.2 倍，平均基底反力不应大于承载力特征值；地震作用组合效应下，地基承载力验算应按现行国家标准《建筑抗震设计规范》GB 50011 的规定执行。

12.3.2 高层建筑结构基础嵌入硬质岩石时，可在基础周边及底面设置砂质或其他材质褥垫层，垫层厚度可取 50mm～100mm；不宜采用肥槽填充混凝土做法。

12.3.3 筏形基础的平面尺寸应根据地基土的承载力、上部结构的布置及其荷载的分布等因素确定。

12.3.4 平板式筏基的板厚可根据受冲切承载力计算确定，板厚不宜小于 400mm。冲切计算时，应考虑作用在冲切临界截面重心上的不平衡弯矩所产生的附加剪力。当筏板在个别柱位不满足受冲切承载力要求时，可将该柱下的筏形局部加厚或配置抗冲切钢筋。

12.3.5 当地基比较均匀、上部结构刚度较好、上部结构柱间距及柱荷载的变化不超过 20% 时，高层建筑的筏形基础可仅考虑局部弯曲作用，按倒楼盖法计算。当不符合上述条件时，宜按弹性地基板计算。

12.3.6 筏形基础应采用双向钢筋网片分别配置在板的顶面和底面，受力钢筋直径不宜小于 12mm，钢筋间距不宜小于 150mm，也不宜大于 300mm。

12.3.7 当梁板式筏基的肋梁宽度小于柱宽时，肋梁可在柱边加腋，并应满足相应的构造要求。墙、柱的纵向钢筋应穿过肋梁，并应满足钢筋锚固长度要求。

12.3.8 梁板式筏基的梁高取值应包括底板厚度在内，梁高不宜小于平均柱距的 1/6。确定梁高时，应综合考虑荷载大小、柱距、地质条件等因素，并应满足承载力要求。

12.3.9 当满足地基承载力要求时，筏形基础的周边不宜向外有较大的伸挑、扩大。当需要外挑时，有肋梁的筏基宜将梁一同挑出。

12.3.10 桩基可采用钢筋混凝土预制桩、灌注桩或钢桩。桩基承台可采用柱下单独承台、双向交叉梁、筏形承台、箱形承台。桩基选择和承台设计应根据上部结构类型、荷载大小、桩穿越的土层、桩端持力层土质、地下水位、施工条件和经验、制桩材料供应条件等因素综合考虑。

12.3.11 桩基的竖向承载力、水平承载力和抗拔承载力设计，应符合现行行业标准《建筑桩基技术规范》JGJ 94 的有关规定。

12.3.12 桩的布置应符合下列要求：

1 等直径桩的中心距不应小于 3 倍桩横截面的边长或直径；扩底桩中心距不应小于扩底直径的 1.5 倍，且两个扩大头间的净距不宜小于 1m。

2 布桩时，宜使各桩台承载力合力点与相应竖向永久荷载合力作用点重合，并使桩基在水平力产生的力矩较大方向有较大的抵抗矩。

3 平板式桩筏基础，桩宜布置在柱下或墙下，必要时可满堂布置，核心筒下可适当加密布桩；梁板式桩筏基础，桩宜布置在基础梁下或柱下；桩箱基础，宜将桩布置在墙下。直径不小于 800mm 的大直径桩可采用一柱一桩。

4 应选择较硬土层作为桩端持力层。桩径为 d 的桩端全截面进入持力层的深度，对于黏性土、粉土不宜小于 $2d$；砂土不宜小于 $1.5d$；碎石类土不宜小于 $1d$。当存在软弱下卧层时，桩端下部硬持力层厚度不宜小于 $4d$。

抗震设计时，桩进入碎石土、砾砂、粗砂、中砂、密实粉土、坚硬黏性土的深度尚不应小于 0.5m，对其他非岩石类土尚不应小于 1.5m。

12.3.13 对沉降有严格要求的建筑的桩基础以及采用摩擦型桩的桩基础，应进行沉降计算。受较大永久水平作用或对水平变位要求严格的建筑桩基，应验算其水平变位。

按正常使用极限状态验算桩基沉降时，荷载效应应采用准永久组合；验算桩基的横向变位、抗裂、裂缝宽度时，根据使用要求和裂缝控制等级分别采用荷载的标准组合、准永久组合，并考虑长期作用影响。

12.3.14 钢桩应符合下列规定：

1 钢桩可采用管形或 H 形，其材质应符合国家现行有关标准的规定；

2 钢桩的分段长度不宜超过 15m，焊接结构应采用等强连接；

3 钢桩防腐处理可采用增加腐蚀余量措施；当钢管桩内壁同外界隔绝时，可不采用内壁防腐。钢桩的防腐速率无实测资料时，如桩顶在地下水位以下且地下水无腐蚀性，可取每年 0.03mm，且腐蚀预留量不应小于 2mm。

12.3.15 桩与承台的连接应符合下列规定：

1 桩顶嵌入承台的长度，对大直径桩不宜小于 100mm，对中、小直径的桩不宜小于 50mm；

2 混凝土桩的桩顶纵筋应伸入承台内，其锚固长度应符合现行国家标准《混凝土结构设计规范》GB 50010 的有关规定；

12.3.16 箱形基础的平面尺寸应根据地基土承载力和上部结构布置以及荷载大小等因素确定。外墙宜沿建筑物周边布置，内墙应沿上部结构的柱网或剪力墙位置纵横均匀布置，墙体水平截面总面积不宜小于箱形基础外墙外包尺寸的水平投影面积的 1/10。对基础平面长宽比大于 4 的箱形基础，其纵墙水平截面面积不应小于箱基外墙外包尺寸水平投影面积的 1/18。

12.3.17 箱形基础的高度应满足结构的承载力、刚度及建筑使用功能要求，一般不宜小于箱基长度的 1/20，且不宜小于 3m。此处，箱基长度不计墙外悬挑板部分。

12.3.18 箱形基础的顶板、底板及墙体的厚度，应根据受力情况、整体刚度和防水要求确定。无人防设计要求的箱基，基础底板不应小于 300mm，外墙厚度不应小于 250mm，内墙的厚度不应小于 200mm，顶板厚度不应小于 200mm。

12.3.19 与高层主楼相连的裙房基础若采用外挑箱基墙或箱基梁的方法，则外挑部分的基底应采取有效措施，使其具有适应差异沉降变形的能力。

12.3.20 箱形基础墙体的门洞宜设在柱间居中的部位，洞口上、下过梁应进行承载力计算。

12.3.21 当地基压缩层深度范围内的土层在竖向和水平力方向皆较均匀，且上部结构为平立面布置较规则的框架、剪力墙、框架-剪力墙结构时，箱形基础的顶、底板可仅考虑局部弯曲进行计算；计算时，底板反力应扣除板的自重及其上面层和填土的自重，顶板荷载应按实际情况考虑。整体弯曲的影响可在构造上加以考虑。

箱形基础的顶板和底板钢筋配置除符合计算要求外，纵横方向支座钢筋尚应有 1/3～1/2 贯通配置，跨中钢筋应按实际计算的配筋全部贯通。钢筋宜采用机械连接；采用搭接时，搭接长度应按受拉钢筋考虑。

12.3.22 箱形基础的顶板、底板及墙体均应采用双层双向配筋。墙体的竖向和水平钢筋直径均不应小于 10mm，间距均不应大于 200mm。除上部为剪力墙外，内、外墙的墙顶处宜配置两根直径不小于 20mm 的通长构造钢筋。

12.3.23 上部结构底层柱纵向钢筋伸入箱形基础墙体的长度应符合下列规定：

1 柱下三面或四面有箱形基础墙的内柱，除柱四角纵向钢筋直通到基底外，其余钢筋可伸入顶板底面以下 40 倍纵向钢筋直径处；

2 外柱、与剪力墙相连的柱及其他内柱的纵向钢筋应直通到基底。

13 高层建筑结构施工

13.1 一般规定

13.1.1 承担高层、超高层建筑结构施工的单位应具备相应的资质。

13.1.2 施工单位应认真熟悉图纸，参加设计交底和图纸会审。

13.1.3 施工前，施工单位应根据工程特点和施工条件，按有关规定编制施工组织设计和施工方案，并进行技术交底。

13.1.4 编制施工方案时，应根据施工方法、附墙爬升设备、垂直运输设备及当地的温度、风力等自然条件对结构及构件受力的影响，进行相应的施工工况模拟和受力分析。

13.1.5 冬期施工应符合《建筑工程冬期施工规程》 JGJ 104 的规定。雨期、高温及干热气候条件下，应编制专门的施工方案。

13.2 施工测量

13.2.1 施工测量应符合现行国家标准《工程测量规范》 GB 50026 的有关规定，并应根据建筑物的平面、体形、层数、高度、场地状况和施工要求，编制施工测量方案。

13.2.2 高层建筑施工采用的测量器具，应按国家计量部门的有关规定进行检定、校准，合格后方可使用。测量仪器的精度应满足下列规定：

1 在场地平面控制测量中，宜使用测距精度不低于 $\pm(3mm+2\times10^{-6}\times D)$、测角精度不低于 $\pm5''$ 级的全站仪或测距仪（D 为测距，以毫米为单位）；

2 在场地标高测量中，宜使用精度不低于 DSZ3 的自动安平水准仪；

3 在轴线竖向投测中，宜使用 $\pm2''$ 级激光经纬仪或激光自动铅直仪。

13.2.3 大中型高层建筑施工项目，应先建立场区平面控制网，再分别建立建筑物平面控制网；小规模或精度高的独立施工项目，可直接布设建筑物平面控制网。控制网应根据复核后的建筑红线桩或城市测量控制点准确定位测量，并应作好桩位保护。

1 场区平面控制网，可根据场区的地形条件和建筑物的布置情况，布设成建筑方格网、导线网、三角网、边长网或 GPS 网。建筑方格网的主要技术要求应符合表 13.2.3-1 的规定。

表 13.2.3-1 建筑方格网的主要技术要求

等 级	边 长（m）	测角中误差（"）	边长相对中误差
一级	100～300	5	1/30000
二级	100～300	8	1/20000

2 建筑物平面控制网宜布设成矩形，特殊时也可布设成十字形主轴线或平行于建筑外廓的多边形。其主要技术要求应符合表 13.2.3-2 的规定。

表 13.2.3-2　建筑物平面控制网的主要技术要求

等　级	测角中误差（″）	边长相对中误差
一级	$7''/\sqrt{n}$	1/30000
二级	$15''/\sqrt{n}$	1/20000

注：n 为建筑物结构的跨数。

13.2.4　应根据建筑平面控制网向混凝土底板垫层上投测建筑物外廓轴线，经闭合校测合格后，再放出细部轴线及有关边线。基础外廓轴线允许偏差应符合表 13.2.4 的规定。

表 13.2.4　基础外廓轴线尺寸允许偏差

长度 L、宽度 B（m）	允许偏差（mm）
$L(B)\leqslant30$	±5
$30<L(B)\leqslant60$	±10
$60<L(B)\leqslant90$	±15
$90<L(B)\leqslant120$	±20
$120<L(B)\leqslant150$	±25
$L(B)>150$	±30

13.2.5　高层建筑结构施工可采用内控法或外控法进行轴线竖向投测。首层放线验收后，应根据测量方案设置内控点或将控制轴线引测至结构外立面上，并作为各施工层主轴线竖向投测的基准。轴线的竖向投测，应以建筑物轴线控制桩为测站。竖向投测的允许偏差应符合表 13.2.5 的规定。

表 13.2.5　轴线竖向投测允许偏差

项　　目		允许偏差（mm）
每　　层		3
总高 H（m）	$H\leqslant30$	5
	$30<H\leqslant60$	10
	$60<H\leqslant90$	15
	$90<H\leqslant120$	20
	$120<H\leqslant150$	25
	$H>150$	30

13.2.6　控制轴线投测至施工层后，应进行闭合校验。控制轴线应包括：

1　建筑物外轮廓轴线；

2　伸缩缝、沉降缝两侧轴线；

3　电梯间、楼梯间两侧轴线；

4　单元、施工流水段分界轴线。

施工层放线时，应先在结构平面上校核投测轴线，再测设细部轴线和墙、柱、梁、门窗洞口等边线，放线的允许偏差应符合表 13.2.6 的规定。

表 13.2.6　施工层放线允许偏差

项　　目		允许偏差（mm）
外廓主轴线长度 L（m）	$L\leqslant30$	±5
	$30<L\leqslant60$	±10
	$60<L\leqslant90$	±15
	$L>90$	±20
细部轴线		±2
承重墙、梁、柱边线		±3
非承重墙边线		±3
门窗洞口线		±3

13.2.7　场地标高控制网应根据复核后的水准点或已知标高点引测，引测标高宜采用附合测法，其闭合差不应超过 $±6\sqrt{n}$ mm（n 为测站数）或 $±20\sqrt{L}$ mm（L 为测线长度，以千米为单位）。

13.2.8　标高的竖向传递，应从首层起始标高线竖直量取，且每栋建筑应由三处分别向上传递。当三个点的标高差值小于 3mm 时，应取其平均值；否则应重新引测。标高的允许偏差应符合表 13.2.8 的规定。

表 13.2.8　标高竖向传递允许偏差

项　　目		允许偏差（mm）
每　　层		±3
总高 H（m）	$H\leqslant30$	±5
	$30<H\leqslant60$	±10
	$60<H\leqslant90$	±15
	$90<H\leqslant120$	±20
	$120<H\leqslant150$	±25
	$H>150$	±30

13.2.9　建筑物围护结构封闭前，应将外控轴线引测至结构内部，作为室内装饰与设备安装放线的依据。

13.2.10　高层建筑应按设计要求进行沉降、变形观测，并应符合国家现行标准《建筑地基基础设计规范》GB 50007 及《建筑变形测量规程》JGJ 8 的有关规定。

13.3　基础施工

13.3.1　基础施工前，应根据施工图、地质勘察资料和现场施工条件，制定地下水控制、基坑支护、支护结构拆除和基础结构的施工方案；深基坑支护方案宜进行专门论证。

13.3.2　深基础施工，应符合国家现行标准《高层建筑箱形与筏形基础技术规范》JGJ 6、《建筑桩基技术规范》JGJ 94、《建筑基坑支护技术规程》JGJ 120、《建筑施工土石方工程安全技术规范》JGJ 180、《锚杆喷射混凝土支护技术规范》GB 50086、《建筑地基基础工程施工质量验收规范》GB 50202、《建筑基坑工程监测技术规范》GB 50497 等的有关规定。

13.3.3 基坑和基础施工时，应采取降水、回灌、止水帷幕等措施防止地下水对施工和环境的影响。可根据土质和地下水状态、不同的降水深度，采用集水明排、单级井点、多级井点、喷射井点或管井等降水方案；停止降水时间应符合设计要求。

13.3.4 基础工程可采用放坡开挖顺作法、有支护顺作法、逆作法或半逆作法施工。

13.3.5 支护结构可选用土钉墙、排桩、钢板桩、地下连续墙、逆作拱墙等方法，并考虑支护结构的空间作用及与永久结构的结合。当不能采用悬臂式结构时，可选用土层锚杆、水平内支撑、斜支撑、环梁支护等锚拉或内支撑体系。

13.3.6 地基处理可采用挤密桩、压力注浆、深层搅拌等方法。

13.3.7 基坑施工时应加强周边建（构）筑物和地下管线的全过程安全监测和信息反馈，并制定保护措施和应急预案。

13.3.8 支护拆除应按照支护施工的相反顺序进行，并监测拆除过程中护坡的变化情况，制定应急预案。

13.3.9 工程桩质量检验可采用高应变、低应变、静载试验或钻芯取样等方法检测桩身缺陷、承载力及桩身完整性。

13.4 垂 直 运 输

13.4.1 垂直运输设备应有合格证书，其质量、安全性能应符合国家相关标准的要求，并应按有关规定进行验收。

13.4.2 高层建筑施工所选用的起重设备、混凝土泵送设备和施工升降机等，其验收、安装、使用和拆除应分别符合国家现行标准《起重机械安全规程》GB 6067、《塔式起重机》GB/T5031、《塔式起重机安全规程》GB 5144、《混凝土泵》GB/T 13333、《施工升降机标准》GB/T 10054、《施工升降机安全规程》GB 10055、《混凝土泵送施工技术规程》JGJ/T 10、《建筑机械使用安全技术规程》JGJ 33、《施工现场机械设备检查技术规程》JGJ 160 等的有关规定。

13.4.3 垂直运输设备的配置应根据结构平面布局、运输量、单件吊重及尺寸、设备参数和工期要求等因素确定。垂直运输设备的安装、使用、拆除应编制专项施工方案。

13.4.4 塔式起重机的配备、安装和使用应符合下列规定：

 1 应根据起重机的技术要求，对地基基础和工程结构进行承载力、稳定性和变形验算；当塔式起重机布置在基坑槽边时，应满足基坑支护安全的要求。

 2 采用多台塔式起重机时，应有防碰撞措施。

 3 作业前，应对索具、机具进行检查，每次使用后应按规定对各设施进行维修和保养。

 4 当风速大于五级时，塔式起重机不得进行顶升、接高或拆除作业。

 5 附着式塔式起重机与建筑物结构进行附着时，应满足其技术要求，附着点最大间距不宜大于 25m，附着点的埋件设置应经过设计单位同意。

13.4.5 混凝土输送泵配备、安装和使用应符合下列规定：

 1 混凝土泵的选型和配备台数，应根据混凝土最大输送高度、水平距离、输出量及浇筑量确定。

 2 编制泵送混凝土专项方案时应进行配管设计；季节性施工时，应根据需要对输送管道采取隔热或保温措施。

 3 采用接力泵进行混凝土泵送时，上、下泵的输送能力应匹配；设置接力泵的楼面应验算其结构承载能力。

13.4.6 施工升降机配备和安装应符合下列规定：

 1 建筑高度超高 15 层或 40m 时，应设置施工电梯，并应选择具有可靠防坠落升降系统的产品；

 2 施工升降机的选择，应根据建筑物体型、建筑面积、运输总量、工期要求以及供货条件等确定；

 3 施工升降机位置的确定，应方便安装以及人员和物料的集散；

 4 施工升降机安装前应对其基础和附墙锚固装置进行设计，并在基础周围设置排水设施。

13.5 脚手架及模板支架

13.5.1 脚手架与模板支架应编制施工方案，经审批后实施。高、大脚手架及模板支架施工方案宜进行专门论证。

13.5.2 脚手架及模板支架的荷载取值及组合、计算方法及架体构造和施工要求应满足国家现行行业标准《建筑施工安全检查标准》JGJ 59、《建筑施工扣件式钢管脚手架安全技术规范》JGJ 130、《建筑施工门式钢管脚手架安全技术规范》JGJ 128、《建筑施工碗扣式钢管脚手架安全技术规范》JGJ 166、《建筑施工模板安全技术规范》JGJ 162 等有关规定。

13.5.3 外脚手架应根据建筑物的高度选择合理的形式：

 1 低于 50m 的建筑，宜采用落地脚手架或悬挑脚手架；

 2 高于 50m 的建筑，宜采用附着式升降脚手架、悬挑脚手架。

13.5.4 落地脚手架宜采用双排扣件式钢管脚手架、门式钢管脚手架、承插式钢管脚手架。

13.5.5 悬挑脚手架应符合下列规定：

 1 悬挑构件宜采用工字钢，架体宜采用双排扣件式钢管脚手架或碗扣式、承插式钢管脚手架；

 2 分段搭设的脚手架，每段高度不得超过 20m；

 3 悬挑构件可采用预埋件固定，预埋件应采用

未经冷处理的钢材加工;

4 当悬挑支架放置在阳台、悬挑梁或大跨度梁等部位时,应对其安全性进行验算。

13.5.6 卸料平台应符合下列规定:

1 应对卸料平台结构进行设计和验算,并编制专项施工方案;

2 卸料平台应与外脚手架脱开;

3 卸料平台严禁超载使用。

13.5.7 模板支架宜采用工具式支架,并应符合相关标准的规定。

13.6 模 板 工 程

13.6.1 模板工程应进行专项设计,并编制施工方案。模板方案应根据平面形状、结构形式和施工条件确定。对模板及其支架应进行承载力、刚度和稳定性计算。

13.6.2 模板的设计、制作和安装应符合国家现行标准《混凝土结构工程施工质量验收规范》GB 50204、《组合钢模板技术规范》GB 50214、《滑动模板工程技术规范》GB 50113、《钢框胶合板模板技术规程》JGJ 96、《清水混凝土应用技术规程》JGJ 169 等的有关规定。

13.6.3 模板选型应符合下列规定:

1 墙体宜选用大模板、倒模、滑动模板和爬升模板等工具式模板施工;

2 柱模宜采用定型模板。圆柱模板可采用玻璃钢或钢板成型;

3 梁、板模板宜选用钢框胶合板、组合钢模板或不带框胶合板等,采用整体或分片预制安装;

4 楼板模板可选用飞模(台模、桌模)、密肋楼板模壳、永久性模板等;

5 电梯井筒内模宜选用铰接式筒形大模板,核心筒宜采用爬升模板;

6 清水混凝土、装饰混凝土模板应满足设计对混凝土造型及观感的要求。

13.6.4 现浇楼板模板宜采用早拆模板体系。后浇带应与其两侧梁、板结构的模板及支架分开设置。

13.6.5 大模板板面可采用整块薄钢板,也可选用钢框胶合板或加边框的钢板、胶合板拼装。挂装三角架支承上层外模荷载时,现浇外墙混凝土强度应达到7.5MPa。大模板拆除和吊运时,严禁挤撞墙体。

大模板的安装允许偏差应符合表 13.6.5 的规定。

表 13.6.5 大模板安装允许偏差

项 目	允许偏差(mm)	检测方法
位 置	3	钢尺检测
标 高	±5	水准仪或拉线、尺量
上口宽度	±2	钢尺检测
垂直度	3	2m托线板检测

13.6.6 滑动模板及其操作平台应进行整体的承载力、刚度和稳定性设计,并应满足建筑造型要求。滑升模板施工前应按连续施工要求,统筹安排提升机具和配件等。劳动力配备、工序协调、垂直运输和水平运输能力均应与滑升速度相适应。模板应有上口小、下口大的倾斜度,其单面倾斜度宜取为模板高度的1/1000~2/1000。混凝土出模强度应达到出模后混凝土不塌、不裂。支承杆的选用应与千斤顶的构造相适应,长度宜为4m~6m,相邻支撑杆的接头位置应至少错开500mm,同一截面高度内接头不宜超过总数的25%。宜选用额定起重量为60kN以上的大吨位千斤顶及与之配套的钢管支撑杆。

滑模装置组装的允许偏差应符合表 13.6.6 的规定。

表 13.6.6 滑模装置组装的允许偏差

项　　目		允许偏差(mm)	检测方法
模板结构轴线与相应结构轴线位置		3	钢尺检测
围圈位置偏差	水平方向	3	钢尺检测
	垂直方向	3	
提升架的垂直偏差	平面内	3	2m托线板检测
	平面外	2	
安放千斤顶的提升架横梁相对标高偏差		5	水准仪或拉线、尺量
考虑倾斜度后模板尺寸的偏差	上口	-1	钢尺检测
	下口	+2	
千斤顶安装位置偏差	平面内	5	钢尺检测
	平面外	5	
圆模直径、方模边长的偏差		5	钢尺检测
相邻两块模板平面平整偏差		2	钢尺检测

13.6.7 爬升模板宜采用由钢框胶合板等组合而成的大模板。其高度应为标准层层高加 100mm~300mm。模板及爬架背面应附有爬升装置。爬架可由型钢组成,高度应为 3.0~3.5 个标准层高度,其立柱宜采取标准节分段组合,并用法兰盘连接;其底座固定于下层墙体时,穿墙螺栓不应少于 4 个,底部应设有操作平台和防护设施。爬升装置可选用液压穿心千斤顶、电动设备、捯链等。爬升工艺可选用模板与爬架互爬、模板与模板互爬、爬架与爬架互爬及整体爬升等。各部件安装后,应对所有连接螺栓和穿墙螺栓进行紧固检查,并应试爬升和验收。爬升时,穿墙螺栓受力处的混凝土强度不应小于 10MPa;应稳起、稳落和平稳就位,不应被其他构件卡住;每个单元的爬

升，应在一个工作台班内完成，爬升完毕应及时固定。

爬升模板组装允许偏差应符合表13.6.7的规定。穿墙螺栓的紧固扭矩为40N·m～50N·m时，可采用扭力扳手检测。

表13.6.7　爬升模板组装允许偏差

项　目	允许偏差	检测方法
墙面留穿墙螺栓孔位置	±5mm	钢尺检测
穿墙螺栓孔直径	±2mm	
大模板	同本规程表13.6.5	
爬升支架： 标高 垂直度	±5mm 5mm或爬升支架高度的0.1%	与水平线钢尺检测挂线坠

13.6.8 现浇空心楼板模板施工时，应采取防止混凝土浇筑时预制芯管及钢筋上浮的措施。

13.6.9 模板拆除应符合下列规定：

1 常温施工时，柱混凝土拆模强度不应低于1.5MPa，墙体拆模强度不应低于1.2MPa；

2 冬期拆模与保温应满足混凝土抗冻临界强度的要求；

3 梁、板底模拆模时，跨度不大于8m时混凝土强度应达到设计强度的75%，跨度大于8m时混凝土强度应达到设计强度的100%；

4 悬挑构件拆模时，混凝土强度应达到设计强度的100%；

5 后浇带拆模时，混凝土强度应达到设计强度的100%。

13.7　钢 筋 工 程

13.7.1 钢筋工程的原材料、加工、连接、安装和验收，应符合现行国家标准《混凝土结构工程施工质量验收规范》GB 50204的有关规定。

13.7.2 高层混凝土结构宜采用高强钢筋。钢筋数量、规格、型号和物理力学性能应符合设计要求。

13.7.3 粗直径钢筋宜采用机械连接。机械连接可采用直螺纹套筒连接、套筒挤压连接等方法。焊接时可采用电渣压力焊等方法。钢筋连接应符合现行行业标准《钢筋机械连接技术规程》JGJ 107、《钢筋焊接及验收规程》JGJ 18和《钢筋焊接接头试验方法》JGJ 27等的有关规定。

13.7.4 采用点焊钢筋网片时，应符合现行行业标准《钢筋焊接网混凝土结构技术规程》JGJ 114的有关规定。

13.7.5 采用冷轧带肋钢筋和预应力用钢丝、钢绞线时，应符合现行行业标准《冷轧带肋钢筋混凝土结构技术规程》JGJ 95和《钢绞线、钢丝束无粘结预应力筋》JG 3006等的有关规定。

13.7.6 框架梁、柱交叉处，梁纵向受力钢筋应置于柱纵向钢筋内侧；次梁钢筋宜放在主梁钢筋内侧。当双向均为主梁时，钢筋位置应按设计要求摆放。

13.7.7 箍筋的弯曲半径、内径尺寸、弯钩平直长度、绑扎间距与位置等构造做法应符合设计规定。采用开口箍筋时，开口方向应置于受压区，并错开布置。采用螺旋箍等新型箍筋时，应符合设计及工艺要求。

13.7.8 压型钢板-混凝土组合楼板施工时，应保证钢筋位置及保护层厚度准确。可采用在工厂加工钢筋桁架，并与压型钢板焊接成一体的钢筋桁架模板系统。

13.7.9 梁、板、墙、柱的钢筋宜采用预制安装方法。钢筋骨架、钢筋网在运输和安装过程中，应采取加固等保护措施。

13.8　混 凝 土 工 程

13.8.1 高层建筑宜采用预拌混凝土或有自动计量装置、可靠质量控制的搅拌站供应的混凝土，预拌混凝土应符合现行国家标准《预拌混凝土》GB/T 14902的规定。混凝土浇灌宜采用泵送入模、连续施工，并应符合现行行业标准《混凝土泵送施工技术规程》JGJ/T 10的规定。

13.8.2 混凝土工程的原材料、配合比设计、施工和验收，应符合现行国家标准《混凝土质量控制标准》GB 50164、《混凝土外加剂应用技术规范》GB 50119、《粉煤灰混凝土应用技术规范》GB 50146和《混凝土强度检验评定标准》GB/T 50107、《清水混凝土应用技术规程》JGJ 169等的有关规定。

13.8.3 高层建筑宜根据不同工程需要，选用特定的高性能混凝土。采用高强混凝土时，应优选水泥、粗细骨料、外掺合料和外加剂，并应作好配制、浇筑与养护。

13.8.4 预拌混凝土运至浇筑地点，应进行坍落度检查，其允许偏差应符合表13.8.4的规定。

表13.8.4　现场实测混凝土坍落度允许偏差

要求坍落度	允许偏差(mm)
<50	±10
50～90	±20
>90	±30

13.8.5 混凝土浇筑高度应保证混凝土不发生离析。混凝土自高处倾落的自由高度不应大于2m；柱、墙模板内的混凝土倾落高度应满足表13.8.5的规定；当不能满足表13.8.5的规定时，宜加设串通、溜槽、溜管等装置。

表 13.8.5 柱、墙模板内混凝土倾落高度限值(mm)

条 件	混凝土倾落高度
骨料粒径大于 25mm	≤3
骨料粒径不大于 25mm	≤6

13.8.6 混凝土浇筑过程中,应设专人对模板支架、钢筋、预埋件和预留孔洞的变形、移位进行观测,发现问题及时采取措施。

13.8.7 混凝土浇筑后应及时进行养护。根据不同的地区、季节和工程特点,可选用浇水、综合蓄热、电热、远红外线、蒸汽等养护方法,以塑料布、保温材料或涂刷薄膜等覆盖。

13.8.8 预应力混凝土结构施工,应符合国家现行标准《预应力筋用锚具、夹具和连接器》GB/T 14370 和《无粘结预应力混凝土结构技术规程》JGJ 92 等的有关规定。

13.8.9 结构柱、墙混凝土设计强度等级高于梁、板混凝土设计强度等级时,应在交界区域采取分隔措施。分隔位置应在低强度等级的构件中,且与高强度等级构件边缘的距离不宜小于 500mm。应先浇筑高强度等级混凝土,后浇筑低强度等级混凝土。

13.8.10 混凝土施工缝宜留置在结构受力较小且便于施工的位置。

13.8.11 后浇带应按设计要求预留,并按规定时间浇筑混凝土,进行覆盖养护。当设计对混凝土无特殊要求时,后浇带混凝土应高于其相邻结构一个强度等级。

13.8.12 现浇混凝土结构的允许偏差符合表 13.8.12 的规定。

表 13.8.12 现浇混凝土结构的允许偏差

项 目			允许偏差(mm)
轴 线 位 置			5
垂直度	每 层	≤5m	8
		>5m	10
	全 高		$H/1000$ 且≤30
标高	每 层		±10
	全 高		±30
截面尺寸			+8,−5(抹灰)
			+5,−2(不抹灰)
表面平整(2m 长度)			8(抹灰),4(不抹灰)
预埋设施中心线位置	预埋件		10
	预埋螺栓		5
	预埋管		5
预埋洞中心线位置			15
电梯井	井筒长、宽对定位中心线		+25,0
	井筒全高(H)垂直度		$H/1000$ 且≤30

13.9 大体积混凝土施工

13.9.1 大体积与超长结构混凝土施工前应编制专项

施工方案,并进行大体积混凝土温控计算,必要时可设置抗裂钢筋(丝)网。

13.9.2 大体积混凝土施工应符合现行国家标准《大体积混凝土施工规范》GB 50496 的规定。

13.9.3 大体积基础底板及地下室外墙混凝土,当采用粉煤灰混凝土时,可利用 60d 或 90d 强度进行配合比设计和施工。

13.9.4 大体积与超长结构混凝土配合比应经过试配确定。原材料应符合相关标准的要求,宜选用中低水化热低碱水泥,掺入适量的粉煤灰和缓凝型外加剂,并控制水泥用量。

13.9.5 大体积混凝土浇筑、振捣应满足下列规定:

1 宜避免高温施工;当必须暑期高温施工时,应采取措施降低混凝土拌合物和混凝土内部温度。

2 根据面积、厚度等因素,宜采取整体分层连续浇筑或推移式连续浇筑法;混凝土供应速度应大于混凝土初凝速度,下层混凝土初凝前应进行第二层混凝土浇筑。

3 分层设置水平施工缝时,除应符合设计要求外,尚应根据混凝土浇筑过程中温度裂缝控制的要求、混凝土的供应能力、钢筋工程的施工、预埋管件安装等因素确定其位置及间隔时间。

4 宜采用二次振捣工艺,浇筑面应及时进行二次抹压处理。

13.9.6 大体积混凝土养护、测温应符合下列规定:

1 大体积混凝土浇筑后,应在 12h 内采取保湿、控温措施。混凝土浇筑体的里表温差不宜大于 25℃,混凝土浇筑体表面与大气温差不宜大于 20℃;

2 宜采用自动测温系统测量温度,并设专人负责;测温点布置应具有代表性,测温频次应符合相关标准的规定。

13.9.7 超长大体积混凝土施工可采取留置变形缝、后浇带施工或跳仓法施工。

13.10 混合结构施工

13.10.1 混合结构施工应满足国家现行标准《混凝土结构工程施工质量验收规范》GB 50204、《钢结构工程施工质量验收规范》GB 50205、《型钢混凝土组合结构技术规程》JGJ 138 等的有关要求。

13.10.2 施工中应加强钢筋混凝土结构与钢结构施工的协调与配合,根据结构特点编制施工组织设计,确定施工顺序、流水段划分、工艺流程及资源配置。

13.10.3 钢结构制作前应进行深化设计。

13.10.4 混合结构应遵照先钢结构安装,后钢筋混凝土施工的原则组织施工。

13.10.5 核心筒应先于钢框架或型钢混凝土框架施工,高差宜控制在 4~8 层,并应满足施工工序的穿插要求。

13.10.6 型钢混凝土竖向构件应按照钢结构、钢筋、模板、混凝土的顺序组织施工，型钢安装应先于混凝土施工至少一个安装节。

13.10.7 钢框架-钢筋混凝土筒体结构施工时，应考虑内外结构的竖向变形差异控制。

13.10.8 钢管混凝土结构浇筑应符合下列规定：

1 宜采用自密实混凝土，管内混凝土浇筑可选用管顶向下普通浇筑法、泵送顶升浇筑法和高位抛落法等。

2 采用从管顶向下浇筑时，应加强底部管壁排气孔观察，确认浆体流出和浇筑密实后封堵排气孔。

3 采用泵送顶升浇筑法时，应合理选择顶升浇筑设备，控制混凝土顶升速度，钢管直径宜不小于泵管直径的两倍。

4 采用高位抛落免振法浇筑混凝土时，混凝土技术参数宜通过试验确定；对于抛落高度不足 4m 的区段，应配合人工振捣；混凝土一次抛落量应控制在 0.7m³ 左右。

5 混凝土浇筑面与尚待焊接部位焊缝的距离不应小于 600mm。

6 钢管内混凝土浇灌接近顶面时，应测定混凝土浮浆厚度，计算与原混凝土相同级配的石子量并投入和振捣密实。

7 管内混凝土的浇灌质量，可采用管外敲击法、超声波检测法或钻芯取样法检测；对不密实的部位，应采用钻孔压浆法进行补强。

13.10.9 型钢混凝土柱的箍筋宜采用封闭箍，不宜将箍筋直接焊在钢柱上。梁柱节点部位柱的箍筋可分段焊接。

13.10.10 当利用型钢梁钢骨架吊挂梁模板时，应对其承载力和变形进行核算。

13.10.11 压型钢板楼面混凝土施工时，应根据压型钢板的刚度适当设置支撑系统。

13.10.12 型钢剪力墙、钢板剪力墙、暗支撑剪力墙混凝土施工时，应在型钢翼缘处留置排气孔，必要时可在墙体模板侧面留设浇筑孔。

13.10.13 型钢混凝土梁柱接头处和型钢翼缘下部，宜预留排气孔和混凝土浇筑孔。钢筋密集时，可采用自密实混凝土浇筑。

13.11 复杂混凝土结构施工

13.11.1 混凝土转换层、加强层、连体结构、大底盘多塔楼结构等复杂结构应编制专项施工方案。

13.11.2 混凝土结构转换层、加强层施工应符合下列规定：

1 当转换层梁或板混凝土支撑体系利用下层楼板或其他结构传递荷载时，应通过计算确定，必要时应采取加固措施；

2 混凝土桁架、空腹钢架等斜向构件的模板和支架应进行荷载分析及水平推力计算。

13.11.3 悬挑结构施工应符合下列规定：

1 悬挑构件的模板支架可采用钢管支撑、型钢支撑和悬挑桁架等，模板起拱值宜为悬挑长度的 0.2%~0.3%；

2 当采用悬挂支模时，应对钢架或骨架的承载力和变形进行计算；

3 应有控制上部受力钢筋保护层厚度的措施。

13.11.4 大底盘多塔楼结构，塔楼间施工顺序和施工高差、后浇带设置及混凝土浇筑时间应满足设计要求。

13.11.5 塔楼连接体施工应符合下列规定：

1 应在塔楼主体施工前确定连接体施工或吊装方案；

2 应根据施工方案，对主体结构局部和整体受力进行验算，必要时应采取加强措施；

3 塔楼主体施工时应按连接体施工安装方案的要求设置预埋件或预留洞。

13.12 施 工 安 全

13.12.1 高层建筑结构施工应符合现行行业标准《建筑施工高处作业安全技术规范》JGJ 80、《建筑机械使用安全技术规程》JGJ 33、《施工现场临时用电安全技术规范》JGJ 46、《建筑施工门式钢管脚手架安全技术规程》JGJ 128、《建筑施工扣件式钢管脚手架安全技术规范》JGJ 130 和《液压滑动模板施工安全技术规程》JGJ 65 等的有关规定。

13.12.2 附着式整体爬升脚手架应经鉴定，并有产品合格证、使用证和准用证。

13.12.3 施工现场应设立可靠的避雷装置。

13.12.4 建筑物的出入口、楼梯口、洞口、基坑和每层建筑的周边均应设置防护设施。

13.12.5 钢模板施工时，应有防漏电措施。

13.12.6 采用自动提升、顶升脚手架或工作平台施工时，应严格执行操作规程，并经验收后实施。

13.12.7 高层建筑施工，应采取上、下通信联系措施。

13.12.8 高层建筑施工应有消防系统，消防供水系统应满足楼层防火要求。

13.12.9 施工用油漆和涂料应妥善保管，并远离火源。

13.13 绿 色 施 工

13.13.1 高层建筑施工组织设计和施工方案应符合绿色施工的要求，并应进行绿色施工教育和培训。

13.13.2 应控制混凝土中碱、氯、氨等有害物质含量。

13.13.3 施工中应采用下列节能与能源利用措施：

1 制定措施提高各种机械的使用率和满载率；

2 采用节能设备和施工节能照明工具，使用节能型的用电器具；

3 对设备进行定期维护保养。

13.13.4 施工中应采用下列节水及水资源利用措施：

1 施工过程中对水资源进行管理；

2 采用施工节水工艺、节水设施并安装计量装置；

3 深基坑施工时，应采取地下水的控制措施；

4 有条件的工地宜建立水网，实施水资源的循环使用。

13.13.5 施工中应采用下列节材及材料利用措施：

1 采用节材与材料资源合理利用的新技术、新工艺、新材料和新设备；

2 宜采用可循环利用材料；

3 废弃物应分类回收，并进行再生利用。

13.13.6 施工中应采取下列节地措施：

1 合理布置施工总平面；

2 节约施工用地及临时设施用地，避免或减少二次搬运；

3 组织分段流水施工，进行劳动力平衡，减少临时设施和周转材料数量。

13.13.7 施工中的环境保护应符合下列规定：

1 对施工过程中的环境因素进行分析，制定环境保护措施；

2 现场采取降尘措施；

3 现场采取降噪措施；

4 采用环保建筑材料；

5 采取防光污染措施；

6 现场污水排放应符合相关规定，进出现场车辆应进行清洗；

7 施工现场垃圾应按规定进行分类和排放；

8 油漆、机油等应妥善保存，不得遗洒。

附录 A 楼盖结构竖向振动加速度计算

A.0.1 楼盖结构的竖向振动加速度宜采用时程分析方法计算。

A.0.2 人行走引起的楼盖振动峰值加速度可按下列公式近似计算：

$$a_p = \frac{F_p}{\beta w} g \qquad (A.0.2-1)$$

$$F_p = p_0 e^{-0.35 f_n} \qquad (A.0.2-2)$$

式中：a_p——楼盖振动峰值加速度(m/s^2)；

F_p——接近楼盖结构自振频率时人行走产生的作用力(kN)；

p_0——人们行走产生的作用力(kN)，按表 A.0.2 采用；

f_n——楼盖结构竖向自振频率(Hz)；

β——楼盖结构阻尼比，按表 A.0.2 采用；

w——楼盖结构阻抗有效重量(kN)，可按本附录 A.0.3 条计算；

g——重力加速度，取 $9.8 m/s^2$。

表 A.0.2 人行走作用力及楼盖结构阻尼比

人员活动环境	人员行走作用力 p_0 (kN)	结构阻尼比 β
住宅，办公，教堂	0.3	0.02～0.05
商场	0.3	0.02
室内人行天桥	0.42	0.01～0.02
室外人行天桥	0.42	0.01

注：1 表中阻尼比用于钢筋混凝土楼盖结构和钢-混凝土组合楼盖结构；

2 对住宅、办公、教堂建筑，阻尼比 0.02 可用于无家具和非结构构件情况，如无纸化电子办公区、开敞办公区和教室；阻尼比 0.03 可用于有家具、非结构构件，带少量可拆卸隔断的情况；阻尼比 0.05 可用于含全高填充墙的情况；

3 对室内人行天桥，阻尼比 0.02 可用于天桥带干挂吊顶的情况。

A.0.3 楼盖结构的阻抗有效重量 w 可按下列公式计算：

$$w = \overline{w}BL \qquad (A.0.3-1)$$

$$B = CL \qquad (A.0.3-2)$$

式中：$\overline{w}$——楼盖单位面积有效重量(kN/m^2)，取恒载和有效分布活荷载之和。楼层有效分布活荷载：对办公建筑可取 $0.55 kN/m^2$，对住宅可取 $0.3 kN/m^2$；

L——梁跨度(m)；

B——楼盖阻抗有效质量的分布宽度(m)；

C——垂直于梁跨度方向的楼盖受弯连续性影响系数，对边梁取 1，对中间梁取 2。

附录 B 风荷载体型系数

B.0.1 风荷载体型系数应根据建筑物平面形状按下列规定采用：

1 矩形平面

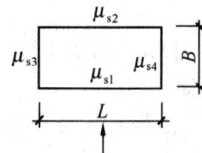

μ_{s1}	μ_{s2}	μ_{s3}	μ_{s4}
0.80	$-\left(0.48 + 0.03\dfrac{H}{L}\right)$	-0.60	-0.60

注：H 为房屋高度。

2 L形平面

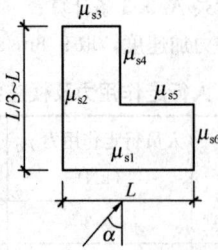

μ_s α	μ_{s1}	μ_{s2}	μ_{s3}	μ_{s4}	μ_{s5}	μ_{s6}
0°	0.80	−0.70	−0.60	−0.50	−0.50	−0.60
45°	0.50	0.50	−0.80	−0.70	−0.70	−0.80
225°	−0.60	−0.60	0.30	0.90	0.90	0.30

3 槽形平面

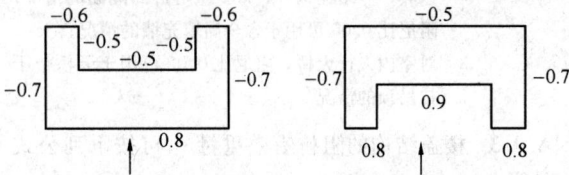

4 正多边形平面、圆形平面

1)$\mu_s = 0.8 + \dfrac{1.2}{\sqrt{n}}$ (n 为边数)；

2)当圆形高层建筑表面较粗糙时，$\mu_s = 0.8$。

5 扇形平面

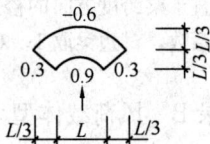

6 梭形平面

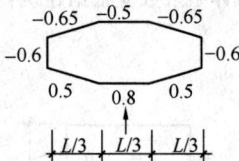

7 十字形平面

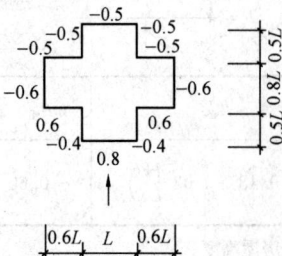

8 井字形平面

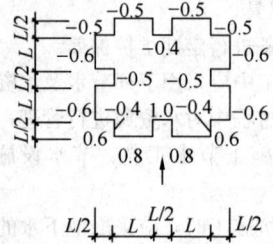

9 X形平面

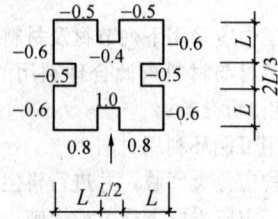

10 廿形平面

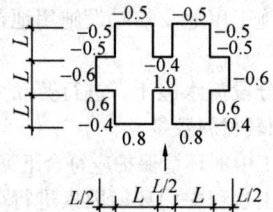

11 六角形平面

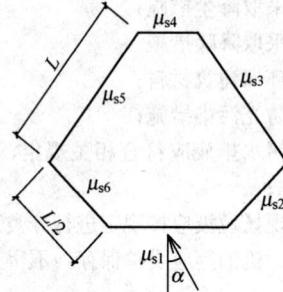

μ_s α	μ_{s1}	μ_{s2}	μ_{s3}	μ_{s4}	μ_{s5}	μ_{s6}
0°	0.80	−0.45	−0.50	−0.60	−0.50	−0.45
30°	0.70	0.40	−0.55	−0.50	−0.55	−0.55

12 Y形平面

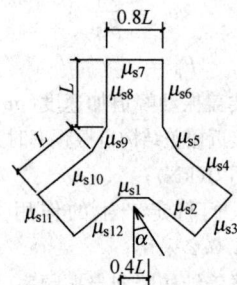

μ_s＼α	0°	10°	20°	30°	40°	50°	60°
μ_{s1}	1.05	1.05	1.00	0.95	0.90	0.50	−0.15
μ_{s2}	1.00	0.95	0.90	0.85	0.80	0.40	−0.10
μ_{s3}	−0.70	−0.10	0.30	0.50	0.70	0.85	0.95
μ_{s4}	−0.50	−0.50	−0.55	−0.60	−0.75	−0.40	−0.10
μ_{s5}	−0.50	−0.55	−0.60	−0.65	−0.75	−0.45	−0.15
μ_{s6}	−0.55	−0.55	−0.60	−0.70	−0.65	−0.15	−0.35
μ_{s7}	−0.50	−0.50	−0.50	−0.55	−0.55	−0.55	−0.55
μ_{s8}	−0.55	−0.55	−0.55	−0.55	−0.55	−0.55	−0.55
μ_{s9}	−0.50	−0.50	−0.50	−0.50	−0.50	−0.50	−0.50
μ_{s10}	−0.50	−0.50	−0.50	−0.50	−0.50	−0.50	−0.50
μ_{s11}	−0.70	−0.60	−0.55	−0.55	−0.55	−0.55	−0.55
μ_{s12}	1.00	0.95	0.90	0.80	0.75	0.65	0.35

附录 C 结构水平地震作用计算的底部剪力法

C.0.1 采用底部剪力法计算高层建筑结构的水平地震作用时，各楼层在计算方向可仅考虑一个自由度(图C)，并应符合下列规定：

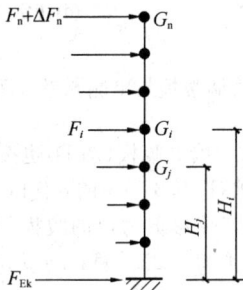

图 C 底部剪力法计算示意

1 结构总水平地震作用标准值应按下列公式计算：

$$F_{Ek} = \alpha_1 G_{eq} \qquad (C.0.1-1)$$
$$G_{eq} = 0.85 G_E \qquad (C.0.1-2)$$

式中：F_{Ek}——结构总水平地震作用标准值；

α_1——相应于结构基本自振周期 T_1 的水平地震影响系数，应按本规程第 4.3.8 条确定；结构基本自振周期 T_1 可按本附录 C.0.2 条近似计算，并应考虑非承重墙体的影响予以折减；

G_{eq}——计算地震作用时，结构等效总重力荷载代表值；

G_E——计算地震作用时，结构总重力荷载代

表值，应取各质点重力荷载代表值之和。

2 质点 i 的水平地震作用标准值可按下式计算：

$$F_i = \frac{G_i H_i}{\sum\limits_{j=1}^{n} G_j H_j} F_{Ek}(1-\delta_n) \qquad (C.0.1-3)$$
$$(i = 1, 2, \cdots, n)$$

式中：F_i——质点 i 的水平地震作用标准值；

G_i、G_j——分别为集中于质点 i、j 的重力荷载代表值，应按本规程第 4.3.6 条的规定确定；

H_i、H_j——分别为质点 i、j 的计算高度；

δ_n——顶部附加地震作用系数，可按表 C.0.1 采用。

表 C.0.1 顶部附加地震作用系数 δ_n

$T_g(s)$	$T_1 > 1.4 T_g$	$T_1 \leqslant 1.4 T_g$
不大于 0.35	$0.08T_1 + 0.07$	不考虑
大于 0.35 但不大于 0.55	$0.08T_1 + 0.01$	
大于 0.55	$0.08T_1 - 0.02$	

注：1 T_g 为场地特征周期；

2 T_1 为结构基本自振周期，可按本附录第 C.0.2 条计算，也可采用根据实测数据并考虑地震作用影响的其他方法计算。

3 主体结构顶层附加水平地震作用标准值可按下式计算：

$$\Delta F_n = \delta_n F_{Ek} \qquad (C.0.1-4)$$

式中：ΔF_n——主体结构顶层附加水平地震作用标准值。

C.0.2 对于质量和刚度沿高度分布比较均匀的框架结构、框架-剪力墙结构和剪力墙结构，其基本自振周期可按下式计算：

$$T_1 = 1.7 \Psi_T \sqrt{u_T} \qquad (C.0.2)$$

式中：T_1——结构基本自振周期(s)；

u_T——假想的结构顶点水平位移(m)，即假想把集中在各楼层处的重力荷载代表值 G_i 作为该楼层水平荷载，并按本规程第 5.1 节的有关规定计算的结构顶点弹性水平位移；

Ψ_T——考虑非承重墙刚度对结构自振周期影响的折减系数，可按本规程第 4.3.17 条确定。

C.0.3 高层建筑采用底部剪力法计算水平地震作用时，突出屋面房屋(楼梯间、电梯间、水箱间等)宜作为一个质点参加计算，计算求得的水平地震作用标准值应增大，增大系数 β_n 可按表 C.0.3 采用。增大后的地震作用仅用于突出屋面房屋自身以及与其直接连

接的主体结构构件的设计。

表 C. 0.3　突出屋面房屋地震作用增大系数 β_n

结构基本自振周期 T_1 (s)	G_n/G ＼ K_n/K	0.001	0.010	0.050	0.100
0.25	0.01	2.0	1.6	1.5	1.5
	0.05	1.9	1.8	1.6	1.6
	0.10	1.9	1.8	1.6	1.5
0.50	0.01	2.6	1.9	1.7	1.7
	0.05	2.1	2.4	1.8	1.8
	0.10	2.2	2.4	2.0	1.8
0.75	0.01	3.6	2.3	2.2	2.2
	0.05	2.7	3.4	2.5	2.3
	0.10	2.2	3.3	2.5	2.3
1.00	0.01	4.8	2.9	2.7	2.7
	0.05	3.6	4.3	2.9	2.7
	0.10	2.4	4.1	3.2	3.0
1.50	0.01	6.6	3.9	3.5	3.5
	0.05	3.7	4.3	3.8	3.6
	0.10	2.4	5.6	4.2	3.7

注：1　K_n、G_n 分别为突出屋面房屋的侧向刚度和重力荷载代表值；K、G 分别为主体结构层侧向刚度和重力荷载代表值，可取各层的平均值；

2　楼层侧向刚度可由楼层剪力除以楼层层间位移计算。

附录 D　墙体稳定验算

D. 0.1　剪力墙墙肢应满足下式的稳定要求：

$$q \leqslant \frac{E_c t^3}{10 l_0^2} \qquad (D. 0.1)$$

式中：q——作用于墙顶组合的等效竖向均布荷载设计值；

E_c——剪力墙混凝土的弹性模量；

t——剪力墙墙肢截面厚度；

l_0——剪力墙墙肢计算长度，应按本附录第 D. 0.2 条确定。

D. 0.2　剪力墙墙肢计算长度应按下式计算：

$$l_0 = \beta h \qquad (D. 0.2)$$

式中：β——墙肢计算长度系数，应按本附录第 D. 0.3 条确定；

h——墙肢所在楼层的层高。

D. 0.3　墙肢计算长度系数 β 应根据墙肢的支承条件按下列规定采用：

1　单片独立墙肢按两边支承板计算，取 β 等于 1.0。

2　T 形、L 形、槽形和工字形剪力墙的翼缘（图 D），采用三边支承板按式（D. 0.3-1）计算；当 β 计算值小于 0.25 时，取 0.25。

$$\beta = \frac{1}{\sqrt{1 + \left(\frac{h}{2 b_f}\right)^2}} \qquad (D. 0.3-1)$$

式中：b_f——T 形、L 形、槽形、工字形剪力墙的单侧翼缘截面高度，取图 D 中各 b_{fi} 的较大值或最大值。

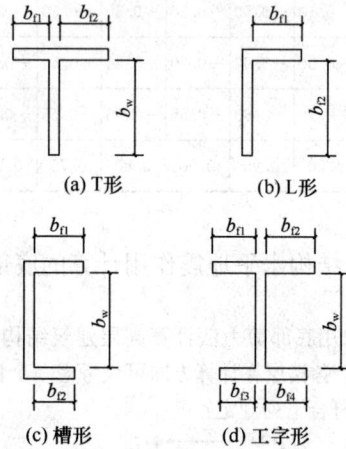

(a) T形　　(b) L形

(c) 槽形　　(d) 工字形

图 D　剪力墙腹板与单侧翼缘截面高度示意

3　T 形剪力墙的腹板（图 D）也按三边支承板计算，但应将公式（D. 0.3-1）中的 b_f 代以 b_w。

4　槽形和工字形剪力墙的腹板（图 D），采用四边支承板按式（D. 0.3-2）计算；当 β 计算值小于 0.2 时，取 0.2。

$$\beta = \frac{1}{\sqrt{1 + \left(\frac{3h}{2 b_w}\right)^2}} \qquad (D. 0.3-2)$$

式中：b_w——槽形、工字形剪力墙的腹板截面高度。

D. 0.4　当 T 形、L 形、槽形、工字形剪力墙的翼缘截面高度或 T 形、L 形剪力墙的腹板截面高度与翼缘截面厚度之和小于截面厚度的 2 倍和 800mm 时，尚宜按下式验算剪力墙的整体稳定：

$$N \leqslant \frac{1.2 E_c I}{h^2} \qquad (D. 0.4)$$

式中：N——作用于墙顶组合的竖向荷载设计值；

I——剪力墙整体截面的惯性矩，取两个方向的较小值。

附录 E 转换层上、下结构侧向刚度规定

E.0.1 当转换层设置在 1、2 层时，可近似采用转换层与其相邻上层结构的等效剪切刚度比 γ_{e1} 表示转换层上、下层结构刚度的变化，γ_{e1} 宜接近 1，非抗震设计时 γ_{e1} 不应小于 0.4，抗震设计时 γ_{e1} 不应小于 0.5。γ_{e1} 可按下列公式计算：

$$\gamma_{e1} = \frac{G_1 A_1}{G_2 A_2} \times \frac{h_2}{h_1} \qquad (E.0.1\text{-}1)$$

$$A_i = A_{w,i} + \sum_j C_{i,j} A_{ci,j} \quad (i = 1, 2) \tag{E.0.1-2}$$

$$C_{i,j} = 2.5 \left(\frac{h_{ci,j}}{h_i} \right)^2 \quad (i = 1, 2) \tag{E.0.1-3}$$

式中：G_1、G_2——分别为转换层和转换层上层的混凝土剪变模量；

A_1、A_2——分别为转换层和转换层上层的折算抗剪截面面积，可按式（E.0.1-2）计算；

$A_{w,i}$——第 i 层全部剪力墙在计算方向的有效截面面积（不包括翼缘面积）；

$A_{ci,j}$——第 i 层第 j 根柱的截面面积；

h_i——第 i 层的层高；

$h_{ci,j}$——第 i 层第 j 根柱沿计算方向的截面高度；

$C_{i,j}$——第 i 层第 j 根柱截面面积折算系数，当计算值大于 1 时取 1。

E.0.2 当转换层设置在第 2 层以上时，按本规程式（3.5.2-1）计算的转换层与其相邻上层的侧向刚度比不应小于 0.6。

E.0.3 当转换层设置在第 2 层以上时，尚宜采用图 E 所示的计算模型按公式（E.0.3）计算转换层下部结构与上部结构的等效侧向刚度比 γ_{e2}。γ_{e2} 宜接近 1，非抗震设计时 γ_{e2} 不应小于 0.5，抗震设计时 γ_{e2} 不应小于 0.8。

$$\gamma_{e2} = \frac{\Delta_2 H_1}{\Delta_1 H_2} \tag{E.0.3}$$

式中：γ_{e2}——转换层下部结构与上部结构的等效侧向刚度比；

H_1——转换层及其下部结构（计算模型 1）的高度；

Δ_1——转换层及其下部结构（计算模型 1）的顶部在单位水平力作用下的侧向位移；

H_2——转换层上部若干层结构（计算模型 2）的高度，其值应等于或接近计算模型 1 的高度 H_1，且不大于 H_1；

Δ_2——转换层上部若干层结构（计算模型 2）的顶部在单位水平力作用下的侧向位移。

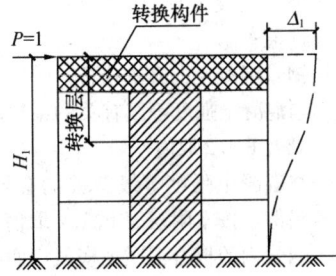

(a)计算模型 1——转换层及下部结构

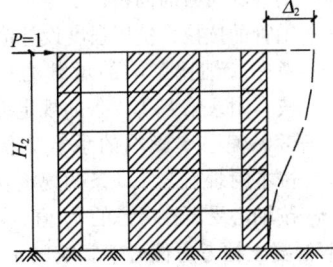

(b)计算模型 2——转换层上部结构

图 E 转换层上、下等效侧向刚度计算模型

附录 F 圆形钢管混凝土构件设计

F.1 构 件 设 计

F.1.1 钢管混凝土单肢柱的轴向受压承载力应满足下列公式规定：

持久、短暂设计状况　$N \leqslant N_u$　(F.1.1-1)

地震设计状况　$N \leqslant N_u / \gamma_{RE}$　(F.1.1-2)

式中：N——轴向压力设计值；

N_u——钢管混凝土单肢柱的轴向受压承载力设计值。

F.1.2 钢管混凝土单肢柱的轴向受压承载力设计值应按下列公式计算：

$$N_u = \varphi_l \varphi_e N_0 \tag{F.1.2-1}$$

$$N_0 = 0.9 A_c f_c (1 + \alpha\theta) \quad (\text{当 } \theta \leqslant [\theta] \text{ 时}) \tag{F.1.2-2}$$

$$N_0 = 0.9 A_c f_c (1 + \sqrt{\theta} + \theta) \quad (\text{当 } \theta > [\theta] \text{ 时}) \tag{F.1.2-3}$$

$$\theta = \frac{A_a f_a}{A_c f_c} \tag{F.1.2-4}$$

且在任何情况下均应满足下列条件：

$$\varphi_l \varphi_e \leqslant \varphi_0 \tag{F.1.2-5}$$

表 F.1.2 系数 α、$[\theta]$ 取值

混凝土等级	≤C50	C55~C80
α	2.00	1.80
$[\theta]$	1.00	1.56

式中：N_0 ——钢管混凝土轴心受压短柱的承载力设
计值；

θ ——钢管混凝土的套箍指标；

α ——与混凝土强度等级有关的系数，按本附
录表 F.1.2 取值；

$[\theta]$ ——与混凝土强度等级有关的套箍指标界
限值，按本附录表 F.1.2 取值；

A_c ——钢管内的核心混凝土横截面面积；

f_c ——核心混凝土的抗压强度设计值；

A_a ——钢管的横截面面积；

f_a ——钢管的抗拉、抗压强度设计值；

φ_l ——考虑长细比影响的承载力折减系数，
按本附录第 F.1.4 条的规定确定；

φ_e ——考虑偏心率影响的承载力折减系数，
按本附录第 F.1.3 条的规定确定；

φ_0 ——按轴心受压柱考虑的 φ_l 值。

F.1.3 钢管混凝土柱考虑偏心率影响的承载力折减
系数 φ_e，应按下列公式计算：

当 $e_0/r_c \leqslant 1.55$ 时，

$$\varphi_e = \frac{1}{1+1.85\dfrac{e_0}{r_c}} \qquad (F.1.3\text{-}1)$$

$$e_0 = \frac{M_2}{N} \qquad (F.1.3\text{-}2)$$

当 $e_0/r_c > 1.55$ 时，

$$\varphi_e = \frac{0.3}{\dfrac{e_0}{r_c}-0.4} \qquad (F.1.3\text{-}3)$$

式中：e_0 ——柱端轴向压力偏心距之较大者；

r_c ——核心混凝土横截面的半径；

M_2 ——柱端弯矩设计值的较大者；

N ——轴向压力设计值。

F.1.4 钢管混凝土柱考虑长细比影响的承载力折减
系数 φ_l，应按下列公式计算：

当 $L_e/D > 4$ 时：

$$\varphi_l = 1 - 0.115\sqrt{L_e/D-4} \qquad (F.1.4\text{-}1)$$

当 $L_e/D \leqslant 4$ 时：

$$\varphi_l = 1 \qquad (F.1.4\text{-}2)$$

式中：D ——钢管的外直径；

L_e ——柱的等效计算长度，按本附录 F.1.5 条
和第 F.1.6 条确定。

F.1.5 柱的等效计算长度应按下列公式计算：

$$L_e = \mu k L \qquad (F.1.5)$$

式中：L ——柱的实际长度；

μ ——考虑柱端约束条件的计算长度系数，根
据梁柱刚度的比值，按现行国家标准
《钢结构设计规范》GB 50017 确定；

k ——考虑柱身弯矩分布梯度影响的等效长度
系数，按本附录第 F.1.6 条确定。

F.1.6 钢管混凝土柱考虑柱身弯矩分布梯度影响的
等效长度系数 k，应按下列公式计算：

1 轴心受压柱和杆件（图 F.1.6a）：

$$k = 1 \qquad (F.1.6\text{-}1)$$

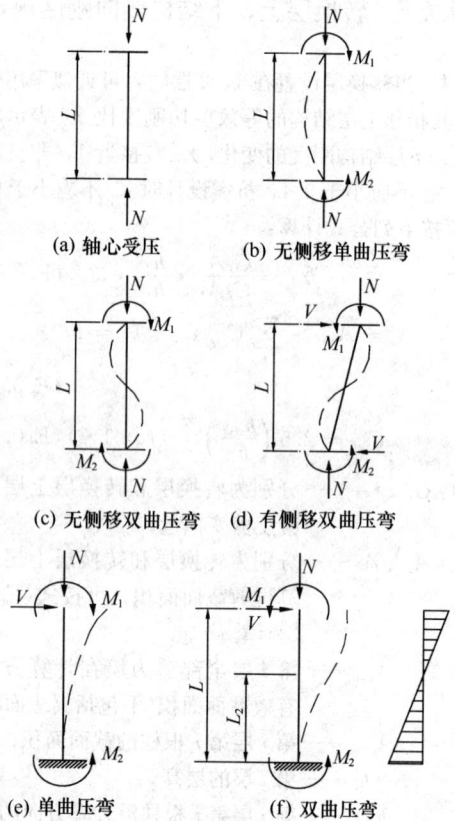

(a) 轴心受压 　　(b) 无侧移单曲压弯

(c) 无侧移双曲压弯 　(d) 有侧移双曲压弯

(e) 单曲压弯 　　　(f) 双曲压弯

图 F.1.6　框架柱及悬臂柱计算简图

2 无侧移框架柱（图 F.1.6b、c）：

$$k = 0.5 + 0.3\beta + 0.2\beta^2 \qquad (F.1.6\text{-}2)$$

3 有侧移框架柱（图 F.1.6d）和悬臂柱（图
F.1.6e、f）：

当 $e_0/r_c \leqslant 0.8$ 时

$$k = 1 - 0.625 e_0/r_c \qquad (F.1.6\text{-}3)$$

当 $e_0/r_c > 0.8$ 时，取 $k = 0.5$。

当自由端有力矩 M_1 作用时，

$$k = (1+\beta_1)/2 \qquad (F.1.6\text{-}4)$$

并将式（F.1.6-3）与式（F.1.6-4）所得 k 值进
行比较，取其中之较大值。

式中：β ——柱两端弯矩设计值之绝对值较小者 M_1 与
绝对值较大者 M_2 的比值，单曲压弯时 β
取正值，双曲压弯时 β 取负值；

β_1 ——悬臂柱自由端弯矩设计值 M_1 与嵌固端弯
矩设计值 M_2 的比值，当 β_1 为负值即双
曲压弯时，则按反弯点所分割成的高度
为 L_2 的子悬臂柱计算（图 F.1.6f）。

注：1　无侧移框架系指框架中设有支撑架、剪
力墙、电梯井等支撑结构，且其抗侧移
刚度不小于框架抗侧移刚度的 5 倍者；
有侧移框架系指框架中未设上述支撑结

构或支撑结构的抗侧移刚度小于框架抗侧移刚度的 5 倍者;

    2　嵌固端系指相交于柱的横梁的线刚度与柱的线刚度的比值不小于 4 者,或柱基础的长和宽均不小于柱直径的 4 倍者。

F.1.7　钢管混凝土单肢柱的拉弯承载力应满足下列规定:

$$\frac{N}{N_{ut}} + \frac{M}{M_u} \leqslant 1 \qquad (F.1.7-1)$$

$$N_{ut} = A_a F_a \qquad (F.1.7-2)$$

$$M_u = 0.3 r_c N_0 \qquad (F.1.7-3)$$

式中:N——轴向拉力设计值;

    M——柱端弯矩设计值的较大者。

F.1.8　当钢管混凝土单肢柱的剪跨 a(横向集中荷载作用点至支座或节点边缘的距离)小于柱子直径 D 的 2 倍时,柱的横向受剪承载力应符合下式规定:

$$V \leqslant V_u \qquad (F.1.8)$$

式中:V——横向剪力设计值;

    V_u——钢管混凝土单肢柱的横向受剪承载力设计值。

F.1.9　钢管混凝土单肢柱的横向受剪承载力设计值应按下列公式计算:

$$V_u = (V_0 + 0.1 N')\left(1 - 0.45\sqrt{\frac{a}{D}}\right) \qquad (F.1.9-1)$$

$$V_0 = 0.2 A_c f_c (1 + 3\theta) \qquad (F.1.9-2)$$

式中:V_0——钢管混凝土单肢柱受纯剪时的承载力设计值;

    N'——与横向剪力设计值 V 对应的轴向力设计值;

    a——剪跨,即横向集中荷载作用点至支座或节点边缘的距离。

F.1.10　钢管混凝土的局部受压应符合下式规定:

$$N_l \leqslant N_{ul} \qquad (F.1.10)$$

式中:N_l——局部作用的轴向压力设计值;

    N_{ul}——钢管混凝土柱的局部受压承载力设计值。

F.1.11　钢管混凝土柱在中央部位受压时(图 F.1.11),局部受压承载力设计值应按下式计算:

$$N_{ul} = N_0 \sqrt{\frac{A_l}{A_c}} \qquad (F.1.11)$$

式中:N_0——局部受压段的钢管混凝土短柱轴心受压承载力设计值,按本附录第 F.1.2 条公式(F.1.2-2)、(F.1.2-3)计算;

    A_l——局部受压面积;

    A_c——钢管内核心混凝土的横截面积。

F.1.12　钢管混凝土柱在其组合界面附近受压时(图

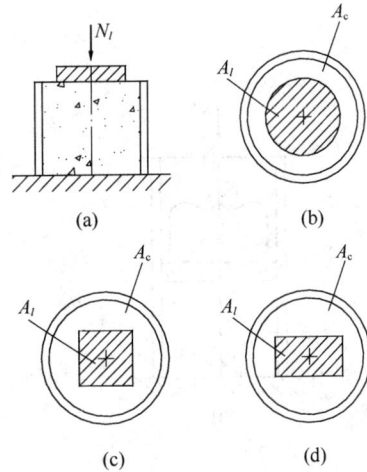

图 F.1.11　中央部位局部受压

F.1.12),局部受压承载力设计值应按下列公式计算:

当 $A_l / A_c \geqslant 1/3$ 时:

$$N_{ul} = (N_0 - N')\omega\sqrt{\frac{A_l}{A_c}} \qquad (F.1.12-1)$$

当 $A_l / A_c < 1/3$ 时:

$$N_{ul} = (N_0 - N')\omega\sqrt{3} \cdot \frac{A_l}{A_c} \qquad (F.1.12-2)$$

式中:N_0——局部受压段的钢管混凝土短柱轴心受压承载力设计值,按本附录第 F.1.2 条公式(F.1.2-2)、公式(F.1.2-3)计算;

    N'——非局部作用的轴向压力设计值;

    ω——考虑局压应力分布状况的系数,当局压应力为均匀分布时取 1.00;当局压应力为非均匀分布(如与钢管内壁焊接的柔性抗剪连接件等)时取 0.75。

当局部受压承载力不足时,可将局压区段的管壁进行加厚。

F.2　连接设计

F.2.1　钢管混凝土柱的直径较小时,钢梁与钢管混凝土柱之间可采用外加强环连接(图 F.2.1-1),外加强环应是环绕钢管混凝土柱的封闭的满环(图 F.2.1-2)。外加强环与钢管外壁应采用全熔透焊缝连接,外加强环与钢梁应采用栓焊连接。外加强环的厚度不应小于钢梁翼缘的厚度,最小宽度 c 不应小于钢梁翼缘宽度的 70%。

F.2.2　钢管混凝土柱的直径较大时,钢梁与钢管混凝土柱之间可采用内加强环连接。内加强环与钢管内壁应采用全熔透坡口焊缝连接。梁与柱可采用现场直接连接,也可与带有悬臂梁段的柱在现场进行梁的拼接。悬臂梁段可采用等截面(图 F.2.2-1)或变截面(图 F.2.2-2、图 F.2.2-3);采用变截面梁段时,其坡度不宜大于 1/6。

(a)

(b)　　　　(c)

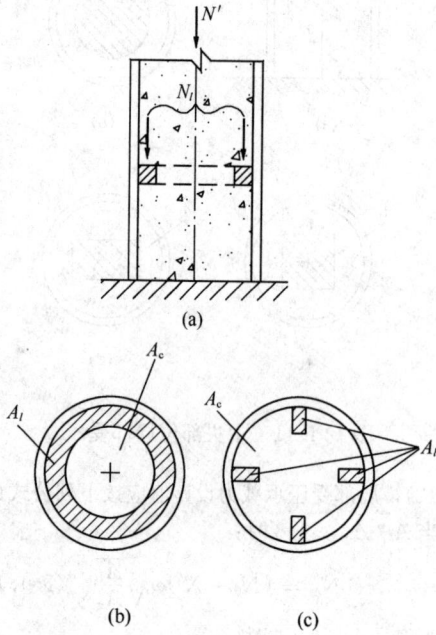

图 F.1.12　组合界面附近局部受压

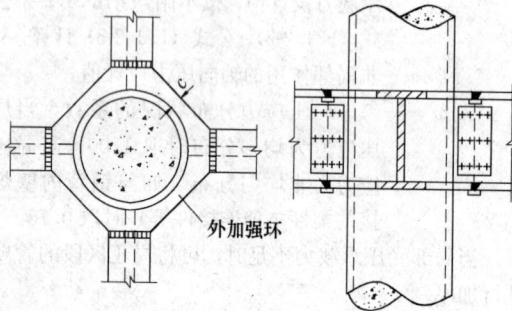

图 F.2.1-1　钢梁与钢管混凝土柱采用外
加强环连接构造示意

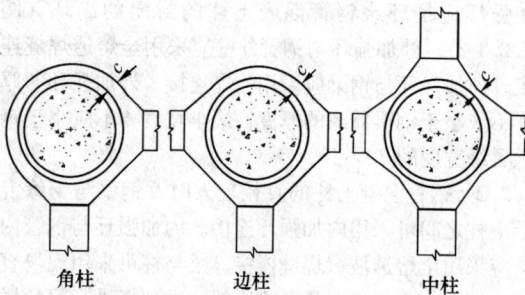

角柱　　　边柱　　　中柱

图 F.2.1-2　外加强环构造示意

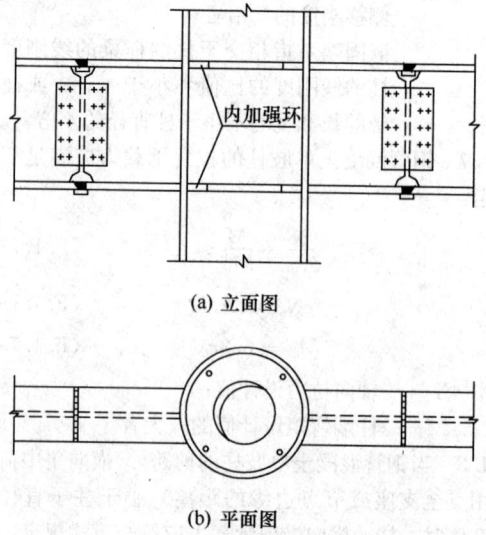

(a) 立面图

(b) 平面图

图 F.2.2-1　等截面悬臂钢梁与钢管混凝土
柱采用内加强环连接构造示意

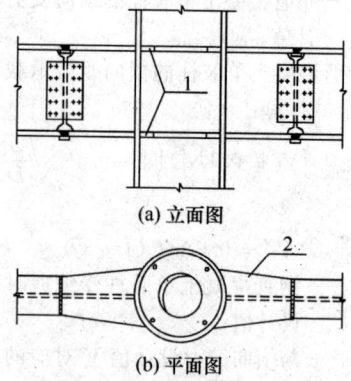

(a) 立面图

(b) 平面图

图 F.2.2-2　翼缘加宽的
悬臂钢梁与钢管混凝土
柱连接构造示意

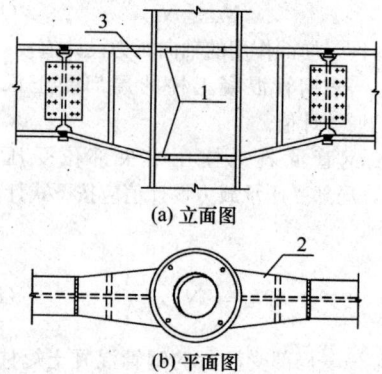

(a) 立面图

(b) 平面图

图 F.2.2-3　翼缘加宽、腹板加腋的
悬臂钢梁与钢管混凝土
柱连接构造示意

1—内加强环；2—翼缘加宽；3—变高度（腹板加腋）悬臂梁段

F.2.3 钢筋混凝土梁与钢管混凝土柱的连接构造应同时满足管外剪力传递及弯矩传递的要求。

F.2.4 钢筋混凝土梁与钢管混凝土柱连接时，钢管外剪力传递可采用环形牛腿或承重销；钢筋混凝土无梁楼板或井式密肋楼板与钢管混凝土柱连接时，钢管外剪力传递可采用台锥式环形深牛腿。也可采用其他符合计算受力要求的连接方式传递管外剪力。

F.2.5 环形牛腿、台锥式环形深牛腿可由呈放射状均匀分布的肋板和上、下加强环组成（图 F.2.5）。肋板应与钢管壁外表面及上、下加强环采用角焊缝焊接，上、下加强环可分别与钢管壁外表面采用角焊缝焊接。环形牛腿的上、下加强环以及台锥式深牛腿的下加强环应预留直径不小于 50mm 的排气孔。台锥式环形深牛腿下加强环的直径可由楼板的冲切承载力计算确定。

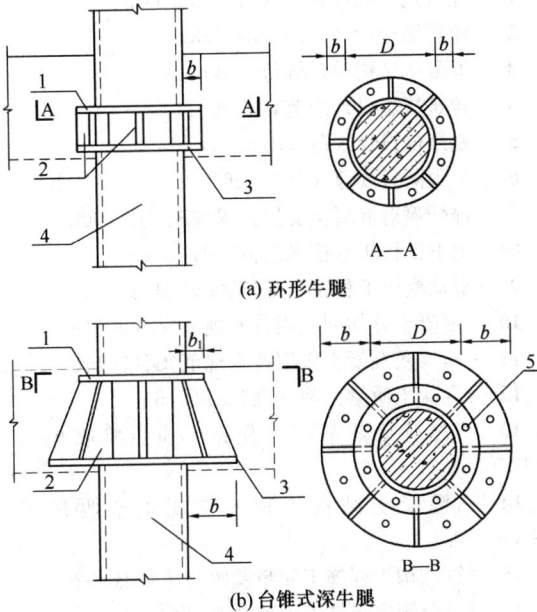

图 F.2.5 环形牛腿构造示意
1—上加强环；2—腹板或肋板；3—下加强环；
4—钢管混凝土柱；5—排气孔

F.2.6 钢管混凝土柱的外径不小于 600mm 时，可采用承重销传递剪力。由穿心腹板和上、下翼缘板组成的承重销（图 F.2.6），其截面高度宜取框架梁截面高度的 50%，其平面位置应根据框架梁的位置确定。翼缘板在穿过钢管壁不少于 50mm 后可逐渐收窄。钢管与翼缘板之间、钢管与穿心腹板之间应采用全熔透坡口焊缝焊接，穿心腹板与对面的钢管壁之间（图 F.2.6a）或与另一方向的穿心腹板之间（图 F.2.6b）应采用角焊缝焊接。

F.2.7 钢筋混凝土梁与钢管混凝土柱的管外弯矩传递可采用井式双梁、环梁、穿筋单梁和变宽度梁，也可采用其他符合受力分析要求的连接方式。

F.2.8 井式双梁的纵向钢筋钢筋可从钢管侧面平行

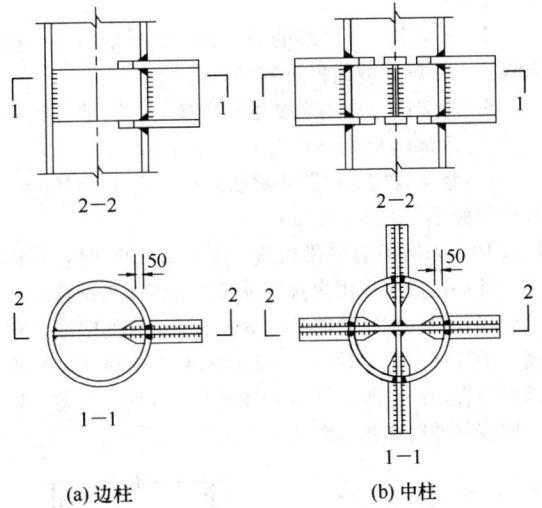

图 F.2.6 承重销构造示意

通过，并宜增设斜向构造钢筋（图 F.2.8）；井式双梁与钢管之间应浇筑混凝土。

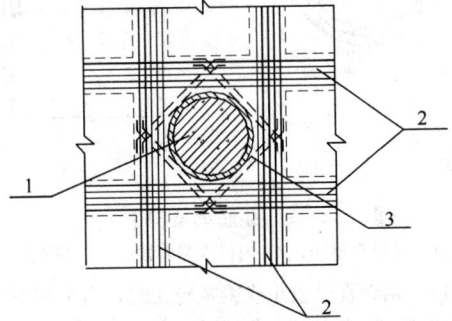

图 F.2.8 井式双梁构造示意
1—钢管混凝土柱；2—双梁的纵向钢筋；
3—附加斜向钢筋

F.2.9 钢筋混凝土环梁（图 F.2.9）的配筋应由计算确定。环梁的构造应符合下列规定：

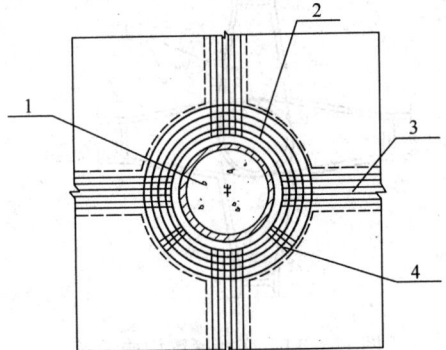

图 F.2.9 钢筋混凝土环梁构造示意
1—钢管混凝土柱；2—环梁的环向钢筋；
3—框架梁纵向钢筋；4—环梁箍筋

1 环梁截面高度宜比框架梁高 50mm；

2 环梁的截面宽度宜不小于框架梁宽度；

3 框架梁的纵向钢筋在环梁内的锚固长度应满足现行国家标准《混凝土结构设计规范》GB 50010

的规定；

4 环梁上、下环筋的截面积，应分别不小于框架梁上、下纵筋截面积的 70%；

5 环梁内、外侧应设置环向腰筋，腰筋直径不宜小于 16mm，间距不宜大于 150mm；

6 环梁按构造设置的箍筋直径不宜小于 10mm，外侧间距不宜大于 150mm。

F.2.10 采用穿筋单梁构造（图 F.2.10）时，在钢管开孔的区段应采用内衬管段或外套管段与钢管壁紧贴焊接，衬（套）管的壁厚不应小于钢管的壁厚，穿筋孔的环向净矩 s 不应小于孔的长径 b，衬（套）管端面至孔边的净距 w 不应小于孔长径 b 的 2.5 倍。宜采用双筋并股穿孔（图 F.2.10）。

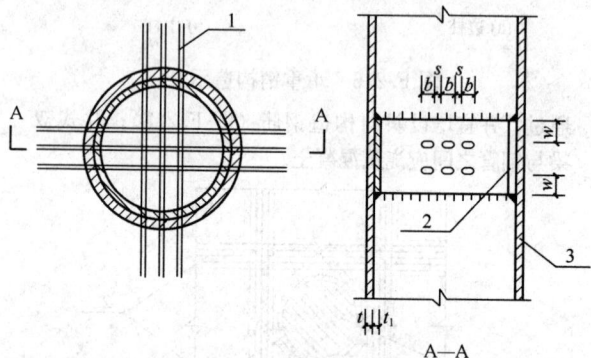

图 F.2.10 穿筋单梁构造示意
1—并股双钢筋；2—内衬加强管段；3—柱钢管

F.2.11 钢管直径较小或梁宽较大时，可采用梁端加宽的变宽度梁传递管外弯矩的构造方式（图 F.2.11）。变宽度梁一个方向的 2 根纵向钢筋可穿过钢管，其余纵向钢筋可连续绕过钢管，绕筋的斜度不应大于 1/6，并应在梁变宽度处设置附加箍筋。

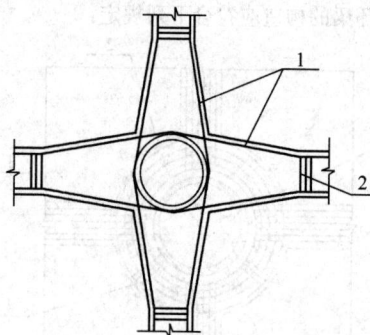

图 F.2.11 变宽度梁构造示意
1—框架梁纵向钢筋；2—框架梁附加箍筋

本规程用词说明

1 为便于在执行本规程条文时区别对待，对于要求严格程度不同的用词说明如下：

1）表示很严格，非这样做不可的：
正面词采用"必须"，反面词采用"严禁"；

2）表示严格，在正常情况下均应这样做的：
正面词采用"应"，反面词采用"不应"或"不得"；

3）表示允许稍有选择，在条件许可时首先应这样做的：
正面词采用"宜"，反面词采用"不宜"；

4）表示有选择，在一定条件下可以这样做的，采用"可"。

2 条文中指明应按其他标准执行的写法为："应符合……的规定"或"应按……执行"。

引用标准名录

1 《建筑地基基础设计规范》GB 50007

2 《建筑结构荷载规范》GB 50009

3 《混凝土结构设计规范》GB 50010

4 《建筑抗震设计规范》GB 50011

5 《钢结构设计规范》GB 50017

6 《工程测量规范》GB 50026

7 《锚杆喷射混凝土支护技术规范》GB 50086

8 《地下工程防水技术规范》GB 50108

9 《滑动模板工程技术规范》GB 50113

10 《混凝土外加剂应用技术规范》GB 50119

11 《粉煤灰混凝土应用技术现范》GB 50146

12 《混凝土质量控制标准》GB 50164

13 《建筑地基基础工程施工质量验收规范》GB 50202

14 《混凝土结构工程施工质量验收规范》GB 50204

15 《钢结构工程施工质量验收规范》GB 50205

16 《组合钢模板技术规范》GB 50214

17 《建筑工程抗震设防分类标准》GB 50223

18 《大体积混凝土施工规范》GB 50496

19 《建筑基坑工程监测技术规范》GB 50497

20 《塔式起重机安全规程》GB 5144

21 《起重机械安全规程》GB 6067

22 《施工升降机安全规程》GB 10055

23 《塔式起重机》GB/T 5031

24 《施工升降机标准》GB/T 10054

25 《混凝土泵》GB/T 13333

26 《预应力筋用锚具、夹具和连接器》GB/T 14370

27 《预拌混凝土》GB/T 14902

28 《混凝土强度检验评定标准》GB/T 50107

29 《高层建筑箱形与筏形基础技术规范》JGJ 6

30 《建筑变形测量规程》JGJ 8

31 《钢筋焊接及验收规程》JGJ 18

32 《钢筋焊接接头试验方法》JGJ 27

33 《建筑机械使用安全技术规程》JGJ 33

34 《施工现场临时用电安全技术规范》JGJ 46

35 《建筑施工安全检查标准》JGJ 59

36 《液压滑动模板施工安全技术规程》JGJ 65

37 《建筑施工高处作业安全技术规范》JGJ 80

38 《无粘结预应力混凝土结构技术规程》JGJ 92

39 《建筑桩基技术规范》JGJ 94

40 《冷轧带肋钢筋混凝土结构技术规程》JGJ 95

41 《钢框胶合板模板技术规程》JGJ 96

42 《高层民用建筑钢结构技术规程》JGJ 99

43 《玻璃幕墙工程技术规范》JGJ 102

44 《建筑工程冬期施工规程》JGJ 104

45 《钢筋机械连接技术规程》JGJ 107

46 《钢筋焊接网混凝土结构技术规程》JGJ 114

47 《建筑基坑支护技术规程》JGJ 120

48 《建筑施工门式钢管脚手架安全技术规范》JGJ 128

49 《建筑施工扣件式钢管脚手架安全技术规范》JGJ 130

50 《金属与石材幕墙工程技术规范》JGJ 133

51 《型钢混凝土组合结构技术规程》JGJ 138

52 《施工现场机械设备检查技术规程》JGJ 160

53 《建筑施工模板安全技术规范》JGJ 162

54 《建筑施工碗扣式钢管脚手架安全技术规范》JGJ 166

55 《清水混凝土应用技术规程》JGJ 169

56 《建筑施工土石方工程安全技术规范》JGJ 180

57 《混凝土泵送施工技术规程》JGJ/T 10

58 《钢绞线、钢丝束无粘结预应力筋》JG 3006

中华人民共和国行业标准

高层建筑混凝土结构技术规程

JGJ 3—2010

条 文 说 明

修 订 说 明

《高层建筑混凝土结构技术规程》JGJ 3-2010，经住房和城乡建设部 2010 年 10 月 21 日以第 788 号公告批准、发布。

本规程是在《高层建筑混凝土结构技术规程》JGJ 3-2002 的基础上修订而成。上一版的主编单位是中国建筑科学研究院，参编单位是北京市建筑设计研究院、华东建筑设计研究院有限公司、广东省建筑设计研究院、深圳大学建筑设计研究院、上海市建筑科学研究院、清华大学、北京建工集团有限责任公司，主要起草人员是徐培福、黄小坤、容柏生、程懋堃、汪大绥、胡绍隆、傅学怡、赵西安、方鄂华、郝锐坤、胡世德、李国胜、周建龙、王明贵。

本次修订的主要技术内容是：1. 扩大了适用范围；2. 修改、补充了混凝土、钢筋、钢材材料要求；3. 调整补充了房屋适用的最大高度；4. 调整了房屋适用的最大高宽比；5. 修改了楼层刚度变化的计算方法和限制条件；6. 增加了质量沿竖向分布不均匀结构和不宜采用同一楼层同时为薄弱层、软弱层的竖向不规则结构规定，竖向不规则结构的薄弱层、软弱层的地震剪力增大系数由 1.15 调整为 1.25；7. 明确结构侧向位移限制条件是针对风荷载或地震作用标准值下的计算结果；8. 增加了风振舒适度计算时结构阻尼比取值及楼盖竖向振动舒适度要求；9. 增加了结构抗震性能设计基本方法及结构抗连续倒塌设计基本要求；10. 风荷载比较敏感的高层建筑承载力设计时风荷载按基本风压的 1.1 倍采用，扩大了考虑竖向地震作用的计算范围和设计要求；11. 增加了房屋高度大于 150m 结构的弹塑性变形验算要求以及结构弹塑性计算分析、多塔楼结构分塔楼模型计算要求；12. 正常使用极限状态的效应组合不作为强制性要求，增加了考虑结构设计使用年限的荷载调整系数，补充了竖向地震作为主导可变作用的组合工况；13. 修改了框架"强柱弱梁"及柱"强剪弱弯"的规定，增加三级框架节点的抗震受剪承载力验算要求并取消了节点抗震受剪承载力验算的附录，加大了柱截面基本

构造尺寸要求，对框架结构及四级抗震等级柱轴压比提出更高要求，适当提高了柱最小配筋率要求，增加梁端、柱端加密区箍筋间距可以适当放松的规定；14. 修改了剪力墙截面厚度、短肢剪力墙、剪力墙边缘构件的设计要求，增加了剪力墙洞口连梁正截面最小配筋率和最大配筋率要求，剪力墙分布钢筋直径、间距以及连梁的配筋设计不作为强制性条文；15. 修改了框架-剪力墙结构中框架承担倾覆力矩较多和较少时的设计规定；16. 提高了框架-核心筒结构核心筒底部加强部位分布钢筋最小配筋率，增加了内筒偏置及框架-双筒结构的设计要求，补充了框架承担地震剪力不宜过低的要求以及对框架和核心筒的内力调整、构造设计要求；17. 修改、补充了带转换层结构、错层结构、连体结构的设计规定，增加了竖向收进结构、悬挑结构的设计要求；18. 混合结构增加了筒中筒结构，调整了最大适用高度及抗震等级规定，钢框架-核心筒结构核心筒的最小配筋率比普通剪力墙适当提高，补充了钢管混凝土柱及钢板混凝土剪力墙的设计规定；19. 补充了地下室设计的有关规定；20. 增加了高层建筑施工中垂直运输、脚手架及模板支架、大体积混凝土、混合结构及复杂混凝土结构施工的有关规定。

本规程修订过程中，编制组调查总结了国内外高层建筑混凝土结构有关研究成果和工程实践经验，开展了框架结构刚度比、钢板剪力墙、混合结构、连体结构、带转换层结构等专题研究，参考了国外有关先进技术标准，在全国范围内广泛地征求了意见，并对反馈意见进行了汇总和处理。

为便于设计、科研、教学、施工等单位的有关人员在使用本规程时能正确理解和执行条文规定，《高层建筑混凝土结构技术规程》编制组按照章、节、条顺序编写了本规程的条文说明，对条文规定的目的、依据以及执行中需要注意的有关事项进行了解释和说明。但是，本条文说明不具备与规程正文同等的法律效力，仅供使用者作为理解和把握条文规定的参考。

目　　次

1 总　　则

1.0.1　20 世纪 90 年代以来，我国混凝土结构高层建筑迅速发展，钢筋混凝土结构体系积累了很多工程经验和科研成果，钢和混凝土的混合结构体系也积累了不少工程经验和研究成果。从 2002 版规程开始，除对钢筋混凝土高层建筑结构的条款进行补充修订外，又增加了钢和混凝土混合结构设计规定，并将规程名称《钢筋混凝土高层建筑结构设计与施工规程》JGJ 3-91 更改为《高层建筑混凝土结构技术规程》JGJ 3-2002（以下简称 02 规程）。

1.0.2　02 规程适用于 10 层及 10 层以上或房屋高度超过 28m 的高层民用建筑结构。本次修订将适用范围修改为 10 层及 10 层以上或房屋高度超过 28m 的住宅建筑，以及房屋高度大于 24m 的其他高层民用建筑结构，主要是为了与我国现行有关标准协调。现行国家标准《民用建筑设计通则》GB 50352 规定：10 层及 10 层以上的住宅建筑和建筑高度大于 24m 的其他民用建筑（不含单层公共建筑）为高层建筑；《高层民用建筑设计防火规范》GB 50045（2005 年版）规定 10 层及 10 层以上的居住建筑和建筑高度超过 24m 的公共建筑为高层建筑。本规程修订后的适用范围与上述标准基本协调。针对建筑结构专业的特点，对本条的适用范围补充说明如下：

1　有的住宅建筑的层高较大或底部布置层高较大的商场等公共服务设施，其层数虽然不到 10 层，但房屋高度已超过 28m，这些住宅建筑仍应按本规程进行结构设计。

2　高度大于 24m 的其他高层民用建筑结构是指办公楼、酒店、综合楼、商场、会议中心、博物馆等高层民用建筑，这些建筑中有的层数虽然不到 10 层，但层高比较高，建筑内部的空间比较大，变化也多，为适应结构设计的需要，有必要将这类高度大于 24m 的结构纳入到本规程的适用范围。至于高度大于 24m 的体育场馆、航站楼、大型火车站等大跨度空间结构，其结构设计应符合国家现行有关标准的规定，本规程的有关规定仅供参考。

本条还规定，本规程不适用于建造在危险地段及发震断裂最小避让距离之内的高层建筑。大量地震震害及其他自然灾害表明，在危险地段及发震断裂最小避让距离之内建造房屋和构筑物较难幸免灾祸；我国也没有在危险地段和发震断裂的最小避让距离内建造高层建筑的工程实践经验和相应的研究成果，本规程也没有专门条款。发震断裂的最小避让距离应符合现行国家标准《建筑抗震设计规范》GB 50011 的有关规定。

1.0.3　02 规程第 1.0.3 条关于抗震设防烈度的规定，本次修订移至第 3.1 节。

本条是新增内容，提出了对有特殊要求的高层建筑混凝土结构可采用抗震性能设计方法进行分析和论证，具体的抗震性能设计方法见本规程第 3.11 节。

近几年，结构抗震性能设计已在我国"超限高层建筑工程"抗震设计中比较广泛地采用，积累了不少经验。国际上，日本从 1981 年起已将基于性能的抗震设计原理用于高度超过 60m 的高层建筑。美国从 20 世纪 90 年代陆续提出了一些有关抗震性能设计的文件（如 ATC40、FEMA356、ASCE41 等），近几年由洛杉矶市和旧金山市的重要机构发布了新建高层建筑（高度超过 160 英尺、约 49m）采用抗震性能设计的指导性文件："洛杉矶地区高层建筑抗震分析和设计的另一种方法"洛杉矶高层建筑结构设计委员会（LATBSDC）2008 年；"使用非规范传统方法的新建高层建筑抗震设计和审查的指导准则"北加利福尼亚结构工程师协会（SEAONC）2007 年 4 月为旧金山市建议的行政管理公报。2008 年美国"国际高层建筑及都市环境委员会（CTBUH）"发表了有关高层建筑（高度超过 50m）抗震性能设计的建议。

高层建筑采用抗震性能设计已是一种趋势。正确应用性能设计方法将有利于判断高层建筑结构的抗震性能，有针对性地加强结构的关键部位和薄弱部位，为发展安全、适用、经济的结构方案提供创造性的空间。本条规定仅针对有特殊要求且难以按本规程规定的常规设计方法进行抗震设计的高层建筑结构，提出可采用抗震性能设计方法进行分析和论证。条文中提出的房屋高度、规则性、结构类型或抗震设防标准等有特殊要求的高层建筑混凝土结构包括："超限高层建筑结构"，其划分标准参见原建设部发布的《超限高层建筑工程抗震设防专项审查技术要点》；有些工程虽不属于"超限高层建筑结构"，但由于其结构类型或有些部位结构布置的复杂性，难以直接按本规程的常规方法进行设计；还有一些位于高烈度区（8 度、9 度）的甲、乙类设防标准的工程或处于抗震不利地段的工程，出现难以确定抗震等级或难以直接按本规程常规方法进行设计的情况。为适应上述工程抗震设计的需要，本规程提出了抗震性能设计的基本方法。

1.0.4　02 规程第 1.0.4 条本次修订移至第 3.1 节，本条为 02 规程第 1.0.5 条，作了部分文字修改。

注重高层建筑的概念设计，保证结构的整体性，是国内外历次大地震及风灾的重要经验总结。概念设计及结构整体性能是决定高层建筑结构抗震、抗风性能的重要因素，若结构严重不规则、整体性差，则按目前的结构设计及计算技术水平，较难保证结构的抗震、抗风性能，尤其是抗震性能。

1.0.5　本条是 02 规程第 1.0.6 条。

2　术语和符号

本章是根据标准编制要求增加的内容。

"高层建筑"大多根据不同的需要和目的而定义，国际、国内的定义不尽相同。国际上诸多国家和地区对高层建筑的界定多在 10 层以上；我国不同标准中有不同的定义。本规程主要是从结构设计的角度考虑，并与国家有关标准基本协调。

本规程中的"剪力墙（shear wall）"，在现行国家标准《建筑抗震设计规范》GB 50011 中称抗震墙，在现行国家标准《建筑结构设计术语和符号标准》GB/T 50083 中称结构墙（structural wall）。"剪力墙"既用于抗震结构也用于非抗震结构，这一术语在国外应用已久，在现行国家标准《混凝土结构设计规范》GB 50010 中和国内建筑工程界也一直应用。

"筒体结构"尚包括框筒结构、束筒结构等，本规程第 9 章和第 11 章主要涉及框架-核心筒结构和筒中筒结构。

"转换层"是指设置转换结构构件的楼层，包括水平结构构件及竖向结构构件，"带转换层高层建筑结构"属于复杂结构，部分框支剪力墙结构是其一种常见形式。在部分框支剪力墙结构中，转换梁通常称为"框支梁"，支撑转换梁的柱通常称为"框支柱"。

"连体结构"的连接体一般在房屋的中部或顶部，连接体结构与塔楼结构可采用刚性连接或滑动连接方式。

"多塔楼结构"是在裙楼或大底盘上有两个或两个以上塔楼的结构，是体型收进结构的一种常见例子。一般情况下，在地下室连为整体的多塔楼结构可不作为本规程第 10.6 节规定的复杂结构，但地下室顶板设计宜符合本规程 10.6 节多塔楼结构设计的有关规定。

"混合结构"包括内容较多，本规程主要涉及高层建筑中常用的钢和混凝土混合结构，包括钢框架（框筒）、型钢混凝土框架（框筒）、钢管混凝土框架（框筒）与钢筋混凝土筒体所组成的共同承受竖向和水平作用的框架-核心筒结构和筒中筒结构，后者是本次修订增加的内容。

3 结构设计基本规定

3.1 一 般 规 定

3.1.1 本条是 02 规程的第 1.0.3 条。抗震设防烈度是按国家规定权限批准作为一个地区抗震设防依据的地震烈度，一般情况下取 50 年内超越概率为 10% 的地震烈度，我国目前分为 6、7、8、9 度，与设计基本地震加速度一一对应，见表 1。

表 1 抗震设防烈度和设计基本地震加速度值的对应关系

抗震设防烈度	6	7	8	9
设计基本地震加速度值	$0.05g$	0.10 $(0.15)g$	0.20 $(0.30)g$	$0.40g$

注：g 为重力加速度。

3.1.2 本条是 02 规程第 1.0.4 条的修改。建筑工程的抗震设防分类，是根据建筑遭遇地震破坏后，可能造成人员伤亡、直接和间接经济损失、社会影响程度以及建筑在抗震救灾中的作用等因素，对各类建筑所作的抗震设防类别划分，具体分为特殊设防类、重点设防类、标准设防类、适度设防类，分别简称甲类、乙类、丙类和丁类。建筑抗震设防分类的划分应符合现行国家标准《建筑工程抗震设防分类标准》GB 50223 的规定。

3.1.3 高层建筑结构应根据房屋高度和高宽比、抗震设防类别、抗震设防烈度、场地类别、结构材料和施工技术条件等因素考虑其适宜的结构体系。

目前，国内大量的高层建筑结构采用四种常见的结构体系：框架、剪力墙、框架-剪力墙和筒体，因此本规程分章对这四种结构体系的设计作了比较详细的规定，以适应量大面广的工程设计需要。

框架结构中不包括板柱结构（无剪力墙或筒体），因为这类结构侧向刚度和抗震性能较差，目前研究工作不充分、工程实践经验不多，暂未列入规程；此外，由 L 形、T 形、Z 形或十字形截面（截面厚度一般为 180mm～300mm）构成的异形柱框架结构，目前已有行业标准《混凝土异形柱结构技术规程》JGJ 149，本规程也不需列入。

剪力墙结构包括部分框支剪力墙结构（有部分框支柱及转换结构构件）、具有较多短肢剪力墙且带有筒体或一般剪力墙的剪力墙结构。

板柱-剪力墙结构的板柱指无内部纵梁和横梁的无梁楼盖结构。由于在板柱框架体系中加入了剪力墙或筒体，主要由剪力墙构件承受侧向力，侧向刚度也有很大的提高。这种结构目前在国内外高层建筑中有较多的应用，但其适用高度宜低于框架-剪力墙结构。有震害表明，板柱结构的板柱节点破坏较严重，包括板的冲切破坏或柱端破坏。

筒体结构在 20 世纪 80 年代后在我国已广泛应用于高层办公建筑和高层旅馆建筑。由于其刚度较大、有较高承载能力，因而在层数较多时有较大优势。多年来，我国已经积累了许多工程经验和科研成果，在本规程中作了较详细的规定。

一些较新颖的结构体系（如巨型框架结构、巨型桁架结构、悬挂结构等），目前工程较少、经验还不多，宜针对具体工程研究其设计方法，待积累较多经验后再上升为规程的内容。

3.1.4、3.1.5 这两条强调了高层建筑结构概念设计原则，宜采用规则的结构，不应采用严重不规则的结构。

规则结构一般指：体型（平面和立面）规则，结构平面布置均匀、对称并具有较好的抗扭刚度；结构竖向布置均匀，结构的刚度、承载力和质量分布均匀、无突变。

实际工程设计中，要使结构方案规则往往比较困难，有时会出现平面或竖向布置不规则的情况。本规程第3.4.3～3.4.7条和第3.5.2～3.5.6条分别对结构平面布置及竖向布置的不规则性提出了限制条件。若结构方案中仅有个别项目超过了条款中规定的"不宜"的限制条件，此结构属不规则结构，但仍可按本规程有关规定进行计算和采取相应的构造措施；若结构方案中有多项超过了条款中规定的"不宜"的限制条件或某一项超过"不宜"的限制条件较多，此结构属特别不规则结构，应尽量避免；若结构方案中有多项超过了条款中规定的"不宜"的限制条件，而且超过较多，或者有一项超过了条款中规定的"不应"的限制条件，则此结构属严重不规则结构，这种结构方案不应采用，必须对结构方案进行调整。

无论采用何种结构体系，结构的平面和竖向布置都应使结构具有合理的刚度、质量和承载力分布，避免因局部突变和扭转效应而形成薄弱部位；对可能出现的薄弱部位，在设计中应采取有效措施，增强其抗震能力；结构宜具有多道防线，避免因部分结构或构件的破坏而导致整个结构丧失承受水平风荷载、地震作用和重力荷载的能力。

3.1.6 本条由02规程第4.9.3、4.9.5条合并修改而成。非荷载效应一般指温度变化、混凝土收缩和徐变、支座沉降等对结构或结构构件产生的影响。在较高的钢筋混凝土高层建筑结构设计中应考虑非荷载效应的不利影响。

高度较高的高层建筑的温度应力比较明显。幕墙包覆主体结构而使主体结构免受外界温度变化的影响，有效地减少了主体结构温度应力的不利影响。幕墙是外墙的一种结构形式，由于面板材料的不同，建筑幕墙可以分为玻璃幕墙、铝板或钢板幕墙、石材幕墙和混凝土幕墙。实际工程中可采用多种材料构成的混合幕墙。

3.1.7 本条由02规程第4.9.4、4.9.5、6.1.4条相关内容合并、修改而成。高层建筑层数较多，减轻填充墙的自重是减轻结构总重量的有效措施；而且轻质隔墙容易实现与主体结构的连接构造，减轻或防止随主体结构发生破坏。除传统的加气混凝土制品、空心砌块外，室内隔墙还可以采用玻璃、铝板、不锈钢板等轻质复合墙板材料。非承重墙体无论与主体结构采用刚性连接还是柔性连接，都应按非结构构件进行抗震设计，自身应具有相应的承载力、稳定及变形要求。

为避免主体结构变形时室内填充墙、门窗等非结构构件损坏，较高建筑或侧向变形较大的建筑中的非结构构件应采取有效的连接措施来适应主体结构的变形。例如，外墙门窗采用柔性密封胶条或耐候密封胶嵌缝；室内隔墙选用金属板或玻璃隔墙、柔性密封胶填缝等，可以很好地适应主体结构的变形。

3.2 材　　料

3.2.1 本条是在02规程第3.9.1条基础上修改完成的。当房屋高度大、层数多、柱距大时，由于单柱轴向力很大，受轴压比限制而使柱截面过大，不仅加大自重和材料消耗，而且妨碍建筑功能、浪费有效面积。减小柱截面尺寸通常有采用型钢混凝土柱、钢管混凝土柱、高强度混凝土这三条途径。

采用高强度混凝土可减小柱截面面积。C60混凝土已广泛采用，取得了良好的效益。

采用高强钢筋可有效减少配筋量，提高结构的安全度。目前我国已经可以大量生产满足结构抗震性能要求的400MPa、500MPa级热轧带肋钢筋和300MPa级热轧光圆钢筋。400MPa、500MPa级热轧带肋钢筋的强度设计值比335MPa级钢筋分别提高20%和45%；300MPa级热轧光圆钢筋的强度设计值比235MPa级钢筋提高28.5%，节材效果十分明显。

型钢混凝土柱截面含型钢一般为5%～8%，可使柱截面面积减小30%左右。由于型钢骨架要求钢结构的制作、安装能力，因此目前较多用在高层建筑的下层部位柱、转换层以下的框支柱等；在较高的高层建筑中也有全部采用型钢混凝土梁、柱的实例。

钢管混凝土可使柱混凝土处于有效侧向约束下，形成三向应力状态，因而延性和承载力提高较多。钢管混凝土柱如用高强混凝土浇筑，可以使柱截面减小至原截面面积的50%左右。钢管混凝土柱与钢筋混凝土梁的节点构造十分重要，也比较复杂。钢管混凝土柱设计及构造可按本规程第11章的有关规定执行。

3.2.2 本条针对高层混凝土结构的特点，提出了不同结构部位、不同结构构件的混凝土强度等级最低要求及抗震上限限值。某些结构局部特殊部位混凝土强度等级的要求，在本规程相关条文中作了补充规定。

3.2.3 本条对高层混凝土结构的受力钢筋性能提出了具体要求。

3.2.4、3.2.5 提出了钢-混凝土混合结构中钢材的选用及性能要求。

3.3 房屋适用高度和高宽比

3.3.1 A级高度钢筋混凝土高层建筑指符合表3.3.1-1最大适用高度的建筑，也是目前数量最多，应用最广泛的建筑。当框架-剪力墙、剪力墙及筒体结构的高度超出表3.3.1-1的最大适用高度时，列入B级高度高层建筑，但其房屋高度不应超过表3.3.1-2规定的最大适用高度，并应遵守本规程规定的更严格的计算和构造措施。为保证B级高度高层建筑的设计质量，抗震设计的B级高度的高层建筑，按有关规定应进行超限高层建筑的抗震设防专项审查复核。

对于房屋高度超过A级高度高层建筑最大适用高度的框架结构、板柱-剪力墙结构以及9度抗震设计的各类结构，因研究成果和工程经验尚显不足，在B级高度高层建筑中未予列入。

具有较多短肢剪力墙的剪力墙结构的抗震性能有待进一步研究和工程实践检验，本规程第7.1.8条规定其最大适用高度比普通剪力墙结构适当降低，7度时不应超过100m，8度（0.2g）时不应超过80m，8度（0.3g）时不应超过60m；B级高度高层建筑及9度时A级高度高层建筑不应采用这种结构。

房屋高度超过表3.3.1-2规定的特殊工程，则应通过专门的审查、论证，补充更严格的计算分析，必要时进行相应的结构试验研究，采取专门的加强构造措施。抗震设计的超限高层建筑，可以按本规程第3.11节的规定进行结构抗震性能设计。

框架-核心筒结构中，除周边框架外，内部带有部分仅承受竖向荷载的柱与无梁楼板时，不属于本条所列的板柱-剪力墙结构。本规程最大适用高度表中，框架-剪力墙结构的高度均低于框架-核心筒结构的高度，其主要原因是，框架-核心筒结构的核心筒相对于框架-剪力墙结构的剪力墙较强，核心筒成为主要抗侧力构件，结构设计上也有更严格的要求。

本次修订，增加了8度（0.3g）抗震设防结构最大适用高度的要求；A级高度高层建筑中，除6度外的框架结构最大适用高度适当降低，板柱-剪力墙结构最大适用高度适当增加；取消了在Ⅳ类场地上房屋适用的最大高度应适当降低的规定；平面和竖向均不规则的结构，其适用的最大高度适当降低的用词，由"应"改为"宜"。

对于部分框支剪力墙结构，本条表中规定的最大适用高度已经考虑框支层的不规则性而比全落地剪力墙结构降低，故对于"竖向和平面均不规则"，可指框支层以上的结构同时存在竖向和平面不规则的情况；仅有个别墙体不落地，只要框支部分的设计安全合理，其适用的最大高度可按一般剪力墙结构确定。

3.3.2 高层建筑的高宽比，是对结构刚度、整体稳定、承载能力和经济合理性的宏观控制；在结构设计满足本规程规定的承载力、稳定、抗倾覆、变形和舒适度等基本要求后，仅从结构安全角度讲高宽比限值不是必须满足的，主要影响结构设计的经济性。因此，本次修订不再区分A级高度和B级高度高层建筑的最大高宽比限值，而统一为表3.3.2，大体上保持了02规程的规定。从目前大多数高层建筑看，这一限值是各方面都可以接受的，也是比较经济合理的。高宽比超过这一限制的是极个别的，例如上海金茂大厦（88层，420m）为7.6，深圳地王大厦（81层，320m）为8.8。

在复杂体型的高层建筑中，如何计算高宽比是比较难以确定的问题。一般情况下，可按所考虑方向的最小宽度计算高宽比，但对突出建筑物平面很小的局部结构（如楼梯间、电梯间等），一般不应包含在计算宽度内；对于不宜采用最小宽度计算高宽比的情况，应由设计人员根据实际情况确定合理的计算方法；对带有裙房的高层建筑，当裙房的面积和刚度相对于其上部塔楼的面积和刚度较大时，计算高宽比的房屋高度和宽度可按裙房以上塔楼结构考虑。

3.4 结构平面布置

3.4.1 结构平面布置应力求简单、规则，避免刚度、质量和承载力分布不均匀，是抗震概念设计的基本要求。结构规则性解释参见本规程第3.1.4、3.1.5条。

3.4.2 高层建筑承受较大的风力。在沿海地区，风力成为高层建筑的控制性荷载，采用风压较小的平面形状有利于抗风设计。

对抗风有利的平面形状是简单规则的凸平面，如圆形、正多边形、椭圆形、鼓形等平面。对抗风不利的平面是有较多凹凸的复杂形状平面，如V形、Y形、H形、弧形等平面。

3.4.3 平面过于狭长的建筑物在地震时由于两端地震波输入有位相差而容易产生不规则振动，产生较大的震害，表3.4.3给出了L/B的最大限值。在实际工程中，L/B在6、7度抗震设计时最好不超过4；在8、9度抗震设计时最好不超过3。

平面有较长的外伸时，外伸段容易产生局部振动而引发凹角处应力集中和破坏，外伸部分l/b的限值在表3.4.3中已列出，但在实际工程设计中最好控制l/b不大于1。

角部重叠和细腰形的平面图形（图1），在中央部位形成狭窄部分，在地震中容易产生震害，尤其在凹角部位，因为应力集中容易使楼板开裂、破坏，不宜采用。如采用，这些部位应采取加大楼板厚度、增加板内配筋、设置集中配筋的边梁、配置45°斜向钢筋等方法予以加强。

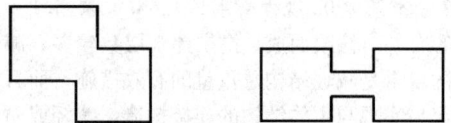

图1　角部重叠和细腰形平面示意

需要说明的是，表3.4.3中，三项尺寸的比例关系是独立的规定，一般不具有关联性。

3.4.4 本规程对B级高度钢筋混凝土结构及混合结构的最大适用高度已有所放松，与此相应，对其结构的规则性要求应该更加严格；本规程第10章所指的复杂高层建筑结构，其竖向布置已不规则，对这些结构的平面布置的规则性应提出更高要求。

3.4.5 本条规定主要是限制结构的扭转效应。国内、外历次大地震震害表明，平面不规则、质量与刚度偏心和抗扭刚度太弱的结构，在地震中遭受到严重的破坏。国内一些振动台模型试验结果也表明，过大的扭转效应会导致结构的严重破坏。

对结构的扭转效应主要从两个方面加以限制：

1 限制结构平面布置的不规则性，避免产生过大的偏心而导致结构产生较大的扭转效应。本条对 A 级高度高层建筑、B 级高度高层建筑、混合结构及本规程第 10 章所指的复杂高层建筑，分别规定了扭转变形的下限和上限，并规定扭转变形的计算应考虑偶然偏心的影响（见本规程第 4.3.3 条）。B 级高度高层建筑、混合结构及本规程第 10 章所指的复杂高层建筑的上限值 1.4 比现行国家标准《建筑抗震设计规范》GB 50011 的规定更加严格，但与国外有关标准（如美国规范 IBC、UBC，欧洲规范 Eurocode-8）的规定相同。

扭转位移比计算时，楼层的位移可取"规定水平地震力"计算，由此得到的位移比与楼层扭转效应之间存在明确的相关性。"规定水平地震力"一般可采用振型组合后的楼层地震剪力换算的水平作用力，并考虑偶然偏心。水平作用力的换算原则：每一楼面处的水平作用力取该楼面上、下两个楼层的地震剪力差的绝对值；连体下一层各塔楼的水平作用力，可由总水平作用力按该层各塔楼的地震剪力大小进行分配计算。结构楼层位移和层间位移控制值验算时，仍采用 CQC 的效应组合。

当计算的楼层最大层间位移角不大于本楼层层间位移角限值的 40% 时，该楼层的扭转位移比的上限可适当放松，但不应大于 1.6。扭转位移比为 1.6 时，该楼层的扭转变形已很大，相当于一端位移为 1，另一端位移为 4。

2 限制结构的抗扭刚度不能太弱。关键是限制结构扭转为主的第一自振周期 T_t 与平动为主的第一自振周期 T_1 之比。当两者接近时，由于振动耦联的影响，结构的扭转效应明显增大。若周期比 T_t/T_1 小于 0.5，则相对扭转振动效应 $\theta r/u$ 一般较小（θ、r 分别为扭转角和结构的回转半径，θr 表示由于扭转产生的离质心距离为回转半径处的位移，u 为质心位移），即使结构的刚度偏心很大，偏心距 e 达到 $0.7r$，其相对扭转变形 $\theta r/u$ 值亦仅为 0.2。而当周期比 T_t/T_1 大于 0.85 以后，相对扭振效应 $\theta r/u$ 值急剧增加。即使刚度偏心很小，偏心距 e 仅为 $0.1r$，当周期比 T_t/T_1 等于 0.85 时，相对扭转变形 $\theta r/u$ 值可达 0.25；当周期比 T_t/T_1 接近 1 时，相对扭转变形 $\theta r/u$ 值可达 0.5。由此可见，抗震设计中应采取措施减小周期比 T_t/T_1 值，使结构具有必要的抗扭刚度。如周期比 T_t/T_1 不满足本条规定的上限值时，应调整抗侧力结构的布置，增大结构的抗扭刚度。

扭转耦联振动的主振型，可通过计算振型方向因子来判断。在两个平动和一个扭转方向因子中，当扭转方向因子大于 0.5 时，则该振型可认为是扭转为主

的振型。高层结构沿两个正交方向各有一个平动为主的第一振型周期，本条规定的 T_1 是指刚度较弱方向的平动为主的第一振型周期，对刚度较强方向的平动为主的第一振型周期与扭转为主的第一振型周期 T_t 的比值，本条未规定限值，主要考虑对抗扭刚度的控制不致于过于严格。有的工程如两个方向的第一振型周期与 T_t 的比值均能满足限值要求，其抗扭刚度更为理想。周期比计算时，可直接计算结构的固有自振特征，不必附加偶然偏心。

高层建筑结构当偏心率较小时，结构扭转位移比一般能满足本条规定的限值，但其周期比有的会超过限值，必须使位移比和周期比都满足限值，使结构具有必要的抗扭刚度，保证结构的扭转效应较小。当结构的偏心率较大时，如结构扭转位移比能满足本条规定的上限值，则周期比一般都能满足限值。

3.4.6 目前在工程设计中应用的多数计算分析方法和计算机软件，大多假定楼板在平面内不变形，平面内刚度为无限大，这对于大多数工程来说是可以接受的。但当楼板平面比较狭长、有较大的凹入和开洞而使楼板有较大削弱时，楼板可能产生显著的面内变形，这时宜采用考虑楼板变形影响的计算方法，并应采取相应的加强措施。

楼板有较大凹入或开有大面积洞口后，被凹口或洞口划分开的各部分之间的连接较为薄弱，在地震中容易相对振动而使削弱部位产生震害，因此对凹入或洞口的大小加以限制。设计中应同时满足本条规定的各项要求。以图 2 所示平面为例，L_2 不宜小于 $0.5L_1$，a_1 与 a_2 之和不宜小于 $0.5L_2$ 且不宜小于 5m，a_1 和 a_2 均不应小于 2m，开洞面积不宜大于楼面面积的 30%。

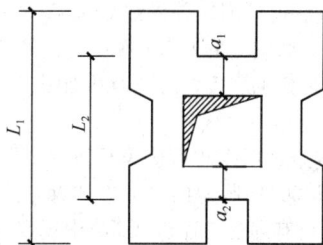

图 2 楼板净宽度要求示意

3.4.7 高层住宅建筑常采用艹字形、井字形平面以利于通风采光，而将楼电梯间集中配置在中央部位。楼电梯间无楼板而使楼面产生较大削弱，此时应将楼电梯间周边的剩余楼板加厚，并加强配筋。外伸部分形成的凹槽可加拉梁或拉板，拉梁宜宽扁放置并加强配筋，拉梁和拉板宜每层均匀设置。

3.4.8 在地震作用时，由于结构开裂、局部损坏和进入弹塑性变形，其水平位移比弹性状态下增大很多。因此，伸缩缝和沉降缝的两侧很容易发生碰撞。1976 年唐山地震中，调查了 35 幢高层建筑的震害，

除新北京饭店（缝净宽 600mm）外，许多高层建筑都是有缝必碰，轻的装修、女儿墙碰碎，面砖剥落，重的顶层结构损坏，天津友谊宾馆（8层框架）缝净宽达 150mm 也发生严重碰撞而致顶层结构破坏；2008 年汶川地震中也有数多类似震害实例。另外，设缝后，常带来建筑、结构及设备设计上的许多困难，基础防水也不容易处理。近年来，国内较多的高层建筑结构，从设计和施工等方面采取了有效措施后，不设或少设缝，从实践上看来是成功的、可行的。抗震设计时，如果结构平面或竖向布置不规则且不能调整时，则宜设置防震缝将其划分为较简单的几个结构单元。

3.4.10 抗震设计时，建筑物各部分之间的关系应明确：如分开，则彻底分开；如相连，则连接牢固。不宜采用似分不分、似连不连的结构方案。为防止建筑物在地震中相碰，防震缝必须留有足够宽度。防震缝净宽度原则上应大于两侧结构允许的地震水平位移之和。2008 年汶川地震进一步表明，02 规程规定的防震缝宽度偏小，容易造成相邻建筑的相互碰撞，因此将防震缝的最小宽度由 70mm 改为 100mm。本条规定是最小值，在强烈地震作用下，防震缝两侧的相邻结构仍可能局部碰撞而损坏。本条规定的防震缝宽度要求与现行国家标准《建筑抗震设计规范》GB 50011 是一致的。

天津友谊宾馆主楼（8层框架）与单层餐厅采用了餐厅层屋面梁支承在主框架牛腿上加以钢筋焊接，在唐山地震中由于振动不同步、牛腿拉断、压碎，产生严重震害，证明这种连接方式对抗震是不利的；必须采用时，应针对具体情况，采取有效措施避免地震时破坏。

3.4.11 抗震设计时，伸缩缝和沉降缝应留有足够的宽度，满足防震缝的要求。无抗震设防要求时，沉降缝也应有一定的宽度，防止因基础倾斜而顶部相碰的可能性。

3.4.12 本条是依据现行国家标准《混凝土结构设计规范》GB 50010 制定的。考虑到近年来高层建筑伸缩缝间距已有许多工程超出了表中规定（如北京昆仑饭店为剪力墙结构，总长 114m；北京京伦饭店为剪力墙结构，总长 138m），所以规定在有充分依据或有可靠措施时，可以适当加大伸缩缝间距。当然，一般情况下，无专门措施时则不宜超过表中规定的数值。

如屋面无保温、隔热措施，或室内结构在露天中长期放置，在温度变化和混凝土收缩的共同影响下，结构容易开裂；工程中采用收缩性较大的混凝土（如矿渣水泥混凝土等），则收缩应力较大，结构也容易产生开裂。因此这些情况下伸缩缝的间距均应比表中数值适当减小。

3.4.13 提高配筋率可以减小温度和收缩裂缝的宽度，并使其分布较均匀，避免出现明显的集中裂缝；在普通外墙设置外保温层是减少主体结构受温度变化影响的有效措施。

施工后浇带的作用在于减少混凝土的收缩应力，并不直接减少使用阶段的温度应力。所以通过后浇带的板、墙钢筋宜断开搭接，以便两部分的混凝土各自自由收缩；梁主筋断开问题较多，可不断开。后浇带应从受力影响小的部位通过（如梁、板 1/3 跨度处，连梁跨中等部位），不必在同一截面上，可曲折而行，只要将建筑物分开为两段即可。混凝土收缩需要相当长时间才能完成，一般在 45d 后收缩大约可以完成 60%，能更有效地限制收缩裂缝。

3.5 结构竖向布置

3.5.1 历次地震震害表明：结构刚度沿竖向突变、外形外挑或内收等，都会产生某些楼层的变形过分集中，出现严重震害甚至倒塌。所以设计中应力求使结构刚度自下而上逐渐均匀减小，体形均匀、不突变。1995 年阪神地震中，大阪和神户市不少建筑产生中部楼层严重破坏的现象，其中一个原因就是结构侧向刚度在中部楼层产生突变。有些是柱截面尺寸和混凝土强度在中部楼层突然减小，有些是由于使用要求使剪力墙在中部楼层突然取消，这些都引发了楼层刚度的突变而产生严重震害。柔弱底层建筑物的严重破坏在国内外的大地震中更是普遍存在。

结构竖向布置规则性说明可参阅本规程第 3.1.4、3.1.5 条。

3.5.2 正常设计的高层建筑下部楼层侧向刚度宜大于上部楼层的侧向刚度，否则变形会集中于刚度小的下部楼层而形成结构软弱层，所以应对下层与相邻上层的侧向刚度比值进行限制。

本次修订，对楼层侧向刚度变化的控制方法进行了修改。中国建筑科学研究院的振动台试验研究表明，规定框架结构楼层与上部相邻楼层的侧向刚度比 γ_1 不宜小于 0.7，与上部相邻三层侧向刚度平均值的比值不宜小于 0.8 是合理的。

对框架-剪力墙结构、板柱-剪力墙结构、剪力墙结构、框架-核心筒结构、筒中筒结构，楼面体系对侧向刚度贡献较小，当层高变化时刚度变化不明显，可按本条式（3.5.2-2）定义的楼层侧向刚度比作为判定侧向刚度变化的依据，但控制指标也应做相应的改变，一般情况按不小于 0.9 控制；层高变化较大时，对刚度变化提出更高的要求，按 1.1 控制；底部嵌固楼层层间位移角结果较小，因此对底部嵌固楼层与上一层侧向刚度变化作了更严格的规定，按 1.5 控制。

3.5.3 楼层抗侧力结构的承载能力突变将导致薄弱层破坏，本规程针对高层建筑结构提出了限制条件，B 级高度高层建筑的限制条件比现行国家标准《建筑抗震设计规范》GB 50011 的要求更加严格。

柱的受剪承载力可根据柱两端实配的受弯承载力按两端同时屈服的假定失效模式反算；剪力墙可根据实配钢筋按抗剪设计公式反算；斜撑的受剪承载力可计及轴力的贡献，应考虑受压屈服的影响。

3.5.4 抗震设计时，若结构竖向抗侧力构件上、下不连续，则对结构抗震不利，属于竖向不规则结构。在南斯拉夫斯可比耶地震（1964 年）、罗马尼亚布加勒斯特地震（1977 年）中，底层全部为柱子、上层为剪力墙的结构大都严重破坏，因此在地震区不应采用这种结构。部分竖向抗侧力构件不连续，也易使结构形成薄弱部位，也有不少震害实例，抗震设计时应采取有效措施。本规程所述底部带转换层的大空间结构就属于竖向不规则结构，应按本规程第 10 章的有关规定进行设计。

3.5.5 1995 年日本阪神地震、2010 年智利地震震害以及中国建筑科学研究院的试验研究表明，当结构上部楼层相对于下部楼层收进时，收进的部位越高、收进后的平面尺寸越小，结构的高振型反应越明显，因此对收进后的平面尺寸加以限制。当上部结构楼层相对于下部楼层外挑时，结构的扭转效应和竖向地震作用效应明显，对抗震不利，因此对其外挑尺寸加以限制，设计上应考虑竖向地震作用影响。

本条所说的悬挑结构，一般指悬挑结构中有竖向结构构件的情况。

3.5.6 本条为新增条文，规定了高层建筑中质量沿竖向分布不规则的限制条件，与美国有关规范的规定一致。

3.5.7 本条为新增条文。如果高层建筑结构同一楼层的刚度和承载力变化均不规则，该层极有可能同时是软弱层和薄弱层，对抗震十分不利，因此应尽量避免，不宜采用。

3.5.8 本条是 02 规程第 5.1.14 条修改而成。刚度变化不符合本规程第 3.5.2 条要求的楼层，一般称作软弱层；承载力变化不符合本规程第 3.5.3 条要求的楼层，一般可称作薄弱层。为了方便，本规程把软弱层、薄弱层以及竖向抗侧力构件不连续的楼层统称为结构薄弱层。结构薄弱层在地震作用标准值作用下的剪力应适当增大，增大系数由 02 规程的 1.15 调整为 1.25，适当提高安全度要求。

3.5.9 顶层取消部分墙、柱而形成空旷房间时，其楼层侧向刚度和承载力可能比其下部楼层相差较多，是不利于抗震的结构，应进行更详细的计算分析，并采取有效的构造措施。如采用弹性或弹塑性时程分析方法进行补充计算、柱子箍筋全长加密配置、大跨度屋面构件要考虑竖向地震产生的不利影响等。

3.6 楼盖结构

3.6.1 在目前高层建筑结构计算中，一般都假定楼板在自身平面内的刚度无限大，在水平荷载作用下楼盖只有刚性位移而不变形。所以在构造设计上，要使楼盖具有较大的平面内刚度。再者，楼板的刚性可保证建筑物的空间整体性能和水平力的有效传递。房屋高度超过 50m 的高层建筑采用现浇楼盖比较可靠。

框架-剪力墙结构由于框架和剪力墙侧向刚度相差较大，因而楼板变形更为显著；主要抗侧力结构剪力墙的间距较大，水平荷载要通过楼面传递，因此框架-剪力墙结构中的楼板应有更良好的整体性。

3.6.2 本条是由 02 规程是第 4.5.3、4.5.4 条合并修改而成，进一步强调高层建筑楼盖系统的整体性要求。当抗震设防烈度为 8、9 度时，宜采用现浇楼板，以保证地震力的可靠传递。房屋高度小于 50m 且为非抗震设计和 6、7 度抗震设计时，可以采用加现浇钢筋混凝土面层的装配整体式楼板，并应满足相应的构造要求，以保证其整体工作。

唐山地震（1976 年）和汶川地震（2008 年）震害调查表明：提高装配式楼面的整体性，可以减少在地震中预制楼板坠落伤人的震害。加强填缝构造和现浇叠合层混凝土是增强装配式楼板整体性的有效措施。为保证板缝混凝土的浇筑质量，板缝宽度不应过小。在较宽的板缝中放入钢筋，形成板缝梁，能有效地形成现浇与装配结合的整体楼面，效果显著。

针对目前钢筋混凝土剪力墙结构中采用预制楼板的情况很少，本次修订取消了有关预制板与现浇剪力墙连接的构造要求；预制板在梁上的搁置长度由 02 规程的 35mm 增加到 50mm，以进一步保证安全。

3.6.3 重要的、受力复杂的楼板，应比一般层楼板有更高的要求。屋面板、转换层楼板、大底盘多塔楼结构的底盘屋面板、开口过大的楼板以及作为房屋嵌固部位的地下室楼板应采用现浇板，以增强其整体性。顶层楼板应加厚并采用现浇，以抵抗温度应力的不利影响，并可使建筑物顶部约束加强，提高抗风、抗震能力。转换层楼盖上面是剪力墙或较密的框架柱，下部转换为部分框架、部分落地剪力墙，转换层上部抗侧力构件的剪力要通过转换层楼板进行重分配，传递到落地墙和框支柱上去，因而楼板承受较大的内力，因此要用现浇楼板并采取加强措施。一般楼层的现浇楼板厚度在 100mm～140mm 范围内，不应小于 80mm，楼板太薄不仅容易因上部钢筋位置变动而开裂，同时也不便于敷设各类管线。

3.6.4 采用预应力平板可以有效减小楼面结构高度，压缩层高并减轻结构自重；大跨度平板可以增加使用面积，容易适应楼面用途改变。预应力平板近年来在高层建筑楼面结构中应用比较广泛。

为了确定板的厚度，必须考虑挠度、受冲切承载力、防火及钢筋防腐蚀要求等。在初步设计阶段，为控制挠度通常可按跨高比得出板的最小厚度。但仅满足挠度限值的后张预应力板可能相当薄，对柱支承的双向板若不设柱帽或托板，板在柱端可能受冲切承载力不够。因此，在设计中应验算所选板厚是否有足够的抗冲切能力。

3.6.5 楼板是与梁、柱和剪力墙等主要抗侧力结构连接在一起的，如果不采取措施，则施加楼板预应力时，不仅压缩了楼板，而且大部分预应力将加到主体结构上去，楼板得不到充分的压缩应力，而又对梁柱和剪力墙附加了侧向力，产生位移且不安全。为了防止或减小主体结构刚度对施加楼盖预应力的不利影响，应考虑合理的预应力施工方案。

3.7 水平位移限值和舒适度要求

3.7.1 高层建筑层数多、高度大，为保证高层建筑结构具有必要的刚度，应对其楼层位移加以控制。侧向位移控制实际上是对构件截面大小、刚度大小的一个宏观指标。

在正常使用条件下，限制高层建筑结构层间位移的主要目的有两点：

1 保证主结构基本处于弹性受力状态，对钢筋混凝土结构来讲，要避免混凝土墙或柱出现裂缝；同时，将混凝土梁等楼面构件的裂缝数量、宽度和高度限制在规范允许范围之内。

2 保证填充墙、隔墙和幕墙等非结构构件的完好，避免产生明显损伤。

迄今，控制层间变形的参数有三种：即层间位移与层高之比（层间位移角）；有害层间位移；区格广义剪切变形。其中层间位移角是过去应用最广泛，最为工程技术人员所熟知的，原规程 JGJ 3-91 也采用了这个指标。

1）层间位移与层高之比（即层间位移角）

$$\theta_i = \frac{\Delta u_i}{h_i} = \frac{u_i - u_{i-1}}{h_i} \tag{1}$$

2）有害层间位移角

$$\theta_{id} = \frac{\Delta u_{id}}{h_i} = \theta_i - \theta_{i-1} = \frac{u_i - u_{i-1}}{h_i} - \frac{u_{i-1} - u_{i-2}}{h_{i-1}} \tag{2}$$

式中，θ_i、θ_{i-1} 为 i 层上、下楼盖的转角，即 i 层、$i-1$ 层的层间位移角。

3）区格的广义剪切变形（简称剪切变形）

$$\gamma_{ij} = \theta_i - \theta_{i-1,j} = \frac{u_i - u_{i-1}}{h_i} + \frac{v_{i-1,j} - v_{i-1,j-1}}{l_j} \tag{3}$$

式中，γ_{ij} 为区格 ij 剪切变形，其中脚标 i 表示区格所在层次，j 表示区格序号；$\theta_{i-1,j}$ 为区格 ij 下楼盖的转角，以顺时针方向为正；l_j 为区格 ij 的宽度；$v_{i-1,j-1}$、$v_{i-1,j}$ 为相应节点的竖向位移。

如上所述，从结构受力与变形的相关性来看，参数 γ_{ij} 即剪切变形较符合实际情况；但就结构的宏观控制而言，参数 θ_i 即层间位移角又较简便。

考虑到层间位移控制是一个宏观的侧向刚度指标，为便于设计人员在工程设计中应用，本规程采用了层间最大位移与层高之比 $\Delta u/h$，即层间位移角 θ 作为控制指标。

3.7.2 目前，高层建筑结构是按弹性阶段进行设计的。地震按小震考虑；结构构件的刚度采用弹性阶段的刚度；内力与位移分析不考虑弹塑性变形。因此所得出的位移相应也是弹性阶段的位移，比在大震作用下弹塑性阶段的位移小得多，因而位移的控制指标也比较严。

3.7.3 本规程采用层间位移角 $\Delta u/h$ 作为刚度控制指标，不扣除整体弯曲转角产生的侧移，即直接采用内力位移计算的位移输出值。

高度不大于 150m 的常规高度高层建筑的整体弯曲变形相对影响较小，层间位移角 $\Delta u/h$ 的限值按不同的结构体系在 1/550～1/1000 之间分别取值。但当高度超过 150m 时，弯曲变形产生的侧移有较快增长，所以超过 250m 高度的建筑，层间位移角限值按 1/500 作为限值。150m～250m 之间的高层建筑按线性插入考虑。

本条层间位移角 $\Delta u/h$ 的限值指最大层间位移与层高之比，第 i 层的 $\Delta u/h$ 指第 i 层和第 $i-1$ 层在楼层平面各处位移差 $\Delta u_i = u_i - u_{i-1}$ 中的最大值。由于高层建筑结构在水平力作用下几乎都会产生扭转，所以 Δu 的最大值一般在结构单元的尽端处。

本次修订，表 3.7.3 中将"框支层"改为"除框架外的转换层"，包括了框架-剪力墙结构和筒体结构的托柱或托墙转换以及部分框支剪力墙结构的框支层；明确了水平位移限值针对的是风荷载或多遇地震作用标准值作用下结构分析所得到的位移计算值。

3.7.4 震害表明，结构如果存在薄弱层，在强烈地震作用下，结构薄弱部位将产生较大的弹塑性变形，会引起结构严重破坏甚至倒塌。本条对不同高层建筑结构的薄弱层弹塑性变形验算提出了不同要求，第 1 款所列的结构应进行弹塑性变形验算，第 2 款所列的结构必要时宜进行弹塑性变形验算，这主要考虑到高层建筑结构弹塑性变形计算的复杂性。

本次修订，本条第 1 款增加高度大于 150m 的结构应验算罕遇地震下结构的弹塑性变形的要求。主要考虑到，150m 以上的高层建筑一般都比较重要，数量相对不是很多，且目前结构弹塑性分析技术和软件已有较大发展和进步，适当扩大结构弹塑性分析范围已具备一定条件。

3.7.5 结构弹塑性位移限值与现行国家标准《建筑抗震设计规范》GB 50011 一致。

3.7.6 高层建筑物在风荷载作用下将产生振动，过大的振动加速度将使在高楼内居住的人们感觉不舒适，甚至不能忍受，两者的关系见表 2。

表2　舒适度与风振加速度关系

不舒适的程度	建筑物的加速度
无感觉	$<0.005g$
有感	$0.005g\sim0.015g$
扰人	$0.015g\sim0.05g$
十分扰人	$0.05g\sim0.15g$
不能忍受	$>0.15g$

对照国外的研究成果和有关标准，要求高层建筑混凝土结构应具有良好的使用条件，满足舒适度的要求，按现行国家标准《建筑结构荷载规范》GB 50009规定的10年一遇的风荷载取值计算或专门风洞试验确定的结构顶点最大加速度 a_{max} 不应超过本规程表3.7.6的限值，对住宅、公寓 a_{max} 不大于 $0.15m/s^2$，对办公楼、旅馆 a_{max} 不大于 $0.25m/s^2$。

高层建筑的风振反应加速度包括顺风向最大加速度、横风向最大加速度和扭转角速度。关于顺风向最大加速度和横风向最大加速度的研究工作虽然较多，但各国的计算方法并不统一，互相之间也存在明显的差异。建议可按现行行业标准《高层民用建筑钢结构技术规程》JGJ 99 的相关规定进行计算。

本次修订，明确了计算舒适度时结构阻尼比的取值要求。一般情况，对混凝土结构取 0.02，对混合结构可根据房屋高度和结构类型取 0.01～0.02。

3.7.7　本条为新增内容。楼盖结构舒适度控制近20年来已引起世界各国广泛关注，英美等国进行了大量实测研究，颁布了多种版本规程、指南。我国大跨楼盖结构正大量兴起，楼盖结构舒适度控制已成为我国建筑结构设计中又一重要工作内容。

对于钢筋混凝土楼盖结构、钢-混凝土组合楼盖结构（不包括轻钢楼盖结构），一般情况下，楼盖结构竖向频率不宜小于3Hz，以保证结构具有适宜的舒适度，避免跳跃时周围人群的不舒适。楼盖结构竖向振动加速度不仅与楼盖结构的竖向频率有关，还与建筑使用功能及人员起立、行走、跳跃的振动激励有关。一般住宅、办公、商业建筑楼盖结构的竖向频率小于3Hz时，需验算竖向振动加速度。楼盖结构的振动加速度可按本规程附录 A 计算，宜采用时程分析方法，也可采用简化近似方法，该方法参考美国应用技术委员会（Applied Technology Council）1999年颁布的设计指南1（ATC Design Guide 1）"减小楼盖振动"（Minimizing Floor Vibration）。舞厅、健身房、音乐厅等振动激励较为特殊的楼盖结构舒适度控制应符合国家现行有关标准的规定。

表 3.7.7 参考了国际标准化组织发布的 ISO

2631-2（1989）标准的有关规定。

3.8　构件承载力设计

3.8.1　本条是高层建筑混凝土结构构件承载力设计的原则规定，采用了以概率理论为基础、以可靠指标度量结构可靠度、以分项系数表达的设计方法。本条仅针对持久设计状况、短暂设计状况和地震设计状况下构件的承载力极限状态设计，与现行国家标准《工程结构可靠性设计统一标准》GB 50153 和《建筑抗震设计规范》GB 50011 保持一致。偶然设计状况（如抗连续倒塌设计）以及结构抗震性能设计时的承载力设计应符合本规程的有关规定，不作为强制性内容。

结构构件作用组合的效应设计值应符合本规范第5.6.1～5.6.4条规定；结构构件承载力抗震调整系数的取值应符合本规范第3.8.2条及第11.1.7条的规定。由于高层建筑结构的安全等级一般不低于二级，因此结构重要性系数的取值不应小于1.0；按照现行国家标准《工程结构可靠性设计统一标准》GB 50153 的规定，结构重要性系数不再考虑结构设计使用年限的影响。

3.9　抗　震　等　级

3.9.1　本条规定了各设防类别高层建筑结构采取抗震措施（包括抗震构造措施）时的设防标准，与现行国家标准《建筑工程抗震设防分类标准》GB 50223 的规定一致；Ⅰ类建筑场地上高层建筑抗震构造措施的放松要求与现行国家标准《建筑抗震设计规范》GB 50011 的规定一致。

3.9.2　历次大地震的经验表明，同样或相近的建筑，建造于Ⅰ类场地时震害较轻，建造于Ⅲ、Ⅳ类场地震害较重。对Ⅲ、Ⅳ类场地，本条规定对7度设计基本地震加速度为 $0.15g$ 以及8度设计基本地震加速度 $0.30g$ 的地区，宜分别按抗震设防烈度8度（$0.20g$）和9度（$0.40g$）时各类建筑的要求采取抗震构造措施，而不提高抗震措施中的其他要求，如按概念设计要求的内力调整措施等。

同样，本规程第3.9.1条对建造在Ⅰ类场地的甲、乙、丙类建筑，允许降低抗震构造措施，但不降低其他抗震措施要求，如按概念设计要求的内力调整措施等。

3.9.3、3.9.4　抗震设计的钢筋混凝土高层建筑结构，根据设防烈度、结构类型、房屋高度区分为不同的抗震等级，采用相应的计算和构造措施。抗震等级的高低，体现了对结构抗震性能要求的严格程度。比一级有更高要求时则提升至特一级，其计算和构造措施比一级更严格。基于上述考虑，A级高度的高层建筑结构，应按表3.9.3确定其抗震等级；甲类建筑9度设防时，应采取比9度设防更有效的措施；乙类建筑 9 度设防时，抗震等级提升至特一级。B 级高度的高层建筑，其抗震等级有更严格的要求，应按表 3.9.4 采用；特一级构件除符合一级抗震要求外，尚应符合本规程第 3.10 节的规定以及第 10 章的有关规定。

抗震等级是根据国内外高层建筑震害、有关科研成果、工程设计经验而划分的。框架-剪力墙结构中，由于剪力墙部分的刚度远大于框架部分的刚度，因此对框架部分的抗震能力要求比纯框架结构可以适当降低。当剪力墙或框架相对较少时，其抗震等级的确定尚应符合本规程第 8.1.3 条的有关规定。

在结构受力性质与变形方面，框架-核心筒结构与框架-剪力墙结构基本上是一致的，尽管框架-核心筒结构由于剪力墙组成筒体而大大提高了其抗侧力能力，但其周边的稀柱框架相对较弱，设计上与框架-剪力墙结构基本相同。由于框架-核心筒结构的房屋高度一般较高（大于 60m），其抗震等级不再划分高度，而统一取用了较高的规定。本次修订，第 3.9.3 条增加了表注 3，对于房屋高度不超过 60m 的框架-核心筒结构，其作为筒体结构的空间作用已不明显，总体上更接近于框架-剪力墙结构，因此其抗震等级允许按框架-剪力墙结构采用。

3.9.5、3.9.6 这两条是关于地下室及裙楼抗震等级的规定，是对本规程第 3.9.3、3.9.4 条的补充。

带地下室的高层建筑，当地下室顶板可视作结构的嵌固部位时，地震作用下结构的屈服部位将发生在地上楼层，同时将影响到地下一层；地面以下结构的地震响应逐渐减小。因此，规定地下一层的抗震等级不能降低，而地下一层以下不要求计算地震作用，其抗震构造措施的抗震等级可逐层降低。第 3.9.5 条中"相关范围"一般指主楼周边外延 1～2 跨的地下室范围。

第 3.9.6 条明确了高层建筑的裙房抗震等级要求。当裙楼与主楼相连时，相关范围内裙楼的抗震等级不应低于主楼；主楼结构在裙房顶板对应的上、下各一层受刚度与承载力突变影响较大，抗震构造措施需要适当加强。本条中的"相关范围"，一般指主楼周边外延不少于三跨的裙房结构，相关范围以外的裙房可按裙房自身的结构类型确定抗震等级。裙房偏置时，其端部有较大扭转效应，也需要适当加强。

3.9.7 根据现行国家标准《建筑工程抗震设防分类标准》GB 50223 的规定，甲、乙类建筑应按提高一度查本规程表 3.9.3、表 3.9.4 确定抗震等级（内力调整和构造措施）；本规程第 3.9.2 条规定，当建筑场地为 Ⅲ、Ⅳ 类时，对设计基本地震加速度为 0.15g 和 0.30g 的地区，宜分别按抗震设防烈度 8 度（0.20g）和 9 度（0.40g）时各类建筑的要求采取抗震构造措施；本规程第 3.3.1 条规定，乙类建筑的钢筋混凝土房屋可按本地区抗震设防烈度确定其适用的最大高度。于是，

可能出现甲、乙类建筑或 Ⅲ、Ⅳ 类场地设计基本地震加速度为 0.15g 和 0.30g 的地区高层建筑提高一度后，其高度超过第 3.3.1 条中对应房屋的最大适用高度，因此按本规程表 3.9.3、表 3.9.4 查抗震等级时可能与高度划分不能一一对应。此时，内力调整不提高，只要求抗震构造措施适当提高即可。

3.10 特一级构件设计规定

3.10.1 特一级构件应采取比一级抗震等级更严格的构造措施，应按本节及第 10 章的有关规定执行；没有特别规定的，应按一级的规定执行。

3.10.2～3.10.4 对特一级框架梁、框架柱、框支柱的"强柱弱梁"、"强剪弱弯"以及构造配筋提出比一级更高的要求。框架角柱的弯矩和剪力设计值仍应按本规程第 6.2.4 条的规定，乘以不小于 1.1 的增大系数。

3.10.5 本条第 1 款特一级剪力墙的弯矩设计值和剪力设计值均比一级的要求略有提高，适当增大剪力墙的受弯和受剪承载力；第 2、3 款对剪力墙边缘构件及分布钢筋的构造配筋要求适当提高；第 5 款明确特一级连梁的要求同一级，取消了 02 规程第 3.9.2 条第 5 款设置交叉暗撑的要求。

3.11 结构抗震性能设计

3.11.1 本条规定了结构抗震性能设计的三项主要工作：

1 分析结构方案在房屋高度、规则性、结构类型、场地条件或抗震设防标准等方面的特殊要求，确定结构设计是否需要采用抗震性能设计方法，并作为选用抗震性能目标的主要依据。结构方案特殊性的分析中要注重分析结构方案不符合抗震概念设计的情况和程度。国内外历次大地震的震害经验已经充分说明，抗震概念设计是决定结构抗震性能的重要因素。多数情况下，需要按本节要求采用抗震性能设计的工程，一般表现为不能完全符合抗震概念设计的要求。结构工程师应根据本规程有关抗震概念设计的规定，与建筑师协调，改进结构方案，尽量减少结构不符合概念设计的情况和程度，不应采用严重不规则的结构方案。对于特别不规则结构，可按本节规定进行抗震性能设计，但需慎重选用抗震性能目标，并通过深入的分析论证。

2 选用抗震性能目标。本条提出 A、B、C、D 四级结构抗震性能目标和五个结构抗震性能水准（1、2、3、4、5），四级抗震性能目标与《建筑抗震设计规范》GB 50011 提出结构抗震性能 1、2、3、4 是一致的。地震地面运动一般分为三个水准，即多遇地震（小震）、设防烈度地震（中震）及预估的罕遇地震（大震）。在设定的地震地面运动下，与四级抗震性能目标对应的结构抗震性能水准的判别准则由本规程第

3.11.2 条作出规定。A、B、C、D 四级性能目标的结构，在小震作用下均应满足第 1 抗震性能水准，即满足弹性设计要求；在中震或大震作用下，四种性能目标所要求的结构抗震性能水准有较大的区别。A 级性能目标是最高等级，中震作用下要求结构达到第 1 抗震性能水准，大震作用下要求结构达到第 2 抗震性能水准，即结构仍处于基本弹性状态；B 级性能目标，要求结构在中震作用下满足第 2 抗震性能水准，大震作用下满足第 3 抗震性能水准，结构仅有轻度损坏；C 级性能目标，要求结构在中震作用下满足第 3 抗震性能水准，大震作用下满足第 4 抗震性能水准，结构中度损坏；D 级性能目标是最低等级，要求结构在中震作用下满足第 4 抗震性能水准，大震作用下满足第 5 性能水准，结构有比较严重的损坏，但不致倒塌或发生危及生命的严重破坏。选用性能目标时，需综合考虑抗震设防类别、设防烈度、场地条件、结构的特殊性、建造费用、震后损失和修复难易程度等因素。鉴于地震地面运动的不确定性以及对结构在强烈地震下非线性分析方法（计算模型及参数的选用等）存在不少经验因素，缺乏从强震记录、设计施工资料到实际震害的验证，对结构抗震性能的判断难以十分准确，尤其是对于长周期的超高层建筑或特别不规则结构的判断难度更大，因此在性能目标选用中宜偏于安全一些。例如：特别不规则的、房屋高度超过 B 级高度很多的高层建筑或处于不利地段的特别不规则结构，可考虑选用 A 级性能目标；房屋高度超过 B 级高度较多或不规则性超过本规程适用范围很多时，可考虑选用 B 级或 C 级性能目标；房屋高度超过 B 级高度或不规则性超过适用范围较多时，可考虑选用 C 级性能目标；房屋高度超过 A 级高度或不规则性超过适用范围较少时，可考虑选用 C 级或 D 级性能目标。结构方案中仅有部分区域结构布置比较复杂或结构的设防标准、场地条件等特殊性，使设计人员难以直接按本规程规定的常规方法进行设计时，可考虑选用 C 级或 D 级性能目标。以上仅仅是举些例子，实际工程情况很复杂，需综合考虑各项因素。选择性能目标时，一般需征求业主和有关专家的意见。

3 结构抗震性能分析论证的重点是深入的计算分析和工程判断，找出结构有可能出现的薄弱部位，提出有针对性的抗震加强措施，必要的试验验证，分析论证结构可达到预期的抗震性能目标。一般需要进行如下工作：

   1）分析确定结构超过本规程适用范围及不规则性的情况和程度；

   2）认定场地条件、抗震设防类别和地震动参数；

   3）深入的弹性和弹塑性计算分析（静力分析及时程分析）并判断计算结果的合理性；

   4）找出结构有可能出现的薄弱部位以及需要

加强的关键部位，提出有针对性的抗震加强措施；

   5）必要时还需进行构件、节点或整体模型的抗震试验，补充提供论证依据，例如对本规程未列入的新型结构方案又无震害和试验依据或对计算分析难以判断、抗震概念难以接受的复杂结构方案；

   6）论证结构能满足所选用的抗震性能目标的要求。

3.11.2 本条对五个性能水准结构地震后的预期性能状况，包括损坏情况及继续使用的可能性提出了要求，据此可对各性能水准结构的抗震性能进行宏观判断。本条所说的"关键构件"可由结构工程师根据工程实际情况分析确定。例如：底部加强部位的重要竖向构件、水平转换构件及与其相连竖向支承构件、大跨连体结构的连接体及与其相连的竖向支承构件、大悬挑结构的主要悬挑构件、加强层伸臂和周边环带结构的竖向支承构件、承托上部多个楼层框架柱的腰桁架、长短柱在同一楼层且数量相当时该层各个长短柱、扭转变形很大部位的竖向（斜向）构件、重要的斜撑构件等。

3.11.3 各个性能水准结构的设计基本要求是判别结构性能水准的主要准则。

第 1 性能水准结构，要求全部构件的抗震承载力满足弹性设计要求。在多遇地震（小震）作用下，结构的层间位移、结构构件的承载力及结构整体稳定等均应满足本规程有关规定；结构构件的抗震等级不宜低于本规程的有关规定，需要特别加强的构件可适当提高抗震等级，已为特一级的不再提高。在设防烈度（中震）作用下，构件承载力需满足弹性设计要求，如式（3.11.3-1），其中不计入风荷载作用效应的组合，地震作用标准值的构件内力（S_{Ehk}^*、S_{Evk}^*）计算中不需要乘以与抗震等级有关的增大系数。

第 2 性能水准结构的设计要求与第 1 性能水准结构的差别是，框架梁、剪力墙连梁等耗能构件的正截面承载力只需要满足式（3.11.3-2）的要求，即满足"屈服承载力设计"。"屈服承载力设计"是指构件按材料强度标准值计算的承载力 R_k 不小于按重力荷载及地震作用标准值计算的构件组合内力。对耗能构件只需验算水平地震作用为主要可变作用的组合工况，式（3.11.3-2）中重力荷载分项系数 γ_G、水平地震作用分项系数 γ_{Eh} 及抗震承载力调整系数 γ_{RE} 均取 1.0，竖向地震作用分项系数 γ_{Ev} 取 0.4。

第 3 性能水准结构，允许部分框架梁、剪力墙连梁等耗能构件正截面承载力进入屈服阶段，受剪承载力宜符合式（3.11.3-2）的要求。竖向构件及关键构件正截面承载力应满足式（3.11.3-2）"屈服承载力设计"的要求；水平长悬臂结构和大跨度结构中的关键构件正截面"屈服承载力设计"需要同时满足式

（3.11.3-2）及式（3.11.3-3）的要求。式（3.11.3-3）表示竖向地震为主要可变作用的组合工况，式中重力荷载分项系数 γ_G、竖向地震作用分项系数 γ_{Ev} 及抗震承载力调整系数 γ_{RE} 均取 1.0，水平地震作用分项系数 γ_{Eh} 取 0.4；这些构件的受剪承载力宜符合式（3.11.3-1）的要求。整体结构进入弹塑性状态，应进行弹塑性分析。为方便设计，允许采用等效弹性方法计算竖向构件及关键部位构件的组合内力（S_{GE}、S_{Ehk}^*、S_{Evk}^*），计算中可适当考虑结构阻尼比的增加（增加值一般不大于 0.02）以及剪力墙连梁刚度的折减（刚度折减系数一般不小于 0.3）。实际工程设计中，可以先对底部加强部位和薄弱部位的竖向构件承载力按上述方法计算，再通过弹塑性分析校核全部竖向构件均未屈服。

第 4 性能水准结构，关键构件抗震承载力应满足式（3.11.3-2）"屈服承载力设计"的要求，水平长悬臂结构和大跨度结构中的关键构件抗震承载力需要同时满足式（3.11.3-2）及式（3.11.3-3）的要求；允许部分竖向构件及大部分框架梁、剪力墙连梁等耗能构件进入屈服阶段，但构件的受剪截面应满足截面限制条件，这是防止构件发生脆性受剪破坏的最低要求。式（3.11.3-4）和式（3.11.3-5）中，V_{GE}、V_{Ek}^* 可按弹塑性计算结果取值，也可按等效弹性方法计算结果取值（一般情况下是偏于安全的）。结构的抗震性能必须通过弹塑性计算加以深入分析，例如：弹塑性层间位移角、构件屈服的次序及塑性铰分布、塑性铰部位钢材受拉塑性应变及混凝土受压损伤程度、结构的薄弱部位、整体结构的承载力不发生下降等。整体结构的承载力可通过静力弹塑性方法进行估计。

第 5 性能水准结构与第 4 性能水准结构的差别在于关键构件承载力宜满足"屈服承载力设计"的要求，允许比较多的竖向构件进入屈服阶段，并允许部分"梁"等耗能构件发生比较严重的破坏。结构的抗震性能必须通过弹塑性计算加以深入分析，尤其应注意同一楼层的竖向构件不宜全部进入屈服并宜控制整体结构承载力下降的幅度不超过 10%。

3.11.4 结构抗震性能设计时，弹塑性分析计算是很重要的手段之一。计算分析除应符合本规程第 5.5.1 条的规定外，尚应符合本条之规定。

1 静力弹塑性方法和弹塑性时程分析法各有其优缺点和适用范围。本条对静力弹塑性方法的适用范围放宽到 150m 或 200m 非特别不规则的结构，主要考虑静力弹塑性方法计算软件设计人员比较容易掌握，对计算结果的工程判断也容易一些，但计算分析中采用的侧向作用力分布形式宜适当考虑高振型的影响，可采用本规程 3.4.5 条提出的"规定水平地震力"分布形式。对于高度在 150m~200m 的基本自振周期大于 4s 或特别不规则结构以及高度超过 200m 的

房屋，应采用弹塑性时程分析法。对高度超过 300m 的结构，为使弹塑性时程分析计算结果有较大的把握，本条规定应有两个不同的、独立的计算结果进行校核。

2 对复杂结构进行施工模拟分析是十分必要的。弹塑性分析应以施工全过程完成后的静载内力为初始状态。当施工方案与施工模拟计算不同时，应重新调整相应的计算。

3 一般情况下，弹塑性时程分析宜采用双向地震输入；对竖向地震作用比较敏感的结构，如连体结构、大跨度转换结构、长悬臂结构、高度超过 300m 的结构等，宜采用三向地震输入。

3.12 抗连续倒塌设计基本要求

3.12.1 高层建筑结构应具有在偶然作用发生时适宜的抗连续倒塌能力。我国现行国家标准《工程结构可靠性设计统一标准》GB 50153 和《建筑结构可靠度设计统一标准》GB 50068 对偶然设计状态均有定性规定。在 GB 50153 中规定，"当发生爆炸、撞击、人为错误等偶然事件时，结构能保持必需的整体稳固性，不出现与起因不相称的破坏后果，防止出现结构的连续倒塌"。在 GB 50068 中规定，"对偶然状况，建筑结构可采用下列原则之一按承载能力极限状态进行设计：1）按作用效应的偶然组合进行设计或采取保护措施，使主要承重结构不致因出现设计规定的偶然事件而丧失承载能力；2）允许主要承重结构因出现设计规定的偶然事件而局部破坏，但其剩余部分具有在一段时间内不发生连续倒塌的可靠度"。

结构连续倒塌是指结构因突发事件或严重超载而造成局部结构破坏失效，继而引起与失效破坏构件相连的构件连续破坏，最终导致相对于初始局部破坏更大范围的倒塌破坏。结构产生局部构件失效后，破坏范围可能沿水平方向和竖直方向发展，其中破坏沿竖向发展影响更为突出。当偶然因素导致局部结构破坏失效时，如果整体结构不能形成有效的多重荷载传递路径，破坏范围就可能沿水平或者竖直方向蔓延，最终导致结构发生大范围的倒塌甚至是整体倒塌。

结构连续倒塌事故在国内外并不罕见，英国 Ronan Point 公寓煤气爆炸倒塌，美国 AlfredP. Murrah 联邦大楼、WTC 世贸大楼倒塌，我国湖南衡阳大厦特大火灾后倒塌，法国戴高乐机场候机厅倒塌等都是比较典型的结构连续倒塌事故。每一次事故都造成了重大人员伤亡和财产损失，给地区乃至整个国家都造成了严重的负面影响。进行必要的结构抗连续倒塌设计，当偶然事件发生时，将能有效控制结构破坏范围。

结构抗连续倒塌设计在欧美多个国家得到了广泛

关注，英国、美国、加拿大、瑞典等国颁布了相关的设计规范和标准。比较有代表性的有美国 General Services Administration（GSA）《新联邦大楼与现代主要工程抗连续倒塌分析与设计指南》（Progressive Collapse Analysis and Design Guidelines for New Federal Office Buildings and Major Modernization Project），美国国防部 UFC（Unified Facilities Criteria 2005）《建筑抗连续倒塌设计》（Design of Buildings to Resist Progressive Collapse），以及英国有关规范对结构抗连续倒塌设计的规定等。

本条规定安全等级为一级时，应满足抗连续倒塌概念设计的要求；安全等级一级且有特殊要求时，可采用拆除构件方法进行抗连续倒塌设计。这是结构抗连续倒塌的基本要求。

3.12.2 高层建筑结构应具有在偶然作用发生时适宜的抗连续倒塌能力，不允许采用摩擦连接传递重力荷载，应采用构件连接传递重力荷载；应具有适宜的多余约束性、整体连续性、稳固性和延性；水平构件应具有一定的反向承载能力，如连续梁边支座、非地震区简支梁支座顶面及连续梁、框架梁梁中支座底面应有一定数量的配筋及合适的锚固连接构造，防止偶然作用发生时，该构件产生过大破坏。

3.12.3 本条拆除构件设计方法主要引自美国、英国有关规范的规定。关于效应折减系数 β，主要是考虑偶然作用发生后，结构进入弹塑性内力重分布，对中部水平构件有一定的卸载效应。

3.12.4 本条假定拆除构件后，剩余主体结构基本处于线弹性工作状态，以简化计算，便于工程应用。

3.12.6 本条依据现行国家标准《工程结构可靠性设计统一标准》GB 50153 的相关规定，并参考了美国国防部制定的《建筑物最低反恐怖主义标准》（UFC4-010-01）。

当拆除某构件后结构不能满足抗连续倒塌设计要求，意味着该构件十分重要（可称之为关键结构构件），应具有更高的要求，希望其保持线弹性工作状态。此时，在该构件表面附加规定的侧向偶然作用，进行整体结构计算，复核该构件满足截面设计承载力要求。公式（3.12.6-2）中，活荷载采用频遇值，近似取频遇值系数为 0.6。

4 荷载和地震作用

4.1 竖向荷载

4.1.1 高层建筑的竖向荷载应按现行国家标准《建筑结构荷载规范》GB 50009 有关规定采用。与原荷载规范 GBJ 9-87 相比，有较大的改动，使用时应予注意。

4.1.5 直升机平台的活荷载是根据现行国家标准《建筑结构荷载规范》GB 50009 的有关规定确定的。

部分直升机的有关参数见表 3。

表 3 部分轻型直升机的技术数据

机型	生产国	空重（kN）	最大起飞重（kN）	旋翼直径（m）	机长（m）	机宽（m）	机高（m）
Z—9（直 9）	中 国	19.75	40.00	11.68	13.29		3.31
SA360 海豚	法 国	18.23	34.00	11.68	11.40		3.50
SA315 美洲驼	法 国	10.14	19.50	11.02	12.92		3.09
SA350 松鼠	法 国	12.88	24.00	10.69	12.99	1.08	3.02
SA341 小羚羊	法 国	9.17	18.00	10.50	11.97		3.15
BK-117	德 国	16.50	28.50	11.00	13.00	1.60	3.36
BO-105	德 国	12.56	24.00	9.84	8.56		3.00
山猫	英、法	30.70	45.35	12.80	12.06		3.66
S—76	美 国	25.40	46.70	13.41	13.22	2.13	4.41
贝尔—205	美 国	22.55	43.09	14.63	17.40		4.42
贝尔—206	美 国	6.60	14.51	10.16	9.50		2.91
贝尔—500	美 国	6.64	13.61	8.05	7.49	2.71	2.59
贝尔—222	美 国	22.04	35.60	12.12	12.50	3.18	3.51
A109A	意大利	14.66	24.50	11.00	13.05	1.42	3.30

注：直 9 机主轮距 2.03m，前后轮距 3.61m。

4.2 风荷载

4.2.1 风荷载计算主要依据现行国家标准《建筑结构荷载规范》GB 50009。对于主要承重结构，风荷载标准值的表达可有两种形式，其一为平均风压加上由脉动风引起结构风振的等效风压；另一种为平均风压乘以风振系数。由于结构的风振计算中，往往是受力方向基本振型起主要作用，因而我国与大多数国家相同，采用后一种表达形式，即采用风振系数 β_z。风振系数综合考虑了结构在风荷载作用下的动力响应，包括风速随时间、空间的变异性和结构的阻尼特性等因素。

基本风压 w_0 是根据全国各气象台站历年来的最大风速记录，按基本风压的标准要求，将不同测风仪高度和时次时距的年最大风速，统一换算为离地 10m 高，自记式风速仪 10min 平均年最大风速（m/s）。根据该风速数据统计分析确定重现期为 50 年的最大风速，作为当地的基本风速 v_0，再按贝努利公式确定基本风压。

4.2.2 按照现行国家标准《建筑结构荷载规范》GB 50009 的规定，对风荷载比较敏感的高层建筑，其基本风压应适当提高。因此，本条明确了承载力设计时应按基本风压的 1.1 倍采用。相对于 02 规程，本次修订：1）取消了对"特别重要"的高层建筑的风荷载增大要求，主要因为对重要的建筑结构，其重要性已经通过结构重要性系数 γ_0 体现在结构作用效应的设计值中，见本规程第 3.8.1 条；2）对于正常使用极限状态设计（如位移计算），其要求可比承载力设计适当降低，一般仍可采用基本风压值或由设计人员根据实际情况确定，不再作为强制性要求；3）对风荷载比较敏感的高层建筑结构，风荷载计算时不再强调按 100 年重现期的风压值采用，而是直接按基本风压值增大 10％采用。

对风荷载是否敏感，主要与高层建筑的体型、结构体系和自振特性有关，目前尚无实用的划分标准。一般情况下，对于房屋高度大于 60m 的高层建筑，承载力设计时风荷载计算可按基本风压的 1.1 倍采用；对于房屋高度不超过 60m 的高层建筑，风荷载取值是否提高，可由设计人员根据实际情况确定。

本条的规定，对设计使用年限为 50 年和 100 年的高层建筑结构都是适用的。

4.2.3 风荷载体型系数是指风作用在建筑物表面上所引起的实际压力（或吸力）与来流风的速度压的比值，它描述的是建筑物表面在稳定风压作用下静态压力的分布规律，主要与建筑物的体型和尺度有关，也与周围环境和地面粗糙度有关。由于涉及固体与流体相互作用的流体动力学问题，对于不规则形状的固体，问题尤为复杂，无法给出理论上的结果，一般均应由试验确定。鉴于真型实测的方法对结构设计不现实，目前只能采用相似原理，在边界层风洞内对拟建的建筑物模型进行测试。

本条规定是对现行国家标准《建筑结构荷载规范》GB 50009 表 7.3.1 的适当简化和整理，以便于高层建筑结构设计时应用，如需较详细的数据，也可按本规程附录 B 采用。

4.2.4 对建筑群，尤其是高层建筑群，当房屋相互间距较近时，由于旋涡的相互干扰，房屋某些部位的局部风压会显著增大，设计时应予注意。对比较重要的高层建筑，建议在风洞试验中考虑周围建筑物的干扰因素。

本条和本规程第 4.2.7 条所说的风洞试验是指边界层风洞试验。

4.2.5 本条为新增条文，意在提醒设计人员注意考虑结构横风向风振或扭转风振对高层建筑尤其是超高层建筑的影响。当结构高宽比较大、结构顶点风速大于临界风速时，可能引起较明显的结构横风向振动，甚至出现横风向振动效应大于顺风向作用效应的情况。结构横风向振动问题比较复杂，与结构的平面形状、竖向体型、高宽比、刚度、自振周期和风速都有一定关系。当结构体型复杂时，宜通过空气弹性模型的风洞试验确定横风向振动的等效风荷载；也可参考有关资料确定。

4.2.6 本条为新增条文。横风向效应与顺风向效应是同时发生的，因此必须考虑两者的效应组合。对于结构侧向位移控制，仍可按同时考虑横风向与顺风向影响后的计算方向位移确定，不必按矢量和的方向控制结构的层间位移。

4.2.7 对结构平面及立面形状复杂、开洞或连体建筑及周围地形环境复杂的结构，建议进行风洞试验。本次修订，对体型复杂、环境复杂的高层建筑，取消了 02 规程中房屋高度 150m 以上才考虑风洞试验的

限制条件。对风洞试验的结果，当与按规范计算的风荷载存在较大差距时，设计人员应进行分析判断，合理确定建筑物的风荷载取值。因此本条规定"进行风洞试验判断确定建筑物的风荷载"。

4.2.8 高层建筑表面的风荷载压力分布很不均匀，在角隅、檐口、边棱处和在附属结构的部位（如阳台、雨篷等外挑构件），局部风压会超过按本规程 4.2.3 条体型系数计算的平均风压。根据风洞实验资料和一些实测结果，并参考国外的风荷载规范，对水平外挑构件，取用局部体型系数为－2.0。

4.2.9 建筑幕墙设计时的风荷载计算，应按现行国家标准《建筑结构荷载规范》GB 50009 以及行业标准《玻璃幕墙工程技术规范》JGJ 102、《金属与石材幕墙工程技术规范》JGJ 133 等的有关规定执行。

4.3 地 震 作 用

4.3.1 本条是高层建筑混凝土结构考虑地震作用时的设防标准，与现行国家标准《建筑工程抗震设防分类标准》GB 50223 的规定一致。对甲类建筑的地震作用，改为"应按批准的地震安全性评价结果且高于本地区抗震设防烈度的要求确定"，明确规定如果地震安全性评价结果低于本地区的抗震设防烈度，计算地震作用时应按高于本地区设防烈度的要求进行。对于乙、丙类建筑，规定应按本地区抗震设防烈度计算，与 02 规程的规定一致。

原规程 JGJ 3-91 曾规定，6 度抗震设防时，除Ⅳ类场地上的较高建筑外，可不进行地震作用计算。鉴于高层建筑比较重要且结构计算分析软件应用已经较为普遍，因此 02 版规程规定 6 度抗震设防时也应进行地震作用计算，本次修订未作调整。通过地震作用效应计算，可与无地震作用组合的效应进行比较，并可采用有地震作用组合的柱轴压力设计值控制柱的轴压比。

4.3.2 本条除第 3 款"7 度（0.15g）"外，与现行国家标准《建筑抗震设计规范》GB 50011 的规定一致。某一方向水平地震作用主要由该方向抗侧力构件承担，如该构件带有翼缘，尚应包括翼缘作用。有斜交抗侧力构件的结构，当交角大于 15°时，应考虑斜交构件方向的地震作用计算。对质量和刚度明显不均匀、不对称的结构应考虑双向地震作用下的扭转影响。

大跨度指跨度大于 24m 的楼盖结构、跨度大于 8m 的转换结构、悬挑长度大于 2m 的悬挑结构。大跨度、长悬臂结构应验算其自身及其支承部位结构的竖向地震效应。

除了 8、9 度外，本次修订增加了大跨度、长悬臂结构 7 度（0.15g）时也应计入竖向地震作用的影响。主要原因是：高层建筑由于高度较高，竖向地震作用效应放大比较明显。

4.3.3 本条规定主要是考虑结构地震动力反应过程中可能由于地面扭转运动、结构实际的刚度和质量分布相对于计算假定值的偏差，以及在弹塑性反应过程中各抗侧力结构刚度退化程度不同等原因引起的扭转反应增大；特别是目前对地面运动扭转分量的强震实测记录很少，地震作用计算中还不能考虑输入地面运动扭转分量。采用附加偶然偏心作用计算是一种实用方法。美国、新西兰和欧洲等抗震规范都规定计算地震作用时应考虑附加偶然偏心，偶然偏心距的取值多为 0.05L。对于平面规则（包括对称）的建筑结构需附加偶然偏心；对于平面布置不规则的结构，除其自身已存在的偏心外，还需附加偶然偏心。

本条规定直接取各层质量偶然偏心为 $0.05L_i$（L_i 为垂直于地震作用方向的建筑物总长度）来计算单向水平地震作用。实际计算时，可将每层质心沿主轴的同一方向（正向或负向）偏移。

采用底部剪力法计算地震作用时，也应考虑偶然偏心的不利影响。

当计算双向地震作用时，可不考虑偶然偏心的影响，但应与单向地震作用考虑偶然偏心的计算结果进行比较，取不利的情况进行设计。

关于各楼层垂直于地震作用方向的建筑物总长度 L_i 的取值，当楼层平面有局部突出时，可按回转半径相等的原则，简化为无局部突出的规则平面，以近似确定垂直于地震计算方向的建筑物边长 L_i。如图 3 所示平面，当计算 y 向地震作用时，若 b/B 及 h/H 均不大于 1/4，可认为是局部突出；此时用于确定偶然偏心的边长可近似按下式计算：

$$L_i = B + \frac{bh}{H}\left(1 + \frac{3b}{B}\right) \quad (4)$$

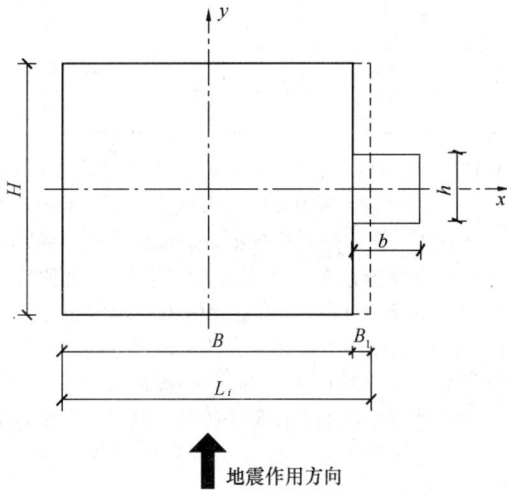

图 3　平面局部突出示例

4.3.4 不同的结构采用不同的分析方法在各国抗震规范中均有体现，振型分解反应谱法和底部剪力法仍

是基本方法。对高层建筑结构主要采用振型分解反应谱法（包括不考虑扭转耦联和考虑扭转耦联两种方式），底部剪力法的应用范围较小。弹性时程分析法作为补充计算方法，在高层建筑结构分析中已得到比较普遍的应用。

本条第 3 款对于需要采用弹性时程分析法进行补充计算的高层建筑结构作了具体规定，这些结构高度较高或刚度、承载力和质量沿竖向分布不规则或属于特别重要的甲类建筑。所谓"补充"，主要指对计算的底部剪力、楼层剪力和层间位移进行比较，当时程法分析结果大于振型分解反应谱法分析结果时，相关部位的构件内力和配筋作相应的调整。

质量沿竖向分布不均匀的结构一般指楼层质量大于相邻下部楼层质量 1.5 倍的情况，见本规程第 3.5.6 条。

4.3.5 进行时程分析时，鉴于不同地震波输入进行时程分析的结果不同，本条规定一般可以根据小样本容量下的计算结果来估计地震效应值。通过大量地震加速度记录输入不同结构类型进行时程分析结果的统计分析，若选用不少于 2 组实际记录和 1 组人工模拟的加速度时程曲线作为输入，计算的平均地震效应值不小于大样本容量平均值的保证率在 85% 以上，而且一般也不会偏大很多。当选用数量较多的地震波，如 5 组实际记录和 2 组人工模拟时程曲线，则保证率更高。所谓"在统计意义上相符"是指，多组时程波的平均地震影响系数曲线与振型分解反应谱法所用的地震影响系数曲线相比，在对应于结构主要振型的周期点上相差不大于 20%。计算结果的平均底部剪力一般不会小于振型分解反应谱法计算结果的 80%，每条地震波输入的计算结果不会小于 65%；从工程应用角度考虑，可以保证时程分析结果满足最低安全要求。但时程法计算结果也不必过大，每条地震波输入的计算结果不大于 135%，多条地震波输入的计算结果平均值不大于 120%，以体现安全性和经济性的平衡。

正确选择输入的地震加速度时程曲线，要满足地震动三要素的要求，即频谱特性、有效峰值和持续时间均要符合规定。频谱特性可用地震影响系数曲线表征，依据所处的场地类别和设计地震分组确定；加速度的有效峰值按表 4.3.5 采用，即以地震影响系数最大值除以放大系数（约 2.25）得到；输入地震加速度时程曲线的有效持续时间，一般从首次达到该时程曲线最大峰值的 10% 那一点算起，到最后一点达到最大峰值的 10% 为止，约为结构基本周期的 5～10 倍。

因为本次修订增加了结构抗震性能设计规定，因此本条第 3 款补充了设防地震（中震）和 6 度时的数值。

4.3.7 本条规定了水平地震影响系数最大值和场地

特征周期取值。现阶段仍采用抗震设防烈度所对应的水平地震影响系数最大值 α_{max}，多遇地震烈度（小震）和预估罕遇地震烈度（大震）分别对应于 50 年设计基准期内超越概率为 63% 和 2%～3% 的地震烈度。为了与地震动参数区划图接口，表 3.3.7-1 中的 α_{max} 比 89 规范增加了 7 度 0.15g 和 8 度 0.30g 的地区数值。本次修订，与结构抗震性能设计要求相适应，增加了设防烈度地震（中震）和 6 度时的地震影响系数最大值规定。

根据土层等效剪切波速和场地覆盖层厚度将建筑的场地划分为 Ⅰ、Ⅱ、Ⅲ、Ⅳ 四类，其中 Ⅰ 类分为 Ⅰ₀ 和 Ⅰ₁ 两个亚类，本规程中提及 Ⅰ 类场地而未专门注明 Ⅰ₀ 或 Ⅰ₁ 的，均包含这两个亚类。具体场地划分标准见现行国家标准《建筑抗震设计规范》GB 50011 的有关规定。

4.3.8 弹性反应谱理论仍是现阶段抗震设计的最基本理论，本规程的设计反应谱与现行国家标准《建筑抗震设计规范》GB 50011 一致。

1 同样烈度、同样场地条件的反应谱形状，随着震源机制、震级大小、震中距远近等的变化，有较大的差别，影响因素很多。在继续保留烈度概念的基础上，用设计地震分组的特征周期 T_g 予以反映。其中，Ⅰ、Ⅱ、Ⅲ 类场地的特征周期值，《建筑抗震设计规范》GB 50011—2001（下称 01 规范）较 89 规范的取值增大了 0.05s；本次修订，计算罕遇地震作用时，特征周期 T_g 值也增大 0.05s。这些改进，适当提高结构的抗震安全性，也比较符合近年来得到的大量地震加速度资料的统计结果。

2 在 $T \leqslant 0.1s$ 的范围内，各类场地的地震影响系数一律采用同样的斜线，使之符合 $T = 0$ 时（刚体）动力不放大的规律；在 $T \geqslant T_g$ 时，设计反应谱在理论上存在二个下降段，即速度控制段和位移控制段，在加速度反应谱中，前者衰减指数为 1，后者衰减指数为 2。设计反应谱是用来预估建筑结构在其设计基准期内可能经受的地震作用，通常根据大量实际地震记录的反应谱进行统计并结合工程经验判断加以规定。为保持延续性，地震影响系数在 $T \leqslant 5T_g$ 范围内保持不变，各曲线的递减指数为非整数；在 $T > 5T_g$ 的范围为倾斜下降段，不同场地类别的最小值不同，较符合实际反应谱的统计规律。对于周期大于 6s 的结构，地震影响系数仍需专门研究。

3 考虑到不同结构类型的设计需要，提供了不同阻尼比（通常为 0.02～0.30）地震影响系数曲线相对于标准的地震影响系数（阻尼比为 0.05）的修正方法。根据实际强震记录的统计分析结果，这种修正可分二段进行：在反应谱平台段修正幅度最大；在反应谱上升段和下降段，修正幅度变小；在曲线两端（0s 和 6s），不同阻尼比下的地震影响系数趋向接近。

本次修订，保持 01 规范地震影响系数曲线的计

算表达式不变，只对其参数进行调整，达到以下效果：

1） 阻尼比为 5% 的地震影响系数维持不变，对于钢筋混凝土结构的抗震设计，同 01 规范的水平。

2） 基本解决了 01 规范在长周期段，不同阻尼比地震影响系数曲线交叉、大阻尼曲线值高于小阻尼曲线值的不合理现象。Ⅰ、Ⅱ、Ⅲ 类场地的地震影响系数曲线在周期接近 6s 时，基本交汇在一点上，符合理论和统计规律。

3） 降低了小阻尼（0.02～0.035）的地震影响系数值，最大降低幅度达 18%。略微提高了阻尼比 0.06～0.10 范围的地震影响系数值，长周期部分最大增幅约 5%。

4） 适当降低了大阻尼（0.20～0.30）的地震影响系数值，在 $5T_g$ 周期以内，基本不变；长周期部分最大降幅约 10%，扩大了消能减震技术的应用范围。

对应于不同阻尼比计算地震影响系数曲线的衰减指数和调整系数见表 4。

表 4　不同阻尼比时的衰减指数和调整系数

阻尼比 ζ	阻尼调整系数 η_2	曲线下降段衰减指数 γ	直线下降段斜率调整系数 η_1
0.02	1.268	0.971	0.026
0.03	1.156	0.942	0.024
0.04	1.069	0.919	0.022
0.05	1.000	0.900	0.020
0.10	0.792	0.844	0.013
0.15	0.688	0.817	0.009
0.2	0.625	0.800	0.006
0.3	0.554	0.781	0.002

4.3.10 引用现行国家标准《建筑抗震设计规范》GB 50011。增加了考虑双向水平地震作用下的地震效应组合方法。根据强震观测记录的统计分析，两个方向水平地震加速度的最大值不相等，二者之比约为 1：0.85；而且两个方向的最大值不一定发生在同一时刻，因此采用平方和开平方计算两个方向地震作用效应的组合。条文中的 S_x 和 S_y 是指在两个正交的 X 和 Y 方向地震作用下，在每个构件的同一局部坐标方向上的地震作用效应，如 X 方向地震作用下在局部坐标 x 方向的弯矩 M_{xx} 和 Y 方向地震作用下在局部坐标 x 方向的弯矩 M_{xy}。

作用效应包括楼层剪力、弯矩和位移，也包括构件内力（弯矩、剪力、轴力、扭矩等）和变形。

本规程建议的振型数是对质量和刚度分布比较均

匀的结构而言的。对于质量和刚度分布很不均匀的结构，振型分解反应谱法所需的振型数一般可取为振型参与质量达到总质量的90%时所需的振型数。

4.3.11 底部剪力法在高层建筑水平地震作用计算中应用较少，但作为一种方法，本规程仍予以保留，因此列于附录中。对于规则结构，采用本条方法计算水平地震作用时，仍应考虑偶然偏心的不利影响。

4.3.12 由于地震影响系数在长周期段下降较快，对于基本周期大于3s的结构，由此计算所得的水平地震作用下的结构效应可能过小。而对于长周期结构，地震地面运动速度和位移可能对结构的破坏具有更大影响，但是规范所采用的振型分解反应谱法尚无法对此作出合理估计。出于结构安全的考虑，增加了对各楼层水平地震剪力最小值的要求，规定了不同设防烈度下的楼层最小地震剪力系数（即剪重比），当不满足时，结构水平地震总剪力和各楼层的水平地震剪力均需要进行相应的调整或改变结构刚度使之达到规定的要求。本次修订补充了6度时的最小地震剪力系数规定。

对于竖向不规则结构的薄弱层的水平地震剪力，本规程第3.5.8条规定应乘以1.25的增大系数，该层剪力放大1.25倍后仍需要满足本条的规定，即该层的地震剪力系数不应小于表4.3.12中数值的1.15倍。

表4.3.12中所说的扭转效应明显的结构，是指楼层最大水平位移（或层间位移）大于楼层平均水平位移（或层间位移）1.2倍的结构。

4.3.13 结构的竖向地震作用的精确计算比较繁杂，本规程保留了原规程JGJ 3-91的简化计算方法。

4.3.14 本条为新增条文，主要考虑目前高层建筑中较多采用大跨度和长悬挑结构，需要采用时程分析方法或反应谱方法进行竖向地震的分析，给出了反应谱和时程分析计算时需要的数据。反应谱采用水平反应谱的65%，包括最大值和形状参数，但认为竖向反应谱的特征周期与水平反应谱相比，尤其在远震中距时，明显小于水平反应谱，故本条规定，设计特征周期均按第一组采用。对处于发震断裂10km以内的场地，其最大值可能接近于水平谱，特征周期小于水平谱。

4.3.15 高层建筑中的大跨度、悬挑、转换、连体结构的竖向地震作用大小与其所处的位置以及支承结构的刚度都有一定关系，因此对于跨度较大、所处位置较高的情况，建议采用本规程第4.3.13、4.3.14条的规定进行竖向地震作用计算，并且计算结果不宜小于本条规定。

为了简化计算，跨度或悬挑长度不大于本规程第4.3.14条规定的大跨结构和悬挑结构，可直接按本条规定的地震作用系数乘以相应的重力荷载代表值作为竖向地震作用标准值。

4.3.16 高层建筑结构整体计算分析时，只考虑了主要结构构件（梁、柱、剪力墙和筒体等）的刚度，没有考虑非承重结构构件的刚度，因而计算的自振周期较实际的偏长，按这一周期计算的地震力偏小。为此，本条规定应考虑非承重墙体的刚度影响，对计算的自振周期予以折减。

4.3.17 大量工程实测周期表明：实际建筑物自振周期短于计算的周期。尤其是有实心砖填充墙的框架结构，由于实心砖填充墙的刚度大于框架柱的刚度，其影响更为显著，实测周期约为计算周期的50%～60%；剪力墙结构中，由于砖墙数量少，其刚度又远小于钢筋混凝土墙的刚度，实测周期与计算周期比较接近。

本次修订，考虑到目前黏土砖被限制使用，而其他类型的砌体墙越来越多，把"填充砖墙"改为"砌体墙"，但不包括采用柔性连接的填充墙或刚度很小的轻质砌体填充墙；增加了框架-核心筒结构周期折减系数的规定；目前有些剪力墙结构布置的填充墙较多，其周期折减系数可能小于0.9，故将剪力墙结构的周期折减系数调整为0.8～1.0。

5 结构计算分析

5.1 一 般 规 定

5.1.3 目前国内规范体系是采用弹性方法计算内力，在截面设计时考虑材料的弹塑性性质。因此，高层建筑结构的内力与位移仍按弹性方法计算，框架梁及连梁等构件可考虑局部塑性变形引起的内力重分布，即本规程第5.2.1条和5.2.3条的规定。

5.1.4 高层建筑结构是复杂的三维空间受力体系，计算分析时应根据结构实际情况，选取能较准确地反映结构中各构件的实际受力状况的力学模型。对于平面和立面布置简单规则的框架结构、框架-剪力墙结构宜采用空间分析模型，可采用平面框架空间协同模型；对剪力墙结构、筒体结构和复杂布置的框架结构、框架-剪力墙结构应采用空间分析模型。目前国内商品化的结构分析软件所采用的力学模型主要有：空间杆系模型、空间杆-薄壁杆系模型、空间杆-墙板元模型及其他组合有限元模型。

目前，国内计算机和结构分析软件应用十分普及，原规程JGJ 3-91第4.1.4条和4.1.6条规定的简化方法和手算方法未再列入本规程。如需要采用简化方法或手算方法，设计人员可参考有关设计手册或书籍。

5.1.5 高层建筑的楼屋面绝大多数为现浇钢筋混凝土楼板和有现浇面层的预制装配式楼板，进行高层建筑内力与位移计算时，可视其为水平放置的深梁，具有很大的面内刚度，可近似认为楼板在其自身平面内为无限刚性。采用这一假设后，结构分析的自由度数目大大减少，可能减小由于庞大自由度系统而带来的计算误差，使计算过程和计算结果的分析大为简化。计算分析和工程实践证明，刚性楼板假定对绝大多数高层建筑的分析具有足够的工程精度。采用刚性楼板假定进行结构计算时，设计上应采取必要措施保证楼面的整体刚度。比如，平面体型宜符合本规程 4.3.3 条的规定；宜采用现浇钢筋混凝土楼板和有现浇面层的装配整体式楼板；局部削弱的楼面，可采取楼板局部加厚、设置边梁、加大楼板配筋等措施。

楼板有效宽度较窄的环形楼面或其他有大开洞楼面、有狭长外伸段楼面、局部变窄产生薄弱连接的楼面、连体结构的狭长连接体楼面等场合，楼板面内刚度有较大削弱且不均匀，楼板的面内变形会使楼层内抗侧刚度较小的构件的位移和受力加大（相对刚性楼板假定而言），计算时应考虑楼板面内变形的影响。根据楼面结构的实际情况，楼板面内变形可全楼考虑、仅部分楼层考虑或仅部分楼层的部分区域考虑。考虑楼板的实际刚度可以采用将楼板等效为剪弯水平梁的简化方法，也可采用有限单元法进行计算。

当需要考虑楼板面内变形而计算中采用楼板面内无限刚性假定时，应对所得的计算结果进行适当调整。具体的调整方法和调整幅度与结构体系、构件平面布置、楼板削弱情况等密切相关，不便在条文中具体化。一般可对楼板削弱部位的抗侧刚度相对较小的结构构件，适当增大计算内力，加强配筋和构造措施。

5.1.6 高层建筑按空间整体工作计算时，不同计算模型的梁、柱自由度是相同的。梁的弯曲、剪切、扭转变形，当考虑楼板面内变形时还有轴向变形；柱的弯曲、剪切、轴向、扭转变形。当采用空间杆-薄壁杆系模型时，剪力墙自由度考虑弯曲、剪切、轴向、扭转变形和翘曲变形；当采用其他有限元模型分析剪力墙时，剪力墙自由度考虑弯曲、剪切、轴向、扭转变形。

高层建筑层数多、重量大，墙、柱的轴向变形影响显著，计算时应考虑。

构件内力是与位移向量对应的，与截面设计对应的分别为弯矩、剪力、轴力、扭矩等。

5.1.8 目前国内钢筋混凝土结构高层建筑由恒载和活载引起的单位面积重力，框架与框架-剪力墙结构约为 $12kN/m^2 \sim 14kN/m^2$，剪力墙和筒体结构约为 $13kN/m^2 \sim 16kN/m^2$，而其中活荷载部分约为 $2kN/m^2 \sim 3kN/m^2$，只占全部重力的 $15\% \sim 20\%$，活载不利分布的影响较小。另一方面，高层建筑结构层数很多，每层的房间也很多，活载在各层间的分布情况极其繁多，难以一一计算。

如果活荷载较大，其不利分布对梁弯矩的影响会比较明显，计算时应予考虑。除进行活荷载不利分布的详细计算分析外，也可将未考虑活荷载不利分布计算的框架梁弯矩乘以放大系数予以近似考虑，该放大系数通常可取为 $1.1 \sim 1.3$，活载大时可选用较大数值。近似考虑活荷载不利分布影响时，梁正、负弯矩应同时予以放大。

5.1.9 高层建筑结构是逐层施工完成的，其竖向刚度和竖向荷载（如自重和施工荷载）也是逐层形成的。这种情况与结构刚度一次形成、竖向荷载一次施加的计算方法存在较大差异。因此对于层数较多的高层建筑，其重力荷载作用效应分析时，柱、墙轴向变形宜考虑施工过程的影响。施工过程的模拟可根据需要采用适当的方法考虑，如结构竖向刚度和竖向荷载逐层形成、逐层计算的方法等。

本次修订，增加了复杂结构及 150m 以上高层建筑应考虑施工过程的影响，因为这类结构是否考虑施工过程的模拟计算，对设计有较大影响。

5.1.10 高层建筑结构进行水平风荷载作用效应分析时，除对称结构外，结构构件在正反两个方向的风荷载作用下效应一般是不相同的，按两个方向风效应的较大值采用，是为了保证安全的前提下简化计算；体型复杂的高层建筑，应考虑多方向风荷载作用，进行风效应对比分析，增加结构抗风安全性。

5.1.11 在结构整体计算分析中，型钢混凝土和钢管混凝土构件宜按实际情况直接参与计算。随着结构分析软件技术的进步，已经可以较容易地实现在整体模型中直接考虑型钢混凝土和钢管混凝土构件，因此本次修订取消了将型钢混凝土和钢管混凝土构件等效为混凝土构件进行计算的规定。

型钢混凝土构件、钢管混凝土构件的截面设计应按本规程第 11 章的有关规定执行。

5.1.12 体型复杂、结构布置复杂的高层建筑结构的受力情况复杂，B 级高度高层建筑属于超限高层建筑，采用至少两个不同力学模型的结构分析软件进行整体计算分析，可以相互比较和分析，以保证力学分析结构的可靠性。

对 B 级高度高层建筑的要求是本次修订增加的内容。

5.1.13 带加强层的高层建筑结构、带转换层的高层建筑结构、错层结构、连体和立面开洞结构、多塔楼结构、立面较大收进结构等，属于体形复杂的高层建筑结构，其竖向刚度和承载力变化大、受力复杂，易形成薄弱部位；混合结构以及 B 级高度的高层建筑结构的房屋高度大、工程经验不多，因此整体计算分析时应从严要求。本条第 4 款的要求主要针对重要建筑以及相邻层侧向刚度或承载力相差悬殊的竖向不规则高层建筑结构。

本次修订补充了对混合结构的计算要求。

5.1.14 本条为新增条文，对多塔楼结构提出了分塔楼模型计算要求。多塔楼结构振动形态复杂，整体模型计算有时不容易判断结果的合理性；辅以分塔楼模型计算分析，取二者的不利结果进行设计较为妥当。

5.1.15 对受力复杂的结构构件，如竖向布置复杂的剪力墙、加强层构件、转换层构件、错层构件、连接体及其相关构件等，除结构整体分析外，尚应按有限元等方法进行更加仔细的局部应力分析，并可根据需要，按应力分析结果进行截面配筋设计校核。按应力进行截面配筋计算的方法，可按照现行国家标准《混凝土结构设计规范》GB 50010 的有关规定。

5.1.16 在计算机和计算机软件广泛应用的条件下，除了要选择使用可靠的计算软件外，还应对软件产生的计算结果从力学概念和工程经验等方面加以分析判断，确认其合理性和可靠性。

5.2 计 算 参 数

5.2.1 高层建筑结构构件均采用弹性刚度参与整体分析，但抗震设计的框架-剪力墙或剪力墙结构中的连梁刚度相对墙体较小，而承受的弯矩和剪力很大，配筋设计困难。因此，可考虑在不影响承受竖向荷载能力的前提下，允许其适当开裂（降低刚度）而把内力转移到墙体上。通常，设防烈度低时可少折减一些（6、7 度时可取 0.7），设防烈度高时可多折减一些（8、9 度时可取 0.5）。折减系数不宜小于 0.5，以保证连梁承受竖向荷载的能力。

对框架-剪力墙结构中一端与柱连接、一端与墙连接的梁以及剪力墙结构中的某些连梁，如果跨高比较大（比如大于 5）、重力作用效应比水平风或水平地震作用效应更为明显，此时应慎重考虑梁刚度的折减问题，必要时可不进行梁刚度折减，以控制正常使用阶段梁裂缝的发生和发展。

本次修订进一步明确了仅在计算地震作用效应时可以对连梁刚度进行折减，对如重力荷载、风荷载作用效应计算不宜考虑连梁刚度折减。有地震作用效应组合工况，均可按考虑连梁刚度折减后计算的地震作用效应参与组合。

5.2.2 现浇楼面和装配整体式楼面的楼板作为梁的有效翼缘形成 T 形截面，提高了楼面梁的刚度，结构计算时应予考虑。当近似考虑其影响时，应根据梁翼缘尺寸与梁截面尺寸的比例关系确定增大系数的取值。通常现浇楼面的边框架梁可取 1.5，中框架梁可取2.0；有现浇面层的装配式楼面梁的刚度增大系数可适当减小。当框架梁截面较小而楼板较厚或者梁截面较大而楼板较薄时，梁刚度增大系数可能会超出 1.5～2.0 的范围，因此规定增大系数可取 1.3～2.0。

5.2.3 在竖向荷载作用下，框架梁端负弯矩往往较大，配筋困难，不便于施工和保证施工质量。因此允许考虑塑性变形内力重分布对梁端负弯矩进行适当调幅。钢筋混凝土的塑性变形能力有限，调幅的幅度应该加以限制。框架梁端负弯矩减小后，梁跨中弯矩应按平衡条件相应增大。

截面设计时，为保证框架梁跨中截面底钢筋不至于过少，其正弯矩设计值不应小于竖向荷载作用下按简支梁计算的跨中弯矩之半。

5.2.4 高层建筑结构楼面梁受楼板（有时还有次梁）的约束作用，无约束的独立梁极少。当结构计算中未考虑楼盖对梁扭转的约束作用时，梁的扭转变形和扭矩计算值过大，与实际情况不符，抗扭设计也比较困难，因此可对梁的计算扭矩予以适当折减。计算分析表明，扭矩折减系数与楼盖（楼板和梁）的约束作用和梁的位置密切相关，折减系数的变化幅度较大，本规程不便给出具体的折减系数，应由设计人员根据具体情况进行确定。

5.3 计算简图处理

5.3.1 高层建筑是三维空间结构，构件多，受力复杂；结构计算分析软件都有其适用条件，使用不当，可能导致结构设计的不合理甚至不安全。因此，结构计算分析时，应结合结构的实际情况和所采用的计算软件的力学模型要求，对结构进行力学上的适当简化处理，使其既能比较正确地反映结构的受力性能，又适应于所选用的计算分析软件的力学模型，从根本上保证结构分析结果的可靠性。

5.3.3 密肋板楼盖简化计算时，可将密肋梁均匀等效为柱上框架梁，其截面宽度可取被等效的密肋梁截面宽度之和。

平板无梁楼盖的面外刚度由楼板提供，计算时必须考虑。当采用近似方法考虑时，其柱上板带可等效为框架梁计算，等效框架梁的截面宽度可取等代框架方向板跨的 3/4 及垂直于等代框架方向板跨的 1/2 两者的较小值。

5.3.4 当构件截面相对其跨度较大时，构件交点处会形成相对的刚性节点区域。刚域尺寸的合理确定，会在一定程度上影响结构的整体分析结果，本条给出的计算公式是近似公式，但在实际工程中已有多年应用，有一定的代表性。确定计算模型时，壁式框架梁、柱轴线可取为剪力墙连梁和墙肢的形心线。

本条规定，考虑刚域后梁端截面计算弯矩可以取刚域端截面的弯矩值，而不再取轴线截面的弯矩值，在保证安全的前提下，可以适当减小梁端截面的弯矩值，从而减少配筋量。

5.3.5、5.3.6 对复杂高层建筑结构、立面错洞剪力墙结构，在结构内力与位移整体计算中，可对其局部作适当的和必要的简化处理，但不应改变结构的整体变形和受力特点。整体计算作了简化处理的，应对作简化处理的局部结构或结构构件进行更精细的补充计算分析（比如有限元分析），以保证局部构件计算分析结果的可靠性。

5.3.7 本条给出作为结构分析模型嵌固部位的刚度要求。计算地下室结构楼层侧向刚度时，可考虑地上结构以外的地下室相关部位的结构，"相关部位"一般指地上结构外扩不超过三跨的地下室范围。楼层侧向刚度比可按本规程附录 E.0.1 条公式计算。

5.4 重力二阶效应及结构稳定

5.4.1 在水平力作用下，带有剪力墙或筒体的高层建筑结构的变形形态为弯剪型，框架结构的变形形态为剪切型。计算分析表明，重力荷载在水平作用位移效应上引起的二阶效应（以下简称重力 $P-\Delta$ 效应）有时比较严重。对混凝土结构，随着结构刚度的降低，重力二阶效应的不利影响呈非线性增长。因此，对结构的弹性刚度和重力荷载作用的关系应加以限制。本条公式使结构按弹性分析的二阶效应对结构内力、位移的增量控制在 5% 左右；考虑实际刚度折减 50% 时，结构内力增量控制在 10% 以内。如果结构满足本条要求，重力二阶效应的影响相对较小，可忽略不计。

公式（5.4.1-1）与德国设计规范（DIN1045）及原规程 JGJ 3-91 第 4.3.1 条的规定基本一致。

结构的弹性等效侧向刚度 EJ_d，可近似按倒三角形分布荷载作用下结构顶点位移相等的原则，将结构的侧向刚度折算为竖向悬臂受弯构件的等效侧向刚度。假定倒三角形分布荷载的最大值为 q，在该荷载作用下结构顶点质心的弹性水平位移为 u，房屋高度为 H，则结构的弹性等效侧向刚度 EJ_d 可按下式计算：

$$EJ_d = \frac{11qH^4}{120u} \tag{5}$$

5.4.2 混凝土结构在水平力作用下，如果侧向刚度不满足本规程第 5.4.1 条的规定，应考虑重力二阶效应对结构构件的不利影响。但重力二阶效应产生的内力、位移增量宜控制在一定范围，不宜过大。考虑二阶效应后计算的位移仍应满足本规程第 3.7.3 条的规定。

5.4.3 一般可根据楼层重力和楼层在水平力作用下产生的层间位移，计算出等效的荷载向量，利用结构力学方法求解重力二阶效应。重力二阶效应可采用有限元分析计算，也可按简化的弹性方法近似考虑。增大系数法是一种简单近似的考虑重力 $P-\Delta$ 效应的方法。考虑重力 $P-\Delta$ 效应的结构位移可采用未考虑重力二阶效应的位移乘以位移增大系数，但位移限制条件不变。本规程第 3.7.3 条规定按弹性方法计算的位移宜满足规定的位移限值，因此结构位移增大系数计算时，不考虑结构刚度的折减。考虑重力 $P-\Delta$ 效应的结构构件（梁、柱、剪力墙）内力可采用未考虑重力二阶效应的内力乘以内力增大系数，内力增大系数计算时，考虑结构刚度的折减，为简化计算，折减系数近似取 0.5，以适当提高结构构件承载力的安全储备。

5.4.4 结构整体稳定性是高层建筑结构设计的基本要求。研究表明，高层建筑混凝土结构仅在竖向重力荷载作用下产生整体失稳的可能性很小。高层建筑结构的稳定设计主要是控制在风荷载或水平地震作用下，重力荷载产生的二阶效应不致过大，以免引起结构的失稳、倒塌。结构的刚度和重力荷载之比（简称刚重比）是影响重力 $P-\Delta$ 效应的主要参数。如果结构的刚重比满足本条公式（5.4.4-1）或（5.4.4-2）的规定，则在考虑结构弹性刚度折减 50% 的情况下，重力 $P-\Delta$ 效应仍可控制在 20% 之内，结构的稳定具有适宜的安全储备。若结构的刚重比进一步减小，则重力 $P-\Delta$ 效应将会呈非线性关系急剧增长，直至引起结构的整体失稳。在水平力作用下，高层建筑结构的稳定应满足本条的规定，不应再放松要求。如不满足本条的规定，应调整并增大结构的侧向刚度。

当结构的设计水平力较小，如计算的楼层剪重比（楼层剪力与其上各层重力荷载代表值之和的比值）小于 0.02 时，结构刚度虽能满足水平位移限值要求，但有可能不满足本条规定的稳定要求。

5.5 结构弹塑性分析及薄弱层弹塑性变形验算

5.5.1 本条为新增条文。对重要的建筑结构、超高层建筑结构、复杂高层建筑结构进行弹塑性计算分析，可以分析结构的薄弱部位、验证结构的抗震性能，是目前应用越来越多的一种方法。

在进行结构弹塑性计算分析时，应根据工程的重要性、破坏后的危害性及修复的难易程度，设定结构的抗震性能目标，这部分内容可按本规程第 3.11 节的有关规定执行。

建立结构弹塑性计算模型时，可根据结构构件的性能和分析精度要求，采用恰当的分析模型。如梁、柱、斜撑可采用一维单元；墙、板可采用二维或三维单元。结构的几何尺寸、钢筋、型钢、钢构件等应按实际设计情况采用，不应简单采用弹性计算软件的分析结果。

结构材料（钢筋、型钢、混凝土等）的性能指标（如弹性模量、强度取值等）以及本构关系，与预定的结构或结构构件的抗震性能目标有密切关系，应根据实际情况合理选用。如材料强度可分别取用设计值、标准值、抗拉强度限值或实测值、实测平均值等，与结构抗震性能目标有关。结构材料的本构关系直接影响弹塑性分析结果，选择时应特别注意；钢筋和混凝土的本构关系，在现行国家标准《混凝土结构设计规范》GB 50010 的附录中有相应规定，可参考使用。

结构弹塑性变形往往比弹性变形大很多，考虑结构几何非线性进行计算是必要的，结果的可靠性也会因此有所提高。

与弹性静力分析计算相比，结构的弹塑性分析具有更大的不确定性，不仅与上述因素有关，还与分析软件的计算模型以及结构阻尼选取、构件破损程度的衡量、有限元的划分等有关，存在较多的人为因素和经验因素。因此，弹塑性计算分析首先要了解分析软件的适用性，选用适合于所设计工程的软件，然后对计算结果的合理性进行分析判断。工程设计中有时会遇到计算结果出现不合理或怪异现象，需要结构工程师与软件编制人员共同研究解决。

5.5.2 本条规定了进行结构弹塑性分析的具体方法。本次修订取消了 02 规程中"7、8、9 度抗震设计"的限制条件，因为本条仅规定计算方法，哪些结构需要进行弹塑性计算分析，在本规程第 3.7.4、5.1.13 条等条有专门规定。

5.5.3 本条罕遇地震作用下结构薄弱层（部位）弹塑性变形验算的简化计算方法，与现行国家标准《建筑抗震设计规范》GB 50011 的规定一致。

5.6 荷载组合和地震作用组合的效应

5.6.1～5.6.4 本节是高层建筑承载能力极限状态设计时作用组合效应的基本要求，主要根据现行国家标准《工程结构可靠性设计统一标准》GB 50153 以及《建筑结构荷载规范》GB 50009、《建筑抗震设计规范》GB 50011 的有关规定制定。本次修订：1）增加了考虑设计使用年限的可变荷载（楼面活荷载）调整系数；2）仅规定了持久、短暂、地震设计状况下，作用基本组合时的作用效应设计值的计算公式，对偶然作用组合、标准组合不作强制性规定，有关结构侧向位移的设计规定见本规程第 3.7.3 条；3）明确了本节规定不适用于作用和作用效应呈非线性关系的情况；4）表 5.6.4 中增加了 7 度（0.15g）时，也要考虑水平地震、竖向地震作用同时参与组合的情况；5）对水平长悬臂结构和大跨度结构，表 5.6.4 中增加了竖向地震作为主要可变作用的组合工况。

第 5.6.1 条和 5.6.3 条均适应于作用和作用效应呈线性关系的情况。如果结构上的作用和作用效应不能以线性关系表述，则作用组合的效应应符合现行国家标准《工程结构可靠性设计统一标准》GB 50153 的有关规定。

持久设计状况和短暂设计状况作用基本组合的效应，当永久荷载效应起控制作用时，永久荷载分项系数取 1.35，此时参与组合的可变作用（如楼面活荷载、风荷载等）应考虑相应的组合值系数；持久设计状况和短暂设计状况的作用基本组合的效应，当可变荷载效应起控制作用（永久荷载分项系数取 1.2）的

场合，如风荷载作为主要可变荷载、楼面活荷载作为次要可变荷载时，其组合值系数分别取 1.0、0.7，对书库、档案库、储藏室、通风机房和电梯机房等楼面活荷载较大且相对固定的情况，其楼面活荷载组合值系数应由 0.7 改为 0.9；持久设计状况和短暂设计状况的作用基本组合的效应，当楼面活荷载作为主要可变荷载、风荷载作为次要可变荷载时，其组合值系数分别取 1.0 和 0.6。

结构设计使用年限为 100 年时，本条公式（5.6.1）中参与组合的风荷载效应应按现行国家标准《建筑结构荷载规范》GB 50009 规定的 100 年重现期的风压值计算；当高层建筑对风荷载比较敏感时，风荷载效应计算尚应符合本规程第 4.2.2 条的规定。

地震设计状况作用基本组合的效应，当本规程有规定时，地震作用效应标准值应首先乘以相应的调整系数、增大系数，然后再进行效应组合。如薄弱层剪力增大、楼层最小地震剪力系数（剪重比）调整、框支柱地震轴力的调整、转换构件地震内力放大、框架-剪力墙结构和筒体结构有关地震剪力调整等。

7 度（0.15g）和 8、9 度抗震设计的大跨度结构、长悬臂结构应考虑竖向地震作用的影响，如高层建筑的大跨度转换构件、连体结构的连接体等。

关于不同设计状况的定义以及作用的标准组合、偶然组合的有关规定，可参考现行国家标准《工程结构可靠性设计统一标准》GB 50153。

5.6.5 对非抗震设计的高层建筑结构，应按式（5.6.1）计算荷载效应的组合；对抗震设计的高层建筑结构，应同时按式（5.6.1）和式（5.6.3）计算荷载效应和地震作用效应组合，并按本规程的有关规定（如强柱弱梁、强剪弱弯等），对组合内力进行必要的调整。同一构件的不同截面或不同设计要求，可能对应不同的组合工况，应分别进行验算。

6 框架结构设计

6.1 一般规定

6.1.2 本次修订将 02 规程的"不宜"改为"不应"，进一步从严要求。震害调查表明，单跨框架结构，尤其是层数较多的高层建筑，震害比较严重。因此，抗震设计的框架结构不应采用冗余度低的单跨框架。

单跨框架结构是指整栋建筑全部或绝大部分采用单跨框架的结构，不包括仅局部为单跨框架的框架结构。本规程第 8.1.3 条第 1、2 款规定的框架-剪力墙结构可局部采用单跨框架结构；其他情况应根据具体情况进行分析、判断。

6.1.3 本条为 02 规程第 6.1.4 条的修改，02 规程第

6.1.3 条改为本规程第 6.1.7 条。

框架结构如采用砌体填充墙，当布置不当时，常能造成结构竖向刚度变化过大；或形成短柱；或形成较大的刚度偏心。由于填充墙是由建筑专业布置，结构图纸上不予表示，容易被忽略。国内、外皆有由此而造成的震害例子。本条目的是提醒结构工程师注意防止砌体（尤其是砖砌体）填充墙对结构设计的不利影响。

6.1.4 2008 年汶川地震震害进一步表明，框架结构中的楼梯及周边构件破坏严重。本次修订增加了楼梯的抗震设计要求。抗震设计时，楼梯间为主要疏散通道，其结构应有足够的抗倒塌能力，楼梯应作为结构构件进行设计。框架结构中楼梯构件的组合内力设计值应包括与地震作用效应的组合，楼梯梁、柱的抗震等级应与框架结构本身相同。

框架结构中，钢筋混凝土楼梯自身的刚度对结构地震作用和地震反应有着较大的影响，若楼梯布置不当会造成结构平面不规则，抗震设计时应尽量避免出现这种情况。

震害调查中发现框架结构中的楼梯板破坏严重，被拉断的情况非常普遍，因此应进行抗震设计，并加强构造措施，宜采用双排配筋。

6.1.5 2008 年汶川地震中，框架结构中的砌体填充墙破坏严重。本次修订明确了用于填充墙的砌块强度等级，提高了砌体填充墙与主体结构的拉结要求、构造柱设置要求以及楼梯间砌体墙构造要求。

6.1.6 框架结构与砌体结构是两种截然不同的结构体系，其抗侧刚度、变形能力等相差很大，这两种结构在同一建筑物中混合使用，对建筑物的抗震性能将产生很不利的影响，甚至造成严重破坏。

6.1.7 在实际工程中，框架梁、柱中心线不重合、产生偏心的实例较多，需要有解决问题的方法。本条是根据国内外试验研究的结果提出的。根据试验结果，采用水平加腋方法，能明显改善梁柱节点的承受反复荷载性能。9 度抗震设计时，不应采用梁柱偏心较大的结构。

6.1.8 不与框架柱（包括框架-剪力墙结构中的柱）相连的次梁，可按非抗震设计。

图 4 为框架楼层平面中的一个区格。图中梁 L_1 两端不与框架柱相连，因而不参与抗震，所以梁 L_1 的构造可按非抗震要求。例如，梁端箍筋不需要按抗震要求加密，仅需满足抗剪强度的要求，其间距也可按非抗震构件的要求；箍筋无需弯 135° 钩，90° 钩即可；纵筋的锚固、搭接等都可按非抗震要求。图中梁 L_2 与 L_1 不同，其一端与框架柱相连，另一端与梁相连；与框架柱相连端应按抗震设计，其要求应与框架梁相同，与梁相连端构造可同 L_1 梁。

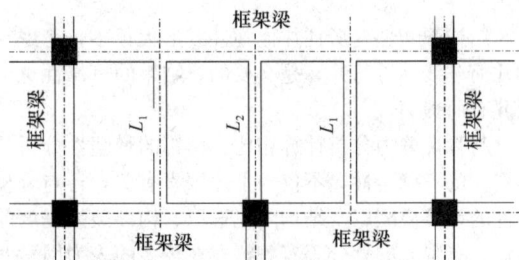

图 4 结构平面中次梁示意

6.2 截 面 设 计

6.2.1 由于框架柱的延性通常比梁的延性小，一旦框架柱形成了塑性铰，就会产生较大的层间侧移，并影响结构承受垂直荷载的能力。因此，在框架柱的设计中，有目的地增大柱端弯矩设计值，体现"强柱弱梁"的设计概念。

本次修订对"强柱弱梁"的要求进行了调整，提高了框架结构的要求，对二、三级框架结构柱端弯矩增大系数 η_c 由 02 规程的 1.2、1.1 分别提高到 1.5、1.3。因本规程框架结构不含四级，故取消了四级的有关要求。

一级框架结构和 9 度时的框架应按实配钢筋进行强柱弱梁验算。本规程的高层建筑，9 度时抗震等级只有一级，无二级。

当楼板与梁整体现浇时，板内配筋对梁的受弯承载力有相当影响，因此本次修订增加了在计算梁端实际配筋面积时，应计入梁有效翼缘宽度范围内楼板钢筋的要求。梁的有效翼缘宽度取值，各国规范也不尽相同，建议一般情况可取梁两侧各 6 倍板厚的范围。

本次修订对二、三级框架结构仅提高了柱端弯矩增大系数，未要求采用实配反算。但当框架梁是按最小配筋率的构造要求配筋时，为避免出现因梁的实际受弯承载力与弯矩设计值相差太多而无法实现"强柱弱梁"的情况，宜采用实配反算的方法进行柱子的受弯承载力设计。此时公式（6.2.3-1）中的实配系数 1.2 可适当降低，但不应低于 1.1。

6.2.2 研究表明，框架结构的底层柱下端，在强震下不能避免出现塑性铰。为了提高抗震安全度，将框架结构底层柱下端弯矩设计值乘以增大系数，以加强底层柱下端的实际受弯承载力，推迟塑性铰的出现。本次修订进一步提高了增大系数的取值，一、二、三级增大系数由 02 规程的 1.5、1.25、1.15 分别调整为 1.7、1.5、1.3。

增大系数只适用于框架结构，对其他类型结构中的框架，不作此要求。

6.2.3 框架柱、框支柱设计时应满足"强剪弱弯"的要求。在设计中，需要有目的地增大柱子的剪力设计值。本次修订对剪力放大系数作了调整，提高了框架结构的要求，二、三级时柱端剪力增大系数 η_{vc} 由 02 规程的 1.2、1.1 分别提高到 1.3、1.2；对其他结构的框架，扩大了进行"强剪弱弯"设计的范围，要求四级框架柱也要增大，要求同三级。

6.2.4 抗震设计的框架，考虑到角柱承受双向地震作用，扭转效应对内力影响较大，且受力复杂，在设计中应予以适当加强，因此对其弯矩设计值、剪力设计值增大 10%。02 规程中，此要求仅针对框架结构中的角柱；本次修订扩大了范围，并增加了四级要求。

6.2.5 框架结构设计中应力求做到，在地震作用下的框架呈现梁铰型延性机构，为减少梁端塑性铰区发生脆性剪切破坏的可能性，对框架梁提出了梁端的斜截面受剪承载力应高于正截面受弯承载力的要求，即"强剪弱弯"的设计概念。

梁端斜截面受剪承载力的提高，首先是在剪力设计值确定中，考虑了梁端弯矩的增大，以体现"强剪弱弯"的要求。对一级抗震等级的框架结构及 9 度时的其他结构中的框架，还考虑了工程设计中梁端纵向受拉钢筋有超配的情况，要求梁左、右端取用考虑承载力抗震调整系数的实际抗震受弯承载力进行受剪承载力验算。梁端实际抗震受弯承载力可按下式计算：

$$M_{bua} = f_{yk}A_s^a(h_0 - a_s')/\gamma_{RE} \qquad (6)$$

式中：f_{yk}——纵向钢筋的抗拉强度标准值；

A_s^a——梁纵向钢筋实际配筋面积。当楼板与梁整体现浇时，应计入有效翼缘宽度范围内的纵筋，有效翼缘宽度可取梁两侧各 6 倍板厚。

对其他情况的一级和所有二、三级抗震等级的框架梁的剪力设计值的确定，则根据不同抗震等级，直接取用梁端考虑地震作用组合的弯矩设计值的平衡剪力值，乘以不同的增大系数。

6.2.7 本次修订增加了三级框架节点的抗震受剪承载力验算要求，取消了 02 规程中"各抗震等级的顶层端节点核心区，可不进行抗震验算"的规定及 02 规程的附录 C。

节点核心区的验算可按现行国家标准《混凝土结构设计规范》GB 50010 的有关规定执行。

6.2.10 本条为 02 规程第 6.2.10～6.2.13 条的合并。本规程未作规定的承载力计算，包括截面受弯承载力、受扭承载力、剪扭承载力、受压（受拉）承载力、偏心受拉（受压）承载力、拉（压）弯剪扭承载力、局部承压承载力、双向受剪承载力等，均应按现行国家标准《混凝土结构设计规范》GB 50010 的有关规定执行。

6.3 框架梁构造要求

6.3.1 过去规定框架主梁的截面高度为计算跨度的 1/8～1/12，已不能满足近年来大量兴建的高层建筑对于层高的要求。近来我国一些设计单位，已大量设计了梁高较小的工程，对于 8m 左右的柱网，框架主梁截面高度为 450mm 左右，宽度为 350mm～400mm 的工程实例也较多。

国外规范规定的框架梁高跨比，较我国小。例如美国 ACI 318-08 规定梁的高度为：

支承情况	简支梁	一端连续梁	两端连续梁
高跨比	1/16	1/18.5	1/21

以上数值适用于钢筋屈服强度为 420MPa 者，其他钢筋，此数值应乘以（$0.4 + f_{yk}/700$）。

新西兰 DZ3101-06 规定为：

	简支梁	一端连续梁	两端连续梁
钢筋 300MPa	1/20	1/23	1/26
钢筋 430MPa	1/17	1/19	1/22

从以上数据可以看出，我们规定的高跨比下限 1/18，比国外规范要严。因此，不论从国内已有的工程经验以及与国外规范相比较，规定梁截面高跨比为 1/10～1/18 是可行的。在选用时，上限 1/10 可适用于荷载较大的情况。当设计人确有可靠依据且工程上有需要时，梁的高跨比也可小于 1/18。

在工程中，如果梁承受的荷载较大，可以选择较大的高跨比。在计算挠度时，可考虑梁受压区有效翼缘的作用，并可将梁的合理起拱值从其计算所得挠度中扣除。

6.3.2 抗震设计中，要求框架梁端的纵向受压与受拉钢筋的比例 A_s'/A_s 不小于 0.5（一级）或 0.3（二、三级），因为梁端有箍筋加密区，箍筋间距较密，这对于发挥受压钢筋的作用，起了很好的保证作用。所以在验算本条的规定时，可以将受压区的实际配筋计入，则受压区高度 x 不大于 $0.25h_0$（一级）或 $0.35h_0$（二、三级）的条件较易满足。

本次修订，取消了 02 规程本条第 3 款框架梁端最大配筋率不应大于 2.5% 的强制性要求，相关内容改为非强制性要求反映在本规程的 6.3.3 条中。最大配筋率主要考虑因素包括保证梁端截面的延性、梁端配筋不致过密而影响混凝土的浇筑质量等，但是不宜给一个确定的数值作为强制性条文内容。

本次修订还增加了表 6.3.2-2 的注 2，给出了可适当放松梁端加密区箍筋的间距的条件。主要考虑当箍筋直径较大且肢数较多时，适当放宽箍筋间距要求，仍然可以满足梁端的抗震性能，同时箍筋直径大、间距过密时不利于混凝土的浇筑，难以保证混凝土的质量。

6.3.3 根据近年来工程应用情况和反馈意见，梁的纵向钢筋最大配筋率不再作为强制性条文，相关内容由 02 规程第 6.3.2 条移入本条。

根据国内、外试验资料，受弯构件的延性随其配筋率的提高而降低。但当配置不少于受拉钢筋 50%

的受压钢筋时，其延性可以与低配筋率的构件相当。新西兰规范规定，当受弯构件的压区钢筋大于拉区钢筋的50%时，受拉钢筋配筋率不大于2.5%的规定可以适当放松。当受压钢筋不少于受拉钢筋的75%时，其受拉钢筋配筋率可提高30%，也即配筋率可放宽至3.25%。因此本次修订规定，当受压钢筋不少于受拉钢筋的50%时，受拉钢筋的配筋率可提高至2.75%。

本条第3款的规定主要是防止梁在反复荷载作用时钢筋滑移；本次修订增加了对三级框架的要求。

6.3.4 本条第5款为新增内容，给出了抗扭箍筋和抗扭纵向钢筋的最小配筋要求。

6.3.6 梁的纵筋与箍筋、拉筋等作十字交叉形的焊接时，容易使纵筋变脆，对于抗震不利，因此作此规定。同理，梁、柱的箍筋在有抗震要求时应弯135°钩，当采用焊接封闭箍时应特别注意避免出现箍筋与纵筋焊接在一起的情况。

国外规范，如美国ACI 318-08规范，在抗震设计也有类似的条文。

钢筋与构件端部锚板可采用焊接。

6.3.7 本条为新增内容，给出了梁上开洞的具体要求。当梁承受均布荷载时，在梁跨度的中部1/3区段内，剪力较小。洞口高度如大于梁高的1/3，只要经过正确计算并合理配筋，应当允许。在梁两端接近支座处，如必须开洞，洞口不宜过大，且必须经过核算，加强配筋构造。

有些资料要求在洞口角部配置斜筋，容易导致钢筋之间的间距过小，使混凝土浇捣困难；当钢筋过密时，不建议采用。图6.3.7可供参考采用；当梁跨中部有集中荷载时，应根据具体情况另行考虑。

6.4 框架柱构造要求

6.4.1 考虑到抗震安全性，本次修订提高了抗震设计时柱截面最小尺寸的要求。一、二、三级抗震设计时，矩形截面柱最小截面尺寸由300mm改为400mm，圆柱最小直径由350mm改为450mm。

6.4.2 抗震设计时，限制框架柱的轴压比主要是为了保证柱的延性要求。本条中，对不同结构体系中的柱提出了不同的轴压比限值；本次修订对部分柱轴压比限值进行了调整，并增加了四级抗震轴压比限值的规定。框架结构比原限值降低0.05，框架-剪力墙等结构类型中的三级框架柱限值降低0.05。

根据国内外的研究成果，当配箍量、箍筋形式满足一定要求，或在柱截面中部设置配筋芯柱且配筋量满足一定要求时，柱的延性性能有不同程度的提高，因此可对柱的轴压比限值适当放宽。

当采用设置配筋芯柱的方式放宽柱轴压比限值时，芯柱纵向钢筋配筋量应符合本条的规定，宜配置箍筋，其截面宜符合下列规定：

1 当柱截面为矩形时，配筋芯柱可采用矩形截面，其边长不宜小于柱截面相应边长的1/3；

2 当柱截面为正方形时，配筋芯柱可采用正方形或圆形，其边长或直径不宜小于柱截面边长的1/3；

3 当柱截面为圆形时，配筋芯柱宜采用圆形，其直径不宜小于柱截面直径的1/3。

条文所说的"较高的高层建筑"是指，高于40m的框架结构或高于60m的其他结构体系的混凝土房屋建筑。

6.4.3 本条是钢筋混凝土柱纵向钢筋和箍筋配置的最低构造要求。本次修订，第1款调整了抗震设计时框架柱、框支柱、框架结构边柱和中柱最小配筋率的规定；表6.4.3-1中数值是以500MPa级钢筋为基准的。与02规程相比，对335MPa及400MPa级钢筋的最小配筋率略有提高，对框架结构的边柱和中柱的最小配筋百分率也提高了0.1，适当增大了安全度。

第2款第2）项增加了一级框架柱端加密区箍筋间距可以适当放松的规定，主要考虑当箍筋直径较大、肢数较多、肢距较小时，箍筋的间距过小会造成钢筋过密，不利于保证混凝土的浇筑质量；适当放宽箍筋间距要求，仍然可以满足柱端的抗震性能。但应注意：箍筋的间距放宽后，柱的体积配箍率仍需满足本规程的相关规定。

6.4.4 本次修订调整了非抗震设计时柱纵向钢筋间距的要求，由350mm改为300mm；明确了四级抗震设计时柱纵向钢筋间距的要求同非抗震设计。

6.4.5 本条理由，同本规程第6.3.6条。

6.4.7 本规程给出了柱最小配箍特征值，可适应钢筋和混凝土强度的变化，有利于更合理地采用高强钢筋；同时，为了避免由此计算的体积配箍率过低，还规定了最小体积配箍率要求。

本条给出的箍筋最小配箍特征值，除与柱抗震等级和轴压比有关外，还与箍筋形式有关。井式复合箍、螺旋箍、复合螺旋箍、连续复合螺旋箍对混凝土具有更好的约束性能，因此其配箍特征值可比普通箍、复合箍低一些。本条所提到的柱箍筋形式举例如图5所示。

本次修订取消了"计算复合箍筋的体积配箍率时，应扣除重叠部分的箍筋体积"的要求；在计算箍筋体积配箍率时，取消了箍筋强度设计值不超过360MPa的限制。

6.4.8、6.4.9 原规程JGJ 3-91曾规定：当柱内全部纵向钢筋的配筋率超过3%时，应将箍筋焊成封闭箍。考虑到此种要求在实施时，常易将箍筋与纵筋焊在一起，使纵筋变脆，如本规程第6.3.6条的解释；同时每个箍皆要求焊接，费时费工，增加造价，于质量无益而有害。目前，国际上主要结构设计规范，皆

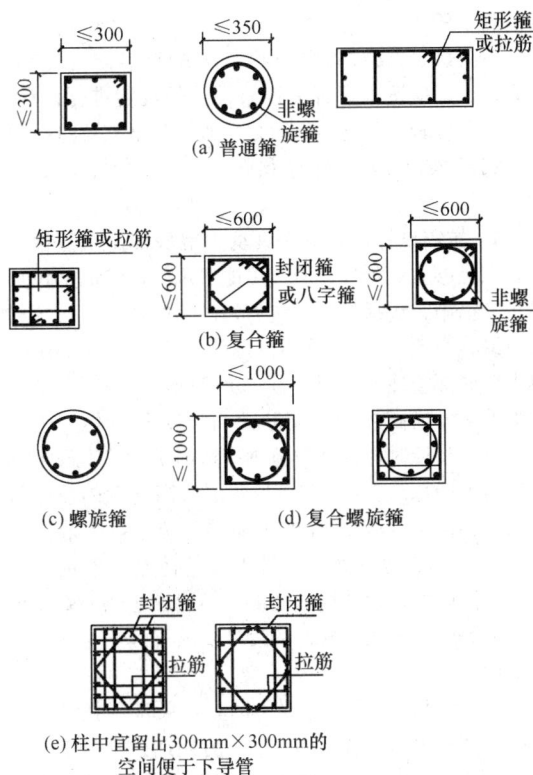

（a）普通箍

（b）复合箍

（c）螺旋箍　　　　　　（d）复合螺旋箍

（e）柱中宜留出300mm×300mm的空间便于下导管

图 5　柱箍筋形式示例

无类似规定。

因此本规程对柱纵向钢筋配筋率超过 3% 时，未作必须焊接的规定。抗震设计以及纵向钢筋配筋率大于 3% 的非抗震设计的柱，其箍筋只需做成带 135° 弯钩之封闭箍，箍筋末端的直段长度不应小于 10d。

在柱截面中心，可以采用拉条代替部分箍筋。

当采用菱形、八字形等与外围箍筋不平行的箍筋形式（图 5b、d、e）时，箍筋肢距的计算，应考虑斜向箍筋的作用。

6.4.10 为使梁、柱纵向钢筋有可靠的锚固条件，框架梁柱节点核心区的混凝土应具有良好的约束。考虑到节点核心区内箍筋的作用与柱端有所不同，其构造要求与柱端有所区别。

6.4.11 本条为新增内容。现浇混凝土柱在施工时，一般情况下采用导管将混凝土直接引入柱底部，然后随着混凝土的浇筑将导管逐渐上提，直至浇筑完毕。因此，在布置柱箍筋时，需在柱中心位置留出不少于 300mm×300mm 的空间，以便于混凝土施工。对于截面很大或长矩形柱，尚需与施工单位协商留出不止插一个导管的位置。

6.5　钢筋的连接和锚固

6.5.1～6.5.3 关于钢筋的连接，需注意下列问题：

1 对于结构的关键部位，钢筋的连接宜采用机械连接，不宜采用焊接。这是因为焊接质量较难保证，而机械连接技术已比较成熟，质量和性能比较稳定。另外，1995 年日本阪神地震震害中，观察到多处采用气压焊的柱纵向钢筋在焊接部位拉断的情况。本次修订对位于梁柱端部箍筋加密区内的钢筋接头，明确要求应采用满足等强度要求的机械连接接头。

2 采用搭接接头时，对非抗震设计，允许在构件同一截面 100% 搭接，但搭接长度应适当加长。这对于柱纵向钢筋的搭接接头较为有利。

第 6.5.1 条第 2 款是由 02 规程第 6.4.9 条第 6 款移植过来的，本款内容同时适用于抗震、非抗震设计，给出了柱纵向钢筋采用搭接做法时在钢筋搭接长度范围内箍筋的配置要求。

6.5.4、6.5.5　分别规定了非抗震设计和抗震设计时，框架梁柱纵向钢筋在节点区的锚固要求及钢筋搭接要求。图 6.5.4 中梁顶面 2 根直径 12mm 的钢筋是构造钢筋；当相邻梁的跨度相差较大时，梁端负弯矩钢筋的延伸长度（截断位置），应根据实际受力情况另行确定。

本次修订按现行国家标准《混凝土结构设计规范》GB 50010 作了必要的修改和补充。

7　剪力墙结构设计

7.1　一　般　规　定

7.1.1　高层建筑结构应有较好的空间工作性能，剪力墙应双向布置，形成空间结构。特别强调在抗震结构中，应避免单向布置剪力墙，并宜使两个方向刚度接近。

剪力墙的抗侧刚度较大，如果在某一层或几层切断剪力墙，易造成结构刚度突变，因此，剪力墙从上到下宜连续设置。

剪力墙洞口的布置，会明显影响剪力墙的力学性能。规则开洞，洞口成列、成排布置，能形成明确的墙肢和连梁，应力分布比较规则，又与当前普遍应用程序的计算简图较为符合，设计计算结果安全可靠。错洞剪力墙和叠合错洞剪力墙的应力分布复杂，计算、构造都比较复杂和困难。剪力墙底部加强部位，是塑性铰出现及保证剪力墙安全的重要部位，一、二和三级剪力墙的底部加强部位不宜采用错洞布置，如无法避免错洞墙，应控制错洞墙洞口间的水平距离不小于 2m，并在设计时进行仔细计算分析，在洞口周边采取有效构造措施（图 6a、b）。此外，一、二、三级抗震设计的剪力墙全高都不宜采用叠合错洞墙，当无法避免叠合错洞布置时，应按有限元方法仔细计算分析，并在洞口周边采取加强措施（图 6c），或在洞口不规则部位采用其他轻质材料填充，将叠合洞口转化为规则洞口（图6d，其中阴影部分表示轻质填充墙体）。

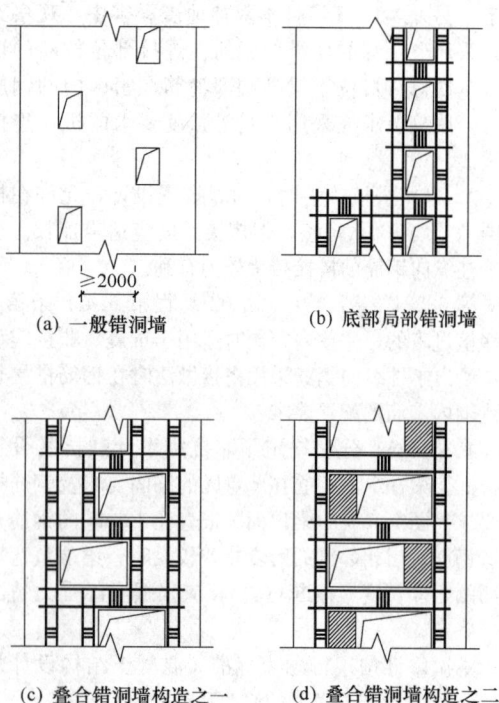

图6　剪力墙洞口不对齐时的构造措施示意

错洞墙或叠合错洞墙的内力和位移计算均应符合本规程第5章的有关规定。若在结构整体计算中采用杆系、薄壁杆系模型或对洞口作了简化处理的其他有限元模型时，应对不规则开洞墙的计算结果进行分析、判断，并进行补充计算和校核。目前除了平面有限元方法外，尚没有更好的简化方法计算错洞墙。采用平面有限元方法得到应力后，可不考虑混凝土的抗拉作用，按应力进行配筋，并加强构造措施。

本规程所指的剪力墙结构是以剪力墙及因剪力墙开洞形成的连梁组成的结构，其变形特点为弯曲型变形，目前有些项目采用了大部分由跨高比较大的框架梁联系的剪力墙形成的结构体系，这样的结构虽然剪力墙较多，但受力和变形特性接近框架结构，当层数较多时对抗震是不利的，宜避免。

7.1.2　剪力墙结构应具有延性，细高的剪力墙（高宽比大于3）容易设计成具有延性的弯曲破坏剪力墙。当墙的长度很长时，可通过开设洞口将长墙分成长度较小的墙段，使每个墙段成为高宽比大于3的独立墙肢或联肢墙，分段宜较均匀。用以分割墙段的洞口上可设置约束弯矩较小的弱连梁（其跨高比一般宜大于6）。此外，当墙段长度（即墙段截面高度）很长时，受弯后产生的裂缝宽度会较大，墙体的配筋容易拉断，因此墙段的长度不宜过大，本规程定为8m。

7.1.3　两端与剪力墙在平面内相连的梁为连梁。如果连梁以水平荷载作用下产生的弯矩和剪力为主，竖向荷载下的弯矩对连梁影响不大（两端弯矩仍然反号），那么该连梁对剪切变形十分敏感，容易出现剪切裂缝，则应按本章有关连梁设计的规定进行设计，一般是跨度较小的连梁；反之，则宜按框架梁进行设计，其抗震等级与所连接的剪力墙的抗震等级相同。

7.1.4　抗震设计时，为保证剪力墙底部出现塑性铰后具有足够大的延性，应对可能出现塑性铰的部位加强抗震措施，包括提高其抗剪切破坏的能力，设置约束边缘构件等，该加强部位称为"底部加强部位"。剪力墙底部塑性铰出现都有一定范围，一般情况下单个塑性铰发展高度约为墙肢截面高度 h_w，但是为安全起见，设计时加强部位范围应适当扩大。本规定统一以剪力墙总高度的1/10与两层层高二者的较大值作为加强部位（02规程要求加强部位是剪力墙全高的1/8）。第3款明确了当地下室整体刚度不足以作为结构嵌固端，而计算嵌固部位不能设在地下室顶板时，剪力墙底部加强部位的设计要求宜延伸至计算嵌固部位。

7.1.5　楼面梁支承在连梁上时，连梁产生扭转，一方面不能有效约束楼面梁，另一方面连梁受力十分不利，因此要尽量避免。楼板次梁等截面较小的梁支承在连梁上时，次梁端部可按铰接处理。

7.1.6　剪力墙的特点是平面内刚度及承载力大，而平面外刚度及承载力都很小，因此，应注意剪力墙平面外受弯时的安全问题。当剪力墙与平面外方向的大梁连接时，会使墙肢平面外承受弯矩，当梁高大于约2倍墙厚时，刚性连接梁的梁端弯矩将使剪力墙平面外产生较大的弯矩，此时应当采取措施，以保证剪力墙平面外的安全。

本条所列措施，是02规程7.1.7条内容的修改和完善。是指在楼面梁与剪力墙刚性连接的情况下，应采取措施增大墙肢抵抗平面外弯矩的能力。在措施中强调了对墙内暗柱或墙扶壁柱进行承载力的验算，增加了暗柱、扶壁柱竖向钢筋总配筋率的最低要求和箍筋配置要求，并强调了楼面梁水平钢筋伸入墙内的锚固要求，钢筋锚固长度应符合现行国家标准《混凝土结构设计规范》GB 50010的有关规定。

当梁与墙在同一平面内时，多数为刚接，梁钢筋在墙内的锚固长度应与梁、柱连接时相同。当梁与墙不在同一平面内时，可能为刚接或半刚接，梁钢筋锚固都应符合锚固长度要求。

此外，对截面较小的楼面梁，也可通过支座弯矩调幅或变截面梁实现梁端铰接或半刚接设计，以减小墙肢平面外弯矩。此时应相应加大梁的跨中弯矩，这种情况下也必须保证梁纵向钢筋在墙内的锚固要求。

7.1.7　剪力墙与柱都是压弯构件，其压弯破坏状态以及计算原理基本相同，但是截面配筋构造有很大不同，因此柱截面和墙截面的配筋计算方法也各不相同。为此，要设定按柱或按墙进行截面设计的分界点。为方便设置边缘构件和分布钢筋，墙截面高厚比 h_w/b_w 宜大于 4。本次修订修改了以前的分界点，规定截面高厚比 h_w/b_w 不大于 4 时，按柱进行截面设计。

7.1.8 厚度不大的剪力墙开大洞口时，会形成短肢剪力墙，短肢剪力墙一般出现在多层和高层住宅建筑中。短肢剪力墙沿建筑高度可能有较多楼层的墙肢会出现反弯点，受力特点接近异形柱，又承担较大轴力与剪力，因此，本规程规定短肢剪力墙应加强，在某些情况下还要限制建筑高度。对于 L 形、T 形、十字形剪力墙，其各肢的肢长与截面厚度之比的最大值大于 4 且不大于 8 时，才划分为短肢剪力墙。对于采用刚度较大的连梁与墙肢形成的开洞剪力墙，不宜按单独墙肢判断其是否属于短肢剪力墙。

由于短肢剪力墙抗震性能较差，地震区应用经验不多，为安全起见，在高层住宅结构中短肢剪力墙布置不宜过多，不应采用全部为短肢剪力墙的结构。短肢剪力墙承担的倾覆力矩不小于结构底部总倾覆力矩的 30% 时，称为具有较多短肢剪力墙的剪力墙结构，此时房屋的最大适用高度应适当降低。B 级高度高层建筑及 9 度抗震设防的 A 级高度高层建筑，不宜布置短肢剪力墙，不应采用具有较多短肢剪力墙的剪力墙结构。

本条还规定短肢剪力墙承担的倾覆力矩不宜大于结构底部总倾覆力矩的 50%，是在短肢剪力墙较多的剪力墙结构中，对短肢剪力墙数量的间接限制。

7.1.9 一般情况下主要验算剪力墙平面内的偏压、偏拉、受剪等承载力，当平面外有较大弯矩时，也应验算平面外的轴心受压承载力。

7.2 截面设计及构造

7.2.1 本条强调了剪力墙的截面厚度应符合本规程附录 D 的墙体稳定验算要求，并应满足剪力墙截面最小厚度的规定，其目的是为了保证剪力墙平面外的刚度和稳定性能，也是高层建筑剪力墙截面厚度的最低要求。按本规程的规定，剪力墙截面厚度除应满足本条规定的稳定要求外，尚应满足剪力墙受剪截面限制条件、剪力墙正截面受压承载力要求以及剪力墙轴压比限值要求。

02 规程第 7.2.2 条规定了剪力墙厚度与层高或剪力墙无支长度比值的限制要求以及墙截面最小厚度的限值，同时规定当墙厚不能满足要求时，应按附录 D 计算墙体的稳定。当时主要考虑方便设计，减少计算工作量，一般情况下不必按附录 D 计算墙体的稳定。

本次修订对原规程第 7.2.2 条作了修改，不再规

定墙厚与层高或剪力墙无支长度比值的限制要求。主要原因是：1）本条第 2、3、4 款规定的剪力墙截面的最小厚度是高层建筑的基本要求；2）剪力墙平面外稳定与该层墙体顶部所受的轴向压力的大小密切相关，如不考虑墙体顶部轴向压力的影响，单一限制墙厚与层高或无支长度的比值，则会形成高度相差很大的房屋其底部楼层墙厚的限制条件相同，或一幢高层建筑中底部楼层墙厚与顶部楼层墙厚的限制条件相近等不够合理的情况；3）本规程附录 D 的墙体稳定验算公式能合理地反映楼层墙体顶部轴向压力以及与层高或无支长度对墙体平面外稳定的影响，并具有适宜的安全储备。

设计人员可利用计算机软件进行墙体稳定验算，可按设计经验、轴压比限值及本条 2、3、4 款初步选定剪力墙的厚度，也可参考 02 规程的规定进行初选：一、二级剪力墙底部加强部位可选层高或无支长度（图 7）二者较小值的 1/16，其他部位为层高或剪力墙无支长度二者较小值的 1/20；三、四级剪力墙底部加强部位可选层高或无支长度二者较小值的 1/20，其他部位为层高或剪力墙无支长度二者较小值的 1/25。

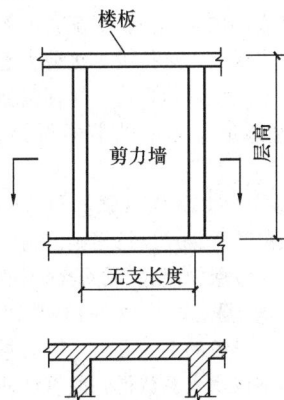

图 7　剪力墙的层高与
无支长度示意

一般剪力墙井筒内分隔空间的墙，不仅数量多，而且无支长度不大，为了减轻结构自重，第 5 款规定其墙厚可适当减小。

7.2.2 本条对短肢剪力墙的墙肢形状、厚度、轴压比、纵向钢筋配筋率、边缘构件等作了相应规定。本次修订对 02 规程的规定进行了修改，不论是否短肢剪力墙较多，所有短肢剪力墙都要求满足本条规定。短肢剪力墙的抗震等级不再提高，但在第 2 款中降低了轴压比限值。对短肢剪力墙的轴压比限制很严，是防止短肢剪力墙承受的楼面面积范围过大、或房屋高度太大，过早压坏引起楼板坍塌的危险。

一字形短肢剪力墙延性及平面外稳定均十分不利，因此规定不宜采用一字形短肢剪力墙，不宜布置单侧楼面梁与之平面外垂直连接或斜交，同时要求短

肢剪力墙尽可能设置翼缘。

7.2.3 为防止混凝土表面出现收缩裂缝，同时使剪力墙具有一定的出平面抗弯能力，高层建筑的剪力墙不允许单排配筋。高层建筑的剪力墙厚度大，当剪力墙厚度超过 400mm 时，如果仅采用双排配筋，形成中部大面积的素混凝土，会使剪力墙截面应力分布不均匀，因此本条提出了可采用三排或四排配筋方案，截面设计所需要的配筋可分布在各排中，靠墙面的配筋可略大。在各排配筋之间需要用拉筋互相联系。

7.2.4 如果双肢剪力墙中一个墙肢出现小偏心受拉，该墙肢可能会出现水平通缝而严重削弱其抗剪能力，抗侧刚度也会严重退化，由荷载产生的剪力将全部转移到另一个墙肢而导致另一墙肢抗剪承载力不足。因此，应尽可能避免出现墙肢小偏心受拉情况。当墙肢出现大偏心受拉时，墙肢极易出现裂缝，使其刚度退化，剪力将在墙肢中重分配，此时，可将另一受压墙肢按弹性计算的剪力设计值乘以 1.25 增大系数后计算水平钢筋，以提高其抗剪承载力。注意，在地震作用下的反复荷载下，两个墙肢都要增大设计剪力。

7.2.5 剪力墙墙肢的塑性铰一般出现在底部加强部位。对于一级抗震等级的剪力墙，为了更有把握实现塑性铰出现在底部加强部位，保证其他部位不出现塑性铰，因此要求增大一级抗震等级剪力墙底部加强部位以上部位的弯矩设计值，为了实现强剪弱弯设计要求，弯矩增大部位剪力墙的剪力设计值也应相应增大。

7.2.6 抗震设计时，为实现强剪弱弯的原则，剪力设计值应由实配受弯钢筋反算得到。为了方便实际操作，一、二、三级剪力墙底部加强部位的剪力设计值是由计算组合剪力按式（7.2.6-1）乘以增大系数得到，按一、二、三级的不同要求，增大系数不同。一般情况下，由乘以增大系数得到的设计剪力，有利于保证强剪弱弯的实现。

在设计 9 度一级抗震的剪力墙时，剪力墙底部加强部位要求用实际抗弯配筋计算的受弯承载力反算其设计剪力，如式（7.2.6-2）。

由抗弯能力反算剪力，比较符合实际情况。因此，在某些情况下，一、二、三级抗震剪力墙均可按式（7.2.6-2）计算设计剪力，得到比较符合强剪弱弯要求而不浪费的抗剪配筋。

7.2.7 剪力墙的名义剪应力值过高，会在早期出现斜裂缝，抗剪钢筋不能充分发挥作用，即使配置很多抗剪钢筋，也会过早剪切破坏。

7.2.8 钢筋混凝土剪力墙正截面受弯计算公式是依据现行国家标准《混凝土结构设计规范》GB 50010 中偏心受压和偏心受拉构件的假定及有关规定，又根据中国建筑科学研究院结构所等单位所做的剪力墙试验研究结果进行了适当简化。

按照平截面假定，不考虑受拉混凝土的作用，受压区混凝土按矩形应力图块计算。大偏心受压时受拉、受压端部钢筋都达到屈服，在 1.5 倍受压区范围之外，假定受拉区分布钢筋应力全部达到屈服；小偏压时端部受压钢筋屈服，而受拉分布钢筋及端部钢筋均未屈服，且忽略部分钢筋的作用。

条文中分别给出了工字形截面的两个基本平衡公式（$\sum N = 0$，$\sum M = 0$），由上述假定可得到各种情况下的设计计算公式。

7.2.9 偏心受拉正截面计算公式直接采用了现行国家标准《混凝土结构设计规范》GB 50010 的有关规定。

7.2.10、7.2.11 剪切脆性破坏有剪拉破坏、斜压破坏、剪压破坏三种形式。剪力墙截面设计时，是通过构造措施（最小配筋率和分布钢筋最大间距等）防止发生剪拉破坏和斜压破坏，通过计算确定墙中需要配置的水平钢筋数量，防止发生剪压破坏。

偏压构件中，轴压力有利于受剪承载力，但压力增大到一定程度后，对抗剪的有利作用减小，因此应用验算公式（7.2.10）时，要对轴力的取值加以限制。

偏拉构件中，考虑了轴向拉力对受剪承载力的不利影响。

7.2.12 按一级抗震等级设计的剪力墙，要防止水平施工缝处发生滑移。公式（7.2.12）验算通过水平施工缝的竖向钢筋是否足以抵抗水平剪力，如果所配置的端部和分布竖向钢筋不够，则可设置附加插筋，附加插筋在上、下层剪力墙中都要有足够的锚固长度。

7.2.13 轴压比是影响剪力墙在地震作用下塑性变形能力的重要因素。清华大学及国内外研究单位的试验表明，相同条件的剪力墙，轴压比低的，其延性大，轴压比高的，其延性小；通过设置约束边缘构件，可以提高高轴压比剪力墙的塑性变形能力，但轴压比大于一定值后，即使设置约束边缘构件，在强震作用下，剪力墙仍可能因混凝土压溃而丧失承受重力荷载的能力。因此，规程规定了剪力墙的轴压比限值。本次修订的主要内容为：将轴压比限值扩大到三级剪力墙；将轴压比限值扩大到结构全高，不仅仅是底部加强部位。

7.2.14 轴压比低的剪力墙，即使不设约束边缘构件，在水平力作用下也能有比较大的塑性变形能力。本条规定了可以不设约束边缘构件的剪力墙的最大轴压比。B 级高度的高层建筑，考虑到其高度比较高，为避免边缘构件配筋急剧减少的不利情况，规定了约束边缘构件与构造边缘构件之间设置过渡层的要求。

7.2.15 对于轴压比大于本规程表 7.2.14 规定的剪力墙，通过设置约束边缘构件，使其具有比较大的塑性变形能力。

截面受压区高度不仅与轴压力有关，而且与截面形状有关，在相同的轴压力作用下，带翼缘或带端柱的剪力墙，其受压区高度小于一字形截面剪力墙。因此，带翼缘或带端柱的剪力墙的约束边缘构件沿墙的长度，小于一字形截面剪力墙。

本次修订的主要内容为：增加了三级剪力墙约束边缘构件的要求；将轴压比分为两级，较大一级的约束边缘构件要求与 02 规程相同，较小一级的有所降低；可计入符合规定条件的水平钢筋的约束作用；取消了计算配箍特征值时，箍筋（拉筋）抗拉强度设计值不大于 360MPa 的规定。

本条"符合构造要求的水平分布钢筋"，一般指水平分布钢筋伸入约束边缘构件，在墙端做 90°弯折后延伸到另一排分布钢筋并勾住其竖向钢筋，内、外排水平分布钢筋之间设置足够的拉筋，从而形成复合箍，可以起到有效约束混凝土的作用。

7.2.16 剪力墙构造边缘构件的设计要求与 02 规程变化不大，将箍筋、拉筋肢距"不应大于 300mm"改为"不宜大于 300mm"及不应大于竖向钢筋间距的 2 倍；增加了底部加强部位构造边缘构件的设计要求。

剪力墙构造边缘构件中的纵向钢筋按承载力计算和构造要求二者中的较大值设置。设计时需注意计算边缘构件竖向最小配筋所用的面积 A_c 的取法和配筋范围。承受集中荷载的端柱还要符合框架柱的配筋要求。构造边缘构件中的纵向钢筋宜采用高强钢筋。构造边缘构件可配置箍筋与拉筋相结合的横向钢筋。

02 规程第 7.2.17 条对抗震设计的复杂高层建筑结构、混合结构、框架-剪力墙结构、筒体结构以及 B 级高度的高层剪力墙结构中剪力墙构造边缘构件提出了比一般剪力墙更高的要求，本次修订明确为连体结构、错层结构以及 B 级高度的高层建筑结构，适当缩小了加强范围。

7.2.17 为了防止混凝土墙体在受弯裂缝出现后立即达到极限受弯承载力，配置的竖向分布钢筋必须满足最小配筋百分率要求。同时，为了防止斜裂缝出现后发生脆性的剪拉破坏，规定了水平分布钢筋的最小配筋百分率。本条所指剪力墙不包括部分框支剪力墙，后者比全部落地剪力墙更为重要，其分布钢筋最小配筋率应符合本规程第 10 章的有关规定。

本次修订不再把剪力墙分布钢筋最大间距和最小直径的规定作为强制性条文，相关内容反映在本规程第 7.2.18 条中。

7.2.18 剪力墙中配置直径过大的分布钢筋，容易产生墙面裂缝，一般宜配置直径小而间距较密的分布钢筋。

7.2.19 房屋顶层墙、长矩形平面房屋的楼、电梯间墙、山墙和纵墙的端开间等是温度应力可能较大的部位，应当适当增大其分布钢筋配筋量，以抵抗温度应力的不利影响。

7.2.20 钢筋的锚固与连接要求与 02 规程有所不同。

本条主要依据现行国家标准《混凝土结构设计规范》GB 50010 的有关规定制定。

7.2.21 连梁应与剪力墙取相同的抗震等级。

为了实现连梁的强剪弱弯、推迟剪切破坏、提高延性，应当采用实际抗弯钢筋反算设计剪力的方法；但是为了程序计算方便，本条规定，对于一、二、三级抗震采用了组合剪力乘以增大系数的方法确定连梁剪力设计值，对 9 度一级抗震等级的连梁，设计时要求用连梁实际抗弯配筋反算该增大系数。

7.2.22、7.2.23 根据清华大学及国内外的有关试验研究可知，连梁截面的平均剪应力大小对连梁破坏性能影响较大，尤其在小跨高比条件下，如果平均剪应力过大，在箍筋充分发挥作用之前，连梁就会发生剪切破坏。因此对小跨高比连梁，本规程对截面平均剪应力及斜截面受剪承载力验算提出更加严格的要求。

7.2.24、7.2.25 为实现连梁的强剪弱弯，本规程第 7.2.21、7.2.22 条分别规定了按强剪弱弯要求计算连梁剪力设计值和名义剪应力的上限值，两条规定共同使用，就相当于限制了连梁的受弯配筋。但由于第 7.2.21 条是采用乘以增大系数的方法获得剪力设计值（与实际配筋量无关），容易使设计人员忽略受弯钢筋数量的限制，特别是在计算配筋很小而按构造要求配置受弯钢筋时，容易忽略强剪弱弯的要求。因此，本次修订新增第 7.2.24 和 7.2.25 条，分别给出了连梁最小和最大配筋率的限值，防止连梁的受弯钢筋配置过多。

跨高比超过 2.5 的连梁，其最大配筋率限值可按一般框架梁采用，即不宜大于 2.5%。

7.2.26 剪力墙连梁对剪切变形十分敏感，其名义剪应力限制比较严，在很多情况下设计计算会出现"超限"情况，本条给出了一些处理方法。

对第 2 款提出的塑性调幅作一些说明。连梁塑性调幅可采用两种方法，一是按照本规程第 5.2.1 条的方法，在内力计算前就将连梁刚度进行折减；二是在内力计算之后，将连梁弯矩和剪力组合值乘以折减系数。两种方法的效果都是减小连梁内力和配筋。无论用什么方法，连梁调幅后的弯矩、剪力设计值不应低于使用状况下的值，也不宜低于比设防烈度低一度的地震作用组合所得的弯矩、剪力设计值，其目的是避免在正常使用条件下或较小的地震作用下在连梁上出现裂缝。因此建议一般情况下，可掌握调幅后的弯矩不小于调幅前按刚度不折减计算的弯矩（完全弹性）的 80%（6～7 度）和 50%（8～9 度），并不小于风荷载作用下的连梁弯矩。

需注意，是否"超限"，必须用弯矩调幅后对应的剪力代入第 7.2.22 条公式进行验算。

当第 1、2 款的措施不能解决问题时，允许采用第 3 款的方法处理，即假定连梁在大震下剪切破坏，不再能约束墙肢，因此可考虑连梁不参与工作，而按独立墙肢进行第二次结构内力分析，它相当于剪力墙的第二道防线，这种情况往往使墙肢的内力及配筋加大，可保证墙肢的安全。第二道防线的计算没有了连梁的约束，位移会加大，但是大震作用下就不必按小震作用要求限制其位移。

7.2.27 一般连梁的跨高比都较小，容易出现剪切斜裂缝，为防止斜裂缝出现后的脆性破坏，除了减小其名义剪应力，并加大其箍筋配置外，本条规定了在构造上的一些要求，例如钢筋锚固、箍筋配置、腰筋配置等。

7.2.28 当开洞较小，在整体计算中不考虑其影响时，应将切断的分布钢筋集中在洞口边缘补足，以保证剪力墙截面的承载力。连梁是剪力墙中的薄弱部位，应重视连梁中开洞后的截面抗剪验算和加强措施。

8 框架-剪力墙结构设计

8.1 一般规定

8.1.1 本章包括框架-剪力墙结构和板柱-剪力墙结构的设计。墨西哥地震等震害表明，板柱框架破坏严重，其板与柱的连接节点为薄弱点。因而在地震区必须加设剪力墙（或筒体）以抵抗地震作用，形成板柱-剪力墙结构。板柱-剪力墙结构受力特点与框架-剪力墙结构类似，故把这种结构纳入本章，并专门列出相关条文以规定其设计需要遵守的有关要求。除应遵守本章关于框架-剪力墙结构、板柱-剪力墙结构的结构布置、计算分析、截面设计及构造要求的规定外，还应遵守第5章计算分析的有关规定，以及第3章、第6章和第7章对框架-剪力墙结构最大适用高度、高宽比的规定和对框架、剪力墙的有关规定。

8.1.2 框架-剪力墙结构由框架和剪力墙组成，以其整体承担荷载和作用；其组成形式较灵活，本条仅列举了一些常用的组成形式，设计时可根据工程具体情况选择适当的组成形式和适量的框架和剪力墙。

8.1.3 框架-剪力墙结构在规定的水平力作用下，结构底层框架部分承受的地震倾覆力矩与结构总地震倾覆力矩的比值不尽相同，结构性能有较大的差别。本次修订对此作了较为具体的规定。在结构设计时，应据此比值确定该结构相应的适用高度和构造措施，计算模型及分析均按框架-剪力墙结构进行实际输入和计算分析。

　　1 当框架部分承担的倾覆力矩不大于结构总倾覆力矩的10%时，意味着结构中框架承担的地震作用较小，绝大部分均由剪力墙承担，工作性能接近于纯剪力墙结构，此时结构中的剪力墙抗震等级可按剪力墙结构的规定执行；其最大适用高度仍按框架-剪力墙结构的要求执行；其中的框架部分应按框架-剪

力墙结构的框架进行设计，也就是说需要进行本规程8.1.4条的剪力调整，其侧向位移控制指标按剪力墙结构采用。

　　2 当框架部分承受的地震倾覆力矩大于结构总地震倾覆力矩的10%但不大于50%时，属于典型的框架-剪力墙结构，按本章有关规定进行设计。

　　3 当框架部分承受的倾覆力矩大于结构总倾覆力矩的50%但不大于80%时，意味着结构中剪力墙的数量偏少，框架承担较大的地震作用，此时框架部分的抗震等级和轴压比宜按框架结构的规定执行，剪力墙部分的抗震等级和轴压比按框架-剪力墙结构的规定采用；其最大适用高度不宜再按框架-剪力墙结构的要求执行，但可比框架结构的要求适当提高，提高的幅度可视剪力墙承担的地震倾覆力矩来确定。

　　4 当框架部分承受的倾覆力矩大于结构总倾覆力矩的80%时，意味着结构中剪力墙的数量极少，此时框架部分的抗震等级和轴压比应按框架结构的规定执行，剪力墙部分的抗震等级和轴压比按框架-剪力墙结构的规定采用；其最大适用高度宜按框架结构采用。对于这种少墙框剪结构，由于其抗震性能较差，不主张采用，以避免剪力墙受力过大、过早破坏。当不可避免时，宜采取将此种剪力墙减薄、开竖缝、开结构洞、配置少量单排钢筋等措施，减小剪力墙的作用。

　　在条文第3、4款规定的情况下，为避免剪力墙过早开裂或破坏，其位移相关控制指标按框架-剪力墙结构的规定采用。对第4款，如果最大层间位移角不能满足框架-剪力墙结构的限值要求，可按本规程第3.11节的有关规定，进行结构抗震性能分析论证。

8.1.4 框架-剪力墙结构在水平地震作用下，框架部分计算所得的剪力一般都较小。按多道防线的概念设计要求，墙体是第一道防线，在设防地震、罕遇地震下先于框架破坏，由于塑性内力重分布，框架部分按侧向刚度分配的剪力会比多遇地震下加大，为保证作为第二道防线的框架具有一定的抗侧力能力，需要对框架承担的剪力予以适当的调整。随着建筑形式的多样化，框架柱的数量沿竖向有时会有较大的变化，框架柱的数量沿竖向有规律分段变化时可分段调整的规定，对框架柱数量沿竖向变化更复杂的情况，设计时应专门研究框架柱剪力的调整方法。

　　对有加强层的结构，框架承担的最大剪力不包含加强层及相邻上下层的剪力。

8.1.5 框架-剪力墙结构是框架和剪力墙共同承担竖向和水平作用的结构体系，布置适量的剪力墙是其基本特点。为了发挥框架-剪力墙结构的优势，无论是否抗震设计，均应设计成双向抗侧力体系，且结构在两个主轴方向的刚度和承载力不宜相差过大；抗震设计时，框架-剪力墙结构在结构两个主轴方向均应布置剪力墙，以体现多道防线的要求。

8.1.6 框架-剪力墙结构中，主体结构构件之间一般不宜采用铰接，但在某些具体情况下，比如采用铰接对主体结构构件受力有利时可以针对具体构件进行分析判定后，在局部位置采用铰接。

8.1.7 本条主要指出框架-剪力墙结构中在结构布置时要处理好框架和剪力墙之间的关系，遵循这些要求，可使框架-剪力墙结构更好地发挥两种结构各自的作用并且使整体合理地工作。

8.1.8 长矩形平面或平面有一方向较长（如 L 形平面中有一肢较长）时，如横向剪力墙间距过大，在侧向力作用下，因不能保证楼盖平面的刚性而会增加框架的负担，故对剪力墙的最大间距作出规定。当剪力墙之间的楼板有较大开洞时，对楼盖平面刚度有所削弱，此时剪力墙的间距宜再减小。纵向剪力墙布置在平面的尽端时，会造成对楼盖两端的约束作用，楼盖中部的梁板容易因混凝土收缩和温度变化而出现裂缝，故宜避免。同时也考虑到在设计中有剪力墙布置在建筑中部，而端部无剪力墙的情况，用表注 4 的相应规定，可防止布置框架的楼面伸出太长，不利于地震力传递。

8.1.9 板柱结构由于楼盖基本没有梁，可以减小楼层高度，对使用和管道安装都较方便，因而板柱结构在工程中时有采用。但板柱结构抵抗水平力的能力差，特别是板与柱的连接点是非常薄弱的部位，对抗震尤为不利。为此，本规程规定抗震设计时，高层建筑不能单独使用板柱结构，而必须设置剪力墙（或剪力墙组成的筒体）来承担水平力。本规程除在第 3 章对其适用高度及高宽比严格控制外，这里尚做出结构布置的有关要求。8 度设防时应采用有柱托板，托板处总厚度不小于 16 倍柱纵筋直径是为了保证板柱节点的抗弯刚度。当板厚不满足受冲切承载力要求而又不能设置柱托板时，建议采用型钢剪力架（键）抵抗冲切，剪力架（键）型钢应根据计算确定。型钢剪力架（键）的高度不应大于板面筋的下排钢筋和板底筋的上排钢筋之间的净距，并确保型钢具有足够的保护层厚度，据此确定板的厚度并不应小于 200mm。

8.1.10 抗震设计时，按多道设防的原则，规定全部地震剪力应由剪力墙承担，但各层板柱部分除应符合计算要求外，仍应能承担不少于该层相应方向 20% 的地震剪力。另外，本条在 02 规程的基础上增加了抗风设计时的要求，以提高板柱-剪力墙结构在适用高度提高后抵抗水平力的性能。

8.2 截面设计及构造

8.2.1 规定剪力墙竖向和水平分布钢筋的最小配筋率，理由与本规程第 7.2.17 条相同。框架-剪力墙结构、板柱-剪力墙结构中的剪力墙是承担水平风荷载或水平地震作用的主要受力构件，必须要保证其安全可靠。因此，四级抗震等级时剪力墙的竖向、水平分布钢筋的配筋率比本规程第 7.2.17 条适当提高；为了提高混凝土开裂后的性能和保证施工质量，各排分布钢筋之间应设置拉筋，其直径不应小于 6mm、间距不应大于 600mm。

8.2.2 带边框的剪力墙，边框与嵌入的剪力墙应共同承担对其的作用力，本条列出为满足此要求的有关规定。

8.2.3 板柱-剪力墙结构设计主要考虑了下列几个方面：

1 明确了结构分析中规则的板柱结构可用等代框架法，及其等代梁宽度的取值原则。但等代框架法是近似的简化方法，尤其是对不规则布置的情况，故有条件时，建议尽量采用连续体有限元空间模型进行计算分析以获取更准确的计算结果。

2 设计无梁平板（包括有托板）的受冲切承载力时，当冲切应力大于 $0.7f_t$ 时，可使用箍筋承担剪力。跨越受剪裂缝的竖向钢筋（箍筋的竖向肢）能阻止裂缝开展，但是，当竖向筋有滑动时，效果有所降低。一般的箍筋，由于竖肢的上下端皆为圆弧，在竖肢受力较大接近屈服时，皆有滑动发生，此点在国外的试验中得到证实。在板柱结构中，如不设托板，柱周围之板厚度不大，再加上双向纵筋使 h_0 减小，箍筋的竖向肢往往较短，少量滑动就能使应变减少较多，其箍筋竖肢的应力也不能达到屈服强度。因此，加拿大规范（CSA - A23.3-94）规定，只有当板厚（包括托板厚度）不小于 300mm 时，才允许使用箍筋。美国 ACI 规范要求在箍筋转角处配置较粗的水平筋以协助固定箍筋的竖肢。美国近年大量采用的"抗剪栓钉"（shear studs），能避免上述箍筋的缺点，且施工方便，既有良好的抗冲切性能，又能节约钢材。因此本规程建议尽可能采用高效能抗剪栓钉来提高抗冲切能力。在构造方面，可以参照钢结构栓钉的做法，按设计规定的直径及间距，将栓钉用自动焊接法焊在钢板上。典型布置的抗剪栓钉设置如图 8 所示；图 9、图 10 分别给出了矩形柱和圆柱抗剪栓钉的不同排列示意图。

当地震作用能导致柱上板带的支座弯矩反号时，应验算如图 11 所示虚线界面的冲切承载力。

3 为防止无柱托板板柱结构的楼板在柱边开裂后楼板坠落，穿过柱截面板底两个方向钢筋的受拉承载力应满足该柱承担的该层楼面重力荷载代表值所产生的轴压力设计值。

8.2.4 板柱-剪力墙结构中，地震作用虽由剪力墙全部承担，但结构在整体工作时，板柱部分仍会承担一定的水平力。由柱上板带和柱组成的板柱框架中的板，受力主要集中在柱的连线附近，故抗震设计应沿柱轴线设置暗梁，目的在于加强板与柱的连接，较好地起到板柱框架的作用，此时柱上板带的钢筋应比较集中在暗梁部位。

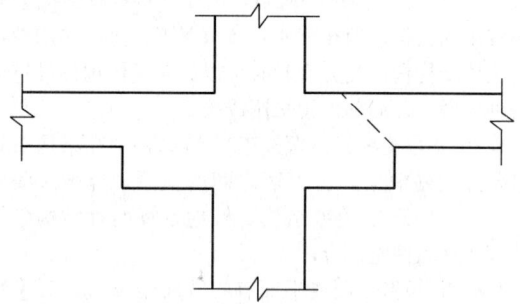

图 11　冲切截面验算示意

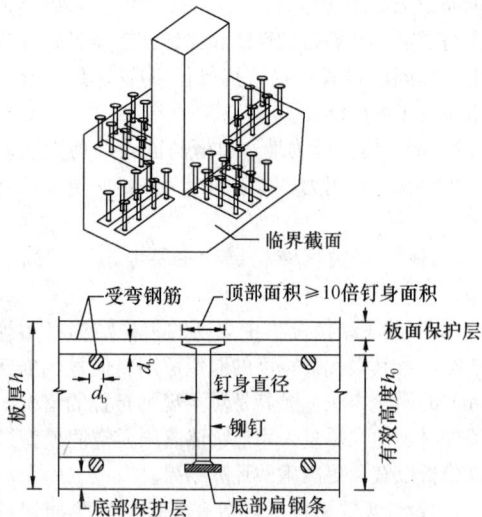

图 8　典型抗剪栓钉布置示意

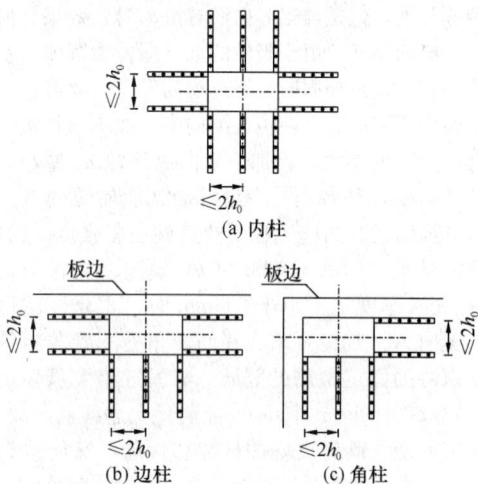

图 9　矩形柱抗剪栓钉排列示意

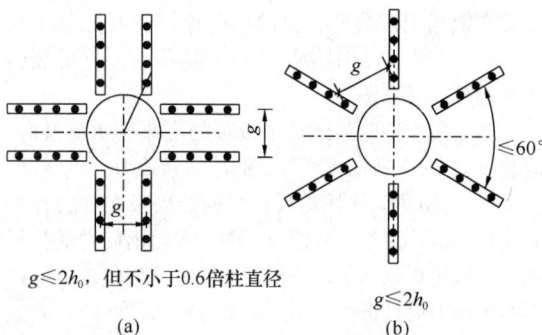

g≤2h₀，但不小于0.6倍柱直径

(a)

g≤2h₀

(b)

图 10　圆柱周边抗剪栓钉排列示意

当无梁板有局部开洞时，除满足图8.2.4的要求外，冲切计算中应考虑洞口对冲切能力的削弱，具体计算及构造应符合现行国家标准《混凝土结构设计规范》GB 50010 的有关规定。

9　筒体结构设计

9.1　一般规定

9.1.1　筒体结构具有造型美观、使用灵活、受力合理，以及整体性强等优点，适用于较高的高层建筑。目前全世界最高的 100 幢高层建筑约有 2/3 采用筒体结构；国内 100m 以上的高层建筑约有一半采用钢筋混凝土筒体结构，所用形式大多为框架-核心筒结构和筒中筒结构，本章条文主要针对这两类筒体结构，其他类型的筒体结构可参照使用。

本条是 02 规程第 9.1.1 条和 9.1.12 条的合并。

9.1.2　研究表明，筒中筒结构的空间受力性能与其高度和高宽比有关，当高宽比小于 3 时，就不能较好地发挥结构的整体空间作用；框架-核心筒结构的高度和高宽比可不受此限制。对于高度较低的框架-核心筒结构，可按框架-抗震墙结构设计，适当降低核心筒和框架的构造要求。

9.1.3　筒体结构尤其是筒中筒结构，当建筑需要较大空间时，外周框架或框筒有时需要抽掉一部分柱，形成带转换层的筒体结构。本条取消了 02 规程有关转换梁的设计要求，转换层结构的设计应符合本规程第 10.2 节的有关规定。

9.1.4　筒体结构的双向楼板在竖向荷载作用下，四周外角要上翘，但受到剪力墙的约束，加上楼板混凝土的自身收缩和温度变化影响，使楼板外角可能产生斜裂缝。为防止这类裂缝出现，楼板外角顶面和底面配置双向钢筋网，适当加强。

9.1.5　筒体结构中筒体墙与外周框架之间的距离不宜过大，否则楼盖结构的设计较困难。根据近年来的工程经验，适当放松了核心筒或内筒外墙与外框柱之间的距离要求，非抗震设计和抗震设计分别由 02 规程的 12m、10m 调整为 15m、12m。

9.1.7　本条规定了筒体结构核心筒、内筒设计的基本要求。第 3 款墙体厚度是最低要求，同时要求所有筒体墙应按本规程附录 D 验算墙体稳定，必要时可增设扶壁柱或扶壁墙以增强墙体的稳定性；第 5 款对连梁的要求主要目的是提高其抗震延性。

9.1.8 为防止核心筒或内筒中出现小墙肢等薄弱环节，墙面应尽量避免连续开洞，对个别无法避免的小墙肢，应控制最小截面高度，并按柱的抗震构造要求配置箍筋和纵向钢筋，以加强其抗震能力。

9.1.9 在筒体结构中，大部分水平剪力由核心筒或内筒承担，框架柱或框筒柱所受剪力远小于框架结构中的柱剪力，剪跨比明显增大，因此其轴压比限值可比框架结构适当放松，可按框架-剪力墙结构的要求控制柱轴压比。

9.1.10 楼盖主梁搁置在核心筒的连梁上，会使连梁产生较大剪力和扭矩，容易产生脆性破坏，应尽量避免。

9.1.11 对框架-核心筒结构和筒中筒结构，如果各层框架承担的地震剪力不小于结构底部总地震剪力的20%，则框架地震剪力可不进行调整；否则，应按本条的规定调整框架柱及与之相连的框架梁的剪力和弯矩。

设计恰当时，框架-核心筒结构可以形成外周框架与核心筒协同工作的双重抗侧力结构体系。实际工程中，由于外周框架柱的柱距过大、梁高过小，造成其刚度过低、核心筒刚度过高，结构底部剪力主要由核心筒承担。这种情况，在强烈地震作用下，核心筒墙体可能损伤严重，经内力重分布后，外周框架会承担较大的地震作用。因此，本条第1款对外周框架按弹性刚度分配的地震剪力作了基本要求；对本规程规定的房屋最大适用高度范围的筒体结构，经过合理设计，多数情况应该可以达到此要求。一般情况下，房屋高度越高时，越不容易满足本条第1款的要求。

通常，筒体结构外周框架剪力调整的方法与本规程第8章框架-剪力墙结构相同，即本条第3款的规定。当框架部分分配的地震剪力不满足本条第1款的要求，即小于结构底部总地震剪力的10%时，意味着筒体结构的外周框架刚度过弱，框架总剪力如果仍按第3款进行调整，框架部分承担的剪力最大值的1.5倍可能过小，因此要求按第2款执行，即各层框架剪力按结构底部总地震剪力的15%进行调整，同时要求对核心筒的设计剪力和抗震构造措施予以加强。

对带加强层的筒体结构，框架部分最大楼层地震剪力可不包括加强层及其相邻上、下楼层的框架剪力。

9.2 框架-核心筒结构

9.2.1 核心筒是框架-核心筒结构的主要抗侧力构件，应尽量贯通建筑物全高。一般来讲，当核心筒的宽度不小于筒体总高度的1/12时，筒体结构的层间位移就能满足规定。

9.2.2 抗震设计时，核心筒为框架-核心筒结构的主要抗侧力构件，本条对其底部加强部位水平和竖向分布钢筋的配筋率、边缘构件设置提出了比一般剪力墙结构更高的要求。

约束边缘构件通常需要一个沿周边的大箍，再加上各个小箍或拉筋，而小箍是无法勾住大箍的，会造成大箍的长边无支长度过大，起不到应有的约束作用。因此，第2款将02规程"约束边缘构件范围内全部采用箍筋"的规定改为主要采用箍筋，即采用箍筋与拉筋相结合的配箍方法。

9.2.3 由于框架-核心筒结构外周框架的柱距较大，为了保证其整体性，外周框架柱间必须要设置框架梁，形成周边框架。实践证明，纯无梁楼盖会影响框架-核心筒结构的整体刚度和抗震性能，尤其是板柱节点的抗震性能较差。因此，在采用无梁楼盖时，更应在各层楼盖沿周边框架柱设置框架梁。

9.2.5 内筒偏置的框架-筒体结构，其质心与刚心的偏心距较大，导致结构在地震作用下的扭转反应增大。对这类结构，应特别关注结构的扭转特性，控制结构的扭转反应。本条要求对该类结构的位移比和周期比均按B级高度高层建筑从严控制。内筒偏置时，结构的第一自振周期 T_1 中会含有较大的扭转成分，为了改善结构抗震的基本性能，除控制结构扭转为主的第一自振周期 T_1 与平动为主的第一自振周期 T_1 之比不应大于0.85外，尚需控制 T_1 的扭转成分不宜大于平动成分之半。

9.2.6、9.2.7 内筒采用双筒可增强结构的扭转刚度，减小结构在水平地震作用下的扭转效应。考虑到双筒间的楼板因传递双筒间的力偶会产生较大的平面剪力，第9.2.7条对双筒间开洞楼板的构造作了具体规定，并建议按弹性板进行细化分析。

9.3 筒中筒结构

9.3.1~9.3.5 研究表明，筒中筒结构的空间受力性能与其平面形状和构件尺寸等因素有关，选用圆形和正多边形等平面，能减小外框筒的"剪力滞后"现象，使结构更好地发挥空间作用，矩形和三角形平面的"剪力滞后"现象相对较严重，矩形平面的长宽比大于2时，外框筒的"剪力滞后"更突出，应尽量避免；三角形平面切角后，空间受力性质会相应改善。

除平面形状外，外框筒的空间作用的大小还与柱距、墙面开洞率，以及洞口高宽比与层高和柱距之比等有关，矩形平面框筒的柱距越接近层高、墙面开洞率越小，洞口高宽比与层高和柱距之比越接近，外框筒的空间作用越强；在第9.3.5条中给出了矩形平面的柱距，以及墙面开洞率的最大限值。由于外框筒在侧向荷载作用下的"剪力滞后"现象，角柱的轴向力约为邻柱的1~2倍，为了减小各层楼盖的翘曲，角柱的截面可适当放大，必要时可采用L形角墙或角筒。

9.3.7 在水平地震作用下，框筒梁和内筒连梁的端部反复承受正、负弯矩和剪力，而一般的弯起钢筋无法承担正、负剪力，必须要加强箍筋配筋构造要求；对框筒梁，由于梁高较大、跨度较小，对其纵向钢筋、腰筋的配置也提出了最低要求。跨高比较小的框筒梁和内筒连梁宜增配对角斜向钢筋或设置交叉暗撑；当梁内设置交叉暗撑时，全部剪力可由暗撑承担，抗震设计时箍筋的间距可由 100mm 放宽至 200mm。

9.3.8 研究表明，在跨高比较小的框筒梁和内筒连梁增设交叉暗撑对提高其抗震性能有较好的作用，但交叉暗撑的施工有一定难度。本条对交叉暗撑的适用范围和构造作了调整：对跨高比不大于 2 的框筒梁和内筒连梁，宜增配对角斜向钢筋，具体要求可参照现行国家标准《混凝土结构设计规范》GB 50010 的有关规定；对跨高比不大于 1 的框筒梁和内筒连梁，宜设置交叉暗撑。为方便施工，交叉暗撑的箍筋不再设加密区。

10 复杂高层建筑结构设计

10.1 一般规定

10.1.1 为适应体型、结构布置比较复杂的高层建筑发展的需要，并使其结构设计质量、安全得到基本保证，02 规程增加了复杂高层建筑结构设计内容，包括带转换层的结构、带加强层的结构、错层结构、连体结构和多塔楼结构等。本次修订增加了竖向体型收进、悬挑结构，并将多塔楼结构并入其中，因为这三种结构的刚度和质量沿竖向变化的情况有一定的共性。

10.1.2 带转换层的结构、带加强层的结构、错层结构、连体结构等，在地震作用下受力复杂，容易形成抗震薄弱部位。9 度抗震设计时，这些结构目前尚缺乏研究和工程实践经验，为了确保安全，因此规定不应采用。

10.1.3 本规程涉及的错层结构，一般包含框架结构、框架-剪力墙结构和剪力墙结构。简体结构因建筑上一般无错层要求，本规程也没有对其作出相应的规定。错层结构受力复杂，地震作用下易形成多处薄弱部位，目前对错层结构的研究和工程实践经验较少，需对其适用高度加以适当限制，因此规定了 7 度、8 度抗震设计时，剪力墙结构错层高层建筑的房屋高度分别不宜大于 80m、60m；框架-剪力墙结构错层高层建筑的房屋高度分别不应大于 80m、60m。连体结构的连接体部位易产生严重震害，房屋高度越高，震害加重，因此 B 级高度高层建筑不宜采用连体结构。抗震设计时，底部带转换层的筒中筒结构 B 级高度高层建筑，当外筒框支以上采用壁式框架时，其抗震性能比密柱框架更为不利，因此其最

大适用高度应比本规程表 3.3.1-2 规定的数值适当降低。

10.1.4 本章所指的各类复杂高层建筑结构均属不规则结构。在同一个工程中采用两种以上这类复杂结构，在地震作用下易形成多处薄弱部位。为保证结构设计的安全性，规定 7 度、8 度抗震设计的高层建筑不宜同时采用两种以上本章所指的复杂结构。

10.1.5 复杂高层建筑结构的计算分析应符合本规程第 5 章的有关规定，并按本规程有关规定进行截面承载力设计与配筋构造。对于复杂高层建筑结构，必要时，对其中某些受力复杂部位尚宜采用有限元法等方法进行详细的应力分析，了解应力分布情况，并按应力进行配筋校核。

10.2 带转换层高层建筑结构

10.2.1 本节的设计规定主要用于底部带托墙转换层的剪力墙结构（部分框支剪力墙结构）以及底部带托柱转换层的筒体结构，即框架-核心筒、筒中筒结构中的外框架（外筒体）密柱在房屋底部通过托柱转换层转变为稀柱框架的筒体结构。这两种带转换层结构的设计有其相同之处也有其特殊性。为表述清楚，本节将这两种带转换层结构相同的设计要求以及大部分要求相同、仅部分设计要求不同的设计规定在若干条文中作出规定，对仅适用于某一种带转换层结构的设计要求在专门条文中规定，如第 10.2.5 条、第 10.2.16～10.2.25 条是专门针对部分框支剪力墙结构的设计规定，第 10.2.26 条及第 10.2.27 条是专门针对底部带托柱转换层的筒体结构的设计规定。

本节的设计规定可供在房屋高处设置转换层的结构设计参考。对仅有个别结构构件进行转换的结构，如剪力墙结构或框架-剪力墙结构中存在的个别墙或柱在底部进行转换的结构，可参照本节中有关转换构件和转换柱的设计要求进行构件设计。

10.2.2 由于转换层位置的增高，结构传力路径复杂、内力变化较大，规定剪力墙底部加强范围亦增大，可取转换层加上转换层以上两层的高度或房屋总高度的 1/10 二者的较大值。这里的剪力墙包括落地剪力墙和转换构件上部的剪力墙。相比于 02 规程，将墙肢总高度的 1/8 改为房屋总高度的 1/10。

10.2.3 在水平荷载作用下，当转换层上、下部楼层的结构侧向刚度相差较大时，会导致转换层上、下部结构构件内力突变，促使部分构件提前破坏；当转换层位置相对较高时，这种内力突变会进一步加剧。因此本条规定，控制转换层上、下层结构等效刚度比满足本规程附录 E 的要求，以缓解构件内力和变形的突变现象。带转换层结构当转换层设置在 1、2 层时，应满足第 E.0.1 条等效剪切刚度比的要求；当转换层设置在 2 层以上时，应满足第 E.0.2、E.0.3 条规定的楼层侧向刚度比要求。当采用本规程附录第 E.0.3 条的规定时，要强调转换层上、下两个计算模型的高

度宜相等或接近的要求，且上部计算模型的高度不大于下部计算模型的高度。本规程第E.0.2条的规定与美国规范IBC 2006关于严重不规则结构的规定是一致的。

10.2.4 底部带转换层的高层建筑设置的水平转换构件，近年来除转换梁外，转换桁架、空腹桁架、箱形结构、斜撑、厚板等均已采用，并积累了一定设计经验，故本章增加了一般可采用的各种转换构件设计的条文。由于转换厚板在地震区使用经验较少，本条文规定仅在非地震区和6度设防的地震区采用。对于大空间地下室，因周围有约束作用，地震反应不明显，故7、8度抗震设计时可采用厚板转换层。

带转换层的高层建筑，本条取消了02规程"其薄弱层的地震剪力应按本规程第5.1.14条的规定乘以1.15的增大系数"这一段重复的文字，本规程第3.5.8条已有相关的规定，并将增大系数由1.15提高为1.25。为保证转换构件的设计安全度并具有良好的抗震性能，本条规定特一、一、二级转换构件在水平地震作用下的计算内力应分别乘以增大系数1.9、1.6、1.3，并应按本规程第4.3.2条考虑竖向地震作用。

10.2.5 带转换层的底层大空间剪力墙结构于20世纪80年代中开始采用，90年代初《钢筋混凝土高层建筑结构设计与施工规程》JGJ 3—91列入该结构体系及抗震设计有关规定。近几十年，底部带转换层的大空间剪力墙结构迅速发展，在地震区许多工程的转换层位置已较高，一般做到3~6层，有的工程转换层位于7~10层。中国建筑科学研究院在原有研究的基础上，研究了转换层高度对框支剪力墙结构抗震性能的影响，研究得出，转换层位置较高时，更易使框支剪力墙结构在转换层附近的刚度、内力发生突变，并易形成薄弱层，其抗震设计概念与底层框支剪力墙结构有一定差别。转换层位置较高时，转换层下部的落地剪力墙及框支结构易于开裂和屈服，转换层上部几层墙体易于破坏。转换层位置较高的高层建筑不利于抗震，规定7度、8度地区可以采用，但限制部分框支剪力墙结构转换层设置位置：7度区不宜超过第5层，8度区不宜超过第3层。如转换层位置超过上述规定时，应作专门分析研究并采取有效措施，避免框支层破坏。对托柱转换层结构，考虑到其刚度变化、受力情况同框支剪力墙结构不同，对转换层位置未作限制。

10.2.6 对部分框支剪力墙结构，高位转换对结构抗震不利，因此规定部分框支剪力墙结构转换层的位置设置在3层及3层以上时，其框支柱、落地剪力墙的底部加强部位的抗震等级宜按本规程表3.9.3、表3.9.4的规定提高一级采用（已经为特一级时可不再提高），提高其抗震构造措施。而对于托柱转换结构，因其受力情况和抗震性能比部分框支剪力墙结构有利，故未要求根据转

换层设置高度采取更严格的措施。

10.2.7 本次修订将"框支梁"改为更广义的"转换梁"。转换梁包括部分框支剪力墙结构中的框支梁以及上面托柱的框架梁，是带转换层结构中应用最为广泛的转换结构构件。结构分析和试验研究表明，转换梁受力复杂，而且十分重要，因此本条第1、2款分别对其纵向钢筋、梁端加密区箍筋的最小构造配筋提出了比一般框架梁更高的要求。

本条第3款针对偏心受拉的转换梁（一般为框支梁）顶面纵向钢筋及腰筋的配置提出了更高要求。研究表明，偏心受拉的转换梁（如框支梁），截面受拉区域较大，甚至全截面受拉，因此除了按结构分析配置钢筋外，加强梁跨中区段顶面纵向钢筋以及两侧面腰筋的最低构造配筋要求是非常必要的。非偏心受拉转换梁的腰筋设置应符合本规程第10.2.8条的有关规定。

10.2.8 转换梁受力较复杂，为保证转换梁安全可靠，分别对框支梁和托柱转换梁的截面尺寸及配筋构造等，提出了具体要求。

转换梁承受较大的剪力，开洞会对转换梁的受力造成很大影响，尤其是转换梁端部剪力最大的部位开洞的影响更加不利，因此对转换梁上开洞进行了限制，并规定梁上洞口避开转换梁端部，开洞部位要加强配筋构造。

研究表明，托柱转换梁在托柱部位承受较大的剪力和弯矩，其箍筋应加密配置（图12a）。框支梁多数情况下为偏心受拉构件，并承受较大的剪力；框支梁上墙体开有边门洞时，往往形成小墙肢，此小墙肢的应力集中尤为突出，而边门洞部位框支梁应力急剧加大。在水平荷载作用下，上部有边门洞框支梁的弯矩约为上部无边门洞框支梁弯矩的3倍，剪力也约为3倍，因此除小墙肢应加强外，边门洞墙边部位对应的框支梁的抗剪能力也应加强，箍筋应加密配置（图12b）。当洞口靠近梁端且剪压比不满足规定时，也可采用梁端加腋提高其抗剪承载力，并加密箍筋。

需要注意的是，对托柱转换梁，在转换层尚宜设置承担正交方向柱底弯矩的楼面梁或框架梁，避免转换梁承受过大的扭矩作用。

与02规程相比，第2款梁截面高度由原来的不应小于计算跨度的1/6改为不宜小于计算跨度的1/8；第4款对托柱转换梁的腰筋配置提出要求；图10.2.8中钢筋锚固作了调整。

10.2.9 带转换层的高层建筑，当上部平面布置复杂而采用框支主梁承托剪力墙并承托转换次梁及其上剪力墙时，这种多次转换传力路径长，框支主梁将承受较大的剪力、扭矩和弯矩，一般不宜采用。中国建筑科学研究院抗震所进行的试验表明，框支主梁易产生受剪破坏，应进行应力分析，按应力校核配筋，并加强配筋构造措施；条件许可时，可采用箱形转换层。

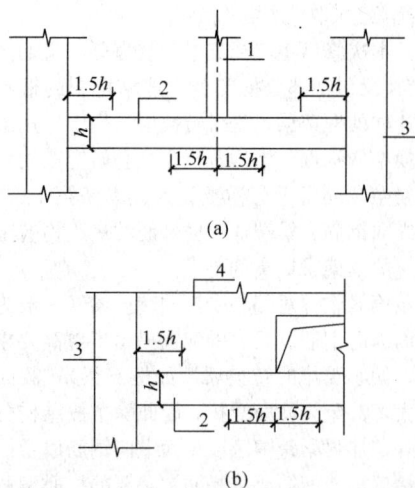

图12 托柱转换梁、框支梁箍筋加密区示意
1—梁上托柱；2—转换梁；3—转换柱；4—框支剪力墙

10.2.10 本次修订将"框支柱"改为"转换柱"。转换柱包括部分框支剪力墙结构中的框支柱和框架-核心筒、框架-剪力墙结构中支承托柱转换梁的柱，是带转换层结构重要构件，受力性能与普通框架大致相同，但受力大，破坏后果严重。计算分析和试验研究表明，随着地震作用的增大，落地剪力墙逐渐开裂、刚度降低，转换柱承受的地震作用逐渐增大。因此，除了在内力调整方面对转换柱作了规定外，本条对转换柱的构造配筋提出了比普通框架柱更高的要求。

本条第3款中提到的普通框架柱的箍筋最小配箍特征值要求，见本规程第6.4.7条的有关规定，转换柱的箍筋最小配箍特征值应比本规程表6.4.7的规定提高0.02采用。

10.2.11 抗震设计时，转换柱截面主要由轴压比控制并要满足剪压比的要求。为增大转换柱的安全性，有地震作用组合时，一、二级转换柱由地震作用引起的轴力值应分别乘以增大系数1.5、1.2，但计算柱轴压比时可不考虑该增大系数。同时为推迟转换柱的屈服，以免影响整个结构的变形能力，规定一、二级转换柱与转换构件相连的柱上端和底层柱下端截面的弯矩组合值应分别乘以1.5、1.3，剪力设计值也应按规定调整。由于转换柱为重要受力构件，本条对柱截面尺寸、柱内竖向钢筋总配筋率、箍筋配置等提出了相应的要求。

10.2.12 因转换构件节点区受力非常大，本条强调了对转换梁柱节点核心区的要求。

10.2.13 箱形转换构件设计时要保证其整体受力作用，因此规定箱形转换结构上、下楼板（即顶、底板）厚度不宜小于180mm，并应设置横隔板。箱形转换层的顶、底板，除产生局部弯曲外，还会产生因箱形结构整体变形引起的整体弯曲，截面承载力设计时应该同时考虑这两种弯曲变形在截面内产生的拉应力、压应力。

10.2.14 根据中国建筑科学研究院进行的厚板试验、计算分析以及厚板转换工程的设计经验，规定了本条关于厚板的设计原则和基本要求。

10.2.15 根据已有设计经验，空腹桁架作转换层时，一定要保证其整体作用，根据桁架各杆件的不同受力特点进行相应的设计构造，上、下弦杆应考虑轴向变形的影响。

10.2.16 关于部分框支剪力墙结构布置和设计的基本要求是根据中国建筑科学研究院结构所等进行的底层大空间剪力墙结构12层模型拟动力试验和底部为3～6层大空间剪力墙结构的振动台试验研究、清华大学土木系的振动台试验研究、近年来工程设计经验及计算分析研究成果而提出来的，满足这些设计要求，可以满足8度及8度以下抗震设计要求。

由于转换层位置不同，对建筑中落地剪力墙间距作了不同的规定；并规定了框支柱与相邻的落地剪力墙距离，以满足底部大空间层楼板的刚度要求，使转换层上部的剪力能有效地传递给落地剪力墙，框支柱只承受较小的剪力。

相比于02规程，此条有两处修改：一是将原来的规定范围限定为部分框支剪力墙结构；二是增加第7款对框支框架承担的倾覆力矩的限制，防止落地剪力墙过少。

10.2.17 对于部分框支剪力墙结构，在转换层以下，一般落地剪力墙的刚度远远大于框支柱的刚度，落地剪力墙几乎承受全部地震剪力，框支柱的剪力非常小。考虑到在实际工程中转换层楼面会有显著的面内变形，从而使框支柱的剪力显著增加。12层底层大空间剪力墙住宅楼模型试验表明：实测框支柱的剪力为按楼板刚度无限大假定计算值的6～8倍；且落地剪力墙出现裂缝后刚度下降，也导致框支柱剪力增加。所以按转换层位置的不同以及框支柱数目的多少，对框支柱剪力的调整增大作了不同的规定。

10.2.18 部分框支剪力墙结构设计时，为加强落地剪力墙的底部加强部位，规定特一、一、二、三级落地剪力墙底部加强部位的弯矩设计值应分别按墙底截面有地震作用组合的弯矩值乘以增大系数1.8、1.5、1.3、1.1采用；其剪力设计值应按规定进行强剪弱弯调整。

10.2.19 部分框支剪力墙结构中，剪力墙底部加强部位是指房屋高度的1/10以及地下室顶板至转换层以上两层高度二者的较大值。落地剪力墙是框支层以下最主要的抗侧力构件，受力很大，破坏后果严重，十分重要；框支层上部两层剪力墙直接与转换构件相连，相当于一般剪力墙的底部加强部位，且其承受的竖向力和水平力要通过转换构件传递至框支竖向构件。因此，本条对部分框支剪力墙底部加强部位剪力墙的分布钢筋最低构造，提出了比普通剪力墙底部加强部位更高的要求。

10.2.20 部分框支剪力墙结构中，抗震设计时应在墙体两端设置约束边缘构件，对非抗震设计的框支剪力墙结构，也规定了剪力墙底部加强部位的增强措施。

10.2.21 当地基土较弱或基础刚度和整体性较差时，在地震作用下剪力墙基础可能产生较大的转动，对框支剪力墙结构的内力和位移均会产生不利影响。因此落地剪力墙基础应有良好的整体性和抗转动的能力。

10.2.22 根据中国建筑科学研究院结构所等单位的试验及有限元分析，在竖向及水平荷载作用下，框支梁上部的墙体在多个部位会出现较大的应力集中，这些部位的剪力墙容易发生破坏，因此对这些部位的剪力墙规定了多项加强措施。

10.2.23～10.2.25 部分框支剪力墙结构中，框支转换层楼板是重要的传力构件，不落地剪力墙的剪力需要通过转换层楼板传递到落地剪力墙，为保证楼板能可靠传递这内相当大的剪力（弯矩），规定了转换层楼板截面尺寸要求、抗剪截面验算、楼板平面内受弯承载力验算以及构造配筋要求。

10.2.26 试验表明，带托柱转换层的筒体结构，外围框架柱与内筒的距离不宜过大，否则难以保证转换层上部外框架（框筒）的剪力能可靠地传递到筒体。

10.2.27 托柱转换层结构采用转换桁架时，本条规定可保障上部密柱构件内力传递。此外，桁架节点非常重要，应引起重视。

10.3　带加强层高层建筑结构

10.3.1 根据近年来高层建筑的设计经验及理论分析研究，当框架-核心筒结构的侧向刚度不能满足设计要求时，可以设置加强层以加强核心筒与周边框架的联系，提高结构整体刚度，控制结构位移。本节规定了设置加强层的要求及加强层构件的类型。

10.3.2 根据中国建研院等单位的理论分析，带加强层的高层建筑，加强层的设置位置和数量如果比较合理，则有利于减少结构的侧移。本条第1款的规定供设计人员参考。

结构模型振动台试验及研究分析表明：由于加强层的设置，结构刚度突变，伴随着结构内力的突变，以及整体结构传力途径的改变，从而使结构在地震作用下，其破坏和位移容易集中在加强层附近，形成薄弱层，因此规定了在加强层及相邻层的竖向构件需要加强。伸臂桁架会造成核心筒墙体承受很大的剪力，上下弦杆的拉力也需要可靠地传递到核心筒上，所以要求伸臂构件贯通核心筒。

加强层的上下层楼面结构承担着协调内筒和外框架的作用，存在很大的面内应力，因此本条规定的带加强层结构设计的原则中，对设置水平伸臂构件的楼层在计算时宜考虑楼板平面内的变形，并注意加强层及相邻层的结构构件的配筋加强措施，加强各构件的

连接锚固。

由于加强层的伸臂构件强化了内筒与周边框架的联系，内筒与周边框架的竖向变形差将产生很大的次应力，因此需要采取有效的措施减小这些变形差（如伸臂桁架斜腹杆的滞后连接等），而且在结构分析时就应该进行合理的模拟，反映这些措施的影响。

10.3.3 带加强层的高层建筑结构，加强层刚度和承载力较大，与其上、下相邻楼层相比有突变，加强层相邻楼层往往成为抗震薄弱层；与加强层水平伸臂结构相连接部位的核心筒剪力墙以及外围框架柱受力大且集中。因此，为了提高加强层及其相邻楼层与加强层水平伸臂结构相连接的核心筒墙体及外围框架柱的抗震承载力和延性，本条规定应对此部位结构构件的抗震等级提高一级采用（已经为特一级者可不提高）；框架柱箍筋应全柱段加密，轴压比从严（减小0.05）控制；剪力墙应设置约束边缘构件。本条第3款为本次修订新增加内容。

10.4　错　层　结　构

10.4.1 中国建筑科学研究院抗震所等单位对错层剪力墙结构做了两个模型振动台试验。试验研究表明，平面规则的错层剪力墙结构使剪力墙形成错洞墙，结构竖向刚度不规则，对抗震不利，但错层对抗震性能的影响不十分严重；平面布置不规则、扭转效应显著的错层剪力墙结构破坏严重。错层框架结构或框架-剪力墙结构尚未见试验研究资料，但从计算分析表明，这些结构的抗震性能要比错层剪力墙结构更差。因此，高层建筑宜避免错层。

相邻楼盖结构高差超过梁高范围的，宜按错层结构考虑。结构中仅局部存在错层构件的不属于错层结构，但这些错层构件宜参考本节的规定进行设计。

10.4.2 错层结构应尽量减少扭转效应，错层两侧宜采用侧向刚度和变形性能相近的结构方案，以减小错层处墙、柱内力，避免错层处结构形成薄弱部位。

10.4.3 当采用错层结构时，为了保证结构分析的可靠性，相邻错开的楼层不应归并为一个刚性楼层计算。

10.4.4 错层结构属于竖向布置不规则结构，错层部位的竖向抗侧力构件受力复杂，容易形成多处应力集中部位。框架错层更为不利，容易形成长、短柱沿竖向交替出现的不规则体系。因此，规定抗震设计时错层处柱的抗震等级应提高一级采用（特一级时允许不再提高），截面高度不应过小，箍筋应全柱段加密配置，以提高其抗震承载力和延性。

和02规程相比，本次修订明确了本条规定是针对抗震设计的错层结构。

10.4.5 本条为新增条文。错层结构错层处的框架柱受力复杂，易发生短柱受剪破坏，因此要求其满足设防烈度地震（中震）作用下性能水准2的设计

要求。

10.4.6 错层结构在错层处的构件（图13）要采取加强措施。

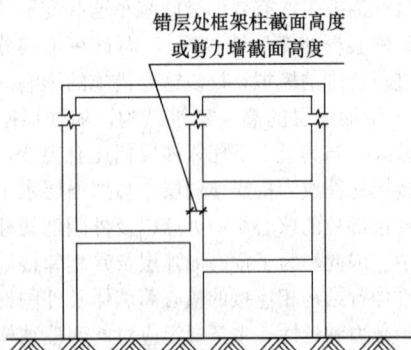

图13 错层结构加强部位示意

本规程第10.4.4条和本条规定了错层处柱截面高度、剪力墙截面厚度以及剪力墙分布钢筋的最小配筋率要求，并规定平面外受力的剪力墙应设置与其垂直的墙肢或扶壁柱，抗震设计时，错层处框架柱和平面外受力的剪力墙的抗震等级应提高一级采用，以免该类构件先于其他构件破坏。如果错层处混凝土构件不能满足设计要求，则需采取有效措施。框架柱采用型钢混凝土柱或钢管混凝土柱，剪力墙内设置型钢，可改善构件的抗震性能。

10.5 连 体 结 构

10.5.1 连体结构各独立部分宜有相同或相近的体型、平面和刚度，宜采用双轴对称的平面形式，否则在地震中将出现复杂的 X、Y、θ 相互耦联的振动，扭转影响大，对抗震不利。

1995年日本阪神地震和1999年我国台湾集集地震的震害表明，连体结构破坏严重，连接体本身塌落的情况较多，同时使主体结构中与连接体相连的部分结构严重破坏，尤其当两个主体结构层数和刚度相差较大时，采用连体结构更为不利，因此规定7、8度抗震时层数和刚度相差悬殊的不宜采用连体结构。

10.5.2 连体结构的连接体一般跨度较大、位置较高，对竖向地震的反应比较敏感，放大效应明显，因此抗震设计时高烈度区应考虑竖向地震的不利影响。本次修订增加了7度设计基本地震加速度为0.15g抗震设防区考虑竖向地震影响的规定，与本规程第4.3.2条的规定保持一致。

10.5.3 计算分析表明，高层建筑中连体结构连接体的竖向地震作用受连体跨度、所处位置以及主体结构刚度等多方面因素的影响，6度和7度0.10g抗震设计时，对于高位连体结构（如连体位置高度超过80m时）宜考虑其影响。

10.5.4、10.5.5 连体结构的连体部位受力复杂，连

体部分的跨度一般也较大，采用刚性连接的结构分析和构造上更容易把握，因此推荐采用刚性连接的连体形式。刚性连接体既要承受很大的竖向重力荷载和地震作用，又要在水平地震作用下协调两侧结构的变形，因此要保证连体部分与两侧主体结构的可靠连接，这两条规定了连体结构与主体结构连接的要求，并强调了连体部位楼板的要求。

根据具体项目的特点分析后，也可采用滑动连接方式。震害表明，当采用滑动连接时，连接体往往由于滑移量较大致使支座发生破坏，因此增加了对采用滑动连接时的防坠落措施要求和需采用时程分析方法进行复核计算的要求。

10.5.6 中国建筑科学研究院等单位对连体结构的计算分析及振动台试验研究说明，连体结构自振振型较为复杂，前几个振型与单体建筑有明显不同，除顺向振型外，还出现反向振型；连体结构抗扭转性能较差，扭转振型丰富，当第一扭转频率与场地卓越频率接近时，容易引起较大的扭转反应，易造成结构破坏。因此，连体结构的连接体及与连接体相连的结构构件受力复杂，易形成薄弱部位，抗震设计时必须予以加强，以提高其抗震承载力和延性。

本条第2、3两款为本次修订新增内容。

10.5.7 刚性连接的连体部分结构在地震作用下需要协调两侧塔楼的变形，因此需要进行连体部分楼板的验算，楼板的受剪截面和受剪承载力按转换层楼板的计算方法进行验算，计算剪力可取连体楼板承担的两侧塔楼楼层地震作用力之和的较小值。当连体部分楼板较弱时，在强烈地震作用下可能发生破坏，因此建议补充两侧分塔楼的计算分析，确保连体部分失效后两侧塔楼可以独立承担地震作用不致发生严重破坏或倒塌。

10.6 竖向体型收进、悬挑结构

10.6.1 将02规程多塔楼结构的内容与新增的体型收进、悬挑结构的相关内容合并，统称为"竖向体型收进、悬挑结构"。对于多塔楼结构、竖向体型收进和悬挑结构，其共同的特点就是结构侧向刚度沿竖向发生剧烈变化，往往在变化的部位产生结构的薄弱部位，因此本节对其统一进行规定。

10.6.2 竖向体型收进、悬挑结构在体型突变的部位，楼板承担着很大的面内应力，为保证上部结构的地震作用可靠地传递到下部结构，体型突变部位的楼板应加厚并加强配筋，板面负弯矩配筋宜贯通。体型突变部位上、下层结构的楼板也应加强构造措施。

10.6.3 中国建筑科学研究院结构所等单位的试验研究和计算分析表明，多塔楼结构振型复杂，且高振型对结构内力的影响大，当各塔楼质量和刚度分布不均匀时，结构扭转振动反应大，高振型对内力的影响更为突出。因此本条规定多塔楼结构各塔楼的层数、

平面和刚度宜接近；塔楼对底盘宜对称布置，减小塔楼和底盘的刚度偏心。大底盘单塔楼结构的设计，也应符合本条关于塔楼与底盘的规定。

震害和计算分析表明，转换层宜设置在底盘楼层范围内，不宜设置在底盘以上的塔楼内（图14）。若转换层设置在底盘屋面的上层塔楼内时，易形成结构薄弱部位，不利于结构抗震，应尽量避免；否则应采取有效的抗震措施，包括增大构件内力、提高抗震等级等。

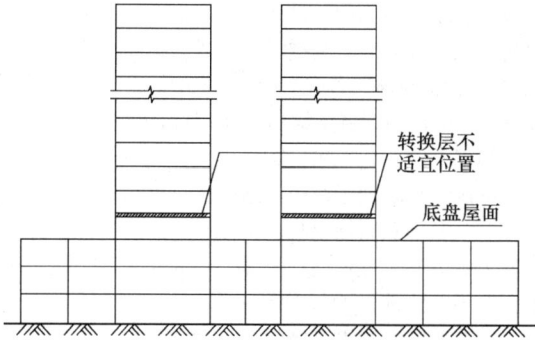

图14 多塔楼结构转换层不适宜位置示意

为保证结构底盘与塔楼的整体作用，裙房屋面板应加厚并加强配筋，板面负弯矩配筋宜贯通；裙房屋面上、下层结构的楼板也应加强构造措施。

为保证多塔楼建筑中塔楼与底盘整体工作，塔楼之间裙房连接体的屋面梁以及塔楼中与裙房连接体相连的外围柱、墙，从固定端至出裙房屋面上一层的高度范围内，在构造上应予以特别加强（图15）。

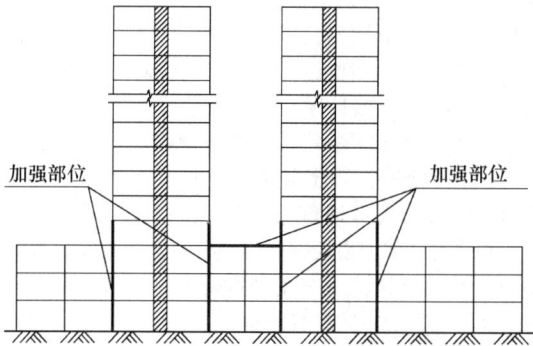

图15 多塔楼结构加强部位示意

10.6.4 本条为新增条文，对悬挑结构提出了明确要求。

悬挑部分的结构一般竖向刚度较差、结构的冗余度不高，因此需要采取措施降低结构自重、增加结构冗余度，并进行竖向地震作用的验算，且应提高悬挑关键构件的承载力和抗震措施，防止相关部位在竖向地震作用下发生结构的倒塌。

悬挑结构上下层楼板承受较大的面内作用，因此

在结构分析时应考虑楼板面内的变形，分析模型应包含竖向振动的质量，保证分析结果可以反映结构的竖向振动反应。

10.6.5 本条为新增条文，对体型收进结构提出了明确要求。大量地震震害以及相关的试验研究和分析表明，结构体型收进较多或收进位置较高时，因上部结构刚度突然降低，其收进部位形成薄弱部位，因此规定在收进的相邻部位采取更高的抗震措施。当结构偏心收进时，受结构整体扭转效应的影响，下部结构的周边竖向构件内力增加较多，应予以加强。图16中表示了应该加强的结构部位。

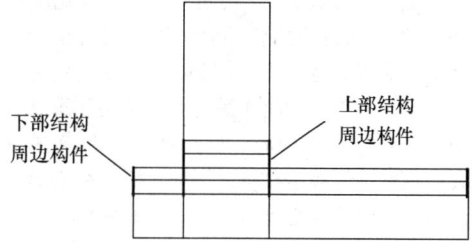

图16 体型收进结构的加强部位示意

收进程度过大、上部结构刚度过小时，结构的层间位移角增加较多，收进部位成为薄弱部位，对结构抗震不利，因此限制上部楼层层间位移角不大于下部结构层间位移角的1.15倍，当结构分段收进时，控制收进部位底部楼层的层间位移角和下部相邻区段楼层的最大层间位移角之间的比例（图17）。

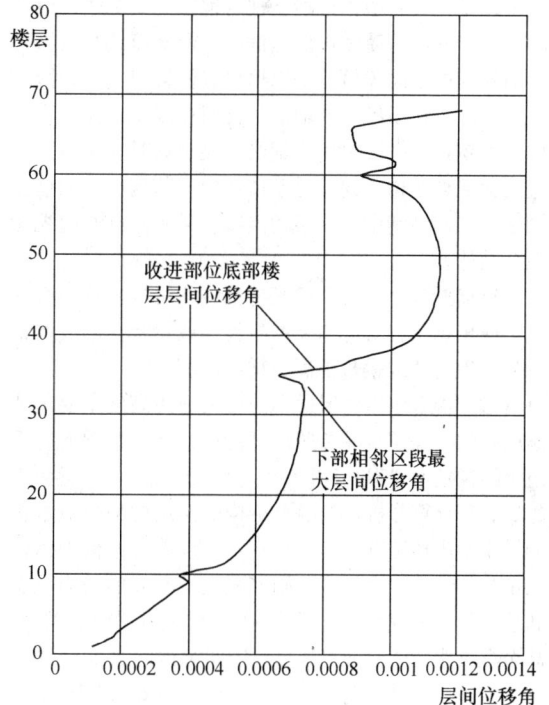

图17 结构收进部位楼层层间位移角分布

11 混合结构设计

11.1 一 般 规 定

11.1.1 钢和混凝土混合结构体系是近年来在我国迅速发展的一种新型结构体系，由于其在降低结构自重、减少结构断面尺寸、加快施工进度等方面的明显优点，已引起工程界和投资商的广泛关注，目前已经建成了一批高度在150m～200m的建筑，如上海森茂大厦、国际航运大厦、世界金融大厦、新金桥大厦、深圳发展中心、北京京广中心等，还有一些高度超过300m的高层建筑也采用或部分采用了混合结构。除设防烈度为7度的地区外，8度区也已开始建造。考虑到近几年来采用筒中筒体系的混合结构建筑日趋增多，如上海环球金融中心、广州西塔、北京国贸三期、大连世贸等，故本次修订增加了混合结构筒中筒体系。另外，钢管混凝土结构因其良好的承载能力及延性，在高层建筑中越来越多地被采用，故而将钢管混凝土结构也一并列入。尽管采用型钢混凝土（钢管混凝土）构件与钢筋混凝土、钢构件组成的结构均可称为混合结构，构件的组合方式多种多样，所构成的结构类型会很多，但工程实际中使用最多的还是框架-核心筒及筒中筒混合结构体系，故本规程仅列出上述两种结构体系。

型钢混凝土（钢管混凝土）框架可以是型钢混凝土梁与型钢混凝土柱（钢管混凝土柱）组成的框架，也可以是钢梁与型钢混凝土柱（钢管混凝土柱）组成的框架，外周的筒体可以是框筒、桁架筒或交叉网格筒。外周的钢筒体可以是钢框筒、桁架筒或交叉网格筒。为减少柱子尺寸或增加延性而在混凝土柱中设置构造型钢，而框架梁仍为钢筋混凝土梁时，该体系不宜视为混合结构；此外对于体系中局部构件（如框支梁柱）采用型钢柱（型钢混凝土梁柱）也不应视为混合结构。

钢筋混凝土核心筒的某些部位，可按本章的有关规定或根据工程实际需要配置型钢或钢板，形成型钢混凝土剪力墙或钢板混凝土剪力墙。

11.1.2 混合结构房屋适用的最大适用高度主要是依据已有的工程经验并参照现行行业标准《型钢混凝土组合结构技术规程》JGJ 138偏安全地确定的。近年来的试验和计算分析，对混合结构中钢结构部分应承担的最小地震作用有些新的认识，如果混合结构中钢框架承担的地震剪力过少，则混凝土核心筒的受力状态和地震下的表现与普通钢筋混凝土结构几乎没有差别，甚至混凝土墙体更容易破坏，因此对钢框架-核心筒结构体系适用的最大高度较B级高度的混凝土框架-核心筒体系适用的最大高度适当减少。

11.1.3 高层建筑的高宽比是对结构刚度、整体稳

定、承载能力和经济合理性的宏观控制。钢（型钢混凝土）框架-钢筋混凝土筒体混合结构体系高层建筑，其主要抗侧力体系仍然是钢筋混凝土筒体，因此其高宽比的限值和层间位移限值均取钢筋混凝土结构体系的同一数值，而筒中筒体系混合结构，外周筒体抗侧刚度较大，承担水平力也较多，钢筋混凝土内筒分担的水平力相应减小，且外筒体延性相对较好，故高宽比要求适当放宽。

11.1.4 试验表明，在地震作用下，钢框架-混凝土筒体结构的破坏首先出现在混凝土筒体，应对该筒体采取较混凝土结构中的筒体更为严格的构造措施，以提高其延性，因此对其抗震等级适当提高。型钢混凝土柱-混凝土筒体及筒中筒体系的最大适用高度已较B级高度的钢筋混凝土结构略高，对其抗震等级要求也适当提高。

本次修订增加了筒中筒结构体系中构件的抗震等级规定。考虑到型钢混凝土构件节点的复杂性，且构件的承载力和延性可通过提高型钢的含钢率实现，故型钢混凝土构件仍不出现特一级。

钢结构构件抗震等级的划分主要依据现行国家标准《建筑抗震设计规范》GB 50011 的相关规定。

11.1.5 补充了混合结构在预估罕遇地震下弹塑性层间位移的规定。

11.1.6 在地震作用下，钢-混凝土混合结构体系中，由于钢筋混凝土核心筒抗侧刚度较钢框架大很多，因而承担了绝大部分的地震力，而钢筋混凝土核心筒墙体在达到本规程限定的变形时，有些部位的墙体已经开裂，此时钢框架尚处于弹性阶段，地震作用在核心筒墙体和钢框架之间会进行再分配，钢框架承受的地震力会增加，而且钢框架是重要的承重构件，它的破坏和竖向承载力降低将会危及房屋的安全，因此有必要对钢框架承受的地震力进行调整，以使钢框架能适应强地震时大变形且保有一定的安全度。本规程第9.1.11条已规定了各层框架部分承担的最大地震剪力不宜小于结构底部地震剪力的10%；小于10%时应调整到结构底部地震剪力的15%。一般情况下，15%的结构底部剪力较钢框架分配的楼层最大剪力的1.5倍大，故钢框架承担的地震剪力可采用与型钢混凝土框架相同的方式进行调整。

11.1.7 根据现行国家标准《建筑抗震设计规范》GB 50011 的有关规定，修改了钢柱的承载力抗震调整系数。

11.1.8 高层建筑层数较多，减轻结构构件及填充墙的自重是减轻结构重量、改善结构抗震性能的有效措施。其他材料的相关规定见本规程第3.2节。随着高性能钢材和混凝土技术的发展，在高层建筑中采用高性能钢材和混凝土成为首选，对于提高结构效率，增加经济性大有益处。

11.2 结构布置

11.2.2 从抗震的角度提出了建筑的平面应简单、规则、对称的要求，从方便制作、减少构件类型的角度提出了开间及进深宜尽量统一的要求。考虑到混合结构多属 B 级高度高层建筑，故位移比及周期比按照 B 类高度高层建筑进行控制。

框筒结构中，将强轴布置在框筒平面内时，主要是为了增加框筒平面内的刚度，减少剪力滞后。角柱为双向受力构件，采用方形、十字形等主要是为了方便连接，且受力合理。

减小横风向风振可采取平面角部柔化、沿竖向退台或呈锥形、改变截面形状、设置扰流部件、立面开洞等措施。

楼面梁使连梁受扭，对连梁受力非常不利，应予避免；如必须设置时，可设置型钢混凝土连梁或沿核心筒外周设置宽度大于墙厚的环向楼面梁。

11.2.3 国内外的震害表明，结构沿竖向刚度或抗侧力承载力变化过大，会导致薄弱层的变形和构件应力过于集中，造成严重震害。刚度变化较大的楼层，是指上、下层侧向刚度变化明显的楼层，如转换层、加强层、空旷的顶层、顶部突出部分、型钢混凝土框架与钢框架的交接层及邻近楼层等。竖向刚度变化较大时，不但刚度变化的楼层受力增大，而且其上、下邻近楼层的内力也会增大，所以采取加强措施应包括相邻楼层在内。

对于型钢钢筋混凝土与钢筋混凝土交接的楼层及相邻楼层的柱子，应设置剪力栓钉，加强连接；另外，钢-混凝土混合结构的顶层型钢混凝土柱也需设置栓钉，因为一般来说，顶层柱子的弯矩较大。

11.2.4 本条是在 02 规程第 11.2.4 条基础上修改完成的。钢（型钢混凝土）框架-混凝土筒体结构体系中的混凝土筒体在底部一般均承担了 85％以上的水平剪力及大部分的倾覆力矩，所以必须保证混凝土筒体具有足够的延性，配置了型钢的混凝土筒体墙在弯曲时，能避免发生平面外的错断及筒体角部混凝土的压溃，同时也能减少钢柱与混凝土筒体之间的竖向变形差异产生的不利影响。而筒中筒体系的混合结构，结构底部内筒承担的剪力及倾覆力矩的比例有所减少，但考虑到此种体系的高度均很高，在大震作用下很有可能出现角部受拉，为延缓核心筒弯曲铰及剪切铰的出现，筒体的角部也宜布置型钢。

型钢柱可设置在核心筒的四角、核心筒剪力墙的大开口两侧及楼面钢梁与核心筒的连接处。试验表明，钢梁与核心筒的连接处，存在部分弯矩及轴力，而核心筒剪力墙的平面外刚度又较小，很容易出现裂缝，因此楼面梁与核心筒剪力墙刚接时，在筒体剪力墙中宜设置型钢柱，同时也能方便钢结构的安装；楼面梁与核心筒剪力墙铰接时，应采取措施保证墙上的

预埋件不被拔出。混凝土筒体的四角受力较大，设置型钢柱后核心筒剪力墙开裂后的承载力下降不多，能防止结构的迅速破坏。因为核心筒剪力墙的塑性铰一般出现在高度的 1/10 范围内，所以在此范围内，核心筒剪力墙四角的型钢柱宜设置栓钉。

11.2.5 外框架平面内采用梁柱刚接，能提高其刚度及抵抗水平荷载的能力。如在混凝土筒体墙中设置型钢并需要增加整体结构刚度时，可采用楼面钢梁与混凝土筒体刚接；当混凝土筒体墙中无型钢柱时，宜采用铰接。刚度发生突变的楼层，梁柱、梁墙采用刚接可以增加结构的空间刚度，使层间变形有效减小。

11.2.6 本条是 02 规程第 11.2.10、11.2.11 条的合并修改。为了使整个抗侧力结构在任意方向水平荷载作用下能协同工作，楼盖结构具有必要的面内刚度和整体性是基本要求。

高层建筑混合结构楼盖宜采用压型钢板组合楼盖，以方便施工并加快施工进度；压型钢板与钢梁连接宜采用剪力栓钉等措施保证其可靠连接和共同工作，栓钉数量应通过计算或按构造要求确定。设备层楼板进行加强，一方面是因为设备层荷重较大，另一方面也是隔声的需要。伸臂桁架上、下弦杆所在楼层，楼板平面内受力较大且受力复杂，故这些楼层也应进行加强。

11.2.7 本条是根据 02 规程第 11.2.9 条修改而来，明确了外伸臂桁架深入墙体内弦杆和腹杆的具体要求。采用伸臂桁架主要是将筒体剪力墙的弯曲变形转换成框架柱的轴向变形以减小水平荷载下结构的侧移，所以必须保证伸臂桁架与剪力墙刚接。为增强伸臂桁架的抗侧力效果，必要时，周边可配合布置带状桁架。布置周边带状桁架，除了可增大结构侧向刚度外，还可增强加强层结构的整体性，同时也可减少周边柱子的竖向变形差异。外柱承受的轴向力要能够传至基础，故外柱必须上、下连续，不得中断。由于外柱与混凝土内筒轴向变形往往不一致，会使伸臂桁架产生很大的附加内力，因而伸臂桁架宜分段拼装。在设置多道伸臂桁架时，下层伸臂桁架可在施工上层伸臂桁架时予以封闭；仅设一道伸臂桁架时，可在主体结构完成后再进行封闭，形成整体。在施工期间，可采取斜杆上设长圆孔、斜杆后装等措施使伸臂桁架的杆件能适应外围构件与内筒在施工期间的竖向变形差异。

在高设防烈度区，当在较高的不规则高层建筑中设置加强层时，还宜采取进一步的性能设计要求和措施。为保证在中震或大震作用下的安全，可以要求其杆件和相邻杆件在中震下不屈服，或者选择更高的性能设计要求。结构抗震性能设计可按本规程第 3.11 节的规定执行。

11.3 结 构 计 算

11.3.1 在弹性阶段，楼板对钢梁刚度的加强作用不

可忽视。从国内外工程经验看，作为主要抗侧力构件的框架梁支座处尽管有负弯矩，但由于楼板钢筋的作用，其刚度增大作用仍然很大，故在整体结构计算时宜考虑楼板对钢梁刚度的加强作用。框架梁承载力设计时一般不按照组合梁设计。次梁设计一般由变形要求控制，其承载力有较大富余，故一般也不按照组合梁设计，但次梁及楼板作为直接受力构件的设计应有足够的安全储备，以适应不同使用功能的要求，其设计采用的活载宜适当放大。

11.3.2 在进行结构整体内力和变形分析时，型钢混凝土梁、柱及钢管混凝土柱的轴向、抗弯、抗剪刚度都可按照型钢与混凝土两部分刚度叠加方法计算。

11.3.3 外柱与内筒的竖向变形差异宜根据实际的施工工况进行计算。在施工阶段，宜考虑施工过程中已对这些差异的逐层进行调整的有利因素，也可考虑采取外伸臂桁架延迟封闭、楼面梁与外周柱及内筒体采用铰接等措施减小差异变形的影响。在伸臂桁架永久封闭以后，后期的差异变形会对伸臂桁架或楼面梁产生附加内力，伸臂桁架及楼面梁的设计时应考虑这些不利影响。

11.3.4 混凝土筒体先于钢框架施工时，必须控制混凝土筒体超前钢框架安装的层次，否则在风荷载及其他施工荷载作用下，会使混凝土筒体产生较大的变形和应力。根据以往的经验，一般核心筒提前钢框架施工不宜超过 14 层，楼板混凝土浇筑迟于钢框架安装不宜超过 5 层。

11.3.5 影响结构阻尼比的因素很多，因此准确确定结构的阻尼比是一件非常困难的事情。试验研究及工程实践表明，一般带填充墙的高层钢结构的阻尼比为 0.02 左右，钢筋混凝土结构的阻尼比为 0.05 左右，且随着建筑高度的增加，阻尼比有不断减小的趋势。钢-混凝土混合结构的阻尼比应介于两者之间，考虑到钢-混凝土混合结构抗侧刚度主要来自混凝土核心筒，故阻尼比取为 0.04，偏向于混凝土结构。风荷载作用下，结构的塑性变形一般较设防烈度地震作用下为小，故抗风设计时的阻尼比应比抗震设计时为小，阻尼比可根据房屋高度和结构形式选取不同的值；结构高度越高阻尼比越小，采用的风荷载回归期越短，其阻尼比取值越小。一般情况下，风荷载作用时结构楼层位移和承载力验算时的阻尼比可取为 0.02～0.04，结构顶部加速度验算时的阻尼比可取为 0.01～0.015。

11.3.6 对于设置伸臂桁架的楼层或楼板开大洞的楼层，如果采用楼板平面内刚度无限大的假定，就无法得到桁架弦杆或洞口周边构件的轴力和变形，对结构设计偏于不安全。

11.4 构件设计

11.4.1 试验表明，由于混凝土及箍筋、腰筋对型钢的约束作用，在型钢混凝土中的型钢截面的宽厚比可较纯钢结构适当放宽。型钢混凝土中，型钢翼缘的宽厚比取为纯钢结构的 1.5 倍，腹板取为纯钢结构的 2 倍，填充式箱形钢管混凝土可取为纯钢结构的 1.5～1.7 倍。本次修订增加了 Q390 级钢材型钢钢板的宽厚比要求，是在 Q235 级钢材规定数值的基础上乘以 $\sqrt{235/f_y}$ 得到。

11.4.2 本条是对型钢混凝土梁的基本构造要求。

第 1 款规定型钢混凝土梁的强度等级和粗骨料的最大直径，主要是为了保证外包混凝土与型钢有较好的粘结强度和方便混凝土的浇筑。

第 2 款规定型钢混凝土梁纵向钢筋不宜超过两排，因为超过两排时，钢筋绑扎及混凝土浇筑将产生困难。

第 3 款规定了型钢的保护层厚度，主要是为了保证型钢混凝土构件的耐久性以及保证型钢与混凝土的粘结性能，同时也是为了方便混凝土的浇筑。

第 4 款提出了纵向钢筋的连接锚固要求。由于型钢混凝土梁中钢筋直径一般较大，如果钢筋穿越梁柱节点，将对柱翼缘有较大削弱，所以原则上不希望钢筋穿过柱翼缘；如果需锚固在柱中，为满足锚固长度，钢筋应伸过柱中心线并弯折在柱内。

第 5 款对型钢混凝土梁上开洞提出要求。开洞高度按梁截面高度和型钢尺寸双重控制，对钢梁开洞超过 0.7 倍钢梁高度时，抗剪能力会急剧下降，对一般混凝土梁则同样限制开洞高度为混凝土梁高的 0.3 倍。

第 6 款对型钢混凝土悬臂梁及转换梁提出钢筋锚固、设置抗剪栓钉要求。型钢混凝土悬臂梁端无约束，而且挠度较大；转换梁受力大且复杂。为保证混凝土与型钢的共同变形，应设置栓钉以抵抗混凝土与型钢之间的纵向剪力。

11.4.3 箍筋的最低配置要求主要是为了增强混凝土部分的抗剪能力及加强对箍筋内部混凝土的约束，防止型钢失稳和主筋压曲。当梁中箍筋采用 335MPa、400MPa 级钢筋时，箍筋末端要求 135° 施工有困难时，箍筋末端可采用 90° 直钩加焊接的方式。

11.4.4 型钢混凝土柱的轴向力大于柱子的轴向承载力的 50% 时，柱子的延性将显著下降。型钢混凝土柱有其特殊性，在一定轴力的长期作用下，随着轴向塑性的发展以及长期荷载作用下混凝土的徐变收缩会产生内力重分布，钢筋混凝土部分承担的轴力逐渐向型钢部分转移。根据型钢混凝土柱的试验结果，考虑长期荷载下徐变的影响，一、二、三抗震等级的型钢混凝土框架柱的轴压比限制分别取为 0.7、0.8、0.9。计算轴压比时，可计入型钢的作用。

11.4.5 本条第 1 款对柱长细比提出要求，长细比 λ 可取为 l_0/i，l_0 为柱的计算长度，i 为柱截面的回转半径。第 2、3 款主要是考虑型钢混凝土柱的耐久性、防火性、良好的粘结锚固及方便混凝土浇筑。

第6款规定了型钢的最小含钢率。试验表明，当柱子的型钢含钢率小于4%时，其承载力和延性与钢筋混凝土柱相比，没有明显提高。根据我国的钢结构发展水平及型钢混凝土构件的浇筑施工可行性，一般型钢混凝土构件的总含钢率也不宜大于8%，一般来说比较常用的含钢率为4%～8%。

11.4.6 柱箍筋的最低配置要求主要是为了增强混凝土部分的抗剪能力及加强对箍筋内部混凝土的约束，防止型钢失稳和主筋压曲。从型钢混凝土柱的受力性能来看，不配箍筋或少配箍筋的型钢混凝土柱在大多数情况下，出现型钢与混凝土之间的粘结破坏，特别是型钢高强混凝土构件，更应配置足够数量的箍筋，并宜采用高强度箍筋，以保证箍筋有足够的约束能力。

箍筋末端做成135°弯钩且直段长度取10倍箍筋直径，主要是满足抗震要求。在某些情况下，箍筋直段取10倍箍筋直径会与内置型钢相碰，或者当柱中箍筋采用335MPa级以上钢筋而使箍筋末端的135°弯钩施工有困难时，箍筋末端可采用90°直钩加焊接的方式。

型钢混凝土柱中钢骨提供了较强的抗剪能力，其配箍要求可比混凝土构件适当降低；同时由于钢骨的存在，箍筋的设置有一定的困难，考虑到施工的可行性，实际配置的箍筋不可能太多，本条规定的最小配箍要求是根据国内外试验研究，并考虑抗震等级的差别确定的。

11.4.7 规定节点箍筋的间距，一方面是为了不使钢梁腹板开洞削弱过大，另一方面也是为了方便施工。一般情况下可在柱中型钢腹板上开孔使梁纵筋贯通；翼缘上的孔对柱抗弯十分不利，因此应避免在柱型钢翼缘开纵筋贯通孔。也不能直接将钢筋焊在翼缘上；梁纵筋遇柱型钢翼缘时，可采用翼缘上预先焊接钢筋套筒、设置水平加劲板等方式与梁中钢筋进行连接。

11.4.9 高层混合结构，柱的截面不会太小，因此圆形钢管的直径不应过小，以保证结构基本安全要求。圆形钢管混凝土柱一般采用薄壁钢管，但钢管壁不宜太薄，以避免钢管壁屈曲。套箍指标是圆形钢管混凝土柱的一个重要参数，反映薄钢管对管内混凝土的约束程度。若套箍指标过小，则不能有效地提高钢管内混凝土的轴心抗压强度和变形能力；若套箍指标过大，则对进一步提高钢管内混凝土的轴心抗压强度和变形能力的作用不大。

当钢管直径过大时，管内混凝土收缩会造成钢管与混凝土脱开，影响钢管与混凝土的共同受力，因此需要采取有效措施减少混凝土收缩的影响。

长细比 λ 取 l_0/i，其中 l_0 为柱的计算长度，i 为柱截面的回转半径。

11.4.10 为保证钢管与混凝土共同工作，矩形钢管截面边长之比不宜过大。为避免矩形钢管混凝土柱在丧失整体承载能力之前钢管壁板件局部屈曲，并保证钢管全截面有效，钢管壁板件的边长与其厚度的比值不宜过大。

矩形钢管混凝土柱的延性与轴压比、长细比、含钢率、钢材屈服强度、混凝土抗压强度等因素有关。本规程对矩形钢管混凝土柱的轴压比提出了具体要求，以保证其延性。

11.4.11 钢板混凝土剪力墙是指两端设置型钢暗柱、上下有型钢暗梁，中间设置钢板，形成的钢-混凝土组合剪力墙。

11.4.12 试验研究表明，两端设置型钢、内藏钢板的混凝土组合剪力墙可以提供良好的耗能能力，其受剪截面限制条件可以考虑两端型钢和内藏钢板的作用，扣除两端型钢和内藏钢板发挥的抗剪作用后，控制钢筋混凝土部分承担的平均剪应力水平。

11.4.13 试验研究表明，两端设置型钢、内藏钢板的混凝土组合剪力墙，在满足本规程第11.4.14、11.4.15条规定的构造要求时，其型钢和钢板可以充分发挥抗剪作用，因此截面受剪承载力公式中包含了两端型钢和内藏钢板对应的受剪承载力。

11.4.14 试验研究表明，内藏钢板的钢板混凝土组合剪力墙可以提供良好的耗能能力，在计算轴压比时，可以考虑内藏钢板的有利作用。

11.4.15 在墙身中加入薄钢板，对于墙体承载力和破坏形态会产生显著影响，而钢板与周围构件的连接关系对于承载力和破坏形态的影响至关重要。从试验情况来看，钢板与周围构件的连接越强，则承载力越大。四周焊接的钢板组合剪力墙可显著提高剪力墙受剪承载能力，并具有与普通钢筋混凝土剪力墙基本相当或略高的延性系数。这对于承受很大剪力的剪力墙设计具有十分突出的优势。为充分发挥钢板的强度，建议钢板四周采用焊接的连接形式。

对于钢板混凝土剪力墙，为使钢筋混凝土墙有足够的刚度，对墙身钢板形成有效的侧向约束，从而使钢板与混凝土能协同工作，应控制内置钢板的厚度不宜过大；同时，为了达到钢板剪力墙应用的性能和便于施工，内置钢板的厚度也不宜过小。

对于墙身分布筋，考虑到以下两方面的要求：1) 钢筋混凝土墙与钢板共同工作，混凝土部分的承载力不宜太低，宜适当提高混凝土部分的承载力，使钢筋混凝土与钢板两者协调，提高整个墙体的承载力；2) 钢板组合墙的优势是可以充分发挥钢和混凝土的优点，混凝土可以防止钢板的屈曲失稳，为满足这一要求，宜适当提高墙身配筋，因此钢筋混凝土墙体的分布筋配筋率不宜太小。本规程建议对于钢板组合墙的墙身分布钢筋配筋率不宜小于0.4%。

11.4.17 日本阪神地震的震害经验表明：非埋入式

柱脚、特别在地面以上的非埋入式柱脚在地震区容易产生破坏，因此钢柱或型钢混凝土柱宜采用埋入式柱脚。若存在刚度较大的多层地下室，当有可靠的措施时，型钢混凝土柱也可考虑采用非埋入式柱脚。根据新的研究成果，埋入柱脚型钢的最小埋置深度修改为型钢截面长边的2.5倍。

11.4.18 考虑到钢框架-钢筋混凝土核心筒中核心筒的重要性，其墙体配筋较钢筋混凝土框架-核心筒中核心筒的配筋率适当提高，提高其构造承载力和延性要求。

12 地下室和基础设计

12.1 一般规定

12.1.1 震害调查表明，有地下室的高层建筑的破坏比较轻，而且有地下室对提高地基的承载力有利，对结构抗倾覆有利。另外，现代高层建筑设置地下室也往往是建筑功能所要求的。

12.1.2 本条是基础设计的原则规定。高层建筑基础设计应因地制宜，做到技术先进、安全合理、经济适用。高层建筑基础设计时，对相邻建筑的相互影响应有足够的重视，并了解掌握邻近地下构筑物及各类地下设施的位置和标高，以便设计时合理确定基础方案及提出施工时保证安全的必要措施。

12.1.3 在地震区建造高层建筑，宜选择有利地段，避开不利地段，这不仅关系到建造时采取必要措施的费用，而且由于地震不确定性，一旦发生地震可能带来不可预计的震害损失。

12.1.4 高层建筑的基础设计，根据上部结构和地质状况，从概念设计上考虑地基基础与上部结构相互影响是必要的。高层建筑深基坑施工期间的防水及护坡，既要保证本身的安全，同时必须注意对临近建筑物、构筑物、地下设施的正常使用和安全的影响。

12.1.5 高层建筑采用天然地基上的筏形基础比较经济。当采用天然地基而承载力和沉降不能完全满足需要时，可采用复合地基。目前国内在高层建筑中采用复合地基已经有比较成熟的经验，可根据需要把地基承载力特征值提高到（300～500）kPa，满足一般高层建筑的需要。

现在多数高层建筑的地下室，用作汽车库、机电用房等大空间，采用整体性好和刚度大的筏形基础是比较方便的；在没有特殊要求时，没有必要强调采用箱形基础。

当地质条件好、荷载小、且能满足地基承载力和变形要求时，高层建筑采用交叉梁基础、独立柱基也是可以的。地下室外墙一般均为钢筋混凝土，因此，交叉梁基础的整体性和刚度也是比较好的。

12.1.6 高层建筑由于质心高、荷载重，对基础底面

一般难免有偏心。建筑物在沉降的过程中，其总重量对基础底面形心将产生新的倾覆力矩增量，而此倾覆力矩增量又产生新的倾斜增量，倾斜可能随之增长，直至地基变形稳定为止。因此，为减少基础产生倾斜，应尽量使结构竖向荷载重心与基础底面形心相重合。本条删去了02规程中偏心距计算公式及其要求，但并不是放松要求，而是因为实际工程平面形状复杂时，偏心距及其限值难以准确计算。

12.1.7 为使高层建筑结构在水平力和竖向荷载作用下，其地基压应力不致过于集中，对基础底面压应力较小一端的应力状态作了限制。同时，满足本条规定时，高层建筑结构的抗倾覆能力具有足够的安全储备，不需再验算结构的整体倾覆。

对裙房和主楼质量偏心较大的高层建筑，裙房和主楼可分别进行基底应力验算。

12.1.8 地震作用下结构的动力效应与基础埋置深度关系比较大，软弱土层时更为明显，因此，高层建筑的基础应有一定的埋置深度；当抗震设防烈度高、场地差时，宜用较大埋置深度，以抗倾覆和滑移，确保建筑物的安全。

根据我国高层建筑发展情况，层数越来越多，高度不断增高，按原来的经验规定天然地基和桩基的埋置深度分别不小于房屋高度的1/12和1/15，对一些较高的高层建筑而使用功能又无地下室时，对施工不便且不经济。因此，本条对基础埋置深度作了调整。同时，在满足承载力、变形、稳定以及上部结构抗倾覆要求的前提下，埋置深度的限值可适当放松。基础位于岩石地基上，可能产生滑移时，还应验算地基的滑移。

12.1.9 带裙房的大底盘高层建筑，现在全国各地应用较普遍，高层主楼与裙房之间根据使用功能要求多数不设永久沉降缝。我国从20世纪80年代以来，对多栋带有裙房的高层建筑沉降观测表明，地基沉降曲线在高低层连接处是连续的，未出现突变。高层主楼地基下沉，由于土的剪切传递，高层主楼以外的地基随之下沉，其影响范围随土质而异。因此，裙房与主楼连接处不会发生突变的差异沉降，而是在裙房若干跨内产生连续的差异沉降。

高层建筑主楼基础与其相连的裙房基础，若采取有效措施的，或经过计算差异沉降引起的内力满足承载力要求的，裙房与主楼连接处可以不设沉降缝。

12.1.10 本条参照现行国家标准《地下工程防水技术规程》GB 50108修改了混凝土的抗渗等级要求；考虑全国的实际情况，修改了混凝土强度等级要求，由C30改为C25。

12.1.11 本条依据现行国家标准《粉煤灰混凝土应用技术规范》GB 50146的有关规定制定。充分利用粉煤灰混凝土的后期强度，有利于减小水泥用量和混凝土收缩影响。

12.1.12 本条系考虑抗震设计的要求而增加的。

12.2 地下室设计

12.2.1 本条是在 02 规程第 4.8.5 条基础上修改补充的。当地下室顶板作为上部结构的嵌固部位时，地下室顶板及其下层竖向结构构件的设计应适当加强，以符合作为嵌固部位的要求。梁端截面实配的受弯承载力应根据实配钢筋面积（计入受压筋）和材料强度标准值等确定；柱端实配的受弯承载力应根据轴力设计值、实配钢筋面积和材料强度标准值等确定。

12.2.2 本条明确规定地下室应注意满足抗浮及防腐蚀的要求。

12.2.3 考虑到地下室周边嵌固以及使用功能要求，提出地下室不宜设置永久变形缝，并进一步根据全国行之有效的经验提出针对性技术措施。

12.2.4 主体结构厚底板与扩大地下室薄底板交界处应力较为集中，该过渡区适当予以加强是十分必要的。

12.2.5 根据工程经验，提出外墙竖向、水平分布钢筋的设计要求。

12.2.6 控制和提高高层建筑地下室周边回填土质量，对室外地面建筑工程质量及地下室嵌固、结构抗震和抗倾覆均较为有利。

12.2.7 有窗井的地下室，窗井外墙实为地下室外墙一部分，窗井外墙应计入侧向土压和水压影响进行设计；挡土墙与地下室外墙之间应有可靠连接、支撑，以保证结构的有效埋深。

12.3 基础设计

12.3.1 目前国内高层建筑基础设计较多为直接采用电算程序得到的各种荷载效应的标准组合和同一地基或桩基承载力特征值进行设计，风荷载和地震作用主要引起高层建筑边角竖向结构较大轴力，将此短期效应与永久效应同等对待，加大了边角竖向结构的基础，相应重力荷载长期作用下中部竖向结构基础未得以增强，导致某些国内高层建筑出现地下室底部横向墙体八字裂缝、典型盆式差异沉降等现象。

12.3.2 本条系参照重庆、深圳、厦门及国外工程实践经验教训提出，以利于避免和减小基础及外墙裂缝。

12.3.4 筏形基础的板厚度，应满足受冲切承载力的要求；计算时应考虑不平衡弯矩作用在冲切面上的附加剪力。

12.3.5 按本条倒楼盖法计算时，地基反力可视为均布，其值应扣除底板及其地面自重，并可仅考虑局部弯曲作用。当地基、上部结构刚度较差，或柱荷载及柱间距变化较大时，筏板内力宜按弹性地基板分析。

12.3.7 上部墙、柱纵向钢筋的锚固长度，可从筏板梁的顶面算起。

12.3.8 梁板式筏基的梁截面，应满足正截面受弯及斜截面受剪承载力计算要求；必要时应验算基础梁顶面柱下局部受压承载力。

12.3.9 筏板基础，当周边或内部有钢筋混凝土墙时，墙下可不再设基础梁，墙一般按深梁进行截面设计。周边有墙时，当基础底面已满足地基承载力要求，筏板可不外伸，有利减小盆式差异沉降，有利于外包防水施工。当需要外伸扩大时，应注意满足其刚度和承载力要求。

12.3.10 桩基的设计应因地制宜，各地区对桩的选型、成桩工艺、承载力取值有各自的成熟经验。当工程所在地有地区性地基设计规范时，可依据该地区规范进行桩基设计。

12.3.15 为保证桩与承台的整体性及水平力和弯矩可靠传递，桩顶嵌入承台应有一定深度，桩纵向钢筋应可靠地锚固在承台内。

12.3.21 当箱形基础的土层及上部结构符合本条件所列诸条件时，底板反力可假定为均布，可仅考虑局部弯曲作用计算内力，整体弯曲的影响在构造上加以考虑。本规定主要依据工程实际观测数据及有关研究成果。

13 高层建筑结构施工

13.1 一般规定

13.1.1 高层建筑结构施工技术难度大，涉及深基础、钢结构等特殊专业施工要求，施工单位应具备相应的施工总承包和专业施工承包的技术能力和相应资质。

13.1.2 施工单位应认真熟悉图纸，参加建设（监理）单位组织的设计交底，并结合施工情况提出合理建议。

13.1.3 高层建筑施工组织设计和施工方案十分重要。施工前，应针对高层建筑施工特点和施工条件，认真做好施工组织设计的策划和施工方案的优选，并向有关人员进行技术交底。

13.1.4 高层建筑施工过程中，不同的施工方法可能对结构的受力产生不同的影响，某些施工工况下甚至与设计计算工况存在较大不同；大型机械设备使用量大，且多数要与结构连接并对结构受力产生影响；超高层建筑高空施工时的温度、风力等自然条件与天气预报和地面环境也会有较大差异。因此，应根据有关情况进行必要的施工模拟、计算。

13.1.5 提出季节性施工应遵循的标准和一般要求。

13.2 施工测量

13.2.1 高层建筑混凝土结构施工测量方案应根据实际情况确定，一般应包括以下内容：

1）工程概况；

2）任务要求；

3）测量依据、方法和技术要求；

4）起始依据点校测；

5）建筑物定位放线、验线与基础施工测量；

6）±0.000以上结构施工测量；

7）安全、质量保证措施；

8）沉降、变形观测；

9）成果资料整理与提交。

建筑小区工程、大型复杂建筑物、特殊工程的施工测量方案，除以上内容外，还可根据工程的实际情况，增加场地准备测量、场区控制网测量、装饰与安装测量、竣工测量与变形测量等。

13.2.2 高层建筑施工测量仪器的精度及准确性对施工质量、结构安全的影响大，应及时进行检定、校准和标定，且应在标定有效期内使用。本条还对主要测量仪器的精度提出了要求。

13.2.3 本条要求及所列两种常用方格网的主要技术指标与现行国家标准《工程测量规范》GB 50026中有关规定一致。如采用其他形式的控制网，亦应符合现行国家标准《工程测量规范》GB 50026的相关规定。

13.2.4 表13.2.4基础放线尺寸的允许偏差是根据成熟施工经验并参照现行国家标准《砌体工程施工质量验收规范》GB 50203的有关规定制定的。

13.2.5 高层建筑结构施工，要逐层向上投测轴线，尤其是对结构四廓轴线的投测直接影响结构的竖向偏差。根据目前国内高层建筑施工已达到的水平，本条的规定可以达到。竖向投测前，应对建筑物轴线控制桩事先进行校测，确保其位置准确。

竖向投测的方法，当建筑高度在50m以下时，宜使用在建筑物外部施测的外控法；当建筑高度高于50m时，宜使用在建筑物内部施测的内控法，内控法宜使用激光经纬仪或激光铅直仪。

13.2.7 附合测法是根据一个已知标高点引测到场地后，再与另一个已知标高点复核、校核，以保证引测标高的准确性。

13.2.8 标高竖向传递可采用钢尺直接量取，或采用测距仪量测。施工层抄平之前，应先校测由首层传递上来的三个标高点，当其标高差值小于3mm时，以其平均点作为标高引测水平线；抄平时，宜将水准仪安置在测点范围的中心位置。

建筑物下沉与地层土质、基础构造、建筑高度等有关，下沉量一般在基础设计中有预估值，若能在基础施工中预留下沉量（即提高基础标高），有利于工程竣工后建筑与市政工程标高的衔接。

13.2.10 设计单位根据建筑高度、结构形式、地质情况等因素和相关标准的规定，对高层建筑沉降、变形观测提出要求。观测工作一般由建设单位委托第三

方进行。施工期间，施工单位应做好相关工作，并及时掌握情况，如有异常，应配合相关单位采取相应措施。

13.3 基础施工

13.3.1 深基础施工影响整个工程质量和安全，应全面、详细地掌握地下水文地质资料、场地环境，按照设计图纸和有关规范要求，调查研究，进行方案比较，确定地下施工方案，并按照国家的有关规定，经审查通过后实施。

13.3.2 列举了深基础施工应符合的有关标准。

13.3.3 土方开挖前应采取降低水位措施，将地下水降到低于基底设计标高500mm以下。当含水丰富、降水困难时，或满足节约地下水资源、减少对环境的影响等要求时，宜采用止水帷幕等截水措施。停止降水时间应符合设计要求，以防水位过早上升使建筑物发生上浮等问题。

13.3.4 列举了基础工程施工时针对不同土质条件可采用的不同施工方法。

13.3.5 列举了深基坑支护结构的选型原则和施工时针对不同土质条件应采用不同的施工方法和要求。

13.3.6 指明了地基处理可采取的土体加固措施。

13.3.7、13.3.8 深基坑支护及支护拆除时，施工单位应依据监测方案进行监测。对可能受影响的相邻建筑物、构筑物、道路、地下管线等应作重点监测。

13.4 垂 直 运 输

13.4.1 提出了垂直运输设备使用的基本要求。

13.4.2 列举出高层建筑施工垂直运输所采用的设备应符合的有关标准。

13.4.3 依据高层建筑结构施工对垂直运输要求高的特点，明确垂直运输设施配置应考虑的情况，提出垂直运输设备的选用、安装、使用、拆除等要求。

13.4.4～13.4.6 对高层建筑施工垂直运输设备一般包括的起重设备、混凝土泵送设备和施工电梯，按其特点分别提出施工要求。

13.5 脚手架及模板支架

13.5.1 脚手架和模板支架的搭设对安全性要求高，应进行专项设计。高、大模板支架和脚手架工程施工方案应按住房与城乡建设部《危险性较大的分项工程安全管理办法》［建质（2009）87号］的要求进行专家论证。

13.5.2 列举了脚手架及模板支架施工应遵守的标准规范。

13.5.3 基于脚手架的安全性要求和经验做法，作此规定。

13.5.5 工字钢的抗侧向弯曲性能优于槽钢，故推荐采用工字钢作为悬挑支架。

13.5.6 卸料平台应经过有关安全或技术人员的验收合格后使用，转运时不得站人，以防发生安全事故。

13.5.7 采用定型工具式的模板支架有利于提高施工效率，利于周转、降低成本。

13.6 模 板 工 程

13.6.1 强调模板工程应进行专项设计，以满足强度、刚度和稳定性要求。

13.6.2 列举了模板工程应符合的有关标准和对模板的基本要求。

13.6.3 对现浇梁、板、柱、墙模板的选型提出基本要求。现浇混凝土宜优先选用工具式模板，但不排除选用组合式、永久式模板。为提高工效，模板宜整体或分片预制安装和脱模。作为永久性模板的混凝土薄板，一般包括预应力混凝土板、双钢筋混凝土板和冷轧扭钢筋混凝土板。清水混凝土模板应满足混凝土的设计效果。

13.6.4 现浇楼板模板选用早拆模板体系，可加速模板的周转，节约投资。后浇带模架应设计为可独立支拆的体系，避免在顶板拆模时对后浇带部位进行二次支模与回顶。

13.6.5～13.6.7 分别阐述大模板、滑动模板和爬升模板的适用范围和施工要点。模板制作、安装允许偏差参照了相关标准的规定。

13.6.8 空心混凝土楼板浇筑混凝土时，易发生预制芯管和钢筋上浮，防止上浮的有效措施是将芯管或钢筋骨架与模板进行拉结，在模板施工时就应综合考虑。

13.6.9 规定模板拆除时混凝土应满足的强度要求。

13.7 钢 筋 工 程

13.7.1 指出钢筋的原材料、加工、安装应符合的有关标准。

13.7.2 高层建筑宜推广应用高强钢筋，可以节约大量钢材。设计单位综合考虑钢筋性能、结构抗震要求等因素，对不同部位、构件采用的钢筋作出明确规定。施工中，钢筋的品种、规格、性能应符合设计要求。

13.7.3 本条规定粗直径钢筋接头应优先采用机械连接。列举了钢筋连接应符合的有关现行标准。锥螺纹接头现已基本不使用，故取消了原规程中的有关内容。

13.7.4 指出采用点焊钢筋网片应符合的有关标准。

13.7.5 指出采用新品种钢筋应符合的有关标准。

13.7.6 梁柱、梁梁相交部位钢筋位置及相互关系比较复杂，施工中容易出错，本条规定对基本要求进行了明确。

13.7.7 提出了箍筋的基本要求。螺旋箍有利于抗震性能的提高，已得到越来越多的使用，施工中应按照

设计及工艺要求，保证质量。

13.7.8 高层建筑中，压型钢板-混凝土组合楼板已十分常见，其钢筋位置及保护层厚度影响组合楼板的受力性能和使用安全，应严格保证。

13.7.9 现场钢筋施工宜采用预制安装，对预制安装钢筋骨架和网片大小和运输提出要求，以保证质量，提高效率。

13.8 混 凝 土 工 程

13.8.1 高层建筑基础深、层数多，需要混凝土质量高、数量大，应尽量采用预拌泵送混凝土。

13.8.2 列举了混凝土工程应符合的主要标准。

13.8.3 高性能混凝土以耐久性、工作性、适当高强度为基本要求，并根据不同用途强化某些性能，形成补偿收缩混凝土、自密实免振混凝土等。

13.8.4～13.8.6 增加对混凝土坍落度、浇筑、振捣的要求。强调了对混凝土浇筑过程中模板支架安全性的监控。

13.8.7 强调了混凝土应及时有效养护及养护覆盖的主要方法。

13.8.8 列举了现浇预应力混凝土应符合的技术规程。

13.8.9 提出对柱、墙与梁、板混凝土强度不同时的混凝土浇筑要求。施工中，当强度相差不超过两个等级时，已有采用较低强度等级的梁板混凝土浇筑核心区（直接浇筑或采取必要加强措施）的实践，但必须经设计和有关单位协商认可。

13.8.10 混凝土施工缝留置的具体位置和浇筑应符合本规程和有关现行国家标准的规定。

13.8.11 后浇带留置及不同类型后浇带的混凝土浇筑时间，应符合设计要求。提高后浇带混凝土一个强度等级是出于对该部位的加强，也是目前的通常做法。

13.8.12 混凝土结构允许偏差主要根据现行国家标准《混凝土结构工程施工质量验收规范》GB 50204的有关规定，其中截面尺寸和表面平整的抹灰部分系指采用中、小型模板的允许偏差，不抹灰部分系指采用大模板及爬模工艺的允许偏差。

13.9 大体积混凝土施工

13.9.1 大体积混凝土指混凝土结构物实体最小尺寸不小于1m的大体积混凝土，或预计会因混凝土中胶凝材料水化引起的温度变化和收缩而导致有害裂缝产生的混凝土。高层建筑底板、转换层及梁柱构件中，属于大体积混凝土范畴的很多，因此本规程将大体积混凝土施工单独成节，以明确其主要要求。

超长结构目前没有明确定义。本节所述超长结构，通常指平面尺寸大于本规程第3.4.12条规定的伸缩缝间距的结构。

本条强调大体积混凝土与超长结构混凝土施工前应编制专项施工方案，施工方案应进行必要的温控计算，并明确控制大体积混凝土裂缝的措施。

13.9.3 大体积混凝土由于水化热产生的内外温差和混凝土收缩变形大，易产生裂缝。预防大体积混凝土裂缝应从设计构造、原材料、混凝土配合比、浇筑等方面采取综合措施。大体积基础底板、外墙混凝土可采用混凝土 60d 或 90d 强度，并采用相应的配合比，延缓混凝土水化热的释放，减少混凝土温度应力裂缝，但应由设计单位认可，并满足施工荷载的要求。

13.9.4 对大体积混凝土与超长结构混凝土原材料及配合比提出要求。

13.9.5 对大体积混凝土浇筑、振捣提出相关要求。

13.9.6 对大体积混凝土养护、测温提出相关要求。养护、测温的根本目的是控制混凝土内外温差。养护方法应考虑季节性特点。测温可采用人工测量、记录，目前很多工程已成功采用预埋温度电偶并利用计算机进行自动测温记录。测温结果应及时向有关技术人员报告，温差超出规定范围时应采取相应措施。

13.9.7 在超长结构混凝土施工中，采用留后浇带或跳仓法施工是防止和控制混凝土裂缝的主要措施之一。跳仓浇筑间隔时间不宜少于 7d。

13.10 混合结构施工

13.10.1 列举出混合结构的钢结构、混凝土结构、型钢混凝土结构等施工应符合的有关标准规范。

13.10.2 混合结构具有工序多、流程复杂、协同作业要求高等特点，施工中应加强各专业之间的协调与配合。

13.10.3 钢结构深化设计图是在工程施工图的基础上，考虑制作安装因素，将各专业所需要的埋件和孔洞，集中反映到构件加工详图上的技术文件。

钢结构深化设计应在钢结构施工图完成之后进行，根据施工图提供的构件位置、节点构造、构件安装内力及其他影响等，为满足加工要求形成构件加工图，并提交原设计单位确认。

13.10.4～13.10.6 明确了混合结构及其构件的施工顺序。

13.10.7 对钢框架-钢筋混凝土筒体结构施工提出进行结构时变分析要求，并控制变形差。

13.10.8～13.10.13 提出了钢管混凝土、型钢混凝土框架-钢筋混凝土筒体结构施工应注意的重点环节。

13.11 复杂混凝土结构施工

13.11.1 为保证复杂混凝土结构工程质量和施工安全，应编制专项施工方案。

13.11.2 提出了混凝土结构转换层、加强层的施工要求。需要注意的是，应根据转换层、加强层自重大的特点，对支撑体系设计和荷载传递路径等关键环节进行重点控制。

13.11.3～13.11.5 提出了悬挑结构、大底盘多塔楼结构、塔楼连接体的施工要求。

13.12 施 工 安 全

13.12.1 列出高层建筑施工安全应遵守的技术规范、规程。

13.12.2 附着式整体爬升脚手架应采用经住房和城乡建设部组织鉴定并发放生产和使用证的产品，并具有当地建筑安全监督管理部门发放的产品准用证。

13.12.3 高层建筑施工现场避雷要求高，避雷系统应覆盖整个施工现场。

13.12.4 高层建筑施工应严防高空坠落。安全网除应随施工楼层架设外，尚应在首层和每隔四层各设一道。

13.12.5 钢模板的吊装、运输、装拆、存放，必须稳固。模板安装就位后，应注意接地。

13.12.6 提出脚手架和工作平台施工安全要求。

13.12.7 提出高层建筑施工中上、下楼层通信联系要求。

13.12.8 提出施工现场防止火灾的消防设施要求。

13.12.9 对油漆和涂料的施工提出防火要求。

13.13 绿 色 施 工

13.13.1 对高层建筑施工组织设计和方案提出绿色施工及其培训的要求。

13.13.2 提出了混凝土耐久性和环保要求。

13.13.3～13.13.7 针对高层建筑施工，提出"四节一环保"要求。第13.13.7条的降尘措施如洒水、地面硬化、围挡、密网覆盖、封闭等；降噪措施包括：尽量使用低噪声机具，对噪声大的机械合理安排位置，采用吸声、消声、隔声、隔振措施等。

附录D 墙体稳定验算

根据国内研究成果并与德国《混凝土与钢筋混凝土结构设计和施工规范》DIN1045 的比较表明，对不同支承条件弹性墙肢的临界荷载，可表达为统一形式：

$$q_{cr} = \frac{\pi^2 E_c t^3}{12 l_0^2} \qquad (7)$$

其中，计算长度 l_0 取为 βh，β 为计算长度系数，可根据墙肢的支承条件确定；h 为层高。

考虑到混凝土材料的弹塑性、荷载的长期性以及荷载偏心距等因素的综合影响，要求墙顶的竖向均布线荷载设计值不大于 $q_{cr}/8$，即 $\frac{E_c t^3}{10 (\beta h)^2}$。为保证安全，对T形、L形、槽形和工字形剪力墙各墙肢，本附录第 D.0.3 条规定的计算长度系数大于理论值。

当剪力墙的截面高度或宽度较小且层高较大时，

其整体失稳可能先于各墙肢局部失稳，因此本附录第D.0.4条规定，对截面高度或宽度小于截面厚度的2倍和800mm的T形、L形、槽形和工字形剪力墙，除按第D.0.1~D.0.3条规定验算墙肢局部稳定外，尚宜验算剪力墙的整体稳定性。

附录F 圆形钢管混凝土构件设计

F.1 构 件 设 计

F.1.1 本规程对圆型钢管混凝土柱承载力的计算采用基于实验的极限平衡理论，参见蔡绍怀著《现代钢管混凝土结构》（人民交通出版社，北京，2003），其主要特点是：

1) 不以柱的某一临界截面作为考察对象，而以整长的钢管混凝土柱，即所谓单元柱，作为考察对象，视之为结构体系的基本元件。

2) 应用极限平衡理论中的广义应力和广义应变概念，在试验观察的基础上，直接探讨单元柱在轴力 N 和柱端弯矩 M 这两个广义力共同作用下的广义屈服条件。

本规程将长径比 L/D 不大于 4 的钢管混凝土柱定义为短柱，可忽略其受压极限状态的压曲效应（即 P-δ 效应）影响，其轴心受压的破坏荷载（最大荷载）记为 N_0，是钢管混凝土柱承载力计算的基础。

短柱轴心受压极限承载力 N_0 的计算公式（F.1.2-2）、（F.1.2-3）系在总结国内外约 480 个试验资料的基础上，用极限平衡法导得的。试验结果和理论分析表明，该公式对于（a）钢管与核心混凝土同时受载，（b）仅核心混凝土直接受载，（c）钢管在弹性极限内预先受载，然后再与核心混凝土共同受载等加载方式均适用。

公式（F.1.2-2）、（F.1.2-3）右端的系数 0.9，是参照现行国家标准《混凝土结构设计规范》GB 50010，为提高包括螺旋箍筋柱在内的各种钢筋混凝土受压构件的安全度而引入的附加系数。

公式（F.1.2-1）的双系数乘积规律是根据中国建筑科学研究院的系列试验结果确定的。经用国内外大量试验结果（约 360 个）复核，证明该公式与试验结果符合良好。在压弯柱的承载力计算中，采用该公式后，可避免求解 M-N 相关方程，从而使计算大为简化，用双系数表达的承载力变化规律也更为直观。

值得强调指出，套箍效应使钢管混凝土柱的承载力较普通钢筋混凝土柱有大幅度提高（可达 30%~50%），相应地，在使用荷载下的材料使用应力也有同样幅度的提高。经试验观察和理论分析证明，在规程规定的套箍指标 θ 不大于 3 和规程所设置的安全度

水平内，钢管混凝土柱在使用荷载下仍然处于弹性工作阶段，符合极限状态设计原则的基本要求，不会影响其使用质量。

F.1.3 由极限平衡理论可知，钢管混凝土标准单元柱在轴力 N 和端弯矩 M 共同作用下的广义屈服条件，在 M-N 直角坐标系中是一条外凸曲线，并可足够精确地简化为两条直线 AB 和 BC（图18）。其中 A 为轴心受压；C 为纯弯受力状态，由试验数据得纯弯时的抗弯强度取为 $M_0 = 0.3N_0 r_c$；B 为大小偏心受压的分界点，$\dfrac{e_0}{r_c} = 1.55$，$M_u = M_l = 0.4N_0 r_c$。

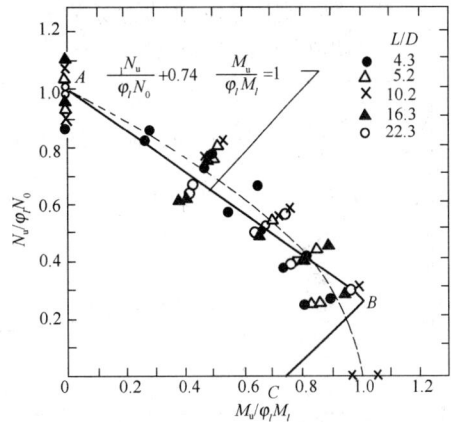

图 18 M-N 相关曲线（根据中国建筑科学研究院的试验资料）

定义 $\varphi_e = \dfrac{N_u}{\varphi_l N_0}$，经简单变换后，即得：

AB 段 $\left(\dfrac{e_0}{r_c} < 1.55\right)$，$\varphi_e = \dfrac{N_u}{\varphi_l N_0} = \dfrac{1}{1 + 1.85\dfrac{e_0}{r_c}}$

(8)

BC 段 $\left(\dfrac{e_0}{r_c} \geqslant 1.55\right)$，$\varphi_e = \dfrac{N_u}{\varphi_l N_0} = \dfrac{0.3}{\dfrac{e_0}{r_c} - 0.4}$ (9)

此即公式（F.1.3-1）和（F.1.3-3）。

公式（F.1.3-1）与试验实测值的比较见图19~图21。

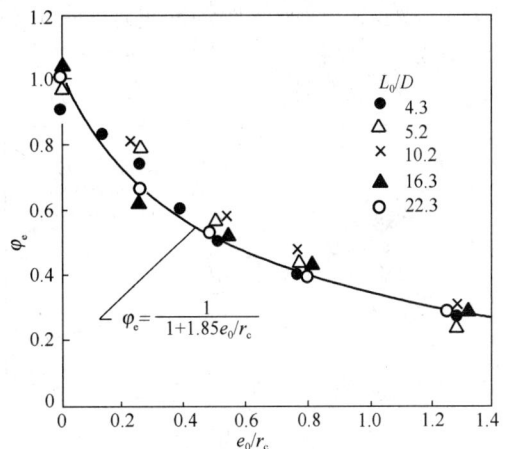

$$\varphi_e = \dfrac{1}{1 + 1.85 e_0 / r_c}$$

图 19 折减系数 φ_e 与偏心率的相关曲线

（根据中国建筑科学研究院的试验资料）

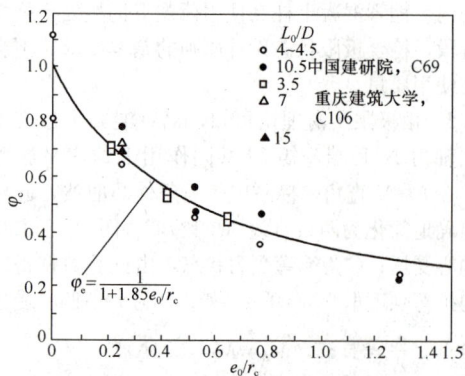

图 20 钢管高强混凝土柱折减系数 φ_e 实测值与计算值的比较（一）

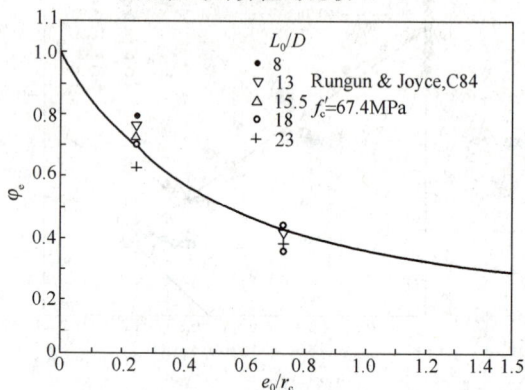

图 21 钢管高强混凝土柱折减系数 φ_e 实测值与计算值的比较（二）

F.1.4 规程公式（F.1.4-1）是总结国内外大量试验结果（约 340 个）得出的经验公式。对于普通混凝土，$L_0/D \leqslant 50$ 在的范围内，对于高强混凝土，在 $L_0/D \leqslant 20$ 的范围内，该公式的计算值与试验实测值均符合良好（图 22、23）。从现有的试验数据看，钢管径厚比 D/t，钢材品种以及混凝土强度等级或套箍指标等的变化，对 φ_l 值的影响无明显规律，其变化幅度都在试验结果的离散程度以内，故公式中对这些因素都不予考虑。为合理地发挥钢管混凝土抗压承载能力的优势，本规程对柱的长径比作了 $L/D \leqslant 20$（长细比 $\lambda \leqslant 80$）的限制。

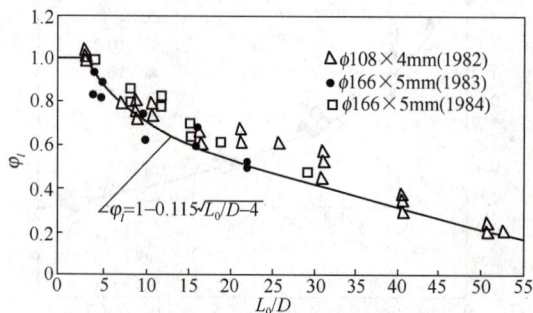

图 22 长细比对轴心受压柱承载能力的影响
（中国建筑科学研究院结构所的试验）

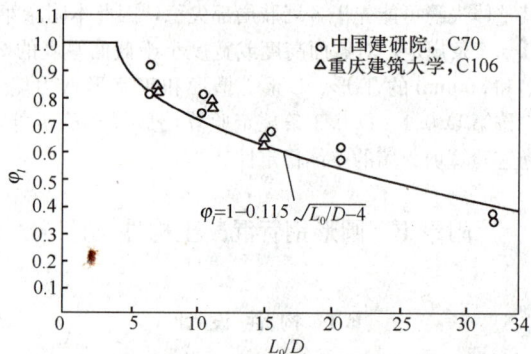

图 23 考虑长细比影响的折减系数试验值
与计算曲线比较（高强混凝土）

F.1.5、F.1.6 本条的等效计算长度考虑了柱端约束条件（转动和侧移）和沿柱身弯矩分布梯度等因素对柱承载力的影响。

柱端约束条件的影响，借引入"计算长度"的办法予以考虑，与现行国家标准《钢结构设计规范》GB 50017 所采用的办法完全相同。

为考虑沿柱身弯矩分布梯度的影响，在实用上可采用等效标准单元柱的办法予以考虑。即将各种一次弯矩分布图不为矩形的两端铰支柱以及悬臂柱等非标准柱转换为具有相同承载力的一次弯矩分布图呈矩形的等效标准柱。我国现行国家标准《钢结构设计规范》GB 50017 和国外的一些结构设计规范，例如美国 ACI 混凝土结构规范，采用的是等效弯矩法，即将非标准柱的较大端弯矩予以缩减，取等效弯矩系数 c 不大于 1，相应的柱长保持不变（图 24a）；本规程采用的则是等效长度法，即将非标准柱的长度予以缩减，取等效长度系数 k 不大于 1，相应的柱端较大弯矩 M_2 保持不变（图 24b）。两种处理办法的效果应该是相同的。本规程采用等效长度法，在概念上更为直观，对于在实验中观察到的双曲压弯下的零挠度点漂移现象，更易于解释。

本条所列的等效长度系数公式，是根据中国建筑科学研究院专门的试验结果建立的经验公式。

F.1.7 虽然钢管混凝土柱的优势在抗压，只宜作受压构件，但在个别特殊工况下，钢管混凝土也可能有处于拉弯状态的时候。为验算这种工况下的安全性，本规程假定钢管混凝土柱的 N-M 曲线在拉弯区为直线，给出了以钢管混凝土纯弯状态和轴心受拉状态时的承载力为基础的相关公式，其中纯弯承载力与压弯公式中的纯弯承载力相同，轴心受拉承载力仅考虑钢管的作用。

F.1.8、F.1.9 钢管混凝土中的钢管，是一种特殊形式的配筋，系三维连续的配筋场，既是纵筋，又是横向箍筋，无论构件受到压、拉、弯、剪、扭等何种作用，钢管均可随着应变场的变化而自行调节变换其配筋功能。一般情况下，钢管混凝土柱主要受压弯作

(a) 等效弯矩法

(b) 等效长度法

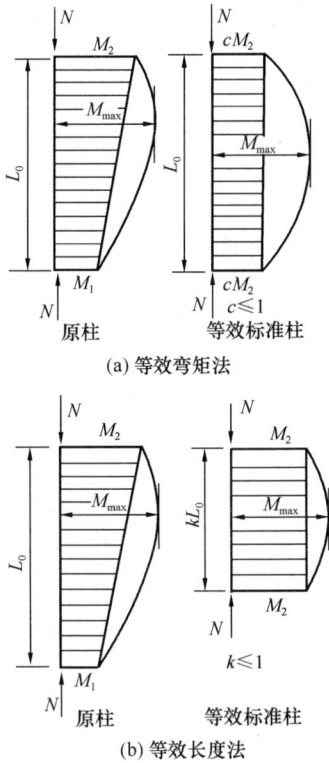

图24 非标准单元柱的两种等效转换法

用，在按压弯构件确定了柱的钢管规格和套箍指标后，其抗剪配筋场亦相应确定，无须像普通钢筋混凝土构件那样另做抗剪配筋设计。以往的试验观察表明，钢管混凝土柱在剪跨柱径比 a/D 大于2时，都是弯曲型破坏。在一般建筑工程中的钢管混凝土框架柱，其高度与柱径之比（即剪跨柱径比）大都在3以上，横向抗剪问题不突出。在某些情况下，例如钢管混凝土柱之间设有斜撑的节点处，大跨重载梁的梁柱节点区等，仍可能出现影响设计的钢管混凝土小剪跨抗剪问题。为解决这一问题，中国建筑科学研究院进行了专门的抗剪试验研究，本条的计算公式（F.1.9-1）和（F.1.9-2）即系根据这批试验结果提出的，适用于横向剪力以压力方式作用于钢管外壁的情况。

F.1.10～F.1.12 众所周知，对混凝土配置螺旋箍筋或横向方格钢筋网片，形成所谓套箍混凝土，可显著提高混凝土的局部承压强度。钢管混凝土是一种特殊形式的套箍混凝土，其钢管具有类似螺旋箍筋的功能，显然也应具有较高的局部承压强度。钢管混凝土的局部承压可分为中央部位的局部承压和组合界面附近的局部承压两类。中国建筑科学研究院的试验研究表明，在上述两类局部承压下的钢管混凝土强度提高系数亦服从与面积比的平方根成线性关系的规律。

第F.1.12条的公式可用于抗剪连接件的承载力计算，其中所指的柔性抗剪连接件包括节点构造中采用的内加强环、环形隔板、钢筋环和焊钉等。至于内衬管段和穿心牛腿（承重销）则应视为刚性抗剪连接件。

当局压强度不足时，可将局压区段管壁加厚予以补强，这比局部配置螺旋箍筋更简便些。局压区段的长度可取为钢管直径的1.5倍。

F.2 连 接 设 计

F.2.1 外加强环可以拼接，拼接处的对接焊缝必须与母材等强。

F.2.2 采用内加强环连接时，梁与柱之间最好通过悬臂梁段连接。悬臂梁段在工厂与钢管采用全焊连接，即梁翼缘与钢管壁采用全熔透坡口焊缝连接、梁腹板与为钢管壁采用角焊缝连接；悬臂梁段在现场与梁拼接，可以采用栓焊连接，也可以采用全螺栓连接。采用不等截面悬臂梁段，即翼缘端部加宽或腹板加腋或同时翼缘端部加宽和腹板加腋，可以有效转移塑性铰，避免悬臂梁段与钢管的连接破坏。

F.2.3 本规程中钢筋混凝土梁与钢管混凝土柱的连接方式分别针对管外剪力传递和管外弯矩传递两个方面做了具体规定，在相应条文的图示中只针对剪力传递或弯矩传递的一个方面做了表示，工程中的连接节点可以根据工程特点采用不同的剪力和弯矩传递方式进行组合。

F.2.8 井字双梁与钢管之间浇筑混凝土，是为了确保节点上各梁端的不平衡弯矩能传递给柱。

F.2.9 规定了钢筋混凝土环梁的构造要求，目的是使框架梁端弯矩能平稳地传递给钢管混凝土柱，并使环梁不先于框架梁端出现塑性铰。

F.2.10 "穿筋单梁"节点增设内衬管或外套管，是为了弥补钢管开孔所造成的管壁削弱。穿筋后，孔与筋的间隙可以补焊。条件许可时，框架梁端可水平加腋，并令梁的部分纵筋从柱侧绕过，以减少穿筋的数量。

中华人民共和国国家标准

建筑设计防火规范

Code for fire protection design of buildings

GB 50016—2014

（2018 年版）

主编部门：中华人民共和国公安部
批准部门：中华人民共和国住房和城乡建设部
施行日期：２０１５ 年 ５ 月 １ 日

中华人民共和国住房和城乡建设部公告

2018 第 35 号

住房城乡建设部关于发布国家标准
《建筑设计防火规范》局部修订的公告

现批准国家标准《建筑设计防火规范》GB 50016—2014 局部修订的条文，自 2018 年 10 月 1 日起实施。其中，第 5.1.3A、5.4.4（1、2、3、4）、5.4.4B、5.5.8、5.5.13、5.5.15、5.5.17、6.2.2、6.7.4A、7.3.1、7.3.5（2、3、4）、8.2.1、8.3.4、8.4.1、10.1.5、10.3.2、11.0.4、11.0.7（2、3、4）条（款）为强制性条文，必须严格执行。经此次

修改的原条文同时废止。

局部修订条文及具体内容在住房城乡建设部门户网站（www.mohurd.gov.cn）公开，并将刊登在近期出版的《工程建设标准化》刊物上。

中华人民共和国住房和城乡建设部

2018 年 3 月 30 日

局部修订说明

本规范此次局部修订工作是依据住房城乡建设部《关于印发 2018 年工程建设规范和标准编制及相关工作计划的通知》（建标函〔2017〕306 号），由公安部天津消防研究所会同有关单位共同完成。

此次局部修订工作，按照住房城乡建设部有关标准编写规定及国家有关消防法规规定的原则修订完善了老年人照料设施建筑设计的基本防火技术要求，主要内容包括：

1. 明确了老年人照料设施的范围。

2. 明确了老年人照料设施的允许建筑高度或层数及组合建造时的分隔要求。

3. 明确了老年人生活用房、公共活动用房等的设置要求。

4. 适当强化了老年人照料设施的安全疏散、避难与消防设施设置要求。

此次局部修订共 27 条，分别为第 5.1.1、5.1.3A、5.1.8、5.3.1A、5.4.4、5.4.4A、5.4.4B、5.5.8、5.5.13、5.5.13A、5.5.14、5.5.15、5.5.17、5.5.24A、6.2.2、6.7.4A、7.3.1、7.3.5、8.2.1、8.2.4、8.3.4、8.4.1、10.1.5、10.2.7、10.3.2、11.0.4、11.0.7 条。其

中新增 7 条。

本规范条文下划线部分为修订的内容，以黑体字标志的条文为强制性条文，必须严格执行。

本次局部修订的主编单位、参编单位、主要起草人和主要审查人：

主 编 单 位：公安部天津消防研究所

参 编 单 位：公安部四川消防研究所

中国建筑标准设计研究院有限公司

哈尔滨工业大学

广东省公安消防总队

福建省公安消防总队

湖北省公安消防总队

主要起草人：倪照鹏　刘激扬　王宗存　沈纹

吴和俊　张磊　胡锐　张梅红

黄韬　张敏洁　郭景　黄德祥

卫大可

主要审查人：周畅　王栋　李树丛　江刚

朱显泽　车学娅　邸威　刘文利

徐宏庆　庄孙毅　赵良羚

中华人民共和国住房和城乡建设部
公　告

第 517 号

住房城乡建设部关于发布国家标准
《建筑设计防火规范》的公告

现批准《建筑设计防火规范》为国家标准，编号为GB 50016—2014，自2015年5月1日起实施。其中，第3.2.2、3.2.3、3.2.4、3.2.7、3.2.9、3.2.15、3.3.1、3.3.2、3.3.4、3.3.5、3.3.6（2）、3.3.8、3.3.9、3.4.1、3.4.2、3.4.4、3.4.9、3.5.1、3.5.2、3.6.2、3.6.6、3.6.8、3.6.11、3.6.12、3.7.2、3.7.3、3.7.6、3.8.2、3.8.3、3.8.7、4.1.2、4.1.3、4.2.1、4.2.2、4.2.3、4.2.5（3、4、5、6）、4.3.1、4.3.2、4.3.3、4.3.8、4.4.1、4.4.2、4.4.5、5.1.3、5.1.4、5.2.2、5.2.6、5.3.1、5.3.2、5.3.4、5.3.5、5.4.2、5.4.3、5.4.4（1、2、3、4）、5.4.5、5.4.6、5.4.9（1、4、5、6）、5.4.10（1、2）、5.4.11、5.4.12、5.4.13（2、3、4、5、6）、5.4.15（1、2）、5.4.17（1、2、3、4、5）、5.5.8、5.5.12、5.5.13、5.5.15、5.5.16（1）、5.5.17、5.5.18、5.5.21（1、2、3、4）、5.5.23、5.5.24、5.5.25、5.5.26、5.5.29、5.5.30、5.5.31、6.1.1、6.1.2、6.1.5、6.1.7、6.2.2、6.2.4、6.2.5、6.2.6、6.2.7、6.2.9（1、2、3）、6.3.5、6.4.1（2、3、4、5、6）、6.4.2、6.4.3（1、3、4、5、6）、6.4.4、6.4.5、6.4.10、6.4.11、6.6.2、6.7.2、6.7.4、6.7.5、6.7.6、7.1.2、7.1.3、7.1.8（1、2、3）、7.2.1、7.2.2（1、2、3）、7.2.3、7.2.4、7.3.1、7.3.2、7.3.5（2、3、4）、7.3.6、8.1.2、8.1.3、8.1.6、8.1.7（1、3、4）、8.1.8、8.2.1、8.3.1、8.3.2、8.3.3、8.3.4、8.3.5、8.3.7、8.3.8、8.3.9、8.3.10、8.4.1、8.4.3、8.5.1、8.5.2、8.5.3、8.5.4、9.1.2、9.1.3、9.1.4、9.2.2、9.2.3、9.3.2、9.3.5、9.3.8、9.3.9、9.3.11、9.3.16、10.1.1、10.1.2、10.1.5、10.1.6、10.1.8、10.1.10（1、2）、10.2.1、10.2.4、10.3.1、10.3.2、10.3.3、11.0.3、11.0.4、11.0.7（2、3、4）、11.0.9、11.0.10、12.1.3、12.1.4、12.3.1、12.5.1、12.5.4条（款）为强制性条文，必须严格执行。原《建筑设计防火规范》GB 50016—2006和《高层民用建筑设计防火规范》GB 50045—95同时废止。

本规范由我部标准定额研究所组织中国计划出版社出版发行。

中华人民共和国住房和城乡建设部
2014年8月27日

前　言

本规范是根据住房城乡建设部《关于印发〈2007年工程建设标准规范制订、修订计划（第一批）〉的通知》（建标〔2007〕125号）和《关于调整〈建筑设计防火规范〉、〈高层民用建筑设计防火规范〉修订项目计划的函》（建标〔2009〕94号），由公安部天津消防研究所、四川消防研究所会同有关单位，在《建筑设计防火规范》GB 50016—2006和《高层民用建筑设计防火规范》GB 50045—95（2005年版）的基础上，经整合修订而成。

本规范在修订过程中，遵循国家有关基本建设的方针政策，贯彻"预防为主，防消结合"的消防工作方针，深刻吸取近年来我国重特大火灾事故教训，认真总结国内外建筑防火设计实践经验和消防科技成果，深入调研工程建设发展中出现的新情况、新问题和规范执行过程中遇到的疑难问题，认真研究借鉴发达国家经验，开展了大量课题研究、技术研讨和必要的试验，广泛征求了有关设计、生产、建设、科研、教学和消防监督等单位意见，最后经审查定稿。

本规范共分12章和3个附录，主要内容有：生产和储存的火灾危险性分类、高层建筑的分类要求，厂房、仓库、住宅建筑和公共建筑等工业与民用建筑的建筑耐火等级分级及其建筑构件的耐火极限、平面布置、防火分区、防火分隔、建筑防火构造、防火间距和消防设施设置的基本要求，工业建筑防爆的基本措施与要求；工业与民用建筑的疏散距离、疏散宽度、疏散楼梯设置形式、应急照明和疏散指示标志以及安全出口和疏散门设置的基本要求；甲、乙、丙类液体、气体储罐（区）和可燃材料堆场的防火间距、成组布置和储量的基本要求；木结构建筑和城市交通隧道工程防火设计的基本要求；满足灭火救援要求设置的救援场地、消防车道、消防电梯等设施的基本要求；建筑供暖、通风、空气调节和电气等方面的防火要求以及消防用电设备的电源与配电线路等基本要求。

与《建筑设计防火规范》GB 50016—2006和《高层民用建筑设计防火规范》GB 50045—95（2005年版）相比，本规范主要有以下变化：

1. 合并了《建筑设计防火规范》和《高层民用建筑设计防火规范》，调整了两项标准间不协调的要求。将住宅建筑统一按照建筑高度进行分类。

2. 增加了灭火救援设施和木结构建筑两章，完善了有关灭火救援的要求，系统规定了木结构建筑的防火要求。

3. 补充了建筑保温系统的防火要求。

4. 对消防设施的设置作出明确规定并完善了有关内容；有关消防给水系统、室内外消火栓系统和防烟排烟系统设计的要求分别由相应的国家标准作出规定。

5. 适当提高了高层住宅建筑和建筑高度大于100m的高层民用建筑的防火要求。

6. 补充了有顶商业步行街两侧的建筑利用该步行街进行安全疏散时的防火要求；调整、补充了建材、家具、灯饰商店营业厅和展览厅的设计疏散人员密度。

7. 补充了地下仓库、物流建筑、大型可燃气体储罐（区）、液氨储罐、液化天然气储罐的防火要求，调整了液氧储罐等的防火间距。

8. 完善了防止建筑火灾竖向或水平蔓延的相关要求。

本规范中以黑体字标志的条文为强制性条文，必须严格执行。

本规范由住房城乡建设部负责管理和对强制性条文的解释，公安部负责日常管理，公安部消防局组织天津消防研究所、四川消防研究所负责具体技术内容的解释。

鉴于本规范是一项综合性的防火技术标准，政策性和技术性强，涉及面广，希望各单位结合工程实践和科学研究认真总结经验，注意积累资料，在执行过程中如有意见、建议和问题，请径寄公安部消防局（地址：北京市西城区广安门南街70号，邮政编码：100054），以便今后修订时参考和组织公安部天津消防研究所、四川消防研究所作出解释。

本规范主编单位、参编单位、主要起草人和主要审查人：

主 编 单 位： 公安部天津消防研究所

公安部四川消防研究所

参 编 单 位： 中国建筑科学研究院

中国建筑东北设计研究院有限公司

中国中元国际工程有限公司

中国市政工程华北设计研究院

中国中轻国际工程有限公司

中国寰球化学工程公司

中国建筑设计研究院

公安部沈阳消防研究所

北京市建筑设计研究院

天津市建筑设计院

清华大学建筑设计研究院

东北电力设计院

华东建筑设计研究院有限公司　　　李引擎　曾　杰　刘祖玲
上海隧道工程轨道交通设计研究院　郭树林　丁宏军　沈友弟
北京市公安消防总队　　　　　　　陈云玉　谢树俊　郑　实
上海市公安消防总队　　　　　　　刘建华　黄晓家　李向东
天津市公安消防总队　　　　　　　张凤新　宋孝春　寇九贵
四川省公安消防总队　　　　　　　郑铁一
陕西省公安消防总队　　　主要审查人：方汝清　张耀泽　赵　锂
辽宁省公安消防总队　　　　　　　刘跃红　张树平　张福麟
福建省公安消防总队　　　　　　　何任飞　金鸿祥　王庆生
主要起草人：杜兰萍　马　恒　倪照鹏　吴　华　潘一平　苏　丹
　　　　　　卢国建　沈　纹　王宗存　夏卫平　江　刚　党　杰
　　　　　　黄德祥　邱培芳　张　磊　郭　景　范　珑　杨西伟
　　　　　　王　炯　杜　霞　王金元　胡小媛　朱冬青　龙卫国
　　　　　　高建民　郑晋丽　周　详　黄小坤
　　　　　　宋晓勇　赵克伟　晁海鸥

目　次

Contents

1 总 则

1.0.1 为了预防建筑火灾，减少火灾危害，保护人身和财产安全，制定本规范。

1.0.2 本规范适用于下列新建、扩建和改建的建筑：

    1 厂房；

    2 仓库；

    3 民用建筑；

    4 甲、乙、丙类液体储罐（区）；

    5 可燃、助燃气体储罐（区）；

    6 可燃材料堆场；

    7 城市交通隧道。

    人民防空工程、石油和天然气工程、石油化工工程和火力发电厂与变电站等的建筑防火设计，当有专门的国家标准时，宜从其规定。

1.0.3 本规范不适用于火药、炸药及其制品厂房（仓库）、花炮厂房（仓库）的建筑防火设计。

1.0.4 同一建筑内设置多种使用功能场所时，不同使用功能场所之间应进行防火分隔，该建筑及其各功能场所的防火设计应根据本规范的相关规定确定。

1.0.5 建筑防火设计应遵循国家的有关方针政策，针对建筑及其火灾特点，从全局出发，统筹兼顾，做到安全适用、技术先进、经济合理。

1.0.6 建筑高度大于250m的建筑，除应符合本规范的要求外，尚应结合实际情况采取更加严格的防火措施，其防火设计应提交国家消防主管部门组织专题研究、论证。

1.0.7 建筑防火设计除应符合本规范的规定外，尚应符合国家现行有关标准的规定。

2 术语、符号

2.1 术 语

2.1.1 高层建筑 high-rise building

    建筑高度大于27m的住宅建筑和建筑高度大于24m的非单层厂房、仓库和其他民用建筑。

    注：建筑高度的计算应符合本规范附录A的规定。

2.1.2 裙房 podium

    在高层建筑主体投影范围外，与建筑主体相连且建筑高度不大于24m的附属建筑。

2.1.3 重要公共建筑 important public building

    发生火灾可能造成重大人员伤亡、财产损失和严重社会影响的公共建筑。

2.1.4 商业服务网点 commercial facilities

    设置在住宅建筑的首层或首层及二层，每个分隔单元建筑面积不大于300m²的商店、邮政所、储蓄所、理发店等小型营业性用房。

2.1.5 高架仓库 high rack storage

    货架高度大于7m且采用机械化操作或自动化控制的货架仓库。

2.1.6 半地下室 semi-basement

    房间地面低于室外设计地面的平均高度大于该房间平均净高1/3，且不大于1/2者。

2.1.7 地下室 basement

    房间地面低于室外设计地面的平均高度大于该房间平均净高1/2者。

2.1.8 明火地点 open flame location

    室内外有外露火焰或赤热表面的固定地点（民用建筑内的灶具、电磁炉等除外）。

2.1.9 散发火花地点 sparking site

    有飞火的烟囱或进行室外砂轮、电焊、气焊、气割等作业的固定地点。

2.1.10 耐火极限 fire resistance rating

    在标准耐火试验条件下，建筑构件、配件或结构从受到火的作用时起，至失去承载能力、完整性或隔热性时止所用时间，用小时表示。

2.1.11 防火隔墙 fire partition wall

    建筑内防止火灾蔓延至相邻区域且耐火极限不低于规定要求的不燃性墙体。

2.1.12 防火墙 fire wall

    防止火灾蔓延至相邻建筑或相邻水平防火分区且耐火极限不低于3.00h的不燃性墙体。

2.1.13 避难层（间） refuge floor(room)

    建筑内用于人员暂时躲避火灾及其烟气危害的楼层（房间）。

2.1.14 安全出口 safety exit

    供人员安全疏散用的楼梯间和室外楼梯的出入口或直通室内外安全区域的出口。

2.1.15 封闭楼梯间 enclosed staircase

    在楼梯间入口处设置门，以防止火灾的烟和热气进入的楼梯间。

2.1.16 防烟楼梯间 smoke-proof staircase

    在楼梯间入口处设置防烟的前室、开敞式阳台或凹廊（统称前室）等设施，且通向前室和楼梯间的门均为防火门，以防止火灾的烟和热气进入的楼梯间。

2.1.17 避难走道 exit passageway

    采取防烟措施且两侧设置耐火极限不低于3.00h的防火隔墙，用于人员安全通行至室外的走道。

2.1.18 闪点 flash point

    在规定的试验条件下，可燃性液体或固体表面产生的蒸气与空气形成的混合物，遇火源能够闪燃的液体或固体的最低温度（采用闭杯法测定）。

2.1.19 爆炸下限 lower explosion limit

    可燃的蒸气、气体或粉尘与空气组成的混合物，遇火源即能发生爆炸的最低浓度。

2.1.20 沸溢性油品 boil-over oil

    含水并在燃烧时可产生热波作用的油品。

2.1.21 防火间距 fire separation distance

    防止着火建筑在一定时间内引燃相邻建筑，便于消防扑救的间距离。

    注：防火间距的计算方法应符合本规范附录B的规定。

2.1.22 防火分区 fire compartment

    在建筑内部采用防火墙、楼板及其他防火分隔设施分隔而成，能在一定时间内防止火灾向同一建筑的其余部分蔓延的局部空间。

2.1.23 充实水柱 full water spout

    从水枪喷嘴起至射流90%的水柱水量穿过直径380mm圆孔处的一段射流长度。

2.2 符　号

A——泄压面积；

C——泄压比；

D——储罐的直径；

DN——管道的公称直径；

ΔH——建筑高差；

L——隧道的封闭段长度；

N——人数；

n——座位数；

K——爆炸特征指数；

V——建筑物、堆场的体积，储罐、瓶组的容积或容量；

W——可燃材料堆场或粮食筒仓、席穴囤、土圆仓的储量。

3　厂房和仓库

3.1　火灾危险性分类

3.1.1　生产的火灾危险性应根据生产中使用或产生的物质性质及其数量等因素划分，可分为甲、乙、丙、丁、戊类，并应符合表3.1.1的规定。

表3.1.1　生产的火灾危险性分类

生产的火灾危险性类别	使用或产生下列物质生产的火灾危险性特征
甲	1.闪点小于28℃的液体； 2.爆炸下限小于10%的气体； 3.常温下能自行分解或在空气中氧化能导致迅速自燃或爆炸的物质； 4.常温下受到水或空气中水蒸气的作用，能产生可燃气体并引起燃烧或爆炸的物质； 5.遇酸、受热、撞击、摩擦、催化以及遇有机物或硫黄等易燃的无机物，极易引起燃烧或爆炸的强氧化剂； 6.受撞击、摩擦或与氧化剂、有机物接触时能引起燃烧或爆炸的物质； 7.在密闭设备内操作温度不小于物质本身自燃点的生产
乙	1.闪点不小于28℃，但小于60℃的液体； 2.爆炸下限不小于10%的气体； 3.不属于甲类的氧化剂； 4.不属于甲类的易燃固体； 5.助燃气体； 6.能与空气形成爆炸性混合物的浮游状态的粉尘、纤维、闪点不小于60℃的液体雾滴
丙	1.闪点不小于60℃的液体； 2.可燃固体
丁	1.对不燃烧物质进行加工，并在高温或熔化状态下经常产生强辐射热、火花或火焰的生产； 2.利用气体、液体、固体作为燃料或将气体、液体进行燃烧作其他用的各种生产； 3.常温下使用或加工难燃烧物质的生产
戊	常温下使用或加工不燃烧物质的生产

3.1.2　同一座厂房或厂房的任一防火分区内有不同火灾危险性生产时，厂房或防火分区内的生产火灾危险性类别应按火灾危险性较大的部分确定；当生产过程中使用或产生易燃、可燃物的量较少，不足以构成爆炸或火灾危险时，可按实际情况确定；当符合下述条件之一时，可按火灾危险性较小的部分确定：

　　1　火灾危险性较大的生产部分占本层或本防火分区建筑面积的比例小于5%或丁、戊类厂房内的油漆工段小于10%，且发生火灾事故时不足以蔓延至其他部位或火灾危险性较大的生产部分采取了有效的防火措施；

　　2　丁、戊类厂房内的油漆工段，当采用封闭喷漆工艺，封闭喷漆空间内保持负压、油漆工段设置可燃气体探测报警系统或自动抑爆系统，且油漆工段占所在防火分区建筑面积的比例不大于20%。

3.1.3　储存物品的火灾危险性应根据储存物品的性质和储存物品中的可燃物数量等因素划分，可分为甲、乙、丙、丁、戊类，并应符合表3.1.3的规定。

表3.1.3　储存物品的火灾危险性分类

储存物品的火灾危险性类别	储存物品的火灾危险性特征
甲	1.闪点小于28℃的液体； 2.爆炸下限小于10%的气体，受到水或空气中水蒸气的作用能产生爆炸下限小于10%气体的固体物质； 3.常温下能自行分解或在空气中氧化能导致迅速自燃或爆炸的物质； 4.常温下受到水或空气中水蒸气的作用，能产生可燃气体并引起燃烧或爆炸的物质； 5.遇酸、受热、撞击、摩擦以及遇有机物或硫黄等易燃的无机物，极易引起燃烧或爆炸的强氧化剂； 6.受撞击、摩擦或与氧化剂、有机物接触时能引起燃烧或爆炸的物质
乙	1.闪点不小于28℃，但小于60℃的液体； 2.爆炸下限不小于10%的气体； 3.不属于甲类的氧化剂； 4.不属于甲类的易燃固体； 5.助燃气体； 6.常温下与空气接触能缓慢氧化，积热不散引起自燃的物品
丙	1.闪点不小于60℃的液体； 2.可燃固体
丁	难燃烧物品
戊	不燃烧物品

3.1.4　同一座仓库或仓库的任一防火分区内储存不同火灾危险性物品时，仓库或防火分区的火灾危险性应按火灾危险性最大的物品确定。

3.1.5　丁、戊类储存物品仓库的火灾危险性，当可燃包装重量大于物品本身重量1/4或可燃包装体积大于物品本身体积的1/2时，应按丙类确定。

3.2　厂房和仓库的耐火等级

3.2.1　厂房和仓库的耐火等级可分为一、二、三、四级，相应建筑构件的燃烧性能和耐火极限，除本规范另有规定外，不应低于表3.2.1的规定。

表 3.2.1 不同耐火等级厂房和仓库建筑构件的燃烧性能和耐火极限(h)

构件名称		耐火等级			
		一级	二级	三级	四级
墙	防火墙	不燃性 3.00	不燃性 3.00	不燃性 3.00	不燃性 3.00
	承重墙	不燃性 3.00	不燃性 2.50	不燃性 2.00	难燃性 0.50
	楼梯间和前室的墙 电梯井的墙	不燃性 2.00	不燃性 2.00	不燃性 1.50	难燃性 0.50
	疏散走道 两侧的隔墙	不燃性 1.00	不燃性 1.00	不燃性 0.50	难燃性 0.25
	非承重外墙 房间隔墙	不燃性 0.75	不燃性 0.50	难燃性 0.50	难燃性 0.25
柱		不燃性 3.00	不燃性 2.50	不燃性 2.00	难燃性 0.50
梁		不燃性 2.00	不燃性 1.50	不燃性 1.00	难燃性 0.50
楼板		不燃性 1.50	不燃性 1.00	不燃性 0.75	难燃性 0.50
屋顶承重构件		不燃性 1.50	不燃性 1.00	难燃性 0.50	可燃性
疏散楼梯		不燃性 1.50	不燃性 1.00	不燃性 0.75	可燃性
吊顶(包括吊顶搁栅)		不燃性 0.25	难燃性 0.25	难燃性 0.15	可燃性

注:二级耐火等级建筑内采用不燃材料的吊顶,其耐火极限不限。

3.2.2 高层厂房,甲、乙类厂房的耐火等级不应低于二级,建筑面积不大于 300m² 的独立甲、乙类单层厂房可采用三级耐火等级的建筑。

3.2.3 单、多层丙类厂房和多层丁、戊类厂房的耐火等级不应低于三级。

使用或产生丙类液体的厂房和有火花、赤热表面、明火的丁类厂房,其耐火等级均不应低于二级,当为建筑面积不大于 500m² 的单层丙类厂房或建筑面积不大于 1000m² 的单层丁类厂房时,可采用三级耐火等级的建筑。

3.2.4 使用或储存特殊贵重的机器、仪表、仪器等设备或物品的建筑,其耐火等级不应低于二级。

3.2.5 锅炉房的耐火等级不应低于二级,当为燃煤锅炉房且锅炉的总蒸发量不大于 4t/h 时,可采用三级耐火等级的建筑。

3.2.6 油浸变压器室、高压配电装置室的耐火等级不应低于二级,其他防火设计应符合现行国家标准《火力发电厂与变电站设计防火规范》GB 50229 等标准的规定。

3.2.7 高架仓库、高层仓库、甲类仓库、多层乙类仓库和储存可燃液体的多层丙类仓库,其耐火等级不应低于二级。

单层乙类仓库,单层丙类仓库,储存可燃固体的多层丙类仓库和多层丁、戊类仓库,其耐火等级不应低于三级。

3.2.8 粮食筒仓的耐火等级不应低于二级;二级耐火等级的粮食筒仓可采用钢板仓。

粮食平房仓的耐火等级不应低于三级;二级耐火等级的散装粮食平房仓可采用无防火保护的金属承重构件。

3.2.9 甲、乙类厂房和甲、乙、丙类仓库内的防火墙,其耐火极限不应低于 4.00h。

3.2.10 一、二级耐火等级单层厂房(仓库)的柱,其耐火极限分别不应低于 2.50h 和 2.00h。

3.2.11 采用自动喷水灭火系统全保护的一级耐火等级单、多层厂房(仓库)的屋顶承重构件,其耐火极限不应低于 1.00h。

3.2.12 除甲、乙类仓库和高层仓库外,一、二级耐火等级建筑的非承重外墙,当采用不燃性墙体时,其耐火极限不应低于 0.25h;当采用难燃性墙体时,不应低于 0.50h。

4 层及 4 层以下的一、二级耐火等级丁、戊类地上厂房(仓库)的非承重外墙,当采用不燃性墙体时,其耐火极限不限。

3.2.13 二级耐火等级厂房(仓库)内的房间隔墙,当采用难燃性墙体时,其耐火极限应提高 0.25h。

3.2.14 二级耐火等级多层厂房和多层仓库内采用预应力钢筋混凝土的楼板,其耐火极限不应低于 0.75h。

3.2.15 一、二级耐火等级厂房(仓库)的上人平屋顶,其屋面板的耐火极限分别不应低于 1.50h 和 1.00h。

3.2.16 一、二级耐火等级厂房(仓库)的屋面板应采用不燃材料。

屋面防水层宜采用不燃、难燃材料,当采用可燃防水材料且铺设在可燃、难燃保温材料上时,防水材料或可燃、难燃保温材料应采用不燃材料作防护层。

3.2.17 建筑中的非承重外墙、房间隔墙和屋面板,当确需采用金属夹芯板材时,其芯材应为不燃材料,且耐火极限应符合本规范有关规定。

3.2.18 除本规范另有规定外,以木柱承重且墙体采用不燃材料的厂房(仓库),其耐火等级可按四级确定。

3.2.19 预制钢筋混凝土构件的节点外露部位,应采取防火保护措施,且节点的耐火极限不应低于相应构件的耐火极限。

3.3 厂房和仓库的层数、面积和平面布置

3.3.1 除本规范另有规定外,厂房的层数和每个防火分区的最大允许建筑面积应符合表 3.3.1 的规定。

表 3.3.1 厂房的层数和每个防火分区的最大允许建筑面积

生产的火灾危险性类别	厂房的耐火等级	最多允许层数	每个防火分区的最大允许建筑面积(m²)			
			单层厂房	多层厂房	高层厂房	地下或半地下厂房(包括地下或半地下室)
甲	一级 二级	宜采用单层	4000 3000	3000 2000	— —	— —
乙	一级 二级	不限 6	5000 4000	4000 3000	2000 1500	— —

生产的火灾危险性类别	厂房的耐火等级	最多允许层数	单层厂房	多层厂房	高层厂房	地下或半地下厂房(包括地下或半地下室)
丙	一级	不限	不限	6000	3000	500
	二级	不限	8000	4000	2000	500
	三级	2	3000	2000	—	—
丁	一、二级	不限	不限	不限	4000	1000
	三级	3	4000	2000	—	—
	四级	1	1000	—	—	—
戊	一、二级	不限	不限	不限	6000	1000
	三级	3	5000	3000	—	—
	四级	1	1500	—	—	—

（每个防火分区的最大允许建筑面积(m²)）

注：1 防火分区之间应采用防火墙分隔。除甲类厂房外的一、二级耐火等级厂房，当其防火分区的建筑面积大于本表规定，且设置防火墙有困难时，可采用防火卷帘或防火分隔水幕分隔。采用防火卷帘时，应符合本规范第6.5.3条的规定；采用防火分隔水幕时，应符合现行国家标准《自动喷水灭火系统设计规范》GB 50084的规定。

2 除麻纺厂房外，一级耐火等级的多层纺织厂房和二级耐火等级的单、多层纺织厂房，其每个防火分区的最大允许建筑面积可按本表的规定增加0.5倍，但厂房内的原棉开包、清花车间与厂房内其他部位之间均应采用耐火极限不低于2.50h的防火隔墙分隔，需要开设门、窗、洞口时，应设置甲级防火门、窗。

3 一、二级耐火等级的单、多层造纸生产联合厂房，其每个防火分区的最大允许建筑面积可按本表的规定增加1.5倍。一、二级耐火等级的湿式造纸联合厂房，当纸机烘缸罩内设置自动灭火系统，完成工段设置有效灭火设施保护时，其每个防火分区的最大允许建筑面积可按工艺要求确定。

4 一、二级耐火等级的谷物简仓工作塔，当每层工作人数不超过2人时，其层数不限。

5 一、二级耐火等级卷烟生产联合厂房内的原料、备料及成组配方、制丝、储丝和卷接包、辅料周转、成品暂存、二氧化碳膨胀烟丝等生产用房应划分独立的防火分隔单元，当工艺条件许可时，可采用防火墙分隔。其中制丝、储丝和卷接包车间可划分为一个防火分区，且每个防火分区的最大允许建筑面积可按工艺要求确定，但制丝、储丝及卷接包车间之间应采用耐火极限不低于2.00h的防火墙和1.00h的楼板进行分隔。厂房内各水平和竖向防火分区之间的开口应采取防止火灾蔓延的措施。

6 厂房内的操作平台、检修平台，当使用人数少于10人时，平台的面积可不计入所在防火分区的建筑面积内。

7 "—"表示不允许。

3.3.2 除本规范另有规定外，仓库的层数和面积应符合表3.3.2的规定。

表 3.3.2 仓库的层数和面积

储存物品的火灾危险性类别	仓库的耐火等级	最多允许层数	单层仓库 每座仓库	单层仓库 防火分区	多层仓库 每座仓库	多层仓库 防火分区	高层仓库 每座仓库	高层仓库 防火分区	地下或半地下仓库(包括地下或半地下室) 防火分区
甲	3、4项 一级	1	180	60	—	—	—	—	—
	1、2、5、6项 一、二级	1	750	250	—	—	—	—	—
乙	1、3、4项 一、二级	3	2000	500	900	300	—	—	—
	三级	1	500	250	—	—	—	—	—
	2、5、6项 一、二级	5	2800	700	1500	500	—	—	—
	三级	1	900	300	—	—	—	—	—
丙	1项 一、二级	5	4000	1000	2800	700	—	—	150
	三级	1	1200	400	—	—	—	—	—
	2项 一、二级	不限	6000	1500	4800	1200	4000	1000	300
	三级	3	2100	700	1200	400	—	—	—
丁	一、二级	不限	不限	3000	不限	1500	4800	1200	500
	三级	3	3000	1000	1500	500	—	—	—
	四级	1	2100	700	—	—	—	—	—
戊	一、二级	不限	不限	不限	不限	2000	6000	1500	1000
	三级	3	3000	1000	2100	700	—	—	—
	四级	1	2100	700	—	—	—	—	—

（每座仓库的最大允许占地面积和每个防火分区的最大允许建筑面积(m²)）

注：1 仓库内的防火分区之间必须采用防火墙分隔，甲、乙类仓库内防火分区之间的防火墙不应开设门、窗、洞口；地下或半地下仓库（包括地下或半地下室）的最大允许占地面积，不应大于相应类别地上仓库的最大允许占地面积。

2 石油库区内的桶装油品仓库应符合现行国家标准《石油库设计规范》GB 50074的规定。

3 一、二级耐火等级的煤均化库，每个防火分区的最大允许建筑面积不应大于12000m²。

4 独立建造的硝酸铵仓库、电石仓库、聚乙烯等高分子制品仓库、尿素仓库、配煤仓库、造纸厂的独立成品仓库，当建筑的耐火等级不低于二级时，每座仓库的最大允许占地面积和每个防火分区的最大允许建筑面积可按本表的规定增加1.0倍。

5 一、二级耐火等级粮食平房仓的最大允许占地面积不应大于12000m²，每个防火分区的最大允许建筑面积不应大于3000m²；三级耐火等级粮食平房仓的最大允许占地面积不应大于3000m²，每个防火分区的最大允许建筑面积不应大于1000m²。

6 一、二级耐火等级且占地面积不大于2000m²的单层棉花库房，其防火分区的最大允许建筑面积不应大于2000m²。

7 一、二级耐火等级冷库的最大允许占地面积和每个防火分区的最大允许建筑面积，应符合现行国家标准《冷库设计规范》GB 50072的规定。

8 "—"表示不允许。

3.3.3 厂房内设置自动灭火系统时，每个防火分区的最大允许建筑面积可按本规范第3.3.1条的规定增加1.0倍。

当丁、戊类的地上厂房内设置自动灭火系统时,每个防火分区的最大允许建筑面积不限。厂房内局部设置自动灭火系统时,其防火分区的增加面积可按该局部面积的1.0倍计算。

仓库内设置自动灭火系统时,除冷库的防火分区外,每座仓库的最大允许占地面积和每个防火分区的最大允许建筑面积可按本规范第3.3.2条的规定增加1.0倍。

3.3.4 甲、乙类生产场所(仓库)不应设置在地下或半地下。

3.3.5 员工宿舍严禁设置在厂房内。

办公室、休息室等不应设置在甲、乙类厂房内,确需贴邻本厂房时,其耐火等级不应低于二级,并应采用耐火极限不低于3.00h的防爆墙与厂房分隔,且应设置独立的安全出口。

办公室、休息室设置在丙类厂房内时,应采用耐火极限不低于2.50h的防火隔墙和1.00h的楼板与其他部位分隔,并应至少设置1个独立的安全出口。如隔墙上需开设互相连通的门时,应采用乙级防火门。

3.3.6 厂房内设置中间仓库时,应符合下列规定:

1 甲、乙类中间仓库应靠外墙布置,其储量不宜超过1昼夜的需要量;

2 甲、乙、丙类中间仓库应采用防火墙和耐火极限不低于1.50h的不燃性楼板与其他部位分隔;

3 丁、戊类中间仓库应采用耐火极限不低于2.00h的防火隔墙和1.00h的楼板与其他部位分隔;

4 仓库的耐火等级和面积应符合本规范第3.3.2条和第3.3.3条的规定。

3.3.7 厂房内的丙类液体中间储罐应设置在单独房间内,其容量不应大于5m³。设置中间储罐的房间,应采用耐火极限不低于3.00h的防火隔墙和1.50h的楼板与其他部位分隔,房间门应采用甲级防火门。

3.3.8 变、配电站不应设置在甲、乙类厂房内或贴邻,且不应设置在爆炸性气体、粉尘环境的危险区域内。供甲、乙类厂房专用的10kV及以下的变、配电站,当采用无门、窗、洞口的防火墙分隔时,可一面贴邻,并应符合现行国家标准《爆炸危险环境电力装置设计规范》GB 50058等标准的规定。

乙类厂房的配电站确需在防火墙上开窗时,应采用甲级防火窗。

3.3.9 员工宿舍严禁设置在仓库内。

办公室、休息室等严禁设置在甲、乙类仓库内,也不应贴邻。

办公室、休息室设置在丙、丁类仓库内时,应采用耐火极限不低于2.50h的防火隔墙和1.00h的楼板与其他部位分隔,并应设置独立的安全出口。隔墙上需开设相互连通的门时,应采用乙级防火门。

3.3.10 物流建筑的防火设计应符合下列规定:

1 当建筑功能以分拣、加工等作业为主时,应按本规范有关厂房的规定确定,其中仓储部分应按中间仓库确定。

2 当建筑功能以仓储为主或建筑难以区分主要功能时,应按本规范有关仓库的规定确定,但当分拣等作业区采用防火墙与储存区完全分隔时,作业区和储存区的防火要求可分别按本规范有关厂房和仓库的规定确定。其中,当分拣等作业区采用防火墙与储存区完全分隔且符合下列条件时,除自动化控制的丙类高架仓库外,储存区的防火分区最大允许建筑面积和储存区部分建筑的最大允许占地面积,可按本规范表3.3.2(不含注)的规定增加3.0倍:

  1)储存除可燃液体、棉、麻、丝、毛及其他纺织品、泡沫塑料等物品外的丙类物品且建筑的耐火等级不低于一级;

  2)储存丁、戊类物品且建筑的耐火等级不低于二级;

  3)建筑内全部设置自动水灭火系统和火灾自动报警系统。

3.3.11 甲、乙类厂房(仓库)内不应设置铁路线。

需要出入蒸汽机车和内燃机车的丙、丁、戊类厂房(仓库),其屋顶应采用不燃材料或采取其他防火措施。

3.4 厂房的防火间距

3.4.1 除本规范另有规定外,厂房之间及与乙、丙、丁、戊类仓库、民用建筑等的防火间距不应小于表3.4.1的规定,与甲类仓库的防火间距应符合本规范第3.5.1条的规定。

表3.4.1 厂房之间及与乙、丙、丁、戊类仓库、民用建筑等的防火间距(m)

名 称		甲类厂房	乙类厂房(仓库)			丙、丁、戊类厂房(仓库)				民用建筑				
		单、多层	单、多层		高层	单、多层			高层	裙房,单、多层			高层	
		一、二级	一、二级	三级	一、二级	一、二级	三级	四级	一、二级	一、二级	三级	四级	一类	二类
甲类厂房	单、多层 一、二级	12	12	14	13	12	14	16	13	25			50	
乙类厂房	单、多层 一、二级	12	10	12	13	10	12	14	13	25			50	
	单、多层 三级	14	12	14	15	12	14	16	15					
	高层 一、二级	13	13	15	13	13	15	17	13					
丙类厂房	单、多层 一、二级	12	10	12	13	10	12	14	13	10	12	14	20	15
	单、多层 三级	14	12	14	15	12	14	16	15	12	14	16	25	20
	单、多层 四级	16	14	16	17	14	16	18	17	14	16	18	25	20
	高层 一、二级	13	13	15	13	13	15	17	13	13	15	17	20	15

续表 3.4.1

名称		甲类厂房 单、多层 一、二级	乙类厂房(仓库) 单、多层 一、二级	乙类厂房(仓库) 单、多层 三级	乙类厂房(仓库) 高层 一、二级	丙、丁、戊类厂房(仓库) 单、多层 一、二级	丙、丁、戊类厂房(仓库) 单、多层 三级	丙、丁、戊类厂房(仓库) 单、多层 四级	丙、丁、戊类厂房(仓库) 高层 一、二级	民用建筑 裙房,单、多层 一、二级	民用建筑 裙房,单、多层 三级	民用建筑 裙房,单、多层 四级	民用建筑 高层 一类	民用建筑 高层 二类
丁、戊类厂房	单、多层 一、二级	12	10	12	13	10	12	14	13	10	12	14	15	13
	单、多层 三级	14	12	14	15	12	14	16	15	12	14	16	18	15
	单、多层 四级	16	14	16	17	14	16	18	17	14	16	18	18	15
	高层 一、二级	13	13	15	13	13	15	17	13	13	15	17	15	13
室外变、配电站	变压器总油量(t) ≥5,≤10	25	25	25	25	12	15	20	12	15	20	25	20	20
	变压器总油量(t) >10,≤50	25	25	25	25	15	20	25	15	20	25	30	25	25
	变压器总油量(t) >50	25	25	25	25	20	25	30	20	25	30	35	30	30

注:1　乙类厂房与重要公共建筑的防火间距不宜小于50m；与明火或散发火花地点，不宜小于30m。单、多层戊类厂房之间及与戊类仓库的防火间距可按本表的规定减少2m，与民用建筑的防火间距可将戊类厂房等同民用建筑按本规范第5.2.2条的规定执行。为丙、丁、戊类厂房服务而单独设置的生活用房应按民用建筑确定，与所属厂房的防火间距不应小于6m。确需相邻布置时，应符合本表注2、3的规定。

　　2　两座厂房相邻较高一面外墙为防火墙，或相邻两座高度相同的一、二级耐火等级建筑中相邻任一侧外墙为防火墙且屋顶的耐火极限不低于1.00h时，其防火间距不限，但甲类厂房之间不应小于4m。两座丙、丁、戊类厂房相邻两面外墙均为不燃性墙体，当无外露的可燃性屋檐，每面外墙上的门、窗、洞口面积之和各不大于外墙面积的5%，且门、窗、洞口不正对开设时，其防火间距可按本表的规定减少25%。甲、乙类厂房(仓库)不应与本规范第3.3.5条规定外的其他建筑贴邻。

　　3　两座一、二级耐火等级的厂房，当相邻较低一面外墙为防火墙且较低一座厂房的屋顶无天窗，屋顶的耐火极限不低于1.00h，或相邻较高一面外墙的门、窗等开口部位设置甲级防火门、窗或防火分隔水幕或按本规范第6.5.3条的规定设置防火卷帘时，甲、乙类厂房之间的防火间距不应小于6m；丙、丁、戊类厂房之间的防火间距不应小于4m。

　　4　发电厂内的主变压器，其油量可按单台确定。

　　5　耐火等级低于四级的既有厂房，其耐火等级可按四级确定。

　　6　当丙、丁、戊类厂房与丙、丁、戊类仓库相邻时，应符合本表注2、3的规定。

3.4.2　甲类厂房与重要公共建筑的防火间距不应小于50m，与明火或散发火花地点的防火间距不应小于30m。

3.4.3　散发可燃气体、可燃蒸气的甲类厂房与铁路、道路等的防火间距不应小于表3.4.3的规定，但甲类厂房所属厂内铁路装卸线当有安全措施时，防火间距不受表3.4.3规定的限制。

表3.4.3　散发可燃气体、可燃蒸气的甲类厂房与铁路、道路等的防火间距(m)

名称	厂外铁路线中心线	厂内铁路线中心线	厂外道路路边	厂内道路路边 主要	厂内道路路边 次要
甲类厂房	30	20	15	10	5

3.4.4　高层厂房与甲、乙、丙类液体储罐，可燃、助燃气体

储罐，液化石油气储罐，可燃材料堆场(除煤和焦炭场外)的防火间距，应符合本规范第4章的规定，且不应小于13m。

3.4.5　丙、丁、戊类厂房与民用建筑的耐火等级均为一、二级时，丙、丁、戊类厂房与民用建筑的防火间距可适当减小，但应符合下列规定：

　　1　当较高一面外墙为无门、窗、洞口的防火墙，或比相邻较低一座建筑屋面高15m及以下范围内的外墙为无门、窗、洞口的防火墙时，其防火间距不限；

　　2　相邻较低一面外墙为防火墙，且屋顶无天窗或洞口、屋顶的耐火极限不低于1.00h，或相邻较高一面外墙为防火墙，且墙上开口部位采取了防火措施时，其防火间距可适当减小，但不应小于4m。

3.4.6　厂房外附设化学易燃物品的设备，其外壁与相邻厂房

室外附设设备的外壁或相邻厂房外墙的防火间距,不应小于本规范第3.4.1条的规定。用不燃材料制作的室外设备,可按一、二级耐火等级建筑确定。

总容量不大于15m³的丙类液体储罐,当直埋于厂房外墙外,且面向储罐一面4.0m范围内的外墙为防火墙时,其防火间距不限。

3.4.7 同一座"U"形或"山"形厂房中相邻两翼之间的防火间距,不宜小于本规范第3.4.1条的规定,但当厂房的占地面积小于本规范第3.3.1条规定的每个防火分区最大允许建筑面积时,其防火间距可为6m。

3.4.8 除高层厂房和甲类厂房外,其他类别的数座厂房占地面积之和小于本规范第3.3.1条规定的防火分区最大允许建筑面积(按其中较小者确定,但防火分区的最大允许建筑面积不限者,不应大于10000 m²)时,可成组布置。当厂房建筑高度不大于7m时,组内厂房之间的防火间距不应小于4m;当厂房建筑高度大于7m时,组内厂房之间的防火间距不应小于6m。

组与组或组与相邻建筑的防火间距,应根据相邻两座中耐火等级较低的建筑,按本规范第3.4.1条的规定确定。

3.4.9 一级汽车加油站、一级汽车加气站和一级汽车加油加气合建站不应布置在城市建成区内。

3.4.10 汽车加油、加气站和加油加气合建站的分级,汽车加油、加气站和加油加气合建站及其加油(气)机、储油(气)罐等与站外明火或散发火花地点、建筑、铁路、道路的防火间距以及站内各建筑或设施之间的防火间距,应符合现行国家标准《汽车加油加气站设计与施工规范》GB 50156 的规定。

3.4.11 电力系统电压为35kV~500kV且每台变压器容量不小于10MV·A的室外变、配电站以及工业企业的变压器总油量大于5t的室外降压变电站,与其他建筑的防火间距不应小于本规范第3.4.1条和第3.5.1条的规定。

3.4.12 厂区围墙与厂区内建筑的间距不宜小于5m,围墙两侧建筑的间距应满足相应建筑的防火间距要求。

3.5 仓库的防火间距

3.5.1 甲类仓库之间及与其他建筑、明火或散发火花地点、铁路、道路等的防火间距不应小于表3.5.1的规定。

表3.5.1 甲类仓库之间及与其他建筑、明火或散发火花
地点、铁路、道路等的防火间距(m)

名　称	甲类仓库(储量,t)			
	甲类储存物品第3、4项		甲类储存物品第1、2、5、6项	
	≤5	>5	≤10	>10
高层民用建筑、重要公共建筑	50			
裙房、其他民用建筑、明火或散发火花地点	30	40	25	30
甲类仓库	20	20	20	20
厂房和乙、丙、丁、戊类仓库　一、二级	15	20	12	15
三级	20	25	15	20
四级	25	30	20	25

续表 3.5.1

名　称	甲类仓库(储量,t)			
	甲类储存物品第3、4项		甲类储存物品第1、2、5、6项	
	≤5	>5	≤10	>10
电力系统电压为35kV~500kV且每台变压器容量不小于10MV·A的室外变、配电站,工业企业的变压器总油量大于5t的室外降压变电站	30	40	25	30
厂外铁路线中心线	40			
厂内铁路线中心线	30			
厂外道路路边	20			
厂内道路路边　主要	10			
次要	5			

注:甲类仓库之间的防火间距,当第3、4项物品储量不大于2t,第1、2、5、6项物品储量不大于5t时,不应小于12m。甲类仓库与高层仓库的防火间距不应小于13m。

3.5.2 除本规范另有规定外,乙、丙、丁、戊类仓库之间及与民用建筑的防火间距,不应小于表3.5.2的规定。

表3.5.2 乙、丙、丁、戊类仓库之间及与民用建筑的防火间距(m)

名　称		乙类仓库		丙类仓库			丁、戊类仓库		
		单、多层	高层	单、多层		高层	单、多层		高层
		一、二级	三级	一、二级	三级	四级	一、二级	一、二级	三级	四级	一、二级
乙、丙、丁、戊类仓库	单、多层　一、二级	10	12	13	10	12	14	13	10	12	14	13
	三级	12	14	15	12	14	16	15	12	14	16	15
	四级	14	16	17	14	16	18	17	14	16	18	17
	高层　一、二级	13	15	13	13	15	17	13	13	15	17	13
民用建筑	裙房、单、多层　一、二级	25			10	12	14	13	10	12	14	13
	三级				12	14	16	15	12	14	16	15
	四级				14	16	18	17	14	16	18	17
	高层　一类	50			20	25	—	20	15	18	—	15
	二类				15	20	—	15	13	15	—	13

注:1 单、多层戊类仓库之间的防火间距,可按本表的规定减少2m。
2 两座仓库的相邻外墙均为防火墙时,防火间距可以减小,但丙类仓库,不应小于6m;丁、戊类仓库,不应小于4m。两座仓库相邻较高一面外墙为防火墙,或相邻两座高度相同的一、二级耐火等级建筑中相邻任一侧外墙为防火墙且屋顶的耐火极限不低于1.00h,且总占地面积不大于本规范第3.3.2条一座仓库的最大允许占地面积规定时,其防火间距不限。
3 除乙类第6项物品外的乙类仓库,与民用建筑的防火间距不宜小于25m,与重要公共建筑的防火间距不应小于50m,与铁路、道路等的防火间距不宜小于表3.5.1中甲类仓库与铁路、道路等的防火间距。

24—15

3.5.3 丁、戊类仓库与民用建筑的耐火等级均为一、二级时，仓库与民用建筑的防火间距可适当减小，但应符合下列规定：

　　1 当较高一面外墙为无门、窗、洞口的防火墙，或比相邻较低一座建筑屋面高15m及以下范围内的外墙为无门、窗、洞口的防火墙时，其防火间距不限；

　　2 相邻较低一面外墙为防火墙，且屋顶无天窗或洞口、屋顶耐火极限不低于1.00h，或相邻较高一面外墙为防火墙，且墙上开口部位采取了防火措施，其防火间距可适当减小，但不应小于4m。

3.5.4 粮食筒仓与其他建筑、粮食筒仓组之间的防火间距，不应小于表3.5.4的规定。

表3.5.4　粮食筒仓与其他建筑、粮食筒仓组之间的防火间距(m)

名称	粮食总储量 W(t)	粮食立筒仓			粮食浅圆仓		其他建筑		
		W≤40000	40000< W ≤50000	W> 50000	W≤ 50000	W> 50000	一、二级	三级	四级
粮食立筒仓	500< W≤10000	15					10	15	20
	10000< W≤40000		20	25	20	25	15	20	25
	40000< W≤50000	20					20	25	30
	W>50000			25			25	30	—
粮食浅圆仓	W≤50000				20	25	20	25	30
	W>50000			25			25	30	—

注：1　当粮食立筒仓、粮食浅圆仓与工作塔、接收塔、发放站为一个完整工艺单元的组群时，组内各建筑之间的防火间距不受本表限制。
　　2　粮食浅圆仓组内每个独立仓的储量不应大于10000t。

3.5.5 库区围墙与库区内建筑的间距不宜小于5m，围墙两侧建筑的间距应满足相应建筑的防火间距要求。

3.6　厂房和仓库的防爆

3.6.1 有爆炸危险的甲、乙类厂房宜独立设置，并宜采用敞开或半敞开式。其承重结构宜采用钢筋混凝土或钢框架、排架结构。

3.6.2 有爆炸危险的厂房或厂房内有爆炸危险的部位应设置泄压设施。

3.6.3 泄压设施宜采用轻质屋面板、轻质墙体和易于泄压的门、窗等，应采用安全玻璃等在爆炸时不产生尖锐碎片的材料。

　　泄压设施的设置应避开人员密集场所和主要交通道路，并宜靠近有爆炸危险的部位。

　　作为泄压设施的轻质屋面板和墙体的质量不宜大于60kg/m²。

　　屋顶上的泄压设施应采取防冰雪积聚措施。

3.6.4 厂房的泄压面积宜按下式计算，但当厂房的长径比大于3时，宜将建筑划分为长径比不大于3的多个计算段，各计算段中的公共截面不得作为泄压面积：

$$A = 10CV^{\frac{2}{3}} \tag{3.6.4}$$

式中：A——泄压面积(m²)；

V——厂房的容积(m³)；

C——泄压比，可按表3.6.4选取(m²/m³)。

表3.6.4　厂房内爆炸性危险物质的类别与泄压比规定值(m²/m³)

厂房内爆炸性危险物质的类别	C 值
氨、粮食、纸、皮革、铅、铬、铜等 K尘<10MPa·m·s⁻¹ 的粉尘	≥0.030
木屑、炭屑、煤粉、锑、锡等 10MPa·m·s⁻¹≤K尘≤30MPa·m·s⁻¹ 的粉尘	≥0.055
丙酮、汽油、甲醇、液化石油气、甲烷、喷漆间或干燥室、苯酚树脂、铝、镁、锆等 K尘>30MPa·m·s⁻¹ 的粉尘	≥0.110
乙烯	≥0.160
乙炔	≥0.200
氢	≥0.250

注：1　长径比为建筑平面几何外形尺寸中的最长尺寸与其横截面周长的积和4.0倍的建筑横截面积之比。
　　2　$K_尘$是指粉尘爆炸指数。

3.6.5 散发较空气轻的可燃气体、可燃蒸气的甲类厂房，宜采用轻质屋面板作为泄压面积。顶棚应尽量平整、无死角，厂房上部空间应通风良好。

3.6.6 散发较空气重的可燃气体、可燃蒸气的甲类厂房和有粉尘、纤维爆炸危险的乙类厂房，应符合下列规定：

　　1 应采用不发火花的地面。采用绝缘材料作整体面层时，应采取防静电措施。

　　2 散发可燃粉尘、纤维的厂房，其内表面应平整、光滑，并易于清扫。

　　3 厂房内不宜设置地沟，确需设置时，其盖板应严密，地沟应采取防止可燃气体、可燃蒸气和粉尘、纤维在地沟积聚的有效措施，且应在与相邻厂房连通处采用防火材料密封。

3.6.7 有爆炸危险的甲、乙类生产部位，宜布置在单层厂房靠外墙的泄压设施或多层厂房顶层靠外墙的泄压设施附近。

　　有爆炸危险的设备宜避开厂房的梁、柱等主要承重构件布置。

3.6.8 有爆炸危险的甲、乙类厂房的总控制室应独立设置。

3.6.9 有爆炸危险的甲、乙类厂房的分控制室宜独立设置，当贴邻外墙设置时，应采用耐火极限不低于3.00h的防火隔墙与其他部位分隔。

3.6.10 有爆炸危险区域内的楼梯间、室外楼梯或有爆炸危险的区域与相邻区域连通处，应设置门斗等防护措施。门斗的隔墙应为耐火极限不应低于2.00h的防火隔墙，门应采用甲级防火门并应与楼梯间的门错位设置。

3.6.11 使用和生产甲、乙、丙类液体的厂房，其管、沟不应与相邻厂房的管、沟相通，下水道应设置隔油设施。

3.6.12 甲、乙、丙类液体仓库应设置防止液体流散的设施。遇湿会发生燃烧爆炸的物品仓库应采取防止水浸渍的措施。

3.6.13 有粉尘爆炸危险的筒仓，其顶部盖板应设置必要的泄压设施。

　　粮食筒仓工作塔和上通廊的泄压面积应按本规范第3.6.4条的规定计算确定。有粉尘爆炸危险的其他粮食储存设施应采取防爆措施。

3.6.14 有爆炸危险的仓库或仓库内有爆炸危险的部位，宜按本节规定采取防爆措施、设置泄压设施。

3.7　厂房的安全疏散

3.7.1 厂房的安全出口应分散布置。每个防火分区或一个防火分区的每个楼层，其相邻2个安全出口最近边缘之间的水平距离不应小于 5m。

3.7.2 厂房内每个防火分区或一个防火分区内的每个楼层，其安全出口的数量应经计算确定，且不应少于 2 个；当符合下列条件时，可设置 1 个安全出口：

　　1 甲类厂房，每层建筑面积不大于 100m²，且同一时间的作业人数不超过 5 人；

　　2 乙类厂房，每层建筑面积不大于 150m²，且同一时间的作业人数不超过 10 人；

　　3 丙类厂房，每层建筑面积不大于 250m²，且同一时间的作业人数不超过 20 人；

　　4 丁、戊类厂房，每层建筑面积不大于 400m²，且同一时间的作业人数不超过 30 人；

　　5 地下或半地下厂房(包括地下或半地下室)，每层建筑面积不大于 50m²，且同一时间的作业人数不超过 15 人。

3.7.3 地下或半地下厂房(包括地下或半地下室)，当有多个防火分区相邻布置，并采用防火墙隔开时，每个防火分区可利用防火墙上通向相邻防火分区的甲级防火门作为第二安全出口，但每个防火分区必须至少有 1 个直通室外的独立安全出口。

3.7.4 厂房内任一点至最近安全出口的直线距离不应大于表 3.7.4 的规定。

表 3.7.4　厂房内任一点至最近安全出口的直线距离(m)

生产的火灾危险性类别	耐火等级	单层厂房	多层厂房	高层厂房	地下或半地下厂房(包括地下或半地下室)
甲	一、二级	30	25	—	—
乙	一、二级	75	50	30	—
丙	一、二级	80	60	40	30
丙	三级	60	40	—	—
丁	一、二级	不限	不限	50	45
丁	三级	60	50	—	—
丁	四级	50	—	—	—
戊	一、二级	不限	不限	75	60
戊	三级	100	75	—	—
戊	四级	60	—	—	—

3.7.5 厂房内疏散楼梯、走道、门的各自总净宽度，应根据疏散人数按每 100 人的最小疏散净宽度不小于表 3.7.5 的规定计算确定。但疏散楼梯的最小净宽度不宜小于 1.10m，疏散走道的最小净宽度不宜小于 1.40m，门的最小净宽度不宜小于 0.90m。当每层疏散人数不相等时，疏散楼梯的总净宽度应分层计算，下层楼梯总净宽度应按该层及以上疏散人数最多一层的疏散人数计算。

表 3.7.5　厂房内疏散楼梯、走道和门的每 100 人最小疏散净宽度

厂房层数(层)	1~2	3	≥4
最小疏散净宽度(m/百人)	0.60	0.80	1.00

　　首层外门的总净宽度应按该层及以上疏散人数最多一层的疏散人数计算，且该门的最小净宽度不应小于 1.20m。

3.7.6 高层厂房和甲、乙、丙类多层厂房的疏散楼梯应采用封闭楼梯间或室外楼梯。建筑高度大于 32m 且任一层人数超过 10 人的厂房，应采用防烟楼梯间或室外楼梯。

3.8　仓库的安全疏散

3.8.1 仓库的安全出口应分散布置。每个防火分区或一个防

火分区的每个楼层，其相邻 2 个安全出口最近边缘之间的水平距离不应小于 5m。

3.8.2 每座仓库的安全出口不应少于 2 个，当一座仓库的占地面积不大于 300m² 时，可设置 1 个安全出口。仓库内每个防火分区通向疏散走道、楼梯或室外的出口不宜少于 2 个，当防火分区的建筑面积不大于 100m² 时，可设置 1 个出口。通向疏散走道或楼梯的门应为乙级防火门。

3.8.3 地下或半地下仓库(包括地下或半地下室)的安全出口不应少于 2 个；当建筑面积不大于 100m² 时，可设置 1 个安全出口。

　　地下或半地下仓库(包括地下或半地下室)，当有多个防火分区相邻布置并采用防火墙隔开时，每个防火分区可利用防火墙上通向相邻防火分区的甲级防火门作为第二安全出口，但每个防火分区必须至少有 1 个直通室外的安全出口。

3.8.4 冷库、粮食简仓、金库的安全疏散设计应分别符合现行国家标准《冷库设计规范》GB 50072 和《粮食钢板简仓设计规范》GB 50322 等标准的规定。

3.8.5 粮食简仓上层面积小于 1000m²，且作业人数不超过 2 人时，可设置 1 个安全出口。

3.8.6 仓库、简仓中符合本规范第 6.4.5 条规定的室外金属梯，可作为疏散楼梯，但简仓室外楼梯平台的耐火极限不应低于 0.25h。

3.8.7 高层仓库的疏散楼梯应采用封闭楼梯间。

3.8.8 除一、二级耐火等级的多层戊类仓库外，其他仓库内供垂直运输物品的提升设施宜设置在仓库外，确需设置在仓库内时，应设置在井壁的耐火极限不低于 2.00h 的井筒内。室内外提升设施通向仓库的入口应设置乙级防火门或符合本规范第 6.5.3 条规定的防火卷帘。

4　甲、乙、丙类液体、气体储罐(区)和可燃材料堆场

4.1　一般规定

4.1.1 甲、乙、丙类液体储罐区，液化石油气储罐区，可燃、助燃气体储罐区和可燃材料堆场等，应布置在城市(区域)的边缘或相对独立的安全地带，并宜布置在城市(区域)全年最小频率风向的上风侧。

　　甲、乙、丙类液体储罐(区)宜布置在地势较低的地带。当布置在地势较高的地带时，应采取安全防护设施。

　　液化石油气储罐(区)宜布置在地势平坦、开阔等不易积存液化石油气的地带。

4.1.2 桶装、瓶装甲类液体不应露天存放。

4.1.3 液化石油气储罐组或储罐区的四周应设置高度不小于 1.0m 的不燃性实体防护墙。

4.1.4 甲、乙、丙类液体储罐，液化石油气储罐区，可燃、助燃气体储罐和可燃材料堆场，应与装卸区、辅助生产区及办公区分开布置。

4.1.5 甲、乙、丙类液体储罐，液化石油气储罐，可燃、助燃气体储罐和可燃材料堆垛，与架空电力线的最近水平距离应符合本规范第 10.2.1 条的规定。

4.2　甲、乙、丙类液体储罐(区)的防火间距

4.2.1 甲、乙、丙类液体储罐(区)和乙、丙类液体桶装堆场与

其他建筑的防火间距,不应小于表 4.2.1 的规定。

表4.2.1 甲、乙、丙类液体储罐(区)和乙、丙类液体
桶装堆场与其他建筑的防火间距(m)

类别	一个罐区或堆场的总容量 V(m³)	建筑物				室外变、配电站
		一、二级		三级	四级	
		高层民用建筑	裙房,其他建筑			
甲、乙类液体储罐(区)	1≤V<50	40	12	15	20	30
	50≤V<200	50	15	20	25	35
	200≤V<1000	60	20	25	30	40
	1000≤V<5000	70	25	30	40	50
丙类液体储罐(区)	5≤V<250	40	12	15	20	24
	250≤V<1000	50	15	20	25	28
	1000≤V<5000	60	20	25	30	32
	5000≤V<25000	70	25	30	40	40

注:1 当甲、乙类液体储罐和丙类液体储罐布置在同一储罐区时,罐区的总容量可按 1m³ 甲、乙类液体相当于 5m³ 丙类液体折算。

2 储罐防火堤外侧基脚线至相邻建筑的距离不应小于 10m。

3 甲、乙、丙类液体的固定顶储罐或半露天堆场,乙、丙类液体桶装堆场与甲类厂房(仓库)、民用建筑的防火间距,应按本表的规定增加 25%,且甲、乙类液体的固定顶储罐或半露天堆场,乙、丙类液体桶装堆场与甲类厂房(仓库)、裙房、单、多层民用建筑的防火间距不应小于 25m,与明火或散发火花地点的防火间距应按本表有关四级耐火等级建筑物的规定增加 25%。

4 浮顶储罐区或闪点大于 120℃ 的液体储罐区与其他建筑的防火间距,可按本表的规定减少 25%。

5 当数个储罐区布置在同一库区内时,储罐区之间的防火间距不应小于本表相应容量的储罐区与四级耐火等级建筑物防火间距的较大值。

6 直埋地下的甲、乙、丙类液体卧式罐,当单罐容量不大于 50m³,总容量不大于 200m³ 时,与建筑物的防火间距可按本表规定减少 50%。

7 室外变、配电站指电力系统电压为 35kV～500kV 且每台变压器容量不小于 10MV·A 的室外变、配电站和工业企业的变压器总油量大于 5t 的室外降压变电站。

4.2.2 甲、乙、丙类液体储罐之间的防火间距不应小于表 4.2.2 的规定。

表4.2.2 甲、乙、丙类液体储罐之间的防火间距(m)

类别			固定顶储罐			浮顶储罐或设置充氮保护设备的储罐	卧式储罐
			地上式	半地下式	地下式		
甲、乙类液体储罐	单罐容量 V(m³)	V≤1000	0.75D	0.5D	0.4D	0.4D	≥0.8m
		V>1000	0.6D				
丙类液体储罐		不限	0.4D	不限	不限	—	

注:1 D 为相邻较大立式储罐的直径(m),矩形储罐的直径为长边与短边之和的一半。

2 不同液体、不同形式储罐之间的防火间距不应小于本表规定的较大值。

3 两排卧式储罐之间的防火间距不应小于 3m。

4 当单罐容量不大于 1000m³ 且采用固定冷却系统时,甲、乙类液体的地上式固定顶储罐之间的防火间距不应小于 0.6D。

5 地上式储罐同时设置液下喷射泡沫灭火系统、固定冷却水系统和扑救防火堤内液体火灾的泡沫灭火设施时,储罐之间的防火间距可适当减小,但不宜小于 0.4D。

6 闪点大于 120℃ 的液体,当单罐容量大于 1000m³ 时,储罐之间的防火间距不应小于 5m;当单罐容量不大于 1000m³ 时,储罐之间的防火间距不应小于 2m。

4.2.3 甲、乙、丙类液体储罐成组布置时,应符合下列规定:

1 组内储罐的单罐容量和总容量不应大于表 4.2.3 的规定。

表4.2.3 甲、乙、丙类液体储罐分组布置的最大容量

类别	单罐最大容量(m³)	一组罐最大容量(m³)
甲、乙类液体	200	1000
丙类液体	500	3000

2 组内储罐的布置不应超过两排。甲、乙类液体立式储罐之间的防火间距不应小于 2m,卧式储罐之间的防火间距不应小于 0.8m;丙类液体储罐之间的防火间距不限。

3 储罐组之间的防火间距应根据组内储罐的形式和总容量折算为相同类别的标准单罐,按本规范第 4.2.2 条的规定确定。

4.2.4 甲、乙、丙类液体的地上式、半地下式储罐区,其每个防火堤内宜布置火灾危险性类别相同或相近的储罐。沸溢性油品储罐不应与非沸溢性油品储罐布置在同一防火堤内。地上式、半地下式储罐不应与地下式储罐布置在同一防火堤内。

4.2.5 甲、乙、丙类液体的地上式、半地下式储罐或储罐组,其四周应设置不燃性防火堤。防火堤的设置应符合下列规定:

1 防火堤内的储罐布置不宜超过 2 排,单罐容量不大于 1000m³ 且闪点大于 120℃ 的液体储罐不宜超过 4 排。

2 防火堤的有效容量不应小于其中最大储罐的容量。对于浮顶罐,防火堤的有效容量可为其中最大储罐容量的一半。

3 防火堤内侧基脚线至立式储罐外壁的水平距离不应小于罐壁高度的一半。防火堤内侧基脚线至卧式储罐的水平距离不应小于 3m。

4 防火堤的设计高度应比计算高度高出 0.2m,且应为 1.0m～2.2m,在防火堤的适当位置应设置便于灭火救援人员进出防火堤的踏步。

5 沸溢性油品的地上式、半地下式储罐,每个储罐均应设置一个防火堤或防火隔堤。

6 含油污水排水管应在防火堤的出口处设置水封设施,雨水排水管应设置阀门等封闭、隔离装置。

4.2.6 甲类液体半露天堆场,乙、丙类液体桶装堆场和闪点大于 120℃ 的液体储罐(区),当采取了防止液体流散的设施时,可不设置防火堤。

4.2.7 甲、乙、丙类液体储罐与其泵房、装卸鹤管的防火间距不应小于表 4.2.7 的规定。

表4.2.7 甲、乙、丙类液体储罐与其泵房、装卸鹤管的防火间距(m)

液体类别和储罐形式		泵房	铁路或汽车装卸鹤管
甲、乙类液体储罐	拱顶罐	15	20
	浮顶罐	12	15
丙类液体储罐		10	12

注:1 总容量不大于 1000m³ 的甲、乙类液体储罐和总容量不大于 5000m³ 的丙类液体储罐,其防火间距可按本表的规定减少 25%。

2 泵房、装卸鹤管与储罐防火堤外侧基脚线的距离不应小于 5m。

4.2.8 甲、乙、丙类液体装卸鹤管与建筑物、厂内铁路线的防火间距不应小于表 4.2.8 的规定。

表4.2.8 甲、乙、丙类液体装卸鹤管与建筑物、
厂内铁路线的防火间距(m)

名　称	建筑物			厂内铁路线	泵房
	一、二级	三级	四级		
甲、乙类液体装卸鹤管	14	16	18	20	8
丙类液体装卸鹤管	10	12	14	10	

注：装卸鹤管与其直接装卸用的甲、乙、丙类液体装卸铁路线的防火间距不限。

4.2.9 甲、乙、丙类液体储罐与铁路、道路的防火间距不应小于表4.2.9的规定。

表4.2.9 甲、乙、丙类液体储罐与铁路、道路的防火间距(m)

名　称	厂外铁路线中心线	厂内铁路线中心线	厂外道路路边	厂内道路路边	
				主要	次要
甲、乙类液体储罐	35	25	20	15	10
丙类液体储罐	30	20	15	10	5

4.2.10 零位罐与所属铁路装卸线的距离不应小于6m。

4.2.11 石油库的储罐(区)与建筑的防火间距,石油库内的储罐布置和防火间距以及储罐与泵房、装卸鹤管等厂内建筑的防火间距,应符合现行国家标准《石油库设计规范》GB 50074的规定。

4.3 可燃、助燃气体储罐(区)的防火间距

4.3.1 可燃气体储罐与建筑物、储罐、堆场等的防火间距应符合下列规定:

　　1 湿式可燃气体储罐与建筑物、储罐、堆场等的防火间距不应小于表4.3.1的规定。

表4.3.1 湿式可燃气体储罐与建筑物、储罐、堆场等的防火间距(m)

名　称	湿式可燃气体储罐(总容积V,m³)				
	V<1000	1000≤V<10000	10000≤V<50000	50000≤V<100000	100000≤V<300000
甲类仓库 甲、乙、丙类液体储罐 可燃材料堆场 室外变、配电站 明火或散发火花的地点	20	25	30	35	40
高层民用建筑	25	30	35	40	45
裙房、单、多层民用建筑	18	20	25	30	35
其他建筑 一、二级	12	15	20	25	30
其他建筑 三级	15	20	25	30	35
其他建筑 四级	20	25	30	35	40

注：固定容积可燃气体储罐的总容积按储罐几何容积(m³)和设计储存压力(绝对压力,10⁵Pa)的乘积计算。

　　2 固定容积的可燃气体储罐与建筑物、储罐、堆场等的防火间距不应小于表4.3.1的规定。

　　3 干式可燃气体储罐与建筑物、储罐、堆场等的防火间距:当可燃气体的密度比空气大时,应按表4.3.1的规定增加25%;当可燃气体的密度比空气小时,可按表4.3.1的规定确定。

　　4 湿式或干式可燃气体储罐的水封井、油泵房和电梯间等附属设施与该储罐的防火间距,可按工艺要求布置。

　　5 容积不大于20m³的可燃气体储罐与其使用厂房的防火间距不限。

4.3.2 可燃气体储罐(区)之间的防火间距应符合下列规定:

　　1 湿式可燃气体储罐或干式可燃气体储罐之间及湿式与干式可燃气体储罐的防火间距,不应小于相邻较大罐直径的1/2。

　　2 固定容积的可燃气体储罐之间的防火间距不应小于相邻较大罐直径的2/3。

　　3 固定容积的可燃气体储罐与湿式或干式可燃气体储罐的防火间距,不应小于相邻较大罐直径的1/2。

　　4 数个固定容积的可燃气体储罐的总容积大于200000m³时,应分组布置。卧式储罐组之间的防火间距不应小于相邻较大罐长度的一半;球形储罐组之间的防火间距不应小于相邻较大罐直径,且不应小于20m。

4.3.3 氧气储罐与建筑物、储罐、堆场等的防火间距应符合下列规定:

　　1 湿式氧气储罐与建筑物、储罐、堆场等的防火间距不应小于表4.3.3的规定。

表4.3.3 湿式氧气储罐与建筑物、储罐、堆场等的防火间距(m)

名　称	湿式氧气储罐(总容积V,m³)		
	V≤1000	1000<V≤50000	V>50000
明火或散发火花地点	25	30	35
甲、乙、丙类液体储罐,可燃材料堆场,甲类仓库,室外变、配电站	20	25	30
民用建筑	18	20	25
其他建筑 一、二级	10	12	14
其他建筑 三级	12	14	16
其他建筑 四级	14	16	18

注：固定容积氧气储罐的总容积按储罐几何容积(m³)和设计储存压力(绝对压力,10⁵Pa)的乘积计算。

　　2 氧气储罐之间的防火间距不应小于相邻较大罐直径的1/2。

　　3 氧气储罐与可燃气体储罐的防火间距不应小于相邻较大罐的直径。

　　4 固定容积的氧气储罐与建筑物、储罐、堆场等的防火间距不应小于表4.3.3的规定。

　　5 氧气储罐与其制氧厂房的防火间距可按工艺布置要求确定。

　　6 容积不大于50m³的氧气储罐与其使用厂房的防火间距不限。

注：1m³液氧折合标准状态下800m³气态氧。

4.3.4 液氧储罐与建筑物、储罐、堆场等的防火间距应符合本规范第4.3.3条相应容积湿式氧气储罐防火间距的规定。液氧储罐与其泵房的间距不宜小于3m。总容积小于或等于3m³的液氧储罐与其使用建筑的防火间距应符合下列规定:

1 当设置在独立的一、二级耐火等级的专用建筑物内时，其防火间距不应小于10m；

2 当设置在独立的一、二级耐火等级的专用建筑物内，且面向使用建筑物一侧采用无门窗洞口的防火墙隔开时，其防火间距不限；

3 当低温储存的液氧储罐采取了防火措施时，其防火间距不应小于5m。

医疗卫生机构中的医用液氧储罐气源站的液氧储罐应符合下列规定：

1 单罐容积不应大于5m³，总容积不宜大于20m³；

2 相邻储罐之间的距离不应小于最大储罐直径的0.75倍；

3 医用液氧储罐与医疗卫生机构外建筑的防火间距应符合本规范第4.3.3条的规定，与医疗卫生机构内建筑的防火间距应符合现行国家标准《医用气体工程技术规范》GB 50751的规定。

4.3.5 液氧储罐周围5m范围内不应有可燃物和沥青路面。

4.3.6 可燃、助燃气体储罐与铁路、道路的防火间距不应小于表4.3.6的规定。

表4.3.6 可燃、助燃气体储罐与铁路、道路的防火间距(m)

名　　称	厂外铁路线中心线	厂内铁路线中心线	厂外道路路边	厂内道路路边	
				主要	次要
可燃、助燃气体储罐	25	20	15	10	5

4.3.7 液氢、液氨储罐与建筑物、储罐、堆场等的防火间距可按本规范第4.4.1条相应容积液化石油气储罐防火间距的规定减少25%确定。

4.3.8 液化天然气气化站的液化天然气储罐(区)与站外建筑等的防火间距不应小于表4.3.8的规定，与表4.3.8未规定的其他建筑的防火间距，应符合现行国家标准《城镇燃气设计规范》GB 50028的规定。

表4.3.8 液化天然气气化站的液化天然气储罐(区)与站外建筑等的防火间距(m)

名　称	液化天然气储罐(区)(总容积V，m³)							集中放散装置的天然气放散总管
	V≤10	10<V≤30	30<V≤50	50<V≤200	200<V≤500	500<V≤1000	1000<V≤2000	
单罐容积V(m³)	V≤10	V≤30	V≤50	V≤200	V≤500	V≤1000	V≤2000	
居住区、村镇和重要公共建筑(最外侧建筑物的外墙)	30	35	45	50	70	90	110	45
工业企业(最外侧建筑物的外墙)	22	25	27	30	35	40	50	20
明火或散发火花地点，室外变、配电站	30	35	45	50	55	60	70	30

续表4.3.8

名　称	液化天然气储罐(区)(总容积V，m³)							集中放散装置的天然气放散总管
	V≤10	10<V≤30	30<V≤50	50<V≤200	200<V≤500	500<V≤1000	1000<V≤2000	
单罐容积V(m³)	V≤10	V≤30	V≤50	V≤200	V≤500	V≤1000	V≤2000	
其他民用建筑，甲、乙类液体储罐，甲、乙类仓库，甲、乙类厂房，秸秆、芦苇、打包废纸等材料堆场	27	32	40	45	50	55	65	25
丙类液体储罐，可燃气体储罐，丙、丁类厂房，丙、丁类仓库	25	27	32	35	40	45	55	20
公路(路边)	高速，Ⅰ、Ⅱ级，城市快速		20		25		15	
	其他		15		20		10	
架空电力线(中心线)	1.5倍杆高				1.5倍杆高，但35kV及以上架空电力线不应小于40m			2.0倍杆高
架空通信线(中心线)	Ⅰ、Ⅱ级	1.5倍杆高	30		40			1.5倍杆高
	其他	1.5倍杆高						
铁路(中心线)	国家线	40	50	60	70	80	90	40
	企业专用线	25				35		30

注：居住区、村镇指1000人或300户及以上者；当少于1000人或300户时，相应防火间距应按本表有关其他民用建筑的要求确定。

4.4 液化石油气储罐(区)的防火间距

4.4.1 液化石油气供应基地的全压式和半冷冻式储罐(区)，与明火或散发火花地点和基地外建筑等的防火间距不应小于表4.4.1的规定，与表4.4.1未规定的其他建筑的防火间距应符合现行国家标准《城镇燃气设计规范》GB 50028的规定。

表4.4.1 液化石油气供应基地的全压式和半冷冻式储罐(区)与明火或散发火花地点和基地外建筑等的防火间距(m)

名　　称	液化石油气储罐(区)(总容积V，m³)						
	30<V≤50	50<V≤200	200<V≤500	500<V≤1000	1000<V≤2500	2500<V≤5000	5000<V≤10000
单罐容积V(m³)	V≤20	V≤50	V≤100	V≤200	V≤400	V≤1000	V>1000

续表 4.4.1

名 称		液化石油气储罐(区)(总容积 V,m³)						
		30<V≤50	50<V≤200	200<V≤500	500<V≤1000	1000<V≤2500	2500<V≤5000	5000<V≤10000
居住区、村镇和重要公共建筑(最外侧建筑物的外墙)		45	50	70	90	110	130	150
工业企业(最外侧建筑物的外墙)		27	30	35	40	50	60	75
明火或散发火花地点,室外变、配电站		45	50	55	60	70	80	120
其他民用建筑,甲、乙类液体储罐,甲、乙类仓库,甲、乙类厂房,秸秆、芦苇、打包废纸等材料堆场		40	45	50	55	65	75	100
丙类液体储罐,可燃气体储罐,丙、丁类厂房,丙、丁类仓库		32	35	40	45	55	65	80
助燃气体储罐,木材等材料堆场		27	30	35	40	50	60	75
其他建筑	一、二级	18	20	22	25	30	40	50
	三级	22	25	27	30	40	50	60
	四级	27	30	35	40	50	60	75
公路(路边)	高速,I、II级	20	25					30
	III、IV级	15	20					25
架空电力线(中心线)		应符合本规范第10.2.1条的规定						
架空通信线(中心线)	I、II级	30	40					
	III、IV级	1.5倍杆高						
铁路(中心线)	国家线	60	70		80			100
	企业专用线	25	30		35			40

注:1 防火间距应按本表储罐区的总容积或单罐容积的较大者确定。

　　2 当地下液化石油气储罐的单罐容积不大于50m³,总容积不大于400m³时,其防火间距可按本表的规定减少50%。

　　3 居住区、村镇指1000人或300户及以上者;当少于1000人或300户,相应防火间距可按本表有关其他民用建筑的要求确定。

4.4.2 液化石油气储罐之间的防火间距不应小于相邻较大罐的直径。

　　数个储罐的总容积大于3000m³时,应分组布置。组内储罐宜采用单排布置。组与组相邻储罐之间的防火间距不应小于20m。

4.4.3 液化石油气储罐与所属泵房的防火间距不应小于

15m。当泵房面向储罐一侧的外墙采用无门、窗、洞口的防火墙时,防火间距可减至 6m。液化石油气泵露天设置在储罐区内时,储罐与泵的防火间距不限。

4.4.4 全冷冻式液化石油气储罐、液化石油气气化站、混气站的储罐与周围建筑的防火间距,应符合现行国家标准《城镇燃气设计规范》GB 50028 的规定。

　　工业企业内总容积不大于10m³的液化石油气气化站、混气站的储罐,当设置在专用的独立建筑内时,建筑外墙与相邻厂房及其附属设备的防火间距可按甲类厂房有关防火间距的规定确定。当露天设置时,与建筑物、储罐、堆场等的防火间距应符合现行国家标准《城镇燃气设计规范》GB 50028 的规定。

4.4.5 I、II级瓶装液化石油气供应站瓶库与站外建筑等的防火间距不应小于表 4.4.5 的规定。瓶装液化石油气供应站的分级及总存瓶容积不大于 1m³ 的瓶装供应瓶库的设置,应符合现行国家标准《城镇燃气设计规范》GB 50028 的规定。

表 4.4.5 I、II级瓶装液化石油气供应站瓶库与站外建筑等的防火间距(m)

名 称	I 级		II 级	
瓶库的总存瓶容积 V(m³)	6<V≤10	10<V≤20	1<V≤3	3<V≤6
明火或散发火花地点	30	35	20	25
重要公共建筑	20	25	12	15
其他民用建筑	10	15	6	8
主要道路路边	10	10	8	8
次要道路路边	5	5	5	5

注:总存瓶容积应按实瓶个数与单瓶几何容积的乘积计算。

4.4.6 I级瓶装液化石油气供应站的四周宜设置不燃性实体围墙,但面向出入口一侧可设置不燃性非实体围墙。

　　II级瓶装液化石油气供应站的四周宜设置不燃性实体围墙,或下部实体部分高度不低于 0.6m 的围墙。

4.5 可燃材料堆场的防火间距

4.5.1 露天、半露天可燃材料堆场与建筑物的防火间距不应小于表 4.5.1 的规定。

表 4.5.1 露天、半露天可燃材料堆场与建筑物的防火间距(m)

名 称	一个堆场的总储量	建筑物		
		一、二级	三级	四级
粮食席穴囤 W(t)	10≤W<5000	15	20	25
	5000≤W<20000	20	25	30
粮食土圆仓 W(t)	500≤W<10000	10	15	20
	10000≤W<20000	15	20	25
棉、麻、毛、化纤、百货 W(t)	10≤W<500	10	15	20
	500≤W<1000	15	20	25
	1000≤W<5000	20	25	30
秸秆、芦苇、打包废纸等 W(t)	10≤W<5000	15	20	25
	5000≤W<10000	20	25	30
	W≥10000	25	30	40
木材等 V(m³)	50≤V<1000	15	20	25
	1000≤V<10000	20	25	30
	V≥10000	20	25	30

名 称	一个堆场的总储量	建筑物		
		一、二级	三级	四级
煤和焦炭 W(t)	100≤W<5000	6	8	10
	W≥5000	8	10	12

注:露天、半露天秸秆、芦苇、打包废纸等材料堆场,与甲类厂房(仓库)、民用建筑的防火间距应根据建筑物的耐火等级分别按本表的规定增加25%且不应小于25m;与室外变、配电站的防火间距不应小于50m;与明火或散发火花地点的防火间距应按本表四级耐火等级建筑物的相应规定增加25%。

当一个木材堆场的总储量大于25000m³或一个秸秆、芦苇、打包废纸等材料堆场的总储量大于20000t时,宜分设堆场。各堆场之间的防火间距不应小于相邻较大堆场与四级耐火等级建筑物的防火间距。

不同性质物品堆场之间的防火间距,不应小于本表相应储量堆场与四级耐火等级建筑物防火间距的较大值。

4.5.2 露天、半露天可燃材料堆场与甲、乙、丙类液体储罐的防火间距,不应小于本规范表4.2.1和表4.5.1中相应储量堆场与四级耐火等级建筑物防火间距的较大值。

4.5.3 露天、半露天秸秆、芦苇、打包废纸等材料堆场与铁路、道路的防火间距不应小于表4.5.3的规定,其他可燃材料堆场与铁路、道路的防火间距可根据材料的火灾危险性按类比原则确定。

表 4.5.3　露天、半露天可燃材料堆场与铁路、道路的防火间距(m)

名称	厂外铁路线中心线	厂内铁路线中心线	厂外道路路边	厂内道路路边	
				主要	次要
秸秆、芦苇、打包废纸等材料堆场	30	20	15	10	5

5 民 用 建 筑

5.1 建筑分类和耐火等级

5.1.1 民用建筑根据其建筑高度和层数可分为单、多层民用建筑和高层民用建筑。高层民用建筑根据其建筑高度、使用功能和楼层的建筑面积可分为一类和二类。民用建筑的分类应符合表5.1.1的规定。

表 5.1.1　民用建筑的分类

名称	高层民用建筑		单、多层民用建筑
	一类	二类	
住宅建筑	建筑高度大于54m的住宅建筑(包括设置商业服务网点的住宅建筑)	建筑高度大于27m,但不大于54m的住宅建筑(包括设置商业服务网点的住宅建筑)	建筑高度不大于27m的住宅建筑(包括设置商业服务网点的住宅建筑)
公共建筑	1.建筑高度大于50m的公共建筑; 2.建筑高度24m以上部分任一楼层建筑面积大于1000m²的商店、展览、电信、邮政、财贸金融建筑和其他多种功能组合的建筑; 3.医疗建筑、重要公共建筑、独立建造的老年人照料设施;	除一类高公共建筑外的其他高层公共建筑	1.建筑高度大于24m的单层公共建筑; 2.建筑高度不大于24m的其他公共建筑

名称	高层民用建筑		单、多层民用建筑
	一类	二类	
公共建筑	4.省级及以上的广播电视和防灾指挥调度建筑、网局级和省级电力调度建筑; 5.藏书超过100万册的图书馆、书库	除一类高层公共建筑外的其他高层公共建筑	1.建筑高度大于24m的单层公共建筑; 2.建筑高度不大于24m的其他公共建筑

注:1　表中未列入的建筑,其类别应根据本表类比确定。
　　2　除本规范另有规定外,宿舍、公寓等非住宅类居住建筑的防火要求,应符合本规范有关公共建筑的规定。
　　3　除本规范另有规定外,裙房的防火要求应符合本规范有关高层民用建筑的规定。

5.1.2 民用建筑的耐火等级可分为一、二、三、四级。除本规范另有规定外,不同耐火等级建筑相应构件的燃烧性能和耐火极限不应低于表5.1.2的规定。

表 5.1.2　不同耐火等级建筑相应构件的燃烧性能和耐火极限(h)

构件名称		耐火等级			
		一级	二级	三级	四级
墙	防火墙	不燃性 3.00	不燃性 3.00	不燃性 3.00	不燃性 3.00
	承重墙	不燃性 3.00	不燃性 2.50	不燃性 2.00	难燃性 0.50
	非承重外墙	不燃性 1.00	不燃性 1.00	不燃性 0.50	可燃性
	楼梯间和前室的墙 电梯井的墙 住宅建筑单元之间的墙和分户墙	不燃性 2.00	不燃性 2.00	不燃性 1.50	难燃性 0.50
	疏散走道两侧的隔墙	不燃性 1.00	不燃性 1.00	不燃性 0.50	难燃性 0.25
	房间隔墙	不燃性 0.75	不燃性 0.50	难燃性 0.50	难燃性 0.25
柱		不燃性 3.00	不燃性 2.50	不燃性 2.00	难燃性 0.50
梁		不燃性 2.00	不燃性 1.50	不燃性 1.00	难燃性 0.50
楼板		不燃性 1.50	不燃性 1.00	不燃性 0.50	可燃性
屋顶承重构件		不燃性 1.50	不燃性 1.00	可燃性 0.50	可燃性

续表 5.1.2

构件名称	耐火等级			
	一级	二级	三级	四级
疏散楼梯	不燃性 1.50	不燃性 1.00	不燃性 0.50	可燃性
吊顶(包括吊顶搁栅)	不燃性 0.25	难燃性 0.25	难燃性 0.15	可燃性

注:1 除本规范另有规定外,以木柱承重且墙体采用不燃材料的建筑,其耐火等级应按四级确定。
　　2 住宅建筑构件的耐火极限和燃烧性能可按现行国家标准《住宅建筑规范》GB 50368 的规定执行。

5.1.3 民用建筑的耐火等级应根据其建筑高度、使用功能、重要性和火灾扑救难度等确定,并应符合下列规定:

　　1 地下或半地下建筑(室)和一类高层建筑的耐火等级不应低于一级;

　　2 单、多层重要公共建筑和二类高层建筑的耐火等级不应低于二级。

5.1.3A 除木结构建筑外,老年人照料设施的耐火等级不应低于三级。

5.1.4 建筑高度大于 100m 的民用建筑,其楼板的耐火极限不应低于 2.00h。

　　一、二级耐火等级建筑的上人平屋顶,其屋面板的耐火极限分别不应低于 1.50h 和 1.00h。

5.1.5 一、二级耐火等级建筑的屋面板应采用不燃材料。

　　屋面防水层宜采用不燃、难燃材料,当采用可燃防水材料且铺设在可燃、难燃保温材料上时,防水材料或可燃、难燃保温材料应采用不燃材料作防护层。

5.1.6 二级耐火等级建筑内采用难燃性墙体的房间隔墙,其耐火极限不应低于 0.75h;当房间的建筑面积不大于 100m² 时,房间隔墙可采用耐火极限不低于 0.50h 的难燃性墙体或耐火极限不低于 0.30h 的不燃性墙体。

　　二级耐火等级多层住宅建筑内采用预应力钢筋混凝土的楼板,其耐火极限不应低于 0.75h。

5.1.7 建筑中的非承重外墙、房间隔墙和屋面板,当确需采用金属夹芯板材时,其芯材应为不燃材料,且耐火极限应符合本规范有关规定。

5.1.8 二级耐火等级建筑内采用不燃材料的吊顶,其耐火极限不限。

　　三级耐火等级的医疗建筑、中小学校的教学建筑、老年人照料设施及托儿所、幼儿园的儿童用房和儿童游乐厅等儿童活动场所的吊顶,应采用不燃材料;当采用难燃材料时,其耐火极限不应低于 0.25h。

　　二、三级耐火等级建筑内门厅、走道的吊顶应采用不燃材料。

5.1.9 建筑内预制钢筋混凝土构件的节点外露部位,应采取防火保护措施,且节点的耐火极限不应低于相应构件的耐火极限。

5.2 总平面布局

5.2.1 在总平面布局中,应合理确定建筑的位置、防火间距、消防车道和消防水源等,不宜将民用建筑布置在甲、乙类厂(库)房,甲、乙、丙类液体储罐,可燃气体储罐和可燃材料堆场的附近。

5.2.2 民用建筑之间的防火间距不应小于表 5.2.2 的规定,与其他建筑的防火间距,除应符合本节规定外,尚应符合本规范其他章的有关规定。

表 5.2.2　民用建筑之间的防火间距(m)

建筑类别		高层民用建筑	裙房和其他民用建筑		
		一、二级	一、二级	三级	四级
高层民用建筑	一、二级	13	9	11	14
裙房和其他民用建筑	一、二级	9	6	7	9
	三级	11	7	8	10
	四级	14	9	10	12

注:1 相邻两座单、多层建筑,当相邻外墙为不燃性墙体且无外露的可燃性屋檐,每面外墙上无防火保护的门、窗、洞口不正对开设且该门、窗、洞口的面积之和不大于外墙面积的 5% 时,其防火间距可按本表的规定减少 25%。

　　2 两座建筑相邻较高一面外墙为防火墙,或高出相邻较低一座一、二级耐火等级建筑的屋面 15m 及以下范围内的外墙为防火墙时,其防火间距不限。

　　3 相邻两座高度相同的一、二级耐火等级建筑中相邻任一侧外墙为防火墙,屋顶的耐火极限不低于 1.00h 时,其防火间距不限。

　　4 相邻两座建筑中较低一座的耐火等级不低于二级,相邻较低一面外墙为防火墙且屋顶无天窗,屋顶的耐火极限不低于 1.00h 时,其防火间距不应小于 3.5m;对于高层建筑,不应小于 4m。

　　5 相邻两座建筑中较低一座的耐火等级不低于二级且屋顶无天窗,相邻较高一面外墙高出较低一座建筑的屋面 15m 及以下范围内的开口部位设置甲级防火门、窗,或设置符合现行国家标准《自动喷水灭火系统设计规范》GB 50084 规定的防火分隔水幕或本规范第 6.5.3 条规定的防火卷帘时,其防火间距不应小于 3.5m;对于高层建筑,不应小于 4m。

　　6 相邻建筑通过连廊、天桥或底部的建筑物等连接时,其间距不应小于本表的规定。

　　7 耐火等级低于四级的既有建筑,其耐火等级可按四级确定。

5.2.3 民用建筑与单独建造的变电站的防火间距应符合本规范第 3.4.1 条有关室外变、配电站的规定,但与单独建造的终端变电站的防火间距,可根据变电站的耐火等级按本规范第 5.2.2 条有关民用建筑的规定确定。

　　民用建筑与 10kV 及以下的预装式变电站的防火间距不应小于 3m。

　　民用建筑与燃油、燃气或燃煤锅炉房的防火间距应符合本规范第 3.4.1 条有关丁类厂房的规定,但与单台蒸汽锅炉的蒸发量不大于 4t/h 或单台热水锅炉的额定热功率不大于 2.8MW 的燃煤锅炉房的防火间距,可根据锅炉房的耐火等级按本规范第 5.2.2 条有关民用建筑的规定确定。

5.2.4 除高层民用建筑外,数座一、二级耐火等级的住宅建筑或办公建筑,当建筑物的占地面积总和不大于 2500m² 时,可成组布置,但组内建筑物之间的间距不宜小于 4m。组与组或组与相邻建筑物的防火间距不应小于本规范第 5.2.2 条的规定。

5.2.5 民用建筑与燃气调压站、液化石油气气化站或混气站、城市液化石油气供应站瓶库等的防火间距,应符合现行国家标准《城镇燃气设计规范》GB 50028 的规定。

5.2.6 建筑高度大于 100m 的民用建筑与相邻建筑的防火间距,当符合本规范第 3.4.5 条、第 3.5.3 条、第 4.2.1 条和第 5.2.2 条允许减小的条件时,仍不应减小。

5.3 防火分区和层数

5.3.1 除本规范另有规定外,不同耐火等级建筑的允许建筑高度或层数、防火分区最大允许建筑面积应符合表 5.3.1 的规定。

表 5.3.1　不同耐火等级建筑的允许建筑高度或层数、防火分区最大允许建筑面积

名称	耐火等级	允许建筑高度或层数	防火分区的最大允许建筑面积(m²)	备注
高层民用建筑	一、二级	按本规范第 5.1.1 条确定	1500	对于体育馆、剧场的观众厅,防火分区的最大允许建筑面积可适当增加

名称	耐火等级	允许建筑高度或层数	防火分区的最大允许建筑面积(m²)	备注
单、多层民用建筑	一、二级	按本规范第5.1.1条确定	2500	对于体育馆、剧场的观众厅,防火分区的最大允许建筑面积可适当增加
	三级	5层	1200	
	四级	2层	600	
地下或半地下建筑(室)	一级	—	500	设备用房的防火分区最大允许建筑面积不应大于1000m²

注:1 表中规定的防火分区最大允许建筑面积,当建筑内设置自动灭火系统时,可按本表的规定增加1.0倍;局部设置时,防火分区的增加面积可按该局部面积的1.0倍计算。

2 裙房与高层建筑主体之间设置防火墙时,裙房的防火分区可按单、多层建筑的要求确定。

5.3.1A 独立建造的一、二级耐火等级老年人照料设施的建筑高度不宜大于-32m,不应大于54m;独立建造的三级耐火等级老年人照料设施,不应超过2层。

5.3.2 建筑内设置自动扶梯、敞开楼梯等上、下层相连通的开口时,其防火分区的建筑面积应按上、下层相连通的建筑面积叠加计算;当叠加计算后的建筑面积大于本规范第5.3.1条的规定时,应划分防火分区。

建筑内设置中庭时,其防火分区的建筑面积应按上、下层相连通的建筑面积叠加计算;当叠加计算后的建筑面积大于本规范第5.3.1条的规定时,应符合下列规定:

1 与周围连通空间应进行防火分隔:采用防火隔墙时,其耐火极限不应低于1.00h;采用防火玻璃墙时,其耐火隔热性和耐火完整性不应低于1.00h,采用耐火完整性不低于1.00h的非隔热性防火玻璃墙时,应设置自动喷水灭火系统进行保护;采用防火卷帘时,其耐火极限不应低于3.00h,并应符合本规范第6.5.3条的规定;与中庭相连通的门、窗,应采用火灾时能自行关闭的甲级防火门、窗;

2 高层建筑内的中庭回廊应设置自动喷水灭火系统和火灾自动报警系统;

3 中庭应设置排烟设施;

4 中庭内不应布置可燃物。

5.3.3 防火分区之间应采用防火墙分隔,确有困难时,可采用防火卷帘等防火分隔设施分隔。采用防火卷帘分隔时,应符合本规范第6.5.3条的规定。

5.3.4 一、二级耐火等级建筑内的商店营业厅、展览厅,当设置自动灭火系统和火灾自动报警系统并采用不燃或难燃装修材料时,其每个防火分区的最大允许建筑面积应符合下列规定:

1 设置在高层建筑内时,不应大于4000m²;

2 设置在单层建筑或仅设置在多层建筑的首层内时,不应大于10000m²;

3 设置在地下或半地下时,不应大于2000m²。

5.3.5 总建筑面积大于20000m²的地下或半地下商店,应采用无门、窗、洞口的防火墙、耐火极限不低于2.00h的楼板分隔为多个建筑面积不大于20000m²的区域。相邻区域确需局部连通时,应采用下沉式广场等室外开敞空间、防火隔间、避难走道、防烟楼梯间等方式进行连通,并应符合下列规定:

1 下沉式广场等室外开敞空间应能防止相邻区域的火灾蔓延和便于安全疏散,并应符合本规范第6.4.12条的规定;

2 防火隔间的墙应为耐火极限不低于3.00h的防火隔墙,并应符合本规范第6.4.13条的规定;

3 避难走道应符合本规范第6.4.14条的规定;

4 防烟楼梯间的门应采用甲级防火门。

5.3.6 餐饮、商店等商业设施通过有顶棚的步行街连接,且步行街两侧的建筑需利用步行街进行安全疏散时,应符合下列规定:

1 步行街两侧建筑的耐火等级不应低于二级。

2 步行街两侧建筑相对面的最近距离均不应小于本规范对相应高度建筑的防火间距要求且不应小于9m。步行街的端部在各层均不宜封闭,确需封闭时,应在外墙上设置可开启的门窗,且可开启门窗的面积不应小于该部位外墙面积的一半。步行街的长度不宜大于300m。

3 步行街两侧建筑的商铺之间应设置耐火极限不低于2.00h的防火隔墙,每间商铺的建筑面积不宜大于300m²。

4 步行街两侧建筑的商铺,其面向步行街一侧的围护构件的耐火极限不应低于1.00h,并宜采用实体墙,其门、窗应采用乙级防火门、窗;当采用防火玻璃墙(包括门、窗)时,其耐火隔热性和耐火完整性不应低于1.00h;当采用耐火完整性不低于1.00h的非隔热性防火玻璃墙(包括门、窗)时,应设置闭式自动喷水灭火系统进行保护。相邻商铺之间面向步行街一侧应设置宽度不小于1.0m,耐火极限不低于1.00h的实体墙。

当步行街两侧的建筑为多个楼层时,每层面向步行街一侧的商铺均应设置防止火灾竖向蔓延的措施,并应符合本规范第6.2.5条的规定;设置回廊或挑檐时,其出挑宽度不应小于1.2m;步行街两侧的商铺在上部各层需设置回廊和连接天桥时,应保证步行街上部各层楼板的开口面积不应小于步行街地面面积的37%,且开口宜均匀布置。

5 步行街两侧建筑内的疏散楼梯应靠外墙设置并宜直通室外,确有困难时,可在首层直接通至步行街;首层商铺的疏散门可直接通至步行街,步行街内任一点到达最近室外安全地点的步行距离不应大于60m。步行街两侧建筑二层及以上各层商铺的疏散门至该层最近疏散楼梯口或其他安全出口的直线距离不应大于37.5m。

6 步行街的顶棚材料应采用不燃或难燃材料,其承重结构的耐火极限不应低于1.00h。步行街内不应布置可燃物。

7 步行街的顶棚下檐距地面的高度不应小于6.0m,顶棚应设置自然排烟设施并宜采用常开式的排烟口,且自然排烟口的有效面积不应小于步行街地面面积的25%。常闭式自然排烟设施应能在火灾时手动和自动开启。

8 步行街两侧建筑的商铺外应每隔30m设置DN65的消火栓,并应配备消防软管卷盘或消防水龙,商铺内应设置自动喷水灭火系统和火灾自动报警系统;每层回廊均应设置自动喷水灭火系统。步行街内宜设置自动跟踪定位射流灭火系统。

9 步行街两侧建筑的商铺内外均应设置疏散照明、灯光疏散指示标志和消防应急广播系统。

5.4 平面布置

5.4.1 民用建筑的平面布置应结合建筑的耐火等级、火灾危险性、使用功能和安全疏散等因素合理布置。

5.4.2 除为满足民用建筑使用功能所设置的附属库房外,民用建筑内不应设置生产车间和其他库房。

经营、存放和使用甲、乙类火灾危险性物品的商店、作坊和储藏间,严禁附设在民用建筑内。

5.4.3 商店建筑、展览建筑采用三级耐火等级建筑时,不应超过2层;采用四级耐火等级建筑时,应为单层。营业厅、展览厅设置在三级耐火等级的建筑内时,应布置在首层或二层;设置在四级耐火等级的建筑内时,应布置在首层。

营业厅、展览厅不应设置在地下三层及以下楼层。地下或半地下营业厅、展览厅不应经营、储存和展示甲、乙类火灾危险性物品。

5.4.4 托儿所、幼儿园的儿童用房和儿童游乐厅等儿童活动场所宜设置在独立的建筑内，且不应设置在地下或半地下；当采用一、二级耐火等级的建筑时，不应超过 3 层；采用三级耐火等级的建筑时，不应超过 2 层；采用四级耐火等级的建筑时，应为单层；确需设置在其他民用建筑内时，应符合下列规定：

1 设置在一、二级耐火等级的建筑内时，应布置在首层、二层或三层；

2 设置在三级耐火等级的建筑内时，应布置在首层或二层；

3 设置在四级耐火等级的建筑内时，应布置在首层；

4 设置在高层建筑内时，应设置独立的安全出口和疏散楼梯；

5 设置在单、多层建筑时，宜设置独立的安全出口和疏散楼梯。

5.4.4A 老年人照料设施宜独立设置。当老年人照料设施与其他建筑上、下组合时，老年人照料设施宜设置在建筑的下部，并应符合下列规定：

1 老年人照料设施部分的建筑层数、建筑高度或所在楼层位置的高度应符合本规范第 5.3.1A 条的规定；

2 老年人照料设施部分应与其他场所进行防火分隔，防火分隔应符合本规范第 6.2.2 条的规定。

5.4.4B 当老年人照料设施中的老年人公共活动用房、康复与医疗用房设置在地下、半地下时，应设置在地下一层，每间用房的建筑面积不应大于 200m² 且使用人数不应大于 30 人。

老年人照料设施中的老年人公共活动用房、康复与医疗用房设置在地上四层及以上时，每间用房的建筑面积不应大于 200m² 且使用人数不应大于 30 人。

5.4.5 医院和疗养院的住院部分不应设置在地下或半地下。

医院和疗养院的住院部分采用三级耐火等级建筑时，不应超过 2 层；采用四级耐火等级建筑时，应为单层；设置在三级耐火等级的建筑内时，应布置在首层或二层；设置在四级耐火等级的建筑内时，应布置在首层。

医院和疗养院的病房楼内相邻护理单元之间应采用耐火极限不低于 2.00h 的防火隔墙分隔，隔墙上的门应采用乙级防火门，设置在走道上的防火门应采用常开防火门。

5.4.6 教学建筑、食堂、菜市场采用三级耐火等级建筑时，不应超过 2 层；采用四级耐火等级建筑时，应为单层；设置在三级耐火等级的建筑内时，应布置在首层或二层；设置在四级耐火等级的建筑内时，应布置在首层。

5.4.7 剧场、电影院、礼堂宜设置在独立的建筑内；采用三级耐火等级建筑时，不应超过 2 层；确需设置在其他民用建筑内时，至少应设置 1 个独立的安全出口和疏散楼梯，并应符合下列规定：

1 应采用耐火极限不低于 2.00h 的防火隔墙和甲级防火门与其他区域分隔。

2 设置在一、二级耐火等级的建筑内时，观众厅宜布置在首层、二层或三层；确需布置在四层及以上楼层时，一个厅、室的疏散门不应少于 2 个，且每个观众厅的建筑面积不宜大于 400m²。

3 设置在三级耐火等级的建筑内时，不应布置在三层及以上楼层。

4 设置在地下或半地下时，宜设置在地下一层，不应设置在地下三层及以下楼层。

5 设置在高层建筑内时，应设置火灾自动报警系统及自动喷水灭火系统等自动灭火系统。

5.4.8 建筑内的会议厅、多功能厅等人员密集的场所，宜布置在首层、二层或三层。设置在三级耐火等级建筑内时，不应布置在三层及以上楼层。确需布置在一、二级耐火等级建筑的其他楼层时，应符合下列规定：

1 一个厅、室的疏散门不应少于 2 个，且建筑面积不宜大于 400m²；

2 设置在地下或半地下时，宜设置在地下一层，不应设置在地下三层及以下楼层；

3 设置在高层建筑内时，应设置火灾自动报警系统和自动喷水灭火系统等自动灭火系统。

5.4.9 歌舞厅、录像厅、夜总会、卡拉 OK 厅（含具有卡拉 OK 功能的餐厅）、游艺厅（含电子游艺厅）、桑拿浴室（不包括洗浴部分）、网吧等歌舞娱乐放映游艺场所（不含剧场、电影院）的布置应符合下列规定：

1 不应布置在地下二层及以下楼层；

2 宜布置在一、二级耐火等级建筑内的首层、二层或三层的靠外墙部位；

3 不宜布置在袋形走道的两侧或尽端；

4 确需布置在地下一层时，地下一层的地面与室外出入口地坪的高差不应大于 10m；

5 确需布置在地下或四层及以上楼层时，一个厅、室的建筑面积不应大于 200m²；

6 厅、室之间及与建筑的其他部位之间，应采用耐火极限不低于 2.00h 的防火隔墙和 1.00h 的不燃性楼板分隔，设置在厅、室墙上的门和该场所与建筑内其他部位相通的门均应采用乙级防火门。

5.4.10 除商业服务网点外，住宅建筑与其他使用功能的建筑合建时，应符合下列规定：

1 住宅部分与非住宅部分之间，应采用耐火极限不低于 2.00h 且无门、窗、洞口的防火隔墙和 1.50h 的不燃性楼板完全分隔；当为高层建筑时，应采用无门、窗、洞口的防火墙和耐火极限不低于 2.00h 的不燃性楼板完全分隔。建筑外墙上、下层开口之间的防火措施应符合本规范第 6.2.5 条的规定。

2 住宅部分与非住宅部分的安全出口和疏散楼梯应分别独立设置；为住宅部分服务的地上车库应设置独立的疏散楼梯或安全出口，地下车库的疏散楼梯应按本规范第 6.4.4 条的规定进行分隔。

3 住宅部分和非住宅部分的安全疏散、防火分区和室内消防设施配置，可根据各自的建筑高度分别按照本规范有关住宅建筑和公共建筑的规定执行；该建筑的其他防火设计应根据建筑的总高度和建筑规模按本规范有关公共建筑的规定执行。

5.4.11 设置商业服务网点的住宅建筑，其居住部分与商业服务网点之间应采用耐火极限不低于 2.00h 且无门、窗、洞口的防火隔墙和 1.50h 的不燃性楼板完全分隔，住宅部分和商业服务网点部分的安全出口和疏散楼梯应分别独立设置。

商业服务网点中每个分隔单元之间应采用耐火极限不低于 2.00h 且无门、窗、洞口的防火隔墙相互分隔，当每个分隔单元任一层建筑面积大于 200m² 时，该层应设置 2 个安全出口或疏散门。每个分隔单元内的任一点至最近直通室外的出口的直线距离不应大于本规范表 5.5.17 中有关多层其他建筑位于袋形走道两侧或尽端的疏散门至最近安全出口的最大直线距离。

注：室内楼梯的距离可按其水平投影长度的 1.50 倍计算。

5.4.12 燃油或燃气锅炉、油浸变压器、充有可燃油的高压电容器和多油开关等，宜设置在建筑外的专用房间内；确需贴邻民用建筑布置时，应采用防火墙与所贴邻的建筑分隔，且不应贴邻人员密集场所，该专用房间的耐火等级不应低于二级；确需布置在民用建筑内时，不应布置在人员密集场所的上一层、下一层或贴邻，并应符合下列规定：

1 燃油或燃气锅炉房、变压器室应设置在首层或地下一层的靠外墙部位，但常（负）压燃油或燃气锅炉可设置在地下二层或屋顶上。设置在屋顶上的常（负）压燃气锅炉，距离通向屋面的安全出口不应小于 6m。

采用相对密度（与空气密度的比值）不小于 0.75 的可燃气体为燃料的锅炉，不得设置在地下或半地下。

2 锅炉房、变压器室的疏散门均应直通室外或安全出口。

3 锅炉房、变压器室等与其他部位之间应采用耐火极限不低于 2.00h 的防火隔墙和 1.50h 的不燃性楼板分隔。在隔墙和楼板上不应开设洞口，确需在隔墙上设置门、窗时，应采用甲级防火门、窗。

4 锅炉房内设置储油间时，其总储存量不应大于 1m³，且储油间应采用耐火极限不低于 3.00h 的防火隔墙与锅炉间分隔；确需在防火隔墙上设置门时，应采用甲级防火门。

5 变压器室之间、变压器室与配电室之间，应设置耐火极限不低于 2.00h 的防火隔墙。

6 油浸变压器、多油开关室、高压电容器室，应设置防止油品流散的设施。油浸变压器下面应设置能储存变压器全部油量的事故储油设施。

7 应设置火灾报警装置。

8 应设置与锅炉、变压器、电容器和多油开关等的容量及建筑规模相适应的灭火设施，当建筑内其他部位设置自动喷水灭火系统时，应设置自动喷水灭火系统。

9 锅炉的容量应符合现行国家标准《锅炉房设计规范》GB 50041 的规定。油浸变压器的总容量不应大于 1260kV·A，单台容量不应大于 630kV·A。

10 燃气锅炉房应设置爆炸泄压设施。燃油或燃气锅炉房应设置独立的通风系统，并应符合本规范第 9 章的规定。

5.4.13 布置在民用建筑内的柴油发电机房应符合下列规定：

1 宜布置在首层或地下一、二层。

2 不应布置在人员密集场所的上一层、下一层或贴邻。

3 应采用耐火极限不低于 2.00h 的防火隔墙和 1.50h 的不燃性楼板与其他部位分隔，门应采用甲级防火门。

4 机房内设置储油间时，其总储存量不应大于 1m³，储油间应采用耐火极限不低于 3.00h 的防火隔墙与发电机间分隔；确需在防火隔墙上开门时，应设置甲级防火门。

5 应设置火灾报警装置。

6 应设置与柴油发电机容量和建筑规模相适应的灭火设施，当建筑内其他部位设置自动喷水灭火系统时，机房内应设置自动喷水灭火系统。

5.4.14 供建筑内使用的丙类液体燃料，其储罐应布置在建筑外，并应符合下列规定：

1 当总容量不大于 15 m³，且直埋于建筑附近、面向油罐一面 4.0 m 范围内的建筑外墙为防火墙时，储罐与建筑的防火间距不限；

2 当总容量大于 15m³ 时，储罐的布置应符合本规范第 4.2 节的规定；

3 当设置中间罐时，中间罐的容量不应大于 1m³，并应设置在一、二级耐火等级的单独房间内，房间门应采用甲级防火门。

5.4.15 设置在建筑内的锅炉、柴油发电机，其燃料供给管道应符合下列规定：

1 在进入建筑物前和设备间内的管道上均应设置自动和手动切断阀；

2 储油间的油箱应密闭且应设置通向室外的通气管，通气管应设置带阻火器的呼吸阀，油箱的下部应设置防止油品流散的设施；

3 燃气供给管道的敷设应符合现行国家标准《城镇燃气

设计规范》GB 50028 的规定。

5.4.16 高层民用建筑内使用可燃气体燃料时，应采用管道供气。使用可燃气体的房间或部位宜靠外墙设置，并应符合现行国家标准《城镇燃气设计规范》GB 50028 的规定。

5.4.17 建筑采用瓶装液化石油气瓶组供气时，应符合下列规定：

1 应设置独立的瓶组间；

2 瓶组间不应与住宅建筑、重要公共建筑和其他高层公共建筑贴邻，液化石油气气瓶的总容积不大于 1m³ 的瓶组间与所服务的其他建筑贴邻时，应采用自然气化方式供气；

3 液化石油气瓶的总容积大于 1m³、不大于 4m³ 的独立瓶组间，与所服务建筑的防火间距应符合本规范表 5.4.17 的规定；

表 5.4.17 液化石油气瓶的独立瓶组间与
所服务建筑的防火间距（m）

名 称		液化石油气气瓶的独立瓶组间的总容积 V（m³）	
		V≤2	2＜V≤4
明火或散发火花地点		25	30
重要公共建筑、一类高层民用建筑		15	20
裙房和其他民用建筑		8	10
道路（路边）	主要	10	
	次要	5	

注：气瓶总容积应按配置气瓶个数与单瓶几何容积的乘积计算。

4 在瓶组间的总出气管道上应设置紧急事故自动切断阀；

5 瓶组间应设置可燃气体浓度报警装置；

6 其他防火要求应符合现行国家标准《城镇燃气设计规范》GB 50028 的规定。

5.5 安全疏散和避难

Ⅰ 一般要求

5.5.1 民用建筑应根据其建筑高度、规模、使用功能和耐火等级等因素合理设置安全疏散和避难设施。安全出口和疏散门的位置、数量、宽度及疏散楼梯间的形式，应满足人员安全疏散的要求。

5.5.2 建筑内的安全出口和疏散门应分散布置，且建筑内每个防火分区或一个防火分区的每个楼层、每个住宅单元每层相邻两个安全出口以及每个房间相邻两个疏散门最近边缘之间的水平距离不应小于 5m。

5.5.3 建筑的楼梯间宜通至屋面，通向屋面的门或窗应向外开启。

5.5.4 自动扶梯和电梯不应计作安全疏散设施。

5.5.5 除人员密集场所外，建筑面积不大于 500m²、使用人数不超过 30 人且埋深不大于 10m 的地下或半地下建筑（室），当需要设置 2 个安全出口时，其中一个安全出口可利用直通室外的金属竖向梯。

除歌舞娱乐放映游艺场所外，防火分区建筑面积不大于 200m² 的地下或半地下设备间、防火分区建筑面积不大于 50m² 且经常停留人数不超过 15 人的其他地下或半地下建筑（室），可设置 1 个安全出口或 1 部疏散楼梯。

除本规范另有规定外，建筑面积不大于 200m² 的地下或半地下设备间、建筑面积不大于 50m² 且经常停留人数不超过 15 人的其他地下或半地下房间，可设置 1 个疏散门。

5.5.6 直通建筑内附设汽车库的电梯，应在汽车库部分设置电梯候梯厅，并应采用耐火极限不低于 2.00h 的防火隔墙和乙级防火门与汽车库分隔。

5.5.7 高层建筑直通室外的安全出口上方，应设置挑出宽度不小于 1.0m 的防护挑檐。

II 公共建筑

5.5.8 公共建筑内每个防火分区或一个防火分区的每个楼层,其安全出口的数量应经计算确定,且不应少于 2 个。设置 1 个安全出口或 1 部疏散楼梯的公共建筑应符合下列条件之一:

1 除托儿所、幼儿园外,建筑面积不大于 200m² 且人数不超过 50 人的单层公共建筑或多层公共建筑的首层;

2 除医疗建筑,老年人照料设施,托儿所、幼儿园的儿童用房,儿童游乐厅等儿童活动场所和歌舞娱乐放映游艺场所等外,符合表 5.5.8 规定的公共建筑。

表 5.5.8 设置 1 部疏散楼梯的公共建筑

耐火等级	最多层数	每层最大建筑面积(m²)	人 数
一、二级	3 层	200	第二、三层的人数之和不超过 50 人
三级	3 层	200	第二、三层的人数之和不超过 25 人
四级	2 层	200	第二层人数不超过 15 人

5.5.9 一、二级耐火等级公共建筑内的安全出口全部直通室外确有困难的防火分区,可利用通向相邻防火分区的甲级防火门作为安全出口,但应符合下列要求:

1 利用通向相邻防火分区的甲级防火门作为安全出口时,应采用防火墙与相邻防火分区进行分隔;

2 建筑面积大于 1000m² 的防火分区,直通室外的安全出口不应少于 2 个;建筑面积不大于 1000m² 的防火分区,直通室外的安全出口不应少于 1 个;

3 该防火分区通向相邻防火分区的疏散净宽度不应大于其按本规范第 5.5.21 条规定计算所需疏散总净宽度的 30%,建筑各层直通室外的安全出口总净宽度不应小于按照本规范第 5.5.21 条规定计算所需疏散净宽度。

5.5.10 高层公共建筑的疏散楼梯,当分散设置确有困难且从任一疏散门至最近疏散楼梯间入口的距离不大于 10m 时,可采用剪刀楼梯间,但应符合下列规定:

1 楼梯间应为防烟楼梯间;

2 梯段之间应设置耐火极限不低于 1.00h 的防火隔墙;

3 楼梯间的前室应分别设置。

5.5.11 设置不少于 2 部疏散楼梯的一、二级耐火等级多层公共建筑,如顶层局部升高,当高出部分的层数不超过 2 层、人数之和不超过 50 人且每层建筑面积不大于 200m² 时,高出部分可设置 1 部疏散楼梯,但至少应另外设置 1 个直通建筑主体上人平屋面的安全出口,且上人屋面应符合人员安全疏散的要求。

5.5.12 一类高层公共建筑和建筑高度大于 32m 的二类高层公共建筑,其疏散楼梯应采用防烟楼梯间。

裙房和建筑高度不大于 32m 的二类高层公共建筑,其疏散楼梯应采用封闭楼梯间。

注:当裙房与高层建筑主体之间设置防火墙时,裙房的疏散楼梯可按本规范有关单、多层建筑的要求确定。

5.5.13 下列多层公共建筑的疏散楼梯,除与敞开式外廊直接相连的楼梯间外,均应采用封闭楼梯间:

1 医疗建筑、旅馆及类似使用功能的建筑;

2 设置歌舞娱乐放映游艺场所的建筑;

3 商店、图书馆、展览建筑、会议中心及类似使用功能的建筑;

4 6 层及以上的其他建筑。

5.5.13A 老年人照料设施的疏散楼梯或疏散楼梯间宜与敞开式外廊直接连通,不能与敞开式外廊直接连通的室内疏散楼梯应采用封闭楼梯间。建筑高度大于 24m 的老年人照料设施,其室内疏散楼梯应采用防烟楼梯间。

建筑高度大于 32m 的老年人照料设施,宜在 32m 以上部

分增设能连通老年人居室和公共活动场所的连廊,各层连廊应直接与疏散楼梯、安全出口或室外避难场地连通。

5.5.14 公共建筑内的客、货电梯宜设置电梯候梯厅,不宜直接设置在营业厅、展览厅、多功能厅等场所内。老年人照料设施内的非消防电梯应采取防烟措施,当火灾情况下需用于辅助人员疏散时,该电梯及其设置应符合本规范有关消防电梯及其设置要求。

5.5.15 公共建筑内房间的疏散门数量应经计算确定且不应少于 2 个。除托儿所、幼儿园、老年人照料设施、医疗建筑、教学建筑内位于走道尽端的房间外,符合下列条件之一的房间可设置 1 个疏散门:

1 位于两个安全出口之间或袋形走道两侧的房间,对于托儿所、幼儿园、老年人照料设施,建筑面积不大于 50m²;对于医疗建筑、教学建筑,建筑面积不大于 75m²;对于其他建筑或场所,建筑面积不大于 120m²。

2 位于走道尽端的房间,建筑面积小于 50m² 且疏散门的净宽度不小于 0.90m,或由房间内任一点至疏散门的直线距离不大于 15m、建筑面积不大于 200m² 且疏散门的净宽度不小于 1.40m。

3 歌舞娱乐放映游艺场所内建筑面积不大于 50m² 且经常停留人数不超过 15 人的厅、室。

5.5.16 剧场、电影院、礼堂和体育馆的观众厅或多功能厅,其疏散门的数量应经计算确定且不应少于 2 个,并应符合下列规定:

1 对于剧场、电影院、礼堂的观众厅或多功能厅,每个疏散门的平均疏散人数不应超过 250 人;当容纳人数超过 2000 人时,其超过 2000 人的部分,每个疏散门的平均疏散人数不应超过 400 人。

2 对于体育馆的观众厅,每个疏散门的平均疏散人数不宜超过 400 人~700 人。

5.5.17 公共建筑的安全疏散距离应符合下列规定:

1 直通疏散走道的房间疏散门至最近安全出口的直线距离不应大于表 5.5.17 的规定。

表 5.5.17 直通疏散走道的房间疏散门至最近安全出口的直线距离(m)

名 称		位于两个安全出口之间的疏散门			位于袋形走道两侧或尽端的疏散门		
		一、二级	三级	四级	一、二级	三级	四级
托儿所、幼儿园老年人照料设施		25	20	15	20	15	10
歌舞娱乐放映游艺场所		25	20	15	9	—	—
医疗建筑	单、多层	35	30	25	20	15	10
	高层 病房部分	24	—	—	12	—	—
	高层 其他部分	30	—	—	15	—	—
教学建筑	单、多层	35	30	25	22	20	10
	高层	30	—	—	15	—	—
高层旅馆、展览建筑		30	—	—	15	—	—
其他建筑	单、多层	40	35	25	22	20	15
	高层	40	—	—	20	—	—

注:1 建筑内开向敞开式外廊的房间疏散门至最近安全出口的直线距离可按本表的规定增加 5m。

2 直通疏散走道的房间疏散门至最近敞开楼梯间的直线距离,当房间位于两个楼梯间之间时,应按本表的规定减少 5m;当房间位于袋形走道两侧或尽端时,应按本表的规定减少 2m。

3 建筑物内全部设置自动喷水灭火系统时,其安全疏散距离可按本表的规定增加 25%。

2 楼梯间应在首层直通室外,确有困难时,可在首层采用扩大的封闭楼梯间或防烟楼梯间前室。当层数不超过 4 层且未采用扩大的封闭楼梯间或防烟楼梯间前室时,可将直通室外的门设置在离楼梯间不大于 15m 处。

3 房间内任一点至房间直通疏散走道的疏散门的直线距离,不应大于表 5.5.17 规定的袋形走道两侧或尽端的疏散门至最近安全出口的直线距离。

4 一、二级耐火等级建筑内疏散门或安全出口不少于 2 个的观众厅、展览厅、多功能厅、餐厅、营业厅等,其室内任一点

至最近疏散门或安全出口的直线距离不应大于30m;当疏散门不能直通室外地面或疏散楼梯间时,应采用长度不大于10m的疏散走道通至最近的安全出口。当该场所设置自动喷水灭火系统时,室内任一点至最近安全出口的安全疏散距离可分别增加25%。

5.5.18　除本规范另有规定外,公共建筑内疏散门和安全出口的净宽度不应小于0.90m,疏散走道和疏散楼梯的净宽度不应小于1.10m。

高层公共建筑内楼梯间的首层疏散门、首层疏散外门、疏散走道和疏散楼梯的最小净宽度应符合表5.5.18的规定。

表5.5.18　高层公共建筑内楼梯间的首层疏散门、首层疏散外门、
疏散走道和疏散楼梯的最小净宽度(m)

| 建筑类别 | 楼梯间的首层疏散门、首层疏散外门 | 走　道 | | 疏散楼梯 |
		单面布房	双面布房	
高层医疗建筑	1.30	1.40	1.50	1.30
其他高层公共建筑	1.20	1.30	1.40	1.20

5.5.19　人员密集的公共场所、观众厅的疏散门不应设置门槛,其净宽度不应小于1.40m,且紧靠门口内外各1.40m范围内不应设置踏步。

人员密集的公共场所的室外疏散通道的净宽度不应小于3.00m,并应直接通向宽敞地带。

5.5.20　剧场、电影院、礼堂、体育馆等场所的疏散走道、疏散楼梯、疏散门、安全出口的各自总净宽度,应符合下列规定:

1　观众厅内疏散走道的净宽度应按每100人不小于0.60m计算,且不应小于1.00m;边走道的净宽度不宜小于0.80m。

布置疏散走道时,横走道之间的座位排数不宜超过20排;纵走道之间的座位数:剧场、电影院、礼堂等,每排不宜超过22个;体育馆,每排不宜超过26个;前后排座椅的排距不小于0.90m时,可增加1.0倍,但不得超过50个;仅一侧有纵走道时,座位数应减少一半。

2　剧场、电影院、礼堂等场所供观众疏散的所有内门、外门、楼梯和走道的各自总净宽度,应根据疏散人数按每100人的最小疏散净宽度不小于表5.5.20-1的规定计算确定。

表5.5.20-1　剧场、电影院、礼堂等场所每100人所需
最小疏散净宽度(m/百人)

| 观众厅座位数(座) | | | ≤2500 | ≤1200 |
耐火等级			一、二级	三级
疏散部位	门和走道	平坡地面	0.65	0.85
		阶梯地面	0.75	1.00
	楼梯		0.75	1.00

3　体育馆供观众疏散的所有内门、外门、楼梯和走道的各自总净宽度,应根据疏散人数按每100人的最小疏散净宽度不小于表5.5.20-2的规定计算确定。

表5.5.20-2　体育馆每100人所需最小疏散净宽度(m/百人)

观众厅座位数范围(座)			3000~5000	5001~10000	10001~20000
疏散部位	门和走道	平坡地面	0.43	0.37	0.32
		阶梯地面	0.50	0.43	0.37
	楼梯		0.50	0.43	0.37

注:本表中对应较大座位数范围按规定计算的疏散总净宽度,不应小于对应相邻较小座位数范围按其最多座位数计算的疏散总净宽度。对于观众厅座位数少于3000个的体育馆,计算供观众疏散的所有内门、外门、楼梯和走道的各自总净宽度时,每100人的最小疏散净宽度不应小于表5.5.20-1的规定。

4　有等场需要的入场门不应作为观众厅的疏散门。

5.5.21　除剧场、电影院、礼堂、体育馆外的其他公共建筑,其房间疏散门、安全出口、疏散走道和疏散楼梯的各自总净宽度,应符合下列规定:

1　每层的房间疏散门、安全出口、疏散走道和疏散楼梯的各自总净宽度,应根据疏散人数按每100人的最小疏散净宽度不小于表5.5.21-1的规定计算确定。当每层疏散人数不等时,疏散楼梯的总净宽度可分层计算,地上建筑内下层楼梯的总净宽度应按该层及以上疏散人数最多一层的人数计算;地下建筑内上层楼梯的总净宽度应按该层及以下疏散人数最多一层的人数计算。

表5.5.21-1　每层的房间疏散门、安全出口、疏散走道和疏散楼梯
的每100人最小疏散净宽度(m/百人)

| 建筑层数 | | 建筑的耐火等级 | | |
		一、二级	三级	四级
地上楼层	1层~2层	0.65	0.75	1.00
	3层	0.75	1.00	—
	≥4层	1.00	1.25	—
地下楼层	与地面出入口地面的高差 ΔH≤10m	0.75	—	—
	与地面出入口地面的高差 ΔH>10m	1.00	—	—

2　地下或半地下人员密集的厅、室和歌舞娱乐放映游艺场所,其房间疏散门、安全出口、疏散走道和疏散楼梯的各自总净宽度,应根据疏散人数按每100人不小于1.00m计算确定。

3　首层外门的总净宽度应按该建筑疏散人数最多一层的人数计算确定,不供其他楼层人员疏散的外门,可按本层的疏散人数计算确定。

4　歌舞娱乐放映游艺场所中录像厅的疏散人数,应根据厅、室的建筑面积按不小于1.0人/m²计算;其他歌舞娱乐放映游艺场所的疏散人数,应根据厅、室的建筑面积按不小于0.5人/m²计算。

5　有固定座位的场所,其疏散人数可按实际座位数的1.1倍计算。

6　展览厅的疏散人数应根据展览厅的建筑面积和人员密度计算,展览厅内的人员密度不宜小于0.75人/m²。

7　商店的疏散人数应按每层营业厅的建筑面积乘以表5.5.21-2规定的人员密度计算。对于建材商店、家具和灯饰展示建筑,其人员密度可按表5.5.21-2规定值的30%确定。

表5.5.21-2　商店营业厅内的人员密度(人/m²)

楼层位置	地下第二层	地下第一层	地上第一、二层	地上第三层	地上第四层及以上各层
人员密度	0.56	0.60	0.43~0.60	0.39~0.54	0.30~0.42

5.5.22　人员密集的公共建筑不宜在窗口、阳台等部位设置封闭的金属栅栏,确需设置时,应能从内部易于开启;窗口、阳台等部位宜根据其高度设置适用的辅助疏散逃生设施。

5.5.23　建筑高度大于100m的公共建筑,应设置避难层(间)。避难层(间)应符合下列规定:

1　第一个避难层(间)的楼地面至灭火救援场地地面的高度不应大于50m,两个避难层(间)之间的高度不宜大于50m。

2　通向避难层(间)的疏散楼梯应在避难层分隔、同层错位或上下层断开。

3 避难层(间)的净面积应能满足设计避难人数避难的要求,并宜按 5.0 人/m² 计算。

4 避难层可兼作设备层。设备管道宜集中布置,其中的易燃、可燃液体或气体管道应集中布置,设备管道区应采用耐火极限不低于 3.00h 的防火隔墙与避难区分隔。管道井和设备间应采用耐火极限不低于 2.00h 的防火隔墙与避难区分隔,管道井和设备间的门不应直接开向避难区;确需直接开向避难区时,与避难层区出入口的距离不应小于 5m,且应采用甲级防火门。

避难间内不应设置易燃、可燃液体或气体管道,不应开设除外窗、疏散门之外的其他开口。

5 避难层应设置消防电梯出口。

6 应设置消火栓和消防软管卷盘。

7 应设置消防专线电话和应急广播。

8 在避难层(间)进入楼梯间的入口处和疏散楼梯通向避难层(间)的出口处,应设置明显的指示标志。

9 应设置直接对外的可开启窗口或独立的机械防烟设施,外窗应采用乙级防火窗。

5.5.24 高层病房楼应在二层及以上的病房楼层和洁净手术部设置避难间。避难间应符合下列规定:

1 避难间服务的护理单元不应超过 2 个,其净面积应按每个护理单元不小于 25.0m² 确定。

2 避难间兼作其他用途时,应保证人员的避难安全,且不得减少可供避难的净面积。

3 应靠近楼梯间,并应采用耐火极限不低于 2.00h 的防火隔墙和甲级防火门与其他部位分隔。

4 应设置消防专线电话和消防应急广播。

5 避难间的入口处应设置明显的指示标志。

6 应设置直接对外的可开启窗口或独立的机械防烟设施,外窗应采用乙级防火窗。

5.5.24A <u>3 层及 3 层以上总建筑面积大于 3000m²(包括设置在其他建筑内二层及以上楼层)的老年人照料设施,应在二层及以上各层老年人照料设施部分的每座疏散楼梯间的相邻部位设置 1 间避难间;当老年人照料设施设置与疏散楼梯或安全出口直接连通的开敞式外廊、与疏散走道直接连通且符合人员避难要求的室外平台等时,可不设置避难间。避难间内可供避难的净面积不应小于 12m²,避难间可利用疏散楼梯间的前室或消防电梯的前室,其他要求应符合本规范第 5.5.24 条的规定。</u>

<u>供失能老年人使用且层数大于 2 层的老年人照料设施,应按核定使用人数配备简易防毒面具。</u>

Ⅲ 住宅建筑

5.5.25 住宅建筑安全出口的设置应符合下列规定:

1 建筑高度不大于 27m 的建筑,当每个单元任一层的建筑面积大于 650m²,或任一户门至最近安全出口的距离大于 15m 时,每个单元每层的安全出口不应少于 2 个;

2 建筑高度大于 27m,不大于 54m 的建筑,当每个单元任一层的建筑面积大于 650m²,或任一户门至最近安全出口的距离大于 10m 时,每个单元每层的安全出口不应少于 2 个;

3 建筑高度大于 54m 的建筑,每个单元每层的安全出口不应少于 2 个。

5.5.26 建筑高度大于 27m,但不大于 54m 的住宅建筑,每个单元设置一座疏散楼梯时,疏散楼梯应通至屋面,且单元之间的疏散楼梯应能通过屋面连通,户门应采用乙级防火门。当不能通至屋面或不能通过屋面连通时,应设置 2 个安全出口。

5.5.27 住宅建筑的疏散楼梯设置应符合下列规定:

1 建筑高度不大于 21m 的住宅建筑可采用敞开楼梯间;与电梯井相邻布置的疏散楼梯应采用封闭楼梯间,当户门采用乙级防火门时,仍可采用敞开楼梯间。

2 建筑高度大于 21m,不大于 33m 的住宅建筑应采用封闭楼梯间;当户门采用乙级防火门时,可采用敞开楼梯间。

3 建筑高度大于 33m 的住宅建筑应采用防烟楼梯间。户门不宜直接开向前室,确有困难时,每层开向同一前室的户门不应大于 3 樘且应采用乙级防火门。

5.5.28 住宅单元的疏散楼梯,当分散设置确有困难且任一户门至最近疏散楼梯间入口的距离不大于 10m 时,可采用剪刀楼梯间,但应符合下列规定:

1 应采用防烟楼梯间。

2 梯段之间应设置耐火极限不低于 1.00h 的防火隔墙。

3 楼梯间的前室不宜共用;共用时,前室的使用面积不应小于 6.0m²。

4 楼梯间的前室或共用前室不宜与消防电梯的前室合用;楼梯间的共用前室与消防电梯的前室合用时,合用前室的使用面积不应小于 12.0m²,且短边不应小于 2.4m。

5.5.29 住宅建筑的安全疏散距离应符合下列规定:

1 直通疏散走道的户门至最近安全出口的直线距离不应大于表 5.5.29 的规定。

表 5.5.29 住宅建筑直通疏散走道的户门至最近安全出口的直线距离(m)

住宅建筑类别	位于两个安全出口之间的户门			位于袋形走道两侧或尽端的户门		
	一、二级	三级	四级	一、二级	三级	四级
单、多层	40	35	25	22	20	15
高层	40	—	—	20	—	—

注:1 开向敞开式外廊的户门至最近安全出口的最大直线距离可按本表的规定增加 5m。

2 直通疏散走道的户门至最近敞开楼梯间的直线距离,当户门位于两个楼梯间之间时,应按本表的规定减少 5m;户门位于袋形走道两侧或尽端时,应按本表的规定减少 2m。

3 住宅建筑内全部设置自动喷水灭火系统时,其安全疏散距离可按本表的规定增加 25%。

4 跃廊式住宅的户门至最近安全出口的距离,应从户门算起,小楼梯的一段距离可按其水平投影长度的 1.50 倍计算。

2 楼梯间应在首层直通室外,或在首层采用扩大的封闭楼梯间或防烟楼梯间前室。层数不超过 4 层时,可将直通室外的门设置在离楼梯间不大于 15m 处。

3 户内任一点至直通疏散走道的户门的直线距离不应大于表 5.5.29 规定的袋形走道两侧或尽端的疏散门至最近安全出口的最大直线距离。

注:跃层式住宅,户内楼梯的距离可按其梯段水平投影长度的 1.50 计算。

5.5.30 住宅建筑的户门、安全出口、疏散走道和疏散楼梯的各自总净宽度应经计算确定,且户门和安全出口的净宽度不应小于 0.90m,疏散走道、疏散楼梯和首层疏散外门的净宽度不应小于 1.10m。建筑高度不大于 18m 的住宅中一边设置栏杆的疏散楼梯,其净宽度不应小于 1.0m。

5.5.31 建筑高度大于 100m 的住宅建筑应设置避难层,避难层的设置应符合本规范第 5.5.23 条有关避难层的要求。

5.5.32 建筑高度大于 54m 的住宅建筑,每户应有一间房间符合下列规定:

1 应靠外墙设置,并应设置可开启外窗;

2 内、外墙体的耐火极限不应低于1.00h,该房间的门宜采用乙级防火门,外窗的耐火完整性不宜低于1.00h。

6 建筑构造

6.1 防火墙

6.1.1 防火墙应直接设置在建筑的基础或框架、梁等承重结构上,框架、梁等承重结构的耐火极限不应低于防火墙的耐火极限。

防火墙应从楼地面基层隔断至梁、楼板或屋面板的底面基层。当高层厂房(仓库)屋顶承重结构和屋面板的耐火极限低于1.00h,其他建筑屋顶承重结构和屋面板的耐火极限低于0.50h时,防火墙应高出屋面0.5m以上。

6.1.2 防火墙横截面中心线水平距离天窗端面小于4.0m,且天窗端面为可燃性墙体时,应采取防止火势蔓延的措施。

6.1.3 建筑外墙为难燃性或可燃性墙体时,防火墙应凸出墙的外表面0.4m以上,且防火墙两侧的外墙均应为宽度均不小于2.0m的不燃性墙体,其耐火极限不应低于外墙的耐火极限。

建筑外墙为不燃性墙体时,防火墙可不凸出墙的外表面,紧靠防火墙两侧的门、窗、洞口之间最近边缘的水平距离不应小于2.0m;采取设置乙级防火窗等防止火灾水平蔓延的措施时,该距离不限。

6.1.4 建筑内的防火墙不宜设置在转角处,确需设置时,内转角两侧墙上的门、窗、洞口之间最近边缘的水平距离不应小于4.0m;采取设置乙级防火窗等防止火灾水平蔓延的措施时,该距离不限。

6.1.5 防火墙上不应开设门、窗、洞口,确需开设时,应设置不可开启或火灾时能自动关闭的甲级防火门、窗。

可燃气体和甲、乙、丙类液体的管道严禁穿过防火墙。防火墙内不应设置排气道。

6.1.6 除本规范第6.1.5条规定外的其他管道不宜穿过防火墙,确需穿过时,应采用防火封堵材料将墙与管道之间的空隙紧密填实,穿过防火墙处的管道保温材料,应采用不燃材料;当管道是难燃及可燃材料时,应在防火墙两侧的管道上采取防火措施。

6.1.7 防火墙的构造应能在防火墙任意一侧的屋架、梁、楼板等受到火灾的影响而破坏时,不会导致防火墙倒塌。

6.2 建筑构件和管道井

6.2.1 剧场等建筑的舞台与观众厅之间的隔墙应采用耐火极限不低于3.00h的防火隔墙。

舞台上部与观众厅闷顶之间的隔墙可采用耐火极限不低于1.50h的防火隔墙,隔墙上的门应采用乙级防火门。

舞台下部的灯光操作室和可燃物储藏室应采用耐火极限不低于2.00h的防火隔墙与其他部位分隔。

电影放映室、卷片室应采用耐火极限不低于1.50h的防火隔墙与其他部位分隔,观察孔和放映孔应采取防火分隔措施。

6.2.2 医疗建筑内的手术室或手术部、产房、重症监护室、贵重精密医疗装备用房、储藏间、实验室、胶片室等,附设在建筑内的托儿所、幼儿园的儿童用房和儿童游乐厅等儿童活动场所、老年人照料设施,应采用耐火极限不低于2.00h的防火隔墙和1.00h的楼板与其他场所或部位分隔,墙上必须设置的门、窗应采用乙级防火门、窗。

6.2.3 建筑内的下列部位应采用耐火极限不低于2.00h的防火隔墙与其他部位分隔,墙上的门、窗应采用乙级防火门、窗,确有困难时,可采用防火卷帘,但应符合本规范第6.5.3条的规定:

1 甲、乙类生产部位和建筑内使用丙类液体的部位;

2 厂房内有明火和高温的部位;

3 甲、乙、丙类厂房(仓库)内布置有不同火灾危险性类别的房间;

4 民用建筑内的附属库房,剧场后台的辅助用房;

5 除居住建筑中套内的厨房外,宿舍、公寓建筑中的公共厨房和其他建筑内的厨房;

6 附设在住宅建筑内的机动车库。

6.2.4 建筑内的防火隔墙应从楼地面基层隔断至梁、楼板或屋面板的底面基层。住宅分户墙和单元之间的墙隔断至梁、楼板或屋面板的底面基层,屋面板的耐火极限不应低于0.50h。

6.2.5 除本规范另有规定外,建筑外墙上、下层开口之间应设置高度不小于1.2m的实体墙或挑出宽度不小于1.0m、长度不小于开口宽度的防火挑檐;当室内设置自动喷水灭火系统时,上、下层开口之间的实体墙高度不应小于0.8m。当上、下层开口之间设置实体墙确有困难时,可设置防火玻璃墙,但高层建筑的防火玻璃墙的耐火完整性不应低于1.00h,多层建筑的防火玻璃墙的耐火完整性不应低于0.50h。外窗的耐火完整性不应低于防火玻璃墙的耐火完整性要求。

住宅建筑外墙上相邻户开口之间的墙体宽度不应小于1.0m;小于1.0m时,应在开口之间设置突出外墙不小于0.6m的隔板。

实体墙、防火挑檐和隔板的耐火极限和燃烧性能,均不应低于相应耐火等级建筑外墙的要求。

6.2.6 建筑幕墙应在每层楼板外沿处采取符合本规范第6.2.5条规定的防火措施,幕墙与每层楼板、隔墙处的缝隙应采用防火封堵材料封堵。

6.2.7 附设在建筑内的消防控制室、灭火设备室、消防水泵房和通风空气调节机房、变配电室等,应采用耐火极限不低于2.00h的防火隔墙和1.50h的楼板与其他部位分隔。

设置在丁、戊类厂房内的通风机房,应采用耐火极限不低于1.00h的防火隔墙和0.50h的楼板与其他部位分隔。

通风、空气调节机房和变配电室开向建筑内的门采用甲级防火门,消防控制室和其他设备房开向建筑内的门采用乙级防火门。

6.2.8 冷库、低温环境生产场所采用泡沫塑料等可燃材料作墙体内的绝热层时,宜采用不燃绝热材料在每层楼板处做水平防火分隔。防火分隔部位的耐火极限不应低于楼板的耐火极限。冷库阁楼层和墙体的可燃绝热层宜采用不燃性墙体分隔。

冷库、低温环境生产场所采用泡沫塑料作内绝热层时,绝热层的燃烧性能不应低于B$_1$级,且绝热层的表面应采用不燃材料做防护层。

冷库的库房与加工车间贴邻建造时,应采用防火墙分隔,当确需开设相互连通的开口时,应采取防火隔间等措施进行分隔,隔间两侧的门应为甲级防火门。当冷库的氨压缩机房与加工车间贴邻时,应采用不开门窗洞口的防火墙分隔。

6.2.9 建筑内的电梯井等竖井应符合下列规定:

1 电梯井应独立设置,井内严禁敷设可燃气体和甲、乙、丙类液体管道,不应敷设与电梯无关的电缆、电线等。电梯井的井壁除设置电梯门、安全逃生门和通气孔洞外,不应设置其他开口。

2 电缆井、管道井、排烟道、排气道、垃圾道等竖向井道，应分别独立设置。井壁的耐火极限不应低于1.00h，井壁上的检查门应采用丙级防火门。

3 建筑内的电缆井、管道井应在每层楼板处采用不低于楼板耐火极限的不燃材料或防火封堵材料封堵。

建筑内的电缆井、管道井与房间、走道等相连通的孔隙应采用防火封堵材料封堵。

4 建筑内的垃圾道宜靠外墙设置，垃圾道的排气口应直接开向室外，垃圾斗应采用不燃材料制作，并应能自行关闭。

5 电梯层门的耐火极限不应低于1.00h，并应符合现行国家标准《电梯层门耐火试验 完整性、隔热性和热通量测定法》GB/T 27903规定的完整性和隔热性要求。

6.2.10 户外电致发光广告牌不应直接设置在有可燃、难燃材料的墙体上。

户外广告牌的设置不应遮挡建筑的外窗，不应影响外部灭火救援行动。

6.3 屋顶、闷顶和建筑缝隙

6.3.1 在三、四级耐火等级建筑的闷顶内采用可燃材料作绝热层时，屋顶不应采用冷摊瓦。

闷顶内的非金属烟囱周围0.5m、金属烟囱0.7m范围内，应采用不燃材料作绝热层。

6.3.2 层数超过2层的三级耐火等级建筑内的闷顶，应在每个防火隔断范围内设置老虎窗，且老虎窗的间距不宜大于50m。

6.3.3 内有可燃物的闷顶，应在每个防火隔断范围内设置净宽度和净高度均不小于0.7m的闷顶入口；对于公共建筑，每个防火隔断范围内的闷顶入口不宜少于2个。闷顶入口宜布置在走廊中靠近楼梯间的部位。

6.3.4 变形缝内的填充材料和变形缝的构造基层应采用不燃材料。

电线、电缆、可燃气体和甲、乙、丙类液体的管道不宜穿过建筑内的变形缝，确需穿过时，应在穿过处加设不燃材料制作的套管或采取其他防变形措施，并应采用防火封堵材料封堵。

6.3.5 防烟、排烟、供暖、通风和空气调节系统中的管道及建筑内的其他管道，在穿越防火隔墙、楼板和防火墙处的孔隙应采用防火封堵材料封堵。

风管穿过防火隔墙、楼板和防火墙时，穿越处风管上的防火阀、排烟防火阀两侧各2.0m范围内的风管应采用耐火风管或风管外壁应采取防火保护措施，且耐火极限不应低于该防火分隔体的耐火极限。

6.3.6 建筑内受高温或火焰作用易变形的管道，在贯穿楼板部位和穿越防火隔墙的两侧宜采取阻火措施。

6.3.7 建筑屋顶上的开口与邻近建筑或设施之间，应采取防止火灾蔓延的措施。

6.4 疏散楼梯间和疏散楼梯等

6.4.1 疏散楼梯间应符合下列规定：

1 楼梯间应能天然采光和自然通风，并宜靠外墙设置。靠外墙设置时，楼梯间、前室及合用前室外墙上的窗口与两侧门、窗、洞口最近边缘的水平距离不应小于1.0m。

2 楼梯间内不应设置烧水间、可燃材料储藏室、垃圾道。

3 楼梯间内不应有影响疏散的凸出物或其他障碍物。

4 封闭楼梯间、防烟楼梯间及其前室，不应设置卷帘。

5 楼梯间内不应设置甲、乙、丙类液体管道。

6 封闭楼梯间、防烟楼梯间及其前室内禁止穿过或设置可燃气体管道。敞开楼梯间内不应设置可燃气体管道，当住宅建筑的敞开楼梯间内确需设置可燃气体管道和可燃气体计量表时，应采用金属管和设置切断气源的阀门。

6.4.2 封闭楼梯间除应符合本规范第6.4.1条的规定外，尚应符合下列规定：

1 不能自然通风或自然通风不能满足要求时，应设置机械加压送风系统或采用防烟楼梯间。

2 除楼梯间的出入口和外窗外，楼梯间的墙上不应开设其他门、窗、洞口。

3 高层建筑、人员密集的公共建筑、人员密集的多层丙类厂房、甲、乙类厂房，其封闭楼梯间的门应采用乙级防火门，并应向疏散方向开启；其他建筑，可采用双向弹簧门。

4 楼梯间的首层可将走道和门厅等包括在楼梯间内形成扩大的封闭楼梯间，但应采用乙级防火门等与其他走道和房间分隔。

6.4.3 防烟楼梯间除应符合本规范第6.4.1条的规定外，尚应符合下列规定：

1 应设置防烟设施。

2 前室可与消防电梯间前室合用。

3 前室的使用面积：公共建筑、高层厂房（仓库），不应小于6.0m²；住宅建筑，不应小于4.5m²。

与消防电梯间前室合用时，合用前室的使用面积：公共建筑、高层厂房（仓库），不应小于10.0m²；住宅建筑，不应小于6.0m²。

4 疏散走道通向前室以及前室通向楼梯间的门应采用乙级防火门。

5 除住宅建筑的楼梯间前室外，防烟楼梯间和前室内的墙上不应开设除疏散门和送风口外的其他门、窗、洞口。

6 楼梯间的首层可将走道和门厅等包括在楼梯间前室内形成扩大的前室，但应采用乙级防火门等与其他走道和房间分隔。

6.4.4 除通向避难层错位的疏散楼梯外，建筑内的疏散楼梯间在各层的平面位置不应改变。

除住宅建筑套内的自用楼梯外，地下或半地下建筑（室）的疏散楼梯间，应符合下列规定：

1 室内地面与室外出入口地坪高差大于10m或3层及以上的地下、半地下建筑（室），其疏散楼梯应采用防烟楼梯间；其他地下或半地下建筑（室），其疏散楼梯应采用封闭楼梯间。

2 应在首层采用耐火极限不低于2.00h的防火隔墙与其他部位分隔并应直通室外，确需在隔墙上开门时，应采用乙级防火门。

3 建筑的地下或半地下部分与地上部分不应共用楼梯间，确需共用楼梯间时，应在首层采用耐火极限不低于2.00h的防火隔墙和乙级防火门将地下或半地下部分与地上部分的连通部位完全分隔，并应设置明显的标志。

6.4.5 室外疏散楼梯应符合下列规定：

1 栏杆扶手的高度不应小于1.10m，楼梯的净宽度不应小于0.90m。

2 倾斜角度不应大于45°。

3 梯段和平台均应采用不燃材料制作。平台的耐火极限不应低于1.00h，梯段的耐火极限不应低于0.25h。

4 通向室外楼梯的门应采用乙级防火门，并应向外开启。

5 除疏散门外,楼梯周围2m内的墙面上不应设置门、窗、洞口。疏散门不应正对梯段。

6.4.6 用作丁、戊类厂房内第二安全出口的楼梯可采用金属梯,但其净宽度不应小于0.90m,倾斜角度不应大于45°。

丁、戊类高层厂房,当每层工作平台上的人数不超过2人且各层工作平台上同时工作的人数总和不超过10人时,其疏散楼梯可采用敞开楼梯或利用净宽度不小于0.90m、倾斜角度不大于60°的金属梯。

6.4.7 疏散用楼梯和疏散通道上的阶梯不宜采用螺旋楼梯和扇形踏步;确需采用时,踏步上、下两级所形成的平面角度不应大于10°,且每级离扶手250mm处的踏步深度不应小于220mm。

6.4.8 建筑内的公共疏散楼梯,其两梯段及扶手间的水平净距不宜小于150mm。

6.4.9 高度大于10m的三级耐火等级建筑应设置通至屋顶的室外消防梯。室外消防梯不应面对老虎窗,宽度不应小于0.6m,且宜从离地面3.0m高处设置。

6.4.10 疏散走道在防火分区处应设置常开甲级防火门。

6.4.11 建筑内的疏散门应符合下列规定:

1 民用建筑和厂房的疏散门,应采用向疏散方向开启的平开门,不应采用推拉门、卷帘门、吊门、转门和折叠门。除甲、乙类生产车间外,人数不超过60人且每樘门的平均疏散人数不超过30人的房间,其疏散门的开启方向不限。

2 仓库的疏散门应采用向疏散方向开启的平开门,但丙、丁、戊类仓库首层靠墙的外侧可采用推拉门或卷帘门。

3 开向疏散楼梯或疏散楼梯间的门,当其完全开启时,不应减少楼梯平台的有效宽度。

4 人员密集场所内平时需要控制人员随意出入的疏散门和设置门禁系统的住宅、宿舍、公寓建筑的外门,应保证火灾时不需使用钥匙等任何工具即能从内部易于打开,并应在显著位置设置具有使用提示的标识。

6.4.12 用于防火分隔的下沉式广场等室外开敞空间,应符合下列规定:

1 分隔后的不同区域通向下沉式广场等室外开敞空间的开口最近边缘之间的水平距离不应小于13m。室外开敞空间除用于人员疏散外不得用于其他商业或可能导致火灾蔓延的用途,其中用于疏散的净面积不应小于169m²。

2 下沉式广场等室外开敞空间内应设置不少于1部直通地面的疏散楼梯。当连接下沉广场的防火分区需利用下沉广场进行疏散时,疏散楼梯的总净宽度不应小于任一防火分区通向室外开敞空间的设计疏散总净宽度。

3 确需设置防风雨篷时,防风雨篷不应完全封闭,四周开口部位应均匀布置,开口的面积不应小于该空间地面面积的25%,开口高度不应小于1.0m;开口设置百叶时,百叶的有效排烟面积可按百叶通风口面积的60%计算。

6.4.13 防火隔间的设置应符合下列规定:

1 防火隔间的建筑面积不应小于6.0m²;

2 防火隔间的门应采用甲级防火门;

3 不同防火分区通向防火隔间的门不应计入安全出口,门的最小间距不应小于4m;

4 防火隔间内部装修材料的燃烧性能应为A级;

5 不应用于除人员通行外的其他用途。

6.4.14 避难走道的设置应符合下列规定:

1 避难走道防火隔墙的耐火极限不应低于3.00h,楼板的耐火极限不应低于1.50h。

2 避难走道直通地面的出口不应少于2个,并应设置在不同方向;当避难走道仅与一个防火分区相通且该防火分区至少有1个直通室外的安全出口时,可设置1个直通地面的出口。任一防火分区通向该避难走道的门至该避难走道最近直通地面的出口的距离不应大于60m。

3 避难走道的净宽度不应小于任一防火分区通向该避难走道的设计疏散总净宽度。

4 避难走道内部装修材料的燃烧性能应为A级。

5 防火分区至避难走道入口处应设置防烟前室,前室的使用面积不应小于6.0m²,开向前室的门应采用甲级防火门,前室开向避难走道的门应采用乙级防火门。

6 避难走道内应设置消火栓、消防应急照明、应急广播和消防专线电话。

6.5 防火门、窗和防火卷帘

6.5.1 防火门的设置应符合下列规定:

1 设置在建筑内经常有人通行处的防火门宜采用常开防火门。常开防火门应能在火灾时自行关闭,并应具有信号反馈的功能。

2 除允许设置常开防火门的位置外,其他位置的防火门均应采用常闭防火门。常闭防火门应在其明显位置设置"保持防火门关闭"等提示标识。

3 除管井检修门和住宅的户门外,防火门应具有自行关闭功能。双扇防火门应具有按顺序自行关闭的功能。

4 除本规范第6.4.11条第4款的规定外,防火门应能在其内外两侧手动开启。

5 设置在建筑变形缝附近时,防火门应设置在楼层较多的一侧,并应保证防火门开启时门扇不跨越变形缝。

6 防火门关闭后应具有防烟性能。

7 甲、乙、丙级防火门应符合现行国家标准《防火门》GB 12955的规定。

6.5.2 设置在防火墙、防火隔墙上的防火窗,应采用不可开启的窗扇或具有火灾时能自行关闭的功能。

防火窗应符合现行国家标准《防火窗》GB 16809的有关规定。

6.5.3 防火分隔部位设置防火卷帘时,应符合下列规定:

1 除中庭外,当防火分隔部位的宽度不大于30m时,防火卷帘的宽度不应大于10m;当防火分隔部位的宽度大于30m时,防火卷帘的宽度不应大于该部位宽度的1/3,且不应大于20m。

2 防火卷帘应具有火灾时靠自重自动关闭功能。

3 除本规范另有规定外,防火卷帘的耐火极限不应低于本规范对所设置部位墙体的耐火极限要求。

当防火卷帘的耐火极限符合现行国家标准《门和卷帘的耐火试验方法》GB/T 7633有关耐火完整性和耐火隔热性的判定条件时,可不设置自动喷水灭火系统保护。

当防火卷帘的耐火极限仅符合现行国家标准《门和卷帘的耐火试验方法》GB/T 7633有关耐火完整性的判定条件时,应设置自动喷水灭火系统保护。自动喷水灭火系统的设计应符合现行国家标准《自动喷水灭火系统设计规范》GB 50084的规定,但火灾延续时间不小于该防火卷帘的耐火极限。

4 防火卷帘应具有防烟性能,与楼板、梁、墙、柱之间的空隙应采用防火封堵材料封堵。

5 需在火灾时自动降落的防火卷帘,应具有信号反馈的功能。

6 其他要求,应符合现行国家标准《防火卷帘》GB 14102的规定。

6.6 天桥、栈桥和管沟

6.6.1 天桥、跨越房屋的栈桥以及供输送可燃材料、可燃气体和甲、乙、丙类液体的栈桥,均应采用不燃材料。

6.6.2 输送有火灾、爆炸危险物质的栈桥不应兼作疏散通道。

6.6.3 封闭天桥、栈桥与建筑物连接处的门洞以及敷设甲、乙、丙类液体管道的封闭管沟(廊),均宜采取防止火灾蔓延的措施。

6.6.4 连接两座建筑物的天桥、连廊,应采取防止火灾在两座建筑间蔓延的措施。当仅供通行的天桥、连廊采用不燃材料,且建筑物通向天桥、连廊的出口符合安全出口的要求时,该出口可作为安全出口。

6.7 建筑保温和外墙装饰

6.7.1 建筑的内、外保温系统,宜采用燃烧性能为 A 级的保温材料,不宜采用 B_2 级保温材料,严禁采用 B_3 级保温材料;设置保温系统的基层墙体或屋面板的耐火极限应符合本规范的有关规定。

6.7.2 建筑外墙采用内保温系统时,保温系统应符合下列规定:

　　1 对于人员密集场所,用火、燃油、燃气等具有火灾危险性的场所以及各类建筑内的疏散楼梯间、避难走道、避难间、避难层等场所或部位,应采用燃烧性能为 A 级的保温材料。

　　2 对于其他场所,应采用低烟、低毒且燃烧性能不低于 B_1 级的保温材料。

　　3 保温系统应采用不燃材料做防护层。采用燃烧性能为 B_1 级的保温材料时,防护层的厚度不应小于 **10mm**。

6.7.3 建筑外墙采用保温材料与两侧墙体构成无空腔复合保温结构体时,该结构体的耐火极限应符合本规范的有关规定;当保温材料的燃烧性能为 B_1、B_2 级时,保温材料两侧的墙体采用不燃材料且厚度均不应小于 **50mm**。

6.7.4 设置人员密集场所的建筑,其外墙外保温材料的燃烧性能应为 A 级。

6.7.4A 除本规范第 6.7.3 条规定的情况外,下列老年人照料设施的内、外墙体和屋面保温材料应采用燃烧性能为 A 级的保温材料:

　　1 独立建造的老年人照料设施;

　　2 与其他建筑组合建造且老年人照料设施部分的总建筑面积大于 $500m^2$ 的老年人照料设施。

6.7.5 与基层墙体、装饰层之间无空腔的建筑外墙外保温系统,其保温材料应符合下列规定:

　　1 住宅建筑:

　　　　1)建筑高度大于 100m 时,保温材料的燃烧性能应为 A 级;

　　　　2)建筑高度大于 27m,但不大于 100m 时,保温材料的燃烧性能不应低于 B_1 级;

　　　　3)建筑高度不大于 27m 时,保温材料的燃烧性能不应低于 B_2 级。

　　2 除住宅建筑和设置人员密集场所的建筑外,其他建筑:

　　　　1)建筑高度大于 50m 时,保温材料的燃烧性能应为 A 级;

　　　　2)建筑高度大于 24m,但不大于 50m 时,保温材料的燃烧性能不应低于 B_1 级;

　　　　3)建筑高度不大于 24m 时,保温材料的燃烧性能不应低于 B_2 级。

6.7.6 除设置人员密集场所的建筑外,与基层墙体、装饰层之间有空腔的建筑外墙外保温系统,其保温材料应符合下列规定:

　　1 建筑高度大于 24m 时,保温材料的燃烧性能应为 A 级;

　　2 建筑高度不大于 24m 时,保温材料的燃烧性能不应低于 B_1 级。

6.7.7 除本规范第 6.7.3 条规定的情况外,当建筑的外墙外保温系统按本节规定采用燃烧性能为 B_1、B_2 级的保温材料时,应符合下列规定:

　　1 除采用 B_1 级保温材料且建筑高度不大于 24m 的公共建筑或采用 B_1 级保温材料且建筑高度不大于 27m 的住宅建筑外,建筑外墙上门、窗的耐火完整性不应低于 0.50h。

　　2 应在保温系统中每层设置水平防火隔离带。防火隔离带应采用燃烧性能为 A 级的材料,防火隔离带的高度不应小于 300mm。

6.7.8 建筑的外墙外保温系统应采用不燃材料在其表面设置防护层,防护层应将保温材料完全包覆。除本规范第 6.7.3 条规定的情况外,当按本节规定采用 B_1、B_2 级保温材料时,防护层厚度首层不应小于 15mm,其他层不应小于 5mm。

6.7.9 建筑外墙外保温系统与基层墙体、装饰层之间的空腔,应在每层楼板处采用防火封堵材料封堵。

6.7.10 建筑的屋面外保温系统,当屋面板的耐火极限不低于 1.00h 时,保温材料的燃烧性能不应低于 B_2 级;当屋面板的耐火极限低于 1.00h 时,不应低于 B_1 级。采用 B_1、B_2 级保温材料的外保温系统应采用不燃材料作防护层,防护层的厚度不应小于 10mm。

　　当建筑的屋面和外墙外保温系统均采用 B_1、B_2 级保温材料时,屋面与外墙之间应采用宽度不小于 500mm 的不燃材料设置防火隔离带进行分隔。

6.7.11 电气线路不应穿越或敷设在燃烧性能为 B_1 或 B_2 级的保温材料中;确需穿越或敷设时,应采取穿金属管并在金属管周围采用不燃隔热材料进行防火隔离等防火保护措施。设置开关、插座等电器配件的部位周围应采取不燃隔热材料进行防火隔离等防火保护措施。

6.7.12 建筑外墙的装饰层应采用燃烧性能为 A 级的材料,但建筑高度不大于 50m 时,可采用 B_1 级材料。

7 灭火救援设施

7.1 消 防 车 道

7.1.1 街区内的道路应考虑消防车的通行,道路中心线间的距离不宜大于 160m。

　　当建筑物沿街道部分的长度大于 150m 或总长度大于 220m 时,应设置穿过建筑物的消防车道。确有困难时,应设置环形消防车道。

7.1.2 高层民用建筑,超过 3000 个座位的体育馆,超过 2000 个座位的会堂,占地面积大于 $3000m^2$ 的商店建筑、展览建筑等单、多层公共建筑应设置环形消防车道,确有困难时,可沿建筑的两个长边设置消防车道;对于高层住宅建筑和山坡地或河道边临空建造的高层民用建筑,可沿建筑的一个长边设置消防车道,但该长边所在建筑立面应为消防车登高操作面。

7.1.3 工厂、仓库区内应设置消防车道。

　　高层厂房,占地面积大于 $3000m^2$ 的甲、乙、丙类厂房和占地面积大于 $1500m^2$ 的乙、丙类仓库,应设置环形消防车道,确有困难时,应沿建筑物的两个长边设置消防车道。

7.1.4 有封闭内院或天井的建筑物,当内院或天井的短边长度大于 24m 时,宜设置进入内院或天井的消防车道;当该建筑物沿街时,应设置连通街道和内院的人行通道(可利用楼梯间),其间距不宜大于 80m。

7.1.5 在穿过建筑物或进入建筑物内院的消防车道两侧,不应设置影响消防车通行或人员安全疏散的设施。

7.1.6 可燃材料露天堆场区,液化石油气储罐区,甲、乙、丙类液体储罐区和可燃气体储罐区,应设置消防车道。消防车道的设置应符合下列规定:

1 储量大于表7.1.6规定的堆场、储罐区,宜设置环形消防车道。

表7.1.6 堆场或储罐区的储量

名称	棉、麻、毛、化纤(t)	秸秆、芦苇(t)	木材(m³)	甲、乙、丙类液体储罐(m³)	液化石油气储罐(m³)	可燃气体储罐(m³)
储量	1000	5000	5000	1500	500	30000

2 占地面积大于30000m²的可燃材料堆场,应设置与环形消防车道相通的中间消防车道,消防车道的间距不宜大于150m。液化石油气储罐区,甲、乙、丙类液体储罐区和可燃气体储罐区内的环形消防车道之间宜设置连通的消防车道。

3 消防车道的边缘距离可燃材料堆垛不应小于5m。

7.1.7 供消防车取水的天然水源和消防水池应设置消防车道。消防车道的边缘距离取水点不宜大于2m。

7.1.8 消防车道应符合下列要求:

1 车道的净宽度和净空高度均不应小于4.0m;

2 转弯半径应满足消防车转弯的要求;

3 消防车道与建筑之间不应设置妨碍消防车操作的树木、架空管线等障碍物;

4 消防车道靠建筑外墙一侧的边缘距离建筑外墙不宜小于5m;

5 消防车道的坡度不宜大于8%。

7.1.9 环形消防车道至少应有两处与其他车道连通。尽头式消防车道应设置回车道或回车场,回车场的面积不应小于12m×12m;对于高层建筑,不宜小于15m×15m;供重型消防车使用时,不宜小于18m×18m。

消防车道的路面、救援操作场地、消防车道和救援操作场地下面的管道和暗沟等,应能承受重型消防车的压力。

消防车道可利用城乡、厂区道路等,但该道路应满足消防车通行、转弯和停靠的要求。

7.1.10 消防车道不宜与铁路正线平交,确需平交时,应设置备用车道,且两车道的间距不应小于一列火车的长度。

7.2 救援场地和入口

7.2.1 高层建筑应至少沿一个长边或周边长度的1/4且不小于一个长边长度的底边连续布置消防车登高操作场地,该范围内的裙房进深不应大于4m。

建筑高度不大于50m的建筑,连续布置消防车登高操作场地确有困难时,可间隔布置,但间隔距离不宜大于30m,且消防车登高操作场地的总长度仍应符合上述规定。

7.2.2 消防车登高操作场地应符合下列规定:

1 场地与厂房、仓库、民用建筑之间不应设置妨碍消防车操作的树木、架空管线等障碍物和车库出入口。

2 场地的长度和宽度分别不应小于15m和10m。对于建筑高度大于50m的建筑,场地的长度和宽度分别不应小于20m和10m。

3 场地及其下面的建筑结构、管道和暗沟等,应能承受重型消防车的压力。

4 场地应与消防车道连通,场地靠建筑外墙一侧的边缘距离建筑外墙不宜小于5m,且不应大于10m,场地的坡度不宜大于3%。

7.2.3 建筑物与消防车登高操作场地相对应的范围内,应设置直通室外的楼梯或直通楼梯间的入口。

7.2.4 厂房、仓库、公共建筑的外墙应在每层的适当位置设置可供消防救援人员进入的窗口。

7.2.5 供消防救援人员进入的窗口的净高度和净宽度均不应小于1.0m,下沿距室内地面不宜大于1.2m,间距不宜大于20m且每个防火分区不应少于2个,设置位置应与消防车登高操作场地相对应。窗口的玻璃应易于破碎,并应设置可在室外易于识别的明显标志。

7.3 消防电梯

7.3.1 下列建筑应设置消防电梯:

1 建筑高度大于33m的住宅建筑;

2 一类高层公共建筑和建筑高度大于32m的二类高层公共建筑、5层及以上且总建筑面积大于3000m²(包括设置在其他建筑内五层及以上楼层)的老年人照料设施;

3 设置消防电梯的建筑的地下或半地下室,埋深大于10m且总建筑面积大于3000m²的其他地下或半地下建筑(室)。

7.3.2 消防电梯应分别设置在不同防火分区内,且每个防火分区不应少于1台。

7.3.3 建筑高度大于32m且设置电梯的高层厂房(仓库),每个防火分区内宜设置1台消防电梯,但符合下列条件的建筑可不设置消防电梯:

1 建筑高度大于32m且设置电梯,任一层工作平台上的人数不超过2人的高层塔架;

2 局部建筑高度大于32m,且局部高出部分的每层建筑面积不大于50m²的丁、戊类厂房。

7.3.4 符合消防电梯要求的客梯或货梯可兼作消防电梯。

7.3.5 除设置在仓库连廊、冷库穿堂或谷物筒仓工作塔内的消防电梯外,消防电梯应设置前室,并应符合下列规定:

1 前室宜靠外墙设置,并应在首层直通室外或经过长度不大于30m的通道通向室外;

2 前室的使用面积不应小于6.0m²,前室的短边不应小于2.4m;与防烟楼梯间合用的前室,其使用面积尚应符合本规范第5.5.28条和第6.4.3条的规定;

3 除前室的出入口、前室内设置的正压送风口和本规范第5.5.27条规定的户门外,前室内不应开设其他门、窗、洞口;

4 前室或合用前室的门应采用乙级防火门,不应设置卷帘。

7.3.6 消防电梯井、机房与相邻电梯井、机房之间应设置耐火极限不低于2.00h的防火隔墙,隔墙上的门应采用甲级防火门。

7.3.7 消防电梯的井底应设置排水设施,排水井的容量不应小于2m³,排水泵的排水量不应小于10L/s。消防电梯间前室的门口宜设置挡水设施。

7.3.8 消防电梯应符合下列规定:

1 应能每层停靠;

2 电梯的载重量不应小于800kg;

3 电梯从首层至顶层的运行时间不宜大于60s;

4 电梯的动力与控制电缆、电线、控制面板应采取防水措施;

5 在首层的消防电梯入口处应设置供消防队员专用的操作按钮;

6 电梯轿厢的内部装修应采用不燃材料;

7 电梯轿厢内部应设置专用消防对讲电话。

7.4 直升机停机坪

7.4.1 建筑高度大于100m且标准层建筑面积大于2000m²的

公共建筑,宜在屋顶设置直升机停机坪或供直升机救助的设施。

7.4.2 直升机停机坪应符合下列规定:

　　1 设置在屋顶平台上时,距离设备机房、电梯机房、水箱间、共用天线等突出物不应小于 5m;

　　2 建筑通向停机坪的出口不应少于 2 个,每个出口的宽度不宜小于 0.90m;

　　3 四周应设置航空障碍灯,并应设置应急照明;

　　4 在停机坪的适当位置应设置消火栓;

　　5 其他要求应符合国家现行航空管理有关标准的规定。

8　消防设施的设置

8.1　一般规定

8.1.1 消防给水和消防设施的设置应根据建筑的用途及其重要性、火灾危险性、火灾特性和环境条件等因素综合确定。

8.1.2 城镇(包括居住区、商业区、开发区、工业区等)应沿可通行消防车的街道设置市政消火栓系统。

　　民用建筑、厂房、仓库、储罐(区)和堆场周围应设置室外消火栓系统。

　　用于消防救援和消防车停靠的屋面上,应设置室外消火栓系统。

　　注:耐火等级不低于二级且建筑体积不大于 3000m³ 的戊类厂房,居住区人数不超过 500 且建筑层数不超过两层的居住区,可不设置室外消火栓系统。

8.1.3 自动喷水灭火系统、水喷雾灭火系统、泡沫灭火系统和固定消防炮灭火系统等系统以及下列建筑的室内消火栓给水系统应设置消防水泵接合器:

　　1 超过 5 层的公共建筑;

　　2 超过 4 层的厂房或仓库;

　　3 其他高层建筑;

　　4 超过 2 层或建筑面积大于 10000m² 的地下建筑(室)。

8.1.4 甲、乙、丙类液体储罐(区)内的储罐应设置移动水枪或固定水冷却设施。高度大于 15m 或单罐容积大于 2000m³ 的甲、乙、丙类液体地上储罐,宜采用固定水冷却设施。

8.1.5 总容积大于 50m³ 或单罐容积大于 20m³ 的液化石油气储罐(区)应设置固定水冷却设施,埋地的液化石油气储罐可不设置固定喷水冷却装置。总容积不大于 50m³ 或单罐容积不大于 20m³ 的液化石油气储罐(区),应设置移动式水枪。

8.1.6 消防水泵房的设置应符合下列规定:

　　1 单独建造的消防水泵房,其耐火等级不应低于二级;

　　2 附设在建筑内的消防水泵房,不应设置在地下三层及以下或室内地面与室外出入口地坪高差大于 10m 的地下楼层;

　　3 疏散门应直通室外或安全出口。

8.1.7 设置火灾自动报警系统和需要联动控制的消防设备的建筑(群)应设置消防控制室。消防控制室的设置应符合下列规定:

　　1 单独建造的消防控制室,其耐火等级不应低于二级;

　　2 附设在建筑内的消防控制室,宜设置在建筑内首层或地下一层,并宜布置在靠外墙部位;

　　3 不应设置在电磁场干扰较强及其他可能影响消防控制设备正常工作的房间附近;

　　4 疏散门应直通室外或安全出口;

　　5 消防控制室内的设备构成及其对建筑消防设施的控制

与显示功能以及向远程监控系统传输相关信息的功能,应符合现行国家标准《火灾自动报警系统设计规范》GB 50116 和《消防控制室通用技术要求》GB 25506 的规定。

8.1.8 消防水泵房和消防控制室应采取防水淹的技术措施。

8.1.9 设置在建筑内的防排烟风机应设置在不同的专用机房内,有关防火分隔措施应符合本规范第 6.2.7 条的规定。

8.1.10 高层住宅建筑的公共部位和公共建筑内应设置灭火器,其他住宅建筑的公共部位宜设置灭火器。

　　厂房、仓库、储罐(区)和堆场,应设置灭火器。

8.1.11 建筑外墙设置有玻璃幕墙或采用火灾时可能脱落的墙体装饰材料或构造时,供灭火救援用的水泵接合器、室外消火栓等室外消防设施,应设置在距离建筑外墙相对安全的位置或采取安全防护措施。

8.1.12 设置在建筑室内外供人员操作或使用的消防设施,均应设置区别于环境的明显标志。

8.1.13 有关消防系统及设施的设计,应符合现行国家标准《消防给水及消火栓系统技术规范》GB 50974、《自动喷水灭火系统设计规范》GB 50084、《火灾自动报警系统设计规范》GB 50116 等标准的规定。

8.2　室内消火栓系统

8.2.1 下列建筑或场所应设置室内消火栓系统:

　　1 建筑占地面积大于 300m² 的厂房和仓库;

　　2 高层公共建筑和建筑高度大于 21m 的住宅建筑;

　　注:建筑高度不大于 27m 的住宅建筑,设置室内消火栓系统确有困难时,可只设置干式消防竖管和不带消火栓箱的 DN65 的室内消火栓。

　　3 体积大于 5000m³ 的车站、码头、机场的候车(船、机)建筑、展览建筑、商店建筑、旅馆建筑、医疗建筑、<u>老年人照料设施</u>和图书馆建筑等单、多层建筑;

　　4 特等、甲等剧场,超过 800 个座位的其他等级的剧场和电影院等以及超过 1200 个座位的礼堂、体育馆等单、多层建筑;

　　5 建筑高度大于 15m 或体积大于 10000m³ 的办公建筑、教学建筑和其他单、多层民用建筑。

8.2.2 本规范第 8.2.1 条未规定的建筑或场所和符合本规范第 8.2.1 条规定的下列建筑或场所,可不设置室内消火栓系统,但宜设置消防软管卷盘或轻便消防水龙:

　　1 耐火等级为一、二级且可燃物较少的单、多层丁、戊类厂房(仓库)。

　　2 耐火等级为三、四级且建筑体积不大于 3000m³ 的丁类厂房;耐火等级为三、四级且建筑体积不大于 5000m³ 的戊类厂房(仓库)。

　　3 粮食仓库、金库、远离城镇且无人值班的独立建筑。

　　4 存有与水接触能引起燃烧爆炸的物品的建筑。

　　5 室内无生产、生活给水管道,室外消防用水取自储水池且建筑体积不大于 5000m³ 的其他建筑。

8.2.3 国家级文物保护单位的重点砖木或木结构的古建筑,宜设置室内消火栓系统。

8.2.4 人员密集的公共建筑、建筑高度大于 100m 的建筑和建筑面积大于 200m² 的商业服务网点内应设置消防软管卷盘或轻便消防水龙。高层住宅建筑的户内宜配置轻便消防水龙。

　　<u>老年人照料设施内应设置与室内供水系统直接连接的消防软管卷盘,消防软管卷盘的设置间距不应大于 30.0m。</u>

8.3　自动灭火系统

8.3.1 除本规范另有规定和不宜用水保护或灭火的场所外,

下列厂房或生产部位应设置自动灭火系统,并宜采用自动喷水灭火系统:

1　不小于 50000 纱锭的棉纺厂的开包、清花车间,不小于 5000 锭的麻纺厂的分级、梳麻车间,火柴厂的烤梗、筛选部位;

2　占地面积大于 1500m² 或总建筑面积大于 3000m² 的单、多层制鞋、制衣、玩具及电子等类似生产的厂房;

3　占地面积大于 1500m² 的木器厂房;

4　泡沫塑料厂的预发、成型、切片、压花部位;

5　高层乙、丙类厂房;

6　建筑面积大于 500m² 的地下或半地下丙类厂房。

8.3.2　除本规范另有规定和不宜用水保护或灭火的仓库外,下列仓库应设置自动灭火系统,并宜采用自动喷水灭火系统:

1　每座占地面积大于 1000m² 的棉、毛、丝、麻、化纤、毛皮及其制品的仓库;

注:单层占地面积不大于 2000m² 的棉花库房,可不设置自动喷水灭火系统。

2　每座占地面积大于 600m² 的火柴仓库;

3　邮政建筑内建筑面积大于 500m² 的空邮袋库;

4　可燃、难燃物品的高架仓库和高层仓库;

5　设计温度高于 0℃ 的高架冷库,设计温度高于 0℃ 且每个防火分区建筑面积大于 1500m² 的非高架冷库;

6　总建筑面积大于 500m² 的可燃物品地下仓库;

7　每座占地面积大于 1500m² 或总建筑面积大于 3000m² 的其他单层或多层丙类物品仓库。

8.3.3　除本规范另有规定和不宜用水保护或灭火的场所外,下列高层民用建筑或场所应设置自动灭火系统,并宜采用自动喷水灭火系统:

1　一类高层公共建筑(除游泳池、溜冰场外)及其地下、半地下室;

2　二类高层公共建筑及其地下、半地下室的公共活动用房、走道、办公室和旅馆的客房、可燃物品库房、自动扶梯底部;

3　高层民用建筑内的歌舞娱乐放映游艺场所;

4　建筑高度大于 100m 的住宅建筑。

8.3.4　除本规范另有规定和不宜用水保护或灭火的场所外,下列单、多层民用建筑或场所应设置自动灭火系统,并宜采用自动喷水灭火系统:

1　特等、甲等剧场,超过 1500 个座位的其他等级的剧场,超过 2000 个座位的会堂或礼堂,超过 3000 个座位的体育馆,超过 5000 人的体育场的室内人员休息室与器材间等;

2　任一层建筑面积大于 1500m² 或总建筑面积大于 3000m² 的展览、商店、餐饮和旅馆建筑以及医院中同样建筑规模的病房楼、门诊楼和手术部;

3　设置送回风道(管)的集中空气调节系统且总建筑面积大于 3000m² 的办公建筑等;

4　藏书超过 50 万册的图书馆;

5　大、中型幼儿园,老年人照料设施;

6　总建筑面积大于 500m² 的地下或半地下商店;

7　设置在地下或半地下或地上四层及以上楼层的歌舞娱乐放映游艺场所(除游泳场所外),设置在首层、二层和三层且任一层建筑面积大于 300m² 的地上歌舞娱乐放映游艺场所(除游泳场所外)。

8.3.5　根据本规范要求难以设置自动喷水灭火系统的展览厅、观众厅等人员密集的场所和丙类生产车间、库房等高大空间场所,应设置其他自动灭火系统,并宜采用固定消防炮等灭火系统。

火系统。

8.3.6　下列部位宜设置水幕系统:

1　特等、甲等剧场、超过 1500 个座位的其他等级的剧场、超过 2000 个座位的会堂或礼堂和高层民用建筑内超过 800 个座位的剧场或礼堂的舞台口及上述场所内与舞台相连的侧台、后台的洞口;

2　应设置防火墙等防火分隔物而无法设置的局部开口部位;

3　需要防护冷却的防火卷帘或防火幕的上部。

注:舞台口也可采用防火幕进行分隔,侧台、后台的较小洞口宜设置乙级防火门、窗。

8.3.7　下列建筑或部位应设置雨淋自动喷水灭火系统:

1　火柴厂的氯酸钾压碾厂房,建筑面积大于 100m² 且生产或使用硝化棉、喷漆棉、火胶棉、赛璐珞胶片、硝化纤维的厂房;

2　乒乓球厂的轧坯、切片、磨球、分球检验部位;

3　建筑面积大于 60m² 或储存量大于 2t 的硝化棉、喷漆棉、火胶棉、赛璐珞胶片、硝化纤维的仓库;

4　日装瓶数量大于 3000 瓶的液化石油气储配站的灌瓶间、实瓶库;

5　特等、甲等剧场、超过 1500 个座位的其他等级剧场和超过 2000 个座位的会堂或礼堂的舞台葡萄架下部;

6　建筑面积不小于 400m² 的演播室,建筑面积不小于 500m² 的电影摄影棚。

8.3.8　下列场所应设置自动灭火系统,并宜采用水喷雾灭火系统:

1　单台容量在 40MV·A 及以上的厂矿企业油浸变压器,单台容量在 90MV·A 及以上的电厂油浸变压器,单台容量在 125MV·A 及以上的独立变电站油浸变压器;

2　飞机发动机试验台的试车部位;

3　充可燃油并设置在高层民用建筑内的高压电容器和多油开关室。

注:设置在室内的油浸变压器、充可燃油的高压电容器和多油开关室,可采用细水雾灭火系统。

8.3.9　下列场所应设置自动灭火系统,并宜采用气体灭火系统:

1　国家、省级或人口超过 100 万的城市广播电视发射塔内的微波机房、分米波机房、米波机房、变配电室和不间断电源(UPS)室;

2　国际电信局、大区中心、省中心和一万路以上的地区中心内的长途程控交换机房、控制室和信令转接点室;

3　两万线以上的市话汇接局和六万门以上的市话端局内的程控交换机房、控制室和信令转接点室;

4　中央及省级公安、防灾和网局级及以上的电力调度指挥中心内的通信机房和控制室;

5　A、B 级电子信息系统机房内的主机房和基本工作间的已记录磁(纸)介质库;

6　中央和省级广播电视中心内建筑面积不小于 120m² 的音像制品库房;

7　国家、省级或藏书量超过 100 万册的图书馆内的特藏库;中央和省级档案馆内的珍藏库和非纸质档案库;大、中型博物馆内的珍品库房;一级纸绢质文物的陈列室;

8　其他特殊重要设备室。

注:1　本条第 1、4、5、8 款规定的部位,可采用细水雾灭火系统。

2　当有备用主机和备用已记录磁(纸)介质,且设置在不同建筑内或同一建筑内的不同防火分区内时,本条第 5 款规定的部位可采用预作用自动喷水灭火系统。

8.3.10　甲、乙、丙类液体储罐的灭火系统设置应符合下列规定：

　　1　单罐容量大于 1000m³ 的固定顶罐应设置固定式泡沫灭火系统；

　　2　罐壁高度小于 7m 或容量不大于 200m³ 的储罐可采用移动式泡沫灭火系统；

　　3　其他储罐宜采用半固定式泡沫灭火系统；

　　4　石油库、石油化工、石油天然气工程中甲、乙、丙类液体储罐的灭火系统设置，应符合现行国家标准《石油库设计规范》GB 50074 等标准的规定。

8.3.11　餐厅建筑面积大于 1000m² 的餐馆或食堂，其烹饪操作间的排油烟罩及烹饪部位应设置自动灭火装置，并应在燃气或燃油管道上设置与自动灭火装置联动的自动切断装置。

　　食品工业加工场所内有明火作业或高温食用油的食品加工部位宜设置自动灭火装置。

8.4　火灾自动报警系统

8.4.1　下列建筑或场所应设置火灾自动报警系统：

　　1　任一层建筑面积大于 1500m² 或总建筑面积大于 3000m² 的制鞋、制衣、玩具、电子等类似用途的厂房；

　　2　每座占地面积大于 1000m² 的棉、毛、丝、麻、化纤及其制品的仓库，占地面积大于 500m² 或总建筑面积大于 1000m² 的卷烟仓库；

　　3　任一层建筑面积大于 1500m² 或总建筑面积大于 3000m² 的商店、展览、财贸金融、客运和货运等类似用途的建筑，总建筑面积大于 500m² 的地下或半地下商店；

　　4　图书或文物的珍藏库，每座藏书超过 50 万册的图书馆，重要的档案馆；

　　5　地市级及以上广播电视建筑、邮政建筑、电信建筑，城市或区域性电力、交通和防灾等指挥调度建筑；

　　6　特等、甲等剧场，座位数超过 1500 个的其他等级的剧场或电影院，座位数超过 2000 个的会堂或礼堂，座位数超过 3000 个的体育馆；

　　7　大、中型幼儿园的儿童用房等场所，老年人照料设施，任一层建筑面积大于 1500m² 或总建筑面积大于 3000m² 的疗养院的病房楼、旅馆建筑和其他儿童活动场所，不少于 200 床位的医院门诊楼、病房楼和手术部等；

　　8　歌舞娱乐放映游艺场所；

　　9　净高大于 2.6m 且可燃物较多的技术夹层，净高大于 0.8m 且有可燃物的闷顶或吊顶内；

　　10　电子信息系统的主机房及其控制室、记录介质库，特殊贵重或火灾危险性大的机器、仪表、仪器设备室、贵重物品库房；

　　11　二类高层公共建筑内建筑面积大于 50m² 的可燃物品库房和建筑面积大于 500m² 的营业厅；

　　12　其他一类高层公共建筑；

　　13　设置机械排烟、防烟系统，雨淋或预作用自动喷水灭火系统，固定消防水炮灭火系统、气体灭火系统等需与火灾自动报警系统联锁动作的场所或部位。

　　注：老年人照料设施中的老年人用房及公共走道，均应设置火灾探测器和声警报装置或消防广播。

8.4.2　建筑高度大于 100m 的住宅建筑，应设置火灾自动报警系统。

　　建筑高度大于 54m 但不大于 100m 的住宅建筑，其公共部位应设置火灾自动报警系统，套内宜设置火灾探测器。

　　建筑高度不大于 54m 的高层住宅建筑，其公共部位宜设置火灾自动报警系统。当设置需联动控制的消防设施时，公共部位应设置火灾自动报警系统。

　　高层住宅建筑的公共部位应设置具有语音功能的火灾声警报装置或应急广播。

8.4.3　建筑内可能散发可燃气体、可燃蒸气的场所应设置可燃气体报警装置。

8.5　防烟和排烟设施

8.5.1　建筑的下列场所或部位应设置防烟设施：

　　1　防烟楼梯间及其前室；

　　2　消防电梯间前室或合用前室；

　　3　避难走道的前室、避难层（间）。

　　建筑高度不大于 50m 的公共建筑、厂房、仓库和建筑高度不大于 100m 的住宅建筑，当其防烟楼梯间的前室或合用前室符合下列条件之一时，楼梯间可不设置防烟系统：

　　1　前室或合用前室采用敞开的阳台、凹廊；

　　2　前室或合用前室具有不同朝向的可开启外窗，且可开启外窗的面积满足自然排烟口的面积要求。

8.5.2　厂房或仓库的下列场所或部位应设置排烟设施：

　　1　人员或可燃物较多的丙类生产场所，丙类厂房内建筑面积大于 300m² 且经常有人停留或可燃物较多的地上房间；

　　2　建筑面积大于 5000m² 的丁类生产车间；

　　3　占地面积大于 1000m² 的丙类仓库；

　　4　高度大于 32m 的高层厂房（仓库）内长度大于 20m 的疏散走道，其他厂房（仓库）内长度大于 40m 的疏散走道。

8.5.3　民用建筑的下列场所或部位应设置排烟设施：

　　1　设置在一、二、三层且房间建筑面积大于 100m² 的歌舞娱乐放映游艺场所，设置在四层及以上楼层、地下或半地下的歌舞娱乐放映游艺场所；

　　2　中庭；

　　3　公共建筑内建筑面积大于 100m² 且经常有人停留的地上房间；

　　4　公共建筑内建筑面积大于 300m² 且可燃物较多的地上房间；

　　5　建筑内长度大于 20m 的疏散走道。

8.5.4　地下或半地下建筑（室）、地上建筑内的无窗房间，当总建筑面积大于 200m² 或一个房间建筑面积大于 50m²，且经常有人停留或可燃物较多时，应设置排烟设施。

9　供暖、通风和空气调节

9.1　一般规定

9.1.1　供暖、通风和空气调节系统应采取防火措施。

9.1.2　甲、乙类厂房内的空气不应循环使用。

　　丙类厂房内含有燃烧或爆炸危险粉尘、纤维的空气，在循环使用前应经净化处理，并应使空气中的含尘浓度低于其爆炸下限的 25%。

9.1.3　为甲、乙类厂房服务的送风设备与排风设备应分别布置在不同通风机房内，且排风设备不应和其他房间的送、排风设备布置在同一通风机房内。

9.1.4　民用建筑内空气中含有容易起火或爆炸危险物质的房

间,应设置自然通风或独立的机械通风设施,且其空气不应循环使用。

9.1.5 当空气中含有比空气轻的可燃气体时,水平排风管全长应顺气流方向向上坡度敷设。

9.1.6 可燃气体管道和甲、乙、丙类液体管道不应穿过通风机房和通风管道,且不应紧贴通风管道的外壁敷设。

9.2 供 暖

9.2.1 在散发可燃粉尘、纤维的厂房内,散热器表面平均温度不应超过 82.5℃。输煤廊的散热器表面平均温度不应超过 130℃。

9.2.2 甲、乙类厂房(仓库)内严禁采用明火和电热散热器供暖。

9.2.3 下列厂房应采用不循环使用的热风供暖:

1 生产过程中散发的可燃气体、蒸气、粉尘或纤维与供暖管道、散热器表面接触能引起燃烧的厂房;

2 生产过程中散发的粉尘受水、水蒸气的作用能引起自燃、爆炸或产生爆炸性气体的厂房。

9.2.4 供暖管道不应穿过存在与供暖管道接触能引起燃烧或爆炸的气体、蒸气或粉尘的房间,确需穿过时,应采用不燃材料隔热。

9.2.5 供暖管道与可燃物之间应保持一定距离,并应符合下列规定:

1 当供暖管道的表面温度大于 100℃时,不应小于 100mm 或采用不燃材料隔热;

2 当供暖管道的表面温度不大于 100℃时,不应小于 50mm 或采用不燃材料隔热。

9.2.6 建筑内供暖管道和设备的绝热材料应符合下列规定:

1 对于甲、乙类厂房(仓库),应采用不燃材料;

2 对于其他建筑,宜采用不燃材料,不得采用可燃材料。

9.3 通风和空气调节

9.3.1 通风和空气调节系统,横向宜按防火分区设置,竖向不宜超过 5 层。当管道设置防止回流设施或防火阀时,管道布置可不受此限制。竖向风管应设置在管井内。

9.3.2 厂房内有爆炸危险场所的排风管道,严禁穿过防火墙和有爆炸危险的房间隔墙。

9.3.3 甲、乙、丙类厂房内的送、排风管道宜分层设置。当水平或竖向送风管在进入生产车间处设置防火阀时,各层的水平或竖向送风管可合用一个送风系统。

9.3.4 空气中含有易燃、易爆危险物质的房间,其送、排风系统应采用防爆型的通风设备。当送风机布置在单独分隔的通风机房内且送风干管上设置防止回流设施时,可采用普通型的通风设备。

9.3.5 含有燃烧和爆炸危险粉尘的空气,在进入排风机前应采用不产生火花的除尘器进行处理。对于遇水可能形成爆炸的粉尘,严禁采用湿式除尘器。

9.3.6 处理有爆炸危险粉尘的除尘器、排风机的设置应与其他普通型的风机、除尘器分开设置,并宜按单一粉尘分组布置。

9.3.7 净化有爆炸危险粉尘的干式除尘器和过滤器宜布置在厂房外的独立建筑内,建筑外墙与所属厂房的防火间距不应小于 10m。

具备连续清灰功能,或具有定期清灰功能且风量不大

于 15000m³/h、集尘斗的储尘量小于 60kg 的干式除尘器和过滤器,可布置在厂房内的单独房间内,但应采用耐火极限不低于 3.00h 的防火隔墙和 1.50h 的楼板与其他部位分隔。

9.3.8 净化或输送有爆炸危险粉尘和碎屑的除尘器、过滤器或管道,均应设置泄压装置。

净化有爆炸危险粉尘的干式除尘器和过滤器应布置在系统的负压段上。

9.3.9 排除有燃烧或爆炸危险气体、蒸气和粉尘的排风系统,应符合下列规定:

1 排风系统应设置导除静电的接地装置;

2 排风设备不应布置在地下或半地下建筑(室)内;

3 排风管应采用金属管道,并应直接通向室外安全地点,不应暗设。

9.3.10 排除和输送温度超过 80℃的空气或其他气体以及易燃碎屑的管道,与可燃或难燃物体之间的间隙不应小于 150mm,或采用厚度不小于 50mm 的不燃材料隔热;当管道上下布置时,表面温度较高者应布置在上面。

9.3.11 通风、空气调节系统的风管在下列部位应设置公称动作温度为 70℃的防火阀:

1 穿越防火分区处;

2 穿越通风、空气调节机房的房间隔墙和楼板处;

3 穿越重要或火灾危险性大的场所的房间隔墙和楼板处;

4 穿越防火分隔处的变形缝两侧;

5 竖向风管与每层水平风管交接处的水平管段上。

注:当建筑内每个防火分区的通风、空气调节系统均独立设置时,水平风管与竖向总管的交接处可不设置防火阀。

9.3.12 公共建筑的浴室、卫生间和厨房的竖向排风管,应采取防止回流措施并宜在支管上设置公称动作温度为 70℃的防火阀。

公共建筑内厨房的排油烟管道宜按防火分区设置,且在与竖向排风管连接的支管处应设置公称动作温度为 150℃的防火阀。

9.3.13 防火阀的设置应符合下列规定:

1 防火阀宜靠近防火分隔处设置;

2 防火阀暗装时,应在安装部位设置方便维护的检修口;

3 在防火阀两侧各 2.0m 范围内的风管及其绝热材料应采用不燃材料;

4 防火阀应符合现行国家标准《建筑通风和排烟系统用防火阀门》GB 15930 的规定。

9.3.14 除下列情况外,通风、空气调节系统的风管应采用不燃材料:

1 接触腐蚀性介质的风管和柔性接头可采用难燃材料;

2 体育馆、展览馆、候机(车、船)建筑(厅)等大空间建筑,单、多层办公建筑和丙、丁、戊类厂房内通风、空气调节系统的风管,当不跨越防火分区且在穿越房间隔墙处设置防火阀时,可采用难燃材料。

9.3.15 设备和风管的绝热材料、用于加湿器的加湿材料、消声材料及其粘结剂,宜采用不燃材料,确有困难时,可采用难燃材料。

风管内设置电加热器时,电加热器的开关应与风机的启停联锁控制。电加热器前后各 0.8m 范围内的风管和穿过有高温、火源等容易起火房间的风管,均应采用不燃材料。

9.3.16 燃油或燃气锅炉房应设置自然通风或机械通风设施。燃气锅炉房应选用防爆型的事故排风机。当采取机械

通风时,机械通风设施应设置导除静电的接地装置,通风量应符合下列规定:

　　1　燃油锅炉房的正常通风量应按换气次数不少于 3 次/h 确定,事故排风量应按换气次数不少于 6 次/h 确定;

　　2　燃气锅炉房的正常通风量应按换气次数不少于 6 次/h 确定,事故排风量应按换气次数不少于 12 次/h 确定。

10　电　气

10.1　消防电源及其配电

10.1.1　下列建筑物的消防用电应按一级负荷供电:

　　1　建筑高度大于 50m 的乙、丙类厂房和丙类仓库;

　　2　一类高层民用建筑。

10.1.2　下列建筑物、储罐(区)和堆场的消防用电应按二级负荷供电:

　　1　室外消防用水量大于 30L/s 的厂房(仓库);

　　2　室外消防用水量大于 35L/s 的可燃材料堆场、可燃气体储罐(区)和甲、乙类液体储罐(区);

　　3　粮食仓库及粮食筒仓;

　　4　二类高层民用建筑;

　　5　座位数超过 1500 个的电影院、剧场,座位数超过 3000 个的体育馆,任一层建筑面积大于 3000m² 的商店和展览建筑,省(市)级及以上的广播电视、电信和财贸金融建筑,室外消防用水量大于 25L/s 的其他公共建筑。

10.1.3　除本规范第 10.1.1 条和第 10.1.2 条外的建筑物、储罐(区)和堆场等的消防用电,可按三级负荷供电。

10.1.4　消防用电按一、二级负荷供电的建筑,当采用自备发电设备作备用电源时,自备发电设备应设置自动和手动启动装置。当采用自动启动方式时,应能保证在 30s 内供电。

　　不同级别负荷的供电电源应符合现行国家标准《供配电系统设计规范》GB 50052 的规定。

10.1.5　建筑内消防应急照明和灯光疏散指示标志的备用电源的连续供电时间应符合下列规定:

　　1　建筑高度大于 100m 的民用建筑,不应小于 1.5h;

　　2　医疗建筑、老年人照料设施、总建筑面积大于 100000m² 的公共建筑和总建筑面积大于 20000m² 的地下、半地下建筑,不应少于 1.00h;

　　3　其他建筑,不应少于 0.5h。

10.1.6　消防用电设备应采用专用的供电回路,当建筑内的生产、生活用电被切断时,应仍能保证消防用电。

　　备用消防电源的供电时间和容量,应满足该建筑火灾延续时间内各消防用电设备的要求。

10.1.7　消防配电干线宜按防火分区划分,消防配电支线不宜穿越防火分区。

10.1.8　消防控制室、消防水泵房、防烟和排烟风机房的消防用电设备及消防电梯等的供电,应在其配电线路的最末一级配电箱处设置自动切换装置。

10.1.9　按一、二级负荷供电的消防设备,其配电箱应独立设置;按三级负荷供电的消防设备,其配电箱宜独立设置。

　　消防配电设备应设置明显标志。

10.1.10　消防配电线路应满足火灾时连续供电的需要,其敷设应符合下列规定:

　　1　明敷时(包括敷设在吊顶内),应穿金属导管或采用封

闭式金属槽盒保护,金属导管或封闭式金属槽盒应采取防火保护措施;当采用阻燃或耐火电缆并敷设在电缆井、沟内时,可不穿金属导管或采用封闭式金属槽盒保护;当采用矿物绝缘类不燃性电缆时,可直接明敷。

　　2　暗敷时,应穿管并应敷设在不燃性结构内且保护层厚度不应小于 30mm。

　　3　消防配电线路宜与其他配电线路分开敷设在不同的电缆井、沟内;确有困难需敷设在同一电缆井、沟内时,应分别布置在电缆井、沟的两侧,且消防配电线路应采用矿物绝缘类不燃性电缆。

10.2　电力线路及电器装置

10.2.1　架空电力线与甲、乙类厂房(仓库),可燃材料堆垛,甲、乙、丙类液体储罐,液化石油气储罐,可燃、助燃气体储罐的最近水平距离应符合表 10.2.1 的规定。

　　35kV 及以上架空电力线与单罐容量大于 200m³ 或总容量大于 1000m³ 液化石油气储罐(区)的最近水平距离不应小于 40m。

表 10.2.1　架空电力线与甲、乙类厂房(仓库)、
可燃材料堆垛等的最近水平距离(m)

名　称	架空电力线
甲、乙类厂房(仓库),可燃材料堆垛,甲、乙类液体储罐,液化石油气储罐,可燃、助燃气体储罐	电杆(塔)高度的 1.5 倍
直埋地下的甲、乙类液体储罐和可燃气体储罐	电杆(塔)高度的 0.75 倍
丙类液体储罐	电杆(塔)高度的 1.2 倍
直埋地下的丙类液体储罐	电杆(塔)高度的 0.6 倍

10.2.2　电力电缆不应和输送甲、乙、丙类液体管道、可燃气体管道、热力管道敷设在同一管沟内。

10.2.3　配电线路不得穿越通风管道内腔或直接敷设在通风管道外壁上,穿金属导管保护的配电线路可紧贴通风管道外壁敷设。

　　配电线路敷设在有可燃物的闷顶、吊顶内时,应采取穿金属导管、采用封闭式金属槽盒等防火保护措施。

10.2.4　开关、插座和照明灯具靠近可燃物时,应采取隔热、散热等防火措施。

　　卤钨灯和额定功率不小于 100W 的白炽灯泡的吸顶灯、槽灯、嵌入式灯,其引入线应采用瓷管、矿棉等不燃材料作隔热保护。

　　额定功率不小于 60W 的白炽灯、卤钨灯、高压钠灯、金属卤化物灯、荧光高压汞灯(包括电感镇流器)等,不应直接安装在可燃物体上或采取其他防火措施。

10.2.5　可燃材料仓库内宜使用低温照明灯具,并应对灯具的发热部件采取隔热等防火措施,不应使用卤钨灯等高温照明灯具。

　　配电箱及开关应设置在仓库外。

10.2.6　爆炸危险环境电力装置的设计应符合现行国家标准《爆炸危险环境电力装置设计规范》GB 50058 的规定。

10.2.7　老年人照料设施的非消防用电负荷应设置电气火灾监控系统。下列建筑或场所的非消防用电负荷宜设置电气火灾监控系统:

　　1　建筑高度大于 50m 的乙、丙类厂房和丙类仓库,室外消防用水量大于 30L/s 的厂房(仓库);

　　2　一类高层民用建筑;

　　3　座位数超过 1500 个的电影院、剧场,座位数超过 3000 个的体育馆,任一层建筑面积大于 3000m² 的商店和展览建筑,

省(市)级及以上的广播电视、电信和财贸金融建筑,室外消防用水量大于25L/s的其他公共建筑;

　　4　国家级文物保护单位的重点砖木或木结构的古建筑。

10.3　消防应急照明和疏散指示标志

10.3.1　除建筑高度小于27m的住宅建筑外,民用建筑、厂房和丙类仓库的下列部位应设置疏散照明:

　　1　封闭楼梯间、防烟楼梯间及其前室、消防电梯间的前室或合用前室、避难走道、避难层(间);

　　2　观众厅、展览厅、多功能厅和建筑面积大于200m²的营业厅、餐厅、演播室等人员密集的场所;

　　3　建筑面积大于100m²的地下或半地下公共活动场所;

　　4　公共建筑内的疏散走道;

　　5　人员密集的厂房内的生产场所及疏散走道。

10.3.2　建筑内疏散照明的地面最低水平照度应符合下列规定:

　　1　对于疏散走道,不应低于1.0lx。

　　2　对于人员密集场所、避难层(间),不应低于3.0 lx;对于老年人照料设施、病房楼或手术部的避难间,不应低于10.0 lx。

　　3　对于楼梯间、前室或合用前室、避难走道,不应低于5.0 lx;对于人员密集场所、老年人照料设施、病房楼或手术部内的楼梯间、前室或合用前室、避难走道,不应低于10.0 lx。

10.3.3　消防控制室、消防水泵房、自备发电机房、配电室、防排烟机房以及发生火灾时仍需正常工作的消防设备房应设置备用照明,其作业面的最低照度不应低于正常照明的照度。

10.3.4　疏散照明灯具应设置在出口的顶部、墙面的上部或顶棚上;备用照明灯具应设置在墙面的上部或顶棚上。

10.3.5　公共建筑、建筑高度大于54m的住宅建筑、高层厂房(库房)和甲、乙、丙类单、多层厂房,应设置灯光疏散指示标志,并应符合下列规定:

　　1　应设置在安全出口和人员密集的场所的疏散门的正上方。

　　2　应设置在疏散走道及其转角处地面高度1.0m以下的墙面或地面上。灯光疏散指示标志的间距不应大于20m;对于袋形走道,不应大于10m;在走道转角区,不应大于1.0m。

10.3.6　下列建筑或场所应在疏散走道和主要疏散路径的地面上增设能保持视觉连续的灯光疏散指示标志或蓄光疏散指示标志:

　　1　总建筑面积大于8000m²的展览建筑;

　　2　总建筑面积大于5000m²的地上商店;

　　3　总建筑面积大于500m²的地下或半地下商店;

　　4　歌舞娱乐放映游艺场所;

　　5　座位数超过1500个的电影院、剧场,座位数超过3000个的体育馆、会堂或礼堂;

　　6　车站、码头建筑和民用机场航站楼中建筑面积大于3000m²的候车、候船厅和航站楼的公共区。

10.3.7　建筑内设置的消防疏散指示标志和消防应急照明灯具,除应符合本规范的规定外,还应符合现行国家标准《消防安全标志》GB 13495和《消防应急照明和疏散指示系统》GB 17945的规定。

11　木结构建筑

11.0.1　木结构建筑的防火设计可按本章的规定执行。建筑构件的燃烧性能和耐火极限应符合表11.0.1的规定。

表 11.0.1　木结构建筑构件的燃烧性能和耐火极限

构件名称	燃烧性能和耐火极限(h)
防火墙	不燃性　3.00
承重墙,住宅建筑单元之间的墙和分户墙,楼梯间的墙	难燃性　1.00
电梯井的墙	不燃性　1.00
非承重外墙,疏散走道两侧的隔墙	难燃性　0.75
房间隔墙	难燃性　0.50
承重柱	可燃性　1.00
梁	可燃性　1.00
楼板	难燃性　0.75
屋顶承重构件	可燃性　0.50
疏散楼梯	难燃性　0.50
吊顶	难燃性　0.15

　　注:1　除本规范另有规定外,当同一座木结构建筑存在不同高度的屋顶时,较低部分的屋顶承重构件和屋面不应采用可燃性构件,采用难燃性屋顶承重构件时,其耐火极限不应低于0.75h。

　　　　2　轻型木结构建筑的屋顶,除防水层、保温层及屋面板外,其他部分均可视为屋顶承重构件,且不应采用可燃性构件,耐火极限不应低于0.50h。

　　　　3　当建筑的层数不超过2层,防火墙间的建筑面积小于600m²且防火墙间的建筑长度小于60m时,建筑构件的燃烧性能和耐火极限可按本规范有关四级耐火等级建筑的要求确定。

11.0.2　建筑采用木骨架组合墙体时,应符合下列规定:

　　1　建筑高度不大于18m的住宅建筑、建筑高度不大于24m的办公建筑和丁、戊类厂房(库房)的房间隔墙和非承重外墙可采用木骨架组合墙体,其他建筑的非承重外墙不得采用木骨架组合墙体;

　　2　墙体填充材料的燃烧性能应为A级;

　　3　木骨架组合墙体的燃烧性能和耐火极限应符合表11.0.2的规定,其他要求应符合现行国家标准《木骨架组合墙体技术规范》GB/T 50361的规定。

表 11.0.2　木骨架组合墙体的燃烧性能和耐火极限(h)

构件名称	建筑物的耐火等级或类型				
	一级	二级	三级	木结构建筑	四级
非承重外墙	不允许	难燃性1.25	难燃性0.75	难燃性0.75	无要求
房间隔墙	难燃性1.00	难燃性0.75	难燃性0.50	难燃性0.50	难燃性0.25

11.0.3　甲、乙、丙类厂房(库房)不应采用木结构建筑或木结构组合建筑。丁、戊类厂房(库房)和民用建筑,当采用木结构建筑或木结构组合建筑时,其允许层数和允许建筑高度应符合表11.0.3-1的规定,木结构建筑中防火墙间的允许建筑长度和每层最大允许建筑面积应符合表11.0.3-2的规定。

表 11.0.3-1　木结构建筑或木结构组合建筑的允许层数和允许建筑高度

木结构建筑的形式	普通木结构建筑	轻型木结构建筑	胶合木结构建筑		木结构组合建筑
允许层数(层)	2	3	1	3	7
允许建筑高度(m)	10	10	不限	15	24

表 11.0.3-2　木结构建筑中防火墙间的允许建筑长度和每层最大允许建筑面积

层数(层)	防火墙间的允许建筑长度(m)	防火墙间的每层最大允许建筑面积(m²)
1	100	1800
2	80	900
3	60	600

　　注:1　当设置自动喷水灭火系统时,防火墙间的允许建筑长度和每层最大允许建筑面积可按本表的规定增加1.0倍;对于丁、戊类地上厂房,防火墙间的每层最大允许建筑面积不限。

　　　　2　体育场馆等高大空间建筑,其建筑高度和建筑面积可适当增加。

11.0.4 老年人照料设施,托儿所、幼儿园的儿童用房和活动场所设置在木结构建筑内时,应布置在首层或二层。

商店、体育馆和丁、戊类厂房(库房)应采用单层木结构建筑。

11.0.5 除住宅建筑外,建筑内发电机间、配电间、锅炉间的设置及其防火要求,应符合本规范第5.4.12条~第5.4.15条和第6.2.3条~第6.2.6条的规定。

11.0.6 设置在木结构住宅建筑内的机动车库、发电机间、配电间、锅炉间,应采用耐火极限不低于2.00h的防火隔墙和1.00h的不燃性楼板与其他部位分隔,不宜开设与室内相通的门、窗、洞口,确需开设时,可开设一樘不直通卧室的单扇乙级防火门。机动车库的建筑面积不宜大于60m²。

11.0.7 民用木结构建筑的安全疏散设计应符合下列规定:

1 建筑的安全出口和房间疏散门的设置,应符合本规范第5.5节的规定。当木结构建筑的每层建筑面积小于200m²且第二层和第三层的人数之和不超过25人时,可设置1部疏散楼梯。

2 房间直通疏散走道的疏散门至最近安全出口的直线距离不应大于表11.0.7-1的规定。

表11.0.7-1 房间直通疏散走道的疏散门至最近安全出口的直线距离(m)

名　　称	位于两个安全出口之间的疏散门	位于袋形走道两侧或尽端的疏散门
托儿所、幼儿园、老年人照料设施	15	10
歌舞娱乐放映游艺场所	15	6
医院和疗养院建筑、教学建筑	25	12
其他民用建筑	30	15

3 房间内任一点至该房间直通疏散走道的疏散门的直线距离,不应大于表11.0.7-1中有关袋形走道两侧或尽端的疏散门至最近安全出口的直线距离。

4 建筑内疏散走道、安全出口、疏散楼梯和房间疏散门的净宽度,应根据疏散人数按每100人的最小疏散净宽度不小于表11.0.7-2的规定计算确定。

表11.0.7-2 疏散走道、安全出口、疏散楼梯和房间疏散门每100人的最小疏散净宽度(m/百人)

层　　数	地上1~2层	地上3层
每100人的疏散净宽度	0.75	1.00

11.0.8 丁、戊类木结构厂房内任意一点至最近安全出口的疏散距离分别不应大于50m和60m,其他安全疏散要求应符合本规范第3.7节的规定。

11.0.9 管道、电气线路敷设在墙体内或穿过楼板、墙体时,应采取防火保护措施,与墙体、楼板之间的缝隙应采用防火封堵材料填塞密实。

住宅建筑内厨房的明火或高温部位及排油烟管道等,应采用防火隔热措施。

11.0.10 民用木结构建筑之间及其与其他民用建筑的防火间距不应小于表11.0.10的规定。

民用木结构建筑与厂房(仓库)等建筑的防火间距、木结构厂房(仓库)之间及其与其他民用建筑的防火间距,应符合本规范第3、4章有关四级耐火等级建筑的规定。

表11.0.10 民用木结构建筑之间及其与其他民用建筑的防火间距(m)

建筑耐火等级或类别	一、二级	三级	木结构建筑	四级
木结构建筑	8	9	10	11

注:1 两座木结构建筑之间或木结构建筑与其他民用建筑之间,外墙均无任何门、窗、洞口时,防火间距可为4m;外墙上的门、窗、洞口不正对且开口面积之和不大于外墙面积的10%时,防火间距可按本表的规定减少25%。

2 当相邻建筑外墙有一面为防火墙,或建筑物之间设置防火墙截断不燃性屋面或高出难燃性、可燃性屋面不低于0.5m时,防火间距不限。

11.0.11 木结构墙体、楼板及封闭吊顶或屋顶下的密闭空间内应采取防火分隔措施,且水平分隔长度或宽度均不应大于20m,建筑面积不应大于300m²;墙体的竖向分隔高度不应大于3m。

轻型木结构建筑的每层楼梯梁处应采取防火分隔措施。

11.0.12 木结构建筑与钢结构、钢筋混凝土结构或砌体结构等其他结构类型组合建造时,应符合下列规定:

1 竖向组合建造时,木结构部分的层数不应超过3层并应设置在建筑的上部,木结构部分与其他结构部分宜采用耐火极限不低于1.00h的不燃性楼板分隔。

水平组合建造时,木结构部分与其他结构部分宜采用防火墙分隔。

2 当木结构部分与其他结构部分之间按上款规定进行了防火分隔时,木结构部分和其他部分的防火设计,可分别执行本规范对木结构建筑和其他结构建筑的规定;其他情况,建筑的防火设计应执行本规范有关木结构建筑的规定。

3 室内消防给水应根据建筑的总高度、体积或层数和用途按本规范第8章和国家现行有关标准的规定确定,室外消防给水应按本规范有关四级耐火等级建筑的规定确定。

11.0.13 总建筑面积大于1500m²的木结构公共建筑应设置火灾自动报警系统,木结构住宅建筑内应设置火灾探测与报警装置。

11.0.14 木结构建筑的其他防火设计应执行本规范有关四级耐火等级建筑的规定,防火构造要求除应符合本规范的规定外,尚应符合现行国家标准《木结构设计规范》GB 50005等标准的规定。

12　城市交通隧道

12.1　一　般　规　定

12.1.1 城市交通隧道(以下简称隧道)的防火设计应综合考虑隧道内的交通组成、隧道的用途、自然条件、长度等因素。

12.1.2 单孔和双孔隧道应按其封闭段长度和交通情况分为一、二、三、四类,并应符合表12.1.2的规定。

表12.1.2 单孔和双孔隧道分类

用途	一类	二类	三类	四类
	隧道封闭段长度 L(m)			
可通行危险化学品等机动车	L>1500	500<L≤1500	L≤500	—
仅限通行非危险化学品等机动车	L>3000	1500<L≤3000	500<L≤1500	L≤500
仅限人行或通行非机动车	—	—	L>1500	L≤1500

12.1.3 隧道承重结构体的耐火极限应符合下列规定:

1 一、二类隧道和通行机动车的三类隧道,其承重结构体耐火极限的测定应符合本规范附录C的规定;对于一、二类隧道,火灾升温曲线应采用本规范附录 C 第 C.0.1 条规定的 RABT 标准升温曲线,耐火极限分别不应低于 2.00h 和 1.50h;对于通行机动车的三类隧道,火灾升温曲线应采用本规范附录 C 第 C.0.1 条规定的 HC 标准升温曲线,耐火极限不应低于 2.00h。

　　2　其他类别隧道承重结构体耐火极限的测定应符合现行国家标准《建筑构件耐火试验方法　第 1 部分:通用要求》GB/T 9978.1 的规定;对于三类隧道,耐火极限不应低于 2.00h;对于四类隧道,耐火极限不限。

12.1.4　隧道内的地下设备用房、风井和消防救援出入口的耐火等级应为一级,地面的重要设备用房、运营管理中心及其他地面附属用房的耐火等级不应低于二级。

12.1.5　除嵌缝材料外,隧道的内部装修应采用不燃材料。

12.1.6　通行机动车的双孔隧道,其车行横通道或车行疏散通道的设置应符合下列规定:

　　1　水底隧道宜设置车行横通道或车行疏散通道。车行横通道的间隔和隧道通向车行疏散通道入口的间隔宜为 1000m～1500m。

　　2　非水底隧道应设置车行横通道或车行疏散通道。车行横通道的间隔和隧道通向车行疏散通道入口的间隔不宜大于 1000m。

　　3　车行横通道应沿垂直隧道长度方向布置,并应通向相邻隧道;车行疏散通道应沿隧道长度方向布置在双孔中间,并应直通隧道外。

　　4　车行横通道和车行疏散通道的净宽度不应小于 4.0m,净高度不应小于 4.5m。

　　5　隧道与车行横通道或车行疏散通道的连通处,应采取防火分隔措施。

12.1.7　双孔隧道应设置人行横通道或人行疏散通道,并应符合下列规定:

　　1　人行横通道的间隔和隧道通向人行疏散通道入口的间隔,宜为 250m～300m。

　　2　人行疏散横通道应沿垂直双孔隧道长度方向布置,并应通向相邻隧道。人行疏散通道应沿隧道长度方向布置在双孔中间,并应直通隧道外。

　　3　人行横通道可利用车行横通道。

　　4　人行横通道或人行疏散通道的净宽度不应小于 1.2m,净高度不应小于 2.1m。

　　5　隧道与人行横通道或人行疏散通道的连通处,应采取防火分隔措施,门应采用乙级防火门。

12.1.8　单孔隧道宜设置直通室外的人员疏散出口或独立避难所等避难设施。

12.1.9　隧道内的变电站、管廊、专用疏散通道、通风机房及其他辅助用房等,应采取耐火极限不低于 2.00h 的防火隔墙和乙级防火门等分隔措施与车行隧道分隔。

12.1.10　隧道内地下设备用房的每个防火分区的最大允许建筑面积不应大于 1500m²,每个防火分区的安全出口数量不应少于 2 个,与车道或其他防火分区相通的出口可作为第二安全出口,但必须至少设置 1 个直通室外的安全出口;建筑面积不大于 500m² 且无人值守的设备用房可设置 1 个直通室外的安全出口。

12.2　消防给水和灭火设施

12.2.1　在进行城市交通的规划和设计时,应同时设计消防给水系统。四类隧道和行人或通行非机动车辆的三类隧道,可不设置消防给水系统。

12.2.2　消防给水系统的设置应符合下列规定:

　　1　消防水源和供水管网应符合国家现行有关标准的规定。

　　2　消防用水量应按隧道的火灾延续时间和隧道全线同一时间发生一次火灾计算确定。一、二类隧道的火灾延续时间不应小于 3.0h;三类隧道,不应小于 2.0h。

　　3　隧道内的消防用水量应按同时开启所有灭火设施的用水量之和计算。

　　4　隧道内宜设置独立的消防给水系统。严寒和寒冷地区的消防给水管道及室外消火栓应采取防冻措施;当采用干式给水系统时,应在管网的最高部位设置自动排气阀,管道的充水时间不宜大于 90s。

　　5　隧道内的消火栓用水量不应小于 20L/s,隧道外的消火栓用水量不应小于 30L/s。对于长度小于 1000m 的三类隧道,隧道内、外的消火栓用水量可分别为 10L/s 和 20L/s。

　　6　管道的消防供水压力应保证用水量达到最大时,最不利点处的水枪充实水柱不小于 10.0m。消火栓栓口处的出水压力大于 0.5MPa 时,应设置减压设施。

　　7　在隧道出入口处应设置消防水泵接合器和室外消火栓。

　　8　隧道内消火栓的间距不应大于 50m,消火栓的栓口距地面高度宜为 1.1m。

　　9　设置消防水泵供水设施的隧道,应在消火栓箱内设置消防水泵启动按钮。

　　10　应在隧道单侧设置室内消火栓箱,消火栓箱内应配置 1 支喷嘴口径 19mm 的水枪、1 盘长 25m,直径 65mm 的水带,并宜配置消防软管卷盘。

12.2.3　隧道内应设置排水设施。排水设施应考虑排除渗水、雨水、隧道清洗等水量和灭火时的消防用水量,并应采取防止事故时可燃液体或有害液体沿隧道漫流的措施。

12.2.4　隧道内应设置 ABC 类灭火器,并应符合下列规定:

　　1　通行机动车的一、二类隧道和通行机动车并设置 3 条及以上车道的三类隧道,在隧道两侧均应设置灭火器,每个设置点不应少于 4 具;

　　2　其他隧道,可在隧道一侧设置灭火器,每个设置点不应少于 2 具;

　　3　灭火器设置点的间距不应大于 100m。

12.3　通风和排烟系统

12.3.1　通行机动车的一、二、三类隧道应设置排烟设施。

12.3.2　隧道内机械排烟系统的设置应符合下列规定:

　　1　长度大于 3000m 的隧道,宜采用纵向分段排烟方式或重点排烟方式;

　　2　长度不大于 3000m 的单洞单向交通隧道,宜采用纵向排烟方式;

　　3　单洞双向交通隧道,宜采用重点排烟方式。

12.3.3　机械排烟系统与隧道的通风系统宜分开设置。合用时,合用的通风系统应具备在火灾时快速转换的功能,并应符合机械排烟系统的要求。

12.3.4　隧道内设置的机械排烟系统应符合下列规定:

　　1　采用全横向和半横向通风方式时,可通过排风管道排烟;

　　2　采用纵向排烟方式时,应能迅速组织气流、有效排烟,其排烟风速应根据隧道内的最不利火灾规模确定,且纵向气流的速度不应小于 2m/s,并应大于临界风速。

3 排烟风机和烟气流经的风阀、消声器、软接等辅助设备，应能承受设计的隧道火灾烟气排放温度，并应能在250℃下连续正常运行不小于1.0h。排烟管道的耐火极限不应低于1.00h。

12.3.5 隧道的避难设施内应设置独立的机械加压送风系统，其送风的余压值应为30Pa～50Pa。

12.3.6 隧道内用于火灾排烟的射流风机，应至少备用一组。

12.4 火灾自动报警系统

12.4.1 隧道入口外100m～150m处，应设置隧道内发生火灾时能提示车辆禁入隧道的警报信号装置。

12.4.2 一、二类隧道应设置火灾自动报警系统，通行机动车的三类隧道宜设置火灾自动报警系统。火灾自动报警系统的设置应符合下列规定：

1 应设置火灾自动探测装置；

2 隧道出入口和隧道内每隔100m～150m处，应设置报警电话和报警按钮；

3 应设置火灾应急广播或应每隔100m～150m处设置发光警报装置。

12.4.3 隧道用电缆通道和主要设备用房内应设置火灾自动报警系统。

12.4.4 对于可能产生屏蔽的隧道，应设置无线通信等保证灭火时通信联络畅通的设施。

12.4.5 封闭段长度超过1000m的隧道宜设置消防控制室，消防控制室的建筑防火要求应符合本规范第8.1.7条和第8.1.8条的规定。

隧道内火灾自动报警系统的设计应符合现行国家标准《火灾自动报警系统设计规范》GB 50116的规定。

12.5 供电及其他

12.5.1 一、二类隧道的消防用电应按一级负荷要求供电；三类隧道的消防用电应按二级负荷要求供电。

12.5.2 隧道的消防电源及其供电、配电线路等的其他要求应符合本规范第10.1节的规定。

12.5.3 隧道两侧、人行横通道和人行疏散通道上应设置疏散照明和疏散指示标志，其设置高度不宜大于1.5m。

一、二类隧道内疏散照明和疏散指示标志的连续供电时间不应小于1.5h；其他隧道，不应小于1.0h。其他要求可按本规范第10章的规定确定。

12.5.4 隧道内严禁设置可燃气体管道；电缆线槽应与其他管道分开敷设。当设置10kV及以上的高压电缆时，应采用耐火极限不低于2.00h的防火分隔体与其他区域分隔。

12.5.5 隧道内设置的各类消防设施均应采取与隧道内环境条件相适应的保护措施，并应设置明显的发光指示标志。

附录A 建筑高度和建筑层数的计算方法

A.0.1 建筑高度的计算应符合下列规定：

1 建筑屋面为坡屋面时，建筑高度应为建筑室外设计地面至其檐口与屋脊的平均高度。

2 建筑屋面为平屋面（包括有女儿墙的平屋面）时，建筑高度应为建筑室外设计地面至其屋面面层的高度。

3 同一座建筑有多种形式的屋面时，建筑高度应按上述方法分别计算后，取其中最大值。

4 对于台阶式地坪，当位于不同高程地坪上的同一建筑之间有防火墙分隔，各自有符合规范规定的安全出口，且可沿建筑的两个长边设置贯通式或尽头式消防车道时，可分别计算各自的建筑高度。否则，应按其中建筑高度最大者确定该建筑的建筑高度。

5 局部突出屋顶的瞭望塔、冷却塔、水箱间、微波天线间或设施、电梯机房、排风和排烟机房以及楼梯出口小间等辅助用房占屋面面积不大于1/4者，可不计入建筑高度。

6 对于住宅建筑，设置在底部且室内高度不大于2.2m的自行车库、储藏室、敞开空间，室内外高差或建筑的地下或半地下室的顶部面高出室外设计地面的高度不大于1.5m的部分，可不计入建筑高度。

A.0.2 建筑层数应按建筑的自然层数计算，下列空间可不计入建筑层数：

1 室内顶板面高出室外设计地面的高度不大于1.5m的地下或半地下室；

2 设置在建筑底部且室内高度不大于2.2m的自行车库、储藏室、敞开空间；

3 建筑屋顶上突出的局部设备用房、出屋面的楼梯间等。

附录B 防火间距的计算方法

B.0.1 建筑物之间的防火间距应按相邻建筑外墙的最近水平距离计算，当外墙有凸出的可燃或难燃构件时，应从其凸出部分外缘算起。

建筑物与储罐、堆场的防火间距，应为建筑外墙至储罐外壁或堆场中相邻堆垛外缘的最近水平距离。

B.0.2 储罐之间的防火间距应为相邻两储罐外壁的最近水平距离。

储罐与堆场的防火间距应为储罐外壁至堆场中相邻堆垛外缘的最近水平距离。

B.0.3 堆场之间的防火间距应为两堆场中相邻堆垛外缘的最近水平距离。

B.0.4 变压器之间的防火间距应为相邻变压器外壁的最近水平距离。

变压器与建筑物、储罐或堆场的防火间距，应为变压器外壁至建筑外墙、储罐外壁或相邻堆垛外缘的最近水平距离。

B.0.5 建筑物、储罐或堆场与道路、铁路的防火间距，应为建筑外墙、储罐外壁或相邻堆垛外缘距道路最近一侧路边或铁路中心线的最小水平距离。

附录C 隧道内承重结构体的耐火极限试验升温曲线和相应的判定标准

C.0.1 RABT和HC标准升温曲线应符合现行国家标准《建筑构件耐火试验可供选择和附加的试验程序》GB/T 26784的规定。

C.0.2 耐火极限判定标准应符合下列规定：

1 当采用HC标准升温曲线测试时，耐火极限的判定标准为：受火后，当距离混凝土底表面25mm处钢筋的温度超过250℃，或者混凝土表面的温度超过380℃时，则判定为达到耐火极限。

2 当采用 RABT 标准升温曲线测试时,耐火极限的判定标准为:受火后,当距离混凝土底表面 25mm 处钢筋的温度超过 300℃,或者混凝土表面的温度超过 380℃ 时,则判定为达到耐火极限。

本规范用词说明

1 为便于在执行本规范条文时区别对待,对要求严格程度不同的用词说明如下:

1)表示很严格,非这样做不可的:

正面词采用"必须",反面词采用"严禁";

2)表示严格,在正常情况下均应这样做的:

正面词采用"应",反面词采用"不应"或"不得";

3)表示允许稍有选择,在条件许可时首先应这样做的:

正面词采用"宜",反面词采用"不宜";

4)表示有选择,在一定条件下可以这样做的,采用"可"。

2 条文中指明应按其他有关标准执行的写法为:"应符合……的规定"或"应按……执行"。

引用标准名录

《木结构设计规范》GB 50005
《城镇燃气设计规范》GB 50028
《锅炉房设计规范》GB 50041
《供配电系统设计规范》GB 50052
《爆炸危险环境电力装置设计规范》GB 50058
《冷库设计规范》GB 50072
《石油库设计规范》GB 50074
《自动喷水灭火系统设计规范》GB 50084
《火灾自动报警系统设计规范》GB 50116
《汽车加油加气站设计与施工规范》GB 50156
《火力发电厂与变电站设计防火规范》GB 50229
《粮食钢板筒仓设计规范》GB 50322
《木骨架组合墙体技术规范》GB/T 50361
《住宅建筑规范》GB 50368
《医用气体工程技术规范》GB 50751
《消防给水及消火栓系统技术规范》GB 50974
《门和卷帘的耐火试验方法》GB/T 7633
《建筑构件耐火试验方法 第 1 部分:通用要求》GB/T 9978.1
《防火门》GB 12955
《消防安全标志》GB 13495
《防火卷帘》GB 14102
《建筑通风和排烟系统用防火阀门》GB 15930
《防火窗》GB 16809
《消防应急照明和疏散指示系统》GB 17945
《消防控制室通用技术要求》GB 25506
《建筑构件耐火试验可供选择和附加的试验程序》GB/T 26784
《电梯层门耐火试验 完整性、隔热性和热通量测定法》GB/T 27903

中华人民共和国国家标准

建筑设计防火规范

GB 50016—2014

（2018 年版）

条 文 说 明

修 订 说 明

《建筑设计防火规范》GB 50016—2014，经住房城乡建设部 2014 年 8 月 27 日以第 517 号公告批准发布。

此前，我国建筑防火设计主要执行《建筑设计防火规范》GB 50016—2006 和《高层民用建筑设计防火规范》GB 50045—95（2005 年版）。随着我国经济建设快速发展以及近年来我国重特大火灾暴露出的突出问题，这两项规范中的部分内容已不适应发展需要，且《高层民用建筑设计防火规范》与《建筑设计防火规范》规定相同或相近的条文，约占总条文的 80%，还有些规定相互不够协调，急需修订完善。为深刻吸取近年来我国重特大火灾教训，适应工程建设发展需要，便于管理和使用，根据住房城乡建设部《关于印发〈2007 年工程建设标准规范制订、修订计划（第一批）〉的通知》（建标〔2007〕125 号）要求以及住房城乡建设部标准定额司《关于同意调整〈建筑设计防火规范〉、〈高层民用建筑设计防火规范〉修订计划的函》（建标〔2009〕94 号）的要求，此次修订将这两项规范合并，并定名为《建筑设计防火规范》。

此次修订的原则为：认真吸取火灾教训，积极借鉴发达国家标准和消防科研成果，重点解决两项标准相互间不一致、不协调以及工程建设和消防工作中反映的突出问题。

修订后的《建筑设计防火规范》规定了厂房、仓库、堆场、储罐、民用建筑、城市交通隧道，以及建筑构造、消防救援、消防设施等的防火设计要求，在附录中明确了建筑高度、层数、防火间距的计算方法。主要修订内容为：

1. 为便于建筑分类，将原来按层数将住宅建筑划分为多层和高层住宅建筑，修改为按建筑高度划分，并与原规范规定相衔接；修改、完善了住宅建筑的防火要求，主要包括：

1）住宅建筑与其他使用功能的建筑合建时，高层建筑中的住宅部分与非住宅部分防火分隔处的楼板耐火极限，从 1.50h 修改为 2.00h；

2）建筑高度大于 54m 小于或等于 100m 的高层住宅建筑套内宜设置火灾自动报警系统，并对公共部位火灾自动报警系统的设置提出了要求；

3）规定建筑高度大于 54m 的住宅建筑应设置可兼具使用功能与避难要求的房间，建筑高度大于 100m 的住宅建筑应设置避难层；

4）明确了住宅建筑剪刀式疏散楼梯间的前室与消防电梯前室合用的要求；

5）规定高层住宅建筑的公共部位应设置灭火器。

2. 适当提高了高层公共建筑的防火要求：

1）建筑高度大于 100m 的建筑楼板的耐火极限，从 1.50h 修改为 2.00h；

2）建筑高度大于 100m 的建筑与相邻建筑的防火间距，当符合本规范有关允许减小的条件时，仍不能减小；

3）完善了公共建筑避难层（间）的防火要求，高层病房楼从第二层起，每层应设置避难间；

4）规定建筑高度大于 100m 的建筑应设置消防软管卷盘或轻便消防水龙；

5）建筑高度大于 100m 的建筑中消防应急照明和疏散指示标志的备用电源的连续供电时间，从 30min 修改为 90min。

3. 补充、完善了幼儿园、托儿所和老年人建筑有关防火安全疏散距离的要求；对于医疗建筑，要求按照护理单元进行防火分隔；增加了大、中型幼儿园和总建筑面积大于 500m² 的老年人建筑应设置自动喷水灭火系统，大、中型幼儿园和老年人建筑应设置火灾自动报警系统的规定；医疗建筑、老年人建筑的消防应急照明和疏散指示标志的备用电源的连续供电时间，从 20min 和 30min 修改为 60min。

4. 为满足各地商业步行街建设快速发展的需要，系统提出了利用有顶商业步行街进行疏散时有顶商业步行街及其两侧建筑的排烟设施、防火分隔、安全疏散和消防救援等防火设计要求；针对商店建筑疏散设计反映的问题，调整、补充了建材、家具、灯饰商店营业厅和展览厅的设计疏散人数计算依据。

5. 在"建筑构造"一章中补充了建筑保温系统的防火要求。

6. 增加"灭火救援设施"一章，补充和完善了有关消防车登高操作场地、救援入口等的设置要求；规定消防设施应设置明显的标识，消防水泵接合器和室外消火栓等消防设施的设置，应考虑灭火救援时对消防救援人员的安全防护；用于消防救援和消防车停靠的屋面上，应设置室外消火栓系统；建筑室外广告牌的设置，不应影响灭火救援行动。

7. 对消防设施的设置作出明确规定并完善了有关内容；有关消防给水系统、室内外消火栓系统和防烟排烟系统设计的内容分别由相应的国家标准作出规定。

8. 补充了地下仓库与物流建筑的防火要求，如要求物流建筑应按生产和储存功能划分不同的防火分区，储存区应采用防火墙与其他功能空间进行分隔；

补充了 $1 \times 10^5 m^3 \sim 3 \times 10^5 m^3$ 的大型可燃气体储罐（区）、液氨、液氧储罐和液化天然气气化站及其储罐的防火间距。

9. 完善了公共建筑上下层之间防止火灾蔓延的基本防火设计要求，补充了地下商店的总建筑面积大于 20000m² 时有关防火分隔方式的具体要求。

10. 适当扩大了火灾自动报警系统的设置范围：如高层公共建筑、歌舞娱乐放映游艺场所、商店、展览建筑、财贸金融建筑、客运和货运等建筑；明确了甲、乙、丙类液体储罐应设置灭火系统和公共建筑中餐饮场所应设置厨房自动灭火装置的范围；增加了冷库设置自动喷水灭火系统的范围。

11. 在比较研究国内外有关木结构建筑防火标准，开展木结构建筑的火灾危险性和木结构构件的耐火性能试验，并与《木结构设计规范》GB 50005 和《木骨架组合墙体技术规范》GB/T 50361 等标准协调的基础上，系统地规定了木结构建筑的防火设计要求。

12. 对原《建筑设计防火规范》、《高层民用建筑设计防火规范》及其他标准之间不协调的内容进行了调整，补充了高层民用建筑与工业建筑和甲、乙、丙类液体储罐之间的防火间距、柴油机房等的平面布置要求、有关防火门等级和电梯层门的防火要求等；统一了一类、二类高层民用建筑有关防火分区划分的建筑面积要求，统一了设置在高层民用建筑或裙房内商店营业厅的疏散人数计算要求。

13. 进一步明确了剪刀楼梯间的设置及其合用前室的要求、住宅建筑户门开向前室的要求及高层民用建筑与裙房、防烟楼梯间与前室、住宅与公寓等的关系；完善了建筑高度大于 27m，但小于或等于 54m 的住宅建筑设置一座疏散楼梯间的要求。

根据住房城乡建设部有关工程建设强制性条文的规定，在确定本规范的强制性条文时，对直接涉及工程质量、安全、卫生及环境保护等方面的条文进行了认真分析和研究，共确定了 165 条强制性条文，约占全部条文的 39%。尽管在编写条文和确定强制性条文时注意将强制性要求与非强制性要求区别开来，但为保持条文及相关要求完整、清晰和宽严适度，使其不会因强制某一事项而忽视了其中有条件可以调整的要求，导致个别强制性条文仍包含了一些非强制性的要求。对此，在执行时，要注意区别对待。如果某一强制性条文中含有允许调整的非强制性要求时，仍可根据工程实际情况和条件进行确定，如本规范第 4.4.2 条强制要求进行分组布置和组与组之间应设置防火间距，但组内储罐是否要单排布置则不是强制性的要求，而可以视储罐数量、大小和场地情况进行确定。

本规范是在《建筑设计防火规范》GB 50016—2006 和《高层民用建筑设计防火规范》GB 50045—95（2005 年版）及其局部修订工作的基础上进行的，凝聚了这两项标准原编制组前辈、局部修订工作组各位专家的心血。在此次修订过程中，浙江、吉林、广东省公安消防总队和吉林市、东莞市、深圳市公安消防局等公安消防部门，吉林市城乡规划设计研究院、欧文斯科宁（中国）投资有限公司、欧洲木业协会、加拿大木业协会、美国林业及纸业协会等单位以及有关设计、研究、生产单位和专家给予了多方面的大力支持。在此，谨表示衷心的感谢。

国家标准《建筑设计防火规范》GBJ 16—87 的主编单位、参编单位和主要起草人：

主 编 单 位：中华人民共和国公安部消防局

参 编 单 位：机械委设计研究院

纺织工业部纺织设计院

中国人民武装警察部队技术学院

杭州市公安局消防支队

北京市建筑设计院

天津市建筑设计院

中国市政工程华北设计院

北京市公安局消防总队

化工部寰球化学工程公司

主要起草人：张永胜　蒋永琨　潘　丽

沈章焰　朱嘉福　朱吕通

潘左阳　冯民基　庄敬仪

冯长海　赵克伟　郑铁一

国家标准《建筑设计防火规范》GB 50016—2006 的主编单位、参编单位和主要起草人：

主 编 单 位：公安部天津消防研究所

参 编 单 位：天津市建筑设计院

北京市建筑设计研究院

清华大学建筑设计研究院

中国中元兴华工程公司

上海市公安消防总队

四川省公安消防总队

辽宁省公安消防总队

公安部四川消防研究所

建设部建筑设计研究院

中国市政工程华北设计研究院

东北电力设计院

中国轻工业北京设计院

中国寰球化学工程公司

上海隧道工程轨道交通设计研究院

Johns Manville 中国有限公司

Huntsman 聚氨酯中国有限公司

Hilti 有限公司

主要起草人：经建生　倪照鹏　马　恒

沈　纹　杜　霞　庄敬仪

陈孝华　王诗萃　王万钢

张菊良　黄晓家　李娥飞

金石坚　王宗存　王国辉
黄德祥　苏慧英　李向东
宋晓勇　郭树林　郑铁一
刘栋权　冯长海　丁瑞元
陈景霞　宋燕燕　贺琳
王稚

国家标准《高层民用建筑设计防火规范》GB 50045—95 的主编单位、参编单位和主要起草人：

主 编 单 位：中华人民共和国公安部消防局

参 编 单 位：中国建筑科学研究院
北京市建筑设计研究院
上海市民用建筑设计院
天津市建筑设计院
中国建筑东北设计院
华东建筑设计院
北京市消防局
公安部天津消防科学研究所
公安部四川消防科学研究所

主要起草人：蒋永琨　马恒　吴礼龙
李贵文　孙东远　姜文源
潘渊清　房家声　贺新年
黄天德　马玉杰　饶文德
纪祥安　黄德祥　李春镐

为便于建筑设计、施工、验收和监督等部门的有关人员在使用本规范时能正确理解和执行条文规定，《建筑设计防火规范》修订组按章、节、条顺序编制了本规范的条文说明，对条文规定的目的、依据及执行中需要注意的有关事项进行了说明，还着重对强制性条文的强制性理由作了解释。但是，本条文说明不具备与规范正文同等的法律效力，仅供使用者作为理解和把握规范规定的参考。

目　次

1 总 则

1.0.1 本条规定了制定本规范的目的。

在建筑设计中,采用必要的技术措施和方法来预防建筑火灾和减少建筑火灾危害、保护人身和财产安全,是建筑设计的基本消防安全目标。在设计中,设计师既要根据建筑物的使用功能、空间与平面特征和使用人员的特点,采取提高本质安全的工艺防火措施和控制火源的措施,防止发生火灾,也要合理确定建筑物的平面布局、耐火等级和构件的耐火极限,进行必要的防火分隔,设置合理的安全疏散设施与有效的灭火、报警与防排烟等设施,以控制和扑灭火灾,实现保护人身安全、减少火灾危害的目的。

1.0.2 本规范所规定的建筑设计的防火技术要求,适用于各类厂房、仓库及其辅助设施等工业建筑,公共建筑、居住建筑等民用建筑,储罐或储罐区、各类可燃材料堆场和城市交通隧道工程。

其中,城市交通隧道工程是指在城市建成区内建设的机动车和非机动车交通隧道及其辅助建筑。根据国家标准《城市规划基本术语标准》GB/T 50280—1998,城市建成区简称"建成区",是指城市行政区内实际已成片开发建设、市政公用设施和公共设施基本具备的地区。

对于人民防空、石油和天然气、石油化工、酒厂、纺织、钢铁、冶金、煤化工和电力等工程,专业性较强,有些要求比较特殊,特别是其中的工艺防火和生产过程中的本质安全要求部分与一般工业或民用建筑有所不同。本规范只对上述建筑或工程的普遍性防火设计作了原则要求,但难以更详尽地确定这些工程的某些特殊防火要求,因此设计中的相关防火要求可以按照这些工程的专项防火规范执行。

1.0.3 对于火药、炸药及其制品厂房(仓库)、花炮厂房(仓库),由于这些建筑内的物质可以引起剧烈的化学爆炸,防火要求特殊,有关建筑设计中的防火要求在现行国家标准《民用爆破器材工程设计安全规范》GB 50089、《烟花爆竹工厂设计安全规范》GB 50161 等规范中有专门规定,本规范的适用范围不包括这些建筑或工程。

1.0.4 本条规定了在同一建筑内设置多种使用功能场所时的防火设计原则。

当在同一建筑物内设置两种或两种以上使用功能的场所时,如住宅与商店的上下组合建造,幼儿园、托儿所与办公建筑或电影院、剧场与商业设施合建等,不同使用功能区或场所之间需要进行防火分隔,以保证火灾不会相互蔓延,相关防火分隔要求要符合本规范及国家其他有关标准的规定。当同一建筑内,可能会存在多种用途的房间或场所,如办公建筑内设置的会议室、餐厅、锅炉房等,属于同一使用功能。

1.0.5 本条规定要求设计师在确定建筑设计的防火要求时,须遵循国家有关安全、环保、节能、节地、节水、节材等经济技术政策和工程建设的基本要求,贯彻"预防为主,防消结合"的消防工作方针,从全局出发,针对不同建筑及其使用功能的特点和防火、灭火需要,结合具体工程及当地的地理环境等自然条件、人文背景、经济技术发展水平和消防救援力量等实际情况进行综合考虑。在设计中,不仅要积极采用先进、成熟的防火技术和措施,更要正确处理好生产或建筑功能要求与消防安全的关系。

1.0.6 高层建筑火灾具有火势蔓延快、疏散困难、扑救难度大的特点,高层建筑的设计,在防火上应立足于自防、自救,建筑高度超过 250m 的建筑更是如此。我国近年来建筑高度超过250m 的建筑越来越多,尽管本规范对高层建筑以及超高层建筑作了相关规定,但为了进一步增强建筑高度超过 250m 的高层建筑的防火性能,本条规定要通过专题论证的方式,在本规范现有规定的基础上提出更严格的防火措施,有关论证的程序和组织要符合国家有关规定。有关更严格的防火措施,可以考虑提高建筑主要构件的耐火性能、加强防火分隔、增加疏散设施、提高消防设施的可靠性和有效性、配置适应超高层建筑的消防救援装备,设置适用于满足超高层建筑的灭火救援场地、消防站等。

1.0.7 本规范虽涉及面广,但也很难把各类建筑、设备的防火内容和性能要求、试验方法等全部包括其中,仅对普遍性的建筑防火问题和建筑的基本消防安全需求作了规定。设计采用的产品、材料要符合国家有关产品和材料标准的规定,采取的防火技术和措施还要符合国家其他有关工程建设技术标准的规定。

2 术语、符号

2.1 术 语

2.1.1 明确了高层建筑的含义,确定了高层民用建筑和高层工业建筑的划分标准。建筑的高度、体积和占地面积等直接影响到建筑内的人员疏散、灭火救援的难易程度和火灾的后果。本规范在确定高层与单、多层建筑的高度划分标准时,既考虑到上述因素和实际工程情况,也与现行国家标准保持一致。

本规范以建筑高度为 27m 作为划分单、多层住宅建筑与高层住宅建筑的标准,便于对不同建筑高度的住宅建筑区别对待,有利于处理好消防安全和消防投入的关系。

对于除住宅外的其他民用建筑(包括宿舍、公寓、公共建筑)以及厂房、仓库等工业建筑,高层与单、多层建筑的划分标准是 24m。但对于有些单层建筑,如体育馆、高大的单层厂房等,由于具有相对方便的疏散和扑救条件,虽建筑高度大于24m,仍不划分为高层建筑。

有关建筑高度的确定方法,本规范附录 A 作了详细规定,涉及本规范有关建筑高度的计算,应按照该附录的规定进行。

2.1.2 裙房的特点是其结构与高层建筑主体直接相连,作为高层建筑主体的附属建筑而构成同一座建筑。为便于规定,本规范规定裙房为建筑中建筑高度小于或等于 24m 且位于与其相连的高层建筑主体对地面的正投影之外的这部分建筑;其他情况的高层建筑的附属建筑,不能按裙房考虑。

2.1.3 对于重要公共建筑,不同地区的情况不尽相同,难以定量规定。本条根据我国的国情和多年的火灾情况,从发生火灾可能产生的后果和影响作了定性规定。一般包括党政机关办公楼,人员密集的大型公共建筑或集会场所,较大规模的中小学校教学楼、宿舍楼,重要的通信、调度和指挥建筑,广播电视建筑,医院等以及城市集中供水设施、主要的电力设施等涉及城市或区域生命线的支持性建筑或工程。

2.1.4 本条术语解释中的"建筑面积"是指设置在住宅建筑首层或一层及二层,且相互完全分隔后的每个小型商业用房的总建筑面积。比如,一个上、下两层室内直接相通的商业服务网点,该"建筑面积"为该商业服务网点一层和二层商业用房的建筑面积之和。

商业服务网点包括百货店、副食店、粮店、邮政所、储蓄所、理发店、洗衣店、药店、洗车店、餐饮店等小型营业性用房。

2.1.8 本条术语解释中将民用建筑内的灶具、电磁炉等与其他室内外露类明火或赤热表面区别对待，主要是因其使用时间相对集中、短暂，并具有间隔性，同时又易于封闭或切断。

2.1.10 本条术语解释中的"标准耐火试验条件"是指符合国家标准规定的耐火试验条件。对于升温条件，不同使用性质和功能的建筑，火灾类型可能不同，因而在建筑构配件的标准耐火性能测定过程中，受火条件也有所不同，需要根据实际的火灾类型确定不同标准的升温条件。目前，我国对于以纤维类火灾为主的建筑构件耐火试验主要参照 ISO 834 标准规定的时间-温度标准曲线进行试验；对于石油化工建筑、通行大型车辆的隧道等以烃类为主的场所，结构的耐火极限需采用碳氢时间-温度曲线等相应的升温曲线进行试验测定。对于不同类型的建筑构件，耐火极限的判定标准也不一样，比如非承重墙体，其耐火极限测定主要考察该墙体在试验条件下的完整性能和隔热性能；而柱的耐火极限测定则主要考察其在试验条件下的承载力和稳定性能。因此，对于不同的建筑结构或构、配件，耐火极限的判定标准和所代表的含义也不完全一致，详见现行国家标准《建筑构件耐火试验方法》系列 GB/T 9978.1～GB/T 9978.9。

2.1.14 本条术语解释中的"室内安全区域"包括符合规范规定的避难层、避难走道等，"室外安全区域"包括室外地面、符合疏散要求并具有直接到达地面设施的上人屋面、平台以及符合本规范第 6.6.4 条要求的天桥、连廊等。尽管本规范将避难走道视为室内安全区，但其安全性能仍有别于室外地面，因此设计的安全出口要直接通向室外，尽量避免通过避难走道再疏散到室外地面。

2.1.18 本条术语解释中的"规定的试验条件"为按照现行国家有关闪点测试方法标准，如现行国家标准《闪点的测定 宾斯基-马丁闭口杯法》GB/T 261 等标准中规定的试验条件。

2.1.19 可燃蒸气和可燃气体的爆炸下限为可燃蒸气或可燃气体与其和空气混合气体的体积百分比。

2.1.20 对于沸溢性油品，不仅油品要具有一定含水率，且必须具有热波作用，才能使油品液面燃烧产生的热量从液面逐渐向液下传递。当液下的温度高于 100℃ 时，热量传递过程中遇油品所含水后便可引起水的汽化，使水的体积膨胀，从而引起油品沸溢。常见的沸溢性油品有原油、渣油和重油等。

2.1.21 防火间距是不同建筑间的空间间隔，既是防止火灾在建筑之间发生蔓延的间隔，也是保证灭火救援行动既方便又安全的空间。有关防火间距的计算方法，见本规范附录 B。

3 厂房和仓库

3.1 火灾危险性分类

本规范根据物质的火灾危险特性，定性或定量地规定了生产和储存建筑的火灾危险性分类原则，石油化工、石油天然气、医药等有关行业还可根据实际情况进一步细化。

3.1.1 本条规定了生产的火灾危险性分类原则。

（1）表 3.1.1 中生产中使用的物质主要指所用物质为生产的主要组成部分或原材料，用量相对较多或需对其进行加工等。

（2）划分甲、乙、丙类液体闪点的基准。

为了比较切合实际地确定划分液体物质的闪点标准，本规范 1987 年版编制组曾对 596 种易燃、可燃液体的闪点进行了统计和分析，情况如下：

1）常见易燃液体的闪点多数小于 28℃；

2）国产煤油的闪点在 28℃～40℃ 之间；

3）国产 16 种规格的柴油闪点大多数为 60℃～90℃（其中仅"-35#""柴油为 50℃）；

4）闪点在 60℃～120℃ 的 73 个品种的可燃液体，绝大多数火灾危险性不大；

5）常见的煤焦油闪点为 65℃～100℃。

据此认为：凡是在常温环境下遇火源能引起闪燃的液体属于易燃液体，可列入甲类火灾危险性范围。我国南方城市的最热月平均气温在 28℃ 左右，而厂房的设计温度在冬季一般采用 12℃～25℃。

根据上述情况，将甲类火灾危险性的液体闪点标准确定为小于 28℃；乙类，为大于或等于 28℃ 至小于 60℃；丙类，为大于或等于 60℃。

（3）火灾危险性分类中可燃气体爆炸下限的确定基准。

由于绝大多数可燃气体的爆炸下限均小于 10%，一旦设备泄漏，在空气中很容易达到爆炸浓度，所以将爆炸下限小于 10% 的气体划为甲类；少数气体的爆炸下限大于 10%，在空气中较难达到爆炸浓度，所以将爆炸下限大于或等于 10% 的气体划为乙类。但任何一种可燃气体的火灾危险性，不仅与其爆炸下限有关，而且与其爆炸极限范围值、点火能量、混合气体的相对湿度等有关，在实际设计时要加注意。

（4）火灾危险性分类中应注意的几个问题。

1）生产的火灾危险性分类，一般要分析整个生产过程中的每个环节是否有引起火灾的可能性。生产的火灾危险性分类一般要按其中最危险的物质确定，通常可根据生产中使用的全部原材料的性质、生产中操作条件的变化是否会改变物质的性质、生产中产生的全部中间产物的性质、生产的最终产品及其副产品的性质和生产过程中的自然通风、气温、湿度等环境条件等因素分析确定。当然，要同时兼顾生产的实际使用量或产出量。

在实际中，一些产品可能有若干种不同工艺的生产方法，其中使用的原材料和生产条件也可能不尽相同，因而不同生产方法所具有的火灾危险性也可能有所差异，分类时要注意区别对待。

2）甲类火灾危险性的生产特性。

"甲类"第 1 项和第 2 项参见前述说明。

"甲类"第 3 项：生产中的物质在常温下可以逐渐分解，释放出大量的可燃气体并且迅速放热引起燃烧，或者物质与空气接触后能发生猛烈的氧化作用，同时放出大量的热。温度越高，氧化反应速度越快，产生的热越多，使温度升高越快，如此互为因果而引起燃烧或爆炸，如硝化棉、赛璐珞、黄磷等的生产。

"甲类"第 4 项：生产中的物质遇水或空气中的水蒸气会发生剧烈的反应，产生氢气或其他可燃气体，同时产生热量引起燃烧或爆炸。该类物质遇酸或氧化剂也能发生剧烈反应，发生燃烧爆炸的火灾危险性比遇水或水蒸气时更大，如金属钾、钠、氧化钠、氢化钙、碳化钙、磷化钙等的生产。

"甲类"第 5 项：生产中的物质有较强的氧化性。有些过氧化物中含有过氧基（—O—O—），性质极不稳定，易放出氧原子，具有强烈的氧化性，促使其他物质迅速氧化，放出大量的热量而发生燃烧爆炸。该类物质对于酸、碱、热、撞击、摩擦、催化或与易燃品、还原剂等接触后能迅速分解，极易发生燃烧爆炸，如氯酸钠、氯酸钾、过氧化氢、过氧化钠等的生产。

"甲类"第 6 项：生产中的物质燃点较低、易燃烧，受热、撞击、摩擦或与氧化剂接触能引起剧烈燃烧或爆炸，燃烧速度快，燃烧产物毒性大,如赤磷、三硫化二磷等的生产。

"甲类"第7项:生产中操作温度较高,物质被加热到自燃点以上。此类生产必须在密闭设备内进行,因设备内没有助燃气体,所以设备内的物质不能燃烧。但是,一旦设备或管道泄漏,即使没有其他火源,该类物质也会在空气中立即着火燃烧。这类生产在化工、炼油、生物制药等企业中常见,火灾的事故也不少,应引起重视。

3)乙类火灾危险性的生产特性。

"乙类"第1项和第2项参见前述说明。

"乙类"第3项中所指的不属于甲类的氧化剂是二级氧化剂,即非强氧化剂。特性是:比甲类第5项的性质稳定些,生产过程中的物质遇热、还原剂、酸、碱等也能分解产生高热,遇其他氧化剂也能分解发生燃烧甚至爆炸,如过二硫酸钠、高碘酸、重铬酸钠、过醋酸等的生产。

"乙类"第4项:生产中的物质燃点较低、较易燃烧或爆炸,燃烧性能比甲类易燃固体差,燃烧速度较慢,但可能放出有毒气体,如硫黄、樟脑或松香等的生产。

"乙类"第5项:生产中的助燃气体本身不能燃烧(如氧气),但在有火源的情况下,如遇可燃物会加速燃烧,甚至有些含碳的难燃或不燃固体也会迅速燃烧。

"乙类"第6项:生产中可燃物质的粉尘、纤维、雾滴悬浮在空气中与空气混合,当达到一定浓度时,遇火源立即引起爆炸。这些细小的可燃物质表面吸附包围了氧气,当温度升高时,便加速了它的氧化反应,反应中放出的热促使其燃烧。这些细小的可燃物质比原来块状固体或较大量的液体具有较低的自燃点,在适当的条件下,着火后以爆炸的速度燃烧。另外,铝、锌等有些金属在块状时并不燃烧,但在粉尘状态时则能够爆炸燃烧。

研究表明,可燃液体的雾滴也可以引起爆炸。因而,将"丙类液体的雾滴"的火灾危险性列入乙类。有关信息可参见《石油化工生产防火手册》《可燃性气体和蒸汽的安全技术参数手册》和《爆炸事故分析》等资料。

4)丙类火灾危险性的生产特性。

"丙类"第1项参见前述说明。可熔化的可燃固体应视为丙类液体,如石蜡、沥青等。

"丙类"第2项:生产中物质的燃点较高,在空气中受到火焰或高温作用时能够着火或微燃,当火源移走后仍能持续燃烧或微燃,如对木料、棉花加工、橡胶等的加工和生产。

5)丁类火灾危险性的生产特性。

"丁类"第1项:生产中被加工的物质不燃,且建筑物内可燃物很少,或生产中虽有赤热表面、火花、火焰也不易引起火灾,如炼钢、炼铁、热轧或制造玻璃制品等的生产。

"丁类"第2项:虽然利用气体、液体或固体为原料进行燃烧,是明火生产,但均在固定设备内燃烧,不易造成事故。虽然也有一些爆炸事故,但一般多属于物理性爆炸,如锅炉、石灰焙烧、高炉车间等的生产。

"丁类"第3项:生产中使用或加工的物质(原料、成品)在空气中受到火焰或高温作用时难着火、难微燃、难碳化,当火源移走后燃烧或微燃立即停止。厂房内为常温环境,设备通常处于敞开状态。这类生产一般为热压成型的生产,如难燃的铝塑材料、酚醛泡沫塑料加工等的生产。

6)戊类火灾危险性的生产特性。

生产中使用或加工的液体或固体物质在空气中受到火烧时,不着火、不微燃、不碳化,不会因使用的原料或成品引起火灾,且厂房内为常温环境,如制砖、石棉加工、机械装配等的生产。

(5)生产的火灾危险性分类受众多因素的影响,设计还需要根据生产工艺、生产过程中使用的原材料以及产品及其副产品的火灾危险性以及生产时的实际环境条件等情况确定。为便于使用,表1列举了部分常见生产的火灾危险性分类。

表1 生产的火灾危险性分类举例

生产的火灾危险性类别	举 例
甲类	1.闪点小于28℃的油品和有机溶剂的提炼、回收或洗涤部位及其泵房,橡胶制品的涂胶和胶浆部位,二硫化碳的粗馏、精馏工段及其应用部位,青霉素提炼部位,原料药厂的非纳西汀车间的烃化、回收及电感精馏部位,皂素车间的抽提、结晶及过滤部位,冰片制精部位,农药厂乐果厂房,敌敌畏的合成厂房,磺化法糖精厂房,氯乙醇厂房,环氧乙烷、环氧丙烷工段,苯乙酮厂房的磺化、蒸馏部位,焦化厂吡啶工段,胶片厂片基厂房,汽油加铅室,甲醇、乙醇、丙酮、丁醇、异丙醇、醋酸乙酯、苯等的合成或精制厂房,集成电路工厂的化学清洗间(使用闪点小于28℃的液体);植物油加工厂的浸出车间;白酒液态法酿酒车间、酒精蒸馏塔,酒精度为38度以上的勾兑车间、灌装车间、酒泵房;白兰地蒸馏车间、勾兑车间、灌装车间、酒泵房 2.乙炔站,氢气站,石油气分馏(或分离)厂房,氯乙烯厂房,乙烯聚合厂房,天然气、石油伴生气、矿井气、水煤气或焦炉煤气的净化(如脱硫)厂房压缩机室及鼓风机室,液化石油气灌瓶间,丁二烯及其聚合厂房,醋酸乙烯厂房,电解水或电解食盐厂房,环己酮厂房,乙基苯和苯乙烯厂房,化肥厂的氢氮气压缩厂房,半导体材料厂使用氢气的拉晶间,硅烷热分解室; 3.硝化棉厂房及其应用部位,赛璐珞厂,黄磷制备厂房及其应用部位,三乙基铝厂房,染化厂某些能自行分解的重氮化合物生产,甲胺厂房,丙烯腈厂房; 4.金属钠、钾加工厂房及其应用部位,聚乙烯厂房的一氧二乙基铝厂房,三氯化磷厂房,多晶硅车间三氯氢硅部位,五氧化二磷厂房; 5.氯酸钠、氯酸钾厂房及其应用部位,过氧化氢厂房,过氧化钠、过氧化钾厂房,次氯酸钙厂房; 6.赤磷制备厂房及其应用部位,五硫化二磷厂房及其应用部位; 7.洗涤剂厂房石蜡裂解部位,冰醋酸裂解厂房
乙类	1.闪点大于或等于28℃至小于60℃的油品和有机溶剂的提炼、回收、洗涤部位及其泵房,松节油或松香蒸馏厂房及其应用部位,醋酸酐精馏厂房,己内酰胺厂房,甲酚厂房,氯丙醇厂房,樟脑油提取部位,环氧氯丙烷厂房,松针油精制部位,煤油灌油间; 2.一氧化碳压缩机室及净化部位,发生炉煤气或鼓风炉煤气净化部位,氢压缩机房; 3.发烟硫酸或发烟硝酸浓缩部位,高锰酸钾厂房,重铬酸钠(红矾钠)厂房; 4.樟脑或松香提炼厂房,硫黄回收厂房,焦化厂精萘厂房; 5.氧气站,空分厂房; 6.铝粉或镁粉厂房,金属制品抛光部位,煤粉厂房、面粉厂的碾磨部位、活性炭制造及再生厂房,谷物筒仓的工作塔,亚麻厂的除尘器室和过滤器室
丙类	1.闪点大于或等于60℃的油品和有机液体的提炼、回收工段及其抽送泵房,香料厂的松油精部位和乳酸松脂部位,苯甲酸厂房,苯乙酮厂房,焦化厂焦油厂房,甘油、桐油的制备厂房,油浸变压器室,机器油或变压油灌油桶间,润滑油再生部位,配电室(每台装油量大于60kg的设备),沥青加工厂房,植物油加工厂的精炼部位; 2.煤、焦炭、油母页岩的筛分、转运工段和栈桥或储仓,木工厂房,竹、藤加工厂房,橡胶制品的压延、成型和硫化厂房,针织品厂房,纺织、印染、化纤生产的干燥车间,服装加工厂房,棉花加工和打包厂房,造纸厂备料、干燥车间,印染厂成品厂房,麻纺厂粗加工车间,谷物加工厂房,卷烟厂的切丝、卷制、包装车间,印刷厂的印刷车间,毛涤厂选毛车间,电视机、收音机装配厂房,显像管厂装配工段烧枪间,磁带装配厂房,集成电路工厂的氧化扩散间、光刻间,泡沫塑料厂的发泡、成型、印片压花部位,饲料加工厂房,畜(禽)屠宰、分割及加工车间、鱼加工车间

续表 1

生产的火灾危险性类别	举例
丁类	1. 金属冶炼、锻造、铆焊、热轧、铸造、热处理厂房; 2. 锅炉房,玻璃原料熔化厂房,灯丝烧拉部位,保温瓶胆厂房,陶瓷制品的烘、烧成厂房,蒸汽机车库,石灰焙烧厂房,电石炉部位,耐火材料烧成部位,转炉厂房,硫酸车间焙烧部位,电极煅烧工段,配电室(每台装油量小于等于 60kg 的设备); 3. 难燃铝塑料材料的加工厂房,酚醛泡沫塑料的加工厂房,印染厂的漂炼部位,化纤厂后加工润湿部位
戊类	制砖车间,石棉加工车间,卷扬机室,不燃液体的泵房和阀门室,不燃液体的净化处理工段,除镁合金外的金属冷加工车间,电动车库,钙镁磷肥车间(熔炉除外),造纸厂或化学纤维厂的浆粕蒸煮工段,仪表、机械或车辆装配车间,氟利昂厂房,水泥厂的轮窑厂房,加气混凝土厂的材料准备、构件制作厂房

3.1.2 本条规定了同一座厂房或厂房中同一个防火分区内存在不同火灾危险性的生产时,该建筑或区域火灾危险性的确定原则。

(1)在一座厂房中或一个防火分区内存在甲、乙类等多种火灾危险性生产时,如果甲类生产着火后,可燃物质足以构成爆炸或燃烧危险,则该建筑物中的生产类别应按甲类划分;如果该厂房面积很大,其中甲类生产所占用的面积比例小,并采取了相应的工艺保护和防火防爆分隔措施将甲类生产部位与其他区域完全隔开,即使发生火灾也不会蔓延到其他区域时,该厂房可按火灾危险性较小者确定。如:在一座汽车总装厂中,喷漆工段占总装厂房的面积比例不足 10%,并将喷漆工段采用防火分隔和自动灭火设施保护时,厂房的生产火灾危险性仍可划分为戊类。近年来,喷漆工艺有了很大的改进和提高,并采取了一些行之有效的防护措施,生产过程中的火灾危害减少。本条同时考虑了国内现有工业建筑中同类厂房喷漆工段所占面积的比例,规定了在同时满足本文规定的三个条件时,其面积比例最大可为 20%。

另外,有的生产过程中虽然使用或产生易燃、可燃物质,但是数量少,当气体全部逸出或可燃液体全部气化也不会在同一时间内使厂房内任何部位的混合气体处于爆炸极限范围内,或即使局部存在爆炸危险,可燃物全部燃烧也不可能使建筑物着火而造成灾害。如:机械修配厂或修理车间,虽然使用少量的汽油等甲类溶剂清洗零件,但不会因此而发生爆炸。所以,该厂房的火灾危险性仍可划分为戊类。又如,某场所内同时具有甲、乙类和丙、丁类火灾危险性的生产或物质,当其中产生或使用的甲、乙类物质的量很小,不足以导致爆炸时,该场所的火灾危险性类别可以按照其他占主要部分的丙类或丁类火灾危险性确定。

(2)一般情况下可不按物质危险特性确定生产火灾危险性类别的最大允许量,参见表 2。

表 2 可不按物质危险特性确定生产火灾危险性类别的最大允许量

火灾危险性类别		火灾危险性的特性	物质名称举例	最大允许量	
				与房间容积的比值	总量
甲类	1	闪点小于 28℃ 的液体	汽油、丙酮、乙醚	0.004L/m³	100L
	2	爆炸下限小于 10% 的气体	乙炔、氢、甲烷、乙烯、硫化氢	1L/m³	25m³（标准状态）
	3	常温下能自行分解导致迅速自燃爆炸的物质	硝化棉、硝化纤维胶片、喷漆棉、火胶棉、赛璐珞棉	0.003kg/m³	10kg
	4	在空气中氧化即导致迅速自燃的物质	黄磷	0.006kg/m³	20kg

续表 2

火灾危险性类别		火灾危险性的特性	物质名称举例	最大允许量	
				与房间容积的比值	总量
甲类	4	常温下受到水和空气中水蒸气的作用能产生可燃气体并能燃烧或爆炸的物质	金属钾、钠、锂	0.002kg/m³	5kg
	5	遇酸、受热、撞击、摩擦、催化以及遇有机物或硫黄等易燃的无机物能引起爆炸的强氧化剂	硝酸胍、高氯酸铵	0.006kg/m³	20kg
		遇酸、受热、撞击、摩擦、催化以及遇有机物或硫黄等易分解引起燃烧的强氧化剂	氯酸钾、氯酸钠、过氧化钠	0.015kg/m³	50kg
	6	与氧化剂、有机物接触时能引起燃烧或爆炸的物质	赤磷、五硫化磷	0.015kg/m³	50kg
	7	受到水或空气中水蒸气的作用能产生爆炸下限小于 10% 的气体的固体物质	电石	0.075kg/m³	100kg
乙类	1	闪点大于等于 28℃ 至 60℃ 的液体	煤油、松节油	0.02L/m³	200L
	2	爆炸下限大于等于 10% 的气体	氨	5L/m³（标准状态）	50m³（标准状态）
		助燃气体	氧、氟	5L/m³（标准状态）	50m³（标准状态）
	3	不属于甲类的氧化剂	硝酸、硝酸铜、铬酸、发烟硫酸、铬酸钾	0.025kg/m³	80kg
	4	不属于甲类的化学易燃危险固体	赛璐珞板、硝化纤维色片、镁粉、铝粉	0.015kg/m³	50kg
			硫黄、生松香	0.075kg/m³	100kg

表 2 列出了部分生产中常见的甲、乙类火灾危险性物品的最大允许量。本表仅供使用本条文时参考。现将其计算方法和数值确定的原则及应用本表应注意的事项说明如下:

1) 厂房或实验室内单位容积的最大允许量。

单位容积的最大允许量是实验室或非甲、乙类厂房内使用甲、乙类火灾危险性物品的两个控制指标之一。实验室或非甲、乙类厂房内使用甲、乙类火灾危险性物品的总量同其室内容积之比应小于此值。即：

$$\frac{甲、乙类物品的总量(kg)}{厂房或实验室的容积(m^3)} < 单位容积的最大允许量 \quad (1)$$

下面按气、液、固态甲、乙类危险物品分别说明该数值的确定。

①气态甲、乙类火灾危险性物品。

一般，可燃气体浓度探测报警装置的报警控制值采用该可燃气体爆炸下限的25%。因此，当室内使用的可燃气体同空气所形成的混合性气体不大于爆炸下限的5%时，可不按甲、乙类火灾危险性划分。本条采用5%这个数值还考虑到，在一个面积或容积较大的场所内，可能存在可燃气体扩散不均匀，会形成局部高浓度而引发爆炸的危险。

由于实际生产中使用或产生的甲、乙类可燃气体的种类较多，在本表中不可能一一列出。对于爆炸下限小于10%的甲类可燃气体，空间内单位容积的最大允许量采用几种甲类可燃气体计算结果的平均值（如乙炔的计算结果是 $0.75L/m^3$，甲烷的计算结果是 $2.5L/m^3$），取 $1L/m^3$。对于爆炸下限大于或等于10%的乙类可燃气体，空间内单位容积的最大允许量取 $5L/m^3$。

②液态甲、乙类火灾危险性物品。

在室内少量使用易燃、易爆甲、乙类火灾危险性物品，要考虑这些物品全部挥发并弥漫在整个室内空间后，同空气的混合比是否低于其爆炸下限的5%。如低于该值，可以不确定为甲、乙类火灾危险性。某种甲、乙类火灾危险性液体单位体积(L)全部挥发后的气体体积，参考美国消防协会《美国防火手册》(Fire Protection Handbook, NFPA)，可以按下式进行计算：

$$V = 830.93 \frac{B}{M} \quad (2)$$

式中：V——气体体积(L)；
B——液体的相对密度；
M——挥发性气体的相对密度。

③固态（包括粉状）甲、乙类火灾危险性物品。

对于金属钾、金属钠、黄磷、赤磷、赛璐珞板等固态甲、乙类火灾危险性物品和镁粉、铝粉等乙类火灾危险性物品的单位容积的最大允许量，参照了国外有关消防法规的规定。

2)厂房或实验室等室内空间最多允许存放的总量。

对于容积较大的空间，单凭空间内"单位容积的最大允许量"一个指标来控制是不够的。有时，尽管这些空间内单位容积的最大允许量不大于规定，也可能会相对集中放置较大量的甲、乙类火灾危险性物品，而这些物品着火后常难以控制。

3)在应用本条进行计算时，如空间内存在两种或两种以上火灾危险性的物品，原则上要以其中火灾危险性较大、两项控制指标要求较严格的物品为基础进行计算。

3.1.3 本条规定了储存物品的火灾危险性分类原则。

(1)本规范将生产和储存物品的火灾危险性分类分别列出，是因为生产和储存物品的火灾危险性既有相同之处，又有所区别。如甲、乙、丙类液体在高温、高压生产过程中，实际使用时的温度往往高于液体本身的自燃点，当设备或管道损坏时，液体喷出就会着火。有些生产的原料、成品的火灾危险性较低，但当生产条件发生变化或经化学反应后产生了中间产物，则可能增加火灾危险性。例如，可燃粉尘静止时的火灾危险性较小，但在生产过程中，粉尘悬浮在空气中并与空气形成

爆炸性混合物，遇火源则可能爆炸着火，而这类物品在储存时就不存在这种情况。与此相反，桐油织物及其制品，如堆放在通风不良地点，受到一定温度作用时，则会缓慢氧化、积热不散而自燃着火，因而在储存时其火灾危险性较大，而在生产过程中则不存在此种情形。

储存物品的分类方法主要依据物品本身的火灾危险性，参照本规范生产的火灾危险性分类，并吸取仓库储存管理经验和参考我国的《危险货物运输规则》。

1)甲类储存物品的划分，主要依据我国《危险货物运输规则》中确定的Ⅰ级易燃固体、Ⅰ级易燃液体、Ⅰ级氧化剂、Ⅰ级自燃物品、Ⅰ级遇水燃烧物品和可燃气体的特性。这类物品易燃、易爆，燃烧时会产生大量有害气体。有的遇水发生剧烈反应，产生氢气或其他可燃气体，遇火燃烧爆炸；有的具有强烈的氧化性能，遇有机物或无机物极易燃烧爆炸；有的因受热、撞击、催化或气体膨胀而可能发生爆炸，或与空气混合容易达到爆炸浓度，遇火而发生爆炸。

2)乙类储存物品的划分，主要依据我国《危险货物运输规则》中确定的Ⅱ级易燃固体、Ⅱ级易燃烧物质、Ⅱ级氧化剂、助燃气体、Ⅱ级自燃物品的特性。

3)丙、丁、戊类储存物品的划分，主要依据有关仓库调查和储存管理情况。

丙类储存物品包括可燃固体物质和闪点大于或等于60℃的可燃液体，特性是液体闪点较高、不易挥发。可燃固体在空气中受到火焰和高温作用时能发生燃烧，即使移走火源，仍能继续燃烧。

对于粒径大于或等于2mm的工业成型硫黄（如球状、颗粒状、团状、锭状或片状），根据公安部天津消防研究所与中国石化工程建设公司等单位共同开展的"散装硫黄储存与消防关键技术研究"成果，其火灾危险性为丙类固体。

丁类储存物品指难燃烧物品，其特性是在空气中受到火焰或高温作用时，难着火、难燃或微燃，移走火源，燃烧即可停止。

戊类储存物品指不会燃烧的物品，其特性是在空气中受到火焰或高温作用时，不着火、不微燃、不碳化。

(2)表3列举了一些常见储存物品的火灾危险性分类，供设计参考。

表3 储存物品的火灾危险性分类举例

火灾危险性类别	举例
甲类	1. 己烷，戊烷，环戊烷，石脑油，二硫化碳，苯，甲苯，甲醇，乙醇，乙醚，蚁酸甲酯，醋酸甲酯，硝酸乙酯，汽油，丙酮，丙烯，酒精度为38度及以上的白酒； 2. 乙炔，氢，甲烷，环氧乙烷，水煤气，液化石油气，乙烯，丙烯，丁二烯，硫化氢，氯乙烯，电石，碳化铝； 3. 硝化棉，硝化纤维胶片，喷漆棉，火胶棉，赛璐珞棉，黄磷； 4. 金属钾、钠、锂、钙、锶，氢化锂，氢化钠，四氢化锂铝； 5. 氯酸钾、氯酸钠，过氧化钾、过氧化钠，硝酸铵； 6. 赤磷，五硫化二磷，三硫化二磷
乙类	1. 煤油，松节油，丁烯醇，异戊醇，丁醚，醋酸丁酯，硝酸戊酯，乙酰丙酮，环己胺，溶剂油，冰醋酸，樟脑油，蚁酸； 2. 氢氰酸，一氧化碳； 3. 硝酸铜，铬酸，亚硝酸钾，重铬酸钠，铬酸钾，硝酸，硝酸钴，发烟硫酸，漂白粉； 4. 硫黄，镁粉，铝粉，赛璐珞板（片），樟脑，萘，生松香，硝化纤维漆布，硝化纤维色片； 5. 氧气，氟气，液氯； 6. 漆布及其制品，油布及其制品，油纸及其制品，油绸及其制品

续表3

火灾危险性类别	举例
丙类	1.动物油、植物油、沥青、蜡、润滑油、机油、重油，闪点大于等于60℃的柴油，糖醛、白兰地成品库； 2.化学、人造纤维及其织物，纸张，棉、毛、丝、麻及其织物，谷物、面粉，粒径大于或等于2mm工业成型硫黄，天然橡胶及其制品，竹、木及其制品，中药材，电视机、收录机等电子产品，计算机房已录数据的磁盘储存间，冷库中的鱼、肉间
丁类	自熄性塑料及其制品，酚醛泡沫塑料及其制品，水泥刨花板
戊类	钢材、铝材、玻璃及其制品，搪瓷制品，陶瓷制品，不燃气体，玻璃棉、岩棉、陶瓷棉、硅酸铝纤维、矿棉，石膏及其无纸制品，水泥、石、膨胀珍珠岩

3.1.4 本条规定了同一座仓库或其中同一防火分区内存在多种火灾危险性的物质时，确定该建筑或区域火灾危险性的原则。

一个防火分区内存放多种可燃物时，火灾危险性分类原则应按其中火灾危险性大的确定。当数种火灾危险性不同的物品存放在一起时，建筑的耐火等级、允许层数和允许面积均要求按最危险者的要求确定。如：同一座仓库存放有甲、乙、丙三类物品，仓库就需要按甲类储存物品仓库的要求设计。

此外，甲、乙类物品和一般物品以及容易相互发生化学反应或者灭火方法不同的物品，必须分间、分库储存，并在醒目处标明储存物品的名称，性质和灭火方法。因此，为了有利于安全和便于管理，同一座仓库或其中同一个防火分区内，要尽量储存一种物品。如有困难需将数种物品存放在一座仓库或同一个防火分区内时，存储过程中要采取分区域布置，但性质相互抵触或灭火方法不同的物品不允许存放在一起。

3.1.5 丁、戊类物品本身虽属难燃烧或不燃烧物质，但有很多物品的包装是可燃的木箱、纸盒、泡沫塑料等。据调查，有些仓库内的可燃包装物，多者在 $100kg/m^2 \sim 300kg/m^2$，少者也有 $30kg/m^2 \sim 50kg/m^2$。因此，这两类仓库，除考虑物品本身的燃烧性能外，还要考虑可燃包装的数量，在防火要求上应较丁、戊类仓库严格。

在执行本条时，要注意有些包装物与被包装物品的重量比虽然小于 1/4，但包装物（如泡沫塑料等）的单位体积重量较小，极易燃烧且初期燃烧速率较快、释热量大，如果仍然按照丁、戊类仓库来确定则可能出现与实际火灾危险性不符的情况。因此，针对这种情况，当可燃包装体积大于物品本身体积的 1/2 时，要相应提高该库房的火灾危险性类别。

3.2 厂房和仓库的耐火等级

3.2.1 本条规定了厂房和仓库的耐火等级分级及相应建筑构件的燃烧性能和耐火极限。

（1）本规范第 3.2.1 条表 3.2.1 中有关建筑构件的燃烧性能和耐火极限的确定，参考了苏联、日本、美国等国建筑规范和相关消防标准的规定，详见表 4~表 6。

表 4 前苏联建筑物的耐火等级分类及其构件的燃烧性能和耐火极限

建筑的耐火等级	建筑构件耐火极限(h)和沿该构件火焰传播的最大极限(h/cm)								
	墙壁				支柱	楼梯平台、楼梯梁、踏步、梁和梯段	平板、铺面（包括有保温层的）和其他楼板自承重结构	屋顶构件	
	自承重楼梯间	自承重	外部非承重（其中包括由悬吊板构成）	内部非承重（隔离的）				平板、铺面（包括有保温层的）和大梁	梁、门式刚架、横梁、框架
Ⅰ	2.5/0	1.25/0	0.5/0	0.5/0	2.5/0	1/0	1/0	0.5/0	0.5/0
Ⅱ	2/0	1/0	0.25/0	0.25/0	2/0	1/0	0.75/0	0.25/0	0.25/0
Ⅲ	2/0	1/0	0.25/0 0.5/40	0.25/40	2/0	1/0	0.75/25	H.H/H.H	H.H/H.H
Ⅲ_a	1/40	1/0	0.25/0	0.25/40	1/0	0.25/0	0.75/25	0.25/25	0.25/25
Ⅲ_б	1/40	1/0	0.25/0 0.5/40	0.25/40	1/0	0.25/0	0.75/25(40)	0.5/25(40)	0.75/25(40)
Ⅳ	0.5/40	0.25/0	0.25/40	0.25/40	0.5/40	0.25/40	0.25/40	H.H/H.H	H.H/H.H
Ⅳ_a	0.5/40	0.25/0	0.25/40 H.H	0.25/40	0.5/40	0.25/40	0.25/40	0.25/40	0.25/40
Ⅴ	没有标准化								

注：1 译自 1985 年苏联《防火标准》CHиⅡ2.01.02。
2 在括号中给出了竖直结构段和倾斜结构段的火焰传播极限。
3 缩写"H.H"表示指标没有标准化。

表 5 日本建筑标准法规中有关建筑构件耐火结构方面的规定(h)

建筑的层数（从上部层数开始）	房盖	梁	楼板	柱	承重外墙	承重间隔墙
（2~4）层以内	0.5	1	1	1	1	1
（5~14）层	0.5	2	2	2	2	2
15层以上	0.5	3	3	3	3	3

注：译自 2001 年版日本《建筑基准法施行令》第 107 条。

表 6 美国消防协会标准《建筑结构类型标准》NFPA220
(1996 年版)中关于Ⅰ型～Ⅴ型结构的耐火极限(h)

名称	Ⅰ型		Ⅱ型			Ⅲ型		Ⅳ型	Ⅴ型	
	443	332	222	111	000	211	200	2HH	111	000
外承重墙： 支撑多于一层、柱或其他承重墙	4	3	2	1	0	2	2	2	1	0
只支撑一层	4	3	2	1	0	2	2	1	1	0
只支撑一个屋顶	4	3	1	1	0	2	2	1	1	0
内承重墙： 支撑多于一层、柱或其他承重墙	4	3	2	1	0	1	0	2	1	0
只支撑一层	3	2	1	1	0	1	0	1	1	0
只支撑一个屋顶	3	2	1	1	0	1	0	1	1	0
柱： 支撑多于一层、柱或其他承重墙	4	3	2	1	0	1	0	H	1	0
只支撑一层	3	2	1	1	0	1	0	H	1	0
只支撑一个屋顶	3	2	1	1	0	1	0	H	1	0

24—55

名 称	Ⅰ型		Ⅱ型			Ⅲ型		Ⅳ型	Ⅴ型	
	443	332	222	111	000	211	200	2HH	111	000
梁、梁构桁架的腹杆、拱顶和桁架										
支撑多于一层、柱或其他承重墙	4	3	2	1	0	1	0	H	1	0
只支撑一层	3	2	2	1	0	1	0	H	1	0
只支撑屋顶	3	2	1	1	0	1	0	H	1	0
楼面结构	3	2	1	1	0	1	0	H	1	0
屋顶结构	2	1.5	1	1	0	1	0	H	1	0
非承重外墙	0	0	0	0	0	0	0	0	0	0

注:1 ▓ 表示这些构件允许采用经批准的可燃材料。

2 "H"表示大型木构件。

(2)柱的受力和受火条件更苛刻,耐火极限至少不应低于承重墙的要求。但这种规定未充分考虑设计区域内的火灾荷载情况和空间的通风条件等因素,设计需以此规定为最低要求,根据工程的具体情况确定合理的耐火极限,而不能仅为片面满足规范规定。

(3)由于同一类构件在不同施工工艺和不同截面、不同组分、不同受力条件以及不同升温曲线等情况下的耐火极限是不一样的。本条说明附录中给出了一些构件的耐火极限试验数据,设计时,对于与表中所列情况完全一样的构件可以直接采用。但实际构件的构造、截面尺寸和构成材料等往往与附录中所列试验数据不同,对于该构件的耐火极限需要通过试验测定,当难以通过试验确定时,一般应根据理论计算和试验测试验相结合的方法进行确定。

3.2.2 本条为强制性条文。由于高层厂房和甲、乙类厂房的火灾危险性大,火灾后果严重,应有较高的耐火等级,故确定为强制性条文。但是,发生火灾后对周围建筑的危害较小且建筑面积小于或等于300m²的甲、乙类厂房,可以采用三级耐火等级建筑。

3.2.3 本条为强制性条文。使用或产生丙类液体的厂房及丁类生产中的某些工段,如炼钢炉出钢水喷出钢火花,从加热炉内取出赤热的钢件进行锻打,钢件在热处理油池中进行淬火处理,使油池内油温升高,都容易发生火灾。对于三级耐火等级建筑,如屋顶承重构件采用木构件或钢构件,难以承受经常的高温烘烤。这些厂房虽属丙、丁类生产,也要严格控制,除建筑面积较小并采取了防火分隔措施外,均需采用一、二级耐火等级的建筑。

对于使用或产生丙类液体、建筑面积小于或等于500m²的单层丙类厂房和生产过程中有火花、赤热表面或明火,但建筑面积小于或等于1000m²的单层丁类厂房,仍可以采用三级耐火等级的建筑。

3.2.4 本条为强制性条文。特殊贵重的设备或物品,为价格昂贵、稀缺设备、物品或影响生产全局或正常生活秩序的重要设施、设备,其所在建筑应具有较高的耐火性能,故确定为强制性条文。特殊贵重的设备或物品主要有:

1 价格昂贵、损失大的设备。

2 影响工厂或地区生产全局或影响城市生命线供给的关键设施,如热电厂、燃气供给站、水厂、发电厂、化工厂等的主控室,失火后影响大、损失大、修复时间长,也应认为是"特殊贵重"的设备。

3 特殊贵重物品,如货币、金银、邮票、重要文物、资料、档案库以及价值较高的其他物品。

3.2.5 锅炉房属于使用明火的丁类厂房。燃油、燃气锅炉房的火灾危险性大于燃煤锅炉房,火灾事故也比燃煤的多,且损失严重的火灾中绝大多数是三级耐火等级的建筑,故本条规定锅炉房应采用一、二级耐火等级建筑。

每小时总蒸发量不大于4t的燃煤锅炉房,一般为规模不大的企业或非采暖地区的工厂,专为厂房生产用汽而设置的、规模较小的锅炉房,建筑面积一般为350m²~400m²,故这些建筑可采用三级耐火等级。

3.2.6 油浸变压器是一种多油电器设备。油浸变压器易因油温过高而着火或产生电弧使油剧烈气化,使变压器外壳爆裂酿成火灾事故。实际运行中的变压器存在燃烧或爆裂的可能,需提高其建筑的防火要求。对于干式或非燃液体的变压器,因其火灾危险性小,不易发生爆炸,故未作限制。

3.2.7 本条为强制性条文。高层仓库具有储存物资集中、价值高、火灾危险性大、灭火和物资抢救困难等特点。甲、乙类物品仓库起火后,燃速快、火势猛烈,其中有不少物品还会发生爆炸,危险性高,危害大。因此,对高层仓库、甲类仓库和乙类仓库的耐火等级要求高。

高架仓库是货架高度超过7m的机械化操作或自动化控制的货架仓库,其共同特点是货架密集、货架间距小、货物存放高度高、储存物品数量大和疏散扑救困难。为了保障火灾时不会很快倒塌,并为扑救赢得时间,尽量减少火灾损失,故要求其耐火等级不低于二级。

3.2.8 粮食库中储存的粮食属于丙类储存物品,火灾的表现以阴燃和产生大量热量为主。对于大型粮食储备库和筒仓,目前主要采用钢结构和钢筋混凝土结构,而粮食库的高度较低,粮食火灾对结构的危害作用与其他物质的作用有所区别,因此,规定二级耐火等级的粮食库可采用全钢或半钢结构。其他有关防火设计要求,除本规范规定外,更详细的要求执行现行国家标准《粮食平房仓设计规范》GB 50320和《粮食钢板筒仓设计规范》GB 50322。

3.2.9 本条为强制性条文。甲、乙类厂房和甲、乙、丙类仓库,一旦着火,其燃烧时间较长和(或)燃烧过程中释放的热量巨大,有必要适当提高防火墙的耐火极限。

3.2.11 钢结构在高温条件下存在强度降低和蠕变现象。对建筑用钢而言,在260℃以下强度不变,260℃~280℃开始下降;达到400℃时,屈服现象消失,强度明显降低;达到450℃~500℃时,钢材内部再结晶使强度快速下降;随着温度的进一步升高,钢结构的承载力将会丧失。蠕变在较低温度时也会发生,但温度越高蠕变越明显。近年来,未采取有效防火保护措施的钢结构建筑在火灾中,出现大面积垮塌,造成建筑使用人员和消防救援人员伤亡的事故时有发生。这些火灾事故教训表明,钢结构若不采取有效的防火保护措施,耐火性能较差,因此,在规范修订时取消了钢结构等金属结构构件可以不采取防火保护措施的有关规定。

钢结构或其他金属结构的防火保护措施,一般包括无机耐火材料包覆和防火涂料喷涂等方式,考虑到砖石、砂浆、防火板等无机耐火材料包覆的可靠性更好,应优先采用。对这些部位的金属结构的防火保护,要求能够达到本规范第3.2.1条规定的相应耐火等级建筑对该结构的耐火极限要求。

3.2.12 本条规定了非承重外墙采用不同燃烧性能材料时的要求。

近年来,采用聚苯乙烯、聚氨酯材料作为芯材的金属夹芯板材的建筑发生火灾时,极易蔓延且难以扑救,为了吸取火灾事故教训,此次修订了非承重外墙采用难燃性轻质复合墙体的要求,其中,金属夹芯板材的规定见第3.2.17条,其他难燃性轻质复合墙体,如砂浆面钢丝夹芯板、钢龙骨水泥刨花板、钢龙骨石棉水泥板等,仍按本条执行。

采用金属板、砂浆面钢丝夹芯板、钢龙骨水泥刨花板、钢龙骨石棉水泥板等板材作非承重外墙,具有投资较省、施工期限短的优点,工程应用较多。该类板材难以达到本规范第3.2.1条表3.2.1中相应构件的要求,如金属板的耐火极限约为15min;夹芯材料为非泡沫塑料的难燃性墙体,耐火极限约为30min,考虑到该类板材的耐火性能相对较高且多用于工业建筑中主要起保温隔热和防风、防雨作用,本条对该类板材的使用范围及燃烧性能分别作了规定。

3.2.13 目前,国内外均开发了大量新型建筑材料,且已用于各类建筑中。为规范这些材料的使用,同时又满足人员疏散与扑救的需要,本着燃烧性能与耐火极限协调平衡的原则,在降低构件燃烧性能的同时适当提高其耐火极限,但一级耐火等级的建筑,多为性质重要或火灾危险性较大或为了满足其他某些要求(如防火分区建筑面积)的建筑,因此本条仅允许适当调整二级耐火等级建筑的房间隔墙的耐火极限。

3.2.15 本条为强制性条文。建筑物的上人屋顶,可用于火灾时的临时避难场所,符合要求的上人平屋面可作为建筑的室外安全地点。为确保安全,参照相应耐火等级楼板的耐火极限,对一、二级耐火等级建筑物上人平屋顶的屋面板耐火极限作了规定。在此情况下,相应屋顶承重构件的耐火极限也不能低于屋面板的耐火极限。

3.2.16 本条对一、二级耐火等级建筑的屋面板要求采用不燃材料,如钢筋混凝土屋面板或其他不燃屋面板;对于三、四级耐火等级建筑的屋面板的耐火性能未作规定,但要尽量采用不燃、难燃材料,以防止火灾通过屋顶蔓延。当采用金属夹芯板材时,有关要求见第3.2.17条。

为降低屋顶的火灾荷载,其防水材料要尽量采用不燃、难燃材料,但考虑到现有防水材料多为沥青、高分子等可燃材料,有必要根据防水材料铺设的构造做法采取相应的防火保护措施。该类防水材料厚度一般为3mm~5mm,火灾荷载相对较小,如果铺设在不燃材料表面,可不做防护层。当铺设在难燃、可燃保温材料上时,需采用不燃材料作防护层,防护层可位于防水材料上部或防水材料与可燃、难燃保温材料之间,从而使得可燃、难燃保温材料不裸露。

3.2.17 近年来,采用聚苯乙烯、聚氨酯作为芯材的金属夹芯板材的建筑火灾多发,短时间内即造成大面积蔓延,产生大量有毒烟气,导致金属夹芯板材的垮塌和掉落,不仅影响人员安全疏散,不利于灭火救援,而且造成了使用人员与消防救援人员的伤亡。为了吸取火灾事故教训,此次修订提高了金属夹芯板材芯材燃烧性能的要求,即对于按本规范允许采用的难燃性和可燃性非承重外墙、房间隔墙及屋面板,当采用金属夹芯板材时,要采用不燃夹芯材料。

按本规范的有关规定,建筑构件需要满足相应的燃烧性能和耐火极限要求,因此,当采用金属夹芯板材时,要注意以下几点:

(1)建筑中的防火墙、承重墙、楼梯间的墙、疏散走道隔墙、电梯井的墙以及楼板等构件,本规范均要求具有较高的燃烧性能和耐火极限,而不燃金属夹芯板材的耐火极限受其夹芯材料的容重、填塞的密实度、金属板的厚度及其构造等影响,不同生产商的金属夹芯板材的耐火极限差异较大且通常均较低,难以满足相应建筑构件的耐火性能、结构承载力及其自身稳定性能的要求,因此不能采用金属夹芯板材。

(2)对于非承重外墙、房间隔墙,当建筑的耐火等级为一、二级时,按本规范要求,其燃烧性能为不燃,且耐火极限分别为不低于0.75h和0.50h,因此也不宜采用金属夹芯板材。当确需采用时,夹芯材料应为A级,且要符合本规范对相应构件的耐火极限要求;当建筑的耐火等级为三、四级时,金属夹芯板材的芯材也要A级,并符合本规范对相应构件的耐火极限要求)。

(3)对于屋面板,当确需采用金属夹芯板材时,其夹芯材料的燃烧性能等级也要为A级;对于上人屋面板,由于夹芯板材受其自身构造和承载力的限制,无法达到本规范相应耐火极限要求,因此,此类屋面也不能采用金属夹芯板材。

3.2.19 预制钢筋混凝土结构构件的节点和明露的钢支承构件部位,一般是构件的防火薄弱环节和结构的重要受力点,要求采取防火保护措施,使该节点的耐火极限不低于本规范第3.2.1条表3.2.1中相应构件的规定,如对于梁柱的节点,其耐火极限就要与柱的耐火极限一致。

3.3 厂房和仓库的层数、面积和平面布置

3.3.1 本条为强制性条文。根据不同的生产火灾危险性类别,正确选择厂房的耐火等级,合理确定厂房的层数和建筑面积,可以有效防止火灾蔓延扩大,减少损失。在设计厂房时,要综合考虑安全与节约的关系,合理确定其层数和建筑面积。

甲类生产具有易燃、易爆的特性,容易发生火灾和爆炸,疏散和救援困难,如层数多则更难扑救,严重对结构有严重破坏。因此,本条对甲类厂房层数及防火分区面积提出了较严格的规定。

为适应生产发展需要建设大面积厂房和布置连续生产线工艺时,防火分区采用防火墙分隔有时比较困难。对此,除甲类厂房外,规范允许采用防火分隔水幕或防火卷帘等进行分隔,有关要求参见本规范第6章和现行国家标准《自动喷水灭火系统设计规范》GB 50084的规定。

对于传统的干式造纸厂房,其火灾危险性较大,仍需符合本规范表3.3.1的规定,不能按本表本条3.3.1注3的规定调整。

厂房内的操作平台、检修平台主要布置在高大的生产装置周围,在车间内多为局部或全部楼空,面积较小、操作人员或检修人员较少,且主要为生产服务的工艺设备而设置,这些平台可不计入防火分区的建筑面积。

3.3.2 本条为强制性条文。仓库物资储存比较集中,可燃物数量多,灭火救援难度大,一旦着火,往往整个仓库或防火分区就被全部烧毁,造成严重经济损失,因此要严格控制其防火分区的大小。本条根据不同储存物品的火灾危险性类别,确定了仓库的耐火等级、层数和建筑面积的相互关系。

本条强调仓库内防火分区之间的水平分隔必须采用防火墙进行分隔,不能用其他分隔方式替代,这是根据仓库内可能的火灾强度和火灾延续时间,为提高防火墙分隔的可靠性确定的。特别是甲、乙类物品,着火后蔓延快、火势猛烈,其中有不少物品还会发生爆炸,危害大。要求甲、乙类仓库内的防火分区之间采用不开设门窗洞口的防火墙分隔,且甲类仓库应采用单层结构。这样做有利于控制火势蔓延,便于扑救,减少灾害。对于丙、丁、戊类仓库,在实际使用中确因物流等使用需要开口的部位,需采用与防火墙等效的措施进行分隔,如甲级防火门、防火卷帘,开口部位的宽度一般控制在不大于6.0m,高度最好控制在4.0m以下,以保证该部位分隔的有效性。

设置在地下、半地下的仓库，火灾时室内气温高，烟气浓度比较高和热分解产物成分复杂、毒性大，而且威胁上部仓库的安全，所以要求相对较严。本条规定甲、乙类仓库不应附设在建筑物的地下室和半地下室内；对于单独建设的甲、乙类仓库，甲、乙类物品也不应储存在该建筑的地下、半地下。随着地下空间的开发利用，地下仓库的规模也越来越大，火灾危险性及灭火救援难度随之增加。针对该情况，本次修订明确了地下、半地下仓库或仓库的地下、半地下室的占地面积要求。

根据国家建设粮食储备库的需要以及仓房式粮食仓库发生火灾的概率确实很小这一实际情况，对粮食平房仓的最大允许占地面积和防火分区的最大允许建筑面积及建筑的耐火等级确定均作了一定扩大。对于粮食中转库以及袋装粮库，由于操作频繁、可燃因素较多、火灾危险性较大等，仍应按规范第3.3.2条表3.3.2的规定执行。

对于冷库，根据现行国家标准《冷库设计规范》GB 50072—2010的规定，每座冷库面积要求见表7。

表7 冷库建筑的耐火等级、层数和面积(m²)

冷藏间耐火等级	最多允许层数	冷藏间的最大允许占地面积和防火分区的最大允许建筑面积			
		单层、多层冷库		高层冷库	
		冷藏间占地	防火分区	冷藏间占地	防火分区
一、二级	不限	7000	3500	5000	2500
三级	3	1200	400	—	—

注：1 当设置地下室时，只允许设置一层地下室，且地下冷藏间占地面积不应大于地上冷藏间的最大允许占地面积，防火分区不应大于1500m²。
　　2 本表中"—"表示不允许建高层建筑。

此次修订还根据公安部消防局和原建设部标准定额司针对中央直属棉花储备库库房建筑设计防火问题的有关论证会议纪要，补充了棉花库房防火分区建筑面积的有关要求。

3.3.3 自动灭火系统能及时控制和扑灭防火分区内的初起火，有效地控制火势蔓延。运行维护良好的自动灭火设施，能较大地提高厂房和仓库的消防安全性。因此，本条规定厂房和仓库内设置自动灭火系统后，防火分区的建筑面积及仓库的占地面积可以按表3.3.1和表3.3.2的规定增加。但对于冷库，由于冷库内每个防火分区的建筑面积已根据本规范的要求进行了较大调整，故在防火分区内设置了自动灭火系统后，其建筑面积不能再按本规范的有关要求增加。

一般，在防火分区内设置自动灭火系统时，需要整个防火分区全部设置。但有时在一个防火分区内，有些部位的火灾危险性较低，可以不需要设置自动灭火设施，而有些部位的火灾危险性较高，需要局部设置。对于这种情况，防火分区内所增加的面积只能按该设置自动灭火系统的局部区域建筑面积的一倍计入防火分区的总建筑面积内，但局部区域包括所增加的面积均要同时设置自动灭火系统。为防止系统失效导致火灾的蔓延，还需在该防火分区内采用防火隔墙与未设置自动灭火系统的部分分隔。

3.3.4 本条为强制性条文。本条规定的目的在于减少爆炸的危害和便于救援。

3.3.5 本条为强制性条文。住宿与生产、储存、经营合用场所(俗称"三合一"建筑)在我国造成过多起重特大火灾，教训深刻。甲、乙类生产过程中发生的爆炸，冲击波有很大的摧毁力，用普通的砖墙很难抗御，即使原来墙体耐火极限很高，也会因墙体破坏失去防护作用。为保证人身安全，要

求有爆炸危险的厂房内不应设置休息室、办公室等，确因条件限制需要设置时，应采用能够抵御相应爆炸作用的墙体分隔。

防爆墙为在墙体任意一侧受到爆炸冲击波作用并达到设计压力时，能够保持设计所要求的防护性能的实体墙体。防爆墙的通常做法有：钢筋混凝土墙、砖墙配筋和夹砂钢木板。防爆墙的设计，应根据生产部位可能产生的爆炸超压值、泄压面积大小、爆炸的概率，结合工艺和建筑中采取的其他防爆措施与建造成本等情况综合考虑进行。

在丙类厂房内设置用于管理、控制或调度生产的办公房间以及工人的中间临时休息室，要采用规定的耐火构件与生产部分隔开，并设置不经过生产区域的疏散楼梯、疏散门等直通厂房外，为方便沟通而设置的、与生产区域相通的门要采用乙级防火门。

3.3.6 本条第2款为强制性条文。甲、乙、丙类仓库的火灾危险性和危害性大，故厂房内的这类中间仓库要采用防火墙进行分隔，甲、乙类仓库还需考虑墙体的防爆要求，保证发生火灾或爆炸时，不会危及生产区。

条文中的"中间仓库"是指为满足日常连续生产需要，在厂房内存放从仓库或上道工序的厂房(或车间)取得的原材料、半成品、辅助材料的场所。中间仓库不仅要求靠外墙设置，有条件时，中间仓库还要尽量设置直通室外的出口。

对于甲、乙类物品中间仓库，由于工厂规模、产品不同，一昼夜需用量的绝对值有大有小，难以规定一个具体的限量数据，本条规定中间仓库的储量要尽量控制在一昼夜的需用量内。当需用量较少的厂房，如有的手表厂用于清洗的汽油，每昼夜需用量只有20kg，可适当调整到存放(1～2)昼夜的用量；如一昼夜需用量较大，则要严格控制为一昼夜用量。

对于丙、丁、戊类物品中间仓库，为减小库房火灾对建筑的危害，火灾危险性较大的物品库房要尽量设置在厂房的上部。在厂房内设置的仓库，耐火等级和面积应符合本规范第3.3.2条表3.3.2的规定，且中间仓库与所服务车间的建筑面积之和不应大于该类厂房有关一个防火分区的最大允许建筑面积。例如：在一级耐火等级的丙类多层厂房内设置丙类2项物品库房，厂房每个防火分区的最大允许建筑面积为6000m²，每座仓库的最大允许占地面积为4800m²，每个防火分区的最大允许建筑面积为1200m²，则该中间仓库与所服务车间的防火分区最大允许建筑面积之和不应大于6000m²，但对厂房占地面积不作限制，其中，用于中间库房的最大允许建筑面积一般不能大于1200m²；当设置自动灭火系统时，仓库的占地面积和防火分区的建筑面积可按本规范第3.3.3条的规定增加。

在厂房内设置中间仓库时，生产车间和中间仓库的耐火等级应当一致，且该耐火等级要按仓库和厂房两者中要求较高者确定。对于丙类仓库，需要采用防火墙和耐火极限不低于1.50h的不燃性楼板与生产作业部位隔开。

3.3.7 本条要求主要为防止液体流散或储存丙类液体的储罐受外部火的影响。条文中的"容量不应大于5m³"是指每个设置丙类液体储罐的单独房间内储罐的容量。

3.3.8 本条为强制性条文。本条规定了变、配电站与甲、乙类厂房之间的防火分隔要求。

(1)运行中的变压器存在燃烧或爆裂的可能，易导致相邻的甲、乙类厂房发生更大的次生灾害，故需考虑采用独立的建筑并在相互间保持足够的防火间距。如果生产上确有需要，可以设置一个专为甲类或乙类厂房服务的10kV及10kV以下的变电站、配电站，在厂房的一面外墙贴邻建造，并用无门窗洞口

的防火墙隔开。条文中的"专用",是指该变电站、配电站仅向与其贴邻的厂房供电,而不向其他厂房供电。

对于乙类厂房的配电站,如氨压缩机房的配电站,为观察设备、仪表运转情况而需要设观察窗时,允许在配电站的防火墙上设置采用不燃材料制作并且不能开启的防火窗。

(2)除执行本条的规定外,其他防爆、防火要求,见本规范第3.6节、第9、10章和现行国家标准《爆炸危险环境电力装置设计规范》GB 50058的相关规定。

3.3.9 本条为强制性条文。从使用功能上,办公、休息等类似场所应属民用建筑范畴,但为生产和管理方便,直接为仓库服务的办公管理用房、工作人员临时休息用房、控制室等可以根据所服务场所的火灾危险性类别设置。相关说明参见第3.3.5条的条文说明。

3.3.10 本条规定了同一座建筑内同时具有物品储存与物品装卸、分拣、包装等生产性功能或其中某种功能为主时的防火技术要求。物流建筑的类型主要有作业型、存储型和综合型,不同类型物流建筑的防火要求也要有所区别。

对于作业型的物流建筑,由于其主要功能为分拣、加工等生产性质的活动,故其防火分区要根据其生产加工的火灾危险性按本规范对相应的火灾危险性类别厂房的规定进行划分。其中仓储部分要根据本规范第3.3.6条有关中间仓库的要求确定其防火分区大小。

对于以仓储为主或分拣加工作业与仓储难以分清哪个功能为主的物流建筑,则可以将加工作业部分采用防火墙分隔后分别按照加工和仓储的要求确定。其中仓储部分可以按本条第2款的要求和条件确定其防火分区。由于这类建筑处理的货物主要为可燃、难燃固体,且因流转和功能需要,所需装卸、分拣、储存等作业面积大,且多为机械化操作,与传统的仓库相比,在存储周期、运行和管理等方面均存在一定差异,故对丙类2项可燃物品和丁、戊类物品储存区相关建筑面积进行了部分调整。但对于甲、乙类物品,棉、麻、丝、毛及其他纺织品、泡沫塑料和自动化控制的高架仓库等,考虑到其火灾危险性和灭火救援难度等,有关建筑面积仍应按本规范第3.3.2条的规定执行。

本条中的"泡沫塑料"是指泡沫塑料制品或单纯的泡沫塑料成品,不包括用作包装的泡沫塑料。采用泡沫塑料包装时,仓库的火灾危险性按本规范第3.1.5条规定确定。

3.4 厂房的防火间距

本规范第3.4节和第3.5节中规定的有关防火间距均为建筑间的最小间距要求,有条件时,设计师要根据建筑的体量、火灾危险性和实际条件等因素,尽可能加大建筑间的防火间距。

影响防火间距的因素较多,条件各异。在确定建筑间的防火间距时,综合考虑了灭火救援需要、防止火势向邻近建筑蔓延扩大、节约用地等因素以及灭火救援力量、火灾实例和灭火救援的经验教训。

在确定防火间距时,主要考虑飞火、热对流和热辐射等的作用。其中,火灾的热辐射作用是主要方式。热辐射强度与灭火救援力量、火灾延续时间、可燃物的性质和数量、相对外墙开口面积的大小、建筑物的长度和高度以及气象条件等有关。对于周围存在露天可燃物堆放场所时,还应考虑飞火的影响。飞火与风力、火焰高度有关,在大风情况下,从火场飞出的"火团"可达数十米至数百米。

3.4.1 本条为强制性条文。建筑间的防火间距是重要的建筑防火措施,本条确定了厂房之间,厂房与乙、丙、丁、戊类仓库,

厂房与民用建筑及其他建筑物的基本防火间距。各类火灾危险性的厂房与甲类仓库的防火间距,在本规范第3.5.1条中作了规定,本条不再重复。

(1)由于厂房生产类别、高度不同,不同火灾危险性类别的厂房之间的防火间距也有所区别。对于受用地限制,在执行本条有关防火间距的规定有困难时,允许采取可以有效防止火灾在建筑物之间蔓延的等效措施后减小其间距。

(2)本规范第3.4.1条及其注1中所指"民用建筑",包括设置在厂区内独立建造的办公、实验研究、食堂、浴室等不具有生产或仓储功能的建筑。为厂房生产服务而专设的辅助生活用房,有的与厂房组合建造在同一座建筑内,有的为满足通风采光需要,将生活用房与厂房分开布置。为方便生产工作联系和节约用地,丙、丁、戊类厂房与所属的辅助生活用房的防火间距可减小为6m。生活用房是指车间办公室、工人更衣休息室、浴室(不包括锅炉房)、就餐室(不包括厨房)等。

考虑到戊类厂房的火灾危险性较小,对戊类厂房之间及其与戊类仓库的防火间距作了调整,但戊类厂房与其他生产类别的厂房或仓库的防火间距,仍需执行本规范第3.4.1条、第3.5.1条和第3.5.2条的规定。

(3)在本规范第3.4.1条表3.4.1中,按变压器总油量将防火间距分为三档。每台额定容量为5MV·A的35kV铝线电力变压器,存油量为2.52t,2台的总油量为5.04t;每台额定容量为10MV·A时,油量为4.3t,2台的总油量为8.6t。每台额定容量为10MV·A的110kV双卷铝线电力变压器,存油量为5.05t,两台的总油量为10.1t。表中第一档总油量定为5t~10t,基本相当于设置2台5MV·A~10MV·A变压器的规模。但由于变压器的电压、制造厂家、外形尺寸的不同,同样容量的变压器,油量也不尽相同,故分档仍以总油量多少来区分。

3.4.2 本条为强制性条文。甲类厂房的火灾危险性大,且以爆炸火灾为主,破坏性大,故将其与重要公共建筑和明火或散发火花地点的防火间距作为强制性要求。

尽管本条规定了甲类厂房与重要公共建筑、明火或散发火花地点的防火间距,但甲类厂房涉及行业较多,凡有专门规范且规定的间距大于本规定的,要按这些专项标准的规定执行,如乙炔站、氧气站和氢氧站等与其他建筑的防火间距,还应符合现行国家标准《氧气站设计规范》GB 50030、《乙炔站设计规范》GB 50031和《氢气站设计规范》GB 50177等的规定。

有关甲类厂房与架空电力线的最小水平距离要求,执行本规范第10.2.1条的规定,与甲、乙、丙类液体储罐、可燃气体和助燃气体储罐、液化石油气储罐和可燃材料堆场的防火间距,执行本规范第4章的有关规定。

3.4.3 明火或散发火花地点以及会散发火星等火源的铁路、公路,位于散发可燃气体、可燃蒸气的甲类厂房附近时,均存在引发爆炸的危险,因此二者要保持足够的距离。综合各类明火或散发火花地点的火源情况,规定明火或散发火花地点与散发可燃气体、可燃蒸气的甲类厂房防火间距不小于30m。

甲类厂房与铁路的防火间距,主要考虑机车飞火对厂房的影响和发生火灾或爆炸时,对铁路正常运行的影响。内燃机车当燃油雾化不好时,排气管仍会喷火星,因此应与蒸汽机车一样要求,不能减小其间距。当厂外铁路与国家铁路干线相邻时,防火间距除执行本条规定外,尚应符合有关专业规范的规定,如《铁路工程设计防火规范》TB 10063等。

专为某一甲类厂房运送物料而设计的铁路装卸线，当有安全措施时，此装卸线与厂房的间距可不受20m间距的限制。如机车进入装卸线时，关闭机车灰箱、设置阻火罩、车厢顶进并在装甲类物品的车辆之间停放隔离车辆等阻止机车火星散发和防止影响厂房安全的措施，均可认为是安全措施。

厂外道路，如道路已成型不会再扩宽，则按现有道路的最近路边算起；如有扩宽计划，则要按其规划路的路边算起。厂内主要道路，一般为连接厂内主要建筑或功能区的道路，车流量较大。次要道路，则反之。

3.4.4 本条为强制性条文。本条规定了高层厂房与各类储罐、堆场的防火间距。

高层厂房与甲、乙、丙类液体储罐的防火间距应按本规范第4.2.1条的规定执行，与甲、乙、丙类液体装卸鹤管的防火间距应按本规范第4.2.8条的规定执行，与湿式可燃气体储罐或罐区的防火间距应按本规范表4.3.1的规定执行，与湿式氧气储罐或罐区的防火间距应按本规范表4.3.3的规定执行，与液化天然气储罐的防火间距应按本规范表4.3.8的规定执行，与液化石油气储罐的间距按本规范表4.4.1的规定执行，与可燃材料堆场的防火间距应按本规范表4.5.1的规定执行。高层厂房、仓库与上述储罐、堆场的防火间距，凡小于13m者，仍应按13m确定。

3.4.5 本条根据上面几条说明的情况和本规范第3.4.1条、第5.2.2条规定的防火间距，考虑建筑及其灭火救援需要，规定了厂房与民用建筑物的防火间距可适当减小的条件。

3.4.6 本条主要规定了厂房外设置化学易燃物品的设备时，与相邻厂房、设备的防火间距确定方法，如图1。装有化学易燃物品的室外设备，当采用不燃材料制作的设备时，设备本身可按相当于一、二级耐火等级的建筑考虑。室外设备的外壁与相邻厂房室外设备的防火间距，不应小于10m；与相邻厂房外墙的防火间距，不应小于本规范第3.4.1条～第3.4.4条的规定，即室外设备内装有甲类物品时，与相邻厂房的间距不小于12m；装有乙类物品时，与相邻厂房的间距不小于10m。

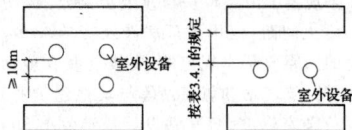
图1 有室外设备时的防火间距

化学易燃物品的室外设备与所属厂房的间距，主要按工艺要求确定，本规范不作要求。

小型可燃液体中间罐常放在厂房外墙附近，为安全起见，要求可能受到火灾作用的部分外墙采用防火墙，并提倡将储罐直接埋地设置。条文"面向储罐一面4.0m范围内的外墙为防火墙"中"4.0m范围"的含义是指储罐两端和上下部各4m范围，见图2。

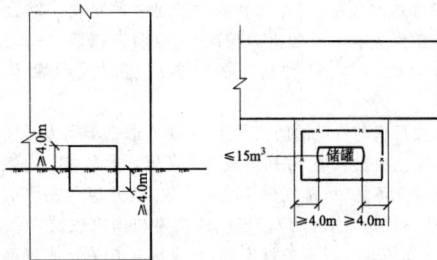
图2 油罐面4m范围外墙设防火墙示意图

3.4.7 对于图3所示的"山形"、"凵形"等类似形状的厂房，建筑的两翼相当于两座厂房。本条规定了建筑两翼之间的防火间距（L），主要为便于灭火救援和控制火势蔓延。但整个厂房的占地面积不大于本规范第3.3.1条规定的一个防火分区允许最大建筑面积时，该间距L可以减小到6m。

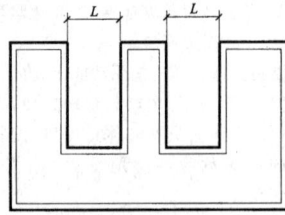
图3 山形厂房

3.4.8 对于成组布置的厂房，组与组或组与相邻厂房的防火间距，应符合本规范第3.4.1条的有关规定。而高层厂房扑救困难，甲类厂房火灾危险性大，不允许成组布置。

（1）厂房建设过程中有时受场地限制或因建设用地紧张，当数座厂房占地面积之和不大于第3.3.1条规定的防火分区最大允许建筑面积时，可以成组布置；面积不限者，按不大于10000m²考虑。

如图4所示：假设有3座二级耐火等级的单层丙、丁、戊厂房，其中丙类火灾危险性最高，二级耐火等级的单层丙类厂房的防火分区最大允许建筑面积为8000m²，则3座厂房面积之和应控制在8000m²以内；若丁类厂房高度大于7m，则丁类厂房与丙、戊类厂房间距不小于6m；若丙、戊类厂房高度均不大于7m，则丙、戊类厂房间距不应小于4m。

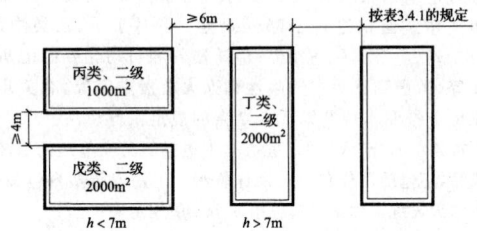
图4 成组厂房布置示意图

（2）组内厂房之间规定4m的最小间距，主要考虑消防车通行需要，也是考虑灭火救援的需要。当厂房高度为7m时，假定消防员手提水枪往上成60°角，就需要4m的水平间距才能喷射到7m的高度，故以高度7m为划分的界线，当大于7m时，则应至少需要6m的水平间距。

3.4.9 本条为强制性条文。汽油、液化石油气和天然气均属甲类物品，火灾或爆炸危险性较大，而城市建成区建筑物和人员均较密集，为保证安全，减少损失，本规范对在城市建成区建设的加油站和加气站的规模作了必要的限制。

3.4.10 现行国家标准《汽车加油加气站设计与施工规范》GB 50156对加气站、加油站及其附属建筑物之间和加气站、加油站与其他建筑物的防火间距，均有详细要求。考虑到规范本身的体系和方便执行，为避免重复和矛盾，本规范未作规定。

3.4.11 室外变、配电站是各类企业、工厂的动力中心，电气设备在运行中可能产生电火花，存在燃烧或爆裂的危险。一旦发生燃烧或爆炸，不但本身遭到破坏，而且会使一个企业或由变、配电站供电的所有企业、工厂的生产停顿。为保护保证生产的重点设施,室外变、配电站与其他建筑、堆场、储罐的防火间距要求比一般厂房严格些。

室外变、配电站区域内的变压器与主控室、配电室、值班室的防火间距主要根据工艺要求确定,与变、配电站内其他附属建筑(不包括产生明火或散发火花的建筑)的防火间距,执行本规范第3.4.1条及其他有关规定。变压器可以按一、二级耐火等级建筑考虑。

3.4.12 厂房与本厂区围墙的间距不宜小于5m,是考虑本厂区与相邻地块建筑物之间的最小防火间距要求。厂房之间的最小防火间距是10m,每方各留出一半即5m,也符合一条消防车道的通行宽度要求。具体执行时,尚应结合工程实际情况合理确定,故条文中用了"不宜"的措词。

如靠近相邻单位,本厂拟建甲类厂房和仓库,甲、乙、丙类液体储罐,可燃气体储罐、液体石油气储罐等火灾危险性较大的建构筑物时,应使两相邻单位的建构筑物之间的防火间距符合本规范相关条文的规定。故本条文又规定了在不宜小于5m的前提下,还应满足围墙两侧建筑物之间的防火间距要求。

当围墙外是空地,相邻地块拟建建筑物类别尚不明了时,可按上述建构筑物与一、二级厂房应有防火间距的一半确定与本厂围墙的距离,其余部分由相邻地块的产权方考虑。例如,甲类厂房与一、二级厂房的防火间距为12m,则与本厂区围墙的间距需预先留足6m。

工厂建设如因用地紧张,在满足与相邻不同产权的建筑物之间的防火间距或设置了防火墙等防止火灾蔓延的措施时,丙、丁、戊类厂房可不受距离围墙5m间距的限制。例如,厂区围墙外隔有城市道路,街区的建筑红线宽度已能满足防火间距的需要,厂房与本厂区围墙的间距可以不限。甲、乙类厂房和仓库及火灾危险性较大的储罐、堆场不能沿围墙建设,仍要执行5m间距的规定。

3.5 仓库的防火间距

3.5.1 本条为强制性条文。甲类仓库火灾危险性大,发生火灾后对周边建筑的影响范围广,有关防火间距要严格控制。本条规定除要考虑在确定厂房的防火间距时的因素外,还考虑了以下情况:

(1)硝化棉、硝化纤维胶片、喷漆棉、火胶棉、赛璐珞和金属钾、钠、锂、氢化锂、氢化钠等甲类物品,发生爆炸或火灾后,燃速快、燃烧猛烈、危害范围广。甲类物品仓库着火时的影响范围取决于所存放物品数量、性质和仓库规模等,其中储存量大小是决定其危害性的主要因素。如某座存放硝酸纤维废影片仓库,共存放影片约10t,爆炸着火后,周围30m~70m范围内的建筑物和其他可燃物均被引燃。

(2)对于高层民用建筑、重要公共建筑,由于建筑受到火灾或爆炸作用的后果较严重,相关要求应比对其他建筑的防火间距要求要严些。

(3)甲类仓库与铁路线的防火间距,主要考虑蒸汽机车飞火对仓库的影响。甲类仓库与道路的防火间距,主要考虑道路的通行情况、汽车和拖拉机排气管飞火的影响等因素。一般汽车和拖拉机的排气管飞火距离远者为8m~10m,近者为3m~4m。考虑到车辆流量大且不便管理等因素,与厂外道路的间距要求较厂区内道路要大些。根据表3.5.1,储存甲类物品第1、2、5、6项的甲类仓库与一、二级耐火等级乙、丙、丁、戊类的防火间距最小为12m。但考虑到高层仓库的火灾危险性较大,表3.5.1的注将该甲类仓库与乙、丙、丁、戊类高层仓库的防火间距从12m增加到13m。

3.5.2 本条为强制性条文。本条规定了除甲类仓库外的其他单层、多层和高层仓库之间的防火间距,明确了乙、丙、丁、戊类仓库与民用建筑的防火间距。主要考虑了满足灭火救援、防止初期火灾(一般为20min内)向邻近建筑蔓延扩大以及节约用地等因素:

(1)防止初期火灾蔓延扩大,主要考虑"热辐射"强度的影响。

(2)考虑在二、三级风情况下仓库火灾的影响。

(3)不少乙类物品不仅火灾危险性大,燃速快、燃烧猛烈,而且有爆炸危险,乙类储存物品的火灾危险性虽较甲类的低,但发生爆炸时的影响仍很大。为有所区别,故规定与民用建筑和重要公共建筑的防火间距分别不小于25m、50m。实际上,乙类火灾危险性的物品发生火灾后的危害与甲类物品相差不大,因此设计应尽可能与甲类仓库的要求一致,并在规范规定的基础上通过合理布局等来确保和增大相关间距。

乙类6项物品,主要是桐油漆布及其制品、油纸油绸及其制品、浸油的豆饼、浸油金属屑等。这些物品在常温下与空气接触能够缓慢氧化,如果积蓄的热量不能散发出来,就会引起自燃,但燃速不快,也不爆燃,故这些仓库与民用建筑的防火间距可不增大。

本条注2中的"总占地面积"为相邻两座仓库的占地面积之和。

3.5.3 本条为满足工程建设需要,除本规范第3.5.2条的注外,还规定了其他可以减少建筑间防火间距的条件,这些条件应能有效减小火灾的作用或防止火灾的相互蔓延。

3.5.4 本条规定的粮食筒仓与其他建筑的防火间距,为单个粮食筒仓与除表3.5.4注1以外的建筑的防火间距。粮食筒仓组与组的防火间距为粮食仓群与仓群,即多个且成组布置的筒仓群之间的防火间距。每个筒仓组应只共用一套粮食收发放系统或工作塔。

3.5.5 对于库区围墙与库区内各类建筑的间距,据调查,一些地方为了解决两个相邻不同业主用地合理留出空地问题,通常做到了仓库与本用地的围墙距离不小于5m,并且要满足围墙两侧建筑物之间的防火间距要求。后者的要求是,如相邻不同业主的用地上的建筑物距墙为5m,而要求围墙两侧建筑物之间的防火间距为15m时,则另一侧建筑物距围墙的距离还必须保证10m,其余类推。

3.6 厂房和仓库的防爆

3.6.1 有爆炸危险的厂房设置足够的泄压面积,可大大减轻爆炸时的破坏强度,避免因主体结构遭受破坏而造成人员重大伤亡和经济损失。因此,要求有爆炸危险的厂房的围护结构有相适应的泄压面积,厂房的承重结构和重要部位的分隔墙体应具备足够的抗爆性能。

采用框架或排架结构形式的建筑,便于在外墙面开设大面积的门窗洞口或采用轻质墙体作为泄压面积,能为厂房设计成敞开或半敞开式的建筑形式提供有利条件。此外,框架和排架的结构整体性强,较之砖墙承重结构的抗爆性能好。规定有爆炸危险的厂房尽量采用敞开、半敞开式厂房,并且采用钢筋混凝土柱、钢柱承重的框架和排架结构,能够起到良好的泄压和抗爆效果。

3.6.2 本条为强制性条文。一般,等量的同一爆炸介质在密闭的小空间内和在开敞的空间爆炸,爆炸压强差别较大。在密闭的空间内,爆炸破坏力将大很多,因此相对封闭的有爆炸危险性厂房需要考虑设置必要的泄压设施。

3.6.3 为在发生爆炸后快速泄压和避免爆炸产生二次危害,

泄压设施的设计应考虑以下主要因素：

（1）泄压设施需采用轻质屋盖、轻质墙体和易于泄压的门窗，设计尽量采用轻质屋盖。

易于泄压的门窗、轻质墙体、轻质屋盖，是指门窗的单位质量轻、玻璃受压易破碎、墙体屋盖材料容重较小、门窗选用的小五金断面较小、构造节点连接受到爆炸力作用易断裂或脱落等。比如，用于泄压的门窗可采用楔形木块固定，门窗上用的金属百页、插销等的断面可稍小，门窗向外开启。这样，一旦发生爆炸，因室内压力大，原关着的门窗上的小五金可能因冲击波而被破坏，门窗则可自动打开或自行脱落，达到泄压的目的。

降低泄压面积构件的单位质量，也可减小承重结构和不作为泄压面积的围护构件所承受的超压，从而减小爆炸所引起的破坏。本条参照美国消防协会《防爆泄压指南》NFPA68和德国工程师协会标准的要求，结合我国不同地区的气候条件差异较大等实际情况，规定泄压面积构配件的单位质量不应大于60kg/m²，但这一规定仍比《防爆泄压指南》NFPA68要求的12.5kg/m²，最大为39.0kg/m²和德国工程师协会要求的10.0kg/m²高很多。因此，设计要尽可能采用容重更轻的材料作为泄压面积的构配件。

（2）在选择泄压面积的构配件材料时，除要求容重轻外，最好具有在爆炸时易破裂成非尖锐碎片的特性，便于泄压和减少对人的危害。同时，泄压面设置最好靠近发生爆炸的部位，保证迅速泄压。对于爆炸时易形成尖锐碎片而四面喷射的材料，不能布置在公共走道或贵重设备的正面或附近，以减小对人员和设备的伤害。

有爆炸危险的甲、乙类厂房爆炸后，用于泄压的门窗、轻质墙体、轻质屋盖将被摧毁，高压气流夹杂大量的爆炸物碎片从泄压面喷出，对周围的人员、车辆和设备等均具有一定破坏性，因此泄压面积应避免面向人员密集场所和主要交通道路。

（3）对于我国北方和西北、东北等严寒或寒冷地区，由于积雪和冰冻时间长，易增加屋面上泄压面积的单位面积荷载而使其产生较大静力惯性，导致泄压受到影响，因而设计要考虑采取适当措施防止积雪。

总之，设计应采取措施，尽量减少泄压面积的单位质量（即重力惯性）和连接强度。

3.6.4 本条规定参照了美国消防协会标准《爆炸泄压指南》NFPA 68的相关规定和公安部天津消防研究所的有关研究试验成果。在过去的工程设计中，存在依照规范设计并满足规范要求，而可能不能有效泄压的情况，本条规定的计算方法能在一定程度上解决该问题。有关爆炸危险等级的分级参照了美国和日本的相关规定，见表8和表9；表中未规定的，需通过试验测定。

表8　厂房爆炸危险等级与泄压比值表（美国）

厂房爆炸危险等级	泄压比值（m²/m³）
弱级（颗粒粉尘）	0.0332
中级（煤粉、合成树脂、锌粉）	0.0650
强级（在干燥室内漆料、溶剂的蒸气、铝粉、镁粉等）	0.2200
特级（丙酮、天然汽油、甲醇、乙炔、氢）	尽可能大

表9　厂房爆炸危险等级与泄压比值表（日本）

厂房爆炸危险等级	泄压比值（m²/m³）
弱级（谷物、纸、皮革、铅、铬、铜等粉末醋酸蒸气）	0.0334
中级（木屑、炭屑、煤粉、锑、锡等粉尘、乙烯树脂、尿素、合成树脂粉尘）	0.0667
强级（油漆干燥或热处理室、醋酸纤维、苯酚树脂粉尘、铝、镁、锆等粉尘）	0.2000
特级（丙酮、汽油、甲醇、乙炔、氢）	>0.2

长径比过大的空间，会因爆炸压力在传递过程中不断叠加而产生较高的压力。以粉尘为例，如空间过长，则在爆炸后期，未燃烧的粉尘—空气混合物受到压缩，初始压力上升，燃气泄放流动会产生紊流，使燃速增大，产生较高的爆炸压力。因此，有可燃气体或可燃粉尘爆炸危险性的建筑物的长径比要避免过大，以防止爆炸时产生较大超压，保证所设计的泄压面积能有效作用。

3.6.5 在生产过程中，散发比空气轻的可燃气体、可燃蒸气的甲类厂房上部容易积聚可燃气体，条件合适时可能引发爆炸，故在厂房上部采取泄压措施较合适，并以采用轻质屋盖效果较好。采用轻质屋盖泄压，具有爆炸时屋盖被掀掉而不影响房屋的梁、柱承重构件，可设置较大泄压面积等优点。

当爆炸介质比空气轻时，为防止气流向上在死角处积聚而不易排除，导致气体达到爆炸浓度，规定顶棚应尽量平整，避免死角，厂房上部空间要求通风良好。

3.6.6 本条为强制性条文。生产过程中，甲、乙类厂房内散发的较空气重的可燃气体、可燃蒸气、可燃粉尘或纤维等可燃物质，会在建筑的下部空间靠近地面或地沟、洼地等处积聚。为防止地面因摩擦打出火花引发爆炸，要避免车间地面、墙面因为凹凸不平积聚粉尘。本条规定主要为防止在建筑内形成引发爆炸的条件。

3.6.7 本条规定主要为尽量减小爆炸产生的破坏作用。单层厂房中如某一部分为有爆炸危险的甲、乙类生产，为防止或减少爆炸对其他生产部分的破坏、减少人员伤亡，要求甲、乙类生产部位靠建筑的外墙布置，以便直接向外泄压。多层厂房中某一部分或某一层为有爆炸危险的甲、乙类生产时，为避免因该生产设置在建筑的下部及其中间楼层，爆炸时导致结构破坏严重而影响上层建筑结构的安全，要求这些甲、乙类生产部位尽量设置在建筑的最上一层靠外墙的部位。

3.6.8 本条为强制性条文。总控制室设备仪表较多，价值较高，是某一工厂或生产过程的重要指挥、控制、调度与数据交换、储存场所。为了保障人员、设备仪表的安全和生产的连续性，要求这些场所与有爆炸危险的甲、乙类厂房分开，单独建造。

3.6.9 本条规定基于工程实际，考虑有些分控制室常常和其厂房紧邻，甚至设在其中，有的要求能直接观察厂房中的设备运行情况，如分开设则要增加控制系统，增加建筑用地和造价，还给生产管理带来不便。因此，当分控制室在受条件限制需与厂房贴邻建造时，须靠外墙设置，以尽可能减少其所受危害。

对于不同生产工艺或不同生产车间，甲、乙类厂房内各部位的实际火灾危险性均可能存在较大差异。对于贴邻建造且可能受到爆炸作用的分控制室，除分隔墙体的耐火性能要求外，还需要考虑其抗爆要求，即墙体还应采用抗爆墙。

3.6.10 在有爆炸危险的甲、乙类厂房或场所中，有爆炸危险的区域与相邻的其他有爆炸危险或无爆炸危险的生产区域因生产工艺需要连通时，要尽量在外墙上开门，利用外廊或阳台联系或在防火墙上做门斗，门斗的两个门错开设置。考虑到对疏散楼梯的保护，设置在有爆炸危险场所内的疏散楼梯也要考虑设置门斗，以此缓冲爆炸冲击波的作用，降低爆炸对疏散楼梯间的影响。此外，门斗还可以限制爆炸性可燃气体、可燃蒸气混合物的扩散。

3.6.11 本条为强制性条文。使用和生产甲、乙、丙类液体的厂房，发生事故时易造成液体在地面流淌或滴漏至地下管沟里，若遇火源即会引起燃烧或爆炸，可能影响地下管沟行经的区域，危害范围大。甲、乙、丙类液体流入下水道也易造成火灾或爆炸。为避免殃及相邻厂房，规定管、沟不应与相邻厂房相通,下水道需设隔油设施。

但是,对于水溶性可燃、易燃液体,采用常规的隔油设施不能有效防止可燃液体蔓延与流散,而应根据具体生产情况采取相应的排放处理措施。

3.6.12 本条为强制性条文。甲、乙、丙类液体,如汽油、苯、甲苯、甲醇、乙醇、丙酮、煤油、柴油、重油等,一般采用桶装存放在仓库内。此类库房一旦着火,特别是上述桶装液体发生爆炸,容易在库内地面流淌,设置防止液体流散的设施,能防止其流散到仓库外,避免造成火势扩大蔓延。防止液体流散的基本做法有两种:一是在桶装仓库门洞处修筑漫坡,一般高为150mm~300mm;二是在仓库门口砌筑高度为150mm~300mm的门槛,再在门槛两边填沙土形成漫坡,便于装卸。

金属钾、钠、锂、钙、锶、氢化锂等遇水会发生燃烧爆炸的物品的仓库,要求设置防止水浸渍的设施,如使室内地面高出室外地面、仓库屋面严密遮盖,防止渗漏雨水,装卸这类物品的仓库栈台有防雨水的遮挡等措施。

3.6.13 谷物粉尘爆炸事故屡有发生,破坏严重,损失很大。谷物粉尘爆炸必须具备一定浓度、助燃剂(如氧气)和火源三个条件。表10列举了一些谷物粉尘的爆炸特性。

表10 粮食粉尘爆炸特性

物质名称	最低着火温度(℃)	最低爆炸浓度(g/m³)	最大爆炸压力(kg/cm³)
谷物粉尘	430	55	6.68
面粉粉尘	380	50	6.68
小麦粉尘	380	70	7.38
大豆粉尘	520	35	7.03
咖啡粉尘	360	85	2.66
麦芽粉尘	400	55	6.75
米粉尘	440	45	6.68

粮食筒仓在作业过程中,特别是在卸料期间易发生爆炸,由于筒壁设计通常较牢固,并且一旦受到破坏对周围建筑的危害也大,故在筒仓的顶部设置泄压面积,十分必要。本条未规定泄压面积与粮食筒仓容积比值的具体数值,主要由于国内这方面的试验研究尚不充分,还未获得成熟可靠的设计数据。根据筒仓爆炸案例分析和国内某些粮食筒仓设计的实例,推荐采用0.008~0.010。

3.6.14 在生产、运输和储存可燃气体的场所,经常由于泄漏和其他事故,在建筑物或装置中产生可燃气体或液体蒸气与空气的混合物。当场所内存在点火源且混合物的浓度合适时,则可能引发灾难性爆炸事故。为尽量减少事故的破坏程度,在建筑物或装置上预先开设具有一定面积且采用低强度材料做成的爆炸泄压设施是有效措施之一。在发生爆炸时,这些泄压设施可使建筑物或装置内由于可燃气体在密闭空间中燃烧而产生的压力能够迅速泄放,从而避免建筑物或储存装置受到严重损害。

在实际生产和储存过程中,还有许多因素影响到燃烧爆炸的发生与强度,这些很难在本规范中一一明确,特别是仓库的防爆与泄压,还有赖于专门标准进行专项研究确定。为此,本条对存在爆炸危险的仓库作了原则规定,设计需根据其实际情况考虑防爆措施和相应的泄压措施。

3.7 厂房的安全疏散

3.7.1 本条规定了厂房安全出口布置的原则要求。

建筑物内的任一楼层或任一防火分区着火时,其中一个或多个安全出口被烟火阻挡,仍要保证有其他出口可供安全疏散和救援使用。在有的国家还要求同一房间或防火分区内的出口布置的位置,能使同一房间或同一防火分区内最远点与其

相邻2个出口中心点连线的夹角不应小于45°,以确保相邻出口用于疏散时安全可靠。本条规定了5m这一最小水平间距,设计应根据具体情况和保证人员有不同方向的疏散路径这一原则合理布置。

3.7.2 本条为强制性条文。本条规定了厂房地上部分安全出口设置数量的一般要求,所规定的安全出口数量既是对一座厂房而言,也是对厂房内任一个防火分区或某一使用房间的安全出口数量要求。

要求厂房每个防火分区至少应有2个安全出口,可提高火灾时人员疏散通道和出口的可靠性。但对所有建筑,不论面积大小、人数多少都要求设置2个出口,有时会有一定困难,也不符合实际情况。因此,对面积小、人员少的厂房分别按其火灾危险性分档,规定了允许设置1个安全出口的条件;对火灾危险性大的厂房,可燃物多、火势蔓延较快,要求严格些;对火灾危险性小的,要求低些。

3.7.3 本条为强制性条文。本条规定的地下、半地下厂房为独立建造的地下、半地下厂房和布置在其他建筑的地下、半地下生产场所以及生产性建筑的地下、半地下室。

地下、半地下生产场所难以直接天然采光和自然通风,排烟困难,疏散只能通过楼梯间进行。为保证安全,避免出现出口被堵住无法疏散的情况,要求至少需设置2个安全出口。考虑到建筑面积较大的地下、半地下生产场所,如果要求每个防火分区均需设置至少2个直通室外的出口,可能有很大困难,所以规定至少要有1个直通室外的独立安全出口,另一个可通向相邻防火分区,但是该防火分区须采用防火墙与相邻防火分区分隔,以保证人员进入另一个防火分区内后有足够安全的条件进行疏散。

3.7.4 本条规定了不同火灾危险性类别厂房内的最大疏散距离。本条规定的疏散距离均为直线距离,即室内最远点至最近安全出口的直线距离,未考虑因布置设备而产生的阻挡,但有通道连接或墙体遮挡时,则按其中的折线距离计算。

通常,在火灾条件下人员能安全走出安全出口,即可认为到达安全地点。考虑单层、多层、高层厂房的疏散难易程度不同,不同火灾危险性类别厂房发生火灾的可能性及火灾后的蔓延和危害不同,分别作了不同的规定。将甲类厂房的最大疏散距离定为30m、25m,是以人的正常水平疏散速度为1m/s确定的。乙、丙类厂房较甲类厂房火灾危险性小,火灾蔓延速度也慢些,故乙类厂房的最大疏散距离参照国外规范定为75m。丙类厂房中工作人员较多,人员密度一般为2人/m²,疏散速度取办公室内的水平疏散速度(60m/min)和学校教学楼的水平疏散速度(22m/min)的平均速度(60m/min+22m/min)÷2=41m/min。当疏散距离为80m时,疏散时间需要2min。丁、戊类厂房一般面积大、空间大,火灾危险性小,人员的可用安全疏散时间较长。因此,对一、二级耐火等级的丁、戊类厂房的安全疏散距离未作规定;三级耐火等级的戊类厂房,因建筑耐火等级低,安全疏散距离限在100m。四级耐火等级的戊类厂房耐火等级更低,可和丙、丁类生产的三级耐火等级厂房相同,将其安全疏散距离定在60m。

实际火灾环境往往比较复杂,厂房内的物品和设备布置以及人在火灾条件下的心理和生理因素对疏散有直接影响,设计师应根据不同的生产工艺和环境,充分考虑人员的疏散需要来确定疏散距离以及厂房的布置与选型,尽量均匀布置安全出口,缩短疏散距离,特别是实际步行距离。

3.7.5 本条规定了厂房的百人疏散宽度计算指标、疏散总净宽度和最小净宽度要求。

厂房的疏散走道、楼梯、门的总净宽度计算,参照国外有

关规范的要求,结合我国有关门窗的模数规定,将门洞的最小宽度定为1.0m,则门的净宽在0.9m左右,故规定门的最小净宽度不小于0.9m。走道的最小净宽度与人员密集的场所疏散门的最小净宽度相同,取不小于1.4m。

为保证建筑中下部楼层的楼梯宽度不小于上部楼层的楼梯宽度,下层楼梯、楼梯出口和入口的宽度要按照这一层上部各层中设计疏散人数最多一层的人数计算;上层的楼梯和楼梯出入口的宽度可以分别计算。存在地下室时,则地下部分上一层楼梯、楼梯出口和入口的宽度要按照这一层下部各层中设计疏散人数最多一层的人数计算。

3.7.6 本条为强制性条文。本条规定了各类厂房疏散楼梯的设置形式。

高层厂房和甲、乙、丙类厂房火灾危险性较大,高层建筑发生火灾时,普通客(货)用电梯无防烟、防火等措施,火灾时不能用于人员疏散使用,楼梯是人员的主要疏散通道,要保证疏散楼梯在火灾时的安全,不能被烟或火侵袭。对于高度较高的建筑,敞开式楼梯间具有烟囱效应,会使烟气很快通过楼梯间向上扩散蔓延,危及人员的疏散安全。同时,高温烟气的流动也大大加快了火势蔓延,故作本条规定。

厂房与民用建筑相比,一般层高较高,四、五层的厂房,建筑高度即可达24m,而楼梯的习惯做法是敞开式。同时考虑到有的厂房虽高,但人员不多,厂房建筑可装修少,故对设置防烟楼梯间的条件作了调整,即如果厂房的建筑高度低于32m,人数不足10人或只有10人时,可以采用封闭楼梯间。

3.8 仓库的安全疏散

3.8.1 本条的有关说明见第3.7.1条条文说明。

3.8.2 本条为强制性条文。本条规定为地上仓库安全出口设置的基本要求,所规定的安全出口数量既是对一座仓库而言,也是对仓库内任一个防火分区或某一使用房间的安全出口数量要求。

要求仓库每个防火分区至少应有2个安全出口,可提高火灾时人员疏散通道和出口的可靠性。考虑到仓库本身人员数量较少,若不论面积大小均要求设置2个出口,有时会有一定困难,也不符合实际情况。因此,对面积小的仓库规定了允许设置1个安全出口的条件。

3.8.3 本条为强制性条文。本条规定为地下、半地下仓库安全出口设置的基本要求。本条规定的地下、半地下仓库,包括独立建造的地下、半地下仓库和布置在其他建筑的地下、半地下仓库。

地下、半地下仓库难以直接天然采光和自然通风,排烟困难,疏散只能通过楼梯间进行。为保证安全,避免出现出口被堵无法疏散的情况,要求至少要设置2个安全出口。考虑到建筑面积较大的地下、半地下仓库,如果要求每个防火分区均需设置至少2个直通室外的出口,可能有很大困难,所以规定至少要有1个直通室外的独立安全出口,另一个可通向相邻防火分区,但是该防火分区须采用防火墙与相邻防火分区分隔,以保证人员进入另一个防火分区内后有足够安全的条件进行疏散。

3.8.4 对于粮食钢板筒仓、冷库、金库等场所,平时库内无人,需要进入的人员也很少,且均为熟悉环境的工作人员,粮库、金库还有严格的保安管理措施与要求,因此这些场所可以按照国家相应标准或规定的要求设置安全出口。

3.8.7 本条为强制性条文。高层仓库内虽经常停留人数不多,但垂直疏散距离较长,如采用敞开式楼梯间不利于疏散和救援,也不利于控制烟火向上蔓延。

3.8.8 本条规定了垂直运输物品的提升设施的防火要求,以防止火势向上蔓延。

多层仓库内供垂直运输物品的升降机(包括货梯),有些紧贴仓库外墙设置在仓库外,这样设置既利于平时使用,又有利于安全疏散;也有些将升降机(货梯)设置在仓库内,但未设置在升降机竖井内,是敞开的。这样的设置很容易使火焰通过升降机的楼板孔洞向上蔓延,设计中应避免这样的不安全做法。但戊类仓库的可燃物少,火灾危险性小,升降机可以设在仓库内。

其他类别仓库内的火灾荷载相对较大,强度大、火灾延续时间可能较长,为避免因门的破坏而导致火灾蔓延扩大,井筒防火分隔处的洞口应采用乙级防火门或其他防火分隔物。

4 甲、乙、丙类液体、气体储罐(区) 和可燃材料堆场

4.1 一般规定

4.1.1 本条结合我国城市的发展需要,规定了甲、乙、丙类液体储罐区,液化石油气储罐区,可燃、助燃气体储罐区,可燃材料堆场等的平面布局要求,以有利于保障城市、居住区的安全。

本规范中的可燃材料露天堆场,包括秸秆、芦苇、烟叶、草药、麻、甘蔗渣、木材、纸浆原料、煤炭等的堆场。这些场所一旦发生火灾,灭火难度大、危害范围大。在实际选址时,应尽量将这些场所布置在城市全年最小频率风向的上风侧;确有困难时,也要尽量选择在本地区或本单位全年最小频率风向的上风侧,以便防止飞火殃及其他建筑物或可燃物堆垛等。

甲、乙、丙类液体储罐或储罐区要尽量布置在地势较低的地带,当受条件限制不得不布置在地势较高的地带时,需采取加强防火堤或另外增设防护墙等可靠的防护措施;液化石油气储罐区因液化石油气的相对密度较大、气化体积大、爆炸极限低等特性,要尽量远离居住区、工业企业和建有剧场、电影院、体育馆、学校、医院等重要公共建筑的区域,单独布置在通风良好的区域。

本条规定的这些场所,着火后燃烧速度快、辐射热强、难以扑救,火灾延续时间往往较长,有的还存在爆炸危险,危及范围较大,扑救和冷却用水量较大。因而,在选址时还要充分考虑消防水源的来源和保障程度。

4.1.2 本条为强制性条文。本条规定主要针对闪点较低的甲类液体,这类液体对温度敏感,特别要预防夏季高温炎热气候条件下因露天存放而发生超压爆炸、着火。

4.1.3 本条为强制性条文。液化石油气泄漏时的气化体积大、扩散范围大,并易积聚引发较严重的灾害。除在选址要综合考虑外,还需考虑采取尽量避免和减少储罐爆炸或泄漏对周围建筑物产生危害的措施。

设置防护墙可以防止储罐漏液外流危及其他建筑物。防护墙高度不大于1.0m,对通风影响较小,不会窝气。美国、苏联的有关规范均对罐区设置防护墙有相应要求。日本各液化石油气罐区以及每个储罐也均设置防火堤。因此,本条要求液化石油气罐区设置不小于1.0m高的防护墙,但储罐距防护墙的距离,卧式储罐按其长度的一半、球形储罐按其直径的一半考虑为宜。

液化石油气储罐与周围建筑物的防火间距,应符合本规范

第 4.4 节和现行国家标准《城镇燃气设计规范》GB 50028 的有关规定。

4.1.4 装卸设施设置在储罐区内或距离储罐区较近,当储罐发生泄漏、有汽车出入或进行装卸作业时,存在爆燃引发火灾的危险。这些场所在设计时应首先考虑按功能进行分区,储罐与其装卸设施及辅助管理设施分开布置,以便采取隔离措施和实施管理。

4.2 甲、乙、丙类液体储罐(区)的防火间距

本节规定主要针对工业企业内以及独立建设的甲、乙、丙类液体储罐(区)。为便于规范执行和标准间的协调,有关专业石油库的储罐布置及储罐与库内外建筑物的防火间距,应执行现行国家标准《石油库设计规范》GB 50074 的有关规定。

4.2.1 本条为强制性条文。本条规定了甲、乙、丙类液体储罐和乙、丙类液体桶装堆场与建筑物的防火间距。

(1)甲、乙、丙类液体储罐和乙、丙类液体桶装堆场的最大总容量,是根据工厂企业附属可燃液体库和其他甲、乙、丙类液体储罐及仓库等的容量确定的。

本规范中表 4.2.1 规定的防火间距主要根据火灾实例、基本满足灭火扑救要求和现行的一些实际做法提出的。一个 $30m^3$ 的地上卧式储罐爆炸着火,能震碎相距 15m 范围的门窗玻璃,辐射热可引燃相距 12m 的可燃物。根据扑救油罐实践经验,油罐(池)着火时燃烧猛烈、辐射热强,小罐着火至少应有 $12m\sim15m$ 的距离,较大罐着火至少应有 $15m\sim20m$ 的距离,才能满足灭火需要。

(2)对于可能同时存放甲、乙、丙类液体的一个储罐区,在确定储罐区之间的防火间距时,要先将不同类别的可燃液体折算成同一类液体的容量(可折算成甲、乙类液体,也可折算成丙类液体)后,按本规范表 4.2.1 的规定确定。

(3)关于表 4.2.1 注的说明。

注 3:因甲、乙、丙类液体的固定顶储罐区、半露天堆场和乙、丙类液体桶装堆场与甲类厂房和仓库以及民用建筑发生火灾时,相互影响较大,相应的防火间距应分别按表 4.2.1 中规定的数值增加 25%。上述储罐、堆场发生沸溢或破裂使油品外泄时,遇到点火源会引发火灾,故增加了与明火或散发火花地点的防火间距,即在本表对四级耐火等级建筑要求的基础上增加 25%。

注 4:浮顶储罐的罐区或闪点大于 120℃ 的液体储罐区火灾危险性相对较小,故规定可按表 4.2.1 中规定的数值减少 25%,对于高层建筑及其裙房尽量不减少。

注 5:数个储罐区布置在同一库区内时,罐区与罐区应视为两座不同的建、构筑物,防火间距原则上应按两个不同库区对待。但为节约土地资源,并考虑到灭火救援需要及同一库区的管理等因素,规定按不小于表 4.2.1 中相应容量的储罐区与四级耐火等级建筑的防火间距之较大值考虑。

注 6:直埋式地下甲、乙、丙类液体储罐较地上式储罐安全,故规定相应的防火间距可按表 4.2.1 中规定的数值减少 50%。但为保证安全,单罐容积不应大于 $50m^3$,总容积不应大于 $200m^3$。

4.2.2 本条为强制性条文。甲、乙、丙类液体储罐之间的防火间距,除考虑安装、检修的间距外,还要考虑避免火灾相互蔓延和便于灭火救援。

目前国内大多数专业油库和工业企业内油库的地上储罐之间的距离多为相邻储罐的一个 $D(D$—储罐的直径)或大于

一个 D,也有些小于一个 $D(0.7D\sim0.9D)$。当其中一个储罐着火时,距离能在一定程度上减少对相邻储罐的威胁。当采用水枪冷却油罐时,水枪喷水的仰角通常为 $45°\sim60°$,$0.60D\sim0.75D$ 的距离基本可行。当油罐上的固定或半固定泡沫管线被破坏时,消防员需向着火罐上挂泡沫钩管,该距离能满足其操作要求。考虑到设置充氮保护设备的液体储罐比较安全,故规定其间距与浮顶储罐一样。

关于表 4.2.2 注的说明:

注 2:主要明确不同火灾危险性的液体(甲类、乙类、丙类)、不同形式的储罐(立式罐、卧式罐;地上罐、半地下罐、地下罐等)布置在一起时,防火间距应按其中较大者确定,以利安全。对于矩形储罐,其当量直径为长边 A 与短边 B 之和的一半。设当量直径为 D,则:

$$D=\frac{A+B}{2} \tag{3}$$

注 3:主要考虑一排卧式储罐中的某个罐着火,不会导致火灾很快蔓延到另一排卧式储罐,并为灭火操作创造条件。

注 4:单罐容积小于 $1000m^3$ 的甲、乙类液体地上固定顶油罐,罐容相对较小,采用固定冷却水设备后,可有效降低燃烧辐射热对相邻罐的影响;同时,消防员还在火场采用水枪进行冷却,故油罐之间的防火间距可适当减少。

注 5:储罐设置液下喷射泡沫灭火设备后,不需用泡沫钩管(枪);如设置固定消防冷却水设备,通常不需用水枪进行冷却。在防火堤内如设置泡沫灭火设备(如固定泡沫产生器等),能及时扑灭流散液体火。故这些储罐间的防火间距可适当减小,但尽量不小于 $0.4D$。

4.2.3 本条为强制性条文。本条是对小型甲、乙、丙类液体储罐成组布置时的规定,目的在于既保证一定消防安全,又节约用地、节约输油管线,方便操作管理。当容量大于本条规定时,应执行本规范的其他规定。

据调查,有的专业油库和企业内的小型甲、乙、丙类液体库,将容量较小油罐成组布置。实践证明,小容量的储罐发生火灾时,一般情况下易于控制和扑救,不像大罐那样需要较大的操作场地。

为防止火势蔓延扩大、有利灭火救援、减少火灾损失,组内储罐的布置不应多于两排。组内储罐之间的距离主要考虑安装、检修的需要。储罐组与组之间的距离可按储罐的形式(地上式、半地下式、地下式等)和总容量相同的标准单罐确定。如:一组甲、乙类液体固定顶地上式储罐总容量为 $950m^3$,其中 $100m^3$ 单罐 2 个,$150m^3$ 单罐 5 个,则组与组的防火间距按小于或等于 $1000m^3$ 的单罐 0.75D 确定。

4.2.4 把火灾危险性相同或接近的甲、乙、丙类液体地上、半地下储罐布置在一个防火堤分隔范围内,既有利于统一考虑消防设计,储罐之间也能互相调配管线布置,又可节省输送管线和消防管线,便于管理。

将沸溢性油品与非沸溢性油品,地上液体储罐与地下、半地下液体储罐分别布置在不同防火堤内,可有效防止沸溢性油品储罐着火后因突沸现象导致火灾蔓延,或者地下储罐发生火灾威胁地上、半地下储罐,避免危及非沸溢性油品储罐,从而减小扑救难度和损失。本条规定遵循了不同火灾危险性的储罐分别分区布置的原则。

4.2.5 本条第 3、4、5、6 款为强制性条文。实践证明,防火堤能将燃烧的流散液体限制在防火堤内,给灭火救援创造有利条件。在甲、乙、丙类液体储罐区设置防火堤,是防止储罐内的液

体因罐体破坏或突沸导致外溢流散而使火灾蔓延扩大，减少火灾损失的有效措施。苏联、美国、英国、日本等国家有关规范都明确规定，甲、乙、丙类液体储罐区应设置防火堤，并规定了防火堤内的储罐布置、总容量和具体做法。本条规定既总结了国内的成功经验，也参考了国外的类似规定与做法。有关防火堤的其他技术要求，还可参见国家标准《储罐区防火堤设计规范》GB 50351—2005。

1 防火堤内的储罐布置不宜大于两排，主要考虑储罐失火时便于扑救，如布置大于两排，当中间一排储罐发生火灾时，将对两边储罐造成威胁，必然会给扑救带来较大困难。

对于单罐容量不大于1000m³且闪点大于120℃的液体储罐，储罐体形较小、高度较低，若中间一行储罐发生火灾是可以进行扑救的，同时还可节省用地，故规定可不大于4排。

2 防火堤内的储罐发生爆炸时，储罐内的油品常不会全部流出，规定防火堤的有效容积不应小于其中较大储罐的容积。浮顶储罐发生爆炸的概率较低，故取其中最大储罐容量的一半。

3、4 这两款规定主要考虑储罐爆炸着火后，油品因罐体破裂而大量外流时，能防止流散到防火堤外，并要能避免液体静压力冲击防火堤。

5 沸溢性油品储罐要求每个储罐设置一个防火堤或防火隔堤，以防止发生因液体沸溢，四处流散而威胁相邻储罐。

6 含油污水管道应设置水封装置以防止油品流至污水管道而造成安全隐患。雨水管道应设置阀门等隔离装置，主要为防止储罐破裂时液体流向防火堤之外。

4.2.6 闪点大于120℃的液体储罐或储罐区以及桶装、瓶装的乙、丙类液体堆场，甲类液体半露天堆场（有盖无墙的棚房），由于液体储罐爆裂可能性小，或即使桶装液体爆裂，外溢的液体量也较少，因此当采取了有效防止液体流散的设施时，可以不设置防火堤。实际工程中，一般采用设置黏土、砖石等不燃材料的简易围堤和事故油池等方法来防止液体流散。

4.2.7 据调查，目前国内一些甲、乙类液体储罐与泵房的距离一般在14m～20m之间，与铁路装卸栈桥一般在18m～23m之间。

发生火灾时，储罐对泵房等的影响与罐容和所存可燃液体的量有关，泵房等对储罐的影响相对较小。但从引发的火灾情况看，往往是两者相互作用的结果。因此，从保障安全、便于灭火救出发，储罐与泵房和铁路、汽车卸设备要求保持一定的防火间距，前者宜为10m～15m。无论是铁路还是汽车的装卸鹤管，其火灾危险性基本一致，故将有关防火间距统一，将后者定为12m～20m。

4.2.8 本条规定主要为减小装卸鹤管与建筑物、铁路线之间的相互影响。根据对国内一些储罐区的调查，装卸鹤管与建筑物的距离一般在14m～18m。对丙类液体鹤管与建筑的距离，则据其火灾危险性作了一定调整。

4.2.9 甲、乙、丙类液体储罐与铁路走行线的距离，主要考虑蒸汽机车飞火对储罐的威胁，而飞火的控制距离很难准确确定，但机车的飞火通常能量较小，一定距离后即会快速衰减，故将最小间距控制在20m，对甲、乙类储罐与厂外铁路走行线的间距，考虑到这些物质的可燃蒸气的点火能相对较低，故规定大一些。

与道路的距离是据汽车和拖拉机排气管飞火对储罐的威

胁确定的。据调查，机动车辆的飞火的影响范围远者为8m～10m，近者为3m～4m，故与厂内次要道路定为5m和10m，与主要道路和厂外道路的间距则需适当增大些。

4.2.10 零位储罐罐容较小，是铁路槽车向储罐卸油作业时的缓冲罐。零位罐置于低处，铁路槽车内的油品借助液位高程自流进零位罐，然后利用油泵送入储罐。

4.3 可燃、助燃气体储罐（区）的防火间距

4.3.1 本条为强制性条文。本条是对可燃气体储罐与其他建筑防火间距的基本规定。可燃气体储罐指盛装氢气、甲烷、乙烷、乙烯、氨气、天然气、油田伴生气、水煤气、半水煤气、发生炉煤气、高炉煤气、焦炉煤气、伍德炉煤气、矿井煤气等可燃气体的储罐。

可燃气体储罐分低压和高压两种。低压可燃气体储罐的几何容积是可变的，分湿式和干式两种。湿式可燃气体储罐的设计压力通常小于4kPa，干式可燃气体储罐的设计压力通常小于8kPa。高压可燃气体储罐的几何容积是固定的，外形有卧式圆筒形和球形两种。卧式储气罐容积较小，通常不大于120m³。球型储气罐罐容积较大，最大容积可达10000m³。这类储罐的设计压力通常为1.0MPa～1.6MPa。目前国内湿式可燃气储罐单罐容积档次有：小于1000m³、1000m³、5000m³、10000m³、20000m³、30000m³、50000m³、100000m³、150000m³、200000m³；干式可燃气体储罐单罐容积档次有：小于1000m³、1000m³、5000m³、10000m³、20000m³、30000m³、50000m³、80000m³、170000m³、300000m³。

表中储罐总容积小于或等于1000m³者，一般为小氮肥厂、小化工厂和其他小型工业企业的可燃气体储罐。储罐总容积为1000m³～10000m³者，多是小城市的煤气储配站、中型氮肥厂、化工厂和其他中小型工业企业的可燃气体储罐。储罐总容积大于或等于10000m³至小于50000m³者，为中小城市的煤气储配站、大型氮肥厂、化工厂和其他大中型工业企业的可燃气体储罐。储罐总容积大于或等于50000m³至小于100000m³者，为大中城市的煤气储配站、焦化厂、钢铁厂和其他大型工业企业的可燃气体储罐。

近10年，国内各钢铁企业为节能减排，对钢厂产生的副产煤气进行了回收利用。为充分利用钢厂的副产气，调节煤气发生与消耗间的不平衡性，保证煤气的稳定供应，钢铁企业均设置了煤气储罐。由于产能增加，国内多家钢铁企业的煤气储罐容量已大于100000m³，部分钢铁企业大型煤气储罐现状见表11。

表11 国内部分钢铁企业大型煤气储罐现状

序号	储存介质	柜型	容积（×10⁴m³）	座数	规格（高×直径）（m×m）	储气压力（kPa）
宝山钢铁股份公司宝钢分公司						
1	高炉煤气	可隆型	15	2		8.0
2	焦炉煤气	POC型	30	1	121×64.6	6.3
3	焦炉煤气	POP型	12	1		6.3
4	转炉煤气	POC型	8	4	41×58	3.0
鞍山钢铁股份有限公司鞍山工厂						
1	高炉煤气	POC型	30	1	121×64.6	10
2	焦炉煤气	POP型	16.5	1		6.3
3	转炉煤气	POC型		1	41×58	3

序号	储存介质	柜型	容积（×10⁴m³）	座数	规格（高×直径）（m×m）	储气压力（kPa）
			武汉钢铁公司			
1	高炉煤气	POC型	15	2	99×51.2	9.5
2	高炉煤气	POC型	30			10
3	焦炉煤气	POP型	12	1		6.3
4	转炉煤气	PRC型	8	2	41×58	3
5	转炉煤气	PRC型	5	1		3

据调查，国内目前最大的煤气储罐容积为300000m³，最高压力为10kPa。为适应我国储气罐单罐容积趋向大型化的需要，本次修订增加了第五档，即100000m³～300000m³，明确了该档储罐与建筑物、储罐、堆场的防火间距要求。

表4.3.1注：固定容积的可燃气体储罐设计压力较高，易漏气，火灾危险性较大，防火间距要先按其实际几何容积（m³）与设计压力（绝对压力，10⁵Pa）乘积折算出总容积，再按表4.3.1的规定确定。

本条有关间距的主要确定依据：

（1）湿式储气罐内可燃气体的密度多数比空气轻，泄漏时易向上扩散，发生火灾时易扑救。根据有关分析，湿式可燃气体储罐一般不会发生爆炸，即使发生爆炸一般也不会发生二次或连续爆炸。爆炸原因大多为在检修时因处理不当或违章焊接引起。湿式储气罐或堆场等发生火灾爆炸时，相互危及范围一般在20m～40m，近者约10m，远者100m～200m，碎片飞出可能伤人或砸坏建筑物。

（2）考虑施工安装的需要，大、中型可燃气体储罐施工安装所需的距离一般为20m～25m。根据储气罐扑救实践，人员与罐体之间至少要保持15m～20m的间距。

（3）现行国家标准《城镇燃气设计规范》GB 50028、《钢铁冶金企业设计防火规范》GB 50414对不同容积可燃气体储罐与建筑物、储罐、堆场的防火间距也均有要求。《城镇燃气设计规范》中表格第五档为"大于200000m³"，没有规定储罐容积上限，这主要是因为考虑到安全性、经济性等方面的因素，城镇中的燃气储罐容积不会太大，一般不大于200000m³。大型的可燃气体储罐主要集中在钢铁等企业中。本规范在确定100000m³～300000m³可燃气体储罐与建筑物、储罐、堆场的防火间距要求时，主要是基于辐射热计算、国内部分钢铁企业现状与需求及此类储罐的实际火灾危险性。

（4）干式储气罐的活塞和罐壁间靠油或橡胶夹布密封，当密封部分漏气时，可燃气体泄漏到活塞上部空间，经排气孔排至大气中。当可燃气体密度大于空气时，不易向罐顶外部扩散，比空气小时，则易扩散，故前者防火间距应按表4.3.1增加25%，后者可按表4.3.1的规定执行。

（5）小于20m³的储罐，可燃气体总量及其火灾危险性较小，与其使用燃气厂房的防火间距可不限。

（6）湿式可燃气体储罐的燃气进出口阀门室、水封井和干式可燃气体储罐的阀门室、水封井、密封油循环系和电梯间，均是储罐不宜分离的附属设施。为节省用地，便于运行管理，这些设施间可按工艺要求布置，防火间距不限。

4.3.2 本条为强制性条文。可燃气体储罐或储罐区之间的防火间距，是发生火灾时减少相互间的影响和便于灭火救援和施工、安装、检修所需的距离。鉴于干式可燃气体储罐与

湿式可燃气体储罐火灾危险性基本相同且罐体高度均较高，故储罐之间的距离均规定不应小于相邻较大罐直径的一半。固定容积的可燃气体储罐设计压力较高、火灾危险性较湿式和干式可燃气体储罐大，卧式和球形储罐虽形式不同，但其火灾危险性基本相同，故均规定为不应小于相邻较大罐的2/3。

固定容积的可燃气体储罐与湿式或干式可燃气体储罐的防火间距，不应小于相邻较大罐的半径，主要考虑在一般情况下后者的直径大于前者，本条规定可以满足灭火救援和施工安装、检修需要。

我国在实施天然气"西气东输"工程中，已建成一批大型天然气球形储罐，当设计压力为1.0MPa～1.6MPa时，容积相当于50000m³～80000m³、100000m³～160000m³。据此，与燃气管理和燃气规范归口单位共同调研，并对其实际火灾危险性进行研究后，将储罐分组布置的规定调整为"数个固定容积的可燃气体储罐总容积大于200000m³（相当于设计压力为1.0MPa时的10000m³球形储罐2台）时，应分组布置"。由于本规范只涉及储罐平面布置的规定，未全面、系统地规定其他相关消防安全技术要求。设计时，不能片面考虑储罐区的总容量与间距的关系，而需根据现行国家标准《城镇燃气设计规范》GB 50028等标准的规定进行综合分析，确定合理和安全可靠的技术措施。

4.3.3 本条为强制性条文。氧气为助燃气体，其火灾危险性属乙类，通常储存于钢瓶内。氧气储罐与民用建筑，甲、乙、丙类液体储罐，可燃材料堆场的防火间距，主要考虑这些建筑在火灾时的相互影响和灭火救援的需要；与制氧厂房的防火间距可按现行国家标准《氧气站设计规范》GB 50030的有关规定，根据工艺要求确定。确定防火间距时，将氧气罐视为一、二级耐火等级建筑，与储罐外的其他建筑物的防火间距原则按厂房之间的防火间距考虑。

氧气储罐之间的防火间距不小于相邻较大储罐的半径，则是灭火救援和施工、检修的需要；与可燃气体储罐之间的防火间距不应小于相邻较大罐的直径，主要考虑可燃气体储罐发生爆炸时对相邻氧气储罐的影响和灭火救援的需要。

本条表4.3.3中总容积小于或等于1000m³的湿式氧气储罐，一般为小型企业和一些使用氧气的事业单位的氧气储罐；总容积为1000m³～50000m³者，主要为大型机械工厂和中、小型钢铁企业的氧气储罐；总容积大于50000m³者，为大型钢铁企业的氧气储罐。

4.3.4 确定液氧储罐与其他建筑物、储罐或堆场的防火间距时，要将液氧的储罐容积按1m³液氧折算成800m³标准状态的氧气后进行。如某厂有1个100m³的液氧储罐，则先将其折算成800×100＝80000（m³）的氧气，再按本规范第4.3.3条第三档（V＞50000m³）的规定确定液氧储罐的防火间距。

液氧储罐与泵房的间隔不宜小于3m的规定，与国外有关规范规定和国内有关工程的实际做法一致。根据分析医用液氧储罐的火灾危险性及其多年运行经验，为适应医用标准调整要求和医院建设需求，将医用液氧储罐的单罐容积和总容积分别调整为5m³和20m³。医用液氧储罐与医疗卫生机构内建筑的防火间距，国家标准《医用气体工程技术规范》GB 50751—2012已有明确规定。医用液氧储罐与医疗卫生机构外建筑的防火间距，仍应符合本规范第4.3.3条的规定。

4.3.5 当液氧储罐泄漏的液氧气化后，与稻草、木材、刨花、纸

屑等可燃物以及溶化的沥青接触时，遇到火源容易引起猛烈的燃烧，致使火势扩大和蔓延，故规定其周围一定范围内不应存在可燃物。

4.3.6 可燃、助燃气体储罐发生火灾时，对铁路、道路威胁较甲、乙、丙类液体储罐小，故防火间距的规定较本规范表4.2.9的要求小些。

4.3.7 液氢的闪点为−50℃，爆炸极限范围为4.0%～75.0%，密度比水轻（沸点时0.07g/cm³）。液氢发生泄漏后会因其密度比空气重（在−25℃时，相对密度1.04）而使气化的气体沉积在地面上，当温度升高后才扩散，并在空气中形成爆炸性混合气体，遇到点火源即会发生爆炸而产生火球。氢气是最轻的气体，燃烧速度最快（测试管的管径$D=25.4mm$，引燃温度400℃，火焰传播速度为4.85m/s，在化学反应浓度下着火能量为$1.5×10^{-5}$J）。

液氢为甲类火灾危险性物质，燃烧、爆炸的猛烈程度和破坏力等均较气态氢大。参考国外规范，本条规定液氢储罐与建筑物及甲、乙、丙类液体储罐和堆场等的防火间距，按本规范对液化石油气储罐的有关防火间距，即表4.4.1规定的防火间距减小25%。

液氨为乙类火灾危险性物质，与氟、氯等能发生剧烈反应。氨与空气混合到一定比例时，遇明火能引起爆炸，其爆炸极限范围为15.5%～25%。氨具有较高的体积膨胀系数，超装的液氨气瓶极易发生爆炸。为适应工程建设需要，对比液氨和液氢的火灾危险性，参照液氢的有关规定，明确了液氨储罐与建筑物、储罐、堆场的防火间距。

4.3.8 本条为强制性条文。液化天然气是以甲烷为主要组分的烃类混合物，液化天然气的自燃点、爆炸极限均比液化石油气的高。当液化天然气的温度高于−112℃时，液化天然气的蒸气比空气轻，易向高处扩散，而液化石油气蒸气比空气重，易在低处聚集而引发火灾或爆炸，以上特点使液化天然气在运输、储存和使用上比液化石油气要安全。

表4.3.8中规定的液化天然气储罐和集中放散装置的天然气放散总管与站外建、构筑物的防火间距，总结了我国液化天然气气化站的建设与运行管理经验。

4.4 液化石油气储罐（区）的防火间距

4.4.1 本条为强制性条文。液化石油气是以丙烷、丙烯、丁烷、丁烯等低碳氢化合物为主要成分的混合物，闪点低于−45℃，爆炸极限范围为2%～9%，为火灾和爆炸危险性高的甲类火灾危险性物质。液化石油气通常以液态形式常温储存，饱和蒸气压随环境温度变化而变化，一般在0.2MPa～1.2MPa。1m³液态液化石油气可气化成250m³～300m³的气态液化石油气，与空气混合形成3000m³～15000m³的爆炸性混合气体。

液化石油气着火能量很低（$3×10^{-4}$J～$4×10^{-4}$J），电话、步话机、手电筒开关时产生的火花即可成为爆炸、燃烧的点火源，火焰扑灭后易复燃。液态液化石油气的密度为水的一半（0.5t/m³～0.6t/m³），发生火灾后用水难以扑灭；气态液化石油气的比重比空气重一倍（2.0kg/m³～2.5kg/m³），泄漏后易在低洼或通风不良处窝存而形成爆炸性混合气体。此外，液化石油气储罐破裂时，罐内压力急剧下降，罐内液态液化石油气会立即气化成大量气体，并向上空喷出形成蘑菇云，继而降到地面向四周扩散，与空气混合形成爆炸性气体。一旦被引燃即发生爆炸，继之大火以火球形式返回罐区形成火海，致使储罐发生连续性爆炸。因此，一旦液化石油气储罐发生泄漏，危险性高，危害极大。

表4.4.1将液化石油气储罐和储罐区分为7档，按单罐和罐区不同容积规定了防火间距。第一档主要为工业企业、事业等单位和居住小区内的气化站、混气站和小型灌装站的容积规模。第二档为中小城市调峰气源厂和大中型工业企业的气化站和混气站的容积规模。第三、四、五档为大中型灌瓶站、大、中城市调峰气源厂的容积规模。第六、七档主要为特大型灌瓶站、大、中型储配站、储存站和石油化工厂的储罐区。为更好地控制液化石油气储罐的火灾危害，本次修订时，经与国家标准《液化石油气厂站设计规范》编制组协商，将其最大总容积限制在10000m³。

表4.4.1注2的说明：埋地液化石油气储罐运行压力较低，且压力稳定，通常不大于0.6MPa，比地上储罐安全，故参考国内外有关规范其防火间距减一半。为了安全起见，限制了单罐容积和储罐区的总容积。

有关防火间距规定的主要确定依据：

(1)根据液化石油气爆炸实例，当储罐发生液化石油气泄漏后，与空气混合并遇到点火源发生爆炸后，危及范围与单罐和罐区的总容积、破坏程度、泄漏量大小、地理位置、气象、风速以及消防设施和扑救情况等因素有关。当储罐和罐区容积较小，泄漏量不大时，爆炸和火灾的波及范围，近者20m～30m，远者50m～60m。当储罐和罐区容积较大，泄漏量很大时，爆炸和火灾的波及范围通常在100m～300m，有资料记载，最远可达1500m。

(2)参考了美国消防协会《国家燃气规范》NFPA 59—2008规定的非冷冻液化石油气储罐与建筑物的防火间距（见表12）、英国石油学会《液化石油气安全规范》规定的炼油厂及大型企业的压力储罐与其他建筑物的防火间距（见表13）和日本液化石油气设备协会《一般标准》JLPA 001:2002的规定（见表14）。

表12 非冷冻液化石油气储罐与建筑物的防火间距

储罐充水容积（美加仑）(m³)	储罐距重要建筑物，或不与液化气体装置相连的建筑，或可用于建筑的相邻地界红线(ft)(m)
2001～30000(7.6～114)	50(15)
30001～70000(114～265)	75(23)
70001～90000(265～341)	100(30)
90001～120000(341～454)	125(38)
120001～200000(454～757)	200(61)
200001～1000000(747～3785)	300(91)
≥1000001(≥3785)	400(122)

注：储罐与用气厂房的间距可按上表减少50%，但不得低于50ft(15m)。表中数字后括号内的数值是按公制单位换算者。1美加仑=$3.79×10^{-3}$m³。

表13 炼油厂和大型企业压力储罐与其他建筑物的防火间距

名称（英加仑）(m³)	间距(ft)(m)	备注
至其他企业的厂界或固定火源，当储罐水容积<30000(136.2)	50(15.24)	
30000～125000(136.2～567.50)	75(22.86)	
>125000(>567.5)	100(30.48)	
有火灾危险性的建筑物，如灌装间、仓库等	50(15.24)	
甲、乙级储罐	50(15.24)	自甲、乙类油品的储罐的围堤顶部算起

名称(英加仑)(m³)	间距(ft)(m)	备注
至低温冷冻液化石油气储罐	最大低温罐直径,但不小于100(30.48)	
压力液化石油气储罐之间	相邻储罐直径之和的1/4	

注:1英加仑=4.5×10⁻³m³。表中括号内的数值为按公制单位换算值。

表 14　日本不同区域储罐储量的限制

用地区域	一般居住区	商业区	准工业区	工业区或工业专用区
储存量(t)	3.5	7.0	35	不限

日本液化石油气设备协会《一般标准》JLPA 001:2002 的规定:第一种居住用地范围内,不允许设置液化石油气储罐;其他地区域,设置储罐容量有严格限制。在此基础上,规定了地上储罐与第一种保护对象(学校、医院、托幼园、文物古迹、博物馆、车站候车室、百货大楼、酒店、旅馆等)的距离按下式计算确定:

$$L=0.12\sqrt{X+10000} \qquad (4)$$

式中:L——储罐与保护对象的防火间距(m);
　　　X——液化石油气的总储量(kg)。

在日本,液化石油气站储罐的平均容积很小,当按上式计算大于30m时,可取不小于30m。当采用地下储罐或采取水喷淋、防火墙等安全措施时,其防火间距可以按该规范的有关规定减小距离。对于液化石油气储罐与站内建筑物的防火间距,日本的规定也很小:与明火、耐火等级较低的建筑物的间距不应小于8m,与非明火建筑、站内围墙的间距不应小于3.0m。

(3)总结了原规范执行情况,考虑了当前我国液化石油气行业设备制造安装、安全设施装备和管理的水平等现状。液化石油气单罐容积大于1000m³和罐区总容积大于5000m³的储存站,属特大型储存站,万一发生火灾或爆炸,其危及的范围也大,故有必要加大其防火间距要求。

4.4.2　本条为强制性条文。对于液化石油气储罐之间的防火间距,要考虑当一个储罐发生火灾时,能减少对相邻储罐的威胁,同时要便于施工安装、检修和运行管理。多个储罐的布置要求,主要考虑要减少发生火灾时的相互影响,并便于灭火救援,保证至少有一只消防水枪的充实水柱能达到任一储罐的任何部位。

4.4.3　对于液化石油气储罐与所属泵房的距离要求,主要考虑泵房的火灾不要引发储罐爆炸着火,也是扑灭泵房火灾所需的最小安全距离。为满足液化石油气泵正常运行,当泵房面向储罐一侧的外墙采用无门窗洞口的防火墙时,防火间距可适当调整。液化石油气泵露天设置时,对防火是有利的,为更好地满足工艺需要,对其与储罐的距离可不限。

4.4.4　有关全冷冻式液化石油气储罐和液化石油气气化站、混气站的储罐与重要公共建筑和其他民用建筑、道路等的防火间距,为保证安全,便于使用,与现行国家标准《城镇燃气设计规范》GB 50028 管理组协商后,将有关防火间距在《城镇燃气设计规范》中作详细规定,本规范不再规定。

总容积不大于10m³的储罐,当设置在专用的独立建筑物内时,通常设置2个。单罐容积小,又设置在建筑物内,火灾危险性较小。故规定该建筑外墙与相邻厂房及其附属设备的防火间距,可以按甲类厂房的防火间距执行。

4.4.5　本条为强制性条文。本条规定了液化石油气瓶装供应站的基本防火间距。

目前,我国各城市液化石油气瓶装供应站的供应规模大都在 5000户～7000户,少数在 10000户左右,个别站也有大于 10000户的。根据各地运行经验,考虑方便用户、维修服务等因素,供气规模以 5000户～10000户为主。该供气规模日售瓶量按 15kg钢瓶计,为 170瓶～350瓶左右。瓶库通常应按 1.5天～2天的售瓶量存瓶,才能保证正常供应,需储存 250瓶～700瓶,相当于容积为 4m³～20m³的液化石油气。

表 4.4.5对液化石油气站的瓶库与站外建、构筑物的防火间距,按总存储容积分四档规定了不同的防火间距。与站外建、构筑物防火间距,考虑了液化石油气钢瓶单瓶容量较小,总存瓶也严格限制最多不大于20m³,火灾危险性较液化石油气储罐小等因素。

表 4.4.5注中的总存瓶容积按实瓶个数与单瓶几何容积的乘积计算,具体计算可按下式进行:

$$V=N\cdot V\cdot 10^{-3} \qquad (5)$$

式中:V——总存瓶容积(m³);
　　　N——实瓶个数;
　　　V——单瓶几何容积,15kg钢瓶为 35.5L,50kg钢瓶为112L。

4.4.6　液化石油气瓶装供应站的四周,要尽量采用不燃材料构筑实体围墙,即无孔洞、花格的墙体。这不但有利于安全,而且可减少和防止瓶库发生爆炸时对周围区域的破坏。液化石油气瓶装供应站通常设置在居民区内,考虑与环境协调,面向出入口(一般为居民区道路)一侧可采用不燃材料构筑非实体的围墙,如装饰型花格围墙,但面向该侧的瓶装供应站建筑外墙不能设置泄压口。

4.5　可燃材料堆场的防火间距

4.5.1　据调查,粮食囤垛堆场目前仍在使用,总储量较大且多利用稻草、竹竿等可燃物材料建造,容易引发火灾。本条根据过去粮食囤垛的火灾情况,对粮食囤垛的防火间距作了规定,并将粮食囤垛堆场的最大储量定为 20000t。根据我国部分地区粮食收储情况和火灾形势,2013 年国家有关部门和单位也组织对粮食席穴囤、简易罩棚等粮食存放场所的防火,制定了更详细的规定。

对于棉花堆场,尽管国家近几年建设了大量棉花储备库,但仍有不少地区采用露天或半露天堆放的方式储存,且储量较大,每个棉花堆场储量大都在 5000t左右。麻、毛、化纤和百货等火灾危险性类同,故将每个堆场最大储量限制在 5000t 以内。棉、麻、毛、百货等露天或半露天堆场与建筑物的防火间距,主要根据案例和现有堆场管理实际情况,并考虑避免和减少火灾时的损失。秸秆、芦苇、亚麻等的总储量较大,且在一些行业,如造纸厂或纸浆厂,储量更大。

从这些材料堆场发生火灾的情况看,火灾具有延续时间长、辐射热大、扑救难度较大、灭火时间长、用水量大的特点,往往损失巨大。根据以上情况,为了有效地防止火灾蔓延扩大,有利于灭火救援,将可燃材料堆场至建筑物的最小间距定为

15m～40m。

对于木材堆场，采用统堆方式较多，往往堆垛高、储量大，有必要对每个堆垛储量和防火间距加以限制。但为节约用地，规定当一个木材堆场的总储量大于 25000m³ 或一个秸秆可燃材料堆场的总储量大于 20000t 时，宜分隔堆场，且各堆场之间的防火间距按相邻较大堆场与四级建筑的间距确定。

关于表 4.5.1 注的说明：

（1）甲类厂房、甲类仓库发生火灾时，较其他类别建筑的火灾对可燃材料堆场的威胁大，故规定其防火间距按表 4.5.1 的规定增加 25% 且不应小于 25m。

电力系统电压为 35kV～500kV 且每台变压器容量在 10MV·A 以上的室外变、配电站，以及工业企业的变压器总油量大于 5t 的室外总降压变电站对堆场威胁也较大，故规定有关防火间距不应小于 50m。

（2）为防止明火或散发火花地点的飞火引发可燃材料堆场火灾，露天、半露天可燃材料堆场与明火或散发火花地点的防火间距，应按本表四级建筑的规定增加 25%。

4.5.2 甲、乙、丙类液体储罐一旦发生火灾，威胁较大、辐射强度大，故规定有关防火间距不应小于表 4.2.1 和表 4.5.1 中相应储量与四级建筑防火间距的较大值。

4.5.3 可燃材料堆场着火时影响范围较大，一般在 20m～40m 之间。汽车和拖拉机的排气管飞火距离远者一般为 8m～10m，近者为 3m～4m。露天、半露天堆场与铁路线的防火间距，主要考虑蒸汽机车飞火对堆场的影响；与道路的防火间距，主要考虑道路的通行情况、汽车和拖拉机排气管飞火的影响以及堆场的火灾危险性。

5 民 用 建 筑

5.1 建筑分类和耐火等级

5.1.1 本条对民用建筑根据其建筑高度、功能、火灾危险性和扑救难易程度等进行了分类。以该分类为基础，本规范分别在耐火等级、防火间距、防火分区、安全疏散、灭火设施等方面对民用建筑的防火设计提出了不同的要求，以实现保障建筑消防安全与保证工程建设和提高投资效益的统一。

（1）对民用建筑进行分类是一个较为复杂的问题，现行国家标准《民用建筑设计通则》GB 50352 将民用建筑分为居住建筑和公共建筑两大类，其中居住建筑包括住宅建筑、宿舍建筑等。在防火方面，除住宅建筑外，其他类型居住建筑的火灾危险性与公共建筑接近，其防火要求需按公共建筑的有关规定执行。因此，本规范将民用建筑分为住宅建筑和公共建筑两大类，并进一步按照建筑高度分为高层民用建筑和单层、多层民用建筑。

（2）对于住宅建筑，本规范以 27m 作为区分多层和高层住宅建筑的标准；对于高层住宅建筑，以 54m 划分为一类和二类。该划分方式主要为了与原国家标准《建筑设计防火规范》GB 50016—2006 和《高层民用建筑设计防火规范》GB 50045—1995 中按 9 层及 18 层的划分标准相一致。

对于公共建筑，本规范以 24m 作为区分多层和高层公共建筑的标准。在高层建筑中将性质重要、火灾危险性大、疏散和扑救难度大的建筑定为一类。例如，将高层医疗建筑、高层老年人照料设施划为一类，主要考虑了建筑中有不少人员行动

不便、疏散困难，建筑内发生火灾易致人员伤亡。

本规范条文中的"老年人照料设施"是指现行行业标准《老年人照料设施建筑设计标准》JGJ 450—2018 中床位总数（可容纳老年人总数）大于或等于 20 床（人），为老年人提供集中照料服务的公共建筑，包括老年人全日照料设施和老年人日间照料设施。其他专供老年人使用的、非集中照料的设施或场所，如老年大学、老年活动中心等不属于老年人照料设施。

本规范条文中的"老年人照料设施"包括 3 种形式，即独立建造的、与其他建筑组合建造的和设置在其他建筑内的老年人照料设施。

本条 5.1.1 中的"独立建造的老年人照料设施"，包括与其他建筑贴邻建造的老年人照料设施；对于与其他建筑上下组合建造或设置在其他建筑内的老年人照料设施，其防火设计要求应根据该建筑的主要用途确定其建筑分类。其他专供老年人使用的、非集中照料的设施或场所，其防火设计要求按本规范有关公共建筑的规定确定；对于非住宅类老年人居住建筑，按本规范有关老年人照料设施的规定确定。

表中"一类"第 2 项中的"其他多种功能组合"，指公共建筑中具有两种或两种以上的公共使用功能，不包括住宅与公共建筑组合建造的情况。比如，住宅建筑的下部设置商业服务网点时，该建筑仍为住宅建筑；住宅建筑下部设置有商业或其他功能的裙房时，该建筑不同部分的防火设计可按本规范第 5.4.10 条的规定进行。条文中"建筑高度 24m 以上部分任一楼层建筑面积大于 1000m²"的"建筑高度 24m 以上部分任一楼层"是指该层楼板的标高大于 24m。

（3）本条中建筑高度大于 24m 的单层公共建筑，在实际工程中情况往往比较复杂，可能存在单层和多层组合建造的情况，难以确定是按单、多层建筑还是高层建筑进行防火设计。在防火设计时要根据建筑各使用功能的层数和建筑高度综合确定。如某体育馆建筑主体为单层，建筑高度 30.6m，座位区下部设置 4 层辅助用房，第四层顶板标高 22.7m，该体育馆可不按高层建筑进行防火设计。

（4）由于实际建筑的功能和用途千差万别，称呼也多种多样，在实际工作中，对于未明确列入表 5.1.1 中的建筑，可以比照其功能和火灾危险性进行分类。

（5）由于裙房与高层建筑主体是一个整体，为保证安全，除规范对裙房另有规定外，裙房的防火设计要求应与高层建筑主体的一致，如高层建筑主体的耐火等级为一级时，裙房的耐火等级也不应低于一级，防火分区划分、消防设施设置等也要与高层建筑主体一致等。表 5.1.1 注 3"除本规范另有规定外"是指，当裙房与高层建筑主体之间采用防火墙分隔时，可以按本规范第 5.3.1 条、第 5.5.12 条的规定确定裙房的防火分区及安全疏散要求等。

宿舍、公寓不同于住宅建筑，其防火设计要按照公共建筑的要求确定。具体设计时，要根据建筑的实际用途来确定其是按照本规范有关公共建筑的一般要求，还是按照有关旅馆建筑的要求进行防火设计。比如，用作宿舍的学生公寓或职工公寓，就可以按照公共建筑的一般要求确定其防火设计要求；而酒店式公寓的用途及其火灾危险性与旅馆建筑类似，其防火要求就需要根据本规范有关旅馆建筑的要求确定。

5.1.2 民用建筑的耐火等级分级是为了便于根据建筑自身结构的防火性能来确定该建筑的其他防火要求。相反，根据这个分级及其对应建筑构件的耐火性能，也可以用于确定既有建筑的耐火等级。

（1）据统计，我国住宅建筑在全部建筑中所占比例较高，住

宅内的火灾荷载及引发火灾的因素也在不断变化，并呈增加趋势。住宅建筑的公共消防设施管理比较困难，如果将火灾控制在住宅建筑中的套内，则可有效减少火灾的危害和损失。因此，本规范在适当提高住宅建筑的套与套之间或单元与单元之间的防火分隔性能基础上，确定了建筑内的消防设施配置等其他相关设防要求。表5.1.2有关住宅建筑单元之间和套之间墙体的耐火极限的规定，是在房间隔墙耐火极限要求的基础上提高到重要设备间隔墙的耐火极限。

（2）建筑整体的耐火性能是保证建筑结构在火灾时不发生较大破坏的根本，而单一建筑结构构件的燃烧性能和耐火极限是确定建筑整体耐火性能的基础。故表5.1.2规定了各构件的燃烧性能和耐火极限。

（3）表5.1.2中有关构件燃烧性能和耐火极限的规定是对构件耐火性能的基本要求。建筑的形式多样、功能不一，火灾荷载及其分布与火灾类型等在不同的建筑中均有较大差异。对此，本章有关条款作了一定调整，但仍不一定能完全满足某些特殊建筑的设计要求。因此，对一些特殊建筑，还需根据建筑的空间高度、室内的火灾荷载和火灾类型、结构承载情况和室内外灭火设施设置等，经理论分析和实验验证后按照国家有关规定经论证后确定。

（4）表5.1.2中的注2主要为与现行国家标准《住宅建筑规范》GB 50368有关三、四级耐火等级住宅建筑构件的耐火极限的规定协调。根据注2的规定，按照本规范和《住宅建筑规范》GB 50368进行防火设计均可。《住宅建筑规范》GB 50368规定：四级耐火等级的住宅建筑允许建造3层，三级耐火等级的住宅建筑允许建造9层，但其构件的燃烧性能和耐火极限比本规范的相应耐火等级的要求有所提高。

5.1.3 本条为强制性条文。本条规定了一些性质重要、火灾扑救难度大、火灾危险性大的民用建筑的最低耐火等级要求。

1 地下、半地下建筑（室）发生火灾后，热量不易散失，温度高、烟雾大，燃烧时间长，疏散和扑救难度大，故其耐火等级要求高。一类高层民用建筑发生火灾，疏散和扑救都很困难，容易造成人员伤亡或财产损失。因此，要求达到一级耐火等级。

本条及本规范所指"地下、半地下建筑"，包括附建在建筑中的地下室、半地下室和单独建造的地下、半地下建筑。

2 重要公共建筑对某一地区的政治、经济和生产活动以及居民的正常生活有重大影响，需尽量减小火灾对建筑结构的危害，以便灾后尽快恢复使用功能，故规定重要公共建筑应采用一、二级耐火等级。

5.1.3A 新增条文。本条为强制性条文。老年人照料设施中的大部分人员年老体弱，行动不便，要求老年人照料设施具有较高的耐火等级，有利于火灾扑救和人员疏散。但考虑到我国各地实际和利用既有建筑改造等情况，当采用三级耐火等级的建筑时，要根据本规范第5.3.1A条的要求控制其建筑总层数。

5.1.4 本条为强制性条文。近年来，高层民用建筑在我国呈快速发展之势，建筑高度大于100m的建筑越来越多，火灾也呈多发态势，火灾后果严重。各国对高层建筑的防火要求不同，建筑高度分段也不同，如我国规范按24m、32m、50m、100m和250m，新加坡规范按24m和60m，英国规范按18m、30m和60m，美国规范按23m、37m、49m和128m等分别进行规定。

构件耐火性能、安全疏散和消防救援等均与建筑高度有关，对于建筑高度大于100m的建筑，其主要承重构件的耐火极限要求对比情况见表15。从表15可以看出，我国规范中有关柱、梁、承重墙等承重构件的耐火极限要求与其他国家的规定比较接近，但楼板的耐火极限相对偏低。由于此类高层建筑火灾的扑救难度巨大，火灾延续时间可能较长，为保证超高层建筑的防火安全，将其楼板的耐火极限从1.50h提高到2.00h。

表15 各国对建筑高度大于100m的建筑主要承重构件耐火极限的要求（h）

名称	中国	美国	英国	法国
柱	3.00	3.00	2.00	2.00
承重墙	3.00	3.00	2.00	2.00
梁	2.00	2.00	2.00	2.00
楼板	1.50	2.00	2.00	2.00

上人屋面的耐火极限除应考虑其整体性外，还应考虑应急避难人员在屋面上停留时的实际需要。对于一、二级耐火等级建筑物的上人屋面板，耐火极限应与相应耐火等级建筑楼板的耐火极限一致。

5.1.5 对于屋顶要求一、二级耐火等级建筑的屋面板采用不燃材料，以防止火灾蔓延。考虑到防水层材料本身的性能和安全要求，结合防水层、保温层的构造情况，对防水层的燃烧性能及防火保护做法作了规定，有关说明见本规范第3.2.16条文说明。

5.1.6 为使一些新材料、新型建筑构件能得到推广应用，同时又能不降低建筑的整体防火性能，保障人员疏散安全和控制火灾蔓延，本条规定当降低房间隔墙的燃烧性能要求时，耐火极限应相应提高。

设计应注意尽量采用发烟量低、烟气毒性低的材料，对于人员密集场所以及重要的公共建筑，需严格控制使用。

5.1.7 本条对民用建筑内采用金属夹芯板的芯材燃烧性能和耐火极限作了规定，有关说明见本规范第3.2.17条的条文说明。

5.1.8 本条规定主要为防止吊顶因受火作用塌落而影响人员疏散，同时避免火灾通过吊顶蔓延。

5.1.9 对于装配式钢筋混凝土结构，其节点缝隙和明露钢支承构件部位一般是构件的防火薄弱环节，容易被忽视，而这些部位却是保证结构整体承载力的关键部位，要求采取防火保护措施。在经过防火保护处理后，该节点的耐火极限要不低于本章对该节点部位连接构件中要求耐火极限最高者。

5.2 总平面布局

5.2.1 为确保建筑总平面布局的消防安全，本条提出了在建筑设计阶段要合理进行总平面布置，要避免在甲、乙类厂房和仓库、可燃液体和可燃气体储罐以及可燃材料堆场的附近布置民用建筑，以从根本上防止和减少火灾危险性大的建筑发生火灾时对民用建筑的影响。

5.2.2 本条为强制性条文。本条综合考虑灭火救援需要，防止火势向邻近建筑蔓延以及节约用地等因素，规定了民用建筑之间的防火间距要求。

（1）根据建筑的实际情形，将一、二级耐火等级多层建筑之间的防火间距定为6m。考虑到扑救高层建筑需要使用曲臂车、云梯登高消防车等车辆，为满足消防车辆通行、停靠、操作的需要，结合实践经验，规定一、二级耐火等级高层建筑之间的防火间距不应小于13m。其他三、四级耐火等级的民用建筑之间的防火间距，因耐火等级低，受热辐射作用时易着火而致火势蔓延，其防火间距在一、二级耐火等级建筑的要求基础上有所增加。

（2）表5.2.2注1：主要考虑有的建筑物防火间距不足，而全部不开设门窗洞口又有困难的情况。因此，允许每一面外墙开设门窗洞口面积之和不大于该外墙全部面积的5%时，防火间距可缩小25%。考虑到门窗洞口的面积仍然较大，故要求门窗洞口应错开、不应正对，以防止火灾通过开口蔓延到对面建筑。

（3）表5.2.2注2～注5：考虑到建筑在改建和扩建过程中，不可避免地会遇到一些诸如用地限制等具体困难，对两座建筑物之间的防火间距作了有条件的调整。当两座建筑，较高一面的外墙为防火墙，或超出高度较高时，应主要考虑较低一面对较高一面的影响。当两座建筑高度相同时，如果贴邻建造,防火墙的构造应符合本规范第6.1.1条的规定。当较低一座建筑的耐火等级不低于二级,较低一面的外墙为防火墙,且屋顶承重构件和屋面板的耐火极限不低于1.00h,防火间距允许减少到3.5m,但如果相邻建筑中有一座为高层建筑或两座均为高层建筑时,该间距允许减少到4m。火灾通常都是从下向上蔓延,考虑较低的建筑物着火时,火势容易蔓延到较高的建筑物,有必要采取防火墙和耐火屋盖,故规定屋顶承重构件和屋面板的耐火极限不应低于1.00h。

两座相邻建筑,当较高建筑高出较低建筑的部位着火时,对较低建筑的影响较小,而相邻建筑正对部位着火时,则容易相互影响。故要求较高建筑在一定高度范围内通过设置防火门、窗或卷帘和水幕等防火分隔设施,来满足防火间距调整的要求。有关防火分隔水幕和防护冷却水幕的设计要求应符合现行国家标准《自动喷水灭火系统设计规范》GB 50084的规定。

最小防火间距确定为3.5m,主要为保证消防车通行的最小宽度;对于相邻建筑中存在高层建筑的情况,则要增加到4m。

本条注4和注5中的"高层建筑",是指在相邻的两座建筑中有一座为高层民用建筑或相邻两座建筑均为高层民用建筑。

(4)表5.2.2注6:对于通过裙房、连廊或天桥连接的建筑物,需将该相邻建筑视为不同的建筑来确定防火间距。对于回字形、U型、L型建筑等,两个不同防火分区的相对外墙之间也要有一定的间距,一般不小于6m,以防止火灾蔓延到不同分区内。本注中的"底部的建筑物",主要指如高层建筑通过裙房连成一体的多座高层建筑主体的情形,在这种情况下,尽管在下部的建筑是一体的,但上部建筑之间的防火间距,仍需按两座不同建筑的要求确定。

(5)表5.2.2注7:当确定新建建筑与耐火等级低于四级的既有建筑的防火间距时,可将该既有建筑的耐火等级视为四级后确定防火间距。

5.2.3 民用建筑所属单独建造的终端变电站,通常是指10kV降压至380V的最末一级变电站。这些变电站的变压器大致在630kV·A~1000kV·A之间,可以按照民用建筑的有关防火间距执行。但单独建造的其他变电站,则应将其视为丙类厂房来确定有关防火间距。对于预装式变电站,有干式和湿式两种,其电压一般在10kV或10kV以下。这种装置内部结构紧凑、用金属外壳罩住,使用过程中的安全性能较高。因此,此类型的变压器与邻近建筑的防火间距,比照一、二级耐火等级建筑间的防火间距减少一半,确定为3m。规模较大的油浸式箱式变压器的火灾危险性较大,仍应按本规范第3.4节的有关规定执行。

锅炉房可视为丁类厂房。在民用建筑中使用的单台蒸发量在4t/h以下或额定功率小于或等于2.8MW的燃煤锅炉房,由于火灾危险性较小,将这样的锅炉房视为民用建筑确定相应的防火间距。大于上述规模时,与工业用锅炉基本相当,要求将锅炉房按照丁类厂房的有关防火间距执行。至于燃油、燃气锅炉房,因火灾危险性较燃煤锅炉房大,还涉及燃料储罐等问题,故也要提高要求,将其视为厂房来确定有关防火间距。

5.2.4 本条主要为了解决城市用地紧张,方便小型多层建筑的布局与建设问题。

除住宅建筑成组布置外,占地面积不大的其他类型的多层民用建筑,如办公楼、教学楼等成组布置的也不少。本条主要针对住宅建筑、办公楼等使用功能单一的建筑,当数座建筑占地面积总和不大于防火分区最大允许建筑面积时,可以把它视为一座建筑。允许占地面积在2500m²内的建筑成组布置时,考虑到必要的消防车通行和防止火灾蔓延等,要求组内建筑之间的间距尽量不小于4m。组与组、组与周围相邻建筑的间距,仍应按本规范第5.2.2条等有关民用建筑防火间距的要求确定。

5.2.5 对于民用建筑与燃气调压站、液化石油气气化站、混气

站和城市液化石油气供应站瓶库等的防火间距,经协商,在现行国家标准《城镇燃气设计规范》GB 50028中进行规定,本规范未作要求。

5.2.6 本条为强制性条文。对于建筑高度大于100m的民用建筑,由于灭火救援和人员疏散均需要建筑周边有相对开阔的场地,因此,建筑高度大于100m的民用建筑与相邻建筑的防火间距,即使按照本规范有关要求可以减小,也不能减小。

5.3 防火分区和层数

5.3.1 本条为强制性条文。防火分区的作用在于发生火灾时,将火势控制在一定的范围内。建筑设计中应合理划分防火分区,以有利于灭火救援、减少火灾损失。

国外有关标准均对建筑的防火分区最大允许建筑面积有相应规定。例如法国高层建筑防火规范规定,I类高层办公建筑每个防火分区的最大允许建筑面积为750m²;德国标准规定高层住宅每隔30m应设置一道防火墙,其他高层建筑每隔40m应设置一道防火墙;日本建筑规范规定每个防火分区的最大允许建筑面积:十层以下部分1500m²,十一层以上部分,根据吊顶、墙体材料的燃烧性能及防火门情况,分别规定为100m²、200m²、500m²;美国规范规定每个防火分区的最大建筑面积为1400m²;苏联的防火标准规定,非单元式住宅的每个防火分区的最大建筑面积为500m²(地下室与此相同)。虽然各国划定防火分区的建筑面积各异,但都是要求在设计中将建筑物的平面和空间以防火墙和防火门、窗等以及楼板分成若干防火区域,以便控制火灾蔓延。

(1)表5.3.1参照国外有关标准、规范资料,根据我国目前的经济水平以及灭火救援能力和建筑防火实际情况,规定了防火分区的最大允许建筑面积。

当裙房与高层建筑主体之间设置了防火墙,且相互间的疏散和灭火设施设置均相对独立时,裙房与高层建筑主体之间的火灾相互影响能受到较好的控制,故裙房的防火分区可以按照建筑高度不大于24m的建筑的要求确定。如果裙房与高层建筑主体间未采取上述措施时,裙房的防火分区要按照高层建筑主体的要求确定。

(2)对于住宅建筑,一般每个住宅单元每层的建筑面积不大于一个防火分区的允许建筑面积,当超过时,仍需要按照本规范要求划分防火分区。塔式和通廊式住宅建筑,当每层的建筑面积大于一个防火分区的允许建筑面积时,也需要按照本规范要求划分防火分区。

(3)设置在地下的设备用房主要为水、暖、电等保障用房,火灾危险性相对较小,且平时只有巡检人员,故将其防火分区允许建筑面积规定为1000m²。

(4)表5.3.1注1中有关设置自动灭火系统的防火分区建筑面积可以增加的规定,参考了美国、英国、澳大利亚、加拿大等国家的有关规范规定,也考虑了主动防火与被动防火之间的平衡。注1中所指局部设置自动灭火系统时,防火分区的增加面积可按该局部面积的一倍计算,应为建筑内某一局部位置与其他部位有防火分隔又需增加防火分区的面积时,可通过设置自动灭火系统的方式提高其消防安全水平的方式来实现,但局部区域包括所增加的面积,均要同时设置自动灭火系统。

(5)体育馆、剧场的观众厅等由于使用需要,往往要求较大面积和较高的空间,建筑也多以单层或2层为主,防火分区的建筑面积可适当增加。但这涉及建筑的综合防火设计问题,设计不能单纯考虑防火分区。因此,为确保这类建筑的防火安全最大限度地提高建筑的消防安全水平,当此类建筑内防火分区的建筑面积为满足功能要求而需要扩大时,要采取相关防火措施,按照国家相关规定和程序进行充分论证。

（6）表5.3.1中"防火分区的最大允许建筑面积"，为每个楼层采用防火墙和楼板分隔的建筑面积，当有未封闭的开口连接多个楼层时，防火分区的建筑面积需将这些相连通的面积叠加计算。防火分区的建筑面积包括各类楼梯间的建筑面积。

5.3.1A 新增条文。本条规定是针对独立建造的老年人照料设施。对于设置在其他建筑内的老年人照料设施或与其他建筑上下组合建造的老年人照料设施，其设置高度和层数也应符合本条的规定，即老年人照料设施部分所在位置的建筑高度或楼层要符合本条的规定。

有关老年人照料设施的建筑高度或层数的要求，既考虑了我国救援能力的有效救援高度，也考虑了老年人照料设施中大部分使用人员行为能力弱的特点。当前，我国消防救援能力的有效救援高度主要为32m和52m，这种状况短时间内难以改变。老年人照料设施中的大部分人员不仅在疏散时需要他人协助，而且随着建筑高度的增加，竖向疏散人数增加，人员疏散更加困难，疏散时间延长等，不利于确保老年人及时安全逃生。当确需建设建筑高度大于54m的建筑时，要在本规范规定的基础上采取更严格的针对性防火技术措施，按照国家有关规定经专项论证确定。

耐火等级低的建筑，其火灾蔓延至整座建筑较快，人员的有效疏散时间和火灾扑救时间短，而老年人行动又较迟缓，故要求此类建筑不应超过2层。

5.3.2 本条为强制性条文。建筑内连通上下楼层的开口破坏了防火分区的完整性，会导致火灾在多个区域和楼层蔓延发展。这样的开口主要有：自动扶梯、中庭、敞开楼梯等。中庭等共享空间，贯通数个楼层，甚至从首层直通到顶层，四周与建筑物各楼层的廊道、营业厅、展览厅或窗口直接连通；自动扶梯、敞开楼梯也是连通上下两层或数个楼层。火灾时，这些开口是火势竖向蔓延的主要通道，火势和烟气会从开口部位侵入上下楼层，对人员疏散和火灾控制带来困难。因此，应对这些相连通的空间采取可靠的防火分隔措施，以防止火灾通过连通空间迅速向上蔓延。

对于本规范允许采用敞开楼梯间的建筑，如5层或5层以下的教学建筑、普通办公建筑等，该敞开楼梯间可以不按上、下层相连通的开口考虑。

对于中庭，考虑到建筑内部形态多样，结合建筑功能需求和防火安全要求，本条对几种不同的防火分隔物提出了一些具体要求。在采取了能防止火灾和烟气蔓延的措施后，一般将中庭单独作为一个独立的防火单元。对于中庭部分的防火分隔物，推荐采用实体墙，有困难时可采用防火玻璃墙，但防火玻璃墙的耐火完整性和耐火隔热性要达到1.00h。当仅采用耐火完整性达到要求的防火玻璃墙时，要设置自动喷水灭火系统对防火玻璃进行保护。自动喷水灭火系统可采用闭式系统，也可采用冷却水幕系统。尽管规范未排除采取防火卷帘的方式，但考虑到防火卷帘在实际应用中存在可靠性不够高等问题，故规范对其耐火极限提出了更高要求。

本条同时要求有耐火完整性和耐火隔热性的防火玻璃墙，其耐火性能采用国家标准《镶玻璃构件耐火试验方法》GB/T 12513中对隔热性镶玻璃构件的试验方法和判定标准进行测定。只有耐火完整性要求的防火玻璃墙，其耐火性能可采用国家标准《镶玻璃构件耐火试验方法》GB/T 12513中对非隔热性镶玻璃构件的试验方法和判定标准进行测定。

设计时应注意，与中庭相通的过厅、通道等处应设置防火门，对于平时需保持开启状态的防火门，应设置自动释放装置使门在火灾时可自行关闭。

本条中，中庭与周围相连通空间的分隔方式，可以多样，部位也可以根据实际情况确定，但要确保能防止中庭周围空间的火灾和烟气通过中庭迅速蔓延。

5.3.3 防火分区之间的分隔是建筑内防止火灾在分区之间蔓延的关键防线，因此要采用防火墙进行分隔。如果因使用功能需要不能采用防火墙分隔时，可以采用防火卷帘、防火分隔水幕、防火玻璃或防火门进行分隔，但要认真研究其与防火墙的等效性。因此，要严格控制采用非防火墙进行分隔的开口大小。对此，加拿大建筑规范规定不应大于20m²。我国目前在建筑中大量采用大面积、大跨度的防火卷帘替代防火墙进行水平防火分隔的做法，存在较大消防安全隐患，需引起重视。有关采用防火卷帘进行分隔时的开口宽度要求，见本规范第6.5.3条。

5.3.4 本条为强制性条文。本条本身是根据现实情况对商店营业厅、展览建筑的展览厅的防火分区大小所作调整。

当营业厅、展览厅仅设置在多层建筑（包括与高层建筑主体采用防火墙分隔的裙房）的首层，其他楼层用于火灾危险性较营业厅或展览厅小的其他用途，或所在建筑本身为单层建筑时，考虑到人员安全疏散和灭火救援均具有较好的条件，且营业厅和展览厅需与其他功能区域划分为不同的防火分区，分开设置各自的疏散设施，将防火分区的建筑面积调整为10000m²。需要注意的是，这些场所的防火分区的面积尽管增大了，但疏散距离仍应满足本规范第5.5.17条的规定。

当营业厅、展览厅同时设置在多层建筑的首层及其他楼层时，考虑到涉及多个楼层的疏散和火灾蔓延危险，防火分区仍应按本规范第5.3.1条的规定确定。

当营业厅内设置餐饮场所时，防火分区的建筑面积需要按照民用建筑的其他功能的防火分区要求划分，并要与其他商业营业厅进行防火分隔。

本条规定了允许营业厅、展览厅防火分区可以扩大的条件，即设置自动灭火系统、火灾自动报警系统，采用不燃或难燃装修材料。该条件与本规范第8章的规定和国家标准《建筑内部装修设计防火规范》GB 50222有关降低装修材料燃烧性能的要求无关，即当按本条要求进行设计时，这些场所不仅要设置自动灭火系统和火灾自动报警系统，装修材料要求采用不燃或难燃材料，且不能低于《建筑内部装修设计防火规范》GB 50222的要求，而且不能再按照该规范的规定降低材料的燃烧性能。

5.3.5 本条为强制性条文。为最大限度地减少火灾的危害，并参照国外有关标准，结合我国商场内的人员密度和管理等多方面实际情况，对地下商店总建筑面积大于20000m²时，提出了比较严格的防火分区规定，以解决目前实际工程中存在地下商店规模越建越大，并大量采用防火卷帘作防火分隔，以致数万平方米的地下商店连成一片，不利于安全疏散和扑救的问题。本条所指的总建筑面积包括营业面积、储存面积及其他配套服务面积。

同时，考虑到使用的需要，可以采取规范提出的措施进行局部连通。当然，实际中不限于这些措施，也可采用其他等效方式。

5.3.6 本条确定的有顶棚的商业步行街，其主要特征为：零售、餐饮和娱乐等中小型商业设施或商铺通过有顶棚的步行街连接，步行街两端均有开放的出入口并具有良好的自然通风或排烟条件，步行街两侧均为建筑面积较小的商铺，一般不大于300m²。有顶棚的商业步行街与商业建筑内中庭的主要区别在于：步行街如果没有顶棚，则步行街两侧的建筑就成为相对独立的多座不同建筑，而中庭则不能。此外，步行街两侧的建筑不会因步行街上部设置了顶棚而明显增大火灾蔓延的危险，也不会导致火灾烟气在该空间内明显聚集。因此，其防火设计有别于建筑内的中庭。

为阻止步行街两侧商铺发生的火灾在步行街内沿水平方

向或竖直方向蔓延，预防步行街自身空间内发生火灾，确保步行街的顶棚在人员疏散过程中不会垮塌，本条参照两座相邻建筑的要求规定了步行街两侧建筑的耐火等级、两侧商铺之间的距离和商铺围护结构的耐火极限、步行街端部的开口宽度、步行街顶棚材料的燃烧性能以及防止火灾竖向蔓延的要求等。

规范要求步行街的端部各层要尽量不封闭；如需要封闭，则每层均要设置开口或窗口与外界直接连通，不能设置商铺或采用其他方式封闭。因此，要使在端部外墙上开设的门窗洞口的开口面积不小于这一楼层外墙面积的一半，确保其具有良好的自然通风条件。至于要求步行街的长度尽量控制在300m以内，主要为防止火灾一旦失控导致过火面积过大；另外，灭火救援时，消防人员必须进入建筑内，但火灾中的烟气大、能见度低，敷设水带距离长也不利于有效供水和消防人员安全进出，故控制这一长度有利于火灾扑救和保证救援人员安全。

与步行街相连的商业设施内一旦发生火灾，要采取措施尽量把火灾控制在着火房间内，限制火势向步行街蔓延。主要措施有：商业设施面向步行街一侧的墙体和门要具有一定的耐火极限，商业设施相互之间采用防火隔墙或防火墙分隔，设置火灾自动报警系统和自动喷水灭火系统。

本条规定的同时要求有耐火完整性和耐火隔热性的防火玻璃墙（包括门、窗），其耐火性能采用国家标准《镶玻璃构件耐火试验方法》GB/T 12513中对隔热性镶玻璃构件的试验方法和判定标准进行测定。只有耐火完整性要求的防火玻璃墙（包括门、窗），其耐火性能可采用国家标准《镶玻璃构件耐火试验方法》GB/T 12513中对非隔热性镶玻璃构件的试验方法和判定标准进行测定。

为确保室内步行街可以作为安全疏散区，该区域内的排烟十分重要。这首先要确保步行街各层楼板上的开口要尽量大，除设置必要的廊道和步行街两侧的连接天桥外，不可以设置其他设施或楼板。本规范总结实际工程建设情况，并为满足防止烟气在各层积聚蔓延的需要，确定了步行街上部各层楼板上的开口率不小于37%。此外，为确保排烟的可靠性，要求该步行街上部采用自然排烟方式进行排烟；为保证有效排烟，要在顶棚上设置的自然排烟设施，要尽量采用常开的排烟口，当采用平时需要关闭的常闭式排烟口时，既要设置能在火灾时与火灾自动报警系统联动自动开启的装置，还要设置能人工手动开启的装置。本条确定的自然排烟口的有效开口面积与本规范第6.4.12条的规定是一致的。当顶棚上采用自然排烟，而回廊区域采用机械排烟时，要合理设计排烟设施的控制顺序，以保证排烟效果。同时，要尽量加大步行街上部可开启的自然排烟口的面积，如高侧窗或自动开启排烟窗等。

尽管步行街满足规定条件时，步行街两侧商业设施内的人员可以通至步行街进行疏散，但步行街毕竟不是室外的安全区域。因此，比照位于两个安全出口之间的房间的疏散距离，并考虑步行街的空间高度相对较高的特点，规定了通过步行街到达室外安全区域的步行距离。同时，设计时要尽可能将两侧建筑中的安全出口设置在靠外墙部位，使人员不必经过步行街而直接疏散至室外。

5.4 平面布置

5.4.1 民用建筑的功能多样，往往有多种用途或功能的空间布置在同一座建筑内。不同使用功能空间的火灾危险性及人员疏散要求也各不相同，通常要按照本规范第1.0.4条的原则进行分隔；当相互间的火灾危险性差别较大时，各自的疏散设施也需尽量分开设置，如商业经营与居住部分。即使一座单一功能的建筑内也可能存在多种用途的场所，这些用途间的火灾危险性也可能各不一样。通过合理组合布置建筑内不同用途的房间以及疏散走道、疏散楼梯间等，可以将火灾危险性大的空间相对集中并方便划分为不同的防火分区，或将这样的空间布置在对建筑结构、人员疏散影响较小的部位等，以尽量降低火灾的危害。设计需结合本规范的防火要求、建筑的功能需要等因素，科学布置不同功能或用途的空间。

5.4.2 本条为强制性条文。民用建筑功能复杂，人员密集，如果内部布置生产车间及库房，一旦发生火灾，极易造成重大人员伤亡和财产损失。因此，本条规定不应在民用建筑内布置生产车间、库房。

民用建筑由于使用功能要求，可以布置部分附属库房。此类附属库房是指直接为民用建筑使用功能服务，在整座建筑中所占面积比例较小，且内部采取了一定防火分隔措施的库房，如建筑中的自用物品暂存库房、档案室和资料室等。

如在民用建筑中存放或销售易燃、易爆物品，发生火灾或爆炸时，后果较严重。因此，对存放或销售这些物品的建筑的设置位置要严格控制，一般要采用独立的单层建筑。本条主要规定这些用途的场所不应与其他用途的民用建筑合建，如设置在商业服务网点内、办公楼的下部等，不包括独立设置并经营、存放或使用此类物品的建筑。

5.4.3 本条为强制性条文。本条规定主要为保证人员疏散安全和便于火灾扑救。甲、乙类火灾危险性物品，极易燃烧、难以扑救，故严格规定营业厅、展览厅不得经营、展示，仓库不得储存此类物品。

5.4.4 本条第1～4款为强制性条款。

儿童的行为能力均较弱，需要其他人协助进行疏散，故将本条规定作为强制性条文。本条中有关布置楼层和安全出口或疏散楼梯的设置要求，均为便于火灾时快速疏散人员。

有关儿童活动场所的防火设计要求在我国现行行业标准《托儿所、幼儿园建筑设计规范》JGJ 39中也有部分规定。

本条规定中的"儿童活动场所"主要指设置在建筑内的儿童游乐厅、儿童乐园、儿童培训班、早教中心等类似用途的场所。这些场所与其他功能的场所混合建造时，不利于火灾时儿童疏散和灭火救援，应严格控制。托儿所、幼儿园或老年人活动场所等设置在高层建筑内时，一旦发生火灾，疏散更加困难，要进一步提高疏散的可靠性，避免与其他楼层和场所的疏散人员混合，故规范要求这些场所的安全出口和疏散楼梯要完全独立于其他场所，不与其他场所内的疏散人员共用，而仅供托儿所、幼儿园等的人员疏散用。

5.4.4A 新增条文。为有利于火灾时老年人的安全疏散，降低因多种不同功能的场所混合设置所增加的火灾危险，老年人照料设施要尽量独立建造。

与其他建筑组合建造时，不仅要求符合本规范第1.0.4条、第5.4.2条的规定，而且要相同功能集中布置。对于与其他建筑贴邻建造的老年人照料设施，因按独立建造的老年人照料设施考虑，因此要采用防火墙相互分隔，并要满足消防车道和救援场地的相关设置要求。对于与其他建筑上、下组合的老年人照料设施，除要按规定进行分隔外，对于新建和扩建建筑，应该有条件将安全出口全部独立设置；对于部分改建建筑，受建筑内上、下使用功能和平面布置等条件的限制时，要尽量将老年人照料设施部分的疏散楼梯或安全出口独立设置。

5.4.4B 新增条文。本条为强制性条文。本条老年人照料设施中的老年人公共活动用房指用于老年人集中休闲、娱乐、健身等用途的房间，如公共休息室、阅览或网络室、棋牌室、书画室、健身房、教室、公共餐厅等，老年人生活用房指用于老年人起居、住宿、洗漱等用途的房间，康复与医疗用房指用于老年人诊疗与护理、康复治疗等用途的房间或场所。

要求建筑面积大于 200m² 或使用人数大于 30 人的老年人公共活动用房设置在建筑的一、二、三层，可以方便聚集的人员在火灾时快速疏散，且不影响其他楼层的人员向地面进行疏散。

5.4.5 本条为强制性条文。病房楼内的大多数人员行为能力受限，比办公楼等公共建筑的火灾危险性高。根据近些年的医院火灾情况，在按照规范要求划分防火分区后，病房楼的每个防火分区还需结合护理单元根据面积大小和疏散路线做进一步的防火分隔，以便将火灾控制在更小的区域内，并有效地减小烟气的危害，为人员疏散与灭火救援提供更好的条件。

病房楼内每个护理单元的建筑面积，不同地区、不同类型的医院差别较大，一般每个护理单元的护理床位数为 40 床～60 床，建筑面积约 1200m²～1500m²，个别达 2000m²，包括护士站、重症监护室和活动间等。因此，本条要求按护理单元再做防火分隔，没有按建筑面积进行规定。

5.4.6 本条为强制性条文。学校、食堂、菜市场等建筑，均系人员密集场所，人员组成复杂，故建筑耐火等级较低时，其层数不宜过多，以利人员安全疏散。这些建筑原则上不应采用四级耐火等级的建筑，但我国地域广大，部分经济欠发达地区以及建筑面积小的此类建筑，允许采用四级耐火等级的单层建筑。

5.4.7 剧院、电影院和礼堂均为人员密集的场所，人群组成复杂，安全疏散需要重点考虑。当设置在其他建筑内时，考虑到这些场所在使用时，人员通常集中精力于观演或某件事情中，对周围火灾可能难以及时知情，在疏散时与其他场所的人员也可能混合。因此，要采用防火隔墙将这些场所与其他场所分隔，疏散楼梯尽量独立设置，不能完全独立设置时，也至少要保证一部疏散楼梯，仅供该场所使用，不与其他用途的场所或楼层共用。

5.4.8 在民用建筑内设置的会议厅（包括宴会厅）等人员密集的厅、室，有的在接近建筑的首层或较低的楼层，有的设在建筑的上部或顶层。设置在上部或顶层的，会给灭火救援和人员安全疏散带来很大困难。因此，本条规定会议厅等人员密集的厅、室尽可能布置在建筑的首层、二层或三层，使人员能在短时间内安全疏散完毕，尽量不与其他疏散人群交叉。

5.4.9 本条第 1、4、5、6 款为强制性条文。本规范所指歌舞娱乐放映游艺场所为歌厅、舞厅、录像厅、夜总会、卡拉 OK 厅和具有卡拉 OK 功能的餐厅或包房、各类游艺厅、桑拿浴室的休息室和具有桑拿服务功能的客房、网吧等场所，不包括电影院和剧场的观众厅。

本条中的"厅、室"，是指歌舞娱乐放映游艺场所中相互分隔的独立房间，如卡拉 OK 的每间包房、桑拿浴的每间按摩房或休息室，这些房间是独立的防火分隔单元，即需采用耐火极限不低于 2.00h 的墙体和 1.00h 的楼板与其他单元或场所分隔，疏散门为耐火极限不低于乙级的防火门。单元之间或与其他场所之间的分隔构件上无任何门窗洞口，每个厅室的最大建筑面积限定为 200m²，即使设置自动喷水灭火系统，面积也不能增加，以便将火灾限制在该房间内。

当前，有些采用上述分隔方式将多个小面积房间组合在一起且建筑面积小于 200m²，并看作一个厅室的做法，不符合本条规定的要求。

5.4.10 本条第 1、2 款为强制性条文。本条规定为防止其他部分的火灾和烟气蔓延至住宅部分。

住宅建筑的火灾危险性与其他功能的建筑有较大差别，一般需独立建造。当将住宅与其他功能场所空间组合在同一座建筑内时，需在水平与竖向采取防火分隔措施与住宅部分分隔，并使各自的疏散设施相互独立，互不连通。在水平方向，一般应采用无门窗洞口的防火墙分隔；在竖向，一般采用楼板分隔并在建筑立面开口位置的上下楼层分隔处采用防火挑檐、窗间墙等防止火灾蔓延。

防火挑檐是防止火灾通过建筑外部在建筑的上、下层间蔓延的构造，需要满足一定的耐火性能要求。有关建筑的防火挑檐和上下层窗间墙的要求，见本规范第 6.2.5 条。

本条中的"建筑的总高度"，为建筑中住宅部分与住宅外的其他使用功能部分组合后的最大高度。"各自的建筑高度"，对于建筑中其他使用功能部分，其高度为室外设计地面至其最上一层顶板或屋面面层的高度；住宅部分的高度为可供住宅部分的人员疏散和满足消防车停靠与灭火救援的室外设计地面（包括屋面、平台）至住宅部分屋面面层的高度。有关建筑高度的具体计算方法见本规范的附录 A。

本条第 3 款确定的设计原则为：住宅部分的安全疏散楼梯、安全出口和疏散门的布置与设置要求，室内消火栓系统、火灾自动报警系统等的设置，可以根据住宅部分的建筑高度，按照本规范有关住宅建筑的要求确定，但住宅部分疏散楼梯间内防烟与排烟系统的设置应根据该建筑的总高度确定；非住宅部分的安全疏散楼梯、安全出口和疏散门的布置与设置要求，防火分区划分，室内消火栓系统、自动灭火系统、火灾自动报警系统和防排烟系统等的设置，可以根据非住宅部分的建筑高度，按照本规范有关公共建筑的要求确定；该建筑与邻近建筑的防火间距、消防车道和救援场地的布置，室外消防给水系统设置，室外消防用水量计算，消防电源的负荷等级确定等，需要根据该建筑的总高度和本规范第 5.1.1 条有关建筑的分类要求，按照公共建筑的要求确定。

5.4.11 本条为强制性条文。本条结合商业服务网点的火灾危险性，确定了设置商业服务网点的住宅建筑中各自部分的防火要求，有关防火分隔的做法参见第 5.4.10 条的说明。设有商业服务网点的住宅建筑仍可按住宅建筑定性来进行防火设计，住宅部分的设计要求要根据该建筑的总高度来确定。

对于单层的商业服务网点，当建筑面积大于 200m² 时，需设置 2 个安全出口。对于 2 层的商业服务网点，当首层的建筑面积大于 200m² 时，首层需设置 2 个安全出口，二层可通过 1 部楼梯到达首层。当二层的建筑面积大于 200m² 时，二层需设置 2 部楼梯，首层需设置 2 个安全出口；当二层设置 1 部楼梯时，二层需增设 1 个通向公共疏散走道的疏散门且疏散走道可通过公共楼梯到达室外，首层可设置 1 个安全出口。

商业服务网点每个分隔单元的建筑面积不大于 300m²，为避免进深过大，不利于人员安全疏散，本条规定了单元内的疏散距离，如对于一、二级耐火等级的情况，单元内的疏散距离不大于 22m。当商业服务网点为 2 层时，该疏散距离为二层任一点到达室内楼梯，经楼梯到达首层，然后到室外的距离之和，其中室内楼梯的距离按其水平投影长度的 1.50 倍计算。

5.4.12 本条为强制性条文。本条规定了民用燃油、燃气锅炉房，油浸变压器室，充有可燃油的高压电容器，多油开关等的平面布置要求。

（1）我国目前生产的锅炉，其工作压力较高（一般为 1kg/cm²～13kg/cm²），蒸发量较大（1t/h～30t/h），如安全保护设备失灵或操作不慎等原因都有导致发生爆炸的可能，特别是燃油、燃气的锅炉，容易发生燃烧爆炸，设计要尽量单独设置。

由于建筑所需锅炉的蒸发量越来越大，而锅炉在运行过程中又存在较大火灾危险，发生火灾后的危害也较大，因而应严格控制。对此，原国家劳动部制定的《蒸汽锅炉安全技术监察规程》和《热水锅炉安全技术监察规程》对锅炉的蒸发量和蒸汽压力规定：设在多层或高层建筑的半地下室或首层的锅炉房，每台蒸汽锅炉的额定蒸发量必须小于 10t/h,额定蒸汽压力必须小于 1.6MPa;设在多层或高层建筑的地下室、中间楼层或顶层的锅炉房,每台蒸汽锅炉的额定蒸发量不应大于 4t/h,额定蒸汽压力不应大于 1.6MPa,必须采用油或气体做燃料或电加热的锅炉;设在多层或高层建筑的地下室、半地下室、首层或顶层的锅炉房,热水锅炉的额定出口热水温度不应大于 95℃并有超温报警装置,用时必须装设可靠的点火程序控制和熄火保护装置。在现行国家标准《锅炉房设计规范》GB 50041 中也有较详细的规定。

充有可燃油的高压电容器、多油开关等,具有较大的火灾危险性,但干式或其他无可燃液体的变压器火灾危险性小,不易发生爆炸,故本条文未作限制。但干式变压器工作时易升温,温度升高易着火,故应在专用房间内做好室内通风排烟,并应有可靠的降温散热措施。

(2)燃油、燃气锅炉房、油浸变压器室,充有可燃油的高压电容器、多油开关等受条件限制不得不布置在其他建筑内时,需采取相应的防火安全措施。锅炉具有爆炸危险,不允许设置在居住建筑和公共建筑中人员密集场所的上面、下面或相邻。

目前,多数手烧锅炉已被快装锅炉代替,并且逐步被燃气锅炉替代。在实际中,快装锅炉的火灾后果更严重,不应布置在地下室、半地下室等对建筑危害严重且不易扑救的部位。对于燃气锅炉,由于燃气的火灾危险性大,为防止燃气积聚在室内而产生火灾及爆炸隐患,故规定相对密度(与空气密度的比值)大于或等于 0.75 的燃气不得设置在地下及半地下建筑(室)内。

油浸变压器由于存有大量可燃油品,发生故障产生电弧时,将使变压器内的绝缘油迅速发生热分解,析出氢气、甲烷、乙烯等可燃气体,压力骤增,造成外壳爆裂而大量喷油,或者析出的可燃气体与空气混合形成爆炸性混合物,在电弧或火花的作用下极易引起燃烧爆炸。变压器爆炸后,火势将随高温变压器油的流淌而蔓延,容易形成大范围的火灾。

(3)本条第 8 款规定了锅炉、变压器、电容器和多油开关等房间设置灭火设施的要求,对于容量大、规模大的多层建筑以及高层建筑,需设置自动灭火系统。对于按照规范要求设置自动喷水灭火系统的建筑,建筑内设置的燃油、燃气锅炉房等房间也要相应地设置自动喷水灭火系统。对于未设置自动喷水灭火系统的建筑,可以设置推车式 ABC 干粉灭火器或气体灭火器,如规模较大,则可设置水喷雾、细水雾或气体灭火系统等。

本条中的"直通室外",是指疏散门不经过其他用途的房间或空间直接开向室外或疏散门靠近室外出口,只经过一条距离较短的疏散走道直接到达室外。

(4)本条中的"人员密集场所",既包括我国《消防法》定义的人员密集场所,也包括会议厅等人员密集的场所。

5.4.13 本条第 2、3、4、5、6 款为强制性条文。柴油发电机是建筑内的备用电源,柴油发电机房需要具有较高的防火性能,使之能在应急情况下保证发电。同时,柴油发电机本身及其储油设施也具有一定的火灾危险性。因此,应将柴油发电机房与其他部位进行良好的防火分隔,还要设置必要的灭火和报警设施。对于柴油发电机房内的灭火设施,应根据发电机组的大小、数量、用途等实际情况确定,有关灭火设施选型参见第 5.4.12 条的说明。

柴油储油间和室外储油罐的进出油路管道的防火设计应符合本规范第 5.4.14 条、第 5.4.15 条的规定。由于部分柴油的闪点可能低于 60℃,因此,需要设置在建筑内的柴油设备或柴油储罐,柴油的闪点不应低于 60℃。

5.4.14 目前,民用建筑中使用柴油等可燃液体的用量越来越大,且设置此类燃料的锅炉、直燃机、发电机的建筑也越来越多。因此,有必要在规范中予以明确。为满足使用需要,规定允许储存量小于或等于 15m³ 的储罐靠建筑外墙就近布置。否则,应按照本规范第 4.2 节的有关规定进行设计。

5.4.15 本条第 1、2 款为强制性条文。建筑内的可燃液体、可燃气体发生火灾时应首先切断其燃料供给,才能有效防止火势扩大,控制油品流散和可燃气体扩散。

5.4.16 鉴于可燃气体的火灾危险性大和高层建筑运输不便,运输中也会导致危险因素增加,如用电梯运输气瓶,一旦可燃气体漏入电梯井,容易发生爆炸等事故,故要求高层民用建筑内使用可燃气体作燃料的部位,应采用管道集中供气。

燃气灶、开水器等燃气设备或其他使用可燃气体的房间,当设备管道损坏或操作有误时,往往漏出大量可燃气体,达到爆炸浓度时,遇到明火就会引起燃烧爆炸,为了便于泄压和降低爆炸对建筑其他部位的影响,这些房间宜靠外墙设置。

燃气供给管道的敷设及应急切断阀的设置,在国家标准《城镇燃气设计规范》GB 50028 中已有规定,设计应执行该规范的要求。

5.4.17 本条第 1、2、3、4、5 款为强制性条文。本条规定主要针对建筑或单位自用,如宾馆、饭店等建筑设置的集中瓶装液化石油气储瓶间,其容量一般在 10 瓶以上,有的达 30 瓶~40 瓶(50kg/瓶)。本条是在总结各地实践经验和参考国外资料、规定的基础上,与现行国家标准《城镇燃气设计规范》GB 50028 协商后确定的。对于本条未规定的其他要求,应符合现行国家标准《城镇燃气设计规范》GB 50028 的规定。

在总出气管上设置紧急事故自动切断阀,有利于防止发生更大的事故。在液化石油气储瓶间内设置可燃气体浓度报警装置,采用防爆型电器,可有效预防因接头或阀门密封不严漏气而发生爆炸。

5.5 安全疏散和避难

I 一般要求

5.5.1 建筑的安全疏散和避难设施主要包括疏散门、疏散走道、安全出口或疏散楼梯(包括室外楼梯)、避难走道、避难间或避难层、疏散指示标志和应急照明,有时还要考虑疏散诱导广播等。

安全出口和疏散门的位置、数量、宽度,疏散楼梯的形式和疏散距离,避难区域的防火保护措施,对于满足人员安全疏散至关重要。而这些与建筑的高度、楼层或一个防火分区、房间的大小及内部布置、室内空间高度和可燃物的数量、类型等关系密切。设计时应区别对待,充分考虑区域内使用人员的特性,结合上述因素合理确定相应的疏散和避难设施,为人员疏散和避难提供安全的条件。

5.5.2 对于安全出口和疏散门的布置,一般要使人员在建筑着火后能有多个不同方向的疏散路线可供选择和疏散,要尽量将疏散出口均匀分散布置在平面上的不同方位。如果两个疏散出口之间距离太近,在火灾中实际上只能起到 1 个出口的作用,因此,国外有关标准还规定同一房间最近 2 个疏散出口与室内最远点的夹角不应小于 45°。这在工程设计时要注意把握。对于面积较小的房间或防火分区,符合一定条件时,可以设置 1 个出口,有关要求见本规范第 5.5.8 条和 5.5.15 条等条文的规定。

相邻出口的间距是根据我国实际情况并参考国外有关标

准确定的。目前，在一些建筑设计中存在安全出口不合理的现象，降低了火灾时出口的有效疏散能力。英国、新加坡、澳大利亚等国家的建筑规范对相邻出口的间距均有较严格的规定。如法国《公共建筑物安全防火规范》规定：2个疏散门之间相距不应小于5m；澳大利亚《澳大利亚建筑规范》规定：公众聚集场所内2个疏散门之间的距离不应小于9m。

5.5.3 将建筑的疏散楼梯通至屋顶，可使人员多一条疏散路径，有利于人员及时避难和逃生。因此，有条件时，如屋面为平屋面或具有连通相邻两楼梯间的屋面通道，均要尽量将楼梯间通至屋面。楼梯间通屋面的门要易于开启，同时门也要向外开启，以利于人员的安全疏散。特别是住宅建筑，当只有1部疏散楼梯时，如楼梯间未通至屋面，人员在火灾时一般就只有竖向一个方向的疏散路径，这会对人员的疏散安全造成较大危害。

5.5.4 本条规定要求在计算民用建筑的安全出口数量和疏散宽度时，不能将建筑中设置的自动扶梯和电梯的数量和宽度计算在内。

建筑内的自动扶梯处于敞开空间，火灾时容易受到烟气的侵袭，且梯段坡度和踏步高度与疏散楼梯的要求有较大差异，难以满足人员安全疏散的需要，故设计不能考虑其疏散能力。对此，美国《生命安全规范》NFPA 101也规定：自动扶梯与自动人行道不应视作规范中规定的安全疏散通道。

对于普通电梯，火灾时动力将被切断，且普通电梯不防烟、不防火、不防水，若火灾时作为人员的安全疏散设施是不安全的。世界上大多数国家，在电梯的警示牌中几乎都规定电梯在火灾情况下不能使用，火灾时人员疏散只能使用楼梯，电梯不能用作疏散设施。另外，从国内外已有的研究成果看，利用电梯进行应急疏散是一个十分复杂的问题，不仅涉及建筑和设备本身的设计问题，而且涉及火灾时的应急管理和电梯的安全使用问题，不同应用场所之间有很大差异，必须分别进行专门考虑和处理。

消防电梯在火灾时如供人员疏散使用，需要配套多种管理措施，目前只能由专业消防救援人员控制使用，且一旦进入应急控制程序，电梯的楼层呼唤按钮将不起作用，因此消防电梯也不能计入建筑的安全出口。

5.5.5 本条是对地下、半地下建筑或建筑内的地下、半地下室可设置一个安全出口或疏散门的通用条文。除本条规定外的其他情况，地下、半地下建筑或地下、半地下室的安全出口或疏散楼梯、其中一个防火分区的安全出口以及一个房间的疏散门，均不应少于2个。

考虑到设置在地下、半地下的设备间使用人员较少，平常只有检修、巡查人员，因此本条规定，当其建筑面积不大于200m²时，可设置1个安全出口或疏散门。

5.5.6 受用地限制，在建筑内布置汽车库的情况越来越普遍，但设置在汽车库内与建筑其他部分相连通的电梯、楼梯间等竖井也为火灾和烟气的竖向蔓延提供了条件。因此，需采取设置带防火门的电梯候梯厅、封闭楼梯间或防烟楼梯间等措施将汽车库与楼梯间和电梯竖井进行分隔，以阻止火灾和烟气蔓延。对于地下部分疏散楼梯间的形式，本规范第6.4.4条已有规定，但设置在建筑的地上或地下汽车库内、与其他部分相通且不用作疏散用的楼梯间，也要按照防止火灾上下蔓延的要求，采用封闭楼梯间或防烟楼梯间。

5.5.7 本条规定的防护挑檐，主要为防止建筑上部坠落物对人体产生伤害，保护从首层出口疏散出来的人员安全。防护挑檐可利用防火挑檐，与防火挑檐不同的是，防护挑檐只需满足人员在疏散和灭火救援过程中的人身防护要求，一般设置在建筑首层出入口门的上方，不需具备与防火挑檐一样的耐火性能。

Ⅱ　公 共 建 筑

5.5.8 本条为强制性条文。本条规定了公共建筑设置安全出口的基本要求，包括地下建筑和半地下建筑或建筑的地下室。

由于在实际执行规范时，普遍认为安全出口和疏散门不易分清楚。为此，本规范在不同条文作了区分。疏散门是房间直接通向疏散走道的房门、直接开向疏散楼梯间的门（如住宅的户门）或室外的门，不包括套间内的隔间门或住宅套内的房间门；安全出口是直接通向室外的房门或直接通向室外疏散楼梯、室内的疏散楼梯间及其他安全区的出口，是疏散门的一个特例。

本条中的医疗建筑不包括无治疗功能的休养性质的疗养院，这类疗养院要按照旅馆建筑的要求确定。

根据原规范在执行过程中的反馈意见，此次修订将可设置一部疏散楼梯的公共建筑的每层最大建筑面积和第二、三层的人数之和，比照可设置一个安全出口的单层建筑和可设置一个疏散门的房间的条件进行了调整。

5.5.9 本条规定了建筑内的防火分区利用相邻防火分区进行疏散时的基本要求。

（1）建筑内划分防火分区后，提高了建筑的防火性能。当其中一个防火分区发生火灾时，不致快速蔓延至更大的区域，使得非着火的防火分区在某种程度上能起到临时安全区的作用。因此，当人员需要通过相邻防火分区疏散时，相邻两个防火分区之间要严格采用防火墙分隔，不能采用防火卷帘、防火分隔水幕等措施替代。

（2）本条要求是针对某一楼层中少数防火分区内的部分安全出口，因平面布置受限不能直接通向室外的情形。某一楼层内个别防火分区直通室外的安全出口的疏散宽度不足或其中局部区域的安全疏散距离过长时，可将通向相邻防火分区的甲级防火门作为安全出口，但不能大于该防火分区所需总疏散净宽度的30%。显然，当人员从着火区进入非着火的防火分区后，将会增加该区域的人员疏散时间，因此，设计除需保证相邻防火分区的疏散宽度符合规范要求外，还需要增加该防火分区的疏散宽度以满足增加人员的安全疏散需要，使整个楼层的总疏散宽度不减少。

此外，为保证安全出口的布置和疏散宽度的分布更加合理，规定了一定面积的防火分区最少应具备的直通室外的安全出口数量。计算时，不能将利用通向相邻防火分区的安全出口宽度计算在楼层的总疏散宽度内。

（3）考虑到三、四级耐火等级的建筑，不仅建筑规模小、建筑耐火性能低，而且火灾蔓延更快，故本规范不允许三、四级耐火等级的建筑借用相邻防火分区进行疏散。

5.5.10 本条规定是对于楼层面积比较小的高层公共建筑，在难以按本规范要求间隔5m设置2个安全出口时的变通措施。本条规定房间疏散门到安全出口的距离小于10m，主要为限制楼层的面积。

由于剪刀楼梯是垂直方向的两个疏散通道，两梯段之间如没有隔墙，则两条通道处在同一空间内。如果其中一个楼梯间进烟，会使这两个楼梯间的安全都受到影响。为此，不同楼梯之间应设置分隔墙，且分别设置前室，使之成为各自独立的空间。

5.5.11 本条规定是参照公共建筑设置一个疏散楼梯的条件确定的。据调查，有些办公、教学或科研等公共建筑，往往要在屋顶部分局部高出1层～2层，用作会议室、报告厅等。

5.5.12 本条为强制性条文。本规定是要保障人员疏散的安全，使疏散楼梯能在火灾时防火，不积聚烟气。高层建筑中的疏散楼梯如果不能可靠封闭，火灾时存在烟囱效应，使烟气在短时间里就经过楼梯向上部扩散，并蔓延至整幢建筑物，威胁疏散人员的安全。随着烟气的流动也大大地加快了火势的蔓延。因此，高层建筑内疏散楼梯间的安全性要求较多层建筑高。

5.5.13 本条为强制性条文。对于多层建筑，在我国华东、华南和西南部分地区，采用敞开式外廊的集体宿舍、教学、办公等建筑，其中与敞开式外廊相连通的楼梯间，由于具有较好的防止烟气进入的条件，可以不设置封闭楼梯间。

本条规定需要设置封闭楼梯间的建筑，无论其楼层面积多大均要考虑采用封闭楼梯间，而与该建筑通过楼梯间连通的楼层的总建筑面积是否大于一个防火分区的最大允许建筑面积无关。

对应设置封闭楼梯间的建筑，其底层楼梯间可以适当扩大封闭范围。所谓扩大封闭楼梯间，就是将楼梯间的封闭范围扩大，如图5所示。因为一般公共建筑首层入口处的楼梯往往比较宽大开敞，而且和门厅的空间合为一体，使得楼梯间的封闭范围变大。对于不需采用封闭楼梯间的公共建筑，其首层门厅内的主楼梯如不计入疏散设计需要总宽度之内，可不设置楼梯间。

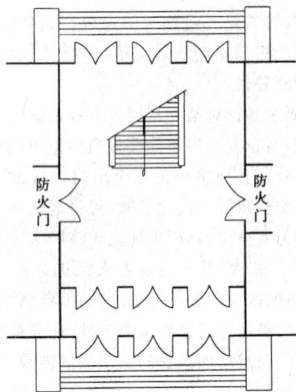

图5 扩大封闭楼梯间示意图

由于剧场、电影院、礼堂、体育馆属于人员密集场所，楼梯间的人流量较大，使用者大都不熟悉内部环境，且这类建筑多为单层，因此规定中未规定剧场、电影院、礼堂、体育馆的室内疏散楼梯应采用封闭楼梯间。但当这些场所与其他功能空间组合在同一座建筑内时，则其疏散楼梯的设置形式应按其中要求最高者确定，或按该建筑的主要功能确定。如电影院设置在多层商店建筑内，则需要按多层商店建筑的要求设置封闭楼梯间。

本条第1、3款中的"类似使用功能的建筑"是指设置有本款前述用途场所的建筑或建筑的使用功能与前述建筑或场所类似。

5.5.13A 新增条文。疏散楼梯或疏散楼梯间与敞开式外廊相连通，具有较好的防止烟气进入的条件，有利于老年人的安全疏散。封闭楼梯间或防烟楼梯间可为人员疏散提供较安全的疏散环境，有更长的时间可供老年人安全疏散。老年人照料设施要尽量设置与疏散或避难场所直接连通的室外走廊，为老年人在火灾时提供更多的安全疏散路径。对于需要封闭的外走廊，则要具备在火灾时可以与火灾报警系统或其他方式联动自动开启外窗的功能。

当老年人照料设施设置在其他建筑内或与其他建筑组合建造时，本条中"建筑高度大于24m的老年人照料设施"，包括老年人照料设施部分的全部或部分楼层的楼地面距离该建筑室外设计地面大于24m的老年人照料设施。

建筑高度的增加会显著影响老年人照料设施内人员的疏散和外部的消防救援，对于建筑高度大于32m的老年人照料设施，要求在室内疏散走道满足人员安全疏散要求的情况下，在外墙部位再增设能连通老年人居室和公共活动场所的连廊，以提供更好的疏散、救援条件。

5.5.14 建筑内的客货电梯一般不具备防烟、防火、防水性能，电梯井在火灾时可能会成为加速火势蔓延扩大的通道，而营业厅、展览厅、多功能厅等场所是人员密集、可燃物较多的空间，火势蔓延、烟气填充速度较快。因此，应尽量避免将电梯井直接设置在这些空间内，要尽量设置电梯间或设置在公共走道内，并设置候梯厅，以减小火灾和烟气的影响。

5.5.15 本条为强制性条文。疏散门的设置原则与安全出口的设置原则基本一致，但由于房间大小与防火分区的大小差别较大，因而具体的设置要求有所区别。

本条第1款规定可设置1个疏散门的房间的建筑面积，是根据托儿所、幼儿园的活动室和中小学校的教室的面积要求确定的。袋形走道，是只有一个疏散方向的走道，因而位于袋形走道两侧的房间，不利于人员的安全疏散，但与位于走道尽端的房间仍有所区别。

对于歌舞娱乐放映游艺场所，无论位于袋形走道或两个安全出口之间还是位于走道尽端，不符合本条规定条件的房间均需设置2个及以上的疏散门。对于托儿所、幼儿园、老年人照料设施、医疗建筑、教学建筑内位于走道尽端的房间，需要设置2个及以上的疏散门；当不能满足此要求时，不能将此类用途的房间布置在走道的尽端。

5.5.16 本条第1款为强制性条款。

本条有关疏散门数量的规定，是以人员从一、二级耐火等级建筑的观众厅疏散出去的时间不大于2min，从三级耐火等级建筑的观众厅疏散出去的时间不大于1.5min为原则确定的。根据这一原则，规范规定了每个疏散门的疏散人数。据调查，剧场、电影院等观众厅的疏散门宽度多在1.65m以上，即可通过3股疏散人流。这样，一座容纳人数不大于2000人的剧场或电影院，如果池座和楼座的每股人流通过能力按40人/min计算（池座平坡地面按43人/min，楼座阶梯地面按37人/min），则250人需要的疏散时间为$250/(3×40)=2.08$(min)，与规定的控制疏散时间基本吻合。同理，如果剧场或电影院的容纳人数大于2000人，则大于2000人的部分，每个疏散门的平均人数按不大于400人考虑。这样，对于整个观众厅，每个疏散门的平均疏散人数就会大于250人，此时如果按照疏散门的通行能力，计算出的疏散时间超过2min，则要增加每个疏散门的宽度。在这里，设计仍要注意掌握和合理确定每个疏散门的人流通行股数和控制疏散时间的协调关系。如一座容纳人数为2400人的剧场，按规定需要的疏散门数量为：$2000/250+400/400=9$(个)，则每个疏散门的平均疏散人数为：$2400/9≈267$(人)，按2min控制疏散时间计算出每个疏散门所需通过的人流股数为：$267/(2×40)≈3.3$(股)。此时，一般宜按4股通行能力来考虑设计疏散门的宽度，即采用$4×0.55=2.2$(m)较为合适。

实际工程设计可根据每个疏散门平均负担的疏散人数，按上述办法对每个疏散门的宽度进行必要的校核和调整。

体育馆建筑的耐火等级均为一、二级，观众厅内人员的疏散时间依据不同容量按 3min~4min 控制,观众厅每个疏散门的平均疏散人数要求一般不能大于 400 人~700 人。如一座一、二级耐火等级、容量为 8600 人的体育馆,如果观众厅设计 14 个疏散门,则每个疏散门的平均疏散人数为 8600/14≈614(人)。假设每个疏散门的宽度为 2.2m(即 4 股人流所需宽度),则通过每个疏散门需要的疏散时间为 614/(4×37)≈4.15(min),大于 3.5min,不符合规范要求。因此,应考虑增加疏散门的数量或加大疏散门的宽度。如果采取增加出口的数量的办法,将疏散门增加到 18 个,则每个疏散门的平均疏散人数为 8600/18≈478(人)。通过每个疏散门需要的疏散时间则缩短为 478/(4×37)≈3.23(min),不大于 3.5min,符合要求。

体育馆的疏散设计,要注意将观众厅疏散门的数量与观众席位的连续排数和每排的连续座位数联系起来综合考虑。如图 6 所示,一个观众席位区,观众通过两侧的 2 个出口进行疏散,其中共有可供 4 股人流通行的疏散走道。若规定出观众厅的疏散时间为 3.5min,则该席位区最多容纳的观众席位数为 4×37×3.5=518(人)。在这种情况下,疏散门的宽度就不应小于 2.2m;而观众席位区的连续排数如定为 20 排,则每一排的连续座位就不宜大于 518/20≈26(个)。如果一定要增加连续座位数,就必须相应加大疏散走道和疏散门的宽度。否则,就会违反"来去相等"的设计原则。

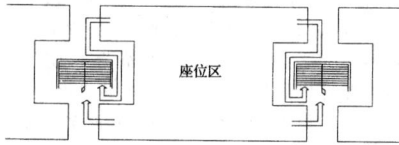

图 6 席位区示意图

体育馆的室内空间体积比较大,火灾时的火场温度上升速度和烟雾浓度增加速度,要比剧场、电影院、礼堂等的观众厅内的发展速度慢。因此,可供人员安全疏散的时间也较长。此外,体育馆观众厅内部装修用的可燃材料较剧场、电影院、礼堂的观众厅少,其火灾危险性也较这些场所小。但体育馆观众厅内的容纳人数较剧场、电影院、礼堂的观众厅要多很多,往往是后者的几倍,甚至十几倍。在疏散设计上,由于受座位排列和走道布置等技术和经济因素的制约,使得体育馆观众厅每个疏散门平均负担的疏散人数要比剧场和电影院的多。此外,体育馆观众厅的面积比较大,观众厅内最远处的座位至最近疏散门的距离,一般也都比剧场、电影院的要大。体育馆观众厅的地面形式多为阶梯地面,导致人员行走速度也较慢,这些必然会增加人员所需的安全疏散时间。因此,体育馆如果按剧场、电影院、礼堂的规定进行设计,困难会比较大,并且容纳人数越多,规模越大越困难,这在本规范确定相应的疏散设计要求时,作了区别。其他防火要求还应符合国家现行行业标准《体育建筑设计规范》JGJ 31 的规定。

5.5.17 本条为强制性条文。本条规定了公共建筑内安全疏散距离的基本要求。安全疏散距离是控制安全疏散设计的基本要素,疏散距离越短,人员的疏散过程越安全。该距离的确定既要考虑人员疏散的安全,也要兼顾建筑功能和平面布置的要求,对不同火灾危险性场所和不同耐火等级建筑有所区别。

(1)建筑的外廊敞开时,其通风排烟、采光、降温等方面的情况较好,对安全疏散有利。本条表 5.5.17 注 1 对设有敞开式外廊的建筑的有关疏散距离要求作了调整。

注 3 考虑到设置自动喷水灭火系统的建筑,其安全性能有所提高,也对这些建筑或场所内的疏散距离作了调整,可按规定增加 25%。

本表的注是针对各种情况对表中规定值的调整,对于一座全部设置自动喷水灭火系统的建筑,且符合注 1 或注 2 的要求时,其疏散距离是按照注 3 的规定增加后,再进行增减。如一设有敞开式外廊的多层办公楼,当未设置自动喷水灭火系统时,其位于两个安全出口之间的房间疏散门至最近安全出口的疏散距离为 40+5=45(m);当设有自动喷水灭火系统时,该疏散距离可为 40×(1+25%)+5=55(m)。

(2)对于建筑首层为火灾危险性小的大厅,该大厅与周围办公、辅助商业等其他区域进行了防火分隔时,可以在首层将该大厅扩大为楼梯间的一部分。考虑到建筑层数不大于 4 层的建筑内部垂直疏散距离相对较短,当楼层数不大于 4 层时,楼梯间到达首层后可通过 15m 的疏散走道到达直通室外的安全出口。

(3)有关建筑内观众厅、营业厅、展览厅等的内部最大疏散距离要求,参照了国外有关标准规定,并考虑了我国的实际情况。如美国相关建筑规范规定,在集会场所的大空间中从房间最远点至安全出口的步行距离为 61m,设置自动喷水灭火系统后可增加 25%。英国建筑规范规定,在开敞办公室、商店和商业用房中,如有多个疏散方向时,从最远点至安全出口的直线距离不应大于 30m,直线行走距离不应大于 45m。我国台湾地区的建筑技术规则规定:戏院、电影院、演艺场、歌厅、集会堂、观览场以及其他类似用途的建筑物,自楼面居室之任一点至楼梯口之步行距离不应大于 30m。

本条中的"观众厅、展览厅、多功能厅、餐厅、营业厅等"场所,包括开敞式办公区、会议报告厅、宴会厅、观演建筑的序厅、体育建筑的入场等候与休息厅等,不包括用作舞厅和娱乐场所的多功能厅。

本条第 4 款中有关设置自动灭火系统的疏散距离,当需采用疏散走道连接营业厅等场所的安全出口时,可以按室内最远点至最近疏散门的距离、该疏散走道的长度分别增加 25%。条文中的"该场所"包括连接的疏散走道。如:当某营业厅需采用疏散走道连接到安全出口,且该疏散走道的长度为 10m 时,该场所内任一点至最近安全出口的疏散距离可为 30×(1+25%)+10×(1+25%)=50(m),即营业厅内任一点至其最近出口的距离可为 37.5m,连接走道的长度可以为 12.5m,但不可以将连接走道上增加的长度用到营业厅内。

5.5.18 本条为强制性条文。本条根据人员疏散的基本需要,确定了民用建筑中疏散门、安全出口与疏散走道和疏散楼梯的最小净宽度。按本规范其他条文规定计算出的总疏散宽度,在确定不同位置的门洞宽度或梯段宽度时,需要仔细分配其宽度并根据通过的人流股数进行校核和调整,尽量均匀设置并满足本条的要求。

设计应注意门宽与走道、楼梯宽度的匹配。一般,走道的宽度均较宽,因此,当以门宽为计算宽度时,楼梯的宽度不应小于门的宽度;当以楼梯的宽度为计算宽度时,门的宽度不应小于楼梯的宽度。此外,下层的楼梯或门的宽度不应小于上层的宽度;对于地下、半地下,则上层的楼梯或门的宽度不应小于下层的宽度。

5.5.19 观众厅等人员比较集中且数量多的场所,疏散时在门口附近往往会发生拥堵现象,如果设计采用带门槛的疏散门等,紧急情况下人流往外拥挤时很容易被绊倒,影响人员安全疏散,甚至造成伤亡。本条中"人员密集的公共场所"主要指营业厅、观众厅、礼堂、电影院、剧院和体育场馆的观众厅,公共娱乐场所中出入大厅、舞厅、候机(车、船)厅及医院的门诊大厅等面积较大、同一时间聚集人数较多的场所。本条规定的疏散门为进出上述这些场所的门,包括直接对外的安全出口或通向楼梯间的门。

本条规定的紧靠门口内外各 1.40m 范围内不应设置踏步,主要指正对门的内外 1.40m 范围,门两侧 1.40m 范围内尽量不要设置台阶,对于剧场、电影院等的观众厅,尽量采用坡道。

人员密集的公共场所的室外疏散小巷,主要针对礼堂、体育馆、电影院、剧场、学校教学楼、大中型商场等同一时间有大量人员需要疏散的建筑或场所。一旦大量人员离开建筑物后,如没有一个较开阔的地带,人员还是不能尽快疏散,可能会导致后续人流更加集中和恐慌而发生意外。因此,规定该小巷的宽度不应小于 3.00m,但这是规定的最小宽度,设计要因地制宜地,尽量加大。为保证人流快速疏散、不发生阻滞现象,该疏散小巷应直接通向更宽阔的地带。对于那些主要出入口临街的剧场、电影院和体育馆等公共建筑,其主体建筑应后退红线一定的距离,以保证有较大的疏散缓冲及消防救援场地。

5.5.20 为便于人员快速疏散,不会在走道上发生拥挤,本条规定了剧场、电影院、礼堂、体育馆等观众厅内座位的布置和疏散通道、疏散门的布置基本要求。

(1)关于剧场、电影院、礼堂、体育馆等观众厅内疏散走道及座位的布置。

观众厅内疏散走道的宽度按疏散 1 股人流需要 0.55m 考虑,同时并排行走 2 股人流需要 1.1m 的宽度,但观众厅内座椅的高度均在行人的身体下部,座椅不妨碍人体最宽处的通过,故 1.00m 宽度基本能保证 2 股人流通行需要。观众厅内设置边走道不但对疏散有利,并且还能起到协调安全出口或疏散门和疏散走道通行能力的作用,从而充分发挥安全出口或疏散门的作用。

对于剧场、电影院、礼堂等观众厅中两条纵走道之间的最大连续排数和连续座位数,在工程设计中应与疏散走道和安全出口或疏散门的设计宽度联系起来考虑,合理确定。

对于体育馆观众厅中纵走道之间的座位数可增加到 26 个,主要是因为体育馆观众厅内的总容纳人数和每个席位分区内所包容的座位数都比剧场、电影院的多,发生火灾后的危险性也较影剧院的观众厅要小些,采用与剧场等相同的规定数据既不现实也不客观,但也不能因此而任意加大每个席位分区中的连续排数、连续座位数,而要与观众厅内的疏散走道和安全出口或疏散门的设计相呼应、相协调。

本条规定的连续 20 排和每排连续 26 个座位,是基于人员出观众厅的控制疏散时间按不大于 3.5min 和每个安全出口或疏散门的宽度按 2.2m 考虑的。疏散走道之间布置座位连续 20 排、每排连续 26 个作为一个席位分区的包容座位数为 20×26＝520(人),通过能容 4 股人流宽度的走道和 2.20m 宽的安全(疏散)出口出去所需要的时间为 520/(4×37)≈3.51(min),基本符合规范的要求。对于体育馆观众厅平面中呈梯形或扇形布置的席位区,其纵走道之间的座位数,按最多一排和最少一排的平均座位数计算。

另外,在本条中"前后排座椅的排距不小于 0.9m 时,可增加 1.0 倍,但不得大于 50 个"的规定,设计也应按上述原理妥善处理。本条限制观众席位仅一侧布置有纵走道时的座位数,是为防止延误疏散时间。

(2)关于剧场、电影院、礼堂等公共建筑的安全疏散宽度。

本条第 2 款规定的疏散宽度指标是根据人员疏散出观众厅的疏散时间,按一、二级耐火等级建筑控制为 2min、三级耐火等级建筑控制为 1.5min 这一原则确定的。

$$百人指标＝\frac{单股人流宽度×100}{疏散时间×每分钟每股人流通过人数} \quad (6)$$

据此,按照疏散净宽度指标公式计算出一、二级耐火等级建筑的观众厅中每 100 人所需疏散宽度为:

门和平坡地面:$B＝100×0.55/(2×43)≈0.64(m)$
取 0.65m;
阶梯地面和楼梯:$B＝100×0.55/(2×37)≈0.74(m)$
取 0.75m。

三级耐火等级建筑的观众厅中每 100 人所需要的疏散宽度为:

门和平坡地面:$B＝100×0.55/(1.5×43)≈0.85(m)$
取 0.85m;
阶梯地面和楼梯:$B＝100×0.55/(1.5×37)≈0.99(m)$
取 1.00m。

根据本条第 2 款规定的疏散宽度指标计算所得安全出口或疏散门的总宽度,为实际需要设计的最小宽度。在确定安全出口或疏散门的设计宽度时,还应按每个安全出口或疏散门的疏散时间进行校核和调整,其理由参见第 5.5.16 条的条文说明。本款的适用规模为:对于一、二级耐火等级的建筑,容纳人数不大于 2500 人;对于三级耐火等级的建筑,容纳人数不大于 1200 人。

此外,对于容量较大的会堂等,其观众厅内部会设置多层楼座,且楼座部分的观众人数往往占整个观众厅容纳总人数的一半多,这和一般剧场、电影院、礼堂的池座人数比例相反,而楼座部分又都以阶梯式地面为主,其疏散情况与体育馆的情况有些类似。尽管本条对此没有明确规定,设计也可以根据工程的具体情况,按照体育馆的相应规定确定。

(3)关于体育馆的安全疏散宽度。

国内各大、中城市已建成的体育馆,其容量多在 3000 人以上。考虑到剧场、电影院的观众厅与体育馆的观众厅之间在容量和室内空间方面的差异,在规范中分别规定了其疏散宽度指标,并在规定容量的适用范围中拉开档次,防止出现交叉或不一致现象,故将体育馆观众厅的最小人数容量定为 3000 人。

对于体育馆观众厅的人数容量,表 5.5.20-2 中规定的疏散宽度指标,按照观众厅容量的大小分为三档:(3000~5000)人、(5001~10000)人和(10001~20000)人。每个档次中所规定的百人疏散宽度指标(m),是根据人员出观众厅的疏散时间分别控制在 3min、3.5min、4min 来确定的。根据计算公式:

计算出一、二级耐火等级建筑观众厅中每 100 人所需要的疏散宽度分别为:

平坡地面:$B_1＝0.55×100/(3×43)≈0.426(m)$
取 0.43m;
$B_2＝0.55×100/(3.5×43)≈0.365(m)$
取 0.37m;
$B_3＝0.55×100/(4×43)≈0.320(m)$
取 0.32m;
阶梯地面:$B_1＝0.55×100/(3×37)≈0.495(m)$
取 0.50m;
$B_2＝0.55×100/(3.5×37)≈0.425(m)$
取 0.43m;
$B_3＝0.55×100/(4×37)≈0.372(m)$
取 0.37m。

本款将观众厅的最高容纳人数规定为 20000 人,当实际工程大于该规模时，需要按照疏散时间确定其座位数、疏散门和走道宽度的布置，但每个座位区的座位数仍应符合本规范要求。根据规定的疏散宽度指标计算得到的安全出口或疏散门总宽度，为实际需要设计的概算宽度，确定安全出口或疏散门的设计宽度时，还需对每个安全出口或疏散门的宽度进行核算和调整。如，一座二级耐火等级、容量为10000人的体育馆，按上述规定疏散宽度指标计算的安全出口或疏散门总宽度为$10000 \times 0.43/100 = 43$（m）。如果设计16个安全出口或疏散门，则每个出口的平均疏散人数为625人，每个出口的平均宽度为$43/16 \approx 2.68$（m）。如果每个出口的宽度采用2.68m，则能通过4股人流，核算其疏散时间为$625/(4 \times 37) \approx 4.22$（min）$> 3.5$min，不符合规范要求。如果将每个出口的设计宽度调整为2.75m，则能够通过5股人流，疏散时间为：$625/(5 \times 37) \approx 3.38$（min）$< 3.5$min，符合规范要求。但推算出的每百人宽度指标为$16 \times 2.75 \times 100/10000 = 0.44$（m），比原百人疏散宽度指标高2%。

本条表5.5.20-2的"注"，明确了采用指标进行计算和选定疏散宽度时的原则：即容量大的观众厅，计算出的需要宽度不应小于根据容量小的观众厅计算出的需要宽度。否则，应采用较大宽度。如：一座容量为5400人的体育馆，按规定指标计算出来的疏散宽度为$54 \times 0.43 = 23.22$（m），而一座容量为5000人的体育馆，按规定指标计算出来的疏散宽度则为$50 \times 0.50 = 25$（m），在这种情况下就应采用25m作为疏散宽度。另外，考虑到容量小于3000人的体育馆，其疏散宽度计算方法原规范未在条文中明确，此次修订时在表5.5.20-2中作了补充。

（4）体育馆观众厅内纵横走道的布置是疏散设计中的一个重要内容，在工程设计中应注意：

1）观众席位中的纵走道担负着把全部观众疏散到安全出口或疏散门的重要功能。在观众席位中不设置横走道时，观众厅内通向安全出口或疏散门的纵走道的设计总宽度应与观众厅安全出口或疏散门的设计总宽度相等。观众席位中的横走道可以起到调剂安全出口或疏散门人流密度和加大出口疏散流通能力的作用。一般容量大于6000人或每个安全出口或疏散门设计的通过人流股数大于4股时，在观众席位中要尽量设置横走道。

2）经过观众席中的纵、横走道通向安全出口或疏散门的设计人流股数与安全出口或疏散门设计的通行股数，应符合"来去相等"的原则。如安全出口或疏散门设计的宽度为2.2m，则经过纵、横走道通向安全出口或疏散门的人流股数不能大于4股；否则，就会造成出口处堵塞，延误疏散时间。反之，如果经纵、横走道通向安全出口或疏散门的人流股数少于安全出口或疏散门的设计通行人流股数，则不能充分发挥疏散门的作用，在一定程度上造成浪费。

（5）设计还要注意以下两个方面：

1）安全出口或疏散门的数量应密切联系控制疏散时间。

疏散设计确定的安全出口或疏散门的总宽度，要大于根据控制疏散时间而规定出的宽度指标，即计算得到的所需疏散总宽度。同时，安全出口或疏散门的数量，要满足每个安全出口或疏散门平均疏散人数的规定要求，并且根据此疏散人数计算得到的疏散时间要小于控制疏散时间（建筑中可用的疏散时间）的规定要求。

2）安全出口或疏散门的数量应与安全出口或疏散门的设计宽度协调。

安全出口或疏散门的数量与安全出口或疏散门的宽度之间有着相互协调、相互配合的密切关系，并且也是严格控制疏

散时间，合理执行疏散宽度指标需充分注意和精心设计的一个重要环节。在确定观众厅安全出口或疏散门的宽度时，要认真考虑通过人流股数的多少，如单股人流的宽度为0.55m，2股人流的宽度为1.1m，3股人流的宽度为1.65m，以更好地发挥安全出口或疏散门的疏散功能。

5.5.21 本条第1、2、3、4款为强制性条文。疏散人数的确定是建筑疏散设计的基础参数之一，不能准确计算建筑内的疏散人数，就无法合理确定建筑中各区域疏散门或安全出口和建筑内疏散楼梯所需要的有效宽度，更不能确定设计的疏散设施是否满足建筑内的人员安全疏散需要。

1 在实际中，建筑各层的用途可能各不相同，即使相同用途在每层上的使用人数也可能有所差异。如果整栋建筑物的楼梯按人数最多的一层计算，除非人数最多的一层是在顶层，否则不尽合理，也不经济。对此，各层楼梯的总宽度可按该层或该层以上人数最多的一层分段计算确定，下层楼梯的总宽度按该层以上各层疏散人数最多一层的疏散人数计算。如：一座二级耐火等级的6层民用建筑，第四层的使用人数最多为400人，第五层、第六层每层的人数均为200人。计算该建筑的疏散楼梯总宽度时，根据楼梯宽度指标1.00m/百人的规定，第四层和第四层以下每层楼梯的总宽度为4.0m；第五层和第六层每层楼梯的总宽度可为2.0m。

2 本款中的人员密集的厅、室和歌舞娱乐放映游艺场所，由于设置在地下、半地下，考虑到其疏散条件较差，火灾烟气发展较快的特点，提高了百人疏散宽度指标要求。本款中"人员密集的厅、室"，包括商店营业厅、证券营业厅等。

4 对于歌舞娱乐放映游艺场所，在计算疏散人数时，可以不计算该场所内疏散走道、卫生间等辅助用房的建筑面积，而可以只根据该场所内具有娱乐功能的各厅、室的建筑面积确定，内部服务和管理人员的数量可根据核定人数确定。

6 对于展览厅内的疏散人数，本规定为最小人员密度设计值，设计要根据当地实际情况，采用更大的密度。

7 对于商店建筑的疏散人数，国家行业标准《商店建筑设计规范》JGJ 48中有关条文的规定还不甚明确，导致出现多种计算方法，有的甚至是错误的。本规范在研究国内外有关资料和规范，并广泛征求意见的基础上，明确了确定商店营业厅疏散人数时的计算面积与其建筑面积的定量关系为（0.5~0.7）：1，据此确定了商店营业厅的人员密度设计值。从国内大量建筑工程实例的计算统计看，均在该比例范围内。但商店建筑内经营的商品类别差异较大，且不同地区或同一地区的不同地段，地上与地下商店等在实际使用过程中的人流和人员密度相差较大，因此执行过程中应对工程所处位置的情况作充分分析，再依据本条规定选取合理的数值进行设计。

本条所指"营业厅的建筑面积"，既包括营业厅内展示货架、柜台、走道等顾客参与购物的场所，也包括营业厅内的卫生间、楼梯间、自动扶梯等的建筑面积。对于进行了严格的防火分隔，并且疏散时无需进入营业厅内的仓储、设备房、工具间、办公室等，可不计入营业厅的建筑面积。

有关家具、建材商店和灯饰展示建筑的人员密度调查表明，该类建筑与百货商店、超市等相比，人员密度较小，高峰时刻的人员密度在0.01人/m²~0.034人/m²之间。考虑到地区差异及开业庆典和节假日等因素，确定家具、建材商店和灯饰展示建筑的人员密度为表5.5.21-2规定值的30%。

据表 5.5.21-2 确定人员密度值时,应考虑商店的建筑规模,当建筑规模较小(比如营业厅的建筑面积小于 3000m²)时宜取上限值,当建筑规模较大时,可取下限值。当一座商店建筑内设置有多种商业用途时,考虑到不同用途区域可能会随经营状况或经营者的变化而变化,尽管部分区域可能用于家具、建材经销等类似用途,但人员密度仍需要按照该建筑的主要商业用途来确定,不能再按照上述方法折减。

5.5.22 本条规定是在吸取有关火灾教训的基础上,为方便灭火救援和人员逃生的要求确定的,主要针对多层建筑或高层建筑的下部楼层。

本条要求设置的辅助疏散设施包括逃生袋、救生绳、缓降绳、折叠式人孔梯、滑梯等,设置位置要便于人员使用且安全可靠,但并不一定要在每一个窗口或阳台设置。

5.5.23 本条为强制性条文。建筑高度大于 100m 的建筑,使用人员多、竖向疏散距离长,因而人员的疏散时间长。

根据目前国内主战举高消防车——50m 高云梯车的操作要求,规定从首层到第一个避难层之间的高度不应大于 50m,以便火灾时不能经楼梯疏散而要停留在避难层的人员可采用云梯车救援下来。根据普通人爬楼梯的体力消耗情况,结合各种机电设备及管道等的布置和使用管理要求,将两个避难层之间的高度确定为不大于 50m 较为适宜。

火灾时需要集聚在避难层的人员密度较大,为不至于过分拥挤,结合我国的人体特征,规定避难层的使用面积按平均每平方米内容纳不大于 5 人确定。

第 2 款对通向避难层楼梯间的设置方式作出了规定,"疏散楼梯应在避难层分隔、同层错位或上下层断开"的做法,是为了使需要避难的人员不错过避难层(间)。其中,"同层错位和上下层断开"的方式是强制避难的做法,此时人员均须经避难层方能上下;"疏散楼梯在避难层分隔"的方式,可以使人员选择继续通过疏散楼梯疏散还是前往避难区域避难。当建筑内的避难人数较少而不需要整个楼层用作避难层时,除火灾危险性小的设备用房外,不能用于其他使用功能,并应采用防火墙将该楼层分隔成不同的区域。从非避难区进入避难区的部位,要采取措施防止非避难区的火灾和烟气进入避难区,如设置防烟前室。

一座建筑是设置避难层还是避难间,主要根据该建筑的不同高度段内需要避难的人数及其所需避难面积确定,避难间的分隔及疏散等要求同避难层。

5.5.24 本条为强制性条文。本条规定是为了满足高层病房楼和手术室中难以在火灾时及时疏散的人员的避难需要和保证其避难安全。本条是参考美国、英国等国对医疗建筑避难区域或使用轮椅等行动不便人员避难的规定,结合我国相关实际情况确定的。

每个护理单元的床位数一般是 40 床~60 床,建筑面积为 1200m²~1500m²,按 3 人间病房、疏散着火房间和相邻房间的患者共 9 人,每个床位按 2m² 计算,共需要 18m²,加上消防员和医护人员、家属所占用面积,规定避难间面积不小于 25m²。

避难间可以利用平时使用的房间,如每层的监护室,也可以利用电梯前室。病房楼最多 3 部病床梯对面布置,其电梯前室面积一般为 24m²~30m²。但合用前室不适合用作避难间,以防止病床影响人员通过楼梯疏散。

5.5.24A 新增条文。为满足老年人照料设施中难以在火灾时及时疏散的老年人的避难需要,根据我国老年人照料设施中人员及其管理的实际情况,对照医疗建筑避难间设置的要求,做了本条规定。

对于老年人照料设施只设置在其他建筑内三层及以上楼层,而一、二层没有老年人照料设施的情况,避难间可以只设置在有老年人照料设施的楼层上相应疏散楼梯间附近。

避难间可以利用平时使用的公共就餐室或休息室等房间,一般从该房间要能避免再经过走道等火灾时的非安全区进入疏散楼梯间或楼梯间的前室;避难间的门可直接开向前室或疏散楼梯间。当避难间利用疏散楼梯间的前室或消防电梯的前室时,该前室的使用面积不应小于 12m²,不需另外增加 12m² 避难面积。但考虑到救援与上下疏散的人流交织情况,疏散楼梯间与消防电梯的合用前室不适合兼作避难间。避难间的净宽度要能满足方便救援中移动担架(床)等的要求,净面积大小还要根据该房间所服务区域的老年人实际身体状况等确定。美国相关标准对避难面积的要求为:一般健康人员,0.28m²/人;一般病人或体弱者,0.6m²/人;带轮椅的人员的避难面积为 1.4m²/人;利用活动床转送的人员的避难面积为 2.8m²/人。考虑到火灾的随机性,要求每座楼梯间附近均应设置避难间。建筑的首层人员由于能方便地直接到达室外地面,故可以不要求设置避难间。

本条中老年人照料设施的总建筑面积,当老年人照料设施独立建造时,为该老年人照料设施单体的总建筑面积;当老年人照料设施设置在其他建筑或与其他建筑组合建造时,为其中老年人照料设施部分的总建筑面积。

考虑到失能老年人的自身条件,供该类人员使用的超过 2 层的老年人照料设施要按核定使用人数配备简易防毒面具,以提供必要的个人防护措施,降低火灾产生的烟气对失能老年人的危害。

Ⅲ 住宅建筑

5.5.25 本条为强制性条文。本条规定为住宅建筑安全出口设置的基本要求。考虑到当前住宅建筑形式趋于多样化,条文未明确住宅建筑的具体类型,只根据住宅建筑单元每层的建筑面积和户门到安全出口的距离,分别规定了不同建筑高度住宅建筑安全出口的设置要求。

54m 以上的住宅建筑,由于建筑高度高,人员相对较多,一旦发生火灾,烟和火易竖向蔓延,且蔓延速度快,而人员疏散路径长,疏散困难。故同时要求此类建筑每个单元每层设置不少于两个安全出口,以利人员安全疏散。

5.5.26 本条为强制性条文。将建筑的疏散楼梯通至屋顶,可使人员通过相邻单元的楼梯进行疏散,使之多一条疏散路径,以利于人员能及时逃生。由于本规范已强制要求建筑高度大于 54m 的住宅建筑,每个单元应设置 2 个安全出口,而建筑高度大于 27m,但小于等于 54m 的住宅建筑,当每个单元任一层的建筑面积不大于 650m²,且任一户门至最近安全出口的距离不大于 10m,每个单元可以设置 1 个安全出口时,可以通过将楼梯间通至屋面并在屋面将各单元连通来满足 2 个不同疏散方向的要求,便于人员疏散;对于只有 1 个单元的住宅建筑,可将疏散楼梯仅通至屋顶。此外,由于此类建筑高度较高,即使疏散楼梯能通至屋顶,也不等同于 2 部疏散楼梯。为提高疏散楼梯的安全性,本条还对户门的防火性能提出了要求。

5.5.27 电梯井是烟火竖向蔓延的通道,火灾和高温烟气可借助该竖井蔓延至建筑中的其他楼层,会给人员安全疏散和火灾的控制与扑救带来更大困难。因此,疏散楼梯的位置要尽量远离电梯井或将疏散楼梯设置为封闭楼梯间。

对于建筑高度低于 33m 的住宅建筑,考虑到其竖向疏散距离较短,如每层每户通向楼梯间的门具有一定的耐火性能,能一定程度降低烟火进入楼梯间的危险,因此,可以不设封闭楼梯间。

楼梯间是火灾时人员在建筑内竖向疏散的唯一通道，不具备防火性能的户门不应直接开向楼梯间，特别是高层住宅建筑的户门不应直接开向楼梯间的前室。

5.5.28 有关说明参见本规范第5.5.10条的说明。楼梯间的防烟前室，要尽可能分别设置，以提高其防火安全性。

防烟前室不共用时，其面积等要求还需符合本规范第6.4.3条的规定。当剪刀楼梯间共用前室时，进入剪刀楼梯间前室的入口应该位于不同方位，不能通过同一个入口进入共用前室，入口之间的距离仍要不小于5m；在首层的对外出口，要尽量分开设置在不同方向。当首层的公共区无可燃物且首层的户门不直接开向前室时，剪刀梯在首层的对外出口可以共用，但宽度需满足人员疏散的要求。

5.5.29 本条为强制性条文。本条规定了住宅建筑安全疏散距离的基本要求，有关说明参见本规范第5.5.17条的条文说明。

跃廊式住宅用与楼梯、电梯连接的户外走廊将多个住户组合在一起，而跃层式住宅则在套内有多个楼层，户与户之间主要通过本单元的楼梯或电梯组合在一起。跃层式住宅建筑的户外疏散路径较跃廊式住宅短，但套内的疏散距离则要长。因此，在考虑疏散距离时，跃廊式住宅将人员在此楼梯上的行走时间折算到水平走道上的时间，故采用小楼梯水平投影的1.5倍计算。为简化规定，对于跃层式住宅户内的小楼梯，户内楼梯的距离由原来规定按楼梯梯段总长度的水平投影尺寸计算修改为按其梯段水平投影长度的1.5倍计算。

5.5.30 本条为强制性条文。本条说明参见本规范第5.5.18条的条文说明。住宅建筑相对于公共建筑，同一空间内或楼层的使用人数较少，一般情况下1.1m的最小净宽可以满足大多数住宅建筑的使用功能需要，但在设计疏散走道、安全出口和疏散楼梯以及户门时仍应进行核算。

5.5.31 本条为强制性条文。有关说明参见本规范第5.5.23条的条文说明。

5.5.32 对于大于54m但不大于100m的住宅建筑，尽管规范不强制要求设置避难层（间），但此类建筑较高，为增强此类建筑户内的安全性能，规范对户内的一个房间提出了要求。

本条规定有耐火完整性要求的外窗，其耐火性能可按照现行国家标准《镶玻璃构件耐火试验方法》GB/T 12513中对非隔热性镶玻璃构件的试验方法和判定标准进行测定。

6 建筑构造

6.1 防火墙

6.1.1 本条为强制性条文。防火墙是分隔水平防火分区或防止建筑间火灾蔓延的重要分隔构件，对于减少火灾损失发挥着重要作用。

防火墙能在火灾初期和灭火过程中，将火灾有效地限制在一定空间内，阻断火灾在防火墙一侧而不蔓延到另一侧。国外相关建筑规范对于建筑内部及建筑物之间的防火墙设置十分重视，均有较严格的规定。如美国消防协会标准《防火墙与防火隔墙标准》NFPA 221对此有专门规定，并被美国有关建筑规范引用为强制性要求。

实际上，防火墙应从建筑基础部分就应与建筑物完全断开，独立建造。但目前在各类建筑物中设置的防火墙，大部分是建造在建筑框架上或与建筑框架相连接。要保证防火墙在火灾时真正发挥作用，就应保证防火墙的结构安全且上至下

均应处在同一轴线位置，相应框架的耐火极限要与防火墙的耐火极限相适应。由于过去没有明确设置防火墙的框架或承重结构的耐火极限要求，使得实际工程中建筑框架的耐火极限可能低于防火墙的耐火极限，从而难以很好地实现防止火灾蔓延扩大的目标。

为阻止火势通过屋面蔓延，要求防火墙截断屋顶承重结构，并根据实际情况确定突出屋面与否。对于不同用途、建筑高度以及建筑的屋顶耐火极限的建筑，应有所区别。当高层厂房和高层仓库屋顶承重结构和屋面板的耐火极限大于或等于1.00h，其他建筑屋顶承重结构和屋面板的耐火极限大于或等于0.50h时，由于屋顶具有较好的耐火性能，其防火墙可不高出屋面。

本条中的数值是根据我国有关火灾的实际调查和参考国外有关标准确定的。不同国家有关防火墙高出屋面高度的要求，见表16。设计应结合工程具体情况，尽可能采用比本规范规定较大的数值。

表16　不同国家有关防火墙高出屋面高度的要求

屋面构造	防火墙高出屋面的尺寸(mm)			
	中国	日本	美国	前苏联
不燃性屋面	500	500	450～900	300
可燃性屋面	500	500	600	600

6.1.2 本条为强制性条文。设置防火墙就是为了防止火灾不能从防火墙任意一侧蔓延至另外一侧。通常屋顶是不开口的，一旦开口则有可能成为火灾蔓延的通道，因而也需要进行有效的防护。否则，防火墙的作用将被削弱，甚至失效。防火墙横截面中心线水平距离天窗端面不小于4.0m，能在一定程度上阻止火势蔓延，但设计还是要尽可能加大该距离，或设置不可开启窗扇的乙级防火窗或火灾时可自动关闭的乙级防火窗等，以防止火灾蔓延。

6.1.3 对于难燃或可燃外墙，为防止火势通过外墙横向蔓延，要求防火墙凸出外墙一定宽度，且应在防火墙两侧每侧各不小于2.0m范围内的外墙和屋面采用不燃性的墙体，并不得开设孔洞。不燃性外墙具有一定耐火极限且不会被引燃，允许防火墙不凸出外墙。

防火墙两侧的门窗洞口最近的水平距离规定不应小于2.0m。根据火场调查，2.0m的间距在一定程度上阻止火势蔓延，但也存在个别蔓延现象。

6.1.4 火灾事故表明，防火墙设在建筑物的转角处且防火墙两侧开设门窗等洞口时，如门窗洞口采取防火措施，则能有效防止火势蔓延。设置不可开启窗扇的乙级防火窗、火灾时可自动关闭的乙级防火窗、防火卷帘或防火分隔水幕等，均可视为能防止火灾水平蔓延的措施。

6.1.5 本条为强制性条文。

(1)对于因防火间距不足而需设置的防火墙，不应开设门窗洞口。必须设置的开口要符合本规范有关防火间距的规定。用于防火分区或建筑内其他防火分隔用途的防火墙，如因工艺或使用等要求必须在防火墙上开口时，须严格控制开口大小并采取在开口部位设置防火门窗等能有效防止火灾蔓延的防火措施。根据国外有关标准，在防火墙上设置的防火门，耐火极限一般都应与相应防火墙的耐火极限一致，但各国有关防火门的标准略有差异，因此我国要求采用甲级防火门。其他洞口，包括观察窗、工艺口等，由于大小不一，所设置的防火设施也各异，如防火窗、防火卷帘、防火阀、防火分隔水幕等。但无论何种设施，均应能在火灾时封闭开口，有效阻止火势蔓延。

(2)本条规定在于保证防火墙防火分隔的可靠性。可燃气体和可燃液体管道穿越防火墙，很容易将火灾从防火墙的一侧引到另外一侧。排气管道内的气体一般为燃烧的余气，温度较高，将排气管道设置在防火墙内不仅对防火墙本身的稳定性有

影响，而且排气时长时间聚集的热量有可能引燃防火墙两侧的可燃物。此外，在布置输送氧气、煤气、乙炔等可燃气体和汽油、苯、甲醇、乙醇、煤油、柴油等甲、乙、丙类液体的管道时，还要充分考虑这些管道发生可燃气体或蒸气逸漏对防火墙本身安全以及防火墙两侧空间的危害。

6.1.6 本条规定在于防止建筑物内的高温烟气和火势穿过防火墙上的开口和孔隙等蔓延扩散，以保证防火分区的防火安全。如水管、输送无火灾危险的液体管道等因条件限制必须穿过防火墙时，要用弹性较好的不燃材料或防火封堵材料将管道周围的缝隙紧密填塞。对于采用塑料等遇高温或火焰易收缩变形或烧蚀的材质的管道，要采取措施使该类管道在受火后能被封闭，如设置热膨胀型阻火圈或者设置在具有耐火性能的管道井内等，以防止火势和烟气穿过防火分隔体。有关防火封堵措施，在中国工程建设标准化协会标准《建筑防火封堵应用技术规程》CECS 154：2003 中有详细要求。

6.1.7 本条为强制性条文。本条规定了防火墙构造的本质要求，是确保防火墙自身结构安全的基本规定。防火墙的构造应使该墙能在火灾中保持足够的稳定性能，以发挥隔烟阻火作用，不会因高温或邻近结构破坏而引起防火墙的倒塌，致使火势蔓延。耐火等级较低一侧的建筑结构或其中燃烧性能和耐火极限较低的结构，在火灾中易发生垮塌，从而可能以侧向力或下拉力作用于防火墙，设计应考虑这一因素。此外，在建筑物室内外建造的独立防火墙，也要考虑其高度与厚度的关系以及墙体的内部加固构造，使防火墙具有足够的稳固性与抗力。

6.2 建筑构件和管道井

6.2.1 本条规定了剧场、影院等建筑的舞台与观众厅的防火分隔要求。

剧场等建筑的舞台及后台部分，常使用或存放着大量幕布、布景、道具，可燃装修和用电设备多。另外，由于演出需要，人为着火因素也较多，如烟火效果及演员在台上吸烟表演等，也容易引发火灾。着火后，舞台部位的火势往往发展迅速，难以及时控制。剧场等建筑舞台下面的灯光操纵台和存放道具、布景的储藏室，可燃物较多，也是该场所防火设计的重点控制部位。

电影放映室主要放映以硝酸纤维片等易燃材料的影片，极易发生燃烧，或断片时使用易燃液体丙酮接片子而导致火灾，且室内电气设备又比较多。因此，该部位要与其他部位进行有效分隔。对于放映数字电影的放映室，当室内可燃物较少时，其观察孔和放映孔也可不采取防火分隔措施。

剧场、电影院内的其他建筑防火构造措施与规定，还应符合国家现行标准《剧场建筑设计规范》JGJ 57 和《电影院建筑设计规范》JGJ 58 的要求。

6.2.2 本条为强制性条文。本条规定了对建筑内一些需要重点防火保护的特殊场所的防火分隔要求。本条中规定的防火分隔墙体和楼板的耐火极限是根据二级耐火等级建筑的相应要求确定的。

（1）医疗建筑内存在一些性质重要或发生火灾时不能马上撤离的部位，如产房、手术室、重症病房、贵重的精密医疗装备用房等，以及可燃物多或火灾危险性较大，容易发生火灾的场所，如药房、储藏间、实验室、胶片室等。因此，需要加强对这些房间的防火分隔，以减小火灾危害。对于医院洁净手术部，还应符合国家现行有关标准《医院洁净手术部建筑技术规范》GB 50333 和《综合医院建筑设计规范》GB 51039 的有关要求。

（2）托儿所、幼儿园的婴幼儿、老年人照料设施内的老弱者

等人员行为能力较弱，容易在火灾时造成伤亡，当设置在其他建筑内时，要与其他部位分隔。其他防火要求还应符合国家现行有关标准的要求，如《托儿所、幼儿园建筑设计规范》JGJ 39 等。

6.2.3 本条规定了属于易燃、易爆且容易发生火灾或高温、明火生产部位的防火分隔要求。

厨房火灾危险性较大，主要原因有电气设备过载老化、燃气泄漏或油烟机、排油烟气管道着火等。因此，本条对厨房的防火分隔提出了要求。本条中的"厨房"包括公共建筑和工厂中的厨房、宿舍和公寓等居住建筑中的公共厨房，不包括住宅、宿舍、公寓等居住建筑中套内设置的供家庭或住宿人员自用的厨房。

当厂房或仓库内有工艺要求必须将不同火灾危险性的生产布置在一起时，除属丁、戊类火灾危险性的生产与储存场所外，厂房或仓库中甲、乙、丙类火灾危险性的生产或储存物品一般要分开设置，并应采用具有一定耐火极限的墙体分隔，以降低不同火灾危险性场所之间的相互影响。如车间内的变电所、变压器、可燃或易燃液体或气体储存房间、人员休息室或车间管理与调度室、仓库内不同火灾危险性的物品存放区等，有的在本规范第 3.3.5 条～第 3.3.8 条和第 6.2.7 等条文中也有规定。

6.2.4 本条为强制性条文。本条为保证防火隔墙的有效性，对其构造做法作了规定。为有效控制火势和烟气蔓延，特别是烟气对人员安全的威胁，旅馆、公共娱乐场所等人员密集场所内的防火隔墙，应注意将隔墙从地面或楼面砌至上一层楼板或屋面板底部。楼板与隔墙之间的缝隙、穿越墙体的管道及其缝隙、开口等应按照本规范有关规定采取防火措施。

在单元式住宅中，分户墙是主要的防火分隔墙体，户与户之间进行较严格的分隔，保证火灾不相互蔓延，也是确保住宅建筑防火安全的重要措施。要求单元之间的墙应无门窗洞口，单元之间的墙砌至屋面板底部，可使该隔墙真正起到防火隔断作用，从而把火灾限制在着火的一户内或一个单元之内。

6.2.5 本条为强制性条文。建筑外立面开口之间如未采取必要的防火分隔措施，易导致火灾通过开口部位相互蔓延，为此，本条规定了外立面开口之间的防火措施。

目前，建筑中采用落地窗，上、下层之间不设置实体墙的现象比较普遍，一旦发生火灾，易导致火灾通过外墙上的开口在水平和竖直方向上蔓延。本条结合有关火灾案例，规定了建筑外墙上在上、下层开口之间的墙体高度或防火挑檐的挑出宽度，以及住宅建筑相邻套在外墙上的开口之间的墙体的水平宽度，以防止火势通过建筑外窗蔓延。关于上下层开口之间实体墙的高度计算，当下部外窗的上沿以上为上一层的梁时，该梁的高度可计入上、下层开口间的墙体高度。

当上、下层开口之间的墙体采用实体墙确有困难时，允许采用防火玻璃墙，但防火玻璃墙和外窗的耐火完整性都要能达到规范规定的耐火完整性要求，其耐火完整性按照现行国家标准《镶玻璃构件耐火试验方法》GB/T 12513 中对非隔热性镶玻璃构件的试验方法和判定标准进行测定。

国家标准《建筑用安全玻璃 第 1 部分：防火玻璃》GB 15763.1—2009 将防火玻璃按照耐火性能分为 A、C 两类，其中 A 类防火玻璃能够同时满足标准有关耐火完整性和耐火隔热性的要求，C 类防火玻璃仅能满足耐火完整性的要求。火势通过窗口蔓延时需经过外部卷吸后作用到窗玻璃上，火焰需突破着火房间的窗户经室外再蔓延到其他房间，满足耐火完整性的 C 类防

火玻璃,可基本防止火势通过窗口蔓延。

住宅内着火后,在窗户开启或窗户玻璃破碎的情况下,火焰将从窗户蹿出并向上卷吸,因此着火房间的同层相邻房间受火的影响要小于着火房间的上一层房间。此外,当火焰在环境风的作用下偏向一侧时,住宅户与户之间突出外墙的隔板可以起到很好的阻火隔热作用,效果要优于外窗之间设置的墙体。根据火灾模拟分析,当住宅户与户之间设置突出外墙不小于0.6m的隔板或在外窗之间设置宽度不小于1.0m的不燃性墙体时,能够阻止火势向相邻住户蔓延。

6.2.6 本条为强制性条文。采用幕墙的建筑,主要因大部分幕墙存在空腔结构,这些空腔上下贯通,在火灾时会产生烟囱效应,如不采取一定分隔措施,会加剧火势在水平和竖向的迅速蔓延,导致建筑整体着火,难以实施扑救。幕墙与周边防火分隔构件之间的缝隙、与楼板或者隔墙上沿之间的缝隙、与相邻的实体墙洞口之间的缝隙等的填充材料常用玻璃棉、硅酸铝棉等不燃材料。实际工程中,存在受震动和温差影响易脱落、开裂等问题,故规定幕墙与每层楼板、隔墙处的缝隙,要采用具有一定弹性和防火性能的材料填塞密实。这种材料可以是不燃材料,也可以是难燃材料。如采用难燃材料,应保证其在火焰或高温作用下能发生膨胀变形,并具有一定的耐火性能。

设置幕墙的建筑,其上、下层外墙上开口之间的墙体或防火挑檐仍要符合本规范第6.2.5条的要求。

6.2.7 本条为强制性条文。本条规定了建筑内设置的消防控制室、消防设备房等重要设备房的防火分隔要求。

设置在其他建筑内的消防控制室、固定灭火系统的设备室等要保证该建筑发生火灾时,不会受到火灾的威胁,确保消防设施正常工作。通风、空调机房是通风管道汇集的地方,是火势蔓延的主要部位之一。基于上述考虑,本条规定这些房间要与其他部位进行防火分隔,但考虑到丁、戊类生产的火灾危险性较小,对这两类厂房中的通风机房分隔构件的耐火极限要求有所降低。

6.2.8 冷库的墙体保温采用难燃或可燃材料较多,面积大、数量多,且冷库内所有物品有些还是可燃的,包装材料也多是可燃的。冷库火灾主要由聚苯乙烯硬泡沫、软木易燃物质等隔热材料和可燃制冷剂等引起。因此,有些国家对冷库采用可燃塑料作隔热材料有较严格的限制,在规范中确定小于150m²的冷库才允许用可燃材料隔热层。为了防止隔热层造成火势蔓延扩大,规定应作水平防火分隔,且该水平分隔体应具备与分隔部位相应构件相当的耐火极限。其他有关分隔和构造要求还应符合现行国家标准《冷库设计规范》GB 50072的规定。

近年来冷库及低温环境生产场所发生多起火灾,火灾案例表明,当建筑采用泡沫塑料作内绝热层时,裸露的泡沫材料易被引燃,火灾时蔓延速度快且产生大量的有毒烟气,因此,吸取火灾事故教训,加强冷库及人工制冷降温厂房的防火措施很有必要。本条不仅对泡沫材料的燃烧性能作了限制,而且要求采用不燃材料做防护层。

氨压缩机房属于乙类火灾危险性场所,当冷库的氨压缩机房确需与加工车间贴邻时,要采用不开门窗洞口的防火墙分隔,以降低氨压缩机房发生事故时对加工车间的影响。同时,冷库也要与加工车间采取可靠的防火分隔措施。

6.2.9 本条第1、2、3款为强制性条文。由于建筑内的竖井上下贯通一旦发生火灾,易沿竖井竖向蔓延,因此,要求采取防火措施。

电梯井的耐火极限要求,见本规范第3.2.1条和第

5.1.2条的规定。电梯层门是设置在电梯层站入口的封闭门,即梯井门。电梯层门的耐火极限应按照现行国家标准《电梯层门耐火试验》GB/T 27903的规定进行测试,并符合相应的判定标准。

建筑中的管道井、电缆井等竖向管井是烟火竖向蔓延的通道,需采取在每层楼板处用相当于楼板耐火极限的不燃材料等防火措施分隔。实际工程中,每层分隔对于检修影响不大,却能提高建筑的消防安全性。因此,要求这些竖井要在每层进行防火分隔。

本条中的"安全逃生门"是指根据电梯相关标准要求,对于电梯不停靠的楼层,每隔11m需要设置的可开启的电梯安全逃生门。

6.2.10 直接设置在有可燃、难燃材料的墙体上的户外电致发光广告牌,容易因供电线路和电器原因使墙体或可燃广告牌着火而引发火灾,并能导致火势沿建筑外立面蔓延。户外广告牌遮挡建筑外窗,也不利于火灾时建筑的排烟和人员的应急逃生以及外部灭火救援。

本条中的"可燃、难燃材料的墙体",主要指设置广告牌所在部位的墙体本身是由可燃或难燃材料构成,或该部位的墙体表面设置有由难燃或可燃的保温材料构成的外保温层或外装饰层。

6.3 屋顶、闷顶和建筑缝隙

6.3.1~6.3.3 冷摊瓦屋顶具有较好的透气性,瓦片间相互重叠而有缝隙,可直接铺在挂瓦条上,也可铺在处理后的屋面上起装饰作用,我国南方和西南地区的坡屋顶建筑应用较多。第6.3.1条规定主要为防止火星通过冷摊瓦的缝隙落在闷顶内引燃可燃物而酿成火灾。

闷顶着火后,闷顶内温度比较高、烟气弥漫,消防员进入闷顶侦察火情、灭火救援相当困难。为尽早发现火情、避免发展成为较大火灾,有必要设置老虎窗。设置老虎窗的闷顶着火后,火焰、烟和热空气可以从老虎窗排出,不至于向两旁扩散到整个闷顶,有助于把火势局限在老虎窗附近范围内,并便于消防员侦察火情和灭火。楼梯是消防员进入建筑进行灭火的主要通道,闷顶入口设在楼梯间附近,便于消防员快速侦察火情和灭火。

闷顶为屋盖与吊顶之间的封闭空间,一般起隔热作用,常见于坡屋顶建筑。闷顶火灾一般阴燃时间较长,因空间相对封闭且不上人,火灾不易被发现,待发现之后火已着大,难以扑救。阴燃开始后,由于闷顶内空气供应不充足,燃烧不完全,如果未完全燃烧的气体积热、积聚在闷顶内,一旦吊顶突然局部塌落,氧气充分供应就会引起局部爆燃。因此,这些建筑要设置必要的闷顶入口。但有的建筑物,其屋架、吊顶和其他屋顶构件为不燃材料,闷顶内又无可燃物,像这样的闷顶,可以不设置闷顶入口。

第6.3.3条中的"每个防火隔断范围",主要指住宅单元或其他采用防火隔墙分隔成较小空间(墙体隔断闷顶)的建筑区域。教学、办公、旅馆等公共建筑,每个防火隔断范围面积较大,一般为1000m²,最大可达2000m²以上,因此要求设置不小于2个闷顶入口。

6.3.4 建筑变形缝是在建筑长度较长的建筑中或建筑中有较大高差部分之间,为防止温度变化、沉降不均匀或地震等引起的建筑变形而影响建筑结构安全和使用功能,将建筑结构断开为若干部分所形成的缝隙。特别是高层建筑的变形缝,因抗震等需要留得较宽,在火灾中具有很强的拔火作用,会使火灾通过变形缝内的可燃填充材料蔓延,烟气也会通过变形缝等竖向

结构缝隙扩散到全楼。因此,要求变形缝内的填充材料、变形缝在外墙上的连接与封堵构造处理和在楼层位置的连接与封盖的构造基层采用不燃烧材料。有关构造参见图7。该构造由铝合金型材、铝合金板(或不锈钢板)、橡胶嵌条及各种专用胶条组成。配合止水带、阻火带,还可以满足防水、防火、保温等要求。

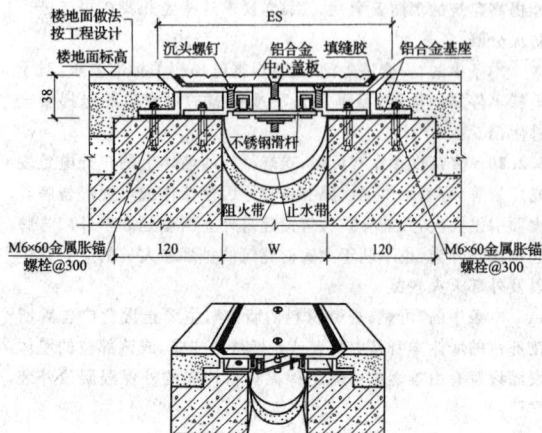

图 7 变形缝构造示意图

据调查,有些高层建筑的变形缝内还敷设电缆或填充泡沫塑料等,这是不妥当的。为了消除变形缝的火灾危险因素,保证建筑物的安全,本条规定变形缝内不应敷设电缆、可燃气体管道和甲、乙、丙类液体管道等。在建筑使用过程中,变形缝两侧的建筑可能发生位移等现象,故应避免将一些易引发火灾或爆炸的管线布置其中。当需要穿越变形缝时,应采用穿刚性管等方法,管线与套管之间的缝隙应采用不燃材料、防火材料或耐火材料紧密填塞。本条规定主要为防止因建筑变形破坏管线而引发火灾并使烟气通过变形缝扩散。

因建筑内的孔洞或防火分隔处的缝隙未封堵或封堵不当导致人员死亡的火灾,在国内外均发生过。国际标准化组织标准及欧美等国家的建筑规范均对此有明确的要求。这方面的防火处理容易被忽视,但却是建筑消防安全体系中的有机组成部分,设计中应予重视。

6.3.5 本条为强制性条文。穿越墙体、楼板的风管或排烟管道设置防火阀、排烟防火阀,就是要防止烟气和火势蔓延到不同的区域。在阀门之间的管道采取防火保护措施,可保证管道不会因受热变形而破坏整个分隔的有效性和完整性。

6.3.6 目前,在一些建筑,特别是民用建筑中,越来越多地采用硬聚氯乙烯管道。这类管道遇高温和火焰容易导致楼板或墙体出现孔洞。为防止烟气或火势蔓延,要求采取一定的防火措施,如在管道的贯穿部位采用防火套箍和防火封堵等。本条和本规范第6.1.6条、第6.2.6条、第6.2.9条所述防火封堵材料,均要符合国家现行标准《防火膨胀密封件》GB 16807和《防火封堵材料》GB 23864等的要求。

6.3.7 本条规定主要是为防止通过屋顶开口造成火灾蔓延。当建筑的辅助建筑屋顶有开口时,如果该开口与主体之间距离过小,火灾就能通过该开口蔓延至上部建筑。因此,要采取一定的防火保护措施,如将开口布置在距离建筑高度较高部分较远的地方,一般不宜小于6m,或采取设置防火采光顶、邻近开口一侧的建筑外墙采用防火墙等措施。

6.4 疏散楼梯间和疏散楼梯等

6.4.1 本条第2~6款为强制性条文。本条规定为疏散楼梯间的通用防火要求。

1 疏散楼梯间是人员竖向疏散的安全通道,也是消防员进入建筑进行灭火救援的主要路径。因此,疏散楼梯间应保证人员在楼梯间内疏散时能有较好的光线,有天然采光条件的要首先采用天然采光,以尽量提高楼梯间内照明的可靠性。当然,即使采用天然采光的梯间,仍需要设置疏散照明。

建筑发生火灾后,楼梯间任一侧的火灾及其烟气可能会通过楼梯间外墙上的开口蔓延至楼梯间内。本款要求楼梯间窗口(包括楼梯间的前室或合用前室外墙上的开口)与两侧的门窗洞口之间要保持必要的距离,主要为确保疏散楼梯间内不被烟火侵袭。无论楼梯间与门窗洞口是处于同一立面位置还是处于转角处等不同立面位置,该距离都是外墙上的开口与楼梯间开口之间的最近距离,含折线距离。

疏散楼梯间要尽量采用自然通风,以提高排除进入楼梯间内烟气的可靠性,确保楼梯间的安全。楼梯间靠外墙设置,有利于楼梯间直接天然采光和自然通风。不能利用天然采光和自然通风的疏散楼梯间,需按本规范第6.4.2条、第6.4.3条的要求设置封闭楼梯间或防烟楼梯间,并采取防烟措施。

2 为避免楼梯间内发生火灾或防止火灾通过楼梯间蔓延,规定楼梯间内不应附设烧水间、可燃材料储藏室、非封闭的电梯井、可燃气体管道,甲、乙、丙类液体管道等。

3 人员在紧急疏散时容易在楼梯出入口及楼梯间内发生拥挤现象,楼梯间的设计要尽量减少布置凸出墙体的物体,以保证不会减少楼梯间的有效疏散宽度。楼梯间的宽度设计还需考虑采取措施,以保证人行宽度不宜过宽,防止人群疏散时失稳跌倒而导致踩踏等意外。澳大利亚建筑规范规定:当阶梯式走道的宽度大于4m时,应在每2m宽度处设置栏杆扶手。

4 虽然防火卷帘在耐火极限上可达到防火要求,但卷帘密闭性不好,防烟效果不理想,加之联动设施、固定槽或卷轴电机等部件如果不能正常发挥作用,防烟楼梯间或封闭楼梯间的防烟措施将形同虚设。此外,卷帘在关闭时也不利于人员逃生。因此,封闭楼梯间、防烟楼梯间及其前室不应设置卷帘。

5 楼梯间是保证人员安全疏散的重要通道,输送甲、乙、丙液体等物质的管道不应设置在楼梯间内。

6 布置在楼梯间内的天然气、液化石油气等燃气管道,因楼梯间相对封闭,容易因管道维护管理不到位或碰撞等其他原因发生泄漏而导致严重后果。因此,燃气管道及其相关控制阀门等不能布置在楼梯间内。但为方便管理,各地正在推行住宅建筑中的水表、电表、气表等出户设置。为适应这一要求,本条规定允许可燃气体管道进入住宅建筑未封闭的楼梯间,但为防止管道意外损伤发生泄漏,要求采用金属管。为防止燃气因该部分管道破坏而引发较大火灾,应在计量表前或管道进入建筑物前安装紧急切断阀,并且该阀门应具备可手动操作关断气源的装置,有条件时可设置自动切断管路的装置。另外,管道的布置与安装位置,应注意避免人员通过楼梯间时与管道发生碰撞。有关设计还应符合现行国家标准《城镇燃气设计规范》GB 50028的规定。其他建筑的楼梯间内,不允许敷设燃气体管道或设置可燃气体计量表。

6.4.2 本条为强制性条文。本条规定为封闭楼梯间的专门防火要求,除本条规定外的其他要求,要符合本规范第6.4.1条的通用要求。

通向封闭楼梯间的门,正常情况下需采用乙级防火门。在实际使用过程中,楼梯间出入口的门常因采用常闭防火门而致闭门器经常损坏,使门无法在火灾时自动关闭。因此,对于有人员经常出入的楼梯间门,要尽量采用常开防火门。对于自然通风或自然排烟口不能符合现行国家相关防排烟系统设计标准的封闭楼梯间,可以采用设置防烟前室或直接在楼梯间内加压送风的方式实现防烟目的。

有些建筑,在首层设置有大堂,楼梯间在首层的出口难以直接对外,往往需要将大堂或首层的一部分包括在楼梯间内而形成扩大的封闭楼梯间。在采用扩大封闭楼梯间时,要注意扩大区域与周围空间采取防火措施分隔。垃圾道、管道井等的检查门等,不能直接开向楼梯间内。

6.4.3 本条第1、3、4、5、6款为强制性条文。本条规定为防烟楼梯间的专门防火要求,除本条规定外的其他要求,要符合本规范第6.4.1条的通用要求。

防烟楼梯间是具有防烟前室等防烟设施的楼梯间。前室应具有可靠的防烟性能,使防烟楼梯间具有比封闭楼梯间更好的防烟、防火能力,防火可靠性更高。前室不仅起防烟作用,而且可作为疏散人群进入楼梯间的缓冲空间,同时也可以供灭火救援人员进行进攻前的整装和灭火准备工作。设计要注意使前室的大小与楼层中疏散进入楼梯间的人数相适应。条文中的前室或合用前室的面积,为可供人员使用的净面积。

本条及本规范中的"前室",包括开敞式的阳台、凹廊等类似空间。当采用开敞式阳台或凹廊等防烟空间作为前室时,阳台或凹廊等的使用面积也要满足前室的有关要求。防烟楼梯间在首层直通室外时,其首层可不设置前室。对于防烟楼梯间在首层难以直通室外,可以采用在首层将火灾危险性低的门厅扩大到楼梯间的前室内,形成扩大的防烟楼梯间前室。对于住宅建筑,由于平面布置难以将电缆井和管道井的检查门开设在其他位置时,可以设置在前室或合用前室内,但检查门应采用丙级防火门。其他建筑的防烟楼梯间的前室或合用前室内,不允许开设除疏散门以外的其他开口和管道井的检查门。

6.4.4 本条为强制性条文。为保证人员疏散畅通、快捷、安全,除通向避难层且需错位的疏散楼梯和建筑的地下室与地上楼层的疏散楼梯外,其他疏散楼梯在各层不能改变平面位置或断开。相应的规定在国外有关标准中也有类似要求,如美国《统一建筑规范》规定:地下室的出口楼梯应直通建筑外部,不应经过首层;法国《公共建筑物安全防火规范》规定:地上与地下疏散楼梯应断开。

对于楼梯间在地下层与地上层连接处,如不进行有效分隔,容易造成地下楼层的火灾蔓延到建筑的地上部分。因此,为防止烟气和火焰蔓延到建筑的上部楼层,同时避免建筑上部的疏散人员误入地下楼层,要求在首层楼梯间通向地下室、半地下室的入口处采用防火分隔构件将地上部分的疏散楼梯与地下、半地下部分的疏散楼梯分隔开,并设置明显的疏散指示标志。当地上、地下楼梯间确因条件限制难以直通室外时,可以在首层通过与地上疏散楼梯共用的门厅直通室外。

对于地上建筑,当疏散设施不能使用时,紧急情况下还可以通过阳台以及其他的外墙开口逃生,而地下建筑只能通过疏散楼梯垂直向上疏散。因此,设计要确保人员进入疏散楼梯间后的安全,要采用封闭楼梯间或防烟楼梯间。

根据执行规范过程中出现的问题和火灾时的照明条件,设计要采用灯光疏散指示标志。

6.4.5 本条为强制性条文。本条规定主要是防止因梯段倾斜度过大、楼梯过窄或栏杆扶手过低导致不安全,同时防止火焰从门内窜出而将楼梯烧坏,影响人员疏散。室外楼梯可作为防烟楼梯间或封闭楼梯间使用,但主要还是辅助用于人员的应急逃生和消防员直接从室外进入建筑物,到达火层进行灭火救援。对于某些建筑,由于楼层使用面积紧张,也可采用室外疏散楼梯进行疏散。

在布置室外楼梯平台时,要避免疏散门开启后,因门扇占用楼梯平台而减少其有效疏散宽度。也不应将疏散门正对梯段开设,以避免疏散时人员发生意外,影响疏散。同时,要避免建筑外墙在疏散楼梯的平台、梯段的附近开设外窗。

6.4.6 丁、戊类厂房的火灾危险性较小,即使发生火灾,也比较容易控制,危害也小,故对相应疏散楼梯的防火要求作了适当调整。金属梯同样要考虑防滑、防跌落等措施。室外疏散楼梯的栏杆高度、楼梯宽度和坡度等设计均要考虑人员应急疏散的安全。

6.4.7 疏散楼梯或可作疏散用的楼梯和疏散通道上的阶梯踏步,其深度、高度和形式均要有利于人员快速、安全疏散,能较好地防止人员在紧急情况下出现摔倒等意外。弧形楼梯、螺旋梯及楼梯斜踏步在内侧坡度陡、每级扇步深度小,不利于快速疏散。美国《生命安全规范》NFPA 101对于采用螺旋梯进行疏散有较严格的规定:使用人数不大于5人,楼梯宽度不小于660mm,阶梯高度不大于241mm,最小净空高度为1980mm,距最窄边305mm处的踏步深度不小于191mm且所有踏步均一致。

6.4.8 本条规定主要考虑火灾时消防员进入建筑后,能利用楼梯间内两梯段及扶手之间的空隙向上吊挂水带,快速展开救援作业,减少水头损失。根据实际操作和平时使用安全需要,规定公共疏散楼梯梯段之间空隙的宽度不小于150mm。对于住宅建筑,也要尽可能满足此要求。

6.4.9 由于三、四级耐火等级的建筑屋顶可采用难燃性或可燃性屋顶承重构件和屋面,设置室外消防梯可方便消防员直接上到屋顶采取截断火势、开展有效灭火等行动。本条主要是根据这些建筑的特性及其灭火需要确定的。实际上,建筑设计要尽可能为方便消防员灭火救援提供一些设施,如室外消防梯、进入建筑的专门通道或路径,特别是地下、半地下建筑(室)和一些消防装备还相对落后的地区。

为尽量减小消防员进入建筑时与建筑内疏散人群的冲突,设计应充分考虑消防员进入建筑物内的需要。室外消防梯可以方便消防员登上屋顶或由窗口进入楼梯间,以接近火源、控制火势、及时灭火。在英国和我国香港地区的相关建筑规范中,要求为消防员进入建筑物设置有防火保护的专门通道或入口。

消防员赴火场进行灭火救援时会配备单杠梯或挂钩梯。本条规定主要为避免闷顶着火时因老虎窗向外喷烟火而妨碍消防员登上屋顶,同时防止闲杂人员攀爬,又能满足灭火救援需要。

6.4.10 本条为强制性条文。在火灾时,建筑内可供人安全进入楼梯间的时间比较短,一般为几分钟。而疏散走道是人员在楼层疏散过程中的一个重要环节,且也是人员汇集的场所,要尽量使人员的疏散行动通畅不受阻。因此,在疏散走道上不应设置卷帘、门等其他设施,但在防火分区处设置的防火门,则需要采用常开的方式以满足人员快速疏散、火灾时自动关闭起到阻火挡烟的作用。

6.4.11 本条为强制性条文。本条规定了安全出口和疏散出口上的门的设置形式、开启方向等基本要求,要求在人员疏散过程中不会因为疏散门而出现阻滞或无法疏散的情况。

疏散楼梯间、电梯间或防烟楼梯间的前室或合用前室的门,应采用平开门。侧拉门、卷帘门、旋转门或电动门,包括帘中门,在人群紧急疏散情况下无法保证安全、快速疏散,不允许作为疏散门。防火分区处的疏散门要求能够防火、防烟并能便于人员疏散通行,满足较高的防火性能,要采用甲级防火门。

疏散门为设置在建筑内各房间直接通向疏散走道的门或安全出口上的门。为避免在着火时由于人群惊慌、拥挤而压紧内开门扇,使无法开启,要求疏散门应向疏散方向开启。对于使用人员较少且人员对环境及门的开启形式熟悉的场所,疏散门的开启方向可以不限。公共建筑中一些平时很少使用的疏散门,可能需要处于锁闭状态,但无论如何,设计均要考虑采取措施使疏散门能在火灾时从内部方便打开,且在打开后能自行关闭。

本条规定参照了美、英等国的相关规定,如美国消防协会标准《生命安全规范》NFPA 101规定:距楼梯或电动扶梯的底部或顶部3m范围内不应设置旋转门。设置旋转门的墙上应设侧铰式双向弹簧门,且两扇门的间距应小于3m。通向室外的电控门和感应门均应设计成一旦断电,即能自动开启或手动开启。英国建筑规范规定:门厅或出口处的门,如果着火时使用该门疏散的人数大于60人,则疏散门合理、实用、可行的开启方向应朝向疏散方向。对火灾危险性高的工业建筑,人数低于60人时,也应要求门朝疏散方向开启。

考虑到仓库内的人员一般较少且门洞较大,故规定门设置在墙体的外侧时允许采用推拉门或卷帘门,但不允许设置在仓库外墙的内侧,以防止因货物翻倒等原因压住或阻碍而无法开启。对于甲、乙类仓库,因火灾时的火焰温度高、火灾蔓延迅速,甚至会引起爆炸,故强调甲、乙类仓库不应采用侧拉门或卷帘门。

6.4.12~6.4.14 这3条规定了本规范第5.3.5条规定的防火分隔方式的技术要求。

(1)下沉式广场等室外开敞空间能有效防止烟气积聚;足够宽度的室外空间,可以有效防止火灾的蔓延。根据本规范第5.3.5条的规定,下沉式广场主要用于将大型地下商店分隔为多个相互相对独立的区域,一旦某个区域着火且不能有效控制时,该空间要能防止火灾蔓延至采用该下沉式广场分隔的其他区域。故该区域内不能布置任何经营性商业设施或其他可能导致火灾蔓延的设施或物体。在下沉式广场等开敞空间上部设置防风雨篷等设施,不利于烟气迅速排出。但考虑到国内不同地区的气候差异,确需设置防风雨篷时,应能保证火灾烟气快速地自然排放,有条件时要尽可能根据本规定加大雨篷的敞开面积或自动排烟窗的开口面积,并均匀布置开口或排烟窗。

为保证人员逃生需要,下沉广场等区域内需设置至少1部疏散楼梯直达地面。当该开敞空间兼作人员疏散用途时,该区域通向地面的疏散楼梯要均匀布置,使人员的疏散距离尽量短,疏散楼梯的总净宽度,原则上不能小于各防火分区通向该区域的所有安全出口的净宽度之和。但考虑到该区域内可用于人员停留的面积较大,具有较好的人员缓冲条件,故规定疏散楼梯的总净宽度不应小于通向该区域的疏散总净宽度最大一个防火分区的疏散宽度。条文规定的"169m²",是有效分隔火灾的开敞区域的最小面积,即最小长度×宽度,13m×13m。对于兼作人员疏散用的开敞空间,是该区域内可用于人员行

走、停留并直接通向地面的面积,不包括水池等景观所占用的面积。

按本规范第5.3.5条要求设置的下沉式广场等室外开敞空间,为确保20000m²防火分隔的安全性,不大于20000m²的不同区域通向该开敞空间的开口之间的最小水平间距不能小于13m;不大于20000m²的同一区域中不同防火分区外墙上开口之间的最小水平间距,可以按照本规范第6.1.3条、第6.1.4条的有关规定确定。

(2)防火隔间只能用于相邻两个独立使用场所的人员相互通行,内部不应布置任何经营性商业设施。防火隔间的面积参照防烟楼梯间前室的面积作了规定。该防火隔间上设置的甲级防火门,在计算防火分区的安全出口数量和疏散宽度时,不能计入数量和宽度。

(3)避难走道主要用于解决大型建筑中疏散距离过长,或难以按照规范要求设置直通室外的安全出口等问题。避难走道和防烟楼梯间的作用类似,疏散时人员只要进入避难走道,就可视为进入相对安全的区域。为确保人员疏散的安全,当避难走道服务于多个防火分区时,规定避难走道直通地面的出口不少于2个,并设置在不同的方向;当避难走道只与一个防火分区相连时,直通地面的出口虽然不强制要求设置2个,但有条件时应尽量在不同方向设置出口。避难走道的宽度要求,参见本条下沉式广场的有关说明。

6.5 防火门、窗和防火卷帘

6.5.1 本条为对建筑内防火门的通用设置要求,其他要求见本规范的有关条文的规定,有关防火门的性能要求还应符合国家标准《防火门》GB 12955的要求。

(1)为便于针对不同情况采取不同的防火措施,规定了防火门的耐火极限和开启方式等。建筑内设置的防火门,既要能保持建筑防火分隔的完整性,又要能方便人员疏散和开启,应保证门的防火、防烟性能符合现行国家标准《防火门》GB 12955的有关规定和人员的疏散需要。

建筑内设置防火门的部位,一般为火灾危险性大或性质重要房间的门以及防火墙、楼梯间及前室上的门等。因此,防火门的开启方式、开启方向等均要保证在紧急情况下人员能快捷开启,不会导致阻塞。

(2)为避免烟气或火势通过门洞窜入疏散通道内,保证疏散通道一定时间内的相对安全,防火门在平时要尽量保持关闭状态;为方便平时经常有人通行而需要保持常开的防火门,要采取措施使之能在着火时以及人员疏散后能自行关闭,如设置与报警系统联动的控制装置和闭门器等。

(3)建筑变形缝处防火门的设置要求,主要为保证分区间的相互独立。

(4)在现实中,防火门因密封条在未达到规定的温度时不会膨胀,不能有效阻止烟气侵入,这对宾馆、住宅、公寓、医院住院部等场所在发生火灾后的人员安全带来隐患。故本条要求防火门在正常使用状态下关闭后具备防烟性能。

6.5.2 防火窗一般均设置在防火间距不足部位的建筑外墙上的开口处或屋顶天窗部位、建筑内的防火墙或防火隔墙上需要进行观察和监控活动等的开口部位、需要防止火灾竖向蔓延的外墙开口部位。因此,应将防火窗的窗扇设计成不能开启的窗扇,否则,防火窗应在火灾时能自行关闭。

6.5.3 本条为对设置在防火墙、防火隔墙以及建筑外墙开口上的防火卷帘的通用要求。

(1)防火卷帘主要用于需要进行防火分隔的墙体,特别是防火墙、防火隔墙上因生产、使用等需要开设较大开口而又无

法设置防火门时的防火分隔。在实际使用过程中,防火卷帘存在着防烟效果差、可靠性低等问题以及在部分工程中存在大面积使用防火卷帘的现象,导致建筑内的防火分隔可靠性差,易造成火灾蔓延扩大。因此,设计中不仅要尽量减少防火卷帘的使用,而且要仔细研究不同类型防火卷帘在工程中运行的可靠性。本条所指防火分隔部位的宽度是指某一防火分隔区域与相邻防火分隔区域两两之间需要进行分隔的部位的总宽度。如某防火分隔区域为 B,与相邻的防火分隔区域 A 有 1 条边 L1 相邻,则 B 区的防火分隔部位的总宽度为 L1;与相邻的防火分隔区域 A 有 2 条边 L1、L2 相邻,则 B 区的防火分隔部位的总宽度为 L1 与 L2 之和;与相邻的防火分隔区域 A 和 C 分别有 1 条边 L1、L2 相邻,则 B 区的防火分隔部位的总宽度可以分别按 L1 和 L2 计算,而不需要叠加。

（2）根据国家标准《门和卷帘的耐火试验方法》GB 7633 的规定,防火卷帘的耐火极限判定条件有按卷帘的背火面温升和背火面辐射热两种。为避免使用混乱,按不同试验测试判定条件,规定了卷帘在用于防火分隔时的不同耐火要求。在采用防火卷帘进行防火分隔时,应认真考虑分隔空间的宽度、高度及其在火灾情况下高温烟气对卷帘面、卷轴及电机的影响。采用多樘防火卷帘分隔一处开口时,还要考虑采取必要的控制措施,保证这些卷帘能同时动作和同步下落。

（3）由于有关标准未规定防火卷帘的烟密闭性能,故根据防火卷帘在实际建筑中的使用情况,本条还规定了防火卷帘周围的缝隙应做好严格的防火防烟封堵,防止烟气和火势通过卷帘周围的空隙传播蔓延。

（4）有关防火卷帘的耐火时间,由于设置部位不同,所处防火分隔部位的耐火极限要求不同,如在防火墙上设置或需设置防火墙的部位设置防火卷帘,则卷帘的耐火极限就需要至少达到 3.00h;如是在耐火极限要求为 2.00h 的防火隔墙处设置,则卷帘的耐火极限就不能低于 2.00h。如采用防火冷却水幕保护防火卷帘时,水幕系统的火灾延续时间也需按上述方法确定。

6.6 天桥、栈桥和管沟

6.6.1 天桥系指连接不同建筑物、主要供人员通行的架空桥。栈桥系指主要供输送物料的架空桥。天桥、越过建筑物的栈桥以及供输送煤粉、粮食、石油、各种可燃气体(如煤气、氢气、乙炔气、甲烷气、天然气等)的栈桥,应考虑采用钢筋混凝土结构、钢结构或其他不燃材料制作的结构,栈桥不允许采用木质结构等可燃、难燃结构。

6.6.2 本条为强制性条文。栈桥一般距离地面较高,长度较长,如本身就具有较大火灾危险,人员利用栈桥进行疏散,一旦遇险很难避险和施救,存在很大安全隐患。

6.6.3 要求在天桥、栈桥与建筑物的连接处设置防火隔断的措施,主要为防止火势经由建筑物之间的天桥、栈桥蔓延。特别是甲、乙、丙类液体管道的封闭管沟(廊),如果没有防止液体流散的设施,一旦管道破裂着火,可能造成严重后果。这些管沟要尽量采用干净的沙子填塞或分段封堵等措施。

6.6.4 实际工程中,有些建筑采用天桥、连廊将几座建筑物连接起来,以方便使用。采用这种方式连接的建筑,一般仍需分别按独立的建筑考虑,有关要求见本规范表 5.2.2 注 6。这种连接方式虽方便了相邻建筑间的联系和交通,但也可能成为火灾蔓延的通道,因此需要采取必要的防火措施,以防止火灾蔓延和保证用于疏散时的安全。此外,用于安全疏散的天桥、连廊等,不应用于其他使用用途,也不应设置可燃物,只能用于人员通行等。

设计需注意研究天桥、连廊周围是否有危及其安全的情况,如位于天桥、连廊下方相邻部位开设的门窗洞口,应积极采取相应的防护措施,同时应考虑天桥两端门的开启方向和能够计入疏散总宽度的门宽。

6.7 建筑保温和外墙装饰

6.7.1 本条规定了建筑内外保温系统中保温材料的燃烧性能的基本要求。不同建筑,其燃烧性能要求有所差别。

A 级材料属于不燃材料,火灾危险性很低,不会导致火焰蔓延。因此,在建筑的内、外保温系统中,要尽量选用 A 级保温材料。

B_2 级保温材料属于普通可燃材料,在点火源功率较大或有较强热辐射时,容易燃烧且火焰传播速度较快,有较大的火灾危险。如果必须要采用 B_2 级保温材料,需采取严格的构造措施进行保护。同时,在施工过程中也要注意采取相应的防火措施,如分别堆放、远离焊接区域、上墙后立即做构造保护等。

B_3 级保温材料属于易燃材料,很容易被低能量的火源或电焊渣等点燃,而且火焰传播速度极为迅速,无论是在施工,还是在使用过程中,其火灾危险性都非常高。因此,在建筑的内、外保温系统中严禁采用 B_3 级保温材料。

具有必要耐火性能的建筑外围护结构,是防止火势蔓延的重要屏障。耐火性能差的屋顶和墙体,容易被外部高温作用而受到破坏或引燃建筑内部的可燃物,导致火势扩大。本条规定的基层墙体或屋面板的耐火极限,即为本规范第 3.2 节和第 5.1 节对建筑外墙和屋面板的耐火极限要求,不考虑外保温系统的影响。

6.7.2 本条为强制性条文。对于建筑外墙的内保温系统,保温材料设置在建筑外墙的室内侧,如果采用可燃、难燃保温材料,遇热或燃烧分解产生的烟气和毒性较大,对于人员安全带来较大威胁。因此,本规范规定在人员密集场所,不能采用这种材料做保温材料;其他场所,要严格控制使用,要尽量采用低烟、低毒的材料。

6.7.3 建筑外墙采用保温材料与两侧墙体无空腔的复合保温结构体系时,由两侧保护层和中间保温层共同组成的墙体的耐火极限应符合本规范的有关规定。当采用 B_1、B_2 级保温材料时,保温材料两侧的保护层需采用不燃材料,保护层厚度要等于或大于 50mm。

本条所规定的保温体系主要指夹芯保温等系统,保温层处于结构构件内部,与保温层两侧的墙体和结构受力体系共同作为建筑外墙使用,但要求保温层与两侧的墙体及结构受力体系之间不存在空隙或空腔。该类保温体系的墙体同时兼有墙体保温和建筑外墙体的功能。

本条中的"结构体",指保温层及其两侧的保护层和结构受力体系一体所构成的外墙。

6.7.4 本条为强制性条文。有机保温材料在我国建筑外保温应用中占据主导地位,但由于有机保温材料的可燃性,使得外墙外保温系统火灾屡屡发生,并造成了严重后果。国外一些国家对外保温系统使用的有机保温材料的燃烧性能进行了较严格的规定。对于人员密集场所,火灾容易导致人群群死群伤,故本条要求设有人员密集场所的建筑,其外墙外保温材料应采用 A 级材料。

6.7.4A 新增条文,本条为强制性条文。我国已有不少建筑外保温火灾造成了严重后果,且此类火灾呈多发态势。燃烧性能为 A 级的材料属于不燃材料,火灾危险性低,不会导致火焰蔓延,能较好地防止火灾通过建筑的外立面和屋面蔓延。其他燃烧性能的保温材料不仅易燃烧、易蔓延，且烟气毒性大。因此，老年人照料设施的内、外保温系统要选用 A 级保温材料。

当老年人照料设施部分的建筑面积较小时，考虑到其规模较小及其对建筑其他部位的影响，仍可以按本节的规定采用相应的保温材料。

6.7.5 本条为强制性条文。本条规定的外墙外保温系统，主要指类似薄抹灰外保温系统，即保温材料与基层墙体及保护层、装饰层之间均无空腔的保温系统，该空腔不包括采用粘贴方式施工时在保温材料与墙面找平层之间形成的空隙。结合我国现状，本规范对此保温系统的保温材料进行了必要的限制。

与住宅建筑相比，公共建筑等往往具有更高的火灾危险性，因此结合我国现状，对于除人员密集场所外的其他非住宅类建筑或场所，根据其建筑高度，对外墙外保温系统保温材料的燃烧性能等级做出了更为严格的限制和要求。

6.7.6 本条为强制性条文。本条规定的保温体系，主要指在类似建筑幕墙与建筑基层墙体间存在空腔的外墙外保温系统。这类系统一旦被引燃，因烟囱效应会造成火势快速发展，迅速蔓延，且难以从外部进行扑救。因此要严格限制其保温材料的燃烧性能，同时，在空腔处要采取相应的防火封堵措施。

6.7.7~6.7.9 这三条主要针对采用难燃或可燃保温材料的外保温系统以及有保温材料的幕墙系统，对其防火构造措施提出相应要求，以增强外保温系统整体的防火性能。

第 6.7.7 条第 1 款是指采用 B_2 级保温材料的建筑，以及采用 B_1 级保温材料且建筑高度大于 24m 的公共建筑或采用 B_1 级保温材料且建筑高度大于 27m 的住宅建筑。有耐火完整性要求的窗，其耐火完整性按照现行国家标准《镶玻璃构件耐火试验方法》GB/T 12513 中对非隔热性镶玻璃构件的试验方法和判定标准进行测定。有耐火完整性要求的门，其耐火完整性按照国家标准《门和卷帘的耐火试验方法》GB/T 7633 的有关规定进行测定。

6.7.10 由于屋面保温材料的火灾危害较建筑外墙的要小，且当保温层覆盖在具有较高耐火极限的屋面板上时，对建筑内部的影响不大，故对其保温材料的燃烧性能要求较外墙的要求要低些。但为限制火势通过外墙向上蔓延，要求屋面与建筑外墙的交接部位要做好防火隔离处理，具体分隔位置可以根据实际情况确定。

6.7.11 电线因使用年限长、绝缘老化或过负荷运行发热等均能引发火灾，因此不应在可燃保温材料中直接敷设，而需采取穿金属导管保护等防火措施。同时，开关、插座等电器配件也可能会因为过载、短路等发热引发火灾，因此，规定安装开关、插座等电器配件的周围应采取可靠的防火措施，不应直接安装在难燃或可燃的保温材料中。

6.7.12 近些年，由于在建筑外墙上采用可燃性装饰材料导致外墙面发生火灾的事故屡次发生，这类火灾往往会从外立面蔓延至多个楼层，造成了严重的火灾危害。因此，本条根据不同的建筑高度及外墙外保温系统的构造情况，对建筑外墙使用的装饰材料的燃烧性能作了必要限制，但该装饰材料不包括建筑外墙表面的饰面涂料。

7 灭火救援设施

7.1 消防车道

7.1.1 对于总长度和沿街的长度过长的沿街建筑，特别是 U 形或 L 形的建筑，如果不对其长度进行限制，会给灭火救援和内部人员的疏散带来不便，延误灭火时机。为满足灭火救援和人员疏散要求，本条对这些建筑的总长度作了必要的限制，而未限制 U 形、L 形建筑物的两翼长度。由于我国市政消火栓的保护半径在 150m 左右，按规定一般设在城市道路两旁，故将消防车道的间距定为 160m。本条规定对于区域规划也具有一定指导作用。

在住宅小区的建设和管理中，存在小区内道路宽度、承载能力或净空不能满足消防车通行需要的情况，给灭火救援带来不便。为此，小区的道路设计要考虑消防车的通行需要。

计算建筑长度时，其内折线或内凹曲线，可按突出点间的直线距离确定；外折线或突出曲线，应按实际长度确定。

7.1.2 本条为强制性条文。沿建筑物设置环形消防车道或沿建筑物的两个长边设置消防车道，有利于在不同风向条件下快速调整灭火救援场地和实施灭火。对于大型建筑，更有利于众多消防车辆到场后展开救援行动和调度。本条规定要求建筑物周围具有能满足基本灭火需要的消防车道。

对于一些超大体量或超长建筑物，一般均有较大的间距和开阔地带。这些建筑只要在平面布局上能保证灭火救援需要，在设置穿过建筑物的消防车道的确困难时，也可设置环行消防车道。但根据灭火救援实际，建筑物的进深最好控制在 50m 以内。少数高层建筑，受山地或河道等地理条件限制时，允许沿建筑的一个长边设置消防车道，但需结合消防车登高操作场地设置。

7.1.3 本条为强制性条文。工厂或仓库区内不同功能的建筑通常采用道路连接，但有些道路并不能满足消防车的通行和停靠要求，故要求设置专门的消防车道以便灭火救援。这些消防车道可以结合厂区或库区内的其他道路设置，或利用厂区、库区内的机动车通行道路。

高层建筑、较大型的工厂和仓库往往一次火灾延续时间较长，在实际灭火中用水量大、消防车辆投入多，如果没有环形车道或平坦空地等，会造成消防车辆堵塞，难以靠近灭火救援现场。因此，该类建筑的平面布局和消防车道设计要考虑保证消防车通行、灭火展开和调度的需要。

7.1.4 本条规定主要为满足消防车在火灾时方便进入内院展开救援操作及回车需要。

本条所指"街道"为城市中可通行机动车、行人和非机动车，一般设置有路灯、供水和供气、供电管网等其他市政公用设施的道路，在道路两侧一般建有建筑物。天井是由建筑或围墙四面围合的露天空地，与内院类似，只是面积大小有所区别。

7.1.5 本条规定旨在保证消防车快速通行和疏散人员的安全，防止建筑物在通道两侧的外墙上设置影响消防车通行的设施或开设出口，导致人员在火灾时大量进入该通道，影响消防车通行。在穿过建筑物或进入建筑物内院的消防车道两侧，影响人员安全疏散或消防车通行的设施主要有：与车道连接的车辆进出口、栅栏、开向车道的窗扇、疏散门、货物装卸口等。

7.1.6 在甲、乙、丙类液体储罐区和可燃气体储罐区内设置的消防车道，如设置位置合理、道路宽阔、路面坡度小，具有足够的车辆转弯或回转场地，则可大大方便消防车的通行和灭火救援行动。

将露天、半露天可燃物堆场通过设置道路进行分区并使车道与堆垛间保持一定距离，既可较好地防止火灾蔓延，又可较好地减小高强辐射热对消防车和消防员的作用，便于车辆调度，有利于展开灭火行动。

7.1.7 由于消防车的吸水高度一般不大于 6m，吸水管长度也有一定限制，而多数天然水源与市政道路的距离难以满足消防车快速就近取水的要求，消防水池的设置有时也受地形限制难以在建筑物附近就近设置或难以设置在可通行消防车的道路附近。因此,对于这些情况,均要设置可接近水源的专门消防车道,方便消防车应急取水供应火场。

7.1.8 本条第1、2、3款为强制性条文。本条为保证消防车道满足消防车通行和扑救建筑火灾的需要,根据目前国内在役各种消防车辆的外形尺寸,按照单车道并考虑消防车快速通行的需要,确定了消防车道的最小净宽度、净空高度,并对转弯半径提出了要求。对于需要通行特种消防车辆的建筑物、道路桥梁,还应根据消防车的实际情况增加消防车道的净宽度与净空高度。由于当前在城市或某些区域内的消防车道,大多数需要利用城市道路或居住小区内的公共道路,而消防车的转弯半径一般均较大,通常为9m~12m。因此,无论是专用消防车道还是兼作消防车道的其他道路或公路,均应满足消防车的转弯半径要求,该转弯半径可以结合当地消防车的配置情况和区域内的建筑物建设与规划情况综合考虑确定。

本条确定的道路坡度是满足消防车安全行驶的坡度,不是供消防车停靠和展开灭火行动的场地坡度。

根据实际灭火情况,除高层建筑需要设置灭火救援操作场地外,一般建筑均可直接利用消防车道展开灭火救援行动,因此,消防车道与建筑间要保持足够的距离和净空,避免高大树木、架空高压电力线、架空管廊等影响灭火救援作业。

7.1.9 目前,我国普通消防车的转弯半径为9m,登高车的转弯半径为12m,一些特种车辆的转弯半径为16m~20m。本条规定回车场地不应小于12m×12m,是根据一般消防车的最小转弯半径而确定的,对于重型消防车的回车场则还要根据实际情况增大。如,有些重型消防车和特种消防车,由于车身长度和最小转弯半径已有12m左右,就需设置更大面积的回车场才能满足使用要求;少数消防车的车身全长是15.7m,而15m×15m的回车场可能也满足不了使用要求。因此,设计还需根据当地的具体建设情况确定回车场的大小,但最小不应小于12m×12m,供重型消防车使用时不宜小于18m×18m。

在设置消防车道和灭火救援操作场地时,如果考虑不周,也会发生路面或场地的设计承载荷载过小,道路下面管道埋深过浅,沟渠选用轻型盖板等情况,从而不能承受重型消防车的通行荷载。特别是,有些情况需要利用裙房屋顶或高架桥等作为灭火救援场地或消防车通行时,更要认真核算相应的设计承载力。表17为各种消防车的满载(不包括消防员)总重,可供设计消防车道时参考。

表17 各种消防车的满载总重量(kg)

名称	型号	满载重量	名称	型号	满载重量
水罐车	SG65、SG65A	17286	泡沫车	CPP181	2900
	SHX5350、GXFSG160	35300		PM35GD	11000
	CG60	17000		PM50ZD	12500
	SG120	26000	供水车	GS140ZP	26325
	SG40	13320		GS150ZP	31500
	SG55	14500		GS150P	14100
	SG60	14100	供水车	东风144	5500
	SG170	31200		GS70	13315
	SG35ZP	9365	干粉车	GF30	1800
	SG80	19000		GF60	2600
	SG85	18525	干粉-泡沫联用消防车	PF45	17286
	SG70	13260		PF110	2600
	SP30	9210	登高平台车举高喷射消防车抢险救援车	CDZ53	33000
	EQ144	5000		CDZ40	2630
	SG36	9700		CDZ32	2700

续表17

名称	型号	满载重量	名称	型号	满载重量
水罐车	EQ153A-F	5500	登高平台车举高喷射消防车抢险救援车	CDZ20	9600
	SG110	26450		CJQ25	11095
	SG35GD	11000		SHX5110TTXFQJ73	14500
	SH5140GXFSG55GD	4000	消防通讯指挥车	CX10	3230
泡沫车	PM40ZP	11500		FXZ25	2160
	PM55	14100		FXZ25A	2470
	PM60ZP	1900		FXZ10	2200
	PM80、PM85	18525	火场供给消防车	XXFZM10	3864
	PM120	26000		XXFZM12	5300
	PM35ZP	9210		TQXZ20	5020
	PM55GD	14500		QXZ16	4095
	PP30	9410	供水车	GS1802P	31500
	EQ140	3000			

7.1.10 建筑灭火有效与否,与报警时间、专业消防队的第一出动和到场时间关系较大。本条规定主要为避免延误消防车奔赴火场的时间。据成都铁路局提供的数据,目前一列火车的长度一般不大于900m,新型16车编组的和谐动车,长度不超过402m。对于存在通行特殊超长火车的地方,需根据铁路部门提供的数据确定。

7.2 救援场地和入口

7.2.1 本条为强制性条文。本条规定是为满足扑救建筑火灾和救助高层建筑中遇困人员需要的基本要求。对于高层建筑,特别是布置有裙房的高层建筑,要认真考虑合理布置,确保登高消防车能够靠近高层建筑主体,便于登高消防车开展灭火救援。

由于建筑场地受多方面因素限制,设计要在本条确定的基本要求的基础上,尽量利用建筑周围地面,使建筑周边具有更多的救援场地,特别是在建筑物的长边方向。

7.2.2 本条第1、2、3款为强制性条文。本条总结和吸取了相关实战的经验、教训,根据实战需要规定了消防车登高操作场地的基本要求。实践中,有的建筑没有设计供消防车停靠、消防员登高操作和灭火救援的场地,从而延误战机。

对于建筑高度超过100m的建筑,需考虑大型消防车辆灭火救援作业的需求。如对于举升高度112m、车长19m、展开支腿跨度8m、车重75t的消防车,一般情况下,灭火救援场地的平面尺寸不小于20m×10m,场地的承载力不小于10kg/cm²,转弯半径不小于18m。

一般举高消防车停留、展开操作的场地的坡度不宜大于3%,坡地等特殊情况,允许采用5%的坡度。当建筑屋顶或高架桥等兼做消防车登高操作场地时,屋顶或高架桥等的承载能力要符合消防车满载时的停靠要求。

7.2.3 本条为强制性条文。为使消防员能尽快安全到达着火层,在建筑与消防车登高操作场地相对应的范围内设置直通室外的楼梯或直通楼梯间的入口十分必要,特别是高层建筑和地下建筑。

灭火救援时,消防员一般要通过建筑物直通室外的楼梯间或出入口,从楼梯间进入着火层对该层及其上、下部楼层进行内攻灭火和搜索救人。对于埋深较深或地下面积大的地下建筑,还有必要结合消防电梯的设置,在设计中考虑设置供专业消防人员出入火场的专用出入口。

7.2.4 本条为强制性条文。本条是根据近些年我国建筑发展和实际灭火中总结的经验教训确定的。

过去，绝大部分建筑均开设有外窗。而现在，不仅仓库、洁净厂房无外窗或外窗开设少，而且一些大型公共建筑，如商场、商业综合体、设置玻璃幕墙或金属幕墙的建筑等，在外墙上均很少设置可直接开向室外并可供人员进入的外窗。而在实际火灾事故中，大部分建筑的火灾在消防队到达时均已发展到比较大的规模，从楼梯间进入有时难以直接接近火源，但灭火时只有将灭火剂直接作用于火源或燃烧的可燃物，才能有效灭火。因此，在建筑的外墙设置可供专业消防人员使用的入口，对于方便消防灭火救援十分必要。救援窗口的设置既要结合楼层走道在外墙上的开口、还要结合避难层、避难间以及救援场地，在外墙上选择合适的位置进行设置。

7.2.5 本条确定的救援口大小是满足一个消防员背负基本救援装备进入建筑的基本尺寸。为方便实际使用，不仅该开口的大小要在本条规定的基础上适当增大，而且其位置、标识设置也要便于消防员快速识别和利用。

7.3 消防电梯

7.3.1 本条为强制性条文。本条确定了应设置消防电梯的建筑范围。

对于高层建筑，消防电梯能节省消防员的体力，使消防员能快速接近着火区域，提高战斗力和灭火效果。根据在正常情况下对消防员的测试结果，消防员从楼梯攀登的有利登高高度一般不大于23m，否则，人体的体力消耗很大。对于地下建筑，由于排烟、通风条件很差，受当前装备的限制，消防员通过楼梯进入地下的困难较大，设置消防电梯，有利于满足灭火作战和火场救援的需要。

本条第3款中"设置消防电梯的建筑的地下或半地下室"应设置消防电梯，主要指当建筑的上部设置了消防电梯且建筑有地下室时，该消防电梯应延伸到地下部分；除此之外，地下部分是否设置消防电梯应根据其埋深和总建筑面积来确定。

<u>老年人照料设施设置消防电梯，有利于快速组织灭火行动和对行动不便的老年人展开救援。本条中老年人照料设施的总建筑面积，见本规范第5.5.24A条的条文说明。本条设置消防电梯层数的确定，主要根据消防员负荷登高与救援的体力需求以及老年人照料设施中使用人员的特性确定的。</u>

7.3.2 本条为强制性条文。建筑内的防火分区具有较高的防火性能。一般，在火灾初期，较易将火灾控制在着火的一个防火分区内，消防员利用着火区内的消防电梯就可以进入着火区直接接近火源实施灭火和搜索等其他行动。对于有多个防火分区的楼层，即使一个防火分区的消防电梯受阻难以安全使用时，还可利用相邻防火分区的消防电梯。因此，每个防火分区应至少设置一部消防电梯。

7.3.3 本条规定建筑高度大于32m且设置电梯的高层厂房（仓库）应设消防电梯，且尽量每个防火分区均设置。对于高层塔架或局部区域较高的厂房，由于面积和火灾危险性小，也可以考虑不设置消防电梯。

7.3.5 本条第2～4款为强制性条文。在消防电梯间（井）前设置具有防烟性能的前室，对于保证消防电梯的安全运行和消防员的行动安全十分重要。

消防电梯为火灾时相对安全的竖向通道，其前室靠外墙设置既安全，又便于天然采光和自然排烟，电梯出口在首层也可直接通向室外。一些受平面布置限制不能直接通向室外的电梯出口，可以采用受防火保护的通道，不经过任何其他房间通

向室外。该通道要具有防烟性能。

<u>本条根据为满足一个消防战斗班配备装备后使用电梯以及救助老年人、病人等人员的需要，规定了消防电梯前室的面积及尺寸。</u>

7.3.6 本条为强制性条文。本条规定为确保消防电梯的可靠运行和防火安全。

在实际工程中，为有效利用建筑面积，方便建筑布置及电梯的管理和维护，往往多台电梯设置在同一部位，电梯井相互毗邻。一旦其中某部电梯或电梯井出现火情，可能因相互间的分隔不充分而影响其他电梯特别是消防电梯的安全使用。因此，参照本规范对消防电梯井井壁的耐火性能要求，规定消防电梯的梯井、机房要采用耐火极限不低于2.00h的防火隔墙与其他电梯的梯井、机房进行分隔。在机房上必须开设的开口部位应设置甲级防火门。

7.3.7 火灾时，应确保消防电梯能够可靠、正常运行。建筑内发生火灾后，一旦自动喷水灭火系统动作或消防队进入建筑展开灭火行动，均会有大量水在楼层上积聚、流散。因此，要确保消防电梯在灭火过程中能保持正常运行，消防电梯井内外就要考虑设置排水和挡水设施，并设置可靠的电源和供电线路。

7.3.8 本条是为满足一个消防战斗班配备装备后使用电梯的需要所作的规定。消防电梯每层停靠，包括地下室各层，着火时，要首先停靠在首层，以便于展开消防救援。对于医院建筑等类似功能的建筑，消防电梯轿厢内的净面积尚需考虑病人、残障人员等的救援以及方便对外联络的需要。

7.4 直升机停机坪

7.4.1 对于高层建筑，特别是建筑高度超过100m的高层建筑，人员疏散及消防救援难度大，设置屋顶直升机停机坪，可为消防救援提供条件。屋顶直升机停机坪的设置要尽量结合城市消防站建设和规划布局。当设置屋顶直升机停机坪确有困难时，可设置能保证直升机安全悬停与救援的设施。

7.4.2 为确保直升机安全起降，本条规定了设置屋顶停机坪对屋顶的基本要求。有关直升机停机坪和屋顶承重等其他技术要求，见行业标准《民用直升机场飞行场地技术标准》MH 5013—2008和《军用永备直升机机场场道工程建设标准》GJB 3502—1998。

8 消防设施的设置

本章规定了建筑设置消防给水、灭火、火灾自动报警、防烟与排烟系统和配置灭火器的基本范围。由于我国幅员辽阔、各地经济发展水平差异较大，气候、地理、人文等自然环境和文化背景各异、建筑的用途也千差万别，难以在本章中一一规定相应的设施配置要求。因此，除本规范规定外，设计还应从保障建筑及其使用人员的安全、减少火灾损失出发，根据有关专业建筑设计标准或专项防火标准的规定以及建筑的实际火灾危险性，综合确定配置适用的灭火、火灾报警和防排烟设施等消防设施与灭火器材。

8.1 一般规定

8.1.1 本条规定为建筑消防给水设计和消防设施配置设计的基本原则。

建筑的消防给水和其他主动消防设施设计，应充分考虑建筑的类型及火灾危险性、建筑高度、使用人员的数量与特性、发生火灾可能产生的危害和影响、建筑的周边环境条件和需配置的消防设施的适用性，使之早报警、快速灭火，及时

排烟,从而保障人员及建筑的消防安全。本规范对有些场所设置主动消防设施的类别虽有规定,但并不限制应用更好、更有效或更经济合理的其他消防设施。对于某些新技术、新设备的应用,应根据国家有关规定在使用前提出相应的使用和设计方案与报告,并进行必要的论证或试验,以切实保证这些技术、方法、设备或材料在消防安全方面的可行性与应用的可靠性。

8.1.2 本条为强制性条文。建筑室外消火栓系统包括水源、水泵接合器、室外消火栓、供水管网和相应的控制阀门等。室外消火栓是设置在建筑物外消防给水管网上的供水设施,也是消防队到场后需要使用的基本消防设施之一,主要供消防车从市政给水管网或室外消防给水管网取水向建筑室内消防给水系统供水,也可以经加压后直接连接水带、水枪出水灭火。本条规定了应设置室外消火栓系统的建筑。当建筑物的耐火等级为一、二级且建筑体积较小,或建筑物内无可燃物或可燃物较少时,灭火用水量较小,可直接依靠消防车所带水量实施灭火,而不需设置室外消火栓系统。

为保证消防车在灭火时能便于从市政管网中取水,要沿城镇中可供消防车通行的街道设置市政消火栓系统,以保证市政基础消防设施能满足灭火需要。这里的街道是在城市或镇范围内,全路或大部分地段两侧建有或规划有建筑物,一般设有人行道和各种市政公用设施的道路,不包括城市快速路、高架路、隧道等。

8.1.3 本条为强制性条文。水泵接合器是建筑室外消防给水系统的组成部分,主要用于连接消防车,向室内消火栓给水系统、自动喷水或水喷雾等水灭火系统或设施供水。在建筑外墙上或建筑外墙附近设置水泵接合器,能更有效地利用建筑内的消防设施,节省消防员登高扑救、铺设水带的时间。因此,原则上,设置室内消防给水系统或设置自动喷水、水喷雾灭火系统、泡沫雨淋灭火系统等的建筑,都需要设置水泵接合器。但考虑到一些层数不多的建筑,如小型公共建筑和多层住宅建筑,也可在灭火时在建筑内铺设水带采用消防车直接供水,而不需设置水泵接合器。

8.1.4、8.1.5 这两条规定了可燃液体储罐或罐区和可燃气体储罐或罐区设置冷却水系统的范围,有关要求还要符合相应专项标准的规定。

8.1.6 本条为强制性条文。消防水泵房需保证泵房内部设备在火灾情况下仍能正常工作,设备和需进入房间进行操作的人员不会受到火灾的威胁。本条规定是为了便于操作人员在火灾时进入泵房,并保证泵房不会受到外部火灾的影响。

本条规定中"疏散门应直通室外",要求进出泵房的人员不需要经过其他房间或使用空间而可以直接到达建筑外,开设在建筑首层门厅大门附近的疏散门可以视为直通室外;"疏散门应直通安全出口",要求泵房的门通过疏散走道连通到进入疏散楼梯(间)或直通室外的门,不需要经过其他空间。

有关消防水泵房的防火分隔要求,见本规范第6.2.7条。

8.1.7 本条第1、3、4款为强制性条款。消防控制室是建筑物内防火、灭火设施的显示、控制中心,必须确保控制室具有足够的防火性能,设置的位置能便于安全进出。

对于自动消防设施设置较多的建筑,设置消防控制室可以方便采用集中控制方式管理、监视和控制建筑内自动消防设施的运行状况,确保建筑消防设施的可靠运行。消防控制室的疏散门设置说明,见本规范第8.1.6条的条文说明。有关消防控制室内应具备的显示、控制和远程监控功能,在国

家标准《消防控制室通用技术要求》GB 25506中有详细规定,有关消防控制室内相关消防控制设备的构成和功能、电源要求、联动控制功能等的要求,在国家标准《火灾自动报警系统设计规范》GB 50116中也有详细规定,设计应符合这些标准的相应要求。

8.1.8 本条为强制性条文。本条是根据近年来一些重特大火灾事故的教训确定的。在实际火灾中,有不少消防水泵房和消防控制室因被淹或进入水而无法使用,严重影响自动消防设施的灭火、控火效果,影响灭火救援行动。因此,既要通过合理确定这些房间的布置楼层和位置,也要采取门槛、排水措施等方法防止灭火或自动喷水等灭火设施动作后的水积聚而致消防控制设备或消防水泵、消防电源与配电装置等被淹。

8.1.9 设置在建筑内的防烟风机和排烟风机的机房要与通风空气调节系统风机的机房分别设置,且防烟风机和排烟风机的机房应独立设置。当确有困难时,排烟风机可以与其他通风空气调节系统风机的机房合用,但用于排烟补风的送风风机不应与排烟风机机房合用,并应符合相关国家标准的要求。防烟风机和排烟风机的机房均需采用耐火极限不小于2.00h的隔墙和耐火极限不小于1.50h的楼板与其他部位隔开。

8.1.10 灭火器是扑救建筑初起火较方便、经济、有效的消防器材。人员发现火情后,首先应考虑采用灭火器等器材进行处置与扑救。灭火器的配置要根据建筑物内可燃物的燃烧特性和火灾危险性、不同场所中工作人员的特点、建筑的内外环境条件等因素,按照现行国家标准《建筑灭火器配置设计规范》GB 50140和其他有关专项标准的规定进行设计。

8.1.11 本条是根据近年来的一些火灾事故,特别是高层建筑火灾的教训确定的。本条规定主要为防止建筑幕墙在火灾时可能因墙体材料脱落而危及消防员的安全。

建筑幕墙常采用玻璃、石材和金属等材料。当幕墙受到火烧或受热时,易破碎或变形、爆裂,甚至造成大面积的破碎、脱落。供消防员使用的水泵接合器、消火栓等室外消防设施的设置位置,要根据建筑幕墙的位置、高度确定。当需离开建筑外墙一定距离时,一般不小于5m,当受平面布置条件限制时,可采取设置防护挑檐、防护棚等其他防坠落物砸伤的防护措施。

8.1.12 本条规定的消防设施包括室外消火栓、阀门和消防水泵接合器等室外消防设施、室内消火栓箱、消防设施中的操作与控制阀门、灭火器配置箱、消防给水管道、自动灭火系统的手动按钮、报警按钮、排烟设施的手动按钮、消防设备室、消防控制室等。

8.1.13 本章对于建筑室内外消火栓系统、自动喷水灭火系统、水喷雾灭火系统、气体灭火系统、泡沫灭火系统、细水雾灭火系统、火灾自动报警系统和防烟与排烟系统以及建筑灭火器等系统、设施的设置场所和部位作了规定,这些消防系统及设施的具体设计,还要按照国家现行有关标准的要求进行,有关系统标准主要包括《消防给水及消火栓系统技术规范》GB 50974、《自动喷水灭火系统设计规范》GB 50084、《气体灭火系统设计规范》GB 50370、《泡沫灭火系统设计规范》GB 50151、《水喷雾灭火系统设计规范》GB 50219、《细水雾灭火系统设计规范》GB 50898、《火灾自动报警系统设计规范》GB 50116、《建筑灭火器配置设计规范》GB 50140等。

8.2 室内消火栓系统

8.2.1 本条为强制性条文。室内消火栓是控制建筑内初期火

灾的主要灭火、控火设备,一般需要专业人员或受过训练的人员才能较好地使用和发挥作用。

本条所规定的室内消火栓系统的设置范围,在实际设计中不应仅限于这些建筑或场所,还应按照有关专项标准的要求确定。对于在本条规定规模以下的建筑或场所,可根据各地实际情况确定设置与否。

对于27m以下的住宅建筑,主要通过加强被动防火措施和依靠外部扑救来防止火势扩大和灭火。住宅建筑的室内消火栓可以根据地区气候、水源等情况设置干式消防竖管或湿式室内消火栓系统。干式消防竖管平时无水,着火后由消防车通过设置在首层外墙上的接口向室内干式消防竖管输水,消防员自带水龙带驳接室内消防给水竖管的消火栓口进行取水灭火。如能设置湿式室内消火栓系统,则要尽量采用湿式系统。当住宅建筑中的楼梯间位置不靠外墙时,应采用管道与干式消防竖管连接。干式竖管的管径宜采用80mm,消火栓口径应采用65mm。

8.2.2 一、二级耐火等级的单层、多层丁、戊类厂房(仓库)内,可燃物较少,即使着火,发展蔓延较慢,不易造成较大面积的火灾,一般可以依靠灭火器、消防软管卷盘等灭火器材或外部消防救援进行灭火。但由于丁、戊类厂房的范围较大,有些丁类厂房内也可能有较多可燃物,例如有淬火槽;丁、戊类仓库内也可能有较多的可燃包装材料,木箱包装机器、纸箱包装灯泡等,这些场所需要设置室内消火栓系统。

对于粮食仓库,库房内通常被粮食充满,将室内消火栓系统设置在建筑内往往难以发挥作用,一般需设置在建筑外。因此,其室内消火栓系统可与建筑的室外消火栓系统合用,而不设置室内消火栓系统。

建筑物内存有与水接触能引起爆炸的物质,即与水能起强烈化学反应发生爆炸燃烧的物质(例如:电石、钾、钠等物质)时,不应在该部位设置消防给水设备,而应采取其他灭火设施或防火保护措施。但实验室、科研楼内存有少数该类物质时,仍应设置室内消火栓。

远离城镇且无人值班的独立建筑,如卫星接收基站、变电站等可不设置室内消火栓系统。

8.2.3 国家级文物保护单位的重点砖木或木结构古建筑,可以根据具体情况尽量考虑设置室内消火栓系统。对于不能设置室内消火栓的,可采取防火喷涂保护,严格控制用电、用火等其他防火措施。

8.2.4 消防软管卷盘和轻便消防水龙是控制建筑物内固体可燃物初起火的有效器材,用水量小、配备与使用方便,适用于非专业人员使用。本条结合建筑的规模和使用功能,确定了设置消防软管卷盘和轻便消防水龙的范围,以方便建筑内的人员扑灭初起火时使用。

轻便消防水龙为在自来水供水管路上使用的由专用消防接口、水带及水枪组成的一种小型简便的喷水灭火设备,有关要求见公共安全标准《轻便消防水龙》GA 180。

8.3 自动灭火系统

自动喷水、水喷雾、七氟丙烷、二氧化碳、泡沫、干粉、细水雾、固定水炮灭火系统等及其他自动灭火装置,对于扑救和控制建筑物内的初起火,减少损失,保障人身安全,有十分明显的作用,在各类建筑内应用广泛。但由于建筑功能及其内部空间用途千差万别,本规范难以对各类建筑及其内部的各类场所一一作出规定。设计应按照有关专项标准的要求,或根据不同灭火系统的特点及其适用范围、系统选型和设置场所的相关要求,经技术、经济等多方面比较后确定。

本节中各条的规定均有三个层次,一是这些场所应设置自动灭火系统。二是推荐了一种较适合该场所的灭火系统类型,正常情况下应采用该类系统,但并不排斥采用其他适用的系统类型或灭火装置。如在有的场所空间很大,只有部分设备是主要的火灾危险源而需要灭火保护,或建筑内只有少数面积较小的场所内的设备需要保护时,可对该局部火灾危险性大的设备采用火探管、气溶胶、超细干粉等小型自动灭火装置进行局部保护,而不必采用大型自动灭火系统保护整个空间的方法。三是在选用某一系统的何种灭火方式时,应根据该场所的特点和条件、系统的特性以及国家相关政策确定。在选择灭火系统时,应考虑在一座建筑物内尽量采用同一种或同一类型的灭火系统,以便维护管理,简化系统设计。

此外,本规范未规定设置自动灭火系统的场所,并不排斥或限制根据工程实际情况以及建筑的整体消防安全需要而设置相应的自动灭火系统或设施。

8.3.1~8.3.4 这4条均为强制性条文。自动喷水灭火系统适用于扑救绝大多数建筑内的初起火,应用广泛。根据我国当前的条件,条文规定了应设置自动灭火系统,并宜采用自动喷水灭火系统的建筑或场所,规定中有的明确了具体的设置部位,有的是规定了建筑。对于按建筑规定的,要求该建筑内凡具有可燃物且适用设置自动喷水灭火系统的部位或场所,均需设置自动喷水灭火系统。

这4条所规定的这些建筑或场所具有火灾危险性大、发生火灾可能导致经济损失大、社会影响大或人员伤亡大的特点。自动灭火系统的设置原则是重点部位、重点场所,重点防护;不同分区,措施可以不同;总体上要能保证整座建筑物的消防安全,特别要考虑所设置的部位或场所在设置灭火系统后应能防止一个防火分区内的火灾蔓延到另一个防火分区中去。

(1)邮政建筑既有办公,也有邮件处理和邮袋存放功能,在设计中一般按丙类厂房考虑,并按照不同功能实行较严格的防火分区或分隔。对于邮件处理车间,可在处理好竖向连通部位的防火分隔条件下,不设置自动喷水灭火系统,但其中的重要部位仍要尽量采用其他对邮件及邮件处理设备无较大损害的灭火剂及其灭火系统保护。

(2)木器厂房主要指以木材为原料生产、加工各类木质板材、家具、构配件、工艺品、模具等成品、半成品的车间。

(3)高层建筑的火灾危险性较高,扑救难度大,设置自动灭火系统可提高其自防、自救能力。

对于建筑高度大于100m的住宅建筑,需要在住宅建筑的公共部位、套内各房间内设置自动喷水灭火系统。

对于医院内手术部的自动喷水灭火系统设置,可以根据国家标准《医院洁净手术部建筑技术规范》GB 50333的规定,不在手术室内设置洒水喷头。

(4)建筑内采用送回风风道的集中空气调节系统具有较大的火灾蔓延传播危险。旅馆、商店、展览建筑使用人员较多,有的室内装修还采用了较多难燃或可燃材料,大多设置有集中空气调节系统。这些场所人员的流动性大,对环境不太熟悉且功能复杂,有的建筑内的使用人员还可能较长时间处于休息、睡眠状态。可燃装修材料的烟生成量及其毒性分解物较多,火源控制较复杂或易传播火灾及其烟气。有固定座位的场所,人员疏散相对较困难,所需疏散时间可能较长。

(5)第8.3.4条中的"建筑面积"是指歌舞娱乐放映游艺场所任一层的建筑面积。每个厅、室的防火要求应符合本规范第5章的有关规定。

(6)老年人照料设施设置自动喷水灭火系统,可以有效降低该类场所的火灾危害。根据现行国家标准《自动喷水灭火系统设计规范》GB 50084,室内最大净空高度不超过 8m、保护区域总建筑面积不超过 1000m² 及火灾危险等级不超过中危险级 I 级的民用建筑,可以采用局部应用自动喷水灭火系统。因此,当受条件限制难以设置普通自动喷水灭火系统,又符合上述规范要求的老年人照料设施,可以采用局部应用自动喷水灭火系统。

8.3.5 本条为强制性条文。对于以可燃固体燃烧物为主的高大空间,根据本规范第 8.3.1 条~第 8.3.4 条的规定需要设置自动灭火系统,但采用自动喷水灭火系统、气体灭火系统、泡沫灭火系统等都不合适,此类场所可以采用固定消防炮或自动跟踪定位射流等类型的灭火系统进行保护。

固定消防炮灭火系统可以远程控制并自动搜索火源、对准着火点、自动喷洒水或其他灭火剂进行灭火,可与火灾自动报警系统联动,既可手动控制,也可实现自动操作,适用于扑救大空间内的早期火灾。对于设置自动喷水灭火系统不能有效发挥早期响应和灭火作用的场所,采用与火灾探测器联动的固定消防炮或自动跟踪定位射流灭火系统比快速响应喷头更能及时扑救早期火灾。

消防炮水量集中、流速快、冲量大,水流可以直接接触燃烧物而作用到火焰根部,将火焰剥离使燃烧物燃烧中止,能有效扑救高大空间内蔓延较快或火灾荷载大的火灾。固定消防炮灭火系统的设计应符合现行国家标准《固定消防炮灭火系统设计规范》GB 50338 的有关规定。

8.3.6 水幕系统是现行国家标准《自动喷水灭火系统设计规范》GB 50084 规定的系统之一。根据水幕系统的工作特性,该系统可以用于防止火灾通过建筑开口部位蔓延,或辅助其他防火分隔物实施有效分隔。水幕系统主要用于因生产工艺需要或使用功能需要而无法设置防火墙等的开口部位,也可用于辅助防火卷帘和防火幕作防火分隔。

本条第 1、2 款规定的开口部位所设置的水幕系统主要用于防火分隔,第 3 款规定部位设置的水幕系统主要用于防护冷却。水幕系统的火灾延续时间需要根据不同部位设置防火隔墙或防火墙时所需耐火极限确定,系统设计应符合现行国家标准《自动喷水灭火系统设计规范》GB 50084 的规定。

8.3.7 本条为强制性条文。雨淋系统是自动喷水灭火系统之一,主要用于扑救燃烧猛烈、蔓延快的大面积火灾。雨淋系统应有足够的供水速度,保证灭火效果,其设计应符合现行国家标准《自动喷水灭火系统设计规范》GB 50084 的规定。

本条规定应设置雨淋系统的场所均为发生火灾蔓延快,需尽快控制的高火灾危险场所:

(1)火灾危险性大、着火后燃烧速度快或可能发生爆炸性燃烧的厂房或部位。

(2)易燃物品仓库,当面积较大或储存量较大时,发生火灾后影响面较大,如面积大于 60m² 硝化棉等仓库。

(3)可燃物较多且空间较大、火灾易迅速蔓延扩大的演播室、电影摄影棚等场所。

(4)乒乓球的主要原料是赛璐珞,在生产过程中还采用甲类液体溶剂,乒乓球厂的轧坯、切片、磨球、分球检验部位具有火灾危险性大且着火后燃烧强烈、蔓延快等特点。

8.3.8 本条为强制性条文。水喷雾灭火系统喷出的水滴粒径一般在 1mm 以下,喷出的水雾能吸收大量的热量,具有良好的降温作用,同时水在热作用下会迅速变成水蒸气,并包裹保护对象,起到部分窒息灭火的作用。水喷雾灭火系统对于重质油品具有良好的灭火效果。

1 变压器油的闪点一般都在 120℃ 以上,适用采用水喷

雾灭火系统保护。对于缺水或严寒、寒冷地区、无法采用水喷雾灭火系统保护的电力变压器和设置在室内的电力变压器,可以采用二氧化碳等气体灭火系统。另外,对于变压器,目前还有一些有效的其他灭火系统可以采用,如自动喷水-泡沫联用系统、细水雾灭火系统等。

2 飞机发动机试验台的火灾危险源为燃料油和润滑油,设置自动灭火系统主要用于保护飞机发动机和试车台架。该部位的灭火系统设计应全面考虑,一般可采用水喷雾灭火系统,也可以采用气体灭火系统、泡沫灭火系统、细水雾灭火系统等。

8.3.9 本条为强制性条文。本条规定的气体灭火系统主要包括高低压二氧化碳、七氟丙烷、三氟甲烷、氮气、IG541、IG55 等灭火系统。气体灭火剂不导电、一般不造成二次污染,是扑救电子设备、精密仪器设备、贵重仪器和档案图书等纸质、绢质或磁介质材料信息载体的良好灭火剂。气体灭火系统在密闭的空间里有良好的灭火效果,但系统投资较高,故本规范只要求在一些重要的机房、贵重设备室、珍藏室、档案库内设置。

(1)电子信息系统机房的主机房,按照现行国家标准《电子信息系统机房设计规范》GB 50174 的规定确定。根据《电子信息系统机房设计规范》GB 50174—2008 的规定,A、B 级电子信息系统机房的分级为:电子信息系统运行中断将造成重大的经济损失或公共场所秩序严重混乱的机房为 A 级机房,电子信息系统运行中断将造成较大的经济损失或公共场所秩序混乱的机房为 B 级机房。图书馆的特藏库,按照现行国家标准《图书馆建筑设计规范》JGJ 38 的规定确定。档案馆的珍藏库,按照现行国家标准《档案馆建筑设计规范》JGJ 25 的规定确定。大、中型博物馆按照国家标准《博物馆建筑设计规范》JGJ 66 的规定确定。

(2)特殊重要设备,主要指设置在重要部位和场所中,发生火灾后将严重影响生产和生活的关键设备。如化工厂中的中央控制室和单台容量 300MW 机组及以上容量的发电厂的电子设备间、控制室、计算机房及继电器室等。高层民用建筑内火灾危险性大,发生火灾后对生产、生活产生严重影响的配电室等,也属于特殊重要设备室。

(3)从近几年二氧化碳灭火系统的使用情况看,该系统应设置在不经常有人停留的场所。

8.3.10 本条为强制性条文。可燃液体储罐火灾事故较多,且一旦初起火未得到有效控制,往往后期灭火效果不佳。设置固定或半固定式灭火系统,可对储罐火灾起到较好的控火和灭火作用。

低倍数泡沫主要通过泡沫的遮断作用,将燃烧液体与空气隔离实现灭火。中倍数泡沫灭火取决于泡沫的发泡倍数和使用方式,当以较低的倍数用于扑救甲、乙、丙类液体流淌火时,灭火机理与低倍数泡沫相同;当以较高的倍数用于全淹没方式灭火时,其灭火机理与高倍数泡沫相同。高倍数泡沫主要通过密集状态的大量高倍数泡沫封闭区域,阻断新空气的流入实现窒息灭火。

低倍数泡沫灭火系统被广泛用于生产、加工、储存、运输和使用甲、乙、丙类液体的场所。甲、乙、丙类可燃液体储罐主要采用泡沫灭火系统保护。中倍数泡沫灭火系统可用于保护小型油罐和其他一些类似场所。高倍数泡沫可用于大空间和人员进入有危险以及用水难以灭火或灭火后水渍损失大的场所,如大型易燃液体仓库、橡胶轮胎库、纸张和卷烟仓库、电缆沟及地下建筑(汽车库)等。有关泡沫灭火系统的设计与选型应执行现行国家标准《泡沫灭火系统设计规范》GB 50151 等的有关

规定。

8.3.11 据统计，厨房火灾是常见的建筑火灾之一。厨房火灾主要发生在灶台操作部位及其排烟道。从试验情况看，厨房的炉灶或排烟道部位一旦着火，发展迅速且常规灭火设施扑救易发生复燃；烟道内的火扑救又比较困难。根据国外近40年的应用历史，在该部位采用自动灭火装置灭火，效果理想。

目前，国内外相关产品在国内市场均有销售，不同产品之间的性能差异较大。因此，设计应注意选用能自动探测与自动灭火动作且灭火前能自动切断燃料供应、具有防复燃功能且灭火效能（一般应以保护面积为参考指标）较高的产品，且必须在排烟管道内设置喷头。有关装置的设计、安装可执行中国工程建设标准化协会标准《厨房设备灭火装置技术规程》CECS 233的规定。

本条规定的餐馆根据国家现行标准《饮食建筑设计规范》JGJ 64的规定确定，餐厅为餐馆、食堂中的就餐部分，"建筑面积大于1000m²"为餐厅总的营业面积。

8.4 火灾自动报警系统

8.4.1 本条为强制性条文。火灾自动报警系统能起到早期发现和通报火警信息，及时通知人员进行疏散、灭火的作用，应用广泛。本条规定的设置范围，主要为同一时间停留人数较多，发生火灾容易造成人员伤亡需及时疏散的场所或建筑；可燃物较多，火灾蔓延迅速，扑救困难的场所或建筑；以及不易及时发现火灾且性质重要的场所或建筑。该规定是对国内火灾自动报警系统工程实践经验的总结，并考虑了我国经济发展水平。本条所规定的场所，如未明确具体部位，除个别火灾危险性小的部位，如卫生间、泳池、水泵房等外，需要在该建筑内全部设置火灾自动报警系统。

1 制鞋、制衣、玩具、电子等类似火灾危险性的厂房主要考虑了该类建筑面积大、同一时间内人员密度较大、可燃物多。

3 商店和展览建筑中的营业、展览厅和娱乐场所等场所，为人员较密集、可燃物较多、容易发生火灾，需要早报警、早疏散、早扑救的场所。

4 重要的档案馆，主要指国家现行标准《档案馆设计规范》JGJ 25规定的国家档案馆。其他专业档案馆，可视具体情况比照本规定确定。

5 对于地市级以下的电力、交通和防灾调度指挥、广播电视、电信和邮政建筑，可视建筑的规模、高度和重要性等具体情况确定。

6 剧场和电影院的级别，按国家现行标准《剧场建筑设计规范》JGJ 57和《电影院建筑设计规范》JGJ 58确定。

10 根据现行国家标准《电子信息系统机房设计规范》GB 50174的规定，电子信息系统的主机房为主要用于电子信息处理、存储、交换和传输设备的安装和运行的建筑空间，包括服务器机房、网络机房、存储机房等功能区域。

13 建筑中有需要与火灾自动报警系统联动的设施主要有：机械排烟系统、机械防烟系统、水幕系统、雨淋系统、预作用系统、水喷雾灭火系统、气体灭火系统、防火卷帘、常开防火门、自动排烟窗等。

为使老年人照料设施中的人员能及时获知火灾信息，及早探测火情，要求在老年人照料设施中的老年人居室、公共活动用房等老年人用房中设置相应的火灾报警和警报装置。当老年人照料设施单体的总建筑面积小于500m²时，也可以采用独立式烟感火灾探测报警器。独立式烟感探测器适用于受条件限制难以按标准设置火灾自动报警系统的场所，如规模较小的建筑或既有建筑改造等。独立式烟感探测器可通过电池或者生活用电直接供电，安装使用方便，能够探测火灾时产生的烟雾，及时发出报警，可以实现独立探测、独立报警。本条中的"老年人照料设施中的老年人用房"，是指现行行业标准《老年人照料设施建筑设计标准》JGJ 450—2018规定的老年人生活用房、老年人公共活动用房、康复与医疗用房。

8.4.2 为使住宅建筑中的住户能够尽早知晓火灾发生情况，及时疏散，按照安全可靠、经济适用的原则，本条对不同建筑高度的住宅建筑如何设置火灾自动报警系统作出了具体规定。

8.4.3 本条为强制性条文。本条规定应设置可燃气体探测报警装置的场所，包括工业生产、储存、公共建筑中可能散发可燃蒸气或气体，并存在爆炸危险的场所与部位，也包括丙、丁类厂房、仓库中存储或使用燃气加工的部位，以及公共建筑中的燃气锅炉房等场所，不包括住宅建筑内的厨房。

8.5 防烟和排烟设施

火灾烟气中所含一氧化碳、二氧化碳、氟化氢、氯化氢等多种有毒成分，以及高温缺氧等都会对人体造成极大的危害。及时排除烟气，对保证人员安全疏散，控制烟气蔓延，便于扑救火灾具有重要作用。对于一座建筑，当其某部位着火时，应采取有效的排烟措施排除可燃物燃烧产生的烟气和热量，使该局部空间形成相对负压区；对非着火部位及疏散通道等应采取防烟措施，以阻止烟气侵入，以利人员的疏散和灭火救援。因此，在建筑内设置排烟设施十分必要。

8.5.1 本条为强制性条文。建筑物内的防烟楼梯间、消防电梯间前室或合用前室、避难区域等，都是建筑物着火时的安全疏散、救援通道。火灾时，可通过开启外窗等自然排烟设施将烟气排出，亦可采用机械加压送风的防烟设施，使烟气不致侵入疏散通道或疏散安全区内。

对于建筑高度小于或等于50m的公共建筑、工业建筑和建筑高度小于或等于100m的住宅建筑，由于这些建筑受风压作用影响较小，可利用建筑本身的采光通风，基本起到防止烟气进一步进入安全区域的作用。

当采用凹廊、阳台作为防烟楼梯间的前室或合用前室，或者防烟楼梯间前室或合用前室具有两个不同朝向的可开启外窗且有满足需要的可开启窗面积时，可以认为该前室或合用前室的自然通风能及时排出漏入前室或合用前室的烟气，并可防止烟气进入防烟楼梯间。

8.5.2 本条为强制性条文。事实证明，丙类仓库和丙类厂房的火灾往往会产生大量浓烟，不仅加速了火灾的蔓延，而且增加了灭火救援和人员疏散的难度。在建筑内采取排烟措施，尽快排除火灾过程中产生的烟气和热量，对于提高灭火救援的效果、保证人员疏散安全具有十分重要的作用。

厂房和仓库内的排烟设施可结合自然通风、天然采光等要求设置，并在车间内火灾危险性相对较高部位局部考虑加强排烟措施。尽管丁类生产车间的火灾危险性较小，但建筑面积较大的车间仍可能存在火灾危险性大的局部区域，如空调生产与组装车间，汽车部件加工和组装车间等，且车间进深大、烟气难以依靠外墙的开口进行排除，因此应考虑设置机械排烟设施或在厂房中间适当部位设置自然排烟口。

有爆炸危险的甲、乙类厂房（仓库），主要考虑加强正常通风和事故通风等预防发生爆炸的技术措施。因此，本规范未明确要求该类建筑设置排烟设施。

8.5.3 本条为强制性条文。为吸取娱乐场所的火灾教训，本条规定建筑中的歌舞娱乐放映游艺场所应当设置排烟设施。

中庭在建筑中往往贯通数层,在火灾时会产生一定的烟囱效应,能使火势和烟气迅速蔓延,易在较短时间内使烟气充填或弥散到整个中庭,并通过中庭扩散到相连通的邻近空间。设计需结合中庭和相连通空间的特点、火灾荷载的大小和火灾的燃烧特性等,采取有效的防烟、排烟措施。中庭烟控的基本方法包括减少烟气产生和控制烟气运动两方面。设置机械排烟设施,能使烟气有序运动和排出建筑物,使各楼层的烟气层维持在一定的高度以上,为人员赢得必要的逃生时间。

根据试验观测,人在浓烟中低头掩鼻的最大行走距离为20m~30m。为此,本条规定建筑内长度大于20m的疏散走道应设排烟设施。

8.5.4 本条为强制性条文。地下、半地下建筑(室)不同于地上建筑,地下空间的对流条件、自然采光和自然通风条件差,可燃物在燃烧过程中缺乏充足的空气补充,可燃物燃烧慢、产烟量大、温升快、能见度降低就快,不仅增加人员的恐慌心理,而且对安全疏散和灭火救援十分不利。因此,地下空间的防排烟设置要求比地上空间严格。

地上建筑中无窗房间的通风与自然排烟条件与地下建筑类似,因此其相关要求也与地下建筑的要求一致。

9 供暖、通风和空气调节

9.1 一般规定

9.1.1 本条规定为采暖、通风和空气调节系统应考虑防火安全措施的原则要求,相关专项标准可根据具体情况确定更详细的相应技术措施。

9.1.2 本条为强制性条文。甲、乙类厂房,有的存在甲、乙类挥发性可燃蒸气,有的在生产使用过程中会产生可燃气体,在特定条件下易积聚而与空气混合形成具有爆炸危险的混合气体。甲、乙类厂房内的空气如循环使用,尽管可减少一定能耗,但火灾危险性可能持续增大。因此,甲、乙类厂房要具备良好的通风条件,将室内空气及时排出到室外,而不循环使用。同时,需向车间内送入新鲜空气,但排风设备在通风机房内存在泄漏可燃气体的可能,因此应符合本规范第9.1.3条的规定。

丙类厂房中有的工段存在可燃纤维(如纺织厂、亚麻厂)和粉尘,易造成火灾的蔓延,除及时清扫外,若要循环使用空气,要在通风机前设滤尘器对空气进行净化后才能循环使用。某些火灾危险性相对较低的场所,正常条件下不具有火灾与爆炸危险,但只要条件适宜仍可能发生火灾。因此,规定空气的含尘浓度要求低于含燃烧或爆炸危险粉尘、纤维的爆炸下限的25%。此规定参考了国内外有关标准对类似场所的要求。

9.1.3 本条为强制性条文。本条规定主要为防止空气中的可燃气体再被送入甲、乙类厂房内或将可燃气体送到其他生产类别的车间内形成爆炸气氛而导致爆炸事故。因此,为甲、乙类车间服务的排风设备,不能与送风设备布置在同一通风机房内,也不能与为其他车间服务的送、排风设备布置在同一通风机房内。

9.1.4 本条为强制性条文。本条要求民用建筑内存放容易着火或爆炸物质(例如,容易放出氢气的蓄电池、使用甲类液体的小型零配件等)的房间所设置的排风设备要采用独立的排风系统,主要是避免将这些容易着火或爆炸的物质通过通

风系统送入该建筑内的其他房间。因此,将这些房间的排风系统所排出的气体直接排到室外安全地点,是经济、有效的安全方法。

此外,在有爆炸危险场所使用的通风设备,要根据该场所的防爆等级和国家有关标准要求选用相应防爆性能的防爆设备。

9.1.5 本条规定主要为排除比空气轻的可燃气体混合物。将水平排风管沿着排风气流流向上设置坡度,有利于比空气轻的气体混合物顺气流方向自然排出,特别是在通风机停机时,能更好地防止管道内局部积存而形成有爆炸危险的高浓度混合气体。

9.1.6 火灾事故表明,通风系统中的通风管道可能成为建筑火灾和烟气蔓延的通道。本条规定主要为避免这两类管道相互影响,防止火灾和烟气经由通风管道蔓延。

9.2 供暖

9.2.1 本条规定主要为防止散发可燃粉尘、纤维的厂房和输煤廊内的供暖散热器表面温度过高,导致可燃粉尘、纤维与采暖设备接触引起自燃。

目前,我国供暖的热媒温度范围一般为:130℃~70℃、110℃~70℃和95℃~70℃,散热器表面的平均温度分别为:100℃、90℃和82.5℃。若热媒温度为130℃或110℃,对于有些易燃物质,例如,赛璐珞(自燃点为125℃)、三硫化二磷(自燃点为100℃)、松香(自燃点为130℃),有可能与采暖的设备和管道的热表面接触引起自燃,还有部分粉尘积聚厚度大于5mm时,也会因融化或焦化而引发火灾,如树脂、小麦、淀粉、糊精粉等。本条规定散热器表面的平均温度不应高于82.5℃,相当于供水温度95℃、回水温度70℃,这时散热器入口处的最高温度为95℃,与自燃点最低的100℃相差5℃,具有一定的安全余量。

对于输煤廊,如果热煤温度低,容易发生供暖系统冻结事故,考虑到输煤廊内煤粉在稍高温度时不易引起自燃,故将该场所内散热器的表面温度放宽至130℃。

9.2.2 本条为强制性条文。甲、乙类生产厂房内遇明火发生的火灾,后果十分严重。为吸取教训,规定甲、乙类厂房(仓库)内严禁采用明火和电热散热器供暖。

9.2.3 本条为强制性条文。本条规定应采用不循环使用热风供暖的场所,均为具有爆炸危险性的厂房,主要有:

(1)生产过程中散发的可燃气体、蒸气、粉尘、纤维与采暖管道、散热器表面接触,虽然供暖温度不高,也可能引起燃烧的厂房,如二硫化碳气体、黄磷蒸气及其粉尘等。

(2)生产过程中散发的粉尘受到水、水蒸气的作用,能引起自燃和爆炸的厂房,如生产和加工钾、钠、钙等物质的厂房。

(3)生产过程中散发的粉尘受到水、水蒸气的作用,能产生爆炸性气体的厂房,如电石、碳化铝、氢化钾、氢化钠、硼氢化钠等放出的可燃气体等。

9.2.4、9.2.5 供暖管道长期与可燃物体接触,在特定条件下会引起可燃物体蓄热、分解或炭化而着火,需采取必要的隔热防火措施。一般,可将供暖管道与可燃物保持一定的距离。

本条规定的距离,在有条件时应尽可能加大。若保持一定距离有困难时,可采用不燃材料对供暖管道进行隔热处理,如外包覆绝热性能好的不燃烧材料等。

9.2.6 本条规定旨在防止火势沿着管道的绝热材料蔓延到相邻房间或整个防火区域。在设计中,除首先考虑采用不燃材

料外，当采用难燃材料时，还要注意选用热分解毒性小的绝热材料。

9.3 通风和空气调节

9.3.1 由于火灾中的热烟气扩散速度较快，在布置通风和空气调节系统的管道时，要采取措施阻止火灾的横向蔓延，防止和控制火灾的竖向蔓延，使建筑的防火体系完整。本条结合工程设计实际和建筑布置需要，规定通风和空气调节系统的布置，横向尽量按每个防火分区设置，竖向一般不大于5层。通风管道在穿越防火分隔处设置防火阀，可以有效地控制火灾蔓延，在此条件下，通风管道横向或竖向均可以不分区或按楼层分段布置。在住宅建筑中的厨房、厕所的垂直排风管道上，多见用防止回流设施防止火势蔓延，在公共建筑的卫生间和多个排风系统的排风机房里需同时设防火阀和防止回流设施。

本规范要求建筑内管道井的井壁应采用耐火极限不低于1.00h的防火隔墙，故穿过楼层的竖向风管也要求设在管井内或者采用耐火极限不低于1.00h的耐火风管道。

住宅建筑中的排风管道内采取的防止回流方法，可参见图8所示的做法。具体做法有：

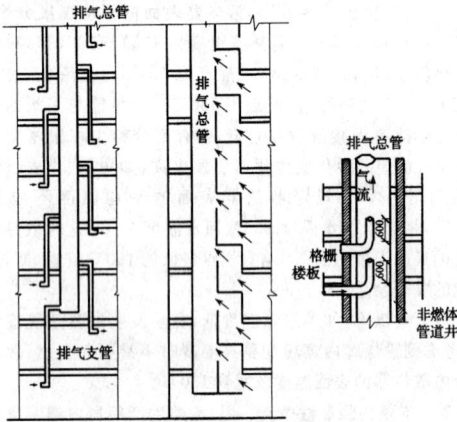
图8 排气管防止回流示意图

(1)增加各层垂直排风支管的高度，使各层排风支管穿越2层楼板；

(2)把排风竖管分成大小两个管道，竖向干管直通屋面，排风支管分层与竖向干管连通；

(3)将排风支管顺气流方向插入竖向风道，且支管到支管出口的高度不小于600mm；

(4)在支管上安装止回阀。

9.3.2 本条为强制性条文。对于有爆炸危险的车间或厂房，容易通过通风管道蔓延到建筑的其他部分，本条对排风管道穿越防火墙和有爆炸危险的部位作了严格限制，以保证防火墙等防火分隔物的完整性，并防止通过排风管道将有爆炸危险场所的火灾或爆炸波引入其他场所。

9.3.3 在火灾危险性较大的甲、乙、丙类厂房内，送排风管要尽量考虑分层设置。当进入生产车间或厂房的水平或垂直风管设置了防火阀时，可以阻止火灾从着火层向相邻层蔓延，因而各层的水平或垂直送风管可共用一个系统。

9.3.4 在风机停机时，一般会出现空气从风管倒流到风机的现象。当空气中含有易燃或易爆炸物质且风机未做防爆处理时，这些物质会随之被带到风机内，并因风机产生的火花而引起爆炸，故风机要采取防爆措施。一般可采用有色金属制造的风机叶片和防爆的电动机。

若通风机设置在单独隔开的通风机房内，在送风干管内设置止回阀，即顺气流方向开启的单向阀，能防止危险物质倒流到风机内，且通风机房发生火灾后也不致蔓延至其他房间，因此可采用普通的通风设备。

9.3.5 本条为强制性条文。含有燃烧和爆炸危险粉尘的空气不能进入排风机或在进入排风机前对其进行净化。采用不产生火花的除尘器，主要为防止除尘器工作过程中产生火花引起粉尘、碎屑燃烧或爆炸。

空气中可燃粉尘的含量控制在爆炸下限的25%以下，通常是可防止可燃粉尘形成局部高浓度、满足安全要求的数值。美国消防协会(NFPA)《防火手册》指出：可燃蒸气和气体的警告响应浓度为其爆炸下限的20%；当浓度达到爆炸下限的50%时，要停止操作并进行惰化。国内大部分文献和标准也均采用物质爆炸下限的25%为警告值。

9.3.6 根据火灾爆炸案例，有爆炸危险粉尘的排风机、除尘器采取分区、分组布置是必要的。一个系统对应一种粉尘，便于粉尘回收；不同性质的粉尘在一个系统中，有引起化学反应的可能。如硫黄与过氧化铅、氯酸盐混合物能发生爆炸，碳黑混入氧化剂自燃点会降低到100℃。因此，本条强调在布置除尘器和排风机时，要尽量按单一粉尘分组布置。

9.3.7 从国内一些用于净化有爆炸危险粉尘的干式除尘器和过滤器发生爆炸的危害情况看，这些设备如果条件允许布置在厂房之外的独立建筑内，并与所属厂房保持一定的防火间距，对于防止发生爆炸和减少爆炸危害十分有利。

9.3.8 本条为强制性条文。试验和爆炸案例分析均表明，用于排除有爆炸危险的粉尘、碎屑的除尘器、过滤器和管道，如果设置泄压装置，对于减轻爆炸的冲击波破坏较为有效。泄压面积大小则需根据有爆炸危险的粉尘、纤维的危险程度，经计算确定。

要求除尘器和过滤器布置在负压段上，主要为缩短含尘管道的长度，减少管道内的积尘，避免因干式除尘器布置在系统的正压段上漏风而引起火灾。

9.3.9 本条为强制性条文。含可燃气体、蒸气和粉尘场所的排风系统，通过设置导除静电接地的装置，可以减少因静电引发爆炸的可能性。地下、半地下场所易积聚有爆炸危险的蒸气和粉尘等物质，因此对上述场所进行排风的设备不能设置在地下、半地下。

本条第3款规定主要为便于检查维修和排除危险，消除安全隐患。为安全考虑，排气口要尽量远离明火和人员通过或停留的地方。

9.3.10 温度超过80℃的气体管道与可燃或难燃物体长期接触，易引起起火灾；容易起火的碎屑也可能在管道内发生火灾，并易引燃邻近的可燃、难燃物体。因此，要求与可燃、难燃物体之间保持一定间隙或应用导热性差的不燃烧隔热材料进行隔热。

9.3.11 本条为强制性条文。通风和空气调节系统的风管是建筑内部火灾蔓延的途径之一，要采取措施防止火势穿过防火墙和不燃性防火分隔物等部位蔓延。通风、空气调节系统的风管上应设防火阀的部位主要有：

1 防火分区等防火分隔处，主要防止火灾在防火分区或不同防火单元之间蔓延。在某些情况下，必须穿过防火墙或防火隔墙时，需在穿过处设置防火阀，此防火阀一般依靠感烟火灾探测器控制动作，用电讯号通过电磁铁等装置关闭，同时它还具有温度熔断器自动关闭以及手动关闭的功能。

2、3 风管穿越通风、空气调节机房或其他防火墙和楼板处。主要防止机房的火灾通过风管蔓延到建筑内的其他房间，或者防止建筑内的火灾通过风管蔓延到机房。此外，为防止火灾蔓延至重要的会议室、贵宾休息室、多功能厅等性质重要的房间或有贵重物品、设备的房间以及易燃物品实验室或易燃物品库房等火灾危险性大的房间，规定风管穿越这些房间的隔墙和楼板处应设置防火阀。

4 在穿越变形缝的两侧风管上。在该部位两侧风管上各设一个防火阀，主要为使防火阀在一定时间里达到耐火完整性和耐火稳定性要求，有效地起到隔烟阻火作用，参见图9。

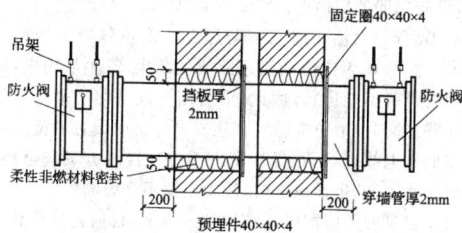

图 9 变形缝处的防火阀

5 竖向风管与每层水平风管交接处的水平管段上。主要为防止火势竖向蔓延。

有关防火阀的分类，参见表18。

表 18 防火阀、排烟防火阀的基本分类

类别	名称	性能及用途
防火类	防火阀	采用70℃温度熔断器自动关闭（防火），可输出联动讯号。用于通风空调系统风管内，防止火势沿风管蔓延
	防烟防火阀	靠感烟火灾探测器控制动作，用电讯号通过电磁铁关闭（防烟），还可采用70℃温度熔断器自动关闭（防火）。用于通风空调系统风管内，防止烟火蔓延
	防火调节阀	70℃时自动关闭，手动复位，0°~90°无级调节，可以输出关闭电讯号
防烟类	加压送风口	靠感烟火灾探测器控制，电讯号开启，也可手动（或远距离缆绳）开启，可设70℃温度熔断器重新关闭装置，输出电讯号联动送风机开启。用于加压送风系统的风口，防止外部烟气进入
排烟类	排烟阀	电讯号开启或手动开启，输出开启电讯号联动排烟机开启，用于排烟系统风管上
	排烟防火阀	电讯号开启、手动开启，输出动作电讯号，用于排烟风机入口管道或排烟支管上。采用280℃温度熔断器重新关闭
	排烟口	电讯号开启，手动（或远距离缆绳）开启，输出电讯号联动排烟机开启，用于排烟房间的顶棚或墙壁上。采用280℃重新关闭装置

9.3.12 为防止火势通过建筑内的浴室、卫生间、厨房的垂直排风管道（自然排风或机械排风）蔓延，要求这些部位的垂直排风管采取防回流措施并尽量在其支管上设置防火阀。

由于厨房中平时操作排出的废气温度较高，若在垂直排风管上设置70℃时动作的防火阀，将会影响平时厨房操作中的排风。根据厨房操作需要和厨房常见火灾发生时的温度，本条规定公共建筑厨房的排油烟管道的支管与垂直排风管连接处要设150℃时动作的防火阀，同时，排油烟管道尽量按防火分区设置。

9.3.13 本条规定了防火阀的主要性能和具体设置要求。

（1）为使防火阀能自行严密关闭，防火阀关闭的方向应与通风和空调的管道内气流方向相一致。采用感温元件控制的防火阀，其动作温度高于通风系统在正常工作的最高温度（45℃）时，宜取70℃。现行国家标准《建筑通风和排烟系统用防火阀门》GB 15930规定防火阀的公称动作温度应为70℃。

（2）为使防火阀及时关闭，控制防火阀关闭的易熔片或其他感温元件应设在容易感温的部位。设置防火阀的通风管要求具备一定强度，设置防火阀处要设置单独的支吊架，以防止管段变形。在暗装时，需在安装部位设置方便检修的检修口，参见图10。

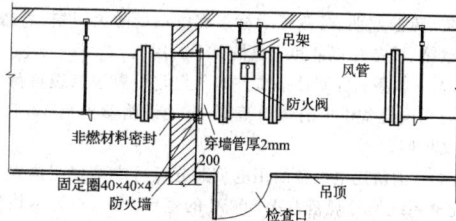

图 10 防火阀检修口设置示意图

（3）为保证防火阀能在火灾条件下发挥预期作用，穿过防火墙两侧各2.0m范围内的风管绝热材料需采用不燃材料且具备足够的刚性和抗变形能力，穿越处的空隙要用不燃材料或防火封堵材料严密填实。

9.3.14 国内外均有不少因通风、空调系统风管可燃而致火灾蔓延，造成重大的人员和财产损失的案例，故本条规定通风、空调系统的风管应采用不燃材料制作。

本条规定参考了国外有关标准，考虑了我国有关防火分隔的具体要求及应用实例，如一些大空间民用或工业生产场所。设计要注意控制材料的燃烧性能及其发烟性能和热解产物的毒性。

9.3.15 加湿器的加湿材料常为可燃材料，这给类似设备留下了一定火灾隐患。因此，风管和设备的绝热材料、用于加湿器的加湿材料、消声材料及其粘结剂，应采用不燃材料。在采用不燃材料确有困难时，允许有条件地采用难燃材料。

为防止通风机已停而电加热器继续加热引起过热而着火，电加热器的开关与风机的开关应进行联锁，风机停止运转，电加热器的电源亦应自动切断。同时，电加热器前后各800mm的风管采用不燃材料进行绝热，穿过有火源及容易着火的房间的风管也应采用不燃绝热材料。

目前，不燃绝热材料、消声材料有超细玻璃棉、玻璃纤维、岩棉、矿渣棉等。难燃材料有自熄性聚氨酯泡沫塑料、自熄性聚苯乙烯泡沫塑料等。

9.3.16 本条为强制性条文。本条所指锅炉房包括燃油、燃气的热水、蒸汽锅炉房和直燃型溴化锂冷（热）水机组的机房。

燃油、燃气锅炉房在使用过程中存在逸漏或挥发的可燃性气体，要在这些房间内通过自然通风或机械通风方式保持良好的通风条件，使逸漏或挥发的可燃性气体与空气混合气体的浓度不能达到其爆炸下限值的25%。

燃油锅炉所用油的闪点温度一般高于60℃，油泵房内的温度一般不会高于60℃，不存在爆炸危险。机房的通风量可按泄漏量计算或按换气次数计算，具体设计要求参见现行国家标准《锅炉房设计规范》GB 50041—2008第15.3节有关燃油、燃气锅炉房的通风要求。

10 电 气

10.1 消防电源及其配电

10.1.1 本条为强制性条文。消防用电的可靠性是保证建筑消防设施可靠运行的基本保证。本条根据建筑扑救难度和建筑的功能及其重要性以及建筑发生火灾后可能的危害与损失、消防设施的用电情况,确定了建筑中的消防用电设备要求按一级负荷进行供电的建筑范围。

本规范中的"消防用电"包括消防控制室照明、消防水泵、消防电梯、防烟排烟设施、火灾探测与报警系统、自动灭火系统或装置、疏散照明、疏散指示标志和电动的防火门窗、卷帘、阀门等设施、设备在正常和应急情况下的用电。

10.1.2 本条为强制性条文。本条规定了需按二级负荷要求对消防用电设备供电的建筑范围,有关说明参见第10.1.1条的条文说明。

10.1.4 消防用电设备的用电负荷分级可参见现行国家标准《供配电系统设计规范》GB 50052的规定。此外,为尽快让自备发电设备发挥作用,对备用电源的设置及其启动作了要求。根据目前我国的供电技术条件,规定其采用自动启动方式时,启动时间不应大于30s。

(1)根据国家标准《供配电系统设计规范》GB 50052的要求,一级负荷供电应由两个电源供电,且应满足下述条件:

1)当一个电源发生故障时,另一个电源不应同时受到破坏;

2)一级负荷中特别重要的负荷,除由两个电源供电外,尚应增设应急电源,并严禁将其他负荷接入应急供电系统。应急电源可以是独立于正常电源的发电机组、供电网中独立于正常电源的专用的馈电线路、蓄电池或干电池。

(2)结合目前我国经济和技术条件、不同地区的供电状况以及消防用电设备的具体情况,具备下列条件之一的供电,可视为一级负荷:

1)电源来自两个不同发电厂;

2)电源来自两个区域变电站(电压一般在35kV及以上);

3)电源来自一个区域变电站,另一个设置自备发电设备。

建筑的电源分正常电源和备用电源两种。正常电源一般是直接取自城市低压输电网,电压等级为380V/220V。当城市有两路高压(10kV级)供电时,其中一路可作为备用电源;当城市只有一路供电时,可采用自备柴油发电机作为备用电源。国外一般使用自备发电机设备和蓄电池作消防备用电源。

(3)二级负荷的供电系统,要尽可能采用两回线路供电。在负荷较小或地区供电条件困难时,二级负荷可以采用一回6kV及以上专用的架空线路或电缆供电。当采用架空线时,可为一回架空线供电;当采用电缆线路,应采用两根电缆组成的线路供电,其每根电缆应能承受100%的二级负荷。

(4)三级负荷供电是建筑供电的最基本要求,有条件的建筑要尽量通过设置两台终端变压器来保证建筑的消防用电。

10.1.5 本条为强制性条文。疏散照明和疏散指示标志是保证建筑中人员疏散安全的重要保障条件,应急备用照明主要用于建筑中消防控制室、重要控制室等一些特别重要岗位的照明。在火灾时,在一定时间内持续保障这些照明,十分必要和重要。

本规范中的"消防应急照明"是指火灾时的疏散照明和备用照明。对于疏散照明备用电源的连续供电时间,试验和火灾证明,单、多层建筑和部分高层建筑着火时,人员一般能在10min以内疏散完毕。本条规定的连续供电时间,考虑了一定安全系数以及实际人员疏散状况和个别人员疏散困难等情况。对于建筑高度大于100m的民用建筑、医院等场所和大型公共建筑等,由于疏散人员体质弱、人员较多或疏散距离较长等,会出现疏散时间较长的情况,故对这些场所的连续供电时间要求有所提高。

为保证应急照明和疏散指示标志用电的安全可靠,设计要尽可能采用集中供电方式。应急备用电源无论采用何种方式,均需在主电源断电后能立即自动投入,并保持持续供电,功率能满足所有应急用电照明和疏散指示标志在设计供电时间内连续供电的要求。

10.1.6 本条为强制性条文。本条旨在保证消防用电设备供电的可靠性。实践中,尽管电源可靠,但如果消防设备的配电线路不可靠,仍不能保证消防用电设备供电可靠性,因此要求消防用电设备采用专用的供电回路,确保生产、生活用电被切断时,仍能保证消防供电。

如果生产、生活用电与消防用电的配电线路采用同一回路,火灾时,可能因电气线路短路或切断生产、生活用电,导致消防用电设备不能运行,因此,消防用电设备均应采用专用的供电回路。同时,消防电源宜直接取自建筑内设置的配电室的母线或低压电缆进线,且低压配电系统主接线方案应合理,以保证当切断生产、生活电源时,消防电源不受影响。

对于建筑的低压配电系统主接线方案,目前在国内建筑电气工程中采用的设计方案有不分组设计和分组设计两种。对于不分组方案,常见消防负荷采用专用母线段,但消防负荷与非消防负荷共用同一进线断路器或消防负荷与非消防负荷共用同一进线断路器和同一低压母线段。这种方案主接线简单、造价较低,但这种方案使消防负荷受非消防负荷故障的影响较大;对于分组设计方案,消防供电电源是从建筑的变电站低压侧封闭母线处将消防电源分出,形成各自独立的系统,这种方案主接线相对复杂,造价较高,但这种方案使消防负荷受非消防负荷故障的影响较小。图11给出了几种接线方案的示意做法。

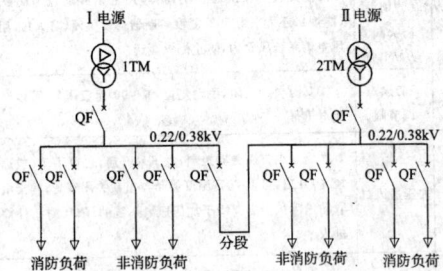

负荷不分组设计方案(一)

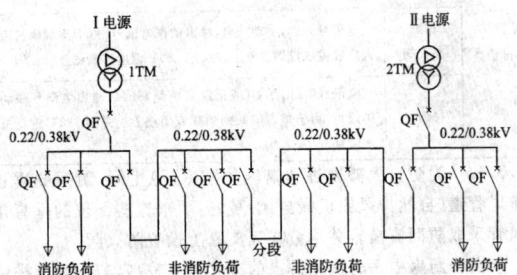

负荷不分组设计方案(二)

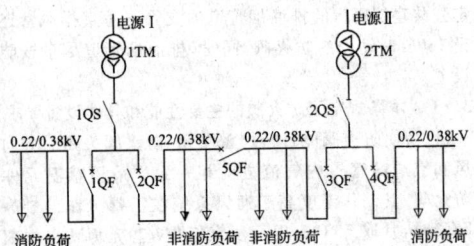

负荷分组设计方案(一)

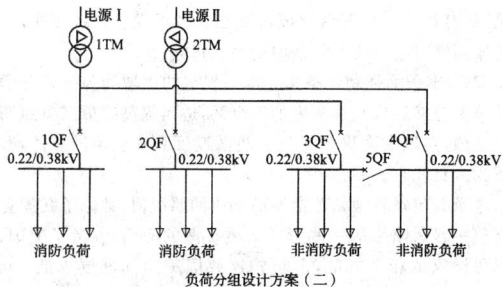
负荷分组设计方案（二）

图 11　消防用电设备电源在变压器低压出线端设置单独主断路器示意

当采用柴油发电机作为消防设备的备用电源时，尽量设计独立的供电回路，使电源能直接与消防用电设备连接，参见图 12。

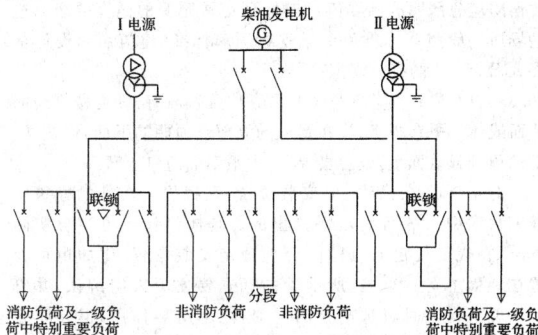
图 12　柴油发电机作为消防设备的备用电源的配电系统分组方案

本条规定的"供电回路"，是指从低压总配电室或分配电室至消防设备或消防设备室（如消防水泵房、消防控制室、消防电梯机房等）最末一级配电箱的配电线路。

对于消防设备的备用电源，通常有三种：①独立于工作电源的市电回路，②柴油发电机，③应急供电电源（EPS）。这些备用电源的供电时间和容量，均要求满足各消防用电设备设计持续运行时间最长者的要求。

10.1.8　本条为强制性条文。本条要求也是保证消防用电供电可靠性的一项重要措施。

本条规定的最末一级配电箱：对于消防控制室、消防水泵房、防烟和排烟风机房的消防用电设备及消防电梯，为上述消防设备或消防设备室处的最末级配电箱；对于其他消防设备用电，如消防应急照明和疏散指示标志等，为这些用电设备所在防火分区的配电箱。

10.1.9　本条规定旨在保证消防用电设备配电箱的防火安全和使用的可靠性。

火场的温度往往很高，如果安装在建筑中的消防设备的配电箱和控制箱无防火保护措施，当箱内温度达到 200℃ 及以上时，箱内电器元件的外壳就会变形跳闸，不能保证消防供电。对消防设备的配电箱和控制箱应采取防火隔离措施，可以较好地确保火灾时配电箱和控制箱不会因为自身防护不好而影响消防设备正常运行。

通常的防火保护措施有：将配电箱和控制箱安装在符合防火要求的配电间或控制间内；采用内衬岩棉对箱体进行防火保护。

10.1.10　本条第 1、2 款为强制性条文。消防配电线路的敷设是否安全，直接关系到消防用电设备在火灾时能否正常运行，因此，本条对消防配电线路的敷设提出了强制性要求。

工程中，电气线路的敷设方式主要有明敷和暗敷两种方式。对于明敷方式，由于线路暴露在外，火灾时容易受火焰或

高温的作用而损毁，因此，规范要求线路明敷时要穿金属导管或金属线槽并采取保护措施。保护措施一般可采取包覆防火材料或涂刷防火涂料。

对于阻燃或耐火电缆，由于其具有较好的阻燃和耐火性能，故当敷设在电缆井、沟内时，可不穿金属导管或封闭式金属槽盒。"阻燃电缆"和"耐火电缆"为符合国家现行标准《阻燃及耐火电缆：塑料绝缘阻燃及耐火电缆分级和要求》GA 306.1～2 的电缆。

矿物绝缘类不燃性电缆由铜芯、矿物质绝缘材料、铜等金属护套组成，除具有良好的导电性能、机械物理性能、耐火性能外，还具有良好的不燃性，这种电缆在火灾条件下不仅能够保证火灾延续时间内的消防供电，还不会延燃、不产生烟雾，故规范允许这类电缆可以直接明敷。

暗敷设时，配电线路穿金属导管并敷设在保护层厚度达到 30mm 以上的结构内，是考虑到这种敷设方式比较安全、经济，且试验表明，这种敷设能保证线路在火灾中继续供电，故规范对暗敷时的厚度作出相关规定。

10.2　电力线路及电器装置

10.2.1　本条为强制性条文。本条规定的甲、乙类厂房，甲、乙类仓库，可燃材料堆垛，甲、乙、丙类液体储罐，液化石油气储罐和可燃、助燃气体储罐，均为容易引发火灾且难以扑救的场所和建筑。本条确定的这些场所或建筑与电力架空线的最近水平距离，主要考虑了架空电力线在倒杆断线时的危害范围。

据调查，架空电力线倒杆断线现象多发生在刮大风特别是刮台风时。据 21 起倒杆、断线事故统计，倒杆后偏移距离在 1m 以内的 6 起，2m～4m 的 4 起，半杆高的 4 起，一杆高的 4 起，1.5 倍杆高的 2 起，2 倍杆高的 1 起。对于采用塔架方式架设电力线时，由于顶部用于稳定部分较高，该杆高可按最高一路调设线路的吊杆离地高度计算。

储存丙类液体的储罐，液体的闪点不低于 60℃，在常温下挥发可燃蒸气少，蒸气扩散达到燃烧爆炸范围的可能性更小。对此，可按不少于 1.2 倍电杆（塔）高的距离确定。

对于容积大的液化石油气单罐，实践证明，保持与高压架空电力线 1.5 倍杆（塔）高的水平距离，难以保障安全。因此，本条规定 35kV 以上的高压电力架空线与单罐容积大于 200m³ 液化石油气储罐或总容积大于 1000 m³ 的液化石油气储罐区的最小水平距，当根据表 10.2.1 的规定按电杆或电塔高度的 1.5 倍计算后，距离小于 40m 时，仍需要按照 40m 确定。

对于地下直埋的储罐，无论储存的可燃液体或可燃气体的物性如何，均因这种储存方式有较高的安全性、不易大面积散发可燃蒸气或气体，该储罐与架空电力线路的距离可在相应规定距离的基础上减小一半。

10.2.2　在厂矿企业特别是大、中型工厂中，将电力电缆与输送原油、苯、甲醇、乙醇、液化石油气、天然气、乙炔气、煤气等各类可燃气体、液体管道敷设在同一管沟内的现象较常见。由于上述液体或气体管道渗漏、电缆绝缘老化、线路出现破损、产生短路等原因，可能引发火灾或爆炸事故。

对于架空的开敞管廊，电力电缆的敷设应按相关专业规范的规定执行。一般可布置同一管廊中，但要根据甲、乙、丙类液体或可燃气体的性质，尽量与输送管道分开布置在管廊的两侧或不同标高层中。

10.2.3　低压配电线路因使用时间长绝缘老化，产生短路着火或因接触电阻大而发热不散。因此，规定了配电线路不应敷设在金属风管内，但采用穿金属导管保护的配电线路，可以紧

贴风管外壁敷设。过去发生在有可燃物的闷顶（吊顶与屋盖或上部楼板之间的空间）或吊顶内的电气火灾，大多因未采取穿金属导管保护，电线使用年限长、绝缘老化，产生漏电着火或电线过负荷运行发热着火等情况而引起。

10.2.4 本条为强制性条文。本条规定主要为预防和减少因照明器表面的高温部位靠近可燃物所引发的火灾。卤钨灯（包括碘钨灯和溴钨灯）的石英玻璃表面温度很高，如1000W的灯管温度高达500℃～800℃，很容易烤燃与其靠近的纸、布、木构件等可燃物。吸顶灯、槽灯、嵌入式灯采用功率不小于100W的白炽灯泡的照明灯具和不小于60W的白炽灯、卤钨灯、荧光高压汞灯、高压钠灯、金属卤灯光源等灯具，使用时间较长时，引入线及灯泡的温度会上升，甚至到100℃以上。本条规定旨在防止高温灯泡引燃可燃物，而要求采用瓷管、石棉、玻璃丝等不燃烧材料将这些灯具的引入线与可燃物隔开。根据试验，不同功率的白炽灯的表面温度及其烤燃可燃物的时间、温度，见表19。

表19 白炽灯泡将可燃物烤至着火的时间、温度

灯泡功率（W）	摆放形式	可燃物	烤至着火的时间(min)	烤至着火的温度(℃)	备注
75	卧式	稻草	2	360～367	埋入
100	卧式	稻草	12	342～360	紧贴
100	垂式	稻草	50	炭化	紧贴
100	卧式	稻草	2	360	埋入
100	垂式	棉絮被套	13	360～367	紧贴
100	卧式	乱纸	8	333～360	紧贴
200	卧式	稻草	8	367	紧贴
200	卧式	乱稻草	4	342	紧贴
200	卧式	稻草	1	360	埋入
200	垂式	玉米秸	15	365	埋入
200	垂式	纸张	12	333	紧贴
200	垂式	多层报纸	125	333～360	紧贴
200	垂式	松木箱	57	398	紧贴
200	垂式	棉被	8	367	紧贴

10.2.5 本条是根据仓库防火安全管理的需要而作的规定。

10.2.7 本条规定了有条件时需要设置电气火灾监控系统的建筑范围，电气火灾监控系统的设计要求见现行国家标准《火灾自动报警系统设计规范》GB 50116。为提高老年人照料设施预防火灾的能力，要求此类场所的非消防用电负荷设置电气火灾监控系统。

电气过载、短路等一直是我国建筑火灾的主要原因。电气火灾隐患形成和存留时间长，且不易发现，一旦引发火灾往往造成很大损失。根据有关统计资料，我国的电气火灾大部分是由电气线路直接或间接引起的。

电气火灾监控系统类型较多，本条规定主要指剩余电流电气火灾监控系统，一般由电流互感器、漏电探测器、漏电报警器组成。该系统能监控电气线路的故障和异常状态，发现电气火灾隐患，及时报警以消除这些隐患。由于我国存在不同的接地系统，在设置剩余电流电气火灾监控系统时，应注意区别对待。如在接地型式为TN—C的系统中，就要将其改造为TN—C—S、TN—S或局部TT系统后，才可以安装使用报警式剩余电流保护装置。

10.3 消防应急照明和疏散指示标志

10.3.1 本条为强制性条文。设置疏散照明可以使人们在正常照明电源被切断后，仍能以较快的速度逃生，是保证和有效引导人员疏散的设施。本条规定了建筑内应设置疏散照明的部位，这些部位主要为人员安全疏散必须经过的重要节点部位和建筑内人员相对集中、人员疏散时易出现拥堵情况的场所。

对于本规范未明确规定的场所或部位，设计师应根据实际情况，从有利于人员安全疏散需要出发考虑设置疏散照明，如生产车间、仓库、重要办公楼中的会议室等。

10.3.2 本条为强制性条文。本条规定的区域均为疏散过程中的重要过渡区或视作室内的安全区，适当提高其疏散应急照明的照度值，可以大大提高人员的疏散速度和安全疏散条件，有效减少人员伤亡。

本条规定设置消防疏散照明场所的照度值，考虑了我国各类建筑中暴露出来的一些影响人员疏散的问题，参考了美国、英国等国家的相关标准，但仍较这些国家的标准要求低。因此，有条件的，要尽量增加该照明的照度，从而提高疏散的安全性。

10.3.3 本条为强制性条文。消防控制室、消防水泵房、自备发电机房等是要在建筑发生火灾时继续保持正常工作的部位，故消防应急照明的照度值仍应保证正常照明的照度要求。这些场所一般照明标准值参见现行国家标准《建筑照明设计标准》GB 50034的有关规定。

10.3.4、10.3.5 应急照明的设置位置一般有：设在楼梯间的墙面或休息平台板下，设在走道的墙面或顶棚的下面，设在厅、堂的顶棚或墙面上，设在楼梯口、太平门的门口上部。

对于疏散指示标志的安装位置，是根据国内外的建筑实践和火灾中人的行为习惯提出的。具体设计还可结合实际情况，在规范规定的范围内合理选定安装位置，比如也可设置在地面上等。总之，所设置的标志要便于人们辨认，并符合一般人行走时目视前方的习惯，能起诱导作用，但要防止被烟气遮挡，如设在顶棚下的疏散标志应考虑距离顶棚一定高度。

目前，在一些场所设置的标志存在不符合现行国家标准《消防安全标志》GB 13495规定的现象，如将"疏散门"标成"安全出口"，"安全出口"标成"非常口"或"疏散口"等，还有的疏散指示方向混乱等。因此，有必要明确建筑中这些标志的设置要求。

对于疏散指示标志的间距，设计还要根据标志的大小和发光方式以及便于人员在较低照度条件清楚识别的原则进一步缩小。

10.3.6 本条要求展览建筑、商店、歌舞娱乐放映游艺场所、电影院、剧场和体育馆等大空间或人员密集场所的建筑设计，应在这些场所内部疏散走道和主要疏散路线的地面上增设能保持视觉连续的疏散指示标志。该标志是辅助疏散指示标志，不能作为主要的疏散指示标志。

合理设置疏散指示标志，能更好地帮助人员快速、安全地进行疏散。对于空间较大的场所，人们在火灾时依靠疏散照明的照度难以看清较大范围的情况，依靠行走路线上的疏散指示标志，可以及时识别疏散位置和方向，缩短到达安全出口的时间。

11 木结构建筑

11.0.1 本条规定木结构建筑可以按本章进行防火设计，其构件燃烧性能和耐火极限、层数和防火分区面积，以及防火间距等都要满足要求，否则应按本规范相应耐火等级建筑的要求进行防火设计。

（1）表11.0.1中有关电梯井的墙、非承重外墙、疏散走道两侧的隔墙、承重柱、梁、楼板、屋顶承重构件及吊顶的燃烧性能和耐火极限的要求，主要依据我对承重柱、梁、楼板等主要木结构构件的耐火试验数据，并参考国外建筑规范的有关规定，结合我国对材料燃烧性能和构件耐火极限的试验要求而确定。在确定木结构构件的燃烧性能和耐火极限时，考虑了现代

木结构建筑的特点、我国建筑耐火等级分级、不同耐火等级建筑构件的燃烧性能和耐火极限及与现行国家相关标准的协调，力求做到科学、合理、可行。

（2）电梯井内一般敷设有电线电缆，同时也可能成为火灾竖向蔓延的通道，具有较大的火灾危险性，但木结构建筑的楼层通常较低，即使与其他结构类型组合建造的木结构建筑，其建筑高度也不大于24m。因此，在表11.0.1中，将电梯井的墙体确定为不燃性墙体，并比照本规范对木结构建筑中承重墙的耐火极限要求确定了其耐火极限，即不应低于1.00h。

（3）木结构建筑中的梁和柱，主要采用胶合木或重型木构件，属于可燃材料。国内外进行的大量相关耐火试验表明，胶合木或重型木构件受火作用时，会在木材表面形成一定厚度的炭化层，并可因此降低木材内部的烧蚀速度，且炭化速率在标准耐火试验条件下基本保持不变。因此，设计可以根据不同种木材的炭化速率、构件的设计耐火极限和设计荷载来确定梁和柱的设计截面尺寸，只要该截面尺寸预留在实际火灾时间内可能被烧蚀的部分，承载力就可满足设计要求。此外，为便于在工程中尽可能地体现胶合木或原木的美感，本条规定允许梁和柱采用不经防火处理的木构件。

（4）当同一座木结构建筑由不同高度部分的结构组成时，考虑到较低部分的结构发生火灾时，火焰会向较高部分的外墙蔓延；或者较高部分的结构发生火灾时，飞火可能掉落到较低部分的屋顶，存在火灾从外向内蔓延的可能，故要求较低部分的屋顶承重构件和屋面不能采用可燃材料。

（5）轻型木结构屋顶承重构件的截面尺寸一般较小，耐火时间较短。为了确保轻型木结构建筑屋顶承重构件的防火安全，本条要求将屋顶承重构件的燃烧性能提高到难燃。在工程中，一般采用在结构外包覆耐火石膏板等防火保护方法来实现。

（6）为便于设计，在本条文说明附录中列出了木结构建筑主要构件达到规定燃烧性能和耐火极限的构造方法，这些数据源自公安部天津消防研究所对木结构墙体、楼板、吊顶和胶合木梁、柱的耐火试验结果。需要说明的是，本条文说明附录中所列楼板中的定向刨花板和外墙外侧的定向刨花板（胶合板）的厚度，可根据实际结构受力经计算确定。设计时，对于与附录中所列情况完全一样的构件可以直接采用；如果存在较大变化，则应按照理论计算和试验测试验证相结合的方法确定所设计木构件的耐火极限。

（7）表注3的规定主要为与本规范第5.1.2条和第5.3.1条的要求协调一致。

11.0.2 本条在国家标准《木骨架组合墙体技术规范》GB/T 50361—2005第4.5.3条、第5.6.1条、第5.6.2条规定的基础上作了调整。木骨架组合墙体由木骨架外覆石膏板或其他耐火板材、内填岩棉等隔音、绝热材料构成。根据试验结果，木骨架组合墙体只能满足难燃性墙体的相关性能，所以本条限制了采用该类墙体的建筑的使用功能和建筑高度。

具有一定耐火性能的非承重外墙可有效防止火灾在建筑间的相互蔓延或通过外墙上下蔓延。为防止火势通过木骨架组合墙体内部进行蔓延，本条要求其墙体填充材料的燃烧性能要不能低于A级，即采用不燃性绝热和隔音材料。

对于木骨架墙体应用中的更详细要求，见现行国家标准《木骨架组合墙体技术规范》GB/T 50361。

11.0.3 本条为强制性条文。控制木结构建筑的应用范围、高度、层数和防火分区大小，是控制其火灾危害的重要手段。本条参考国外相关标准规定，根据我国实际情况规定丁、戊类厂房（库房）和民用建筑可采用木结构建筑或木结构组合建筑，

而甲、乙、丙类厂房（库房）则不允许。

（1）从木结构建筑构件的耐火性能看，木结构建筑的耐火等级介于三级和四级之间。本规范规定四级耐火等级的建筑只允许建造2层。在本章规定的木结构建筑中，构件的耐火性能优于四级耐火等级的建筑，因此规定木结构建筑的最多允许层数为3层。此外，本规范第11.0.4条对商店、体育馆以及丁、戊类厂房（库房）还规定其层数只能为单层。表11.0.3-1、表11.0.3-2规定的数值是在消化吸收国外有关规范和协调我国相关标准规定的基础上确定的。

表11.0.3-2中"防火墙间的每层最大允许建筑面积"，指位于两道防火墙之间的一个楼层的建筑面积。如果建筑只有1层，则该防火墙间的建筑面积可允许1800m²；如果建筑需要建造3层，则两道防火墙之间的每个楼层的建筑面积最大只允许600m²，使3个楼层的建筑面积之和不能大于单层时的最大允许建筑面积，即1800m²。这一规定主要考虑到支撑楼板的柱、梁和竖向的分隔构件——楼板的燃烧性能较低，不能达到不燃的要求，因而，某一层着火后有可能导致位于两座防火墙之间的这3层楼均被烧毁。

（2）由于体育场馆等高大空间建筑，室内空间高度高、建筑面积大，一般难以全部采用木结构构件，主要为大跨度的梁和高大的柱可能采用胶合木结构，其他部分还需采用混凝土结构等具有较好耐火性能的传统建筑结构，故对此类建筑做了调整。为确保建筑的防火安全，建筑的高度和面积的扩大的程度以及因扩大后需要采取的防火措施等，应该按照国家规定程序进行论证和评审来确定。

11.0.4 本条为强制性条文。本条规定是比照本规范第5.4.3条和第5.4.4条有关三级和四级耐火等级建筑的要求确定的。

本条对于木结构的商店、体育馆和丁、戊类厂房（仓库），要求其只能采用单层的建筑，并宜采用胶合木结构，同时，建筑高度仍要符合第11.0.3条的要求。商店、体育馆和丁、戊类厂（库）房等，因使用功能需要，往往要求较大的面积和较高的空间，胶合木具有较好的耐火承载力，用作柱和梁具有一定优势，无论外观与日常维护，还是实际防火性能均较钢材要好。

11.0.5、11.0.6 这两条规定了建筑内火灾危险性较大部位的防火分隔要求，对因使用需要等而开设的门、窗或洞口，要求采取相应的防火保护措施，以限制火灾在建筑内蔓延。

条文中规定的车库，为小型住宅建筑中的自用车库。根据我国的实际情况，没有限制停放机动车的数量，而是通过限制建筑面积来控制附属车库的大小和可能带来的火灾危险。

11.0.7 本条第2、3、4款为强制性条文。本条是结合木结构建筑的整体耐火性能及其楼层的允许建筑面积，按照民用建筑安全疏散设计的原则，比照本规范第5章的有关规定确定的。表11.0.7-1中的数据取值略小于三级耐火等级建筑的对应值。

11.0.8 根据本规范第11.0.4条的规定，丁、戊类木结构厂房建筑只能建造一层，根据本规范第3.7节的规定，四级耐火等级的单层丁、戊类厂房内任一点到最近安全出口的疏散距离分别不应大于50m和60m。因此，尽管木结构建筑的耐火等级要稍高于四级耐火等级，但鉴于该距离较大，为保证人员安全，本条仍采用与本规范第3.7.4条规定相同的疏散距离。

11.0.9 本条为强制性条文。木结构建筑，特别是轻型木结构体系的建筑，其墙体、楼板和木骨架组合墙体内的龙骨

均为木材。在其中敷设或穿过电线、电缆时,因电气原因导致发热或火灾时不易被发现,存在较大安全隐患,因此规定相关电线、电缆均需采取如穿金属导管保护。建筑内的明火部位或厨房内的灶台、热加工部位、烟道或排油烟管道等高温作业或温度较高的排气管道、易着火的油烟管道,均需避免与这些墙体直接接触,要在其周围采用导热性差的不燃材料隔热等防火保护或隔热措施,以降低其火灾危险性。

有关防火封堵要求,见本规范第6.3.4条和第6.3.5条的条文说明。

11.0.10 本条为强制性条文。木结构建筑之间及木结构建筑与其他结构类型建筑的防火间距,是在分析了国内外相关建筑规范基础上,根据木结构和其他结构类型建筑的耐火性能确定的。

试验证明,发生火灾的建筑对相邻建筑的影响与该建筑物外墙的耐火极限和外墙上的门、窗或洞口的开口比例有直接关系。美国《国际建筑规范》(2012年版)对建筑物类型及其耐火性能和防火间距的规定见表20,对外墙上不同开口比例的建筑间的防火间距的规定见表21。

表20 建筑物类型及其耐火极限和防火间距的规定

防火间距(m)	耐火极限(h)		
	高危险性:H类建筑	中等危险性:F-1类厂房、M类商业建筑、S-1类仓库	低危险性的建筑;其他厂房、仓库、居住建筑和商业建筑
0~3	3	2	1
3~9	2或3	1或2	1
9~18	1或2	0或1	0或1
18以上	0	0	0

表21 外墙上不同开口比例的建筑间的防火间距

开口分类	防火间距 L(m)							
	0<L≤2	2<L≤3	3<L≤6	6<L≤9	9<L≤12	12<L≤15	15<L≤18	18<L
无防火保护,无自动喷水灭火系统	不允许	不允许	10%	15%	25%	45%	70%	不限制
无防火保护,有自动喷水灭火系统	不允许	15%	25%	45%	75%	不限制	不限制	不限制
有防火保护	不允许	15%	25%	45%	75%	不限制	不限制	不限制

目前,木结构建筑的允许建造规模均较小。根据加拿大国家建筑研究院的相关试验结果,如果相邻两建筑的外墙均无洞口,并且外墙的耐火极限均不低于1.00h时,防火间距减少至4m后仍能够在足够时间内有效阻止火灾的相互蔓延。考虑到有些建筑完全不开门、窗比较困难,比照本规范第5章的规定,当每一面外墙开孔不大于10%时,允许防火间距按照表11.0.10的规定减少25%。

11.0.11 木结构建筑,特别是轻型木结构建筑中的框架构件和面板之间存在许多空腔。对墙体、楼板及封闭吊顶或屋顶下的密闭空间采取防火分隔措施,可阻止因构件内某处着火所产生的火焰、高温气体以及烟气在这些空腔内蔓延。根据加拿大《国家建筑规范》(2010年版),常采用厚度不小于38mm的实木锯材、厚度不小于12mm石膏板或厚度不小于0.38mm的钢挡板进行防火分隔。

在轻型木结构建筑中设置水平防火分隔,主要用于限制火焰和烟气在水平构件内蔓延。水平防火构造的设置,一般要根据空间的长度、宽度和面积来确定。常见的做法是,将这些空间按照每一空间的面积不大于300m²,长度或宽度不大于20m

的要求划分为较小的防火分隔空间。

当顶棚材料安装在龙骨上时,一般需在双向龙骨形成的空间内增加水平防火分隔构件。采用实木锯材或工字搁栅的楼板和屋顶盖,搁栅之间的支撑通常可用作水平防火分隔构件,但当空间的长度或宽度大于20m时,沿搁栅平行方向还需要增加防火分隔构件。

墙体竖向的防火分隔,主要用于阻挡火焰和烟气通过构件上的开孔或墙体内的空腔在不同构件之间蔓延。多数轻型木结构墙体的防火分隔,主要采用墙体的顶梁板和底梁板来实现。

对于弧形转角吊顶、下沉式吊顶和局部下沉式吊顶,在构件的竖向空腔与横向空腔的交汇处,需要采取防火分隔构造措施。在其他大多数情况下,这种防火分隔可采用墙体的顶梁板、楼板中的端部桁架以及端部支撑来实现。

水平密闭空腔与竖向密闭空腔的连接交汇处、轻型木结构建筑的梁与楼板交接的最后一级踏步处,一般也需要采取类似的防火分隔措施。

11.0.12 本条规定了木结构与钢结构、钢筋混凝土结构或砌体结构等其他结构类型组合建造时的防火设计要求。

对于竖向组合建造的形式,火灾通常都是从下往上蔓延,当建筑物下部着火时,火焰会蔓延到上层的木结构部分;但有时火灾也能从上部蔓延到下部,故有必要在木结构与其他结构之间采取竖向防火分隔措施。本条规定要求:当下部建筑为钢筋混凝土结构或其他不燃性结构时,建筑的总楼层数可大于3层,但无论与哪种不燃性结构竖向组合建造,木结构部分的层数均不能多于3层。

对于水平组合建造的形式,采用防火墙将木结构部分与其他结构部分分隔开,能更好地防止火势从建筑物的一侧蔓延至另一侧。如果未做分隔,就要将组合建筑整体按照木结构建筑的要求确定相关防火要求。

11.0.13 木结构建筑内可燃材料较多,且空间一般较小,火灾发展相对较快。为能及早报警,通知人员尽早疏散和采取灭火行动,特别是有人住宿的场所和用于儿童或老年人活动的场所,要求一定规模的此类建筑设置火灾自动报警系统。木结构住宅建筑的火灾自动报警系统,一般采用家用火灾报警装置。

12 城市交通隧道

国内外发生的隧道火灾均表明,隧道特殊的火灾环境对人员逃生和灭火救援是一个严重的挑战,而且火灾在短时间内就能对隧道设施造成很大的破坏。由于隧道设置逃生出口困难,救援条件恶劣,要求对隧道采取与地面建筑不同的防火措施。

由于国家对地下铁路的防火设计要求已有标准,而管线隧道、电缆隧道的情况与城市交通隧道有一定差异,本章主要根据国内外隧道情况和相关标准,确定了城市交通隧道的通用防火技术要求。

12.1 一般规定

12.1.1 隧道的用途及交通组成、通风情况决定了隧道可燃物数量与种类、火灾的可能规模及其增长过程和火灾延续时间,影响隧道发生火灾时可能逃生的人员数量及其疏散设施的布置;隧道的环境条件和隧道长度等决定了消防救援和人员的逃生难易程度及隧道的防烟、排烟和通风方案;隧道的通风与排烟等因素又对隧道中的人员逃生和灭火救援影响很大。因此，隧道设计应综合考虑各种因素和条件后，合理确定防火要求。

12.1.2 交通隧道的火灾危险性主要在于：①现代隧道的长度日益增加，导致排烟和逃生、救援困难；②不仅车载量更大，而且需通行运输危险材料的车辆，有时受条件限制还需采用单孔双向行车道，导致火灾规模增大，对隧道结构的破坏作用大；③车流量日益增长，导致发生火灾的可能性增加。本规范在进行隧道分类时，参考了日本《道路隧道紧急情况用设施设置基准及说明》和我国行业标准《公路隧道交通工程设计规范》JTG/T D71等标准，并适当做了简化，考虑的主要因素为隧道长度和通行车辆类型。

12.1.3 本条为强制性条文。隧道结构一旦受到破坏，特别是发生坍塌时，其修复难度非常大，花费也大。同时，火灾条件下的隧道结构安全，是保证火灾时灭火救援和火灾后隧道尽快修复使用的重要条件。不同隧道可能的火灾规模与持续时间有所差异。目前，各国以建筑构件为对象的标准耐火试验，均以《建筑构件耐火试验》ISO 834的标准升温曲线（纤维质类）为基础，如《建筑材料及构件耐火试验　第20部分　建筑构件耐火性能试验方法一般规定》BS 476：Part 20、《建筑材料及构件耐火性能》DIN 4102、《建筑材料及构件耐火试验方法》AS 1530和《建筑构件耐火试验方法》GB 9978等。该标准升温曲线以常规工业与民用建筑物内可燃物的燃烧特性为基础，模拟了地面开放空间火灾的发展状况，但这一模型不适用于石油化工工程中的有些火灾，也不适用于常见的隧道火灾。

隧道火灾是以碳氢火灾为主的混合火灾。碳氢（HC）标准升温曲线的特点是所模拟的火灾在发展初期带有爆燃—热冲击现象，温度在最初5min之内可达到930℃左右，20min后稳定在1080℃左右。这种升温曲线模拟了火灾在特定环境或高潜热值燃料燃烧的发展过程，在国际石化工业领域和隧道工程防火中得到了普遍应用。过去，国内外开展了大量研究来确定可能发生在隧道以及其他地下建筑中的火灾类型，特别是1990年前后欧洲开展的 Eureka 研究计划。根据这些研究的成果，发展了一系列不同火灾类型的升温曲线。其中，法国提出了改进的碳氢标准升温曲线、德国提出了 RABT 曲线、荷兰交通部与 TNO 实验室提出了 RWS 标准升温曲线，我国则以碳氢升温曲线为主。在 RABT 曲线中，温度在5min之内就能快速升高到1200℃，在1200℃处持续90min，随后的30min内温度快速下降。这种升温曲线能比较真实地模拟隧道内大型车辆火灾的发展过程：在相对封闭的隧道空间内因热量难以扩散而导致火灾初期升温快、有较强的热冲击，随后由于缺氧状态而灭火作用而快速降温。

此外，试验研究表明，混凝土结构受热后会由于内部产生高压水蒸气而导致表层受压，使混凝土发生爆裂。结构荷载压力和混凝土含水率越高，发生爆裂的可能性也越大。当混凝土的质量含水率大于3%时，受高温作用后肯定会发生爆裂现象。当充分干燥的混凝土长时间暴露在高温下时，混凝土内各种材料的结合水将会蒸发，从而使混凝土失去结合力而发生爆裂，最终会一层一层地穿透整个隧道的混凝土拱顶结构。这种爆裂破坏会影响人员逃生，使增强钢筋因暴露于高温中失去强度而致结构破坏，甚至导致结构垮塌。

为满足隧道防火设计需要，在本规范附录C中增加了有关隧道结构耐火试验方法的有关要求。

12.1.4 本条为强制性条文。服务于隧道的重要设备用房，主要包括隧道的通风与排烟机房、变电站、消防设备房。其他地面附属用房，主要包括收费站、道口检查亭、管理用房等。隧道内及地面保障隧道日常运行的各类设备用房、管理用房等基础设施以及消防救援专用口、临时避难间，在火灾情况下担负着灭火救援的重要作用，需确保这些用房的防火安全。

12.1.5 隧道内发生火灾时的烟气控制和减小火灾烟气对人的毒性作用是隧道防火面临的主要问题，要严格控制装修材料的燃烧性能及其发烟量，特别是可能产生大量毒性气体的材料。

12.1.6 本条主要规定了不同隧道车行横通道或车行疏散通道的设置要求。

（1）当隧道发生火灾时，下风向的车辆可继续向前方出口行驶，上风向的车辆则需要利用隧道辅助设施进行疏散。隧道内的车辆疏散一般可采用两种方式，一是在双孔隧道之间设置车行横通道，另一种是在双孔中间设置专用车行疏散通道。前者工程量小、造价较低，在工程中得到普遍应用；后者可靠性更好、安全性高，但因造价高，在工程中应用不多。双孔隧道之间的车行横通道、专用车行疏散通道不仅可用于隧道内车辆疏散，还可用于巡查、维修、救援及车辆转换行驶方向。

车行横通道间隔及隧道通向车行疏散通道的入口间隔，在本次修订时进行了适当调整，水底隧道由原规定的500m～1500m调整为1000m～1500m，非水底隧道由原规定的200m～500m调整为不宜大于1000m。主要考虑到两方面因素：一方面，受地质条件多样性的影响，城市隧道的施工方法较多，而穿越江、河、湖泊等水底隧道常采用盾构法、沉管法施工，在隧道两管间设置车行横通道的工程风险非常大，可实施性不强；另一方面，城市隧道灭火救援响应快、隧道内消防设施齐全，而且越来越多的城市隧道设计有多处进、出口匝道，事故时，车辆可利用匝道进行疏散。

此外，本条规定还参考了国内、外相关规范，如国家行业标准《公路隧道设计规范》JTG D70—2004 和《欧洲道路隧道安全》（European Commission Directorate General for Energy and Transport）等标准或技术文件。《公路隧道设计规范》JTG D70—2004规定，山岭公路隧道的车行横通道间隔：车行横通道的设置间距可取750m，并不得大于1000m；长1000m～1500m的隧道宜设置1处，中、短隧道可不设；《欧洲道路隧道安全》规定，双管隧道之间车行横通道的间距为1500m；奥地利 RVS9.281/9.282规定，车行横向连接通道的间距为1000m。综上所述，本次修订适当加大了车行横通道的间隔。

（2）《公路隧道设计规范》JTG D70—2004对山岭公路隧道车行横通道的断面建筑限界规定，如图13所示。城市交通隧道对通行车辆种类有严格的规定，如有些隧道只允许通行小型机动车，有些隧道禁止通行大、中型货车、有些是客货混用隧道。横通道的断面建筑限界应与隧道通行车辆种类相适应，仅通行小型机动车或禁止通行大型货车的隧道横通道的断面建筑限界可适当降低。

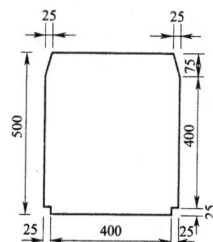

图13　车行横通道的断面建筑限界（单位：cm）

(3)隧道与车行横通道或车行疏散通道的连通处采取防火分隔措施，是为了防止火灾向相邻隧道或车行疏散通道蔓延。防火分隔措施可采用耐火极限与相应结构耐火极限一致的防火门，防火门还要具有良好的密闭防烟性能。

12.1.7 本条规定了双孔隧道设置人行横通道或人行疏散通道的要求。

在隧道设计中，可以采用多种逃生避难形式，如横通道、地下管廊、疏散专用道等。采用人行横通道和人行疏散通道进行疏散与逃生，是目前隧道中应用较为普遍的形式。人行横通道是垂直于两孔隧道长度方向设置、连接相邻两孔隧道的通道，当两孔隧道中某一条隧道发生火灾时，该隧道内的人员可以通过人行横通道疏散至相邻隧道。人行疏散通道是设在两孔隧道中间或隧道路面下方、直通隧道外的通道，当隧道发生火灾时，隧道内的人员进入该通道进行逃生。人行横通道与人行疏散通道相比，造价相对较低，且可以利用隧道内车行横通道。设置人行横通道和人行疏散通道时，需符合以下原则：

(1)人行横通道的间隔和隧道通向人行疏散通道的入口间隔，要能有效保证隧道内的人员在较短时间内进入人行横通道或人行疏散通道。

根据荷兰及欧洲的一系列模拟实验，250m 为隧道内的人员在初期火灾烟雾浓度未造成更大影响情况下的最大逃生距离。行业标准《公路隧道设计规范》JTG D70—2004 规定了山岭公路隧道的人行横通道间隔：人行横通道的设置间距可取250m，并不大于 500m。美国消防协会《公路隧道、桥梁及其他限行公路标准》NFPA 502（2011 年版）规定：隧道应有应急出口，其间距不应大于 300m；当隧道采用耐火极限为 2.00h 以上的结构分隔，或隧道为双孔时，两孔间的横通道可以替代应急出口，且间距不应大于 200m。其他一些国家对人行横通道的规定如表 22。

表 22 国外有关设计准则中道路隧道横向人行通道间距推荐值

国家	出版物/号	年份	横向人行通道间距(m)	备注
奥地利	RVS 9.281/9.282	1989	500	通道间距最大允许至1km 未设通风的隧道或隧道纵坡大于 3%的隧道内，通道间距 250m
德国	RABT	1984	350	根据最新的 RABT 曲线，通道间距将调整至 300m
挪威	Road Tunnels	—	250	—
瑞士	Tunnel Task Force	2000	300	—

(2)人行横通道或人行疏散通道的尺寸要能保证人员的应急通行。

本次修订对人行横通道的净尺寸进行了适当调整，由原来的净宽度不应小于 2.0m、净高度不应小于 2.2m 分别调整为净宽度不应小于 1.2m、净高度不应小于 2.1m。原规定主要参照行业标准《公路隧道设计规范》JTG D70—2004 对山岭公路人行隧道横通道的断面建筑限界规定。城市隧道由于地质条件的复杂性和施工方法的多样性，相当多的城市隧道采用盾构法施工，设置宽度不小于 2.0m 的人行横通道难度很大，工程风险高。本次修订的人行横通道宽度，参考了美国消防协会《公路隧道、桥梁及其他限行公路标准》NFPA 502（2011 年版）的相关规定（人行横通道的净宽不小于 1.12m），同时，结合我国人体特征，考虑了满足 2 股人流通行及消防员带装备通行的需求。

另外，人行横通道的宽度加大后也不利于对疏散通道实施正压送风。

综合以上因素，本次修订时适当调整了人行横通道的尺寸，使之既满足人员疏散和消防员通行的要求，又能降低施工风险。

(3)隧道与人行横通道或人行疏散通道的连通处所进行的防火分隔，应能防止火灾和烟气影响人员安全疏散。

目前较为普遍的做法是，在隧道与人行横通道或人行疏散通道的连通处设置防火门。美国消防协会《公路隧道、桥梁及其他限行公路标准》NFPA 502（2011 年版）规定，人行横通道与隧道连通处门的耐火极限应达到 1.5h。

12.1.8 避难设施不仅可为逃生人员提供保护，还可用作消防员暂时躲避烟雾和热气的场所。在中、长隧道设计中，设置人员的安全避难场所是一项重要内容。避难场所的设置要充分考虑通道的设置、隔间及空间的分配以及相应的辅助设施的要求。对于较长的单孔隧道和水底隧道，采用人行疏散通道或人行横通道存在一定难度时，可以考虑其他形式的人员疏散或避难，如设置直通室外的疏散出口、独立的避难场所、路面下的专用疏散通道等。

12.1.9 隧道内的变电站、管廊、专用疏散通道、通风机房等是保障隧道日常运行和应急救援的重要设施，有的本身还具有一定的火灾危险性。因此，在设计中要采取一定的防火分隔措施与车行隧道分隔。其分隔要求可参照本规范第 6 章有关建筑物内重要房间的分隔要求确定。

12.1.10 本条规定了地下设备用房的防火分区划分和安全出口设置要求。考虑到隧道的一些专用设备，如风机房、风道等占地面积较大、安全出口难以开设，且机房无人值守，只有少数人员巡检的实际情况，规定了单个防火分区的最大允许建筑面积不大于 1500m²，以及无人值守的设备用房可设 1 个安全出口的条件。

12.2 消防给水和灭火设施

12.2.1、12.2.2 这两条条文参照国内外相关标准的要求，规定了隧道的消防给水及其管道、设备等的一般设计要求。四类隧道和通行人员或非机动车辆的三类隧道，通常隧道长度较短或火灾危险性较小，可以利用城市公共消防系统或者灭火器进行灭火、控火，而不需单独设置消防给水系统。

隧道的火灾延续时间，与隧道内的通风情况和实际的交通状况关系密切，有时延续较长时间。本条尽管规定了一个基本的火灾延续时间，但有条件的，还是要根据隧道通行车辆及其长度，特别是一类隧道，尽量采用更长的设计火灾延续时间，以保证有较充分的灭火用水储备量。

在洞口附近设置的水泵接合器，对于城市隧道的灭火救援而言，十分重要。水泵接合器的设置位置，既要便于消防车向隧道内的管网供水，还要不影响附近的其他救援行动。

12.2.3 本条规定的隧道排水，其目的在于排除灭火过程中产生的大量积水，避免隧道内因积聚雨水、渗水、灭火产生的废水而导致可燃液体流散、增加疏散与救援的困难，防止运输可燃液体或有害液体车辆逸漏但未燃烧的液体，因缺乏有组织的排水措施而漫流进入其他设备沟、疏散通道、重要设备房等区域内而引发火灾事故。

12.2.4 引发隧道内火灾的主要部位有：行驶车辆的油箱、驾驶室、行李或货物和客车的旅客座位等，火灾类型一般为 A、B 类混合，部分火灾可能因隧道内的电器设备、配电线路引起。因此，在隧道内要合理配置能扑灭 ABC 类火灾的灭火器。

本条有关数值的确定，参考了国家标准《建筑灭火配置设计规范》GB 50140—2005、美国消防协会、日本建设省的有关标准和国外有关隧道的研究报告。对于交通量大或者车道较多的隧道，为保证人身安全和快速处置初起火，有必要在隧道两侧设置灭火器。四类隧道一般为火灾危险性较小或长度较短的隧道，即使发生火灾，人员疏散和扑救也较容易。因此，消防设施的设置以配备适用的灭火器为主。

12.3　通风和排烟系统

根据对隧道的火灾事故分析，由一氧化碳导致的人员死亡和因直接烧伤、爆炸及其他有毒气体引起的人员死亡约各占一半。通常，采用通风、防排烟措施控制烟气产物及烟气运动可以改善火灾环境，并降低火场温度以及热烟气和热分解产物的浓度，改善视线。但是，机械通风会通过不同途径对不同类型和规模的火灾产生影响，在某些情况下反而会加剧火势发展和蔓延。实验表明：在低速通风时，对小轿车的火灾影响不大；可以降低小型油池（约 $10m^2$）火的热释放速率，但会加强通风控制型的大型油池（约 $100m^2$）火的热释放速率；在纵向机械通风条件下，载重货车火的热释放速率可以达到自然通风条件下的数倍。因此，隧道内的通风排烟系统设计，要针对不同隧道环境确定合适的通风排烟方式和排烟量。

12.3.1　本条为强制性条文。隧道的空间特性，导致其一旦发生火灾，热烟排除非常困难，往往会因高温而使结构发生破坏，烟气积聚而导致灭火、疏散困难且火灾延续时间很长。因此，隧道内发生火灾时的排烟是隧道防火设计的重要内容。本条规定了需设置排烟设施的隧道，四类隧道因长度较短、发生火灾的概率较低或火灾危险性较小，可不设置排烟设施。

12.3.2～12.3.5　隧道排烟方式分为自然排烟和机械排烟。自然排烟，是利用短隧道的洞口或在隧道沿途顶部开设的通风口（例如，隧道敷设在路中绿化带下的情形）以及烟气自身浮力进行排烟的方式。采用自然排烟时，应注意错位布置上、下行隧道开设的自然排烟口或上、下行隧道的洞口，防止非着火隧道汽车行驶形成的活塞风将邻近隧道排出的烟气"倒吸"入非着火隧道，造成烟气蔓延。

（1）隧道的机械排烟模式分为纵向排烟和横向排烟方式以及由这两种基本排烟模式派生的各种组合排烟模式。排烟模式应根据隧道种类、疏散方式，并结合隧道正常工况的通风方式确定，并将烟气控制在较小范围之内，以保证人员疏散路径满足逃生环境要求，同时为灭火救援创造条件。

（2）火灾时，迫使隧道内的烟气沿隧道纵深方向流动的排烟形式为纵向排烟模式，是适用于单向交通隧道的一种最常用烟气控制方式。该模式可通过悬挂在隧道内的射流风机或其他射流装置、风井送排风设施等及其组合方式实现。纵向通风排烟，且气流方向与行车方向一致时，以火源点为界，火源点下游为烟气区、上游为非烟气区，人员在气流上游方向疏散。由于高温烟气沿坡度向上扩散速度很快，当在坡道上发生火灾，并采用纵向排烟控制烟流，排烟气流逆坡时，必须使纵向气流的流速高于临界风速。试验证明，纵向排烟控制烟气的效果较好。国际道路协会（PIARC）的相关报告以及美国纪念隧道试验（1993 年～1995 年）均表明，对于火灾功率低于 100MW 的火灾、隧道坡度不高于 4% 时，3m/s 的气流速度可以控制烟气回流。

近年来，大于 3km 的长大城市隧道越来越多，若整个隧道长度不进行分段通风，会造成火灾及烟气在隧道中的影响范围非常大，不利于消防救援以及灾后的修复。因此，本规范规定大于 3km 的长大隧道宜采用纵向分段排烟或重点排烟方式，以控制烟气的影响范围。

纵向排烟方式不适用于双向交通的隧道，因在此情况下采用纵向排烟方式会使火源一侧、不能驶离隧道的车辆处于烟气中。

（3）重点排烟是横向排烟方式的一种特殊情况，即在隧道纵向设置专用排烟道，并设置一定数量的排烟口，火灾时只开启火源附近或火源所在设计排烟区的排烟口，直接从火源附近将烟气快速有效地排出行车道空间，并从两端洞口自然补风，隧道内可形成一定的纵向风速。该排烟方式适用于双向交通隧道或经常发生交通阻塞的隧道。

隧道试验表明，全横向或半横向排烟系统对发生火灾的位置比较敏感，控烟效果不很理想。因此，对于双向通行的隧道，尽量采用重点排烟方式。重点排烟的排烟量应根据火灾规模、隧道空间形状等确定，排烟量不应小于火灾的产烟量。隧道中重点排烟的排烟量目前还没有公认的数值，表 23 是国际道路协会（PIARC）推荐的排烟量。

表 23　国际道路协会推荐的排烟量

车辆类型	等同燃烧汽油盘面积（m^2）	火灾规模（MW）	排烟量（m^3/s）
小客车	2	5	20
公交/货车	8	20	60
油罐车	30～100	100	100～200

（4）流经风机的烟气温度与隧道的火灾规模和风机距火源点的距离有关，火源小、距离远、隧道结构的冷却作用大，烟气温度也相应较低。通常位于排风道末端的排烟风机，排出的气体为位于火源附近的高温烟气与周围冷空气的混合气体，该气体在沿隧道和土建风道流动过程中得到了进一步冷却。澳大利亚某隧道、美国纪念隧道以及我国在上海进行的隧道试验均表明：即便火源距排烟风机较近，由于隧道的冷却作用，在排烟风机位置的烟气温度仍然低于250℃。因此，规定排烟风机要能耐受250℃的高温基本可以满足隧道排烟的要求。当设计火灾规模较大、风机离火源点很近时，排烟风机的耐高温设计要求可根据工程实际情况确定。本条的相关温度规定值为最低要求。

（5）排烟设备的有效工作时间，是保证隧道内人员逃生和灭火救援环境的基本时间。人员撤离时间与隧道内的实际人数、逃生路径及环境有关。目前，已经有多种计算机模拟软件可以对建筑物中的人员疏散时间进行预测，设备的耐高温时间可在此基础上确定。本规范规定的排烟风机的耐高温时间还参考了欧洲有关隧道的设计要求和试验研究成果。

（6）第 12.3.5 条中避难场所内有关防烟的要求，参照了建筑内防烟楼梯间和避难走道的有关规定。

12.3.6　隧道内用于通风和排烟的射流风机悬挂于隧道车行道的上部，火灾时可能直接暴露于高温下。此外，隧道内的排烟风机设置是要根据其有效作用范围来确定，风机间有一定的间隔。采用射流风机进行排烟的隧道，设计需考虑到正好在火源附近的射流风机由于温度过高而导致失效的情况，保证有一定的冗余配置。

12.4　火灾自动报警系统

12.4.1　隧道内发生火灾时，隧道外行驶的车辆往往还按正常速度驶入隧道，对隧道内的情况多处于不知情的状态，故规定本条要求，以警示并阻止后续车辆进入隧道。

12.4.2 为早期发现、及早通知隧道内的人员与车辆进行疏散和避让，向相关管理人员报警以采取救援行动，尽可能在初期将火扑灭，要求在隧道内设置合适的火灾报警系统。火灾报警装置的设置需根据隧道类别分别考虑，并至少要具备手动或自动报警功能。对于长大隧道，应设置火灾自动报警系统，并要求具备报警联络电话、声光显示报警功能。由于隧道内的环境特殊，较工业与民用建筑物内的条件恶劣，如风速大、空气污染程度高等，因此火灾探测与报警装置的选择要充分考虑这些不利因素。

12.4.3 隧道内的主要设备用房和电缆通道，因平时无人值守，着火后人员很难及时发现，因此也需设置必要的探测与报警系统，并使其火灾信号能传送到监控室。

12.4.4 隧道内一般均具有一定的电磁屏蔽效应，可能导致通信中断或无法进行无线联络。为保障灭火救援的通信联络畅通，在可能出现屏蔽的隧道内需采取措施使无线通信信号，特别是要保证城市公安消防机构的无线通信网络信号能进入隧道。

12.4.5 为保证能及时处理火警，要求长大隧道均应设置消防控制室。消防控制室的设置可以与其他监控室合用，其他要求应符合本规范第 8 章及现行国家标准《火灾自动报警系统设计规范》GB 50116 有关消防控制室的要求。隧道内的火灾自动报警系统及其控制设备组成、功能、设备布置以及火灾探测器、应急广播、消防专用电话等的设计要求，均需符合现行国家标准《火灾自动报警系统设计规范》GB 50116 的规定。

12.5 供电及其他

12.5.1 本条为强制性条文。消防用电的可靠性是保证消防设施可靠运行的基本保证。本条根据不同隧道火灾的扑救难度和发生火灾后可能的危害与损失、消防设施的用电情况，确定了隧道中消防用电的供电负荷要求。

12.5.2、12.5.3 隧道火灾的延续时间一般较长，火场环境条件恶劣、温度高，对消防用电设备、电源、供电、配电及其配电线路等的设计，要求较一般工业与民用建筑高。本条所规定的消防应急照明的延续供电时间，较一般工业与民用建筑的要求长，设计要采取有效的防火保护措施，确保消防配电线路不受高温作用而中断供电。

一、二类隧道和三类隧道内消防应急照明灯和疏散指示标志的连续供电时间，由原来的 3.0h 和 1.5h 分别调整为 1.5h 和 1.0 h。这主要基于两方面的原因：一方面，根据隧道建设和运营经验，火灾时隧道内司乘人员的疏散时间多为 15min～60min，如应急照明灯具和疏散指示标志的时间过长，会造成 UPS 电源设备数量庞大、维护成本高；另一方面，欧洲一些国家对隧道防火的研究时间长、经验丰富，这些国家的隧道规范和地铁隧道技术文件对应急照明时间的相关要求多数在 1.0h 之内。因此，本次修订缩短了隧道内消防应急照明灯具和疏散指示标志的连续供电时间。

12.5.4 本条为强制性条文。本条规定目的在于控制隧道内的灾害源，降低火灾危险，防止隧道着火时因高压线路、燃气管线等加剧火势的发展而影响安全疏散与抢险救援等行动。考虑到城市空间资源紧张，少数情况下不可避免存在高压电缆敷设需搭载隧道穿越江、河、湖泊等的情况，要求采取一定防火措施后允许借道敷设，以保障输电线路和隧道的安全。

12.5.5 隧道内的环境较恶劣，风速高、空气污染程度高，隧

道内所设置的相关消防设施要能耐受隧道内的恶劣环境影响，防止发生霉变、腐蚀、短路、变质等情况，确保设施有效。此外，也要在消防设施上或旁边设置可发光的标志，便于人员在火灾条件下快速识别和寻找。

附录　各类建筑构件的燃烧性能和耐火极限

附表 1　各类非木结构构件的燃烧性能和耐火极限

序号	构　件　名　称		构件厚度或截面 最小尺寸(mm)	耐火极限 (h)	燃烧 性能
一	承重墙				
1	普通黏土砖、硅酸盐砖，混凝土、钢筋混凝土实体墙		120	2.50	不燃性
			180	3.50	不燃性
			240	5.50	不燃性
			370	10.50	不燃性
2	加气混凝土砌块墙		100	2.00	不燃性
3	轻质混凝土砌块、天然石料的墙		120	1.50	不燃性
			240	3.50	不燃性
			370	5.50	不燃性
二	非承重墙				
1	普通黏土砖墙	1. 不包括双面抹灰	60	1.50	不燃性
			120	3.00	不燃性
		2. 包括双面抹灰 (15mm 厚)	150	4.50	不燃性
			180	5.00	不燃性
			240	8.00	不燃性
2	七孔黏土砖墙 (不包括墙中 空 120mm)	1. 不包括双面抹灰	120	8.00	不燃性
		2. 包括双面抹灰	140	9.00	不燃性
3	粉煤灰硅酸盐砌块墙		200	4.00	不燃性
4	轻质混凝土墙	1. 加气混凝土砌块墙	75	2.50	不燃性
			100	6.00	不燃性
			200	8.00	不燃性
		2. 钢筋加气混凝土垂直墙板墙	150	3.00	不燃性
		3. 粉煤灰加气混凝土砌块墙	100	3.40	不燃性
		4. 充气混凝土砌块墙	150	7.50	不燃性
5	空心条板隔墙	1. 菱苦土珍珠岩圆孔	80	1.30	不燃性
		2. 炭化石灰圆孔	90	1.75	不燃性
6	钢筋混凝土大板墙(C20)		60	1.00	不燃性
			120	2.60	不燃性

序号	构件名称	构件厚度或截面最小尺寸(mm)	耐火极限(h)	燃烧性能
7 轻质复合隔墙	1. 菱苦土板夹纸蜂窝隔墙,构造(mm):2.5+50(纸蜂窝)+25	77.5	0.33	难燃性
	2. 水泥刨花复合板隔墙(内空层60mm)	80	0.75	难燃性
	3. 水泥刨花板龙骨水泥板隔墙,构造(mm):12+86(空)+12	110	0.50	难燃性
	4. 石棉水泥龙骨石棉水泥板隔墙,构造(mm):5+80(空)+60	145	0.45	不燃性
8 石膏空心条板隔墙	1. 石膏珍珠岩空心条板,膨胀珍珠岩的容重为(50~80)kg/m³	60	1.50	不燃性
	2. 石膏珍珠岩空心条板,膨胀珍珠岩的容重为(60~120)kg/m³	60	1.20	不燃性
	3. 石膏珍珠岩塑料网空心条板,膨胀珍珠岩的容重为(60~120)kg/m³	60	1.30	不燃性
	4. 石膏珍珠岩双层空心条板,构造(mm):60+50(空)+60	170	3.75	不燃性
	膨胀珍珠岩的容重为(50~80)kg/m³	170	3.75	不燃性
	膨胀珍珠岩的容重为(60~120)kg/m³	60	1.50	不燃性
	5. 石膏硅酸盐空心条板	90	2.25	不燃性
	6. 石膏粉煤灰空心条板	60	1.28	不燃性
	7. 增强石膏空心墙板	90	2.50	不燃性
9 石膏龙骨两面钉表右侧材料的隔墙	1. 纤维石膏板,构造(mm): 10+64(空)+10	84	1.35	不燃性
	8.5+103(填矿棉,容重为100kg/m³)+8.5	120	1.00	不燃性
	10+90(填矿棉,容重为100kg/m³)+10	110	1.00	不燃性
	2. 纸面石膏板,构造(mm): 11+68(填矿棉,容重为100kg/m³)+11	90	0.75	不燃性
	12+80(空)+12	104	0.33	不燃性
	11+28(空)+11+65(空)+11+28(空)+11	165	1.50	不燃性
	9+12+128(空)+12+9	170	1.20	不燃性
	25+134(空)+12+9	180	1.50	不燃性
	12+80(空)+12+12+80(空)+12	208	1.00	不燃性

序号	构件名称	构件厚度或截面最小尺寸(mm)	耐火极限(h)	燃烧性能
10 木龙骨两面钉表右侧材料的隔墙	1. 石膏板,构造(mm):12+50(空)+12	74	0.30	难燃性
	2. 纸面玻璃纤维石膏板,构造(mm):10+55(空)+10	75	0.60	难燃性
	3. 纸面纤维石膏板,构造(mm):10+55(空)+10	75	0.60	难燃性
	4. 钢丝网(板)抹灰,构造(mm):15+50(空)+15	80	0.85	难燃性
	5. 板条抹灰,构造(mm):15+50(空)+15	80	0.85	难燃性
	6. 水泥刨花板,构造(mm):15+50(空)+15	80	0.30	难燃性
	7. 板条抹1:4石棉水泥隔热灰浆,构造(mm):20+50(空)+20	90	1.25	难燃性
	8. 苇箔抹灰,构造(mm):15+70+15	100	0.85	难燃性
11 钢龙骨两面钉表右侧材料的隔墙	1. 纸面石膏板,构造: 20mm+46mm(空)+12mm	78	0.33	不燃性
	2×12mm+70mm(空)+2×12mm	118	1.20	不燃性
	2×12mm+70mm(空)+3×12mm	130	1.25	不燃性
	2×12mm+75mm(填岩棉,容重为100kg/m³)+2×12mm	123	1.50	不燃性
	12mm+75mm(填50mm玻璃棉)+12mm	99	0.50	不燃性
	2×12mm+75mm(填50mm玻璃棉)+2×12mm	123	1.00	不燃性
	3×12mm+75mm(填50mm玻璃棉)+3×12mm	147	1.50	不燃性
	12mm+75mm(空)+12mm	99	0.52	不燃性
	12mm+75mm(其中5.0%厚岩棉)+12mm	99	0.90	不燃性
	15mm+9.5mm+75mm+15mm	123	1.50	不燃性
	2. 复合纸面石膏板,构造(mm): 10+55(空)+10	75	0.60	不燃性
	15+75(空)+1.5+9.5(双层板受火)	101	1.10	不燃性

序号	构 件 名 称	构件厚度或截面最小尺寸(mm)	耐火极限(h)	燃烧性能
11 钢龙骨两面钉表右侧材料的隔墙	3.耐火纸面石膏板,构造: 12mm+75mm(其中 5.0%厚岩棉)+12mm	99	1.05	不燃性
	2×12mm+75mm+2×12mm	123	1.10	不燃性
	2×15mm + 100mm(其中8.0%厚岩棉)+15mm	145	1.50	不燃性
	4.双层石膏板,板内掺纸纤维,构造: 2×12mm+75mm(空)+2×12mm	123	1.10	不燃性
	5.单层石膏板,构造(mm): 12+75(空)+12	99	0.50	不燃性
	12+75(填 50mm 厚岩棉,容重 100kg/m³)+12	99	1.20	不燃性
	6.双层石膏板,构造: 18mm+70mm(空)+18mm	106	1.35	不燃性
	2×12mm+75mm(空)+2×12mm	123	1.35	不燃性
	2×12mm+75mm(填岩棉,容重 100kg/m³)+2×12mm	123	2.10	不燃性
	7.防火石膏板,板内掺玻璃纤维,岩棉容重为 60kg/m³,构造: 2×12mm+75mm(空)+2×12mm	123	1.35	不燃性
	2×12mm+75mm(填 40mm 岩棉)+2×12mm	123	1.60	不燃性
	12mm+75mm(填 50mm 岩棉)+12mm	99	1.20	不燃性
	3×12mm+75mm(填 50mm 岩棉)+3×12mm	147	2.00	不燃性
	4×12mm+75mm(填 50mm 岩棉)+4×12mm	171	3.00	不燃性
	8.单层玻镁砂光防火板,硅酸铝纤维棉容重为 180kg/m³,构造: 8mm+75mm(填硅酸铝纤维棉)+8mm	91	1.50	不燃性
	10mm+75mm(填硅酸铝纤维棉)+10mm	95	2.00	不燃性

序号	构 件 名 称	构件厚度或截面最小尺寸(mm)	耐火极限(h)	燃烧性能
11 钢龙骨两面钉表右侧材料的隔墙	9.布面石膏板,构造: 12mm+75mm(空)+12mm	99	0.40	难燃性
	12mm+75mm(填玻璃棉)+12mm	99	0.50	难燃性
	2×12mm+75mm(空)+2×12mm	123	1.00	难燃性
	2×12mm+75mm(填玻璃棉)+2×12mm	123	1.20	难燃性
	10.矽酸钙板(氧化镁板)填岩棉,岩棉容重为 180 kg/m³,构造: 8mm+75mm+8mm	91	1.50	不燃性
	10mm+75mm+10mm	95	2.00	不燃性
	11.硅酸钙板填岩棉,岩棉容重为 100 kg/m³,构造: 8mm+75mm+8mm	91	1.00	不燃性
	2×8mm+75mm+2×8mm	107	2.00	不燃性
	9mm+100mm+9mm	118	1.75	不燃性
	10mm+100mm+10mm	120	2.00	不燃性
12 轻钢龙骨两面钉表右侧材料的隔墙	1.耐火纸面石膏板,构造: 3×12mm+100mm(岩棉)+2×12mm	160	2.00	不燃性
	3×15mm+100mm(50mm 厚岩棉)+2×12mm	169	2.95	不燃性
	3×15mm+100mm(80mm 厚岩棉)+2×15mm	175	2.82	不燃性
	3×15mm+150mm(100mm 厚岩棉)+3×15mm	240	4.00	不燃性
	9.5mm+3×12mm+100mm(空)+100mm(80mm 厚岩棉)+2×12mm+9.5mm+12mm	291	3.00	不燃性
	2.水泥纤维复合硅酸钙板,构造(mm): 4(水泥纤维板)+52(水泥聚苯乙烯粒)+4(水泥纤维板)	60	1.20	不燃性
	20(水泥纤维板)+60(岩棉)+20(水泥纤维板)	100	2.10	不燃性
	4(水泥纤维板)+92(岩棉)+4(水泥纤维板)	100	2.00	不燃性

序号	构件名称		构件厚度或截面最小尺寸(mm)	耐火极限(h)	燃烧性能
12	轻钢龙骨两面钉表右侧材料的隔墙	3.单层双面夹矿棉硅酸钙板	100	1.50	不燃性
			90	1.00	不燃性
			140	2.00	不燃性
		4.双层双面夹矿棉硅酸钙板 钢龙骨水泥刨花板,构造(mm):12+76(空)+12	100	0.45	难燃性
		钢龙骨石棉水泥板,构造(mm):12+75(空)+6	93	0.30	难燃性
13	两面用强度等级32.5#硅酸盐水泥,1:3水泥砂浆的抹面的隔墙	1.钢丝网架矿棉或聚苯乙烯夹芯板隔墙,构造(mm): 25(砂浆)+50(矿棉)+25(砂浆)	100	2.00	不燃性
		25(砂浆)+50(聚苯乙烯)+25(砂浆)	100	1.07	难燃性
		2.钢丝网聚苯乙烯泡沫塑料复合板隔墙,构造(mm): 23(砂浆)+54(聚苯乙烯)+23(砂浆)	100	1.30	难燃性
		3.钢丝网塑夹芯板(内填自熄性聚苯乙烯泡沫)隔墙	76	1.20	难燃性
		4.钢丝网架石膏复合墙板,构造(mm): 15(石膏板)+50(硅酸盐水泥)+50(岩棉)+50(硅酸盐水泥)+15(石膏板)	180	4.00	不燃性
		5.钢丝网岩棉夹芯复合板	110	2.00	不燃性
		6.钢丝网架水泥聚苯乙烯夹芯板墙(mm): 35(砂浆)+50(聚苯乙烯)+35(砂浆)	120	1.00	难燃性
14	增强石膏轻质板墙		60	1.28	不燃性
	增强石膏轻质内墙板(带孔)		90	2.50	不燃性
15	空心轻质板墙	1.孔径38,表面为10mm水泥砂浆	100	2.00	不燃性
		2.62mm孔空心板拼装,两侧抹灰19mm(砂:碳:水泥比为5:1:1)	100	2.00	不燃性

序号	构件名称		构件厚度或截面最小尺寸(mm)	耐火极限(h)	燃烧性能
16	混凝土砌块墙	1.轻集料小型空心砌块	330×140	1.98	不燃性
			330×190	1.25	不燃性
		2.轻集料(陶粒)混凝土砌块	330×240	2.92	不燃性
			330×290	4.00	不燃性
		3.轻集料小型空心砌块(实体墙体)	330×190	4.00	不燃性
		4.普通混凝土承重空心砌块	330×140	1.65	不燃性
			330×190	1.93	不燃性
			330×290	4.00	不燃性
17	纤维增强硅酸钙板轻质复合隔墙		50~100	2.00	不燃性
18	纤维增强水泥加压平板墙		50~100	2.00	不燃性
19	1.水泥聚苯乙烯粒子复合板(纤维复合)墙		60	1.20	不燃性
	2.水泥纤维加压板墙		100	2.00	不燃性
20	采用纤维增强水泥加轻质粗骨料填充料混合浇注,振动滚压成型玻璃纤维增强水泥空心板隔墙		60	1.50	不燃性
21	金属岩棉夹芯板隔墙,构造:双面单层彩钢板,中间填充岩棉(容重为100kg/m³)		50	0.30	不燃性
			80	0.50	不燃性
			100	0.80	不燃性
			120	1.00	不燃性
			150	1.50	不燃性
			200	2.00	不燃性
22	轻质条板隔墙,构造:双面单层4mm硅钙板,中间填充聚苯混凝土		90	1.00	不燃性
			100	1.20	不燃性
			120	1.50	不燃性
23	轻集料混凝土条板隔墙		90	1.50	不燃性
			120	2.00	不燃性
24	灌浆水泥板隔墙,构造(mm)	6+75(中灌聚苯混凝土)+6	87	2.00	不燃性
		9+75(中灌聚苯混凝土)+9	93	2.50	不燃性
		9+100(中灌聚苯混凝土)+9	118	3.00	不燃性
		12+150(中灌聚苯混凝土)+12	174	4.00	不燃性

序号	构件名称		构件厚度或截面最小尺寸(mm)	耐火极限(h)	燃烧性能
25	双面单层彩钢面玻镁夹芯板隔墙	1. 内衬一层 5mm 玻镁板,中空	50	0.30	不燃性
		2. 内衬一层 10mm 玻镁板,中空	50	0.50	不燃性
		3. 内衬一层 12mm 玻镁板,中空	50	0.60	不燃性
		4. 内衬一层 5mm 玻镁板,中填容重为 100kg/m³ 的岩棉	50	0.90	不燃性
		5. 内衬一层 10mm 玻镁板,中填铝蜂窝	50	0.60	不燃性
		6. 内衬一层 12mm 玻镁板,中填铝蜂窝	50	0.70	不燃性
26	双面单层彩钢面石膏复合板隔墙	1. 内衬一层 12mm 石膏板,中填纸蜂窝	50	0.70	难燃性
		2. 内衬一层 12mm 石膏板,中填岩棉(120kg/m³)	50	1.00	不燃性
			100	1.50	不燃性
		3. 内衬一层 12mm 石膏板,中空	75	0.70	不燃性
			100	0.90	不燃性
27	钢框架间填充墙、混凝土墙,当钢框架为	1. 用金属网抹灰保护,其厚度为:25mm	—	0.75	不燃性
		2. 用砖砌面或混凝土保护,其厚度为:60mm	—	2.00	不燃性
		120mm	—	4.00	不燃性
三	柱				
1	钢筋混凝土柱		180×240	1.20	不燃性
			200×200	1.40	不燃性
			200×300	2.50	不燃性
			240×240	2.00	不燃性
			300×300	3.00	不燃性
			200×400	2.70	不燃性
			200×500	3.00	不燃性
			300×500	3.50	不燃性
			370×370	5.00	不燃性
2	普通黏土砖柱		370×370	5.00	不燃性
3	钢筋混凝土圆柱		直径 300	3.00	不燃性
			直径 450	4.00	不燃性

序号	构件名称		构件厚度或截面最小尺寸(mm)	耐火极限(h)	燃烧性能
4	有保护层的钢柱,保护层	1. 金属网抹 M5 砂浆,厚度(mm):25	—	0.80	不燃性
		50	—	1.30	不燃性
		2. 加气混凝土,厚度(mm):40	—	1.00	不燃性
		50	—	1.40	不燃性
		70	—	2.00	不燃性
		80	—	2.33	不燃性
		3. C20 混凝土,厚度(mm):25	—	0.80	不燃性
		50	—	2.00	不燃性
		100	—	2.85	不燃性
		4. 普通黏土砖,厚度(mm):120	—	2.85	不燃性
		5. 陶粒混凝土,厚度(mm):80	—	3.00	不燃性
		6. 薄涂型钢结构防火涂料,厚度(mm):5.5	—	1.00	不燃性
		7.0	—	1.50	不燃性
		7. 厚涂型钢结构防火涂料,厚度(mm):15	—	1.00	不燃性
		20	—	1.50	不燃性
		30	—	2.00	不燃性
		40	—	2.50	不燃性
		50	—	3.00	不燃性
5	有保护层的钢管混凝土圆柱(λ≤60),保护层	金属网抹 M5 砂浆,厚度(mm):25	D=200	1.00	不燃性
		35		1.50	不燃性
		45		2.00	不燃性
		60		2.50	不燃性
		70		3.00	不燃性
		金属网抹 M5 砂浆,厚度(mm):20	D=600	1.00	不燃性
		30		1.50	不燃性
		35		2.00	不燃性
		45		2.50	不燃性
		50		3.00	不燃性
		金属网抹 M5 砂浆,厚度(mm):18	D=1000	1.00	不燃性
		26		1.50	不燃性
		32		2.00	不燃性
		40		2.50	不燃性
		45		3.00	不燃性

序号	构件名称		构件厚度或截面最小尺寸(mm)	耐火极限(h)	燃烧性能
5	有保护层的钢管混凝土圆柱(λ≤60),保护层	金属网抹 M5 砂浆,厚度(mm):15 25 30 36 40	D≥1400	1.00 1.50 2.00 2.50 3.00	不燃性 不燃性 不燃性 不燃性 不燃性
		厚涂型钢结构防火涂料,厚度(mm):8 10 14 16 20	D=200	1.00 1.50 2.00 2.50 3.00	不燃性 不燃性 不燃性 不燃性 不燃性
		厚涂型钢结构防火涂料,厚度(mm):7 9 12 14 16	D=600	1.00 1.50 2.00 2.50 3.00	不燃性 不燃性 不燃性 不燃性 不燃性
		厚涂型钢结构防火涂料,厚度(mm):6 8 10 12 14	D=1000	1.00 1.50 2.00 2.50 3.00	不燃性 不燃性 不燃性 不燃性 不燃性
		厚涂型钢结构防火涂料,厚度(mm):5 7 9 10 12	D≥1400	1.00 1.50 2.00 2.50 3.00	不燃性 不燃性 不燃性 不燃性 不燃性
6	有保护层的钢管混凝土方柱、矩形柱(λ≤60),保护层	金属网抹 M5 砂浆,厚度(mm):40 55 70 80 90	B=200	1.00 1.50 2.00 2.50 3.00	不燃性 不燃性 不燃性 不燃性 不燃性
		金属网抹 M5 砂浆,厚度(mm):30 40 55 65 70	B=600	1.00 1.50 2.00 2.50 3.00	不燃性 不燃性 不燃性 不燃性 不燃性

序号	构件名称		构件厚度或截面最小尺寸(mm)	耐火极限(h)	燃烧性能
6	有保护层的钢管混凝土方柱、矩形柱(λ≤60),保护层	金属网抹 M5 砂浆,厚度(mm):25 35 45 55 65	B=1000	1.00 1.50 2.00 2.50 3.00	不燃性 不燃性 不燃性 不燃性 不燃性
		金属网抹 M5 砂浆,厚度(mm):20 30 40 45 55	B≥1400	1.00 1.50 2.00 2.50 3.00	不燃性 不燃性 不燃性 不燃性 不燃性
		厚涂型钢结构防火涂料,厚度(mm):8 10 14 18 25	B=200	1.00 1.50 2.00 2.50 3.00	不燃性 不燃性 不燃性 不燃性 不燃性
		厚涂型钢结构防火涂料,厚度(mm):6 8 10 12 15	B=600	1.00 1.50 2.00 2.50 3.00	不燃性 不燃性 不燃性 不燃性 不燃性
		厚涂型钢结构防火涂料,厚度(mm):5 6 8 10 12	B=1000	1.00 1.50 2.00 2.50 3.00	不燃性 不燃性 不燃性 不燃性 不燃性
		厚涂型钢结构防火涂料,厚度(mm):4 5 6 8 10	B=1400	1.00 1.50 2.00 2.50 3.00	不燃性 不燃性 不燃性 不燃性 不燃性
四	梁				
	简支的钢筋混凝土梁	1.非预应力钢筋,保护层厚度(mm):10 20 25 30 40 50	— — — — — —	1.20 1.75 2.00 2.30 2.90 3.50	不燃性 不燃性 不燃性 不燃性 不燃性 不燃性

序号	构件名称	构件厚度或截面最小尺寸(mm)	耐火极限(h)	燃烧性能
	简支的钢筋混凝土梁	2.预应力钢筋或高强度钢丝,保护层厚度(mm):25	—	1.00	不燃性
		30	—	1.20	不燃性
		40	—	1.50	不燃性
		50	—	2.00	不燃性
		3.有保护层的钢梁:15mm厚LG防火隔热涂料保护层	—	1.50	不燃性
		20mm厚LY防火隔热涂料保护层	—	2.30	不燃性

序号	构件名称	构件厚度或截面最小尺寸(mm)	耐火极限(h)	燃烧性能
五	楼板和屋顶承重构件			
1	非预应力简支钢筋混凝土圆孔空心楼板,保护层厚度(mm):10	—	0.90	不燃性
	20	—	1.25	不燃性
	30	—	1.50	不燃性
2	预应力简支钢筋混凝土圆孔空心楼板,保护层厚度(mm):10	—	0.40	不燃性
	20	—	0.70	不燃性
	30	—	0.85	不燃性
3	四边简支的钢筋混凝土楼板,保护层厚度(mm):10	70	1.40	不燃性
	15	80	1.45	不燃性
	20	80	1.50	不燃性
	30	90	1.85	不燃性
4	现浇的整体式梁板,保护层厚度(mm):10	80	1.40	不燃性
	15	80	1.45	不燃性
	20	80	1.50	不燃性
	现浇的整体式梁板,保护层厚度(mm):10	90	1.75	不燃性
	20	90	1.85	不燃性
	现浇的整体式梁板,保护层厚度(mm):10	100	2.00	不燃性
	15	100	2.00	不燃性
	20	100	2.10	不燃性
	30	100	2.15	不燃性
	现浇的整体式梁板,保护层厚度(mm):10	110	2.25	不燃性
	15	110	2.30	不燃性
	20	110	2.30	不燃性
	30	110	2.40	不燃性

序号	构件名称	构件厚度或截面最小尺寸(mm)	耐火极限(h)	燃烧性能
4	现浇的整体式梁板,保护层厚度(mm):10	120	2.50	不燃性
	20	120	2.65	不燃性
5	钢丝网抹灰粉刷的钢梁,保护层厚度(mm):10	—	0.50	不燃性
	20	—	1.00	不燃性
	30	—	1.25	不燃性
6	屋面板	1.钢筋加气混凝土屋面板,保护层厚度10mm	—	1.25	不燃性
		2.钢筋充气混凝土屋面板,保护层厚度10mm	—	1.60	不燃性
		3.钢筋混凝土方孔屋面板,保护层厚度10mm	—	1.20	不燃性
		4.预应力钢筋混凝土槽形屋面板,保护层厚度10mm	—	0.50	不燃性
		5.预应力钢筋混凝土槽瓦,保护层厚度10mm	—	0.50	不燃性
		6.轻型纤维石膏板屋面板	—	0.60	不燃性
六	吊顶			
1	木吊顶搁栅	1.钢丝网抹灰	15	0.25	难燃性
		2.板条抹灰	15	0.25	难燃性
		3.1:4水泥石棉浆钢丝网抹灰	20	0.50	难燃性
		4.1:4水泥石棉浆板条抹灰	20	0.50	难燃性
		5.钉氧化镁锯末复合板	13	0.25	难燃性
		6.钉石棉装饰板	10	0.25	难燃性
		7.钉平面石膏板	12	0.30	难燃性
		8.钉纸面石膏板	9.5	0.25	难燃性
		9.钉双层石膏板(各厚8mm)	16	0.45	难燃性
		10.钉珍珠岩复合石膏板(穿孔板和吸音板各厚15mm)	30	0.30	难燃性
		11.钉矿棉吸音板	—	0.15	难燃性
		12.钉硬质木屑板	10	0.20	难燃性
2	钢吊顶搁栅	1.钢丝网(板)抹灰	15	0.25	不燃性
		2.钉石棉板	10	0.85	不燃性
		3.钉双层石膏板	10	0.30	不燃性
		4.挂石棉型硅酸钙板	10	0.30	不燃性

序号	构件名称	构件厚度或截面最小尺寸(mm)	耐火极限(h)	燃烧性能
2	钢吊顶搁栅	5. 两侧吊挂 0.5mm 厚薄钢板,内填容重为 100kg/m³ 的陶瓷棉复合板	40	0.40	不燃性
3		双面单层彩钢面岩棉夹芯板吊顶,中间填容重为 120kg/m³ 的岩棉	50 100	0.30 0.50	不燃性 不燃性
4	钢龙骨单面钉表右侧材料	1. 防火板,填容重为 100kg/m³ 的岩棉,构造: 9mm+75mm(岩棉) 12mm+100mm(岩棉) 2×9mm+100mm(岩棉)	84 112 118	0.50 0.75 0.90	不燃性 不燃性 不燃性
		2. 纸面石膏板,构造: 12mm+2mm 填缝料+60mm(空) 12mm+1mm 填缝料+12mm+1mm 填缝料+60mm(空)	74 86	0.10 0.40	不燃性 不燃性
		3. 防火纸面石膏板,构造: 12mm+50mm(填 60kg/m³ 的岩棉) 15mm+1mm 填缝料+15mm+1mm 填缝料+60mm(空)	62 92	0.20 0.50	不燃性 不燃性
七	防火门				
1	木质防火门;木质面板或木质面板内设防火板	1. 门扇内填充珍珠岩 2. 门扇内填充氯化镁、氧化镁 丙级 乙级 甲级	40~50 45~50 50~90	0.50 1.00 1.50	难燃性 难燃性 难燃性
2	钢木质防火门	1. 木质面板 1)钢质或钢木质复合门框、木质骨架,迎/背火面一面或两面设防火板,或不设防火板。门扇内填充珍珠岩,或氯化镁、氧化镁 2)木质门框、木质骨架,迎/背火面一面或两面设防火板。门扇内填充珍珠岩,或氯化镁、氧化镁 2. 钢质面板 钢质或钢木质复合门框、钢质或木质骨架,迎火面一面或两面设防火板,或不设防火板。门扇内填充珍珠岩,或氯化镁、氧化镁 丙级 乙级 甲级	40~50 45~50 50~90	0.50 1.00 1.50	难燃性 难燃性 难燃性
3	钢质防火门	钢质门框、钢质面板、钢质骨架。迎/背火面一面或两面设防火板,或不设防火板。门扇内填充珍珠岩或氧化镁、氧化镁 丙级 乙级 甲级	40~50 45~70 50~90	0.50 1.00 1.50	不燃性 不燃性 不燃性
八	防火窗				
1	钢质防火窗	窗框钢质,窗扇钢质,窗框填充水泥砂浆,或氧化镁、氯化镁,或防火板。复合防火玻璃	25~30 30~38	1.00 1.50	不燃性 不燃性
2	木质防火窗	窗框、窗扇均为木质,或均为防火板和木质复合。窗框无填充材料,窗扇迎/背火面外设防火板和木质面板,或为阻燃实木。复合防火玻璃	25~30 30~38	1.00 1.50	难燃性 难燃性
3	钢木复合防火窗	窗框钢质,窗扇木质,窗框填充采用水泥砂浆,窗扇迎/背火面外设防火板和木质面板,或为阻燃实木。复合防火玻璃	25~30 30~38	1.00 1.50	难燃性 难燃性
九	防火卷帘	1. 钢质普通型防火卷帘(帘板为单层)		1.50~3.00	不燃性
		2. 钢质复合型防火卷帘(帘板为双层)		2.00~4.00	不燃性
		3. 无机复合防火卷帘(采用多种无机材料复合而成)		3.00~4.00	不燃性
		4. 无机复合轻质防火卷帘(双层,不需水幕保护)		4.00	不燃性

注:1 λ 为钢管混凝土构件长细比,对于圆钢管混凝土,λ=4L/D;对于方、矩形钢管混凝土,λ=2√3L/B;L 为构件的计算长度。
2 对于矩形钢管混凝土柱,B 为截面短边边长。
3 钢管混凝土柱的耐火极限为根据福州大学土木建筑工程学院提供的理论计算值,未经逐个试验验证。
4 确定墙的耐火极限不考虑墙上有无洞孔。
5 墙的总厚度包括抹灰粉刷层。
6 中间尺寸的构件,其耐火极限建议经试验确定,亦可按插入法计算。
7 计算保护层时,应包括抹灰粉刷层在内。
8 现浇的无梁楼板按简支板的数据采用。
9 无防火保护层的钢梁、钢柱、钢楼板和钢屋架,其耐火极限可按 0.25h 确定。
10 人孔盖板的耐火极限可参照防火门确定。
11 防火门和防火窗中的"木质"均为经阻燃处理。

附表2　各类木结构构件的燃烧性能和耐火极限

构件名称		截面图和结构厚度或截面最小尺寸(mm)	耐火极限(h)	燃烧性能
承重墙	木龙骨两侧钉石膏板的承重内墙	厚度120 1. 15mm耐火石膏板　2. 木龙骨：截面尺寸40mm×90mm　3. 填充岩棉或玻璃棉　4. 15mm耐火石膏板　木龙骨的间距为400mm或600mm	1.00	难燃性
		厚度170 1. 15mm耐火石膏板　2. 木龙骨：截面尺寸40mm×140mm　3. 填充岩棉或玻璃棉　4. 15mm耐火石膏板　木龙骨的间距为400mm或600mm	1.00	难燃性
	木龙骨两侧钉石膏板＋定向刨花板的承重外墙	厚度120 曝火面 1. 15mm耐火石膏板　2. 木龙骨：截面尺寸40mm×90mm　3. 填充岩棉或玻璃棉　4. 15mm定向刨花板　木龙骨的间距为400mm或600mm	1.00	难燃性
		厚度170 曝火面 1. 15mm耐火石膏板　2. 木龙骨：截面尺寸40mm×140mm　3. 填充岩棉或玻璃棉　4. 15mm定向刨花板　木龙骨的间距为400mm或600mm	1.00	难燃性

续附表2

构件名称		截面图和结构厚度或截面最小尺寸(mm)	耐火极限(h)	燃烧性能
非承重墙	木龙骨两侧钉石膏板的非承重内墙	厚度245 1. 双层15mm耐火石膏板　2. 双排木龙骨，木龙骨截面尺寸40mm×90mm　3. 填充岩棉或玻璃棉　4. 双层15mm耐火石膏板　木龙骨的间距为400mm或600mm	2.00	难燃性
		厚度200 1. 双层15mm耐火石膏板　2. 双排木龙骨交错放置在40mm×140mm的底梁板上，木龙骨截面尺寸40mm×90mm　3. 填充岩棉或玻璃棉　4. 双层15mm耐火石膏板　木龙骨的间距为400mm或600mm	2.00	难燃性
		厚度138 1. 双层12mm耐火石膏板　2. 木龙骨：截面尺寸40mm×90mm　3. 填充岩棉或玻璃棉　4. 双层12mm耐火石膏板　木龙骨的间距为400mm或600mm	1.00	难燃性
		厚度114 1. 12mm耐火石膏板　2. 木龙骨：截面尺寸40mm×90mm　3. 填充岩棉或玻璃棉　4. 12mm耐火石膏板　木龙骨的间距为400mm或600mm	0.75	难燃性

构件名称		截面图和结构厚度或截面最小尺寸(mm)	耐火极限(h)	燃烧性能
非承重墙	木龙骨两侧钉石膏板的非承重内墙	厚度120 1. 15mm普通石膏板 2. 木龙骨:截面尺寸40mm×90mm 3. 填充岩棉或玻璃棉 4. 15mm普通石膏板 木龙骨的间距为400mm或600mm	0.50	难燃性
	木龙骨两侧钉石膏板或定向刨花板的非承重外墙	厚度114 1. 12mm耐火石膏板 2. 木龙骨:截面尺寸40mm×90mm 3. 填充岩棉或玻璃棉 4. 12mm定向刨花板 木龙骨的间距为400mm或600mm	0.75	难燃性
		厚度120 1. 15mm耐火石膏板 2. 木龙骨:截面尺寸40mm×90mm 3. 填充岩棉或玻璃棉 4. 15mm耐火石膏板 木龙骨的间距为400mm或600mm	1.25	难燃性
		厚度164 1. 12mm耐火石膏板 2. 木龙骨:截面尺寸40mm×140mm 3. 填充岩棉或玻璃棉 4. 12mm定向刨花板 木龙骨的间距为400mm或600mm	0.75	难燃性
		厚度170 1. 15mm耐火石膏板 2. 木龙骨:截面尺寸40mm×140mm 3. 填充岩棉或玻璃棉 4. 15mm耐火石膏板 木龙骨的间距为400mm或600mm	1.25	难燃性

构件名称	截面图和结构厚度或截面最小尺寸(mm)	耐火极限(h)	燃烧性能
柱	支持屋顶和楼板的胶合木柱(四面曝火): 1. 横截面尺寸:200mm×280mm	1.00	可燃性
	支持屋顶和楼板的胶合木柱(四面曝火): 2. 横截面尺寸:272mm×352mm 横截面尺寸在200mm×280mm的基础上每个曝火面厚度各增加36mm	1.00	可燃性
梁	支持屋顶和楼板的胶合木梁(三面曝火): 1. 横截面尺寸:200mm×400mm	1.00	可燃性
	支持屋顶和楼板的胶合木梁(三面曝火): 2. 横截面尺寸:272mm×436mm 截面尺寸在200mm×400mm的基础上每个曝火面厚度各增加36mm	1.00	可燃性
楼板	厚度277 1. 楼面板为18mm定向刨花板或胶合板 2. 楼板搁栅40mm×235mm 3. 填充岩棉或玻璃棉 4. 顶棚为双层12mm耐火石膏板 采用实木搁栅或工字木搁栅,间距400mm或600mm	1.00	难燃性
屋顶承重构件	椽檩屋顶截面 1. 屋顶椽条或轻型木桁架 2. 填充保温材料 3. 顶棚为12mm耐火石膏板 轻型木桁架屋顶截面 木桁架的间距为400mm或600mm	0.50	难燃性
吊顶	独立吊顶,厚度42mm。总厚度277mm 1. 实木楼盖结构40mm×235mm 2. 木板条30mm×50mm(间距为400mm) 3. 顶棚为12mm耐火石膏板	0.25	难燃性

中华人民共和国行业标准

建筑桩基技术规范

Technical code for building pile foundations

JGJ 94—2008

J 793—2008

批准部门：中华人民共和国住房和城乡建设部
施行日期：２００８年１０月１日

中华人民共和国住房和城乡建设部
公　告

第 18 号

关于发布行业标准
《建筑桩基技术规范》的公告

现批准《建筑桩基技术规范》为行业标准，编号为 JGJ 94 - 2008，自 2008 年 10 月 1 日起实施。其中，第 3.1.3、3.1.4、5.2.1、5.4.2、5.5.1、5.5.4、5.9.6、5.9.9、5.9.15、8.1.5、8.1.9、9.4.2 条为强制性条文，必须严格执行。原行业标准《建筑桩基技术规范》JGJ 94 - 94 同时废止。

本规范由我部标准定额研究所组织中国建筑工业出版社出版发行。

中华人民共和国住房和城乡建设部
2008 年 4 月 22 日

前　言

本规范是根据建设部《关于印发〈二○○二～二○○三年度工程建设城建、建工行业标准制订、修订计划〉的通知》建标〔2003〕104 号文的要求，由中国建筑科学研究院会同有关设计、勘察、施工、研究和教学单位，对《建筑桩基技术规范》JGJ 94 - 94 修订而成。

在修订过程中，开展了专题研究，进行了广泛的调查分析，总结了近年来我国桩基础设计、施工经验，吸纳了该领域新的科研成果，以多种方式广泛征求了全国有关单位的意见，并进行了试设计，对主要问题进行了反复修改，最后经审查定稿。

本规范主要技术内容有：基本设计规定、桩基构造、桩基计算、灌注桩施工、混凝土预制桩与钢桩施工、承台施工、桩基工程质量检查和验收及有关附录。

本规范修订增加的内容主要有：减少差异沉降和承台内力的变刚度调平设计；桩基耐久性规定；后注浆灌注桩承载力计算与施工工艺；软土地基减沉复合疏桩基础设计；考虑桩径因素的 Mindlin 解计算单桩、单排桩和疏桩基础沉降；抗压桩与抗拔桩桩身承载力计算；长螺旋钻孔压灌混凝土后插钢筋笼灌注桩施工方法；预应力混凝土空心桩承载力计算与沉桩等。调整的主要内容有：基桩和复合基桩承载力设计取值与计算；单桩侧阻力和端阻力经验参数；嵌岩桩

嵌岩段侧阻和端阻综合系数；等效作用分层总和法计算桩基沉降经验系数；钻孔灌注桩孔底沉渣厚度控制标准等。

本规范中以黑体字标志的条文为强制性条文，必须严格执行。

本规范由住房和城乡建设部负责管理和对强制性条文的解释，由中国建筑科学研究院负责具体技术内容的解释。

本 规 范 主 编 单 位：中国建筑科学研究院（地址：北京市北三环东路 30 号；邮编：100013）。

本 规 范 参 编 单 位：北京市勘察设计研究院有限公司
现代设计集团华东建筑设计研究院有限公司
上海岩土工程勘察设计研究院有限公司
天津大学
福建省建筑科学研究院
中冶集团建筑研究总院
机械工业勘察设计研究院
中国建筑东北设计院
广东省建筑科学研究院
北京筑都方圆建筑设计有限

公司

广州大学

本规范主要起草人：黄　强　刘金砺　高文生

刘金波　沙志国　侯伟生

邱明兵　顾晓鲁　吴春林

顾国荣　王卫东　张　炜

杨志银　唐建华　张丙吉

杨　斌　曹华先　张季超

目　　次

1 总 则

1.0.1 为了在桩基设计与施工中贯彻执行国家的技术经济政策，做到安全适用、技术先进、经济合理、确保质量、保护环境，制定本规范。

1.0.2 本规范适用于建筑（包括构筑物）桩基的设计、施工及验收。

1.0.3 桩基的设计与施工，应综合考虑工程地质与水文地质条件、上部结构类型、使用功能、荷载特征、施工技术条件与环境；应重视地方经验，因地制宜，注重概念设计，合理选择桩型、成桩工艺和承台形式，优化布桩，节约资源；应强化施工质量控制与管理。

1.0.4 在进行桩基设计、施工及验收时，除应符合本规范外，尚应符合国家现行有关标准、规范的规定。

2 术语、符号

2.1 术 语

2.1.1 桩基 pile foundation

由设置于岩土中的桩和与桩顶连接的承台共同组成的基础或由柱与桩直接连接的单桩基础。

2.1.2 复合桩基 composite pile foundation

由基桩和承台下地基土共同承担荷载的桩基础。

2.1.3 基桩 foundation pile

桩基础中的单桩。

2.1.4 复合基桩 composite foundation pile

单桩及其对应面积的承台下地基土组成的复合承载基桩。

2.1.5 减沉复合疏桩基础 composite foundation with settlement-reducing piles

软土地基天然地基承载力基本满足要求的情况下，为减小沉降采用疏布摩擦型桩的复合桩基。

2.1.6 单桩竖向极限承载力 ultimate vertical bearing capacity of a single pile

单桩在竖向荷载作用下到达破坏状态前或出现不适于继续承载的变形时所对应的最大荷载，它取决于土对桩的支承阻力和桩身承载力。

2.1.7 极限侧阻力 ultimate shaft resistance

相应于桩顶作用极限荷载时，桩身侧表面所发生的岩土阻力。

2.1.8 极限端阻力 ultimate tip resistance

相应于桩顶作用极限荷载时，桩端所发生的岩土阻力。

2.1.9 单桩竖向承载力特征值 characteristic value of the vertical bearing capacity of a single pile

单桩竖向极限承载力标准值除以安全系数后的承载力值。

2.1.10 变刚度调平设计 optimized design of pile foundation stiffness to reduce differential settlement

考虑上部结构形式、荷载和地层分布以及相互作用效应，通过调整桩径、桩长、桩距等改变基桩支承刚度分布，以使建筑物沉降趋于均匀、承台内力降低的设计方法。

2.1.11 承台效应系数 pile cap effect coefficient

竖向荷载下，承台底地基土承载力的发挥率。

2.1.12 负摩阻力 negative skin friction，negative shaft resistance

桩周土由于自重固结、湿陷、地面荷载作用等原因而产生大于基桩的沉降所引起的对桩表面的向下摩阻力。

2.1.13 下拉荷载 downdrag

作用于单桩中性点以上的负摩阻力之和。

2.1.14 土塞效应 plugging effect

敞口空心桩沉桩过程中土体涌入管内形成的土塞，对桩端阻力的发挥程度的影响效应。

2.1.15 灌注桩后注浆 post grouting for cast-in-situ pile

灌注桩成桩后一定时间，通过预设于桩身内的注浆导管及与之相连的桩端、桩侧注浆阀注入水泥浆，使桩端、桩侧土体（包括沉渣和泥皮）得到加固，从而提高单桩承载力，减小沉降。

2.1.16 桩基等效沉降系数 equivalent settlement coefficient for calculating settlement of pile foundations

弹性半无限体中群桩基础按 Mindlin（明德林）解计算沉降量 w_M 与按等代墩基 Boussinesq（布辛奈斯克）解计算沉降量 w_B 之比，用以反映 Mindlin 解应力分布对计算沉降的影响。

2.2 符 号

2.2.1 作用和作用效应

F_k ——按荷载效应标准组合计算的作用于承台顶面的竖向力；

G_k ——桩基承台和承台上土自重标准值；

H_k ——按荷载效应标准组合计算的作用于承台底面的水平力；

H_{ik} ——按荷载效应标准组合计算的作用于第 i 基桩或复合基桩的水平力；

M_{xk}、M_{yk} ——按荷载效应标准组合计算的作用于承台底面的外力，绕通过桩群形心的 x、y 主轴的力矩；

N_{ik} ——荷载效应标准组合偏心竖向力作用下第 i 基桩或复合基桩的竖向力；

Q_g^i ——作用于群桩中某一基桩的下拉荷载；

q_f ——基桩切向冻胀力。

2.2.2 抗力和材料性能

E_s——土的压缩模量；

f_t、f_c——混凝土抗拉、抗压强度设计值；

f_{rk}——岩石饱和单轴抗压强度标准值；

f_s、q_c——静力触探双桥探头平均侧阻力、平均端阻力；

m——桩侧地基土水平抗力系数的比例系数；

p_s——静力触探单桥探头比贯入阻力；

q_{sik}——单桩第 i 层土的极限侧阻力标准值；

q_{pk}——单桩极限端阻力标准值；

Q_{sk}、Q_{pk}——单桩总极限侧阻力、总极限端阻力标准值；

Q_{uk}——单桩竖向极限承载力标准值；

R——基桩或复合基桩竖向承载力特征值；

R_a——单桩竖向承载力特征值；

R_{ha}——单桩水平承载力特征值；

R_h——基桩水平承载力特征值；

T_{gk}——群桩呈整体破坏时基桩抗拔极限承载力标准值；

T_{uk}——群桩呈非整体破坏时基桩抗拔极限承载力标准值；

γ、γ_e——土的重度、有效重度。

2.2.3 几何参数

A_p——桩端面积；

A_{ps}——桩身截面面积；

A_c——计算基桩所对应的承台底净面积；

B_c——承台宽度；

d——桩身设计直径；

D——桩端扩底设计直径；

l——桩身长度；

L_c——承台长度；

s_a——基桩中心距；

u——桩身周长；

z_n——桩基沉降计算深度（从桩端平面算起）。

2.2.4 计算系数

α_E——钢筋弹性模量与混凝土弹性模量的比值；

η_c——承台效应系数；

η_t——冻胀影响系数；

ζ_r——桩嵌岩段侧阻和端阻综合系数；

ψ_{si}、ψ_p——大直径桩侧阻力、端阻力尺寸效应系数；

λ_p——桩端土塞效应系数；

λ——基桩抗拔系数；

ψ——桩基沉降计算经验系数；

ψ_c——成桩工艺系数；

ψ_e——桩基等效沉降系数；

α、$\bar{\alpha}$——Boussinesq 解的附加应力系数、平均附加应力系数。

3 基本设计规定

3.1 一 般 规 定

3.1.1 桩基础应按下列两类极限状态设计：

1 承载能力极限状态：桩基达到最大承载能力、整体失稳或发生不适于继续承载的变形；

2 正常使用极限状态：桩基达到建筑物正常使用所规定的变形限值或达到耐久性要求的某项限值。

3.1.2 根据建筑规模、功能特征、对差异变形的适应性、场地地基和建筑物体形的复杂性以及由于桩基问题可能造成建筑破坏或影响正常使用的程度，应将桩基设计分为表 3.1.2 所列的三个设计等级。桩基设计时，应根据表 3.1.2 确定设计等级。

表 3.1.2 建筑桩基设计等级

设计等级	建 筑 类 型
甲 级	（1）重要的建筑； （2）30 层以上或高度超过 100m 的高层建筑； （3）体型复杂且层数相差超过 10 层的高低层（含纯地下室）连体建筑； （4）20 层以上框架-核心筒结构及其他对差异沉降有特殊要求的建筑； （5）场地和地基条件复杂的 7 层以上的一般建筑及坡地、岸边建筑； （6）对相邻既有工程影响较大的建筑
乙 级	除甲级、丙级以外的建筑
丙 级	场地和地基条件简单、荷载分布均匀的 7 层及 7 层以下的一般建筑

3.1.3 桩基应根据具体条件分别进行下列承载能力计算和稳定性验算：

1 应根据桩基的使用功能和受力特征分别进行桩基的竖向承载力计算和水平承载力计算；

2 应对桩身和承台结构承载力进行计算；对于桩侧土不排水抗剪强度小于 10kPa 且长径比大于 50 的桩，应进行桩身压屈验算；对于混凝土预制桩，应按吊装、运输和锤击作用进行桩身承载力验算；对于钢管桩，应进行局部压屈验算；

3 当桩端平面以下存在软弱下卧层时，应进行软弱下卧层承载力验算；

4 对位于坡地、岸边的桩基，应进行整体稳定性验算；

5 对于抗浮、抗拔桩基，应进行基桩和群桩的抗拔承载力计算；

6 对于抗震设防区的桩基，应进行抗震承载力验算。

3.1.4 下列建筑桩基应进行沉降计算：

1 设计等级为甲级的非嵌岩桩和非深厚坚硬持力层的建筑桩基；

2 设计等级为乙级的体形复杂、荷载分布显著不均匀或桩端平面以下存在软弱土层的建筑桩基；

3 软土地基多层建筑减沉复合疏桩基础。

3.1.5 对受水平荷载较大，或对水平位移有严格限制的建筑桩基，应计算其水平位移。

3.1.6 应根据桩基所处的环境类别和相应的裂缝控制等级，验算桩和承台正截面的抗裂和裂缝宽度。

3.1.7 桩基设计时，所采用的作用效应组合与相应的抗力应符合下列规定：

1 确定桩数和布桩时，应采用传至承台底面的荷载效应标准组合；相应的抗力应采用基桩或复合基桩承载力特征值。

2 计算荷载作用下的桩基沉降和水平位移时，应采用荷载效应准永久组合；计算水平地震作用、风载作用下的桩基水平位移时，应采用水平地震作用、风载效应标准组合。

3 验算坡地、岸边建筑桩基的整体稳定性时，应采用荷载效应标准组合；抗震设防区，应采用地震作用效应和荷载效应的标准组合。

4 在计算桩基结构承载力、确定尺寸和配筋时，应采用传至承台顶面的荷载效应基本组合。当进行承台和桩身裂缝控制验算时，应分别采用荷载效应标准组合和荷载效应准永久组合。

5 桩基结构安全等级、结构设计使用年限和结构重要性系数 γ_0 应按现行有关建筑结构规范的规定采用，除临时性建筑外，重要性系数 γ_0 应不小于1.0。

6 对桩基结构进行抗震验算时，其承载力调整系数 γ_{RE} 应按现行国家标准《建筑抗震设计规范》GB 50011 的规定采用。

3.1.8 以减小差异沉降和承台内力为目标的变刚度调平设计，宜结合具体条件按下列规定实施：

1 对于主裙楼连体建筑，当高层主体采用桩基时，裙房（含纯地下室）的地基或桩基刚度宜相对弱化，可采用天然地基、复合地基、疏桩或短桩基础。

2 对于框架-核心筒结构高层建筑桩基，应强化核心筒区域桩基刚度（如适当增加桩长、桩径、桩数、采用后注浆等措施），相对弱化核心筒外围桩基刚度（采用复合桩基，视地层条件减小桩长）。

3 对于框架-核心筒结构高层建筑天然地基承载力满足要求的情况下，宜于核心筒区域局部设置增强刚度、减小沉降的摩擦型桩。

4 对于大体量筒仓、储罐的摩擦型桩基，宜按内强外弱原则布桩。

5 对上述按变刚度调平设计的桩基，宜进行上部结构—承台—桩—土共同工作分析。

3.1.9 软土地基上的多层建筑物，当天然地基承载力基本满足要求时，可采用减沉复合疏桩基础。

3.1.10 对于本规范第 3.1.4 条规定应进行沉降计算的建筑桩基，在其施工过程及建成后使用期间，应进行系统的沉降观测直至沉降稳定。

3.2 基 本 资 料

3.2.1 桩基设计应具备以下资料：

1 岩土工程勘察文件：

1）桩基按两类极限状态进行设计所需用岩土物理力学参数及原位测试参数；

2）对建筑场地的不良地质作用，如滑坡、崩塌、泥石流、岩溶、土洞等，有明确判断、结论和防治方案；

3）地下水位埋藏情况、类型和水位变化幅度及抗浮设计水位，土、水的腐蚀性评价，地下水浮力计算的设计水位；

4）抗震设防区按设防烈度提供的液化土层资料；

5）有关地基土冻胀性、湿陷性、膨胀性评价。

2 建筑场地与环境条件的有关资料：

1）建筑场地现状，包括交通设施、高压架空线、地下管线和地下构筑物的分布；

2）相邻建筑物安全等级、基础形式及埋置深度；

3）附近类似工程地质条件场地的桩基工程试桩资料和单桩承载力设计参数；

4）周围建筑物的防振、防噪声的要求；

5）泥浆排放、弃土条件；

6）建筑物所在地区的抗震设防烈度和建筑场地类别。

3 建筑物的有关资料：

1）建筑物的总平面布置图；

2）建筑物的结构类型、荷载，建筑物的使用条件和设备对基础竖向及水平位移的要求；

3）建筑结构的安全等级。

4 施工条件的有关资料：

1）施工机械设备条件，制桩条件，动力条件，施工工艺对地质条件的适应性；

2）水、电及有关建筑材料的供应条件；

3）施工机械的进出场及现场运行条件。

5 供设计比较用的有关桩型及实施的可行性的资料。

3.2.2 桩基的详细勘察除应满足现行国家标准《岩土工程勘察规范》GB 50021 的有关要求外，尚应满足下列要求：

1 勘探点间距：

    1) 对于端承型桩（含嵌岩桩）：主要根据桩端持力层顶面坡度决定，宜为 12～24m。当相邻两个勘察点揭露出的桩端持力层层面坡度大于 10% 或持力层起伏较大、地层分布复杂时，应根据具体工程条件适当加密勘探点。

    2) 对于摩擦型桩：宜按 20～35m 布置勘探孔，但遇到土层的性质或状态在水平方向分布变化较大，或存在可能影响成桩的土层时，应适当加密勘探点。

    3) 复杂地质条件下的柱下单桩基础应按柱列线布置勘探点，并宜每桩设一勘探点。

2 勘探深度：

    1) 宜布置 1/3～1/2 的勘探孔为控制性孔。对于设计等级为甲级的建筑桩基，至少应布置 3 个控制性孔；设计等级为乙级的建筑桩基，至少应布置 2 个控制性孔。控制性孔应穿透桩端平面以下压缩层厚度；一般性勘探孔应深入预计桩端平面以下 3～5 倍桩身设计直径，且不得小于 3m；对于大直径桩，不得小于 5m。

    2) 嵌岩桩的控制性钻孔应深入预计桩端平面以下不小于 3～5 倍桩身设计直径，一般性钻孔应深入预计桩端平面以下不小于 1～3 倍桩身设计直径。当持力层较薄时，应有部分钻孔钻穿持力岩层。在岩溶、断层破碎带地区，应查明溶洞、溶沟、溶槽、石笋等的分布情况，钻孔应钻穿溶洞或断层破碎带进入稳定土层，进入深度应满足上述控制性钻孔和一般性钻孔的要求。

3 在勘探深度范围内的每一地层，均应采取不扰动试样进行室内试验或根据土质情况选用有效的原位测试方法进行原位测试，提供设计所需参数。

3.3 桩的选型与布置

3.3.1 基桩可按下列规定分类：

1 按承载性状分类：

    1) 摩擦型桩：

      摩擦桩：在承载能力极限状态下，桩顶竖向荷载由桩侧阻力承受，桩端阻力小到可忽略不计；

      端承摩擦桩：在承载能力极限状态下，桩顶竖向荷载主要由桩侧阻力承受。

    2) 端承型桩：

      端承桩：在承载能力极限状态下，桩顶竖向荷载由桩端阻力承受，桩侧阻力小

到可忽略不计；

      摩擦端承桩：在承载能力极限状态下，桩顶竖向荷载主要由桩端阻力承受。

2 按成桩方法分类：

    1) 非挤土桩：干作业法钻（挖）孔灌注桩、泥浆护壁法钻（挖）孔灌注桩、套管护壁法钻（挖）孔灌注桩；

    2) 部分挤土桩：冲孔灌注桩、钻孔挤扩灌注桩、搅拌劲芯桩、预钻孔打入（静压）预制桩、打入（静压）式敞口钢管桩、敞口预应力混凝土空心桩和 H 型钢桩；

    3) 挤土桩：沉管灌注桩、沉管夯（挤）扩灌注桩、打入（静压）预制桩、闭口预应力混凝土空心桩和闭口钢管桩。

3 按桩径（设计直径 d）大小分类：

    1) 小直径桩：$d \leqslant 250mm$；

    2) 中等直径桩：$250mm < d < 800mm$；

    3) 大直径桩：$d \geqslant 800mm$。

3.3.2 桩型与成桩工艺应根据建筑结构类型、荷载性质、桩的使用功能、穿越土层、桩端持力层、地下水位、施工设备、施工环境、施工经验、制桩材料供应条件等，按安全适用、经济合理的原则选择。选择时可按本规范附录 A 进行。

1 对于框架-核心筒等荷载分布很不均匀的桩筏基础，宜选择基桩尺寸和承载力可调性较大的桩型和工艺。

2 挤土沉管灌注桩用于淤泥和淤泥质土层时，应局限于多层住宅桩基。

3 抗震设防烈度为 8 度及以上地区，不宜采用预应力混凝土管桩（PC）和预应力混凝土空心方桩（PS）。

3.3.3 基桩的布置应符合下列条件：

1 基桩的最小中心距应符合表 3.3.3 的规定；当施工中采取减小挤土效应的可靠措施时，可根据当地经验适当减小。

表 3.3.3　基桩的最小中心距

土类与成桩工艺		排数不少于 3 排且桩数不少于 9 根的摩擦型桩桩基	其他情况
非挤土灌注桩		3.0d	3.0d
部分挤土桩	非饱和土、饱和非黏性土	3.5d	3.0d
	饱和黏性土	4.0d	3.5d
挤土桩	非饱和土、饱和非黏性土	4.0d	3.5d
	饱和黏性土	4.5d	4.0d

土类与成桩工艺		排数不少于3排且桩数不少于9根的摩擦型桩桩基	其他情况
钻、挖孔扩底桩		$2D$ 或 $D+2.0$m（当 $D>2$m）	$1.5D$ 或 $D+1.5$m（当 $D>2$m）
沉管夯扩、钻孔挤扩桩	非饱和土、饱和非黏性土	$2.2D$ 且 $4.0d$	$2.0D$ 且 $3.5d$
	饱和黏性土	$2.5D$ 且 $4.5d$	$2.2D$ 且 $4.0d$

注：1 d——圆桩设计直径或方桩设计边长，D——扩大端设计直径；

2 当纵横向桩距不相等时，其最小中心距应满足"其他情况"一栏的规定；

3 当为端承桩时，非挤土灌注桩的"其他情况"一栏可减小至 $2.5d$。

2 排列基桩时，宜使桩群承载力合力点与竖向永久荷载合力作用点重合，并使基桩受水平力和力矩较大方向有较大抗弯截面模量。

3 对于桩箱基础、剪力墙结构桩筏（含平板和梁板式承台）基础，宜将桩布置于墙下。

4 对于框架-核心筒结构桩筏基础应按荷载分布考虑相互影响，将桩相对集中布置于核心筒和柱下；外围框架宜采用复合桩基，有合适桩端持力层时，桩长宜减小。

5 应选择较硬土层作为桩端持力层。桩端全断面进入持力层的深度，对于黏性土、粉土不宜小于 $2d$，砂土不宜小于 $1.5d$，碎石类土不宜小于 $1d$。当存在软弱下卧层时，桩端以下硬持力层厚度不宜小于 $3d$。

6 对于嵌岩桩，嵌岩深度应综合荷载、上覆土层、基岩、桩径、桩长诸因素确定；对于嵌入倾斜的完整和较完整岩的全断面深度不宜小于 $0.4d$ 且不小于 0.5m，倾斜度大于 30% 的中风化岩，宜根据倾斜度及岩石完整性适当加大嵌岩深度；对于嵌入平整、完整的坚硬岩和较硬岩的深度不宜小于 $0.2d$，且不应小于 0.2m。

3.4 特殊条件下的桩基

3.4.1 软土地基的桩基设计原则应符合下列规定：

1 软土中的桩基宜选择中、低压缩性土层作为桩端持力层；

2 桩周围软土因自重固结、场地填土、地面大面积堆载、降低地下水位、大面积挤土沉桩等原因而产生的沉降大于基桩的沉降时，应视具体工程情况分析计算桩侧负摩阻力对基桩的影响；

3 采用挤土桩和部分挤土桩时，应采取消减孔隙水压力和挤土效应的技术措施，并应控制沉桩速

率，减小挤土效应对成桩质量、邻近建筑物、道路、地下管线和基坑边坡等产生的不利影响；

4 先成桩后开挖基坑时，必须合理安排基坑挖土顺序和控制分层开挖的深度，防止土体侧移对桩的影响。

3.4.2 湿陷性黄土地区的桩基设计原则应符合下列规定：

1 基桩应穿透湿陷性黄土层，桩端应支承在压缩性低的黏性土、粉土、中密和密实砂土以及碎石类土层中；

2 湿陷性黄土地基中，设计等级为甲、乙级建筑桩基的单桩极限承载力，宜以浸水载荷试验为主要依据；

3 自重湿陷性黄土地基中的单桩极限承载力，应根据工程具体情况分析计算桩侧负摩阻力的影响。

3.4.3 季节性冻土和膨胀土地基中的桩基设计原则应符合下列规定：

1 桩端进入冻深线或膨胀土的大气影响急剧层以下的深度，应满足抗拔稳定性验算要求，且不得小于4倍桩径及1倍扩大端直径，最小深度应大于 1.5m；

2 为减小和消除冻胀或膨胀对桩基的作用，宜采用钻（挖）孔灌注桩；

3 确定基桩竖向极限承载力时，除不计入冻胀、膨胀深度范围内桩侧阻力外，还应考虑地基土的冻胀、膨胀作用，验算桩基的抗拔稳定性和桩身受拉承载力；

4 为消除桩基受冻胀或膨胀作用的危害，可在冻胀或膨胀深度范围内，沿桩周及承台作隔冻、隔胀处理。

3.4.4 岩溶地区的桩基设计原则应符合下列规定：

1 岩溶地区的桩基，宜采用钻、冲孔桩；

2 当单桩荷载较大，岩层埋深较浅时，宜采用嵌岩桩；

3 当基岩面起伏很大且埋深较大时，宜采用摩擦型灌注桩。

3.4.5 坡地、岸边桩基的设计原则应符合下列规定：

1 对建于坡地、岸边的桩基，不得将桩支承于边坡潜在的滑动体上。桩端进入潜在滑裂面以下稳定岩土层内的深度，应能保证桩基的稳定；

2 建筑桩基与边坡应保持一定的水平距离；建筑场地内的边坡必须是完全稳定的边坡，当有崩塌、滑坡等不良地质现象存在时，应按现行国家标准《建筑边坡工程技术规范》GB 50330 的规定进行整治，确保其稳定性；

3 新建坡地、岸边建筑桩基工程应与建筑边坡工程统一规划，同步设计，合理确定施工顺序；

4 不宜采用挤土桩；

5 应验算最不利荷载效应组合下桩基的整体稳

定性和基桩水平承载力。

3.4.6 抗震设防区桩基的设计原则应符合下列规定：

1 桩进入液化土层以下稳定土层的长度（不包括桩尖部分）应按计算确定；对于碎石土，砾、粗、中砂，密实粉土，坚硬黏性土尚不应小于$(2\sim3)d$，对其他非岩石土尚不宜小于$(4\sim5)d$；

2 承台和地下室侧墙周围应采用灰土、级配砂石、压实性较好的素土回填，并分层夯实，也可采用素混凝土回填；

3 当承台周围为可液化土或地基承载力特征值小于40kPa（或不排水抗剪强度小于15kPa）的软土，且桩基水平承载力不满足计算要求时，可将承台外每侧1/2承台边长范围内的土进行加固；

4 对于存在液化扩展的地段，应验算桩基在土流动的侧向作用力下的稳定性。

3.4.7 可能出现负摩阻力的桩基设计原则应符合下列规定：

1 对于填土建筑场地，宜先填土并保证填土的密实性，软土场地填土前应采取预设塑料排水板等措施，待填土地基沉降基本稳定后方可成桩；

2 对于有地面大面积堆载的建筑物，应采取减小地面沉降对建筑物桩基影响的措施；

3 对于自重湿陷性黄土地基，可采用强夯、挤密土桩等先行处理，消除上部或全部土的自重湿陷；对于欠固结土宜采取先期排水预压等措施；

4 对于挤土沉桩，应采取消减超孔隙水压力、控制沉桩速率等措施；

5 对于中性点以上的桩身可对表面进行处理，以减少负摩阻力。

3.4.8 抗拔桩基的设计原则应符合下列规定：

1 应根据环境类别及水、土对钢筋的腐蚀、钢筋种类对腐蚀的敏感性和荷载作用时间等因素确定抗拔桩的裂缝控制等级；

2 对于严格要求不出现裂缝的一级裂缝控制等级，桩身应设置预应力筋；对于一般要求不出现裂缝的二级裂缝控制等级，桩身宜设置预应力筋；

3 对于三级裂缝控制等级，应进行桩身裂缝宽度计算；

4 当基桩抗拔承载力要求较高时，可采用桩侧后注浆、扩底等技术措施。

3.5 耐久性规定

3.5.1 桩基结构的耐久性应根据设计使用年限、现行国家标准《混凝土结构设计规范》GB 50010 的环境类别规定以及水、土对钢、混凝土腐蚀性的评价进行设计。

3.5.2 二类和三类环境中，设计使用年限为50年的桩基结构混凝土耐久性应符合表3.5.2的规定。

表 3.5.2　二类和三类环境桩基结构混凝土耐久性的基本要求

环境类别		最大水灰比	最小水泥用量（kg/m³）	混凝土最低强度等级	最大氯离子含量（%）	最大碱含量（kg/m³）
二	a	0.60	250	C25	0.3	3.0
	b	0.55	275	C30	0.2	3.0
三		0.50	300	C30	0.1	3.0

注：1 氯离子含量系指其与水泥用量的百分率；

2 预应力构件混凝土中最大氯离子含量为0.06%，最小水泥用量为300kg/m³；混凝土最低强度等级应按表中规定提高两个等级；

3 当混凝土中加入活性掺合料或能提高耐久性的外加剂时，可适当降低最小水泥用量；

4 当使用非碱活性骨料时，对混凝土中碱含量不作限制；

5 当有可靠工程经验时，表中混凝土最低强度等级可降低一个等级。

3.5.3 桩身裂缝控制等级及最大裂缝宽度应根据环境类别和水、土介质腐蚀性等级按表3.5.3规定选用。

表 3.5.3　桩身的裂缝控制等级及最大裂缝宽度限值

环境类别		钢筋混凝土桩		预应力混凝土桩	
		裂缝控制等级	w_{lim}(mm)	裂缝控制等级	w_{lim}(mm)
二	a	三	0.2 (0.3)	二	0
	b	三	0.2	二	0
三		三	0.2	二	0

注：1 水、土为强、中腐蚀性时，抗拔桩裂缝控制等级应提高一级；

2 二a类环境中，位于稳定地下水位以下的基桩，其最大裂缝宽度限值可采用括弧中的数值。

3.5.4 四类、五类环境桩基结构耐久性设计可按国家现行标准《港口工程混凝土结构设计规范》JTJ 267和《工业建筑防腐蚀设计规范》GB 50046等执行。

3.5.5 对三、四、五类环境桩基结构，受力钢筋宜采用环氧树脂涂层带肋钢筋。

4 桩基构造

4.1 基桩构造

Ⅰ 灌注桩

4.1.1 灌注桩应按下列规定配筋：

1 配筋率：当桩身直径为300～2000mm时，正截面配筋率可取 0.65%～0.2%（小直径桩取高值）；对受荷载特别大的桩、抗拔桩和嵌岩端承桩应根据计算确定配筋率，并不应小于上述规定值；

　　2　配筋长度：

　　　　1）端承型桩和位于坡地、岸边的基桩应沿桩身等截面或变截面通长配筋；

　　　　2）摩擦型灌注桩配筋长度不应小于 2/3 桩长；当受水平荷载时，配筋长度尚不宜小于 $4.0/\alpha$（α 为桩的水平变形系数）；

　　　　3）对于受地震作用的基桩，桩身配筋长度应穿过可液化土层和软弱土层，进入稳定土层的深度不应小于本规范第 3.4.6 条的规定；

　　　　4）受负摩阻力的桩、因先成桩后开挖基坑而随地基土回弹的桩，其配筋长度应穿过软弱土层并进入稳定土层，进入的深度不应小于（2～3）d；

　　　　5）抗拔桩及因地震作用、冻胀或膨胀力作用而受拔力的桩，应等截面或变截面通长配筋。

　　3　对于受水平荷载的桩，主筋不应小于 8φ12；对于抗压桩和抗拔桩，主筋不应少于 6φ10；纵向主筋应沿桩身周边均匀布置，其净距不应小于 60mm；

　　4　箍筋应采用螺旋式，直径不应小于 6mm，间距宜为200～300mm；受水平荷载较大的桩基、承受水平地震作用的桩基以及考虑主筋作用计算桩身受压承载力时，桩顶以下 5d 范围内的箍筋应加密，间距不应大于 100mm；当桩身位于液化土层范围内时箍筋应加密；当考虑箍筋受力作用时，箍筋配置应符合现行国家标准《混凝土结构设计规范》GB 50010 的有关规定；当钢筋笼长度超过 4m 时，应每隔 2m 设一道直径不小于 12mm 的焊接加劲箍筋。

4.1.2　桩身混凝土及混凝土保护层厚度应符合下列要求：

　　1　桩身混凝土强度等级不得小于 C25，混凝土预制桩尖强度等级不得小于 C30；

　　2　灌注桩主筋的混凝土保护层厚度不应小于 35mm，水下灌注桩的主筋混凝土保护层厚度不得小于 50mm；

　　3　四类、五类环境中桩身混凝土保护层厚度应符合国家现行标准《港口工程混凝土结构设计规范》JTJ 267、《工业建筑防腐蚀设计规范》GB 50046 的相关规定。

4.1.3　扩底灌注桩扩底端尺寸应符合下列规定（见图 4.1.3）：

　　1　对于持力层承载力较高、上覆土层较差的抗压桩和桩端以上有一定厚度较好土层的抗拔桩，可采用扩底；扩底端直径与桩身直径之比 D/d，应根据承载力要求及扩底端侧面和桩端持力层土性特征以及扩

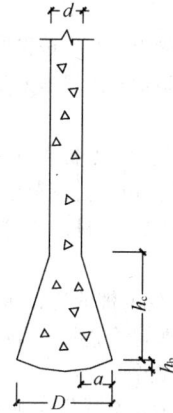

图 4.1.3　扩底灌注桩构造

底施工方法确定；挖孔桩的 D/d 不应大于 3，钻孔桩的 D/d 不应大于 2.5；

　　2　扩底端侧面的斜率应根据实际成孔及土体自立条件确定，a/h_c 可取 1/4～1/2，砂土可取 1/4，粉土、黏性土可取 1/3～1/2；

　　3　抗压桩扩底端底面宜呈锅底形，矢高 h_b 可取（0.15～0.20）D。

Ⅱ　混凝土预制桩

4.1.4　混凝土预制桩的截面边长不应小于 200mm；预应力混凝土预制实心桩的截面边长不宜小于 350mm。

4.1.5　预制桩的混凝土强度等级不宜低于 C30；预应力混凝土实心桩的混凝土强度等级不应低于 C40；预制桩纵向钢筋的混凝土保护层厚度不宜小于 30mm。

4.1.6　预制桩的桩身配筋应按吊运、打桩及桩在使用中的受力等条件计算确定。采用锤击法沉桩时，预制桩的最小配筋率不宜小于 0.8%。静压法沉桩时，最小配筋率不宜小于 0.6%，主筋直径不宜小于 14mm，打入桩桩顶以下（4～5）d 长度范围内箍筋应加密，并设置钢筋网片。

4.1.7　预制桩的分节长度应根据施工条件及运输条件确定；每根桩的接头数量不宜超过 3 个。

4.1.8　预制桩的桩尖可将主筋合拢焊在桩尖辅助钢筋上，对于持力层为密实砂和碎石类土时，宜在桩尖处包以钢钣桩靴，加强桩尖。

Ⅲ　预应力混凝土空心桩

4.1.9　预应力混凝土空心桩按截面形式可分为管桩、空心方桩；按混凝土强度等级可分为预应力高强混凝土管桩（PHC）和空心方桩（PHS）、预应力混凝土管桩（PC）和空心方桩（PS）。离心成型的先张法预应力混凝土桩的截面尺寸、配筋、桩极限弯矩、桩身竖向受压承载力设计值等参数可按本规范附录 B

确定。

4.1.10 预应力混凝土空心桩桩尖形式宜根据地层性质选择闭口形或敞口形；闭口形分为平底十字形和锥形。

4.1.11 预应力混凝土空心桩质量要求，尚应符合国家现行标准《先张法预应力混凝土管桩》GB 13476 和《预应力混凝土空心方桩》JG 197 及其他的有关标准规定。

4.1.12 预应力混凝土桩的连接可采用端板焊接连接、法兰连接、机械啮合连接、螺纹连接。每根桩的接头数量不宜超过 3 个。

4.1.13 桩端嵌入遇水易软化的强风化岩、全风化岩和非饱和土的预应力混凝土空心桩，沉桩后，应对桩端以上约 2m 范围内采取有效的防渗措施，可采用微膨胀混凝土填芯或在内壁预涂柔性防水材料。

Ⅳ 钢 桩

4.1.14 钢桩可采用管型、H 型或其他异型钢材。

4.1.15 钢桩的分段长度宜为 12~15m。

4.1.16 钢桩焊接接头应采用等强度连接。

4.1.17 钢桩的端部形式，应根据桩所穿越的土层、桩端持力层性质、桩的尺寸、挤土效应等因素综合考虑确定，并可按下列规定采用：

1 钢管桩可采用下列桩端形式：

 1）敞口：

  带加强箍（带内隔板、不带内隔板）；不带加强箍（带内隔板、不带内隔板）。

 2）闭口：

  平底；锥底。

2 H 型钢桩可采用下列桩端形式：

 1）带端板；

 2）不带端板：

  锥底；

  平底（带扩大翼、不带扩大翼）。

4.1.18 钢桩的防腐处理应符合下列规定：

1 钢桩的腐蚀速率当无实测资料时可按表 4.1.18 确定；

2 钢桩防腐处理可采用外表面涂防腐层、增加腐蚀余量及阴极保护；当钢管桩内壁同外界隔绝时，可不考虑内壁防腐。

表 4.1.18 钢桩年腐蚀速率

钢桩所处环境		单面腐蚀率（mm/y）
地面以上	无腐蚀性气体或腐蚀性挥发介质	0.05~0.1
地面以下	水位以上	0.05
	水位以下	0.03
	水位波动区	0.1~0.3

4.2 承 台 构 造

4.2.1 桩基承台的构造，除应满足抗冲切、抗剪切、抗弯承载力和上部结构要求外，尚应符合下列要求：

1 柱下独立桩基承台的最小宽度不应小于 500mm，边桩中心至承台边缘的距离不应小于桩的直径或边长，且桩的外边缘至承台边缘的距离不应小于 150mm。对于墙下条形承台梁，桩的外边缘至承台梁边缘的距离不应小于 75mm，承台的最小厚度不应小于 300mm。

2 高层建筑平板式和梁板式筏形承台的最小厚度不应小于 400mm，墙下布桩的剪力墙结构筏形承台的最小厚度不应小于 200mm。

3 高层建筑箱形承台的构造应符合《高层建筑筏形与箱形基础技术规范》JGJ 6 的规定。

4.2.2 承台混凝土材料及其强度等级应符合结构混凝土耐久性的要求和抗渗要求。

4.2.3 承台的钢筋配置应符合下列规定：

1 柱下独立桩基承台钢筋应通长配置[见图 4.2.3(a)]，对四桩以上（含四桩）承台宜按双向均匀布置，对三桩的三角形承台应按三向板带均匀布置，且最里面的三根钢筋围成的三角形应在柱截面范围内[见图 4.2.3(b)]。钢筋锚固长度自边桩内侧（当为圆桩时，应将其直径乘以 0.8 等效为方桩）算起，不应小于 $35d_g$（d_g 为钢筋直径）；当不满足时应将钢筋向上弯折，此时水平段的长度不应小于 $25d_g$，弯折段长度不应小于 $10d_g$。承台纵向受力钢筋的直径不应小于 12mm，间距不大于 200mm。柱下独立桩基承台的最小配筋率不应小于 0.15%。

2 柱下独立两桩承台，应按现行国家标准《混凝土结构设计规范》GB 50010 中的深受弯构件配置纵向受拉钢筋、水平及竖向分布钢筋。承台纵向受力钢筋端部的锚固长度及构造应与柱下多桩承台的规定相同。

3 条形承台梁的纵向主筋应符合现行国家标准《混凝土结构设计规范》GB 50010 关于最小配筋率的规定[见图 4.2.3（c）]，主筋直径不应小于 12mm，架立筋直径不应小于 10mm，箍筋直径不应小于 6mm。承台梁端部纵向受力钢筋的锚固长度及构造应与柱下多桩承台的规定相同。

4 筏形承台板或箱形承台板在计算中当仅考虑局部弯矩作用时，考虑到整体弯曲的影响，在纵横两个方向的下层钢筋配筋率不宜小于 0.15%；上层钢筋应按计算配筋率全部连通。当筏板的厚度大于 2000mm 时，宜在板厚中间部位设置直径不小于 12mm、间距不大于 300mm 的双向钢筋网。

5 承台底面钢筋的混凝土保护层厚度，当有混凝土垫层时，不应小于 50mm，无垫层时不应小于 70mm；此外尚不应小于桩头嵌入承台内的长度。

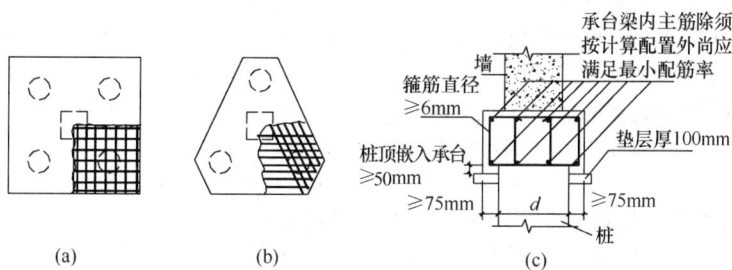

图 4.2.3 承台配筋示意

(a) 矩形承台配筋；(b) 三桩承台配筋；(c) 墙下承台梁配筋图

4.2.4 桩与承台的连接构造应符合下列规定：

1 桩嵌入承台内的长度对中等直径桩不宜小于 50mm；对大直径桩不宜小于 100mm。

2 混凝土桩的桩顶纵向主筋应锚入承台内，其锚入长度不宜小于 35 倍纵向主筋直径。对于抗拔桩，桩顶纵向主筋的锚固长度应按现行国家标准《混凝土结构设计规范》GB 50010 确定。

3 对于大直径灌注桩，当采用一柱一桩时可设置承台或将桩与柱直接连接。

4.2.5 柱与承台的连接构造应符合下列规定：

1 对于一柱一桩基础，柱与桩直接连接时，柱纵向主筋锚入桩身内长度不应小于 35 倍纵向主筋直径。

2 对于多桩承台，柱纵向主筋应锚入承台不小于 35 倍纵向主筋直径；当承台高度不满足锚固要求时，竖向锚固长度不应小于 20 倍纵向主筋直径，并向柱轴线方向呈 90°弯折。

3 当有抗震设防要求时，对于一、二级抗震等级的柱，纵向主筋锚固长度应乘以 1.15 的系数；对于三级抗震等级的柱，纵向主筋锚固长度应乘以 1.05 的系数。

4.2.6 承台与承台之间的连接构造应符合下列规定：

1 一柱一桩时，应在桩顶两个主轴方向上设置联系梁。当桩与柱的截面直径之比大于 2 时，可不设联系梁。

2 两桩桩基的承台，应在其短向设置联系梁。

3 有抗震设防要求的柱下桩基承台，宜沿两个主轴方向设置联系梁。

4 联系梁顶面宜与承台顶面位于同一标高。联系梁宽度不宜小于 250mm，其高度可取承台中心距的 1/10~1/15，且不宜小于 400mm。

5 联系梁配筋应按计算确定，梁上下部配筋不宜小于 2 根直径 12mm 钢筋；位于同一轴线上的相邻跨联系梁纵筋应连通。

4.2.7 承台和地下室外墙与基坑侧壁间隙应灌注素混凝土或搅拌流动性水泥土，或采用灰土、级配砂石、压实性较好的素土分层夯实，其压实系数不宜小于 0.94。

5 桩基计算

5.1 桩顶作用效应计算

5.1.1 对于一般建筑物和受水平力（包括力矩与水平剪力）较小的高层建筑群桩基础，应按下列公式计算柱、墙、核心筒群桩中基桩或复合基桩的桩顶作用效应：

1 竖向力

轴心竖向力作用下

$$N_k = \frac{F_k + G_k}{n} \qquad (5.1.1\text{-}1)$$

偏心竖向力作用下

$$N_{ik} = \frac{F_k + G_k}{n} \pm \frac{M_{xk} y_i}{\sum y_j^2} \pm \frac{M_{yk} x_i}{\sum x_j^2} \qquad (5.1.1\text{-}2)$$

2 水平力

$$H_{ik} = \frac{H_k}{n} \qquad (5.1.1\text{-}3)$$

式中 F_k ——荷载效应标准组合下，作用于承台顶面的竖向力；

G_k ——桩基承台和承台上土自重标准值，对稳定的地下水位以下部分应扣除水的浮力；

N_k ——荷载效应标准组合轴心竖向力作用下，基桩或复合基桩的平均竖向力；

N_{ik} ——荷载效应标准组合偏心竖向力作用下，第 i 基桩或复合基桩的竖向力；

M_{xk}、M_{yk} ——荷载效应标准组合下，作用于承台底面，绕通过桩群形心的 x、y 主轴的力矩；

x_i、x_j、y_i、y_j ——第 i、j 基桩或复合基桩至 y、x 轴的距离；

H_k ——荷载效应标准组合下，作用于桩基承台底面的水平力；

H_{ik} ——荷载效应标准组合下，作用于第 i 基桩或复合基桩的水平力；

n ——桩基中的桩数。

5.1.2 对于主要承受竖向荷载的抗震设防区低承台桩基，在同时满足下列条件时，桩顶作用效应计算可不考虑地震作用：

1 按现行国家标准《建筑抗震设计规范》GB 50011 规定可不进行桩基抗震承载力验算的建筑物；

2 建筑场地位于建筑抗震的有利地段。

5.1.3 属于下列情况之一的桩基，计算各基桩的作用效应、桩身内力和位移时，宜考虑承台（包括地下墙体）与基桩协同工作和土的弹性抗力作用，其计算方法可按本规范附录 C 进行：

1 位于 8 度和 8 度以上抗震设防区的建筑，当其桩基承台刚度较大或由于上部结构与承台协同作用能增强承台的刚度时；

2 其他受较大水平力的桩基。

5.2 桩基竖向承载力计算

5.2.1 桩基竖向承载力计算应符合下列要求：

1 荷载效应标准组合：

轴心竖向力作用下

$$N_k \leqslant R \qquad (5.2.1-1)$$

偏心竖向力作用下，除满足上式外，尚应满足下式的要求：

$$N_{kmax} \leqslant 1.2R \qquad (5.2.1-2)$$

2 地震作用效应和荷载效应标准组合：

轴心竖向力作用下

$$N_{Ek} \leqslant 1.25R \qquad (5.2.1-3)$$

偏心竖向力作用下，除满足上式外，尚应满足下式的要求：

$$N_{Ekmax} \leqslant 1.5R \qquad (5.2.1-4)$$

式中　N_k ——荷载效应标准组合轴心竖向力作用下，基桩或复合基桩的平均竖向力；

N_{kmax} ——荷载效应标准组合偏心竖向力作用下，桩顶最大竖向力；

N_{Ek} ——地震作用效应和荷载效应标准组合下，基桩或复合基桩的平均竖向力；

N_{Ekmax} ——地震作用效应和荷载效应标准组合下，基桩或复合基桩的最大竖向力；

R ——基桩或复合基桩竖向承载力特征值。

5.2.2 单桩竖向承载力特征值 R_a 应按下式确定：

$$R_a = \frac{1}{K} Q_{uk} \qquad (5.2.2)$$

式中　Q_{uk} ——单桩竖向极限承载力标准值；

K ——安全系数，取 $K=2$。

5.2.3 对于端承型桩基、桩数少于 4 根的摩擦型柱下独立桩基、或由于地层土性、使用条件等因素不宜考虑承台效应时，基桩竖向承载力特征值应取单桩竖向承载力特征值。

5.2.4 对于符合下列条件之一的摩擦型桩基，宜考虑承台效应确定其复合基桩的竖向承载力特征值：

1 上部结构整体刚度较好、体型简单的建（构）筑物；

2 对差异沉降适应性较强的排架结构和柔性构筑物；

3 按变刚度调平原则设计的桩基刚度相对弱化区；

4 软土地基的减沉复合疏桩基础。

5.2.5 考虑承台效应的复合基桩竖向承载力特征值可按下列公式确定：

不考虑地震作用时　$R = R_a + \eta_c f_{ak} A_c$

$$\qquad (5.2.5-1)$$

考虑地震作用时　$R = R_a + \dfrac{\zeta_a}{1.25} \eta_c f_{ak} A_c$

$$\qquad (5.2.5-2)$$

$$A_c = (A - nA_{ps})/n \qquad (5.2.5-3)$$

式中　η_c ——承台效应系数，可按表 5.2.5 取值；

f_{ak} ——承台下 1/2 承台宽度且不超过 5m 深度范围内各层土的地基承载力特征值按厚度加权的平均值；

A_c ——计算基桩所对应的承台底净面积；

A_{ps} ——桩身截面面积；

A ——承台计算域面积对于柱下独立桩基，A 为承台总面积；对于桩筏基础，A 为柱、墙筏板的 1/2 跨距和悬臂边 2.5 倍筏板厚度所围成的面积；桩集中布置于单片墙下的桩筏基础，取墙两边各 1/2 跨距围成的面积，按条形承台计算 η_c；

ζ_a ——地基抗震承载力调整系数，应按现行国家标准《建筑抗震设计规范》GB 50011 采用。

当承台底为可液化土、湿陷性土、高灵敏度软土、欠固结土、新填土时，沉桩引起超孔隙水压力和土体隆起时，不考虑承台效应，取 $\eta_c = 0$。

表 5.2.5　承台效应系数 η_c

B_c/l \ s_a/d	3	4	5	6	>6
≤0.4	0.06~0.08	0.14~0.17	0.22~0.26	0.32~0.38	
0.4~0.8	0.08~0.10	0.17~0.20	0.26~0.30	0.38~0.44	0.50~0.80
>0.8	0.10~0.12	0.20~0.22	0.30~0.34	0.44~0.50	

续表5.2.5

B_c/l \ s_a/d	3	4	5	6	>6
单排桩条形承台	0.15~0.18	0.25~0.30	0.38~0.45	0.50~0.60	0.50~0.80

注: 1 表中 s_a/d 为桩中心距与桩径之比; B_c/l 为承台宽度与桩长之比。当计算基桩为非正方形排列时, $s_a = \sqrt{A/n}$, A 为承台计算域面积, n 为总桩数。

2 对于桩布置于墙下的箱、筏承台, η_c 可按单排桩条形承台取值。

3 对于单排桩条形承台, 当承台宽度小于 $1.5d$ 时, η_c 按非条形承台取值。

4 对于采用后注浆灌注桩的承台, η_c 宜取低值。

5 对于饱和黏性土中的挤土桩基、软土地基上的桩基承台, η_c 宜取低值的0.8倍。

5.3 单桩竖向极限承载力

I 一 般 规 定

5.3.1 设计采用的单桩竖向极限承载力标准值应符合下列规定:

1 设计等级为甲级的建筑桩基, 应通过单桩静载试验确定;

2 设计等级为乙级的建筑桩基, 当地质条件简单时, 可参照地质条件相同的试桩资料, 结合静力触探等原位测试和经验参数综合确定; 其余均应通过单桩静载试验确定;

3 设计等级为丙级的建筑桩基, 可根据原位测试和经验参数确定。

5.3.2 单桩竖向极限承载力标准值、极限侧阻力标准值和极限端阻力标准值应按下列规定确定:

1 单桩竖向静载试验应按现行行业标准《建筑基桩检测技术规范》JGJ 106执行;

2 对于大直径端承型桩, 也可通过深层平板(平板直径应与孔径一致)载荷试验确定极限端阻力;

3 对于嵌岩桩, 可通过直径为0.3m岩基平板载荷试验确定极限端阻力标准值, 也可通过直径为0.3m嵌岩短墩载荷试验确定极限侧阻力标准值和极限端阻力标准值;

4 桩的极限侧阻力标准值和极限端阻力标准值宜通过埋设桩身轴力测试元件由静载试验确定。并通过测试结果建立极限侧阻力标准值和极限端阻力标准值与土层物理指标、岩石饱和单轴抗压强度以及与静力触探等土的原位测试指标间的经验关系, 以经验参数法确定单桩竖向极限承载力。

II 原位测试法

5.3.3 当根据单桥探头静力触探资料确定混凝土预制桩单桩竖向极限承载力标准值时, 如无当地经验, 可按下式计算:

$$Q_{uk} = Q_{sk} + Q_{pk} = u\sum q_{sik}l_i + \alpha p_{sk}A_p$$
(5.3.3-1)

当 $p_{sk1} \leq p_{sk2}$ 时

$$p_{sk} = \frac{1}{2}(p_{sk1} + \beta \cdot p_{sk2})$$ (5.3.3-2)

当 $p_{sk1} > p_{sk2}$ 时

$$p_{sk} = p_{sk2}$$
(5.3.3-3)

式中 Q_{sk}、Q_{pk} —— 分别为总极限侧阻力标准值和总极限端阻力标准值;

u —— 桩身周长;

q_{sik} —— 用静力触探比贯入阻力值估算的桩周第 i 层土的极限侧阻力;

l_i —— 桩周第 i 层土的厚度;

α —— 桩端阻力修正系数, 可按表5.3.3-1取值;

p_{sk} —— 桩端附近的静力触探比贯入阻力标准值(平均值);

A_p —— 桩端面积;

p_{sk1} —— 桩端全截面以上8倍桩径范围内的比贯入阻力平均值;

p_{sk2} —— 桩端全截面以下4倍桩径范围内的比贯入阻力平均值, 如桩端持力层为密实的砂土层, 其比贯入阻力平均值超过20MPa时, 则需乘以表5.3.3-2中系数C予以折减后, 再计算 p_{sk};

β —— 折减系数, 按表5.3.3-3选用。

表 5.3.3-1 桩端阻力修正系数 α 值

桩长 (m)	$l<15$	$15 \leq l \leq 30$	$30 < l \leq 60$
α	0.75	0.75~0.90	0.90

注: 桩长15m$\leq l \leq$30m, α 值按 l 值直线内插; l 为桩长(不包括桩尖高度)。

表 5.3.3-2 系 数 C

p_{sk} (MPa)	20~30	35	>40
系数 C	5/6	2/3	1/2

表 5.3.3-3 折减系数 β

p_{sk2}/p_{sk1}	≤ 5	7.5	12.5	≥ 15
β	1	5/6	2/3	1/2

注: 表5.3.3-2、表5.3.3-3可内插取值。

表 5.3.3-4 系数 η_s 值

p_{sk}/p_{sl}	≤ 5	7.5	≥ 10
η_s	1.00	0.50	0.33

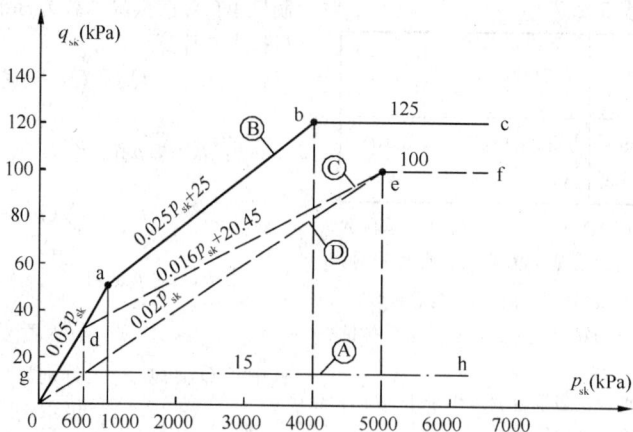

图 5.3.3　q_{sk}-p_{sk} 曲线

注：1　q_{sik} 值应结合土工试验资料，依据土的类别、埋藏深度、排列次序，按图 5.3.3 折线取值；图 5.3.3 中，直线Ⓐ（线段 gh）适用于地表下 6m 范围内的土层；折线Ⓑ（线段 oabc）适用于粉土及砂土土层以上（或无粉土及砂土土层地区）的黏性土；折线Ⓒ（线段 odef）适用于粉土及砂土土层以下的黏性土；折线Ⓓ（线段 oef）适用于粉土、粉砂、细砂及中砂。

2　p_{sk} 为桩端穿过的中密～密实砂土、粉土的比贯入阻力平均值；p_{sl} 为砂土、粉土的下卧软土层的比贯入阻力平均值。

3　采用的单桥探头，圆锥底面积为 15cm²，底部带 7cm 高滑套，锥角 60°。

4　当桩端穿过粉土、粉砂、细砂及中砂层底面时，折线Ⓓ估算的 q_{sik} 值需乘以表 5.3.3-4 中系数 η_s 值。

5.3.4　当根据双桥探头静力触探资料确定混凝土预制桩单桩竖向极限承载力标准值时，对于黏性土、粉土和砂土，如无当地经验时可按下式计算：

$$Q_{uk} = Q_{sk} + Q_{pk} = u \sum l_i \cdot \beta_i \cdot f_{si} + \alpha \cdot q_c \cdot A_p$$

（5.3.4）

式中　f_{si}——第 i 层土的探头平均侧阻力（kPa）；

q_c——桩端平面上、下探头阻力，取桩端平面以上 $4d$（d 为桩的直径或边长）范围内按土层厚度的探头阻力加权平均值（kPa），然后再和桩端平面以下 $1d$ 范围内的探头阻力进行平均；

α——桩端阻力修正系数，对于黏性土、粉土取 2/3，饱和砂土取 1/2；

β_i——第 i 层土桩侧阻力综合修正系数，黏性土、粉土：$\beta_i = 10.04 (f_{si})^{-0.55}$；砂

土：$\beta_i = 5.05 (f_{si})^{-0.45}$。

注：双桥探头的圆锥底面积为 15cm²，锥角 60°，摩擦套筒高 21.85cm，侧面积 300cm²。

Ⅲ　经验参数法

5.3.5　当根据土的物理指标与承载力参数之间的经验关系确定单桩竖向极限承载力标准值时，宜按下式估算：

$$Q_{uk} = Q_{sk} + Q_{pk} = u \sum q_{sik} l_i + q_{pk} A_p$$　（5.3.5）

式中　q_{sik}——桩侧第 i 层土的极限侧阻力标准值，如无当地经验时，可按表 5.3.5-1 取值；

q_{pk}——极限端阻力标准值，如无当地经验时，可按表 5.3.5-2 取值。

表 5.3.5-1　桩的极限侧阻力标准值 q_{sik}（kPa）

土的名称	土的状态		混凝土预制桩	泥浆护壁钻(冲)孔桩	干作业钻孔桩
填土	—		22～30	20～28	20～28
淤泥	—		14～20	12～18	12～18
淤泥质土	—		22～30	20～28	20～28
黏性土	流塑	$I_L > 1$	24～40	21～38	21～38
	软塑	$0.75 < I_L \leqslant 1$	40～55	38～53	38～53
	可塑	$0.50 < I_L \leqslant 0.75$	55～70	53～68	53～66
	硬可塑	$0.25 < I_L \leqslant 0.50$	70～86	68～84	66～82
	硬塑	$0 < I_L \leqslant 0.25$	86～98	84～96	82～94
	坚硬	$I_L \leqslant 0$	98～105	96～102	94～104

土的名称	土的状态		混凝土预制桩	泥浆护壁钻(冲)孔桩	干作业钻孔桩
红黏土	$0.7 < a_w \leqslant 1$		13～32	12～30	12～30
	$0.5 < a_w \leqslant 0.7$		32～74	30～70	30～70
粉土	稍密	$e > 0.9$	26～46	24～42	24～42
	中密	$0.75 \leqslant e \leqslant 0.9$	46～66	42～62	42～62
	密实	$e < 0.75$	66～88	62～82	62～82
粉细砂	稍密	$10 < N \leqslant 15$	24～48	22～46	22～46
	中密	$15 < N \leqslant 30$	48～66	46～64	46～64
	密实	$N > 30$	66～88	64～86	64～86
中砂	中密	$15 < N \leqslant 30$	54～74	53～72	53～72
	密实	$N > 30$	74～95	72～94	72～94
粗砂	中密	$15 < N \leqslant 30$	74～95	74～95	76～98
	密实	$N > 30$	95～116	95～116	98～120
砾砂	稍密	$5 < N_{63.5} \leqslant 15$	70～110	50～90	60～100
	中密(密实)	$N_{63.5} > 15$	116～138	116～130	112～130
圆砾、角砾	中密、密实	$N_{63.5} > 10$	160～200	135～150	135～150
碎石、卵石	中密、密实	$N_{63.5} > 10$	200～300	140～170	150～170
全风化软质岩	—	$30 < N \leqslant 50$	100～120	80～100	80～100
全风化硬质岩	—	$30 < N \leqslant 50$	140～160	120～140	120～150
强风化软质岩	—	$N_{63.5} > 10$	160～240	140～200	140～220
强风化硬质岩	—	$N_{63.5} > 10$	220～300	160～240	160～260

注：1 对于尚未完成自重固结的填土和以生活垃圾为主的杂填土，不计算其侧阻力；

2 a_w 为含水比，$a_w = w/w_l$，w 为土的天然含水量，w_l 为土的液限；

3 N 为标准贯入击数；$N_{63.5}$ 为重型圆锥动力触探击数；

4 全风化、强风化软质岩和全风化、强风化硬质岩系指其母岩分别为 $f_{rk} \leqslant 15MPa$、$f_{rk} > 30MPa$ 的岩石。

表 5.3.5-2 桩的极限端阻力标准值 q_{pk}（kPa）

土名称	桩型 土的状态		混凝土预制桩桩长 l（m）				泥浆护壁钻(冲)孔桩桩长 l（m）				干作业钻孔桩桩长 l（m）		
			$l \leqslant 9$	$9 < l \leqslant 16$	$16 < l \leqslant 30$	$l > 30$	$5 \leqslant l < 10$	$10 \leqslant l < 15$	$15 \leqslant l < 30$	$30 \leqslant l$	$5 \leqslant l < 10$	$10 \leqslant l < 15$	$15 \leqslant l$
黏性土	软塑	$0.75 < I_L \leqslant 1$	210～850	650～1400	1200～1800	1300～1900	150～250	250～300	300～450	300～450	200～400	400～700	700～950
	可塑	$0.50 < I_L \leqslant 0.75$	850～1700	1400～2200	1900～2800	2300～3600	350～450	450～600	600～750	750～800	500～700	800～1100	1000～1600
	硬可塑	$0.25 < I_L \leqslant 0.50$	1500～2300	2300～3300	2700～3600	3600～4400	800～900	900～1000	1000～1200	1200～1400	850～1100	1500～1700	1700～1900
	硬塑	$0 < I_L \leqslant 0.25$	2500～3800	3800～5500	5500～6000	6000～6800	1100～1200	1200～1400	1400～1600	1600～1800	1600～1800	2200～2400	2600～2800
粉土	中密	$0.75 \leqslant e \leqslant 0.9$	950～1700	1400～2100	1900～2700	2500～3400	300～500	500～650	650～750	750～850	800～1200	1200～1400	1400～1600
	密实	$e < 0.75$	1500～2600	2100～3000	2700～3600	3600～4400	650～900	750～950	900～1100	1100～1200	1200～1700	1400～1900	1600～2100
粉砂	稍密	$10 < N \leqslant 15$	1000～1600	1500～2300	1900～2700	2100～3000	350～500	450～600	600～700	650～750	500～950	1300～1600	1500～1700
	中密、密实	$N > 15$	1400～2200	2100～3000	3000～4500	3800～5500	600～750	750～900	900～1100	1100～1200	900～1000	1700～1900	1700～1900
细砂	中密、密实	$N > 15$	2500～4000	3600～5000	4400～6000	5300～7000	650～850	900～1200	1200～1500	1500～1800	1200～1600	2000～2400	2400～2700
中砂			4000～6000	5500～7000	6500～8000	7500～9000	850～1050	1100～1500	1500～1900	1900～2100	1800～2400	2800～3800	3600～4400
粗砂			5700～7500	7500～8500	8500～10000	9500～11000	1500～1800	2100～2400	2400～2600	2600～2800	2900～3600	4000～4600	4600～5200

土名称	土的状态	桩型	混凝土预制桩桩长 *l*（m）				泥浆护壁钻（冲）孔桩桩长 *l*（m）				干作业钻孔桩桩长 *l*（m）		
			$l \leqslant 9$	$9 < l \leqslant 16$	$16 < l \leqslant 30$	$l > 30$	$5 \leqslant l < 10$	$10 \leqslant l < 15$	$15 \leqslant l < 30$	$30 \leqslant l$	$5 \leqslant l < 10$	$10 \leqslant l < 15$	$15 \leqslant l$
砾砂		$N > 15$	6000~9500		9000~10500		1400~2000		2000~3200		3500~5000		
角砾、圆砾	中密、密实	$N_{63.5} > 10$	7000~10000		9500~11500		1800~2200		2200~3600		4000~5500		
碎石、卵石		$N_{63.5} > 10$	8000~11000		10500~13000		2000~3000		3000~4000		4500~6500		
全风化软质岩		$30 < N \leqslant 50$	4000~6000				1000~1600				1200~2000		
全风化硬质岩		$30 < N \leqslant 50$	5000~8000				1200~2000				1400~2400		
强风化软质岩		$N_{63.5} > 10$	6000~9000				1400~2200				1600~2600		
强风化硬质岩		$N_{63.5} > 10$	7000~11000				1800~2800				2000~3000		

注：1 砂土和碎石类土中桩的极限端阻力取值，宜综合考虑土的密实度，桩端进入持力层的深径比 h_b/d，土愈密实，h_b/d 愈大，取值愈高；

2 预制桩的岩石极限端阻力指桩端支承于中、微风化基岩表面或进入强风化岩、软质岩一定深度条件下极限端阻力；

3 全风化、强风化软质岩和全风化、强风化硬质岩指其母岩分别为 $f_{rk} \leqslant 15MPa$、$f_{rk} > 30MPa$ 的岩石。

5.3.6 根据土的物理指标与承载力参数之间的经验关系，确定大直径桩单桩极限承载力标准值时，可按下式计算：

$$Q_{uk} = Q_{sk} + Q_{pk} = u \sum \psi_{si} q_{sik} l_i + \psi_p q_{pk} A_p$$

（5.3.6）

式中 q_{sik} ——桩侧第 i 层土极限侧阻力标准值，如无当地经验值时，可按本规范表 5.3.5-1 取值，对于扩底桩变截面以上 $2d$ 长度范围不计侧阻力；

q_{pk} ——桩径为 800mm 的极限端阻力标准值，对于干作业挖孔（清底干净）可采用深层载荷板试验确定；当不能进行深层载荷板试验时，可按表 5.3.6-1 取值；

ψ_{si}、ψ_p ——大直径桩侧阻力、端阻力尺寸效应系数，按表 5.3.6-2 取值；

u ——桩身周长，当人工挖孔桩桩周护壁为振捣密实的混凝土时，桩身周长可按护壁外直径计算。

表 5.3.6-1 干作业挖孔桩（清底干净，$D = 800mm$）极限端阻力标准值 q_{pk}（kPa）

土名称		状 态		
黏性土		$0.25 < I_L \leqslant 0.75$	$0 < I_L \leqslant 0.25$	$I_L \leqslant 0$
		800~1800	1800~2400	2400~3000
粉土		—	$0.75 \leqslant e \leqslant 0.9$	$e < 0.75$
		—	1000~1500	1500~2000
砂土、碎石类土		稍密	中密	密实
	粉砂	500~700	800~1100	1200~2000
	细砂	700~1100	1200~1800	2000~2500
	中砂	1000~2000	2200~3200	3500~5000
	粗砂	1200~2200	2500~3500	4000~5500
	砾砂	1400~2400	2600~4000	5000~7000
	圆砾、角砾	1600~3000	3200~5000	6000~9000
	卵石、碎石	2000~3000	3300~5000	7000~11000

注：1 当桩进入持力层的深度 h_b 分别为：$h_b \leqslant D$，$D < h_b \leqslant 4D$，$h_b > 4D$ 时，q_{pk} 可相应取低、中、高值。

2 砂土密实度可根据标贯击数判定，$N \leqslant 10$ 为松散，$10 < N \leqslant 15$ 为稍密，$15 < N \leqslant 30$ 为中密，$N > 30$ 为密实。

3 当桩的长径比 $l/d \leqslant 8$ 时，q_{pk} 宜取较低值。

4 当对沉降要求不严时，q_{pk} 可取高值。

表 5.3.6-2　大直径灌注桩侧阻力尺寸效应系数 ψ_{si}、端阻力尺寸效应系数 ψ_p

土类型	黏性土、粉土	砂土、碎石类土
ψ_{si}	$(0.8/d)^{1/5}$	$(0.8/d)^{1/3}$
ψ_p	$(0.8/D)^{1/4}$	$(0.8/D)^{1/3}$

注：当为等直径桩时，表中 $D=d$。

IV　钢　管　桩

5.3.7　当根据土的物理指标与承载力参数之间的经验关系确定钢管桩单桩竖向极限承载力标准值时，可按下列公式计算：

$$Q_{uk} = Q_{sk} + Q_{pk} = u \sum q_{sik} l_i + \lambda_p q_{pk} A_p$$

$$(5.3.7\text{-}1)$$

当 $h_b/d < 5$ 时，　　$\lambda_p = 0.16 h_b/d$　　(5.3.7-2)

当 $h_b/d \geqslant 5$ 时，　　$\lambda_p = 0.8$　　(5.3.7-3)

式中　q_{sik}、q_{pk}——分别按本规范表 5.3.5-1、表 5.3.5-2 取与混凝土预制桩相同值；

　　　　λ_p——桩端土塞效应系数，对于闭口钢管桩 $\lambda_p = 1$，对于敞口钢管桩按式（5.3.7-2）、（5.3.7-3）取值；

　　　　h_b——桩端进入持力层深度；

　　　　d——钢管桩外径。

对于带隔板的半敞口钢管桩，应以等效直径 d_e 代替 d 确定 λ_p；$d_e = d/\sqrt{n}$；其中 n 为桩端隔板分割数（见图 5.3.7）。

　　　$n=2$　　　　$n=4$　　　　$n=9$

图 5.3.7　隔板分割数

V　混凝土空心桩

5.3.8　当根据土的物理指标与承载力参数之间的经验关系确定敞口预应力混凝土空心桩单桩竖向极限承载力标准值时，可按下列公式计算：

$$Q_{uk} = Q_{sk} + Q_{pk} = u \sum q_{sik} l_i + q_{pk}(A_j + \lambda_p A_{p1})$$

$$(5.3.8\text{-}1)$$

当 $h_b/d < 5$ 时，　　$\lambda_p = 0.16 h_b/d$　　(5.3.8-2)

当 $h_b/d \geqslant 5$ 时，　　$\lambda_p = 0.8$　　(5.3.8-3)

式中　q_{sik}、q_{pk}——分别按本规范表 5.3.5-1、表 5.3.5-2 取与混凝土预制桩相同值；

　　　　A_j——空心桩桩端净面积：

　　　　　　管桩：$A_j = \dfrac{\pi}{4}(d^2 - d_1^2)$；

　　　　　　空心方桩：$A_j = b^2 - \dfrac{\pi}{4} d_1^2$；

　　　　A_{p1}——空心桩敞口面积：$A_{p1} = \dfrac{\pi}{4} d_1^2$；

　　　　λ_p——桩端土塞效应系数；

　　　　d、b——空心桩外径、边长；

　　　　d_1——空心桩内径。

VI　嵌　岩　桩

5.3.9　桩端置于完整、较完整基岩的嵌岩桩单桩竖向极限承载力，由桩周土总极限侧阻力和嵌岩段总极限阻力组成。当根据岩石单轴抗压强度确定单桩竖向极限承载力标准值时，可按下列公式计算：

$$Q_{uk} = Q_{sk} + Q_{rk}　　(5.3.9\text{-}1)$$

$$Q_{sk} = u \sum q_{sik} l_i　　(5.3.9\text{-}2)$$

$$Q_{rk} = \zeta_r f_{rk} A_p　　(5.3.9\text{-}3)$$

式中　Q_{sk}、Q_{rk}——分别为土的总极限侧阻力标准值、嵌岩段总极限阻力标准值；

　　　　q_{sik}——桩周第 i 层土的极限侧阻力，无当地经验时，可根据成桩工艺按本规范表 5.3.5-1 取值；

　　　　f_{rk}——岩石饱和单轴抗压强度标准值，黏土岩取天然湿度单轴抗压强度标准值；

　　　　ζ_r——桩嵌岩段侧阻和端阻综合系数，与嵌岩深径比 h_r/d、岩石软硬程度和成桩工艺有关，可按表 5.3.9 采用；表中数值适用于泥浆护壁成桩，对于干作业成桩（清底干净）和泥浆护壁成桩后注浆，ζ_r 应取表列数值的 1.2 倍。

表 5.3.9　桩嵌岩段侧阻和端阻综合系数 ζ_r

嵌岩深径比 h_r/d	0	0.5	1.0	2.0	3.0	4.0	5.0	6.0	7.0	8.0
极软岩、软岩	0.60	0.80	0.95	1.18	1.35	1.48	1.57	1.63	1.66	1.70
较硬岩、坚硬岩	0.45	0.65	0.81	0.90	1.00	1.04	—	—	—	—

注：1　极软岩、软岩指 $f_{rk} \leqslant 15 MPa$，较硬岩、坚硬岩指 $f_{rk} > 30 MPa$，介于二者之间可内插取值。

　　2　h_r 为桩身嵌岩深度，当岩面倾斜时，以坡下方嵌岩深度为准；当 h_r/d 为非表列值时，ζ_r 可内插取值。

Ⅶ　后注浆灌注桩

5.3.10　后注浆灌注桩的单桩极限承载力，应通过静载试验确定。在符合本规范第 6.7 节后注浆技术实施规定的条件下，其后注浆单桩极限承载力标准值可按下式估算：

$$Q_{uk} = Q_{sk} + Q_{gsk} + Q_{gpk}$$
$$= u \sum q_{sjk} l_j + u \sum \beta_{si} q_{sik} l_{gi} + \beta_p q_{pk} A_p$$

$$(5.3.10)$$

式中　Q_{sk} ——后注浆非竖向增强段的总极限侧阻力标准值；

Q_{gsk} ——后注浆竖向增强段的总极限侧阻力标准值；

Q_{gpk} ——后注浆总极限端阻力标准值；

u ——桩身周长；

l_j ——后注浆非竖向增强段第 j 层土厚度；

l_{gi} ——后注浆竖向增强段内第 i 层土厚度；对于泥浆护壁成孔灌注桩，当为单一桩端后注浆时，竖向增

强段为桩端以上 12m；当为桩端、桩侧复式注浆时，竖向增强段为桩端以上 12m 及各桩侧注浆断面以上 12m，重叠部分应扣除；对于干作业灌注桩，竖向增强段为桩端以上、桩侧注浆断面上下各 6m；

q_{sik}、q_{sjk}、q_{pk} ——分别为后注浆竖向增强段第 i 土层初始极限侧阻力标准值、非竖向增强段第 j 土层初始极限侧阻力标准值、初始极限端阻力标准值；根据本规范第 5.3.5 条确定；

β_{si}、β_p ——分别为后注浆侧阻力、端阻力增强系数，无当地经验时，可按表 5.3.10 取值。对于桩径大于 800mm 的桩，应按本规范表 5.3.6-2 进行侧阻和端阻尺寸效应修正。

表 5.3.10　后注浆侧阻力增强系数 β_{si}，端阻力增强系数 β_p

土层名称	淤泥 淤泥质土	黏性土 粉土	粉砂 细砂	中砂	粗砂 砾砂	砾石 卵石	全风化岩 强风化岩
β_{si}	1.2~1.3	1.4~1.8	1.6~2.0	1.7~2.1	2.0~2.5	2.4~3.0	1.4~1.8
β_p	—	2.2~2.5	2.4~2.8	2.6~3.0	3.0~3.5	3.2~4.0	2.0~2.4

注：干作业钻、挖孔桩，β_p 按表列值乘以小于 1.0 的折减系数。当桩端持力层为黏性土或粉土时，折减系数取 0.6；为砂土或碎石土时，取 0.8。

5.3.11　后注浆钢导管注浆后可等效替代纵向主筋。

Ⅷ　液　化　效　应

5.3.12　对于桩身周围有液化土层的低承台桩基，当承台底面上下分别有厚度不小于 1.5m、1.0m 的非液化土或非软弱土层时，可将液化土层极限侧阻力乘以土层液化影响折减系数计算单桩极限承载力标准值。土层液化影响折减系数 ψ_l 可按表 5.3.12 确定。

表 5.3.12　土层液化影响折减系数 ψ_l

$\lambda_N = \dfrac{N}{N_{cr}}$	自地面起的液化土层深度 d_L（m）	ψ_l
$\lambda_N \leqslant 0.6$	$d_L \leqslant 10$	0
	$10 < d_L \leqslant 20$	1/3
$0.6 < \lambda_N \leqslant 0.8$	$d_L \leqslant 10$	1/3
	$10 < d_L \leqslant 20$	2/3
$0.8 < \lambda_N \leqslant 1.0$	$d_L \leqslant 10$	2/3
	$10 < d_L \leqslant 20$	1.0

注：1　N 为饱和土标贯击数实测值；N_{cr} 为液化判别标贯击数临界值；

2　对于挤土桩当桩距不大于 $4d$，且桩的排数不少于 5 排、总桩数不少于 25 根时，土层液化影响折减系数可按表列值提高一档取值；桩间土标贯击数达到 N_{cr} 时，取 $\psi_l = 1$。

当承台底面上下非液化土层厚度小于以上规定时，土层液化影响折减系数 ψ_l 取 0。

5.4　特殊条件下桩基竖向承载力验算

Ⅰ　软弱下卧层验算

5.4.1　对于桩距不超过 $6d$ 的群桩基础，桩端持力层下存在承载力低于桩端持力层承载力 1/3 的软弱下卧层时，可按下列公式验算软弱下卧层的承载力（见图 5.4.1）：

$$\sigma_z + \gamma_m z \leqslant f_{az}$$

$$(5.4.1-1)$$

$$\sigma_z = \frac{(F_k + G_k) - 3/2 (A_0 + B_0) \cdot \sum q_{sik} l_i}{(A_0 + 2t \cdot \tan\theta)(B_0 + 2t \cdot \tan\theta)}$$

$$(5.4.1-2)$$

式中　σ_z ——作用于软弱下卧层顶面的附加应力；

γ_m ——软弱层顶面以上各土层重度（地下水位以下取浮重度）按厚度加权平均值；

t ——硬持力层厚度；

f_{az} ——软弱下卧层经深度 z 修正的地基承载力特征值；

A_0、B_0 ——桩群外缘矩形底面的长、短边边长；

q_{sik} ——桩周第 i 层土的极限侧阻力标准值，无当地经验时，可根据成桩工艺按本规范表5.3.5-1取值；

θ ——桩端硬持力层压力扩散角，按表5.4.1取值。

表5.4.1　桩端硬持力层压力扩散角 θ

E_{s1}/E_{s2}	$t = 0.25B_0$	$t \geqslant 0.50B_0$
1	4°	12°
3	6°	23°
5	10°	25°
10	20°	30°

注：1　E_{s1}、E_{s2} 为硬持力层、软弱下卧层的压缩模量；

　　2　当 $t < 0.25B_0$ 时，取 $\theta = 0°$，必要时，宜通过试验确定；当 $0.25B_0 < t < 0.50B_0$ 时，可内插取值。

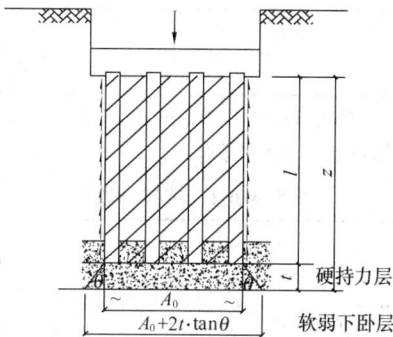

图5.4.1　软弱下卧层承载力验算

Ⅱ　负摩阻力计算

5.4.2　符合下列条件之一的桩基，当桩周土层产生的沉降超过基桩的沉降时，在计算基桩承载力时应计入桩侧负摩阻力：

1　桩穿越较厚松散填土、自重湿陷性黄土、欠固结土、液化土层进入相对较硬土层时；

2　桩周存在软弱土层，邻近桩侧地面承受局部较大的长期荷载，或地面大面积堆载（包括填土）时；

3　由于降低地下水位，使桩周土有效应力增大，并产生显著压缩沉降时。

5.4.3　桩周土沉降可能引起桩侧负摩阻力时，应根据工程具体情况考虑负摩阻力对桩基承载力和沉降的影响；当缺乏可参照的工程经验时，可按下列规定验算。

1　对于摩擦型基桩可取桩身计算中性点以上侧阻力为零，并可按下式验算基桩承载力：

$$N_k \leqslant R_a \qquad (5.4.3\text{-}1)$$

2　对于端承型基桩除应满足上式要求外，尚应考虑负摩阻力引起基桩的下拉荷载 Q_g^n，并可按下式验算基桩承载力：

$$N_k + Q_g^n \leqslant R_a \qquad (5.4.3\text{-}2)$$

3　当土层不均匀或建筑物对不均匀沉降较敏感时，尚应将负摩阻力引起的下拉荷载计入附加荷载验算桩基沉降。

注：本条中基桩的竖向承载力特征值 R_a 只计中性点以下部分侧阻值及端阻值。

5.4.4　桩侧负摩阻力及其引起的下拉荷载，当无实测资料时可按下列规定计算：

1　中性点以上单桩桩周第 i 层土负摩阻力标准值，可按下列公式计算：

$$q_{si}^n = \xi_{ni}\sigma_i' \qquad (5.4.4\text{-}1)$$

当填土、自重湿陷性黄土湿陷、欠固结土层产生固结和地下水位降低时：$\sigma_i' = \sigma_{\gamma i}'$

当地面分布大面积荷载时：$\sigma_i' = p + \sigma_{\gamma i}'$

$$\sigma_{\gamma i}' = \sum_{e=1}^{i-1} \gamma_e \Delta z_e + \frac{1}{2}\gamma_i \Delta z_i \qquad (5.4.4\text{-}2)$$

式中　q_{si}^n ——第 i 层桩侧负摩阻力标准值；当按式（5.4.4-1）计算值大于正摩阻力标准值时，取正摩阻力标准值进行设计；

ξ_{ni} ——桩周第 i 层土负摩阻力系数，可按表5.4.4-1取值；

$\sigma_{\gamma i}'$ ——由土自重引起的桩周第 i 层土平均竖向有效应力；桩群外围桩自地面算起，桩群内部桩自承台底算起；

σ_i' ——桩周第 i 层土平均竖向有效应力；

γ_i、γ_e ——分别为第 i 计算土层和其上第 e 土层的重度，地下水位以下取浮重度；

Δz_i、Δz_e ——第 i 层土、第 e 层土的厚度；

p ——地面均布荷载。

表5.4.4-1　负摩阻力系数 ξ_n

土　类	ξ_n
饱和软土	0.15～0.25
黏性土、粉土	0.25～0.40
砂土	0.35～0.50
自重湿陷性黄土	0.20～0.35

注：1　在同一类土中，对于挤土桩，取表中较大值，对于非挤土桩，取表中较小值；

　　2　填土按其组成取表中同类土的较大值。

2　考虑群桩效应的基桩下拉荷载可按下式计算：

$$Q_g^n = \eta_n \cdot u \sum_{i=1}^{n} q_{si}^n l_i \qquad (5.4.4\text{-}3)$$

$$\eta_n = s_{ax} \cdot s_{ay} \Big/ \left[\pi d \left(\frac{q_s^n}{\gamma_m} + \frac{d}{4} \right) \right] \qquad (5.4.4\text{-}4)$$

式中　n ——中性点以上土层数；

l_i ——中性点以上第 i 土层的厚度；

η_n ——负摩阻力群桩效应系数；

s_{ax}、s_{ay} ——分别为纵、横向桩的中心距；

q_s^n ——中性点以上桩周土层厚度加权平均负摩

阻力标准值；

γ_m——中性点以上桩周土层厚度加权平均重度（地下水位以下取浮重度）。

对于单桩基础或按式(5.4.4-4)计算的群桩效应系数 $\eta_n > 1$ 时，取 $\eta_n = 1$。

3 中性点深度 l_n 应按桩周土层沉降与桩沉降相等的条件计算确定，也可参照表5.4.4-2确定。

表 5.4.4-2 中性点深度 l_n

持力层性质	黏性土、粉土	中密以上砂	砾石、卵石	基岩
中性点深度比 l_n/l_0	0.5~0.6	0.7~0.8	0.9	1.0

注：1 l_n、l_0——分别为自桩顶算起的中性点深度和桩周软弱土层下限深度；

2 桩穿过自重湿陷性黄土层时，l_n 可按表列值增大10%（持力层为基岩除外）；

3 当桩周土层固结与桩基固结沉降同时完成时，取 $l_n = 0$；

4 当桩周土层计算沉降量小于20mm时，l_n 应按表列值乘以 0.4~0.8 折减。

Ⅲ 抗拔桩基承载力验算

5.4.5 承受拔力的桩基，应按下列公式同时验算群桩基础呈整体破坏和呈非整体破坏时基桩的抗拔承载力：

$$N_k \leqslant T_{gk}/2 + G_{gp} \qquad (5.4.5\text{-}1)$$
$$N_k \leqslant T_{uk}/2 + G_p \qquad (5.4.5\text{-}2)$$

式中 N_k——按荷载效应标准组合计算的基桩拔力；

T_{gk}——群桩呈整体破坏时基桩的抗拔极限承载力标准值，可按本规范第5.4.6条确定；

T_{uk}——群桩呈非整体破坏时基桩的抗拔极限承载力标准值，可按本规范第5.4.6条确定；

G_{gp}——群桩基础所包围体积的桩土总自重除以总桩数，地下水位以下取浮重度；

G_p——基桩自重，地下水位以下取浮重度，对于扩底桩应按本规范表5.4.6-1确定桩、土柱体周长，计算桩、土自重。

5.4.6 群桩基础及其基桩的抗拔极限承载力的确定应符合下列规定：

1 对于设计等级为甲级和乙级建筑桩基，基桩的抗拔极限承载力应通过现场单桩上拔静载荷试验确定。单桩上拔静载荷试验及抗拔极限承载力标准值取值可按现行行业标准《建筑基桩检测技术规范》JGJ 106进行。

2 如无当地经验时，群桩基础及设计等级为丙级建筑桩基，基桩的抗拔极限载力取值可按下列规定计算：

1) 群桩呈非整体破坏时，基桩的抗拔极限承载力标准值可按下式计算：

$$T_{uk} = \sum \lambda_i q_{sik} u_i l_i \qquad (5.4.6\text{-}1)$$

式中 T_{uk}——基桩抗拔极限承载力标准值；

u_i——桩身周长，对于等直径桩取 $u = \pi d$；对于扩底桩按表5.4.6-1取值；

q_{sik}——桩侧表面第 i 层土的抗压极限侧阻力标准值，可按本规范表5.3.5-1取值；

λ_i——抗拔系数，可按表5.4.6-2取值。

表 5.4.6-1 扩底桩破坏表面周长 u_i

自桩底起算的长度 l_i	$\leqslant (4\sim10)d$	$>(4\sim10)d$
u_i	πD	πd

注：l_i 对于软土取低值，对于卵石、砾石取高值；l_i 取值按内摩擦角增大而增加。

表 5.4.6-2 抗拔系数 λ

土 类	λ 值
砂土	0.50~0.70
黏性土、粉土	0.70~0.80

注：桩长 l 与桩径 d 之比小于20时，λ 取小值。

2) 群桩呈整体破坏时，基桩的抗拔极限承载力标准值可按下式计算：

$$T_{gk} = \frac{1}{n} u_l \sum \lambda_i q_{sik} l_i \qquad (5.4.6\text{-}2)$$

式中 u_l——桩群外围周长。

5.4.7 季节性冻土上轻型建筑的短桩基础，应按下列公式验算其抗冻拔稳定性：

$$\eta_f q_f u z_0 \leqslant T_{gk}/2 + N_G + G_{gp} \qquad (5.4.7\text{-}1)$$
$$\eta_f q_f u z_0 \leqslant T_{uk}/2 + N_G + G_p \qquad (5.4.7\text{-}2)$$

式中 η_f——冻深影响系数，按表5.4.7-1采用；

q_f——切向冻胀力，按表5.4.7-2采用；

z_0——季节性冻土的标准冻深；

T_{gk}——标准冻深线以下群桩呈整体破坏时基桩抗拔极限承载力标准值，可按本规范第5.4.6条确定；

T_{uk}——标准冻深线以下单桩抗拔极限承载力标准值，可按本规范第5.4.6条确定；

N_G——基桩承受的桩承台底面以上建筑物自重、承台及其上土重标准值。

表 5.4.7-1 冻深影响系数 η_f 值

标准冻深(m)	$z_0 \leqslant 2.0$	$2.0 < z_0 \leqslant 3.0$	$z_0 > 3.0$
η_f	1.0	0.9	0.8

表 5.4.7-2 切向冻胀力 q_f（kPa）值

冻胀性分类 土　类	弱冻胀	冻胀	强冻胀	特强冻胀
黏性土、粉土	30～60	60～80	80～120	120～150
砂土、砾（碎）石（黏、粉粒含量＞15%）	＜10	20～30	40～80	90～200

注：1　表面粗糙的灌注桩，表中数值应乘以系数 1.1～1.3；

　　2　本表不适用于含盐量大于 0.5% 的冻土。

5.4.8　膨胀土上轻型建筑的短桩基础，应按下列公式验算群桩基础呈整体破坏和非整体破坏的抗拔稳定性：

$$u \sum q_{ei} l_{ei} \leqslant T_{gk}/2 + N_G + G_{gp} \qquad (5.4.8-1)$$

$$u \sum q_{ei} l_{ei} \leqslant T_{uk}/2 + N_G + G_p \qquad (5.4.8-2)$$

式中　T_{gk}——群桩呈整体破坏时，大气影响急剧层下稳定土层中基桩的抗拔极限承载力标准值，可按本规范第 5.4.6 条计算；

　　T_{uk}——群桩呈非整体破坏时，大气影响急剧层下稳定土层中基桩的抗拔极限承载力标准值，可按本规范第 5.4.6 条计算；

　　q_{ei}——大气影响急剧层中第 i 层土的极限胀切力，由现场浸水试验确定；

　　l_{ei}——大气影响急剧层中第 i 层土的厚度。

5.5　桩基沉降计算

5.5.1　建筑桩基沉降变形计算值不应大于桩基沉降变形允许值。

5.5.2　桩基沉降变形可用下列指标表示：

　　1　沉降量；

　　2　沉降差；

　　3　整体倾斜：建筑物桩基础倾斜方向两端点的沉降差与其距离之比值；

　　4　局部倾斜：墙下条形承台沿纵向某一长度范围内桩基础两点的沉降差与其距离之比值。

5.5.3　计算桩基沉降变形时，桩基变形指标应按下列规定选用：

　　1　由于土层厚度与性质不均匀、荷载差异、体形复杂、相互影响等因素引起的地基沉降变形，对于砌体承重结构应由局部倾斜控制；

　　2　对于多层或高层建筑和高耸结构应由整体倾斜值控制；

　　3　当其结构为框架、框架-剪力墙、框架-核心筒结构时，尚应控制柱（墙）之间的差异沉降。

5.5.4　建筑桩基沉降变形允许值，应按表 5.5.4 规定采用。

表 5.5.4　建筑桩基沉降变形允许值

变形特征		允许值
砌体承重结构基础的局部倾斜		0.002
各类建筑相邻柱（墙）基的沉降差		
(1) 框架、框架—剪力墙、框架—核心筒结构		$0.002 l_0$
(2) 砌体墙填充的边排柱		$0.0007 l_0$
(3) 当基础不均匀沉降时不产生附加应力的结构		$0.005 l_0$
单层排架结构（柱距为 6m）桩基的沉降量（mm）		120
桥式吊车轨面的倾斜（按不调整轨道考虑）		
纵向		0.004
横向		0.003
多层和高层建筑的整体倾斜	$H_g \leqslant 24$	0.004
	$24 < H_g \leqslant 60$	0.003
	$60 < H_g \leqslant 100$	0.0025
	$H_g > 100$	0.002
高耸结构桩基的整体倾斜	$H_g \leqslant 20$	0.008
	$20 < H_g \leqslant 50$	0.006
	$50 < H_g \leqslant 100$	0.005
	$100 < H_g \leqslant 150$	0.004
	$150 < H_g \leqslant 200$	0.003
	$200 < H_g \leqslant 250$	0.002
高耸结构基础的沉降量（mm）	$H_g \leqslant 100$	350
	$100 < H_g \leqslant 200$	250
	$200 < H_g \leqslant 250$	150
体型简单的剪力墙结构高层建筑桩基最大沉降量（mm）		200

注：l_0 为相邻柱（墙）二测点间距离，H_g 为自室外地面算起的建筑物高度（m）。

5.5.5　对于本规范表 5.5.4 中未包括的建筑桩基沉降变形允许值，应根据上部结构对桩基沉降变形的适应能力和使用要求确定。

Ⅰ　桩中心距不大于 6 倍桩径的桩基

5.5.6　对于桩中心距不大于 6 倍桩径的桩基，其最终沉降量计算可采用等效作用分层总和法。等效作用面位于桩端平面，等效作用面积为桩承台投影面积，等效作用附加压力近似取承台底平均附加压力。等效作用面以下的应力分布采用各向同性均质直线变形体理论。计算模式如图 5.5.6 所示，桩基任一点最终沉降量可用角点法按下式计算：

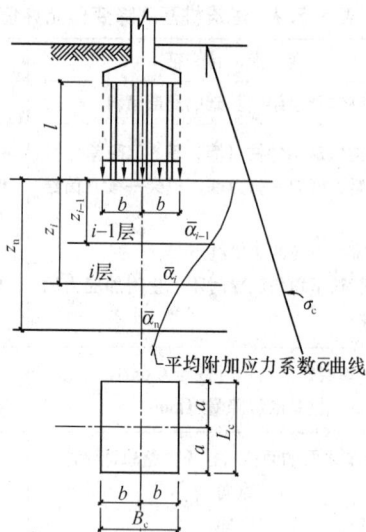

图 5.5.6　桩基沉降计算示意图

$$s = \psi \cdot \psi_e \cdot s'$$
$$= \psi \cdot \psi_e \cdot \sum_{j=1}^{m} p_{0j} \sum_{i=1}^{n} \frac{z_{ij}\bar{\alpha}_{ij} - z_{(i-1)j}\bar{\alpha}_{(i-1)j}}{E_{si}}$$

$$(5.5.6)$$

式中　　s ——桩基最终沉降量（mm）；

s' ——采用布辛奈斯克（Boussinesq）解，按实体深基础分层总和法计算出的桩基沉降量（mm）；

ψ ——桩基沉降计算经验系数，当无当地可靠经验时可按本规范第 5.5.11 条确定；

ψ_e ——桩基等效沉降系数，可按本规范第 5.5.9 条确定；

m ——角点法计算点对应的矩形荷载分块数；

p_{0j} ——第 j 块矩形底面在荷载效应准永久组合下的附加压力（kPa）；

n ——桩基沉降计算深度范围内所划分的土层数；

E_{si} ——等效作用面以下第 i 层土的压缩模量（MPa），采用地基土在自重压力至自重压力加附加压力作用时的压缩模量；

z_{ij}、$z_{(i-1)j}$ ——桩端平面第 j 块荷载作用面至第 i 层土、第 $i-1$ 层土底面的距离（m）；

$\bar{\alpha}_{ij}$、$\bar{\alpha}_{(i-1)j}$ ——桩端平面第 j 块荷载计算点至第 i 层土、第 $i-1$ 层土底面深度范围内平均附加应力系数，可按本规范附录 D 选用。

5.5.7　计算矩形桩基中点沉降时，桩基沉降量可按下式简化计算：

$$s = \psi \cdot \psi_e \cdot s' = 4 \cdot \psi \cdot \psi_e \cdot p_0 \sum_{i=1}^{n} \frac{z_i\bar{\alpha}_i - z_{i-1}\bar{\alpha}_{i-1}}{E_{si}}$$

$$(5.5.7)$$

式中　　p_0 ——在荷载效应准永久组合下承台底的平均附加压力；

$\bar{\alpha}_i$、$\bar{\alpha}_{i-1}$ ——平均附加应力系数，根据矩形长宽比 a/b 及深宽比 $\frac{z_i}{b} = \frac{2z_i}{B_c}$，$\frac{z_{i-1}}{b} = \frac{2z_{i-1}}{B_c}$，可按本规范附录 D 选用。

5.5.8　桩基沉降计算深度 z_n 应按应力比法确定，即计算深度处的附加应力 σ_z 与土的自重应力 σ_c 应符合下列公式要求：

$$\sigma_z \leqslant 0.2\sigma_c \qquad (5.5.8\text{-}1)$$

$$\sigma_z = \sum_{j=1}^{m} a_j p_{0j} \qquad (5.5.8\text{-}2)$$

式中　　a_j ——附加应力系数，可根据角点法划分的矩形长宽比及深宽比按本规范附录 D 选用。

5.5.9　桩基等效沉降系数 ψ_e 可按下列公式简化计算：

$$\psi_e = C_0 + \frac{n_b - 1}{C_1(n_b - 1) + C_2} \qquad (5.5.9\text{-}1)$$

$$n_b = \sqrt{n \cdot B_c / L_c} \qquad (5.5.9\text{-}2)$$

式中　　n_b ——矩形布桩时的短边布桩数，当布桩不规则时可按式（5.5.9-2）近似计算，$n_b > 1$；$n_b = 1$ 时，可按本规范式（5.5.14）计算；

C_0、C_1、C_2 ——根据群桩距径比 s_a/d、长径比 l/d 及基础长宽比 L_c/B_c，按本规范附录 E 确定；

L_c、B_c、n ——分别为矩形承台的长、宽及总桩数。

5.5.10　当布桩不规则时，等效距径比可按下列公式近似计算：

圆形桩　　$s_a/d = \sqrt{A}/(\sqrt{n} \cdot d)$　　(5.5.10-1)

方形桩　　$s_a/d = 0.886\sqrt{A}/(\sqrt{n} \cdot b)$　　(5.5.10-2)

式中　　A ——桩基承台总面积；

b ——方形桩截面边长。

5.5.11　当无当地可靠经验时，桩基沉降计算经验系数 ψ 可按表 5.5.11 选用。对于采用后注浆施工工艺的灌注桩，桩基沉降计算经验系数应根据桩端持力土层类别，乘以 0.7（砂、砾、卵石）～0.8（黏性土、粉土）折减系数；饱和土中采用预制桩（不含复打、复压、引孔沉桩）时，应根据桩距、土质、沉桩速率和顺序等因素，乘以 1.3～1.8 挤土效应系数，土的渗透性低，桩距小，桩数多，沉降速率快时取大值。

表 5.5.11　桩基沉降计算经验系数 ψ

$\overline{E}_s$(MPa)	≤10	15	20	35	≥50
ψ	1.2	0.9	0.65	0.50	0.40

注：1 $\overline{E}_s$ 为沉降计算深度范围内压缩模量的当量值，可按下式计算：$\overline{E}_s = \sum A_i / \sum \dfrac{A_i}{E_{si}}$，式中 A_i 为第 i 层土附加压力系数沿土层厚度的积分值，可近似按分块面积计算；

　　2 ψ 可根据 $\overline{E}_s$ 内插取值。

5.5.12　计算桩基沉降时，应考虑相邻基础的影响，采用叠加原理计算；桩基等效沉降系数可按独立基础计算。

5.5.13　当桩基形状不规则时，可采用等效矩形面积计算桩基等效沉降系数，等效矩形的长宽比可根据承台实际尺寸和形状确定。

Ⅱ　单桩、单排桩、疏桩基础

5.5.14　对于单桩、单排桩、桩中心距大于 6 倍桩径的疏桩基础的沉降计算应符合下列规定：

　　1　承台底地基土不分担荷载的桩基。桩端平面以下地基中由基桩引起的附加应力，按考虑桩径影响的明德林（Mindlin）解附录 F 计算确定。将沉降计算点水平面影响范围内各基桩对应力计算点产生的附加应力叠加，采用单向压缩分层总和法计算土层的沉降，并计入桩身压缩 s_e。桩基的最终沉降量可按下列公式计算：

$$s = \psi \sum_{i=1}^{n} \frac{\sigma_{zi}}{E_{si}} \Delta z_i + s_e \tag{5.5.14-1}$$

$$\sigma_{zi} = \sum_{j=1}^{m} \frac{Q_j}{l_j^2} \left[\alpha_j I_{p,ij} + (1-\alpha_j) I_{s,ij} \right] \tag{5.5.14-2}$$

$$s_e = \xi_e \frac{Q_j l_j}{E_c A_{ps}} \tag{5.5.14-3}$$

　　2　承台底地基土分担荷载的复合桩基。将承台底土压力对地基中某点产生的附加应力按 Boussinesq 解（附录 D）计算，与基桩产生的附加应力叠加，采用与本条第 1 款相同方法计算沉降。其最终沉降量可按下列公式计算：

$$s = \psi \sum_{i=1}^{n} \frac{\sigma_{zi} + \sigma_{zci}}{E_{si}} \Delta z_i + s_e \tag{5.5.14-4}$$

$$\sigma_{zci} = \sum_{k=1}^{u} \alpha_{ki} \cdot p_{c,k} \tag{5.5.14-5}$$

式中　m——以沉降计算点为圆心，0.6 倍桩长为半径的水平面影响范围内的基桩数；

　　　n——沉降计算深度范围内土层的计算分层数；分层数应结合土层性质，分层厚度不应超过计算深度的 0.3 倍；

　　　σ_{zi}——水平面影响范围内各基桩对应力计算点桩端平面以下第 i 层土 1/2 厚度处产

生的附加竖向应力之和；应力计算点应取与沉降计算点最近的桩中心点；

　　　σ_{zci}——承台压力对应力计算点桩端平面以下第 i 计算土层 1/2 厚度处产生的应力；可将承台板划分为 u 个矩形块，可按本规范附录 D 采用角点法计算；

　　　Δz_i——第 i 计算土层厚度（m）；

　　　E_{si}——第 i 计算土层的压缩模量（MPa），采用土的自重压力至土的自重压力加附加压力作用时的压缩模量；

　　　Q_j——第 j 桩在荷载效应准永久组合作用下（对于复合桩基应扣除承台底土分担荷载），桩顶的附加荷载（kN）；当地下室埋深超过 5m 时，取荷载效应准永久组合作用下的总荷载为考虑回弹再压缩的等代附加荷载；

　　　l_j——第 j 桩桩长（m）；

　　　A_{ps}——桩身截面面积；

　　　α_j——第 j 桩总桩端阻力与桩顶荷载之比，近似取极限总端阻力与单桩极限承载力之比；

　　　$I_{p,ij}$、$I_{s,ij}$——分别为第 j 桩的桩端阻力和桩侧阻力对计算轴线第 i 计算土层 1/2 厚度处的应力影响系数，可按本规范附录 F 确定；

　　　E_c——桩身混凝土的弹性模量；

　　　$p_{c,k}$——第 k 块承台底均布压力，可按 $p_{c,k} = \eta_{c,k} \cdot f_{ak}$ 取值，其中 $\eta_{c,k}$ 为第 k 块承台底板的承台效应系数，按本规范表 5.2.5 确定；f_{ak} 为承台底地基承载力特征值；

　　　α_{ki}——第 k 块承台底角点处，桩端平面以下第 i 计算土层 1/2 厚度处的附加应力系数，可按本规范附录 D 确定；

　　　s_e——计算桩身压缩；

　　　ξ_e——桩身压缩系数。端承型桩，取 $\xi_e = 1.0$；摩擦型桩，当 $l/d \leq 30$ 时，取 $\xi_e = 2/3$；$l/d \geq 50$ 时，取 $\xi_e = 1/2$；介于两者之间可线性插值；

　　　ψ——沉降计算经验系数，无当地经验时，可取 1.0。

5.5.15　对于单桩、单排桩、疏桩复合桩基础的最终沉降计算深度 Z_n，可按应力比法确定，即 Z_n 处由桩引起的附加应力 σ_z、由承台土压力引起的附加应力 σ_{zc} 与土的自重应力 σ_c 应符合下式要求：

$$\sigma_z + \sigma_{zc} = 0.2 \sigma_c \tag{5.5.15}$$

5.6　软土地基减沉复合疏桩基础

5.6.1　当软土地基上多层建筑，地基承载力基本满足要求（以底层平面面积计算）时，可设置穿过软土层进入相对较好土层的疏布摩擦型桩，由桩和桩间土共同分担荷载。该种减沉复合疏桩基础，可按下列公式确定承台面积和桩数：

$$A_c = \xi \frac{F_k + G_k}{f_{ak}} \qquad (5.6.1-1)$$

$$n \geqslant \frac{F_k + G_k - \eta_c f_{ak} A_c}{R_a} \qquad (5.6.1-2)$$

式中 A_c——桩基承台总净面积；

      f_{ak}——承台底地基承载力特征值；

      ξ——承台面积控制系数，$\xi \geqslant 0.60$；

      n——基桩数；

      η_c——桩基承台效应系数，可按本规范表 5.2.5 取值。

5.6.2 减沉复合疏桩基础中点沉降可按下列公式计算：

$$s = \psi(s_s + s_{sp}) \qquad (5.6.2-1)$$

$$s_s = 4 p_0 \sum_{i=1}^{m} \frac{z_i \overline{\alpha}_i - z_{(i-1)} \overline{\alpha}_{(i-1)}}{E_{si}} \qquad (5.6.2-2)$$

$$s_{sp} = 280 \frac{\overline{q}_{su}}{\overline{E}_s} \cdot \frac{d}{(s_a/d)^2} \qquad (5.6.2-3)$$

$$p_0 = \eta_p \frac{F - n R_a}{A_c} \qquad (5.6.2-4)$$

式中 s——桩基中心点沉降量；

      s_s——由承台底地基土附加压力作用下产生的中点沉降（见图 5.6.2）；

      s_{sp}——由桩土相互作用产生的沉降；

      p_0——按荷载效应准永久值组合计算的假想天然地基平均附加压力（kPa）；

      E_{si}——承台底以下第 i 层土的压缩模量，应取自重压力至自重压力与附加压力段的模量值；

      m——地基沉降计算深度范围内的土层数；沉降计算深度按 $\sigma_z = 0.1\sigma_c$ 确定，σ_z 可按本规范第 5.5.8 条确定；

      $\overline{q}_{su}, \overline{E}_s$——桩身范围内按厚度加权的平均桩侧极限摩阻力、平均压缩模量；

      d——桩身直径，当为方形桩时，$d = 1.27b$（b 为方形桩截面边长）；

      s_a/d——等效距径比，可按本规范第 5.5.10 条执行；

      z_i, z_{i-1}——承台底至第 i 层、第 $i-1$ 层土底面的距离；

      $\overline{\alpha}_i, \overline{\alpha}_{i-1}$——承台底至第 i 层、第 $i-1$ 层土层底范围内的角点平均附加应力系数；根据承台等效面积的计算分块矩形长宽比 a/b 及深宽比 $z_i/b = 2z_i/B_c$，由本规范附录 D 确定；其中承台等效宽度 $B_c = B\sqrt{A_c}/L$；B、L 为建筑物基础外缘平

面的宽度和长度；

      F——荷载效应准永久值组合下，作用于承台底的总附加荷载（kN）；

      η_p——基桩刺入变形影响系数；按桩端持力层土质确定，砂土为 1.0，粉土为 1.15，黏性土为 1.30；

      ψ——沉降计算经验系数，无当地经验时，可取 1.0。

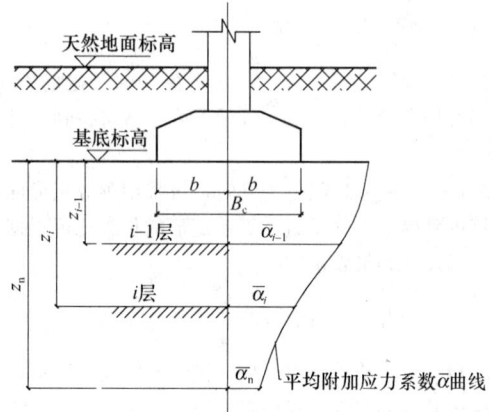

图 5.6.2   复合疏桩基础沉降计算的分层示意图

5.7 桩基水平承载力与位移计算

I   单桩基础

5.7.1 受水平荷载的一般建筑物和水平荷载较小的高大建筑物单桩基础和群桩中基桩应满足下式要求：

$$H_{ik} \leqslant R_h \qquad (5.7.1)$$

式中 H_{ik}——在荷载效应标准组合下，作用于基桩 i 桩顶处的水平力；

      R_h——单桩基础或群桩中基桩的水平承载力特征值，对于单桩基础，可取单桩的水平承载力特征值 R_{ha}。

5.7.2 单桩的水平承载力特征值的确定应符合下列规定：

1 对于受水平荷载较大的设计等级为甲级、乙级的建筑桩基，单桩水平承载力特征值应通过单桩水平静载试验确定，试验方法可按现行行业标准《建筑基桩检测技术规范》JGJ 106 执行。

2 对于钢筋混凝土预制桩、钢桩、桩身配筋率不小于 0.65% 的灌注桩，可根据静载试验结果取地面处水平位移为 10mm（对于水平位移敏感的建筑物取水平位移 6mm）所对应的荷载的 75% 为单桩水平承载力特征值。

3 对于桩身配筋率小于 0.65% 的灌注桩，可取单桩水平静载试验的临界荷载的 75% 为单桩水平承载力特征值。

4 当缺少单桩水平静载试验资料时，可按下列

公式估算桩身配筋率小于 0.65% 的灌注桩的单桩水平承载力特征值：

$$R_{ha} = \frac{0.75 \alpha \gamma_m f_t W_0}{\nu_M}(1.25 + 22\rho_g)\left(1 \pm \frac{\zeta_N N_k}{\gamma_m f_t A_n}\right)$$
$$(5.7.2\text{-}1)$$

式中 α —— 桩的水平变形系数，按本规范第 5.7.5 条确定；

R_{ha} —— 单桩水平承载力特征值，± 号根据桩顶竖向力性质确定，压力取"+"，拉力取"−"；

γ_m —— 桩截面模量塑性系数，圆形截面 $\gamma_m = 2$，矩形截面 $\gamma_m = 1.75$；

f_t —— 桩身混凝土抗拉强度设计值；

W_0 —— 桩身换算截面受拉边缘的截面模量，圆形截面为：

$$W_0 = \frac{\pi d}{32}[d^2 + 2(\alpha_E - 1)\rho_g d_0^2]$$

方形截面：$W_0 = \frac{b}{6}[b^2 + 2(\alpha_E - 1)\rho_g b_0^2]$，其中 d 为桩直径，d_0 为扣除保护层厚度的桩直径；b 为方形截面边长，b_0 为扣除保护层厚度的桩截面宽度；α_E 为钢筋弹性模量与混凝土弹性模量的比值；

ν_M —— 桩身最大弯距系数，按表 5.7.2 取值，当单桩基础和单排桩基纵向轴线与水平力方向相垂直时，按桩顶铰接考虑；

ρ_g —— 桩身配筋率；

A_n —— 桩身换算截面积，圆形截面为：$A_n = \frac{\pi d^2}{4}[1 + (\alpha_E - 1)\rho_g]$；方形截面为：$A_n = b^2[1 + (\alpha_E - 1)\rho_g]$；

ζ_N —— 桩顶竖向力影响系数，竖向压力取 0.5；竖向拉力取 1.0；

N_k —— 在荷载效应标准组合下桩顶的竖向力（kN）。

表 5.7.2 桩顶（身）最大弯矩系数 ν_M 和桩顶水平位移系数 ν_x

桩顶约束情况	桩的换算埋深（αh）	ν_M	ν_x
铰接、自由	4.0	0.768	2.441
	3.5	0.750	2.502
	3.0	0.703	2.727
	2.8	0.675	2.905
	2.6	0.639	3.163
	2.4	0.601	3.526
固接	4.0	0.926	0.940
	3.5	0.934	0.970
	3.0	0.967	1.028
	2.8	0.990	1.055
	2.6	1.018	1.079
	2.4	1.045	1.095

注：1 铰接（自由）的 ν_M 系桩身的最大弯矩系数，固接的 ν_M 系桩顶的最大弯矩系数。

2 当 $\alpha h > 4$ 时取 $\alpha h = 4.0$。

5 对于混凝土护壁的挖孔桩，计算单桩水平承载力时，其设计桩径应按护壁内直径。

6 当桩的水平承载力由水平位移控制，且缺少单桩水平静载试验资料时，可按下式估算预制桩、钢桩、桩身配筋率不小于 0.65% 的灌注桩单桩水平承载力特征值：

$$R_{ha} = 0.75 \frac{\alpha^3 EI}{\nu_x}\chi_{0a} \qquad (5.7.2\text{-}2)$$

式中 EI —— 桩身抗弯刚度，对于钢筋混凝土桩，$EI = 0.85E_c I_0$；其中 E_c 为混凝土弹性模量，I_0 为桩身换算截面惯性矩：圆形截面为 $I_0 = W_0 d_0/2$；矩形截面为 $I_0 = W_0 b_0/2$；

χ_{0a} —— 桩顶允许水平位移；

ν_x —— 桩顶水平位移系数，按表 5.7.2 取值，取值方法同 ν_M。

7 验算永久荷载控制的桩基的水平承载力时，应将上述 2～5 款方法确定的单桩水平承载力特征值乘以调整系数 0.80；验算地震作用桩基的水平承载力时，应将按上述 2～5 款方法确定的单桩水平承载力特征值乘以调整系数 1.25。

Ⅱ 群 桩 基 础

5.7.3 群桩基础（不含水平力垂直于单排桩基纵向轴线和力矩较大的情况）的基桩水平承载力特征值应考虑由承台、桩群、土相互作用产生的群桩效应，可按下列公式确定：

$$R_h = \eta_h R_{ha} \qquad (5.7.3\text{-}1)$$

考虑地震作用且 $s_a/d \leqslant 6$ 时：

$$\eta_h = \eta_i \eta_r + \eta_l \qquad (5.7.3\text{-}2)$$

$$\eta_i = \frac{\left(\frac{s_a}{d}\right)^{0.015n_2 + 0.45}}{0.15n_1 + 0.10n_2 + 1.9} \qquad (5.7.3\text{-}3)$$

$$\eta_l = \frac{m \chi_{0a} B_c' h_c^2}{2n_1 n_2 R_{ha}} \qquad (5.7.3\text{-}4)$$

$$\chi_{0a} = \frac{R_{ha} \nu_x}{\alpha^3 EI} \qquad (5.7.3\text{-}5)$$

其他情况： $$\eta_h = \eta_i \eta_r + \eta_l + \eta_b \qquad (5.7.3\text{-}6)$$

$$\eta_b = \frac{\mu P_c}{n_1 n_2 R_h} \qquad (5.7.3\text{-}7)$$

$$B_c' = B_c + 1 \qquad (5.7.3\text{-}8)$$

$$P_c = \eta_c f_{ak}(A - nA_{ps}) \qquad (5.7.3\text{-}9)$$

式中 η_h —— 群桩效应综合系数；

η_i —— 桩的相互影响效应系数；

η_r —— 桩顶约束效应系数（桩顶嵌入承台长度 50～100mm 时），按表 5.7.3-1 取值；

η_l —— 承台侧向土水平抗力效应系数（承台外围回填土为松散状态时取 $\eta_l = 0$）；

η_b ——承台底摩阻效应系数；

s_a/d ——沿水平荷载方向的距径比；

n_1，n_2 ——分别为沿水平荷载方向与垂直水平荷载方向每排桩中的桩数；

m ——承台侧向土水平抗力系数的比例系数，当无试验资料时可按本规范表 5.7.5 取值；

χ_{0a} ——桩顶（承台）的水平位移允许值，当以位移控制时，可取 $\chi_{0a}=10$mm（对水平位移敏感的结构物取 $\chi_{0a}=6$mm）；当以桩身强度控制（低配筋率灌注桩）时，可近似按本规范式（5.7.3-5）确定；

B'_c ——承台受侧向土抗力一边的计算宽度（m）；

B_c ——承台宽度（m）；

h_c ——承台高度（m）；

μ ——承台底与地基土间的摩擦系数，可按表 5.7.3-2 取值；

P_c ——承台底地基土分担的竖向总荷载标准值；

η_c ——按本规范第 5.2.5 条确定；

A ——承台总面积；

A_{ps} ——桩身截面面积。

表 5.7.3-1 桩顶约束效应系数 η_r

换算深度 αh	2.4	2.6	2.8	3.0	3.5	≥4.0
位移控制	2.58	2.34	2.20	2.13	2.07	2.05
强度控制	1.44	1.57	1.71	1.82	2.00	2.07

注：$\alpha=\sqrt[5]{\dfrac{mb_0}{EI}}$，$h$ 为桩的入土长度。

表 5.7.3-2 承台底与地基土间的摩擦系数 μ

土的类别		摩擦系数 μ
黏性土	可塑	0.25～0.30
	硬塑	0.30～0.35
	坚硬	0.35～0.45
粉土	密实、中密（稍湿）	0.30～0.40
中砂、粗砂、砾砂		0.40～0.50
碎石土		0.40～0.60
软岩、软质岩		0.40～0.60
表面粗糙的较硬岩、坚硬岩		0.65～0.75

5.7.4 计算水平荷载较大和水平地震作用、风载作用的带地下室的高大建筑物桩基的水平位移时，可考虑地下室侧墙、承台、桩群、土共同作用，按本规范附录 C 方法计算基桩内力和变位，与水平外力作用

平面相垂直的单排桩基础可按本规范附录 C 中表 C.0.3-1 计算。

5.7.5 桩的水平变形系数和地基土水平抗力系数的比例系数 m 可按下列规定确定：

1 桩的水平变形系数 α（1/m）

$$\alpha=\sqrt[5]{\frac{mb_0}{EI}} \qquad (5.7.5)$$

式中 m ——桩侧土水平抗力系数的比例系数；

b_0 ——桩身的计算宽度（m）；

圆形桩：当直径 $d\leqslant 1$m 时，$b_0=0.9(1.5d+0.5)$；

当直径 $d>1$m 时，$b_0=0.9(d+1)$；

方形桩：当边宽 $b\leqslant 1$m 时，$b_0=1.5b+0.5$；

当边宽 $b>1$m 时，$b_0=b+1$；

EI ——桩身抗弯刚度，按本规范第 5.7.2 条的规定计算。

2 地基土水平抗力系数的比例系数 m，宜通过单桩水平静载试验确定，当无静载试验资料时，可按表 5.7.5 取值。

表 5.7.5 地基土水平抗力系数的比例系数 m 值

序号	地基土类别	预制桩、钢桩		灌注桩	
		m (MN/m^4)	相应单桩在地面处水平位移 (mm)	m (MN/m^4)	相应单桩在地面处水平位移 (mm)
1	淤泥；淤泥质土；饱和湿陷性黄土	2～4.5	10	2.5～6	6～12
2	流塑（$I_L>1$）、软塑（$0.75<I_L\leqslant 1$）状黏性土；$e>0.9$ 粉土；松散粉细砂；松散、稍密填土	4.5～6.0	10	6～14	4～8
3	可塑（$0.25<I_L\leqslant 0.75$）状黏性土、湿陷性黄土；$e=0.75\sim 0.9$ 粉土；中密填土；稍密细砂	6.0～10	10	14～35	3～6
4	硬塑（$0<I_L\leqslant 0.25$）、坚硬（$I_L\leqslant 0$）状黏性土、湿陷性黄土；$e<0.75$ 粉土；中密的中粗砂；密实老填土	10～22	10	35～100	2～5

续表 5.7.5

序号	地基土类别	预制桩、钢桩		灌注桩	
		m (MN/m⁴)	相应单桩在地面处水平位移 (mm)	m (MN/m⁴)	相应单桩在地面处水平位移 (mm)
5	中密、密实的砾砂、碎石类土	—	—	100～300	1.5～3

注：1 当桩顶水平位移大于表列数值或灌注桩配筋率较高（≥0.65%）时，m 值应适当降低；当预制桩的水平向位移小于10mm时，m 值可适当提高；

2 当水平荷载为长期或经常出现的荷载时，应将表列数值乘以 0.4 降低采用；

3 当地基为可液化土层时，应将表列数值乘以本规范表 5.3.12 中相应的系数 ψ_l。

5.8 桩身承载力与裂缝控制计算

5.8.1 桩身应进行承载力和裂缝控制计算。计算时应考虑桩身材料强度、成桩工艺、吊运与沉桩、约束条件、环境类别等因素，除按本节有关规定执行外，尚应符合现行国家标准《混凝土结构设计规范》GB 50010、《钢结构设计规范》GB 50017 和《建筑抗震设计规范》GB 50011 的有关规定。

Ⅰ 受 压 桩

5.8.2 钢筋混凝土轴心受压桩正截面受压承载力应符合下列规定：

1 当桩顶以下 5d 范围的桩身螺旋式箍筋间距不大于 100mm，且符合本规范第 4.1.1 条规定时：

$$N \leqslant \psi_c f_c A_{ps} + 0.9 f'_y A'_s \quad (5.8.2-1)$$

2 当桩身配筋不符合上述 1 款规定时：

$$N \leqslant \psi_c f_c A_{ps} \quad (5.8.2-2)$$

式中 N——荷载效应基本组合下的桩顶轴向压力设计值；

ψ_c——基桩成桩工艺系数，按本规范第 5.8.3 条规定取值；

f_c——混凝土轴心抗压强度设计值；

f'_y——纵向主筋抗压强度设计值；

A'_s——纵向主筋截面面积。

5.8.3 基桩成桩工艺系数 ψ_c 应按下列规定取值：

1 混凝土预制桩、预应力混凝土空心桩：$\psi_c = 0.85$；

2 干作业非挤土灌注桩：$\psi_c = 0.90$；

3 泥浆护壁和套管护壁非挤土灌注桩、部分挤土灌注桩、挤土灌注桩：$\psi_c = 0.7 \sim 0.8$；

4 软土地区挤土灌注桩：$\psi_c = 0.6$。

5.8.4 计算轴心受压混凝土桩正截面受压承载力时，一般取稳定系数 $\varphi = 1.0$。对于高承台基桩、桩身穿越可液化土或不排水抗剪强度小于 10kPa 的软弱土层的基桩，应考虑压屈影响，可按本规范式（5.8.2-1）、式（5.8.2-2）计算所得桩身正截面受压承载力乘以 φ 折减。其稳定系数 φ 可根据桩身压屈计算长度 l_c 和桩的设计直径 d（或矩形桩短边尺寸 b）确定。桩身压屈计算长度可根据桩顶的约束情况、桩身露出地面的自由长度 l_0、桩的入土长度 h、桩侧和桩底的土质条件按表 5.8.4-1 确定。桩的稳定系数 φ 可按表 5.8.4-2 确定。

表 5.8.4-1 桩身压屈计算长度 l_c

注：1 表中 $\alpha = \sqrt[5]{\dfrac{mb_0}{EI}}$；

2 l_0 为高承台基桩露出地面的长度，对于低承台桩基，$l_0 = 0$；

3 h 为桩的入土长度，当桩侧有厚度为 d_l 的液化土层时，桩露出地面长度 l_0 和桩的入土长度 h 分别调整为：$l'_0 = l_0 + \psi_l d_l$，$h' = h - \psi_l d_l$，ψ_l 按表 5.3.12 取值。

表 5.8.4-2 桩身稳定系数 φ

l_c/d	≤7	8.5	10.5	12	14	15.5	17	19	21	22.5	24	26	28	29.5	31	33	34.5	36.5	38	40	41.5	43
l_c/b	≤8	10	12	14	16	18	20	22	24	26	28	30	32	34	36	38	40	42	44	46	48	50
φ	1.00	0.98	0.95	0.92	0.87	0.81	0.75	0.70	0.65	0.60	0.56	0.52	0.48	0.44	0.40	0.36	0.32	0.29	0.26	0.23	0.21	0.19

注：b 为矩形桩短边尺寸，d 为桩直径。

5.8.5 计算偏心受压混凝土桩正截面受压承载力时，可不考虑偏心距的增大影响，但对于高承台基桩、桩身穿越可液化土或不排水抗剪强度小于 10kPa 的软弱土层的基桩，应考虑桩身在弯矩作用平面内的挠曲对轴向力偏心距的影响，应将轴向力对截面重心的初始偏心矩 e_i 乘以偏心矩增大系数 η，偏心距增大系数 η 的具体计算方法可按现行国家标准《混凝土结构设计规范》GB 50010 执行。

5.8.6 对于打入式钢管桩，可按以下规定验算桩身局部压屈：

1 当 $t/d = \dfrac{1}{50} \sim \dfrac{1}{80}$，$d \leqslant 600$mm，最大锤击压应力小于钢材强度设计值时，可不进行局部压屈验算；

2 当 $d > 600$mm，可按下式验算：

$$t/d \geqslant f'_y / 0.388E \qquad (5.8.6\text{-}1)$$

3 当 $d \geqslant 900$mm，除按（5.8.6-1）式验算外，尚应按下式验算：

$$t/d \geqslant \sqrt{f'_y / 14.5E} \qquad (5.8.6\text{-}2)$$

式中　t、d ——钢管桩壁厚、外径；

E、f'_y ——钢材弹性模量、抗压强度设计值。

Ⅱ　抗拔桩

5.8.7 钢筋混凝土轴心抗拔桩的正截面受拉承载力应符合下式规定：

$$N \leqslant f_y A_s + f_{py} A_{py} \qquad (5.8.7)$$

式中　N ——荷载效应基本组合下桩顶轴向拉力设计值；

f_y、f_{py} ——普通钢筋、预应力钢筋的抗拉强度设计值；

A_s、A_{py} ——普通钢筋、预应力钢筋的截面面积。

5.8.8 对于抗拔桩的裂缝控制计算应符合下列规定：

1 对于严格要求不出现裂缝的一级裂缝控制等级预应力混凝土基桩，在荷载效应标准组合下混凝土不应产生拉应力，应符合下式要求：

$$\sigma_{ck} - \sigma_{pc} \leqslant 0 \qquad (5.8.8\text{-}1)$$

2 对于一般要求不出现裂缝的二级裂缝控制等级预应力混凝土基桩，在荷载效应标准组合下的拉应力不应大于混凝土轴心受拉强度标准值，应符合下列公式要求：

在荷载效应标准组合下：$\sigma_{ck} - \sigma_{pc} \leqslant f_{tk}$

$$(5.8.8\text{-}2)$$

在荷载效应准永久组合下：$\sigma_{cq} - \sigma_{pc} \leqslant 0$

$$(5.8.8\text{-}3)$$

3 对于允许出现裂缝的三级裂缝控制等级基桩，

按荷载效应标准组合计算的最大裂缝宽度应符合下列规定：

$$w_{max} \leqslant w_{lim} \qquad (5.8.8\text{-}4)$$

式中　σ_{ck}、σ_{cq} ——荷载效应标准组合、准永久组合下正截面法向应力；

σ_{pc} ——扣除全部应力损失后，桩身混凝土的预应力；

f_{tk} ——混凝土轴心抗拉强度标准值；

w_{max} ——按荷载效应标准组合计算的最大裂缝宽度，可按现行国家标准《混凝土结构设计规范》GB 50010 计算；

w_{lim} ——最大裂缝宽度限值，按本规范表3.5.3 取用。

5.8.9 当考虑地震作用验算桩身抗拔承载力时，应根据现行国家标准《建筑抗震设计规范》GB 50011 的规定，对作用于桩顶的地震作用效应进行调整。

Ⅲ　受水平作用桩

5.8.10 对于受水平荷载和地震作用的桩，其桩身受弯承载力和受剪承载力的验算应符合下列规定：

1 对于桩顶固端的桩，应验算桩顶正截面弯矩；对于桩顶自由或铰接的桩，应验算桩身最大弯矩截面处的正截面弯矩；

2 应验算桩顶斜截面的受剪承载力；

3 桩身所承受最大弯矩和水平剪力的计算，可按本规范附录C计算；

4 桩身正截面受弯承载力和斜截面受剪承载力，应按现行国家标准《混凝土结构设计规范》GB 50010 执行；

5 当考虑地震作用验算桩身正截面受弯和斜截面受剪承载力时，应根据现行国家标准《建筑抗震设计规范》GB 50011 的规定，对作用于桩顶的地震作用效应进行调整。

Ⅳ　预制桩吊运和锤击验算

5.8.11 预制桩吊运时单吊点和双吊点的设置，应按吊点（或支点）跨间正弯矩与吊点处的负弯矩相等的原则进行布置。考虑预制桩吊运时可能受到冲击和振动的影响，计算吊运弯矩和吊运拉力时，可将桩身重力乘以 1.5 的动力系数。

5.8.12 对于裂缝控制等级为一级、二级的混凝土预制桩、预应力混凝土管桩，可按下列规定验算桩身的锤击压应力和锤击拉应力：

1 最大锤击压应力 σ_p 可按下式计算：

$$\sigma_p = \frac{\alpha \sqrt{2eE\gamma_p H}}{\left[1 + \dfrac{A_c}{A_H}\sqrt{\dfrac{E_c \cdot \gamma_c}{E_H \cdot \gamma_H}}\right]\left[1 + \dfrac{A}{A_c}\sqrt{\dfrac{E \cdot \gamma_p}{E_c \cdot \gamma_c}}\right]}$$

(5.8.12)

式中 σ_p —— 桩的最大锤击压应力;

        α —— 锤型系数; 自由落锤为 1.0; 柴油锤取 1.4;

        e —— 锤击效率系数; 自由落锤为 0.6; 柴油锤取 0.8;

  A_H、A_c、A —— 锤、桩垫、桩的实际断面面积;

  E_H、E_c、E —— 锤、桩垫、桩的纵向弹性模量;

  γ_H、γ_c、γ_p —— 锤、桩垫、桩的重度;

        H —— 锤落距。

2 当桩需穿越软土层或桩存在变截面时,可按表 5.8.12 确定桩身的最大锤击拉应力。

表 5.8.12 最大锤击拉应力 σ_t 建议值（kPa）

应力类别	桩 类	建 议 值	出现部位
桩轴向拉应力值	预应力混凝土管桩	$(0.33\sim0.5)\sigma_p$	①桩刚穿越软土层时; ②距桩尖(0.5~0.7)倍桩长处
	混凝土及预应力混凝土桩	$(0.25\sim0.33)\sigma_p$	
桩截面环向拉应力或侧向拉应力	预应力混凝土管桩	$0.25\sigma_p$	最大锤击压应力相应的截面
	混凝土及预应力混凝土桩（侧向）	$(0.22\sim0.25)\sigma_p$	

3 最大锤击压应力和最大锤击拉应力分别不应超过混凝土的轴心抗压强度设计值和轴心抗拉强度设计值。

5.9 承台计算

I 受弯计算

5.9.1 桩基承台应进行正截面受弯承载力计算。承台弯距可按本规范第 5.9.2~5.9.5 条的规定计算,受弯承载力和配筋可按现行国家标准《混凝土结构设计规范》GB 50010 的规定进行。

5.9.2 柱下独立桩基承台的正截面弯矩设计值可按下列规定计算:

1 两桩条形承台和多桩矩形承台弯矩计算截面取在柱边和承台变阶处 [见图 5.9.2 (a)],可按下列公式计算:

$$M_x = \sum N_i y_i \qquad (5.9.2\text{-}1)$$

$$M_y = \sum N_i x_i \qquad (5.9.2\text{-}2)$$

式中 M_x、M_y —— 分别为绕 X 轴和绕 Y 轴方向计算截面处的弯矩设计值;

    x_i、y_i —— 垂直 Y 轴和 X 轴方向自桩轴线到相应计算截面的距离;

        N_i —— 不计承台及其上土重,在荷载效应基本组合下的第 i 基桩或复合基桩竖向反力设计值。

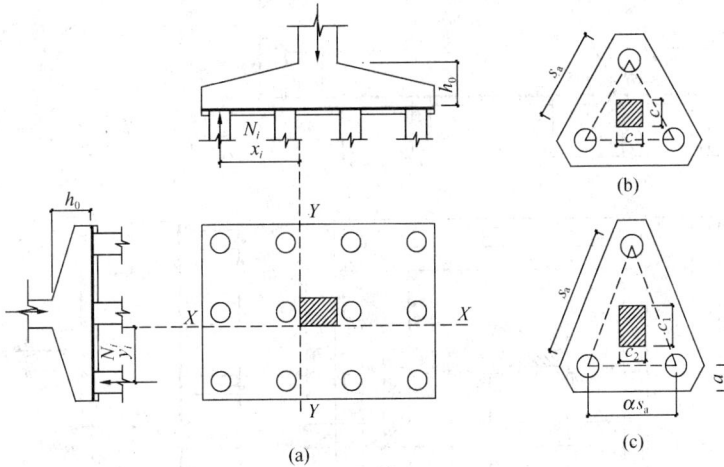

图 5.9.2 承台弯矩计算示意
(a) 矩形多桩承台;(b) 等边三桩承台;(c) 等腰三桩承台

2 三桩承台的正截面弯距值应符合下列要求:

1) 等边三桩承台 [见图 5.9.2 (b)]

$$M = \frac{N_{max}}{3}\left(s_a - \frac{\sqrt{3}}{4}c\right) \qquad (5.9.2\text{-}3)$$

式中 M —— 通过承台形心至各边边缘正交截面范围内板带的弯矩设计值;

    N_{max} —— 不计承台及其上土重,在荷载效应基本组合下三桩中最大基桩或复合基桩竖向反力设计值;

    s_a —— 桩中心距;

c ——方柱边长，圆柱时 $c=0.8d$（d 为圆柱直径）。

　　2）等腰三桩承台［见图 5.9.2（c）］

$$M_1 = \frac{N_{\max}}{3}\left(s_a - \frac{0.75}{\sqrt{4-\alpha^2}}c_1\right) \quad (5.9.2\text{-}4)$$

$$M_2 = \frac{N_{\max}}{3}\left(\alpha s_a - \frac{0.75}{\sqrt{4-\alpha^2}}c_2\right) \quad (5.9.2\text{-}5)$$

式中　M_1、M_2 ——分别为通过承台形心至两腰边缘和底边边缘正交截面范围内板带的弯矩设计值；

　　　　s_a ——长向桩中心距；

　　　　α ——短向桩中心距与长向桩中心距之比，当 α 小于 0.5 时，应按变截面的二桩承台设计；

　　　　c_1、c_2 ——分别为垂直于、平行于承台底边的柱截面边长。

5.9.3 箱形承台和筏形承台的弯矩可按下列规定计算：

　　1 箱形承台和筏形承台的弯矩宜考虑地基土层性质、基桩分布、承台和上部结构类型和刚度，按地基—桩—承台—上部结构共同作用原理分析计算；

　　2 对于箱形承台，当桩端持力层为基岩、密实的碎石类土、砂土且深厚均匀时；或当上部结构为剪力墙；或当上部结构为框架-核心筒结构且按变刚度

调平原则布桩时，箱形承台底板可仅按局部弯矩作用进行计算；

　　3 对于筏形承台，当桩端持力层深厚坚硬、上部结构刚度较好，且柱荷载及柱间距的变化不超过 20% 时；或当上部结构为框架-核心筒结构且按变刚度调平原则布桩时，可仅按局部弯矩作用进行计算。

5.9.4 柱下条形承台梁的弯矩可按下列规定计算：

　　1 可按弹性地基梁（地基计算模型应根据地基土层特性选取）进行分析计算；

　　2 当桩端持力层深厚坚硬且桩柱轴线不重合时，可视桩为不动铰支座，按连续梁计算。

5.9.5 砌体墙下条形承台梁，可按倒置弹性地基梁计算弯矩和剪力，并应符合本规范附录 G 的要求。对于承台上的砌体墙，尚应验算桩顶部位砌体的局部承压强度。

Ⅱ　受冲切计算

5.9.6 桩基承台厚度应满足柱（墙）对承台的冲切和基桩对承台的冲切承载力要求。

5.9.7 轴心竖向力作用下桩基承台受柱（墙）的冲切，可按下列规定计算：

　　1 冲切破坏锥体应采用自柱（墙）边或承台变阶处至相应桩顶边缘连线所构成的锥体，锥体斜面与承台底面之夹角不应小于 45°（见图 5.9.7）。

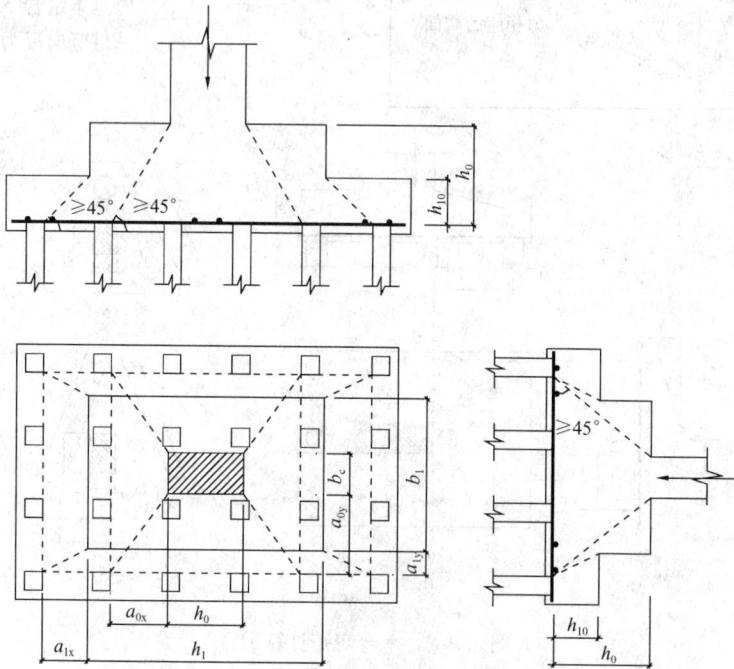

图 5.9.7　柱对承台的冲切计算示意

　　2 受柱（墙）冲切承载力可按下列公式计算：

$$F_l \leqslant \beta_{hp}\beta_0 u_m f_t h_0 \quad (5.9.7\text{-}1)$$

$$F_l = F - \sum Q_i \quad (5.9.7\text{-}2)$$

$$\beta_0 = \frac{0.84}{\lambda + 0.2} \quad (5.9.7\text{-}3)$$

式中　F_l ——不计承台及其上土重，在荷载效应基本组合下作用于冲切破坏锥体上的冲切力设计值；

　　　　f_t ——承台混凝土抗拉强度设计值；

β_{hp} ——承台受冲切承载力截面高度影响系数，当 $h \leqslant 800mm$ 时，β_{hp} 取 1.0，$h \geqslant 2000mm$ 时，β_{hp} 取 0.9，其间按线性内插法取值；

u_m ——承台冲切破坏锥体一半有效高度处的周长；

h_0 ——承台冲切破坏锥体的有效高度；

β_0 ——柱（墙）冲切系数；

λ ——冲跨比，$\lambda = a_0/h_0$，a_0 为柱（墙）边或承台变阶处到桩边水平距离；当 $\lambda < 0.25$ 时，取 $\lambda = 0.25$；当 $\lambda > 1.0$ 时，取 $\lambda = 1.0$；

F ——不计承台及其上土重，在荷载效应基本组合作用下柱（墙）底的竖向荷载设计值；

$\sum Q_i$ ——不计承台及其上土重，在荷载效应基本组合下冲切破坏锥体内各基桩或复合基桩的反力设计值之和。

3 对于柱下矩形独立承台受柱冲切的承载力可按下列公式计算（图 5.9.7）：

$$F_l \leqslant 2 \left[\beta_{0x}(b_c + a_{0y}) + \beta_{0y}(h_c + a_{0x}) \right] \beta_{hp} f_t h_0 \tag{5.9.7-4}$$

式中 β_{0x}、β_{0y} ——由式（5.9.7-3）求得，$\lambda_{0x} = a_{0x}/h_0$，$\lambda_{0y} = a_{0y}/h_0$；$\lambda_{0x}$、$\lambda_{0y}$ 均应满足 0.25～1.0 的要求；

h_c、b_c ——分别为 x、y 方向的柱截面的边长；

a_{0x}、a_{0y} ——分别为 x、y 方向柱边至最近桩边的水平距离。

4 对于柱下矩形独立阶形承台受上阶冲切的承载力可按下列公式计算（见图 5.9.7）：

$$F_l \leqslant 2 \left[\beta_{1x}(b_1 + a_{1y}) + \beta_{1y}(h_1 + a_{1x}) \right] \beta_{hp} f_t h_{10} \tag{5.9.7-5}$$

式中 β_{1x}、β_{1y} ——由式（5.9.7-3）求得，$\lambda_{1x} = a_{1x}/h_{10}$，$\lambda_{1y} = a_{1y}/h_{10}$；$\lambda_{1x}$、$\lambda_{1y}$ 均应满足 0.25～1.0 的要求；

h_1、b_1 ——分别为 x、y 方向承台上阶的边长；

a_{1x}、a_{1y} ——分别为 x、y 方向承台上阶边至最近桩边的水平距离。

对于圆柱及圆桩，计算时应将其截面换算成方柱及方桩，即取换算柱截面边长 $b_c = 0.8d_c$（d_c 为圆柱直径），换算桩截面边长 $b_p = 0.8d$（d 为圆桩直径）。

对于柱下两桩承台，宜按深受弯构件（$l_0/h < 5.0$，$l_0 = 1.15l_n$，l_n 为两桩净距）计算受弯、受剪承载力，不需要进行受冲切承载力计算。

5.9.8 对位于柱（墙）冲切破坏锥体以外的基桩，可按下列规定计算承台受基桩冲切的承载力：

1 四桩以上（含四桩）承台受角桩冲切的承载力可按下列公式计算（见图 5.9.8-1）：

$$N_l \leqslant \left[\beta_{1x}(c_2 + a_{1y}/2) + \beta_{1y}(c_1 + a_{1x}/2) \right] \beta_{hp} f_t h_0 \tag{5.9.8-1}$$

$$\beta_{1x} = \frac{0.56}{\lambda_{1x} + 0.2} \tag{5.9.8-2}$$

$$\beta_{1y} = \frac{0.56}{\lambda_{1y} + 0.2} \tag{5.9.8-3}$$

式中 N_l ——不计承台及其上土重，在荷载效应基本组合作用下角桩（含复合基桩）反力设计值；

β_{1x}、β_{1y} ——角桩冲切系数；

a_{1x}、a_{1y} ——从承台底角桩顶内边缘引 45° 冲切线与承台顶面相交点至角桩内边缘的水平距离；当柱（墙）边或承台变阶处位于该 45° 线以内时，则取由柱（墙）边或承台变阶处与桩内边缘连线为冲切锥体的锥线（见图 5.9.8-1）；

h_0 ——承台外边缘的有效高度；

λ_{1x}、λ_{1y} ——角桩冲跨比，$\lambda_{1x} = a_{1x}/h_0$，$\lambda_{1y} = a_{1y}/h_0$，其值均应满足 0.25～1.0 的要求。

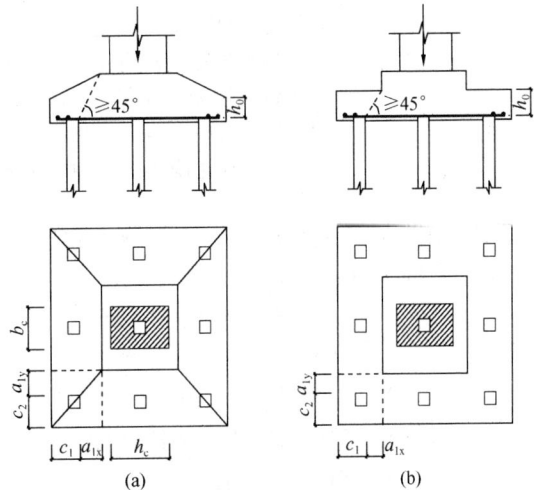

图 5.9.8-1 四桩以上（含四桩）承台
角桩冲切计算示意
（a）锥形承台；（b）阶形承台

2 对于三桩三角形承台可按下列公式计算受角桩冲切的承载力（见图 5.9.8-2）：

底部角桩：

$$N_l \leqslant \beta_{11}(2c_1 + a_{11}) \beta_{hp} \tan \frac{\theta_1}{2} f_t h_0 \tag{5.9.8-4}$$

$$\beta_{11} = \frac{0.56}{\lambda_{11} + 0.2} \tag{5.9.8-5}$$

顶部角桩：

$$N_l \leqslant \beta_{12}(2c_2 + a_{12}) \beta_{hp} \tan \frac{\theta_2}{2} f_t h_0 \tag{5.9.8-6}$$

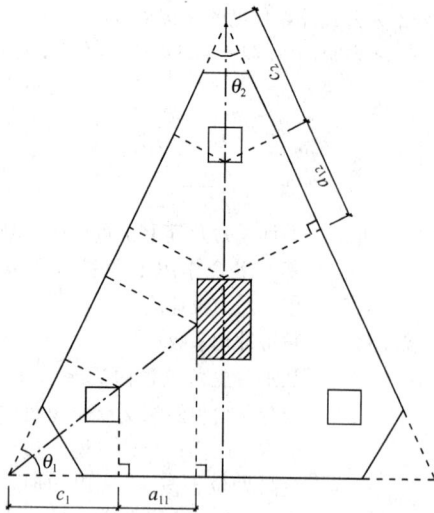

图 5.9.8-2 三桩三角形承台角桩冲切计算示意

$$\beta_{12} = \frac{0.56}{\lambda_{12} + 0.2} \qquad (5.9.8\text{-}7)$$

式中　λ_{11}、λ_{12} ——角桩冲跨比，$\lambda_{11} = a_{11}/h_0$，$\lambda_{12} = a_{12}/h_0$，其值均应满足 $0.25 \sim 1.0$ 的要求；

a_{11}、a_{12} ——从承台底角桩顶内边缘引 $45°$ 冲切线与承台顶面相交点至角桩内边缘的水平距离；当柱（墙）边或承台变阶处位于该 $45°$ 线以内时，则取由柱（墙）边或承台变阶处与桩内边缘连线为冲切锥体的锥线。

3 对于箱形、筏形承台，可按下列公式计算承台受内部基桩的冲切承载力：

1）应按下式计算受基桩的冲切承载力，如图 5.9.8-3（a）所示：

$$N_l \leqslant 2.8\,(b_p + h_0)\beta_{hp} f_t h_0 \qquad (5.9.8\text{-}8)$$

2）应按下式计算受桩群的冲切承载力，如

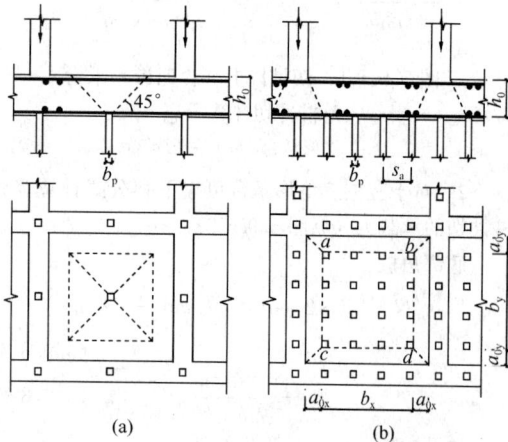

(a)　　　(b)

图 5.9.8-3 基桩对筏形承台的冲切和
墙对筏形承台的冲切计算示意

（a）受基桩的冲切；（b）受桩群的冲切

图 5.9.8-3（b）所示：

$$\sum N_{li} \leqslant 2\,[\beta_{0x}(b_y + a_{0y}) + \beta_{0y}(b_x + a_{0x})]\beta_{hp} f_t h_0$$
$$(5.9.8\text{-}9)$$

式中　β_{0x}、β_{0y} ——由式（5.9.7-3）求得，其中 $\lambda_{0x} = a_{0x}/h_0$，$\lambda_{0y} = a_{0y}/h_0$，$\lambda_{0x}$、$\lambda_{0y}$ 均应满足 $0.25 \sim 1.0$ 的要求；

N_l、$\sum N_{li}$ ——不计承台和其上土重，在荷载效应基本组合下，基桩或复合基桩的净反力设计值、冲切锥体内各基桩或复合基桩反力设计值之和。

Ⅲ　受 剪 计 算

5.9.9 柱（墙）下桩基承台，应分别对柱（墙）边、变阶处和桩边联线形成的贯通承台的斜截面的受剪承载力进行验算。当承台悬挑边有多排基桩形成多个斜截面时，应对每个斜截面的受剪承载力进行验算。

5.9.10 柱下独立桩基承台斜截面受剪承载力应按下列规定计算：

1 承台斜截面受剪承载力可按下列公式计算（见图 5.9.10-1）：

$$V \leqslant \beta_{hs}\alpha f_t b_0 h_0 \qquad (5.9.10\text{-}1)$$

$$\alpha = \frac{1.75}{\lambda + 1} \qquad (5.9.10\text{-}2)$$

$$\beta_{hs} = \left(\frac{800}{h_0}\right)^{1/4} \qquad (5.9.10\text{-}3)$$

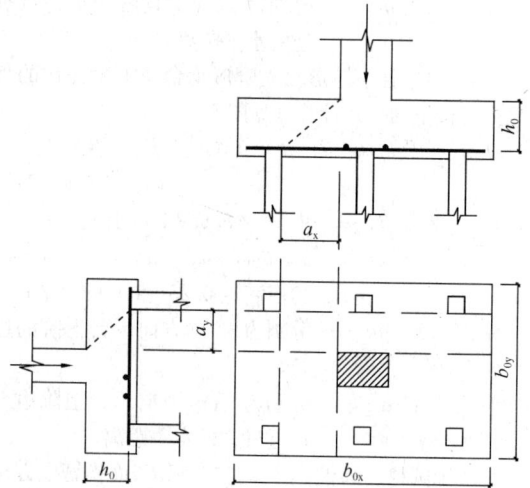

图 5.9.10-1 承台斜截面受剪计算示意

式中　V ——不计承台及其上土自重，在荷载效应基本组合下，斜截面的最大剪力设计值；

f_t ——混凝土轴心抗拉强度设计值；

b_0 ——承台计算截面处的计算宽度；

h_0 ——承台计算截面处的有效高度；

α ——承台剪切系数；按式（5.9.10-2）确定；

λ ——计算截面的剪跨比，$\lambda_x = a_x/h_0$，$\lambda_y = a_y/h_0$，此处，a_x，a_y 为柱边（墙边）或承台变阶处至 y、x 方向计算一排桩的桩边的水平距离，当 $\lambda < 0.25$ 时，取 $\lambda = 0.25$；当 $\lambda > 3$ 时，取 $\lambda = 3$；

β_{hs} ——受剪切承载力截面高度影响系数；当 $h_0 < 800mm$ 时，取 $h_0 = 800mm$；当 $h_0 > 2000mm$ 时，取 $h_0 = 2000mm$；其间按线性内插法取值。

2 对于阶梯形承台应分别在变阶处（$A_1 - A_1$，$B_1 - B_1$）及柱边处（$A_2 - A_2$，$B_2 - B_2$）进行斜截面受剪承载力计算（见图 5.9.10-2）。

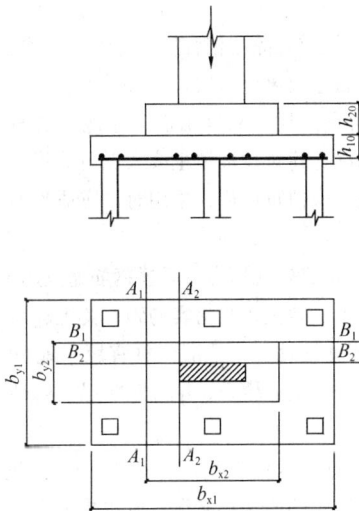

图 5.9.10-2 阶梯形承台斜截面受剪计算示意

计算变阶处截面（$A_1 - A_1$，$B_1 - B_1$）的斜截面受剪承载力时，其截面有效高度均为 h_{10}，截面计算宽度分别为 b_{y1} 和 b_{x1}。

计算柱边截面（$A_2 - A_2$，$B_2 - B_2$）的斜截面受剪承载力时，其截面有效高度均为 $h_{10} + h_{20}$，截面计算宽度分别为：

对 $A_2 - A_2$ 　　$b_{y0} = \dfrac{b_{y1} \cdot h_{10} + b_{y2} \cdot h_{20}}{h_{10} + h_{20}}$

(5.9.10-4)

对 $B_2 - B_2$ 　　$b_{x0} = \dfrac{b_{x1} \cdot h_{10} + b_{x2} \cdot h_{20}}{h_{10} + h_{20}}$

(5.9.10-5)

3 对于锥形承台应对变阶处及柱边处（$A - A$ 及 $B - B$）两个截面进行受剪承载力计算（见图 5.9.10-3），截面有效高度均为 h_0，截面的计算宽度分别为：

对 $A - A$ 　　$b_{y0} = \left[1 - 0.5 \dfrac{h_{20}}{h_0} \left(1 - \dfrac{b_{y2}}{b_{y1}} \right) \right] b_{y1}$

(5.9.10-6)

对 $B - B$ 　　$b_{x0} = \left[1 - 0.5 \dfrac{h_{20}}{h_0} \left(1 - \dfrac{b_{x2}}{b_{x1}} \right) \right] b_{x1}$

(5.9.10-7)

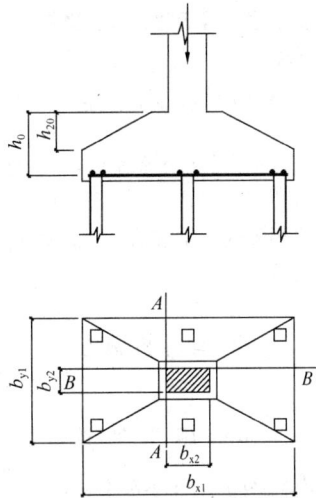

图 5.9.10-3 锥形承台斜截面受剪计算示意

5.9.11 梁板式筏形承台的梁的受剪承载力可按现行国家标准《混凝土结构设计规范》GB 50010 计算。

5.9.12 砌体墙下条形承台梁配有箍筋，但未配弯起钢筋时，斜截面的受剪承载力可按下式计算：

$$V \leqslant 0.7 f_t b h_0 + 1.25 f_{yv} \frac{A_{sv}}{s} h_0 \quad (5.9.12)$$

式中 V ——不计承台及其上土自重，在荷载效应基本组合下，计算截面处的剪力设计值；

A_{sv} ——配置在同一截面内箍筋各肢的全部截面面积；

s ——沿计算斜截面方向箍筋的间距；

f_{yv} ——箍筋抗拉强度设计值；

b ——承台梁计算截面处的计算宽度；

h_0 ——承台梁计算截面处的有效高度。

5.9.13 砌体墙下承台梁配有箍筋和弯起钢筋时，斜截面的受剪承载力可按下式计算：

$$V \leqslant 0.7 f_t b h_0 + 1.25 f_y \frac{A_{sv}}{s} h_0 + 0.8 f_y A_{sb} \sin \alpha_s$$

(5.9.13)

式中 A_{sb} ——同一截面弯起钢筋的截面面积；

f_y ——弯起钢筋的抗拉强度设计值；

α_s ——斜截面上弯起钢筋与承台底面的夹角。

5.9.14 柱下条形承台梁，当配有箍筋但未配弯起钢筋时，其斜截面的受剪承载力可按下式计算：

$$V \leqslant \frac{1.75}{\lambda + 1} f_t b h_0 + f_y \frac{A_{sv}}{s} h_0 \quad (5.9.14)$$

式中 λ ——计算截面的剪跨比，$\lambda = a/h_0$，a 为柱边至桩边的水平距离；当 $\lambda < 1.5$ 时，取 $\lambda = 1.5$；当 $\lambda > 3$ 时，取 $\lambda = 3$。

Ⅳ 局部受压计算

5.9.15 对于柱下桩基，当承台混凝土强度等级低于柱或桩的混凝土强度等级时，应验算柱下或桩上承台的局部受压承载力。

Ⅴ 抗震验算

5.9.16 当进行承台的抗震验算时，应根据现行国家标准《建筑抗震设计规范》GB 50011 的规定对承台顶面的地震作用效应和承台的受弯、受冲切、受剪承载力进行抗震调整。

6 灌注桩施工

6.1 施 工 准 备

6.1.1 灌注桩施工应具备下列资料：
1 建筑场地岩土工程勘察报告；
2 桩基工程施工图及图纸会审纪要；
3 建筑场地和邻近区域内的地下管线、地下构筑物、危房、精密仪器车间等的调查资料；
4 主要施工机械及其配套设备的技术性能资料；
5 桩基工程的施工组织设计；
6 水泥、砂、石、钢筋等原材料及其制品的质检报告；
7 有关荷载、施工工艺的试验参考资料。

6.1.2 钻孔机具及工艺的选择，应根据桩型、钻孔深度、土层情况、泥浆排放及处理条件综合确定。

6.1.3 施工组织设计应结合工程特点，有针对性地制定相应质量管理措施，主要应包括下列内容：
1 施工平面图：标明桩位、编号、施工顺序、水电线路和临时设施的位置；采用泥浆护壁成孔时，应标明泥浆制备设施及其循环系统；
2 确定成孔机械、配套设备以及合理施工工艺的有关资料，泥浆护壁灌注桩必须有泥浆处理措施；
3 施工作业计划和劳动力组织计划；
4 机械设备、备件、工具、材料供应计划；
5 桩基施工时，对安全、劳动保护、防火、防雨、防台风、爆破作业、文物和环境保护等方面应按有关规定执行；
6 保证工程质量、安全生产和季节性施工的技术措施。

6.1.4 成桩机械必须经鉴定合格，不得使用不合格机械。

6.1.5 施工前应组织图纸会审，会审纪要连同施工图等应作为施工依据，并应列入工程档案。

6.1.6 桩基施工用的供水、供电、道路、排水、临时房屋等临时设施，必须在开工前准备就绪，施工场地应进行平整处理，保证施工机械正常作业。

6.1.7 基桩轴线的控制点和水准点应设在不受施工影响的地方。开工前，经复核后应妥善保护，施工中应经常复测。

6.1.8 用于施工质量检验的仪表、器具的性能指标，应符合现行国家相关标准的规定。

6.2 一 般 规 定

6.2.1 不同桩型的适用条件应符合下列规定：
1 泥浆护壁钻孔灌注桩宜用于地下水位以下的黏性土、粉土、砂土、填土、碎石土及风化岩层；
2 旋挖成孔灌注桩宜用于黏性土、粉土、砂土、填土、碎石土及风化岩层；
3 冲孔灌注桩除宜用于上述地质情况外，还能穿透旧基础、建筑垃圾填土或大孤石等障碍物。在岩溶发育地区应慎重使用，采用时，应适当加密勘察钻孔；
4 长螺旋钻孔压灌桩后插钢筋笼宜用于黏性土、粉土、砂土、填土、非密实的碎石类土、强风化岩；
5 干作业钻、挖孔灌注桩宜用于地下水位以上的黏性土、粉土、填土、中等密实以上的砂土、风化岩层；
6 在地下水位较高，有承压水的砂土层、滞水层、厚度较大的流塑状淤泥、淤泥质土层中不得选用人工挖孔灌注桩；
7 沉管灌注桩宜用于黏性土、粉土和砂土；夯扩桩宜用于桩端持力层为埋深不超过 20m 的中、低压缩性黏性土、粉土、砂土和碎石类土。

6.2.2 成孔设备就位后，必须平整、稳固，确保在成孔过程中不发生倾斜和偏移。应在成孔钻具上设置控制深度的标尺，并应在施工中进行观测记录。

6.2.3 成孔的控制深度应符合下列要求：
1 摩擦型桩：摩擦桩应以设计桩长控制成孔深度；端承摩擦桩必须保证设计桩长及桩端进入持力层深度。当采用锤击沉管法成孔时，桩管入土深度控制应以标高为主，以贯入度控制为辅。
2 端承型桩：当采用钻（冲）、挖掘成孔时，必须保证桩端进入持力层的设计深度；当采用锤击沉管法成孔时，桩管入土深度控制以贯入度为主，以控制标高为辅。

6.2.4 灌注桩成孔施工的允许偏差应满足表 6.2.4 的要求。

表 6.2.4　灌注桩成孔施工允许偏差

成孔方法		桩径允许偏差（mm）	垂直度允许偏差（%）	桩位允许偏差（mm）	
				1～3 根桩、条形桩基沿垂直轴线方向和群桩基础中的边桩	条形桩基沿轴线方向和群桩基础的中间桩
泥浆护壁钻、挖、冲孔桩	$d \leqslant 1000mm$	±50	1	$d/6$ 且不大于 100	$d/4$ 且不大于 150
	$d > 1000mm$	±50		$100+0.01H$	$150+0.01H$
锤击（振动）沉管振动冲击沉管成孔	$d \leqslant 500mm$	−20	1	70	150
	$d > 500mm$			100	150
螺旋钻、机动洛阳铲干作业成孔		−20	1	70	150
人工挖孔桩	现浇混凝土护壁	±50	0.5	50	150
	长钢套管护壁	±20	1	100	200

注：1　桩径允许偏差的负值是指个别断面；
　　2　H 为施工现场地面标高与桩顶设计标高的距离；d 为设计桩径。

6.2.5　钢筋笼制作、安装的质量应符合下列要求：

1　钢筋笼的材质、尺寸应符合设计要求，制作允许偏差应符合表 6.2.5 的规定；

表 6.2.5　钢筋笼制作允许偏差

项　　　　目	允许偏差（mm）
主筋间距	±10
箍筋间距	±20
钢筋笼直径	±10
钢筋笼长度	±100

2　分段制作的钢筋笼，其接头宜采用焊接或机械式接头（钢筋直径大于 20mm），并应遵守国家现行标准《钢筋机械连接通用技术规程》JGJ 107、《钢筋焊接及验收规程》JGJ 18 和《混凝土结构工程施工质量验收规范》GB 50204 的规定；

3　加劲箍宜设在主筋外侧，当因施工工艺有特殊要求时也可置于内侧；

4　导管接头处外径应比钢筋笼的内径小 100mm 以上；

5　搬运和吊装钢筋笼时，应防止变形，安放应对准孔位，避免碰撞孔壁和自由落下，就位后应立即固定。

6.2.6　粗骨料可选用卵石或碎石，其粒径不得大于钢筋间最小净距的 1/3。

6.2.7　检查成孔质量合格后应尽快灌注混凝土。直径大于 1m 或单桩混凝土量超过 25m³ 的桩，每根桩桩身混凝土应留有 1 组试件；直径不大于 1m 的桩或单桩混凝土量不超过 25m³ 的桩，每个灌注台班不得少于 1 组；每组试件应留 3 件。

6.2.8　在正式施工前，宜进行试成孔。

6.2.9　灌注桩施工现场所有设备、设施、安全装置、工具配件以及个人劳保用品必须经常检查，确保完好和使用安全。

6.3　泥浆护壁成孔灌注桩

Ⅰ　泥浆的制备和处理

6.3.1　除能自行造浆的黏性土层外，均应制备泥浆。泥浆制备应选用高塑性黏土或膨润土。泥浆应根据施工机械、工艺及穿越土层情况进行配合比设计。

6.3.2　泥浆护壁应符合下列规定：

1　施工期间护筒内的泥浆面应高出地下水位 1.0m 以上，在受水位涨落影响时，泥浆面应高出最高水位 1.5m 以上；

2　在清孔过程中，应不断置换泥浆，直至灌注水下混凝土；

3　灌注混凝土前，孔底 500mm 以内的泥浆相对密度应小于 1.25；含砂率不得大于 8%；黏度不得大于 28s；

4　在容易产生泥浆渗漏的土层中应采取维持孔壁稳定的措施。

6.3.3　废弃的浆、渣应进行处理，不得污染环境。

Ⅱ　正、反循环钻孔灌注桩的施工

6.3.4　对孔深较大的端承型桩和粗粒土层中的摩擦型桩，宜采用反循环工艺成孔或清孔，也可根据土层情况采用正循环钻进，反循环清孔。

6.3.5　泥浆护壁成孔时，宜采用孔口护筒，护筒设置应符合下列规定：

1　护筒埋设应准确、稳定，护筒中心与桩位中心的偏差不得大于 50mm；

2 护筒可用 4～8mm 厚钢板制作，其内径应大于钻头直径 100mm，上部宜开设 1～2 个溢浆孔；

3 护筒的埋设深度：在黏性土中不宜小于1.0m，砂土中不宜小于 1.5m。护筒下端外侧应采用黏土填实；其高度尚应满足孔内泥浆面高度的要求；

4 受水位涨落影响或水下施工的钻孔灌注桩，护筒应加高加深，必要时应打入不透水层。

6.3.6 当在软土层中钻进时，应根据泥浆补给情况控制钻进速度；在硬层或岩层中的钻进速度应以钻机不发生跳动为准。

6.3.7 钻机设置的导向装置应符合下列规定：

1 潜水钻的钻头上应有不小于 $3d$ 长度的导向装置；

2 利用钻杆加压的正循环回转钻机，在钻具中应加设扶正器。

6.3.8 如在钻进过程中发生斜孔、塌孔和护筒周围冒浆、失稳等现象时，应停钻，待采取相应措施后再进行钻进。

6.3.9 钻孔达到设计深度，灌注混凝土之前，孔底沉渣厚度指标应符合下列规定：

1 对端承型桩，不应大于 50mm；

2 对摩擦型桩，不应大于 100mm；

3 对抗拔、抗水平力桩，不应大于 200mm。

Ⅲ　冲击成孔灌注桩的施工

6.3.10 在钻头锥顶和提升钢丝绳之间应设置保证钻头自动转向的装置。

6.3.11 冲孔桩孔口护筒，其内径应大于钻头直径 200mm，护筒应按本规范第 6.3.5 条设置。

6.3.12 泥浆的制备、使用和处理应符合本规范第 6.3.1～6.3.3 条的规定。

6.3.13 冲击成孔质量控制应符合下列规定：

1 开孔时，应低锤密击，当表土为淤泥、细砂等软弱土层时，可加黏土块夹小片石反复冲击造壁，孔内泥浆面应保持稳定；

2 在各种不同的土层、岩层中成孔时，可按照表 6.3.13 的操作要点进行；

3 进入基岩后，应采用大冲程、低频率冲击，当发现成孔偏移时，应回填片石至偏孔上方 300～500mm 处，然后重新冲孔；

4 当遇到孤石时，可预爆或采用高低冲程交替冲击，将大孤石击碎或挤入孔壁；

5 应采取有效的技术措施防止扰动孔壁、塌孔、扩孔、卡钻和掉钻及泥浆流失等事故；

6 每钻进 4～5m 应验孔一次，在更换钻头前或容易缩孔处，均应验孔；

7 进入基岩后，非桩端持力层每钻进 300～500mm 和桩端持力层每钻进 100～300m 时，应清孔

取样一次，并应做记录。

表 6.3.13　冲击成孔操作要点

项　目	操 作 要 点
在护筒刃脚以下 2m 范围内	小冲程 1m 左右，泥浆相对密度 1.2～1.5，软弱土层投入黏土块夹小片石
黏性土层	中、小冲程 1～2m，泵入清水或稀泥浆，经常清除钻头上的泥块
粉砂或中粗砂层	中冲程 2～3m，泥浆相对密度 1.2～1.5，投入黏土块，勤冲、勤掏渣
砂卵石层	中、高冲程 3～4m，泥浆相对密度 1.3 左右，勤掏渣
软弱土层或塌孔回填重钻	小冲程反复冲击，加黏土块夹小片石，泥浆相对密度 1.3～1.5

注：1　土层不好时提高泥浆相对密度或加黏土块；
　　2　防黏钻可投入碎砖石。

6.3.14 排渣可采用泥浆循环或抽渣筒等方法，当采用抽渣筒排渣时，应及时补给泥浆。

6.3.15 冲孔中遇到斜孔、弯孔、梅花孔、塌孔及护筒周围冒浆、失稳等情况时，应停止施工，采取措施后方可继续施工。

6.3.16 大直径桩孔可分级成孔，第一级成孔直径应为设计桩径的 0.6～0.8 倍。

6.3.17 清孔宜按下列规定进行：

1 不易塌孔的桩孔，可采用空气吸泥清孔；

2 稳定性差的孔壁应采用泥浆循环或抽渣筒排渣，清孔后灌注混凝土之前的泥浆指标应按本规范第 6.3.1 条执行；

3 清孔时，孔内泥浆面应符合本规范第 6.3.2 条执行；

4 灌注混凝土前，孔底沉渣允许厚度应符合本规范第 6.3.9 条的规定。

Ⅳ　旋挖成孔灌注桩的施工

6.3.18 旋挖钻成孔灌注桩应根据不同的地层情况及地下水位埋深，采用干作业成孔和泥浆护壁成孔工艺，干作业成孔工艺可按本规范第 6.6 节执行。

6.3.19 泥浆护壁旋挖钻机成孔应配备成孔和清孔用泥浆及泥浆池（箱），在容易产生泥浆渗漏的土层中可采取提高泥浆相对密度，掺入锯末、增黏剂提高泥浆黏度等维持孔壁稳定的措施。

6.3.20 泥浆制备的能力应大于钻孔时的泥浆需求量，每台套钻机的泥浆储备量不应少于单桩体积。

6.3.21 旋挖钻机施工时，应保证机械稳定、安全作业，必要时可在场地辅设能保证其安全行走和操作的钢板或垫层（路基板）。

6.3.22 每根桩均应安设钢护筒，护筒应满足本规范

第 6.3.5 条的规定。

6.3.23 成孔前和每次提出钻斗时，应检查钻斗和钻杆连接销子、钻斗门连接销子以及钢丝绳的状况，并应清除钻斗上的渣土。

6.3.24 旋挖钻机成孔应采用跳挖方式，钻斗倒出的土距桩孔口的最小距离应大于 6m，并应及时清除。应根据钻进速度同步补充泥浆，保持所需的泥浆面高度不变。

6.3.25 钻孔达到设计深度时，应采用清孔钻头进行清孔，并应满足本规范第 6.3.2 条和第 6.3.3 条要求。孔底沉渣厚度控制指标应符合本规范第 6.3.9 条规定。

V 水下混凝土的灌注

6.3.26 钢筋笼吊装完毕后，应安置导管或气泵管二次清孔，并应进行孔位、孔径、垂直度、孔深、沉渣厚度等检验，合格后应立即灌注混凝土。

6.3.27 水下灌注的混凝土应符合下列规定：

1 水下灌注混凝土必须具备良好的和易性，配合比应通过试验确定；坍落度宜为 180～220mm；水泥用量不应少于 360kg/m³（当掺入粉煤灰时水泥用量可不受此限）；

2 水下灌注混凝土的含砂率宜为 40%～50%，并宜选用中粗砂；粗骨料的最大粒径应小于 40mm；并应满足本规范第 6.2.6 条的要求；

3 水下灌注混凝土宜掺外加剂。

6.3.28 导管的构造和使用应符合下列规定：

1 导管壁厚不宜小于 3mm，直径宜为 200～250mm；直径制作偏差不应超过 2mm，导管的分节长度可视工艺要求确定，底管长度不宜小于 4m，接头宜采用双螺纹方扣快速接头；

2 导管使用前应试拼装、试压，试水压力可取为 0.6～1.0MPa；

3 每次灌注后应对导管内外进行清洗。

6.3.29 使用的隔水栓应有良好的隔水性能，并应保证顺利排出；隔水栓宜采用球胆或与桩身混凝土强度等级相同的细石混凝土制作。

6.3.30 灌注水下混凝土的质量控制应满足下列要求：

1 开始灌注混凝土时，导管底部至孔底的距离宜为 300～500mm；

2 应有足够的混凝土储备量，导管一次埋入混凝土灌注面以下不应少于 0.8m；

3 导管埋入混凝土深度宜为 2～6m。严禁将导管提出混凝土灌注面，并应控制提拔导管速度，应有专人测量导管埋深及管内外混凝土灌注面的高差，填写水下混凝土灌注记录；

4 灌注水下混凝土必须连续施工，每根桩的灌注时间应按初盘混凝土的初凝时间控制，对灌注过程

中的故障应记录备案；

5 应控制最后一次灌注量，超灌高度宜为 0.8～1.0m，凿除泛浆后必须保证暴露的桩顶混凝土强度达到设计等级。

6.4 长螺旋钻孔压灌桩

6.4.1 当需要穿越老黏土、厚层砂土、碎石土以及塑性指数大于 25 的黏土时，应进行试钻。

6.4.2 钻机定位后，应进行复检，钻头与桩位点偏差不得大于 20mm，开孔时下钻速度应缓慢；钻进过程中，不宜反转或提升钻杆。

6.4.3 钻进过程中，当遇到卡钻、钻机摇晃、偏斜或发生异常声响时，应立即停钻，查明原因，采取相应措施后方可继续作业。

6.4.4 根据桩身混凝土的设计强度等级，应通过试验确定混凝土配合比；混凝土坍落度宜为 180～220mm；粗骨料可采用卵石或碎石，最大粒径不宜大于 30mm；可掺加粉煤灰或外加剂。

6.4.5 混凝土泵型号应根据桩径选择，混凝土输送泵管布置宜减少弯道，混凝土泵与钻机的距离不宜超过 60m。

6.4.6 桩身混凝土的泵送压灌应连续进行，当钻机移位时，混凝土泵料斗内的混凝土应连续搅拌，泵送混凝土时，料斗内混凝土的高度不得低于 400mm。

6.4.7 混凝土输送泵管宜保持水平，当长距离泵送时，泵管下面应垫实。

6.4.8 当气温高于 30℃时，宜在输送泵管上覆盖隔热材料，每隔一段时间应洒水降温。

6.4.9 钻至设计标高后，应先泵入混凝土并停顿 10～20s，再缓慢提升钻杆。提钻速度应根据土层情况确定，且应与混凝土泵送量相匹配，保证管内有一定高度的混凝土。

6.4.10 在地下水位以下的砂土层中钻进时，钻杆底部活门应有防止进水的措施，压灌混凝土应连续进行。

6.4.11 压灌桩的充盈系数宜为 1.0～1.2。桩顶混凝土超灌高度不宜小于 0.3～0.5m。

6.4.12 成桩后，应及时清除钻杆及泵管内残留混凝土。长时间停置时，应采用清水将钻杆、泵管、混凝土泵清洗干净。

6.4.13 混凝土压灌结束后，应立即将钢筋笼插至设计深度。钢筋笼插设宜采用专用插筋器。

6.5 沉管灌注桩和内夯沉管灌注桩

I 锤击沉管灌注桩施工

6.5.1 锤击沉管灌注桩施工应根据土质情况和荷载要求，分别选用单打法、复打法或反插法。

6.5.2 锤击沉管灌注桩施工应符合下列规定：

1 群桩基础的基桩施工，应根据土质、布桩情况，采取消减负面挤土效应的技术措施，确保成桩质量；

2 桩管、混凝土预制桩尖或钢桩尖的加工质量和埋设位置应与设计相符，桩管与桩尖的接触应有良好的密封性。

6.5.3 灌注混凝土和拔管的操作控制应符合下列规定：

1 沉管至设计标高后，应立即检查和处理桩管内的进泥、进水和吞桩尖等情况，并立即灌注混凝土；

2 当桩身配置局部长度钢筋笼时，第一次灌注混凝土应先灌至笼底标高，然后放置钢筋笼，再灌至桩顶标高。第一次拔管高度应以能容纳第二次灌入的混凝土量为限。在拔管过程中应采用测锤或浮标检测混凝土面的下降情况；

3 拔管速度应保持均匀，对一般土层拔管速度宜为 1m/min，在软弱土层和软硬土层交界处拔管速度宜控制在 0.3～0.8m/min；

4 采用倒打拔管的打击次数，单动汽锤不得少于 50 次/min，自由落锤小落距轻击不得少于 40 次/min；在管底未拔至桩顶设计标高之前，倒打和轻击不得中断。

6.5.4 混凝土的充盈系数不得小于 1.0；对于充盈系数小于 1.0 的桩，应全长复打，对可能断桩和缩颈桩，应进行局部复打。成桩后的桩身混凝土顶面应高于桩顶设计标高 500mm 以内。全长复打时，桩管入土深度宜接近原桩长，局部复打应超过断桩或缩颈区 1m 以上。

6.5.5 全长复打桩施工时应符合下列规定：

1 第一次灌注混凝土应达到自然地面；

2 拔管过程中应及时清除粘在管壁上和散落在地面上的混凝土；

3 初打与复打的桩轴线应重合；

4 复打施工必须在第一次灌注的混凝土初凝之前完成。

6.5.6 混凝土的坍落度宜为 80～100mm。

Ⅱ 振动、振动冲击沉管灌注桩施工

6.5.7 振动、振动冲击沉管灌注桩应根据土质情况和荷载要求，分别选用单打法、复打法、反插法等。单打法可用于含水量较小的土层，且宜采用预制桩尖；反插法及复打法可用于饱和土层。

6.5.8 振动、振动冲击沉管灌注桩单打法施工的质量控制应符合下列规定：

1 必须严格控制最后 30s 的电流、电压值，其值按设计要求或根据试桩和当地经验确定；

2 桩管内灌满混凝土后，应先振动 5～10s，再开始拔管，应边振边拔，每拔出 0.5～1.0m，停拔振动 5～10s；如此反复，直至桩管全部拔出；

3 在一般土层内，拔管速度宜为 1.2～1.5m/min，用活瓣桩尖时宜慢，用预制桩尖时可适当加快；在软弱土层中宜控制在 0.6～0.8m/min。

6.5.9 振动、振动冲击沉管灌注桩反插法施工的质量控制应符合下列规定：

1 桩管灌满混凝土后，先振动再拔管，每次拔管高度 0.5～1.0m，反插深度 0.3～0.5m；在拔管过程中，应分段添加混凝土，保持管内混凝土面始终不低于地表面或高于地下水位 1.0～1.5m 以上，拔管速度应小于 0.5m/min；

2 在距桩尖处 1.5m 范围内，宜多次反插以扩大桩端部断面；

3 穿过淤泥夹层时，应减慢拔管速度，并减少拔管高度和反插深度，在流动性淤泥中不宜使用反插法。

6.5.10 振动、振动冲击沉管灌注桩复打法的施工要求可按本规范第 6.5.4 条和第 6.5.5 条执行。

Ⅲ 内夯沉管灌注桩施工

6.5.11 当采用外管与内夯管结合锤击沉管进行夯压、扩底、扩径时，内夯管应比外管短 100mm，内夯管底端可采用闭口平底或闭口锥底（见图 6.5.11）。

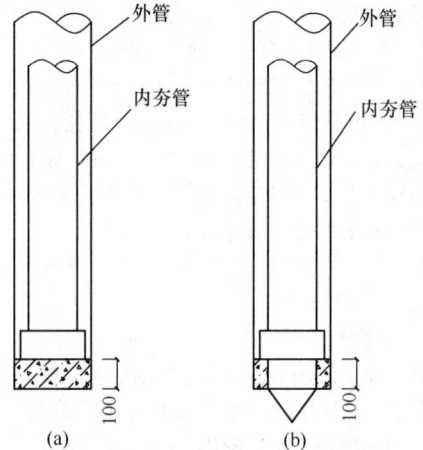

图 6.5.11 内外管及管塞
（a）平底内夯管；（b）锥底内夯管

6.5.12 外管封底可采用干硬性混凝土、无水混凝土配料，经夯击形成阻水、阻泥管塞，其高度可为 100mm。当内、外管间不会发生间隙涌水、涌泥时，亦可不采用上述封底措施。

6.5.13 桩端夯扩头平均直径可按下列公式估算：

一次夯扩 $\quad D_1 = d_0 \sqrt{\dfrac{H_1 + h_1 - C_1}{h_1}}$ $\quad$ (6.5.13-1)

二次夯扩 $\quad D_2 = d_0 \sqrt{\dfrac{H_1 + H_2 + h_2 - C_1 - C_2}{h_2}}$

(6.5.13-2)

式中 D_1、D_2——第一次、第二次夯扩扩头平均直径（m）；

d_0——外管直径（m）；

H_1、H_2——第一次、第二次夯扩工序中，外管内灌注混凝土面从桩底算起的高度（m）；

h_1、h_2——第一次、第二次夯扩工序中，外管从桩底算起的上拔高度（m），分别可取 $H_1/2$、$H_2/2$；

C_1、C_2——第一次、二次夯扩工序中，内外管同步下沉至离桩底的距离，均可取为 0.2m（见图 6.5.13）。

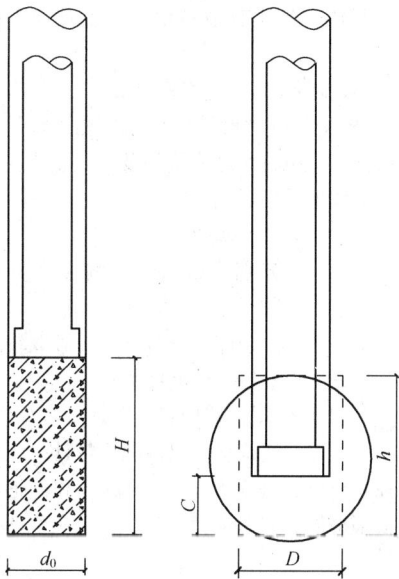

图 6.5.13 扩底端

6.5.14 桩身混凝土宜分段灌注；拔管时内夯管和桩锤应施压于外管中的混凝土顶面，边压边拔。

6.5.15 施工前宜进行试成桩，并应详细记录混凝土的分次灌注量、外管上拔高度、内管夯击次数、双管同步沉入深度，并应检查外管的封底情况，有无进水、涌泥等，经核定后可作为施工控制依据。

6.6 干作业成孔灌注桩

I 钻孔（扩底）灌注桩施工

6.6.1 钻孔时应符合下列规定：

1 钻杆应保持垂直稳固，位置准确，防止因钻杆晃动引起扩大孔径；

2 钻进速度应根据电流值变化，及时调整；

3 钻进过程中，应随时清理孔口积土，遇到地下水、塌孔、缩孔等异常情况时，应及时处理。

6.6.2 钻孔扩底桩施工，直孔部分应按本规范第 6.6.1、6.6.3、6.6.4 条规定执行，扩底部位尚应符合下列规定：

1 应根据电流值或油压值，调节扩孔刀片削土量，防止出现超负荷现象；

2 扩底直径和孔底的虚土厚度应符合设计要求。

6.6.3 成孔达到设计深度后，孔口应予保护，应按本规范第 6.2.4 条规定验收，并应做好记录。

6.6.4 灌注混凝土前，应在孔口安放护孔漏斗，然后放置钢筋笼，并应再次测量孔内虚土厚度。扩底桩灌注混凝土时，第一次应灌到扩底部位的顶面，随即振捣密实；浇筑桩顶以下 5m 范围内混凝土时，应随浇筑随振捣，每次浇筑高度不得大于 1.5m。

II 人工挖孔灌注桩施工

6.6.5 人工挖孔桩的孔径（不含护壁）不得小于 0.8m，且不宜大于 2.5m；孔深不宜大于 30m。当桩净距小于 2.5m 时，应采用间隔开挖。相邻排桩跳挖的最小施工净距不得小于 4.5m。

6.6.6 人工挖孔桩混凝土护壁的厚度不应小于 100mm，混凝土强度等级不应低于桩身混凝土强度等级，并应振捣密实；护壁应配置直径不小于 8mm 的构造钢筋，竖向筋应上下搭接或拉接。

6.6.7 人工挖孔桩施工应采取下列安全措施：

1 孔内必须设置应急软爬梯供人员上下；使用的电葫芦、吊笼等应安全可靠，并配有自动卡紧保险装置，不得使用麻绳和尼龙绳吊挂或脚踏井壁凸缘上下；电葫芦宜用按钮式开关，使用前必须检验其安全起吊能力；

2 每日开工前必须检测井下的有毒、有害气体，并应有相应的安全防范措施；当桩孔开挖深度超过 10m 时，应有专门向井下送风的设备，风量不宜少于 25L/s；

3 孔口四周必须设置护栏，护栏高度宜为 0.8m；

4 挖出的土石方应及时运离孔口，不得堆放在孔口周边 1m 范围内，机动车辆的通行不得对井壁的安全造成影响；

5 施工现场的一切电源、电路的安装和拆除必须遵守现行行业标准《施工现场临时用电安全技术规范》JGJ 46 的规定。

6.6.8 开孔前，桩位应准确定位放样，在桩位外设置定位基准桩，安装护壁模板必用桩中心点校正模板位置，并应由专人负责。

6.6.9 第一节井圈护壁应符合下列规定：

1 井圈中心线与设计轴线的偏差不得大于 20mm；

2 井圈顶面应比场地高出 100～150mm，壁厚应比下面井壁厚度增加 100～150mm。

6.6.10 修筑井圈护壁应符合下列规定：

1 护壁的厚度、拉接钢筋、配筋、混凝土强度等级均应符合设计要求；

2 上下节护壁的搭接长度不得小于 50mm；

3 每节护壁均应在当日连续施工完毕；

4 护壁混凝土必须保证振捣密实，应根据土层渗水情况使用速凝剂；

5 护壁模板的拆除应在灌注混凝土 24h 之后；

6 发现护壁有蜂窝、漏水现象时，应及时补强；

7 同一水平面上的井圈任意直径的极差不得大于 50mm。

6.6.11 当遇有局部或厚度不大于 1.5m 的流动性淤泥和可能出现涌土涌砂时，护壁施工可按下列方法处理：

1 将每节护壁的高度减小到 300～500mm，并随挖、随验、随灌注混凝土；

2 采用钢护筒或有效的降水措施。

6.6.12 挖至设计标高后，应清除护壁上的泥土和孔底残渣、积水，并应进行隐蔽工程验收。验收合格后，应立即封底和灌注桩身混凝土。

6.6.13 灌注桩身混凝土时，混凝土必须通过溜槽；当落距超过 3m 时，应采用串筒，串筒末端距孔底高度不宜大于 2m；也可采用导管泵送；混凝土宜采用插入式振捣器振实。

6.6.14 当渗水量过大时，应采取场地截水、降水或水下灌注混凝土等有效措施。严禁在桩孔中边抽水边开挖，同时不得灌注相邻桩。

6.7 灌注桩后注浆

6.7.1 灌注桩后注浆工法可用于各类钻、挖、冲孔灌注桩及地下连续墙的沉渣（虚土）、泥皮和桩底、桩侧一定范围土体的加固。

6.7.2 后注浆装置的设置应符合下列规定：

1 后注浆导管应采用钢管，且应与钢筋笼加劲筋绑扎固定或焊接；

2 桩端后注浆导管及注浆阀数量宜根据桩径大小设置：对于直径不大于 1200mm 的桩，宜沿钢筋笼圆周对称设置 2 根；对于直径大于 1200mm 而不大于 2500mm 的桩，宜对称设置 3 根；

3 对于桩长超过 15m 且承载力增幅要求较高者，宜采用桩端桩侧复式注浆；桩侧后注浆管阀设置数量应综合地层情况、桩长和承载力增幅要求等因素确定，可在离桩底 5～15m 以上、桩顶 8m 以下，每隔 6～12m 设置一道桩侧注浆阀，当有粗粒土时，宜将注浆阀设置于粗粒土层下部，对于干作业成孔灌注桩宜设于粗粒土层中部；

4 对于非通长配筋桩，下部应有不少于 2 根与注浆管等长的主筋组成的钢筋笼通底；

5 钢筋笼应沉放到底，不得悬吊；下笼受阻时不得撞笼、墩笼、扭笼。

6.7.3 后注浆阀应具备下列性能：

1 注浆阀应能承受 1MPa 以上静水压力；注浆阀外部保护层应能抵抗砂石等硬质物的刮撞而不致使注浆阀受损；

2 注浆阀应具备逆止功能。

6.7.4 浆液配比、终止注浆压力、流量、注浆量等参数设计应符合下列规定：

1 浆液的水灰比应根据土的饱和度、渗透性确定，对于饱和土，水灰比宜为 0.45～0.65；对于非饱和土，水灰比宜为 0.7～0.9（松散碎石土、砂砾宜为 0.5～0.6）；低水灰比浆液宜掺入减水剂；

2 桩端注浆终止注浆压力应根据土层性质及注浆点深度确定，对于风化岩、非饱和黏性土及粉土，注浆压力宜为 3～10MPa；对于饱和土层注浆压力宜为 1.2～4MPa，软土宜取低值，密实黏性土宜取高值；

3 注浆流量不宜超过 75L/min；

4 单桩注浆量的设计应根据桩径、桩长、桩端桩侧土层性质、单桩承载力增幅及是否复式注浆等因素确定，可按下式估算：

$$G_c = \alpha_p d + \alpha_s n d \qquad (6.7.4)$$

式中 α_p、α_s——分别为桩端、桩侧注浆量经验系数，$\alpha_p = 1.5～1.8$，$\alpha_s = 0.5～0.7$；对于卵、砾石、中粗砂取较高值；

n——桩侧注浆断面数；

d——基桩设计直径（m）；

G_c——注浆量，以水泥质量计（t）。

对独立单桩、桩距大于 $6d$ 的群桩和群桩初始注浆的数根基桩的注浆量应按上述估算值乘以 1.2 的系数；

5 后注浆作业开始前，宜进行注浆试验，优化并最终确定注浆参数。

6.7.5 后注浆作业起始时间、顺序和速率应符合下列规定：

1 注浆作业宜于成桩 2d 后开始；不宜迟于成桩 30d 后；

2 注浆作业与成孔作业点的距离不宜小于 8～10m；

3 对于饱和土中的复式注浆顺序宜先桩侧后桩端；对于非饱和土宜先桩端后桩侧；多断面桩侧应先上后下；桩侧桩端注浆间隔时间不宜少于 2h；

4 桩端注浆应对同一根桩的各注浆导管依次实施等量注浆；

5 对于桩群注浆宜先外围、后内部。

6.7.6 当满足下列条件之一时可终止注浆：

1 注浆总量和注浆压力均达到设计要求；

2 注浆总量已达到设计值的 75%，且注浆压力超过设计值。

6.7.7 当注浆压力长时间低于正常值或地面出现冒浆或周围桩孔串浆，应改为间歇注浆，间歇时间宜为 30～60min，或调低浆液水灰比。

6.7.8 后注浆施工过程中，应经常对后注浆的各项工艺参数进行检查，发现异常应采取相应处理措施。当注浆量等主要参数达不到设计值时，应根据工程具体情况采取相应措施。

6.7.9 后注浆桩基工程质量检查和验收应符合下列要求：

1 后注浆施工完成后应提供水泥材质检验报告、压力表检定证书、试注浆记录、设计工艺参数、后注浆作业记录、特殊情况处理记录等资料；

2 在桩身混凝土强度达到设计要求的条件下，承载力检验应在注浆完成20d后进行，浆液中掺入早强剂时可于注浆完成15d后进行。

7 混凝土预制桩与钢桩施工

7.1 混凝土预制桩的制作

7.1.1 混凝土预制桩可在施工现场预制，预制场地必须平整、坚实。

7.1.2 制桩模板宜采用钢模板，模板应具有足够刚度，并应平整，尺寸应准确。

7.1.3 钢筋骨架的主筋连接宜采用对焊和电弧焊，当钢筋直径不小于20mm时，宜采用机械接头连接。主筋接头配置在同一截面内的数量，应符合下列规定：

1 当采用对焊或电弧焊时，对于受拉钢筋，不得超过50%；

2 相邻两根主筋接头截面的距离应大于$35d_g$（d_g为主筋直径），并不应小于500mm；

3 必须符合现行行业标准《钢筋焊接及验收规程》JGJ 18和《钢筋机械连接通用技术规程》JGJ 107的规定。

7.1.4 预制桩钢筋骨架的允许偏差应符合表7.1.4的规定。

表7.1.4 预制桩钢筋骨架的允许偏差

项次	项 目	允许偏差（mm）
1	主筋间距	±5
2	桩尖中心线	10
3	箍筋间距或螺旋筋的螺距	±20
4	吊环沿纵轴线方向	±20
5	吊环沿垂直于纵轴线方向	±20
6	吊环露出桩表面的高度	±10
7	主筋距桩顶距离	±5
8	桩顶钢筋网片位置	±10
9	多节桩桩顶预埋件位置	±3

7.1.5 确定桩的单节长度时应符合下列规定：

1 满足桩架的有效高度、制作场地条件、运输

与装卸能力；

2 避免在桩尖接近或处于硬持力层中时接桩。

7.1.6 浇注混凝土预制桩时，宜从桩顶开始灌筑，并应防止另一端的砂浆积聚过多。

7.1.7 锤击预制桩的骨料粒径宜为5～40mm。

7.1.8 锤击预制桩，应在强度与龄期均达到要求后，方可锤击。

7.1.9 重叠法制作预制桩时，应符合下列规定：

1 桩与邻桩及底模之间的接触面不得粘连；

2 上层桩或邻桩的浇筑，必须在下层桩或邻桩的混凝土达到设计强度的30%以上时，方可进行；

3 桩的重叠层数不应超过4层。

7.1.10 混凝土预制桩的表面应平整、密实，制作允许偏差应符合表7.1.10的规定。

表7.1.10 混凝土预制桩制作允许偏差

桩 型	项 目	允许偏差（mm）
钢筋混凝土实心桩	横截面边长	±5
	桩顶对角线之差	≤5
	保护层厚度	±5
	桩身弯曲矢高	不大于1‰桩长且不大于20
	桩尖偏心	≤10
	桩端面倾斜	≤0.005
	桩节长度	±20
钢筋混凝土管桩	直径	±5
	长度	±0.5%桩长
	管壁厚度	−5
	保护层厚度	+10，−5
	桩身弯曲（度）矢高	1‰桩长
	桩尖偏心	≤10
	桩头板平整度	≤2
	桩头板偏心	≤2

7.1.11 本规范未作规定的预应力混凝土桩的其他要求及离心混凝土强度等级评定方法，应符合国家现行标准《先张法预应力混凝土管桩》GB 13476和《预应力混凝土空心方桩》JG 197的规定。

7.2 混凝土预制桩的起吊、运输和堆放

7.2.1 混凝土实心桩的吊运应符合下列规定：

1 混凝土设计强度达到70%及以上方可起吊，达到100%方可运输；

2 桩起吊时应采取相应措施，保证安全平稳，保护桩身质量；

3 水平运输时，应做到桩身平稳放置，严禁在场地上直接拖拉桩体。

7.2.2 预应力混凝土空心桩的吊运应符合下列规定：

1 出厂前应作出厂检查，其规格、批号、制作日期应符合所属的验收批号内容；

2 在吊运过程中应轻吊轻放，避免剧烈碰撞；

3 单节桩可采用专用吊钩勾住桩两端内壁直接进行水平起吊；

4 运至施工现场时应进行检查验收，严禁使用质量不合格及在吊运过程中产生裂缝的桩。

7.2.3 预应力混凝土空心桩的堆放应符合下列规定：

1 堆放场地应平整坚实，最下层与地面接触的垫木应有足够的宽度和高度。堆放时桩应稳固，不得滚动；

2 应按不同规格、长度及施工流水顺序分别堆放；

3 当场地条件许可时，宜单层堆放；当叠层堆放时，外径为 500～600mm 的桩不宜超过 4 层，外径为 300～400mm 的桩不宜超过 5 层；

4 叠层堆放桩时，应在垂直于桩长度方向的地面上设置 2 道垫木，垫木应分别位于距桩端 1/5 桩长处；底层最外缘的桩应在垫木处用木楔塞紧；

5 垫木宜选用耐压的长木枋或枕木，不得使用有棱角的金属构件。

7.2.4 取桩应符合下列规定：

1 当桩叠层堆放超过 2 层时，应采用吊机取桩，严禁拖拉取桩；

2 三点支撑自行式打桩机不应拖拉取桩。

7.3 混凝土预制桩的接桩

7.3.1 桩的连接可采用焊接、法兰连接或机械快速连接（螺纹式、啮合式）。

7.3.2 接桩材料应符合下列规定：

1 焊接接桩：钢钣宜采用低碳钢，焊条宜采用 E43；并应符合现行行业标准《建筑钢结构焊接技术规程》JGJ 81 要求。

2 法兰接桩：钢钣和螺栓宜采用低碳钢。

7.3.3 采用焊接接桩除应符合现行行业标准《建筑钢结构焊接技术规程》JGJ 81 的有关规定外，尚应符合下列规定：

1 下节桩段的桩头宜高出地面 0.5m；

2 下节桩的桩头处宜设导向箍；接桩时上下桩段应保持顺直，错位偏差不宜大于 2mm；接桩就位纠偏时，不得采用大锤横向敲打；

3 桩对接前，上下端钣表面应采用铁刷子清刷干净，坡口处应刷至露出金属光泽；

4 焊接宜在桩四周对称地进行，待上下桩节固定后拆除导向箍再分层施焊；焊接层数不得少于 2 层，第一层焊完后必须把焊渣清理干净，方可进行第二层（的）施焊，焊缝应连续、饱满；

5 焊好后的桩接头应自然冷却后方可继续锤击，

自然冷却时间不宜少于 8min；严禁采用水冷却或焊好即施打；

6 雨天焊接时，应采取可靠的防雨措施；

7 焊接接头的质量检查宜采用探伤检测，同一工程探伤抽样检验不得少于 3 个接头。

7.3.4 采用机械快速螺纹接桩的操作与质量应符合下列规定：

1 接桩前应检查桩两端制作的尺寸偏差及连接件，无受损后方可起吊施工，其下节桩端宜高出地面 0.8m；

2 接桩时，卸下上下节桩两端的保护装置后，应清理接头残物，涂上润滑脂；

3 应采用专用接头锥度对中，对准上下节桩进行旋紧连接；

4 可采用专用链条式扳手进行旋紧，（臂长 1m，卡紧后人工旋紧再用铁锤敲击板臂，）锁紧后两端板尚应有 1～2mm 的间隙。

7.3.5 采用机械啮合接头接桩的操作与质量应符合下列规定：

1 将上下接头钣清理干净，用扳手将已涂抹沥青涂料的连接销逐根旋入上节桩 I 型端头钣的螺栓孔内，并用钢模板调整好连接销的方位；

2 剔除下节桩 II 型端头钣连接槽内泡沫塑料保护块，在连接槽内注入沥青涂料，并在端头钣周边抹上宽度 20mm、厚度 3mm 的沥青涂料；当地基土、地下水含中等以上腐蚀介质时，桩端钣板面应满涂沥青涂料；

3 将上节桩吊起，使连接销与 II 型端头钣上各连接口对准，随即将连接销插入连接槽内；

4 加压使上下节桩的桩头钣接触，完成接桩。

7.4 锤击沉桩

7.4.1 沉桩前必须处理空中和地下障碍物，场地应平整，排水应畅通，并应满足打桩所需的地面承载力。

7.4.2 桩锤的选用应根据地质条件、桩型、桩的密集程度、单桩竖向承载力及现有施工条件等因素确定，也可按本规范附录 H 选用。

7.4.3 桩打入时应符合下列规定：

1 桩帽或送桩帽与桩周围的间隙应为 5～10mm；

2 锤与桩帽、桩帽与桩之间应加设硬木、麻袋、草垫等弹性衬垫；

3 桩锤、桩帽或送桩帽应和桩身在同一中心线上；

4 桩插入时的垂直度偏差不得超过 0.5%。

7.4.4 打桩顺序要求应符合下列规定：

1 对于密集桩群，自中间向两个方向或四周对称施打；

2 当一侧毗邻建筑物时，由毗邻建筑物处向另一方向施打；

3 根据基础的设计标高，宜先深后浅；

4 根据桩的规格，宜先大后小，先长后短。

7.4.5 打入桩（预制混凝土方桩、预应力混凝土空心桩、钢桩）的桩位偏差，应符合表 7.4.5 的规定。斜桩倾斜度的偏差不得大于倾斜角正切值的 15%（倾斜角系桩的纵向中心线与铅垂线间夹角）。

表 7.4.5　打入桩桩位的允许偏差

项　目	允许偏差（mm）
带有基础梁的桩：（1）垂直基础梁的中心线　（2）沿基础梁的中心线	$100+0.01H$ $150+0.01H$
桩数为 1～3 根桩基中的桩	100
桩数为 4～16 根桩基中的桩	1/2 桩径或边长
桩数大于 16 根桩基中的桩：（1）最外边的桩　（2）中间桩	1/3 桩径或边长 1/2 桩径或边长

注：H 为施工现场地面标高与桩顶设计标高的距离。

7.4.6 桩终止锤击的控制应符合下列规定：

1 当桩端位于一般土层时，应以控制桩端设计标高为主，贯入度为辅；

2 桩端达到坚硬、硬塑的黏性土、中密以上粉土、砂土、碎石类土及风化岩时，应以贯入度控制为主，桩端标高为辅；

3 贯入度已达到设计要求而桩端标高未达到时，应继续锤击 3 阵，并按每阵 10 击的贯入度不应大于设计规定的数值确认，必要时，施工控制贯入度应通过试验确定。

7.4.7 当遇到贯入度剧变，桩身突然发生倾斜、位移或有严重回弹、桩顶或桩身出现严重裂缝、破碎等情况时，应暂停打桩，并分析原因，采取相应措施。

7.4.8 当采用射水法沉桩时，应符合下列规定：

1 射水法沉桩宜用于砂土和碎石土；

2 沉桩至最后 1～2m 时，应停止射水，并采用锤击至规定标高，终锤控制标准可按本规范第 7.4.6 条有关规定执行。

7.4.9 施打大面积密集桩群时，应采取下列辅助措施：

1 对预钻孔沉桩，预钻孔孔径可比桩径（或方桩对角线）小 50～100mm，深度可根据桩距和土的密实度、渗透性确定，宜为桩长的 1/3～1/2；施工时应随钻随打；桩架宜具备钻孔锤击双重性能；对饱和黏性土地基，应设置袋装砂井或塑料排水板；袋装砂井直径宜为 70～80mm，间距宜为

1.0～1.5m，深度宜为 10～12m；塑料排水板的深度、间距与袋装砂井相同；

3 应设置隔离板桩或地下连续墙；

4 可开挖地面防震沟，并可与其他措施结合使用，防震沟沟宽可取 0.5～0.8m，深度按土质情况决定；

5 应控制打桩速率和日打桩量，24 小时内休止时间不应少于 8h；

6 沉桩结束后，宜普遍实施一次复打；

7 应对不少于总桩数 10% 的桩顶上涌和水平位移进行监测；

8 沉桩过程中应加强邻近建筑物、地下管线等的观测、监护。

7.4.10 预应力混凝土管桩的总锤击数及最后 1.0m 沉桩锤击数应根据桩身强度和当地工程经验确定。

7.4.11 锤击沉桩送桩应符合下列规定：

1 送桩深度不宜大于 2.0m；

2 当桩顶打至接近地面需要送桩时，应测出桩的垂直度并检查桩顶质量，合格后应及时送桩；

3 送桩的最后贯入度应参考相同条件下不送桩时的最后贯入度并修正；

4 送桩后遗留的桩孔应立即回填或覆盖；

5 当送桩深度超过 2.0m 且不大于 6.0m 时，打桩机应为三点支撑履带自行式或步履式柴油打桩机；桩帽和桩锤之间应用竖纹硬木或盘圆层叠的钢丝绳作"锤垫"，其厚度宜取 150～200mm。

7.4.12 送桩器及衬垫设置应符合下列规定：

1 送桩器宜做成圆筒形，并应有足够的强度、刚度和耐打性。送桩器长度应满足送桩深度的要求，弯曲度不得大于 1/1000；

2 送桩器上下两端面应平整，且与送桩器中心轴线相垂直；

3 送桩器下端面应开孔，使空心桩内腔与外界连通；

4 送桩器应与桩匹配：套筒式送桩器下端的套筒深度宜取 250～350mm，套管内径应比桩外径大 20～30mm；插销式送桩器下端的插销长度宜取 200～300mm，杆销外径应比（管）桩内径小 20～30mm，对于腔内存有余浆的管桩，不宜采用插销式送桩器；

5 送桩作业时，送桩器与桩头之间应设置 1～2 层麻袋或硬纸板等衬垫。内填弹性衬垫压实后的厚度不宜小于 60mm。

7.4.13 施工现场应配备桩身垂直度观测仪器（长条水准尺或经纬仪）和观测人员，随时量测桩身的垂直度。

7.5　静压沉桩

7.5.1 采用静压沉桩时，场地地基承载力不应小于压桩机接地压强的 1.2 倍，且场地应平整。

7.5.2 静力压桩宜选择液压式和绳索式压桩工艺；宜根据单节桩的长度选用顶压式液压压桩机和抱压式液压压桩机。

7.5.3 选择压桩机的参数应包括下列内容：

    1 压桩机型号、桩机质量（不含配重）、最大压桩力等；

    2 压桩机的外型尺寸及拖运尺寸；

    3 压桩机的最小边桩距及最大压桩力；

    4 长、短船型履靴的接地压强；

    5 夹持机构的型式；

    6 液压油缸的数量、直径，率定后的压力表读数与压桩力的对应关系；

    7 吊桩机构的性能及吊桩能力。

7.5.4 压桩机的每件配重必须用量具核实，并将其质量标记在该件配重的外露表面；液压式压桩机的最大压桩力应取压桩机的机架重量和配重之和乘以0.9。

7.5.5 当边桩空位不能满足中置式压桩机施压条件时，宜利用压边桩机构或选用前置式液压压桩机进行压桩，但此时应估计最大压桩能力减少造成的影响。

7.5.6 当设计要求或施工需要采用引孔法压桩时，应配备螺旋钻孔机，或在压桩机上配备专用的螺旋钻。当桩端需进入较坚硬的岩层时，应配备可入岩的钻孔桩机或冲孔桩机。

7.5.7 最大压桩力不宜小于设计的单桩竖向极限承载力标准值，必要时可由现场试验确定。

7.5.8 静力压桩施工的质量控制应符合下列规定：

    1 第一节桩下压时垂直度偏差不应大于0.5%；

    2 宜将每根桩一次性连续压到底，且最后一节有效桩长不宜小于5m；

    3 抱压力不应大于桩身允许侧向压力的1.1倍；

    4 对于大面积桩群，应控制日压桩量。

7.5.9 终压条件应符合下列规定：

    1 应根据现场试压桩的试验结果确定终压标准；

    2 终压连续复压次数应根据桩长及地质条件等因素确定。对于入土深度大于或等于8m的桩，复压次数可为2~3次；对于入土深度小于8m的桩，复压次数可为3~5次；

    3 稳压压桩力不得小于终压力，稳定压桩的时间宜为5~10s。

7.5.10 压桩顺序宜根据场地工程地质条件确定，并应符合下列规定：

    1 对于场地地层中局部含砂、碎石、卵石时，宜先对该区域进行压桩；

    2 当持力层埋深或桩的入土深度差别较大时，宜先施压长桩后施压短桩。

7.5.11 压桩过程中应测量桩身的垂直度。当桩身垂直度偏差大于1%时，应找出原因并设法纠正；当桩尖进入较硬土层后，严禁用移动机架等方法强行纠

偏。

7.5.12 出现下列情况之一时，应暂停压桩作业，并分析原因，采用相应措施：

    1 压力表读数显示情况与勘察报告中的土层性质明显不符；

    2 桩难以穿越硬夹层；

    3 实际桩长与设计桩长相差较大；

    4 出现异常响声；压桩机械工作状态出现异常；

    5 桩身出现纵向裂缝和桩头混凝土出现剥落等异常现象；

    6 夹持机构打滑；

    7 压桩机下陷。

7.5.13 静压送桩的质量控制应符合下列规定：

    1 测量桩的垂直度并检查桩头质量，合格后方可送桩，压桩、送桩作业应连续进行；

    2 送桩应采用专制钢质送桩器，不得将工程桩用作送桩器；

    3 当场地上多数桩的有效桩长小于或等于15m或桩端持力层为风化软质岩，需要复压时，送桩深度不宜超过1.5m；

    4 除满足本条上述3款规定外，当桩的垂直度偏差小于1%，且桩的有效桩长大于15m时，静压桩送桩深度不宜超过8m；

    5 送桩的最大压桩力不宜超过桩身允许抱压压桩力的1.1倍。

7.5.14 引孔压桩法质量控制应符合下列规定：

    1 引孔宜采用螺旋钻干作业法；引孔的垂直度偏差不宜大于0.5%；

    2 引孔作业和压桩作业应连续进行，间隔时间不宜大于12h；在软土地基中不宜大于3h；

    3 引孔中有积水时，宜采用开口型桩尖。

7.5.15 当桩较密集，或地基为饱和淤泥、淤泥质土及黏性土时，应设置塑料排水板、袋装砂井消减超孔压或采取引孔等措施，并可按本规范第7.4.9条执行。在压桩施工过程中应对总桩数10%的桩设置上涌和水平偏位观测点，定时检测桩的上浮量及桩顶水平偏位值，若上涌和偏位值较大，应采取复压等措施。

7.5.16 对预制混凝土方桩、预应力混凝土空心桩、钢桩等压入桩的桩位偏差，应符合本规范表7.4.5的规定。

7.6 钢桩（钢管桩、H型桩及其他异型钢桩）施工

Ⅰ 钢桩的制作

7.6.1 制作钢桩的材料应符合设计要求，并应有出厂合格证和试验报告。

7.6.2 现场制作钢桩应有平整的场地及挡风防雨措施。

7.6.3 钢桩制作的允许偏差应符合表 7.6.3 的规定，钢桩的分段长度应满足本规范第 7.1.5 条的规定，且不宜大于 15m。

表 7.6.3 钢桩制作的允许偏差

项　　　目		容许偏差（mm）
外径或断面尺寸	桩端部	±0.5%外径或边长
	桩　身	±0.1%外径或边长
长　　度		＞0
矢　　高		≤1‰桩长
端部平整度		≤2（H 型桩≤1）
端部平面与桩身中心线的倾斜值		≤2

7.6.4 用于地下水有侵蚀性的地区或腐蚀性土层的钢桩，应按设计要求作防腐处理。

Ⅱ 钢桩的焊接

7.6.5 钢桩的焊接应符合下列规定：

1 必须清除桩端部的浮锈、油污等脏物，保持干燥；下节桩顶经锤击后变形的部分应割除；

2 上下节桩焊接时应校正垂直度，对口的间隙宜为 2～3mm；

3 焊丝（自动焊）或焊条应烘干；

4 焊接应对称进行；

5 应采用多层焊，钢管桩各层焊缝的接头应错开，焊渣应清除；

6 当气温低于 0℃ 或雨雪天及无可靠措施确保焊接质量时，不得焊接；

7 每个接头焊接完毕，应冷却 1min 后方可锤击；

8 焊接质量应符合国家现行标准《钢结构工程施工质量验收规范》GB 50205 和《建筑钢结构焊接技术规程》JGJ 81 的规定，每个接头除应按表 7.6.5 规定进行外观检查外，还应按接头总数的 5% 进行超声或 2% 进行 X 射线拍片检查，对于同一工程，探伤抽样检验不得少于 3 个接头。

表 7.6.5 接桩焊缝外观允许偏差

项　　　目	允许偏差（mm）
上下节桩错口：	
①钢管桩外径≥700mm	3
②钢管桩外径＜700mm	2
H 型钢桩	1
咬边深度（焊缝）	0.5
加强层高度（焊缝）	2
加强层宽度（焊缝）	3

7.6.6 H 型钢桩或其他异型薄壁钢桩，接头处应加连接板，可按等强度设置。

Ⅲ 钢桩的运输和堆放

7.6.7 钢桩的运输与堆放应符合下列规定：

1 堆放场地应平整、坚实、排水通畅；

2 桩的两端应有适当保护措施，钢管桩应设保护圈；

3 搬运时应防止桩体撞击而造成桩端、桩体损坏或弯曲；

4 钢桩应按规格、材质分别堆放，堆放层数：φ900mm 的钢桩，不宜大于 3 层；φ600mm 的钢桩，不宜大于 4 层；φ400mm 的钢桩，不宜大于 5 层；H 型钢桩不宜大于 6 层。支点设置应合理，钢桩的两侧应采用木楔塞住。

Ⅳ 钢桩的沉桩

7.6.8 当钢桩采用锤击沉桩时，可按本规范第 7.4 节有关条文实施；当采用静压沉桩时，可按本规范第 7.5 节有关条文实施。

7.6.9 对敞口钢管桩，当锤击沉桩有困难时，可在管内取土助沉。

7.6.10 锤击 H 型钢桩时，锤重不宜大于 4.5t 级（柴油锤），且在锤击过程中桩架前应有横向约束装置。

7.6.11 当持力层较硬时，H 型钢桩不宜送桩。

7.6.12 当地表层遇有大块石、混凝土块等回填物时，应在插入 H 型钢桩前进行触探，并应清除桩位上的障碍物。

8 承台施工

8.1 基坑开挖和回填

8.1.1 桩基承台施工顺序宜先深后浅。

8.1.2 当承台埋置较深时，应对邻近建筑物及市政设施采取必要的保护措施，在施工期间应进行监测。

8.1.3 基坑开挖前应对边坡支护形式、降水措施、挖土方案、运土路线及堆土位置编制施工方案，若桩基施工引起超孔隙水压力，宜待超孔隙水压力大部分消散后开挖。

8.1.4 当地下水位较高需降水时，可根据周围环境情况采用内降水或外降水措施。

8.1.5 挖土应均衡分层进行，对流塑状软土的基坑开挖，高差不应超过 1m。

8.1.6 挖出的土方不得堆置在基坑附近。

8.1.7 机械挖土时必须确保基坑内的桩体不受损坏。

8.1.8 基坑开挖结束后，应在基坑底做出排水盲沟及集水井，如有降水设施仍应维持运转。

8.1.9 在承台和地下室外墙与基坑侧壁间隙回填土前，应排除积水，清除虚土和建筑垃圾，填土应按设计要求选料，分层夯实，对称进行。

8.2 钢筋和混凝土施工

8.2.1 绑扎钢筋前应将灌注桩桩头浮浆部分和预制桩桩顶锤击面破碎部分去除，桩体及其主筋埋入承台的长度应符合设计要求；钢管桩尚应加焊桩顶连接件；并应按设计施作桩头和垫层防水。

8.2.2 承台混凝土应一次浇筑完成，混凝土入槽宜采用平铺法。对大体积混凝土施工，应采取有效措施防止温度应力引起裂缝。

9 桩基工程质量检查和验收

9.1 一般规定

9.1.1 桩基工程应进行桩位、桩长、桩径、桩身质量和单桩承载力的检验。

9.1.2 桩基工程的检验按时间顺序可分为三个阶段：施工前检验、施工检验和施工后检验。

9.1.3 对砂、石子、水泥、钢材等桩体原材料质量的检验项目和方法应符合国家现行有关标准的规定。

9.2 施工前检验

9.2.1 施工前应严格对桩位进行检验。

9.2.2 预制桩（混凝土预制桩、钢桩）施工前应进行下列检验：

1 成品桩按选定的标准图或设计图制作，现场应对其外观质量及桩身混凝土强度进行检验；

2 应对接桩用焊条、压桩用压力表等材料和设备进行检验。

9.2.3 灌注桩施工前应进行下列检验：

1 混凝土拌制应对原材料质量与计量、混凝土配合比、坍落度、混凝土强度等级等进行检查；

2 钢筋笼制作应对钢筋规格、焊条规格、品种、焊口规格、焊缝长度、焊缝外观和质量、主筋和箍筋的制作偏差等进行检查，钢筋笼制作允许偏差应符合本规范表6.2.5的要求。

9.3 施工检验

9.3.1 预制桩（混凝土预制桩、钢桩）施工过程中应进行下列检验：

1 打入（静压）深度、停锤标准、静压终止压力值及桩身（架）垂直度检查；

2 接桩质量、接桩间歇时间及桩顶完整状况；

3 每米进尺锤击数、最后1.0m进尺锤击数、总锤击数、最后三阵贯入度及桩尖标高等。

9.3.2 灌注桩施工过程中应进行下列检验：

1 灌注混凝土前，应按照本规范第6章有关施工质量要求，对已成孔的中心位置、孔深、孔径、垂直度、孔底沉渣厚度进行检验；

2 应对钢筋笼安放的实际位置等进行检查，并填写相应质量检测、检查记录；

3 干作业条件下成孔后应对大直径桩桩端持力层进行检验。

9.3.3 对于沉管灌注桩施工工序的质量检查宜按本规范第9.1.1~9.3.2条有关项目进行。

9.3.4 对于挤土预制桩和挤土灌注桩，施工过程均应对桩顶和地面土体的竖向和水平位移进行系统观测；若发现异常，应采取复打、复压、引孔、设置排水措施及调整沉桩速率等措施。

9.4 施工后检验

9.4.1 根据不同桩型应按本规范表6.2.4及表7.4.5规定检查成桩桩位偏差。

9.4.2 工程桩应进行承载力和桩身质量检验。

9.4.3 有下列情况之一的桩基工程，应采用静荷载试验对工程桩单桩竖向承载力进行检测，检测数量应根据桩基设计等级、施工前取得试验数据的可靠性因素，按现行行业标准《建筑基桩检测技术规范》JGJ 106确定：

1 工程施工前已进行单桩静载试验，但施工过程变更了工艺参数或施工质量出现异常时；

2 施工前工程未按本规范第5.3.1条规定进行单桩静载试验的工程；

3 地质条件复杂、桩的施工质量可靠性低；

4 采用新桩型或新工艺。

9.4.4 有下列情况之一的桩基工程，可采用高应变动测法对工程桩单桩竖向承载力进行检测：

1 除本规范第9.4.3条规定条件外的桩基；

2 设计等级为甲、乙级的建筑桩基静载试验检测的辅助检测。

9.4.5 桩身质量除对预留混凝土试件进行强度等级检验外，尚应进行现场检测。检测方法可采用可靠的动测法，对于大直径桩还可采取钻芯法、声波透射法；检测数量可根据现行行业标准《建筑基桩检测技术规范》JGJ 106确定。

9.4.6 对专用抗拔桩和对水平承载力有特殊要求的桩基工程，应进行单桩抗拔静载试验和水平静载试验检测。

9.5 基桩及承台工程验收资料

9.5.1 当桩顶设计标高与施工场地标高相近时，基桩的验收应待基桩施工完毕后进行；当桩顶设计标高低于施工场地标高时，应待开挖到设计标高后进行验收。

9.5.2 基桩验收应包括下列资料：

1 岩土工程勘察报告、桩基施工图、图纸会审纪要、设计变更单及材料代用通知单等；

2 经审定的施工组织设计、施工方案及执行中的变更单;

3 桩位测量放线图,包括工程桩位线复核签证单;

4 原材料的质量合格和质量鉴定书;

5 半成品如预制桩、钢桩等产品的合格证;

6 施工记录及隐蔽工程验收文件;

7 成桩质量检查报告;

8 单桩承载力检测报告;

9 基坑挖至设计标高的基桩竣工平面图及桩顶标高图;

10 其他必须提供的文件和记录。

9.5.3 承台工程验收时应包括下列资料:

1 承台钢筋、混凝土的施工与检查记录;

2 桩头与承台的锚筋、边桩离承台边缘距离、承台钢筋保护层记录;

3 桩头与承台防水构造及施工质量;

4 承台厚度、长度和宽度的量测记录及外观情况描述等。

9.5.4 承台工程验收除符合本节规定外,尚应符合现行国家标准《混凝土结构工程施工质量验收规范》GB 50204 的规定。

附录A 桩型与成桩工艺选择

A.0.1 桩型与成桩工艺应根据建筑结构类型、荷载性质、桩的使用功能、穿越土层、桩端持力层、地下水位、施工设备、施工环境、施工经验、制桩材料供应等条件选择。可按表 A.0.1 进行。

表 A.0.1 桩型与成桩工艺选择

桩类			桩径 桩身(mm)	桩径 扩底端(mm)	最大桩长(m)	穿越土层 一般黏性土及其填土	淤泥和淤泥质土	粉土	砂土	碎石土	季节性冻土膨胀土	黄土 非自重湿陷性黄土	黄土 自重湿陷性黄土	中间有硬夹层	中间有砂夹层	中间有砾石夹层	桩端进入持力层 硬黏性土	密实砂土	碎石土	软质岩石和风化岩石	地下水位 以上	以下	对环境影响 振动和噪声	排浆	孔底有无挤密
非挤土成桩	干作业法	长螺旋钻孔灌注桩	300~800	—	28	○	×	○	△	×	○	○	△	×	△	×	○	○	△	△	○	×	无	无	无
		短螺旋钻孔灌注桩	300~800	—	20	○	×	○	△	×	○	○	△	×	△	×	○	○	△	△	○	×	无	无	无
		钻孔扩底灌注桩	300~600	800~1200	30	○	×	○	△	×	○	○	△	×	△	×	○	○	△	△	○	×	无	无	无
		机动洛阳铲成孔灌注桩	300~500	—	20	○	×	△	×	×	○	○	△	×	△	×	○	△	×	△	○	×	无	无	无
		人工挖孔扩底灌注桩	800~2000	1600~3000	30	○	×	△	△	△	○	○	△	△	△	△	○	△	△	△	○	×	无	无	无
	泥浆护壁法	潜水钻成孔灌注桩	500~800	—	50	○	○	○	○	△	○	○	○	△	○	△	○	○	△	△	○	○	无	有	无
		反循环钻成孔灌注桩	600~1200	—	80	○	○	○	○	△	○	○	○	△	○	△	○	○	○	△	○	○	无	有	无
		正循环钻成孔灌注桩	600~1200	—	80	○	○	○	○	△	○	○	○	△	○	△	○	○	△	△	○	○	无	有	无
		旋挖成孔灌注桩	600~1200	—	60	○	△	○	○	△	○	○	○	△	○	△	○	○	△	△	○	○	无	有	无
		钻孔扩底灌注桩	600~1200	1000~1600	30	○	△	○	○	△	○	○	○	△	○	△	○	○	△	△	○	○	无	有	无
	套管护壁	贝诺托灌注桩	800~1600	—	50	○	○	○	○	△	○	○	○	△	○	△	○	○	△	△	○	○	无	无	无
		短螺旋钻孔灌注桩	300~800	—	20	○	○	○	△	×	○	○	△	×	△	×	○	○	△	△	○	○	无	无	无
部分挤土成桩	灌注桩	冲击成孔灌注桩	600~1200	—	50	○	△	○	○	○	○	○	△	×	×	△	○	○	○	△	○	○	有	有	无
		长螺旋钻孔压灌桩	300~800	—	25	○	△	○	○	△	○	○	△	△	△	△	○	○	△	△	○	△	无	无	无
		钻孔挤扩多支盘桩	700~900	1200~1600	40	○	○	○	△	×	○	○	△	△	△	△	○	△	△	×	○	△	无	有	无

续表 A.0.1

桩 类			桩径		最大桩长(m)	穿越土层											桩端进入持力层				地下水位		对环境影响		孔底有无挤密
			桩身(mm)	扩底端(mm)		一般黏性土及其填土	淤泥和淤泥质土	粉土	砂土	碎石土	季节性冻土膨胀土	非自重湿陷性黄土	自重湿陷性黄土	中间有硬夹层	中间有砂石夹层	中间有砾石夹层	硬黏性土	密实砂土	碎石土	软质岩石和风化岩石	以上	以下	振动和噪声	排浆	
部分挤土成桩	预制桩	预钻孔打入式预制桩	500	—	50	○	○	○	△	×	○	○	○	○	○	△	○	△	△	△	○	○	有	无	有
		静压混凝土(预应力混凝土)敞口管桩	800	—	60	○	○	○	△	×	△	○	○	○	△	○	△	△	△	△	○	○	无	无	有
		H型钢桩	规格	—	80	○	○	○	△	△	△	○	○	○	△	○	△	△	△	△	○	○	有	无	无
		敞口钢管桩	600～900	—	80	○	○	○	△	△	△	○	○	○	△	○	△	△	△	△	○	○	有	无	有
挤土成桩	灌注桩	内夯沉管灌注桩	325,377	460～700	25	○	○	○	△	△	○	○	○	△	○	△	△	○	△	×	○	○	有	无	无
	预制桩	打入式混凝土预制桩闭口钢管桩、混凝土管桩	500×500 1000	—	60	○	○	△	△	△	○	○	○	△	○	△	△	○	△	×	○	○	无	无	有
		静压桩	1000	—	60	○	○	△	△	△	○	○	○	△	○	△	△	○	△	×	○	○	无	无	有

注：表中符号○表示比较合适；△表示有可能采用；×表示不宜采用。

附录 B 预应力混凝土空心桩基本参数

B.0.1 离心成型的先张法预应力混凝土管桩的基本参数可按表 B.0.1 选用。

表 B.0.1 预应力混凝土管桩的配筋和力学性能

品种	外径 d (mm)	壁厚 t (mm)	单节桩长 (m)	混凝土强度等级	型号	预应力钢筋	螺旋筋规格	混凝土有效预压应力 (MPa)	抗裂弯矩检验值 M_{cr} (kN·m)	极限弯矩检验值 M_u (kN·m)	桩身竖向承载力设计值 R_p (kN)	理论质量 (kg/m)
预应力高强混凝土管桩(PHC)	300	70	≤11	C80	A	6φ7.1	φb4	3.8	23	34	1410	131
					AB	6φ9.0		5.3	28	45		
					B	8φ9.0		7.2	33	59		
					C	8φ10.7		9.3	38	76		
	400	95	≤12	C80	A	10φ7.1	φb4	3.6	52	77	2550	249
					AB	10φ9.0		4.9	63	704		
					B	12φ9.0		6.6	75	135		
					C	12φ10.7		8.5	87	174		
	500	100	≤15	C80	A	10φ9.0	φb5	3.9	99	148	3570	327
					AB	10φ10.7		5.3	121	200		
					B	13φ10.7		7.2	144	258		
					C	13φ12.6		9.5	166	332		
	500	125	≤15	C80	A	10φ9.0	φb5	3.5	99	148	4190	368
					AB	10φ10.7		4.7	121	200		
					B	13φ10.7		6.2	144	258		
					C	13φ12.6		8.2	166	332		

续表 B.0.1

品种	外径 d (mm)	壁厚 t (mm)	单节桩长 (m)	混凝土强度等级	型号	预应力钢筋	螺旋筋规格	混凝土有效预压应力 (MPa)	抗裂弯矩检验值 M_{cr} (kN·m)	极限弯矩检验值 M_u (kN·m)	桩身竖向承载力设计值 R_p (kN)	理论质量 (kg/m)
预应力高强混凝土管桩(PHC)	550	100	≤15	C80	A	11ϕ9.0	ϕ^b5	3.9	125	188	4020	368
					AB	11ϕ10.7		5.3	154	254		
					B	15ϕ10.7		6.9	182	328		
					C	15ϕ12.6		9.2	211	422		
	550	125	≤15	C80	A	11ϕ9.0	ϕ^b5	3.4	125	188	4700	434
					AB	11ϕ10.7		4.7	154	254		
					B	15ϕ10.7		6.1	182	328		
					C	15ϕ12.6		7.9	211	422		
	600	110	≤15	C80	A	13ϕ9.0	ϕ^b5	3.9	164	246	4810	440
					AB	13ϕ10.7		5.5	201	332		
					B	17ϕ10.7		7	239	430		
					C	17ϕ12.6		9.1	276	552		
	600	130	≤15	C80	A	13ϕ9.0	ϕ^b5	3.5	164	246	5440	499
					AB	13ϕ10.7		4.8	201	332		
					B	17ϕ10.7		6.2	239	430		
					C	17ϕ12.6		8.2	276	552		
	800	110	≤15	C80	A	15ϕ10.7	ϕ^b6	4.4	367	550	6800	620
					AB	15ϕ12.6		6.1	451	743		
					B	22ϕ12.6		8.2	535	962		
					C	27ϕ12.6		11	619	1238		
	1000	130	≤15	C80	A	22ϕ10.7	ϕ^b6	4.4	689	1030	10080	924
					AB	22ϕ12.6		6	845	1394		
					B	30ϕ12.6		8.3	1003	1805		
					C	40ϕ12.6		10.9	1161	2322		
预应力混凝土管桩(PC)	300	70	≤11	C60	A	6ϕ7.1	ϕ^b4	3.8	23	34	1070	131
					AB	6ϕ9.0		5.2	28	45		
					B	8ϕ9.0		7.1	33	59		
					C	8ϕ10.7		9.3	38	76		
	400	95	≤12	C60	A	10ϕ7.1	ϕ^b4	3.7	52	77	1980	249
					AB	10ϕ9.0		5.0	63	104		
					B	13ϕ9.0		6.7	75	135		
					C	13ϕ10.7		9.0	87	174		
	500	100	≤15	C60	A	10ϕ9.0	ϕ^b5	3.9	99	148	2720	327
					AB	10ϕ10.7		5.4	121	200		
					B	14ϕ10.7		7.2	144	258		
					C	14ϕ12.6		9.8	166	332		
	550	100	≤15	C60	A	11ϕ9.0	ϕ^b5	3.9	125	188	3060	368
					AB	11ϕ10.7		5.4	154	254		
					B	15ϕ10.7		7.2	182	328		
					C	15ϕ12.6		9.7	211	422		
	600	110	≤15	C60	A	13ϕ9.0	ϕ^b5	3.9	164	246	3680	440
					AB	13ϕ10.7		5.4	201	332		
					B	18ϕ10.7		7.2	239	430		
					C	18ϕ12.6		9.8	276	552		

B.0.2 离心成型的先张法预应力混凝土空心方桩的基本参数可按表 B.0.2 选用。

表 B.0.2 预应力混凝土空心方桩的配筋和力学性能

品种	边长 b (mm)	内径 d_l (mm)	单节桩长 (m)	混凝土强度等级	预应力钢筋	螺旋筋规格	混凝土有效预压应力 (MPa)	抗裂弯矩 M_{cr} (kN·m)	极限弯矩 M_u (kN·m)	桩身竖向承载力设计值 R_p (kN)	理论质量 (kg/m)
预应力高强混凝土空心方桩 (PHS)	300	160	≤12	C80	8ϕ^D7.1	ϕ^b4	3.7	37	48	1880	185
					8ϕ^D9.0	ϕ^b4	5.9	48	77		
	350	190	≤12	C80	8ϕ^D9.0	ϕ^b4	4.4	66	93	2535	245
	400	250	≤14	C80	8ϕ^D9.0	ϕ^b4	3.8	88	110	2985	290
					8ϕ^D10.7	ϕ^b4	5.3	102	155		
	450	250	≤15	C80	12ϕ^D9.0	ϕ^b5	4.1	135	185	4130	400
					12ϕ^D10.7	ϕ^b5	5.7	160	261		
					12ϕ^D12.6	ϕ^b5	7.9	190	352		
	500	300	≤15	C80	12ϕ^D9.0	ϕ^b5	3.5	170	210	4830	470
					12ϕ^D10.7	ϕ^b5	4.9	198	295		
					12ϕ^D12.6	ϕ^b5	6.8	234	406		
	550	350	≤15	C80	16ϕ^D9.0	ϕ^b5	4.1	237	310	5550	535
					16ϕ^D10.7	ϕ^b5	5.7	278	440		
					16ϕ^D12.6	ϕ^b5	7.8	331	582		
	600	380	≤15	C80	20ϕ^D9.0	ϕ^b5	4.2	315	430	6640	645
					20ϕ^D10.7	ϕ^b5	5.9	370	596		
					20ϕ^D12.6	ϕ^b5	8.1	440	782		
预应力混凝土空心方桩 (PS)	300	160	≤12	C60	8ϕ^D7.1	ϕ^b4	3.7	35	48	1440	185
					8ϕ^D9.0	ϕ^b4	5.9	46	77		
	350	190	≤12	C60	8ϕ^D9.0	ϕ^b4	4.4	63	93	1940	245
	400	250	≤14	C60	8ϕ^D9.0	ϕ^b4	3.8	85	110	2285	290
					8ϕ^D10.7	ϕ^b4	5.3	99	155		
	450	250	≤15	C60	12ϕ^D9.0	ϕ^b5	4.1	129	185	3160	400
					12ϕ^D10.7	ϕ^b5	5.7	152	256		
					12ϕ^D12.6	ϕ^b5	7.8	182	331		
	500	300	≤15	C60	12ϕ^D9.0	ϕ^b5	3.5	163	210	3700	470
					12ϕ^D10.7	ϕ^b5	4.9	189	295		
					12ϕ^D12.6	ϕ^b5	6.7	223	388		
	550	350	≤15	C60	16ϕ^D9.0	ϕ^b5	4.1	225	310	4250	535
					16ϕ^D10.7	ϕ^b5	5.6	266	426		
					16ϕ^D12.6	ϕ^b5	7.7	317	558		
	600	380	≤15	C60	20ϕ^D9.0	ϕ^b5	4.2	300	430	5085	645
					20ϕ^D10.7	ϕ^b5	5.9	355	576		
					20ϕ^D12.6	ϕ^b5	8.0	425	735		

附录 C 考虑承台(包括地下墙体)、基桩协同工作和土的弹性抗力作用计算受水平荷载的桩基

C.0.1 基本假定:

1 将土体视为弹性介质,其水平抗力系数随深度线性增加(m法),地面处为零。

对于低承台桩基,在计算桩基时,假定桩顶标高处的水平抗力系数为零并随深度增长。

2 在水平力和竖向压力作用下,基桩、承台、地下墙体表面上任一点的接触应力(法向弹性抗力)与该点的法向位移 δ 成正比。

3 忽略桩身、承台、地下墙体侧面与土之间的黏着力和摩擦力对抵抗水平力的作用。

4 按复合桩基设计时,即符合本规范第5.2.5条规定,可考虑承台底土的竖向抗力和水平摩阻力。

5 桩顶与承台刚性连接(固接),承台的刚度视为无穷大。因此,只有当承台的刚度较大,或由于上部结构与承台的协同作用使承台的刚度得到增强的情况下,才适于采用此种方法计算。

计算中考虑土的弹性抗力时,要注意土体的稳定性。

C.0.2 基本计算参数:

1 地基土水平抗力系数的比例系数 m,其值按本规范第5.7.5条规定采用。

当基桩侧面为几种土层组成时,应求得主要影响深度

$h_m = 2(d+1)$ 米范围内的 m 值作为计算值(见图 C.0.2)。

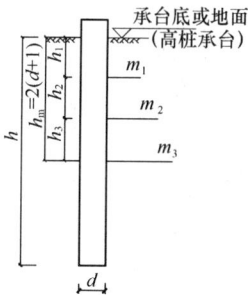

图 C.0.2

当 h_m 深度内存在两层不同土时:

$$m = \frac{m_1 h_1^2 + m_2(2h_1 + h_2)h_2}{h_m^2} \quad (C.0.2\text{-}1)$$

当 h_m 深度内存在三层不同土时:

$$m = \frac{m_1 h_1^2 + m_2(2h_1 + h_2)h_2 + m_3(2h_1 + 2h_2 + h_3)h_3}{h_m^2}$$

$$(C.0.2\text{-}2)$$

2 承台侧面地基土水平抗力系数 C_n:

$$C_n = m \cdot h_n \quad (C.0.2\text{-}3)$$

式中 m——承台埋深范围地基土的水平抗力系数的比例系数(MN/m⁴);

h_n——承台埋深(m)。

3 地基土竖向抗力系数 C_0、C_b 和地基土竖向抗力系数的比例系数 m_0:

1)桩底面地基土竖向抗力系数 C_0

$$C_0 = m_0 h \quad (C.0.2\text{-}4)$$

式中 m_0——桩底面地基土竖向抗力系数的比例系数(MN/m⁴),近似取 $m_0 = m$;

h——桩的入土深度(m),当 h 小于10m时,按10m计算。

2)承台底地基土竖向抗力系数 C_b

$$C_b = m_0 h_n \eta_c \quad (C.0.2\text{-}5)$$

式中 h_n——承台埋深(m),当 h_n 小于1m时,按1m计算;

η_c——承台效应系数,按本规范第5.2.5条确定。

不随岩层埋深而增长,其值按表 C.0.2采用。

表 C.0.2 岩石地基竖向抗力系数 C_R

岩石饱和单轴抗压强度标准值 f_{rk}(kPa)	C_R(MN/m³)
1000	300
≥25000	15000

注:f_{rk} 为表列数值的中间值时,C_R 采用插入法确定。

4 岩石地基的竖向抗力系数 C_R

5 桩身抗弯刚度 EI:按本规范第5.7.2条第6款的规定计算确定。

6 桩身轴向压力传递系数 ξ_N:

$$\xi_N = 0.5 \sim 1.0$$

摩擦型桩取小值,端承型桩取大值。

7 地基土与承台底之间的摩擦系数 μ,按本规范表5.7.3-2取值。

C.0.3 计算公式:

1 单桩基础或垂直于外力作用平面的单排桩基础,见表 C.0.3-1。

2 位于(或平行于)外力作用平面的单排(或多排)桩低承台桩基,见表 C.0.3-2。

3 位于(或平行于)外力作用平面的单排(或多排)桩高承台桩基,见表 C.0.3-3。

C.0.4 确定地震作用下桩基计算参数和图式的几个问题:

1 当承台底面以上土层为液化层时,不考虑承台侧面土体的弹性抗力和承台底土的竖向弹性抗力与摩阻力,此时,令 $C_n = C_b = 0$,可按表 C.0.3-3高承台公式计算。

2 当承台底面以上为非液化层,而承台底面与承台底面下土体可能发生脱离时(承台底面以下有欠固结、自重湿陷、震陷、液化土体时),不考虑承台底地基土的竖向弹性抗力和摩阻力,只考虑承台侧面土体的

弹性抗力，宜按表 C.0.3-3 高承台图式进行计算；但计算承台单位变位引起的桩顶、承台、地下墙体的反力和时，应考虑承台和地下墙体侧面土体弹性抗力的影响。可按表 C.0.3-2 的步骤 5 的公式计算($C_b=0$)。

3 当桩顶以下 $2(d+1)$ 米深度内有液化夹层时，其水平抗力系数的比例系数综合计算值 m，系将液化层的 m 值按本规范表 5.3.12 折减后，代入式 (C.0.2-1) 或式 (C.0.2-2) 中计算确定。

表 C.0.3-1　单桩基础或垂直于外力作用平面的单排桩基础

计　算　步　骤				内　　　容	备　　注
1	确定荷载和计算图式				桩底支撑在非岩石类土中或基岩表面
2	确定基本参数			m、EI、α	详见附录 C.0.2
3	求地面处桩身内力		弯距($F \times L$) 水平力(F)	$M_0=\dfrac{M}{n}+\dfrac{H}{n}l_0 \quad H_0=\dfrac{H}{n}$	n——单排桩的桩数；低承台桩时，令 $l_0=0$
4	求单位力作用于桩身地面处，桩身在该处产生的变位	$H_0=1$ 作用时	水平位移($F^{-1} \times L$)	$\delta_{HH}=\dfrac{1}{\alpha^3 EI}\times\dfrac{(B_3D_4-B_4D_3)+K_h(B_2D_4-B_4D_2)}{(A_3B_4-A_4B_3)+K_h(A_2B_4-A_4B_2)}$	桩底支承于非岩石类土中，且当 $h \geqslant 2.5/\alpha$，可令 $K_h=0$；桩底支承于基岩面上，且当 $h \geqslant 3.5/\alpha$，可令 $K_h=0$。K_h 计算见本表注③。系数 A_1 …… D_4、A_f、B_f、C_f 根据 $\overline{h}=\alpha h$ 查表 C.0.3-4 中相应 $\overline{h}$ 的值确定
			转角(F^{-1})	$\delta_{MH}=\dfrac{1}{\alpha^2 EI}\times\dfrac{(A_3D_4-A_4D_3)+K_h(A_2D_4-A_4D_2)}{(A_3B_4-A_4B_3)+K_h(A_2B_4-A_4B_2)}$	
		$M_0=1$ 作用时	水平位移(F^{-1})	$\delta_{HM}=\delta_{MH}$	
			转角($F^{-1} \times L^{-1}$)	$\delta_{MM}=\dfrac{1}{\alpha EI}\times\dfrac{(A_3C_4-A_4C_3)+K_h(A_2C_4-A_4C_2)}{(A_3B_4-A_4B_3)+K_h(A_2B_4-A_4B_2)}$	
5	求地面处桩身的变位		水平位移(L)转角(弧度)	$x_0=H_0\delta_{HH}+M_0\delta_{HM}$ $\varphi_0=-(H_0\delta_{MH}+M_0\delta_{MM})$	
6	求地面以下任一深度的桩身内力		弯距($F \times L$) 水平力(F)	$M_y=\alpha^2 EI\left(x_0A_3+\dfrac{\varphi_0}{\alpha}B_3+\dfrac{M_0}{\alpha^2 EI}C_3+\dfrac{H_0}{\alpha^3 EI}D_3\right)$ $H_y=\alpha^3 EI\left(x_0A_4+\dfrac{\varphi_0}{\alpha}B_4+\dfrac{M_0}{\alpha^2 EI}C_4+\dfrac{H_0}{\alpha^3 EI}D_4\right)$	
7	求桩顶水平位移		(L)	$\Delta=x_0-\varphi_0 l_0+\Delta_0$ 其中 $\Delta_0=\dfrac{Hl_0^3}{3nEI}+\dfrac{Ml_0^2}{2nEI}$	
8	求桩身最大弯距及其位置		最大弯距位置(L)	由 $\dfrac{\alpha M_0}{H_0}=C_I$ 查表 C.0.3-5 得相应的 αy，$y_{M max}=\dfrac{\alpha y}{\alpha}$	C_I、D_{II} 查表 C.0.3-5
			最大弯距($F \times L$)	$M_{max}=H_0/D_{II}$	

注：1　δ_{HH}、δ_{MH}、δ_{HM}、δ_{MM} 的图示意义：
　　2　当桩底嵌固于基岩中时，δ_{HH}……δ_{MM} 按下列公式计算：
$$\delta_{HH}=\frac{1}{\alpha^3 EI}\times\frac{B_2D_1-B_1D_2}{A_2B_1-A_1B_2};\quad \delta_{MH}=\frac{1}{\alpha^2 EI}\times\frac{A_2D_1-A_1D_2}{A_2B_1-A_1B_2};$$
$$\delta_{HM}=\delta_{MH}$$
$$\delta_{MM}=\frac{1}{\alpha EI}\times\frac{A_2C_1-A_1C_2}{A_2B_1-A_1B_2};$$

(a) 桩端支承在非岩石类土中或基岩表面　　(b) 桩端嵌固于基岩中

　　3　系数 K_h　　$K_h=\dfrac{C_0 I_0}{\alpha EI}$
　　　　式中：C_0、α、E、I——详见附录 C.0.2；
　　　　　　　　I_0——桩底截面惯性矩；对于非扩底
　　　　　　　　　　$I_0=I$。
　　4　表中 F、L 分别为表示力、长度的量纲。

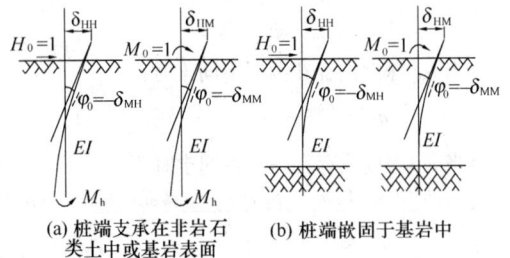

表 C.0.3-2　位于(或平行于)外力作用平面的单排(或多排)桩低承台桩基

计　算　步　骤				内　　容	备　　注
1	确定荷载和计算图式				坐标原点应选在桩群对称点上或重心上
2	确定基本计算参数			m、m_0、EI、α、ξ_N、C_0、C_b、μ	详见附录 C.0.2
3	求单位力作用于桩顶时，桩顶产生的变位	$H=1$作用时	水平位移($F^{-1}\times L$)	δ_{HH}	公式同表 C.0.3-1 中步骤 4，且 $K_h=0$；当桩底嵌入基岩中时，应按表 C.0.3-1 注 2 计算。
			转角(F^{-1})	δ_{MH}	
		$M=1$作用时	水平位移(F^{-1})	$\delta_{HM}=\delta_{MH}$	
			转角($F^{-1}\times L^{-1}$)	δ_{MM}	
4	求桩顶发生单位变位时，在桩顶引起的内力	发生单位竖向位移时	轴向力($F\times L^{-1}$)	$\rho_{NN}=\dfrac{1}{\dfrac{\xi_N h}{EA}+\dfrac{1}{C_0 A_0}}$	ξ_N、C_0、A_0——见附录 C.0.2 E、A——桩身弹性模量和横截面面积
		发生单位水平位移时	水平力($F\times L^{-1}$)	$\rho_{HH}=\dfrac{\delta_{MM}}{\delta_{HH}\delta_{MM}-\delta_{MH}^2}$	
			弯距(F)	$\rho_{MH}=\dfrac{\delta_{MH}}{\delta_{HH}\delta_{MM}-\delta_{MH}^2}$	
		发生单位转角时	水平力(F)	$\rho_{HM}=\rho_{MH}$	
			弯距($F\times L$)	$\rho_{MM}=\dfrac{\delta_{HH}}{\delta_{HH}\delta_{MM}-\delta_{MH}^2}$	
5	求承台发生单位变位时所有桩顶、承台和侧墙引起的反力和	发生单位竖向位移时	竖向反力($F\times L^{-1}$)	$\gamma_{VV}=n\rho_{NN}+C_b A_b$	$B_0=B+1$ B——垂直于力作用面方向的承台宽； A_b、I_b、F^c、S^c 和 I^c——详见本表附注 3、4 n——基桩数 x_i——坐标原点至各桩的距离 K_i——第 i 排桩的桩数
			水平反力($F\times L^{-1}$)	$\gamma_{UV}=\mu C_b A_b$	
		发生单位水平位移时	水平反力($F\times L^{-1}$)	$\gamma_{UU}=n\rho_{HH}+B_0 F^c$	
			反弯距(F)	$\gamma_{\beta U}=-n\rho_{MH}+B_0 S^c$	
		发生单位转角时	水平反力(F)	$\gamma_{U\beta}=\gamma_{\beta U}$	
			反弯距($F\times L$)	$\gamma_{\beta\beta}=n\rho_{MM}+\rho_{NN}\Sigma K_i x_i^2+B_0 I^c+C_b I^c$	
6	求承台变位		竖向位移(L)	$V=\dfrac{(N+G)}{\gamma_{VV}}$	
			水平位移(L)	$U=\dfrac{\gamma_{\beta\beta}H-\gamma_{U\beta}M}{\gamma_{UU}\gamma_{\beta\beta}-\gamma_{U\beta}^2}-\dfrac{(N+G)\gamma_{UV}\gamma_{\beta\beta}}{\gamma_{VV}(\gamma_{UU}\gamma_{\beta\beta}-\gamma_{U\beta}^2)}$	
			转角(弧度)	$\beta=\dfrac{\gamma_{UU}M-\gamma_{U\beta}H}{\gamma_{UU}\gamma_{\beta\beta}-\gamma_{U\beta}^2}+\dfrac{(N+G)\gamma_{UV}\gamma_{U\beta}}{\gamma_{VV}(\gamma_{UU}\gamma_{\beta\beta}-\gamma_{U\beta}^2)}$	
7	求任一基桩桩顶内力		轴向力(F)	$N_{0i}=(V+\beta\cdot x_i)\rho_{NN}$	x_i 在原点以右取正，以左取负
			水平力(F)	$H_{0i}=U\rho_{HH}-\beta\rho_{HM}$	
			弯距($F\times L$)	$M_{0i}=\beta\rho_{MM}-U\rho_{MH}$	
8	求任一深度桩身弯距		弯距($F\times L$)	$M_y=\alpha^2 EI$ $\times\left(UA_3+\dfrac{\beta}{\alpha}B_3+\dfrac{M_0}{\alpha^2 EI}C_3+\dfrac{H_0}{\alpha^3 EI}D_3\right)$	A_3、B_3、C_3、D_3 查表 C.0.3-4，当桩身变截面配筋时作该项计算

	计 算 步 骤		内　容	备　注
9	求任一基桩桩身最大弯距及其位置	最大弯矩位置（L）	y_{Mmax}	计算公式同表 C.0.3-1
		最大弯距（F×L）	M_{max}	
10	求承台和侧墙的弹性抗力	水平抗力（F）	$H_E = UB_0F^c + \beta B_0 S^c$	10、11、12项为非必算内容
		反弯距（F×L）	$M_E = UB_0S^c + \beta B_0 I^c$	
11	求承台底地基土的弹性抗力和摩阻力	竖向抗力（F）	$N_b = VC_b A_b$	
		水平抗力（F）	$H_b = \mu N_b$	
		反弯距（F×L）	$M_b = \beta C_b I_b$	
12	校核水平力的计算结果		$\sum H_i + H_E + H_b = H$	

注：1　ρ_{NN}、ρ_{HH}、ρ_{MH}、ρ_{HM} 和 ρ_{MM} 的图示意义：

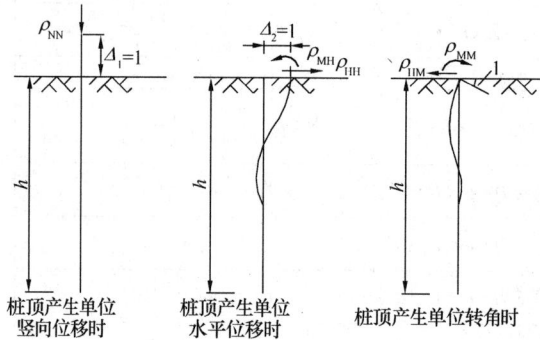

桩顶产生单位竖向位移时　　桩顶产生单位水平位移时　　桩顶产生单位转角时

2　A_0——单桩桩底压力分布面积，对于端承型桩，A_0 为单桩的底面积，对于摩擦型桩，取下列二公式计算值之较小者：

$$A_0 = \pi \left(h\,\mathrm{tg}\,\frac{\varphi_m}{4} + \frac{d}{2} \right)^2 \qquad A_0 = \frac{\pi}{4}s^2$$

式中　h——桩入土深度；

φ_m——桩周各土层内摩擦角的加权平均值；

d——桩的设计直径；

s——桩的中心距。

3　F^c、S^c、I^c——承台底面以上侧向水平抗力系数 C 图形的面积、对于底面的面积矩、惯性矩：

$$F^c = \frac{C_n h_n}{2}$$

$$S^c = \frac{C_n h_n^2}{6}$$

$$I^c = \frac{C_n h_n^3}{12}$$

4　A_b、I_b——承台底与地基土的接触面积、惯性矩：

$$A_b = F - nA$$

$$I_b = I_F - \sum A K_i x_i^2$$

式中　F——承台底面积；

nA——各基桩桩顶横截面积和。

表 C.0.3-3　位于(或平行于)外力作用平面的单排(或多排)桩高承台桩基

计 算 步 骤				内　　容	备　　注
1	确定荷载和计算图式				坐标原点应选在桩群对称点上或重心上
2	确定基本计算参数			m、m_0、EI、α、ξ_N、C_0	详见附录 C.0.2
3	求单位力作用于桩身地面处，桩身在该处产生的变位			δ_{HH}、δ_{MH}、δ_{HM}、δ_{MM}	公式同表 C.0.3-2
4	求单位力作用于桩顶时，桩顶产生的变位	$H_i=1$ 作用时	水平位移 $(F^{-1}\times L)$	$\delta'_{HH}=\dfrac{l_0^3}{3EI}+\sigma_{mm}l_0^2+2\delta_{MH}l_0+\delta_{HH}$	
			转角 (F^{-1})	$\delta'_{HM}=\dfrac{l_0^2}{2EI}+\delta_{MM}l_0+\delta_{MH}$	
		$M_i=1$ 作用时	水平位移 (F^{-1})	$\delta'_{HM}=\delta'_{MH}$	
			转角 $(F^{-1}\times L^{-1})$	$\delta'_{MM}=\dfrac{l_0}{EI}+\delta_{MM}$	
5	求桩顶发生单位变位时，桩顶引起的内力	发生单位竖向位移时	轴向力 $(F\times L^{-1})$	$\rho_{NN}=\dfrac{1}{\dfrac{l_0+\zeta_N h}{EA}+\dfrac{1}{C_0 A_0}}$	
		发生单位水平位移时	水平力 $(F\times L^{-1})$	$\rho_{HH}=\dfrac{\delta'_{MM}}{\delta'_{HH}\delta'_{MM}-\delta'^2_{MH}}$	
			弯距 (F)	$\rho_{MH}=\dfrac{\delta'_{MH}}{\delta'_{HH}\delta'_{MM}-\delta'^2_{MH}}$	
		发生单位转角时	水平力 (F)	$\rho_{HM}=\rho_{MH}$	
			弯距 $(F\times L)$	$\rho_{MM}=\dfrac{\delta'_{HH}}{\delta'_{HH}\delta'_{MM}-\delta'^2_{MH}}$	
6	求承台发生单位变位时，所有桩顶引起的反力和	发生单位竖向位移时	竖向反力 $(F\times L^{-1})$	$\gamma_{VV}=n\rho_{NN}$	n——基桩数 x_i——坐标原点至各桩的距离 K_i——第 i 排桩的根数
		发生单位水平位移时	水平反力 $(F\times L^{-1})$	$\gamma_{UU}=n\rho_{HH}$	
			反弯距 (F)	$\gamma_{\beta U}=-n\rho_{MH}$	
		发生单位转角时	水平反力 (F)	$\gamma_{U\beta}=\gamma_{\beta U}$	
			反弯距 $(F\times L)$	$\gamma_{\beta\beta}=n\rho_{MM}+\rho_{NN}\Sigma K_i x_i^2$	
7	求承台变位	竖直位移 (L)		$V=\dfrac{N+G}{\gamma_{VV}}$	
		水平位移 (L)		$U=\dfrac{\gamma_{\beta\beta}H-\gamma_{U\beta}M}{\gamma_{UU}\gamma_{\beta\beta}-\gamma^2_{U\beta}}$	
		转角 (弧度)		$\beta=\dfrac{\gamma_{UU}M-\gamma_{U\beta}H}{\gamma_{UU}\gamma_{\beta\beta}-\gamma^2_{U\beta}}$	
8	求任一基桩桩顶内力	竖向力 (F)		$N_i=(V+\beta\cdot x_i)\rho_{NN}$	x_i 在原点 O 以右取正，以左取负
		水平力 (F)		$H_i=u\rho_{HH}-\beta\rho_{HM}=\dfrac{H}{n}$	
		弯距 $(F\times L)$		$M_i=\beta\rho_{MM}-U\rho_{MH}$	

	计 算 步 骤		内 容	备 注
9	求地面处任一基桩桩身截面上的内力	水平力（F）	$H_{0i}=H_i$	
		弯距（F×L）	$M_{0i}=M_i+H_il_0$	
10	求地面处任一基桩桩身的变位	水平位移（L）	$x_{0i}=H_{0i}\delta_{HH}+M_{0i}\delta_{HM}$	
		转角（弧度）	$\varphi_{0i}=-(H_{0i}\delta_{MH}+M_{0i}\delta_{MM})$	
11	求任一基桩地面下任一深度桩身截面内力	弯距（F×L）	$M_{yi}=\alpha^2EI\times$ $\left(x_{0i}A_3+\dfrac{\varphi_{0i}}{\alpha}B_3+\dfrac{M_{0i}}{\alpha^2EI}C_3+\dfrac{H_{0i}}{\alpha^3EI}D_3\right)$	$A_3\cdots\cdots D_4$ 查表 C.0.3-4，当桩身变截面配筋时作该项计算
		水平力（F）	$H_{yi}=\alpha^3EI\times$ $\left(x_{0i}A_4+\dfrac{\varphi_{0i}}{\alpha}B_4+\dfrac{M_{0i}}{\alpha^2EI}C_4+\dfrac{H_{0i}}{\alpha^3EI}D_4\right)$	
12	求任一基桩桩身最大弯距及其位置	最大弯距位置（L）	y_{Mmax}	计算公式同表 C.0.3-1
		最大弯距（F×L）	M_{max}	

表 C.0.3-4 影响函数值表

换算深度 $\bar{h}=\alpha y$	A_3	B_3	C_3	D_3	A_4	B_4	C_4	D_4	B_3D_4 $-B_4D_3$	A_3B_4 $-A_4B_3$	B_2D_4 $-B_4D_2$
0	0.00000	0.00000	1.00000	0.00000	0.00000	0.0000	0.00000	1.00000	0.00000	0.00000	1.00000
0.1	−0.00017	−0.00001	1.00000	0.10000	−0.00500	−0.00033	−0.00001	1.00000	0.00002	0.00000	1.00000
0.2	−0.00133	−0.00013	0.99999	0.20000	−0.02000	−0.00267	−0.00020	0.99999	0.00040	0.00000	1.00004
0.3	−0.00450	−0.00067	0.99994	0.30000	−0.04500	−0.00900	−0.00101	0.99992	0.00203	0.00001	1.00029
0.4	−0.01067	−0.00213	0.99974	0.39998	−0.08000	−0.02133	−0.00320	0.99966	0.00640	0.00006	1.00120
0.5	−0.02083	−0.00521	0.99922	0.49991	−0.12499	−0.04167	−0.00781	0.99896	0.01563	0.00022	1.00365
0.6	−0.03600	−0.01080	0.99806	0.59974	−0.17997	−0.07199	−0.01620	0.99741	0.03240	0.00065	1.00917
0.7	−0.05716	−0.02001	0.99580	0.69935	−0.24490	−0.11433	−0.03001	0.99440	0.06006	0.00163	1.01962
0.8	−0.08532	−0.03412	0.99181	0.79854	−0.31975	−0.17060	−0.05120	0.98908	0.10248	0.00365	1.03824
0.9	−0.12144	−0.05466	0.98524	0.89705	−0.40443	−0.24284	−0.08198	0.98032	0.16426	0.00738	1.06893
1.0	−0.16652	−0.08329	0.97501	0.99445	−0.49881	−0.33298	−0.12493	0.96667	0.25062	0.01390	1.11679
1.1	−0.22152	−0.12192	0.95975	1.09016	−0.60268	−0.44292	−0.18285	0.94634	0.36747	0.02464	1.18823
1.2	−0.28737	−0.17260	0.93783	1.18342	−0.71573	−0.57450	−0.25886	0.91712	0.52158	0.04156	1.29111
1.3	−0.36496	−0.23760	0.90727	1.27320	−0.83753	−0.72950	−0.35631	0.87638	0.72057	0.06724	1.43498
1.4	−0.45515	−0.31933	0.86575	1.35821	−0.96746	−0.90954	−0.47883	0.82102	0.97317	0.10504	1.63125

续表 C.0.3-4

换算深度 $\bar{h}=\alpha y$	A_3	B_3	C_3	D_3	A_4	B_4	C_4	D_4	$B_3D_4-B_4D_3$	$A_3B_4-A_4B_3$	$B_2D_4-B_4D_2$
1.5	−0.55870	−0.42039	0.81054	1.43680	−1.10468	−1.11609	−0.63027	0.74745	1.28938	0.15916	1.89349
1.6	−0.67629	−0.54348	0.73859	1.50695	−1.24808	−1.35042	−0.81466	0.65156	1.68091	0.23497	2.23776
1.7	−0.80848	−0.69144	0.64637	1.56621	−1.39623	−1.61346	−1.03616	0.52871	2.16145	0.33904	2.68296
1.8	−0.95564	−0.86715	0.52997	1.61162	−1.54728	−1.90577	−1.29909	0.37368	2.74734	0.47951	3.25143
1.9	−1.11796	−1.07357	0.38503	1.63969	−1.69889	−2.22745	−1.60770	0.18071	3.45833	0.66632	3.96945
2.0	−1.29535	−1.31361	0.20676	1.64628	−1.84818	−2.57798	−1.96620	−0.05652	4.31831	0.91158	4.86824
2.2	−1.69334	−1.90567	−0.27087	1.57538	−2.12481	−3.35952	−2.84858	−0.69158	6.61044	1.63962	7.36356
2.4	−2.14117	−2.66329	−0.94885	1.35201	−2.33901	−4.22811	−3.97323	−1.59151	9.95510	2.82366	11.13130
2.6	−2.62126	−3.59987	−1.87734	0.91679	−2.43695	−5.14023	−5.35541	−2.82106	14.86800	4.70118	16.74660
2.8	−3.10341	−4.71748	−3.10791	0.19729	−2.34558	−6.02299	−6.99007	−4.44491	22.15710	7.62658	25.06510
3.0	−3.54058	−5.99979	−4.68788	−0.89126	−1.96928	−6.76460	−8.84029	−6.51972	33.08790	12.13530	37.38070
3.5	−3.91921	−9.54367	−10.34040	−5.85402	1.07408	−6.78895	−13.69240	−13.82610	92.20900	36.85800	101.36900
4.0	−1.61428	−11.7307	−17.91860	−15.07550	9.24368	−0.35762	−15.61050	−23.14040	266.06100	109.01200	279.99600

注：表中 y 为桩身计算截面的深度；α 为桩的水平变形系数。

续表 C.0.3-4

换算深度 $\bar{h}=\alpha y$	$A_2B_4-A_4B_2$	$A_3D_4-A_4D_3$	$A_2D_4-A_4D_2$	$A_3C_4-A_4C_3$	$A_2C_4-A_4C_2$	$A_f=\dfrac{B_3D_4-B_4D_3}{A_3B_4-A_4B_3}$	$B_f=\dfrac{A_3D_4-A_4D_3}{A_3B_4-A_4B_3}$	$C_f=\dfrac{A_3C_4-A_4C_3}{A_3B_4-A_4B_3}$	$\dfrac{B_2D_1-B_1D_2}{A_2B_1-A_1B_2}$	$\dfrac{A_2D_1-A_1D_2}{A_2B_1-A_1B_2}$	$\dfrac{A_2C_1-C_2A_1}{A_2B_1-A_1B_2}$
0	0.00000	0.00000	0.00000	0.00000	0.00000	∞	∞	∞	0.00000	0.00000	0.00000
0.1	0.00500	0.00033	0.00003	0.00500	0.00050	1800.00	24000.00	36000.00	0.00033	0.00500	0.10000
0.2	0.02000	0.00267	0.00033	0.02000	0.00400	450.00	3000.000	22500.10	0.00269	0.02000	0.20000
0.3	0.04500	0.00900	0.00169	0.04500	0.01350	200.00	888.898	4444.590	0.00900	0.04500	0.30000
0.4	0.07999	0.02133	0.00533	0.08001	0.03200	112.502	375.017	1406.444	0.02133	0.07999	0.39996
0.5	0.12504	0.04167	0.01302	0.12505	0.06251	72.102	192.214	576.825	0.04165	0.12495	0.49988
0.6	0.18013	0.07203	0.02701	0.18020	0.10804	50.012	111.179	278.134	0.07192	0.17893	0.59962
0.7	0.24535	0.11443	0.05004	0.24559	0.17161	36.740	70.001	150.236	0.11406	0.24448	0.69902
0.8	0.32091	0.17094	0.03539	0.32150	0.25632	28.108	46.884	88.179	0.16985	0.31867	0.79783
0.9	0.40709	0.24374	0.13685	0.40842	0.36533	22.245	33.009	55.312	0.24092	0.40199	0.89562
1.0	0.50436	0.33507	0.20873	0.50714	0.50194	18.028	24.102	36.480	0.32855	0.49374	0.99179
1.1	0.61351	0.44739	0.30600	0.61893	0.66965	14.915	18.160	25.122	0.43351	0.59294	1.08560
1.2	0.73565	0.58346	0.43412	0.74562	0.87232	12.550	14.039	17.941	0.55589	0.69811	1.17605
1.3	0.87244	0.74650	0.59910	0.88991	1.11429	10.716	11.102	13.235	0.69488	0.80737	1.26199
1.4	1.02612	0.94032	0.80887	1.05550	1.40059	9.265	8.952	10.049	0.84855	0.91831	1.34213

换算深度 $\bar{h}=\alpha y$	A_2B_4 $-A_4B_2$	A_3D_4 $-A_4D_3$	A_2D_4 $-A_4D_2$	A_3C_4 $-A_4C_3$	A_2C_4 $-A_4C_2$	$A_f=$ $\dfrac{B_3D_4-B_4D_3}{A_3B_4-A_4B_3}$	$B_f=$ $\dfrac{A_3D_4-A_4D_3}{A_3B_4-A_4B_3}$	$C_f=$ $\dfrac{A_3C_4-A_4C_3}{A_3B_4-A_4B_3}$	$\dfrac{B_2D_1-B_1D_2}{A_2B_1-A_1B_2}$	$\dfrac{A_2D_1-A_1D_2}{A_2B_1-A_1B_2}$	$\dfrac{A_2C_1-C_2A_1}{A_2B_1-A_1B_2}$
1.5	1.19981	1.16960	1.07061	1.24752	1.73720	8.101	7.349	7.838	1.01382	1.02816	1.41516
1.6	1.39771	1.44015	1.39379	1.47277	2.13135	7.154	6.129	6.268	1.18632	1.13380	1.47990
1.7	1.62522	1.75934	1.78918	1.74019	2.59200	6.375	5.189	5.133	1.36088	1.23219	1.53540
1.8	1.88946	2.13653	2.26933	2.06147	3.13039	5.730	4.456	4.300	1.53179	1.32058	1.58115
1.9	2.19944	2.58362	2.84909	2.45147	3.76049	5.190	3.878	3.680	1.69343	1.39688	1.61718
2.0	2.56664	3.11583	3.54638	2.92905	4.49999	4.737	3.418	3.213	1.84091	1.43979	1.64405
2.2	3.53366	4.51846	5.38469	4.24806	6.40196	4.032	2.756	2.591	2.08041	1.54549	1.67490
2.4	4.95288	6.57004	8.02219	6.28800	9.09220	3.526	2.327	2.227	2.23974	1.58566	1.68520
2.6	7.07178	9.62890	11.82060	9.46294	12.97190	3.161	2.048	2.013	2.32965	1.59617	1.68665
2.8	10.26420	14.25710	17.33620	14.40320	18.66360	2.905	1.869	1.889	2.37119	1.59262	1.68717
3.0	15.09220	21.32850	25.42750	22.06800	27.12570	2.727	1.758	1.818	2.38547	1.58606	1.69051
3.5	41.01820	60.47600	67.49820	64.76960	72.04850	2.502	1.641	1.757	2.38891	1.58435	1.71100
4.0	114.7220	176.7060	185.9960	190.8340	200.0470	2.441	1.625	1.751	2.40074	1.59979	1.73218

表 C.0.3-5　桩身最大弯距截面系数 C_I、最大弯距系数 D_{II}

换算深度 $\bar{h}=\alpha y$	C_I						D_{II}					
	$\alpha h=4.0$	$\alpha h=3.5$	$\alpha h=3.0$	$\alpha h=2.8$	$\alpha h=2.6$	$\alpha h=2.4$	$\alpha h=4.0$	$\alpha h=3.5$	$\alpha h=3.0$	$\alpha h=2.8$	$\alpha h=2.6$	$\alpha h=2.4$
0.0	∞	∞	∞	∞	∞	∞	∞	∞	∞	∞	∞	∞
0.1	131.252	129.489	120.507	112.954	102.805	90.196	131.250	129.551	120.515	113.017	102.839	90.226
0.2	34.186	33.699	31.158	29.090	26.326	22.939	34.315	33.818	31.282	29.218	26.451	23.065
0.3	15.544	15.282	14.013	13.003	11.671	10.064	15.738	15.476	14.206	13.197	11.864	10.258
0.4	8.781	8.605	7.799	7.176	6.368	5.409	9.039	8.862	8.057	7.434	6.625	5.667
0.5	5.539	5.403	4.821	4.385	3.829	3.183	5.855	5.720	5.138	4.702	4.147	3.502
0.6	3.710	3.597	3.141	2.811	2.400	1.931	4.086	3.973	3.519	3.189	2.778	2.310
0.7	2.566	2.465	2.089	1.826	1.506	1.150	2.999	2.899	2.525	2.263	1.943	1.587
0.8	1.791	1.699	1.377	1.160	0.902	0.623	2.282	2.191	1.871	1.655	1.398	1.119
0.9	1.238	1.151	0.867	0.683	0.471	0.248	1.784	1.698	1.417	1.235	1.024	0.800
1.0	0.824	0.740	0.484	0.327	0.149	−0.032	1.425	1.342	1.091	0.934	0.758	0.577
1.1	0.503	0.420	0.187	0.049	−0.100	−0.247	1.157	1.077	0.848	0.713	0.564	0.416
1.2	0.246	0.163	−0.052	−0.172	−0.299	−0.418	0.952	0.873	0.664	0.546	0.420	0.299
1.3	0.034	−0.049	−0.249	−0.355	−0.465	−0.557	0.792	0.714	0.522	0.418	0.311	0.212
1.4	−0.145	−0.229	−0.416	−0.508	−0.597	−0.672	0.666	0.588	0.410	0.319	0.229	0.148
1.5	−0.299	−0.384	−0.559	−0.639	−0.712	−0.769	0.563	0.486	0.321	0.241	0.166	0.101

续表 C.0.3-5

换算深度 $\bar{h}=\alpha y$	C_I						D_{II}					
	$\alpha h=4.0$	$\alpha h=3.5$	$\alpha h=3.0$	$\alpha h=2.8$	$\alpha h=2.6$	$\alpha h=2.4$	$\alpha h=4.0$	$\alpha h=3.5$	$\alpha h=3.0$	$\alpha h=2.8$	$\alpha h=2.6$	$\alpha h=2.4$
1.6	−0.434	−0.521	−0.634	−0.753	−0.812	−0.853	0.480	0.402	0.250	0.181	0.118	0.067
1.7	−0.555	−0.645	−0.796	−0.854	−0.898	−0.025	0.411	0.333	0.193	0.134	0.082	0.043
1.8	−0.665	−0.756	−0.896	−0.943	−0.975	−0.987	0.353	0.276	0.147	0.097	0.055	0.026
1.9	−0.768	−0.862	−0.988	−1.024	−1.043	−1.043	0.304	0.227	0.110	0.068	0.035	0.014
2.0	−0.865	−0.961	−1.073	−1.098	−1.105	−1.092	0.263	0.186	0.081	0.046	0.022	0.007
2.2	−1.048	−1.148	−1.225	−1.227	−1.210	−1.176	0.196	0.122	0.040	0.019	0.006	0.001
2.4	−1.230	−1.328	−1.360	−1.338	−1.299	0	0.145	0.075	0.016	0.005	0.001	0
2.6	−1.420	−1.507	−1.482	−1.434	0		0.106	0.043	0.005	0.001	0	
2.8	−1.635	−1.692	−1.593	0			0.074	0.021	0.001	0		
3.0	−1.893	−1.886	0				0.049	0.008	0			
3.5	−2.994	0					0.010	0				
4.0	0						0					

注：表中 α 为桩的水平变形系数；y 为桩身计算截面的深度；h 为桩长。当 $\alpha h > 4.0$ 时，按 $\alpha h=4.0$ 计算。

附录 D Boussinesq(布辛奈斯克)解的附加应力系数 α、平均附加应力系数 $\bar{\alpha}$

D.0.1 矩形面积上均布荷载作用下角点的附加应力系数 α、平均附加应力系数 $\bar{\alpha}$ 应按表 D.0.1-1、D.0.1-2 确定。

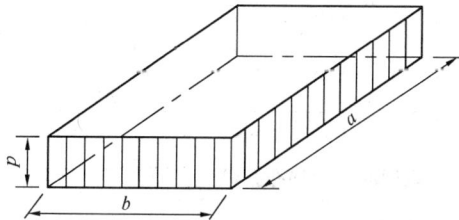

表 D.0.1-1　矩形面积上均布荷载作用下角点附加应力系数 α

z/b ＼ a/b	1.0	1.2	1.4	1.6	1.8	2.0	3.0	4.0	5.0	6.0	10.0	条形
0.0	0.250	0.250	0.250	0.250	0.250	0.250	0.250	0.250	0.250	0.250	0.250	0.250
0.2	0.249	0.249	0.249	0.249	0.249	0.249	0.249	0.249	0.249	0.249	0.249	0.249
0.4	0.240	0.242	0.243	0.243	0.244	0.244	0.244	0.244	0.244	0.244	0.244	0.244
0.6	0.223	0.228	0.230	0.232	0.232	0.233	0.234	0.234	0.234	0.234	0.234	0.234
0.8	0.200	0.207	0.212	0.215	0.216	0.218	0.220	0.220	0.220	0.220	0.220	0.220
1.0	0.175	0.185	0.191	0.195	0.198	0.200	0.203	0.204	0.204	0.204	0.205	0.205
1.2	0.152	0.163	0.171	0.176	0.179	0.182	0.187	0.188	0.189	0.189	0.189	0.189
1.4	0.131	0.142	0.151	0.157	0.161	0.164	0.171	0.173	0.174	0.174	0.174	0.174
1.6	0.112	0.124	0.133	0.140	0.145	0.148	0.157	0.159	0.160	0.160	0.160	0.160
1.8	0.097	0.108	0.117	0.124	0.129	0.133	0.143	0.146	0.147	0.148	0.148	0.148
2.0	0.084	0.095	0.103	0.110	0.116	0.120	0.131	0.135	0.136	0.137	0.137	0.137
2.2	0.073	0.083	0.092	0.098	0.104	0.108	0.121	0.125	0.126	0.127	0.128	0.128
2.4	0.064	0.073	0.081	0.088	0.093	0.098	0.111	0.116	0.118	0.118	0.119	0.119
2.6	0.057	0.065	0.072	0.079	0.084	0.089	0.102	0.107	0.110	0.111	0.112	0.112

z/b \ a/b	1.0	1.2	1.4	1.6	1.8	2.0	3.0	4.0	5.0	6.0	10.0	条形
2.8	0.050	0.058	0.065	0.071	0.076	0.080	0.094	0.100	0.102	0.104	0.105	0.105
3.0	0.045	0.052	0.058	0.064	0.069	0.073	0.087	0.093	0.096	0.097	0.099	0.099
3.2	0.040	0.047	0.053	0.058	0.063	0.067	0.081	0.087	0.090	0.092	0.093	0.094
3.4	0.036	0.042	0.048	0.053	0.057	0.061	0.075	0.081	0.085	0.086	0.088	0.089
3.6	0.033	0.038	0.043	0.048	0.052	0.056	0.069	0.076	0.080	0.082	0.084	0.084
3.8	0.030	0.035	0.040	0.044	0.048	0.052	0.065	0.072	0.075	0.077	0.080	0.080
4.0	0.027	0.032	0.036	0.040	0.044	0.048	0.060	0.067	0.071	0.073	0.076	0.076
4.2	0.025	0.029	0.033	0.037	0.041	0.044	0.056	0.063	0.067	0.070	0.072	0.073
4.4	0.023	0.027	0.031	0.034	0.038	0.041	0.053	0.060	0.064	0.066	0.069	0.070
4.6	0.021	0.025	0.028	0.032	0.035	0.038	0.046	0.056	0.061	0.060	0.064	0.067
4.8	0.019	0.023	0.026	0.029	0.032	0.035	0.046	0.053	0.058	0.060	0.064	0.064
5.0	0.018	0.021	0.024	0.027	0.030	0.033	0.043	0.050	0.055	0.057	0.061	0.062
6.0	0.013	0.015	0.017	0.020	0.022	0.024	0.033	0.039	0.043	0.046	0.051	0.052
7.0	0.009	0.011	0.013	0.015	0.016	0.018	0.025	0.031	0.035	0.038	0.043	0.045
8.0	0.007	0.009	0.010	0.011	0.013	0.014	0.020	0.025	0.028	0.031	0.037	0.039
9.0	0.006	0.007	0.008	0.009	0.010	0.011	0.016	0.020	0.024	0.026	0.032	0.035
10.0	0.005	0.006	0.007	0.007	0.008	0.009	0.013	0.017	0.020	0.022	0.028	0.032
12.0	0.003	0.004	0.005	0.005	0.006	0.006	0.009	0.012	0.014	0.017	0.022	0.026
14.0	0.002	0.003	0.003	0.004	0.004	0.005	0.007	0.009	0.011	0.013	0.018	0.023
16.0	0.002	0.002	0.003	0.003	0.003	0.004	0.005	0.007	0.009	0.010	0.014	0.020
18.0	0.001	0.002	0.002	0.002	0.003	0.003	0.004	0.006	0.007	0.008	0.012	0.018
20.0	0.001	0.001	0.002	0.002	0.002	0.002	0.004	0.005	0.006	0.007	0.010	0.016
25.0	0.001	0.001	0.001	0.001	0.001	0.002	0.002	0.003	0.004	0.004	0.007	0.013
30.0	0.001	0.001	0.001	0.001	0.001	0.001	0.002	0.002	0.003	0.003	0.005	0.011
35.0	0.000	0.000	0.001	0.001	0.001	0.001	0.001	0.002	0.002	0.002	0.004	0.009
40.0	0.000	0.000	0.000	0.000	0.001	0.001	0.001	0.001	0.001	0.002	0.003	0.008

注：a——矩形均布荷载长度(m)；b——矩形均布荷载宽度(m)；z——计算点离桩端平面垂直距离(m)。

表 D. 0. 1-2 矩形面积上均布荷载作用下角点平均附加应力系数 $\bar{\alpha}$

z/b \ a/b	1.0	1.2	1.4	1.6	1.8	2.0	2.4	2.8	3.2	3.6	4.0	5.0	10.0
0.0	0.2500	0.2500	0.2500	0.2500	0.2500	0.2500	0.2500	0.2500	0.2500	0.2500	0.2500	0.2500	0.2500
0.2	0.2496	0.2497	0.2497	0.2498	0.2498	0.2498	0.2498	0.2498	0.2498	0.2498	0.2498	0.2498	0.2498
0.4	0.2474	0.2479	0.2481	0.2483	0.2483	0.2484	0.2485	0.2485	0.2485	0.2485	0.2485	0.2485	0.2485
0.6	0.2423	0.2437	0.2444	0.2448	0.2451	0.2452	0.2454	0.2455	0.2455	0.2455	0.2455	0.2455	0.2456
0.8	0.2346	0.2372	0.2387	0.2395	0.2400	0.2403	0.2407	0.2408	0.2409	0.2409	0.2410	0.2410	0.2410
1.0	0.2252	0.2291	0.2313	0.2326	0.2335	0.2340	0.2346	0.2349	0.2351	0.2352	0.2352	0.2353	0.2353
1.2	0.2149	0.2199	0.2229	0.2248	0.2260	0.2268	0.2278	0.2282	0.2285	0.2286	0.2287	0.2288	0.2289
1.4	0.2043	0.2102	0.2140	0.2146	0.2180	0.2191	0.2204	0.2211	0.2215	0.2217	0.2218	0.2220	0.2221
1.6	0.1939	0.2006	0.2049	0.2079	0.2099	0.2113	0.2130	0.2138	0.2143	0.2146	0.2148	0.2150	0.2152
1.8	0.1840	0.1912	0.1960	0.1994	0.2018	0.2034	0.2055	0.2066	0.2073	0.2077	0.2079	0.2082	0.2084
2.0	0.1746	0.1822	0.1875	0.1912	0.1936	0.1958	0.1982	0.1996	0.2004	0.2009	0.2012	0.2015	0.2018
2.2	0.1659	0.1737	0.1793	0.1833	0.1862	0.1883	0.1911	0.1927	0.1937	0.1943	0.1947	0.1952	0.1955
2.4	0.1578	0.1657	0.1715	0.1757	0.1789	0.1812	0.1843	0.1862	0.1873	0.1880	0.1885	0.1890	0.1895
2.6	0.1503	0.1583	0.1642	0.1686	0.1719	0.1745	0.1779	0.1799	0.1812	0.1820	0.1825	0.1832	0.1838
2.8	0.1433	0.1514	0.1574	0.1619	0.1654	0.1680	0.1717	0.1739	0.1753	0.1763	0.1769	0.1777	0.1784

a/b z/b	1.0	1.2	1.4	1.6	1.8	2.0	2.4	2.8	3.2	3.6	4.0	5.0	10.0
3.0	0.1369	0.1449	0.1510	0.1556	0.1592	0.1619	0.1658	0.1682	0.1698	0.1708	0.1715	0.1725	0.1733
3.2	0.1310	0.1390	0.1450	0.1497	0.1533	0.1562	0.1602	0.1628	0.1645	0.1657	0.1664	0.1675	0.1685
3.4	0.1256	0.1334	0.1394	0.1441	0.1478	0.1508	0.1550	0.1577	0.1595	0.1607	0.1616	0.1628	0.1639
3.6	0.1205	0.1282	0.1342	0.1389	0.1427	0.1456	0.1500	0.1528	0.1548	0.1561	0.1570	0.1583	0.1595
3.8	0.1158	0.1234	0.1293	0.1340	0.1378	0.1408	0.1452	0.1482	0.1502	0.1516	0.1526	0.1541	0.1554
4.0	0.1114	0.1189	0.1248	0.1294	0.1332	0.1362	0.1408	0.1438	0.1459	0.1474	0.1485	0.1500	0.1516
4.2	0.1073	0.1147	0.1205	0.1251	0.1289	0.1319	0.1365	0.1396	0.1418	0.1434	0.1445	0.1462	0.1479
4.4	0.1035	0.1107	0.1164	0.1210	0.1248	0.1279	0.1325	0.1357	0.1379	0.1396	0.1407	0.1425	0.1444
4.6	0.1000	0.1070	0.1127	0.1172	0.1209	0.1240	0.1287	0.1319	0.1342	0.1359	0.1371	0.1390	0.1410
4.8	0.0967	0.1036	0.1091	0.1136	0.1173	0.1204	0.1250	0.1283	0.1307	0.1324	0.1337	0.1357	0.1379
5.0	0.0935	0.1003	0.1057	0.1102	0.1139	0.1169	0.1216	0.1249	0.1273	0.1291	0.1304	0.1325	0.1348
5.2	0.0906	0.0972	0.1026	0.1070	0.1106	0.1136	0.1183	0.1217	0.1210	0.1229	0.1243	0.1265	0.1292
5.4	0.0878	0.0943	0.0996	0.1039	0.1075	0.1105	0.1152	0.1186	0.1210	0.1229	0.1243	0.1265	0.1292
5.6	0.0852	0.0916	0.0968	0.1010	0.1046	0.1076	0.1122	0.1156	0.1181	0.1200	0.1215	0.1238	0.1266
5.8	0.0828	0.0890	0.0941	0.0983	0.1018	0.1047	0.1094	0.1128	0.1153	0.1172	0.1187	0.1211	0.1240
6.0	0.0805	0.0866	0.0916	0.0957	0.0991	0.1021	0.1067	0.1101	0.1126	0.1146	0.1161	0.1185	0.1216
6.2	0.0783	0.0842	0.0891	0.0932	0.0966	0.0995	0.1041	0.1075	0.1101	0.1120	0.1136	0.1161	0.1193
6.4	0.0762	0.0820	0.0869	0.0909	0.0942	0.0971	0.1016	0.1050	0.1076	0.1096	0.1111	0.1137	0.1171
6.6	0.0742	0.0799	0.0847	0.0886	0.0919	0.0948	0.0993	0.1027	0.1053	0.1073	0.1088	0.1114	0.1149
6.8	0.0723	0.0779	0.0826	0.0865	0.0898	0.0926	0.0970	0.1004	0.1030	0.1050	0.1066	0.1092	0.1129
7.0	0.0705	0.0761	0.0806	0.0844	0.0877	0.0904	0.0949	0.0982	0.1008	0.1028	0.1044	0.1071	0.1109
7.2	0.0688	0.0742	0.0787	0.0825	0.0857	0.0884	0.0928	0.0962	0.0987	0.1008	0.1023	0.1051	0.1090
7.4	0.0672	0.0725	0.0769	0.0806	0.0838	0.0865	0.0908	0.0942	0.0967	0.0988	0.1004	0.1031	0.1071
7.6	0.0656	0.0709	0.0752	0.0789	0.0820	0.0846	0.0889	0.0922	0.0948	0.0968	0.0984	0.1012	0.1054
7.8	0.0642	0.0693	0.0736	0.0771	0.0802	0.0828	0.0871	0.0904	0.0929	0.0950	0.0966	0.0994	0.1036
8.0	0.0627	0.0678	0.0720	0.0755	0.0785	0.0811	0.0853	0.0886	0.0912	0.0932	0.0948	0.0976	0.1020
8.2	0.0614	0.0663	0.0705	0.0739	0.0769	0.0795	0.0837	0.0869	0.0894	0.0914	0.0931	0.0959	0.1004
8.4	0.0601	0.0649	0.0690	0.0724	0.0754	0.0779	0.0820	0.0852	0.0878	0.0893	0.0914	0.0943	0.0973
8.6	0.0588	0.0636	0.0676	0.0710	0.0739	0.0764	0.0805	0.0836	0.0862	0.0866	0.0882	0.0927	0.0973
8.8	0.0576	0.0623	0.0663	0.0696	0.0724	0.0749	0.0790	0.0821	0.0846	0.0866	0.0882	0.0912	0.0959
9.2	0.0554	0.0599	0.0637	0.0670	0.0697	0.0721	0.0761	0.0792	0.0817	0.0837	0.0853	0.0882	0.0931
9.6	0.0533	0.0577	0.0614	0.0645	0.0672	0.0696	0.0734	0.0765	0.0789	0.0809	0.0825	0.0855	0.0905
10.0	0.0514	0.0556	0.0592	0.0622	0.0649	0.0672	0.0710	0.0739	0.0763	0.0783	0.0799	0.0829	0.0880
10.4	0.0496	0.0537	0.0572	0.0601	0.0627	0.0649	0.0686	0.0716	0.0739	0.0759	0.0775	0.0804	0.0857
10.8	0.0479	0.0519	0.0553	0.0581	0.0606	0.0628	0.0664	0.0693	0.0717	0.0736	0.0751	0.0781	0.0834
11.2	0.0463	0.0502	0.0535	0.0563	0.0587	0.0609	0.0664	0.0672	0.0695	0.0714	0.0730	0.0759	0.0813
11.6	0.0448	0.0486	0.0518	0.0545	0.0569	0.0590	0.0625	0.0652	0.0675	0.0694	0.0709	0.0738	0.0793
12.0	0.0435	0.0471	0.0502	0.0529	0.0552	0.0573	0.0606	0.0634	0.0656	0.0674	0.0690	0.0719	0.0774
12.8	0.0409	0.0444	0.0474	0.0499	0.0521	0.0541	0.0573	0.0599	0.0621	0.0639	0.0654	0.0682	0.0739
13.6	0.0387	0.0420	0.0448	0.0472	0.0493	0.0512	0.0543	0.0568	0.0589	0.0607	0.0621	0.0649	0.0707
14.4	0.0367	0.0398	0.0425	0.0488	0.0468	0.0486	0.0516	0.0540	0.0561	0.0577	0.0592	0.0619	0.0677
15.2	0.0349	0.0379	0.0404	0.0426	0.0446	0.0463	0.0492	0.0515	0.0535	0.0551	0.0565	0.0592	0.0650
16.0	0.0332	0.0361	0.0385	0.0407	0.0425	0.0442	0.0469	0.0492	0.0511	0.0527	0.0540	0.0567	0.0625
18.0	0.0297	0.0323	0.0345	0.0364	0.0381	0.0396	0.0422	0.0442	0.0460	0.0475	0.0487	0.0512	0.0570
20.0	0.0269	0.0292	0.0312	0.0330	0.0345	0.0359	0.0383	0.0402	0.0418	0.0432	0.0444	0.0468	0.0524

D.0.2 矩形面积上三角形分布荷载作用下角点的附加应力系数 α、平均附加应力系数 ᾱ 应按表 D.0.2 确定。

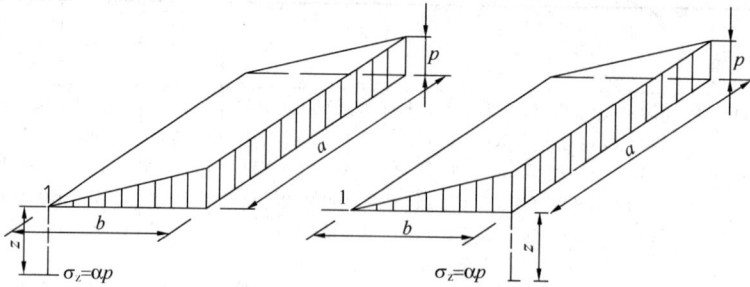

表 D.0.2 矩形面积上三角形分布荷载作用下的附加
应力系数 α 与平均附加应力系数 ᾱ

a/b	0.2				0.4				0.6				a/b
点	1		2		1		2		1		2		点
系数 z/b	α	ᾱ	α	ᾱ	α	ᾱ	α	ᾱ	α	ᾱ	α	ᾱ	系数 z/b
0.0	0.0000	0.0000	0.2500	0.2500	0.0000	0.0000	0.2500	0.2500	0.0000	0.0000	0.2500	0.2500	0.0
0.2	0.0223	0.0112	0.1821	0.2161	0.0280	0.0140	0.2115	0.2308	0.0296	0.0148	0.2165	0.2333	0.2
0.4	0.0269	0.0179	0.1094	0.1810	0.0420	0.0245	0.1604	0.2084	0.0487	0.0270	0.1781	0.2153	0.4
0.6	0.0259	0.0207	0.0700	0.1505	0.0448	0.0308	0.1165	0.1851	0.0560	0.0355	0.1405	0.1966	0.6
0.8	0.0232	0.0217	0.0480	0.1277	0.0421	0.0340	0.0853	0.1640	0.0553	0.0405	0.1093	0.1787	0.8
1.0	0.0201	0.0217	0.0346	0.1104	0.0375	0.0351	0.0638	0.1461	0.0508	0.0430	0.0852	0.1624	1.0
1.2	0.0171	0.0212	0.0260	0.0970	0.0324	0.0351	0.0491	0.1312	0.0450	0.0439	0.0673	0.1480	1.2
1.4	0.0145	0.0204	0.0202	0.0865	0.0278	0.0344	0.0386	0.1187	0.0392	0.0436	0.0540	0.1356	1.4
1.6	0.0123	0.0195	0.0160	0.0779	0.0238	0.0333	0.0310	0.1082	0.0339	0.0427	0.0440	0.1247	1.6
1.8	0.0105	0.0186	0.0130	0.0709	0.0204	0.0321	0.0254	0.0993	0.0294	0.0415	0.0363	0.1153	1.8
2.0	0.0090	0.0178	0.0108	0.0650	0.0176	0.0308	0.0211	0.0917	0.0255	0.0401	0.0304	0.1071	2.0
2.5	0.0063	0.0157	0.0072	0.0538	0.0125	0.0276	0.0140	0.0769	0.0183	0.0365	0.0205	0.0908	2.5
3.0	0.0046	0.0140	0.0051	0.0458	0.0092	0.0248	0.0100	0.0661	0.0135	0.0330	0.0148	0.0786	3.0
5.0	0.0018	0.0097	0.0019	0.0289	0.0036	0.0175	0.0038	0.0424	0.0054	0.0236	0.0056	0.0476	5.0
7.0	0.0009	0.0073	0.0010	0.0211	0.0019	0.0133	0.0019	0.0311	0.0028	0.0180	0.0029	0.0352	7.0
10.0	0.0005	0.0053	0.0004	0.0150	0.0009	0.0097	0.0010	0.0222	0.0014	0.0133	0.0014	0.0253	10.0

a/b	0.8				1.0				1.2				a/b
点	1		2		1		2		1		2		点
系数 z/b	α	ᾱ	α	ᾱ	α	ᾱ	α	ᾱ	α	ᾱ	α	ᾱ	系数 z/b
0.0	0.0000	0.0000	0.2500	0.2500	0.0000	0.0000	0.2500	0.2500	0.0000	0.0000	0.2500	0.2500	0.0
0.2	0.0301	0.0151	0.2178	0.2339	0.0304	0.0152	0.2182	0.2341	0.0305	0.0153	0.2184	0.2342	0.2
0.4	0.0517	0.0280	0.1844	0.2175	0.0531	0.0285	0.1870	0.2184	0.0539	0.0288	0.1881	0.2187	0.4
0.6	0.6210	0.0376	0.1520	0.2011	0.0654	0.0388	0.1575	0.2030	0.0673	0.0394	0.1602	0.2039	0.6
0.8	0.0637	0.0440	0.1232	0.1852	0.0688	0.0459	0.1311	0.1883	0.0720	0.0470	0.1355	0.1899	0.8
1.0	0.0602	0.0476	0.0996	0.1704	0.0666	0.0502	0.1086	0.1746	0.0708	0.0518	0.1143	0.1769	1.0
1.2	0.0546	0.0492	0.0807	0.1571	0.0615	0.0525	0.0901	0.1621	0.0664	0.0546	0.0962	0.1649	1.2
1.4	0.0483	0.0495	0.0661	0.1451	0.0554	0.0534	0.0751	0.1507	0.0606	0.0559	0.0817	0.1541	1.4
1.6	0.0424	0.0490	0.0547	0.1345	0.0492	0.0533	0.0628	0.1405	0.0545	0.0561	0.0696	0.1443	1.6

| a/b | 0.8 | | | | 1.0 | | | | 1.2 | | | | a/b |
| 点 | 1 | | 2 | | 1 | | 2 | | 1 | | 2 | | 点 |
系数 z/b	α	$\bar{\alpha}$	α	$\bar{\alpha}$	α	$\bar{\alpha}$	α	$\bar{\alpha}$	α	$\bar{\alpha}$	α	$\bar{\alpha}$	系数 z/b
1.8	0.0371	0.0480	0.0457	0.1252	0.0435	0.0525	0.0534	0.1313	0.0487	0.0556	0.0596	0.1354	1.8
2.0	0.0324	0.0467	0.0387	0.1169	0.0384	0.0513	0.0456	0.1232	0.0434	0.0547	0.0513	0.1274	2.0
2.5	0.0236	0.0429	0.0265	0.1000	0.0284	0.0478	0.0318	0.1063	0.0326	0.0513	0.0365	0.1107	2.5
3.0	0.0176	0.0392	0.0192	0.0871	0.0214	0.0439	0.0233	0.0931	0.0249	0.0476	0.0270	0.0976	3.0
5.0	0.0071	0.0285	0.0074	0.0576	0.0088	0.0324	0.0091	0.0624	0.0104	0.0356	0.0108	0.0661	5.0
7.0	0.0038	0.0219	0.0038	0.0427	0.0047	0.0251	0.0047	0.0465	0.0056	0.0277	0.0056	0.0496	7.0
10.0	0.0019	0.0162	0.0019	0.0308	0.0023	0.0186	0.0024	0.0336	0.0028	0.0207	0.0028	0.0359	10.0

| a/b | 1.4 | | | | 1.6 | | | | 1.8 | | | | a/b |
| 点 | 1 | | 2 | | 1 | | 2 | | 1 | | 2 | | 点 |
系数 z/b	α	$\bar{\alpha}$	α	$\bar{\alpha}$	α	$\bar{\alpha}$	α	$\bar{\alpha}$	α	$\bar{\alpha}$	α	$\bar{\alpha}$	系数 z/b
0.0	0.0000	0.0000	0.2500	0.2500	0.0000	0.0000	0.2500	0.2500	0.0000	0.0000	0.2500	0.2500	0.0
0.2	0.0305	0.0153	0.2185	0.2343	0.0306	0.0153	0.2185	0.2343	0.0306	0.0153	0.2185	0.2343	0.2
0.4	0.0543	0.0289	0.1886	0.2189	0.0545	0.0290	0.1889	0.2190	0.0546	0.0290	0.1891	0.2190	0.4
0.6	0.0684	0.0397	0.1616	0.2043	0.0690	0.0399	0.1625	0.2046	0.0649	0.0400	0.1630	0.2047	0.6
0.8	0.0739	0.0476	0.1381	0.1907	0.0751	0.0480	0.1396	0.1912	0.0759	0.0482	0.1405	0.1915	0.8
1.0	0.0735	0.0528	0.1176	0.1781	0.0753	0.0534	0.1202	0.1789	0.0766	0.0538	0.1215	0.1794	1.0
1.2	0.0698	0.0560	0.1007	0.1666	0.0721	0.0568	0.1037	0.1678	0.0738	0.0574	0.1055	0.1684	1.2
1.4	0.0644	0.0575	0.0864	0.1562	0.0672	0.0586	0.0897	0.1576	0.0692	0.0594	0.0921	0.1585	1.4
1.6	0.0586	0.0580	0.0743	0.1467	0.0616	0.0594	0.0780	0.1484	0.0639	0.0603	0.0806	0.1494	1.6
1.8	0.0528	0.0578	0.0644	0.1381	0.0560	0.0593	0.0681	0.1400	0.0585	0.0604	0.0709	0.1413	1.8
2.0	0.0474	0.0570	0.0560	0.1303	0.0507	0.0587	0.0596	0.1324	0.0533	0.0599	0.0625	0.1338	2.0
2.5	0.0362	0.0540	0.0405	0.1139	0.0393	0.0560	0.0440	0.1163	0.0419	0.0575	0.0469	0.1180	2.5
3.0	0.0280	0.0503	0.0303	0.1008	0.0307	0.0525	0.0333	0.1033	0.0331	0.0541	0.0359	0.1052	3.0
5.0	0.0120	0.0382	0.0123	0.0690	0.0135	0.0403	0.0139	0.0714	0.0148	0.0421	0.0154	0.0734	5.0
7.0	0.0064	0.0299	0.0066	0.0520	0.0073	0.0318	0.0074	0.0541	0.0081	0.0333	0.0083	0.0558	7.0
10.0	0.0033	0.0224	0.0032	0.0379	0.0037	0.0239	0.0037	0.0395	0.0041	0.0252	0.0042	0.0409	10.0

z/b	2.0 点1 α	$\bar{\alpha}$	点2 α	$\bar{\alpha}$	3.0 点1 α	$\bar{\alpha}$	点2 α	$\bar{\alpha}$	4.0 点1 α	$\bar{\alpha}$	点2 α	$\bar{\alpha}$	z/b
0.0	0.0000	0.0000	0.2500	0.2500	0.0000	0.0000	0.2500	0.2500	0.0000	0.0000	0.2500	0.2500	0.0
0.2	0.0306	0.0153	0.2185	0.2343	0.0306	0.0153	0.2186	0.2343	0.0306	0.0153	0.2186	0.2343	0.2
0.4	0.0547	0.0290	0.1892	0.2191	0.0548	0.0290	0.1894	0.2192	0.0549	0.0291	0.1894	0.2192	0.4
0.6	0.0696	0.0401	0.1633	0.2048	0.0701	0.0402	0.1638	0.2050	0.0702	0.0402	0.1639	0.2050	0.6
0.8	0.0764	0.0483	0.1412	0.1917	0.0773	0.0486	0.1423	0.1920	0.0776	0.0487	0.1424	0.1920	0.8
1.0	0.0774	0.0540	0.1225	0.1797	0.0790	0.0545	0.1244	0.1803	0.0794	0.0546	0.1248	0.1803	1.0
1.2	0.0749	0.0577	0.1069	0.1689	0.0774	0.0584	0.1096	0.1697	0.0779	0.0586	0.1103	0.1699	1.2
1.4	0.0707	0.0599	0.0937	0.1591	0.0739	0.0609	0.0973	0.1603	0.0748	0.0612	0.0982	0.1605	1.4
1.6	0.0656	0.0609	0.0826	0.1502	0.0697	0.0623	0.0870	0.1517	0.0708	0.0626	0.0882	0.1521	1.6
1.8	0.0604	0.0611	0.0730	0.1422	0.0652	0.0628	0.0782	0.1441	0.0666	0.0633	0.0797	0.1445	1.8
2.0	0.0553	0.0608	0.0649	0.1348	0.0607	0.0629	0.0707	0.1371	0.0624	0.0634	0.0726	0.1377	2.0
2.5	0.0440	0.0586	0.0491	0.1193	0.0504	0.0614	0.0559	0.1223	0.0529	0.0623	0.0585	0.1233	2.5
3.0	0.0352	0.0554	0.0380	0.1067	0.0419	0.0589	0.0451	0.1104	0.0449	0.0600	0.0482	0.1116	3.0
5.0	0.0161	0.0435	0.0167	0.0749	0.0214	0.0480	0.0221	0.0797	0.0248	0.0500	0.0256	0.0817	5.0
7.0	0.0089	0.0347	0.0091	0.0572	0.0124	0.0391	0.0126	0.0619	0.0152	0.0414	0.0154	0.0642	7.0
10.0	0.0046	0.0263	0.0046	0.0403	0.0066	0.0302	0.0066	0.0462	0.0084	0.0325	0.0083	0.0485	10.0

z/b	6.0 点1 α	$\bar{\alpha}$	点2 α	$\bar{\alpha}$	8.0 点1 α	$\bar{\alpha}$	点2 α	$\bar{\alpha}$	10.0 点1 α	$\bar{\alpha}$	点2 α	$\bar{\alpha}$	z/b
0.0	0.0000	0.0000	0.2500	0.2500	0.0000	0.0000	0.2500	0.2500	0.0000	0.0000	0.2500	0.2500	0.0
0.2	0.0306	0.0153	0.2186	0.2343	0.0306	0.0153	0.2186	0.2343	0.0306	0.0153	0.2186	0.2343	0.2
0.4	0.0549	0.0291	0.1894	0.2192	0.0549	0.0291	0.1894	0.2192	0.0549	0.0291	0.1894	0.2192	0.4
0.6	0.0702	0.0402	0.1640	0.2050	0.0702	0.0402	0.1640	0.2050	0.0702	0.0402	0.1640	0.2050	0.6
0.8	0.0776	0.0487	0.1426	0.1921	0.0776	0.0487	0.1426	0.1921	0.0776	0.0487	0.1426	0.1921	0.8
1.0	0.0795	0.0546	0.1250	0.1804	0.0796	0.0546	0.1250	0.1804	0.0796	0.0546	0.1250	0.1804	1.0
1.2	0.0782	0.0587	0.1105	0.1700	0.0783	0.0587	0.1105	0.1700	0.0783	0.0587	0.1105	0.1700	1.2
1.4	0.0752	0.0613	0.0986	0.1606	0.0752	0.0613	0.0987	0.1606	0.0753	0.0613	0.0987	0.1606	1.4
1.6	0.0714	0.0628	0.0887	0.1523	0.0715	0.0628	0.0888	0.1523	0.0715	0.0628	0.0889	0.1523	1.6
1.8	0.0673	0.0635	0.0805	0.1447	0.0675	0.0635	0.0806	0.1448	0.0675	0.0635	0.0808	0.1448	1.8
2.0	0.0634	0.0637	0.0734	0.1380	0.0636	0.0638	0.0736	0.1380	0.0636	0.0638	0.0738	0.1380	2.0
2.5	0.0543	0.0627	0.0601	0.1237	0.0547	0.0628	0.0604	0.1238	0.0548	0.0628	0.0605	0.1239	2.5
3.0	0.0469	0.0607	0.0504	0.1123	0.0474	0.0609	0.0509	0.1124	0.0476	0.0609	0.0511	0.1125	3.0
5.0	0.0283	0.0515	0.0290	0.0833	0.0296	0.0519	0.0303	0.0837	0.0301	0.0521	0.0309	0.0839	5.0
7.0	0.0186	0.0435	0.0190	0.0663	0.0204	0.0442	0.0207	0.0671	0.0212	0.0445	0.0216	0.0674	7.0
10.0	0.0111	0.0349	0.0111	0.0509	0.0128	0.0359	0.0130	0.0520	0.0139	0.0364	0.0141	0.0526	10.0

D.0.3 圆形面积上均布荷载作用下中点的附加应力系数 α、平均附加应力系数 $\bar{\alpha}$ 应按表 D.0.3 确定。

表 D.0.3 (d)圆形面积上均布荷载作用下中点的附加应力系数 α 与平均附加应力系数 $\bar{\alpha}$

z/r	圆 形		z/r	圆 形	
	α	$\bar{\alpha}$		α	$\bar{\alpha}$
0.0	1.000	1.000	2.6	0.187	0.560
0.1	0.999	1.000	2.7	0.175	0.546
0.2	0.992	0.998	2.8	0.165	0.532
0.3	0.976	0.993	2.9	0.155	0.519
0.4	0.949	0.986	3.0	0.146	0.507
0.5	0.911	0.974	3.1	0.138	0.495
0.6	0.864	0.960	3.2	0.130	0.484
0.7	0.811	0.942	3.3	0.124	0.473
0.8	0.756	0.923	3.4	0.117	0.463
0.9	0.701	0.901	3.5	0.111	0.453
1.0	0.647	0.878	3.6	0.106	0.443
1.1	0.595	0.855	3.7	0.101	0.434
1.2	0.547	0.831	3.8	0.096	0.425
1.3	0.502	0.808	3.9	0.091	0.417
1.4	0.461	0.784	4.0	0.087	0.409
1.5	0.424	0.762	4.1	0.083	0.401
1.6	0.390	0.739	4.2	0.079	0.393
1.7	0.360	0.718	4.3	0.076	0.386
1.8	0.332	0.697	4.4	0.073	0.379
1.9	0.307	0.677	4.5	0.070	0.372
2.0	0.285	0.658	4.6	0.067	0.365
2.1	0.264	0.640	4.7	0.064	0.359
2.2	0.245	0.623	4.8	0.062	0.353
2.3	0.229	0.606	4.9	0.059	0.347
2.4	0.210	0.590	5.0	0.057	0.341
2.5	0.200	0.574			

D.0.4 圆形面积上三角形分布荷载作用下边点的附加应力系数 α、平均附加应力系数 $\bar{\alpha}$ 应按表 D.0.4 确定。

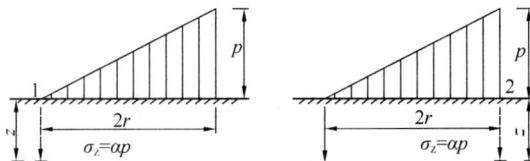

r—圆形面积的半径

表 D.0.4 圆形面积上三角形分布荷载作用下边点的附加应力系数 α 与平均附加应力系数 $\bar{\alpha}$

z/r	点 1 系数 α	$\bar{\alpha}$	2 α	$\bar{\alpha}$
0.0	0.000	0.000	0.500	0.500
0.1	0.016	0.008	0.465	0.483
0.2	0.031	0.016	0.433	0.466
0.3	0.044	0.023	0.403	0.450
0.4	0.054	0.030	0.376	0.435
0.5	0.063	0.035	0.349	0.420
0.6	0.071	0.041	0.324	0.406
0.7	0.078	0.045	0.300	0.393
0.8	0.083	0.050	0.279	0.380
0.9	0.088	0.054	0.258	0.368
1.0	0.091	0.057	0.238	0.356
1.1	0.092	0.061	0.221	0.344
1.2	0.093	0.063	0.205	0.333
1.3	0.092	0.065	0.190	0.323
1.4	0.091	0.067	0.177	0.313
1.5	0.089	0.069	0.165	0.303
1.6	0.087	0.070	0.154	0.294
1.7	0.085	0.071	0.144	0.286
1.8	0.083	0.072	0.134	0.278
1.9	0.080	0.072	0.126	0.270
2.0	0.078	0.073	0.117	0.263
2.1	0.075	0.073	0.110	0.255
2.2	0.072	0.073	0.104	0.249
2.3	0.070	0.073	0.097	0.242
2.4	0.067	0.073	0.091	0.236
2.5	0.064	0.072	0.086	0.230
2.6	0.062	0.072	0.081	0.225
2.7	0.059	0.071	0.078	0.219
2.8	0.057	0.071	0.074	0.214
2.9	0.055	0.070	0.070	0.209
3.0	0.052	0.070	0.067	0.204
3.1	0.050	0.069	0.064	0.200
3.2	0.048	0.069	0.061	0.196
3.3	0.046	0.068	0.059	0.192
3.4	0.045	0.067	0.055	0.188
3.5	0.043	0.067	0.053	0.184
3.6	0.041	0.066	0.051	0.180
3.7	0.040	0.065	0.048	0.177
3.8	0.038	0.065	0.046	0.173
3.9	0.037	0.064	0.043	0.170
4.0	0.036	0.063	0.041	0.167
4.2	0.033	0.062	0.038	0.161
4.4	0.031	0.061	0.034	0.155
4.6	0.029	0.059	0.031	0.150
4.8	0.027	0.058	0.029	0.145
5.0	0.025	0.057	0.027	0.140

附录 E 桩基等效沉降系数 ψ_e 计算参数

E.0.1 桩基等效沉降系数应按表 E.0.1-1～表 E.0.1-5 中列出的参数,采用本规范式(5.5.9-1)和式 (5.5.9-2)计算。

表 E.0.1-1 $(s_a/d=2)$

l/d	L_c/B_c	1	2	3	4	5	6	7	8	9	10
5	C_0	0.203	0.282	0.329	0.363	0.389	0.410	0.428	0.443	0.456	0.468
	C_1	1.543	1.687	1.797	1.845	1.915	1.949	1.981	2.047	2.073	2.098
	C_2	5.563	5.356	5.086	5.020	4.878	4.843	4.817	4.704	4.690	4.681
10	C_0	0.125	0.188	0.228	0.258	0.282	0.301	0.318	0.333	0.346	0.357
	C_1	1.487	1.573	1.653	1.676	1.731	1.750	1.768	1.828	1.844	1.860
	C_2	7.000	6.260	5.737	5.535	5.292	5.191	5.114	4.949	4.903	4.865
15	C_0	0.093	0.146	0.180	0.207	0.228	0.246	0.262	0.275	0.287	0.298
	C_1	1.508	1.568	1.637	1.647	1.696	1.707	1.718	1.776	1.787	1.798
	C_2	8.413	7.252	6.520	6.208	5.878	5.722	5.604	5.393	5.320	5.259
20	C_0	0.075	0.120	0.151	0.175	0.194	0.211	0.225	0.238	0.249	0.260
	C_1	1.548	1.592	1.654	1.656	1.701	1.706	1.712	1.770	1.777	1.783
	C_2	9.783	8.236	7.310	6.897	6.486	6.280	6.123	5.870	5.771	5.689
25	C_0	0.063	0.103	0.131	0.152	0.170	0.186	0.199	0.211	0.221	0.231
	C_1	1.596	1.628	1.686	1.679	1.722	1.722	1.724	1.783	1.786	1.789
	C_2	11.118	9.205	8.094	7.583	7.095	6.841	6.647	6.353	6.230	6.128
30	C_0	0.055	0.090	0.116	0.135	0.152	0.166	0.179	0.190	0.200	0.209
	C_1	1.646	1.669	1.724	1.711	1.753	1.748	1.745	1.806	1.806	1.806
	C_2	12.426	10.159	8.868	8.264	7.700	7.400	7.170	6.836	6.689	6.568
40	C_0	0.044	0.073	0.095	0.112	0.126	0.139	0.150	0.160	0.169	0.177
	C_1	1.754	1.761	1.812	1.787	1.827	1.814	1.803	1.867	1.861	1.855
	C_2	14.984	12.036	10.396	9.610	8.900	8.509	8.211	7.797	7.605	7.446
50	C_0	0.036	0.062	0.081	0.096	0.108	0.120	0.129	0.138	0.147	0.154
	C_1	1.865	1.860	1.909	1.873	1.911	1.889	1.872	1.939	1.927	1.916
	C_2	17.492	13.885	11.905	10.945	10.090	9.613	9.247	8.755	8.519	8.323
60	C_0	0.031	0.054	0.070	0.084	0.095	0.105	0.114	0.122	0.130	0.137
	C_1	1.979	1.962	2.010	1.962	1.999	1.970	1.945	2.016	1.998	1.981
	C_2	19.967	15.719	13.406	12.274	11.278	10.715	10.284	9.713	9.433	9.200
70	C_0	0.028	0.048	0.063	0.075	0.085	0.094	0.102	0.110	0.117	0.123
	C_1	2.095	2.067	2.114	2.055	2.091	2.054	2.021	2.097	2.072	2.049
	C_2	22.423	17.546	14.901	13.602	12.465	11.818	11.322	10.672	10.349	10.080
80	C_0	0.025	0.043	0.056	0.067	0.077	0.085	0.093	0.100	0.106	0.112
	C_1	2.213	2.174	2.220	2.150	2.185	2.139	2.099	2.178	2.147	2.119
	C_2	24.868	19.370	16.398	14.933	13.655	12.925	12.364	11.635	11.270	10.964
90	C_0	0.022	0.039	0.051	0.061	0.070	0.078	0.085	0.091	0.097	0.103
	C_1	2.333	2.283	2.328	2.245	2.280	2.225	2.177	2.261	2.223	2.189
	C_2	27.307	21.195	17.897	16.267	14.849	14.036	13.411	12.603	12.194	11.853
100	C_0	0.021	0.036	0.047	0.057	0.065	0.072	0.078	0.084	0.090	0.095
	C_1	2.453	2.392	2.436	2.341	2.375	2.311	2.256	2.344	2.299	2.259
	C_2	29.744	23.024	19.400	17.608	16.049	15.153	14.464	13.575	13.123	12.745

注: L_c——群桩基础承台长度; B_c——群桩基础承台宽度; l——桩长; d——桩径。

表 E.0.1-2　$(s_a/d=3)$

l/d	L_c/B_c	1	2	3	4	5	6	7	8	9	10
5	C_0	0.203	0.318	0.377	0.416	0.445	0.468	0.486	0.502	0.516	0.528
	C_1	1.483	1.723	1.875	1.955	2.045	2.098	2.144	2.218	2.256	2.290
	C_2	3.679	4.036	4.006	4.053	3.995	4.007	4.014	3.938	3.944	3.948
10	C_0	0.125	0.213	0.263	0.298	0.324	0.346	0.364	0.380	0.394	0.406
	C_1	1.419	1.559	1.662	1.705	1.770	1.801	1.828	1.891	1.913	1.935
	C_2	4.861	4.723	4.460	4.384	4.237	4.193	4.158	4.038	4.017	4.000
15	C_0	0.093	0.166	0.209	0.240	0.265	0.285	0.302	0.317	0.330	0.342
	C_1	1.430	1.533	1.619	1.646	1.703	1.723	1.741	1.801	1.817	1.832
	C_2	5.900	5.435	5.010	4.855	4.641	4.559	4.496	4.340	4.300	4.267
20	C_0	0.075	0.138	0.176	0.205	0.227	0.246	0.262	0.276	0.288	0.299
	C_1	1.461	1.542	1.619	1.635	1.687	1.700	1.712	1.772	1.783	1.793
	C_2	6.879	6.137	5.570	5.346	5.073	4.958	4.869	4.679	4.623	4.577
25	C_0	0.063	0.118	0.153	0.179	0.200	0.218	0.233	0.246	0.258	0.268
	C_1	1.500	1.565	1.637	1.644	1.693	1.699	1.706	1.767	1.774	1.780
	C_2	7.822	6.826	6.127	5.839	5.511	5.364	5.252	5.030	4.958	4.899
30	C_0	0.055	0.104	0.136	0.160	0.180	0.196	0.210	0.223	0.234	0.244
	C_1	1.542	1.595	1.663	1.662	1.709	1.711	1.712	1.775	1.777	1.780
	C_2	8.741	7.506	6.680	6.331	5.949	5.772	5.638	5.383	5.297	5.226
40	C_0	0.044	0.085	0.112	0.133	0.150	0.165	0.178	0.189	0.199	0.208
	C_1	1.632	1.667	1.729	1.715	1.759	1.750	1.743	1.808	1.804	1.799
	C_2	10.535	8.845	7.774	7.309	6.822	6.588	6.410	6.093	5.978	5.883
50	C_0	0.036	0.072	0.096	0.114	0.130	0.143	0.155	0.165	0.174	0.182
	C_1	1.726	1.746	1.805	1.778	1.819	1.801	1.786	1.855	1.843	1.832
	C_2	12.292	10.168	8.860	8.284	7.694	7.405	7.185	6.805	6.662	6.543
60	C_0	0.031	0.063	0.084	0.101	0.115	0.127	0.137	0.146	0.155	0.163
	C_1	1.822	1.828	1.885	1.845	1.885	1.858	1.834	1.907	1.888	1.870
	C_2	14.029	11.486	9.944	9.259	8.568	8.224	7.962	7.520	7.348	7.206
70	C_0	0.028	0.056	0.075	0.090	0.103	0.114	0.123	0.132	0.140	0.147
	C_1	1.920	1.913	1.968	1.916	1.954	1.918	1.885	1.962	1.936	1.911
	C_2	15.756	12.801	11.029	10.237	9.444	9.047	8.742	8.238	8.038	7.871
80	C_0	0.025	0.050	0.068	0.081	0.093	0.103	0.112	0.120	0.127	0.134
	C_1	2.019	2.000	2.053	1.988	2.025	1.979	1.938	2.019	1.985	1.954
	C_2	17.478	14.120	12.117	11.220	10.325	9.874	9.527	8.959	8.731	8.540
90	C_0	0.022	0.045	0.062	0.074	0.085	0.095	0.103	0.110	0.117	0.123
	C_1	2.118	2.087	2.139	2.060	2.096	2.041	1.991	2.076	2.036	1.998
	C_2	19.200	15.442	13.210	12.208	11.211	10.705	10.316	9.684	9.427	9.211
100	C_0	0.021	0.042	0.057	0.069	0.097	0.087	0.095	0.102	0.108	0.114
	C_1	2.218	2.174	2.225	2.133	2.168	2.103	2.044	2.133	2.086	2.042
	C_2	20.925	16.770	14.307	13.201	12.101	11.541	11.110	10.413	10.127	9.886

注：L_c——群桩基础承台长度；B_c——群桩基础承台宽度；l——桩长；d——桩径。

表 E.0.1-3 （$s_a/d=4$）

l/d	L_c/B_c	1	2	3	4	5	6	7	8	9	10
5	C_0	0.203	0.354	0.422	0.464	0.495	0.519	0.538	0.555	0.568	0.580
	C_1	1.445	1.786	1.986	2.101	2.213	2.286	2.349	2.434	2.484	2.530
	C_2	2.633	3.243	3.340	3.444	3.431	3.466	3.488	3.433	3.447	3.457
10	C_0	0.125	0.237	0.294	0.332	0.361	0.384	0.403	0.419	0.433	0.445
	C_1	1.378	1.570	1.695	1.756	1.830	1.870	1.906	1.972	2.000	2.027
	C_2	3.707	3.873	3.743	3.729	3.630	3.612	3.597	3.500	3.490	3.482
15	C_0	0.093	0.185	0.234	0.269	0.296	0.317	0.335	0.351	0.364	0.376
	C_1	1.384	1.524	1.626	1.666	1.729	1.757	1.781	1.843	1.863	1.881
	C_2	4.571	4.458	4.188	4.107	3.951	3.904	3.866	3.736	3.712	3.693
20	C_0	0.075	0.153	0.198	0.230	0.254	0.275	0.291	0.306	0.319	0.331
	C_1	1.408	1.521	1.611	1.638	1.695	1.713	1.730	1.791	1.805	1.818
	C_2	5.361	5.024	4.636	4.502	4.297	4.225	4.169	4.009	3.973	3.944
25	C_0	0.063	0.132	0.173	0.202	0.225	0.244	0.260	0.274	0.286	0.297
	C_1	1.441	1.534	1.616	1.633	1.686	1.698	1.708	1.770	1.779	1.786
	C_2	6.114	5.578	5.081	4.900	4.650	4.555	4.482	4.293	4.246	4.208
30	C_0	0.055	0.117	0.154	0.181	0.203	0.221	0.236	0.249	0.261	0.271
	C_1	1.477	1.555	1.633	1.640	1.691	1.696	1.701	1.764	1.768	1.771
	C_2	6.843	6.122	5.524	5.298	5.004	4.887	4.799	4.581	4.524	4.477
40	C_0	0.044	0.095	0.127	0.151	0.170	0.186	0.200	0.212	0.223	0.233
	C_1	1.555	1.611	1.681	1.673	1.720	1.714	1.708	1.774	1.770	1.765
	C_2	8.261	7.195	6.402	6.093	5.713	5.556	5.436	5.163	5.085	5.021
50	C_0	0.036	0.081	0.109	0.130	0.148	0.162	0.175	0.186	0.196	0.205
	C_1	1.636	1.674	1.740	1.718	1.762	1.745	1.730	1.800	1.787	1.775
	C_2	9.648	8.258	7.277	6.887	6.424	6.227	6.077	5.749	5.650	5.569
60	C_0	0.031	0.071	0.096	0.115	0.131	0.144	0.156	0.166	0.175	0.183
	C_1	1.719	1.742	1.805	1.768	1.810	1.783	1.758	1.832	1.811	1.791
	C_2	11.021	9.319	8.152	7.684	7.138	6.902	6.721	6.338	6.219	6.120
70	C_0	0.028	0.063	0.086	0.103	0.117	0.130	0.140	0.150	0.158	0.166
	C_1	1.803	1.811	1.872	1.821	1.861	1.824	1.789	1.867	1.839	1.812
	C_2	12.387	10.381	9.029	8.485	7.856	7.580	7.369	6.929	6.789	6.672
80	C_0	0.025	0.057	0.077	0.093	0.107	0.118	0.128	0.137	0.145	0.152
	C_1	1.887	1.882	1.940	1.876	1.914	1.866	1.822	1.904	1.868	1.834
	C_2	13.753	11.447	9.911	9.291	8.578	8.262	8.020	7.524	7.362	7.226
90	C_0	0.022	0.051	0.071	0.085	0.098	0.108	0.117	0.126	0.133	0.140
	C_1	1.972	1.953	2.009	1.931	1.967	1.909	1.857	1.943	1.899	1.858
	C_2	15.119	12.518	10.799	10.102	9.305	8.949	8.674	8.122	7.938	7.782
100	C_0	0.021	0.047	0.065	0.079	0.090	0.100	0.109	0.117	0.123	0.130
	C_1	2.057	2.025	2.079	1.986	2.021	1.953	1.891	1.981	1.931	1.883
	C_2	16.490	13.595	11.691	10.918	10.036	9.639	9.331	8.722	8.515	8.339

注：L_c——群桩基础承台长度；B_c——群桩基础承台宽度；l——桩长；d——桩径。

表 E.0.1-4 ($s_a/d=5$)

l/d	L_c/B_c	1	2	3	4	5	6	7	8	9	10
5	C_0	0.203	0.389	0.464	0.510	0.543	0.567	0.587	0.603	0.617	0.628
	C_1	1.416	1.864	2.120	2.277	2.416	2.514	2.599	2.695	2.761	2.821
	C_2	1.941	2.652	2.824	2.957	2.973	3.018	3.045	3.008	3.023	3.033
10	C_0	0.125	0.260	0.323	0.364	0.394	0.417	0.437	0.453	0.467	0.480
	C_1	1.349	1.593	1.740	1.818	1.902	1.952	1.996	2.065	2.099	2.131
	C_2	2.959	3.301	3.255	3.278	3.208	3.206	3.201	3.120	3.116	3.112
15	C_0	0.093	0.202	0.257	0.295	0.323	0.345	0.364	0.379	0.393	0.405
	C_1	1.351	1.528	1.645	1.697	1.766	1.800	1.829	1.893	1.916	1.938
	C_2	3.724	3.825	3.649	3.614	3.492	3.465	3.442	3.329	3.314	3.301
20	C_0	0.075	0.168	0.218	0.252	0.278	0.299	0.317	0.332	0.345	0.357
	C_1	1.372	1.513	1.615	1.651	1.712	1.735	1.755	1.818	1.834	1.849
	C_2	4.407	4.316	4.036	3.957	3.792	3.745	3.708	3.566	3.542	3.522
25	C_0	0.063	0.145	0.190	0.222	0.246	0.267	0.283	0.298	0.310	0.322
	C_1	1.399	1.517	1.609	1.633	1.690	1.705	1.717	1.781	1.791	1.800
	C_2	5.049	4.792	4.418	4.301	4.096	4.031	3.982	3.812	3.780	3.754
30	C_0	0.055	0.128	0.170	0.199	0.222	0.241	0.257	0.271	0.283	0.294
	C_1	1.431	1.531	1.617	1.630	1.684	1.692	1.697	1.762	1.767	1.770
	C_2	5.668	5.258	4.796	4.644	4.401	4.320	4.259	4.063	4.022	3.990
40	C_0	0.044	0.105	0.141	0.167	0.188	0.205	0.219	0.232	0.243	0.253
	C_1	1.498	1.573	1.650	1.646	1.695	1.689	1.683	1.751	1.746	1.741
	C_2	6.865	6.176	5.547	5.331	5.013	4.902	4.817	4.568	4.512	4.467
50	C_0	0.036	0.089	0.121	0.144	0.163	0.179	0.192	0.204	0.214	0.224
	C_1	1.569	1.623	1.695	1.675	1.720	1.703	1.868	1.758	1.743	1.730
	C_2	8.034	7.085	6.296	6.018	5.628	5.486	5.379	5.078	5.006	4.948
60	C_0	0.031	0.078	0.106	0.128	0.145	0.159	0.171	0.182	0.192	0.201
	C_1	1.642	1.678	1.745	1.710	1.753	1.724	1.697	1.772	1.749	1.727
	C_2	9.192	7.994	7.046	6.709	6.246	6.074	5.943	5.590	5.502	5.429
70	C_0	0.028	0.069	0.095	0.114	0.130	0.143	0.155	0.165	0.174	0.182
	C_1	1.715	1.735	1.799	1.748	1.789	1.749	1.712	1.791	1.760	1.730
	C_2	10.345	8.905	7.800	7.403	6.868	6.664	6.509	6.104	5.999	5.911
80	C_0	0.025	0.063	0.086	0.104	0.118	0.131	0.141	0.151	0.159	0.167
	C_1	1.788	1.793	1.854	1.788	1.827	1.776	1.730	1.812	1.773	1.737
	C_2	11.498	9.820	8.558	8.102	7.493	7.258	7.077	6.620	6.497	6.393
90	C_0	0.022	0.057	0.079	0.095	0.109	0.120	0.130	0.139	0.147	0.154
	C_1	1.861	1.851	1.909	1.830	1.866	1.805	1.749	1.835	1.789	1.745
	C_2	12.653	10.741	9.321	8.805	8.123	7.854	7.647	7.138	6.996	6.876
100	C_0	0.021	0.052	0.072	0.088	0.100	0.111	0.120	0.129	0.136	0.143
	C_1	1.934	1.909	1.966	1.871	1.905	1.834	1.769	1.859	1.805	1.755
	C_2	13.812	11.667	10.089	9.512	8.755	8.453	8.218	7.657	7.495	7.358

注：L_c——群桩基础承台长度；B_c——群桩基础承台宽度；l——桩长；d——桩径。

表 E. 0. 1-5 $(s_a/d=6)$

l/d		1	2	3	4	5	6	7	8	9	10
		L_c/B_c									
5	C_0	0.203	0.423	0.506	0.555	0.588	0.613	0.633	0.649	0.663	0.674
	C_1	1.393	1.956	2.277	2.485	2.658	2.789	2.902	3.021	3.099	3.179
	C_2	1.438	2.152	2.365	2.503	2.538	2.581	2.603	2.586	2.596	2.599
10	C_0	0.125	0.281	0.350	0.393	0.424	0.449	0.468	0.485	0.499	0.511
	C_1	1.328	1.623	1.793	1.889	1.983	2.044	2.096	2.169	2.210	2.247
	C_2	2.421	2.870	2.881	2.927	2.879	2.886	2.887	2.818	2.817	2.815
15	C_0	0.093	0.219	0.279	0.318	0.348	0.371	0.390	0.406	0.419	0.423
	C_1	1.327	1.540	1.671	1.733	1.809	1.848	1.882	1.949	1.975	1.999
	C_2	3.126	3.366	3.256	3.250	3.153	3.139	3.126	3.024	3.015	3.007
20	C_0	0.075	0.182	0.236	0.272	0.300	0.322	0.340	0.355	0.369	0.380
	C_1	1.344	1.513	1.625	1.669	1.735	1.762	1.785	1.850	1.868	1.884
	C_2	3.740	3.815	3.607	3.565	3.428	3.398	3.374	3.243	3.227	3.214
25	C_0	0.063	0.157	0.207	0.024	0.266	0.287	0.304	0.319	0.332	0.343
	C_1	1.368	1.509	1.610	1.640	1.700	1.717	1.731	1.796	1.807	1.816
	C_2	4.311	4.242	3.950	3.877	3.703	3.659	3.625	3.468	3.445	3.427
30	C_0	0.055	0.139	0.184	0.216	0.240	0.260	0.276	0.291	0.303	0.314
	C_1	1.395	1.516	1.608	1.627	1.683	1.692	1.699	1.765	1.769	1.773
	C_2	4.858	4.659	4.288	4.187	3.977	3.921	3.879	3.694	3.666	3.643
40	C_0	0.044	0.114	0.153	0.181	0.203	0.221	0.236	0.249	0.261	0.271
	C_1	1.455	1.545	1.627	1.626	1.676	1.671	1.664	1.733	1.727	1.721
	C_2	5.912	5.477	4.957	4.804	4.528	4.447	4.386	4.151	4.111	4.078
50	C_0	0.036	0.097	0.132	0.157	0.177	0.193	0.207	0.219	0.230	0.240
	C_1	1.517	1.584	1.659	1.640	1.687	1.669	1.650	1.723	1.707	1.691
	C_2	6.939	6.287	5.624	5.423	5.080	4.974	4.896	4.610	4.557	4.514
60	C_0	0.031	0.085	0.116	0.139	0.157	0.172	0.185	0.196	0.207	0.216
	C_1	1.581	1.627	1.698	1.662	1.706	1.675	1.645	1.722	1.697	1.672
	C_2	7.956	7.097	6.292	6.043	5.634	5.504	5.406	5.071	5.004	4.948
70	C_0	0.028	0.076	0.104	0.125	0.141	0.156	0.168	0.178	0.188	0.196
	C_1	1.645	1.673	1.740	1.688	1.728	1.686	1.646	1.726	1.692	1.660
	C_2	8.968	7.908	6.964	6.667	6.191	6.035	5.917	5.532	5.450	5.382
80	C_0	0.025	0.068	0.094	0.113	0.129	0.142	0.153	0.163	0.172	0.180
	C_1	1.708	1.720	1.783	1.716	1.754	1.700	1.650	1.734	1.692	1.652
	C_2	9.981	8.724	7.640	7.293	6.751	6.569	6.428	5.994	5.896	5.814
90	C_0	0.022	0.062	0.086	0.104	0.118	0.131	0.141	0.150	0.159	0.167
	C_1	1.772	1.768	1.827	1.745	1.780	1.716	1.657	1.744	1.694	1.648
	C_2	10.997	9.544	8.319	7.924	7.314	7.103	6.939	6.457	6.342	6.244
100	C_0	0.021	0.057	0.079	0.096	0.110	0.121	0.131	0.140	0.148	0.155
	C_1	1.835	1.815	1.872	1.775	1.808	1.733	1.665	1.755	1.698	1.646
	C_2	12.016	10.370	9.004	8.557	7.879	7.639	7.450	6.919	6.787	6.673

注：L_c——群桩基础承台长度；B_c——群桩基础承台宽度；l——桩长；d——桩径。

附录 F 考虑桩径影响的 Mindlin(明德林) 解应力影响系数

F.0.1 本规范第 5.5.14 条规定基桩引起的附加应力应根据考虑桩径影响的明德林解按下列公式计算：

$$\sigma_z = \sigma_{zp} + \sigma_{zsr} + \sigma_{zst} \tag{F.0.1-1}$$

$$\sigma_{zp} = \frac{\alpha Q}{l^2} I_p \tag{F.0.1-2}$$

$$\sigma_{zsr} = \frac{\beta Q}{l^2} I_{sr} \tag{F.0.1-3}$$

$$\sigma_{zst} = \frac{(1-\alpha-\beta)Q}{l^2} I_{st} \tag{F.0.1-4}$$

式中 σ_{zp}——端阻力在应力计算点引起的附加应力；

σ_{zsr}——均匀分布侧阻力在应力计算点引起的附加应力；

σ_{zst}——三角形分布侧阻力在应力计算点引起的附加应力；

α——桩端阻力比；

β——均匀分布侧阻力比；

l——桩长；

I_p、I_{sr}、I_{st}——考虑桩径影响的明德林解应力影响系数，按 F.0.2 条确定。

F.0.2 考虑桩径影响的明德林解应力影响系数，将端阻力和侧阻力简化为图 F.0.2 的形式，求解明德林解应力影响系数。

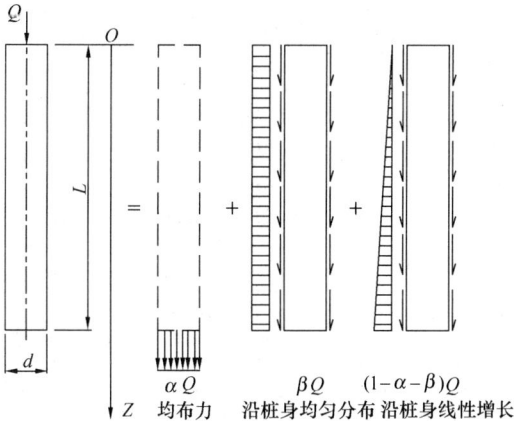

图 F.0.2 单桩荷载分担及侧阻力、端阻力分布

1 考虑桩径影响，沿桩身轴线的竖向应力系数解析式：

$$I_p = \frac{l^2}{\pi \cdot r^2} \cdot \frac{1}{4(1-\mu)}$$

$$\times \left\{ 2(1-\mu) - \frac{(1-2\mu)(z-l)}{\sqrt{r^2+(z-l)^2}} \right.$$

$$- \frac{(1-2\mu)(z-l)}{z+l} + \frac{(1-2\mu)(z-l)}{\sqrt{r^2+(z+l)^2}}$$

$$- \frac{(z-l)^3}{[r^2+(z-l)^2]^{3/2}}$$

$$+ \frac{(3-4\mu)z}{z+l} - \frac{(3-4\mu)z(z+l)^2}{[r^2+(z+l)^2]^{3/2}}$$

$$- \frac{l(5z-l)}{(z+l)^2} + \frac{l(z+l)(5z-l)}{[r^2+(z+l)^2]^{3/2}}$$

$$+ \left. \frac{6lz}{(z+l)^2} - \frac{6zl(z+l)^3}{[r^2+(z+l)^2]^{5/2}} \right\}$$

$$\tag{F.0.2-1}$$

$$I_{sr} = \frac{l}{2\pi r} \cdot \frac{1}{4(1-\mu)} \left\{ \frac{2(2-\mu)r}{\sqrt{r^2+(z-l)^2}} \right.$$

$$- \frac{2(2-\mu)r^2 + 2(1-2\mu)z(z+l)}{r\sqrt{r^2+(z+l)^2}}$$

$$+ \frac{2(1-2\mu)z^2}{r\sqrt{r^2+z^2}} - \frac{4z^2[r^2-(1+\mu)z^2]}{r(r^2+z^2)^{3/2}}$$

$$- \frac{4(1+\mu)z(z+l)^3 - 4z^2r^2 - r^4}{r[r^2+(z+l)^2]^{3/2}}$$

$$- \frac{r^3}{[r^2+(z-l)^2]^{3/2}} - \frac{6z^2[z^4-r^4]}{r(r^2+z^2)^{5/2}}$$

$$- \left. \frac{6z[zr^4-(z+l)^5]}{r[r^2+(z+l)^2]^{5/2}} \right\}$$

$$\tag{F.0.2-2}$$

$$I_{st} = \frac{l}{\pi r} \cdot \frac{1}{4(1-\mu)} \left\{ \frac{2(2-\mu)r}{\sqrt{r^2+(z-l)^2}} \right.$$

$$+ \frac{2(1-2\mu)z^2(z+l) - 2(2-\mu)(4z+l)r^2}{lr\sqrt{r^2+(z+l)^2}}$$

$$+ \frac{8(2-\mu)zr^2 - 2(1-2\mu)z^3}{lr\sqrt{r^2+z^2}}$$

$$+ \frac{12z^7 + 6zr^4(r^2-z^2)}{lr(r^2+z^2)^{5/2}}$$

$$+ \frac{15zr^4 + 2(5+2\mu)z^2(z+l)^3 - 4\mu zr^4 - 4z^3r^2 - r^2(z+l)^3}{lr[r^2+(z+l)^2]^{3/2}}$$

$$- \frac{6zr^4(r^2-z^2) + 12z^2(z+l)^5}{lr[r^2+(z+l)^2]^{5/2}}$$

$$+ \frac{6z^3r^2 - 2(5+2\mu)z^5 - 2(7-2\mu)zr^4}{lr[r^2+z^2]^{3/2}}$$

$$- \frac{zr^3 + (z-l)^3 r}{l[r^2+(z-l)^2]^{3/2}} + 2(2-\mu)\frac{r}{l}$$

$$\ln \left. \frac{(\sqrt{r^2+(z-l)^2}+z-l)(\sqrt{r^2+(z+l)^2}+z+l)}{[\sqrt{r^2+z^2}+z]^2} \right\}$$

$$\tag{F.0.2-3}$$

式中 μ——地基土的泊松比；

r——桩身半径；

l——桩长；

z——计算应力点离桩顶的竖向距离。

2 考虑桩径影响，明德林解竖向应力影响系数表，1)桩端以下桩身轴线上 ($n = \rho/l = 0$) 各点的竖向应力影响系数，系按式(F.0.2-1)～式(F.0.2-3)计算，其值列于表 F.0.2-1～表 F.0.2-3。2)水平向有效影响范围内桩的竖向应力影响系数,系按数值积分法计算,其值列于表 F.0.2-1～表 F.0.2-3。表中:$m=z/l$;$n=\rho/l$;ρ 为相邻桩至计算桩轴线的水平距离。

表 F.0.2-1　考虑桩径影响,均布桩端阻力竖向应力影响系数 I_p

$l/d = 10$

m \ n	0.000	0.020	0.040	0.060	0.080	0.100	0.120	0.160	0.200	0.300	0.400	0.500	0.600
0.500				−0.600	−0.581	−0.558	−0.531	−0.468	−0.400	−0.236	−0.113	−0.037	0.004
0.550				−0.779	−0.751	−0.716	−0.675	−0.585	−0.488	−0.270	−0.119	−0.034	0.010
0.600				−1.021	−0.976	−0.922	−0.860	−0.725	−0.587	−0.297	−0.119	−0.026	0.018
0.650				−1.357	−1.283	−1.196	−1.099	−0.893	−0.694	−0.314	−0.109	−0.013	0.027
0.700				−1.846	−1.717	−1.568	−1.408	−1.086	−0.797	−0.311	−0.088	−0.003	0.038
0.750				−2.589	−2.349	−2.080	−1.805	−1.289	−0.873	−0.279	−0.057	0.022	0.049
0.800				−3.781	−3.289	−2.772	−2.276	−1.448	−0.875	−0.212	−0.018	0.041	0.059
0.850				−5.787	−4.666	−3.606	−2.701	−1.434	−0.737	−0.117	0.023	0.059	0.067
0.900				−9.175	−6.341	−4.137	−2.625	−1.047	−0.426	−0.015	0.057	0.072	0.072
0.950				−13.522	−6.132	−2.699	−1.262	−0.327	−0.078	0.059	0.079	0.080	0.075
1.004	62.563	62.378	60.503	1.756	0.367	0.208	0.157	0.123	0.111	0.100	0.093	0.085	0.078
1.008	61.245	60.784	55.653	4.584	0.705	0.325	0.214	0.144	0.121	0.102	0.093	0.086	0.078
1.012	59.708	58.836	50.294	7.572	1.159	0.468	0.280	0.166	0.131	0.105	0.094	0.086	0.078
1.016	57.894	56.509	45.517	9.951	1.729	0.643	0.356	0.190	0.142	0.108	0.095	0.086	0.078
1.020	55.793	53.863	41.505	11.637	2.379	0.853	0.446	0.217	0.154	0.110	0.096	0.087	0.078
1.024	53.433	51.008	38.145	12.763	3.063	1.094	0.549	0.248	0.167	0.113	0.097	0.087	0.078
1.028	50.868	48.054	35.286	13.474	3.737	1.360	0.666	0.282	0.181	0.116	0.098	0.087	0.078
1.040	42.642	39.423	28.667	14.106	5.432	2.227	1.084	0.406	0.230	0.126	0.101	0.089	0.079
1.060	30.269	27.845	21.170	13.000	6.839	3.469	1.849	0.677	0.342	0.148	0.108	0.091	0.080
1.080	21.437	19.955	16.036	11.179	6.992	4.152	2.467	0.980	0.481	0.176	0.117	0.094	0.081
1.100	15.575	14.702	12.379	9.386	6.552	4.348	2.834	1.254	0.631	0.211	0.127	0.098	0.083
1.120	11.677	11.153	9.734	7.831	5.896	4.240	2.977	1.465	0.773	0.250	0.140	0.103	0.085
1.140	9.017	8.692	7.795	6.548	5.208	3.977	2.960	1.601	0.893	0.292	0.154	0.109	0.087
1.160	7.146	6.937	6.349	5.509	4.565	3.650	2.845	1.669	0.985	0.334	0.170	0.115	0.090
1.180	5.791	5.651	5.254	4.672	3.996	3.310	2.678	1.684	1.048	0.374	0.187	0.122	0.094
1.200	4.782	4.686	4.410	3.996	3.503	2.986	2.489	1.659	1.083	0.411	0.204	0.130	0.097
1.300	2.252	2.230	2.167	2.067	1.938	1.788	1.627	1.302	1.010	0.513	0.277	0.170	0.119
1.400	1.312	1.306	1.284	1.250	1.204	1.149	1.087	0.949	0.807	0.506	0.312	0.201	0.140
1.500	0.866	0.863	0.854	0.839	0.820	0.795	0.767	0.701	0.629	0.451	0.311	0.215	0.154
1.600	0.619	0.617	0.613	0.606	0.596	0.583	0.569	0.534	0.494	0.387	0.290	0.215	0.160

$l/d = 15$

m \ n	0.000	0.020	0.040	0.060	0.080	0.100	0.120	0.160	0.200	0.300	0.400	0.500	0.600
0.500			−0.619	−0.605	−0.585	−0.562	−0.534	−0.471	−0.402	−0.236	−0.113	−0.037	0.004
0.550			−0.808	−0.786	−0.757	−0.721	−0.680	−0.588	−0.490	−0.269	−0.119	−0.033	0.010
0.600			−1.067	−1.032	−0.986	−0.930	−0.867	−0.729	−0.589	−0.297	−0.118	−0.025	0.018
0.650			−1.433	−1.375	−1.299	−1.208	−1.108	−0.898	−0.695	−0.312	−0.108	−0.013	0.028
0.700			−1.981	−1.876	−1.742	−1.587	−1.422	−1.091	−0.797	−0.308	−0.087	0.004	0.038
0.750			−2.850	−2.645	−2.389	−2.108	−1.820	−1.290	−0.868	−0.275	−0.056	0.023	0.049
0.800			−4.342	−3.889	−3.355	−2.805	−2.286	−1.437	−0.862	−0.207	−0.016	0.042	0.059
0.850			−7.174	−5.996	−4.747	−3.609	−2.668	−1.395	−0.713	−0.112	0.024	0.059	0.067
0.900			−13.179	−9.428	−6.231	−3.949	−2.469	−0.980	−0.401	−0.012	0.057	0.072	0.072
0.950			−25.874	−11.676	−4.925	−2.196	−1.061	−0.288	−0.067	0.060	0.079	0.080	0.076
1.004	139.202	137.028	6.771	0.657	0.288	0.189	0.151	0.122	0.111	0.100	0.093	0.085	0.078
1.008	134.212	127.885	16.907	1.416	0.502	0.283	0.201	0.141	0.120	0.102	0.093	0.086	0.078
1.012	127.849	116.582	24.338	2.473	0.771	0.392	0.256	0.161	0.130	0.105	0.094	0.086	0.078
1.016	120.095	104.985	28.589	3.784	1.109	0.522	0.320	0.184	0.140	0.107	0.095	0.086	0.078
1.020	111.316	94.178	30.723	5.224	1.516	0.677	0.394	0.209	0.152	0.110	0.096	0.087	0.078
1.024	102.035	84.503	31.544	6.655	1.981	0.858	0.478	0.236	0.164	0.113	0.097	0.087	0.078
1.028	92.751	75.959	31.545	7.976	2.487	1.062	0.575	0.267	0.177	0.116	0.098	0.087	0.078
1.040	67.984	55.962	29.127	10.814	4.040	1.776	0.927	0.379	0.223	0.126	0.101	0.089	0.079
1.060	40.837	35.291	22.966	12.108	5.919	2.983	1.625	0.627	0.328	0.147	0.108	0.091	0.080
1.080	26.159	23.586	17.507	11.187	6.586	3.808	2.255	0.914	0.460	0.174	0.116	0.094	0.081
1.100	17.897	16.610	13.391	9.640	6.442	4.160	2.679	1.187	0.605	0.208	0.127	0.098	0.083
1.120	12.923	12.226	10.406	8.106	5.921	4.162	2.881	1.406	0.746	0.246	0.139	0.103	0.085
1.140	9.737	9.332	8.241	6.781	5.281	3.962	2.911	1.555	0.868	0.288	0.153	0.108	0.087
1.160	7.588	7.339	6.652	5.693	4.648	3.666	2.827	1.637	0.963	0.329	0.169	0.115	0.090
1.180	6.075	5.915	5.463	4.813	4.073	3.340	2.678	1.663	1.030	0.369	0.185	0.122	0.093
1.200	4.973	4.866	4.558	4.104	3.570	3.019	2.499	1.647	1.070	0.406	0.202	0.130	0.097
1.300	2.291	2.269	2.202	2.097	1.962	1.807	1.640	1.307	1.010	0.511	0.276	0.170	0.118
1.400	1.325	1.318	1.296	1.261	1.214	1.157	1.094	0.953	0.809	0.505	0.311	0.201	0.139
1.500	0.871	0.868	0.859	0.844	0.824	0.799	0.770	0.704	0.630	0.451	0.310	0.215	0.154
1.600	0.621	0.620	0.615	0.608	0.598	0.586	0.571	0.536	0.496	0.388	0.290	0.215	0.160

l/d						20							
n/m	0.000	0.020	0.040	0.060	0.080	0.100	0.120	0.160	0.200	0.300	0.400	0.500	0.600
0.500			−0.621	−0.606	−0.587	−0.563	−0.535	−0.472	−0.402	−0.236	−0.113	−0.037	0.004
0.550			−0.811	−0.789	−0.759	−0.723	−0.682	−0.589	−0.491	−0.269	−0.118	−0.033	0.010
0.600			−1.071	−1.036	−0.989	−0.933	−0.869	−0.731	−0.590	−0.296	−0.117	−0.025	0.018
0.650			−1.440	−1.381	−1.304	−1.213	−1.112	−0.899	−0.696	−0.312	−0.107	−0.013	0.028
0.700			−1.993	−1.887	−1.751	−1.594	−1.426	−1.092	−0.797	−0.307	−0.086	0.004	0.038
0.750			−2.875	−2.665	−2.404	−2.117	−1.826	−1.290	−0.867	−0.273	−0.055	0.023	0.049
0.800			−4.396	−3.927	−3.378	−2.816	−2.288	−1.432	−0.857	−0.205	−0.016	0.042	0.059
0.850			−7.309	−6.069	−4.773	−3.608	−2.656	−1.382	−0.705	−0.110	0.024	0.059	0.067
0.900			−13.547	−9.494	−6.176	−3.877	−2.414	−0.957	−0.392	−0.011	0.058	0.072	0.072
0.950			−25.714	−10.848	−4.530	−2.043	−1.000	−0.275	−0.064	0.060	0.079	0.080	0.076
1.004	244.665	222.298	2.507	0.549	0.270	0.184	0.149	0.121	0.111	0.100	0.093	0.085	0.078
1.008	231.267	181.758	6.607	1.118	0.459	0.271	0.196	0.140	0.120	0.102	0.093	0.086	0.078
1.012	213.422	152.271	11.947	1.893	0.691	0.372	0.249	0.160	0.130	0.105	0.094	0.086	0.078
1.016	192.367	130.925	17.172	2.882	0.981	0.491	0.309	0.182	0.140	0.107	0.095	0.086	0.078
1.020	170.266	114.368	21.429	4.037	1.330	0.632	0.379	0.206	0.151	0.110	0.096	0.087	0.078
1.024	148.975	100.844	24.487	5.275	1.735	0.796	0.458	0.232	0.163	0.113	0.097	0.087	0.078
1.028	129.596	89.450	26.439	6.511	2.184	0.983	0.549	0.262	0.175	0.116	0.098	0.087	0.078
1.040	85.457	63.853	27.680	9.582	3.636	1.647	0.881	0.370	0.221	0.126	0.101	0.089	0.079
1.060	46.430	38.661	23.310	11.634	5.588	2.825	1.554	0.611	0.323	0.146	0.108	0.091	0.080
1.080	28.320	25.133	17.998	11.118	6.418	3.685	2.183	0.893	0.453	0.174	0.116	0.094	0.081
1.100	18.875	17.385	13.759	9.705	6.387	4.088	2.623	1.164	0.597	0.207	0.126	0.098	0.083
1.120	13.422	12.647	10.654	8.197	5.921	4.130	2.846	1.386	0.737	0.245	0.139	0.103	0.085
1.140	10.016	9.577	8.407	6.863	5.303	3.953	2.892	1.539	0.859	0.286	0.153	0.108	0.087
1.160	7.755	7.490	6.763	5.758	4.676	3.670	2.819	1.626	0.955	0.327	0.169	0.115	0.090
1.180	6.181	6.013	5.540	4.863	4.099	3.349	2.677	1.656	1.024	0.367	0.185	0.122	0.093
1.200	5.044	4.931	4.612	4.142	3.593	3.030	2.502	1.643	1.065	0.404	0.202	0.129	0.097
1.300	2.306	2.283	2.215	2.108	1.971	1.813	1.645	1.308	1.010	0.510	0.275	0.170	0.118
1.400	1.330	1.323	1.301	1.265	1.218	1.160	1.096	0.954	0.810	0.505	0.311	0.201	0.139
1.500	0.873	0.870	0.861	0.846	0.826	0.801	0.772	0.705	0.631	0.451	0.310	0.215	0.154
1.600	0.622	0.621	0.616	0.609	0.599	0.586	0.572	0.536	0.496	0.388	0.290	0.214	0.160

l/d						25							
n/m	0.000	0.020	0.040	0.060	0.080	0.100	0.120	0.160	0.200	0.300	0.400	0.500	0.600
0.500			−0.622	−0.607	−0.588	−0.564	−0.536	−0.472	−0.402	−0.236	−0.112	−0.037	0.004
0.550			−0.812	−0.790	−0.760	−0.724	−0.683	−0.590	−0.491	−0.269	−0.118	−0.033	0.010
0.600			−1.073	−1.037	−0.991	−0.934	−0.870	−0.731	−0.590	−0.296	−0.117	−0.025	0.018
0.650			−1.444	−1.384	−1.306	−1.215	−1.113	−0.900	−0.696	−0.311	−0.107	−0.012	0.028
0.700			−1.999	−1.892	−1.755	−1.597	−1.428	−1.093	−0.796	−0.307	−0.086	0.004	0.038
0.750			−2.886	−2.674	−2.411	−2.122	−1.828	−1.290	−0.866	−0.273	−0.055	0.023	0.049
0.800			−4.422	−3.945	−3.389	−2.821	−2.290	−1.430	−0.855	−0.205	−0.016	0.042	0.059
0.850			−7.373	−6.103	−4.785	−3.607	−2.650	−1.375	−0.701	−0.109	0.024	0.059	0.067
0.900			−13.719	−9.519	−6.147	−3.843	−2.388	−0.946	−0.388	−0.011	0.058	0.072	0.072
0.950			−25.463	−10.446	−4.355	−1.975	−0.973	−0.270	−0.062	0.060	0.079	0.080	0.076
1.004	377.628	178.408	1.913	0.511	0.263	0.182	0.148	0.121	0.111	0.100	0.093	0.085	0.078
1.008	348.167	161.588	4.792	1.019	0.442	0.267	0.195	0.140	0.120	0.102	0.093	0.086	0.078
1.012	309.027	146.104	8.847	1.700	0.660	0.364	0.246	0.159	0.129	0.105	0.094	0.086	0.078
1.016	265.983	131.641	13.394	2.574	0.930	0.478	0.305	0.181	0.140	0.107	0.095	0.086	0.078
1.020	224.824	118.197	17.660	3.613	1.257	0.613	0.372	0.205	0.150	0.110	0.096	0.087	0.078
1.024	188.664	105.842	21.169	4.756	1.637	0.770	0.450	0.231	0.162	0.113	0.097	0.087	0.078
1.028	158.336	94.627	23.753	5.931	2.062	0.949	0.537	0.260	0.175	0.116	0.098	0.087	0.078
1.040	96.846	67.688	26.679	9.029	3.464	1.592	0.860	0.366	0.220	0.125	0.101	0.089	0.079
1.060	49.548	40.374	23.390	11.390	5.436	2.754	1.522	0.603	0.321	0.146	0.108	0.091	0.080
1.080	29.440	25.906	18.214	11.073	6.336	3.628	2.151	0.883	0.450	0.173	0.116	0.094	0.081
1.100	19.363	17.765	13.931	9.731	6.358	4.054	2.598	1.154	0.593	0.206	0.126	0.098	0.083
1.120	13.666	12.851	10.772	8.237	5.920	4.114	2.829	1.376	0.732	0.244	0.139	0.103	0.085
1.140	10.150	9.695	8.485	6.901	5.313	3.949	2.883	1.532	0.855	0.285	0.153	0.108	0.087
1.160	7.835	7.562	6.816	5.788	4.689	3.671	2.815	1.621	0.952	0.327	0.168	0.115	0.090
1.180	6.232	6.059	5.576	4.887	4.112	3.353	2.677	1.653	1.021	0.366	0.185	0.122	0.093
1.200	5.077	4.963	4.637	4.160	3.604	3.035	2.503	1.641	1.063	0.403	0.202	0.129	0.097
1.300	2.312	2.289	2.221	2.113	1.975	1.816	1.647	1.309	1.010	0.509	0.275	0.170	0.118
1.400	1.332	1.325	1.303	1.267	1.219	1.162	1.097	0.955	0.810	0.505	0.310	0.201	0.139
1.500	0.874	0.871	0.862	0.847	0.826	0.801	0.772	0.705	0.631	0.451	0.310	0.215	0.154
1.600	0.623	0.621	0.617	0.609	0.599	0.587	0.572	0.537	0.496	0.388	0.290	0.214	0.160

续表 F.0.2-1

l/d	30												
m \ n	0.000	0.020	0.040	0.060	0.080	0.100	0.120	0.160	0.200	0.300	0.400	0.500	0.600
0.500		−0.631	−0.622	−0.608	−0.588	−0.564	−0.536	−0.472	−0.403	−0.236	−0.112	−0.037	0.004
0.550		−0.827	−0.813	−0.791	−0.761	−0.725	−0.683	−0.590	−0.491	−0.269	−0.118	−0.033	0.010
0.600		−1.096	−1.074	−1.038	−0.991	−0.935	−0.871	−0.732	−0.590	−0.296	−0.117	−0.025	0.018
0.650		−1.483	−1.445	−1.386	−1.308	−1.216	−1.114	−0.900	−0.696	−0.311	−0.107	−0.012	0.028
0.700		−2.071	−2.002	−1.895	−1.757	−1.598	−1.429	−1.093	−0.796	−0.306	−0.086	0.004	0.038
0.750		−3.032	−2.892	−2.679	−2.414	−2.124	−1.829	−1.290	−0.865	−0.272	−0.054	0.023	0.049
0.800		−4.764	−4.436	−3.955	−3.395	−2.824	−2.290	−1.429	−0.854	−0.204	−0.015	0.042	0.059
0.850		−8.367	−7.408	−6.122	−4.791	−3.606	−2.646	−1.372	−0.699	−0.109	0.025	0.059	0.067
0.900		−17.766	−13.813	−9.532	−6.130	−3.824	−2.374	−0.941	−0.386	−0.010	0.058	0.072	0.072
0.950		−53.070	−25.276	−10.224	−4.262	−1.940	−0.959	−0.267	−0.062	0.060	0.079	0.080	0.076
1.004	536.535	67.314	1.695	0.493	0.259	0.181	0.148	0.121	0.111	0.100	0.093	0.085	0.078
1.008	480.071	114.047	4.129	0.973	0.433	0.264	0.194	0.140	0.120	0.102	0.093	0.086	0.078
1.012	407.830	125.866	7.619	1.610	0.644	0.359	0.245	0.159	0.129	0.105	0.094	0.086	0.078
1.016	335.065	123.804	11.742	2.429	0.905	0.471	0.302	0.180	0.139	0.107	0.095	0.086	0.078
1.020	271.631	116.207	15.857	3.410	1.220	0.603	0.369	0.204	0.150	0.110	0.096	0.087	0.078
1.024	220.202	106.561	19.459	4.502	1.587	0.757	0.445	0.230	0.162	0.113	0.097	0.087	0.078
1.028	179.778	96.493	22.283	5.641	1.999	0.932	0.531	0.259	0.174	0.116	0.098	0.087	0.078
1.040	104.344	69.738	26.055	8.735	3.375	1.563	0.850	0.364	0.219	0.125	0.101	0.089	0.079
1.060	51.415	41.346	23.409	11.251	5.354	2.717	1.505	0.599	0.320	0.146	0.108	0.091	0.080
1.080	30.085	26.343	18.329	11.045	6.290	3.597	2.133	0.878	0.448	0.173	0.116	0.094	0.081
1.100	19.639	17.978	14.025	9.744	6.342	4.035	2.584	1.148	0.591	0.206	0.126	0.098	0.083
1.120	13.802	12.964	10.836	8.259	5.919	4.105	2.820	1.371	0.730	0.244	0.139	0.103	0.085
1.140	10.224	9.760	8.528	6.921	5.318	3.946	2.878	1.528	0.853	0.285	0.153	0.108	0.087
1.160	7.879	7.602	6.845	5.805	4.695	3.672	2.813	1.618	0.950	0.326	0.168	0.115	0.090
1.180	6.259	6.084	5.596	4.900	4.118	3.356	2.676	1.651	1.019	0.366	0.185	0.122	0.093
1.200	5.095	4.980	4.651	4.170	3.610	3.038	2.503	1.640	1.062	0.403	0.202	0.129	0.097
1.300	2.316	2.293	2.224	2.116	1.977	1.818	1.648	1.310	1.010	0.509	0.275	0.169	0.118
1.400	1.333	1.326	1.304	1.268	1.220	1.163	1.098	0.955	0.811	0.505	0.310	0.200	0.139
1.500	0.874	0.872	0.862	0.847	0.827	0.802	0.773	0.705	0.631	0.451	0.310	0.215	0.154
1.600	0.623	0.621	0.617	0.610	0.599	0.587	0.572	0.537	0.496	0.388	0.290	0.214	0.160

l/d	40												
m \ n	0.000	0.020	0.040	0.060	0.080	0.100	0.120	0.160	0.200	0.300	0.400	0.500	0.600
0.500		−0.631	−0.622	−0.608	−0.588	−0.564	−0.536	−0.472	−0.403	−0.236	−0.112	−0.036	0.004
0.550		−0.827	−0.814	−0.791	−0.762	−0.725	−0.684	−0.590	−0.491	−0.269	−0.118	−0.033	0.010
0.600		−1.097	−1.075	−1.039	−0.992	−0.936	−0.872	−0.732	−0.591	−0.296	−0.117	−0.025	0.018
0.650		−1.485	−1.447	−1.387	−1.309	−1.217	−1.115	−0.901	−0.696	−0.311	−0.107	−0.012	0.028
0.700		−2.074	−2.006	−1.898	−1.759	−1.600	−1.431	−1.094	−0.796	−0.306	−0.086	0.004	0.038
0.750		−3.039	−2.899	−2.684	−2.418	−2.126	−1.831	−1.290	−0.865	−0.272	−0.054	0.023	0.049
0.800		−4.781	−4.449	−3.965	−3.401	−2.826	−2.291	−1.428	−0.853	−0.204	−0.015	0.042	0.059
0.850		−8.418	−7.443	−6.140	−4.797	−3.606	−2.643	−1.368	−0.696	−0.108	0.025	0.059	0.067
0.900		−17.982	−13.906	−9.543	−6.114	−3.805	−2.360	−0.935	−0.384	−0.010	0.058	0.072	0.072
0.950		−54.543	−25.054	−10.003	−4.171	−1.905	−0.945	−0.264	−0.061	0.060	0.079	0.080	0.076
1.004	924.755	26.114	1.523	0.477	0.255	0.180	0.147	0.121	0.111	0.100	0.093	0.085	0.078
1.008	769.156	68.377	3.614	0.931	0.425	0.262	0.193	0.139	0.120	0.102	0.093	0.086	0.078
1.012	595.591	97.641	6.633	1.529	0.630	0.355	0.243	0.159	0.129	0.105	0.094	0.086	0.078
1.016	449.984	109.641	10.343	2.298	0.881	0.465	0.300	0.180	0.139	0.107	0.095	0.086	0.078
1.020	341.526	110.416	14.244	3.224	1.185	0.594	0.366	0.203	0.150	0.110	0.096	0.087	0.078
1.024	263.543	105.215	17.851	4.267	1.541	0.744	0.441	0.229	0.162	0.113	0.097	0.087	0.078
1.028	207.450	97.302	20.843	5.369	1.940	0.916	0.526	0.258	0.174	0.116	0.098	0.087	0.079
1.040	112.989	71.701	25.382	8.448	3.288	1.535	0.839	0.362	0.219	0.125	0.101	0.089	0.079
1.060	53.411	42.340	23.410	11.109	5.272	2.680	1.488	0.596	0.319	0.146	0.108	0.091	0.080
1.080	30.754	26.788	18.440	11.014	6.245	3.566	2.116	0.872	0.447	0.173	0.116	0.094	0.081
1.100	19.920	18.194	14.119	9.755	6.325	4.016	2.570	1.143	0.589	0.206	0.126	0.098	0.083
1.120	13.939	13.078	10.900	8.281	5.917	4.096	2.811	1.366	0.728	0.244	0.139	0.103	0.085
1.140	10.300	9.825	8.571	6.941	5.323	3.944	2.873	1.524	0.850	0.284	0.153	0.108	0.087
1.160	7.923	7.642	6.874	5.822	4.702	3.673	2.811	1.615	0.948	0.326	0.168	0.115	0.090
1.180	6.287	6.110	5.616	4.912	4.125	3.358	2.676	1.649	1.018	0.366	0.185	0.122	0.093
1.200	5.113	4.997	4.665	4.180	3.615	3.040	2.504	1.639	1.061	0.402	0.201	0.129	0.097
1.300	2.320	2.297	2.227	2.119	1.980	1.820	1.649	1.310	1.009	0.509	0.275	0.169	0.118
1.400	1.334	1.327	1.305	1.269	1.221	1.163	1.098	0.956	0.811	0.505	0.310	0.200	0.139
1.500	0.875	0.872	0.863	0.848	0.827	0.802	0.773	0.706	0.632	0.451	0.310	0.215	0.154
1.600	0.623	0.622	0.617	0.610	0.600	0.587	0.572	0.537	0.496	0.388	0.290	0.214	0.160

l/d	50												
m \ n	0.000	0.020	0.040	0.060	0.080	0.100	0.120	0.160	0.200	0.300	0.400	0.500	0.600
0.500		−0.632	−0.623	−0.608	−0.589	−0.564	−0.537	−0.473	−0.403	−0.236	−0.112	−0.036	0.004
0.550		−0.828	−0.814	−0.792	−0.762	−0.725	−0.684	−0.590	−0.491	−0.269	−0.118	−0.033	0.010
0.600		−1.097	−1.075	−1.040	−0.993	−0.936	−0.872	−0.732	−0.591	−0.296	−0.117	−0.025	0.018
0.650		−1.486	−1.448	−1.388	−1.310	−1.217	−1.115	−0.901	−0.696	−0.311	−0.107	−0.012	0.028
0.700		−2.076	−2.007	−1.899	−1.760	−1.601	−1.431	−1.094	−0.796	−0.306	−0.086	0.004	0.038
0.750		−3.042	−2.902	−2.686	−2.420	−2.127	−1.831	−1.290	−0.865	−0.272	−0.054	0.023	0.049
0.800		−4.789	−4.456	−3.969	−3.403	−2.828	−2.291	−1.428	−0.852	−0.203	−0.015	0.042	0.059
0.850		−8.441	−7.460	−6.149	−4.800	−3.605	−2.641	−1.367	−0.696	−0.108	0.025	0.059	0.067
0.900		−18.083	−13.950	−9.548	−6.106	−3.797	−2.354	−0.933	−0.383	−0.010	0.058	0.072	0.072
0.950		−55.231	−24.939	−9.900	−4.129	−1.889	−0.938	−0.263	−0.060	0.060	0.079	0.080	0.076
1.004	1392.355	18.855	1.455	0.470	0.254	0.180	0.147	0.121	0.111	0.100	0.093	0.085	0.078
1.008	1063.621	53.265	3.413	0.913	0.421	0.261	0.192	0.139	0.120	0.102	0.093	0.086	0.078
1.012	754.349	84.366	6.241	1.495	0.623	0.353	0.242	0.159	0.129	0.105	0.094	0.086	0.078
1.016	533.576	101.473	9.768	2.241	0.871	0.462	0.299	0.180	0.139	0.107	0.095	0.086	0.078
1.020	387.082	106.414	13.556	3.143	1.170	0.590	0.364	0.203	0.150	0.110	0.096	0.087	0.078
1.024	289.666	103.778	17.142	4.164	1.520	0.738	0.438	0.229	0.161	0.113	0.097	0.087	0.078
1.028	223.218	97.234	20.188	5.248	1.914	0.908	0.523	0.257	0.174	0.116	0.098	0.087	0.079
1.040	117.472	72.569	25.055	8.317	3.249	1.522	0.835	0.361	0.219	0.125	0.101	0.089	0.079
1.060	54.386	42.810	23.404	11.042	5.235	2.663	1.481	0.594	0.318	0.146	0.108	0.091	0.080
1.080	31.073	26.999	18.490	10.999	6.223	3.552	2.108	0.870	0.446	0.173	0.116	0.094	0.081
1.100	20.053	18.296	14.162	9.760	6.317	4.007	2.563	1.140	0.588	0.206	0.126	0.098	0.083
1.120	14.004	13.132	10.930	8.290	5.916	4.092	2.806	1.364	0.727	0.244	0.139	0.103	0.085
1.140	10.335	9.856	8.591	6.951	5.325	3.942	2.870	1.522	0.849	0.284	0.153	0.108	0.087
1.160	7.944	7.660	6.887	5.829	4.705	3.673	2.810	1.613	0.947	0.326	0.168	0.115	0.090
1.180	6.300	6.122	5.625	4.918	4.128	3.359	2.676	1.648	1.017	0.365	0.185	0.122	0.093
1.200	5.122	5.005	4.672	4.184	3.618	3.042	2.504	1.639	1.060	0.402	0.201	0.129	0.097
1.300	2.321	2.298	2.229	2.120	1.981	1.821	1.650	1.310	1.009	0.509	0.275	0.169	0.118
1.400	1.335	1.328	1.305	1.269	1.221	1.164	1.099	0.956	0.811	0.505	0.310	0.200	0.139
1.500	0.875	0.872	0.863	0.848	0.827	0.802	0.773	0.706	0.632	0.451	0.310	0.215	0.154
1.600	0.623	0.622	0.617	0.610	0.600	0.587	0.572	0.537	0.497	0.388	0.290	0.214	0.160

l/d	60												
m \ n	0.000	0.020	0.040	0.060	0.080	0.100	0.120	0.160	0.200	0.300	0.400	0.500	0.600
0.500		−0.632	−0.623	−0.608	−0.589	−0.565	−0.537	−0.473	−0.403	0.236	0.112	0.036	0.004
0.550		−0.828	−0.814	−0.792	−0.762	−0.726	−0.684	−0.590	−0.491	−0.269	−0.118	−0.033	0.010
0.600		−1.098	−1.076	−1.040	−0.993	−0.936	−0.872	−0.732	−0.591	−0.296	−0.117	−0.025	0.018
0.650		−1.486	−1.448	−1.389	−1.310	−1.218	−1.116	−0.901	−0.696	−0.311	−0.107	−0.012	0.028
0.700		−2.077	−2.008	−1.900	−1.761	−1.601	−1.431	−1.094	−0.796	−0.306	−0.086	0.004	0.038
0.750		−3.044	−2.903	−2.688	−2.421	−2.128	−1.832	−1.290	−0.864	−0.272	−0.054	0.023	0.049
0.800		−4.793	−4.459	−3.972	−3.405	−2.828	−2.291	−1.427	−0.852	−0.203	−0.015	0.042	0.059
0.850		−8.454	−7.469	−6.153	−4.802	−3.605	−2.640	−1.366	−0.695	−0.108	0.025	0.059	0.067
0.900		−18.139	−13.973	−9.551	−6.101	−3.792	−2.350	−0.931	−0.382	−0.010	0.058	0.072	0.072
0.950		−55.606	−24.874	−9.844	−4.106	−1.881	−0.935	−0.262	−0.060	0.060	0.079	0.080	0.076
1.004	1919.968	16.202	1.420	0.466	0.253	0.179	0.147	0.121	0.111	0.100	0.093	0.085	0.078
1.008	1339.951	46.658	3.312	0.904	0.419	0.260	0.192	0.139	0.120	0.102	0.093	0.086	0.078
1.012	880.499	77.527	6.043	1.476	0.620	0.352	0.242	0.159	0.129	0.105	0.094	0.086	0.078
1.016	592.844	96.782	9.474	2.211	0.865	0.460	0.299	0.180	0.139	0.107	0.095	0.086	0.078
1.020	417.074	103.916	13.198	3.101	1.162	0.587	0.363	0.203	0.150	0.110	0.096	0.087	0.078
1.024	306.046	102.769	16.767	4.110	1.509	0.735	0.437	0.228	0.161	0.113	0.097	0.087	0.078
1.028	232.784	97.065	19.836	5.184	1.900	0.904	0.521	0.257	0.174	0.116	0.098	0.087	0.079
1.040	120.052	73.026	24.874	8.247	3.228	1.515	0.832	0.361	0.218	0.125	0.101	0.089	0.079
1.060	54.929	43.067	23.399	11.006	5.214	2.654	1.477	0.593	0.318	0.146	0.108	0.091	0.080
1.080	31.250	27.114	18.517	10.990	6.212	3.544	2.103	0.869	0.445	0.173	0.116	0.094	0.081
1.100	20.126	18.351	14.185	9.763	6.312	4.002	2.560	1.139	0.587	0.206	0.126	0.098	0.083
1.120	14.040	13.161	10.947	8.296	5.916	4.090	2.804	1.363	0.726	0.243	0.138	0.103	0.085
1.140	10.354	9.873	8.602	6.956	5.326	3.942	2.869	1.521	0.849	0.284	0.153	0.108	0.087
1.160	7.955	7.670	6.895	5.833	4.707	3.673	2.809	1.613	0.947	0.325	0.168	0.115	0.090
1.180	6.307	6.128	5.630	4.922	4.130	3.359	2.676	1.647	1.017	0.365	0.184	0.122	0.093
1.200	5.127	5.009	4.675	4.187	3.620	3.042	2.505	1.638	1.060	0.402	0.201	0.129	0.097
1.300	2.322	2.299	2.230	2.121	1.981	1.821	1.650	1.310	1.009	0.509	0.275	0.169	0.118
1.400	1.335	1.328	1.306	1.270	1.222	1.164	1.099	0.956	0.811	0.505	0.310	0.200	0.139
1.500	0.875	0.872	0.863	0.848	0.828	0.802	0.773	0.706	0.632	0.451	0.310	0.215	0.154
1.600	0.623	0.622	0.617	0.610	0.600	0.587	0.572	0.537	0.497	0.388	0.290	0.214	0.160

l/d	70												
n m	0.000	0.020	0.040	0.060	0.080	0.100	0.120	0.160	0.200	0.300	0.400	0.500	0.600
0.500		−0.632	−0.623	−0.608	−0.589	−0.565	−0.537	−0.473	−0.403	−0.236	−0.112	−0.036	0.004
0.550		−0.828	−0.814	−0.792	−0.762	−0.726	−0.684	−0.590	−0.492	−0.269	−0.118	−0.033	0.010
0.600		−1.098	−1.076	−1.040	−0.993	−0.936	−0.872	−0.732	−0.591	−0.296	−0.117	−0.025	0.018
0.650		−1.486	−1.449	−1.389	−1.310	−1.218	−1.116	−0.901	−0.696	−0.311	−0.107	−0.012	0.028
0.700		−2.078	−2.008	−1.900	−1.761	−1.601	−1.432	−1.094	−0.796	−0.306	−0.086	0.004	0.038
0.750		−3.045	−2.904	−2.688	−2.421	−2.128	−1.832	−1.290	−0.864	−0.272	−0.054	0.023	0.049
0.800		−4.795	−4.462	−3.973	−3.406	−2.829	−2.292	−1.427	−0.852	−0.203	−0.015	0.042	0.059
0.850		−8.462	−7.474	−6.156	−4.802	−3.605	−2.640	−1.365	−0.695	−0.108	0.025	0.060	0.067
0.900		−18.172	−13.987	−9.553	−6.099	−3.789	−2.348	−0.930	−0.382	−0.010	0.058	0.072	0.072
0.950		−55.833	−24.833	−9.810	−4.093	−1.876	−0.933	−0.261	−0.060	0.060	0.079	0.080	0.076
1.004	2487.589	14.895	1.400	0.464	0.252	0.179	0.147	0.121	0.111	0.100	0.093	0.085	0.078
1.008	1586.401	43.156	3.254	0.898	0.418	0.260	0.192	0.139	0.120	0.102	0.093	0.086	0.078
1.012	978.338	73.579	5.929	1.465	0.617	0.351	0.242	0.159	0.129	0.105	0.094	0.086	0.078
1.016	635.104	93.901	9.302	2.193	0.862	0.459	0.298	0.180	0.139	0.107	0.095	0.086	0.078
1.020	437.410	102.308	12.987	3.075	1.157	0.586	0.363	0.203	0.150	0.110	0.096	0.087	0.078
1.024	316.808	102.082	16.544	4.077	1.502	0.733	0.437	0.228	0.161	0.113	0.097	0.087	0.078
1.028	238.940	96.915	19.626	5.146	1.891	0.902	0.521	0.257	0.174	0.116	0.098	0.087	0.079
1.040	121.661	73.297	24.763	8.205	3.216	1.511	0.831	0.360	0.218	0.125	0.101	0.089	0.079
1.060	55.262	43.223	23.396	10.984	5.202	2.648	1.474	0.592	0.318	0.146	0.108	0.091	0.080
1.080	31.357	27.184	18.534	10.985	6.205	3.540	2.101	0.868	0.445	0.173	0.116	0.094	0.081
1.100	20.170	18.385	14.200	9.764	6.310	3.999	2.558	1.138	0.587	0.206	0.126	0.098	0.083
1.120	14.061	13.179	10.957	8.299	5.916	4.088	2.803	1.362	0.726	0.243	0.138	0.103	0.085
1.140	10.365	9.883	8.608	6.959	5.327	3.941	2.868	1.520	0.849	0.284	0.153	0.108	0.087
1.160	7.962	7.676	6.899	5.836	4.708	3.673	2.809	1.612	0.946	0.325	0.168	0.115	0.090
1.180	6.311	6.132	5.633	4.924	4.131	3.360	2.676	1.647	1.016	0.365	0.184	0.122	0.093
1.200	5.129	5.011	4.677	4.188	3.620	3.043	2.505	1.638	1.060	0.402	0.201	0.129	0.097
1.300	2.323	2.300	2.230	2.121	1.982	1.821	1.650	1.310	1.009	0.508	0.275	0.169	0.118
1.400	1.335	1.328	1.306	1.270	1.222	1.164	1.099	0.956	0.811	0.504	0.310	0.200	0.139
1.500	0.875	0.872	0.863	0.848	0.828	0.802	0.773	0.706	0.632	0.451	0.310	0.215	0.154
1.600	0.623	0.622	0.617	0.610	0.600	0.587	0.572	0.537	0.497	0.388	0.290	0.214	0.160

l/d	80												
n m	0.000	0.020	0.040	0.060	0.080	0.100	0.120	0.160	0.200	0.300	0.400	0.500	0.600
0.500		−0.632	−0.623	−0.608	−0.589	−0.565	−0.537	−0.473	−0.403	−0.236	−0.112	−0.036	0.004
0.550		−0.828	−0.814	−0.792	−0.762	−0.726	−0.684	−0.590	−0.492	−0.269	−0.118	−0.033	0.010
0.600		−1.098	−1.076	−1.040	−0.993	−0.936	−0.872	−0.732	−0.591	−0.296	−0.117	−0.025	0.018
0.650		−1.487	−1.449	−1.389	−1.310	−1.218	−1.116	−0.901	−0.696	−0.311	−0.107	−0.012	0.028
0.700		−2.078	−2.009	−1.900	−1.761	−1.602	−1.432	−1.094	−0.796	−0.306	−0.086	0.004	0.038
0.750		−3.046	−2.905	−2.689	−2.422	−2.129	−1.832	−1.290	−0.864	−0.272	−0.054	0.023	0.049
0.800		−4.797	−4.463	−3.974	−3.406	−2.829	−2.292	−1.427	−0.852	−0.203	−0.015	0.042	0.059
0.850		−8.467	−7.478	−6.158	−4.803	−3.605	−2.639	−1.365	−0.694	−0.108	0.025	0.060	0.067
0.900		−18.194	−13.997	−9.554	−6.097	−3.787	−2.347	−0.930	−0.382	−0.010	0.058	0.072	0.072
0.950		−55.980	−24.806	−9.788	−4.084	−1.872	−0.931	−0.261	−0.060	0.060	0.079	0.080	0.076
1.004	3076.311	14.141	1.388	0.462	0.252	0.179	0.147	0.121	0.111	0.100	0.093	0.085	0.078
1.008	1799.624	41.060	3.217	0.894	0.417	0.259	0.192	0.139	0.120	0.102	0.093	0.086	0.078
1.012	1053.864	71.096	5.856	1.458	0.616	0.351	0.242	0.159	0.129	0.105	0.094	0.086	0.078
1.016	665.764	92.018	9.193	2.182	0.860	0.459	0.298	0.180	0.139	0.107	0.095	0.086	0.078
1.020	451.655	101.227	12.853	3.059	1.154	0.585	0.362	0.203	0.150	0.110	0.096	0.087	0.078
1.024	324.188	101.604	16.401	4.056	1.498	0.732	0.436	0.228	0.161	0.113	0.097	0.087	0.078
1.028	243.104	96.798	19.490	5.122	1.886	0.900	0.520	0.257	0.174	0.116	0.098	0.087	0.079
1.040	122.727	73.470	24.691	8.177	3.208	1.508	0.830	0.360	0.218	0.125	0.101	0.089	0.079
1.060	55.480	43.325	23.393	10.969	5.194	2.645	1.473	0.592	0.318	0.146	0.108	0.091	0.080
1.080	31.427	27.230	18.544	10.982	6.200	3.537	2.099	0.868	0.445	0.173	0.116	0.094	0.081
1.100	20.199	18.407	14.209	9.765	6.308	3.997	2.556	1.137	0.587	0.206	0.126	0.098	0.083
1.120	14.075	13.190	10.963	8.301	5.915	4.087	2.802	1.361	0.726	0.243	0.138	0.103	0.085
1.140	10.373	9.889	8.613	6.961	5.327	3.941	2.868	1.520	0.848	0.284	0.153	0.108	0.087
1.160	7.966	7.680	6.902	5.837	4.708	3.673	2.809	1.612	0.946	0.325	0.168	0.115	0.090
1.180	6.314	6.135	5.635	4.925	4.131	3.360	2.676	1.647	1.016	0.365	0.184	0.122	0.093
1.200	5.131	5.013	4.679	4.189	3.621	3.043	2.505	1.638	1.060	0.402	0.201	0.129	0.097
1.300	2.323	2.300	2.231	2.122	1.982	1.821	1.650	1.310	1.009	0.508	0.275	0.169	0.118
1.400	1.335	1.328	1.306	1.270	1.222	1.164	1.099	0.956	0.811	0.504	0.310	0.200	0.139
1.500	0.875	0.872	0.863	0.848	0.828	0.802	0.773	0.706	0.632	0.451	0.310	0.215	0.154
1.600	0.623	0.622	0.617	0.610	0.600	0.587	0.572	0.537	0.497	0.388	0.290	0.214	0.160

l/d	90												
m＼n	0.000	0.020	0.040	0.060	0.080	0.100	0.120	0.160	0.200	0.300	0.400	0.500	0.600
0.500		-0.632	-0.623	-0.608	-0.589	-0.565	-0.537	-0.473	-0.403	-0.236	-0.112	-0.036	0.004
0.550		-0.828	-0.814	-0.792	-0.762	-0.726	-0.684	-0.590	-0.492	-0.269	-0.118	-0.033	0.010
0.600		-1.098	-1.076	-1.040	-0.993	-0.936	-0.872	-0.732	-0.591	-0.296	-0.117	-0.025	0.018
0.650		-1.487	-1.449	-1.389	-1.311	-1.218	-1.116	-0.901	-0.696	-0.311	-0.107	-0.012	0.028
0.700		-2.078	-2.009	-1.900	-1.761	-1.602	-1.432	-1.094	-0.796	-0.306	-0.086	0.004	0.038
0.750		-3.046	-2.905	-2.689	-2.422	-2.129	-1.832	-1.290	-0.864	-0.271	-0.054	0.023	0.049
0.800		-4.798	-4.464	-3.975	-3.407	-2.829	-2.292	-1.427	-0.851	-0.203	-0.015	0.042	0.059
0.850		-8.471	-7.480	-6.159	-4.803	-3.605	-2.639	-1.365	-0.694	-0.108	0.025	0.060	0.067
0.900		-18.209	-14.003	-9.554	-6.096	-3.786	-2.346	-0.929	-0.382	-0.010	0.058	0.072	0.072
0.950		-56.081	-24.787	-9.773	-4.078	-1.870	-0.930	-0.261	-0.060	0.060	0.079	0.080	0.076
1.004	3669.635	13.662	1.379	0.461	0.252	0.179	0.147	0.121	0.111	0.100	0.093	0.085	0.078
1.008	1980.993	39.699	3.192	0.892	0.417	0.259	0.192	0.139	0.120	0.102	0.093	0.086	0.078
1.012	1112.459	69.431	5.807	1.454	0.615	0.351	0.242	0.158	0.129	0.105	0.094	0.086	0.078
1.016	688.476	90.724	9.119	2.174	0.858	0.458	0.298	0.179	0.139	0.107	0.095	0.086	0.078
1.020	461.944	100.469	12.761	3.048	1.151	0.584	0.362	0.203	0.150	0.110	0.096	0.087	0.078
1.024	329.440	101.263	16.303	4.042	1.495	0.731	0.436	0.228	0.161	0.113	0.097	0.087	0.078
1.028	246.040	96.709	19.397	5.105	1.882	0.899	0.520	0.256	0.174	0.116	0.098	0.087	0.079
1.040	123.468	73.588	24.641	8.159	3.202	1.507	0.829	0.360	0.218	0.125	0.101	0.089	0.079
1.060	55.631	43.395	23.391	10.959	5.189	2.642	1.472	0.592	0.318	0.146	0.108	0.091	0.080
1.080	31.475	27.261	18.551	10.979	6.197	3.535	2.098	0.867	0.445	0.173	0.116	0.094	0.081
1.100	20.219	18.422	14.215	9.766	6.307	3.996	2.555	1.137	0.586	0.206	0.126	0.098	0.083
1.120	14.084	13.198	10.967	8.302	5.915	4.087	2.801	1.361	0.725	0.243	0.138	0.103	0.085
1.140	10.378	9.894	8.616	6.962	5.328	3.941	2.867	1.520	0.848	0.284	0.153	0.108	0.087
1.160	7.969	7.683	6.904	5.839	4.709	3.673	2.809	1.612	0.946	0.325	0.168	0.115	0.090
1.180	6.316	6.137	5.636	4.926	4.132	3.360	2.676	1.647	1.016	0.365	0.184	0.122	0.093
1.200	5.132	5.014	4.680	4.190	3.621	3.043	2.505	1.638	1.059	0.402	0.201	0.129	0.097
1.300	2.323	2.300	2.231	2.122	1.982	1.822	1.651	1.310	1.009	0.508	0.275	0.169	0.118
1.400	1.336	1.328	1.306	1.270	1.222	1.164	1.099	0.956	0.811	0.504	0.310	0.200	0.139
1.500	0.875	0.872	0.863	0.848	0.828	0.802	0.773	0.706	0.632	0.451	0.310	0.215	0.154
1.600	0.623	0.622	0.617	0.610	0.600	0.587	0.572	0.537	0.497	0.388	0.290	0.214	0.160

l/d	100												
m＼n	0.000	0.020	0.040	0.060	0.080	0.100	0.120	0.160	0.200	0.300	0.400	0.500	0.600
0.500		-0.632	-0.623	-0.608	-0.589	-0.565	-0.537	-0.473	-0.403	-0.236	-0.112	-0.036	0.004
0.550		-0.828	-0.814	-0.792	-0.762	-0.726	-0.684	-0.590	-0.492	-0.269	-0.118	-0.033	0.010
0.600		-1.098	-1.076	-1.040	-0.993	-0.936	-0.872	-0.732	-0.591	-0.296	-0.117	-0.025	0.018
0.650		-1.487	-1.449	-1.389	-1.311	-1.218	-1.116	-0.901	-0.696	-0.311	-0.107	-0.012	0.028
0.700		-2.078	-2.009	-1.901	-1.761	-1.602	-1.432	-1.094	-0.796	-0.306	-0.086	0.004	0.038
0.750		-3.047	-2.906	-2.689	-2.422	-2.129	-1.832	-1.290	-0.864	-0.271	-0.054	0.023	0.049
0.800		-4.799	-4.465	-3.975	-3.407	-2.829	-2.292	-1.427	-0.851	-0.203	-0.015	0.042	0.059
0.850		-8.473	-7.482	-6.160	-4.804	-3.605	-2.639	-1.364	-0.694	-0.108	0.025	0.060	0.067
0.900		-18.220	-14.007	-9.555	-6.095	-3.785	-2.345	-0.929	-0.381	-0.010	0.058	0.072	0.072
0.950		-56.153	-24.774	-9.762	-4.074	-1.868	-0.930	-0.261	-0.060	0.060	0.079	0.080	0.076
1.004	4254.172	13.337	1.373	0.461	0.252	0.179	0.147	0.121	0.111	0.100	0.093	0.085	0.078
1.008	2133.993	38.762	3.174	0.890	0.416	0.259	0.192	0.139	0.120	0.102	0.093	0.086	0.078
1.012	1158.357	68.260	5.773	1.450	0.615	0.351	0.241	0.158	0.129	0.105	0.094	0.086	0.078
1.016	705.653	89.797	9.066	2.169	0.857	0.458	0.298	0.179	0.139	0.107	0.095	0.086	0.078
1.020	469.584	99.919	12.696	3.040	1.150	0.584	0.362	0.203	0.150	0.110	0.096	0.087	0.078
1.024	333.298	101.011	16.233	4.032	1.493	0.731	0.436	0.228	0.161	0.113	0.097	0.087	0.078
1.028	248.182	96.640	19.330	5.093	1.880	0.898	0.519	0.256	0.174	0.116	0.098	0.087	0.079
1.040	124.004	73.672	24.605	8.145	3.198	1.505	0.828	0.360	0.218	0.125	0.101	0.089	0.079
1.060	55.739	43.445	23.390	10.952	5.185	2.640	1.471	0.592	0.318	0.146	0.108	0.091	0.080
1.080	31.509	27.283	18.556	10.978	6.195	3.533	2.097	0.867	0.445	0.173	0.116	0.094	0.081
1.100	20.233	18.432	14.220	9.766	6.306	3.995	2.555	1.137	0.586	0.206	0.126	0.098	0.083
1.120	14.091	13.204	10.971	8.303	5.915	4.086	2.801	1.361	0.725	0.243	0.138	0.103	0.085
1.140	10.382	9.897	8.618	6.963	5.328	3.941	2.867	1.519	0.848	0.284	0.153	0.108	0.087
1.160	7.971	7.685	6.905	5.839	4.709	3.674	2.809	1.612	0.946	0.325	0.168	0.115	0.090
1.180	6.317	6.138	5.637	4.926	4.132	3.360	2.675	1.647	1.016	0.365	0.184	0.122	0.093
1.200	5.133	5.015	4.680	4.190	3.622	3.043	2.505	1.638	1.059	0.402	0.201	0.129	0.097
1.300	2.324	2.300	2.231	2.122	1.982	1.822	1.651	1.310	1.009	0.508	0.275	0.169	0.118
1.400	1.336	1.328	1.306	1.270	1.222	1.164	1.099	0.956	0.811	0.504	0.310	0.200	0.139
1.500	0.875	0.872	0.863	0.848	0.828	0.802	0.773	0.706	0.632	0.451	0.310	0.215	0.154
1.600	0.623	0.622	0.617	0.610	0.600	0.587	0.572	0.537	0.497	0.388	0.290	0.214	0.160

表 F.0.2-2　考虑桩径影响，沿桩身均布侧阻力竖向应力影响系数 I_{sr}

l/d	10												
m ＼ n	0.000	0.020	0.040	0.060	0.080	0.100	0.120	0.160	0.200	0.300	0.400	0.500	0.600
0.500				0.498	0.490	0.480	0.469	0.441	0.409	0.322	0.241	0.175	0.125
0.550				0.517	0.509	0.499	0.488	0.460	0.428	0.340	0.257	0.189	0.137
0.600				0.550	0.541	0.530	0.517	0.487	0.452	0.358	0.271	0.201	0.147
0.650				0.600	0.589	0.575	0.559	0.523	0.482	0.376	0.284	0.211	0.156
0.700				0.672	0.656	0.638	0.617	0.569	0.518	0.395	0.296	0.220	0.163
0.750				0.773	0.750	0.723	0.692	0.626	0.559	0.413	0.305	0.226	0.169
0.800				0.921	0.883	0.839	0.791	0.694	0.604	0.428	0.312	0.231	0.173
0.850				1.140	1.071	0.994	0.916	0.769	0.647	0.440	0.316	0.235	0.177
0.900				1.483	1.342	1.196	1.060	0.838	0.680	0.446	0.318	0.237	0.179
0.950				2.066	1.721	1.415	1.183	0.879	0.695	0.447	0.319	0.238	0.181
1.004	2.801	2.925	3.549	3.062	1.969	1.496	1.214	0.885	0.696	0.446	0.318	0.238	0.183
1.008	2.797	2.918	3.484	3.010	1.966	1.495	1.213	0.885	0.695	0.445	0.318	0.238	0.183
1.012	2.789	2.905	3.371	2.917	1.959	1.493	1.212	0.884	0.695	0.445	0.318	0.238	0.183
1.016	2.776	2.882	3.236	2.807	1.948	1.490	1.211	0.884	0.695	0.445	0.318	0.238	0.183
1.020	2.756	2.850	3.098	2.696	1.932	1.485	1.209	0.883	0.694	0.445	0.318	0.238	0.183
1.024	2.730	2.808	2.966	2.589	1.912	1.480	1.207	0.882	0.694	0.445	0.317	0.238	0.183
1.028	2.696	2.757	2.843	2.489	1.887	1.473	1.204	0.881	0.693	0.444	0.317	0.238	0.183
1.040	2.555	2.569	2.525	2.232	1.797	1.442	1.190	0.877	0.691	0.444	0.317	0.238	0.183
1.060	2.247	2.223	2.121	1.907	1.627	1.365	1.154	0.865	0.685	0.442	0.316	0.238	0.184
1.080	1.940	1.910	1.817	1.661	1.467	1.273	1.102	0.847	0.677	0.440	0.315	0.238	0.184
1.100	1.676	1.652	1.579	1.465	1.325	1.179	1.043	0.823	0.666	0.437	0.314	0.237	0.184
1.120	1.462	1.443	1.389	1.304	1.200	1.089	0.981	0.794	0.652	0.433	0.313	0.237	0.184
1.140	1.289	1.275	1.234	1.171	1.092	1.006	0.920	0.762	0.635	0.428	0.311	0.236	0.184
1.160	1.148	1.138	1.107	1.059	0.998	0.931	0.861	0.729	0.616	0.422	0.309	0.235	0.184
1.180	1.032	1.024	1.001	0.964	0.917	0.863	0.806	0.695	0.596	0.417	0.307	0.235	0.183
1.200	0.936	0.930	0.911	0.882	0.845	0.802	0.756	0.662	0.575	0.410	0.304	0.233	0.183
1.300	0.628	0.626	0.619	0.609	0.595	0.578	0.559	0.517	0.472	0.367	0.286	0.225	0.180
1.400	0.465	0.464	0.461	0.456	0.450	0.442	0.432	0.411	0.386	0.321	0.262	0.213	0.174
1.500	0.364	0.364	0.362	0.360	0.356	0.352	0.347	0.334	0.320	0.278	0.236	0.198	0.165
1.600	0.297	0.296	0.295	0.294	0.292	0.289	0.286	0.278	0.269	0.241	0.211	0.182	0.155

l/d	15												
m ＼ n	0.000	0.020	0.040	0.060	0.080	0.100	0.120	0.160	0.200	0.300	0.400	0.500	0.600
0.500				0.508	0.502	0.494	0.484	0.472	0.444	0.411	0.323	0.241	0.175	0.125
0.550				0.527	0.521	0.513	0.503	0.491	0.463	0.430	0.340	0.257	0.189	0.137
0.600				0.561	0.555	0.546	0.534	0.521	0.490	0.454	0.359	0.271	0.201	0.147
0.650				0.614	0.606	0.594	0.580	0.564	0.526	0.484	0.377	0.284	0.211	0.156
0.700				0.691	0.679	0.663	0.644	0.622	0.572	0.520	0.396	0.296	0.220	0.163
0.750				0.804	0.785	0.760	0.731	0.699	0.630	0.561	0.413	0.305	0.226	0.169
0.800				0.973	0.940	0.898	0.850	0.799	0.697	0.605	0.428	0.311	0.231	0.173
0.850				1.241	1.174	1.094	1.008	0.923	0.770	0.646	0.439	0.316	0.234	0.177
0.900				1.703	1.544	1.370	1.204	1.059	0.834	0.676	0.444	0.318	0.236	0.179
0.950				2.597	2.119	1.697	1.385	1.160	0.868	0.690	0.446	0.318	0.237	0.181
1.004	4.206	4.682	4.571	2.553	1.830	1.435	1.181	0.873	0.689	0.444	0.317	0.238	0.182
1.008	4.191	4.625	4.384	2.546	1.829	1.434	1.181	0.872	0.689	0.444	0.317	0.238	0.182
1.012	4.158	4.511	4.135	2.534	1.825	1.433	1.180	0.872	0.689	0.444	0.317	0.238	0.183
1.016	4.103	4.352	3.892	2.513	1.821	1.431	1.179	0.871	0.688	0.443	0.317	0.238	0.183
1.020	4.024	4.172	3.672	2.484	1.814	1.428	1.177	0.870	0.688	0.443	0.317	0.238	0.183
1.024	3.921	3.984	3.477	2.446	1.805	1.424	1.176	0.869	0.687	0.443	0.317	0.238	0.183
1.028	3.800	3.798	3.302	2.402	1.793	1.420	1.173	0.869	0.687	0.443	0.317	0.238	0.183
1.040	3.381	3.288	2.872	2.248	1.744	1.400	1.164	0.865	0.685	0.442	0.316	0.238	0.183
1.060	2.715	2.622	2.349	1.976	1.624	1.346	1.136	0.855	0.680	0.440	0.316	0.238	0.183
1.080	2.207	2.144	1.971	1.732	1.487	1.271	1.094	0.839	0.673	0.438	0.315	0.237	0.184
1.100	1.838	1.797	1.684	1.525	1.352	1.187	1.042	0.818	0.662	0.435	0.314	0.237	0.184
1.120	1.565	1.538	1.462	1.353	1.227	1.101	0.985	0.792	0.649	0.432	0.312	0.236	0.184
1.140	1.358	1.339	1.287	1.209	1.117	1.020	0.926	0.762	0.633	0.427	0.311	0.236	0.184
1.160	1.196	1.183	1.146	1.089	1.019	0.944	0.869	0.730	0.616	0.422	0.309	0.235	0.184
1.180	1.067	1.057	1.030	0.987	0.934	0.875	0.814	0.697	0.596	0.416	0.306	0.234	0.183
1.200	0.962	0.955	0.934	0.901	0.860	0.813	0.763	0.665	0.576	0.409	0.304	0.233	0.183
1.300	0.636	0.634	0.627	0.616	0.601	0.584	0.564	0.520	0.473	0.367	0.286	0.225	0.180
1.400	0.468	0.467	0.464	0.459	0.453	0.444	0.435	0.412	0.387	0.321	0.262	0.213	0.174
1.500	0.366	0.366	0.364	0.361	0.358	0.353	0.348	0.336	0.321	0.279	0.236	0.198	0.165
1.600	0.298	0.297	0.296	0.295	0.293	0.290	0.287	0.279	0.270	0.242	0.211	0.182	0.155

続表 F.0.2-2

l/d	20												
m＼n	0.000	0.020	0.040	0.060	0.080	0.100	0.120	0.160	0.200	0.300	0.400	0.500	0.600
0.500			0.509	0.503	0.495	0.485	0.473	0.444	0.412	0.323	0.241	0.175	0.125
0.550			0.529	0.523	0.514	0.504	0.492	0.463	0.430	0.341	0.257	0.189	0.137
0.600			0.563	0.556	0.547	0.536	0.522	0.491	0.454	0.359	0.272	0.201	0.147
0.650			0.616	0.608	0.596	0.582	0.565	0.527	0.484	0.377	0.284	0.211	0.156
0.700			0.694	0.682	0.666	0.646	0.623	0.573	0.520	0.396	0.295	0.219	0.163
0.750			0.809	0.789	0.764	0.734	0.701	0.631	0.562	0.413	0.304	0.226	0.169
0.800			0.981	0.947	0.903	0.854	0.802	0.698	0.605	0.428	0.311	0.231	0.173
0.850			1.258	1.187	1.102	1.013	0.925	0.770	0.646	0.438	0.315	0.234	0.177
0.900			1.742	1.565	1.378	1.206	1.058	0.832	0.675	0.444	0.317	0.236	0.179
0.950			2.684	2.123	1.684	1.374	1.152	0.865	0.688	0.445	0.318	0.237	0.181
1.004	5.608	6.983	3.947	2.445	1.791	1.416	1.171	0.868	0.687	0.443	0.317	0.238	0.182
1.008	5.567	6.487	3.913	2.441	1.790	1.415	1.170	0.868	0.687	0.443	0.317	0.238	0.182
1.012	5.476	5.949	3.841	2.434	1.787	1.414	1.170	0.867	0.687	0.443	0.317	0.238	0.182
1.016	5.328	5.476	3.737	2.421	1.783	1.412	1.168	0.867	0.686	0.443	0.317	0.238	0.183
1.020	5.129	5.069	3.613	2.403	1.778	1.410	1.167	0.866	0.686	0.443	0.317	0.238	0.183
1.024	4.895	4.715	3.479	2.379	1.771	1.407	1.165	0.865	0.685	0.442	0.317	0.238	0.183
1.028	4.643	4.405	3.344	2.349	1.762	1.403	1.163	0.864	0.685	0.442	0.316	0.238	0.183
1.040	3.902	3.657	2.958	2.231	1.722	1.386	1.155	0.861	0.683	0.441	0.316	0.238	0.183
1.060	2.951	2.804	2.428	1.991	1.619	1.338	1.129	0.851	0.678	0.440	0.315	0.237	0.183
1.080	2.326	2.243	2.028	1.754	1.491	1.269	1.091	0.837	0.671	0.437	0.314	0.237	0.183
1.100	1.904	1.855	1.724	1.546	1.360	1.189	1.041	0.816	0.661	0.435	0.313	0.237	0.184
1.120	1.605	1.575	1.490	1.370	1.236	1.105	0.986	0.791	0.648	0.431	0.312	0.236	0.184
1.140	1.384	1.364	1.306	1.223	1.125	1.024	0.928	0.730	0.615	0.422	0.308	0.235	0.183
1.160	1.214	1.200	1.160	1.099	1.027	0.949	0.871	0.730	0.615	0.416	0.306	0.234	0.183
1.180	1.080	1.070	1.040	0.996	0.940	0.879	0.817	0.698	0.596	0.416	0.306	0.234	0.183
1.200	0.971	0.964	0.942	0.908	0.865	0.817	0.766	0.666	0.576	0.409	0.304	0.233	0.183
1.300	0.639	0.637	0.630	0.618	0.604	0.586	0.565	0.521	0.474	0.368	0.286	0.225	0.180
1.400	0.469	0.468	0.465	0.460	0.454	0.445	0.436	0.413	0.388	0.321	0.262	0.213	0.174
1.500	0.367	0.366	0.365	0.362	0.359	0.354	0.349	0.336	0.321	0.279	0.236	0.198	0.165
1.600	0.298	0.298	0.297	0.295	0.293	0.290	0.287	0.279	0.270	0.242	0.211	0.182	0.155

l/d	25												
m＼n	0.000	0.020	0.040	0.060	0.080	0.100	0.120	0.160	0.200	0.300	0.400	0.500	0.600
0.500			0.510	0.504	0.196	0.186	0.173	0.145	0.412	0.323	0.241	0.175	0.125
0.550			0.529	0.523	0.515	0.505	0.493	0.464	0.431	0.341	0.257	0.189	0.137
0.600			0.564	0.557	0.548	0.536	0.523	0.491	0.455	0.359	0.272	0.201	0.147
0.650			0.617	0.609	0.597	0.582	0.566	0.527	0.485	0.377	0.284	0.211	0.155
0.700			0.696	0.683	0.667	0.647	0.624	0.574	0.521	0.396	0.295	0.219	0.163
0.750			0.811	0.791	0.765	0.735	0.702	0.632	0.562	0.413	0.304	0.226	0.169
0.800			0.985	0.950	0.906	0.855	0.803	0.699	0.605	0.428	0.311	0.231	0.173
0.850			1.266	1.192	1.106	1.015	0.927	0.770	0.646	0.438	0.315	0.234	0.176
0.900			1.761	1.574	1.382	1.207	1.058	0.831	0.674	0.444	0.317	0.236	0.179
0.950			2.720	2.122	1.678	1.369	1.149	0.863	0.687	0.445	0.318	0.237	0.181
1.004	7.005	9.219	3.759	2.402	1.774	1.408	1.166	0.866	0.686	0.443	0.317	0.238	0.182
1.008	6.914	7.657	3.740	2.398	1.773	1.407	1.166	0.866	0.686	0.443	0.317	0.238	0.182
1.012	6.717	6.731	3.699	2.392	1.771	1.406	1.165	0.865	0.686	0.443	0.317	0.238	0.182
1.016	6.415	6.063	3.634	2.382	1.767	1.404	1.164	0.865	0.685	0.442	0.317	0.238	0.183
1.020	6.045	5.536	3.547	2.368	1.762	1.402	1.162	0.864	0.685	0.442	0.317	0.238	0.183
1.024	5.648	5.099	3.445	2.348	1.756	1.399	1.161	0.863	0.684	0.442	0.316	0.238	0.183
1.028	5.254	4.725	3.334	2.323	1.748	1.395	1.159	0.862	0.684	0.442	0.316	0.238	0.183
1.040	4.227	3.852	2.986	2.220	1.712	1.380	1.151	0.859	0.682	0.441	0.316	0.237	0.183
1.060	3.079	2.898	2.463	1.996	1.616	1.334	1.127	0.850	0.677	0.439	0.315	0.237	0.183
1.080	2.387	2.293	2.054	1.764	1.493	1.268	1.089	0.835	0.670	0.437	0.314	0.237	0.183
1.100	1.937	1.884	1.743	1.556	1.364	1.189	1.041	0.815	0.660	0.434	0.313	0.237	0.184
1.120	1.625	1.592	1.503	1.378	1.240	1.107	0.986	0.790	0.648	0.431	0.312	0.236	0.184
1.140	1.397	1.375	1.316	1.229	1.129	1.026	0.929	0.762	0.632	0.427	0.310	0.236	0.184
1.160	1.223	1.208	1.167	1.104	1.030	0.951	0.872	0.731	0.615	0.422	0.308	0.235	0.183
1.180	1.086	1.076	1.045	1.000	0.943	0.881	0.818	0.698	0.596	0.416	0.306	0.234	0.183
1.200	0.976	0.968	0.946	0.911	0.867	0.818	0.767	0.666	0.576	0.409	0.303	0.233	0.183
1.300	0.640	0.638	0.631	0.620	0.605	0.587	0.566	0.521	0.474	0.368	0.286	0.225	0.180
1.400	0.470	0.469	0.466	0.461	0.454	0.446	0.436	0.413	0.388	0.321	0.262	0.213	0.173
1.500	0.367	0.367	0.365	0.362	0.359	0.354	0.349	0.336	0.321	0.279	0.236	0.198	0.165
1.600	0.298	0.298	0.297	0.295	0.293	0.291	0.287	0.280	0.270	0.242	0.211	0.182	0.155

l/d	30												
m \ n	0.000	0.020	0.040	0.060	0.080	0.100	0.120	0.160	0.200	0.300	0.400	0.500	0.600
0.500		0.514	0.510	0.504	0.496	0.486	0.474	0.445	0.412	0.323	0.241	0.175	0.125
0.550		0.533	0.530	0.524	0.515	0.505	0.493	0.464	0.431	0.341	0.257	0.189	0.137
0.600		0.568	0.564	0.557	0.548	0.537	0.523	0.491	0.455	0.359	0.272	0.201	0.147
0.650		0.623	0.618	0.609	0.597	0.583	0.566	0.528	0.485	0.378	0.284	0.211	0.155
0.700		0.704	0.696	0.684	0.667	0.647	0.625	0.574	0.521	0.396	0.295	0.219	0.163
0.750		0.824	0.812	0.792	0.766	0.736	0.703	0.632	0.562	0.413	0.304	0.226	0.168
0.800		1.010	0.987	0.952	0.907	0.856	0.803	0.699	0.605	0.428	0.311	0.231	0.173
0.850		1.321	1.270	1.195	1.108	1.016	0.927	0.770	0.645	0.438	0.315	0.234	0.176
0.900		1.919	1.772	1.579	1.384	1.207	1.058	0.831	0.674	0.444	0.317	0.236	0.179
0.950		3.402	2.738	2.120	1.674	1.366	1.147	0.862	0.686	0.445	0.318	0.237	0.181
1.004	8.395	8.783	3.673	2.380	1.765	1.403	1.164	0.865	0.686	0.443	0.317	0.237	0.182
1.008	8.222	7.799	3.658	2.377	1.764	1.402	1.163	0.865	0.685	0.443	0.317	0.238	0.182
1.012	7.859	6.970	3.627	2.371	1.762	1.401	1.162	0.864	0.685	0.443	0.317	0.238	0.182
1.016	7.350	6.307	3.577	2.362	1.759	1.400	1.161	0.864	0.685	0.442	0.317	0.238	0.183
1.020	6.781	5.761	3.507	2.349	1.754	1.397	1.160	0.863	0.684	0.442	0.316	0.238	0.183
1.024	6.216	5.299	3.420	2.331	1.748	1.395	1.158	0.862	0.684	0.442	0.316	0.237	0.183
1.028	5.692	4.899	3.322	2.309	1.741	1.391	1.157	0.861	0.683	0.442	0.316	0.237	0.183
1.040	4.436	3.964	2.997	2.214	1.707	1.376	1.148	0.858	0.681	0.441	0.316	0.237	0.183
1.060	3.156	2.951	2.482	1.998	1.614	1.332	1.125	0.849	0.677	0.439	0.315	0.237	0.183
1.080	2.422	2.321	2.069	1.769	1.494	1.267	1.088	0.835	0.670	0.437	0.314	0.237	0.183
1.100	1.956	1.900	1.753	1.561	1.366	1.190	1.040	0.815	0.660	0.434	0.313	0.237	0.184
1.120	1.636	1.602	1.510	1.382	1.243	1.108	0.986	0.790	0.647	0.431	0.312	0.236	0.184
1.140	1.404	1.382	1.321	1.233	1.131	1.027	0.929	0.762	0.632	0.427	0.310	0.236	0.184
1.160	1.227	1.213	1.170	1.107	1.032	0.952	0.873	0.731	0.615	0.422	0.308	0.235	0.183
1.180	1.089	1.079	1.048	1.002	0.945	0.882	0.819	0.699	0.596	0.416	0.306	0.234	0.183
1.200	0.978	0.970	0.948	0.913	0.869	0.819	0.768	0.666	0.576	0.409	0.303	0.233	0.183
1.300	0.641	0.639	0.632	0.620	0.605	0.587	0.566	0.521	0.474	0.368	0.285	0.225	0.180
1.400	0.470	0.469	0.466	0.461	0.455	0.446	0.436	0.414	0.388	0.322	0.262	0.213	0.173
1.500	0.367	0.367	0.365	0.363	0.359	0.354	0.349	0.336	0.321	0.279	0.236	0.198	0.165
1.600	0.298	0.298	0.297	0.295	0.293	0.291	0.287	0.280	0.270	0.242	0.211	0.182	0.155

l/d	40												
m \ n	0.000	0.020	0.040	0.060	0.080	0.100	0.120	0.160	0.200	0.300	0.400	0.500	0.600
0.500		0.514	0.511	0.505	0.496	0.486	0.474	0.445	0.412	0.323	0.241	0.175	0.125
0.550		0.534	0.530	0.524	0.516	0.505	0.493	0.464	0.431	0.341	0.257	0.189	0.137
0.600		0.569	0.565	0.558	0.549	0.537	0.523	0.491	0.455	0.359	0.272	0.201	0.147
0.650		0.624	0.618	0.610	0.598	0.583	0.566	0.528	0.485	0.378	0.284	0.211	0.155
0.700		0.705	0.697	0.685	0.668	0.648	0.625	0.575	0.521	0.396	0.295	0.219	0.163
0.750		0.826	0.813	0.793	0.767	0.737	0.703	0.632	0.562	0.413	0.304	0.226	0.168
0.800		1.013	0.989	0.953	0.908	0.857	0.804	0.700	0.605	0.428	0.311	0.231	0.173
0.850		1.326	1.275	1.199	1.110	1.017	0.928	0.770	0.645	0.438	0.315	0.234	0.176
0.900		1.935	1.782	1.584	1.386	1.208	1.057	0.830	0.674	0.443	0.317	0.236	0.179
0.950		3.481	2.755	2.119	1.671	1.363	1.145	0.861	0.686	0.445	0.318	0.237	0.181
1.004	11.147	7.840	3.595	2.359	1.757	1.399	1.161	0.864	0.685	0.443	0.317	0.237	0.182
1.008	10.671	7.490	3.583	2.356	1.755	1.398	1.161	0.864	0.685	0.443	0.317	0.237	0.182
1.012	9.805	6.975	3.560	2.351	1.753	1.397	1.160	0.863	0.685	0.442	0.317	0.237	0.182
1.016	8.791	6.438	3.520	2.343	1.750	1.395	1.159	0.863	0.684	0.442	0.316	0.237	0.183
1.020	7.821	5.934	3.464	2.331	1.746	1.393	1.158	0.862	0.684	0.442	0.316	0.237	0.183
1.024	6.967	5.476	3.392	2.315	1.740	1.391	1.156	0.861	0.683	0.442	0.316	0.237	0.183
1.028	6.240	5.066	3.306	2.294	1.733	1.387	1.154	0.860	0.683	0.441	0.316	0.237	0.183
1.040	4.674	4.078	3.006	2.207	1.701	1.373	1.146	0.857	0.681	0.441	0.316	0.237	0.183
1.060	3.237	3.006	2.500	2.000	1.613	1.330	1.123	0.848	0.676	0.439	0.315	0.237	0.183
1.080	2.458	2.349	2.084	1.774	1.494	1.267	1.087	0.834	0.669	0.437	0.314	0.237	0.183
1.100	1.975	1.916	1.763	1.566	1.367	1.190	1.040	0.814	0.660	0.434	0.313	0.237	0.184
1.120	1.647	1.612	1.517	1.387	1.245	1.109	0.986	0.790	0.647	0.431	0.312	0.236	0.184
1.140	1.411	1.388	1.326	1.236	1.133	1.029	0.930	0.761	0.632	0.426	0.310	0.236	0.184
1.160	1.232	1.217	1.174	1.110	1.034	0.953	0.873	0.731	0.615	0.421	0.308	0.235	0.184
1.180	1.093	1.082	1.051	1.004	0.946	0.883	0.819	0.699	0.596	0.416	0.306	0.234	0.183
1.200	0.980	0.973	0.950	0.914	0.870	0.820	0.768	0.667	0.576	0.409	0.303	0.233	0.183
1.300	0.642	0.639	0.632	0.621	0.606	0.587	0.567	0.522	0.474	0.368	0.285	0.225	0.180
1.400	0.471	0.470	0.467	0.462	0.455	0.446	0.437	0.414	0.388	0.322	0.262	0.213	0.173
1.500	0.367	0.367	0.365	0.363	0.359	0.355	0.349	0.336	0.321	0.279	0.236	0.198	0.165
1.600	0.298	0.298	0.297	0.296	0.293	0.291	0.288	0.280	0.270	0.242	0.211	0.182	0.155

续表 F.0.2-2

l/d	50												
m＼n	0.000	0.020	0.040	0.060	0.080	0.100	0.120	0.160	0.200	0.300	0.400	0.500	0.600
0.500		0.514	0.511	0.505	0.497	0.486	0.474	0.445	0.412	0.323	0.241	0.175	0.125
0.550		0.534	0.530	0.524	0.516	0.505	0.493	0.464	0.431	0.341	0.257	0.189	0.137
0.600		0.569	0.565	0.558	0.549	0.537	0.524	0.492	0.455	0.359	0.272	0.201	0.147
0.650		0.624	0.619	0.610	0.598	0.583	0.567	0.528	0.485	0.378	0.284	0.211	0.155
0.700		0.705	0.697	0.685	0.668	0.648	0.625	0.575	0.521	0.396	0.295	0.219	0.163
0.750		0.826	0.814	0.794	0.768	0.737	0.703	0.632	0.562	0.413	0.304	0.226	0.168
0.800		1.014	0.990	0.954	0.909	0.858	0.804	0.700	0.605	0.428	0.311	0.231	0.173
0.850		1.329	1.277	1.200	1.111	1.018	0.928	0.770	0.645	0.438	0.315	0.234	0.176
0.900		1.943	1.787	1.587	1.386	1.208	1.057	0.830	0.674	0.443	0.317	0.236	0.179
0.950		3.519	2.762	2.118	1.669	1.362	1.144	0.861	0.686	0.444	0.317	0.237	0.181
1.004	13.842	7.494	3.561	2.349	1.753	1.397	1.160	0.864	0.685	0.443	0.317	0.237	0.182
1.008	12.845	7.283	3.551	2.346	1.751	1.396	1.159	0.863	0.685	0.443	0.317	0.237	0.182
1.012	11.311	6.907	3.530	2.341	1.749	1.395	1.159	0.863	0.684	0.442	0.317	0.237	0.182
1.016	9.780	6.454	3.495	2.334	1.746	1.393	1.158	0.862	0.684	0.442	0.316	0.237	0.182
1.020	8.471	5.990	3.444	2.323	1.742	1.391	1.156	0.862	0.683	0.442	0.316	0.237	0.183
1.024	7.406	5.547	3.377	2.307	1.737	1.389	1.155	0.861	0.683	0.442	0.316	0.237	0.183
1.028	6.546	5.138	3.298	2.288	1.730	1.385	1.153	0.860	0.682	0.441	0.316	0.237	0.183
1.040	4.796	4.131	3.010	2.203	1.699	1.371	1.145	0.857	0.681	0.441	0.316	0.237	0.183
1.060	3.276	3.032	2.508	2.001	1.612	1.329	1.123	0.848	0.676	0.439	0.315	0.237	0.183
1.080	2.475	2.363	2.090	1.776	1.495	1.266	1.087	0.834	0.669	0.437	0.314	0.237	0.183
1.100	1.983	1.924	1.768	1.568	1.368	1.190	1.040	0.814	0.659	0.434	0.313	0.237	0.183
1.120	1.652	1.617	1.521	1.389	1.246	1.109	0.986	0.790	0.647	0.431	0.312	0.236	0.184
1.140	1.414	1.391	1.328	1.238	1.134	1.029	0.930	0.761	0.632	0.426	0.310	0.236	0.184
1.160	1.234	1.219	1.176	1.111	1.035	0.953	0.874	0.731	0.615	0.421	0.308	0.235	0.183
1.180	1.094	1.083	1.052	1.005	0.947	0.884	0.820	0.699	0.596	0.416	0.306	0.234	0.183
1.200	0.982	0.974	0.951	0.915	0.871	0.821	0.769	0.667	0.576	0.409	0.303	0.233	0.183
1.300	0.642	0.640	0.633	0.621	0.606	0.588	0.567	0.522	0.475	0.368	0.285	0.225	0.180
1.400	0.471	0.470	0.467	0.462	0.455	0.447	0.437	0.414	0.388	0.322	0.262	0.213	0.173
1.500	0.367	0.367	0.365	0.363	0.359	0.355	0.349	0.336	0.321	0.279	0.236	0.198	0.165
1.600	0.298	0.298	0.297	0.296	0.294	0.291	0.288	0.280	0.270	0.242	0.211	0.182	0.155

l/d	60												
m＼n	0.000	0.020	0.040	0.060	0.080	0.100	0.120	0.160	0.200	0.300	0.400	0.500	0.600
0.500		0.515	0.511	0.505	0.497	0.486	0.474	0.446	0.412	0.323	0.241	0.175	0.125
0.550		0.534	0.530	0.524	0.516	0.506	0.493	0.465	0.431	0.341	0.257	0.189	0.137
0.600		0.569	0.565	0.558	0.549	0.537	0.524	0.492	0.455	0.359	0.272	0.201	0.147
0.650		0.624	0.619	0.610	0.598	0.584	0.567	0.528	0.485	0.378	0.284	0.211	0.155
0.700		0.705	0.698	0.685	0.668	0.648	0.626	0.575	0.521	0.396	0.295	0.219	0.163
0.750		0.826	0.814	0.794	0.768	0.737	0.704	0.632	0.562	0.413	0.304	0.226	0.168
0.800		1.014	0.991	0.955	0.909	0.858	0.805	0.700	0.606	0.428	0.311	0.231	0.173
0.850		1.330	1.278	1.201	1.111	1.018	0.928	0.770	0.645	0.438	0.315	0.234	0.176
0.900		1.947	1.789	1.588	1.387	1.208	1.057	0.830	0.674	0.443	0.317	0.236	0.179
0.950		3.540	2.766	2.117	1.668	1.361	1.144	0.860	0.685	0.444	0.317	0.237	0.181
1.004	16.456	7.330	3.543	2.344	1.751	1.396	1.159	0.863	0.685	0.443	0.317	0.237	0.182
1.008	14.714	7.168	3.534	2.341	1.749	1.395	1.159	0.863	0.685	0.443	0.317	0.237	0.182
1.012	12.449	6.856	3.514	2.336	1.747	1.394	1.158	0.863	0.684	0.442	0.317	0.237	0.182
1.016	10.458	6.451	3.481	2.329	1.744	1.392	1.157	0.862	0.684	0.442	0.316	0.237	0.182
1.020	8.890	6.013	3.433	2.318	1.740	1.390	1.156	0.861	0.683	0.442	0.316	0.237	0.183
1.024	7.677	5.581	3.369	2.303	1.735	1.388	1.154	0.861	0.683	0.442	0.316	0.237	0.183
1.028	6.729	5.175	3.293	2.284	1.728	1.384	1.152	0.860	0.682	0.441	0.316	0.237	0.183
1.040	4.865	4.161	3.011	2.202	1.697	1.370	1.145	0.856	0.680	0.441	0.316	0.237	0.183
1.060	3.298	3.047	2.513	2.001	1.611	1.329	1.122	0.848	0.676	0.439	0.315	0.237	0.183
1.080	2.484	2.370	2.094	1.778	1.495	1.266	1.087	0.834	0.669	0.437	0.314	0.237	0.183
1.100	1.988	1.928	1.771	1.570	1.369	1.190	1.040	0.814	0.659	0.434	0.313	0.237	0.183
1.120	1.655	1.619	1.523	1.390	1.246	1.109	0.987	0.790	0.647	0.431	0.312	0.236	0.184
1.140	1.416	1.393	1.330	1.239	1.135	1.029	0.930	0.761	0.632	0.426	0.310	0.236	0.184
1.160	1.236	1.220	1.177	1.112	1.035	0.954	0.874	0.731	0.615	0.421	0.308	0.235	0.183
1.180	1.095	1.084	1.053	1.006	0.948	0.884	0.820	0.699	0.596	0.416	0.306	0.234	0.183
1.200	0.982	0.974	0.951	0.916	0.871	0.821	0.769	0.667	0.576	0.409	0.303	0.233	0.183
1.300	0.642	0.640	0.633	0.621	0.606	0.588	0.567	0.522	0.475	0.368	0.285	0.225	0.180
1.400	0.471	0.470	0.467	0.462	0.455	0.447	0.437	0.414	0.388	0.322	0.262	0.213	0.173
1.500	0.367	0.367	0.365	0.363	0.359	0.355	0.349	0.336	0.321	0.279	0.236	0.198	0.165
1.600	0.298	0.298	0.297	0.296	0.294	0.291	0.288	0.280	0.270	0.242	0.211	0.182	0.155

续表 F.0.2-2

l/d						70							
m \ n	0.000	0.020	0.040	0.060	0.080	0.100	0.120	0.160	0.200	0.300	0.400	0.500	0.600
0.500		0.515	0.511	0.505	0.497	0.486	0.474	0.446	0.413	0.323	0.241	0.175	0.125
0.550		0.534	0.530	0.524	0.516	0.506	0.493	0.465	0.431	0.341	0.257	0.189	0.137
0.600		0.569	0.565	0.558	0.549	0.537	0.524	0.492	0.455	0.359	0.272	0.201	0.147
0.650		0.624	0.619	0.610	0.598	0.584	0.567	0.528	0.485	0.378	0.284	0.211	0.155
0.700		0.705	0.698	0.685	0.669	0.648	0.626	0.575	0.521	0.396	0.295	0.219	0.163
0.750		0.827	0.814	0.794	0.768	0.737	0.704	0.632	0.562	0.413	0.304	0.226	0.168
0.800		1.015	0.991	0.955	0.909	0.858	0.805	0.700	0.606	0.428	0.311	0.231	0.173
0.850		1.331	1.278	1.201	1.111	1.018	0.928	0.770	0.645	0.438	0.315	0.234	0.176
0.900		1.949	1.791	1.589	1.387	1.208	1.057	0.830	0.674	0.443	0.317	0.236	0.179
0.950		3.552	2.768	2.117	1.668	1.361	1.143	0.860	0.685	0.444	0.317	0.237	0.181
1.004	18.968	7.238	3.533	2.341	1.749	1.395	1.159	0.863	0.685	0.443	0.317	0.237	0.182
1.008	16.288	7.100	3.523	2.338	1.748	1.394	1.158	0.863	0.684	0.443	0.317	0.237	0.182
1.012	13.303	6.822	3.504	2.334	1.746	1.393	1.158	0.862	0.684	0.442	0.317	0.237	0.182
1.016	10.933	6.445	3.473	2.326	1.743	1.392	1.157	0.862	0.684	0.442	0.316	0.237	0.182
1.020	9.170	6.024	3.426	2.316	1.739	1.390	1.155	0.861	0.683	0.442	0.316	0.237	0.183
1.024	7.853	5.601	3.365	2.301	1.734	1.387	1.154	0.860	0.683	0.442	0.316	0.237	0.183
1.028	6.845	5.197	3.290	2.282	1.727	1.384	1.152	0.860	0.682	0.441	0.316	0.237	0.183
1.040	4.909	4.178	3.012	2.200	1.697	1.370	1.144	0.856	0.680	0.441	0.316	0.237	0.183
1.060	3.311	3.055	2.515	2.001	1.611	1.328	1.122	0.847	0.676	0.439	0.315	0.237	0.183
1.080	2.490	2.375	2.096	1.778	1.495	1.266	1.086	0.833	0.669	0.437	0.314	0.237	0.183
1.100	1.991	1.930	1.772	1.570	1.369	1.190	1.040	0.814	0.659	0.434	0.313	0.237	0.183
1.120	1.657	1.621	1.524	1.391	1.247	1.109	0.987	0.790	0.647	0.431	0.312	0.236	0.184
1.140	1.417	1.394	1.330	1.239	1.135	1.029	0.930	0.761	0.632	0.426	0.310	0.236	0.183
1.160	1.236	1.221	1.177	1.112	1.035	0.954	0.874	0.731	0.615	0.421	0.308	0.235	0.183
1.180	1.095	1.085	1.053	1.006	0.948	0.884	0.820	0.699	0.596	0.415	0.306	0.234	0.183
1.200	0.983	0.975	0.952	0.916	0.871	0.821	0.769	0.667	0.576	0.409	0.303	0.233	0.183
1.300	0.642	0.640	0.633	0.621	0.606	0.588	0.567	0.522	0.475	0.368	0.285	0.225	0.180
1.400	0.471	0.470	0.467	0.462	0.455	0.447	0.437	0.414	0.388	0.322	0.262	0.213	0.173
1.500	0.367	0.367	0.365	0.363	0.359	0.355	0.349	0.337	0.321	0.279	0.236	0.198	0.165
1.600	0.298	0.298	0.297	0.296	0.294	0.291	0.288	0.280	0.270	0.242	0.211	0.182	0.155

l/d						80							
m \ n	0.000	0.020	0.040	0.060	0.080	0.100	0.120	0.160	0.200	0.300	0.400	0.500	0.600
0.500		0.515	0.511	0.505	0.497	0.486	0.474	0.446	0.413	0.323	0.241	0.175	0.125
0.550		0.534	0.530	0.524	0.516	0.506	0.493	0.465	0.431	0.341	0.257	0.189	0.137
0.600		0.569	0.565	0.558	0.549	0.537	0.524	0.492	0.455	0.359	0.272	0.201	0.147
0.650		0.624	0.619	0.610	0.598	0.584	0.567	0.528	0.485	0.378	0.284	0.211	0.155
0.700		0.706	0.698	0.685	0.669	0.648	0.626	0.575	0.521	0.396	0.295	0.219	0.163
0.750		0.827	0.814	0.794	0.768	0.737	0.704	0.632	0.562	0.413	0.304	0.226	0.168
0.800		1.015	0.991	0.955	0.910	0.858	0.805	0.700	0.606	0.428	0.311	0.231	0.173
0.850		1.332	1.279	1.202	1.112	1.018	0.928	0.770	0.645	0.438	0.315	0.234	0.176
0.900		1.951	1.792	1.589	1.387	1.208	1.057	0.830	0.674	0.443	0.317	0.236	0.179
0.950		3.560	2.770	2.117	1.667	1.360	1.143	0.860	0.685	0.444	0.317	0.237	0.181
1.004	21.355	7.180	3.526	2.339	1.749	1.395	1.159	0.863	0.685	0.443	0.317	0.237	0.182
1.008	17.597	7.056	3.517	2.336	1.747	1.394	1.158	0.863	0.684	0.442	0.317	0.237	0.182
1.012	13.949	6.799	3.498	2.332	1.745	1.393	1.157	0.862	0.684	0.442	0.317	0.237	0.182
1.016	11.273	6.440	3.467	2.324	1.742	1.391	1.156	0.862	0.684	0.442	0.316	0.237	0.182
1.020	9.365	6.031	3.422	2.314	1.738	1.389	1.155	0.861	0.683	0.442	0.316	0.237	0.183
1.024	7.973	5.613	3.361	2.299	1.733	1.387	1.154	0.860	0.683	0.442	0.316	0.237	0.183
1.028	6.924	5.211	3.288	2.281	1.726	1.384	1.152	0.860	0.682	0.441	0.316	0.237	0.183
1.040	4.937	4.190	3.012	2.200	1.696	1.369	1.144	0.856	0.680	0.441	0.316	0.237	0.183
1.060	3.320	3.061	2.517	2.002	1.611	1.328	1.122	0.847	0.676	0.439	0.315	0.237	0.183
1.080	2.494	2.377	2.098	1.779	1.495	1.266	1.086	0.833	0.669	0.437	0.314	0.237	0.183
1.100	1.993	1.932	1.773	1.571	1.369	1.190	1.040	0.814	0.659	0.434	0.313	0.237	0.183
1.120	1.658	1.622	1.524	1.391	1.247	1.110	0.987	0.790	0.647	0.431	0.312	0.236	0.184
1.140	1.418	1.395	1.331	1.239	1.135	1.030	0.930	0.761	0.632	0.426	0.310	0.236	0.183
1.160	1.237	1.221	1.178	1.113	1.035	0.954	0.874	0.731	0.615	0.421	0.308	0.235	0.183
1.180	1.096	1.085	1.054	1.006	0.948	0.884	0.820	0.699	0.596	0.415	0.306	0.234	0.183
1.200	0.983	0.975	0.952	0.916	0.871	0.821	0.769	0.667	0.576·	0.409	0.303	0.233	0.183
1.300	0.642	0.640	0.633	0.621	0.606	0.588	0.567	0.522	0.475	0.368	0.285	0.225	0.180
1.400	0.471	0.470	0.467	0.462	0.455	0.447	0.437	0.414	0.388	0.322	0.262	0.213	0.173
1.500	0.368	0.367	0.365	0.363	0.359	0.355	0.349	0.337	0.321	0.279	0.236	0.198	0.165
1.600	0.298	0.298	0.297	0.296	0.294	0.291	0.288	0.280	0.270	0.242	0.211	0.182	0.155

l/d						90							
n m	0.000	0.020	0.040	0.060	0.080	0.100	0.120	0.160	0.200	0.300	0.400	0.500	0.600
0.500		0.515	0.511	0.505	0.497	0.486	0.474	0.446	0.413	0.323	0.241	0.175	0.125
0.550		0.534	0.530	0.524	0.516	0.506	0.493	0.465	0.431	0.341	0.257	0.189	0.137
0.600		0.569	0.565	0.558	0.549	0.537	0.524	0.492	0.455	0.359	0.272	0.201	0.147
0.650		0.624	0.619	0.610	0.598	0.584	0.567	0.528	0.485	0.378	0.284	0.211	0.155
0.700		0.706	0.698	0.685	0.669	0.649	0.626	0.575	0.521	0.396	0.295	0.219	0.163
0.750		0.827	0.814	0.794	0.768	0.738	0.704	0.632	0.562	0.413	0.304	0.226	0.168
0.800		1.015	0.992	0.955	0.910	0.858	0.805	0.700	0.606	0.428	0.311	0.231	0.173
0.850		1.332	1.279	1.202	1.112	1.018	0.928	0.770	0.645	0.438	0.315	0.234	0.176
0.900		1.952	1.793	1.590	1.387	1.208	1.057	0.830	0.673	0.443	0.317	0.236	0.179
0.950		3.566	2.770	2.116	1.667	1.360	1.143	0.860	0.685	0.444	0.317	0.237	0.181
1.004	23.603	7.142	3.521	2.338	1.748	1.394	1.159	0.863	0.685	0.443	0.317	0.237	0.182
1.008	18.680	7.026	3.512	2.335	1.747	1.394	1.158	0.863	0.684	0.442	0.317	0.237	0.182
1.012	14.444	6.783	3.494	2.330	1.745	1.393	1.157	0.862	0.684	0.442	0.317	0.237	0.182
1.016	11.523	6.436	3.464	2.323	1.742	1.391	1.156	0.862	0.684	0.442	0.316	0.237	0.182
1.020	9.505	6.034	3.419	2.313	1.738	1.389	1.155	0.861	0.683	0.442	0.316	0.237	0.183
1.024	8.058	5.621	3.359	2.298	1.733	1.386	1.154	0.860	0.683	0.442	0.316	0.237	0.183
1.028	6.980	5.220	3.286	2.280	1.726	1.383	1.152	0.859	0.682	0.441	0.316	0.237	0.183
1.040	4.957	4.198	3.013	2.199	1.696	1.369	1.144	0.856	0.680	0.441	0.316	0.237	0.183
1.060	3.326	3.065	2.518	2.002	1.610	1.328	1.122	0.847	0.676	0.439	0.315	0.237	0.183
1.080	2.496	2.379	2.099	1.779	1.495	1.266	1.086	0.833	0.669	0.437	0.314	0.237	0.183
1.100	1.995	1.933	1.774	1.571	1.369	1.190	1.040	0.814	0.659	0.434	0.313	0.237	0.183
1.120	1.659	1.623	1.525	1.391	1.247	1.110	0.987	0.790	0.647	0.431	0.312	0.236	0.184
1.140	1.418	1.395	1.331	1.240	1.135	1.030	0.930	0.761	0.632	0.426	0.310	0.236	0.183
1.160	1.237	1.222	1.178	1.113	1.036	0.954	0.874	0.731	0.615	0.421	0.308	0.235	0.183
1.180	1.096	1.085	1.054	1.006	0.948	0.884	0.820	0.699	0.596	0.415	0.306	0.234	0.183
1.200	0.983	0.975	0.952	0.916	0.871	0.821	0.769	0.667	0.576	0.409	0.303	0.233	0.183
1.300	0.642	0.640	0.633	0.621	0.606	0.588	0.567	0.522	0.475	0.368	0.285	0.225	0.180
1.400	0.471	0.470	0.467	0.462	0.455	0.447	0.437	0.414	0.388	0.322	0.262	0.213	0.173
1.500	0.368	0.367	0.365	0.363	0.359	0.355	0.349	0.337	0.321	0.279	0.236	0.198	0.165
1.600	0.298	0.298	0.297	0.296	0.294	0.291	0.288	0.280	0.270	0.242	0.211	0.182	0.155

l/d						100							
n m	0.000	0.020	0.040	0.060	0.080	0.100	0.120	0.160	0.200	0.300	0.400	0.500	0.600
0.500		0.515	0.511	0.505	0.497	0.486	0.474	0.446	0.413	0.323	0.241	0.175	0.125
0.550		0.534	0.530	0.524	0.516	0.506	0.493	0.465	0.431	0.341	0.257	0.189	0.137
0.600		0.569	0.565	0.558	0.549	0.537	0.524	0.492	0.455	0.359	0.272	0.201	0.147
0.650		0.624	0.619	0.610	0.598	0.584	0.567	0.528	0.485	0.378	0.284	0.211	0.155
0.700		0.706	0.698	0.685	0.669	0.649	0.626	0.575	0.521	0.396	0.295	0.219	0.163
0.750		0.827	0.814	0.794	0.768	0.738	0.704	0.633	0.562	0.413	0.304	0.226	0.168
0.800		1.015	0.992	0.955	0.910	0.858	0.805	0.700	0.606	0.428	0.311	0.231	0.173
0.850		1.332	1.279	1.202	1.112	1.018	0.928	0.770	0.645	0.438	0.315	0.234	0.176
0.900		1.953	1.793	1.590	1.388	1.208	1.057	0.830	0.673	0.443	0.317	0.236	0.179
0.950		3.570	2.771	2.116	1.667	1.360	1.143	0.860	0.685	0.444	0.317	0.237	0.181
1.004	25.703	7.115	3.518	2.337	1.748	1.394	1.159	0.863	0.685	0.443	0.317	0.237	0.182
1.008	19.574	7.004	3.509	2.334	1.746	1.393	1.158	0.863	0.684	0.442	0.317	0.237	0.182
1.012	14.827	6.771	3.491	2.329	1.744	1.392	1.157	0.862	0.684	0.442	0.317	0.237	0.182
1.016	11.710	6.433	3.461	2.322	1.741	1.391	1.156	0.862	0.684	0.442	0.316	0.237	0.182
1.020	9.609	6.037	3.417	2.312	1.737	1.389	1.155	0.861	0.683	0.442	0.316	0.237	0.183
1.024	8.121	5.626	3.358	2.298	1.732	1.386	1.153	0.860	0.683	0.442	0.316	0.237	0.183
1.028	7.020	5.227	3.285	2.279	1.726	1.383	1.152	0.859	0.682	0.441	0.316	0.237	0.183
1.040	4.971	4.203	3.013	2.199	1.695	1.369	1.144	0.856	0.680	0.441	0.316	0.237	0.183
1.060	3.330	3.068	2.519	2.002	1.610	1.328	1.122	0.847	0.676	0.439	0.315	0.237	0.183
1.080	2.498	2.381	2.099	1.779	1.495	1.266	1.086	0.833	0.669	0.437	0.314	0.237	0.183
1.100	1.995	1.934	1.775	1.571	1.369	1.190	1.040	0.814	0.659	0.434	0.313	0.237	0.183
1.120	1.659	1.623	1.525	1.391	1.247	1.110	0.987	0.790	0.647	0.431	0.312	0.236	0.184
1.140	1.418	1.395	1.332	1.240	1.135	1.030	0.930	0.761	0.632	0.426	0.310	0.236	0.183
1.160	1.237	1.222	1.178	1.113	1.036	0.954	0.874	0.731	0.615	0.421	0.308	0.235	0.183
1.180	1.096	1.085	1.054	1.006	0.948	0.885	0.820	0.699	0.596	0.415	0.306	0.234	0.183
1.200	0.983	0.975	0.952	0.916	0.871	0.821	0.769	0.667	0.576	0.409	0.303	0.233	0.183
1.300	0.642	0.640	0.633	0.622	0.606	0.588	0.567	0.522	0.475	0.368	0.285	0.225	0.180
1.400	0.471	0.470	0.467	0.462	0.455	0.447	0.437	0.414	0.388	0.322	0.262	0.213	0.173
1.500	0.368	0.367	0.365	0.363	0.359	0.355	0.349	0.337	0.321	0.279	0.236	0.198	0.165
1.600	0.298	0.298	0.297	0.296	0.294	0.291	0.288	0.280	0.270	0.242	0.211	0.182	0.155

表 F.0.2-3　考虑桩径影响，沿桩身线性增长侧阻力竖向应力影响系数 I_{st}

l/d	10												
n \ m	0.000	0.020	0.040	0.060	0.080	0.100	0.120	0.160	0.200	0.300	0.400	0.500	0.600
0.500				−0.899	−0.681	−0.518	−0.391	−0.209	−0.089	0.061	0.105	0.107	0.092
0.550				−0.842	−0.625	−0.464	−0.340	−0.164	−0.049	0.088	0.123	0.119	0.102
0.600				−0.753	−0.539	−0.383	−0.263	−0.097	0.007	0.122	0.143	0.132	0.111
0.650				−0.626	−0.418	−0.268	−0.156	−0.006	0.081	0.163	0.165	0.144	0.118
0.700				−0.448	−0.250	−0.111	−0.012	0.111	0.173	0.208	0.186	0.155	0.125
0.750				−0.199	−0.019	0.099	0.177	0.257	0.281	0.256	0.208	0.166	0.132
0.800				0.154	0.301	0.383	0.423	0.433	0.403	0.302	0.227	0.175	0.137
0.850				0.671	0.751	0.761	0.733	0.632	0.527	0.344	0.243	0.183	0.142
0.900				1.463	1.390	1.251	1.096	0.828	0.637	0.377	0.257	0.190	0.146
0.950				2.781	2.278	1.797	1.433	0.974	0.714	0.404	0.269	0.196	0.150
1.004	4.437	4.686	5.938	5.035	2.956	2.096	1.604	1.059	0.768	0.427	0.281	0.203	0.154
1.008	4.450	4.694	5.836	4.953	2.963	2.104	1.610	1.064	0.771	0.429	0.282	0.204	0.155
1.012	4.454	4.689	5.635	4.790	2.964	2.110	1.616	1.068	0.774	0.430	0.283	0.204	0.155
1.016	4.449	4.665	5.390	4.592	2.956	2.114	1.622	1.072	0.778	0.432	0.284	0.205	0.155
1.020	4.431	4.622	5.138	4.388	2.938	2.116	1.626	1.076	0.781	0.433	0.285	0.205	0.156
1.024	4.398	4.559	4.897	4.194	2.911	2.115	1.629	1.080	0.783	0.435	0.286	0.206	0.156
1.028	4.351	4.478	4.673	4.014	2.876	2.111	1.631	1.083	0.786	0.436	0.287	0.206	0.156
1.040	4.128	4.161	4.096	3.552	2.734	2.080	1.629	1.091	0.794	0.441	0.289	0.208	0.157
1.060	3.600	3.557	3.373	2.976	2.457	1.975	1.595	1.095	0.803	0.448	0.293	0.210	0.159
1.080	3.060	3.007	2.836	2.547	2.190	1.836	1.530	1.086	0.807	0.454	0.297	0.213	0.161
1.100	2.599	2.554	2.420	2.210	1.954	1.690	1.447	1.064	0.804	0.458	0.301	0.215	0.162
1.120	2.226	2.192	2.092	1.937	1.749	1.548	1.356	1.031	0.795	0.461	0.304	0.217	0.164
1.140	1.927	1.902	1.827	1.713	1.571	1.418	1.264	0.992	0.780	0.463	0.306	0.219	0.165
1.160	1.687	1.668	1.613	1.527	1.419	1.299	1.176	0.948	0.761	0.462	0.308	0.221	0.167
1.180	1.493	1.478	1.436	1.370	1.286	1.192	1.093	0.902	0.738	0.460	0.310	0.223	0.168
1.200	1.332	1.321	1.289	1.238	1.172	1.097	1.017	0.857	0.713	0.457	0.311	0.224	0.170
1.300	0.838	0.834	0.823	0.806	0.783	0.755	0.723	0.653	0.580	0.419	0.304	0.226	0.174
1.400	0.591	0.590	0.585	0.577	0.567	0.554	0.539	0.505	0.466	0.368	0.284	0.220	0.173
1.500	0.447	0.446	0.444	0.440	0.434	0.428	0.420	0.401	0.379	0.318	0.259	0.209	0.168
1.600	0.354	0.353	0.352	0.350	0.347	0.343	0.338	0.327	0.313	0.274	0.232	0.194	0.161

l/d	15												
n \ m	0.000	0.020	0.040	0.060	0.080	0.100	0.120	0.160	0.200	0.300	0.400	0.500	0.600
0.500			−1.210	−0.892	−0.674	−0.512	−0.385	−0.204	−0.085	0.064	0.107	0.107	0.093
0.550			−1.150	−0.834	−0.617	−0.457	−0.333	−0.158	−0.045	0.091	0.125	0.120	0.102
0.600			−1.057	−0.744	−0.531	−0.374	−0.255	−0.090	0.012	0.125	0.144	0.132	0.111
0.650			−0.922	−0.614	−0.407	−0.258	−0.147	0.001	0.086	0.165	0.165	0.144	0.119
0.700			−0.731	−0.431	−0.234	−0.098	0.000	0.119	0.178	0.210	0.187	0.155	0.125
0.750			−0.459	−0.173	0.004	0.118	0.192	0.266	0.286	0.257	0.208	0.166	0.132
0.800			−0.058	0.196	0.335	0.408	0.441	0.442	0.406	0.302	0.227	0.175	0.137
0.850				0.564	0.746	0.802	0.793	0.751	0.636	0.527	0.342	0.243	0.183	0.142
0.900			1.609	1.596	1.453	1.273	1.099	0.820	0.630	0.375	0.256	0.189	0.146
0.950			3.584	2.907	2.239	1.742	1.391	0.953	0.703	0.401	0.268	0.196	0.150
1.004	7.095	8.049	7.900	4.012	2.678	1.973	1.538	1.034	0.755	0.424	0.280	0.203	0.154
1.008	7.096	7.972	7.562	4.018	2.687	1.981	1.545	1.038	0.759	0.425	0.281	0.203	0.154
1.012	7.063	7.778	7.097	4.012	2.694	1.989	1.551	1.042	0.762	0.427	0.282	0.204	0.155
1.016	6.985	7.496	6.641	3.989	2.697	1.994	1.556	1.047	0.765	0.428	0.283	0.204	0.155
1.020	6.857	7.167	6.230	3.948	2.697	1.999	1.561	1.051	0.768	0.430	0.284	0.205	0.155
1.024	6.682	6.822	5.866	3.891	2.691	2.002	1.566	1.054	0.771	0.431	0.284	0.205	0.156
1.028	6.469	6.481	5.542	3.821	2.681	2.003	1.569	1.058	0.774	0.433	0.285	0.206	0.156
1.040	5.713	5.540	4.750	3.563	2.619	1.992	1.573	1.067	0.782	0.437	0.288	0.207	0.157
1.060	4.493	4.318	3.801	3.097	2.441	1.931	1.556	1.074	0.792	0.444	0.292	0.210	0.159
1.080	3.568	3.450	3.123	2.676	2.221	1.826	1.509	1.069	0.796	0.450	0.296	0.212	0.160
1.100	2.903	2.826	2.615	2.320	2.000	1.700	1.441	1.052	0.795	0.455	0.299	0.215	0.162
1.120	2.417	2.367	2.227	2.025	1.795	1.568	1.359	1.025	0.788	0.458	0.302	0.217	0.164
1.140	2.054	2.020	1.924	1.782	1.614	1.440	1.273	0.989	0.776	0.460	0.305	0.219	0.165
1.160	1.775	1.752	1.683	1.580	1.455	1.321	1.188	0.948	0.758	0.460	0.307	0.221	0.167
1.180	1.555	1.538	1.488	1.412	1.317	1.212	1.105	0.905	0.737	0.458	0.309	0.222	0.168
1.200	1.379	1.366	1.329	1.271	1.197	1.115	1.029	0.860	0.713	0.455	0.310	0.224	0.169
1.300	0.852	0.848	0.836	0.818	0.793	0.763	0.730	0.657	0.582	0.419	0.303	0.226	0.173
1.400	0.597	0.595	0.590	0.582	0.572	0.558	0.543	0.508	0.468	0.369	0.284	0.220	0.173
1.500	0.450	0.449	0.446	0.442	0.437	0.430	0.422	0.403	0.380	0.318	0.259	0.209	0.168
1.600	0.355	0.355	0.353	0.351	0.348	0.344	0.339	0.328	0.314	0.274	0.232	0.194	0.161

l/d	20												
m \ n	0.000	0.020	0.040	0.060	0.080	0.100	0.120	0.160	0.200	0.300	0.400	0.500	0.600
0.500			−1.207	−0.890	−0.672	−0.509	−0.383	−0.202	−0.084	0.065	0.107	0.107	0.093
0.550			−1.147	−0.831	−0.615	−0.455	−0.331	−0.156	−0.043	0.092	0.125	0.120	0.102
0.600			−1.054	−0.740	−0.527	−0.371	−0.253	−0.088	0.014	0.125	0.145	0.132	0.111
0.650			−0.918	−0.609	−0.402	−0.254	−0.143	0.003	0.088	0.166	0.166	0.144	0.119
0.700			−0.725	−0.425	−0.229	−0.093	0.004	0.122	0.180	0.210	0.187	0.155	0.126
0.750			−0.448	−0.164	0.012	0.125	0.197	0.269	0.288	0.257	0.208	0.166	0.132
0.800			−0.040	0.212	0.347	0.417	0.448	0.445	0.407	0.302	0.226	0.175	0.137
0.850			0.600	0.773	0.820	0.804	0.757	0.637	0.527	0.342	0.243	0.182	0.142
0.900			1.694	1.642	1.473	1.279	1.099	0.818	0.628	0.374	0.256	0.189	0.146
0.950			3.771	2.920	2.217	1.722	1.376	0.946	0.700	0.400	0.268	0.196	0.150
1.004	9.793	12.556	6.649	3.796	2.599	1.936	1.517	1.025	0.751	0.422	0.280	0.202	0.154
1.008	9.754	11.616	6.610	3.806	2.608	1.944	1.524	1.030	0.754	0.424	0.281	0.203	0.154
1.012	9.616	10.588	6.496	3.809	2.616	1.951	1.530	1.034	0.758	0.426	0.281	0.203	0.155
1.016	9.361	9.685	6.317	3.801	2.621	1.957	1.535	1.038	0.761	0.427	0.282	0.204	0.155
1.020	9.003	8.912	6.096	3.783	2.624	1.962	1.540	1.042	0.764	0.429	0.283	0.204	0.155
1.024	8.573	8.243	5.855	3.752	2.622	1.966	1.545	1.046	0.767	0.430	0.284	0.205	0.156
1.028	8.106	7.656	5.610	3.709	2.617	1.968	1.549	1.049	0.769	0.432	0.285	0.205	0.156
1.040	6.721	6.253	4.909	3.524	2.574	1.963	1.554	1.058	0.777	0.436	0.287	0.207	0.157
1.060	4.947	4.667	3.949	3.121	2.427	1.913	1.542	1.066	0.787	0.443	0.291	0.209	0.159
1.080	3.795	3.638	3.229	2.715	2.227	1.820	1.501	1.063	0.793	0.449	0.295	0.212	0.160
1.100	3.028	2.936	2.689	2.358	2.013	1.701	1.438	1.048	0.792	0.454	0.299	0.214	0.162
1.120	2.493	2.436	2.278	2.056	1.811	1.573	1.360	1.022	0.786	0.457	0.302	0.217	0.163
1.140	2.103	2.066	1.960	1.806	1.628	1.447	1.276	0.988	0.774	0.459	0.305	0.219	0.165
1.160	1.808	1.783	1.709	1.599	1.468	1.328	1.191	0.948	0.757	0.459	0.307	0.221	0.166
1.180	1.579	1.561	1.508	1.427	1.328	1.219	1.110	0.905	0.736	0.458	0.308	0.222	0.168
1.200	1.396	1.382	1.343	1.282	1.206	1.121	1.033	0.861	0.713	0.454	0.309	0.224	0.169
1.300	0.857	0.853	0.841	0.822	0.797	0.766	0.733	0.658	0.583	0.419	0.303	0.226	0.173
1.400	0.599	0.597	0.592	0.584	0.573	0.560	0.544	0.509	0.469	0.369	0.284	0.220	0.173
1.500	0.451	0.450	0.447	0.443	0.438	0.431	0.423	0.403	0.381	0.318	0.259	0.209	0.168
1.600	0.356	0.355	0.354	0.352	0.349	0.345	0.340	0.328	0.315	0.274	0.232	0.194	0.161

l/d	25												
m \ n	0.000	0.020	0.040	0.060	0.080	0.100	0.120	0.160	0.200	0.300	0.400	0.500	0.600
0.500			−1.206	−0.889	−0.671	−0.508	−0.382	−0.202	−0.083	0.065	0.107	0.107	0.093
0.550			−1.146	−0.830	−0.614	−0.453	−0.330	−0.155	−0.042	0.092	0.125	0.120	0.102
0.600			−1.052	−0.739	−0.526	−0.370	−0.252	−0.087	0.015	0.126	0.145	0.132	0.111
0.650			−0.916	−0.607	−0.401	−0.252	−0.142	0.005	0.089	0.166	0.166	0.144	0.119
0.700			−0.722	−0.422	−0.226	−0.091	0.006	0.123	0.181	0.210	0.187	0.155	0.126
0.750			−0.443	−0.160	0.015	0.128	0.200	0.271	0.289	0.257	0.208	0.166	0.132
0.800			−0.031	0.219	0.353	0.422	0.450	0.446	0.408	0.302	0.226	0.175	0.137
0.850			0.617	0.786	0.829	0.809	0.760	0.638	0.526	0.342	0.242	0.182	0.141
0.900			1.734	1.663	1.482	1.281	1.098	0.816	0.627	0.374	0.256	0.189	0.146
0.950			3.849	2.920	2.206	1.712	1.369	0.943	0.698	0.399	0.268	0.196	0.150
1.004	12.508	16.972	6.271	3.709	2.565	1.919	1.508	1.021	0.749	0.422	0.280	0.202	0.154
1.008	12.381	13.914	6.261	3.720	2.575	1.927	1.514	1.026	0.752	0.424	0.280	0.203	0.154
1.012	12.039	12.117	6.208	3.725	2.583	1.934	1.520	1.030	0.756	0.425	0.281	0.203	0.155
1.016	11.487	10.831	6.105	3.722	2.588	1.940	1.526	1.034	0.759	0.427	0.282	0.204	0.155
1.020	10.795	9.822	5.959	3.710	2.592	1.946	1.531	1.038	0.762	0.428	0.283	0.204	0.155
1.024	10.046	8.988	5.781	3.688	2.592	1.950	1.535	1.042	0.765	0.430	0.284	0.205	0.156
1.028	9.301	8.278	5.584	3.655	2.588	1.952	1.539	1.046	0.768	0.431	0.285	0.205	0.156
1.040	7.355	6.630	4.959	3.500	2.553	1.949	1.546	1.055	0.775	0.436	0.287	0.207	0.157
1.060	5.196	4.846	4.015	3.129	2.420	1.905	1.535	1.063	0.786	0.443	0.291	0.209	0.159
1.080	3.912	3.732	3.279	2.733	2.228	1.817	1.497	1.060	0.791	0.449	0.295	0.212	0.160
1.100	3.091	2.990	2.724	2.375	2.019	1.702	1.436	1.046	0.791	0.453	0.299	0.214	0.162
1.120	2.530	2.469	2.302	2.071	1.818	1.576	1.360	1.021	0.785	0.457	0.302	0.216	0.163
1.140	2.127	2.087	1.977	1.818	1.635	1.450	1.277	0.987	0.773	0.459	0.305	0.219	0.165
1.160	1.824	1.797	1.721	1.608	1.474	1.332	1.193	0.948	0.756	0.459	0.307	0.220	0.166
1.180	1.590	1.571	1.517	1.434	1.333	1.223	1.112	0.906	0.736	0.457	0.308	0.222	0.168
1.200	1.404	1.390	1.350	1.288	1.211	1.124	1.035	0.862	0.713	0.454	0.309	0.223	0.169
1.300	0.859	0.855	0.843	0.824	0.798	0.768	0.734	0.659	0.583	0.419	0.303	0.226	0.173
1.400	0.600	0.598	0.593	0.585	0.574	0.561	0.545	0.509	0.469	0.369	0.284	0.220	0.173
1.500	0.451	0.450	0.448	0.444	0.438	0.431	0.423	0.404	0.381	0.319	0.259	0.209	0.168
1.600	0.356	0.356	0.354	0.352	0.349	0.345	0.340	0.329	0.315	0.274	0.232	0.194	0.161

l/d	30												
m\\n	0.000	0.020	0.040	0.060	0.080	0.100	0.120	0.160	0.200	0.300	0.400	0.500	0.600
0.500		−1.759	−1.206	−0.888	−0.670	−0.508	−0.382	−0.201	−0.082	0.065	0.107	0.108	0.093
0.550		−1.698	−1.145	−0.829	−0.613	−0.453	−0.329	−0.155	−0.042	0.092	0.125	0.120	0.102
0.600		−1.603	−1.051	−0.738	−0.525	−0.369	−0.251	−0.087	0.015	0.126	0.145	0.132	0.111
0.650		−1.463	−0.915	−0.606	−0.400	−0.251	−0.141	0.005	0.089	0.166	0.166	0.144	0.119
0.700		−1.263	−0.720	−0.420	−0.225	−0.089	0.007	0.124	0.181	0.211	0.187	0.155	0.126
0.750		−0.973	−0.441	−0.157	0.017	0.129	0.201	0.272	0.289	0.257	0.208	0.166	0.132
0.800		−0.536	−0.026	0.223	0.356	0.424	0.452	0.447	0.408	0.302	0.226	0.175	0.137
0.850		0.177	0.627	0.793	0.833	0.812	0.761	0.638	0.526	0.342	0.242	0.182	0.141
0.900		1.507	1.756	1.675	1.486	1.282	1.098	0.816	0.627	0.374	0.256	0.189	0.146
0.950		4.706	3.888	2.919	2.199	1.707	1.366	0.941	0.697	0.399	0.268	0.196	0.150
1.004	15.226	16.081	6.097	3.664	2.547	1.910	1.503	1.019	0.748	0.422	0.279	0.202	0.154
1.008	14.944	14.179	6.096	3.676	2.557	1.918	1.509	1.024	0.751	0.423	0.280	0.203	0.154
1.012	14.281	12.577	6.062	3.682	2.565	1.925	1.515	1.028	0.755	0.425	0.281	0.203	0.155
1.016	13.323	11.303	5.988	3.681	2.571	1.932	1.521	1.032	0.758	0.426	0.282	0.204	0.155
1.020	12.240	10.258	5.874	3.672	2.575	1.937	1.526	1.036	0.761	0.428	0.283	0.204	0.155
1.024	11.162	9.376	5.728	3.654	2.575	1.941	1.530	1.040	0.764	0.429	0.284	0.205	0.156
1.028	10.159	8.616	5.557	3.626	2.573	1.944	1.534	1.043	0.766	0.431	0.285	0.205	0.156
1.040	7.763	6.846	4.979	3.486	2.541	1.942	1.541	1.053	0.774	0.435	0.287	0.207	0.157
1.060	5.344	4.949	4.050	3.132	2.416	1.901	1.532	1.061	0.785	0.442	0.291	0.209	0.159
1.080	3.978	3.786	3.307	2.741	2.229	1.815	1.495	1.059	0.790	0.448	0.295	0.212	0.160
1.100	3.126	3.020	2.743	2.384	2.022	1.702	1.435	1.045	0.790	0.453	0.299	0.214	0.162
1.120	2.551	2.488	2.316	2.079	1.822	1.577	1.360	1.020	0.784	0.457	0.302	0.216	0.163
1.140	2.140	2.099	1.986	1.824	1.639	1.452	1.278	0.987	0.773	0.458	0.304	0.218	0.165
1.160	1.833	1.806	1.728	1.613	1.477	1.334	1.194	0.948	0.756	0.459	0.307	0.220	0.166
1.180	1.596	1.577	1.522	1.438	1.336	1.224	1.113	0.906	0.736	0.457	0.308	0.222	0.168
1.200	1.408	1.394	1.354	1.291	1.213	1.126	1.036	0.862	0.713	0.454	0.309	0.223	0.169
1.300	0.860	0.856	0.844	0.825	0.799	0.769	0.734	0.660	0.584	0.419	0.303	0.226	0.173
1.400	0.600	0.599	0.594	0.586	0.575	0.561	0.545	0.509	0.469	0.369	0.284	0.220	0.173
1.500	0.451	0.451	0.448	0.444	0.439	0.432	0.423	0.404	0.381	0.319	0.259	0.209	0.168
1.600	0.356	0.356	0.354	0.352	0.349	0.345	0.340	0.329	0.315	0.275	0.232	0.194	0.161

l/d	40												
m\\n	0.000	0.020	0.040	0.060	0.080	0.100	0.120	0.160	0.200	0.300	0.400	0.500	0.600
0.500		−1.759	−1.205	−0.888	−0.670	−0.507	−0.381	−0.201	−0.082	0.066	0.108	0.108	0.093
0.550		−1.698	−1.145	−0.829	−0.612	−0.452	−0.329	−0.154	−0.042	0.092	0.125	0.120	0.102
0.600		−1.602	−1.050	−0.737	−0.524	−0.369	−0.250	−0.086	0.015	0.126	0.145	0.132	0.111
0.650		−1.462	−0.913	−0.605	−0.399	−0.250	−0.140	0.006	0.090	0.166	0.166	0.144	0.119
0.700		−1.261	−0.718	−0.419	−0.223	−0.088	0.008	0.125	0.182	0.211	0.187	0.155	0.126
0.750		−0.970	−0.438	−0.155	0.019	0.131	0.203	0.272	0.290	0.257	0.208	0.166	0.132
0.800		−0.531	−0.022	0.227	0.359	0.426	0.454	0.448	0.408	0.302	0.226	0.175	0.137
0.850		0.188	0.636	0.799	0.838	0.814	0.763	0.638	0.526	0.341	0.242	0.182	0.141
0.900		1.542	1.778	1.686	1.491	1.284	1.098	0.815	0.626	0.373	0.256	0.189	0.146
0.950		4.869	3.924	2.917	2.193	1.702	1.362	0.940	0.696	0.399	0.268	0.196	0.150
1.004	20.636	14.185	5.940	3.622	2.530	1.901	1.498	1.017	0.747	0.421	0.279	0.202	0.154
1.008	19.770	13.545	5.945	3.634	2.539	1.909	1.504	1.021	0.750	0.423	0.280	0.203	0.154
1.012	18.119	12.571	5.925	3.641	2.548	1.916	1.510	1.026	0.754	0.425	0.281	0.203	0.155
1.016	16.165	11.550	5.873	3.642	2.554	1.923	1.516	1.030	0.757	0.426	0.282	0.204	0.155
1.020	14.288	10.589	5.786	3.635	2.558	1.928	1.521	1.034	0.760	0.428	0.283	0.204	0.155
1.024	12.638	9.718	5.667	3.621	2.559	1.933	1.526	1.038	0.763	0.429	0.284	0.205	0.156
1.028	11.236	8.937	5.522	3.597	2.557	1.936	1.530	1.041	0.765	0.431	0.284	0.205	0.156
1.040	8.228	7.066	4.993	3.470	2.530	1.935	1.537	1.051	0.773	0.435	0.287	0.207	0.157
1.060	5.500	5.055	4.083	3.134	2.411	1.896	1.528	1.059	0.784	0.442	0.291	0.209	0.159
1.080	4.047	3.840	3.334	2.750	2.230	1.814	1.493	1.057	0.789	0.448	0.295	0.212	0.160
1.100	3.162	3.051	2.762	2.393	2.025	1.702	1.434	1.044	0.789	0.453	0.298	0.214	0.162
1.120	2.572	2.506	2.329	2.086	1.825	1.578	1.360	1.019	0.784	0.456	0.302	0.216	0.163
1.140	2.153	2.111	1.996	1.830	1.642	1.454	1.278	0.987	0.772	0.458	0.304	0.218	0.165
1.160	1.842	1.814	1.735	1.618	1.480	1.335	1.195	0.948	0.756	0.458	0.306	0.220	0.166
1.180	1.602	1.583	1.526	1.442	1.338	1.226	1.114	0.906	0.736	0.457	0.308	0.222	0.168
1.200	1.413	1.399	1.357	1.294	1.215	1.127	1.037	0.863	0.713	0.454	0.309	0.223	0.169
1.300	0.862	0.858	0.845	0.826	0.800	0.769	0.735	0.660	0.584	0.419	0.303	0.226	0.173
1.400	0.601	0.599	0.594	0.586	0.575	0.562	0.546	0.510	0.469	0.369	0.284	0.220	0.173
1.500	0.452	0.451	0.448	0.444	0.439	0.432	0.424	0.404	0.381	0.319	0.259	0.209	0.168
1.600	0.356	0.356	0.355	0.352	0.349	0.345	0.340	0.329	0.315	0.275	0.232	0.194	0.161

续表 F.0.2-3

l/d						50							
n m	0.000	0.020	0.040	0.060	0.080	0.100	0.120	0.160	0.200	0.300	0.400	0.500	0.600
0.500		−1.758	−1.205	−0.887	−0.669	−0.507	−0.381	−0.200	−0.082	0.066	0.108	0.108	0.093
0.550		−1.697	−1.144	−0.828	−0.612	−0.452	−0.329	−0.154	−0.041	0.093	0.125	0.120	0.102
0.600		−1.601	−1.050	−0.737	−0.524	−0.368	−0.250	−0.086	0.016	0.126	0.145	0.132	0.111
0.650		−1.461	−0.913	−0.605	−0.398	−0.250	−0.140	0.006	0.090	0.166	0.166	0.144	0.119
0.700		−1.260	−0.718	−0.418	−0.223	−0.088	0.008	0.125	0.182	0.211	0.187	0.155	0.126
0.750		−0.969	−0.437	−0.154	0.020	0.132	0.203	0.273	0.290	0.257	0.208	0.166	0.132
0.800		−0.528	−0.020	0.229	0.360	0.427	0.454	0.448	0.409	0.302	0.226	0.175	0.137
0.850		0.193	0.641	0.803	0.840	0.816	0.763	0.638	0.526	0.341	0.242	0.182	0.141
0.900		1.558	1.789	1.691	1.493	1.284	1.098	0.815	0.626	0.373	0.256	0.189	0.146
0.950		4.947	3.940	2.916	2.190	1.699	1.360	0.939	0.696	0.398	0.268	0.196	0.150
1.004	25.958	13.491	5.873	3.603	2.522	1.897	1.495	1.016	0.747	0.421	0.279	0.202	0.154
1.008	24.069	13.126	5.879	3.615	2.532	1.905	1.502	1.020	0.750	0.423	0.280	0.203	0.154
1.012	21.098	12.429	5.864	3.622	2.540	1.912	1.508	1.025	0.753	0.424	0.281	0.203	0.155
1.016	18.118	11.575	5.820	3.624	2.546	1.919	1.513	1.029	0.756	0.426	0.282	0.204	0.155
1.020	15.572	10.695	5.745	3.619	2.551	1.924	1.519	1.033	0.759	0.427	0.283	0.204	0.155
1.024	13.503	9.854	5.638	3.605	2.552	1.929	1.523	1.037	0.762	0.429	0.284	0.205	0.156
1.028	11.836	9.077	5.503	3.583	2.551	1.932	1.527	1.040	0.765	0.431	0.284	0.205	0.156
1.040	8.466	7.170	4.998	3.463	2.524	1.931	1.535	1.050	0.773	0.435	0.287	0.207	0.157
1.060	5.577	5.105	4.098	3.135	2.409	1.894	1.527	1.058	0.783	0.442	0.291	0.209	0.159
1.080	4.080	3.866	3.347	2.754	2.230	1.813	1.492	1.057	0.789	0.448	0.295	0.212	0.160
1.100	3.179	3.065	2.771	2.397	2.027	1.702	1.434	1.043	0.789	0.453	0.298	0.214	0.162
1.120	2.581	2.515	2.335	2.090	1.827	1.579	1.360	1.019	0.783	0.456	0.302	0.216	0.163
1.140	2.159	2.117	2.000	1.833	1.644	1.455	1.279	0.987	0.772	0.458	0.304	0.218	0.165
1.160	1.846	1.818	1.738	1.620	1.481	1.336	1.195	0.948	0.756	0.458	0.306	0.220	0.166
1.180	1.605	1.585	1.529	1.443	1.340	1.227	1.114	0.906	0.736	0.457	0.308	0.222	0.168
1.200	1.415	1.401	1.359	1.296	1.216	1.128	1.037	0.863	0.713	0.454	0.309	0.223	0.169
1.300	0.862	0.858	0.846	0.826	0.801	0.770	0.735	0.660	0.584	0.419	0.303	0.226	0.173
1.400	0.601	0.599	0.594	0.586	0.575	0.562	0.546	0.510	0.469	0.369	0.284	0.220	0.173
1.500	0.452	0.451	0.449	0.444	0.439	0.432	0.424	0.404	0.381	0.319	0.259	0.209	0.168
1.600	0.356	0.356	0.355	0.352	0.349	0.345	0.340	0.329	0.315	0.275	0.233	0.194	0.161

l/d						60							
n m	0.000	0.020	0.040	0.060	0.080	0.100	0.120	0.160	0.200	0.300	0.400	0.500	0.600
0.500		−1.758	−1.205	−0.887	−0.669	−0.507	−0.381	−0.200	−0.082	0.066	0.108	0.108	0.093
0.550		−1.697	−1.144	−0.828	−0.612	−0.452	−0.328	−0.154	−0.041	0.093	0.125	0.120	0.102
0.600		−1.601	−1.050	−0.737	−0.524	−0.368	−0.250	−0.086	0.016	0.126	0.145	0.132	0.111
0.650		−1.461	−0.913	−0.604	−0.398	−0.250	−0.140	0.006	0.090	0.166	0.166	0.144	0.119
0.700		−1.260	−0.717	−0.417	−0.222	−0.087	0.008	0.125	0.182	0.211	0.187	0.155	0.126
0.750		−0.968	−0.436	−0.153	0.021	0.132	0.203	0.273	0.290	0.257	0.208	0.166	0.132
0.800		−0.527	−0.018	0.230	0.361	0.428	0.455	0.448	0.409	0.302	0.226	0.175	0.137
0.850		0.196	0.643	0.804	0.841	0.816	0.764	0.638	0.526	0.341	0.242	0.182	0.141
0.900		1.566	1.794	1.694	1.494	1.284	1.098	0.814	0.626	0.373	0.256	0.189	0.146
0.950		4.990	3.948	2.915	2.188	1.698	1.360	0.938	0.695	0.398	0.267	0.196	0.150
1.004	31.136	13.161	5.837	3.593	2.518	1.895	1.494	1.015	0.746	0.421	0.279	0.202	0.154
1.008	27.775	12.894	5.845	3.604	2.527	1.903	1.500	1.020	0.750	0.423	0.280	0.203	0.154
1.012	23.351	12.325	5.832	3.612	2.536	1.910	1.507	1.024	0.753	0.424	0.281	0.203	0.155
1.016	19.460	11.565	5.792	3.614	2.542	1.917	1.512	1.028	0.756	0.426	0.282	0.204	0.155
1.020	16.399	10.738	5.722	3.610	2.547	1.922	1.517	1.032	0.759	0.427	0.283	0.204	0.155
1.024	14.037	9.920	5.621	3.597	2.548	1.927	1.522	1.036	0.762	0.429	0.284	0.205	0.156
1.028	12.197	9.149	5.493	3.576	2.547	1.930	1.526	1.040	0.765	0.430	0.284	0.205	0.156
1.040	8.602	7.226	5.000	3.459	2.522	1.930	1.533	1.049	0.773	0.435	0.287	0.207	0.157
1.060	5.619	5.133	4.106	3.135	2.408	1.893	1.526	1.058	0.783	0.442	0.291	0.209	0.159
1.080	4.098	3.880	3.354	2.756	2.230	1.812	1.492	1.056	0.789	0.448	0.295	0.212	0.160
1.100	3.188	3.073	2.776	2.400	2.028	1.702	1.434	1.043	0.789	0.453	0.298	0.214	0.162
1.120	2.587	2.520	2.339	2.092	1.828	1.579	1.360	1.019	0.783	0.456	0.302	0.216	0.163
1.140	2.162	2.120	2.003	1.835	1.645	1.455	1.279	0.987	0.772	0.458	0.304	0.218	0.165
1.160	1.848	1.820	1.740	1.622	1.482	1.337	1.196	0.948	0.756	0.458	0.306	0.220	0.166
1.180	1.606	1.587	1.530	1.444	1.340	1.227	1.114	0.906	0.736	0.457	0.308	0.222	0.168
1.200	1.416	1.402	1.360	1.296	1.217	1.129	1.037	0.863	0.713	0.454	0.309	0.223	0.169
1.300	0.862	0.858	0.846	0.827	0.801	0.770	0.735	0.660	0.584	0.419	0.303	0.226	0.173
1.400	0.601	0.600	0.595	0.586	0.575	0.562	0.546	0.510	0.470	0.369	0.284	0.220	0.173
1.500	0.452	0.451	0.449	0.445	0.439	0.432	0.424	0.404	0.381	0.319	0.259	0.209	0.168
1.600	0.356	0.356	0.355	0.352	0.349	0.345	0.340	0.329	0.315	0.275	0.233	0.194	0.161

l/d	70												
m \ n	0.000	0.020	0.040	0.060	0.080	0.100	0.120	0.160	0.200	0.300	0.400	0.500	0.600
0.500		−1.758	−1.204	−0.887	−0.669	−0.507	−0.381	−0.200	−0.082	0.066	0.108	0.108	0.093
0.550		−1.697	−1.144	−0.828	−0.612	−0.452	−0.328	−0.154	−0.041	0.093	0.125	0.120	0.102
0.600		−1.601	−1.050	−0.736	−0.524	−0.368	−0.250	−0.086	0.016	0.126	0.145	0.132	0.111
0.650		−1.461	−0.912	−0.604	−0.398	−0.250	−0.140	0.006	0.090	0.166	0.166	0.144	0.119
0.700		−1.260	−0.717	−0.417	−0.222	−0.087	0.009	0.125	0.182	0.211	0.187	0.155	0.126
0.750		−0.968	−0.436	−0.153	0.021	0.133	0.204	0.273	0.290	0.257	0.208	0.166	0.132
0.800		−0.526	−0.018	0.230	0.362	0.428	0.455	0.448	0.409	0.302	0.226	0.175	0.137
0.850		0.198	0.645	0.805	0.842	0.817	0.764	0.638	0.526	0.341	0.242	0.182	0.141
0.900		1.572	1.798	1.696	1.495	1.285	1.098	0.814	0.626	0.373	0.256	0.189	0.146
0.950		5.016	3.953	2.915	2.187	1.697	1.359	0.938	0.695	0.398	0.267	0.196	0.150
1.004	36.118	12.976	5.816	3.587	2.515	1.894	1.493	1.015	0.746	0.421	0.279	0.202	0.154
1.008	30.900	12.756	5.824	3.598	2.525	1.902	1.500	1.020	0.749	0.423	0.280	0.203	0.154
1.012	25.046	12.255	5.813	3.606	2.533	1.909	1.506	1.024	0.753	0.424	0.281	0.203	0.155
1.016	20.400	11.552	5.775	3.608	2.540	1.915	1.511	1.028	0.756	0.426	0.282	0.204	0.155
1.020	16.954	10.759	5.708	3.604	2.544	1.921	1.517	1.032	0.759	0.427	0.283	0.204	0.155
1.024	14.385	9.957	5.611	3.592	2.546	1.925	1.521	1.036	0.762	0.429	0.284	0.205	0.156
1.028	12.427	9.191	5.486	3.571	2.545	1.929	1.525	1.040	0.764	0.430	0.284	0.205	0.156
1.040	8.687	7.261	5.002	3.457	2.520	1.929	1.533	1.049	0.772	0.435	0.287	0.207	0.157
1.060	5.645	5.150	4.111	3.135	2.407	1.892	1.525	1.058	0.783	0.442	0.291	0.209	0.159
1.080	4.109	3.888	3.358	2.757	2.230	1.812	1.491	1.056	0.789	0.448	0.295	0.212	0.160
1.100	3.194	3.078	2.779	2.401	2.028	1.702	1.434	1.043	0.789	0.453	0.298	0.214	0.162
1.120	2.590	2.523	2.341	2.093	1.829	1.579	1.360	1.019	0.783	0.456	0.302	0.216	0.163
1.140	2.164	2.122	2.004	1.836	1.645	1.455	1.279	0.987	0.772	0.458	0.304	0.218	0.165
1.160	1.849	1.821	1.741	1.622	1.483	1.337	1.196	0.948	0.756	0.458	0.306	0.220	0.166
1.180	1.607	1.588	1.531	1.445	1.341	1.228	1.114	0.906	0.736	0.457	0.308	0.222	0.168
1.200	1.417	1.402	1.361	1.297	1.217	1.129	1.037	0.863	0.713	0.454	0.309	0.223	0.169
1.300	0.863	0.859	0.846	0.827	0.801	0.770	0.736	0.660	0.584	0.419	0.303	0.226	0.173
1.400	0.601	0.600	0.595	0.586	0.575	0.562	0.546	0.510	0.470	0.369	0.284	0.220	0.173
1.500	0.452	0.451	0.449	0.445	0.439	0.432	0.424	0.404	0.381	0.319	0.259	0.209	0.168
1.600	0.356	0.356	0.355	0.352	0.349	0.345	0.340	0.329	0.315	0.275	0.233	0.194	0.161

l/d	80												
m \ n	0.000	0.020	0.040	0.060	0.080	0.100	0.120	0.160	0.200	0.300	0.400	0.500	0.600
0.500		−1.758	−1.204	−0.887	−0.669	−0.507	−0.381	−0.200	−0.082	0.066	0.108	0.108	0.093
0.550		−1.697	−1.144	−0.828	−0.612	−0.452	−0.328	−0.154	−0.041	0.093	0.125	0.120	0.102
0.600		−1.601	−1.050	−0.736	−0.524	−0.368	−0.250	−0.086	0.016	0.126	0.145	0.132	0.111
0.650		−1.461	−0.912	−0.604	−0.398	−0.249	−0.139	0.006	0.090	0.166	0.166	0.144	0.119
0.700		−1.259	−0.717	−0.417	−0.222	−0.087	0.009	0.125	0.182	0.211	0.187	0.155	0.126
0.750		−0.968	−0.436	−0.153	0.021	0.133	0.204	0.273	0.290	0.257	0.208	0.166	0.132
0.800		−0.526	−0.017	0.230	0.362	0.428	0.455	0.448	0.409	0.302	0.226	0.175	0.137
0.850		0.199	0.646	0.806	0.842	0.817	0.764	0.638	0.526	0.341	0.242	0.182	0.141
0.900		1.575	1.800	1.697	1.495	1.285	1.098	0.814	0.625	0.373	0.256	0.189	0.146
0.950		5.032	3.956	2.914	2.186	1.697	1.359	0.938	0.695	0.398	0.267	0.196	0.150
1.004	40.860	12.861	5.803	3.583	2.513	1.893	1.493	1.015	0.746	0.421	0.279	0.202	0.154
1.008	33.500	12.667	5.811	3.594	2.523	1.901	1.499	1.019	0.749	0.423	0.280	0.203	0.154
1.012	26.328	12.207	5.800	3.602	2.532	1.908	1.505	1.024	0.753	0.424	0.281	0.203	0.155
1.016	21.074	11.541	5.765	3.605	2.538	1.915	1.511	1.028	0.756	0.426	0.282	0.204	0.155
1.020	17.339	10.770	5.699	3.601	2.543	1.920	1.516	1.032	0.759	0.427	0.283	0.204	0.155
1.024	14.622	9.979	5.604	3.589	2.544	1.925	1.521	1.036	0.762	0.429	0.284	0.205	0.156
1.028	12.582	9.218	5.482	3.568	2.543	1.928	1.525	1.039	0.764	0.430	0.284	0.205	0.156
1.040	8.743	7.283	5.002	3.455	2.519	1.928	1.532	1.049	0.772	0.435	0.287	0.207	0.157
1.060	5.662	5.161	4.114	3.136	2.407	1.892	1.525	1.058	0.783	0.442	0.291	0.209	0.159
1.080	4.116	3.894	3.360	2.758	2.230	1.812	1.491	1.056	0.788	0.448	0.295	0.212	0.160
1.100	3.197	3.081	2.781	2.402	2.028	1.702	1.433	1.043	0.789	0.453	0.298	0.214	0.162
1.120	2.592	2.524	2.342	2.094	1.829	1.580	1.360	1.019	0.783	0.456	0.301	0.216	0.163
1.140	2.166	2.123	2.005	1.836	1.646	1.455	1.279	0.986	0.772	0.458	0.304	0.218	0.165
1.160	1.850	1.822	1.741	1.623	1.483	1.337	1.196	0.948	0.756	0.458	0.306	0.220	0.166
1.180	1.608	1.588	1.531	1.445	1.341	1.228	1.115	0.906	0.736	0.457	0.308	0.222	0.168
1.200	1.417	1.403	1.361	1.297	1.217	1.129	1.038	0.863	0.713	0.454	0.309	0.223	0.169
1.300	0.863	0.859	0.847	0.827	0.801	0.770	0.736	0.660	0.584	0.419	0.303	0.226	0.173
1.400	0.601	0.600	0.595	0.587	0.575	0.562	0.546	0.510	0.470	0.369	0.284	0.220	0.173
1.500	0.452	0.451	0.449	0.445	0.439	0.432	0.424	0.404	0.381	0.319	0.259	0.209	0.168
1.600	0.356	0.356	0.355	0.352	0.349	0.345	0.340	0.329	0.315	0.275	0.233	0.194	0.161

l/d	90												
m \ n	0.000	0.020	0.040	0.060	0.080	0.100	0.120	0.160	0.200	0.300	0.400	0.500	0.600
0.500		−1.758	−1.204	−0.887	−0.669	−0.507	−0.381	−0.200	−0.082	0.066	0.108	0.108	0.093
0.550		−1.697	−1.144	−0.828	−0.612	−0.452	−0.328	−0.154	−0.041	0.093	0.125	0.120	0.102
0.600		−1.601	−1.050	−0.736	−0.524	−0.368	−0.249	−0.086	0.016	0.126	0.145	0.132	0.111
0.650		−1.460	−0.912	−0.604	−0.398	−0.249	−0.139	0.006	0.090	0.166	0.166	0.144	0.119
0.700		−1.259	−0.717	−0.417	−0.222	−0.087	0.009	0.125	0.182	0.211	0.187	0.155	0.126
0.750		−0.967	−0.435	−0.152	0.022	0.133	0.204	0.273	0.290	0.257	0.208	0.166	0.132
0.800		−0.525	−0.017	0.231	0.362	0.428	0.455	0.448	0.409	0.302	0.226	0.175	0.137
0.850		0.200	0.646	0.807	0.842	0.817	0.764	0.639	0.526	0.341	0.242	0.182	0.141
0.900		1.578	1.801	1.697	1.495	1.285	1.098	0.814	0.625	0.373	0.256	0.189	0.146
0.950		5.044	3.958	2.914	2.186	1.696	1.358	0.938	0.695	0.398	0.267	0.196	0.150
1.004	45.330	12.784	5.793	3.580	2.512	1.892	1.492	1.015	0.746	0.421	0.279	0.202	0.154
1.008	35.651	12.606	5.802	3.592	2.522	1.900	1.499	1.019	0.749	0.423	0.280	0.203	0.154
1.012	27.309	12.174	5.792	3.600	2.530	1.908	1.505	1.024	0.752	0.424	0.281	0.203	0.155
1.016	21.569	11.532	5.757	3.602	2.537	1.914	1.511	1.028	0.756	0.426	0.282	0.204	0.155
1.020	17.616	10.777	5.693	3.598	2.541	1.920	1.516	1.032	0.759	0.427	0.283	0.204	0.155
1.024	14.790	9.994	5.600	3.587	2.543	1.924	1.521	1.036	0.761	0.429	0.283	0.205	0.156
1.028	12.691	9.236	5.479	3.566	2.542	1.927	1.525	1.039	0.764	0.430	0.284	0.205	0.156
1.040	8.782	7.298	5.003	3.454	2.518	1.927	1.532	1.049	0.772	0.435	0.287	0.207	0.157
1.060	5.674	5.168	4.116	3.136	2.406	1.891	1.525	1.057	0.783	0.442	0.291	0.209	0.159
1.080	4.121	3.898	3.362	2.759	2.230	1.812	1.491	1.056	0.788	0.448	0.295	0.212	0.160
1.100	3.200	3.083	2.783	2.402	2.029	1.702	1.433	1.043	0.789	0.453	0.298	0.214	0.162
1.120	2.594	2.526	2.343	2.094	1.829	1.580	1.360	1.019	0.783	0.456	0.301	0.216	0.163
1.140	2.166	2.124	2.006	1.837	1.646	1.456	1.279	0.986	0.772	0.458	0.304	0.218	0.165
1.160	1.851	1.822	1.742	1.623	1.483	1.337	1.196	0.948	0.756	0.458	0.306	0.220	0.166
1.180	1.608	1.589	1.532	1.446	1.341	1.228	1.115	0.906	0.736	0.457	0.308	0.222	0.168
1.200	1.417	1.403	1.361	1.297	1.218	1.129	1.038	0.863	0.713	0.454	0.309	0.223	0.169
1.300	0.863	0.859	0.847	0.827	0.801	0.770	0.736	0.660	0.584	0.419	0.303	0.226	0.173
1.400	0.601	0.600	0.595	0.587	0.576	0.562	0.546	0.510	0.470	0.369	0.284	0.220	0.173
1.500	0.452	0.451	0.449	0.445	0.439	0.432	0.424	0.404	0.381	0.319	0.259	0.209	0.168
1.600	0.356	0.356	0.355	0.352	0.349	0.345	0.340	0.329	0.315	0.275	0.233	0.194	0.161

l/d	100												
m \ n	0.000	0.020	0.040	0.060	0.080	0.100	0.120	0.160	0.200	0.300	0.400	0.500	0.600
0.500		−1.758	−1.204	−0.887	−0.669	−0.507	−0.381	−0.200	−0.082	0.066	0.108	0.108	0.093
0.550		−1.697	−1.144	−0.828	−0.612	−0.452	−0.328	−0.154	−0.041	0.093	0.125	0.120	0.102
0.600		−1.601	−1.049	−0.736	−0.524	−0.368	−0.249	−0.085	0.016	0.127	0.145	0.132	0.111
0.650		−1.460	−0.912	−0.604	−0.397	−0.249	−0.139	0.007	0.090	0.166	0.166	0.144	0.119
0.700		−1.259	−0.717	−0.417	−0.222	−0.087	0.009	0.125	0.182	0.211	0.187	0.155	0.126
0.750		−0.967	−0.435	−0.152	0.022	0.133	0.204	0.273	0.290	0.257	0.208	0.166	0.132
0.800		−0.525	−0.017	0.231	0.362	0.428	0.455	0.448	0.409	0.302	0.226	0.175	0.137
0.850		0.201	0.647	0.807	0.843	0.817	0.764	0.639	0.526	0.341	0.242	0.182	0.141
0.900		1.579	1.803	1.698	1.495	1.285	1.098	0.814	0.625	0.373	0.256	0.189	0.146
0.950		5.052	3.960	2.914	2.186	1.696	1.358	0.938	0.695	0.398	0.267	0.196	0.150
1.004	49.507	12.730	5.787	3.578	2.511	1.892	1.492	1.015	0.746	0.421	0.279	0.202	0.154
1.008	37.430	12.563	5.795	3.590	2.521	1.900	1.499	1.019	0.749	0.423	0.280	0.203	0.154
1.012	28.070	12.149	5.786	3.598	2.530	1.907	1.505	1.024	0.752	0.424	0.281	0.203	0.155
1.016	21.941	11.524	5.752	3.600	2.536	1.914	1.510	1.028	0.755	0.426	0.282	0.204	0.155
1.020	17.820	10.782	5.689	3.596	2.541	1.919	1.516	1.032	0.759	0.427	0.283	0.204	0.155
1.024	14.913	10.005	5.596	3.585	2.543	1.924	1.520	1.036	0.761	0.429	0.283	0.205	0.156
1.028	12.771	9.249	5.477	3.565	2.541	1.927	1.524	1.039	0.764	0.430	0.284	0.205	0.156
1.040	8.810	7.309	5.003	3.453	2.517	1.927	1.532	1.048	0.772	0.435	0.287	0.207	0.157
1.060	5.682	5.174	4.118	3.136	2.406	1.891	1.525	1.057	0.783	0.442	0.291	0.209	0.159
1.080	4.125	3.900	3.364	2.759	2.230	1.812	1.491	1.056	0.788	0.448	0.295	0.212	0.160
1.100	3.202	3.085	2.783	2.403	2.029	1.702	1.433	1.043	0.789	0.453	0.298	0.214	0.162
1.120	2.595	2.527	2.344	2.095	1.829	1.580	1.360	1.019	0.783	0.456	0.301	0.216	0.163
1.140	2.167	2.124	2.006	1.837	1.646	1.456	1.279	0.986	0.772	0.458	0.304	0.218	0.165
1.160	1.851	1.823	1.742	1.623	1.483	1.337	1.196	0.948	0.756	0.458	0.306	0.220	0.166
1.180	1.609	1.589	1.532	1.446	1.341	1.228	1.115	0.906	0.736	0.457	0.308	0.222	0.168
1.200	1.417	1.403	1.361	1.297	1.218	1.129	1.038	0.863	0.713	0.454	0.309	0.223	0.169
1.300	0.863	0.859	0.847	0.827	0.801	0.770	0.736	0.660	0.584	0.419	0.303	0.226	0.173
1.400	0.601	0.600	0.595	0.587	0.576	0.562	0.546	0.510	0.470	0.369	0.284	0.220	0.173
1.500	0.452	0.451	0.449	0.445	0.439	0.432	0.424	0.404	0.381	0.319	0.259	0.209	0.168
1.600	0.356	0.356	0.355	0.352	0.349	0.345	0.340	0.329	0.315	0.275	0.233	0.194	0.161

F.0.3 桩侧阻力分布可采用下列模式:

基桩侧阻力分布简化为沿桩身均匀分布模式,即取 $\beta=1-\alpha$[式(F.0.1-1)中 $\sigma_{zst}=0$]。当有测试依据时,可根据测试结果分别采用沿深度线性增长的正三角形分布 [$\beta=0$,式(F.0.1-1)中 $\sigma_{zsr}=0$]、正梯形分布(均布+正三角形分布)或倒梯形分布(均布-正三角形分布)等。

F.0.4 长、短桩竖向应力影响系数应按下列原则计算:

1 计算长桩 l_1 对短桩 l_2 影响时,应以长桩的 $m_1=z/l_1=l_2/l_1$ 为起始计算点,向下计算对短桩桩端以下不同深度产生的竖向应力影响系数;

2 计算短桩 l_2 对长桩 l_1 影响时,应以短桩的 $m_2=z/l_2=l_1/l_2$ 为起始计算点,向下计算对长桩桩端以下不同深度产生的竖向应力影响系数;

3 当计算点下正应力叠加结果为负值时,应按零取值。

附录 G 按倒置弹性地基梁计算砌体墙下条形桩基承台梁

G.0.1 按倒置弹性地基梁计算砌体墙下条形桩基连续承台梁时,先求得作用于梁上的荷载,然后按普通连续梁计算其弯距和剪力。弯距和剪力的计算公式可根据图 G.0.1 所示计算简图,分别按表 G.0.1 采用。

表 G.0.1 砌体墙下条形桩基连续承台梁内力计算公式

内力	计算简图编号	内力计算公式
支座弯距	(a)、(b)、(c)	$M=-p_0\dfrac{a_0^2}{12}\left(2-\dfrac{a_0}{L_c}\right)$ (G.0.1-1)
	(d)	$M=-q\dfrac{L_c^2}{12}$ (G.0.1-2)
跨中弯距	(a)、(c)	$M=p_0\dfrac{a_0^3}{12L_c}$ (G.0.1-3)
	(b)	$M=\dfrac{p_0}{12}\left[L_c\left(6a_0-3L_c+0.5\dfrac{L_c^2}{a_0}\right)-a_0^2\left(4-\dfrac{a_0}{L_c}\right)\right]$ (G.0.1-4)
	(d)	$M=\dfrac{qL_c^2}{24}$ (G.0.1-5)
最大剪力	(a)、(b)、(c)	$Q=\dfrac{p_0a_0}{2}$ (G.0.1-6)
	(d)	$Q=\dfrac{qL}{2}$ (G.0.1-7)

注:当连续承台梁少于6跨时,其支座与跨中弯距应按实际跨数和图 G.0.1-1 求计算公式。

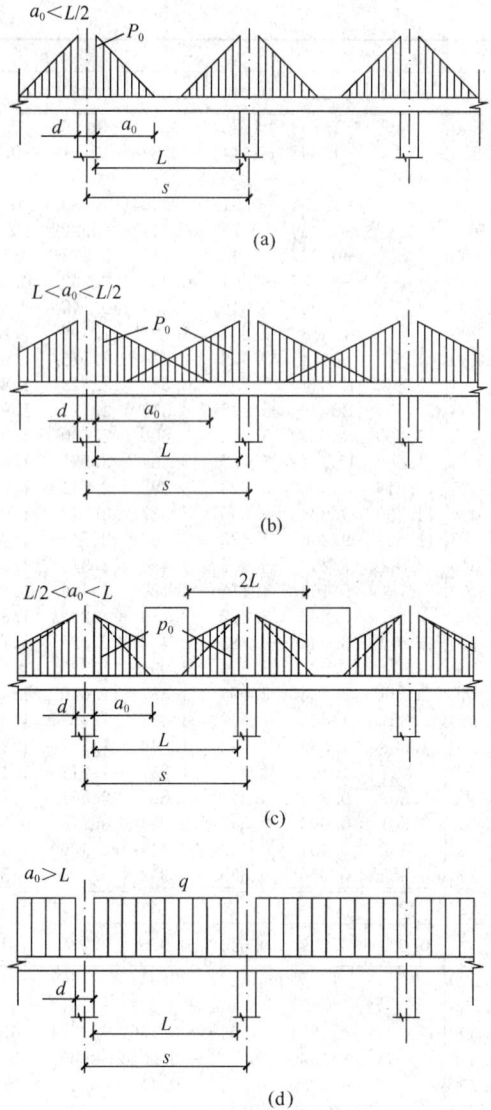

图 G.0.1 砌体墙下条形桩基连续承台梁计算简图

式(G.0.1-1)~式(G.0.1-7)中:

p_0——线荷载的最大值(kN/m),按下式确定:

$$p_0=\frac{qL_c}{a_0} \qquad (G.0.1-8)$$

a_0——自桩边算起的三角形荷载图形的底边长度,分别按下列公式确定:

中间跨 $a_0=3.14\sqrt[3]{\dfrac{E_nI}{E_kb_k}}$ (G.0.1-9)

边跨 $a_0=2.4\sqrt[3]{\dfrac{E_nI}{E_kb_k}}$ (G.0.1-10)

式中 L_c——计算跨度,$L_c=1.05L$;

L——两相邻桩之间的净距;

s——两相邻桩之间的中心距;

d——桩身直径;

q——承台梁底面以上的均布荷载;

E_nI——承台梁的抗弯刚度;

E_n——承台梁混凝土弹性模量；

I——承台梁横截面的惯性矩；

E_k——墙体的弹性模量；

b_k——墙体的宽度。

当门窗口下布有桩，且承台梁顶面至门窗口的砌体高度小于门窗口的净宽时，则应按倒置的简支梁计算该段梁的弯距，即取门窗净宽的 1.05 倍为计算跨度，取门窗下桩顶荷载为计算集中荷载进行计算。

附录 H 锤击沉桩锤重的选用

H.0.1 锤击沉桩的锤重可根据表 H.0.1 选用。

表 H.0.1 锤重选择表

锤 型		柴油锤（t）						
		D25	D35	D45	D60	D72	D80	D100
锤的动力性能	冲击部分质量（t）	2.5	3.5	4.5	6.0	7.2	8.0	10.0
	总质量（t）	6.5	7.2	9.6	15.0	18.0	17.0	20.0
	冲击力（kN）	2000～2500	2500～4000	4000～5000	5000～7000	7000～10000	＞10000	＞12000
	常用冲程（m）	1.8～2.3						
持力层	预制方桩、预应力管桩的边长或直径（mm）	350～400	400～450	450～500	500～550	550～600	600 以上	600 以上
	钢管桩直径（mm）	400		600	900	900～1000	900 以上	900 以上
黏性土粉土	一般进入深度（m）	1.5～2.5	2.0～3.0	2.5～3.5	3.0～4.0	3.0～5.0		
	静力触探比贯入阻力 P_s 平均值（MPa）	4	5	＞5	＞5	＞5		
砂土	一般进入深度（m）	0.5～1.5	1.0～2.0	1.5～2.5	2.0～3.0	2.5～3.5	4.0～5.0	5.0～6.0
	标准贯入击数 $N_{63.5}$（未修正）	20～30	30～40	40～45	45～50	50	＞50	＞50
锤的常用控制贯入度（cm/10 击）		2～3		3～5	4～8		5～10	7～12
设计单桩极限承载力（kN）		800～1600	2500～4000	3000～5000	5000～7000	7000～10000	＞10000	＞10000

注：1 本表仅供选锤用；

2 本表适用于桩端进入硬土层一定深度的长度为 20～60m 的钢筋混凝土预制桩及长度为 40～60m 的钢管桩。

本规范用词说明

1 为了便于在执行本规范条文时区别对待，对于要求严格程度不同的用词说明如下：

1) 表示很严格，非这样做不可的：

正面词采用"必须"，反面词采用"严禁"。

2) 表示严格，在正常情况下均应这样做的：

正面词采用"应"，反面词采用"不应"或"不得"。

3) 表示允许稍有选择，在条件允许时首先应这样做的：

正面词采用"宜"，反面词采用"不宜"。

表示有选择，在一定条件下可以这样做的，采用"可"。

2 条文中指明应按其他有关标准、规范执行的，写法为："应按……执行"或"应符合……的规定（或要求）"。

中华人民共和国行业标准

建筑桩基技术规范

JGJ 94—2008

条 文 说 明

前　言

《建筑桩基技术规范》JGJ 94-2008，经住房和城乡建设部 2008 年 4 月 22 日以第 18 号公告批准、发布。

本规范的主编单位是中国建筑科学研究院，参编单位是北京市勘察设计研究院有限公司、现代设计集团华东建筑设计研究院有限公司、上海岩土工程勘察设计研究院有限公司、天津大学、福建省建筑科学研究院、中冶集团建筑研究总院、机械工业勘察设计研究院、中国建筑东北设计院、广东省建筑科学研究院、北京筑都方圆建筑设计有限公司、广州大学。

为便于广大设计、施工、科研、学校等单位有关人员在使用本标准时能正确理解和执行条文规定，《建筑桩基技术规范》编制组按章、节、条顺序编制了本规范的条文说明，供使用者参考。在使用中如发现本条文说明有不妥之处，请将意见函寄中国建筑科学研究院。

目　次

1 总 则

1.0.1～1.0.3 桩基的设计与施工要实现安全适用、技术先进、经济合理、确保质量、保护环境的目标，应综合考虑下列诸因素，把握相关技术要点。

1 地质条件。建设场地的工程地质和水文地质条件，包括地层分布特征和土性、地下水赋存状态与水质等，是选择桩型、成桩工艺、桩端持力层及抗浮设计等的关键因素。因此，场地勘察做到完整可靠，设计和施工者对于勘察资料做出正确解析和应用均至关重要。

2 上部结构类型、使用功能与荷载特征。不同的上部结构类型对于抵抗或适应桩基差异沉降的性能不同，如剪力墙结构抵抗差异沉降的能力优于框架、框架-剪力墙、框架-核心筒结构；排架结构适应差异沉降的性能优于框架、框架-剪力墙、框架-核心筒结构。建筑物使用功能的特殊性和重要性是决定桩基设计等级的依据之一；荷载大小与分布是确定桩型、桩的几何参数与布桩所应考虑的主要因素。地震作用在一定条件下制约桩的设计。

3 施工技术条件与环境。桩型与成桩工艺的优选，在综合考虑地质条件、单桩承载力要求前提下，尚应考虑成桩设备与技术的既有条件，力求既先进且实际可行、质量可靠；成桩过程产生的噪声、振动、泥浆、挤土效应等对于环境的影响应作为选择成桩工艺的重要因素。

4 注重概念设计。桩基概念设计的内涵是指综合上述诸因素制定该工程桩基设计的总体构思。包括桩型、成桩工艺、桩端持力层、桩径、桩长、单桩承载力、布桩、承台形式、是否设置后浇带等，它是施工图设计的基础。概念设计应在规范框架内，考虑桩、土、承台、上部结构相互作用对于承载力和变形的影响，既满足荷载与抗力的整体平衡，又兼顾荷载与抗力的局部平衡，以优化桩型选择和布桩为重点，力求减小差异变形，降低承台内力和上部结构次内力，实现节约资源、增强可靠性和耐久性。可以说，概念设计是桩基设计的核心。

2 术语、符号

2.1 术 语

术语以《建筑桩基技术规范》JGJ94－94为基础，根据本规范内容，作了相应的增补、修订和删节；增加了减沉复合疏桩基础、变刚度调平设计、承台效应系数、灌注桩后注浆、桩基等效沉降系数。

2.2 符 号

符号以沿用《建筑桩基技术规范》JGJ94－94既有符号为主，根据规范条文的变化作了相应调整，主要是由于桩基竖向和水平承载力计算由原规范按荷载效应基本组合改为按标准组合。共有四条：2.2.1 作用和作用效应；2.2.2 抗力和材料性能：用单桩竖向承载力特征值、单桩水平承载力特征值取代原规范的竖向和水平承载力设计值；2.2.3 几何参数；2.2.4 计算系数。

3 基本设计规定

3.1 一 般 规 定

3.1.1 本条说明桩基设计的两类极限状态的相关内容。

1 承载能力极限状态

原《建筑桩基技术规范》JGJ 94－94采用桩基承载能力概率极限状态分项系数的设计法，相应的荷载效应采用基本组合。本规范改为以综合安全系数 K 代替荷载分项系数和抗力分项系数，以单桩极限承载力和综合安全系数 K 为桩基抗力的基本参数。这意味着承载能力极限状态的荷载效应基本组合的荷载分项系数为 1.0，亦即为荷载效应标准组合。本规范作这种调整的原因如下：

1) 与现行国家标准《建筑地基基础设计规范》（GB 50007）的设计原则一致，以方便使用。

2) 关于不同桩型和成桩工艺对极限承载力的影响，实际上已反映于单桩极限承载力静载试验值或极限侧阻力与极限端阻力经验参数中，因此承载力随桩型和成桩工艺的变异特征已在单桩极限承载力取值中得到较大程度反映，采用不同的承载力分项系数意义不大。

3) 鉴于地基土性的不确定性对基桩承载力可靠性影响目前仍处于研究探索阶段，原《建筑桩基技术规范》JGJ 94－94 的承载力概率极限状态设计模式尚属不完全的可靠性分析设计。

关于桩身、承台结构承载力极限状态的抗力仍采用现行国家标准《混凝土结构设计规范》GB 50010、《钢结构设计规范》GB 50017（钢桩）规定的材料强度设计值，作用力采用现行国家标准《建筑结构荷载规范》GB 50009 规定的荷载效应基本组合设计值计算确定。

2 正常使用极限状态

由于问题的复杂性，以桩基的变形、抗裂、裂缝宽度为控制内涵的正常使用极限状态计算，如同上部结构一样从未实现基于可靠性分析的概率极限状态设计。因此桩基正常使用极限状态设计计算维持原《建筑桩基技术规范》JGJ 94-94规范的规定。

3.1.2 划分建筑桩基设计等级，旨在界定桩基设计的复杂程度、计算内容和应采取的相应技术措施。桩基设计等级是根据建筑物规模、体型与功能特征、场地地质与环境的复杂程度，以及由于桩基问题可能造成建筑物破坏或影响正常使用的程度划分为三个等级。

甲级建筑桩基，第一类是（1）重要的建筑；（2）30层以上或高度超过100m的高层建筑。这类建筑物的特点是荷载大、重心高、风载和地震作用水平剪力大，设计时应选择基桩承载力变幅大、布桩具有较大灵活性的桩型，基础埋置深度足够大，严格控制桩的整体倾斜和稳定。第二类是（3）体型复杂且层数相差超过10层的高低层（含纯地下室）连体建筑物；（4）20层以上框架-核心筒结构及其他对于差异沉降有特殊要求的建筑物。这类建筑物由于荷载与刚度分布极为不均，抵抗和适应差异变形的性能较差，或使用功能上对变形有特殊要求（如冷藏库、精密生产工艺的多层厂房、液面控制严格的贮液罐体、精密机床和透平设备基础等）的建（构）筑物桩基，须严格控制差异变形乃至沉降量。桩基设计中，首先，概念设计要遵循变刚度调平设计原则；其二，在概念设计的基础上要进行上部结构——承台——桩土的共同作用分析，计算沉降等值线、承台内力和配筋。第三类是（5）场地和地基条件复杂的7层以上的一般建筑物及坡地、岸边建筑；（6）对相邻既有工程影响较大的建筑物。这类建筑物自身无特殊性，但由于场地条件、环境条件的特殊性，应按桩基设计等级甲级设计。如场地处于岸边高坡、地基为半填半挖、基底同置于岩石和土质地层、岩溶极为发育且岩面起伏很大、桩身范围有较厚自重湿陷性黄土或可液化土等等，这种情况下首先应把握好桩基的概念设计、控制差异变形和整体稳定、考虑负摩阻力等至关重要；又如在相邻既有工程的场地上建造新建筑物，包括基础跨越地铁、基础埋深大于紧邻的重要或高层建筑物等，此时如何确定桩基传递荷载和施工不致影响既有建筑物的安全成为设计施工应予控制的关键因素。

丙级建筑桩基的要素同时包含两方面，一是场地和地基条件简单，二是荷载分布较均匀、体型简单的7层及7层以下一般建筑；桩基设计较简单，计算内容可视具体情况简略。

乙级建筑桩基，为甲级、丙级以外的建筑桩基，设计较甲级简单，计算内容应根据场地与地基条件、建筑物类型酌定。

3.1.3 关于桩基承载力计算和稳定性验算，是承载能力极限状态设计的具体内容，应结合工程具体条件有针对性地进行计算或验算，条文所列6项内容中有的为必算项，有的为可算项。

3.1.4、3.1.5 桩基变形涵盖沉降和水平位移两大方面，后者包括长期水平荷载、高烈度区水平地震作用以及风荷载等引起的水平位移；桩基沉降是计算绝对沉降、差异沉降、整体倾斜和局部倾斜的基本参数。

3.1.6 根据基桩所处环境类别，参照现行《混凝土结构设计规范》GB 50010关于结构构件正截面的裂缝控制等级分为三级：一级严格要求不出现裂缝的构件，按荷载效应标准组合计算的构件受拉边缘混凝土不应产生拉应力；二级一般要求不出现裂缝的构件，按荷载效应标准组合计算的构件受拉边缘混凝土拉应力不应大于混凝土轴心抗拉强度标准值；按荷载效应准永久组合计算构件受拉边缘混凝土不宜产生拉应力；三级允许出现裂缝的构件，应按荷载效应标准组合计算裂缝宽度。最大裂缝宽度限值见本规范表3.5.3。

3.1.7 桩基设计所采用的作用效应组合和抗力是根据计算或验算的内容相适应的原则确定。

1 确定桩数和布桩时，由于抗力是采用基桩或复合基桩极限承载力除以综合安全系数 $K=2$ 确定的特征值，故采用荷载分项系数 γ_G、$\gamma_Q=1$ 的荷载效应标准组合。

2 计算荷载作用下基桩沉降和水平位移时，考虑土体固结变形时效特点，应采用荷载效应准永久组合；计算水平地震作用、风荷载作用下桩基的水平位移时，应按水平地震作用、风载作用效应的标准组合。

3 验算坡地、岸边建筑桩基整体稳定性采用综合安全系数，故其荷载效应采用 γ_G、$\gamma_Q=1$ 的标准组合。

4 在计算承台结构和桩身结构时，应与上部混凝土结构一致，承台顶面作用效应应采用基本组合，其抗力应采用包含抗力分项系数的设计值；在进行承台和桩身的裂缝控制验算时，应与上部混凝土结构一致，采用荷载效应标准组合和荷载效应准永久组合。

5 桩基结构作为结构体系的一部分，其安全等级、结构设计使用年限，应与混凝土结构设计规范一致。考虑到桩基结构的修复难度更大，故结构重要性系数 γ_0 除临时性建筑外，不应小于1.0。

3.1.8 本条说明关于变刚度调平设计的相关内容。

变刚度调平概念设计旨在减小差异变形、降低承台内力和上部结构次内力，以节约资源，提高建筑物使用寿命，确保正常使用功能。以下就传统设计存在的问题、变刚度调平设计原理与方法、试验验证、工程应用效果进行说明。

1 天然地基箱基的变形特征

图1所示为北京中信国际大厦天然地基箱形基础竣工时和使用3.5年相应的沉降等值线。该大厦高104.1m，框架-核心筒结构；双层箱基，高11.8m；地基为砂砾与黏性土交互层；1984年建成至今20年，最大沉降由6.0cm发展到12.5cm，最大差异沉降

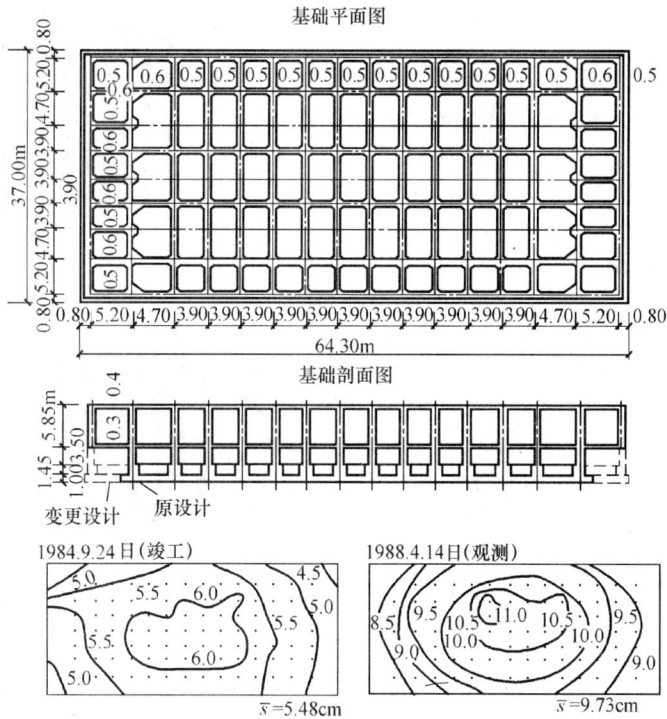

基础平面图

基础剖面图

1984.9.24日（竣工）   1988.4.14日（观测）

$\bar{s}=5.48cm$ $\bar{s}=9.73cm$

图 1　北京中信国际大厦箱基沉降等值线（s 单位：cm）

$\Delta s_{max}=0.004L_0$，超过规范允许值 $[\Delta s_{max}]=0.002L_0$（$L_0$ 为二测点距离）一倍，碟形沉降明显。这说明加大基础的抗弯刚度对于减小差异沉降的效果并不突出，但材料消耗相当可观。

2　均匀布桩的桩筏基础的变形特征

图 2 为北京南银大厦桩筏基础建成一年的沉降等值线。该大厦高 113m，框架-核心筒结构；采用 $\phi400$PHC 管桩，桩长 $l=11$m，均匀布桩；考虑到预制桩沉桩出现上浮，对所有桩实施了复打；筏板厚 2.5m；建成一年，最大差异沉降 $[\Delta s_{max}]=0.002L_0$。

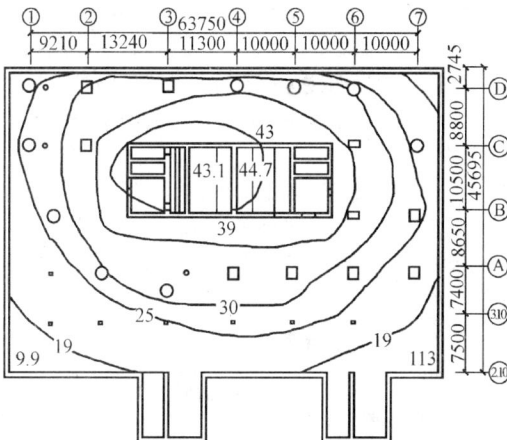

图 2　南银大厦桩筏基础沉降等值线
（建成一年，s 单位：mm）

由于桩端以下有黏性土下卧层，桩长相对较短，预计最终最大沉降量将达 7.0cm 左右，Δs_{max} 将超过允许值。沉降分布与天然地基上箱基类似，呈明显碟形。

3　均匀布桩的桩顶反力分布特征

图 3 所示为武汉某大厦桩箱基础的实测桩顶反力分布。该大厦为 22 层框架-剪力墙结构，桩基为 $\phi500$PHC 管桩，桩长 22m，均匀布桩，桩距 3.3d，桩数 344 根，桩端持力层为粗中砂。由图 3 看出，随荷载和结构刚度增加，中、边桩反力差增大，最终达 1∶1.9，呈马鞍形分布。

4　碟形沉降和马鞍形反力分布的负面效应

1）碟形沉降

约束状态下的非均匀变形与荷载一样也是一种作用，受作用体将产生附加应力。箱筏基础或桩承台的碟形沉降，将引起自身和上部结构的附加弯、剪内力乃至开裂。

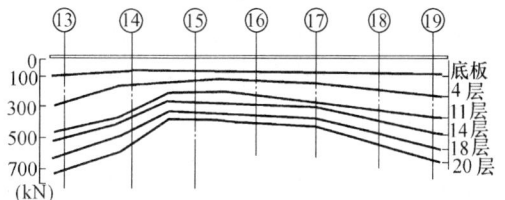

图 3　武汉某大厦桩箱基础桩
顶反力实测结果

2）马鞍形反力分布

天然地基箱筏基础土反力的马鞍形反力分布的负面效应将导致基础的整体弯矩增大。以图1北京中信国际大厦为例，土反力按《高层建筑箱形与筏形基础技术规范》JGJ 6-99 所给反力系数，近似计算中间单位宽板带核心筒一侧的附加弯矩较均布反力增加 16.2%。根据图3所示桩箱基础实测反力内外比达 1:1.9，由此引起的整体弯矩增量比中信国际大厦天然地基的箱基更大。

5 变刚度调平概念设计

天然地基和均匀布桩的初始竖向支承刚度是均匀分布的，设置于其上的刚度有限的基础（承台）受均布荷载作用时，由于土与土、桩与桩、土与桩的相互作用导致地基或桩群的竖向支承刚度分布发生内弱外强变化，沉降变形出现内大外小的碟形分布，基底反力出现内小外大的马鞍形分布。

当上部结构为荷载与刚度内大外小的框架-核心筒结构时，碟形沉降会更趋明显[见图4(a)]，上述工程实例证实了这一点。为避免上述负面效应，突破传统设计理念，通过调整地基或基桩的竖向支承刚度分布，促使差异沉降减到最小，基础或承台内力和上部结构次应力显著降低。这就是变刚度调平概念设计的内涵。

1）局部增强变刚度

在天然地基满足承载力要求的情况下，可对荷载集度高的区域如核心筒等实施局部增强处理，包括采用局部桩基与局部刚性桩复合地基[见图4(c)]。

2）桩基变刚度

对于荷载分布较均匀的大型油罐等构筑物，宜按变桩距、变桩长布桩（图5）以抵消因相互作用对中心区支承刚度的削弱效应。对于框架-核心筒和框架-剪力墙结构，应按荷载分布考虑相互作用，将桩相对集中布置于核心筒和柱下，对于外围框架区应适当弱化，按复合桩基设计，桩长宜减小（当有合适桩端持力层时），如图4(b)所示。

3）主裙连体变刚度

对于主裙连体建筑基础，应按增强主体（采用桩基）、弱化裙房（采用天然地基、疏短桩、复合地基、褥垫增沉等）的原则设计。

4）上部结构—基础—地基（桩土）共同工作分析

在概念设计的基础上，进行上部结构—基础—地基（桩土）共同作用分析计算，进一步优化布桩，并确定承台内力与配筋。

6 试验验证

1）变桩长模型试验

在石家庄某现场进行了 20 层框架-核心筒结构 1/10 现场模型试验。从图6看出，等桩长布桩（$d=150mm$，$l=2m$）与变桩长（$d=150mm$，$l=2m$、

(a)

(b)   (c)

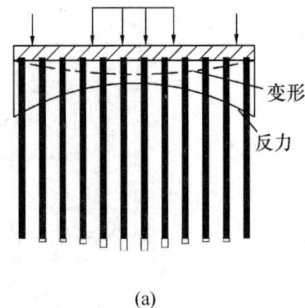

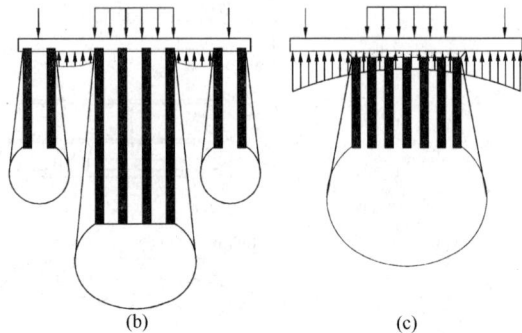

图4 框架-核心筒结构均匀布桩与变刚度布桩
(a) 均匀布桩；(b) 桩基-复合桩基；
(c) 局部刚性桩复合地基或桩基

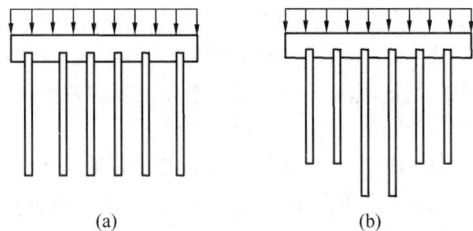

(a)   (b)

图5 均布荷载下变刚度布桩模式
(a) 变桩距；(b) 变桩长

3m、4m）布桩相比，在总荷载 $F=3250kN$ 下，其最大沉降由 $s_{max}=6mm$ 减至 $s_{max}=2.5mm$，最大沉降差由 $\Delta s_{max} \leq 0.012L_0$（$L_0$ 为二测点距离）减至 $\Delta s_{max} \leq 0.0005L_0$。这说明按常规布桩，差异沉降难免超出规范要求，而按变刚度调平设计可大幅减小最大沉降和差异沉降。

由表1桩顶反力测试结果看出，等桩长桩基桩顶反力呈内小外大马鞍形分布，变桩长桩基转变为内大外小碟形分布。后者可使承台整体弯矩、核心筒冲切力显著降低。

表1 桩顶反力比（$F=3250kN$）

试验细目	内部桩	边桩	角桩
	Q_i/Q_{av}	Q_b/Q_{bv}	Q_c/Q_{av}
等长度布桩试验 C	76%	140%	115%
变长度布桩试验 D	105%	93%	92%

① d=150mm, L=2m ② d=150mm, L=3m ③ d=150mm, L=4m

(a)   (b)

(c)   (d)

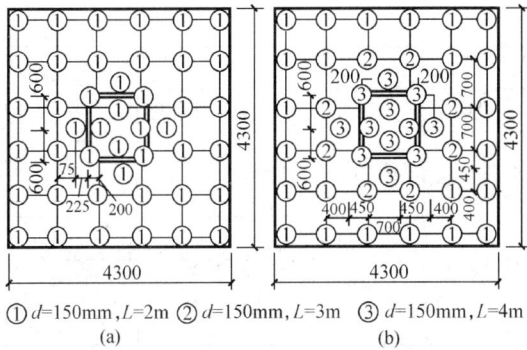

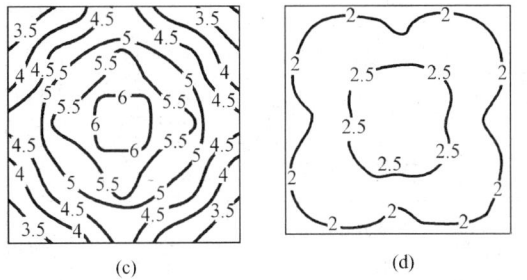

图 6　等桩长与变桩长桩基模型试验
（P=3250kN）

（a）等长度布桩试验 C；（b）变长度布桩试验 D；

（c）等长度布桩沉降等值线；

（d）变长度布桩沉降等值线

2）核心筒局部增强模型试验

图 7 为试验场地在粉质黏土地基上的 20 层框架结构 1/10 模型试验，无桩筏板与局部增强（刚性桩复合地基）试验比较。从图 7（a）、（b）可看出，在相同荷载（F=3250kN）下，后者最大沉降量 s_{max}=8mm，外围沉降为 7.8mm，差异沉降接近于零；而前者最大沉降量 s_{max}=20mm，外围最大沉降量 s_{min}=10mm，最大相对差异沉降 $\Delta s_{max}/L_0$=0.4%>容许值

0.2%。可见，在天然地基承载力满足设计要求的情况下，采用对荷载集度高的核心区局部增强措施，其调平效果十分显著。

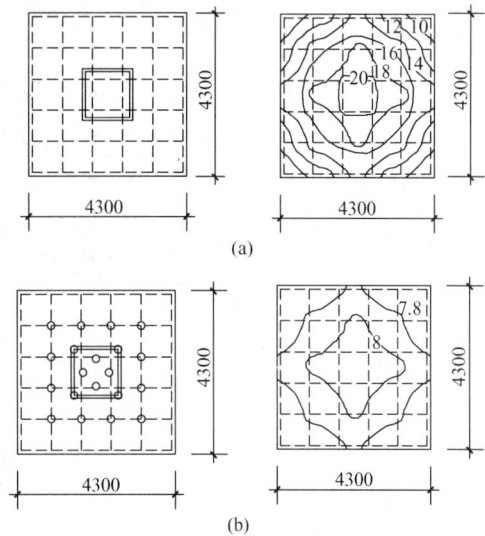

(a)

(b)

图 7　核心筒区局部增强（刚性桩复合地基）
与无桩筏板模型试验（P=3250kN）

（a）无桩筏板；（b）核心区刚性桩复合地基
（d=150mm，L=2m）

7　工程应用

采用变刚度调平设计理论与方法结合后注浆技术对北京皂君庙电信楼、山东农行大厦、北京长青大厦、北京电视台、北京呼家楼等 27 项工程的桩基设计进行了优化，取得了良好的技术经济效益（部分工程见表 2）。最大沉降 $s_{max} \leqslant 38$mm，最大差异沉降 $\Delta s_{max} \leqslant 0.0008L_0$，节约投资逾亿元。

表 2　变刚度调平设计工程实例

工程名称	层数（层）/高度（m）	建筑面积（m²）	结构形式	桩　数		承台板厚		节约投资（万元）
				原设计	优化	原设计	优化	
农行山东省分行大厦	44/170	80000	框架-核心筒，主裙连体	377φ1000	146φ1000	—	—	300
北京皂君庙电信大厦	18/150	66308	框架-剪力墙，主裙连体	373φ800 391φ1000	302φ800	—	—	400
北京盛富大厦	26/100	60000	框架-核心筒，主裙连体	365φ1000	120φ1000	—	—	150
北京机械工业经营大厦	27/99.8	41700	框架-核心筒，主裙连体	桩基	复合地基	—	—	60
北京长青大厦	26/99.6	240000	框架-核心筒，主裙连体	1251φ800	860φ800	—	1.4m	959

工程名称	层数（层）/高度（m）	建筑面积（m²）	结构形式	桩 数		承台板厚		节约投资（万元）
				原设计	优 化	原设计	优 化	
北京紫云大厦	32/113	68000	框架-核心筒，主裙连体	—	92φ1000	—	—	50
BTV综合业务楼	41/255	—	框架-核心筒	—	126φ1000	3m	2m	
BTV演播楼	11/48	183000	框架-剪力墙	—	470φ800			1100
BTV生活楼	11/52	—	框架-剪力墙	—	504φ600			
万豪国际大酒店	33/128	—	框架-核心筒，主裙连体	—	162φ800			
北京嘉美风尚中心公寓式酒店	28/99.8	180000	框架-剪力墙，主群连体	233φ800，l=38m	φ800，64根 l=38m 152根 l=18m	1.5m	1.5m	150
北京嘉美风尚中心办公楼	24/99.8		框架-剪力墙，主群连体	194φ800，l=38m	φ800，65根 l=38m 117根 l=18m	1.5m	1.5m	200
北京财源国际中心西塔	36/156.5	220000	框架-核心筒	φ800桩，扩底后注浆	280φ1000	3.0m	2.2m	200
北京悠乐汇B区酒店、商业及写字楼（共3栋塔楼）	28/99.15	220000	框架-核心筒，主群连体	—	558φ800	核心下3.0m外围柱下2.2m	1.6m	685

3.1.9 软土地区多层建筑，若采用天然地基，其承载力许多情况下满足要求，但最大沉降往往超过20cm，差异变形超过允许值，引发墙体开裂者多见。20世纪90年代以来，首先在上海采用以减小沉降为目标的疏布小截面预制桩复合桩基，简称为减沉复合疏桩基础，上海称其为沉降控制复合桩基。近年来，这种减沉复合疏桩基础在温州、天津、济南等地也相继应用。

对于减沉复合疏桩基础应用中要注意把握三个关键技术，一是桩端持力层不应是坚硬岩层、密实砂、卵石层，以确保基桩受荷能产生刺入变形，承台底基土能有效分担份额很大的荷载；二是桩距应在5～6d以上，使桩间土受桩牵连变形较小，确保桩间土较充分发挥承载作用；三是由于基桩数量少而疏，成桩质量可靠性应严加控制。

3.1.10 对于按规范第3.1.4条进行沉降计算的建筑桩基，在施工过程及建成后使用期间，必须进行系统的沉降观测直至稳定。系统的沉降观测，包含四个要点：一是桩基完工之后即应在柱、墙脚部位设置测点，以测量地基的回弹再压缩量。待地下室建造出地面后，将测点移至地面柱、墙脚部成为长期测点，并加设保护措施；二是对于框架-核心筒、框架-剪力墙结构，应于内部柱、墙和外围柱、墙上设置测点，以

获取建筑物内、外部的沉降和差异沉降值；三是沉降观测应委托专业单位负责进行，施工单位自测自检平行作业，以资校对；四是沉降观测应事先制定观测间隔时间和全程计划，观测数据和所绘曲线应作为工程验收内容，移交建设单位存档，并按相关规范观测直至稳定。

3.2 基本资料

3.2.1、3.2.2 为满足桩基设计所需的基本资料，除建筑场地工程地质、水文地质资料外，对于场地的环境条件、新建工程的平面布置、结构类型、荷载分布、使用功能上的特殊要求、结构安全等级、抗震设防烈度、场地类别、桩的施工条件、类似地质条件的试桩资料等，都是桩基设计所需的基本资料。根据工程与场地条件，结合桩基工程特点，对勘探点间距、勘探深度、原位试验这三方面制定合理完整的勘探方案，以满足桩型、桩端持力层、单桩承载力、布桩等概念设计阶段和施工图设计阶段的资料要求。

3.3 桩的选型与布置

3.3.1、3.3.2 本条说明桩的分类与选型的相关内容。

1 应正确理解桩的分类内涵

1) 按承载力发挥性状分类

承载性状的两个大类和四个亚类是根据其在极限承载力状态下，总侧阻力和总端阻力所占份额而定。承载性状的变化不仅与桩端持力层性质有关，还与桩的长径比、桩周土层性质、成桩工艺等有关。对于设计而言，应依据基桩竖向承载性状合理配筋、计算负摩阻力引起的下拉荷载、确定沉降计算图式、制定灌注桩沉渣控制标准和预制桩锤击和静压终止标准等。

2) 按成桩方法分类

按成桩挤土效应分类，经大量工程实践证明是必要的，也是借鉴国外相关标准的规定。成桩过程中有无挤土效应，涉及设计选型、布桩和成桩过程质量控制。

成桩过程的挤土效应在饱和黏性土中是负面的，会引发灌注桩断桩、缩颈等质量事故，对于挤土预制混凝土桩和钢桩会导致桩体上浮，降低承载力，增大沉降；挤土效应还会造成周边房屋、市政设施受损；在松散土和非饱和填土中则是正面的，会起到加密、提高承载力的作用。

对于非挤土桩，由于其既不存在挤土负面效应，又具有穿越各种硬夹层、嵌岩和进入各类硬持力层的能力，桩的几何尺寸和单桩的承载力可调空间大。因此钻、挖孔灌注桩使用范围大，尤以高重建筑物更为合适。

3) 按桩径大小分类

桩径大小影响桩的承载力性状，大直径钻（挖、冲）孔桩成孔过程中，孔壁的松弛变形导致侧阻力降低的效应随桩径增大而增大，桩端阻力则随直径增大而减小。这种尺寸效应与土的性质有关，黏性土、粉土与砂土、碎石类土相比，尺寸效应相对较弱。另外侧阻和端阻的尺寸效应与桩身直径 d、桩底直径 D 呈双曲线函数关系，尺寸效应系数：$\psi_{si} = (0.8/d)^m$；$\psi_p = (0.8/D)^n$。

2 应避免基桩选型常见误区

1) 凡嵌岩桩必为端承桩

将嵌岩桩一律视为端承桩会导致将桩端嵌岩深度不必要地加大，施工周期延长，造价增加。

2) 挤土灌注桩也可应用于高层建筑

沉管挤土灌注桩无需排土排浆，造价低。20 世纪 80 年代曾风行于南方各省，由于设计施工对于这类桩的挤土效应认识不足，造成的事故极多，因而 21 世纪以来趋于淘汰。然而，重温这类桩使用不当的教训仍属必要。某 28 层建筑，框架-剪力墙结构；场地地层自上而下为饱和粉质黏土、粉土、黏土；采用 $\phi500$，$l=22$m，沉管灌注桩，梁板式筏形承台，桩距 3.6d，均匀满堂布桩；成桩过程出现明显地面隆起和桩上浮；建至 12 层底板即开裂，建成后梁板式筏形承台的主梁及部分与核心筒相连的框架梁开裂。最后采取加固措施，将梁板式筏形承台主次梁两

侧加焊钢板，梁与梁之间充填混凝土变为平板式筏形承台。

鉴于沉管灌注桩应用不当的普遍性及其严重后果，本次规范修订中，严格控制沉管灌注桩的应用范围，在软土地区仅限于多层住宅单排桩条基使用。

3) 预制桩的质量稳定性高于灌注桩

近年来，由于沉管灌注桩事故频发，PHC 和 PC 管桩迅猛发展，取代沉管灌注桩。毋庸置疑，预应力管桩不存在缩颈、夹泥等质量问题，其质量稳定性优于沉管灌注桩，但是与钻、挖、冲孔灌注桩比较则不然。首先，沉桩过程的挤土效应常常导致断桩（接头处）、桩端上浮、增大沉降，以及对周边建筑物和市政设施造成破坏等；其次，预制桩不能穿透硬夹层，往往使得桩长过短，持力层不理想，导致沉降过大；其三，预制桩的桩径、桩长、单桩承载力可调范围小，不能或难于按变刚度调平原则优化设计。因此，预制桩的使用要因地、因工程对象制宜。

4) 人工挖孔桩质量稳定可靠

人工挖孔桩在低水位非饱和土中成孔，可进行彻底清孔，直观检查持力层，因此质量稳定性较高。但是，设计者对于高水位条件下采用人工挖孔桩的潜在隐患认识不足。有的边挖孔边抽水，以至将桩侧细颗粒淘走，引起地面下沉，甚至导致护壁整体滑脱，造成人身事故；还有的将相邻桩新灌注混凝土的水泥颗粒带走，造成离析；在流动性淤泥中实施强制性挖孔，引起大量淤泥发生侧向流动，导致土体滑移将桩体推歪、推断。

5) 凡扩底可提高承载力

扩底桩用于持力层较好、桩较短的端承型灌注桩，可取得较好的技术经济效益。但是，若将扩底不适当应用，则可能走进误区。如：在饱和单轴抗压强度高于桩身混凝土强度的基岩中扩底，是不必要的；在桩侧土层较好、桩长较大的情况下扩底，一则损失扩底端以上部分侧阻力，二则增加扩底费用，可能得失相当或失大于得；将扩底端放置于有软弱下卧层的薄硬土层上，既无增强效应，还可能留下安全隐患。

近年来，全国各地研发的新桩型，有的已取得一定的工程应用经验，编制了推荐性专业标准或企业标准，各有其适用条件。由于选用不当，造成事故者也不少见。

3.3.3 基桩的布置是桩基概念设计的主要内涵，是合理设计、优化设计的主要环节。

1 基桩的最小中心距。基桩最小中心距规定基于两个因素确定。第一，有效发挥桩的承载力，群桩试验表明对于非挤土桩，桩距 3～4d 时，侧阻和端阻的群桩效应系数接近或略大于 1；砂土、粉土略高于黏性土。考虑承台效应的群桩效率则均大于 1。但桩基的变形因群桩效应而增大，亦即桩基的竖向支承刚度因桩土相互作用而降低。

基桩最小中心距所考虑的第二个因素是成桩工艺。对于非挤土桩而言，无需考虑挤土效应问题；对于挤土桩，为减小挤土负面效应，在饱和黏性土和密实土层条件下，桩距应适当加大。因此最小桩距的规定，考虑了非挤土、部分挤土和挤土效应，同时考虑桩的排列与数量等因素。

2 考虑力系的最优平衡状态。桩群承载力合力点宜与竖向永久荷载合力作用点重合，以减小荷载偏心的负面效应。当桩基受水平力时，应使基桩受水平力和力矩较大方向有较大的抗弯截面模量，以增强桩基的水平承载力，减小桩基的倾斜变形。

3 桩箱、桩筏基础的布桩原则。为改善承台的受力状态，特别是降低承台的整体弯矩、冲切力和剪切力，宜将桩布置于墙下和梁下，并适当弱化外围。

4 框架-核心筒结构的优化布桩。为减小差异变形、优化反力分布、降低承台内力，应按变刚度调平原则布桩。也就是根据荷载分布，作到局部平衡，并考虑相互作用对于桩土刚度的影响，强化内部核心筒和剪力墙区，弱化外围框架区。调整基桩支承刚度的具体做法是：对于刚度强化区，采取加大桩长（有多层持力层）、或加大桩径（端承型桩）、减小桩距（满足最小桩距）；对于刚度相对弱化区，除调整桩的几何尺寸外，宜按复合桩基设计。由此改变传统设计带来的碟形沉降和马鞍形反力分布，降低冲切力、剪切力和弯矩，优化承台设计。

5 关于桩端持力层选择和进入持力层的深度要求。桩端持力层是影响基桩承载力的关键性因素，不仅制约桩端阻力而且影响侧阻力的发挥，因此选择较硬土层为桩端持力层至关重要；其次，应确保桩端进入持力层的深度，有效发挥其承载力。进入持力层的深度除考虑承载性状外尚应同成桩工艺可行性相结合。本款是综合以上二因素结合工程经验确定的。

6 关于嵌岩桩的嵌岩深度原则上应按计算确定，计算中综合反映荷载、上覆土层、基岩性质、桩径、桩长诸因素，但对于嵌入倾斜的完整和较完整岩的深度不宜小于 $0.4d$（以岩面坡下方深度计），对于倾斜度大于 30% 的中风化岩，宜根据倾斜度及岩石完整程度适当加大嵌岩深度，以确保基桩的稳定性。

3.4 特殊条件下的桩基

3.4.1 本条说明关于软土地基桩基的设计原则。

1 软土地基特别是沿海深厚软土区，一般坚硬地层埋置很深，但选择较好的中、低压缩性土层作为桩端持力层仍有可能，且十分重要。

2 软土地区桩基因负摩阻力而受损的事故不少，原因各异。一是有些地区覆盖有新近沉积的欠固结土层；二是采取开山或吹填围海造地；三是使用过程地面大面积堆载；四是邻近场地降低地下水；五是大面积挤土沉桩引起超孔隙水压和土体上涌等等。负摩阻力的发生和危害是可以预防、消减的。问题是设计和施工者的事先预测和采取应对措施。

3 挤土沉桩在软土地区造成的事故不少，一是预制桩接头被拉断、桩体侧移和上涌，沉管灌注桩发生断桩、缩颈；二是邻近建筑物、道路和管线受到破坏。设计时要因地制宜选择桩型和工艺，尽量避免采用沉管灌注桩。对于预制桩和钢桩的沉桩，应采取减小孔压和减轻挤土效应的措施，包括施打塑料排水板、应力释放孔、引孔沉桩、控制沉桩速率等。

4 关于基坑开挖对已成桩的影响问题。在软土地区，考虑到基桩施工有利的作业条件，往往采取先成桩后开挖基坑的施工程序。由于基坑开挖得不均衡，形成"坑中坑"，导致土体蠕变滑移将基桩推歪推断，有的水平位移达 1m 多，造成严重的质量事故。这类事故自 20 世纪 80 年代以来，从南到北屡见不鲜。因此，软土场地在已成桩的条件下开挖基坑，必须严格实行均衡开挖，高差不应超过 1m，不得在坑边弃土，以确保已成基桩不因土体滑移而发生水平位移和折断。

3.4.2 本条说明湿陷性黄土地区桩基的设计原则。

1 湿陷性黄土地区的桩基，由于土的自重湿陷对基桩产生负摩阻力，非自重湿陷性土由于浸水削弱桩侧阻力，承台底土抗力也随之消减，导致基桩承载力降低。为确保基桩承载力的安全可靠性，桩端持力层应选择低压缩性的黏性土、粉土、中密和密实土以及碎石类土层。

2 湿陷性黄土地基中的单桩极限承载力的不确定性较大，故设计等级为甲、乙级桩基工程的单桩极限承载力的确定，强调采用浸水载荷试验方法。

3 自重湿陷性黄土地基中的单桩极限承载力，应视浸水可能性、桩端持力层性质、建筑桩基设计等级等因素考虑负摩阻力的影响。

3.4.3 本条说明季节性冻土和膨胀土地基中的桩基的设计原则。

主要应考虑冻胀和膨胀对于基桩抗拔稳定性问题，避免冻胀或膨胀力作用下产生上拔变形，乃至因累积上拔变形而引起建筑物开裂。因此，对于荷载不大的多层建筑桩基设计应考虑以下诸因素：桩端进入冻深线或膨胀土的大气影响急剧层以下一定深度；宜采用无挤土效应的钻、挖孔桩；对桩基的抗拔稳定性和桩身受拉承载力进行验算；对承台和桩身上部采取隔冻、隔胀处理。

3.4.4 本条说明岩溶地区桩基的设计原则。

主要考虑岩溶地区的基岩表面起伏大，溶沟、溶槽、溶洞往往较发育，无风化岩层覆盖等特点，设计应把握三方面要点：一是基桩选型和工艺宜采用钻、冲孔灌注桩，以利于嵌岩；二是应控制嵌岩最小深度，以确保倾斜基岩上基桩的稳定；三是当基岩的溶蚀极为发育，溶沟、溶槽、溶洞密布，岩面起伏很大，而上覆土层厚度较大时，考虑到嵌岩桩桩长变异性过大，嵌岩施工难以实施，可采用较小桩径（$\phi500 \sim \phi700$）密布非嵌岩桩，并后注浆，形成整体性和刚度很大的块体基础。如宜春邮电大楼即是一例，楼高 80m，框架-剪力墙结构，地质条件与上述情况类似，原设计为嵌岩桩，成桩过程出现个别桩充盈系数达 20 以上，后改为 $\phi700$ 灌注桩，利用上部 20m 左右较好的土层，实施桩端桩侧后注浆，筏板承台。建成后沉降均匀，最大不超过 10mm。

3.4.5 本条说明坡地、岸边建筑桩基的设计原则。

坡地、岸边建筑桩基的设计，关键是确保其整体稳定性，一旦失稳既影响自身建筑物的安全也会波及相邻建筑的安全。整体稳定性涉及这样三个方面问题：一是建筑场地必须是稳定的，如果存在软弱土层或岩土界面等潜在滑移面，必须将桩支承于稳定岩土层以下足够深度，并验算桩基的整体稳定性和基桩的水平承载力；二是建筑桩基外缘与坡顶的水平距离必须符合有关规范规定；边坡自身必须是稳定的或经整治后确保其稳定性；三是成桩过程不得产生挤土效应。

3.4.6 本条说明抗震设防区桩基的设计原则。

桩基较其他基础形式具有较好的抗震性能，但设计中应把握这样三点：一是基桩进入液化土层以下稳定土层的长度不应小于本条规定的最小值；二是为确保承台和地下室外墙土抗力能分担水平地震作用，肥槽回填质量必须确保；三是当承台周围为软土和可液化土，且桩基水平承载力不满足要求时，可对外侧土体进行适当加固以提高水平抗力。

3.4.7 本条说明可能出现负摩阻力的桩基的设计原则。

1 对于填土建筑场地，宜先填土后成桩，为保证填土的密实性，应根据填料及下卧层性质，对低水位场地应分层填土分层辗压或分层强夯，压实系数不应小于 0.94。为加速下卧层固结，宜采取插塑料排水板等措施。

2 室内大面积堆载常见于各类仓库、炼钢、轧钢车间，由堆载引起上部结构开裂乃至破坏的事故不少。要防止堆载对桩基产生负摩阻力，对堆载地基进行加固处理是措施之一，但造价往往偏高。对与堆载相邻的桩基采用刚性排桩进行隔离，对预制桩表面涂层处理等都是可供选用的措施。

3 对于自重湿陷性黄土，采用强夯、挤密土桩等处理，消除土层的湿陷性，属于防止负摩阻力的有效措施。

3.4.8 本条说明关于抗拔桩基的设计原则。

建筑桩基的抗拔问题主要出现于两种情况，一种是建筑物在风荷载、地震作用下的局部非永久上拔力；另一种是抵抗超补偿地下室地下水浮力的抗浮桩。对于前者，抗拔力与建筑物高度、风压强度、抗震设防等级等因素相关。当建筑物设有地下室时，由于风荷载、地震引起的桩顶拔力显著减小，一般不起控制作用。

随着近年地下空间的开发利用，抗浮成为较普遍的问题。抗浮有多种方式，包括地下室底板上配重（如素混凝土或钢渣混凝土）、设置抗浮桩。后者具有较好的灵活性、适用性和经济性。对于抗浮桩基的设计，首要问题是根据场地勘察报告关于环境类别、水、土腐蚀性，参照现行《混凝土结构设计规范》GB 50010 确定桩身的裂缝控制等级，对于不同裂缝控制等级采取相应设计原则。对于抗浮荷载较大的情况宜采用桩侧后注浆、扩底灌注桩，当裂缝控制等级较高时，可采用预应力桩；以岩层为主的地基宜采用岩石锚杆抗浮。其次，对于抗浮桩承载力应按本规范进行单桩和群桩抗拔承载力计算。

3.5 耐久性规定

3.5.2 二、三类环境桩基结构耐久性设计，对于混凝土的基本要求应根据现行《混凝土结构设计规范》GB 50010 规定执行，最大水灰比、最小水泥用量、混凝土最低强度等级、混凝土的最大氯离子含量、最大碱含量应符合相应的规定。

3.5.3 关于二、三类环境桩基结构的裂缝控制等级的判别，应按现行《混凝土结构设计规范》GB 50010 规定的环境类别和水、土对混凝土结构的腐蚀性等级制定，对桩基结构正截面尤其是对抗拔桩的抗裂和裂缝宽度控制进行设计计算。

4 桩 基 构 造

4.1 基 桩 构 造

4.1.1 本条说明关于灌注桩的配筋率、配筋长度和箍筋的配置的相关内容。

灌注桩的配筋与预制桩不同之处是无需考虑吊装、锤击沉桩等因素。正截面最小配筋宜根据桩径确定，如 $\phi300mm$ 桩，配 $6\phi10mm$，$A_g = 471mm^2$，$\mu_g = A_g/A_{ps} = 0.67\%$；又如 $\phi2000mm$ 桩，配 $16\phi22mm$，$A_g = 6280mm^2$，$\mu_g = A_g/A_{ps} = 0.2\%$。另外，从承受水平力的角度考虑，桩身受弯截面模量为桩径的 3 次方，配筋对水平抗力的贡献随桩径增大显著增大。从以上两方面考虑，规定正截面最小配筋率为 $0.2\% \sim 0.65\%$，大桩径取低值，小桩径取高值。

关于配筋长度，主要考虑轴向荷载的传递特征及荷载性质。对于端承桩应通长等截面配筋，摩擦型桩宜分段变截面配筋；当桩较长也可部分长度配筋，但不宜小于 2/3 桩长。当受水平力时，尚不应小于反弯点下限 $4.0/\alpha$；当有可液化层、软弱土层时，纵向主筋应穿越这些土层进入稳定土层一定深度。对于抗拔桩应根据桩长、裂缝控制等级、桩侧土性等因素通长等截面或变截面配筋。对于受水平荷载桩，其极限承载力受配筋率影响大，主筋不应小于 8ϕ12，以保证受拉区主筋不小于 3ϕ12。对于抗压桩和抗拔桩，为保证桩身钢筋笼的成型刚度以及桩身承载力的可靠性，主筋不应小于 6ϕ10；$d \leqslant 400mm$ 时，不应小于 4ϕ10。

关于箍筋的配置，主要考虑三方面因素。一是箍筋的受剪作用，对于地震设防地区，基桩桩顶要承受较大剪力和弯矩，在风载等水平力作用下也同样如此，故规定桩顶 5d 范围箍筋应适当加密，一般间距为 100mm；二是箍筋在轴压荷载下对混凝土起到约束加强作用，可大幅提高桩身受压承载力，而桩顶部分荷载最大，故桩顶部位箍筋应适当加密；三是为控制钢筋笼的刚度，根据桩身直径不同，箍筋直径一般为 ϕ6～ϕ12，加劲箍为 ϕ12～ϕ18。

4.1.2 桩身混凝土的最低强度等级由原规定 C20 提高到 C25，这主要是根据《混凝土结构设计规范》GB 50010 规定，设计使用年限为 50 年，环境类别为二 a 时，最低强度等级为 C25；环境类别为二 b 时，最低强度等级为 C30。

4.1.13 根据广东省采用预应力管桩的经验，当桩端持力层为非饱和状态的强风化岩时，闭口桩沉桩后一定时间由于桩端构造缝隙浸水导致风化岩软化，端阻力有显著降低现象。经研究，沉桩后立刻灌入微膨胀性混凝土至桩端以上约 2m，能起到防止渗水软化现象发生。

4.2 承 台 构 造

4.2.1 承台除满足抗冲切、抗剪切、抗弯承载力和上部结构的需要外，尚需满足如下构造要求才能保证实现上述要求。

　　1 承台最小宽度不应小于 500mm，桩中心至承台边缘的距离不宜小于桩直径或边长，边缘挑出部分不应小于 150mm，主要是为满足嵌固及斜截面承载力（抗冲切、抗剪切）的要求。对于墙下条形承台梁，其边缘挑出部分可减少至 75mm，主要是考虑到墙体与承台梁共同工作可增强承台梁的整体刚度，受力情况良好。

　　2 承台的最小厚度规定为不应小于 300mm，高层建筑平板式筏形基础承台最小厚度不应小于 400mm，是为满足承台基本刚度、桩与承台的连接等构造需要。

4.2.2 承台混凝土强度等级应满足结构混凝土耐久性要求，对设计使用年限为 50 年的承台，根据现行《混凝土结构设计规范》GB 50010 的规定，当环境类别为二 a 类别时不应低于 C25，二 b 类别时不应低于 C30。有抗渗要求时，其混凝土的抗渗等级应符合有关标准的要求。

4.2.3 承台的钢筋配置除应满足计算要求外，尚需满足构造要求。

　　1 柱下独立桩基承台的受力钢筋应通长配置，主要是为保证桩基承台的受力性能良好，根据工程经验及承台受弯试验对矩形承台将受力钢筋双向均匀布置；对三桩的三角形承台应按三向板带均匀布置，为提高承台中部的抗裂性能，最里面的三根钢筋围成的三角形应在柱截面范围内。承台受力钢筋的直径不宜小于 12mm，间距不宜大于 200mm。主要是为满足施工及受力要求。独立桩基承台的最小配筋率不应小于 0.15%。具体工程的实际最小配筋率宜考虑结构安全等级、基桩承载力等因素综合确定。

　　2 柱下独立两桩承台，当桩距与承台有效高度之比小于 5 时，其受力性能属深受弯构件范畴，因而宜按现行《混凝土结构设计规范》GB 50010 中的深受弯构件配置纵向受拉钢筋、水平及竖向分布钢筋。

　　3 条形承台梁纵向主筋应满足现行《混凝土结构设计规范》GB 50010 关于最小配筋率 0.2% 的要求以保证具有最小抗弯能力。关于主筋、架立筋、箍筋直径的要求是为满足施工及受力要求。

　　4 筏板承台在计算中仅考虑局部弯矩时，由于未考虑实际存在的整体弯距的影响，因此需要加强构造，故规定纵横两个方向的下层钢筋配筋率不宜小于 0.15%；上层钢筋按计算钢筋全部连通。当筏板厚度大于 2000mm 时，在筏板中部设置直径不小于 12mm、间距不大于 300mm 的双向钢筋网，是为减小大体积混凝土温度收缩的影响，并提高筏板的抗剪承载力。

　　5 承台底面钢筋的混凝土保护层厚度除应符合现行《混凝土结构设计规范》GB 50010 的要求外，尚不应小于桩头嵌入承台的长度。

4.2.4 本条说明桩与承台的连接构造要求。

　　1 桩嵌入承台的长度规定是根据实际工程经验确定。如果桩嵌入承台深度过大，会降低承台的有效高度，使受力不利。

　　2 混凝土桩的桩顶纵向主筋锚入承台内的长度一般情况下为 35 倍直径，对于专用抗拔桩，桩顶纵向主筋的锚固长度应按现行《混凝土结构设计规范》GB 50010 的受拉钢筋锚固长度确定。

　　3 对于大直径灌注桩，当采用一柱一桩时，连接构造通常有两种方案：一是设置承台，将桩与柱通过承台相连接；二是将桩与柱直接相连。实际工程根据具体情况选择。

　　关于桩与承台连接的防水构造问题：

　　当前工程实践中，桩与承台连接的防水构造形式繁多，有的用防水卷材将整个桩头包裹起来，致使桩与承台无连接，仅是将承台支承于桩顶；有的虽设有防水措施，但在钢筋与混凝土或底板与桩之间形成渗水通道，影响桩及底板的耐久性。本规范建议的防水构造如图 8。

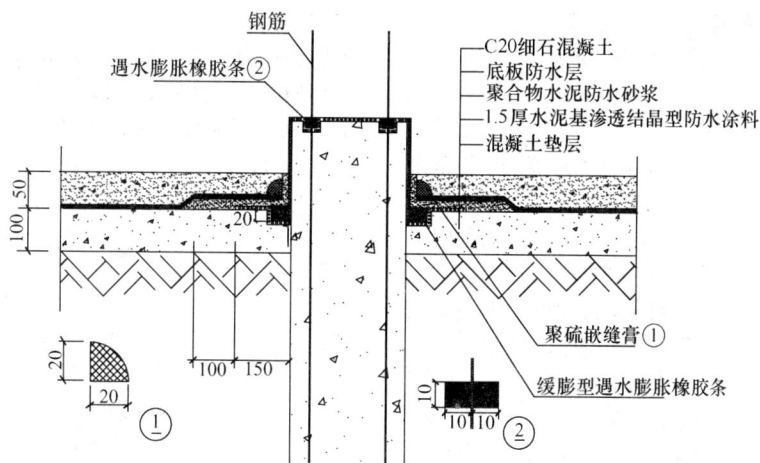

图 8 桩与承台连接的防水构造

具体操作时要注意以下几点:

1)桩头要剥凿至设计标高,并用聚合物水泥防水砂浆找平;桩侧剥凿至混凝土密实处;

2)破桩后如发现渗漏水,应采取相应堵漏措施;

3)清除基层上的混凝土、粉尘等,用清水冲洗干净;基面要求潮湿,但不得有明水;

4)沿桩头根部及桩头钢筋根部分别剥凿 20mm×25mm 及 10mm×10mm 的凹槽;

5)涂刷水泥基渗透结晶型防水涂料必须连续、均匀,待第二层涂料呈半干状态后开始喷水养护,养护时间不小于三天;

6)待膨胀型止水条紧密、连续、牢固地填塞于凹槽后,方可施工聚合物水泥防水砂浆层;

7)聚硫嵌缝膏嵌填时,应保护好垫层防水层,并与之搭接严密;

8)垫层防水层及聚硫嵌缝膏施工完成后,应及时做细石混凝土保护层。

4.2.6 本条说明承台与承台之间的连接构造要求。

1 一柱一桩时,应在桩顶两个相互垂直方向上设置联系梁,以保证桩基的整体刚度。当桩与柱的截面直径之比大于 2 时,在水平力作用下,承台水平变位较小,可以认为满足结构内力分析时柱底为固端的假定。

2 两桩桩基承台短向抗弯刚度较小,因此应设置承台连系梁。

3 有抗震设防要求的柱下桩基承台,由于地震作用下,建筑物的各桩基承台所受的地震剪力和弯矩是不确定的,因此在纵横两方向设置连系梁,有利于桩基的受力性能。

4 连系梁顶面与承台顶面位于同一标高,有利于直接将柱底剪力、弯矩传递至承台。

连系梁的截面尺寸及配筋一般按下述方法确定:以柱剪力作用于梁端,按轴心受压构件确定其截面尺寸,配筋则取与轴心受压相同的轴力(绝对值),按轴心受拉构件确定。在抗震设防区也可取柱轴力的 1/10 为梁端拉压力的粗略方法确定截面尺寸及配筋。连系梁最小宽度和高度尺寸的规定,是为了确保其平面外有足够的刚度。

5 连系梁配筋除按计算确定外,从施工和受力要求,其最小配筋量为上下配置不小于 2φ12 钢筋。

4.2.7 承台和地下室外墙的肥槽回填土质量至关重要。在地震和风载作用下,可利用其外侧土抗力分担相当大份额的水平荷载,从而减小桩顶剪力分担,降低上部结构反应。但工程实践中,往往忽视肥槽回填质量,以至出现浸水湿陷,导致散水破坏,给桩基结构在遭遇地震工况下留下安全隐患。设计人员应加以重视,避免这种情况发生。一般情况下,采用灰土和压实性较好的素土分层夯实;当施工中分层夯实有困难时,可采用素混凝土回填。

5 桩 基 计 算

5.1 桩顶作用效应计算

5.1.1 关于桩顶竖向力和水平力的计算,应是在上部结构分析将荷载凝聚于柱、墙底部的基础上进行。这样,对于柱下独立桩基,按承台为刚性板和反力呈线性分布的假定,得到计算各基桩或复合基桩的桩顶竖向力和水平力公式(5.1.1-1)~(5.1.1-3)。对于桩筏、桩箱基础,则按各柱、剪力墙、核心筒底部荷载分别按上述公式进行桩顶竖向力和水平力的计算。

5.1.3 属于本条所列的第一种情况,为了考虑其在高烈度地震作用或风载作用下桩基承台和地下室侧墙的侧向土抗力,合理的计算基桩的水平承载力和位移,宜按附录 C 进行承台——桩——土协同作用分析。属于本条所列的第二种情况,高承台桩基(使用要求架空的大型储罐、上部土层液化、湿陷)和低承台桩基,在较大水平力作用下,为使基桩桩顶竖向力、剪力、弯矩分配符合实际，也需按附录C进行计算，尤其是当桩径、桩长不等时更为必要。

5.2 桩基竖向承载力计算

5.2.1、5.2.2 关于桩基竖向承载力计算，本规范采用以综合安全系数 $K=2$ 代替原规范的荷载分项系数 γ_G、γ_Q 和抗力分项系数 γ_s、γ_p，以单桩竖向极限承载力标准值 Q_{uk} 或极限侧阻力标准值 q_{sik}、极限端阻力标准值 q_{pk}、桩的几何参数 a_k 为参数确定抗力，以荷载效应标准组合 S_k 为作用力的设计表达式：

$$S_k \leqslant R(Q_{uk}, K)$$
$$\text{或 } S_k \leqslant R(q_{sik}, q_{pk}, a_k, K)$$

采用上述承载力极限状态设计表达式，桩基安全度水准与《建筑桩基技术规范》JGJ 94-94 相比，有所提高。这是由于（1）建筑结构荷载规范的均布活载标准值较前提高了1/4（办公楼、住宅），荷载组合系数提高了17%；由此使以土的支撑阻力制约的桩基承载力安全度有所提高；（2）基本组合的荷载分项系数由 1.25 提高至 1.35（以永久荷载控制的情况）；（3）钢筋和混凝土强度设计值略有降低。以上（2）、（3）因素使桩基结构承载力安全度有所提高。

5.2.4 对于本条规定的考虑承台竖向土抗力的四种情况：一是上部结构刚度较大、体形简单的建（构）筑物，由于其可适应较大的变形，承台分担的荷载份额往往也较大；二是对于差异变形适应性较强的排架结构和柔性构筑物桩基，采用考虑承台效应的复合桩基不致降低安全度；三是按变刚度调平原则设计的核心筒外围框架柱桩基，适当增加沉降、降低基桩支承刚度，可达到减小差异沉降、降低承台外围基桩反力、减小承台整体弯距的目标；四是软土地区减沉复合疏桩基础，考虑承台效应按复合桩基设计是该方法的核心。以上四种情况，在近年工程实践中的应用已取得成功经验。

5.2.5 本条说明关于承台效应及复合桩基承载力计算的相关内容

1 承台效应系数

摩擦型群桩在竖向荷载作用下，由于桩土相对位移，桩间土对承台产生一定竖向抗力，成为桩基竖向承载力的一部分而分担荷载，称此种效应为承台效应。承台底地基土承载力特征值发挥率为承台效应系数。承台效应和承台效应系数随下列因素影响而变化。

1）桩距大小。桩顶受荷载下沉时，桩周土受桩侧剪应力作用而产生竖向位移 w_r

$$w_r = \frac{1+\mu_s}{E_o} q_s d \ln \frac{nd}{r}$$

由上式看出，桩周土竖向位移随桩侧剪应力 q_s 和桩径 d 增大而线性增加，随与桩中心距离 r 增大，呈自然对数关系减小，当距离 r 达到 nd 时，位移为零；而 nd 根据实测结果约为 $(6\sim10)d$，随土的变形模量减小而减小。显然，土竖向位移愈小，土反力愈大，对于群桩，桩距愈大，土反力愈大。

2）承台土抗力随承台宽度与桩长之比 B_c/l 减小而减小。现场原型试验表明，当承台宽度与桩长之比较大时，承台土反力形成的压力泡包围整个桩群，由此导致桩侧阻力、端阻力发挥值降低，承台底土抗力随之加大。由图9看出，在相同桩数、桩距条件下，承台分担荷载比随 B_c/l 增大而增大。

3）承台土抗力随区位和桩的排列而变化。承台内区（桩群包络线以内）由于桩土相互影响明显，土的竖向位移加大，导致内区土反力明显小于外区（承台悬挑部分），即呈马鞍形分布。从图10（a）还可看出，桩数由 2^2 增至 3^2、4^2，承台分担荷载比 P_c/P 递减，这也反映出承台内、外区面积比随桩数增多而增大导致承台土抗力随之降低。对于单排桩条基，由于承台外区面积比大，故其土抗力显著大于多排桩桩基。图10所示多排和单排桩承台分担荷载比明显不同证实了这一点。

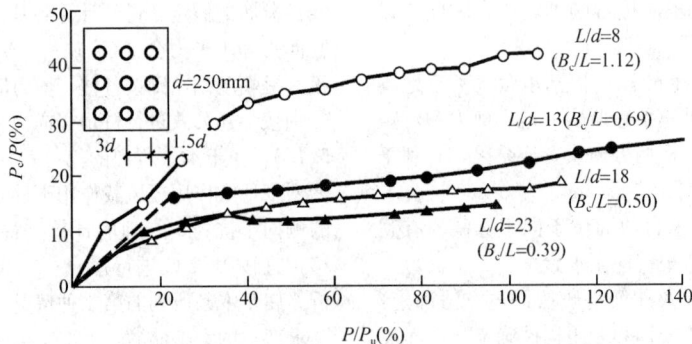

图9 粉土中承台分担荷载比 P_c/P 随承台宽度与桩长比 B_c/L 的变化

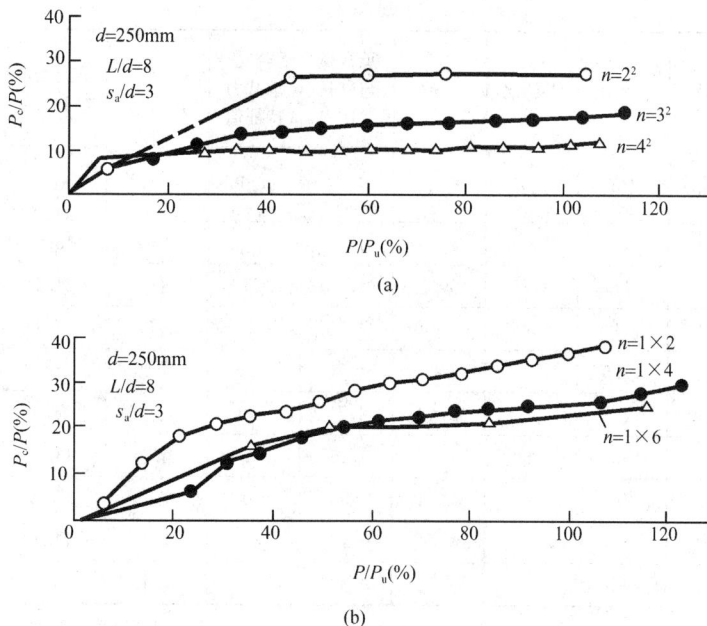

(a)

(b)

图 10　粉土中多排群桩和单排群桩承台分担荷载比

（a）多排桩；（b）单排桩

4）承台土抗力随荷载的变化。由图 9、图 10 看出，桩基受荷后承台底产生一定土抗力，随荷载增加土抗力及其荷载分担比的变化分二种模式。一种模式是，到达工作荷载（$P_u/2$）时，荷载分担比 P_c/P 趋于稳值，也就是说土抗力和荷载增速是同步的；这种变化模式出现于 $B_c/l \leqslant 1$ 和多排桩。对于 $B_c/l > 1$ 和单排桩桩基属于第二种变化模式，P_c/P 在荷载达到 $P_u/2$ 后仍随荷载水平增大而持续增长；这说明这两种类型桩基承台土抗力的增速持续大于荷载增速。

5）承台效应系数模型试验实测、工程实测与计算比较（见表 3、表 4）。

表 3　承台效应系数模型试验实测与计算比较

序号	土类	桩径	长径比	距径比	桩数	承台宽与桩长比	承台底土承载力特征值	桩端持力层	实测土抗力平均值	承台效应系数	
		d(mm)	l/d	s_a/d	$r \times m$	B_c/l	f_{ak}(kPa)		(kPa)	实测 η_c	计算 η_c
1		250	18	3	3×3	0.50	125		32	0.26	0.16
2		250	8	3	3×3	1.125	125		40	0.32	0.18
3		250	13	3	3×3	0.692	125		35	0.28	0.16
4		250	23	3	3×3	0.391	125		30	0.24	0.14
5		250	18	4	3×3	0.611	125		34	0.27	0.22
6		250	18	6	3×3	0.833	125		60	0.48	0.44
7	粉土	250	18	3	1×4	0.167	125	粉黏	40	0.32	0.30
8		250	18	3	2×4	0.333	125		32	0.26	0.14
9		250	18	3	3×4	0.507	125		30	0.24	0.15
10		250	18	3	4×4	0.667	125		29	0.23	0.16
11		250	18	3	2×2	0.333	125		40	0.32	0.14
12		250	18	3	1×6	0.167	125		32	0.26	0.14
13		250	18	3	3×3	0.500	125		28	0.22	0.15

序号	土类	桩径	长径比	距径比	桩数	承台宽与桩长比	承台底土承载力特征值	桩端持力层	实测土抗力平均值	承台效应系数	
		d(mm)	l/d	s_a/d	$r \times m$	B_c/l	f_{ak}(kPa)		(kPa)	实测 η_c	计算 η_c
14	粉黏	150	11	3	6×6	1.55	75	砾砂	13.3	0.18	0.18
15		150	11	3.75	5×5	1.55	75	砾砂	21.1	0.28	0.23
16		150	11	5	4×4	1.55	75	砾砂	27.7	0.37	0.37
17		114	17.5	3.5	3×9	0.50	200	粉黏	48	0.24	0.19
18	粉土	325	12.3	4	2×2	1.55	150	粉土	51	0.34	0.24
19	淤泥质黏土	100	45	3	4×4	0.267	40	黏土	11.2	0.28	0.13
20		100	45	4	4×4	0.333	40	黏土	12.0	0.30	0.21
21		100	45	6	4×4	0.467	40	黏土	14.4	0.36	0.38
22		100	45	6	3×3	0.333	40	黏土	16.4	0.41	0.36

表4　承台效应系数工程实测与计算比较

序号	建筑结构	桩径	桩长	距径比	承台平面尺寸	承台宽与桩长比	承台底土承载力特征值	计算承台效应系数	承台土抗力		实测 p'_c／计算 p_c
		d(mm)	l(m)	s_a/d	(m²)	B_c/l	f_{ak}(kPa)		计算 p_c	实测 p'_c	
1	22层框架—剪力墙	550	22.0	3.29	42.7×24.7	1.12	80	0.15	12	13.4	1.12
2	25层框架—剪力墙	450	25.8	3.94	37.0×37.0	1.44	90	0.20	18	25.3	1.40
3	独立柱基	400	24.5	3.55	5.6×4.4	0.18	60	0.21	17.1	17.7	1.04
4	20层剪力墙	400	7.5	3.75	29.7×16.7	2.95	90	0.20	18.0	20.4	1.13
5	12层剪力墙	450	25.5	3.82	25.5×12.9	0.506	80	0.80	23.2	33.8	1.46
6	16层框架—剪力墙	500	26.0	3.14	44.2×12.3	0.456	80	0.23	16.1	15	0.93
7	32层剪力墙	500	54.6	4.31	27.5×24.5	0.453	80	0.27	18.9	19	1.01
8	26层框架—核心筒	609	53.0	4.26	38.7×36.4	0.687	80	0.33	26.4	29.4	1.11
9	7层砖混	400	13.5	4.6	439	0.163	79	0.18	13.7	14.4	1.05
10	7层砖混	400	13.5	4.6	335	0.111	79	0.18	14.2	18.5	1.30
11	7层框架	380	15.5	4.15	14.7×17.7	0.98	110	0.17	19.0	19.5	1.03
12	7层框架	380	15.5	4.3	10.5×39.6	0.73	110	0.16	18.0	24.5	1.36
13	7层框架	380	15.5	4.4	9.1×36.3	0.61	110	0.16	19.3	32.1	1.66
14	7层框架	380	15.5	4.3	10.5×39.6	0.73	110	0.16	19.1	19.4	1.02
15	某油田塔基	325	4.0	5.5	φ=6.9	1.4	120	0.50	60	66	1.10

2　复合基桩承载力特征值

根据粉土、粉质黏土、软土地基群桩试验取得的承台土抗力的变化特征(见表3),结合15项工程桩基承台土抗力实测结果(见表4),给出承台效应系数 η_c。承台效应系数 η_c 按距径比 s_a/d 和承台宽度与桩长比 B_c/l 确定(见本规范表5.2.5)。相应于单根桩的承台抗力特征值为 $\eta_c f_{ak} A_c$,由此得规范式(5.2.5-1)、式(5.2.5-2)。对于单排条形基的 η_c,如前所述大于多排桩群桩,故单独给出其 η_c 值。但对于承台宽度小于 $1.5d$ 的条形基础,内区面积大,故 η_c 按非条基取值。上述承台土抗力计算方法,较JGJ 94-94简化,不区分承台内外区面积比。按该法计算，对于柱下独立桩基计算值偏小，对于大桩群筏形承台差别不大。A_c 为计算基桩对应的承台底净面积。关于承台计算域 A、基桩对应的承台面积 A_c 和承台效应系数 η_c，具体规定如下：

1）柱下独立桩基：A 为全承台面积。

2）桩筏、桩箱基础：按柱、墙侧 1/2 跨距，悬臂边取 2.5 倍板厚处确定计算域，桩距、桩径、桩长不同，采用上式分区计算，或取平均 s_a、B_c/l 计算 η_c。

3）桩集中布置于墙下的剪力墙高层建筑桩筏基础：计算域自墙两边外扩各 1/2 跨距，对于悬臂板自墙边外扩 2.5 倍板厚，按条基计算 η_c。

4）对于按变刚度调平原则布桩的核心筒外围平板式和梁板式筏形承台复合桩基：计算域为自柱侧 1/2 跨，悬臂板边取 2.5 倍板厚处围成。

不能考虑承台效应的特殊条件：可液化土、湿陷性土、高灵敏度软土、欠固结土、新填土、沉桩引起孔隙水压力和土体隆起等，这是由于这些条件下承台土抗力随时可能消失。

对于考虑地震作用时，按本规范式（5.2.5-2）计算复合基桩承载力特征值。由于地震作用下轴心竖向力作用下基桩承载力按本规范式（5.2.1-3）提高 25%，故地基土抗力乘以 $\zeta_a/1.25$ 系数，其中 ζ_a 为地基抗震承载力调整系数；除以 1.25 是与本规范式（5.2.1-3）相适应的。

3 忽略侧阻和端阻的群桩效应的说明

影响桩基的竖向承载力的因素包含三个方面，一是基桩的承载力；二是桩土相互作用对于桩侧阻力和端阻力的影响，即侧阻和端阻的群桩效应；三是承台底土抗力分担荷载效应。对于第三部分，上面已就条文的规定作了说明。对于第二部分，在《建筑桩基技术规范》JGJ 94-94 中规定了侧阻的群桩效应系数 η_s，端阻的群桩效应系数 η_p。所给出的 η_s、η_p 源自不同土质中的群桩试验结果。其总的变化规律是：对于侧阻力，在黏性土中因群桩效应而削弱，即非挤土桩在常用桩距条件下 η_s 小于 1，在非密实的粉土、砂土中因群桩效应产生沉降硬化而增强，即 η_s 大于 1；对于端阻力，在黏性土和非黏性土中，均因相邻桩桩端土互逆的侧向变形而增强，即 $\eta_p > 1$。但侧阻、端阻的综合群桩效应系数 η_{sp} 对于非单一黏性土大于 1，单一黏性土当桩距为 3~4d 时略小于 1。计入承台土抗力的综合群桩效应系数略大于 1，非黏性土群桩较黏性土更大一些。就实际工程而言，桩所穿越的土层往往是两种以上性质土层交互出现，且水平向变化不均，由此计算群桩效应确定承载力较为繁琐。另据美国、英国规范规定，当桩距 $s_a \geqslant 3d$ 时不考虑群桩效应。本规范第 3.3.3 条所规定的最小桩距除桩数少于

3 排和 9 根桩的非挤土端承桩群外，其余均不小于 3d。鉴于此，本规范关于侧阻和端阻的群桩效应不予考虑，即取 $\eta_s = \eta_p = 1.0$。这样处理，方便设计，多数情况下可留给工程更多安全储备。对单一黏性土中的小桩距低承台桩基，不应再另行计入承台效应。

关于群桩沉降变形的群桩效应，由于桩—桩、桩—土、土—桩、土—土的相互作用导致桩群的竖向刚度降低，压缩层加深，沉降增大，则是概念设计布桩应考虑的问题。

5.3 单桩竖向极限承载力

5.3.1 本条说明不同桩基设计等级对于单桩竖向极限承载力标准值确定方法的要求。

目前对单桩竖向极限承载力计算受土强度参数、成桩工艺、计算模式不确定性影响的可靠度分析仍处于探索阶段的情况下，单桩竖向极限承载力仍以原位原型试验为最可靠的确定方法，其次是利用地质条件相同的试桩资料和原位测试及端阻力、侧阻力与土的物理指标的经验关系参数确定。对于不同桩基设计等级应采用不同可靠性水准的单桩竖向极限承载力确定的方法。单桩竖向极限承载力的确定，要把握两点，一是以单桩静载试验为主要依据，二是要重视综合判定的思想。因为静载试验一则数量少，二则在很多情况下如地下室土方尚未开挖，设计前进行完全与实际条件相符的试验不可能。因此，在设计过程中，离不开综合判定。

本规范规定采用单桩极限承载力标准值作为桩基承载力设计计算的基本参数。试验单桩极限承载力标准值指通过不少于 2 根的单桩现场静载试验确定的，反映特定地质条件、桩型与工艺、几何尺寸的单桩极限承载力代表值。计算单桩极限承载力标准值指根据特定地质条件、桩型与工艺、几何尺寸、以极限侧阻力标准值和极限端阻力标准值的统计经验值计算的单桩极限承载力标准值。

5.3.2 本条主旨是说明单桩竖向极限承载力标准值及其参数包括侧阻力、端阻力以及嵌岩桩嵌岩段的侧阻力、端阻力如何根据具体情况通过试验直接测定，并建立承载力参数与土层物性指标、静探等原位测试指标的相关关系以及岩石侧阻、端阻与饱和单轴抗压强度等的相关关系。直径为 0.3m 的嵌岩短墩试验，其嵌岩深度根据岩层软硬程度确定。

5.3.5 根据土的物理指标与承载力参数之间的经验关系计算单桩竖向极限承载力，核心问题是经验参数的收集，统计分析，力求涵盖不同桩型、地区、土质，具有一定的可靠性和较大适用性。

原《建筑桩基技术规范》JGJ 94-94 收集的试桩资料经筛选得到完整资料 229 根，涵盖 11 个省市。本次修订又共收集试桩资料 416 根，其中预制桩资料 88 根，水下钻（冲）孔灌注桩资料 184 根，干作业

钻孔灌注桩资料 144 根。前后合计总试桩数为 645 根。以原规范表 q_{sik}、q_{pk} 为基础对新收集到的资料进行试算调整，其间还参考了上海、天津、浙江、福建、深圳等省市地方标准给出的经验值，最终得到本规范表 5.3.5-1、表 5.3.5-2 所列各桩型的 q_{sik}、q_{pk} 经验值。

对按各桩型建议的 q_{sik}、q_{pk} 经验值计算统计样本的极限承载力 Q_{uk}，各试桩的极限承载力实测值 Q'_u 与计算值 Q_{uk} 比较，$\eta = Q'_u / Q_{uk}$，将统计得到预制桩（317 根）、水下钻（冲）孔桩（184 根）、干作业钻孔桩（144 根）的 η 按 0.1 分位与其频数 N 之间的关系，Q'_u / Q_{uk} 平均值及均方差 S_n 分别表示于图 11～图 13。

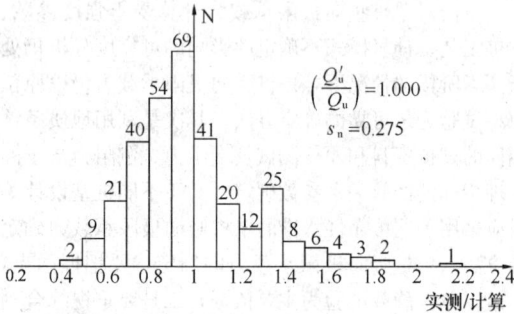

图 11 预制桩（317 根）极限承载力实测/计算频数分布

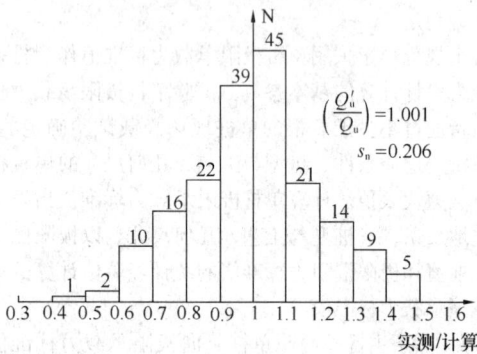

图 12 水下钻（冲）孔桩（184 根）极限承载力实测/计算频数分布

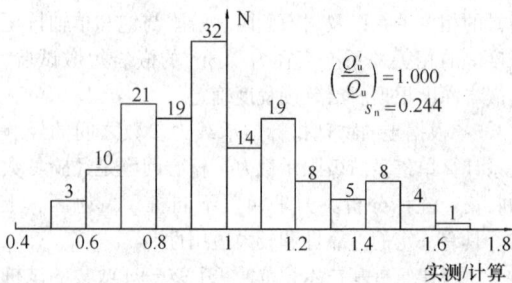

图 13 干作业钻孔桩（144 根）极限承载力实测/计算频数分布

5.3.6 本条说明关于大直径桩（$d \geqslant 800mm$）极限侧阻力和极限端阻力的尺寸效应。

1）大直径桩端阻力的尺寸效应。大直径桩静载试验 Q-S 曲线均呈缓变型，反映出其端阻力以压剪变形为主导的渐进破坏。G. G. Meyerhof（1998）指出，砂土中大直径桩的极限端阻随桩径增大而呈双曲线减小。根据这一特性，将极限端阻的尺寸效应系数表示为：

$$\psi_p = \left(\frac{0.8}{D}\right)^n$$

式中 D——桩端直径；

n——经验指数，对于黏性土、粉土，$n = 1/4$；对于砂土、碎石土，$n = 1/3$。

图 14 为试验结果与上式计算端阻尺寸效应系数 ψ_p 的比较。

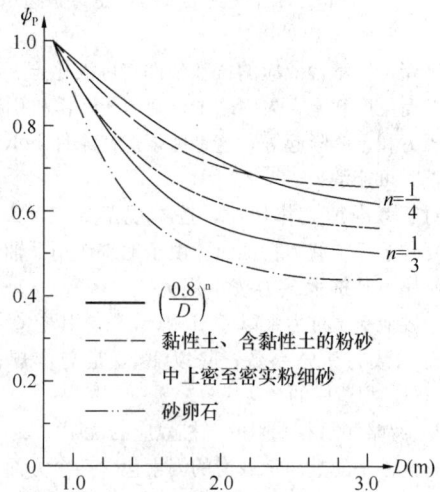

图 14 大直径桩端阻尺寸效应系数 ψ_p 与桩径 D 关系计算与试验比较

2）大直径桩侧阻尺寸效应系数

桩成孔后产生应力释放，孔壁出现松弛变形，导致侧阻力有所降低，侧阻力随桩径增大呈双曲线型减小（图 15 H. Brand1. 1988）。本规范建议采用如下表达式进行侧阻尺寸效应计算。

$$\psi_s = \left(\frac{0.8}{d}\right)^m$$

式中 d——桩身直径；

m——经验指数；黏性土、粉土 $m = 1/5$；砂土、碎石 $m = 1/3$。

5.3.7 本条说明关于钢管桩的单桩竖向极限承载力的相关内容。

1 闭口钢管桩

闭口钢管桩的承载变形机理与混凝土预制桩相同。钢管桩表面性质与混凝土桩表面虽有所不同，但大量试验表明，两者的极限侧阻力可视为相等，因为除坚硬黏性土外，侧阻剪切破坏面是发生于靠近桩表

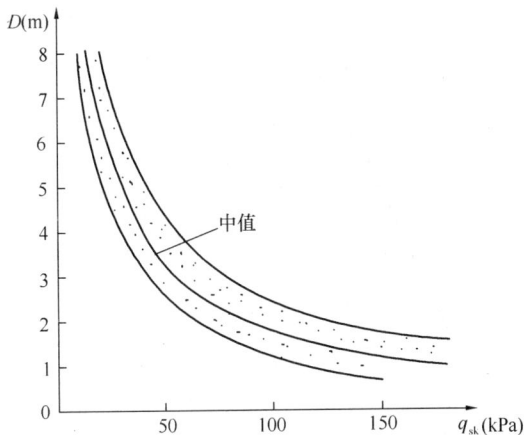

图 15 砂、砾土中极限侧阻力随桩径的变化

面的土体中，而不是发生于桩土介面。因此，闭口钢管桩承载力的计算可采用与混凝土预制桩相同的模式与承载力参数。

2 敞口钢管桩的端阻力

敞口钢管桩的承载力机理与承载力随有关因素的变化比闭口钢管桩复杂。这是由于沉桩过程，桩端部

分土将涌入管内形成"土塞"。土塞的高度及闭塞效果随土性、管径、壁厚、桩进入持力层的深度等诸多因素变化。而桩端土的闭塞程度又直接影响桩的承载力性状。称此为土塞效应。闭塞程度的不同导致端阻力以两种不同模式破坏。

一种是土塞沿管内向上挤出，或由于土塞压缩量大而导致桩端土大量涌入。这种状态称为非完全闭塞，这种非完全闭塞将导致端阻力降低。

另一种是如同闭口桩一样破坏，称其为完全闭塞。

土塞的闭塞程度主要随桩端进入持力层的相对深度 h_b/d（ h_b 为桩端进入持力层的深度，d 为桩外径）而变化。

为简化计算，以桩端土塞效应系数 λ_p 表征闭塞程度对端阻力的影响。图 16 为 λ_p 与桩进入持力层相对深度 h_b/d 的关系，$\lambda_p =$ 静载试验总极限端阻/ $30 N A_p$。其中 $30 N A_p$ 为闭口桩总极限端阻，N 为桩端土标贯击数，A_p 为桩端投影面积。从该图看出，当 $h_b/d \leqslant 5$ 时，λ_p 随 h_b/d 线性增大；当 $h_b/d > 5$ 时，λ_p 趋于常量。由此得到本规范式（5.3.7-2）、式（5.3.7-3）。

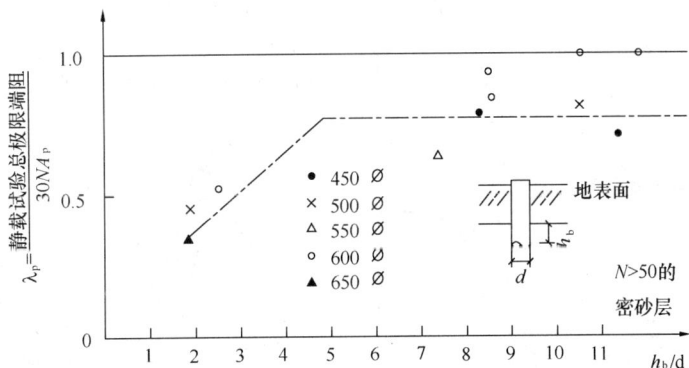

图 16 λ_p 与 h_b/d 关系（日本钢管桩协会，1986）

5.3.8 混凝土敞口管桩单桩竖向极限承载力的计算。与实心混凝土预制桩相同的是，桩端阻力由于桩端敞口，类似于钢管桩也存在桩端的土塞效应；不同的是，混凝土管桩壁厚度较钢管桩大得多，计算端阻力时，不能忽略管壁端部提供的端阻力，故分为两部分：一部分为管壁端部的端阻力，另一部分为敞口部分端阻力。对于后者类似于钢管桩的承载机理，考虑桩端土塞效应系数 λ_p，λ_p 随桩端进入持力层的相对深度 h_b/d 而变化（ d 为管桩外径），按本规范式（5.3.8-2）、式（5.3.8-3）计算确定。敞口部分端阻力为 $\lambda_p q_{pk} A_{pl}$ $\left(A_{pl} = \dfrac{\pi}{4} d_1^2，d_1 \text{ 为空心内径} \right)$，管壁端部端阻力为 $q_{pk} A_j$（ A_j 为桩端净面积，圆形管桩 $A_j = \dfrac{\pi}{4}(d^2 - d_1^2)$，空心方桩 $A_j = b^2 - \dfrac{\pi}{4} d_1^2$ ）。故敞口混凝土空心桩总极限端阻力 $Q_{pk} = q_{pk}(A_j +$ $\lambda_p A_{pl}$ ）。总极限侧阻力计算与闭口预应力混凝土空心桩相同。

5.3.9 嵌岩桩极限承载力由桩周土总阻力 Q_{sk}、嵌岩段总侧阻力 Q_{rk} 和总端阻力 Q_{pk} 三部分组成。

《建筑桩基技术规范》JGJ 94 - 94 是基于当时数量不多的小直径嵌岩桩试验确定嵌岩段侧阻力和端阻力系数，近十余年嵌岩桩工程和试验研究积累了更多资料，对其承载性状的认识进一步深化，这是本次修订的良好基础。

1 关于嵌岩段侧阻力发挥机理及侧阻力系数
$\zeta_s (q_{rs}/f_{rk})$

1）嵌岩段桩岩之间的剪切模式即其剪切面可分为三种，对于软质岩（ $f_{rk} \leqslant$ 15MPa），剪切面发生于岩体一侧；对于硬质岩（ $f_{rk} > 30$MPa），发生于桩体一侧；对于泥浆护壁成桩，剪切面一般发

生于桩岩介面，当清孔好，泥浆相对密度小，与上述规律一致。

2）嵌岩段桩的极限侧阻力大小与岩性、桩体材料和成桩清孔情况有关。表5～表8是部分不同岩性嵌岩段极限侧阻力 q_{rs} 和侧阻系数 ζ_s。

表 5   Thorne（1997）的试验结果

q_{rs}（MPa）	0.5	2.0
f_{rk}（MPa）	5	50
$\zeta_s = q_{rs}/f_{rk}$	0.1	0.04

表 6   Shin and chung（1994）和
Lam et al（1991）的试验结果

q_{rs}（MPa）	0.5	0.7	1.2	2.0
f_{rk}（MPa）	5	10	40	100
$\zeta_s = q_{rs}/f_{rk}$	0.1	0.07	0.03	0.02

表 7   王国民论文所述试验结果

岩　类	砂砾岩	中粗砂岩	中细砂岩	黏土质粉砂岩	粉细砂岩
q_{rs}（MPa）	0.7～0.8	0.5～0.6	0.8	0.7	0.6
f_{rk}（MPa）	7.5	—	4.76	7.5	8.3
$\zeta_s = q_{rs}/f_{rk}$	0.1		0.168	0.09	0.072

表 8   席宁中论文所述试验结果

模拟材料	M5 砂浆		C30 混凝土	
q_{rs}（MPa）	1.3	1.7	2.2	2.7
f_{rk}（MPa）	3.34		20.1	
$\zeta_s = q_{rs}/f_{rk}$	0.39	0.51	0.11	0.13

由表5～表8看出实测 ζ_s 较为离散，但总的规律是岩石强度愈高，ζ_s 愈低。作为规范经验值，取嵌岩段极限侧阻力峰值，硬质岩 $q_{s1} = 0.1f_{rk}$，软质岩 $q_{s1} = 0.12f_{rk}$。

3）根据有限元分析，硬质岩（$E_r > E_p$）嵌岩段侧阻力分布呈单驼峰形分布，软质岩（$E_r < E_p$）嵌岩段呈双驼峰形分布。为计算侧阻系数 ζ_s 的平均值，将侧阻力分布概化为图17。各特征点侧阻力为：

硬质岩　$q_{s1} = 0.1f_r$，$q_{s4} = \dfrac{d}{4h_r}q_{s1}$

软质岩　$q_{s1} = 0.12f_r$，$q_{s2} = 0.8q_{s1}$，$q_{s3} = 0.6q_{s1}$，$q_{s4} = \dfrac{d}{4h_r}q_{s1}$

分别计算出硬质岩 $h_r = 0.5d$，$1d$，$2d$，$4d$；软质岩 $h_r = 0.5d$，$1d$，$2d$，$3d$，$4d$，$5d$，$6d$，$7d$，$8d$ 情况下的嵌岩段侧阻力系数 ζ_s，如表9所示。

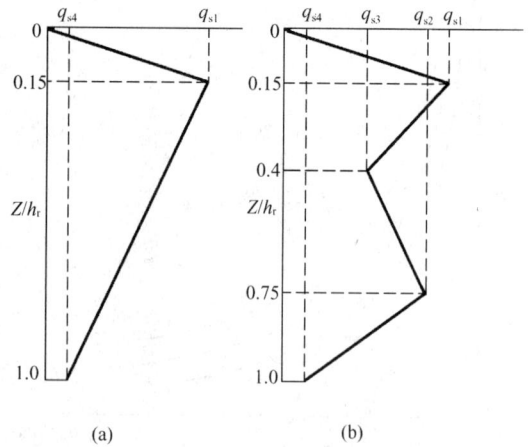

图 17   嵌岩段侧阻力分布概化
(a) 硬质岩；(b) 软质岩

2 嵌岩桩极限端阻力发挥机理及端阻力系数 ζ_p（$\zeta_p = q_{rp}/f_{rk}$）。

1）嵌岩桩端阻性状

图18所示不同桩、岩刚度比（E_p/E_r）干作业条件下，桩端分担荷载比 F_b/F_t（F_b——总桩端阻力；F_t——岩面桩顶荷载）随嵌岩深径比 d_r/r_0（$2h_r/d$）的变化。从图中看出，桩端总阻力 F_b 随 E_p/E_r 增大而增大，随深径比 d_r/r_0 增大而减小。

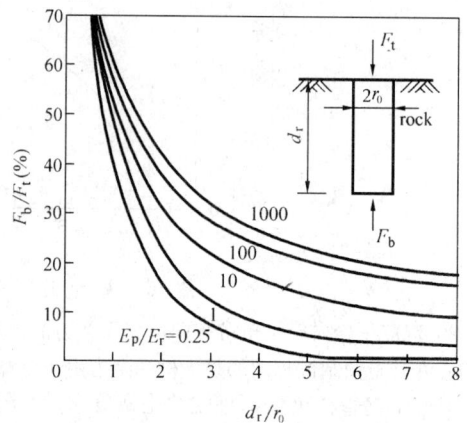

图 18   嵌岩桩端阻分担荷载比随桩岩刚度比
和嵌岩深径比的变化
（引自 Pells and Turner，1979）

2）端阻系数 ζ_p

Thorne（1997）所给端阻系数 $\zeta_p = 0.25～0.75$；吴其芳等通过孔底载荷板（$d = 0.3$m）试验得到 $\zeta_p = 1.38～4.50$，相应的岩石 $f_{rk} = 1.2～5.2$MPa，载荷板在岩石中埋深 $0.5～4$m。总的说来，ζ_p 是随岩石饱和单轴抗压强度 f_{rk} 降低而增大，随嵌岩深度增加而减小，受清底情况影响较大。

基于以上端阻性状及有关试验资料，给出硬质岩和软质岩的端阻系数 ζ_p 如表9所示。

3 嵌岩段总极限阻力简化计算

嵌岩段总极限阻力由总极限侧阻力和总极限端阻力组成：

$$Q_{rk} = Q_{rs} + Q_{rp}$$

$$= \zeta_s f_{rk} \pi d h_r + \zeta_p f_{rk} \frac{\pi}{4} d^2$$

$$= \left[\zeta_s \frac{4h_r}{d} + \zeta_{rp} \right] f_{rk} \frac{\pi}{4} d^2$$

令

$$\zeta_s \frac{4h_r}{d} + \zeta_{rp} = \zeta_r$$

称 ζ_r 为嵌岩段侧阻和端阻综合系数。故嵌岩段总极限阻力标准值可按如下简化公式计算：

$$Q_{rk} = \zeta_r f_{rk} \frac{\pi}{4} d^2$$

其中 ζ_r 可按表 9 确定。

表 9 嵌岩段侧阻力系数 ζ_s、端阻系数 ζ_p 及侧阻和端阻综合系数 ζ_r

嵌岩深径比 h_r/d		0	0.5	1.0	2.0	3.0	4.0	5.0	6.0	7.0	8.0
极软岩 软岩	ζ_s	0.0	0.052	0.056	0.056	0.054	0.051	0.048	0.045	0.042	0.040
	ζ_p	0.60	0.70	0.73	0.73	0.70	0.66	0.61	0.55	0.48	0.42
	ζ_r	0.60	0.80	0.95	1.18	1.35	1.48	1.57	1.63	1.66	1.70
较硬岩 坚硬岩	ζ_s	0.0	0.050	0.052	0.050	0.045	0.040	—	—	—	—
	ζ_p	0.45	0.55	0.60	0.50	0.46	0.40	—	—	—	—
	ζ_r	0.45	0.65	0.81	0.90	1.00	1.04	—	—	—	—

5.3.10 后注浆灌注桩单桩极限承载力计算模式与普通灌注桩相同，区别在于侧阻力和端阻力乘以增强系数 β_{si} 和 β_p。β_{si} 和 β_p 系通过数十根不同土层中的后注浆灌注桩与未注浆灌注桩静载对比试验求得。浆液在不同桩端和桩侧土层中的扩散与加固机理不尽相同，因此侧阻和端阻增强系数 β_{si} 和 β_p 不同，而且变幅很大。总的变化规律是：端阻的增幅高于侧阻，粗粒土的增幅高于细粒土。桩端、桩侧复式注浆高于桩端、桩侧单一注浆。这是由于端阻受沉渣影响敏感，经后注浆后沉渣得到加固且桩端有扩底效应，桩端沉渣和土的加固效应强于桩侧泥皮的加固效应；粗粒土是渗透注浆，细粒土是劈裂注浆，前者的加固效应强于后者。另一点是桩侧注浆增强段对于泥浆护壁和干作业桩，由于浆液扩散特性不同，承载力计算时应有区别。

收集北京、上海、天津、河南、山东、西安、武汉、福州等城市后注浆灌注桩静载试桩资料 106 份，根据本规范第 5.3.10 条的计算公式求得 Q_{uif}，其中 q_{sik}、q_{pk} 取勘察报告提供的经验值或本规范所列经验值；增强系数 β_{si}、β_p 取本规范表 5.3.10 所列上限值。计算值 Q_{uif} 与实测值 $Q_{u实}$ 散点图如图 19 所示。该图显示，实测值均位于 45°线以上，即均高于或接近于计算值。这说明后注浆灌注桩极限承载力按规范第 5.3.10 条计算的可靠性是较高的。

5.3.11 振动台试验和工程地震液化实际观测表明，首先土层的地震液化严重程度与土层的标贯数 N 与液化临界标贯数 N_{cr} 之比 λ_N 有关，λ_N 愈小液化愈严重；其二，土层的液化并非随地震同步出现，而显示滞后，即地震过后若干小时乃至一二天后才出现喷水冒砂。这说明，桩的极限侧阻力并非瞬间丧失，而且

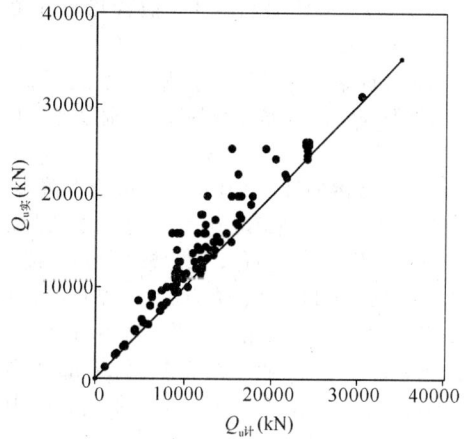

图 19 后注浆灌注桩单桩极限
承载力实测值与计算值关系

并非全部损失，而上部有无一定厚度非液化覆盖层对此也有很大影响。因此，存在 3.5m 厚非液化覆盖层时，桩侧阻力根据 λ_N 值和液化土层埋深乘以不同的折减系数。

5.4 特殊条件下桩基竖向承载力验算

5.4.1 桩距不超过 $6d$ 的群桩，当桩端平面以下软弱下卧层承载力与桩端持力层相差过大（低于持力层的 1/3）且荷载引起的局部压力超出其承载力过多时，将引起软弱下卧层侧向挤出，桩基偏沉，严重者引起整体失稳。对于本条软弱下卧层承载力验算公式着重说明四点：

1）验算范围。规定在桩端平面以下受力层范围存在低于持力层承载力 1/3 的软弱下卧层。实际工程持力层以下存在相对

软弱土层是常见现象，只有当强度相差过大时才有必要验算。因下卧层地基承载力与桩端持力层差异过小，土体的塑性挤出和失稳也不致出现。

  2）传递至桩端平面的荷载，按扣除实体基础外表面总极限侧阻力的3/4而非1/2总极限侧阻力。这是主要考虑荷载传递机理，在软弱下卧层进入临界状态前基桩侧阻平均值已接近于极限。

  3）桩端荷载扩散。持力层刚度愈大扩散角愈大，这是基本性状，这里所规定的压力扩散角与《建筑地基基础设计规范》GB 50007一致。

  4）软弱下卧层承载力只进行深度修正。这是因为下卧层受压区应力分布并非均匀，呈内大外小，不应作宽度修正；考虑到承台底面以上土已挖除且可能和土体脱空，因此修正深度从承台底部计算至软弱土层顶面。另外，既然是软弱下卧层，即多为软弱黏性土，故深度修正系数取1.0。

5.4.3 桩周负摩阻力对基桩承载力和沉降的影响，取决于桩周负摩阻力强度、桩的竖向承载类型，因此分三种情况验算。

  1 对于摩擦型桩，由于受负摩阻力沉降增大，中性点随之上移，即负摩阻力、中性点与桩顶荷载处于动态平衡。作为一种简化，取假想中性点（按桩端持力层性质取值）以上摩阻力为零验算基桩承载力。

  2 对于端承型桩，由于桩受负摩阻力后桩不发生沉降或沉降量很小，桩土无相对位移或相对位移很小，中性点无变化，故负摩阻力构成的下拉荷载应作为附加荷载考虑。

  3 当土层分布不均匀或建筑物对不均匀沉降较敏感时，由于下拉荷载是附加荷载的一部分，故应将其计入附加荷载进行沉降验算。

5.4.4 本条说明关于负摩阻力及下拉荷载计算的相关内容。

  1 负摩阻力计算

  负摩阻力对基桩而言是一种主动作用。多数学者认为桩侧负摩阻力的大小与桩侧土的有效应力有关，不同负摩阻力计算式中也多反映有效应力因素。大量试验与工程实测结果表明，以负摩阻力有效应力法计算较接近于实际。因此本规范规定如下有效应力法为负摩阻力计算方法。

$$q_{ni} = k \cdot \text{tg}\varphi' \cdot \sigma'_i = \zeta_n \cdot \sigma'_i$$

式中 q_{ni}——第i层土桩侧负摩阻力；

   k——土的侧压力系数；

   φ'——土的有效内摩擦角；

   σ'_i——第i层土的平均竖向有效应力；

   ζ_n——负摩阻力系数。

  ζ_n与土的类别和状态有关，对于粗粒土，ζ_n随土的粒度和密实度增加而增大；对于细粒土，则随土的塑性指数、孔隙比、饱和度增大而降低。综合有关文献的建议值和各类土中的测试结果，给出如本规范表5.4.4-1所列ζ_n值。由于竖向有效应力随上覆土层自重增大而增加，当$q_{ni} = \zeta_n \cdot \sigma'_i$超过土的极限侧阻力$q_{sk}$时，负摩阻力不再增大。故当计算负摩阻力$q_{ni}$超过极限侧摩阻力时，取极限侧摩阻力值。

  下面列举饱和软土中负摩阻力实测与按规范方法计算的比较（图20）。

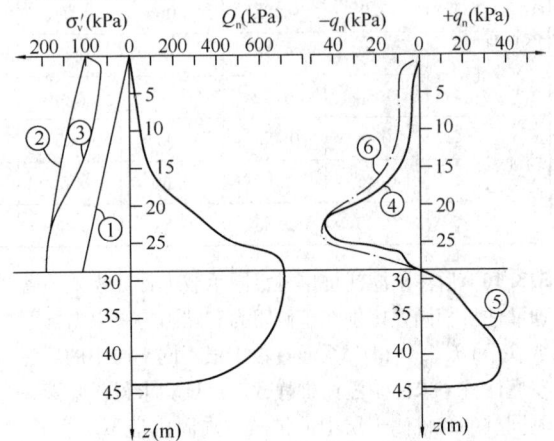

图20 采用有效应力法计算负摩阻力图

 ① 土的计算自重应力 $\sigma_c = \gamma_m z$，γ_m——土的浮重度加权平均值；

 ② 竖向应力 $\sigma_v = \sigma_z + \sigma_c$；

 ③ 竖向有效应力 $\sigma'_v = \sigma_v - u$，u——实测孔隙水压力；

 ④ 由实测桩身轴力 Q_n，求得的负摩阻力$-q_n$；

 ⑤ 由实测桩身轴力 Q_n，求得的正摩阻力$+q_n$；

 ⑥ 由实测孔隙水压力，按有效应力法计算的负摩阻力。

  某电厂的贮煤场位于厚70～80m的第四系全新统海相地层上，上部为厚20～35m的低强度、高压缩性饱和软黏土。用底面积为35m×35m、高度为4.85m的土石堆载模拟煤堆荷载，堆载底面压力为99kPa，在堆载中心设置了一根入土44m的ϕ610闭口钢管桩，桩端进入超固结黏土、粉质黏土和粉土层中。在钢管桩内采用应变计量测了桩身应变，从而得到桩身正、负摩阻力分布图、中性点位置；在桩周土中埋设了孔隙水压力计，测得地基中不同深度的孔隙水压力变化。

  按本规范式（5.4.4-1）估算，得图20所示曲线。

  由图中曲线比较可知，计算值与实测值相近。

  2 关于中性点的确定

  当桩穿越厚度为l_0的高压缩土层，桩端设置于较坚硬的持力层时，在桩的某一深度l_n以上，土的沉降大于桩的沉降，在该段桩长内，桩侧产生负摩阻力；l_n 深度以下的可压缩层内，土的沉降小于桩的沉降，土对桩产生正摩阻力，在 l_n 深度处，桩土相对位移为零，既没有负摩阻力，又没有正摩阻力，习惯上称该点为中性点。中性点截面桩身的轴力最大。

一般来说，中性点的位置，在初期多少是有变化的，它随着桩的沉降增加而向上移动，当沉降趋于稳定，中性点也将稳定在某一固定的深度 l_n 处。

工程实测表明，在高压缩性土层 l_0 的范围内，负摩阻力的作用长度，即中性点的稳定深度 l_n，是随桩端持力层的强度和刚度的增大而增加的，其深度比 l_n/l_0 的经验值列于本规范表5.4.4-2中。

3 关于负摩阻力的群桩效应的考虑

对于单桩基础，桩侧负摩阻力的总和即为下拉荷载。

对于桩距较小的群桩，其基桩的负摩阻力因群桩效应而降低。这是由于桩侧负摩阻力是由桩侧土体沉降而引起，若群桩中各桩表面单位面积所分担的土体重量小于单桩的负摩阻力极限值，将导致基桩负摩阻力降低，即显示群桩效应。计算群桩中基桩的下拉荷载时，应乘以群桩效应系数 $\eta_n < 1$。

本规范推荐按等效圆法计算其群桩效应，即独立单桩单位长度的负摩阻力由相应长度范围内半径 r_e 形成的土体重量与之等效，得

$$\pi d q_s^n = \left(\pi r_e^2 - \frac{\pi d^2}{4} \right) \gamma_m$$

解上式得

$$r_e = \sqrt{\frac{d q_s^n}{\gamma_m} + \frac{d^2}{4}}$$

式中 r_e —— 等效圆半径（m）；

d —— 桩身直径（m）；

q_s^n —— 单桩平均极限负摩阻力标准值（kPa）；

γ_m —— 桩侧土体加权平均重度（kN/m³）；地下水位以下取浮重度。

以群桩各基桩中心为圆心，以 r_e 为半径做圆，由各圆的相交点作矩形。矩形面积 $A_r = s_{ax} \cdot s_{ay}$ 与圆

面积 $A_e = \pi r_e^2$ 之比，即为负摩阻力群桩效应系数。

$$\eta_n = A_r/A_e = \frac{s_{ax} \cdot s_{ay}}{\pi r_e^2} = s_{ax} \cdot s_{ay}/\pi d \left(\frac{q_s^n}{\gamma_m} + \frac{d}{4} \right)$$

式中 s_{ax}、s_{ay} —— 分别为纵、横向桩的中心距。

$\eta_n \leqslant 1$，当计算 $\eta_n > 1$ 时，取 $\eta_n = 1$。

5.4.5 桩基的抗拔承载力破坏可能呈单桩拔出或群桩整体拔出，即呈非整体破坏或整体破坏模式，对两种破坏的承载力均应进行验算。

5.4.6 本条说明关于群桩基础及其基桩的抗拔极限承载力的确定问题。

1 对于设计等级为甲、乙级建筑桩基应通过单桩现场上拔试验确定单桩抗拔极限承载力。群桩的抗拔极限承载力难以通过试验确定，故可通过计算确定。

2 对于设计等级为丙级建筑桩基可通过计算确定单桩抗拔极限承载力，但应进行工程桩抗拔静载试验检测。单桩抗拔极限承载力计算涉及如下三个问题：

1）单桩抗拔承载力计算分为两大类：一类为理论计算模式，以土的抗剪强度及侧压力系数为参数按不同破坏模式建立的计算公式；另一类是以抗拔桩试验资料为基础，采用抗压极限承载力计算模式乘以抗拔系数 λ 的经验性公式。前一类公式影响其剪切破坏面模式的因素较多，包括桩的长径比、有无扩底、成桩工艺、地层土性等，不确定因素多，计算较为复杂。为此，本规范采用后者。

2）关于抗拔系数 λ（抗拔极限承载力/抗压极限承载力）。

从表10所列部分单桩抗拔抗压极限承载力之比即抗拔系数 λ 看出，灌注桩高于预制桩，长桩高于短桩，黏性土高于砂土。本规范表5.4.6-2给出的 λ 是基于上述试验结果并参照有关规范给出的。

表10 抗拔系数 λ 部分试验结果

资料来源	工艺	桩径 d（m）	桩长 l（m）	l/d	土质	λ
无锡国棉一厂	钻孔桩	0.6	20	33	黏性土	0.6～0.8
南通200kV泰刘线	反循环	0.45	12	26.7	粉土	0.9
南通1979年试验	反循环	—	9 12		黏性土 黏性土	0.79 0.98
四航局广州试验	预制桩	—		13～33	砂土	0.38～0.53
甘肃建研所	钻孔桩	—			天然黄土 饱和黄土	0.78 0.5
《港口工程桩基规范》（JTJ 254）	—	—			黏性土	0.8

3) 对于扩底抗拔桩的抗拔承载力。扩底桩的抗拔承载力破坏模式，随土的内摩擦角大小而变，内摩擦角愈大，受扩底影响的破坏柱体愈长。桩底以上长度约 $4\sim10d$ 范围内，破裂柱体直径增大至扩底直径 D；超过该范围以上部分，破裂面缩小至桩土界面。按此模型给出扩底抗拔承载力计算周长 u_i，如本规范表 5.4.6-1。

5.5 桩基沉降计算

5.5.6～5.5.9 桩距小于和等于 6 倍桩径的群桩基础，在工作荷载下的沉降计算方法，目前有两大类。一类是按实体深基础计算模型，采用弹性半空间表面荷载下 Boussinesq 应力解计算附加应力，用分层总和法计算沉降；另一类是以半无限弹性体内部集中力作用下的 Mindlin 解为基础计算沉降。后者主要分为两种，一种是 Poulos 提出的相互作用因子法；第二种是 Geddes 对 Mindlin 公式积分而导出集中力作用于弹性半空间内部的应力解，按叠加原理，求得群桩桩端平面下各单桩附加应力和，按分层总和法计算群桩沉降。

上述方法存在如下缺陷：①实体深基础法，其附加应力按 Boussinesq 解计算与实际不符（计算应力偏大），且实体深基础模型不能反映桩的长径比、距径比等的影响；②相互作用因子法不能反映压缩层范围内土的成层性；③Geddes 应力叠加—分层总和法对于大桩群不能手算，且要求假定侧阻力分布，并给出桩端荷载分担比。针对以上问题，本规范给出等效作用分层总和法。

1 运用弹性半无限体内作用力的 Mindlin 位移解，基于桩、土位移协调条件，略去桩身弹性压缩，给出匀质土中不同距径比、长径比、桩数、基础长宽比条件下刚性承台群桩的沉降数值解：

$$w_M = \frac{\overline{Q}}{E_s d} \overline{w}_M \qquad (1)$$

式中 $\overline{Q}$——群桩中各桩的平均荷载；

E_s——均质土的压缩模量；

d——桩径；

$\overline{w}_M$——Mindlin 解群桩沉降系数，随群桩的距径比、长径比、桩数、基础长宽比而变。

2 运用弹性半无限体表面均布荷载下的 Boussinesq 解，不计实体深基础侧阻力和应力扩散，求得实体深基础的沉降：

$$w_B = \frac{P}{a E_s} \overline{w}_B \qquad (2)$$

式中 $\overline{w}_B = \dfrac{1}{4\pi}$

$$\left[\ln \frac{\sqrt{1+m^2}+m}{\sqrt{1+m^2}-m} + m\ln \frac{\sqrt{1+m^2}+1}{\sqrt{1+m^2}-1} \right] \qquad (3)$$

m——矩形基础的长宽比；$m=a/b$；

P——矩形基础上的均布荷载之和。

由于数据过多，为便于分析应用，当 $m \leqslant 15$ 时，式（3）经统计分析后简化为

$$\overline{w}_B = (m+0.6336)/(1.1951m+4.6275) \qquad (4)$$

由此引起的误差在 2.1% 以内。

3 两种沉降解之比：

相同基础平面尺寸条件下，对于按不同几何参数刚性承台群桩 Mindlin 位移解沉降计算值 w_M 与不考虑群桩侧面剪应力和应力不扩散实体深基础 Boussinesq 解沉降计算值 w_B 二者之比为等效沉降系数 ψ_e。按实体深基础 Boussinesq 解分层总和法计算沉降 w_B，乘以等效沉降系数 ψ_e，实质上纳入了按 Mindlin 位移解计算桩基础沉降时，附加应力及桩群几何参数的影响，称此为等效作用分层总和法。

$$\psi_e = \frac{w_M}{w_B} = \frac{\dfrac{\overline{Q}}{E_s \cdot d} \cdot \overline{w}_M}{\dfrac{n_a \cdot n_b \cdot \overline{Q} \cdot \overline{w}_B}{a \cdot E_s}}$$

$$= \frac{\overline{w}_M}{\overline{w}_B} \cdot \frac{a}{n_a \cdot n_b \cdot d} \qquad (5)$$

式中 n_a、n_b——分别为矩形桩基础长边布桩数和短边布桩数。

为应用方便，将按不同距径比 $s_a/d = 2$、3、4、5、6，长径比 $l/d = 5$、10、15…100，总桩数 $n = 4…600$，各种布桩形式（$n_a/n_b = 1$、2、…10），桩基承台长宽比 $L_c/B_c = 1$、2…10，对式（5）计算出的 ψ_e 进行回归分析，得到本规范式（5.5.9-1）。

4 等效作用分层总和法桩基最终沉降量计算式

$$s = \psi \cdot \psi_e \cdot s'$$

$$= \psi \cdot \psi_e \cdot \sum_{j=1}^{m} p_{0j} \sum_{i=1}^{n} \frac{z_{ij} \overline{\alpha}_{ij} - z_{(i-1)j} \overline{\alpha}_{(i-1)j}}{E_{si}} \qquad (6)$$

沉降计算公式与习惯使用的等代实体深基础分层总和法基本相同，仅增加一个等效沉降系数 ψ_e。其中要注意的是：等效作用面位于桩端平面，等效作用面积为桩基承台投影面积，等效作用附加压力取承台底附加压力，等效作用面以下（等代实体深基底以下）的应力分布按弹性半空间 Boussinesq 解确定，应力系数为角点下平均附加应力系数 $\overline{\alpha}$。各分层沉降量 $\Delta s'_i = p_0 \dfrac{z_i \overline{\alpha}_i - z_{(i-1)} \overline{\alpha}_{(i-1)}}{E_{si}}$，其中 z_i、$z_{(i-1)}$ 为有效作用面至 i、$i-1$ 层层底的深度；$\overline{\alpha}_i$、$\overline{\alpha}_{(i-1)}$ 为按计算分块长宽比 a/b 及深宽比 z_i/b、$z_{(i-1)}/b$，由附录 D 确定。p_0 为承台底面荷载效应准永久组合附加压力，将其作用于桩端等效作用面。

5.5.11 本条说明关于桩基沉降计算经验系数 ψ。本次规范修编时，收集了软土地区的上海、天津，一般第四纪土地区的北京、沈阳，黄土地区的西安等共计150 份已建桩基工程的沉降观测资料，得出实测沉降与计算沉降之比 ψ 与沉降计算深度范围内压缩模量当

量值 $\overline{E}_s$ 的关系如图 21 所示，同时给出 ψ 值列于本规范表 5.5.11。

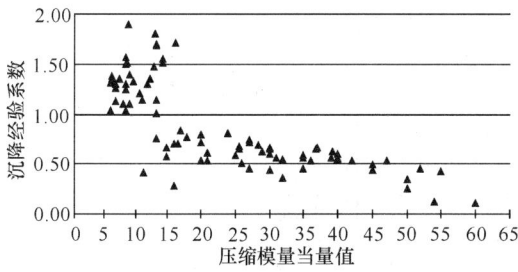

图 21 沉降经验系数 ψ 与压缩模
量当量值 $\overline{E}_s$ 的关系

关于预制桩沉桩挤土效应对桩基沉降的影响问题。根据收集到的上海、天津、温州地区预制桩和灌注桩基础沉降观测资料共计 110 份，将实测最终沉降量与桩长关系散点图分别表示于图 22（a）、（b）、（c）。图 22 反映出一个共同规律：预制桩基础的最终沉降量显著大于灌注桩基础的最终沉降量，桩长愈

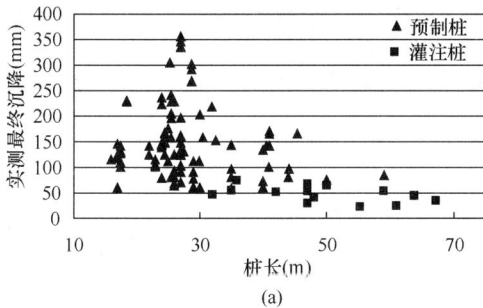

(a)

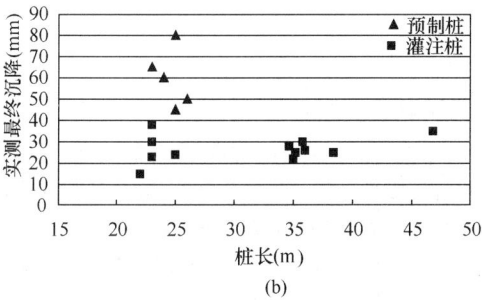

(b)

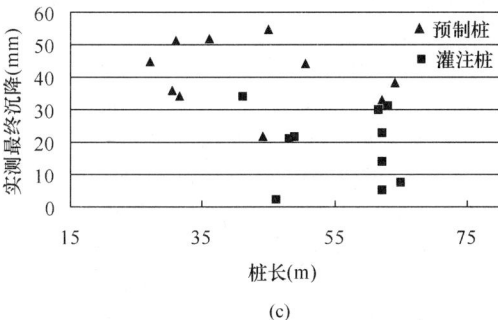

(c)

图 22 预制桩基础与灌注桩基础实测
沉降量与桩长关系
(a) 上海地区；(b) 天津地区；(c) 温州地区

小，其差异愈大。这一现象反映出预制桩因挤土沉桩产生桩土上涌导致沉降增大的负面效应。由于三个地区地层条件存在差异，桩端持力层、桩长、桩距、沉桩工艺流程等因素变化，使得预制桩挤土效应不同。为使计算沉降更符合实际，建立以灌注桩基础实测沉降与计算沉降之比 ψ 随桩端压缩层范围内模量当量值 $\overline{E}_s$ 而变的经验值，对于饱和土中未经打桩、复压、引孔沉桩的预制桩基础按本规范表 5.5.11 所列值再乘以挤土效应系数 $1.3 \sim 1.8$，对于桩数多、桩距小、沉桩速率快、土体渗透性低的情况，挤土效应系数取大值；对于后注浆灌注桩则乘以 $0.7 \sim 0.8$ 折减系数。

5.5.14 本条说明关于单桩、单排桩、疏桩（桩距大于 $6d$）基础的最终沉降量计算。工程实际中，采用一柱一桩或一柱两桩、单排桩、桩距大于 $6d$ 的疏桩基础并非罕见。如：按变刚度调平设计的框架-核心筒结构工程中，刚度相对弱化的外围桩基，柱下布 $1 \sim 3$ 桩者居多；剪力墙结构，常采用墙下布桩（单排桩）；框架和排架结构建筑桩基按一柱一桩或一柱二桩布置也不少。有的设计考虑承台分担荷载，即设计为复合桩基，此时承台多数为平板式或梁板式筏形承台；另一种情况是仅在柱、墙下单独设置承台，或即使设计为满堂筏形承台，由于承台底土层为软土、欠固结土、可液化、湿陷性土等原因，承台不分担荷载，或因使用要求，变形控制严格，只能考虑桩的承载作用。首先，就桩数、桩距等而言，这类桩基不能应用等效作用分层总和法，需要另行给出沉降计算方法。其次，对于复合桩基和普通桩基的计算模式应予区分。

单桩、单排桩、疏桩复合桩基沉降计算模式是基于新推导的 Mindlin 解计入桩径影响公式计算桩的附加应力，以 Boussinesq 解计算承台底压力引起的附加应力，将二者叠加按分层总和法计算沉降，计算式为本规范式（5.5.14-1）～式（5.5.14-5）。

计算时应注意，沉降计算点取底层柱、墙中心点，应力计算点应取与沉降计算点最近的桩中心点，见图 23。当沉降计算点与应力计算点不重合时，二者的沉降并不相等，但由于承台刚度的作用，在工程实践的意义上，近似取二者相同。本规范中，应力计算点的沉降包含桩端以下土层的压缩和桩身压缩，桩端以下土层的压缩应按桩端以下轴线处的附加应力计算（桩身以外土中附加应力远小于轴线处）。

承台底压力引起的沉降实际上包含两部分，一部分为回弹再压缩变形，另一部分为超出土自重部分的附加压力引起的变形。对于前者的计算较复杂，一是回弹再压缩量对于整个基础而言分布是不均的，坑中央最大，基坑边缘最小；二是再压缩层深度及其分布难以确定。若将此二部分压缩变形分别计算，目前尚难解决。故计算时近似将全部承台底压力等效为附加压力计算沉降。

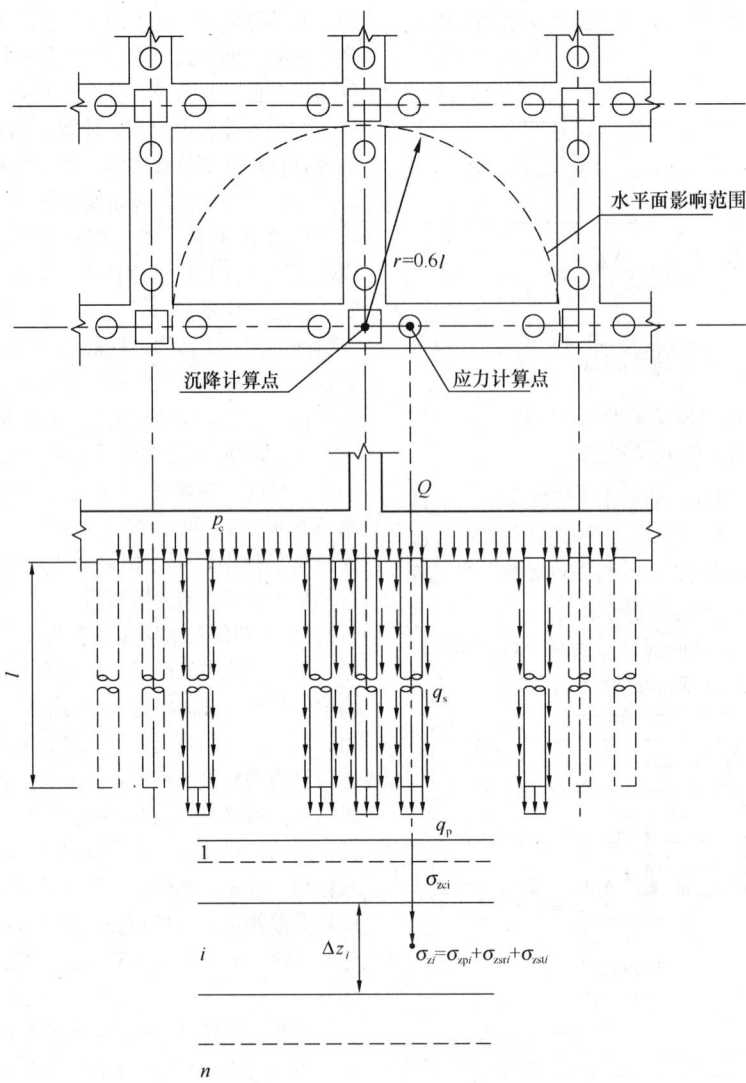

图 23　单桩、单排桩、疏桩基础沉降计算示意图

这里应着重说明三点：一是考虑单排桩、疏桩基础在基坑开挖（软土地区往往是先成桩后开挖；非软土地区，则是开挖一定深度后再成桩）时，桩对土体的回弹约束效应小，故应将回弹再压缩计入沉降量；二是当基坑深度小于 5m 时，回弹量很小，可忽略不计；三是中、小桩距桩基的桩对土体回弹的约束效应导致回弹量减小，故其回弹再压缩可予忽略。

计算复合桩基沉降时，假定承台底附加压力为均布，$p_c = \eta_c f_{ak}$，η_c 按 $s_a > 6d$ 取值，f_{ak} 为地基承载力特征值，对全承台分块按式（5.5.14-5）计算桩端平面以下土层的应力 σ_{zci}，与基桩产生的应力 σ_{zi} 叠加，按本规范式（5.5.14-4）计算最终沉降量。若核心筒桩群在计算点 0.6 倍桩长范围以内，应考虑其影响。

单桩、单排桩、疏桩常规桩基，取承台压力 $p_c = 0$，即按本规范式（5.5.14-1）进行沉降计算。

这里应着重说明上述计算式有关的五个问题：

1　单桩、单排桩、疏桩桩基沉降计算深度相对于常规群桩要小得多，而由 Mindlin 解导出得 Geddes 应力计算式模型是作用于桩轴线的集中力，因而其桩端平面以下一定范围内应力集中现象极明显，与一定直径桩的实际性状相差甚大，远远超出土的强度，用于计算压缩层厚度很小的桩基沉降显然不妥。Geddes 应力系数与考虑桩径的 Mindlin 应力系数相比，其差异变化的特点是：愈近桩端差异愈大，桩端下 $l/10$ 处二者趋向接近；桩的长径比愈小差异愈大，如 $l/d = 10$ 时，桩端以下 $0.008 l$ 处，Geddes 解端阻产生的竖向应力为考虑桩径的 44 倍，侧阻（按均布）产生的竖向应力为考虑桩径的 8 倍。而单桩、单排桩、疏桩的桩端以下压缩层又较小，由此带来的误差过大。故对 Mindlin 应力解考虑桩径因素求解，桩端、桩侧阻力的分布如附录 F 图 F.0.2 所示。为便于使用，求得基桩长径比 $l/d = 10,15,20,25,30,40 \sim 100$ 的应力系数 I_p、I_{sr}、I_{st} 列于附录 F。

2 关于土的泊松比 ν 的取值。土的泊松比 $\nu = 0.25 \sim 0.42$；鉴于对计算结果不敏感，故统一取 $\nu = 0.35$ 计算应力系数。

3 关于相邻基桩的水平面影响范围。对于相邻基桩荷载对计算点竖向应力的影响，以水平距离 $\rho = 0.6l$（l 为计算点桩长）范围内的桩为限，即取最大 $n = \rho/l = 0.6$。

4 沉降计算经验系数 ψ。这里仅对收集到的部分单桩、双桩、单排桩的试验资料进行计算。若无当地经验，取 $\psi = 1.0$。对部分单桩、单排桩沉降进行计算与实测的对比，列于表 11。

5 关于桩身压缩。由表 11 单桩、单排桩计算与实测沉降比较可见，桩身压缩比 s_e/s 随的长径比 l/d 增大和桩端持力层刚度增大而增加。如 CCTV 新

台址桩基，长径比 l/d 为 43 和 28，桩端持力层为卵砾、中粗砂层，$E_s \geqslant 100$MPa，桩身压缩分别为 22mm，$s_e/s = 88\%$；14.4mm，$s_e/s = 59\%$。因此，本规范第 5.5.14 条规定应计入桩身压缩。这是基于单桩、单排桩总沉降量较小，桩身压缩比例超过 50%，若忽略桩身压缩，则引起的误差过大。

6 桩身弹性压缩的计算。基于桩身材料的弹性假定及桩侧力呈矩形、三角形分布，由下式可简化计算桩身弹性压缩量：

$$s_e = \frac{1}{AE_p} \int_0^l \left[Q_0 - \pi d \int_0^z q_s(z)\mathrm{d}z \right] \mathrm{d}z = \xi_e \frac{Q_0 l}{AE_p}$$

对于端承型桩，$\xi_e = 1.0$；对于摩擦型桩，随桩侧阻力份额增加和桩长增加，ξ_e 减小；$\xi_e = 1/2 \sim 2/3$。

表 11 单桩、单排桩计算与实测沉降对比

项目		桩顶特征荷载 (kN)	桩长/桩径 (m)	压缩模量 (MPa)	计算沉降 (mm)			实测沉降 (mm)	$S_{实测}/S_计$	备注
					桩端土压缩 (mm)	桩身压缩 (mm)	预估总沉降量 (mm)			
长青大厦	4#	2400	17.8/0.8	100	0.8	1.4	2.2	1.76	0.80	—
	3#	5600			2.9	3.4	6.3	5.60	0.89	—
	2#	4800			2.3	2.9	5.2	5.66	1.09	—
	1#	4000			1.8	2.4	4.2	4.93	1.17	—
		2400			0.9	1.5	2.4	3.04	1.27	—
皇冠大厦	465#	6000	15/0.8	100	3.6	2.8	6.4	4.74	0.74	—
	467#	5000			2.9	2.3	5.2	4.55	0.88	—
北京SOHO	S1	8000	29.5/1.0	70	2.8	4.7	7.5	13.30	1.77	—
	S2	6500	29.5/0.8		3.8	6.5	10.3	9.88	0.96	—
	S3	8000	29.5/1.0		2.8	4.7	7.5	9.61	1.28	—
洛口试桩①	D-8	316	4.5/0.25	8	16.0			20	1.25	—
	G-19	280	4.5/0.25		28.7			23.9	0.83	—
	G-24	201.7	4.5/0.25		28.0			30	1.07	—
北京电视中心	S1	7200	27/1.0	70	2.6	3.9	6.5	7.41	1.14	—
	S2	7200	27/1.0		2.6	3.9	6.5	9.59	1.48	—
	S3	7200	27/1.0		2.6	3.9	6.5	6.48	1.00	—
	S4	5600	27/0.8		2.5	4.8	7.3	8.84	1.21	—
	S5	5600	27/0.8		2.5	4.8	7.3	7.82	1.07	—
	S6	5600	27/0.8		2.5	4.8	7.3	8.18	1.12	—
北京银泰中心	A-S1	9600	30/1.1	70	2.9	4.5	7.4	3.99	0.54	—
	A-S1-1	6800			1.6	3.2	4.8	2.59	0.54	—
	A-S1-2	6800			1.6	3.2	4.8	3.16	0.66	—
	B-S3	9600			2.9	4.5	7.4	3.87	0.52	—
	B1-14	5100			1.0	2.4	3.4	1.53	0.45	—
	B-S1-2	5100			1.0	2.4	3.4	1.96	0.58	—

项　　目		桩顶特征荷载 (kN)	桩长/桩径 (m)	压缩模量 (MPa)	计算沉降 (mm)			实测沉降 (mm)	$S_{实测}/S_{计}$	备注
					桩端土压缩 (mm)	桩身压缩 (mm)	预估总沉降量 (mm)			
北京银泰中心	C-S2	9600	30/1.1	70	2.9	4.5	7.4	4.28	0.58	—
	C-S1-1	5100			1.0	2.4	3.4	3.09	0.91	—
	C-S1-2	5100			1.0	2.4	3.4	2.85	0.84	—
CCTV②	TP-A1	33000	51.7/1.2	120	3.3	22.5	25.8	21.78	0.85	1.98
	TP-A2	30250	51.7/1.2		2.5	20.6	23.1	21.44	0.93	5.22
	TP-A3	33000	53.4/1.2		3.0	23.2	26.2	18.78	0.72	1.78
	TP-B1	33000	33.4/1.2	100	10.0	14.5	24.5	20.92	0.85	5.38
	TP-B2	33000	33.4/1.2		10.0	14.5	24.5	14.50	0.59	3.79
	TP-B3	35000	33.4/1.2		11.0	15.4	26.4	21.80	0.83	3.32

注：① 洛口试桩为单排桩（分别是单排 2 桩、4 桩、6 桩），采用桩顶极限荷载。

　　② CCTV 试桩备注栏为实测桩端沉降，采用桩顶极限荷载。

5.5.15 上述单桩、单排桩、疏桩基础及其复合桩基的沉降计算深度均采用应力比法，即按 $\sigma_z + \sigma_{zc} = 0.2\sigma_c$ 确定。

关于单桩、单排桩、疏桩复合桩基沉降计算方法的可靠性问题。从表 11 单桩、单排桩静载试验实测与计算比较来看，还是具有较大可靠性。采用考虑桩径因素的 Mindlin 解进行单桩应力计算，较之 Geddes 集中应力公式应该说是前进了一大步。其缺陷与其他手算方法一样，不能考虑承台整体和上部结构刚度调整沉降的作用。因此，这种手算方法主要用于初步设计阶段，最终应采用上部结构—承台—桩土共同作用

有限元方法进行分析。

为说明本规范第 3.1.8 条变刚度调平设计要点及本规范第 5.5.14 条疏桩复合桩基沉降计算过程，以某框架-核心筒结构为例，叙述如下。

1　概念设计

　　1）桩型、桩径、桩长、桩距、桩端持力层、单桩承载力

该办公楼由地上 36 层、地下 7 层与周围地下 7 层车库连成一体，基础埋深 26m。框架-核心筒结构。建筑标准层平面图见图 24，立面图见图 25，主体高度 156m。拟建场地地层柱状土如图 26 所示，第⑨层

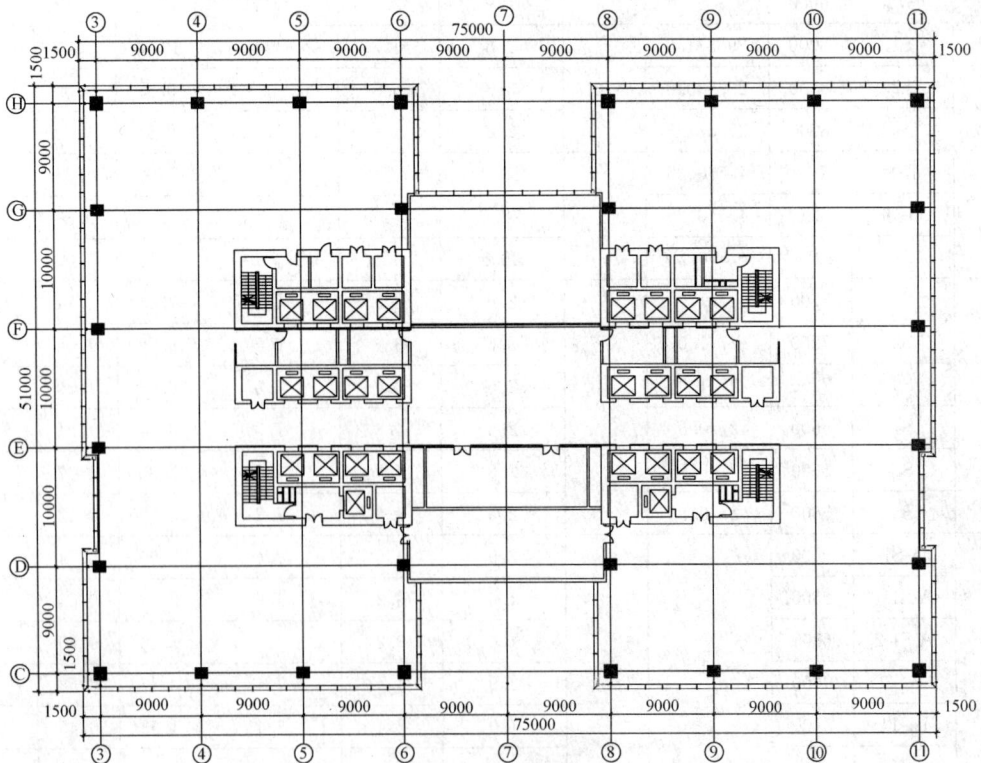

图 24　标准层平面图

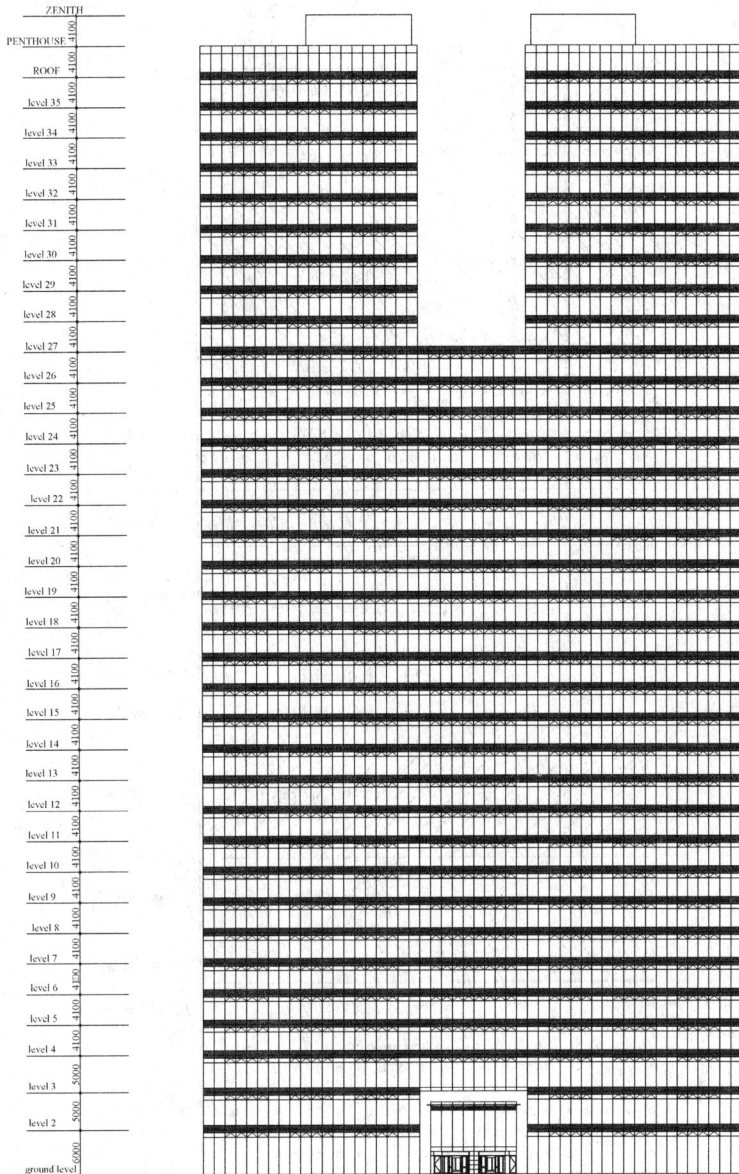

图 25　立面图

为卵石—圆砾，第⑬层为细—中砂，是桩基础良好持力层。采用后注浆灌注桩桩筏基础，设计桩径1000mm。按强化核心筒桩基的竖向支承刚度、相对弱化外围框架柱桩基竖向支承刚度的总体思路，核心筒采用常规桩基，桩长25m，外围框架采用复合桩基，桩长15m。核心筒桩端持力层选为第⑬层细—中砂，单桩承载力特征值 $R_a = 9500$kN，桩距 $s_a = 3d$；外围边框架柱采用复合桩基础，荷载由桩土共同承担，单桩承载力特征值 $R_a = 7000$kN。

2）承台结构形式

由于变刚度调平布桩起到减小承台筏板整体弯距和冲切力的作用，板厚可减少。核心筒承台采用平板式，厚度 $h_1 = 2200$mm；外围框架采用梁板式筏板承台，梁截面 $b_b \times h_b = 2000$mm×2200mm，板厚 $h_2 =$

1600mm。与主体相连裙房（含地下室）采用天然地基，梁板式片筏基础。

2　基桩承载力计算与布桩

1）核心筒

荷载效应标准组合（含承台自重）：$N_{ck} = 843592$kN；

基桩承载力特征值 $R_a = 9500$kN，每个核心筒布桩90根，并使桩反力合力点与荷载重心接近重合。偏心距如下：

左核心筒荷载偏心距离：$\Delta X = -0.04$m；$\Delta Y = 0.26$m

右核心筒荷载偏心距离：$\Delta X = 0.04$m；$\Delta Y = 0.15$m

9500kN×90＝855000kN＞843592kN

2）外围边框架柱

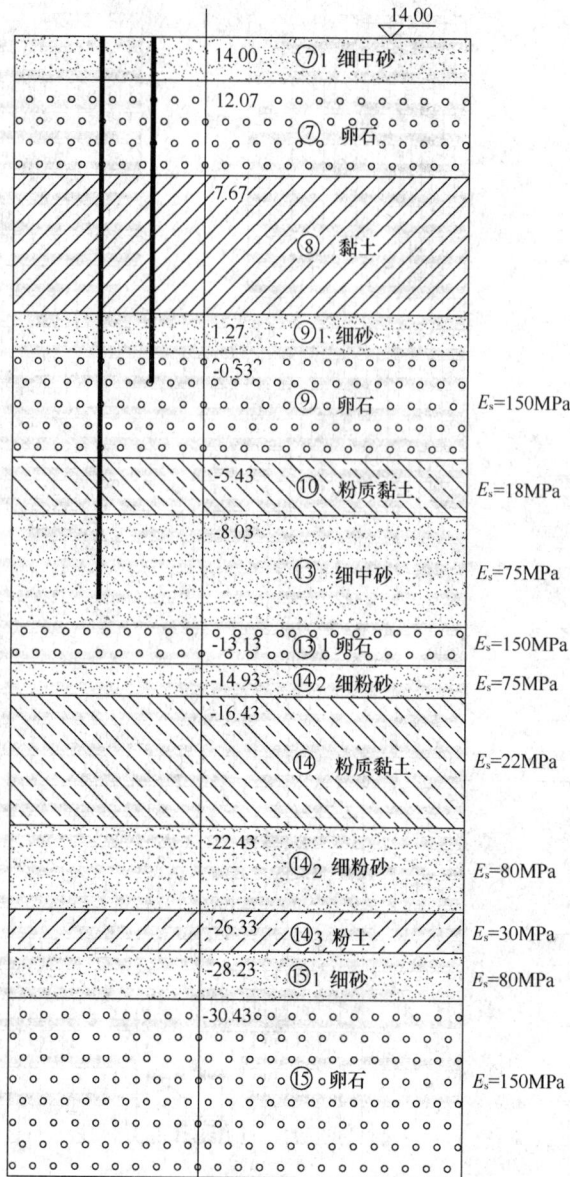

图26 场地地层柱状土

选荷载最大的框架柱进行验算，柱下布桩 3 根。桩底荷载标准值 $F_k=36025kN$，

单根复合基桩承台面积 $A_c=(9 \times 7.5-2.36)/3=21.7m^2$

承台梁自重 $G_{kb}=2.0 \times 2.2 \times 14.5 \times 25=1595kN$

承台板自重 $G_{ks}=5.5 \times 3.5 \times 2 \times 1.6 \times 25=1540kN$

承台上土重 $G=5.5 \times 3.5 \times 2 \times 0.6 \times 18=415.8kN$

总重 $G_k=1595+1540+415.8=3550.8kN$

承台效应系数 η_c 取 0.7，地基承载力特征值 $f_{ak}=350kPa$

复合基桩承载力特征值

$R=R_a+\eta_c f_{ak}A_c=7000+0.7 \times 350 \times 21.7=12317kN$

复合基桩荷载标准值

$(F_k+G_k)/3=13192kN$，超出承载力 6.6%。考虑到以下二个因素，一是所验算柱为荷载最大者，这种荷载与承载力的局部差异通过上部结构和承台的共同作用得到调整；二是按变刚度调平原则，外框架桩基刚度宜适当弱化。故外框架柱桩基满足设计要求。桩基础平面布置图见图27。

3 沉降计算

1）核心筒沉降采用等效作用分层总和法计算

附加压力 $p_0=680kPa$，$L_c=32m$，$B_c=21.5m$，$n=90$，$d=1.0m$，$l=25m$；

$n_b=\sqrt{n \cdot B_c/L_c}=7.75$，$l/d=25$，$s_a/d=3$

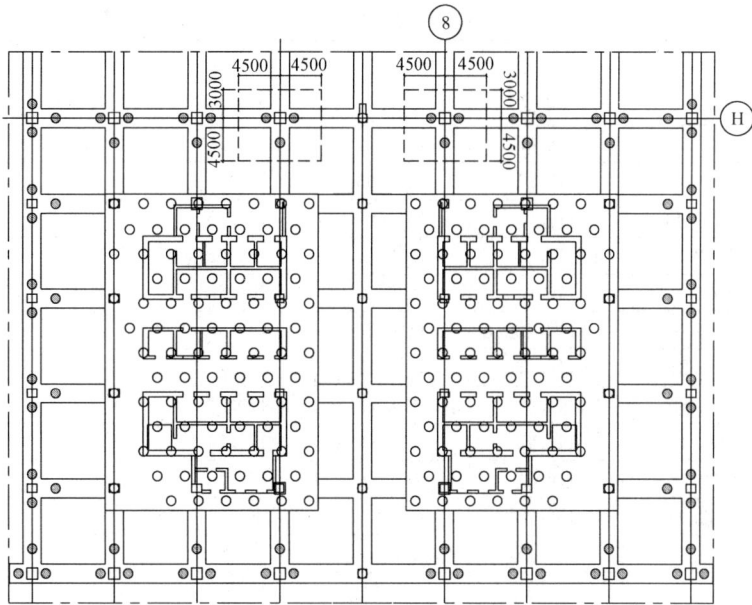

图 27 桩基础及承台布置图

由附录 E 得：

$L_c/B_c = 1$，$l/d = 25$ 时，$C_0 = 0.063$，$C_1 = 1.500$，$C_2 = 7.822$

$L_c/B_c = 2$，$l/d = 25$ 时，$C_0 = 0.118$，$C_1 = 1.565$，$C_2 = 6.826$

$$\psi_{e1} = C_0 + \frac{n_b - 1}{C_1(n_b - 1) + C_2} = 0.44, \quad \psi_{e2} = 0.50,$$

插值得：$\psi_e = 0.47$

外围框架柱桩基对核心筒桩端以下应力的影响，按本规范第 5.5.14 条计算其对核心筒计算点桩端平面以下的应力影响，进行叠加，按单向压缩分层总和法计算核心筒沉降。

沉降计算深度由 $\sigma_z = 0.2\sigma_c$ 得：$z_n = 20\text{m}$

压缩模量当量值：$\overline{E_s} = 35\text{MPa}$

由本规范第 5.5.11 条得：$\psi = 0.5$；采用后注浆施工工艺乘以 0.7 折减系数

由本规范第 5.5.7 条及第 5.5.12 条得：$s' = 272\text{mm}$

最终沉降量：

$$s = \psi \cdot \psi_e \cdot s' = 0.5 \times 0.7 \times 0.47 \times 272\text{mm} = 45\text{mm}$$

2）边框架复合桩基沉降计算，采用复合应力分层总和法，即按本规范式（5.5.14-4）

计算范围见图 28，计算参数及结果列于表 12。

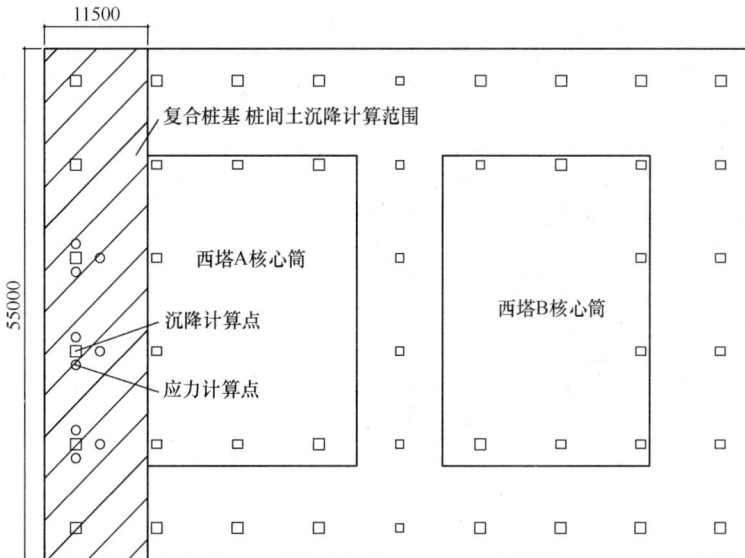

图 28 复合桩基沉降计算范围及计算点示意图

表 12 框架柱沉降

σ / z/l	σ_{zi} (kPa)	σ_{zci} (kPa)	$\sum\sigma$ (kPa)	$0.2\sigma_{ci}$ (kPa)	E_s (MPa)	分层沉降 (mm)
1.004	1319.87	118.65	1438.52	168.25	150	0.62
1.008	1279.44	118.21	1397.65	168.51	150	0.60
1.012	1227.14	117.77	1344.91	168.76	150	0.58
1.016	1162.57	117.34	1279.91	169.02	150	0.55
1.020	1088.67	116.91	1205.58	169.28	150	0.52
1.024	1009.80	116.48	1126.28	169.53	150	0.49
1.028	930.21	116.06	1046.27	169.79	150	0.46
1.040	714.80	114.80	829.60	170.56	150	1.09
1.060	473.19	112.74	585.93	171.84	150	1.30
1.080	339.68	110.73	450.41	173.12	150	1.01
1.100	263.05	108.78	371.83	174.4	150	0.85
1.120	215.47	106.87	322.34	175.68	150	0.75
1.14	183.49	105.02	288.51	176.96	150	0.68
1.16	160.24	103.21	263.45	178.24	150	0.62
1.18	142.34	101.44	243.78	179.52	150	0.58
1.2	127.88	99.72	227.60	180.80	150	0.55
1.3	82.14	91.72	173.86	187.20	18	18.30
1.4	57.63	84.61	142.24	193.60	—	—
最终沉降量（mm）					30	

注：z 为承台底至应力计算点的竖向距离。

沉降计算荷载应考虑回弹再压缩，采用准永久荷载效应组合的总荷载为等效附加荷载；桩顶荷载取 $Q=7000\mathrm{kN}$；

承台土压力，近似取 $p_{ck}=\eta_c f_{ak}=245\mathrm{kPa}$；

用应力比法得计算深度：$z_n=6.0\mathrm{m}$，桩身压缩量 $s_e=2\mathrm{mm}$。

最终沉降量，$s=\psi \cdot s' + s_e = 0.7 \times 30.0 + 2.0 = 23\mathrm{mm}$（采用后注浆乘以 0.7 折减系数）。

上述沉降计算只计入相邻基桩对桩端平面以下应力的影响，未考虑筏板整体刚度和上部结构刚度对调整差异沉降的贡献，故实际差异沉降比上述计算值更小。

4 按上部结构刚度—承台—桩土相互作用有限元法计算沉降。按共同作用有限元分析程序计算所得沉降等值线如图 29 所示。从中看出，最大沉降为 40mm，最大差异沉降 $\Delta s_{max}=0.0005L_0$，仅为规范允许值的 1/4。

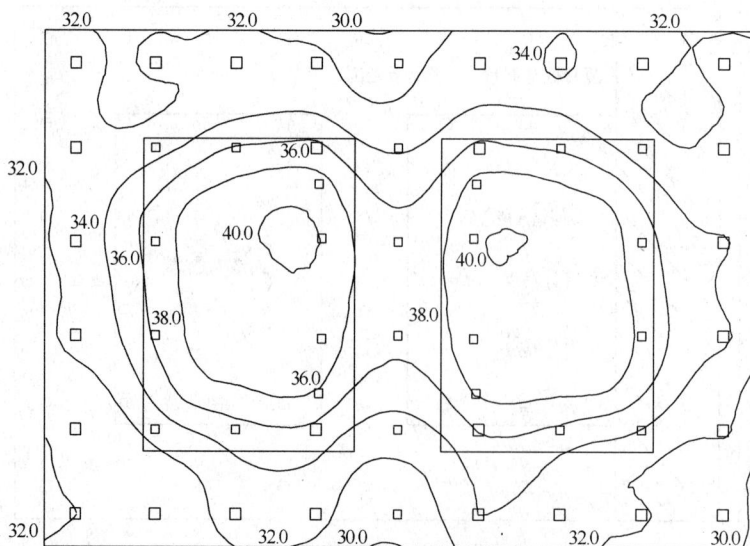

图 29 共同作用分析沉降等值线

5.6 软土地基减沉复合疏桩基础

5.6.1 软土地基减沉复合疏桩基础的设计应遵循两个原则，一是桩和桩间土在受荷变形过程中始终确保两者共同分担荷载，因此单桩承载力宜控制在较小范围，桩的横截面尺寸一般宜选择 $\phi200 \sim \phi400$（或 $200mm \times 200mm \sim 300mm \times 300mm$），桩应穿越上部软土层，桩端支承于相对较硬土层；二是桩距 $s_a > (5 \sim 6)d$，以确保桩间土的荷载分担比足够大。

减沉复合疏桩基础承台型式可采用两种，一种是筏式承台，多用于承载力小于荷载要求和建筑物对差异沉降控制较严或带有地下室的情况；另一种是条形承台，但承台面积系数（承台与首层面积相比）较大，多用于无地下室的多层住宅。

桩数除满足承载力要求外，尚应经沉降计算最终确定。

5.6.2 本条说明减沉复合疏桩基础的沉降计算。

对于复合疏桩基础而言，与常规桩基相比其沉降性状有两个特点。一是桩的沉降发生塑性刺入的可能性大，在受荷变形过程中桩、土分担荷载比随土体固结而使其在一定范围变动，随固结变形逐渐完成而趋于稳定。二是桩间土体的压缩固结受承台压力作用为主，受桩、土相互作用影响居次。由于承台底面桩、土的沉降是相等的，桩基的沉降既可通过计算桩的沉降，也可通过计算桩间土沉降实现。桩的沉降包含桩端平面以下土的压缩和塑性刺入（忽略桩的弹性压缩），同时应考虑承台土反力对桩沉降的影响。桩间土的沉降包含承台底土的压缩和桩对土的影响。为了回避桩端塑性刺入这一难以计算的问题，本规范采取计算桩间土沉降的方法。

基础平面中点最终沉降计算式为：$s = \psi(s_s + s_{sp})$。

1 承台底地基土附加应力作用下的压缩变形沉降 s_s。按 Boussinesq 解计算土中的附加应力，按单向压缩分层总和法计算沉降，与常规浅基沉降计算模式相同。

关于承台底附加压力 p_0，考虑到桩的刺入变形导致承台分担荷载量增大，故计算 p_0 时乘以刺入变形影响系数，对于黏性土 $\eta_p = 1.30$，粉土 $\eta_p = 1.15$，砂土 $\eta_p = 1.0$。

2 关于桩对土影响的沉降增加值 s_{sp}。桩侧阻力引起桩周土的沉降，按桩侧剪切位移传递法计算，桩侧土离桩中心任一点 r 的竖向位移为：

$$w_r = \frac{\tau_0 r_0}{G_s} \int_r^{r_m} \frac{dr}{r} = \frac{\tau_0 r_0}{G_s} \ln \frac{r_m}{r} \qquad (7)$$

减沉桩桩端阻力比例较小，端阻力对承台底地基土位移的影响也较小，予以忽略。

式（7）中，τ_0 为桩侧阻力平均值；r_0 为桩半径；G_s 为土的剪切模量，$G_s = E_0/2(1+\nu)$，ν 为泊松

比，软土取 $\nu = 0.4$；E_0 为土的变形模量，其理论关系式 $E_0 = 1 - \frac{2\nu^2}{(1-\nu)} E_s \approx 0.5 E_s$，$E_s$ 为土的压缩模量；软土桩侧土剪切位移最大半径 r_m，软土地区取 $r_m = 8d$。将式（7）进行积分，求得任一基桩桩周碟形位移体积，为：

$$
\begin{aligned}
V_{sp} &= \int_0^{2\pi} \int_{r_0}^{r_m} \frac{\tau_0 r_0}{G_s} r \ln \frac{r_m}{r} dr d\theta \\
&= \frac{2\pi \tau_0 r_0}{G_s} \left(\frac{r_0^2}{2} \ln \frac{r_0}{r_m} + \frac{r_m^2}{4} - \frac{r_0^2}{4} \right) \qquad (8)
\end{aligned}
$$

桩对土的影响值 s_{sp} 为单一基桩桩周位移体积除以圆面积 $\pi(r_m^2 - r_0^2)$；另考虑桩距较小时剪切位移的重叠效应，当桩侧土剪切位移最大半径 r_m 大于平均桩距 $\overline{s_a}$ 时，引入近似重叠系数 $\pi(r_m/\overline{s_a})^2$，则

$$
\begin{aligned}
s_{sp} &= \frac{V_{sp}}{\pi(r_m^2 - r_0^2)} \cdot \pi \frac{r_m^2}{\overline{s_a}^2} \\
&= \frac{\frac{8(1+\nu)\pi \tau_0 r_0}{E_s} \left(\frac{r_0^2}{2} \ln \frac{r_0}{r_m} + \frac{r_m^2}{4} - \frac{r_0^2}{4} \right)}{\pi(r_m^2 - r_0^2)} \cdot \pi \frac{r_m^2}{\overline{s_a}^2} \\
&= \frac{(1+\nu)8\pi \tau_0}{4E_s} \cdot \frac{1}{(s_a/d)^2} \\
&\quad \cdot \frac{r_m^2 \left(\frac{r_0^2}{2} \ln \frac{r_0}{r_m} + \frac{r_m^2}{4} - \frac{r_0^2}{4} \right)}{(r_m^2 - r_0^2) r_0}
\end{aligned}
$$

因 $r_m = 8d \gg r_0$，且 $\tau_0 = q_{su}$，$v = 0.4$，故上式简化为：

$$s_{sp} = \frac{280 q_{su}}{E_s} \cdot \frac{d}{(s_a/d)^2}$$

因此，$s = \psi(s_s + s_{sp})$；

$$s_s = 4p_0 \sum_{i=1}^m \frac{z_i \overline{\alpha}_i - z_{(i-1)} \overline{\alpha}_{(i-1)}}{E_{si}},$$

$$s_{sp} = 280 \frac{\overline{q_{su}}}{\overline{E_s}} \cdot \frac{d}{(s_a/d)^2}$$

一般地，$\overline{q_{su}} = 30kPa$，$\overline{E_s} = 2MPa$，$s_a/d = 6$，$d = 0.4m$。

$$
\begin{aligned}
s_{sp} &= \frac{280 \overline{q_{su}}}{\overline{E_s}} \cdot \frac{d}{(s_a/d)^2} = 280 \times \frac{30 \ (kPa)}{2 \ (MPa)} \\
&\quad \times \frac{1}{36} \times 0.4 \ (m) \\
&= 47mm_{\circ}
\end{aligned}
$$

3 条形承台减沉复合疏桩基础沉降计算

无地下室多层住宅多数将承台设计为墙下条形承台板，条基之间净距较小，若按实际平面计算相邻影响十分繁锁，为此，宜将其简化为等效平板式承台，按角点法分块计算基础中点沉降。

4 工程验证

表 13　软土地基减沉复合疏桩基础计算沉降与实测沉降

名称（编号）	建筑物层数（地下）/附加压力（kN）	基础平面尺寸（m×m）	桩径 d（m）/桩长 L（m）	承台埋深（m）/桩数	桩端持力层	计算沉降（mm）	按实测推算的最终沉降（mm）
上海×××	6/61210	53×11.7	0.2×0.2/16	1.6/161	黏土	108	77
上海×××	6/52100	52.5×11	0.2×0.2/16	1.6/148	黏土	76	81
上海×××	6/49718	42×11	0.2×0.2/16	1.6/118	黏土	120	69
上海×××	6/43076	40×10	0.2×0.2/16	1.6/139	黏土	76	76
上海×××	6/45490	58×12	0.2×0.2/16	1.6/250	黏土	132	127
绍兴×××	6/49505	35×10	ϕ0.4/12	1.45/142	粉土	55	50
上海×××	6/43500	40×9	0.2×0.2/16	1.27/152	黏土夹砂	158	150
天津×××	—/56864	46×16	ϕ0.42/10	1.7/161	黏质粉土	63.7	40
天津×××	—/62507	52×15	ϕ0.42/10	1.7/176	黏质粉土	62	50
天津×××	—/74017	62×15	ϕ0.42/10	1.7/224	黏质粉土	55	50
天津×××	—/62000	52×14	0.35×0.35/17	1.5/127	粉质黏土	100	80
天津×××	—/106840	84×15	0.35×0.35/17	1.5/220	粉质黏土	100	90
天津×××	—/64200	54×14	0.35×0.35/17	1.5/135	粉质黏土	95	90
天津×××	—/82932	56×18	0.35×0.35/12.5	1.5/155	粉质黏土	161	120

5.7　桩基水平承载力与位移计算

5.7.2　本条说明单桩水平承载力特征值的确定。

影响单桩水平承载力和位移的因素包括桩身截面抗弯刚度、材料强度、桩侧土质条件、桩的入土深度、桩顶约束条件。如对于低配筋率的灌注桩，通常是桩身先出现裂缝，随后断裂破坏；此时，单桩水平承载力由桩身强度控制。对于抗弯性能强的桩，如高配筋率的混凝土预制桩和钢桩，桩身虽未断裂，但由于桩侧土体塑性隆起，或桩顶水平位移大大超过使用允许值，也认为桩的水平承载力达到极限状态。此时，单桩水平承载力由位移控制。由桩身强度控制和桩顶水平位移控制两种工况均受桩侧土水平抗力系数的比例系数 m 的影响，但是，前者受影响较小，呈 $m^{1/5}$ 的关系；后者受影响较大，呈 $m^{3/5}$ 的关系。对于受水平荷载较大的建筑桩基，应通过现场单桩水平承载力试验确定单桩水平承载力特征值。对于初设阶段可通过规范所列的按桩身承载力控制的本规范式（5.7.2-1）和按桩顶水平位移控制的本规范式（5.7.2-2）进行计算。最后对工程桩进行静载试验检测。

5.7.3　建筑物的群桩基础多数为低承台，且多数带地下室，故承台侧面和地下室外墙侧面均能分担水平荷载，对于带地下室桩基受水平荷载较大时应按本规范附录C计算基桩、承台与地下室外墙水平抗力及位移。本条适用于无地下室，作用于承台顶面的弯矩较小的情况。本条所述群桩效应综合系数法，是以单

桩水平承载力特征值 R_{ha} 为基础，考虑四种群桩效应，求得群桩综合效应系数 η_h，单桩水平承载力特征值乘以 η_h 即得群桩中基桩的水平承载力特征值 R_h。

1　桩的相互影响效应系数 η_i

桩的相互影响随桩距减小、桩数增加而增大，沿荷载方向的影响远大于垂直于荷载作用方向，根据23组双桩、25组群桩的水平荷载试验结果的统计分析，得到相互影响系数 η_i，见本规范式（5.7.3-3）。

2　桩顶约束效应系数 η_r

建筑桩基桩顶嵌入承台的深度较浅，为 5～10cm，实际约束状态介于铰接与固接之间。这种有限约束连接既能减小桩顶水平位移（相对于桩顶自由），又能降低桩顶约束弯矩（相对于桩顶固接），重新分配桩身弯矩。

根据试验结果统计分析表明，由于桩顶的非完全嵌固导致桩顶弯矩降低至完全嵌固理论值的40%左右，桩顶位移较完全嵌固增大约25%。

为确定桩顶约束效应对群桩水平承载力的影响，以桩顶自由单桩与桩顶固接单桩的桩顶位移比 R_x、最大弯矩比 R_M 基准进行比较，确定其桩顶约束效应系数为：

当以位移控制时

$$\eta_r = \frac{1}{1.25}R_x$$

$$R_x = \frac{\chi_0^o}{\chi_0^r}$$

当以强度控制时

$$\eta_r = \frac{1}{0.4}R_M$$

$$R_M = \frac{M^o_{max}}{M^r_{max}}$$

式中 χ^o_0、χ^r_0——分别为单位水平力作用下桩顶自由、桩顶固接的桩顶水平位移;

M^o_{max}、M^r_{max}——分别为单位水平力作用下桩顶自由的桩,其桩身最大弯矩;桩顶固接的桩,其桩顶最大弯矩。

将 m 法对应的桩顶有限约束效应系数 η_r 列于本规范表 5.7.3-1。

3 承台侧向土抗力效应系数 η_l

桩基发生水平位移时,面向位移方向的承台侧面将受到土的弹性抗力。由于承台位移一般较小,不足以使其发挥至被动土压力,因此承台侧向土抗力应采用与桩相同的方法——线弹性地基反力系数法计算。该弹性总土抗力为:

$$\Delta R_{hl} = \chi_{0a}B'_c\int_0^{h_c}K_n(z)dz$$

按 m 法,$K_n(z)=mz$(m 法),则

$$\Delta R_{hl} = \frac{1}{2}m\chi_{0a}B'_c h_c^2$$

由此得本规范式(5.7.3-4)承台侧向土抗力效应系数 η_l。

4 承台底摩阻效应系数 η_b

本规范规定,考虑地震作用且 $s_a/d \leqslant 6$ 时,不计入承台底的摩阻效应,即 $\eta_b=0$;其他情况应计入承台底摩阻效应。

5 群桩中基桩的群桩综合效应系数分别由本规范式(5.7.3-2)和式(5.7.3-6)计算。

5.7.5 按 m 法计算桩的水平承载力。桩的水平变形系数 α,由桩身计算宽度 b_0、桩身抗弯刚度 EI、以及土的水平抗力系数沿深度变化的比例系数 m 确定,

$\alpha = \sqrt[5]{\dfrac{mb_0}{EI}}$。m 值,当无条件进行现场试验测定时,可采用本规范表 5.7.5 的经验值。这里应指出,m 值对于同一根桩并非定值,与荷载呈非线性关系,低荷载水平下,m 值较高;随荷载增加,桩侧土的塑性区逐渐扩展而降低。因此,m 取值应与实际荷载、允许位移相适应。如根据试验结果求低配筋率桩的 m,应取临界荷载 H_{cr} 及对应位移 χ_{cr} 按下式计算

$$m = \frac{\left(\dfrac{H_{cr}}{\chi_{cr}}v_x\right)^{\frac{5}{3}}}{b_0(EI)^{\frac{2}{3}}} \qquad (9)$$

对于配筋率较高的预制桩和钢桩,则应取允许位移及其对应的荷载按上式计算 m。

根据所收集到的具有完整资料参加统计的试桩,灌注桩 114 根,相应桩径 $d=300\sim1000$mm,其中 $d=300\sim600$mm 占 60%;预制桩 85 根。统计前,将水平承载力主要影响深度[$2(d+1)$]内的土层划分为 5 类,然后

分别按上式(9)计算 m 值。对各类土层的实测 m 值采用最小二乘法统计,取 m 值置信区间按可靠度大于 95%,即 $m=\overline{m}-1.96\sigma_m$,$\sigma_m$ 为均方差,统计经验值 m 值列于本规范表 5.7.5。表中预制桩、钢桩的 m 值系根据水平位移为 10mm 时求得,故当其位移小于 10mm 时,m 应予适当提高;对于灌注桩,当水平位移大于表列值时,则应将 m 值适当降低。

5.8 桩身承载力与裂缝控制计算

5.8.2、5.8.3 钢筋混凝土轴向受压桩正截面受压承载力计算,涉及以下三方面因素:

1 纵向主筋的作用。轴向受压桩的承载性状与上部结构柱相近,较柱的受力条件更为有利的是桩周受土的约束,侧阻力使轴向荷载随深度递减,因此,桩身受压承载力由桩顶下一定区段控制。纵向主筋的配置,对于长摩擦型桩和摩擦端承桩可随深度变断面或局部长度配置。纵向主筋的承压作用在一定条件下可计入桩身受压承载力。

2 箍筋的作用。箍筋不仅起水平抗剪作用,更重要的是对混凝土起侧向约束增强作用。图 30 是带箍筋与不带箍筋混凝土轴压应力-应变关系。由图看出,带箍筋的约束混凝土轴压强度较无约束混凝土提高 80% 左右,且其应力-应变关系改善。因此,本规范明确规定凡桩顶 5d 范围箍筋间距不大于 100mm 者,均可考虑纵向主筋的作用。

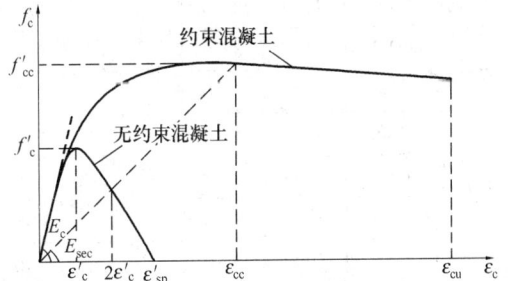

图 30 约束与无约束混凝土应力-应变关系
(引自 Mander et al 1984)

3 成桩工艺系数 ψ_c。桩身混凝土的受压承载力是桩身受压承载力的主要部分,但其强度和截面变异受成桩工艺的影响。就其成桩环境、质量可控度不同,将成桩工艺系数 ψ_c 规定如下。ψ_c 取值在原 JGJ 94-94 规范的基础上,汲取了工程试桩的经验数据,适当提高了安全度。

混凝土预制桩、预应力混凝土空心桩:$\psi_c=0.85$;主要考虑在沉桩后桩身常出现裂缝。

干作业非挤土灌注桩(含机钻、挖、冲孔桩、人工挖孔桩):$\psi_c=0.90$;泥浆护壁和套管护壁非挤土灌注桩、部分挤土灌注桩、挤土灌注桩:$\psi_c=0.7\sim0.8$;软土地区挤土灌注桩:$\psi_c=0.6$。对于泥浆护壁非挤土灌注桩应视地层土质取 ψ_c 值,对于易塌孔的

流塑状软土、松散粉土、粉砂，ψ_c 宜取 0.7。

4 桩身受压承载力计算及其与静载试验比较

本规范规定，对于桩顶以下 5d 范围箍筋间距不大于 100mm 者，桩身受压承载力设计值可考虑纵向主筋按本规范式（5.8.2-1）计算，否则只考虑桩身混凝土的受压承载力。对于按本规范式（5.8.2-1）计算桩身受压承载力的合理性及其安全度，从所收集到的 43 根泥浆护壁后注浆钻孔灌注桩静载试验结果与桩身极限受压承载力计算值 R_u 进行比较，以检验桩身受压承载力计算模式的合理性和安全性（列于表 14）。其中 R_u 按如下关系计算：

$$R_u = \frac{2R_p}{1.35}$$

$$R_p = \psi_c f_c A_{ps} + 0.9 f'_y A'_s$$

其中 R_p 为桩身受压承载力设计值；ψ_c 为成桩工艺系数；f_c 为混凝土轴心抗压强度设计值；f'_y 为主筋受压强度设计值；A_{ps}、A'_s 为桩身和主筋截面积，其中 A'_s 包含后注浆钢管截面积；1.35 系数为单桩承载力特征值与设计值的换算系数（综合荷载分项系数）。

从表 14 可见，虽然后注浆桩由于土的支承阻力（侧阻、端阻）大幅提高，绝大部分试桩未能加载至破坏，但其荷载水平是相当高的。最大加载值 Q_{max} 与桩身受压承载力极限值 R_u 之比 Q_{max}/R_u 均大于 1，且无一根桩桩身被压坏。

以上计算与试验结果说明三个问题：一是影响混凝土受压承载力的成桩工艺系数，对于泥浆护壁非挤土桩一般取 $\psi_c = 0.8$ 是合理的；二是在桩顶 5d 范围箍筋加密情况下计入纵向主筋承载力是合理的；三是按本规范公式计算桩身受压承载力的安全系数高于由土的支承阻力确定的单桩承载力特征值安全系数 $K = 2$，桩身承载力的安全可靠性处于合理水平。

表 14 灌注桩（泥浆护壁、后注浆）桩身受压承载力计算与试验结果

工程名称	桩号	桩径 d (mm)	桩长 L (m)	桩端持力层	桩身混凝土等级	主筋	桩顶 5d 箍筋	最大加载 Q_{max} (kN)	沉降 (mm)	桩身受压极限承载力 R_u (kN)	$\frac{Q_{max}}{R_u}$
银泰中心 A 座	A-S1	1100	30.0	⑨层卵砾、砾粗砂	C40	10ϕ22	ϕ8@100	24×10^3	16.31	22.76×10^3	>1.05
	AS1-1	1100	30.0		C40	10ϕ22	ϕ8@100	17×10^3	7.65	22.76×10^3	
	AS1-2	1100	30.0		C40	10ϕ22	ϕ8@100	17×10^3	10.11	22.76×10^3	
银泰中心 B 座	B-S3	1100	30.0	⑨层卵砾、砾粗砂	C40	10ϕ22	ϕ8@100	24×10^3	16.70	22.76×10^3	>1.05
	B1-14	1100	30.0		C40	10ϕ22	ϕ8@100	17×10^3	10.34	22.76×10^3	
	BS1-2	1100	30.0		C40	10ϕ22	ϕ8@100	17×10^3	10.62	22.76×10^3	
银泰中心 C 座	C-S2	1100	30.0	⑨层卵砾、砾粗砂	C40	10ϕ22	ϕ8@100	24×10^3	18.71	22.76×10^3	>1.05
	CS1-1	1100	30.0		C40	10ϕ22	ϕ8@100	17×10^3	14.89	22.76×10^3	
	S1-2	1100	30.0		C40	10ϕ22	ϕ8@100	17×10^3	13.14	22.76×10^3	
北京电视中心	S1	1000	27.0	⑦层卵砾、砾	C40	12ϕ20	ϕ8@100	18×10^3	21.94	19.01×10^3	—
	S2	1000	27.0		C40	12ϕ20	ϕ8@100	18×10^3	27.38	19.01×10^3	—
	S3	1000	27.0		C40	12ϕ20	ϕ8@100	18×10^3	24.78	19.01×10^3	—
	S4	800	27.0		C40	10ϕ20	ϕ8@100	14×10^3	25.81	12.40×10^3	>1.13
	S6	800	27.0		C40	10ϕ20	ϕ8@100	16.8×10^3	29.86	12.40×10^3	>1.35
财富中心一期公寓	22#	800	24.6	⑦层卵砾	C40	12ϕ18	ϕ8@100	13.8×10^3	12.32	11.39×10^3	>1.12
	21#	800	24.6		C40	12ϕ18	ϕ8@100	13.8×10^3	12.17	11.39×10^3	>1.12
	59#	800	24.6		C40	12ϕ18	ϕ8@100	13.8×10^3	14.98	11.39×10^3	>1.12
财富中心二期办公楼	64#	800	25.2	⑦层卵砾	C40	12ϕ18	ϕ8@100	13.7×10^3	17.30	11.39×10^3	>1.11
	1#	800	25.2		C40	12ϕ18	ϕ8@100	13.7×10^3	16.12	11.39×10^3	>1.11
	127#	800	25.2		C40	12ϕ18	ϕ8@100	13.7×10^3	16.34	11.39×10^3	>1.11
财富中心二期公寓	402#	800	21.0	⑦层卵砾	C40	12ϕ18	ϕ8@100	13.0×10^3	18.60	11.39×10^3	>1.05
	340#	800	21.0		C40	12ϕ18	ϕ8@100	13.0×10^3	14.35	11.39×10^3	>1.05
	93#	800	21.0		C40	12ϕ18	ϕ8@100	13.0×10^3	12.64	11.39×10^3	>1.05

工程名称	桩号	桩径 d (mm)	桩长 L (m)	桩端持力层	桩身混凝土等级	主筋	桩顶 $5d$ 箍筋	最大加载 Q_{max} (kN)	沉降 (mm)	桩身受压极限承载力 R_u (kN)	$\dfrac{Q_{max}}{R_u}$
财富中心酒店	16#	800	22.0	⑦层卵砾	C40	12ϕ18	ϕ8@100	13.0×10^3	13.72	11.39×10^3	>1.05
	148#	800	22.0		C40	12ϕ18	ϕ8@100	13.0×10^3	14.27	11.39×10^3	>1.05
	226#	800	22.0		C40	12ϕ18	ϕ8@100	13.0×10^3	13.66	11.39×10^3	>1.05
首都国际机场航站楼	NB-T	800	30.8	粉砂、粉土	C40	10ϕ22	ϕ8@100	16.0×10^3	37.43	19.89×10^3	>1.26
	NB-T	800	41.8		C40	16ϕ22	ϕ8@100	28.0×10^3	53.72	19.89×10^3	>1.57
	NB-T	1000	30.8		C40	16ϕ22	ϕ8@100	18.0×10^3	37.65	11.70×10^3	—
	NC-T	800	25.5		C40	10ϕ22	ϕ8@100	12.8×10^3	43.50	18.30×10^3	>1.12
	NC-T	1000	25.5		C40	12ϕ22	ϕ8@100	16.0×10^3	68.44	11.70×10^3	>1.13
	ND-T	800	27.65		C40	10ϕ22	ϕ8@100	14.4×10^3	62.33	11.70×10^3	>1.23
	ND-T	1000	38.65		C40	16ϕ22	ϕ8@100	24.5×10^3	61.03	19.89×10^3	>1.03
	ND-T	1000	27.65		C40	12ϕ22	ϕ8@100	20.0×10^3	67.56	19.39×10^3	>1.40
	ND-T	800	38.65		C40	12ϕ22	ϕ8@100	18.0×10^3	69.27	12.91×10^3	>1.42
中央电视台	TP-A1	1200	51.70	中粗砂、卵砾	C40	24ϕ25	ϕ10@100	33.0×10^3	21.78	29.4×10^3	>1.12
	TP-A2	1200	51.70		C40	24ϕ25	ϕ10@100	30.0×10^3	31.44	29.4×10^3	>1.03
	TP-A3	1200	53.40		C40	24ϕ25	ϕ10@100	18.78	18.78	29.4×10^3	>1.12
	TP-B2	1200	33.40		C40	24ϕ25	ϕ10@100	33.0×10^3	14.50	29.4×10^3	>1.12
	TP-B3	1200	33.40		C40	24ϕ25	ϕ8@100	35.0×10^3	21.80	29.4×10^3	>1.19
	TP-C1	800	23.40		C40	16ϕ20	ϕ8@100	17.6×10^3	18.50	13.0×10^3	>1.35
	TP-C2	800	22.60		C40	16ϕ20	ϕ8@100	17.6×10^3	18.65	13.0×10^3	>1.35
	TP-C3	800	22.60		C40	16ϕ20	ϕ8@100	17.6×10^3	18.14	13.0×10^3	>1.35

这里应强调说明一个问题，在工程实践中常见有静载试验中桩头被压坏的现象，其实这是试桩桩头处理不当所致。试桩桩头未按现行行业标准《建筑基桩检测技术规范》JGJ 106 规定进行处理，如：桩顶千斤顶接触不平整引起应力集中；桩顶混凝土再处理后强度过低；桩顶未加钢板围裹或未设箍筋等，由此导致桩头先行破坏。很明显，这种由于试验处置不当而引发无法真实评价单桩承载力的现象是应该而且完全可以杜绝的。

5.8.4 本条说明关于桩身稳定系数的相关内容。工程实践中，桩身处于土体内，一般不会出现压屈失稳问题，但下列两种情况应考虑桩身稳定系数确定桩身受压承载力，即将按本规范第5.8.2条计算的桩身受压承载力乘以稳定系数 φ。一是桩的自由长度较大（这种情况只见于少数构筑物桩基）、桩周围为可液化土；二是桩周围为超软弱土，即土的不排水抗剪强度小于10kPa。当桩的计算长度与桩径比 $l_c/d>7.0$ 时要按本规范表5.8.4-2确定 φ 值。而桩的压屈计算长度 l_c 与桩顶、桩端约束条件有关，l_c 的具体确定方

法按本规范表 5.8.4-1 规定执行。

5.8.7、5.8.8 对于抗拔桩桩身正截面设计应满足受拉承载力，同时应按裂缝控制等级，进行裂缝控制计算。

1 桩身承载力设计

本规范式（5.8.7）中预应力筋的受拉承载力为 $f_{py}A_{py}$，由于目前工程实践中多数为非预应力抗拔桩，故该项承载力为零。近来较多工程将预应力混凝土空心桩用于抗拔桩，此时桩顶与承台连接系通过桩顶管中埋设吊筋浇注混凝土芯，此时应确保加芯的抗拔承载力。对抗拔灌注桩施加预应力，由于构造、工艺较复杂，实践中应用不多，仅限于单桩承载力要求高的条件。从目前既有工程应用情况看，预应力灌注桩要处理好两个核心问题，一是无粘结预应力筋在桩身下部的锚固：宜于端部加锚头，并剥掉 2m 长左右塑料套管，以确保端头有效锚固。二是张拉锁定，有两种模式，一种是于桩顶预埋张拉锁定垫板，桩顶张拉锁定；另一种是在承台浇注预留张拉锁定平台，张拉锁定后，第二次浇注承台锁定锚头部分。

2 裂缝控制

首先根据本规范第3.5节耐久性规定，参考现行《混凝土结构设计规范》GB 50010，按环境类别和腐蚀性介质弱、中、强等级诸因素划分抗拔桩裂缝控制等级，对于不同裂缝控制等级桩基采取相应措施。对于严格要求不出现裂缝的一级和一般要求不出现裂缝的二级裂缝控制等级基桩，宜设预应力筋；对于允许出现裂缝的三级裂缝控制等级基桩，应按荷载效应标准组合计算裂缝最大宽度 w_{max}，使其不超过裂缝宽度限值，即 $w_{max} \leqslant w_{lim}$。

5.8.10 当桩处于成层土中且土层刚度相差大时，水平地震作用下，软硬土层界面处的剪力和弯距将出现突增，这是基桩震害的主要原因之一。因此，应采用地震反应的时程分析方法分析软硬土层界面处的地震作用效应，进而采取相应的措施。

5.9 承 台 计 算

5.9.1 本条对桩基承台的弯矩及其正截面受弯承载力和配筋的计算原则作出规定。

5.9.2 本条对柱下独立桩基承台的正截面弯矩设计值的取值计算方法系依据承台的破坏试验资料作出规定。20世纪80年代以来，同济大学、郑州工业大学（郑州工学院）、中国石化总公司、洛阳设计院等单位进行的大量模型试验表明，柱下多桩矩形承台呈"梁式破坏"，即弯曲裂缝在平行于柱边两个方向交替出现，承台在两个方向交替呈梁式承担荷载（见图31），最大弯矩产生在平行于柱边两个方向的屈服线处。利用极限平衡原理导得柱下多桩矩形承台两个方向的承台正截面弯矩为本规范式（5.9.2-1）、式（5.9.2-2）。

对柱下三桩三角形承台进行的模型试验，其破坏模式也为"梁式破坏"。由于三桩承台的钢筋一般均平行于承台边呈三角形配置，因而等边三桩承台具有代表性的破坏模式见图31（b），可利用钢筋混凝土板的屈服线理论按机动法基本原理推导，得通过柱边屈服曲线的等边三桩承台正截面弯矩计算公式：

$$M = \frac{N_{max}}{3}\left(s_a - \frac{\sqrt{3}}{2}c\right) \qquad (10)$$

由图31（c）的等边三桩承台最不利破坏模式，可得另一公式：

$$M = \frac{N_{max}}{3}s_a \qquad (11)$$

考虑到图31（b）的屈服线产生在柱边，过于理想化，而图31（c）的屈服线未考虑柱的约束作用，其弯矩偏于安全。根据试件破坏的多数情况采用式（10）、式（11）两式的平均值作为本规范的弯矩计算公式，即得到本规范式（5.9.2-3）。

对等腰三桩承台，其典型的屈服线基本上都垂直于等腰三桩承台的两个腰，试件通常在长跨发生弯曲

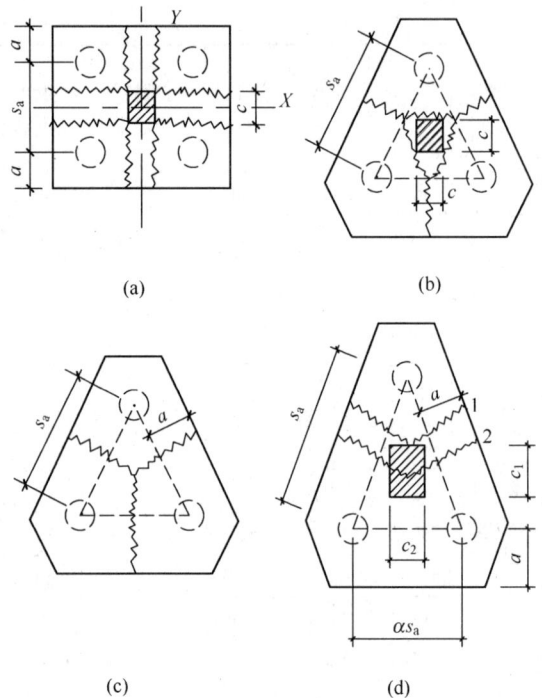

图31 承台破坏模式
（a）四桩承台；（b）等边三桩承台；
（c）等边三桩承台；（d）等腰三桩承台

破坏，其屈服线见图31（d）。按梁的理论可导出承台正截面弯矩的计算公式：

当屈服线2通过柱中心时
$$M_1 = \frac{N_{max}}{3}s_a \qquad (12)$$

当屈服线1通过柱边时
$$M_2 = \frac{N_{max}}{3}\left(s_a - \frac{1.5}{\sqrt{4-\alpha^2}}c_1\right) \qquad (13)$$

式（12）未考虑柱的约束影响，偏于安全；而式（13）又不够安全，因而本规范采用该两式的平均值确定等腰三桩承台的正截面弯矩，即本规范式（5.9.2-4）、式（5.9.2-5）。

上述关于三桩承台计算的 M 值均指通过承台形心与相应承台边正交截面的弯矩设计值，因而可按此相应宽度采用三向均匀配筋。

5.9.3 本条对箱形承台和筏形承台的弯矩计算原则进行规定。

1 对箱形承台及筏形承台的弯矩宜按地基——桩——承台——上部结构共同作用的原理分析计算。这是考虑到结构的实际受力情况具有共同作用的特性，因而分析计算应反映这一特性。

2 对箱形承台，当桩端持力层为基岩、密实的碎石类土、砂土且深厚均匀时；或当上部结构为剪力墙；或当上部结构为框架-核心筒结构且按变刚度调平原则布桩时，由于基础各部分的沉降变形较均匀，桩顶反力分布较均匀，整体弯矩较小，因而箱形承台顶、底板可仅考虑局部弯矩作用进行计算、忽略基础

的整体弯矩，但需在配筋构造上采取措施承受实际上存在的一定数量的整体弯矩。

3 对筏形承台，当桩端持力层深厚坚硬、上部结构刚度较好，且柱荷载及柱间距变化不超过20%时；或当上部结构为框架－核心筒结构且按变刚度调平原则布桩时，由于基础各部分的沉降变形均较均匀，整体弯矩较小，因而可仅考虑局部弯矩作用进行计算，忽略基础的整体弯矩，但需在配筋构造上采取措施承受实际上存在的一定数量的整体弯矩。

5.9.4 本条对柱下条形承台梁的弯矩计算方法根据桩端持力层情况不同，规定可按下列两种方法计算。

1 按弹性地基梁（地基计算模型应根据地基土层特性选取）进行分析计算，考虑桩、柱垂直位移对承台梁内力的影响。

2 当桩端持力层深厚坚硬且桩柱轴线不重合时，可将桩视为不动铰支座，采用结构力学方法，按连续梁计算。

5.9.5 本条对砌体墙下条形承台梁的弯矩和剪力计算方法规定可按倒置弹性地基梁计算。将承台上的砌体墙视为弹性半无限体，根据弹性理论求解承台梁上的荷载，进而求得承台梁的弯矩和剪力。为方便设计，附录G已列出承台梁不同位置处的弯矩和剪力计算公式。对于承台上的砌体墙，尚应验算桩顶以上部分砌体的局部受压强度，防止砌体发生压坏。

5.9.7 本条对桩基承台受柱（墙）冲切承载力的计算方法作出规定：

1 根据冲切破坏的试验结果进行简化计算，取冲切破坏锥体为自柱（墙）边或承台变阶处至相应桩顶边缘连线所构成的锥体。锥体斜面与承台底面之夹角不小于45°。

2 对承台受柱的冲切承载力按本规范式（5.9.7-1）～式（5.9.7-3）计算。依据现行国家标准《混凝土结构设计规范》GB 50010，对冲切系数作了调整。对混凝土冲切破坏承载力由 $0.6f_t u_m h_o$ 提高至 $0.7f_t u_m h_o$，即冲切系数 β_0 提高了16.7%，故本规范将其表达式 $\beta_0 = 0.72/(\lambda+0.2)$ 调整为 $\beta_0 = 0.84/(\lambda+0.2)$。

3 关于最小冲跨比取值，由原 $\lambda=0.2$ 调整为 $\lambda=0.25$，λ 满足 $0.25\sim1.0$。

根据现行《混凝土结构设计规范》GB 50010 的规定，需考虑承台受冲切承载力截面高度影响系数 β_{hp}。

必须强调对圆柱及圆桩计算时应将其截面换算成方柱或方桩，即取换算柱截面边长 $b_c = 0.8d_c$（d_c 为圆柱直径），换算桩截面边长 $b_p = 0.8d$，以确定冲切破坏锥体。

5.9.8 本条对承台受柱冲切破坏锥体以外基桩的冲切承载力的计算方法作出规定，这些规定与《建筑桩基技术规范》JGJ 94－94的计算模式相同。同时按现行《混凝土结构设计规范》GB 50010规定，对冲切系数 β_0 进行调整，并增加受冲切承载力截面高度影

响系数 β_{hp}。

5.9.9 本条对柱（墙）下桩基承台斜截面的受剪承载力计算作出规定。由于剪切破坏面通常发生在柱边（墙边）与桩连线形成的贯通承台的斜截面处，因而受剪计算斜截面取在柱边处。当柱（墙）承台悬挑边有多排基桩时，应对多个斜截面的受剪承载力进行计算。

5.9.10 本条说明柱下独立桩基承台的斜截面受剪承载力的计算。

1 斜截面受剪承载力的计算公式是以《建筑桩基技术规范》JGJ 94－94计算模式为基础，根据现行《混凝土结构设计规范》GB 50010 规定，斜截面受剪承载力由按混凝土受压强度设计值改为按受拉强度设计值进行计算，作了相应调整。即原承台剪切系数 $\alpha=0.12/(\lambda+0.3)$（$0.3\leqslant\lambda<1.4$）、$\alpha=0.20/(\lambda+1.5)$（$1.4\leqslant\lambda<3.0$）调整为 $\alpha=1.75/(\lambda+1)$（$0.25\leqslant\lambda\leqslant3.0$）。最小剪跨比取值由 $\lambda=0.3$ 调整为 $\lambda=0.25$。

2 对柱下阶梯形和锥形、矩形承台斜截面受剪承载力计算时的截面计算有效高度和宽度的确定作出相应规定，与《建筑桩基技术规范》JGJ 94－94 规定相同。

5.9.11 本条对梁板式筏形承台的梁的受剪承载力计算作出规定，求得各计算斜截面的剪力设计值后，其受剪承载力可按现行《混凝土结构设计规范》GB 50010 的有关公式进行计算。

5.9.12 本条对配有箍筋但未配弯起钢筋的砌体墙下条形承台梁，规定其斜截面的受剪承载力可按本规范式（5.9.12）计算。该公式来源于《混凝土结构设计规范》GB 50010－2002。

5.9.13 本条对配有箍筋和弯起钢筋的砌体墙下条形承台梁，规定其斜截面的受剪承载力可按本规范式（5.9.13）计算，该公式来源同上。

5.9.14 本条对配有箍筋但未配弯起钢筋的柱下条形承台梁，由于梁受集中荷载，故规定其斜截面的受剪承载力可按本规范式（5.9.14）计算，该公式来源同上。

5.9.15 承台混凝土强度等级低于柱或桩的混凝土强度等级时，应按现行《混凝土结构设计规范》GB 50010 的规定验算柱下或桩顶承台的局部受压承载力，避免承台发生局部受压破坏。

5.9.16 对处于抗震设防区的承台受弯、受剪、受冲切承载力进行抗震验算时，应根据现行《建筑抗震设计规范》GB 50011，将上部结构传至承台顶面的地震作用效应乘以相应的调整系数；同时将承载力除以相应的抗震调整系数 γ_{RE}，予以提高。

6 灌注桩施工

6.2 一般规定

6.2.1 在岩溶发育地区采用冲、钻孔桩应适当加密

勘察钻孔。在较复杂的岩溶地段施工时经常会发生偏孔、掉钻、卡钻及泥浆流失等情况，所以应在施工前制定出相应的处理方案。

人工挖孔桩在地质、施工条件较差时，难以保证施工人员的安全工作条件，特别是遇有承压水、流动性淤泥层、流砂层时，易引发安全和质量事故，因此不得选用此种工艺。

6.2.3 当很大深度范围内无良好持力层时的摩擦桩，应按设计桩长控制成孔深度。当桩较长且桩端置于较好持力层时，应以确保桩端置于较好持力层作主控标准。

6.3 泥浆护壁成孔灌注桩

6.3.2 清孔后要求测定的泥浆指标有三项，即相对密度、含砂率和黏度。它们是影响混凝土灌注质量的主要指标。

6.3.9 灌注混凝土之前，孔底沉渣厚度指标规定，对端承型桩不应大于 50mm；对摩擦型桩不应大于 100mm。首先这是多年灌注桩的施工经验；其二，近年对于桩底不同沉渣厚度的试桩结果表明，沉渣厚度大小不仅影响端阻力的发挥，而且也影响侧阻力的发挥值。这是近年来灌注桩承载性状的重要发现之一，故对原规范关于摩擦桩沉渣厚度≤300mm 作修订。

6.3.18～6.3.24 旋挖钻机重量较大、机架较高、设备较昂贵，保证其安全作业很重要。强调其作业的注意事项，这是总结近几年的施工经验后得出的。

6.3.25 旋挖钻机成孔，孔底沉渣（虚土）厚度较难控制，目前积累的工程经验表明，采用旋挖钻机成孔时，应采用清孔钻头进行清渣清孔，并采用桩端后注浆工艺保证桩端承载力。

6.3.27 细骨料宜选用中粗砂，是根据全国多数地区的使用经验和条件制订，少数地区若无中粗砂而选用其他砂，可通过试验进行选定，也可用合格的石屑代替。

6.3.30 条文中规定了最小的埋管深度宜为 2～6m，是为了防止导管拔出混凝土面造成断桩事故，但埋管也不宜太深，以免造成埋管事故。

6.4 长螺旋钻孔压灌桩

6.4.1～6.4.13 长螺旋钻孔压灌桩成桩工艺是国内近年开发且使用较广的一种新工艺，适用于地下水位以上的黏性土、粉土、素填土、中等密实以上的砂土，属非挤土成桩工艺，该工艺有穿透力强、低噪声、无振动、无泥浆污染、施工效率高、质量稳定等特点。

长螺旋钻孔压灌桩施工时，为提高混凝土的流动性，一般宜掺入粉煤灰。每方混凝土的粉煤灰掺量宜为 70～90kg，坍落度应控制在 160～200mm，这主要是考虑保证施工中混合料的顺利输送。坍落度过

大，易产生泌水、离析等现象，在泵压作用下，骨料与砂浆分离，导致堵管。坍落度过小，混合料流动性差，也容易造成堵管。另外所用粗骨料石子粒径不宜大于 30mm。

长螺旋钻孔压灌桩成桩，应准确掌握提拔钻杆时间，钻至预定标高后，开始泵送混凝土，管内空气从排气阀排出，待钻杆内管及输送软、硬管内混凝土达到连续时提钻。若提钻时间较晚，在泵送压力下钻头处的水泥浆液被挤出，容易造成管路堵塞。应杜绝在泵送混凝土前提拔钻杆，以免造成桩端处存在虚土或桩端混合料离析、端阻力减小。提拔钻杆中应连续泵料，特别是在饱和砂土、饱和粉土层中不得停泵待料，避免造成混凝土离析、桩身缩径和断桩，目前施工多采用商品混凝土或现场用两台 0.5m³ 的强制式搅拌机拌制。

灌注桩后插钢筋笼工艺近年有较大发展，插笼深度提高到目前 20～30m，较好地解决了地下水位以下压灌桩的配筋问题。但后插钢筋笼的导向问题没有得到很好的解决，施工时应注意根据具体条件采取综合措施控制钢筋笼的垂直度和保护层有效厚度。

6.5 沉管灌注桩和内夯沉管灌注桩

振动沉管灌注成桩若混凝土坍落度过大，将导致桩顶浮浆过多，桩体强度降低。

6.6 干作业成孔灌注桩

人工挖孔桩在地下水疏干状态不佳时，对桩端及时采用低水混凝土封底是保证桩基础承载力的关键之一。

6.7 灌注桩后注浆

灌注桩桩底后注浆和桩侧后注浆技术具有以下特点：一是桩底注浆采用管式单向注浆阀，有别于构造复杂的注浆预载箱、注浆囊、U 形注浆管，实施开敞式注浆，其竖向导管可与桩身完整性声速检测兼用，注浆后可代替纵向主筋；二是桩侧注浆是外置于桩土界面的弹性注浆管阀，不同于设置于桩身内的袖阀式注浆管，可实现桩身无损注浆。注浆装置安装简便、成本较低、可靠性高，适用于不同钻具成孔的锥形和平底孔型。

6.7.1 灌注桩后注浆（Cast-in-place pile post grouting，简写 PPG）是灌注桩的辅助工法。该技术旨在通过桩底桩侧后注浆固化沉渣（虚土）和泥皮，并加固桩底和桩周一定范围的土体，以大幅提高桩的承载力，增强桩的质量稳定性，减小桩基沉降。对于干作业的钻、挖孔灌注桩，经实践表明均取得良好成效。故本规定适用于除沉管灌注桩外的各类钻、挖、冲孔灌注桩。该技术目前已应用于全国二十多个省市的数以千计的桩基工程中。

6.7.2 桩底后注浆管阀的设置数量应根据桩径大小确定，最少不少于 2 根，对于 $d>1200mm$ 桩应增至 3 根。目的在于确保后注浆浆液扩散的均匀对称及后注浆的可靠性。桩侧注浆断面间距视土层性质、桩长、承载力增幅要求而定，宜为 6～12m。

6.7.4～6.7.5 浆液水灰比是根据大量工程实践经验提出的。水灰比过大容易造成浆液流失，降低后注浆的有效性，水灰比过小会增大注浆阻力，降低可注性，乃至转化为压密注浆。因此，水灰比的大小应根据土层类别、土的密实度、土是否饱和诸因素确定。当浆液水灰比不超过 0.5 时，加入减水、微膨胀等外加剂在于增加浆液的流动性和对土体的增强效应。确保最佳注浆量是确保桩的承载力增幅达到要求的重要因素，过量注浆会增加不必要的消耗，应通过试注浆确定。这里推荐的用于预估注浆量公式是以大量工程经验确定有关参数推导提出的。关于注浆作业起始时间和顺序的规定是大量工程实践经验的总结，对于提高后注浆的可靠性和有效性至关重要。

6.7.6～6.7.9 规定终止注浆的条件是为了保证后注浆的预期效果及避免无效过量注浆。采用间歇注浆的目的是通过一定时间的休止使已压入浆提高抗浆液流失阻力，并通过调整水灰比消除规定中所述的两种不正常现象。实践过程曾发生过高压输浆管接口松脱或爆管而伤人的事故，因此，操作人员应采取相应的安全防护措施。

7 混凝土预制桩与钢桩施工

7.1 混凝土预制桩的制作

7.1.3 预制桩在锤击沉桩过程中要出现拉应力，对于受水平、上拔荷载桩桩身拉应力是不可避免的，故按现行《混凝土结构工程施工质量验收规范》GB 50204 的规定，同一截面的主筋接头数量不得超过主筋数量的 50%，相邻主筋接头截面的距离应大于 $35d_g$。

7.1.4 本规范表 7.1.4 中 7 和 8 项次应予以强调。按以往经验，如制作时质量控制不严，造成主筋距桩顶面过近，甚至与桩顶齐平，在锤击时桩身容易产生纵向裂缝，被迫停锤。网片位置不准，往往也会造成桩顶被击碎事故。

7.1.5 桩尖停在硬层内接桩，如电焊连接耗时较长，桩周摩阻得到恢复，使进一步锤击发生困难。对于静力压桩，则沉桩更困难，甚至压不下去。若采用机械式快速接头，则可避免这种情况。

7.1.8 根据实践经验，凡达到强度与龄期的预制桩大都能顺利打入土中，很少打裂；而仅满足强度不满足龄期的预制桩打裂或打断的比例较大。为使沉桩顺利进行，应做到强度与龄期双控。

7.3 混凝土预制桩的接桩

管桩接桩有焊接、法兰连接和机械快速连接三种方式。本规范对不同连接方式的技术要点和质量控制环节作出相应规定，以避免以往工程实践中常见的由于接桩质量问题导致沉桩过程由于锤击拉应力和土体上涌接头被拉断的事故。

7.4 锤击沉桩

7.4.3 桩帽或送桩帽的规格应与桩的断面相适应，太小会将桩顶打碎，太大易造成偏心锤击。插桩应控制其垂直度，才能确保沉桩的垂直度，重要工程插桩均应采用二台经纬仪从两个方向控制垂直度。

7.4.4 沉桩顺序是沉桩施工方案的一项重要内容。以往施工单位不注意合理安排沉桩顺序造成事故的事例很多，如桩位偏移、桩体上涌、地面隆起过多、建筑物破坏等。

7.4.6 本条所规定的停止锤击的控制原则适用于一般情况，实践中也存在某些特例。如软土中的密集桩群，由于大量桩沉入土中产生挤土效应，对后续桩的沉桩带来困难，如坚持按设计标高控制很难实现。按贯入度控制的桩，有时也会出现满足不了设计要求的情况。对于重要建筑，强调贯入度和桩端标高均达到设计要求，即实行双控是必要的。因此确定停锤标准是较复杂的，宜借鉴经验与通过静载试验综合确定停锤标准。

7.4.9 本条列出的一些减少打桩对邻近建筑物影响的措施是对多年实践经验的总结。如某工程，未采取任何措施沉桩地面隆起达 15～50cm，采用预钻孔措施后地面隆起则降为 2～10cm。控制打桩速率减少挤土隆起也是有效措施之一。对于经检测，确有桩体上涌的情况，应实施复打。具体用哪一种措施要根据工程实际条件，综合分析确定，有时可同时采用几种措施。即使采取了措施，也应加强监测。

7.6 钢桩（钢管桩、H 型桩及其他异型钢桩）施工

7.6.3 钢桩制作偏差不仅要在制作过程中控制，运到工地后在施打前还应检查，否则沉桩时会发生困难，甚至成桩失败。这是因为出厂后在运输或堆放过程中会因措施不当而造成桩身局部变形。此外，出厂成品均为定尺钢桩，而实际施工时都是由数根焊接而成，但不会正好是定尺桩的组合，多数情况下，最后一节为非定尺桩，这就要进行切割。因此要对切割后的节段及拼接后的桩进行外形尺寸检验。

7.6.5 焊接是钢桩施工中的关键工序，必须严格控制质量。如焊丝不烘干，会引起烧焊时含氢量高，使焊缝容易产生气孔而降低其强度和韧性，因而焊丝必须在 200～300℃ 温度下烘干 2h。据有关资料，未烘干的焊丝其含氢量为 12mL/100gm，经过 300℃ 温度

烘干 2h 后，减少到 9.5mL/100gm。

现场焊接受气候的影响较大，雨天烧焊时，由于水分蒸发会有大量氢气混入焊缝内形成气孔。大于 10m/s 的风速会使自保护气体和电弧火焰不稳定。雨天或刮风条件下施工，必须采取防风避雨措施，否则质量不能保证。

焊缝温度未冷却到一定温度就锤击，易导致焊缝出现裂缝。浇水骤冷更易使之发生脆裂。因此，必须对冷却时间予以限定且要自然冷却。有资料介绍，1min 停歇，母材温度即降至 300℃，此时焊缝强度可以经受锤击压力。

外观检查和无破损检验是确保焊接质量的重要环节。超声或拍片的数量应视工程的重要程度和焊接人员的技术水平而定，这里提供的数量，仅一般工程的要求。还应注意，检验应实行随机抽样。

7.6.6 H 型桩或其他薄壁钢桩不同于钢管桩，其断面与刚度本来很小，为保证原有的刚度和强度不致因焊接而削弱，一般应加连接板。

7.6.7 钢管桩出厂时，两端应有防护圈，以防坡口受损；对 H 型桩，因其刚度不大，若支点不合理，堆放层数过多，均会造成桩体弯曲，影响施工。

7.6.9 钢管桩内取土，需配以专用抓斗，若要穿透砂层或硬土层，可在桩下端焊一圈钢箍以增强穿透力，厚度为 8～12mm，但需先试沉桩，方可确定采用。

7.6.10 H 型钢桩，其刚度不如钢管桩，且两个方向的刚度不一，很容易在刚度小的方向发生失稳，因而要对锤重予以限制。如在刚度小的方向设约束装置有利于顺利沉桩。

7.6.11 H 型钢桩送桩时，锤的能量损失约 1/3～4/5，故桩端持力层较好时，一般不送桩。

7.6.12 大块石或混凝土块容易嵌入 H 钢桩的槽口内，随桩一起沉入下层土内，如遇硬土层则使沉桩困难，甚至继续锤击导致桩体失稳，故应事先清除桩位上的障碍物。

8 承 台 施 工

8.1 基坑开挖和回填

8.1.3 目前大型基坑越来越多，且许多工程位于建筑群中或闹市区。完善的基坑开挖方案，对确保邻近建筑物和公用设施（煤气管线、上下水道、电缆等）的安全至关重要。本条中所列的各项工作均应慎重研究以定出最佳方案。

8.1.4 外降水可降低主动土压力，增加边坡的稳定；内降水可增加被动土压，减少支护结构的变形，且利于机具在基坑内作业。

8.1.5 软土地区基坑开挖分层均衡进行极其重要。某电厂厂房基础，桩断面尺寸为 450mm×450mm，基坑开挖深度 4.5m。由于没有分层挖土，由基坑的一边挖至另一边，先挖部分的桩体发生很大水平位移，有些桩由于位移过大而断裂。类似的由于基坑开挖失当而引起的事故在软土地区屡见不鲜。因此对挖土顺序必须合理适当，严格均衡开挖，高差不应超过 1m；不得于坑边弃土；对已成桩须妥善保护，不得让挖土设备撞击；对支护结构和已成桩应进行严密监测。

8.2 钢筋和混凝土施工

8.2.2 大体积承台日益增多，钢厂、电厂、大型桥墩的承台一次浇注混凝土量近万方，厚达 3～4m。对这种桩基承台的浇注，事先应作充分研究。当浇注设备适应时，可用平铺法；如不适应，则应从一端开始采用滚浇法，以减少混凝土的浇注面。对水泥用量，减少温差措施均需慎重研究；措施得当，可实现一次浇注。

9 桩基工程质量检查和验收

9.1.1～9.1.3 现行国家标准《建筑地基基础工程施工质量验收规范》GB 50202 和行业标准《建筑基桩检测技术规范》JGJ 106 以强制性条文规定必须对基桩承载力和桩身完整性进行检验。桩身质量与基桩承载力密切相关，桩身质量有时会严重影响基桩承载力，桩身质量检测抽样率较高，费用较低，通过检测可减少桩基安全隐患，并可为判定基桩承载力提供参考。

9.2.1～9.4.5 对于具体的检测项目，应根据检测目的、内容和要求，结合各检测方法的适用范围和检测能力，考虑工程重要性、设计要求、地质条件、施工因素等情况选择检测方法和检测数量。影响桩基承载力和桩身质量的因素存在于桩基施工的全过程中，仅有施工后的试验和施工后的验收是不全面、不完整的。桩基施工过程中出现的局部地质条件与勘察报告不符、工程桩施工参数与施工前的试验参数不同、原材料发生变化、设计变更、施工单位变更等情况，都可能产生质量隐患，因此，加强施工过程中的检验是有必要的。不同阶段的检验要求可参照现行《建筑地基基础工程施工质量验收规范》GB 50202 和现行《建筑基桩检测技术规范》JGJ 106 执行。

中华人民共和国行业标准

混凝土异形柱结构技术规程

Technical specification for concrete structures
with specially shaped columns

JGJ 149—2017

批准部门：中华人民共和国住房和城乡建设部
施行日期：２０１７年１２月１日

中华人民共和国住房和城乡建设部
公　告

第 1595 号

住房城乡建设部关于发布行业标准
《混凝土异形柱结构技术规程》的公告

现批准《混凝土异形柱结构技术规程》为行业标准，编号为 JGJ 149‑2017，自 2017 年 12 月 1 日起实施。其中，第 4.1.5、6.2.5、6.2.10、7.0.2 条为强制性条文，必须严格执行。原《混凝土异形柱结构技术规程》JGJ 149‑2006 同时废止。

本规程在住房城乡建设部门户网站（www.mohurd.gov.cn）公开，并由我部标准定额研究所组织中国建筑工业出版社出版发行。

中华人民共和国住房和城乡建设部

2017 年 6 月 20 日

前　　言

根据住房和城乡建设部《关于印发〈2010 年工程建设标准规范制订、修订计划〉的通知》（建标〔2010〕43 号）的要求，规程编制组经广泛调查研究，认真总结实践经验，参考有关国际标准和国外先进标准，并在广泛征求意见的基础上，编制了本规程。

本规程的主要技术内容是：1. 总则；2. 术语和符号；3. 结构设计的基本规定；4. 结构计算分析；5. 截面设计；6. 结构构造；7. 异形柱结构的施工及验收。

本规程修订的主要技术内容是：

1. 增加了异形柱结构抗连续倒塌设计和结构隔震的原则规定；2. 新增了 500MPa 级高强钢筋应用、Z 形柱、肢端暗柱、节点区采用纤维混凝土和锚固板等技术规定；3. 修订了考虑二阶效应的正截面承载力和节点受剪承载力等计算相关条文；4. 调整了异形柱结构房屋适用最大高度、抗震等级、轴压比限值、纵向受力钢筋最小配筋率、混凝土保护层厚度和异形柱结构施工及验收的相关规定。

本规程中以黑体字标志的条文为强制性条文，必须严格执行。

本规程由住房和城乡建设部负责管理和对强制性条文的解释，由天津大学建筑工程学院负责具体技术内容的解释。执行过程中如有意见或建议，请寄送天津大学建筑工程学院（地址：天津市津南区海河教育园区雅观路 135 号，邮政编码：300350）。

本规程主编单位：天津大学
　　　　　　　　山西六建集团有限公司
本规程参编单位：中国建筑科学研究院
　　　　　　　　天津大学建筑设计研究院
　　　　　　　　重庆大学
　　　　　　　　大连理工大学
　　　　　　　　河北工业大学
　　　　　　　　深圳市建筑设计研究总院
　　　　　　　　昆明理工大学
　　　　　　　　昆明恒基施工图设计文件审查中心
　　　　　　　　天津天怡建筑设计有限公司
　　　　　　　　河北大地建设科技有限公司
　　　　　　　　中国建筑西南设计研究院
　　　　　　　　浙江工业大学
　　　　　　　　同济大学
　　　　　　　　天津市建筑设计院
　　　　　　　　中国建筑设计研究院
　　　　　　　　四川大学
　　　　　　　　深圳市国腾建筑设计咨询有限公司
本规程主要起草人员：王铁成　王依群　李东驰
　　　　　　　　　　严士超　康谷贻　陈云霞
　　　　　　　　　　赵海龙　韩建刚　朱爱萍

薛彦涛　丁永君　傅剑平
王志军　黄承逵　戎　贤
王启文　许贻懂　潘　文
刘　建　李文清　齐建伟
郝贵强　刘宜丰　杨俊杰
崔钦淑　卢文胜　黄兆纬

刘文珽　张新培　官国军
谢　剑

本规程主要审查人员：李庆刚　白生翔　陈敖宜
冯　远　张洪波　桂国庆
于敬海　薛慧立　汪　凯

目　次

Contents

1 总　　则

1.0.1 为在混凝土异形柱结构设计、施工及验收中贯彻执行国家技术经济政策，做到安全、适用、经济合理、确保质量，制定本规程。

1.0.2 本规程主要适用于非抗震设计和抗震设防烈度为 6 度、7 度和 8 度地区的一般居住建筑混凝土异形柱结构的设计、施工及验收。

1.0.3 混凝土异形柱结构的设计、施工及验收，除应符合本规程的规定外，尚应符合国家现行有关标准的规定。

2　术语和符号

2.1　术　　语

2.1.1 异形柱　specially shaped column

截面几何形状为 L 形、T 形、十字形和 Z 形，且截面各肢的肢高肢厚比不大于 4 的柱。

2.1.2 异形柱结构　structure with specially shaped columns

采用异形柱的框架结构和框架-剪力墙结构。

2.1.3 柱截面肢高肢厚比　ratio of section height to section thickness of column leg

异形柱各肢的柱肢截面高度与厚度的比值。

2.2　符　　号

2.2.1 作用和作用效应

M_b^l、M_b^r ——框架节点左、右侧梁端弯矩设计值；

M_x、M_y ——对截面形心轴 x、y 的弯矩设计值；

N ——轴向力设计值；

V_c ——柱斜截面剪力设计值；

V_j ——节点核心区剪力设计值；

σ_{ci} ——第 i 个混凝土单元的应力；

σ_{sj} ——第 j 个钢筋单元的应力。

2.2.2 材料性能

f_c ——混凝土轴心抗压强度设计值；

f_t ——混凝土轴心抗拉强度设计值；

f_y ——钢筋的抗拉强度设计值；

f_{yv} ——横向钢筋的抗拉强度设计值。

2.2.3 几何参数

a_s' ——受压钢筋合力点至截面近边的距离；

A ——柱的全截面面积；

A_{ci} ——第 i 个混凝土单元的面积；

A_{sj} ——第 j 个钢筋单元的面积；

A_{sv} ——验算方向的柱肢截面厚度 b_c 范围内同一截面箍筋各肢总截面面积；

A_{svj} ——节点核心区有效验算宽度范围内同

一截面验算方向的箍筋各肢总截面面积；

b_c ——验算方向的柱肢截面厚度；

b_f ——垂直于验算方向的柱肢截面高度；

b_j ——节点核心区的截面有效验算厚度；

d ——纵向受力钢筋直径；

d_v ——箍筋直径；

e_a ——附加偏心距；

e_i ——初始偏心距；

e_0 ——轴向力对截面形心的偏心距；

e_{ix} ——轴向力对截面形心轴 y 的初始偏心距；

e_{iy} ——轴向力对截面形心轴 x 的初始偏心距；

h_b ——梁截面高度；

h_{b0} ——梁截面有效高度；

h_c ——验算方向的柱肢截面高度；

h_f ——垂直于验算方向的柱肢截面厚度；

h_i ——第 i 层楼层层高；

h_j ——节点核心区的截面高度；

h_{c0} ——验算方向的柱肢截面有效高度；

H ——房屋总高度；

H_c ——节点上、下层柱反弯点之间的距离；

l_c ——柱的计算长度；

r_α ——柱截面对垂直于弯矩作用方向形心轴 $x_\alpha - x_\alpha$ 的回转半径；

r_{min} ——柱截面最小回转半径；

s ——箍筋间距；

X_{ci}、Y_{ci} ——第 i 个混凝土单元的形心坐标；

X_{sj}、Y_{sj} ——第 j 个钢筋单元的形心坐标；

X_0、Y_0 ——截面形心坐标；

α ——弯矩作用方向角。

2.2.4 系数及其他

n_c ——混凝土单元总数；

n_s ——钢筋单元总数；

λ ——框架柱的剪跨比；

λ_v ——配箍特征值；

η_b ——节点核心区剪力增大系数；

γ_{RE} ——承载力抗震调整系数；

ζ_v ——节点核心区正交肢影响系数；

ζ_h ——节点核心区截面高度影响系数；

ζ_N ——节点核心区轴压比影响系数；

η_a ——杆件挠曲偏心距增大系数；

ρ ——全部纵向受力钢筋配筋率；

ρ_{min} ——全部纵向受力钢筋最小配筋率；

ρ_{max} ——全部纵向受力钢筋最大配筋率；

ρ_v ——箍筋体积配箍率；

ψ_T ——非承重填充墙刚度对结构自振周期影响的折减系数。

3 结构设计的基本规定

3.1 结 构 体 系

3.1.1 异形柱结构可采用框架结构和框架-剪力墙结构体系。根据建筑布置及结构受力的需要，异形柱结构中的框架柱，可全部采用异形柱，也可部分采用一般框架柱。当根据建筑功能需要设置底部大空间时，可通过框架底部抽柱并设置转换梁，形成底部抽柱带转换层的异形柱结构，其结构设计应符合本规程附录A的规定。

3.1.2 异形柱结构房屋适用的最大高度应符合表3.1.2的要求。底部抽柱带转换层的异形柱结构，房屋适用的最大高度应符合本规程附录A的规定；8度（0.30g）的异形柱框架-剪力墙结构仅限用于Ⅰ、Ⅱ类场地。

表3.1.2 混凝土异形柱结构房屋适用的最大高度（m）

结构体系	非抗震设计	抗震设计				
		6度	7度		8度	
		0.05g	0.10g	0.15g	0.20g	0.30g
框架结构	28	24	21	18	12	不应采用
框架-剪力墙结构	58	55	48	40	28	21

注：房屋高度超过表内规定的数值时，结构设计应有可靠依据，并采取有效的加强措施。

3.1.3 异形柱结构适用的最大高宽比不宜超过表3.1.3的限值。

表3.1.3 异形柱结构适用的最大高宽比

结构体系	非抗震设计	抗震设计				
		6度	7度		8度	
		0.05g	0.10g	0.15g	0.20g	0.30g
框架结构	4.5	4.0	3.5	3.0	2.5	—
框架-剪力墙结构	5.0	5.0	4.5	4.0	3.5	3

3.1.4 异形柱结构体系应通过技术、经济和使用条件的综合分析比较确定，除应符合国家现行标准对一般钢筋混凝土结构的有关规定外，尚应符合下列规定：

1 不应采用部分由异形柱框架与部分砌体墙承重组成的混合结构形式；

2 抗震设计时，不应采用单跨框架结构，不宜采用连体和错层等复杂结构形式；

3 楼梯间、电梯井宜根据建筑布置及受力的需要，合理地布置剪力墙、一般框架柱或肢端设暗柱的异形柱；楼梯间的抗震设计应符合现行国家标准《建筑抗震设计规范》GB 50011的相关规定；

4 异形柱结构的柱、梁、楼梯、剪力墙均应采用现浇结构。抗震设计时，楼板宜采用现浇，也可采

用现浇层厚度不小于60mm的装配整体式叠合楼板；非抗震设计时，楼板宜采用现浇，也可采用带现浇层的装配整体式叠合楼板。

3.1.5 异形柱结构的填充墙与隔墙应符合下列规定：

1 填充墙与隔墙根据不同要求和条件宜采用轻质材料的非承重砌体或墙板；

2 非承重墙厚度宜与异形柱柱肢厚度协调，墙体材料应满足保温、隔热、节能、隔声、防水和防火等要求；

3 填充墙和隔墙的布置、材料和连接构造应符合国家现行标准的相关规定。

3.1.6 抗震设计的异形柱框架-剪力墙结构，应根据在规定的水平力作用下结构底层框架部分承受的地震倾覆力矩与结构总地震倾覆力矩的比值，确定相应的设计方法，并应符合下列规定：

1 框架部分承受的地震倾覆力矩不大于结构总地震倾覆力矩的10%时，应按剪力墙结构进行设计，其中的框架部分应按框架-剪力墙结构的框架进行设计；

2 当框架部分承受的地震倾覆力矩大于结构总地震倾覆力矩的10%但不大于50%时，应按框架-剪力墙结构进行设计；

3 当框架部分承受的地震倾覆力矩大于结构总地震倾覆力矩的50%但不大于80%时，应按框架-剪力墙结构进行设计，其适用的最大高度可比框架结构适当增加，框架部分的抗震等级和轴压比限值宜按框架结构的规定采用；

4 当框架部分承受的地震倾覆力矩大于结构总地震倾覆力矩80%时，应按框架-剪力墙结构进行设计，其适用的最大高度宜按框架结构采用，框架部分的抗震等级和轴压比限值应按框架结构的规定采用。

3.2 结 构 布 置

3.2.1 异形柱结构宜采用规则的结构设计方案；抗震设计的异形柱结构应采用符合抗震概念设计要求的结构设计方案，不应采用严重不规则的结构设计方案。

3.2.2 抗震设计时，对异形柱结构规则性的判别及对不规则异形柱结构的设计要求，除应符合现行国家标准《建筑抗震设计规范》GB 50011的相关规定外，尚应符合本规程第3.2.3条～第3.2.5条的相关规定。

3.2.3 异形柱结构的平面布置应符合下列规定：

1 异形柱结构的一个独立单元内，结构的平面形状宜简单、规则、对称，质量、刚度和承载力分布宜均匀。

2 异形柱结构的框架纵、横柱网轴线宜分别对齐拉通；异形柱截面肢厚中心线宜与框架梁及剪力墙中心线对齐。

3 异形柱框架-剪力墙结构中剪力墙宜均匀布置，抗震设计时，剪力墙的布置宜使各主轴方向的侧向刚度接近。剪力墙的间距不宜超过表3.2.3中限值的较小值；当剪力墙间距超过限值时，在结构计算中应计入楼盖、屋盖平面内变形的影响。

表3.2.3 异形柱结构的剪力墙最大间距（m）

楼盖、屋盖类型	非抗震设计	抗震设计				
		6度	7度		8度	
		0.05g	0.10g	0.15g	0.20g	0.30g
现浇	4.5B, 55	4.0B, 50	3.5B, 45	3.0B, 40	2.5B, 35	2.0B, 25
装配整体	3.0B, 45	—	—	—	—	—

注：表中 B 为楼盖宽度（m）。

3.2.4 异形柱结构的竖向布置应符合下列规定：

1 建筑的立面和竖向剖面宜规则、均匀，避免过大的外挑和内收；

2 结构的侧向刚度沿竖向宜相近或均匀变化，避免侧向刚度和承载力沿竖向的突变；高层异形柱框架-剪力墙结构相邻楼层的侧向刚度变化应符合现行行业标准《高层建筑混凝土结构技术规程》JGJ 3 的有关规定；

3 异形柱框架-剪力墙结构体系的剪力墙应上下对齐、连续贯通房屋全高。

3.2.5 不规则的异形柱结构，其抗震设计应符合下列规定：

1 扭转不规则时，应计入扭转影响，且楼层竖向构件的最大弹性水平位移和层间位移分别与该楼层两端弹性水平位移和层间位移平均值的比值不应大于 1.45；

2 侧向刚度不规则时，刚度小的楼层地震剪力应乘以不小于 1.15 的增大系数；

3 楼层承载力突变时，其薄弱层对应于地震作用标准值的地震剪力应乘以 1.25 的增大系数；楼层受剪承载力不应小于相邻上一楼层的 65%；

4 竖向抗侧力构件不连续时，构件传递给水平转换构件的地震内力应根据不同条件和情况乘以 1.25～1.50 的增大系数；

5 受力复杂不利部位的柱，宜采用肢端设暗柱的异形柱或一般框架柱。

3.2.6 对抗震安全性和使用功能有较高要求或专门要求的异形柱结构，可采用隔震设计，采用隔震设计时应符合现行国家标准《建筑抗震设计规范》GB 50011 的相关规定。

3.3 结构抗震等级

3.3.1 抗震设计时，异形柱结构应根据抗震设防烈度、建筑场地类别、结构类型和房屋高度，按表3.3.1的规定采用不同的抗震等级，并应符合相应的计算和构造措施要求。建筑场地为Ⅰ类时，除6度

外，应允许按本地区抗震设防烈度降低一度所对应的抗震等级采取抗震构造措施，但相应的计算要求不应降低。

表3.3.1 异形柱结构的抗震等级

结构类型		抗震设防烈度				
		6度	7度		8度	
		0.05g	0.10g	0.15g	0.20g	0.30g
框架结构	高度(m)	≤21	>21	≤21	>21	≤18	>18	≤12
	框架	四	三	三	二	二 (二)	一 (一)	一
框架-剪力墙结构	高度(m)	≤30	>30	≤21	>21、≤30	≤18	>18、≤30	≤18	>18、≤28	≤21
	框架	四	三	四	三	四 (三)	三 (二)	三 (二)	二 (一)	—
	剪力墙	三	三	三	三	三 (三)	二 (二)	二 (二)	一 (一)	—

注：1 房屋高度指室外地面到主要屋面板板顶的高度（不包括局部突出屋顶部分）；

2 对7度 (0.15g) 时建于Ⅲ、Ⅳ类场地的异形柱框架结构和异形柱框架-剪力墙结构，应按表中括号内所示的抗震等级采取抗震构造措施；

3 房屋高度接近或等于表中高度分界数值时，允许结合房屋不规则程度及场地、地基条件适当确定抗震等级。

3.3.2 当异形柱结构的地下室顶板作为上部结构的嵌固部位时，地下一层与首层的侧向刚度比不宜小于2，地下一层及以下不应采用异形柱，地下一层结构的抗震等级应与上部结构相同，地下一层以下抗震构造措施的抗震等级可逐层降低一级，但不应低于四级。作为上部结构嵌固部位的地下室楼层的顶楼盖应采用梁板结构，楼板厚度不宜小于180mm，混凝土强度等级不宜小于C30，且应采用双层双向配筋，每层每个方向的配筋率不宜小于 0.25%。

4 结构计算分析

4.1 极限状态设计

4.1.1 异形柱结构的设计使用年限应按现行国家标准《工程结构可靠性设计统一标准》GB 50153 的相关规定确定。

4.1.2 一般居住建筑异形柱结构的安全等级应采用二级，抗震设防类别按丙类。

4.1.3 异形柱结构应进行承载能力极限状态计算和正常使用极限状态验算。

4.1.4 异形柱结构中异形柱正截面、斜截面及梁柱节点承载力应按本规程第5章的规定进行计算；其他构件的承载力计算应符合国家现行相关标准的规定。

4.1.5 异形柱结构构件承载力应按下列公式验算：

持久设计状况、短暂设计状况：

$$\gamma_0 S \leqslant R \qquad (4.1.5\text{-}1)$$

地震设计状况：

$$S \leqslant R/\gamma_{RE} \qquad (4.1.5\text{-}2)$$

式中：γ_0——结构重要性系数，不应小于 1.0；

S——作用效应组合的设计值；

R——构件承载力设计值；

γ_{RE}——构件承载力抗震调整系数。

4.1.6 异形柱结构防连续倒塌设计应符合现行国家标准《混凝土结构设计规范》GB 50010 防连续倒塌设计的相关原则。

4.1.7 异形柱结构的构件截面配筋应根据结构的实际情况，按本规程第 5 章的规定具体计算，其中材料强度设计值应按现行国家标准《混凝土结构设计规范》GB 50010 的相关规定采用。

4.1.8 异形柱结构应进行风荷载、地震作用下的水平位移验算。

4.2 荷载和地震作用

4.2.1 异形柱结构的竖向荷载、风荷载、雪荷载等取值及组合应符合现行国家标准《建筑结构荷载规范》GB 50009 的相关规定。

4.2.2 异形柱结构抗震设防烈度和设计地震动参数应按现行国家标准《建筑抗震设计规范》GB 50011 的相关规定确定。

4.2.3 抗震设防烈度为 6 度、7 度和 8 度的异形柱结构应进行地震作用计算及结构抗震验算。

4.2.4 异形柱结构的地震作用计算，应符合下列规定：

1 应至少在结构两个主轴方向分别计算水平地震作用并进行抗震验算，7 度（0.15g）和 8 度（0.20g，0.30g）时尚应对与主轴成 45°方向计算水平地震作用并进行抗震验算；

2 在计算单向水平地震作用时应计入扭转影响；对扭转不规则的结构，水平地震作用计算应计入双向水平地震作用下的扭转影响。

4.2.5 异形柱结构地震作用计算宜采用振型分解反应谱法，不规则异形柱结构的地震作用计算应采用扭转耦联振型分解反应谱法，必要时应补充弹塑性分析或时程分析。

4.3 结构分析模型与计算参数

4.3.1 在竖向荷载、风荷载或多遇地震作用下，异形柱结构的内力和位移可按弹性方法计算。框架梁可考虑在竖向荷载作用下梁端局部塑性变形引起的内力重分布。

4.3.2 异形柱结构的分析模型应符合结构的实际受力状况，异形柱结构的内力和位移分析应采用空间分析模型，可选择空间杆系模型、空间杆-墙板元模型或其他组合有限元等分析模型。

4.3.3 异形柱结构按空间分析模型计算时，应考虑下列变形：

1 梁的弯曲、剪切、扭转变形，必要时考虑轴向变形；

2 柱的弯曲、剪切、轴向、扭转变形；

3 剪力墙的弯曲、剪切、轴向、扭转、翘曲变形。

4.3.4 异形柱结构内力与位移计算时，可假定楼板在其自身平面内为无限刚性，并应在设计中采取措施保证楼板平面内的整体刚度。当楼板可能产生明显的面内变形时，计算时应考虑楼板平面内的变形，或对采用楼板平面内无限刚性假定的计算结果进行适当调整。

4.3.5 异形柱结构的重力二阶效应使作用效应显著增大时，在异形柱结构分析中应考虑重力二阶效应的不利影响。在结构分析中可按现行国家标准《混凝土结构设计规范》GB 50010 规定的方法考虑结构重力二阶效应的影响，计算中可不考虑杆件的扭曲变形。

4.3.6 异形柱结构内力与位移计算时，楼面梁刚度增大系数、梁端负弯矩和跨中正弯矩调幅系数、扭矩折减系数、连梁刚度折减系数的取值，以及框架-剪力墙结构中框架部分承担的地震剪力调整要求，可根据国家现行标准按一般混凝土结构的相关规定采用。

4.3.7 计算各振型地震影响系数所采用的结构自振周期应考虑非承重填充墙体刚度影响予以折减。

4.3.8 异形柱结构的计算自振周期折减系数 ψ_T 可按下列规定取值：

1 框架结构可取 0.55～0.70；

2 框架-剪力墙结构可取 0.65～0.80。

4.3.9 设计中所采用的异形柱结构分析软件应经考核和验证，对结构分析软件的计算结果应进行判断和校核，确认其合理、有效后方可用于工程设计。

4.4 水平位移限值

4.4.1 在风荷载、多遇地震作用下，异形柱结构按弹性方法计算的楼层最大层间位移应符合下式规定：

$$\Delta u_e \leqslant [\theta_e] h \qquad (4.4.1)$$

式中：Δu_e——风荷载、多遇地震作用标准值产生的楼层最大弹性层间位移；

$[\theta_e]$——弹性层间位移角限值，按表 4.4.1 采用；

h——计算楼层层高。

表 4.4.1 异形柱结构弹性层间位移角限值

结构体系	$[\theta_e]$
框架结构	1/550（1/650）
框架-剪力墙结构	1/800（1/900）

注：表中括号内的数字用于底部抽柱带转换层的异形柱结构。

4.4.2 罕遇地震作用下，异形柱结构的弹塑性变形验算应符合下列规定：

1 7度、8度抗震设计时楼层屈服强度系数小于0.5的异形柱框架结构，应进行罕遇地震作用下的弹塑性变形验算；

2 7度抗震设计时底部抽柱带转换层的异形柱框架结构、层数为10层及10层以上或高度超过28m的竖向不规则异形柱框架-剪力墙结构，宜进行罕遇地震作用下的弹塑性变形验算；

3 弹塑性变形的计算方法，应符合现行国家标准《建筑抗震设计规范》GB 50011的相关规定。

4.4.3 罕遇地震作用下，异形柱结构的弹塑性层间位移应符合下式要求：

$$\Delta u_{\mathrm{p}} \leqslant [\theta_{\mathrm{p}}]h \qquad (4.4.3)$$

式中：Δu_{p}——罕遇地震作用标准值产生的弹塑性层间位移；

$[\theta_{\mathrm{p}}]$——弹塑性层间位移角限值，按表4.4.3采用。

表4.4.3 异形柱结构弹塑性层间位移角限值

结构体系	$[\theta_{\mathrm{p}}]$	
框架结构	1/50	(1/60)
框架-剪力墙结构	1/100	(1/110)

注：表中括号内的数字用于底部抽柱带转换层的异形柱结构。

5 截 面 设 计

5.1 异形柱正截面承载力计算

5.1.1 异形柱正截面承载力计算的基本假定应符合国家标准《混凝土结构设计规范》GB 50010 - 2010（2015年版）第6.2.1条的规定。

5.1.2 异形柱双向偏心受压的正截面承载力可按下列方法计算：

1 将柱截面划分为有限个混凝土单元和钢筋单元（图5.1.2-1），近似取单元内的应变和应力为均匀分布，合力点在单元形心处。

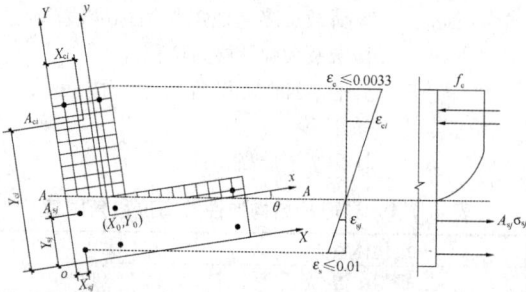

(a)截面配筋及单元划分　(b)应变分布　(c)应力分布

图5.1.2-1 异形柱双向偏心受压正截面承载力计算

A-A—截面中和轴

2 截面达到承载能力极限状态时各单元的应变按截面应变保持平面的假定确定。

3 混凝土单元的应力和钢筋单元的应力应按本规程第5.1.1条的假定确定。

4 无地震作用组合时异形柱双向偏心受压的正截面承载力应按下列公式计算（图5.1.2-1）：

$$N \leqslant \sum_{i=1}^{n_{\mathrm{c}}} A_{ci}\sigma_{ci} + \sum_{j=1}^{n_{\mathrm{s}}} A_{sj}\sigma_{sj} \qquad (5.1.2-1)$$

$$N\eta_{a}e_{iy} \leqslant \sum_{i=1}^{n_{\mathrm{c}}} A_{ci}\sigma_{ci}(Y_{ci}-Y_{0}) + \sum_{j=1}^{n_{\mathrm{s}}} A_{sj}\sigma_{sj}(Y_{sj}-Y_{0})$$

$$(5.1.2-2)$$

$$N\eta_{a}e_{ix} \leqslant \sum_{i=1}^{n_{\mathrm{c}}} A_{ci}\sigma_{ci}(X_{ci}-X_{0}) + \sum_{j=1}^{n_{\mathrm{s}}} A_{sj}\sigma_{sj}(X_{sj}-X_{0})$$

$$(5.1.2-3)$$

$$e_{ix} = e_{i}\cos\alpha \qquad (5.1.2-4)$$

$$e_{iy} = e_{i}\sin\alpha \qquad (5.1.2-5)$$

$$e_{i} = e_{0} + e_{a} \qquad (5.1.2-6)$$

$$e_{0} = \frac{\sqrt{M_{\mathrm{x}}^2 + M_{\mathrm{y}}^2}}{N} \qquad (5.1.2-7)$$

$$\alpha = \arctan\frac{M_{\mathrm{x}}}{M_{\mathrm{y}}} + n\pi \qquad (5.1.2-8)$$

式中：N——轴向力设计值；

η_{a}——考虑杆件挠曲偏心距增大系数，按本规程第5.1.4条的规定计算；

e_{ix}、e_{iy}——轴向力对截面形心轴 y、x 的初始偏心距（图5.1.2-2）；

e_{i}——初始偏心距；

e_{0}——轴向力对截面形心的偏心距；

M_{x}、M_{y}——对截面形心轴 x、y 的弯矩设计值，由压力产生的偏心在 x 轴上侧时 M_{x} 取正值，由压力产生的偏心在 y 轴右侧时 M_{y} 取正值；

e_{a}——附加偏心距，取 20mm 和 $0.15r_{\min}$ 的较大值，此处 $r_{\min}$ 为截面最小回转半径；

α——弯矩作用方向角（图5.1.2-2），为轴向压力作用点至截面形心的连线与截面形心轴 x 正向的夹角，逆时针旋转为正；

n——角度参数，当 M_{x}、M_{y} 均为正值时 $n=0$；当 M_{y} 为负值，M_{x} 为正或负值时 $n=1$；当 M_{x} 为负值，M_{y} 为正值时 $n=2$；

σ_{ci}、A_{ci}——第 i 个混凝土单元的应力及面积，σ_{ci} 为压应力时取正值；

σ_{sj}、A_{sj}——第 j 个钢筋单元的应力及面积，σ_{sj} 为压应力时取正值；

X_{0}、Y_{0}——截面形心坐标；

X_{ci}、Y_{ci}——第 i 混凝土单元的形心坐标；

X_{sj}、Y_{sj}——第 j 个钢筋单元的形心坐标；

n_{c}、n_{s}——混凝土及钢筋单元总数。

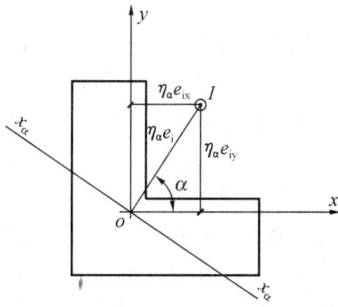

图 5.1.2-2 双向偏心受压异形柱截面
I—轴向力作用点；o—截面形心；x、y—截面形心轴；
$x_\alpha - x_\alpha$ 垂直于弯矩作用方向的截面形心轴

5 有地震作用组合时异形柱双向偏心受压正截面承载力应按式（5.1.2-1）～式（5.1.2-8）计算，但在式（5.1.2-1）～式（5.1.2-3）右边应除以相应的承载力抗震调整系数 γ_{RE}，γ_{RE} 的取值，对偏心受压柱，轴压比小于 0.15 时取 0.75，轴压比不小于 0.15 时取 0.80，对偏心受拉柱取 0.85。

5.1.3 异形柱双向偏心受拉正截面承载力应按本规程式（5.1.2-1）～式（5.1.2-3）计算，式中 $N\eta_a e_{iy}$、$N\eta_a e_{ix}$ 分别以 M_x、M_y 替代，N 为轴向拉力设计值。

5.1.4 异形柱双向偏心受压正截面承载力计算应符合下列规定：

1 异形柱双向偏心受压正截面承载力计算应考虑构件挠曲二阶效应（P-δ 效应）引起的附加内力，此时可将轴向力对截面形心的初始偏心距 e_i 乘以偏心距增大系数 η_a。η_a 应按下列公式计算：

$$\eta_a = 1 + \frac{1}{(e_i/r_a)}(l_c/r_a)^2 C \quad (5.1.4-1)$$

$$C = \frac{1}{6000}[0.232 + 0.604(e_i/r_a) - 0.106(e_i/r_a)^2] \quad (5.1.4-2)$$

$$r_a = \sqrt{I_a/A} \quad (5.1.4-3)$$

式中：e_i ——初始偏心距；

l_c ——柱的计算长度，近似取偏心受压构件相应主轴方向上下支撑点之间的距离；

r_a ——柱截面对垂直于弯矩作用方向形心轴 $x_\alpha - x_\alpha$ 的回转半径（图 5.1.2-2）；

I_a ——柱截面对垂直于弯矩作用方向形心轴 $x_\alpha - x_\alpha$ 的惯性矩；

A ——柱的全截面面积。

2 按式（5.1.4-1）计算时，柱的长细比 l_c/r_a 不应大于 70。当柱的长细比 l_c/r_a 不大于 17.5 时，可取 $\eta_a = 1.0$。

5.1.5 抗震等级为一、二、三、四级异形柱框架的梁柱节点处，除框架顶层柱、轴压比小于 0.15 的柱

外，有地震作用组合的柱端弯矩设计值应按下式计算：

$$\sum M_c = \eta_c \sum M_b \quad (5.1.5)$$

式中：$\sum M_b$ ——节点左、右侧梁端截面逆时针和顺时针方向组合的弯矩设计值之和的较大值，一级框架节点左、右侧梁端均为负弯矩时，绝对值较小的弯矩应取零；

$\sum M_c$ ——节点上、下柱端截面顺时针或逆时针方向组合的弯矩设计值之和，上、下柱端弯矩设计值，可按弹性分析的弯矩比例分配确定；

η_c ——柱端弯矩增大系数；对异形柱框架结构，抗震等级为二、三、四级分别取 1.5、1.3、1.2；对异形柱框架-剪力墙结构中的框架，抗震等级为一、二、三、四级分别取 1.4、1.2、1.1、1.1。

当反弯点不在柱的层高范围内时，柱端弯矩设计值可取有地震作用组合的弯矩值乘以柱端弯矩增大系数确定。框架顶层柱及轴压比小于 0.15 的柱，柱端弯矩设计值可取有地震作用组合的弯矩值。

5.1.6 抗震等级为二、三、四级异形柱框架结构的底层，柱下端截面的弯矩设计值，应取有地震作用组合的弯矩值分别乘以系数 1.5、1.3、1.2 确定，底层柱纵向钢筋应按上下端的不利情况配置。

5.1.7 抗震等级为一、二、三、四级异形柱框架的角柱，其弯矩设计值应取本规程第 5.1.5、5.1.6 条调整后的弯矩值再乘以不小于 1.1 的增大系数。

5.1.8 对于楼板与梁整体浇筑的异形柱框架，通过增大框架梁的弯曲刚度来考虑楼板作用，在进行梁的内力分析和配筋时，不宜将梁端截面上部纵筋全部配置在梁（肋）矩形截面内，而应将其部分纵筋配置在梁侧有效翼缘宽度范围的楼板内。

5.2 异形柱斜截面受剪承载力计算

5.2.1 异形柱的受剪截面应符合下列条件：

1 无地震作用组合：

$$V_c \leqslant 0.25 f_c b_c h_{c0} \quad (5.2.1-1)$$

2 有地震作用组合：
剪跨比大于 2 的柱

$$V_c \leqslant \frac{1}{\gamma_{RE}}(0.20 f_c b_c h_{c0}) \quad (5.2.1-2)$$

剪跨比不大于 2 的柱

$$V_c \leqslant \frac{1}{\gamma_{RE}}(0.15 f_c b_c h_{c0}) \quad (5.2.1-3)$$

式中：V_c ——斜截面组合的剪力设计值；

γ_{RE} ——承载力抗震调整系数，取 0.85；

b_c ——验算方向的柱肢截面厚度；

h_{c0} ——验算方向的柱肢截面有效高度。对 Z 形截面柱，当验算方向为翼缘方向时，取 $h_{c0}=h_c+h'_c-h_f-a_s$，其中 h_c 和 h'_c 分别为两侧翼缘的截面高度，h_f 为腹板截面厚度，a_s 为受拉钢筋合力点至截面近边的距离。

5.2.2 异形柱的斜截面受剪承载力应符合下列公式规定：

1 当柱承受压力时：

1）无地震作用组合

$$V_c \leqslant \frac{1.75}{\lambda+1.0}f_c b_c h_{c0}+f_{yv}\frac{A_{sv}}{s}h_{c0}+0.07N$$

(5.2.2-1)

2）有地震作用组合

$$V_c \leqslant \frac{1}{\gamma_{RE}}\left(\frac{1.05}{\lambda+1.0}f_t b_c h_{c0}+f_{yv}\frac{A_{sv}}{s}h_{c0}+0.056N\right)$$

(5.2.2-2)

2 当柱出现拉力时：

1）无地震作用组合

$$V_c \leqslant \frac{1.75}{\lambda+1.0}f_t b_c h_{c0}+f_{yv}\frac{A_{sv}}{s}h_{c0}-0.2N$$

(5.2.2-3)

2）有地震作用组合

$$V_c \leqslant \frac{1}{\gamma_{RE}}\left(\frac{1.05}{\lambda+1.0}f_t b_c h_{c0}+f_{yv}\frac{A_{sv}}{s}h_{c0}-0.2N\right)$$

(5.2.2-4)

式中：λ ——剪跨比。无地震作用组合时，取柱上、下端组合的弯矩计算值 M_c 的较大值与相应的剪力计算值 V_c 和柱肢截面有效高度 h_{c0} 的比值；有地震作用组合时，取柱上、下端未按本规程第 5.1.5 条～第 5.1.7 条调整的组合的弯矩计算值 M_c 的较大值与相应的剪力计算值 V_c 和柱肢截面有效高度 h_{c0} 的比值，即 $\lambda=M_c/(V_c h_{c0})$；当柱的反弯点在层高范围内时，均可取 $\lambda=H_n/2h_{c0}$；当 $\lambda<1.0$ 时，取 $\lambda=1.0$；当 $\lambda>3$ 时，取 $\lambda=3$；此处，H_n 为柱净高。

N ——无地震作用组合时，为与荷载效应组合的剪力设计值 V_c 相应的轴向压力或拉力设计值；有地震作用组合时，为有地震作用组合的轴向压力或拉力设计值，当轴向压力设计值 $N>0.3f_cA$ 时，取 $N=0.3f_cA$；此处，A 为柱的全截面面积。

A_{sv} ——验算方向的柱肢截面厚度 b_c 范围内同一截面箍筋各肢总截面面积；$A_{sv}=nA_{sv1}$，此处 n 为 b_c 范围内同一截面内箍筋的肢数，A_{sv1} 为单肢箍筋的截面面积。

f_{yv} ——箍筋的抗拉强度设计值，其数值大于 360N/mm² 时应取 360N/mm²。

s ——沿柱高度方向的箍筋间距。

3）当式（5.2.2-3）右边的计算值和式（5.2.2-4）右边括号内的计算值小于 $f_{yv}\left(\dfrac{A_{sv}}{s}\right)h_{c0}$ 时，取等于 $f_{yv}\left(\dfrac{A_{sv}}{s}\right)h_{c0}$，且 $f_{yv}\left(\dfrac{A_{sv}}{s}\right)h_{c0}$ 值不应小于 $0.36f_t b_c h_{c0}$。

5.2.3 有地震作用组合的异形柱斜截面剪力设计值 V_c 应按下式计算，式中 M_c^t、M_c^b 之和应分别按顺时针和逆时针方向计算，并取其较大值。M_c^t、M_c^b 的取值应符合本规程第 5.1.5、5.1.6 条的规定。

$$V_c=\eta_{vc}(M_c^t+M_c^b)/H_n \qquad (5.2.3)$$

式中：M_c^t、M_c^b ——有地震作用组合，且经调整后的柱上、下端弯矩设计值；

H_n ——柱的净高；

η_{vc} ——柱剪力增大系数；对异形柱框架结构，抗震等级为二、三、四级分别取 1.3、1.2、1.1；对异形柱框架-剪力墙结构中的框架，抗震等级为一、二、三、四级分别取 1.4、1.2、1.1、1.1。

5.2.4 各级抗震等级的角柱，有地震作用组合的剪力设计值应按本规程第 5.2.3 条经调整后的剪力值再乘以不小于 1.1 的增大系数。

5.3 异形柱框架梁柱节点核心区受剪承载力计算

5.3.1 异形柱框架应进行梁柱节点核心区受剪承载力计算。

5.3.2 节点核心区受剪的水平截面应符合下列条件：

1 无地震作用组合

$$V_j \leqslant 0.26\alpha\zeta_v\zeta_h f_v b_j h_j \qquad (5.3.2-1)$$

2 地震作用组合

$$V_j \leqslant \frac{0.21}{\gamma_{RE}}\alpha\zeta_N\zeta_v\zeta_h f_c b_j h_j \qquad (5.3.2-2)$$

式中：V_j ——节点核心区组合的剪力设计值；

γ_{RE} ——承载力抗震调整系数，取 0.85；

b_j、h_j ——节点核心区的截面有效验算厚度和截面高度，当梁截面宽度与柱肢截面厚度相同，或梁截面宽度每侧凸出柱边小于 50mm 时，对 L 形、T 形和十字形截面，可取 $b_j=b_c$，$h_j=h_c$；对 Z 形截面，可取 $b_j=b_c$，$h_j=h_c+h'_c$；其中 b_c、h_c 和 h'_c 分别为验算方向的柱肢截面厚度和高度（图 5.3.2）；

α ——纤维增强系数，当节点区采用普通混凝土时，取 $\alpha=1$；采用聚丙烯纤维混凝土时，取 $\alpha=1.1$；采用钢纤维混凝土时，取 $\alpha=1.2$；

ζ_N ——轴压比影响系数，应按表 5.3.2-1 采用；

ζ_v ——正交肢影响系数，与验算方向正交的柱肢对节点核心区受剪承载力的影响系数，应按本规程第5.3.4条的规定采用；

ζ_h ——截面高度影响系数，应按表5.3.2-2采用。

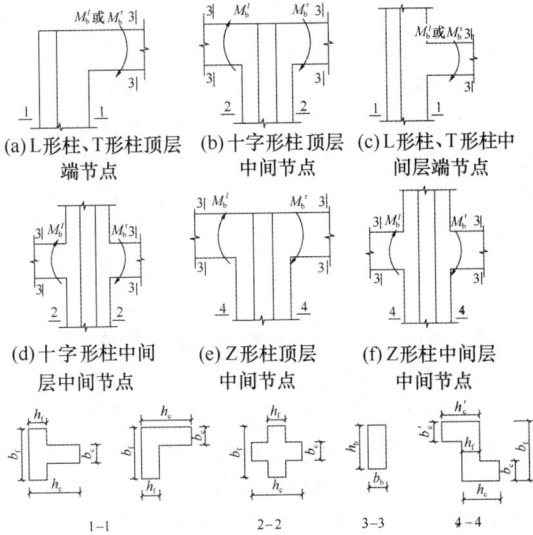

(a) L形柱、T形柱顶层端节点　(b) 十字形柱顶层中间节点　(c) L形柱、T形柱中间层端节点

(d) 十字形柱中间层中间节点　(e) Z形柱顶层中间节点　(f) Z形柱中间层中间节点

图5.3.2　框架节点和梁柱截面
（图中验算方向柱肢，对Z形截面为翼缘，
对其他异形截面为腹板）

表5.3.2-1　轴压比影响系数 ζ_N

轴压比	≤0.3	0.4	0.5	0.6	0.7	0.8	0.9
ζ_N	1.00	0.98	0.95	0.90	0.88	0.86	0.84

注：轴压比为表列数值之间值时，ζ_N 按直线内插法确定。

表5.3.2-2　截面高度影响系数 ζ_h

h_j	≤600	700	800	900	1000
ζ_h	1.00	0.90	0.85	0.80	0.75

注：1　对于Z形截面，表中 h_j 应以翼缘的截面高度 h_c 和 h'_c 的较大值代替；
　　2　h_j 为表列数值之间值时，ζ_h 按直线内插法确定。

5.3.3 节点核心区的受剪承载力应符合下列公式规定：

1 无地震作用组合

$$V_j \leqslant 1.38\alpha\left(1+\frac{0.3N}{f_cA}\right)\zeta_v\zeta_h f_t b_j h_j + \frac{f_{yv}A_{svj}}{s}(h_{b0}-a'_s)$$

(5.3.3-1)

2 有地震作用组合

$$V_j \leqslant \frac{1}{\gamma_{RE}}\left[1.1\alpha\zeta_N\left(1+\frac{0.3N}{f_cA}\right)\zeta_v\zeta_h f_t b_j h_j + \frac{f_{yv}A_{svj}}{s}(h_{b0}-a'_s)\right]$$

(5.3.3-2)

式中：N ——与组合的节点剪力设计值对应的该节点上柱底部轴向力设计值，当 N 为压力且 $N>0.3f_cA$ 时，取 $N=0.3f_cA$；当 N 为拉力时，取 $N=0$；

A_{svj} ——核心区有效验算宽度范围内同一截面验算方向的箍筋各肢总截面面积；

h_{b0} ——梁截面有效高度，当节点两侧梁截面有效高度不等时取平均值；

a'_s ——梁纵向受压钢筋合力点至截面近边的距离。

5.3.4 正交肢影响系数应按下列规定采用：

1 对柱肢截面高度和厚度相同的L形、T形和十字形等肢异形柱节点，正交肢影响系数 ζ_v 应按表5.3.4-1取用。

2 对翼缘截面高度 h_c 和 h'_c 相同、腹板截面高度 b_f 为翼缘截面高度的2倍且肢厚度 b_c 和 h_f 相同的Z形截面节点，正交肢影响系数 ζ_v 应按表5.3.4-1采用，但表中 b_f-b_c 应以 $0.5b_f-b_c$ 代替。

表5.3.4-1　正交肢影响系数 ζ_v

b_f-b_c		0	300	400	500	600	700
ζ_v	L形、Z形	1.00	1.05	1.10	1.10	1.10	1.10
	T形	1.00	1.25	1.30	1.35	1.40	1.40
	十字形	1.00	1.40	1.45	1.50	1.55	1.55

注：1　表中 b_f 为垂直于验算方向的柱肢截面高度；
　　2　表中的十字形和T形截面是指翼缘为对称的截面，若不对称时，则翼缘的不对称部分不计入 b_f 数值内；
　　3　h_f-h_c 为表列数值之间值时，ζ_v 按直线内插法确定。

3 对柱肢截面高度与厚度不相同的L形、T形和十字形的不等肢异形柱节点，根据柱肢截面高度与厚度不相同的情况，按表5.3.4-2可分为四类；在本规程式（5.3.2-1）、式（5.3.2-2）和式（5.3.3-1）、式（5.3.3-2）中，ζ_v 均应以有效正交肢影响系数 $\zeta_{v,ef}$ 代替，$\zeta_{v,ef}$ 应按表5.3.4-2取用。

表5.3.4-2　有效正交肢影响系数 $\zeta_{v,ef}$

截面类型	L形、T形和十字形截面			
	A类	B类	C类	D类
截面特征	$b_f \geqslant h_c$ 和 $h_f \geqslant b_c$	$b_f \geqslant h_c$ 和 $h_f < b_c$	$b_f < h_c$ 和 $h_f \geqslant b_c$	$b_f < h_c$ 和 $h_f < b_c$
$\zeta_{v,ef}$	ζ_v	$1+\dfrac{(\zeta_v-1)h_f}{b_c}$	$1+\dfrac{(\zeta_v-1)b_f}{h_c}$	$1+\dfrac{(\zeta_v-1)b_fh_f}{b_ch_c}$

注：1　对A类节点，取 $\zeta_{v,ef}=\zeta_v$，ζ_v 值按表5.3.4-1取用，但表中（b_f-b_c）值应以（h_c-b_c）值代替；
　　2　对B类、C类、D类节点，确定 $\zeta_{v,ef}$ 值时，ζ_v 值按表5.3.4-1取用，但对B类D类节点，表中（b_f-b_c）值应分别以（h_c-h_f）和（b_f-h_f）值代替。

4 对翼缘截面高度与肢厚不相同或腹板截面高度不符合第2款规定的Z形柱节点，其有效正交肢影

响系数 $\zeta_{v,ef}$ 可根据翼缘截面高度 h_c、h'_c 的相对大小将 Z 形截面划分为两个 L 形截面，按第 3 款规定求得两个 L 形截面的有效正交肢影响系数 $\zeta_{v,ef}$ 并取其较小值。

5　对 Z 形柱节点，当左、右侧梁端均为负弯矩且大小相同或相近时，应根据第 4 款规定，将 Z 形截面划分为两个 L 形截面，其正交肢影响系数 ζ_v 和有效正交肢影响系数 $\zeta_{v,ef}$ 按 L 形截面的相关规定确定。

6　对 Z 形柱节点，当验算方向为腹板方向，对 T 形柱节点，验算方向为翼缘方向时，节点核心区有效验算厚度和截面高度，可取 $b_j = h_f$，$h_j = b_f$；轴压比影响系数 ζ_N 和截面高度影响系数 ζ_h 应按本规程表 5.3.2-1 和表 5.3.2-2 采用；正交肢影响系数 ζ_v 和有效正交肢影响系数 $\zeta_{v,ef}$，对 Z 形截面可均取为 1.0，对 T 形截面可按 L 形截面的相关规定取值。

5.3.5　框架梁柱节点（图 5.3.2）核心区组合的剪力设计值 V_j 应按下列公式计算：

1　无地震作用组合：

顶层中间节点和端节点

$$V_j = \frac{M^l_b + M^r_b}{h_{b0} - a'_s} \qquad (5.3.5\text{-}1)$$

中间层中间节点和端节点

$$V_j = \frac{M^l_b + M^r_b}{h_{b0} - a'_s} \left(1 - \frac{h_{b0} - a'_s}{H_c - h_b} \right) \qquad (5.3.5\text{-}2)$$

2　有地震作用组合：

顶层中间节点和端节点

$$V_j = \eta_{jb} \left(\frac{M^l_b + M^r_b}{h_{b0} - a'_s} \right) \qquad (5.3.5\text{-}3)$$

中间层中间节点和端节点

$$V_j = \eta_{jb} \left(\frac{M^l_b + M^r_b}{h_{b0} - a'_s} \right) \left(1 - \frac{h_{b0} - a'_s}{H_c - h_b} \right)$$

$$(5.3.5\text{-}4)$$

式中：　η_{jb}——核心区剪力增大系数，对异形柱框架结构，抗震等级为二、三、四级分别取 1.35、1.2、1.0；对异形柱框架-剪力墙结构中的框架，抗震等级为一、二、三、四级分别取 1.35、1.2、1.1、1.0；

M^l_b、M^r_b——框架节点左、右侧梁端弯矩设计值，无地震作用组合时，取荷载效应组合的弯矩设计值；有地震作用组合时，取有地震作用组合的弯矩设计值；对于抗震等级为一级的节点，当左、右侧梁端弯矩均为负弯矩时，绝对值较小的弯矩应取为零；

H_c——柱的计算高度，可取节点上柱与下柱反弯点之间的距离；

h_{b0}、h_b——梁的截面有效高度、截面高度，当节点两侧梁高不相同时，取其平均值。

3　在式（5.3.5-1）～式（5.3.5-4）中，M^l_b、M^r_b 之和应分别按顺时针和逆时针方向计算，并取其较大值。

5.3.6　当框架梁截面宽度每侧凸出柱边不小于 50mm 但不大于 75mm，且梁上、下角部的纵向受力钢筋在本柱肢的纵向受力钢筋外侧锚入梁柱节点时，可忽略凸出柱边部分的作用，近似取节点核心区有效验算厚度为柱肢截面厚度（$b_j = b_c$），并按本规程第 5.3.2 条～第 5.3.4 条的规定验算节点核心区受剪承载力。也可根据梁纵向受力钢筋在柱肢截面厚度范围内、外的截面面积比例，对柱肢截面厚度以内和以外的范围分别验算其受剪承载力。此时，除应符合本规程第 5.3.2 条～第 5.3.4 条要求外，尚宜符合下列规定：

1　按本规程式（5.3.2-1）和式（5.3.2-2）验算核心区受剪截面时，核心区截面有效验算厚度可取梁宽和柱肢截面厚度的平均值；

2　验算核心区受剪承载力时，在柱肢截面厚度范围内的核心区，轴向力的取值应与本规程第 5.3.3 条的规定相同；柱肢截面厚度范围外的核心区，可不考虑轴向压力对受剪承载力的有利作用。

6　结 构 构 造

6.1　一 般 规 定

6.1.1　异形柱结构的梁、柱、剪力墙和节点构造措施，除应符合本规程规定外，尚应符合现行国家标准《混凝土结构设计规范》GB 50010 的相关规定。

6.1.2　异形柱、梁、剪力墙和节点的材料应符合下列规定：

1　混凝土的强度等级不应低于 C25，且不应高于 C50，抗震设计时，一级抗震等级框架梁、柱及其节点的混凝土强度等级不应低于 C30；

2　纵向受力钢筋宜采用 HRB400、HRB500、HRBF400、HRBF500、HRB400E、HRB500E 钢筋；箍筋宜采用 HPB300、HRB400、HRBF400、HRB500、HRBF500 钢筋。

6.1.3　框架梁截面高度可按 $\left(\frac{1}{10} \sim \frac{1}{15} \right) l_b$ 确定（l_b 为计算跨度），且非抗震设计时不宜小于 350mm，抗震设计时不宜小于 400mm。梁的净跨与截面高度的比值不宜小于 4。梁的截面宽度不宜小于截面高度的 1/4 和 200mm。

6.1.4　异形柱截面的肢厚不应小于 200mm，非抗震设计时，肢高不应小于 400mm；抗震设计时，肢高不应小于 450mm。Z 形截面柱腹板净高不应小于 200mm。

6.1.5 异形柱、梁的纵向受力钢筋连接接头可采用焊接、机械连接或绑扎搭接。接头位置宜设在构件受力较小处。在层高范围内柱的每根纵向受力钢筋接头数不应超过 1 个。柱的纵向受力钢筋在同一连接区段的连接接头面积百分率不应大于 50%，连接区段的长度应按现行国家标准《混凝土结构设计规范》GB 50010 的相关规定确定。

6.1.6 异形柱最外层钢筋和纵向受力钢筋的混凝土保护层厚度应符合《混凝土结构设计规范》GB 50010 - 2010（2015 年版）第 8.2.1 条的规定。处于一类环境且混凝土强度等级不低于 C40 时，异形柱的混凝土保护层最小厚度可减小 5mm，但纵向受力钢筋的保护层厚度不应小于其直径。

6.1.7 异形柱、梁纵向受拉钢筋的锚固长度 l_a 和抗震锚固长度 l_{aE} 应按现行国家标准《混凝土结构设计规范》GB 50010 的相关规定确定。

6.2 异形柱结构

6.2.1 异形柱的剪跨比宜大于 2，抗震设计时不应小于 1.50。

6.2.2 抗震设计时，异形柱的轴压比不宜大于表 6.2.2 规定的限值。

表 6.2.2　异形柱的轴压比限值

结构体系	截面形式	抗震等级			
		一级	二级	三级	四级
框架结构	L形、Z形	—	0.50	0.60	0.70
	T形	—	0.55	0.65	0.75
	十字形	—	0.60	0.70	0.80
框架-剪力墙结构	L形、Z形	0.40	0.55	0.65	0.75
	T形	0.45	0.60	0.70	0.80
	十字形	0.50	0.65	0.75	0.85

注：1　剪跨比不大于 2 的异形柱，轴压比限值应按表内相应数值减小 0.05；

2　肢端设暗柱时，L形、Z形柱按表内相应数值增大 0.05；十字形、T形柱一、二级抗震等级按表内相应数值增大 0.1，三、四级抗震等级按表内相应数值增大 0.05；

3　纵向受力钢筋采用 500MPa 级钢筋时，轴压比限值应按表内相应数值减小 0.05。

6.2.3 异形柱的钢筋（图 6.2.3）应符合下列规定：

1 在同一截面内，纵向受力钢筋宜采用相同直径，其直径不应小于 14mm，且不应大于 25mm；

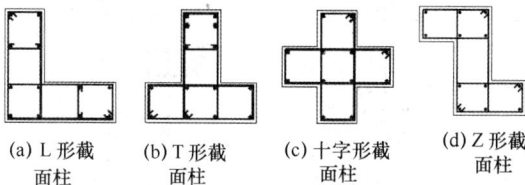

(a) L形截面柱　(b) T形截面柱　(c) 十字形截面柱　(d) Z形截面柱

图 6.2.3　异形柱的配筋形式

2 折角处应设置纵向受力钢筋；

3 纵向钢筋间距：一、二、三级抗震等级不宜大于 200mm；四级抗震等级不宜大于 250mm；非抗震设计不宜大于 300mm。当纵向受力钢筋的间距不能满足上述要求时，应设置纵向构造钢筋，其直径不应小于 12mm，并应设置拉筋，拉筋间距应与箍筋间距相同。

6.2.4 异形柱纵向受力钢筋之间的净距不应小于 50mm。柱肢厚度为 200mm～250mm 时，纵向受力钢筋每排不应多于 3 根；根数较多时，可分两排或并筋设置（图 6.2.4）。

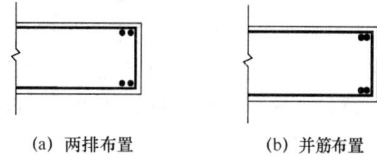

(a) 两排布置　(b) 并筋布置

图 6.2.4　纵向受力钢筋的布置

6.2.5 异形柱中全部纵向受力钢筋的配筋百分率不应小于表 6.2.5-1 规定的数值，且柱肢肢端纵向受力钢筋的配筋百分率不应小于表 6.2.5-2 规定的数值。

表 6.2.5-1　异形柱全部纵向受力钢筋的
最小配筋百分率（%）

柱类型	抗震等级				非抗震
	一级	二级	三级	四级	
中柱、边柱	1.0	0.8 (0.9)	0.8 (0.8)	0.8 (0.8)	0.6
角柱	1.2	1.0	0.9	0.8	0.8

注：1　表中括号内数值用于框架结构的柱；

2　采用 400MPa 级纵向受力钢筋时，应按表中数值增加 0.05 采用。

表 6.2.5-2　异形柱截面各肢端纵向受力
钢筋的最小配筋百分率（%）

柱截面形状及肢端	最小配筋率	备注
L形、Z形各凸出的肢端	0.2	按柱全截面面积计算
十字形各肢端、T形非对称轴上的肢端	0.2	按所在肢截面面积计算
T形对称轴上凸出的肢端	0.4	按所在肢截面面积计算

6.2.6 异形柱全部纵向受力钢筋的配筋率，非抗震设计时不应大于 4%，抗震设计时不应大于 3%。

6.2.7 异形柱应采用复合箍筋（图 6.2.7），严禁采用有内折角的箍筋。箍筋宜做成封闭式焊接箍筋，也可采用绑扎箍筋，其末端应做成 135° 的弯钩。弯钩端头平直段长度，非抗震设计时不应小于 5d（d 为箍筋直径）；当柱中全部纵向受力钢筋的配筋率大于 3% 时，不应小于 10d。抗震设计时不应小于 10d，且不应小于 75mm。

当采用拉筋形成复合箍筋时，拉筋应紧靠纵向钢筋并钩住箍筋。

6.2.8 非抗震设计时，异形柱的箍筋直径不应小于纵向受力钢筋的最大直径的 1/4，且不应小于 6mm；

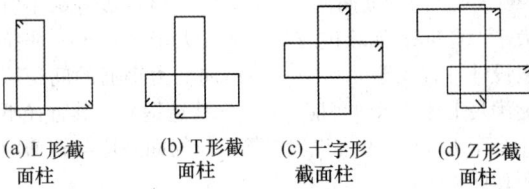

| (a) L形截面柱 | (b) T形截面柱 | (c) 十字形截面柱 | (d) Z形截面柱 |

图 6.2.7　箍筋形式

箍筋间距不应大于 250mm，且不应大于柱肢厚度和 15 倍纵向受力钢筋的最小直径；当柱中全部纵向受力钢筋的配筋率大于 3% 时，箍筋直径不应小于 8mm，间距不应大于 200mm，且不应大于 10 倍纵向受力钢筋的最小直径；箍筋肢距不宜大于 300mm。

6.2.9　抗震设计时，异形柱箍筋加密区的配箍特征值应符合下列规定：

　　1　加密区的配箍特征值应符合下列公式的规定：

$$\lambda_v \geqslant \lambda_{v,min} \tag{6.2.9-1}$$

$$\lambda_v = \frac{\rho_v f_{yv}}{f_c} \tag{6.2.9-2}$$

式中：ρ_v ——箍筋加密区的箍筋体积配箍率，计算复合箍筋的体积配箍率时，不应计入重叠部分的箍筋体积，对肢端设暗柱的异形柱尚不应计入暗柱的附加箍筋体积；

　　　　f_c ——混凝土轴心抗压强度设计值，强度等级低于 C35 时，按 C35 计算；

　　　　f_{yv} ——箍筋抗拉强度设计值；

　　　　$\lambda_{v,min}$ ——最小配箍特征值，按表 6.2.9 采用。

　　2　对抗震等级为一、二、三、四级的框架柱，箍筋加密区的箍筋体积配箍率分别不应小于 1.0%、0.8%、0.6%、0.5%。

　　3　当剪跨比 $\lambda \leqslant 2$ 时，抗震等级为一、二、三、四级的框架柱，箍筋加密区的箍筋体积配箍率不应小于 1.2%。

**表 6.2.9　异形柱箍筋加密区的箍筋
最小配箍特征值 $\lambda_{v,min}$**

抗震等级	截面形式	柱轴压比											
		≤0.30	0.35	0.40	0.45	0.50	0.55	0.60	0.65	0.70	0.75	0.80	0.85
一级	L形、Z形	0.17	0.19	0.21	0.23	—	—	—	—	—	—	—	—
二级		0.12	0.14	0.16	0.18	0.21	0.23	—	—	—	—	—	—
三级		0.10	0.12	0.13	0.15	0.17	0.19	0.21	0.23	—	—	—	—
四级		0.09	0.11	0.12	0.13	0.15	0.17	0.19	0.21	0.23	—	—	—
一级	T形	0.16	0.18	0.20	0.22	0.24	—	—	—	—	—	—	—
二级		0.11	0.13	0.15	0.17	0.18	0.20	0.22	—	—	—	—	—
三级		0.09	0.11	0.12	0.14	0.16	0.18	0.20	0.22	—	—	—	—
四级		0.08	0.09	0.10	0.12	0.13	0.15	0.17	0.18	0.20	0.24	—	—
一级	十字形	0.15	0.17	0.18	0.20	0.25	—	—	—	—	—	—	—
二级		0.10	0.12	0.14	0.16	0.18	0.20	0.25	—	—	—	—	—
三级		0.08	0.10	0.11	0.13	0.15	0.17	0.19	0.25	—	—	—	—
四级		0.07	0.08	0.10	0.11	0.13	0.15	0.17	0.19	0.21	0.23	0.25	—

注：肢端设暗柱的异形柱，其箍筋最小配箍特征值按未增大的轴压比取表中的相应值。

6.2.10　抗震设计时，异形柱箍筋加密区的箍筋最大间距和箍筋最小直径应符合表 6.2.10 的规定。

表 6.2.10　异形柱箍筋加密区箍筋的构造要求

抗震等级	箍筋最大间距 (mm)	箍筋最小直径 (mm)
一级	5d 和 100 的较小值	10
二级	6d 和 100 的较小值	8
三级	7d 和 120（柱根 100）的较小值	8
四级	7d 和 150（柱根 100）的较小值	6（柱根 8）

注：1　d 为纵向受力钢筋的最小直径；

　　2　柱根指底层柱下端箍筋加密区范围；

　　3　当剪跨比 λ 不大于 2 时，箍筋间距不应大于 100mm，箍筋直径不应小于 8mm。

6.2.11　抗震设计时，异形柱箍筋加密区箍筋的肢距：一、二、三级抗震等级不宜大于 200mm，四级抗震等级不宜大于 250mm。此外，每隔一根纵向钢筋宜在两个方向均有箍筋或拉筋约束。

6.2.12　抗震设计时，异形柱箍筋加密区范围应按下列规定采用：

　　1　柱端取截面长边尺寸、柱净高的 1/6 和 500mm 三者中的最大值；

　　2　底层柱柱根不应小于柱净高的 1/3；当有刚性地面时，除柱端外尚应取刚性地面上、下各 500mm；

　　3　剪跨比不大于 2 的柱以及因设置填充墙等形成柱净高与柱肢截面高度之比不大于 4 的柱取柱全高；

　　4　角柱及 Z 形柱取柱全高。

6.2.13　抗震设计时，异形柱非加密区箍筋的体积配箍率不宜小于箍筋加密区的 50%；箍筋间距不应大于柱肢截面厚度；一、二级抗震等级不应大于 10d（d 为纵向受力钢筋直径）；三、四级抗震等级不应大于 15d 和 250mm。

6.2.14　当柱的纵向受力钢筋采用绑扎搭接接头时，搭接长度范围内箍筋直径不应小于搭接钢筋较大直径的 0.25 倍，箍筋间距不应大于搭接钢筋较小直径的 5 倍，且不应大于 100mm。

6.2.15　一、二级抗震等级的房屋角部异形柱以及地震区楼梯间，异形柱肢端（转角处）应设暗柱（图 6.2.15）。肢端（转角处）设暗柱时，暗柱沿肢高方

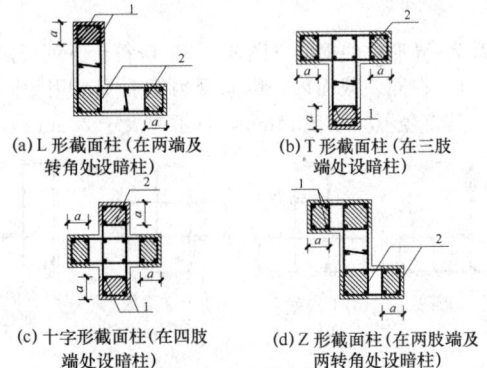

| (a) L形截面柱（在两端及转角处设暗柱） | (b) T形截面柱（在三肢端处设暗柱） |

| (c) 十字形截面柱（在四肢端处设暗柱） | (d) Z形截面柱（在两肢端及两转角处设暗柱） |

图 6.2.15　异形柱肢端暗柱构造
1—暗柱附加纵向钢筋；2—暗柱附加箍筋

向尺寸 a 不应小于 120mm。暗柱的附加纵向钢筋直径不应小于 14mm，可取与纵向受力钢筋直径相同；暗柱的附加箍筋直径和间距同异形柱箍筋，附加箍筋宜设在异形柱两箍筋中间。

6.3 异形柱框架梁柱节点

6.3.1 框架柱的纵向钢筋，应贯穿中间层的中间节点和端节点，且接头不应设置在节点核心区内。

6.3.2 框架顶层柱的纵向受力钢筋应锚固在柱顶、梁、板内，锚固长度应从梁底算起，纵向钢筋的锚固应符合下列规定：

1 顶层端节点柱内侧的纵向钢筋和顶层中间节点处的柱纵向钢筋均应伸至柱顶（图 6.3.2），当采用直线锚固方式时，锚固长度对非抗震设计不应小于 l_a，抗震设计不应小于 l_{aE}。直线段锚固长度不足时，该纵向钢筋伸到柱顶后可采用钢筋锚固板锚固，锚固长度非抗震设计不应小于 $0.5 l_{ab}$，抗震设计不应小于 $0.5 l_{abE}$，也可采用 90°钢筋弯折锚固，此时纵向钢筋分别向内、外弯折，弯折前的竖直投影长度非抗震设计时不应小于 $0.5 l_{ab}$，抗震设计时不应小于 $0.5 l_{abE}$。弯折后的水平投影长度不应小于 $12d$。

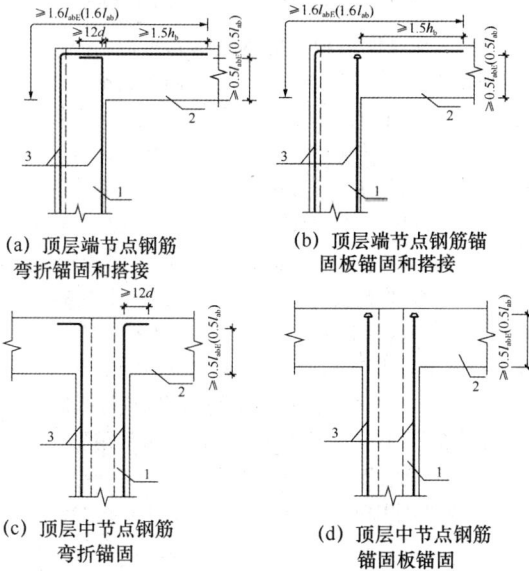

(a) 顶层端节点钢筋弯折锚固和搭接　(b) 顶层端节点钢筋锚固板锚固和搭接

(c) 顶层中节点钢筋弯折锚固　(d) 顶层中节点钢筋锚固板锚固

图 6.3.2　框架顶层柱纵向钢筋的锚固和搭接
1—异形柱；2—框架梁；3—柱的纵向钢筋

2 抗震设计时，贯穿顶层十字形柱中间节点的梁上部纵向钢筋直径，对一、二、三级抗震等级不宜大于该方向柱肢截面高度 h_c 的 1/30。

3 顶层端节点柱外侧纵向钢筋可与梁上部纵向钢筋搭接（图 6.3.2a），搭接长度非抗震设计时不应小于 $1.6 l_{ab}$，抗震设计时不应小于 $1.6 l_{abE}$。且伸入梁内的柱外侧纵向钢筋截面面积不宜少于柱外侧全部纵向钢筋面积的 50%。在梁宽范围以外的柱外侧纵向钢筋可伸入现浇板内，伸入长度应与伸入梁内的

相同。

6.3.3 当框架梁的截面宽度与异形柱柱肢截面厚度相等或梁截面宽度每侧凸出柱边不大于 50mm 时，在梁四角上的纵向受力钢筋应在离柱边不小于 800mm 且满足坡度不大于 1/25 的条件下，向本柱肢纵向受力钢筋的内侧弯折锚入梁柱节点核心区。在梁筋弯折处应设置不少于 2 根直径 8mm 的附加封闭箍筋（图 6.3.3-1a）。

对梁的纵筋弯折区段内大于 50mm 的混凝土保护层宜采取有效的防裂构造措施。

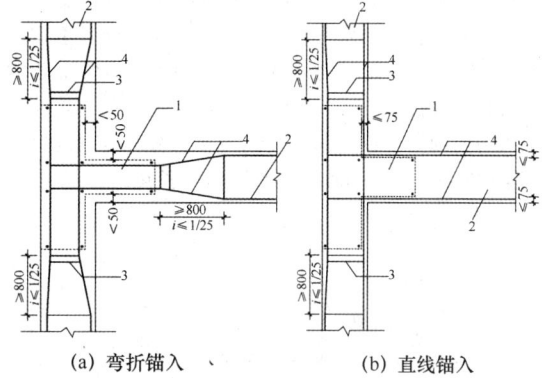

(a) 弯折锚入　(b) 直线锚入

图 6.3.3-1　框架梁纵向钢筋锚入节点区的构造
1—异形柱；2—框架梁；3—附加封闭箍筋；
4—梁的纵向受力钢筋

当梁的截面宽度的任一侧凸出柱边不小于 50mm 时，该侧梁角部的纵向受力钢筋可在本柱肢纵向受力钢筋的外侧锚入节点核心区，但凸出柱边尺寸不应大于 75mm（图 6.3.3-1b）。且从柱肢纵向受力钢筋内侧锚入的梁上部、下部纵向受力钢筋，分别不宜小于梁上部、下部纵向受力钢筋截面面积的 70%。

当上部、下部梁角的纵向钢筋在本柱肢纵向受力钢筋的外侧锚入节点核心区时，梁的箍筋配置范围应延伸到与另一方向框架梁相交处（图 6.3.3-2），且节

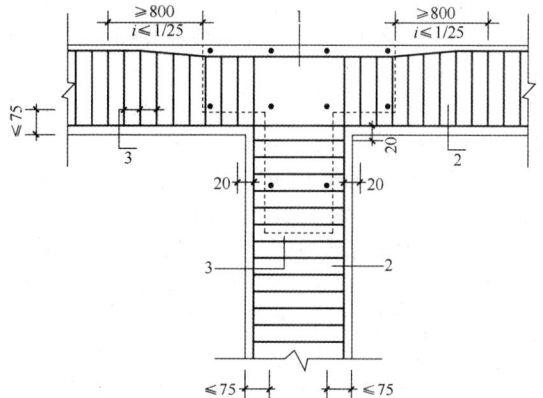

图 6.3.3-2　梁宽大于柱肢厚时的箍筋构造
1—异形柱；2—框架梁；3—梁箍筋

点处一倍梁高范围内梁的侧面应设置纵向构造钢筋并伸至柱外侧，钢筋直径不应小于8mm，间距不应大于100mm。

6.3.4 框架中间层端节点（图6.3.4a、b），框架梁上部和下部纵向钢筋可采用直线方式锚入端节点，锚固长度非抗震设计不应小于 l_a，抗震设计不应小于 l_{aE}，尚应伸至柱外侧。当水平直线段的锚固长度不足时，梁上部和下部纵向钢筋应伸至柱外侧纵向钢筋内边，可采用钢筋锚固板锚固，锚固长度非抗震设计不应小于 $0.4l_{ab}$，抗震设计不应小于 $0.4l_{abE}$；也可采用90°钢筋弯折锚固，此时纵向钢筋分别向下、向上弯折，弯折前的水平投影长度非抗震设计时不应小于 $0.4l_{ab}$，抗震设计时不应小于 $0.4l_{abE}$，弯折后的竖直投影长度取15d。当框架梁纵向钢筋在柱筋外侧锚入节点时，对钢筋锚固板锚固和90°钢筋弯折锚固，其锚固长度和弯折前的水平投影段长度均不应小于 $0.5l_{ab}$ 和 $0.5l_{abE}$。

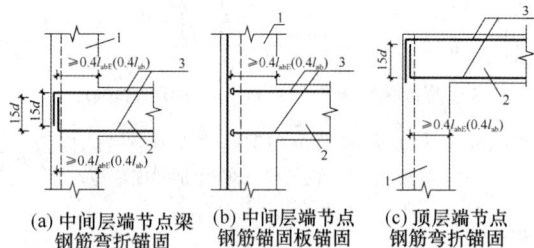

(a) 中间层端节点梁钢筋弯折锚固　(b) 中间层端节点钢筋锚固板锚固　(c) 顶层端节点钢筋弯折锚固

图6.3.4　框架梁的纵向钢筋在端节点区的锚固
1—异形柱；2—框架梁；3—梁的纵向钢筋

框架顶层端节点（图6.3.4c），梁上部纵向钢筋应伸至柱外侧并向下弯折到梁底标高，梁下部纵向钢筋应伸至柱外侧纵向钢筋内边并向上弯折，弯折前的水平投影长度非抗震设计时不应小于 $0.4l_{ab}$，抗震设计时不应小于 $0.4l_{abE}$，当框架梁纵向钢筋在柱筋外侧锚入节点时，则不应小于 $0.5l_{ab}$ 和 $0.5l_{abE}$。弯折后的竖直投影长度取15d。

6.3.5 中间层十字形柱中间节点框架梁纵向钢筋应符合下列规定：

1 抗震设计时，对一、二、三级抗震等级，贯穿中柱的梁纵向钢筋直径不宜大于该方向柱肢截面高度 h_c 的1/30，当混凝土的强度等级为C40及以上时可取1/25，且纵向钢筋的直径不应大于25mm。

2 两侧高度相等的梁（图6.3.5a、b），上部及下部纵向钢筋各排宜分别采用相同直径，并均应贯穿中间节点。若两侧梁的下部钢筋根数不相同时，差额钢筋锚入中间节点的总长度，非抗震设计时不应小于 l_a，抗震设计时不应小于 l_{aE}。当直线段锚固长度不足时，可采用钢筋锚固板锚固，锚固长度非抗震设计时不应小于 $0.4l_{ab}$，抗震设计时不应小于 $0.4l_{abE}$，且伸过柱肢中心线均不应小于5d（d为纵向受力钢筋

直径）。

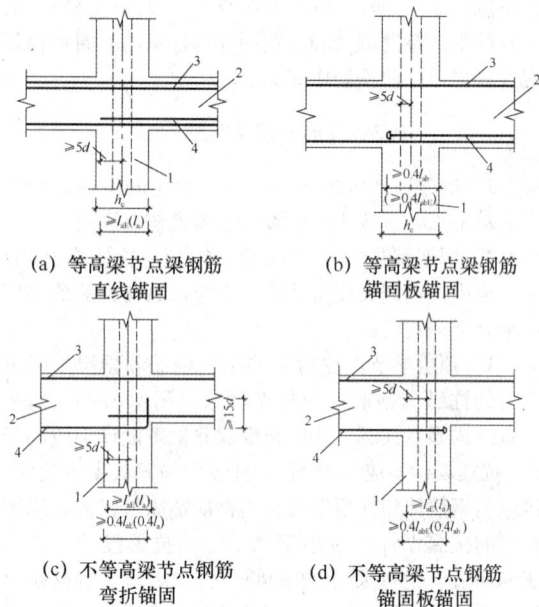

(a) 等高梁节点梁钢筋直线锚固　(b) 等高梁节点梁钢筋锚固板锚固

(c) 不等高梁节点钢筋弯折锚固　(d) 不等高梁节点钢筋锚固板锚固

图6.3.5　框架梁纵向钢筋在中间节点区的锚固
1—异形柱；2—框架梁；
3—梁上部纵向钢筋；4—梁下部纵向钢筋

3 两侧高度不相等的梁（图6.3.5c、d），上部纵向钢筋应贯穿中间节点，下部纵向钢筋锚入中间节点的总长度，非抗震设计时不应小于 l_a，抗震设计时不应小于 l_{abE}。当直线段锚固长度不足时，该纵向钢筋应伸至柱对侧纵向钢筋内边，可采用钢筋锚固板锚固，锚固长度非抗震设计时不应小于 $0.4l_{ab}$，抗震设计时不应小于 $0.4l_{abE}$；也可采用90°钢筋弯折锚固，弯折前的水平投影长度非抗震设计时不应小于 $0.4l_{ab}$，抗震设计时不应小于 $0.4l_{abE}$，弯折后的竖直投影长度不应小于15d；当框架梁纵向钢筋在柱筋外侧锚入节点核心区时，对于钢筋锚固板锚固和90°钢筋弯折锚固，其锚固长度和弯折前的水平投影长度均不应小于 $0.5l_{ab}$ 和 $0.5l_{abE}$。

6.3.6 Z形柱中间层和顶层中间节点框架梁纵向钢筋锚入节点的构造要求与本规程第6.3.4条异形柱框架中间层端节点的规定相同。

6.3.7 梁柱纵向钢筋在节点区采用钢筋锚固板锚固时，除应符合本规程的规定外，尚应符合现行行业标准《钢筋锚固板应用技术规程》JGJ 256的相关规定。

6.3.8 节点核心区应设置水平箍筋。水平箍筋的配置应满足节点核心区受剪承载力的要求，并应符合下列规定：

1 非抗震设计时，节点核心区箍筋的最小直径、最大间距应符合本规程第6.2.8条的规定。

2 抗震设计时，节点核心区箍筋最大间距和最小直径宜按本规程表6.2.10采用。对一、二、三和四级抗震等级，节点核心区配箍特征值分别不宜小于

0.12、0.10、0.08 和 0.06，且体积配箍率分别不宜小于 0.9%、0.7%、0.6% 和 0.5%。对剪跨比不大于 2 的框架柱，节点核心区体积配箍率不宜小于核心区上、下柱端体积配箍率中的较大值。

3 当顶层端节点内设有梁上部纵向钢筋与柱外侧纵向钢筋的搭接接头时，节点核心区的箍筋尚应符合本规程第 6.2.14 条的规定。

4 抗震设计时，对一、二级抗震等级框架中间层节点，节点核心区可增设 X 形构造钢筋进行增强。X 形构造钢筋配置在节点受力方向柱纵向钢筋内侧，其端部应有可靠锚固（图 6.3.8）。

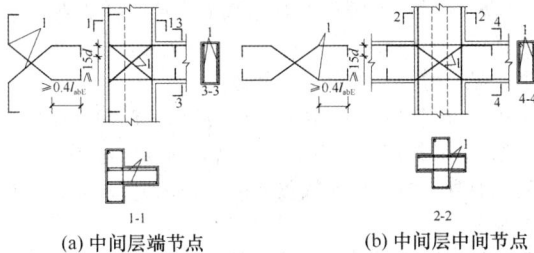

(a) 中间层端节点 (b) 中间层中间节点

图 6.3.8 X 形配筋节点构造

6.3.9 Z 形柱节点核心区腹板构造应符合下列规定：

1 节点核心区腹板应在框架梁的梁高范围内配置水平箍筋，其直径和间距与核心区翼缘的箍筋相同。当两侧框架梁的截面高度不同时，应取较高梁的梁高范围。

2 当腹板方向无梁时，应在核心区腹板水平箍筋内侧设置暗梁（图 6.3.9），暗梁高度 h_b 不宜小于节点两侧框架梁梁高，暗梁上、下边缘单侧纵向钢筋的配筋率不应小于 0.15%，钢筋直径不应小于 12mm 且不少于 2 根，暗梁的纵向钢筋应锚固在翼缘内；暗梁的箍筋应做成封闭式，其直径与腹板的水平箍筋相同，间距不宜大于 100mm，采用非焊接封闭箍筋时，箍筋的末端应做成 135° 弯钩，弯钩端头平直段长度不应小于 10d，d 为箍筋直径。

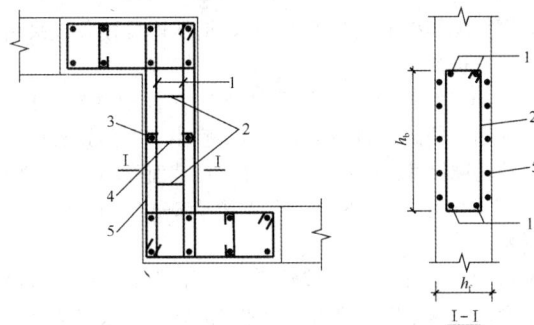

图 6.3.9 腹板暗梁配筋

1—暗梁纵筋；2—暗梁封闭箍筋；3—柱分布钢筋；
4—拉筋；5—腹板水平箍筋

7 异形柱结构的施工及验收

7.0.1 异形柱结构的施工及验收应符合现行国家标准《混凝土结构工程施工规范》GB 50666 和《混凝土结构工程施工质量验收规范》GB 50204 的规定，并应与设计单位配合，针对异形柱结构的特点，制定专门的施工技术方案并严格执行。

7.0.2 对有抗震设防要求的异形柱结构，按一、二、三级抗震等级设计的框架，其纵向受力普通钢筋应符合下列规定：

1 钢筋的抗拉强度实测值与屈服强度实测值的比值不应小于 1.25；

2 钢筋的屈服强度实测值与屈服强度标准值的比值不应大于 1.30；

3 钢筋在最大拉力下的总伸长率实测值不应小于 9%。

7.0.3 当钢筋的品种、级别或规格需作变更时，应办理设计变更文件。

7.0.4 异形柱框架的受力钢筋采用焊接或机械连接时，接头的类型及质量应符合设计要求及现行行业标准《钢筋焊接及验收规程》JGJ 18、《钢筋机械连接技术规程》JGJ 107 的相关规定。

7.0.5 异形柱混凝土的粗骨料宜采用碎石，最大粒径不宜大于 31.5mm，并应符合现行行业标准《普通混凝土用砂、石质量及检验方法标准》JGJ 52 的相关规定。

7.0.6 每楼层的异形柱混凝土应连续浇筑、分层振捣，且不得在柱净高范围内留置施工缝，条件允许时可采用自密实混凝土。框架节点核心区的混凝土应采用相交构件混凝土强度等级的最高值。

7.0.7 冬期施工应符合现行行业标准《建筑工程冬期施工规程》JGJ/T 104 和施工技术方案的规定。

7.0.8 异形柱结构施工的尺寸允许偏差应符合表 7.0.8 的规定，尺寸允许偏差的检验方法应按现行国家标准《混凝土结构工程施工质量验收规范》GB 50204 的规定执行。

表 7.0.8 异形柱结构施工的尺寸允许偏差

项次	项目			允许偏差（mm）
1	轴线位置	梁、柱		6
		剪力墙		4
2	垂直度	层高	不大于 5m	6
			大于 5m	8
		全高 H（mm）		$H/1000$ 且 $\leqslant 30$
3	标高	层高		±10
		全高		±30

项次	项目		允许偏差 (mm)
4	截面尺寸		+8, 0
5	表面平整（在2m长度范围内）		6
6	预埋设施 中心线位置	预埋件	8
		预埋螺栓、预埋管	4
7	预留孔洞中心线位置		10
8	纵向受力钢筋的 混凝土保护层厚度	柱 非地震区	±5
		柱 地震区	±3
		梁	±5
		墙、板	±3
		基础	±10

7.0.9 当替换原设计的墙体材料时，应办理设计变更文件。填充墙与框架柱、梁之间均应有可靠的连接，尚应符合现行国家标准《混凝土结构设计规范》GB 50010 的相关规定。

7.0.10 异形柱柱体及节点核心区内不得预留或埋设水、电、燃气管道和线缆；安装水、电、燃气管道和线缆时，不应削弱柱截面。

附录A 底部抽柱带转换层的异形柱结构

A.0.1 底部抽柱带转换层的异形柱结构，其转换结构构件应采用梁。

A.0.2 底部抽柱带转换层的异形柱结构可用于非抗震设计，以及抗震设计的6度、7度（0.1g）时Ⅰ、Ⅱ、Ⅲ类场地和7度（0.15g）时Ⅰ、Ⅱ类场地的房屋建筑。

A.0.3 底部抽柱带转换层的异形柱结构在地面以上大空间的层数，非抗震设计不宜超过3层，抗震设计不宜超过2层。

A.0.4 底部抽柱带转换层异形柱结构房屋适用的最大高度应按本规程第3.1.2条规定的限值降低不少于10%，且框架结构不宜超过7层。框架-剪力墙结构，非抗震设计不宜超过14层，抗震设计不宜超过12层。

A.0.5 抗震设计时，底部抽柱带转换层的异形柱结构，其转换梁和转换梁下的柱的抗震等级应按本规程第3.3.1条的相关规定提高一级采用。

A.0.6 底部抽柱带转换层异形柱结构的结构布置除应符合本规程第3章的规定外，尚应符合下列规定：

1 框架-剪力墙结构中的剪力墙应全部落地，并贯通房屋全高。抗震设计时，在规定的水平力作用下，底层剪力墙部分承受的地震倾覆力矩应大于结构总地震倾覆力矩的50%。

2 矩形平面建筑中剪力墙的间距，非抗震设计不宜大于3倍楼盖宽度，且不宜大于36m；抗震设计不宜大于2倍楼盖宽度，且不宜大于24m。

3 框架结构的底部托柱框架不应采用单跨框架。

4 落地的框架柱应连续贯通其所在框架全高；不落地的框架柱应连续贯通其所在框架转换层以上的所有楼层。抗震设计时，底部抽柱数不宜超过转换层相邻上部楼层框架柱总数的30%；非抗震设计时，底部抽柱数不宜超过转换层相邻上部楼层框架柱总数的40%。

5 转换层下部结构的框架柱不应采用异形柱。

6 不落地的框架柱应直接落在转换层主结构上。托柱梁应双向布置，可双向均为框架梁，或一方向为框架梁，另一方向为托柱次梁。

A.0.7 转换层上部结构与下部结构的侧向刚度比宜接近1。转换层上、下部结构侧向刚度比可按《高层建筑混凝土结构技术规程》JGJ 3 - 2010附录E的相关规定计算。

A.0.8 托柱框架梁的截面宽度，不应小于梁宽度方向被托异形柱截面的肢高或一般框架柱的截面高度；不宜大于托柱框架柱相应方向的截面宽度。托柱框架梁的截面高度不宜小于托柱框架梁计算跨度的1/8；当双向均为托柱框架时，不宜小于短跨框架梁计算跨度的1/8。

托柱次梁应垂直于托柱框架梁方向布置，梁的宽度不应小于400mm，其中心线宜与同方向被托异形柱截面肢厚或一般框架柱截面的中心线重合。

A.0.9 转换层及下部结构的混凝土强度等级不应低于C30。

A.0.10 转换层楼面应采用现浇楼板，楼板的厚度不应小于150mm，且应双层双向配筋，每层每方向的配筋率不宜小于0.25%。楼板钢筋应锚固在边梁或墙体内。楼板与异形柱内拐角相交部位宜加设呈放射形或斜向平行布置的板面钢筋。楼板边缘和较大洞口周边应设置边梁，其宽度不宜小于板厚的2倍，纵向钢筋配筋率不应小于1.0%，钢筋连接接头宜采用焊接或机械连接。

A.0.11 转换层上部异形柱向底部框架柱转换时，下部框架柱截面的外轮廓尺寸不宜小于上部异形柱截面外轮廓尺寸。转换层上部异形柱截面形心与下部框架柱截面形心宜重合，当不重合时应考虑偏心的影响。

A.0.12 底部大空间带转换层的异形柱结构的结构布置、计算分析、截面设计和构造要求，除应符合本规程的规定外，尚应符合国家现行有关标准的规定。

本规程用词说明

1 为便于在执行本规程条文时区别对待，对要求严格程度不同的用词说明如下：

    1）表示很严格，非这样做不可的：
        正面词采用"必须"，反面词采用"严禁"；

    2）表示严格，在正常情况下均应这样做的：
        正面词采用"应"，反面词采用"不应"或
"不得"；

    3）表示允许稍有选择，在条件许可时首先这
样做的：
        正面词采用"宜"，反面词采用"不宜"；

    4）表示有选择，在一定条件下可以这样做的，
        可采用"可"。

  2 条文中指明应按其他有关标准执行的写法为：
"应符合……的规定"或"应按……执行"。

引用标准名录

1 《建筑结构荷载规范》GB 50009

2 《混凝土结构设计规范》GB 50010

3 《建筑抗震设计规范》GB 50011

4 《工程结构可靠性设计统一标准》GB 50153

5 《混凝土结构工程施工质量验收规范》GB 50204

6 《混凝土结构工程施工规范》GB 50666

7 《高层建筑混凝土结构技术规程》JGJ 3

8 《钢筋焊接及验收规程》JGJ 18

9 《普通混凝土用砂、石质量及检验方法标准》JGJ 52

10 《建筑工程冬期施工规程》JGJ/T 104

11 《钢筋机械连接技术规程》JGJ 107

12 《钢筋锚固板应用技术规程》JGJ 256

中华人民共和国行业标准

混凝土异形柱结构技术规程

JGJ 149—2017

条 文 说 明

编 制 说 明

《混凝土异形柱结构技术规程》JGJ 149-2017 经住房和城乡建设部 2017 年 6 月 20 日以 1595 号公告批准、发布。

本规程是在《混凝土异形柱结构技术规程》JGJ 149-2006 的基础上修订而成的。上一版的主编单位是天津大学，参编单位是中国建筑科学研究院、清华大学、东南大学、南昌有色冶金设计研究院、南昌大学、天津市建筑设计院、天津市新型建材建筑设计研究院、甘肃省建筑设计研究院、广东省建筑设计研究院、昆明市建设局、昆明理工大学、同济大学、中国建筑标准设计研究院、天津市建筑材料集团总公司。主要起草人员是严士超、康谷贻、王依群、 陈云霞 、戴国莹、赵艳静、容柏生、吕志涛、徐世晖、张元坤、桂国庆、黄锐、冯健、徐有邻、钱稼茹、贺民宪、黄兆纬、刘建、潘文、简洪平、熊进刚、卢文胜、张方、王铁成、李文清、李晓明、李红。

本规程编制过程中，编制组进行了广泛的调查研究，总结了我国工程建设中异形柱结构的实践工程经验，不断深化拓展的科研成果以及异形柱结构经受实际地震考验的资料，同时参考了我国新颁布的技术法规、技术标准和近年来许多单位和学者取得的有关异形柱结构设计的研究成果。

为便于广大设计、施工、科研、学校等单位有关人员在使用本规程时能正确理解和执行条文规定，《混凝土异形柱结构技术规程》编制组按章、节、条顺序编制了本规程的条文说明，对条文规定的目的、依据以及执行中需注意的有关事项进行了说明，还着重对强制性条文的强制性理由作了解释。但是，本条文说明不具备与规程正文同等的法律效力，仅供使用者作为理解和把握规程规定的参考。

目　次

1 总　则

1.0.1 混凝土异形柱结构是以 T 形、L 形、十字形、Z 形的异形截面柱（以下简称异形柱）代替一般框架柱作为竖向支承构件而构成的结构，以避免框架柱在室内凸出，少占建筑空间，改善建筑观瞻，为建筑设计及使用功能带来灵活性和方便性；同时结合墙体改革，采用保温、隔热、轻质、高效的墙体材料作为框架填充墙及内隔墙，代替传统的烧结黏土砖墙，以贯彻国家关于节约能源、节约土地、保护环境的政策。

混凝土异形柱结构体系与一般矩形柱结构体系之间既存在着共性，也具有各自的特性。由于异形柱与矩形柱二者在截面特性、内力和变形特性、抗震性能等方面的显著差异，导致在异形柱结构设计与施工中一些不容忽视的问题，这些方面在目前我国现行规范均未涉及。随着异形柱结构在各地逐渐推广应用，需要不断补充完善异形柱结构的国家和行业标准，提供指导异形柱结构设计施工、工程审查及质量监控的依据。国内各高等院校、设计、研究单位对异形柱结构的基本性能、设计方法、构造措施及工程应用等方面进行了大量的科学研究与工程实践，包括：异形柱正截面、斜截面、梁柱节点的试验及理论研究、异形柱结构模型的模拟地震作用试验（振动台试验及低周反复水平荷载试验）研究、异形柱结构抗震分析及抗震性能研究、异形柱结构专用设计软件研究及异形柱结构标准设计研究等。一些省市制定并实施了异形柱结构地方标准，一些地方的国家级住宅示范小区中也建有异形柱结构住宅建筑，在这样的基础上，住房和城乡建设部组织编制了国家行业标准《混凝土异形柱结构技术规程》JGJ 149-2006，规程发布实施以来，我国混凝土异形柱结构的科学研究成果不断深化拓展，设计与施工的工程实践经验进一步积累，并首次获得了异形柱经受强烈地震经验的实际资料。为了在混凝土异形柱结构设计与施工中贯彻执行国家技术经济政策，做到安全适用、经济合理、确保质量，根据住房和城乡建设部建标〔2010〕43 号文件的要求，对《混凝土异形柱结构技术规程》进行了修订。

1.0.2 本规程适用于一般混凝土异形柱体系，不适用于轻骨料混凝土及特种混凝土异形柱结构的设计、施工及验收。混凝土异形柱结构体系主要用于一般居住建筑，近年来逐渐扩展到用于平面及竖向布置较为规则的宿舍建筑等，工程实践表明效果良好。异形柱结构体系也可用于类似的较为规则的一般民用建筑。

由于我国目前尚无在 8 度（0.30g）抗震设防地区异形柱框架结构的设计与施工经验，也没有相关的研究成果，且考虑到异形柱框架结构的抗震性能特点，故未将抗震设防烈度为 8 度（0.30g）抗震设计的异形柱框架结构列入本规程适用范围，但是对于框架-剪力墙结构，基于其抗震性能较好，本次修订增补了 8 度（0.3g）的相关规定。

1.0.3 本规程是在遵照现行国家标准《建筑结构可靠度设计统一标准》GB 50068、《建筑结构荷载规范》GB 50009、《混凝土结构设计规范》GB 50010、《建筑抗震设计规范》GB 50011、《混凝土结构工程施工规范》GB 50666、《混凝土结构工程施工质量验收规范》GB 50204 及行业标准《高层建筑混凝土结构技术规程》JGJ 3 等基础上，并根据异形柱结构有关试验、理论的研究成果和工程设计、施工及验收的实践经验，对行业标准《混凝土异形柱结构技术规程》JGJ 149-2006 修订编制而成。

2 术语和符号

2.1 术　语

本规程的术语是根据现行国家标准《工程结构设计基本术语标准》GB/T 50083 给出的。

2.2 符　号

本规程的符号主要是根据现行国家标准《混凝土结构设计规范》GB 50010 和《建筑抗震设计规范》GB 50011 规定的。有些符号基于异形柱结构特点作了相应的调整和补充。

3 结构设计的基本规定

3.1 结构体系

3.1.1 工程实际应用的主要是以 T 形、L 形、十字形和 Z 形截面的异形柱构成的框架结构和框架-剪力墙结构体系。

本规程适用于异形柱框架结构体系，包括全部由异形柱作为竖向受力构件组成的钢筋混凝土结构，也包括由于结构受力需要而部分采用一般框架柱的情形。异形柱和一般框架柱应分别按各自有关规范规定进行设计。

此次修订新增了肢端设暗柱的异形柱，用于受力复杂、不利的结构部位。

为满足建筑物底部设置大空间的建筑功能要求，异形柱结构体系还可以采用底部抽柱带转换层的异形柱框架结构或异形柱框架-剪力墙结构，此时应遵守本规程附录 A 的规定。

3.1.2 房屋高度是指室外地面至主要屋面板板顶的高度（不包括局部突出屋顶部分）。从结构安全和经济合理等方面综合考虑，混凝土异形柱结构房屋适用的最大高度应有所限制，《混凝土异形柱结构技术规程》JGJ 149-2006 对异形柱结构房屋适用的最大高度作出了规定。本次修订对混凝土异形柱框架及框架-剪力墙两种结构体系的一批代表性典型工程，主要考虑下列基本条件：①非抗震设计；②抗震设防烈度为 6 度（0.05g）、7 度（0.10g，0.15g）及 8 度（0.20g，0.30g）的抗震设计；③不同场地类别；④不同开间柱网尺寸；⑤结构平均自重按 12kN/m² ～ 14kN/m²；⑥标准层层高按 3.0m。根据本规程及相关标准的规定，进行了系统的结构分析计算，综合考虑异形柱结构逐步积累和不断发展的理论研究、试验研究成果、设计施工的工程实践经验及汶川大地震中异形柱结构的震害调查资料，通过系统的结构计算及一批典型工程设计的检验、归纳、总结，从而完成了本条关于异形柱结构房屋适用的最大高度规定的修订。

结构顶层采用坡屋顶时房屋适用的最大高度在国家现行有关标准中亦未作具体规定，异形柱结构设计时可由设计人员根据实际情况合理确定。通常的做法是当檐口标高不设水平楼板时，总高度可算至檐口标高处；当檐口标高附近有水平楼板，即带阁楼的坡屋顶情形，此时高度可算至坡高的 1/2 高度处。

平面和竖向均不规则的异形柱结构，其房屋适用的最大高度：非抗震设计时宜适当降低，抗震设计时应适当降低，体现了对不同情况、不同宽严程度区别对待。

6 度、7 度抗震设计时，建于Ⅰ、Ⅱ类场地的异形柱框架结构房屋适用最大高度可按表中数值增加 3m；建于Ⅲ、Ⅳ类场地的异形柱结构房屋适用最大高度应适当降低；框架-剪力墙结构在基本振型地震作用下，根据框架部分承受的地震倾覆力矩占结构总倾覆力矩之比例，按本规程第 3.1.6 条规定确定其适用最大高度；8 度（0.30g）的异形柱框架-剪力墙结构仅限用于Ⅰ、Ⅱ类场地。这些都是针对异形柱结构的性能特点，基于结构安全的考虑所作的规定。

底部抽柱带转换层异形柱结构，属于结构沿竖向不连续的不规则情形，其适用最大高度应符合本规程附录 A 的规定。

当异形柱结构中采用少量一般框架柱时，房屋适用最大高度仍可按全部为异形柱的结构采用。

在异形柱结构实际工程设计中应综合考虑结构体系、结构设计方案、抗震设防烈度、场地类别、结构平均自重、开间与进深尺寸及结构布置的规则性等影响因素，正确使用本规程关于异形柱结构房屋适用最大高度的规定。当房屋高度超过表中规定的数值时，结构设计应有可靠的依据，并采取有效的加强措施。

原规程实施以来，通过异形柱结构设计和施工经验积累和意见反馈，以及汶川地震震害经验调查，并与国家现行标准《建筑抗震设计规范》GB 50011 和

《高层建筑混凝土结构技术规程》JGJ 3 协调，对原规定进行适当调整。系列核算和分析结果表明：调整后的规定是合适的。

3.1.3 高宽比是对结构刚度、整体稳定、承载能力和经济合理性的宏观控制。本规程对异形柱结构适用的最大高宽比的规定系根据异形柱结构的特性，比原规程适当放宽，但较现行行业标准《高层建筑混凝土结构技术规程》JGJ 3 对应的规定适当加严。本条适用于 10 层及 10 层以上或高度超过 28m 的情形，当层数或高度低于上述数值时，可适当放宽。

原规程实施以来，通过异形柱结构设计和施工经验积累和意见反馈，以及汶川地震震害经验调查，并与国家现行标准《建筑抗震设计规范》GB 50011 和《高层建筑混凝土结构技术规程》JGJ 3 协调，对原规定进行适当调整。系列核算和分析结果表明：调整后的规定是合适的。

3.1.4 影响建筑结构安全的因素有三个层次：结构方案、内力效应分析和截面设计。结构方案虽属概念设计的范畴，但由此所决定的整体稳定性对结构安全的重要意义远超其他因素。在异形柱结构设计中，应根据是否抗震设防、抗震设防烈度、场地类别、房屋高度和高宽比、施工技术等因素，通过安全、技术、经济和使用条件的综合分析比较，选用合理的结构体系，并宜通过增加结构体系的多余约束和超静定次数、考虑传力途径的多重性、避免采用脆性材料和加强结构的延性等措施来加强结构的整体稳定性，使结构在承受自然界的灾害或人为破坏等意外作用而发生局部破坏时，不至于引发连续倒塌而导致严重恶性后果。

异形柱结构体系除应符合国家现行标准《建筑抗震设计规范》GB 50011、《混凝土结构设计规范》GB 50010 及《高层建筑混凝土结构技术规程》JGJ 3 的相关规定外，尚应符合本规程的相关规定。

1 框架结构与砌体结构在抗侧刚度、变形能力、抗震性能方面有很大差异，将这两种不同的结构混合使用于同一结构中，会对结构的抗震性能产生不利的影响。现行行业标准《高层建筑混凝土结构技术规程》JGJ 3 对此做了强制性条文的规定，对异形柱结构同样必须遵守。

2 根据一般震害资料，多层及高层单跨框架结构震害严重，故本规程规定：抗震设计的异形柱结构不应采用单跨框架结构。规定异形柱结构不宜采用连体和错层等复杂结构形式，是因为目前缺乏工程应用及专门研究依据。

3 在结构设计中利用楼梯间、电梯井位置合理布置剪力墙，对电梯设备运行、结构抗震、抗风均有好处，但若剪力墙布置不合理，将导致结构平面不规则，加剧扭转效应，对结构抗震带来不利影响，故这里强调"合理地布置剪力墙、一般框架柱或肢端设暗

柱的异形柱"。对高度不大的异形柱结构的楼梯间、电梯井,可采用一般框架柱。

4 在异形柱结构中异形柱的肢厚尺寸较小,相应梁宽尺寸及梁柱节点核心区尺寸均较小,为保证异形柱结构的整体安全,对主要受力构件——柱、梁、楼梯、剪力墙应采用现浇的施工方式。在这种条件下,连同楼板在一起采用全现浇施工方式更为合理、方便与安全。修订规定对抗震设计的楼板宜采用现浇,对非抗震设计的楼板宜采用现浇或装配整体式,以示区别对待。根据反馈的意见,考虑某些地区的条件,也列出了带有不小于 60mm 现浇层的装配整体式叠合楼板可按现浇板考虑的规定。

修订中增补了抗震设计的异形柱结构对楼梯的要求,楼梯是地震中重要的疏散逃生通道,根据汶川大地震中一般结构楼梯震害较普遍的教训,应对此给予足够重视。在抗震设计中应计入楼梯构件对地震作用及其效应的影响,应进行楼梯构件的抗震承载力验算,并宜采取构造措施,减少楼梯构件对主体结构刚度的影响。楼梯间两侧填充墙与异形柱之间应加强拉结,这些都应符合现行国家标准《建筑抗震设计规范》GB 50011 的相关规定。

3.1.5 国家有关部门已经发布专门文件,禁止使用烧结黏土砖,积极发展和推广应用新型墙体材料,是墙体材料革新的一项主要任务。异形柱结构体系就是 20 世纪 70 年代以来墙体材料革新推动下促进结构体系变革的产物,属于框架-轻墙(填充墙、隔墙)结构体系,应优先选用轻质高效的墙体材料,不应采用烧结实心黏土砖,由此带来的效益不仅是改善建筑的保温、隔热性能,节约能源消耗,而且减轻了结构的自重,有利于节约基础建设投资,有利于减小结构的地震作用;采用工业废料制作轻质墙体,有利于环境保护,其综合效益值得重视。

异形柱结构的主要特点就是柱肢厚度与非承重砌体墙的厚度取齐一致,在工程实用中尚应综合考虑墙身满足保温、隔热、节能、隔声、防水及防火等要求,以满足建筑功能的需要。在此前提下,根据不同条件选用合理经济的墙体形式——砌体或墙板。各地应根据当地实际条件,大力推进住宅产业现代化,解决好与异形柱结构体系配套的墙体材料产品,以确保质量,提高效率和降低成本。

3.1.6 框架-剪力墙结构在基本振型地震作用下,结构底层框架部分承受的地震倾覆力矩与结构总地震倾覆力矩的比值不尽相同,结构性能有较大的差别。本次修订参照《高层建筑混凝土结构技术规程》JGJ 3-2010 第 8.1.3 条作出相应具体规定。结构设计时,应根据结构底层框架承受的地震倾覆力矩与结构总地震倾覆力矩的比值确定该结构相应的使用高度和构造措施,计算模型及分析均按框架-剪力墙结构进行实际输入和计算分析。

3.2 结 构 布 置

3.2.1 合理设计方案的结构布置(包括平面布置及竖向布置)无论在非抗震设计还是抗震设计中都具有非常重要的意义,结构的平面和竖向布置宜简单、规则、均匀,这就需要结构工程师与建筑师密切协调配合,兼顾建筑功能与结构功能等方面的合理性。本规程提出:异形柱结构宜采用规则的结构设计方案;抗震设计的异形柱结构应符合抗震概念设计的要求,不应采用严重不规则的结构设计方案。这符合现行国家标准《建筑抗震设计规范》GB 50011 的相关规定。这里所说的严重不规则,是指形体复杂,多项不规则指标超过本规程第 3.2.2 条条文说明中表 1 或表 2 所列的上限值,或某一项大大超过规定值,具有现有技术和经济条件不能克服的严重的抗震薄弱环节,可能导致地震破坏的严重后果者。

3.2.2 在异形柱结构抗震设计时,首先应对结构设计方案关于平面和竖向布置的规则性及不规则程度进行判别。对不规则异形柱结构的定义和设计要求,除应符合现行国家标准《建筑抗震设计规范》GB 50011 对一般钢筋混凝土结构的有关要求外,尚应符合本规程第 3.2.5 条的相关规定。

为方便异形柱结构的抗震设计,这里列出现行国家标准《建筑抗震设计规范》GB 50011 对平面不规则的主要类型及竖向不规则的主要类型的定义,作为对异形柱结构不规则类型判别的依据。

表 1 平面不规则的主要类型

不规则类型	定 义
扭转不规则	在规定的水平力作用下,楼层的最大弹性水平位移(或层间位移),大于该楼层两端弹性水平位移(或层间位移)平均值的 1.2 倍
凹凸不规则	平面凹进的尺寸,大于相应投影方向总尺寸的 30%
楼板局部不连续	楼板的尺寸和平面刚度急剧变化,例如,有效楼板宽度小于该层楼板典型宽度的 50%,或开洞面积大于该层楼面面积的 30%,或较大的楼层错层

表 2 竖向不规则的主要类型

不规则类型	定 义
侧向刚度不规则	该楼层的侧向刚度小于相邻上一层的 70%,或小于其上相邻 3 个楼层侧向刚度平均值的 80%;除顶层或出屋面小建筑外,局部收进的水平向尺寸大于相邻下一层的 25%
竖向抗侧力构件不连续	竖向抗侧力构件(柱、剪力墙)的内力由水平转换构件(梁、桁架等)向下传递
楼层承载力突变	抗侧力构件的层间受剪承载力小于相邻上一层的 80%

根据表1及表2分别判定异形柱结构属于某项平面布置不规则类型或竖向布置不规则类型，并依据现行国家标准《建筑抗震设计规范》GB 50011的相关规定，确定该异形柱结构所属的不规则、特别不规则或严重不规则等不规则的程度。

3.2.3 本规程根据异形柱结构的特点及抗震概念设计原则，对结构平面布置提出应符合的要求。结构的平面布置应力求简单、规则，避免质量、刚度和承载力分布不均匀，减少扭转的影响，这些都是抗震概念设计的基本要求。

本规程第3.2.1条规定：异形柱结构宜采用规则的设计方案。相应地在对结构柱网轴线的布置方面，本条提出了纵、横柱网轴线宜分别对齐拉通的要求。震害表明，若柱网轴线不对齐，形不成完整的框架，以避免地震中因扭转效应和传力路线中断等原因可能造成的结构严重震害。

当剪力墙之间的楼盖、屋盖有较大开洞时，剪力墙间距应比表3.2.3中限值适当减小，现浇层厚度不小于60mm的叠合楼板可作为现浇板考虑。

异形柱的肢厚较薄，其中心线宜与梁中心线对齐，尽量避免由于二者中心线偏移对受力带来的不利影响。

对异形柱框架-剪力墙结构中剪力墙的布置提出原则要求，抗震设计的剪力墙布置宜使各主轴方向的侧向刚度相近，还对剪力墙的最大间距提出了限制要求，其限值较一般钢筋混凝土结构的相关规定适当加严，且增加了8度（0.30g）的规定，对现浇层不小于60mm的叠合板按现浇板考虑来查表，底部抽柱带转换层异形柱结构的剪力墙间距宜符合本规程附录A的相关规定。

原规程实施以来，通过异形柱结构设计和施工经验积累和意见反馈以及汶川地震震害经验调查，并与国家现行标准《建筑抗震设计规范》GB 50011和《高层建筑混凝土结构技术规程》JGJ 3协调，对原规定进行适当的调整。系列核算和分析结果表明：调整后的规定是合适的。

3.2.4 本规程根据异形柱结构的特点及抗震概念设计原则，对结构竖向布置提出应符合的要求。

异形柱结构体系中，除异形柱上下连续贯通落地的一般框架结构之外，根据建筑功能之需要尚可采用底部抽柱带转换层的异形柱框架-剪力墙结构，这种结构上部楼层的一部分异形柱根据建筑功能的要求，并不上下连续贯通落地（即底部抽柱），而是落在转换大梁上（即梁托柱），完成上部小柱网到底部大柱网的转换，以形成底部大空间结构，但剪力墙应上下连续贯通房屋全高。

3.2.5 高层异形柱框架-剪力墙结构相邻楼层侧向刚度变化应符合现行《高层建筑混凝土结构技术规程》JGJ 3-2010第3.5.2条的相关要求。当异形柱结构

的扭转位移比（即楼层竖向构件的最大水平位移和层间位移与该楼层两端弹性水平位移和层间位移平均值之比）大于1.20时，可判定为"扭转不规则类型"，设计中要掌握扭转变形的下限和上限，并控制扭转位移比：不宜大于1.20，不应大于1.45（美国规范限制1.40）。本条的规定较现行国家标准《建筑抗震设计规范》GB 50011的相关规定的"不宜大于1.5"有所加严，目的是为了严格限制异形柱结构平面布置的规则性，避免过大的扭转效应。

当异形柱结构的层间受剪承载力小于相邻上一楼层的80%时，根据国家现行标准的相关规定，可判定为"楼层承载力突变类型"，其薄弱层的受剪承载力不应小于相邻上一楼层的65%，将薄弱层的地震剪力的增大系数1.20调整为1.25，与国家现行标准的相应规定相同，适当提高了安全度要求。侧向刚度不规则且承载力不连续时，应乘以1.25增大系数。

本条主要针对底部抽柱带转换层异形柱结构，根据国家现行标准的相关规定，可判定为"竖向抗侧力构件不连续类型"，且规定该构件传递给水平转换构件的地震内力应乘以1.25～1.5的增大系数。

抗震设计时，对异形柱结构中处于受力复杂、不利部位的柱，例如结构平面柱网轴线斜交处的柱，平面凹进不规则、错层等部位的柱，提出宜采用肢端暗柱加强的异形柱或一般框架柱的要求，以改善结构的整体受力性能。

3.2.6 大量的分析和工程应用表明，结构采用隔震设计可以明显减轻其地震反应，考虑异形柱结构隔震设计的工程经验和实践相对较少，本规程对抗震安全性和使用功能有较高要求或专门要求的异形柱结构，提出其隔震设计应符合现行国家标准《建筑抗震设计规范》GB 50011的相关规定。

3.3 结构抗震等级

3.3.1 抗震设计的混凝土异形柱结构应根据抗震设防烈度、结构类型、房屋高度划分为不同的抗震等级，有区别地分别采用相应的抗震措施，包括内力调整和抗震构造措施。抗震等级的高低，体现了对结构抗震性能要求的程度。本规程的结构抗震等级是针对异形柱结构的抗震性能特点及丙类建筑抗震设计的要求通过研究分析制定，考虑到近年来国内大地震中异形柱结构的表现，科研成果不断深化，工程实践不断积累，此次修订中对《混凝土异形柱结构技术规程》JGJ 149-2006的相关规定做了适当的放松。框架结构7度（0.1g）大于21m和7度（0.15g）大于18m的抗震等级规定是按本规程第3.1.6条给出的。对高度不大于21m的框架-剪力墙结构中的框架，在8度（0.3g）抗震设计时提出一级抗震等级要求。本规程目前仅限于全部为异形柱或少量矩形柱的异形柱框架结构和框架-剪力墙结构，工程中遇到的异形柱与一

般框架柱共同使用的情况（二者的数量、比例等因素）比较复杂，由于缺少统一调查研究分析的基础，目前尚难以作出统一规定，设计人员可根据工程实际情况依据国家相关标准合理斟酌处理。

本条的房屋高度是指室外地面到主要屋面板板顶的高度（不包括局部突出屋顶部分），本条明确了某些场地类别对抗震构造措施的影响。

3.3.2 本条根据国家现行标准《建筑抗震设计规范》GB 50011 和《高层建筑混凝土结构技术规程》JGJ 3 的相应规定编制。

4 结构计算分析

4.1 极限状态设计

4.1.1 混凝土异形柱结构属于一般混凝土结构，根据现行国家标准《工程结构可靠性设计统一标准》GB 50153 的规定，其设计使用年限为 50 年。

4.1.2 按现行国家标准《混凝土结构设计规范》GB 50010 关于承载能力极限状态的计算规定，根据建筑结构破坏后果的严重程度，建筑结构划分为三个安全等级，采用混凝土异形柱结构的居住建筑包括住宅、学生宿舍和别墅等，属于"一般的建筑物"类及以上，其破坏后果属于"严重"类及以上，其安全等级应为二级。较为规则的一般民用建筑当使用异形柱结构时，其安全等级也可参照此条确定。

异形柱结构的抗震设防分类主要以丙类为主。根据现行国家标准《建筑工程抗震设防分类标准》GB 50223，异形柱结构抗震设防类别应为丙类，即标准设防类。设防类别划分是侧重于使用功能和灾害后果的区分，并强调体现对人员安全的保障。

若建设单位对设计使用年限提出更长的要求，应采取专门措施，包括荷载设计值、设计地震动参数和耐久性措施等均应依据设计使用年限相应确定。

4.1.3 混凝土异形柱结构和一般混凝土结构一样，应进行承载能力极限状态和正常使用极限状态的计算和验算。

4.1.4 基于异形柱受力性能及设计、构造的特点，本条明确异形柱正截面、斜截面及梁-柱节点承载力应按本规程第 5 章的规定进行计算；其他构件的承载力计算应遵守国家现行相关标准。

4.1.5 本条修订后改为强制性条文，与现行国家标准《混凝土结构设计规范》GB 50010 相关条文一致。结构的设计使用年限分类和安全等级划分，应分别按现行国家标准《建筑结构可靠度设计统一标准》GB 50068 相关规定采用；结构重要性系数应根据《混凝土结构设计规范》GB 50010-2010（2015 年版）第 3.3.2 条的规定采用，不应小于 1.0；承载力抗震调

整系数按《混凝土结构设计规范》GB 50010-2010（2015 年版）第 11.1.6 条规定采用。

4.1.6 异形柱结构防连续倒塌设计是结构设计的重要部分，鉴于结构防连续倒塌设计还处于研究阶段，本规程对异形柱结构防连续倒塌设计原则与现行国家标准《混凝土结构设计规范》GB 50010 的相关规定相同。对于安全等级为一级的高层异形柱结构尚应符合现行行业标准《高层建筑混凝土结构技术规程》JGJ 3 的相关规定。

4.2 荷载和地震作用

4.2.3 本条在应进行地震作用计算及结构抗震验算的抗震设防烈度规定中，比现行国家标准《建筑抗震设计规范》GB 50011 的相关规定多包括了 6 度，这是基于异形柱抗震性能特点和要求而制定的。

4.2.4 异形柱结构对地震作用计算基本按国家现行标准的相关规定，并考虑了异形柱结构的特点而作出补充要求。

1 异形柱与矩形柱具有不同的截面特性及受力特性，试验研究及理论分析表明：异形柱的双向偏压正截面承载力随荷载（作用）方向不同而有较大的差异。在 L 形、T 形和十字形三种异形柱中，以 L 形柱的差异最为显著。当异形柱结构中混合使用等肢异形柱与不等肢异形柱时，则差异情况及相应影响更为错综复杂，成为异形柱结构地震作用计算中不容忽视的问题。规程编制组进行的典型工程试设计表明：按 45°方向水平地震作用计算所得的结构底部剪力，与 0°及 90°正交方向水平地震作用下的结构底部剪力相比，可能减小，也可能增大。即使结构底部剪力减小，也可能在某些异形柱构件出现内力增大的现象，甚至增幅不小。这种由于荷载（作用）不同方向导致内力变化的差异，除与柱截面形状、柱截面尺寸比例有关外，还与结构平面形状、结构布置及柱所在位置等因素有关。要精确确定异形柱结构中各异形柱构件对应的水平地震作用的最不利方向是一个很复杂的问题，具体设计中一般可以采取工程实用方法。编制组对异形柱结构的地震作用分析研究及典型工程试设计表明：对于全部采用等肢异形柱且较为规整的矩形平面结构布置情形，一般地震作用沿 45°、135°方向作用时，L 形柱要求的配筋量变化差异最大，比 0°、90°方向情形的增幅有时可达 10%～20%。由于 6 度、7 度（0.10g）抗震设计时异形柱的截面设计一般是由构造配筋控制的，其差异可能被掩盖，故本条仅规定 7 度（0.15g）及 8 度（0.20g，0.30g）抗震设计时才进行 45°方向的水平地震作用计算与抗震验算，着重注意结构底部、角部、负荷较大及结构平面变化部位的异形柱在水平地震作用不同方向情形的内力变化，从中选取最不利情形作为异形柱截面设计的依据，以增加异形柱结构抗震设计的安全性，必要时应

对多方向进行验算。对于更复杂的情形，例如具有较多不等肢异形柱情形，适当补充其他角度方向的水平地震作用计算，并通过分析比较从中选出最不利数据作为设计的依据是可取的。

2 国内外历次大地震的震害、试验和理论研究均表明，平面不规则、质量与刚度偏心和抗扭刚度太弱的结构，扭转效应可能导致结构严重的震害，对异形柱结构尤其需要在抗震设计中加以重视。条文中所指"扭转不规则的结构"，可按现行国家标准《建筑抗震设计规范》GB 50011 相关规定的条件（即扭转位移比大于 1.20）来判别，此时异形柱结构的水平地震作用计算应计入双向水平地震作用下的扭转影响，并可不考虑质量偶然偏心的影响；而计算单向地震作用时则应考虑偶然偏心的影响。

4.2.5 异形柱结构地震作用计算的方法，根据现行国家标准《建筑抗震设计规范》GB 50011 的规定，振型分解反应谱法和底部剪力法都是地震作用计算的基本方法，但考虑到现今在结构设计计算中计算机应用日益普遍，且实际工程中大多存在着不同程度的不对称、不均匀等情况，已很少应用底部剪力法，故本条仅列考虑振型分解反应谱法；平面不规则结构的扭转影响显著，应采用扭转耦联振型分解反应谱法。

本规程主要用于住宅，突出屋面的大多为面积较小、高度不大的屋顶间、女儿墙或烟囱，根据现行国家标准《建筑抗震设计规范》GB 50011 的相关规定，当采用振型分解法时此类突出屋面部分可作为一个质点来计算；当结构顶部有小塔楼且采用振型分解反应谱法时，根据现行行业标准《高层建筑混凝土结构技术规程》JGJ 3 的相关规定，无论是考虑还是不考虑扭转耦联振动影响，小塔楼宜每层作为一个质点参与计算。

4.3 结构分析模型与计算参数

4.3.1 无论是非抗震设计还是抗震设计，在竖向荷载、风荷载、多遇地震作用下混凝土异形柱结构的内力和变形分析，按我国现行规范体系，均采用弹性方法计算，但在截面设计时则考虑材料的弹塑性性质。在竖向荷载作用下框架梁可以考虑梁端部塑性变形引起的内力重分布。

4.3.2 关于分析模型的选择，考虑到异形柱结构的特点，应采用基于三维空间的计算分析方法及相应软件。平面结构空间协同计算模型虽然计算简便，但缺点是对结构空间整体的受力性能反映得不完全，现已较少应用，当规则结构初步设计时也可应用。

4.3.3 本规程适用的异形柱，其柱肢截面的肢高肢厚比限制在不大于 4 的范围，与矩形柱相比，其柱肢一般相对较薄，研究表明：这样尺度比例的异形柱，其内力和变形性能具有一般杆件的特征，并不满足划分为薄壁杆件的基本条件。故在计算分析中，异形柱应按杆系模型分析，剪力墙可按薄壁杆系或墙板元模型分析。

按空间整体工作分析时，不同分析模型的梁、柱自由度是相同的；剪力墙采用薄壁杆系模型时比采用墙板元模型时多考虑翘曲变形自由度。

4.3.4 进行结构内力和位移计算时，可采取楼板在其自身平面内为无限刚性的假定，以使结构分析的自由度大大减少，从而减少由于庞大自由度系统而带来的计算误差，实践证明这种刚性楼板假定对绝大多数多高层结构分析具有足够的工程精度，但这时应在设计中采取必要措施以保证楼盖的整体刚度。绝大多数异形柱结构的楼板采用现浇钢筋混凝土楼板，能够满足该假定的要求，但还应在结构平面布置中注意避免楼板局部削弱或不连续，当存在楼盖大洞口的不规则类型时，计算时应考虑楼板的面内变形，或对采用楼板面内无限刚性假定计算方法的计算结果进行适当调整，并采取楼板局部加厚、设置边梁、加大楼板配筋等措施。

4.3.5 对异形柱结构，当二阶效应使作用效应显著增大而不可忽略时，即结构在水平荷载作用下的重力附加弯矩大于初始弯矩的 10%，应考虑二阶效应的影响，建筑结构的二阶效应包括重力二阶效应（$P\text{-}\Delta$ 效应）和受压构件的挠曲效应（$P\text{-}\delta$ 效应）两部分。重力二阶效应计算属于结构整体层面的问题，应在结构整体分析中考虑。受压构件的挠曲效应计算属于构件层面的问题，应在构件设计时考虑，按本规程第 5.1 节规定计算。

4.3.6 计算系数根据国家现行标准按一般混凝土结构的相关规定采用。

4.3.7 框架结构中的非承重填充墙属于非结构构件，已有工程实测表明，框架结构中非承重填充墙的存在，会增大结构整体刚度，减小结构自振周期，从而产生增大结构地震作用的影响。为反映这种影响，可根据工程实际采用的非承重填充墙体材料，采用折减系数 ψ_T 对结构的计算自振周期进行折减。

4.3.8 本规程对异形柱结构的计算自振周期折减系数 ψ_T 给出了一个范围，较现行行业标准《高层建筑混凝土结构技术规程》JGJ 3 的相关规定适当加严。当按本规程第 3.1.5 条的规定采用的轻质填充墙时，可按所列系数范围的较大值取用。系数的最低值对应于影响最强的实心砖砌体填充墙情形。目前轻质填充墙体材料品种繁多，材料性能方面差异较大，应根据工程实际情况，合理选定计算自振周期折减系数。

4.3.9 现有的一些结构分析软件，主要适用于一般钢筋混凝土结构，尚不能满足异形柱结构设计计算的需要。本规程颁布实施后，应从异形柱结构内力和变形计算到异形柱截面设计、构造措施等，按照本规程及国家现行有关标准的要求编制且通过专门审查鉴定的异形柱结构专用的设计软件，确保设计质量。

4.4 水平位移限值

4.4.1~4.4.3 对结构楼层层间位移的控制，实际上是对构件截面大小、刚度大小的控制，从而达到：保证主体结构基本处于弹性受力状态，保证填充墙、隔墙的完好，避免产生明显损伤。

非抗震设计中风荷载作用下的异形柱结构处于正常使用状态，此时结构应避免产生过大的位移而影响结构的承载力、稳定性和使用要求。为此，应保证结构具有必要的刚度。

抗震设计是根据抗震设防三个水准的要求，采用二阶段设计方法来实现的。要求在多遇地震作用下主体结构不受损坏，填充墙及隔墙没有过重破坏，保证建筑的正常使用功能；在罕遇地震作用下，主体结构遭受破坏或严重破坏但不倒塌。本规程对异形柱结构的弹性及弹塑性层间位移角限值的规定，系根据已有的异形柱结构试验实测值分析而制定的。

原规程实施以来，通过异形柱结构设计和施工经验积累和意见反馈以及汶川地震震害经验调查，并与国家现行标准《建筑抗震设计规范》GB 50011 和《高层建筑混凝土结构技术规程》JGJ 3 协调，对原规定进行适当的调整。系列核算和分析结果表明：调整后的规定是合适的。

5 截 面 设 计

5.1 异形柱正截面承载力计算

5.1.1 通过对 28 个 L 形、T 形、十字形柱及 17 个 Z 形截面柱在轴力与双向弯矩共同作用下的试验研究，结果表明：从加载至破坏的全过程，截面平均应变保持平面的假定成立。混凝土受压应力-应变曲线、极限压应变 ε_{cu} 及纵向受拉钢筋极限拉应变 ε_{su} 的取用，均与现行国家标准《混凝土结构设计规范》GB 50010 一致。

5.1.2、5.1.3 采用数值积分方法编制的电算程序，对 28 个 L 形、T 形、十字形截面双向偏心受压柱正截面承载力进行计算，结果表明：试验值与计算值之比的平均值为 1.198，变异系数为 0.087，彼此吻合较好。又通过对 5 个矩形截面双向偏心受拉试件承载力及矩形截面偏心受压构件 $M-N$ 相关曲线的核算，均有很好的一致性。此次修订中增加了 Z 形柱内容，采用数值积分方法编制的电算程序，对 17 个 Z 形截面双向偏心受压柱正截面承载力进行计算，结果表明：试验值与计算值之比的平均值为 1.158，变异系数为 0.085，吻合较好。上述研究表明所提出的计算方法正确可行。

由于荷载作用位置的不定性，混凝土质量的不均匀性以及施工的偏差，可能产生附加偏心距 e_a。本规程 e_a 的取值基本与《混凝土结构设计规范》GB 50010-2010（2015 年版）第 6.2.5 条中 e_a 的取值相协调。对于偏心受压柱正截面承载力计算公式，考虑二阶效应的影响，偏心距增大系数 η_a 为杆件自身挠曲的影响（$P-\delta$ 效应），M_x、M_y 和 N 分别为根据本规程第 4.3.5 条确定的杆端截面对截面形心轴 x、y 的弯矩设计值和轴向压力设计值。

5.1.4 杆件自身挠曲影响的偏心距增大系数 η_a 仍采用原规程的计算公式，对计算长度的取值作了调整。试验研究及理论分析表明，在截面、混凝土的强度等级以及配筋已定的条件下，柱的长细比 l_c/r_a、相对偏心距 e_0/r_a 和弯矩作用方向角 α 是影响异形截面双向偏心受压柱承载力及侧向挠度的主要因素。为此，针对实际工程中常见的等肢 L 形、T 形、十字形柱，以两端铰接的基本长柱作为计算模型，对各种不同情况的 350 根 L 形、T 形、十字形截面双向偏心受压长柱（变化 10 种弯矩作用方向角、5 种长细比 $l_c/r_a=$ 17.5~90.07，5 种相对偏心距 $e_0/r_a=0.346~2.425$）进行了非线性全过程分析，得到了等肢异形柱承载力及侧向挠度的规律。电算分析表明：对于同一截面柱在相同的弯矩作用方向角下，异形柱的正截面承载能力及侧向挠度随柱的计算长度 l_c 及偏心距 e_0 的变化而变化；在相同 l_c 及 e_0 情况下，由于各弯矩作用方向角截面的受力特性及回转半径的差异，承载力及侧向挠度迥然不同。经分析，沿偏心方向的偏心距增大系数 $\eta_a=1+f_a/e_0$ 主要与 l_c/r_a 及 e_0/r_a 有关，根据 350 个数据拟合回归得到偏心距增大系数 η_a 的计算式（5.1.4-1）、式（5.1.4-2），其相关系数 $\gamma=0.905$。

按式（5.1.4-1）、式（5.1.4-2）计算的偏心距增大系数 η_a 与 350 个等肢异形柱电算 η_a 之比，其平均值为 1.013，均方差为 0.045；与 38 个不等肢异形柱电算 η'_a 之比，其平均值为 1.014，均方差为 0.025。因此式（5.1.4-1）、式（5.1.4-2）也适用于一般不等肢异形柱（指短肢不小于 500mm，长肢不大于 800mm，肢厚小于 300mm 的异形柱）。

当 $l_c/r_a>17.5$ 时，应考虑侧向挠度的影响。当 $l_c/r_a\leqslant17.5$ 时，构件截面中由挠曲二阶效应（$P-\delta$ 效应）引起的附加弯矩平均不会超过截面一阶弯矩的 4.2%，因此可忽略其影响，取 $\eta_a=1$。但当 $l_c/r_a>$ 70 时，属于细长柱，破坏时接近弹性失稳，本规程不适用。

5.1.5 框架柱节点上、下端弯矩设计值的增大系数，按《混凝土结构设计规范》GB 50010-2010（2015 年版）第 11.4.1 条的相关规定，对原规程规定作了相应调整。

5.1.6 为了推迟异形柱框架结构底层柱下端截面塑性铰的出现，设计中对此部位柱的弯矩设计值应乘以增大系数，以增大其正截面承载力，其增大系数与《混凝土结构设计规范》GB 50010-2010（2015 年版）第 11.4.2 条的规定值相同。

5.1.7 考虑到异形柱框架结构的角柱为薄弱部位，扭转效应对其内力影响较大，且受力复杂，因此规定对角柱的弯矩设计值按本规程第 5.1.5 和第 5.1.6 条调整后的弯矩设计值再乘以不小于 1.1 的增大系数，以增大其正截面承载力，推迟塑性铰的出现。

5.1.8 抗震分析和模拟计算表明，目前的工程做法将梁端截面上部纵筋全部配置在梁肋内，梁侧楼板再另行配筋，实际上增大了梁的受弯承载力，是造成地震时柱先于梁破坏的主要原因之一。因此，要求对于楼板与梁整体浇筑的结构，通过增大梁弯曲刚度考虑楼板作用，计算得到梁端上部纵筋不要全部配置在梁肋内，应将部分梁端上部纵筋配置在梁侧有效翼缘范围内的楼板内，该部分钢筋也当作楼板抗弯钢筋使用。一般情况，梁的有效翼缘宽度可取梁两侧各 6 倍板厚的范围。

抗震设计时，对于二级抗震等级框架结构，该部分纵筋占梁端截面上部纵筋总量的比例宜取为 30%（边梁 15%）、对三、四级抗震等级宜取为 40%（边梁 20%）；对于框架-剪力墙结构的框架该比例可适当减小。

5.2 异形柱斜截面受剪承载力计算

5.2.1 本条规定异形柱的受剪承载力上限值，即受剪截面限制条件。计算公式不考虑另一正交方向柱肢的作用，与《混凝土结构设计规范》GB 50010-2010（2015 年版）第 6.3.1 条和第 11.4.6 条规定相同。此次修订，对 Z 形柱的验算方向柱肢截面有效高度作出了规定，用于 Z 形柱斜截面受剪承载力计算。

5.2.2 L 形柱和验算方向与腹板方向一致的 T 形柱的试验表明，外伸翼缘可以提高柱的斜截面受剪承载力。根据现行国家标准《混凝土结构设计规范》GB 50010 适当提高框架柱受剪可靠度的原则，并为简化计算，本规程对 L 形、T 形、十字形和 Z 形柱均采用了与现行国家标准《混凝土结构设计规范》GB 50010 相同的计算公式，即按矩形截面柱计算而不考虑与验算方向正交柱肢的作用。

按式（5.2.1-1）、式（5.2.2-1）计算与 52 个单调加载的 L 形、T 形和十字形截面异形柱试件的试验结果比较，计算值与试验值之比的平均值为 0.696，变异系数为 0.148，基本吻合并有较大的安全储备。

按式（5.2.1-2）、式（5.2.1-3）和式（5.2.2-2）计算与 11 个低周反复荷载作用的 L 形、T 形和十字形截面异形柱试件的试验结果比较，计算值与试验值之比的平均值为 0.609，是足够安全的。

按式（5.2.1-1）、式（5.2.2-1）计算与 9 个 Z 形柱单调加载试验结果比较，计算值与试验值之比的平均值为 0.665，变异系数为 0.074；按式（5.2.1-2）、式（5.2.1-3）和式（5.2.2-2）计算与 6 个 Z 形柱低

周反复加载试验结果比较，计算值与试验值之比的平均值为 0.697，变异系数为 0.101，彼此吻合较好，是足够安全的。

式（5.2.2-3）和式（5.2.2-4）中轴向拉力对异形柱受剪承载力的影响项，取值与《混凝土结构设计规范》GB 50010-2010（2015 年版）第 6.3.14 条和第 11.4.8 条的规定相同。

5.2.3 此次修订，对框架结构和框架-剪力墙结构中的框架，当有地震作用组合时，异形柱斜截面剪力设计值 V_c 计算公式中的系数作了调整，取值与《混凝土结构设计规范》GB 50010-2010（2015 年版）第 11.4.3 条的规定相同。

5.3 异形柱框架梁柱节点核心区受剪承载力计算

5.3.1 本条内容是保证异形柱结构安全可靠的重要技术规定。试验研究表明，异形柱框架梁柱节点核心区的受剪承载力低于截面面积相同的矩形柱框架梁柱节点的受剪承载力，是异形柱框架的薄弱环节。为确保安全，对抗震等级为一、二、三、四级的梁柱节点核心区以及非抗震设计的梁柱节点核心区均应进行受剪承载力计算。在设计中，尚可采取各类有效措施，包括例如梁端增设支托或水平加腋等构造措施，以提高或改善梁柱节点核心区的受剪性能。

对于纵横向框架共同交汇的节点，可以按各自方向分别进行节点核心区受剪承载力计算。

5.3.2～5.3.4 式（5.3.2-1）和式（5.3.2-2）为规定的节点核心区截面限制条件，它是为避免节点核心区截面太小，混凝土承受过大的斜压力，导致核心区混凝土首先被压碎破坏而制定的。

式（5.3.3-1）和式（5.3.3-2）是节点核心区受剪承载力设计计算公式，参照《混凝土结构设计规范》GB 50010-2010（2015 年版）第 11.6.4 条，取受剪承载力为混凝土项和水平箍筋项之和，并根据试验谨慎地考虑了柱轴向压力的有利影响。

针对异形柱框架的特点，由于正交方向梁的截面宽度相对较小且偏置（对 T 形、L 形柱和 Z 形柱框架梁柱节点），正交梁对节点核心区混凝土的约束作用甚微，式（5.3.2-1）、式（5.3.2-2）和式（5.3.3-1）、式（5.3.3-2）均未考虑正交梁对节点的约束影响系数。

研究表明，肢高与肢厚相同的等肢 L 形、T 形和十字形柱框架梁柱节点核心区的水平截面面积可表达为 $\bar{\zeta}_v b_j h_j = b_c h_c + h_f (b_f - b_c)$，取 $b_j = b_c$ 和 $h_j = h_c$，则有 $\bar{\zeta}_v = 1 + \dfrac{h_f (b_f - b_c)}{(b_j h_j)}$，$\bar{\zeta}_v$ 为正交肢全部有效利用时的正交肢影响系数（原规程称作翼缘影响系数）。本规程建立计算公式所依据的基本试验试件有 L 形、T 形和十字形三种截面，其 $(b_f - b_c)$ 值分别为 300mm、270mm 和 360mm，计算求得的 $\bar{\zeta}_v$ 分别为

1.625、1.560 和 1.654。

试验表明，在相同条件下，节点水平截面面积相等时，等肢 L 形、T 形和十字形截面柱的节点受剪承载力分别比矩形柱节点降低 33%、18% 和 8% 左右，这主要是由于节点核心区外伸翼缘面积 h_f $(b_f - b_c)$ 在节点破坏时未充分发挥作用所致。为此，对于等肢异形柱框架梁柱节点，在式（5.3.2-1）、式（5.3.2-2）和式（5.3.3-1）、式（5.3.3-2）中，当 $(b_f - b_c)$ 等于 300mm 时，表 5.3.4-1 中正交肢影响系数 ζ_v 分别取为 1.05、1.25 和 1.40。对于 T 形柱节点，当 $(b_f - b_c)$ 值由 270mm 增加到 570mm 时，试验得到的受剪承载力提高约 30%，而用有限元分析得到的受剪承载力仅提高约 12%。据此当 $(b_f - b_c)$ 等于 600mm 时，ζ_v 分别取为 1.10、1.40 和 1.55。对于肢高与肢厚不相同的不等肢异形柱框架梁柱节点，表 5.3.4-2 中 $\zeta_{v,ef}$ 的取值是基于对等肢异形柱节点的分析并偏于安全给出的。

表 5.3.2-1 轴压比 $N/(f_c A)$ 是指与节点剪力设计值对应的该节点上柱底部轴向压力设计值 N 与柱全截面面积 A 和混凝土轴心抗压强度设计值 f_c 乘积的比值。试验表明，十字形截面柱中间节点在轴压比为 0.3 时的节点核心区受剪承载力较轴压比为 0.1 时的提高约 10% 左右，但在轴压比为 0.6 时，其受剪承载力反而降低并接近轴压比为 0.1 时的数值。为此式（5.3.2-2）和式（5.3.3-2）引用轴压比影响系数 ζ_N 来反映轴压比对节点核心区受剪承载力的影响。

根据节点试件 h_j 为 480mm 和 550mm 的试验结果比较，以及 $h_j = 480\text{mm} \sim 1200\text{mm}$ 的有限元计算分析结果说明，节点核心区的受剪承载力并不随 h_j 呈线性增加的变化规律。为保证计算公式应用的可靠性，公式通过截面高度影响系数 ζ_h 予以调整。

原规程公式（5.3.2-2）提出的主要依据是：通过对 116 个 T 形柱节点（$f_{cu} = 10 \sim 50\text{N/mm}^2$，$\rho_v = 0 \sim 1.3\%$，$b_f$ 和 h_f 为 480mm ~ 1200mm）进行的有限元分析，并考虑试验结果及反复加载的影响，求得节点核心区混凝土首先被压碎破坏的受剪承载力计算公式为：$V_u = (0.232 + 0.56\rho_v f_{yv}/f_c + 0.349/f_c) \zeta_v \zeta_h f_c b_j h_j$。若考虑在使用阶段节点核心区的裂缝宽度不宜大于 0.2mm；根据 12 个试件的试验数据得到的 $P_{0.2}/P_u$ 变化范围在 0.387 ~ 0.692 之间，平均值为 0.534，变异系数为 0.157，假定按正态分布分析，取保证率 93.3%，则得 $P_{0.2}/P_u = 0.408$。使用阶段用荷载和材料强度的标准值，在承载力计算时应分别乘以荷载和材料分项系数，合并近似取为 1.55，则得 $1.55 \times 0.408 = 0.632$。最后将上式右边乘以 0.632，从而 $V_u = (0.147 + 0.354\rho_v f_{yv}/f_c + 0.221/f_c) \zeta_v \zeta_h f_c b_j h_j$。取常用的混凝土强度及框架节点核心区配箍特征最小值代入取整，引入轴压比影响系数 ζ_N 和承载力抗震调整系数 γ_{RE} 得到原规程公式

（5.3.2-2）。此次修订，对原规程公式（5.3.2-2）作了放宽约 10% 的调整。

通过 55 个异形柱节点的低周反复荷载试验结果（十字形柱节点 12 个，T 形柱节点 28 个，L 形柱节点 5 个，Z 形柱节点 10 个，$f_c = 9.24 \sim 70.40\text{MPa}$，$\rho_v = 0 \sim 2.07\%$，轴压比 $n = 0 \sim 0.45$）统计。分析表明：对原规程公式（5.3.2-2）中最大剪压比系数控制值由 0.19 提高至 0.21，可保证梁端出现塑性铰后，节点核心区混凝土不被压溃，计算公式是可靠的。

此次修订对计算公式引入纤维增强系数，以考虑纤维对混凝土抗剪作用的增强效果。通过 6 个钢纤维增强十字形柱节点及 4 个聚丙烯纤维增强 T 形柱节点的试验结果分析，取钢纤维增强系数 $\alpha = 1.2$，聚丙烯纤维增强系数 $\alpha = 1.1$。增强系数取值是根据纤维对试验节点承载力增强效果的平均值，偏安全乘以 0.5 的折减系数取整数得出的。节点区纤维掺量按一般工程用量，掺入范围取节点核心区及相邻梁端一倍梁高范围，聚丙烯纤维体积百分率为 0.1%，钢纤维体积百分率为 1%。

此次修订，增加了 Z 形柱框架梁柱节点核心区受剪承载力计算的新内容。翼缘截面高度和厚度相同的 Z 形柱框架节点的试验研究表明，当主框架方向柱肢为翼缘时，节点核心区主要受力区为两个翼缘其受力是相同的，次要受力区为腹板可以一分为二，其受力状态也是相同的。近似将 Z 形截面柱节点看作是由两个 L 形截面柱节点组合而成，本规程据此给出 Z 形柱节点受剪承载力计算的相关规定。

按式（5.3.2-2）、式（5.3.3-2）计算与 10 榀 Z 形节点（其中 2 榀顶层节点）低周反复加载试验结果比较，计算值与试验值之比的平均值为 0.682，变异系数为 0.114；按式（5.3.2-1）、式（5.3.3-1）计算与 7 榀 Z 形节点单调加载的试验结果比较，计算值与试验值之比的平均值为 0.805，变异系数为 0.097。分析表明：Z 形节点考虑正交肢作用和影响的设计计算公式是适用和可靠的。

对于无地震作用组合情况的式（5.3.2-1）和式（5.3.3-1）系取地震作用组合情况，考虑反复荷载作用的受剪承载力为非抗震情况的 80% 条件（但箍筋作用项不予折减）得出，且不引入轴压比影响系数 ζ_N。

对低周反复荷载作用的 55 个异形柱框架节点试件的试验结果分析证明，本规程提出的考虑正交肢等因素作用和影响的设计计算公式是可靠的。

5.3.6 当框架梁的宽度大于柱肢截面宽，且梁角部的纵向钢筋在本柱肢纵筋的外侧锚入梁柱节点核心区时，节点核心区的受剪承载力验算可偏安全地采用本规程第 5.3.2 条~第 5.3.4 条规定，取节点核心区有效验算宽度等于柱肢截面厚度，即取 $b_j = b_c$ 而不计柱肢截面厚度以外部分作用的简化方法，亦可采用本条

规定的后一种较准确的方法。

本条规定的后一种方法主要是参考《建筑抗震设计规范》GB 50011-2010 扁梁框架梁柱节点的规定，并根据类似的异形柱框架梁柱节点试验结果给出的。

6 结 构 构 造

6.1 一 般 规 定

6.1.2 混凝土强度等级不应超过 C50 的规定，主要是考虑到 C50 级以上的混凝土在力学性能、本构关系等方面与一般强度混凝土有着较大的差异。由这类混凝土所建造的异形柱的结构性能、计算方法、构造措施等方面尚缺乏深入的研究，故未列入采用范围。试验分析表明，HRB500 钢筋用于异形柱结构是可行且有效的，各类钢筋强度取值按现行国家标准《混凝土结构设计规范》GB 50010 的相关规定确定。

6.1.3 梁截面高度太小会使柱纵向钢筋在节点核心区内锚固长度不足，容易引起锚固失效，损害节点的受力性能，特别是地震作用下抗震性能。所以，对框架梁的截面高度最小值作出规定。

6.1.4 本规程适用的异形柱柱肢截面最小厚度为200mm，最大厚度应小于 300mm。根据近年异形柱结构的工程实践，异形柱柱肢厚度小于 200mm 时，会造成梁柱节点核心区的钢筋设置困难及钢筋与混凝土的粘结锚固强度不足，故限制肢厚不应小于200mm，以保证结构的安全及施工的方便。

抗震设计时宜采用等肢异形柱。当不得不采用不等肢异形柱时，两肢肢高比不宜超过 1.6，且肢厚相差不大于 50mm。

6.1.5 异形柱截面尺寸较小，在焊接连接的质量有保证的条件下宜优先采用焊接，以方便钢筋的布置和施工，并有利于混凝土的浇筑。

6.1.6 混凝土保护层厚度是从最外层钢筋的外表面算起，异形柱纵向受力钢筋的保护层厚度应符合现行国家标准《混凝土结构设计规范》GB 50010 的规定。较高的混凝土强度具有较好的密实性，且考虑到本规程第 7.0.8 条异形柱截面尺寸不允许出现负偏差的规定，给出一类环境且混凝土强度等级不低于 C40 时，保护层最小厚度允许减小 5mm 的规定。

6.2 异形柱结构

6.2.1 试验表明，异形柱在单调荷载特别在低周反复荷载作用下粘结破坏较矩形柱严重。对柱的剪跨比不应小于 1.5 的要求，是为了避免出现极短柱，减小地震作用下发生脆性粘结破坏的危险性。为设计方便，当反弯点位于层高范围内时，本规定可表述为柱的净高与柱肢截面高度之比不宜小于 4，抗震设计时

不应小于 3。

6.2.2、6.2.9 研究分析表明：双向偏心受压的异形柱（即 L 形、T 形、十字形及 Z 形截面柱，以下同）的截面曲率延性比 μ_φ 不仅与轴压比 μ_N、配箍特征值 λ_v 有关，而且弯矩作用方向角 α 有极重要的影响，因为在相同轴压比及配筋条件下，α 角不同，混凝土受压区图形及高度差异很大，致使截面曲率延性相差甚多。另外，控制箍筋间距与纵筋直径之比 s/d 不要太大，推迟纵筋压曲也是保证异形柱截面延性需求的重要因素。因此，针对各截面在不同轴压比情况时最不利弯矩作用方向角 α 区域，进行了双向压弯异形柱截面曲率延性比 μ_φ 的电算分析，并拟合得到了异形柱 μ_φ 的计算公式。在计算分析中，抗震等级为一、二、三、四级框架柱的截面曲率延性比 μ_φ 分别相应取 11～12、9～10、7～8、5～6，根据不同的 λ_v，可由拟合的公式 $\mu_\varphi = f(\lambda_v, \mu_N)$ 反算出相应的轴压比 μ_N，据此提出了表 6.2.9 所示的异形柱对不同轴压比时柱端加密区箍筋最小配箍特征值的要求，以保证异形柱在不利弯矩作用方向角域时也具有足够的延性。

原规程对 12960 根 L 形、T 形、十字形截面双向压弯柱截面曲率延性比 μ_φ 进行了电算分析，并拟合得到了 L 形、T 形、十字形截面柱的 μ_φ 计算公式。电算分析所用的参数为：常用的 15 种等肢截面（肢长 500mm～800mm，肢厚 200mm～250mm）；箍筋（HPB235）直径 $d_v = 6、8、10mm$，箍筋间距 $s = 70mm～150mm$；纵筋（HRB335）直径 $d = 16mm～25mm$；混凝土强度等级 C30～C50；箍筋间距与纵筋直径之比 $s/d = 4～7$。进而分析得到异形柱柱端加密区的最小配箍特征值如表 6.2.9 所示，与矩形柱的最小配箍特征值有着较大的差异。

本次修订中对 34616 根 Z 形截面双向压弯柱截面曲率延性比 μ_φ 进行了电算分析，并拟合得到了 Z 形截面柱的 μ_φ 计算公式。电算分析所用的参数为：常用的 12 种等肢截面（肢长 500mm～800mm，肢厚 200mm～250mm）；箍筋（HPB300）直径 $d_v = 6、8、10mm$，箍筋间距 $s = 70mm～150mm$；纵筋（HRB335）直径 $d = 18mm～25mm$；混凝土强度等级 C30～C50；箍筋间距与纵筋直径之比 $s/d = 4～7$。据此得到了 Z 形柱在不同轴压比时柱端加密区对箍筋最小配箍特征值的要求，且其柱端加密区的最小配箍特征值与 L 形柱同，如表 6.2.9 所示。

本次修订考虑了高强钢筋 HRB500 的应用，对 L 形、Z 形、T 形、十字形柱（截面采用 200mm×500mm）配有高强钢筋 HRB500 的截面延性进行计算；经分析，配高强钢筋的异形柱由于截面的屈服曲率增大，相应极限曲率降低，从而得到相应的延性有不同程度的降低；经拟合的公式反算出相应的轴压比较原有规程降低 0.05，故修订后的表 6.2.2 异形柱轴压比限值，当采用 HRB500 级钢筋时，轴压比限值应

按表内相应数值减小 0.05 取用。

考虑到实际施工的可操作性，体积配箍率 ρ_v 不宜大于 2%，通过核算对 L 形、Z 形、T 形、十字形柱配箍特征值的上限值（箍筋强度以 270N/mm² 计算）可分别取为 0.23、0.23、0.24、0.25，则可得到各抗震等级下异形柱的轴压比限值，如表 6.2.2 所示。研究表明，若不等肢异形柱肢长变化范围是 500mm～800mm，则各抗震等级下不等肢异形柱的轴压比限值仍可按表 6.2.2 采用。本次修订对框架-剪力墙结构增加了一级抗震等级的轴压比限值的规定。试验研究分析表明，暗柱作为构造措施，当肢端设置暗柱时可有效提高异形柱的抗震能力。异形柱肢端加暗柱时轴压比限值可适当增大。表 6.2.2 中注 2 和注 3 的规定可累积计算。

6.2.3 双向偏心受压异形柱截面上的应变及应力分析表明：在不同弯矩作用方向角 α 时，截面任一端部的钢筋均可能受力最大，为适应弯矩作用方向角的任意性，纵向受力钢筋宜采用相同直径；研究及分析表明：当轴压比较大，受压破坏时（承载力由 $\varepsilon_{cu} = 0.0033$ 控制），在诸多弯矩作用方向角情形，内折角处钢筋的压应变可达到甚至超过屈服应变，受力也很大。同时还考虑此处应力集中的不利影响，所以内折角处也应设置相同直径的受力钢筋，本条特别强调内折角处应配置受力钢筋。

异形柱肢厚有限，当纵向受力钢筋直径太大（大于 25mm），会造成粘结强度不足及节点核心区钢筋设置的困难。当纵向受力钢筋直径太小时（小于 14mm），在相同的箍筋间距下，由于 s/d 增大，使柱延性下降，故也不宜采用。

6.2.4 参照《混凝土结构设计规范》GB 50010 - 2010（2015 年版）第 4.2.7 条、第 9.3.1 条规定给出。

6.2.5 本条与《混凝土结构设计规范》GB 50010 - 2010（2015 年版）中第 11.4.12 条强制性条文等效。

表 6.2.5-1 中异形柱全部纵向受力钢筋的配筋率应按构件的全截面面积计算。异形柱全部纵向受力钢筋最小总配筋率的规定，是根据《混凝土结构设计规范》GB 50010 - 2010（2015 年版）第 11.4.12 条和第 8.5.1 条的规定并考虑异形柱的特点做了调整。肢端指沿肢高方向 a 为一倍肢厚范围的柱肢，如本规程图 6.2.15 所示。

6.2.6 异形柱肢厚有限，柱中纵向受力钢筋的粘结强度较差，因此将纵向受力钢筋的总配筋率由对矩形柱不大于 5% 降为不应大于 4%（非抗震设计）和 3%（抗震设计），以减少粘结破坏和节点处钢筋设置的困难。

6.2.10 本条与《混凝土结构设计规范》GB 50010 - 2010（2015 年版）中第 11.4.12 条强制性条文等效。

异形柱柱端箍筋加密区的箍筋应根据受剪承载力

计算，同时满足体积配箍率条件和构造要求确定。

研究表明，箍筋间距与纵筋直径之比 s/d，是异形柱纵向受压钢筋压曲的直接影响因素，s/d 大，会加速受压纵筋的压曲；反之，则可延缓纵筋的压曲，从而提高异形柱截面的延性。因此为了保证异形柱的延性，根据对各抗震等级下最大轴压比时近 6000 根异形柱纵筋压曲情况的分析，当其箍筋加密区的构造要求符合表 6.2.10 的要求时，纵筋压曲柱的百分比可降到 5% 以下。

对箍筋合理配置的研究中发现，当体积配箍率 ρ_v 相同时，采用较小的箍筋直径 d_v 和箍筋间距 s 比采用较大的箍筋直径 d_v 和箍筋间距 s 的延性好；只增大箍筋直径来提高体积配箍率而不减小箍筋间距并不一定能提高异形柱的延性，只有在箍筋间距 s 对受压纵筋支撑长度达到一定要求时，增大体积配箍率 ρ_v 才能达到提高延性的目的。

6.2.15 为此次修订新增加的条文，规定明确一、二级抗震等级的房屋角部异形柱及地震区楼梯间异形柱应设肢端加强的暗柱，并对暗柱提出了构造要求。

6.3 异形柱框架梁柱节点

6.3.2 图 6.3.2 中括号内数值为相应的非抗震设计规定。顶层端节点柱内侧的纵向钢筋和顶层中间节点处的柱纵向钢筋均应伸至柱顶，并可采用直线锚固方式、钢筋锚固板锚固方式或 90° 钢筋弯折锚固方式纵向钢筋伸到柱顶后分别向内、外弯折。

根据《混凝土结构设计规范》GB 50010 - 2010（2015 年版）第 9.3.7 条和第 11.6.7 条规定并考虑异形柱的特点，顶层端节点柱外侧纵向钢筋沿节点外边和梁上边与梁上部纵向钢筋的搭接长度增大到 $1.6l_{aE}$（$1.6l_a$），但伸入梁内的柱外侧纵向钢筋截面面积调整为不宜少于柱外侧全部纵向钢筋截面面积的 50%。

6.3.3 当梁的纵向钢筋在本柱肢纵筋的内侧弯折伸入节点核心区内时，若该纵向钢筋受拉，则在柱边折角处会产生垂直于该纵向钢筋方向的撕拉力。折角越大，撕拉力越大。为此，条文对折角起点位置和弯折坡度给出了规定，并采用增添附加封闭箍筋（不少于 2 根直径 8mm）来承受该撕拉力。当上部、下部梁角的纵向钢筋在本柱肢纵筋的外侧锚入柱肢截面厚度范围外的核心区时，为保证节点核心区的完整性，除要求控制从柱肢纵筋的外侧锚入的梁上部和下部纵向受力钢筋截面面积外，尚要求在节点处一倍梁高范围内的梁侧面设置纵向构造钢筋并伸至柱外侧。同时，为保证梁纵向钢筋在节点核心区的锚固，要求梁的箍筋设置到与另一向框架梁相交处。

6.3.4 图 6.3.4 中括号内数值为相应的非抗震设计规定。异形柱的柱肢截面厚度小，为了保证梁纵向钢筋锚固的可靠性，采用直线锚固方式时，梁纵向钢筋要求伸至柱外侧。当水平直线段锚固长度不足时，可采用钢筋锚固板锚固或90°钢筋弯折锚固，其锚固长度和梁纵向钢筋的构造要求见本规程图6.3.4（a）、（b）。若梁纵向钢筋在柱筋外侧锚入节点核心区时，由于锚固条件较差，其锚固长度和弯折前的水平投影长度由≥$0.4l_{aE}$（$0.4l_a$）增加到≥$0.5l_{aE}$（$0.5l_a$）。

6.3.5 图6.3.5中括号内数值为相应的非抗震设计规定。本条规定了框架梁纵向钢筋在十字形柱中间节点应满足的其他构造要求，此次修订增加梁纵向钢筋采用锚固板锚固的新内容。

矩形柱框架的框架梁纵向钢筋伸入节点后，其相对保护层一般能满足$c/d≥4.5$，而异形柱的c/d大部分仅为2.0左右，根据变形钢筋粘结锚固强度公式分析对比可知，后者的粘结能力约为前者的0.7。为此，规定抗震设计时，梁纵向钢筋直径不宜大于该方向柱截面高度的1/30。由于粘结锚固强度随混凝土强度的提高而提高，当采用混凝土强度等级在C40及以上时，可放宽到1/25。且纵向钢筋的直径不应大于25mm。

考虑异形柱的柱肢截面厚度较小，若中间柱两侧梁高度相等时，梁的下部钢筋均在节点核心区内满足l_{aE}（l_a）条件后切断的做法会使节点区下部钢筋过于密集，造成施工困难并影响节点核心区的受力性能，故采取梁的上部和下部纵向钢筋均贯穿中间节点的规定。

两侧高度不相同的梁，当梁下部纵向钢筋伸入中间节点采用钢筋锚固板锚固和90°钢筋弯折锚固时，其构造要求见图6.3.5（c）、（d）。

6.3.6 此次修订新增的Z形柱中间节点框架梁纵筋锚入节点的构造规定，与十字形柱中间节点不同，由于Z形柱的翼缘不连通，从而节点左右框架梁的纵筋必须断开并分别锚固在各自的翼缘内。

6.3.8 为使梁、柱纵向钢筋有可靠的锚固，并从构造上对框架梁柱节点核心区提供必要的约束给出了本条规定。条文中的第2款规定是参照本规程第6.2.9条和《建筑抗震设计规范》GB 50011 - 2010 第6.3.10条给出的。

6.3.9 当翼缘两侧有梁时，梁端弯矩可能导致腹板产生扭矩，所以提出在核心区腹板内设置暗梁的构造要求。当腹板方向有梁通过时，可不另设暗梁。但该梁在节点区尚应按构造要求配置封闭箍筋，以抵抗扭矩的作用。

7 异形柱结构的施工及验收

7.0.1～7.0.5 第7.0.2条与《混凝土结构工程施工质量验收规范》GB 50204 - 2015中第5.2.3条强制性条文等效。

根据现行国家标准《混凝土结构工程施工规范》GB 50666和《混凝土结构工程施工质量验收规范》GB 50204的规定，针对异形柱结构的特点，为了保证施工质量和结构安全，对混凝土用粗骨料、钢筋和钢筋的连接等提出了控制施工质量的要求。结构构件中纵向受力钢筋的变形性能直接影响结构构件在地震作用下的延性。考虑地震作用的框架梁、框架柱、剪力墙等结构构件的纵向受力钢筋宜选用HRB400级、HRB500级热轧带肋钢筋，箍筋宜选用热轧钢筋。当有较高要求时，钢筋牌号的强屈比、屈服强度实测值与屈服强度标准值的比值以及最大力下的总伸长率均应符合《混凝土结构设计规范》GB 50010 - 2010（2015年版）第11.2.3条的要求，其抗拉强度、屈服强度、强度设计值以及弹性模量的取值应符合《混凝土结构设计规范》GB 50010 - 2010（2015年版）第4.2节的相关规定。本次修订新增钢筋最大力下的总伸长率不应小于9%，主要是为了保证结构在强震作用大变形条件下，钢筋具有足够的塑性变形能力。

异形柱结构工程的施工单位应具有相应的资质，操作人员应通过考核并持有相应操作证件。

7.0.6 异形柱结构节点核心区较小且钢筋密集，混凝土不易浇筑，在施工中应特别注意。本条强调当柱、楼盖、剪力墙的混凝土强度等级不同时，节点核心区混凝土应采用相交构件混凝土强度等级的最高值，以确保结构安全。

7.0.7 考虑异形柱结构截面尺寸较小、表面系数较大的特点，强调冬期施工时应采取有效的防冻措施。

7.0.8 由于异形柱结构截面尺寸较小，为保证结构的安全和钢筋的保护层厚度，要求截面尺寸不允许出现负偏差。

7.0.9 本规程编制的初衷之一是促进墙体改革，减轻建筑物自重。因此规定：在施工中遇有框架填充墙体材料需替换时，应形成设计变更文件，且规定墙体材料自重不得超过设计要求。

有抗震设防要求的异形柱结构，其墙体与框架柱、梁的连接应注意满足国家相关标准的抗震构造要求。

7.0.10 异形柱框架柱肢尺寸较小，柱肢损坏对结构的安全影响较大。在水、电、燃气管道和线缆等的施工安装过程中应特别注意避让，不应削弱异形柱截面。

附录A 底部抽柱带转换层的异形柱结构

A.0.1 国内已有一些采用梁式转换的底部抽柱带转换层异形柱结构（也称为托柱转换层结构）的试验研究成果和工程实例资料，且积累了一定的设计、施工实践经验，而采用其他形式转换构件，尚缺乏理论、试验研究和工程实践经验的依据。梁式转换的受力途径是柱→梁→柱，具有传力直接、明确、简捷的优点，故本规程规定转换构件应采用梁式转换，并对采用梁式转换的异形柱结构设计作了相应规定。

A.0.2 目前对底部带转换层异形柱结构的研究和工程实践经验主要限于非抗震设计及抗震设防烈度为6度、7度的条件，又考虑到其结构性能特点，故本规程没有将底部抽柱带转换层异形柱结构纳入抗震设防烈度为8度的使用范围。

A.0.3 高位转换对结构抗震不利，必须对地面以上大空间层数予以限制。考虑到工程实际情况，因此规定底部带转换层的异形柱结构在地面以上的大空间层数，非抗震设计时不宜超过3层；抗震设计时不宜超过2层。考虑到设置大空间层的目的就是为了满足商业或公共活动场所的需要，故大空间层的层高可按实际功能需要，但大空间层每层层高至多不宜超过4m。这样说明是为了严格控制结构总高度。

A.0.4 底部抽柱带转换层的异形柱结构属不规则结构，对其层数和适用最大高度作了适当调整。需要说明：仅有少量的异形柱不落地，例如：抽柱总数不大于框架柱总数的5%时，只要转换部分的设计合理，且不到加大结构扭转不规则的影响，仍可按非抽柱的异形柱框架结构相关规定处理。

A.0.5 转换梁（即托柱转换梁）和转换柱（即转换梁下的柱）的抗震等级按本规程第3.3.1条的相关规定提高一级采用，若为一级抗震等级就不再提高。

A.0.6 直接承托不落地柱的框架称托柱框架，直接承托不落地柱的框架梁称托柱框架梁，直接承托不落地柱的非框架梁称托柱次梁。底部抽柱带转换层异形柱结构的模拟地震振动台试验表明，异形柱结构在地震作用下的破坏呈现明显的梁铰机制，但由于平面布置不规则导致异形柱结构的扭转效应对异形柱较为不利，因此对底部大空间带转换层异形柱结构的平面布置要求应更严。本规程不允许剪力墙不落地，即仅允许底部抽柱转换。转换层下部结构框架柱应优先采用矩形柱，也可根据建筑外形需要采用圆形或六（八）角形截面柱。

A.0.7 底部抽柱带转换层异形柱结构，当转换层上、下部结构侧向刚度相差较大时，在水平荷载和水平地震作用下，会导致转换层上、下部结构构件的内力突变，促使部分构件提前破坏；而转换层上、下柱的截面几何形状不同，则会导致构件受力状况更加复杂，因此本规程对底部抽柱带转换层异形柱结构的转换层上、下部结构侧向刚度比作了严格的规定。工程实例和试设计工程的计算分析表明，当底部结构布置符合本规程第A.0.6条规定并合理控制底部抽柱数量，合理选择转换层上、下部柱截面，一般情况可以满足侧向刚度比接近1的要求。

本规程规定底部抽柱带转换层的异形柱框架结构和框架-剪力墙结构，仅允许底部抽柱，且采用梁式转换，因此，计算转换层上、下结构的刚度变化时，应考虑竖向抗侧力构件的布置和抗侧刚度中弯曲刚度的影响。《高层建筑混凝土结构技术规程》JGJ 3-2010附录E第E.0.3条规定的计算方法，综合考虑了转换层上、下结构竖向抗侧力构件的布置、抗剪刚度和抗弯刚度对层间位移量的影响。工程实例和试设计工程的计算分析表明，该方法也可用于本规程规定的底部大空间层数为1层的情况。

A.0.8 底部抽柱带转换层异形柱结构的托柱梁，是支托上部不落地柱的水平转换构件，托柱梁的设计应满足承载力和刚度要求。托柱梁截面高度除满足本条规定外，尚应满足剪压比的要求。托柱梁截面组合的最大剪力设计值应满足《高层建筑混凝土结构技术规程》JGJ 3-2010第10.2.7条和第10.2.8条式（10.2.8-1）和式（10.2.8-2）的规定。

结构分析表明，托柱框架梁刚度大，其承受的内力就大。过大地增加托柱框架梁刚度，不仅增加了结构高度，不经济，而且将较大的内力集中在托柱框架梁上，对抗震不利。合理选择托柱框架梁的刚度，可以有效地达到托柱框架梁与上部结构共同工作、有利于抗震和优化设计的目的。

A.0.10 转换层楼板是重要的传力构件，底部抽柱带转换层异形柱结构的模拟地震振动台试验结果显示，转换层楼板角部裂缝严重，故本条给出了该部位构造措施要求，并作出了保证楼板面内刚度的相应规定。

A.0.11 本条规定转换层上部异形柱截面外轮廓尺寸不宜大于下部框架柱截面的外轮廓尺寸，转换层上部异形柱截面形心与转换层下部框架柱截面形心宜重合，主要从节点受力和节点构造考虑，当不重合时应在设计中考虑偏心的影响。

中华人民共和国行业标准

钢结构高强度螺栓连接技术规程

Technical specification for high strength bolt
connections of steel structures

JGJ 82—2011

批准部门：中华人民共和国住房和城乡建设部
施行日期：２０１１年１０月１日

中华人民共和国住房和城乡建设部
公　告

第 875 号

关于发布行业标准《钢结构高强度
螺栓连接技术规程》的公告

现批准《钢结构高强度螺栓连接技术规程》为行业标准，编号为 JGJ 82-2011，自 2011 年 10 月 1 日起实施。其中，第 3.1.7、4.3.1、6.1.2、6.2.6、6.4.5、6.4.8 条为强制性条文，必须严格执行。原行业标准《钢结构高强度螺栓连接的设计、施工及验收规程》JGJ 82-91 同时废止。

本规程由我部标准定额研究所组织中国建筑工业出版社出版发行。

中华人民共和国住房和城乡建设部
2011 年 1 月 7 日

前　　言

根据原建设部《关于印发〈2004 年工程建设标准规范制订、修订计划〉的通知》（建标〔2004〕66号）的要求，规程编制组经广泛调查研究，认真总结实践经验，参考有关国际标准和国外先进标准，并在广泛征求意见的基础上，修订本规程。

本规程的主要技术内容是：1. 总则；2. 术语和符号；3. 基本规定；4. 连接设计；5. 连接接头设计；6. 施工；7. 施工质量验收。

本规程修订的主要技术内容是：1. 增加调整内容：由原来的 3 章增加调整到 7 章；增加第 2 章 "术语和符号"、第 3 章 "基本规定"、第 5 章 "接头设计"；原来的第二章 "连接设计" 调整为第 4 章，原来第三章 "施工及验收" 调整为第 6 章 "施工" 和第 7 章 "施工质量验收"；2. 增加孔型系数，引入标准孔、大圆孔和槽孔概念；3. 增加涂层摩擦面及其抗滑移系数 μ；4. 增加受拉连接和端板连接接头，并提出杠杆力计算方法；5. 增加栓焊并用连接接头；6. 增加转角法施工和检验；7. 细化和明确高强度螺栓连接分项工程检验批。

本规程中以黑体字标志的条文为强制性条文，必须严格执行。

本规程由住房和城乡建设部负责管理和强制性条文的解释，由中冶建筑研究总院有限公司负责具体技术内容的解释。执行过程中如有意见或建议，请寄送中冶建筑研究总院有限公司（地址：北京市海淀区西土城路 33 号，邮编：100088）。

本规程主编单位：中冶建筑研究总院有限公司

本规程参编单位：国家钢结构工程技术研究中心
铁道科学研究院
中冶京诚工程技术有限公司
包头钢铁设计研究总院
清华大学
青岛理工大学
天津大学
北京工业大学
西安建筑科技大学
中国京冶工程技术有限公司
北京远达国际工程管理有限公司
中冶京唐建设有限公司
浙江杭萧钢构股份有限公司
上海宝冶建设有限公司
浙江精工钢结构有限公司
浙江泽恩标准件有限公司
北京三杰国际钢结构有限公司
宁波三江检测有限公司
北京多维国际钢结构有限公司

目　次

Contents

1 总　则

1.0.1 为在钢结构高强度螺栓连接的设计、施工及质量验收中做到技术先进、经济合理、安全适用、确保质量，制定本规程。

1.0.2 本规程适用于建筑钢结构工程中高强度螺栓连接的设计、施工与质量验收。

1.0.3 高强度螺栓连接的设计、施工与质量验收除应符合本规程外，尚应符合国家现行有关标准的规定。

2　术语和符号

2.1　术　语

2.1.1 高强度大六角头螺栓连接副 heavy-hex high strength bolt assembly

由一个高强度大六角头螺栓，一个高强度大六角螺母和两个高强度平垫圈组成一副的连接紧固件。

2.1.2 扭剪型高强度螺栓连接副 twist-off-type high strength bolt assembly

由一个扭剪型高强度螺栓，一个高强度大六角螺母和一个高强度平垫圈组成一副的连接紧固件。

2.1.3 摩擦面 faying surface

高强度螺栓连接板层之间的接触面。

2.1.4 预拉力（紧固轴力） pre-tension

通过紧固高强度螺栓连接副而在螺栓杆轴方向产生的，且符合连接设计所要求的拉力。

2.1.5 摩擦型连接 friction-type joint

依靠高强度螺栓的紧固，在被连接件间产生摩擦阻力以传递剪力而将构件、部件或板件连成整体的连接方式。

2.1.6 承压型连接 bearing-type joint

依靠螺杆抗剪和螺杆与孔壁承压以传递剪力而将构件、部件或板件连成整体的连接方式。

2.1.7 杠杆力（撬力）作用 prying action

在受拉连接接头中，由于拉力荷载与螺栓轴心线偏离引起连接件变形和连接接头中的杠杆作用，从而在连接件边缘产生的附加压力。

2.1.8 抗滑移系数 mean slip coefficient

高强度螺栓连接摩擦面滑移时，滑动外力与连接中法向压力（等同于螺栓预拉力）的比值。

2.1.9 扭矩系数 torque-pretension coefficient

高强度螺栓连接中，施加于螺母上的紧固扭矩与其在螺栓导入的轴向预拉力（紧固轴力）之间的比例系数。

2.1.10 栓焊并用连接 connection of sharing on a shear load by bolts and welds

考虑摩擦型高强度螺栓连接和贴角焊缝同时承担同一剪力进行设计的连接接头形式。

2.1.11 栓焊混用连接 joint with combined bolts and welds

在梁、柱、支撑构件的拼接及相互间的连接节点中，翼缘采用熔透焊缝连接，腹板采用摩擦型高强度螺栓连接的连接接头形式。

2.1.12 扭矩法 calibrated wrench method

通过控制施工扭矩值对高强度螺栓连接副进行紧固的方法。

2.1.13 转角法 turn-of-nut method

通过控制螺栓与螺母相对转角值对高强度螺栓连接副进行紧固的方法。

2.2　符　号

2.2.1　作用及作用效应

F——集中荷载；

M——弯矩；

N——轴心力；

P——高强度螺栓的预拉力；

Q——杠杆力（撬力）；

V——剪力。

2.2.2　计算指标

f——钢材的抗拉、拉压和抗弯强度设计值；

f_c^b——高强度螺栓连接件的承压强度设计值；

f_t^b——高强度螺栓的抗拉强度设计值；

f_v——钢材的抗剪强度设计值；

f_v^b——高强度螺栓的抗剪强度设计值；

N_c^b——单个高强度螺栓的承压承载力设计值；

N_t^b——单个高强度螺栓的受拉承载力设计值；

N_v^b——单个高强度螺栓的受剪承载力设计值；

σ——正应力；

τ——剪应力。

2.2.3　几何参数

A——毛截面面积；

A_{eff}——高强度螺栓螺纹处的有效截面面积；

A_f——一个翼缘毛截面面积；

A_n——净截面面积；

A_w——腹板毛截面面积；

a——间距；

d——直径；

d_0——孔径；

e——偏心距；

h——截面高度；

h_f——角焊缝的焊脚尺寸；

I——毛截面惯性矩；

l——长度；

S——毛截面面积矩。

2.2.4　计算系数及其他

k —— 扭矩系数；

n —— 高强度螺栓的数目；

n_i —— 所计算截面上高强度螺栓的数目；

n_v —— 螺栓的剪切面数目；

n_f —— 高强度螺栓传力摩擦面数目；

μ —— 高强度螺栓连接摩擦面的抗滑移系数；

N_v —— 单个高强度螺栓所承受的剪力；

N_t —— 单个高强度螺栓所承受的拉力；

P_c —— 高强度螺栓施工预拉力；

T_c —— 施工终拧扭矩；

T_{ch} —— 检查扭矩。

3 基 本 规 定

3.1 一 般 规 定

3.1.1 高强度螺栓连接设计采用概率论为基础的极限状态设计方法，用分项系数设计表达式进行计算。除疲劳计算外，高强度螺栓连接应按下列极限状态准则进行设计：

1 承载能力极限状态应符合下列规定：

　　1）抗剪摩擦型连接的连接件之间产生相对滑移；

　　2）抗剪承压型连接的螺栓或连接件达到剪切强度或承压强度；

　　3）沿螺栓杆轴方向受拉连接的螺栓或连接件达到抗拉强度；

　　4）需要抗震验算的连接其螺栓或连接件达到极限承载力。

2 正常使用极限状态应符合下列规定：

　　1）抗剪承压型连接的连接件之间应产生相对滑移；

　　2）沿螺栓杆轴方向受拉连接的连接件之间应产生相对分离。

3.1.2 高强度螺栓连接设计，宜符合连接强度不低于构件的原则。在钢结构设计文件中，应注明所用高强度螺栓连接副的性能等级、规格、连接类型及摩擦型连接摩擦面抗滑移系数值等要求。

3.1.3 承压型高强度螺栓连接不得用于直接承受动力荷载重复作用且需要进行疲劳计算的构件连接，以及连接变形对结构承载力和刚度等影响敏感的构件连接。

　　承压型高强度螺栓连接不宜用于冷弯薄壁型钢构件连接。

3.1.4 高强度螺栓连接长期受辐射热（环境温度）达150℃以上，或短时间受火焰作用时，应采取隔热降温措施予以保护。当构件采用防火涂料进行防火保护时，其高强度螺栓连接处的涂料厚度不应小于相邻构件的涂料厚度。

当高强度螺栓连接的环境温度为100℃～150℃时，其承载力应降低10%。

3.1.5 直接承受动力荷载重复作用的高强度螺栓连接，当应力变化的循环次数等于或大于 5×10^4 次时，应按现行国家标准《钢结构设计规范》GB 50017中的有关规定进行疲劳验算，疲劳验算应符合下列原则：

1 抗剪摩擦型连接可不进行疲劳验算，但其连接处开孔主体金属应进行疲劳验算；

2 沿螺栓轴向抗拉为主的高强度螺栓连接在动力荷载重复作用下，当荷载和杠杆力引起螺栓轴向拉力超过螺栓受拉承载力30%时，应对螺栓拉应力进行疲劳验算；

3 对于进行疲劳验算的受拉连接，应考虑杠杆力作用的影响；宜采取加大连接板厚度等加强连接刚度的措施，使计算所得的撬力不超过荷载外拉力值的30%；

4 栓焊并用连接应按全部剪力由焊缝承担的原则，对焊缝进行疲劳验算。

3.1.6 当结构有抗震设防要求时，高强度螺栓连接应按现行国家标准《建筑抗震设计规范》GB 50011等相关标准进行极限承载力验算和抗震构造设计。

3.1.7 在同一连接接头中，高强度螺栓连接不应与普通螺栓连接混用。承压型高强度螺栓连接不应与焊接连接并用。

3.2 材料与设计指标

3.2.1 高强度大六角头螺栓（性能等级 8.8s 和 10.9s）连接副的材质、性能等应分别符合现行国家标准《钢结构用高强度大六角头螺栓》GB/T 1228、《钢结构用高强度大六角螺母》GB/T 1229、《钢结构用高强度垫圈》GB/T 1230 以及《钢结构用高强度大六角头螺栓、大六角螺母、垫圈技术条件》GB/T 1231 的规定。

3.2.2 扭剪型高强度螺栓（性能等级 10.9s）连接副的材质、性能等应符合现行国家标准《钢结构用扭剪型高强度螺栓连接副》GB/T 3632 的规定。

3.2.3 承压型连接的强度设计值应按表 3.2.3 采用。

表 3.2.3 承压型高强度螺栓连接的强度设计值（N/mm²）

螺栓的性能等级、构件钢材的牌号和连接类型		抗拉强度 f_t^b	抗剪强度 f_v^b	承压强度 f_c^b
承压型连接	高强度螺栓连接副 8.8s	400	250	—
	10.9s	500	310	—
	连接处构件 Q235	—	—	470
	Q345	—	—	590
	Q390	—	—	615
	Q420	—	—	655

3.2.4 高强度螺栓连接摩擦面抗滑移系数 μ 的取值应符合表 3.2.4-1 和表 3.2.4-2 中的规定。

表 3.2.4-1 钢材摩擦面的抗滑移系数 μ

连接处构件接触面的处理方法		构件的钢号			
		Q235	Q345	Q390	Q420
普通钢结构	喷砂(丸)	0.45	0.50		0.50
	喷砂(丸)后生赤锈	0.45	0.50		0.50
	钢丝刷清除浮锈或未经处理的干净轧制表面	0.30	0.35		0.40
冷弯薄壁型钢结构	喷砂(丸)	0.40	0.45	—	—
	热轧钢材轧制表面清除浮锈	0.30	0.35	—	—
	冷轧钢材轧制表面清除浮锈	0.25	—	—	—

注: 1 钢丝刷除锈方向应与受力方向垂直;
2 当连接构件采用不同钢号时,μ 应按相应的较低值取值;
3 采用其他方法处理时,其处理工艺及抗滑移系数值均应经试验确定。

表 3.2.4-2 涂层摩擦面的抗滑移系数 μ

涂层类型	钢材表面处理要求	涂层厚度 (μm)	抗滑移系数
无机富锌漆	Sa2 $\frac{1}{2}$	60~80	0.40 *
锌加底漆 (ZINGA)		60~80	0.45
防滑防锈硅酸锌漆		80~120	0.45
聚氨酯富锌底漆或醇酸铁红底漆	Sa2 及以上	60~80	0.15

注: 1 当设计要求使用其他涂层(热喷铝、镀锌等)时,其钢材表面处理要求、涂层厚度以及抗滑移系数值均应经试验确定;
2 *当连接板材为 Q235 钢时,对于无机富锌漆涂层抗滑移系数 μ 值取 0.35;
3 防滑防锈硅酸锌漆、锌加底漆(ZINGA)不应采用手工涂刷的施工方法。

3.2.5 每一个高强度螺栓的预拉力设计取值应按表 3.2.5 采用。

表 3.2.5 一个高强度螺栓的预拉力 P (kN)

螺栓的性能等级	螺栓规格						
	M12	M16	M20	M22	M24	M27	M30
8.8s	45	80	125	150	175	230	280
10.9s	55	100	155	190	225	290	355

3.2.6 高强度螺栓连接的极限承载力取值应符合现行国家标准《建筑抗震设计规范》GB 50011 有关规定。

4 连接设计

4.1 摩擦型连接

4.1.1 摩擦型连接中,每个高强度螺栓的受剪承载力设计值应按下式计算:

$$N_v^b = k_1 k_2 n_f \mu P \qquad (4.1.1)$$

式中: k_1 ——系数,对冷弯薄壁型钢结构(板厚 $t \leqslant$ 6mm)取 0.8;其他情况取 0.9;

k_2 ——孔型系数,标准孔取 1.0;大圆孔取 0.85;荷载与槽孔长方向垂直时取 0.7;荷载与槽孔长方向平行时取 0.6;

n_f ——传力摩擦面数目;

μ ——摩擦面的抗滑移系数,按本规程表 3.2.4-1 和 3.2.4-2 采用;

P ——每个高强度螺栓的预拉力(kN),按本规程表 3.2.5 采用;

N_v^b ——单个高强度螺栓的受剪承载力设计值(kN)。

4.1.2 在螺栓杆轴方向受拉的连接中,每个高强度螺栓的受拉承载力设计值应按下式计算:

$$N_t^b = 0.8P \qquad (4.1.2)$$

式中: N_t^b ——单个高强度螺栓的受拉承载力设计值(kN)。

4.1.3 高强度螺栓连接同时承受剪力和螺栓杆轴方向的外拉力时,其承载力应按下式计算:

$$\frac{N_v}{N_v^b} + \frac{N_t}{N_t^b} \leqslant 1 \qquad (4.1.3)$$

式中: N_v ——某个高强度螺栓所承受的剪力(kN);

N_t ——某个高强度螺栓所承受的拉力(kN)。

4.1.4 轴心受力构件在摩擦型高强度螺栓连接处的强度应按下列公式计算:

$$\sigma = \frac{N'}{A_n} \leqslant f \qquad (4.1.4-1)$$

$$\sigma = \frac{N}{A} \leqslant f \qquad (4.1.4-2)$$

式中: A ——计算截面处构件毛截面面积(mm^2);

A_n ——计算截面处构件净截面面积(mm^2);

f ——钢材的抗拉、拉压和抗弯强度设计值(N/mm^2);

N ——轴心拉力或轴心压力(kN);

N' ——折算轴力(kN),$N' = \left(1 - 0.5\frac{n_1}{n}\right)N$;

n ——在节点或拼接处,构件一端连接的高强度螺栓数;

n_1 ——计算截面(最外列螺栓处)上高强度螺栓数。

4.1.5 在构件节点或拼接接头的一端,当螺栓沿受力方向连接长度 l_1 大于 $15d_0$ 时,螺栓承载力设计值应乘以折减系数 $\left(1.1 - \dfrac{l_1}{150d_0}\right)$。当 l_1 大于 $60d_0$ 时,折减系数为 0.7,d_0 为相应的标准孔孔径。

4.2 承压型连接

4.2.1 承压型高强度螺栓连接接触面应清除油污及

浮锈等，保持接触面清洁或按设计要求涂装。设计和施工时不应要求连接部位的摩擦面抗滑移系数值。

4.2.2 承压型连接的构造、选材、表面除锈处理以及施加预拉力等要求与摩擦型连接相同。

4.2.3 承压型连接承受螺栓杆轴方向的拉力时，每个高强度螺栓的受拉承载力设计值应按下式计算：

$$N_t^b = A_{eff} f_t^b \qquad (4.2.3)$$

式中：A_{eff}——高强度螺栓螺纹处的有效截面面积（mm²），按表4.2.3选取。

表 4.2.3 螺栓在螺纹处的有效截面面积 A_{eff}（mm²）

螺栓规格	M12	M16	M20	M22	M24	M27	M30
A_{eff}	84.3	157	245	303	353	459	561

4.2.4 在受剪承压型连接中，每个高强度螺栓的受剪承载力，应按下列公式计算，并取受剪和承压承载力设计值中的较小者。

受剪承载力设计值：

$$N_v^b = n_v \frac{\pi d^2}{4} f_v^b \qquad (4.2.4\text{-}1)$$

承压承载力设计值：

$$N_c^b = d \sum t f_c^b \qquad (4.2.4\text{-}2)$$

式中：n_v——螺栓受剪面数目；
d——螺栓公称直径（mm）；在式（4.2.4-1）中，当剪切面在螺纹处时，应按螺纹处的有效截面面积 A_{eff} 计算受剪承载力设计值；
$\sum t$——在不同受力方向中一个受力方向承压构件总厚度的较小值（mm）。

4.2.5 同时承受剪力和杆轴方向拉力的承压型连接的高强度螺栓，应分别符合下列公式要求：

$$\sqrt{\left(\frac{N_v}{N_v^b}\right)^2 + \left(\frac{N_t}{N_t^b}\right)^2} \leqslant 1 \qquad (4.2.5\text{-}1)$$

$$N_v \leqslant N_c^b / 1.2 \qquad (4.2.5\text{-}2)$$

4.2.6 轴心受力构件在承压型高强度螺栓连接处的强度应按本规程第4.1.4条规定计算。

4.2.7 在构件的节点或拼接接头的一端，当螺栓沿受力方向连接长度 l_1 大于 $15 d_0$ 时，螺栓承载力设计值应按本规程第4.1.5条规定乘以折减系数。

4.2.8 抗剪承压型连接正常使用极限状态下的设计计算应按照本规程第4.1节有关规定进行。

4.3 连 接 构 造

4.3.1 每一杆件在高强度螺栓连接节点及拼接接头的一端，其连接的高强度螺栓数量不应少于2个。

4.3.2 当型钢构件的拼接采用高强度螺栓时，其拼接件宜采用钢板；当连接处型钢斜面斜度大于1/20时，应在斜面上采用斜垫板。

4.3.3 高强度螺栓连接的构造应符合下列规定：

1 高强度螺栓孔径应按表4.3.3-1匹配，承压型连接螺栓孔径不应大于螺栓公称直径2mm。

2 不得在同一个连接摩擦面的盖板和芯板同时采用扩大孔型（大圆孔、槽孔）。

表 4.3.3-1 高强度螺栓连接的孔径匹配（mm）

螺栓公称直径			M12	M16	M20	M22	M24	M27	M30
孔型	标准圆孔	直径	13.5	17.5	22	24	26	30	33
	大圆孔	直径	16	20	24	28	30	35	38
	槽孔 长度	短向	13.5	17.5	22	24	26	30	33
		长向	22	30	37	40	45	50	55

3 当盖板按大圆孔、槽孔制孔时，应增大垫圈厚度或采用孔径与标准垫圈相同的连续型垫板。垫圈或连续垫板厚度应符合下列规定：

1）M24及以下规格的高强度螺栓连接副，垫圈或连续垫板厚度不宜小于8mm；

2）M24以上规格的高强度螺栓连接副，垫圈或连续垫板厚度不宜小于10mm；

3）冷弯薄壁型钢结构的垫圈或连续垫板厚度不宜小于连接板（芯板）厚度。

4 高强度螺栓孔距和边距的容许间距应按表4.3.3-2的规定采用。

表 4.3.3-2 高强度螺栓孔距和边距的容许间距

名 称			位置和方向	最大容许间距（两者较小值）	最小容许间距
中心间距			外排（垂直内力方向或顺内力方向）	$8d_0$ 或 $12t$	$3d_0$
	中间排		垂直内力方向	$16d_0$ 或 $24t$	
		顺内力方向	构件受压力	$12d_0$ 或 $18t$	
			构件受拉力	$16d_0$ 或 $24t$	
			沿对角线方向	—	
中心至构件边缘距离			顺力方向		$2d_0$
			切割边或自动手工气割边	$4d_0$ 或 $8t$	$1.5d_0$
			轧制边、自动气割边或锯割边		

注：1 d_0 为高强度螺栓连接板的孔径，对槽孔为短向尺寸；t 为外层较薄板件的厚度；

　　2 钢板边缘与刚性构件（如角钢、槽钢等）相连的高强度螺栓的最大间距，可按中间排的数值采用。

4.3.4 设计布置螺栓时，应考虑工地专用施工工具的可操作空间要求。常用扳手可操作空间尺寸宜符合表4.3.4的要求。

表 4.3.4　施工扳手可操作空间尺寸

扳手种类		参考尺寸（mm）		示 意 图
		a	b	
手动定扭矩扳手		$1.5d_0$ 且不小于 45	$140+c$	
扭剪型电动扳手		65	$530+c$	
大六角电动扳手	M24 及以下	50	$450+c$	
	M24 以上	60	$500+c$	

5　连接接头设计

5.1　螺栓拼接接头

5.1.1　高强度螺栓全栓拼接接头适用于构件的现场全截面拼接，其连接形式应采用摩擦型连接。拼接接头宜按等强原则设计，也可根据使用要求按接头处最大内力设计。当构件按地震组合内力进行设计计算并控制截面选择时，尚应按现行国家标准《建筑抗震设计规范》GB 50011 进行接头极限承载力的验算。

5.1.2　H 型钢梁截面螺栓拼接接头（图 5.1.2）的计算原则应符合下列规定：

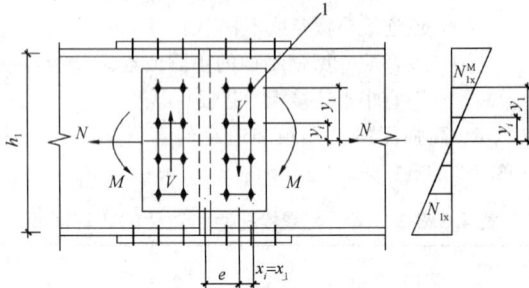

图 5.1.2　H 型钢梁高强度螺栓拼接接头
1—角点 1 号螺栓

1　翼缘拼接板及拼接缝每侧的高强度螺栓，应能承受按翼缘净截面面积计算的翼缘受拉承载力；

2　腹板拼接板及拼接缝每侧的高强度螺栓，应能承受拼接截面的全部剪力及按刚度分配到腹板上的弯矩；同时拼接处拼材与螺栓的受剪承载力不应小于构件截面受剪承载力的 50%；

3　高强度螺栓在弯矩作用下的内力分布应符合平截面假定，即腹板角点上的螺栓水平剪力值与翼缘螺栓水平剪力值成线性关系；

4　按等强原则计算腹板拼接时，应按与腹板净截面承载力等强计算；

5　当翼缘采用单侧拼接板或双侧拼接板中夹有垫板拼接时，螺栓的数量应按计算增加 10%。

5.1.3　在 H 型钢梁截面螺栓拼接接头中的翼缘螺栓计算应符合下列规定：

1　拼接处需由螺栓传递翼缘轴力 N_f 的计算，应符合下列规定：

1）　按等强拼接原则设计时，应按下列公式计算，并取二者中的较大者：

$$N_f = A_{nf}f\left(1-0.5\frac{n_1}{n}\right) \qquad (5.1.3-1)$$

$$N_f = A_f f \qquad (5.1.3-2)$$

式中：A_{nf}——一个翼缘的净截面面积（mm^2）；

A_f——一个翼缘的毛截面面积（mm^2）；

n_1——拼接处构件一端翼缘高强度螺栓中最外列螺栓数目。

2）　按最大内力法设计时，可按下式计算取值：

$$N_f = \frac{M_1}{h_1} + N_1\frac{A_f}{A} \qquad (5.1.3-3)$$

式中：h_1——拼接截面处，H 型钢上下翼缘中心间距离（mm）；

M_1——拼接截面处作用的最大弯矩（kN·m）；

N_1——拼接截面处作用的最大弯矩相应的轴力（kN）。

2　H 型钢翼缘拼接缝一侧所需的螺栓数量 n 应符合下式要求：

$$n \geqslant N_f/N_v^b \qquad (5.1.3-4)$$

式中：N_f——拼接处需由螺栓传递的上、下翼缘轴向力（kN）。

5.1.4　在 H 型钢梁截面螺栓拼接接头中的腹板螺栓计算应符合下列规定：

1　H 型钢腹板拼接缝一侧的螺栓群角点栓 1（图 5.1.2）在腹板弯矩作用下所承受的水平剪力 N_{1x}^M 和竖向剪力 N_{1y}^M，应按下列公式计算：

$$N_{1x}^M = \frac{(MI_{wx}/I_x + Ve)y_1}{\sum(x_i^2 + y_i^2)} \qquad (5.1.4-1)$$

$$N_{1y}^M = \frac{(MI_{wx}/I_x + Ve)x_1}{\sum(x_i^2 + y_i^2)} \qquad (5.1.4-2)$$

式中：e——偏心距（mm）；

I_{wx}——梁腹板的惯性矩（mm^4），对轧制 H 型钢，腹板计算高度取至弧角的上下边缘点；

I_x——梁全截面的惯性矩（mm^4）；

M——拼接截面的弯矩（kN·m）；

V——拼接截面的剪力（kN）；

N_{1x}^M——在腹板弯矩作用下，角点栓 1 所承受的水平剪力（kN）；

N_{1y}^M——在腹板弯矩作用下，角点栓 1 所承受的竖向剪力（kN）；

x_i——所计算螺栓至栓群中心的横标距（mm）；

y_i——所计算螺栓至栓群中心的纵标距（mm）。

2　H 型钢腹板拼接缝一侧的螺栓群角点栓 1（图 5.1.2）在腹板轴力作用下所承受的水平剪力 N_{1x}^N 和竖向剪力 N_{1y}^N，应按下列公式计算：

$$N_{1x}^N = \frac{N}{n_w} \frac{A_w}{A} \qquad (5.1.4\text{-}3)$$

$$N_{1y}^V = \frac{V}{n_w} \qquad (5.1.4\text{-}4)$$

式中：A_w——梁腹板截面面积（mm^2）；

N_{1x}^N——在腹板轴力作用下，角点栓 1 所承受的同号水平剪力（kN）；

N_{1y}^V——在剪力作用下每个高强度螺栓所承受的竖向剪力（kN）；

n_w——拼接缝一侧腹板螺栓的总数。

3 在拼接截面处弯矩 M 与剪力偏心弯矩 Ve、剪力 V 和轴力 N 作用下，角点 1 处螺栓所受的剪力 N_v 应满足下式的要求：

$$N_v = \sqrt{(N_{1x}^M + N_{1x}^N)^2 + (N_{1y}^M + N_{1y}^N)^2} \leqslant N_v^b \qquad (5.1.4\text{-}5)$$

5.1.5 螺栓拼接接头的构造应符合下列规定：

1 拼接板材质应与母材相同；

2 同一类拼接节点中高强度螺栓连接副性能等级及规格应相同；

3 型钢翼缘斜面斜度大于 1/20 处应加斜垫板；

4 翼缘拼接板宜双面设置；腹板拼接板宜在腹板两侧对称配置。

5.2 受拉连接接头

5.2.1 沿螺栓杆轴方向受拉连接接头（图 5.2.1），由 T 形受拉件与高强度螺栓连接承受并传递拉力，适用于吊挂 T 形件连接节点或梁柱 T 形件连接节点。

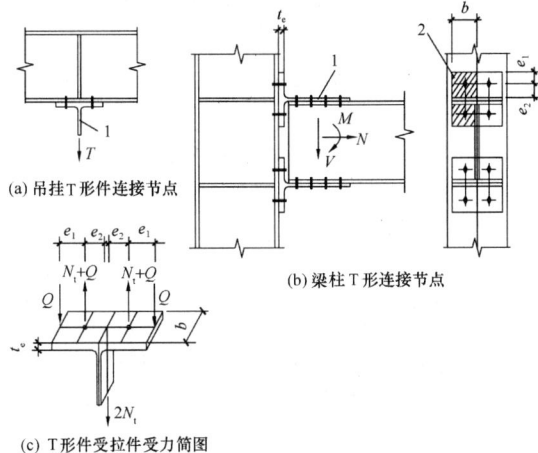

图 5.2.1　T 形受拉件连接接头

1—T 形受拉件；2—计算单元

5.2.2 T 形件受拉连接接头的构造应符合下列规定：

1 T 形受拉件的翼缘厚度不宜小于 16mm，且不宜小于连接螺栓的直径；

2 有预拉力的高强度螺栓受拉连接接头中，高强度螺栓预拉力及其施工要求应与摩擦型连接相同；

3 螺栓应紧凑布置，其间距除应符合本规程第 4.3.3 条规定外，尚应满足 $e_1 \leqslant 1.25 e_2$ 的要求；

4 T 形受拉件宜选用热轧剖分 T 型钢。

5.2.3 计算不考虑撬力作用时，T 形受拉连接接头应按下列规定计算确定 T 形件翼缘板厚度与连接螺栓。

1 T 形件翼缘板的最小厚度 t_{ec} 按下式计算：

$$t_{ec} = \sqrt{\frac{4e_2 N_t^b}{bf}} \qquad (5.2.3\text{-}1)$$

式中：b——按一排螺栓覆盖的翼缘板（端板）计算宽度（mm）；

e_1——螺栓中心到 T 形件翼缘边缘的距离（mm）；

e_2——螺栓中心到 T 形件腹板边缘的距离（mm）。

2 一个受拉高强度螺栓的受拉承载力应满足下式要求：

$$N_t \leqslant N_t^b \qquad (5.2.3\text{-}2)$$

式中：N_t——一个高强度螺栓的轴向拉力（kN）。

5.2.4 计算考虑撬力作用时，T 形受拉连接接头应按下列规定计算确定 T 形件翼缘板厚度、撬力与连接螺栓。

1 当 T 形件翼缘厚度小于 t_{ec} 时应考虑撬力作用影响，受拉 T 形件翼缘板厚度 t_e 按下式计算：

$$t_e \geqslant \sqrt{\frac{4e_2 N_t}{\psi bf}} \qquad (5.2.4\text{-}1)$$

式中：ψ——撬力影响系数，$\psi = 1 + \delta\alpha'$；

δ——翼缘板截面系数，$\delta = 1 - \frac{d_0}{b}$；

α'——系数，当 $\beta \geqslant 1.0$ 时，α' 取 1.0；当 $\beta < 1.0$ 时，$\alpha' = \frac{1}{\delta}\left(\frac{\beta}{1-\beta}\right)$，且满足 $\alpha' \leqslant 1.0$；

β——系数，$\beta = \frac{1}{\rho}\left(\frac{N_t^b}{N_t} - 1\right)$；

ρ——系数，$\rho = \frac{e_2}{e_1}$。

2 撬力 Q 按下式计算：

$$Q = N_t^b\left[\delta\alpha\rho\left(\frac{t_e}{t_{ec}}\right)^2\right] \qquad (5.2.4\text{-}2)$$

式中：α——系数，$\alpha = \frac{1}{\delta}\left[\frac{N_t}{N_t^b}\left(\frac{t_{ec}}{t_e}\right)^2 - 1\right] \geqslant 0$。

3 考虑撬力影响时，高强度螺栓的受拉承载力应按下列规定计算：

1）按承载能力极限状态设计时应满足下式要求：

$$N_t + Q \leqslant 1.25 N_t^b \qquad (5.2.4\text{-}3)$$

2）按正常使用极限状态设计时应满足下式要求：

$$N_t + Q \leqslant N_t^b \qquad (5.2.4\text{-}4)$$

5.3 外伸式端板连接接头

5.3.1 外伸式端板连接为梁或柱端头焊以外伸端板，

再以高强度螺栓连接组成的接头（图 5.3.1）。接头可同时承受轴力、弯矩与剪力，适用于钢结构框架（刚架）梁柱连接节点。

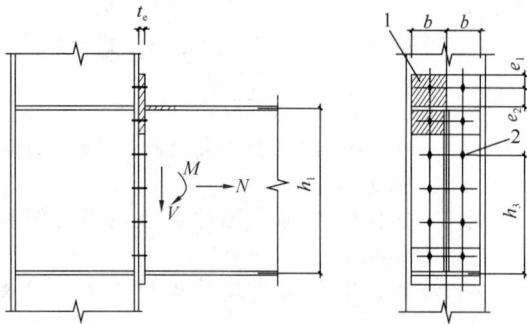

图 5.3.1 外伸式端板连接接头
1—受拉 T 形件；2—第三排螺栓

5.3.2 外伸式端板连接接头的构造应符合下列规定：

1 端板连接宜采用摩擦型高强度螺栓连接；

2 端板的厚度不宜小于 16mm，且不宜小于连接螺栓的直径；

3 连接螺栓至板件边缘的距离在满足螺栓施拧条件下应采用最小间距紧凑布置；端板螺栓竖向最大间距不应大于 400mm；螺栓布置与间距除应符合本规程第 4.3.3 条规定外，尚应满足 $e_1 \leqslant 1.25e_2$ 的要求；

4 端板直接与柱翼缘连接时，相连部位的柱翼缘板厚度不应小于端板厚度；

5 端板外伸部位宜设加劲肋；

6 梁端与端板的焊接宜采用熔透焊缝。

5.3.3 计算不考虑撬力作用时，应按下列规定计算确定端板厚度与连接螺栓。计算时接头在受拉螺栓部位按 T 形件单元（图 5.3.1 阴影部分）计算。

1 端板厚度应按本规程公式（5.2.3-1）计算。

2 受拉螺栓按 T 形件（图 5.3.1 阴影部分）对称于受拉翼缘的两排螺栓均匀受拉计算，每个螺栓的最大拉力 N_t 应符合下式要求：

$$N_t = \frac{M}{n_2 h_1} + \frac{N}{n} \leqslant N_t^b \qquad (5.3.3-1)$$

式中：M——端板连接处的弯矩；

　　　N——端板连接处的轴拉力，轴力沿螺栓轴向为压力时不考虑（$N=0$）；

　　　n_2——对称布置于受拉翼缘侧的两排螺栓的总数（如图 5.3.1 中 $n_2=4$）；

　　　h_1——梁上、下翼缘中心间的距离。

3 当两排受拉螺栓承载力不能满足公式（5.3.3-1）要求时，可计入布置于受拉区的第三排螺栓共同工作，此时最大受拉螺栓的拉力 N_t 应符合下式要求：

$$N_t = \frac{M}{h_1 \left[n_2 + n_3 \left(\dfrac{h_3}{h_1} \right)^2 \right]} + \frac{N}{n} \leqslant N_t^b$$

$$(5.3.3-2)$$

式中：n_3——第三排受拉螺栓的数量（如图 5.3.1 中 $n_3 = 2$）；

　　　h_3——第三排螺栓中心至受压翼缘中心的距离（mm）。

4 除抗拉螺栓外，端板上其余螺栓按承受全部剪力计算，每个螺栓承受的剪力应符合下式要求：

$$N_v = \frac{V}{n_v} \leqslant N_v^b \qquad (5.3.3-3)$$

式中：n_v——抗剪螺栓总数。

5.3.4 计算考虑撬力作用时，应按下列规定计算确定端板厚度、撬力与连接螺栓。计算时接头在受拉螺栓部位按 T 形件单元（图 5.3.1 阴影部分）计算。

1 端板厚度应按本规程式（5.2.4-1）计算；

2 作用于端板的撬力 Q 应按本规程式（5.2.4-2）计算；

3 受拉螺栓按对称于梁受拉翼缘的两排螺栓均匀受拉承担全部拉力计算，每个螺栓的最大拉力应符合下式要求：

$$\frac{M}{n_t h_1} + \frac{N}{n} + Q \leqslant 1.25 N_t^b \qquad (5.3.4)$$

当轴力沿螺栓轴向为压力时，取 $N=0$。

4 除抗拉螺栓外，端板上其余螺栓可按承受全部剪力计算，每个螺栓承受的剪力应符合式（5.3.3-3）的要求。

5.4 栓焊混用连接接头

5.4.1 栓焊混用连接接头（图 5.4.1）适用于框架梁柱的现场连接与构件拼接。当结构处于非抗震设防区时，接头可按最大内力设计值进行弹性设计；当结构处于抗震设防区时，尚应按现行国家标准《建筑抗震设计规范》GB 50011 进行接头连接极限承载力的验算。

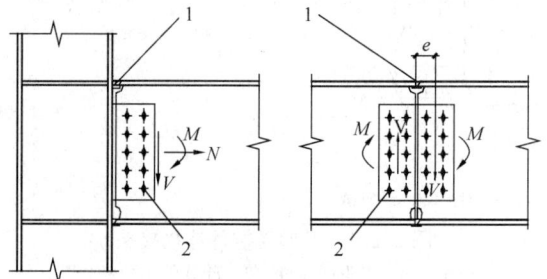

（a）梁柱栓焊节点　　　（b）梁栓焊拼接接头

图 5.4.1 栓焊混用连接接头
1—梁翼缘熔透焊；2—梁腹板高强度螺栓连接

5.4.2 梁、柱、支撑等构件的栓焊混用连接接头中，腹板连（拼）接的高强度螺栓的计算及构造，应符合本规程第 5.1 节以及下列规定：

1 按等强方法计算拼接接头时，腹板净截面宜考虑锁口孔的折减影响；

2 施工顺序宜在高强度螺栓初拧后进行翼缘的焊接，然后再进行高强度螺栓终拧；

3 当采用先终拧螺栓再进行翼缘焊接的施工工序时，腹板拼接高强度螺栓宜采取补拧措施或增加螺栓数量10%。

5.4.3 处于抗震设防区且由地震作用组合控制截面设计的框架梁柱栓焊混用接头，当梁翼缘的塑性截面模量小于梁全截面塑性截面模量的70%时，梁腹板与柱的连接螺栓不得少于2列，且螺栓总数不得小于计算值的1.5倍。

5.5 栓焊并用连接接头

5.5.1 栓焊并用连接接头（图5.5.1）宜用于改造、加固的工程。其连接构造应符合下列规定：

1 平行于受力方向的侧焊缝端部起弧点距板边不应小于h_f，且与最外端的螺栓距离应不小于$1.5 d_0$；同时侧焊缝末端应连续绕角焊不小于$2 h_f$长度；

2 栓焊并用连接的连接板边缘与焊件边缘距离不应小于30mm。

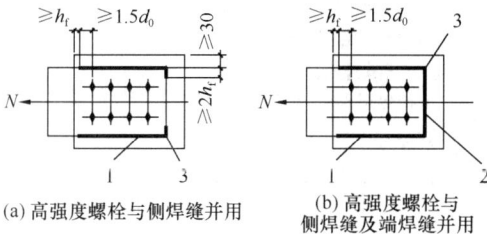

图5.5.1 栓焊并用连接接头
1—侧焊缝；2—端焊缝；3—连续绕焊

5.5.2 栓焊并用连接的施工顺序应先高强度螺栓紧固，后实施焊接。焊缝形式应为贴角焊缝。高强度螺栓直径和焊缝尺寸应按栓、焊各自受剪承载力设计值相差不超过3倍的要求进行匹配。

5.5.3 栓焊并用连接的受剪承载力应分别按下列公式计算：

1 高强度螺栓与侧焊缝并用连接
$$N_{wb} = N_{fs} + 0.75 N_{bv} \quad (5.5.3\text{-}1)$$
式中：N_{bv}——连接接头中摩擦型高强度螺栓连接受剪承载力设计值（kN）；
N_{fs}——连接接头中侧焊缝受剪承载力设计值（kN）；
N_{wb}——连接接头的栓焊并用连接受剪承载力设计值（kN）。

2 高强度螺栓与侧焊缝及端焊缝并用连接
$$N_{wb} = 0.85 N_{fs} + N_{fe} + 0.25 N_{bv} \quad (5.5.3\text{-}2)$$
式中：N_{fe}——连接接头中端焊缝受剪承载力设计值（kN）。

5.5.4 在既有摩擦型高强度螺栓连接接头上新增角焊缝进行加固补强时，其栓焊并用连接设计应符合下列规定：

1 摩擦型高强度螺栓连接和角焊缝焊接连接应分别承担加固焊接补强前的荷载和加固焊接补强后所增加的荷载；

2 当加固前进行结构卸载或加固焊接补强前的荷载小于摩擦型高强度螺栓连接承载力设计值25%时，可按本规程第5.5.3条进行连接设计。

5.5.5 当栓焊并用连接采用先栓后焊的施工工序时，应在焊接24h后对离焊缝100mm范围内的高强度螺栓补拧，补拧扭矩应为施工终拧扭矩值。

5.5.6 摩擦型高强度螺栓连接不宜与垂直受力方向的贴角焊缝（端焊缝）单独并用连接。

6 施 工

6.1 储运和保管

6.1.1 大六角头高强度螺栓连接副由一个螺栓、一个螺母和两个垫圈组成，使用组合应按表6.1.1规定。扭剪型高强度连接副由一个螺栓、一个螺母和一个垫圈组成。

表6.1.1 大六角头高强度螺栓连接副组合

螺 栓	螺 母	垫 圈
10.9s	10H	（35～45）HRC
8.8s	8H	（35～45）HRC

6.1.2 **高强度螺栓连接副应按批配套进场，并附有出厂质量保证书。高强度螺栓连接副应在同批内配套使用。**

6.1.3 高强度螺栓连接副在运输、保管过程中，应轻装、轻卸，防止损伤螺纹。

6.1.4 高强度螺栓连接副按包装箱上注明的批号、规格分类保管；室内存放，堆放应有防止生锈、潮湿及沾染脏物等措施。高强度螺栓连接副在安装使用前严禁随意开箱。

6.1.5 高强度螺栓连接副的保管时间不应超过6个月。当保管时间超过6个月后使用时，必须按要求重新进行扭矩系数或紧固轴力试验，检验合格后，方可使用。

6.2 连接构件的制作

6.2.1 高强度螺栓连接构件的栓孔孔径应符合设计要求。高强度螺栓连接构件制孔允许偏差应符合表6.2.1的规定。

表 6.2.1　高强度螺栓连接构件制孔允许偏差（mm）

公称直径			M12	M16	M20	M22	M24	M27	M30
孔型	标准圆孔	直径	13.5	17.5	22.0	24.0	26.0	30.0	33.0
		允许偏差	+0.43 0	+0.43 0	+0.52 0	+0.52 0	+0.52 0	+0.84 0	+0.84 0
		圆度	1.00				1.50		
	大圆孔	直径	16.0	20.0	24.0	28.0	30.0	35.0	38.0
		允许偏差	+0.43 0	+0.43 0	+0.52 0	+0.52 0	+0.52 0	+0.84 0	+0.84 0
		圆度	1.00				1.50		
	槽孔	长度 短向	13.5	17.5	22.0	24.0	26.0	30.0	33.0
		长度 长向	22.0	30.0	37.0	40.0	45.0	50.0	55.0
		允许偏差 短向	+0.43 0	+0.43 0	+0.52 0	+0.52 0	+0.52 0	+0.84 0	+0.84 0
		允许偏差 长向	+0.84 0	+0.84 0	+1.00 0	+1.00 0	+1.00 0	+1.00 0	+1.00 0
	中心线倾斜度		应为板厚的3%，且单层板应为2.0mm，多层板叠组合应为3.0mm						

6.2.2　高强度螺栓连接构件的栓孔孔距允许偏差应符合表 6.2.2 的规定。

表 6.2.2　高强度螺栓连接构件孔距允许偏差（mm）

孔距范围	<500	501~1200	1201~3000	>3000
同一组内任意两孔间	±1.0	±1.5	—	—
相邻两组的端孔间	±1.5	±2.0	±2.5	±3.0

注：孔的分组规定：
1　在节点中连接板与一根杆件相连的所有螺栓孔为一组；
2　对接接头在拼接板一侧的螺栓孔为一组；
3　在两相邻节点或接头间的螺栓孔为一组，但不包括上述1、2两款所规定的孔；
4　受弯构件翼缘上的孔，每米长度范围内的螺栓孔为一组。

6.2.3　主要构件连接和直接承受动力荷载重复作用且需要进行疲劳计算的构件，其连接高强度螺栓孔应采用钻孔成型。次要构件连接且板厚小于或等于12mm时可采用冲孔成型，孔边应无飞边、毛刺。

6.2.4　采用标准圆孔连接处板迭上所有螺栓孔，均应采用量规检查，其通过率应符合下列规定：
1　用比孔的公称直径小 1.0mm 的量规检查，每组至少应通过 85%；
2　用比螺栓公称直径大（0.2~0.3）mm 的量规检查（M22 及以下规格为大 0.2mm，M24~M30 规格为大 0.3mm），应全部通过。

6.2.5　按本规程第 6.2.4 条检查时，凡量规不能通过的孔，必须经施工图编制单位同意后，方可扩钻或补焊后重新钻孔。扩钻后的孔径不应超过 1.2 倍螺栓直径。补焊时，应用与母材相匹配的焊条补焊，严禁

用钢块、钢筋、焊条等填塞。每组孔中经补焊重新钻孔的数量不得超过该组螺栓数量的 20%。处理后的孔应作出记录。

6.2.6　高强度螺栓连接处的钢板表面处理方法及除锈等级应符合设计要求。连接处钢板表面应平整、无焊接飞溅、无毛刺、无油污。经处理后的摩擦型高强度螺栓连接的摩擦面抗滑移系数应符合设计要求。

6.2.7　经处理后的高强度螺栓连接处摩擦面应采取保护措施，防止沾染脏物和油污。严禁在高强度螺栓连接处摩擦面上作标记。

6.3　高强度螺栓连接副和摩擦面抗滑移系数检验

6.3.1　高强度大六角头螺栓连接副应进行扭矩系数、螺栓楔负载、螺母保证载荷检验，其检验方法和结果应符合现行国家标准《钢结构用高强度大六角头螺栓、大六角螺母、垫圈技术条件》GB/T 1231 规定。高强度大六角头螺栓连接副扭矩系数的平均值及标准偏差应符合表 6.3.1 的要求。

表 6.3.1　高强度大六角头螺栓连接副扭矩系数平均值及标准偏差值

连接副表面状态	扭矩系数平均值	扭矩系数标准偏差
符合现行国家标准《钢结构用高强度大六角头螺栓、大六角螺母、垫圈技术条件》GB/T 1231 的要求	0.110~0.150	≤0.0100

注：每套连接副只做一次试验，不得重复使用。试验时，垫圈发生转动，试验无效。

6.3.2　扭剪型高强度螺栓连接副应进行紧固轴力、螺栓楔负载、螺母保证载荷检验，检验方法和结果应符合现行国家标准《钢结构用扭剪型高强度螺栓连接副》GB/T 3632 规定。扭剪型高强度螺栓连接副的紧固轴力平均值及标准偏差应符合表 6.3.2 的要求。

表 6.3.2　扭剪型高强度螺栓连接副紧固轴力平均值及标准偏差值

螺栓公称直径		M16	M20	M22	M24	M27	M30
紧固轴力值（kN）	最小值	100	155	190	225	290	355
	最大值	121	187	231	270	351	430
标准偏差（kN）		≤10.0	≤15.4	≤19.0	≤22.5	≤29.0	≤35.4

注：每套连接副只做一次试验，不得重复使用。试验时，垫圈发生转动，试验无效。

6.3.3　摩擦面的抗滑移系数（图 6.3.3）应按下列规定进行检验：
1　抗滑移系数检验应以钢结构制作检验批为单位，由制作厂和安装单位分别进行，每一检验批三组；单项工程的构件摩擦面选用两种及两种以上表面

处理工艺时，则每种表面处理工艺均需检验；

2 抗滑移系数检验用的试件由制作厂加工，试件与所代表的构件应为同一材质、同一摩擦面处理工艺、同批制作，使用同一性能等级的高强度螺栓连接副，并在相同条件下同批发运；

3 抗滑移系数试件宜采用图 6.3.3 所示形式（试件钢板厚度 $2t_2 \geqslant t_1$）；试件的设计应考虑摩擦面在滑移之前，试件钢板的净截面仍处于弹性状态；

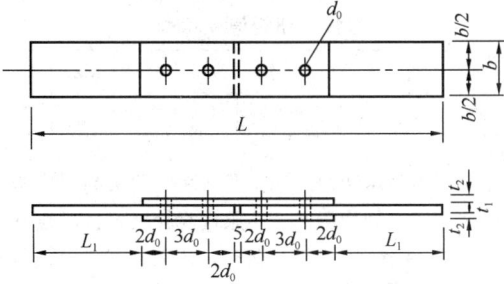

图 6.3.3 抗滑移系数试件

4 抗滑移系数应在拉力试验机上进行并测出其滑移荷载；试验时，试件的轴线应与试验机夹具中心严格对中；

5 抗滑移系数 μ 应按下式计算，抗滑移系数 μ 的计算结果应精确到小数点后 2 位。

$$\mu = \frac{N}{n_f \cdot \sum P_t} \qquad (6.3.3)$$

式中：N ——滑移荷载；

n_f ——传力摩擦面数目，$n_f = 2$；

P_t ——高强度螺栓预拉力实测值（误差小于或等于 2%），试验时控制在 $0.95P \sim 1.05P$ 范围内；

$\sum P_t$ ——与试件滑动荷载一侧对应的高强度螺栓预拉力之和。

6 抗滑移系数检验的最小值必须大于或等于设计规定值。当不符合上述规定时，构件摩擦面应重新处理。处理后的构件摩擦面应按本节规定重新检验。

6.4 安　装

6.4.1 高强度螺栓长度 l 应保证在终拧后，螺栓外露丝扣为 2～3 扣。其长度应按下式计算：

$$l = l' + \Delta l \qquad (6.4.1)$$

式中：l' ——连接板层总厚度（mm）；

Δl ——附加长度（mm），$\Delta l = m + n_w s + 3p$；

m ——高强度螺母公称厚度（mm）；

n_w ——垫圈个数，扭剪型高强度螺栓为 1，大六角头高强度螺栓为 2；

s ——高强度垫圈公称厚度（mm）；

p ——螺纹的螺距（mm）。

当高强度螺栓公称直径确定之后，Δl 可按表 6.4.1 取值。但采用大圆孔或槽孔时，高强度垫圈公

称厚度（s）应按实际厚度取值。根据式 6.4.1 计算出的螺栓长度按修约间隔 5mm 进行修约，修约后的长度为螺栓公称长度。

表 6.4.1 高强度螺栓附加长度 Δl（mm）

螺栓公称直径	M12	M16	M20	M22	M24	M27	M30
高强度螺母公称厚度	12.0	16.0	20.0	22.0	24.0	27.0	30.0
高强度垫圈公称厚度	3.00	4.00	4.00	5.00	5.00	5.00	5.00
螺纹的螺距	1.75	2.00	2.50	2.50	3.00	3.00	3.50
大六角头高强度螺栓附加长度	23.0	30.0	35.5	39.5	43.0	46.0	50.5
扭剪型高强度螺栓附加长度	—	26.0	31.5	34.5	38.0	41.0	45.5

6.4.2 高强度螺栓连接处摩擦面如采用喷砂（丸）后生赤锈处理方法时，安装前应以细钢丝刷除去摩擦面上的浮锈。

6.4.3 对因板厚公差、制造偏差或安装偏差等产生的接触面间隙，应按表 6.4.3 规定进行处理。

表 6.4.3 接触面间隙处理

项目	示意图	处 理 方 法
1		$\Delta < 1.0$mm 时不予处理
2	 磨斜面	$\Delta = (1.0 \sim 3.0)$ mm 时将厚板一侧磨成 1:10 缓坡，使间隙小于 1.0mm
3		$\Delta > 3.0$mm 时加垫板，垫板厚度不小于 3mm，最多不超过 3 层，垫板材质和摩擦面处理方法应与构件相同

6.4.4 高强度螺栓连接安装时，在每个节点上应穿入的临时螺栓和冲钉数量，由安装时可能承担的荷载计算确定，并应符合下列规定：

1 不得少于节点螺栓总数的 1/3；

2 不得少于 2 个临时螺栓；

3 冲钉穿入数量不宜多于临时螺栓数量的 30%。

6.4.5 在安装过程中，不得使用螺纹损伤及沾染脏物的高强度螺栓连接副，不得用高强度螺栓兼作临时螺栓。

6.4.6 工地安装时，应按当天高强度螺栓连接副需要使用的数量领取。当天安装剩余的必须妥善保管，不得乱扔、乱放。

6.4.7 高强度螺栓的安装应在结构构件中心位置调

整后进行，其穿入方向应以施工方便为准，并力求一致。高强度螺栓连接副组装时，螺母带圆台面的一侧应朝向垫圈有倒角的一侧。对于大六角头高强度螺栓连接副组装时，螺栓头下垫圈有倒角的一侧应朝向螺栓头。

6.4.8 安装高强度螺栓时，严禁强行穿入。当不能自由穿入时，该孔应用铰刀进行修整，修整后孔的最大直径不应大于 **1.2** 倍螺栓直径，且修孔数量不应超过该节点螺栓数量的 **25%**。修孔前应将四周螺栓全部拧紧，使板迭密贴后再进行铰孔。严禁气割扩孔。

6.4.9 按标准孔型设计的孔，修整后孔的最大直径超过 1.2 倍螺栓直径或修孔数量超过该节点螺栓数量的 25% 时，应经设计单位同意。扩孔后的孔型尺寸应作记录，并提交设计单位，按大圆孔、槽孔等扩大孔型进行折减后复核计算。

6.4.10 安装高强度螺栓时，构件的摩擦面应保持干燥，不得在雨中作业。

6.4.11 大六角头高强度螺栓施工所用的扭矩扳手，班前必须校正，其扭矩相对误差应为 ±5%，合格后方准使用。校正用的扭矩扳手，其扭矩相对误差应为 ±3%。

6.4.12 大六角头高强度螺栓拧紧时，应只在螺母上施加扭矩。

6.4.13 大六角头高强度螺栓的施工终拧扭矩可由下式计算确定：

$$T_c = kP_c d \qquad (6.4.13)$$

式中：d——高强度螺栓公称直径（mm）；

k——高强度螺栓连接副的扭矩系数平均值，该值由第 6.3.1 条试验测得；

P_c——高强度螺栓施工预拉力（kN），按表 6.4.13 取值；

T_c——施工终拧扭矩（N·m）。

表 6.4.13　高强度大六角头螺栓施工预拉力（kN）

螺栓性能等级	螺栓公称直径						
	M12	M16	M20	M22	M24	M27	M30
8.8s	50	90	140	165	195	255	310
10.9s	60	110	170	210	250	320	390

6.4.14 高强度大六角头螺栓连接副的拧紧应分为初拧、终拧。对于大型节点应分为初拧、复拧、终拧。初拧扭矩和复拧扭矩为终拧扭矩的 50% 左右。初拧或复拧后的高强度螺栓应用颜色在螺母上标记，按本规程第 6.4.13 条规定的终拧扭矩值进行终拧。终拧后的高强度螺栓应用另一种颜色在螺母上标记。高强度大六角头螺栓连接副的初拧、复拧、终拧宜在一天内完成。

6.4.15 扭剪型高强度螺栓连接副的拧紧应分为初拧、终拧。对于大型节点应分为初拧、复拧、终拧。初拧扭矩和复拧扭矩值为 $0.065 \times P_c \times d$，或按表 6.4.15 选用。初拧或复拧后的高强度螺栓应用颜色在螺母上标记，用专用扳手进行终拧，直至拧掉螺栓尾部梅花头。对于个别不能用专用扳手进行终拧的扭剪型高强度螺栓，应按本规程第 6.4.13 条规定的方法进行终拧（扭矩系数可取 0.13）。扭剪型高强度螺栓连接副的初拧、复拧、终拧宜在一天内完成。

表 6.4.15　扭剪型高强度螺栓初拧（复拧）扭矩值（N·m）

螺栓公称直径	M16	M20	M22	M24	M27	M30
初拧扭矩	115	220	300	390	560	760

6.4.16 当采用转角法施工时，大六角头高强度螺栓连接副应按本规程第 6.3.1 条检验合格，且应按本规程第 6.4.14 条规定进行初拧、复拧。初拧（复拧）后连接副的终拧角度应按表 6.4.16 规定执行。

表 6.4.16　初拧（复拧）后大六角头高强度螺栓连接副的终拧转角

螺栓长度 L 范围	螺母转角	连接状态
$L \leq 4d$	1/3 圈（120°）	连接形式为一层芯板加两层盖板
$4d < L \leq 8d$ 或 200mm 及以下	1/2 圈（180°）	
$8d < L \leq 12d$ 或 200mm 以上	2/3 圈（240°）	

注：1　螺母的转角为螺母与螺栓杆之间的相对转角；

　　2　当螺栓长度 L 超过螺栓公称直径 d 的 12 倍时，螺母的终拧角度应由试验确定。

6.4.17 高强度螺栓在初拧、复拧和终拧时，连接处的螺栓应按一定顺序施拧，确定施拧顺序的原则为由螺栓群中央顺序向外拧紧，和从接头刚度大的部位向约束小的方向拧紧（图 6.4.17）。几种常见接头螺栓施拧顺序应符合下列规定：

1 一般接头应从接头中心顺序向两端进行（图 6.4.17a）；

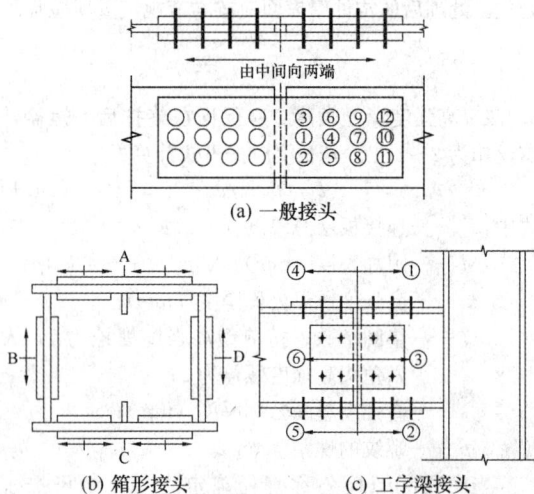

(a) 一般接头

(b) 箱形接头　　　　(c) 工字梁接头

图 6.4.17　常见螺栓连接接头施拧顺序

2 箱形接头应按 A、C、B、D 的顺序进行（图 6.4.17b）；

3 工字梁接头栓群应按①～⑥顺序进行（图 6.4.17c）；

4 工字形柱对接螺栓紧固顺序为先翼缘后腹板；

5 两个或多个接头栓群的拧紧顺序应先主要构件接头，后次要构件接头。

6.4.18 对于露天使用或接触腐蚀性气体的钢结构，在高强度螺栓拧紧检查验收合格后，连接处板缝应及时用腻子封闭。

6.4.19 经检查合格后的高强度螺栓连接处，防腐、防火应按设计要求涂装。

6.5 紧固质量检验

6.5.1 大六角头高强度螺栓连接施工紧固质量检查应符合下列规定：

1 扭矩法施工的检查方法应符合下列规定：

1）用小锤（约 0.3kg）敲击螺母对高强度螺栓进行普查，不得漏拧；

2）终拧扭矩应按节点数抽查 10%，且不应少于 10 个节点；对每个被抽查节点应按螺栓数抽查 10%，且不应少于 2 个螺栓；

3）检查时先在螺杆端面和螺母上画一直线，然后将螺母拧松约 60°；再用扭矩扳手重新拧紧，使两线重合，测得此时的扭矩应在 $0.9 T_{ch} \sim 1.1 T_{ch}$ 范围内。T_{ch} 应按下式计算：

$$T_{ch} = kPd \qquad (6.5.1)$$

式中：P——高强度螺栓预拉力设计值（kN），按本规程表 3.2.5 取用；

T_{ch}——检查扭矩（N·m）。

4）如发现有不符合规定的，应再扩大 1 倍检查，如仍有不合格者，则整个节点的高强度螺栓应重新施拧；

5）扭矩检查宜在螺栓终拧 1h 以后、24h 之前完成；检查用的扭矩扳手，其相对误差应为±3%。

2 转角法施工的检查方法应符合下列规定：

1）普查初拧后在螺母与相对位置所画的终拧起始线和终止线所夹的角度应达到规定值；

2）终拧转角应按节点数抽查 10%，且不应少于 10 个节点；对每个被抽查节点按螺栓数抽查 10%，且不应少于 2 个螺栓；

3）在螺杆端面和螺母相对位置画线，然后全部卸松螺母，再按规定的初拧扭矩和终拧角度重新拧紧螺母，测量终止线与原终止线画线间的角度，应符合本规程表 6.4.16 要求，误差在±30°者为合格；

4）如发现有不符合规定的，应再扩大 1 倍检

查，如仍有不合格者，则整个节点的高强度螺栓应重新施拧；

5）转角检查宜在螺栓终拧 1h 以后、24h 之前完成。

6.5.2 扭剪型高强度螺栓终拧检查，以目测尾部梅花头拧断为合格。对于不能用专用扳手拧紧的扭剪型高强度螺栓，应按本规程第 6.5.1 条的规定进行终拧紧固质量检查。

7 施工质量验收

7.1 一般规定

7.1.1 高强度螺栓连接分项工程验收应按现行国家标准《钢结构工程施工质量验收规范》GB 50205 和本规程的规定执行。

7.1.2 高强度螺栓连接分项工程检验批合格质量标准应符合下列规定：

1 主控项目必须符合现行国家标准《钢结构工程施工质量验收规范》GB 50205 中合格质量标准的要求；

2 一般项目其检验结果应有 80% 及以上的检查点（值）符合现行国家标准《钢结构工程施工质量验收规范》GB 50205 中合格质量标准的要求，且允许偏差项目中最大超偏差值不应超过其允许偏差限值的 1.2 倍；

3 质量检查记录、质量证明文件等资料应完整。

7.1.3 当高强度螺栓连接分项工程施工质量不符合现行国家标准《钢结构工程施工质量验收规范》GB 50205 和本规程的要求时，应按下列规定进行处理：

1 返工或更换高强度螺栓连接副的检验批，应重新进行验收；

2 经有资质的检测单位检测鉴定能够达到设计要求的检验批，应予以验收；

3 经有资质的检测单位检测鉴定达不到设计要求，但经原设计单位核算认可能够满足结构安全的检验批，可予以验收；

4 经返修或加固处理的检验批，如满足安全使用要求，可按处理技术方案和协商文件进行验收。

7.2 检验批的划分

7.2.1 高强度螺栓连接分项工程检验批宜与钢结构安装阶段分项工程检验批相对应，其划分宜遵循下列原则：

1 单层结构按变形缝划分；

2 多层及高层结构按楼层或施工段划分；

3 复杂结构按独立刚度单元划分。

7.2.2 高强度螺栓连接副进场验收检验批划分宜遵循下列原则：

1 与高强度螺栓连接分项工程检验批划分一致；

2 按高强度螺栓连接副生产出厂检验批批号，宜以不超过 2 批为 1 个进场验收检验批，且不超过 6000 套；

3 同一材料（性能等级）、炉号、螺纹（直径）规格、长度（当螺栓长度≤100mm 时，长度相差≤15mm；当螺栓长度＞100mm 时，长度相差≤20mm，可视为同一长度）、机械加工、热处理工艺及表面处理工艺的螺栓、螺母、垫圈为同批，分别由同批螺栓、螺母及垫圈组成的连接副为同批连接副。

7.2.3 摩擦面抗滑移系数验收检验批划分宜遵循下列原则：

1 与高强度螺栓连接分项工程检验批划分一致；

2 以分部工程每 2000t 为一检验批；不足 2000t 者视为一批进行检验；

3 同一检验批中，选用两种及两种以上表面处理工艺时，每种表面处理工艺均需进行检验。

7.3 验 收 资 料

7.3.1 高强度螺栓连接分项工程验收资料应包含下列内容：

1 检验批质量验收记录；

2 高强度大六角头螺栓连接副或扭剪型高强度螺栓连接副见证复验报告；

3 高强度螺栓连接摩擦面抗滑移系数见证试验报告（承压型连接除外）；

4 初拧扭矩、终拧扭矩（终拧转角）、扭矩扳手检查记录和施工记录等；

5 高强度螺栓连接副质量合格证明文件；

6 不合格质量处理记录；

7 其他相关资料。

本规程用词说明

1 为便于在执行本规程条文时区别对待，对要求严格程度不同的用词说明如下：

1）表示很严格，非这样做不可的：
正面词采用"必须"，反面词采用"严禁"；

2）表示严格，在正常情况下均应这样做的：
正面词采用"应"，反面词采用"不应"或"不得"；

3）表示允许稍有选择，在条件许可时首先应这样做的：
正面词采用"宜"，反面词采用"不宜"；

4）表示有选择，在一定条件下可以这样做的，采用"可"。

2 条文中指明应按其他有关标准执行的写法为："应符合……的规定"或"应按……执行"。

引用标准名录

1 《建筑抗震设计规范》GB 50011

2 《钢结构设计规范》GB 50017

3 《钢结构工程施工质量验收规范》GB 50205

4 《钢结构用高强度大六角头螺栓》GB/T 1228

5 《钢结构用高强度大六角螺母》GB/T 1229

6 《钢结构用高强度垫圈》GB/T 1230

7 《钢结构用高强度大六角头螺栓、大六角螺母、垫圈技术条件》GB/T 1231

8 《钢结构用扭剪型高强度螺栓连接副》GB/T 3632

中华人民共和国行业标准

钢结构高强度螺栓连接技术规程

JGJ 82—2011

条 文 说 明

修 订 说 明

《钢结构高强度螺栓连接技术规程》JGJ 82 - 2011，经住房和城乡建设部 2011 年 1 月 7 日以第 875 号公告批准、发布。

本规程是在《钢结构高强度螺栓连接的设计、施工及验收规程》JGJ 82 - 91 的基础上修订而成，上一版的主编单位是湖北省建筑工程总公司，参编单位是包头钢铁设计研究院、铁道部科学院、冶金部建筑研究总院、北京钢铁设计研究总院，主要起草人员是柴昶、吴有常、沈家骅、程季青、李国兴、肖建华、贺贤娟、李云、罗经亩。本规程修订的主要技术内容是：1. 增加、调整内容：由原来的 3 章增加调整到 7 章；增加第 2 章"术语和符号"、第 3 章"基本规定"、第 5 章"接头设计"；原第二章"连接设计"调整为第 4 章，原第三章"施工及验收"调整为第 6 章"施工"和第 7 章"施工质量验收"；2. 增加孔型系数，引入标准孔、大圆孔和槽孔概念；3. 增加涂层摩擦面及其抗滑移系数；4. 增加受拉连接和端板连接接头，并提出杠杆力（撬力）计算方法；5. 增加栓焊并用连接接头；6. 增加转角法施工和检验内容；7. 细化和明确高强度螺栓连接分项工程检验批。

本规程修订过程中，编制组进行了一般调研和专题调研相结合的调查研究，总结了我国工程建设的实践经验，对本次新增内容"孔型系数"、"涂层摩擦面抗滑移系数"、"栓焊并用连接"、"转角法施工"等进行了大量试验研究，并参考国内外类似规范而取得了重要技术参数。

为便于广大设计、施工、科研、学校等单位有关人员在使用本规程时能正确理解和执行条文规定，《钢结构高强度螺栓连接技术规程》编制组按章、节、条顺序编制了本规程的条文说明，对条文规定的目的、依据以及执行中需注意的有关事项进行了说明，还着重对强制性条文的强制性理由做了解释。但是，本条文说明不具备与规程正文同等的法律效力，仅供使用者作为理解和把握规程规定的参考。

目　次

1 总　则

1.0.1 本条为编制本规程的宗旨和目的。

1.0.2 本条明确了本规程的适用范围。

1.0.3 本规程的编制是以原行业标准《钢结构高强度螺栓连接的设计、施工及验收规程》JGJ 82-91 为基础，对现行国家标准《钢结构设计规范》GB 50017、《冷弯薄壁型钢结构技术规范》GB 50018 及《钢结构工程施工质量验收规范》GB 50205 等规范中有关高强度螺栓连接的内容，进行细化和完善，对上述三个规范中没有涉及但实际工程实践中又遇到的内容，参照国内外相关试验研究成果和标准引入和补充，以满足工程实际要求。

2　术语和符号

2.1　术　语

本规程给出了 13 个有关高强度螺栓连接方面的特定术语，该术语是从钢结构高强度螺栓连接设计与施工的角度赋予其涵义的，但涵义又不一定是术语的定义。本规程给出了相应的推荐性英文术语，该英文术语不一定是国际上的标准术语，仅供参考。

2.2　符　号

本规程给出了 41 个符号及其定义，这些符号都是本规程各章节中所引用且未给具体解释的。对于在本规程各章节条文中所使用的符号，应以本条或相关条文中的解释为准。

3　基本规定

3.1　一般规定

3.1.1 高强度螺栓的摩擦型连接和承压型连接是同一个高强度螺栓连接的两个阶段，分别为接头滑移前、后的摩擦和承压阶段。对承压型连接来说，当接头处于最不利荷载组合时才发生接头滑移直至破坏，荷载没有达到设计值的情况下，接头可能处于摩擦阶段。所以承压型连接的正常使用状态定义为摩擦型连接是符合实际的。

沿螺栓杆轴方向受拉连接接头在外拉力的作用下也分两个阶段，首先是连接端板之间被拉脱离前，螺栓拉应力变化很小，被拉脱离后螺栓或连接件达到抗拉强度而破坏。当外拉力（含撬力）不超过 $0.8P$（摩擦型连接螺栓受拉承载力设计值）时，连接端板之间不会被拉脱离，因此将定义为受拉连接的正常使用状态。

3.1.2 目前国内只有高强度大六角头螺栓连接副（10.9s、8.8s）和扭剪型高强度螺栓连接副（10.9s）两种产品，从设计计算角度上没有区别，仅施工方法和构造上稍有差别。因此设计可以不选定产品类型，由施工单位根据工程实际及施工经验来选定产品类型。

3.1.3 因承压型连接允许接头滑移，并有较大变形，故对承受动力荷载的结构以及接头变形会引起结构内力和结构刚度有较大变化的敏感构件，不应采用承压型连接。

冷弯薄壁型钢因板壁很薄，孔壁承压能力非常低，易引起连接板撕裂破坏，并因承压承载力较小且低于摩擦承载力，使用承压型连接非常不经济，故不宜采用承压型连接。但当承载力不是控制因素时，可以考虑采用承压型连接。

3.1.4 高环境温度会引起高强度螺栓预拉力的松弛，同时也会使摩擦面状态发生变化，因此对高强度螺栓连接的环境温度应加以限制。试验结果表明，当温度低于 100℃时，影响很小。当温度在（100～150）℃范围时，钢材的弹性模量折减系数在 0.966 左右，强度折减很小。中冶建筑研究总院有限公司的试验结果表明，当接头承受 350℃以下温度烘烤时，螺栓、螺母、垫圈的基本性能及摩擦面抗滑移系数基本保持不变。温度对高强度螺栓预拉力有影响，试验结果表明，当温度在（100～150）℃范围时，螺栓预拉力损失增加约为 10%，因此本条规定降低 10%。当温度超过 150℃时，承载力降低显著，采取隔热防护措施应更经济合理。

3.1.5 对摩擦型连接，当其疲劳荷载小于滑移荷载时，螺栓本身不会产生交变应力，高强度螺栓没有疲劳破坏的情况。但连接板或拼接板母材有疲劳破坏的情况发生。本条中循环次数的规定是依据现行国家标准《钢结构设计规范》GB 50017 的有关规定确定的。

高强度螺栓受拉时，其连接螺栓有疲劳破坏可能，国内外研究及国外规范的相关规定表明，螺栓应力低于螺栓抗拉强度 30%时，或螺栓所产生的轴向拉力（由荷载和杠杆力引起）低于螺栓受拉承载力 30%时，螺栓轴向应力几乎没有变化，可忽略疲劳影响。当螺栓应力超过螺栓抗拉强度 30%时，应进行疲劳验算，由于国内有关高强度螺栓疲劳强度的试验不足，相关规范中没有设计指标可依据，因此目前只能针对个案进行试验，并根据试验结果进行疲劳设计。

3.1.6 现行国家标准《建筑抗震设计规范》GB 50011 规定钢结构构件连接除按地震组合内力进行弹性设计外，还应进行极限承载力验算，同时要满足抗震构造要求。

3.1.7 高强度螺栓连接和普通螺栓连接的工作机理完全不同，两者刚度相差悬殊，同一接头中两者并用没有意义。承压型连接允许接头滑移，并有较大变形，而焊缝的变形有限，因此从设计概念上，承压型连接不能和焊接并用。本条涉及结构连接的安全，为从设计源头上把关，定为强制性条款。

3.2 材料与设计指标

3.2.1 当设计采用进口高强度大六角头螺栓（性能等级 8.8s 和 10.9s）连接副时，其材质、性能等应符合相应产品标准的规定。设计计算参数的取值应有可靠依据。

3.2.2 当设计采用进口扭剪型高强度螺栓（性能等级 10.9s）连接副时，其材质、性能等应符合相应产品标准的规定。设计计算参数的取值应有可靠依据。

3.2.3 当设计采用其他钢号的连接材料时，承压强度取值应有可靠依据。

3.2.4 高强度螺栓连接摩擦面抗滑移系数可按表 3.2.4 规定值取值，也可按摩擦面的实际情况取值。当摩擦承载力不起控制因素时，设计可以适当降低摩擦面抗滑移系数值。设计应考虑施工单位在设备及技术条件上的差异，慎重确定摩擦面抗滑移系数值，以保证连接的安全度。

喷砂应优先使用石英砂；其次为铸钢砂；普通的河砂能够起到除锈的目的，但对提高摩擦面抗滑移系数效果不理想。

喷丸（或称抛丸）是钢材表面处理常用的方法，其除锈的效果较好，但对满足高摩擦面抗滑移系数的要求有一定的难度。对于不同抗滑移系数要求的摩擦面处理，所使用的磨料（主要是钢丸）成分要求不同。例如，在钢丸中加入部分钢丝切丸或破碎钢丸，以及增加磨料循环使用次数等措施都能改善摩擦面处理效果。这些工艺措施需要加工厂家多年经验积累和总结。

对于小型工程、加固改造工程以及现场处理，可以采用手工砂轮打磨的处理方法，此时砂轮打磨的方向应与受力方向垂直，打磨的范围不应小于 4 倍螺栓直径。手工砂轮打磨处理的摩擦面抗滑移系数离散相对较大，需要试验确定。

试验结果表明，摩擦面处理后生成赤锈的表面，其摩擦面抗滑移系数会有所提高，但安装前应除去浮锈。

本条新增加涂层摩擦面的抗滑移系数值，其中无机富锌漆是依据现行国家标准《钢结构设计规范》GB 50017 的有关规定制定。防滑防锈硅酸锌漆已在铁路桥梁中广泛应用，效果很好。锌加底漆（ZINGA）属新型富锌类底漆，其锌颗粒较小，在国内外所进行试验结果表明，抗滑移系数值取 0.45 是可靠的。同济大学所进行的试验表明，聚氨酯富锌底漆或醇酸铁红底漆抗滑移系数平均值在 0.2 左右，取 0.15 是有足够可靠度的。

涂层摩擦面的抗滑移系数值与钢材表面处理及涂层厚度有关，因此本条列出钢材表面处理及涂层厚度有关要求。当钢材表面处理及涂层厚度不符合本条的要求时，应需要试验确定。

在实际工程中，高强度螺栓连接摩擦面采用热喷铝、镀锌、喷锌、有机富锌以及其他底漆处理，其涂层摩擦面的抗滑移系数值需要有可靠依据。

3.2.5 高强度螺栓预拉力 P 只与螺栓性能等级有关。当采用进口高强度大六角头螺栓和扭剪型高强度螺栓时，预拉力 P 取值应有可靠依据。

3.2.6 抗震设计中构件的高强度螺栓连接或焊接连接尚应进行极限承载力设计验算，据此本条作出了相应规定。具体计算方法见《建筑抗震设计规范》GB 50011 - 2010 第 8.2.8 条。

4 连 接 设 计

4.1 摩擦型连接

4.1.1 本条所列螺栓受剪承载力计算公式与现行国家标准《钢结构设计规范》GB 50017 规定的基本公式相同，仅将原系数 0.9 替换为 k_1，并增加系数 k_2。

k_1 可取值为 0.9 与 0.8，后者适用于冷弯型钢等较薄板件（板厚 $t \leqslant 6mm$）连接的情况。

k_2 为孔型系数，其取值系参考国内外试验研究及相关标准确定的。中冶建筑研究总院有限公司所进行的试验结果表明，M20 高强度螺栓大圆孔和槽型孔孔型系数分别为 0.95 和 0.86，M24 高强度螺栓大圆孔和槽型孔孔型系数分别为 0.95 和 0.87，因此本条参照美国规范的规定，高强度螺栓大圆孔和槽型孔孔型系数分别为 0.85、0.7、0.6。另外美国规范所采用的槽型孔分短槽孔和长槽孔，考虑到我国制孔加工工艺的现状，本次只考虑一种尺寸的槽型孔，其短向尺寸与标准圆孔相同，但长向尺寸介于美国规范短槽孔和长槽孔尺寸的中间。正常情况下，设计应采用标准圆孔。

涂层摩擦面对预拉力松弛有一定的影响，但涂层摩擦面抗滑移系数值中已考虑该因素，因此不再折减。

摩擦面抗滑移系数的取值原则上应按本规程 3.2.4 条采用，但设计可以根据实际情况适当调整。

4.1.5 本条所规定的折减系数同样适用于栓焊并用连接接头。

4.2 承压型连接

4.2.1 除正常使用极限状态设计外，承压型连接承载力计算中没有摩擦面抗滑移系数的要求，因此连接板表面可不作摩擦面处理。虽无摩擦面处理的要求，但其他如除锈、涂装等设计要求不能降低。

由于承压型连接和摩擦型连接是同一高强度螺

连接的两个不同阶段，因此，两者在设计和施工的基本要求（除抗滑移系数外）是一致的。

4.2.3 按照现行国家标准《钢结构设计规范》GB 50017的规定，公式4.2.3是按承载能力极限状态设计时螺栓达到其受拉极限承载力。

4.2.8 由于承压型连接和摩擦型连接是同一高强度螺栓连接的两个不同阶段，因此，将摩擦型连接定义为承压型连接的正常使用极限状态。按正常使用极限状态设计承压型连接的抗剪、抗拉以及剪、拉同时作用计算公式同摩擦型连接。

4.3 连 接 构 造

4.3.1 高强度大六角头螺栓扭矩系数和扭剪型高强度螺栓紧固轴力以及摩擦面抗滑移系数都是统计数据，再加上施工的不确定性以及螺栓延迟断裂问题，单独一个高强度螺栓连接的不安全隐患概率要高，一旦出现螺栓断裂，会造成结构的破坏，本条为强制性条文。

对不施加预拉力的普通螺栓连接，在个别情况下允许采用一个螺栓。

4.3.3 本条列出了高强度螺栓连接孔径匹配表，其内容除原有规定外，参照国内外相应规定与资料，补充了大圆孔、槽孔的孔径匹配规定，以便于应用。对于首次引入大圆孔、槽孔的应用，设计上应谨慎采用，有三点值得注意：

　1 大圆孔、槽孔仅限在摩擦型连接中使用；

　2 只允许在芯板或盖板其中之一按相应的扩大孔型制孔，其余仍按标准圆孔制孔；

　3 当盖板采用大圆孔、槽孔时，为减少螺栓预拉力松弛，应增设连续型垫板或使用加厚垫圈（特制）。

考虑工程施工的实际情况，对承压型连接的孔径匹配关系均按与摩擦型连接相同取值（现行国家标准《钢结构设计规范》GB 50017对承压型连接孔径要求比摩擦型连接严）。

4.3.4 高强度螺栓的施拧均需使用特殊的专用扳手，也相应要求必需的施拧操作空间，设计人员在布置螺栓时应考虑这一施工要求。实际工程中，常有为紧凑布置而净空限制过小的情况，造成施工困难或大部分施拧均采用手工套筒，影响施工质量与效率，这一情况应尽量避免。表4.3.4仅为常用扳手的数据，供设计参考，设计可根据施工单位的专用扳手尺寸来调整。

5 连接接头设计

5.1 螺栓拼接接头

5.1.1 高强度螺栓全栓拼接接头应采用摩擦型连接，

以保证连接接头的刚度。当拼接接头设计内力明确且不变号时，可根据使用要求按接头处最大内力设计，其所需接头螺栓数量较少。当构件按地震组合内力进行设计计算并控制截面选择时，应按现行国家标准《建筑抗震设计规范》GB 50011进行连接螺栓极限承载力的验算。

5.1.2 本条适用于H型钢梁截面螺栓拼接接头，在拼接截面处可有弯矩 M 与剪力偏心弯矩 Ve、剪力 V 和轴力 N 共同作用，一般情况弯矩 M 为主要内力。

5.1.3 本条对腹板拼接螺栓的计算只列出按最大内力计算公式，当腹板拼接按等强原则计算时，应按与腹板净截面承力等强计算。同时，按弹性计算方法要求，可仅对受力较大的角点栓1（图 5.1.2）处进行验算。

一般情况下H型钢柱与支撑构件的轴力 N 为主要内力，其腹板的拼接螺栓与拼接板宜按与腹板净截面承载力等强原则计算。

5.2 受拉连接接头

5.2.3、5.2.4 T形受拉件在外加拉力作用下其翼缘板发生弯曲变形，而在板边缘产生撬力，撬力会增加螺栓的拉力并降低接头的刚度，必要时在计算中考虑其不利影响。T形件撬力作用计算模型如图1所示，分析时假定翼缘与腹板连接处弯矩 M 与翼缘板栓孔中心净截面处弯矩 M_2' 均达到塑性弯矩值，并由平衡条件得：

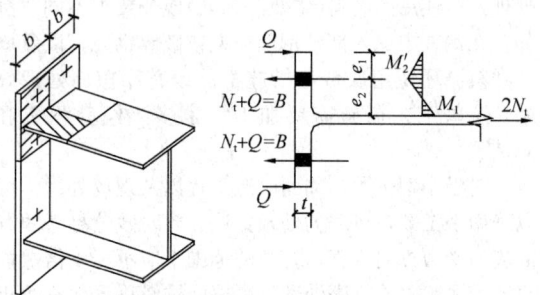

(a)计算单元　　(b)T形件计算简图

图1　T形件计算模型

$$B = Q + N_t \tag{1}$$

$$M_2' = Qe_1 \tag{2}$$

$$M_1 + M_2' - N_t e_2 = 0 \tag{3}$$

经推导后即可得到计入撬力影响的翼缘厚度计算公式如下：

$$t = \sqrt{\frac{4N_t e_2}{bf_y(1 + \alpha\delta)}} \tag{4}$$

式中：f_y 为翼缘钢材的屈服强度，α、δ 为相关参数。当 $\alpha = 0$ 时，撬力 $Q = 0$，并假定螺栓受力 N_t 达到 N_t^b，以钢板设计强度 f 代替屈服强度 f_y，则得到

翼缘厚度 t_c 的计算公式(5)。故可认为 t_c 为 T 形件不考虑撬力影响的最小厚度。撬力 $Q=0$ 意味着 T 形件翼缘在受力中不产生变形，有较大的抗弯刚度，此时，按欧洲规范计算要求 t_c 不应小于 $(1.8\sim2.2)d$（d 为连接螺栓直径），这在实用中很不经济。故工程设计宜适当考虑撬力并减少翼缘板厚度。即当翼缘板厚度小于 t_c 时，T 形连接件及其连接应考虑撬力的影响，此时计算所需的翼缘板较薄，T 形件刚度较弱，但同时连接螺栓会附加撬力 Q，从而会增大螺栓直径或提高强度级别。本条根据上述公式推导与使用条件，并参考了美国钢结构设计规范（AISC）中受拉 T 形连接接头设计方法，分别提出了考虑或不考虑撬力的 T 形受拉接头的设计方法与计算公式。由于推导中简化了部分参数，计算所得撬力值会略偏大。

$$t_c = \sqrt{\frac{4N_t^b e_2}{bf}} \qquad (5)$$

公式中的 N_t^b 取值为 $0.8P$，按正常使用极限状态设计时，应使高强度螺栓受拉板间保留一定的压紧力，保证连接件之间不被拉离；按承载能力极限状态设计时应满足式(5.2.4-3)的要求，此时螺栓轴向拉力控制在 $1.0P$ 的限值内。

5.3 外伸式端板连接接头

5.3.1 端板连接接头分外伸式和平齐式，后者转动刚度只及前者的 30%，承载力也低很多。除组合结构半刚性连接节点外，已较少应用，故本节只列出外伸式端板连接接头。图 5.3.1 外伸端板连接接头仅为典型图，实际工程中可按受力需要做成上下端均为外伸端板的构造。关于接头连接一般应采用摩擦型连接，对门式刚架等轻钢结构也宜采用承压型连接。

5.3.2 本条根据工程经验与国内外相关规定的要求，列出了外伸端板的构造规定。当考虑撬力作用时，外伸端板的构造尺寸（见图 5.3.1）应满足 $e_1 \leqslant 1.25e_2$ 的要求。这是由于计算模型假定在极限荷载作用时杠杆力分布在端板边缘，若 e_1 与 e_2 比值过大，则杠杆力的分布由端板边缘向内侧扩展，与杠杆力计算模型不符，为保证计算模型的合理性，因此应限制 $e_1 \leqslant 1.25e_2$。

为了减小弯矩作用下端板的弯曲变形，增加接头刚度，宜在外伸端板的中间设竖向短加劲肋。同时考虑梁受拉翼缘的全部撬力均由梁端焊缝传递，故要求该部位焊缝为熔透焊缝。

5.3.3、5.3.4 按国内外研究与相关资料，外伸端板接头计算均可按受拉 T 形单元计算，本条据此提出了相关的计算公式。主要假定是对称于受拉翼缘的两排螺栓均匀受拉，以及转动中心在受压翼缘中心。关于第三排螺栓参与受拉工作是按陈绍蕃教授的有关论文列入的。对于上下对称布置螺栓的外伸式端板连接接头，本条计算公式同样适用。当考虑撬力作用

时，受拉螺栓宜按承载能力极限状态设计。当按正常使用极限状态设计时，公式(5.3.4)右边的 $1.25N_t^b$ 改为 N_t^b 即可。

5.4 栓焊混用连接接头

5.4.1 栓焊混用连接接头是多、高层钢结构梁柱节点中最常用的接头形式，本条中图示了此类典型节点，规定了接头按弹性设计与极限承载力验算的条件。

5.4.2 混用连接接头中，腹板螺栓连（拼）接的计算构造仍可参照第 5.1 节的规定进行。同时，结合工程经验补充提出了有关要求。翼缘焊缝焊后收缩有可能会引起腹板高强度螺栓连接摩擦面发生滑移，因此对施工的顺序有所要求，施工单位应采取措施以避免腹板摩擦面滑移。

5.5 栓焊并用连接接头

5.5.1 栓焊并用连接在国内设计中应用尚少，故原则上不宜在新设计中采用。

5.5.2 从国内外相关标准和研究文献以及试验研究看，摩擦型高强度螺栓连接与角焊缝能较好地共同工作，当螺栓的规格、数量等与焊缝尺寸相匹配到一定范围时，两种连接的承载力可以叠加，甚至超过两者之和。据此本文提出节点构造匹配的规定。

5.5.3 综合国内外相关标准和研究文献以及试验研究结果得出的并用系数，计算分析和试验结果证明栓焊并用连接承载力长度折减系数要小于单独螺栓或焊缝连接，本条不考虑这一有利因素，偏于安全。

5.5.4 在加固改造或事故处理中采用栓焊并用连接比较现实，本条结合国外相关标准和研究文献以及试验研究，给出比较实用、简化的设计计算方法。

5.5.5 焊接时高强度螺栓处的温度有可能超过 100℃，而引起高强度螺栓预拉力松弛，因此需要对靠近焊缝的螺栓补拧。

5.5.6 由于端焊缝与摩擦型高强度螺栓连接的刚度差异较大，目前对于摩擦型高强度螺栓连接单独与端焊缝并用连接的研究尚不充分，本次修订暂不纳入。

6 施 工

6.1 储运和保管

6.1.1 本条规定了大六角头高强度螺栓连接副的组成、扭剪型高强度螺栓连接副的组成。

6.1.2 高强度螺栓连接副的质量是影响高强度螺栓连接安全性的重要因素，必须达到螺栓标准中技术条件的要求，不符合技术条件的产品，不得使用。因此，每一制造批必须由制造厂出具质量保证书。由于高强度螺栓连接副制造厂是按批保证扭矩系数或紧固

轴力,所以在使用时应在同批内配套使用。

6.1.3 螺纹损伤后将会改变高强度螺栓连接副的扭矩系数或紧固轴力,因此在运输、保管过程中应轻装、轻卸,防止损伤螺纹。

6.1.4 本条规定了高强度螺栓连接副在保管过程中应注意事项,其目的是为了确保高强度螺栓连接副使用时同批;尽可能保持出厂状态,以保证扭矩系数或紧固轴力不发生变化。

6.1.5 现行国家标准《钢结构用高强度大六角头螺栓、大六角螺母、垫圈技术条件》GB/T 1231和《钢结构用扭剪型高强度螺栓连接副》GB/T 3632中规定高强度螺栓的保质期6个月。在不破坏出厂状态情况下,对超过6个月再次使用的高强度螺栓,需重新进行扭矩系数或轴力复验,合格后方准使用。

6.2 连接构件的制作

6.2.1 根据第4.3.3条,增加大圆孔和槽孔两种孔型。并规定大圆孔和槽孔仅限于盖板或芯板之一,两者不能同时采用大圆孔和槽孔。

6.2.3 当板厚时,冲孔工艺会使孔边产生微裂纹和变形,钢板表面的不平整降低钢结构疲劳强度。随着冲孔设备及加工工艺的提高,允许板厚小于或等于12mm时可冲孔成型,但对于承受动力荷载且需进行疲劳计算的构件连接以及主体结构梁、柱等构件连接不应采用冲孔成型。孔边的毛刺和飞边将影响摩擦面板层密贴。

6.2.6 钢板表面不平整,有焊接飞溅、毛刺等将会使板面不密贴,影响高强度螺栓连接的受力性能,另外,板面上的油污将大幅度降低摩擦面的抗滑移系数,因此表面不得有油污。表面处理方法的不同,直接影响摩擦面的抗滑移系数的取值,设计图中要求的处理方法决定了抗滑移系数值的大小,故加工中必须与设计要求一致。

6.2.7 高强度螺栓连接处钢板表面上,如粘有脏物和油污,将大幅度降低板面的抗滑移系数,影响高强度螺栓连接的承载能力,所以摩擦面上严禁作任何标记,还应加以保护。

6.3 高强度螺栓连接副和摩擦面抗滑移系数检验

6.3.1、6.3.2 高强度螺栓运到工地后,应按规定进行有关性能的复验。合格后方准使用,是使用前把好质量的关键。其中高强度大六角头螺栓连接副扭矩系数复验和扭剪型高强度螺栓连接副紧固轴力复验是现行国家标准《钢结构工程施工质量验收规范》GB 50205进场验收中的主控项目,应特别重视。

6.3.3 本条规定抗滑移系数应分别经制造厂和安装单位检验。当抗滑移系数符合设计要求时,方准出厂和安装。

  1 制造厂必须保证所制作的钢结构构件摩擦面

的抗滑移系数符合设计规定,安装单位应检验运至现场的钢结构构件摩擦面的抗滑移系数是否符合设计要求;考虑到每项钢结构工程的数量和制造周期差别较大,因此明确规定了检验批量的划分原则及每一批应检验的组数;

  2 抗滑移系数检验不能在钢结构构件上进行,只能通过试件进行模拟测定;为使试件能真实地反映构件的实际情况,规定了试件与构件为相同的条件;

  3 为了避免偏心引起测试误差,本条规定了试件的连接形式采用双面对接拼接;为使试件能真实反映实际构件,因此试件的连接计算应符合有关规定;试件滑移时,试板仍处于弹性状态;

  4 用拉力试验测得的抗滑移系数值比用压力试验测得的小,为偏于安全,本条规定了抗滑移系数检验采用拉力试验;为避免偏心对试验值的影响,试验时要求试件的轴线与试验机夹具中心线严格对中;

  5 在计算抗滑移系数值时,对于大六角头高强度螺栓 P_t 为拉力试验前拧在试件上的高强度螺栓实测预拉力值;因为高强度螺栓预拉力值的大小对测定抗滑移系数有一定的影响,所以本条规定了每个高强度螺栓拧紧预拉力的范围;

  6 为确保高强度螺栓连接的可靠性,本条规定了抗滑移系数检验的最小值必须大于或等于设计值,否则就认为构件的摩擦面没有处理好,不符合设计要求,钢结构不能出厂或者工地不能进行拼装,必须对摩擦面作重新处理,重新检验,直到合格为止。

  监理工程师将试验合格的摩擦面作为样板,对照检查构件摩擦面处理结果,有参考和借鉴的作用。

6.4 安 装

6.4.1 相同直径的螺栓其螺纹部分的长度是固定的,其值为螺母厚度加5～6扣螺纹。使用过长的螺栓将浪费钢材,增加不必要的费用,并给高强度螺栓施拧时带来困难,有可能出现拧到头的情况。螺栓太短的会使螺母受力不均匀,为此本条提出了螺栓长度的计算公式。

6.4.4 构件安装时,应用冲钉来对准连接节点各板层的孔位。应用临时螺栓和冲钉是确保安装精度和安全的必要措施。

6.4.5 螺纹损伤及沾染脏物的高强度螺栓连接副其扭矩系数将会大幅度变大,在同样终拧扭矩下达不到螺栓设计预拉力,直接影响连接的安全性。用高强度螺栓兼作临时螺栓,由于该螺栓从开始使用到终拧完成相隔时间较长,在这段时间内因环境等各种因素的影响(如下雨等),其扭矩系数将会发生变化,特别是螺纹损伤概率极大,会严重影响高强度螺栓终拧预拉力的准确性,因此,本条规定高强度螺栓不能兼作临时螺栓。

6.4.6 为保证大六角头高强度螺栓的扭矩系数和扭

剪型高强度螺栓的轴力，螺栓、螺母、垫圈及表面处理出厂时，按批配套装箱供应。因此要求用到螺栓应保持其原始出厂状态。

6.4.7 对于大六角头高强度螺栓连接副，垫圈设置内倒角是为了与螺栓头下的过渡圆弧相配合，因此在安装时垫圈带倒角的一侧必须朝向螺栓头，否则螺栓头就不能很好与垫圈密贴，影响螺栓的受力性能。对于螺母一侧的垫圈，因倒角侧的表面平整、光滑，拧紧时扭矩系数较小，且离散率也较小，所以垫圈有倒角一侧应朝向螺母。

6.4.8 强行穿入螺栓，必然损伤螺纹，影响扭矩系数从而达不到设计预拉力。气割扩孔的随意性大，切割面粗糙，严禁使用。修整后孔的最大直径和修孔数量作强制性规定是必要的。

6.4.9 过大孔，对构件截面局部削弱，且减少摩擦接触面，与原设计不一致，需经设计核算。

6.4.11 大六角头高强度螺栓，采用扭矩法施工时，影响预拉力因素除扭矩系数外，就是拧紧机具及扭矩值，所以规定了施拧用的扭矩扳手和矫正扳手的误差。

6.4.13 高强度螺栓连接副在拧紧后会产生预拉力损失，为保证连接副在工作阶段达到设计预拉力，为此在施拧时必须考虑预拉力损失值，施工预拉力比设计预拉力增加10%。

6.4.14 由于连接处钢板不平整，致使先拧与后拧的高强度螺栓预拉力有很大的差别，为克服这一现象，提高拧紧预拉力的精度，使各螺栓受力均匀，高强度螺栓的拧紧应分为初拧和终拧。当单排(列)螺栓个数超过15时，可认为是属于大型接头，需要进行复拧。

6.4.15 扭剪型高强度螺栓连接副不进行扭矩系数检验，其初拧(复拧)扭矩值参照大六角头高强度螺栓连接副扭矩系数的平均值(0.13)确定。

6.4.16 在某些情况下，大六角头高强度螺栓也可采用转角法施工。高强度螺栓连接副首先须经第6.3.1条检验合格方可应用转角法施工。大量转角试验用一层芯板、两层盖板基础上得出，所以作出三层板规定。本条是参考国外(美国和日本)标准及中冶建筑研究总院有限公司试验研究成果得出。作为国内第一次引入转角法施工，对其适用范围有较严格的规定，应符合下列要求：

　　1　螺栓直径规格范围为：M16、M20、M22、M24；

　　2　螺栓长度在12d之内；

　　3　连接件(芯板和盖板)均为平板，连接件两面与螺栓轴垂直；

　　4　连接形式为双剪接头(一层芯板加两层盖板)；

　　5　按本规程第6.4.14条初拧(复拧)，并画出转角起始标记，按本条进行终拧。

6.4.17 螺栓群由中央顺序向外拧紧，为使高强度螺

栓连接处板层能更好密贴。

6.4.19 高强度螺栓连接副在工厂制造时，虽经表面防锈处理，有一定的防锈能力，但远不能满足长期使用的防锈要求，故在高强度螺栓连接处，不仅要对钢板进行涂漆防锈，对高强度螺栓连接副也应按照设计要求进行涂漆防锈、防火。

6.5 紧固质量检验

6.5.1 考虑到在进行施工质量检查时，高强度螺栓的预拉力损失大部分已经完成，故在检查扭矩计算公式中，高强度螺栓的预拉力采用设计值。现行国家标准《钢结构工程施工质量验收规范》GB 50205 中终拧扭矩的检验是按照施工扭矩值的±10%以内为合格，由于预拉力松弛等原因，终拧扭矩值基本上在 1.0～1.1 倍终拧扭矩标准值范围内(施工扭矩值＝1.1 倍终拧扭矩标准值)，因此本条规定与现行国家标准《钢结构工程施工质量验收规范》GB 50205 并无实质矛盾，待修订时统一。

6.5.2 不能用专用扳手拧紧的扭剪型高强度螺栓，应根据所采用的紧固方法(扭矩法或转角法)按本规程第6.5.1条的规定进行检查。

7 施工质量验收

7.1 一 般 规 定

7.1.1 高强度螺栓连接属于钢结构工程中的分项工程之一，其施工质量的验收按照现行国家标准《钢结构工程施工质量验收规范》GB 50205 执行，对于超出《钢结构工程施工质量验收规范》GB 50205 的项目可按本规程的规定进行验收。

7.1.2、7.1.3 本节中列出的合格质量标准及不合格项目的处理程序来自于现行国家标准《钢结构工程施工质量验收规范》GB 50205 和《建筑工程施工质量验收统一标准》GB 50300，其目的是强调并便于工程使用。

7.2 检验批的划分

7.2.1 高强度螺栓连接分项工程检验批划分应按照现行国家标准《钢结构工程施工质量验收规范》GB 50205 的规定执行。

7.2.2 高强度螺栓连接副进场验收属于高强度螺栓连接分项工程中的验收项目，其验收批的划分除考虑高强度螺栓连接分项工程检验批划分外，还应考虑出厂批及螺栓规格。

　　高强度螺栓连接副进场验收属于复验，其产品标准中规定出厂检验最大批量不超过3000套，作为复验的最大批量不宜超过2个出厂检验批，且不宜超过6000套。

同一材料（性能等级）、炉号、螺纹（直径）规格、长度（当螺栓长度≤100mm时，长度相差≤15mm；当螺栓长度＞100mm时，长度相差≤20mm，可视为同一长度）、机械加工、热处理工艺及表面处理工艺的螺栓为同批；同一材料、炉号、螺纹规格、厚度、机械加工、热处理工艺及表面处理工艺的螺母为同批；同一材料、炉号、直径规格、厚度、机械加工、热处理工艺及表面处理工艺的垫圈为同批。分别由同批螺栓、螺母及垫圈组成的连接副为同批连接副。

7.2.3 摩擦面抗滑移系数检验属于高强度螺栓连接分项工程中的一个强制性检验项目，其检验批的划分除应考虑高强度螺栓连接分项检验批外，还应考虑不同的处理工艺和钢结构用量。

中华人民共和国行业标准

城市桥梁设计规范

Code for design of the municipal bridge

CJJ 11—2011

批准部门：中华人民共和国住房和城乡建设部
施行日期：２０１２年４月１日

中华人民共和国住房和城乡建设部
公　告

第 993 号

关于发布行业标准
《城市桥梁设计规范》的公告

现批准《城市桥梁设计规范》为行业标准，编号为 CJJ 11‑2011，自 2012 年 4 月 1 日起实施。其中，第 3.0.8、3.0.14、3.0.19、8.1.4、10.0.2、10.0.3、10.0.7 条为强制性条文，必须严格执行。原行业标准《城市桥梁设计准则》CJJ 11‑93 同时废止。

本规范由我部标准定额研究所组织中国建筑工业出版社出版发行。

中华人民共和国住房和城乡建设部
2011 年 4 月 22 日

前　　言

根据原建设部《关于印发〈二○○四年度工程建设城建、建工行业标准制订、修订计划〉的通知》（建标〔2004〕66 号）的要求，规范编制组经广泛调查研究，认真总结实践经验，参考有关国际标准和国外先进标准，并在广泛征求意见的基础上，修订本规范。

本规范的主要技术内容是：1. 总则；2. 术语和符号；3. 基本规定；4. 桥位选择；5. 桥面净空；6. 桥梁的平面、纵断面和横断面设计；7. 桥梁引道、引桥；8. 立交、高架道路桥梁和地下通道；9. 桥梁细部构造及附属设施；10. 桥梁上的作用。

本规范修订的主要技术内容是：

1. 补充了工程结构可靠度设计内容有关的条文，明确了桥梁结构应进行承载能力极限状态和正常使用极限状态设计；桥梁设计应区分持久状况、短暂状况和偶然状况三种设计状况。

2. 修改了桥梁设计荷载标准。

3. 对桥梁分类标准、桥上及地下通道内管线敷设的规定、跨越桥梁的架空电缆线、桥位附近的管线以及紧靠下穿道路的桥梁墩位布置要求等进行了调整。

4. 增加节能、环保、防洪抢险、抗震救灾等方面的条文；增加涉及桥梁结构耐久性设计以及斜、弯、坡等特殊桥梁设计的条文。

5. 对桥梁的细部构造及附属设施的设计提出了更为具体的要求和规定。

6. 制定了强制性条文。

本规范中以黑体字标志的条文是强制性条文，必须严格执行。

本规范由住房和城乡建设部负责管理和对强制性条文的解释，由上海市政工程设计研究总院负责具体技术内容的解释。执行过程中如有意见或建议，请寄送上海市政工程设计研究总院（地址：上海市中山北二路 901 号，邮政编码：200092）。

本 规 范 主 编 单 位：上海市政工程设计研究总院

本 规 范 参 编 单 位：北京市市政工程设计研究总院

天津市市政工程设计研究院

兰州市城市建设设计院

重庆市设计院

广州市市政工程设计研究院

南京市市政设计研究院

杭州市城建设计研究院

沈阳市市政工程设计研

究院

同济大学

本规范主要起草人员：程为和　马　矗　沈中冶

都锡龄　秦大航　崔健球

袁建兵　贾军政　张剑英

刘旭锴　陈翰新　纪　诚

古秀丽　郑宪政　宁平华

张启伟

本规范主要审查人员：周　良　韩振勇　赵君黎

段　政　刘新痴　刘　敏

彭栋木　毛应生　王今朝

李国平

目　次

Contents

1 总 则

1.0.1 为使城市桥梁设计符合安全可靠、适用耐久、技术先进、经济合理、与环境协调的要求，制定本规范。

1.0.2 本规范适用于城市道路上新建永久性桥梁和地下通道的设计，也适用于镇（乡）村道路上新建永久性桥梁和地下通道的设计。

1.0.3 城市桥梁设计应根据城乡规划确定的道路等级、城市交通发展需要，遵循有利于节约资源、保护环境、防洪抢险、抗震救灾的原则进行设计。

1.0.4 城市桥梁设计除应执行本规范外，尚应符合国家现行有关标准的规定。

2 术语和符号

2.1 术 语

2.1.1 可靠性 reliability

结构在规定的时间内，在规定条件下，完成预定功能的能力。

2.1.2 可靠度 degree of reliability

结构在规定的时间内，在规定条件下，完成预定功能的概率。

2.1.3 设计洪水频率 design flood freguency

设计采用的等于或大于某一强度的洪水出现一次的平均时间间隔为洪水重现期，其倒数为洪水频率。

2.1.4 设计基准期 design period

在进行结构可靠性分析时，为确定可变作用及与时间有关的材料性能等取值而选用的时间参数。

2.1.5 设计使用年限 design working life

设计规定的结构或结构构件不需进行大修即可按预定目的使用的年限。

2.1.6 作用（荷载） action（load）

施加在结构上的集中力或分布力（直接作用，也称为荷载）和引起结构外加变形或约束变形的原因（间接作用）。

2.1.7 永久作用 permanent action

在结构使用期间，其量值不随时间而变化，或其变化值与平均值比较可忽略不计的作用。

2.1.8 可变作用 variable action

在结构使用期间，其量值随时间变化，且其变化值与平均值比较不可忽略的作用。

2.1.9 偶然作用 accidental action

在结构使用期间出现的概率很小，一旦出现，其值很大且持续时间很短的作用。

2.1.10 作用效应 effect of action

由作用引起的结构或结构构件的反应，例如内力、变形、裂缝等。

2.1.11 作用效应的组合 combination for action effects

结构或在结构构件上几种作用分别产生的效应随机叠加。

2.1.12 设计状况 design situation

代表一定时段的一组物理条件，设计时应做到结构在该时段内不超越有关的极限状态。

2.1.13 极限状态 limit state

结构或构件超过某一特定状态就不能满足设计规定的某一功能要求，此特定状态为该功能的极限状态。

2.1.14 承载能力极限状态 ultimate limit states

对应于桥梁结构或其构件达到最大承载能力或出现不适于继续承载的变形或变位的状态。

2.1.15 正常使用极限状态 serviceability limit states

对应于桥梁结构或其构件达到正常使用或耐久性能的某项规定限值的状态。

2.1.16 安全等级 safety classes

为使结构具有合理的安全性，根据工程结构破坏所产生后果的严重程度而划分的设计等级。

2.1.17 高架桥 viaduct

通过架空于地面修建的城市道路称为高架道路。其构筑物称为高架桥。

2.1.18 地下通道 underpass

穿越道路或铁路线的构筑物，称为地下通道。

2.1.19 小型车专用道路 compacted car-only road

只允许小型客（货）车通行的道路。

2.2 符 号

L——加载长度；

P_k——车道荷载的集中荷载；

q_k——车道荷载的均布荷载；

W——单位面积的人群荷载；

W_p——单边人行道宽度；在专用非机动车桥上为1/2桥宽。

3 基 本 规 定

3.0.1 桥梁设计应符合城乡规划的要求。应根据道路功能、等级、通行能力及防洪抗灾要求，结合水文、地质、通航、环境等条件进行综合设计。因技术经济上的原因需分期实施时，应保留远期发展余地。

3.0.2 桥梁按其多孔跨径总长或单孔跨径的长度，可分为特大桥、大桥、中桥和小桥等四类，桥梁分类应符合表3.0.2的规定。

表 3.0.2　桥梁按总长或跨径分类

桥梁分类	多孔跨径总长 L （m）	单孔跨径 L_o（m）
特大桥	$L>1000$	$L_o>150$
大　桥	$1000{\geq}L{\geq}100$	$150{\geq}L_o{\geq}40$
中　桥	$100{\geq}L>30$	$40>L_o{\geq}20$
小　桥	$30{\geq}L{\geq}8$	$20>L_o{\geq}5$

注：1　单孔跨径系指标准跨径。梁式桥、板式桥以两桥墩中线之间桥中心线长度或桥墩中线与桥台台背前缘线之间桥中心线长度为标准跨径；拱式桥以净跨径为标准跨径。
　　2　梁式桥、板式桥的多孔跨径总长为多孔标准跨径的总长；拱式桥为两岸桥台起拱线间的距离；其他形式的桥梁为桥系的行车道长度。

3.0.3　城市桥梁设计宜采用百年一遇的洪水频率，对特别重要的桥梁可提高到三百年一遇。

城市中防洪标准较低的地区，当按百年一遇或三百年一遇的洪水频率设计，导致桥面高程较高而引起困难时，可按相交河道或排洪沟渠的规划洪水频率设计，但应确保桥梁结构在百年一遇或三百年一遇洪水频率下的安全。

3.0.4　桥梁孔径应按批准的城乡规划中的河道及（或）航道整治规划，结合现状布设。当无规划时，应根据现状按设计洪水流量满足泄洪要求和通航要求布置。不宜过大改变水流的天然状态。

设计洪水流量可按国家现行标准的规定进行分析、计算。

3.0.5　桥梁的桥下净空应符合下列规定：

1　通航河流的桥下净空应按批准的城乡规划的航道等级确定。通航海轮桥梁的通航水位和桥下净空应符合现行行业标准《通航海轮桥梁通航标准》JTJ 311 的规定。通航内河轮船桥梁的通航水位和桥下净空应符合现行国家标准《内河通航标准》GB 50139 的规定，并应充分考虑河床演变和不同通航水位航迹线的变化。

2　不通航河流的桥下净空应根据计算水位或最高流冰面加安全高度确定。

当河流有形成流冰阻塞的危险或有漂浮物通过时，应按实际调查的数据，在计算水位的基础上，结合当地具体情况酌留一定富余量，作为确定桥下净空的依据。对淤积的河流，桥下净空应适当增加。

在不通航或无流放木筏河流上及通航河流的不通航桥孔内，桥下净空不应小于表 3.0.5 的规定。

表 3.0.5　非通航河流桥下最小净空表

桥梁的部位		高出计算水位（m）	高出最高流冰面（m）
梁底	洪水期无大漂流物	0.50	0.75
	洪水期有大漂流物	1.50	—
	有泥石流	1.00	—
支承垫石顶面		0.25	0.50
拱　脚		0.25	0.25

3　无铰拱的拱脚被设计洪水淹没时，水位不宜超过拱圈高度的 2/3，且拱顶底面至计算水位的净高不得小于 1.0m。

4　在不通航和无流筏的水库区域内，梁底面或拱顶底面离开水面的高度不应小于计算浪高的 0.75 倍加 0.25m。

5　跨越道路或公路的城市跨线桥梁，桥下净空应分别符合现行行业标准《城市道路设计规范》CJJ 37、《公路工程技术标准》JTG B01 的建筑限界规定。跨越城市轨道交通或铁路的桥梁，桥下净空应分别符合现行国家标准《地铁设计规范》GB 50157 和《标准轨距铁路建筑限界》GB 146.2 的规定。

桥梁墩位布置同时应满足桥下道路或铁路的行车视距和前方交通信息识别的要求，并应按相关规范的规定要求，避开既有的地下构筑物和地下管线。

6　对桥下净空有特殊要求的航道或路段，桥下净空尺度应作专题研究、论证。

3.0.6　桥梁建筑应符合城乡规划的要求。桥梁建筑重点应放在总体布置和主体结构上，结构受力应合理，总体布置应舒展、造型美观，且应与周围环境和景观协调。

3.0.7　桥梁应根据城乡规划、城市环境、市容特点，进行绿化、美化市容和保护环境设计。对特大型和大型桥梁、高架道路桥、大型立交桥梁在工程建设前期应作环境影响评价，工程设计中应作相应的环境保护设计。

3.0.8　桥梁结构的设计基准期应为 100 年。

3.0.9　桥梁结构的设计使用年限应按表 3.0.9 的规定采用。

表 3.0.9　桥梁结构的设计使用年限

类　别	设计使用年限（年）	类　别
1	30	小桥
2	50	中桥、重要小桥
3	100	特大桥、大桥、重要中桥

注：对有特殊要求结构的设计使用年限，可在上述规定基础上经技术经济论证后予以调整。

3.0.10 桥梁结构应满足下列功能要求：

1 在正常施工和正常使用时，能承受可能出现的各种作用；

2 在正常使用时，具有良好的工作性能；

3 在正常维护下，具有足够的耐久性能；

4 在设计规定的偶然事件发生时和发生后，能保持必需的整体稳定性。

3.0.11 桥梁结构应按承载能力极限状态和正常使用极限状态进行设计，并应同时满足构造和工艺方面的要求。

3.0.12 根据桥梁结构在施工和使用中的环境条件和影响，可将桥梁设计分为以下三种状况：

1 持久状况：在桥梁使用过程中一定出现，且持续期很长的设计状况。

2 短暂状况：在桥梁施工和使用过程中出现概率较大而持续期较短的状况。

3 偶然状况：在桥梁使用过程中出现概率很小，且持续期极短的状况。

3.0.13 桥梁结构或其构件：对 3.0.12 条所述三种设计状况均应进行承载能力极限状态设计；对持久状况还应进行正常使用极限状态设计；对短暂状况及偶然状况中的地震设计状况，可根据需要进行正常使用极限状态设计；对偶然状况中的船舶或汽车撞击等设计状况，可不进行正常使用极限状态设计。

当进行承载能力极限状态设计时，应采用作用效应的基本组合和作用效应的偶然组合；当按正常使用极限状态设计时，应采用作用效应的标准组合、作用短期效应组合（频遇组合）和作用长期效应组合（准永久组合）。

3.0.14 当桥梁按持久状况承载能力极限状态设计时，根据结构的重要性、结构破坏可能产生后果的严重性，应采用不低于表 3.0.14 规定的设计安全等级。

表 3.0.14　桥梁设计安全等级

安全等级	结构类型	类　　别
一级	重要结构	特大桥、大桥、中桥、重要小桥
二级	一般结构	小桥、重要挡土墙
三级	次要结构	挡土墙、防撞护栏

注：1　表中所列特大、大、中桥等系按本规范表 3.0.2 中单孔跨径确定，对多跨不等跨桥梁，以其中最大跨径为准；冠以"重要"的小桥、挡土墙系指城市快速路、主干路及交通特别繁忙的城市次干路上的桥梁、挡土墙。

2　对有特殊要求的桥梁，其设计安全等级可根据具体情况另行确定。

3.0.15 桥梁结构构件的设计应符合国家现行有关标准的规定。地下通道结构的设计应符合本规范第 8.3 节的有关规定。

3.0.16 桥梁结构应符合下列规定：

1 构件在制造、运输、安装和使用过程中，应具有规定的强度、刚度、稳定性和耐久性。

2 构件应减小由附加力、局部力和偏心力引起的应力。

3 结构或构件应根据其所处的环境条件进行耐久性设计。采用的材料及其技术性能应符合相关标准的规定。

4 选用的形式应便于制造、施工和养护。

5 桥梁应进行抗震设计。抗震设计应按国家现行标准《中国地震动参数区划图》GB 18306、《城市道路设计规范》CJJ 37 和《公路工程技术标准》JTG B01 的规定进行。对已编制地震小区划的城市，可按行政主管部门批准的地震动参数进行抗震设计。

地震作用的计算及结构的抗震设计应符合国家现行相关规范的规定。

6 当受到城市区域条件限制，需建斜桥、弯桥、坡桥时，应根据其具体特点，作为特殊桥梁进行设计。

7 桥梁基础沉降量应符合现行行业标准《公路桥涵地基与基础设计规范》JTG D63 的规定。对外为超静定体系的桥梁，应控制引起桥梁上部结构附加内力的基础不均匀沉降量，宜在结构设计中预留调节基础不均匀沉降的构造装置或空间。

3.0.17 对位于城市快速路、主干路、次干路上的多孔梁（板）桥，宜采用整体连续结构，也可采用连续桥面简支结构。

设计应保证桥梁在使用期间运行通畅，养护维修方便。

3.0.18 桥梁应根据工程规模和不同的桥型结构设置照明、交通信号标志、航运信号标志、航空障碍标志、防雷接地装置以及桥面防水、排水、检修、安全等附属设施。

3.0.19 桥上或地下通道内的管线敷设应符合下列规定：

1 不得在桥上敷设污水管、压力大于 0.4MPa 的燃气管和其他可燃、有毒或腐蚀性的液、气体管。条件许可时，在桥上敷设的电信电缆、热力管、给水管、电压不高于 10kV 配电电缆、压力不大于 0.4MPa 燃气管必须采取有效的安全防护措施。

2 严禁在地下通道内敷设电压高于 10kV 配电电缆、燃气管及其他可燃、有毒或腐蚀性液、气体管。

3.0.20 对特大桥和重要大桥竣工后应进行荷载试验，并应保留作为运行期间监测系统所需的测点和参数。

3.0.21 桥梁设计必须严格实施质量管理和质量控制，设计文件的组成应符合有关文件编制的规定，对涉及工程质量的构造设计、材料性能和结构耐久性及需特别指明的制作或施工工艺、桥梁运行条件、养护维修等应提出相应的要求。

4 桥位选择

4.0.1 桥位选择应根据城乡规划，近远期交通流向和流量的需要，结合水文、航运、地形、地质、环境及对邻近建筑物和公用设施的影响进行全面分析、综合比较后确定。

4.0.2 特大桥、大桥的桥位应选择在河道顺直、河床稳定、河滩较窄、河槽能通过大部分设计流量且地质良好的河段。桥位不宜选择在河滩、沙洲、古河道、急弯、汇合口、渡口、港口作业区及易形成流冰、流木阻塞的河段以及活动性断层、强岩溶、滑坡、崩塌、地震易液化、泥石流等不良地质的河段。

中小桥桥位宜按道路的走向进行布置。

4.0.3 桥梁纵轴线宜与洪水主流流向正交；当不能正交时，对中小桥宜采用斜交或弯桥。

4.0.4 通航河流上桥梁的桥位选择，除应符合城乡规划，选择在河道顺直、河床稳定、水深充裕、水流条件良好的航段上外，还应符合下列规定：

1 桥梁墩台沿水流方向的轴线，应与最高通航水位的主流方向一致，当为斜交时，其交角不宜大于5°；当交角大于5°时，应加大通航孔净宽。对变迁性河流，应考虑河床变迁对通航孔的影响。

2 位于内河航道上的桥梁，尚应符合现行国家标准《内河通航标准》GB 50139 中关于水上过河建筑物选址的要求。

3 通航海轮的桥梁、桥位选择应符合现行行业标准《通航海轮桥梁通航标准》JTJ 311 的规定。

4.0.5 非通航河流上相邻桥梁的间距除应符合洪水水流顺畅，满足城市防洪要求外，尚应根据桥址工程地质条件、既有桥梁结构的状态、与运营干扰等因素来确定。

4.0.6 当桥址处有两个及以上的稳定河槽，或滩地流量占设计流量比例较大，且水流不易引入同一座桥时，可在主河槽、河汊和滩地上分别设桥，不宜采用长大导流堤强行集中水流。桥轴线宜与主河槽的水流流向正交。天然河道不宜改移或截弯取直。

4.0.7 桥位应避开泥石流区。当无法避开时，宜建大跨径桥梁跨过泥石流区。当没有条件建大跨桥时，应避开沉积区，可在流通区跨越。桥位不宜布置在河床的纵坡由陡变缓、断面突然变化及平面上的急弯处。

4.0.8 桥位上空不宜设有架空高压电线，当无法避开时，桥梁主体结构最高点与架空电线之间的最小垂直距离，应符合国家现行标准《城市电力规划规范》GB 50293 和《110~550kV架空送电线路设计技术规程》DL/T 5092 的规定。

当桥位旁有架空高压电线时，桥边缘与架空电线

之间的水平距离应符合国家现行相关标准的规定。

4.0.9 桥位应与燃气输送管道、输油管道，易燃、易爆和有毒气体等危险品工厂、车间、仓库保持一定安全距离。当距离较近时，应设置满足消防、防爆要求的防护设施。

桥位距燃气输送管道、输油管道的安全距离应符合国家现行相关标准的规定。

5 桥面净空

5.0.1 城市桥梁的桥面净空限界、桥面最小净高、机动车车行道宽度、非机动车车行道宽度、中小桥的人行道宽度、路缘带宽度、安全带宽度、分隔带宽度应符合现行行业标准《城市道路设计规范》CJJ 37 的规定。

特大桥、大桥的单侧人行道宽度宜采用 2.0m~3.0m。

5.0.2 城市桥梁中的小桥桥面布置形式及净空限界应与道路相同，特大桥、大桥、中桥的桥面布置及净空限界中的车行道及路缘带的宽度应与道路相同，分隔带宽度可适当缩窄，但不应小于现行行业标准《城市道路设计规范》CJJ 37 规定的最小值。

6 桥梁的平面、纵断面和横断面设计

6.0.1 桥梁在平面上宜做成直桥，当特殊情况时可做成弯桥，其线形布置应符合现行行业标准《城市道路设计规范》CJJ 37 的规定。

6.0.2 对下承式和中承式桥的主梁、主桁或拱肋，悬索桥、斜拉桥的索面及索塔，可设置在人行道或车行道的分隔带上，但必须采取防止车辆直接撞击的防护措施。悬索桥、斜拉桥的索面及索塔亦可设置在人行道或检修道栏杆外侧。

6.0.3 桥面车行道路幅宽度宜与所衔接道路的车行道路幅宽度一致。当道路现状与规划断面相差很大，桥梁按规划车行道布置难度较大时，应按本规范第3.0.1条规定分期实施。

当两端道路上设有较宽的分隔带或绿化带时，桥梁可考虑分幅布置（横向组成分离式桥），桥上不宜设置绿化带。特大桥、大桥、中桥的桥面宽度可适当减小，但车行道的宽度应与两端道路车行道有效宽度的总和相等并在引道上设变宽缓和段与两端道路接顺。小桥的机动车道平面线形应与道路保持一致。

6.0.4 当特大桥、大桥、中桥与两端道路为新建时，桥面车行道布设应根据规划道路等级，按现行行业标准《城市道路设计规范》CJJ 37 的规定和交通流量来确定。

6.0.5 桥梁宽度应按本规范第5章的规定确定。

6.0.6 桥面最小纵坡不宜小于 0.3%。桥面最大纵

坡、坡度长度与竖曲线布设应符合现行行业标准《城市道路设计规范》CJJ 37 的规定。

桥梁纵断面设计时，应考虑到长期荷载作用下的构件挠曲和墩台沉降的影响。

6.0.7 桥梁横断面布置除桥面净空应符合本规范第 5 章规定外，尚应符合下列规定：

1 桥梁人行道或检修道外侧必须设置人行道栏杆。

2 对主干路和次干路的桥梁，当两侧无人行道时，两侧应设检修道，其宽度宜为 0.50m～0.75m。

3 对桥面上机动车道与非机动车道上有永久性分隔带的桥或专用非机动车的桥，其两旁的人行道或检修道缘石宜高出车行道路面 0.15m～0.20m。

4 对主干路、次干路、支路的桥梁，桥面为混合行车道或专用机动车道时，人行道或检修道缘石宜高出车行道路面 0.25m～0.40m。当跨越急流、大河、深谷、重要道路、铁路、主要航道或桥面常有积雪、结冰时，其缘石高度宜取较大值，外侧应采用加强栏杆。

5 对快速路桥、机动车专用桥的桥面两侧应设置防撞护栏，防撞护栏应符合本规范第 9.5.2 条规定。

6.0.8 桥面车行道应按现行行业标准《城市道路设计规范》CJJ 37 的规定设置横坡，在快速路和主干路桥上，横坡宜为 2%；在次干路和支路桥上横坡宜为 1.5%～2.0%，人行道上宜设置 1%～2%向车行道的单向横坡。在路缘石或防撞护栏旁应设置足够数量的排水孔。在排水孔之间的纵坡不宜小于 0.3%～0.5%。

7 桥梁引道、引桥

7.0.1 桥梁引道应按现行行业标准《城市道路设计规范》CJJ 37 的规定要求布设；引桥应按本规范的有关要求布设。

7.0.2 桥梁引道的设计应与引桥的设计统一，从安全、经济、美观等方面进行综合比较。

7.0.3 桥梁引道及引桥的布设应遵循下列原则：

1 桥梁引道及引桥与两侧街区交通衔接，并应预留防洪抢险通道。

2 当引道为填土路堤时，宜将城市给水、排水、燃气、热力等地下管道迁移至桥梁填土范围以外或填土影响范围以外布设。

3 位于软土地基上的引道填土路堤最大高度应予以控制。

4 引桥墩台基础设计应分析基础施工及基础沉降对邻近永久性建筑物的影响。

5 在纵坡较大的桥梁引道上，不宜设置平交道口和公共交通车辆的停靠站及工厂、街区出入口。

7.0.4 当引道采用填土路堤，且两侧采用较高挡土墙时，两侧应设置栏杆，其布置可按本规范第 6.0.7 条有关规定执行。

7.0.5 特大桥、大桥、中桥的桥头应避免分隔带路缘石突变。路缘石在平面上应设置缓和接顺段，折角处应采用平曲线接顺。

7.0.6 当主孔斜交角度较大、引桥较长时，宜根据桥址的地形、地物在引桥与主桥衔接处布设若干个过渡孔，使其后的引桥均按正交布置。

7.0.7 桥台侧墙后端深入桥头锥坡顶点以内的长度不应小于 0.75m。

位于城市快速路、主干路和次干路上的桥梁，桥头宜设置搭板，搭板长度不宜小于 6m。

7.0.8 桥头锥体及桥台台后 5m～10m 长度的引道，可采用砂性土等材料填筑。在非严寒地区当无透水性材料时，可就地取土填筑，也可采用土工合成材料或其他轻质材料填筑。

8 立交、高架道路桥梁和地下通道

8.1 一般规定

8.1.1 立交、高架道路桥梁和地下通道应按城市规划和现行行业标准《城市道路设计规范》CJJ 37 中的有关规定设置。

8.1.2 立交、高架道路桥梁和地下通道的布设应综合考虑下列因素：

1 宜按规划一次兴建，分期建设时应考虑后期的实施条件；

2 应减少工程占用的土地、房屋拆迁及重要公共设施的搬迁；

3 充分考虑与街区间交通的相互关系；

4 结构形式及建筑造型应与城市景观协调，桥下空间利用应防止可能产生的对交通的干扰，墩台的布置应考虑桥下空间的净空利用，以及转向交通视距等要求；

5 应密切结合地形、地物、地质、地下水情况以及地下工程设施等因素；

6 应密切结合规划及现有的地上、地下管线；

7 应综合分析设计中所采用的立交形式、桥梁结构和施工工艺对周围现有建筑、道路交通以及规划中的新建筑的影响；

8 应根据环境保护的要求，采取工程措施减少工程建设对周围环境的影响。

8.1.3 立交、高架道路桥梁和地下通道的平面、纵断面、横断面设计，应满足下列要求：

1 平面布置应与其相衔接道路的标准相适应，应满足工程所在区域道路行车需要。

2 纵断面设计应与其衔接的道路标准相适应，

并应结合当地气候条件、车辆类型及爬坡能力等因素，选用适当的纵坡值。竖曲线最低点不宜设在地下通道暗埋段箱体内，凸曲线应满足行车视距。对混合交通应满足非机动车辆的最大纵坡限制值要求。

3 横断面设计应与其衔接的道路标准相适应。在机动车道与非机动车道之间，可设置分隔带疏导交通。对设有中间分隔带的宽桥，桥梁结构可设计成上下行分离的独立桥梁。

4 立交区段的各种杆、柱、架空线网的布置，应保持该区段的整洁、开阔。当桥面灯杆置于人行道靠缘石处，杆座边缘与车行道路面（缘石外侧）的净距不应小于0.25m。地下通道引道的杆、柱宜设置在分隔带上或路幅以外。

8.1.4 当立交、高架道路桥梁的下穿道路紧靠柱式墩或薄壁墩台、墙时，所需的安全带宽度应符合下列规定：

1 当道路设计行车速度大于或等于60km/h时，安全带宽度不应小于0.50m;

2 当道路设计行车速度小于60km/h时，安全带宽度不应小于0.25m。

8.1.5 当下穿道路路缘带外侧与柱、墩台、墙之间设有检修道，其宽度大于所需的安全带宽度时，可不再设安全带。

8.1.6 汽车撞击墩台作用的力值和位置可按现行行业标准《公路桥涵设计通用规范》JTG D60的规定取值。对易受汽车撞击的相关部位应采取相应的防撞构造措施，但安全带宽度仍应符合本规范第8.1.4条的规定。

8.1.7 当高架道路桥梁的长度较长时，应考虑每隔一定距离在中央分隔带上设置开启式护栏，设置的最小间距不宜小于2km。

8.2　立交、高架道路桥梁

8.2.1 当立交、高架道路桥梁与桥下道路斜交时，可采用斜交桥的形式跨越。当斜交角度较大时，宜采用加大桥梁跨度，减小斜交角度或斜桥正做的方式，同时应满足桥下道路平面线形、视距及前方交通信息识别的要求。

8.2.2 曲线梁桥的结构形式及横断面形状，应具有足够的抗扭刚度。结构支承体系应满足曲线桥梁上部结构的受力和变形要求，并采取可靠的抗倾覆措施。

8.2.3 对纵坡较大的桥梁或独柱支承的匝道桥梁，应分析桥梁向下坡方向累计位移的影响，总体设计时独柱墩连续梁分联长度不宜过长，中墩应采用适宜的结构尺寸，并应保证墩柱具有较大的纵横向抗推刚度。

8.2.4 当立交、高架道路桥梁的跨度小于30m，且桥宽较大时，桥墩可采用柱式桥墩，柱数宜少，视觉应通透、舒适。

8.2.5 当立交、高架道路桥下设置停车场时，不得妨碍桥梁结构的安全，应设置相应的防火设施，并应满足有关消防的安全规定。

8.2.6 当立交、高架道路桥梁跨越城市轨道交通或电气化铁路时，接触网与桥梁结构的最小净距应符合国家现行标准《地铁设计规范》GB 50157和《铁路电力牵引供电设计规范》TB 10009的规定。

8.3　地下通道

8.3.1 采用地下通道方案前，应与立交跨线桥方案作技术、经济、运营等方面的比较。设计时应对建设地点的地形、地质、水文、地上、地下的既有构筑物及规划要求，地下管线，地面交通或铁路运营情况进行详细调查分析。位于铁路运营线下的地下通道，为保证施工期间铁路运营安全，地下通道位置除应按本规范第8.1.1条的规定设置外，还应选在地质条件较好、铁路路基稳定、沉降量小的地段。

8.3.2 地下通道净空应符合本规范第5章的规定。当地下通道中设置机动车道、非机动车道和人行道时，可将非机动车道、人行道和机动车道布置在不同的高程上。

在仅布置机动车道的地下通道内，应在一侧路缘石与墙面之间设置检修道，宽度宜为0.50m～0.75m。当孔内机动车的车行道为四条及以上时，另一侧还应再设置0.50m～0.75m宽的检修道。

8.3.3 下穿城市道路或公路的地下通道，设计荷载应符合本规范及现行行业标准《公路桥涵设计通用规范》JTG D60的规定，结构内力、截面强度、挠度、裂缝宽度计算及允许值的取用应符合现行行业标准《公路钢筋混凝土及预应力混凝土桥涵设计规范》JTG D62的规定，裂缝宽度也可按现行国家标准《混凝土结构设计规范》GB 50010的规定进行计算；抗震验算应符合相关抗震设计规范的规定。地下通道长度应根据地下通道上方的道路性质符合本规范及现行行业标准《公路桥涵设计通用规范》JTG D60相关的道路净空宽度的规定。

8.3.4 下穿铁路的地下通道，其设计荷载、结构内力、截面强度、挠度、裂缝宽度计算及允许值的取用、抗震验算应符合国家现行标准《铁路桥涵设计基本规范》TB 10002.1、《铁路桥涵钢筋混凝土和预应力混凝土结构设计规范》TB 10002.3和《铁路工程抗震设计规范》GB 50111的规定。地下通道长度除应符合上跨铁路线路的净空宽度要求外，还应满足管线、沟漕、信号标志等附属设施和铁路员工检修便道的需求。

8.3.5 当地下通道轴线与置于地下通道上的道路或铁路轴线的斜交角α≤15°时，可按正交结构分析；当α>15°时，应按斜交结构分析。

8.3.6 地下通道混凝土强度等级不宜低于C30；当

地下通道及与其衔接的引道结构的最低点位于地下水位以下时，混凝土抗渗等级不应低于 P8。下穿铁路的地下通道混凝土强度等级和抗渗等级应符合现行行业标准《铁路桥涵钢筋混凝土和预应力混凝土结构设计规范》TB 10002.3 的规定。

8.3.7 地下通道结构连续长度不宜过长。当地下通道结构长度较长时，应设置沉降缝或伸缩缝。沉降缝或伸缩缝的间距应按地基土性质、荷载、结构形式及结构变化情况确定。

8.3.8 当地下通道采用顶进施工工艺时，宜布置成正交；当采用斜交时，斜交角不应大于 45°。地下通道的结构尺寸应计入顶进时的施工偏差，角隅处的构造筋及中墙、侧墙的纵向钢筋宜适当加强。位于地下通道上的铁路线路的加固应满足保证铁路安全运营的要求。

8.3.9 当地下水位较高时，地下通道及与其衔接的引道结构应进行抗浮计算，并应采取相应的抗浮措施。

9 桥梁细部构造及附属设施

9.1 桥面铺装

9.1.1 桥面铺装的结构形式宜与所衔接的道路路面相协调，可采用沥青混凝土或水泥混凝土材料。

9.1.2 桥面铺装层材料、构造与厚度应符合下列规定：

1 当为快速路、主干路桥梁和次干路上的特大桥、大桥时，桥面铺装宜采用沥青混凝土材料，铺装层厚度不宜小于 80mm，粒料宜与桥头引道上的沥青面层一致。水泥混凝土整平层强度等级不应低于 C30，厚度宜为 70mm～100mm，并应配有钢筋网或焊接钢筋网。

当为次干路、支路时，桥梁沥青混凝土铺装层和水泥混凝土整平层的厚度均不宜小于 60mm。

2 水泥混凝土铺装层的面层厚度不应小于 80mm，混凝土强度等级不应低于 C40，铺装层内应配有钢筋网或焊接钢筋网，钢筋直径不应小于 10mm，间距不宜大于 100mm，必要时采用纤维混凝土。

9.1.3 钢桥面沥青混凝土铺装结构应根据铺装材料的性能、施工工艺、车辆轮压、桥梁跨径与结构形式、桥面系的构造尺寸以及桥梁纵断面线形、当地的气象与环境条件等因素综合分析后确定。

9.2 桥面与地下通道防水、排水

9.2.1 桥面铺装应设置防水层。

沥青混凝土铺装底面在水泥混凝土整平层之上应设置柔性防水卷材或涂料，防水材料应具有耐热、冷柔、防渗、耐腐、粘结、抗碾压等性能。材料性能技术要求和设计应符合国家现行相关标准的规定。

水泥混凝土铺装可采用刚性防水材料，或底层采用不影响水泥混凝土铺装受力性能的防水涂料等。

9.2.2 圬工桥台台身背墙、拱桥拱圈顶面及侧墙背面应设置防水层。下穿地下通道箱涵等封闭式结构顶板顶面应设置排水横坡，坡度宜为 0.5%～1%，箱体防水应采用自防水，也可在顶板顶面、侧墙外侧设置防水层。

9.2.3 桥面排水设施的设置应符合下列规定：

1 桥面排水设施应适应桥梁结构的变形，细部构造布置应保证桥梁结构的任何部分不受排水设施及泄漏水流的侵蚀；

2 应在行车道较低处设排水口，并可通过排水管将桥面水泄入地面排水系统中；

3 排水管道应采用坚固的、抗腐蚀性能良好的材料制成，管道直径不宜小于 150mm；

4 排水管道的间距可根据桥梁汇水面积和桥面纵坡大小确定：

当纵坡大于 2% 时，桥面设置排水管的截面积不宜小于 60mm²/m²；

当纵坡小于 1% 时，桥面设置排水管的截面积不宜小于 100mm²/m²；

南方潮湿地区和西北干燥地区可根据暴雨强度适当调整；

5 当中桥、小桥的桥面设有不小于 3% 纵坡时，桥上可不设排水口，但应在桥头引道上两侧设置雨水口；

6 排水管宜在墩台处接入地面，排水管布置应方便养护，少设连接弯头，且宜采用有清淤孔的连接弯头；排水管底部应作散水处理，在使用除冰盐的地区应在墩台受水影响区域涂混凝土保护剂；

7 沥青混凝土铺装在桥跨伸缩缝上坡侧，现浇带与沥青混凝土相接处应设置渗水管；

8 高架桥桥面应设置横坡及不小于 0.3% 的纵坡；当纵断面为凹形竖曲线时，宜在凹形竖曲线最低点及其前后 3m～5m 处分别设置排水口。当条件受到限制，桥面为平坡时，应沿主梁纵向设置排水管，排水管纵坡不应小于 3%。

9.2.4 地下通道排水应符合下列规定：

1 地下通道内排水应设置独立的排水系统，其出水口必须可靠。排水设计应符合国家现行标准《室外排水设计规范》GB 50014、《城市道路设计规范》CJJ 37 的规定。

2 地下通道纵断面设计除应符合本规范第8.1.3 条第 2 款的规定外，应将引道两端的起点处设置倒坡，其高程宜高于地面 0.2m～0.5m 左右，并应加强引道路面排水，在引道与地下通道接头处的两侧应设一排截水沟。

3 地下通道内路面边沟雨水口间应有不小于 $0.3\%\sim0.5\%$ 的排水纵坡。当较短地下通道内不设置雨水口时，地下通道纵坡不应小于 0.5%。引道与地下通道内车行道路面，应设不小于 2% 的横坡。

地下通道引道段选用的径流系数应考虑坡陡径流增加的因素，其雨水口的设置与选型应适应汇水快而急的特点。

4 当下穿地下通道不能自流排水时，应设置泵站排水，其管渠设计、降雨重现期应大于道路标准。排水泵站应保证地下通道内不积水。

5 采用盲沟排水和兼排雨水的管道和泵站，应保证有效、可靠。

9.3 桥面伸缩装置

9.3.1 桥面伸缩装置，应满足梁端自由伸缩、转角变形及使车辆平稳通过的要求。伸缩装置应根据桥梁长度、结构形式采用经久耐用、防渗、防滑等性能良好，且易于清洁、检修、更换的材料和构造形式。材料及其成品的技术要求应符合国家现行相关标准的规定。

在多跨简支梁间，可采用连续桥面。连续桥面的长度不宜大于 100m，连续桥面的构造应完善、牢固和耐用。

9.3.2 对变形量较大的桥面伸缩缝，宜采用梳板式或模数式伸缩装置。伸缩装置应与梁端牢固锚固。

城市快速路、主干路桥梁不得采用浅埋的伸缩装置。

9.3.3 当设计伸缩装置时，应考虑其安装的时间，伸缩量应根据温度变化及混凝土收缩、徐变、受荷转角、梁体纵坡及伸缩装置更换所需的间隙量等因素确定。

对异型桥的伸缩装置，必须检算其纵横向的错位量。

9.3.4 在使用除冰盐地区，对栏杆底座、混凝土铺装以及桥梁伸缩装置以下的盖梁、墩台帽等处，应进行耐久性处理。

9.3.5 地下通道的沉降缝、伸缩缝必须满足防水要求。

9.4 桥梁支座

9.4.1 桥梁支座可按其跨径、结构形式、反力力值、支承处的位移及转角变形值选取不同的支座。

桥梁可选用板式橡胶支座或四氟滑板橡胶支座、盆式橡胶支座和球形钢支座。不宜采用带球冠的板式橡胶支座或坡形板式橡胶支座。

支座的材料、成品等技术要求应符合国家现行相关标准的规定。

9.4.2 支座的设计、安装要求应符合有关标准的规定，并应易于检查、养护、更换，并应有防尘、清洁、防止积水等构造措施。

墩台构造应满足更换支座的要求，在墩台帽顶面与主梁梁底之间应预留顶升主梁更换支座的空间。

支座安装时应预留由于施工期间温度变化、预应力张拉以及混凝土收缩、徐变等因素产生的变形和位移，成桥后的支座状态应符合设计要求。

9.4.3 主梁应在墩、台部位处设置横向限位构造。

9.4.4 对大中跨径的钢桥、弯桥和坡桥等连续体系桥梁，应根据需要设置固定支座或采用墩梁固结，不宜全桥采用活动支座或等厚度的板式橡胶支座。

对中小跨径连续梁桥，梁端宜采用四氟滑板橡胶支座或小型盆式纵向活动支座。

9.5 桥梁栏杆

9.5.1 人行道或安全带外侧的栏杆高度不应小于 1.10m。栏杆构件间的最大净间距不得大于 140mm，且不宜采用横线条栏杆。栏杆结构设计必须安全可靠，栏杆底座应设置锚筋，其强度应满足本规范第 10.0.7 条的要求。

9.5.2 防撞护栏的设计可按现行行业标准《公路交通安全设施设计规范》JTG D81 的有关规定进行。

防撞护栏的防撞等级可按本规范第 10.0.8 条规定选择。

9.5.3 桥梁栏杆及防撞护栏的设计除应满足受力要求以外，其栏杆造型、色调应与周围环境协调。对重要桥梁宜作景观设计。

9.5.4 当桥梁跨越快速路、城市轨道交通、高速公路、铁路干线等重要交通通道时，桥面人行道栏杆上应加设护网，护网高度不应小于 2m，护网长度宜为下穿道路的宽度并各向路外延长 10m。

9.6 照明、节能与环保

9.6.1 桥上照明及地下通道照明不应低于两端道路的照明标准。道路照明标准应符合现行行业标准《城市道路设计规范》CJJ 37、《城市道路照明设计标准》CJJ 45 的规定。大型桥梁及长度较长的地下通道照明应进行专门设计。

9.6.2 桥梁与地下通道照明应满足节能、环保、防眩等要求。灯具宜采用黄色高光通量、无光污染的节能光源。

9.6.3 桥上应设置照明灯杆。根据人行道宽度及桥面照度要求，灯杆宜设置在人行道外侧栏杆处；当人行道较宽时，灯杆可设置在人行道内侧或分隔带中，杆座边缘距车行道路面的净距不应小于 0.25m。

当采用金属杆的照明灯杆时，应有可靠接地装置。

9.6.4 照明灯杆灯座的设计选用应与环境、桥型、栏杆协调一致。

9.6.5 当高架道路桥梁沿线为医院、学校、住宅等对声源敏感地段时，应设置防噪声屏障等降噪设施。对防噪声屏障结构应验算风荷载作用下的强度、抗倾覆稳定以及其所依附构件的强度安全。当其依附构件为防撞护栏时，可考虑风荷载与车辆撞击力不同时作用。

9.7 其他附属设施

9.7.1 特大桥、大桥宜根据桥梁结构形式设置检修通道及供检查、养护使用的专用设施，并宜配置必要的管理用房。斜拉桥、悬索桥索塔顶部应设置防雷装置，并应按航空管理规定设置航空障碍标志灯。当主梁、索塔为钢箱结构时，宜设置内部抽湿系统。

9.7.2 特大桥、大桥宜根据需要布置测量标志，跨河、跨海的特大桥、大桥宜设置水尺或水位标志，通航孔宜设置导航标志。标志设置应符合国家现行有关标准的规定。

9.7.3 特大桥、大桥及中长地下通道宜考虑在桥梁、地下通道两端或其他取用方便的部位设置消防、给水设施。

9.7.4 照明、环保、消防、交通标志等附属设施不得侵入桥梁、地下通道的净空限界，不得影响桥梁和地下通道的安全使用。

9.7.5 对符合本规范第3.0.19条规定而设置的各种管线，尚应符合下列规定：

　　1 口径较大的管道不宜在桥梁立面上外露。

　　2 应妥善安排各类管线，在敷设、养护、检修、更换时不得损坏桥梁。刚性管道宜与桥梁上部结构分离。

　　3 电力电缆与燃气管道不得布置在同一侧。

　　4 各类管线不得侵入桥面和桥下净空限界。

　　5 敷设在地下通道内的各类管线，应便于维修、养护、更换。宜敷设在非机动车道或人行道下。

10 桥梁上的作用

10.0.1 桥梁设计采用的作用应按永久作用、可变作用、偶然作用分类。除可变作用中的设计汽车荷载与人群荷载外，作用与作用效应组合均应按现行行业标准《公路桥涵设计通用规范》JTG D60 的有关规定执行。

10.0.2 桥梁设计时，汽车荷载的计算图式、荷载等级及其标准值、加载方法和纵横向折减等应符合下列规定：

　　1 汽车荷载应分为城—A级和城—B级两个等级。

　　2 汽车荷载应由车道荷载和车辆荷载组成。车道荷载应由均布荷载和集中荷载组成。桥梁结构的整体计算应采用车道荷载，桥梁结构的局部加载、桥台和挡土墙压力等的计算应采用车辆荷载。车道荷载与车辆荷载的作用不得叠加。

　　3 车道荷载的计算（图10.0.2-1）应符合下列规定：

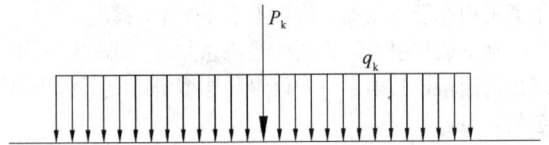

图 10.0.2-1　车道荷载

　　1）城—A级车道荷载的均布荷载标准值（q_k）应为 10.5kN/m。集中荷载标准值（P_k）的选取：当桥梁计算跨径小于或等于 5m时，$P_k = 180kN$；当桥梁计算跨径等于或大于 50m 时，$P_k = 360kN$；当桥梁计算跨径在 5m～50m 之间时，P_k值应采用直线内插求得。当计算剪力效应时，集中荷载标准值（P_k）应乘以 1.2 的系数。

　　2）城—B级车道荷载的均布荷载标准值（q_k）和集中荷载标准值（P_k）应按城—A级车道荷载的75%采用；

　　3）车道荷载的均布荷载标准值应满布于使结构产生最不利效应的同号影响线上；集中荷载标准值应只作用于相应影响线中一个最大影响线峰值处。

　　4 车辆荷载的立面、平面布置及标准值应符合下列规定：

　　1）城—A级车辆荷载的立面、平面、横桥向布置（图10.0.2-2）及标准值应符合表10.0.2的规定：

车轴编号	1	2	3	4	5
轴重（kN）	60	140	140	200	160
轮重（kN）	30	70	70	100	80
总重（kN） 700					

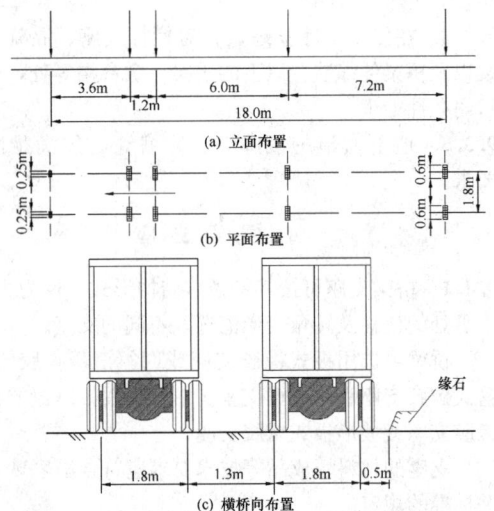

图 10.0.2-2　城—A级车辆荷载立面、平面、横桥向布置

表 10.0.2 城—A级车辆荷载

车轴编号	单位	1	2	3	4	5
轴重	kN	60	140	140	200	160
轮重	kN	30	70	70	100	80
纵向轴距	m		3.6	1.2	6	7.2
每组车轮的横向中距	m	1.8	1.8	1.8	1.8	1.8
车轮着地的宽度×长度	m	0.25×0.25	0.6×0.25	0.6×0.25	0.6×0.25	0.6×0.25

2）城—B级车辆荷载的立面、平面布置及标准值应采用现行行业标准《公路桥涵设计通用规范》JTG D60 车辆荷载的规定值。

5 车道荷载横向分布系数、多车道的横向折减系数、大跨径桥梁的纵向折减系数、汽车荷载的冲击力、离心力、制动力及车辆荷载在桥台或挡土墙后填土的破坏棱体上引起的土侧压力等均应按现行行业标准《公路桥涵设计通用规范》JTG D60 的规定计算。

10.0.3 应根据道路的功能、等级和发展要求等具体情况选用设计汽车荷载。桥梁的设计汽车荷载应根据表 10.0.3 选用，并应符合下列规定：

表 10.0.3 桥梁设计汽车荷载等级

城市道路等级	快速路	主干路	次干路	支 路
设计汽车荷载等级	城—A级或城—B级	城—A级	城—A级或城—B级	城—B级

1 快速路、次干路上如重型车辆行驶频繁时，设计汽车荷载应选用城—A级汽车荷载；

2 小城市中的支路上如重型车辆较少时，设计汽车荷载采用城—B级车道荷载的效应乘以 0.8 的折减系数，车辆荷载的效应乘以 0.7 的折减系数；

3 小型车专用道路，设计汽车荷载可采用城—B级车道荷载的效应乘以 0.6 的折减系数，车辆荷载的效应乘以 0.5 的折减系数。

10.0.4 在城市指定路线上行驶的特种平板挂车应根据具体情况按本规范附录A中所列的特种荷载进行验算。对既有桥梁，可根据过桥特重车辆的主要技术

指标，按本规范附录A的要求进行验算。

对设计汽车荷载有特殊要求的桥梁，设计汽车荷载标准应根据具体交通特征进行专题论证。

10.0.5 桥梁人行道的设计人群荷载应符合下列规定：

1 人行道板的人群荷载按 5kPa 或 1.5kN 的竖向集中力作用在一块构件上，分别计算，取其不利者。

2 梁、桁架、拱及其他大跨结构的人群荷载（W）可采用下列公式计算，且 W 值在任何情况下不得小于 2.4kPa：

当加载长度 L<20m 时：

$$W = 4.5 \times \frac{20 - w_{\mathrm{p}}}{20} \qquad (10.0.5\text{-}1)$$

当加载长度 L≥20m 时：

$$W = \left(4.5 - 2 \times \frac{L - 20}{80}\right)\left(\frac{20 - w_{\mathrm{p}}}{20}\right)$$

$$(10.0.5\text{-}2)$$

式中：W——单位面积的人群荷载，（kPa）；

L——加载长度，（m）；

w_{p}——单边人行道宽度，（m）；在专用非机动车桥上为 1/2 桥宽，大于 4m 时仍按 4m 计。

3 检修道上设计人群荷载应按 2kPa 或 1.2kN 的竖向集中荷载，作用在短跨小构件上，可分别计算，取其不利者。计算与检修道相连构件，当计入车辆荷载或人群荷载时，可不计检修道上的人群荷载。

4 专用人行桥和人行地道的人群荷载应按现行行业标准《城市人行天桥与人行地道技术规范》CJJ 69 的有关规定执行。

10.0.6 桥梁的非机动车道和专用非机动车桥的设计荷载，应符合下列规定：

1 当桥面上非机动车与机动车道间未设置永久性分隔带时，除非机动车道上按本规范第 10.0.5 条的人群荷载作为设计荷载外，尚应将非机动车道与机动车道合并后的总宽作为机动车道，采用机动车布载，分别计算，取其不利者；

2 桥面上机动车道与非机动车道间设置永久性分隔带的非机动车道和非机动车专用桥，当桥面宽度大于 3.50m，除按本规范第 10.0.5 条的人群荷载作为设计荷载外，尚应采用本规范第 10.0.3 条规定的小型车专用道路设计汽车荷载（不计冲击）作为设计荷载，分别计算，取其不利者；

3 当桥面宽度小于 3.50m，除按本规范第 10.0.5 条的人群荷载作为设计荷载外，再以一辆人力劳动车（图 10.0.6）作为设计荷载分别计算，取其不利者。

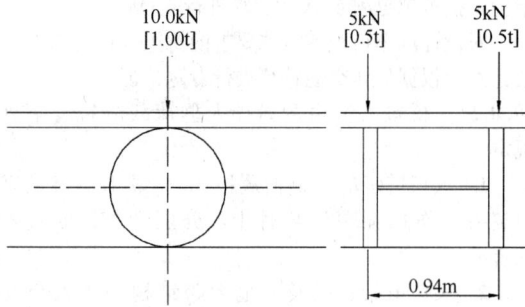

图 10.0.6 一辆人力劳动车荷载图

10.0.7 作用在桥上人行道栏杆扶手上竖向荷载应为 1.2kN/m；水平向外荷载应为 2.5kN/m。两者应分别计算。

10.0.8 防撞护栏的防撞等级可按表 10.0.8 选用。与防撞等级相应的作用于桥梁护栏上的碰撞荷载大小可按现行行业标准《公路交通安全设施设计规范》JTG D81 的规定确定。

表 10.0.8 护栏防撞等级

道路等级	设计车速（km/h）	车辆驶出桥外有可能造成的交通事故等级	
		重大事故或特大事故	二次重大事故或二次特大事故
快速路	100、80、60	SB、SBm	SS
主干路	60		SA、SAm
	50、40	A、Am	SB、SBm
次干路	50、40、30	A	SB
支 路	40、30、20	B	A

注：1 表中 A、Am、B、SA、SB、SAm、SBm、SS 等均为防撞等级代号。
　　2 因桥梁线形、运行速度、桥梁高度、交通量、车辆构成和桥下环境等因素造成更严重碰撞后果的区段，应在表 10.0.8 基础上提高护栏的防撞等级。

附录 A 特种荷载及结构验算

A.0.1 特种平板挂车主要技术指标应符合表 A.0.1 的规定，特种荷载（图 A.0.1）可包括下列内容：

　　1 特—160：1600kN（160t）特种平板挂车荷载；

　　2 特—220：2200kN（220t）特种平板挂车荷载；

　　3 特—300：3000kN（300t）特种平板挂车荷载；

　　4 特—420：4200kN（420t）特种平板挂车荷载。

表 A.0.1 特种平板挂车的主要技术指标

主要指标	单位	特—160	特—220	特—300	特—420
车头（牵引车）自重	kN（t）	350（35）	350（35）	420（42）	420（42）
平板（挂车）自重	kN（t）	250（25）	350（35）	580（58）	780（78）
装载重量	kN（t）	1000（100）	1500（150）	2000（200）	3000（300）
平板车车轴数	个	5 排10 轴	7 排14 轴	9 排18 轴	12 排24 轴
每个车轴压力	kN（t）	125（12.5）	132（13.2）	143.5（14.35）	157.5（15.75）
纵向轴距	m	4×1.6	1.575+4×1.5+1.575	8×1.5	11×1.5
每个车轴的车轮组数	个	2	2	2	2
每组车轴的横向中轴	m	2.17	2.17	2.20	2.20
每组车轮着地的宽度和长度	m	0.5（宽）×0.2（长）	0.5（宽）×0.2（长）	0.5（宽）×0.2（长）	0.5（宽）×0.2（长）

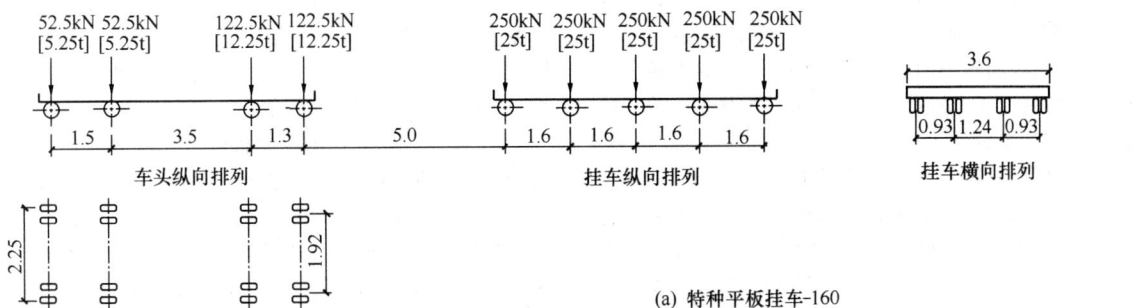

(a) 特种平板挂车-160

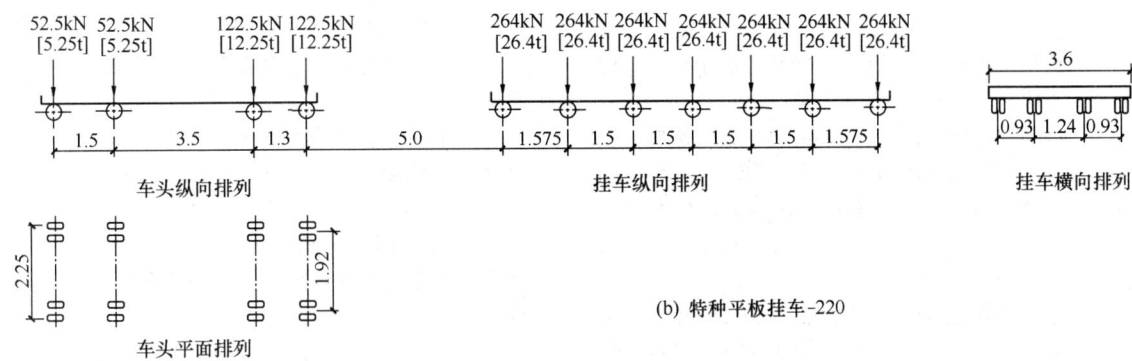

(b) 特种平板挂车-220

图 A.0.1 特种平板挂车-160、220、300、420 的纵向排列和横向（或平面）布置（一）

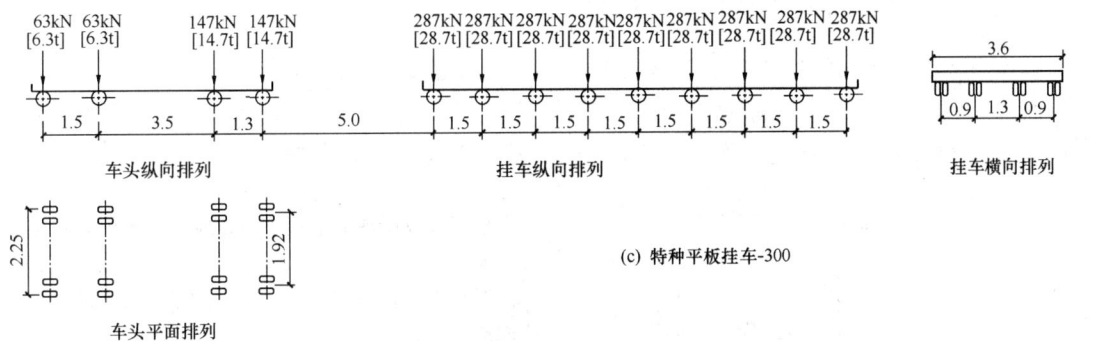

(c) 特种平板挂车-300

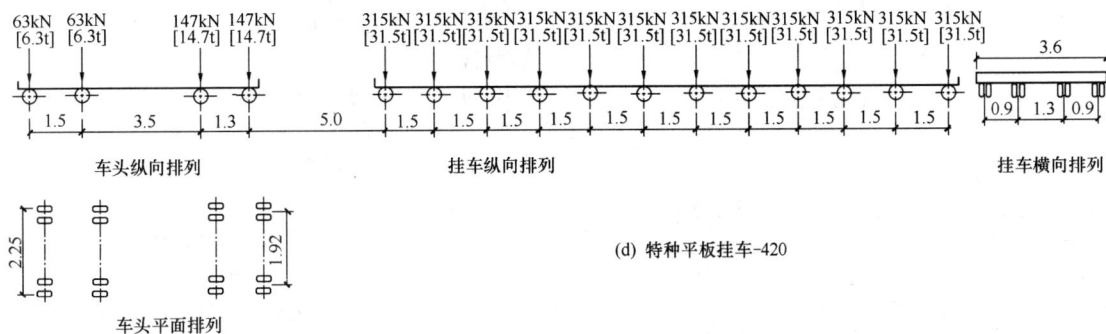

(d) 特种平板挂车-420

图 A.0.1 特种平板挂车-160、220、300、420 的纵向排列和横向（或平面）布置（二）

注：为使计算方便，挂车各个轴重取相同数值，其总和与挂车称号略有出入。图中尺寸，以 m 为单位。

A. 0. 2 当采用特种平板挂车特—160、特—220、特—300 及特—420 验算时，应按下列要求布载：

1 当纵向排列时，在同向一个路幅的机动车道内，全桥长度内应按行驶一辆特种平板挂车布载，前后应无其他车辆荷载。

2 横向布置应符合下列规定：

1）对不设置中间分隔带的机动车道或混合行驶车道的桥面，应居中行驶。当机动车道不多于二车道时，车辆外侧车轮中线至路缘带外侧的距离不应小于 1m，且车辆应居中行驶，行驶范围不应大于 6m（图 A. 0. 2-1）。

当机动车道多于二车道时，车辆应居中行驶，行驶范围不应大于 6m（图 A. 0. 2-2）。

2）对设置中间分隔带的机动车道的桥面，中间分隔带两侧机动车道各为二车道时，车辆外边轮中线至路缘带边缘的距离不应小于 1m，且车辆应居中行驶，行驶范围不应大于 6m（图 A. 0. 2-3）。

当中间分隔带两侧机动车道各为三车道或更宽时，车辆应居中行驶，行驶范围不应大于 6m（图 A. 0. 2-4）。

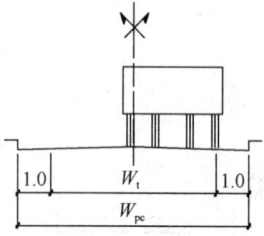

图 A. 0. 2-1
（W_{pc}≤2 车道路面宽）

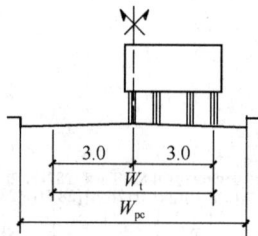

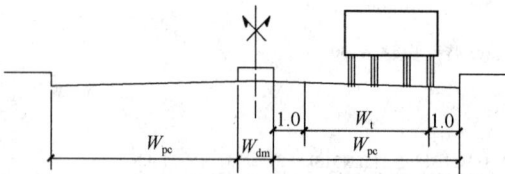

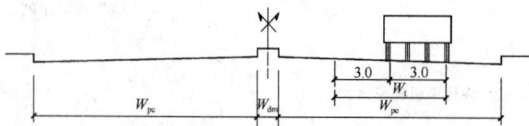

图 A. 0. 2-2
（W_{pc}＞2 车道路面宽）

图 A. 0. 2-3
（W_{pc}=2 车道路面宽）

图 A. 0. 2-4
（W_{pc}≥3 车道路面宽）

注：图中尺寸以 m 为单位；W_t—特种挂车行驶范围；W_{pc}—车行道总宽度；W_{dm}—分隔带宽度。

A. 0. 3 通行特重车辆的桥梁宜采用整体性好、桥宽较宽、并有合适梁高的桥梁结构。当采用特种荷载验算时，不计冲击、不同时计入人群荷载和非机动车荷载。结构设计宜符合下列规定：

1 按持久状况承载能力极限状态验算时，基本组合中结构重要性系数应为 $\gamma_0=1$，相应汽车荷载效应的分项系数 γ_{Q1}，对特种荷载应取 $\gamma_{Q1}=1.1$。

当特种荷载效应占总荷载效应 100% 及以下时，S_{Gik}、S_{Qik} 应提高 3%（S_{Gik}、S_{Qik} 分别为永久作用效应和特种荷载效应的标准值）；

当特种荷载效应占总荷载效应 60% 及以下时，S_{Gik}、S_{Qik} 应提高 2%；

当特种荷载效应占总荷载效应 45% 及以下时，可不再提高。

2 按持久状况正常使用极限状态验算时，荷载效应组合采用标准组合，并应符合下列规定：

1）应力验算：

预应力混凝土受弯构件正截面应力：

受压区混凝土最大压应力（扣除全部预应力损失）：

$$\sigma_{pt}+\sigma_{kc}\leqslant 0.6 f_{ck} \qquad (A.0.3-1)$$

受拉区混凝土最大拉应力（扣除全部预应力损失）：

$$\sigma_{pc}+\sigma_{kt}\leqslant 0.9 f_{tk} \qquad (A.0.3-2)$$

受拉区预应力钢筋最大拉应力：

对于钢丝、钢绞线：

$$\sigma_{pe}+\sigma_{p}\leqslant 0.7 f_{pk} \qquad (A.0.3-3)$$

对于精轧螺纹钢筋：

$$\sigma_{pe}+\sigma_{p}\leqslant 0.85 f_{pk} \qquad (A.0.3-4)$$

斜截面上混凝土的主压应力：

$$\sigma_{cp}\leqslant 0.65 f_{ck} \qquad (A.0.3-5)$$

斜截面上混凝土的主拉应力：

$$\sigma_{tp}\leqslant 0.9 f_{tk} \qquad (A.0.3-6)$$

根据计算所得的混凝土主拉应力，箍筋设置应符合下列规定：

混凝土主拉应力 $\sigma_{tp}\leqslant 0.55 f_{tk}$ 的区段，箍筋可仅按构造要求设置；

混凝土主拉应力 $\sigma_{tp}＞0.55 f_{tk}$ 的区段，箍筋按计算确定；

式中：σ_{pc}——预加力产生的混凝土法向压应力，（MPa）；

σ_{pt}——预加力产生的混凝土法向拉应力，（MPa）；

σ_{kc}——作用（或荷载）标准值产生的混凝土法向压应力，（MPa）；

σ_{kt}——作用（或荷载）标准值产生的混凝土法向拉应力，（MPa）；

σ_{pe}——截面受拉区纵向预应力钢筋的有效预应力，（MPa）；

σ_p——作用（或荷载）标准值预应力的应力或应力增量，（MPa）；

σ_{cp}——构件混凝土中的主压应力，（MPa）；

σ_{tp}——构件混凝土中的主拉应力，（MPa）；

f_{ck}、f_{tk}——分别为混凝土抗压、抗拉强度的标准值，（MPa）；

f_{pk}——为预应力钢筋抗拉强度的标准值，（MPa）。

2）钢结构的强度和稳定性验算：

钢材和各种连接件的容许应力限值可按国家现行相关标准的规定提高。

3）裂缝宽度验算：

钢筋混凝土构件和B类预应力混凝土构件，其计算的最大裂缝宽度不应超过下列限值：

钢筋混凝土构件Ⅰ类和Ⅱ类环境 0.25mm

Ⅲ类和Ⅳ类环境 0.15mm

采用精轧螺纹钢筋的预应力混凝土构件

Ⅰ类和Ⅱ类环境 0.25mm

Ⅲ类和Ⅳ类环境 0.15mm

采用钢丝或钢绞线的预应力混凝土构件

Ⅰ类和Ⅱ类环境 0.15mm

根据现行行业标准《公路钢筋混凝土及预应力混凝土桥涵设计规范》JTG D62 的规定Ⅲ类和Ⅳ类环境不得进行带裂缝的B类构件设计。

4）挠度验算：

钢筋混凝土、预应力混凝土受弯构件在特种荷载作用下的挠度限值可按现行行业标准《公路钢筋混凝土及预应力混凝土桥涵设计规范》JTG D62 规定的限值提高 20%。

钢结构的挠度限值可按国家现行相关标准规定的限值提高。

本规范用词说明

1 为便于在执行本规范条文时区别对待，对要求严格程度不同的用词说明如下：

1）表示很严格，非这样做不可的：

正面词采用"必须"，反面词采用"严禁"。

2）表示严格，在正常情况下均应这样做的：

正面词采用"应"，反面词采用"不应"或"不得"。

3）表示允许稍有选择，在条件许可时，首先应这样做的：

正面词采用"宜"，反面词采用"不宜"。

4）表示有选择，一定条件下可以这样做的，采用"可"。

2 条文中指明应按其他有关标准执行的写法为"应符合……的规定"或"应按……执行"。

引用标准名录

1 《混凝土结构设计规范》GB 50010

2 《室外排水设计规范》GB 50014

3 《铁路工程抗震设计规范》GB 50111

4 《内河通航标准》GB 50139

5 《地铁设计规范》GB 50157

6 《城市电力规划规范》GB 50293

7 《标准轨距铁路建筑限界》GB 146.2

8 《中国地震动参数区划图》GB 18306

9 《城市道路设计规范》CJJ 37

10 《城市道路照明设计标准》CJJ 45

11 《城市人行天桥与人行地道技术规范》CJJ 69

12 《公路工程技术标准》JTG B01

13 《公路桥涵设计通用规范》JTG D60

14 《公路钢筋混凝土及预应力混凝土桥涵设计规范》JTG D62

15 《公路桥涵地基与基础设计规范》JTG D63

16 《公路交通安全设施设计规范》JTG D81

17 《通航海轮桥梁通航标准》JTJ 311

18 《铁路桥涵设计基本规范》TB 10002.1

19 《铁路桥涵钢筋混凝土和预应力混凝土结构设计规范》TB 10002.3

20 《铁路电力牵引供电设计规范》TB 10009

21 《110～550kV 架空送电线路设计技术规程》DL/T5092

中华人民共和国行业标准

城市桥梁设计规范

CJJ 11—2011

条 文 说 明

修 订 说 明

《城市桥梁设计规范》CJJ 11-2011，经住房和城乡建设部 2011 年 4 月 22 日以第 993 号公告批准、发布。

本规范是在《城市桥梁设计准则》CJJ 11-93 的基础上修订而成，上一版的主编单位是上海市政工程设计研究院，参编单位是北京市市政工程设计研究院、南京市勘测设计院、天津市市政工程勘测设计院、广州市政设计研究院、沈阳市市政设计研究院、杭州市城建设计院、兰州市勘测设计院，主要起草人员是胡克治、黎宝松、姜维龙、傅丛立。本次修订的主要技术内容是：

1. 补充了工程结构可靠度设计内容有关的条文，明确了桥梁结构应进行承载能力极限状态和正常使用极限状态设计；桥梁设计应区分持久状况、短暂状况和偶然状况三种设计状况。

2. 修改了桥梁设计荷载标准。

3. 对桥梁分类标准、桥上及地下通道内管线敷设的规定、跨越桥梁的架空电缆线、桥位附近的管线以及紧靠下穿道路的桥梁墩位布置要求等进行了调整。

4. 增加节能、环保、防洪抢险、抗震救灾等方面的条文；增加涉及桥梁结构耐久性设计以及斜、弯、坡等特殊桥梁设计的条文。

5. 对桥梁的细部构造及附属设施的设计提出了更为具体的要求、规定。

6. 制定了必须严格执行的强制性条文。

本规范修订过程中，编制组进行了广泛的调查研究，总结了我国桥梁建设的实践经验，同时参考了国外先进技术法规、技术标准。

为便于广大设计、施工、科研、学校等单位有关人员在使用本标准时能正确理解和执行条文规定，《城市桥梁设计规范》编制组按章、节、条顺序编制了本标准的条文说明，对条文规定的目的、依据以及执行中需注意的有关事项进行了说明，还着重对强制性条文的强制性理由作了解释。但是，本条文说明不具备与标准正文同等的法律效力，仅供使用者作为理解和把握标准规定的参考。

目　次

1 总　则

1.0.1 本规范是在原《城市桥梁设计准则》CJJ 11－93（以下简称《准则》）的基础上修订而成的。在修订过程中吸取了自《准则》施行以来，反映城市桥梁发展和设计技术水平提高的经验和成果，同时亦考虑了近年来相关行业标准的技术内容更新与变化，使城市桥梁设计标准统一，并符合安全可靠、适用耐久、技术先进、经济合理、与环境协调的要求。

　　安全可靠、适用耐久是设计的目的和功能需求，技术先进要求城市桥梁设计积极采用新技术、新材料、新工艺、新结构，大型城市桥梁、高架道路桥梁、立交桥梁的设计应注意工程总体的经济合理，除桥梁主体结构的造价外，还应综合考虑桥梁附属设施、征地拆迁、施工工艺、建设周期、维修养护等诸多影响工程总投资的因素。城市桥梁建设主要是解决交通功能的需求，但大多数情况下城市大型桥梁还将成为城市中一座比较突出的景观建筑，在安全可靠、适用耐久、技术先进、经济合理的前提下，设计中应对其与周围环境的协调、总体布局的舒展、造型的美观予以足够重视。

1.0.2 本规范是按照《工程结构可靠性设计统一标准》GB 50153 等标准规定的基本原则和方法编制的，适用于城市道路上新建永久性桥梁和地下通道的设计，也适用于镇（乡）村道路上新建永久性桥梁和地下通道的设计。对城市中其他有特殊用途的桥梁，如管线专用桥、人行天桥、港口码头、厂矿专用桥以及施工便桥不在本规范范围内。对于城市道路上的旧桥改建，往往需要利用部分旧桥，而旧桥又有一定的局限性，要完全符合本规范有困难，鉴此未提出适用于改建桥梁。

1.0.3 城市桥梁设计应符合城乡规划的要求。鉴于我国是世界上人口最多的国家，也是最大的发展中国家，众多的人口、蓬勃发展的经济与现有资源、生态环境的矛盾日趋突出。土地、淡水、能源、矿产资源和环境状况已严重制约了经济的发展，环境污染和生态环境的恶化影响了人民生活质量的提高，危及人民财产和生命安全的自然灾害亦时有发生。节约资源、保护环境、提高防灾减灾能力、构建资源节约型、环境友好型社会是我国的基本国策。城市桥梁是一项重要的城市基础设施，城市桥梁设计应在安全、适用的前提下，遵循有利于节约资源、保护环境、防洪抢险、抗震救灾的原则，控制工程建设规模、工程用地、材料用量及工程投资，选用经济合理、与环境协调的总体布局和结构造型。

3 基本规定

3.0.1 桥梁尤其是大型桥梁是城市交通中重要构筑物。应根据城乡规划、道路功能、等级、通行能力及抗洪、抗灾要求结合地形、河流水文、河床地质、通航要求、河堤防洪、环境影响等条件进行综合考虑。本条特别强调桥梁设计应按城乡规划要求、交通量预测，考虑远期交通量增长需求。在远期要求与近期现状发生较大矛盾时（如拆迁量过大等），或目前按规划要求建设有很大困难时（如工程规模大，一时难以实现等），则可按近期的交通量要求进行设计，但仍应在设计中保留远期发展的可能性，以使桥梁能长期充分地发挥它的作用。

3.0.2 本条与《公路桥涵设计通用规范》JTG D60 中的桥梁分类标准相同。单孔跨径反映技术复杂程度，跨径总长反映建设规模。除跨河桥梁外，城市跨线桥、立交桥、高架桥均应按此分类。

3.0.3 考虑到城市桥梁安全对确保城市交通的重要性，本规范特别规定不论特大、大、中、小桥设计洪水频率一般均采用百年一遇，条文中的特别重要桥梁主要是指位于城市快速路、主干路上的特大桥。

　　城市中有时会遇到建桥地区的总体防洪标准低于一百年一遇的洪水频率，若仍按此高洪水频率设计，桥面高程可能高出原地面很多，会引起布置上的困难，诸如拆迁过多，接坡太长或太陡，工程造价增加许多，甚至还会遇上两岸道路受淹，交通停顿，而桥梁高耸，此时可按当地规划防洪标准来确定梁底设计标高及桥面高程。而从桥梁结构的安全考虑，结构设计中如墩、台基础埋置深度，孔径的大小（满足泄洪要求），洪水时结构稳定等，仍需按本规范规定的洪水频率进行计算。

3.0.4 桥梁孔径布设，既要根据河道（泄洪、航运）规划，又要考虑桥位上、下游已建或拟建桥梁、水工建筑物及堤岸的状况。设计桥梁孔径时，过大改变河流水流的天然状态，将会给桥梁本身，甚至桥位附近地区造成严重后果。压缩孔径、缩短桥长、较大压缩过洪断面、提高流速的做法并不可取。根据各类桥梁的大量实际经验，这样做就会大大增加桥下冲刷，对桥梁基础不利。由于水文计算有一定的偶然性，一旦估计不足，在洪水到来时，会使桥梁基础面临危险境地，这在过去的建桥实践中是不乏先例的。

3.0.5 本条所规定的桥梁桥下净空，除跨越城市道路和轨道交通的桥下净空外其余均与现行《公路桥涵设计通用规范》JTG D60 的规定一致。对于桥下净空有特殊要求的航道或路段，桥下净空尺度应作专题研究、论证。计算水位根据设计水位，同时考虑壅水、浪高等因素确定。

3.0.6 《城市道路设计规范》CJJ 37 中对桥梁景观设计作了原则性规定，而本条强调桥梁建筑重点，应放在总体布置和主体结构上，主体结构设计应首先考虑桥梁受力合理，不应采用造型怪异、受力不合理、施工复杂、工程量大、造价昂贵的结构形式，亦不宜在主体结构之外过多增加装饰。

3.0.7 随着社会进步、经济发展和人民生活质量的不断提高，人们越来越重视对自然生态环境的保护。桥梁应根据城乡规划中所确定的保护和改善环境的目标和任务，结合城市环境的现状、市容特点，进行绿化、美化市容和保护环境设计。对于特大型、大型桥梁、高架道路桥梁和大型立交桥梁，在工程建设前期应对大气环境质量、交通噪声、振动环境质量、日照环境质量等作出评价，在工程设计中应根据环境评价的结论和建议进行环保设计。

3.0.8 以可靠性理论为基础的极限状态设计都需有一个确定的设计基准期。设计基准期是指结构可靠性分析时，为确定可变作用及与时间有关的材料性能取值而选用的时间参数，也就是可靠度定义中的"规定时间"。公路桥梁的设计基准期取为100年是根据我国公路桥梁使用的现状和以往的设计经验确定的，根据《公路工程结构可靠度设计统一标准》GB/T 50283-1999公路桥梁的车辆荷载统计参数都是按100年确定的，而未考虑材料性能随时间的变化。当设计基准期定为100年时，荷载效应最大值分布的0.95分位值接近于原《公路桥涵设计通用规范》JTJ 021-89规定的汽车荷载标准值。设计基准期不完全等同于使用年限，当结构的使用年限超过设计基准期后，并不等于结构丧失功能或报废，只表明结构的失效概率（指结构不能完成预定功能的概率）可能会比设计时的预期值增大。

本规范规定桥梁设计基准期为100年，符合《城市道路设计规范》CJJ 37中关于桥梁的设计基准期要求，同时也是为了与公路桥梁保持一致，但需对原《城市桥梁设计荷载标准》CJJ 77-98进行适当调整。

3.0.9 设计使用年限是设计规定的一个时期，在这一规定时期内结构只需进行正常维护（包括必要的检测、养护、维修等）而不需要进行大修就能按预期目的使用，完成预定功能，即桥梁主体结构在正常设计、正常施工、正常使用、正常维护下达到的使用年限。根据现行国家标准《工程结构可靠性设计统一标准》GB 50153附录A.3.3条文，对于桥梁结构使用年限应按本规范表3.0.9的规定采用。

3.0.10 本条为桥梁结构必须满足的四项功能，其中第1、第4两项是结构的安全性要求，第2项是结构的适用性要求，第3项是结构的耐久性要求，安全性、适用性、耐久性三者可概括为桥梁结构可靠性的要求。

足够的耐久性能系指桥梁在规定的工作环境中，在预定时间内，其材料性能的恶化不致导致桥梁结构出现不可接受的失效概率。从工程概念上说，足够的耐久性能就是指正常维护条件下桥梁结构能够正常使用到规定的期限。

整体稳定性，系指偶然事件发生时和发生后桥梁结构仅产生局部的损坏而不致发生连续或整体倒塌。

3.0.11 承载能力极限状态关系到结构的破坏和安全问题，体现了桥梁结构的安全性。桥梁结构或结构构件出现下列状态之一时，应认为超过承载能力极限状态：

1 整个结构或结构的一部分作为刚体失去平衡（如倾覆、滑移等）；

2 结构构件或连接因材料强度被超过而破坏（包括疲劳破坏），或因过度变形而不适于继续承载；

3 结构转变为机动体系；

4 结构或结构构件丧失稳定（如压屈等）。

正常使用极限状态仅涉及结构的工作条件和性能，体现了桥梁结构的适用性和耐久性。当结构或结构构件出现下列状态之一时，应认为超过了正常使用极限状态：

1 影响正常使用或外观的变形；

2 影响正常使用或耐久性能的局部损坏（包括裂缝）；

3 影响正常使用的振动；

4 影响正常使用的其他特定状态。

显然，这两类极限状态概括了结构的可靠性，只有每项设计都符合有关规范规定的两类极限状态设计要求，才能使所设计的桥梁结构满足本规范第3.0.10条规定的功能要求。

3.0.12、3.0.13 第3.0.12条中"环境"一词含义是广义的，包括桥梁在施工和使用过程中所受的各种作用。

持久状况是指桥梁使用阶段适用于结构使用时的正常情况。这个阶段要对桥梁的所有预定功能进行设计，即必须进行承载能力极限状态和正常使用极限状态计算。

短暂状况所对应的是桥梁施工阶段及使用期间维修养护适用于结构出现的临时情况。与使用阶段相比施工阶段及维修养护的持续时间较短，桥梁结构体系，所承受的各种荷载亦与使用阶段不同，设计要根据具体情况而定。短暂状况除需进行承载能力极限状态计算外亦可根据需要进行正常使用极限状态计算。

偶然状况是指桥梁可能遇到的偶发事件如地震、撞击等的状况，适用于结构出现的异常情况。对此状况除地震设计状况外，其他设计状况只需作承载能力极限状态设计。

3.0.14 与公路桥梁相同，进行持久状况承载能力极限状态设计时，桥梁亦应按其重要性、破坏后果划分为三个设计安全等级。根据现行国家标准《工程结构可靠性设计统一标准》GB 50153-2008附录A.3.1条文，表3.0.14列出了不同安全等级所对应的桥梁类型。设计工程师也可根据桥梁的具体情况与业主商定，但不能低于表列等级。

3.0.16 对桥梁结构设计提出总的要求

桥梁结构设计除按 3.0.10 条规定满足强度、刚度、稳定性和耐久性要求外，还应考虑如何方便制造、简化施工、提供必要的养护条件以及在运输、安装、使用的过程中防止构件产生过大的变形或开裂。

对于钢结构应注意焊接时所产生的附加应力，预应力混凝土构件应注意锚固处的局部应力，当轴向力偏离构件轴线时还应考虑偏心力引起的附加弯矩等等，鉴此本条提出："构件应减小由附加力、局部力和偏心力引起的应力。"

桥梁结构的耐久性设计，可按国家现行标准《混凝土结构耐久性设计规范》GB/T 50476 和《公路工程混凝土结构防腐技术规范》JTG/TB 07 - 01 的规定进行。

地震作用计算及结构的抗震设计可按现行《公路工程抗震设计规范》JTJ 004、《公路桥梁抗震设计细则》JTG B02 - 01 的规定进行。住房和城乡建设部正在编制《城市桥梁抗震设计规范》，该规范正式颁布后，桥梁结构的抗震设计应执行此规范的规定。

斜桥、弯桥、坡桥的设计注意事项详见本规范第8.2.1 条～第 8.2.3 条的条文及条文说明。

3.0.17 位于快速路、主干路、次干路上的多孔梁（板）桥，采用整体连续结构和连续桥面简支结构，可以少设伸缩缝，改善行车条件，增加行车舒适度。但在设计中宜优先考虑采用整体连续结构（见本规范第9.3.1 条条文说明）。

本规范第 3.0.9 条规定了桥梁的设计使用年限，条文说明中已指出："设计使用年限是设计规定的一个时期，在这一规定时期结构只需进行正常维护（包括必要的检测、养护、维修等）而不需要进行大修就能按预定目的的使用、完成预定功能。"而桥梁结构本身的工作条件和环境比较差，鉴此在规定的设计使用年限内，为保证结构具有良好的工作状态，不管建桥采用何种材料，经常的养护维修是非常重要的和必需的，本条强调设计应充分考虑便于养护维修。

3.0.18 桥梁建设应考虑各项必需的附属设施的布置和安排，以免桥梁建成后再重新设置，损伤桥梁结构或破坏桥梁外观。具体规定详见本规范第 9 章。

3.0.19 对桥上或地下通道内敷设的管线作出规定主要是确保桥梁或地下通道结构的运营安全，避免发生危及桥梁或地下通道自身和在桥上或地下通道内通行的车辆、行人安全的重大燃爆事故。国务院颁发的《城市道路管理条例》（1996 年第 198 号令）第四章第二十七条规定：城市道路范围内禁止"在桥梁上架设压力在 4 公斤/平方厘米（0.4 兆帕）以上的煤气管道、10 千伏以上的高压电力线和其他燃爆管线。"对于按本条规定允许在桥上通过的压力不大于 0.4 兆帕燃气

管道和电压在 10kV 以内的高压电力线，其安全防护措施应分别满足现行的《城镇燃气设计规范》GB 50028、《电力工程电缆设计规范》GB 50217 的规定要求。

对于超过本条规定的管线，如因特殊需要在桥上或地下通道内通过，应作可行性、安全性专题论证，并报请主管部门批准。

3.0.20 城市重要桥梁竣工后应做荷载试验，测定桥梁的静力和动力特性，有关试验资料可作为桥梁运行期间继续监测和健康评估的依据。

3.0.21 为保证桥梁结构在设计基准期内有规定的可靠度，必须对桥梁设计严格实施质量管理和质量控制。根据现行《工程结构可靠性设计统一标准》GB/T 50153 附录 B 桥梁设计的质量控制应做到：勘察资料应符合工程要求、数据正确、结论可靠，设计方案、基本假定和计算模型合理、数据运用正确。设计文件的编制应符合《建设工程勘察设计管理条例》（中华人民共和国国务院令 2000 年 9 月 25 日）和现行《市政公用工程设计文件编制深度规定》的要求。

4 桥 位 选 择

4.0.1 我国大多数城市因河而建，有的山城依山傍水。城因河而兴，河以城为依托。桥梁建设应在城乡规划的指导下进行。桥位应按城市交通建设和发展需要，同时注意发挥近期作用的原则来选择。

城市河（江）道多属渠化河道，沿河（江）两岸，一般都有房屋、市政设施、驳岸、堤防等，桥位选择和布置应对上述建筑物的安全和稳定性给予高度重视和周密考虑。

4.0.2 桥梁是永久性的大型公共设施，应有一定的安全度和耐久性。一般情况下，狭窄的河槽，河床比较稳定，水流较顺畅，在这种河段上选择桥位，会减少桥长。不良地质河段，常会增加基础处理的难度，增加桥梁的造价，或影响桥梁的安全和使用寿命，因此桥位应尽量避免这些地段。河滩急弯、汇合处，水流流向多变，流速不稳定，对航运和桥梁墩台安全不利。在港口作业区，船舶载重较大，且各项作业交错进行，发生船舶撞击桥墩的机会较多，对船舶航运和桥梁安全运营非常不利，桥位亦应尽量避免这些地区。容易发生流冰的河段，小跨径桥梁容易遭受冰冻胀裂甚至冰毁，在选择桥位时也应该考虑这一因素。某市的一座公路桥，就因大面积流冰而遭毁。

4.0.3 一般情况下桥梁纵轴线以与河道水流流向正交（指桥梁纵轴线与水流流向法线的交角为0°）布置为好，这样可简化结构布置、缩短桥长，降低造价。但城市桥梁常受两岸地形地物的限制，并受规划道路的影响，本规范第 4.0.2 条规定"中、小桥桥位宜按道

路的走向进行布置"。鉴此，中、小桥梁如条件所限可考虑斜交或弯桥，但应同时考虑本规范第3.0.16条的有关要求。

4.0.4 通航河道的主流宜与桥梁纵轴线正交，如有困难时其偏角不宜大于5°，这是从船舶航行安全考虑。通航净宽及加宽值，对内河航道、通航海轮的航道可分别按现行《内河通航标准》GB 50139、《通航海轮桥梁通航标准》JTJ 311的有关规定计算确定。当桥位布置有困难，交角大于5°时，应加大通航孔的跨径。计算公式如下：

$$L_a = \frac{l + b\sin\alpha}{\cos\alpha} \qquad (1)$$

式中：L_a——相应于计算水位的墩（台）边缘之间的净距(m)；

l——通航要求的有效跨径(m)（应不小于由航迹带宽度与富裕宽度组成的航道有效宽度）；

b——墩（台）的长度(m)；

α——内河桥为垂直于水流主流方向与桥梁纵轴线间的交角(°)；跨海桥为垂直于涨、落潮流主流方向与桥轴线间的大角(°)。

通航河流上的桥梁的桥位选择，尚应符合现行《内河通航标准》GB 50139中的下列规定：

1 桥位应避开滩险，通航控制河段、弯道、分流口、汇流口、港口作业区、锚地；其距离，上游不得小于顶推船队长度的4倍或拖带船队长度的3倍；下游不得小于顶推船队长度的2倍或拖带船队长度的1.5倍。

2 两座相邻桥梁轴线间距，对Ⅰ～Ⅴ级航道应大于代表船队长度与代表船队下行5min航程之和，Ⅳ～Ⅷ级航道应大于代表船队长度与代表船队下行3min航程之和。

若不能满足上述1、2条要求的距离时，应采取相应措施，保证安全通航。在不能满足1、2条要求，而其所处通航水域无碍航水流时，可靠近布置，但两桥相邻边缘的净距应控制在50m以内，且通航孔必须相互对应。水流平缓的河网地区相邻桥梁的边缘距离，经论证后可适当加大。

随着我国国民经济的持续发展，大江、大河及沿海近海水域上修建跨越通航海轮航道上的桥日趋增多，为了适应新形势的发展，有必要增加通行海轮桥梁的桥位选择的条文，并应遵循现行《通航海轮桥梁通航标准》JTJ 311的规定："桥址应远离航道弯道、滩险、汇流口、渡口、港口作业区和锚地，其距离应能保证船舶安全通航。通航海轮的内河航道桥梁上游不得小于代表船型或控制性顶推船队长度4倍的大值，下游不得小于代表船型或控制性顶推船队长度2倍的大值；跨越海域的桥梁上、下游均为不得小于代表船型长度的4倍；通航10^4DWT（船舶等级）及以上

船舶航道上的桥梁，远离的距离可适当加大。不能远离时需经实船试验或模型试验论证确实。在航道弯道上建桥宜一孔跨越或相应加大净空宽度。"

4.0.7 泥石流是一种携带大量泥、石、砂等物质，历时短暂的山洪急流，对桥梁等构筑物的破坏性极大。在泥石流地区选择桥位时应采取措施，以保证桥梁安全。一般选择桥位时应尽量避开泥石流地区；不能避开时可采用大跨跨越。在没有条件建大跨时，应尽量避开河床纵坡由陡变缓，断面突然收缩或扩大，及平面急弯处，因这些地段容易使泥石流沉积、阻塞。

4.0.8 桥位上空若有架空高压送电线路通过或桥位旁有架空高压电线时，对桥梁的正常运营存在不安全因素，尤其在大风天或雷雨天，或极端低温时，更为严重。因此桥梁不宜在架空送电线路下穿越，桥梁边缘与架空电线之间的水平距离除国家现行标准《66kV及以下架空电力线路设计规范》GB 50061及《110～500kV架空送电线路设计技术规程》DL/T 5092有所规定外，现行行业标准《公路桥涵设计通用规范》JTG D60规定不得小于高压电线的塔（杆）架高度。

4.0.9 桥位附近存在燃气输送管道、输油管道、易爆和有毒气体等危险品工厂、车间、仓库，对桥梁正常运营存在安全隐患。本规范第3.0.19条已根据国务院颁发的《城市道路管理条例》（1996年第198号令）的规定提出："不得在桥上敷设污水管，压力大于0.4MPa的煤气管和其他可燃、有毒或腐蚀性的液、气体管。"因此不符合此规定的燃气输送管道，输油管道不得借桥过河。当桥位附近设有燃气输送管道、输油管道时，桥位距管道的安全距离，应按国家现行标准《公路桥涵设计通用规范》JTG D60、《输油管道工程设计规范》GB 50253等规范的规定执行。

5 桥面净空

5.0.1 特大桥、大桥桥长长、建设规模大、投资高，而从已建成的特大桥、大桥上行人通行情况来看，行人大多选择乘车过桥，步行过桥者为数不多，从经济适用角度考虑，特大桥、大桥人行道宽度不宜太宽，鉴此本规范5.0.1条提出特大桥、大桥人行道宽度宜采用2.0m～3.0m。

5.0.2 本条条文按现行行业标准《城市道路设计规范》CJJ 37的相关条文规定制订。

6 桥梁的平面、纵断面和横断面设计

6.0.1 桥梁在平面上宜做成直桥，这对于简化设计、方便施工、保证工程质量、降低工程造价等均较为有利。但由于城市原有道路系统并非十分理想，已有建筑比较密集，交通设施布设复杂，如将桥梁平面布置

为直桥，可能会遇到相当大的困难，或是满足不了道路线路上的技术要求，或是增加大量拆迁，或是较严重地影响已有的重要设施及重要建筑的使用等等。为此，可以在平面上做成弯桥。弯桥布置的线形应符合现行行业标准《城市道路设计规范》CJJ 37 的规定。

6.0.2 下承式、中承式桥的主梁、主桁或拱肋和悬索桥、斜拉桥的索面及索塔都是桥梁的主要承重构件，对桥梁结构的安全至关重要，本条规定主要是为了保证桥梁结构安全。

6.0.3 "桥面车行道路幅宽度宜与所衔接道路的车行道路幅宽度一致"，这是为了不致使桥上车行道路幅与道路车行道的路幅交接不顺。当道路现状与规划断面相差很大时，如桥梁一次按规划车行道建成，既造成兴建困难，又导致很大的浪费，则可按本规范第3.0.1 条规定考虑近、远期结合，分期实施。

如城市道路的横断面按三幅或四幅布置，中间有较宽的分隔带或很宽的绿化带，整个路幅非常宽，此时，线路上的桥梁宽度布置要分别对待，妥善解决。

小桥的车行道路幅宽度（指路缘石之间）及线形取其与两端道路相同，目的是保证路、桥连接顺直，不使驾驶员在视野和行车条件的适应上发生变化，从而达到过桥交通与原道路线形一致舒适通畅，且投资增加不多。

在一般情况下，桥上不应设绿化分隔带，因绿化土层薄，树木易枯萎；土层厚则对桥梁增加不必要的荷重。

对特大桥、大桥、中桥，如果两端道路有较宽的分隔带，若桥面缘石间宽度与道路缘石间的宽度相同，将会使桥梁上、下部结构工程量增加，大大增加工程费用。因而，按本规范第 5.0.2 条规定，特大桥、大桥、中桥车行道宽度取相当于两端道路的车行道有效宽度（即不计分隔带或绿化带宽度）的总和。这样，桥面虽然收窄了，但并不影响车流通行。

6.0.6 桥梁纵断面布设不当，对安全、适用、经济、美观都有影响。

桥面最小纵坡不宜小于 0.3%，主要是考虑桥面排水顺畅。

桥面纵坡和竖曲线原则上应与道路的要求一致。

桥面最大纵坡、坡度长度与竖曲线的布设要求见现行行业标准《城市道路设计规范》CJJ 37 的相关规定。

长期荷载作用下的构件挠曲和墩台沉降，会改变桥面纵断面的线形，影响行车的舒适性和桥梁美观。

6.0.7 检修道指供执勤、养护、维修人员通行的专用通道。本条规定主要是为了保证桥上通行车辆和行人的安全，避免由于车辆失控，坠入桥下，造成重大伤亡事故和财产损失。

6.0.8 必须充分重视桥梁车行道排水问题。桥面积水既有碍观瞻，也影响行车安全。因排水不畅在桥面车道形成薄层水，当车速较高，制动时会导致车轮与路面打滑，易发生事故。

排水孔一般均在车行道路缘石处，故不论纵坡多大，均需有横向排水坡度。

城市桥常较公路桥宽，从理论上讲，其横向排水要求应比公路桥高。

7 桥梁引道、引桥

7.0.1 桥梁引道本身属道路性质，故应按《城市道路设计规范》CJJ 37 的规定布设。引桥系桥梁结构，故应按本规范规定布设。

7.0.2 桥梁引道与引桥长度关系到桥梁工程的总投资和桥梁景观效果。为片面强调桥梁美观，某些桥梁布设采用长桥短引道，造成引桥下空间狭小，如不作封闭处理，保洁人员无法清洁，不利于城市管理。同样，为降低工程投资，采用短桥长引道会影响城市景观，位于软土地基上的高填土还会引起较大的路堤沉降。为合理布设桥梁的引道、引桥，应从安全、经济、美观等方面进行综合比较，避免不合理的长桥短引道或短桥长引道布设。

7.0.3 市区、特别是老市区受条件限制在布设引道、引桥时易造成两侧街区出入交通堵塞，为保证消防、救护、抢险等车辆进出畅通，应结合引道、引桥、街区支路和防洪抢险的要求布设必要的通道，处理好与两侧街区交通的衔接。

桥梁引道为填土路堤时，尤其是在软弱地基上设置较高的引道时，路基沉降会对附近建筑物和原有地下管道产生不利影响，同时城市给水排水等地下管道破坏后会造成桥梁引道、引桥塌陷，因此宜将给、排水等刚性地下管道移至桥梁引道范围以外布设。

引桥的墩、台沉降会影响附近建筑物。在墩、台施工时也会影响附近建筑物，特别在桩基施工时更容易影响附近建筑物。

具有较大纵坡的引道上不宜设置平交道口、工厂、街区出入口、车辆停靠站。

7.0.4 主要是为了提高桥梁使用时的安全性。

7.0.5 鉴于本规范第 5.0.2 条、第 6.0.3 条中已分别规定特大桥、大桥、中桥的桥面宽度可适当减小，为了确保行车安全，本条提出桥与路的缘石在平面上应设置缓和接顺段。

7.0.6 简化设计，改善桥梁立面景观效果。

7.0.7 桥台侧墙后端要深入桥头锥坡 0.75m（按路基和锥坡沉实后计），是为了保证桥台与引道路堤密切衔接。

台后设置搭板已在城市桥上使用多年，实践表明这是目前治理桥头跳车简单、实用且有效的办法。

7.0.8 桥头锥坡填土或实体式桥台背面的一段引道填土，宜用砂性土或其他透水性土，这对于台背排水和防止台背填土冻胀是十分必要的。在非严寒地区，桥头填土也可以就地取材，利用桥址附近的土填筑或采用土工合成材料及其他轻质材料填筑。

8 立交、高架道路桥梁和地下通道

8.1 一般规定

8.1.1 在城市交通繁忙的区域或路段是否需要建立交、高架道路桥梁或地下通道，应按城市道路等级（快速路、主干路等）、交叉线路的种类（城市道路、轨道交通、公路以及铁路）和等级（城市快速路、主干路，高速公路、一级公路，铁路干线、支线、专用线及站场区等）、车流量等条件综合考虑，作出规划，按现行行业标准《城市道路设计规范》CJJ 37 中的有关规定进行布置。

8.1.2 设计立交、高架道路桥梁和地下通道时，因受当地各种条件制约，其平面布置、跨越形式、跨径、结构布置等方案是比较多的，除应符合本规范第8.1.1 条的规定要求外，根据经验，提出应按以下各条进行综合比较分析：

 1 城市立交、高架道路的交通量大、涉及面广，建成后改造拓宽、加长、提高标准比较困难。特别是地下通道，扩建难度更大，改建费用更高，故强调主体部分宜按规划一次修建。在特殊情况下（如相交道路暂不兴建等），次要部分（如立交匝道）可分期建设，但要考虑后建部分的可实施性。

 2 城市征地、拆迁（尤其对城市中心区或较大建筑）是个大问题，拆迁费用巨大，有时往往是控制整个工程能否实施的关键，故提出特别注意。

 3 本规范第 7.0.3 条已提出"桥梁引道及引桥的布设，应处理好与两侧街区交通的衔接，并应预留防洪抢险通道。"同样对于立交、高架道路的匝道以及地下通道的引道布设亦可能会由于对邻近原有街区的交通出行考虑不周，特别是填土引道或下穿地下通道的引道往往会引起消防、救护、抢险车辆的出入困难，给邻近街区周边行人及非机动车交通带来不便。为解决这类问题，设计时常需在引道两侧另辟地方道路（辅道系统），解决周边车辆出入、转向及行人和非机动车辆通行的问题，增加了工程投资规模。因此，设计中应全面考虑。

 4 立交、高架道路桥梁的总体布置和外形处理不当，会带来不良观瞻。高架道路桥下空间的利用也要综合考虑，如作为停车场，则桥下须满足车辆进、出口位置，出、入路线以及行车视距等要求，这样可能会影响桥跨布置和墩、台的形式。作为交通枢纽的立交桥梁、位于快速路上的高架道路桥梁在桥下不应

设置商场、自由集市等，以免干扰交通，影响使用功能。

 5 地形、地物将影响立交的平面布置（正、斜、直、弯）。地质、地下水情况及地下工程设施对选用上跨桥还是下穿地下通道起决定作用，在设计时应仔细衡量。

 6 城市中各类重要管线较多，使用不能中断。在修建立交或高架道路时应考虑桥梁结构的施工工艺对城市管线的影响，对不能切断的城市管线会出现先期二次拆迁而增加整个工程投资。对于下穿结构会遇到重力流排水管的拆改等问题，在设计时应妥善解决。

 7 在城市改造中，拟建立交附近会有较多的建筑物，立交形式、结构、施工工艺会对原有建筑和景观产生不同影响。

 通常，总是在重要、交通繁忙的道路或道路交叉口，枢纽修建高架道路或立交，在施工中必须维持必要的交通，尤其是与铁路交会的立交要保证铁路所需的运行条件，在设计中必须加以考虑。

 在设计中选用的结构形式，特别是基础形式，要充分考虑拟建工程对规划中的邻近建筑物的影响。这方面也有一些教训。如某市的一座跨线铁路立交（建于 20 世纪 50 年代中期），其墩、台、引道挡土墙均采用天然地基（该工程位于铁路站场区，限于当时的技术条件，采用桩基等人工基础，将影响铁路运行），引道挡土墙高出地面 8m 左右，在当时被认为是在软土地基上获得成功的一项优秀设计。后因交通需要，规划部门欲利用两侧既有道路，在立交两侧加建地下通道。但在具体设计时发现：如要保证原有墩、台、挡土墙的基础稳定，新开挖基坑需离原挡土墙 15m 以外，不能按规划设想利用既有道路，只得另觅新址，并使邻近地区成为新建较大结构工程的禁区。

 8 在城市建成区或居民集中区域修建立交或高架道路时，由于行车条件的改善，往往机动车的行车速度较高，其尾气、噪声对周边的影响不容忽视，必要时应采取工程措施（如增设隔声屏障等）减小对周边环境的影响。

8.1.3 立交、高架道路的平面、纵断面、横断面设计

 1 提出了平面设计要求。

 2 提出了纵断面设计要求。下穿地下通道设有凹形竖曲线，竖曲线最低点不宜设在地下通道暗埋段箱涵内，可将其设在敞开段引道内，这是为了使暗埋段地下通道内不易产生积水，地下通道内路面潮湿后易干，以免人、车打滑。因此一般在地下通道内常不设排水口，通常利用边沟纵向排水至设在竖曲线最低点的引道排水口，进入集水井，用泵将集水井中的水排出。一般在引道下设集水井要比地下通道下设集水

井方便。

根据《城市道路设计规范》CJJ 37规定。非机动车车行道坡度宜小于2.5%，大于或等于2.5%时，应按规定限制坡长。

3 提出了对横断面布置的要求。

4 立交区段的各种杆、柱、架空线网的布置，不要呈凌乱状，线网宜入地。照明灯具布置要与两端道路结合良好。

8.1.4 本条按现行行业标准《城市道路设计规范》CJJ 37的规定制订。

8.1.5 墩、柱受汽车撞击作用的力值、位置可按现行《公路桥涵设计通用规范》JTG D60的规定取值。对易受汽车撞击的相关部位应采用如增设钢筋或钢筋网、外包钢结构或柔性防撞垫等防护构造措施，对于采用外包钢结构或柔性防撞垫等防护构造措施，安全带宽度应从外包结构的外缘起算。

8.1.7 本条提出："高架道路桥梁长度较长时，应每隔一定距离在中央分隔带上设置开启式护栏，"主要是为了疏散因交通事故等原因造成车辆阻塞，为救援工作创造条件。

8.2 立交、高架道路桥梁

8.2.1 当桥梁与桥下道路斜交时，为满足桥下车辆的行车要求可采用斜桥方式跨越。当斜交角度较大（一般大于45°）时，主桥梁上部结构受力复杂。随着斜交角度的增大，钝角处支承力相应增大；而锐角处支承力相应减少，甚至可能会出现上拔力。由于斜桥在温度变化时会产生横向位移和不平衡的旋转力矩，从而导致"爬移现象"。因此，当斜交角度较大时，宜采用加大跨径改善斜交角度或采用斜桥正做（如独柱墩等）的方式改善桥梁的受力性能。同时，应满足桥下行车视距的要求。

8.2.2 弯扭耦合效应是曲线梁桥力学性质的最大特点，在外荷载作用下，梁截面产生弯矩的同时，必然伴随产生"耦合"扭矩。同样，梁截面内产生扭矩的同时，也伴随产生"耦合"弯矩。其相应的竖向挠度也与扭转角之间对应地产生耦合效应。因此，曲线梁桥在选择结构形式及横断面截面形状时，必须考虑具有足够的抗扭刚度。

对于曲线桥梁，特别是独柱支承的曲线梁桥。在温度变化、收缩、徐变、预加力、制动力、离心力等情况作用下，其平面变形与曲线梁桥的曲率半径、墩柱的抗推刚度、支承体系的约束情况及支座的剪切刚度密切相关，在设计中应采用满足梁体受力和变形要求的合理支承形式，并在墩顶设置防止梁体外移、倾覆的限位构造等。

在曲线梁桥施工和运营过程中，国内各地曾多次发生过上部结构的平面变形过大而发生破坏的情况。如某市一座匝道桥，上部结构为六孔一联独柱预应力连续弯箱梁。箱梁底宽5.0m，高2.2m，桥面全宽9.0m，桥梁中心线平曲线半径$R=255$m，桥梁中心线跨度分别为：22.8m、35m、55m、39.9m、55m、32m，全联长度为239.7m。该匝道桥在建成运营1年半后，突然发生梁体变位。各墩位处有不同程度的切向、径向和扭转变位。端部倾角达2.42°，最大水平位移达22cm，最大径向位移达47cm；各墩顶支座均受到不同程度的过量变形和损坏。边墩曲线内侧的板式橡胶支座脱空，造成外侧的板式橡胶支座超载后产生明显的压缩变形；独柱中墩盆式橡胶支座的大部分橡胶体从圆心挤出支座钢盆外。

8.2.3 当桥梁纵坡较大时，对于桥梁，特别是独柱支承的桥梁由于结构重力、制动力、收缩、徐变和温度变化的影响，有向下坡方向发生累计位移的潜在危险。如某地一座匝道桥，桥宽10.5m，墩柱高度12m左右，单箱单室箱形截面，纵向坡度3.5%，在建成通车5年后发生沿下坡方向的累计位移，致使伸缩缝挤死不能保证其使用功能。因此，在连续梁的分联长度、墩柱的水平抗推刚度上应引起重视。

8.2.4 30m以下跨径，并为宽桥跨越街道时，对于下穿道路上的人群，墙式桥墩会妨碍视线，同时由于墙面过大，产生压抑感。采用柱式墩效果较好，但应注意合理安排桥墩横向墩柱数、截面形状与尺寸大小，以免墩柱过多、尺寸过大影响视觉和景观。

8.3 地 下 通 道

8.3.1 "位于铁路运营线下的地下通道，为保证施工期间铁路运营安全，地下通道位置除应按本规范第8.1.1条的规定设置外，还应选在地质条件较好、铁路路基稳定、沉降量小的地段。"主要是为了避免地下通道基坑施工时，铁路路基发生大体积滑坡。如果地质条件确实较差，施工困难，则应选地质条件较好的位置，并据此调整线路的走向或采用上跨方案。

8.3.2 较长的地下通道，在行驶机动车的车行道孔中，若无人行道，为了保证执勤、维修人员安全，应设置检修道。孔中车行道窄时，在一侧设检修道；车行道较宽时，应在两侧都设检修道。

8.3.3 地下结构的裂缝宽度一般按现行国家标准《混凝土结构设计规范》GB 50010的规定计算。

8.3.4 城市地下通道有时下穿铁路站场区或作业区，故在布置这类地下通道长度时，除满足上跨铁路线路的净空要求外，还应满足管线、沟漕、信号标志等附属设施和人行通道的需求。

8.3.6、8.3.7 为防止地面水、地下水渗入地下通道，要求地下通道箱涵能满足防水要求。根据现行《地铁设计规范》GB 50157的相关条文，由原北京地下铁道工程局提供的大量试验资料表明，采用普通级配配制强度为C30的混凝土其抗渗等级均大于P12。

鉴此本条提出地下通道箱体混凝土强度等级不低于 C30，混凝土抗渗等级不应低于 P8。箱体防水层设置，伸缩缝、沉降缝的防水要求见本规范第 9.2.2 条与第 9.3.5 条。

8.3.8 斜交角度过大会导致地下通道结构受力复杂、施工困难，据此本条提出斜交角度不应大于 45°。

8.3.9 一般情况下，地下通道及与其衔接的引道结构下卧层为黏土时，采用盲沟倒滤层形式的排水抗浮措施较为经济、合理；下卧层为砂性土层时宜根据抗浮计算采用其他形式的抗浮措施，抗浮安全系数宜取 1.10。

9 桥梁细部构造及附属设施

9.1 桥面铺装

9.1.1 桥面铺装是车轮直接作用的部分，要求平整、防滑、有利排水。桥面铺装亦可以认为是桥梁行车道板的保护层，其作用在于分布车轮荷载、防止车轮直接磨损行车道板，使桥梁主体结构免受雨水侵蚀。为了保证行车舒适、平稳，便于连续施工，桥面铺装的结构形式宜与所在位置的道路路面相协调。综合行车条件、经济性和耐久性等因素，桥梁的桥面铺装材料宜采用沥青混凝土和水泥混凝土材料。

9.1.2 城市快速路、主干路桥梁和次干路上的特大桥、大桥，桥面铺装大多数采用沥青混凝土，一般为两层，上层为细粒式沥青混凝土，具有抗滑、耐磨、密实稳定的特性，下层为中粒式沥青混凝土，具有传力、承重作用。在沥青混凝土铺装以下设有水泥混凝土整平层，以起到保护桥面板和调整桥面标高、平整借以敷设桥面防水层的目的。

水泥混凝土铺装具有强度高、耐磨强、稳定性好、养护方便等优点，但接缝多，平整度差影响行车舒适，且存在修补困难等缺点，目前仅在道路为水泥混凝土路面时才采用。

为保证工程质量、行车安全、舒适、耐久，本条规定了各种铺装材料性能、最小的厚度及必要的构造要求。水泥铺装层的厚度仅为面层厚度，未包括整平层、垫层的厚度。

9.1.3 钢桥面铺装一般采用沥青混凝土材料，钢桥面沥青混凝土铺装的使用状况与铺装材料的性能（包括基本强度、变形性能、抗腐蚀性、水稳性、高温稳定性、低温抗裂性、粘结性、抗滑性等）、施工工艺、车轮轮压大小、结构的整体刚度（桥梁跨径、结构形式）、局部刚度（桥面系的构造尺寸）以及桥梁的纵断面线形、桥梁所在地的气象与环境条件有关。国内大跨径钢桥的沥青混凝土桥面铺装的使用时间不长，缺少成熟经验，因此钢桥面的沥青混凝土铺装应根据上述因素综合分析后确定。

9.2 桥面与地下通道防水、排水

9.2.1 由于桥梁在车辆、温度等荷载反复作用下桥面板的应力、变形、裂缝也随着周期性的变化，为适应这种情况，沥青混凝土桥面必须采用柔性防水层，而刚性防水层易造成开裂、脱落，最终起不到防水效果。

水泥混凝土由于构造的限制，目前尚无一种完善的防水层形式。根据目前使用的经验，建议采用渗透型或外掺剂型的刚性防水层形式。对于在水泥混凝土铺装和桥面板之间设置防水层的做法，应注意到防水层的厚度会影响水泥混凝土铺装的受力状态，对此设计应有切实的措施和对策。

9.2.3 桥面防水是桥梁耐久性的一个重要方面，对延长桥梁寿命起到关键性的作用。而桥面防水又是一个涉及铺装材料、设计、施工综合性的系统工程，还必须和桥面排水等配合，做到"防排结合"。

桥面应有完善的排水设施，必须设排水管将水排到地面排水系统中，不能直接将水排到桥下。过去对跨河桥梁不受限制，现在应重视环保净化水源，对跨河桥、跨铁路桥也不能直接将水排入河中或铁路区段上。

排水管直径不仅以排水量控制，还应考虑防止杂物堵塞。根据以往经验，最小直径为 150mm。

排水管间距根据桥梁汇水面积和水平管纵坡而定。参照《公路排水设计规范》，全国地区的设计降雨量，以北京地区为例，5 年一遇 10min 降雨强度 $q_{5,10}$ ＝2.2mm/min（北京地区能包容全国 80% 以上），如按快速路、主干路桥梁设计重现期为 5 年，降雨历程为 5min，则其降雨强度 $q_{5,10}$ ＝3.03mm/min，按 φ150 泄水管当纵坡为 $i=1\%$ 和 $i=2\%$ 时，计算出每平方米桥面面积所需设置的排水管面积分别为 43mm² 和 30mm²，如考虑两倍的安全率，则为 86mm² 和 60mm²。以此作为确定排水管面积的依据。

根据美国规范，当降雨强度为 100mm/h（1.67mm/min）时，横坡为 3%，Φ150mm 的氯乙烯管能排除汇水面积为 390m²（坡度 1：96）和 557m²（坡度 1：48）的水量（见下表）。折合相当的降雨强度，每平方米桥面排水管面积为 81mm²/m² 和 58mm²/m²。如计算两倍安全率，则也和本条规定的数据相一致的。

管径 (mm)	容许的最大水平断面积(m²)		
	水平排水管		
	坡度 1：96	坡度 1：48	坡度 1：24
100	144	200	238
125	251	334	502
150	390	557	780

续表

管径 (mm)	容许的最大水平断面积(m²)		
	水平排水管		
	坡度1：96	坡度1：48	坡度1：24
200	808	1106	1616
250	1412	1821	2824
300	2295	2954	4589

根据南方潮湿地区如广东，$q_{5,10}=2.5\sim3.0$mm/min；西北干燥地区新疆、内蒙古、宁夏、青海等，$q_{5,10}=0.5\sim1.5$mm/min(详见《公路排水设计规范》JTJ018-97，图3.07-1，对排水管面积作出适当调整)。

桥面排水必须设置纵坡和横坡，不宜设置平坡(坡度为零)，对于高架桥梁一般应设凸型竖曲线纵坡，当桥梁过长或其他原因需要凹形竖曲线纵坡时根据《公路排水设计规范》JTJ 018-97在曲线最低处必须增加排水口数量。

参照《日本高等级公路设计规范》(1990年6月)，桥上排水管的纵坡原则上不小于3%，如纵坡过小会影响桥面径流水量的排泄，应加大排水管面积。

9.2.4 地下通道排水

1 通常情况下，地下通道内需设排水泵，采用雨水设计的重现期要比两端道路规划的重现期高一些。国家现行标准《室外排水设计规范》GB 50014、《城市道路设计规范》CJJ 37对立交排水设计原则，设计重现期有明确规定，规定立交范围内高水高排、低水低排的设计原则。

2 提出为了不使地面水流入地下通道的一些措施。

3 条文中所提的措施是为了保证地下通道路面车道排水畅通，减少路面薄层水影响，以保证行车安全。

4 强调不能自流排水时设泵站的重要性。因为一般道路短时间内积一些水问题不大，而地下通道所处地形低，若路面积水较深，拦截无效流入地下通道，而排水泵能力不足，则地下通道有被水灌满的危险。某地下通道在一次暴雨时，积水深达2.0m，这样容易引发安全事故，地下通道照明等设施亦会受到损坏。

5 采用盲沟排水的目的是降低地下水对结构的压力，若失效将危及地下通道结构的安全，故必须保证。

9.3 桥面伸缩装置

9.3.1 简支梁连续桥面，类似于连续梁，减少了多跨简支梁的伸缩缝，使桥面行车舒适，节省造价，方便养护，这是目前仍在采用的原因。但从使用效果

看，简支梁端连续桥面部位的构造较弱，该处桥面容易开裂，从长远看是全桥"薄弱"环节，影响桥梁耐久性，破损后也难以修复，因此本条对使用范围作出一定的限制，并且对构造提出一定的要求。

9.3.2 桥梁伸缩装置使用至今已有很多类型，到目前为止比较成熟和常用的有模数式和梳板式。伸缩装置关键之一是和梁端的锚固，不少是由于锚固不善被破坏的。

对于浅埋嵌缝式伸缩装置，由于到目前为止，从材料、构造、机理等各方面都还存在着问题，从使用效果上也有不少失败的教训，因此在快速路、主干路上不能使用。

9.3.3 桥梁伸缩装置安装的时间温度是计算伸缩量的一个依据，另外还要考虑条文中列举的多方面因素。过去设计伸缩装置时，常仅只计及温度、收缩等1~2项，导致伸缩量不够，检查一些旧桥时发现伸缩装置拉断、拉脱的情况，因此除温度、收缩外其余伸缩因素也是不能忽视的。异型桥(包括斜、弯桥)是空间结构，结构变形大小和方向存在着任意性，因此必须检算纵横向的错位量。

9.3.4 对北方使用除冰盐地区，由于盐水氯离子渗入钢筋混凝土，破坏了钢筋钝化膜使钢筋锈蚀，混凝土受损，所以在桥梁容易受到水侵蚀的部位，应进行耐久性处理如采用钢筋阻锈剂等。

9.4 桥 梁 支 座

9.4.1 桥梁支座是联系上下部结构并传递上部结构反力的传力装置，也是形成结构体系的关键部件，如果支座不够完善会造成因体系受力变化带来的影响，因此支座的合理选择在设计中至关重要。

球形钢支座能适应较大的转动角度，但转动刚度较小，在弯桥设计中为增大主梁抗扭刚度，一般仍使用盆式橡胶支座，只有转角较大或其他特殊要求时才采用球形钢支座。

9.4.2 板式橡胶支座有规定的使用年限，而且比桥梁主体结构设计使用年限期短得多，根据北京市在20世纪80年代以后修建的桥梁检查，板式橡胶支座出现了多种形式的损坏，有一定数量的支座需要更换。因此设计时应在墩台帽顶预留更换空间。

支座安装时要考虑施工时的温度，以及施工阶段的其他影响(如预应力张拉等)，设计中若没有充分考虑这些因素，会使成桥后支座受力和变形"超量"，造成支座剪切变形过大，墩台顶面混凝土拉裂等现象。

9.4.3 一般情况下在主梁的墩、台部位处均需设置"横向限位"构造，特别是斜、弯、异型桥及采用四氟滑板橡胶支座的上部结构，根据其受力特点及四氟滑板橡胶支座的滑移特性，主梁端部会产生水平转动和横向位移，为保持梁体平面线型和桥梁伸缩装置的正

常使用，保证梁体安全，更应在主梁的墩、台部位处设置横向限位设施。限位设施的间隙和强度应根据计算确定。

9.4.4 弯桥、坡桥必须具有一定的纵向水平刚度，以避免梁体在正常使用条件下，由于水平制动力、温度力或自重水平分力等的作用，产生纵向"飘移"（是累计的不可逆飘移）变位。大中跨钢桥如采用板式橡胶支座，由于梁底支座楔形钢板在施工制作时产生的微小坡面误差，在自重水平分力及反复温度力的叠加作用下，由于桥体水平刚度较小，微小的不平衡水平力就会累计产生不可逆的单向水平飘移变位。如1998年建成的某大桥为三孔62m＋95m＋62m钢箱连续梁，全桥采用板式橡胶支座，桥面纵坡仅为 $i＝0.28\%$，建成后第二年夏天发生梁体自东向西（下坡方向）移动，西侧伸缩缝挤死，东侧伸缩缝拉开7.5cm，梁端支座累计推移100mm。究其原因是胀缩力的不平衡作用，由于桥梁的纵坡产生微小的自重水平分力，叠加夏天较大的温差力，产生了向西方向的微量位移，日复一日，就累计成较大的不可逆的位移量。事后，在中墩上，将梁体与墩顶刚性固定后，加大了桥体水平刚度，至今再也没有发生"飘移"的现象。

对于中小跨径的多跨连续梁，梁端宜采用四氟乙烯板橡胶支座或小型盆式纵向活动支座的原因是为了释放水平变形简化梁端支座的受力状态。

9.5 桥梁栏杆

9.5.1 本规范第6.0.7条规定"桥梁人行道或检修道外侧必须设置人行道栏杆"。本条规定栏杆高度不小于1.10m，与《公路桥涵设计通用规范》JTG D60规定的一致。栏杆构件间的最大净间距不得大于140mm，与现行《城市人行天桥与人行地道技术规范》CJJ 69的有关规定相同。栏杆底座必须设置锚筋，满足栏杆荷载要求，这是为确保行人安全所必需的，以往在栏杆设计中，有的底座仅留榫槽。

9.5.4 桥梁跨越快速路、城市轨道交通、高速公路、重要铁路时为防止行人往桥下乱扔弃物、烟头引起火灾及确保桥下车辆安全，应设置护网，护网高度应从人行道面起算。这在以往的工程实践中已经得到建设、设计、养护多方认可，是行之有效的规定。

9.6 照明、节能与环保

9.6.1～9.6.5 根据本规范第1.0.3条、第3.0.7条、第3.0.18条的规定及现行的相关规范和标准提出桥梁设计中有关照明、节能与环保的一般要求。

9.7 其他附属设施

9.7.1～9.7.5 确保桥梁或地下通道能安全、正常使用，在正常维护时有足够的耐久性。

10 桥梁上的作用

10.0.1 根据《工程结构可靠性设计统一标准》GB 50153："结构上的作用应包括施加在结构上的集中力和分布力，和引起结构外加变形和约束变形的原因。"而"施加在结构上的集中力和分布力，可称为荷载。"《公路工程结构可靠度设计统一标准》GB/T 50283-1999："结构上的作用应分为直接作用和间接作用。直接作用为直接施加于结构上的集中力或分布力；间接作用为引起结构外加变形或约束变形的地震、基础变位、温度和湿度变化、混凝土收缩和徐变等。直接作用又称为荷载。"

本规范第3.0.8条规定："桥梁结构的设计基准期为100年"需对原《城市桥梁设计荷载标准》CJJ 77-98进行适当调整。在本规范修编过程中曾对城市桥梁车辆荷载标准、公路桥涵汽车荷载标准，以及两种荷载标准对梁式桥（包括简支、连续梁）产生的荷载效应和荷载效应组合进行了详细的比较分析：

1 现行荷载标准异同比较

《城市桥梁设计荷载标准》CJJ 77-98	《公路桥梁设计荷载标准》JTG D60-2004
(1) 汽车荷载等级： 城—A级 城—B级 由车道荷载和车辆荷载组成。	(1) 汽车荷载等级： 公路—Ⅰ级 公路—Ⅱ级 由车道荷载和车辆荷载组成。
(2) 加载方式 桥梁的主梁、主拱和主桁等计算采用车道荷载，桥梁的横梁、行车道板桥台或挡土墙后土压力计算应采用车辆荷载。 不得将车道荷载和车辆荷载的作用叠加。	(2) 加载方式 桥梁结构的整体计算采用车道荷载；桥梁结构的局部加载、涵洞、桥台和挡土墙土压力计算采用车辆荷载。 车道荷载与车辆荷载的作用不得叠加
(3) 适用范围 适用于桥梁跨径或加载长度不大于150m的城市桥梁结构。	(3) 适用范围 无跨径和加载长度的限制，但大跨径桥梁应考虑车道荷载的纵向折减系数，见（7）。

（4）车道荷载的计算图式
跨径 2～20m 时

城—A级　　　　$P=140$kN　　$q_M=22.5$kN/m
　　　　　　　　　　　　　　　　$q_Q=37.5$kN/m

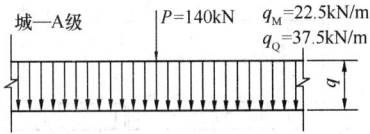

城—B级　　　　$P=130$kN　　$q_M=19.0$kN/m
　　　　　　　　　　　　　　　　$q_Q=25.0$kN/m

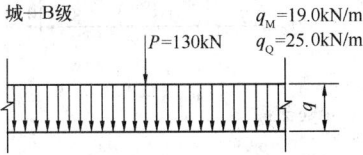

跨径 20m$<L\leqslant$150m
城—A级

　　　　　　　　$P=300$kN　　$q_M=10.0$kN/m
　　　　　　　　　　　　　　　　$q_Q=15.0$kN/m

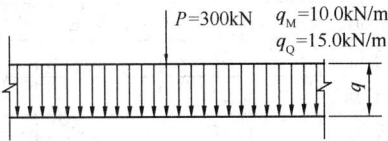

当车道数等于或大于 4 条时，计算弯矩不乘增长系数。计算剪力应乘增长系数 1.25。

城—B级

　　　　　　　　$P=160$kN　　$q_M=9.5$kN/m
　　　　　　　　　　　　　　　　$q_Q=11.0$kN/m

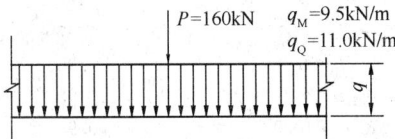

当车道数等于或大于 4 条时，计算弯矩不乘增长系数。计算剪力应乘增长系数 1.30。

（5）车辆荷载标准车的主要技术指标

车轴编号	1	2	3	4	5
轴重 (kN)	60	140	140	200	160
轮重 (kN)	30	70	70	100	80

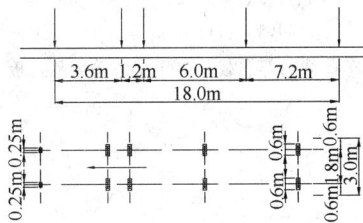

车轴编号	1	2	3
轴重(kN)	60	120	120
轮重(kN)	30	60	60

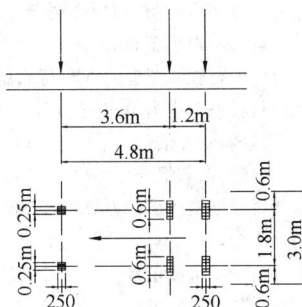

（4）车道荷载的计算图式：

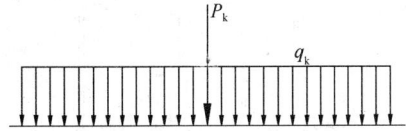

公—Ⅰ级

$$q_k=10.5 \text{kN/m}$$

P_k：

桥梁计算跨径小于或等于 5m 时，$P_k=180$kN

桥梁计算跨径等于或大于 50m 时，$P_k=360$kN

桥梁计算跨径在 5m～50m 之间时，P_k 值采用直线内插求得。计算剪力时 P_k 值应乘以 1.2 的系数。

公路—Ⅱ级，按公路—Ⅰ级乘以 0.75 的系数。

车道荷载的均布荷载应满布于使结构产生最不利效应的同号影响线上，集中荷载只作用于相应影响线中一个最大影响线峰值处。

（5）车辆荷载标准车的主要技术指标

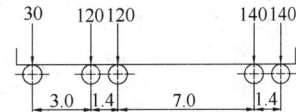

a) 立面布置

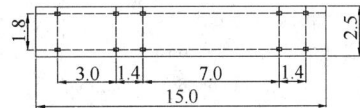

b) 平面尺寸

车辆荷载的主要技术指标

项 目	单位	技术指标
车辆重力标准值	kN	550
前轴重力标准值	kN	30
中轴重力标准值	kN	2×120
后轴重力标准值	kN	2×140
轴 距	m	3+1.4+7+1.4
轮 距	m	1.8
前轮着地宽度及长度	m	0.3×0.2
中、后轮着地宽度及长度	m	0.6×0.2
车辆外形尺寸（长×宽）	m	15×2.5

公路—Ⅰ级和公路—Ⅱ级的车辆荷载采用相同的标准车。

(6) 汽车荷载的横向布置

(7) 折减系数

横向折减系数

二车道	1.0
三车道	0.8
四车道	0.67
五车道	0.60
≥六车道	0.55

(6) 汽车荷载的横向布置

(7) 折减系数

二车道	1.0	七车道	0.52
三车道	0.78	八车道	0.50
四车道	0.67		
五车道	0.60		
六车道	0.55		

纵向折减系数

当计算跨径大于150m时汽车荷载应考虑纵向折减。

纵向折减系数为：

$150 < l_o < 400$	0.97
$400 \leq l_o < 600$	0.96
$600 \leq l_o < 800$	0.95
$800 \leq l_o < 1000$	0.94
$l_o \geq 1000$	0.93

其中 l_o (m) 为桥梁计算跨径。

(8) 冲击系数

车道荷载的冲击系数

$$\mu = \frac{20}{80 + l}$$

l——跨径 (m)

当 $l = 20$m 时, $\mu = 0.2$

当 $l = 150$m 时, $\mu = 0.1$

车辆荷载的冲击系数

$$\mu = 0.6686 - 0.3032 \log l$$

但 μ 的最大值不得超过 0.4。

(9) 制动力

一个设计车道的制动力（不计冲击力）

城—A 级：应采用 160kN 或 10% 车道荷载并取两者中的较大值。

城—B 级：应采用 90kN 或 10% 车道荷载，并取两者中的较大值。

当计算的加载车道为 2 条或 2 条以上时，应以 2 条车道为准，其制动力不折减。

(10) 荷载组合

与已废除的原《公路桥涵设计通用规范》JTJ 021-89 除组合Ⅲ外基本一致。

(8) 冲击系数

当 $f < 1.5$Hz 时, $\mu = 0.05$

当 1.5Hz $\leq f \leq 14$Hz 时, $\mu = 0.1767 \ln f - 0.0157$

当 $f > 14$Hz, $\mu = 0.45$

f——结构基频 (Hz)

汽车荷载局部加载及在 T 梁、箱梁悬臂板上的冲击系数采用 1.3。

(9) 制动力

汽车荷载的制动力按同向行驶的汽车荷载（不计冲击力）计算。

一个设计车道的制动力按车道荷载的 10% 计算，但公路—Ⅰ级荷载的制动力不得小于 165kN，公路—Ⅱ级荷载的制动力不得小于 90kN。

同向行驶双车道的汽车荷载制动力为单车道的两倍；同向行驶三车道为单车道的 2.34 倍，同向行驶四车道为单车道的 2.68 倍。

(10) 荷载组合

桥梁结构按承载力极限状态设计时应采用基本组合和偶然组合。

桥梁结构按正常使用极限状态设计时应采用短期效应组合和长期效应组合。

《城市桥梁设计荷载标准》 CJJ 77-98	《公路桥梁设计荷载标准》 JTG D60-2004
（11）其他 《城市桥梁设计荷载标准》CJJ 77-98 中的汽车荷载标准是"根据现代城市桥梁车辆荷载的特点，参照加拿大安大略省桥梁设计规范中的有关规定"并"充分考虑了与公路桥梁荷载标准（指 JTJ 021-89）的兼容性"制定的。（摘自何宗华：《城市桥梁设计荷载标准》简介）。"加拿大车辆荷载是以 1975 年交通调查为依据"，设计基准期为 50 年（见《城市桥梁设计荷载标准》P44）。	（11）其他 现行《公路桥梁设计荷载标准》（见《公路桥涵设计通行规范》JTG D60-2004）以我国近期大量的车辆调查统计、分析资料为依据，结合我国公路桥梁使用现状和以往经验测定的，相应的设计基准期为 100 年。

2 荷载及荷载效应组合比较　　　　　　　（1）荷载效应比较（以单车道计）

简支梁

比较项目 跨径（m）		6	10	15	20	22	25	30	35
城—A/公路—Ⅰ	跨中弯矩	0.963	1.000	1.033	1.058	1.127	1.087	1.028	0.982
	支点剪力	1.001	1.120	1.229	1.311	1.125	1.100	1.064	1.033
城—B/公路—Ⅱ	跨中弯矩	1.157	1.188	1.215	1.236	0.970	0.951	0.922	0.899
	支点剪力	1.083	1.163	1.235	1.289	0.907	0.894	0.879	0.864

比较项目 跨径（m）		40	45	50	55	60	70	80
城—A/公路—Ⅰ	跨中弯矩	0.943	0.911	0.884	0.886	0.889	0.892	0.898
	支点剪力	1.010	0.989	0.972	0.989	1.004	1.032	1.056
城—B/公路—Ⅱ	跨中弯矩	0.880	0.865	0.851	0.866	0.880	0.902	0.923
	支点剪力	0.853	0.843	0.835	0.856	0.874	0.908	0.938

两跨等跨连续梁

比较项目		跨径（m）位置	10	15	20	25	30	35	40	50	60	70
城—A/公路—Ⅰ	弯矩	跨中	0.981	1.010	1.031	1.090	1.031	0.983	0.943	0.881	0.887	0.891
		中支点	1.283	1.362	1.412	1.039	1.000	0.971	0.947	0.911	0.916	0.920
	剪力	边支点	1.065	1.161	1.232	1.089	1.050	1.018	0.991	0.949	0.981	1.008
		中支点	1.228	1.361	1.459	1.121	1.091	1.066	1.045	1.611	1.043	1.072
城—B/公路—Ⅱ	弯矩	跨中	1.166	1.191	1.208	0.943	0.913	0.890	0.870	0.839	0.868	0.893
		中支点	1.488	1.572	1.621	1.039	1.025	1.015	1.007	0.994	1.019	1.038
	剪力	边支点	1.120	1.178	1.227	0.878	0.856	0.839	0.829	0.808	0.846	0.879
		中支点	1.251	1.344	1.413	0.926	0.916	0.907	0.897	0.881	0.923	0.959

三跨等跨连续梁

比较项目		位置	跨径（m）									
			10	15	20	25	30	35	40	50	60	70
城—A/公路—Ⅰ	弯矩	边跨中	0.966	1.027	1.051	1.087	1.029	0.982	0.943	0.883	0.889	0.893
		中支点	1.236	1.312	1.361	1.046	1.005	0.972	0.946	0.908	0.912	0.917
		中跨中	0.967	0.991	1.010	1.093	1.033	0.984	0.943	0.879	0.884	0.889
	剪力	边支点	1.075	1.173	1.249	1.091	1.051	1.022	0.995	0.954	0.986	1.012
		中支点左	1.216	1.354	1.439	1.120	1.088	1.064	1.041	1.008	1.041	1.070
		中支点右	1.195	1.320	1.416	1.116	1.082	1.058	1.035	0.999	1.034	1.059
城—B/公路—Ⅱ	弯矩	边跨中	1.184	1.210	1.229	0.949	0.921	0.898	0.878	0.850	0.877	0.902
		中支点	1.441	1.516	1.566	1.027	1.011	0.999	0.989	0.975	1.001	1.022
		中跨中	1.152	1.171	1.183	0.937	0.907	0.882	0.861	0.829	0.856	0.879
	剪力	边支点	1.129	1.189	1.236	0.882	0.860	0.846	0.833	0.814	0.851	0.885
		中支点左	1.239	1.338	1.398	0.426	0.911	0.904	0.893	0.879	0.919	0.954
		中支点右	1.229	1.309	1.377	0.916	0.904	0.893	0.883	0.868	0.911	0.943

四跨等跨连续梁

比较项目		位置	跨径（m）									
			10	15	20	25	30	35	40	50	60	70
城—A/公路—Ⅰ	弯矩	边跨1中	0.990	1.024	1.046	1.088	1.029	0.982	0.943	0.883	0.888	0.893
		边跨2中	0.984	1.016	1.034	1.089	1.031	0.983	0.943	0.881	0.887	0.891
		中支点B	1.248	1.321	1.371	1.045	1.004	0.972	0.946	0.908	0.913	0.917
		中跨点C	1.269	1.346	1.396	1.041	1.002	0.971	0.947	0.910	0.915	0.919
	剪力	边支点A	1.071	1.170	1.245	1.091	1.049	1.020	0.993	0.952	0.984	1.011
		中支点B左	1.213	1.351	1.439	1.120	1.088	1.064	1.041	1.007	1.041	1.069
		中支点B右	1.214	1.340	1.437	1.119	1.085	1.061	1.039	1.003	1.040	1.065
		中支点C左	1.180	1.307	1.391	1.112	1.078	1.053	1.029	0.994	1.027	1.059
城—B/公路—Ⅱ	弯矩	边跨1中	1.180	1.204	1.224	0.948	0.919	0.897	0.876	0.847	0.875	0.899
		边跨2中	1.170	1.195	1.211	0.941	0.914	0.892	0.871	0.840	0.868	0.891
		中支点B	1.456	1.529	1.577	1.029	1.015	1.003	0.993	0.980	1.005	1.025
		中跨点C	1.476	1.554	1.606	1.036	1.021	1.011	1.002	0.989	1.014	1.033
	剪力	边支点A	1.124	1.190	1.233	0.879	0.860	0.843	0.830	0.811	0.850	0.885
		中支点B左	1.239	1.338	1.395	0.926	0.913	0.901	0.893	0.880	0.919	0.954
		中支点B右	1.236	1.326	1.393	0.922	0.910	0.899	0.891	0.875	0.917	0.950
		中支点C左	1.207	1.299	1.359	0.915	0.900	0.889	0.879	0.863	0.903	0.941

五跨等跨连续梁

比较项目		位置	跨径（m） 10	15	20	25	30	35	40	50	60	70
城—A/ 公路—I	弯矩	边跨 1中	0.993	1.023	1.047	1.087	1.029	0.982	0.943	0.883	0.888	0.893
		中跨 2中	0.979	1.009	1.028	1.090	1.033	0.983	0.943	0.881	0.886	0.891
		中跨 3中	1.002	1.034	1.058	1.086	1.029	0.982	0.943	0.863	0.889	0.893
		中支 点B	1.245	1.321	1.369	1.045	1.004	0.972	0.946	0.908	0.913	0.917
		中支 点C	1.281	1.360	1.409	1.040	1.001	0.971	0.947	0.911	0.916	0.920
	剪力	边支 点A	1.071	1.170	1.245	1.089	1.052	1.020	0.993	0.952	0.983	1.012
		中支点 B左	1.213	1.351	1.439	1.120	1.090	1.064	1.041	1.007	1.041	1.069
		中支点 B右	1.207	1.335	1.430	1.117	1.085	1.061	1.038	1.003	1.039	1.063
		中支点 C左	1.180	1.308	1.388	1.112	1.081	1.053	1.029	0.993	1.027	1.055
		中支点 C右	1.205	1.331	1.422	1.115	1.083	1.057	1.037	1.000	1.035	1.063
城—B/ 公路—II	弯矩	边跨 1中	1.177	1.206	1.224	0.948	0.919	0.896	0.876	0.849	0.875	0.899
		中跨 2中	1.165	1.189	1.256	0.942	0.913	0.889	0.868	0.838	0.865	0.889
		中跨 3中	1.191	1.215	1.236	0.950	0.922	0.899	0.880	0.851	0.879	0.902
		中支 点B	1.448	1.525	1.575	1.028	1.013	1.002	0.992	0.978	1.004	1.024
		中支 点C	1.486	1.567	1.618	1.039	1.025	1.014	1.006	0.993	1.018	1.037
	剪力	边支 点A	1.124	1.186	1.233	0.879	0.860	0.843	0.830	0.811	0.850	0.885
		中支点 B左	1.239	1.338	1.395	0.926	0.913	0.901	0.893	0.878	0.916	0.954
		中支点 B右	1.237	1.322	1.388	0.922	0.907	0.898	0.888	0.871	0.917	0.947
		中支点 C左	1.207	1.299	1.355	0.915	0.901	0.889	0.876	0.862	0.903	0.936
		中支点 C右	1.228	1.316	1.382	0.919	0.904	0.898	0.886	0.870	0.913	0.947

（2）荷载效应组合比较（永久作用仅考虑结构重力，可变作用只计入车辆荷载）。

先张法预应力混凝土空心板

（板宽：中板 1.00m，边板 1.40m，车行道≥7.0m）

空心板计算数据

数据 板位	跨径	计算跨径 （m）	板高 （m）	横向分布系数 跨中（城市/公路）	冲击系数 支点	城市—$\frac{A}{B}$	公路—$\frac{I}{II}$
中板	10	9.46	0.52	0.313/0.323	0.5	0.2	0.430
边板				0.357/0.368			
中板	13	12.46	0.62	0.306/0.313	0.5	0.2	0.351
边板				0.341/0.349			
中板	16	15.46	0.82	0.303/0.310	0.5	0.2	0.335
边板				0.353/0.361			
中板	18	17.46	0.82	0.301/0.306	0.5	0.2	0.292
边板				0.351/0.357			
中板	20	19.36	0.90	0.299/0.303	0.5	0.2	0.269
边板				0.344/0.349			
中板	22	21.56	0.90	0.297/0.301	0.5	0.197	0.240
边板				0.342/0.347			

以上数据摘自上海市市政工程标准设计《先张法预应力混凝土空心板（桥梁）》。

空心板　城—A/公路—I 表

跨径 （m）	计算跨径 （m）	组合 板位	基本组合		短期效应组合		长期效应组合	
			跨中 弯矩	支点 剪力	跨中 弯矩	支点 剪力	跨中 弯矩	支点 剪力
10	9.46	中板	0.833	0.864	0.988	0.987	0.993	0.990
		边板	0.886	0.890	0.989	1.004	0.993	1.003
13	12.46	中板	0.944	0.939	1.003	1.011	1.002	1.008
		边板	0.944	0.958	1.002	1.022	1.001	1.016
16	15.46	中板	0.962	0.972	1.010	1.028	1.006	1.019
		边板	0.960	1.999	1.008	1.044	1.012	1.031
18	17.46	中板	0.987	1.006	1.014	1.036	1.010	1.026
		边板	0.985	1.032	1.012	1.053	1.008	1.036
20	19.36	中板	1.001	1.025	1.014	1.041	1.001	1.028
		边板	0.998	1.048	1.001	1.054	1.009	1.037
22	21.36	中板	1.035	1.036	1.031	1.039	1.020	1.027
		边板	1.034	1.037	1.031	1.038	1.020	1.027

空心板　城—B/公路—Ⅱ表

跨径 (m)	计算跨径 (m)	组合 板位	基本组合		短期效应组合		长期效应组合	
			跨中 弯矩	支点 剪力	跨中 弯矩	支点 剪力	跨中 弯矩	支点 剪力
10	9.46	中板	0.985	0.915	1.060	1.023	1.040	1.018
		边板	0.985	0.935	1.054	1.032	1.036	1.023
13	12.46	中板	1.029	0.971	1.056	1.030	1.036	1.020
		边板	1.026	0.986	1.051	1.036	1.033	1.023
16	15.46	中板	1.046	0.992	1.056	1.037	1.036	1.025
		边板	1.036	1.011	1.052	1.045	1.034	1.030
18	17.46	中板	1.059	1.017	1.057	1.039	1.037	1.028
		边板	1.056	1.035	1.054	1.049	1.035	1.032
20	19.36	中板	1.064	1.029	1.052	1.039	1.033	1.026
		边板	1.061	1.044	1.050	1.047	1.032	1.030
22	21.36	中板	0.976	0.919	0.992	0.957	0.996	0.971
		边板	0.976	0.929	0.992	0.963	0.995	0.976

后张预应力混凝土 T 梁
（梁距 2.25m，桥宽 12.75m）

T 梁计算数据

数据 梁位	跨径 (m)	计算 跨径 (m)	梁高 (m)	横向分布系数		冲击系数	
				跨中 （城市/公路）	支点 （城市/公路）	城市	公路
中梁	25	24.30	1.25	0.554/0.561	0.811/0.811	0.1918	0.2233
边梁				0.635/0.648	0.444/0.489		
中梁	30	29.20	1.50	0.553/0.560	0.811/0.811	0.1832	0.1953
边梁				0.641/0.653	0.444/0.489		
中梁	35	34.10	1.75	0.552/0.560	0.811/0.811	0.1753	0.1710
边梁				0.644/0.656	0.444/0.489		
中梁	40	39.00	2.00	0.550/0.558	0.811/0.811	0.1681	0.1540
边梁				0.638/0.650	0.444/0.489		
中梁	45	43.90	2.25	0.550/0.558	0.811/0.811	0.1614	0.1348
边梁				0.640/0.651	0.444/0.489		

T 梁　城—A/公路—Ⅰ表

跨径 (m)	计算跨径 (m)	组合 梁位	基本组合		短期效应组合		长期效应组合	
			跨中 弯矩	支点 剪力	跨中 弯矩	支点 剪力	跨中 弯矩	支点 剪力
25	24.30	中梁	1.021	1.026	1.021	1.027	1.013	1.018
		边梁	1.022	1.011	1.023	1.015	1.015	1.010
30	29.20	中梁	1.005	1.013	1.005	1.012	1.003	1.008
		边梁	1.003	1.007	1.005	1.007	1.003	1.005

跨径 (m)	计算跨径 (m)	组合 / 梁位	基本组合 跨中弯矩	基本组合 支点剪力	短期效应组合 跨中弯矩	短期效应组合 支点剪力	长期效应组合 跨中弯矩	长期效应组合 支点剪力
35	34.10	中梁	0.993	1.003	0.995	1.001	0.997	1.001
		边梁	0.989	1.003	0.992	1.001	0.995	1.001
40	39.00	中梁	0.984	0.994	0.988	0.993	0.992	0.995
		边梁	0.978	0.999	0.983	0.997	0.989	0.998
45	43.90	中梁	0.978	0.989	0.982	0.987	0.989	0.992
		边梁	0.971	0.998	0.976	0.993	0.985	0.996

T梁　城—B/公路—Ⅱ表

跨径 (m)	计算跨径 (m)	组合 / 梁位	基本组合 跨中弯矩	基本组合 支点剪力	短期效应组合 跨中弯矩	短期效应组合 支点剪力	长期效应组合 跨中弯矩	长期效应组合 支点剪力
25	24.30	中梁	0.973	0.928	0.989	0.960	1.013	1.018
		边梁	0.962	0.941	0.983	0.970	0.989	0.981
30	29.20	中梁	0.972	0.930	0.985	0.958	0.991	0.973
		边梁	0.961	0.948	0.978	0.970	0.986	0.981
35	34.10	中梁	0.971	0.933	0.982	0.958	0.962	0.973
		边梁	0.960	0.954	0.975	0.971	0.984	0.982
40	39.00	中梁	0.971	0.936	0.981	0.958	0.988	0.974
		边梁	0.960	0.958	0.973	0.972	0.983	0.983
45	43.90	中梁	0.971	0.938	0.980	0.957	0.988	0.973
		边梁	0.960	0.961	0.971	0.973	0.982	0.983

后张预应力混凝土小箱梁

（桥宽15.5m，单箱两室箱形断面、腹板间距5.25m）

小箱梁计算数据

数据 / 梁位	跨径 (m)	计算跨径 (m)	梁高 (m)	横向分布系数 跨中（城市/公路）	横向分布系数 支点（城市/公路）	冲击系数 城市	冲击系数 公路
中梁	22.52	21.76	1.60	0.916/0.916	1.41/1.41	0.197	0.32
边梁				1.04/1.05	1.60/1.64		
中梁	25.52	24.76	1.60	0.909/0.909	1.41/1.41	0.191	0.27
边梁				1.025/1.03	1.60/1.64		
中梁	28.52	27.76	1.60	0.904/0.904	1.41/1.41	0.186	0.23
边梁				1.01/1.02	1.6/1.64		
中梁	33.52	32.66	1.80	0.899/0.899	1.41/1.41	0.178	0.20
边梁				1.01/1.02	1.60/1.64		
中梁	38.52	37.56	2.00	0.884/0.884	1.41/1.41	0.176	0.170
边梁				1.00/1.01	1.60/1.64		

小箱梁　　城—A/公路—Ⅰ表

跨径 (m)	计算跨径 (m)	组合 梁位	基本组合 跨中弯矩	基本组合 支点剪力	短期效应组合 跨中弯矩	短期效应组合 支点剪力	长期效应组合 跨中弯矩	长期效应组合 支点剪力
22.52	21.76	中梁	1.009	1.001	1.026	1.029	1.017	1.019
		边梁	1.006	0.990	1.027	1.025	1.017	1.016
25.52	24.76	中梁	1.006	1.002	1.017	1.020	1.011	1.013
		边梁	1.004	0.992	1.017	1.015	1.011	1.010
28.52	27.76	中梁	1.004	1.003	1.010	1.012	1.006	1.008
		边梁	1.000	0.993	1.008	1.007	1.005	1.004
33.52	32.66	中梁	0.996	0.998	1.000	1.002	1.000	1.002
		边梁	0.992	0.988	0.998	0.997	0.999	0.998
38.52	37.56	中梁	0.991	0.993	0.994	0.995	0.996	0.997
		边梁	0.986	0.984	0.991	0.989	0.994	0.993

小箱梁　　城—B/公路—Ⅱ表

跨径 (m)	计算跨径 (m)	组合 梁位	基本组合 跨中弯矩	基本组合 支点剪力	短期效应组合 跨中弯矩	短期效应组合 支点剪力	长期效应组合 跨中弯矩	长期效应组合 支点剪力
22.52	21.76	中梁	0.966	0.918	0.996	0.971	0.998	0.981
		边梁	0.960	0.903	0.994	0.962	0.996	0.975
25.52	24.76	中梁	0.971	0.926	0.993	0.969	0.996	0.980
		边梁	0.966	0.912	0.991	0.960	0.995	0.974
28.52	27.76	中梁	0.975	0.932	0.991	0.967	0.994	0.979
		边梁	0.969	0.918	0.988	0.957	0.993	0.972
33.50	32.66	中梁	0.976	0.937	0.988	0.965	0.993	0.978
		边梁	0.971	0.924	0.985	0.956	0.991	0.972
38.52	37.56	中梁	0.978	0.943	0.987	0.965	0.992	0.978
		边梁	0.978	0.930	0.974	0.957	0.990	0.973

30m＋30m＋30m预应力混凝土连续箱梁

（梁高 2.0m，桥宽 25.5m，单箱三室，腹板间距 5.16m、5.60m）

比较项目		组合	冲击系数 城市	冲击系数 公路	基本组合	短期效应 组合	长期效应 组合
城—A/ 公路—Ⅰ	边跨	跨中弯矩	0.18	0.31	0.978	1.006	1.004
		边支点剪力	0.18	0.31	1.059	1.056	1.035
	中跨	支点弯矩	0.18	0.41	0.978	1.008	1.005
		中支点剪力	0.18	0.31	1.058	1.051	1.031
	中跨	跨中弯矩	0.18	0.31	0.960	1.012	1.008
城—B/ 公路—Ⅱ	边跨	跨中弯矩	0.18	0.31	0.957	0.990	0.994
		边支点剪力	0.18	0.31	1.001	1.016	1.010
	中跨	支点弯矩	0.18	0.41	0.984	1.006	1.004
		中支点剪力	0.18	0.31	1.013	1.020	1.012
	中跨	跨中弯矩	0.18	0.31	0.907	0.969	0.980

* 车道数≥4，按城市荷载计算剪力：城—A级乘增长系数1.25；城—B级乘增长系数1.30；冲击系数按跨径计。

35m＋42m＋35m预应力混凝土连续箱梁

（梁高2.0m，桥宽25.5m，单箱三室，腹板间距5.15m、5.60m）

比较项目	组合		冲击系数		基本组合	短期效应组合	长期效应组合
			城市	公路			
城—A/公路—Ⅰ	边跨	跨中弯矩	0.17	0.26	0.995	1.010	1.006
		边支点剪力	0.17	0.26	1.058	1.048	1.030
	中跨	支点弯矩	0.17	0.36	0.977	1.002	1.001
		中支点剪力	0.17	0.26	1.060	1.044	1.027
	中跨	跨中弯矩	0.17	0.26	0.982	1.004	1.002
城—B/公路—Ⅱ	边跨	跨中弯矩	0.17	0.26	0.972	0.994	0.996
		边支点剪力	0.17	0.26	1.006	1.014	1.008
	中跨	支点弯矩	0.17	0.36	0.984	1.002	1.001
		中支点剪力	0.17	0.26	1.021	1.019	1.012
	中跨	跨中弯矩	0.17	0.26	0.960	0.988	0.992

* 车道数≥4，按城市荷载计算剪力：城—A级乘增长系数1.25；城—B级乘增长系数1.30；冲击系数按跨径计。

52m＋70m＋52m变高度预应力混凝土连续箱梁

（桥宽16m，梁高支点3.65m，跨中2.0m，单箱单室）

比较项目	组合		冲击系数		基本组合	短期效应组合	长期效应组合
			城市	公路			
城—A/公路—Ⅰ	边跨	跨中弯矩	0.133	0.08	0.972	0.973	0.983
		边支点剪力	0.133	0.08	1.081	1.040	1.025
	中跨	支点弯矩	0.133	0.18	0.981	0.993	0.996
		中支点剪力	0.133	0.08	1.061	1.031	1.018
	中跨	跨中弯矩	0.133	0.08	0.970	0.966	0.978
城—B/公路—Ⅱ	边跨	跨中弯矩	0.133	0.08	0.973	0.975	0.984
		边支点剪力	0.133	0.08	1.008	1.011	1.007
	中跨	支点弯矩	0.133	0.18	0.995	1.000	1.000
		中支点剪力	0.133	0.08	1.034	1.015	1.009
	中跨	跨中弯矩	0.133	0.08	0.966	0.967	0.979

* 城市荷载冲击系数按跨径计。

7×50m预应力混凝土连续箱梁

（梁高3.0m，桥宽17.15m，单箱单室）

比较项目	组合		冲击系数		基本组合	短期效应组合	长期效应组合
			城市	公路			
城—A/公路—Ⅰ	边跨	跨中弯矩	0.154	0.202	0.956	0.981	0.988
		边支点剪力					
	第二跨	中支点弯矩	0.111	0.299	0.956	0.991	0.994
		中支点剪力	0.111	0.202	1.025	1.032	1.019
城—B/公路—Ⅱ	边跨	跨中弯矩	0.154	0.202	0.958	0.981	0.988
		边支点剪力					
	第二跨	中支点弯矩	0.111	0.299	0.975	0.998	0.999
		中支点剪力	0.111	0.202	1.002	1.014	1.008

* 城市荷载冲击系数按内力影响线加载长度算得。

6×60m预应力混凝土连续箱梁

（梁高3.4m，桥宽16m，单箱单室）

比较项目	组合		冲击系数		基本组合	短期效应组合	长期效应组合
			城市	公路			
城—A/公路—Ⅰ	边跨	跨中弯矩	0.143	0.171	0.964	0.982	0.989
		边支点剪力					
	第二跨	中支点弯矩	0.100	0.269	0.959	0.991	0.994
		中支点剪力	0.100	0.171	1.031	1.034	1.021
城—B/公路—Ⅱ	边跨	跨中弯矩	0.143	0.171	0.968	0.984	0.991
		边支点剪力					
	第二跨	中支点弯矩	0.100	0.269	0.980	1.000	1.000
		中支点剪力	0.100	0.171	1.009	1.017	1.010

* 城市荷载冲击系数按内力影响线加载长度算得。

6×70m预应力混凝土连续箱梁

（梁高4.0m，桥宽17.15m，单箱单室）

比较项目	组合		冲击系数		基本组合	短期效应组合	长期效应组合
			城市	公路			
城—A/公路—Ⅰ	边跨	跨中弯矩	0.133 ·	0.135	0.977	0.987	0.992
		边支点剪力					
	第二跨	中支点弯矩	0.100	0.233	0.972	0.993	0.996
		中支点剪力	0.100	0.135	1.082	1.031	1.019
城—B/公路—Ⅱ	边跨	跨中弯矩	0.133	0.135	0.982	0.99	0.994
		边支点剪力					
	第二跨	中支点弯矩	0.100	0.233	0.989	1.001	1.001
		中支点剪力	0.100	0.135	1.015	1.017	1.010

* 城市荷载冲击系数按内力影响线加载长度算得。

69m＋120m＋120m＋69m变高度预应力混凝土连续箱梁

（桥宽16m，三车道，梁高：跨中2.8m、支点7m，单箱单室）

比较项目	组合		冲击系数		基本组合	短期效应组合	长期效应组合
			城市	公路			
城—A/公路—Ⅰ	第二跨	跨中弯矩	0.10	0.05	0.988	0.977	0.995
		支点剪力	0.10	0.05	1.004	1.013	0.983
	第二跨	支点弯矩	0.10	0.05	0.999	0.997	0.998
城—B/公路—Ⅱ	第二跨	跨中弯矩	0.10	0.05	1.005	0.995	0.996
		支点剪力	0.10	0.05	1.012	1.005	0.956
	第二跨	支点弯矩	0.10	0.05	1.009	1.003	1.002

80m＋140m＋140m＋80m 变高度预应力混凝土连续箱梁

（桥宽 16m，三车道，梁高：跨中 3.5m，支点 8m，单箱单室）

比较项目	组合		冲击系数		基本组合	短期效应组合	长期效应组合
			城市	公路			
城-A/公路-Ⅰ	第二跨	跨中弯矩	0.10	0.05	0.983	0.980	0.987
		支点剪力	0.10	0.05	1.064	1.034	1.020
	第二跨	支点弯矩	0.10	0.05	0.996	0.995	0.997
城-B/公路-Ⅱ	第二跨	跨中弯矩	0.10	0.05	1.002	0.993	0.996
		支点剪力	0.10	0.05	1.044	1.023	1.014
	第二跨	支点弯矩	0.10	0.05	1.008	1.003	1.002

如以计算值差异 5% 作为比较控制值，就车道荷载而言通过以上比较可以清楚地看到：

①两种现行荷载标准荷载效应的差异：由于荷载图式的差异，对于城—A/公路—Ⅰ，超过 5% 比较控制值的范围为：简支梁跨径≤30m，等跨等高度连续梁跨径≤35m。对于城-B/公路-Ⅱ，超过 5% 比较控制值的范围为跨径≤20m。超过上述跨径范围有部分计算截面的剪力差异超过 5%。

②两种现行荷载标准荷载效应组合的差异：由于冲击系数与恒载权重的影响，仅在跨径≤20m的简支结构有超过 5% 比较控制值的差异，最大为 6.4%。部分连续结构的剪力差异亦有少数计算截面超过5%，最大为 8.1%。

但两种现行荷载标准的车辆荷载标准值有一定的差异。

鉴于上述比较，本条提出："除可变作用中的设计汽车荷载与人群荷载外，作用与作用效应组合均按现行行业标准《公路桥涵设计通用规范》JTG D60 的有关规定执行"。

10.0.2 现行《公路桥涵设计通用规范》中车辆荷载的标准值采用原规范汽车—超 20 级的加重车。车辆总重 550kN，轴重分别为 30kN、120kN、120kN、140kN、140kN。这是由于"对公路上行驶的单项汽车随机过程的统计分析表明，单车的前后轴重与原规范汽车—超 20 级的加重车相近。"但根据北京、天津、上海等城市相关部门提供的资料表明，尚有一定数量总重超过 550kN、轴重超过 140kN 的重型车辆频繁行驶在城区道路上。美国、加拿大、日本等国规范的车辆荷载轴重都大于 140kN，加拿大安大略省与日本规范车辆荷载的总重与轴重尚有增大的趋势。鉴此本规范规定城市—A 级、城市—B 级的

车道荷载的计算图式、标准值与现行公路荷载标准中公路—Ⅰ级、公路—Ⅱ级的车道荷载计算图式、标准值相同。而城市—A 级的车辆荷载则采用原《城市桥梁设计荷载标准》CJJ 77-98 中的城—A 级车辆荷载，城市—B 级的车辆荷载采用公路荷载标准中的车辆荷载。

10.0.3 支路上如重型车辆较少时，采用的设计汽车荷载相当于原公路荷载标准汽车—15 级，小型车专用道路系指只允许小型客货车通行的道路，位于小型车专用道上的桥梁的设计汽车荷载相当于原公路荷载标准汽车—10 级。

10.0.4 特种荷载主要是应对通行次数较少特重车，故不作为设计荷载列入本规范正文。附录 A.0.2 条中提出"车辆应居中行驶"是要求特重车沿路面中线行驶，行驶速度一般控制在 5km/h。

10.0.5 鉴于城市人口稠密，人行交通繁忙，桥梁人行道的设计人群荷载仍沿用原《城市桥梁设计准则》规定的人群荷载。人行道板等局部构件可以一块板为单位进行计算。

10.0.6 2 原《准则》为原公路荷载标准汽车—10 级。

10.0.7 沿用现行《城市人行天桥与人行地道技术规范》CJJ 69 的规定，作用在人行道栏杆、扶手上的荷载仅考虑人群作用。这也是对局部构件的计算（只供计算栏杆、扶手用），不影响其他构件，而且规定水平和竖向荷载分别计算。这是符合结构实际受力情况的。

10.0.8 防撞护栏的设计要求可按现行行业标准《公路交通安全设施设计规范》JTG D81 的规定执行。防撞等级选用是按上述规范第 5.2.5 条的规定换算成城市道路等级改写而成的。

中华人民共和国行业标准

城市桥梁抗震设计规范

Code for seismic design of urban bridges

CJJ 166—2011

批准部门：中华人民共和国住房和城乡建设部
施行日期：2 0 1 2 年 3 月 1 日

中华人民共和国住房和城乡建设部
公　　告

第 1060 号

关于发布行业标准
《城市桥梁抗震设计规范》的公告

　　现批准《城市桥梁抗震设计规范》为行业标准，编号为 CJJ 166-2011，自 2012 年 3 月 1 日起实施。其中，第 3.1.3、3.1.4、4.2.1、6.3.2、6.4.2、8.1.1、9.1.3 条为强制性条文，必须严格执行。

　　本规范由我部标准定额研究所组织中国建筑工业

出版社出版发行。

中华人民共和国住房和城乡建设部

2011 年 7 月 13 日

前　　言

　　根据原建设部《关于印发〈一九九八年工程建设城建、建工行业标准制订、修订项目计划〉的通知》（建标〔1998〕59 号）文的要求，标准编制组经广泛调查研究，认真总结实践经验，参考有关国际标准和国外先进标准，并在广泛征求意见的基础上，编制了本规范。

　　本规范的主要技术内容是：1. 总则；2. 术语和符号；3. 基本要求；4. 场地、地基与基础；5. 地震作用；6. 抗震分析；7. 抗震验算；8. 抗震构造细节设计；9. 桥梁减隔震设计；10. 斜拉桥、悬索桥和大跨度拱桥；11. 抗震措施。

　　本规范中以黑体字标志的条文为强制性条文，必须严格执行。

　　本规范由住房和城乡建设部负责管理和对强制性条文的解释，由同济大学负责具体技术内容的解释。执行过程中如有意见和建议，请寄送同济大学（地址：上海市四平路 1239 号，邮编：200092）。

　　本 规 范 主 编 单 位：同济大学
　　本 规 范 参 编 单 位：上海市政工程设计研究
　　　　　　　　　　　　院

上海市城市建设设计研究院
天津市政工程设计研究院
北京市市政工程设计研究总院

本规范主要起草人员：范立础　李建中（以下按姓氏笔画排列）

马　骉　王志强　包琦玮
叶爱君　刘旭揩　闫兴非
张　恺　张宏远　杨澄宇
沈中治　周　良　胡世德
徐　艳　袁万城　袁建兵
贾乐盈　郭卓明　都锡龄
曹　景　彭天波　程为和
管仲国

本规范主要审查人员：韩振勇　沈永林　刘四田
刘健新　孙虎平　李龙安
李承根　陈文艳　周　峥
秦　权　唐光武　谢　旭
鲍卫刚　魏立新

目　　次

Contents

1 总 则

1.0.1 为使城市桥梁经抗震设防后,减轻结构的地震破坏,避免人员伤亡,减少经济损失,制定本规范。

1.0.2 本规范适用于地震基本烈度 6、7、8 和 9 度地区的城市梁式桥和跨度不超过 150m 的拱桥。斜拉桥、悬索桥和大跨度拱桥可按本规范给出的抗震设计原则进行设计。

1.0.3 桥址处地震基本烈度数值可由现行《中国地震动参数区划图》查取地震动峰值加速度,按表 1.0.3 确定。

**表 1.0.3 地震基本烈度和地震动峰值
加速度的对应关系**

地震基本烈度	6 度	7 度	8 度	9 度
地震动峰值加速度	0.05g	0.10(0.15)g	0.20(0.30)g	0.40g

注:g 为重力加速度。

1.0.4 城市桥梁抗震设计除应符合本规范外,尚应符合国家现行有关标准的要求。

2 术语和符号

2.1 术 语

2.1.1 地震动参数区划 seismic ground motion parameter zoning

以地震动峰值加速度和地震动反应谱特征周期为指标,将国土划分为不同抗震设防要求的区域。

2.1.2 抗震设防标准 seismic fortification criterion

衡量抗震设防要求的尺度,由地震基本烈度和城市桥梁使用功能的重要性确定。

2.1.3 地震作用 earthquake action

作用在结构上的地震动,包括水平地震作用和竖向地震作用。

2.1.4 E1 地震作用 earthquake action E1

工程场地重现期较短的地震作用,对应于第一级设防水准。

2.1.5 E2 地震作用 earthquake action E2

工程场地重现期较长的地震作用,对应于第二级设防水准。

2.1.6 地震作用效应 seismic effect

由地震作用引起的桥梁结构内力与变形等作用效应的总称。

2.1.7 地震动参数 seismic ground motion parameter

包括地震动峰值加速度、反应谱曲线特征周期、

地震动持续时间和拟合的人工地震时程。

2.1.8 地震安全性评价 seismic safety assessment

地震安全性评价是指针对建设工程场地及其地震环境,按照工程的重要性和相应的设防风险水准,给出工程抗震设计参数以及相关资料。

2.1.9 特征周期 characteristic period

抗震设计用的加速度反应谱曲线下降段起始点对应的周期值,取决于地震环境和场地类别。

2.1.10 非一致地震动输入 nonuniform ground motion input

特大跨径桥梁抗震分析中,尤其是时程分析中各个桥墩基础处的地震动输入有所不同,反映了地震动场地的空间变异性。

2.1.11 场地土分类 site classification

根据地震时场地土层的振动特性对场地所划分的类型,同类场地具有相似的反应谱特征。

2.1.12 液化 liquefaction

地震中覆盖土层内孔隙水压急剧上升,一时难以消散,导致土体抗剪强度大大降低的现象。多发生在饱和粉细砂中,常伴随喷水、冒砂以及构筑物沉陷、倾倒等现象。

2.1.13 抗震概念设计 seismic conceptual design

根据地震灾害和工程经验等归纳的基本设计原则和设计思想,进行桥梁结构总体布置、确定细部构造的过程。

2.1.14 延性构件 ductile member

延性抗震设计时,允许发生塑性变形的构件。

2.1.15 能力保护设计方法 capacity protection design method

为保证在预期地震作用下,桥梁结构中的能力保护构件在弹性范围工作,其抗弯能力应高于塑性铰区抗弯能力的设计方法。

2.1.16 能力保护构件 capacity protected member

采用能力保护设计方法设计的构件。

2.1.17 减隔震设计 seismic isolation design

在桥梁上部结构和下部结构或基础之间设置减隔震系统,以增大原结构体系阻尼和(或)周期,降低结构的地震反应和(或)减小输入到上部结构的能量,达到预期的防震要求。

2.1.18 限位装置 restrainer

为限制梁墩以及梁台间的相对位移而设计的构造装置。

2.1.19 P-Δ 效应 P-Δ effect

进行抗震反应分析时,考虑轴力作用和弯矩作用相互耦合的效应。

2.2 主 要 符 号

2.2.1 作用和作用效应

A——水平向地震动峰值加速度;

E_{hp}——墩身所承受的水平地震力；

E_{hau}——作用于台身重心处的水平地震力；

E_{ea}——地震主动土压力；

E_w——地震时，作用于桥墩的总动水压力；

E_{max}——固定支座容许承受的最大水平力；

E_{hzh}——地震作用效应、永久作用和均匀温度作用效应组合后板式橡胶支座或固定盆式支座的水平力设计值；

M_{sp}——上部结构的重力或一联上部结构的总质量；

M_{cp}——盖梁质量；

M_p——墩身质量；

M_{au}——基础顶面以上台身质量；

S_{max}——设计加速度反应谱最大值。

2.2.2 计算系数

η_2——阻尼调整系数；

C_e——液化抵抗系数；

α——土层液化影响折减系数；

K_E——地基抗震容许承载力调整系数；

K_A——非地震条件下作用于台背的主动土压力系数；

η_p——墩身质量换算系数；

η_{cp}——盖梁质量换算系数。

2.2.3 几何特征

d_0——液化土特征深度；

d_b——基础埋置深度；

d_s——标准贯入点深度；

d_u——上覆非液化土层厚度；

d_w——地下水位深度；

I_{eff}——截面有效抗弯惯性矩；

s——箍筋间距；

Σt——板式橡胶支座橡胶层总厚度；

θ——斜交角；

φ——曲线梁的圆心角。

2.2.4 材料指标

E_c——混凝土的弹性模量；

G_d——板式橡胶支座动剪变模量；

$[f_{aE}]$——调整后的地基抗震承载力容许值；

$[f_a]$——修正后的地基承载力容许值；

γ_s——土的重力密度；

γ_w——水的重力密度；

μ_d——支座摩阻系数。

2.2.5 设计参数

f_{kh}——箍筋抗拉强度标准值；

f_{yh}——箍筋抗拉强度设计值；

f_{cd}——混凝土抗压强度设计值；

f_{ck}——混凝土抗压强度标准值；

$f_{c,ck}$——约束混凝土的峰值应力；

K——延性安全系数；

L_P——等效塑性铰长度；

M_y——屈服弯矩；

Δ_u——桥墩容许位移；

θ_u——塑性铰区域的最大容许转角；

ϕ°——桥墩正截面受弯承载能力超强系数；

ϕ_y——屈服曲率；

ϕ_u——极限曲率；

ρ_t——纵向配筋率；

ε_{su}^R——约束钢筋的折减极限应变；

ε_{lu}——纵筋的折减极限应变；

η_k——轴压比。

2.2.6 其他参数

g——重力加速度；

N_1——土层实际标准贯入锤击数；

N_{cr}——土层液化判别标准贯入锤击数临界值；

T——结构自振周期；

T_g——特征周期；

ξ——结构阻尼比。

3 基 本 要 求

3.1 抗震设防分类和设防标准

3.1.1 城市桥梁应根据结构形式、在城市交通网络中位置的重要性以及承担的交通量，按表 3.1.1 分为甲、乙、丙和丁四类。

表 3.1.1 城市桥梁抗震设防分类

桥梁抗震设防分类	桥 梁 类 型
甲	悬索桥、斜拉桥以及大跨度拱桥
乙	除甲类桥梁以外的交通网络中枢纽位置的桥梁和城市快速路上的桥梁
丙	城市主干路和轨道交通桥梁
丁	除甲、乙和丙三类桥梁以外的其他桥梁

3.1.2 本规范采用两级抗震设防，在 E1 和 E2 地震作用下，各类城市桥梁抗震设防标准应符合表 3.1.2 的规定。

表 3.1.2 城市桥梁抗震设防标准

桥梁抗震设防分类	E1 地震作用		E2 地震作用	
	震后使用要求	损伤状态	震后使用要求	损伤状态
甲	立即使用	结构总体反应在弹性范围，基本无损伤	不需修复或经简单修复可继续使用	可发生局部轻微损伤

桥梁抗震设防分类	E1地震作用		E2地震作用	
	震后使用要求	损伤状态	震后使用要求	损伤状态
乙	立即使用	结构总体反应在弹性范围，基本无损伤	经抢修可恢复使用，永久性修复后恢复正常运营功能	有限损伤
丙	立即使用	结构总体反应在弹性范围，基本无损伤	经临时加固，可供紧急救援车辆使用	不产生严重的结构损伤
丁	立即使用	结构总体反应在弹性范围，基本无损伤	—	不致倒塌

3.1.3 地震基本烈度为6度及以上地区的城市桥梁，必须进行抗震设计。

3.1.4 各类城市桥梁的抗震措施，应符合下列要求：

1 甲类桥梁抗震措施，当地震基本烈度为6～8度时，应符合本地区地震基本烈度提高一度的要求；当为9度时，应符合比9度更高的要求。

2 乙类和丙类桥梁抗震措施，一般情况下，当地震基本烈度为6～8度时，应符合本地区地震基本烈度提高一度的要求；当为9度时，应符合比9度更高的要求。

3 丁类桥梁抗震措施均应符合本地区地震基本烈度的要求。

3.2 地震影响

3.2.1 甲类桥梁所在地区遭受的E1和E2地震影响，应按地震安全性评价确定，相应的E1和E2地震重现期分别为475年和2500年。其他各类桥梁所在地区遭受的E1和E2地震影响，应根据现行《中国地震动参数区划图》的地震动峰值加速度、地震动反应谱特征周期以及本规范第3.2.2条规定的E1和E2地震调整系数来表征。

3.2.2 乙类、丙类和丁类桥梁E1和E2的水平向地震动峰值加速度A的取值，应根据现行《中国地震动参数区划图》查得的地震动峰值加速度，乘以表3.2.2中的E1和E2地震调整系数C_i得到。

表3.2.2 各类桥梁E1和E2地震调整系数C_i

抗震设防分类	E1地震作用				E2地震作用			
	6度	7度	8度	9度	6度	7度	8度	9度
乙类	0.61	0.61	0.61	0.61	—	2.2 (2.05)	2.0 (1.7)	1.55
丙类	0.46	0.46	0.46	0.46	—	2.2 (2.05)	2.0 (1.7)	1.55
丁类	0.35	0.35	0.35	0.35				

注：括号内数值为相应于表1.0.3中括号内数值的地震调整系数。

3.3 抗震设计方法分类

3.3.1 甲类桥梁的抗震设计可参考本规范第10章给出的抗震设计原则进行设计。

3.3.2 乙、丙和丁类桥梁的抗震设计方法根据桥梁场地地震基本烈度和桥梁结构抗震设防分类，分为：A、B和C三类，并应符合下列规定：

1 A类：应进行E1和E2地震作用下的抗震分析和抗震验算，并应满足本章3.4节桥梁抗震体系以及相关构造和抗震措施的要求；

2 B类：应进行E1地震作用下的抗震分析和抗震验算，并应满足相关构造和抗震措施的要求；

3 C类：应满足相关构造和抗震措施的要求，不需进行抗震分析和抗震验算。

3.3.3 乙、丙和丁类桥梁的抗震设计方法应按表3.3.3选用。

表3.3.3 桥梁抗震设计方法选用

地震基本烈度 \ 抗震设防分类	乙	丙	丁
6度	B	C	C
7度、8度和9度地区	A	A	B

3.4 桥梁抗震体系

3.4.1 桥梁结构抗震体系应符合下列规定：

1 有可靠和稳定传递地震作用到地基的途径；

2 有效的位移约束，能可靠地控制结构地震位移，避免发生落梁破坏；

3 有明确、可靠、合理的地震能量耗散部位；

4 应避免因部分结构构件的破坏而导致整个结构丧失抗震能力或对重力荷载的承载能力。

3.4.2 对采用A类抗震设计方法的桥梁，可采用的抗震体系有以下两种类型：

1 类型Ⅰ：地震作用下，桥梁的塑性变形、耗能部位于桥墩，其中连续梁、简支梁单柱墩和双柱墩的耗能部位如图3.4.2所示。

2 类型Ⅱ：地震作用下，桥梁的耗能部位位于桥梁上、下部连接构件（支座、耗能装置）。

3.4.3 对采用抗震体系为类型Ⅰ的桥梁，其盖梁、基础、支座和墩柱抗剪的内力设计值应按能力保护设计方法计算，根据墩柱塑性铰区域截面的超强弯矩确定。

3.4.4 对采用板式橡胶支座的桥梁结构，如在地震作用下，支座抗滑性能不满足本规范第7.2.2条和7.4.5条要求，应采用限位装置，或应按本规范第9章的要求进行桥梁减隔震设计。

3.4.5 地震作用下，如桥梁固定支座水平抗震能力不满足本规范第7.2.2条和7.4.6条要求，应通过计

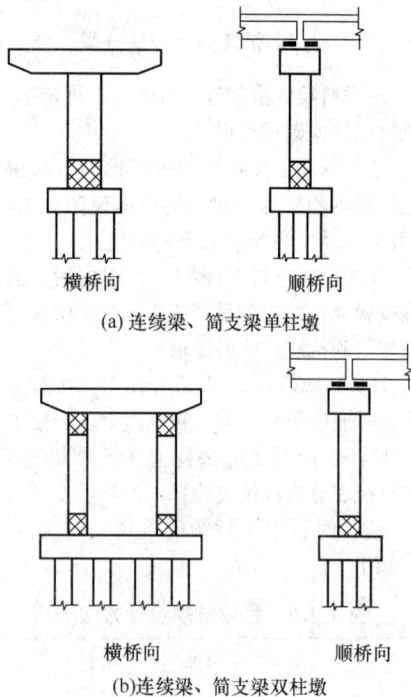

横桥向　　　顺桥向

(a) 连续梁、简支梁单柱墩

横桥向　　　顺桥向

(b)连续梁、简支梁双柱墩

图 3.4.2　墩柱塑性铰区域

（图中：⊠代表塑性铰区域）

算设置连接梁体和墩柱间的剪力键，由剪力键承受支座所受地震水平力或按本规范第9章的要求进行桥梁减隔震设计。

3.4.6　桥台不宜作为抵抗梁体地震惯性力的构件，桥台处宜采用活动支座，桥台上的横向抗震挡块宜设计为在 E2 地震作用下可以损伤。

3.4.7　当采用 A 类抗震设计方法的桥梁抗震体系不满足本规范第 3.4.2 条要求时，应进行专题论证，并必须要求结构在地震作用下的抗震性能满足本规范表 3.1.2 的要求。

3.5　抗震概念设计

3.5.1　对梁式桥，一联内桥墩的刚度比宜满足下列要求：

  1　任意两桥墩刚度比：

    1）桥面等宽：

$$\frac{k_i^e}{k_j^e} \geqslant 0.5 \qquad (3.5.1\text{-}1)$$

    2）桥面变宽：

$$\frac{k_i^e m_j}{k_j^e m_i} \geqslant 0.5 \qquad (3.5.1\text{-}2)$$

  2　相邻桥墩刚度比：

    1）桥面等宽：

$$\frac{k_i^e}{k_j^e} \geqslant 0.75 \qquad (3.5.1\text{-}3)$$

    2）桥面变宽：

$$\frac{k_i^e m_j}{k_j^e m_i} \geqslant 0.75 \qquad (3.5.1\text{-}4)$$

式中：k_i^e、k_j^e——分别为第 i 和第 j 桥墩考虑支座、挡块或剪力键后计算出的组合刚度（含顺桥向和横桥向），$k_j^e \geqslant k_i^e$；

    m_i、m_j——分别为第 i 和第 j 桥墩墩顶等效的梁体质量。

3.5.2　梁式桥（多联桥）相邻联的基本周期比宜满足下式：

$$\frac{T_i}{T_j} \geqslant 0.7 \qquad (3.5.2)$$

式中：T_i、T_j——分别为第 i 和第 j 联的基本周期（含顺桥向和横桥向），$T_j \geqslant T_i$。

3.5.3　对梁式桥，一联内各桥墩刚度相差较大或相邻联基本周期相差较大的情况，宜采用以下方法调整一联内各墩刚度比或相邻联周期比：

  1　顺桥向，宜在各墩顶设置合理剪切刚度的橡胶支座，来调整各墩的等效刚度；

  2　改变墩柱尺寸或纵向配筋率。

3.5.4　双柱或多柱墩在横桥向地震作用下，进行盖梁抗震设计时，应考虑盖梁可能会出现的正负弯矩交替作用。

4　场地、地基与基础

4.1　场　　地

4.1.1　桥位选择应在工程地质勘察和专项的工程地质、水文地质调查的基础上，按地质构造的活动性、边坡稳定性和场地的地质条件等进行综合评价，应按表 4.1.1 查明对城市桥梁抗震有利、不利和危险的地段，宜充分利用对抗震有利的地段。

表 4.1.1　有利、不利和危险地段的划分

地段类别	地质、地形
有利地段	无晚近期活动性断裂，地质构造相对稳定，同时地基为比较完整的岩体、坚硬土或开阔平坦密实的中硬土等
不利地段	软弱黏性土层、液化土层和严重不均匀地层的地段；地形陡峭、孤突、岩土松散、破碎的地段；地下水位埋藏较浅、地表排水条件不良的地段
危险地段	地震时可能发生滑坡、崩塌地段；地震时可能塌陷的暗河、溶洞等岩溶地段和已采空的矿穴地段；河床内基岩具有倾向河槽的构造软弱面被深切河槽所切割的地段；发震断裂、地震时可能坍塌而中断交通的各种地段

注：严重不均匀地层系指岩性、土质、层厚、界面等在水平方向变化很大的地层。

4.1.2　选择桥梁场地时，应符合下列要求：

  1　应根据工程需要，掌握地震活动情况、工程地质和地震地质的有关资料，作出综合评价，使墩、台位置避开不利地段，当无法避开时，不宜在危险地段建造甲、乙和丙类桥梁；

2 应避免或减轻在地震作用下因地基变形或地基失效对桥梁工程造成的破坏。

4.1.3 桥梁工程场地土层剪切波速应按下列要求确定：

1 甲类桥梁，应由工程场地地震安全性评价工作确定；

2 乙和丙类桥梁，可通过现场实测确定。现场实测时，钻孔数量应为：中桥不少于1个，大桥不少于2个，特大桥宜适当增加；

3 丁类桥梁，当无实测剪切波速时，可根据岩土名称和性状按表4.1.3划分土的类型，并应结合当地的经验，在表4.1.3的范围内估计各土层的剪切波速。

表4.1.3 土的类型划分和剪切波速范围

土的类型	岩石名称和性状	土的剪切波速范围（m/s）
坚硬土或岩土	稳定岩石、密实的碎石土	$v_s > 500$
中硬土	中密、稍密的碎石土，密实、中密的砾、粗砂、中砂，$f_k > 200$kPa 的黏性土和粉土，坚硬黄土	$500 \geq v_s > 250$
中软土	稍密的砾、粗砂、中砂，除松散外的细砂和粉砂，$f_k \leq 200$kPa 的黏性土和粉土，$f_k \geq 130$kPa 的填土和可塑黄土	$250 \geq v_s > 140$
软弱土	淤泥和淤泥质土，松散的砂，新近沉积的黏性土和粉土，$f_k < 130$kPa 的填土和新近堆积黄土和流塑黄土	$v_s \leq 140$

注：f_k 为由载荷试验等方法得到的地基承载力特征值（kPa），v_s 为岩土剪切波速。

4.1.4 工程场地土分类应符合下列要求：

1 当工程场地为单一场地土时，场地类别应与场地土类别一致；

2 当工程场地内为多层场地土时，应以土层等效剪切波速和场地覆盖层厚度为定量标准。

4.1.5 工程场地覆盖层厚度的确定，应符合下列要求：

1 一般情况下，应按地面至剪切波速大于500m/s的坚硬土层或岩层顶面的距离确定；

2 当地面5m以下存在剪切波速大于相邻的上层土剪切波速的2.5倍的土层，且其下卧岩土的剪切

波速均不小于400m/s时，可按地面至该土层面的距离确定；

3 剪切波速大于500m/s的孤石、透镜体，应视同周围土层；

4 土层中的火山岩硬夹层，应视为刚体，其厚度应从覆盖土层中扣除。

4.1.6 土层等效剪切波速应按下列公式计算：

$$v_{se} = d_{s0}/t \quad (4.1.6\text{-}1)$$

$$t = \sum_{i=1}^{n} (d_i/v_{si}) \quad (4.1.6\text{-}2)$$

式中：v_{se}——土层等效剪切波速（m/s）；

d_{s0}——计算深度（m），取覆盖层厚度和20m两者的较小值；

t——剪切波在地表与计算深度之间传播的时间（s）；

d_i——计算深度范围内第 i 层的厚度（m）；

n——计算深度范围内土层的分层数；

v_{si}——计算深度范围内第 i 土层的剪切波速（m/s），宜采用现场实测方法确定。

4.1.7 工程场地类别，应根据土层等效剪切波速和场地覆盖层厚度划分为四类，并应符合表4.1.7的规定。当在场地范围内有可靠的剪切波速和覆盖层厚度值且处于表4.1.7所列类别的分界线附近时，允许按插值方法确定地震作用计算所用的特征周期值。

表4.1.7 工程场地类别划分

等效剪切波速（m/s）	场地类别			
	Ⅰ类	Ⅱ类	Ⅲ类	Ⅳ类
$v_{se} > 500$	0m	—	—	—
$500 \geq v_{se} > 250$	<5m	≥5m	—	—
$250 \geq v_{se} > 140$	<3m	3m～50m	>50m	—
$v_{se} \leq 140$	<3m	3m～15m	16m～80m	>80m

4.1.8 工程场地范围内分布有发震断裂时，应对断裂的工程影响进行评价，当符合下列条件之一者，可不考虑发震断裂对桥梁的错动影响：

1 地震基本烈度小于8度；

2 非全新世活动断裂；

3 地震基本烈度为8度、9度地区的隐伏断裂，前第四纪基岩上的土层覆盖层厚度分别大于60m、90m；

4 当不能满足上述条件时，宜避开主断裂带，其避让距离宜按下列要求采用：

1) 甲类桥梁应尽量避开主断裂，地震基本烈度为8度和9度地区，其避开主断裂的距离为桥墩边缘至主断裂带外缘分别不宜小于300m和500m；

2）乙、丙及丁类桥梁宜采用跨径较小便于修复的结构；

3）当桥位无法避开发震断裂时，宜将全部墩台布置在断层的同一盘（最好是下盘）上。

4.2 液 化 土

4.2.1 存在饱和砂土或饱和粉土（不含黄土）的地基，除 6 度设防外，应进行液化判别；存在液化土层的地基，应根据桥梁的抗震设防类别、地基的液化等级，结合具体情况采取相应的措施。

4.2.2 饱和的砂土或粉土（不含黄土），当符合下列条件之一时，可初步判别为不液化或不考虑液化影响：

　　1 地质年代为第四纪晚更新世（Q_3）及其以前时，7、8 度时可判为不液化；

　　2 粉土的黏粒（粒径小于 0.005mm 的颗粒）含量百分率，7 度、8 度和 9 度分别不小于 10、13 和 16 时，可判为不液化土；

　　注：用于液化判别的黏粒含量系采用六偏磷酸钠作分散剂测定，采用其他方法时应按有关规定换算。

　　3 天然地基的桥梁，当上覆非液化土层厚度和地下水位深度符合下列条件之一时，可不考虑液化影响：

$$d_u > d_0 + d_b - 2 \qquad (4.2.2\text{-}1)$$
$$d_w > d_0 + d_b - 3 \qquad (4.2.2\text{-}2)$$
$$d_u + d_w > 1.5d_0 + 2d_b - 4.5 \qquad (4.2.2\text{-}3)$$

式中：d_w——地下水位深度（m），宜按桥梁使用期内年平均最高水位采用，也可按近期内年最高水位采用；

　　　　d_u——上覆非液化土层厚度（m），计算时宜将淤泥和淤泥质土层扣除；

　　　　d_b——基础埋置深度（m），不超过 2m 应采用 2m；

　　　　d_0——液化土特征深度（m），可按表 4.2.2 采用。

表 4.2.2　液化土特征深度（m）

饱和土类别	地震基本烈度		
	7 度	8 度	9 度
粉土	6	7	8
砂土	7	8	9

4.2.3 当初步判别认为需进一步进行液化判别时，应采用标准贯入试验判别法判别地面下 15m 深度范围内的液化；当采用桩基或埋深大于 5m 的基础时，尚应判别 15m～20m 范围内土的液化。当饱和土标准贯入锤击数（未经杆长修正）小于液化判别标准贯入锤击数临界值 N_{cr} 时，应判为液化土。当有成熟经验

时，尚可采用其他判别方法。

在地面下 15m 深度范围内，液化判别标准贯入锤击数临界值可按下式计算：

$$N_{cr} = N_0 [0.9 + 0.1(d_s - d_w)] \sqrt{3/\rho_c} \ (d_s \leqslant 15\text{m})$$
$$(4.2.3\text{-}1)$$

在地面下 15m～20m 范围内，液化判别标准贯入锤击数临界值可按下式计算：

$$N_{cr} = N_0 (2.4 - 0.1d_w) \sqrt{3/\rho_c} \ (15\text{m} < d_s \leqslant 20\text{m})$$
$$(4.2.3\text{-}2)$$

式中：N_{cr}——液化判别标准贯入锤击数临界值；

　　　　N_0——液化判别标准贯入锤击数基准值，应按表 4.2.3 采用；

　　　　d_s——饱和土标准贯入点深度（m）；

　　　　ρ_c——黏粒含量百分率（%），当小于 3 或为砂土时，应采用 3。

表 4.2.3　标准贯入锤击数基准值 N_0

特征周期分区	7 度	8 度	9 度
1 区	6(8)	10(13)	16
2 区和 3 区	8(10)	12(15)	18

　　注：1　特征周期分区根据场地位置在《中国地震动参数区划图》上查取。

　　　　2　括号内数值用于设计基本地震动加速度为 0.15g 和 0.30g 的地区。

4.2.4 对存在液化土层的地基，应探明各液化土层的深度和厚度，按下式计算液化指数，并按表 4.2.4 划分液化等级：

$$I_{lE} = \sum_{i=1}^{n} \left(1 - \frac{N_i}{N_{cri}}\right) d_i W_i \qquad (4.2.4)$$

式中：I_{lE}——液化指数；

　　　　n——每一个钻孔深度范围内液化土中标准贯入试验点的总数；

　　　　N_i、N_{cri}——分别为 i 点标准贯入锤击数的实测值和临界值，当实测值大于临界值时应取临界值的数值；

　　　　d_i——i 点所代表的土层厚度（m），可采用与该标准贯入试验点相邻的上、下两标准贯入试验点深度差的一半，但上界不高于地下水位深度，下界不深于液化深度；

　　　　W_i——i 土层考虑单位土层厚度的层位影响权函数值（m^{-1}）。若判别深度为 15m，当该层中点深度不大于 5m 时应采用 10，等于 15m 时应采用零值，5m～15m 时应按线性内插法取值；若判别深度为 20m，当该层中点深度不大于 5m 时应采用 10，等于 20m 时应采用零值，5m～20m 时应按线性内插法取值。

表 4.2.4　液化等级

液化等级	轻 微	中 等	严 重
判别深度为 15m 时的液化指数	$0<I_{lE}\leqslant5$	$5<I_{lE}\leqslant15$	$I_{lE}>15$
判别深度为 20m 时的液化指数	$0<I_{lE}\leqslant6$	$6<I_{lE}\leqslant18$	$I_{lE}>18$

4.2.5 地基抗液化措施应根据桥梁的抗震设防类别、地基的液化等级，结合具体情况综合确定。当液化土层较平坦且均匀时可按表 4.2.5 选用抗液化措施，尚可考虑上部结构重力荷载对液化危害的影响，根据液化震陷量的估计适当调整抗液化措施。

表 4.2.5　抗液化措施

抗震设防类别	地基的液化等级		
	轻 微	中 等	严 重
甲、乙类	部分消除液化沉陷，或对基础和上部结构处理	全部消除液化沉陷，或部分消除液化沉陷且对基础和上部结构处理	全部消除液化沉陷
丙类	基础和上部结构处理，也可不采取措施	基础和上部结构处理，或更高要求的措施	全部消除液化沉陷，或部分消除液化沉陷且对基础和上部结构处理
丁类	可不采取措施	可不采取措施	基础和上部结构处理，或其他经济的措施

4.2.6 全部消除地基液化沉陷的措施，应符合下列要求：

　　1 采用长桩基时，桩端伸入液化深度以下稳定土层中的长度（不包括桩尖部分），应按计算确定；

　　2 采用深基础时，基础底面应埋入液化深度以下的稳定土层中，其深度不应小于 2m；

　　3 采用加密法（如振冲、振动加密、砂桩挤密、强夯等）加固时，应处理至液化土层下界，且处理后土层的标准贯入锤击数的实测值，应大于相应的临界值；加固后的复合地基的标准贯入锤击数可按下式计算，并不应小于液化标准贯入锤击数的临界值；

$$N_{com}=N_s[1+\lambda(\rho+1)]\qquad(4.2.6)$$

式中：N_{com}——加固后复合地基的标准贯入锤击数；

　　　　N_s——桩间土加固后的标准贯入锤击数（未经杆长修正）；

　　　　λ——桩土应力比，取 2～4；

　　　　ρ——面积置换率。

　　4 用非液化土置换全部液化土层；

　　5 采用加密法或换土法处理时，在基础边缘以外的处理宽度，应超过基础底面下处理深度的 1/2 且

不小于基础宽度的 1/5。

4.2.7 部分消除地基液化沉陷的措施，应符合下列要求：

　　1 处理深度应使处理后的地基液化指数不大于 5，对独立基础与条形基础，尚不应小于基础底面下液化土特征深度值和基础宽度的较大值；

　　2 加固后复合地基的标准贯入锤击数应符合本规范第 4.2.3 条的要求；

　　3 基础边缘以外的处理宽度，应符合本规范第 4.2.6 条的要求。

4.2.8 减轻液化影响的基础和上部结构处理，可综合考虑采用下列各项措施：

　　1 选择合适的基础埋置深度；

　　2 调整基础底面积，减少基础偏心；

　　3 加强基础的整体性和刚性；

　　4 减轻荷载，增强上部结构的整体刚度和均匀对称性，避免采用对不均匀沉降敏感的结构形式等。

4.3　地基的承载力

4.3.1 地基抗震验算时，应采用地震作用效应与永久作用效应组合。

4.3.2 地基抗震承载力容许值应按下式计算：

$$[f_{aE}]=K_E[f_a]\qquad(4.3.2)$$

式中：$[f_{aE}]$——调整后的地基抗震承载力容许值；

　　　　K_E——地基抗震容许承载力调整系数，应按表 4.3.2 取值；

　　　　$[f_a]$——修正后的地基承载力容许值，应按现行行业标准《公路桥涵地基与基础设计规范》JTG D63 采用。

表 4.3.2　地基土抗震承载力调整系数

岩土名称和性状	K_E
岩石，密实的碎石土，密实的砾、粗（中）砂，$f_k\geqslant300$ 的黏性土和粉土	1.5
中密、稍密的碎石土，中密和稍密的砾、粗（中）砂，密实和中密的细、粉砂，$150\leqslant f_k<300$ 的黏性土和粉土，坚硬黄土	1.3
稍密的细、粉砂，$100\leqslant f_k<150$ 的黏性土和粉土，可塑黄土	1.1
淤泥，淤泥质土，松散的砂，杂填土，新近堆积黄土及流塑黄土	1.0

注：f_k 为由载荷试验等方法得到的地基承载力特征值（kPa）。

4.4　桩　基

4.4.1 E2 地震作用下，非液化土中，单桩的抗压承载能力可以提高至原来的 2 倍，单桩的抗拉承载力，可比非抗震设计时提高 25%。

4.4.2 当桩基内有液化土层时，液化土层的承载力（包括桩侧摩阻力）、土抗力（地基系数）、内摩擦角和内聚力等，可根据液化抵抗系数 C_e 予以折减，折减系数 α 应按表4.4.2采用。液化土层以下单桩部分的承载能力，可采用本规范第4.4.1条的规定；液化土层内及以上部分单桩承载能力不应提高。

$$C_e = \frac{N_1}{N_{cr}} \qquad (4.4.2)$$

式中：C_e——液化抵抗系数；

N_1、N_{cr}——分别为实际标准贯入锤击数和标准贯入锤击数临界值。

表 4.4.2　土层液化影响折减系数 α

C_e	d_s (m)	α
$C_e \leqslant 0.6$	$d_s \leqslant 10$	0
	$10 < d_s \leqslant 20$	1/3
$0.6 < C_e \leqslant 0.8$	$d_s \leqslant 10$	1/3
	$10 < d_s \leqslant 20$	2/3
$0.8 < C_e \leqslant 1.0$	$d_s \leqslant 10$	2/3
	$10 < d_s \leqslant 20$	1

注：表中 d_s 为标准贯入点深度(m)。

5　地　震　作　用

5.1　一　般　规　定

5.1.1　各类桥梁结构的地震作用，应按下列原则考虑：

1　一般情况下，城市桥梁可只考虑水平向地震作用，直线桥可分别考虑顺桥向 X 和横桥向 Y 的地震作用；

2　地震基本烈度为 8 度和 9 度时的拱式结构、长悬臂桥梁结构和大跨度结构，以及竖向作用引起的地震效应很重要时，应考虑竖向地震的作用。

5.1.2　当采用反应谱法，考虑三个正交方向（顺桥向 X、横桥向 Y 和竖向 Z）的地震作用时，可分别单独计算 X 向地震作用在计算方向产生的最大效应 E_X、Y 向地震作用在计算方向产生的最大效应 E_Y 以及 Z 向地震作用在计算方向产生的最大效应 E_Z，计算方向总的设计最大地震作用效应 E 按下式计算：

$$E = \sqrt{E_X^2 + E_Y^2 + E_Z^2} \qquad (5.1.2)$$

5.1.3　本规范地震作用采用设计加速度反应谱和设计地震动加速度时程表征。

5.1.4　对甲类桥梁，应根据专门的工程场地地震安全性评价确定地震作用。

5.2　设计加速度反应谱

5.2.1　水平向设计加速度反应谱谱值 S（图5.2.1）可由下式确定：

$$S = \begin{cases} 0.45 S_{max} & T = 0s \\ \eta_2 S_{max} & 0.1s < T \leqslant T_g \\ \eta_2 S_{max}\left(\dfrac{T_g}{T}\right)^{\gamma} & T_g < T \leqslant 5T_g \\ [\eta_2 0.2^{\gamma} - \eta_1(T - 5T_g)]S_{max} & 5T_g < T \leqslant 6s \end{cases}$$
$$(5.2.1-1)$$

$$S_{max} = 2.25A \qquad (5.2.1-2)$$

式中：T_g——特征周期（s），根据场地类别和地震动参数区划的特征周期分区按表5.2.1采用；计算8、9度 E2 地震作用时，特征周期宜增加 0.05s；

η_2——结构的阻尼调整系数，阻尼比为 0.05 时取 1.0，阻尼比不等于 0.05 时按本规范第5.2.2条计算；

A——E1 或 E2 地震作用下水平向地震动峰值加速度，按本规范第3.2.2条取值；

γ——自特征周期至 5 倍特征周期区段曲线衰减指数，阻尼比为 0.05 时取 0.9，阻尼比不等于 0.05 时按本规范第5.2.2条计算；

η_1——自 5 倍特征周期至 6s 区段直线下降段下降斜率调整系数，阻尼比为 0.05 时取 0.02，阻尼比不等于 0.05 时按本规范第5.2.2条计算；

T——结构自振周期（s）。

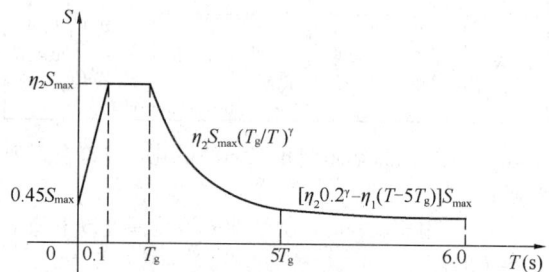

图 5.2.1　水平向设计加速度反应谱

表 5.2.1　特征周期值（s）

分　区	场地类别			
	Ⅰ	Ⅱ	Ⅲ	Ⅳ
1 区	0.25	0.35	0.45	0.65
2 区	0.30	0.40	0.55	0.75
3 区	0.35	0.45	0.65	0.90

5.2.2　当桥梁结构的阻尼比按有关规定不等于 0.05时，地震加速度谱曲线的阻尼调整系数和形状参数应符合下列规定：

1　曲线下降段的衰减指数按下式确定：

$$\gamma = 0.9 + \frac{0.05 - \xi}{0.5 + 5\xi} \qquad (5.2.2-1)$$

式中：γ——曲线下降段的衰减指数；

ξ——结构实际阻尼比。

2 直线下降段下降斜率调整系数按下式确定：

$$\eta_1 = 0.02 + (0.05 - \xi)/8 \quad (5.2.2-2)$$

式中：η_1——直线下降段下降斜率调整系数，小于 0 时取 0。

3 阻尼调整系数按下式确定：

$$\eta_2 = 1 + \frac{0.05 - \xi}{0.06 + 1.7\xi} \quad (5.2.2-3)$$

式中：η_2——阻尼调整系数，当小于 0.55 时，应取 0.55。

5.2.3 竖向设计加速度反应谱可由水平向设计加速度反应谱乘以 0.65 得到。

5.3 设计地震动时程

5.3.1 已进行地震安全性评价的桥址，设计地震动时程应根据地震安全性评价的结果确定。

5.3.2 未进行地震安全性评价的桥址，可采用本规范设计加速度反应谱为目标拟合设计加速度时程；也可选用与设定地震震级、距离、场地特性大体相近的实际地震动加速度记录，通过时域方法调整，使其加速度反应谱与本规范设计加速度反应谱匹配。

5.4 地震主动土压力和动水压力

5.4.1 地震时作用于桥台台背的主动土压力可按下式计算：

$$E_{ea} = \frac{1}{2}\gamma_s H^2 K_A \left(1 + \frac{3A}{g}\tan\varphi_A\right)$$
$$\quad (5.4.1-1)$$

$$K_A = \frac{\cos^2 \varphi_A}{(1 + \sin\varphi_A)^2} \quad (5.4.1-2)$$

式中：E_{ea}——作用于台背每延米长度上的地震主动土压力（kN/m），其作用点距台底 $0.4H$ 处；

γ_s——土的重力密度（kN/m³）；

H——台身高度（m）；

K_A——非地震条件下作用于台背的主动土压力系数；

φ_A——台背土的内摩擦角（°）；

A——E1 或 E2 地震作用下水平向地震动峰值加速度。

5.4.2 当判定桥台地表以下 10m 内有液化土层或软土层时，桥台基础应穿过液化土层或软土层；当液化土层或软土层超过 10m 时，桥台基础应埋深至地表以下 10m 处。其作用于桥台台背的主动土压力应按下式计算：

$$E_{ea} = \frac{1}{2}\gamma_s H^2 (K_A + 2A/g) \quad (5.4.2)$$

地震基本烈度为 9 度地区的液化区，桥台宜采用桩基。其作用于台背的主动土压力可按式（5.4.2）计算。

5.4.3 地震时作用于桥墩上的地震动水压力应分别按下列各式进行计算：

1 $\frac{b}{h} \leqslant 2.0$ 时：

$$E_w = 0.15\left(1 - \frac{b}{4h}\right)A\xi_h\gamma_w b^2 h/g \quad (5.4.3-1)$$

2 $2.0 < \frac{b}{h} \leqslant 3.1$ 时：

$$E_w = 0.075A\xi_h\gamma_w b^2 h/g \quad (5.4.3-2)$$

3 $\frac{b}{h} > 3.1$ 时：

$$E_w = 0.24A\gamma_w b^2 h/g \quad (5.4.3-3)$$

式中：E_w——地震时在 $h/2$ 处作用于桥墩的总动水压力（kN）；

ξ_h——截面形状系数，矩形墩和方形墩，取 $\xi_h = 1$；圆形墩取 $\xi_h = 0.8$；圆端形墩，顺桥向取 $\xi_h = 0.9 \sim 1.0$，横桥向取 $\xi_h = 0.8$；

γ_w——水的重力密度（kN/m³）；

h——从一般冲刷线算起的水深（m）；

b——与地震作用方向相垂直的桥墩宽度（m），可取 $h/2$ 处的截面宽度，对于矩形墩，取长边边长；对于圆形墩，取直径。

5.5 作用效应组合

5.5.1 城市桥梁抗震设计应考虑以下作用：

1 永久作用，包括结构重力、土压力、水压力；

2 地震作用，包括地震动的作用和地震土压力、水压力等；

3 在进行支座抗震验算时，应计入 50% 均匀温度作用效应；

4 对城市轨道交通桥梁，应分别按有车、无车进行计算；当桥上有车时，顺桥向不计算活载引起的地震作用；横桥向计入 50% 活载引起的地震力，作用于轨顶以上 2m 处，活载竖向力按列车竖向静活载的 100% 计算。

5.5.2 城市桥梁抗震设计时的作用效应组合应包括本规范第 5.5.1 条要求的各种作用之和，组合方式应包括各种作用效应的最不利组合。

6 抗 震 分 析

6.1 一 般 规 定

6.1.1 复杂立交工程应进行专门抗震研究。对墩高超过 40m，墩身第一阶振型有效质量低于 60%，且结构进入塑性的高墩桥梁，应进行专门研究。

6.1.2 抗震分析时，可将桥梁划分为规则桥梁和非规则桥梁两类。简支梁及表 6.1.2 限定范围内的梁桥属于规则桥梁，不在此表限定范围内的桥梁属于非规则桥梁。

表 6.1.2 规则桥梁的定义

参　数	参　数　值				
单跨最大跨径	≤90m				
墩高	≤30m				
单墩长细比	大于 2.5 且小于 10				
跨数	2	3	4	5	6
曲线桥梁圆心角 φ 及半径 R	单跨 $\varphi<30°$ 且一联累计 $\varphi<90°$，同时曲梁半径 $R\geqslant20B_0$ （B_0 为桥宽）				
跨与跨间最大跨长比	3	2	2	1.5	1.5
轴压比	<0.3				
任意两桥墩间最大刚度比	—	4	4	3	2
下部结构类型	桥墩为单柱墩、双柱框架墩、多柱排架墩				
地基条件	不易液化、侧向滑移或不易冲刷的场地，远离断层				

6.1.3 根据本规范第 6.1.2 条的规则桥梁和非规则桥梁分类，桥梁的抗震分析计算方法可按表 6.1.3 选用。

表 6.1.3 桥梁抗震分析方法

桥梁分类　　地震作用	采用 A 类抗震设计方法		采用 B 类抗震设计方法	
	规则	非规则	规则	非规则
E1 地震作用	SM/MM	MM/TH	SM/MM	MM/TH
E2 地震作用	SM/MM	MM/TH		

注：TH 为线性或非线性时程计算方法；
　　SM 为单振型反应谱法；
　　MM 为多振型反应谱法。

6.1.4 E2 地震作用下，若大跨度连续梁或连续刚构桥（主跨超过 90m）墩柱已进入塑性工作范围，且桥梁承台质量较大，地下承台质量惯性力对桩基础地震作用效应不能忽略时，应采用非线性时程分析方法进行抗震分析。

6.1.5 对 6 跨及 6 跨以上一联主跨超过 90m 连续梁桥，应采用非线性时程分析方法考虑活动支座摩擦作用效应，进行抗震分析。

6.1.6 对复杂立交工程、斜桥和非规则曲线桥，宜采用非线性时程分析方法进行抗震分析。

6.1.7 地震作用下，桥台台身地震惯性力可按静力法计算。

6.1.8 在进行桥梁抗震分析时，E1 地震作用下，桥梁的所有构件抗弯刚度均应按毛截面计算；E2 地震作用下，延性构件的有效截面抗弯刚度应按式

（6.1.8）计算，对圆形和矩形桥墩，可按本规范附录 A 取值，但其他构件抗弯刚度仍应按毛截面计算：

$$E_c \times I_{eff} = \frac{M_y}{\phi_y} \quad (6.1.8)$$

式中：E_c ——桥墩混凝土的弹性模量（kN/m²）；

　　　I_{eff} ——桥墩有效截面抗弯惯性矩（m⁴）；

　　　M_y ——等效屈服弯矩（kN·m），可按本规范第 7.3.8 条计算；

　　　ϕ_y ——等效屈服曲率（1/m），可按本规范第 7.3.8 条计算。

6.1.9 在进行桥梁结构抗震分析时，地震动的输入宜按下列方式选取：

　　1 跨越河流的桥梁，地震动输入宜取一般冲刷线处场地地震动；

　　2 其他桥梁，地震动输入宜取地表处场地地震动。

6.2 建 模 原 则

6.2.1 在 E1 和 E2 地震作用下，一般情况下应建立桥梁结构的空间动力计算模型进行抗震分析，计算模型应反映实际桥梁结构的动力特性。规则桥梁可按本规范第 6.5 节的要求选用简化计算模型。

6.2.2 桥梁结构动力计算模型应能正确反映桥梁上部结构、下部结构、支座和地基的刚度、质量分布及阻尼特性，一般情况下应满足下列要求：

　　1 计算模型中的梁体和墩柱可采用空间杆系单元模拟，单元质量可采用集中质量代表；墩柱和梁体的单元划分应反映结构的实际动力特性；

　　2 支座单元应反映支座的力学特性；

　　3 混凝土结构的阻尼比可取为 0.05；进行时程分析时，可采用瑞利阻尼；

　　4 计算模型应考虑相邻结构和边界条件的影响，对于共同参与地震力分配的相邻结构，应考虑相邻结构边界条件的影响，一般情况应取计算模型左右各一联桥梁结构作为边界条件。

6.2.3 当进行直线桥梁地震反应分析时，可分别考虑沿顺桥向和横桥向两个水平方向地震动输入；当进行曲线桥梁地震反应分析时，宜分别沿相邻两桥墩连线方向和垂直于连线水平方向进行多方向地震输入，以确定最不利地震水平输入方向。

6.2.4 当进行非线性时程分析时，墩柱应采用能反映结构弹塑性动力行为的单元。

6.2.5 桥梁结构抗震分析时应考虑支座的影响。板式橡胶支座可采用线性弹簧单元模拟；其剪切刚度可按下式计算：

$$k = \frac{G_d A_r}{\Sigma t} \quad (6.2.5)$$

式中：G_d ——板式橡胶支座的动剪切模量（kN/m²），一般取 1200kN/m²；

A_r ——橡胶支座的剪切面积（m^2）；

Σt ——橡胶层的总厚度（m）。

6.2.6 活动支座的摩擦作用效应可采用双线性理想弹塑性弹簧单元模拟，其恢复力模型见图6.2.6，并应符合下列要求：

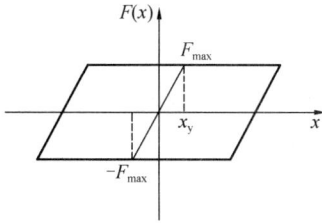

图 6.2.6 活动支座恢复力模型

1 活动支座临界滑动摩擦力 F_{max}（kN）：

$$F_{max} = \mu_d W \qquad (6.2.6-1)$$

2 初始刚度：

$$k = \frac{F_{max}}{x_y} \qquad (6.2.6-2)$$

式中：μ_d ——滑动摩擦系数，一般取0.02；

W ——支座所承担的上部结构重力（kN）；

x_y ——活动盆式支座屈服位移（m），取支座临界滑动时的位移，一般取0.003m。

6.2.7 对采用桩基础的桥梁，计算模型应考虑桩土共同作用，桩土的共同作用可采用等代土弹簧模拟，等代土弹簧的刚度可采用 m 法计算。

6.2.8 当墩柱的计算高度与矩形截面短边尺寸之比大于8时，或墩柱的计算高度与圆形截面直径之比大于6时，应考虑 P-Δ 效应。

6.3 反 应 谱 法

6.3.1 当采用反应谱法计算时，加速度反应谱应按本规范第5.2节的规定确定。

6.3.2 当采用多振型反应谱法计算时，振型阶数在计算方向给出的有效振型参与质量不应低于该方向结构总质量的90%。

6.3.3 振型组合方法应按下列规定采用：

1 一般可采用SRSS方法，按下式确定：

$$F = \sqrt{\Sigma S_i^2} \qquad (6.3.3-1)$$

式中：F ——结构的地震作用效应；

S_i ——结构第 i 阶振型地震作用效应。

2 当结构相邻两阶振型的自振周期 T_m 和 T_n 接近时（$T_m > T_n$），即 T_n 和 T_m 之比 ρ_T 满足式（6.3.3-2），应采用CQC方法按式（6.3.3-3）计算地震作用效应：

$$\rho_T = \frac{T_n}{T_m} \geqslant \frac{0.1}{0.1 + \xi} \qquad (6.3.3-2)$$

$$F = \sqrt{\Sigma\Sigma S_i r_{ij} S_j} \qquad (6.3.3-3)$$

$$r_{ij} = \frac{8\xi^2(1+\rho_T)\rho_T^{3/2}}{(1-\rho_T^2)^2 + 4\xi^2\rho_T(1+\rho_T)^2} \qquad (6.3.3-4)$$

式中：ξ ——阻尼比；

ρ_T ——周期比；

r_{ij} ——相关系数。

6.4 时程分析法

6.4.1 地震加速度时程应按本规范第5.3节的规定选取。

6.4.2 时程分析的最终结果，当采用3组地震加速度时程计算时，应取各组计算结果的最大值；当采用7组及以上地震加速度时程计算时，可取结果的平均值。

6.5 规则桥梁抗震分析

6.5.1 对满足本规范第6.1.3条要求的规则桥梁可按本节分析方法，等效为单自由度体系，按单振型反应谱方法进行E1和E2地震作用下结构的内力和变形计算。

6.5.2 对简支梁桥，其顺桥向和横桥向水平地震力可采用下列简化方法计算，其计算简图如图6.5.2所示：

1 顺桥向和横桥向水平地震力可按下式计算：

$$E_{ktp} = SM_t \qquad (6.5.2-1)$$

$$M_t = M_{sp} + \eta_{cp}M_{cp} + \eta_p M_p \qquad (6.5.2-2)$$

$$\eta_{cp} = X_0^2 \qquad (6.5.2-3)$$

$$\eta_p = 0.16(X_0^2 + X_f^2 + 2X_{f\frac{1}{2}}^2 + X_f X_{f\frac{1}{2}} + X_0 X_{f\frac{1}{2}}) \qquad (6.5.2-4)$$

式中：E_{ktp} ——顺桥向作用于固定支座顶面或横桥向作用于上部结构质心处的水平力（kN）；

S ——根据结构基本周期，按本规范第5.2.1条计算出的反应谱值；

M_t ——换算质点质量（t）；

M_{sp} ——桥梁上部结构的质量（t），一跨梁的质量，对于轨道交通桥梁横桥向，还应计入50%活载质量；

M_{cp} ——盖梁的质量（t）；

M_p ——墩身质量（t），对于扩大基础，为基础顶面以上墩身的质量；

η_{cp} ——盖梁质量换算系数；

η_p ——墩身质量换算系数；

X_0 ——考虑地基变形时，顺桥向作用于支座顶面或横桥向作用于上部结构质心处的单位水平力在墩身计算高度 H 处引起的水平位移与单位力作用处的水平位移之比值；

X_f、$X_{f\frac{1}{2}}$ ——分别为考虑地基变形时，顺桥向作用于支座顶面上或横桥向作用于上部结构质心处的单位水平力在墩身计算高度 $H/2$ 处，一般冲刷线或基础顶面引起的水平位移与单位力作用处的水平位移之比值。

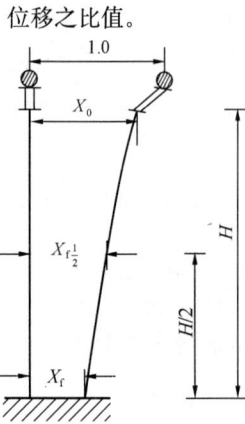

图 6.5.2 柱式墩计算简图

2 一般情况可按下式计算各简支梁桥的基本周期：

$$T_1 = 2\pi \sqrt{M_t \delta} \qquad (6.5.2\text{-}5)$$

式中：T_1——简支梁桥顺桥向或横桥向的基本周期（s）；

δ——在顺桥向或横桥向作用于支座顶面或上部结构质心上单位水平力在该处引起的水平位移（m/kN），顺桥和横桥方向应分别计算，计算时可按现行行业标准《公路桥涵地基与基础设计规范》JTG D63 的有关规定计算地基变形作用效应。

6.5.3 连续梁一联中一个墩采用顺桥向固定支座，其余均为顺桥向活动支座，其顺桥向地震反应可按下列公式计算：

1 顺桥向作用于固定支座顶面地震力可按下式计算：

$$E_{ktp} = SM_t - \sum_{i=1}^{N} \mu_i R_i \qquad (6.5.3\text{-}1)$$

$$M_t = M_{sp} + M_{cp} + \eta_p M_p \qquad (6.5.3\text{-}2)$$

2 顺桥向作用于活动支座顶面地震力可按下式计算：

$$E_{kti} = \mu_i R_i \qquad (6.5.3\text{-}3)$$

式中：M_t——支座顶面处的换算质点质量（t）；

M_{sp}——一联梁上部结构的质量（t）；

M_{cp}——固定墩盖梁的质量（t）；

M_p——固定墩墩身质量（t）；

R_i——第 i 个活动支座的恒载反力（kN）；

μ_i——第 i 个活动支座的摩擦系数，一般取 0.02。

6.5.4 采用板式橡胶支座的规则连续梁和连续刚构桥梁在顺桥向 E1 和 E2 地震作用下的地震反应可按以下简化方法计算：

1 建立结构计算模型，模型中应考虑上部结构、支座、桥墩及基础等刚度的影响，计算均布荷载 p_0 沿一联梁体轴线作用下结构的位移 $v_s(x)$，计算简图

如图 6.5.4 所示。

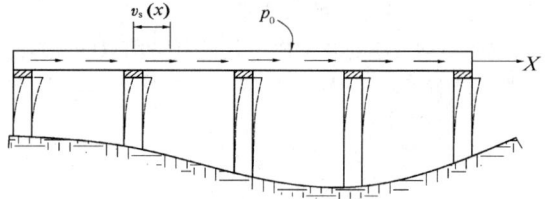

图 6.5.4 顺桥向计算模型

2 计算桥梁的顺桥向等效刚度 K_l：

$$K_l = \frac{p_0 L}{v_{s,\max}} \qquad (6.5.4\text{-}1)$$

式中：p_0——均布荷载（kN/m）；

L——一联桥梁总长（m）；

$v_{s,\max}$——p_0 作用下的最大水平位移（m）；

K_l——桥梁的顺桥向等效刚度（kN/m）。

3 计算结构周期 T：

$$T = 2\pi \sqrt{\frac{M_t}{K_l}} \qquad (6.5.4\text{-}2)$$

式中：M_t——一联桥梁总质量，应包含梁体质量，以及按本规范第 6.5.2 条墩身质量换算系数 η_p、盖梁质量换算系数 η_{cp} 等效的各墩身及其盖梁质量（t）。

4 计算地震等效均布荷载 p_e：

$$p_e = \frac{SM_t}{L} \qquad (6.5.4\text{-}3)$$

式中：p_e——地震等效静力荷载（kN/m）；

S——根据结构周期 T 计算出的反应谱值。

5 按静力法计算均布荷载 p_e 作用下的结构内力、位移反应。

6.5.5 规则连续梁和连续刚架桥，当全桥墩梁间横桥向没有相对位移时，在横桥向 E1 和 E2 地震作用下的地震反应，可按下列方法计算：

1 建立结构计算模型，在模型中应考虑上部结构、支座、桥墩及基础等刚度的影响，为了考虑相邻结构边界条件的影响，一般情况应取计算模型左右各一联桥梁结构作为边界条件。

2 计算均布荷载 p_0 沿计算模型（包含边界联）垂直梁体轴线方向作用下，计算联横桥向最大结构的位移 $v_s(x)$，计算简图如图 6.5.5 所示。

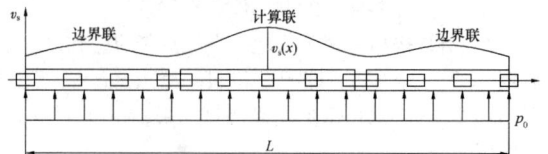

图 6.5.5 横桥向计算模型

3 计算桥梁的横桥向等效刚度 K_t：

$$K_t = \frac{p_0 L}{v_{s,\max}} \qquad (6.5.5\text{-}1)$$

式中：p_0——均布荷载（kN/m）；

L——计算模型总长（包含左右边界联的长度）（m）；

$v_{s,max}$——p_0 作用下计算联最大横向水平位移（m）；

K_t——横桥向等效刚度（kN/m）。

4 计算结构周期 T：

$$T = 2\pi\sqrt{\frac{M_t}{K_t}} \qquad (6.5.5-2)$$

5 计算地震等效均布荷载 p_e：

$$p_e = \frac{SM_t}{L} \qquad (6.5.5-3)$$

式中：p_e——地震等效均布荷载（kN/m）。

6 按静力法计算均布荷载 p_e 作用下的结构内力、位移反应。

6.6 能力保护构件计算

6.6.1 在 E2 地震作用下，如结构未进入塑性，桥梁墩柱的剪力设计值，桥梁盖梁、基础和支座的内力设计值可采用 E2 地震作用的计算结果。

6.6.2 当桥梁盖梁、基础、支座和墩柱抗剪作为能力保护构件设计时，其弯矩和剪力设计值，应取与墩柱塑性铰区域截面超强弯矩所对应的弯矩和剪力值。

6.6.3 单柱墩塑性铰区域截面超强弯矩应按下式计算：

$$M_{y0} = \phi^0 M_u \qquad (6.6.3)$$

式中：M_{y0}——顺桥向和横桥向超强弯矩；

M_u——按截面实配钢筋，采用材料强度标准值，在恒载轴力作用下计算出的截面顺桥向和横桥向受弯承载力；

ϕ^0——桥墩正截面受弯承载力超强系数，ϕ^0 取 1.2。

6.6.4 双柱和多柱墩塑性铰区域截面顺桥向超强弯矩可按本规范第 6.6.3 条计算，横桥向超强弯矩可按下列步骤计算：

1 假设墩柱轴力为恒载轴力。

2 按截面实配钢筋，采用材料强度标准值，按本规范式（6.6.3）计算出各墩柱塑性铰区域截面超强弯矩。

3 计算各墩柱相应于其超强弯矩的剪力值，并按下式计算各墩柱剪力值之和 V（kN）：

$$V = \sum_i^N V_i \qquad (6.6.4)$$

式中：V_i——各墩柱相应于塑性铰区域截面的超强弯矩的剪力值（kN）。

4 将 V 按正、负方向分别施加于盖梁质心处，计算各墩柱所产生的轴力（如图 6.6.4 所示）。

5 将合剪力 V 产生的轴力与恒载轴力组合后，采用组合的轴力，重复步骤 2 和 4 进行迭代计算，直到相邻 2 次计算各墩柱剪力之和相差在 10% 以内。

6 采用上述组合中的轴力最大压力组合，按步骤 2 计算各墩柱塑性区域截面超强弯矩。

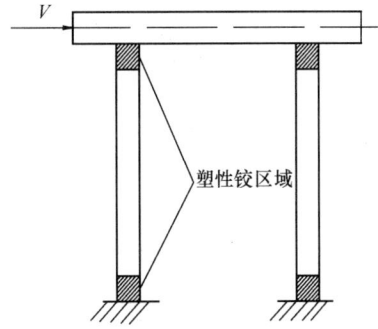

图 6.6.4 轴力计算模式

6.6.5 延性墩柱沿顺桥向和横桥向剪力设计值应根据塑性铰区域截面超强弯矩来计算。

6.6.6 固定支座和板式橡胶支座的水平地震设计力可按能力保护方法计算；当按能力保护方法计算时，支座在顺桥向和横桥向的地震水平力可分别直接取本规范第 6.6.5 条计算出的各墩柱沿顺桥向和横桥向剪力值。

6.6.7 延性桥墩的盖梁弯矩设计值 M_{p0}，应按下式计算：

$$M_{p0} = M_{hc}^S + M_G \qquad (6.6.7)$$

式中：M_{hc}^S——墩柱顶端截面超强弯矩（应分别考虑正负弯矩）（kN·m）；

M_G——由结构恒载产生的弯矩（kN·m）。

6.6.8 延性桥墩盖梁的剪力设计值 V_{c0} 可按下式计算：

$$V_{c0} = \frac{M_{pc}^R + M_{pc}^t}{L_0} \qquad (6.6.8)$$

式中：M_{pc}^t, M_{pc}^R——盖梁左右端截面按实配钢筋，采用材料强度标准值计算出的正截面抗弯承载力（kN·m）；

L_0——盖梁的净跨度（m）。

6.6.9 梁桥基础的弯矩、剪力和轴力的设计值应根据墩柱底部可能出现塑性铰处截面的超强弯矩、剪力设计值和墩柱恒载轴力，并考虑承台的贡献来计算。对双柱墩、多柱墩横桥向基础，应根据本规范式（6.6.4）计算出的各墩柱合剪力 V 作用在盖梁质心处在承台顶产生的弯矩、剪力和轴力。

6.6.10 对低桩承台基础，作用在承台的水平地震惯性力可用静力法按下式计算：

$$F_t = M_t A \qquad (6.6.10)$$

式中：F_t——作用在承台中心处的水平地震力（kN）；

M_t——承台的质量（t）；

A——水平向地震动峰值加速度，按本规范第 3.2.2 条取值。

6.7 桥　　台

6.7.1 桥台台身的水平地震力可按下式计算：

$$E_{hau} = M_{au}A \qquad (6.7.1)$$

式中：A——水平向地震动加速度峰值，按本规范第3.2.2条取值；

E_{hau}——作用于台身重心处的水平地震作用力（kN）；

M_{au}——基础顶面以上台身的质量（t）。

1 对修建在基岩上的桥台，其水平地震力可按式（6.7.1）计算值的80%采用；

2 验算设有固定支座的梁桥桥台时，应计入由上部结构所产生的水平地震力，其值按式（6.7.1）计算，但 M_{au} 应加上一孔（简支梁）或一联（连续梁）梁的质量。

6.7.2 作用在桥台上的主动土压力和动水压力可按本规范第5.4节计算。

7　抗 震 验 算

7.1 一 般 规 定

7.1.1 城市梁式桥的桥墩、桥台、基础及支座等应作抗震验算。

7.1.2 在E1和E2地震作用下，各类城市桥梁的抗震验算目标应满足本规范表3.1.2的要求。

7.2 E1 地震作用下抗震验算

7.2.1 采用 A 类抗震设计方法设计的桥梁，顺桥向和横桥向 E1 地震作用效应按本规范第5.5.2条组合后，应按现行行业标准《公路钢筋混凝土及预应力混凝土桥涵设计规范》JTG D62 和《公路桥涵地基与基础设计规范》JTG D63 相关规定验算桥墩、桥台的强度；采用 B 类抗震设计方法设计的桥梁，顺桥向和横桥向 E1 地震作用效应按本规范第5.5.2条组合后，应按现行行业标准《公路钢筋混凝土及预应力混凝土桥涵设计规范》JTG D62 和《公路桥涵地基与基础设计规范》JTG D63 相关规定验算桥墩、桥台、盖梁和基础等的强度。

7.2.2 采用 B 类抗震设计方法设计的桥梁，支座抗震能力可按下列方法验算：

1 板式橡胶支座的抗震验算：

1）支座厚度验算

$$\Sigma t \geqslant \frac{X_E}{\tan\gamma} = X_E \qquad (7.2.2\text{-}1)$$

$$X_E = \alpha_d X_D + X_H + 0.5X_T \qquad (7.2.2\text{-}2)$$

式中：X_E——考虑地震作用、均匀温度作用和永久作用组合后的支座位移（m）；

Σt——橡胶层的总厚度（m）；

$\tan\gamma$——橡胶片剪切角正切值，取 $\tan\gamma = 1.0$；

X_D——E1 地震作用下支座水平位移（m）；

X_H——永久作用产生的支座水平位移（m）；

X_T——均匀温度作用产生的支座水平位移（m）；

α_d——支座调整系数，一般取 2.3。

2）支座抗滑稳定性验算：

$$\mu_d R_b \geqslant E_{hzh} \qquad (7.2.2\text{-}3)$$

$$E_{hzh} = \alpha_d E_{hze} + E_{hzd} + 0.5E_{hzt} \qquad (7.2.2\text{-}4)$$

式中：μ_d——支座的动摩阻系数，橡胶支座与混凝土表面的动摩阻系数采用0.15；与钢板的动摩阻系数采用0.10；

E_{hzh}——支座水平组合地震力（kN）；

R_b——上部结构重力在支座上产生的反力（kN）；

E_{hze}——E1 地震作用下支座的水平地震力（kN）；

E_{hzd}——永久作用产生的支座水平力（kN）；

E_{hzt}——均匀温度引起的支座水平力（kN）；

α_d——支座调整系数，一般取 2.3。

2 盆式支座和球形支座的抗震验算：

1）活动支座

$$X_E \leqslant X_{max} \qquad (7.2.2\text{-}5)$$

2）固定支座

$$E_{hzh} \leqslant E_{max} \qquad (7.2.2\text{-}6)$$

式中：X_{max}——活动支座容许滑动的水平位移（m）；

E_{max}——固定支座容许承受的水平力（kN）。

7.3 E2 地震作用下抗震验算

7.3.1 E2 地震作用下，应按式（7.3.4-1）验算桥墩墩顶的位移。对高宽比小于 2.5 的矮墩，可不验算桥墩的变形，但应按本规范第7.3.2条验算抗弯和抗剪强度。采用非线性时程进行地震反应分析的桥梁可按式（7.3.4-2）验算塑性转角。

7.3.2 对矮墩，顺桥向和横桥向 E2 地震作用效应和永久作用效应组合后，应按现行行业标准《公路钢筋混凝土及预应力混凝土桥涵设计规范》JTG D62 相关规定验算桥墩抗弯和抗剪强度，在验算矮墩抗弯强度时，截面抗弯能力可采用材料强度标准值计算。

7.3.3 在进行桥墩位移验算时，按弹性方法计算出的地震位移应乘以考虑弹塑性效应的地震位移修正系数 R_d，地震位移修正系数 R_d 可按下式计算：

$$R_d = \left(1 - \frac{1}{\mu_D}\right)\frac{T^*}{T} + \frac{1}{\mu_D} \geqslant 1.0, \frac{T^*}{T} > 1.0$$

$$(7.3.3\text{-}1)$$

$$R_d = 1.0, \frac{T^*}{T} \leqslant 1.0 \qquad (7.3.3\text{-}2)$$

$$T^* = 1.25T_g \qquad (7.3.3\text{-}3)$$

式中：T——结构自振周期；

T_g ——反应谱特征周期；

μ_D ——桥墩构件延性系数；一般情况可取 3。

7.3.4 E2 地震作用下，应按下列公式验算顺桥向和横桥向桥墩墩顶的位移或桥墩塑性铰区域塑性转动能力：

$$\Delta_d \leqslant \Delta_u \qquad (7.3.4\text{-}1)$$
$$\theta_p \leqslant \theta_u \qquad (7.3.4\text{-}2)$$

式中：Δ_d ——E2 地震作用下墩顶的位移（cm）；若 E2 地震作用时墩顶的位移是采用弹性方法计算，应乘以本规范第 7.3.3 条规定的地震位移修正系数；

Δ_u ——桥墩容许位移（cm），按本规范第 7.3.5 和 7.3.7 条计算；

θ_p ——E2 地震作用下，塑性铰区域的塑性转角；

θ_u ——塑性铰区域的最大容许转角，可按本规范式（7.3.6）计算。

7.3.5 单柱墩容许位移可按下式计算：

$$\Delta_u = \frac{1}{3}H^2 \times \phi_y + \left(H - \frac{L_p}{2}\right) \times \theta_u$$
$$(7.3.5\text{-}1)$$

$$L_p = 0.08H + 0.022 f_y d_{bl} \geqslant 0.044 f_y d_{bl}$$
$$(7.3.5\text{-}2)$$

式中：H ——悬臂墩的高度或塑性铰截面到反弯点的距离（cm）；

ϕ_y ——截面的等效屈服曲率（1/cm），一般情况下，可按本规范第 7.3.8 条计算；但对于圆形截面和矩形截面桥墩，可按本规范附录 B 计算；

L_p ——等效塑性铰长度（cm）；

f_y ——纵向钢筋抗拉强度标准值（MPa）；

d_{bl} ——纵向主筋的直径（cm）。

7.3.6 塑性铰区域的最大容许转角应根据极限破坏状态的曲率能力，按下式计算：

$$\theta_u = L_p(\phi_u - \phi_y)/K \qquad (7.3.6)$$

式中：ϕ_u ——极限破坏状态的曲率能力（1/cm），一般情况下，可按本规范第 7.3.9 条计算；但对于矩形截面和圆形截面桥墩，可按本规范附录 B 计算；

K ——延性安全系数，取 2.0。

7.3.7 对双柱墩、排架墩，其顺桥向的容许位移可按本规范式（7.3.5-1）计算，横桥向的容许位移可在盖梁处施加水平力 F（图 7.3.7），进行非线性静力分析，当墩柱的任一塑性铰达到其最大容许转角或塑性铰区控制截面达到最大容许曲率时，盖梁处的横向水平位移即为容许位移。

注：最大容许曲率为极限破坏状态的曲率能力除以安全系数，安全系数取 2。

7.3.8 截面的等效屈服曲率 ϕ_y 和等效屈服弯矩 M_y

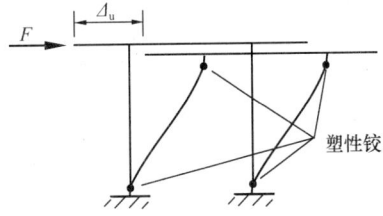

图 7.3.7 双柱墩的容许位移

可通过把实际的弯矩-曲率曲线等效为理想弹塑性弯矩-曲率曲线来求得，等效方法可根据图中两个阴影面积相等求得（图 7.3.8），计算中应考虑最不利轴力组合。

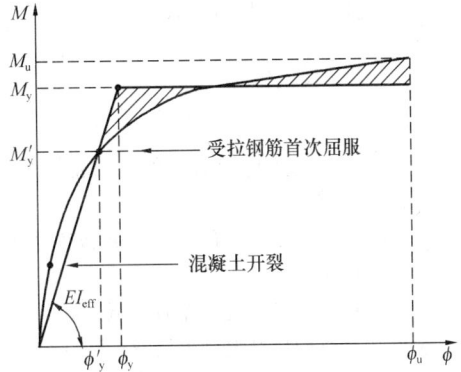

图 7.3.8 等效屈服曲率

7.3.9 极限破坏状态的曲率能力 ϕ_u 应通过考虑最不利轴力组合的 M-ϕ 曲线确定，为混凝土应变达到极限压应变 ε_{cu}，或纵筋达到折减极限应变 ε_{lu} 时相应的曲率。混凝土的极限压应变 ε_{cu} 可按下式计算：

$$\varepsilon_{cu} = 0.004 + \frac{1.4\rho_s \cdot f_{kh} \cdot \varepsilon_{su}^R}{f_{c,ck}} \qquad (7.3.9)$$

式中：ρ_s ——约束钢筋的体积含筋率；

f_{kh} ——箍筋抗拉强度标准值（MPa）；

$f_{c,ck}$ ——约束混凝土的峰值应力（MPa），一般情况下可取 1.25 倍的混凝土抗压强度标准值；

ε_{su}^R ——约束钢筋的折减极限应变，$\varepsilon_{su}^R = 0.09$。

纵筋的折减极限应变 ε_{lu} 取为 0.1。

7.3.10 应根据本规范第 6.7 节计算出桥台的地震作用效应和永久作用效应组合后，按现行行业标准《公路钢筋混凝土及预应力混凝土桥涵设计规范》JTG D62-2004 相关规定验算桥台的承载能力。

7.4 能力保护构件验算

7.4.1 采用 A 类抗震设计方法设计的桥梁，其能力保护构件（墩柱抗剪、盖梁、基础及支座等）宜按本节方法进行抗震验算。

7.4.2 墩柱塑性铰区域沿顺桥向和横桥向的斜截面抗剪强度应按下列公式验算：

$$V_{c0} \leqslant \phi(V_c + V_s) \qquad (7.4.2\text{-}1)$$

$$V_c = 0.1 v_c A_e \qquad (7.4.2\text{-}2)$$

$$v_c = \begin{cases} 0, & P_c \leqslant 0 \\ \lambda\left(1 + \dfrac{P_c}{1.38 \times A_g}\right)\sqrt{f_{cd}} \leqslant \min\begin{cases} 0.355\sqrt{f_{cd}}, \\ 1.47\lambda\sqrt{f_{cd}} \end{cases} & P_c > 0 \end{cases}$$
$$(7.4.2\text{-}3)$$

$$0.03 \leqslant \lambda = \frac{\rho_s f_{yh}}{10} + 0.38 - 0.1\mu_\Delta \leqslant 0.3$$
$$(7.4.2\text{-}4)$$

$$\rho_s = \begin{cases} \dfrac{4A_{sp}}{sD'}, & \text{圆形截面} \\ \dfrac{2A_v}{bs}, & \text{矩形截面} \end{cases} \leqslant 2.4/f_{yh} \quad (7.4.2\text{-}5)$$

$$V_s = \begin{cases} 0.1 \times \dfrac{\pi}{2}\,\dfrac{A_{sp} f_{yh} D'}{s}, & \text{圆形截面} \\ 0.1 \times \dfrac{A_v f_{yh} h_0}{s}, & \text{矩形截面} \end{cases} \leqslant 0.08\sqrt{f_{cd}}A_e$$
$$(7.4.2\text{-}6)$$

式中：V_{c0}——剪力设计值（kN），按本规范第 6.6 节计算；

V_c——塑性铰区域混凝土的抗剪能力贡献（kN）；

V_s——横向钢筋的抗剪能力贡献（kN）；

v_c——塑性铰区域混凝土抗剪强度（MPa）；

f_{cd}——混凝土抗压强度设计值（MPa）；

A_e——核芯混凝土面积，可取 $A_e = 0.8A_g$（cm²）；

A_g——墩柱塑性铰区域截面全面积（cm²）；

μ_Δ——墩柱位移延性系数，为墩柱地震位移需求 Δ_d 与墩柱塑性铰屈服时的位移之比；

P_c——墩柱截面最小轴压力，对于框架墩横向需按本规范第 6.6.4 条计算（kN）；

A_{sp}——螺旋箍筋面积（cm²）；

A_v——计算方向上箍筋面积总和（cm²）；

s——箍筋的间距（cm）；

f_{yh}——箍筋抗拉强度设计值（MPa）；

b——墩柱的宽度（cm）；

D'——螺旋箍筋环的直径（cm）；

h_0——核芯混凝土受压边缘至受拉侧钢筋重心的距离（cm）；

ϕ——抗剪强度折减系数，$\phi = 0.85$。

7.4.3 根据本规范第 6.6 节计算的基础弯矩、剪力和轴力设计值和永久作用效应组合后，应按现行行业标准《公路桥涵地基与基础设计规范》JTG D63 进行基础强度验算。在验算桩基础截面抗震强度时，截面抗弯能力可采用材料强度标准值计算。

7.4.4 根据本规范第 6.6 节计算的盖梁弯矩设计值、剪力设计值和永久作用效应组合后，应按现行行业标准《公路钢筋混凝土及预应力混凝土桥涵设计规范》JTG D62 验算盖梁的正截面抗弯强度和斜截面抗剪

强度。

7.4.5 板式橡胶支座的抗震验算应符合下列要求：

1 支座厚度验算：

$$\Sigma t \geqslant \frac{X_B}{\tan\gamma} = X_B \qquad (7.4.5\text{-}1)$$

$$X_B = X_D + X_H + 0.5X_T \qquad (7.4.5\text{-}2)$$

式中：Σt——橡胶层的总厚度（m）；

$\tan\gamma$——橡胶片剪切角正切值，取 $\tan\gamma = 1.0$；

X_B——按照本规范第 6.6.6 条计算的支座水平地震设计力产生的支座水平位移、永久作用效应以及均匀温度作用效应组合后的支座水平位移；

X_D——按照本规范第 6.6.6 条计算的支座水平地震设计力产生的支座水平位移（m）；

X_H——永久作用产生的支座水平位移（m）；

X_T——均匀温度作用引起的支座水平位移（m）。

2 支座抗滑稳定性验算：

$$\mu_d R_b \geqslant E_{hzh} \qquad (7.4.5\text{-}3)$$

$$E_{hzh} = E_{hze} + E_{hzd} + 0.5E_{hzt} \qquad (7.4.5\text{-}4)$$

式中：μ_d——支座的动摩阻系数，橡胶支座与混凝土表面的动摩阻系数采用 0.15；与钢板的动摩阻系数采用 0.10；

E_{hzh}——按照本规范第 6.6.6 条计算的支座水平地震设计力、永久作用效应以及均匀温度作用效应组合后得到的支座的水平力设计值（kN）；

E_{hze}——按本规范第 6.6.6 条计算的支座水平地震设计力（kN）；

E_{hzd}——永久作用产生的支座水平力（kN）；

E_{hzt}——均匀温度作用引起的支座水平力（kN）。

7.4.6 盆式支座和球形支座的抗震验算应符合下列要求：

1 活动支座：

$$X_B \leqslant X_{max} \qquad (7.4.6\text{-}1)$$

2 固定支座：

$$E_{hzh} \leqslant E_{max} \qquad (7.4.6\text{-}2)$$

式中：X_{max}——活动支座容许滑动水平位移（m）；

E_{max}——固定支座容许承受的水平力（kN）。

8 抗震构造细节设计

8.1 墩柱结构构造

8.1.1 对地震基本烈度 7 度及以上地区，墩柱塑性铰区域内加密箍筋的配置，应符合下列要求：

1 加密区的长度不应小于墩柱弯曲方向截面边长或墩柱上弯矩超过最大弯矩 **80%** 的范围；当墩柱

的高度与弯曲方向截面边长之比小于 2.5 时，墩柱加密区的长度应取墩柱全高；

  2 加密箍筋的最大间距不应大于 10cm 或 $6d_{bl}$ 或 $b/4$（d_{bl} 为纵筋的直径，b 为墩柱弯曲方向的截面边长）；

  3 箍筋的直径不应小于 10mm；

  4 螺旋式箍筋的接头必须采用对接焊，矩形箍筋应有 135°弯钩，并应伸入核心混凝土之内 $6d_{bl}$ 以上。

8.1.2 对地震基本烈度 7 度、8 度地区，圆形、矩形墩柱塑性铰区域内加密箍筋的最小体积配箍率 ρ_{smin}，应按式（8.1.2-1）和式（8.1.2-2）计算。对地震基本烈度 9 度及以上地区，圆形、矩形墩柱塑性铰区域内加密箍筋的最小体积配箍率 ρ_{smin} 应比地震基本烈度 7 度、8 度地区适当增加，以提高其延性能力。

  1 圆形截面：

$$\rho_{smin} = [0.14\eta_k + 5.84(\eta_k - 0.1)(\rho_t - 0.01) + 0.028]\frac{f_{ck}}{f_{hk}}$$
$$\geqslant 0.004 \tag{8.1.2-1}$$

  2 矩形截面：

$$\rho_{smin} = [0.1\eta_k + 4.17(\eta_k - 0.1)(\rho_t - 0.01) + 0.02]\frac{f_{ck}}{f_{hk}}$$
$$\geqslant 0.004 \tag{8.1.2-2}$$

式中：η_k——轴压比，指结构的最不利组合轴向压力与柱的全截面面积和混凝土轴心抗压强度设计值乘积之比值；

   ρ_t——纵向配筋率；

   f_{hk}——箍筋抗拉强度标准值（MPa）；

   f_{ck}——混凝土抗压强度标准值（MPa）。

8.1.3 墩柱塑性铰加密区以外区域的箍筋量应逐渐减少，但箍筋的体积配箍率不应少于塑性铰区域体积配箍率的 50%。

8.1.4 墩柱的纵向钢筋宜对称配置，纵向钢筋的面积不宜小于 $0.006A_g$，且不应超过 $0.04A_g$（A_g 为墩柱截面全面积）。

8.1.5 空心截面墩柱塑性铰区域内加密箍筋的构造，除满足对实体桥墩的要求外，还应配置内外两层环形箍筋，在内外两层环形箍筋之间应配置足够的拉筋（图 8.1.5）。

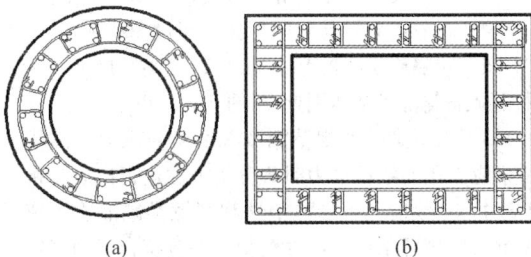

    (a)   (b)

图 8.1.5 常用空心截面类型

8.1.6 墩柱的纵筋应延伸至盖梁和承台的另一侧面，纵筋的锚固和搭接长度应在现行行业标准《公路钢筋混凝土及预应力混凝土桥涵设计规范》JTG D62 要求

的基础上增加 $10d_{bl}$（d_{bl} 为纵筋的直径），不应在塑性铰区域进行纵筋的连接。

8.1.7 塑性铰加密区域配置的箍筋应延伸到盖梁和承台内，延伸到盖梁或承台的距离不宜小于墩柱长边尺寸的 1/2，并不应小于 50cm。

8.2 节点构造

8.2.1 节点的主拉应力和主压应力可按下式计算：

$$\sigma_c, \sigma_t = \frac{f_v + f_h}{2} \pm \sqrt{\left(\frac{f_v - f_h}{2}\right)^2 + v_{jh}^2}$$
$$\tag{8.2.1-1}$$

$$v_{jh} = v_{jv} = \frac{V_{jh}}{b_{je}h_b} \times 10^{-3} \tag{8.2.1-2}$$

$$V_{jh} = T_c + C_c^b \tag{8.2.1-3}$$

$$f_v = \frac{P_c^b + P_c^t}{2b_b h_c} \times 10^{-3} \tag{8.2.1-4}$$

$$f_h = \frac{P_b}{b_{je}h_b} \times 10^{-3} \tag{8.2.1-5}$$

式中：σ_c, σ_t——节点的名义主压应力和名义主拉应力（MPa）；

   v_{jh}——节点的水平方向名义剪应力（MPa）；

   v_{jv}——节点的竖直方向名义剪应力（MPa）；

   V_{jh}——节点的名义剪力（kN）（见图 8.2.1）；

   T_c——考虑超强系数 ϕ^0（$\phi^0 = 1.2$）的混凝土墩柱纵筋拉力（kN）（见图 8.2.1）；

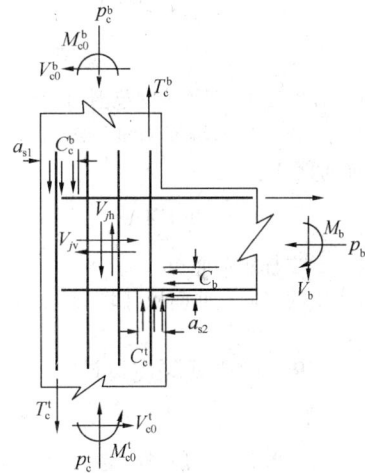

图 8.2.1 节点受力图

   C_c^b——考虑超强系数 ϕ^0（$\phi^0 = 1.2$）的混凝土墩柱受压区压应力合力（见图 8.2.1）；

   f_v, f_h——节点沿竖直方向和水平方向的正应力（MPa）；

   b_{je}, h_b——分别为横梁横截面的宽度和高度

(m);

b_b, h_c ——分别为上立柱横截面的宽度和高度 (m);

P_c^b, P_t^t ——分别为上下立柱的轴力 (kN);

P_b ——横梁的轴力 (kN)（包括预应力产生的轴力）。

8.2.2 当主拉应力 $\sigma_t \leqslant 0.34\sqrt{f_{cd}}$ (MPa)，节点的水平向和竖向箍筋配置可按下式计算：

$$\rho_{smin} = \rho_x + \rho_y = \frac{0.34\sqrt{f_{cd}}}{f_{yh}} \qquad (8.2.2)$$

8.2.3 当主拉应力 $\sigma_t > 0.34\sqrt{f_{cd}}$ (MPa)，应按下列要求进行节点的水平和竖向箍筋配置：

1 节点中的横向配箍率不应小于本规范第8.1.1、8.1.2条对于塑性铰加密区域配箍率的要求（横向箍筋的配置见图8.2.3）。

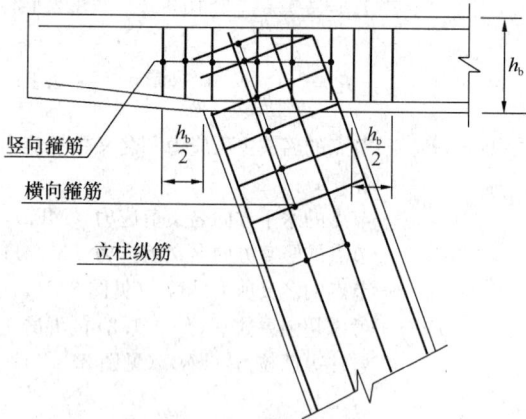

竖向箍筋
横向箍筋
立柱纵筋

图 8.2.3 节点配筋示意图

2 在距柱侧面 $h_b/2$ 的盖梁范围内配置竖向箍筋（h_b 为盖梁的高度，竖向箍筋见图8.2.3），按下式计算竖向箍筋面积 A_v：

$$A_v = 0.174 A_s \qquad (8.2.3)$$

式中 A_s ——立柱纵筋面积。

3 节点中的竖向箍筋面积可取 $A_v/2$。

9 桥梁减隔震设计

9.1 一般规定

9.1.1 下列条件下，不宜采用减隔震设计：

1 基础土层不稳定；

2 结构的固有周期比较长；

3 位于软弱场地，延长周期可能引起共振；

4 支座中出现负反力。

9.1.2 采用减隔震设计的桥梁可只进行 E2 地震作用下的抗震设计和验算。

9.1.3 桥梁减隔震设计，应满足下列要求：

1 桥梁减隔震支座应具有足够的刚度和屈服强度。

2 相邻上部结构之间应设置足够的间隙。

9.1.4 桥梁的其他抗震措施不得妨碍桥梁的正常使用及减隔震装置作用的效果。

9.2 减隔震装置

9.2.1 减隔震装置的构造应简单、性能可靠且对环境温度变化不敏感；减隔震装置应具有可替换性，并应进行定期维护和检查。

9.2.2 应通过试验对减隔震装置的变形、阻尼比等力学参数值进行验证。试验值与设计值的差别应在±10%以内。

9.2.3 应依据相关的检测规程，对减隔震装置的性能和特性进行严格的检测实验。

9.2.4 减隔震装置可分为整体型和分离型两类，两类减隔震装置水平位移从50%的设计位移增加到设计位移时，其恢复力增量不宜低于其上部结构重量的2.5%。

9.2.5 整体型减隔震装置宜选用下列类型：

1 铅芯橡胶支座；

2 高阻尼橡胶支座；

3 摩擦摆式减隔震支座。

9.2.6 分离型减隔震装置宜选用下列类型：

1 橡胶支座+金属阻尼器；

2 橡胶支座+摩擦阻尼器；

3 橡胶支座+黏性材料阻尼器。

9.3 减隔震桥梁地震反应分析

9.3.1 减隔震桥梁水平地震力的计算，可采用反应谱分析法和非线性动力时程分析法。

9.3.2 当同时满足以下条件时，可采用单振型反应谱法进行减隔震桥梁抗震分析：

1 桥梁几何形状满足本规范表6.1.2对规则桥梁的要求；

2 距离最近的活动断层大于15km；

3 场地类型为Ⅰ、Ⅱ、Ⅲ类，且场地条件稳定；

4 减隔震装置等效阻尼比不超过30%；

5 减隔震桥梁的基本周期 T_1（隔震周期）为未采用减隔震桥梁基本周期 T_0 的2.5倍以上。

9.3.3 当不满足本规范第9.3.2条要求时，减隔震桥梁应采用非线性动力时程分析方法进行抗震分析。

9.3.4 一般情况下，弹塑性和摩擦类减隔震支座的恢复力模型可采用双线性模型，并应符合下列规定：

1 铅芯橡胶支座的恢复力模型如图9.3.4-1所示，其等效刚度和等效阻尼比分别为：

$$K_{eff} = F_d/D_d = Q_d/D_d + K_d \qquad (9.3.4\text{-}1)$$

$$\xi_{eff} = \frac{2Q_d(D_d - \Delta_y)}{\pi D_d^2 K_{eff}} \qquad (9.3.4\text{-}2)$$

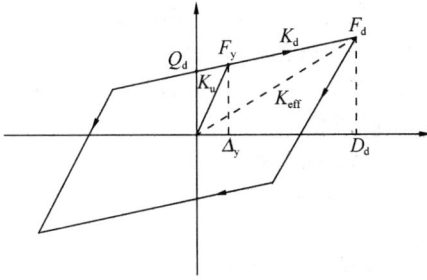

图 9.3.4-1 铅芯橡胶支座的恢复力模型
（图中：K_u—初始弹性刚度）

式中：D_d ——为铅芯橡胶支座的设计位移（m）；

Δ_y ——为铅芯橡胶支座的屈服位移（m）；

Q_d ——为铅芯橡胶支座的特征强度（kN）；

K_{eff} ——为铅芯橡胶支座的等效刚度（kN/m）；

K_d ——为铅芯橡胶支座的屈后刚度（kN/m）；

ξ_{eff} ——为铅芯橡胶支座的等效阻尼比。

2 摩擦摆式减隔震支座的恢复力模型如图 9.3.4-2 所示，屈后刚度为：

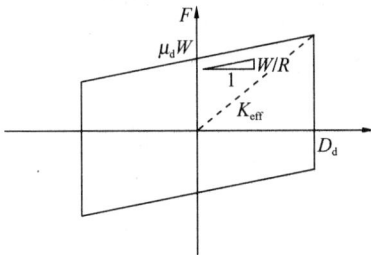

图 9.3.4-2 摆式支座的恢复力模型

$$K_d = \frac{W}{R} \tag{9.3.4-3}$$

等效刚度为：

$$K_{eff} = \frac{W}{R} + \mu_d \frac{W}{D_d} \tag{9.3.4-4}$$

等效阻尼比为：

$$\xi_{eff} = \frac{2}{\pi} \cdot \frac{\mu_d}{D_d/R + \mu_d} \tag{9.3.4-5}$$

式中：W ——恒载作用下支座竖向反力（kN）；

R ——为滑动曲面的曲率半径（m）；

D_d ——支座设计水平位移（m）；

μ_d ——为滑动摩擦系数。

9.3.5 采用单振型反应谱法进行减隔震桥梁抗震分析时，计算方法如下：

1 减隔震桥梁顺桥向、横桥向的水平地震力，可按下式计算：

$$E_{hp} = SM_t \tag{9.3.5-1}$$

2 梁体顺桥向和横桥向的位移可按下式计算：

$$D_d = \frac{T_{eq}^2}{4\pi^2} S \tag{9.3.5-2}$$

式中：S ——相应于减隔震桥等效周期（顺桥向或横桥向），采用等效阻尼比修正的反应谱值；

M_t ——一联桥梁总质量，应包含梁体，以及按本规范第 6.5.2 条墩身质量换算系数 η_p、盖梁质量换算系数 η_{cp} 等效的墩身质量与盖梁质量（t）。

3 减隔震桥梁等效周期 T_{eq}（s），可按下式计算：

$$T_{eq} = 2\pi \sqrt{\frac{M_t}{\sum K_{eq,i}}} \tag{9.3.5-3}$$

$$\sum K_{eq,i} = \sum \frac{k_{eff,i} \cdot k_{p,i}}{k_{eff,i} + k_{p,i}} \tag{9.3.5-4}$$

式中：$K_{eq,i}$ ——第 i 桥墩、桥台与其上的减隔震装置等效刚度串联后的组合刚度值（kN/m）；

$k_{p,i}$ ——为第 i 桥墩、桥台的抗推刚度（kN/m）；

$k_{eff,i}$ ——为第 i 桥墩、桥台上减隔震装置的等效刚度（kN/m）。

4 减隔震桥梁等效阻尼比 ξ_{eq} 可根据第 i 个桥墩、桥台上减隔震装置的等效阻尼比 $\xi_{eff,i}$ 与第 i 个桥墩、桥台等效阻尼比 $\xi_{p,i}$，按下式计算：

$$\xi_{eq} = \frac{\sum k_{eff,i}(D_{d,i})^2 \left(\xi_{eff,i} + \frac{\xi_{p,i} k_{eff,i}}{k_{p,i}} \right)}{\sum k_{eff,i}(D_{d,i})^2 \left(1 + \frac{k_{eff,i}}{k_{p,i}} \right)}$$

$$\tag{9.3.5-5}$$

式中：$D_{d,i}$ ——第 i 个桥墩、桥台上减隔震装置的水平设计位移（m）。

9.3.6 反应谱方法计算地震作用效应（内力、位移），可根据本规范第 6 章中有关条文确定。

9.3.7 采用反应谱分析方法计算作用在减隔震桥梁第 i 个墩台顶的水平地震力可按下式计算：

$$E_{1d,i} = k_{eff,i} \Delta_i \tag{9.3.7}$$

式中：$E_{1d,i}$ ——作用在第 i 个桥墩、桥台顶的水平地震力（kN）；

$k_{eff,i}$ ——第 i 个桥墩、桥台上减隔震支座的等效刚度（kN/m）；

Δ_i ——第 i 个桥墩、桥台上减隔震支座的地震水平位移（m）。

9.4 减隔震桥梁抗震验算

9.4.1 E2 地震作用下，桥梁墩台与基础的验算，应将减隔震装置传递的水平地震力除以 1.5 的折减系数后，按现行行业标准《公路钢筋混凝土及预应力混凝土桥涵设计规范》JTG D62 和《公路桥涵地基与基础设计规范》JTG D63 进行。

9.4.2 减隔震装置的验算应符合下列要求：

1 对橡胶型减隔震支座，E2 地震作用下产生的剪切应变必须在 250% 以下，并应校核其稳定性；

2 非橡胶型减隔震装置，应根据具体的产品性能指标进行验算。

10 斜拉桥、悬索桥和大跨度拱桥

10.1 一般规定

10.1.1 斜拉桥、悬索桥和大跨度拱桥应采用对称的结构形式，上、下部结构之间的连接构造应均匀对称。

10.1.2 建在地震基本烈度8度、9度地区的斜拉桥宜优先考虑飘浮体系方案；如飘浮体系导致梁端位移过大，宜采用塔、梁弹性约束或阻尼约束体系。

10.1.3 建在地震基本烈度8度、9度地区的大跨度拱桥，主拱圈宜采用抗扭刚度较大、整体性较好的断面形式。当采用钢筋混凝土肋拱时，应加强横向联系。

10.1.4 建在地震基本烈度8度、9度地区的下承式拱桥和中承式拱桥应设置风撑，应加强端横梁刚度。

10.1.5 主要承重结构（塔、墩及拱桥主拱）宜选择有利于提高延性变形能力的结构形式及材料，避免发生脆性破坏。

10.2 建模与分析原则

10.2.1 大跨度桥梁的地震反应分析可采用时程分析法和多振型反应谱法。

10.2.2 地震反应分析所采用的地震加速度时程、反应谱的频谱含量应包括结构第一阶自振周期在内的长周期成分。

10.2.3 地震反应分析时，采用的计算模型应真实模拟桥梁结构的刚度和质量分布及边界连接条件，并应满足下列要求：

  1 计算模型应考虑相邻引桥对主桥地震反应的影响；

  2 墩、塔、拱肋及拱上立柱可采用空间梁单元模拟；桥面系应根据截面形式选用合理计算模型；斜拉桥拉索、悬索桥主缆和吊杆、拱桥吊杆和系杆可采用空间桁架单元；

  3 应考虑恒载作用下结构初应力刚度，拉索垂度效应等几何非线性影响；

  4 当进行非线性时程分析时，支承连接条件应采用能反映支座力学特性的单元模拟，应选用适当的弹塑性单元进行模拟。

10.2.4 当采用桩基时，应考虑桩-土-结构相互作用对桥梁地震作用效应的影响。

10.2.5 反应谱分析应满足下列要求：

  1 当墩、塔、锚碇基础建在不同土质条件的地基上时，可采用包络反应谱法计算；

  2 当进行多振型反应谱法分析时，振型阶数在计算方向给出的有效振型参与质量不应低于该方向结构总质量的90%，振型组合应采用CQC法。

10.2.6 当采用时程分析时，时程分析最终结果：当采用3组地震加速度时程计算时，应取3组计算结果的最大值；当采用7组地震加速度时程计算时，可取7组结果的平均值。

10.2.7 一般情况下阻尼比可按下列规定确定：

  1 混凝土拱桥的阻尼比取为0.05；

  2 斜拉桥的阻尼比取为0.03；

  3 悬索桥的阻尼比取为0.02。

10.3 性能要求与抗震验算

10.3.1 在E1地震作用下，结构不应发生损伤，保持在弹性范围内。

10.3.2 在E2地震作用下，主缆不应发生损伤，主塔、基础、主梁等重要结构受力构件可发生局部轻微的损伤，震后不需修复或简单修复可继续使用；边墩等桥梁结构中比较容易修复的构件可按延性构件设计，震后应能修复。

10.3.3 拱桥桥墩和拱上立柱、斜拉桥引桥桥墩和悬索桥引桥桥墩可按本规范第7章的有关规定进行抗震验算；桥梁支座等连接构件可按本规范第7.4节相关要求进行抗震验算。

11 抗震措施

11.1 一般规定

11.1.1 应采用有效的防落梁措施。

11.1.2 桥梁抗震措施的使用不宜导致桥梁主要构件的地震反应发生较大改变，否则，在进行抗震分析时，应考虑抗震措施的影响。抗震措施应根据其受到的地震作用进行设计。

11.1.3 过渡墩及桥台处的支座垫石不宜高于10cm，且顺桥向宜与墩、台最外边缘平齐。

11.2 6度区

11.2.1 简支梁梁端至墩、台帽或盖梁边缘应有一定的距离（图11.2.1）。其最小值 a（cm）按下式计算：

$$a \geqslant 40 + 0.5L \qquad (11.2.1)$$

式中：L——梁的计算跨径（m）。

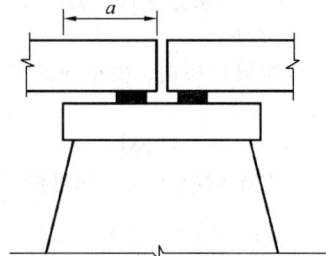

图 11.2.1 梁端至墩、台帽或盖梁边缘的最小距离 a

11.2.2 斜交桥梁（板）端至墩、台帽或盖梁边缘的最小距离 a（cm）（如图 11.2.2）应按式（11.2.2）和式（11.2.1）计算，取较大值。

$$a \geqslant 50L_\theta[\sin\theta - \sin(\theta - \alpha_E)] \quad (11.2.2)$$

式中：L_θ——计算长度，对简支梁桥取其跨径（m）；

θ——斜交角（°）；

α_E——极限脱落转角（°），一般取 5°。

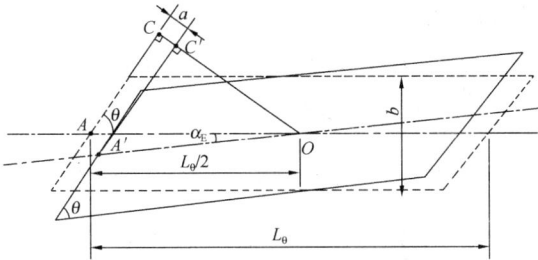

图 11.2.2　斜交桥最小边缘距离

11.2.3 曲线桥梁端至墩、台帽或盖梁边缘的最小距离 a（cm）（如图 11.2.3）应按式（11.2.3-1）和式（11.2.1）计算，取较大值。

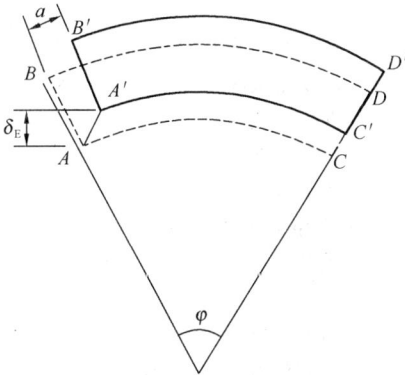

图 11.2.3　曲线桥最小边缘距离

$$a \geqslant \delta_E \frac{\sin\varphi}{\cos(\varphi/2)} + 30 \quad (11.2.3\text{-}1)$$

$$\delta_E = 0.5\varphi + 70 \quad (11.2.3\text{-}2)$$

式中：δ_E——上部结构端部向外侧的移动量（cm）；

φ——曲线梁的圆心角（°）。

11.3　7　度　区

11.3.1 7度区的抗震措施，除应符合6度区的规定外，尚应符合本节的规定。

11.3.2 简支梁梁端至墩、台帽或盖梁边缘应有一定的距离，其最小值 a（cm）按下式计算：

$$a \geqslant 70 + 0.5L \quad (11.3.2)$$

11.3.3 拱桥基础宜置于地质条件一致，两岸地形相似的坚硬土层或岩石上。实腹式拱桥宜减小拱上填料厚度，并宜采用轻质填料，填料应逐层夯实。

11.3.4 在梁与梁之间，梁与桥台胸墙之间应加装橡胶垫或其他弹性衬垫。其构造示意如图 11.3.4-1、图

11.3.4-2 所示。

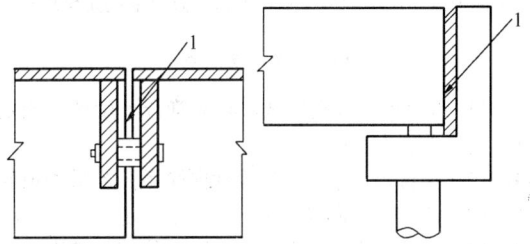

图 11.3.4-1　梁与梁　　图 11.3.4-2　梁与桥台
之间的缓冲设施　　　　　之间的缓冲设施
1—弹性垫块　　　　　　　1—弹性垫块

11.3.5 桥梁宜采用挡块、螺栓连接和钢夹板连接等防止纵横向落梁的措施。

11.4　8　度　区

11.4.1 8度区的抗震措施，除应符合7度区的规定外，尚应符合本节的规定。

11.4.2 应设置限位装置控制梁墩位移，常用的限位装置如图 11.4.2 所示。

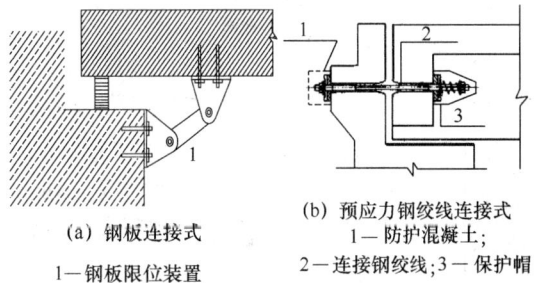

（a）钢板连接式　　　　（b）预应力钢绞线连接式
1—钢板限位装置　　　　1—防护混凝土；
　　　　　　　　　　　2—连接钢绞线；3—保护帽

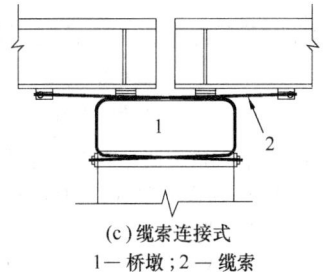

（c）缆索连接式
1—桥墩；2—缆索

图 11.4.2　常用限位装置

11.4.3 拱桥的主拱圈宜采用抗扭刚度较大、整体性较好的断面形式。当采用钢筋混凝土肋拱时，必须加强横向联系。

11.4.4 连续梁桥宜采取使上部构造所产生的水平地震荷载能由各个墩、台共同承担的措施。

11.4.5 连续曲梁的边墩和上部构造之间宜采用锚栓连接。

11.4.6 桥台宜采用整体性强的结构形式。

11.4.7 当桥梁下部为钢筋混凝土结构时，其混凝土强度等级不应低于C25。

11.4.8 基础宜置于基岩或坚硬土层上。基础底面宜采用平面形式。当基础置于基岩上时，方可采用阶梯形式。

11.5 9 度 区

11.5.1 9度区的抗震措施，除应符合8度区的规定外，尚应符合本节的规定。

11.5.2 梁桥各片梁间应加强横向联系。当采用桁架体系时，应加强横向稳定性。

11.5.3 梁桥支座应采取限制其竖向位移的措施。

附录 A 开裂钢筋混凝土截面的等效刚度取值

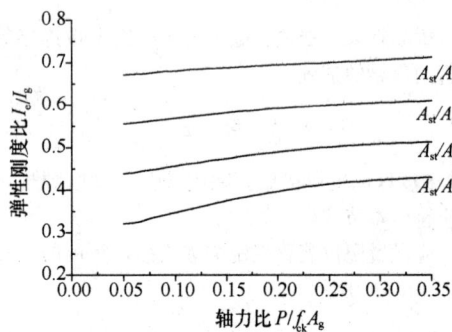

(a) 圆形截面

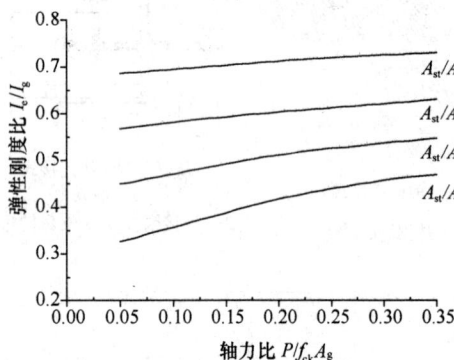

(b) 矩形截面

图 A 开裂钢筋混凝土截面的等效刚度

图中：A_g——混凝土截面面积（m²）；

A_{st}——截面纵筋总面积（m²）；

I_e——截面的等效惯性矩（m⁴）；

I_g——毛截面惯性矩（m⁴）；

f_{ck}——混凝土抗压强度标准值（kN/m²）；

P——截面所受到的轴力（kN）。

附录 B 圆形和矩形截面屈服曲率和极限曲率计算

B.0.1 对圆形截面和矩形截面，其截面屈服曲率可按下式计算：

圆形截面：$\phi_y \times D = 2.213 \times \varepsilon_y$ (B.0.1-1)

矩形截面：$\phi_y \times b = 1.957 \times \varepsilon_y$ (B.0.1-2)

式中：ϕ_y——截面屈服曲率（1/m）；

ε_y——相应于钢筋屈服时的应变；

D——圆形截面的直径（m）；

b——矩形截面计算方向的截面高度（m）。

B.0.2 截面极限曲率应符合下列要求：

1 圆形截面：

截面极限曲率 ϕ_u（1/m）可分别根据以下两式计算，取小值。

$$\phi_u \times D = (2.826 \times 10^{-3} + 6.850 \times \varepsilon_{cu})$$
$$- (8.575 \times 10^{-3} + 18.638 \times \varepsilon_{cu})$$
$$\times \left(\frac{P}{f_{ck} A_g}\right) \quad \text{(B.0.2-1)}$$

$$\phi_u \times D = (1.635 \times 10^{-3} + 1.179 \times \varepsilon_s)$$
$$+ (28.739 \times \varepsilon_s^2 + 0.656 \times \varepsilon_s + 0.010)$$
$$\times \left(\frac{P}{f_{ck} A_g}\right) \quad \text{(B.0.2-2)}$$

$$\varepsilon_{cu} = 0.004 + \frac{1.4 \rho_s \times f_{kh} \times \varepsilon_{su}^R}{f_{c,ck}} \quad \text{(B.0.2-3)}$$

式中：P——截面所受到的轴力（kN）；

f_{ck}——混凝土抗压强度标准值（kN/m²）；

A_g——混凝土截面面积（m²）；

ε_s——钢筋极限拉应变，可取 $\varepsilon_s = 0.09$；

ε_{cu}——约束混凝土的极限压应变；

ρ_s——约束钢筋的体积配箍率，对于矩形箍筋；

$$\rho_s = \rho_x + \rho_y$$

f_{kh}——箍筋抗拉强度标准值（kN/m²）；

$f_{c,ck}$——约束混凝土的峰值应力（kN/m²），一般可取 1.25 倍的混凝土抗压强度标准值；

ε_{su}^R——约束钢筋的折减极限应变，$\varepsilon_{su}^R = 0.09$。

2 矩形截面：

截面极限曲率 ϕ_u（1/m）可分别根据以下两式计算，取小值。

$$\phi_u \times b = (4.999 \times 10^{-3} + 11.825 \times \varepsilon_{cu})$$
$$- (7.004 \times 10^{-3} + 44.486 \times \varepsilon_{cu})$$
$$\times \left(\frac{P}{f_{ck} A_g}\right) \quad \text{(B.0.2-4)}$$

$$\phi_u \times b = (5.387 \times 10^{-4} + 1.097 \times \varepsilon_s)$$
$$+ (37.722 \times \varepsilon_s^2 + 0.039 \varepsilon_s + 0.015)$$
$$\times \left(\frac{P}{f_{ck} A_g}\right) \quad \text{(B.0.2-5)}$$

本规范用词说明

1 为了便于在执行本规范条文时区别对待，对要求严格程度不同的用词说明如下：

1）表示很严格，非这样做不可的用词：

正面词采用"必须"；反面词采用"严禁"。

2）表示严格，在正常情况下均应这样做的用词：

正面词采用"应"；反面词采用"不应"或"不得"。

3）表示允许稍有选择，在条件许可时首先应这样做的用词：

正面词采用"宜"；反面词采用"不宜"。

4）表示有选择，在一定条件下可以这样做的，

采用"可"。

2 规范中指定应按其他有关标准、规范执行，写法为："应符合……的规定"或"应按……执行"。

引用标准名录

1 《公路钢筋混凝土及预应力混凝土桥涵设计规范》JTG D62

2 《公路桥涵地基与基础设计规范》JTG D63

中华人民共和国行业标准

城市桥梁抗震设计规范

CJJ 166—2011

条 文 说 明

制 定 说 明

《城市桥梁抗震设计规范》CJJ 166-2011，经住房和城乡建设部 2011 年 7 月 13 日以第 1060 号公告批准、发布。

现代化城市桥梁成为城市交通网络的枢纽工程，地位十分重要。至今，这些桥梁的抗震设计都是参照《铁路工程抗震设计规范》和《公路工程抗震设计规范》，它们与国际先进标准相比落后了两个台阶，已不适于现代化城市生命线工程的抗震设计要求。鉴于现代化城市桥梁无论从功能或体型构造都有显著特点，重视抗震设计，减轻地震灾害导致的经济损失，是编制本规范的意义所在。本规范在制定过程中，编制组进行了广泛的调查研究，认真总结了实践经验，同时参考有关国际标准和国外先进标准。

为便于广大设计单位有关人员在使用本规范时能正确理解和执行条文规定，《城市桥梁抗震设计规范》编写组按照章、节、条顺序编写了本规范的条文说明，对条文规定的目的、依据以及执行中需注意的有关事项进行了说明。但是，本条文说明不具备与标准正文同等的法律效力，仅供使用者作为理解和把握标准规定时的参考。

目　　次

1 总 则

1.0.1 我国处于世界两大地震带即环太平洋地震带和亚欧地震带之间，是一个强震多发国家。我国地震的特点是发生频率高、强度大、分布范围广、伤亡大、灾害严重。几乎所有的省市、自治区都发生过六级以上的破坏性地震。自 20 世纪 80 年代以来，国内外发生的强烈地震，不仅造成了人员伤亡，而且造成了极大的经济损失。突发的强烈地震使建设成果毁于一旦，引发长期的社会政治、经济问题，并带来难以慰藉的感情创伤。公路桥梁是生命线系统工程中的重要组成部分，在抗震救灾中，公路交通运输网更是抢救人民生命财产和尽快恢复生产、重建家园、减轻次生灾害的重要环节。

1998 年 3 月 1 日《中华人民共和国防震减灾法》颁布实施，对我国的防震减灾工作提出了更为明确的要求和相应的具体规定。在此后，国内外桥梁抗震技术有了长足进展，而且，从国外的情况来看，美国、日本等发达国家都有专门的桥梁抗震设计规范。因此，在广泛吸收、消化国内外先进的桥梁抗震设计成熟新技术基础上，首次编写我国《城市桥梁抗震设计规范》，供城市桥梁抗震设计时遵循。

1.0.2 本规范所指城市梁式桥包含双向主干道立交工程和城市轨道交通高架桥，由于在抗震分析方法、计算模型等方面增加了多振型反应谱和时程分析方法，因此对于《公路工程抗震设计规范》JTJ 004-89 只适用跨度 150m 内的梁桥不再作要求。本规范中跨度大于 150m 的拱桥定义为大跨度拱桥，而跨度小于等于 150m 的拱桥定义为中、小跨度拱桥。

自 20 世纪 90 年代以来，我国桥梁建设发展非常快，修建了大量斜拉桥、悬索桥、拱桥等大跨径桥梁。因此本规范给出了斜拉桥、悬索桥、大跨度拱桥等的抗震设计原则供参考。

2 术语和符号

本章仅将本规范出现的、人们比较生疏的术语列出。术语的解释，其中部分是国际公认的定义，但大部分是概括性的涵义，并非国际或国家公认的定义。术语的英文名称不是标准化名称，仅供引用时参考。

3 基 本 要 求

3.1 抗震设防分类和设防标准

3.1.1 本规范从我国目前的具体情况出发，考虑到城市桥梁的重要性和在抗震救灾中的作用，本着确保重点和节约投资的原则，将不同桥梁给予不同的抗震安全度。具体来讲，将城市桥梁分为甲、乙、丙和丁四个抗震设防类别，其中甲类桥梁定义为悬索桥、斜拉桥和大跨度拱桥（跨度大于 150m 的拱桥定义为大跨度拱桥），这些桥梁承担交通量大，投资很大，而且在政治、经济上具有非常重要的地位；乙类桥梁为交通网络上枢纽位置的桥梁、快速路上的城市桥梁；丙类为城市主干路，轨道交通桥梁；丁类为除甲、乙、丙三类桥梁以外的其他桥梁。

3.1.2 条文中表 3.1.2 给出了各类设防桥梁在 E1 地震和 E2 地震作用下的设防目标。要求各类桥梁在 E1 地震作用下，基本无损伤，结构在弹性范围工作，正常的交通在地震后立刻可以恢复。在 E2 地震作用下，甲类桥梁可发生混凝土裂缝开裂过大，截面部分钢筋进入屈服等轻微损坏，地震后不需修复或经简单修复可继续使用；乙类桥梁可发生混凝土保护层脱落、结构发生弹塑性变形等可修复破坏，地震后数天内可恢复部分交通（可能发生车道减少或小规模的紧急交通管制），永久性修复后可恢复正常运营功能。

3.1.4 抗震构造措施是在总结国内外桥梁震害经验的基础上提出来的设计原则，历次大地震的震害表明，抗震构造措施可以起到有效减轻震害的作用，而其所耗费的工程代价往往较低。因此，本规范对抗震构造措施提出了更高和更细致的要求。

3.2 地 震 影 响

3.2.1、3.2.2 甲类桥梁（城市斜拉桥、悬索桥和大跨度拱桥），大都建在依傍大江大河的现代化大城市，它的特点是桥高（通航净空要求高）、桥长、造价高。一般都占据交通网络上的枢纽位置，无论在政治、经济、国防上都有重要意义，如发生破坏则修复困难，因此甲类桥梁的设防水准重现期定得较高，甲类桥梁设防的 E1 和 E2 地震影响，相应的地震重现期分别为 475 年和 2500 年；乙、丙和丁类桥梁的 E1 地震作用是在现行国家标准《建筑抗震设计规范》GB 50011-2001 中的多遇地震（重现期 63 年）的基础上，考虑表 1 中的重要性系数得到的；乙、丙和丁类桥梁的 E2 地震作用直接采用现行国家标准《建筑抗震设计规范》GB 50011-2001 中的罕遇地震（重现期 2000 年～2450 年）。

表 1 E1 地震考虑的重要系数

乙类	丙类	丁类
1.7	1.3	1.0

3.3 抗震设计方法分类

3.3.1～3.3.3 参考现行国内外相关桥梁抗震设计规范，对于位于 6 度地区的普通桥梁，只需满足相关构造和抗震措施要求，不需进行抗震分析，本规范称此类桥梁抗震设计方法为 C 类；对于位于 6 度地区的乙类桥梁，7 度、8 度和 9 度地区的丁类桥梁，本规范仅要求进行 E1 地震作用下的抗震计算，并满足相关构造要求，这类抗震设计方法为 B 类；对于 7 度及 7 度以上的乙和丙类桥梁，本规范要求进行 E1 地震和 E2 地震的抗震分析和验算，并满足结构抗震体系以及相关构造和抗震措施要求，此类抗震设计方法为 A 类。采用 A、B 和 C 类抗震设计方法桥梁的抗震设计可参考图 1 所示流程进行。

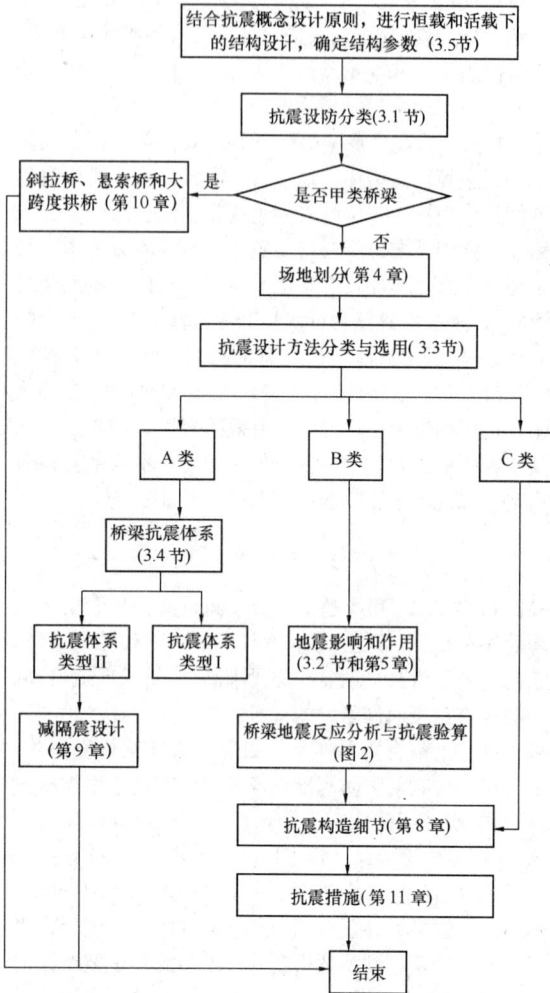

图 1　桥梁抗震设计流程

3.4　桥梁抗震体系

3.4.1　本条是在吸取历次地震震害教训基础上，为提高桥梁结构抗震性能，防止地震作用下桥梁结构整体倒塌破坏，切断震区交通生命线而规定的。

3.4.2　美国最新编制的《AASHTO Guide Specifications for LRFD Seismic Bridge Design》（2007 年版）明确提出了 3 种类型桥梁结构抗震体系，类型Ⅰ、类型Ⅱ和类型Ⅲ。其中类型Ⅲ主要是针对钢桥结构，由于本规范主要适用于混凝土桥，不引用。因此，参考美国《AASHTO Guide Specifications for LRFD Seismic Bridge Design》，明确提出 2 类梁式桥梁抗震体

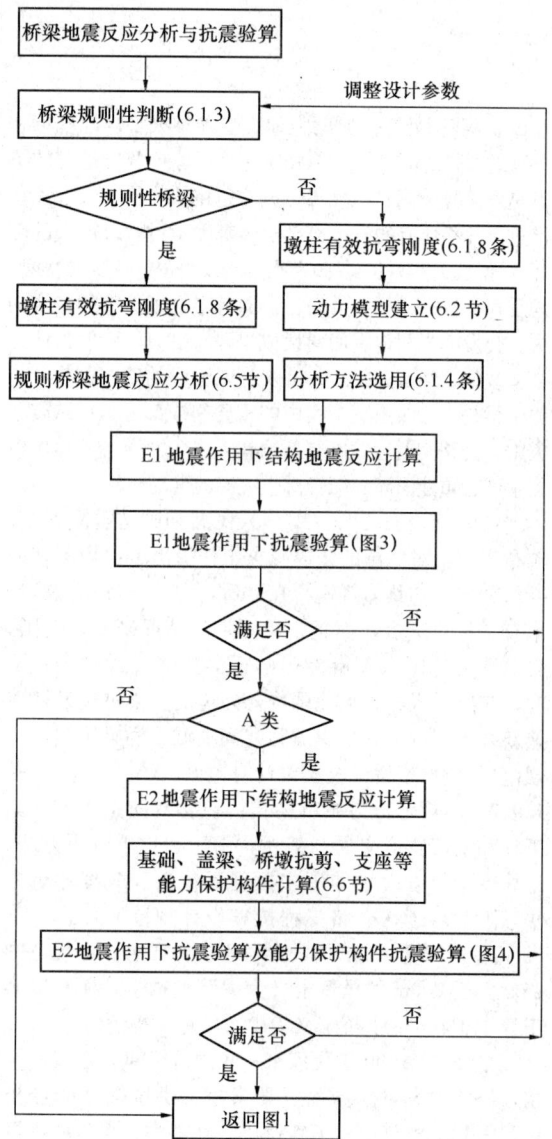

图 2　桥梁地震反应分析与抗震验算流程

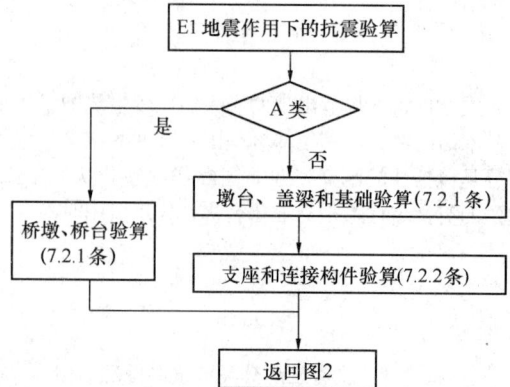

图 3　E1 地震作用下抗震验算流程

系。类型Ⅰ结构抗震体系实际上就是延性抗震设计，地震下利用桥梁墩柱发生塑性变形，延长结构周期，

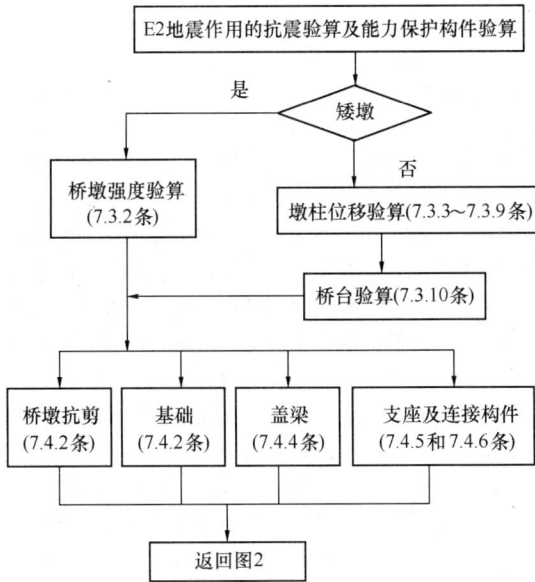

图4 E2地震作用下抗震验算流程

耗散地震能量。

类型Ⅱ结构抗震体系实际上就是减隔震设计，地震作用下，桥梁上、下部连接构件（支座、耗能装置）发生塑性变形，延长结构周期、耗散地震能量，从而减小结构地震反应。

3.4.3 1971年美国圣弗尔南多（San Fernand）地震爆发以后，各国都认识到结构的延性能力对结构抗震性能的重要意义；在1994年美国北岭（Northridge）地震和1995年日本神户（Kobe）地震爆发后，强调结构延性能力，已成为一种共识。为保证结构的延性，同时最大限度地避免地震破坏的随机性，新西兰学者Park等在20世纪70年代中期提出了结构抗震设计理论中的一个重要方法——能力保护设计方法（Philosophy of Capacity Design），并最早在新西兰混凝土设计规范（NZS3101，1982）中得到应用。以后这个原则先后被美国、欧洲和日本等国家的桥梁抗震规范所采用。

能力保护设计方法的基本思想在于：通过设计，使结构体系中的延性构件和能力保护构件形成强度等级差异，确保结构构件不发生脆性的破坏模式。基于能力保护设计方法的结构抗震设计过程，一般都具有以下特征：

1）选择合理的结构布局；

2）选择地震中预期出现的弯曲塑性铰的合理位置，保证结构能形成一个适当的塑性耗能机制；通过强度和延性设计，确保塑性铰区域截面的延性能力；

3）确立适当的强度等级，确保预期出现弯曲塑性铰的构件不发生脆性破坏模式（如剪切破坏、粘结破坏等），并确保脆性构件和不宜于耗能的构件（能力保护构件）处

于弹性反应范围。

具体到梁桥，按能力保护设计方法，应考虑以下几方面：

1）塑性铰的位置一般选择出现在墩柱上，墩柱作为延性构件设计，可以发生弹塑性变形，耗散地震能量；

2）墩柱的设计剪力值按能力设计方法计算，应为与柱的极限弯矩（考虑超强系数）所对应的剪力，在计算剪力设计值时应考虑所有塑性铰位置以确定最大的设计剪力；

3）盖梁、节点及基础按能力保护构件设计，其设计弯矩、设计剪力和设计轴力应为与柱的极限弯矩（考虑超强系数）所对应的弯矩、剪力和轴力；在计算盖梁、节点和基础的设计弯矩、设计剪力和轴力值时应考虑所有塑性铰位置以确定最大的设计弯矩、剪力和轴力。

3.4.4 我国中小跨度桥梁广泛采用板式橡胶支座，梁体直接搁置在支座上，支座与梁底和墩顶无螺栓连接。汶川地震等震害表明，这种支座布置形式，在地震作用下梁底与支座顶面非常容易产生相对滑动，导致较大的梁体位移，甚至落梁破坏。考虑到板式橡胶支座在我国中小跨度桥梁中的广泛应用，对于地震作用下，橡胶支座抗滑性能不能满足要求的桥梁，应采用墩梁位移约束装置，或按减隔震桥梁设计，以防止发生落梁破坏。

3.4.5 纵向地震作用下，多跨连续梁桥的固定支座一般要承受较大的水平地震力，很难满足条文第7.2.2和7.4.6条支座抗震性能要求，对于这种情况，如固定墩以及固定墩基础有足够的抗震能力，能满足相关抗震性能要求，可以通过计算设置剪力键，由剪力键承受支座所受地震水平力。

3.4.6 顺桥向，对于连续梁桥或多跨简支梁桥，我国一般都在桥台处设置纵向活动支座，因此，顺桥向地震作用下，梁体纵向惯性力主要由桥墩承受；横桥向，如在桥台处设置横向抗震挡块，横向地震作用下，梁体横向惯性力按墩、台水平刚度分配，由于桥台刚度大，将承受较大的横向水平地震力，因此建议桥台上的横向抗震挡块宜设计为在E2地震作用下可以破坏，以减小桥台所受横向地震力。但是，对于单跨简支梁桥，宜在桥台处采用板式橡胶支座，使两侧桥台能共同分担地震力。

3.5 抗震概念设计

3.5.1 刚度和质量平衡是桥梁抗震理念中最重要的一条。对于上部结构连续的桥梁，各桥墩高度宜尽可能相近。对于相邻桥墩高度相差较大导致刚度相差较大的情况，水平地震力在各墩间的分配一般不理想，刚度大的墩将承受较大的水平地震力，影响结构的整

体抗震能力。刚度扭转中心和质量中心的偏离会在上部结构产生转动效应，加重落梁和碰撞等破坏风险。美国《AASHTO Guide Specifications for LRFD Seismic Bridge Design》明确给出了连续梁桥桥墩间刚度要求，本条直接引用。

3.5.2 梁式桥相邻联周期相差较大的情况会产生相邻联间的非同向振动（out-of-phase vibration），从而导致伸缩缝处相邻梁体间较大的相对位移和伸缩缝处碰撞。为了减小相邻联的非同向振动，美国《AASHTO Guide Specifications for LRFD Seismic Bridge Design》给出了规定，本条直接引用。

3.5.3 为保证桥梁刚度和质量的平衡，设计时应优先考虑采用等跨径、等墩高、等桥面宽度的结构形式。如不能满足，也可通过调整墩的直径和支座等方法来改善桥的平衡情况。其中，调整支座可能是最简单易行的办法了，效果也很显著。当采用橡胶支座后，由墩和支座构成的串联体系的水平刚度为：

$$k_t = \frac{k_z k_p}{k_z + k_p} \qquad (1)$$

其中：k_t 是由墩和支座构成的串联体系的水平刚度，k_z 和 k_p 分别为橡胶支座的剪切刚度和桥墩的水平刚度。

水平地震力就是根据各墩串联体系的水平刚度按比例进行分配的。从上式可以看出，调整支座的刚度可以有效地调整各墩位处的刚度平衡。

4 场地、地基与基础

4.1 场 地

4.1.1 抗震有利地段一般系指：建设场地及其临近无晚近期活动性断裂，地质构造相对稳定，同时地基为比较完整的岩体、坚硬土或开阔平坦密实的中硬土等。

抗震不利地段一般系指：软弱黏性土层、液化土层和地层严重不均匀的地段；地形陡峭、孤突、岩土松散、破碎的地段；地下水位埋藏较浅、地表排水条件不良的地段。严重不均匀地层系指岩性、土质、层厚、界面等在水平方向变化很大的地层。

抗震危险地段一般系指：地震时可能发生滑坡、崩塌地段；地震时可能塌陷的暗河、溶洞等岩溶地段和已采空的矿穴地段；河床内基岩具有倾向河槽的构造软弱面被深切河槽所切割的地段；发震断裂、地震时可能坍塌而中断交通的各种地段。

4.1.3 对于甲类桥梁，本规范要求进行工程场地地震安全性评价。对于丁类桥梁，当无实测剪切波速时，可按条文中表 4.1.3 划分土的类型，条文中表 4.1.3 土的类型划分直接引用现行国家标准《建筑抗震设计规范》GB 50011 的有关规定。

4.1.4～4.1.7 引自现行国家标准《建筑抗震设计规范》GB 50011 的有关规定。

4.1.8 本条规定引自现行国家标准《建筑抗震设计规范》GB 50011 的有关规定。对构造物范围内发震断裂的工程影响进行评价，是地震安全性评价的内容，对于本规范没有要求必须进行工程场地地震安全性评价的桥梁工程，可以结合场地工程地震勘察的评价，按本条规定采取措施。在此处，发震断裂的工程影响主要是指发震断裂引起的地表破裂对工程结构的影响，对这种瞬时间产生的地表错动，目前还没有经济、有效的工程构造措施，主要靠避让来减轻危险性。国外有报道称，某些具有坚固基础的建筑物曾成功地抵抗住了数英寸的地表破裂，结构物未发生破坏（Youd，1989），并指出优质配筋的筏形基础和内部拉结坚固的基础效果最好，可供设计者参考。

1 实际发震断裂引起的地表破裂与地震烈度没有直接的关系，而是与地震的震级有一定的相关性。从目前积累的资料看，6 级以下的地震引起地表破裂的仅有一例，所以本款提的"地震基本烈度低于 8 度"，实质是指地震的震级小于 6 级。设计人员很难判断工程所面临的未来地震震级，地震烈度可以直接从地震区划图上了解到，本款的提法，便于设计人员使用。

2 在活动断层调查中取得断层物质（断层泥、糜棱岩）及上覆沉积物样本，可以根据已有的一些方法（C14、热释光等）测试断层最新活动年代。显然，活动断层和发震断裂，尤其是发生 6 级以上地震的断裂，并不完全一样，从中鉴别需要专门的工作。为了便于设计人员使用，根据我国的资料和研究成果，此处排除了全新世以前活动断裂上发生 6 级以上地震的可能性，对于一般的公路工程在大体上是可行性的。

3 覆盖土层的变形可以"吸收"部分下伏基岩的错动量，是指土层地表的错动会小于下伏基岩顶面错动的事实。显然，这种"吸收"的程度与土层的工程性质和厚度有关。各场地土层的结构和土质条件往往会不同，有的差别很大，目前规范中不能一一规定，只能就平均情况，大体上规定一个厚度。如上所述，此处提到的地震基本烈度 8 度和 9 度实质上是指震级 6.0 和 6.7，基岩顶面的错动量随地震震级的增加会有增大，数值大约在一米至若干米，土层厚度到底多大才能使地表的错动量减小到对工程结构没有显著影响，是一个正在研究中的问题。数值 60m 和 90m，是根据最近一次大型离心机模拟试验的结果归纳的，也得到一些数值计算结果的支持。

4 当不能满足上述条件时，宜采取避让的措施。避开主断裂距离为桥墩边缘至主断裂边缘分别为 300m 和 500m，主要的依据是国内外地震断裂破裂宽度的资料，取值有一定的保守程度。在受各种客观条件限制，难以避开数百米时，美国加州的相关规定可供参考：一般而言，场地的避让距离应由负责场地勘察的岩土工程师与主管建筑和规划的专业人员协商确定。在有足够的地质资料可以精确地确定存在活断层迹线的地区，且该地区并不复杂时，避让距离可规定为 50 英尺（约 16m）；在复杂的断层带宜要求较大的避让距离。倾滑的断层，通常会在较宽且不规则的断层带内产生多处破裂，在上盘边缘受到的影响大、下盘边缘的扰动很小，避让距离在下盘边缘可稍小，上盘边缘则应较大。某些断层带可包含挤压脊和凹陷之类的巨大变形，不能揭露清晰的断层面或剪切破碎带，应由有资质的工程师和地质师专门研究，如能保证建筑基础能抗御可能的地面变形，可修建不重要的结构。

4.2 液 化 土

引自现行国家标准《建筑抗震设计规范》GB 50011 的有关规定。

4.3 地基的承载力

4.3.2 由于地震作用属于偶然的瞬时荷载，地基土在短暂的瞬时荷载作用下，可以取用较高的容许承载力。世界上大多数国家的抗震规范和我国其他规范，在验算地基的抗震强度时，对于抗震容许承载力的取值，大都采用在静力设计容许承载力的基础上乘以调整系数来提高。本条在原 89 规范基础上，参照现行国家标准《建筑抗震设计规范》GB 50011 的有关规定，对地基土的划分作了少量修订。

4.4 桩 基

4.4.1 由于 E2 地震本身是罕遇地震，桩基础在短暂的瞬时荷载作用下，可以直接取用其极限承载力，而不考虑安全系数，因此单桩的抗压承载能力可以提高 2 倍。

4.4.2 直接引用现行国家标准《建筑抗震设计规范》GB 50011 的有关规定。

5 地 震 作 用

5.1 一 般 规 定

5.1.1 本条对地震作用的分量选取作出了规定。

对于常规桥梁结构，通常可只考虑水平向地震作用，但对拱式结构、长悬臂桥梁结构和大跨度结构，竖向地震作用对结构地震反应有显著影响，应考虑竖向地震作用。

5.1.2 一般情况下，采用反应谱法同时考虑顺桥向 X、横桥向 Y 与竖向 Z 的地震作用时，可分别计算顺桥向 X、横桥向 Y 与竖向 Z 地震作用下的响应，其总的地震作用效应按本条规定进行组合。但对于双柱墩、

桩基础，由于顺桥向 X、横桥向 Y 地震作用下都可能在结构中产生轴力，对于这种情形，可不考虑顺桥向 X 地震作用产生的轴力与横桥向 Y 地震作用产生的轴力相组合。

5.2 设计加速度反应谱

5.2.1、5.2.2 引自现行国家标准《建筑抗震设计规范》GB 50011 的有关规定。

5.2.3 主要参考现行行业标准《公路桥梁抗震设计细则》JTG/T B02 的有关规定。

5.3 设计地震动时程

5.3.2 本条规定主要参考现行行业标准《公路桥梁抗震设计细则》JTG/T B02 的有关规定简化而来。

5.4 地震主动土压力和动水压力

引自原《公路工程抗震设计规范》JTJ 004－89 的相关规定。

6 抗 震 分 析

6.1 一 般 规 定

6.1.1 由于复杂立交工程（三向及以上主干道立交工程）的地震最不利输入方向和结构地震反应非常复杂，很难在规范中给出具体要求，需进行专门抗震研究。对于墩高超过 40m，墩身第一阶振型有效质量低于 60%，且结构进入塑性的高墩桥梁，由于墩身高阶振型贡献，现行常规的抗震验算方法会带来很大误差，应作专门研究。

6.1.2 为了简化桥梁结构的动力响应计算及抗震设计和校核，根据梁桥结构在地震作用下动力响应的复杂程度分为两大类，即规则桥梁和非规则桥梁。规则桥梁地震反应以一阶振型为主，因此可以采用本规范建议的各种简化计算公式进行分析。对于非规则桥梁，由于其动力响应特性复杂，采用简化计算方法不能很好地把握其动力响应特性，因此对非规则桥梁，本规范要求采用比较复杂的分析方法来确保其实际地震作用下的性能满足设计要求。

显然，要满足规则桥梁的定义，实际桥梁结构应在跨数、几何形状、质量分布、刚度分布以及桥址的地质条件等方面服从一定的限制。具体地讲，要求实际桥梁的跨数不应太多，跨径不宜太大（避免轴压力过高），在桥梁顺桥向和横桥向上的质量分布、刚度分布以及几何形状都不应有突变，桥墩间的刚度差异不应太大，桥墩长细比应处于一定范围，桥址的地形、地质没有突变，而且桥址场地不会有发生液化和地基失效的危险等；对曲线桥，要求其最大圆心角应处于一定范围；对斜桥以及安装有减隔震支座和

（或）阻尼器的桥梁，则不属于规则桥梁。

为了便于实际操作，此处对规则桥梁给出了一些规定。迄今为止，国内还没有对规则桥梁结构的定义范围作专门研究，这里仅借鉴国外一些桥梁抗震设计规范的规定并结合国内已有的一些研究成果，给出条文中表6.1.2的规定。不在此表限定范围内的桥梁，都属于非规则桥梁。

6.1.3 E1地震作用下，结构处在弹性工作范围，可采用反应谱方法计算，对于规则桥梁，由于其动力响应主要由一阶振型控制，因此可采用简化的单振型反应谱方法计算。E2地震作用下，虽然容许桥梁结构进入弹塑性工作范围，但可以利用结构动力学中的等位移原则，对结构的弹性地震位移反应进行修正来代表结构的非线性地震位移反应，因此也可采用反应谱方法进行分析；但对于多联大跨度连续梁等复杂结构，只有采用非线性时程的方法才能正确预计结构的非线性地震反应。

6.1.4～6.1.6 对于多联大跨度连续梁桥、曲线桥和斜桥等复杂结构，采用反应谱方法很难正确预计其地震反应，应采用非线性时程分析方法进行地震反应。

6.1.7 一般情况下，桥台为重力式，其质量和刚度都非常大，为了和原《公路工程抗震设计规范》JTJ 004-89衔接，可采用静力法计算。

6.1.8 E1地震作用下结构在弹性范围工作，关注的是结构的强度，在此情况下可近似偏于安全地取桥墩的毛截面进行抗震分析（一般情况下，取毛截面计算出的结构周期相对较短，计算出的地震力偏大）；而E2地震作用下，容许结构进入弹塑性工作状态，关注的是结构的变形，对于延性构件取毛截面计算出的变形偏小，偏于不安全，因此取开裂后等效截面刚度是合理的。

6.2 建模原则

6.2.1、6.2.2 由于非规则桥梁动力特性的复杂性，采用简化计算方法不能正确地把握其动力响应特性，要求采用杆系有限元建立动力空间计算模型。正确地建立桥梁结构的动力空间模型是进行桥梁抗震设计的基础。为了正确反应实际桥梁结构的动力特性，要求每个墩柱至少采用三个杆系单元；桥梁支座采用支座连接单元模拟，单元的质量可采用集中质量代表（如图5）。

阻尼是影响结构地震反应的重要因素，在进行非规则桥梁时程反应分析时，可采用瑞利阻尼假设建立阻尼矩阵。根据瑞利阻尼假设，结构的阻尼矩阵可表示为下式：

$$[C] = a_0[M] + a_1[K] \quad (2)$$

上式中：$[M]$和$[K]$分别为结构的质量和刚度矩阵；a_0和a_1可按下式确定：

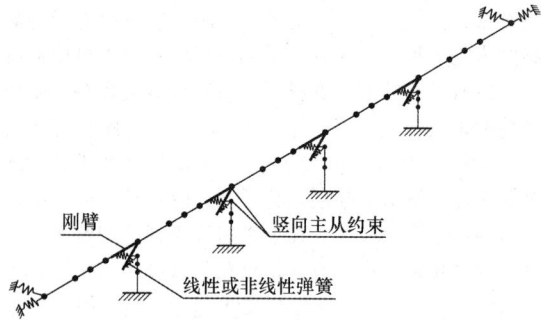

图5 桥梁动力空间计算模型

$$\begin{Bmatrix} a_0 \\ a_1 \end{Bmatrix} = \frac{2\xi}{\omega_n + \omega_m} \begin{Bmatrix} \omega_n \omega_m \\ 1 \end{Bmatrix} \quad (3)$$

上式中：ξ为结构阻尼比，对于混凝土桥梁$\xi = 0.05$；ω_n和ω_m为结构振动的第n阶和第m阶圆频率，一般ω_n可取结构的基频，ω_m取后几阶对结构振动贡献大的振型的频率。

在建立一般非规则桥梁动力空间模型时应尽量建立全桥计算模型，但对于桥梁长度很长的桥梁，可以选取具有典型结构或特殊地段或有特殊构造的多联梁桥（一般不少于3联）进行地震反应分析。这时应考虑邻联结构和边界条件的影响，邻联结构和边界条件的影响可以在所取计算模型的末端再加上一联梁桥或桥台模拟（如图6所示）。

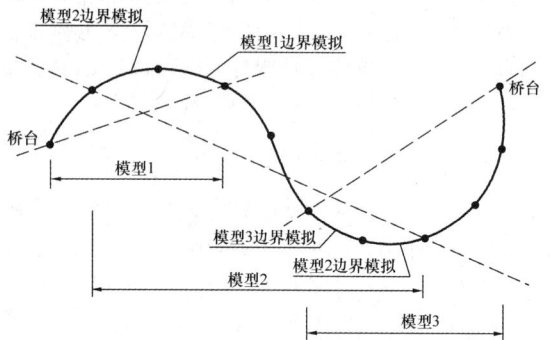

图6 边界条件和后继结构的模拟

6.2.4 在E2地震作用下桥梁可以进入非线性工作范围，因此，在进行结构非线性时程地震反应分析时，梁柱单元的弹塑性可以采用Bresler建议的屈服面来表示（如图7），也可采用非线性梁柱纤维单元模拟。

6.2.5 大量板式橡胶支座的试验结果表明，板式橡胶支座的滞回曲线呈狭长形，可以近似作线性处理。它的剪切刚度尽管随着最大剪应变和频率的变化而变化，但对于特定频率和最大的剪切角而言，可以近似看作常数。因此，可将板式橡胶支座的恢复力模型取为线弹性。

6.2.6 活动盆式和球形支座的试验表明，当支座受到的剪力超过其临界滑动摩擦力F_{max}后，支座开始滑动，其动力滞回曲线可用类似于理想弹塑性材料的滞回曲线代表。

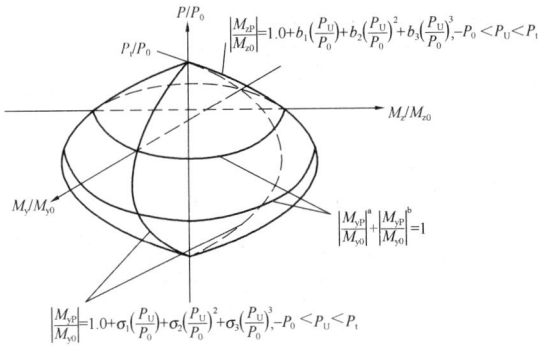

图 7 典型钢筋混凝土墩柱截面的屈服面

6.2.7 桥梁的下部结构处理通常为桥墩支承在刚性承台上，承台下采用群桩布置。因此，地震荷载作用下桥墩边界应是弹性约束，而不是刚性固结。对桩基边界条件进行精确模拟要涉及复杂的桩土相互作用问题，但分析表明，对于桥梁结构本身的分析问题，只要对边界作适当的模拟就能得到较满意的结果。考虑桩基边界条件最常用的处理方法是用承台底六个自由度的弹簧刚度模拟桩土相互作用（如图 8），这六个弹簧刚度是竖向刚度、顺桥向和横桥向的抗推刚度、绕竖轴的抗转动刚度和绕两个水平轴的抗转动刚度。它们的计算方法与静力计算相同，所不同的仅是土的抗力取值比静力的大，一般取 $m_{动} = (2 \sim 3) m_{静}$。

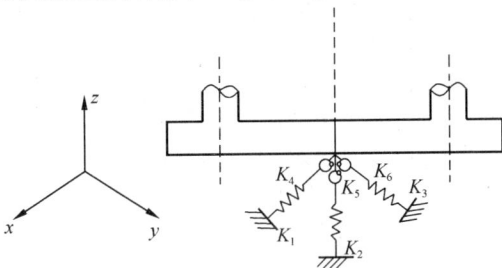

图 8 考虑桩-土共同作用边界单元

注：K_1、K_2、K_3 分别为 x、y、z 方向的拉压弹簧，K_4、K_5、K_6 分别为 x、y、z 方向的转动弹簧。

6.2.8 当桥墩的高度较高时，桥墩的几何非线性效应不能忽略，参考美国 CALTRANS 抗震设计规范，墩柱的计算长度与矩形截面短边尺寸之比大于 8，或墩柱的计算长度与圆形截面直径之比大于 6 时，应考虑 P-Δ 效应。

6.3 反 应 谱 法

6.3.1～6.3.3 自 1943 年美国 M. Biot 提出反应谱的概念，以及 1948 年美国 G. W. Housner 提出基于反应谱理论的动力法以来；反应谱分析方法在结构抗震领域得到不断完善与发展，并在工程实践中得到广泛应用。国内外许多专家学者对反应谱法进行了大量研究，并提出了种种振型组合方法。其中最简单而又最普遍采用的是 SRSS (Square Root of Sum of Squares)

法，该法对于频率分离较好的平面结构具有很好的精度，但是对于频率密集的空间结构，由于忽略了各振型间的耦合项，故时常过高或过低地估计结构的反应。1969 年，Rosenblueth 和 Elorduy 提出了 DSC (Double Sum Combination) 法来考虑振型间的耦合项影响，之后 Humar 和 Gupta 又对 DSC 法进行了修正与完善。1981 年，E. L. Wilson 等人把地面运动视为一宽带、高斯平稳过程，根据随机过程理论导出了线性多自由度体系的振型组合规则 CQC 法，较好地考虑了频率接近时的振型相关性，克服了 SRSS 法的不足。

6.4 时程分析法

6.4.2 一组时程分析结果只是结构随机响应的一个样本，不能反映结构响应的统计特性，因此，需要对多个样本的分析结果进行统计才能得到可靠的结果。本规范参照美国 AASHTO 规范给出了本规定。

6.5 规则桥梁抗震分析

6.5.1 规则桥梁的地震反应应以一阶振型为主，因此可以应用本规范建议的各种简化计算公式进行分析。

6.5.2 引自《公路工程抗震设计规范》JTJ 004-89 的有关规定，给出了规则梁桥桥墩顺桥向和横桥向水平地震力的计算公式。

在确定简支梁桥的基本周期和地震作用时，可按单墩模型考虑。对于墩身不高的简支梁，在确定地震作用时一般只考虑第 1 振型，而将高振型贡献略去不计。考虑到墩身在横桥向和顺桥方向的刚度不同，在计算时两个方向分别采用不同的振型。在确定了振型曲线 X_{1i} 之后（一般采用静力挠曲线），就可以应用能量法或代替质量法将墩身各分段重量核算到墩顶上。这样，在确定基本周期时，仍可以简化为单质点处理，避免了多质点体系基本周期计算十分繁杂的缺点。

6.5.3 连续梁桥顺桥向一般只设一个固定支座，其余均为纵向活动支座，因此顺桥向地震作用下结构地震反应可以简化为单墩模型计算，但应考虑各活动支座的摩擦效应。

6.5.4 对全联均采用板式橡胶支座的梁桥，首先采用静力方法，计算出结构考虑板式橡胶支座、墩柱和基础柔度的顺桥向静力等效水平刚度，在此基础上简化为单墩模型，计算出梁体质点所受地震顺桥向惯性力，然后采用静力法计算梁体惯性力产生的下部结构内力和变形。

6.5.5 一般情况下，梁式桥在横桥向，梁和墩之间采用刚性约束，对于规则性连续梁和连续刚架桥，主要是第一阶横向振型起主要贡献，因此可简化为单自由度模型计算。在横向模型简化时，本规范考虑相邻联的边界效应，采用静力方法计算横桥向水平等效刚度，利用单振型反应谱方法计算梁体横向地震惯性水平力，然后采用静力法计算梁体横向惯性水平力产生的下部结构内力和变形。

6.6 能力保护构件计算

6.6.1 在 E2 地震作用下，截面尺寸较大的桥墩可能不会发生屈服，这样采用能力保护方法计算过于保守，可直接采用 E2 地震作用计算结果。在判断桥墩是否屈服时，屈服弯矩可以采用行业标准《公路钢筋混凝土及预应力混凝土桥涵设计规范》JTG D62-2004 中偏心受压构件的受弯承载能力近似代表，但计算偏心受压构件的受弯承载能力时应采用材料标准值。

6.6.2、6.6.3 钢筋混凝土构件的剪切破坏属于脆性破坏，是一种危险的破坏模式，对于抗震结构来说，墩柱剪切破坏还会大大降低结构的延性能力，因此，为了保证钢筋混凝土墩柱不发生剪切破坏，应采用能力保护设计方法进行延性墩柱的抗剪设计。根据能力保护设计方法，墩柱的剪切强度应大于墩柱可能在地震中承受的最大剪力（对应于墩柱塑性铰处截面可能达到的最大弯矩承载能力）；桥梁基础是桥梁结构最主要的受力构件，地震作用下，如发生损伤，不但很难检查，也很难修复，因此作为能力保护构件设计；桥梁支座若在地震中发生损伤或破坏，虽然震后可以维修和替换，但改变了结构传力途径，因此，按类型 I 结构抗震体系设计的桥梁结构，应把支座作为能力保护构件设计，具有稳定传力途径，以达到桥梁墩柱等延性构件发生弹塑性变形、耗散地震能量的设计目标。

从大量震害和试验结果的观察发现，墩柱的实际受弯承载能力要大于其设计承载能力，这种现象称为墩柱抗弯超强现象（Overstrength）。引起墩柱抗弯超强的原因很多，但最主要的原因是钢筋在屈服后的极限强度比其屈服强度大许多和钢筋实际屈服强度又比设计强度大很多。如果墩柱塑性铰的受弯承载能力出现很大的超强，超过了能力保护构件所能承受的地震力，则将导致能力保护构件先失效，预设的塑性铰不能产生，桥梁发生脆性破坏。

为了保证预期出现弯曲塑性铰的构件不发生脆性的破坏模式（如剪切破坏、粘结破坏等），并保证脆性构件和不宜用于耗能的构件（能力保护构件）处于弹性反应范围，在确定它们的弯矩、剪力设计值时，采用墩柱抗弯超强系数 ϕ^0 来考虑超强现象。各国规范对 ϕ^0 取值的差异较大，对钢筋混凝土结构，欧洲规范（Eurocode 8：Part2，1998 年）中 ϕ^0 取值为 1.375，美国 AASHTO 规范（2004 版）取值为 1.25，而《Caltrans Seismic Design Criteria》（version 1.3）ϕ^0 取值为 1.2。同济大学结合我国行业标准《公

路钢筋混凝土及预应力混凝土桥涵设计规范》JTG D62-2004 对超强系数的取值也进行了研究，结果表明：当轴压比大于 0.2 时，超强系数随轴压比的增加而增加，当轴压比小于 0.2 时，超强系数在 1.1~1.3 之间。这里建议 ϕ^0 取 1.2。

对于截面尺寸较大的桥墩，在 E2 地震作用下可能不会发生屈服，这样采用能力保护方法计算过于保守，可直接采用 E2 地震作用计算结果。

6.6.4 对于双柱墩和多柱墩桥梁，横桥向地震作用下，会在墩柱中产生较大的动轴力，而墩柱轴力的变化会引起钢筋混凝土墩柱抗弯承载力的改变，因此，本规范建议采用静力推倒方法（Pushover 方法），通过迭代计算出各墩柱塑性区域截面超强弯矩。

6.6.7、6.6.8 双柱墩和多柱墩桥梁，横桥向地震作用下，钢筋混凝土墩柱作为延性构件产生弹塑性变形耗散地震能量，而盖梁、基础等作为能力保护构件，应保持弹性。因此，应采用能力保护设计方法进行盖梁的设计。根据能力保护设计方法，盖梁的抗弯强度应大于盖梁可能在地震中承受的最大、最小弯矩（对应于墩柱塑性铰处截面可能达到的正、负弯矩承载能力）。进行盖梁验算时，首先要计算出盖梁可能承受的最大、最小弯矩作为设计弯矩，然后进行验算。

6.6.9 由于在地震过程中，如基础发生损伤，难以发现并且维修困难，因此要求采用能力保护设计方法进行基础计算和设计，以保证基础在达到它预期的强度之前，墩柱已超过其弹性反应范围。梁桥基础沿横桥向、顺桥向的弯矩、剪力和轴力设计值应根据墩柱底部可能出现塑性铰处的弯矩承载能力（考虑超强系数 ϕ^0）、剪力设计值和相应的墩柱轴力来计算，在计算这些设计值时应和自重产生的内力组合。

6.7 桥　　台

6.7.1 一般情况下，桥台为重力式桥台，其质量和刚度都非常大，为了和公路工程抗震设计规范衔接，可采用静力法计算。

7　抗 震 验 算

7.1　一 般 规 定

7.1.1 大量地震桥梁震害表明，地震作用下桥梁桥墩、桥台、基础及支座等是地震易损部位，应此，这些部位是桥梁抗震设计的重点部位。

7.2　E1 地震作用下抗震验算

7.2.1 按 A 类抗震设计方法设计的桥梁需要进行两水平抗震设计，根据两水平抗震设防要求，在 E1 地震作用下要求结构保持弹性，基本无损伤，E1 地震作用效应和相关荷载效应组合后，按行业标准《公路

钢筋混凝土及预应力混凝土桥涵设计规范》JTG D62
- 2004 有关偏心受压构件的规定进行墩、台验算。

采用 B 类抗震设计方法设计的桥梁只考虑进行
E1 地震作用下的抗震验算。因此根据抗震设防要求，
在 E1 地震作用下要求结构保持弹性，基本无损伤，
E1 地震作用效应和相应荷载效应组合后，按行业标
准《公路钢筋混凝土及预应力混凝土桥涵设计规范》
JTG D62 - 2004 有关规定进行验算。

7.2.2 由于采用 B 类抗震设计方法设计的桥梁只要
求进行 E1 地震作用下的地震验算，但对于支座如只
进行 E1 地震作用下的验算，可能在 E2 地震作用下
发生破坏、造成落梁，对于支座需要考虑 E2 地震作
用下不破坏。但为了简化计算，在进行采用 B 类抗震
设计方法设计的桥梁的支座抗震验算时，虽然只进行
E1 地震作用下的地震反应分析，但采用一个支座调
整系数 α_d 来考虑 E2 地震作用效应，通过大量分析，
建议取 $\alpha_d = 2.3$。

如板式橡胶支座的抗滑性和固定支座水平抗震能
力不满足本条的要求，应采用本规范第 3.4.5、
3.4.6 条的规定。

7.3 E2 地震作用下抗震验算

7.3.1 E2 地震作用下，由于延性构件可以进入塑性工
作，因此主要验算其极限变形能力是否满足要求，对于
采用非线性时程分析方法进行地震反应分析的桥梁；由
于可以直接得到塑性铰区域的塑性转动需求，因此可直
接验算塑性铰区域的转动能力；对于矮墩，一般不作为
延性构件设计，因此需要验算抗弯和抗剪强度。

7.3.2 地震作用下，矮墩的主要破坏模式为剪切破
坏，即脆性破坏，没有延性。因此，E2 地震作用效
应和永久荷载效应组合后，应按行业标准《公路钢筋
混凝土及预应力混凝土桥涵设计规范》JTG D62 -
2004 的相关规定验算桥墩的强度，但考虑到 E2 地震
是偶遇荷载，可采用材料标准值计算。

7.3.3 大量理论和实验研究表明：地震作用下，当
结构自振周期较长时，采用弹性方法计算出的弹性位
移与采用非线性方法计算出的弹塑性位移基本相等，
即等位移原理；但当结构周期比较短时，需要对弹性
位移进行修正才能代表弹塑性位移。本条直接引用美
国《AASHTO Guide Specifications for LRFD Seismic
Bridge Design》的相关规定。

7.3.4 为了保证罕遇地震作用下，梁式桥、高架桥
梁墩柱有足够的变形能力而不发生倒塌，应验算墩
柱位移能力或塑性铰区域塑性转动能力。

7.3.5、7.3.6 假设截面的极限曲率 ϕ_u 和屈服曲率
ϕ_y 在塑性铰范围内均匀分布（如图9），塑性铰的长
度为 L_p，则塑性铰的极限塑性转角为：

$$\theta_u = (\phi_u - \phi_y) \cdot L_p / K \tag{4}$$

等效塑性铰长度 L_p 同塑性变形的发展和极限压

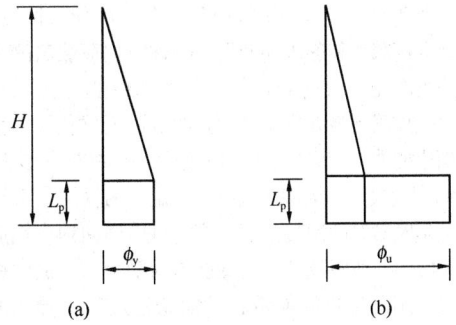

图 9 曲率分布模式
（a）相应于钢筋屈服；（b）相应于极限曲率

应变有很大的关系，由于实验结果离散性很大，目前
主要用经验公式来确定，本规范引用美国《AASH-
TO Guide Specifications for LRFD Seismic Bridge De-
sign》的相关公式。

对于单柱墩，相应于塑性铰区域的塑性转动能力
θ_u 时墩顶的塑性位移为：

$$\Delta_\theta = \left(H - \frac{L_p}{2}\right) \times \theta_u \tag{5}$$

而相应于塑性铰区域屈服时的位移为：

$$\Delta_y = \frac{1}{3} H^2 \times \phi_y \tag{6}$$

由以上（5）、（6）式可得单柱墩墩顶相应于塑性
铰区域达到塑性转动能力时的位移能力为：

$$\Delta_u = \frac{1}{3} H^2 \times \phi_y + \left(H - \frac{L_p}{2}\right) \times \theta_u \tag{7}$$

7.3.7 对于双柱墩横桥向，由于很难根据塑性铰转
动能力直接给出计算墩顶的容许位移的计算公式，建
议采用推倒分析方法，计算墩顶容许位移。

7.3.8、7.3.9 钢筋混凝土延性构件的塑性弯曲能力
可以根据材料的特性，通过截面的弯矩-曲率（$M-\phi$）
分析来得到，截面的弯矩-曲率（$M-\phi$）关系曲线，可
采用条带法（如图10）计算，其基本假定为：

1）平截面假定；

2）剪切应变的影响忽略不计；

3）钢筋和混凝土之间无滑移现象；

4）采用钢筋和混凝土的应力-应变关系。

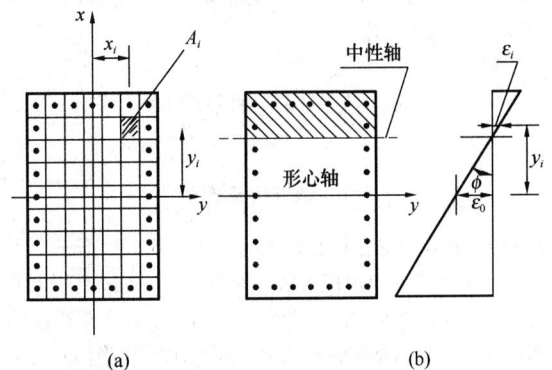

图 10 计算简图

用条带法求弯矩-曲率（$M\phi$）关系时有两种方法，即逐级加荷载法和逐级加变形法。逐级加荷载法的主要问题是每改变一次荷载，截面曲率和应变都要同时改变，而且加载到最大弯矩之后，曲线进入软化段，很难确定相应的曲率和应变。所以一般采用逐级加变形法。

约束混凝土的极限压应变 ε_{cu}，定义为横向约束箍筋开始发生断裂时的混凝土压应变，可由横向约束钢筋达到最大应力时所释放的总应变能与混凝土由于横向钢筋的约束作用而吸收的能量相等的条件进行推导。美国 Mander 给出的混凝土极限压应变的保守估计为：

$$\varepsilon_{cu} = 0.004 + \frac{1.4\rho_s \cdot f_{kh} \cdot \varepsilon_{su}^R}{f_{c,ck}} \tag{8}$$

式中，$f_{c,ck}$ 为约束混凝土名义抗压强度。

7.4 能力保护构件验算

7.4.2 地震中大量钢筋混凝土墩柱的剪切破坏表明：在墩柱塑性铰区域由于弯曲延性增加会使混凝土所提供的抗剪强度降低。为此，各国对墩柱塑性铰区域的抗剪强度进行了许多研究，美国 ACI-319-89 要求在端部塑性铰区域当轴压比小于 0.05 时，不考虑混凝土的抗剪能力，新西兰规范 NZS-3101 中规定当轴压比小于 0.1 时，不考虑混凝土的抗剪能力。而我国《公路工程抗震设计规范》JTJ 004-89 没有对地震荷载作用下的钢筋混凝土墩柱抗剪设计作出特别的规定，工程设计中缺乏有效的依据，只能套用普通设计中采用的斜截面强度设计公式来进行设计和校核，存在较大缺陷。因此，采用美国《AASHTO Guide Specifications for LRFD Seismic Bridge Design》（2007 年版）的抗剪计算公式。

7.4.3、7.4.4 桥梁基础、盖梁以及梁体为能力保护构件，墩柱的抗剪按能力保护设计方法设计。为了保证其抗震安全要求其在 E2 地震作用下基本不发生损伤；可参照行业标准《公路钢筋混凝土及预应力混凝土桥涵设计规范》JTG D62-2004 和《公路桥涵地基与基础设计规范》JTG D63-2007 的相关规定进行验算，但考虑到地震是偶遇荷载，可采用标准值计算。

7.4.5、7.4.6 如板式橡胶支座的抗滑性和固定支座水平抗震能力不满足要求，应采用本规范第 3.4.5 条和 3.4.6 条的规定。

8 抗震构造细节设计

8.1 墩柱结构构造

8.1.1 横向钢筋在桥墩柱中的功能主要有以下三个方面：（1）用于约束塑性铰区域内混凝土，提高混凝土的抗压强度和延性；（2）提供抗剪能力；（3）防止纵向钢筋压屈。在处理横向钢筋的细部构造时需特别注意。

由于表层混凝土保护层不受横向钢筋约束，在地震作用下会剥落，这层混凝土不能为横向钢筋提供锚固。因此，所有箍筋都应采用等强度焊接来闭合，或者在端部弯过纵向钢筋到混凝土核心内，角度至少为 135°。

为了防止纵向受压钢筋屈曲，矩形箍筋和螺旋箍筋的间距不应过大，Priestley 通过分析提出，建议箍筋之间的间距应满足下式：

$$s \leqslant \left[3 + 6\left(\frac{f_u}{f_y}\right)\right]d_{bl} \tag{9}$$

式中，f_y 和 f_u 分别为纵向钢筋的屈服强度和强化强度；d_{bl} 为纵筋的直径。

8.1.2 各国抗震设计规范对塑性铰区域横向钢筋的最小配筋率都进行了具体规定。下表 2 为美国 AASHTO 规范、欧洲规范 Eurocode 8、原《公路工程抗震设计规范》JTJ 004-89 及《建筑抗震设计规范》GB 50011 对横向钢筋最小配筋率的具体规定。同济大学通过大量的试验和分析，结合我国的实际情况，对横向钢筋最小配筋率进行了研究，并提出了相应的计算公式：

1 圆形截面：

$$\rho_{smin} = [0.14\eta_k + 5.84(\eta_k - 0.1)(\rho_t - 0.01) + 0.028]\frac{f_{ck}}{f_{hk}}$$
$$\geqslant 0.004 \tag{10}$$

2 矩形截面：

$$\rho_{smin} = [0.1\eta_k + 4.17(\eta_k - 0.1)(\rho_t - 0.01) + 0.02]\frac{f_{ck}}{f_{hk}}$$
$$\geqslant 0.004 \tag{11}$$

式中符号意义见本规范条文第 8.1.2 条。

若假定钢筋混凝土墩柱为矩形截面，混凝土的强度等级为 C30，箍筋的屈服应力为 240MPa，保护层混凝土厚度与截面尺寸之比为 1/20，则各国规范规定的最小配筋率和轴压比的关系如下表 2 所示。

表 2 各国规范对横向构造的规定

规 范	螺旋箍筋或圆形箍筋	矩形箍筋
美国 AASHTO 规范	$\rho_v = 0.45\frac{f_c}{f_{yh}}\left[\left(\frac{A_g}{A_{he}}\right) - 1\right]$ 或 $\rho_v = 0.12\frac{f_c}{f_{yh}}$	$\rho_s = 0.3\frac{f_c}{f_{yh}}\left[\left(\frac{A_g}{A_{he}}\right) - 1\right]$ 或 $\rho_s = 0.12\frac{f_c}{f_{yh}}$
欧洲规范 Eurocode 8	$\omega_{wd} \geqslant 1.90(0.15 + 0.01\mu_\phi)$ $\frac{A_g}{A_{he}}(\eta_k - 0.08)$ 或 $\omega_{wd} \geqslant 0.18$	$\omega_{wd} \geqslant 1.30(0.15 + 0.01\mu_\phi)$ $\frac{A_g}{A_{he}}(\eta_k - 0.08)$ 或 $\omega_{wd} \geqslant 0.12$
公路工程抗震设计规范		顺桥和横桥方向含箍率 $\rho_s = 0.3\%$
建筑抗震设计规范	$\rho_v = \lambda_v\frac{f_c}{f_{yh}}$	$\rho_v = \lambda_v\frac{f_c}{f_{yh}}$

注：A_g、A_{he} 分别为墩柱横截面的面积和核心混凝土面积（按箍筋外围边长计算）；f_c 为混凝土强度，f_{yh} 为箍筋抗拉强度设计值；ρ_s 对于矩形截面为截面计算方向的配箍率，对于圆形截面为截面螺旋箍筋的体积配箍率，λ_v 为最小配箍特征值；ω_{wd} 为力学含箍率，$\omega_{wd} = \rho_s\frac{f_c}{f_{yh}}$；$\mu_\phi$ 为截面曲率延性；η_k 为截面轴压比。

8.1.4、8.1.5 试验研究表明：沿截面布置若干适当分布的纵筋，纵筋和箍筋形成一整体骨架（如图12），当混凝土纵向受压、横向膨胀时，纵向钢筋也会受到混凝土的压力，这时箍筋给予纵向钢筋约束作用。因此，为了确保对核心混凝土的约束作用，墩柱的纵向配筋宜对称配筋。

纵向钢筋对约束混凝土墩柱的延性有较大影响，因此，延性墩柱中纵向钢筋含量不应太低。重庆交通科研设计院通过大量的理论计算和试验研究表明，如果纵向钢筋含量低，即使箍筋含量较低，墩柱也会表现出良好的延性能力，但此时结构在地震作用下对延性的需求也会很大，因此，这种情况对结构抗震也是不利的。但纵向钢筋的含量太高不利于施工，另外，纵向钢筋含量过高还会影响墩柱的延性，所以纵向钢筋的含量应有一个上限。各国抗震设计规范都对墩柱纵向最小、最大配筋率进行了规定（图11）：其中美国 AASHTO 规范（2004 年版）建议的纵筋配筋率范围为 0.01～0.008；我国《建筑抗震设计规范》GB 50011 建议为 0.008～0.004；我国《公路工程抗震设计规范》JTJ 004 - 89 建议的最小配筋率为 0.004，对最大配筋率没有规定。这里根据我国桥梁结构的具体情况，建议墩柱纵向钢筋的配筋率范围0.006～0.004。

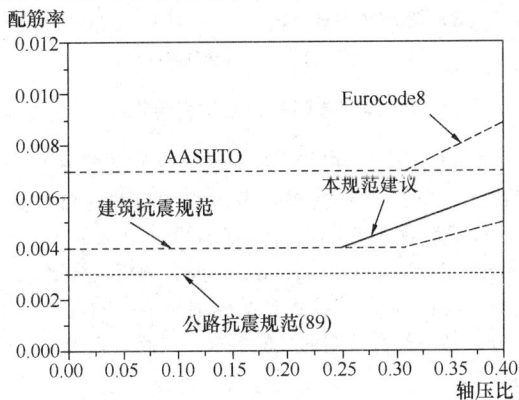

图 11　最小配筋率比较示意图

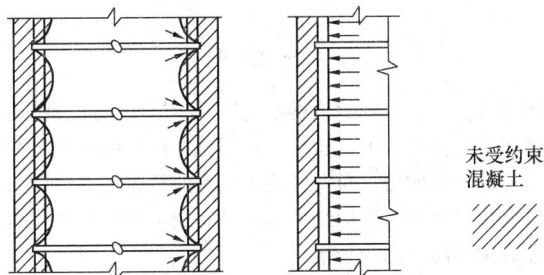

图 12　柱中横向和纵向钢筋的约束作用

8.1.7 为了保证在地震荷载作用下，纵向钢筋不发生粘结破坏，墩柱的纵向钢筋应尽可能地延伸至盖梁和承台的另一侧面，纵筋的锚固和搭接长度应在按行业标准《公路钢筋混凝土及预应力混凝土桥涵设计规范》

JTG D62 - 2004 的要求基础上增加 $10d_{bl}$，d_{bl} 为纵筋的直径，不应在塑性铰区域进行纵筋的搭接。

8.2　节点构造

我国对桥梁节点的抗震构造和性能研究不足，很少有试验资料可以借鉴。但历次地震震害都表明，桥梁节点是地震易损部位之一，因此本节直接采用美国《AASHTO Guide Specifications for LRFD Seismic Bridge Design》的相关规定。

9　桥梁减隔震设计

9.1　一般规定

9.1.1　在桥梁抗震设计中，引入减隔震技术的目的就是利用减隔震装置在满足正常使用功能要求的前提下，达到延长结构周期、消耗地震能量，降低结构的响应。因此，对于桥梁的减隔震设计，最重要的因素就是设计合理、可靠的减隔震装置并使其在结构抗震中充分发挥作用，即桥梁结构的大部分耗能、塑性变形应集中于这些装置，允许这些装置在 E2 地震作用下发生大的塑性变形和存在一定的残余位移，而结构其他构件的响应基本为弹性。

但是，减隔震技术并不是在任何情况下均适用。对于下列情况，不宜采用减隔震技术：基础土层不稳定，易于发生液化的场地；下部结构刚度小，桥梁结构本身的基本振动周期比较长；位于场地特征周期比较长，延长周期可能引起地基与桥梁结构共振，以及支座中出现较大负反力等。

9.1.2　对于采用减隔震设计的桥梁，即使在 E2 地震作用下，桥梁的耗能部位位于桥梁上、下部连接构件（支座、耗能装置）；上部结构、桥墩和基础不受损伤、基本在弹性工作范围，因此没有必要再进行 E1 地震作用下的计算。

9.1.3、9.1.4　桥梁减隔震设计是通过延长结构的基本周期，避开地震能量集中的范围，从而降低结构的地震力。但延长结构周期的同时，必然使得结构变柔，从而可能导致结构在正常使用荷载作用下结构发生有害振动，因此要求减隔震结构应具有一定的刚度和屈服强度，保证在正常使用荷载下（如风、制动力等）结构不发生屈服和有害振动。

同时，采用减隔震设计的桥梁结构的变形比不采用减隔震技术的桥梁大，为了确保减隔震桥梁在地震作用下的预期性能，在相邻上部结构之间应设置足够的间隙，因此必须对伸缩缝装置、相邻梁间限位装置、防落梁装置等进行合理的设计，并对施工质量给予明确规定。

9.2　减隔震装置

9.2.1　从桥梁减隔震设计的原理可知，减隔震桥梁耗能的主要构件是减隔震装置，而且，在地震中允许这些构件发生损伤。这就要求减隔震装置性能可靠，且震后可对这些构件进行维护。此外，为了确保减隔震装置在地震中能够发挥应有的作用，也必须对其进行定期的检查和维护。

9.2.2、9.2.3 由于减隔震装置是减隔震桥梁中的重要组成部分，它们必须具有预期的性能要求。因此，本规范要求在实际采用减隔震装置前，必须对预期减隔震装置的性能和特性进行严格的检测实验。原则上须由原型测试结果来确认隔震系统在地震时的性能与设计相符。检测实验包括减隔震装置在动力荷载和静力荷载下的两部分试验，并依据相关的试验检测条文、检测规程等进行。

9.2.4 地震作用下，为控制减隔震装置发生过大的位移，除要求提供减隔震装置阻尼外，同时要求减隔震装置具有一定的屈后刚度、提供自恢复力。本条规定直接采用美国 AASHTO《Guide Specifications for Seismic Isolation Design》的相关规定。

9.3 减隔震桥梁地震反应分析

9.3.1 由于弹性反应谱分析方法比较简洁，并已为大多数设计人员所熟悉，且在一定条件下，使用该分析方法进行减隔震桥梁的分析仍可得到较理想的计算结果，尤其在初步设计阶段，可帮助设计人员迅速把握结构的动力特性和响应值，因此，它仍是减隔震桥梁分析中一种十分重要的分析方法。但由于目前大多数减隔震装置的力学特性是非线性的，必须借助于等效线性化模型才能采用反应谱分析方法。由于减隔震装置的非线性特性，在分析开始时，减隔震装置的位移反应是未知的，因而其等效刚度、等效阻尼比也是未知的，所以弹性反应谱分析过程是一个迭代过程。正是由于减隔震装置的非线性特性以及减隔震桥梁响应对伸缩装置、挡块等防落梁装置的敏感性等因素，如果需要合理地考虑这些因素的影响时，宜采用非线性动力时程分析方法。

9.3.2、9.3.3 对于比较规则的减隔震桥梁，其地震反应可以用单振型模型代表，可采用单振型反应谱分析。但一定要注意，反应谱方法计算时，应采用等效刚度、等效阻尼比。

9.3.4 一般情况下，减隔震装置的恢复力模型可以用双线性模型代表，其主要设计参数有：特征强度、屈服强度、屈服位移和屈后刚度，根据这些参数可以计算减隔震装置在地震作用下的位移，可以计算等效刚度和等效阻尼比。

9.3.5 由于减隔震装置的非线性性能，采用反应谱分析时，减隔震装置的等效刚度、等效阻尼比随减隔震装置变形不同而变化，因此，当考虑减隔震装置的非线性滞回特性时需要用迭代法来求解地震反应。此外，目前规范大多数是针对普通桥梁的抗震设计给出

设计谱的规定，即设计谱是针对阻尼比为 5% 给出的。但对于减隔震桥梁，减隔震装置处的耗能能力大，而其他耗能机理所耗能量相对比较少，导致整个体系耗能能力不再均匀，因此，减隔震桥梁各振动周期对应阻尼比是不相同的，基本周期（有时称为隔震周期）的阻尼比一般比较大，约 10%～20%，有时甚至更高，这就要求在反应谱分析过程中一方面要考虑不同振型采用不同的阻尼比，另一方面需考虑不同阻尼比对反应谱值的修正。

在采用单自由度反应谱分析时，具体求解过程为：

1) 假设上部结构（梁体）的位移初始值 D_0；
2) 按条文中式（9.3.5-4）计算等效刚度；
3) 按条文中式（9.3.5-3）计算等效周期；
4) 按条文中式（9.3.5-5）计算等效阻尼比；
5) 根据等效阻尼比，修正反应谱，得到相应于等效阻尼比的加速度反应谱；
6) 由条文中式（9.3.5-2）计算梁体位移 D_d；
7) 比较假设的 D_0 和计算出的 D_d，如两者相差大于 5%，则重新假设梁体位移 $D_0 = D_d$，返回到第二步进行迭代，直至假设的 D_0 和计算出的 D_d 相差在 5% 以内；
8) 按条文中式（9.3.5-1）计算减隔震桥梁顺桥向、横桥向的水平地震力。

9.4 减隔震桥梁抗震验算

9.4.1 对于作用在减隔震桥梁墩台的地震水平力，考虑 1.5 折减系数主要是考虑墩台材料超强因素，1.5 折减系数直接引用美国 AASHTO《Guide Specifications for Seismic Isolation Design》的相关规定。

9.4.2 由于减隔震装置是减隔震桥梁中的重要组成部分，必须具有预期的性能要求。因此，必须进行抗震验算。

10 斜拉桥、悬索桥和大跨度拱桥

10.1 一般规定

10.1.1 一个良好的抗震结构体系应能使各部分结构合理地分担地震力，这样，各部分结构都能充分发挥自身的抗震能力，对保证桥梁结构的整体抗震性能比较有利。采用对称的结构形式是有利于各部分结构合理分担地震力的一个措施。

10.1.2 斜拉桥的抗震性能主要取决于结构体系。在地震作用下，塔、梁固结体系斜拉桥的塔柱内力与所有其他体系相比是最大的，在烈度较高的地区要避免采用。飘浮体系的塔柱内力反应较小，因此在烈度较高的地区应优先考虑，但飘浮体系可能导致过大的位移反应。这时，可在塔与梁之间增设弹性约束装置或

阻尼约束装置，形成塔、梁弹性约束体系或阻尼约束体系，以有效降低地震位移反应。

10.1.3 拱桥的主拱圈在强烈地震作用下，不仅在拱平面内受弯，而且还在拱平面外受扭，当地基由于强烈地震产生不均匀沉陷时，主拱圈还会发生斜向扭转和斜向剪切。因此，大跨径拱桥的主拱圈宜采用抗扭刚度较大、整体性较好的断面形式。一般以采用箱形拱、板拱等闭合式断面为宜，不宜采用开口断面。当采用肋拱时，不宜采用石肋或混凝土肋，宜采用钢筋混凝土肋，并加强拱肋之间的横向联系，以提高主拱圈的横向刚度和整体性。

在拱平面内，从拱桥的振动特性看，拱圈与拱上建筑之间振动变形的不协调性将更加突出。为了消除或减少这种振动变形的不协调，宜在拱上立柱或立墙端设铰，允许这些部位有一些转动或变形。

10.1.4 在强烈地震作用下，为了保证大跨度拱桥不发生侧向失稳破坏，应采取提高拱桥整体性和稳定性的措施。如下承式和中承式拱桥设置风撑，并加强端横梁刚度；上承式拱桥加强拱脚部位的横向联系。

10.2 建模与分析原则

10.2.1 大跨度桥梁的结构构造比较复杂，因此地震反应也比较复杂，如高阶振型的影响不可忽略，多点非一致激励（包括行波效应）的影响可能较大等。在地震中较易遭受破坏的细部结构，其地震反应往往是由高阶振型的贡献起控制作用的。

反应谱方法概念简单、计算方便、可以用较少的计算量获得结构的最大反应值。但是，反应谱法是线弹性分析方法，不能考虑各种非线性因素的影响，当非线性因素的影响显著时，反应谱法可能得不到正确的结果，或判断不出结构真正的薄弱部位。

国内外大多数工程抗震设计规范中都指出，对于复杂桥梁结构的地震反应分析，应采用动态时程分析法。动态时程分析法可以精细地考虑桩-土-结构相互作用、地震动的空间变化影响、结构的各种非线性因素（包括几何、材料、边界连接条件非线性）以及分块阻尼等问题。所以，时程分析法一般认为是精细的计算方法，但时程分析法的结果，依赖于地震输入，如地震输入选择不好，也会导致结果偏小。

10.2.2 结构的动力反应与结构的自振周期和地震时程输入的频谱成分关系非常密切。大跨度桥梁大多是柔性结构，第一阶振型的周期往往较长。因此大跨度桥梁的地震反应中，第一阶振型的贡献非常重要，因此提供的地震加速度时程或反应谱曲线的频谱含量应包括第一阶自振周期在内的长周期成分。

10.2.3 桥梁结构的刚度和质量分布，以及边界连接条件决定了结构本身的动力特性。因此，在大跨度桥梁的地震反应分析中，为了真实地模拟桥梁结构的力学特性，所建立的计算模型必须如实地反映结构的刚度和质量分布，以及边界连接条件。建立大跨度桥梁的计算模型时，应满足以下要求：

1 大跨度桥梁结构主桥一般通过过渡孔与中小跨度引桥相连，因此主桥与引桥是互相影响的，另外，由于大跨度桥梁结构主桥与中小跨度引桥的动力特性差异，会使主、引桥在连接处产生较大的相对位移或支座损坏，从而导致落梁震害。因而，在结构计算分析时，必须建立主桥与相邻引桥孔（联）耦联的计算模型。大跨桥梁的空间性决定了其动力特性和地震反应的空间性，因而应建立三维空间计算模型。

2 大跨桥梁的几何非线性主要来自三个方面：① （斜拉桥、悬索桥的）缆索垂度效应，一般用等效弹性模量模拟；②梁柱效应，即梁柱单元轴向变形和弯曲变形的耦合作用，一般引入几何刚度矩阵来模拟，只考虑轴力对弯曲刚度的影响；③大位移引起的几何形状变化。但研究表明：大位移引起的几何形状变化对结构地震后影响较小，一般可忽略。

3 边界连接条件应根据具体情况进行模拟。反应谱方法只能用于线性分析，因此边界条件只能采用主从关系粗略模拟；而时程分析法可以精细地考虑各种非线性因素，因此建立计算模型时可真实地模拟结构的边界条件和墩柱的弹塑性性质。

10.2.5 当考虑地震动空间变化的影响采用反应谱分析时，欧洲规范对两个水平方向和竖向分量采用与场地相关的加权平均反应谱。考虑到加权平均反应谱计算相当复杂，因此，本规范建议偏安全地采用包络反应谱计算。

在大跨度桥梁的地震反应中，高阶振型的影响比较显著。因此，采用反应谱法进行地震反应分析时，应充分考虑高阶振型的影响，即所计算的振型阶数要包括所有贡献较大的振型。

由于反应谱法仅能给出结构各振型反应的最大值，而丢失了与最大值有关且对振型组合又非常重要的信息，如最大值发生的时间及其正负号，使得各振型最大值的组合陷入困境，对此，国内外许多专家学者进行了研究，并提出了种种振型组合方法。其中最简单而又最普遍采用的是 SRSS（Square Root of Sum of Squares）法，该法对于频率分离较好的平面结构具有很好的精度，但是对频率密集的空间结构，由于忽略了各振型间的耦合项，故时常过高或过低估计结构的反应。1981 年，E. L. Wilson 等人把地面运动视为一宽带、高斯平稳过程，根据随机过程理论导出了线性多自由度体系的振型组合规则 CQC 法，较好地考虑了频率接近时的振型相关性，克服了 SRSS 法的不足。目前，CQC 法以其严密的理论推导和较好的精度在桥梁结构的反应谱分析中得到越来越多的应用，而且已被世界各国的桥梁抗震设计规范所采用。因此，本规范建议采用较为成熟的 CQC 法进行振型组合。

10.2.6 时程分析的结果依赖于地震动输入，如地震动输入选择不好，则可能导致结果偏小，欧洲规范和美国 AASHTO 规范均规定，在时程分析时，采用的地震动输入时程应和设计反应谱兼容。同时美国 AASHTO 规范规定采用 3 组地震波参与计算时取反应的最大值验算，取 7 组波参与计算时取反应的平均值验算。因此本规范给出了和美国 AASHTO 规范相同的规定。

10.3 性能要求与抗震验算

10.3.1、10.3.2 为了实现条文中第 10.3.1 和 10.3.2 条规定的大跨度桥梁性能目标，可采用以下抗震验算方法：首先，将桥塔和桩截面划分为纤维单元（如图 13 所示），采用实际的钢筋和混凝土应力-应变关系分别模拟钢筋和混凝土单元。采用数值积分法进行截面弯矩-曲率分析（考虑相应的轴力），得到如图 14 所示的截面弯矩-曲率曲线。M'_y 为截面最外层钢筋首次屈服时对应的初始屈服弯矩；M_u 为截面极限弯矩；M_y 为截面等效抗弯屈服弯矩，即把实际弯矩-曲率曲线等效为图中所示理想弹塑性恢复力模型时的等效抗弯屈服弯矩。

图 13 截面纤维单元划分图

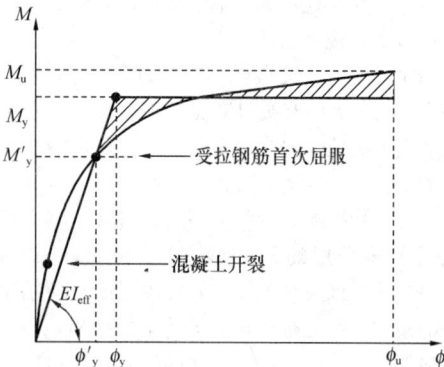

图 14 弯矩-曲率曲线

1 E1 地震作用下，桥塔截面和桩基截面要求其在地震作用下的截面弯矩应小于截面初始屈服弯矩（考虑轴力）M'_y。由于 M'_y 为截面最外层钢筋首次屈服时对应的初始屈服弯矩，因此当地震反应弯矩小于初始屈服弯矩时，整个截面保持在弹性，研究表明：截面的裂缝宽度不会超过容许值，结构基本无损伤，满足结构在弹性范围工作的性能目标。

2 E2 地震作用下，桥塔截面和桩基截面要求其在地震作用下的截面弯矩应小于截面等效抗弯屈服弯矩 M_y（考虑轴力）。M_y 是把实际弯矩-曲率曲线等效为图中所示理想弹塑性双线性模型时得到的等效抗弯屈服弯矩。从理想弹塑性双线性模型看，当地震反应小于等效抗弯屈服弯矩 M_y 时，结构整体反应还在弹性范围。实际上，在地震过程中，对应于等效抗弯屈服弯矩 M_y，截面上还是有部分钢筋进入了屈服，研究表明：截面的裂缝宽度可能会超过容许值，但混凝土保护层还是完好（对应保护层损伤的弯矩为截面极限弯矩 M_u，$M_y \leqslant M_u$）。由于地震过程的持续时间比较短，地震后，由于结构自重，地震过程中开展的裂缝一般可以闭合，不影响使用，满足 E2 地震作用下局部可发生可修复的损伤，地震发生后，基本不影响车辆通行的性能目标要求。

3 在 E2 地震作用下，边墩等桥梁结构中较易修复的构件和引桥桥墩，按延性抗震设计，满足不倒塌的性能目标要求。

11 抗震措施

11.1 一般规定

11.1.1～11.1.3 由于工程场地可能遭受地震的不确定性，以及人们对桥梁结构地震破坏机理的认识尚不完备，因此桥梁抗震实际上还不能完全依靠定量的计算方法。实际上，历次大地震的震害表明，一些从震害经验中总结出来或经过基本力学概念启示得到的一些构造措施被证明可以有效地减轻桥梁的震害。如主梁与主梁或主梁与墩之间适当的连接措施可以防止落梁，但这些构造措施不应影响桥梁的正常使用功能，不应妨碍减隔震、耗能装置发挥作用。

如构造措施的使用导致桥梁地震响应定量计算的结果有较大的改变，导致定量计算结果失效，在进行抗震分析时，应考虑抗震措施的影响，抗震措施应根据其受到的地震力进行设计。

11.2 6 度 区

11.2.1～11.2.3 对于 6 度地区，考虑到地震作用较小，对直桥其搭接长度的相关公式在行业标准《公路桥梁抗震设计细则》JTG/T B02-01-2008 相关公式的基础上进行了折减，曲桥和斜桥搭接长度的相关公式直接引用了行业标准《公路桥梁抗震设计细则》JTG/T B02 - 01 - 2008 的相关公式。

11.3 7 度 区

11.3.3 本条直接引用了行业标准《公路桥梁抗震设计细则》JTG/T B02 - 01 - 2008 的相关规定。

11.3.4、11.3.5 直接引用了原《公路工程抗震设计规范》JTJ 004 - 89 的规定。

11.4 8 度 区

11.4.2 使用横向和纵向限位装置可以实现桥梁结构的内力反应和位移反应之间的协调，一般来讲，限位装置的间隙小，内力反应增大，而位移反应减小；相反，若限位装置的间隙大，则内力反应减小，但位移反应增大。横向和纵向限位装置的使用应使内力反应和位移反应二者之间达到某种平衡，另外桥轴方向的限位装置移动能力应与支承部分的相适应；限位装置的设置不得有碍于防落梁构造功能的发挥。

限位装置可使用与条文中图 11.4.2 类似的结构。

11.4.3～11.4.8 引用原《公路工程抗震设计规范》JTJ 004 - 89 的规定。

11.5 9 度 区

11.5.2、11.5.3 引用原《公路工程抗震设计规范》JTJ 004 - 89 的规定。

中华人民共和国行业标准

既有建筑地基基础加固技术规范

Technical code for improvement of soil and
foundation of existing buildings

JGJ 123—2012

批准部门：中华人民共和国住房和城乡建设部
施行日期：2 0 1 3 年 6 月 1 日

中华人民共和国住房和城乡建设部
公　告

第 1452 号

住房城乡建设部关于发布行业标准
《既有建筑地基基础加固技术规范》的公告

现批准《既有建筑地基基础加固技术规范》为行业标准，编号为 JGJ 123 - 2012，自 2013 年 6 月 1 日起实施。其中，第 3.0.2、3.0.4、3.0.8、3.0.9、3.0.11、5.3.1 条为强制性条文，必须严格执行。原行业标准《既有建筑地基基础加固技术规范》JGJ 123 - 2000 同时废止。

本规范由我部标准定额研究所组织中国建筑工业出版社出版发行。

中华人民共和国住房和城乡建设部

2012 年 8 月 23 日

前　言

根据住房和城乡建设部《关于印发〈2009 年工程建设标准规范制订、修订计划〉的通知》（建标〔2009〕88 号）的要求，规范编制组经广泛调查研究，认真总结实践经验，参考有关国际标准和国外先进标准，并在广泛征求意见的基础上，修订了《既有建筑地基基础加固技术规范》JGJ 123 - 2000。

本规范的主要技术内容是：总则、术语和符号、基本规定、地基基础鉴定、地基基础计算、增层改造、纠倾加固、移位加固、托换加固、事故预防与补救、加固方法、检验与监测。

本规范修订的主要技术内容是：1. 增加术语一节；2. 增加既有建筑地基基础加固设计的基本要求；3. 增加邻近新建建筑、深基坑开挖、新建地下工程对既有建筑产生影响时，应采取对既有建筑的保护措施；4. 增加不同加固方法的承载力和变形计算方法；5. 增加托换加固；6. 增加地下水位变化过大引起的事故预防与补救；7. 增加检验与监测；8. 增加既有建筑地基承载力持载再加荷载荷试验要点；9. 增加既有建筑桩基础单桩承载力持载再加荷载荷试验要点；10. 增加既有建筑地基基础鉴定评价的要求；11. 原规范纠倾加固和移位一章，调整为纠倾加固、移位加固两章；12. 修订增层改造、事故预防和补救、加固方法等内容。

本规范中以黑体字标志的条文为强制性条文，必须严格执行。

本规范由住房和城乡建设部负责管理和对强制性条文的解释，由中国建筑科学研究院负责具体技术内容的解释。执行过程中如有意见或建议，请寄送中国建筑科学研究院（地址：北京市北三环东路 30 号，邮编：100013）。

本 规 范 主 编 单 位：中国建筑科学研究院
本 规 范 参 编 单 位：福建省建筑科学研究院
　　　　　　　　　　　河南省建筑科学研究院
　　　　　　　　　　　北京交通大学
　　　　　　　　　　　同济大学
　　　　　　　　　　　山东建筑大学
　　　　　　　　　　　中国建筑技术集团有限公司
本规范主要起草人员：滕延京　张永钧　刘金波
　　　　　　　　　　　张天宇　赵海生　崔江余
　　　　　　　　　　　叶观宝　李　湛　张　鑫
　　　　　　　　　　　李安起　冯　禄
本规范主要审查人员：沈小克　顾国荣　张丙吉
　　　　　　　　　　　康景文　柳建国　柴万先
　　　　　　　　　　　潘凯云　滕文川　杨俊峰
　　　　　　　　　　　袁内镇　侯伟生

目　次

Contents

1 总　　则

1.0.1 为了在既有建筑地基基础加固的设计、施工和质量检验中贯彻执行国家的技术经济政策，做到安全适用、技术先进、经济合理、确保质量、保护环境，制定本规范。

1.0.2 本规范适用于既有建筑因勘察、设计、施工或使用不当；增加荷载、纠倾、移位、改建、古建筑保护；遭受邻近新建建筑、深基坑开挖、新建地下工程或自然灾害的影响等需对其地基和基础进行加固的设计、施工和质量检验。

1.0.3 既有建筑地基基础加固设计、施工和质量检验除应执行本规范外，尚应符合国家现行有关标准的规定。

2　术语和符号

2.1　术　　语

2.1.1 既有建筑　existing building
已实现或部分实现使用功能的建筑物。

2.1.2 地基基础加固　soil and foundation improvement
为满足建筑物使用功能和耐久性的要求，对建筑地基和基础采取加固技术措施的总称。

2.1.3 既有建筑地基承载力特征值　characteristic value of subsoil bearing capacity of existing buildings
由载荷试验测定的在既有建筑荷载作用下地基土固结压密后再加荷，压力变形曲线线性变形段内规定的变形所对应的压力值，其最大值为再加荷段的比例界限值。

2.1.4 既有建筑单桩竖向承载力特征值　characteristic value of a single pile bearing capacity of existing buildings
由单桩静载荷试验测定的在既有建筑荷载作用下桩周和桩端土固结压密后再加荷，荷载变形曲线线性变形段内规定的变形所对应的荷载值，其最大值为再加荷段的比例界限值。

2.1.5 增层改造　vertical extension
通过增加建筑物层数，提高既有建筑使用功能的方法。

2.1.6 纠倾加固　improvement for tilt rectifying
为纠正建筑物倾斜，使之满足使用要求而采取的地基基础加固技术措施的总称。

2.1.7 移位加固　improvement for building shifting
为满足建筑物移位要求，而采取的地基基础加固技术措施的总称。

2.1.8 托换加固　improvement for underpinning
通过在结构与基础间设置构件或在地基中设置构件，改变原地基和基础的受力状态，而采取托换技术进行地基基础加固的技术措施的总称。

2.2　符　　号

2.2.1 作用和作用效应

F_k ——作用的标准组合时基础加固或增加荷载后上部结构传至基础顶面的竖向力；

G_k ——基础自重和基础上的土重；

H_k ——作用的标准组合时基础加固或增加荷载后桩基承台底面所受水平力；

M_k ——作用的标准组合时基础加固或增加荷载后作用于基础底面的力矩；

M_{xk} ——作用的标准组合时作用于承台底面通过桩群形心的 x 轴的力矩；

M_{yk} ——作用的标准组合时作用于承台底面通过桩群形心的 y 轴的力矩；

N ——滑板承受的竖向作用力；

N_a ——顶升支承点的荷载；

p_k ——作用的标准组合时基础加固或增加荷载后基础底面处的平均压力；

p_{kmax} ——作用的标准组合时基础加固或增加荷载后基础底面边缘的最大压力；

p_{kmin} ——作用的标准组合时基础加固或增加荷载后基础底面边缘的最小压力；

P_p ——静压施工设计最终压桩力；

Q ——单片墙线荷载或单柱集中荷载；

Q_k ——作用的标准组合时基础加固或增加荷载后桩基中轴心竖向力作用下任一单桩的竖向力。

2.2.2 材料的性能和抗力

F ——水平移位总阻力；

f_a ——修正后的既有建筑地基承载力特征值；

f_0 ——滑板材料抗压强度；

p_s ——静压桩压桩时的比贯入阻力；

q_{pa} ——桩端端阻力特征值；

q_{sia} ——桩侧阻力特征值；

R_a ——既有建筑单桩竖向承载力特征值；

R_{Ha} ——既有建筑单桩水平承载力特征值；

W ——基础加固或增加荷载后基础底面的抵抗矩，建筑物基底总竖向荷载；

μ ——行走机构摩擦系数。

2.2.3 几何参数

A ——基础底面面积；

A_p ——桩底端横截面面积；

A_0 ——滑动式行走机构上下轨道滑板的水平面积；

d ——设计桩径；

s ——地基最终变形量；

s_0——地基基础加固前或增加荷载前已完成的地基变形量;

s_1——地基基础加固后或增加荷载后产生的地基变形量;

s_2——原建筑荷载下尚未完成的地基变形量;

u_p——桩身周长。

2.2.4 设计参数和计算系数

n——桩基中的桩数或顶升点数;

q——石灰桩每延米灌灰量;

η_c——充盈系数。

3 基 本 规 定

3.0.1 既有建筑地基基础加固,应根据加固目的和要求取得相关资料后,确定加固方法,并进行专业设计与施工。施工完成后,应按国家现行有关标准的要求进行施工质量检验和验收。

3.0.2 既有建筑地基基础加固前,应对既有建筑地基基础及上部结构进行鉴定。

3.0.3 既有建筑地基基础加固设计与施工,应具备下列资料:

1 场地岩土工程勘察资料。当无法搜集或资料不完整,不能满足加固设计要求时,应进行重新勘察或补充勘察。

2 既有建筑结构、地基基础设计资料和图纸、隐蔽工程施工记录、竣工图等。当搜集的资料不完整,不能满足加固设计要求时,应进行补充检验。

3 既有建筑结构、基础使用现状的鉴定资料,包括沉降观测资料、裂缝、倾斜观测资料等。

4 既有建筑改扩建、纠倾、移位等对地基基础的设计要求。

5 对既有建筑可能产生影响的邻近新建建筑、深基坑开挖、降水、新建地下工程的有关勘察、设计、施工、监测资料等。

6 受保护建筑物的地基基础加固要求。

3.0.4 既有建筑地基基础加固设计,应符合下列规定:

1 应验算地基承载力。

2 应计算地基变形。

3 应验算基础抗弯、抗剪、抗冲切承载力。

4 受较大水平荷载或位于斜坡上的既有建筑物地基基础加固,以及邻近新建建筑、深基坑开挖、新建地下工程基础埋深大于既有建筑基础埋深并对既有建筑产生影响时,应进行地基稳定性验算。

3.0.5 邻近新建建筑、深基坑开挖、新建地下工程对既有建筑产生影响时,除应优化新建地下工程施工方案外,尚应对既有建筑采取深基坑开挖支挡、地下墙(桩)隔离地基应力和变形、地基基础或上部结构加固等保护措施。

3.0.6 既有建筑地基基础加固设计,可按下列步骤进行:

1 根据加固的目的,结合地基基础和上部结构的现状,考虑上部结构、基础和地基的共同作用,选择并制定加固地基、加固基础或加强上部结构刚度和加固地基基础相结合的方案。

2 对制定的各种加固方案,应分别从预期加固效果,施工难易程度,施工可行性和安全性,施工材料来源和运输条件,以及对邻近建筑和周围环境的影响等方面进行技术经济分析和比较,优选加固方法。

3 对选定的加固方法,应通过现场试验确定具体施工工艺参数和施工可行性。

3.0.7 既有建筑地基基础加固使用的材料,应符合国家现行有关标准对耐久性设计的要求。

3.0.8 加固后的既有建筑地基基础使用年限,应满足加固后的既有建筑设计使用年限的要求。

3.0.9 纠倾加固、移位加固、托换加固施工过程应设置现场监测系统,监测纠倾变位、移位变位和结构的变形。

3.0.10 既有建筑地基基础的鉴定、加固设计和施工,应由具有相应资质的单位和有经验的专业人员承担。承担既有建筑地基基础加固施工的工程管理和技术人员,应掌握所承担工程的地基基础加固技术与质量要求,严格进行质量控制和工程监测。当发现异常情况时,应及时分析原因并采取有效处理措施。

3.0.11 既有建筑地基基础加固工程,应对建筑物在施工期间及使用期间进行沉降观测,直至沉降达到稳定为止。

4 地基基础鉴定

4.1 一 般 规 定

4.1.1 既有建筑地基基础鉴定应按下列步骤进行:

1 搜集鉴定所需的基本资料。

2 对搜集到的资料进行初步分析,制定现场调查方案,确定现场调查的工作内容及方法。

3 结合搜集的资料和调查的情况进行分析,提出检验方法并进行现场检验。

4 综合分析评价,作出鉴定结论和加固方法的建议。

4.1.2 现场调查应包括下列内容:

1 既有建筑使用历史和现状,包括建筑物的实际荷载、变形、开裂等情况,以及前期鉴定、加固情况。

2 相邻的建筑、地下工程和管线等情况。

3 既有建筑改造及保护所涉及范围内的地基情况。

4 邻近新建建筑、深基坑开挖、新建地下工程的现状情况。

4.1.3 具有下列情况时，应进行现场检验：

    1 基本资料无法搜集齐全时。

    2 基本资料与现场实际情况不符时。

    3 使用条件与设计条件不符时。

    4 现有资料不能满足既有建筑地基基础加固设计和施工要求时。

4.1.4 具有下列情况时，应对既有建筑进行沉降观测：

    1 既有建筑的沉降、开裂仍在发展。

    2 邻近新建建筑、深基坑开挖、新建地下工程等，对既有建筑安全仍有较大影响。

4.1.5 既有建筑地基基础鉴定，应对下列内容进行分析评价：

    1 既有建筑地基基础的承载力、变形、稳定性和耐久性。

    2 引起既有建筑开裂、差异沉降、倾斜的原因。

    3 邻近新建建筑、深基坑开挖和降水、新建地下工程或自然灾害等，对既有建筑地基基础已造成的影响或仍然存在的影响。

    4 既有建筑地基基础加固的必要性，以及采用的加固方法。

    5 上部结构鉴定和加固的必要性。

4.1.6 鉴定报告应包含下列内容：

    1 工程名称，地点，建设、勘察、设计、监理和施工单位，基础、结构形式，层数，改造加固的设计要求，鉴定目的，鉴定日期等。

    2 现场的调查情况。

    3 现场检验的方法、仪器设备、过程及结果。

    4 计算分析与评价结果。

    5 鉴定结论及建议。

4.2 地 基 鉴 定

4.2.1 应结合既有建筑原岩土工程勘察资料，重点分析下列内容：

    1 地基土层的分布及其均匀性，尤其是沟、塘、古河道、墓穴、岩溶、土洞等的分布情况。

    2 地基土的物理力学性质，特别是软土、湿陷性土、液化土、膨胀土、冻土等的特殊性质。

    3 地下水的水位变化及其腐蚀性的影响。

    4 建造在斜坡上或相邻深基坑的建筑物场地稳定性。

    5 自然灾害或环境条件变化，对地基土工程特性的影响。

4.2.2 地基的检验应符合下列规定：

    1 勘探点位置或测试点位置应靠近基础，并在建筑物变形较大或基础开裂部位重点布置，条件允许时，宜直接布置在基础之下。

    2 地基土承载力宜选择静载荷试验的方法进行检验，对于重要的增层、增加荷载等建筑，应按本规范附录 A 的规定，进行基础下载荷试验，或按本规范附录 B 的规定，进行地基土持载再加荷载荷试验，检测数量不宜少于 3 点。

    3 选择井探、槽探、钻探、物探等方法进行勘探，地下水埋深较大时，优先选用人工探井的方法，采用物探方法时，应结合人工探井、钻孔等其他方法进行验证，验证数量不应少于 3 点。

    4 选用静力触探、标准贯入、圆锥动力触探、十字板剪切或旁压试验等原位测试方法，并结合不扰动土样的室内物理力学性质试验，进行现场检验，其中每层地基土的原位测试数量不应少于 3 个，土样的室内试验数量不应少于 6 组。

4.2.3 地基分析评价应包括下列内容：

    1 地基承载力、地基变形的评价；对经常受水平荷载作用的高层建筑，以及建造在斜坡上或边坡附近的建（构）筑物，应验算地基稳定性。

    2 引起既有建筑开裂、差异沉降、倾斜等的原因。

    3 邻近新建建筑，深基坑开挖和降水，新建地下工程或自然灾害等，对既有建筑地基基础已造成的影响，以及仍然存在的影响。

    4 地基加固的必要性，提出加固方法的建议。

    5 提出地基加固设计所需的有关参数。

4.3 基 础 鉴 定

4.3.1 基础的现场调查，应包括下列内容：

    1 基础的外观质量。

    2 基础的类型、尺寸及埋置深度。

    3 基础的开裂、腐蚀或损坏程度。

    4 基础的倾斜、弯曲、扭曲等情况。

4.3.2 基础的检验可采用下列方法：

    1 基础材料的强度，可采用非破损法或钻孔取芯法检验。

    2 基础中的钢筋直径、数量、位置和锈蚀情况，可通过局部凿开或非破损方法检验。

    3 桩的完整性可通过低应变法、钻孔取芯法检验，桩的长度可通过开挖、钻孔取芯法或旁孔透射法等方法检验，桩的承载力可通过静载荷试验检验。

4.3.3 基础的检验应符合下列规定：

    1 对具有代表性的部位进行开挖检验，检验数量不应少于 3 处。

    2 对开挖露出的基础应进行结构尺寸、材料强度、配筋等结构检验。

    3 对已开裂的或处于有腐蚀性地下水中的基础钢筋锈蚀情况应进行检验。

    4 对重要的增层、增加荷载等采用桩基础的建筑，宜按本规范附录 C 的规定进行桩的持载再加荷载荷试验。

4.3.4 基础的分析评价应包括下列内容：

1 结合基础的裂缝、腐蚀或破损程度，以及基础材料的强度等，对基础结构的完整性和耐久性进行分析评价。

2 对于桩基础，应结合桩身质量检验、场地岩土的工程性质、桩的施工工艺、沉降观测记录、载荷试验资料等，结合地区经验对桩的承载力进行分析和评价。

3 进行基础结构承载力验算，分析基础加固的必要性，提出基础加固方法的建议。

5 地基基础计算

5.1 一 般 规 定

5.1.1 既有建筑地基基础加固设计计算，应符合下列规定：

1 地基承载力、地基变形计算及基础验算，应符合现行国家标准《建筑地基基础设计规范》GB 50007 的有关规定。

2 地基稳定性计算，应符合国家现行标准《建筑地基基础设计规范》GB 50007 和《建筑地基处理技术规范》JGJ 79 的有关规定。

3 抗震验算，应符合现行国家标准《建筑抗震设计规范》GB 50011 的有关规定。

5.1.2 既有建筑地基基础加固设计，应遵循新、旧基础，新增桩和原有桩变形协调原则，进行地基基础计算。新、旧基础的连接应采取可靠的技术措施。

5.2 地基承载力计算

5.2.1 地基基础加固或增加荷载后，基础底面的压力，可按下列公式确定：

1 当轴心荷载作用时：

$$p_k = \frac{F_k + G_k}{A} \quad (5.2.1\text{-}1)$$

式中：p_k ——相应于作用的标准组合时，地基基础加固或增加荷载后，基础底面的平均压力值（kPa）；

F_k ——相应于作用的标准组合时，地基基础加固或增加荷载后，上部结构传至基础顶面的竖向力值（kN）；

G_k ——基础自重和基础上的土重（kN）；

A ——基础底面积（m²）。

2 当偏心荷载作用时：

$$p_{kmax} = \frac{F_k + G_k}{A} + \frac{M_k}{W} \quad (5.2.1\text{-}2)$$

$$p_{kmin} = \frac{F_k + G_k}{A} - \frac{M_k}{W} \quad (5.2.1\text{-}3)$$

式中：p_{kmax} ——相应于作用的标准组合时，地基基础加固或增加荷载后，基础底面边缘最大压力值（kPa）；

M_k ——相应于作用的标准组合时，地基基础加固或增加荷载后，作用于基础底面的力矩值（kN·m）；

p_{kmin} ——相应于作用的标准组合时，地基基础加固或增加荷载后，基础底面边缘最小压力值（kPa）；

W ——基础底面的抵抗矩（m³）。

5.2.2 既有建筑地基基础加固或增加荷载时，地基承载力计算应符合下列规定：

1 当轴心荷载作用时：

$$p_k \leqslant f_a \quad (5.2.2\text{-}1)$$

式中：f_a ——修正后的既有建筑地基承载力特征值（kPa）。

2 当偏心荷载作用时，除应符合式（5.2.2-1）要求外，尚应符合下式规定：

$$p_{kmax} \leqslant 1.2 f_a \quad (5.2.2\text{-}2)$$

5.2.3 既有建筑地基承载力特征值的确定，应符合下列规定：

1 当不改变基础埋深及尺寸，直接增加荷载时，可按本规范附录 B 的方法确定。

2 当不具备持载试验条件时，可按本规范附录 A 的方法，并结合土工试验、其他原位试验结果以及地区经验等综合确定。

3 既有建筑外接结构地基承载力特征值，应按外接结构的地基变形允许值确定。

4 对于需要加固的地基，应采用地基处理后检验确定的地基承载力特征值。

5 对扩大基础的地基承载力特征值，宜采用原天然地基承载力特征值。

5.2.4 地基基础加固或增加荷载后，既有建筑桩基础群桩中单桩桩顶竖向力和水平力，应按下列公式计算：

1 轴心竖向力作用下：

$$Q_k = \frac{F_k + G_k}{n} \quad (5.2.4\text{-}1)$$

2 偏心竖向力作用下：

$$Q_{ik} = \frac{F_k + G_k}{n} \pm \frac{M_{xk} y_i}{\sum y_i^2} \pm \frac{M_{yk} x_i}{\sum x_i^2} \quad (5.2.4\text{-}2)$$

3 水平力作用下：

$$H_{ik} = \frac{H_k}{n} \quad (5.2.4\text{-}3)$$

式中：Q_k ——地基基础加固或增加荷载后，轴心竖向力作用下任一单桩的竖向力（kN）；

F_k ——相应于作用的标准组合时，地基基础加固或增加荷载后，作用于桩基承台顶面的竖向力（kN）；

G_k ——地基基础加固或增加荷载后，桩基承台自重及承台上土自重（kN）；

n ——桩基中的桩数；

Q_{ik} ——地基基础加固或增加荷载后，偏心竖向力作用下第 i 根桩的竖向力（kN）；

M_{xk}、M_{yk} ——相应于作用的标准组合时，作用于承台底面通过桩群形心的 x、y 轴的力矩（kN·m）；

x_i、y_i ——桩 i 至桩群形心的 y、x 轴线的距离（m）；

H_k ——相应于作用的标准组合时，地基基础加固或增加荷载后，作用于承台底面的水平力（kN）；

H_{ik} ——地基基础加固或增加荷载后，作用于任一单桩的水平力（kN）。

5.2.5 既有建筑单桩承载力计算，应符合下列规定：

1 轴心竖向力作用下：

$$Q_k \leqslant R_a \qquad (5.2.5\text{-}1)$$

式中：R_a ——既有建筑单桩竖向承载力特征值（kN）。

2 偏心竖向力作用下，除满足公式（5.2.5-1）外，尚应满足下式要求：

$$Q_{ikmax} \leqslant 1.2R_a \qquad (5.2.5\text{-}2)$$

式中：Q_{ikmax} ——基础中受力最大的单桩荷载值（kN）。

3 水平荷载作用下：

$$H_{ik} \leqslant R_{Ha} \qquad (5.2.5\text{-}3)$$

式中：R_{Ha} ——既有建筑单桩水平承载力特征值（kN）。

5.2.6 既有建筑单桩承载力特征值的确定，应符合下列规定：

1 既有建筑下原有的桩，以及新增加的桩的单桩竖向承载力特征值，应通过单桩竖向静载荷试验确定；既有建筑原有桩的单桩静载荷试验，可按本规范附录 C 进行；在同一条件下的试桩数量，不宜少于增加总桩数的 1%，且不应少于 3 根；新增加桩的单桩竖向承载力特征值，应按现行国家标准《建筑地基基础设计规范》GB 50007 的方法确定。

2 原有桩的单桩竖向承载力特征值，有地区经验时，可按地区经验确定。

3 新增加的桩初步设计时，单桩竖向承载力特征值可按下式估算：

$$R_a = q_{pa}A_p + u_p \Sigma q_{sia}l_i \qquad (5.2.6\text{-}1)$$

式中：R_a ——单桩竖向承载力特征值（kN）；

q_{pa}，q_{sia} ——桩端端阻力、桩侧阻力特征值（kPa），按地区经验确定；

A_p ——桩底端横截面面积（m²）；

u_p ——桩身周边长度（m）；

l_i ——第 i 层岩土的厚度（m）。

4 桩端嵌入完整或较完整的硬质岩中，可按下式估算单桩竖向承载力特征值：

$$R_a = q_{pa}A_p \qquad (5.2.6\text{-}2)$$

式中：q_{pa} ——桩端岩石承载力特征值（kN）。

5.2.7 在既有建筑原基础内增加桩时，宜按新增加的全部荷载，由新增加的桩承担进行承载力计算。

5.2.8 对既有建筑的独立基础、条形基础进行扩大基础，并增加桩时，可按既有建筑原地基增加的承载力承担部分新增荷载、其余新增加的荷载由桩承担进行承载力计算，此时地基土承担部分新增荷载的基础面积应按原基础面积计算。

5.2.9 既有建筑桩基础扩大基础并增加桩时，可按新增加的荷载由原基础桩和新增加桩共同承担，进行承载力计算。

5.2.10 当地基持力层范围内存在软弱下卧层时，应进行软弱下卧层地基承载力验算，验算方法应符合现行国家标准《建筑地基基础设计规范》GB 50007 的有关规定。

5.2.11 对邻近新建建筑、深基坑开挖、新建地下工程改变原建筑地基基础设计条件时，原建筑地基应根据改变后的条件，按现行国家标准《建筑地基基础设计规范》GB 50007 的规定进行承载力验算。

5.3 地基变形计算

5.3.1 既有建筑地基基础加固或增加荷载后，建筑物相邻柱基的沉降差、局部倾斜、整体倾斜值的允许值，应符合现行国家标准《建筑地基基础设计规范》GB 50007 的有关规定。

5.3.2 对有特殊要求的保护性建筑，地基基础加固或增加荷载后的地基变形允许值，应按建筑物的保护要求确定。

5.3.3 对地基基础加固或增加荷载的既有建筑，其地基最终变形量可按下式确定：

$$s = s_0 + s_1 + s_2 \qquad (5.3.3)$$

式中：s ——地基最终变形量（mm）；

s_0 ——地基基础加固前或增加荷载前，已完成的地基变形量，可由沉降观测资料确定，或根据当地经验估算（mm）；

s_1 ——地基基础加固或增加荷载后产生的地基变形量（mm）；

s_2 ——原建筑物尚未完成的地基变形量（mm），可由沉降观测结果推算，或根据地方经验估算；当原建筑物基础沉降已稳定时，此值可取零。

5.3.4 地基基础加固或增加荷载后产生的地基变形量，可按下列规定计算：

1 天然地基不改变基础尺寸时，可按增加荷载量，采用由本规范附录 B 试验得到的变形模量计算。

2 扩大基础尺寸或改变基础形式时，可按增加荷载量，以及扩大后或改变后的基础面积，采用原地基压缩模量计算。

3 地基加固时，可采用加固后经检验测得的地基压缩模量或变形模量计算。

5.3.5 采用增加桩进行地基基础加固的建筑物基础沉降，可按下列规定计算：

1 既有建筑不改变基础尺寸，在原基础内增加桩时，可按增加荷载量，采用桩基础沉降计算方法计算。

2 既有建筑独立基础、条形基础扩大基础增加桩时，可按新增加的桩承担的新增荷载，采用桩基础沉降计算方法计算。

3 既有建筑桩基础扩大基础增加桩时，可按新增加的荷载，由原基础桩和新增加桩共同承担荷载，采用桩基础沉降计算方法计算。

6 增层改造

6.1 一般规定

6.1.1 既有建筑增层改造后的地基承载力、地基变形和稳定性计算，以及基础结构验算，应符合本规范第 5 章的有关规定。采用外套结构增层时，应按新建工程的要求，确定地基承载力。

6.1.2 当采用新、旧结构通过构造措施相连接的增层方案时，除应满足地基承载力条件外，尚应分别对新、旧结构进行地基变形验算，并应满足新、旧结构变形协调的设计要求；当既有建筑局部增层时，应进行结构分析，并进行地基基础验算。

6.1.3 当既有建筑的地基承载力和地基变形，不能满足增层荷载要求时，可按本规范第 11 章有关方法进行加固。

6.1.4 既有建筑增层改造时，对其地基基础加固工程，应进行质量检验和评价，待隐蔽工程验收合格后，方可进行上部结构的施工。

6.2 直接增层

6.2.1 对沉降稳定的建筑物直接增层时，其地基承载力特征值，可根据增层工程的要求，按下列方法综合确定：

1 按基底土的载荷试验及室内土工试验结果确定：

　1）按本规范附录 B 的规定进行载荷试验确定地基承载力；

　2）在原建筑物基础下 1.5 倍基础宽度的深度范围内，取原状土进行室内土工试验，确定地基土的抗剪强度指标，以及土的压缩模量等参数，并结合地区经验，确定地基承载力特征值。

2 按地区经验确定：

建筑物增层时，可根据既有建筑原基底压力值、建筑使用年限、地基土的类别，并结合当地建筑物增层改造的工程经验确定，但其值不宜超过原地基承载力特征值的 1.20 倍。

6.2.2 直接增层需新设承重墙时，应采用调整新、旧基础底面积，增加桩基础或地基处理等方法，减少基础的沉降差。

6.2.3 直接增层时，地基基础的加固设计，应符合下列规定：

1 加大基础底面积时，加大的基础底面积宜比计算值增加 10%。

2 采用桩基础承受增层荷载时，应符合本规范第 5.2.8 条的规定，并验算基础沉降。

3 采用锚杆静压桩加固时，当原钢筋混凝土条形基础的宽度或厚度不能满足压桩要求时，压桩前应先加宽或加厚基础。

4 采用抬梁或挑梁承受新增层结构荷载时，梁的截面尺寸及配筋应通过计算确定。

5 上部结构和基础刚度较好，持力层埋置较浅，地下水位较低，施工开挖对原结构不会产生附加下沉和开裂时，可采用加深基础或在原基础下做坑式静压桩加固。

6 施工条件允许时，可采用树根桩、旋喷桩等方法加固。

7 采用注浆法加固既有建筑地基时，对注浆加固易引起附加变形的地基，应进行现场试验，确定其适用性。

8 既有建筑为桩基础时，应检查原桩体质量及状况，实测土的物理力学性质指标，确定桩间土的压密状况，按桩土共同工作条件，提高原桩基础的承载能力。对于承台与土层脱空情况，不得考虑桩土共同工作。当桩数不足时，应补桩；对已腐烂的木桩或破损的混凝土桩，应经加固处理后，方可进行增层施工。

9 对于既有建筑无地质勘察资料或原地质勘察资料过于简单不能满足设计需要、而建筑物下有人防工程或场地条件复杂，以及地基情况与原设计发生了较大变化时，应补充进行岩土工程勘察。

10 采用扶壁柱式结构直接增层时，柱体应落在新设置的基础上，新、旧基础宜连成整体，且应满足新、旧基础变形协调条件，不满足时应进行地基加固处理。

6.3 外套结构增层

6.3.1 采用外套结构增层，可根据土质、地下水位、新增结构类型及荷载大小选用合理的基础形式。

6.3.2 位于微风化、中风化硬质岩地基上的外套增层工程，其基础类型与埋深可与原基础不同，新、旧基础可相连在一起，也可分开设置。

6.3.3 采用外套结构增层，应评价新设基础对原基础的影响，对原基础产生超过允许值的附加沉降和倾斜时应对新设基础地基进行处理或采用桩基础。

6.3.4 外套结构的桩基施工，不得扰动原地基基础。

6.3.5 外套结构增层采用天然地基或采用由旋喷桩、搅拌桩等构成的复合地基，应考虑地基受荷后的变形，避免增层后，新、旧结构产生标高差异。

6.3.6 既有建筑有地下室，外套增层结构宜采用桩基础，桩位布置应避开原地下室挑出的底板；如需凿除部分底板时，应通过验算确定；新、旧基础不得相连。

7 纠倾加固

7.1 一般规定

7.1.1 纠倾加固适用于整体倾斜值超过现行国家标准《建筑地基基础设计规范》GB 50007 规定的允许值，且影响正常使用或安全的既有建筑纠倾。

7.1.2 应根据工程实际情况，选择迫降纠倾和顶升纠倾的方法，复杂建筑纠倾可采用多种纠倾方法联合进行。

7.1.3 既有建筑纠倾加固设计前，应进行倾斜原因分析，对纠倾施工方案进行可行性论证，并对上部结构进行安全性评估。当上部结构不能满足纠倾施工安全性要求时，应对上部结构进行加固。当可能发生再度倾斜时，应确定地基加固的必要性，并提出加固方案。

7.1.4 建筑物纠倾加固设计应具备下列资料：

 1 纠倾建筑物有关设计和施工资料。
 2 建筑场地岩土工程勘察资料。
 3 建筑物沉降观测资料。
 4 建筑物倾斜现状及结构安全性评价。
 5 纠倾施工过程结构安全性评价分析。

7.1.5 既有建筑纠倾加固后，建筑物的整体倾斜值及各角点纠倾位移值应满足设计要求。尚未通过竣工验收的倾斜建筑物，纠倾后的验收标准，应符合有关新建工程验收标准要求。

7.1.6 纠倾加固完成后，应立即对工作槽（孔）进行回填，对施工破损面进行修复；当上部结构因纠倾施工产生裂损时，应进行修复或加固处理。

7.2 迫降纠倾

7.2.1 迫降纠倾应根据地质条件、工程对象及当地经验，采用掏土纠倾法（基底掏土纠倾法、井式纠倾法、钻孔取土纠倾法）、堆载纠倾法、降水纠倾法、地基加固纠倾法和浸水纠倾法等方法。

7.2.2 迫降纠倾的设计，应符合下列规定：

 1 对建筑物倾斜原因，结构和基础形式、整体刚度，工程地质条件，环境条件等进行综合分析，遵循确保安全、经济合理、技术可靠、施工方便的原则，确定迫降纠倾方法。

 2 迫降纠倾不应对上部结构产生结构损伤和破坏。当施工对周边建筑物、场地和管线等产生不良影响时，应采取有效技术措施。

 3 纠倾后的地基承载力，地基变形和稳定性应按本规范第 5 章的有关规定进行验算，防止纠倾后的再度倾斜。当既有建筑的地基承载力和变形不能满足要求时，可按本规范第 11 章有关方法进行加固。

 4 应确定各控制点的迫降纠倾量。

 5 纠倾施工工艺和操作要点。

 6 设置迫降的监控系统。沉降观测点纵向布置每边不应少于 4 点，横向每边不应少于 2 点，相邻测点间距不应大于 6m，且建筑物角点部位应设置倾斜值观测点。

 7 应根据建筑物的结构类型和刚度确定纠倾速率。迫降速率不宜大于 5mm/d，迫降接近终止时，应预留一定的沉降量，以防发生过纠现象。

 8 应制定出现异常情况的应急预案，以及防止过量纠倾的技术处理措施。

7.2.3 迫降纠倾施工，应符合下列规定：

 1 施工前，应对建筑物及现场进行详细查勘，检查纠倾施工可能影响的周边建筑物和场地设施，并应采取措施消除迫降纠倾施工的影响，或降低影响程度及影响范围，并做好查勘记录。

 2 编制详细的施工技术方案和施工组织设计。

 3 在施工过程中，应做到设计、施工紧密配合，严格按设计要求进行监测，及时调整迫降量及施工顺序。

7.2.4 基底掏土纠倾法可分为人工掏土法或水冲掏土法，适用于匀质黏性土、粉土、填土、淤泥质土和砂土上的浅埋基础建筑物的纠倾。当缺少地方经验时，应通过现场试验确定具体施工方法和施工参数，且应符合下列规定：

 1 人工掏土法可选择分层掏土、室外开槽掏土、穿孔掏土等方法，掏土范围、沟槽位置、宽度、深度应根据建筑物迫降量、地基土性质、基础类型、上部结构荷载中心位置等，结合当地经验和现场试验综合确定。

 2 掏挖时，应先从沉降量小的部位开始，逐渐过渡，依次掏挖。

 3 当采用高压水冲掏土时，水冲压力、流量应根据土质条件通过现场试验确定，水冲压力宜为 1.0MPa～3.0MPa，流量宜为 40L/min。

 4 水冲过程中，掏土槽应逐渐加深，不得超宽。

 5 当出现掏土过量，或纠倾速率超出控制值时，应立即停止掏土施工。当纠倾至设计控制值可能出现过纠现象时，应立即采用砾砂、细石或卵石进行回填，确保安全。

7.2.5 井式纠倾法适用于黏性土、粉土、砂土、淤泥、淤泥质土或填土等地基上建筑物的纠倾。井式纠倾施工，应符合下列规定：

1 取土工作井，可采用沉井或挖孔护壁等方式形成，具体应根据土质情况及当地经验确定，井壁宜采用钢筋混凝土，井的内径不宜小于 800mm，井壁混凝土强度等级不得低于 C15。

2 井孔施工时，应观察土层的变化，防止流砂、涌土、塌孔、突陷等意外情况出现。施工前，应制定相应的防护措施。

3 井位应设置在建筑物沉降量较小的一侧，井位可布置在室内，井位数量、深度和间距应根据建筑物的倾斜情况、基础类型、场地环境和土层性质等综合确定。

4 当采用射水施工时，应在井壁上设置射水孔与回水孔，射水孔孔径宜为 150mm～200mm，回水孔孔径宜为 60mm；射水孔位置，应根据地基土质情况及纠倾量进行布置，回水孔宜在射水孔下方交错布置。

5 高压射水泵工作压力、流量，宜根据土层性质，通过现场试验确定。

6 纠倾达到设计要求后，工作井及射水孔均应回填，射水孔可采用生石灰和粉煤灰拌合料回填。

7.2.6 钻孔取土纠倾法适用于淤泥、淤泥质土等软弱地基上建筑物的纠倾。钻孔取土纠倾施工，应符合下列规定：

1 应根据建筑物不均匀沉降情况和土层性质，确定钻孔位置和取土顺序。

2 应根据建筑物的底面尺寸和附加应力的影响范围，确定钻孔的直径及深度，取土深度不应小于3m，钻孔直径不应小于 300mm。

3 钻孔顶部 3m 深度范围内，应设置套管或套筒，保护浅层土体不受扰动，防止地基出现局部变形过大。

7.2.7 堆载纠倾法适用于淤泥、淤泥质土和松散填土等软弱地基上体量较小且纠倾量不大的浅埋基础建筑物的纠倾。堆载纠倾施工，应符合下列规定：

1 应根据工程规模、基底附加压力的大小及土质条件，确定堆载纠倾施加的荷载量、荷载分布位置和分级加载速率。

2 应评价地基土的整体稳定，控制加载速率；施工过程中，应进行沉降观测。

7.2.8 降水纠倾法适用于渗透系数大于 10^{-4} cm/s 的地基土层的浅埋基础建筑物的纠倾。设计施工前，应论证施工对周边建筑物及环境的影响，并采取必要的隔水措施。降水施工，应符合下列规定：

1 人工降水的井点布置、井深设计及施工方法，应按抽水试验或地区经验确定。

2 纠倾时，应根据建筑物的纠倾量来确定抽水量大小及水位下降深度，并应设置水位观测孔，随时

记录所产生的水力坡降，与沉降实测值比较，调整纠倾水位降深。

3 人工降水时，应采取措施防止对邻近建筑地基造成影响，且应在邻近建筑附近设置水位观测井和回灌井；降水对邻近建筑产生的附加沉降超过允许值时，可采取设置地下隔水墙等保护措施。

4 建筑物纠倾接近设计值时，应预留纠倾值的 1/10～1/12 作为滞后回倾值，并停止降水，防止建筑物过纠。

7.2.9 地基加固纠倾法适用于淤泥、淤泥质土等软弱地基上沉降尚未稳定、整体刚度较好且倾斜量不大的既有建筑物的纠倾。应根据结构现况和地区经验确定适用性。地基加固纠倾施工，应符合下列规定：

1 优先选择托换加固地基的方法。

2 先对建筑物沉降较大一侧的地基进行加固，使该侧的建筑物沉降减少；根据监测结果，再对建筑物沉降较小一侧的地基进行加固，迫使建筑物倾斜纠正，沉降稳定。

3 对注浆等可能产生增大地基变形的加固方法，应通过现场试验确定其适用性。

7.2.10 浸水纠倾法适用于湿陷性黄土地基上整体刚度较大的建筑物的纠倾。当缺少当地经验时，应通过现场试验，确定其适用性。浸水纠倾施工，应符合下列规定：

1 根据建筑结构类型和场地条件，可选用注水孔、坑或槽等方式注水纠倾。注水孔、注水坑（槽）应布置在建筑物沉降量较小的一侧。

2 浸水纠倾前，应通过现场注水试验，确定渗透半径、浸水量与渗透速度的关系。当采用注水孔（坑）浸水时，应确定注水孔（坑）布置、孔径或坑的平面尺寸、孔（坑）深度、孔（坑）间距及注水量；当采用注水槽浸水时，应确定槽宽、槽深及分隔段的注水量；工程设计，应明确水量控制和计量系统。

3 浸水纠倾前，应设置严密的监测系统及防护措施。应根据基础类型、地基土层参数、现场试验数据等估算注水后的后期纠倾值，防止过纠的发生；设置限位桩；对注水流入沉降较大一侧地基采取防护措施。

4 当浸水纠倾的速率过快时，应立即停止注水，并回填生石灰料或采取其他有效的措施；当浸水纠倾速率较慢时，可与其他纠倾方法联合使用。

7.2.11 当纠倾速率较小，或原纠倾方法无法满足纠倾要求时，可结合掏土、降水、堆载等方法综合使用进行纠倾。

7.3 顶升纠倾

7.3.1 顶升纠倾适用于建筑物的整体沉降及不均匀沉降较大，以及倾斜建筑物基础为桩基础等不适用采

用迫降纠倾的建筑纠倾。

7.3.2 顶升纠倾，可根据建筑物基础类型和纠倾要求，选用整体顶升纠倾、局部顶升纠倾。顶升纠倾的最大顶升高度不宜超过 800mm；采用局部顶升纠倾，应进行顶升过程结构的内力分析，对结构产生裂缝等损伤，应采取结构加固措施。

7.3.3 顶升纠倾的设计，应符合下列规定：

  1 通过上部钢筋混凝土顶升梁与下部基础梁组成上、下受力梁系，中间采用千斤顶顶升，受力梁系平面上应连续闭合，且应进行承载力及变形等验算（图 7.3.3-1）。

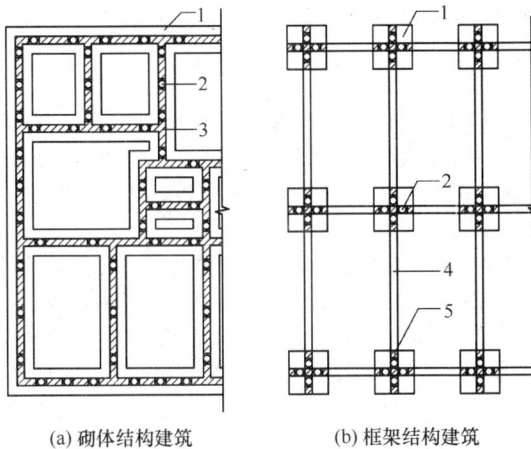

（a）砌体结构建筑　　　（b）框架结构建筑

图 7.3.3-1　千斤顶平面布置图
1—基础；2—千斤顶；3—托换梁；4—连系梁；
5—后置牛腿

  2 顶升梁应通过托换加固形成，顶升托换梁宜设置在地面以上 500mm 位置，当基础梁埋深较大时，可在基础梁上增设钢筋混凝土千斤顶底座，并与基础连成整体。顶升梁、千斤顶、底座应形成稳固的整体（图 7.3.3-2）。

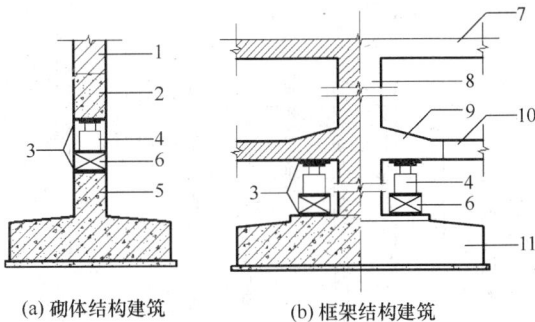

（a）砌体结构建筑　　　（b）框架结构建筑

图 7.3.3-2　顶升梁、千斤顶、底座布置
1—墙体；2—钢筋混凝土顶升梁；3—钢垫板；4—千斤顶；
5—钢筋混凝土基础梁；6—垫块（底座）；7—框架梁；
8—框架柱；9—托换牛腿；10—连系梁；11—原基础

  3 对砌体结构建筑，可根据墙体线荷载分布布

置顶升点，顶升点间距不宜大于 1.5m，且应避开门窗洞及薄弱承重构件位置；对框架结构建筑，应根据柱荷载大小布置。单片墙或单柱下顶升点数量，可按下式估算：

$$n \geqslant K \frac{Q}{N_a} \qquad (7.3.3)$$

式中：n——顶升点数（个）；

      Q——相应于作用的标准组合时，单片墙总荷载或单柱集中荷载（kN）；

      N_a——顶升支承点千斤顶的工作荷载设计值（kN），可取千斤顶额定工作荷载的 0.8；

      K——安全系数，可取 2.0。

  4 顶升量可根据建筑物的倾斜值、使用要求以及设计纠倾量确定。纠倾后，倾斜值应符合现行国家标准《建筑地基基础设计规范》GB 50007 的要求。

7.3.4 砌体结构建筑的顶升梁系，可按倒置在弹性地基上的墙梁设计，并应符合下列规定：

  1 顶升梁设计时，计算跨度应取相邻三个支承点中两边缘支点间的距离，并进行顶升梁的截面承载力及配筋设计。

  2 当既有建筑的墙体承载力验算不能满足墙梁的要求时，可调整支承点的间距或对墙体进行加固补强。

7.3.5 框架结构建筑的顶升梁系的设置，应为有效支承结构荷载和约束框架柱的体系。顶升梁系包含顶升牛腿及连系梁两个部分，牛腿应按后设牛腿设计，并应符合下列规定：

  1 计算分析截断前、后柱端的抗压，抗弯和抗剪承载力是否满足顶升要求。

  2 后设置牛腿，应符合现行国家标准《混凝土结构设计规范》GB 50010 的规定，并验算牛腿的正截面受弯承载力，局部受压承载力及斜截面的受剪承载力。

  3 后设置牛腿设计时，钢筋的布置、焊接长度及（植筋）锚固应符合现行国家标准《混凝土结构设计规范》GB 50010 和《混凝土结构加固设计规范》GB 50367 的有关规定。

7.3.6 顶升纠倾的施工，应按下列步骤进行：

  1 顶升梁系的托换施工。

  2 设置千斤顶底座及顶升标尺，确定各点顶升值。

  3 对每个千斤顶进行检验，安放千斤顶。

  4 顶升前两天内，应设置完成监测测量系统，对尚存在连接的墙、柱等结构，以及水、电、暖气和燃气等进行截断处理。

  5 实施顶升施工。

  6 顶升到位后，应及时进行结构连接和回填。

7.3.7 顶升纠倾的施工，应符合下列规定：

  1 砌体结构建筑的顶升梁应分段施工，梁分段

长度不应大于 1.5m，且不应大于开间墙段的 1/3，并应间隔进行施工。主筋应预留搭接或焊接长度，相邻分段混凝土接头处，应按混凝土施工缝做法进行处理。当上部砌体无法满足托换施工要求时，可在各段设置支承芯垫，其间距应视实际情况确定。

2 框架结构建筑的顶升梁、牛腿施工，宜按柱间隔进行，并应设置必要的辅助措施（如支撑等）。当在原柱中钻孔植筋时，应分批（次）进行，每批（次）钻孔削弱后的柱净截面，应满足柱承载力计算要求。

3 顶升的千斤顶上、下应设置应力扩散的钢垫块，顶升过程应均匀分布，且应有不少于 30% 的千斤顶保持与顶升梁、垫块、基础梁连成一体。

4 顶升前，应对顶升点进行承载力试验。试验荷载应为设计荷载的 1.5 倍，试验数量不应少于总数的 20%，试验合格后，方可正式顶升。

5 顶升时，应设置水准仪和经纬仪观测站。顶升标尺应设置在每个支承点上，每次顶升量不宜超过 10mm。各点顶升量的偏差，应小于结构的允许变形。

6 顶升应设统一的监测系统，并应保证千斤顶按设计要求同步顶升和稳固。

7 千斤顶回程时，相邻千斤顶不得同时进行；回程前，应先用楔形垫块进行保护，或采用备用千斤顶支顶进行保护，并保证千斤顶底座平稳。楔形垫块及千斤顶底座垫块，应采用外包钢板的混凝土垫块或钢垫块。垫块使用前，应进行强度检验。

8 顶升达到设计高度后，应立即在墙体交叉点或主要受力部位增设垫块支承，并迅速进行结构连接。顶升高度较大时，应设置安全保护措施。千斤顶应待结构连接达到设计强度后，方可分批分期拆除。

9 结构的连接处应不低于原结构的强度，纠倾施工受到削弱时，应进行结构加固补强。

8 移位加固

8.1 一般规定

8.1.1 建筑物移位加固适用于既有建筑物需保留而改变其平面位置的整体移位。

8.1.2 建筑物移位，按移动方法可分为滚动移位和滑动移位两种，应优先采用滚动移位方法；滑动移位方法适用于小型建筑物。

8.1.3 建筑物移位加固设计前，应具备下列资料：

1 移位总平面布置。

2 场地及移位路线的岩土工程勘察资料。

3 既有建筑物相关设计和施工资料，以及检测鉴定报告。

4 既有建筑物结构现状分析。

5 移位施工对周边建筑物、场地、地下管线的影响分析。

8.1.4 建筑物移位加固，应对上部结构进行安全性评估。当上部结构不能满足移位施工要求时，应对上部结构进行加固或采取有效的支撑措施。

8.1.5 建筑物移位加固设计时，应对移位建筑的地基承载力和变形进行验算。当不满足移位要求时，应对地基基础进行加固。

8.1.6 建筑移位就位后，应对建筑物轴线、垂直度进行测量，其水平位置偏差应为 ±40mm，垂直度位移增量应为 ±10mm。

8.1.7 移位工程完成后，应立即对工作槽（孔）进行回填、回灌，当上部结构因移位施工产生裂损时，应进行修复或加固处理。

8.2 设 计

8.2.1 设计前，应调查核实作用在结构上的实际荷载，并对建筑物轴线及构件的实际尺寸进行现场测量核对，并对结构或构件的材料强度、实际配筋进行抽检。

8.2.2 移位加固设计，应考虑恒荷载、活荷载及风荷载的组合，恒荷载及活荷载应按实际荷载取值，当无可靠依据时，活荷载标准值及基本风压值应符合现行国家标准《建筑结构荷载规范》GB 50009 的规定；移位施工期间的基本风压，可按当地 10 年一遇的风压值采用。

8.2.3 建筑物移位加固设计，应包括托换结构梁系、移位地基基础、移动装置、施力系统和结构连接等设计内容。

8.2.4 托换结构梁系的设计，应符合下列规定：

1 托换梁系由上轨道梁、托换梁及连系梁组成（图 8.2.4）。托换梁系应考虑移位过程中，上部结构竖向荷载和水平荷载的分布和传递，以及移位时的最不利组合，可按承载能力极限状态进行设计。荷载分项系数，应符合现行国家标准《建筑结构荷载规范》GB 50009 的规定。

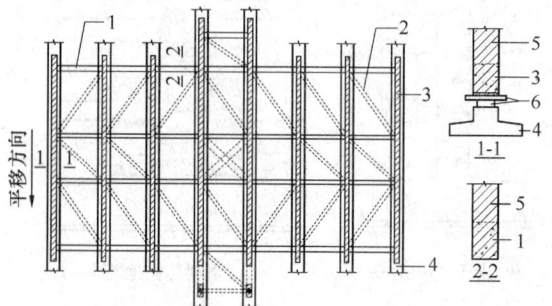

图 8.2.4 托换梁系构件组成示意
1—托换梁；2—连系梁；3—上轨道梁；4—轨道基础；
5—墙（柱）；6—移动装置

2 托换梁可按简支梁、连续梁设计。对砌体结构，当上部砌体及托换梁符合现行国家标准《砌体结构设计规范》GB 50003 的要求时，可按简支墙梁、连续墙梁设计。

3 上轨道梁应根据地基承载力、上部荷载及上部结构形式，选用连续上轨道梁或悬挑上轨道梁。连续上轨道梁可按无翼缘的柱（墙）下条形基础梁设计。悬挑上轨道梁宜用于柱构件下，且应以柱中线对称布置，按悬挑或牛腿设计。上轨道梁线刚度，应满足梁底反力直线分布假定。

4 根据上部结构的整体性、刚度、平移路线地基情况，以及水平移位类型等情况对托换梁系的平面内、外刚度进行设计。

8.2.5 移位加固地基基础设计，应包括轨道地基基础及新址地基基础，且应符合下列规定：

1 轨道地基设计时，原地基承载力特征值或单桩承载力特征值可乘以系数 1.20；轨道基础应按永久性工程设计，荷载分项系数按现行国家标准《混凝土结构设计规范》GB 50010 的规定采用。当验算不满足移位要求时，地基基础加固方法可按本规范第 11 章选用。

2 新址地基基础应符合新建工程的要求，且应考虑移位过程中的荷载不利布置，以及就位后的结构布置，进行地基基础的设计；当就位地基基础由新、旧两部分组成时，应考虑新、旧基础的变形协调条件。

3 轨道基础，可根据荷载传递方式分为抬梁式、直承式及复合式。设计时，应根据场地地质条件，以及建筑物原基础形式选择轨道基础形式。

4 抬梁式轨道基础由下轨道梁及集中布置的桩基础或独立基础组成。下轨道梁应考虑移位过程荷载的不利布置，按连续梁进行正截面受弯承载力及斜截面承载力计算，其梁高不得小于梁跨度的 1/6。当下轨道梁直接支承于桩上时，其构造尚应满足承台梁的构造要求。

5 直承式轨道基础以天然地基为基础持力层，可采用无筋扩展基础或扩展基础。当辊轴均匀分布时，按墙下条形基础设计。当辊轴集中分布时，按柱下条形基础设计，基础梁高不小于辊轴集中分布区中心间距的 1/6。

6 复合式轨道基础为抬梁式与直承式复合基础，当采用复合基础时，应按桩土共同作用进行计算分析。

7 应对轨道基础进行沉降验算，并应进行平移偏位时的抗扭验算。

8.2.6 移动装置可分为滚动式及滑动式两种，设计应符合下列规定：

1 滚动式移动装置（图 8.2.6）上、下承压板宜采用钢板，厚度应根据荷载大小计算确定，且不宜小于 20mm。辊轴可采用直径不小于 50mm 的实心钢

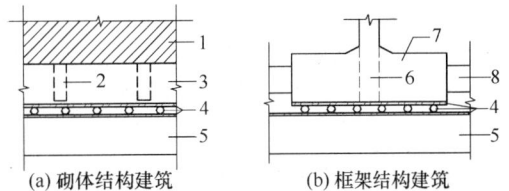

(a) 砌体结构建筑　　(b) 框架结构建筑

图 8.2.6　水平移位辊轴均匀分布构造示意
1—墙；2—托换梁；3—连续上轨道梁；
4—移动装置；5—轨道基础；6—墙（柱）；
7—悬挑上轨道梁；8—连系梁

棒或直径不小于 100mm 的厚壁钢管混凝土棒，辊轴间距应根据计算确定，且不宜大于 200mm。辊轴的径向承压力宜通过试验确定，也可用下式计算实心钢辊轴的径向承压力设计值 P_i：

$$P_i = k_p \frac{40dlf^2}{E} \qquad (8.2.6\text{-}1)$$

式中：k_p —— 经验系数，由试验或施工经验确定，一般可取 0.6；

d —— 辊轴直径（mm）；

l —— 辊轴有效承压长度（mm），取上、下承压长度的较小值；

f —— 辊轴的抗压强度设计值（N/mm²）；

E —— 钢材的弹性模量（N/mm²）。

2 滑动式行走机构上、下轨道滑板的水平面积 A_0，应根据滑板的耐压性能，按下式计算：

$$A_0 \geqslant \frac{N}{f_0} \qquad (8.2.6\text{-}2)$$

式中：N —— 滑板承受的竖向作用力设计值（N）；

f_0 —— 滑板材料抗压强度设计值（N/mm²）。

8.2.7 施力系统设计，应符合下列规定：

1 移位动力的施加可采用牵引、顶推和牵引顶推组合三种施力方式。牵引式适用于重量较小的建筑物移位，顶推式及牵引顶推组合方式适用于重量较大的建筑物移位。当建筑物旋转移位时，应优先选用牵引式或牵引顶推组合方式。

2 移位设计时，水平移位总阻力 F 可按下式计算：

$$F = k_s(iW + \mu W) \qquad (8.2.7\text{-}1)$$

式中：k_s —— 经验系数，由试验或施工经验确定，可取 1.5～3.0；

i —— 移位路线下轨道坡度；

W —— 作用的标准组合时建筑物基底总竖向荷载（kN）；

μ —— 行走机构摩擦系数，应根据试验确定。

3 施力点应根据荷载分布均匀布置，施力点的竖向位置应靠近上轨道底面，施力点的数量可按下式估算：

$$n = k_G \frac{F}{T} \qquad (8.2.7\text{-}2)$$

式中：n——施力点数量（个）；

k_G——经验系数，当采用滚动式行走机构时取1.5，当采用滑行式行走机构时取2.0；

F——水平移位总阻力，按本规范式（8.2.7-1）计算；

T——施力点额定工作荷载值（kN）。

8.2.8 建筑物移位就位后，应进行上部结构与新址地基基础的连接设计，连接设计应符合下列规定：

1 连接构件应按国家有关标准的要求进行承载力和变形计算。

2 砌体结构建筑移位就位后，上部构造柱纵筋应与新址基础中预埋构造柱纵筋连接，连接区段箍筋间距应加密，且不大于100mm，托换梁系与基础间的空隙采用细石混凝土填充密实。

3 框架结构柱的连接应按计算确定。新址基础应预埋柱筋与上部框架柱纵筋连接，连接区段箍筋间距应加密，且不应大于100mm。柱连接区段采用细石混凝土灌注，连接区段宜采用外包钢筋混凝土套、外包型钢法等进行加固。

4 对于特殊建筑，当抗震设计要求无法满足时，可结合移位加固采用减震、隔震技术连接。

8.3 施 工

8.3.1 移位加固施工前，应编制详细的施工技术方案和施工组织设计。

8.3.2 托换梁施工，除应符合本规范第7.3.7条的规定外，尚应符合下列规定：

1 施工前，应设置水平标高控制线，上轨道梁底面标高应保证在同一水平面上。

2 上轨道梁施工时，可分段放入上承压板，并保证其在同一水平面上，上承压板宜可靠固定在上轨道梁底面，板端部应设置防翘曲构造措施。

3 当设计需要双向移位时，其上承压板可在托换施工时，进行双向预埋；也可先进行单向预埋，另一方向可在换向时进行置换。

8.3.3 移位加固地基基础施工，应符合下列规定：

1 轨道基础顶面标高应保证在同一水平面上，其表面应平整。

2 轨道地基基础和新址地基基础施工后，经检验达到设计要求时，方可进行移位施工。

8.3.4 移动装置施工，应符合下列规定：

1 移动装置包括上、下承压板，滚动支座或滑动支座，可在托换施工时，分段预先安装；也可在托换施工完成后，采取整体顶升后，一次性安装。

2 当采用滚动移位时，可采用直径不小于50mm的钢辊轴作为滚动支座；采用滑动移位时，可采用合适的橡胶支座作为滑动支座，其规格、型号等应统一。

3 当采用工具式下承压板时，每根承压板长度宜为2000mm，相互间连接构件应根据移位反力，按钢结构设计进行计算。

4 当移位距离较长时，宜采用可移动、可重复使用、易拆装的工具式下承压板，并与反力支座结合。

8.3.5 移位施工，应符合下列规定：

1 移位前，应对上托换梁系和移位地基基础等进行施工质量检验及验收。

2 移位前，应对移动装置、反力装置、施力系统、控制系统、监测系统、应急措施等进行检验与检查。

3 正式移位前，应进行试验性移位，检验各装置与系统的工作状态和安全可靠性，并测读各移位轨道推力，当推力与设计值有较大差异时，应分析其原因。

4 移动施工时，动力施加应遵循均匀、分级、缓慢、同步的原则，动力系统应有测读装置，移动速度不宜大于50mm/min，应设置限制滚动装置，及时纠正移位中产生的偏移。

5 移位施工时，应避免建筑物长时间处于新、旧基础交接处，减少不均匀沉降对移位施工的影响。

6 移位施工过程中，应对上部建筑结构进行实时监测。出现异常时，应立即停止移位施工，待查明原因，消除隐患后，方可继续施工。

7 当折线、曲线移位施工过程需进行换向，或建筑物移位完成后，需置换或拆除移动装置时，可采用整体顶升方法，顶升施工应符合本规范第7.3.7条的规定。

9 托 换 加 固

9.1 一 般 规 定

9.1.1 发生下列情况时，可采用托换技术进行既有建筑地基基础加固：

1 地基不均匀变形引起建筑物倾斜、裂缝。

2 地震、地下洞穴及采空区土体移动，软土地基沉陷等引起建筑物损害。

3 建筑功能改变，结构承重体系改变，基础形式改变。

4 新建地下工程，邻近新建建筑，深基坑开挖，降水等引起建筑物损害。

5 地铁及地下工程穿越既有建筑，对既有建筑地基影响较大时。

6 古建筑保护。

7 其他需采用基础托换的工程。

9.1.2 托换加固设计，应根据工程的结构类型、基础形式、荷载情况以及场地地基情况进行方案比选，分别采用整体托换、局部托换或托换与加强建筑物整体刚度相结合的设计方案。

9.1.3 托换加固设计，应满足下列规定：

1 按上部结构、基础、地基变形协调原则进行承载力、变形验算。

2 当既有建筑基础沉降、倾斜、变形、开裂超过国家有关标准规定的控制指标时，应在原因分析的基础上，进行地基基础加固设计。

9.1.4 托换加固施工前，应制定施工方案；施工过程中，应对既有建筑结构变形、裂缝、基础沉降进行监测；工程需要时，尚应进行应力（或应变）监测。

9.2 设　计

9.2.1 整体托换加固的设计，应符合下列规定：

1 对于砌体结构，应在承重墙与基础梁间设置托换梁，对于框架结构，应在承重柱与基础间设置托换梁。

2 砌体结构的托换梁，可按连续梁计算。框架结构的托换梁，可按倒置的牛腿计算。

3 基础梁应进行地基承载力和变形验算；原基础梁刚度不满足时，应增大截面尺寸；地基承载力和变形验算不满足要求时，可按本规范第11章的方法进行地基加固。

4 按托换过程中最不利工况，进行上部结构内力复核。

5 分析评价进行上部结构加固的必要性及采取的保护措施。

9.2.2 局部托换加固的设计，应符合下列规定：

1 进行上部结构的受力分析，确定局部托换加固的范围，明确局部托换的变形控制标准。

2 进行局部托换加固的地基承载力和变形验算。

3 进行局部托换基础或基础梁的内力验算。

4 按局部托换最不利工况，进行上部结构的内力、变形复核。

5 分析评价进行上部结构加固的必要性及采取的保护措施。

9.2.3 地基承载力和变形不满足设计要求时，应进行地基基础加固。加固方法可按本规范第11章的规定采用锚杆静压桩、树根桩、加大基础底面积或采用抬墙梁、坑（墩）式托换，以及采用复合地基、桩基相结合的托换方式，并对地基加固后的基础内力进行验算，必要时，应采取基础加固措施。

9.2.4 新建地铁或地下工程穿越建筑物时，地基基础托换加固设计应符合下列规定：

1 应进行穿越工程对既有建筑物影响的分析评价，计算既有建筑的内力和变形。影响较小时，可采用加强建筑物基础刚度和结构刚度，或采用隔断防护措施的方法；可能引起既有建筑裂缝和正常使用时，可采用地基加固和基础、上部结构加固相结合的方

法；穿越施工既有建筑存在安全隐患时，应采用加强上部结构的刚度、局部改变结构承重体系和加固地基基础的方法。

2 需切断建筑物桩体或在桩端下穿越时，应采用桩梁式托换、桩筏式托换以及增加基础整体刚度、扩大基础的荷载托换体系，必要时，应采用整体托换技术。

3 穿越天然地基、复合地基的建筑物托换加固，应采用桩梁式托换、桩筏式托换或地基注浆加固的方法。

9.2.5 既有建筑功能改造，改变上部结构承重体系或基础形式，地基基础托换加固设计，可采用下列方法：

1 建筑物需增加层高或因建筑物沉降量过大，需抬升时，可采用整体托换。

2 建筑物改变平面尺寸，增大开间或使用面积，改变承重体系时，可采用局部托换。

3 建筑物增加地下室，宜采用桩基进行整体托换。

9.2.6 因地震、地下洞穴及采空区土体移动、软土地基变形、地下水位变化、湿陷等造成地基基础损害时，地基基础托换加固，可采用下列方法：

1 建筑物不能正常使用时，可采用整体托换加固，也可采用改变基础形式的方法进行处理。

2 结构（包括基础）构件损害，不能满足设计要求时，可采用局部托换及结构构件加固相结合的方法。

3 地基承载力和变形不满足要求时，应进行地基加固。

9.2.7 采用抬墙法托换，应符合下列规定：

1 抬墙梁应根据其受力特点，按现行国家标准《混凝土结构设计规范》GB 50010 的规定进行结构设计。

2 抬墙梁的位置，应避开一层门窗洞口，当不能避开时，应对抬墙梁上方的门窗洞口采取加强措施。

3 当抬墙梁与上部墙体材料不同时，抬墙梁处的墙体，应进行局部承压验算。

9.2.8 采用桩式托换，应满足下列规定：

1 当有地下洞穴、采空区影响时，应进行成桩的可行性分析。

2 评估托换桩的施工对原基础的影响。对产生影响的基础采取加固处理后，方可进行托换桩的施工。

3 布桩时，托换桩与新建地下工程、采空区、地下洞穴净距不应小于1.0m，托换桩端进入地下工程、采空区、地下洞穴底面以下土层的深度不应少于1.0m。

4 采取减少托换桩与原基础沉降差的措施。

9.3 施 工

9.3.1 采用钢筋混凝土坑（墩）式托换时，应在既有基础基底部位采用膨胀混凝土、分次浇筑、排气等措施充填密实；当既有基础两侧土体存在高度差时，应采取防止基础侧移的措施。

9.3.2 采用桩式托换时，应采用对地基土扰动较小的成桩方法进行施工。

10 事故预防与补救

10.1 一般规定

10.1.1 当既有建筑因外部条件改变，可能引起的地基基础变形影响其正常使用或危及安全时，应遵循预防为主的原则，采取必要措施，确保既有建筑的安全。

10.1.2 既有建筑地基基础出现工程事故时的补救，应符合下列原则：

1 分析判断造成工程事故的原因。

2 分析判断事故对整体结构安全及建筑物正常使用的影响。

3 分析判断事故对周围建筑物、道路、管线的影响。

4 采取安全、快速、施工方便、经济的补救方案。

10.1.3 当重要的既有建筑物地基存在液化土时，或软土地区建筑物因地震可能产生震陷时，应按现行国家标准《建筑抗震设计规范》GB 50011 的规定进行地基、基础或上部结构加固。

10.2 地基不均匀变形过大引起事故的补救

10.2.1 对于建造在软土地基上出现损坏的建筑，可采取下列补救措施：

1 对于建筑体型复杂或荷载差异较大引起的不均匀沉降，或造成建筑物损坏时，可根据损坏程度采用局部卸载，增加上部结构或基础刚度，加深基础，锚杆静压桩，树根桩加固等补救措施。

2 对于局部软弱土层或暗塘、暗沟等引起差异沉降较大，造成建筑物损坏时，可采用锚杆静压桩、树根桩等加固补救措施。

3 对于基础承受荷载过大或加荷速率过快，引起较大沉降或不均匀沉降，造成建筑物损坏时，可采用卸除部分荷载、加大基础底面积或加深基础等减小基底附加压力的措施。

4 对于大面积地面荷载或大面积填土引起柱基、墙基不均匀沉降，地面大量凹陷，或柱身、墙身断裂时，可采用锚杆静压桩或树根桩等加固。

5 对于地质条件复杂或荷载分布不均，引起建筑物倾斜较大时，可按本规范第 7 章有关规定选用纠倾加固措施。

10.2.2 对于建造在湿陷性黄土地基上出现损坏的建筑，可采取下列补救措施：

1 对非自重湿陷性黄土场地，当湿陷性土层较薄，湿陷变形已趋稳定或估计再次浸水湿陷量较小时，可选用上部结构加固措施；当湿陷性土层较厚，湿陷变形较大或估计再次浸水湿陷量较大时，可选用石灰桩、灰土挤密桩、坑式静压桩、锚杆静压桩、树根桩、硅化法或碱液法等进行加固，加固深度宜达到基础压缩层下限。

2 对自重湿陷性黄土场地，可选用灰土挤密桩、坑式静压桩、锚杆静压桩、树根桩或灌注桩等进行加固。加固深度宜穿透全部湿陷性土层。

10.2.3 对于建造在人工填土地基上出现损坏的建筑，可采取下列补救措施：

1 对于素填土地基，由于浸水引起较大的不均匀沉降而造成建筑物损坏时，可采用锚杆静压桩、树根桩、灌注桩、坑式静压桩、石灰桩或注浆等进行加固。加固深度应穿透素填土层。

2 对于杂填土地基上损坏的建筑，可根据损坏程度，采用加强上部结构或基础刚度，并进行锚杆静压桩、灌注桩、旋喷桩、石灰桩或注浆等加固。

3 对于冲填土地基上损坏的建筑，可采用本规范第 10.2.1 条的规定进行加固。

10.2.4 对于建造在膨胀土地基上出现损坏的建筑，可采取下列补救措施：

1 对建筑物损坏轻微，且膨胀等级为Ⅰ级的膨胀土地基，可采用设置宽散水及在周围种植草皮等保护措施。

2 对于建筑物损坏程度中等，且膨胀等级为Ⅰ、Ⅱ级的膨胀土地基，可采用加强结构刚度和设置宽散水等处理措施。

3 对于建筑物损坏程度较严重或膨胀等级为Ⅲ级的膨胀土地基，可采用锚杆静压桩、树根桩、坑式静压桩或加深基础等加固方法。桩端应埋置在非膨胀土层中或伸到大气影响深度以下的土层中。

4 建造在坡地上的损坏建筑物，除应对地基或基础加固外，尚应在坡地周围采取保湿措施，防止多向失水造成的危害。

10.2.5 对于建造在土岩组合地基上，因差异沉降造成建筑物损坏，可根据损坏程度，采用局部加深基础、锚杆静压桩、树根桩、坑式静压桩或旋喷桩等加固措施。

10.2.6 对于建造在局部软弱地基上，因差异沉降过大造成建筑物损坏，可根据损坏程度，采用局部加深基础或桩基加固等措施。

10.2.7 对于基底下局部基岩出露或存在大块孤石，造成建筑物损坏，可将局部基岩或孤石凿去，铺设褥垫层或采用在土层部位加深基础或桩基加固等。

10.3 邻近建筑施工引起事故的预防与补救

10.3.1 当邻近工程的施工对既有建筑可能产生影响时，应查明既有建筑的结构和基础形式、结构状态、建成年代和使用情况等，根据邻近工程的结构类型、荷载大小、基础埋深、间隔距离以及土质情况等因素，分析可能产生的影响程度，并提出相应的预防措施。

10.3.2 当软土地基上采用有挤土效应的桩基，对邻近既有建筑有影响时，可在邻近既有建筑一侧设置砂井、排水板、应力释放孔或开挖隔离沟，减小沉桩引起的孔隙水压力和挤土效应。对重要建筑，可设地下挡墙。

10.3.3 遇有振动效应的地基处理或桩基施工时，可采用开挖隔振沟，减少振动波传递。

10.3.4 当邻近建筑开挖基槽、人工降低地下水或迫降纠倾施工等，可能造成土体侧向变形或产生附加应力时，可对既有建筑进行地基基础局部加固，减小该侧地基附加应力，控制基础沉降。

10.3.5 在邻近既有建筑进行人工挖孔桩或钻孔灌注桩时，应防止地下水的流失及土的侧向变形，可采用回灌、截水措施或跳挖、套管护壁等施工方法等，并进行沉降观测，防止既有建筑出现不均匀沉降而造成裂损。

10.3.6 当邻近工程施工造成既有建筑裂损或倾斜时，应根据既有建筑的结构特点、结构损害程度和地基土层条件，采用本规范第 7 章、第 9 章和第 11 章的方法对既有建筑地基基础进行加固。

10.4 深基坑工程引起事故的预防与补救

10.4.1 当既有建筑周围进行新建工程基坑施工时，应分析新建工程基坑支护施工过程、基坑支护体系变形、基坑降水、基坑失稳等对既有建筑地基基础安全的影响，并采取有效的预防措施。

10.4.2 基坑支护工程对既有建筑地基基础的保护设计，应包括下列内容：

1 查清既有建筑的地基基础和上部结构现状，分析基坑土方开挖对既有建筑的影响。

2 查清基坑支护工程周围管线的位置、尺寸和埋深以及采取的保护措施。

3 当地下水位较高需要降水时，应采用帷幕截水、回灌等技术措施，避免由于地下水位下降影响邻近既有建筑和周围管线的安全。

4 基坑采用锚杆支护结构时，避免采用对邻近既有建筑地基稳定和基础安全有影响的锚杆施工工艺。

5 应在既有建筑上和深基坑周边设置水平变形和竖向变形观测点。当水平或竖向变形速率超过规定时，应立即停止施工，分析原因，并采取相应的技术措施。

6 对可能发生的基坑工程事故，应制定应急处理方案。

10.4.3 当基坑内降水开挖，造成邻近既有建筑或地下管线发生沉降、倾斜或裂损时，应立刻停止坑内降水，查出事故原因，并采取有效加固措施。应在基坑截水墙外侧，靠近邻近既有建筑附近设置水位观测井和回灌井。

10.4.4 当邻近既有建筑为桩基础或新建建筑采用打入式桩基础时，新建基坑支护结构外缘与邻近既有建筑的距离不应小于基坑开挖深度的 1.5 倍。无法满足最小安全距离时，应采用隔振沟或钢筋混凝土地下连续墙等保护既有建筑安全的基坑支护形式。

10.4.5 当既有建筑临近基坑时，该侧基坑周边不得搭建临时施工建筑和库房，不得堆放建筑材料和弃土，不得停放大型施工机械和车辆。基坑周边地面应做护面和排水沟，使地面水流向坑外，并防止雨水、施工用水渗入地下或坑内。

10.4.6 当既有建筑或地下管线因深基坑施工而出现倾斜、裂缝或损坏时，应根据既有建筑的上部结构特点、结构损害程度和地基土层条件，采用本规范第 7 章、第 9 章和第 11 章的方法对既有建筑地基基础进行加固或对地下管线采取保护措施。

10.5 地下工程施工引起事故的预防与补救

10.5.1 当地下工程施工对既有建筑、地下管线或道路造成影响时，可采用隔断墙将既有建筑、地下管线或道路隔开或对既有建筑地基进行加固。隔断墙可采用钢板桩、树根桩、深层搅拌桩、注浆加固或地下连续墙等；对既有建筑地基加固，可采用锚杆静压桩、树根桩或注浆加固等方法，加固深度应大于地下工程底面深度。

10.5.2 应对地下工程施工影响范围内的通信电缆、高压、易燃和易爆管道等管线采取预防保护措施。

10.5.3 应对地下工程施工影响范围内的既有建筑和地下管线的沉降和水平位移进行监测。

10.6 地下水位变化过大引起事故的预防与补救

10.6.1 对于建造在天然地基上的既有建筑，当地下水位降低幅度超出设计条件时，应评价地下水位降低引起的附加沉降对既有建筑的影响，当附加沉降值超过允许值时应对既有建筑地基采取加固处理措施；当地下水位升高幅度超出设计条件时，应对既有建筑采取增加荷载、增设抗浮桩等加固处理措施。

10.6.2 对于采用桩基或刚性桩复合地基的既有建筑物，应计算因地下水位降低引起既有建筑基础产生的附加沉降。

10.6.3 对于建造在湿陷性黄土、膨胀土、冻胀土及回填土地基上的既有建筑，地下水位变化过大引起事故的预防与补救措施应符合下列规定：

1 对于建造在湿陷性黄土地基上的既有建筑，应分析地下水位升高产生的湿陷对既有建筑地基变形的影响。当既有建筑地基湿陷沉降量超过现行国家标准《湿陷性黄土地区建筑规范》GB 50025 的要求时，应按本规范第 10.2.2 条的规定，对既有建筑采取加固处理措施。

2 对于建造在膨胀土或冻胀土上的既有建筑，应分析地下水位升高产生的膨胀或冻胀对既有建筑基础的影响，不满足正常使用要求时可按本规范第 10.2.4 条的规定采取补救措施。

3 对建造在回填土上的既有建筑，当地下水位升高，造成既有建筑的地基附加变形超过允许值时，可按照本规范第 10.2.3 条的规定，对既有建筑采取加固处理措施。

11 加固方法

11.1 一般规定

11.1.1 确定地基基础加固施工方案时，应分析评价施工工艺和方法对既有建筑附加变形的影响。

11.1.2 对既有建筑地基基础加固采取的施工方法，应保证新、旧基础可靠连接，导坑回填应达到设计密实度要求。

11.1.3 当选用钢管桩等进行既有建筑地基基础加固时，应采取有效的防腐或增加钢管腐蚀量壁厚的技术保护措施。

11.2 基础补强注浆加固

11.2.1 基础补强注浆加固适用于因不均匀沉降、冻胀或其他原因引起的基础裂损的加固。

11.2.2 基础补强注浆加固施工，应符合下列规定：

1 在原基础裂损处钻孔，注浆管直径可为 25mm，钻孔与水平面的倾角不应小于 30°，钻孔孔径不应小于注浆管的直径，钻孔孔距可为 0.5m～1.0m。

2 浆液材料可采用水泥浆或改性环氧树脂等，注浆压力可取 0.1MPa～0.3MPa。如果浆液不下沉，可逐渐加大压力至 0.6MPa，浆液在 10min～15min 内不再下沉，可停止注浆。

3 对单独基础每边钻孔不应少于 2 个；对条形基础应沿基础纵向分段施工，每段长度可取 1.5m～2.0m。

11.3 扩大基础

11.3.1 扩大基础加固包括加大基础底面积法、加深基础法和抬墙梁法等。

11.3.2 加大基础底面积法适用于当既有建筑物荷载增加、地基承载力或基础底面积尺寸不满足设计要求，且基础埋置较浅，基础具有扩大条件时的加固，可采用混凝土套或钢筋混凝土套扩大基础底面积。设计时，应采取有效措施，保证新、旧基础的连接牢固和变形协调。

11.3.3 加大基础底面积法的设计和施工，应符合下列规定：

1 当基础承受偏心受压荷载时，可采用不对称加宽基础；当承受中心受压荷载时，可采用对称加宽基础。

2 在灌注混凝土前，应将原基础凿毛和刷洗干净，刷一层高强度等级水泥浆或涂混凝土界面剂，增加新、老混凝土基础的粘结力。

3 对基础加宽部分，地基上应铺设厚度和材料与原基础垫层相同的夯实垫层。

4 当采用混凝土套加固时，基础每边加宽后的外形尺寸应符合现行国家标准《建筑地基基础设计规范》GB 50007 中有关无筋扩展基础或刚性基础台阶宽高比允许值的规定，沿基础高度隔一定距离应设置锚固钢筋。

5 当采用钢筋混凝土套加固时，基础加宽部分的主筋应与原基础内主筋焊接连接。

6 对条形基础加宽时，应按长度 1.5m～2.0m 划分单独区段，并采用分批、分段、间隔施工的方法。

11.3.4 当不宜采用混凝土套或钢筋混凝土套加大基础底面积时，可将原独立基础改成条形基础；将原条形基础改成十字交叉条形基础或筏形基础；将原筏形基础改成箱形基础。

11.3.5 加深基础法适用于浅层地基土层可作为持力层，且地下水位较低的基础加固。可将原基础埋置深度加深，使基础支承在较好的持力层上。当地下水位较高时，应采取相应的降水或排水措施，同时应分析评价降排水对建筑物的影响。设计时，应考虑原基础能否满足施工要求，必要时，应进行基础加固。

11.3.6 基础加深的混凝土墩可以设计成间断的或连续的。施工时，应先设置间断的混凝土墩，并在挖掉墩间土后，灌注混凝土形成连续墩式基础。基础加深的施工，应按下列步骤进行：

1 先在贴近既有建筑基础的一侧分批、分段、间隔开挖长约 1.2m、宽约 0.9m 的竖坑，对坑壁不能直立的砂土或软弱地基，应进行坑壁支护，竖坑底面埋深应大于原基础底面埋深 1.5m。

2 在原基础底面下，沿横向开挖与基础同宽，且深度达到设计持力层深度的基坑。

3 基础下的坑体，应采用现浇混凝土灌注，并在距原基础底面下 200mm 处停止灌注，待养护一天后，用掺入膨胀剂和速凝剂的干稠水泥砂浆填入基底空隙，并挤实填筑的砂浆。

11.3.7 当基础为承重的砖石砌体、钢筋混凝土基础梁时，墙基应跨越两墩之间，如原基础强度不能满足两墩间的跨越，应在坑间设置过梁。

11.3.8 对较大的柱基用基础加深法加固时，应将柱基面积划分为几个单元进行加固，一次加固不宜超过基础总面积的 20%，施工顺序，应先从角端处开始。

11.3.9 抬墙梁法可采用预制的钢筋混凝土梁或钢梁，穿过原房屋基础梁下，置于基础两侧预先做好的钢筋混凝土桩或墩上。抬墙梁的平面位置应避开一层门窗洞口。

11.4 锚杆静压桩

11.4.1 锚杆静压桩法适用于淤泥、淤泥质土、黏性土、粉土、人工填土、湿陷性黄土等地基加固。

11.4.2 锚杆静压桩设计，应符合下列规定：

   1 锚杆静压桩的单桩竖向承载力可通过单桩载荷试验确定；当无试验资料时，可按地区经验确定，也可按国家现行标准《建筑地基基础设计规范》GB 50007 和《建筑桩基技术规范》JGJ 94 有关规定估算。

   2 压桩孔应布置在墙体的内外两侧或柱子四周。设计桩数应由上部结构荷载及单桩竖向承载力计算确定；施工时，压桩力不得大于该加固部分的结构自重荷载。压桩孔可预留，或在扩大基础上由人工或机械开凿，压桩孔的截面形状，可做成上小下大的截头锥形，压桩孔洞口的底板、板面应设保护附加钢筋，其孔口每边不宜小于桩截面边长的 50mm～100mm。

   3 当既有建筑基础承载力和刚度不满足压桩要求时，应对基础进行加固补强，或采用新浇筑钢筋混凝土挑梁或抬梁作为压桩承台。

   4 桩身制作除应满足现行行业标准《建筑桩基技术规范》JGJ 94 的规定外，尚应符合下列规定：

     1）桩身可采用钢筋混凝土桩、钢管桩、预制管桩、型钢等；

     2）钢筋混凝土桩宜采用方形，其边长宜为 200mm～350mm；钢管桩直径宜为 100mm～600mm，壁厚宜为 5mm～10mm；预制管桩直径宜为 400mm～600mm，壁厚不宜小于 10mm；

     3）每段桩节长度，应根据施工净空高度及机具条件确定，每段桩节长度宜为 1.0m～3.0m；

     4）钢筋混凝土桩的主筋配置应按计算确定，且应满足最小配筋率要求。当方桩截面边长为 200mm 时，配筋不宜少于 4ϕ10；当边长为 250mm 时，配筋不宜少于 4ϕ12；当边长为 300mm 时，配筋不宜少于 4ϕ14；当边长为 350mm 时，配筋不宜少于 4ϕ16；抗拔桩主筋由计算确定；

     5）钢筋宜选用 HRB335 级以上，桩身混凝土强度等级不应小于 C30 级；

     6）当单桩承载力设计值大于 1500kN 时，宜选用直径不小于 ϕ400mm 的钢管桩；

     7）当桩身承受拉应力时，桩节的连接应采用焊接接头；其他情况下，桩节的连接可采用硫磺胶泥或其他方式连接。当采用硫磺胶泥接头连接时，桩节两端连接处，应设置焊接钢筋网片，一端应预埋插筋，另一端应预留插筋孔和吊装孔；当采用焊接接头时，桩节的两端均应设置预埋连接件。

   5 原基础承台除应满足承载力要求外，尚应符合下列规定：

     1）承台周边至边桩的净距不宜小于 300mm；

     2）承台厚度不宜小于 400mm；

     3）桩顶嵌入承台内长度应为 50mm～100mm；当桩承受拉力或有特殊要求时，应在桩顶四角增设锚固筋，锚固筋伸入承台内的锚固长度，应满足钢筋锚固要求；

     4）压桩孔内应采用混凝土强度等级为 C30 或不低于基础强度等级的微膨胀早强混凝土浇筑密实；

     5）当原基础厚度小于 350mm 时，压桩孔应采用 2ϕ16 钢筋交叉焊接于锚杆上，并应在浇筑压桩孔混凝土时，在桩孔顶面以上浇筑桩帽，厚度不得小于 150mm。

   6 锚杆应根据压桩力大小通过计算确定。锚杆可采用带螺纹锚杆、端头带镦粗锚杆或带爪肢锚杆，并应符合下列规定：

     1）当压桩力小于 400kN 时，可采用 M24 锚杆；当压桩力为 400kN～500kN 时，可采用 M27 锚杆；

     2）锚杆螺栓的锚固深度可采用 12 倍～15 倍螺栓直径，且不应小于 300mm，锚杆露出承台顶面长度应满足压桩机具要求，且不应小于 120mm；

     3）锚杆螺栓在锚杆孔内的胶粘剂可采用植筋胶、环氧砂浆或硫磺胶泥等；

     4）锚杆与压桩孔、周围结构及承台边缘的距离不应小于 200mm。

11.4.3 锚杆静压桩施工应符合下列规定：

   1 锚杆静压桩施工前，应做好下列准备工作：

     1）清理压桩孔和锚杆孔施工工作面；

     2）制作锚杆螺栓和桩节；

     3）开凿压桩孔，孔壁凿毛；将原承台钢筋割断后弯起，待压桩后再焊接；

     4）开凿锚杆孔，应确保锚杆孔内清洁干燥后再埋设锚杆，并以胶粘剂加以封固。

2 压桩施工应符合下列规定：

    1）压桩架应保持竖直，锚固螺栓的螺母或锚具应均衡紧固，压桩过程中，应随时拧紧松动的螺母；

    2）就位的桩节应保持竖直，使千斤顶、桩节及压桩孔轴线重合，不得采用偏心加压；压桩时，应垫钢板或桩垫，套上钢桩帽后再进行压桩。桩位允许偏差应为±20mm，桩节垂直度允许偏差应为桩节长度的±1.0%；钢管桩平整度允许偏差应为±2mm，接桩处的坡口应为45°，焊缝应饱满、无气孔、无杂质，焊缝高度应为 $h=t+1$（mm，t 为壁厚）；

    3）桩应一次连续压到设计标高。当必须中途停压时，桩端应停留在软弱土层中，且停压的间隔时间不宜超过24h；

    4）压桩施工应对称进行，在同一个独立基础上，不应数台压桩机同时加压施工；

    5）焊接接桩前，应对准上、下节桩的垂直轴线，且应清除焊面铁锈后，方可进行满焊施工；

    6）采用硫磺胶泥接桩时，其操作施工应按现行国家标准《建筑地基基础工程施工质量验收规范》GB 50202 的规定执行；

    7）可根据静力触探资料，预估最大压桩力选择压桩设备。最大压桩力 $P_{p(z)}$ 和设计最终压桩力 P_p 可分别按式（11.4.3-1）和式（11.4.3-2）计算：

$$P_{p(z)} = K_s \cdot p_{s(z)} \quad (11.4.3-1)$$
$$P_p = K_p \cdot R_d \quad (11.4.3-2)$$

式中：$P_{p(z)}$ ——桩入土深度为 z 时的最大压桩力（kN）；

    K_s ——换算系数（m²），可根据当地经验确定；

    $p_{s(z)}$ ——桩入土深度为 z 时的最大比贯入阻力（kPa）；

    P_p ——设计最终压桩力（kN）；

    K_p ——压桩力系数，可根据当地经验确定，且不宜小于 2.0；

    R_d ——单桩竖向承载力特征值（kN）。

    8）桩尖达到设计深度，且压桩力不小于设计单桩承载力 1.5 倍时的持续时间不少于 5min 时，可终止压桩；

    9）封桩前，应凿毛和刷洗干净桩顶桩侧表面，并涂混凝土界面剂，压桩孔内封桩应采用 C30 或 C35 微膨胀混凝土，封桩可采用不施加预应力的方法或施加预应力的方法。

11.4.4 锚杆静压桩质量检验，应符合下列规定：

    1 最终压桩力与桩压入深度，应符合设计要求。

2 桩帽梁、交叉钢筋及焊接质量，应符合设计要求。

3 桩位允许偏差应为±20mm。

4 桩节垂直度允许偏差不应大于桩节长度的 1.0%。

5 钢管桩平整度允许偏差应为±2mm，接桩处的坡口应为45°，接桩处焊缝应饱满、无气孔、无杂质，焊缝高度应为 $h=t+1$（mm，t 为壁厚）。

6 桩身试块强度和封桩混凝土试块强度，应符合设计要求。

11.5 树 根 桩

11.5.1 树根桩适用于淤泥、淤泥质土、黏性土、粉土、砂土、碎石土及人工填土等地基加固。

11.5.2 树根桩设计，应符合下列规定：

    1 树根桩的直径宜为 150mm～400mm，桩长不宜超过 30m，桩的布置可采用直桩或网状结构斜桩。

    2 树根桩的单桩竖向承载力可通过单桩载荷试验确定；当无试验资料时，也可按现行国家标准《建筑地基基础设计规范》GB 50007 的有关规定估算。

    3 桩身混凝土强度等级不应小于 C20；混凝土细石骨料粒径宜为 10mm～25mm；钢筋笼外径宜小于设计桩径的 40mm～60mm；主筋直径宜为 12mm～18mm；箍筋直径宜为 6mm～8mm，间距宜为 150mm～250mm；主筋不得少于 3 根；桩承受压力作用时，主筋长度不得小于桩长的 2/3；桩承受拉力作用时，桩身应通长配筋；对直径小于 200mm 树根桩，宜注水泥砂浆，砂粒粒径不宜大于 0.5mm。

    4 有经验地区，可用钢管代替树根桩中的钢筋笼，并采用压力注浆提高承载力。

    5 树根桩设计时，应对既有建筑的基础进行承载力的验算。当基础不满足承载力要求时，应对原基础进行加固或增设新的桩承台。

    6 网状结构树根桩设计时，可将桩及周围土体视作整体结构进行整体验算，并应对网状结构中的单根树根桩进行内力分析和计算。

    7 网状结构树根桩的整体稳定性计算，可采用假定滑动面不通过网状结构树根桩的加固体进行计算，有地区经验时，可按圆弧滑动法，考虑树根桩的抗滑力进行计算。

11.5.3 树根桩施工，应符合下列规定：

    1 桩位允许偏差应为±20mm；直桩垂直度和斜桩倾斜度允许偏差不应大于1%。

    2 可采用钻机成孔，穿过原基础混凝土。在土层中钻孔时，应采用清水或天然地基泥浆护壁；可在孔口附近下一段套管；作为端承桩使用时，钻孔应全桩长下套管。钻孔到设计标高后，清孔至孔口泛清水为止；当土层中有地下水，且成孔困难时，可采用套管跟进成孔或利用套管替代钢筋笼一次成桩。

3 钢筋笼宜整根吊放。当分节吊放时，节间钢筋搭接焊缝采用双面焊时，搭接长度不得小于 5 倍钢筋直径；采用单面焊时，搭接长度不得小于 10 倍钢筋直径。注浆管应直插到孔底，需二次注浆的树根桩应插两根注浆管，施工时，应缩短吊放和焊接时间。

4 当采用碎石和细石填料时，填料应经清洗，投入量不应小于计算桩孔体积的 90％。填灌时，应同时采用注浆管注水清孔。

5 注浆材料可采用水泥浆、水泥砂浆或细石混凝土，当采用碎石填灌时，注浆应采用水泥浆。

6 当采用一次注浆时，泵的最大工作压力不应低于 1.5MPa。注浆时，起始注浆压力不应小于 1.0MPa，待浆液经注浆管从孔底压出后，注浆压力可调整为 0.1MPa～0.3MPa，浆液泛出孔口时，应停止注浆。

当采用二次注浆时，泵的最大工作压力不宜低于 4.0MPa，且待第一次注浆的浆液初凝时，方可进行第二次注浆。浆液的初凝时间根据水泥品种和外加剂掺量确定，且宜为 45min～100min。第二次注浆压力宜为 1.0MPa～3.0MPa，二次注浆不宜采用水泥砂浆和细石混凝土；

7 注浆施工时，应采用间隔施工、间歇施工或增加速凝剂掺量等技术措施，防止出现相邻桩冒浆和窜孔现象。

8 树根桩施工，桩身不得出现缩颈和塌孔。

9 拔管后，应立即在桩顶填充碎石，并在桩顶 1m～2m 范围内补充注浆。

11.5.4 树根桩质量检验，应符合下列规定：

1 每 3 根～6 根桩，应留一组试块，并测定试块抗压强度。

2 应采用载荷试验检验树根桩的竖向承载力，有经验时，可采用动测法检验桩身质量。

11.6 坑式静压桩

11.6.1 坑式静压桩适用于淤泥、淤泥质土、黏性土、粉土、湿陷性黄土和人工填土且地下水位较低的地基加固。

11.6.2 坑式静压桩设计，应符合下列规定：

1 坑式静压桩的单桩承载力，可按现行国家标准《建筑地基基础设计规范》GB 50007 的有关规定估算。

2 桩身可采用直径为 100mm～600mm 的开口钢管，或边长为 150mm～350mm 的预制钢筋混凝土方桩，每节桩长可按既有建筑基础下坑的净空高度和千斤顶的行程确定。

3 钢管桩管内应满灌混凝土，桩管外宜做防腐处理，桩段之间的连接宜用焊接连接；钢筋混凝土预制桩，上、下桩节之间宜用预埋插筋并采用硫磺胶泥接桩，或采用上、下桩节预埋铁件焊接成桩。

4 桩的平面布置，应根据既有建筑的墙体和基础形式及荷载大小确定，可采用一字形、三角形、正方形或梅花形等布置方式，应避开门窗等墙体薄弱部位，且应设置在结构受力节点位置。

5 当既有建筑基础承载力不能满足压桩反力时，应对原基础进行加固，增设钢筋混凝土地梁、型钢梁或钢筋混凝土垫块，加强基础结构的承载力和刚度。

11.6.3 坑式静压桩施工，应符合下列规定：

1 施工时，先在贴近被加固建筑物的一侧开挖竖向工作坑，对砂土或软弱土等地基应进行坑壁支护，并在基础梁、承台梁或直接在基础底面下开挖竖向工作坑。

2 压桩施工时，应在第一节桩桩顶上安置千斤顶及测力传感器，再驱动千斤顶压桩，每压入下一节桩后，再接上一节桩。

3 钢管桩各节的连接处可采用套管接头；当钢管桩较长或土中有障碍物时，需采用焊接接头，整个焊口（包括套管接头）应为满焊；预制钢筋混凝土方桩，桩尖可将主筋合拢焊在桩尖辅助钢筋上，在密实砂和碎石类土中，可在桩尖处包以钢板桩靴，桩与桩间接头可采用焊接或硫磺胶泥接头。

4 桩位允许偏差应为 ±20mm；桩节垂直度允许偏差不应大于桩节长度的 1%。

5 桩尖到达设计深度后，压桩力不得小于单桩竖向承载力特征值的 2 倍，且持续时间不应少于 5min。

6 封桩可采用预应力法或非预应力法施工：

    1) 对钢筋混凝土方桩，压桩达到设计深度后，应采用 C30 微膨胀早强混凝土将桩与原基础浇筑成整体；

    2) 当施加预应力封桩时，可采用型钢支架托换，再浇筑混凝土；对钢管桩，应根据工程要求，在钢管内浇筑微膨胀早强混凝土，最后用混凝土将桩与原基础浇筑成整体。

11.6.4 坑式静压桩质量检验，应符合下列规定：

1 最终压桩力与压桩深度，应符合设计要求。

2 桩材试块强度，应符合设计要求。

11.7 注 浆 加 固

11.7.1 注浆加固适用于砂土、粉土、黏性土和人工填土等地基加固。

11.7.2 注浆加固设计前，宜进行室内浆液配比试验和现场注浆试验，确定设计参数和检验施工方法及设备；有地区经验时，可按地区经验确定设计参数。

11.7.3 注浆加固设计，应符合下列规定：

1 劈裂注浆加固地基的浆液材料可选用以水泥为主剂的悬浊液，或选用水泥和水玻璃的双液型混合液。防渗堵漏注浆的浆液可选用水玻璃、水玻璃与水泥的混合液或化学浆液，不宜采用对环境有污染的化学浆液。对有地下水流动的地基土层加固，不宜采用单液水泥浆，宜采用双液注浆或其他初凝时间短的速凝配方。压密注浆可选用低坍落度的水泥砂浆，并应设置排水通道。

2 注浆孔间距应根据现场试验确定，宜为 1.2m～2.0m；注浆孔可布置在基础内、外侧或基础内，基础内注浆后，应采取措施对基础进行封孔。

3 浆液的初凝时间，应根据地基土质条件和注浆目的确定，砂土地基中宜为 5min～20min，黏性土地基中宜为 1h～2h。

4 注浆量和注浆有效范围的初步设计，可按经验公式确定。施工图设计前，应通过现场注浆试验确定。在黏性土地基中，浆液注入率宜为 15%～20%。注浆点上的覆盖土厚度不应小于 2.0m。

5 劈裂注浆的注浆压力，在砂土中宜为 0.2MPa～0.5MPa，在黏性土中宜为 0.2MPa～0.3MPa；对压密注浆，水泥砂浆浆液坍落度宜为 25mm～75mm，注浆压力宜为 1.0MPa～7.0MPa。当采用水泥-水玻璃双液快凝浆液时，注浆压力不应大于 1MPa。

11.7.4 注浆加固施工，应符合下列规定：

1 施工场地应预先平整，并沿钻孔位置开挖沟槽和集水坑。

2 注浆施工时，宜采用自动流量和压力记录仪，并应及时对资料进行整理分析。

3 注浆孔的孔径宜为 70mm～110mm，垂直度偏差不应大于 1%。

4 花管注浆施工，可按下列步骤进行：

  1）钻机与注浆设备就位；

  2）钻孔或采用振动法将花管置入土层；

  3）当采用钻孔法时，应从钻杆内注入封闭泥浆，插入孔径为 50mm 的金属花管；

  4）待封闭泥浆凝固后，移动花管自下向上或自上向下进行注浆。

5 塑料阀管注浆施工，可按下列步骤进行：

  1）钻机与灌浆设备就位；

  2）钻孔；

  3）当钻孔钻到设计深度后，从钻杆内灌入封闭泥浆，或直接采用封闭泥浆钻孔；

  4）插入塑料单向阀管到设计深度。当注浆孔较深时，阀管中应加入水，以减小阀管插入土层时的弯曲；

  5）待封闭泥浆凝固后，在塑料阀管中插入双向密封注浆芯管，再进行注浆，注浆时，应在设计注浆深度范围内自下而上（或自上而下）移动注浆芯管；

  6）当使用同一塑料阀管进行反复注浆时，每次注浆完毕后，应用清水冲洗塑料阀管中的残留浆液。对于不宜采用清水冲洗的场

地，宜用陶土浆灌满阀管内。

6 注浆管注浆施工，可按下列步骤进行：

  1）钻机与灌浆设备就位；

  2）钻孔或采用振动法将金属注浆管压入土层；

  3）当采用钻孔法时，应从钻杆内灌入封闭泥浆，然后插入金属注浆管；

  4）待封闭泥浆凝固后（采用钻孔法时），捅去金属管的活络堵头进行注浆，注浆时，应在设计注浆深度范围内，自下而上移动注浆管。

7 低坍落度砂浆压密注浆施工，可按下列步骤进行：

  1）钻机与灌浆设备就位；

  2）钻孔或采用振动法将金属注浆管置入土层；

  3）向底层注入低坍落度水泥砂浆，应在设计注浆深度范围内，自下而上移动注浆管。

8 封闭泥浆的 7d 立方体试块的抗压强度应为 0.3MPa～0.5MPa，浆液黏度应为 80″～90″。

9 注浆用水泥的强度等级不宜小于 32.5 级。

10 注浆时可掺用粉煤灰，掺入量可为水泥重量的 20%～50%。

11 根据工程需要，浆液拌制时，可根据下列情况加入外加剂：

  1）加速浆体凝固的水玻璃，其模数应为 3.0～3.3。水玻璃掺量应通过试验确定，宜为水泥用量的 0.5%～3%；

  2）为提高浆液扩散能力和可泵性，可掺加表面活性剂（或减水剂），其掺加量应通过试验确定；

  3）为提高浆液均匀性和稳定性，防止固体颗粒离析和沉淀，可掺加膨润土，膨润土掺加量不宜大于水泥用量的 5%；

  4）可掺加早强剂、微膨胀剂、抗冻剂、缓凝剂等，其掺加量应分别通过试验确定。

12 注浆用水不得采用 pH 值小于 4 的酸性水或工业废水。

13 水泥浆的水灰比宜为 0.6～2.0，常用水灰比为 1.0。

14 劈裂注浆的流量宜为 7L/min～15L/min。充填型灌浆的流量不宜大于 20L/min。压密注浆的流量宜为 10L/min～40L/min。

15 注浆管上拔时，宜使用拔管机。塑料阀管注浆时，注浆芯管每次上拔高度应与阀管开孔间距一致，且宜为 330mm；花管或注浆管注浆时，每次上拔或下钻高度宜为 300mm～500mm；采用砂浆压密注浆，每次上拔高度宜为 400mm～600mm。

16 浆体应经过搅拌机充分搅拌均匀后，方可开始压注。注浆过程中，应不停缓慢搅拌，搅拌时间不应大于浆液初凝时间。浆液在泵送前，应经过筛网

过滤。

17 在日平均温度低于 5℃ 或最低温度低于 −3℃ 的条件下注浆时，应在施工现场采取保温措施，确保浆液不冻结。

18 浆液水温不得超过 35℃，且不得将盛浆桶和注浆管路在注浆体静止状态暴露于阳光下，防止浆液凝固。

19 注浆顺序应根据地基土质条件、现场环境、周边排水条件及注浆目的等确定，并应符合下列规定：

1) 注浆应采用先外围后内部的跳孔间隔的注浆施工，不得采用单向推进的压注方式；
2) 对有地下水流动的土层注浆，应自水头高的一端开始注浆；
3) 对注浆范围以外有边界约束条件时，可采用从边界约束远侧往近侧推进的注浆的方式，深度方向宜由下向上进行注浆；
4) 对渗透系数相近的土层注浆，应先注浆封顶，再由下至上进行注浆。

20 既有建筑地基注浆时，应对既有建筑及其邻近建筑、地下管线和地面的沉降、倾斜、位移和裂缝进行监测，且应采用多孔间隔注浆和缩短浆液凝固时间等技术措施，减少既有建筑基础、地下管线和地面因注浆而产生的附加沉降。

11.7.5 注浆加固地基的质量检验，应符合下列规定：

1 注浆检验时间应在注浆施工结束 28d 后进行。质量检测方法可用标准贯入试验、静力触探试验、轻便触探试验或静载荷试验对加固地层进行检测。对注浆效果的评定，应注重注浆前后数据的比较，并结合建筑物沉降观测结果综合评价注浆效果。

2 应在加固土的全部深度范围内，每间隔 1.0m 取样进行室内试验，测定其压缩性、强度或渗透性。

3 注浆检验点应设在注浆孔之间，检测数量应为注浆孔数的 2%～5%。当检验点合格率小于或等于 80%，或虽大于 80% 但检验点的平均值达不到强度或防渗的设计要求时，应对不合格的注浆区实施重复注浆。

4 应对注浆凝固体试块进行强度试验。

11.8 石 灰 桩

11.8.1 石灰桩适用于加固地下水位以下的黏性土、粉土、松散粉细砂、淤泥、淤泥质土、杂填土或饱和黄土等地基加固，对重要工程或地质条件复杂而又缺乏经验的地区，施工前，应通过现场试验确定其适用性。

11.8.2 石灰桩加固设计，应符合下列规定：

1 石灰桩桩身材料宜采用生石灰和粉煤灰（火山灰或其他掺合料）。生石灰氧化钙含量不得低于 70%，含粉量不得超过 10%，最大块径不得大于 50mm。

2 石灰桩的配合比（体积比）宜为生石灰：粉煤灰＝1：1、1：1.5 或 1：2。为提高桩身强度，可掺入适量水泥、砂或石屑。

3 石灰桩桩径应由成孔机具确定。桩距宜为 2.5 倍～3.5 倍桩径，桩的布置可按三角形或正方形布置。石灰桩地基处理的范围应比基础的宽度加宽 1 排～2 排桩，且不小于加固深度的一半。石灰桩桩长应由加固目的和地基土质等决定。

4 成桩时，石灰桩材料的干密度 ρ_d 不应小于 1.1t/m³，石灰桩每延米灌灰量可按下式估算：

$$q = \eta_c \frac{\pi d^2}{4} \qquad (11.8.2)$$

式中：q —— 石灰桩每延米灌灰量（m³/m）；

　　　η_c —— 充盈系数，可取 1.4～1.8。振动管外投料成桩取高值；螺旋钻成桩取低值；

　　　d —— 设计桩径（m）。

5 在石灰桩顶部宜铺设 200mm～300mm 厚的石屑或碎石垫层。

6 复合地基承载力和变形计算，应符合现行行业标准《建筑地基处理技术规范》JGJ 79 的有关规定。

11.8.3 石灰桩施工，应符合下列规定：

1 根据加固设计要求、土质条件、现场条件和机具供应情况，可选用振动成桩法（分管内填料成桩和管外填料成桩）、锤击成桩法、螺旋钻成桩法或洛阳铲成桩工艺等。桩位中心点的允许偏差不应超过桩距设计值的 8%，桩的垂直度允许偏差不应大于桩长的 1.5%。

2 采用振动成桩法和锤击成桩法施工时，应符合下列规定：

1) 采用振动管内填料成桩法时，为防止生石灰膨胀堵住桩管，应加压缩空气装置及空中加料装置；管外填料成桩，应控制每次填料数量及沉管的深度；采用锤击成桩法时，应根据锤击的能量，控制分段的填料量和成桩长度；
2) 桩顶上部空孔部分，应采用 3：7 灰土或素土填孔封顶；

3 采用螺旋钻成桩法施工时，应符合下列规定：

1) 根据成孔时电流大小和土质情况，检验场地情况与原勘察报告和设计要求是否相符；
2) 钻杆达设计要求深度后，提钻检查成孔质量，清除钻杆上泥土；
3) 施工过程中，将钻杆沉入孔底，钻杆反转，叶片将填料边搅拌边压入孔底，钻杆被压密的填料逐渐顶起，钻尖升至离地面 1.0m ～1.5m 或预定标高后停止填料，用 3：7

灰土或素土封顶。

4 洛阳铲成桩法适用于施工场地狭窄的地基固工程。洛阳铲成桩直径可为 200mm～300mm，每层回填料厚度不宜大于 300mm，用杆状重锤分层夯实。

5 施工过程中，应设专人监测成孔及回填料的质量，并做好施工记录。如发现地基土质与勘察资料不符时，应查明情况并采取有效处理措施后，方可继续施工。

6 当地基土含水量很高时，石灰桩应由外向内或沿地下水流方向施打，且宜采用间隔跳打施工。

11.8.4 石灰桩质量检验，应符合下列规定：

1 施工时，应及时检查施工记录。当发现回填料不足，缩径严重时，应立即采取补救处理措施。

2 施工过程中，应检查施工现场有无地面隆起异常及漏桩现象；并应按设计要求，抽查桩位、桩距，详细记录，对不符合质量要求的石灰桩，应采取补救处理措施。

3 质量检验可在施工结束 28d 后进行。检验方法可采用标准贯入、静力触探以及钻孔取样室内试验等测试方法，检测项目应包括桩体和桩间土强度，验算复合地基承载力。

4 对重要或大型工程，应进行复合地基载荷试验。

5 石灰桩的检验数量不应少于总桩数的 2%，且不得少于 3 根。

11.9 其他地基加固方法

11.9.1 旋喷桩适用于处理淤泥、淤泥质土、黏性土、粉土、砂土、黄土、素填土和碎石土等地基。对于砾石粒径过大，含量过多及淤泥、淤泥质土有大量纤维质的腐殖土等，应通过现场试验确定其适用性。

11.9.2 灰土挤密桩适用于处理地下水位以上的粉土、黏性土、素填土、杂填土和湿陷性黄土等地基。

11.9.3 水泥土搅拌桩适用于处理正常固结的淤泥与淤泥质土、素填土、软—可塑黏性土、松散—中密粉细砂、稍密—中密粉土、松散—稍密中粗砂、饱和黄土等地基。

11.9.4 硅化注浆可分双液硅化法和单液硅化法。当地基土为渗透系数大于 2.0m/d 的粗颗粒土时，可采用双液硅化法（水玻璃和氯化钙）；当地基的渗透系数为 0.1m/d～2.0m/d 的湿陷性黄土时，可采用单液硅化法（水玻璃）；对自重湿陷性黄土，宜采用无压力单液硅化法。

11.9.5 碱液注浆适用于处理非自重湿陷性黄土地基。

11.9.6 人工挖孔混凝土灌注桩适用于地基变形过大或地基承载力不足等情况的基础托换加固。

11.9.7 旋喷桩、灰土挤密桩、水泥土搅拌桩、硅化注浆、碱液注浆的设计与施工应符合现行行业标准《建筑地基处理技术规范》JGJ 79 的有关规定。人工挖孔混凝土灌注桩的设计与施工应符合现行行业标准《建筑桩基技术规范》JGJ 94 的有关规定。

12 检验与监测

12.1 一般规定

12.1.1 既有建筑地基基础加固工程，应按设计要求及现行国家标准《建筑地基基础工程施工质量验收规范》GB 50202 的规定进行质量检验。

12.1.2 对既有建筑地基基础加固工程，当监测数据出现异常时，应立即停止施工，分析原因，必要时采取调整既有建筑地基基础加固设计或施工方案的技术措施。

12.2 检 验

12.2.1 既有建筑地基基础加固施工，基槽开挖后，应进行地基检验。当发现与勘察报告和设计文件不一致，或遇到异常情况时，应结合地质条件，提出处理意见；对加固设计参数取值、施工方案实施影响大时，应进行补充勘察。

12.2.2 应对新、旧基础结构连接构件进行检验，并提供隐蔽工程检验报告。

12.2.3 基础补强注浆加固基础，应在基础补强后，对基础钻芯取样进行检验。

12.2.4 采用锚杆静压桩、坑式静压桩，应进行下列检验：

1 桩节的连接质量。

2 桩顶标高、桩位偏差等。

3 最终压力力及压入深度。

12.2.5 采用现浇混凝土施工的树根桩、混凝土灌注桩，应进行下列检验：

1 提供经确认的原材料力学性能检验报告，混凝土试件留置数量及制作养护方法、混凝土抗压强度试验报告，钢筋笼制作质量检验报告等。

2 桩顶标高、桩位偏差等。

3 对桩的承载力应进行静载荷试验检验。

12.2.6 注浆加固施工后，应进行下列检验：

1 采用钻孔取样检验，室内试验测定加固土体的抗剪强度、压缩模量等，检验地基土加固土层的均匀性。

2 加固后地基土承载力的静载荷试验；有地区经验时，可采用标准贯入试验、静力触探试验，并结合地区经验进行加固后地基土承载力检验。

12.2.7 复合地基加固施工后，应对地基处理的施工质量进行检验：

1 桩顶标高、桩位偏差等。

2 增强体的密实度或强度。

3 复合地基承载力的静载荷试验，增强体承载力和桩身完整性检验。

12.2.8 纠倾加固和移位加固施工，应对顶升梁或托换梁的施工质量进行检验。

12.2.9 托换加固施工，应对托换结构以及连接构造进行检验，并提供隐蔽工程检验报告。

12.3 监　测

12.3.1 既有建筑地基基础加固施工时，应对影响范围内的周边建筑物、地下管线等市政设施的沉降和位移进行监测。

12.3.2 既有建筑地基基础加固施工降水对周边环境有影响时，应对有影响的建筑物及地下管线、道路进行沉降监测，对地下水位的变化进行监测。

12.3.3 外套结构增层，应对外套结构新增荷载引起的既有建筑附加沉降进行监测。

12.3.4 迫降纠倾施工，应在施工过程中对建筑物的沉降、倾斜值及结构构件的变形、裂缝进行监测，直到纠倾施工结束，监测周期应根据纠倾速率确定。

12.3.5 顶升纠倾施工，应在施工过程中对建筑物的倾斜值，结构构件的变形、裂缝以及千斤顶的工作状态进行监测，必要时，应对结构的内力进行监测。

12.3.6 移位施工过程中，应对建筑物结构构件的变形、裂缝以及施力系统的工作状态进行实时监测，必要时，应对结构的内力进行监测。

12.3.7 托换加固施工，应对建筑的沉降、倾斜、裂缝进行监测，必要时，应对建筑的水平移位或结构内力（或应变）进行监测。

12.3.8 注浆加固施工，应对施工引起的建筑物附加沉降进行监测。

12.3.9 采用加大基础底面积、加深基础进行基础加固时，应对开挖施工槽段内结构的变形和裂缝情况进行监测。

附录 A　既有建筑基础下地基土载荷试验要点

A.0.1 本试验要点适用于测定地下水位以上既有建筑地基的承载力和变形模量。

A.0.2 试验压板面积宜取 $0.25m^2 \sim 0.50m^2$，基坑宽度不应小于压板宽度或压板直径的 3 倍。试验时，应保持试验土层的原状结构和天然湿度。在试压土层的表面，宜铺不大于 20mm 厚的中、粗砂找平。

A.0.3 试验位置应在承重墙的基础下，加载反力可利用建筑物的自重，使千斤顶上的测力计直接与基础下钢板接触（图 A.0.3）。钢板大小和厚度，可根据基础材料强度和加载大小确定。

A.0.4 在含水量较大或松散的地基土中挖试验坑

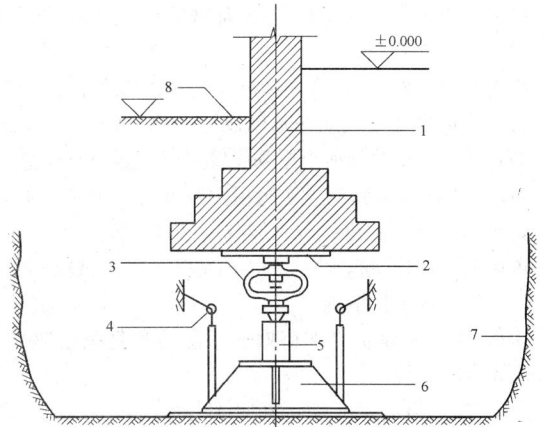

图 A.0.3　载荷试验示意
1—建筑物基础；2—钢板；3—测力计；4—百分表；
5—千斤顶；6—试验压板；7—试坑壁；8—室外地坪

时，应采取坑壁支护措施。

A.0.5 加载分级、稳定标准、终止加载条件和承载力取值，应按现行国家标准《建筑地基基础设计规范》GB 50007 的规定执行。

A.0.6 在试验挖坑时，可同时取土样检验其物理力学性质，并对地基承载力取值和地基变形进行综合分析。

A.0.7 当既有建筑基础下有垫层时，试验压板应埋置在垫层下的原土层上。

A.0.8 试验结束后，应及时采用低强度等级混凝土将基坑回填密实。

附录 B　既有建筑地基承载力持载再加荷载荷试验要点

B.0.1 本试验要点适用于测定既有建筑基础再增加荷载时的地基承载力和变形模量。

B.0.2 试验压板可取方形或圆形。压板宽度或压板直径，对独立基础、条形基础应取基础宽度。对基础宽度大，试验条件不满足时，应考虑尺寸效应对检测结果的影响，并结合结构和基础形式以及地基条件综合分析，确定地基承载力和地基变形模量；当场地地基无软弱下卧层时，可用小尺寸压板的试验确定，但试验压板的面积不宜小于 $2.0m^2$。

B.0.3 试验位置应在与原建筑物地基条件相同的场地进行，并应尽量靠近既有建筑物。试验压板的底标高应与原建筑物基础底标高相同。试验时，应保持试验土层的原状结构和天然湿度。

B.0.4 在试压土层的表面，宜铺不大于 20mm 厚的中、粗砂找平。基坑宽度不应小于压板宽度或压板直径的 3 倍。

B.0.5 试验使用的荷载稳压设备稳压偏差允许值不

应大于施加荷载的±1%；沉降观测仪表 24h 的漂移值不应大于 0.2mm。

B.0.6 加载分级、稳定标准、终止加载条件应按现行国家标准《建筑地基基础设计规范》GB 50007 的规定执行。试验加荷至原基底使用荷载压力时应进行持载。持载时，应继续进行沉降观测。持载时间不得少于 7d。然后再继续分级加载，直至试验完成。

B.0.7 在含水量较大或松散的地基土中挖试坑时，应采取坑壁支护措施。

B.0.8 既有建筑再加荷地基承载力特征值的确定，应符合下列规定：

1 当再加荷压力-沉降曲线上有比例界限时，取该比例界限所对应的荷载值。

2 当极限荷载小于对应比例界限的荷载值的 2 倍时，取极限荷载值的一半。

3 当不能按上述两款要求确定时，可取再加荷压力-沉降曲线上 $s/b=0.006$ 或 $s/d=0.006$ 所对应的荷载，但其值不应大于最大加载量的一半。

4 取建筑物地基的允许变形值对应的荷载值。

注：s 为载荷板沉降值；b、d 分别为载荷板的宽度或直径。

B.0.9 同一土层参加统计的试验点不应少于 3 点，各试验实测值的极差不得超过其平均值的 30%，取平均值作为该土层的既有建筑再加荷的地基承载力特征值。既有建筑再加荷的地基变形模量，可按比例界限所对应的荷载值和变形进行计算，或按规定的变形对应的荷载值进行计算。

附录 C　既有建筑桩基础单桩承载力持载再加荷载荷试验要点

C.0.1 本试验要点适用于测定既有建筑桩基础再增加荷载时的单桩承载力。

C.0.2 试验桩应在与原建筑物地基条件相同的场地，并应尽量靠近既有建筑物，按原设计的尺寸、长度、施工工艺制作。开始试验的时间：桩在砂土中入土 7d 后；黏性土不得少于 15d；对于饱和软黏土不得少于 25d；灌注桩应在桩身混凝土达到设计强度后，方能进行。

C.0.3 加载反力装置，试桩、锚桩和基准桩之间的中心距离，加载分级，稳定标准，终止加载条件，卸载观测应按现行国家标准《建筑地基基础设计规范》GB 50007 的规定执行。试验加荷至原基桩使用荷载时，应进行持载。持载时，应继续进行沉降观测。持载时间不得少于 7d。然后再继续分级加载，直至试验完成。

C.0.4 试验使用的荷载稳压设备稳压偏差允许值不应大于施加荷载的±1%；沉降观测仪表 24h 的漂移值不应大于 0.2mm。

C.0.5 既有建筑再加荷的单桩竖向极限承载力确定，应符合下列规定：

1 作再加荷的荷载-沉降（$Q\text{-}s$）曲线和其他辅助分析所需的曲线。

2 当曲线陡降段明显时，取相应于陡降段起点的荷载值。

3 当出现 $\dfrac{\Delta s_{n+1}}{\Delta s_n} \geqslant 2$ 且经 24h 尚未达到稳定而终止试验时，取终止试验的前一级荷载值。

4 $Q\text{-}s$ 曲线呈缓变型时，取桩顶总沉降量 s 为 40mm 所对应的荷载值。

5 按上述方法判断有困难时，可结合其他辅助分析方法综合判定。对桩基沉降有特殊要求时，应根据具体情况选取。

6 参加统计的试桩，当满足其极差不超过平均值的 30% 时，可取其平均值作为单桩竖向极限承载力。极差超过平均值的 30% 时，宜增加试桩数量，并分析离差过大的原因，结合工程具体情况，确定极限承载力。对桩数为 3 根及 3 根以下的柱下桩台，取最小值。

C.0.6 再加荷的单桩竖向承载力特征值的确定，应符合下列规定：

1 当再加荷压力-沉降曲线上有比例界限时，取该比例界限所对应的荷载值。

2 当极限荷载小于对应比例界限荷载值的 2 倍时，取极限荷载值的一半。

3 当按既有建筑单桩允许变形进行设计时，应按 $Q\text{-}s$ 曲线上允许变形对应的荷载确定。

本规范用词说明

1 为便于在执行本规范条文时区别对待，对要求严格程度不同的用词说明如下：

　1）表示很严格，非这样做不可的：

　　正面词采用"必须"，反面词采用"严禁"；

　2）表示严格，在正常情况下均应这样做的：

　　正面词采用"应"，反面词采用"不应"或"不得"；

　3）表示允许稍有选择，在条件许可时首先应这样做的：

　　正面词采用"宜"，反面词采用"不宜"；

　4）表示有选择，在一定条件可以这样做的，采用"可"。

2 条文中指明应按其他有关标准执行的写法为："应按……执行"或"应符合……的规定"。

引用标准名录

1 《砌体结构设计规范》GB 50003
2 《建筑地基基础设计规范》GB 50007
3 《建筑结构荷载规范》GB 50009
4 《混凝土结构设计规范》GB 50010

5 《建筑抗震设计规范》GB 50011
6 《湿陷性黄土地区建筑规范》GB 50025
7 《建筑地基基础工程施工质量验收规范》GB 50202
8 《混凝土结构加固设计规范》GB 50367
9 《建筑变形测量规范》JGJ 8
10 《建筑地基处理技术规范》JGJ 79
11 《建筑桩基技术规范》JGJ 94

中华人民共和国行业标准

既有建筑地基基础加固技术规范

JGJ 123—2012

条 文 说 明

修 订 说 明

《既有建筑地基基础加固技术规范》JGJ 123 - 2012，经住房和城乡建设部 2012 年 8 月 23 日以第 1452 号公告批准、发布。

本规范是在《既有建筑地基基础加固技术规范》JGJ 123 - 2000 的基础上修订而成的，上一版的主编单位是中国建筑科学研究院，参编单位是同济大学、北方交通大学、福建省建筑科学研究院，主要起草人员是张永钧、叶书麟、唐业清、侯伟生。本次修订的主要技术内容是：1. 既有建筑地基基础加固设计的基本规定；2. 邻近新建建筑、深基坑开挖、新建地下工程对既有建筑产生影响时，对既有建筑采取的保护措施；3. 不同加固方法的承载力和变形计算方法；4. 托换加固；5. 地下水位变化过大引起的事故预防与补救；6. 检验与监测要求；7. 既有建筑地基承载力持载再加荷载荷试验要点；8. 既有建筑桩基础单桩承载力持载再加荷载荷试验要点；9. 既有建筑地

基基础鉴定评价要求；10. 增层改造、事故预防和补救、加固方法等。

本次规范修订过程中，编制组进行了广泛的调查研究，总结了我国建筑地基基础领域的实践经验，同时参考了国外先进技术法规、技术标准，通过调研、征求意见及工程试算，对增加和修订内容的反复讨论、分析、论证，取得了重要技术参数。

为便于广大设计、施工、科研、学校等单位有关人员在使用本规范时能正确理解和执行条文规定，《既有建筑地基基础加固技术规范》编制组按章、节、条顺序编制了本规范的条文说明，对条文规定的目的、依据以及执行中需注意的有关事项进行了说明，还着重对强制性条文的强制性理由作了解释。但是，本条文说明不具备与规范正文同等的法律效力，仅供使用者作为理解和把握规范规定的参考。

目　次

1 总 则

1.0.1 根据我国情况，既有建筑因各种原因需要进行地基基础加固者，从建造年代来看，除少数古建筑和新中国成立前建造的建筑外，绝大多数是新中国成立以来建造的建筑，其中又以新中国成立初期至20世纪70年代末建造的建筑占主体，改革开放以来建造的大量建筑，也有一小部分需要进行加固。就建筑类型而言，有工业建筑和构筑物，也有公用建筑和大量住宅建筑。因而，需要进行地基基础加固的既有建筑范围很广、数量很多、工程量很大、投资很高。因此，既有建筑地基基础加固的设计和施工必须认真贯彻国家的各项技术经济政策，做到技术先进、经济合理、安全适用、确保质量、保护环境。

1.0.2 本条规定了规范的适用范围。增加荷载包括加固改造增加的荷载以及直接增层增加的荷载；自然灾害包括地震、风灾、水灾、泥石流、海啸等。

3 基 本 规 定

3.0.1 本条是对地基基础加固的设计、施工、质量检测的总体要求。既有建筑使用后地基土经压密固结作用后，其工程性质与天然地基不同，应根据既有建筑地基基础的工作性状制定设计方案和施工组织设计，精心施工，保证加固后的建筑安全使用。

3.0.2 既有建筑在进行加固设计和施工之前，应先对地基、基础和上部结构进行鉴定，根据鉴定结果，确定加固的必要性和可能性，针对地基、基础和上部结构的现状分析和评价，进行加固设计，制定施工方案。

3.0.3 本条是对既有建筑地基基础加固前应取得资料的规定。

3.0.4 本条是对既有建筑地基基础加固设计的要求。既有建筑地基基础加固设计，应满足地基承载力、变形和稳定性要求。既有建筑在荷载作用下地基土已固结压密，再加荷时的荷载分担、基底反力分布与直接加荷的天然地基不同，应按新老地基基础的共同作用分析结果进行地基基础加固设计。

3.0.5 邻近新建建筑、深基坑开挖、新建地下工程对既有建筑产生影响时，改变了既有建筑地基基础的设计条件，一方面应在邻近新建建筑、深基坑开挖、新建地下工程设计时对既有建筑地基基础的原设计进行复核，同时在邻近新建建筑、深基坑开挖、新建地下工程自身的结构设计时应对其长期荷载作用的荷载取值、变形条件考虑既有建筑的作用。不满足时，应优先采取调整邻近新建建筑的规划设计、新建地下工程施工方案、深基坑开挖支挡、地下墙（桩）隔离地基应力和变形等对既有建筑的保护措施，需要时应进

行既有建筑地基基础或上部结构加固。

3.0.6 在选择地基基础加固方案时，本条强调应根据所列各种因素对初步选定的各种加固方案进行对比分析，选定最佳的加固方法。

大量工程实践证明，在进行地基基础设计时，采用加强上部结构刚度和承载力的方法，能减少地基的不均匀变形，取得较好的技术经济效果。因此，在选择既有建筑地基基础加固方案时，同样也应考虑上部结构、基础和地基的共同作用，采取切实可行的措施，既可降低费用，又可收到满意的效果。

3.0.7 地基基础加固使用的材料，包括水泥、碱液、硅酸钠以及其他胶结材料等，应符合环境保护要求，根据场地类别不同加固方法形成的增强体或基础结构应符合耐久性设计要求。

3.0.8 根据现行国家标准《工程结构可靠性设计统一标准》GB 50153 的要求，既有建筑加固后的地基基础设计使用年限应满足加固后的建筑物设计使用年限。

3.0.9 纠倾加固、移位加固、托换加固施工过程可能对结构产生损伤或产生安全隐患，必须设置现场监测系统，监测纠倾变位、移位变位和结构的变形，根据监测结果及时调整设计和施工方案，必要时启动应急预案，保证工程按设计完成。目前按工程建设需要，纠倾加固、移位加固、托换加固工程的设计图纸和施工组织设计，均应进行专项审查，通过审查后方可实施。

3.0.10 既有建筑地基基础加固的施工，一般来说，具有技术要求高、施工难度大、场地条件差、不安全因素多、风险大等特点，本条特别强调施工人员应具备较高的素质。施工过程中除了应有专人负责质量控制外，还应有专人负责严密的监测，当出现异常情况时，应采取果断措施，以免发生安全事故。

3.0.11 既有建筑进行地基基础加固时，沉降观测是一项必须做的工作，它不仅是施工过程中进行监测的重要手段，而且是对地基基础加固效果进行评价和工程验收的重要依据。由于地基基础加固过程中容易引起对周围土体的扰动，因此，施工过程中对邻近建筑和地下管线也应进行监测。沉降观测终止时间应按设计要求确定，或按国家现行标准《工程测量规范》GB 50026 和《建筑变形测量规范》JGJ 8 的有关规定确定。

4 地基基础鉴定

4.1 一 般 规 定

4.1.1 既有建筑地基基础进行鉴定可采用以下步骤（图1）：

由于现场实际情况的变化，鉴定程序可根据实际

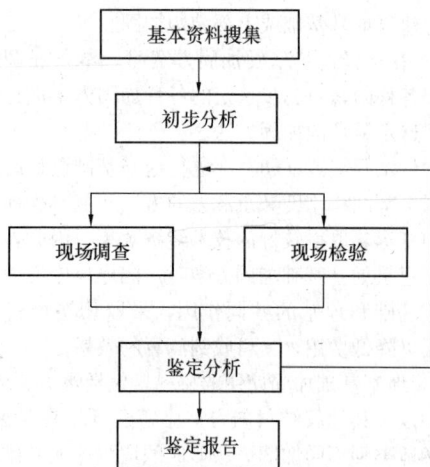

图 1　鉴定工作程序框图

情况调整。例如：所鉴定的既有建筑基本资料严重缺失，则首先应进行现场调查，根据调查的情况分析确定现场检验方法和内容。根据现场调查及现场检验获得的资料作出分析，根据分析结果再到现场进行进一步的调查和必要的现场检验，才可能给出鉴定结论。现场调查情况与搜集的资料不符或在现场检验后发现新的问题而需要进一步的检验。

4.1.2　由于地基基础的隐蔽性，现场检验困难、复杂，不可能进行大面积的现场检验，在进行现场检验前，应首先在所掌握的基本资料基础上进行初步分析，根据初步分析的结果，确定下一步现场检验的工作重点和工作内容，并根据现场实际情况确定可以采用的现场检验方法。无论是资料搜集还是现场调查都应围绕加固的目的结合初步分析结果进行。资料搜集和现场调查过程中可能发生对初步分析结果更进一步深入的分析结果，两者应结合进行。

4.1.3、4.1.4　当根据所搜集和调查的资料仍无法对既有建筑的地基基础作出正确评价时，应进行现场检验和沉降观测，严禁凭空推断而得出鉴定结论。

　　基础的沉降是反映地基基础情况的一个最直接的综合指标，而目前往往无法获得连续的、真实的沉降观测资料。当既有建筑的变形仍在发展，根据当前状况得出的鉴定结果并不能代表既有建筑以后的情况，也需要进一步进行沉降观测。

　　当需要了解历史沉降情况而缺乏有效的沉降资料时，也可根据设计标高结合现场调查情况依照当地经验进行估算。

4.1.5　分析评价是鉴定工作的重要内容之一，需要根据所得到的资料围绕加固的目的、结合当地经验进行综合分析。除了给出既有建筑地基基础的承载力、变形、稳定性和耐久性的分析评价外，尚应根据加固目的的不同进行下列相应的分析评价：

1　因勘察、设计、施工或因使用不当而进行的既有建筑地基基础加固，应在充分了解引起建筑物开

裂、沉降、倾斜的原因后，才能针对原因提出合理有效的加固方法，因此，对于此类加固，应分析引起既有建筑的开裂、沉降、倾斜的原因，以便确定合理有效的加固方法。

2　增加荷载、纠倾、移位、改建、古建筑保护而进行的既有建筑地基基础加固，只有在对既有建筑地基基础的实际承载力和改造、保护的要求比较后，才能确定出既有建筑的地基基础是否需要进行加固及如何加固，故此类加固应针对改造、保护的要求，结合既有建筑的地基基础的现状，比较分析既有建筑改造、保护时地基加固的必要性。

3　遭受邻近新建建筑、深基坑开挖、新建地下工程或自然灾害的影响而进行的既有建筑地基基础加固，应首先分析清楚对既有建筑地基基础已造成的影响和仍然存在的影响情况后，才能采取有效措施消除已经造成的影响和避免进一步的影响，所以对于该类地基基础加固应对既有建筑的影响情况作出分析评价。

　　另外，对既有建筑地基基础进行鉴定的主要目的就是为了进行既有建筑地基基础加固，因此，对既有建筑地基基础的分析评价尚应结合现场条件来分析不同地基基础加固方法的适用性和可行性，以便给出建议的地基基础加固方法；当涉及上部结构的问题时，应对上部结构鉴定和加固的必要性进行分析，必要时提出进行上部结构鉴定和加固的建议。

4.1.6　本条规定为鉴定报告应该包含的基本内容。为了使得鉴定报告内容完整，有针对性，报告的内容有时尚应包括必要的情况说明甚至证明材料等。

　　鉴定结论是鉴定报告的核心内容，必须叙述用词规范、表达内容明确。同时为了使得鉴定报告确实能够对既有建筑地基基础加固的设计和施工起到一定的指导作用，鉴定结论的内容除了给出对既有建筑地基基础的评价外，尚应给出对加固设计和施工方法的建议。

　　鉴定报告应包含调查资料及现场测试数据和曲线，以及必要的计算分析过程和分析评价结果，严禁鉴定报告仅有鉴定结论而无数据和分析过程。

4.2　地　基　鉴　定

4.2.1　地基基础需要加固的原因与场地工程地质、水文地质情况以及由于环境条件变化或者是地下水的变化关系密切，这种情况需结合既有建筑原岩土工程勘察报告中提供的水文、岩土数据，结合现场调查和检验的结果，进行比较分析。

4.2.2　地基检验的方法应根据加固的目的和现场条件选用，作以下几点说明：

1　当有原岩土工程勘察报告且勘察报告的内容较齐全时，可补充少量代表性的勘探点和原位测试点，一方面用来验证原岩土工程勘察报告的数据，另

一方面比较前后水位、岩土的物理力学参数等变化情况。

2 对于一般的工程，测点在变形较大部位（如既有建筑的四个"大角"及对应建筑物的重心点位置）或其附近布置即可，而对于重要的既有建筑，应根据既有建筑的情况在中间部位增加 1 个～3 个测点。

当仅仅需要查明局部岩土情况时，也可仅仅在需要查明的部位布置 3 个～5 个测点。但当土层变化较大如探测原始冲沟的分布情况时，则需要根据情况增加测点。

3 当条件允许时宜在基础下取不扰动土样进行室内土的物理力学性质试验。当无地下水时勘探点应尽量采用人工挖槽的方法，该方法还可以利用开挖的坑槽对基础进行现场调查和检测。坑槽的布置应分段，严禁集中布置而对基础产生影响。

4 目前越来越多的物理勘探方法应用在工程测试中，但由于各种物探方法都有着这样或那样的局限，因此，实际工程中应采用物探方法与常规勘探方法相结合的方式来进行地基的检验测试，利用物探方法快速方便的优点进行大面积检测，对物探检测发现的异常点采用常规勘探方法（如开挖、钻探等）来验证物探检测结果和确定具体数据。

5 对于重要的增加荷载如增层改造的建筑，应按本规范规定的方法通过现场荷载试验确定地基土的承载力特征值。

4.2.3 地基进行评价时地区经验很重要，应结合当地经验根据现场调查和检验结果进行综合分析评价。

4.3 基础鉴定

4.3.1～4.3.3 基础为隐蔽工程，由于现场条件的限制，其检测不可能大面积展开，因此应根据初步分析结果结合现场调查情况，确定代表性的部位进行检测，现场检测可按下述方法步骤进行：

1 确定代表性的检查点位置。一般选取上部变形较大处、荷载较大处及上部结构对沉降敏感处对应的位置或附近作为代表性点，另选取 2 处～3 处一般性代表点，一般性代表点应随机均匀布置。

2 开挖目测检查基础的情况。

3 根据开挖检查的结果，根据现场实际条件选用合适的检测方法对基础进行结构检测，如基础为桩基时尚需进行基桩完整性和承载力检测。

4 对于重要的增加荷载如增层改造的建筑，采用桩基时应按本规范规定的方法通过现场载荷试验确定基桩的承载力特征值。

4.3.4 基础结构的评价，重点是结构承载力、完整性和耐久性评价。涉及地基评价的数据包括基础尺寸、埋深等，应给出检测评价结果。

桩的承载力不但和桩周土的性质有关，而且还和桩本身的质量、桩的施工工艺等有着极大的关系，如果现场条件允许，宜通过静载试验确定既有建筑桩基中桩的承载力，当现场条件确实无法进行静载试验时，在测试确定桩身质量、桩长等情况下，应结合地质情况、施工工艺、沉降观测记录并结合地区经验综合分析后给出桩的承载力估算值。

5 地基基础计算

5.1 一般规定

5.1.1 进行结构加固的工程或改变上部结构功能时对地基的验算是必要的，需进行地基基础加固的工程均应进行地基计算。既有建筑因勘察、设计、施工或使用不当，增加荷载，遭受邻近新建建筑、深基坑开挖、新建地下工程或自然灾害的影响等可能产生对建筑物稳定性的不利影响，应进行稳定性计算。既有建筑地基基础加固或增加荷载时，尚应对基础的抗冲、剪、弯能力进行验算。

5.1.2 既有建筑地基在建筑物荷载作用下，地基土经压密固结作用，承载力提高，在一定荷载作用下，变形减少，加固设计可充分利用这一特性。但扩大基础或增加桩进行加固时，新旧基础、新增加桩与原基础桩由于地基变形的差异，地基反力的分布是按变形协调的原则，新旧基础、新增加桩与原基础桩分担的荷载与天然地基时有所不同，应按变形协调的原则进行设计。扩大基础或改变基础形式时应保证新旧基础采取可靠的连接构造。

5.2 地基承载力计算

5.2.3 既有建筑地基承载力特征值的确定，应根据既有建筑地基基础的工作性状确定。既有建筑地基土的压密在荷载作用下已完成或基本完成，再加荷时地基土的"压密效应"，使其增加荷载的一部分由原地基土承担。

1 本规范附录 B 是采用与原基础、地基条件基本相同条件下，通过持载试验确定承载力，用于不改变原基础尺寸、埋深条件直接增加荷载的设计条件。中国建筑科学研究院地基所的试验结果表明（图 2），原地基土在压力下固结压密后再加荷，荷载变形曲线明显变缓，表明其承载力提高。图 3 的结果表明，持载 7d 后（粉质黏土），变形趋于稳定。

2 采用本规范附录 B 进行试验有困难时，可按本规范附录 A 的方法结合土工试验、其他原位试验结果结合地区经验综合确定。

3 外接结构的地基变形允许值一般较严格，应根据场地特性和加固施工的措施，按变形允许值确定地基承载力特征值。

4 加固后的地基应采用在地基处理后通过检验

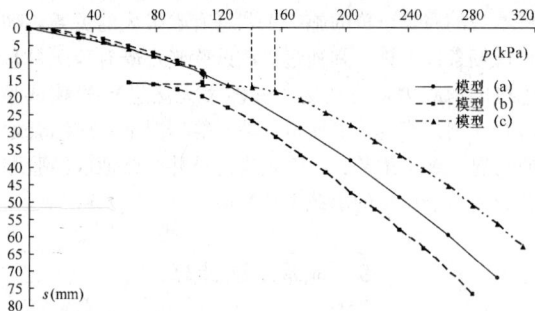

图2 直接加载模型(a)、持载后扩大基础加载模型(b)
和持载后继续加载模型（c）p-s 曲线对比

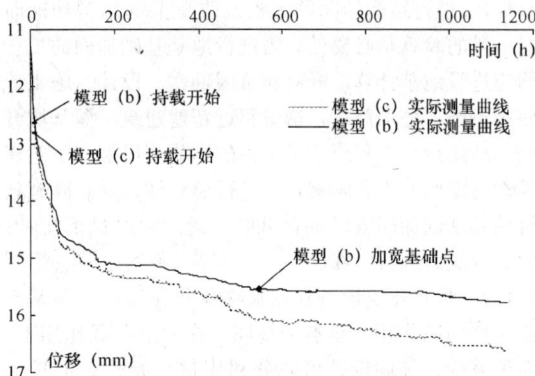

图3 基础板(b)和(c)在持载时位移随
时间发展情况

确定的地基承载力特征值。

5 扩大基础加固或改变基础形式，再加荷时原基础仍能承担部分荷载，可采用本规范附录 B 的方法确定其增加值，其余增加荷载由扩大基础承担而采用原地基承载力特征值设计，相对简单。

模型试验的结果见图4。

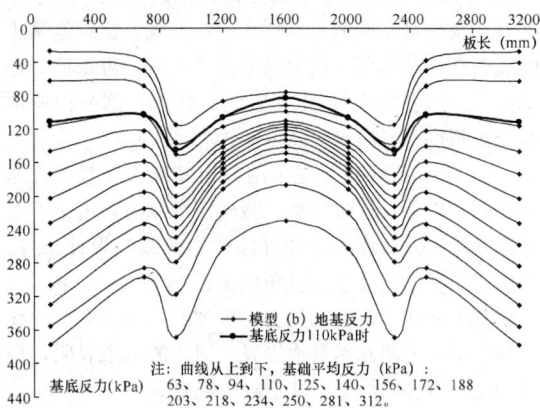

图4 模型(b)基底下的地基反力

当附加荷载小于先前作用荷载的 42.8% 时，上部荷载基本上由旧基础承担。但当附加荷载增加到先前作用荷载的 100% 时，新旧基础开始共同承担上部荷载。此时基底反力基本上呈现平均分布状态。

但扩大基础再加荷的荷载变形曲线变形比未扩大

基础时的变形大，为简化设计，本次修订建议采用扩大基础加固或改变基础形式加固时，仍采用天然地基承载力特征值设计。

5.2.6 本条为既有建筑单桩承载力特征值的确定原则。

既有建筑下原有的桩以及新增加的桩单桩竖向承载力特征值应通过单桩竖向静载荷试验确定。既有建筑原有的桩单桩的静载荷试验，有条件时应在既有建筑下进行，无条件时可按本规范附录 C 的方法进行；既有建筑下原有的桩的单桩竖向承载力特征值，有地区经验时也可按地区经验确定。

5.2.7 天然地基在使用荷载下持载，土层固结完成后在原基础内增加桩的试验结果，新增荷载在再加荷的初始阶段，大部分荷载由新增加的桩承担。

模型试验独立基础持载结束后在基础内植入树根桩形成桩基础再加载，在荷载达到 320 kN 前，承台下地基土反力增加很小（表1），这说明上部结构传来的荷载几乎都由树根桩承担。随着上部结构的荷载增大，承台下地基土反力有了一定的增长，在加荷的中后期，承台下地基土分担的上部结构荷载达到 30% 左右。

表1 桩土分担荷载

荷载（kN）	240	280	320	360	400	440
荷载增加（kN）①	40	80	120	160	200	240
桩承担荷载（kN）	35.50	78.12	117.11	146.19	164.42	184.36
土承担荷载（kN）	4.50	1.88	2.89	13.81	35.58	55.64
桩土分担荷载比	7.89	41.55	40.52	10.59	4.62	3.31
荷载（kN）	480	520	560	600	640	680
荷载增加（kN）②	280	320	360	400	440	480
桩承担荷载（kN）	208.74	228.81	255.97	273.95	301.51	324.62
土承担荷载（kN）	71.26	91.19	104.03	126.05	138.49	155.38
桩土分担荷载比	2.93	2.51	2.46	2.17	2.18	2.09

注：①和②是指对200kN增加值。

5.2.8 既有建筑原地基增加的承载力可按本规范第5.2.3条的原则确定，地基土承担部分新增荷载的基础面积应按原基础面积计算。

模型试验独立基础持载结束后扩大基础底面积并植入树根桩，基础上部结构传来的荷载由原独立基础下的地基土、扩大基础底面积下的地基土、桩共同承担（表2）。

表2 桩土分担荷载

荷载（kN）	240	280	340	400	460	520	580
荷载增加（kN）	40	80	140	200	260	320	380
桩承担荷载（kN）	18.5	37.7	64.2	104.2	148.1	180.8	219.3
桩土分担荷载比（kN）	0.86	0.89	0.85	1.09	1.32	1.30	1.36

续表2

荷载（kN）	640	700	760	820	880	940	1000
荷载增加（kN）	440	500	560	620	680	740	800
桩承担荷载（kN）	253.7	293.0	324.9	357.8	382.7	410.4	432.9
桩土分担荷载比（kN）	1.36	1.41	1.38	1.36	1.29	1.25	1.18

5.2.9 本条原则的试验资料如下：

模型试验原桩基础持载结束后扩大基础底面积并植入树根桩，桩土分担荷载见表3。可知在增加荷载量为原荷载量时，新增加桩与原桩基础桩分担的荷载虽先后不同，但几乎共同分担。

表3 桩土分担荷载

荷载（kN）	240	280	360	440	520	600
荷载增加（kN）	40	80	160	240	320	400
原基础桩顶荷载增加（kN）	6.17	11.06	14.66	20.06	25.28	31.78
新基础桩顶荷载增加（kN）	3.05	8.02	15.23	23.76	32.09	39.42
桩承担荷载（kN）	36.88	76.32	119.56	175.28	229.48	284.80
桩分担总荷载比（kN）	0.92	0.95	0.75	0.73	0.72	0.71
桩土分担荷载比（kN）	11.82	20.74	2.96	2.71	2.54	2.47
荷载（kN）	760	840	920	1000	1160	1320
荷载增加（kN）	560	640	720	800	960	1120
原基础桩顶荷载增加（kN）	47.24	57.33	66.58	75.88	87.96	102.00
新基础桩顶荷载增加（kN）	54.18	60.68	67.44	75.49	96.50	112.95
桩承担荷载（kN）	405.68	472.04	536.08	605.48	737.84	859.80
桩分担总荷载比（kN）	0.72	0.74	0.74	0.76	0.77	0.77
桩土分担荷载比（kN）	2.63	2.81	2.91	3.11	3.32	3.30

5.2.11 邻近新建建筑、深基坑开挖、新建地下工程改变既有建筑地基设计条件的复核，应包括基础侧限条件、深宽修正条件、地下水条件等。

5.3 地基变形计算

5.3.1 加固后既有建筑的地基变形控制重要的是差异沉降和倾斜两项指标，国家标准《建筑地基基础设计规范》GB 50007-2011 表5.3.4中给出砌体承重结构基础的局部倾斜、工业与民用建筑相邻柱基的沉降差、桥式吊车轨面的倾斜（按不调整轨道考虑）、多层和高层建筑的整体倾斜、高耸结构基础的倾斜值是保证建筑物正常使用和结构安全的数值，工程设计应严格控制。既有建筑加固后的建筑物整体沉降控制，对于有相邻基础连接或地下管线连接时应视工程情况控制，可采取临时工程措施，包括断开、改变连接方

式等，不允许时应对建筑物整体沉降控制，采用减少建筑物整体沉降的处理措施或顶升托换抬高建筑等方法。

5.3.2 有特殊要求的建筑物，包括古建筑、历史建筑等保护，要求保持现状；或者建筑物变形有更严格的要求时，应按建筑物的地基变形允许值，进行地基变形控制。

5.3.3 既有建筑地基变形计算，可根据既有建筑沉降稳定情况分为沉降已经稳定者和沉降尚未稳定者两种。对于沉降已经稳定的既有建筑，其地基最终变形量 s 包括已完成的地基变形量 s_0 和地基基础加固后或增加荷载后产生的地基变形量 s_1，其中 s_1 是通过计算确定的。计算时采用的压缩模量，对于地基基础加固的情况和增加荷载的情况是有区别的：前者是采用地基基础加固后经检测得到的压缩模量，而后者是采用增加荷载前经检验得到的压缩模量。对于原建筑沉降尚未稳定且增加荷载的既有建筑，其地基最终变形量 s 除了包括上述 s_0 和 s_1 外，尚应包括原建筑荷载下尚未完成的地基变形量 s_2。

5.3.4 本条为地基基础加固或增加荷载后产生的地基变形量的计算原则：

1 按本规范附录B进行试验，可按增加荷载量以及由试验得到的变形模量计算确定。

2 增大基础尺寸或改变基础形式时，可按增加荷载量以及增大后的基础或改变后的基础由原地基压缩模量计算确定。

3 地基加固时，应采用加固后经检验测得的地基压缩模量，按现行行业标准《建筑地基处理技术规范》JGJ 79 的有关原则计算确定。

5.3.5 本条为既有建筑基础为桩基础时的基础沉降计算原则：

1 按桩基础的变形计算方法，其变形为桩端下卧层的变形。

2 增加的桩承担的新增荷载，为新增荷载减去原地基承载力提高承担的荷载。

3 既有建筑桩基础扩大基础增加桩时，可按新增加的荷载由原基础桩和新增加桩共同承担荷载按桩基础计算确定，此时可不考虑桩间土分担荷载。

6 增层改造

6.1 一般规定

6.1.1 既有建筑增层改造的类型较多，可分为地上增层、室内增层和地下增层。地上增层又分为直接增层，外扩整体增层与外套结构增层。各类增层方式，都涉及对原地基的正确评价和新老基础协调工作问题。既有建筑直接增层时，既有建筑基础应满足现有关规范的要求。

6.1.2 采用新旧结构通过构造措施相连接的增层方案时，地基承载力应按变形协调条件确定。

6.2 直接增层

6.2.1 确定直接增层地基承载力特征值的方法，本规范推荐了试验法和经验法。经验法是指当地的成熟经验，如没有这方面材料的积累，应采用试验法。对重要建筑物的地基承载力确定，应采用两种以上方法综合确定。直接增层时，由于受到原墙体强度和地基承载力限制，一般不宜增层太多，通常不宜超过3层。

6.2.2 直接增层需新设承重墙基础，确定新基础宽度时，应以新旧纵横墙基础能均匀下沉为前提，可按以下经验公式确定新基础宽度：

$$b' = \frac{F+G}{f_a}M \qquad (1)$$

式中：b'——新基础宽度（m）；

$F+G$——作用的标准组合时单位基础长度上的线荷载（kN/m）；

f_a——修正后的地基承载力特征值（kPa）；

M——增大系数，建议按 $M = E_{s2}/E_{s1} > 1$ 取值；

E_{s1}、E_{s2}——分别为新旧基础下地基土的压缩模量。

6.2.3 直接增层时，地基基础的加固方法应根据地基基础的实际情况和增层荷载要求选用。本规范列出的部分方法都有其适用条件，还可参考各地区经验选用适合、有效的方法。

采用抬梁或挑梁承受新增层结构荷载时，梁可置于原基础或地梁下，当采用预制的抬梁时，梁、桩和基础应紧密连接，并应验算抬梁或挑梁与基础或地梁间的局部受压、受弯、受剪承载力。

6.3 外套结构增层

6.3.1~6.3.6 当既有建筑增加楼层较多时常采用外套结构增层的形式。外套结构的地基基础应按新建工程设计。施工时应将新旧基础分开，互不干扰，并避免对既有建筑地基的扰动，而降低其承载力。

对位于高水位深厚软土地基上建筑物的外套结构增层，由于增层结构荷载一般较大，常采用埋置较深的桩基础。在桩基施工成孔时，易对原基础（尤其是浅埋基础）产生影响，引起基础附加下沉，造成既有建筑下沉或开裂等，因此应根据工程的具体情况，选择合理的地基处理方法和基础加固施工方案。

7 纠倾加固

7.1 一般规定

7.1.1 纠倾的建筑层数多数在8层以内，构筑物高度多数在25m以内。近年来，国内已有高层建筑纠倾成功的例子，这些建筑物其整体倾斜多数超过0.7%，即超过现行行业标准《危险房屋鉴定标准》JGJ 125的危险临界值，影响安全使用；也有部分虽未超过危险临界值，但已超过设计规定的允许值，影响正常使用。

7.1.2 既有建筑纠倾加固方法可分为迫降纠倾和顶升纠倾两类。

迫降纠倾是从地基入手，通过改变地基的原始应力状态，强迫建筑物下沉；顶升纠倾是从建筑结构入手，通过调整结构自身来满足纠倾的目的。因此从总体来讲，迫降纠倾要比顶升纠倾经济、施工简便，但遇到不适合采用迫降纠倾时即可采用顶升纠倾。特殊情况可综合采用多种纠倾方法。

7.1.3 建筑物的倾斜多数是由于地基原因造成的，或是浅基础的变形控制欠佳，或是由于桩基和地基处理设计、施工质量问题等，建筑物纠倾施工将影响地基基础和上部结构的受力状态，因此纠倾加固设计应根据现状条件分析产生倾斜的原因，论证纠倾可行性，对上部结构进行安全评估，确保建筑物安全。如果建筑物的倾斜原因包括建筑物荷载中心偏移等，应论证地基加固的必要性，提出地基加固方法，防止再度倾斜。

7.1.4 建筑物纠倾加固设计是指导纠倾加固施工的技术性文件，以往有些纠倾工程存在直接按经验方法施工的情况，存在一定盲目性，因此有必要明确纠倾加固前期应做的工作，使之做到经济、合理、确保安全。

7.1.5 由于既有建筑物各角点倾斜值与其自身原有垂直度有关，因此对于纠倾加固后的验收，规定了以设计要求控制，对于尚未通过竣工验收的建筑物规定按新建工程验收要求控制。

7.1.6 施工过程中开挖的槽、孔等在工程完工后如不及时进行回填等处理将会对建筑物安全使用和人们日常生活带来安全隐患，水、电、暖等设施与日常生活有关，应予重视。

要加强对避雷设施修复后的检查与检测。当上部结构产生裂损时，应由设计单位明确加固修复处理方法。

7.2 迫降纠倾

7.2.1 迫降纠倾是通过人工或机械的办法来调整地基土体固有的应力状态，使建筑物原来沉降较小侧的地基土土体应力增加，迫使土体产生新的竖向变形或侧向变形，使建筑物在短时间内沉降加剧，达到纠倾的目的。

7.2.2 迫降纠倾与建筑物特征、地质情况、采用的迫降方法等有关，因此迫降的设计应围绕几个主要环节进行：选择合理的纠倾方法；编制详细的施工工艺；确定各个部位迫降量；设置监控系统；制定实施计划。根据选择的方法和编制的操作规程，做到有章可循，否则盲目施工往往失败或达不到预期的效果。由于纠倾施工会影响建筑物，因此强调了对主体结构不应产生损伤和破坏，对非主体结构的裂损应为可修复范围，否则应在纠倾加固前先进行加固处理。纠倾后应防止出现再次倾斜的可能性，必要时应对地基基础进行加固处理。对于纠倾过程可能存在的结构裂损、局部破坏应有加固处理预案。

纠倾加固施工过程可能出现危及安全的情况，设计时应有应急预案。过量纠倾可能会产生结构的再次损伤，应该防止其出现，设计时必须制定防止过量纠倾的技术措施。

7.2.3 迫降纠倾是一种动态设计信息化施工过程，因此沉降观测是极其重要的，同时观测结果应反馈给设计，以调整设计，指导施工，这就要求设计施工紧密配合。迫降纠倾施工前应做好详细的施工组织设计，并详细勘察周围场地现状，确定影响范围，做好查勘记录，采取措施防止出现对相邻建筑物和设施可能产生的影响。

7.2.4 基底掏土纠倾法是在基础底面以下进行掏挖土体，削弱基础下土体的承载面积迫使沉降，其特点是可在浅部进行处理，机具简单，操作方便。人工掏土法早在 20 世纪 60 年代初期就开始使用，已经处理了相当多的多层倾斜建筑。水冲掏土法则是 20 世纪 80 年代才开始应用研究，它主要利用压力水泵代替人工。该法直接在基础底面下操作，通过掏冲带出部分土体，因此对匀质土比较适用，施工时控制掏土槽的宽度及位置是非常重要的，也是掏土迫降效果好坏或成败的关键。

7.2.5 井式纠倾法是利用工作井（孔）在基础下一定深度范围内进行排土、冲土，一般包括人工挖孔、沉井两种。井壁有钢筋混凝土壁、混凝土孔壁，为确保施工安全，对于软土或砂土地基应先试挖成井，方可大面积开挖井（孔）施工。

井式纠倾法可分为两种：一种是通过挖井（孔）排土、抽水直接迫降，这种在沿海软土地区比较适用；另一种是通过井（孔）辐射孔进行射水掏冲土迫降。可视土质情况选择。

工作井（孔）一般是设置在建筑物周边，在沉降较小侧多设置，沉降较大侧少设置或不设置。建筑的宽度比较大时，井（孔）也可设置在室内，每开间设一个井（孔），可根据不同的迫降量布置辐射孔。

为方便施工井底深度宜比射水孔位置低。

工作井可用砂土或砂石混合料分层夯实回填，也可用灰土比为 2∶8 的灰土分层夯实回填，接近地面 1m 范围内的井壁应拆除。

7.2.6 钻孔取土纠倾法是通过机械钻孔取土成孔，依靠钻孔所形成的临空面，使土体产生侧向变形形成淤孔，反复钻孔取土使建筑物下沉。

7.2.7 堆载纠倾法适用于小型工程且地基承载力比较低的土层条件，对大型工程项目一般不适用，此法常与其他方法联合使用。

沉降观测应及时绘制荷载-沉降-时间关系曲线，及时调整堆载量，防止过纠，保证施工安全。

7.2.8 降水纠倾法适用的地基土主要取决于降水的方法，当采用真空法或电渗法时，也适用于淤泥土，但在既有建筑邻近使用应慎重，若有当地成功经验时也可采用。采用人工降水时应注意对水资源保护以及对环境影响。

7.2.9 加固纠倾法，实际上是对沉降大的部分采用地基托换补强，使其沉降减少；而沉降小的一侧仍继续下沉，这样慢慢地调整原来的差异沉降。这种方法一般用于差异沉降不大且沉降未稳定尚有一定沉降量的建筑物纠倾。使用该方法时，由于建筑物沉降未稳定，应对上部结构变形的适应能力进行评价，必要时应采取临时支撑或采取结构加固措施。

7.2.10 浸水纠倾法是利用湿陷性黄土遇水湿陷的特性对建筑物进行纠倾的，为了确保纠倾安全，必须通过系统的现场试验确定各项设计、施工参数，施工过程中应设置水量控制计量系统以及监测系统，确保浸水量准确，应有必要的防护措施，如预设限沉的桩基等，当水量过量时可采用生石灰吸收。

7.3 顶升纠倾

7.3.1 顶升纠倾是通过钢筋混凝土或砌体的结构托换加固技术，将建筑物的基础和上部结构沿某一特定的位置进行分离，采用钢筋混凝土进行加固、分段托换、形成全封闭的顶升托换梁（柱）体系。设置能支承整个建筑物的若干个支承点，通过这些支承点的顶升设备的启动，使建筑物沿某一直线（点）作平面转动，即可使倾斜建筑物得到纠正。若大幅度调整各支承点的顶高量，即可提高建筑物的标高。

顶升纠倾过程是一种基础沉降差异快速逆补偿过程，当地基土的固结度达 80% 以上，基础沉降接近稳定时，可通过顶升纠倾来调整剩余不均匀沉降。

顶升纠倾法仅对沉降较大处顶升，而沉降小处则仅作分离及同步转动，其目的是将已倾斜的建筑物纠正，该法适用于各类倾斜建筑物。

7.3.2 顶升纠倾早期在福建、浙江、广东等省应用较多，现在国内应用已较普遍，这足以证明顶升纠倾技术是一种可靠的技术，但如何正确使用却是问题的关键。某工程公司承接了一栋三层住宅的顶升纠倾，由于施工未能遵循一般的规律，顶升施工作用与反作用力，即基础梁与托换梁这对关系不具备，顶升机具没有足够的安全储备和承托垫块无法提供稳定性等原因造成重大的工程事故。从理论上顶升高度是没有限值的，但为确保顶升的稳定性，本规范规定顶升纠倾最大顶升高度不宜超过 80cm。因为当一次顶升高度达到 80cm 时，其顶升的建筑物整体稳定性存在较大风险，目前国内虽已有顶升 240cm 的成功例子，但实际是分多次顶升施工的。

整体顶升也可应用于建筑物竖向抬升，提高其空间使用功能。

7.3.3 顶升纠倾设计必须遵循下列原则：

1 顶升应通过钢筋混凝土组成的一对上、下受力梁系实施，虽然在实际工程中已出现类似利用锚杆静压桩、原有基础或地基作为反力基座来进行顶升纠倾，其应用主要为较小型建筑物，且实际工程不多，尚缺乏普遍性，并存在一定的不确定因素和危险性，因此规范仍强调应由上、下梁系受力。

2 原规范采用荷载设计值，荷载分项系数约为 1.35，本次修订改为采用荷载标准组合值，安全系数调整为 2.0，以保持安全储备与原规范一致。

3 托换梁（柱）体系应是一套封闭式的钢筋混凝土结构体系。

4 顶升是在钢筋混凝土梁柱之间进行，因此顶升梁及底座都应该是钢筋混凝土的整体结构。

5 顶升的支托垫块必须是钢板混凝土块或钢垫块，具有足够的承载力及平整度，且是组合装配的工具式垫块，可抵抗水平力。顶升过程中保证上下顶升梁及千斤顶、垫块有不少于 30% 支点可连成一整体。

顶升量的确定应包括三个方面：

1） 纠正建筑物倾斜所需各点的顶升量，可根据不同倾斜率及距离计算。

2） 使用要求需要的整体顶升量。

3） 过纠量。考虑纠正以后建筑物沉降尚未稳定还有少量的倾斜，则可通过超量的纠正来调整最终的垂直度。这个量应通过沉降计算确定，要求超过的纠倾量或最终稳定的倾斜值应满足现行国家标准《建筑地基基础设计规范》GB 50007 的要求，当计算不能满足时，则应进行地基基础加固。

7.3.4 砌体结构建筑的荷载是通过砌体传递的。根据顶升的技术特点，顶升时砌体结构的受力特点相当于墙梁作用体系或将托换梁上的墙体视为弹性地基，托换梁按支座反力作用下的弹性地基梁设计。考虑协同工作的差异，顶升梁的支座计算距离可按图 5 所示选取。有地区经验时也可加大顶升梁的刚度，不考虑墙体的刚度，按连续梁进行顶升梁设计。

7.3.5 框架结构荷载是通过框架柱传递的，顶升力应作用于框架柱下，但是要将框架柱切断，首先必须增设一个能支承整体框架柱的结构体系，这个结构托换体系就是后设置的牛腿及连系梁共同组成的。连系梁应能约束框架柱间的变位及调整差异顶升量。

纠倾前建筑已出现倾斜，结构的内力有不同程度的变化，断柱时结构的内力又将发生改变，因此设计

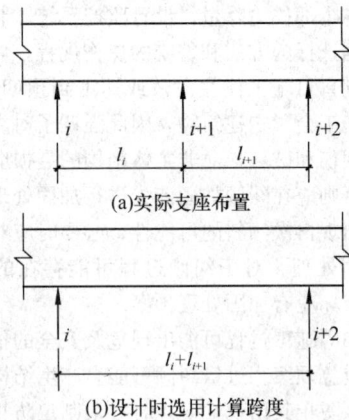

图 5　计算跨度示意

时应对各种状态下的结构内力进行验算。

7.3.6 顶升纠倾一般分为顶升梁系托换，千斤顶设置与检验，测量监测系统设置，统一指挥系统设置、整体顶升、结构连接修复等步骤。

7.3.7 砌体结构进行顶升托换梁施工前，必须对墙体按平面进行分段，其分段长度不应大于 1.5m，应根据砌体质量考虑在分段长度内每 0.5m～0.6m 先开凿一个竖槽，设置一个芯垫（芯垫埋入托换梁不取出，应不影响托换梁的承载力、钢筋绑扎及混凝土浇筑施工），用高强度等级水泥砂浆塞紧。预留搭接钢筋向两边凿槽外伸，且相邻墙段应间隔进行，并每段长不超过开间段的 1/3，门窗洞口位置保证连续不得中断。

框架结构建筑的施工应先进行后设置牛腿、连系梁及千斤顶下支座的施工。由于凿除结构柱的保护层，露出部分主筋，因此一定要间隔进行，待托换梁（柱）体系达到强度后再进行相邻柱施工。当全部托换完成并经过试顶后确定承载力满足设计要求，方可进行断柱施工。

顶升前应对顶升点进行试顶试验，试验的抽检数量不少于 20%，试验荷载为设计值的 1.5 倍，可分五级施工，每级历时 1min～2min 并观测顶升梁的变形情况。

每次顶升最大值不超过 10mm，主要考虑到位置的先后对结构的影响，按结构允许变形（0.003～0.005）l 来限制顶升量。

若千斤顶的最大间距为 1.2m，则结构允许变形差为（0.003～0.005）×1200＝3.6mm～6.0mm。

当顶升到位的先后误差为 30% 时，变形差 3mm＜3.6mm。

基于上述原因，力求协调一致，因此强调统一指挥系统，千斤顶同步工作。当有条件采用电气自动化控制全液压机械顶升，则可靠度更高。

顶升到位后应立即进行连接，因为此时整体建筑靠支承点支承着，若是有地震等的影响会出现危险，

所以应尽量缩短这种不利时间。

8 移位加固

8.1 一般规定

8.1.1 由于城市改造、市政道路扩建、规划变更、场地用途改变、兴建地下建筑等需要建筑物搬迁移位或转动一定的角度，有时为了更好地保护古建、文物建筑，减少拆除重建，均可采用移位加固技术。目前移位技术在国内已得到广泛应用，已有十二层建筑物移位的成功经验。但一般多用于多层建筑的同一水平面移位，对大幅度改变其标高的工程未见实例。

8.1.2 由于移位滚动摩阻小于移位滑动摩阻，且滚动移位的施工精度要求相对滑动移位要低些。在实际工程中一般多数采用滚动方法，滑动方法仅在小型建筑物有应用，在大型建筑物应用应慎重。

8.1.3 移位所涉及的建筑结构及地基基础问题专业技术性强，要求在移位方案确定前应先通过搜集资料、补充计算验算、补充勘察等取得有关资料。

8.1.4 建筑物移位时对原结构有一定影响，在移位过程中建筑物将处于运动状态和受力不稳定状态，相对于移位前有许多不利因素，因此应对移位的建筑物进行必要的安全性评估。评估的主要内容为建筑物的结构整体性、抵抗竖向及水平向变形的能力。

8.1.5 建筑移位将改变原地基基础的受力状态，经验算后若不能满足移位过程或移位后的要求，则应进行地基基础加固，可选用本规范第 11 章有关加固方法。

8.1.6 建筑物移位后的验收主要包含建筑物轴线偏差和垂直度偏差，由于建筑物移位过程不可避免存在偏位，因此，轴线偏差控制在 ±40mm 以内认为是适宜的，对垂直度允许误差在 ±10mm。

8.2 设 计

8.2.1 一般情况下建筑物经多年使用后，其使用功能均可能存在一定程度变化，对使用较久的建筑设计前应调查核实其现状。

8.2.2 考虑到移位加固施工是一个短期过程，移位过程建筑物已停止使用。为使设计更为合理，建议恒荷载和活荷载按实际荷载取值，基本风压按当地 10 年一遇的风压采用。

由于移位加固工程的复杂性和不确定因素较多，设计时应注重概念设计，应尽量全面地考虑到各种不利因素，按最不利情况设计，从而确保建筑物安全。

8.2.4 托换梁系设计应遵循的原则：

1 托换梁系由上轨道梁、托换梁或连系梁组成，与顶升纠倾托换一样，托换梁系是通过托换方式形成的一个梁系，其设计应考虑上部结构竖向荷载受力和移位时水平荷载的传递，根据最不利组合按承载能力极限状态设计，其荷载分项系数按现行国家标准《建筑结构荷载规范》GB 50009 采用。

2 托换梁是以上轨道梁为支座，可按简支梁或连续梁设计，托换梁的作用与转换梁相同，用于传递不连续的竖向荷载，由于一般需通过分段托换施工形成，故称为托换梁。对砌体结构当满足条件时其托换梁可按简支墙梁或连续墙梁设计。

3 上轨道梁可分成连续和悬挑两种类型，一般连续式上轨道梁用于砌体结构，而悬挑式上轨道梁用于框架结构或砌体结构中的柱构件。

4 在移位过程中，托换梁系平面内不可避免产生一定的不平衡力或力矩，因此造成偏位或对旋转轴心产生拉力。各下轨道基础（指抬梁式下轨道基础）也有可能存在不均匀的沉降变形，所以在进行托换梁系的设计时应充分考虑平移路线地基情况、水平移位类型、上部结构的整体性和刚度等，对托换梁系的平面内和平面外刚度进行设计。

8.2.5 移位地基基础包括移位过程中轨道地基基础和就位后新址地基基础，其设计原则如下：

1 轨道地基应满足建筑物行进过程中不出现过大沉降或不均匀沉降，其地基承载力特征值可考虑乘以 1.20 的系数采用。轨道基础设计的荷载分项系数应按现行国家标准《混凝土结构设计规范》GB 50010 采用。当有可靠工程经验时，当轨道基础利用建筑物原基础时，考虑长期荷载作用效应，原地基承载力特征值或单桩承载力特征值可提高 20%。

2 新址地基基础按新建工程设计，但应注意移位加固的特点，考虑移位就位时的荷载不利布置和一次性加载效应。

3 轨道基础形式是根据上部结构荷载传递与场地地质条件确定的，应综合考虑经济性和可靠性。

7 移位过程中的轨道地基基础沉降差和沉降量将直接影响移位施工，由于移位过程中不可避免会出现偏位，因此应对其进行抗扭计算。特别在抬梁式轨道基础设计中，应考虑偏位产生的对小直径桩的偏心作用，并保证轨道基础梁有一定的抗扭刚度。

8.2.6 滚动式移动装置主要由上、下承压板与钢辊轴组成，在实际工程中，承压板一般为钢板，主要起扩散滚轴径向压应力的作用，避免轨道基础混凝土产生局部承压破坏，其扩散面积与钢板厚度有关。规范建议采用的钢板厚度不宜小于 20mm。地基较好，轨道梁刚度较大，移位时钢板变形小时可适当减少厚度。国内工程应用中有采用 10mm 钢板成功的实例。辊轴的直径过小移动较慢，过大易产生偏位，规范建议控制在 50mm 较为合适。式（8.2.6-1）为经验公式，参考国家标准《钢结构设计规范》GB 50017-2003 式（7.6.2），引入经验系数

k_p 以综合考虑平移过程减小摩擦阻力的要求以及辊轴受力的不均匀性。

8.2.7 根据实际情况和工程经验选择牵引式、顶推式或牵引顶推组合式施力系统，施力点的竖向位置在满足局部承压或偏心受拉的条件下，应尽量靠近托换梁系底面，其目的是为了尽量减小反力支座的弯曲。行走机构摩擦系数，其经验值对钢材滚动摩擦系数可取 0.05～0.1，聚四氟乙烯与不锈钢板的滑动摩擦系数可取 0.05～0.07。

8.2.8 建筑物就位后的连接关系到建筑物后期使用安全，因此要保证不改变原有结构受力状态，连接可靠性不低于原有标准。对于框架结构而言，由于框柱主筋一般在同一平面切断，因此，要求对此区域进行加强。

结合移位加固对建筑物采用隔震、减震措施进行抗震加固可节省较多费用。因此建筑物移位且需抗震加固时应综合考虑进行设计与施工。

8.3 施 工

8.3.1 移位加固施工具有特殊性，应编制专项的施工技术方案和施工组织设计方案，并应通过专项论证后实施。

8.3.2 托换梁系中的上轨道梁的施工质量将直接影响到移位加固实施，其关键点在于上轨道梁底标高是否水平，及各上轨道梁底标高是否在同一水平面。

8.3.3 移位地基基础施工应严格按统一的水平标高控制线施工，保证其顶面标高在同一水平面上。其控制措施可在其地基基础顶面采用高强度材料进行补平，对局部超高区域可采用机械打磨修整。

8.3.4 移位装置包含上承压板、下承压板、滚动或滑行支座，其型号、材质等应统一，防止产生变形差。托换施工时预先安装其优点是节省费用，但施工要求较高；采用后期整体顶升后一次性安装其优点是水平控制较易调整，但增加费用。

工具式下承压板由槽钢、钢板、混凝土加工制作而成，其大样示意图见图6，其优点是可移动、可拆装、可重复使用，使用方便，节省费用。

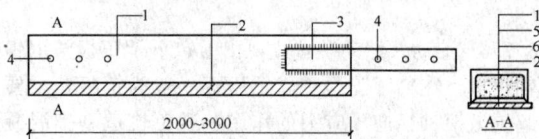

图 6 组合式下轨道板

1—槽钢；2—封底钢板；3—连接钢板；
4—ϕ20 孔；5—细石混凝土；6—ϕ6@200

8.3.5 移位实施前应对托换梁系和移位地基基础等进行验收，对移位装置、反力装置、施力系统、控制系统、监测系统、指挥系统、应急措施等进行检验和检查。确认合格后，方可实施移位施工。

正式移位前的试验性移位，主要是检测各装置与系统间的工作状态和安全可靠性能，测试各施力点推力与理论计算值差异，以便复核与调整。

移位过程中应控制移动速度并应及时调整偏位，其偏位宜采用辊轴角度来调整。对于建筑物长时间处于新旧基础交接处时应考虑不均匀沉降对上部结构及后续移位产生的不利影响，对上部结构应进行实时监测，确保上部结构安全。

建筑物移位加固近年来得到了较大发展，其技术也日趋完善与成熟，从早期小型、低层、手动千斤顶或卷扬机外加动力，发展到目前多层或高层、液压千斤顶外加动力系统。在施力系统、控制系统、监测系统、指挥系统等方面尚可应用现代科技技术，增加自动化程度。

9 托 换 加 固

9.1 一 般 规 定

9.1.1 "托换技术"是指对结构荷载传递路径改变的结构加固或地基加固的通称，在地基基础加固工程中广泛应用。本节所指"托换加固"，是对采用托换技术所需进行的地基基础加固措施的总称。在纠倾工程、移位工程中采用的"托换技术"尚应符合第7章、第8章的有关规定。

9.1.2 托换加固工程的设计应根据工程的结构类型、基础形式、荷载情况以及场地地基情况进行方案比选，选择设计可靠、施工技术可行且安全的方案。

9.1.3 托换加固是在原有受力体系下进行，其实施应按上部结构、基础、地基共同作用，按托换地基与原地基变形协调原则进行承载力、变形验算。为保证工程安全，当既有建筑沉降、倾斜、变形、开裂已出现超过国家现行有关标准规定的控制指标时，应采取相应处理措施，或制定适用于该托换工程的质量控制标准。

9.1.4 托换加固工程对既有建筑结构变形、裂缝、基础沉降进行监测，是保证工程安全、校核设计符合性的重要手段，必须严格执行。

9.2 设 计

9.2.1 本条为既有建筑整体托换加固设计的要求。整体托换加固，应在上部结构满足整体托换要求条件下进行，并进行必要的计算分析。

9.2.2 局部托换加固的受力分析难度较大，确定局部托换加固的范围以及局部托换的位移控制标准应考虑既有建筑的变形适应能力。

9.2.4 这是近年工程中产生的新的问题。穿越工程的评价分析方法，采用的托换技术，以及采用桩梁式托换、桩筏式托换以及增加基础整体刚度、扩大基础的荷载托换体系等，应根据工程情况具体分析确定。

9.2.5 既有建筑功能改造，改变上部结构承重体系或基础形式，地基基础托换加固设计方案应结合工程经验、施工技术水平综合分析后确定。

9.2.6 针对因地震、地下洞穴及采空区土体移动、软土地基变形、地下水变化、湿陷等造成地基基础损害，提出地基基础托换加固可采用的方法。

9.3 施　工

9.3.1、9.3.2 托换加固施工中可能对持力土层产生扰动，基础侧移等情况，应采取必要的工程措施。

10 事故预防与补救

10.1 一般规定

10.1.1 对于既有建筑，地基基础出现工程事故，轻则需加固处理，且加固处理一般比较困难；重则造成既有建筑的破坏，出现人员伤亡和重大经济损失。因此，对于既有建筑地基基础工程事故应采取预防为主的原则，避免事故发生。

10.1.2 本条为地基基础事故补救的一般原则。对于地基基础工程事故处理应遵循的原则首先应保证相关人员的安全，其次应分析事故原因，避免事故进一步扩大。采取的加固措施应具备安全、施工速度快、经济的特点。

10.1.3 20世纪五六十年代甚至更早的一些建筑，在勘察、设计阶段未进行抗震设防。当地震发生时由于液化和震陷造成建筑物的破坏。如我国的邢台地震、唐山地震、日本的阪神地震都有类似报道。采用天然地基的建筑物，液化常常造成建筑物的倾斜或整体倾覆。对于坡地岸边采用桩基的建筑物，可能会造成桩头部位混凝土受到剪压破坏。在软土地区采用天然地基的建筑，地震可能造成震陷，如1976年唐山地震影响到天津，天津汉沽的一些建筑震陷超过600mm。因此，对于一些重要的既有建筑物，可能存在液化或震陷问题时，应按现行国家标准《建筑抗震设计规范》GB 50011进行鉴定和加固。

10.2 地基不均匀变形过大引起事故的补救

10.2.1 软土地基系指主要由淤泥、淤泥质土或其他高压缩性土层构成的地基。这类地基土具有压缩性高、强度低、渗透性弱等特点，因此这类地基的变形特征除了建筑物沉降和不均匀沉降大以外，沉降稳定历时长，所以在选用补救措施时，尚应考虑加固后地基变形问题。此外，由于我国沿海地区的淤泥和淤泥质土一般厚度都较大，因此在采用本条的补救措施时，尚需考虑加固深度以下地基的变形。

10.2.2 湿陷性黄土地基的变形特征是在受水浸湿部位出现湿陷变形，一般变形量较大且发展迅速。在考虑选用补救措施时，首先应估计有无再次浸水的可能性，以及场地湿陷类型和等级，选择相应的措施。在确定加固深度时，对非自重湿陷性黄土场地，宜达到基础压缩层下限；对自重湿陷性黄土场地，宜穿透全部湿陷性土层。

10.2.3 人工填土地基中最常见的地基事故是发生在以黏性土为填料的素填土地基中。这种地基如堆填时间较短，又未经充分压实，一般比较疏松，承载力较低，压缩性高且不均匀，一旦遇水具有较强湿陷性，造成建筑物因大量沉降和不均匀沉降而开裂损坏，所以在采用各种补救措施时，加固深度均应穿透素填土层。

10.2.4 膨胀土是指土中黏粒成分主要由亲水性矿物组成，同时具有显著的吸水膨胀和失水收缩两种变形特性的黏性土。由于膨胀土的胀缩变形是可逆的，随着季节气候的变化，反复失水吸水，使地基不断产生反复升降变形，而导致建筑物开裂损坏。

目前采用胀缩等级来反映胀缩变形的大小，所以在选用补救措施时，应以建筑物损坏程度和胀缩等级作为主要依据。此外，对于建造在坡地上的损坏建筑，要贯彻"先治坡，后治房"的方针，才能取得预期的效果。

10.2.5 土岩组合地基上损坏的建筑主要是由于土层与基岩压缩性相差悬殊，而造成建筑物在土岩交界部位出现不均匀沉降而引起裂缝或损坏。由于土岩组合地基情况较为复杂，所以首先应详细探明地质情况，选用切合实际的补救措施。

10.3 邻近建筑施工引起事故的预防与补救

10.3.1 目前城市用地越来越紧张，建筑物密度也越来越大，相邻建筑施工的影响应引起高度重视，对邻近建筑、道路或管线可能造成影响的施工，主要有桩基施工、基槽开挖、降水等。主要事故有沉降、不均匀沉降、局部裂损，局部倾斜或整体倾斜等。施工前应分析可能产生的影响采用必要的预防措施，当出现事故后应采取补救措施。

10.3.2 在软土地基中进行挤土桩的施工，由于桩的挤土效应，土体产生超静孔隙水压力造成土体侧向挤出，出现地面隆起，可能对邻近既有建筑造成影响时，可以采用排水法（塑料排水板、砂桩或砂井等）、应力释放孔法或隔离沟等来预防对邻近既有建筑的影响，对重要的建筑可设地下挡墙阻挡挤土产生的影响。

10.3.5 人工挖孔桩是一种既简便又经济的桩基施工方法，被广泛地采用，但人工挖孔桩施工对周围影响较大，主要表现在降低地下水位后出现流砂、土的侧向变形等，应分析可能造成的影响并采取相应预防措施。

10.4 深基坑工程引起事故的预防与补救

10.4.1 基坑支护施工过程、基坑支护体系变形、基坑降水、基坑失稳都可能对既有建筑地基基础造成破坏，特别是在深厚淤泥、淤泥质土、饱和黏性土或饱和粉细砂等地层中开挖基坑，极易发生事故，对这类场地和深基坑必须充分重视，对可能发生的危害事故应有分析、有准备、预先做好危害事故的预防措施。

10.4.2 本条为基坑支护设计对既有建筑的保护措施：

2 近年来的一些基坑支护事故表明，如化粪池、污水井、给水排水管线的漏水均能造成基坑的破坏，影响既有建筑的安全。原因一是化粪池、污水井、给水排水管线原来就存在渗漏水现象，周围土体含水量高、强度低，如采用土钉墙支护会造成局部失稳；原因二是基坑水平变形过大，造成管线开裂，水渗透到基坑造成基坑破坏。这些基坑事故都可能危害既有建筑的安全。

3 我国每年都有基坑支护降水造成既有建筑、道路、管线开裂的报道，因此，地下水位较高时，宜避免采用开敞式降水方案，当既有建筑为天然地基时，支护结构应采用帷幕止水方案。

4 锚杆或土钉下穿既有建筑基础时，施工过程对基底土的扰动及浆液凝固前都可能产生沉降，如锚杆的倾斜角偏大则会出现建筑物的倾斜，应尽量避免下穿既有建筑基础。当无法解决锚杆对邻近建筑物的安全造成的影响时，应变更基坑支护方案。

5 基坑工程事故，影响到周边建筑物、构筑物及地下管线，工程损失很大。为了确保基坑及其周边既有建筑的安全，首先要有安全可靠的支护结构方案，其次要重视信息化施工，掌握基坑受力和变形状态，及时发现问题，迅速妥善处理。

10.4.3 基坑降水常引发基坑周边建筑物倾斜、地面或路面下陷开裂等事故，防止的关键在于保持基坑外水位的降深，一般可采取设置回灌井和有效的止水墙等措施。反之，不设回灌井，忽视对水位和邻近建筑物的观测或止水墙工程粗糙漏水，必然导致严重后果。因此，在地下水位较高的场地，地下水处理是保证基坑工程安全的重要技术措施。

10.4.4 在既有建筑附近进行打入式桩基础施工对既有建筑地基基础影响较大，应采取有效措施，保证既有建筑安全。

10.4.5 基坑周边不准修建临时工棚，因为场地坑边的临建工棚对环境卫生、工地施工安全、特别是对基坑安全会造成很大威胁。地表水或雨水渗漏对基坑安全不利，应采取疏导措施。

10.5 地下工程施工引起事故的预防与补救

10.5.1 隔断法是在既有建筑附近进行地下工程施工

时，为避免或减少土体位移与变形对建筑物的影响，而在既有建筑与施工地面间设置隔断墙（如钢板桩、地下连续墙、树根桩或深层搅拌桩等墙体）予以保护的方法，国外称侧向托换（lateral underpinning）。墙体主要承受地下工程施工引起的侧向土压力，减少地基差异变形。上海市延安东路外滩天文台由于越江隧道经过其一侧时，就是采用树根桩进行隔断法加固的。

当地下工程施工时，会产生影响范围内的地面建筑物或地下管线的位移和变形，可在施工前对既有建筑的地基基础进行加固，其加固深度应大于地下工程的底面埋置深度，则既有建筑的荷载可直接传递至地下工程的埋置深度以下。

10.5.3 在地下工程施工过程中，为了及时掌握邻近建筑物和地下管线的沉降和水平位移情况，必须及时进行相应的监测。首先需在待测的邻近建筑或地下管线上设置观测点，其数量和位置的确定应能正确反映邻近建筑或地下管线关键点的沉降和位移情况，进行信息化施工。

10.6 地下水位变化过大引起事故的预防与补救

10.6.1 地下水位降低会增大建筑物沉降，造成道路、设备管线的开裂，因此在既有建筑周围大面积降水时，对既有建筑应采取保护措施。当地下水位的上升可能超过抗浮设防水位时，应重新进行抗浮设计验算，必要时应进行抗浮加固。

10.6.2 地下水位下降造成桩周土的沉降，对桩产生负摩阻力，相当于增大了桩身轴力，会增大沉降。

10.6.3 对于一些特殊土，如湿陷性黄土、膨胀土、回填土，地下水位上升都能造成地基变形，应采取预防措施。

11 加 固 方 法

11.1 一 般 规 定

11.1.1 既有建筑地基基础进行加固时，应分析评价由于施工扰动所产生的对既有建筑物附加变形的影响。由于既有建筑物在长期使用下，变形已处于稳定状态，对地基基础进行加固时，必然要改变已有的受力状态，通过加固处理会使新旧地基基础受力重新分配。首先应对既有建筑原有受力体系分析，然后根据加固的措施重新考虑加固后的受力体系。通常可借助于计算机对各种过程进行模拟，而且能对各种工况进行分析计算，对复杂的受力体系有定量的、较全面的了解。这个工作也是最近几年随着电子计算机的广泛应用才得以实现的。

对于有地区经验，可按地区经验评价。

11.1.2 既有地基基础加固对象是已投入使用的建筑

物，在不影响正常使用的前提下达到加固改造目的。新建基础与既有基础连接的变形协调，各种地基基础加固方法的地基变形协调，应在设计要求的条件下通过严格的施工质量控制实现。导坑回填施工应达到设计要求的密实度，保证地基基础工作条件。

锚杆静压桩加固，当采用钢筋混凝土方桩时，顶进至设计深度后即可取出千斤顶，再用 C30 微膨胀早强混凝土将桩与原基础浇筑成整体。当控制变形严格，需施加预应力封桩时，可采用型钢支架托换，而后浇筑混凝土。对钢管桩，应根据工程要求，在钢管内浇筑 C20 微膨胀早强混凝土，最后用 C30 混凝土将桩与原基础浇筑成整体。

抬墙梁法施工，穿过原建筑物的地圈梁，支承于砖砌、毛石或混凝土新基础上。基础下的垫层应与原基础采用同一材料，并且做在同一标高上。浇筑抬墙梁时，应充分振捣密实，使其与地圈梁底密紧结合。若抬墙梁采用微膨胀混凝土，其与地圈梁挤密效果更佳。抬墙梁必须达到设计强度，才能拆除模板和墙体。

树根桩在既有基础上钻孔施工，树根桩完成后，在套管与孔之间采用非收缩的水泥浆注满。为了增强套管与水泥浆体之间的荷载传递能力，在套管置入之前，在钢套管上焊上一定间距的钢筋剪力环。树根桩在既有基础上钻孔施工，树根桩完成后，在套管与孔之间采用非收缩的水泥浆注满。

11.1.3 钢管桩表面应进行防腐处理，但实施的效果难于检验，采用增加钢管桩腐蚀量壁厚，较易实施。

11.2 基础补强注浆加固

11.2.1、11.2.2 基础补强注浆加固法的特点是：施工方便，可以加强基础的刚度与整体性。但是，注浆的压力一定要控制，压力不足，会造成基础裂缝不能充满，压力过高，会造成基础裂缝加大。实际施工时应进行试验性补强注浆，结合原基础材料强度和粘结强度，确定注浆施工参数。

注浆施工时的钻孔倾角是指钻孔中心线与地平面的夹角，倾角不应小于 30°，以免钻孔困难。注浆孔布置应在基础损伤检测结果基础上进行，间距不宜超过 2.0m。

封闭注浆孔，对混凝土基础，采用的水泥砂浆强度不应低于基础混凝土强度；对砌体基础，水泥砂浆强度不应低于原基础砂浆强度。

11.3 扩 大 基 础

11.3.2、11.3.3 扩大基础底面积加固的特点是：1. 经济；2. 加强基础刚度与整体性；3. 减少基底压力；4. 减少基础不均匀沉降。

对条形基础应按长度 1.5m～2.0m 划分成单独区段，分批、分段、间隔分别进行施工。绝不能在基础

全长上挖成连续的坑槽或使坑槽内地基土暴露过久而使原基础产生或加剧不均匀沉降。沿基础高度隔一定距离应设置锚固钢筋，可使加固的新浇混凝土与原有基础混凝土紧密结合成为整体。

当既有建筑的基础开裂或地基基础不满足设计要求时，可采用混凝土套或钢筋混凝土套加大基础底面积，以满足地基承载力和变形的设计要求。

当基础承受偏心受压时，可采用不对称加宽；当承受中心受压时，可采用对称加宽。原则上应保持新旧基础的结合，形成整体。

对加套混凝土或钢筋混凝土的加宽部分，应采用与原基础垫层的材料和厚度相同的夯实垫层，可使加套后的基础与原基础的基底标高和应力扩散条件相同和变形协调。

11.3.4 采用混凝土或钢筋混凝土套加大基础底面积尚不能满足地基承载力和变形等的设计要求时，可将原独立基础改成条形基础；将原条形基础改成十字交叉条形基础或筏形基础；将原筏形基础改成箱形基础。这样更能扩大基底面积，用以满足地基承载力和变形的设计要求；另外，由于加强了基础的刚度，也可减少地基的不均匀变形。

11.3.5、11.3.6 加深基础法加固的特点是：1. 经济；2. 有效减少基础沉降；3. 不得连续或集中施工；4. 可以是间断墩式也可以是连续墩式。

加深基础法是直接在基础下挖槽坑，再在坑内浇筑混凝土，以增大原基础的埋置深度，使基础直接支承在较好的持力层上，用以满足设计对地基承载力和变形的要求。其适用范围必须在浅层有较好的持力层，不然会因采用人工挖坑而费工费时又不经济；另外，场地的地下水位必须较低才合适，不然人工挖土时会造成邻近土的流失，即使采取相应的降水或排水措施，在施工上也会带来困难，而降水亦会导致对既有建筑产生附加不均匀沉降的隐患。

所浇筑的混凝土墩可以是间断的或连续的，主要取决于被托换的既有建筑的荷载大小和墩下地基土的承载能力及其变形性能。

鉴于施工是采用挖槽坑的方法，所以国外对基础加深法称坑式托换（pit underpinning）；亦因在坑内要浇筑混凝土，故国外对这种施工方法亦有称墩式托换（pier underpinning）。

11.3.7 如果加固的基础跨越较大时，应验算两墩之间能否满足承载力和变形的要求，如计算强度和变形不满足既有建筑原设计的要求，应采取设置过梁措施或采取托换措施，以保证施工中建筑物的安全。

11.3.9 抬墙梁法类似于结构的"托梁换柱法"，因此在采用这种方法时，必须掌握结构的形式和结构荷载的分布，合理地设置梁下桩的位置，同时还要考虑桩与原基础的受力及变形协调。抬墙梁的平面位置应避开一层门窗洞口，不能避开时，应对抬墙梁上的门

窗洞口采取加强措施，并应验算梁支承处砖墙的局部承压强度。

11.4 锚杆静压桩

11.4.1 锚杆静压桩是锚杆和静压桩结合形成的桩基施工工艺。它是通过在基础上埋设锚杆固定压桩架，以既有建筑的自重荷载作为压桩反力，用千斤顶将桩段从基础中预留或开凿的压桩孔内逐段压入土中，再将桩与基础连接在一起，从而达到提高基础承载力和控制沉降的目的。

11.4.2、11.4.3 当既有建筑基础承载力不满足压桩所需的反力时，则应对基础进行加固补强；也可采用新浇筑的钢筋混凝土挑梁或抬梁作为压桩的承台。

封桩是锚杆静压桩技术的关键工序，封桩可分别采用不施加预应力的方法及施加预应力的方法。

不施加预应力的方法封桩工序（图7）为：

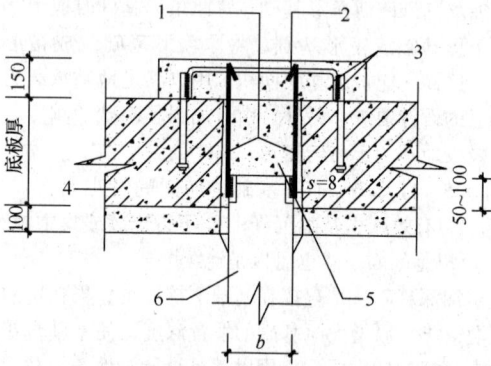

图 7 锚杆静压桩封桩节点示意

1—锚固筋（下端与桩焊接，上端弯折后与交叉钢筋焊接）；2—交叉钢筋；3—锚杆（与交叉钢筋焊接）；4—基础；5—C30 微膨胀混凝土；6—钢筋混凝土桩

清除压桩孔周围桩帽梁区域内的泥土-将桩帽梁区域内基础混凝土表面清洗干净-清洗压桩孔壁-清除压桩孔内的泥水-焊接交叉钢筋-检查-浇捣 C30 或 C35 微膨胀混凝土-检查封桩孔有无渗水。锚固筋不宜少于 4 Φ 14。

对沉降敏感的建筑物或要求加固后制止沉降起到立竿见影效果的建筑物（如古建筑、沉降缝两侧等部位），其封桩可采用预加预应力的方法（图8）。通过预加反力封桩，附加沉降可以减少，收到良好的效果。

具体做法：在桩顶上预加反力（预加反力值一般为 1.2 倍单桩承载力），此时底板上保留了一个相反的上拔力，由此减少了基底反力，在桩顶预加反力作用下，桩身即形成了一个预加反力区，然后将桩与基础底板浇捣微膨胀混凝土，形成整体，待封桩混凝土硬结后拆除桩顶上千斤顶，桩身有很大的回弹力，从而减少基础的拖带沉降，起到减少沉降的作用。

常用的预加反力装置为一种用特制短反力架，通

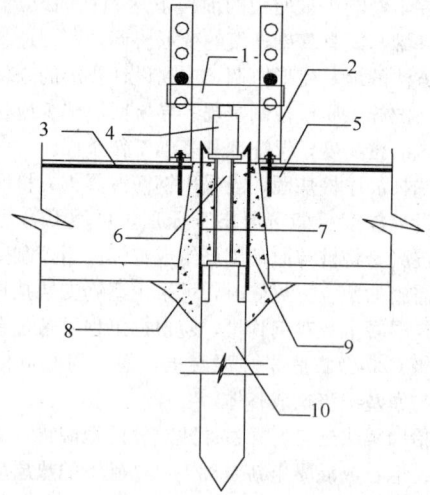

图 8 预加反力封桩示意

1—反力架；2—压桩架；3—板面钢筋；4—千斤顶；5—锚杆；6—预加反力锚杆（槽钢或钢管）；7—锚固筋；8—C30 微膨胀混凝土；9—压桩孔；10—钢筋混凝土桩

过特制的预加反力短柱，使千斤顶和桩顶起到传递荷载的作用，然后当千斤顶施加要求的反力后，立即浇捣 C30 或 C35 微膨胀早强混凝土，当封桩混凝土强度达到设计要求后，拆除千斤顶和反力架。

1) 锚杆静压桩对工程地质勘察除常规要求外，应补充进行静力触探试验。

2) 压桩施工时不宜数台压桩机同时在一个独立柱基上施工，压桩施工应一次到位。

3) 条形基础桩位靠近基础两侧，减少基础的弯矩。独立柱基围绕柱子对称布置，板基、筏基靠近荷载大的部位及基础边缘，尤其角的部位，适应马鞍形基底接触应力分布。

大型锚杆静压桩法可用于新建高层建筑桩基工程中经常遇到的类似断桩、缩径、偏斜、接头脱开等质量事故工程，以及既有高层建筑的使用功能改变或裙房区的加层等基础托换加固工程。

在加固工程中硫磺胶泥是一种常用的连接材料，下面对硫磺胶泥的配合比和主要物理力学性能指标简单介绍。

1 硫磺胶泥的重量配合比为：硫磺：水泥：砂：聚硫橡胶（44：11：44：1）。

2 硫磺胶泥的主要物理性能如下：

1) 热变性：硫磺胶泥的强度与温度的关系：在 60℃ 以内强度无明显影响；120℃时变液态且随着温度的继续升高，由稠变稀；到 140℃～145℃ 时，密度最大且和易性最好；170℃时开始沸腾；超过 180℃ 开始焦化，且遇明火即燃烧。

2) 重度：22.8kN/m³～23.2kN/m³。

3) 吸水率：硫磺胶泥的吸水率与胶泥制品质

量、重度及试件表面的平整度有关，一般为 0.12%～0.24%。

4）弹性模量：$5×10^4$ MPa。

5）耐酸性：在常温下耐盐酸、硫酸、磷酸、40%以下的硝酸、25%以下的铬酸、中等浓度乳酸和醋酸。

3 硫磺胶泥的主要力学性能要求如下：

1）抗拉强度：4MPa；

2）抗压强度：40MPa；

3）抗折强度：10MPa；

4）握裹强度：与螺纹钢筋为 11MPa；与螺纹孔混凝土为 4MPa；

5）疲劳强度：参照混凝土的试验方法，当疲劳应力比 ρ 为 0.38 时，疲劳强度修正系数为 $\gamma_p > 0.8$。

11.5 树 根 桩

11.5.1 树根桩也称为微型桩或小桩，树根桩适用于各种不同的土质条件，对既有建筑的修复、增层、地下铁道的穿越以及增加边坡稳定性等托换加固都可应用，其适用性非常广泛。

11.5.2 树根桩设计时，应对既有建筑的基础进行有关承载力的验算。当不满足要求时，应先对原基础进行加固或增设新的桩承台。树根桩的单桩竖向承载力可按载荷试验得到，也可按国家现行标准《建筑地基基础设计规范》GB 50007 有关规定结合地区经验估算，但应考虑既有建筑的地基变形条件的限制和考虑桩身材料强度的要求。设计人员要根据被加固建筑物的具体条件，预估既有建筑所能承受的最大沉降量。在载荷试验中，可由荷载-沉降曲线上求出相应允许沉降量的单桩竖向承载力。

11.5.3 树根桩的施工由于采用了注浆成桩的工艺，根据上海经验通常有 50%以上的水泥浆液注入周围土层，从而增大了桩侧摩阻力。树根桩施工可采用二次注浆工艺。采用二次注浆可提高桩极限摩阻力的 30%～50%。由于二次注浆通常在某一深度范围内进行，极限摩阻力的提高仅对该土层范围而言。

如采用二次注浆，则需待第一次注浆的浆液初凝时方可进行。第二次注浆压力必须克服初凝浆液的凝聚力并剪裂周围土体，从而产生劈裂现象。浆液的初凝时间一般控制在 45min～60min 范围，而第二次注浆的最大压力一般不大于 4MPa。

拔管后孔内混凝土和浆液面会下降，当表层土质松散时会出现浆液流失现象，通常的做法是立即在桩顶填充碎石和补充注浆。

11.5.4 树根桩试块采取自成桩后的桩顶混凝土，按现行国家标准《混凝土结构设计规范》GB 50010，试块尺寸为 150mm 立方体，其强度等级由 28d 龄期的用标准试验方法测得的抗压强度值确定。树根桩

静载荷试验可参照混凝土灌注桩试验方法进行。

11.6 坑式静压桩

11.6.1 坑式静压桩是采用既有建筑自重做反力，用千斤顶将桩段逐段压入土中的施工方法。千斤顶上的反力梁可利用原有基础下的基础梁或基础板，对无基础梁或基础板的既有建筑，则可将底层墙体加固后再进行坑式静压桩施工。这种对既有建筑地基的加固方法，国外称压入桩（jacked piles）。

当地基土中含有较多的大块石、坚硬黏性土或密实的砂土夹层时，由于桩压入时难度较大，需要根据现场试验确定其适用与否。

11.6.2 国内坑式静压桩的桩身多数采用边长为 150mm～250mm 的预制钢筋混凝土方桩，亦有采用桩身直径为 100mm～600mm 开口钢管，国外一般不采用闭口的或实体的桩，因为后者顶进时属挤土桩，会扰动桩周的土，从而使桩周土的强度降低；另外，当桩端下遇到障碍时，则桩身就无法顶进。开口钢管桩的顶进对桩周土的扰动影响相对较小，国外使用钢管的直径一般为 300mm～450mm，如遇漂石，亦可用锤击破碎或用冲击钻头钻除，但一般不采用爆破方法。

桩的平面布置都是按基础或墙体中心轴线布置的，同一个施工坑内可布置 1～3 根桩，绝大部分工程都是采用单桩和双桩。只有在纵横墙相交部位的施工坑内，横墙布置 1 根和纵墙 2 根形成三角的 3 根静压桩。

11.6.3 由于压桩过程中是动摩擦力，因此压桩力达 2 倍设计单桩竖向承载力特征值相应的深度土层内，对于细粒土一般能满足静载荷试验时安全系数为 2 的要求；遇有碎石土，卵石土粒径较大的夹层，压入困难时，应采取掏土、振动等技术措施，保证单桩承载力。

对于静压桩与基础梁（或板）的连接，一般采用木模或临时砖模，再在模内浇灌 C30 混凝土，防止混凝土干缩与基础脱离。

为了消除静压桩顶进至设计深度后，取出千斤顶时桩身的卸载回弹，可采用克服或消除这种卸载回弹的预应力方法。其做法是预先在桩顶上安装钢制托换支架，在支架上设置两台并排的同吨位千斤顶，垫好垫块后同步压至压桩终止压力后，将已截好的钢管或工字钢的钢柱塞入桩顶与原基础底面间，并打入钢楔挤紧后，千斤顶同步卸荷至零，取出千斤顶，拆除托换支架，对填塞钢柱的上下两端周边应焊牢，最后用 C30 混凝土将其与原基础浇筑成整体。

封桩可根据要求采用预应力法或非预应力法施工。施工工艺可参考第 11.4 节锚杆静压桩封桩方法。

11.7 注 浆 加 固

11.7.1 注浆加固（grouting）亦称灌浆法，是指利

用液压、气压或电化学原理，通过注浆管把浆液注入地层中，浆液以填充、渗透和挤密等方式，将土颗粒或岩石裂隙中的水分和空气排除后占据其位置，经一定时间后，浆液将原来松散的土粒或裂隙胶结成一个整体，形成一个结构新、强度大、防水性能高和化学稳定性良好的"结石体"。

注浆加固的应用范围有：

1 提高地基土的承载力、减少地基变形和不均匀变形。

2 进行托换技术，对古建筑的地基加固常用。

3 用以纠倾和抬升建筑。

4 用以减少地铁施工时的地面沉降，限制地下水的流动和控制施工现场土体的位移等。

11.7.2 注浆加固的效果与注浆材料、地基土性质、地下水性质关系密切，应通过现场试验确定加固效果，施工参数，注浆材料配比、外加剂等，有经验的地区应结合工程经验进行设计。注浆加固设计依加固目的，应满足土的强度、渗透性、抗剪强度等要求，加固后的地基满足均匀性要求。

11.7.3 浆液材料可分为下列几类（图9）：

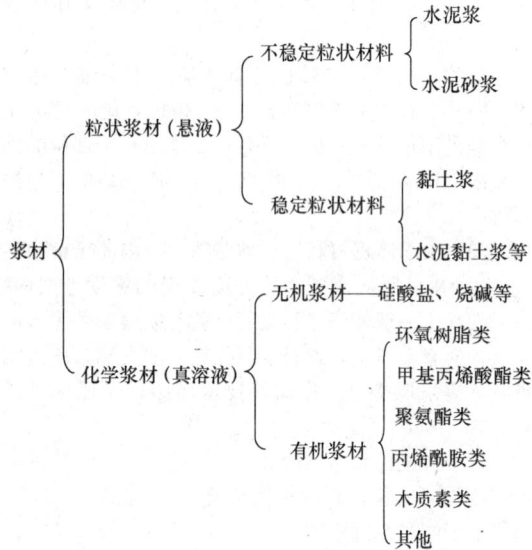

图 9 浆液材料

注浆按工艺性质分类可分为单液注浆和双液注浆。在有地下水流动的情况下，不应采用单液水泥浆，而应采用双液注浆，及时凝结，以免流失。

初凝时间是指在一定温度条件下，浆液混合剂到丧失流动性的这一段时间。在调整初凝时间时必须考虑气温、水温和液温的影响。单液注浆适合于凝固时间长，双液注浆适合于凝固时间短。

假定软土的孔隙率 $n=50\%$，充填率 $\alpha=40\%$，故浆液注入率约为20%。

若注浆点上覆盖土厚度小于2m，则较难避免在注浆初期产生"冒浆"现象。

按浆液在土中流动的方式，可将注浆法分为

三类：

1 渗透注浆

浆液在很小的压力下，克服地下水压、土粒孔隙间的阻力和本身流动的阻力，渗入土体的天然孔隙，并与土粒骨架产生固化反应，在土层结构基本不受扰动和破坏的情况下达到加固的目的。

渗透注浆适用于渗透系数 $k>10^{-4}$ cm/s 的砂性土。

2 劈裂注浆

当土的渗透系数 $k<10^{-4}$ cm/s，应采用劈裂注浆，在劈裂注浆中，注浆管出口的浆液对周围地层施加了附加压应力，使土体产生剪切裂缝，而浆液则沿裂缝面劈裂。当周围土体是非匀质体时，浆液首先劈入强度最低的部分土体。当浆液的劈裂压力增大到一定程度时，再劈入另一部分强度较高的部分土体，这样劈入土体中的浆液便形成了加固土体的网络或骨架。

从实际加固地基开挖情况看，浆液的劈裂途径有竖向的、斜向的和水平向的。竖向劈裂是由土体受到扰动而产生的竖向裂缝；斜向的和水平向的劈裂是浆液沿软弱的或夹砂的土层劈裂而形成的。

3 压密注浆

压密注浆是指通过钻孔在土中灌入极浓的浆液，在注浆点使土体压密，在注浆管端部附近形成"浆泡"，当浆泡的直径较小时，灌浆压力基本上沿钻孔的径向扩展。随着浆泡尺寸的逐渐增大，便产生较大的上抬力而使地面抬动。浆泡的形状一般为球形或圆柱形。浆泡的最后尺寸取决于土的密度、湿度、力学条件、地表约束条件、灌浆压力和注浆速率等因素。离浆泡界面0.3m~2.0m 内的土体都能受到明显的加密。评价浆液稠度的指标通常是浆液的坍落度。如采用水泥砂浆浆液，则坍落度一般为25mm~75mm，注浆压力为1MPa~7MPa。当坍落度较小时，注浆压力可取上限值。

渗透、劈裂和压密一般都会在注浆过程中同时出现。

"注浆压力"是指浆液在注浆孔口的压力，注浆压力的大小取决于以上三种注浆方式的不同、土性的不同和加固设计要求的不同。

由于土层的上部压力小，下部压力大，浆液就有向上抬高的趋势。灌注深度大，上抬不明显，而灌注深度浅，则上抬较多，甚至溢到地面上来，此时可用多孔间歇注浆法，亦即让一定数量的浆液灌注入上层孔隙大的土中后，暂停工作让浆液凝固，这样就可把上抬的通道堵死；或者加快浆液的凝固时间，使浆液（双液）出注浆管就凝固。

11.7.4 注浆压力和流量是施工中的两个重要参数，任何注浆方式均应有压力和流量的记录。自动流量和压力记录仪能随时记录并打印出注浆过程中的流量和压力值。

在注浆过程中，对注浆的流量、压力和注浆总流量中，可分析地层的空隙、确定注浆的结束条件、预测注浆的效果。

注浆施工方法较多，以上海地区而论最为常用的是花管注浆和单向阀管注浆两种施工方法。对一般工程的注浆加固，还是以花管注浆作为注浆工艺的主体。

花管注浆的注浆管在头部 1m～2m 范围内侧壁开孔，孔眼为梅花形布置，孔眼直径一般为 3mm～4mm。注浆管的直径一般比锥尖的直径小 1mm～2mm。有时为防止孔眼堵塞，可在开口的孔眼外再包一圈橡皮环。

为防止浆液沿管壁上冒，可加一些速凝剂或压浆后间歇数小时，使在加固层表面形成一层封闭层。如在地表有混凝土之类的硬壳覆盖的情况，也可将注浆管一次压到设计深度，再由下而上分段施工。

花管注浆工艺虽简单，成本低廉，但其存在的缺点是：1 遇卵石或块石层时沉管困难；2 不能进行二次注浆；3 注浆时易于冒浆；4 注浆深度不及塑料单向阀管。

注浆时可采用粉煤灰代替部分水泥的原因是：

1 粉煤灰颗粒的细度比水泥还细，及其占优势的球形颗粒，使仅含有水泥和砂的浆液更容易泵送，用粉煤灰代替部分水泥或砂，可保持浆体的悬浮状态，以免发生离析和减少沉积来改善可泵性和可灌性。

2 粉煤灰具有火山灰活性，当加入到水泥中可增加胶结性，这种反应产生的粘结力比水泥砂浆间的粘结更为坚固。

3 粉煤灰含有一定量的水溶性硫酸盐，增强了水泥浆的抗硫酸盐性。

4 粉煤灰掺入水泥的浆液比一般水泥浆液用水少，而通常浆液的强度与水灰比有关，它随水的减少而增加。

5 使用粉煤灰可达到变废为宝，具有社会效益，并节约工程成本。

每段注浆的终止条件为吸浆量小于 1L/min～2L/min。当某段注浆量超过设计值的 1 倍～1.5 倍时，应停止注浆，间歇数小时后再注，以防浆液扩到加固段以外。

为防止邻孔串浆，注浆顺序应按跳孔间隔注浆方式进行，并宜采用先外围后内部的注浆施工方法，以防浆液流失。当地下水流速较大时，应考虑浆液在水流中的迁移效应，应从水头高的一端开始注浆。

在浆液进行劈裂的过程中，产生超孔隙水压力，孔隙水压力的消散使土体固结和劈裂浆体的凝结，从而提高土的强度和刚度。但土层的固结要引起土体的沉降和位移。因此，土体加固的效应与土体扰动的效

应是同时发展的过程，其结果是导致加固土体的效应和某种程度土体的变形，这就是单液注浆的初期会产生地基附加沉降的原因。而多孔间隔注浆和缩短浆液凝固时间等措施，能尽量减少既有建筑基础因注浆而产生的附加沉降。

11.7.5 注浆施工质量高不等于注浆效果好，因此，在设计和施工中，除应明确规定某些质量指标外，还应规定所要达到的注浆效果及检查方法。

1 计算灌浆量，可利用注浆过程中的流量和压力曲线进行分析，从而判断注浆效果。

2 由于浆液注入地层的不均匀性，采用地球物理检测方法，实际上存在难以定量和直接反映的缺点。标准贯入、轻型动力触探和静力触探的检测方法，简单实用，但它存在仅能反映取样点的加固效果的特点，因此对地基注浆加固效果评价的检查数量应满足统计要求，检验标准应通过现场试验对比校核使用。

3 检验点的数量和合格的标准除应按规范条文执行外，对不足 20 孔的注浆工程，至少应检测 3 个点。

11.8 石 灰 桩

11.8.1 石灰桩是由生石灰和粉煤灰（火山灰或其他掺合料）组成的加固体。石灰桩对环境具有一定的污染，在使用时应充分论证对环境要求的可行性和必要性。

石灰桩对软弱土的加固作用主要有以下几个方面：

1 成孔挤密：其挤密作用与土的性质有关。在杂填土中，由于其粗颗粒较多，故挤密效果较好；黏性土中，渗透系数小的，挤密效果较差。

2 吸水作用：实践证明，1kg 纯氧化钙消化成为熟石灰可吸水 0.32kg。对石灰桩桩体，在一般压力下吸水量约为桩体体积的 65％～70％。根据石灰桩吸水总量等于桩间土降低的水总量，可得出软土含水量的降低值。

3 膨胀挤密：生石灰具有吸水膨胀作用，在压力 50kPa～100kPa 时，膨胀量为 20％～30％，膨胀的结果使桩周土挤密。

4 发热脱水：1kg 氧化钙在水化时可产生 280cal 热量，桩身温度可达 200℃～300℃，使土产生一定的气化脱水，从而导致土中含水量下降、孔隙比减小、土颗粒靠拢挤密，在所加固区的地下水位也有一定的下降，并促使某些化学反应形成，如水化硅酸钙的形成。

5 离子交换：软土中钠离子与石灰中的钙离子发生置换，改善了桩间土的性质，并在石灰桩表层形成一个强度很高的硬层。

以上这些作用，使桩间土的强度提高、对饱和粉

土和粉细砂还改善了其抗液化性能。

6 置换作用：软土为强度较高的石灰桩所代替，从而增加了复合地基承载力，其复合地基承载力的大小，取决于桩身强度与置换率大小。

11.8.2 石灰桩桩径主要取决于成孔机具，目前使用的桩管常用的有直径 325mm 和 425mm 两种；用人工洛阳铲成孔的一般为 200mm～300mm，机动洛阳铲成孔的直径可达 400mm～600mm。

石灰桩的桩距确定，与原地基土的承载力和设计要求的复合地基承载力有关，一般采用 2.5 倍～3.5 倍桩径。根据山西省的经验，采用桩距 3.0 倍～3.5 倍桩径的，地基承载力可提高 0.7 倍～1.0 倍；采用桩距 2.5 倍～3.0 倍桩径的，地基承载力可提高 1.0 倍～1.5 倍。

桩的布置可采用三角形或正方形，而采用等边三角形布置更为合理，它使桩周土的加固较为均匀。

桩的长度确定，应根据地质情况而定，当软弱土层厚度不大时，桩长宜穿过软弱土层，也可先假定桩长，再对软弱下卧层强度和地基变形进行验算后确定。

石灰桩处理范围一般要超出基础轮廓线外围 1 排～2 排，是基底压力向外扩散的需要，另外考虑基础边桩的挤密效果较差。

11.8.4 石灰桩施工记录是评估施工质量的重要依据，结合抽检结果可作出质量检验评价。

通过现场原位测试的标准贯入、静力触探以及钻孔取样进行室内试验，检测石灰桩施工质量及其周围土的加固效果。桩周土的测试点应布置在等边三角形或正方形的中心，因为该处挤密效果较差。

11.9 其他地基加固方法

11.9.1 旋喷桩是利用钻机钻进至土层的预定位置后，以高压设备通过带有喷嘴的注浆管使浆液以 20MPa～40MPa 的高压射流从喷嘴中喷射出来，冲击破坏土体，同时钻杆以一定速度渐渐向上提升，将浆液与土粒强制搅拌混合，浆液凝固后，在土中形成固结加固体。

固结加固体形状与喷射流移动方向有关。一般分为旋转喷射（简称旋喷）、定向喷射（简称定喷）和摆动喷射（简称摆喷）三种形式。托换加固中一般采用旋转喷射，即旋喷桩。当前，高压喷射注浆法的基本工艺类型有：单管法、二重管法、三重管法和多重管法等四种方法。

旋喷固结体的直径大小与土的种类和密实程度有较密切的关系。对黏性土地基加固，单管旋喷注浆加固体直径一般为 0.3m～0.8m；三重管旋喷注浆加固体直径可达 0.7m～1.8m；二重管旋喷注浆加固体直径介于上述二者之间。多重管旋喷直径为 2.0m～4.0m。

一般在黏性土和黄土中的固结体，其抗压强度可达 5MPa～10MPa，砂类土和砂砾层中的固结体其抗压强度可达 8MPa～20MPa。

11.9.2 灰土挤密桩适应于无地下水的情况下，其特点是：1 经济；2 灵活性、机动性强；3 施工简单，施工作业面小等。灰土挤密桩法施作时一定要对称施工，不得使用生石灰与土拌合，应采用消解后的石灰，以防灰料膨胀不均匀造成基础拉裂。

11.9.3 水泥土搅拌桩由于设备较大，一般不用于既有建筑物基础下的地基加固。在相邻建筑施工时，要考虑其挤土效应对相邻基础的影响。

11.9.4 化学灌浆的特点是适应性比较强，施工作业面小，加固效果比较快。但是，这种方法对地下水有一定的污染，当施工场地位于饮水源、河流、湖泊、鱼池等附近时，对注浆材料和浆液配比要严格控制。

11.9.6 人工挖孔混凝土灌注桩的特点就是能提供较大的承载能力，同时易于检查持力层的土质情况是否符合设计要求。缺点是施工作业面要求大，施工过程容易扰动周边的土。该方法应在保证安全的条件下实施。

12 检验与监测

12.1 一般规定

12.1.1 地基基础加固施工后，应按设计要求及现行国家标准《建筑地基基础工程施工质量验收规范》GB 50202 的规定进行施工质量检验。对于有特殊要求或国家标准没有具体要求的，可按设计要求或专门制定针对加固项目的检验标准及方法进行检验。

12.1.2 地基基础加固工程应在施工期间进行监测，根据监测结果采取调整既有建筑地基基础加固设计或施工方案的技术措施。

12.2 检 验

12.2.1 基槽检验是重要的施工检验程序，应按隐蔽工程要求进行。

12.2.2 新旧结构构件的连接构造应进行检验，提供隐蔽工程检验报告。

12.2.3 对基础钻芯取样，可采用目测方法检验浆液的扩散半径、浆液对基础裂缝的填充效果；尚应进行抗压强度试验测定注浆后基础的强度。钻芯取样数量，对条形基础宜每隔 5m～10m，或每边不少于 3 个，对独立柱基础，取样数可取 1 个～2 个，取样孔宜布置在两个注浆孔中间的位置。

12.2.7 复合地基加固可在原基础上开孔并对既有建筑基础下地基进行加固，也可用于扩大基础加固中既有建筑基础外的地基加固，或两者联合使用。但在原基础内实施难度较大，目前实际工程不多。对于扩大基础加固施工质量的检验，可根据场地条件按《建筑地基处理技术规范》JGJ 79 的要求确定检验方法。

12.3 监 测

12.3.1、12.3.2 基槽开挖和施工降水等可能对周边环境造成影响，为保证周边环境的安全和正常使用，应对周边建筑物、管线的变形及地下水位的变化等进行监测。

12.3.4、12.3.5 纠倾加固施工，当各点的顶升量和迫降量不一致时，可能造成结构产生新的裂损，应对结构的变形和裂缝进行监测，根据监测结果进行施工控制。

12.3.6 移位施工过程中，当建筑物处于新旧基础交接处时，由于新旧基础的地基变形不同，可能造成建筑物产生新的损害，因此应对建筑物的变形、裂缝等进行监测。

12.3.7 托换加固要改变结构或地基的受力状态，施工时应对建筑的沉降、倾斜、开裂进行监测。

12.3.8 注浆加固施工会引起建筑物附加沉降，应在施工期间进行建筑物沉降监测。视沉降发展速率，施工后的一段时间也应进行沉降监测。

12.3.9 采用加大基础底面积加固法、加深基础加固法对基础进行加固时，当开挖施工槽内结构在加固前已产生裂缝或加固施工时产生裂缝或变形时，应对开挖施工槽段内结构的变形和裂缝情况进行监测，确保安全。

中华人民共和国行业标准

城市人行天桥与人行地道技术规范

Technical specifications of urban
pedestrian overcrossing and underpass

CJJ 69—95

主编部门：北京市市政工程研究院
批准部门：中华人民共和国建设部
施行日期：1996年9月1日

关于发布行业标准
《城市人行天桥与人行地道技术规范》的通知

建标〔1996〕144号

根据建设部建标〔1990〕407号文的要求，由北京市市政工程研究院主编的《城市人行天桥与人行地道技术规范》，业经审查，现批准为行业标准，编号CJJ 69—95，自1996年9月1日起施行。

本规范由建设部城镇道路桥梁标准技术归口单位北京市市政设计研究院负责归口管理，具体解释等工作由主编单位负责，由建设部标准定额研究所组织出版。

中华人民共和国建设部
1996年3月14日

目　次

1 总 则

1.0.1 为了统一城市人行天桥与人行地道标准（以下简称"天桥"与"地道"），使工程达到适用、安全、经济、美观，制定本规范。

1.0.2 本规范适用于城市中跨越或下穿道路的天桥或地道的设计与施工。郊区公路、厂矿及居住区的天桥与地道可参照使用。

1.0.3 天桥与地道的设计与施工应符合下列要求：

1.0.3.1 天桥与地道设计应符合城市规划布局的要求，应从工程环境出发，根据总体交通功能进行选型。

1.0.3.2 从实际出发，因地制宜，应积极采用新结构、新工艺、新技术。

1.0.3.3 结构应满足运输、安装和使用过程中强度、刚度和稳定性要求。

1.0.3.4 结构设计应与施工工艺统筹考虑，宜采用工厂预制的装配式结构。

1.0.3.5 应按适用、经济、美观相结合的原则确定装饰标准。

1.0.3.6 应符合防火、防电、防腐蚀、抗震等安全要求。

1.0.3.7 应限制结构振动对行人舒适感、安全感的不利影响。

1.0.3.8 选择施工工艺、制定施工组织方案时，应以少扰民、少影响正常交通为原则，做到安全、文明、快速施工。

1.0.4 天桥与地道的设计与施工，除应符合本规范外，在防火、防爆、防电、防腐蚀等方面尚应符合国家现行有关标准、规范的规定。

2 一般规定

2.1 设计通行能力

2.1.1 天桥与地道的设计通行能力应符合表2.1.1的规定：

天桥、地道设计通行能力 表2.1.1

类 别	天桥、地道 [P/（h·m）]	车站、码头的前的天桥、地道 [P/（h·m）]
设计通行能力	2400	1850

注：P/（h·m）为人/（小时·米），以下同。

2.1.2 天桥与地道设计通行能力的折减系数应符合下列规定：

2.1.2.1 全市性的车站、码头、商场、剧院、影院、体育馆（场）、公园、展览馆及市中心区行人集中的天桥（地道）计算设计通行能力的折减系数为0.75。

2.1.2.2 大商场、商店、公共文化中心及区中心等行人较多的天桥（地道）计算设计通行能力的折减系数为0.8。

2.1.2.3 区域性文化中心地带行人多的天桥（地道）计算设计通行能力折减系数为0.85。

2.2 净 宽

2.2.1 天桥与地道的通道净宽应符合下列规定：

2.2.1.1 天桥与地道的通道净宽，应根据设计年限内高峰小时人流量及设计通行能力计算。

2.2.1.2 天桥桥面净宽不宜小于3m，地道通道净宽不宜小于3.75m。

2.2.2 天桥与地道每端梯道或坡道的净宽之和应大于桥面（地

道）的净宽1.2倍以上。梯（坡）道的最小净宽为1.8m。

2.2.3 考虑兼顾自行车推车通过时，一条推车带宽按1m计，天桥或地道净宽按自行车流量计算增加通道净宽，梯（坡）道的最小净宽为2m。

2.2.4 考虑推自行车的梯道，应采用梯道带坡道的布置方式，一条坡道宽度不宜小于0.4m，坡道位置视方便推车流向设置。

2.3 净 高

2.3.1 天桥桥下净高应符合下列规定：

2.3.1.1 天桥桥下为机动车道时，最小净高为4.5m，行驶电车时，最小净高为5.0m。

2.3.1.2 跨铁路的天桥，其桥下净高应符合现行国标《标准轨距铁路建筑限界》的规定。

2.3.1.3 天桥桥下为非机动车道时，最小净高为3.5m，如有从道路两侧的建筑物内驶出的普通汽车需经桥下非机动车道通行时，其最小净高为4.0m。

2.3.1.4 天桥、梯道或坡道下面为人行道时，净高为2.5m，最小净高为2.3m。

2.3.1.5 考虑维修或改建道路可能提高路面标高时，其净高应适当提高。

2.3.2 地道的最小净高应符合下列规定：

2.3.2.1 地道通道的最小净高为2.5m。

2.3.2.2 地道梯道踏步中间位置的最小垂直净高为2.4m，坡道的最小垂直净高为2.5m，极限为2.2m。

2.3.3 天桥桥面净高应符合下列规定：

2.3.3.1 最小净高为2.5m。

2.3.3.2 各级架空电缆与天桥、梯（坡）道面最小垂直距离应符合表2.3.3规定。

天桥、梯道、坡道与各级电压电力线间最小垂直距离表

表2.3.3

最小 垂直距离 （m） 地区	线路电压 （kV）	配电线		送电线		
	1以下	1～10	35	60～110	154～220	330
居 民 区	6.0	6.5	7.0	7.0	7.5	8.5
非居民区	5.0	5.5	6.0	6.0	6.5	7.5

2.4 设计原则

2.4.1 天桥与地道设计布局应结合城市道路网规划，适应交通的需要，并应考虑由此引起附近范围内人行交通所发生的变化，且对此种变化后的步行交通进行全面规划设计。属于下列情况之一时，可设置天桥或地道。其中机动车交通量应按每小时当量小汽车交通量（辆/时，即pcu/h）计。

2.4.1.1 进入交叉口总人流量达到18000P/h，或交叉口的一个进口横过马路的人流量超过5000P/h，且同时在交叉口一个进口或路段上双向当量小汽车交通量超过1200pcu/h。

2.4.1.2 进入环形交叉口总人流量达18000P/h，且同时进入环形交叉口的当量小汽车交通量达2000pcu/h时。

2.4.1.3 行人横过市区封闭式道路或快速干道或机动车道宽度大于25m时，可每隔300～400m应设一座。

2.4.1.4 铁路与城市道路相交道口，因列车通过一次阻塞人流超过1000人次或道口关闭时间超过15min时。

2.4.1.5 路段上双向当量小汽车交通量达1200pcu/h，或过街行人超过5000P/h。

2.4.1.6 有特殊需要可设专用过街设施。

2.4.1.7 复杂交叉路口，机动车行车方向复杂，对行人有明显危险处。

2.4.2 天桥或地道的选择应根据城市道路规划，结合地上地下管线、市政公用设施现状、周围环境、工程投资以及建成后的维护条件等因素做方案比较。地震多发地区宜考虑地道方案。

2.4.3 规划天桥与地道应以规划人流量及其主要流向为依据，在考虑自行车过天桥地道时，还应依据自行车流量和流向，因地制宜采取交通管理措施，保障行人交通安全和交通连续性。并做有利于逐步形成步行系统的总体布局。

2.4.4 天桥与地道在路口的布局应从路口总体交通和建筑艺术等角度统一考虑，以求最大综合效益。

2.4.5 天桥与地道的设置应与公共车辆站点结合，还应有相应的交通管理措施。在天桥和地道附近布置交通护栏、交通岛、各种交通标志、标线、交通信号灯及其他设施。

2.4.6 天桥与地道的布局既要利于提高行人过街安全度，又要提高机动车道的通行能力。地面梯口不应占人行步道的空间，特殊困难处，人行步道至少应保留1.5m宽，应与附近大型公共建筑出入口结合，并在出入口留有人流集散用地。

2.4.7 天桥与地道设计要为文明快速施工创造条件，宜采用预制装配结构，在需要维持地面正常交通时地道应避免大开挖的施工方法。

2.4.8 天桥的建筑艺术应与周围建筑景观协调，主体结构的造型要简洁明快透，除特殊需要处不宜过多装修。

2.4.9 天桥与地道可与商场、文体场（馆）、地铁车站等大型人流集散点直接连通以发挥疏导人流的功能。

2.5 构造要求

2.5.1 天桥与地道的结构应符合以下要求：

2.5.1.1 结构在制造、运输、安装和使用过程中，应具有规定的强度、刚度、稳定性和耐久性。

2.5.1.2 应从设计和施工工艺上减小结构的附加应力和局部应力。

2.5.1.3 结构形式应便于制造、运输、安装、施工和养护。

2.5.2 天桥上部结构，由人群荷载计算的最大竖向挠度，不应超过下列允许值：

梁板式主梁跨中　　　　　$L/600$
梁板式主梁悬臂端　　　　$L_1/300$
桁架、拱　　　　　　　　$L/800$

注：L 为计算跨径；L_1 为悬臂长度。

2.5.3 天桥主梁结构应设置预拱度，其值采用结构重力和人群荷载所产生的竖向挠度，并应做成圆滑曲线。当结构重力和人群荷载产生的向下挠度不超过跨径的1/1600时，可不设预拱度。

2.5.4 为避免共振，减少行人不安全感，天桥上部结构竖向自振频率不应小于3Hz。

2.5.5 天桥、地道及梯（坡）面的铺装应符合平整、防滑、排水、无噪音、便于养护的要求。

2.5.6 天桥结构应视需要设置伸缩装置以适应结构端部线位移和角位移需要。伸缩装置应选用止水型的。

2.5.7 地道结构，以汽车荷载（不计冲击力）计算的最大挠度不应超过 $L/600$。

注：用平板挂车或履带车荷载验算时，上述允许挠度可增加20%。

2.5.8 地道结构应视地质情况及结构受力需要设置沉降缝和变形缝。对沉降缝、变形缝和施工缝应做止水设计。采取设止水带等防水措施。

2.5.9 封闭式天桥与地道根据需要应有通风、排水和防护措施。

2.6 附属设施

2.6.1 天桥必须设桥下限高的交通标志，并应符合下列要求：

2.6.1.1 限高标志应放置在驾驶人员和行人最容易看到，并能准确判读的醒目位置。

2.6.1.2 限高标志的限高高度，应根据桥下净高、当地通行的车辆种类和交叉情况等因素而定。天桥桥下限高标志数应比设计净高小0.5m。

2.6.1.3 限高标志牌应由交通管理部门统一规定。

2.6.1.4 限高标志牌的构造及设置应符合下列要求：

（1）限高标志可直接安装在天桥桥孔正中央或前进方向的右侧；

（2）标志牌所用的材料及构造由交通管理部门统一规定。

2.6.2 天桥与地道的导向标志，应设置在天桥、地道入口处及分叉口处。

2.6.3 在天桥与地道的地面梯道（坡道）口附近一定范围内，为引导行人经由天桥与地道过街，应设置地面导向护栏，护栏断口宜与天桥或地道两侧附近交叉路口的地形相结合，护栏连续长度不宜太短，每侧长度一般为50～100m，护栏除要求坚固外，其形式、颜色还应与周围环境相协调。

2.6.4 当天桥上方的架空线距桥面不足安全距离时，为确保安全，桥上应设置安全防护罩，安全防护罩距桥面的距离不宜小于2.5m。

2.6.5 天桥桥面或梯面必须有平整、粗糙、耐磨的防滑措施。多雨雪地区，天桥可加顶棚。

2.6.6 在地道两端，应设置消火栓，配备消防器材。在长地道内，应按有关消防规范，设置消防措施和急救通讯装置。

2.6.7 在设计人流量大或较长的重要地道时，应设置管理和维护专用设施。

2.6.8 天桥或地道结构不得敷设高压电缆、煤气管和其他可燃、易爆、有毒或有腐蚀性液（气）体管道过街。

3 天 桥 设 计

3.1 荷 载

3.1.1 天桥设计荷载分类应符合表3.1.1的规定。

3.1.2 天桥设计，应根据可能同时出现的作用荷载，选择下列荷载组合：

组合Ⅰ：基本可变荷载与永久荷载的一种或几种相组合。

组合Ⅱ：基本可变荷载与永久荷载的一种或几种与其他可变荷载的一种或几种相组合。

组合Ⅲ：基本可变荷载与永久荷载的一种或几种与偶然荷载中的汽车撞击力相组合。

组合Ⅳ：天桥施工阶段的验算，应根据可能出现的施工荷载（如结构重力、脚手架、材料机具、人群、风力等）进行组合。

构件在吊装时，构件重力应乘以动力系数1.2或0.85，并可视构件具体情况做适当增减。

组合Ⅴ：结构重力、1kN/m² 人群荷载、预应力中的一种或几种与地震力相组合。

荷载分类表　　　　　　表3.1.1

编号	荷载分类	荷载名称
1	永久荷载（恒载）	结构重力
2		预加应力
3		混凝土收缩及徐变影响力
4		基础变位影响力
5		水的浮力
6	可变荷载 基本可变荷载（活载）	人群
7	其他可变荷载	风力
8		雪重力 温度影响力
9	偶然荷载	地震力
10		汽车撞击力

注：如构件主要为承受某种其他可变荷载而设置，则计算该构件时，所承荷载作为基本可变荷载。

3.1.3 人群设计荷载值及计算式应符合下列规定：

3.1.3.1 人行桥面板及梯（坡）道面板的人群荷载按5kPa或1.5kN竖向集中力作用在一块构件上计算。

3.1.3.2 梁、桁、拱及其他大跨结构，采用下列公式计算：

当加载长度为20m以下（包括20m）时

$$W = 5 \cdot \frac{20 - B}{20} \text{(kPa)} \qquad (3.1.3\text{-}1)$$

当加载长度为21～100m（100m以上同100m）时

$$W = \left(5 - 2 \cdot \frac{L - 20}{80}\right)\left(\frac{20 - B}{20}\right) \text{(kPa)} \qquad (3.1.3\text{-}2)$$

式中　W——单位面积的人群荷载，kPa；

　　　L——加载长度，m；

　　　B——半桥宽度，m。大于4m时仍按4m计。

3.1.4 结构物重力及桥面铺装、附属设备等外加重力均属结构重力，可按表3.1.4所列常用材料密度计算。

常用材料密度表　　　　　　表3.1.4

材料种类		密度（10^2kg/m³）
钢、铸钢		78.5
铸铁		72.5
锌		70.5
铅		114.0
黄铜		81.1
青铜		87.4
钢筋混凝土		25.0～26.0
混凝土或片石混凝土		24
砖石砌体桥面	浆砌块石或料石	24.0～25.0
	浆砌片石	23.0
	干砌块石或片石	21.0
	砖砌体	18.0
	沥青混凝土	23.0
	沥青碎石	22.0
填土		17.0～18.0
填石		19.0～20.0
石灰三合土		17.5
石灰土		17.5
木材	松木 未防腐	6.0
	松木 防腐	7.5
	橡木 未防腐	7.5
	落叶松 防腐	9.0
	杉木 未防腐	5.0
	枞木 防腐	7.0

注：1. 含筋量（以体积计）小于等于2%的钢筋混凝土，其密度采用2500kg/m³。大于2%的采用2600kg/m³。
　　2. 石灰三合土指石灰、砂、砾石。
　　3. 石灰土采用石灰30%，土70%。

3.1.5 预加应力在结构使用极限状态设计时，应作为永久荷载计算其效应，并考虑相应阶段的预应力损失，但不计由于偏心距增大引起的附加内力；在结构按承载能力极限状态设计时，预加应力不作为荷载，而将预应力钢筋作为结构抗力的一部分。

3.1.6 外部超静定的混凝土结构应考虑混凝土的收缩及徐变影响。混凝土收缩影响可作为相应于温度的降低考虑。

3.1.6.1 整体浇筑的混凝土结构的收缩影响力，对于一般地区相当于降温20℃，干燥地区为30℃；整体浇筑的钢筋混凝土结构的收缩影响力，相当于降低温度15～20℃。

3.1.6.2 分段浇筑的混凝土或钢筋混凝土结构的收缩影响力，相当于降温10～15℃。

3.1.6.3 装配式钢筋混凝土结构的收缩影响力，相当于降温5～10℃。

混凝土徐变影响的计算，可采用混凝土应力与徐变变形为直线关系的假定。混凝土徐变系数可参照现行的《公路钢筋混凝土及预应力混凝土桥涵设计规范》（JTJ023）采用。

3.1.7 超静定结构当考虑由于地基压密等引起的支座长期变位影响时，应根据最终位移量按弹性理论计算构件截面的附加内力。

3.1.8 水浮力的计算应符合下列要求：

3.1.8.1 位于透水性地基上的天桥墩台基础，当验算稳定时，应采用设计水位的浮力；当验算地基应力时，仅考虑低水位的浮力，或不考虑水的浮力。

3.1.8.2 基础嵌入不透水性地基的基础时，可不考虑水的浮力。

3.1.8.3 当不能肯定地基是否透水时，应以透水或不透水两种情况与其他荷载组合，取其最不利者。

3.1.8.4 作用在桩承台底面的浮力，应考虑全部底面积，但桩嵌入岩层并灌注混凝土者，在计算承台底面浮力时应扣除桩的截面面积。

注：低水位系指枯水季节经常保持的水位。

3.1.9 计算天桥的强度和稳定时，风力计算应符合下列规定：

3.1.9.1 横向风力（横桥方向）

（1）横向风力为横向风压乘以迎风面积，横向风压按式（3.1.9）计算：

$$W = K_1 \cdot K_2 \cdot K_3 \cdot K_4 \cdot W_0 \text{(Pa)} \qquad (3.1.9)$$

式中　W_0——基本风压值，Pa。当有可靠风速记录时，按$W_0 = \frac{1}{1.6}v^2$计算；若无风速记录时，可参照《全国基本风压分布图》，并通过实地调查核实后采用；v为设计风速（m/s），按平坦空旷地面离地面20m高，频率1/100的10min，平均最大风速确定；

　　　K_1——设计风速频率换算系数，采用0.85；

　　　K_2——风载体型系数，桥墩见表3.1.9，其他构件为1.3；

　　　K_3——风压高度变化系数，采用1.00；

　　　K_4——地形、地理条件系数，采用0.80。

桥墩风载体型系数K_2　　　表3.1.9

截面形状		长宽比值	体型系数K_2
⊙	圆形截面	—	0.8
◻	与风向平行的正方形截面	—	1.4
▭	短边迎风的矩形截面	1/b≤1.5	1.4
		1/b>1.5	0.9
▯	长边迎风的矩形截面	1/b≤1.5	1.4
		1/b>1.5	1.3
⬭	短边迎风的圆端形截面	—	—
	长边迎风的圆端形截面	1/b≤1.5	—
		1/b>1.5	1.1

（2）设计桥墩时，风力在上部构造的着力点假定在迎风面积的形心上。

（3）天桥上部构件有可能被风力掀离支座时，应计算支座锚固的反力。

（4）桥台的纵、横向风力不计算。

（5）迎风面积可按结构物外轮廓线面积乘以下列折减系数计算：

两片钢桁架或钢拱架　　　　　　　　　　0.4

三片及三片以上钢桁架以及桁拱之舷间的面积　0.5

桁拱下弦与杆件间的面积、上弦与桥面间的面积、空腹式拱上构造的面积以及斜拉桥的加劲桁架（或梁）与斜索间：

面积　　　　　　　　　　　　　　　　0.2

栏杆　　　　　　　　　　　　　　　　0.2

实体式桥梁结构　　　　　　　　　　　1.0

3.1.9.2 纵向风力（顺桥方向）

（1）桥墩上的纵向风力，可按横向风压的70%乘以桥墩迎风面积计算。

（2）桁架式上部构造的纵向风力，可按横向风压的40%乘以桁架的迎风面积计算。

（3）斜拉桥塔架上的纵向风力，可按横向风压乘以塔架的迎风面积计算。

（4）由上部构造传至墩柱的纵向风力，在计算墩柱时，着力点在支座中心（或滚轴中心）或滑动支座、橡胶支座、摆动支座的底面上；计算刚构式天桥、拱式天桥时，则在桥面上，但不计因此而产生的竖向力和力矩。

（5）由上部构造传至下部结构的纵向风力，在墩台上的分配，可根据上部构造支座条件进行。设有油毡支座或钢板支座的钢筋混凝土墩柱，其所受的纵向风力应按墩柱的刚度分配；设有板式橡胶支座墩柱，当符合下列条件时可按其联合作用计算：

$$\phi = \frac{K_n}{\overline{K}_n} \geqslant 1/10 \tag{3.1.9-1}$$

$$K_n = \frac{K' K''}{K' + K''} \tag{3.1.9-2}$$

式中 ϕ ——支座与桥墩抗推刚度比；

K_n ——支座抗推刚度；

K'、K'' ——分别为一孔桥两端支座的抗推刚度，当支座抗推刚度相等时，K_n 等于桥孔一端支座抗推刚度的1/2；

$\overline{K}_n$ ——桥墩抗推刚度。

3.1.10 温度影响力的计算应符合下列规定：

3.1.10.1 天桥各部构件受温度变化影响产生的变化值或由此引起的影响力，应根据当地具体情况、结构物使用的材料和施工条件等因素计算确定。

温度变化范围，应根据建桥地区的气温条件而定。钢结构可按当地最高和最低气温确定；钢筋混凝土及预应力混凝土结构，按当地月平均最高和最低气温确定；联合梁的钢梁与钢筋混凝土板的温度差，可参照现行的《公路桥涵钢结构及木结构设计规范》（JTJ025）的有关规定。

钢筋混凝土及预应力混凝土天桥，必要时尚需考虑日照所引起的温度影响力。

3.1.10.2 气温变化值应自结构合拢时的温度起算。

3.1.11 栏杆水平推力

水平荷载为2.5kN/m，竖向荷载为1.2kN/m，不与其他活载迭加。

3.1.12 地震力的计算应符合下列规定：

3.1.12.1 天桥的抗震设防，不应低于下线工程的设计烈度，对于跨越特别重要的道路工程，经报请批准后，其设计烈度可比基本烈度提高一度使用。地震力的计算可参照现行的《公路工程抗震设计规范》进行。

3.1.12.2 计算地震力时同时考虑静载与1.0kN/m² 人群荷载组合。

3.1.13 汽车撞击力的计算应符合下列规定：

天桥墩柱在有可能被汽车撞击之处，应设置刚性防撞墩，防撞墩宜与天桥墩柱之间保留一定空隙，条件不具备时也可与墩柱浇注为一体。钢筋混凝土防撞墩可参照《高速公路交通安全设施设计及施工技术规范》（JTJ074）设计。

汽车撞击力可按下式估算：

$$P = \frac{W \cdot v}{g \cdot T} (kN) \tag{3.1.13}$$

式中 W ——汽车重力，建议值150kN；

v ——车速，建议值22.2m/s；

g ——重力加速度，9.18m/s²；

T ——撞击时间，建议值1.0s。

墩柱体上撞击力作用点位于路面以上1.8m处。

在快速路、主干道及次干道顺行车方向上，估算撞击力不足

350kN，按350kN计；垂直行车方向则按175kN计。

3.1.14 有积雪地区须考虑雪荷载，结构顶面承受雪荷载按现行国家标准《建筑结构荷载规范》（GBJ9）"全国基本雪压分布图"进行。

3.2 建筑设计

3.2.1 总平面设计应符合规划要求，结合当地环境特征、交通状况、人流集散方向等因素进行。

3.2.2 天桥建筑应注意艺术性，在造型与色彩上应同环境形态和传统文化协调。

3.2.3 天桥建筑应按不同地域气候特点，采用防风雪、遮阳等造型构造设计。

3.2.4 建筑装修标准应以节约与效果相统一为原则。

3.2.5 天桥建筑设计应着重于主体结构的线型，体现工程结构的力度与材料的粗犷质感，体现桥、梯关系在总体环境中的空间形象。

3.2.6 梯道踏步规格应符合下列规定：

3.2.6.1 梯道踏步最小步宽以0.30m为宜，最大步高以0.15m为宜，螺旋梯内侧步宽可适当减小。

3.2.6.2 踏步的高宽关系按2R+T=0.6m的关系式计算，其中R为踏步高度，T为踏步宽度。

3.2.7 考虑残疾人使用要求的建筑标准应符合现行《方便残疾人使用的城市道路和建筑物设计规范》（JGJ50）规定。

3.3 结构选型

3.3.1 结构体系选择应对工程性质、环境特征、结构功能、造型需要、施工条件、技术力量、投资可能等因素进行综合分析，采用适合当时当地的新材料、新工艺和新技术，保证结构体系实施的可行性。

3.3.2 天桥结构造型应符合下列要求：

3.3.2.1 主体结构形式应服从于结构受力合理。

3.3.2.2 结构的高度、宽度、跨度有良好的三维比例，使天桥造型轻巧美观。

3.3.2.3 主桥墩柱布置应根据道路性质和断面形式、结构合理、造型艺术、行车通畅和施工条件等因素综合处理。

3.3.3 天桥结构应优先选用钢筋混凝土或预应力混凝土结构。

3.3.4 天桥需加设顶棚时，宜采用下承式钢桁架结构，但应符合下列要求：

3.3.4.1 应把杆件限制在最小的空间方向上，并使其布置有节奏，避免杂乱感。

3.3.4.2 各杆件截面高度力求一致，厚度和长度比要适当，以求轻巧纤细。

下承式桁架顶部横向风构也要布置得简单有序，使结构稳定，造型美观。

3.3.5 悬索结构作为天桥的方案时，应注意这种结构的振动特性给行人造成不舒适感的影响，并与斜拉桥做方案比较。

3.4 梯（坡）道、平台

3.4.1 梯道坡度不得大于1:2。

3.4.2 手推自行车及童车的坡道坡度不宜大于1:4。

3.4.3 残疾人坡道设置应符合下列要求：

3.4.3.1 残疾人坡道的设置应以手摇三轮车为主要出行工具，并考虑坐轮椅者、拐杖者、视力残疾者的使用和通行。

3.4.3.2 坡道不宜大于1:12，有特殊困难时不应大于1:10。

3.4.4 梯道宜设休息平台，每个梯段踏步不应超过18级，否则必须加设缓步平台，改向平台深度不应小于桥梁宽度，直梯（坡）平台，其深度不应小于1.5m；考虑自行车推行时，不应小于2m。自行车转向平台宜设不小于1.5m的转弯半径。

3.4.5 栏杆扶手应符合下列规定：

3.4.5.1 栏杆高度不应小于1.05m。

3.4.5.2 栏杆应以坚固、耐久的材料制作，并能承受3.1.11条规定的水平荷载。

3.4.5.3 栏杆构件间的最大净间距不得大于14cm，且不宜采用横线条栏杆。

3.4.5.4 考虑残疾人通行时，应在0.65m高度处另设扶手，在儿童通行较多处，应在0.8m高度处另设扶手。

3.4.5.5 梯宽大于6m，或冬季有积雪的地方，梯（坡）面有滑跌危险时，梯、坡道中间宜增设栏杆扶手。

3.5 照 明

3.5.1 天桥桥面、桥梯最低设计平均亮度（照度）应符合下列要求：非繁华地区敞开的天桥不低于0.3nt（≈5LX）；繁华地区敞开的天桥不低于0.7nt（≈10LX）；封闭式的天桥不低于2.2nt（≈30LX）。应合理选择和布设灯具，使照度均匀。

3.5.2 天桥的主梁和道路隔离带上的中墩立面的最低设计平均照度，应与所处道路路面的照度一致。

3.5.3 天桥照明灯具应与所处道路的路灯照明统筹安排。路段上的天桥可用调近灯间距加高灯杆的办法解决天桥照明。路口的天桥照明应专门设置。天桥的照明不应对桥下车辆驾驶员的视觉造成不良影响。

3.6 结 构 设 计

3.6.1 天桥采用钢筋混凝土、预应力混凝土结构时，应符合现行《公路钢筋混凝土及预应力混凝土桥涵设计规范》（JTJ025）的规定。

3.6.2 天桥采用钢结构及联合梁结构时，除本规范有特殊规定外，尚应符合现行《公路桥涵钢结构及木结构设计规范》（JTJ025）的有关规定。

3.6.3 天桥主体钢结构的钢材宜采用符合现行国标《普通碳素结构钢技术条件》要求的3号（A3）钢。在冬季气温低于−20℃的地区的焊接钢结构宜采用3号镇静钢。

3.6.4 天桥的钢结构应进行各种荷载组合下的强度、稳定、刚度和施工应力验算。同时，应满足构造规定和工艺要求。

3.6.5 天桥的钢结构各部分截面最小厚度（mm）应符合JTJ025规范规定。

3.6.6 天桥主体钢结构的型钢梁、板梁、联合梁等的设计计算、结构与细部构造按第3.6.2条执行。

3.6.7 天桥钢结构的主体结构允许采用箱梁、正交异性板梁、桁架、刚架以及预应力钢结构。这类结构，应在满足3.6.4条规定的条件下参照国家批准的专门规范或有关的规定进行设计，并应注意所选结构有利于养护维修。

3.6.8 天桥为梁式体系时宜采用联合梁结构。

3.7 地 基 与 基 础

3.7.1 天桥的地基与基础设计，除本规范有特别规定外，可采用现行的《公路桥涵地基与基础设计规范》（JTJ024）等规范。

3.7.2 天桥的地基与基础，应保证具有足够的强度、稳定性及耐久性。应验算基底压应力、地基下软弱土层的压应力、基底的倾覆稳定和滑动稳定等。有关地基的计算值均不得超过规范的限值。

对基础自身的结构强度、刚度、稳定性计算，视所用材料的不同，应符合本规范3.6和3.7节的规定。

3.7.3 天桥的基础应避开地下管线，其间距必须满足有关管线安全距离的规定；当基础无法避开地下管线时，经与有关单位协商，可采用移管线或骑跨管线的方法。修建天桥后，基础附近不再敷设管线时，可采用明挖浅基础；建桥后，基础附近有敷设管线可

能时，宜采用桩基础，并适当加大桩长。

3.7.4 天桥允许采用柔性基础、条形基础、装配式墩的杯口基础等基础结构，并可参照国家有关规范进行设计。

3.8 防 水 与 排 水

3.8.1 桥面最小坡度应符合下列要求：

3.8.1.1 天桥桥面应设置纵坡与横坡。

3.8.1.2 天桥桥面最小纵坡不宜小于0.5%，必要时可设置桥面竖曲线。

3.8.1.3 天桥桥面应根据不同类型铺装设置横坡。横坡可采用双向坡，也可采用单向坡，最小横坡值可采用1%。

3.8.2 桥面及梯道（或坡道）排水应符合下列要求：

3.8.2.1 桥面排水可设置地漏，导入落水管；落水管可采用隐蔽布置方式。

3.8.2.2 梯道（或坡道）可采用自然排水方式；为防止行人滑跌，踏步面可做1%～2%的横坡。

3.8.3 桥面防水层应符合下列要求：

天桥桥面铺装层下应设防水层，视当地的气温、雨量、桥梁结构和桥面铺装的形式等具体情况确定防水层做法；采用装配式预制梁板结构时，对结构拼接缝应采取止水措施。

3.9 其 他

3.9.1 天桥的墩、柱应在墩边设防撞护栏。

3.9.2 天桥桥墩按汽车撞击力核算桥墩的整体强度和局部应力时撞击力只与永久荷载进行组合。

3.9.3 天桥应按现行《公路工程抗震设计规范》（JTJ004）的要求以及《中国地震烈度区划图》所规定的基本烈度进行设计。天桥的抗震强度和稳定性的安全度应满足本规范组合Ⅴ的要求。

3.9.4 设在非全封闭路段上的天桥应设交通护栏阻隔行人横穿机动车道。当桥梯口附近有公共交通停靠站时，宜在路中设交通护栏。当桥梯口附近无公共交通停靠站时宜在道路两侧设交通护栏。交通护栏设置范围应与交通管理部门商定。

3.9.5 挂有无轨电车馈电线的天桥，馈电线与天桥间应有双重绝缘设施，天桥应有接地设施。

3.9.6 天桥基础与各地下管线最小水平净距应满足施工、维修和安全的要求，遇特殊困难时需与有关部门协商解决。

3.9.7 天桥上可设交通标志牌或其他宣传牌。任何标志牌或宣传牌均不得侵入桥下道路净空界限，不得侵入桥上行人净空。所设标志牌或宣传牌应安装牢固，不得危及行人和交通安全。

3.9.8 天桥上任何标志牌或宣传牌应与天桥立面相协调，不损害景观。标志牌总长度不得大于1/2跨径。

3.9.9 所有标饰的设置在视觉方面应突出交通标志；严禁设置闪烁型灯光广告。

3.9.10 天桥桥面及梯（坡）道两侧原则上应设置10cm高的地袱或挡檐构造物；快速路机动车道范围内，天桥两侧应设防护网罩。

3.9.11 天桥距房屋较近时，应根据需要设置视线遮板，并照顾到该房屋的日照问题。

3.9.12 天桥所用钢结构应慎重选择优质、耐老化的防腐涂料或油漆。

4 地 道 设 计

4.1 荷 载

4.1.1 地道设计荷载分类应符合表4.1.1的规定。

荷载分类表 表4.1.1

编号	荷载分类	荷 载 名 称
1	永久荷载 （恒载）	结构重力
2		预加应力
3		土的重力及土侧压力
4		混凝土收缩及徐变影响力
5		基础变位影响力
6		水的浮力
7	可变荷载	汽车
8		汽车引起的土侧压力
9		人群
10		平板挂车或履带车
11		平板挂车或履带车引起的土侧压力
12	偶然荷载	地震力

注：如构件主要为承受某种其他可变荷载而设置，则计算该构件时，所承荷载作为基本可变荷载。

4.1.2 设计地道时，应根据可能同时出现的作用荷载，选择下列荷载组合：

组合Ⅰ：可变荷载（平板挂车除外）的一种或几种与永久荷载的一种或几种相组合；

组合Ⅱ：平板挂车与结构重力、预应力、土的重力及土侧压力中的一种或几种相组合；

组合Ⅲ：在进行施工阶段的验算时，根据可能出现的施工荷载（如结构重力、材料机具等）进行组合；

构件在吊装时，构件重力应乘以动力系数1.2或0.85，并可视构件具体情况作适当增减。

组合Ⅳ：结构重力、预应力、土重及土侧压力中的一种或几种与地震力相组合。

4.1.3 结构物重力及附属设备等外加重力均属结构重力，可按表3.1.4常用材料密度表计算。

4.1.4 预加应力可参照第3.1.5条进行计算

4.1.5 土的重力对地道的竖向和水平压力强度，可按下式计算：

竖向压力强度　　　$q_v = \gamma h$　　　(4.1.5-1)

水平压力强度　　　$q_H = \lambda \gamma h$　　　(4.1.5-2)

式中　γ——土的重力密度，kN/m^3；

h——计算截面至路面顶的高度；

λ——侧压系数，按下式计算：

$$\lambda = tg^2(45° - \phi/2)$$

ϕ——土的内摩擦角。

4.1.6 混凝土收缩及徐变影响力可参照第3.1.6条进行计算。

4.1.7 基础变位影响力可参照第3.1.7条进行计算。

4.1.8 水浮力可参照第3.1.8条进行计算。

4.1.9 车辆荷载的计算应符合下列要求：

4.1.9.1 车辆荷载引起的竖直土压力

计算地道顶上车辆荷载引起的竖向压力时，车轮或履带按着地面积的边缘向下做30°角分布。当几个车轮或两履带的压力扩散线相重叠时，则扩散面积以最外边线为准。

4.1.9.2 车辆荷载引起的土侧压力

车辆荷载引起的土侧压力可换算成等代均布土层厚度按第4.1.5条土的水平压力强度公式来计算。

4.1.9.3 车辆荷载等级应根据在地道上面的道路使用任务、性质和将来的发展情况参照表4.1.9确定。

汽车、平板挂车、履带车的主要技术指标，参照现行的《公路桥涵设计通用规范》（JTJ021）第2.3.1条及其表2.3.1及第2.3.5条及其表2.3.5的有关规定。

4.1.10 人群荷载可按$4kN/m^2$计算。

4.1.11 栏杆扶手上的竖向荷载1.2kN/m；水平荷载2.5kN/m。

两者应分别考虑，且不与其他活载叠加。

城市桥梁设计车辆荷载等级选用表 表4.1.9

城市道路等级 荷载类别	快速路	主干路	次干路	支 路
计算荷载和验算荷载	汽车-超20级 挂车-120	汽车-20级 挂车-100 或 汽车-超20级 挂车-120	汽车-15级 挂车-80 或 汽车-20级 挂车-100	汽车-15级 挂车-80

注：表列城市道路等级系按"城市道路设计规范的分类划分"执行。小城市中支路根据具体情况也可考虑采用汽车-10级、履带-50。

4.1.12 地震力可参照现行的有关抗震规范的规定计算。

4.2 建 筑 设 计

4.2.1 总平面设计应符合规划要求，结合当地环境特征、交通状况、人流集散方向等因素进行。地道布局应结合特定的行政文化、体育娱乐、现有人防工程、商业活动地域等因素综合考虑，为远期逐步形成地下步行体系留有余地。

4.2.2 地道进出口是否设顶盖以及顶盖的建筑艺术，应遵循与环境协调的原则。

4.2.3 地道内可按其重要性和功能需要考虑设备、治安、卫生等工作用房。

4.2.4 建筑装修标准应以节约与效果相统一为原则。

4.2.4.1 合理选用装修材料，力求美观与耐久，维护与清洁相统一；宜选用表面光洁、不易沾染油污、耐酸碱、耐洗刷、易修复的材料；不得采用水泥拉毛墙面。

4.2.4.2 地道内的装修材料应采用阻燃材料。

4.2.5 梯道踏步规格同3.2.6条。

4.2.6 地道内长度、净宽与净高的比例应符合下列规定：

4.2.6.1 地道长度原则上按规划道路宽度确定，对较长通道或较宽通道应适当加大净高。

4.2.6.2 地道设计宽度应根据设计通行量及地道性质确定。

4.2.7 考虑残疾人使用的建筑标准按现行《方便残疾人使用的城市道路和建筑物设计规范》（JGJ50）执行。

4.3 结 构 选 型

4.3.1 地道结构体系选择应符合下列原则：

4.3.1.1 应满足使用要求和交通发展的需要，根据施工环境、交通条件、施工期限、施工条件和投资可能，结合施工工艺进行综合技术经济比较，选择结构体系。

在交通繁忙地区宜选择影响交通较少的暗挖工法及相应结构。

4.3.1.2 应根据水文、地质条件，按有利于结构安全和结构防水的原则进行选择。

4.4 梯（坡）道、平台与进出口

4.4.1 梯道、手推自行车及童车坡道的坡度应符合下列要求：

4.4.1.1 梯道坡度不应大于1：2。

4.4.1.2 手推自行车及童车的坡道坡度不应大于1：4。

4.4.2 残疾人坡道设置条件同3.4.3条。

4.4.3 雨水较多地区和有需要时，可设顶盖。

4.4.4 梯道休息平台的规定同3.4.4条。

4.4.5 扶手高度应符合下列要求：

4.4.5.1 扶手高度自踏步前缘线量起不宜小于0.80m。

4.4.5.2 供轮椅使用的坡道两侧应设高度为0.65m的扶手。

4.4.5.3 增设中间扶手规定同3.4.5.5条。

4.5 照明通风

4.5.1 地道通道及梯道地面设计平均亮度（照度）不得小于 2.2nt（≈30LX），应合理布设灯具，使照度均匀；地道进出口设计亮度（照度）不宜小于 2.2nt（≈30LX）。

4.5.2 灯具距地面的高度不宜小于 2.2m。当灯具低布时，必须采取防护措施。

4.5.3 地道照明电线的布设和配电箱宜考虑全部灯具照明、部分灯具照明、少量灯具深夜长明等不同要求，以节约用电。

4.5.4 地道主通道长度小于等于 50m 时，采用自然通风。

4.5.5 地道内应根据需要设置应急电源及应急照明装置。重要地道可考虑双路电源。

4.6 钢筋混凝土及预应力混凝土结构

4.6.1 地道的钢筋混凝土、预应力混凝土结构除应符合本规范规定外，尚应符合现行的《公路钢筋混凝土及预应力混凝土桥涵设计规范》（JTJ—023）的规定。

4.6.2 为行车平稳，地道上机动车行驶部分的覆盖层厚度宜大于 30cm。覆盖厚度大于或等于 50cm 的地道不计汽车荷载的冲击力。

4.6.3 地道可沿纵向取一单位宽度作平面结构（刚架、部分铰接的刚架、拱等）计算，计算中应考虑车辆在地道上和在地道一侧填土上使平面结构控制截面产生不利效应的各种工况。

4.6.4 地道应根据其纵向的刚度和地基土的情况进行分段。每段长度不宜大于 20m。地道各段间以及地道与门厅间应设置止水型沉降缝。

4.6.5 地道采用暗挖法、盖挖法、管棚法等工法施工时，应考虑所有施工阶段和体系转换过程的施工验算，确保施工和使用阶段的结构安全，并应满足有关地下工程规范的规定。

4.7 地基与基础

4.7.1 地道的地基与基础，可采用现行的《公路桥涵地基与基础设计规范》（JTJ024）

4.7.2 地道的基础应置于原状土层上。地基差时可采用置换地基土或进行地基加固。

4.8 防水与给排水

4.8.1 地道防水应符合下列要求：

4.8.1.1 地道防水按一级防水标准设计，即不应有渗水，围护结构无湿渍。

4.8.1.2 地道防水宜采用防水混凝土自防水结构，并根据结构与施工需要设置附加防水层或采用其他防水措施。

4.8.1.3 当地道设置变形缝、施工缝时，应采取加强措施，以满足防水、防漏要求。

4.8.1.4 地道的其他防水要求应符合现行《地下工程防水技术规范》（GBJ108）的规定。

4.8.2 地道排水及泵房设置应符合下列规定：

4.8.2.1 地道内排水应设置独立的排水系统。凡能采用自流方式排入地道外的城市排水管道的，应采用自流排水；否则需设置泵房，排水设计应符合现行的《给水排水工程结构设计规范》（GBJ69）和《室外排水设计规范》（GBJ14）的规定，也可采取其他排水措施。

4.8.2.2 地道内地面铺装层应设置横坡，必要时也可同时设置纵坡与横坡，以利排水。最小坡值宜采用1%。

4.8.2.3 对于进出口未设置雨棚建筑的地道，除地道内铺装层设置纵横坡外，地面铺装两侧设置排水边沟，并盖以格栅。

4.8.2.4 梯道踏步排水方式同3.8.2.2条。

4.8.3 进出口应有比原地面高出 0.15m 以上的阻水措施，视当地地面积水情况定。

4.8.4 地道内应设置给水，供地道冲洗用。

4.9 其 他

4.9.1 地道应按现行《公路工程抗震设计规范》（JTJ004）进行设计并设防。

4.9.2 地道附近交通护栏的设置原则、位置、范围，与天桥的第 3.9.4 条相同。

4.9.3 人行地道的主通道宜采用埋深浅的结构，也可将进出口设在分隔带内，以便为非机动车道敷设管线。地道与各地下管线的最小水平净距与第 3.9.6 条同。

4.9.4 地道出入口以及地道内应根据需要设置导向牌；所有宣传性标志牌的设置不得妨碍地道通行能力。

5 施 工

5.1 一般规定

5.1.1 天桥与地道施工应注重安全、优质、快速、文明，做到不影响或少影响当地交通。精心施工，保证质量。

5.1.2 施工前应对地下管线及地下设施做充分调查核实，确认其种类、埋深、位置、尺寸，并同这些管线、设施的主管部门现场核对，协商施工前、后的处理方法。

5.1.3 施工前应对施工地点现有交通做调查统计，与交通管理部门共同商定施工期间交通管理的方式和措施；商议时需与施工方法、施工机械的配置方案一并研究。

5.1.4 施工前应对施工地点的环境做细致调查，在决定施工方案时应减少对当地环境的尘土、噪音、振动等污染。

5.1.5 施工现场应有必要的围挡，确保行人、车辆通行安全，且有利于工地维持整洁。

5.1.6 施工挖掘过程要注意土体稳定和地面沉降问题，应有量测监控，随时监视可能危及施工安全和周围建筑安全的动态，并有应急措施。

5.1.7 天桥与地道的施工除本规范规定的外，尚应符合现行《公路桥涵施工技术规范》（JTJ041）、《市政桥梁工程质量检验评定标准》（CJJ2）和《混凝土强度检验评定标准》（GBJ107）的有关规定。

5.1.8 所用主要材料应符合现行国标、行标和本规范的规定。

5.2 基础工程

5.2.1 开工前应做好给水、排水、电力、电讯、煤气、热力等管线的拆迁或加固。

5.2.1.1 天桥或地道开工前应再次核实工程范围内各种管线和结构物的资料。

5.2.1.2 天桥或地道基础开槽施工遇有地下管线时，应根据管线的重要性，考虑迁改或加固过程中管线所受影响以及技术经济因素，做全面衡量后确定处理措施。

（1）仅在天桥、地道基础施工期间有矛盾、竣工后并无矛盾的情况下可按如下加固措施进行处理：

1）采用临时支架的办法，等工程完工后，管线仍可保持原有位置；

2）采用钢筋混凝土包封加固，混凝土强度不应低于 C20 级，包封的结构尺寸及配筋应根据结构计算确定；

3）采用做盖板沟保护的办法，在管缆两侧砌沟墙上面加盖板。

（2）在条件许可时，可采用局部改线的办法。

5.2.2 开挖基坑前应详细调查基坑开挖对附近建筑物安全的影响，并应采用相应预防措施。基坑顶有动载时，坑顶与动载间至少应留有1m 宽的护道，若工程地质和水文地质不良或动载过大，应加宽护道或采取加固措施。

当坑壁不能保证适当稳定坡角时，基坑壁应采用支撑护壁或其他加固措施。

5.2.3 做好征地、拆迁树木移植、砍伐等的申报及协商工作。

5.2.4 做好交通临时管理措施（包括改道或建临时便线）的申报协商安排。

5.2.5 基坑顶面应设置防止地面水流入基坑的措施。

5.3 构件制作

5.3.1 钢筋、混凝土材料的加工、制作、质量标准及验收等应符合现行的《市政桥梁工程质量检验评定标准》(CJJ2)和《公路桥涵施工技术规范》(JTJ041)的有关规定。

5.3.2 天桥主梁构件浇筑或预制时，应确保设计规定的预留拱度。

5.3.3 分段预制时，应考虑构件分段长度、宽度、重量、现场临时支架位置、拼接难度及工期等因素。

5.4 运输吊装

5.4.1 天桥和地道预制构件的运输与吊装应按现行的《公路桥涵施工技术规范》(JTJ041)的有关规定执行。

5.4.2 运输吊装前应制定技术方案，对构件吊装方法、沿途道路障碍处理措施、交通疏导、现场的杆线和电车馈线停运与恢复时间及协作配合的指挥方式、安全措施等都应有安排。

5.4.3 安装分段预制的梁、组合梁、分段预制经体系转换而成的连续体系或空间结构，应制定技术方案和相应的施工验算，使最后形成的结构的内力、高程、线型与设计相符。

5.5 附属工程

5.5.1 天桥与地道各梯（坡）道口地面铺装工程应与附近原步道铺装相协调，尤其在高程和坡度方面应方便行人。

5.5.2 天桥与地道竣工时应同时完成各种交通标志的施工安装以及全部配套交通护栏工程。

5.5.3 天桥与地道主体结构施工部门应与有关部门做好照明、通讯、电力、煤热、上下水、绿化及其他附属工程的施工配合。

5.5.4 天桥施工与电车架空线有配合关系时，施工部门应与公交部门密切合作，确保双方的工程安全和人身安全。架空电线需悬挂在桥体上时必须设置绝缘装置。

附录 A 本规范用词说明

A.0.1 对执行条文严格程度的用词采用以下写法：

（1）表示很严格，非这样做不可的用词：

正面词采用"必须"；

反面词采用"严禁"。

（2）表示严格，在正常情况下均应这样做的用词：

正面词采用"应"；

反面词采用"不应"或"不得"。

（3）表示允许稍有选择，在条件许可时首先应这样做的用词：

正面词采用"宜"或"可"；

反面词采用"不宜"。

A.0.2 条文中应按指定的其他有关标准、规范的规定执行，其写法为"应按……执行"或"应符合……要求（或规定）"。

如非必须按指定的其他有关标准、规范的规定执行，其写法为"可参照……"。

附加说明

本规范主编单位、参加单位和
主要起草人名单

主 编 单 位：北京市市政工程研究院

参 加 单 位：上海市城市建设设计院

广州市市政工程设计研究院

北京市市政专业设计院

主要起草人：石中柱　李　坚　张　靖　方志禾

欧阳立　许　平　罗景茂　史翠娣　范　良

中华人民共和国行业标准

城市人行天桥与人行地道技术规范

CJJ 69—95

条 文 说 明

前　言

根据建设部建标〔1990〕407 号文的要求，由北京市市政工程研究院主编，上海市城市建设设计院、广州市市政工程设计研究院、北京市市政专业设计院等单位参加共同编制的，《城市人行天桥与人行地道技术规范》（CJJ 69—95），经建设部 1996 年 3 月 14 日建标〔1996〕144 号文批准，业已发布。

为便于有关人员使用本规范时能正确理解和执行条文规定，《城市人行天桥与人行地道技术规范》编制组按章、节、条顺序，编制了本《条文说明》，供国内使用者参考。在使用中如发现本《条文说明》有欠妥之处，请将意见直接函寄北京市百万庄大街 3 号，北京市市政工程研究院《城市人行天桥与人行地道技术规范》管理组（邮编 100037）。

本《条文说明》由建设部标准定额研究所组织出版，仅供国内使用，不得外传和翻印。

目　　次

1 总　则

1.0.1 随着经济建设的发展,我国城市交通日趋发达,为提高城市路网的通行能力,确保行人过街安全、方便,城市人行天桥与地道的建设日益增多。已有经验表明,这种人行过街设施对提高车辆运行速度、实现人车争流、改善交通拥挤状况、提高城市居民步行质量等有良好交通和社会效益,因而越来越受到城市建设部门的重视。为使人行过街设施建设有章可循,避免盲目性,并能以最低的投入取得最佳效果,特制定本规范,以统一标准。

1.0.2 本规范适用于城市道路的人行过街设施,原则上也可供修建郊区公路上的人行天桥、地道时参考,厂矿及居住区的天桥与地道建设可参照使用。

但因车站、码头、航空港以及大型公共场所的内部人行天桥或地道设施在人流、荷载、建筑等方面有特殊性,故不在本规范适用范围之内。

1.0.3 由于天桥、地道一般都在市区,人流与交通繁忙,设计与施工时应该注意满足一些基本要求,使这类工程能在各个方面满足功能需要,方便行人和当地居民,为城市建设带来最大限度的社会和经济效益。

人行过街设施在城市建设项目中是小项目,但因为它直接为万千群众所使用,因而最易对群众产生影响,并受到评论。为此,天桥地道的设计与施工必须认真对待。

2　一般规定

2.1　设计通行能力

2.1.1 人行天桥与地道的设计通行能力,80年代北京采用3000P/(h·m),上海、广州采用2500P/(h·m)。为了与现行的《城市道路设计规范》(CJJ37-90)一致,所以天桥与地道采用2400P/(h·m);车站、码头前的天桥、地道为1850P/(h·m)。

2.2　净　宽

2.2.1 根据现行的《城市桥梁设计准则》、现行的《城市道路交通规划设计规范》和有关资料,一条人行带的标准宽度为0.75m,而车站、码头区域内,因人力运输较多,故其人行带宽度取0.9m。

2.2.2 因行人在通道上的步速大于梯道上攀登的速度,天桥与地道的梯(坡)道净宽应与通道相适应,且不应少于通道的人行带数。梯(坡)道净宽应大于通道净宽,与《城市道路设计规范》(CJJ37)一致。

2.3　净　高

2.3.1.2 跨铁路天桥桥下净高按现行的《标准轨距铁路建筑限界》(GB146.2)规定与现行的《城市道路设计规范》一致。

2.3.1.3 桥下为非机动车道,一般桥下最小净高取3.5m,与现行的《城市道路设计规范》(CJJ37)相一致。但当两侧建筑物内驶出的普通汽车需经天桥下非机动车道进出机动车道时,桥下净空取4.0m,不考虑电车和集装箱车,只考虑普通汽车,是从实际出发。

2.3.2.1 地道通道的最小净空为2.5m,与现行的《城市道路设计规范》(CJJ37)一致。

2.3.2.2 最小垂直净高为2.4m,是按地道通道最小净高为2.5m和梯道坡度为1:2~1:2.5,与现行的《城市道路设计规

范》(CJJ37)一致。极限净高2.2m与现行的《建筑楼梯模数协调标准》(GBJ162)规定一致。

2.4　设计原则

2.4.1 天桥与地道工程一般属永久建筑,建成后一般不轻易改建,因此在规划布局时,必须与城市道路网规划一致,而且要适应交通需要才能较好起到应有作用。故应遵照本规范并参照有关道路交通规划设计规范的具体规定来规划天桥与地道。

2.4.1.6 在人流集散时间集中,对顽童、学生等需要倍加保护的地方,例如小学、中学校门口等,可设专用过街设施。

2.4.2 天桥和地道各有优缺点。天桥具有建筑结构简单、工期短、投资较少、施工较易、施工期基本不影响交通和附近建筑安全、与地下管线的矛盾较易解决、维护方便等优点,但是在与周围环境协调问题上要求较高,特别是附近有文物、重要建筑时更不易处理;其次过街者一般不愿意走天桥,建天桥也常给道路改造带来困难,并且可能与将来修建立交桥和高架桥发生矛盾。地道的优点是与附近景观没有矛盾,净高比天桥要少些,一般与道路改造矛盾较少。但地道一般须设泵站排水,结构比较复杂,施工较难,影响交通,工期长,造价高,与地下管线矛盾较难处理,建成后还要专人管理,管理和维护费用大。因此在总体设计时,应对天桥与地道做详细全面的比较。

2.4.3 掌握使用者的动态是进行人行天桥或地道规划设计时的重要依据,应进行交通量调查、行人交通流动线规划等工作,然后具体确定天桥或地道的方案,平面布局合理组织人流,疏导交通。

2.4.4 城市道路两侧建筑比较复杂,要与周围环境协调,要不因建造天桥而破坏附近建筑,特别是文物和重要建筑的景观。而地道最易遇到与地下管线、地下构筑物的矛盾,要不因为建造地道而使地下管线或构筑物拆迁太多,造成工程造价过大。

在路上交通复杂,人与车、车与车、人与人都产生交织矛盾,要找出交通矛盾的主要方面,比较选择出效益好的交通设施(天桥、地道或立交桥),同时还要考虑建筑艺术,以求最大综合效益。

2.4.5 天桥与地道虽然是过街行人的安全设施,但是走天桥与穿地道,一般都较费力,行人不太乐意,因此要采取必要的方便行人、诱导行人以及带一定强制性的措施,如将公交车站与天桥或地道出入口相结合,在出入口各端道路的人行道边缘,用一段相当长的栏杆与车行道隔离,强制过街行人走天桥或穿地道等。

2.4.6 建造天桥或地道工程,主要是消除人流对交通干扰,以利机动车在车行道上连续通行,并使过街者得以安全过街。但是建造天桥或地道中须占用地面,尤其是升降设施占地面积较多,主要是占用人行道和妨碍附近建筑及出入口的交通,应尽量减少占地,有条件的应充分利用邻近公共建筑设置升降设施。

2.4.7 天桥或地道工程一般都建立在交通繁忙、人流密集的地区,在施工期间一般都不能中断交通。因此天桥地道必须采用有利于快速施工的结构和施工工艺。

2.4.8 人行天桥不同于一般桥梁,它是当地行人和附近居民接触最频繁的建筑物,人们在近距离内看到它的机会很多,故应使人行天桥具有远观和近视美,把人行天桥的建筑造型与周围环境相协调,溶于周围环境之中。其次还要考虑天桥的色彩和铺装,不使天桥在现代化建筑或其他优美典雅建筑的对比之下,相形见绌。

2.4.9 商场、文体场(馆)、地铁站等大型人流集散点的行人很多都需要横过道路到其他地方去进行购物文娱等活动。因此,如在这些地方规划人行天桥,并与各场馆出入口联结,就能有效地将行人迅速集散到各目的地,减少行人上下桥梯的次数。

2.5　构造要求

2.5.3 桥梁上部结构设置预拱度是为了补偿结构重力挠度,同时

要求在无荷载时有拱度，以增加舒适感和美观，所以预拱度采用结构重力挠度加静活载挠度。对于连续梁的预拱度，应在结构重力作用下足以抵消结构重力产生的挠度，使桥面保持平顺。

当由静载和静活载产生的挠度不超过跨径的1/1600时，因天桥变形很小，可不设预拱度。

对于预应力混凝土桥梁，设置预拱度时要考虑预加应力引起的反拱值。反拱值的计算应用材料力学公式，刚度采用未开裂截面的 $0.85E_nI_o$。此外，I_o 为换算截面惯性矩，即把配筋的因素考虑在内。

2.6 附 属 设 施

2.6.1.2 该条是根据交通管理部门的有关车辆载物规定而定的。其规定如下：

(1) 大型货车载物高度从地面起不准超过 4m。

(2) 小型货车载物高度从地面起不准超过 1.5m。

(3) 后三轮摩托车、电瓶车和三轮车载物高度从地面起不准超过 2m。

(4) 机动车的挂车载物高度不准超过机动车载物高度规定（大型拖拉机的挂车不准超过 3m，小型拖拉机的挂车不准超过 2m）。

(5) 人力货车载物高度从地面起不准超过 2.5m。

(6) 自行车载物高度从地面起不准超过 1.5m。

2.6.4 条文中所说的"架空线距桥面不足安全距离"是指最低线条（最大弧垂时）至桥面的最小垂直空距或最小间距。

3 天 桥 设 计

3.1 荷 载

3.1.1 关于荷载的分类，本规范仍按《公路桥涵设计通用规范》（JTJ021），将恒载、人群荷载及其影响力、其他荷载和外力，按荷载的性质和可能发生的机率，划分为永久荷载、可变荷载（基本可变荷载和其他荷载）和偶然荷载 3 类。永久荷载是经常作用的数值不随时间变化或变化很小的荷载（相当于以往习惯称呼的恒载）；可变荷载的数值是随时间变化的，按其对天桥结构的影响，又分为基本可变荷载（相当于以往惯称的活载）和其他可变荷载两类；偶然荷载作用的时间是短暂的，或者是属于灾害性的，发生的机率很小。

混凝土的收缩和徐变影响力在混凝土结构中是必然产生的，而且是长期作用的；水的浮力对结构也是长期作用的，只要地基透水，必然产生浮力。因此，本规范也仍按《公路桥涵设计规范》（JTJ021）将此两项作用力列为永久荷载。

根据设计实际需要和工程实际出现的情况，将基础的变位影响力也列入永久荷载中。因为基础一旦发生变位后回不到原来位置，它的作用力也是永久的。

地震力和汽车撞击力发生的机率小，故列为偶然荷载。

对于超静定结构，必须考虑温度变化产生的变形和由此引起的内力，它的大小应根据当地具体情况、结构物使用材料和施工条件等因素而定，本规范将它列为其他可变荷载。

3.1.2 荷载组合是关系到人行天桥经济与安全的重要问题，它涉及到多种因素，主要有：(1) 荷载的性质及其出现的机率；(2) 建桥地点的地质、水文、气候等条件；(3) 结构特性。因此在设计过程中，应加强调查研究工作，根据实际情况进行综合分析，把可能同时出现的各种荷载合理地加以组合。根据各种荷载同时发生的可能，本节对荷载组合做了 5 种规定。这几种规定，只指出了荷载组合要考虑的范围，其具体组合内容，尚需由设计者根据

实际情况确定，规范不宜规定过死。

3.1.3 我国在设计公路桥涵时，人群荷载一般规定为 3kPa，城、近郊区行人密集地区一般为 3.5kPa，日本《立体过街设施技术规范》规定设计桥面板时为 5kPa。考虑到我国人口特点以及桥面人群分布的不均匀性，本规范规定桥面板的人群荷载按 5kPa 取用。

设计公路桥涵时，当行人道板为钢筋混凝土板时，应以 1.2kN 集中竖向力作用在一块板上进行验算。而城市人行天桥常常地处人流密集的商业繁华地区，因此本规范规定取 1.5kN 集中竖向力作用在一块板上进行验算。

3.1.4 结构物重力可按照结构物实际体积或设计时所假设的体积及其材料的密度进行计算。

3.1.6 混凝土收缩的原因主要是水泥浆的凝缩和因环境干燥所产生的干缩。混凝土收缩有下列规律：

1. 随水灰比增长而增加；

2. 高标号水泥的收缩较大，采用某些外掺剂时也会加大收缩；

3. 增加填充集料可减少收缩，并随集料的种类、形状及颗粒组成的不同而异；

4. 收缩在凝结初期比较快，以后逐渐缓慢，但仍继续很长时间；

5. 环境湿度大的收缩小，干燥地区收缩大。

对于静不定结构（如拱式结构、框架等）和联合梁等，必须考虑由于混凝土收缩变形所引起赘余力的变化和截面内力的变化。但对于地道，此项影响力不大，一般可略去不计。

分段浇注的混凝土结构和钢筋混凝土结构，因收缩已在合拢前部分完成，故对混凝土收缩的影响可予酌减，拼装式结构也因同样理由予以酌减。

混凝土的收缩应变值，根据建筑科学研究院 1963 年试验资料，50 号水泥拌制的 30 号混凝土，水灰比 0.4，空气相对湿度 93%～32%，210d 的收缩系数为 0.000308（混凝土温度每变化 1℃的胀缩系数为 0.00001），故相当于降温 30.8℃。当采用高标号水泥，且水灰比大或养生条件差时，可根据实测或经验确定，取用较上述收缩系数更大些的值。

3.1.7 在连续梁或刚架结构等超静定结构桥梁上，由于地基沉降等引起结构物基础下沉、水平位移或转动而使构件应力增大，故做了此条规定。

对于混凝土和钢筋混凝土桥，如果不考虑徐变影响进行计算时，可将变位内力计算值的 50% 作为设计截面力。但对于最初就考虑徐变影响的精确计算，则不受此规定限制。

钢桥按弹性理论所求得的截面力就是设计截面力。

墩高与梁跨比很小的刚架结构，由于支点位移和转动在一些部位引起大的应力，因而要特别注意。计算支点位移影响的内力时，容许力不能提高（即安全系数不能降低）。

3.1.8 水浮力是作用于建筑物基底面的由下向上的水压力，等于建筑物排开同体积的水重力。水浮力与地基的透水性、地基与基础的接触状态及水压大小（水头高低）和浸水时间等因素有关。

对于透水性土，如砂类土、碎石类土、粘砂土等，因其孔隙存在自由水，均应计算水浮力。粘土属非透水性土，可不考虑水浮力。由于水浮力对桥墩的稳定性不利，故在验算桥墩稳定时，应按设计频率水位计算；计算基底应力及基底偏心时，按常水位计算或不计浮力，这样考虑比较安全、合理。

完整岩石上的基础，当基础与基底岩石之间灌注混凝土且接触良好时，水浮力可以不计。但遇破碎的或裂隙严重的岩石，则应计入水浮力。作用在桩基承台座板底面的水浮力应予考虑，但管桩下沉嵌入岩层并灌注混凝土者，须扣除管柱截面。管柱亦不计水浮力。

计算水浮力时，基础襟边上的重力应采用浮容重力，且不计襟边上水柱重力。浮容重 r' 按下式计算：

$$r' = \frac{1}{1+e}(r_0 - 1)$$

式中 e——土的孔隙比；

r_0——土的固体颗粒密度，一般采用27kN/m³。

3.1.9 风力对天桥的稳定和强度有一定的影响，特别在我国东南沿海地区，因受台风袭击，容易造成结构破坏，故在设计天桥时必须考虑这一因素。

作用于天桥上的风力，可能来自各个方向，而以横桥轴方向最为危险，故通常按横桥向的不平风力计算。上部构造，除桁架式上部构造应计算纵向风力外，一般不计纵向风力。桥墩应计算纵向风力。风对于桥面的向上掀起力，也应予以考虑。

纵向风力的计算方法：对梁式桥上部构造，由于纵向迎风面积很小，一般不计算。桁架式上部构造的纵向风压按横向风压的0.4倍计算。斜拉桥塔架上的纵向风压取值与横向风压相同。桥墩纵向风压强度为横向风压强度的0.7倍。

3.1.10 用各种材料修建的天桥，在温度变化影响下，都要产生变形。对于简支梁、连续梁等桥墩结构，因为有活动支座和伸缩缝准其自由伸缩，因而温度变化在结构内部不产生应力。对于拱、刚构等，因温度变化产生的变形受到约束，结构内部要产生附加应力，设计时必须考虑。

温度每升高或降低1℃，单位长度构件的伸长或缩短量称为材料的膨胀系数。本规范列出了几种主要材料的线胀系数。

钢材由于具有较好的导热性能，对温度变化敏感，所以本规范按建桥地区的最高、最低气温采用。砖、石、混凝土和钢筋混凝土，对温度变化的敏感性较差，导热慢，故按建桥地区的最高、最低月平均气温采用。我国多数地区最高月平均气温是7月，最低月平均气温是1月，所以可按7月和1月的平均温度采用。

结构的温度变化，应从结构物合拢时起算，设计时应按当地实际情况确定合拢温度。

3.1.11 一般公路桥梁人群作用于栏杆上的水平推力规定为0.75kN/m，日本《立体过街设施技术规范》规定，作用于高栏顶部的水平力定为2.5kN/m，不增加允许应力。根据日本经验和我国的经验教训，本规范规定人群作用于栏杆上的水平推力为2.5kN/m，施力点在栏杆柱顶高度。

3.1.13 天桥墩柱时常有设置在道路分隔带上或离路缘较近的情况，因而有被汽车撞击之虞。为确保天桥不致因汽车撞击其墩柱而导致桥毁人亡、阻塞交通的事故，在上述墩柱周围有必要设置刚性防撞墩，以减轻被撞的损坏程度及汽车的毁坏程度。

根据交通部颁布的《高速公路交通安全设施及施工技术规范》（JTJ074—94）及条文说明，我国公路上10t以下中、小型汽车约占总数的80%，10t以上大型汽车占20%，主流车型为解放、东风等货运汽车。因此，计算撞击力的撞击车重取100kN。又据统计，国产车平均最高车速为80km/h，一般撞击车速取其80%，即按64km/h计。由于本条文主要针对天桥安全，因此在建议值中汽车重力按150kN，撞击速度按22.2m/s计。在没有试验资料时，撞击时间按《公路桥涵设计通用规范》的建议值1s计。

3.2 建筑设计

3.2.1 说明了天桥设计图低表达要求，提出了天桥设计的建筑设计质量，进一步重视了天桥的总体线型设计及天桥的造型设计。

主要说明了有关天桥建筑设计的总体构思要素、天桥桥体的设计依据、设计深度。

3.2.2 人行天桥可用于旧城道路改造，提高道路通行能力，同时也可用于新建交通设施的跨线交通。条文中说明天桥设计的原则，既要注重传统历史文化的保存与改造，又要在设计中不拘泥传统，创出时代风貌，同时也说明天桥建筑造型与周围环境的关系，与不同地域的气候条件有关。

3.2.3 广告牌是环境艺术的重要部分，但必须统一规划设计，统

一管理，否则会造成对环境的污染，造成城市环境景观的混乱。

3.2.4 说明建筑装修与周围环境的关系，装修在市政设施中不是主要手段，装修应该注重与环境的关系，应该与节约投资相统一。

3.2.5 提出的数据均为实践运用的经验数据，行车舒适的梯道应具有良好的攀登效率，并不是越平缓越好，条文规定几种不同使用功能坡度的控制值及踏步高宽比关系式，应用较普遍，且为一些国家的建筑规范所采用。目前国内有些梯道带坡道的人行天桥，因高宽比不符合人的跨步距离，行走不舒服，应引起注意。

3.3 结构选型

3.3.1 条文中有关意图简述如下：

工程性质：天桥工程具有很强的目的和功能特性，它的作用应该表现在能改善人车混杂交通的混乱状态，解决机动车得以继续通行和提高机动车的车速，消灭交通事故，保障行人过街的安全。所建天桥不致引起交通矛盾的转化，不因建桥而破坏周围环境或妨碍新建筑物的立面和今后建立交桥及道路改造的总体布局等。

环境特征：要使天桥结构体系与周围环境相协调，则要研究该地区的总体规划环境特征和现状条件。

不同地区城市建筑均有不同的特征和风格，人行天桥总体布置（包括平面、立面、横断面的布置）及结构体系的选择的关键问题是与城市环境的关系问题，城市环境的形成是一个长期积累和发展的过程，其风格和特征常常表现了一个城市的文化背景和传统习俗，城市环境所有的建筑和色彩是由该地区的风土人情所决定，因此人行天桥不仅要改善城市交通问题和步行质量，而且还要与城市环境特征和人们的生活习俗相结合，才会被人们所接受和喜欢，并其真正成为城市环境中不可缺少的因素。

道路平面：可分为直线形、三叉路口、十字交叉路口、复合（畸形）交叉口等，故天桥的平面布置大致有如下几种：①处在非交叉口的直线形道路一般采用一字形；②三叉路口有一字形、L形、∩形、Y形、△形、圆形等；③十字交叉路口有一字形、L形、口形、X形、I形、正方形、菱形、圆形等；④复合（畸形）交叉口有一字形、圆形、S形、梯形、弧线形等。

道路横截面组成部分有车行道和人行道、绿化隔离带及道路周围的公用设施和空地等。

道路竖向则有平坦地形及起伏地形等。

根据道路性质应区别对待，如在主干道、快速干道和繁华商业街上建天桥，则应采用简洁的结构形体，明快的建筑处理，使天桥轻盈而挺拔，并与现代化的交通设施在风格上相统一，商业街的天桥结构形式必须充分考虑并把握建筑环境的风格、形象特征、空间形态、色彩轮廓及细部处理等因素。

要考虑交通状况和行人状况，不仅要与目前交通相一致，同时还应注意规划和发展的趋势。

3.3.2 我国目前已建的天桥结构造型设计基本遵循本条所述原则进行。

3.3.2.2 如广东省中山市中山路、孙文路交叉口天桥位于中山市进出口主要干道，天桥的规模较大，采用矩形空间刚架结构，造型美观、轻巧、通透，桥孔布置及主桥上下结构三维比例适宜，（跨径为4m×40m，跨中高跨比为1/44），结构均衡稳定，线条圆顺而有力，桥下凌空开阔，与周围环境协调，为当地街景增添景色，达到建筑结构功能完善，结构受力合理，造型美观轻巧，结构精炼富有创新精神，进入桥区给人以美的享受。

3.3.2.3（1） 如上海市南京路石门路人行天桥设计是一个使用功能与环境形态结合考虑得很好的例子，该天桥所处的交叉口是由K字形组成的复合形状，在转角处都以弧形形态转折，天桥整体设计考虑了环境和建筑形态的特征，以S形的弧形曲线使原来并无联系的多个交叉口组成了一个完整的整体。

3.3.2.3（2） 交叉口空间：即道路交叉口由建筑物所围合的

空间，其空间特征是由交叉口建筑界面的形式及道路散口的大小来决定的。

当交叉口空间较小时，不宜采用扩展性的天桥形式，如十字形，应采用方形或圆形等闭合型较合适。如上海南京路西藏路人行天桥，采用椭圆形的形式达到较好的效果，同时将楼梯与周围建筑综合考虑，使通过天桥与购物观赏活动及休息结合起来，深得行人的好评，同时也增加了商场的营业额。

当交叉口空间较大时，空间显示了一种明朗和自由的开放感，人行天桥采用十字形，其四翼向开敞空间充分伸展和扩张，并同其造型结构所具有轻盈通透交织在一起，使其和环境相协调。

当交叉口开阔空间四周的建筑具有较为一致的风格特征，整个环境具有一种整体感时，此时采用闭合型天桥形式比较合适。

3.3.3 在条件许可时，天桥结构可尽量选用钢筋混凝土或预应力混凝土结构。

普通钢筋混凝土结构易于就地取材，耐久性好，刚度大，具有可模性等优点，适用范围非常广泛，当采用标准化、装配化的预制构件时更能保证工程质量和加快施工进度。预应力混凝土结构可使高强钢材和高标号混凝土的高强性能在结构中得到充分利用，降低结构自重，增大跨越能力。从我国广州、上海已建的天桥情况调查资料可以看出，天桥跨径在25m以上基本采用钢结构，20m以下有采用钢筋混凝土简支结构，20～25m（个别到29m）采用钢筋混凝土连续梁及双悬臂梁结构。1988年7月广州解放北路中国大酒店门口的天桥采用Y形钢筋混凝土空间刚架结构，广州的人行天桥从1985年后钢筋混凝土结构越来越广泛地被采用。

预应力混凝土结构与钢结构相比，要求施工场地开阔，施工队伍技术力量强，施工张拉设备、吊装设备要齐全，施工期限长。但预应力混凝土结构能适应大跨度的要求，维修工作量小，因此条件许可时仍应尽量选用，并做技术经济比较。

3.3.4 桁架结构天桥外形比较庞大，必对其做建筑处理，使之与周围环境相协调，桁架结构的天桥在国外采用较多，在国内目前仅北京崇文门天桥和上海共和路天桥等少数地方采用。这种结构跨越能力大，便于加顶棚。

3.3.5 作为人行天桥，悬索结构的振动特性常会给行人造成不舒适感，因而在做方案比较时应与具有相似跨越能力和立面效果的斜拉桥方案进行对比分析。近代在桥梁工程中斜拉桥得到了很大发展，在结构稳定性方面比悬索桥更具有优越性。斜拉桥斜张结构思想合理，轮廓悦目，结构简洁，结构组合变化多样，跨越能力大。对于人行天桥这种特殊桥梁来说，在条件许可和有此必要时可考虑选用此种结构形式。

目前国内在重庆市建造了第一座人行斜拉桥，在国外第一座人行斜拉桥建在德国跨越斯图加特的席勒力街上，近年来在日本建造了多座人行斜拉桥。

3.6 结 构 设 计

3.6.1 人行天桥的工作条件介于建筑与公路桥之间，在《城市桥梁设计规范》公布之前，本规范应以现行《公路钢筋混凝土及预应力混凝土桥涵设计规范》(JTJ023)为标准。

承载能力极限状态设计法是以塑性理论为基础的，是指天桥结构达到极限承载能力，结构整体地或部分地丧失稳定性，在重复荷载作用下结构达到疲劳极限。避免出现这种极限状态是天桥结构安全可靠的前提，所以对天桥结构应进行承载能力极限状态计算。具体地说就是要进行结构强度、稳定性和疲劳计算。但公路上钢筋混凝土及预应力混凝土梁，不考虑重复荷载的疲劳影响，这是因为公路上的钢筋混凝土桥梁，尤其是预应力混凝土桥梁，其结构重力所占荷载比例很大，活载引起的疲劳影响较小，公路桥梁上通过的荷载不如铁路桥梁列车那样具有规律性振动。同样，钢筋混凝土和预应力混凝土人行天桥也不考虑重复荷载作用下的疲

劳影响。

所谓正常使用极限状态是指结构在使用期内产生过大的变形或裂缝出现过早、开展过宽，从而使桥梁不能正常使用。因此，应根据桥梁结构的具体使用要求对其变形、抗裂性和裂缝宽度进行验算，以控制天桥在使用期间能正常工作。对于天桥设计，具体地说要进行以下内容验算：

(1) 全预应力混凝土构件和部分预应力混凝土A类构件，要进行抗裂性验算，即限制混凝土的拉应力。在一般情况下，钢筋混凝土构件允许开裂，所以不要求进行抗裂性验算。

(2) 钢筋混凝土构件和部分预应力混凝土B类构件（使用荷载弯矩 M＞开裂弯矩 M_r）要求进行裂缝宽度验算，后者采用混凝土拉应力来控制。

(3) 所有构件要进行短期荷载作用下的变形计算。

3.6.2 人行天桥之钢结构工作条件介于建筑与公路桥之间，在《城市桥梁设计规范》公布之前，应以《公路桥梁钢结构及木结构设计规范》(JTJ025)为标准。

3.6.3 天桥主体钢结构的钢材宜采用3号镇静钢，因为镇静钢脱氧完全，性能较半镇静钢和沸腾钢优良。沸腾钢脱氧不完全，内部杂质较多，成分偏析较大，冲击韧性低，冷脆倾向及时效敏感性较大，焊接性能较差，所以不适宜在低温条件下施工和使用。

3.6.4 钢结构天桥必进行疲劳计算是因为结构重力所占总荷载比例很大，而人群活载所引起的疲劳影响较小；另外，人行天桥上通过的人群活载不如铁路桥梁裂车通过时那样具有规律性振动。

3.7 地 基 与 基 础

3.7.2 地基与基础要有足够的强度、稳定性及耐久性。因此在设计天桥建筑物之前，必须进行建筑场地的工程地质勘测，充分研究地基土（岩）层的成因及构造、物理力学性质、地下水情况以及是否存在或可能产生影响地基稳定性的不良地质现象，从而对场地的工程地质作出正确的评价。最后根据上部结构的使用要求，提出经济、合理的基本方案。

天桥基础的建造使地基中原有的应力状态发生变化。这就必须应力力学方法来研究荷载作用下地基基础。设计满足以下两主要条件。

(1) 要求作用于地基的荷载不超过地基土的容许承载力；

(2) 控制基础沉降使之不超过地基的容许变形值，保证天桥不因地基变形而损坏或影响其正常使用。

3.8 防 水 与 排 水

3.8.1 人行天桥桥面设置纵、横坡，以利迅速排除雨水，方便行人行走，减少雨水对桥面铺装层的渗透，延长桥梁的使用寿命。所以，最小纵坡不能小于0.5%，最小横坡值宜采用1%。

3.8.2 当天桥比较长时，为防止雨水积滞桥面，可在桥面设置地漏，导入落水管，经路面直接排入雨水系统。

4 地 道 设 计

4.1 荷 载

4.1.1 关于荷载的分类，本规范仍按《公路桥涵设计通用规范》(JTJ021)将恒载、车辆荷载及其影响力、其他荷载和外力，按荷载的性质和可能发生的机率，划分为永久荷载、可变荷载和偶然荷载3类。永久荷载是经常作用的数值不随时间变化或变化很微小的荷载（相当于以往习惯称呼的恒载）；可变荷载的数值是随时间变化的；偶然荷载作用的时间是短暂的，或者是属于灾害性的，

发生的机率很小。

混凝土的收缩、徐变影响力在混凝土结构中是必然产生的，而且是长期作用的；水的浮力对结构物也是长期作用的，只要地基透水，必然产生浮力。因此，本规范仍按《公路桥涵设计通用规范》（JTJ021）将此两项作用力列为永久荷载。

根据设计实际需要和工程实际出现的情况，将基础的变位影响力也列入永久荷载中。因为基础一旦发生变位后，再回不到原来位置，它的作用力也是永久的。

地震力发生的机率小，故列为偶然荷载。

4.1.2 荷载组合是关系到人行地道经济与安全的重要问题，它涉及到多种因素，主要有：(1) 荷载的性质及其出现的机率；(2) 建设现场的地质、水文、气候条件；(3) 结构特性。因此，在测试过程中，应加强调查研究工作，根据实际情况进行综合分析，把可能同时出现的各种荷载合理地加以组合。根据各种荷载同时发生的可能，本条款对荷载组合做了4种规定，这几种规定只指出了荷载组合要考虑的范围，其具体组合内容，尚需由设计人根据实际情况确定，规范不宜规定过死。

4.1.3 可参照第3.1.4条条文说明。

4.1.5 填土对地道桥的土压力，分为竖向土压力和水平土压力两种。竖向压力的计算，目前有3种计算方法：(1) 用"等沉面"理论计算；(2) 用"卸荷拱"法计算；(3) 用"土柱"法计算。"等沉面"理论现在用得比较广泛，计算结果与实测结果比较接近；"卸荷拱"理论，由于其形成条件不易满足，在多数情况下用不上，只有沟埋式或顶管法施工的地道可以考虑采用；"土柱"法计算比较简便，计算结果在上述两法之间，与实测结果比较，一般偏小，但对高填土地道还是比较接近的。一般情况下都按"土柱"法计算。只要填土夯实了，还是可以用的，所以至今仍采用"土柱"法计算地道竖向土压力。

地道水平压力，一直采用主动土压力计算，现在仍不变。

4.1.6 可参照第3.1.6条条文说明。

4.1.7 可参照第3.1.7条条文说明。

4.1.8 可参照第3.1.8条条文说明。

4.1.9.1 车辆荷载作用在地道顶上所引起的竖向土压力，考虑到在高填土情况下，车辆荷载的影响不大，故规范规定不再考虑填土高度，一律采用车轮着地面积和向下30°角扩散范围内的总荷载作为均布荷载。

4.2 建筑设计

4.2.1 条文扼要说明了地道图纸表达要求，提出了为确保设计质量而应考虑的因素，强调总体布局时的综合性分析。

4.2.3 所谓地道的重要性与功能要求主要指主要路口、重要地区、与车站、码头、体育娱乐及经贸商业活动中心相关的地下交通网络、地下商场步行体系。不规定通告时间的地道，必须设置治安值班室，其他服务性的或功能性的设备用房按实际需要确定。

4.2.5 条文说明参照第3.2.5条。

4.2.6 根据地道实际情况，条文规定了最小净宽与净高，市政设施不宜规定高宽比，宽度由设计通行量技术条件确定，高度主要由功能要求、人的心理因素及技术条件决定，高度的心理因素不是主要的，建筑上可以进行处理以产生空间的扩大感。另外人应该适应市政设施的特定尺度，在高度、尺寸上条文给予的是受长度与宽度影响的变量。

地道长度较难规定，只能从通风、安全、疏散及心理因素等角度进行考虑，根据实际使用情况和参照现行的《建筑设计防火规范》（GBJ16）安全疏散距离，按净宽通行能力2400P/（h·m）考虑，一般疏散没有问题，因此条文中的距离主要从通风的心理因素上进行考虑。

条文提出设置采光井、下沉式庭园等是可行的，国内也有实例。

4.8 防水与给排水

4.8.1.1 (1) 防水混凝土可采用普遍防水混凝土或外加剂防水混凝土，配合成分应通过试验确定；试验时应考虑实际施工条件与试验室条件的差别。将渗透压力值比设计规定的抗渗标号提高0.2～0.4MPa。抗渗标号如设计无规定时，可按表4.8.1.1选用。

防水混凝土抗渗标号的选用　　　　　表4.8.1.1

最大水头与防水混凝土厚度之比	<15	15～25	>25
设计抗渗标号（MPa）	0.8	1.2	1.6

(2) 防水混凝土结构如处于侵蚀性环境，其耐蚀系数不应小于0.8；

(3) 防水混凝土壁厚不得小于20cm，近水面钢筋保护层不应小于3.0cm；

(4) 防水混凝土结构应坐落在混凝土垫层上，垫层强度不应小于10MPa，厚度应不小于10cm；

(5) 所谓其他防水措施：即水泥砂浆防水层、卷材防水层、涂料防水层等，防水标高应高出最高地下水位50～100cm，防水层顶面以上部位的防潮，可按一般桥涵的规定办理。

4.8.1.3 (1) 变形缝发生变形时将影响结构的防水能力，因此必须进行防水处理。当不受水压时，其变形缝应用氟化钠加防腐掺料的沥青浸过的麻丝或纤维板等填塞严密，并用有纤维掺料的沥青嵌缝膏或其他填缝材料封缝。不受水压部位的卷材防水层，应在变形缝处加铺两层抗拉强度较高的卷材，如沥青玻璃布、油毡或再生橡胶油毡。

当受水压时，其变形缝除填缝外，还应用塑料或橡胶止水带封缝。止水带可采用埋入法安装或在预埋螺栓上安装。

(2) 地道的通道所设变形缝宽一般为2～3cm。

(3) 所谓防漏：即防水工程在设计、防水材料以及施工中，稍有不慎，就可能造成渗漏。渗漏后的补救措施，就是补漏。补漏之前，要查清原因以及所在部位，然后根据工程特点、漏水情况、工地条件，选择适当的工艺、材料和机具进行修补堵漏。

目前补漏方法和修补材料，有促凝灰浆、压力注浆和卷材贴面等。所使用材料有：快凝水泥、水玻璃、环氧树脂、丙凝及氧凝等。

5 施　工

5.1 一般规定

5.1.1 文明施工是相对于野蛮施工、混乱施工而言的。文明施工的表征是施工现场清洁，井然有序，没有随地乱扔的废旧材料、工具等杂物。使用过程中多余的材料，短期内不再使用的及时归库，不随地乱搁。工人调度、安排随工程需要而定。没有因窝工而到处闲逛或聚坐长时间闲谈的情况。施工中的废水、废渣不随地乱排。能否做到文明施工，是施工单位施工管理水平的问题。

所谓快速，不影响或减少影响当地交通是指：凡是设人行天桥或人行地道的地方，都是交通要道、商业繁华地区、高速或快速路段，过往人流、车流相当集中。因此，一般都采用装配式钢筋混凝土桥、预应力混凝土桥和钢桥。天桥与地道的构件需尽量做到标准化、预制工厂化，利用夜间施工，快速拼装就位，力争做到不中断交通或减少中断交通。

所谓精心施工保证质量，是指除应满足本规范规定的条文要求外，还应满足现行的《市政桥梁工程质量检验评定标准》（CJJ2）的规定。工程质量监理问题，按照"市政工程质量监理办法"的规定办理。

5.1.8 本条所述主要材料应符合设计规定是指钢材、混凝土材料、焊接材料的种类、强度等级、牌号、规格和各项力学性能等均应符合设计文件的规定。

5.2 基础工程

5.2.2 基坑顶的动荷载是指从基坑中挖出的弃土排水设备以及各种车辆或机械产生的附加荷载。这些动荷载离基坑顶边缘越近，则影响基坑边坡的稳定性越大，故应慎重对待。

5.2.3 当基础工程与树木发生矛盾时，若遇到古树，特别是具有文物价值的古树，需与设计单位交涉提出修改设计的建议。对于一般树木，在具有移植的条件下，尽可能移植，尽量保存树木。若在必须砍伐的情况下，则需申报园林、绿化、市容、拆迁等有关单位批准。

5.2.4 指当天桥、地道的基础工程在施工期间与交通发生矛盾时，须采用临时交通管理措施，如圈地、改道、修建临时便线等，并需申报市容、交通主管部门等有关单位批准。

5.2.5 基坑顶面设置防止地面水流入基坑的措施，以防止地面水集中冲刷基坑边坡，影响基坑边坡的稳定，并减少基坑内需要排出的水量。

5.3 构件制作

5.3.2 天桥主梁设置预拱度是为了补偿结构重力挠度，同时要求在无荷载时仍略有拱度，以增加舒适感和美观。所以，预拱度值采用结构重力挠度加人群荷载挠度。对于连续梁的预拱度，应在结构重力作用下足以抵消结构重力产生的挠度，使桥面保持平顺。

5.3.3 构件预制是装配式桥梁的主要工序之一，对质量要求很高，不仅强度应符合设计要求，同时，对构件的外形尺寸也应严格要求，否则就会给安装带来困难。因此，在选择装配式桥梁的合理形式时，既要考虑到构件尺寸、重量、现场吊装时临时支架位置以及拼装的难易程度、接头数目、运输方便、工期因素等等，还要做到少影响或不影响现况交通等一系列的问题。例如，要减少构件重量，就会使拼装接头数目增加；要采用构造简单的拼装接头，则在营运过程中容易遭到损坏；要使运输方便，拼装构件的分块就要小一些，则又往往会增加材料用量和施工工作量等等。因此，我们在选择装配式桥的合理形式，对预制构件进行分段时，要根据具体情况，因地制宜加以处理。

附录 标准目录

项目	标准号	标准名称
1	GB146.2	标准轨距铁路建筑限界
2	JTJ023	公路钢筋混凝土及预应力混凝土桥涵设计规范
3	JTJ025	公路桥涵钢结构及木结构设计规范
4	JTJ004	公路工程抗震设计规范
5	JGJ50	方便残疾人使用的城市道路和建筑物设计规范
6	GB700	普通碳素结构钢技术条件
7	JTJ024	公路桥涵地基与基础设计规范
8	JTJ021	公路桥涵设计通用规范
9	GBJ108	地下工程防水技术规范
10	GBJ69	给水排水工程结构设计规范
11	TJ14	室外排水设计规范
12	JTJ041	公路桥涵施工技术规范
13	GBJ107	混凝土强度检验评定标准
14	CJJ2	市政桥梁工程质量检验评定标准

注：表中 GB、GBJ 代表工程建设国家标准；
　　JTJ 代表交通部标准；
　　JGJ、CJJ 代表建设部标准。

中华人民共和国国家标准

混凝土结构加固设计规范

Code for design of strengthening concrete structure

GB 50367—2013

主编部门：四川省住房和城乡建设厅
批准部门：中华人民共和国住房和城乡建设部
施行日期：2014年6月1日

中华人民共和国住房和城乡建设部

公　告

第 208 号

住房城乡建设部关于发布国家标准
《混凝土结构加固设计规范》的公告

现批准《混凝土结构加固设计规范》为国家标准，编号为 GB 50367-2013，自 2014 年 6 月 1 日起实施。其中，第 3.1.8、4.3.1、4.3.3、4.3.6、4.4.2、4.4.4、4.5.3、4.5.4、4.5.6、15.2.4、16.2.3 条为强制性条文，必须严格执行。原《混凝土结构加固设计规范》GB 50367-2006 同时废止。

本规范由我部标准定额研究所组织中国建筑工业出版社出版发行。

中华人民共和国住房和城乡建设部
2013 年 11 月 1 日

前　　言

根据住房和城乡建设部《关于印发〈2008 年工程建设标准规范制订、修订计划〉的通知》建标[2008] 102 号、《关于同意〈混凝土结构加固设计规范〉局部修订调整为全面修订的函》建标 [2011] 103 号的要求，规范编制组经广泛调查研究，认真总结实践经验，参考有关国内标准和国际标准，并在广泛征求意见的基础上，修订了《混凝土结构加固设计规范》GB 50367-2006。

本规范的主要内容是：总则、术语和符号、基本规定、材料、增大截面加固法、置换混凝土加固法、体外预应力加固法、外包型钢加固法、粘贴钢板加固法、粘贴纤维复合材加固法、预应力碳纤维复合板加固法、增设支点加固法、预张紧钢丝绳网片-聚合物砂浆面层加固法、绕丝加固法、植筋技术、锚栓技术、裂缝修补技术。

本规范修订的主要技术内容是：1　增加了无粘结钢绞线体外预应力加固技术；2　增加了预应力碳纤维复合板加固技术；3　增加了芳纶纤维复合材作为加固材料的应用规定；4　补充了锚固型快固结构胶的安全性鉴定标准；5　补充了锚固型快固结构胶的抗震性能检验方法；6　修改了钢丝绳网-聚合物砂浆面层加固法的设计要求和构造规定；7　补充了锚栓抗震设计规定；8　补充了干式外包钢加固法的设计规定；9　调整了部分加固计算的参数。

本规范中以黑体字标志的条文为强制性条文，必须严格执行。

本规范由住房和城乡建设部负责管理和对强制性

条文的解释，由四川省建筑科学研究院负责具体技术内容的解释。执行过程中如有意见或建议，请寄送四川省建筑科学研究院（地址：成都市一环路北三段 55 号，邮编：610081）。

本 规 范 主 编 单 位：四川省建筑科学研究院
　　　　　　　　　　　山西八建集团有限公司
本 规 范 参 编 单 位：同济大学
　　　　　　　　　　　湖南大学
　　　　　　　　　　　武汉大学
　　　　　　　　　　　福州大学
　　　　　　　　　　　西南交通大学
　　　　　　　　　　　重庆市建筑科学研究院
　　　　　　　　　　　福建省建筑科学研究院
　　　　　　　　　　　辽宁省建设科学研究院
　　　　　　　　　　　中国科学院大连化学物理研究所
　　　　　　　　　　　中国建筑西南设计院
　　　　　　　　　　　大连凯华新技术工程有限公司
　　　　　　　　　　　湖南固特邦土木技术发展有限公司
　　　　　　　　　　　厦门中连结构胶有限公司
　　　　　　　　　　　武汉长江加固技术有限公司
　　　　　　　　　　　上海怡昌碳纤维材料有限公司
　　　　　　　　　　　上海同华特种土木工程有

限公司

江苏东南特种技术工程有限公司

南京天力信科技实业有限公司

深圳市威士邦建筑新材料科技有限公司

上海康驰建筑技术有限公司

法施达（大连）工程材料有限公司

士凯（北京）建筑材料有限责任公司

杜邦（中国）研发管理有限公司

亨斯迈先进化工材料（广东）有限公司

慧鱼（太仓）建筑锚栓有限公司

喜利得（中国）商贸有限公司

本规范主要起草人员：　梁　坦　王宏业　吴善能　梁　爽　张天宇　陈大川　卜良桃　卢亦焱　林文修　王文军　贺曼罗　古天纯　王国杰　张书禹　王立民　宋　涛　毕　琼　程　超　陈友明　单远铭　侯发亮　彭　勃　李今保　张坦贤　项剑锋　张成英　蒋　宗　刘　兵　陈家辉　宋世刚　刘平原　宗　鹏　卢海波　马俊发　周海明　刘延年　黎红兵　赵　斌　乔树伟

本规范主要审查人员：　刘西拉　戴宝城　李德荣　高小旺　邓锦纹　程依祖　王庆霖　完海鹰　江世永　陈　宙　弓俊青

目　　次

Contents

1 总 则

1.0.1 为使混凝土结构的加固，做到技术可靠、安全适用、经济合理、确保质量，制定本规范。

1.0.2 本规范适用于房屋建筑和一般构筑物钢筋混凝土结构加固的设计。

1.0.3 混凝土结构加固前，应根据建筑物的种类，分别按现行国家标准《工业建筑可靠性鉴定标准》GB 50144 或《民用建筑可靠性鉴定标准》GB 50292 进行结构检测或鉴定。当与抗震加固结合进行时，尚应按现行国家标准《建筑抗震鉴定标准》GB 50023 或《工业构筑物抗震鉴定标准》GBJ 117 进行抗震能力鉴定。

1.0.4 混凝土结构加固的设计，除应符合本规范规定外，尚应符合国家现行有关标准的规定。

2 术语和符号

2.1 术 语

2.1.1 结构加固 strengthening of structure

对可靠性不足或业主要求提高可靠度的承重结构、构件及其相关部分采取增强、局部更换或调整其内力等措施，使其具有现行设计规范及业主所要求的安全性、耐久性和适用性。

2.1.2 原构件 existing structure member

实施加固前的原有构件。

2.1.3 重要结构 important structure

安全等级为一级的建筑物中的承重结构。

2.1.4 一般结构 general structure

安全等级为二级的建筑物中的承重结构。

2.1.5 重要构件 important structure member

其自身失效将影响或危及承重结构体系整体工作的承重构件。

2.1.6 一般构件 general structure member

其自身失效为孤立事件，不影响承重结构体系整体工作的承重构件。

2.1.7 增大截面加固法 structure member strengthening with increasing section area

增大原构件截面面积并增配钢筋，以提高其承载力和刚度，或改变其自振频率的一种直接加固法。

2.1.8 外包型钢加固法 structure member strengthening with externally wrapped shaped steel

对钢筋混凝土梁、柱外包型钢及钢缀板焊成的构架，以达到共同受力并使原构件受到约束作用的加固方法。

2.1.9 复合截面加固法 structure member strengthening with externally bonded reinforced material

通过采用结构胶粘剂粘接或高强聚合物改性水泥砂浆（以下简称聚合物砂浆）喷抹，将增强材料粘合于原构件的混凝土表面，使之形成具有整体性的复合截面，以提高其承载力和延性的一种直接加固法。根据增强材料的不同，可分为外粘型钢、外粘钢板、外粘纤维增强复合材料和外加钢丝绳网-聚合物砂浆面层等多种加固法。

2.1.10 绕丝加固法 structure member strengthening with wire wrapped

该法系通过缠绕退火钢丝使被加固的受压构件混凝土受到约束作用，从而提高其极限承载力和延性的一种直接加固法。

2.1.11 体外预应力加固法 structure member strengthening with externally applied prestressing

通过施加体外预应力，使原结构、构件的受力得到改善或调整的一种间接加固法。

2.1.12 植筋 embedded steel bar

以专用的结构胶粘剂将带肋钢筋或全螺纹螺杆种植于基材混凝土中的后锚固连接方法之一。

2.1.13 结构胶粘剂 structural adhesive

用于承重结构构件粘结的、能长期承受设计应力和环境作用的胶粘剂，简称结构胶。

2.1.14 纤维复合材 fibre reinforced polymer（FRP）

采用高强度的连续纤维按一定规则排列，经用胶粘剂浸渍、粘结固化后形成的具有纤维增强效应的复合材料，通称纤维复合材。

2.1.15 聚合物改性水泥砂浆 polymer modified cement mortar

以高分子聚合物为增强粘结性能的改性材料所配制而成的水泥砂浆。承重结构用的聚合物改性水泥砂浆除了应能改善其自身的物理力学性能外，还应能显著提高其锚固钢筋和粘结混凝土的能力。

2.1.16 有效截面面积 effective cross-sectional area

扣除孔洞、缺损、锈蚀层、风化层等削弱、失效部分后的截面。

2.1.17 加固设计使用年限 design working life for strengthening of existing structure or its member

加固设计规定的结构、构件加固后无需重新进行检测、鉴定即可按其预定目的使用的时间。

2.2 符 号

2.2.1 材料性能

E_{s0} ——原构件钢筋弹性模量；

E_s ——新增钢筋弹性模量；

E_a ——新增型钢弹性模量；

E_{sp} ——新增钢板弹性模量；

E_f ——新增纤维复合材弹性模量；

f_{c0} ——原构件混凝土轴心抗压强度设计值；

f_{y0}、f'_{y0} ——原构件钢筋抗拉、抗压强度设计值；

f_y、f'_y ——新增钢筋抗拉、抗压强度设计值；

f_a、f'_a ——新增型钢抗拉、抗压强度设计值；

f_{sp}、f'_{sp} ——新增钢板抗拉、抗压强度设计值；

f_f ——新增纤维复合材抗拉强度设计值；

$f_{f.v}$ ——纤维复合材与混凝土粘结强度设计值；

f_{bd} ——结构胶粘剂粘结强度设计值；

f_{ud} ——锚栓抗拉强度设计值；

ε_f ——纤维复合材拉应变设计值；

ε_{fe} ——纤维复合材环向围束有效拉应变设计值。

2.2.2 作用效应及承载力

M ——构件加固后弯矩设计值；

M_{0k} ——加固前受弯构件验算截面上原作用的初始弯矩标准值；

N ——构件加固后轴向力设计值；

V ——构件加固后剪力设计值；

σ_s ——新增纵向钢筋受拉应力；

σ_{s0} ——原构件纵向受拉钢筋或受压较小边钢筋的应力；

σ_a ——新增型钢受拉肢或受压较小肢的应力；

ε_{f0} ——纤维复合材滞后应变；

ω ——构件挠度或预应力反拱。

2.2.3 几何参数

A_{s0}、A'_{s0} ——原构件受拉区、受压区钢筋截面面积；

A_s、A'_s ——新增构件受拉区、受压区钢筋截面面积；

A_{fe} ——纤维复合材有效截面面积；

A_{cor} ——环向围束内混凝土截面面积；

A_{sp}、A'_{sp} ——新增受拉钢板、受压钢板截面面积；

A_a、A'_a ——新增型钢受拉肢、受压肢截面面积；

D ——钻孔直径；

h_0、h_{01} ——构件加固后和加固前的截面有效高度；

h_w ——构件截面的腹板高度；

h_n ——受压区混凝土的置换深度；

h_{sp} ——梁侧面粘贴钢箍板的竖向高度；

h_f ——梁侧面粘贴纤维箍板的竖向高度；

h_{ef} ——锚栓有效锚固深度；

l_s ——植筋基本锚固深度；

l_d ——植筋锚固深度设计值；

l_l ——植筋受拉搭接长度。

2.2.4 计算系数

α_1 ——受压区混凝土矩形应力图的应力值与混凝土轴心抗压强度设计值的比值；

α_c ——新增混凝土强度利用系数；

α_s ——新增钢筋强度利用系数；

α_a ——新增型钢强度利用系数；

α_{sp} ——防止混凝土劈裂引用的计算系数；

β_c ——混凝土强度影响系数；

β_1 ——矩形应力图受压区高度与中和轴高度的比值；

ψ ——折减系数、修正系数或影响系数；

η ——增大系数或提高系数。

3 基 本 规 定

3.1 一 般 规 定

3.1.1 混凝土结构经可靠性鉴定确认需要加固时，应根据鉴定结论和委托方提出的要求，按本规范的规定和业主的要求进行加固设计。加固设计的范围，可按整幢建筑物或其中某独立区段确定，也可按指定的结构、构件或连接确定，但均应考虑该结构的整体牢固性。

3.1.2 加固后混凝土结构的安全等级，应根据结构破坏后果的严重性、结构的重要性和加固设计使用年限，由委托方与设计方按实际情况共同商定。

3.1.3 混凝土结构的加固设计，应与实际施工方法紧密结合，采取有效措施，保证新增构件和部件与原结构连接可靠，新增截面与原截面粘结牢固，形成整体共同工作；并应避免对未加固部分，以及相关的结构、构件和地基基础造成不利的影响。

3.1.4 对高温、高湿、低温、冻融、化学腐蚀、振动、收缩应力、温度应力、地基不均匀沉降等影响因素引起的原结构损坏，应在加固设计中提出有效的防治对策，并按设计规定的顺序进行治理和加固。

3.1.5 混凝土结构的加固设计，应综合考虑其技术经济效果，避免不必要的拆除或更换。

3.1.6 对加固过程中可能出现倾斜、失稳、过大变形或坍塌的混凝土结构，应在加固设计文件中提出相应的临时性安全措施，并明确要求施工单位应严格执行。

3.1.7 混凝土结构的加固设计使用年限，应按下列原则确定：

1 结构加固后的使用年限，应由业主和设计单位共同商定；

2 当结构的加固材料中含有合成树脂或其他聚合物成分时，其结构加固后的使用年限宜按 30 年考虑；当业主要求结构加固后的使用年限为 50 年时，其所使用的胶和聚合物的粘结性能，应通过耐长期应力作用能力的检验；

3 使用年限到期后，当重新进行的可靠性鉴定认为该结构工作正常，仍可继续延长其使用年限；

4 对使用胶粘方法或掺有聚合物材料加固的结构、构件，尚应定期检查其工作状态；检查的时间间隔可由设计单位确定，但第一次检查时间不应迟于10年；

5 当为局部加固时，应考虑原建筑物剩余设计使用年限对结构加固后设计使用年限的影响。

3.1.8 设计应明确结构加固后的用途。在加固设计使用年限内，未经技术鉴定或设计许可，不得改变加固后结构的用途和使用环境。

3.2 设计计算原则

3.2.1 混凝土结构加固设计采用的结构分析方法，应符合现行国家标准《混凝土结构设计规范》GB 50010 规定的结构分析基本原则，且应采用线弹性分析方法计算结构的作用效应。

3.2.2 加固混凝土结构时，应按下列规定进行承载能力极限状态和正常使用极限状态的设计、验算：

1 结构上的作用，应经调查或检测核实，并应按本规范附录 A 的规定和要求确定其标准值或代表值。

2 被加固结构、构件的作用效应，应按下列要求确定：

　　1）结构的计算图形，应符合其实际受力和构造状况；

　　2）作用组合的效应设计值和组合值系数以及作用的分项系数，应按现行国家标准《建筑结构荷载规范》GB 50009 确定，并应考虑由于实际荷载偏心、结构变形、温度作用等造成的附加内力。

3 结构、构件的尺寸，对原有部分应根据鉴定报告采用原设计值或实测值；对新增部分，可采用加固设计文件给出的名义值。

4 原结构、构件的混凝土强度等级和受力钢筋抗拉强度标准值应按下列规定取值：

　　1）当原设计文件有效，且不怀疑结构有严重的性能退化时，可采用原设计的标准值；

　　2）当结构可靠性鉴定认为应重新进行现场检测时，应采用检测结果推定的标准值；

　　3）当原构件混凝土强度等级的检测受实际条件限制而无法取芯时，可采用回弹法检测，但其强度换算值应按本规范附录 B 的规定进行龄期修正，且仅可用于结构的加固设计。

5 加固材料的性能和质量，应符合本规范第4章的规定；其性能的标准值应按现行国家标准《工程结构加固材料安全性鉴定技术规范》GB 50728 确定；

其性能的设计值应按本规范第 4 章各相关节的规定采用。

6 验算结构、构件承载力时，应考虑原结构在加固时的实际受力状况，包括加固部分应变滞后的影响，以及加固部分与原结构共同工作程度。

7 加固后改变传力路线或使结构质量增大时，应对相关结构、构件及建筑物地基基础进行必要的验算。

3.2.3 抗震设防区结构、构件的加固，除应满足承载力要求外，尚应复核其抗震能力；不应存在因局部加强或刚度突变而形成的新薄弱部位。

3.2.4 为防止结构加固部分意外失效而导致的坍塌，在使用胶粘剂或其他聚合物的加固方法时，其加固设计除应按本规范的规定进行外，尚应对原结构进行验算。验算时，应要求原结构、构件能承担 n 倍恒载标准值的作用。当可变荷载（不含地震作用）标准值与永久荷载标准值之比值不大于 1 时，取 $n=1.2$；当该比值等于或大于 2 时，取 $n=1.5$；其间按线性内插法确定。

3.2.5 本规范的各种加固方法可用于结构的抗震加固，但具体采用时，尚应在设计、计算和构造上执行现行国家标准《建筑抗震设计规范》GB 50011 和现行行业标准《建筑抗震加固技术规程》JGJ 116 的规定。

3.3 加固方法及配合使用的技术

3.3.1 结构加固分为直接加固与间接加固两类，设计时，可根据实际条件和使用要求选择适宜的加固方法及配合使用的技术。

3.3.2 直接加固宜根据工程的实际情况选用增大截面加固法、置换混凝土加固法或复合截面加固法。

3.3.3 间接加固宜根据工程的实际情况选用体外预应力加固法、增设支点加固法、增设耗能支撑法或增设抗震墙法等。

3.3.4 与结构加固方法配合使用的技术应采用符合本规范规定的裂缝修补技术、锚固技术和阻锈技术。

4 材　料

4.1 混　凝　土

4.1.1 结构加固用的混凝土，其强度等级应比原结构、构件提高一级，且不得低于 C20 级；其性能和质量应符合现行国家标准《混凝土结构设计规范》GB 50010 的规定。

4.1.2 结构加固用的混凝土，可使用商品混凝土，但所掺的粉煤灰应为 I 级灰，且烧失量不应大于 5%。

4.1.3 当结构加固工程选用聚合物混凝土、减缩混凝土、微膨胀混凝土、钢纤维混凝土、合成纤维混凝土或喷射混凝土时，应在施工前进行试配，经检验其性能符合设计要求后方可使用。

4.2 钢材及焊接材料

4.2.1 混凝土结构加固用的钢筋，其品种、质量和性能应符合下列规定：

1 宜选用 HRB335 级或 HPB300 级普通钢筋；当有工程经验时，可使用 HRB400 级钢筋；也可采用 HRB500 级和 HRBF500 级的钢筋。对体外预应力加固，宜使用 UPS15.2-1860 低松弛无粘结钢绞线。

2 钢筋和钢绞线的质量应分别符合现行国家标准《钢筋混凝土用钢 第 1 部分：热轧光圆钢筋》GB 1499.1、《钢筋混凝土用钢 第 2 部分：热轧带肋钢筋》GB 1499.2 和《无粘结预应力钢绞线》JG 161 的规定。

3 钢筋性能的标准值和设计值应按现行国家标准《混凝土结构设计规范》GB 50010 的规定采用。

4 不得使用无出厂合格证、无中文标志或未经进场检验的钢筋及再生钢筋。

4.2.2 混凝土结构加固用的钢板、型钢、扁钢和钢管，其品种、质量和性能应符合下列规定：

1 应采用 Q235 级或 Q345 级钢材；对重要结构的焊接构件，当采用 Q235 级钢，应选用 Q235-B 级钢；

2 钢材质量应分别符合现行国家标准《碳素结构钢》GB/T 700 和《低合金高强度结构钢》GB/T 1591 的规定；

3 钢材的性能设计值应按现行国家标准《钢结构设计规范》GB 50017 的规定采用；

4 不得使用无出厂合格证、无中文标志或未经进场检验的钢材。

4.2.3 当混凝土结构的后锚固件为植筋时，应使用热轧带肋钢筋，不得使用光圆钢筋。植筋用的钢筋，其质量应符合本规范第 4.2.1 条的规定。

4.2.4 当后锚固件为钢螺杆时，应采用全螺纹的螺杆，不得采用锚入部位无螺纹的螺杆。螺杆的钢材等级应为 Q345 级或 Q235 级；其质量应分别符合现行国家标准《低合金高强度结构钢》GB/T 1591 和《碳素结构钢》GB/T 700 的规定。

4.2.5 当承重结构的后锚固件为锚栓时，其钢材的性能指标必须符合表 4.2.5-1 或表 4.2.5-2 的规定。

表 4.2.5-1 碳素钢及合金钢锚栓的钢材抗拉性能指标

	性能等级	4.8	5.8	6.8	8.8
锚栓钢材性能指标	抗拉强度标准值 f_{uk} (MPa)	400	500	600	800
	屈服强度标准值 f_{yk} (MPa)	320	400	480	640
	断后伸长率 δ_5 (%)	14	10	8	12

注：性能等级 4.8 表示：f_{stk} =400MPa；f_{yk}/f_{stk} =0.8。

表 4.2.5-2 不锈钢锚栓（奥氏体 A1、A2、A4、A5）的钢材性能指标

	性能等级	50	70	80
	螺纹公称直径 d (mm)	≤39	≤24	≤24
锚栓钢材性能指标	抗拉强度标准值 f_{uk} (MPa)	500	700	800
	屈服强度标准值 f_{yk} 或 $f_{s,0.2k}$ (MPa)	210	450	600
	伸长值 δ (mm)	0.6d	0.4d	0.3d

4.2.6 混凝土结构加固用的焊接材料，其型号和质量应符合下列规定：

1 焊条型号应与被焊接钢材的强度相适应；

2 焊条的质量应符合现行国家标准《非合金钢及细晶粒钢焊条》GB/T 5117 和《热强钢焊条》GB/T 5118 的规定；

3 焊接工艺应符合现行国家标准《钢结构焊接规范》GB 50661 和现行行业标准《钢筋焊接及验收规程》JGJ 18 的规定；

4 焊缝连接的设计原则及计算指标应符合现行国家标准《钢结构设计规范》GB 50017 的规定。

4.3 纤维和纤维复合材

4.3.1 纤维复合材的纤维必须为连续纤维，其品种和质量应符合下列规定：

1 承重结构加固用的碳纤维，应选用聚丙烯腈基不大于 15K 的小丝束纤维。

2 承重结构加固用的芳纶纤维，应选用饱和吸水率不大于 4.5% 的对位芳香族聚酰胺长丝纤维。且经人工气候老化 5000h 后，1000MPa 应力作用下的蠕变值不应大于 0.15mm。

3 承重结构加固用的玻璃纤维，应选用高强度玻璃纤维、耐碱玻璃纤维或碱金属氧化物含量低于 0.8% 的无碱玻璃纤维，严禁使用高碱的玻璃纤维和中碱的玻璃纤维。

4 承重结构加固工程，严禁采用预浸法生产的纤维织物。

4.3.2 结构加固用的纤维复合材的安全性能必须符合现行国家标准《工程结构加固材料安全性鉴定技术规范》GB 50728 的规定。

4.3.3 纤维复合材抗拉强度标准值，应根据置信水平为 0.99，保证率为 95% 的要求确定。不同品种纤维复合材的抗拉强度标准值应按表 4.3.3 的规定采用。

表 4.3.3 纤维复合材抗拉强度标准值

品 种	等级或代号	抗拉强度标准值 (MPa)	
		单向织物（布）	条形板
碳纤维复合材	高强度 I 级	3400	2400
	高强度 II 级	3000	2000
	高强度 III 级	1800	—

品　种	等级或代号	抗拉强度标准值（MPa）	
		单向织物（布）	条形板
芳纶纤维复合材	高强度Ⅰ级	2100	1200
	高强度Ⅱ级	1800	800
玻璃纤维复合材	高强玻璃纤维	2200	—
	无碱玻璃纤维、耐碱玻璃纤维	1500	—

4.3.4　不同品种纤维复合材的抗拉强度设计值，应分别按表 4.3.4-1、表 4.3.4-2 及表 4.3.4-3 采用。

表 4.3.4-1　碳纤维复合材抗拉强度设计值（MPa）

强度等级／结构类别	单向织物（布）			条形板	
	高强度Ⅰ级	高强度Ⅱ级	高强度Ⅲ级	高强度Ⅰ级	高强度Ⅱ级
重要构件	1600	1400	—	1150	1000
一般构件	2300	2000	1200	1600	1400

注：L 形板按高强度Ⅱ级条形板的设计值采用。

表 4.3.4-2　芳纶纤维复合材抗拉强度设计值（MPa）

强度等级／结构类别	单向织物（布）		条形板	
	高强度Ⅰ级	高强度Ⅱ级	高强度Ⅰ级	高强度Ⅱ级
重要构件	960	800	560	480
一般构件	1200	1000	700	600

表 4.3.4-3　玻璃纤维复合材抗拉强度设计值（MPa）

纤维品种／结构类别	单向织物（布）	
	重要构件	一般构件
高强玻璃纤维	500	700
无碱玻璃纤维、耐碱玻璃纤维	350	500

4.3.5　纤维复合材的弹性模量及拉应变设计值应按表 4.3.5 采用。

表 4.3.5　纤维复合材弹性模量及拉应变设计值

品　种／性能项目		弹性模量（MPa）		拉应变设计值	
		单向织物	条形板	重要构件	一般构件
碳纤维复合材	高强度Ⅰ级	2.3×10^{5}	1.6×10^{5}	0.007	0.01
	高强度Ⅱ级	2.0×10^{5}	1.4×10^{5}		
	高强度Ⅲ级	1.8×10^{5}	—	—	—
芳纶纤维复合材	高强度Ⅰ级	1.1×10^{5}	0.7×10^{5}	0.008	0.01
	高强度Ⅱ级	0.8×10^{5}	0.6×10^{5}		
高强玻璃纤维复合材	代号 S	0.7×10^{5}		0.007	0.01
无碱或耐碱玻璃纤维复合材	代号 E、AR	0.5×10^{5}			

4.3.6　对符合安全性要求的纤维织物复合材或纤维复合板材，当与其他结构胶粘剂配套使用时，应对其抗拉强度标准值、纤维复合材与混凝土正拉粘结强度和层间剪切强度重新做适配性检验。

4.3.7　承重结构采用纤维织物复合材进行现场加固时，其织物的单位面积质量应符合表 4.3.7 的规定。

表 4.3.7　不同品种纤维复合材单位面积质量限值（g/m²）

施工方法	碳纤维织物	芳纶纤维织物	玻璃纤维织物	
			高强玻璃纤维	无碱或耐碱玻璃纤维
现场手工涂布胶粘剂	≤300	≤450	≤450	≤600
现场真空灌注胶粘剂	≤450	≤650	≤550	≤750

4.3.8　当进行材料性能检验和加固设计时，纤维复合材截面面积的计算应符合下列规定：

　　1　纤维织物应按纤维的净截面面积计算。净截面面积取纤维织物的计算厚度乘以宽度。纤维织物的计算厚度应按其单位面积质量除以纤维密度确定。纤维密度应由厂商提供，并应出具独立检验或鉴定机构的抽样检测证明文件。

　　2　单向纤维预成型板应按不扣除树脂体积的板截面面积计算，即应按实测的板厚乘以宽度计算。

4.4　结构加固用胶粘剂

4.4.1　承重结构用的胶粘剂，宜按其基本性能分为 A 级胶和 B 级胶；对重要结构、悬挑构件、承受动力作用的结构、构件，应采用 A 级胶；对一般结构可采用 A 级胶或 B 级胶。

4.4.2　承重结构用的胶粘剂，必须进行粘结抗剪强度检验。检验时，其粘结抗剪强度标准值，应根据置信水平为 0.90、保证率为 95% 的要求确定。

4.4.3　承重结构加固用的胶粘剂，包括粘贴钢板和纤维复合材，以及种植钢筋和锚栓的用胶，其性能均应符合国家标准《工程结构加固材料安全性鉴定技术规范》GB 50728-2011 第 4.2.2 条的规定。

4.4.4　承重结构加固工程中严禁使用不饱和聚酯树脂和醇酸树脂作为胶粘剂。

4.4.5　当结构锚固工程需采用快固结构胶时，其安全性能应符合表 4.4.5 的规定。

表 4.4.5　锚固型快固结构胶安全性能鉴定标准

	检验项目	性能要求	检验方法
胶体性能	劈裂抗拉强度（MPa）	≥8.5	GB 50728
	抗弯强度（MPa）	≥50，且不得呈碎裂状破坏	GB/T 2567
	抗压强度（MPa）	≥60.0	GB/T 2567

续表 4.4.5

检 验 项 目		性能要求	检验方法
粘结能力	钢对钢（钢套筒法）拉伸抗剪强度标准值	≥16.0	本规范附录C
	钢对钢（钢片单剪法）拉伸抗剪强度平均值	≥6.5	GB/T 7124
	约束拉拔条件下带肋钢筋与混凝土粘结抗剪强度（MPa） C30 Φ25 埋深150mm	≥12.0	GB 50728
	约束拉拔条件下带肋钢筋与混凝土粘结抗剪强度（MPa） C60 Φ25 埋深125mm	≥18.0	
	经90d湿热老化后的钢套筒粘结抗剪强度降低率（%）	＜15	GB 50728
	经周期反复拉力作用后的试件粘结抗剪强度降低率（%）	≤50	本规范附录D

注：1　快固结构胶系指在16℃～25℃环境中，其固化时间不超过45min的胶粘剂，且应按A级的要求采用；

2　检验抗剪强度标准值时，取强度保证率为95%；置信水平为0.90，试件数量不应少于15个；

3　当快固结构胶用于锚栓连接时，不需做钢片单剪法的抗剪强度检验。

4.5 钢 丝 绳

4.5.1　采用钢丝绳网-聚合物砂浆面层加固钢筋混凝土结构、构件时，其钢丝绳的选用应符合下列规定：

1　重要结构、构件，或结构处于腐蚀介质环境、潮湿环境和露天环境时，应选用高强度不锈钢丝绳制作的网片；

2　处于正常温、湿度环境中的一般结构、构件，可采用高强度镀锌钢丝绳制作的网片，但应采取有效的阻锈措施。

4.5.2　制绳用的钢丝应符合下列规定：

1　当采用高强度不锈钢丝时，应采用碳含量不大于0.15%及硫、磷含量不大于0.025%的优质不锈钢制丝；

2　当采用高强度镀锌钢丝时，应采用硫、磷含量均不大于0.03%的优质碳素结构钢制丝；其锌层重量及镀锌质量应符合国家现行标准《钢丝镀锌层》YB/T 5357对AB级的规定。

4.5.3　钢丝绳的抗拉强度标准值（f_{rtk}）应按其极限抗拉强度确定，且应具有不小于95%的保证率以及不低于90%的置信水平。

4.5.4　不锈钢丝绳和镀锌钢丝绳的强度标准值和设计值应按表4.5.4采用。

表 4.5.4　高强钢丝绳抗拉强度设计值（MPa）

种类	符号	高强不锈钢丝绳			高强镀锌钢丝绳		
		钢丝绳公称直径（mm）	抗拉强度标准值 f_{tk}	抗拉强度设计值 f_{rw}	钢丝绳公称直径（mm）	抗拉强度标准值 f_{tk}	抗拉强度设计值 f_{rw}
6×7+IWS	ϕ^r	2.4～4.0	1600	1200	2.5～4.5	1650	1100
1×19	ϕ^s	2.5	1470	1100	2.5	1580	1050

4.5.5　高强度不锈钢丝绳和高强度镀锌钢丝绳的弹性模量及拉应变设计值应按表4.5.5采用。

表 4.5.5　高强钢丝绳弹性模量及拉应变设计值

类　别		弹性模量设计值 E_{rw}（MPa）	拉应变设计值 ε_{rw}
不锈钢丝绳	6×7+IWS	$1.2×10^5$	0.01
	1×19	$1.1×10^5$	0.01
镀锌钢丝绳	6×7+IWS	$1.4×10^5$	0.008
	1×19	$1.3×10^5$	0.008

4.5.6　结构加固用钢丝绳的内部和表面严禁涂有油脂。

4.6 聚合物改性水泥砂浆

4.6.1　采用钢丝绳网-聚合物改性水泥砂浆（以下简称聚合物砂浆）面层加固钢筋混凝土结构时，其聚合物品种的选用应符合下列规定：

1　对重要结构的加固，应选用改性环氧类聚合物配制；

2　对一般结构的加固，可选用改性环氧类、改性丙烯酸酯类、改性丁苯类或改性氯丁类聚合物乳液配制；

3　不得使用聚乙烯醇类、氯偏类、苯丙类聚合物以及乙烯-醋酸乙烯共聚物配制；

4　在结构加固工程中不得使用聚合物成分及主要添加剂成分不明的任何型号聚合物砂浆；不得使用未提供安全数据清单的任何品种聚合物；也不得使用在产品说明书规定的储存期内已发生分相现象的乳液。

4.6.2　承重结构用的聚合物砂浆分为Ⅰ级和Ⅱ级，应分别按下列规定采用：

1　板和墙的加固：

1）当原构件混凝土强度等级为C30～C50时，应采用Ⅰ级聚合物砂浆；

2）当原构件混凝土强度等级为C25及以下时，可采用Ⅰ级或Ⅱ级聚合物砂浆。

2　梁和柱的加固，均应采用Ⅰ级聚合物砂浆。

4.6.3 Ⅰ级和Ⅱ级聚合物砂浆的安全性能应分别符合现行国家标准《工程结构加固材料安全性鉴定技术规范》GB 50728 的规定。

4.7 阻 锈 剂

4.7.1 既有混凝土结构钢筋的防锈，宜按本规范附录 E 的规定采用喷涂型阻锈剂。承重构件应采用烷氧基类或氨基类喷涂型阻锈剂。

4.7.2 喷涂型阻锈剂的质量应符合表 4.7.2 的规定。

表 4.7.2 喷涂型阻锈剂的质量

烷氧基类阻锈剂		氨基类阻锈剂	
检验项目	合格指标	检验项目	合格指标
外观	透明、琥珀色液体	外观	透明、微黄色液体
浓度	0.88g/mL	密度（20℃时）	1.13g/mL
pH 值	10～11	pH 值	10～12
黏度（20℃时）	0.95mPa·s	黏度（20℃时）	25mPa·s
烷氧基复合物含量	≥98.9%	氨基复合物含量	>15%
硅氧烷含量	≤0.3%	氯离子 Cl⁻	无
挥发性有机物含量	<400g/L	挥发性有机物含量	<200g/L

4.7.3 喷涂型阻锈剂的性能应符合表 4.7.3 的规定。

表 4.7.3 喷涂型阻锈剂的性能指标

检验项目	合格指标	检验方法标准
氯离子含量降低率	≥90%	JTJ 275 - 2000
盐水浸渍试验	无锈蚀，且电位为 0～-250mV	YB/T 9231 - 2009
干湿冷热循环试验	60 次，无锈蚀	YB/T 9231 - 2009
电化学试验	电流应小于 150μA，且破样检查无锈蚀	YBJ 222
现场锈蚀电流检测	喷涂 150d 后现场测定的电流降低≥80%	GB 50550 - 2010

注：对亲水性的阻锈剂，宜在增喷附加涂层后测定其氯离子含量降低率。

4.7.4 对掺加氯盐、使用除冰盐或海砂，以及受海水浸蚀的混凝土承重结构加固时，应采用喷涂型阻锈剂，并在构造上采取措施进行补救。

4.7.5 对混凝土承重结构破损部位的修复，可在新浇的混凝土中使用掺入型阻锈剂；但不得使用以亚硝酸盐为主成分的阳极型阻锈剂。

5 增大截面加固法

5.1 设 计 规 定

5.1.1 本方法适用于钢筋混凝土受弯和受压构件的加固。

5.1.2 采用本方法时，按现场检测结果确定的原构件混凝土强度等级不应低于 C13。

5.1.3 当被加固构件界面处理及其粘结质量符合本规范规定时，可按整体截面计算。

5.1.4 采用增大截面加固钢筋混凝土结构构件时，其正截面承载力应按现行国家标准《混凝土结构设计规范》GB 50010 的基本假定进行计算。

5.1.5 采用增大截面加固法对混凝土结构进行加固时，应采取措施卸除或大部分卸除作用在结构上的活荷载。

5.2 受弯构件正截面加固计算

5.2.1 采用增大截面加固受弯构件时，应根据原结构构造和受力的实际情况，选用在受压区或受拉区增设现浇钢筋混凝土外加层的加固方式。

5.2.2 当仅在受压区加固受弯构件时，其承载力、抗裂度、钢筋应力、裂缝宽度及挠度的计算和验算，可按现行国家标准《混凝土结构设计规范》GB 50010 关于叠合式受弯构件的规定进行。当验算结果表明，仅需增设混凝土叠合层即可满足承载力要求时，也应按构造要求配置受压钢筋和分布钢筋。

5.2.3 当在受拉区加固矩形截面受弯构件时（图 5.2.3），其正截面受弯承载力应按下列公式确定：

$$M \leqslant \alpha_s f_y A_s \left(h_0 - \frac{x}{2} \right)$$
$$+ f_{y0} A_{s0} \left(h_{01} - \frac{x}{2} \right) + f'_{y0} A'_{s0} \left(\frac{x}{2} - a' \right)$$
(5.2.3-1)

$$\alpha_1 f_{c0} bx = f_{y0} A_{s0} + \alpha_s f_y A_s - f'_{y0} A'_{s0}$$
(5.2.3-2)

$$2a' \leqslant x \leqslant \xi_b h_0$$
(5.2.3-3)

式中：M——构件加固后弯矩设计值（kN·m）；

α_s——新增钢筋强度利用系数，取 $\alpha_s = 0.9$；

f_y——新增钢筋的抗拉强度设计值（N/mm²）；

A_s——新增受拉钢筋的截面面积（mm²）；

h_0、h_{01}——构件加固后和加固前的截面有效高度（mm）；

x——混凝土受压区高度（mm）；

f_{y0}、f'_{y0}——原钢筋的抗拉、抗压强度设计值（N/mm²）；

A_{s0}、A'_{s0}——原受拉钢筋和原受压钢筋的截面面积（mm²）；

a'——纵向受压钢筋合力点至混凝土受压区边缘的距离（mm）；

α_1——受压区混凝土矩形应力图的应力值与混凝土轴心抗压强度设计值的比值；当混凝土强度等级不超过 C50 时，取 $\alpha_1 = 1.0$；当混凝土强度等级为 C80 时，取 $\alpha_1 = 0.94$；其间按线性内插法确定；

f_{c0}——原构件混凝土轴心抗压强度设计值（N/mm²）；

b——矩形截面宽度（mm）；

ξ_b——构件增大截面加固后的相对界限受压区高度，按本规范第 5.2.4 条的规定计算。

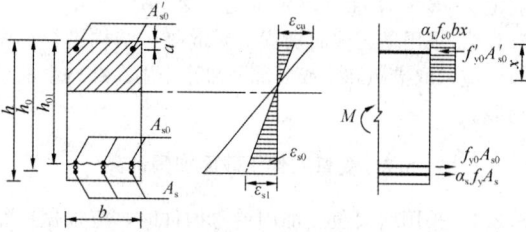

图 5.2.3 矩形截面受弯构件正截面加固计算简图

5.2.4 受弯构件增大截面加固后的相对界限受压区高度 ξ_b，应按下列公式确定：

$$\xi_b = \frac{\beta_1}{1 + \dfrac{\alpha_s f_y}{\varepsilon_{cu} E_s} + \dfrac{\varepsilon_{s1}}{\varepsilon_{cu}}} \qquad (5.2.4\text{-}1)$$

$$\varepsilon_{s1} = \left(1.6 \frac{h_0}{h_{01}} - 0.6\right) \varepsilon_{s0} \qquad (5.2.4\text{-}2)$$

$$\varepsilon_{s0} = \frac{M_{0k}}{0.85 h_{01} A_{s0} E_{s0}} \qquad (5.2.4\text{-}3)$$

式中：β_1——计算系数，当混凝土强度等级不超过 C50 时，β_1 值取为 0.80；当混凝土强度等级为 C80 时，β_1 值取为 0.74，其间按线性内插法确定；

ε_{cu}——混凝土极限压应变，取 $\varepsilon_{cu} = 0.0033$；

ε_{s1}——新增钢筋位置处，按平截面假设确定的初始应变值；当新增主筋与原主筋的连接采用短钢筋焊接时，可近似取 $h_{01} = h_0$，$\varepsilon_{s1} = \varepsilon_{s0}$；

M_{0k}——加固前受弯构件验算截面上原作用的弯矩标准值；

ε_{s0}——加固前，在初始弯矩 M_{0k} 作用下原受拉钢筋的应变值。

5.2.5 当按公式（5.2.3-1）及（5.2.3-2）算得的加固后混凝土受压区高度 x 与加固前原截面有效高度 h_{01} 之比 x/h_{01} 大于原截面相对界限受压区高度 ξ_{b0} 时，应考虑原纵向受拉钢筋应力 σ_{s0} 尚达不到 f_{y0} 的情况。此时，应将上述两公式中的 f_{y0} 改为 σ_{s0}，并重新进行验算。验算时，σ_{s0} 值可按下式确定：

$$\sigma_{s0} = \left(\frac{0.8 h_{01}}{x} - 1\right) \varepsilon_{cu} E_s \leqslant f_{y0} \qquad (5.2.5)$$

5.2.6 对翼缘位于受压区的 T 形截面受弯构件，其受拉区增设现浇配筋混凝土层的正截面受弯承载力，应按本规范第 5.2.3 条至第 5.2.5 条的计算原则和现行国家标准《混凝土结构设计规范》GB 50010 关于 T 形截面受弯承载力的规定进行计算。

5.3 受弯构件斜截面加固计算

5.3.1 受弯构件加固后的斜截面应符合下列条件：

1 当 $h_w/b \leqslant 4$ 时

$$V \leqslant 0.25 \beta_c f_c b h_0 \qquad (5.3.1\text{-}1)$$

2 当 $h_w/b \geqslant 6$ 时

$$V \leqslant 0.20 \beta_c f_c b h_0 \qquad (5.3.1\text{-}2)$$

3 当 $4 < h_w/b < 6$ 时，按线性内插法确定。

式中：V——构件加固后剪力设计值（kN）；

β_c——混凝土强度影响系数；按现行国家标准《混凝土结构设计规范》GB 50010 的规定值采用；

b——矩形截面的宽度或 T 形、I 形截面的腹板宽度（mm）；

h_w——截面的腹板高度（mm）；对矩形截面，取有效高度；对 T 形截面，取有效高度减去翼缘高度；对 I 形截面，取腹板净高。

5.3.2 采用增大截面法加固受弯构件时，其斜截面受剪承载力应符合下列规定：

1 当受拉区增设配筋混凝土层，并采用 U 形箍与原箍筋逐个焊接时：

$$V \leqslant \alpha_{cv}\left[f_{t0} b h_{01} + \alpha_c f_t b(h_0 - h_{01})\right] + f_{yv0} \frac{A_{sv0}}{s_0} h_0$$

$$(5.3.2\text{-}1)$$

2 当增设钢筋混凝土三面围套，并采用加锚式或胶锚式箍筋时：

$$V \leqslant \alpha_{cv}(f_{t0} b h_{01} + \alpha_c f_t A_c) + \alpha_s f_{yv} \frac{A_{sv}}{s} h_0 + f_{yv0} \frac{A_{sv0}}{s_0} h_{01}$$

$$(5.3.2\text{-}2)$$

式中：α_{cv}——斜截面混凝土受剪承载力系数，对一般受弯构件取 0.7；对集中荷载作用下（包括作用有多种荷载，其中集中荷载对支座截面或节点边缘所产生的剪力值占总剪力的 75% 以上的情况）的独立梁，取 α_{cv} 为 $\dfrac{1.75}{\lambda + 1}$，$\lambda$ 为计算截面的剪跨比，可取 λ 等于 a/h_0，当 λ 小于 1.5 时，取 1.5；当 λ 大于 3 时，取 3；a 为集中荷载作用点至支座截面或节点边缘的距离；

α_c——新增混凝土强度利用系数，取 $\alpha_c = 0.7$；

f_t、f_{t0}——新、旧混凝土轴心抗拉强度设计值（N/mm²）；

A_c——三面围套新增混凝土截面面积（mm²）；

α_s——新增箍筋强度利用系数，取 $\alpha_s = 0.9$；

f_{yv}、f_{yv0}——新箍筋和原箍筋的抗拉强度设计值（N/mm²）；

A_{sv}、A_{sv0}——同一截面内新箍筋各肢截面面积之和及原箍筋各肢截面面积之和（mm²）；

s、s_0——新增箍筋或原箍筋沿构件长度方向的间距（mm）。

5.4 受压构件正截面加固计算

5.4.1 采用增大截面加固钢筋混凝土轴心受压构件（图 5.4.1）时，其正截面受压承载力应按下式确定：

$$N \leqslant 0.9\varphi \left[f_{c0}A_{c0} + f'_{y0}A'_{s0} + \alpha_s \left(f_c A_c + f'_y A'_s \right) \right]$$
(5.4.1)

式中：N——构件加固后的轴向压力设计值（kN）；

φ——构件稳定系数，根据加固后的截面尺寸，按现行国家标准《混凝土结构设计规范》GB 50010 的规定值采用；

A_{c0}、A_c——构件加固前混凝土截面面积和加固后新增部分混凝土截面面积（mm²）；

f'_y、f'_{y0}——新增纵向钢筋和原纵向钢筋的抗压强度设计值（N/mm²）；

A'_s——新增纵向受压钢筋的截面面积（mm²）；

α_{cs}——综合考虑新增混凝土和钢筋强度利用程度的降低系数，取 α_{cs} 值为 0.8。

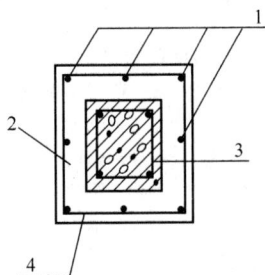

图 5.4.1 轴心受压构件增大截面加固
1—新增纵向受力钢筋；2—新增截面；3—原柱截面；4—新加箍筋

5.4.2 采用增大截面加固钢筋混凝土偏心受压构件时，其矩形截面正截面承载力应按下列公式确定（图5.4.2）：

$$N \leqslant \alpha_1 f_{cc}bx + 0.9f'_y A'_s + f'_{y0}A'_{s0} - \sigma_s A_s - \sigma_{s0}A_{s0}$$
(5.4.2-1)

$$Ne \leqslant \alpha_1 f_{cc}bx \left(h_0 - \frac{x}{2} \right) + 0.9f'_y A'_s \left(h_0 - a'_s \right)$$
$$+ f'_{y0}A'_{s0} \left(h_0 - a'_{s0} \right) - \sigma_{s0}A_{s0} \left(a_{s0} - a_s \right)$$
(5.4.2-2)

$$\sigma_{s0} = \left(\frac{0.8h_{01}}{x} - 1 \right) E_{s0}\varepsilon_{cu} \leqslant f_{y0}$$
(5.4.2-3)

$$\sigma_s = \left(\frac{0.8h_0}{x} - 1 \right) E_s\varepsilon_{cu} \leqslant f_y$$
(5.4.2-4)

式中：f_{cc}——新旧混凝土组合截面的混凝土轴心抗压强度设计值（N/mm²），可近似按

$$f_{cc} = \frac{1}{2} \left(f_{c0} + 0.9f_c \right)$$

确定；若有可靠试验数据，也可按试验结果确定；

f_c、f_{c0}——分别为新旧混凝土轴心抗压强度设计值（N/mm²）；

σ_{s0}——原构件受拉边或受压较小边纵向钢筋应力，当为小偏心受压构件时，图中

σ_{s0} 可能变向；当算得 $\sigma_{s0} > f_{y0}$ 时，取 $\sigma_{s0} = f_{y0}$；

σ_s——受拉边或受压较小边的新增纵向钢筋应力（N/mm²）；当算得 $\sigma_s > f_y$ 时，取 $\sigma_s = f_y$；

A_{s0}——原构件受拉边或受压较小边纵向钢筋截面面积（mm²）；

A'_{s0}——原构件受压较大边纵向钢筋截面面积（mm²）；

e——偏心距，为轴向压力设计值 N 的作用点至纵向受拉钢筋合力点的距离，按本节第 5.4.3 条确定（mm）；

a_{s0}——原构件受拉边或受压较小边纵向钢筋合力点到加固后截面近边的距离（mm）；

a'_{s0}——原构件受压较大边纵向钢筋合力点到加固后截面近边的距离（mm）；

a_s——受拉边或受压较小边新增纵向钢筋合力点至加固后截面近边的距离（mm）；

a'_s——受压较大边新增纵向钢筋合力点至加固后截面近边的距离（mm）；

h_0——受拉边或受压较小边新增纵向钢筋合力点至加固后截面受压较大边缘的距离（mm）；

h_{01}——原构件截面有效高度（mm）。

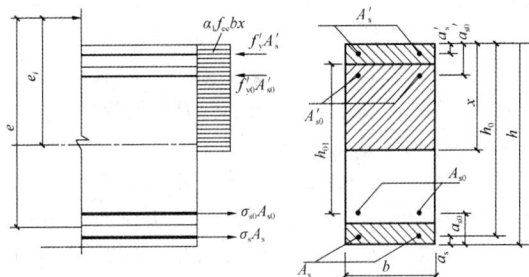

图 5.4.2 矩形截面偏心受压构件加固的计算

5.4.3 轴向压力作用点至纵向受拉钢筋的合力作用点的距离（偏心距）e，应按下列规定确定：

$$e = e_i + \frac{h}{2} - a$$
(5.4.3-1)

$$e_i = e_0 + e_a$$
(5.4.3-2)

式中：e_i——初始偏心距；

a——纵向受拉钢筋的合力点至截面近边缘的距离（mm）；

e_0——轴向压力对截面重心的偏心距，取为 M/N；当需要考虑二阶效应时，M 应按国家标准《混凝土结构设计规范》GB 50010—2010 第 6.2.4 条规定的 $C_m\eta_{ns}M_2$，乘以修正系数 ψ 确定，即取 M 为 $\psi C_m\eta_{ns}M_2$；

ψ——修正系数，当为对称形式加固时，取 ψ 为 1.2；当为非对称加固时，取 ψ 为 1.3；

e_{a}——附加偏心距，按偏心方向截面最大尺寸 h 确定；当 $h \leqslant 600\mathrm{mm}$ 时，取 e_{a} 为 $20\mathrm{mm}$；当 $h > 600\mathrm{mm}$ 时，取 $e_{\mathrm{a}} = h/30$。

5.5 构 造 规 定

5.5.1 采用增大截面加固法时，新增截面部分，可用现浇混凝土、自密实混凝土或喷射混凝土浇筑而成，也可用掺有细石混凝土的水泥基灌浆料灌注而成。

5.5.2 采用增大截面加固法时，原构件混凝土表面应经处理，设计文件应对所采用的界面处理方法和处理质量提出要求。一般情况下，除混凝土表面应予打毛外，尚应采取涂刷结构界面胶、种植剪切销钉或增设剪力键等措施，以保证新旧混凝土共同工作。

5.5.3 新增混凝土层的最小厚度，板不应小于40mm；梁、柱，采用现浇混凝土、自密实混凝土或灌浆料施工时，不应小于60mm，采用喷射混凝土施工时，不应小于50mm。

5.5.4 加固用的钢筋，应采用热轧钢筋。板的受力钢筋直径不应小于8mm；梁的受力钢筋直径不应小于12mm；柱的受力钢筋直径不应小于14mm；加锚式箍筋直径不应小于8mm；U形箍直径应与原箍筋直径相同；分布筋直径不应小于6mm。

5.5.5 新增受力钢筋与原受力钢筋的净间距不应小于25mm，并应采用短筋或箍筋与原钢筋焊接；其构造应符合下列规定：

1 当新增受力钢筋与原受力钢筋的连接采用短筋（图5.5.5a）焊接时，短筋的直径不应小于25mm，长度不应小于其直径的5倍，各短筋的中距不应大于500mm；

2 当截面受拉区一侧加固时，应设置U形箍筋（图5.5.5b），U形箍筋应焊在原有箍筋上，单面焊的焊缝长度应为箍筋直径的10倍，双面焊的焊缝长度应为箍筋直径的5倍；

3 当用混凝土围套加固时，应设置环形箍筋或加锚式箍筋（图5.5.5d或e）；

4 当受构造条件限制而需采用植筋方式埋设U形箍（图5.5.5c）时，应采用锚固型结构胶种植，不得采用未改性的环氧类胶粘剂和不饱和聚酯类的胶粘剂种植，也不得采用无机锚固剂（包括水泥基灌浆料）种植。

5.5.6 梁的新增纵向受力钢筋，其两端应可靠锚固；柱的新增纵向受力钢筋的下端应伸入基础并应满足锚固要求；上端应穿过楼板与上层柱脚连接或在屋面板处封顶锚固。

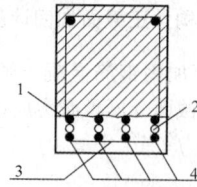

(a) 短筋焊接连接构造

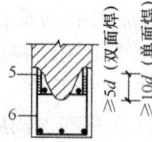

(b) 设置U形箍筋构造

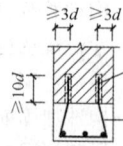

(c) 植筋埋设U形箍筋构造

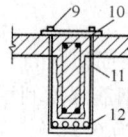

(d) 环形箍筋或加锚式箍筋构造

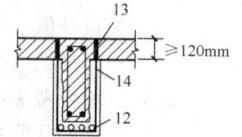

(e) 环形箍筋或加锚式箍筋构造

图5.5.5 增大截面配置新增箍筋的连接构造

1—原钢筋；2—连接短筋；3—$\phi6$ 连系钢筋，对应于原箍筋位置；4—新增钢筋；5—焊接于原箍筋上；6—新加U形箍；7—植箍筋用结构胶锚固；8—新加箍筋；9—螺栓，螺帽拧紧后加点焊；10—钢板；11—加锚式箍筋；12—新增受力钢筋；13—孔中用结构胶锚固；14—胶锚式箍筋；d—箍筋直径

6 置换混凝土加固法

6.1 设 计 规 定

6.1.1 本方法适用于承重构件受压区混凝土强度偏低或有严重缺陷的局部加固。

6.1.2 采用本方法加固梁式构件时，应对原构件加以有效的支顶。当采用本方法加固柱、墙等构件时，应对原结构、构件在施工全过程中的承载状态进行验算、观测和控制，置换界面处的混凝土不应出现拉应力，当控制有困难，应采取支顶等措施进行卸荷。

6.1.3 采用本方法加固混凝土结构构件时，其非置换部分的原构件混凝土强度等级，按现场检测结果不应低于该混凝土结构建造时规定的强度等级。

6.1.4 当混凝土结构构件置换部分的界面处理及其施工质量符合本规范的要求时，其结合面可按整体受力计算。

6.2 加 固 计 算

6.2.1 当采用置换法加固钢筋混凝土轴心受压构件时，其正截面承载力应符合下式规定：

$$N \leqslant 0.9\varphi(f_{\mathrm{c0}}A_{\mathrm{c0}} + \alpha_{\mathrm{c}}f_{\mathrm{c}}A_{\mathrm{c}} + f'_{\mathrm{y0}}A'_{\mathrm{s0}})$$

$$(6.2.1)$$

式中：N——构件加固后的轴向压力设计值（kN）；

φ——受压构件稳定系数，按现行国家标准《混凝土结构设计规范》GB 50010 的规定值采用；

α_c——置换部分新增混凝土的强度利用系数，当置换过程无支顶时，取 $\alpha_c = 0.8$；当置换过程采取有效的支顶措施时，取 $\alpha_c = 1.0$；

f_{c0}、f_c——分别为原构件混凝土和置换部分新混凝土的抗压强度设计值（N/mm²）；

A_{c0}、A_c——分别为原构件截面扣去置换部分后的剩余截面面积和置换部分的截面面积（mm²）。

6.2.2 当采用置换法加固钢筋混凝土偏心受压构件时，其正截面承载力应按下列两种情况分别计算：

1 压区混凝土置换深度 $h_n \geqslant x_n$，按新混凝土强度等级和现行国家标准《混凝土结构设计规范》GB 50010 的规定进行正截面承载力计算。

2 压区混凝土置换深度 $h_n < x_n$，其正截面承载力应符合下列公式规定：

$$N \leqslant \alpha_1 f_c b h_n + \alpha_1 f_{c0} b (x_n - h_n) + f'_{y0} A'_{s0} - \sigma_{s0} A_{s0}$$
$$(6.2.2-1)$$

$$Ne \leqslant \alpha_1 f_c b h_n h_{0n} + \alpha_1 f_{c0} b (x_n - h_n) h_{00}$$
$$+ f'_{y0} A'_{s0} (h_0 - a'_s) \qquad (6.2.2-2)$$

式中：N——构件加固后轴向压力设计值（kN）；

e——轴向压力作用点至受拉钢筋合力点的距离（mm）；

f_c——构件置换用混凝土抗压强度设计值（N/mm²）；

f_{c0}——原构件混凝土的抗压强度设计值（N/mm²）；

x_n——加固后混凝土受压区高度（mm）；

h_n——受压区混凝土的置换深度（mm）；

h_0——纵向受拉钢筋合力点至受压区边缘的距离（mm）；

h_{0n}——纵向受拉钢筋合力点至置换混凝土形心的距离（mm）；

h_{00}——受拉区纵向钢筋合力点至原混凝土（$x_n - h_n$）部分形心的距离（mm）；

A_{s0}、A'_{s0}——分别为原构件受拉区、受压区纵向钢筋的截面面积（mm²）；

b——矩形截面的宽度（mm）；

a'_s——纵向受压钢筋合力点至截面近边的距离（mm）；

f'_{y0}——原构件纵向受压钢筋的抗压强度设计值（N/mm²）；

σ_{s0}——原构件纵向受拉钢筋的应力（N/mm²）。

6.2.3 当采用置换法加固钢筋混凝土受弯构件时，其正截面承载力应按下列两种情况分别计算：

1 压区混凝土置换深度 $h_n \geqslant x_n$，按新混凝土强

度等级和现行国家标准《混凝土结构设计规范》GB 50010 的规定进行正截面承载力计算。

2 压区混凝土置换深度 $h_n < x_n$，其正截面承载力应按下列公式计算：

$$M \leqslant \alpha_1 f_c b h_n h_{0n} + \alpha_1 f_{c0} b (x_n - h_n) h_{00}$$
$$+ f'_{y0} A'_{s0} (h_0 - a'_s) \qquad (6.2.3-1)$$

$$\alpha_1 f_c b h_n + \alpha_1 f_{c0} b (x_n - h_n) = f_{y0} A_{s0} - f'_{y0} A'_{s0}$$
$$(6.2.3-2)$$

式中：M——构件加固后的弯矩设计值（kN·m）；

f_{y0}、f'_{y0}——原构件纵向钢筋的抗拉、抗压强度设计值（N/mm²）。

6.3 构造规定

6.3.1 置换用混凝土的强度等级应比原构件混凝土提高一级，且不应低于 C25。

6.3.2 混凝土的置换深度，板不应小于 40mm；梁、柱，采用人工浇筑时，不应小于 60mm，采用喷射法施工时，不应小于 50mm。置换长度应按混凝土强度和缺陷的检测及验算结果确定，但对非全长置换的情况，其两端应分别延伸不小于 100mm 的长度。

6.3.3 梁的置换部分应位于构件截面受压区内，沿整个宽度剔除（图 6.3.3a），或沿部分宽度对称剔除（图 6.3.3b），但不得仅剔除截面的一隅（图 6.3.3c）。

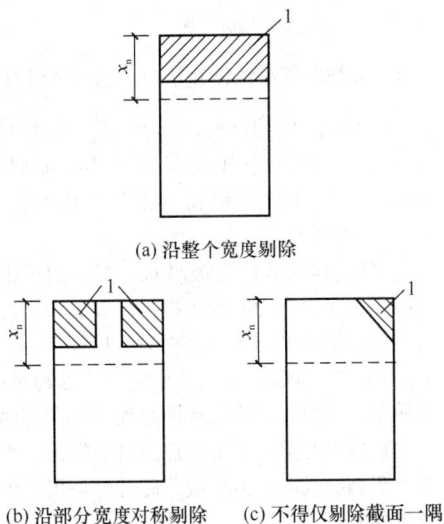

(a) 沿整个宽度剔除

(b) 沿部分宽度对称剔除　　(c) 不得仅剔除截面一隅

图 6.3.3　梁置换混凝土的剔除部位
1—剔除区；x_n—受压区高度

6.3.4 置换范围内的混凝土表面处理，应符合现行国家标准《建筑结构加固工程施工质量验收规范》GB 50550 的规定；对既有结构，旧混凝土表面尚应涂刷界面胶，以保证新旧混凝土的协同工作。

7 体外预应力加固法

7.1 设计规定

7.1.1 本方法适用于下列钢筋混凝土结构构件的加固：

1 以无粘结钢绞线为预应力下撑式拉杆时，宜用于连续梁和大跨简支梁的加固；

2 以普通钢筋为预应力下撑式拉杆时，宜用于一般简支梁的加固；

3 以型钢为预应力撑杆时，宜用于柱的加固。

7.1.2 本方法不适用于素混凝土构件（包括纵向受力钢筋一侧配筋率小于0.2%的构件）的加固。

7.1.3 采用体外预应力方法对钢筋混凝土结构、构件进行加固时，其原构件的混凝土强度等级不宜低于C20。

7.1.4 采用本方法加固混凝土结构时，其新增的预应力拉杆、锚具、垫板、撑杆、缀板以及各种紧固件等均应进行可靠的防锈蚀处理。

7.1.5 采用本方法加固的混凝土结构，其长期使用的环境温度不应高于60℃。

7.1.6 当被加固构件的表面有防火要求时，应按现行国家标准《建筑设计防火规范》GB 50016规定的耐火等级及耐火极限要求，对预应力杆件及其连接进行防护。

7.1.7 采用体外预应力加固法对钢筋混凝土结构进行加固时，可不采取卸载措施。

7.2 无粘结钢绞线体外预应力的加固计算

7.2.1 采用无粘结钢绞线预应力下撑式拉杆加固受弯构件时，除应符合现行国家标准《混凝土结构设计规范》GB 50010正截面承载力计算的基本假定外，尚应符合下列规定：

1 构件达到承载能力极限状态时，假定钢绞线的应力等于施加预应力时的张拉控制应力，亦即假定钢绞线的应力增量值与预应力损失值相等。

2 当采用一端张拉，而连续跨的跨数超过两跨；或当采用两端张拉，而连续跨的跨数超过四跨时，距张拉端两跨以上的梁，其由摩擦引起的预应力损失有可能大于钢绞线的应力增量。此时可采用下列两种方法以弥补：

　1）方法一：在跨中设置拉紧螺栓，采用横向张拉的方法补足预应力损失值；

　2）方法二：将钢绞线的张拉预应力提高到0.75f_{ptk}，计算时仍按0.70f_{ptk}取值。

3 无粘结钢绞线体外预应力产生的纵向压力在计算中不予计入，仅作为安全储备。

4 在达到受弯承载力极限状态前，无粘结钢绞线锚固可靠。

7.2.2 受弯构件加固后的相对界限受压区高度ξ_{pb}可采用下式计算，即加固前控制值的0.85倍：

$$\xi_{pb} = 0.85\xi_b \qquad (7.2.2)$$

式中：ξ_b——构件加固前的相对界限受压区高度，按现行国家标准《混凝土结构设计规范》GB 50010的规定计算。

7.2.3 当采用无粘结钢绞线体外预应力加固矩形截面受弯构件时（图7.2.3），其正截面承载力应按下列公式确定：

$$M \leqslant \alpha_1 f_{c0}bx\left(h_p - \frac{x}{2}\right) + f'_{y0}A'_{s0}\left(h_p - a'\right)$$
$$- f_{y0}A_{s0}\left(h_p - h_0\right) \qquad (7.2.3-1)$$

$$\alpha_1 f_{c0}bx = \sigma_p A_p + f_{y0}A_{s0} - f'_{y0}A'_{s0}$$
$$(7.2.3-2)$$

$$2a' \leqslant x \leqslant \xi_{pb}h_0 \qquad (7.2.3-3)$$

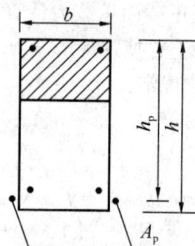

(a) 钢绞线位于梁底以上

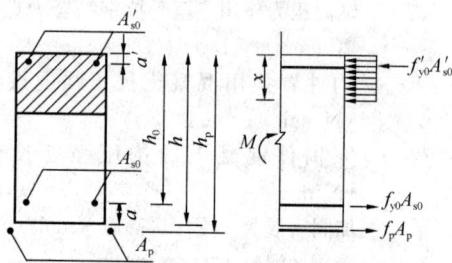

(b) 钢绞线位于梁底以下　(c) 对应于(b)的计算简图

图7.2.3　矩形截面正截面受弯承载力计算

式中：M——弯矩（包括加固前的初始弯矩）设计值（kN·m）；

α_1——计算系数：当混凝土强度等级不超过C50时，取$\alpha_1 = 1.0$；当混凝土强度等级为C80时，取$\alpha_1 = 0.94$；其间按线性内插法确定；

f_{c0}——混凝土轴心抗压强度设计值（N/mm²）；

x——混凝土受压区高度（mm）；

b、h——矩形截面的宽度和高度（mm）；

f_{y0}、f'_{y0}——原构件受拉钢筋和受压钢筋的抗拉、抗压强度设计值（N/mm²）；

A_{s0}、A'_{s0}——原构件受拉钢筋和受压钢筋的截面面积（mm²）；

a'——纵向受压钢筋合力点至混凝土受压区边

缘的距离（mm）；

h_0——构件加固前的截面有效高度（mm）；

h_p——构件截面受压边至无粘结钢绞线合力点的距离（mm），可近似取 $h_p = h$；

σ_p——预应力钢绞线应力值（N/mm²），取 $\sigma_p = \sigma_{p0}$；

σ_{p0}——预应力钢绞线张拉控制应力（N/mm²）；

A_p——预应力钢绞线截面面积（mm²）。

一般加固设计时，可根据公式（7.2.3-1）计算出混凝土受压区的高度 x，然后代入公式（7.2.3-2），即可求出预应力钢绞线的截面面积 A_p。

7.2.4 当采用无粘结钢绞线体外预应力加固矩形截面受弯构件时，其斜截面承载力应按下列公式确定：

$$V \leqslant V_{b0} + V_{bp} \qquad (7.2.4-1)$$

$$V_{bp} = 0.8\sigma_p A_p \sin\alpha \qquad (7.2.4-2)$$

式中：V——支座剪力设计值（kN）；

V_{b0}——加固前梁的斜截面承载力，应按现行国家标准《混凝土结构设计规范》GB 50010 计算（kN）；

V_{bp}——采用无粘结钢绞线体外预应力加固后，梁的斜截面承载力的提高值（kN）；

α——支座区段钢绞线与梁纵向轴线的夹角（rad）。

7.3 普通钢筋体外预应力的加固计算

7.3.1 采用普通钢筋预应力下撑式拉杆加固简支梁时，应按下列规定进行计算：

1 估算预应力下撑式拉杆的截面面积 A_p：

$$A_p = \frac{\Delta M}{f_{py}\eta h_{02}} \qquad (7.3.1-1)$$

式中：A_p——预应力下撑式拉杆的总截面面积（mm²）；

f_{py}——下撑式钢拉杆抗拉强度设计值（N/mm²）；

h_{02}——由下撑式拉杆中部水平段的截面形心到被加固梁上缘的垂直距离（mm）；

η——内力臂系数，取 0.80。

2 计算在新增外荷载作用下该拉杆中部水平段产生的作用效应增量 ΔN。

3 确定下撑式拉杆应施加的预应力值 σ_p。确定时，除应按现行国家标准《混凝土结构设计规范》GB 50010 的规定控制张拉应力并计入预应力损失值外，尚应按下式进行验算：

$$\sigma_p + (\Delta N/A_p) < \beta_1 f_{py} \qquad (7.3.1-2)$$

式中：β_1——下撑式拉杆的协同工作系数，取 0.80。

4 按本规范第 7.2.3 条和第 7.2.4 条的规定验算梁的正截面及斜截面承载力。

5 预应力张拉控制量应按所采用的施加预应力方法计算。当采用千斤顶纵向张拉时，可按张拉力

$\sigma_p A_p$ 控制；当要求按伸长率控制，伸长率中应计入裂缝闭合的影响。当采用拉紧螺杆进行横向张拉时，横向张拉量应按本规范第 7.3.2 条确定。

7.3.2 当采用两根预应力下撑式拉杆进行横向张拉时，其拉杆中部横向张拉量 ΔH 可按下式验算：

$$\Delta H \leqslant (L_2/2)\sqrt{2\sigma_p/E_s} \qquad (7.3.2)$$

式中：L_2——拉杆中部水平段的长度（mm）。

7.3.3 加固梁挠度 ω 的近似值，可按下式进行计算：

$$\omega = \omega_1 - \omega_p + \omega_2 \qquad (7.3.3)$$

式中：ω_1——加固前梁在原荷载标准值作用下产生的挠度（mm）；计算时，梁的刚度 B_1 可根据原梁开裂情况，近似取 $0.35E_cI_0 \sim 0.50E_cI_0$；

ω_p——张拉预应力引起的梁的反拱（mm）；计算时，梁的刚度 B_p 可近视取为 $0.75E_cI_0$；

ω_2——加固结束后，在后加荷载作用下梁所产生的挠度（mm）；计算时，梁的刚度 B_2 可取等于 B_p；

E_c——原梁的混凝土弹性模量（MPa）；

I_0——原梁的换算截面惯性矩（mm⁴）。

7.4 型钢预应力撑杆的加固计算

7.4.1 采用预应力双侧撑杆加固轴心受压的钢筋混凝土柱时，应按下列规定进行计算：

1 确定加固后轴向压力设计值 N；

2 按下式计算原柱的轴心受压承载力 N_0 设计值：

$$N_0 = 0.9\varphi(f_{c0}A_{c0} + f'_{y0}A'_{s0}) \qquad (7.4.1-1)$$

式中：φ——原柱的稳定系数；

A_{c0}——原柱的截面面积（mm²）；

f_{c0}——原柱的混凝土抗压强度设计值（N/mm²）；

A'_{s0}——原柱的纵向钢筋总截面面积（mm²）；

f'_{y0}——原柱的纵向钢筋抗压强度设计值（N/mm²）。

3 按下式计算撑杆承受的轴向压力 N_1 设计值：

$$N_1 = N - N_0 \qquad (7.4.1-2)$$

式中：N——柱加固后轴向压力设计值（kN）。

4 按下式计算预应力撑杆的总截面面积：

$$N_1 \leqslant \varphi\beta_2 f'_{py} A'_p \qquad (7.4.1-3)$$

式中：β_2——撑杆与原柱的协同工作系数，取 0.9；

f'_{py}——撑杆钢材的抗压强度设计值（N/mm²）；

A'_p——预应力撑杆的总截面面积（mm²）。

预应力撑杆每侧杆肢由两根角钢或一根槽钢构成。

5 柱加固后轴心受压承载力设计值可按下式验算：

$$N \leqslant 0.9\varphi(f_{c0}A_{c0} + f'_{y0}A'_{s0} + \beta_3 f'_{py} A'_p) \qquad (7.4.1-4)$$

6 缀板应按现行国家标准《钢结构设计规范》GB 50017进行设计计算，其尺寸和间距应保证撑杆受压肢及单根角钢在施工时不致失稳。

7 设计应规定撑杆安装时需预加的压应力值 σ'_p，并可按下式验算：

$$\sigma'_p \leqslant \varphi_1 \beta_3 f'_{py} \qquad (7.4.1-5)$$

式中：φ_1——撑杆的稳定系数；确定该系数所需的撑杆计算长度，当采用横向张拉方法时，取其全长的1/2；当采用顶升法时，取其全长，按格构式压杆计算其稳定系数；

β_3——经验系数，取0.75。

8 设计规定的施工控制量，应按采用的施加预应力方法计算：

1） 当用千斤顶、楔子等进行竖向顶升安装撑杆时，顶升量 ΔL 可按下式计算：

$$\Delta L = \frac{L\sigma'_p}{\beta_4 E_a} + a_1 \qquad (7.4.1-6)$$

式中：E_a——撑杆钢材的弹性模量；

L——撑杆的全长；

a_1——撑杆端顶板与混凝土间的压缩量，取 2mm～4mm；

β_4——经验系数，取0.90。

2） 当用横向张拉法（图7.4.1）安装撑杆时，横向张拉量 ΔH 按下式验算：

$$\Delta H \leqslant \frac{L}{2}\sqrt{\frac{2.2\sigma'_p}{E_a}} + a_2 \qquad (7.4.1-7)$$

式中：a_2——综合考虑各种误差因素对张拉量影响的修正项，可取 $a_2 = 5mm～7mm$。

实际弯折撑杆肢时，宜将长度中点处的横向弯折量取为 $\Delta H +$（3mm～5mm），但施工中只收紧 ΔH，使撑杆处于预压状态。

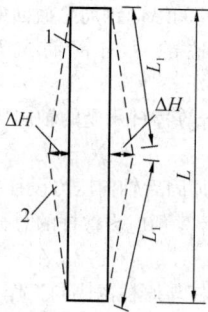

图 7.4.1 预应力撑杆横向张拉量计算图
1—被加固柱；2—撑杆

7.4.2 采用单侧预应力撑杆加固弯矩不变号的偏心受压柱时，应按下列规定进行计算：

1 确定该柱加固后轴向压力 N 和弯矩 M 的设计值。

2 确定撑杆肢承载力，可试用两根较小的角钢

或一根槽钢作撑杆肢，其有效受压承载力取为 $0.9 f'_{py} A'_p$。

3 原柱加固后需承受的偏心受压荷载应按下列公式计算：

$$N_{01} = N - 0.9 f'_{py} A'_p \qquad (7.4.2-1)$$

$$M_{01} = M - 0.9 f'_{py} A'_p a/2 \qquad (7.4.2-2)$$

4 原柱截面偏心受压承载力应按下列公式验算：

$$N_{01} \leqslant a_1 f_{c0} bx + f'_{y0} A'_{s0} - \sigma_{s0} A_{s0} \qquad (7.4.2-3)$$

$$N_{01} e \leqslant a_1 f_{c0} bx (h_0 - 0.5x) + f'_{y0} A'_{s0} (h_0 - a'_{s0})$$

$$(7.4.2-4)$$

$$e = e_0 + 0.5h - a'_{s0} \qquad (7.4.2-5)$$

$$e_0 = M_{01}/N_{01} \qquad (7.4.2-6)$$

式中：b——原柱宽度（mm）；

x——原柱的混凝土受压区高度（mm）；

σ_{s0}——原柱纵向受拉钢筋的应力（N/mm²）；

e——轴向力作用点至原柱纵向受拉钢筋合力点之间的距离（mm）；

a'_{s0}——纵向受压钢筋合力点至受压边缘的距离（mm）。

当原柱偏心受压承载力不满足上述要求时，可加大撑杆截面面积，再重新验算。

5 缀板的设计应符合现行国家标准《钢结构设计规范》GB 50017的有关规定，并应保证撑杆肢或角钢在施工时不失稳。

6 撑杆施工时应预加的压应力值 σ'_p 宜取为 50MPa～80MPa。

7.4.3 采用双侧预应力撑杆加固弯矩变号的偏心受压钢筋混凝土柱时，可按受压荷载较大一侧用单侧撑杆加固的步骤进行计算。选用的角钢截面面积应能满足柱加固后需要承受的最不利偏心受压荷载；柱的另一侧应采用同规格的角钢组成压杆肢，使撑杆的双侧截面对称。

缀板设计、预加压应力值 σ_p 的确定以及横向张拉量 ΔH 或竖向顶升量 ΔL 的计算可按本规范第7.4.1条进行。

7.5 无粘结钢绞线体外预应力构造规定

7.5.1 钢绞线的布置（图7.5.1）应符合下列规定：

1 钢绞线应成对布置在梁的两侧；其外形应为设计所要求的折线形；钢绞线形心至梁侧面的距离宜取为40mm。

2 钢绞线跨中水平段的支承点，对纵向张拉，宜设在梁底以上的位置；对横向张拉，应设在梁的底部；若纵向张拉的应力不足，尚应依靠横向拉紧螺栓补足时，则支承点也应设在梁的底部。

7.5.2 中间连续节点的支承构造，应符合下列规定：

1 当中柱侧面至梁侧面的距离不小于100mm

(a) 钢绞线布置形式1

(b) 钢绞线布置形式2

(c) 钢绞线布置形式3

(d) 钢绞线布置形式4

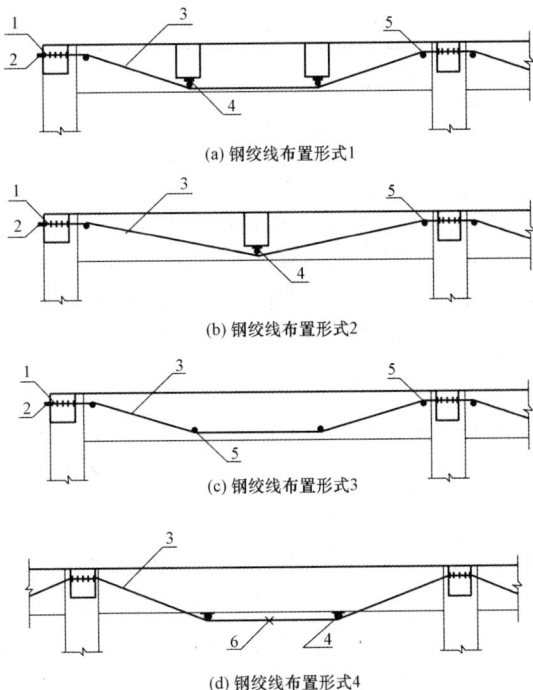

图 7.5.1 钢绞线的几种布置方式

1—钢垫板；2—锚具；3—无粘结钢绞线；4—支承垫板；
5—钢吊棍；6—拉紧螺栓

时，可将钢绞线直接支承在柱子上（图 7.5.2a）。

2 当中柱侧面至梁侧面的距离小于 100mm 时，可将钢绞线支承在柱侧的梁上（图 7.5.2b）。

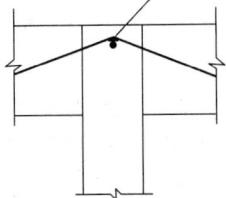

3 柱侧无梁时可用钻芯机在中柱上钻孔，设置钢吊棍，将钢绞线支承在钢吊棍上（图 7.5.2c）。

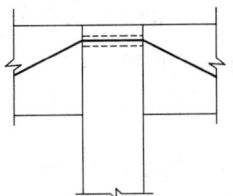

(a) 钢绞线直接支承在柱上

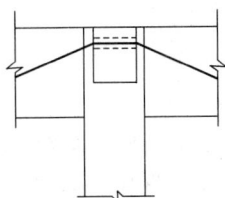

(b) 钢绞线支承在柱侧的梁上　(c) 钢绞线支承在钢吊棍上

图 7.5.2 中间连续节点构造方法

1—钢吊棍

4 当钢绞线在跨中的转折点设在梁底以上位置时，应在中间支座的两侧设置钢吊棍（图 7.5.1a～c），以减少转折点处的摩擦力。若钢绞线在跨中的转折点设在梁底以下位置，则中间支座可不设钢吊棍（图 7.5.1d）。

5 钢吊棍可采用 ϕ50 或 ϕ60 厚壁钢管制作，内灌细石混凝土。若混凝土孔洞下部的局部承压强度不足，可增设内径与钢吊棍相同的钢管垫，用锚固型结构胶或堵漏剂坐浆。

6 若支座负弯矩承载力不足需要加固时，中间支座水平段钢绞线的长度应按计算确定。此时若梁端截面的受剪承载力不足，可采用粘贴碳纤维 U 形箍或粘贴钢板箍的方法解决。

7.5.3 端部锚固构造应符合下列规定：

1 钢绞线端部的锚固宜采用圆套筒三夹片式单孔锚。端部支承可采用下列四种方法：

　　1）当边柱侧面至梁侧面的距离不小于 100mm 时，可将柱子钻孔，钢绞线穿过柱，其锚具通过钢垫板支承于边柱外侧面；若为纵向张拉，尚应在梁端上部设钢吊棍，以减少张拉的摩擦力（图 7.5.3a）；

　　2）当边柱侧面至梁侧面距离小于 100mm 时，对纵向张拉，宜将锚具通过槽钢垫板支承于边柱外侧面，并在梁端上方设钢吊棍（图 7.5.3b）；

　　3）当柱侧有次梁时，对纵向张拉，可将锚具通过槽钢垫板支承于次梁的外侧面，并在梁端上方设钢吊棍（图 7.5.3c）；对横向张拉，可将槽钢改为钢板，并可不设钢吊棍；

　　4）当无法设置钢垫板时，可用钻芯机在梁端或边柱上钻孔，设置圆钢销棍，将锚具通过圆钢销棍支承于梁端（图 7.5.3d）或边柱上（图 7.5.3e）。圆钢销棍可采用直径为 60mm 的 45 号钢制作，锚具支承面处的圆钢销棍应加工成平面。

2 当梁的混凝土质量较差时，在销棍支承点处，可设置内径与圆钢销棍直径相同的钢管垫，用锚固型结构胶或堵漏剂坐浆。

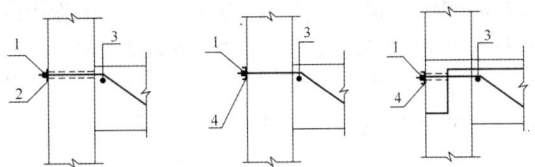

(a) 端部钻孔锚固于柱侧　(b) 端部不钻孔锚固于柱　(c) 端部锚固于梁侧面

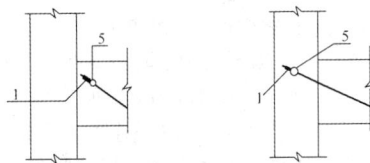

(d) 端部锚固于自身梁端　　(e) 端部锚固于边柱之上

图 7.5.3 端部锚固构造示意图

1—锚具；2—钢板垫板；3—圆钢吊棍；
4—槽钢垫板；5—圆钢销棍

3 端部钢垫板接触面处的混凝土面应平整，当不平整时，应采用快硬水泥砂浆或堵漏剂找平。

7.5.4 钢绞线的张拉应力控制值，对纵向张拉，宜取 $0.70f_{ptk}$；当连续梁的跨数较多时，可取为 $0.75f_{ptk}$；f_{ptk} 为钢绞线抗拉强度标准值；对横向张拉，钢绞线的张拉应力控制值宜取 $0.60f_{ptk}$。

7.5.5 采用横向张拉时，每跨钢绞线被支撑垫板、中间撑棍和拉紧螺栓分为若干个区段（图 7.5.5）。中间撑棍的数量应通过计算确定，对跨长 6m～9m 的梁，可设置 1 根中间撑棍和两根拉紧螺栓；对跨长小于 6m 的梁，可不设中间撑棍，仅设置 1 根拉紧螺栓；对跨长大于 9m 的梁，宜设置 2 根中间撑棍及 3 根拉紧螺栓。

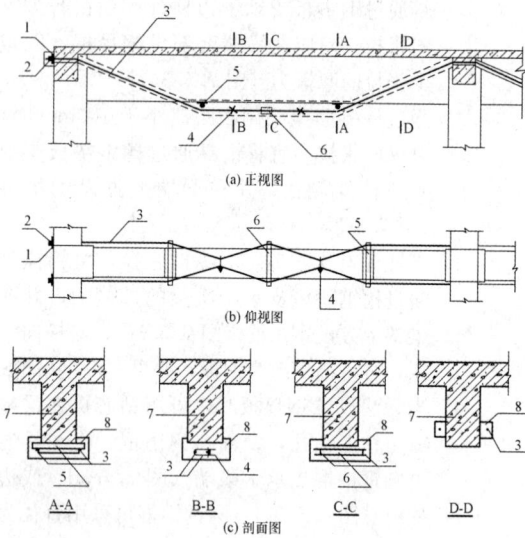

图 7.5.5 采用横向张拉法施加预应力
1—钢垫板；2—锚具；3—无粘结钢绞线，成对布置在梁侧；4—拉紧螺栓；5—支承垫板；6—中间撑棍；7—加固梁；8—C25 混凝土

7.5.6 钢绞线横向张拉后的总伸长量，应根据中间撑棍和拉紧螺栓的设置情况，按下列规定计算：

1 当不设中间撑棍，仅有 1 根拉紧螺栓时，其总伸长量 Δl 可按下式计算：

$$\Delta l = 2(c_1 - a_1) = 2 \times (\sqrt{a_1^2 + b^2} - a_1)$$

（7.5.6-1）

式中：a_1——拉紧螺栓至支承垫板的距离（mm）；
b——拉紧螺栓处钢绞线的横向位移量（mm），可取为梁宽的 1/2；
c_1——a_1 与 b 的几何关系连线（图 7.5.6-1）(mm)。

2 当设 1 根中间撑棍和 2 根拉紧螺栓时，其总伸长量 Δl 应按下式计算：

$$\Delta l = 2 \times (\sqrt{a_1^2 + b^2} + \sqrt{a_2^2 + b^2} - a_1 - a_2)$$

（7.5.6-2）

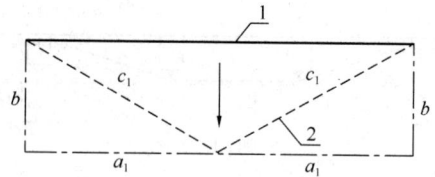

图 7.5.6-1 不设中间撑棍时总伸长量的计算简图
1—钢绞线横向拉紧前；2—钢绞线横向拉紧后

式中：a_2——拉紧螺栓至中间撑棍的距离（mm）；
c_2——a_2 与 b 的几何关系连线（图 7.5.6-2）(mm)。

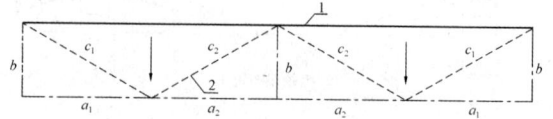

图 7.5.6-2 设 1 根中间撑棍时总伸长量的计算简图
1—钢绞线横向拉紧前；2—钢绞线横向拉紧后

3 当设 2 根中间撑棍和 3 根拉紧螺栓时，其总伸长量 Δl 应按下式计算：

$$\Delta l = 2\sqrt{a_1^2 + b^2} + 4\sqrt{a_2^2 + b^2} - 2a_1 - 4a_2$$

（7.5.6-3）

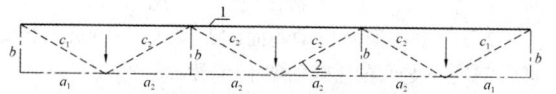

图 7.5.6-3 设 2 根中间撑棍时总伸长量的计算简图
1—钢绞线横向拉紧前；2—钢绞线横向拉紧后

7.5.7 拉紧螺栓位置的确定应符合下列规定：

1 当不设中间撑棍时，可将拉紧螺栓设在中点位置。

2 当设 1 根中间撑棍时，为使拉紧螺栓两侧的钢绞线受力均衡，减少钢绞线在拉紧螺栓处的纵向滑移量，应使 $a_1 < a_2$，并符合下式规定：

$$\frac{c_1 - a_1}{0.5l - a_2} \approx \frac{c_2 - a_2}{a_2}$$

（7.5.7-1）

式中：l——梁的跨度（mm）。

3 当设有 2 根中间撑棍时，为使拉紧螺栓至中间撑棍的距离相等，并使两边拉紧螺栓至支撑垫板的距离相靠近，应符合下式规定：

$$\frac{c_2 - a_2}{a_2} \approx \frac{c_1 - a_1}{0.5l - a_2}$$

（7.5.7-2）

7.5.8 当采用横向张拉方式来补偿部分预应力损失时，其横向手工张拉引起的应力增量应控制为 $0.05f_{ptk}$～$0.15f_{ptk}$，而横向手工张拉引起的应力增量应按下列公式计算：

$$\Delta\sigma = E_s \frac{\Delta l}{l} \qquad (7.5.8)$$

式中：Δl——钢绞线横向张拉后的总伸长量；

l——钢绞线在横向张拉前的长度；

E_s——钢绞线弹性模量。

7.5.9 防腐和防火措施应符合下列规定：

1 当外观要求较高时，可用 C25 细石混凝土将钢部件和钢绞线整体包裹；端部锚具也可用 C25 细石混凝土包裹。

2 当无外观要求时，钢绞线可用水泥砂浆包裹。具体做法为采用 ϕ80PVC 管对开，内置 1：2 水泥砂浆，将钢绞线包裹在管内，用钢丝绑扎；24h 后将 PVC 管拆除。

7.6 普通钢筋体外预应力构造规定

7.6.1 采用普通钢筋预应力下撑式拉杆加固时，其构造应符合下列规定：

1 采用预应力下撑式拉杆加固梁，当其加固的张拉力不大于 150kN，可用两根 HPB300 级钢筋；当加固的预应力较大，宜用 HRB400 级钢筋。

2 预应力下撑式拉杆中部的水平段距被加固梁下缘的净空宜为 30mm～80mm。

3 预应力下撑式拉杆（图 7.6.1）的斜段宜紧贴在被加固梁的梁肋两旁；在被加固梁下应设厚度不小于 10mm 的钢垫板，其宽度宜与被加固梁宽相等，其梁跨度方向的长度不应小于板厚的 5 倍；钢垫板下应设直径不小于 20mm 的钢筋棒，其长度不应小于被加固梁宽加 2 倍拉杆直径再加 40mm；钢垫板宜用结构胶固定位置，钢筋棒可用点焊固定位置。

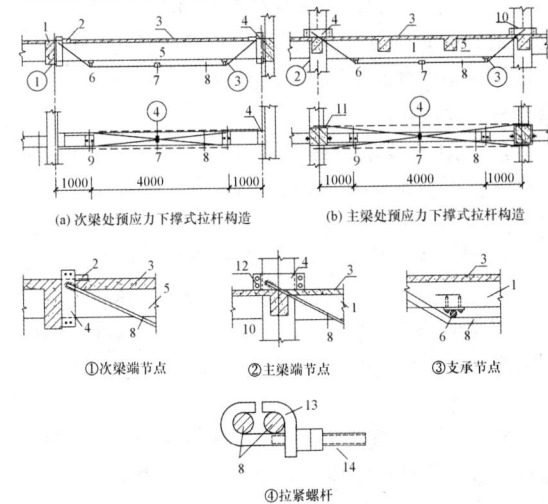

(a) 次梁处预应力下撑式拉杆构造　　(b) 主梁处预应力下撑式拉杆构造

①次梁端节点　　②主梁端节点　　③支承节点

④拉紧螺杆

图 7.6.1 预应力下撑式拉杆构造

1—主梁；2—挡板；3—楼板；4—钢套箍；5—次梁；
6—支撑垫板及钢筋棒；7—拉紧螺栓；8—拉杆；
9—螺栓；10—柱；11—钢托梁；12—双帽螺栓；
13—L 形卡板；14—弯钩螺栓

7.6.2 预应力下撑式拉杆端部的锚固构造应符合下列规定：

1 被加固构件端部有传力预埋件可利用时，可将预应力拉杆与传力预埋件焊接，通过焊缝传力。

2 当无传力预埋件时，宜焊制专门的钢套箍，套在梁端，与焊在负筋上的钢挡板相抵承，也可套在混凝土柱上与拉杆焊接。钢套箍可用型钢焊成，也可用钢板加焊加劲肋制成（图 7.6.1②）。钢套箍与混凝土构件间的空隙，应用细石混凝土或自密实混凝土填塞。钢套箍与原构件混凝土间的局部受压承载力应经验算合格。

7.6.3 横向张拉宜采用工具式拉紧螺杆（图 7.6.1④）。拉紧螺杆的直径应按张拉力的大小计算确定，但不应小于 16mm，其螺帽的高度不得小于螺杆直径的 1.5 倍。

7.7 型钢预应力撑杆构造规定

7.7.1 采用预应力撑杆进行加固时，其构造设计应符合下列规定：

1 预应力撑杆用的角钢，其截面不应小于 50mm×50mm×5mm。压杆肢的两根角钢用缀板连接，形成槽形的截面；也可用单根槽钢作压杆肢。缀板的厚度不得小于 6mm，其宽度不得小于 80mm，其长度应按角钢与被加固柱之间的空隙大小确定。相邻缀板间的距离应保证单个角钢的长细比不大于 40。

2 压杆肢末端的传力构造（图 7.7.1），应采用焊在压杆肢上的顶板与承压角钢顶紧，通过抵承传力。承压角钢嵌入被加固柱的柱身混凝土或柱头混凝

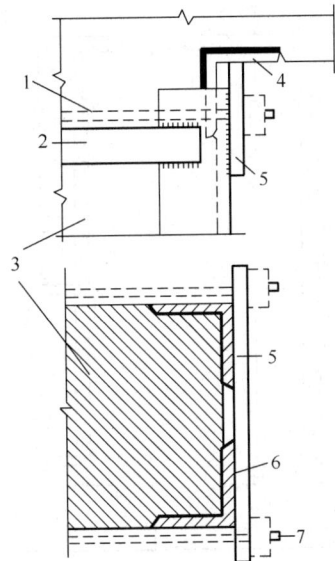

图 7.7.1 撑杆端传力构造

1—安装用螺杆；2—箍板；3—原柱；4—承压角钢，用结构胶加锚栓粘锚；5—传力顶板；6—角钢撑杆；7—安装用螺杆

土内不应少于 25mm。传力顶板宜用厚度不小于 16mm 的钢板，其与角钢肢焊接的板面及与承压角钢抵承的面均应刨平。承压角钢截面不得小于 100mm ×75mm×12mm。

7.7.2 当预应力撑杆采用螺栓横向拉紧的施工方法时，双侧加固的撑杆，其两个压杆肢的中部应向外弯折，并应在弯折处采用工具式拉紧螺杆建立预应力并复位（图 7.7.2-1）。单侧加固的撑杆只有一个压杆肢，仍应在中点处弯折，并应采用工具式拉紧螺杆进行横向张拉与复位（图 7.7.2-2）。

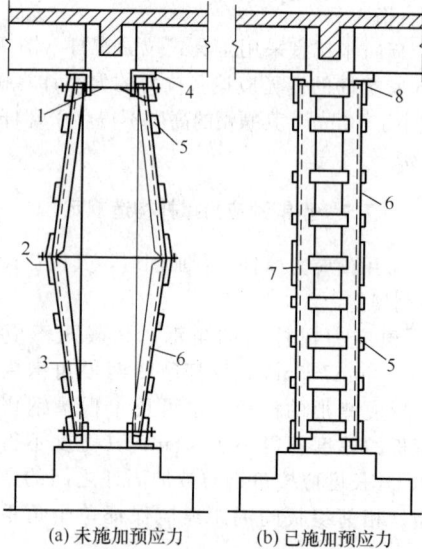

(a) 未施加预应力　　　(b) 已施加预应力

图 7.7.2-1　钢筋混凝土柱双侧预应力加固撑杆构造
1—安装螺栓；2—工具式拉紧螺杆；3—被加固柱；
4—传力角钢；5—箍板；6—角钢撑杆；
7—加宽箍板；8—传力顶板

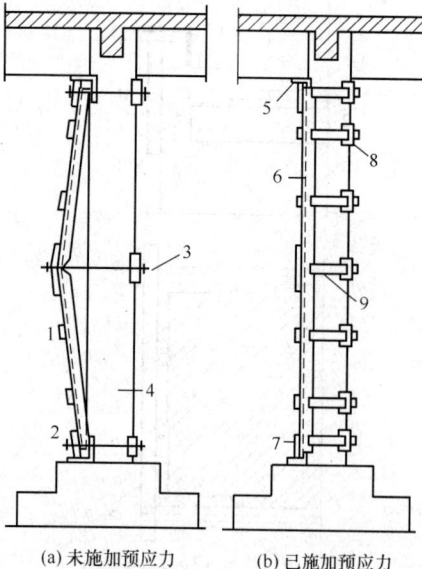

(a) 未施加预应力　　　(b) 已施加预应力

图 7.7.2-2　钢筋混凝土柱单侧预应力加固撑杆构造
1—箍板；2—安装螺栓；3—工具式拉紧螺栓；
4—被加固柱；5—传力角钢；6—角钢撑杆；
7—传力顶板；8—短角钢；9—加宽箍板

7.7.3 压杆肢的弯折与复位的构造应符合下列规定：

1 弯折压杆肢前，应在角钢的侧立肢上切出三角形缺口。缺口背面，应补焊钢板予以加强（图 7.7.3）。

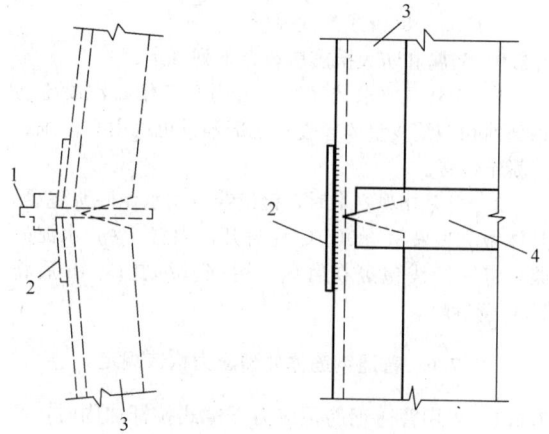

图 7.7.3　角钢缺口处加焊钢板补强
1—工具式拉紧螺杆；2—补强钢板；
3—角钢撑杆；4—剖口处箍板

2 弯折压杆肢的复位应采用工具式拉紧螺杆，其直径应按张拉力的大小计算确定，但不应小于 16mm，其螺帽高度不应小于螺杆直径的 1.5 倍。

8　外包型钢加固法

8.1　设　计　规　定

8.1.1 外包型钢加固法，按其与原构件连接方式分为外粘型钢加固法和无粘结外包型钢加固法；均适用于需要大幅度提高截面承载能力和抗震能力的钢筋混凝土柱及梁的加固。

8.1.2 当工程要求不使用结构胶粘剂时，宜选用无粘结外包型钢加固法，也称干式外包钢加固法。其设计应符合下列规定：

1 当原柱完好，但需提高其设计荷载时，可按原柱与型钢构架共同承担荷载进行计算。此时，型钢构架与原柱所承受的外力，可按各自截面刚度比例进行分配。柱加固后的总承载力为型钢构架承载力与原柱承载力之和。

2 当原柱尚能工作，但需降低原设计承载力时，原柱承载力降低程度应由可靠性鉴定结果进行确定；其不足部分由型钢构架承担。

3 当原柱存在不适于继续承载的损伤或严重缺陷时，可不考虑原柱的作用，其全部荷载由型钢骨架承担。

4 型钢构架承载力应按现行国家标准《钢结构设计规范》GB 50017 规定的格构式柱进行计算，并乘以与原柱协同工作的折减系数0.9。

    5 型钢构架上下端应可靠连接、支承牢固。其具体构造可按本规范第8.3.2条的规定进行设计。

8.1.3 当工程允许使用结构胶粘剂，且原柱状况适于采取加固措施时，宜选用外粘型钢加固法（图8.1.3）。该方法属复合截面加固法，其设计应符合本章规定。

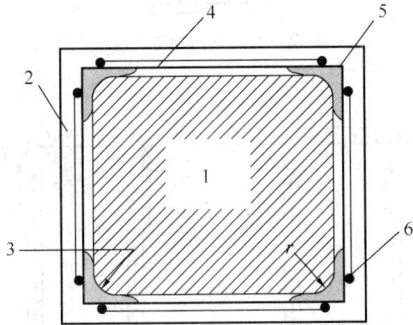

图 8.1.3 外粘型钢加固

1—原柱；2—防护层；3—注胶；4—缀板；
5—角钢；6—缀板与角钢焊缝

8.1.4 混凝土结构构件采用符合本规范设计规定的外粘型钢加固时，其加固后的承载力和截面刚度可按整截面计算；其截面刚度 EI 的近似值，可按下式计算：

$$EI = E_{c0} I_{c0} + 0.5 E_a A_a a_a^2 \qquad (8.1.4)$$

式中：E_{c0}、E_a——分别为原构件混凝土和加固型钢的弹性模量（MPa）；

    I_{c0}——原构件截面惯性矩（mm^4）；

    A_a——加固构件一侧外粘型钢截面面积（mm^2）；

    a_a——受拉与受压两侧型钢截面形心间的距离（mm）。

8.1.5 采用外包型钢加固法对钢筋混凝土结构进行加固时，应采取措施卸除或大部分卸除作用在原结构上的活荷载。

8.1.6 对型钢构架的涂装工程（包括防腐涂料涂装和防火涂料涂装）的设计，应符合现行国家标准《钢结构设计规范》GB 50017 及《钢结构工程施工质量验收规范》GB 50205 的规定。

8.2 外粘型钢加固计算

8.2.1 采用外粘型钢（角钢或扁钢）加固钢筋混凝土轴心受压构件时，其正截面承载力应按下式验算：

$$N \leqslant 0.9\varphi \left(\psi_{sc} f_{c0} A_{c0} + f_{y0}' A_{s0}' + \alpha_a f_a' A_a' \right) \qquad (8.2.1)$$

式中：N——构件加固后轴向压力设计值（kN）；

    φ——轴心受压构件的稳定系数，应根据加固后的截面尺寸，按现行国家标准《混凝土结构设计规范》GB 50010采用；

    ψ_{sc}——考虑型钢构架对混凝土约束作用引入的混凝土承载力提高系数；对圆形截面柱，取为 1.15；对截面高宽比 $h/b \leqslant$ 1.5、截面高度 $h \leqslant 600mm$ 的矩形截面柱，取为 1.1；对不符合上述规定的矩形截面柱，取为 1.0；

    α_a——新增型钢强度利用系数，除抗震计算取为 1.0 外，其他计算均取为 0.9；

    f_a'——新增型钢抗压强度设计值（N/mm^2），应按现行国家标准《钢结构设计规范》GB 50017 的规定采用；

    A_a'——全部受压肢型钢的截面面积（mm^2）。

8.2.2 采用外粘型钢加固钢筋混凝土偏心受压构件时（图8.2.2），其矩形截面正截面承载力应按下列公式确定：

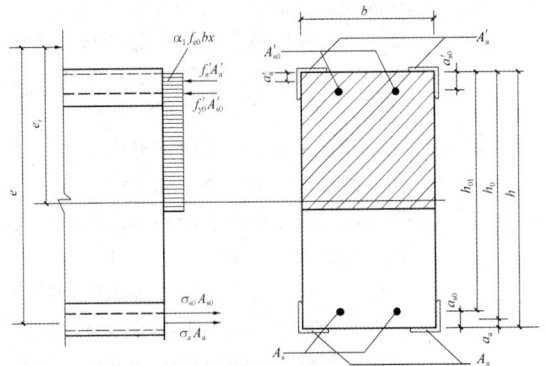

图 8.2.2 外粘型钢加固偏心受压柱的截面计算简图

$$N \leqslant \alpha_1 f_{c0} bx + f_{y0}' A_{s0}' - \sigma_{s0} A_{s0} + \alpha_a f_a' A_a' - \sigma_a A_a \qquad (8.2.2\text{-}1)$$

$$Ne \leqslant \alpha_1 f_{c0} bx \left(h_0 - \frac{x}{2} \right) + f_{y0}' A_{s0}' (h_0 - a_{s0}')$$
$$- \sigma_{s0} A_{s0} (a_{s0} - a_a) + \alpha_a f_a' A_a' (h_0 - a_a') \qquad (8.2.2\text{-}2)$$

$$\sigma_{s0} = \left(\frac{0.8 h_{01}}{x} - 1 \right) E_{s0} \varepsilon_{cu} \qquad (8.2.2\text{-}3)$$

$$\sigma_a = \left(\frac{0.8 h_0}{x} - 1 \right) E_a \varepsilon_{cu} \qquad (8.2.2\text{-}4)$$

式中：N——构件加固后轴向压力设计值（kN）；

    b——原构件截面宽度（mm）；

    x——混凝土受压区高度（mm）；

    f_{c0}——原构件混凝土轴心抗压强度设计值（N/mm^2）；

    f_{y0}'——原构件受压区纵向钢筋抗压强度设计值（N/mm^2）；

    A_{s0}'——原构件受压较大边纵向钢筋截面面积（mm^2）；

    σ_{s0}——原构件受拉边或受压较小边纵向钢筋应力（N/mm^2），当为小偏心受压构件时，

图中 σ_{s0} 可能变号，当 $\sigma_{s0} > f_{y0}$ 时，应取 $\sigma_{s0} = f_{y0}$；

A_{s0}——原构件受拉边或受压较小边纵向钢筋截面面积（mm^2）；

α_a——新增型钢强度利用系数，除抗震设计取 $\alpha_a = 1.0$ 外，其他取 $\alpha_a = 0.9$；

f_a'——型钢抗压强度设计值（N/mm^2）；

A_a'——全部受压肢型钢截面面积（mm^2）；

σ_a——受拉肢或受压较小肢型钢的应力（N/mm^2），可按式（8.2.2-4）计算，也可近似取 $\sigma_a = \sigma_{s0}$；

A_a——全部受拉肢型钢截面面积（mm^2）；

e——偏心距（mm），为轴向压力设计值作用点至受拉区型钢形心的距离，按本规范第 5.4.3 条计算确定；

h_{01}——加固前原截面有效高度（mm）；

h_0——加固后受拉肢或受压较小肢型钢的截面形心至原构件截面受压较大边的距离（mm）；

a_{s0}'——原截面受压较大边纵向钢筋合力点至原构件截面近边的距离（mm）；

a_a'——受压较大肢型钢截面形心至原构件截面近边的距离（mm）；

a_{s0}——原构件受拉边或受压较小边纵向钢筋合力点至原截面近边的距离（mm）；

a_a——受拉肢或受压较小肢型钢截面形心至原构件截面近边的距离（mm）；

E_a——型钢的弹性模量（MPa）。

8.2.3 采用外粘型钢加固钢筋混凝土梁时，应在梁截面的四隅粘贴角钢，当梁的受压区有翼缘或有楼板时，应将梁顶面两隅的角钢改为钢板。当梁的加固构造符合本规范第 8.3 节的规定时，其正截面及斜截面的承载力可按本规范第 9 章进行计算。

8.3 构 造 规 定

8.3.1 采用外粘型钢加固法时，应优先选用角钢；角钢的厚度不应小于 5mm，角钢的边长，对梁和桁架，不应小于 50mm，对柱不应小于 75mm。沿梁、柱轴线方向应每隔一定距离用扁钢制作的箍板（图8.3.1）或缀板（图 8.3.2a、b）与角钢焊接。当有楼板时，U 形箍板或其附加的螺杆应穿过楼板，与另加的条形钢板焊接（图 8.3.1a、b）或嵌入楼板后予以胶锚（图 8.3.1c）。箍板与缀板均应在胶粘前与加固角钢焊接。当钢箍板需穿过楼板或胶锚时，可采用半重叠钻孔法，将圆孔扩成矩形扁孔；待箍板穿插安装、焊接完毕后，再用结构胶注入孔中予以封闭、锚固。箍板或缀板截面不应小于 40mm×4mm，其间距不应大于 $20r$（r 为单根角钢截面的最小回转半径），且不应大于 500mm；在节点区，其间距应适当加密。

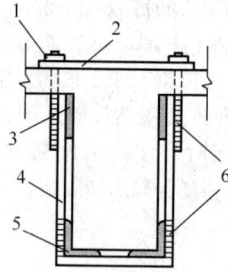

(a)端部栓焊连接加锚式箍板

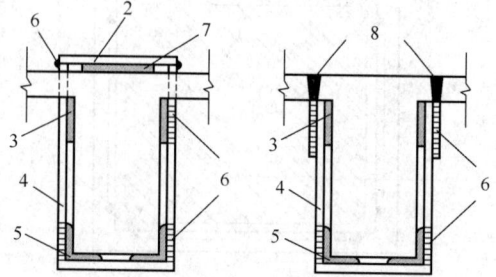

(b)端部焊缝连接加锚式箍板　(c)端部胶锚连接加锚式箍板

图 8.3.1　加锚式箍板

1—与钢板点焊；2—条形钢板；3—钢垫板；
4—箍板；5—加固角钢；6—焊缝；
7—加固钢板；8—嵌入箍板后胶锚

8.3.2 外粘型钢的两端应有可靠的连接和锚固（图8.3.2）。对柱的加固，角钢下端应锚固于基础；中间应穿过各层楼板，上端应伸至加固层的上一层楼板底或屋面板底；当相邻两层柱的尺寸不同时，可将上下柱外粘型钢交汇于楼面，并利用其内外间隔嵌入厚度

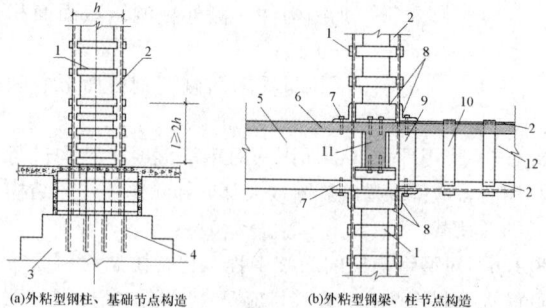

(a)外粘型钢柱、基础节点构造　　(b)外粘型钢梁、柱节点构造

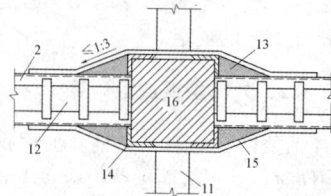

(c)外粘型钢梁、柱节点构造

图 8.3.2　外粘型钢梁、柱、基础节点构造

1—缀板；2—加固角钢；3—原基础；4—植筋；5—不加固主梁；6—楼板；7—胶锚螺栓；8—柱加强角钢箍；9—梁加强扁钢箍；10—箍板；11—次梁；12—加固主梁；13—环氧砂浆填实；14—角钢；15—扁钢带；16—柱；l—缀板加密区长度

不小于10mm的钢板焊成水平钢框，与上下柱角钢及上柱钢箍相互焊接固定。对梁的加固，梁角钢（或钢板）应与柱角钢相互焊接。必要时，可加焊扁钢带或钢筋条，使柱两侧的梁相互连接（图8.3.2c）；对桁架的加固，角钢应伸过该杆件两端的节点，或设置节点板将角钢焊在节点板上。

8.3.3 当按本规范构造要求采用外粘型钢加固排架柱时，应将加固的型钢与原柱顶部的承压钢板相互焊接。对于二阶柱，上下柱交接处及牛腿处的连接构造应予加强。

8.3.4 外粘型钢加固梁、柱时，应将原构件截面的棱角打磨成半径 r 大于等于 7mm 的圆角。外粘型钢的注胶应在型钢构架焊接完成后进行。外粘型钢的胶缝厚度宜控制在 3mm～5mm；局部允许有长度不大于 300mm、厚度不大于 8mm 的胶缝，但不得出现在角钢端部 600mm 范围内。

8.3.5 采用外包型钢加固钢筋混凝土构件时，型钢表面（包括混凝土表面）应抹厚度不小于 25mm 的高强度等级水泥砂浆（应加钢丝网防裂）作防护层，也可采用其他具有防腐蚀和防火性能的饰面材料加以保护。若外包型钢构架的表面防护按钢结构的涂装工程（包括防腐涂料涂装和防火涂料涂装）设计时，应符合现行国家标准《钢结构设计规范》GB 50017 及《钢结构工程施工质量验收规范》GB 50205 的规定。

9 粘贴钢板加固法

9.1 设 计 规 定

9.1.1 本方法适用于对钢筋混凝土受弯、大偏心受压和受拉构件的加固。本方法不适用于素混凝土构件，包括纵向受力钢筋一侧配筋率小于 0.2% 的构件加固。

9.1.2 被加固的混凝土结构构件，其现场实测混凝土强度等级不得低于 C15，且混凝土表面的正拉粘结强度不得低于 1.5MPa。

9.1.3 粘贴钢板加固钢筋混凝土结构构件时，应将钢板受力方式设计成仅承受轴向应力作用。

9.1.4 粘贴在混凝土构件表面上的钢板，其外表面应进行防锈蚀处理。表面防锈蚀材料对钢板及胶粘剂应无害。

9.1.5 采用本规范规定的胶粘剂粘贴钢板加固混凝土结构时，其长期使用的环境温度不应高于 60℃；处于特殊环境（如高温、高湿、介质侵蚀、放射等）的混凝土结构采用本方法加固时，除应按国家现行有关标准的规定采取相应的防护措施外，尚应采用耐环境因素作用的胶粘剂，并按专门的工艺要求进行粘贴。

9.1.6 采用粘贴钢板对钢筋混凝土结构进行加固时，

应采取措施卸除或大部分卸除作用在结构上的活荷载。

9.1.7 当被加固构件的表面有防火要求时，应按现行国家标准《建筑设计防火规范》GB 50016 规定的耐火等级及耐火极限要求，对胶粘剂和钢板进行防护。

9.2 受弯构件正截面加固计算

9.2.1 采用粘贴钢板对梁、板等受弯构件进行加固时，除应符合现行国家标准《混凝土结构设计规范》GB 50010 正截面承载力计算的基本假定外，尚应符合下列规定：

1 构件达到受弯承载能力极限状态时，外贴钢板的拉应变 ε_{sp} 应按截面应变保持平面的假设确定；

2 钢板应力 σ_{sp} 取等于拉应变 ε_{sp} 与弹性模量 E_{sp} 的乘积；

3 当考虑二次受力影响时，应按构件加固前的初始受力情况，确定粘贴钢板的滞后应变；

4 在达到受弯承载能力极限状态前，外贴钢板与混凝土之间不致出现粘结剥离破坏。

9.2.2 受弯构件加固后的相对界限受压区高度 $\xi_{b,sp}$ 应按加固前控制值的 0.85 倍采用，即：

$$\xi_{b,sp} = 0.85\xi_b \qquad (9.2.2)$$

式中：ξ_b——构件加固前的相对界限受压区高度，按现行国家标准《混凝土结构设计规范》GB 50010 的规定计算。

9.2.3 在矩形截面受弯构件的受拉和受压面粘贴钢板进行加固时（图9.2.3），其正截面承载力应符合下列规定：

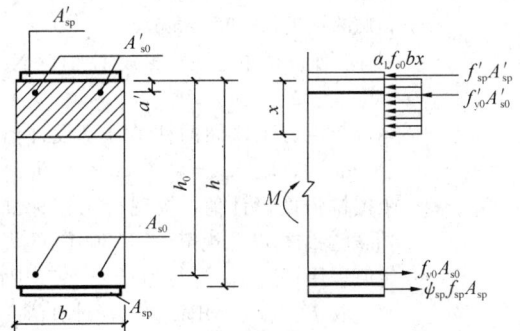

图 9.2.3 矩形截面正截面受弯承载力计算

$$M \leqslant \alpha_1 f_{c0}bx\left(h - \frac{x}{2}\right) + f'_{y0}A'_{s0}(h - a') + f'_{sp}A'_{sp}h - f_{y0}A_{s0}(h - h_0) \qquad (9.2.3\text{-}1)$$

$$\alpha_1 f_{c0}bx = \psi_{sp}f_{sp}A_{sp} + f_{y0}A_{s0} - f'_{y0}A'_{s0} - f'_{sp}A'_{sp} \qquad (9.2.3\text{-}2)$$

$$\psi_{sp} = \frac{(0.8\varepsilon_{cu}h/x) - \varepsilon_{cu} - \varepsilon_{sp,0}}{f_{sp}/E_{sp}} \qquad (9.2.3\text{-}3)$$

$$x \geqslant 2a' \qquad (9.2.3\text{-}4)$$

式中：M——构件加固后弯矩设计值（kN·m）；

x——混凝土受压区高度（mm）；

b、h——矩形截面宽度和高度（mm）；

f_{sp}、f'_{sp}——加固钢板的抗拉、抗压强度设计值（N/mm²）；

A_{sp}、A'_{sp}——受拉钢板和受压钢板的截面面积（mm²）；

A_{s0}、A'_{s0}——原构件受拉和受压钢筋的截面面积（mm²）；

a'——纵向受压钢筋合力点至截面近边的距离（mm）；

h_0——构件加固前的截面有效高度（mm）；

ψ_{sp}——考虑二次受力影响时，受拉钢板抗拉强度有可能达不到设计值而引用的折减系数；当 $\psi_{sp} > 1.0$ 时，取 $\psi_{sp} = 1.0$；

ε_{cu}——混凝土极限压应变，取 $\varepsilon_{cu} = 0.0033$；

$\varepsilon_{sp,0}$——考虑二次受力影响时，受拉钢板的滞后应变，应按本规范第9.2.9条的规定计算；若不考虑二次受力影响，取 $\varepsilon_{sp,0} = 0$；

9.2.4 当受压面没有粘贴钢板（即 $A'_{sp} = 0$），可根据式（9.2.3-1）计算出混凝土受压区的高度 x，按式（9.2.3-3）计算出强度折减系数 ψ_{sp}，然后代入式（9.2.3-2），求出受拉面应粘贴的加固钢板量 A_{sp}。

9.2.5 对受弯构件正弯矩区的正截面加固，其受拉面沿轴向粘贴的钢板的截断位置，应从其强度充分利用的截面算起，取不小于按下式确定的粘贴延伸长度：

$$l_{sp} \geqslant (f_{sp}t_{sp}/f_{bd}) + 200 \qquad (9.2.5)$$

式中：l_{sp}——受拉钢板粘贴延伸长度（mm）；

t_{sp}——粘贴的钢板总厚度（mm）；

f_{sp}——加固钢板的抗拉强度设计值（N/mm²）；

f_{bd}——钢板与混凝土之间的粘结强度设计值（N/mm²），取 $f_{bd} = 0.5f_t$；f_t 为混凝土抗拉强度设计值，按现行国家标准《混凝土结构设计规范》GB 50010 的规定值采用；当 f_{bd} 计算值低于 0.5MPa 时，取 f_{bd} 为 0.5MPa；当 f_{bd} 计算值高于 0.8MPa 时，取 f_{bd} 为 0.8MPa。

9.2.6 对框架梁和独立梁的梁底进行正截面粘钢加固时，受拉钢板的粘贴应延伸至支座边或柱边，且延伸长度 l_{sp} 应满足本规范第9.2.5条的规定。当受实际条件限制无法满足此规定时，可在钢板的端部锚固区加贴 U 形箍板（图9.2.6）。此时，U 形箍板数量的确定应符合下列规定：

1 当 $f_{sv}b_1 \leqslant 2f_{bd}h_{sp}$ 时

$$f_{sp}A_{sp} \leqslant 0.5f_{bd}l_{sp}b_1 + 0.7nf_{sv}b_{sp}b_1$$

$$(9.2.6-1)$$

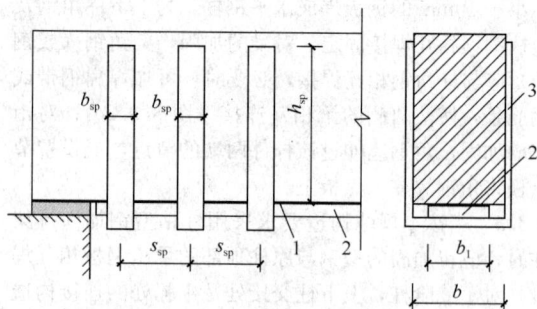

图 9.2.6 梁端增设 U 形箍板锚固
1—胶层；2—加固钢板；3—U 形箍板

2 当 $f_{sv}b_1 > 2f_{bd}h_{sp}$ 时

$$f_{sp}A_{sp} \leqslant 0.5f_{bd}l_{sp}b_1 + nf_{bd}b_{sp}h_{sp} \qquad (9.2.6-2)$$

式中：f_{sv}——钢对钢粘结强度设计值（N/mm²），对 A 级胶为 3.0MPa；对 B 级胶取为 2.5MPa；

A_{sp}——加固钢板的截面面积（mm²）；

n——加固钢板每端加贴 U 形箍板的数量；

b_1——加固钢板的宽度（mm）；

b_{sp}——U 形箍板的宽度（mm）；

h_{sp}——U 形箍板单肢与梁侧面混凝土粘结的竖向高度（mm）。

9.2.7 对受弯构件负弯矩区的正截面加固，钢板的截断位置距充分利用截面的距离，除应根据负弯矩包络图按公式（9.2.5）确定外，尚宜按本规范第9.6.4条的构造规定进行设计。

9.2.8 对翼缘位于受压区的 T 形截面受弯构件的受拉面粘贴钢板进行受弯加固时，应按本规范第9.2.1至第9.2.3条的原则和现行国家标准《混凝土结构设计规范》GB 50010 中关于 T 形截面受弯承载力的计算方法进行计算。

9.2.9 当考虑二次受力影响时，加固钢板的滞后应变 $\varepsilon_{sp,0}$ 应按下式计算：

$$\varepsilon_{sp,0} = \frac{\alpha_{sp}M_{0k}}{E_sA_sh_0} \qquad (9.2.9)$$

式中：M_{0k}——加固前受弯构件验算截面上作用的弯矩标准值（kN·m）；

α_{sp}——综合考虑受弯构件裂缝截面内力臂变化、钢筋拉应变不均匀以及钢筋排列影响的计算系数，按表9.2.9的规定采用。

表 9.2.9 计算系数 α_{sp} 值

ρ_{te}	$\leqslant 0.007$	0.010	0.020	0.030	0.040	$\geqslant 0.060$
单排钢筋	0.70	0.90	1.15	1.20	1.25	1.30
双排钢筋	0.75	1.00	1.25	1.30	1.35	1.40

注：1 ρ_{te} 为原有混凝土有效受拉截面的纵向受拉钢筋配筋率，即 $\rho_{te} = A_s/A_{te}$；A_{te} 为有效受拉混凝土截面面积，按现行国家标准《混凝土结构设计规范》GB 50010 的规定计算。

2 当原构件钢筋应力 $\sigma_{s0} \leqslant 150$MPa，且 $\rho_{te} \leqslant 0.05$ 时，表中 α_{sp} 值可乘以调整系数 0.9。

9.2.10 当钢板全部粘贴在梁底面（受拉面）有困难时，允许将部分钢板对称地粘贴在梁的两侧面。此时，侧面粘贴区域应控制在距受拉边缘 1/4 梁高范围内，且应按下式计算确定梁的两侧面实际需粘贴的钢板截面面积 $A_{sp,1}$。

$$A_{sp,1} = \eta_{sp} A_{sp,b} \qquad (9.2.10)$$

式中：$A_{sp,b}$——按梁底面计算确定的、但需改贴到梁的两侧面的钢板截面面积；

η_{sp}——考虑改贴梁侧面引起的钢板受拉合力及其力臂改变的修正系数，应按表 9.2.10 采用。

表 9.2.10　修正系数 η_{sp} 值

h_{sp}/h	0.05	0.10	0.15	0.20	0.25
η_{sp}	1.09	1.20	1.33	1.47	1.65

注：h_{sp} 为从梁受拉边缘算起的侧面粘贴高度；h 为梁截面高度。

9.2.11 钢筋混凝土结构构件加固后，其正截面受弯承载力的提高幅度，不应超过 40%，并应验算其受剪承载力，避免受弯承载力提高后而导致构件受剪破坏先于受弯破坏。

9.2.12 粘贴钢板的加固量，对受拉区和受压区，分别不应超过 3 层和 2 层，且钢板总厚度不应大于 10mm。

9.3　受弯构件斜截面加固计算

9.3.1 受弯构件斜截面受剪承载力不足，应采用胶粘的箍板进行加固，箍板宜设计成加锚封闭箍、胶锚 U 形或钢板锚 U 形箍的构造方式（图 9.3.1a），当受力很小时，也可采用一般 U 形箍。箍板应垂直于构件轴线方向粘贴（图 9.3.1b）；不得采用斜向粘贴。

9.3.2 受弯构件加固后的斜截面应符合下列规定：

当 $h_w/b \leqslant 4$ 时

$$V \leqslant 0.25\beta_c f_{c0} bh_0 \qquad (9.3.2-1)$$

当 $h_w/b \geqslant 6$ 时

$$V \leqslant 0.20\beta_c f_{c0} bh_0 \qquad (9.3.2-2)$$

当 $4 < h_w/b < 6$ 时，按线性内插法确定。

式中：V——构件斜截面加固后的剪力设计值；

β_c——混凝土强度影响系数，按现行国家标准《混凝土结构设计规范》GB 50010 规定值采用；

b——矩形截面的宽度；T 形或 I 形截面的腹板宽度；

h_w——截面的腹板高度：对矩形截面，取有效高度；对 T 形截面，取有效高度减去翼缘高度；对 I 形截面，取腹板净高。

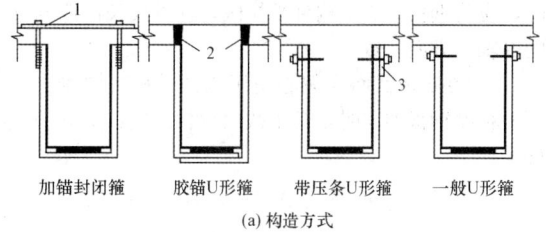

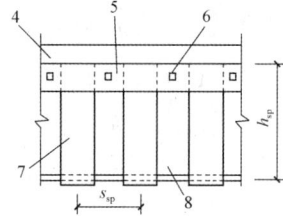

加锚封闭箍　胶锚U形箍　带压条U形箍　一般U形箍

(a) 构造方式

(b) U形箍加纵向钢板压条

图 9.3.1　扁钢抗剪箍及其粘贴方式

1—扁钢；2—胶锚；3—粘贴钢板压条；4—板；
5—钢板底面空鼓处应加钢垫板；6—钢板压条
附加锚栓锚固；7—U 形箍；8—梁

9.3.3 采用加锚封闭箍或其他 U 形箍对钢筋混凝土梁进行抗剪加固时，其斜截面承载力应符合下列公式规定：

$$V \leqslant V_{b0} + V_{b,sp} \qquad (9.3.3-1)$$

$$V_{b,sp} = \psi_{vb} f_{sp} A_{b,sp} h_{sp}/s_{sp} \qquad (9.3.3-2)$$

式中：V_{b0}——加固前梁的斜截面承载力（kN），按现行国家标准《混凝土结构设计规范》GB 50010 计算；

$V_{b,sp}$——粘贴钢板加固后，对梁斜截面承载力的提高值（kN）；

ψ_{vb}——与钢板的粘贴方式及受力条件有关的抗剪强度折减系数，按表 9.3.3 确定；

$A_{b,sp}$——配置在同一截面处箍板各肢的截面面积之和（mm²），即 $2b_{sp}t_{sp}$，此处：b_{sp} 和 t_{sp} 分别为箍板宽度和箍板厚度；

h_{sp}——U 形箍板单肢与梁侧面混凝土粘结的竖向高度（mm）；

s_{sp}——箍板的间距（图 9.3.1b）（mm）。

表 9.3.3　抗剪强度折减系数 ψ_{vb} 值

箍板构造		加锚封闭箍	胶锚或钢板锚 U 形箍	一般 U 形箍
受力条件	均布荷载或剪跨比 $\lambda \geqslant 3$	1.00	0.92	0.85
	剪跨比 $\lambda \leqslant 1.5$	0.68	0.63	0.58

注：当 λ 为中间值时，按线性内插法确定 ψ_{vb} 值。

9.4　大偏心受压构件正截面加固计算

9.4.1 采用粘贴钢板加固大偏心受压钢筋混凝土柱

时，应将钢板粘贴于构件受拉区，且钢板长向应与柱的纵轴线方向一致。

9.4.2 在矩形截面大偏心受压构件受拉边混凝土表面上粘贴钢板加固时，其正截面承载力应按下列公式确定：

$$N \leqslant \alpha_1 f_{c0} bx + f'_{y0} A'_{s0} - f_{y0} A_{s0} - f_{sp} A_{sp}$$

$$(9.4.2-1)$$

$$Ne \leqslant \alpha_1 f_{c0} bx \left(h_0 - \frac{x}{2}\right) + f'_{y0} A'_{s0} (h_0 - a')$$

$$+ f_{sp} A_{sp} (h - h_0) \qquad (9.4.2-2)$$

$$e = e_i + \frac{h}{2} - a \qquad (9.4.2-3)$$

$$e_i = e_0 + e_a \qquad (9.4.2-4)$$

式中：N——加固后轴向压力设计值（kN）；

e——轴向压力作用点至纵向受拉钢筋和钢板合力作用点的距离（mm）；

e_i——初始偏心距（mm）；

e_0——轴向压力对截面重心的偏心距（mm），取为 $e_0 = M/N$；当需要考虑二阶效应时，M 应按本规范第 5.4.3 条确定；

e_a——附加偏心距（mm），按偏心方向截面最大尺寸 h 确定；当 $h \leqslant 600mm$ 时，$e_a = 20mm$；当 $h > 600mm$ 时，$e_a = h/30$；

a、a'——分别为纵向受拉钢筋和钢板合力点、纵向受压钢筋合力点至截面近边的距离（mm）；

f_{sp}——加固钢板的抗拉强度设计值（N/mm²）。

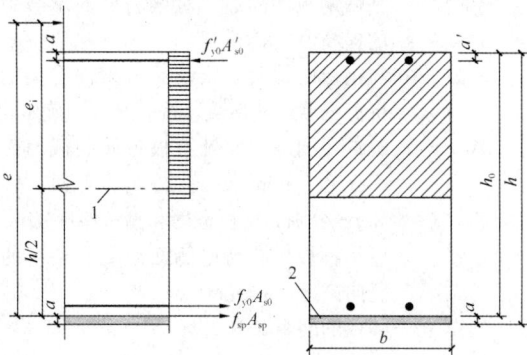

图 9.4.2 矩形截面大偏心
受压构件粘钢加固承载力计算

1—截面重心轴；2—加固钢板

9.5 受拉构件正截面加固计算

9.5.1 采用外贴钢板加固钢筋混凝土受拉构件时，应按原构件纵向受拉钢筋的配置方式，将钢板粘贴于相应位置的混凝土表面上，且应处理好端部的连接构造及锚固。

9.5.2 轴心受拉构件的加固，其正截面承载力应按

下式确定：

$$N \leqslant f_{y0} A_{s0} + f_{sp} A_{sp} \qquad (9.5.2)$$

式中：N——加固后轴向拉力设计值；

f_{sp}——加固钢板的抗拉强度设计值。

9.5.3 矩形截面大偏心受拉构件的加固，其正截面承载力应符合下列规定：

$$N \leqslant f_{y0} A_{s0} + f_{sp} A_{sp} - \alpha_1 f_{c0} bx - f'_{y0} A'_{s0}$$

$$(9.5.3-1)$$

$$Ne \leqslant \alpha_1 f_{c0} bx \left(h_0 - \frac{x}{2}\right) + f'_{y0} A'_{s0} (h_0 - a')$$

$$+ f_{sp} A_{sp} (h - h_0) \qquad (9.5.3-2)$$

式中：N——加固后轴向拉力设计值（kN）；

e——轴向拉力作用点至纵向受拉钢筋合力点的距离（mm）。

9.6 构 造 规 定

9.6.1 粘钢加固的钢板宽度不宜大于 100mm。采用手工涂胶粘贴的钢板厚度不应大于 5mm；采用压力注胶粘结的钢板厚度不应大于 10mm，且应按外粘型钢加固法的焊接节点构造进行设计。

9.6.2 对钢筋混凝土受弯构件进行正截面加固时，均应在钢板的端部（包括截断处）及集中荷载作用点的两侧，对梁设置 U 形钢箍板；对板应设置横向钢压条进行锚固。

9.6.3 当粘贴的钢板延伸至支座边缘仍不满足本规范第 9.2.5 条延伸长度的规定时，应采取下列锚固措施：

1 对梁，应在延伸长度范围内均匀设置 U 形箍（图 9.6.3），且应在延伸长度的端部设置一道加强箍。U 形箍的粘贴高度应为梁的截面高度；梁有翼缘

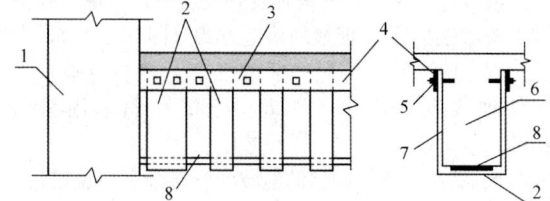

(a) U形钢箍

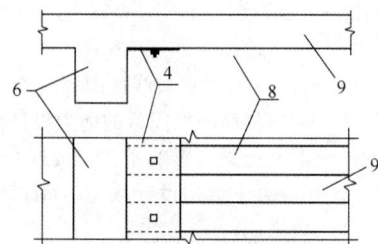

(b) 横向钢压条

图 9.6.3 梁粘贴钢板端部锚固措施

1—柱；2—U形箍；3—压条与梁之间空隙应加垫板；
4—钢压条；5—化学锚栓；6—梁；7—胶层；
8—加固钢板；9—板

（或有现浇楼板），应伸至其底面。U 形箍的宽度，对端箍不应小于加固钢板宽度的 2/3，且不应小于 80mm；对中间箍不应小于加固钢板宽度的 1/2，且不应小于 40mm。U 形箍的厚度不应小于受弯加固钢板厚度的 1/2，且不应小于 4mm。U 形箍的上端应设置纵向钢压条；压条下面的空隙应加胶粘钢垫块填平。

2 对板，应在延伸长度范围内通长设置垂直于受力钢板方向的钢压条。钢压条一般不宜少于 3 条；钢压条应在延伸长度范围内均匀布置，且应在延伸长度的端部设置一道。压条的宽度不应小于受弯加固钢板宽度的 3/5，钢压条的厚度不应小于受弯加固钢板厚度的 1/2。

9.6.4 当采用钢板对受弯构件负弯矩区进行正截面承载力加固时，应采取下列构造措施：

1 支座处无障碍时，钢板应在负弯矩包络图范围内连续粘贴；其延伸长度的截断点应按本规范第 9.2.5 条的原则确定。在端支座无法延伸的一侧，尚应按本条第 3 款的构造方式（图 9.6.4-2）进行锚固处理。

2 支座处虽有障碍，但梁上有现浇板时，允许绕过柱位，在梁侧 4 倍板厚（$4h_b$）范围内，将钢板粘贴于板面上（图 9.6.4-1）。

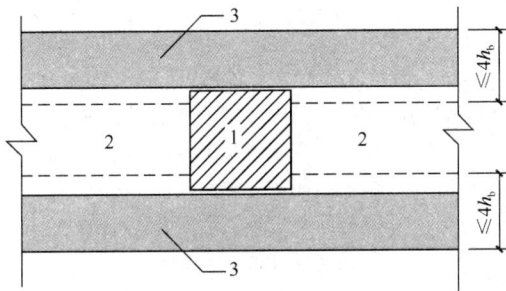

图 9.6.4-1　绕过柱位粘贴钢板

1—柱；2—梁；3—板顶面粘贴的钢板；h_b—板厚

3 当梁上负弯矩区的支座处需采取加强的锚固措施时，可采用图 9.6.4-2 的构造方式进行锚固处理。

9.6.5 当加固的受弯构件粘贴不止一层钢板时，相邻两层钢板的截断位置应错开不小于 300mm，并应在截断处加设 U 形箍（对梁）或横向压条（对板）进行锚固。

9.6.6 当采用粘贴钢板箍对钢筋混凝土梁或大偏心受压构件的斜截面承载力进行加固时，其构造应符合下列规定：

1 宜选用封闭箍或加锚的 U 形箍；若仅按构造需要设箍，也可采用一般 U 形箍；

2 受力方向应与构件轴向垂直；

3 封闭箍及 U 形箍的净间距 $s_{sp,n}$ 不应大于现行国

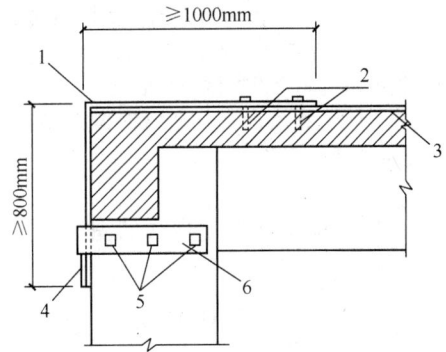

(a) 柱顶加贴 L 形钢板的构造

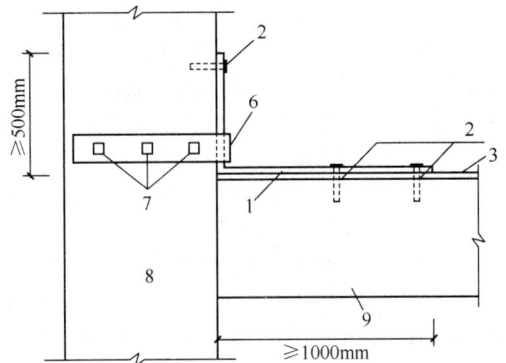

(b) 柱中部加贴 L 形钢板的构造

图 9.6.4-2　梁柱节点处粘贴钢板的机械锚固措施

1—粘贴 L 形钢板；2—M12 锚栓；3—加固钢板；
4—加焊顶板（预焊）；5—$d \geq$ M16 的 6.8 锚栓；
6—胶粘于柱上的 U 形钢箍板；7—$d \geq$ M22 的
6.8 级锚栓及其钢垫板；8—柱；9—梁

家标准《混凝土结构设计规范》GB 50010 规定的最大箍筋间距的 0.70 倍，且不应大于梁高的 0.25 倍；

4 箍板的粘贴高度应符合本规范第 9.6.3 条的规定；一般 U 形箍的上端应粘贴纵向钢压条予以锚固；钢压条下面的空隙应加胶粘钢垫板填平；

5 当梁的截面高度（或腹板高度）h 大于等于 600mm 时，应在梁的腰部增设一道纵向腰间钢压条（图 9.6.6）。

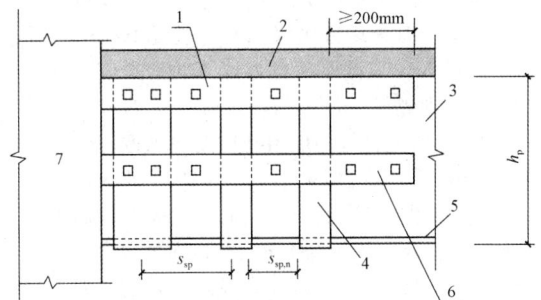

图 9.6.6　纵向腰间钢压条

1—纵向钢压条；2—楼板；3—梁；4—U 形箍板；
5—加固钢板；6—纵向腰间钢压条；7—柱

9.6.7 当采用粘贴钢板加固大偏心受压钢筋混凝土柱时，其构造应符合下列规定：

1 柱的两端应增设机械锚固措施；

2 柱上端有楼板时，粘贴的钢板应穿过楼板，并应有足够的延伸长度。

10 粘贴纤维复合材加固法

10.1 设计规定

10.1.1 本方法适用于钢筋混凝土受弯、轴心受压、大偏心受压及受拉构件的加固。

本方法不适用于素混凝土构件，包括纵向受力钢筋一侧配筋率小于 0.2% 的构件加固。

10.1.2 被加固的混凝土结构构件，其现场实测混凝土强度等级不得低于 C15，且混凝土表面的正拉粘结强度不得低于 1.5MPa。

10.1.3 外贴纤维复合材加固钢筋混凝土结构构件时，应将纤维受力方式设计成仅承受拉应力作用。

10.1.4 粘贴在混凝土构件表面上的纤维复合材，不得直接暴露于阳光或有害介质中，其表面应进行防护处理。表面防护材料应对纤维及胶粘剂无害，且应与胶粘剂有可靠的粘结强度及相互协调的变形性能。

10.1.5 采用本方法加固的混凝土结构，其长期使用的环境温度不应高于 60℃；处于特殊环境（如高温、高湿、介质侵蚀、放射等）的混凝土结构采用本方法加固时，除应按国家现行有关标准的规定采取相应的防护措施外，尚应采用耐环境因素作用的胶粘剂，并按专门的工艺要求进行粘贴。

10.1.6 采用纤维复合材对钢筋混凝土结构进行加固时，应采取措施卸除或大部分卸除作用在结构上的活荷载。

10.1.7 当被加固构件的表面有防火要求时，应按现行国家标准《建筑设计防火规范》GB 50016 规定的耐火等级及耐火极限要求，对纤维复合材进行防护。

10.2 受弯构件正截面加固计算

10.2.1 采用纤维复合材对梁、板等受弯构件进行加固时，除应符合现行国家标准《混凝土结构设计规范》GB 50010 正截面承载力计算的基本假定外，尚应符合下列规定：

1 纤维复合材的应力与应变关系取直线式，其拉应力 σ_f 等于拉应变 ε_f 与弹性模量 E_f 的乘积；

2 当考虑二次受力影响时，应按构件加固前的初始受力情况，确定纤维复合材的滞后应变；

3 在达到受弯承载能力极限状态前，加固材料与混凝土之间不致出现粘结剥离破坏。

10.2.2 受弯构件加固后的相对界限受压区高度 $\xi_{b,f}$，应按下式计算，即按构件加固前控制值的 0.85

倍采用：

$$\xi_{b,f} = 0.85\xi_b \qquad (10.2.2)$$

式中：ξ_b——构件加固前的相对界限受压区高度，按现行国家标准《混凝土结构设计规范》GB 50010 的规定计算。

10.2.3 在矩形截面受弯构件的受拉边混凝土表面上粘贴纤维复合材进行加固时（图 10.2.3），其正截面承载力应按下列公式确定：

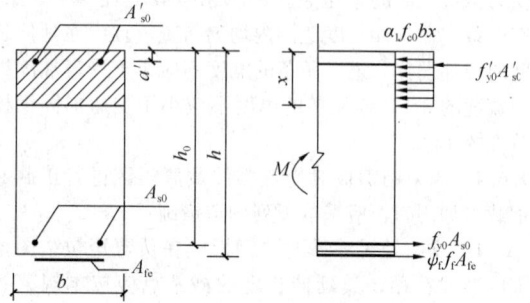

图 10.2.3 矩形截面构件正截面受弯承载力计算

$$M \leqslant \alpha_1 f_{c0} bx \left(h - \frac{x}{2} \right) + f'_{y0} A'_{s0} (h - a') - f_{y0} A_{s0} (h - h_0) \qquad (10.2.3-1)$$

$$\alpha_1 f_{c0} bx = f_{y0} A_{s0} + \psi_f f_f A_{fe} - f'_{y0} A'_{s0} \qquad (10.2.3-2)$$

$$\psi_f = \frac{(0.8\varepsilon_{cu} h/x) - \varepsilon_{cu} - \varepsilon_{f0}}{\varepsilon_f} \qquad (10.2.3-3)$$

$$x \geqslant 2a' \qquad (10.2.3-4)$$

式中：M——构件加固后弯矩设计值（kN·m）；

x——混凝土受压区高度（mm）；

b、h——矩形截面宽度和高度（mm）；

f_{y0}、f'_{y0}——原截面受拉钢筋和受压钢筋的抗拉、抗压强度设计值（N/mm²）；

A_{s0}、A'_{s0}——原截面受拉钢筋和受压钢筋的截面面积（mm²）；

a'——纵向受压钢筋合力点至截面近边的距离（mm）；

h_0——构件加固前的截面有效高度（mm）；

f_f——纤维复合材的抗拉强度设计值（N/mm²），应根据纤维复合材的品种，分别按本规范表 4.3.4-1、表 4.3.4-2 及表 4.3.4-3 采用；

A_{fe}——纤维复合材的有效截面面积（mm²）；

ψ_f——考虑纤维复合材实际抗拉应变达不到设计值而引入的强度利用系数，当 $\psi_f > 1.0$ 时，取 $\psi_f = 1.0$；

ε_{cu}——混凝土极限压应变，取 $\varepsilon_{cu} = 0.0033$；

ε_f——纤维复合材拉应变设计值，应根据纤维复合材的品种，按本规范表 4.3.5 采用；

ε_{f0}——考虑二次受力影响时纤维复合材的滞后应变，应按本规范第10.2.8条的规定计算，若不考虑二次受力影响，取 $\varepsilon_{f0}=0$。

10.2.4 实际应粘贴的纤维复合材截面面积 A_f，应按下式计算：

$$A_f = A_{fe}/k_m \qquad (10.2.4-1)$$

纤维复合材厚度折减系数 k_m，应按下列规定确定：

1 当采用预成型板时，$k_m=1.0$；

2 当采用多层粘贴的纤维织物时，k_m 值按下式计算：

$$k_m = 1.16 - \frac{n_f E_f t_f}{308000} \leqslant 0.90 \qquad (10.2.4-2)$$

式中：E_f——纤维复合材弹性模量设计值（MPa），应根据纤维复合材的品种，按本规范表4.3.5采用；

n_f——纤维复合材（单向织物）层数；

t_f——纤维复合材（单向织物）的单层厚度（mm）；

10.2.5 对受弯构件正弯矩区的正截面加固，其粘贴纤维复合材的截断位置应从其强度充分利用的截面算起，取不小于按下式确定的粘贴延伸长度（图10.2.5）：

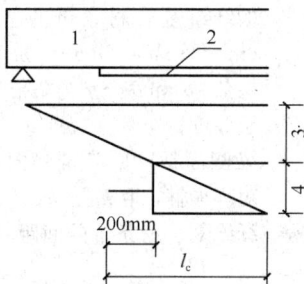

图 10.2.5 纤维复合材的粘贴延伸长度
1—梁；2—纤维复合材；3—原钢筋承担的弯矩；
4—加固要求的弯矩增量

$$l_c = \frac{f_f A_f}{f_{f,v} b_f} + 200 \qquad (10.2.5)$$

式中：l_c——纤维复合材粘贴延伸长度（mm）；

b_f——对梁为受拉面粘贴的纤维复合材的总宽度（mm），对板为1000mm板宽范围内粘贴的纤维复合材总宽度；

f_f——纤维复合材抗拉强度设计值（N/mm²），按本规范表4.3.4-1、表4.3.4-2或表4.3.4-3采用；

$f_{f,v}$——纤维与混凝土之间的粘结抗剪强度设计值（MPa），取 $f_{f,v}=0.40f_t$；f_t 为混凝土抗拉强度设计值，按现行国家标准《混凝土结构设计规范》GB 50010规定值采用；当 $f_{f,v}$ 计算值低于0.40MPa时，取 $f_{f,v}=0.40$MPa；当 $f_{f,v}$ 计算值高于0.70MPa时，取 $f_{f,v}=0.70$MPa。

10.2.6 对受弯构件负弯矩区的正截面加固，纤维复合材的截断位置距支座边缘的距离，除应根据负弯矩包络图按上式确定外，尚应符合本规范第10.9.3条的构造规定。

10.2.7 对翼缘位于受压区的T形截面受弯构件的受拉面粘贴纤维复合材进行受弯加固时，应按本规范第10.2.1条至第10.2.4条的计算原则和现行国家标准《混凝土结构设计规范》GB 50010中关于 T 形截面受弯承载力的计算方法进行计算。

10.2.8 当考虑二次受力影响时，纤维复合材的滞后应变 ε_{f0} 应按下式计算：

$$\varepsilon_{f0} = \frac{\alpha_f M_{0k}}{E_s A_s h_0} \qquad (10.2.8)$$

式中：M_{0k}——加固前受弯构件验算截面上原作用的弯矩标准值；

α_f——综合考虑受弯构件裂缝截面内力臂变化、钢筋拉应变不均匀以及钢筋排列影响等的计算系数，应按表10.2.8采用。

表 10.2.8 计算系数 α_f 值

ρ_{te}	$\leqslant 0.007$	0.010	0.020	0.030	0.040	$\geqslant 0.060$
单排钢筋	0.70	0.90	1.15	1.20	1.25	1.30
双排钢筋	0.75	1.00	1.25	1.30	1.35	1.40

注：1 ρ_{te} 为混凝土有效受拉截面的纵向受拉钢筋配筋率，即 $\rho_{te}=A_s/A_{te}$，A_{te} 为有效受拉混凝土截面面积，按现行国家标准《混凝土结构设计规范》GB 50010 的规定计算。

2 当原构件钢筋应力 $\sigma_{s0} \leqslant 150$MPa，且 $\rho_{te} \leqslant 0.05$ 时，表 α_f 值可乘以调整系数0.9。

10.2.9 当纤维复合材全部粘贴在梁底面（受拉面）有困难时，允许将部分纤维复合材对称地粘贴在梁的两侧面。此时，侧面粘贴区域应控制在距受拉区边缘1/4梁高范围内，且应按下式计算确定梁的两侧面实际需要粘贴的纤维复合材截面面积 $A_{f,l}$：

$$A_{f,l} = \eta_f A_{f,b} \qquad (10.2.9)$$

式中：$A_{f,b}$——按梁底面计算确定的，但需改贴到梁的两侧面的纤维复合材截面积；

η_f——考虑改贴梁侧面引起的纤维复合材受拉合力及其力臂改变的修正系数，应按表10.2.9采用。

表 10.2.9 修正系数 η_f 值

h_f/h	0.05	0.10	0.15	0.20	0.25
η_f	1.09	1.19	1.30	1.43	1.59

注：h_f 为从梁受拉边缘算起的侧面粘贴高度；h 为梁截面高度。

10.2.10 钢筋混凝土结构构件加固后，其正截面受弯承载力的提高幅度，不应超过 40%，并应验算其受剪承载力，避免因受弯承载力提高后而导致构件受剪破坏先于受弯破坏。

10.2.11 纤维复合材的加固量，对预成型板，不宜超过 2 层，对湿法铺层的织物，不宜超过 4 层，超过 4 层时，宜改用预成型板，并采取可靠的加强锚固措施。

10.3 受弯构件斜截面加固计算

10.3.1 采用纤维复合材条带（以下简称条带）对受弯构件的斜截面受剪承载力进行加固时，应粘贴成垂直于构件轴线方向的环形箍或其他有效的 U 形箍（图 10.3.1）；不得采用斜向粘贴方式。

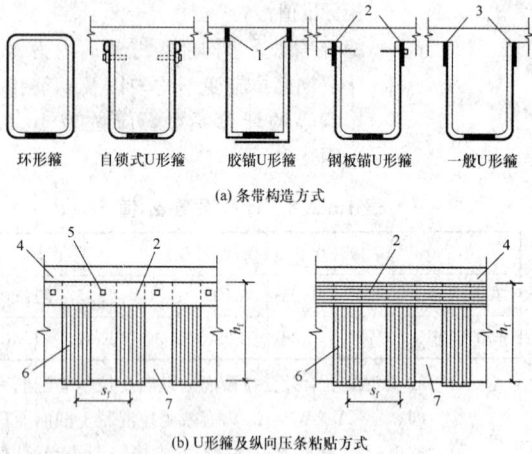

(a) 条带构造方式

环形箍　自锁式U形箍　胶锚U形箍　钢板锚U形箍　一般U形箍

(b)U形箍及纵向压条粘贴方式

图 10.3.1　纤维复合材抗剪箍及其粘贴方式

1—胶锚；2—钢板压条；3—纤维织物压条；4—板；
5—锚栓加胶粘锚固；6—U 形箍；7—梁

10.3.2 受弯构件加固后的斜截面应符合下列规定：

当 $h_w/b \leqslant 4$ 时

$$V \leqslant 0.25\beta_c f_{c0}bh_0 \qquad (10.3.2\text{-}1)$$

当 $h_w/b \geqslant 6$ 时

$$V \leqslant 0.20\beta_c f_{c0}bh_0 \qquad (10.3.2\text{-}2)$$

当 $4 < h_w/b < 6$ 时，按线性内插法确定。

式中：V ——构件斜截面加固后的剪力设计值（kN）；

β_c ——混凝土强度影响系数，按现行国家标准《混凝土结构设计规范》GB 50010 的规定值采用；

f_{c0} ——原构件混凝土轴心抗压强度设计值（N/ mm²）；

b ——矩形截面的宽度、T 形或 I 形截面的腹板宽度（mm）；

h_0 ——截面有效高度（mm）；

h_w ——截面的腹板高度（mm），对矩形截面，取有效高度；对 T 形截面，取有效高度减去翼缘高度；对 I 形截面，取腹板

净高。

10.3.3 当采用条带构成的环形（封闭）箍或 U 形箍对钢筋混凝土梁进行抗剪加固时，其斜截面承载力应按下列公式确定：

$$V \leqslant V_{b0} + V_{bf} \qquad (10.3.3\text{-}1)$$

$$V_{bf} = \psi_{vb} f_f A_f h_f / s_f \qquad (10.3.3\text{-}2)$$

式中：V_{b0} ——加固前梁的斜截面承载力（kN），应按现行国家标准《混凝土结构设计规范》GB 50010 计算；

V_{bf} ——粘贴条带加固后，对梁斜截面承载力的提高值（kN）；

ψ_{vb} ——与条带加锚方式及受力条件有关的抗剪强度折减系数（表 10.3.3）；

f_f ——受剪加固采用的纤维复合材抗拉强度设计值（N/mm²），应根据纤维复合材品种分别按表 4.3.4-1、表 4.3.4-2 及表 4.3.4-3 规定的抗拉强度设计值乘以调整系数 0.56 确定；当为框架梁或悬挑构件时，调整系数改取 0.28；

A_f ——配置在同一截面处构成环形或 U 形箍的纤维复合材条带的全部截面面积（mm²）；$A_f = 2n_f b_f t_f$，n_f 为条带粘贴的层数，b_f 和 t_f 分别为条带宽度和条带单层厚度；

h_f ——梁侧面粘贴的条带竖向高度（mm）；对环形箍，取 $h_f = h$；

s_f ——纤维复合材条带的间距（图 10.3.1b）（mm）。

表 10.3.3　抗剪强度折减系数 ψ_{vb} 值

条带加锚方式		环形箍及自锁式 U 形箍	胶锚或钢板锚 U 形箍	加织物压条的一般 U 形箍
受力条件	均布荷载或剪跨比 $\lambda \geqslant 3$	1.00	0.88	0.75
	$\lambda \leqslant 1.5$	0.68	0.60	0.50

注：当 λ 为中间值时，按线性内插法确定 ψ_{vb} 值。

10.4 受压构件正截面加固计算

10.4.1 轴心受压构件可采用沿其全长无间隔地环向连续粘贴纤维织物的方法（简称环向围束法）进行加固。

10.4.2 采用环向围束法加固轴心受压构件仅适用于下列情况：

1　长细比 $l/d \leqslant 12$ 的圆形截面柱；

2　长细比 $l/d \leqslant 14$、截面高宽比 $h/b \leqslant 1.5$、截面高度 $h \leqslant 600$mm，且截面棱角经过圆化打磨的正方形或矩形截面柱。

10.4.3 采用环向围束的轴心受压构件，其正截面承载力应符合下列公式规定：

$$N \leqslant 0.9 \left[(f_{c0} + 4\sigma_l)A_{cor} + f'_{y0}A'_{s0} \right]$$
$$(10.4.3\text{-}1)$$
$$\sigma_l = 0.5\beta_c k_c \rho_f E_f \varepsilon_{fe} \qquad (10.4.3\text{-}2)$$

式中：N ——加固后轴向压力设计值（kN）；

f_{c0} ——原构件混凝土轴心抗压强度设计值（N/mm²）；

σ_l ——有效约束应力（N/mm²）；

A_{cor} ——环向围束内混凝土面积（mm²）；圆形截面：$A_{cor} = \dfrac{\pi D^2}{4}$，正方形和矩形截面：$A_{cor} = bh - (4 - \pi)r^2$；

D ——圆形截面柱的直径（mm）；

b ——正方形截面边长或矩形截面宽度（mm）；

h ——矩形截面高度（mm）；

r ——截面棱角的圆化半径（倒角半径）；

β_c ——混凝土强度影响系数；当混凝土强度等级不大于 C50 时，$\beta_c = 1.0$；当混凝土强度等级为 C80 时，$\beta_c = 0.8$；其间按线性内插法确定；

k_c ——环向围束的有效约束系数，按本规范第 10.4.4 条的规定采用；

ρ_f ——环向围束体积比，按本规范第 10.4.4 条的规定计算；

E_f ——纤维复合材的弹性模量（N/mm²）；

ε_{fe} ——纤维复合材的有效拉应变设计值；重要构件取 $\varepsilon_{fe} = 0.0035$，一般构件取 $\varepsilon_{fe} = 0.0045$。

10.4.4 环向围束的计算参数 k_c 和 ρ_f，应按下列规定确定：

1 有效约束系数 k_c 值的确定：

1）圆形截面柱：$k_c = 0.95$；

2）正方形和矩形截面柱，应按下式计算：

$$k_c = 1 - \frac{(b - 2r)^2 + (h - 2r)^2}{3A_{cor}(1 - \rho_s)}$$
$$(10.4.4\text{-}1)$$

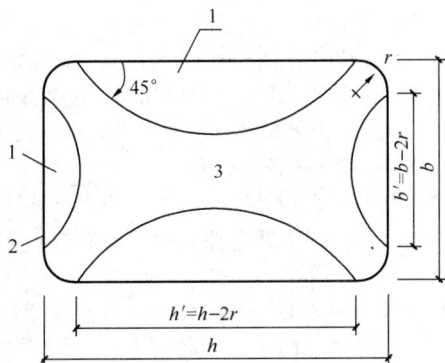

图 10.4.4 环向围束内矩形截面有效约束面积
1—无效约束面积；2—环向围束；3—有效约束面积

式中：ρ_s ——柱中纵向钢筋的配筋率。

2 环向围束体积比 ρ_f 值的确定：

对圆形截面柱：

$$\rho_f = 4n_f t_f / D \qquad (10.4.4\text{-}2)$$

对正方形和矩形截面柱：

$$\rho_f = 2n_f t_f (b + h) / A_{cor} \qquad (10.4.4\text{-}3)$$

式中：n_f ——纤维复合材的层数；

t_f ——纤维复合材每层厚度（mm）。

10.5 框架柱斜截面加固计算

10.5.1 当采用纤维复合材的条带对钢筋混凝土框架柱进行受剪加固时，应粘贴成环形箍，且纤维方向应与柱的纵轴线垂直。

10.5.2 采用环形箍加固的柱，其斜截面受剪承载力应符合下列公式规定：

$$V \leqslant V_{c0} + V_{cf} \qquad (10.5.2\text{-}1)$$
$$V_{cf} = \psi_{vc} f_f A_f h / s_f \qquad (10.5.2\text{-}2)$$
$$A_f = 2n_f b_f t_f \qquad (10.5.2\text{-}3)$$

式中：V ——构件加固后剪力设计值（kN）；

V_{c0} ——加固前原构件斜截面受剪承载力（kN），按现行国家标准《混凝土结构设计规范》GB 50010 的规定计算；

V_{cf} ——粘贴纤维复合材加固后，对柱斜截面承载力的提高值（kN）；

ψ_{vc} ——与纤维复合材受力条件有关的抗剪强度折减系数，按表 10.5.2 的规定值采用；

f_f ——受剪加固采用的纤维复合材抗拉强度设计值（N/mm²），按本规范第 4.3.4 条规定的抗拉强度设计值乘以调整系数 0.5 确定；

A_f ——配置在同一截面处纤维复合材环形箍的全截面面积（mm²）；

n_f ——为纤维复合材环形箍的层数；

b_f、t_f ——分别为纤维复合材环形箍的宽度和每层厚度（mm）；

h ——柱的截面高度（mm）；

s_f ——环形箍的中心间距（mm）。

表 10.5.2 抗剪强度折减系数 ψ_{vc} 值

	轴压比	≤0.1	0.3	0.5	0.7	0.9
受力条件	均布荷载或 $\lambda_c \geqslant 3$	0.95	0.84	0.72	0.62	0.51
	$\lambda_c \leqslant 1$	0.90	0.72	0.54	0.34	0.16

注：1 λ_c 为柱的剪跨比；对框架柱 $\lambda_c = H_n / 2h_0$；H_n 为柱的净高；h_0 为柱截面有效高度。

2 中间值按线性内插法确定。

10.6 大偏心受压构件加固计算

10.6.1 当采用纤维增强复合材加固大偏心受压的钢

筋混凝土柱时，应将纤维复合材粘贴于构件受拉区边缘混凝土表面，且纤维方向应与柱的纵轴线方向一致。

10.6.2 矩形截面大偏心受压柱的加固，其正截面承载力应符合下列公式规定：

$$N \leqslant \alpha_1 f_{c0} bx + f'_{y0} A'_{s0} - f_{y0} A_{s0} - f_f A_f$$

$$(10.6.2-1)$$

$$Ne \leqslant \alpha_1 f_{c0} bx \left(h_0 - \frac{x}{2} \right) + f'_{y0} A'_{s0} (h_0 - a')$$

$$+ f_f A_f (h - h_0) \qquad (10.6.2-2)$$

$$e = e_i + \frac{h}{2} - a \qquad (10.6.2-3)$$

$$e_i = e_0 + e_a \qquad (10.6.2-4)$$

式中：e ——轴向压力作用点至纵向受拉钢筋 A_s 合力点的距离（mm）；

e_i ——初始偏心距（mm）；

e_0 ——轴向压力对截面重心的偏心距（mm），取为 M/N；当需考虑二阶效应时，M 应按本规范第 5.4.3 条确定；

e_a ——附加偏心距（mm），按偏心方向截面最大尺寸 h 确定：当 $h \leqslant 600$mm 时，$e_a = 20$mm；当 $h > 600$mm 时，$e_a = h/30$；

a、a' ——纵向受拉钢筋合力点、纵向受压钢筋合力点至截面近边的距离（mm）；

f_f ——纤维复合材抗拉强度设计值（N/mm²），应根据其品种，分别按本规范表 4.3.4-1、表 4.3.4-2 及表 4.3.4-3 采用。

10.7 受拉构件正截面加固计算

10.7.1 当采用外贴纤维复合材加固环形或其他封闭式钢筋混凝土受拉构件时，应按原构件纵向受拉钢筋的配置方式，将纤维织物粘贴于相应位置的混凝土表面上，且纤维方向应与构件受拉方向一致，并处理好围拢部位的搭接和锚固问题。

10.7.2 轴心受拉构件的加固，其正截面承载力应按下式确定：

$$N \leqslant f_{y0} A_{s0} + f_f A_f \qquad (10.7.2)$$

式中：N ——轴向拉力设计值；

f_f ——纤维复合材抗拉强度设计值，应根据其品种，分别按本规范表 4.3.4-1、表 4.3.4-2 及表 4.3.4-3 的规定采用；

10.7.3 矩形截面大偏心受拉构件的加固，其正截面承载力应符合下列公式规定：

$$N \leqslant f_{y0} A_{s0} + f_f A_f - \alpha_1 f_{c0} bx - f'_{y0} A'_{s0}$$

$$(10.7.3-1)$$

$$Ne \leqslant \alpha_1 f_{c0} bx \left(h_0 - \frac{x}{2} \right) + f'_{y0} A'_{s0} (h_0 - a'_s)$$

$$+ f_f A_f (h - h_0) \qquad (10.7.3-2)$$

式中：N ——加固后轴向拉力设计值（kN）；

e ——轴向拉力作用点至纵向受拉钢筋合力点的距离（mm）；

f_f ——纤维复合材抗拉强度设计值（N/mm²），应根据其品种，分别按本规范表 4.3.4-1、表 4.3.4-2 及表 4.3.4-3 采用。

10.8 提高柱的延性的加固计算

10.8.1 钢筋混凝土柱因延性不足而进行抗震加固时，可采用环向粘贴纤维复合材构成的环向围束作为附加箍筋。

10.8.2 当采用环向围束作为附加箍筋时，应按下列公式计算柱箍筋加密区加固后的箍筋体积配筋率 ρ_v，且应满足现行国家标准《混凝土结构设计规范》GB 50010 规定的要求：

$$\rho_v = \rho_{v,e} + \rho_{v,f} \qquad (10.8.2-1)$$

$$\rho_{v,f} = k_c \rho_f \frac{b_f f_f}{s_f f_{yv0}} \qquad (10.8.2-2)$$

式中：$\rho_{v,e}$ ——被加固柱原有箍筋的体积配筋率；当需重新复核时，应按箍筋范围内的核心截面进行计算；

$\rho_{v,f}$ ——环向围束作为附加箍筋算得的箍筋体积配筋率的增量；

ρ_f ——环向围束体积比，应按本规范第 10.4.4 条计算；

k_c ——环向围束的有效约束系数，圆形截面，$k_c = 0.90$；正方形截面，$k_c = 0.66$；矩形截面 $k_c = 0.42$；

b_f ——环向围束纤维条带的宽度（mm）；

s_f ——环向围束纤维条带的中心间距（mm）；

f_f ——环向围束纤维复合材的抗拉强度设计值（N/mm²），应根据其品种，分别按本规范表 4.3.4-1、表 4.3.4-2 及表 4.3.4-3 采用；

f_{yv0} ——原箍筋抗拉强度设计值（N/mm²）。

10.9 构 造 规 定

10.9.1 对钢筋混凝土受弯构件正弯矩区进行正截面加固时，其受拉面沿轴向粘贴的纤维复合材应延伸至支座边缘，且应在纤维复合材的端部（包括截断处）及集中荷载作用点的两侧，设置纤维复合材的 U 形箍（对梁）或横向压条（对板）。

10.9.2 当纤维复合材延伸至支座边缘仍不满足本规范第 10.2.5 条延伸长度的规定时，应采取下列锚固措施：

1 对梁，应在延伸长度范围内均匀设置不少于三道 U 形箍锚固（图 10.9.2a），其中一道应设置在延伸长度端部。U 形箍采用纤维复合材制作；U 形箍的粘贴高度应为梁的截面高度；当梁有翼缘或有现浇楼板，应伸至其底面。U形箍的宽度，对端箍不应小于加固纤维复合材宽度的2/3，且不应小于150mm；对中间箍不应小于加固纤维复合材条带宽度的1/2，且不应小于100mm。U形箍的厚度不应小于受弯加固纤维复合材厚度的1/2。

2 对板，应在延伸长度范围内通长设置垂直于受力纤维方向的压条（图10.9.2b）。压条采用纤维复合材制作。压条除应在延伸长度端部布置一道外，尚宜在延伸长度范围内再均匀布置1道～2道。压条的宽度不应小于受弯加固纤维复合材条带宽度的3/5，压条的厚度不应小于受弯加固纤维复合材厚度的1/2。

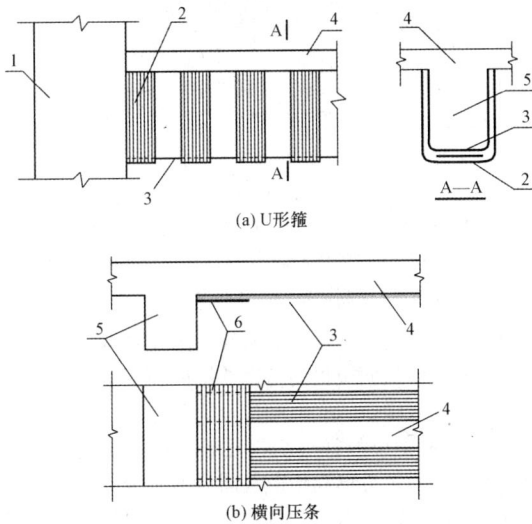

图 10.9.2 梁、板粘贴纤维复合材端部锚固措施
1—柱；2—U形箍；3—纤维复合材；4—板；
5—梁；6—横向压条
注：(a) 图中未画压条。

3 当纤维复合材延伸至支座边缘，遇到下列情况，应将端箍（或端部压条）改为钢材制作、传力可靠的机械锚固措施：

    1) 可延伸长度小于按公式（10.2.5）计算长度的一半；

    2) 加固用的纤维复合材为预成型板材。

10.9.3 当采用纤维复合材对受弯构件负弯矩区进行正截面承载力加固时，应采取下列构造措施：

1 支座处无障碍时，纤维复合材应在负弯矩包络图范围内连续粘贴；其延伸长度的截断点应位于正弯矩区，且距正负弯矩转换点不应小于1m。

2 支座处虽有障碍，但梁上有现浇板，且允许绕过柱位时，宜在梁侧4倍板厚（h_b）范围内，将纤维复合材粘贴于板面上（图10.9.3-1）。

3 在框架顶层梁柱的端节点处，纤维复合材只能贴至柱边缘而无法延伸时，应采用结构胶粘贴L形碳纤维板或L形钢板进行粘结与锚固（图10.9.3-2）。L形钢板的总截面面积应按下式进行计算：

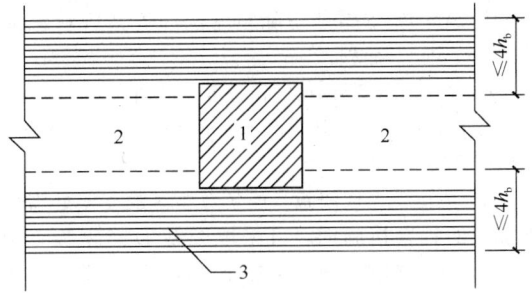

图 10.9.3-1 绕过柱位粘贴纤维复合材
1—柱；2—梁；3—板顶面粘贴的纤维复合材；h_b—板厚

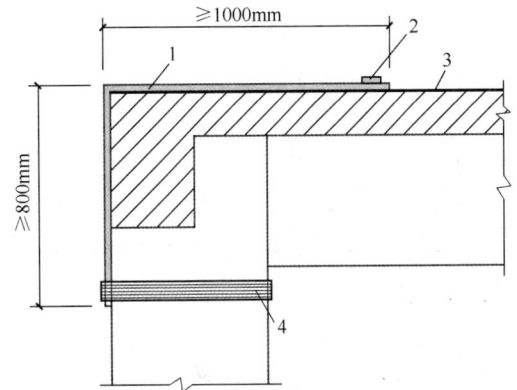

(a) 柱顶加贴L形碳纤维板锚固构造

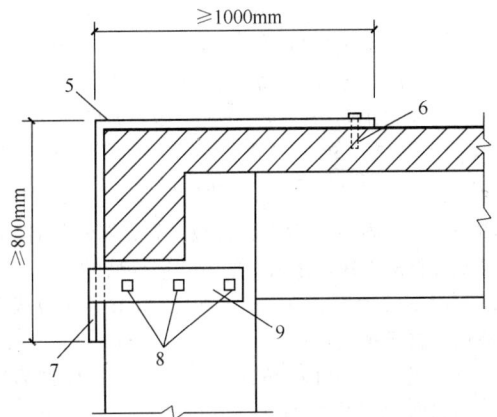

(b) 柱顶加贴L形钢板锚固构造

图 10.9.3-2 柱顶加贴L形碳纤维板或钢板锚固构造
1—粘贴L形碳纤维板；2—横向压条；3—纤维复合材；
4—纤维复合材围束；5—粘贴L形钢板；6—M12锚栓；
7—加焊顶板（预焊）；8—$d≥$M16的6.8级锚栓；
9—胶粘于柱上的U形钢箍板

$$A_{a,1} = 1.2\psi_f f_f A_f / f_y \qquad (10.9.3)$$

式中：$A_{a,1}$ ——支座处需粘贴的L形钢板截面面积；

    ψ_f ——纤维复合材的强度利用系数，按本规范第10.2.3条采用；

    f_f ——纤维复合材的抗拉强度设计值，按本规范第4.3.4条采用；

A_f ——支座处实际粘贴的纤维复合材截面
面积；

f_y ——L 形钢板抗拉强度设计值。

L 形钢板总宽度不宜小于 0.9 倍梁宽，且宜由多条 L 形钢板组成。

4 当梁上无现浇板，或负弯矩区的支座处需采取加强的锚固措施时，可采取胶粘 L 形钢板（图 10.9.3-3）的构造方式。但柱中箍板的锚栓等级、直径及数量应经计算确定。当梁上有现浇板，也可采取这种构造方式进行锚固，其 U 形钢箍板穿过楼板处，应采用半叠钻孔法，在板上钻出扁形孔以插入箍板，再用结构胶予以封固。

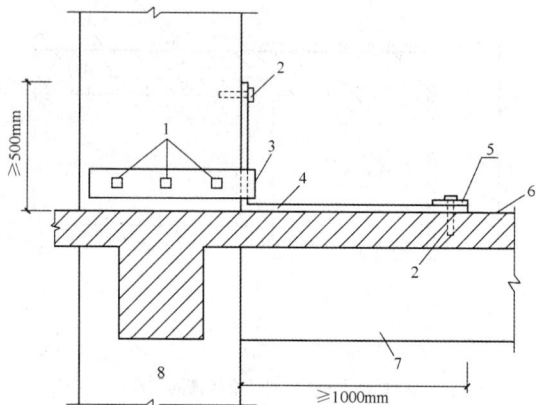

图 10.9.3-3 柱中部加贴 L 形钢板
及 U 形钢箍板的锚固构造示例
1—$d{\geqslant}$M22 的 6.8 级锚栓；2—M12 锚栓；
3—U 形钢箍板，胶粘于柱上；4—胶粘 L 形钢板；
5—横向钢压条，锚于楼板上；6—加固粘贴的
纤维复合材；7—梁；8—柱

10.9.4 当加固的受弯构件为板、壳、墙和筒体时，纤维复合材应选择多条密布的方式进行粘贴，每一条带的宽度不应大于 200mm；不得使用未经裁剪成条的整幅织物满贴。

10.9.5 当受弯构件粘贴的多层纤维织物允许截断时，相邻两层纤维织物宜按内短外长的原则分层截断；外层纤维织物的截断点宜越过内层截断点 200mm 以上，并应在截断点处加设 U 形箍。

10.9.6 当采用纤维复合材对钢筋混凝土梁或柱的斜截面承载力进行加固时，其构造应符合下列规定：

1 宜选用环形箍或端部自锁式 U 形箍；当仅按构造需要设箍时，也可采用一般 U 形箍；

2 U 形箍的纤维受力方向应与构件轴向垂直；

3 当环形箍、端部自锁式 U 形箍或一般 U 形箍采用纤维复合材条带时，其净间距 $s_{f,n}$（图 10.9.6）不应大于现行国家标准《混凝土结构设计规范》GB 50010 规定的最大箍筋间距的 0.70 倍，且不应大于

梁高的 0.25 倍；

4 U 形箍的粘贴高度应符合本规范第 10.9.2 条的规定；当 U 形箍的上端无自锁装置，应粘贴纵向压条予以锚固；

5 当梁的高度 h 大于等于 600mm 时，应在梁的腰部增设一道纵向腰压带（图 10.9.6）；必要时，也可在腰压带端部增设自锁装置。

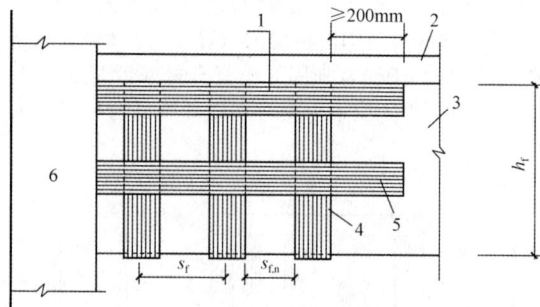

图 10.9.6 纵向腰压带
1—纵向压条；2—板；3—梁；4—U 形箍；5—纵向腰压条；
6—柱；s_f—U 形箍的中心间距；$s_{f,n}$—U 形箍的净间距；
h_f—梁侧面粘贴的条带竖向高度

10.9.7 当采用纤维复合材的环向围束对钢筋混凝土柱进行正截面加固或提高延性的抗震加固时，其构造应符合下列规定：

1 环向围束的纤维织物层数，对圆形截面不应少于 2 层；对正方形和矩形截面柱不应少于 3 层；当有可靠的经验时，对采用芳纶纤维织物加固的矩形截面柱，其最少层数也可取为 2 层。

2 环向围束上下层之间的搭接宽度不应小于 50mm，纤维织物环向截断点的延伸长度不应小于 200mm，且各条带搭接位置应相互错开。

10.9.8 当沿柱轴向粘贴纤维复合材对大偏心受压柱进行正截面承载力加固时，纤维复合材应避开楼层梁，沿柱角穿越楼层，且纤维复合材宜采用板材；其上下端部锚固构造应采用机械锚固。同时，应设法避免在楼层处截断纤维复合材。

10.9.9 当采用 U 形箍、L 形纤维板或环向围束进行加固而需在构件阳角处绕过时，其截面棱角应在粘贴前通过打磨加以圆化处理（图 10.9.9）。梁的圆化半径 r，对碳纤维和玻璃纤维不应小于

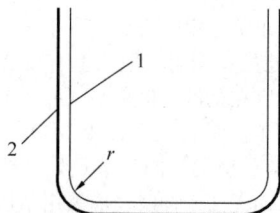

图 10.9.9 构件截面棱角的圆化打磨
1—构件截面外表面；2—纤维复合材；r—角部圆化半径

20mm；对芳纶纤维不应小于 15mm；柱的圆化半径，对碳纤维和玻璃纤维不应小于 25mm；对芳纶纤维不应小于 20mm。

10.9.10 当采用纤维复合材加固大偏心受压的钢筋混凝土柱时，其构造应符合下列规定：

1 柱的两端应增设可靠的机械锚固措施；

2 柱上端有楼板时，纤维复合材应穿过楼板，并应有足够的延伸长度。

11 预应力碳纤维复合板加固法

11.1 设 计 规 定

11.1.1 本方法适用于截面偏小或配筋不足的钢筋混凝土受弯、受拉和大偏心受压构件的加固。本方法不适用于素混凝土构件，包括纵向受力钢筋一侧配筋率低于 0.2% 的构件加固。

11.1.2 被加固的混凝土结构构件，其现场实测混凝土强度等级不得低于 C25，且混凝土表面的正拉粘结强度不得低于 2.0MPa。

11.1.3 粘贴在混凝土构件表面上的预应力碳纤维复合板，其表面应进行防护处理。表面防护材料应对纤维及胶粘剂无害。

11.1.4 粘贴预应力碳纤维复合板加固钢筋混凝土结构构件时，应将碳纤维复合板受力方式设计成仅承受拉应力作用。

11.1.5 采用预应力碳纤维复合板对钢筋混凝土结构进行加固时，碳纤维复合板张拉锚固部分以外的板面与混凝土之间也应涂刷结构胶粘剂。

11.1.6 采用本方法加固的混凝土结构，其长期使用的环境温度不应高于 60℃；处于特殊环境（如高温、高湿、动荷载、介质侵蚀、放射等）的混凝土结构采用本方法加固时，除应按国家现行有关标准的规定采取相应的防护措施外，尚应采用耐环境因素作用的结构胶粘剂，并按专门的工艺要求施工。

11.1.7 当被加固构件的表面有防火要求时，应按现行国家标准《建筑设计防火规范》GB 50016 规定的耐火等级及耐火极限要求，对胶粘剂和碳纤维复合板进行防护。

11.1.8 采用预应力碳纤维复合板加固混凝土结构构件时，纤维复合板宜直接粘贴在混凝土表面。不推荐采用嵌入式粘贴方式。

11.1.9 设计应对所用锚栓的抗剪强度进行验算，锚栓的设计剪应力不得大于锚栓材料抗剪强度设计值的 0.6 倍。

11.1.10 采用预应力碳纤维复合板对钢筋混凝土结构进行加固时，其锚具（图 11.1.10-1、图 11.1.10-2、图 11.1.10-3、图 11.1.10-4）的张拉端和锚固端至少应有一端为自由活动端。

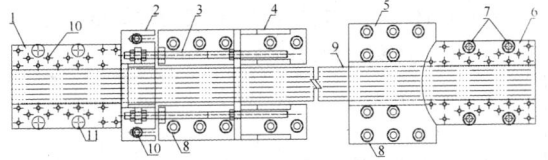

图 11.1.10-1 张拉前锚具平面示意图
1—张拉端锚具；2—推力架；3—导向螺杆；4—张拉支架；
5—固定端定位板；6—固定端锚具；7—M20 胶锚螺栓；
8—M16 螺栓；9—碳纤维复合板；10—M12 螺栓；
11—预留孔，张拉完成后植入 M20 胶锚螺栓

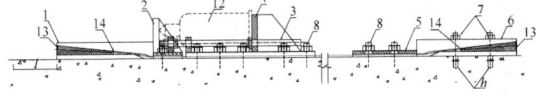

图 11.1.10-2 张拉前锚具纵向剖面示意图
1—张拉端锚具；2—推力架；3—导向螺杆；4—张拉支架；
5—固定端定位板；6—固定端锚具；7—M20 胶锚螺栓；
8—M16 螺栓；12—千斤顶；13—楔形锁链；14—6°倾斜角；
l—张拉行程；h—锚固深度，取为 170mm

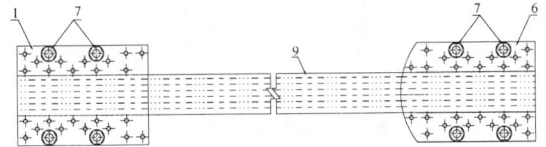

图 11.1.10-3 张拉完成锚具平面示意图
1—张拉端锚具；6—固定端锚具；
7—M20 胶锚螺栓；9—碳纤维复合板

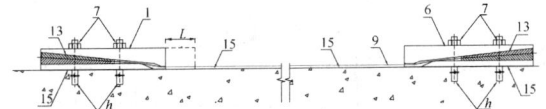

图 11.1.10-4 张拉完成锚具纵向剖面示意图
1—张拉端锚具；6—固定端锚具；
7—M20 胶锚螺栓；9—碳纤维复合板；
13—楔形锁链；15—结构胶粘剂；
L—张拉位移；h—锚固深度，取为 170mm

11.2 预应力碳纤维复合板加固受弯构件

11.2.1 当采用预应力碳纤维复合板对梁、板等受弯构件进行加固时，其预应力损失应按下列规定计算：

1 锚具变形和碳纤维复合板内缩引起的预应力损失值 σ_{l1}：

$$\sigma_{l1} = \frac{a}{l} E_f \qquad (11.2.1-1)$$

式中：a ——张拉锚具变形和碳纤维复合板内缩值（mm），应按表 11.2.1 采用；

l ——张拉端至锚固端之间的净距离（mm）；

E_f ——碳纤维复合板的弹性模量（MPa）。

表 11.2.1　锚具类型和预应力碳纤维
复合板内缩值 a（mm）

锚具类型	a
平板锚具	2
波形锚具	1

2　预应力碳纤维复合板的松弛损失 σ_{l2}：

$$\sigma_{l2} = r\sigma_{con} \qquad (11.2.1\text{-}2)$$

式中：r——松弛损失率，可近似取 2.2%。

3　混凝土收缩和徐变引起的预应力损失值 σ_{l3}：

$$\sigma_{l3} = \frac{55 + 300\sigma_{pc}/f'_{cu}}{1 + 15\rho} \qquad (11.2.1\text{-}3)$$

式中：σ_{pc}——预应力碳纤维复合板处的混凝土法向压应力；

　　　ρ——预应力碳纤维复合板和钢筋的配筋率，其计算公式为：$\rho = (A_f E_f/E_{s0} + A_{s0})/h_0$；

　　　f'_{cu}——施加预应力时的混凝土立方体抗压强度。

4　由季节温差造成的温差损失 σ_{l4}：

$$\sigma_{l4} = \Delta T |\alpha_f - \alpha_c| E_f \qquad (11.2.1\text{-}4)$$

式中：ΔT——年平均最高（或最低）温度与预应力碳纤维复合材张拉锚固时的温差；

　　　α_f、α_c——碳纤维复合板、混凝土的轴向温度膨胀系数。α_f 可取为 $1 \times 10^{-6}/℃$；α_c 可取为 $1 \times 10^{-5}/℃$。

11.2.2　受弯构件加固后的相对界限受压区高度 $\xi_{b,f}$ 可采用下式计算，即取加固前控制值的 0.85 倍：

$$\xi_{b,f} = 0.85\xi_b \qquad (11.2.2)$$

式中：ξ_b——构件加固前的相对界限受压区高度，按现行国家标准《混凝土结构设计规范》GB 50010 的规定计算。

11.2.3　采用预应力碳纤维复合板对梁、板等受弯构件进行加固时，除应符合现行国家标准《混凝土结构设计规范》GB 50010 正截面承载力计算的基本假定外，尚应符合下列补充规定：

1　构件达到承载能力极限状态时，粘贴预应力碳纤维复合板的拉应变 ε_f 应按截面应变保持平面的假设确定；

2　碳纤维复合板应力 σ_f 取等于拉应变 ε_f 与弹性模量 E_f 的乘积；

3　在达到受弯承载力极限状态前，预应力碳纤维复合板与混凝土之间的粘结不致出现剥离破坏。

11.2.4　在矩形截面受弯构件的受拉边混凝土表面上粘贴预应力碳纤维复合板进行加固时，其锚具设计所采取的预应力纤维复合板与混凝土相粘结的措施，仅作为安全储备，不考虑其在结构计算中的粘结作用。在这一前提下，其正截面承载力应符合下列规定：

$$M \leqslant \alpha_1 f_{c0} bx \left(h - \frac{x}{2}\right) + f'_{y0} A'_{s0} (h - a')$$
$$\quad - f_{y0} A_{s0} (h - h_0) \qquad (11.2.4\text{-}1)$$
$$\alpha_1 f_{c0} bx = f_f A_f + f_{y0} A_{y0} - f'_{y0} A'_{s0}$$
$$\qquad (11.2.4\text{-}2)$$
$$2a' \leqslant x \leqslant \xi_{b,f} h_0 \qquad (11.2.4\text{-}3)$$

式中：M——弯矩（包括加固前的初始弯矩）设计值（kN·m）；

　　　α_1——计算系数：当混凝土强度等级不超过 C50 时，取 $\alpha_1 = 1.0$，当混凝土强度等级为 C80 时，取 $\alpha_1 = 0.94$，其间按线性内插法确定；

　　　f_{c0}——混凝土轴心抗压强度设计值（N/mm^2）；

　　　x——混凝土受压区高度（mm）；

　　　b、h——矩形截面的宽度和高度（mm）；

　　f_{y0}、f'_{y0}——受拉钢筋和受压钢筋的抗拉、抗压强度设计值（N/mm^2）；

　　A_{s0}、A'_{s0}——受拉钢筋和受压钢筋的截面面积（mm^2）；

　　　a'——纵向受压钢筋合力点至混凝土受压区边缘的距离（mm）；

　　　h_0——构件加固前的截面有效高度（mm）；

　　　f_f——碳纤维复合板的抗拉强度设计值（N/mm^2）；

　　　A_f——预应力碳纤维复合材的截面面积（mm^2）。

加固设计时，可根据公式（11.2.4-1）计算出混凝土受压区的高度 x，然后代入公式（11.2.4-2），即可求出受拉面应粘贴的预应力碳纤维复合板的截面面积 A_f。

11.2.5　对翼缘位于受压区的 T 形截面受弯构件的受拉面粘贴预应力碳纤维复合板进行受弯加固时，应按本规范第 11.2.2 条至第 11.2.4 条的规定和现行国家标准《混凝土结构设计规范》GB 50010 中关于 T 形截面受弯承载力的计算方法进行计算。

11.2.6　采用预应力碳纤维复合板加固的钢筋混凝土受弯构件，应进行正常使用极限状态的抗裂和变形验算，并进行预应力碳纤维复合板的应力验算。受弯构件的挠度验算按现行国家标准《混凝土结构设计规范》GB 50010 的规定执行。

11.2.7　采用预应力碳纤维复合板进行加固的钢筋混

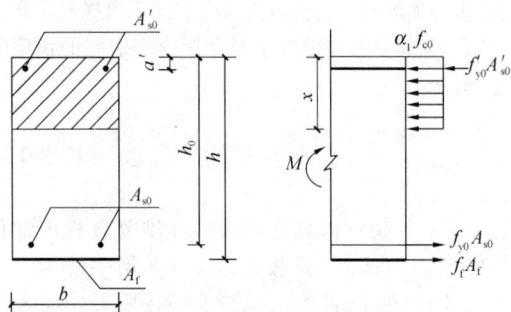

图 11.2.3　矩形截面正截面受弯承载力计算

凝土受弯构件，其抗裂控制要求可按现行国家标准《混凝土结构设计规范》GB 50010 确定。

11.2.8 在荷载效应的标准组合下，当受拉边缘混凝土名义拉应力 $\sigma_{ck} - \sigma_{pc} \leqslant f_{tk}$ 时，抗裂验算可按现行国家标准《混凝土结构设计规范》GB 50010 的方法进行；当受拉边缘混凝土名义拉应力 $\sigma_{ck} - \sigma_{pc} > f_{tk}$ 时，在荷载效应的标准组合并考虑长期作用影响的最大裂缝宽度应按下列公式计算：

$$w_{max} = 1.9\psi\frac{\sigma_{sk}}{E_s}\left(1.9c + 0.08\frac{d_{eq}}{\rho_{te}}\right)$$
$$(11.2.8-1)$$

$$\psi = 1.1 - 0.65\frac{f_{tk}}{\rho_{te}\sigma_{sk}} \quad (11.2.8-2)$$

$$d_{eq} = \frac{\sum n_i d_i^2}{\sum n_i \nu_i d_i} \quad (11.2.8-3)$$

$$\rho_{te} = \frac{A_s + A_f E_f / E_s}{A_{te}} \quad (11.2.8-4)$$

$$\sigma_{sk} = \frac{M_k \pm M_2 - N_{p0}(z - e_p)}{(A_f E_f / E_s + A_s)z}$$
$$(11.2.8-5)$$

$$z = \left[0.87 - 0.12(1 - \gamma_f')\left(\frac{h_0}{e}\right)^2\right]h_0$$
$$(11.2.8-6)$$

$$e = e_p + \frac{M_k \pm M_2}{N_{p0}} \quad (11.2.8-7)$$

式中：ψ —— 裂缝间纵向受拉钢筋应变不均匀系数；当 $\psi < 0.2$ 时，取 $\psi = 0.2$；当 $\psi > 1.0$ 时，取 $\psi = 1.0$；对直接承受重复荷载的构件，取 $\psi = 1.0$；

σ_{sk} —— 按荷载准永久组合计算的受弯构件纵向受拉钢筋的等效应力（N/mm²）；

E_s —— 钢筋的弹性模量（N/mm²）；

E_f —— 预应力碳纤维复合板的弹性模量（N/mm²）；

c —— 最外层纵向受拉钢筋外边缘至受拉区底边的距离（mm）；当 $c < 20$ 时，取 $c = 20$；当 $c > 65$ 时，取 $c = 65$；

ρ_{te} —— 按有效受拉混凝土截面面积计算的纵向受拉钢筋的等效配筋率；

A_f —— 预应力碳纤维复合板的截面面积（mm²）；

A_{te} —— 有效受拉混凝土截面面积（mm²），受弯构件取 $A_{te} = 0.5bh + (b_f - b)h_f$，其中 b_f、h_f 为受拉翼缘的宽度、高度；

d_{eq} —— 受拉区纵向钢筋的等效直径（mm）；

d_i —— 受拉区第 i 种纵向钢筋的公称直径（mm）；

n_i —— 受拉区第 i 种纵向钢筋的根数；

ν_i —— 受拉区第 i 种纵向钢筋的相对粘结特性系数；光圆钢筋为 0.7；带肋钢筋

为 1.0；

M_k —— 按荷载效应的标准组合计算的弯矩值（kN·m）；

M_2 —— 后张法预应力混凝土超静定结构构件中的次弯矩（kN·m），应按国家标准《混凝土结构设计规范》GB 50010 - 2010 第 10.1.5 条确定；

N_{p0} —— 纵向钢筋和预应力碳纤维复合板的合力（kN）；

z —— 受拉纵向钢筋和预应力碳纤维复合板合力点至截面受压区合力点的距离（mm）；

γ_f' —— 受压翼缘截面面积与腹板有效截面面积的比值，计算公式为 $\gamma_f' = \frac{(b_f' - b)h_f'}{bh_0}$；

b_f'、h_f' —— 受压区翼缘的宽度、高度（mm），当 $h_f' > 0.2h_0$ 时，取 $h_f' = 0.2h_0$；

e_p —— 混凝土法向预应力等于零时 N_{p0} 的作用点至受拉区纵向钢筋合力点的距离（mm）。

11.2.9 采用预应力碳纤维复合板加固的钢筋混凝土受弯构件，其抗弯刚度 B_s 应按下列方法计算：

1 不出现裂缝的受弯构件：

$$B_s = 0.85E_c I_0 \quad (11.2.9-1)$$

2 出现裂缝的受弯构件：

$$B_s = \frac{0.85E_c I_0}{k_{cr} + (1 - k_{cr})w} \quad (11.2.9-2)$$

$$k_{cr} = \frac{M_{cr}}{M_k} \quad (11.2.9-3)$$

$$w = \left(1.0 + \frac{0.21}{\alpha_E \bar{\rho}}\right)(1.0 + 0.45\gamma_f) - 0.7$$
$$(11.2.9-4)$$

$$M_{cr} = (\sigma_{pc} + \gamma f_{tk})W_0 \quad (11.2.9-5)$$

式中：E_c —— 混凝土的弹性模量（N/mm²）；

I_0 —— 换算截面惯性矩（mm⁴）；

α_E —— 纵向受拉钢筋弹性模量与混凝土弹性模量的比值，计算公式为：$\alpha_E = E_s / E_c$；

$\bar{\rho}$ —— 纵向受拉钢筋的等效配筋率，$\bar{\rho} = (A_f E_f / E_s + A_s)/(bh_0)$；

γ_f —— 受拉翼缘截面面积与腹板有效截面面积的比值；

k_{cr} —— 受弯构件正截面的开裂弯矩 M_{cr} 与弯矩 M_k 的比值，当 $\kappa_{cr} > 1.0$ 时，取 $\kappa_{cr} = 1.0$；

σ_{pc} —— 扣除全部预应力损失后，由预加力在抗裂边缘产生的混凝土预压应力（N/mm²）；

γ —— 混凝土构件的截面抵抗矩塑性影响系

数，应按现行国家标准《混凝土结构设
计规范》GB 50010 的规定计算；

f_{tk}——混凝土抗拉强度标准值（N/mm^2）。

11.3 构 造 要 求

11.3.1 预应力碳纤维复合板加固用锚具可采用平板锚具，也可采用带小齿齿纹锚具（尖齿齿纹锚具和圆齿齿纹锚具）等。

11.3.2 设计普通平板锚具的构造时，其盖板和底板的厚度应分别不小于14mm和10mm；其加压螺栓的公称直径不应小于22mm（图 11.3.2-1、图 11.3.2-2）。

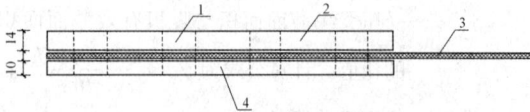

图 11.3.2-1 碳纤维板平板锚具
1—螺栓孔；2—盖板；3—碳纤维板；4—底板

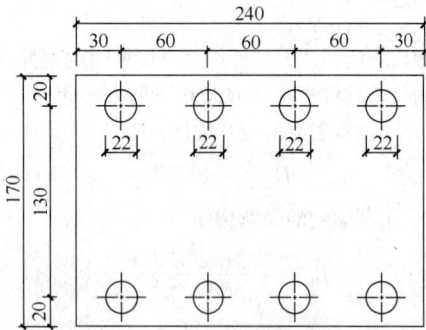

图 11.3.2-2 平板锚具盖板和底板平面

11.3.3 设计尖齿齿纹锚具的构造时，其齿深宜为0.3mm～0.5mm，齿间距宜为 0.6mm～1.0mm（图 11.3.3-1、图 11.3.3-2）。

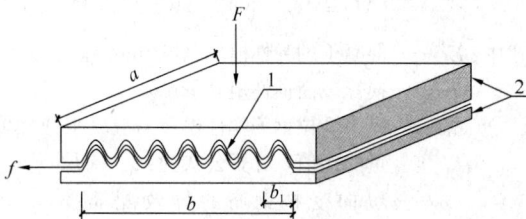

图 11.3.3-1 尖齿齿纹锚具示意图
1—碳纤维复合板；2—夹具；F—锚具的夹紧力；
f—锚具摩擦力；a—锚具宽度；
b—锚具齿纹长度；b_1—齿间距

11.3.4 尖齿齿纹锚具摩擦力可按下式进行计算：

$$f = 2\mu F \frac{\sin\alpha + \sin\beta}{\cos\alpha \times \sin\beta + \cos\beta \times \sin\alpha}$$

(11.3.4)

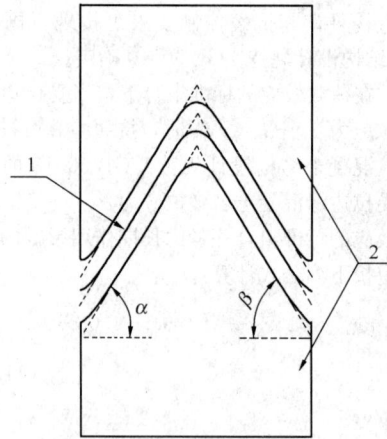

图 11.3.3-2 尖齿齿纹锚具单齿示意图
1—碳纤维复合板；2—锚具；
α—左侧齿纹与水平方向的夹角；
β—右侧齿纹与水平方向的夹角

式中：F——锚具的夹紧力（kN）；
μ——碳纤维板与锚具之间的摩擦系数；
α——左侧齿纹与水平方向的夹角；
β——右侧齿纹与水平方向的夹角。

11.3.5 设计圆齿齿纹锚具的构造时，其齿深宜为0.3mm～0.5mm，齿间距宜为 0.6mm～1.0mm（图 11.3.5-1、图 11.3.5-2）。

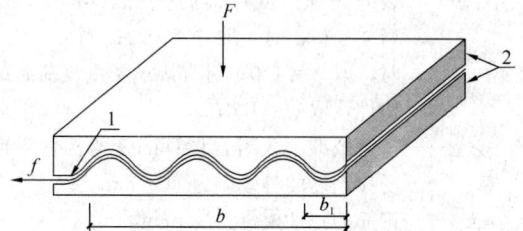

图 11.3.5-1 圆齿齿纹锚具示意图
1—碳纤维复合板；2—锚具；F—锚具的夹紧力；
f—锚具摩擦力；b—锚具齿纹长度；b_1—齿间距

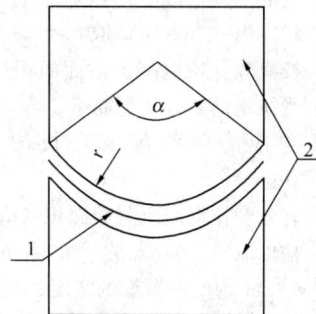

图 11.3.5-2 圆齿齿纹锚具单齿示意图
1—碳纤维复合板；2—锚具；
α—齿纹弧度圆心角；r—齿纹半径

11.3.6 圆齿齿纹锚具摩擦力可按下式进行计算：

$$f = \mu F \frac{\alpha}{\sin(\alpha/2)} \qquad (11.3.6)$$

式中：F——锚具的夹紧力（kN）；

    μ——碳纤维板与锚具之间的摩擦系数；

    α——齿纹弧度圆心角。

11.3.7 预应力碳纤维复合材的宽度宜为 100mm，对截面宽度较大的构件，可粘贴多条预应力碳纤维复合材进行加固。

11.3.8 锚具的开孔位置和孔径应根据实际工程确定，孔距和边距应符合国家现行有关标准的规定。

11.3.9 对于平板锚具，锚具表面粗糙度 $25\mu m \leqslant R_a \leqslant 50\mu m$，$80\mu m \leqslant R_y \leqslant 150\mu m$，$60\mu m \leqslant R_z \leqslant 100\mu m$。

11.3.10 为了防止尖齿齿纹锚具将预应力碳纤维复合板剪断，该类锚具在尖齿处应进行倒角处理（图 11.3.3-2）。

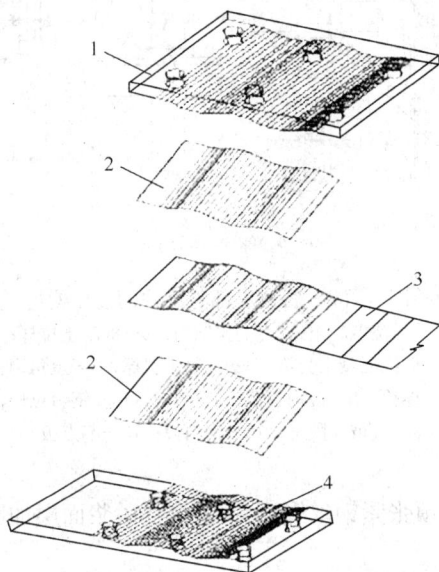

图 11.3.12 锚具内加贴的碳纤维织物垫层
1—盖板；2—碳纤维布垫片；
3—预应力碳纤维板；4—底板

11.3.11 对圆齿齿纹锚具，为防止预应力碳纤维复合板在锚具出口处因与锚具摩擦而产生断丝现象，锚具在端部切线方向应与预应力碳纤维复合板受拉力方向平行。

11.3.12 现场施工时，在锚具与预应力碳纤维复合材之间宜粘贴 2 层～4 层碳纤维织物作为垫层（图 11.3.12），并在锚具、预应力碳纤维复合材以及垫层上均应涂刷高强快固型结构胶，并在凝固前迅速将夹具锚紧，以防止预应力碳纤维复合板与锚具间的滑移。

11.4 设计对施工的要求

11.4.1 采用本方法加固在施加预应力前，可采取卸除作用在被加固结构上活荷载的措施。

11.4.2 预应力碳纤维复合材的张拉控制应力值 σ_{con} 宜为碳纤维复合材抗拉强度设计值 f_f 的 0.6 倍～0.7 倍。

11.4.3 对外露的锚具应采取防腐措施加以防护。

11.4.4 锚固和张拉端的碳纤维应平直、无表面缺陷。

11.4.5 当张拉过程中发现有明显滑移现象或达不到设计张拉应力时，应调整螺栓紧固力后重新张拉。当张拉过程顺利且达到设计应力后，松开张拉装置，涂布胶粘剂，二次张拉至设计应力值。

12 增设支点加固法

12.1 设计规定

12.1.1 本方法适用于梁、板、桁架等结构的加固。

12.1.2 本方法按支承结构受力性能的不同可分为刚性支点加固法和弹性支点加固法两种。设计时，应根据被加固结构的构造特点和工作条件选用其中一种。

12.1.3 设计支承结构或构件时，宜采用有预加力的方案。预加力的大小，应以支点处被支顶构件表面不出现裂缝和不增设附加钢筋为度。

12.1.4 制作支承结构和构件的材料，应根据被加固结构所处的环境及使用要求确定。当在高湿度或高温环境中使用钢构件及其连接时，应采用有效的防锈、隔热措施。

12.2 加固计算

12.2.1 采用刚性支点加固梁、板时，其结构计算应按下列步骤进行：

    1 计算并绘制原梁的内力图；

    2 初步确定预加力（卸荷值），并绘制在支承点预加力作用下梁的内力图；

    3 绘制加固后梁在新增荷载作用下的内力图；

    4 将上述内力图叠加，绘出梁各截面内力包络图；

    5 计算梁各截面实际承载力；

    6 调整预加力值，使梁各截面最大内力值小于截面实际承载力；

    7 根据最大的支点反力，设计支承结构及其基础。

12.2.2 采用弹性支点加固梁时，应先计算出所需支点弹性反力的大小，然后根据此力确定支承结构所需的刚度，并应按下列步骤进行：

    1 计算并绘制原梁的内力图；

    2 绘制原梁在新增荷载下的内力图；

    3 确定原梁所需的预加力（卸荷值），并由此求出相应的弹性支点反力值 R；

4 根据所需的弹性支点反力 R 及支承结构类型，计算支承结构所需的刚度；

5 根据所需的刚度确定支承结构截面尺寸，并验算其地基基础。

12.3 构 造 规 定

12.3.1 采用增设支点加固法新增的支柱、支撑，其上端应与被加固的梁可靠连接，并应符合下列规定：

1 湿式连接：

当采用钢筋混凝土支柱、支撑为支承结构时，可采用钢筋混凝土套箍湿式连接（图12.3.1a）；被连接部位梁的混凝土保护层应全部凿掉，露出箍筋；起连接作用的钢筋箍可做成Ⅱ形；也可做成Γ形，但应卡住整个梁截面，并与支柱或支撑中的受力筋焊接。钢筋箍的直径应由计算确定，但不应少于2根直径为12mm的钢筋。节点处后浇混凝土的强度等级，不应低于C25。

2 干式连接：

当采用型钢支柱、支撑为支承结构时，可采用型钢套箍干式连接（图12.3.1b）。

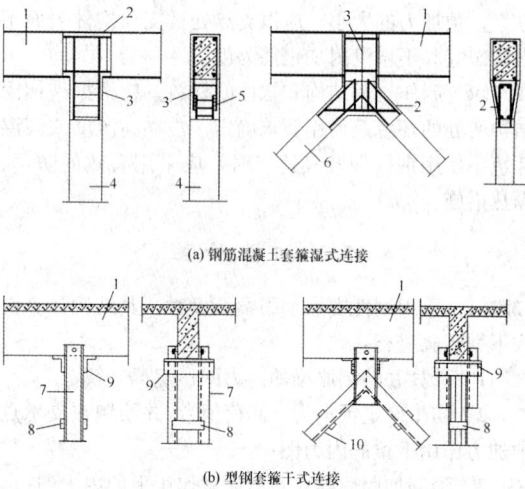

(a) 钢筋混凝土套箍湿式连接

(b) 型钢套箍干式连接

图 12.3.1 支柱、支撑上端与原结构的连接构造
1—被加固梁；2—后浇混凝土；3—连接筋；
4—混凝土支柱；5—焊缝；6—混凝土斜撑；
7—钢支柱；8—缀板；9—短角钢；
10—钢斜撑

12.3.2 增设支点加固法新增的支柱、支承，其下端连接，当直接支承于基础上时，可按一般地基基础构造进行处理；当斜撑底部以梁、柱为支承时，可采用下列构造：

1 对钢筋混凝土支撑，可采用湿式钢筋混凝土围套连接（图12.3.2a）。对受拉支撑，其受拉主筋应绕过上、下梁（柱），并采用焊接。

2 对钢支撑，可采用型钢套箍干式连接（图12.3.2b）。

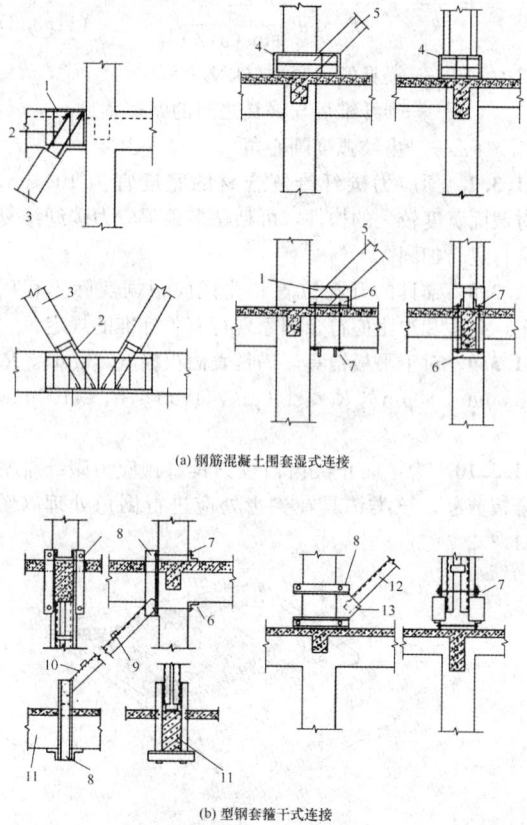

(a) 钢筋混凝土围套湿式连接

(b) 型钢套箍干式连接

图 12.3.2 斜撑底部与梁柱的连接构造
1—后浇混凝土；2—受拉钢筋；3—混凝土拉杆；
4—后浇混凝土套箍；5—混凝土斜撑；6—短角钢；
7—螺栓；8—型钢套箍；9—缀板；10—钢斜拉杆；
11—被加固梁；12—钢斜撑；13—节点板

13 预张紧钢丝绳网片-聚合物砂浆面层加固法

13.1 设 计 规 定

13.1.1 本方法适用于钢筋混凝土梁、柱、墙等构件的加固，但本规范仅对受弯构件的加固作出规定。本方法不适用于素混凝土构件，包括纵向受拉钢筋一侧配筋率小于0.2%的构件加固。

13.1.2 采用本方法时，原结构、构件按现场检测结果推定的混凝土强度等级不应低于C15级，且混凝土表面的正拉粘结强度不应低于1.5MPa。

13.1.3 采用钢丝绳网片-聚合物砂浆面层加固混凝土结构构件时，应将网片设计成仅承受拉应力作用，并能与混凝土变形协调、共同受力。

13.1.4 钢丝绳网片-聚合物砂浆面层应采用下列构造方式对混凝土结构构件进行加固：

1 梁和柱，应采用三面或四面围套的面层构造（图13.1.4a和b）；

2 板和墙，宜采用对称的双面外加层构造（图

13.1.4d）。当采用单面的面层构造（图13.1.4c）时，应加强面层与原构件的锚固与拉结。

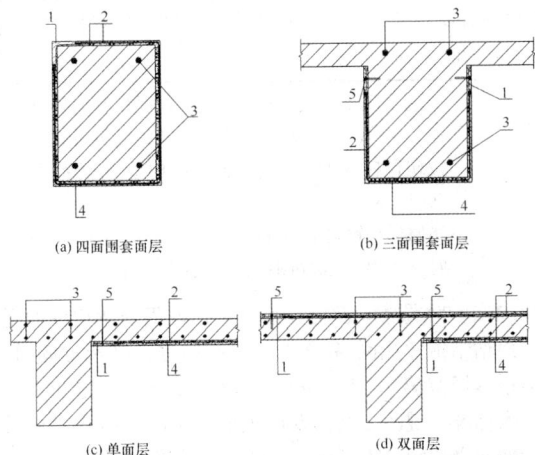

(a) 四面围套面层　　　　**(b) 三面围套面层**

(c) 单面层　　　　　　　**(d) 双面层**

图 13.1.4　钢丝绳网片-聚合物砂浆面层构造示意图
1—固定板；2—钢丝绳网片；3—原钢筋；
4—聚合物砂浆面层；5—胶粘型锚栓

13.1.5　钢丝绳网片安装时，应施加预张紧力；预张紧应力大小取 $0.3 f_{rw}$，允许偏差为 $\pm 10\%$，f_{rw} 为钢丝绳抗拉强度设计值。施加预张紧力的工序及其施力值应标注在设计、施工图上，不得疏漏，以确保其安装后能立即与原结构共同工作。

13.1.6　采用本方法加固的混凝土结构，其长期使用的环境温度不应高于 60℃。处于特殊环境下（如介质腐蚀、高温、高湿、放射等）的混凝土结构，其加固除应采用耐环境因素作用的聚合物配制砂浆外，尚应符合现行国家标准《工业建筑防腐蚀设计规范》GB 50046 的规定，并采取相应的防护措施。

13.1.7　采用本方法加固时，应采取措施卸除或大部分卸除作用在结构上的活荷载。

13.1.8　当被加固结构、构件的表面有防火要求时，应按现行国家标准《建筑设计防火规范》GB 50016 规定的耐火等级及耐火极限要求，对钢丝绳网片-聚合物改性水泥砂浆外加层进行防护。

13.2　受弯构件正截面加固计算

13.2.1　采用钢丝绳网片-聚合物砂浆面层对受弯构件进行加固时，除应符合现行国家标准《混凝土结构设计规范》GB 50010 正截面承载力计算的基本假定外，尚应符合下列规定：

1　构件达到受弯承载能力极限状态时，钢丝绳网片的拉应变 ε_{rw} 可按截面应变保持平面的假设确定；

2　钢丝绳网片应力 σ_{rw} 可近似取等于拉应变 ε_{rw} 与弹性模量 E_{rw} 的乘积；

3　当考虑二次受力影响时，应按构件加固前的初始受力情况，确定钢丝绳网片的滞后应变；

4　在达到受弯承载能力极限状态前，钢丝绳网片

与混凝土之间不出现粘结剥离破坏；

5　对梁的不同面层构造，统一采用仅按梁的受拉区底面有面层的计算简图，但在验算梁的正截面承载力时，应引入修正系数 η_{rl} 考虑梁侧面围套内钢丝绳网片对承载力提高的作用。

13.2.2　受弯构件加固后的相对界限受压区高度 $\xi_{b,rw}$ 应按下式计算，即加固前控制值的 0.85 倍采用：

$$\xi_{b,rw} = 0.85\xi_b \qquad (13.2.2)$$

式中：ξ_b ——构件加固前的相对界限受压区高度，按现行国家标准《混凝土结构设计规范》GB 50010 的规定计算。

13.2.3　矩形截面受弯构件采用钢丝绳网片-聚合物砂浆面层进行加固时（图 13.2.3），其正截面承载力应按下列公式确定：

$$M \leqslant \alpha_1 f_{c0} bx \left(h - \frac{x}{2}\right) + f'_{y0} A'_{s0} (h - a')$$
$$- f_{y0} A_{s0} (h - h_0)$$
$$(13.2.3-1)$$

$$\alpha_1 f_{c0} bx = f_{y0} A_{s0} + \eta_{rl} \psi_{rw} f_{rw} A_{rw} - f'_{y0} A'_{s0}$$
$$(13.2.3-2)$$

$$\psi_{rw} = \frac{(0.8\varepsilon_{cu} h/x) - \varepsilon_{cu} - \varepsilon_{rw,0}}{f_{rw}/E_{rw}}$$
$$(13.2.3-3)$$

$$2a' \leqslant x \leqslant \xi_{b,rw} h_0 \qquad (13.2.3-4)$$

式中：M ——构件加固后的弯矩设计值（kN·m）；

x ——等效矩形应力图形的混凝土受压区高度（mm）；

b、h ——矩形截面的宽度和高度（mm）；

f_{rw} ——钢丝绳网片抗拉强度设计值（N/mm²）；

A_{rw} ——钢丝绳网片受拉截面面积（mm²）；

a' ——纵向受压钢筋合力点至混凝土受压区边缘的距离（mm）；

h_0 ——构件加固前的截面有效高度（mm）；

η_{rl} ——考虑梁侧面围套 h_{rl} 高度范围内配有与梁底部相同的受拉钢丝绳网片时，该部分网片对承载力提高的系数；对围套式面层按表 13.2.3 的规定值采用；对单面面层，取 $\eta_{rl} = 1.0$；

h_{rl} ——自梁侧面受拉区边缘算起，配有与梁底部相同的受拉钢丝绳网片的高度（mm）；设计时应取 h_{rl} 小于等于 $0.25h$；

ψ_{rw} ——考虑受拉钢丝绳网片的实际拉应变可能达不到设计值而引入的强度利用系数；当 ψ_{rw} 大于 1.0 时，取 ψ_{rw} 等于 1.0；

ε_{cu} ——混凝土极限压应变，取 $\varepsilon_{cu} = 0.0033$；

$\varepsilon_{rw,0}$ ——考虑二次受力影响时，钢丝绳网片的滞后应变，按本规范第 13.2.4 条的规定计算。若不考虑二次受力影响，取 $\varepsilon_{rw,0} = 0$。

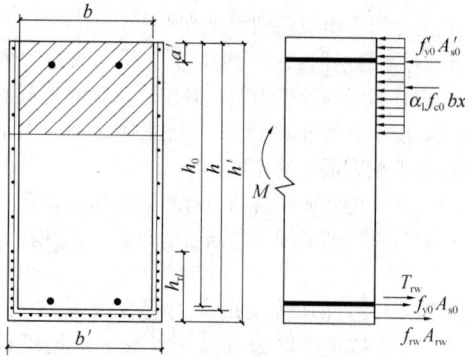

(a) 围套式外加层原计算图

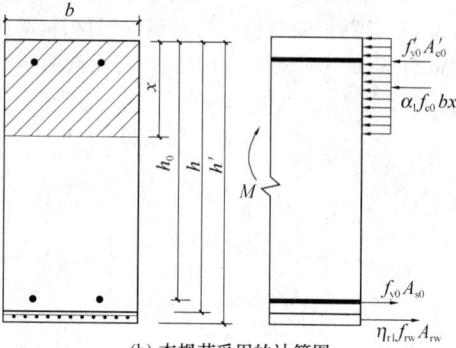

(b) 本规范采用的计算图

图 13.2.3 受弯构件正截面承载力计算

表 13.2.3 梁侧面 h_{rl} 高度范围配置网片的承载力提高系数

h_{rl}/h \\ h/b	1.0	1.5	2.0	2.5	3.0	3.5	4.0	4.5
0.05	1.09	1.14	1.18	1.23	1.28	1.32	1.37	1.41
0.10	1.17	1.25	1.34	1.42	1.50	1.59	1.67	1.76
0.15	1.23	1.34	1.46	1.57	1.69	1.80	1.92	2.03
0.20	1.28	1.42	1.56	1.70	1.83	1.97	2.11	2.25
0.25	1.32	1.47	1.63	1.79	1.95	2.10	2.26	2.42

13.2.4 当考虑二次受力影响时，钢丝绳网片的滞后应变 $\varepsilon_{rw,0}$ 应按下式计算：

$$\varepsilon_{rw,0} = \frac{\alpha_{rw} M_{0k}}{E_{s0} A_{s0} h_0} \qquad (13.2.4)$$

式中：M_{0k}——加固前受弯构件验算截面上原作用的弯矩标准值；

E_{s0}——原钢筋的弹性模量；

α_{rw}——综合考虑受弯构件裂缝截面内力臂变化、钢筋拉应变不均匀以及钢筋排列影响的计算系数，按表 13.2.4 的规定采用。

表 13.2.4 计算系数 α_{rw} 值

ρ_{te}	≤0.007	0.010	0.020	0.030	0.040	≥0.060
单排钢筋	0.70	0.90	1.15	1.20	1.25	1.30
双排钢筋	0.75	1.00	1.25	1.30	1.35	1.40

注：1 ρ_{te} 为混凝土有效受拉截面的纵向受拉钢筋配筋率，即 $\rho_{te} = A_{s0}/A_{te}$，$A_{te}$ 为有效受拉混凝土截面面积，按现行国家标准《混凝土结构设计规范》GB 50010 的规定计算。

2 当原构件钢筋应力 $\sigma_{s0} \leqslant 150MPa$，且 $\rho_{te} \leqslant 0.05$ 时，表中 α_{rw} 值可乘以调整系数 0.9。

13.2.5 对翼缘位于受压区的 T 形截面受弯构件的受拉面粘结钢丝绳网-聚合物砂浆面层进行受弯加固时，应按本规范第 13.2.1 条至第 13.2.4 条的规定和现行国家标准《混凝土结构设计规范》GB 50010 中关于 T 形截面受弯承载力的计算方法进行计算。

13.2.6 钢筋混凝土结构构件加固后，其正截面受弯承载力的提高幅度，不宜超过 30%，当有可靠试验依据时，也不应超过 40%；并且应验算其受剪承载力，避免因受弯承载力提高后而导致构件受剪破坏先于受弯破坏。

13.2.7 钢丝绳计算用的截面面积及参考质量，可按表 13.2.7 的规定值采用。

表 13.2.7 钢丝绳计算用截面面积及参考重量

种类	钢丝绳公称直径（mm）	钢丝直径（mm）	计算用截面面积（mm²）	参考重量（kg/100m）
6×7 +IWS	2.4	(0.27)	2.81	2.40
	2.5	0.28	3.02	2.73
	3.0	0.32	3.94	3.36
	3.05	(0.34)	4.45	3.83
	3.2	0.35	4.71	4.21
	3.6	0.40	6.16	6.20
	4.0	(0.44)	7.45	6.70
	4.2	0.45	7.79	7.05
	4.5	0.50	9.62	8.70
1×19	2.5	0.50	3.73	3.10

注：括号内的钢丝直径为建筑结构加固非常用的直径。

13.2.8 采用钢丝绳网片-聚合物砂浆面层加固的钢筋混凝土矩形截面受弯构件，其短期刚度 B_s 应按下列公式确定：

$$B_s = \frac{E_{s0} A_s h_0^2}{1.15\psi + 0.2 + 0.6\alpha_E \rho} \qquad (13.2.8-1)$$

$$A_s = A_{s0} + A'_{rw} = A_{s0} + \frac{E_{rw}}{E_{s0}} A_{rw} \qquad (13.2.8-2)$$

$$\psi = 1.1 - \frac{0.65 f_{tk}}{\rho_{te}\sigma_{ss}} \qquad (13.2.8\text{-}3)$$

$$\rho = \frac{A_s}{bh_0} \qquad (13.2.8\text{-}4)$$

$$\rho_{te} = \frac{A_s}{0.5bh} = \frac{A_s}{0.5b(h_1+\delta)} \qquad (13.2.8\text{-}5)$$

$$\sigma_{ss} = \frac{M_k}{0.87h_0 A_s} \qquad (13.2.8\text{-}6)$$

式中：E_{s0} ——原构件纵向受力钢筋的弹性模量（N/mm^2）；

$\quad A_s$ ——结构加固后的钢筋换算截面面积（mm^2）；

$\quad h_0$ ——加固后截面有效高度（mm）；

$\quad \psi$ ——原构件纵向受拉钢筋应变不均匀系数；当 $\psi < 0.2$ 时，取 $\psi = 0.2$；当 $\psi > 1.0$ 时，取 $\psi = 1.0$；

$\quad \alpha_E$ ——钢筋弹性模量与混凝土弹性模量比值：$\alpha_E = E_{s0}/E_c$；

$\quad \rho_{te}$ ——按有效受拉混凝土截面面积计算，并按纵向受拉配筋面积 A_s 确定的配筋率；当 ρ_{te} 小于 0.01 时，取 ρ_{te} 等于 0.01；

$\quad A_{s0}$ ——原构件纵向受拉钢筋的截面面积（mm^2）；

$\quad A_{rw}$ ——新增纵向受拉钢丝绳网片截面面积（mm^2）；

$\quad A'_{rw}$ ——新增钢丝绳网片换算成钢筋后的截面面积（mm^2）；

$\quad E_{rw}$ ——钢丝绳弹性模量（N/mm^2）；

$\quad h$ ——加固后截面高度（mm）；

$\quad h_1$ ——原截面高度（mm）；

$\quad \delta$ ——截面外加层厚度（mm）；

$\quad \sigma_{ss}$ ——截面受拉区纵向配筋合力点处的应力（N/mm^2）；

$\quad M_k$ ——按荷载效应标准组合计算的弯矩值（kN·m）。

13.3 受弯构件斜截面加固计算

13.3.1 采用钢丝绳网片-聚合物砂浆面层对受弯构件斜截面进行加固时，应在围套中配置以钢丝绳构成的"环形箍筋"或"U形箍筋"（图 13.3.1）。

13.3.2 受弯构件加固后的斜截面应符合下列公式规定：

当 $h_w/b \leqslant 4$ 时

$$V \leqslant 0.25\beta_c f_{c0} bh_0 \qquad (13.3.2\text{-}1)$$

当 $h_w/b \geqslant 6$ 时

$$V \leqslant 0.20\beta_c f_{c0} bh_0 \qquad (13.3.2\text{-}2)$$

当 $4 < h_w/b < 6$ 时，按线性内插法确定。

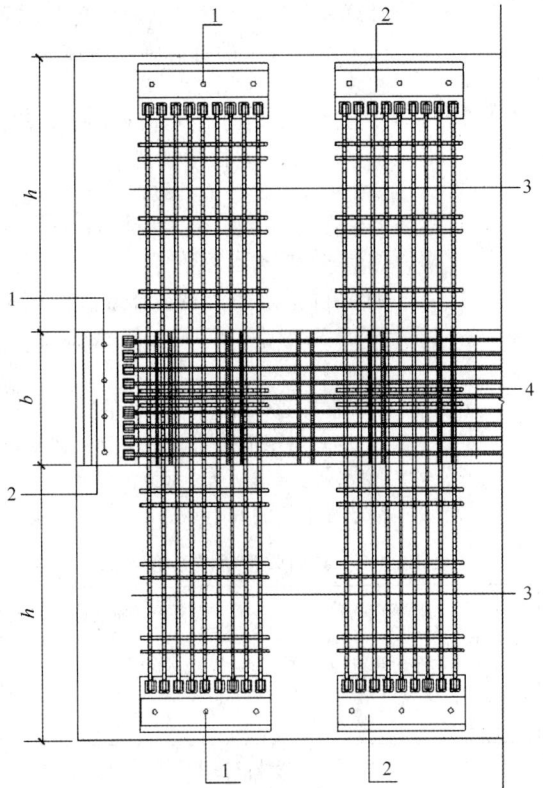

图 13.3.1 采用钢丝绳网片加固的受弯构件三面展开图
1—胶粘型锚栓；2—固定板；3—抗剪加固钢筋网（横向网）；4—抗弯加固钢筋网片（主网）；b—梁宽；h—梁高

式中：V ——构件斜截面加固后的剪力设计值（kN）；

$\quad \beta_c$ ——混凝土强度影响系数，当原构件混凝土强度等级不超过 C50 时，取 $\beta_c = 1.0$；当混凝土强度等级为 C80 时，取 $\beta_c = 0.8$；其间按直线内插法确定；

$\quad f_{c0}$ ——原构件混凝土轴心抗压强度设计值（N/mm^2）；

$\quad b$ ——矩形截面的宽度或 T 形截面的腹板宽度（mm）；

$\quad h_0$ ——截面有效高度（mm）；

$\quad h_w$ ——截面的腹板高度（mm）；对矩形截面，取有效高度；对 T 形截面，取有效高度减去翼缘高度。

13.3.3 采用钢丝绳网片-聚合物砂浆面层对钢筋混凝土梁进行抗剪加固时，其斜截面承载力应按下列公式确定：

$$V \leqslant V_{b0} + V_{br} \qquad (13.3.3\text{-}1)$$

$$V_{br} \leqslant \psi_{vb} f_{rw} A_{rw} \frac{h_{rw}}{s_{rw}} \qquad (13.3.3\text{-}2)$$

式中：V_{b0} ——加固前，梁的斜截面承载力（kN），按现行国家标准《混凝土结构设计规范》GB 50010 计算；

$\quad V_{br}$ ——配置钢丝绳网片加固后，对梁斜截面承载力的提高值（kN）；

ψ_{vb} ——计算系数，与钢丝绳箍筋构造方式及受力条件有关的抗剪强度折减系数，按表 13.3.3 采用；

f_{rw} ——受剪加固采用的钢丝绳网片强度设计值（N/mm²），按本规范第 13.1.5 条规定的强度设计值乘以调整系数 0.50 确定；当为框架梁或悬挑构件时，该调整系数取为 0.25；

A_{rw} ——配置在同一截面处构成环形箍或 U 形箍的钢丝绳网的全部截面面积（mm²）；

h_{rw} ——梁侧面配置的钢丝绳箍筋的竖向高度（mm）；对矩形截面，$h_{rw} = h$；对 T 形截面，$h_{rw} = h_w$；h_w 为腹板高度；

s_{rw} ——钢丝绳箍筋的间距（mm）。

表 13.3.3 抗剪强度折减系数 ψ_{vb} 值

钢丝绳箍筋构造		环形箍筋	U 形箍筋
受力条件	均布荷载或剪跨比 λ≥3	1.0	0.80
	λ≤1.5	0.65	0.50

注：当 λ 为中间值时，按线性内插法确定 ψ_{vb} 值。

13.4 构 造 规 定

13.4.1 钢丝绳网的设计与制作应符合下列规定：

1 网片应采用小直径不松散的高强度钢丝绳制作；绳的直径宜为 2.5mm～4.5mm；当采用航空用高强度钢丝绳时，可使用规格为 2.4mm 的高强度钢丝绳。

2 绳的结构形式（图 13.4.1-1）应为 6×7＋IWS 金属股芯右交互捻钢丝绳或 1×19 单股左捻钢丝绳。

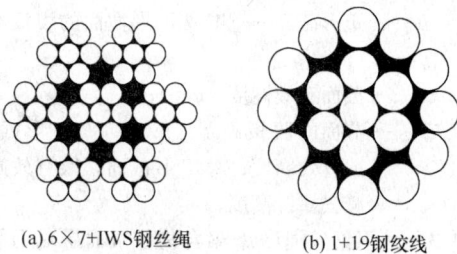

(a)6×7+IWS钢丝绳　　　(b)1+19钢绞线

图 13.4.1-1　钢丝绳的结构形式

3 网的主筋（即纵向受力钢丝绳）与横向筋（即横向钢丝绳，也称箍筋）的交点处，应采用同品种钢材制作的绳扣束紧；主筋的端部应采用固定结固定在固定板上；固定板以胶粘型锚栓锚于原结构上，胶粘型锚栓的材质和型号的选用，应经计算确定。预张紧钢丝绳网片的固定构造应按图 13.4.1-2 进行设计；当钢丝绳采用锥形锚头紧固时，其端部固定板构

造应按图 13.4.1-3 进行设计。

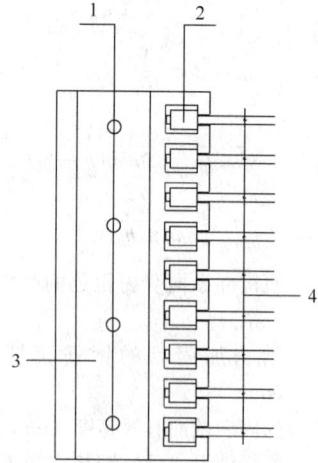

图 13.4.1-2　采用固定结紧固钢丝绳的端头锚固构造

1—胶粘型锚栓；2—固定结；3—固定板；4—钢丝绳

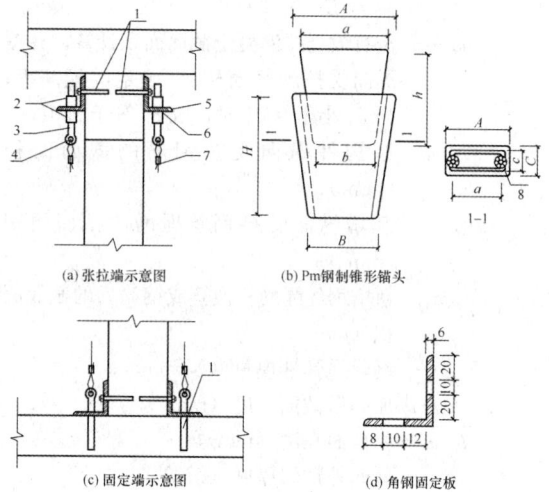

(a)张拉端示意图　　　(b)Pm钢制锥形锚头

(c)固定端示意图　　　(d)角钢固定板

图 13.4.1-3　采用锥形锚头紧固钢丝绳的端部锚固构造

1—锚栓或植筋；2—Pm 调节螺母；3—Pm 调节螺杆；
4—穿绳孔；5—角钢固定板；6—张拉端角钢锚固；
7—锥形锚头；8—钢丝绳

4 网中受拉主筋的间距应经计算确定，但不应小于 20mm，也不应大于 40mm。

5 网中横向筋的间距，当用作梁、柱承受剪力的箍筋时，应经计算确定，但不应大于 50mm；当用作构造箍筋时，梁、柱不应大于 150mm；板和墙，可按实际情况取为 150mm～200mm。

6 网片应在工厂使用专门的机械和工艺制作。板和墙加固用的网，宜按标准规格成批生产；梁和柱加固用的围套网，宜按设计图纸专门生产。

13.4.2 采用钢丝绳网-聚合物砂浆面层加固钢筋混凝土构件前，应先清理、修补原构件，并按产品使用说明书的规定进行界面处理；当原构件钢筋有锈蚀现象时，应对外露的钢筋进行除锈及阻锈处理；当原构件钢筋经检测认为已处于"有锈蚀可能"的状态，但混凝土保护层尚未开裂时，宜采用喷涂型阻锈剂进行处理。

13.4.3 钢丝绳网与基材混凝土的固定，应在网片就位并张拉绷紧的情况下进行。一般情况下，应采用尼龙锚栓或胶粘螺杆植入混凝土中作为支点，以开口销作为绳卡与网连接。锚栓或螺杆的长度不应小于55mm；其直径 d 不应小于 4.0mm；净埋深不应小于40mm；间距不应大于150mm。构件端部固定套环用的锚栓，其净埋深不应小于 60mm。

13.4.4 当钢丝绳网的主筋需要接长时，应采取可靠锚固措施保证预张紧应力不受损失（图13.4.4），且不应位于最大弯矩区。

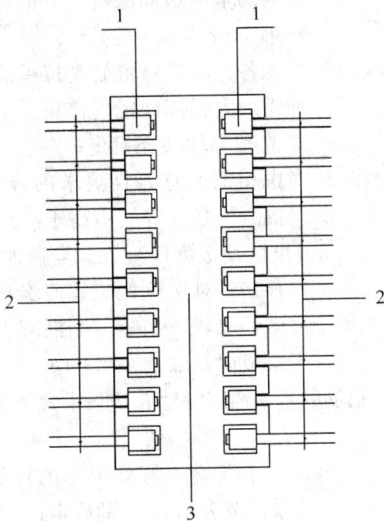

图 13.4.4　主绳连接锚固构造示意图
1—固定结或锥形锚头；2—钢丝绳；3—连接型固定板

13.4.5 聚合物砂浆面层的厚度，不应小于 25mm，也不宜大于 35mm；当采用镀锌钢丝绳时，其保护层厚度尚不应小于 15mm。

13.4.6 聚合物砂浆面层的表面应喷涂一层与该品种砂浆相适配的防护材料，提高面层耐环境因素作用的能力。

14　绕丝加固法

14.1　设　计　规　定

14.1.1 本方法适用于提高钢筋混凝土柱的位移延性的加固。

14.1.2 采用绕丝法时，原构件按现场检测结果推定的混凝土强度等级不应低于C10级，但也不得高于C50级。

14.1.3 采用绕丝法时，若柱的截面为方形，其长边尺寸 h 与短边尺寸 b 之比，应不大于1.5。

14.1.4 当绕丝的构造符合本规范的规定时，采用绕丝法加固的构件可按整体截面进行计算。

14.2　柱的抗震加固计算

14.2.1 采用环向绕丝法提高柱的位移延性时，其柱端箍筋加密区的总折算体积配箍率 ρ_v 应按下列公式计算：

$$\rho_v = \rho_{v.e} + \rho_{v.s} \tag{14.2.1-1}$$

$$\rho_{v.s} = \psi_{v.s} \frac{A_{ss} l_{ss}}{s_s A_{cor}} \frac{f_{ys}}{f_{yv}} \tag{14.2.1-2}$$

式中：$\rho_{v.e}$ ——被加固柱原有的体积配箍率，当需重新复核时，应按原箍筋范围内核心面积计算；

　　　　$\rho_{v.s}$ ——以绕丝构成的环向围束作为附加箍筋计算得到的箍筋体积配箍率的增量；

　　　　A_{ss} ——单根钢丝截面面积（mm^2）；

　　　　A_{cor} ——绕丝围束内原柱截面混凝土面积（mm^2），按本规范第10.4.3条计算；

　　　　f_{yv} ——原箍筋抗拉强度设计值（N/mm^2）；

　　　　f_{ys} ——绕丝抗拉强度设计值（N/mm^2），取 $f_{ys}=300N/mm^2$；

　　　　l_{ss} ——绕丝的周长（mm）；

　　　　s_s ——绕丝间距（mm）；

　　　　$\psi_{v.s}$ ——环向围束的有效约束系数；对圆形截面，$\psi_{v.s}=0.75$，对正方形截面，$\psi_{v.s}=0.55$，对矩形截面，$\psi_{v.s}=0.35$。

14.3　构　造　规　定

14.3.1 绕丝加固法的基本构造方式是将钢丝绕在 4 根直径为 25mm 专设的钢筋上（图14.3.1），然后再浇筑细石混凝土或喷抹 M15 水泥砂浆。绕丝用的钢丝，应为直径为 4mm 的冷拔钢丝，但应经退火处理后方可使用。

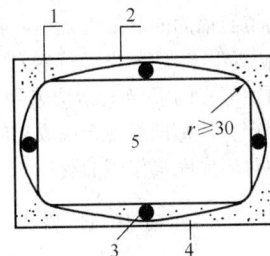

图 14.3.1　绕丝构造示意图
1—圆角；2—直径为 4mm 间距为 5mm～30mm 的钢丝；3—直径为 25mm 的钢筋；4—细石混凝土或高强度等级水泥砂浆；5—原柱；r—圆角半径

14.3.2 原构件截面的四角保护层应凿除，并应打磨成圆角（图14.3.1），圆角的半径 r 不应小于30mm。

14.3.3 绕丝加固用的细石混凝土应优先采用喷射混

凝土；但也可采用现浇混凝土；混凝土的强度等级不应低于C30级。

14.3.4 绕丝的间距，对重要构件，不应大于15mm；对一般构件，不应大于30mm。绕丝的间距应分布均匀，绕丝的两端应与原构件主筋焊牢。

14.3.5 绕丝的局部绷不紧时，应加钢楔绷紧。

15 植筋技术

15.1 设计规定

15.1.1 本章适用于钢筋混凝土结构构件以结构胶种植带肋钢筋和全螺纹螺杆的后锚固设计；不适用于素混凝土构件，包括纵向受力钢筋一侧配筋率小于0.2%的构件的后锚固设计。素混凝土构件及低配筋率构件的植筋应按锚栓进行设计。

15.1.2 采用植筋技术，包括种植全螺纹螺杆技术时，原构件的混凝土强度等级应符合下列规定：

1 当新增构件为悬挑结构构件时，其原构件混凝土强度等级不得低于C25；

2 当新增构件为其他结构构件时，其原构件混凝土强度等级不得低于C20。

15.1.3 采用植筋和种植全螺纹螺杆锚固时，其锚固部位的原构件混凝土不得有局部缺陷。若有局部缺陷，应先进行补强或加固处理后再植筋。

15.1.4 种植用的钢筋或螺杆，应采用质量和规格符合本规范第4章规定的钢材制作。当采用进口带肋钢筋时，除应按现行专门标准检验其性能外，尚应要求其相对肋面积 A_r 符合大于等于0.055且小于等于0.08的规定。

15.1.5 植筋用的胶粘剂应采用改性环氧类结构胶粘剂或改性乙烯基酯类结构胶粘剂。当植筋的直径大于22mm时，应采用A级胶。锚固用胶粘剂的质量和性能应符合本规范第4章的规定。

15.1.6 采用植筋锚固的混凝土结构，其长期使用的环境温度不应高于60℃；处于特殊环境（如高温、高湿、介质腐蚀等）的混凝土结构采用植筋技术时，除应按国家现行有关标准的规定采取相应的防护措施外，尚应采用耐环境因素作用的胶粘剂。

15.2 锚固计算

15.2.1 承重构件的植筋锚固计算应符合下列规定：

1 植筋设计应在计算和构造上防止混凝土发生劈裂破坏；

2 植筋仅承受轴向力，且仅允许按充分利用钢材强度的计算模式进行设计；

3 植筋胶粘剂的粘结强度设计值应按本章的规定值采用；

4 抗震设防区的承重结构，其植筋承载力仍按本节的规定进行计算，但其锚固深度设计值应乘以考虑位移延性要求的修正系数。

15.2.2 单根植筋锚固的承载力设计值应符合下列公式规定：

$$N_t^b = f_y A_s \tag{15.2.2-1}$$

$$l_d \geqslant \psi_N \psi_{ae} l_s \tag{15.2.2-2}$$

式中：N_t^b ——植筋钢材轴向受拉承载力设计值（kN）；

f_y ——植筋用钢筋的抗拉强度设计值（N/mm²）；

A_s ——钢筋截面面积（mm²）；

l_d ——植筋锚固深度设计值（mm）；

l_s ——植筋的基本锚固深度（mm），按本规范第15.2.3条确定；

ψ_N ——考虑各种因素对植筋受拉承载力影响而需加大锚固深度的修正系数，按本规范第15.2.5条确定；

ψ_{ae} ——考虑植筋位移延性要求的修正系数；当混凝土强度等级不高于C30时，对6度区及7度区一、二类场地，取 ψ_{ae} =1.10；对7度区三、四类场地及8度区，取 ψ_{ae} =1.25。当混凝土强度高于C30时，取 ψ_{ae} =1.00。

15.2.3 植筋的基本锚固深度 l_s 应按下式确定：

$$l_s = 0.2\alpha_{spt} d f_y / f_{bd} \tag{15.2.3}$$

式中：α_{spt} ——为防止混凝土劈裂引用的计算系数，按本规范表15.2.3的确定；

d ——植筋公称直径（mm）；

f_{bd} ——植筋用胶粘剂的粘结抗剪强度设计值（N/mm²），按本规范表15.2.4的规定值采用。

表15.2.3 考虑混凝土劈裂影响的计算系数 α_{spt}

混凝土保护层厚度 c(mm)		25		30		35	≥40
箍筋设置情况	直径 ϕ(mm)	6	8或10	6	8或10	≥6	≥6
	间距 s(mm)	在植筋锚固深度范围内，s 不应大于100mm					
植筋直径 d(mm)	≤20	1.00		1.00		1.00	1.00
	25	1.10	1.05	1.05	1.00	1.00	1.00
	32	1.25	1.15	1.15	1.10	1.10	1.05

注：当植筋直径介于表列数值之间时，可按线性内插法确定 α_{spt} 值。

15.2.4 植筋用结构胶粘剂的粘结抗剪强度设计值 f_{bd} 应按表15.2.4的规定值采用。当基材混凝土强度等级大于C30，且采用快固型胶粘剂时，其粘结抗剪强度设计值 f_{bd} 应乘以调整系数0.8。

表 15.2.4　粘结抗剪强度设计值 f_{bd}

胶粘剂等级	构造条件	基材混凝土的强度等级				
		C20	C25	C30	C40	≥C60
A级胶或B级胶	$s_1 \geqslant 5d;\ s_2 \geqslant 2.5d$	2.3	2.7	3.7	4.0	4.5
A级胶	$s_1 \geqslant 6d;\ s_2 \geqslant 3.0d$	2.3	2.7	4.0	4.5	5.0
	$s_1 \geqslant 7d;\ s_2 \geqslant 3.5d$	2.3	2.7	4.5	5.0	5.5

注：1　当使用表中的 f_{bd} 值时，其构件的混凝土保护层厚度，不应低于现行国家标准《混凝土结构设计规范》GB 50010 的规定值；
2　s_1 为植筋间距；s_2 为植筋边距；
3　f_{bd} 值仅适用于带肋钢筋或全螺纹螺杆的粘结锚固。

15.2.5　考虑各种因素对植筋受拉承载力影响而需加大锚固深度的修正系数 ψ_N，应按下式计算：

$$\psi_N = \psi_{br}\psi_w\psi_T \qquad (15.2.5)$$

式中：ψ_{br}——考虑结构构件受力状态对承载力影响的系数；当为悬挑结构构件时，$\psi_{br} = 1.50$；当为非悬挑的重要构件接长时，$\psi_{br} = 1.15$；当为其他构件时，$\psi_{br} = 1.00$；

ψ_w——混凝土孔壁潮湿影响系数，对耐潮湿型胶粘剂，按产品说明书的规定值采用，但不得低于 1.1；

ψ_T——使用环境的温度 T 影响系数，当 $T \leqslant 60℃$ 时，取 $\psi_T = 1.0$；当 $60℃ < T \leqslant 80℃$ 时，应采用耐中温胶粘剂，并应按产品说明书规定的 ψ_T 值采用；当 $T > 80℃$ 时，应采用耐高温胶粘剂，并应采取有效的隔热措施。

15.2.6　承重结构植筋的锚固深度应经设计计算确定；不得按短期拉拔试验值或厂商技术手册的推荐值采用。

15.3　构　造　规　定

15.3.1　当按构造要求植筋时，其最小锚固长度 l_{min} 应符合下列构造规定：

1　受拉钢筋锚固：max {0.3l_s；10d；100mm}；
2　受压钢筋锚固：max {0.6l_s；10d；100mm}；
3　对悬挑结构、构件尚应乘以 1.5 的修正系数。

15.3.2　当植筋与纵向受拉钢筋搭接（图 15.3.2）

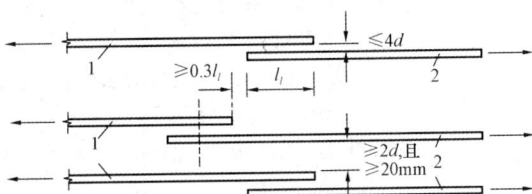

图 15.3.2　纵向受拉钢筋搭接
1—纵向受拉钢筋；2—植筋

时，其搭接接头应相互错开。其纵向受拉搭接长度 l_l 应根据位于同一连接区段内的钢筋搭接接头面积百分率，按下式确定：

$$l_l = \zeta_l l_d \qquad (15.3.2)$$

式中：ζ_l——纵向受拉钢筋搭接长度修正系数，按表 15.3.2 取值。

表 15.3.2　纵向受拉钢筋搭接长度修正系数

纵向受拉钢筋搭接接头面积百分率（%）	≤25	50	100
ζ_l 值	1.2	1.4	1.6

注：1　钢筋搭接接头面积百分率定义按现行国家标准《混凝土结构设计规范》GB 50010 的规定采用；
2　当实际搭接接头面积百分率介于表列数值之间时，按线性内插法确定 ζ_l 值；
3　对梁类构件，纵向受拉钢筋搭接接头面积百分率不应超过 50%。

15.3.3　当植筋搭接部位的箍筋间距 s 不符合本规范表 15.2.3 的规定时，应进行防劈裂加固。此时，可采用纤维织物复合材的围束作为原构件的附加箍筋进行加固。围束可采用宽度为 150mm，厚度不小于 0.165mm 的条带缠绕而成，缠绕时，围束间应无间隔，且每一围束，其所粘贴的条带不应少于 3 层。对方形截面尚应打磨棱角，打磨的质量应符合本规范第 10.9.9 条的规定。若采用纤维织物复合材的围束有困难，也可剔去原构件混凝土保护层，增设新箍筋（或钢箍板）进行加密（或增强）后再植筋。

15.3.4　植筋与纵向受拉钢筋在搭接部位的净间距，应按本规范图 15.3.2 的标示值确定。当净间距超过 $4d$ 时，则搭接长度 l_l 应增加 $2d$，但净间距不得大于 $6d$。

15.3.5　用于植筋的钢筋混凝土构件，其最小厚度 h_{min} 应符合下式规定：

$$h_{min} \geqslant l_d + 2D \qquad (15.3.5)$$

式中：D——钻孔直径（mm），应按表 15.3.5 确定。

表 15.3.5　植筋直径与对应的钻孔直径设计值

钢筋直径 d（mm）	钻孔直径设计值 D（mm）
12	15
14	18
16	20
18	22
20	25
22	28
25	32
28	35
32	40

15.3.6　植筋时，其钢筋宜先焊后种植；当有困难而必须后焊时，其焊点距基材混凝土表面应大于 15d，且应采用冰水浸渍的湿毛巾多层包裹植筋外露部分的根部。

16 锚栓技术

16.1 设计规定

16.1.1 本章适用于普通混凝土承重结构；不适用于轻质混凝土结构及严重风化的结构。

16.1.2 混凝土结构采用锚栓技术时，其混凝土强度等级：对重要构件不应低于 C25 级；对一般构件不应低于 C20 级。

16.1.3 承重结构用的机械锚栓，应采用有锁键效应的后扩底锚栓。这类锚栓按其构造方式的不同，又分为自扩底（图 16.1.3-1a）、模扩底（图 16.1.3-1b）和胶粘-模扩底（图 16.1.3-1c）三种；承重结构用的胶粘型锚栓，应采用特殊倒锥形胶粘型锚栓（图 16.1.3-2）。自攻螺钉不属于锚栓体系，不得按锚栓进行设计计算。

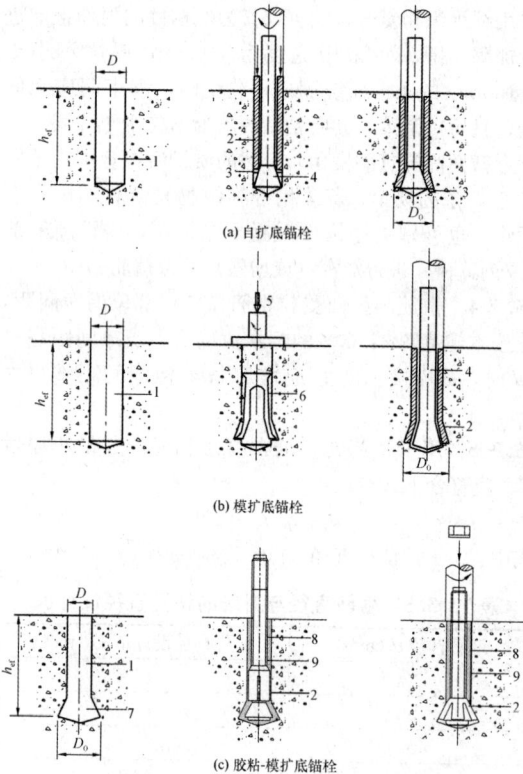

图 16.1.3-1 后扩底锚栓

1—直孔；2—扩张套筒；3—扩底刀头；4—柱锥杆；
5—压力直线推进；6—模具式刀具；7—扩底孔；
8—胶粘剂；9—螺纹杆；h_{ef}—锚栓的有效锚固深度；
D—钻孔直径；D_0—扩底直径

16.1.4 在抗震设防区的结构中，以及直接承受动力荷载的构件中，不得使用膨胀锚栓作为承重结构的连接件。

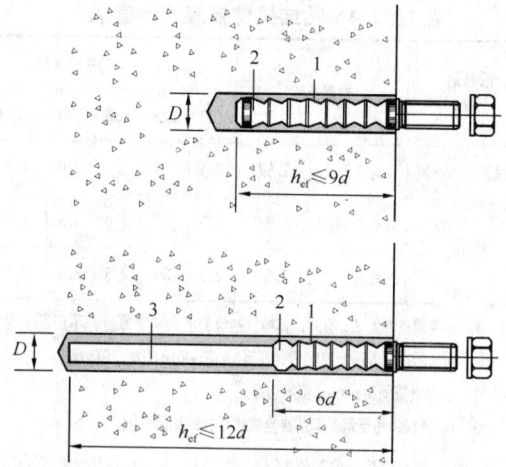

图 16.1.3-2 特殊倒锥形胶粘型锚栓
1—胶粘剂；2—倒锥形螺纹套筒；3—全螺纹螺杆；
D—钻孔直径；d—全螺纹螺杆直径；
h_{ef}—锚栓的有效锚固深度

16.1.5 当在抗震设防区承重结构中使用锚栓时，应采用后扩底锚栓或特殊倒锥形胶粘型锚栓，且仅允许用于设防烈度不高于 8 度并建于 Ⅰ、Ⅱ 类场地的建筑物。

16.1.6 用于抗震设防区承重结构或承受动力作用的锚栓，其性能应通过现行行业标准《混凝土用膨胀型、扩孔型建筑锚栓》JG 160 的低周反复荷载作用或疲劳荷载作用的检验。

16.1.7 承重结构锚栓连接的设计计算，应采用开裂混凝土的假定；不得考虑非开裂混凝土对其承载力的提高作用。

16.1.8 锚栓受力分析应符合本规范附录 F 的规定。

16.2 锚栓钢材承载力验算

16.2.1 锚栓钢材的承载力验算，应按锚栓受拉、受剪及同时受拉剪作用等三种受力情况分别进行。

16.2.2 锚栓钢材受拉承载力设计值，应符合下式规定：

$$N_t^a = \psi_{E,t} f_{ud,t} A_s \qquad (16.2.2)$$

式中：N_t^a——锚栓钢材受拉承载力设计值（N/mm^2）；

$\psi_{E,t}$——锚栓受拉承载力抗震折减系数；对 6 度区及以下，取 $\psi_{E,t}=1.00$；于 7 度区，取 $\psi_{E,t}=0.85$；对 8 度区Ⅰ、Ⅱ、Ⅲ类场地，取 $\psi_{E,t}=0.75$；

$f_{ud,t}$——锚栓钢材用于抗拉计算的强度设计值（N/mm^2），应按本规范第 16.2.3 条的规定采用；

A_s——锚栓有效截面面积（mm^2）。

16.2.3 碳钢、合金钢及不锈钢锚栓的钢材强度设计指标必须符合表 16.2.3-1 和表 16.2.3-2 的规定。

表 16.2.3-1 碳钢及合金钢锚栓钢材强度设计指标

性能等级		4.8	5.8	6.8	8.8
锚栓强度设计值 (MPa)	用于抗拉计算 $f_{ud,t}$	250	310	370	490
	用于抗剪计算 $f_{ud,v}$	150	180	220	290

注：锚栓受拉弹性模量 E_s 取 $2.0×10^5$ MPa。

表 16.2.3-2 不锈钢锚栓钢材强度设计指标

性能等级		50	70	80
螺纹直径 (mm)		≤32	≤24	≤24
锚栓强度设计值 (MPa)	用于抗拉计算 $f_{ud,t}$	175	370	500
	用于抗剪计算 $f_{ud,v}$	105	225	300

16.2.4 锚栓钢材受剪承载力设计值，应区分无杠杆臂和有杠杆臂两种情况（图 16.2.4）按下列公式进行计算：

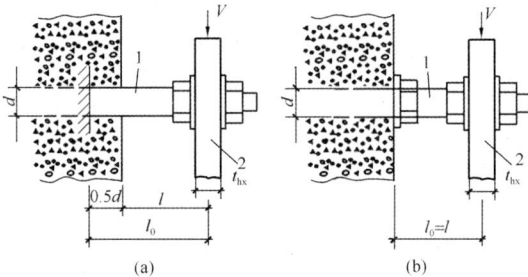

图 16.2.4 锚栓杠杆臂计算长度的确定
1—锚栓；2—固定件；l_0—杠杆臂计算长度

1 无杠杆臂受剪

$$V^a = \psi_{E,v} f_{ud,v} A_s \tag{16.2.4-1}$$

2 有杠杆臂受剪

$$V^a = 1.2\psi_{E,v} W_{el} f_{ud,t}\left(1 - \frac{\sigma}{f_{ud,t}}\right)\frac{\alpha_m}{l_0}$$

$$\tag{16.2.4-2}$$

式中：V^a——锚栓钢材受剪承载力设计值（kN）；

$\psi_{E,v}$——锚栓受剪承载力抗震折减系数；对 6 度区及以下，取 $\psi_{E,v}=1.00$；对 7 度区，取 $\psi_{E,v}=0.80$；对 8 度区Ⅰ、Ⅱ、Ⅲ类场地，取 $\psi_{E,v}=0.70$；

A_s——锚栓的有效截面面积（mm^2）；

W_{el}——锚栓截面抵抗矩（mm^3）；

σ——被验算锚栓承受的轴向拉应力（N/mm^2），其值按 N_t^a/A_s 确定；符号 N_t^a 和 A_s 的意义见式（16.2.2）；

α_m——约束系数，对图 16.2.4（a）的情况，取 $\alpha_m=1$；对图 16.2.4（b）的情况，取 $\alpha_m=2$；

l_0——杠杆臂计算长度（mm）；当基材表面有压紧的螺帽时，取 $l_0=l$；当无压紧螺帽时，取 $l_0=l+0.5d$。

16.3 基材混凝土承载力验算

16.3.1 基材混凝土的承载力验算，应考虑三种破坏模式：混凝土呈锥形受拉破坏（图 16.3.1-1）、混凝土边缘呈楔形受剪破坏（图 16.3.1-2）以及同时受拉、剪作用破坏。对混凝土剪撬破坏（图 16.3.1-3）、混凝土劈裂破坏，以及特殊倒锥形胶粘锚栓的组合破坏，应通过采取构造措施予以防止，不参与验算。

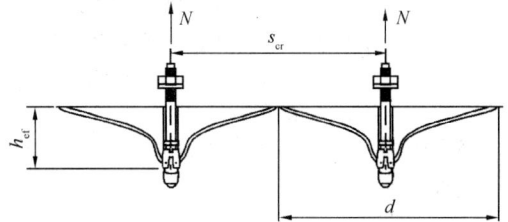

图 16.3.1-1 混凝土呈锥形受拉破坏

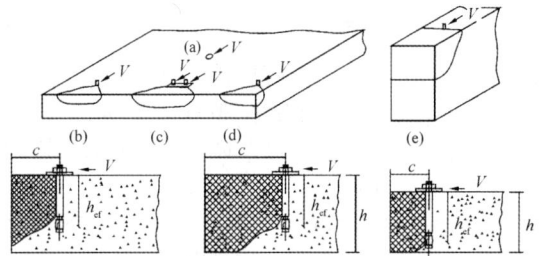

图 16.3.1-2 混凝土边缘呈楔形受剪破坏

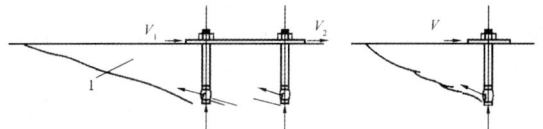

图 16.3.1-3 混凝土剪撬破坏
1—混凝土锥体

16.3.2 基材混凝土的受拉承载力设计值，应按下列公式进行验算：

1 对后扩底锚栓

$$N_t^c = 2.8\psi_{ls}\psi_N \sqrt{f_{cu,k}}h_{ef}^{1.5} \tag{16.3.2-1}$$

2 对本规范采用的胶粘型锚栓

$$N_t^c = 2.4\psi_{ls}\psi_N \sqrt{f_{cu,k}}h_{ef}^{1.5} \tag{16.3.2-2}$$

式中：N_t^c——锚栓连接的基材混凝土受拉承载力设计值（kN）；

$f_{cu,k}$——混凝土立方体抗压强度标准值（N/mm^2），按现行国家标准《混凝土结构设计规范》GB 50010 的规定采用；

h_{ef}——锚栓的有效锚固深度（mm）；应按锚

栓产品说明书标明的有效锚固深度采用；

ψ_a——基材混凝土强度等级对锚固承载力的影响系数；当混凝土强度等级不大于C30时，取 $\psi_a = 0.90$；当混凝土强度等级大于C30时，对机械锚栓，取 $\psi_a = 1.00$；对胶粘型锚栓，仍取 $\psi_a = 0.90$；

ψ_b——胶粘型锚栓对粘结强度的影响系数；当 $d_0 \leqslant 16mm$ 时，取 $\psi_b = 0.90$；当 $d_0 \geqslant 24mm$ 时，取 $\psi_b = 0.80$；介于两者之间的 ψ_b 值，按线性内插法确定；

ψ_N——考虑各种因素对基材混凝土受拉承载力影响的修正系数，按本规范第16.3.3条计算。

16.3.3 基材混凝土受拉承载力修正系数 ψ_N 值应按下列公式计算：

$$\psi_N = \psi_{s,h}\psi_{e,N}A_{cN}/A_{c,N}^0 \quad (16.3.3-1)$$

$$\psi_{e,N} = 1/[1 + (2e_N/s_{cr,N})] \leqslant 1 \quad (16.3.3-2)$$

式中：$\psi_{s,h}$——构件边距及锚固深度等因素对基材受力的影响系数，取 $\psi_{s,h} = 0.95$；

$\psi_{e,N}$——荷载偏心对群锚受拉承载力的影响系数；

$A_{cN}/A_{c,N}^0$——锚栓边距和间距对锚栓受拉承载力影响的系数，按本规范第16.3.4条确定；

c——锚栓的边距（mm）；

$s_{cr,N}$、$c_{cr,N}$——混凝土呈锥形受拉时，确保每一锚栓承载力不受间距和边距效应影响的最小间距和最小边距（mm），按本规范表16.4.4的规定值采用；

e_N——拉力（或其合力）对受拉锚栓形心的偏心距（mm）。

16.3.4 当锚栓承载力不受其间距和边距效应影响时，由单个锚栓引起的基材混凝土呈锥形受拉破坏的锥体投影面积基准值 $A_{c,N}^0$（图16.3.4）可按下式确定：

$$A_{c,N}^0 = s_{cr,N}^2 \quad (16.3.4)$$

16.3.5 混凝土呈锥形受拉破坏的实际锥体投影面积 $A_{c,N}$，可按下列公式计算：

1 当边距 $c > c_{cr,N}$，且间距 $s > s_{cr,N}$ 时

$$A_{c,N} = nA_{c,N}^0 \quad (16.3.5-1)$$

式中：n——参与受拉工作的锚栓个数。

2 当边距 $c \leqslant c_{cr,N}$（图16.3.5）时

1） 对 $c_1 \leqslant c_{cr,N}$（图16.3.5a）的单锚情形

$$A_{c,N} = (c_1 + 0.5s_{cr,N})s_{cr,N} \quad (16.3.5-2)$$

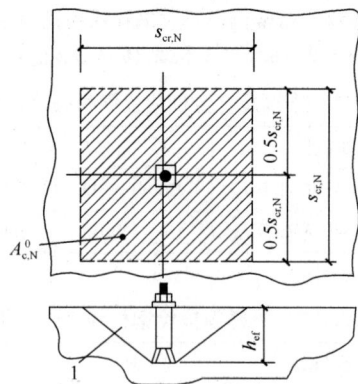

图16.3.4　单锚混凝土锥形破坏
理想锥体投影面积
1—混凝土锥体

2） 对 $c_1 \leqslant c_{cr,N}$，且 $s_1 \leqslant s_{cr,N}$（图16.3.5-2b）的双锚情形

$$A_{c,N} = (c_1 + s_1 + 0.5s_{cr,N})s_{cr,N} \quad (16.3.5-3)$$

3） 对 c_1、$c_2 \leqslant c_{cr,N}$，且 s_1、$s_2 \leqslant s_{cr,N}$ 时（图16.3.5c）的角部四锚情形

$$A_{c,N} = (c_1 + s_1 + 0.5s_{cr,N})(c_2 + s_2 + 0.5s_{cr,N}) \quad (16.3.5-4)$$

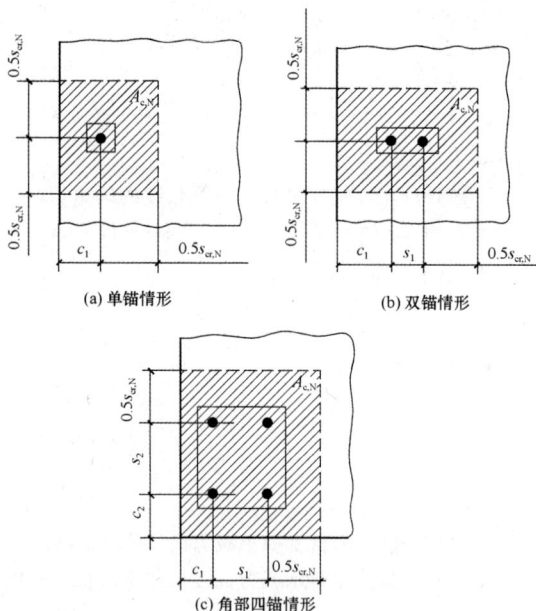

(a) 单锚情形　　(b) 双锚情形

(c) 角部四锚情形

图16.3.5　近构件边缘混凝土锥形受拉破坏
实际锥体投影面积

16.3.6 基材混凝土的受剪承载力设计值，应按下式计算：

$$V^c = 0.18\psi_v \sqrt{f_{cu,k}}\, c_1^{1.5} d_0^{0.3} h_{ef}^{0.2} \quad (16.3.6)$$

式中：V^c——锚栓连接的基材混凝土受剪承载力设计值（kN）；

ψ_v——考虑各种因素对基材混凝土受剪承载力影响的修正系数，应按本规范第16.3.7条计算；

c_1——平行于剪力方向的边距（mm）；

d_0——锚栓外径（mm）；

h_{ef}——锚栓的有效锚固深度（mm）。

16.3.7 基材混凝土受剪承载力修正系数 ψ_v 值，应按下列公式计算：

$$\psi_v = \psi_{s,v}\psi_{h,v}\psi_{a,v}\psi_{e,v}\psi_{u,v}A_{cv}/A_{c,v}^0 \quad (16.3.7\text{-}1)$$

$$\psi_{s,v} = 0.7 + 0.2\frac{c_2}{c_1} \leqslant 1 \quad (16.3.7\text{-}2)$$

$$\psi_{h,v} = (1.5c_1/h)^{1/3} \geqslant 1 \quad (16.3.7\text{-}3)$$

$$\psi_{a,v} = \begin{cases} 1.0 & (0° < \alpha_v \leqslant 55°) \\ 1/(\cos\alpha_v + 0.5\sin\alpha_v) & (55° < \alpha_v \leqslant 90°) \\ 2.0 & (90° < \alpha_v \leqslant 180°) \end{cases}$$
$$(16.3.7\text{-}4)$$

$$\psi_{e,v} = 1/[1 + (2e_v/3c_1)] \leqslant 1 \quad (16.3.7\text{-}5)$$

$$\psi_{u,v} = \begin{cases} 1.0 & (\text{边缘没有配筋}) \\ 1.2 & (\text{边缘配有直径 } d \geqslant 12mm \text{ 钢筋}) \\ 1.4 & (\text{边缘配有直径 } d \geqslant 12mm \text{ 钢筋及 } s \\ & \geqslant 100mm \text{ 箍筋}) \end{cases}$$
$$(16.3.7\text{-}6)$$

式中：$\psi_{s,v}$——边距比 c_2/c_1 对受剪承载力的影响系数；

$\psi_{h,v}$——边距厚度比 c_1/h 对受剪承载力的影响系数；

$\psi_{a,v}$——剪力与垂直于构件自由边的轴线之间的夹角 α_v（图 16.3.7）对受剪承载力的影响系数；

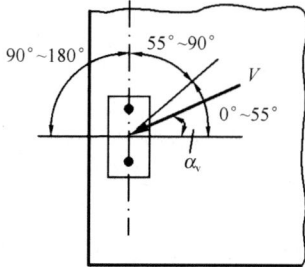

图 16.3.7 剪切角 α_v

$\psi_{e,v}$——荷载偏心对群锚受剪承载力的影响系数；

$\psi_{u,v}$——构件锚固区配筋对受剪承载力的影响系数；

$A_{cv}/A_{c,v}^0$——锚栓边距、间距等几何效应对受剪承载力的影响系数，按本规范第 16.3.8 条及第 16.3.9 条确定；

c_2——垂直于 c_1 方向的边距（mm）；

h——构件厚度（基材混凝土厚度）（mm）；

e_v——剪力对受剪锚栓形心的偏心距（mm）。

16.3.8 当锚栓受剪承载力不受其边距、间距及构件厚度的影响时，其基材混凝土呈半锥体破坏的侧向投影面积基准值 $A_{c,v}^0$，可按下式计算（图 16.3.8）：

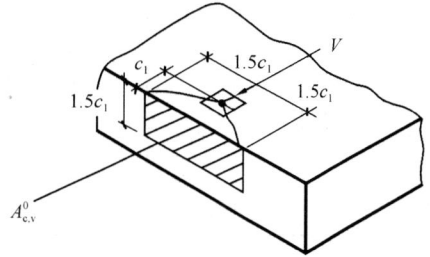

图 16.3.8 近构件边缘的单锚受剪混凝土楔形投影面积

$$A_{c,v}^0 = 4.5c_1^2 \quad (16.3.8)$$

16.3.9 当单锚或群锚受剪时，若锚栓间距 $s \geqslant 3c_1$、边距 $c_2 \geqslant 1.5c_1$，且构件厚度 $h \geqslant 1.5c$ 时，混凝土破坏锥体的侧向实际投影面积 $A_{c,v}$，可按下式计算：

$$A_{c,v} = nA_{c,v}^0 \quad (16.3.9)$$

式中：n——参与受剪工作的锚栓个数。

16.3.10 当锚栓间距、边距或构件厚度不满足本规范第 16.3.9 条要求时，侧向实际投影面积 $A_{c,v}$ 应按下列公式的计算方法进行确定（图 16.3.10）。

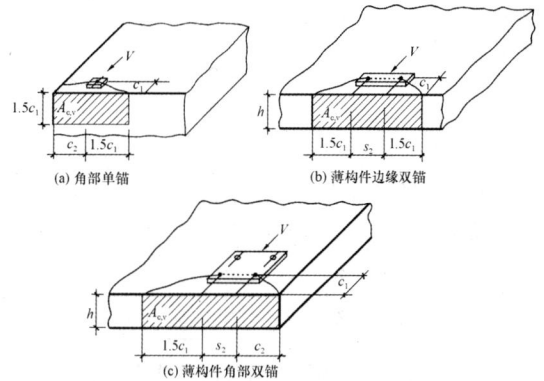

图 16.3.10 剪力作用下混凝土楔形破坏侧向投影面积

1 当 $h > 1.5c_1$，$c_2 \leqslant 1.5c_1$ 时：

$$A_{c,v} = 1.5c_1(1.5c_1 + c_2) \quad (16.3.10\text{-}1)$$

2 当 $h \leqslant 1.5c_1$，$s_2 \leqslant 3c_1$ 时：

$$A_{c,v} = (3c_1 + s_2)h \quad (16.3.10\text{-}2)$$

3 当 $h \leqslant 1.5c_1$，$s_2 \leqslant 3c_1$，$c_2 \leqslant 1.5c_1$ 时：

$$A_{c,v} = 1.5(3c_1 + s_2 + c_2)h \quad (16.3.10\text{-}3)$$

16.3.11 对基材混凝土角部的锚固，应取两个方向计算承载力的较小值（图 16.3.11）。

16.3.12 当锚栓连接承受拉力和剪力复合作用时，混凝土承载力应符合下式的规定：

$$(\beta_N)^\alpha + (\beta_v)^\alpha \leqslant 1 \quad (16.3.12)$$

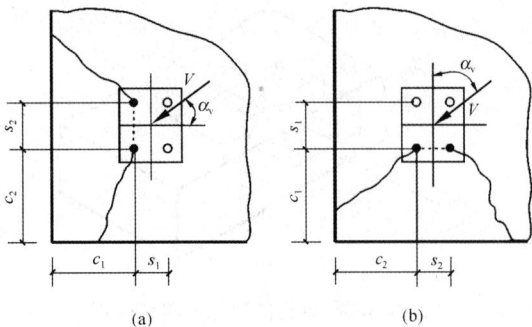

图 16.3.11　剪力作用下的角部群锚

式中：β_N——拉力作用设计值与混凝土抗拉承载力设计值之比；

β_v——剪力作用设计值与混凝土抗剪承载力设计值之比；

α——指数，当两者均受锚栓钢材破坏模式控制时，取 $\alpha=2.0$；当受其他破坏模式控制时，取 $\alpha=1.5$。

16.4　构造规定

16.4.1　混凝土构件的最小厚度 h_{min} 不应小于 $1.5h_{ef}$，且不应小于 100mm。

16.4.2　承重结构用的锚栓，其公称直径不得小于 12mm；按构造要求确定的锚固深度 h_{ef} 不应小于 60mm，且不应小于混凝土保护层厚度。

16.4.3　在抗震设防区的承重结构中采用锚栓时，其埋深应分别符合表 16.4.3-1 和表 16.4.3-2 的规定。

表 16.4.3-1　考虑地震作用后扩底锚栓的埋深规定

锚栓直径（mm）	12	16	20	24
有效锚固深度 h_{ef}（mm）	≥80	≥100	≥150	≥180

表 16.4.3-2　考虑地震作用胶粘型锚栓的埋深规定

锚栓直径（mm）	12	16	20	24
有效锚固深度 h_{ef}（mm）	≥100	≥125	≥170	≥200

16.4.4　锚栓的最小边距 c_{min}、临界边距 $c_{cr,N}$ 和群锚最小间距 s_{min}、临界间距 $s_{cr,N}$ 应符合表 16.4.4 的规定。

表 16.4.4　锚栓的边距和间距

c_{min}	$c_{cr,N}$	s_{min}	$s_{cr,N}$
≥$0.8h_{ef}$	≥$1.5h_{ef}$	≥$1.0h_{ef}$	≥$3.0h_{ef}$

16.4.5　锚栓防腐蚀标准应高于被固定物的防腐蚀要求。

17　裂缝修补技术

17.1　设　计　规　定

17.1.1　本章适用于承重构件混凝土裂缝的修补；对

承载力不足引起的裂缝，除应按本章适用的方法进行修补外，尚应采用适当的加固方法进行加固。

17.1.2　经可靠性鉴定确认为必须修补的裂缝，应根据裂缝的种类进行修补设计，确定其修补材料、修补方法和时间。

17.1.3　裂缝修补材料应符合下列规定：

1　改性环氧树脂类、改性丙烯酸酯类、改性聚氨酯类等的修补胶液，包括配套的打底胶、修补胶和聚合物注浆料等的合成树脂类修补材料，适用于裂缝的封闭或补强，可采用表面封闭法、注射法或压力注浆法进行修补。

修补裂缝的胶液和注浆料的安全性能指标，应符合现行国家标准《工程结构加固材料安全性鉴定技术规范》GB 50728 的规定。

2　无流动性的有机硅酮、聚硫橡胶、改性丙烯酸酯、聚氨酯等柔性的嵌缝密封胶类修补材料，适用于活动裂缝的修补，以及混凝土与其他材料接缝界面干缩性裂隙的封堵。

3　超细无收缩水泥注浆料、改性聚合物水泥注浆料以及不回缩微膨胀水泥等的无机胶凝材料类修补材料，适用于 w 大于 1.0mm 的静止裂缝的修补。

4　无碱玻璃纤维、耐碱玻璃纤维或高强度玻璃纤维织物、碳纤维织物或芳纶纤维等的纤维复合材与其适配的胶粘剂，适用于裂缝表面的封护与增强。

17.2　裂缝修补要求

17.2.1　当加固设计对修复混凝土裂缝有恢复截面整体性要求时，应在设计图上规定：当胶粘材料到达7d 固化期时，应立即钻取芯样进行检验。

17.2.2　钻取芯样应符合下列规定：

1　取样的部位应由设计单位决定；

2　取样的数量应按裂缝注射或注浆的分区确定，但每区不应少于 2 个芯样；

3　芯样应骑缝钻取，但应避开内部钢筋；

4　芯样的直径不应小于 50mm；

5　取芯造成的孔洞，应立即采用强度等级较原构件提高一级的细石混凝土填实。

17.2.3　芯样检验应采用劈裂抗拉强度测定方法。当检验结果符合下列条件之一时应判为符合设计要求：

1　沿裂缝方向施加的劈力，其破坏应发生在混凝土内部，即内聚破坏；

2　破坏虽有部分发生在裂缝界面上，但这部分破坏面积不大于破坏面总面积的 15%。

附录 A　既有建筑物结构荷载标准值的确定方法

A.0.1　对既有结构上的荷载标准值取值，尚应符合现行国家标准《建筑结构荷载规范》GB 50009 的规定。

A.0.2 结构和构件自重的标准值，应根据构件和连接的实测尺寸，按材料或构件单位自重的标准值计算确定。对难以实测的某些连接构造的尺寸，允许按结构详图估算。

A.0.3 常用材料和构件的单位自重标准值，应按现行国家标准《建筑结构荷载规范》GB 50009 的规定采用。当该规范的规定值有上、下限时，应按下列规定采用：

1 当荷载效应对结构不利时，取上限值；

2 当荷载效应对结构有利（如验算倾覆、抗滑移、抗浮起等）时，取下限值。

A.0.4 当遇到下列情况之一时，材料和构件的自重标准值应按现场抽样称量确定：

1 现行国家标准《建筑结构荷载规范》GB 50009 尚无规定；

2 自重变异较大的材料或构件，如现场制作的保温材料、混凝土薄壁构件等；

3 有理由怀疑材料或构件自重的原设计采用值与实际情况有显著出入。

A.0.5 现场抽样检测材料或构件自重的试样数量，不应少于 5 个。当按检测的结果确定材料或构件自重的标准值时，应按下列规定进行计算：

1 当其效应对结构不利时

$$g_{k,sup} = m_g + \frac{t}{\sqrt{n}} s_g \qquad (A.0.5\text{-}1)$$

式中：$g_{k,sup}$——材料或构件自重的标准值；

m_g——试样称量结果的平均值；

s_g——试样称量结果的标准差；

n——试样数量；

t——考虑抽样数量影响的计算系数，按表 A.0.5 采用。

2 当其效应对结构有利时

$$g_{k,sup} = m_g - \frac{t}{\sqrt{n}} s_g \qquad (A.0.5\text{-}2)$$

表 A.0.5 计算系数 t 值

n	t值	n	t值	n	t值	n	t值
5	2.13	8	1.89	15	1.76	30	1.70
6	2.02	9	1.86	20	1.73	40	1.68
7	1.94	10	1.80	25	1.71	≥60	1.67

A.0.6 对非结构的构、配件，或对支座沉降有影响的构件，当其自重效应对结构有利时，应取其自重标准值 $g_{k,sup} = 0$。

A.0.7 当房屋结构进行加固验算时，对不上人的屋面，应计入加固工程的施工荷载，其取值应符合下列规定：

1 当估算的荷载低于现行国家标准《建筑结构

荷载规范》GB 50009 规定的屋面均布活荷载或集中荷载时，应按该规范采用。

2 当估算的荷载高于现行国家标准《建筑结构荷载规范》GB 50009 的规定值时，应按实际估算值采用。

当施工荷载过大时，宜采取措施予以降低。

A.0.8 对加固改造设计的验算，其基本雪压值、基本风压值和楼面活荷载的标准值，除应按现行国家标准《建筑结构荷载规范》GB 50009 的规定采用外，尚应按下一目标使用年限，乘以本附录表 A.0.8 的修正系数 ψ_a 予以修正。

下一目标使用年限，宜由委托方和鉴定方共同商定。

表 A.0.8 基本雪压、基本风压及楼面活荷载的修正系数 ψ_a

下一目标使用年限	10 年	20 年	30 年～50 年
雪荷载或风荷载	0.85	0.95	1.00
楼面活荷载	0.85	0.90	1.00

注：对表中未列出的中间值，可按线性内插法确定，当下一目标使用年限小于 10 年时，应按 10 年取 ψ_a 值。

附录 B 既有结构混凝土回弹值龄期修正的规定

B.0.1 本规定适用于龄期已超过 1000d，且由于结构构造等原因无法采用取芯法对回弹检测结果进行修正的混凝土结构构件。

B.0.2 当采用本规定的龄期修正系数对回弹法检测得到的测区混凝土抗压强度换算值进行修正时，应符合下列规定：

1 龄期已超过 1000d，但处于干燥状态的普通混凝土；

2 混凝土外观质量正常，未受环境介质作用的侵蚀；

3 经超声波或其他探测法检测结果表明，混凝土内部无明显的不密实区和蜂窝状局部缺陷；

4 混凝土抗压强度等级在 C20 级～C50 级之间，且实测的碳化深度已大于 6mm。

B.0.3 混凝土抗压强度换算值可乘以表 B.0.3 的修正系数 α_n 予以修正。

表 B.0.3 测区混凝土抗压强度换算值龄期修正系数

龄期 (d)	1000	2000	4000	6000	8000	10000	15000	20000	30000
修正系数 α_n	1.00	0.98	0.96	0.94	0.93	0.92	0.89	0.86	0.82

附录 C 锚固用快固胶粘结拉伸抗剪强度测定法之一钢套筒法

C.1 适用范围及应用条件

C.1.1 本方法适用于以快固型结构胶粘剂粘结带肋钢筋（或锚栓螺杆）与钢套筒的拉伸抗剪强度测定。

C.1.2 本方法不得用于测定非快固型胶粘剂的拉伸抗剪强度。

C.2 试验设备及装置

C.2.1 试验机的加荷能力，应使试件的破坏荷载处于试验机标定满负荷的 20%～80%。试验机力值的示值误差不应大于 1%。试验机应能连续、平稳、速率可控地施荷。

C.2.2 夹持器及其夹具：试验机配备的夹持器及其夹具，应能自动对中，使力线与试件的轴线始终保持一致。

C.3 试 件

C.3.1 试件由受检胶粘剂粘结直径为 12mm 的带肋钢筋或锚栓螺杆与专用钢套筒组成（图 C.3.1）。试件的剪切面长度为（36±0.5）mm。

C.3.2 受检胶粘剂应按规定的抽样规则从一定批量的产品中抽取。

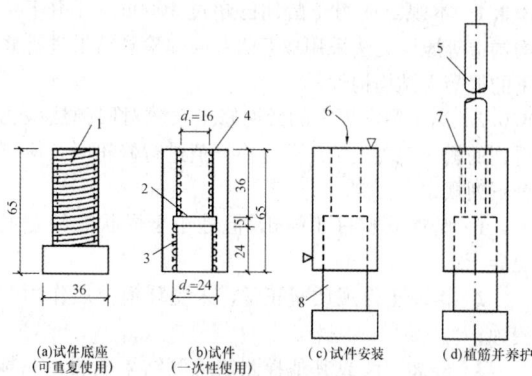

图 C.3.1 标准试件的形式与尺寸（mm）

1—M24 标准件；2—退刀槽 D=26；3—M24 标准螺纹；
4—梯形螺纹（螺距 4，深度 0.4）；5—带肋钢筋
（或锚栓螺杆）（l=150）；6—注胶；7—胶缝；8—底座

C.3.3 专用钢套筒应采用 45 号碳钢制作。套筒内壁应有螺距为 4mm、深度为 0.4mm 的梯形螺纹。

C.3.4 试件数量应符合下列规定：

1 常规试验的试件：每组不应少于 5 个；

2 确定粘结抗剪强度标准值的试件数量应按现行国家标准《工程结构加固材料安全性鉴定技术规范》GB 50728 的规定确定。

C.4 试 件 制 备

C.4.1 钢筋、螺杆和钢套筒，应经除锈、除油污；套筒内壁尚应无毛刺；粘结前，钢筋、螺杆和套筒应用工业丙酮清洗一遍。

C.4.2 钢筋的直径以及套筒的内径和深度，应用量具测量，精确到 0.05mm。

C.4.3 粘结时，胶粘剂的配合比、粘结工艺要求以及养护时间均应按该产品的使用说明书确定。

C.5 试 验 条 件

C.5.1 试件应在胶粘剂养护到期时立即进行试验。当因故需推迟试验日期时，应征得有关方面一致同意，且不得超过 1d。

C.5.2 试验应在室温为（23±2）℃的环境中进行。伸裁性试验或对环境湿度敏感的胶粘剂，其相对湿度尚应控制为 45%～55%。

C.5.3 对温度、湿度有要求的试验，其试件在测试前的调控时间不应少于 24h。

C.6 试 验 步 骤

C.6.1 试验时应将试件（图 C.6.1）对称地夹持在夹具中；夹持长度不应少于 50mm。

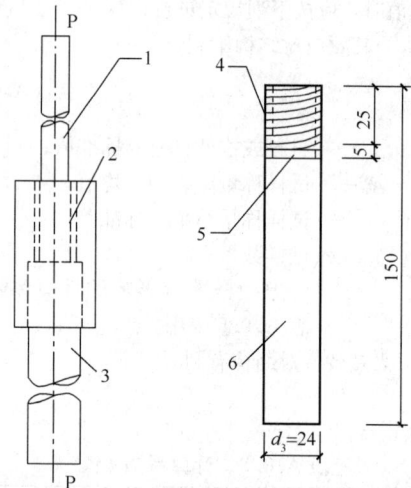

图 C.6.1 试件安装钢螺杆

1—长度为 150mm 的钢筋或螺杆；2—砂浆缝；
3—将底座换为钢螺杆；4—M24 标准螺纹；
5—退刀槽；6—可重复使用的 C₄40 螺杆

C.6.2 开动试验机，以连续、均匀的速率加荷；自试样加荷至破坏的时间应控制为 1min～3min。

C.6.3 试样破坏时，应记录其最大荷载值，并记录粘结的破坏形式（如内聚破坏、粘附破坏等）。

C.7 试 验 结 果

C.7.1 胶粘剂的粘结抗剪强度 f_{vu}，应按下式计算：

$$f_{vu} = P/0.8\pi Dl \qquad (C.7.1)$$

式中：P——拉伸的破坏荷载（N）；

D——钢套筒的内径（mm）；

l——粘结面长度（mm）。

注：当试件为螺杆拉断破坏时，应视为该试件粘结抗剪强度达到合格标准。

C.7.2 试验结果的计算应取三位有效数字。

C.7.3 试验报告应包括下列内容：

   1 受检粘结材料的品种、型号和批号；

   2 抽样规则及抽样数量；

   3 试件制备方法及养护条件；

   4 试件的编号及其剪切面的尺寸；

   5 试验环境的温度和相对湿度；

   6 仪器设备的型号、量程和检定日期；

   7 加荷方式及加荷速度；

   8 试件破坏荷载及破坏形式；

   9 试验结果的整理和计算；

   10 试验人员、校核人员及试验日期。

附录 D 锚固型快固结构胶
抗震性能检验方法

D.1 适 用 范 围

D.1.1 本方法适用于锚固型快固结构胶的抗震性能检验。

D.1.2 采用本方法时，应以受检快固胶粘结全螺纹螺杆或锚栓，埋置于混凝土基材内测定其抗拔和抗震性能。

D.1.3 本方法不推荐用于环氧类结构胶的抗震性能测定。

D.1.4 当不同行业标准的检验方法与本规范不一致时，对承重结构加固用的锚固型快固结构胶抗震性能检验，应按本规范的规定执行。

D.2 取 样 规 则

D.2.1 锚固型快固结构胶抗震性能检验的受检胶样本，应取自同品种、同型号、同批号生产的库存产品中；至少随机抽取 3 件；每件抽取 2 支（含双组分），构成两组试件用胶：一组为检验组，另一组为对照组。当为仲裁性检验时，试件数量应加倍。

D.2.2 作为锚固件的全螺纹螺杆，其直径应为 M16；其钢材应为 8.8 级碳素结构钢，并取自有合格证和有中文标志的批次中；钢材的抗拉性能应符合本规范表 4.2.5-1 的规定。

D.3 种植全螺纹螺杆的基材

D.3.1 种植全螺纹螺杆的基材，应为强度等级为 C30 的混凝土块体。块体的设计应符合下列规定：

   1 块体尺寸：应按每块种植一根螺杆设计；一般取单块尺寸为 300mm × 300mm × 600mm（图 D.3.1）。

   2 块体配筋：沿块体纵向周边配置 4Φ12 钢筋和Φ8@100 箍筋（单位均为 mm）。

   3 外观要求：混凝土表面应平整，且无裂缝。

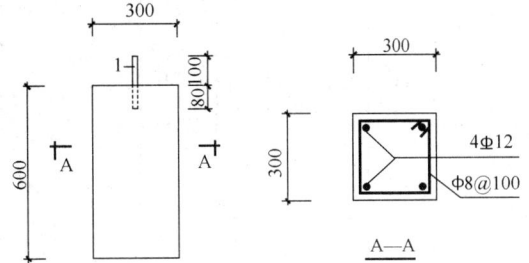

图 D.3.1 种有螺杆的试件（单位 mm）

1—直径为 16mm 的螺杆

D.3.2 混凝土块体的制作，应按所要求的强度等级进行配合比设计。块体浇筑后应经 28d 标准养护。在养护期间应保持混凝土处于湿润状态，以防出现早期裂纹。

D.3.3 混凝土块材种植螺杆的方法和要求，应符合现行国家标准《建筑结构加固工程施工质量验收规范》GB 50550 的规定。

D.4 试验设备和装置

D.4.1 试验应在 2000kN 伺服试验系统上进行。种植在试件上的螺杆应通过连接板与伺服机的千斤顶相连（图 D.4.1）。连接板与千斤顶的连接需采用 4 个 M20 螺栓连接；连接板与螺杆间的连接，其上下均应用螺母固定；下螺母与混凝土面的间隙宜控制在 5mm～10mm。试件下部与试验台座应有可靠连接，也可以在试件侧面设置固定螺栓。试件安装完毕应保证其垂直度偏差不大于 0.1%。

D.4.2 检测用的加荷设备，应符合下列规定：

   1 设备的加荷能力应比预计的检验荷载值至少大 20%，且应能连续、平稳、速度可控地运行；

   2 设备的测力系统，其整机误差应为全量程的 ±2%，且应具有峰值储存功能；

   3 设备的液压加荷系统在小于等于 5min 的短时保持荷载期间，其降荷值不得大于 5%；

   4 设备的夹持器应能保持力线与锚固件轴线的对中；

   5 仪表的量程不应小于 50mm；其测量的误差应为 ±0.02mm；

   6 测量位移装置应能与测力系统同步工作，连续记录，测出锚固件相对于混凝土表面的垂直位移，并绘制荷载-位移的全程曲线。

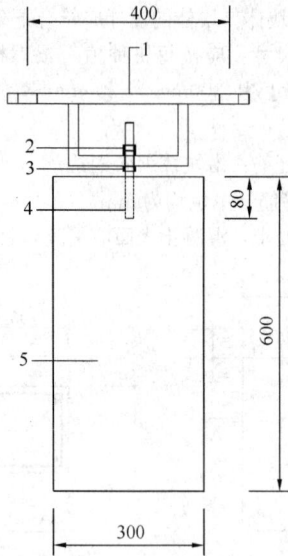

图 D.4.1 试件与伺服试验机的连接（单位 mm）

1—连接板，与伺服机的千斤顶相连；2—双螺母；

3—单螺母；4—直径为 16mm 的螺杆；5—混凝土基材

D.5 试验步骤与方法

D.5.1 螺杆胶粘好后的试件，其试验应在胶粘剂固化达到产品使用说明书规定的时间立即进行。

D.5.2 首先应进行对照组 3 个试件的拉拔承载力试验，其加荷宜采用连续加荷制度，以均匀速率加荷，控制在 2min～3min 时间内发生破坏。

D.5.3 对照组检验结果以螺杆最大抗拔力的平均值 $N_{u,m}$ 表示。

D.5.4 在取得对照组检验结果后，即可对检验组 3 个试件进行低周反复荷载试验，加荷等级为 $0.1N_{u,m}$，加载制度按图 D.5.4 执行；以确定试件抗拔力的实测平均值 $N_{ue,m}$ 和实测最小值 $N_{ue,min}$。

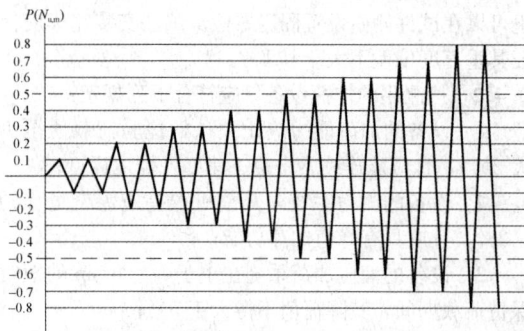

图 D.5.4 抗震性能检验加载制度

D.6 检验结果的评定

D.6.1 锚固型快固结构胶抗震性能评定，当 $N_{ue,m} \geqslant 0.50N_{u,m}$ 且 $N_{ue,min} \geqslant 0.45N_{u,m}$ 时，为合格。

D.6.2 试验报告应包括下列内容：

1 受检胶粘剂的品种、型号和批号；

2 抽样规则及抽样数量；

3 试坯及试件制备方法及养护条件；

4 试件的编号和尺寸；

5 试验环境温度和相对湿度；

6 仪器设备的型号、量程和检定日期；

7 加荷方式及加荷速度；

8 试件的破坏荷载及破坏形式；

9 试验结果整理和计算；

10 试验人员、校核人员及试验日期。

D.6.3 当委托方有要求时，试验报告应附有试验结果合格评定报告，且合格评定标准应符合本附录的规定。

附录 E 既有混凝土结构钢筋阻锈方法

E.1 设计规定

E.1.1 本方法适用于以喷涂型阻锈剂对既有混凝土结构、构件中的钢筋进行防锈与锈蚀损坏的修复。

E.1.2 在下列情况下，应进行阻锈处理：

1 结构安全性鉴定发现下列问题之一时：

1）承重构件混凝土的密实性差，且已导致其强度等级低于设计要求的等级两档以上；

2）混凝土保护层厚度平均值不足现行国家标准《混凝土结构设计规范》GB 50010 规定值的 75%；或两次抽检结果，其合格点率均达不到现行国家标准《混凝土结构工程施工质量验收规范》GB 50204 的规定；

3）锈蚀探测表明：内部钢筋已处于"有腐蚀可能"状态；

4）重要结构的使用环境或使用条件与原设计相比，已显著改变，其结构可靠性鉴定表明这种改变有损于混凝土构件的耐久性。

2 未作钢筋防锈处理的露天重要结构、地下结构、文物建筑、使用除冰盐的工程以及临海的重要工程结构；

3 委托方要求对既有结构、构件的内部钢筋进行加强防护时。

E.1.3 采用阻锈剂时，应选用对氯离子、氧气、水以及其他有害介质滤除能力强，不影响混凝土强度和握裹力，并不致在修复界面形成附加阳极的阻锈剂。

E.2 喷涂型钢筋阻锈剂使用规定

E.2.1 喷涂型钢筋阻锈剂的使用，应符合下列规定：

1 喷涂前应仔细清理混凝土的表层，不得粘有浮浆、尘土、油污、水渍、霉菌或残留的装饰层；

2 剔凿、修复局部劣化的混凝土表面,如空鼓、松动、剥落等;

3 喷涂阻锈剂前,混凝土龄期不应少于 28d;局部修补的混凝土,其龄期不应少于 14d;

4 混凝土表面温度应为 5℃～45℃;

5 阻锈剂应连续喷涂,使被涂表面饱和溢流;喷涂的遍数及其时间间隔应按产品说明书和设计要求确定;

6 每一遍喷涂后,均应采取措施防止日晒雨淋;最后一遍喷涂后,应静置 24h 以上,然后用压力水将表面残留物清除干净。

E.2.2 对露天工程或在腐蚀性介质的环境中使用亲水性阻锈剂时,应在构件表面增喷附加涂层进行封护。

E.2.3 当混凝土表面原先刷过涂料或各种防护液,已使混凝土失去可渗性且无法清除时,本附录规定的喷涂阻锈方法无效,应改用其他阻锈技术。

E.3 阻锈剂使用效果检测与评定

E.3.1 本方法适用于已有混凝土结构喷涂阻锈剂前后,通过量测其内部钢筋锈蚀电流的变化,对该阻锈剂的阻锈效果进行评估。

E.3.2 评估用的检测设备和技术条件应符合下列规定:

1 应采用专业的钢筋锈蚀电流测定仪及相应的数据采集分析设备,仪器的测试精度应能达到 $0.1\mu A/cm^2$。

2 电流测定可采用静态化学电流脉冲法(GPM法),也可采用线性极化法(LPM 法)。当为仲裁性检测时,应采用静态化学电流脉冲法。

3 仪器的使用环境要求及测试方法应按厂商提供的仪器使用说明书执行,但厂商应保证该仪器测试的精度能达到使用说明书规定的指标。

E.3.3 测定钢筋锈蚀电流的取样规则应符合下列规定:

1 梁、柱类构件,以同规格、同型号的构件为一检验批。每批构件的取样数量不少于该批构件总数的 1/5,且不得少于 3 根;每根受检构件不应少于 3 个测值。

2 板、墙类构件,以同规格、同型号的构件为一检验批。至少每 200m²(不足者按 200m² 计)设置一个测点,每一测点不应少于 3 个测值。

3 露天、地下结构以及临海混凝土结构,取样数量应加倍。

4 测量钢筋中的锈蚀电流时,应同时记录环境的温度和相对湿度。条件允许时,宜同步测量半电池电位、电阻抗和混凝土中的氯离子含量。

E.3.4 混凝土结构中钢筋锈蚀程度及锈蚀破坏开始产生的时间预测可按表 E.3.4 进行估计。

表 E.3.4 混凝土构件中钢筋锈蚀程度判定及破坏发生时间预测

锈蚀电流	锈蚀程度	锈蚀破坏开始时间预测
$<0.2\mu A/cm^2$	无	不致发生锈蚀破坏
$0.2～1\mu A/cm^2$	轻微锈蚀	>10 年
$1～10\mu A/cm^2$	中度锈蚀	2 年～10 年
$>10\mu A/cm^2$	严重锈蚀	<2 年

注:对重要结构,当检测结果大于 $2\mu A/cm^2$ 时,应加强锈蚀监测。

E.3.5 喷涂阻锈剂效果的评估应符合下列规定:

1 应在喷涂阻锈剂 150d 后,采用同一仪器(至少应采用相同型号的测试仪)对阻锈处理前测试的构件进行原位复测。其锈蚀电流的降低率应按下式计算:

$$锈蚀电流的降低率 = \frac{I_0 - I}{I_0} \times 100\%$$

(E.3.5)

式中:I——150d 后的锈蚀电流平均值;

I_0——喷涂阻锈剂前的初始锈蚀电流平均值。

2 当检测结果达到下列指标时,可认为该工程的阻锈处理符合本规范规定,可以重新交付使用:

(1) 初始锈蚀电流 $>1\mu A/cm^2$ 的构件,其 150d 后锈蚀电流的降低率不小于 80%;

(2) 初始锈蚀电流 $<1\mu A/cm^2$ 的构件,其 150d 后锈蚀电流的降低率不小于 50%。

附录 F 锚栓连接受力分析方法

F.1 锚栓拉力作用值计算

F.1.1 锚栓受拉力作用(图 F.1.1-1、图 F.1.1-2)时,其受力分析应符合下列基本假定:

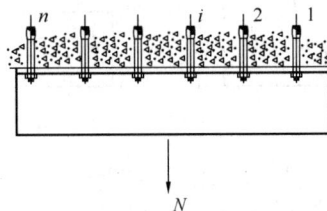

图 F.1.1-1 轴向拉力作用

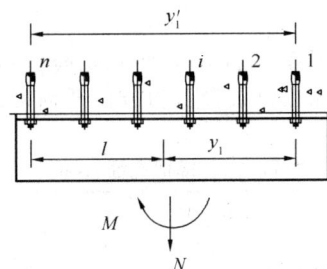

图 F.1.1-2 拉力和弯矩共同作用

1 锚板具有足够的刚度，其弯曲变形可忽略不计；

2 同一锚板的各锚栓，具有相同的刚度和弹性模量；其所承受的拉力，可按弹性分析方法确定；

3 处于锚板受压区的锚栓不承受压力，该压力直接由锚板下的混凝土承担。

F.1.2 在轴向拉力与外力矩共同作用下，应按下列公式计算确定锚板中受力最大锚栓的拉力设计值 N_h：

1 当 $N/n - My_1/\Sigma y_i^2 \geqslant 0$ 时，

$$N_h = N/n + (My_1/\Sigma y_i^2) \qquad \text{(F.1.2-1)}$$

2 当 $N/n - My_1/\Sigma y_i^2 < 0$ 时，

$$N_h = (M + Nl)y_1'/\Sigma(y_i')^2 \quad \text{(F.1.2-2)}$$

式中：N、M——分别为轴向拉力（kN）和弯矩（kN·m）的设计值；

y_1、y_i——锚栓 1 及 i 至群锚形心的距离（mm）；

y_1'、y_i'——锚栓 1 及 i 至最外排受压锚栓的距离（mm）；

l——轴力 N 至最外排受压锚栓的距离（mm）；

n——锚栓个数。

注：当外边距 $M = 0$ 时，上式计算结果即为轴向拉力作用下每一锚栓所承受的拉力设计值 N_i。

F.2 锚栓剪力作用值计算

F.2.1 作用于锚板上的剪力和扭矩在群锚中的内力分配，按下列三种情况计算：

1 当锚板孔径与锚栓直径符合表 F.2.1 的规定，且边距大于 $10h_{ef}$ 时，则所有锚栓均匀承受剪力（图 F.2.1-1）；

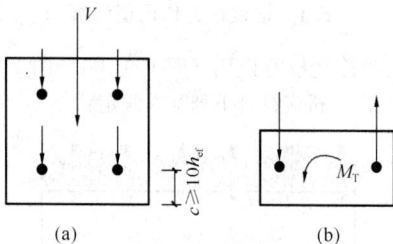

图 F.2.1-1 锚栓均匀受剪

2 当边距小于 $10h_{ef}$（图 F.2.1-2a）或锚板孔径大于表 F.2.1 的规定值（图 F.2.1-2b），则只有部分锚栓承受剪力；

3 为使靠近混凝土构件边缘锚栓不承受剪力，可在锚板相应位置沿剪力方向开椭圆形孔（图 F.2.1-3）。

表 F.2.1 锚板孔径（mm）

锚栓公称直径 d_0	6	8	10	12	14	16	18	20	22	24	27	30
锚板孔径 d_f	7	9	12	14	16	18	20	22	24	26	30	33

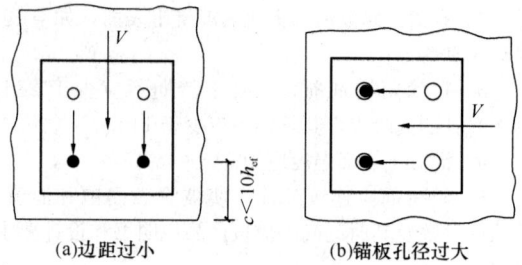

(a)边距过小　　　　(b)锚板孔径过大

图 F.2.1-2 锚栓处于不利情况下受剪

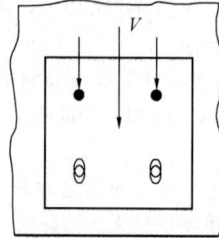

图 F.2.1-3 控制剪力分配方法

F.2.2 剪切荷载通过受剪锚栓形心（图 F.2.2）时，群锚中各受剪锚栓的受力应按下列公式确定：

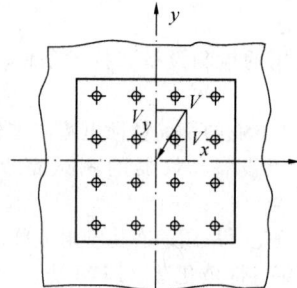

图 F.2.2 受剪力作用

$$V_i^V = \sqrt{(V_{ix}^V)^2 + (V_{iy}^V)^2} \qquad \text{(F.2.2-1)}$$

$$V_{ix}^V = V_x/n_x \qquad \text{(F.2.2-2)}$$

$$V_{iy}^V = V_y/n_y \qquad \text{(F.2.2-3)}$$

式中：V_{ix}^V、V_{iy}^V——分别为锚栓 i 在 x 和 y 方向的剪力分量（kN）；

V_i^V——剪力设计值 V 作用下锚栓 i 的组合剪力设计值（kN）；

V_x、n_x——剪力设计值 V 的 x 分量（kN）及 x 方向参与受剪的锚栓数目；

V_y、n_y——剪力设计值 V 的 y 分量（kN）及 y 方向参与受剪的锚栓数目。

F.2.3 群锚在扭矩 T（图 F.2.3）作用下，各受剪锚栓的受力应按下列公式确定：

$$V_i^T = \sqrt{(V_{ix}^T)^2 + (V_{iy}^T)^2} \qquad \text{(F.2.3-1)}$$

$$V_{ix}^T = \frac{Ty_i}{\sum x_i^2 + \sum y_i^2} \qquad \text{(F.2.3-2)}$$

$$V_{iy}^{T} = \frac{Tx_i}{\sum x_i^2 + \sum y_i^2} \qquad (F.2.3\text{-}3)$$

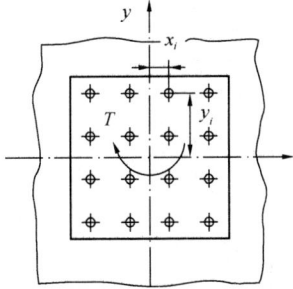

图 F.2.3　受扭矩作用

式中：T——外扭矩设计值（kN·m）；

V_{ix}^{T}、V_{iy}^{T}——T 作用下锚栓 i 所受剪力的 x 分量和 y 分量（kN）；

V_i^{T}——T 作用下锚栓 i 的剪力设计值（kN）；

x_i、y_i——锚栓 i 至以群锚形心为原点的坐标距离（mm）。

F.2.4 群锚在剪力和扭矩（图 F.2.4）共同作用下，各受剪锚栓的受力应按下式确定：

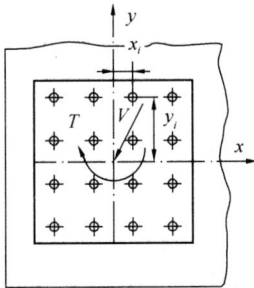

图 F.2.4　剪力与扭矩共同作用

$$V_i^{g} = \sqrt{(V_{ix}^{V} + V_{ix}^{T})^2 + (V_{iy}^{V} + V_{iy}^{T})^2} \qquad (F.2.4)$$

式中：V_i^{g}——群锚中锚栓所受组合剪力设计值（kN）。

本规范用词说明

1 为便于在执行本规范条文时区别对待，对要求严格程度不同的用词说明如下：

　1）表示很严格，非这样做不可的：

　　正面词采用"必须"，反面词采用"严禁"；

　2）表示严格，在正常情况下均应这样做的：

　　正面词采用"应"，反面词采用"不应"或"不得"；

　3）表示允许稍有选择，在条件许可时首先应这样做的：

　　正面词采用"宜"，反面词采用"不宜"；

　4）示有选择，在一定条件下可以这样做的，采用"可"。

2 条文中指明应按其他有关标准执行的写法为："应按……执行"或"应符合……的规定"。

引用标准名录

　1《建筑结构荷载规范》GB 50009

　2《混凝土结构设计规范》GB 50010

　3《建筑抗震设计规范》GB 50011

　4《建筑设计防火规范》GB 50016

　5《钢结构设计规范》GB 50017

　6《建筑抗震鉴定标准》GB 50023

　7《工业建筑防腐蚀设计规范》GB 50046

　8《工业构筑物抗震鉴定标准》GBJ 117

　9《工业建筑可靠性鉴定标准》GB 50144

　10《混凝土结构工程施工质量验收规范》GB 50204

　11《钢结构工程施工质量验收规范》GB 50205

　12《民用建筑可靠性鉴定标准》GB 50292

　13《建筑结构加固工程施工质量验收规范》GB 50550

　14《钢结构焊接规范》GB 50661

　15《工程结构加固材料安全性鉴定技术规范》GB 50728

　16《碳素结构钢》GB/T 700

　17《钢筋混凝土用钢　第 1 部分：热轧光圆钢筋》GB 1499.1

　18《钢筋混凝土用钢　第 2 部分：热轧带肋钢筋》GB 1499.2

　19《树脂浇铸体性能试验方法》GB/T 2567

　20《低合金高强度结构钢》GB/T 1591

　21《非合金钢及细晶粒钢焊条》GB/T 5117

　22《热强钢焊条》YB/T 5357

　23《胶粘剂　拉伸剪切强度的测定（刚性材料对刚性材料）》GB/T 7124

　24《钢筋焊接及验收规程》JGJ 18

　25《建筑抗震加固技术规程》JGJ 116

　26《混凝土用膨胀型、扩底型建筑锚栓》JG 160

　27《无粘结预应力钢绞线》JG 161

　28《冶金建设试验检验规程　第 3 分册　化学分析》YBJ 222.3

　29《耐火浇注料抗热震性试验方法（水急冷法）》YB/T 2206.2

　30《钢丝镀锌层》YB/T 5357

　31《钢筋阻锈剂应用技术规程》YB/T 9231

　32《海港工程混凝土结构防腐蚀技术规范》JTJ 275

中华人民共和国国家标准

混凝土结构加固设计规范

GB 50367—2013

条 文 说 明

修 订 说 明

《混凝土结构加固设计规范》GB 50367－2013 经住房和城乡建设部 2013 年 11 月 1 日以第 208 号公告批准、发布。

本规范是在《混凝土结构加固设计规范》GB 50367－2006 的基础上修订而成的。上一版的主编单位是四川省建筑科学研究院；参加单位是：同济大学、西南交通大学、福州大学、湖南大学、重庆大学、重庆市建筑科学研究院、辽宁省建设科学研究院、中国科学院大连化学物理研究所、中国建筑西南设计院、上海市工程建设标准化办公室、上海加固行建筑技术工程有限公司、北京东洋机械建筑工程有限公司、喜利得（中国）商贸有限公司、厦门中连结构胶有限公司、慧鱼（太仓）建筑锚栓有限公司、享斯迈先进化工材料（广东）有限公司、北京风行技术有限公司、上海库力浦实业有限公司、湖南固特邦土木技术发展有限公司、大连凯华新技术工程有限公司、台湾安固工程股份有限公司、武汉长江加固技术有限公司；主要起草人员是：梁坦、王永维、陆竹卿、梁爽、吴善能、黄棠、林文修、卓尚木、古天纯、贺曼罗、倪士珠、张书禹、莫群速、侯发亮、卜良桃、陈大川、王立民、李力平、王稚、吴进、陈友明、张成英、线运恒、张剑、单远铭、张首文、唐趋伦、张欣、温斌。本次修订的主要技术内容是：增加了芳纶纤维复合材作为加固材料的应用规定；增加了锚固型快固胶的安全性鉴定和抗震鉴定的技术内容；增加了无粘结钢绞线体外预应力加固技术和预应力碳纤维复合板加固技术；调整了部分加固计算参数等。

本规范修订过程中，修订组进行了广泛的调查研究，总结了我国工程建设的实践经验，同时参考了国外先进技术标准，许多单位和学者进行了大量的试验和研究，为本次修订提供了极有价值的参考资料。

为便于广大设计、施工、科研、学校等单位有关人员在使用本规范时能正确理解和执行条文的规定，本规范修订组按章、节、条顺序编制了《混凝土结构加固设计规范》的条文说明，对条文规定的目的、依据以及执行中需注意的有关事项进行了说明，还着重对强制性条文的强制理由作了解释。但条文说明不具备与规范正文同等的效力，仅供使用者作为理解和掌握规范规定的参考。

目　　次

1 总 则

1.0.1 本条规定了制定本规范的目的和要求，这里应说明的是，本规范作为混凝土结构加固通用的国家标准，主要是针对为保障安全、质量、卫生、环保和维护公共利益所必须达到的最低指标和要求作出统一的规定。至于以更高质量要求和更能满足社会生产、生活需求的标准，则应由其他层次的标准规范，如专业性很强的行业标准、以新技术应用为主的推荐性标准和企业标准等在国家标准基础上进行充实和提高。然而，在前一段时间里，这一最基本的标准化关系，由于种种原因而没有得到遵循，出现了有些标准对安全、质量的要求反而低于国家标准的不正常情况。为此，在实施本规范过程中，若遇到上述情况，一定要从国家标准是保证加固结构安全的最低标准这一基点出发，按照《中华人民共和国国家标准化法》和建设部第 25 号令的规定来实施本规范，做好混凝土结构的加固设计工作，以避免在加固工程中留下安全隐患。

1.0.2 本条规定的适用范围，与现行国家标准《混凝土结构设计规范》GB 50010 相对应，以便于配套使用。

1.0.3、1.0.4 这两条主要是对本规范在实施中与其他相关标准配套使用的关系作出规定。

2 术语和符号

2.1 术 语

2.1.1～2.1.17 本规范采用的术语及其涵义，是根据下列原则确定的：

1 凡现行工程建设国家标准已作规定的，一律加以引用，不再另行给出定义；

2 凡现行工程建设国家标准尚未规定的，由本规范参照国际标准和国外先进标准给出其定义；

3 当现行工程建设国家标准虽已有该术语，但定义不准确或概括的内容不全时，由本规范完善其定义。

2.2 符 号

2.2.1～2.2.4 本规范采用的符号及其意义，尽可能与现行国家标准《混凝土结构设计规范》GB 50010 及《钢结构设计规范》GB 50017 相一致，以便于在加固设计、计算中引用其公式，只有在遇到公式中必须给出加固设计专用的符号时，才另行制定，即使这样，在制定过程中仍然遵循了下列原则：

1 对主体符号及其上、下标的选取，应符合现行国家标准《工程结构设计基本术语和通用符号》

GBJ 132 的符号用字及其构成规则；

2 当必须采用通用符号，但又必须与新建工程使用的该符号有所区别时，可在符号的释义中加上定语。

3 基 本 规 定

3.1 一 般 规 定

3.1.1 混凝土结构是否需要加固，应经结构可靠性鉴定确认。我国已发布的现行国家标准《工业建筑可靠性鉴定标准》GB 50144 和《民用建筑可靠性鉴定标准》GB 50292，是通过实测、验算并辅以专家评估才作出可靠性鉴定的结论，因而较为客观、稳健，可以作为混凝土结构加固设计的基本依据；但须指出的是，混凝土结构加固设计所面临的不确定因素远比新建工程多而复杂，况且还要考虑业主的种种要求；因而本条作出了"应按本规范的规定和业主的要求进行加固设计"的规定。

此外，众多的工程实践经验表明，承重结构的加固效果，除了与其所采用的方法有关外，还与该建筑物现状有着密切的关系。一般而言，结构经局部加固后，虽然能提高被加固构件的安全性，但这并不意味着承重结构的整体承载便一定是安全的。因为就整个结构而言，其安全性还取决于原结构方案及其布置是否合理，构件之间的连接、拉结是否系统而可靠，其原有的构造措施是否得当与有效等，而这些就是结构整体牢固性（robustness）的内涵，其所起到的综合作用就是使结构具有足够的延性和冗余度。因此，本规范要求专业技术人员在承担结构加固设计时，应对该承重结构的整体牢固性进行检查与评估，以确定是否需作相应的加强。

3.1.2 被加固的混凝土结构、构件，其加固前的服役时间各不相同，其加固后的结构使用功能又可能有所改变，因此不能直接沿用原设计的安全等级作为加固后的安全等级，而应根据委托方对该结构下一目标使用期的要求，以及该房屋加固后的用途和重要性重新进行定位，故有必要由委托方与设计单位共同商定。

3.1.3 本条为保留条文。此次修订增加了"应避免对未加固部分以及相关的结构、构件和地基基础造成不利的影响"的规定。因为在当前的结构加固设计领域中，经验不足的设计人员占较大比重，致使加固工程出现"顾此失彼"的失误案例时有发生，故有必要加以提示。

3.1.4 由高温、高湿、冻融、冷脆、腐蚀、振动、温度应力、收缩应力、地基不均匀沉降等原因造成的结构损坏，在加固时，应采取有效的治理对策，从源头上消除或限制其有害的作用。与此同时，尚应正确把握处理的时机，使之不至对加固后的结构重新造成损坏。就一般概念而言，通常应先治理后加固，但也有一些防治措施可能需在加固后采取。因此，在加固设计时，应合理地安排好治理与加固的工作顺序，以使这些有害因素不至于复萌。这样才能保证加固后结构的安全和正常使用。

3.1.7 本条是在原规范 GB 50367－2006 编制组调研工作基础上，根据实施中反馈的意见进行修订的。其要点如下：

1 结构加固的设计使用年限，应与结构加固后的使用状态及其维护制度相联系，否则则是无法确定的。因此，本规范给出的是在正常使用与定期维护条件下的设计使用年限，至于其他使用条件下的设计使用年限，应由专门技术规程作出规定。

2 当结构加固使用的是传统材料（如混凝土、钢和普通砌体），且其设计计算和构造符合本规范的规定时，可按业主要求的年限，但不高于 50 年确定。当使用的加固材料含有合成树脂（如常用的结构胶）或其他聚合物成分时，其设计使用年限宜按 30 年确定。若业主要求结构加固的设计使用年限为 50 年，其所使用的合成材料的粘结性能，应通过耐长期应力作用能力的检验。检验方法应按现行国家标准《工程结构加固材料安全性鉴定技术规范》GB 50728 的规定执行。

3 当为局部加固时，尚应考虑原建筑物（或原结构）剩余设计使用年限对结构加固设计使用年限的影响。

4 结构的定期检查维护制度应由设计单位制定，由物管单位执行。

此外，应指出的是，对房屋建筑的修复，还应听取业主的意见。若业主认为其房屋极具保存价值，而加固费用也不成问题，则可商定一个较长的设计使用年限；譬如，可参照历史建筑的修复，定一个较长的使用年限，这在技术上都是能够做到的，但毕竟很费财力，不应在业主无特殊要求的情况下，误导他们这么做。

基于以上所做的工作，制定了本条确定设计使用年限的原则。

3.1.8 混凝土结构的加固设计，系以委托方提供的结构用途、使用条件和使用环境为依据进行的。倘若加固后任意改变其用途、使用条件或使用环境，将显著影响结构加固部分的安全性及耐久性。因此，改变前必须经技术鉴定或设计许可，否则其后果将很严重。本条为强制性条文，必须严格执行。

3.2 设计计算原则

3.2.1 本条为新增的内容，弥补了原规范对加固结构分析方法未作规定的不足。由于线弹性分析方法是最成熟的结构加固分析方法，迄今为国外结构加固设计规范和指南所广泛采用。因此，本规范作出了"在一般情况下，应采用线弹性分析方法计算被加固结构的作用效应"的规定。至于塑性内力重分布分析方法，由于到目前为止仅见在增大截面加固法中有所应用，故未作具体规定。若设计人员认为其所采用的加固法需按塑性内力重分布分析方法进行计算时，应有可靠的实验依据，以确保被加固结构的安全。另外，还应指出的是，即使是增大截面加固法，在考虑塑性内力重分布时，也应符合现行有关规范、规程对这种分析方法所作出的限制性规定。

3.2.2 本规定对混凝土结构的加固验算作了详细而明确的规定。这里仅指出一点，即：其中大部分计算参数已在该结构加固前可靠性鉴定中通过实测或验算予以确定。因此，在进行结构加固设计时，宜尽可能加以引用，这样不仅节约时间和费用，而且在被加固结构日后万一出现问题时，也便于分清责任。

3.2.3 本条是根据国内外众多震害教训作出的规定。对抗震设防区的结构、构件单纯进行承载力加固，未必对抗震有利。因为局部的加强或刚度的突变，会形成新的薄弱部位，或导致地震作用效应的增大，故必须在从事承载力加固的同时，考虑其抗震能力是否需要加强；同理，在从事抗震加固的同时，也应考虑其承载力是否需要提高。倘若忽略了这个问题，将会因原结构、构件承载力的不足，而使抗震加固无效。两者相辅相成，在结构、构件加固问题上，必须全面考虑周到，绝不可就事论事，片面地采取加固措施，以致留下安全隐患。

3.2.4 本条是根据现行国家标准《正态分布完全样本可靠度置信下限》GB/T 4885 制定的。在检验材料的性能时，采用这一方法确定加固材料强度标准值，由于考虑了样本容量和置信水平的影响，不仅将比过去滥用"1.645"这个系数值，更能实现设计所要求的 95% 保证率，而且与当前国际标准、欧洲标准、乌克兰标准、ACI 标准等检验材料强度标准值所采用的方法，在概念上也是一致的。

3.2.5 为防止使用胶粘剂或其他聚合物的结构加固部分意外失效（如火灾或人为破坏等）而导致的建筑物坍塌，国外有关的设计规程和指南，如 ACI 440 2R-02 和英国混凝土协会 55 号设计指南等均要求设计者对原结构、构件提供附加的安全保护。一般是要求原结构、构件必须具有一定的承载力，以便在结构加固部分意外失效时尚能继续承受永久荷载和少量可变荷载的作用。为此，规范编制组提出了按可变荷载标准值与永久荷载标准值之比值的大小，分别给出验算用的荷载值，以供设计校核原结构、构件在应急状态下的承载力使用。至于 n 值取 1.2 和 1.5，系参照上述国外资料和国内设计经验确定的。

3.3 加固方法及配合使用的技术

3.3.1 根据结构加固方法的受力特点，本规范参照国内外有关文献将加固方法分为两类。就一般情况而言，直接加固法较为灵活，便于处理各类加固问题，间接加固法较为简便、可靠，且便于日后的拆卸、更换，因此在有些情况下，还可用于有可逆性要求的历史、文物建筑的抢险加固。设计时，可根据实际条件和使用要求进行选择。

3.3.2、3.3.3 本规范共纳入 10 种加固方法和 3 种配合使用的技术，基本上满足了当前加固工程的需要。这里应指出的是，每种方法和技术，均有其适用范围和应用条件；在选用时，若无充分的科学试验和论证依据，切勿随意扩大其使用范围，或忽视其应用条件，以免因考虑不周而酿成安全质量事故。

4　材　　料

4.1　混凝土

4.1.1 结构加固用的混凝土，其强度等级之所以要比原结构、构件提高一级，且不得低于 C20，不仅是为了保证新旧混凝土界面以及它与新加钢筋或其他加固材料之间能有足够的粘结强度，还因为局部新增的混凝土，其体积一般较小，浇筑空间有限，施工条件远不及全构件新浇的混凝土。调查和试验表明，在小空间模板内浇筑的混凝土均匀性较差，其现场取芯确定的混凝土强度可能要比正常浇筑的混凝土低 10%以上，故有必要适当提高其强度等级。

4.1.2 随着商品混凝土和高强混凝土的大量进入建设工程市场，CECS 25：90 规范关于"加固用的混凝土中不应掺入粉煤灰"的规定经常受到质询，纷纷要求规范采取积极的措施予以解决。为此，编制组对制定该规范第 2.2.7 条的背景情况进行了调查，并从中了解到主要是由于 20 世纪 80 年代工程上所使用的粉煤灰，其质量较差，烧失量过大，致使掺有粉煤灰的混凝土，其收缩率可能达到难以与原构件混凝土相适应的程度，从而影响了结构加固的质量。因此作出了禁用的规定。此次修订本规范，对结构加固用的混凝土如何掺加粉煤灰作了专题的分析研究，其结论表明：只要使用的是 I 级灰，且限制其烧失量在 5%范围内，便不致对加固后的结构产生明显的不良影响。据此，制定了本条文的规定。

4.1.3 为了使建筑物地下室和结构基础加固使用的混凝土具有微膨胀的性能，应寻求膨胀作用发生在水泥水化过程的膨胀剂，才能抵消混凝土在硬化过程中产生的收缩而起到预压应力的作用。为此，当购买微膨胀水泥或微膨胀剂产品时，应要求厂商提供该产品在水泥水化过程中的膨胀率及其与水泥的配合比；与此同时，还应要求厂商说明其使用的后期是否会发生回缩问题，并提供不回缩或回缩率极小的书面保证，因为膨胀剂能否起到长期的施压作用，直接涉及加固

结构的安全。

4.2　钢材及焊接材料

4.2.1～4.2.5 本规范对结构加固用钢材的选择，主要基于以下三点的考虑：

1 在二次受力条件下，具有较高的强度利用率和较好的延性，能较充分地发挥被加固构件新增部分的材料潜力；

2 具有良好的可焊性，在钢筋、钢板和型钢之间焊接的可靠性能得到保证；

3 高强钢材仅推荐用于预应力加固及锚栓连接。

4.2.6 几年来有关焊接信息的反馈情况表明，在混凝土结构加固工程中，一般对钢筋焊接较为熟悉，需要解释的问题很少；而对钢板、扁钢、型钢等的焊接，仍有很多设计人员对现行《钢结构设计规范》GB 50017 理解不深，以致在施工图中，对焊缝质量所提出的要求，往往与施工人员有争执。最近修订的国家标准《钢结构设计规范》GB 50017 已基本上解决了这个问题，因此，在混凝土结构加固设计中，当涉及型钢和钢板焊接问题时，应先熟悉该规范的规定及其条文说明，将有助于做好钢材焊缝的设计。

4.3　纤维和纤维复合材

4.3.1 对结构加固用的纤维复合材，本规范选择了以碳纤维、芳纶纤维和玻璃纤维制作，现分别说明如下：

1 碳纤维按其主要原料分为三类，即聚丙烯腈（PAN）基碳纤维、沥青（PITCH）基碳纤维和粘胶（RAYON）基碳纤维。从结构加固性能要求来考量，只有 PAN 基碳纤维最符合承重结构的安全性和耐久性要求；粘胶基碳纤维的性能和质量差，不能用于承重结构的加固；沥青基碳纤维只有中、高模量的长丝，可用于需要高刚性材料的加固场合，但在通常的建筑结构加固中很少遇到这类用途，况且在国内尚无实际使用经验。因此，本规范规定：必须选用聚丙烯腈基（PAN 基）碳纤维。另外，应指出的是最近市场新推出的玄武岩纤维，由于其强度和弹性模量很低，不能用以替代碳纤维作为结构加固材料。因此，在选材时，切勿听信不实的宣传。

当采用聚丙烯腈基碳纤维时，还必须采用 15K 或 15K 以下的小丝束；严禁使用大丝束纤维。其所以作出这样严格的规定，主要是因为小丝束的抗拉强度十分稳定，离散性很小，其变异系数均在 5%以下，容易在生产和使用过程中，对其性能和质量进行有效的控制；而大丝束则不然，其变异系数高达15%～18%，且在试验和试用中所表现出的可靠性较差，故不能作为承重结构加固材料使用。

另外，应指出的是，K 数大于 15，但不大于 24 的碳纤维，虽仍属小丝束的范围，但由于我国工程结

构使用碳纤维的时间还很短，所积累的成功经验均是从 12K 和 15K 碳纤维的试验和工程中取得的；对大于 15K 的小丝束碳纤维所积累的试验数据和工程使用经验均嫌不足。因此，在此次修订的本规范中，仅允许使用 15K 及 15K 以下的碳纤维。这一点应提请加固设计单位注意。

2 对芳纶纤维在承重结构工程中的应用，必须选用对位芳香族聚酰胺长丝纤维；同时，还必须采用线密度不小于 3160dtex（分特）的制品；才能确保工程安全。

芳纶纤维韧性好，又耐冲击、耐疲劳。因而常用于有这方面要求的结构加固。另外，还用于与碳纤维混杂编织，以减少碳纤维脆性的影响。芳纶纤维的缺点是吸水率较大，耐光老化性能较差。为此，应采取必要的防护措施。

3 对玻璃纤维在结构加固工程中的应用，必须选用高强度的 S 玻璃纤维、耐碱的 AR 玻璃纤维或含碱量低于 0.8% 的 E 玻璃纤维（也称无碱玻璃纤维）。至于 A 玻璃纤维和 C 玻璃纤维，由于其含碱量（K、Na）高，强度低，尤其是在湿态环境中强度下降更为严重，因而应严禁在结构加固中使用。

4 预浸料由于储存期短，且要求低温冷藏，在现场施工条件下很难做到，常常因此而导致预浸料提前变质、硬化。若勉强加以利用，将严重影响结构加固工程的安全和质量，故作出严禁使用这种材料的规定。

本条为强制性条文，必须严格执行。

4.3.2 在建设工程中，结构加固工程所占比重甚小，其所采用的加固材料及制品，鲜见专门生产；多是从按一般产品标准生产的材料及制品中选择优质适用者。在这种情况下，为了保证所选用材料及制品的性能和质量符合结构加固安全使用要求，就必须对进入加固市场的产品进行安全性能检测和鉴定。为此，国家制定了《工程结构加固材料安全性鉴定技术规范》GB 50728，并作出了凡是工程结构加固工程的材料及制品，其安全性能均应符合该规范的规定。考虑到这一规定涉及结构加固的安全问题，因此在本规范中作出了相应的规定。

4.3.3、4.3.4 这两条给出了纤维复合材抗拉强度的标准值和设计值，现分别说明如下：

1 纤维复合材的抗拉强度标准值

表 4.3.3 的指标是根据全国建筑物鉴定与加固标准技术委员会 10 多年来对进入我国建设工程市场各种品牌和型号纤维复合材的抽检结果，并参照国外有关规程和指南制定的。就每一品种和型号而言，其抗拉强度标准值，均具有 95% 的强度保证率和 99% 的置信水平。在这基础上，通过加权方法给出了规范的取值，因而具有较好的包容性和可靠性。其中，需要指出的是Ⅲ级碳纤维复合材，由于其强度离散性很

大，不适宜采用一般统计方法确定其标准值，因而改用稳健估计方法进行取值。

2 纤维复合材的抗拉强度设计值

（1）碳纤维复合材

表 4.3.4-1～表 4.3.4-3 的指标为其强度标准值除以分项系数 γ_s 的数值，经取整后确定的。考虑到纤维复合材的延性较差，对一般结构，取 γ_s 为 1.5；对重要结构，还需乘以重要性系数 1.4，以确保安全。另外，应说明的是：按本规范确定的抗拉强度设计值，与欧美等国按拉应变设计值 ε_f 与弹性模量设计值 E_f 乘积确定的设计应力值相当。

（2）芳纶纤维复合材和玻璃纤维复合材

由于弹性模量较低，其安全度设计模式的研究尚不充分，故目前尚只能参照国外标准的经验取值方法进行确定，因而较为偏于安全。

第 4.3.3 条为强制性条文，必须严格执行。

4.3.6 本条的规定必须得到强制执行。因为一种纤维与一种胶粘剂的配伍通过了安全性及适配性的检验，并不等于它与其他胶粘剂的配伍，也具有同等的安全性及适配性。故必须重新检验，但检验项目可以适当减少。

4.3.7 在现场施工条件下，使用纤维织物（布）制作复合材时，其单位面积质量之所以必须严格限制，主要是因为织物太厚时，室温固化型结构胶将很难浸润和渗透，极易因纤维内部缺胶或胶液分布不均而严重影响纤维复合材的粘结性能，致使被加固的结构安全得不到保证。与此同时，结构胶的浸润与渗透质量，还取决于施工工艺方法。为此，根据国外经验和现场验证性试验结果，分别按手工涂布和真空灌注两种工艺，制定了不同织物单位面积质量的限值，以确保结构加固工程质量和安全。

4.4 结构加固用胶粘剂

4.4.1 一种胶粘剂能否用于承重结构，主要由其安全性能的综合评价决定；但同属承重结构胶粘剂，仍可按其主要性能的显著差别，划分为若干等级。本规范根据加固工程的实际需要，将室温固化型Ⅰ类结构胶划分为 A、B 两级，并按结构的重要性和受力的特点明确其适用范围。

这里需要指出的是，这两个等级的主要区别在于其韧性和耐湿热老化性能的合格指标不同。因此，在实际工程中，业主和设计单位对参与竞争的不同品牌胶粘剂所进行的考核，也应侧重于这方面，而不宜单纯做简单的强度检验以决高低。因为这样做的结果，往往选中的是短期强度虽高，但却是十分脆性的劣质胶粘剂，而这正是推销商误导使用单位的常用手法。

4.4.2 为了确保使用粘结技术加固的结构安全，必须要求胶粘剂的粘结抗剪强度标准值应具有足够高的强度保证率及其实现概率（即置信水平）。本规范采

用的 95％保证率，系根据现行国家标准《建筑结构可靠度设计统一标准》GB 50068 确定的；其 90％的置信水平（即 C＝0.90）是参照国外同类标准和我国标准化工作应用数理统计方法的经验确定的。本条为强制性条文，必须严格执行。

4.4.3 经过数十年的实践，如今国际上已公认专门研制的改性环氧树脂胶为加固混凝土结构首选的胶粘剂；尤其是对粘接纤维复合材和钢材而言，不论从抗剥离性能、耐环境作用性能、耐应力长期作用性能，还是抗冲击、抗疲劳性能来考察，都是其他品种胶粘剂所无法比拟的。但应注意的是：这些良好的胶粘性能均是通过使用高性能固化剂和其他改性剂进行改性和筛选才获得的，从而也才消除了环氧树脂固有的脆性缺陷。因此，在使用前必须按现行国家标准《工程结构加固材料安全性鉴定技术规范》GB 50728 进行检验和鉴定。在确认其改性效果后才能保证其粘结的可靠性。至于不饱和聚酯树脂和醇酸树脂，由于其耐潮湿、耐水和耐老化性能极差，因而不允许用作承重结构加固的胶粘剂。

另外，需要指出的是：现行国家标准《工程结构加固材料安全性鉴定技术规范》GB 50728 之所以十分重视结构胶的耐湿热老化性能的检验和鉴定，是由于对承重结构而言，这项指标十分重要：一是因为建筑物对胶粘剂的使用年限要求长达 30 年以上，其后期粘结强度必须得到保证；二是因为本规范采用的湿热老化检验法，其检出不良固化剂的能力很强，而固化剂的性能在很大程度上决定着胶粘剂长期使用的可靠性。最近一段时间，由于恶性的价格竞争愈演愈烈，导致了不少厂商纷纷变更胶粘剂原配方中的固化剂成分。尽管固化剂的改变，虽有可能做到不影响胶粘剂的短期粘结强度，但却无法制止胶粘剂抗环境老化能力的急剧下降。因此，这些劣质的固化剂很容易在湿热老化试验中被检出。为此，结构加固设计人员、监理人员和业主必须坚持进行见证抽样的湿热老化检验；在任何情况下均不得以其他人工老化试验替代湿热老化试验。

这里还应指出的是，现行国家标准《工程结构加固材料安全性鉴定技术规范》GB 50728 之所以引用欧洲标准化委员会《结构胶粘剂老化试验方法》EN 2243-5 关于以湿热环境进行老化试验的规定，系基于以下认识，即：胶粘剂在紫外光作用下虽能起化学反应，使聚合物中的大分子链破坏；但对大多数胶粘剂而言，由于受到被粘物屏蔽保护，光老化并非其老化主因，很难借以判明胶粘剂老化性能；而迄今只有在湿热的综合作用下才能检验其老化性能。因为：其一，湿气总能侵入胶层，而在一定温度促进下，还会加快其渗入胶层的速度，使之更迅速地起到破坏胶层易水解化学键的作用，使胶粘剂分子链更易降解；其二，水分子渗入胶粘剂与被粘物的界面，会促使其分

离；其三，水分还起着物理增塑作用，降低了胶层抗剪和抗拉性能；其四，热的作用还可使键能小的高聚物发生裂解和分解；等等。所有这些由于湿热的作用使得胶粘剂性能降低或变坏的过程，即使在自然环境中也会随着时间的向前推移而逐渐地发生，并形成累积性损伤，只是老化的时间和过程较长而已。因此，显然可以利用胶粘剂对湿热老化作用的敏感性设计成一种快速而有效的检验方法。试验表明，有不少品牌胶粘剂可以很容易通过 3000h～5000h 的各种人工气候老化检验，但却在 720h 的湿热老化试验过程中几乎完全丧失强度。其关键问题就在于这些品牌胶粘剂使用的是劣质固化剂以及有害的外加剂，不具备结构胶粘剂所要求的耐长期环境作用的能力。

种植后锚固件（如植筋、锚栓等）的结构胶，其安全性能的检验项目及检验方法，与前述几种结构胶有所不同。这是因为这类胶属于富填料型，其部分检验项目很难用一般试验方法进行试件制备与试验。因此，现行国家标准《工程结构加固材料安全性鉴定技术规范》GB 50728 针对工程最常用的改性环氧类结构胶，专门制定了适用于锚固型结构胶的检验项目及其合格指标供安全性鉴定使用。

4.4.4 不饱和聚酯树脂和醇酸树脂，由于其耐水性、耐潮湿性和耐湿热老化性能很差，在承重结构中作为结构胶使用，不仅会留下安全隐患，而且已有一些加固工程因使用这类胶而导致出现安全事故。因此，必须严禁其在承重结构加固中使用。

本条为强制性条文，必须严格执行。

4.4.5 目前在后锚固工程中，有不少场合需要采用快固结构胶，但在《工程结构加固材料安全性鉴定技术规范》GB 50728 中尚未包括这类胶的安全性能鉴定标准。致使其应用受到影响，为了解决这个问题，本条给出了锚固型快固结构胶的安全性能鉴定标准，供锚固工程使用，待国家标准《工程结构加固材料安全性鉴定技术规范》GB 50728 今后修订时，再行移交。

4.5 钢 丝 绳

4.5.1 在结构加固工程中应用钢丝绳网片的初期，均采用高强度不锈钢丝制作的钢丝绳为原材料。后来随着阻锈技术的发展，以及镀锌质量的提高，开始将高强度镀锌钢丝绳列入本加固方法。在区分环境介质和采取有效阻锈措施的条件下，将高强不锈钢丝绳和高强镀锌钢丝绳分别用于重要结构和一般结构，从而可以收到降低造价和合理利用材料的效果。但应强调指出的是，碳钢细钢丝的阻锈工作难度很大。因此，即使采取了多道防线的阻锈措施，仍然仅允许用于干燥的室内环境中，以保证结构加固工程的安全和耐久性。

4.5.2 本条根据承重结构加固材料的安全要求，给

出了不锈钢丝绳和碳钢镀锌钢丝绳的主要化学成分指标，供设计使用。执行时，对其余化学成分，可参照国家现行标准《不锈钢丝绳》GB/T 9944 和《航空用钢丝绳》YB/T 5197 的规定执行。对这两种钢丝绳所用的钢丝，其性能和质量可参照国家现行标准《不锈钢丝》GB/T 4240 和《优质碳素结构钢丝》YB/T 5303 的有关规定执行。

4.5.3 承重结构用钢丝绳应具有不低于 95% 的强度保证率，这是根据现行国家标准《建筑结构可靠度设计统一标准》GB 50068 作出的规定。其所要求的不低于 90% 的置信水平，是参照现行国家标准《工程结构加固材料安全性鉴定技术规范》GB 50728 和美国 ACI 有关标准的规定，经专家论证和验证性试验后制定的。因此，在结构加固工程中执行本规定，可以使所使用钢丝绳的抗拉强度具有较高的可靠性。本条为强制性条文，必须严格执行。

4.5.4 根据本规范第 4.5.3 条规定的原则，制定了结构加固用钢丝绳的抗拉强度标准值和设计值，与原《混凝土结构加固设计规范》GB 50367 - 2006 相比，做如下修订：

1 原规范当时取样较少，所取得的强度数据偏高。此次修订规范，根据各地区的平均水平，对抗拉强度标准值作了修正。

2 考虑到不锈钢丝绳和镀锌钢丝绳在结构加固应用中均属新材料，故在确定其抗拉强度设计值时，采用了较为稳健的分项系数，对不锈钢丝绳和镀锌钢丝绳分别取 γ_s 为 1.3 和 1.5。

本条为强制性条文，必须严格执行。

4.5.5 钢丝绳的弹性模量很难准确测定。本规范引用的是现行行业标准《光缆增强用碳素钢绞线》YB/T 098 的测定方法，该方法测得的仅是弹性模量的近似值，但若用于计算，一般偏于安全，故决定用作设计值。至于钢丝绳拉应变设计值，国内外取值，大致变化在 0.007～0.014 之间。本规范考虑到我国在近几年的试用中，一般均较为谨慎。因此，仍然继续采用稳健值，即：对不锈钢丝绳和镀锌碳钢丝绳，分别取 ε_{rw} 为 0.01 和 0.008，待设计计算经验进一步积累后再作调整。

4.5.6 结构加固用的钢丝绳，若按一般习惯内外涂以油脂，则钢丝绳与聚合物改性水泥砂浆之间的粘结力将严重下降，以致无法传递剪切应力。因此，本规范作出严禁涂油脂的规定。为了在工程上得到贯彻实施，除应在施工图上以及与钢厂订货合同上予以明确外，还必须在进场检查时作为主控项目对待，才能防止涂有油脂的产品流入工程。本条为强制性条文，必须严格执行。

4.6 聚合物改性水泥砂浆

4.6.1 目前市场上聚合物乳液的品种很多，但绝大多数都是不能用于配制承重结构加固用的聚合物改性水泥砂浆。为此，根据规范编制组通过验证性试验的筛选结果，经专家论证后作出了本规定，以供加固设计单位在选材时使用。

同时，应指出的是，聚合物改性水泥砂浆中采用的聚合物材料，应有成功的工程应用经验（如改性环氧、改性丙烯酸酯、丁苯、氯丁等），不得使用耐水性差的水溶性聚合物（如聚乙烯醇等），禁止采用可能加速钢筋锈蚀的氯偏乳液、显著影响耐久性能的苯丙乳液等以及对人体健康有危害的其他聚合物。

4.6.2 根据本规范修订组所进行的调查研究表明，国外对结构加固用的聚合物改性水泥砂浆的研制是分级进行的。不同级别的聚合物改性水泥砂浆，其所用的聚合物品种、含量和性能有着一定的差别，必须在加固设计选材时予以区分。有些进口产品的代理商在国内推销时，只推销低级别的产品，而且选择在原构件混凝土强度很低的场合演示其使用效果。一旦得到设计单位和当地建设主管部门认可后，便不分场合到处推广使用。这是一种必须制止的危险做法。因为采用低级别聚合物配制的砂浆，与强度等级在 C25 以上的基材混凝土的粘结，其效果是不好的，会给承重结构加固工程留下严重的安全隐患；故设计、监理单位和业主务必注意。

4.6.3 本规范之所以要求承重结构面层加固用的聚合物改性水泥砂浆，其安全性能必须符合现行国家标准《工程结构加固材料安全性鉴定技术规范》GB 50728 的规定，是因为该规范是以本规范 2006 年版规定的检验项目及合格指标为基础，并参考福建厦门、湖南长沙以及国外进口产品在混凝土结构加固工程中应用的检验数据制定的。因此，不论对进口产品或国内产品的性能和质量都要进行较有效的控制，从而保证承重结构使用的安全。

4.7 阻 锈 剂

4.7.1 既有混凝土结构、构件的防锈，是一种事后补救的措施。因此，只能使用具有渗透性、密封性和滤除有害物质功能的喷涂型阻锈剂。这类阻锈剂的品牌、型号不少，但按其作用方式归纳起来只有两类：烷氧基类和氨基类。这两类阻锈剂各有特点，可以结合工程实际情况进行选用。

4.7.2、4.7.3 表 4.7.2 及表 4.7.3 规定的阻锈剂质量和性能合格指标，是参照目前市场上较为著名，且有很多工程实例可证明其阻锈效果的产品技术资料，并根据全国建筑物鉴定与加固标准技术委员会统一抽检结果制定的，可供加固设计选材使用。

4.7.4 就本条所指出的四种情况而言，喷涂型阻锈剂是提高已有混凝土结构耐久性、延长其使用寿命的有效补救措施。有大量资料表明，只要采用了适合的阻锈剂，即便是氯离子浓度达到能引发钢筋锈蚀含量阈值 12 倍的情况下，也能使钢筋保持钝化状态。国外规范也有类似的条文规定。例如俄罗斯建筑法规 CHuP2-03-11 第 8.16 条规定："为了提高钢筋混凝土在各种介质环境中的耐用能力，必须采用钢筋阻锈剂，以提高抗蚀性和对钢筋的保护能力"。日本建设省指令第 597 号文《钢筋混凝土用砂盐分规定》中要求："砂含盐量介于 0.04％～0.2％时必须采取防护措施：如采用防锈剂等"。美国最新研究表明，高速公路桥 2.5 年～5 年即出现钢筋腐蚀破坏；处于海水飞溅区的方桩，氯离子渗入混凝土内的量达到每立方米 1kg 的时间仅需 8 年；但若采用钢筋阻锈剂则能延缓钢筋发生锈蚀时间和降低锈蚀速度，从而达到 40 年～50 年或更长的寿命期。

在本规范中之所以强调对既有混凝土结构的防锈，必须采用喷涂型阻锈剂，是因为这类结构防锈蚀属于事后补救措施，难以使用掺加型阻锈剂；即使在剔除已破损混凝土后，可以在重浇新混凝土中使用掺加型阻锈剂，但也会因为仍然存在着新旧混凝土的界面问题，而必须在这些部位喷涂阻锈剂。否则总难以避免氯离子沿着界面的众多微细通道渗入混凝土内部。

4.7.5 亚硝酸盐类属于阳极型阻锈剂，此类阻锈剂的缺点是在氯离子浓度达到一定程度时会产生局部腐蚀和加速腐蚀。另外，该类阻锈剂还有致癌、引起碱骨料反应、影响坍落度等问题存在，使得它的应用受到很大限制。例如在瑞士、德国等国家已明令禁止使用这种类型的阻锈剂。

5 增大截面加固法

5.1 设计规定

5.1.1 增大截面加固法，由于它具有工艺简单、使用经验丰富、受力可靠、加固费用低廉等优点，很容易为人们所接受；但它的固有缺点，如湿作业工作量大、养护期长、占用建筑空间较多等，也使得其应用受到限制。调查表明，其工程量主要集中在一般结构的梁、板、柱上，特别是中小城市的加固工程，往往以增大截面法为主。据此，修订组认为这种方法的适用范围以定位在梁、板、柱为宜。

5.1.2 调查表明，在实际工程中虽曾遇到混凝土强度等级低达 C7.5 的柱子也在用增大截面法进行加固，但从其加固效果来看，新旧混凝土界面的粘结强度很难得到保证。若采用植入剪切-摩擦筋来改善结合面的粘结抗剪和抗拉能力，也会因基材强度过低而无法提供足够的锚固力。因此，作出了原构件的混凝土强度等级不应低于 C13（旧标号 150）的规定。另外，应指出的是：当遇到混凝土强度等级低，或是密实性差，甚至还有蜂窝、空洞等缺陷时，不应直接采用增

大截面法进行加固，而应先置换有局部缺陷或密实性太差的混凝土，然后再进行加固；若置换有困难，或有受力裂缝等损伤时，也可不考虑原柱的承载作用，完全由新增的钢筋和混凝土承重。

5.1.3 本规范关于增大截面加固法的构造规定，是以保证原构件与新增部分的结合面能可靠地传力、协同地工作为目的。因此，只要新旧混凝土粘结或拉结质量合格，便可采用本条的基本假定。

5.1.4 采用增大截面加固法，由于受原构件应力、应变水平的影响，虽然不能简单地按现行国家规范《混凝土结构设计规范》GB 50010 进行计算，但该规范的基本假定仍然具有普遍意义，应在加固计算中得到遵守。

5.2 受弯构件正截面加固计算

5.2.1 本条给出了加固设计常用的截面增大形式，但应指出的是，在混凝土受压区增现现浇钢筋混凝土层的做法，主要用于楼板的加固。对梁而言，仅在楼层或屋面允许梁顶面突出时才能使用。因此，一般只能用于某些屋面梁、边梁和独立梁的加固；上部砌有墙体的梁虽然也可采用这种做法，但应考虑拆墙是否方便。

5.2.2 与 CECS 25：90 规范相比，本规范增加了关于混凝土叠合层应按构造要求配置受压钢筋和分布钢筋的规定。其原因是为了提高新增混凝土面层的安全性，同时也为了与现行国家标准《混凝土结构设计规范》GB 50010 作出的"应在板的未配筋表面布置温度、收缩钢筋"的规定相协调。因为这一规定很重要，可以大大减少新增混凝土面层产生温度、收缩应力引起的裂缝。

5.2.3 就理论分析而言，在截面受拉区增补主筋加固钢筋混凝土构件，其受力特征与加固施工是否卸载有关。当不卸载时，加固后的构件工作属二次受力性质，存在着应变滞后问题；当完全卸载时，加固后的构件工作虽属一次受力，但由于受二次施工的影响，其截面仍然不如一次施工的新构件。在这种情况下，计算似乎应按不同模式进行。然而试验结果表明，倘若原构件主筋的极限应拉变均能达到现行设计规范规定的 0.01 水平，而新增的主筋又按本规范的规定采用了热轧钢筋，则正截面受弯破坏时，两种受力性质的新增主筋均能屈服。因此，不论哪一种受力构件，均可近似地按一次受力计算，只是在计算中应考虑到新增主筋在连接构造上和受力状态上不可避免地要受到种种影响因素的综合作用，从而有可能导致其强度难以充分发挥，故仍应从保证安全的角度出发，对新增钢筋的强度进行折减，并统一取 $\alpha_s = 0.9$。

5.2.4 由于加固后的受弯构件正截面承载力可以近似地按照一次受力构件计算，且试验也验证了新增主筋一般能够屈服，因而可写出其相对界限受压区高度

ε_{s1} 值如（5.2.4-1）式所示。对该式，需要说明的是新增钢筋位置处的初始应变值计算公式的确定问题。这个公式从表面看来似乎是根据 $x_b = 0.375 h_{01}$ 推导的，其实是引用原苏联 Н. М. ОНУФРИЕВ 对受弯构件内力臂系数的取值（即 0.85）推导得到的。规范修订组之所以决定引用该值，是因为注意到 CECS 25：90 规范早在 1990 年即已引用，而我国西南交通大学和东南大学也都认为该值可以近似地用于计算加固构件初始应变而不会有显著的偏差。另外，规范修订组所做的试算结果也表明，采用该值偏于安全，故决定用以计算 ε_{s1} 值，如本规范（5.2.4-2）式所示。

5.3 受弯构件斜截面加固计算

5.3.1 对受剪截面限制条件的规定与国家标准《混凝土结构设计规范》GB 50010 - 2010 完全一致，而从增大截面构件的荷载试验过程来看，增大截面还有助于减缓斜裂缝宽度的发展，特别是围套法更为有利。因此引用 GB 50010 的规定作为加固构件的受剪截面限制条件仍然是合适的。

5.3.2 本条的计算规定与原规范比较主要有三点不同：一是将新、旧混凝土的斜截面受剪承载力分开计算，并给出了具体公式；二是新、旧混凝土的抗拉强度设计值分别按原规范和现行设计规范的规定值取用；三是按试验和分析结果重新确定了混凝土和钢筋的强度利用系数。试算的情况表明，按本规范确定的斜截面承载力，其安全储备有所提高。这显然是合理而必要的。

5.4 受压构件正截面加固计算

5.4.1 钢筋混凝土轴心受压构件采用增大截面加固后，其正截面承载力的计算公式仍按原规范的公式采用。虽然这几年来有不少论文建议采用更精确的方法修改该公式中的 α_{cs} 取值，但经规范编制组讨论后仍决定维持原规范对该系数 α_{cs} 的取值不变，之所以作这样决定，主要是基于以下几点理由：

（1）该系数 α_{cs} 经过近 20 余年的工程应用未出现安全问题；

（2）精确的算法必须建立在对原构件应力水平的精确估算上，但这很难做到，况且这种加固方法在不发达地区用得最为普遍，却因限于当地的技术水平，对实际荷载的估算结果往往因人而异；若遇到事后复查，很难辨明是非；

（3）由于原规范的 α_{cs} 取值，系以当时的试验结果为依据，并且也意识到试验所考虑的情况还不够充分，因此，在原条文中曾作出了"当有充分试验依据时，α_{cs} 值可作适当调整"的规定。但迄今为止，所有的修改建议均只是以分析、计算为依据提出的，未见有新的试验验证资料发表。

因此，在这次修订中仍维持原案，我们认为这样

处理较为稳妥。至于 α_{cs} 值今后是否有调整必要的问题，留待积累更多试验数据后再进行论证。

5.4.2 此次修订规范，修订组曾对原规范偏心受压计算中采用的强度利用系数进行了讨论分析。其结果一致认为这是一项稳健的规定，不宜贸然修改。具体理由如下：

1 对新增的受压区混凝土和纵向受压钢筋，原规范为考虑二次受力影响，采用简化计算的方式引入强度利用系数是可行的。因为经过 20 余年的施行，未出现过任何问题，也足以证明这一点。

2 就新增的纵向受拉钢筋而言，在大偏心受压工作条件下，其理论分析虽能确定钢筋的应力将会达到抗拉强度设计值，而不必再乘以强度利用系数，但不能因此便认定原规范的规定过于保守。因为考虑到纵向受拉钢筋的重要性，以及其工作条件总不如原钢筋，而在国家标准中适当提高其安全储备也是必要的。因此，宜予保留。

另外，由于加固后偏压构件的混凝土受压区可能包含部分旧混凝土，因而有必要采用新旧混凝土组合截面的轴心抗压强度设计值进行计算，但其取值较为复杂，不仅需要考虑不同的组合情况，而且还需要通过试验才能确定其数值。在这种情况下，为了简化起见，编制组研究决定采用近似值，但同时也允许设计单位根据其试验结果进行取值。这样做所引起的偏差不会很大。试算表明，此偏差介于 3%～9% 之间，大多数不超过 5%。因此还是可行的。

5.4.3 本规范修订组所做的加固偏压柱的电算分析和验证性试验结果表明，对被加固结构构件而言，采用现行设计规范 GB 50010 规定的考虑二阶弯矩影响的 M 值计算时，还应乘以修正系数 ψ_{η} 值，才能与加固构件计算分析和试验结论相吻合，也才能保证受力的安全。为此，给出了 ψ_{η} 值的取值规定。

5.5 构 造 规 定

5.5.1 采用增大截面加固法时，其新增截面部分可采用现浇混凝土、自密实混凝土、喷射混凝土或掺有细石混凝土的水泥基灌浆料浇筑而成，其中需要注意的是，对灌浆料的应用，应有可靠的工程经验，因为这种材料的性能更接近砂浆；如果配制不当，容易导致新增面层产生裂缝。从目前的经验来看，一是要使用优质的膨胀剂配制，例如用的是德国进口的膨胀剂，其效果就比较好；二是要掺加 30% 的细石混凝土，可以在很大程度上减少早期裂缝的产生；但若在灌浆料中已掺加了粒径为 16mm～20mm 的粗骨料，并且级配合理，也可不再掺加细石混凝土。

5.5.2 考虑到界面处理对新增截面加固法能否确保新旧混凝土共同工作十分重要。因此，界面如何处理，应由设计单位提出具体要求。一般情况下，对梁、柱构件，在原混凝土表面凿毛的基础上，只要再

涂布结构界面胶即可满足安全要求；而对墙、板构件则还需增设剪切销钉，但仅需按构造要求布置即可满足要求。另外，应指出的是，对某些结构，其架设钢筋和模板所需时间很长，已大大超出涂布界面胶的可操作时间（适用期）。在这种情况下，界面胶将因失去其粘结能力，而不再有使用价值。为了解决这个问题，可以考虑单独使用剪切销钉的方案来处理新旧混凝土界面的剪应力传递问题。从前一段时间的工程经验来看，当采用 $\phi6mm$ 的 r 形销钉种植，且植入深度为 50mm、销钉间距为 200mm～300mm 时，可以满足混凝土表面已凿毛的界面传力的需求。

5.5.3～5.5.6 这四条主要是根据结构加固工程的实践经验和有关的研究资料作出的规定，其目的是保证原构件与新增混凝土的可靠连接，使之能够协同工作，以保证力的可靠传递，从而收到良好的加固效果。

另外，应指出的是纯环氧树脂配制的砂浆，由于未经改性，很快便开始变脆，而且耐久性很差，故不应在承重结构植筋中使用。至于所谓的无机锚固剂，由于粘结性能极差，几乎全靠膨胀剂起摩阻作用传力，不能保证后锚固件的安全工作，故也应予以禁用。

6 置换混凝土加固法

6.1 设 计 规 定

6.1.1 置换混凝土加固法适用于承重结构受压区混凝土强度偏低或有局部严重缺陷的加固。因此，常用于新建工程混凝土质量不合格的返工处理，也用于既有混凝土结构受火灾烧损、介质腐蚀以及地震、强风和人为破坏后的修复。但应注意的是，这种加固方法能否在承重结构中安全使用，其关键在于新浇混凝土与被加固构件原混凝土的界面处理效果是否能达到可采用两者协同工作假设的程度。国内外大量试验表明：新建工程的混凝土置换，由于被置换构件的混凝土尚具有一定活性，且其置换部位的混凝土表面处理已显露出坚实的结构层，因而可使新浇混凝土的胶体能在微膨胀剂的预压应力促迫下渗入其中，并在水泥水化过程中粘合成一体。在这种情况下，采用两者协同工作的假设，不会有安全问题。然而，应注意的是这一协同工作假设不能沿用于既有结构的旧混凝土，因为它已完全失去活性，此时新旧混凝土界面的粘合必须依靠具有良好渗透性和粘结能力的结构界面胶才能保证新旧混凝土协同工作；也正因此，在工程中选用界面胶时，必须十分谨慎，一定要选用优质、可信的产品，并要求厂商出具质量保证书，以保证工程使用的安全。

6.1.2 当采用本方法加固受弯构件时，为了确保置

换混凝土施工全过程中原结构、构件的安全，必须采取有效的支顶措施，使置换工作在完全卸荷的状态下进行。这样做还有助于加固后结构更有效地承受荷载。对柱、墙等承重构件完全支顶有困难时，允许通过验算和监测进行全过程控制。其验算的内容和监测指标应由设计单位确定，但应包括相关结构、构件受力情况的验算与监控。

6.1.3 对原构件非置换部分混凝土强度等级的最低要求，之所以应按其建造时规范的规定进行确定，是基于以下两点考虑：

1 按原规范设计的构件，不能随意否定其安全性。

2 如果非置换部分的混凝土强度等级低于建造时所执行规范的规定时也应进行置换。

6.2 加 固 计 算

6.2.1 采用置换法加固钢筋混凝土轴心受压构件时，其正截面承载力计算公式，除了应分别写出新旧两部分不同强度混凝土的承载力外，其他与整截面无甚区别，因此，可参照设计规范 GB 50010 的计算公式给出，但需引进置换部分新混凝土强度的利用系数 α_c，以考虑施工无支顶时新混凝土的抗压强度不能得到充分利用的情况；至于采用 $\alpha_c = 0.8$，则是引用增大截面加固法的规定。

6.2.2 偏心受压构件区压混凝土置换深度 $h_n < x_n$ 时，存在新旧混凝土均参与承载的情况，故应将压区混凝土分成新旧混凝土两部分处理。

6.2.3 受弯构件压区混凝土置换深度 $h_n < x_n$，其正截面承载力计算公式相当于现行国家标准《混凝土结构设计规范》GB 50010 的受弯构件 T 形截面承载力计算公式。

6.3 构 造 规 定

6.3.1、6.3.2 为考虑新旧混凝土协调工作，并避免在局部置换的部位产生"销栓效应"，故要求新置换的混凝土强度等级不宜过高，一般以提高一级为宜。另外，为保证置换混凝土的密实性，对置换范围应有最小尺寸的要求。

6.3.3 考虑到置换部分的混凝土强度等级要比原构件混凝土高 1～2 级，在这种情况下，对梁的混凝土置换，若不对称地剔除被置换混凝土，可能造成梁截面受力不均匀或传力偏心，因此，规定不允许仅剔除截面的一隅。

7 体外预应力加固法

7.1 设 计 规 定

7.1.1 由于体外预应力加固法在工程上采用了三种

不同钢材作为预应力杆件，且各有特点，故分别规定了其适用范围。为了便于理解和掌握，现结合这项技术的发展过程说明如下：

1 以普通钢筋施加预应力的加固法

本方法的应用，始于20世纪50年代；60年代中期开始进入我国，主要用于工业厂房加固。这是一种传统的方法，其所以沿用至今，是因为这种方法无需将原构件表层混凝土全部凿除来补焊钢筋，而只需在连接处开出孔槽，将补强的预应力筋锚固即可。因此，具有取材方便、施工简单，可在不停止使用的条件下进行加固。近几年来，这种加固方法虽然常被无粘结钢绞线体外预应力加固法所替代，但在中小城市，尤其是一些中小跨度结构中仍然有不少应用。故仍有必要保留在本规范中。

尽管如此，但大量工程实践表明，这种传统方法存在下述缺点：（1）可建立的预应力值不高，且预应力损失所占比例较大；（2）当需要补强拉杆承担较大内力时，钢筋截面面积需要很大；（3）不易对连续跨进行加固施工。

2 以普通高强钢绞线施加预应力的加固法

为了克服传统方法的上述缺点，自1988年开始，在传统的下撑式预应力拉杆加固法基础上，发展了用普通高强钢绞线作为补强拉杆的体外预应力加固法（当时我国尚未生产无粘结高强钢绞线）。这是一种高效的预应力技术，与传统方法相比，具有下述优点：（1）钢绞线强度高，作为补强拉杆承受较大内力时，其截面面积也无需很大；（2）张拉应力高，预应力损失所占比例小，长期预应力效果好；（3）端部锚固有现成的锚具产品可以利用，安全可靠，且无需现场电焊；（4）钢绞线的柔性好，易形成设计所要求的外形；（5）钢绞线长度很长，可以进行连续跨的加固施工。但这种方法也有其缺点，即：张拉时在转折点处会产生很大摩擦力，所以当市场上出现无粘结高强钢绞线后，这种施加预应力的材料便很快被取代了。

3 以无粘结高强钢绞线施加预应力的加固法

这种方法与普通钢绞线施加预应力加固法相比，具有下述优点：（1）在转折点处摩擦力较小，钢绞线的应力较均匀；（2）张拉应力可以加大，一般可达$0.7f_{ptk}$；（3）钢绞线布置较灵活，跨中水平段的钢绞线可不设在梁底；（4）钢绞线防腐蚀性能较好，防腐措施较简单；（5）储存方便，不易锈蚀。

4 以型钢为预应力撑杆的加固法

这是一种通过对型钢撑杆施加预压应力，以使原柱产生设计所要求的卸载量，从而保证撑杆与原柱能很好地共同工作，以达到提高柱加固后承载能力的加固方法。这种预应方法不属于上述体系，但发展得也很早，20世纪50年代便已问世，1964年传入我国，主要用于工业厂房钢筋混凝土柱的加固。这种方法虽属传统加固法，但由于它所能提高的柱的承载力

可达1200kN，且安全可靠，因而一直为历年加固规范所收录。

基于以上所述，设计人员可根据实际情况和要求，选用适宜的预应力加固方法。

7.1.3 当采用体外预应力加固法对钢筋混凝土结构、构件进行加固时，原《混凝土结构加固设计规范》GB 50367-2006规定其原构件的混凝土强度等级应基本符合国家标准《混凝土结构设计规范》GB 50010-2002对预应力混凝土强度等级的要求，即应接近于C40。这项规定这次作了大的修改，改而规定原构件的混凝土强度等级不宜低于C20。这是基于如下认识：

我国的预应力结构设计规范之所以规定预应力混凝土构件的混凝土强度不得低于C40，主要是针对预制构件而言。在预应力技术应用的初期，主要是应用于预制构件，如桥梁、吊车梁、屋面梁、屋架下弦杆这类预应力预制构件。对于这种平时以承受自重为主的预应力预制构件，必须考虑两个问题：一是施加预应力时构件截面要能够承受较大的预压应力；二是要避免构件因预压应力过大而产生过大的由混凝土徐变产生的预应力损失。因此，预应力预制构件的混凝土强度要求不宜低于C40，且不应低于C30是有道理的。

但对于需要作预应力加固处理的既有混凝土构件，一般都已作为承重构件使用过一段时间。这类构件平时已承受了较大的荷载，加固所施加的预应力不会产生较大的预压应力；相反它会同时减小混凝土截面受压边缘的最大压应力和受拉边缘的最大拉应力。因此它反而可以降低对混凝土强度的要求，只要求两端锚固区的局部承压强度能满足规范要求即可。在这种情况下，即使原构件局压强度不足，也只需要作局部的处理。

至于原混凝土强度等级低于C20的构件是否适宜采用预应力加固法的问题，应按本条用语"不宜"的概念来理解，并作为个案处理较为稳妥。

7.1.4~7.1.6 这是根据预应力杆件及其零配件的受力性能作出的防护规定。由于这些规定直接涉及加固结构的安全，应得到严格的遵守。

7.2 无粘结钢绞线体外预应力的加固计算

7.2.1 钢筋混凝土梁采用无粘结钢绞线体外预应力加固法加固时，均应进行正截面强度验算和斜截面强度验算。验算的关键是要确定构件达极限状态时钢绞线的应力值，亦即确定钢绞线的有效预应力值和钢绞线在构件达到极限状态时的应力增量值。钢绞线的有效预应力值比较容易计算；钢绞线的应力增量值计算比较困难。因为钢绞线的应力增量值等于与钢绞线同高度的梁截面纤维的总伸长量除以钢绞线的长度，再乘以梁截面的弹性模量值。但由于梁截面的伸长量与

外荷载产生的弯矩分布图及梁的截面刚度有关，梁的截面刚度又与截面是否开裂有关，所以必须利用积分的方法进行计算。其计算工作量显然是很大的。为了简化计算，本规范假定钢绞线的应力增量值与钢绞线的预应力损失值相等，于是便可将极限状态时的钢绞线应力值取为预应力张拉控制值。

7.2.2 受弯构件不论采用什么方法进行加固，为了保证受弯构件不出现脆性破坏，均应要求 $\xi \leqslant \xi_b$，也就是要求呈受拉区钢筋首先屈服、然后压区混凝土压碎的破坏模式。为此，并为了防止脆性破坏，故简单地要求受弯构件加固后的相对界限受压区高度 ξ_{pb} 应按加固前控制值的 0.85 倍采用，即取：$\xi_{pb} = 0.85\xi_b$，以确保安全。

7.2.3 无粘结钢绞线体外预应力加固钢筋混凝土梁的正截面计算，不少文献是按压弯构件进行的。此次修订本规范改为按受弯构件计算。其理由如下：

（1）从混凝土结构设计规范的规定可知：对普通的有粘结预应力混凝土梁，应要求受压区混凝土相对高度 $\xi \leqslant \xi_b$。据此，对无粘结钢绞线体外预应力加固的钢筋混凝土梁，也应有同样的要求，才能保证加固后的梁仍然是适筋梁而非超筋梁。因此钢绞线的配置量应受到相应的限制。

（2）如果按照压弯构件进行计算，有可能出现大偏心受压构件和小偏心受压构件两种情况，如果呈现小偏心受压状态，也就是说该梁已经属于超筋梁，这是不容许的。如果呈现大偏心受压状态，说明该梁仍然属于适筋梁，其加固方案是可行的。根据压弯构件的 M-N 相关曲线可知，在大偏心受压状态下，压力的存在对受弯承载力是有利的，因此不考虑梁的这一纵向压力作用是偏于安全的。

（3）对一般框架梁施加预应力，产生的预压应力不全是由框架梁单独承担。然而框架梁到底承受多少预压应力，却是无法准确判定的。因此，若按压弯构件进行计算，如何确定预压应力值将很困难，况且一般加固梁所施加的预应力也不是很大。在这种情况下，预应力不予计入，仅作为安全储备，显然不仅可行，而且还可使得计算较为简便。因此，修订组作出了按受弯构件计算的决定。

7.2.4 本规范采用的斜截面承载力计算方法，与现行国家标准《混凝土结构设计规范》GB 50010 一致。与此同时，考虑到弯折的预应力拉杆与破坏的斜截面相交位置的不定性，其应力可能有变化，不一定达到设计规定值。故有必要引入考虑拉杆应力不定性的系数 0.8。

7.3 普通钢筋体外预应力的加固计算

7.3.1、7.3.2 采用预应力下撑式拉杆加固钢筋混凝土梁的设计步骤，主要是根据国内外大量实践经验制定的。梁加固后增大的受弯承载力，可根据该梁加固

前能承受的受弯承载力与加固后在新设计荷载作用下所需的受弯承载力来初步确定。但是，由（7.3.1-1）式求出的拉杆截面面积只是初步的计算结果。这是因为预应力拉杆发挥作用时，必然与被加固梁组成超静定结构体系，致使拉杆内力增大。这时，拉杆产生的作用效应增量 ΔN，可用结构力学方法求出。于是，被加固梁承受的全部外荷载和预应力拉杆的内力作用效应均已确定，便可按现行设计规范 GB 50010 验算原梁在跨中截面和支座截面的偏心受压承载力。若验算结果能满足规范要求，则拉杆的截面尺寸也就选定。但需要指出的是，为了确保这种加固方法的安全使用，规范修订组在分析研究国外的使用经验后，提出了一个较为稳健的建议（不作为条文规定），供设计人员参考，即：采用预应力下撑式拉杆加固的梁，若原梁基本完好，只是截面偏小时，则建议其受弯承载力的增量不宜大于原梁承载力的 1.5 倍，且梁内受拉钢筋与拉杆截面面积的总和，也不宜超过混凝土截面面积的 2.5%。若原梁有损伤或有严重缺陷，且不易修复时，则建议改用其他加固方法。

预应力拉杆与原梁的协同工作系数，是根据国内外有关试验研究成果确定的。

为便于选择施加预应力的方法，对机张法和横向张拉法的张拉量计算分别作了规定。横向张拉量的计算公式（7.3.2），是根据应力与变形的关系推导的，计算时略去了 $(\sigma_p / E_s)^2$ 的值，故计算结果为近似值。

7.4 型钢预应力撑杆的加固计算

7.4.1 采用预应力撑杆加固轴心受压钢筋混凝土柱的设计步骤较为简单明确。撑杆中的预应力主要是以保证撑杆与被加固柱能较好地共同工作为度，故施加的预应力值 σ_p 不宜过高，以控制在 50MPa～80MPa 为妥。

根据国内外有关的试验研究成果，当被加固柱需要提高的受压承载力不大于 1200kN 时，采用预应力撑杆加固是较为合适的。若需要通过加固提高的承载力更大，则应考虑选用其他加固方法。

7.4.2、7.4.3 采用预应力撑杆加固偏心受压钢筋混凝土柱时，由于影响因素较多，其计算方法较为冗繁。因此，偏心受压柱的加固计算应主要通过验算进行。但应指出，采用预应力撑杆加固偏心受压柱时，其受压承载力、受弯承载力均只能在一定范围内提高。

验算时，撑杆肢的有效受压承载力取 $0.9 f'_{py} A'_p$ 是考虑协同工作不充分的影响，即撑杆肢的极限承载力有所降低。其承载力降低系数取 0.9 是根据国内外试验结果确定的。

当柱子较高时，撑杆的稳定性可能不满足现行《钢结构设计规范》GB 50017 的规定。此时，可采用不等边角钢来做撑杆肢，其较窄的翼缘应焊以缀板，

其较宽的翼缘，应位于柱子的两侧面。撑杆肢安装后再在较宽的翼缘上焊以连接板。

对承受正负弯矩作用的柱（即弯矩变号的柱），应采用双侧撑杆进行加固。由于撑杆主要是承受压力，所以应按双侧撑杆加固的偏心受压柱的公式进行计算，但仅考虑被加固柱的受压区一侧的撑杆受力。

7.5 无粘结钢绞线体外预应力构造规定

7.5.1 不论从构造需要出发，还是为了保证受力均匀和安全可靠，均应将钢绞线成对布置在梁的两侧，并以采用纵向张拉法为主。因为纵向张拉的预应力较易准确控制，且力值不受限制。尽管如此，横向张拉法仍有其用途。以连续梁为例，当连续跨的跨数超过两跨（一端张拉）或四跨（两端张拉）时，仍需依靠横向张拉补足预应力。

另外，应指出的是钢绞线跨中水平段支承点的布置，与所采用的张拉方式有关。对纵向张拉而言，以布置在梁底以上的位置为佳。因为不论从外观、构造和受力来看，都比较容易处理得好。但若需要依靠横向张拉来补足预应力，或是采用纵向张拉有困难时，其跨中水平段的支承点，就必须布置在梁的底部，因为只有这样，才能进行横向张拉。

7.5.2 本条给出了中间连续节点支承构造方式和端部锚固节点构造方式的几个示例。可根据实际情况选用。

预应力钢绞线节点的做法关系到加固的可靠性和经济成本。本规范提供的端部锚固方法和中间连续节点的做法是经过大量的工程实践，被证明为行之有效的方法。不过在具体施工中，对于混凝土强度等级不高的构件，其细部做法必须考究。例如端部的支承面处，必须平整；当钻孔使混凝土面受到损坏时，必须提前一天用快速堵漏剂修补、抹平；在钢销棍和钢吊棍的支承面处，有必要设置钢管垫，以使应力分布均匀。

7.5.4 在现行施工规范尚未纳入无粘结钢绞线体外预应力加固法的情况下，为了保证施工单位和监理单位能有效地执行本条规定，建议可暂按下列要求施加预应力：

1 对纵向张拉，施加预应力时应符合下列规定：

（1）当钢绞线在跨中的转折点设在梁底以上位置时，应采用纵向张拉。

（2）当钢绞线沿连续梁布置时，若采用一端张拉，而连续跨的跨数超过二跨，或采用二端张拉，而连续跨的跨数超过四跨时，钢绞线在跨中的转折点应设在梁底以下位置，且应在纵向张拉后，还应利用设在跨中的横向拉紧螺栓进行横向张拉，以补足由摩擦力引起的预应力损失值。

（3）纵向张拉的工具宜采用穿心千斤顶和高压油泵，张拉力直接从油压表中读取。

（4）张拉时应采用交错张拉的方法：先张拉一端，把第一根钢绞线张拉至张拉控制值的50%，再张拉另一侧钢绞线至张拉控制值，然后再把第一根钢绞线张拉至张拉控制值。

2 对横向张拉，施加预应力时应符合下列规定：

（1）施加预应力时宜先使用工具式U形拉紧螺栓，待张拉至一定程度后再换上较短的、直径较细的永久性U形拉紧螺栓继续张拉。

（2）在横向张拉前，应对钢绞线进行初张拉，然后再通过拉紧螺栓横向施加预应力。

（3）收紧各跨拉紧螺栓时，应设法保持同步，用量测两根钢绞线中距的方法进行控制。当钢绞线应力达到要求值后，拉紧螺栓应用双螺帽固定。

（4）为测量钢绞线应力，可在每跨梁的梁底较长水平段的钢绞线磨平面上各粘贴一对铜片测点，用500mm或250mm标距的手持式引伸仪测量钢绞线的伸长量，进而推算应力值。

7.5.6 根据本规范第7.5.5条关于"应按计算确定拉紧螺栓和中间撑棍的数量"的规定，给出了按构造要求确定的拉紧螺栓和中间撑棍的数量。

7.5.7 本条给出了拉紧螺栓安设位置与中间撑棍位置相互配合的关系。执行时，应结合本规范第7.5.6条的规定进行调整。

7.5.9 本条给出了两种常用的防腐和防火措施：一是用1∶2水泥砂浆包裹。其施工较方便，但外观较差；二是用C25细石混凝土包裹或封护。其施工较麻烦，但外观较好。

7.6 普通钢筋体外预应力构造规定

7.6.1 预应力拉杆选用的钢材与施工方法有密切关系。机张法能拉各种高强、低强的碳素钢丝、钢绞线或粗钢筋等钢材；横向张拉法仅适用于张拉强度较低、张拉力较小（一般在150kN以下）的Ⅰ级钢筋。横向张拉用的钢材，之所以常选用Ⅰ级钢筋，是因为考虑到拉杆两端需采用焊接连接，Ⅰ级钢筋施焊易于保证焊接质量。

预应力拉杆距构件下缘的净空为30mm～80mm时，可使预应力拉杆的端部锚固构造和下撑式拉杆弯折处的构造都比较简单。

7.7 型钢预应力撑杆构造规定

7.7.2、7.7.3 预应力撑杆适宜用横向张拉法施工，其建立的预应力值也比较可靠。这种方法在原苏联采用较多，也有许多工程实践经验表明该法简便可行。过去国内多采用干式外包钢加固法，即在角钢中不建立预应力，或仅为了使角钢的上下端与混凝土构件顶紧而打入楔子，计算上也不考虑预应力的作用，因此，经济性很差，宜以预应力撑杆来取代。预应力撑杆则要求建立一定的预应力值，故能保证它与原柱共同工作。

为了建立预应力，在横向张拉法中要求撑杆中部先制成弯折形状，然后在施工中旋紧螺栓使撑杆通过变直而顶紧。为了便于实施，本规范对弯折的方法和要求均作了示例性质的规定，其中还包括了切口形状和弥补切口削弱的措施。

预应力撑杆肢的角钢及其焊接缀板的最小截面规定是根据国内外工程加固实践经验确定的。

对撑杆端部的传力构造作了详细的规定，这种传力构造可保证其杆端不致产生偏移。

8 外包型钢加固法

8.1 设计规定

8.1.1 外包型钢（一般为角钢或扁钢）加固法，是一种既可靠，又能大幅度提高原结构承载能力和抗震能力的加固技术。当采用结构胶粘合混凝土构件与型钢构架时，称为有粘结外包型钢加固法，也称外粘型钢加固法，或湿式外包钢加固法，属复合构件范畴；当不使用结构胶，或仅用水泥砂浆堵塞混凝土与型钢间缝隙时，称为无粘结外包型钢加固法，也称干式外包钢加固法。这种加固方法，属组合构件范畴；由于型钢与原构件间无有效的连接，因而其所受的外力，只能按原柱和型钢的各自刚度进行分配，而不能视为复合构件受力，以致很费钢材，仅在不宜使用胶粘的场合使用。

8.1.2 近几年来，不少新建工程的加固，为了做到不致因加固而影响其设计使用年限，往往选择了使用干式外包钢法，从而使已淘汰多年的干式外包钢加固法，又有了市场需求。因此，经研究决定将此方法重新纳入本规范，但考虑到这种加固方法主要是按钢结构设计规范的规定进行设计、计算，为了避免重复和不必要的矛盾，故仅在本条中作出原则性规定。征求设计单位意见表明，有了这五款规定，即可满足设计人员计算的需求。

8.1.3 当工程允许使用结构胶粘结混凝土与型钢时，宜选用有粘结外包型钢加固法。因为采用此法两者粘结后能形成共同工作的复合截面构件，不仅节约钢材，而且将获得更大的承载力。因此，比干式外包钢更能得到良好的技术经济效益。

8.1.4 本条采用的截面刚度近似计算公式与精确计算公式相比，仅略去型钢绕自身轴的惯性矩，其所引起的计算误差很小，完全可以应用。

8.2 外粘型钢加固计算

8.2.1 采用外粘型钢加固钢筋混凝土轴心受压构件（柱）时，由于型钢可靠地粘结于原柱，并有卡紧的缀板焊接成箍，从而使原柱的横向变形受到型钢骨架

的约束作用。在这种构造条件下，外粘型钢加固的轴心受压柱，其正截面承载力不仅可按整截面计算，而且可引入 ψ_{sc} 系数予以提高，但应考虑二次受力的影响，故对受压型钢乘以强度利用系数 α_a。考虑到加固用的型钢属于软钢（Q235），且原规范所取的 α_a 值，虽是通过试验取用的近似值，但经过近 15 年的工程应用，未发现有安全问题，因而决定仍继续沿用该值，亦即取 $\alpha_a = 0.9$，较为安全稳妥。

8.2.2 采用外粘型钢加固的钢筋混凝土偏心受压构件，其受压肢型钢，由于存在应变滞后的问题，在按（8.2.2-1）式及（8.2.2-2）式计算正截面承载力时，必须乘以强度利用系数 α_a 予以折减，这虽然是一种简化的做法，但对标准规范来说，却是可行的。至于受拉肢型钢，在大偏心受压工作条件下，尽管其应力一般都能达到抗拉强度设计值，但考虑到受拉肢工作的重要性，以及粘结传力总不如原构件中的钢筋可靠，故有必要在规范中适当提高其安全储备，以保证被加固结构受力的安全。

另外，应指出的是，在偏心受压构件的正截面承载力计算中仍应按本规范第 5.4.3 条的规定计算偏心距（包括二阶效应 M 值的修正），以保证安全。

8.2.3 采用外粘型钢加固的钢筋混凝土梁，其截面应力特征与粘贴钢板加固法十分相近，因此允许按粘贴钢板的计算方法进行正截面和斜截面承载力的验算。

8.3 构造规定

8.3.1 为加强型钢肢之间的连系，以提高钢骨架的整体性与共同工作能力，应沿梁、柱轴线每隔一定距离，用箍板或缀板与型钢焊接。与此同时，为了使梁的箍板能起到封闭式环形箍的作用，在本条中还给出了三种加锚式箍板的构造示意图供设计参考使用；另外，应指出的是：型钢肢在缀板焊接前，应先用工具式卡具勒紧，使角钢肢紧贴于混凝土表面，以消除过大间隙引起的变形。

8.3.2 为保证力的可靠传递，外粘型钢必须通长、连续设置，中间不得断开；若型钢长度受限制，应通过焊接方法接长；型钢的上下两端应与结构顶层（或上一层）构件和底部基础可靠地锚固。

8.3.5 加固完成后，之所以还需在型钢表面喷抹高强度水泥砂浆保护层，主要是为了防腐蚀和防火，但若型钢表面积较大，很可能难以保证抹灰质量。此时，可在构件表面先加设钢丝网或点粘一层豆石，然后再抹灰，便不会发生脱落和开裂。

9 粘贴钢板加固法

9.1 设计规定

9.1.1 根据粘贴钢板加固混凝土构件的受力特性，

规定了这种方法仅适用于钢筋混凝土受弯、受拉和大偏心受压构件的加固。

同时还指出：本方法不适用于素混凝土构件（包括纵向受力钢筋配筋率不符合现行设计规范 GB 50010 最小配筋率构造要求的构件）的加固。

9.1.2 在实际工程中，有时会遇到原结构的混凝土强度低于现行设计规范规定的最低强度等级的情况。如果原结构混凝土强度过低，它与钢板的粘结强度也必然很低。此时，极易发生呈脆性的剥离破坏。故本条规定了被加固结构、构件的混凝土强度最低等级，以及钢板与混凝土表面粘结应达到的最低正拉粘结强度。

9.1.3 粘钢的承重构件最忌在复杂的应力状态下工作，故本条强调了应将钢板受力方式设计成仅承受轴向应力作用。

9.1.4 对粘贴在混凝土表面的钢板之所以要进行防护处理，主要是考虑加固的钢板一般较薄，容易因锈蚀而显著削弱截面，或引起粘合面剥离破坏，其后果必然影响使用安全。

9.1.5 本条规定了长期使用的环境温度不应高于 60℃，是按常温条件下使用的普通型树脂的性能确定的。当采用与钢板匹配的耐高温树脂为胶粘剂时，可不受此规定限制，但应受现行钢结构设计规范有关规定的限制。在特殊环境下（如振动、高湿、介质侵蚀、放射等）采用粘贴钢板加固法时，除应符合相应的国家现行有关标准的规定采取专门的粘贴工艺和相应的防护措施外，尚应采用耐环境因素作用的胶粘剂。

9.1.6 采用粘贴钢板加固时，应采取措施卸除或大部分卸除活荷载。其目的是减少二次受力的影响，也就是降低钢板的滞后应变，使得加固后的钢板能充分发挥强度。

9.1.7 粘贴钢板的胶粘剂一般是可燃的，故应按现行国家标准《建筑设计防火规范》GB 50016 规定的耐火等级和耐火极限要求以及相关规范的防火构造规定进行防护。

9.2 受弯构件正截面加固计算

9.2.1 国内外的试验研究表明，在受弯构件的受拉面和受压面粘贴钢板进行受弯加固时，其截面应变分布仍可采用平截面假定。

9.2.2 本条对受弯构件加固后的相对界限受压区高度的控制值 $\xi_{b,sp}$ 作出了规定，其目的是为了避免因加固量过大而导致超筋性质的脆性破坏。对于粘钢构件，采用构件加固前控制值的 0.85 倍；若按 HRB335 级钢筋计算，达到界限时相应的钢筋应变约为 1.5 倍屈服应变，具有一定延性。满足此条要求，实际上已经确定了粘钢的"最大加固量"。

9.2.3、9.2.4 本规范的受弯构件正截面计算公式与

以前发布的国内外标准相比，在表达上有了较大的改进。由于用一组公式代替多组公式，在计算结果无显著差异的前提下，可使设计计算更为方便，条理也较为清晰。

公式（9.2.3-2）是截面上的轴向力平衡公式；公式（9.2.3-1）是截面上的力矩平衡公式，力矩中心取受拉区边缘，其目的是使此式中不同时出现两个未知量；公式（9.2.3-3）是根据应变平截面假定推导得到的计算公式；公式（9.2.3-4）是为了保证受压钢筋达到屈服强度。当 $x<2a'$ 时，之所以近似地取 $x=2a'$ 进行计算，是为了确保安全而采用了受压钢筋合力作用点与压区混凝土合力作用点重合的假定。

加固设计时，可根据（9.2.3-1）式计算出混凝土受压区的高度 x，按（9.2.3-3）式计算出强度利用系数 ψ_{sp}，然后代入（9.2.3-2），即可求出粘贴的钢板面积 A_{sp}。

另外，当" $\psi_{sp}>1.0$ 时，取 $\psi_{sp}=1.0$"的规定，是用以控制钢板的"最小加固量"。

9.2.5 这次修订规范对本条内容作了下列两方面的修订：

1 将加固钢板粘贴延伸长度的确定方法与纤维复合材进行了统一，从而使计算概念及方法相一致，便于使用者理解和执行。

2 修订了钢板与混凝土的粘结抗剪强度设计值的取值方法，使之更符合工程实际。因为原规范是按照试验室的试验结果取值的，未考虑施工不定性的影响。现根据现场取样的检测结果作了修正，从而使强度取值更能保证工程安全。

9.2.6 对加设 U 形箍板作为端部锚固措施而言，其计算需考虑以下两种情况：

1 当箍板与加固钢板间的粘结受剪承载力小于或等于箍板与混凝土间的粘结受剪承载力时，锚固承载力为加固钢板与混凝土间的粘结受剪承载力及箍板与加固钢板间的粘结受剪承载力之和。此即本规范公式（9.2.6-1）所给出的计算方法。

2 当箍板与加固钢板间的粘结受剪承载力大于箍板与混凝土间的粘结受剪承载力时，锚固承载力为加固钢板及箍板与混凝土间的粘结受剪承载力之和。此即本规范公式（9.2.6-2）所给出的计算方法。

9.2.7 见本规范第 9.6.4 条的条文说明。

9.2.8 对翼缘位于受压区的 T 形截面梁（包括有现浇楼板的梁），其正弯矩区的受弯加固，不仅应考虑 T 形截面的有利作用，而且还须符合有关翼缘计算宽度取值的限制性规定，故要求应按现行设计规范和本规范的有关原则和规定进行计算。

9.2.9 滞后应变的计算，在考虑了钢筋的应变不均匀系数、内力臂变化和钢筋排列影响的基础上，还依据工程设计经验作了适当调整。同时，在表达方式上，为了避开繁琐的计算，并力求使用方便，故对

α_{sp} 的取值，采取了按配筋率和钢筋排数的不同以查表的方式确定。

9.2.10 根据应变平截面假定（见图1），可算得侧面粘贴钢板的上、下两端平均应变与下边缘应变的比值，即修正系数 η_{p1}：

$$\eta_{p1} = \frac{\left(\dfrac{\varepsilon_1 + \varepsilon_2}{2}\right)}{\varepsilon_2} = \frac{1 + \varepsilon_1/\varepsilon_2}{2}$$

$$= \frac{1 + (h - 1.25x - h_f)/(h - 1.25x)}{2}$$

$$= 1 - \frac{0.5h_f}{h - 1.25x} = 1 - \left(\frac{0.5}{1 - 1.25\xi h_0/h}\right)\left(\frac{h_f}{h}\right)$$

$$\tag{1}$$

令：$\beta_1 = \dfrac{0.5}{1 - 1.25\xi h_0/h}$，则：$\eta_{p1} = 1 - \beta_1 \dfrac{h_f}{h}$，设 $h_0 = h/1.1$；$\xi = \xi_{pb}$。

于是可以算得配置 HRB335 级钢筋的一般构件和重要构件，其系数 β_1 分别为 1.33 和 1.14；同理，算得采用 HRB400 级钢筋的一般构件和重要构件，其系数 β_1 分别为 1.22 和 1.06。注意到 β_1 值变化幅度不大，故偏于安全地统一取 $\beta_1 = 1.33$。

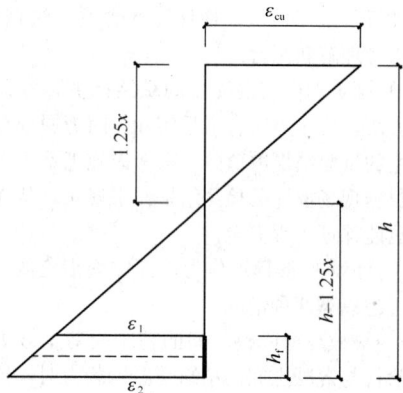

图 1 应变平截面假定图

与此同时，还应考虑侧面粘贴的钢板，其合力中心至压区混凝土合力中心之距离与底面粘贴的钢板合力中心至压区混凝土合力中心之距离的比值，即修正系数 η_{p2}。

$$\eta_{p2} = \frac{(h - 0.5x) - 0.5h_f}{h - 0.5x} = 1 - \left(\frac{0.5}{1 - 0.5\xi h_0/h}\right)\left(\frac{h_f}{h}\right)$$

$$\tag{2}$$

令：$\beta_2 = \dfrac{0.5}{1 - 0.5\xi h_0/h}$，则：$\eta_{p2} = 1 - \beta_2 \dfrac{h_f}{h}$，设 $h_0 = h/1.1$；$\xi = \xi_{pb}$。

于是可以算得配置 HRB335 级钢筋的一般构件和重要构件，其系数 β_2 分别为 0.667 和 0.645；同理，算得采用 HRB400 级钢筋的一般构件和重要构件，其系数 β_2 分别为 0.654 和 0.634。注意到 β_2 值变化幅度不大，故偏于安全地统一取 $\beta_2 = 0.66$。

于是得到综合考虑侧面粘贴纤维复合材受拉合力

及相应力臂的修正后的放大系数 η_p 为：

$$\eta_p = \frac{1}{\eta_{p1} \times \eta_{p2}} = \frac{1}{(1 - 1.33h_f/h) \times (1 - 0.66h_f/h)}$$

$$\tag{3}$$

9.2.11 本条规定钢筋混凝土结构构件采用粘贴钢板加固时，其正截面承载力的提高幅度不应超过 40%。其目的是为了控制加固后构件的裂缝宽度和变形，也是为了强调"强剪弱弯"设计原则的重要性。

9.2.12 为了钢板的可靠锚固以及节约材料，本条对粘贴钢板的层数作出了建议性的规定。

9.3 受弯构件斜截面加固计算

9.3.1 根据实际经验，本条对受弯构件斜截面加固的钢箍板粘贴方式作了统一的规定，并且在构造上，只允许采用垂直于构件轴线方向的加锚封闭箍和其他三种有效的 U 形箍；不允许仅在侧面粘贴钢条受剪，因为试验表明，这种粘贴方式受力不可靠。

9.3.2 本条的规定与现行国家标准《混凝土结构设计规范》GB 50010 的规定，在概念上是一致的。

9.3.3 根据现有的试验资料和工程实践经验，对垂直于构件轴线方向粘贴的箍板，按被加固构件的不同剪跨比和箍板的不同加锚方式，给出了抗剪强度的折减系数 ψ_{vb} 值。

9.4 大偏心受压构件正截面加固计算

9.4.2 本条关于正截面承载力计算的规定是参照现行设计规范 GB 50010 的规定导出的。因为在大偏心受压的情况下，验算控制的截面达到极限状态时，其原钢筋及新增的受拉钢板一般都能达到抗拉强度。

9.5 受拉构件正截面加固计算

9.5.1 本条应说明的内容与本规范条文说明第10.7.1 条相同，不再赘述。

9.5.2、9.5.3 这两条规定是参照现行设计规范 GB 50010 的规定导出的。因为轴心受拉情况下，只要结构构造合理，其计算截面达到极限状态时，原钢筋及新增的加固钢板均能达到抗拉强度。

9.6 构 造 规 定

9.6.1 原规范仅允许采用 2mm～5mm 厚的钢板。此次修订规范，在汲取国外采用厚钢板粘贴的工程实践经验基础上，还组织一些加固公司进行了工程试用，然后才对原规范的规定作了修订。修订后的条文，虽然允许使用较厚（包括总厚度较厚）的钢板，但为了防止钢板与混凝土粘结的劈裂破坏，应要求其端部与梁柱节点的连接构造必须符合外粘型钢焊接及注胶方法的规定。由之可见，它与外粘型钢（一般指扁钢）的构造要求无甚差别，但仍按惯例列于本节中。

9.6.2 在受弯构件受拉区粘贴钢板，其板端一段由于边缘效应，往往会在胶层与混凝土粘合面之间产生较大的剪应力峰值和法向正应力的集中，成为粘钢的最薄弱部位。若锚固不当或粘贴不规范，均易导致脆性剥离或过早剪坏。为此，修订组研究认为有必要采取如本条所规定的加强锚固措施。

9.6.3 本条采取的锚固措施，是根据国内科研单位和高等院校的试验结果，以及规范编制组所总结的工程经验，经讨论、验证后确定的。因此，可供设计使用。另外，应指出的是，图中的锚栓布置是示意性的；其直径、数量和位置应由设计人员按实际需要确定。

9.6.4 对本条第2、3两款需作如下说明：

1 对支座处虽有障碍，但梁上有现浇板，允许绕过柱位在梁侧粘贴钢板的情况，之所以还需规定应紧贴柱边在梁侧4倍板厚范围内粘贴钢板，是因为试验表明，在这样条件下，较能充分发挥钢板的作用；如果远离该位置，钢板的作用将会降低。

2 当梁上无现浇板，或负弯矩区的支座处需采取机械锚固措施加强时，其构造问题最难处理。为了解决这个问题，编制组曾向设计单位征集了不少锚固方案，但未获得满意结果。本款所给出的两个图，只是在归纳上述设计方案优缺点基础上的一个示例，也并非最佳方案，但试验表明具有较强的锚固能力，可供工程设计试用。另外，在有些情况下，L形钢板及水平方向的U形箍板也可采用等代钢筋进行设计。

9.6.7 对偏心受压构件而言，其加固构造难度最大的是 N 和 M 均较大的柱底和柱顶两处。因此，强调在这两个部位应增设可靠的机械锚固措施。当柱的上端有楼板时，加固所粘贴的钢板尚应穿过楼板，并应有足够的粘贴延伸长度，才能保证传力的安全。

10 粘贴纤维复合材加固法

10.1 设 计 规 定

10.1.1 根据粘贴纤维复合材的受力特性，本条规定了这种方法仅适用于钢筋混凝土受弯、受拉、轴心受压和大偏心受压构件的加固；不推荐用于小偏心受压构件的加固。因为纤维增强复合材仅适合于承受拉应力作用，而且小偏心受压构件的纵向受拉钢筋达不到屈服强度，采用粘贴纤维复合材将造成材料的极大浪费。因此，对小偏心受压构件，应建议采用其他合适的方法加固。

同时，本条还指出：本方法不适用于素混凝土构件（包括配筋率不符合现行设计规范 GB 50010 最小配筋率构造要求的构件）的加固。

10.1.2 在实际工程中，经常会遇到原结构的混凝土强度低于现行设计规范规定的最低强度等级的情况。如果原结构混凝土强度过低，它与纤维复合材的粘结强度也必然会很低，易发生呈脆性的剥离破坏。此时，纤维复合材不能充分发挥作用，因此本条规定了被加固结构、构件的混凝土强度等级，以及混凝土与纤维复合材正拉粘结强度的最低要求。

10.1.3 本条强调了纤维复合材料不能承受压力，只能考虑其抗拉作用，因而要求将纤维受力方式设计成仅承受拉应力作用。

10.1.4 本条规定粘贴在混凝土表面的纤维增强复合材不得直接暴露于阳光或有害介质中。为此，其表面应进行防护处理，以防止长期受阳光照射或介质腐蚀，从而起到延缓材料老化、延长使用寿命的作用。

10.1.5 本条规定了采用这种方法加固的结构，其长期使用的环境温度不应高于60℃。但应指出的是，这是按常温条件下，使用普通型结构胶粘剂的性能确定的。当采用耐高温胶粘剂粘结时，可不受此规定限制；但应符合现行国家标准《混凝土结构设计规范》GB 50010 对混凝土结构承受生产性高温的限制。另外，对其他特殊环境（如振动、高湿、介质侵蚀、放射等）采用粘贴纤维增强复合材加固时，除应符合相应的国家现行有关标准的规定采取专门的粘贴工艺和相应的防护措施外，尚应采用耐环境因素作用的结构胶粘剂。

10.1.6 采用纤维增强复合材料加固时，应采取措施尽可能地卸载。其目的是减少二次受力的影响，亦即降低纤维复合材的滞后应变，使得加固后的结构能充分利用纤维材料的强度。

10.1.7 粘贴纤维复合材的胶粘剂一般是可燃的，故应按照现行国家标准《建筑设计防火规范》GB 50016 规定的耐火等级和耐火极限要求，对纤维复合材进行防护。

10.2 受弯构件正截面加固计算

10.2.1 为了听取不同的学术观点，规范修订组邀请国内 8 位知名专家对受弯构件的受拉面粘贴纤维增强复合材进行加固时，其截面应变分布是否可采用平截面假定进行论证。其结果表明，持可用和不宜用观点各占 50%，但均认为这个假定不理想；不过在当前试验研究工作尚不足以作出改变的情况下，仍可加以借用，而不致造成很大问题。

10.2.2 本条规定了受弯构件加固后的相对界限受压区高度的控制值 $\xi_{b,f}$，是为了避免因加固量过大而导致超筋性质的脆性破坏。对于所有构件，均采用构件加固前控制值的 0.85 倍；对于 HRB335 级钢筋，达到界限时相应的钢筋应变约为 1.5 倍屈服应变；满足此条要求，实际上已经确定了纤维的"最大加固量"。

10.2.3 本规范的受弯构件正截面计算公式与以前发布的国内外同类标准相比，在表达上有较大的改进。由于用一组公式代替多组公式，在计算结果无显著差异的前提下，可使设计人员应用更为方便，条理也更为清晰。

公式（10.2.3-1）是截面上的力矩平衡公式；力矩中心取受拉区边缘，其目的是使此式中不同时出现两个未知量；公式（10.2.3-2）是截面上的轴向力平衡公式；公式（10.2.3-3）是根据应变平截面假定推导得到的 ψ_f 计算公式。公式（10.2.3-4）是保证钢筋受压达到屈服强度。当 $x<2a'$ 时，近似取 $x=2a'$ 进行计算，是为了确保安全而采用了受压钢筋合力作用点与压区混凝土合力作用点相重合的假定。

另外，当 "$\psi>1.0$ 时，取 $\psi=1.0$" 的规定，是用以控制纤维复合材的 "最小加固量"。

加固设计时，可根据（10.2.3-1）式计算出混凝土受压区的高度 x，按（10.2.3-3）式计算出强度利用系数 ψ_f，然后代入（10.2.3-2）式，即可求出纤维的有效截面面积 A_{fe}。

10.2.4 本条是考虑纤维复合材多层粘贴的不利影响，而对第 10.2.3 条计算得到的有效截面面积进行放大，作为实际应粘贴的面积。为此，引入了纤维复合材的厚度折减系数 k_m。该系数系参照 ACI440 委员会于 2000 年 7 月修订的 "Guide for the design and construction of externally bonded frp systems for strengthening concrete structures" 而制定的。

10.2.5、10.2.6 公式（10.2.5）中给出的 $f_{f,v}$ 的确定方法，是根据本规范修订组和四川省建科院的试验结果拟合的；在纳入本规范前又参照有关文献作了偏于安全的调整。另外，该计算式的适用范围为 C15～C60，基本上可以涵盖当前已有结构的混凝土强度等级情况，至于 C60 以上的混凝土，暂时还只能按 $f_{f,v}=0.7$ 采用。

10.2.7 对翼缘位于受压区的 T 形截面梁，其正弯矩区进行受弯加固时，不仅应考虑 T 形截面的有利作用，而且还须符合有关翼缘计算宽度取值的限制性规定。故本条要求应按现行设计规范 GB 50010 和本规范的规定进行计算。

10.2.8 滞后应变的计算，在考虑了钢筋的应变不均匀系数、内力臂变化和钢筋排列影响的基础上，还依据工程设计经验作了适当调整；同时，在表达方式上，为了避免繁琐的计算，并力求为设计使用提供方便，故对 α_f 的取值，采取了按配筋率和钢筋排数的不同以查表的方式确定。

10.2.9 根据应变平截面假定（见图 2），可算得侧面粘贴纤维的上、下两端平均应变与下边缘应变的比值，即修正系数 η_{f1}：

$$\eta_{f1} = \frac{\left(\dfrac{\varepsilon_1+\varepsilon_2}{2}\right)}{\varepsilon_2} = \frac{1+(h-1.25x-h_f)/(h-1.25x)}{2}$$

$$= 1 - \frac{0.5h_f}{h-1.25x} = 1 - \left(\frac{0.5}{1-1.25\xi h_0/h}\right)\left(\frac{h_f}{h}\right) \quad (4)$$

令：$\beta_1 = \dfrac{0.5}{1-1.25\xi h_0/h}$，则：$\eta_{f1} = 1 - \beta_1 \dfrac{h_f}{h}$，设 h_0

$= h/1.1$；$\xi = \xi_{b,f}$。

可算得配置 HRB335 级钢筋的构件，其系数 β_1 为 1.07；同理，可算得配置 HRB400 级钢筋的构件，其系数 β_1 为 1.0。注意到 β_1 值变化幅度不大，故偏于安全地统一取 $\beta_1=1.07$。

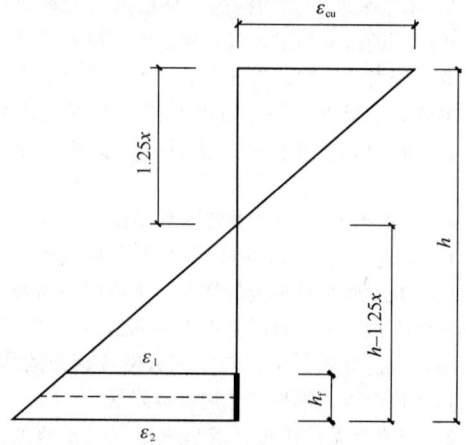

图 2　应变平截面假定图

与此同时，还应考虑侧面粘贴的纤维复合材，其合力中心至受压区混凝土合力中心之距离与底面粘贴的纤维复合材合力中心至受压区混凝土合力中心之距离的比值，即修正系数 η_{f2}：

$$\eta_{f2} = \frac{(h-0.5x)-0.5h_f}{h-0.5x} = 1-\left(\frac{0.5}{1-0.5\xi h_0/h}\right)\left(\frac{h_f}{h}\right)$$

$$(5)$$

令：$\beta_2 = \dfrac{0.5}{1-0.5\xi h_0/h}$，则：$\eta_{f2} = 1-\beta_2\dfrac{h_f}{h}$，设 $h_0 = h/1.1$；$\xi = \xi_{b,f}$。

可算得配置 HRB335 级钢筋的构件，其系数 β_2 为 0.635；同理，可算得配置 HRB400 级钢筋的构件，其系数 β_2 为 0.625。注意到 β_2 值变化幅度不大，故偏于安全地统一取 $\beta_2=0.63$。

于是，得到综合考虑侧面粘贴纤维复合材受拉合力及相应力臂的修正后的放大系数 η_f 为：

$$\eta_f = \frac{1}{(1-1.07h_f/h)\times(1-0.63h_f/h)} \quad (6)$$

10.2.10 本条规定钢筋混凝土结构构件采用粘贴纤维复合材加固时，其正截面承载力的提高幅度不应超过 40%。其目的是为了控制加固后构件的裂缝宽度和变形，也是为了强调 "强剪弱弯" 设计原则的重要性。

10.2.11 为了纤维复合材的可靠锚固以及节约材料，本条对纤维复合材的层数提出了指导性意见。

10.3 受弯构件斜截面加固计算

10.3.1 根据实际经验，本条对受弯构件斜截面加固的纤维粘贴方向作了统一的规定，并且在构造上只允许采用环形箍、自锁式 U 形箍、加锚 U 形箍和加织物压条的一般 U 形箍，不允许仅在侧面粘贴条带受剪，因为试验表明，这种粘贴方式受力不可靠。

10.3.2 本条的规定与国家标准《混凝土结构设计规范》GB 50010－2010 第 6.3.1 条完全一致。

10.3.3 根据现有试验资料和工程实践经验，对垂直于构件轴线方向粘贴的条带，按被加固构件的不同剪跨比和条带的不同加锚方式，给出了抗剪强度的折减系数。

10.4 受压构件正截面加固计算

10.4.1 采用沿构件全长无间隔地环向连续粘贴纤维织物的方法，即环向围束法，对轴心受压构件正截面承载力进行间接加固，其原理与配置螺旋箍筋的轴心受压构件相同。

10.4.2 当 $l/d > 12$ 或 $l/d > 14$ 时，构件的长细比已比较大，有可能因纵向弯曲而导致纤维材料不起作用；与此同时，若矩形截面边长过大，也会使纤维材料对混凝土的约束作用明显降低，故明确规定了采用此方法加固时的适用范围。

10.4.3、10.4.4 公式（10.4.3-1）是考虑了在三向约束混凝土的条件下，其抗压强度能够提高的有利因素。公式（10.4.3-2）是参照了 ACI440、CEB-FIP 及我国台湾的公路规程和工业技术研究院设计实录等制定的。

10.5 框架柱斜截面加固计算

10.5.1 本规范对受压构件斜截面的纤维复合材加固，仅允许采用环形箍。因为其他形式的纤维箍均易发生剥离破坏，故在适用范围的规定中加以限制。

10.5.2 采用环形箍加固的柱，其斜截面受剪承载力的计算公式是参照美国 ACI440 委员会和欧洲 CEB-FIP（fib）的设计指南，结合我国台湾工业技术研究院的设计实录和我国内地的试验资料制定的，从规范编制组委托设计单位所做的试设计来看，还是较为稳妥可行的。

10.6 大偏心受压构件加固计算

10.6.1 采用纤维增强复合材料加固大偏心受压构件时，本条之所以强调纤维应粘贴在受拉一侧，是因为本规范已在第 10.1.3 条中作出了"应将纤维受力方式设计成仅承受拉应力作用"的规定。

10.6.2 本条的计算公式是参照国家标准《混凝土结构设计规范》GB 50010－2010 的规定推导的。其中需要说明的是，在大偏心受压构件加固计算中，对纤维复合材之所以不考虑强度利用系数，是因为在实际工程中绝大多数偏心受压构件均处于受压状态。因此，在承载能力极限状态下，受拉侧的拉应变是从受压侧应变转化来的，故不存在拉应变滞后的问题，

亦即认为：纤维复合材的抗拉强度能得到充分发挥。

10.7 受拉构件正截面加固计算

10.7.1 由于非预应力的纤维复合材在受拉杆件（如桁架弦杆、受拉腹杆等）端部锚固的可靠性很差，因此一般仅用于环形结构（如水塔、水池等）和方形封闭结构（如方形料槽、储仓等）的加固，而且仍然要处理好围拢（或棱角）部位的搭接与锚固问题。由之可见，其适用范围是很有限的，应事先做好可行性论证。例如，对裂缝宽度要求很严的受拉构件，尤应慎用本加固方法。

10.7.2、10.7.3 从本节规定的适用范围可知，受拉构件的纤维复合材加固主要用于上述的构筑物中，而这些构筑物既容易卸荷，又经常在大多数情况下被强制要求卸荷，因此，在计算其承载力时可不考虑二次受力的影响问题，不必在计算公式中引入强度利用系数。

10.8 提高柱的延性的加固计算

10.8.1 采用纤维复合材构成的环向围束作为柱的附加箍筋来防止柱的塑铰区搭接破坏或提高柱的延性，在我国台湾地区震后修复工程中用得较多，而且有设计规程可依。与此同时，同济大学等院校也做过不少分析研究工作，在此基础上，经本规范修订组讨论后决定纳入这种加固方法，供抗震加固使用。

10.8.2 公式（10.8.2-2）系以环向围束作为附加箍筋的体积配筋率的计算公式，是参照国外有关文献，由同济大学作了大量分析后提出的。经试算表明，略偏于安全。

10.9 构 造 规 定

10.9.1、10.9.2 本规范对受弯构件正弯矩区正截面承载力加固的构造规定，是根据国内科研单位和高等院校的试验研究结果和规范修订组总结工程实践经验，经讨论、筛选后提出的。因此，可供当前的加固设计参考使用。

10.9.3 采用纤维复合材对受弯构件负弯矩区进行正截面承载力加固时，其端部在梁柱节点处的锚固构造最难处理。为了解决这个问题，修订组曾通过各种渠道收集了国内外各种设计方案和部分试验数据，但均未得到满意的构造方式。图 10.9.3-2 及图 10.9.3-3 给出的构造示例，是在归纳上述设计方案优缺点的基础上逐步形成的。其优点是具有较强的锚固能力，可有效地防止纤维复合材剥离，但应注意的是，其所用的锚栓强度等级及数量应经计算确定。本条示例图中所给的锚栓强度等级及数量仅供一般情况参考。当受弯构件顶部有现浇楼板或翼缘时，箍板须穿过楼板或翼缘才能发挥其作用。最初的工程试用觉得很麻烦，经学习瑞士安装经验，采用半重叠钻孔法形成扁形孔

安装（插进）钢箍板后，施工就变得十分简单。为了进一步提高箍板的锚固能力，还可采取先给箍板刷胶然后安装的工艺。另外，应注意的是安装箍板完毕应立即注胶封闭扁形孔，使它与混凝土粘结牢固，同时也解决了楼板可能渗水等问题。

10.9.4 这是国内外的共同经验。因为整幅满贴纤维织物时，其内部残余空气很难排除，胶层厚薄也不容易控制，以致大大降低粘贴的质量，影响纤维织物的正常受力。

10.9.5 同济大学的试验表明，按内短外长的原则分层截断纤维织物时，有助于防止内层纤维织物剥离，故推荐给设计、施工单位参考使用。

10.9.7～10.9.9 这三条的构造规定，是参照美国ACI 440指南、欧洲CEB-FIP（fib）指南、我国台湾工业技术研究院的设计实录以及修订组的试验资料制定的。

11 预应力碳纤维复合板加固法

11.1 设计规定

11.1.1 从本条规定可知，这种加固方法仅推荐用于截面偏小或配筋不足的钢筋混凝土构件的加固，也就是说被加固构件的质量基本上是完好的，能够正常工作的。因此，当构件有严重损伤或缺陷时，不应选用这种加固方法。

11.1.2 本条规定是基于如下认识：即对于需要作预应力碳纤维加固的混凝土构件，一般都已作为梁或板使用一段时间，其平时已承受了较大的荷载，且所施加的预应力也不会产生较大的预压应力，相反它会同时减小截面受压边缘的最大压应力和受拉边缘的最大拉应力，从而降低了对混凝土强度的要求。况且对碳纤维复合板所施加的预应力值一般是比较小的，因此对原混凝土强度无需提出特别要求，仅需考虑其密实性和整体性是否适合施加预应力即可。

11.1.3、11.1.4、11.1.6、11.1.7 条文说明同本规范第10章相应条文说明。

11.2 预应力碳纤维复合板加固受弯构件

11.2.1 规定了预应力碳纤维的预应力损失值计算。

11.2.2 对混凝土在加固后的相对界限受压区高度统一取用加固前控制值的0.85倍，即$\xi_{b,f}=0.85\xi_b$。具体理由见本规范第10.2.2条的说明。

11.2.3 预应力碳纤维复合板对梁、板等受弯构件进行加固时的正截面承载力计算基本上与碳纤维加固相同，唯一的区别是碳纤维板的强度取值不考虑强度利用系数。因为施加了预应力，碳纤维本身强度完全能充分利用。

11.2.4 碳纤维复合板与混凝土表面间仍然需采用结

构胶粘贴，但仅作为安全储备。锚具本身完全具有锚固性能。

11.3 构造要求

11.3.1～11.3.6 提供了普通平板锚具齿形锚具和波形锚具的做法。这些锚具虽在工程实践中被采用过，但并非最佳的设计。如果有成熟经验也可以修改锚具构造和尺寸，或采用其他更好的锚具。

11.3.7 预应力碳纤维复合板的宽度宜采用100mm。这主要是根据同济大学等单位相关试验研究结果推荐的。当宽度更大时，对锚具的要求将会更高，也更难设计。

11.3.12 在锚具与预应力碳纤维复合板之间宜粘贴2层～4层碳纤维布，目的是当锚具钢板发生变形时，仍然能发挥良好的锚固作用。

12 增设支点加固法

12.1 设计规定

12.1.1 增设支点加固法是一种传统的加固法，适用于对外观和使用功能要求不高的梁、板、桁架、网架等的加固。此外，还经常用于抢险工程。尽管这种方法的缺点很突出，但由于它具有简便、可靠和易拆卸的优点，一直是结构加固不可或缺的手段。

12.1.2 增设支点加固法虽然是通过减小被加固结构的跨度或位移，来改变结构不利的受力状态，以提高其承载力的；根据支承结构、构件受力变形性能的不同，又分为刚性支点加固法和弹性支点加固法。刚性支点加固法一般是以支顶的方式直接将荷载传给基础，但也有以斜拉杆作为支点直接将荷载传给刚度较大的梁柱节点或其他可视为"不动点"的结构。在这种情况下，由于传力构件的轴向压缩变形很小，可在计算中忽略不计，因此，结构受力较为明确，计算大为简化。弹性支点加固法则是通过传力构件的受弯或桁架作用等间接地将荷载传递给其他可作为支点的结构。在这种情况下，由于被加固结构和传力构件的变形均不能忽略不计，因此，其内力计算必须考虑两者的变形协调关系才能求解。由之可见，刚性支点加固法对提高原结构承载力的作用较大，而弹性支点加固法的计算较复杂，但对原结构的使用空间的影响相对较小。尽管各有其优缺点，但在加固设计时并非可以任意选择，因此作了"应根据被加固结构的构造特点和工作条件进行选用"的规定。

12.1.3 这是因为有预加力的方案，其预加力与外荷载的方向相反，可以抵消原结构部分内力，能较大地发挥支承结构的作用。但具体设计时应以不致使结构、构件出现裂缝以及不增设附加钢筋为度。

12.2 加固计算

12.2.1、12.2.2 考虑到这两种加固方法的每一计算项目及其计算内容，设计人员都很熟识，只要明确了各自的计算步骤，便可按常规设计方法进行。因此，略去了具体的结构力学计算和截面设计。

12.3 构造规定

12.3.1、12.3.2 增设支点法的支柱与原结构间的连接有湿式连接和干式连接两种构造之分。湿式连接适用于混凝土支承；其接头整体性好，但施工较为麻烦；干式连接适用于型钢支承，其施工较前者简便。图12.3.1及图12.3.2所示的连接构造，虽为国内外常用的传统连接方法，但均属示例性质，设计人员可在此基础上加以改进。另外，若采用型钢支承，应注意做好防锈、防腐蚀和防火的防护层。

13 预张紧钢丝绳网片-聚合物砂浆面层加固法

13.1 设计规定

13.1.1 本条规定了预张紧钢丝绳网片-聚合物砂浆面层加固法的适用范围。但本规范仅对受弯构件使用这种方法作出规定，而未涉及其他受力种类的构件。这是因为这种加固方法在我国应用时间还不长，现有试验数据的积累，只有这种构件较为充分，可以用于制定标准，至于其他受力种类的构件还有待于继续做工作。

13.1.2 在实际工作中，有时会遇到原结构的混凝土强度低于现行设计规范规定的最低强度等级的情况。如果原结构混凝土强度过低，它与聚合物改性水泥砂浆的粘结强度也必然很低。此时，极易发生呈脆性的剪切破坏或剥离破坏。故本条规定了被加固结构、构件的混凝土强度的最低等级，以及这种砂浆与混凝土表面粘结应达到的最小正拉粘结强度。

13.1.3 以预张紧的钢丝绳网片-聚合物砂浆面层加固的承重构件最忌在复杂的应力状态下工作，故本条强调了应将钢丝绳网片的受力方式设计成仅承受轴向拉应力作用。

13.1.4 规范修订组和湖南大学等单位所做的构件试验均表明：对梁和柱只有在采取三面或四面围套外加层的情况下，才能保证混凝土与聚合物砂浆面层之间具有足够的粘结力，而不致发生粘结破坏。因此，作出了本条规定，以提示设计人员必须予以遵守。

13.1.5 工程实践经验和验证性试验均表明，钢丝绳网片安装时，若不施加足够的预张紧力，就会大大削弱网片与原结构共同工作的能力。在多数情况下，可使这种加固方法新增的承载力降低20%。因此，作出了必须施加预张紧力的规定，并参照北京和厦门的试验数据，给出了应施加的预张紧力的大小，供设计、施工使用。

13.1.6 本条规定了长期使用的环境温度不应高于60℃，是根据砂浆、混凝土和常温固化聚合物的性能综合确定的。对于特殊环境（如腐蚀介质环境、高温环境等）下的混凝土结构，其加固不仅应采用耐环境因素作用的聚合物配制砂浆；而且还应要求供应厂商出具符合专门标准合格指标的验证证书，严禁按厂家所谓的"技术手册"采用，以免枉自承担违反标准规范导致工程出安全问题的终身责任。与此同时还应考虑被加固结构的原构件混凝土以及聚合物砂浆中的水泥和砂等成分是否能承受特殊环境介质的作用。

13.1.7 采用粘结钢丝绳网片加固时，应采取措施卸除结构上的活荷载。其目的是减少二次受力的影响，也就是降低钢丝绳网片的滞后应变，使得加固后的钢丝绳网片能充分发挥其作用。

13.1.8 尽管不少厂家，特别是外国厂家的代理商在推销其聚合物砂浆的产品时，总要强调它具有很好的防火性能，但无法否认的是，其砂浆中所掺的聚合物和合成纤维，几乎都是可燃的。在这种情况下，即使砂浆不燃烧，它也会在高温中失效。故仍应按现行国家标准《建筑设计防火规范》GB 50016规定的耐火等级和耐火极限要求进行检验与防护。

13.2 受弯构件正截面加固计算

13.2.1 本条前4款的规定，是根据国内外目前试验研究成果制定的；第5款主要是出于简化计算目的而采用的近似方法。

13.2.2 如同本规范第9.2.2条及第10.2.2条一样，是为了控制"最大加固量"，防止出现"超筋"而采取的保证安全的措施，应在加固设计中得到执行。

13.2.3 表13.2.3的出处可参阅本规范第9.2.10条及第10.2.9条的说明。

13.2.6 参阅本规范第9.2.11条的说明。

13.3 受弯构件斜截面加固计算

13.3.1 本条给出了钢丝绳网受剪构造的梁式构件三面展开图供设计使用，但只是作为一个示例，并不要求设计生搬硬套。

13.3.2、13.3.3 参阅本规范第9.3.2条及第9.3.3条的说明。

13.4 构造规定

13.4.1 本条的1、2两款是参照国家标准GB 8918-2006、GB/T 9944-2002以及行业标准YB/T 5196-2005和YB/T 5197-2005制定的。其余各款是参照国内高等院校及有关公司和科研单位的试用经验制定的。

13.4.2～13.4.5 这四条也是对国内工程经验的总结，可供设计单位参照使用。

13.4.6 对粘结在混凝土表面的聚合物改性砂浆面层，其面上之所以还要喷抹一层防护材料（一般为配套使用的乳浆），是因为整个面层只有30mm厚；其防渗性能还需要加强，其所掺加的聚合物也需要防止日光照射。倘若使用的是镀锌钢丝绳，该防护材料还应具有阻锈的作用。

14 绕丝加固法

14.1 设计规定

14.1.1 绕丝加固法的优点，主要是能够显著地提高钢筋混凝土构件的斜截面承载力，另外由于绕丝引起的约束混凝土作用，还能提高轴心受压构件的正截面承载力。不过从实用的角度来说，绕丝的效果虽然可靠（特别是机械绕丝），但对受压构件使用阶段的承载力提高的增量不大，因此，在工程上仅用于提高钢筋混凝土柱位移延性的加固。由于这项用途已得到有关院校的试验验证，因而据以对其适用范围作出规定。

14.1.2 绕丝法因限于构造条件，其约束作用不如螺旋式间接钢筋。在高强混凝土中，其约束作用更是显著下降，因而作了"不得高于C50"的规定。

14.1.3 本条系参照螺旋筋和碳纤维围束的构造规定提出的，其限值与ACI、FIB和我国台湾地区等的指南相近。

14.1.4 本规范仅确认当绕丝面层为细石混凝土时，可以采用本假定。而对有些工程已开始使用的水泥砂浆面层，因缺乏试验验证，尚嫌依据不足，故未将水泥砂浆面层的做法纳入本规范。

14.2 柱的抗震加固计算

14.2.1 本条计算公式中矩形截面有效约束系数 $\varphi_{r,s}$ 的取值，是根据我国试验结果，采用分析与工程经验相结合的方法确定的，但由于迄今研究尚不充分，未区分轴压比和卸载情况，也未考虑混凝土外加层的有利作用，只是偏于安全地取最低值。

14.3 构造规定

14.3.1、14.3.2 由于圆形箍筋对核心区混凝土的约束性能要高于方形箍筋，因此对方形截面的受压构件，要求在截面四周中部设置四根 $\phi 25$ 钢筋，并凿去四角混凝土保护层作圆化处理，使得施工时容易拉紧钢丝，也使绕丝对核心混凝土的约束作用增大。

14.3.3 由于喷射混凝土与原混凝土之间具有良好的粘着力，故建议优先采用喷射混凝土，以增加绕丝构件的安全储备。

14.3.4 绕丝最大间距的规定，是根据我国对退火钢丝的试验研究结果作出的。

14.3.5 工程实践经验表明，采用钢楔可以进一步绷紧钢丝，但应注意检查的是：其他部位是否会因局部楔紧而变松。

15 植筋技术

15.1 设计规定

15.1.1 植筋技术之所以仅适用于钢筋混凝土结构，而不适用素混凝土结构和过低配筋率的情况，是因为这项技术主要用于连接原结构构件与新增构件，只有当原构件混凝土具有正常的配筋率和足够的箍筋时，这种连接才是有效而可靠的。与此同时，为了确保这种连接承载的安全性，还必须按充分利用钢筋强度和延性的破坏模式进行计算。但这对素混凝土构件来说，并非任何情况下都能做到。因为在素混凝土中要保证植筋的强度得到充分发挥，必须有很大的间距和边距，而这在建筑结构构造上往往难以满足。此时，只能改用按混凝土基材承载力设计的锚栓连接。

15.1.2 原构件的混凝土强度等级直接影响植筋与混凝土的粘结性能，特别是悬挑结构、构件更为敏感。为此，必须规定对原构件混凝土强度等级的最低要求。

15.1.3 承重构件植筋部位的混凝土应坚实、无局部缺陷，且配有适量钢筋和箍筋，才能使植筋正常受力。因此，不允许有局部缺陷存在于锚固部位；即使处于锚固部位以外，也应先加固后植筋，以保证安全和质量。

15.1.4 国内外试验表明，带肋钢筋相对肋面积 A_r 的不同，对植筋的承载力有一定影响。其影响范围大致在 0.9～1.16 之间。当 $0.05 \leqslant A_r < 0.08$ 时，对植筋承载力起提高作用；当 $A_r > 0.08$ 时起降低作用。因此，我国国家标准要求相对肋面积应在 0.055～0.065 之间。然而国外有些标准对 A_r 的要求较宽，允许 $0.05 \leqslant A_r \leqslant 0.1$ 的带肋钢筋均为合格品。在这种情况下，若接受 $A_r > 0.08$ 的产品，显然对植筋的安全质量有影响，故规定当采用进口的带肋钢筋时，应检查此项目，并且至少应要求其 A_r 值不应大于 0.08。

15.1.5 这是根据全国建筑物鉴定与加固标准技术委员会抽样检测20余种中、高档锚固型结构胶粘剂的试验结果，参照国外有关技术资料制定的，并且在实际工程的试用中得到验证。因此，必须严格执行，以确保植筋技术在承重结构中应用的安全。另外，应指出的是：氨基甲酸酯胶粘剂也属于乙烯基酯类胶粘剂的一种。

15.1.6 本条规定了采用植筋连接的结构，其长期使用的环境温度不应高于60℃。但应说明的是，这是按常温条件下，使用普通型结构胶粘剂的性能确定的。当采用耐高温胶粘剂粘结时，可不受此规定限制，但基材混凝土应受现行国家标准《混凝土结构设计规范》GB 50010 对结构表面温度规定的约束。

15.2 锚固计算

15.2.1～15.2.3 本规范对植筋受拉承载力的确定，虽然是以充分利用钢材强度和延性为条件的，但在计算其基本锚固深度时，却是按钢材屈服和粘结破坏同时发生的临界状态进行确定的。因此，在计算地震区植筋承载力时，对其锚固深度设计值的确定，尚应乘以保证其位移延性达到设计要求的修正系数。试验表明，该修正系数只要符合本条的规定，其所植钢筋不仅都能屈服，而且后继强化段明显，能够满足抗震对延性的要求。

另外，应说明的是在植筋承载力计算中还引入了防止混凝土劈裂的计算系数。这是参照 ACI 38-02 的规定制定的；但考虑到按 ACI 公式计算较为复杂，况且也有必要按我国的工程经验进行调整，故而采取了按查表的方法确定。

15.2.4 锚固用胶粘剂粘结强度设计值，不仅取决于胶粘剂的基本力学性能，而且还取决于混凝土强度等级以及结构的构造条件。表 15.2.4 规定的粘结抗剪强度设计值是参照 ICBO 对胶粘剂粘结强度规定的安全系数以及 EOTA 给出的取值曲线，按我国试验数据和工程经验确定的。从表面上看，本规范的取值似乎偏高，其实并非如此。因为本规范引入了对植筋构件不同受力条件的考虑，并按其风险的大小，对基本取值进行了调整。这样得到的最后结果，对非悬挑的梁类构件而言，与欧美取值相近；对悬挑结构构件而言，取值要比欧洲低，但却是必要的；因为这类构件的植筋受力条件最为不利，必须要有较高的安全储备才能保证植筋连接的可靠性；所以根据修订组的试验数据和专家论证的意见作了调整。

另外，应指出的是快固型结构胶在 C30 以上（不包括 C30）的混凝土基材中使用时，其粘结抗剪强度之所以需作降低的调整，是因为在较高强度等级的混凝土基材中植筋，胶的粘结性能才能显现出来，并起到控制的作用，而快固型结构胶主要成分的固有性能决定了它的粘结强度要比慢固型结构胶低。因此，有必要加以调整，以确保安全。

本条为强制性条文，必须严格执行。

15.2.5 本条规定的各种因素对植筋受拉性能影响的修正系数，是参照欧洲有关指南和我国的试验研究结果制定的。

15.2.6 当前植筋市场竞争十分激烈，不少厂商为了夺标，无视工程安全，采取以下手法来影响设计单位和业主的决策。

一是故意混淆单根植筋与多根植筋（成组植筋）在受力性能上的本质差别，以单根植筋试验分析结果确定的计算参数引用于多根群植的植筋设计计算，任意在梁、柱等承重构件的接长工程中推荐使用 $10d$～$12d$ 的植筋锚固长度，甚至还纳入其所编制的"技术手册"到处散发，致使很多经验不足的设计人员和外行的业主受到误导。这对承重结构而言，是极其危险的。因为对多根群植的植筋，其试验结果表明，若锚固深度仅有 $10d$，在构件破坏时，群植的钢筋不可能屈服，完全是由于混凝土劈裂而引起的脆性破坏。由此可知这类误导所造成危害的严重性。

二是鼓励业主采用单筋拉拔试验作为选胶的依据，并按单筋拉断的埋深作为多根群植的植筋锚固长度进行接长设计。这种做法不仅贻害工程，而且所选中的都是劣质植筋胶。因为在现场拉拔的大比拼中，最容易入选的植筋胶，多是以乙二胺为主分的 T31 固化剂配制的。其特点是早期强度高，但性脆、有毒，且不耐老化，缺乏结构胶所要求的韧性和耐久性，在使用过程中容易脱胶。

15.3 构造规定

15.3.1 本条规定的最小锚固深度，是从构造要求出发，参照国外有关的指南和技术手册确定的，而且已在我国试用过几年，其所反馈的信息表明，在一般情况下还是合理可行的；只是对悬挑结构构件尚嫌不足。为此，根据一些专家的建议，作出了应乘以 1.5 修正系数的补充规定。

15.3.2、15.3.3 与国家标准《混凝土结构设计规范》GB 50010 - 2010 的规定相对应，可参考该规范的条文说明。

15.3.5 植筋钻孔直径的大小与其受拉承载力有一定关系，因此，本条规定的钻孔直径是经过承载力试验对比后确定的，应认真遵守，不得以植筋公司的说法为凭。

16 锚栓技术

16.1 设计规定

16.1.1 对本条的规定需要说明两点：

1 轻质混凝土结构的锚栓锚固，应采用适应其材性的专用锚栓。目前市场上有不同品牌和功能的国内外产品可供选择，但不属本规范管辖范围。

2 严重风化的混凝土结构不能作为锚栓锚固的基材，其道理是显而易见的，但若必需使用锚栓，应先对被锚固的构件进行混凝土置换，然后再植入锚栓，才能起到承载作用。

16.1.2 对基材混凝土的最低强度等级作出规定，主要是为了保证承载的安全。本规范的规定值之所以按重要构件和一般构件分别给出，除了考虑安全因素和失效后果的严重性外，还注意到迄今为止所总结的工程经验，其实际混凝土强度等级多在 C30～C50 之间，而我国使用新型锚栓的时间又不长，因此，对重要构件要求严一些较为稳妥。至于 C20 级作为一般构件的最低强度等级要求，与其他各国的规定是一致的，不会有什么问题。

16.1.3 根据全国建筑物鉴定与加固标准技术委员会近 10 年来对各种锚栓所进行的安全性检测及其使用效果的观测结果，本规范修订组从中筛选了三种适合于承重结构使用的机械锚栓，即自扩底锚栓、模扩底锚栓和胶粘型模扩底锚栓纳入规范，之所以选择这三种锚栓，主要是因为它们嵌入基材混凝土后，能起到机械锁键作用，并产生类似预埋的效应，而这对承载的安全至关重要。至于胶粘型模扩底锚栓，由于增加了结构胶的粘结，还可以在增加安全储备的同时，起到防腐蚀的作用，宜在有这方面要求的场合应用。

对于化学锚栓，由于目前市场上品牌多，存在着鱼龙混杂的现象，兼之不少单位在设计概念和计算方法上还很混乱，因而不能任其在承重结构中滥用。为此，本规范此次修订做了两项工作：一是不再采用"化学锚栓"这个不科学的名称，而改名为"胶粘型锚栓"；二是在经过筛选后，仅纳入能适应开裂混凝土性能的"特殊倒锥形胶粘型锚栓"。其所以这样做，是因为目前能用于承重结构的胶粘型锚栓，均是经过特殊设计和验证性试验后才投入批量生产的，而且尽管有不同品牌，但其承载原理都是相同的，即：通过材料粘合和具有挤紧作用的嵌合来取得安全承载的效果，以达到提高锚固安全性之目的。

16.1.4 普通膨胀锚栓在承重结构中应用不断出现危及安全的问题已是多年来有目共睹的事实。正因此，不少省、市、自治区的建委或建设厅先后作出了禁用的规定，所以本规范也作出了相应的强制性规定。

16.1.5 对于在地震区采用锚栓的限制性规定，是参照国外有关规程、指南、手册对锚栓适用范围的划分，经咨询专家和设计人员的意见后作出了较为稳健的规定。例如：有些指南和手册规定这三种机械锚栓可用于 6 度～8 度区；而本规范则规定：对 8 度区仅允许用于 I、II 类场地，原因是这两种锚栓在我国应用时间尚不长，缺乏震害资料，还是以稳健为妥。

16.1.7 对锚栓连接的计算之所以不考虑国外所谓的非开裂混凝土对锚栓承载力提高的作用，主要是因为它只有理论意义，无甚工程应用的实际价值；若判别不当还很容易影响结构的安全。

16.2 锚栓钢材承载力验算

16.2.1～16.2.4 这三条规定基本上是参照欧洲标准制定的，但根据我国钢材性能和质量情况对设计指标稍作偏于安全的调整。此外，还在条文内容的表达方式上作了适当改变：一是与现行设计规范相协调，给出锚栓钢材强度的设计值；二是直接以锚栓抗剪强度设计值 $f_{ud,v}$ 取代原公式中的 $0.5f_{ud,t}$，使该表达式

(16.2.4-1) 在计算结果相同的情况下概念较为清晰。这次修订，又参照美国 ACI 318 附录 D 的规定，对 $\psi_{E,v}$ 的取值作了偏于安全的调整。

同时这次修订，也对锚栓受剪承载力的地震影响系数作了偏于安全的调整，其依据也是参照了美国 ACI 318 的相应规定。

16.3 基材混凝土承载力验算

16.3.1、16.3.2 本规范对基材混凝土的承载力验算，在破坏模式的考虑上与欧洲标准及 ACI 标准完全一致。但在其受拉承载力的计算上，根据我国试验资料和工程使用经验作了偏于安全的调整。计算表明，可以更好地反映当前我国锚栓连接的受力性能和质量情况。

16.3.3 这次修订规范，参照国外相关标准和 6 年多来国内实施原规范反馈的信息，对参数 $\psi_{s,N}$ 和 $\psi_{h,N}$ 重新作了调整，并合并为一个参数 $\psi_{s,h}$，调整后的效果是使混凝土基材的受拉承载力稍有提高。试设计表明，修订后的混凝土基材的承载力居于原规范与欧美标准之间，较为符合我国施工质量状况，且稳健、可行。

16.3.4 与欧洲标准相同，均采用图例方式给出各几何参数的确定方法，供锚栓连接的设计计算使用。

16.3.5～16.3.10 关于基材混凝土受剪承载力的计算方法以及计算所需几何参数的确定方法，均参照 ETAG 标准进行制定。

16.4 构 造 规 定

16.4.1、16.4.2 对混凝土最小厚度 h_{min} 的规定，考虑到本规范的锚栓设计仅适用于承重结构，且要求锚栓直径不得小于 12mm，故将 h_{min} 的取值调整为 h_{min} 不应小于 60mm。

16.4.3 本规范推荐的锚栓品种仅有 4 种，且均属国内外验证性试验确认为有预埋效应的锚栓；其有效锚固深度的基本值又是以 6 度区～8 度区为界限确定的。因此，在进一步限制其设防烈度最高为 8 度区 I、II、III 类场地的情况下，本条规定的 h_{ef} 最小值是能够满足抗震构造要求的。

16.4.4 锚栓的边距和间距，系参照 ETAG 标准制定的，但不分锚栓品种，统一取 $s_{min} = 1.0h_{ef}$，有助于保证胶粘型锚栓的安全。

16.4.5 本条对锚栓的防腐蚀要求仅作出原则性规定。具体设计时，尚应符合现行国家标准《工业建筑防腐蚀设计规范》GB 50046 的规定。

17 裂缝修补技术

17.1 设 计 规 定

17.1.1 迄今为止，研究和开发裂缝修补技术所取得

的成果表明，对因承载力不足而产生裂缝的结构、构件而言，开裂只是其承载力下降的一种表面征兆和构造性的反应，而非导致承载力下降的实质性原因，故不可能通过单纯的裂缝修补来恢复其承载功能。基于这一共识，可以将修补裂缝的作用概括为以下5类：

1 抵御诱发钢筋锈蚀的介质侵入，延长结构实际使用年数；

2 通过补强保持结构、构件的完整性；

3 恢复结构的使用功能，提高其防水、防渗能力；

4 消除裂缝对人们形成的心理压力；

5 改善结构外观。

由此可以界定这种技术的适用范围及其可以收到的实效。

17.1.2 混凝土结构的裂缝依其形成可分为以下三类：

1 静止裂缝：形态、尺寸和数量均已稳定不再发展的裂缝。修补时，仅需依裂缝粗细选择修补材料和方法。

2 活动裂缝：宽度在现有环境和工作条件下始终不能保持稳定，易随着结构构件的受力、变形或环境温、湿度的变化而时张时闭的裂缝。修补时，应先消除其成因，并观察一段时间，确认已稳定后，再依静止裂缝的处理方法修补；若不能完全消除其成因，但确认对结构、构件的安全性不构成危害时，可使用具有弹性和柔韧性的材料进行修补。

3 尚在发展的裂缝：长度、宽度或数量尚在发展，但经历一段时间后将会终止的裂缝。对此类裂缝应待其停止发展后，再进行修补或加固。

裂缝修补方法应符合下列规定：

1 表面封闭法：利用混凝土表层微细独立裂缝（裂缝宽度 $w \leq 0.2$mm）或网状裂纹的毛细作用吸收低黏度且具有良好渗透性的修补胶液，封闭裂缝通道。对楼板和其他需要防渗的部位，尚应在混凝土表面粘贴纤维复合材料以增强封护作用。

2 注射法：以一定的压力将低黏度、高强度的裂缝修补胶液注入裂缝腔内；此方法适用于 0.1mm $\leq w \leq 1.5$mm 静止的独立裂缝、贯穿性裂缝以及蜂窝状局部缺陷的补和封闭。注射前，应按产品说明书的规定，对裂缝周边进行密封。

3 压力注浆法：在一定时间内，以较高压力（按产品使用说明书确定）将修补裂缝用的注浆料压入裂缝腔内；此法适用于处理大型结构贯穿性裂缝、大体积混凝土的蜂窝状严重缺陷以及深而蜿蜒的裂缝。

4 填充密封法：在构件表面沿裂缝走向骑缝凿出槽深和槽宽分别不小于 20mm 和 15mm 的 U 形沟槽；当裂缝较细时，也可凿成 V 形沟槽。然后用改性环氧树脂或弹性填缝材料充填，并粘贴纤维复合材以封闭其表面；此法适用于处理 $w > 0.5$mm 的活动裂缝和静止裂缝。填充完毕后，其表面应做防护层（图3）。

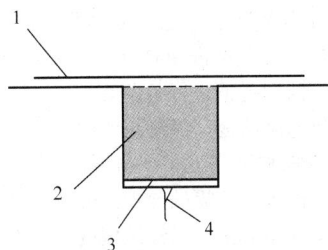

图 3　裂缝处开 U 形沟
槽充填修补材料
1—封护材料；2—填充材料；
3—隔离层；4—裂缝

注：当为活动裂缝时，槽宽应按不小于 15mm+5t 确定（t 为裂缝最大宽度）。

裂缝的修补必须以结构可靠性鉴定结论为依据。因为它通过现场调查、检测和分析，对裂缝起因、属性和类别作出判断，并根据裂缝的发展程度、所处的位置与环境，对受检裂缝可能造成的危害作出鉴定。据此，才能有针对地选择适用的修补方法进行防治。

17.2　裂缝修补要求

17.2.1～17.2.3 对混凝土有补强要求的裂缝，其修补效果的检验以取芯法最为有效。若能在钻芯前辅以超声探测混凝土内部情况，则取芯成功率将会大大提高。芯样的检验以采用劈裂抗拉强度试验方法为宜，因为该法能查出裂缝修补液的粘结强度是否合格。

附录 A　既有建筑物结构荷载
标准值的确定方法

现行国家标准《建筑结构荷载规范》GB 50009是以新建工程为对象制定的；当用于已有建筑物结构加固设计时，还需要根据已有建筑物的特点作些补充规定。例如：现行国家标准《建筑结构荷载规范》GB 50009 尚未规定的有些材料自重标准值的确定；加固设计使用年限调整后，楼面活荷载、风、雪荷载标准值的确定等。为此，编制组与"建筑结构荷载规范管理组"商讨后制定了本附录，作为对 GB 50009 的补充，供既有建筑物结构加固设计使用。

附录 B　既有结构混凝土
回弹值龄期修正的规定

建筑结构加固设计中遇到的原构件混凝土，其龄期绝大多数已远远超过1000d，这也就意味着必须采用取芯法对回弹值进行修正。但这在实际工程中是很难做到的，例如当原构件截面过小，原构件混凝土有缺陷，原构件内部钢筋过密，取芯操作的风险过大时，都无法按照行业标准 JGJ/T 23-2011 的规定对原构件混凝土的回弹值进行龄期修正。

为了解决这个问题，编制组参照日本有关可靠性检验手册的龄期修正方法，并根据甘肃、重庆、四川、辽宁、上海等地积累的数据与分析资料进行了验证与调整。在此基础上，经组织国内著名专家论证后制定了本规定。这里需要指出：

1 本规定仅允许用于结构加固设计；不得用于安全性鉴定的仲裁性检验；

2 本规定是为了解决当前结构加固设计的急需而制定的，属暂行规定的性质。一旦有了专门的检验方法标准发布实施，本规范管理组将立即上报主管部门终止本附录的使用。

龄期修正系数 α_n 应用示例如下：

现场测得某测区平均回弹值 $R_m = 50.8$；其平均碳化深度 d_m 大于 6mm；由行业标准《回弹法检测混凝土抗压强度技术规程》JGJ/T 23-2011 附录 A 查得：测区混凝土换算值 $f^c_{cu,i}(1000d) = 40.3MPa$。若被测混凝土的龄期已达 15000d，则由本规定表 B.0.3 可查得龄期修正系数 $\alpha_n = 0.89$；$f^c_{cu,i}(15000d) = 40.3 \times 0.89 = 35.8MPa$。

附录 C 锚固用快固胶粘结拉伸抗剪强度测定法之一钢套筒法

本方法为测定锚固型快固胶粘结拉伸抗剪强度的专用测定方法之一，而且应与 GB/T 7124 配套执行，其检验结果亦为有效。因此，这是为了解决这类粘结材料粘结能力评定有困难才制定的。

本方法最早由建设部建筑物鉴定与加固规范管理委员会于 1999 年提出，曾先后在植筋和锚栓胶粘剂的安全性统一检测过程中进行了近 5 年的试用。其试用情况表明，能较好地反映这类胶粘剂在特定条件下的粘结性能。特别是在 20 余种国产和进口胶粘剂的统一检测中，积累了大量数据，因而能用以确定本方法检验结果的合格指标。这也就使得本规范在制定快固胶性能指标时，有了可靠的基础。故决定纳入本规范供结构加固的选材使用。

附录 D 锚固型快固结构胶抗震性能检验方法

根据国外有关标准和指南的新规定，对锚固型快固结构胶的应用，均提出"应通过地震区适用的认证"的要求。与此同时，从我国"5·12"震害的调查中，也深感有加强锚固型快固结构胶抗震性能检验的必要。为此，由同济大学等单位通过各种比对试验与分析，确认采用本附录的测试方法最为简便，但仍然需要较长时间和较高费用。因此，仅推荐在新产品进入市场时使用，对于常规的检验，仅要求审查此项鉴定报告的有效性和可靠性。

附录 E 既有混凝土结构钢筋阻锈方法

对本附录需说明以下 4 点：

1 本规范采用的钢筋阻锈技术，是针对既有混凝土结构的特点进行选择的，因而仅纳入适合这类结构使用的喷涂型阻锈剂；但应指出的是，对新建工程中密实性很差的混凝土构件而言，也可作为补救性的有效防锈措施，以提高有缺陷混凝土构件的耐久性。

2 本附录是在国内外使用喷涂型阻锈剂工程经验总结的基础上制定的，因而应务必予以重视，否则很可能达不到应有的处理效果。

3 亲水性的钢筋阻锈剂虽能很好地吸附在混凝土内部钢筋表面，对钢筋进行保护，但却不能有效滤除混凝土基材内的氯离子、氧气及其他有害物质。随着时间的推移，这些有害成分会不断累积，从而使混凝土中钢筋受到新的锈蚀威胁。因此，在露天工程或有腐蚀性介质的环境中，使用亲水性阻锈剂时，需要采用附加的表面涂层，以起到滤除氯离子及其他有害杂质的作用。

4 本附录规定的检测方法及其评定标准，是参照国外著名机构的有关试验方法与评估指南制定的，较为可信；尤其是对锈蚀电流降低率的检测，能够有效地衡量阻锈剂的使用效果；其唯一的缺点是测试的时间较晚，从喷涂时间算起，需等待 150d 才能进行检测，但其评估结论却是最准确的，因而仍然受到设计和业主单位的青睐。

附录 F 锚栓连接受力分析方法

对混凝土结构加固设计而言，内力分析和承载力验算是不可或缺且相互影响的两大部分。从欧美规范的构成可以看出，结构分析的内容占有相当篇幅，甚至独立成章。过去我国规范中以截面计算为主，很少涉及这方面内容。然而自从《混凝土结构设计规范》GB 50010 修订以后，已在该规范中增补了"结构分析"一章，由此可见其重要性已被国人所认识。为此，也将这方面内容纳入本规范的附录，以供后锚固连接设计使用。

附录一 2020 年度全国一级注册结构工程师专业考试所使用的规范、标准、规程（草案[*]）

1. 《建筑结构可靠性设计统一标准》（GB 50068—2018）
2. 《建筑结构荷载规范》（GB 50009—2012）
3. 《建筑工程抗震设防分类标准》（GB 50223—2008）
4. 《建筑抗震设计规范》（GB 50011—2010）（2016 年版）
5. 《建筑地基基础设计规范》（GB 50007—2011）
6. 《建筑桩基技术规范》（JGJ 94—2008）
7. 《建筑边坡工程技术规范》（GB 50330—2013）
8. 《建筑地基处理技术规范》（JGJ 79—2012）
9. 《建筑地基基础工程施工质量验收标准》（GB 50202—2018）
10. 《既有建筑地基基础加固技术规范》（JGJ 123—2012）
11. 《混凝土结构设计规范》（GB 50010—2010（2015 年版））
12. 《混凝土结构工程施工质量验收规范》（GB 50204—2015）
13. 《混凝土异形柱结构技术规程》（JGJ 149—2017）
14. 《混凝土结构加固设计规范》（GB 50367—2013）
15. 《组合结构设计规范》（JGJ 138—2016）
16. 《钢结构设计标准》（GB 50017—2017）
17. 《门式刚架轻型房屋钢结构技术规范》（GB 51022—2015）
18. 《冷弯薄壁型钢结构技术规范》（GB 50018—2002）
19. 《高层民用建筑钢结构技术规程》（JGJ 99—2015）
20. 《空间网格结构技术规程》（JGJ 7—2010）
21. 《钢结构焊接规范》（GB 50661—2011）
22. 《钢结构高强度螺栓连接技术规程》（JGJ 82—2011）
23. 《钢结构工程施工质量验收规范》（GB 50205—2001）
24. 《砌体结构设计规范》（GB 50003—2011）
25. 《砌体结构工程施工质量验收规范》（GB 50203—2011）
26. 《木结构设计标准》（GB 50005—2017）
27. 《烟囱设计规范》（GB 50051—2013）
28. 《高层建筑混凝土结构技术规程》（JGJ 3—2010）
29. 《建筑设计防火规范》（GB 50016—2014）（2018 年版）
30. 《公路桥涵设计通用规范》（JTG D60—2015）
31. 《城市桥梁设计规范》（CJJ 11—2011）
32. 《城市桥梁抗震设计规范》（CJJ 166—2011）
33. 《公路钢筋混凝土及预应力混凝土桥涵设计规范》（JTG 3362—2018）
34. 《公路桥梁抗震设计细则》（JTG/T B02—01—2008）
35. 《城市人行天桥与人行地道技术规范》（CJJ 69—95）（含 1998 年局部修订）

---

[*] 本文件为草案，请以住房和城乡建设部执业资格注册中心发布的考试考务文件为准。

附录二　2020 年度全国二级注册结构工程师专业考试
所使用的规范、标准、规程（草案*）

1. 《建筑结构可靠性设计统一标准》（GB 50068—2018）
2. 《建筑结构荷载规范》（GB 50009—2012）
3. 《建筑工程抗震设防分类标准》（GB 50223—2008）
4. 《建筑抗震设计规范》（GB 50011—2010）（2016 年版）
5. 《建筑地基基础设计规范》（GB 50007—2011）
6. 《建筑桩基技术规范》（JGJ 94—2008）
7. 《建筑地基处理技术规范》（JGJ 79—2012）
8. 《建筑地基基础工程施工质量验收标准》（GB 50202—2018）
9. 《混凝土结构设计规范》（GB 50010—2010）（2015 年版）
10. 《混凝土结构工程施工质量验收规范》（GB 50204—2015）
11. 《混凝土异形柱结构技术规程》（JGJ 149—2017）
12. 《钢结构设计标准》（GB 50017—2017）
13. 《门式刚架轻型房屋钢结构技术规范》（GB 51022—2015）
14. 《钢结构工程施工质量验收规范》（GB 50205—2001）
15. 《砌体结构设计规范》（GB 50003—2011）
16. 《砌体结构工程施工质量验收规范》（GB 50203—2011）
17. 《木结构设计标准》（GB 50005—2017）
18. 《高层建筑混凝土结构技术规程》（JGJ 3—2010）
19. 《烟囱设计规范》（GB 50051—2013）
20. 《高层民用建筑钢结构技术规程》（JGJ 99—2015）

---

* 本文件为草案，请以住房和城乡建设部执业资格注册中心发布的考试考务文件为准。

图书在版编目（CIP）数据

一、二级注册结构工程师必备规范汇编：修订缩印本：上、下册/中国建筑工业出版社编. —北京：中国建筑工业出版社，2019.6

ISBN 978-7-112-23795-1

Ⅰ.①一… Ⅱ.①中… Ⅲ.①建筑结构-建筑规范-汇编-中国-资格考试-自学参考资料 Ⅳ.①TU3-65

中国版本图书馆 CIP 数据核字（2019）第 103361 号

责任编辑：咸大庆 刘瑞霞 王 梅
责任校对：芦欣甜

一、二级注册结构工程师必备规范汇编
（修订缩印本）
本社 编

*

中国建筑工业出版社出版、发行（北京海淀三里河路9号）
各地新华书店、建筑书店经销
北京红光制版公司制版
北京富生印刷厂印刷

*

开本：787×1092毫米 1/16 印张：163 插页：4 字数：5806千字
2019年7月第一版 2020年6月第二次印刷
定价：**389.00**元（上、下册）
ISBN 978-7-112-23795-1
（35507）

一、二级注册结构工程师
必备规范汇编

（修订缩印本）

（上　册）

本社　编

中国建筑工业出版社

出 版 说 明

按照有关规定，我国一级注册结构工程师考试分两阶段进行。第一次是基础考试，在考生大学毕业后按相应规定的年限进行，其目的是测试考生是否基本掌握进行结构工程设计所必须具备的基础及专业理论知识。第二次考试是专业考试，在考生通过基础考试，并在结构工程设计岗位上实践规定年限的基础上进行，其目的是测试考生是否已具备按照国家法律、法规及设计规范进行结构设计、能够保证工程的安全可靠和经济合理的能力。

按照有关规定，凡参加一、二级注册结构工程师专业考试的考生，可携带参考书目中所列的设计规范入场。本汇编收录了 2020 年度全国一、二级注册结构工程师专业考试所使用的 32 种规范、规程和条文说明，另外 3 种规范由于种种原因未能收录，请参见相关规范。这样，考生一册在手，不仅消除了搜集上述规范和规程所带来的困扰，而且也解决了携带诸多规范带来的不便，节省了考生的宝贵时间。

本汇编收录了结构工程师常用的规范和规程，它不仅为一、二级注册结构工程师考试所必备，而且也是结构工程师必备的工具书。

中国建筑工业出版社

2020 年 5 月

总　目　录

（附条文说明）

（●为二级注册结构工程师考试必备规范）

中华人民共和国国家标准

建筑结构可靠性设计统一标准

Unified standard for reliability design of building structures

GB 50068－2018

主编部门：中华人民共和国住房和城乡建设部
批准部门：中华人民共和国住房和城乡建设部
施行日期：２０１９年４月１日

中华人民共和国住房和城乡建设部
公　告

2018年　第263号

住房城乡建设部关于发布国家标准
《建筑结构可靠性设计统一标准》的公告

现批准《建筑结构可靠性设计统一标准》为国家标准，编号为 GB 50068-2018，自 2019 年 4 月 1 日起实施。其中，第 3.2.1、3.3.2 条为强制性条文，必须严格执行。原《建筑结构可靠度设计统一标准》GB 50068-2001 同时废止。

本标准在住房城乡建设部门户网站（www.mohurd.gov.cn）公开，并由住房城乡建设部标准定额研究所组织中国建筑工业出版社出版发行。

中华人民共和国住房和城乡建设部
2018 年 11 月 1 日

前　言

根据住房和城乡建设部《关于印发〈2015 年工程建设标准规范制订、修订计划（第一批）〉的通知》（建标[2014]189 号）的要求，标准编制组经过广泛调查研究，认真总结实践经验，参考有关国际标准和国外先进标准，并在广泛征求意见的基础上，修订了本标准。

本标准的主要技术内容是：1. 总则；2. 术语和符号；3. 基本规定；4. 极限状态设计原则；5. 结构上的作用和环境影响；6. 材料和岩土的性能及几何参数；7. 结构分析和试验辅助设计；8. 分项系数设计方法。

本标准修订的主要技术内容是：1. 与《工程结构可靠性设计统一标准》GB 50153-2008 进行了全面协调；2. 调整了建筑结构安全度的设置水平，提高了相关作用分项系数的取值，并对作用的基本组合，取消了原标准当永久荷载效应为主时起控制作用的组合式；3. 增加了地震设计状况，并对建筑结构抗震设计，引入了"小震不坏、中震可修、大震不倒"设计理念；4. 完善了既有结构可靠性评定的规定；5. 新增了结构整体稳固性设计的相关规定；6. 新增了结构耐久性极限状态设计的相关规定等。

本标准中以黑体字标志的条文为强制性条文，必须严格执行。

本标准由住房和城乡建设部负责管理和对强制性条文的解释，由中国建筑科学研究院有限公司负责具体技术内容的解释。执行过程中如有意见或建议，请寄送中国建筑科学研究院有限公司（地址：北京市北三环东路 30 号；邮政编码：100013）。

本标准主编单位：中国建筑科学研究院有限公司

本标准参编单位：中国建筑东北设计研究院有限公司
重庆大学
中南建筑设计院股份有限公司
中国建筑西南设计研究院有限公司
大连理工大学
浙江大学
国家建筑工程质量监督检验中心

本标准主要起草人员：史志华　肖从真　陈　凯
朱爱萍　刘　斌　戴国欣
徐厚军　杨学兵　贡金鑫
金伟良　滕延京　罗开海
邸小坛　白生翔

本标准主要审查人员：娄　宇　刘西拉　张同亿
刘琼祥　郑文忠　吴　体
王立军　李元齐　张新培
薛慧立

目　次

Contents

1 总 则

1.0.1 为统一各种材料的建筑结构可靠性设计的基本原则、基本要求和基本方法，使结构符合可持续发展的要求，并符合安全可靠、经济合理、技术先进、确保质量的要求，制定本标准。

1.0.2 本标准适用于整个结构、组成结构的构件以及地基基础的设计；适用于结构施工阶段和使用阶段的设计；适用于既有结构的可靠性评定。既有结构的可靠性评定，可根据本标准附录 A 的规定进行。

1.0.3 本标准依据现行国家标准《工程结构可靠性设计统一标准》GB 50153 的原则制定，是建筑结构可靠性设计的基本要求。

1.0.4 建筑结构设计宜采用以概率理论为基础、以分项系数表达的极限状态设计方法；当缺乏统计资料时，建筑结构设计可根据可靠的工程经验或必要的试验研究进行，也可采用容许应力或单一安全系数等经验方法进行。

1.0.5 制定建筑结构荷载标准、各种材料的结构设计标准以及其他相关标准时，应符合本标准规定的基本准则，并应制定相应的具体规定。

1.0.6 建筑结构设计除应符合本标准的规定外，尚应符合国家现行有关标准的规定。

2 术语和符号

2.1 术 语

2.1.1 结构 structure
能承受作用并具有适当刚度的由各连接部件有机组合而成的系统。

2.1.2 结构构件 structural member
结构在物理上可以区分出的部件。

2.1.3 结构体系 structural system
结构中的所有承重构件及其共同工作的方式。

2.1.4 结构模型 structural model
用于结构分析、设计等的理想化的结构体系。

2.1.5 设计使用年限 design service life
设计规定的结构或结构构件不需进行大修即可按预定目的使用的年限。

2.1.6 设计状况 design situations
表征一定时段内实际情况的一组设计条件，设计应做到在该组条件下结构不超越有关的极限状态。

2.1.7 持久设计状况 persistent design situation
在结构使用过程中一定出现，且持续期很长的设计状况，其持续期一般与设计使用年限为同一数量级。

2.1.8 短暂设计状况 transient design situation

在结构施工和使用过程中出现概率较大，而与设计使用年限相比，其持续期很短的设计状况。

2.1.9 偶然设计状况 accidental design situation
在结构使用过程中出现概率很小，且持续期很短的设计状况。

2.1.10 地震设计状况 seismic design situation
结构遭受地震时的设计状况。

2.1.11 荷载布置 load arrangement
在结构设计中，对自由作用的位置、大小和方向的合理确定。

2.1.12 荷载工况 load case
为特定的验证目的，一组同时考虑的固定可变作用、永久作用、自由作用的某种相容的荷载布置以及变形和几何偏差。

2.1.13 极限状态 limit states
整个结构或结构的一部分超过某一特定状态就不能满足设计规定的某一功能要求，此特定状态为该功能的极限状态。

2.1.14 承载能力极限状态 ultimate limit states
对应于结构或结构构件达到最大承载力或不适于继续承载的变形的状态。

2.1.15 正常使用极限状态 serviceability limit states
对应于结构或结构构件达到正常使用的某项规定限值的状态。

2.1.16 不可逆正常使用极限状态 irreversible serviceability limit states
当产生超越正常使用要求的作用卸除后，该作用产生的后果不可恢复的正常使用极限状态。

2.1.17 可逆正常使用极限状态 reversible serviceability limit states
当产生超越正常使用要求的作用卸除后，该作用产生的后果可以恢复的正常使用极限状态。

2.1.18 耐久性极限状态 durability limit states
对应于结构或结构构件在环境影响下出现的劣化达到耐久性能的某项规定限值或标志的状态。

2.1.19 抗力 resistance
结构或结构构件承受作用效应和环境影响的能力。

2.1.20 结构整体稳固性 structural integrity; structural robustness
当发生火灾、爆炸、撞击或人为错误等偶然事件时，结构整体能保持稳固且不出现与起因不相称的破坏后果的能力。

2.1.21 关键构件 key member; key element
结构承载能力极限状态性能所依赖的结构构件。

2.1.22 连续倒塌 progressive collapse
初始的局部破坏，从构件到构件扩展，最终导致整个结构倒塌或与起因不相称的一部分结构倒塌。

2.1.23 可靠性 reliability

结构在规定的时间内，在规定的条件下，完成预定功能的能力。

2.1.24 可靠度 degree of reliability；reliability

结构在规定的时间内，在规定的条件下，完成预定功能的概率。

2.1.25 失效概率 p_f probability of failure p_f

结构不能完成预定功能的概率。

2.1.26 可靠指标 β reliability index β

度量结构可靠度的数值指标，可靠指标 β 为失效概率 p_f 负的标准正态分布函数的反函数。

2.1.27 基本变量 basic variable

代表物理量的一组规定的变量，用于表示作用和环境影响、材料和岩土的性能以及几何参数的特征。

2.1.28 功能函数 performance function

关于基本变量的函数，该函数表征一种结构功能。

2.1.29 概率分布 probability distribution

随机变量取值的统计规律，一般采用概率密度函数或概率分布函数表示。

2.1.30 统计参数 statistical parameter

在概率分布中用来表示随机变量取值的平均水平和离散程度的数字特征。

2.1.31 分位值 fractile

与随机变量概率分布函数的某一概率相应的值。

2.1.32 名义值 nominal value

用非统计方法确定的值。

2.1.33 极限状态法 limit state method

不使结构超越某种规定的极限状态的设计方法。

2.1.34 容许应力法 permissible stress method，allowable stress method

使结构或地基在作用标准值下产生的应力不超过规定的容许应力的设计方法。

2.1.35 单一安全系数法 single safety factor method

使结构或地基的抗力标准值与作用标准值的效应之比不低于某一规定安全系数的设计方法。

2.1.36 作用 action

施加在结构上的集中力或分布力和引起结构外加变形或约束变形的原因。前者是直接作用，也称为荷载；后者为间接作用。

2.1.37 外加变形 imposed deformations

结构在地震、不均匀沉降等因素作用下，边界条件发生变化而产生的位移和变形。

2.1.38 约束变形 constrained deformations

结构在温度变化、湿度变化及混凝土收缩等因素作用下，由于存在外部约束而产生的内部变形。

2.1.39 作用效应 effect of action

由作用引起的结构或结构构件的反应。

2.1.40 单个作用 single action

可认为与结构上的任何其他作用之间在时间和空间上为统计独立的作用。

2.1.41 永久作用 permanent action

在设计使用年限内始终存在且其量值变化与平均值相比可以忽略不计的作用；或其变化是单调的并趋于某个限值的作用。

2.1.42 可变作用 variable action

在设计使用年限内其量值随时间变化，且其变化与平均值相比不可忽略不计的作用。

2.1.43 偶然作用 accidental action

在设计使用年限内不一定出现，而一旦出现其量值很大，且持续期很短的作用。

2.1.44 地震作用 seismic action

地震动对结构所产生的作用。

2.1.45 土工作用 geotechnical action

由岩土、填方或地下水传递到结构上的作用。

2.1.46 固定作用 fixed action

在结构上具有固定空间分布的作用。当固定作用在结构某一点上的大小和方向确定后，该作用在整个结构上的作用即得以确定。

2.1.47 自由作用 free action

在结构上给定的范围内具有任意空间分布的作用。

2.1.48 静态作用 static action

使结构产生的加速度可以忽略不计的作用。

2.1.49 动态作用 dynamic action

使结构产生的加速度不可忽略不计的作用。

2.1.50 有界作用 bounded action

具有不能被超越的且可确切或近似掌握界限值的作用。

2.1.51 无界作用 unbounded action

没有明确界限值的作用。

2.1.52 作用的标准值 characteristic value of an action

作用的主要代表值。可根据对观测数据的统计、作用的自然界限或工程经验确定。

2.1.53 设计基准期 design reference period

为确定可变作用等取值而选用的时间参数。

2.1.54 可变作用的组合值 combination value of a variable action

使组合后的作用效应的超越概率与该作用单独出现时其标准值作用效应的超越概率趋于一致的作用值；或组合后使结构具有规定可靠指标的作用值。可通过组合值系数对作用标准值的折减来表示。

2.1.55 可变作用的频遇值 frequent value of a variable action

在设计基准期内被超越的总时间占设计基准期的比率较小的作用值；或被超越的频率限制在规定频率内的作用值。可通过频遇值系数对作用标准值的折减来表示。

2.1.56 可变作用的准永久值 quasi-permanent value of a variable action

在设计基准期内被超越的总时间占设计基准期的比率较大的作用值。可通过准永久值系数对作用标准值的折减来表示。

2.1.57 可变作用的伴随值 accompanying value of a variable action

在作用组合中，伴随主导作用的可变作用值。可变作用的伴随值可以是组合值、频遇值或准永久值。

2.1.58 作用的代表值 representative value of an action

极限状态设计所采用的作用值。它可以是作用的标准值或可变作用的伴随值。

2.1.59 作用的设计值 design value of an action

作用的代表值与作用分项系数的乘积。

2.1.60 作用组合 combination of actions；荷载组合 load combination

在不同作用的同时影响下，为验证某一极限状态的结构可靠度而采用的一组作用设计值。

2.1.61 环境影响 environmental influence

环境对结构产生的各种机械的、物理的、化学的或生物的不利影响。环境影响会引起结构材料性能的劣化，降低结构的安全性或适用性，影响结构的耐久性。

2.1.62 材料性能的标准值 characteristic value of a material property

符合规定质量的材料性能概率分布的某一分位值或材料性能的名义值。

2.1.63 材料性能的设计值 design value of a material property

材料性能的标准值除以材料性能分项系数所得的值。

2.1.64 几何参数的标准值 characteristic value of a geometrical parameter

设计规定的几何参数公称值或几何参数概率分布的某一分位值。

2.1.65 几何参数的设计值 design value of a geometrical parameter

几何参数的标准值增加或减少一个几何参数的附加量所得的值。

2.1.66 结构分析 structural analysis

确定结构上作用效应的过程或方法。

2.1.67 一阶线弹性分析 first order linear-elastic analysis

基于线性应力-应变或弯矩-曲率关系，采用弹性理论分析方法对初始结构几何形体进行的结构分析。

2.1.68 二阶线弹性分析 second order linear-elastic analysis

基于线性应力-应变或弯矩-曲率关系，采用弹性理论分析方法对已变形结构几何形体进行的结构分析。

2.1.69 有重分布的一阶或二阶线弹性分析 first order or second order linear-elastic analysis with redistribution

结构设计中对内力进行调整的一阶或二阶线弹性分析，与给定的外部作用协调，不做明确的转动能力计算的结构分析。

2.1.70 一阶非线性分析 first order non-linear analysis

基于材料非线性变形特性对初始结构的几何形体进行的结构分析。

2.1.71 二阶非线性分析 second order non-linear analysis

基于材料非线性变形特性对已变形结构几何形体进行的结构分析。

2.1.72 一阶或二阶弹塑性分析 first order or second elasto-plastic analysis

基于线弹性阶段和随后的无硬化阶段构成的弯矩-曲率关系的结构分析。

2.1.73 刚性-塑性分析 rigid plastic analysis

假定弯矩-曲率关系为无弹性变形和无硬化阶段，采用极限分析理论对初始结构的几何形体进行的直接确定其极限承载力的结构分析。

2.1.74 既有结构 existing structure

已经存在的各类建筑结构。

2.1.75 评估使用年限 assessed working life

可靠性评定所预估的既有结构在规定条件下的使用年限。

2.1.76 荷载检验 load testing

通过施加荷载评定结构或结构构件的性能或预测其承载力的试验。

2.2 符　号

2.2.1 大写拉丁字母：

A_d ——偶然作用的设计值；

C ——设计对变形、裂缝等规定的相应限值；

F_d ——作用的设计值；

F_r ——作用的代表值；

G_k ——永久作用的标准值；

P —— 预应力作用的有关代表值；

Q_k ——可变作用的标准值；

R_d ——结构或结构构件抗力的设计值；

S ——结构或结构构件的作用效应；

S_{A_d} ——偶然作用设计值的效应；

S_d ——作用组合的效应设计值；

$S_{d,dst}$ ——不平衡作用效应的设计值；

$S_{d,stb}$ ——平衡作用效应的设计值；

S_{G_k} ——永久作用标准值的效应；

S_P ——预应力作用有关代表值的效应；

S_{Q_k} ——可变作用标准值的效应；

T ——设计基准期；

X ——基本变量。

2.2.2 小写拉丁字母：

a_d ——几何参数的设计值；

a_k ——几何参数的标准值；

f_d ——材料性能的设计值；

f_k ——材料性能的标准值；

p_f ——结构构件失效概率的运算值。

2.2.3 大写希腊字母：

Δ_a ——几何参数的附加量。

2.2.4 小写希腊字母：

β ——结构构件的可靠指标；

γ_0 ——结构重要性系数；

γ_F ——作用的分项系数；

γ_G ——永久作用的分项系数；

γ_L ——考虑结构设计使用年限的荷载调整系数；

γ_M ——材料性能的分项系数；

γ_Q ——可变作用的分项系数；

γ_P ——预应力作用的分项系数；

ψ_c ——作用的组合值系数；

ψ_f ——作用的频遇值系数；

ψ_q ——作用的准永久值系数。

3 基 本 规 定

3.1 基 本 要 求

3.1.1 结构的设计、施工和维护应使结构在规定的设计使用年限内以规定的可靠度满足规定的各项功能要求。

3.1.2 结构应满足下列功能要求：

1 能承受在施工和使用期间可能出现的各种作用；

2 保持良好的使用性能；

3 具有足够的耐久性能；

4 当发生火灾时，在规定的时间内可保持足够的承载力；

5 当发生爆炸、撞击、人为错误等偶然事件时，结构能保持必要的整体稳固性，不出现与起因不相称的破坏后果，防止出现结构的连续倒塌；结构的整体稳固性设计，可根据本标准附录 B 的规定进行。

3.1.3 结构设计时，应根据下列要求采取适当的措施，使结构不出现或少出现可能的损坏：

1 避免、消除或减少结构可能受到的危害；

2 采用对可能受到的危害反应不敏感的结构类型；

3 采用当单个构件或结构的有限部分被意外移除或结构出现可接受的局部损坏时，结构的其他部分仍能保存的结构类型；

4 不宜采用无破坏预兆的结构体系；

5 使结构具有整体稳固性。

3.1.4 宜采取下列措施满足对结构的基本要求：

1 采用适当的材料；

2 采用合理的设计和构造；

3 对结构的设计、制作、施工和使用等制定相应的控制措施。

3.2 安全等级和可靠度

3.2.1 建筑结构设计时，应根据结构破坏可能产生的后果，即危及人的生命、造成经济损失、对社会或环境产生影响等的严重性，采用不同的安全等级。建筑结构安全等级的划分应符合表 3.2.1 的规定。

表 3.2.1 建筑结构的安全等级

安全等级	破坏后果
一级	很严重：对人的生命、经济、社会或环境影响很大
二级	严重：对人的生命、经济、社会或环境影响较大
三级	不严重：对人的生命、经济、社会或环境影响较小

3.2.2 建筑结构中各类结构构件的安全等级，宜与结构的安全等级相同，对其中部分结构构件的安全等级可进行调整，但不得低于三级。

3.2.3 可靠度水平的设置应根据结构构件的安全等级、失效模式和经济因素等确定。对结构的安全性、适用性和耐久性可采用不同的可靠度水平。

3.2.4 当有充分的统计数据时，结构构件的可靠度宜采用可靠指标 β 度量。结构构件设计时采用的可靠指标，可根据对现有结构构件的可靠度分析，并结合使用经验和经济因素等确定。

3.2.5 各类结构构件的安全等级每相差一级，其可靠指标的取值宜相差 0.5。

3.2.6 结构构件持久设计状况承载能力极限状态设计的可靠指标，不应小于表 3.2.6 的规定。

表 3.2.6 结构构件的可靠指标 β

破坏类型	安全等级		
	一级	二级	三级
延性破坏	3.7	3.2	2.7
脆性破坏	4.2	3.7	3.2

3.2.7 结构构件持久设计状况正常使用极限状态设计的可靠指标，宜根据其可逆程度取 0～1.5。

3.2.8 结构构件持久设计状况耐久性极限状态设计的可靠指标，宜根据其可逆程度取 1.0～2.0。

3.3 设计使用年限和耐久性

3.3.1 建筑结构的设计基准期应为 50 年。

3.3.2 建筑结构设计时，应规定结构的设计使用年限。

3.3.3 建筑结构的设计使用年限，应按表 3.3.3 采用。

表 3.3.3 建筑结构的设计使用年限

类别	设计使用年限（年）
临时性建筑结构	5
易于替换的结构构件	25
普通房屋和构筑物	50
标志性建筑和特别重要的建筑结构	100

3.3.4 建筑结构设计时应对环境影响进行评估，当结构所处的环境对其耐久性有较大影响时，应根据不同的环境类别采用相应的结构材料、设计构造、防护措施、施工质量要求等，并应制定结构在使用期间的定期检修和维护制度，使结构在设计使用年限内不致因材料的劣化而影响其安全或正常使用。

3.3.5 环境对结构耐久性的影响，可通过工程经验、试验研究、计算、检验或综合分析等方法进行评估；耐久性极限状态设计可根据本标准附录 C 的规定进行。

3.3.6 环境类别的划分和相应的设计、施工、使用及维护的要求等，应符合国家现行有关标准的规定。

3.4 可靠性管理

3.4.1 为保证建筑结构具有规定的可靠性水平，除应进行设计计算外，还应对结构的材料性能、施工质量、使用和维护进行相应的控制。控制的具体措施，应符合本标准附录 D 和有关的勘察、设计、施工及维护等标准的专门规定。

3.4.2 建筑结构的设计必须由具有相应资格的技术人员承担。

3.4.3 建筑结构的设计应符合国家现行的有关荷载、抗震、地基基础和各种材料结构设计标准的规定。

3.4.4 建筑结构的设计应对结构可能受到的偶然作用、环境影响等采取必要的防护措施。

3.4.5 对建筑结构所采用的材料及施工、制作过程应进行质量控制，并按国家现行有关标准的规定进行验收。

3.4.6 建筑结构应按设计规定的用途使用，并应定期检查结构状况，进行必要的维护和维修；当需变更

使用用途时，应进行设计复核并采取相应的技术措施。

4 极限状态设计原则

4.1 极 限 状 态

4.1.1 极限状态可分为承载能力极限状态、正常使用极限状态和耐久性极限状态。极限状态应符合下列规定：

1 当结构或结构构件出现下列状态之一时，应认定为超过了承载能力极限状态：

　　1）结构构件或连接因超过材料强度而破坏，或因过度变形而不适于继续承载；

　　2）整个结构或其一部分作为刚体失去平衡；

　　3）结构转变为机动体系；

　　4）结构或结构构件丧失稳定；

　　5）结构因局部破坏而发生连续倒塌；

　　6）地基丧失承载力而破坏；

　　7）结构或结构构件的疲劳破坏。

2 当结构或结构构件出现下列状态之一时，应认定为超过了正常使用极限状态：

　　1）影响正常使用或外观的变形；

　　2）影响正常使用的局部损坏；

　　3）影响正常使用的振动；

　　4）影响正常使用的其他特定状态。

3 当结构或结构构件出现下列状态之一时，应认定为超过了耐久性极限状态：

　　1）影响承载能力和正常使用的材料性能劣化；

　　2）影响耐久性能的裂缝、变形、缺口、外观、材料削弱等；

　　3）影响耐久性能的其他特定状态。

4.1.2 对结构的各种极限状态，均应规定明确的标志或限值。

4.1.3 结构设计时应对结构的不同极限状态分别进行计算或验算；当某一极限状态的计算或验算起控制作用时，可仅对该极限状态进行计算或验算。

4.2 设 计 状 况

4.2.1 建筑结构设计应区分下列设计状况：

1 持久设计状况，适用于结构使用时的正常情况；

2 短暂设计状况，适用于结构出现的临时情况，包括结构施工和维修时的情况等；

3 偶然设计状况，适用于结构出现的异常情况，包括结构遭受火灾、爆炸、撞击时的情况等；

4 地震设计状况，适用于结构遭受地震时的情况。

4.2.2 对不同的设计状况，应采用相应的结构体系、

可靠度水平、基本变量和作用组合等进行建筑结构可靠性设计。

4.3 极限状态设计

4.3.1 对本标准第 4.2.1 条规定的四种建筑结构设计状况，应分别进行下列极限状态设计：

　　1 对四种设计状况均应进行承载能力极限状态设计；

　　2 对持久设计状况尚应进行正常使用极限状态设计，并宜进行耐久性极限状态设计；

　　3 对短暂设计状况和地震设计状况可根据需要进行正常使用极限状态设计；

　　4 对偶然设计状况可不进行正常使用极限状态和耐久性极限状态设计。

4.3.2 进行承载能力极限状态设计时，应根据不同的设计状况采用下列作用组合：

　　1 对于持久设计状况或短暂设计状况，应采用作用的基本组合；

　　2 对于偶然设计状况，应采用作用的偶然组合；

　　3 对于地震设计状况，应采用作用的地震组合。

4.3.3 进行正常使用极限状态设计时，宜采用下列作用组合：

　　1 对于不可逆正常使用极限状态设计，宜采用作用的标准组合；

　　2 对于可逆正常使用极限状态设计，宜采用作用的频遇组合；

　　3 对于长期效应是决定性因素的正常使用极限状态设计，宜采用作用的准永久组合。

4.3.4 对每一种作用组合，建筑结构的设计均应采用其最不利的效应设计值进行。

4.3.5 结构的极限状态可采用下列极限状态方程描述：

$$g(X_1, X_2, \cdots, X_n) = 0 \qquad (4.3.5)$$

式中：　　　$g(\cdot)$——结构的功能函数；

$X_i(i = 1, 2, \cdots, n)$——基本变量，指结构上的各种作用和环境影响、材料和岩土的性能及几何参数等；在进行可靠度分析时，基本变量应作为随机变量。

4.3.6 结构按极限状态设计应符合下列规定：

$$g(X_1, X_2, \cdots, X_n) \geqslant 0 \qquad (4.3.6)$$

4.3.7 当采用结构的作用效应和结构的抗力作为综合基本变量时，结构按极限状态设计应符合下列规定：

$$R - S \geqslant 0 \qquad (4.3.7)$$

式中：R——结构的抗力；

　　　S——结构的作用效应。

4.3.8 结构构件的设计应以规定的可靠度满足本标准第 4.3.6 或第 4.3.7 条的要求。

4.3.9 结构构件宜根据规定的可靠指标，采用由作用的代表值、材料性能的标准值、几何参数的标准值和各相应的分项系数构成的极限状态设计表达式进行设计；有条件时也可根据本标准附录 E 的规定，直接采用基于可靠指标的方法进行设计。

5 结构上的作用和环境影响

5.1 一般规定

5.1.1 建筑结构设计时，应考虑结构上可能出现的各种直接作用、间接作用和环境影响。

5.2 结构上的作用

5.2.1 结构上的各种作用，当在时间上和空间上可认为是相互独立时，则每一种作用可分别作为单个作用；当某些作用密切相关且有可能同时以最大值出现时，也可将这些作用一起作为单个作用。

5.2.2 同时施加在结构上的各单个作用对结构的共同影响，应通过作用组合来考虑；对不可能同时出现的各种作用，不应考虑其组合。

5.2.3 结构上的作用可按下列性质分类：

　　1 按随时间的变化分类：

　　1）永久作用；

　　2）可变作用；

　　3）偶然作用。

　　2 按随空间的变化分类：

　　1）固定作用；

　　2）自由作用。

　　3 按结构的反应特点分类：

　　1）静态作用；

　　2）动态作用。

　　4 按有无限值分类：

　　1）有界作用；

　　2）无界作用。

　　5 其他分类。

5.2.4 结构上的作用随时间变化的规律，宜采用随机过程的概率模型进行描述，对不同的作用可采用不同的方法进行简化，并应符合下列规定：

　　1 对永久作用，可采用随机变量的概率模型。

　　2 对可变作用，在作用组合中可采用简化的随机过程概率模型。在确定可变作用的代表值时可采用将设计基准期内最大值作为随机变量的概率模型。

5.2.5 当永久作用和可变作用作为随机变量时，其统计参数和概率分布类型，应以观测数据为基础，运用参数估计和概率分布的假设检验方法确定，检验的显著性水平可取 0.05。

5.2.6 当有充分观测数据时，作用的标准值应按在设计基准期内最不利作用概率分布的某个统计特征值确定；当有条件时，可对各种作用统一规定该统计特征值的概率定义；当观测数据不充分时，作用的标准值也可根据工程经验通过分析判断确定；对有明确界限值的有界作用，作用的标准值应取其界限值。

5.2.7 建筑结构按不同极限状态设计时，在相应的作用组合中对可能同时出现的各种作用，应采用不同的作用代表值。对可变作用，其代表值包括标准值、组合值、频遇值和准永久值。组合值、频遇值和准永久值可通过对可变作用的标准值分别乘以不大于1的组合值系数 ψ_c、频遇值系数 ψ_f 和准永久值系数 ψ_q 等折减系数表示。

5.2.8 对偶然作用，应采用偶然作用的设计值。偶然作用的设计值应根据具体工程情况和偶然作用可能出现的最大值确定，也可根据有关标准的专门规定确定。

5.2.9 对地震作用，应采用地震作用的标准值。地震作用的标准值应根据地震作用的重现期确定；地震作用的重现期可根据建筑抗震设防目标，按有关标准的专门规定确定。

5.2.10 当结构上的作用比较复杂且不能直接描述时，可根据作用形成的机理，通过数学模型来表征作用的大小、位置、方向和持续期等性质。结构上的作用 F 的大小可采用下列数学模型：

$$F = \varphi(F_0, \omega) \qquad (5.2.10)$$

式中：$\varphi(\cdot)$ ——所采用的函数；

F_0 ——基本作用，通常具有随时间和空间随机的或非随机的变异性，但与结构的性质无关；

ω ——用以将 F_0 转化为 F 的随机或非随机变量，它与结构的性质有关。

5.2.11 当结构的动态性能比较明显时，结构应采用动力模型描述。此时，结构的动力分析应考虑结构的刚度、阻尼及结构上各部分质量的惯性。当结构容许简化分析时，可计算"拟静态作用"响应，并乘以动力系数作为动态作用的响应。

5.2.12 对自由作用应考虑各种可能的荷载布置，并与固定作用等一起作为验证结构某特定极限状态的荷载工况。

5.3 环境影响

5.3.1 环境影响可分为永久影响、可变影响和偶然影响。

5.3.2 对结构的环境影响应进行定量描述；当没有条件进行定量描述时，可通过环境对结构的影响程度的分级等方法进行定性描述，并在设计中采取相应的技术措施。

6 材料和岩土的性能及几何参数

6.1 材料和岩土的性能

6.1.1 材料和岩土的强度、弹性模量、变形模量、压缩模量、内摩擦角、黏聚力等物理力学性能，应根据国家现行有关试验方法标准经试验确定。

6.1.2 当利用标准试件的试验结果确定结构中实际的材料性能时，尚应考虑实际结构与标准试件、实际工作条件与标准试验条件的差别。结构中的材料性能与标准试件材料性能的关系，应根据相应的对比试验结果通过换算系数或函数来表示，或根据工程经验判断确定。结构中材料性能的不定性，应由标准试件材料性能的不定性和换算系数或函数的不定性两部分组成。

6.1.3 材料性能宜采用随机变量概率模型描述。材料性能的各种统计参数和概率分布类型，应以试验数据为基础，运用参数估计和概率分布的假设检验方法确定，检验的显著性水平可取 0.05。

6.1.4 材料强度的概率分布宜采用正态分布或对数正态分布。

6.1.5 材料强度的标准值可按其概率分布的 0.05 分位值确定。材料弹性模量、泊松比等物理性能的标准值可按其概率分布的 0.5 分位值确定。

6.1.6 当试验数据不充分时，材料性能的标准值可采用有关标准的规定值，也可根据工程经验，经分析判断确定。

6.1.7 岩土性能指标和地基承载力、桩基承载力等，应通过原位测试、室内试验等直接或间接的方法测定，并应考虑由于钻探取样的扰动、室内外试验条件与实际建筑结构条件的差别以及所采用公式的误差等因素的影响，结合工程经验综合确定。

6.1.8 岩土性能的标准值宜根据原位测试和室内试验的结果，按有关标准的规定确定；当有条件时，岩土性能的标准值可按其概率分布的某个分位值确定。

6.2 几何参数

6.2.1 结构或结构构件的几何参数宜采用随机变量概率模型描述。几何参数的各种统计参数和概率分布类型，应以正常生产情况下对结构或结构构件几何尺寸的观测数据为基础，运用参数估计和概率分布的假设检验方法确定。

6.2.2 当观测数据不充分时，几何参数的统计参数可根据有关标准中规定的公差，经分析判断确定。

6.2.3 当几何参数的变异性对结构抗力及其他性能的影响很小时，几何参数可作为确定性变量。

6.2.4 几何参数的标准值可采用设计规定的公称值，或根据几何参数概率分布的某个分位值确定。

7 结构分析和试验辅助设计

7.1 一般规定

7.1.1 结构分析可采用计算、模型试验或原型试验等方法进行。

7.1.2 结构分析的精度，应能满足结构设计要求，必要时宜进行试验验证。

7.1.3 在结构分析中，宜考虑环境对材料、构件和结构性能的影响。

7.2 结构模型

7.2.1 结构分析采用的基本假定和计算模型应能合理描述所考虑的极限状态下的结构反应。

7.2.2 根据结构的具体情况，可采用一维、二维或三维的计算模型进行结构分析。

7.2.3 结构分析所采用的各种简化或近似假定，应具有理论或试验依据，或经工程验证可行。

7.2.4 当结构的变形可能使作用的影响显著增大时，应在结构分析中考虑结构变形的影响。

7.2.5 结构计算模型的不定性应在极限状态方程中采用一个或几个附加基本变量来考虑。附加基本变量的概率分布类型和统计参数，可通过按计算模型的计算结果与按精确方法的计算结果或实际的观测结果相比较，经统计分析确定，或根据工程经验判断确定。

7.3 作用模型

7.3.1 对与时间无关的或不计累积效应的静力分析，可只考虑发生在设计基准期内作用的最大值和最小值；当动力性能起控制作用时，应有详细的过程描述。

7.3.2 当不能准确确定作用参数时，应对作用参数给出上下限范围并进行比较，以确定不利的作用效应。

7.3.3 当结构承受自由作用时，应根据每一自由作用可能出现的空间位置、大小和方向，分析确定对结构最不利的荷载布置。

7.3.4 当考虑地基与结构相互作用时，土工作用可采用适当的等效弹簧或阻尼器来模拟。

7.3.5 当动力作用可被认为是拟静力作用时，可通过把动力作用分析结果包括在静力作用中的方法或将静力作用乘以等效动力放大系数的方法等，来考虑动力作用效应。

7.3.6 当动力作用引起的振幅、速度、加速度使结构有可能超过正常使用极限状态的限值时，应根据实际情况对结构进行正常使用极限状态验算。

7.4 分析方法

7.4.1 结构分析应根据结构类型、材料性能和受力特点等因素，采用线性、非线性或试验分析方法；当结构性能始终处于弹性状态时，可采用弹性理论进行结构分析，否则宜采用弹塑性理论进行结构分析。

7.4.2 当结构在达到极限状态前能够产生足够的塑性变形，且所承受的不是多次重复的作用时，可采用塑性理论进行结构分析；当结构的承载力由脆性破坏或稳定控制时，不应采用塑性理论进行分析。

7.4.3 当动力作用使结构产生较大加速度时，应对结构进行动力响应分析。

7.5 试验辅助设计

7.5.1 对没有适当分析模型的特殊情况，可按本标准附录 F 规定的方法，通过试验辅助设计进行结构分析。

7.5.2 采用试验辅助设计的结构，应达到相关设计状况采用的可靠度水平，并应考虑试验结果的数量对相关参数统计不定性的影响。

8 分项系数设计方法

8.1 一般规定

8.1.1 结构构件极限状态设计表达式中所包含的各种分项系数，宜根据有关基本变量的概率分布类型和统计参数及规定的可靠指标，通过计算分析，并结合工程经验，经优化确定；当缺乏统计数据时，可根据传统的或经验的设计方法，由有关标准规定各种分项系数。

8.1.2 基本变量的设计值可按下列规定确定：

1 作用的设计值 F_d 可按下式确定：

$$F_d = \gamma_F F_r \tag{8.1.2-1}$$

式中：F_r——作用的代表值；

γ_F——作用的分项系数。

2 材料性能的设计值 f_d 可按下式确定：

$$f_d = \frac{f_k}{\gamma_M} \tag{8.1.2-2}$$

式中：f_k——材料性能的标准值；

γ_M——材料性能的分项系数，其值按有关的结构设计标准的规定采用。

3 几何参数的设计值 a_d 可采用几何参数的标准值 a_k。当几何参数的变异性对结构性能有明显影响时，几何参数的设计值可按下式确定：

$$a_d = a_k \pm \Delta_a \tag{8.1.2-3}$$

式中：Δ_a——几何参数的附加量。

4 结构抗力的设计值 R_d 可按下式确定：

$$R_d = R(f_k/\gamma_M, a_d) \tag{8.1.2-4}$$

8.2 承载能力极限状态

8.2.1 结构或结构构件按承载能力极限状态设计时，

应考虑下列状态：

1 结构或结构构件的破坏或过度变形，此时结构的材料强度起控制作用；

2 整个结构或其一部分作为刚体失去静力平衡，此时结构材料或地基的强度不起控制作用；

3 地基破坏或过度变形，此时岩土的强度起控制作用；

4 结构或结构构件疲劳破坏，此时结构的材料疲劳强度起控制作用。

8.2.2 结构或结构构件按承载能力极限状态设计时，应符合下列规定：

1 结构或结构构件的破坏或过度变形的承载能力极限状态设计，应符合下式规定：

$$\gamma_0 S_d \leqslant R_d \qquad (8.2.2\text{-}1)$$

式中：γ_0——结构重要性系数，其值按本标准第8.2.8条的有关规定采用；

S_d——作用组合的效应设计值；

R_d——结构或结构构件的抗力设计值。

2 结构整体或其一部分作为刚体失去静力平衡的承载能力极限状态设计，应符合下式规定：

$$\gamma_0 S_{d,dst} \leqslant S_{d,stb} \qquad (8.2.2\text{-}2)$$

式中：$S_{d,dst}$——不平衡作用效应的设计值；

$S_{d,stb}$——平衡作用效应的设计值。

3 地基的破坏或过度变形的承载能力极限状态设计，可采用分项系数法进行，但其分项系数的取值与本标准式（8.2.2-1）中所包含的分项系数的取值可有区别；地基的破坏或过度变形的承载力设计，也可采用容许应力法等方法进行。

4 结构或结构构件的疲劳破坏的承载能力极限状态设计，可按现行有关标准的方法进行。

8.2.3 承载能力极限状态设计表达式中的作用组合，应符合下列规定：

1 作用组合应为可能同时出现的作用的组合；

2 每个作用组合中应包括一个主导可变作用或一个偶然作用或一个地震作用；

3 当结构中永久作用位置的变异，对静力平衡或类似的极限状态设计结果很敏感时，该永久作用的有利部分和不利部分应分别作为单个作用；

4 当一种作用产生的几种效应非全相关时，对产生有利效应的作用，其分项系数的取值应予以降低；

5 对不同的设计状况应采用不同的作用组合。

8.2.4 对持久设计状况和短暂设计状况，应采用作用的基本组合，并应符合下列规定：

1 基本组合的效应设计值按下式中最不利值确定：

$$S_d = S\left(\sum_{i\geqslant 1}\gamma_{G_i}G_{ik} + \gamma_P P + \gamma_{Q_1}\gamma_{L_1}Q_{1k}\right.$$
$$\left. + \sum_{j>1}\gamma_{Q_j}\psi_{cj}\gamma_{L_j}Q_{jk}\right) \qquad (8.2.4\text{-}1)$$

式中：$S(\cdot)$——作用组合的效应函数；

G_{ik}——第i个永久作用的标准值；

P——预应力作用的有关代表值；

Q_{1k}——第1个可变作用的标准值；

Q_{jk}——第j个可变作用的标准值；

γ_{G_i}——第i个永久作用的分项系数，应按本标准第8.2.9条的有关规定采用；

γ_P——预应力作用的分项系数，应按本标准第8.2.9条的有关规定采用；

γ_{Q_1}——第1个可变作用的分项系数，应按本标准第8.2.9条的有关规定采用；

γ_{Q_j}——第j个可变作用的分项系数，应按本标准第8.2.9条的有关规定采用；

γ_{L_1}、γ_{L_j}——第1个和第j个考虑结构设计使用年限的荷载调整系数，应按本标准第8.2.10条的有关规定采用；

ψ_{cj}——第j个可变作用的组合值系数，应按现行有关标准的规定采用。

2 当作用与作用效应按线性关系考虑时，基本组合的效应设计值按下式中最不利值计算：

$$S_d = \sum_{i\geqslant 1}\gamma_{G_i}S_{G_{ik}} + \gamma_P S_P + \gamma_{Q_1}\gamma_{L_1}S_{Q_{1k}}$$
$$+ \sum_{j>1}\gamma_{Q_j}\psi_{cj}\gamma_{L_j}S_{Q_{jk}} \qquad (8.2.4\text{-}2)$$

式中：$S_{G_{ik}}$——第i个永久作用标准值的效应；

S_P——预应力作用有关代表值的效应；

$S_{Q_{1k}}$——第1个可变作用标准值的效应；

$S_{Q_{jk}}$——第j个可变作用标准值的效应。

8.2.5 对偶然设计状况，应采用作用的偶然组合，并应符合下列规定：

1 偶然组合的效应设计值按下式确定：

$$S_d = S\left(\sum_{i\geqslant 1}G_{ik} + P + A_d + (\psi_{f1}\ 或\ \psi_{q1})Q_{1k}\right.$$
$$\left. + \sum_{j>1}\psi_{qj}Q_{jk}\right) \qquad (8.2.5\text{-}1)$$

式中：A_d——偶然作用的设计值；

ψ_{f1}——第1个可变作用的频遇值系数，应按有关标准的规定采用；

ψ_{q1}、ψ_{qj}——第1个和第j个可变作用的准永久值系数，应按有关标准的规定采用。

2 当作用与作用效应按线性关系考虑时，偶然组合的效应设计值按下式计算：

$$S_d = \sum_{i\geqslant 1}S_{G_{ik}} + S_P + S_{A_d} + (\psi_{f1}\ 或\ \psi_{q1})S_{Q_{1k}}$$
$$+ \sum_{j>1}\psi_{qj}S_{Q_{jk}} \qquad (8.2.5\text{-}2)$$

式中：S_{A_d}——偶然作用设计值的效应。

8.2.6 对地震设计状况，应采用作用的地震组合。

地震组合的效应设计值应符合现行国家标准《建筑抗震设计规范》GB 50011 的规定。

8.2.7 当进行建筑结构抗震设计时，结构性能基本设防目标应符合下列规定：

1 遭遇多遇地震影响，结构主体不受损坏或不需修复即可继续使用；

2 遭遇设防地震影响，可能发生损坏，但经一般修复仍可继续使用；

3 遭遇罕遇地震影响，不致倒塌或发生危及生命的严重破坏。

8.2.8 结构重要性系数 γ_0，不应小于表 8.2.8 的规定。

表 8.2.8　结构重要性系数 γ_0

结构重要性系数	对持久设计状况和短暂设计状况			对偶然设计状况和地震设计状况
	安全等级			
	一级	二级	三级	
γ_0	1.1	1.0	0.9	1.0

8.2.9 建筑结构的作用分项系数，应按表 8.2.9 采用。

表 8.2.9　建筑结构的作用分项系数

适用情况　作用分项系数	当作用效应对承载力不利时	当作用效应对承载力有利时
γ_G	1.3	$\leqslant 1.0$
γ_P	1.3	$\leqslant 1.0$
γ_Q	1.5	0

8.2.10 建筑结构考虑结构设计使用年限的荷载调整系数，应按表 8.2.10 采用。

表 8.2.10　建筑结构考虑结构设计使用年限的荷载调整系数 γ_L

结构的设计使用年限（年）	γ_L
5	0.9
50	1.0
100	1.1

注：对设计使用年限为 25 年的结构构件，γ_L 应按各种材料结构设计标准的规定采用。

8.3　正常使用极限状态

8.3.1 结构或结构构件按正常使用极限状态设计时，应符合下式规定：

$$S_d \leqslant C \qquad (8.3.1)$$

式中：S_d ——作用组合的效应设计值；

C ——设计对变形、裂缝等规定的相应限值，应按有关的结构设计标准的规定采用。

8.3.2 按正常使用极限状态设计时，宜根据不同情况采用作用的标准组合、频遇组合或准永久组合，并应符合下列规定：

1 标准组合应符合下列规定：

1）标准组合的效应设计值按下式确定：

$$S_d = S(\sum_{i \geqslant 1} G_{ik} + P + Q_{1k} + \sum_{j>1} \psi_{cj} Q_{jk})$$
$$(8.3.2-1)$$

2）当作用与作用效应按线性关系考虑时，标准组合的效应设计值按下式计算：

$$S_d = \sum_{i \geqslant 1} S_{G_{ik}} + S_P + S_{Q_{1k}} + \sum_{j>1} \psi_{cj} S_{Q_{jk}}$$
$$(8.3.2-2)$$

2 频遇组合应符合下列规定：

1）频遇组合的效应设计值按下式确定：

$$S_d = S(\sum_{i \geqslant 1} G_{ik} + P + \psi_{f1} Q_{1k} + \sum_{j>1} \psi_{qj} Q_{jk})$$
$$(8.3.2-3)$$

2）当作用与作用效应按线性关系考虑时，频遇组合的效应设计值按下式计算：

$$S_d = \sum_{i \geqslant 1} S_{G_{ik}} + S_P + \psi_{f1} S_{Q_{1k}} + \sum_{j>1} \psi_{qj} S_{Q_{jk}}$$
$$(8.3.2-4)$$

3 准永久组合应符合下列规定：

1）准永久组合的效应设计值按下式确定：

$$S_d = S(\sum_{i \geqslant 1} G_{ik} + P + \sum_{j \geqslant 1} \psi_{qj} Q_{jk})$$
$$(8.3.2-5)$$

2）当作用与作用效应按线性关系考虑时，准永久组合的效应设计值按下式计算：

$$S_d = \sum_{i \geqslant 1} S_{G_{ik}} + S_P + \sum_{j \geqslant 1} \psi_{qj} S_{Q_{jk}} \qquad (8.3.2-6)$$

8.3.3 对正常使用极限状态，材料性能的分项系数 γ_M，除各种材料的结构设计标准有专门规定外，应取为 1.0。

附录 A　既有结构的可靠性评定

A.1　一般规定

A.1.1 本附录适用于按有关标准或行业规则建造既有结构的可靠性评定。

A.1.2 在下列情况下宜进行既有结构的可靠性评定：

1 结构的使用时间超过规定的年限；

2 结构的用途或使用要求发生改变；

3 结构的使用环境恶化；

4 出现构件损伤、材料性能劣化或其他不利状态；

5 对既有结构的可靠性有怀疑或有异议。

A.1.3 既有结构的可靠性评定可分为承载能力评定、适用性评定、耐久性评定和抵抗偶然作用能力评定。

A.1.4 既有结构的可靠性评定应采取以现行结构标准的基本规定为基准，对建筑结构能力的状况或发展趋势予以评价的方式。

A.1.5 既有结构宜采取保全结构，延长结构使用年限的处理措施。

A.2 承载能力评定

A.2.1 既有结构承载能力的评定可分成结构体系和构件布置、构件的连接和构造、作用与作用效应的分析、构件与连接的承载力等评定分项。

A.2.2 既有结构的结构体系和构件布置，应以现行结构设计标准的规定为依据对实际状况进行评定。

A.2.3 既有结构的连接和与构件承载力相关的构造，应以现行结构设计标准的规定为依据对实际状况进行评定。

A.2.4 结构构件的承载能力应以本标准规定的可靠指标为基准，对构件承载力与作用效应之间的关系予以评价。

A.2.5 结构构件和连接的承载力可采取下列方法进行评定：

    1 基于结构良好状态的评定方法；

    2 基于材料强度系数的方法；

    3 基于抗力系数的评定方法；

    4 基于可靠指标的构件承载力分项系数的评定方法；

    5 重力荷载检验的评定方法等。

A.2.6 同时满足下列要求的既有建筑结构，可依据结构的良好状态评定结构构件的承载力是否符合现行设计标准的规定：

    1 结构的体系符合大震不倒的设防规定；

    2 结构不存在爆炸和碰撞等偶然作用的影响；

    3 结构未出现影响结构适用性的变形、裂缝、位移、振动等；

    4 在评估使用年限内，结构上的作用和环境不会发生显著的变化。

A.2.7 基于系数的构件承载力的评定应符合下列规定：

    1 构件承载力计算模型的选取和相关参数的取值应符合下列规定：

        1）构件承载力计算模型应符合构件承载能力极限状态的破坏模式；

        2）计算模型的几何参数宜取构件的实际值；

        3）在计算构件承载力时，应考虑构件不可恢复性损伤对构件承载力的不利影响。

    2 采用现行标准中材料强度系数的评定应符合下列规定：

        1）构件材料强度的标准值，应以实测数据为依据，按现行结构检测标准规定的方法确定；

        2）在计算承载力时，对标准公式中反映模型不定性的参数应予保留。

    3 当采用现行标准抗力系数评定时，可采取下列措施：

        1）材料的强度可取现场测试的平均值或最小值；

        2）当对计算模型进行过相关的研究时，可以利用现行标准公式的模型不定性储备；

        3）经过验证后，在计算模型中可增补对抗力有利因素的实际作用。

A.2.8 当可确定某类构件承载力的变异系数 $\delta_{R,j}$ 时，可采用下列基于可靠指标的构件承载力分项系数的评定方法：

    1 将可靠指标 β 分解为作用效应的可靠指标 β_S 和构件承载力的可靠指标 β_R；

    2 该类构件承载力的分项系数 γ_R 可按下式确定：

$$\gamma_R = 1/(1 - \beta_R \delta_R) \qquad (A.2.8)$$

    3 分析构件承载力变异系数 δ_R 的模型可以作为构件承载力的计算模型；

    4 计算模型中的材料强度和几何参数可以采用实测数值；

    5 计算模型宜采用模型不定性的保守措施。

A.2.9 对具备检验条件的结构或结构构件，可采用基于荷载检验的评定方法，荷载检验应符合下列规定：

    1 检验荷载的形式应与结构承受的主要作用的情况基本一致；

    2 除与有关方专门协商之外，检验荷载不宜大于荷载的设计值；

    3 构件系数或材料强度系数对应的检验荷载的检验结果，可通过分析的方法确定。

A.2.10 既有结构构件承受的荷载可按国家现行相关标准的规定确定，并宜按下列规定进行符合实际情况的调整：

    1 建筑构配件等的自重荷载宜以现场实测数据为依据分析确定；

    2 当楼面均布活荷载出现过大于有关标准限定的标准值时，应采用曾出现的最大值与该类构件所属面积的乘积作为评定楼面均布活荷载的代表荷载；

    3 对于雪荷载敏感的结构，应取当地记录到的最大地面雪压和重现期 100 年的雪压值中的较大值作为基本雪压；

    4 对于风荷载敏感的结构，应取瞬时风速换算的风压和重现期 100 年的风压中的较大值作为基本风压。

A.2.11　构件的作用效应，应按下列规定计算确定：

　　1　结构构件的作用效应宜在荷载或作用组合后计算确定；

　　2　在计算分析既有结构的作用效应时宜考虑构件的轴线偏差、尺寸偏差、安装偏差和不可恢复性变形等的不利影响；

　　3　在作用效应的计算后，应考虑由结构分析模型造成的作用效应的不定性；

　　4　当不能确定作用效应的不定性时，可采用所有可能出现不利组合效应的包络作为作用效应的评定值。

A.3　适用性评定

A.3.1　既有结构的适用性应包括正常使用极限状态和结构维系建筑功能的能力等分项。

A.3.2　结构构件正常使用极限状态应以现行结构设计标准限定的变形和位移值为基准对结构构件的状况进行评定。

A.3.3　结构构件的变形和位移等状况可通过现场检测确定；现场检测时应区分施工偏差和构件的变形或位移。

A.3.4　当结构构件的变形或位移不能通过现场检测确定时，应采用结构分析的方法计算确定。

A.3.5　当结构的位移或变形对建筑的使用功能构成影响时，应评定为结构构件维系建筑功能的能力不足。

A.4　耐久性评定

A.4.1　既有结构的耐久性评定，应以判定结构相应耐久年限与评估使用年限之间的关系为目的。

A.4.2　既有结构耐久性极限状态的标志或限值应按有关标准的规定确定。

A.4.3　既有建筑结构耐久性的评定应实施下列现场检测：

　　1　确定已出现耐久性极限状态标志的构件和连接；

　　2　测定构件材料性能劣化的状况；

　　3　测定有害物质的含量或侵入深度；

　　4　确定环境侵蚀性的变动情况。

A.4.4　对于已经出现耐久性极限标志的构件或连接，应进行构件承载力的评定和适用性评定，在评定时应考虑不可恢复性损伤对承载力和适用性的实际影响。

A.4.5　对于未出现耐久性极限状态标志和未达到限值的构件和连接，可推定耐久年数。

A.4.6　结构构件的耐久年数可采取下列方法推定：

　　1　经验的方法；

　　2　依据实际劣化情况验证或校准已有劣化模型的方法；

　　3　基于快速检验的方法；

　　4　其他适用的方法等。

A.5　抵抗偶然作用能力的评定

A.5.1　既有建筑结构的偶然作用包括其可能遭受的罕遇地震、洪水、爆炸、非正常撞击、火灾等。

A.5.2　既有结构抵抗偶然作用的能力，宜从结构体系与构件布置、连接与构造、承载力、防灾减灾和防护措施等方面综合评定。

A.5.3　对于罕遇地震可采取下列方法予以评定：

　　1　按现行标准对建筑物的总高度、层数、高宽比等限制要求和结构构造措施进行抗倒塌能力的评定；

　　2　采取结构分析的方法对结构整体的变形限值和薄弱层变形限值予以评定。

A.5.4　对于可能受到洪水影响的既有结构，除应考虑洪水的冲击作用和浸泡作用外，还应考虑洪水对地基的影响。

A.5.5　对于发生在内部的爆炸等偶然作用应进行下列三种境况的评定：

　　1　爆炸发生时和发生后，避免结构出现整体倒塌的能力或个别构件破坏后避免结构出现连续倒塌的能力；

　　2　爆炸发生时，避免建筑内部人员受到严重伤害的防护措施；

　　3　减小爆炸对周边建筑影响的措施。

A.5.6　当既有建筑结构周边有爆炸源时，应评价避免爆炸造成人员受到伤害的防护措施和结构及围护结构避免破坏的能力。

A.5.7　对于发生在建筑内部和外部的撞击，应进行下列评定：

　　1　防止撞击发生的措施和减小撞击作用效应的措施；

　　2　结构局部破坏或个别构件丧失承载力，避免结构出现局部坍塌或连续倒塌的能力。

A.5.8　对于发生在建筑内部的火灾，可进行下列评定：

　　1　对于未设置喷淋设施的建筑，可评价可燃物全部燃烧的持续时间与结构构件耐火极限的关系；

　　2　对于设置喷淋设施的建筑，应评价烟感和喷淋设施的有效性；

　　3　建筑内的排烟措施和疏散措施。

A.5.9　在具有较多可燃物附近的建筑结构，应进行下列评定：

　　1　建筑的防火间距；

　　2　建筑的结构和外围护结构的可燃性和防火能力；

　　3　人员疏散的通道。

附录 B 结构整体稳固性

B.1 一般规定

B.1.1 本附录适用于偶然荷载引起的结构整体稳固性的设计。对于与火灾、极度腐蚀等非荷载相关的结构整体稳固性，可按相关标准的规定执行；对于设计、施工、使用中可能出现的错误和疏忽，应通过严格管理控制。

B.1.2 进行结构整体稳固性设计时，应区分与结构整体稳固性有关的偶然作用的类型。当几个偶然作用同时出现或相继出现时，应考虑这些偶然作用的联合影响和后续影响。

B.1.3 影响结构整体稳固性的偶然作用类型可按下列形式划分：

1 由自然或一般人类活动引起的危险；

2 蓄意破坏和恐怖袭击等故意的或人为制造的危险；

3 错误和疏忽；

4 其他引起结构连续倒塌的作用。

B.2 设计原则

B.2.1 结构设计前应分析结构各种潜在的危险源。结构选址应避让各种危险源。对于结构附近可能有危险源或结构使用中存在危险源的情况，设计中应考虑采取相应的防控措施，避免或控制偶然事件的发生，或减轻偶然作用的强度。

B.2.2 应对结构进行概念设计，选取对整体稳固性有利的结构形式，并采取有效的构造措施。

B.2.3 结构应具有较高的冗余度和多条明确的荷载传递路径，一条荷载传递路径失效后，应具有将荷载传递到其他路径的能力。

B.2.4 结构、结构构件或连接应具有保持结构整体稳定需要的变形能力和延性性能。

B.2.5 结构设计应明确关键构件和非关键构件，关键构件应能承受规定的偶然荷载或采取适当的保护措施。

B.2.6 对于允许发生局部破坏的结构，局部破坏应控制在不引起结构整体倒塌的程度和范围内。

B.3 设计方法

B.3.1 结构整体稳固性设计应包括概念设计、构造处理和计算分析，并可采用下列方法：

1 控制事件法；

2 抵抗特定荷载法；

3 替代路径法，包括提供拉杆等；

4 减轻后果法；

5 其他保持结构整体稳固性的方法。

B.3.2 采用抵抗特定荷载法进行设计时，应验算偶然作用使结构关键构件失效后，受损的结构仍具有保持整体稳固性的能力，其中作用效应设计值应按本标准式（8.2.5）确定；偶然事件发生后受损结构整体稳固性验算宜包括结构承载力和变形验算，作用效应设计值可按本标准式（8.2.5）确定。

B.3.3 考虑材料性能的线性和非线性、结构几何性能的线性和非线性时，结构整体稳固性可采用线性静力方法、非线性静力方法和非线性动力方法进行计算。采用线性静力方法和非线性静力方法进行计算时，应考虑动力效应的影响。结构材料性能可按动态性能考虑，针对不同的情况材料性能可采用设计值、标准值或平均值。

B.3.4 可按本标准表 3.2.1 规定的安全等级对结构进行整体稳固性设计。安全等级为三级的结构，可只进行概念设计和构造处理；安全等级为二级的结构，除应进行概念设计和构造处理外，可采用线性静力方法进行计算；安全等级为一级的结构，除应进行概念设计和构造处理外，宜采用非线性静力方法或非线性动力方法进行计算，也可采用线性静力方法进行计算。

B.4 安全管理与评估

B.4.1 结构使用过程中应进行安全管理，控制和避免各种偶然事件的发生或减轻偶然事件对结构整体稳固性的影响。

B.4.2 结构维修、加固不应削弱已有的荷载传递路径，结构用途变更应对结构的整体稳固性重新进行评估。

B.4.3 结构整体稳固性评估可根据不同的目的在结构设计、建造和不同的使用阶段进行。结构整体稳固性评估应包括偶然事件评估和结构抗连续倒塌能力评估。

B.4.4 偶然事件评估应包括可能发生偶然事件的类型、偶然事件可能发生的位置及偶然作用可能的强度或等级，当有条件时应采用概率方法进行评估。

B.4.5 结构抗连续倒塌评估可根据假想的结构连续倒塌情景进行，包括针对所考虑偶然事件结构发生局部破坏的可能性、破坏的形式、破坏的范围及造成的人员伤亡、经济损失和社会影响。

B.4.6 根据结构不同阶段的整体稳固性评估结果，应对结构采取相应的抗连续倒塌措施。

附录 C 耐久性极限状态设计

C.1 一般规定

C.1.1 结构的设计使用年限应根据建筑物的用途和

环境的侵蚀性确定。

C.1.2 结构的耐久性极限状态设计，应使结构构件出现耐久性极限状态标志或限值的年限不小于其设计使用年限。

C.1.3 结构构件的耐久性极限状态设计，应包括保证构件质量的预防性处理措施、减小侵蚀作用的局部环境改善措施、延缓构件出现损伤的表面防护措施和延缓材料性能劣化速度的保护措施。

C.2 设计使用年限

C.2.1 结构的设计使用年限，宜按本标准表 3.3.3 的规定采用。

C.2.2 必须定期涂刷的防腐蚀涂层等结构的设计使用年限可为 20 年~30 年。

C.2.3 预计使用时间较短的建筑物，其结构的设计使用年限不宜小于 30 年。

C.3 环境影响种类

C.3.1 结构的环境影响可分成无侵蚀性的室内环境影响和侵蚀性环境影响等。

C.3.2 当把无侵蚀性的室内环境视为一个环境等级时，宜将该等级分为无高温的室内干燥环境和室内潮湿环境两个层次。

C.3.3 根据环境侵蚀性的特点，宜按下列作用分类：
1 生物作用；
2 与气候等相关的物理作用；
3 与建筑物内外人类活动相关的物理作用；
4 介质的侵蚀作用；
5 物理与介质的共同作用。

C.3.4 当结构构件出现下列损伤时宜归为生物作用：
1 木结构的虫蛀和腐朽等；
2 植物根系造成的损伤；
3 动物粪便和细菌等造成的损伤。

C.3.5 结构构件出现下列损伤时宜归为与气候等相关的物理作用：
1 构件或材料出现冻融损伤；
2 出现因风沙造成的磨损和水的流动造成的损伤；
3 太阳辐射及相应的高温造成聚合物材料的老化；
4 温度、湿度等的变动使结构构件出现变形和开裂；
5 温度、湿度等的变动使结构构件中的介质膨胀；
6 随水分进入构件材料内部的介质结晶造成的损伤等。

C.3.6 结构构件出现的下列损伤时宜归为与人类生产相关的物理作用：
1 高速气流或水流造成的空蚀；

2 人员活动造成的磨损；
3 撞击造成的损伤；
4 设备高温、高湿等造成的损伤；
5 设备设施等造成的有机材料的老化等。

C.3.7 介质的侵蚀作用可分成下列几种类型：
1 环境中或生产过程中的酸性介质或碱性介质直接造成的损伤；
2 环境中或生产过程中的介质与构件出现化学不相容的现象；
3 环境中或生产过程中的介质加速高分子聚合物材料的老化或性能劣化等。

C.4 耐久性极限状态

C.4.1 各类结构构件及其连接，应依据环境侵蚀和材料的特点确定耐久性极限状态的标志和限值。

C.4.2 对木结构宜以出现下列现象之一作为达到耐久性极限状态的标志：
1 出现霉菌造成的腐朽；
2 出现虫蛀现象；
3 发现受到白蚁的侵害等；
4 胶合木结构防潮层丧失防护作用或出现脱胶现象；
5 木结构的金属连接件出现锈蚀；
6 构件出现翘曲、变形和节点区的干缩裂缝。

C.4.3 对钢结构、钢管混凝土结构的外包钢管和组合钢结构的型钢构件等，宜以出现下列现象之一作为达到耐久性极限状态的标志：
1 构件出现锈蚀迹象；
2 防腐涂层丧失作用；
3 构件出现应力腐蚀裂纹；
4 特殊防腐保护措施失去作用。

C.4.4 对铝合金、铜及铜合金等构件及连接，宜以出现下列现象之一作为达到耐久性极限状态的标志：
1 构件出现表观的损伤；
2 出现应力腐蚀裂纹；
3 专用防护措施失去作用。

C.4.5 对混凝土结构的配筋和金属连接件，宜以出现下列状况之一作为达到耐久性极限状态的标志或限值：
1 预应力钢筋和直径较细的受力主筋具备锈蚀条件；
2 构件的金属连接件出现锈蚀；
3 混凝土构件表面出现锈蚀裂缝；
4 阴极或阳极保护措施失去作用。

C.4.6 对砌筑和混凝土等无机非金属材料的结构构件，宜以出现下列现象之一作为达到耐久性极限状态的标志或限值：
1 构件表面出现冻融损伤；
2 构件表面出现介质侵蚀造成的损伤；

3 构件表面出现风沙和人为作用造成的磨损；

4 表面出现高速气流造成的空蚀损伤；

5 因撞击等造成的表面损伤；

6 出现生物性作用损伤。

C.4.7 对聚合物材料及其结构构件，宜以出现下列现象之一作为达到耐久性极限状态的标志：

1 因光老化，出现色泽大幅度改变、开裂或性能的明显劣化；

2 因高温、高湿等，出现色泽大幅度改变、开裂或性能的明显劣化；

3 因介质的作用等，出现色泽大幅度改变、开裂或性能的明显劣化。

C.4.8 对具有透光性要求的玻璃构配件，宜以出现下列现象之一作为达到耐久性极限状态的标志：

1 结构构件出现裂纹；

2 透光性受到磨蚀的影响；

3 透光性受到鸟类粪便影响等。

C.4.9 结构构件耐久性极限状态的标志或限值及其损伤机理，应作为采取各种耐久性措施的依据。

C.5 耐久性极限状态设计方法和措施

C.5.1 建筑结构的耐久性可采用下列方法进行设计：

1 经验的方法；

2 半定量的方法；

3 定量控制耐久性失效概率的方法。

C.5.2 对缺乏侵蚀作用或作用效应统计规律的结构或结构构件，宜采取经验方法确定耐久性的系列措施。

C.5.3 采取经验方法保障的结构构件耐久性宜包括下列技术措施：

1 保障结构构件质量的杀虫、灭菌和干燥等技术措施；

2 避免物理性作用的表面抹灰和涂层等技术措施；

3 避免雨水等冲淋和浸泡的遮挡及排水等技术措施；

4 保障结构构件处于干燥状态的通风和防潮等技术措施；

5 推迟电化学反应的镀膜和防腐涂层等技术措施以及阴极保护等技术措施；

6 作出定期检查规定的技术措施等。

C.5.4 具有一定侵蚀作用和作用效应统计规律的结构构件，可采取半定量的耐久性极限状态设计方法。

C.5.5 半定量的耐久性极限状态设计方法宜按下列步骤确定环境的侵蚀性：

1 环境等级宜按侵蚀性的种类划分；

2 环境等级之内，可按度量侵蚀性强度的指标分成若干个级别。

C.5.6 半定量设计方法的耐久性措施宜按下列方式确定：

1 结构构件抵抗环境影响能力的参数或指标，宜结合环境级别和设计使用年限确定；

2 结构构件抵抗环境影响能力的参数或指标，应考虑施工偏差等不定性的影响；

3 结构构件表面防护层对于构件抵抗环境影响能力的实际作用，可结合具体情况确定。

C.5.7 具有相对完善的侵蚀作用和作用效应相应统计规律的结构构件且具有快速检验方法予以验证时，可采取定量的耐久性极限状态设计方法。

C.5.8 当充分考虑了环境影响的不定性和结构抵抗环境影响能力的不定性时，定量的设计应使预期出现耐久性极限状态标志的时间不小于结构的设计使用年限。

附录 D 质量管理

D.1 质量控制要求

D.1.1 材料和构件的质量可采用一个或多个质量特征表达。在各类材料的结构设计与施工标准中，应对材料和构件的力学性能、几何参数等质量特征提出明确的要求。

D.1.2 材料和构件的合格质量水平，应根据本标准规定的结构构件可靠指标确定。

D.1.3 材料宜根据统计资料，按不同质量水平划分等级。等级划分不宜过密。对不同等级的材料，设计时应采用不同的材料性能的标准值。

D.1.4 对建筑结构应实施为保证结构可靠性所必需的质量控制。建筑结构的各项质量控制要求应由有关标准作出规定。建筑结构的质量控制应包括下列内容：

1 勘察与设计的质量控制；

2 材料和制品的质量控制；

3 施工的质量控制；

4 使用和维护的质量控制。

D.1.5 勘察与设计的质量控制应符合下列规定：

1 勘察资料应符合工程要求，数据准确，结论可靠；

2 设计方案、基本假定和计算模型合理，数据运用正确；

3 图纸和其他设计文件符合有关规定。

D.1.6 为进行施工质量控制，在各工序内应实行质量自检，各工序间应实行交接质量检查。对工序操作和中间产品的质量，应采用统计方法进行抽查；在结构的关键部位应进行系统检查。

D.1.7 材料和构件的质量控制应包括生产控制和合格控制，并应符合下列规定：

1 生产控制：在生产过程中，应根据规定的控制标准，对材料和构件的性能进行经常性检验，及时纠正偏差，保持生产过程中质量的稳定性；

2 合格控制：在交付使用前，应根据规定的质量验收标准，对材料和构件进行合格性验收，保证其质量符合规定。

D.1.8 合格控制可采用抽样检验的方法进行。各类材料和构件应根据其特点制定具体的质量验收标准，其中应明确规定验收批量、抽样方法和数量、验收函数和验收界限等。质量验收标准宜在统计理论的基础上制定。

D.1.9 对生产连续性较差或各批间质量特征的统计参数差异较大的材料和构件，在制定质量验收标准时，必须控制用户方风险率。计算用户方风险率时采用的极限质量水平，可按各类材料结构设计标准的有关规定和工程经验确定；仅对连续生产的材料和构件，当产品质量稳定时，可按控制生产方风险率的条件制定质量验收标准。

D.1.10 当一批材料或构件经抽样检验判定为不合格时，应根据有关的质量验收标准对该批产品进行复查或重新确定其质量等级，或采取其他措施处理。

D.2 设计审查及施工检查

D.2.1 建筑结构应进行设计审查与施工检查，设计审查与施工检查的要求应符合国家现行有关标准的规定。

附录 E 结构可靠度分析基础和可靠度设计方法

E.1 一 般 规 定

E.1.1 当按本附录方法确定分项系数和组合值系数时，除进行分析计算外，尚应根据工程经验对分析结果进行判断并进行调整。

E.1.2 按本附录进行结构可靠度分析和设计时，应具备下列条件：

1 具有结构极限状态的方程；

2 基本变量具有准确、可靠的统计参数及概率分布。

E.1.3 当有两个及两个以上可变作用时，应进行可变作用的组合，并可采用下列规定之一进行：

1 设 m 种作用参与组合，将模型化后的作用 $Q_i(t)$ 在设计基准期 T 内的总时段数 r_i，按顺序由小到大排列，即 $r_1 \leqslant r_2 \leqslant \cdots \leqslant r_m$，取任一作用 $Q_i(t)$ 在 $[0, T]$ 内的最大值 $\max\limits_{t \in [0,T]} Q_i(t)$ 与其他作用组合，得出 m 种组合的最大作用 $Q_{\max,j}$（$j = 1,2,\cdots,m$），其中作用最大的组合为起控制作用的组合；

2 设 m 种作用参与组合，取任一作用 $Q_i(t)$ 在 $[0, T]$ 内的最大值 $\max\limits_{t \in [0,T]} Q_i(t)$ 与其他作用任意时点值 $Q_j(t_0)$（$i \neq j$）进行组合，得出 m 种组合的最大作用 $Q_{\max,j}$（$j = 1,2,\cdots,m$），其中作用最大的组合为起控制作用的组合。

E.2 结构可靠指标计算

E.2.1 结构或构件可靠指标宜采用考虑基本变量或综合基本变量概率分布类型的一次二阶矩方法计算，也可采用其他方法。

E.2.2 当采用一次二阶矩方法计算可靠指标时，应符合下列规定：

1 当仅有作用效应和结构抗力两个相互独立的基本变量且均服从正态分布时，结构构件的可靠指标可按下式计算：

$$\beta = \frac{\mu_R - \mu_S}{\sqrt{\sigma_R^2 + \sigma_S^2}} \qquad (E.2.2-1)$$

式中：β——结构构件的可靠指标；

μ_S、σ_S——结构构件作用效应的平均值和标准差；

μ_R、σ_R——结构构件抗力的平均值和标准差。

2 当有多个相互独立的非正态基本变量且极限状态方程为本标准式（4.3.5）时，结构构件的可靠指标应按下列公式迭代计算：

$$\beta = \frac{g(x_1^*, x_2^*, \cdots, x_n^*) + \sum\limits_{j=1}^{n} \frac{\partial g}{\partial X_j} \big|_P (\mu_{X_j'} - x_j^*)}{\sqrt{\sum\limits_{j=1}^{n} \left(\frac{\partial g}{\partial X_j} \big|_P \sigma_{X_j'} \right)^2}}$$

$$(E.2.2-2)$$

$$\alpha_{X_i'} = -\frac{\frac{\partial g}{\partial X_i} \big|_P \sigma_{X_i'}}{\sqrt{\sum\limits_{j=1}^{n} \left(\frac{\partial g}{\partial X_j} \big|_P \sigma_{X_j'} \right)^2}} \quad (i = 1,2,\cdots,n)$$

$$(E.2.2-3)$$

$$x_i^* = \mu_{X_i'} + \beta \alpha_{X_i'} \sigma_{X_i'} \quad (i = 1,2,\cdots,n)$$

$$(E.2.2-4)$$

$$\mu_{X_i'} = x_i^* - \Phi^{-1}[F_{X_i}(x_i^*)]\sigma_{X_i'} \quad (i = 1,2,\cdots,n)$$

$$(E.2.2-5)$$

$$\sigma_{X_i'} = \frac{\varphi\{\Phi^{-1}[F_{X_i}(x_i^*)]\}}{f_{X_i}(x_i^*)} \quad (i = 1,2,\cdots,n)$$

$$(E.2.2-6)$$

式中： $g(\cdot)$——结构构件的功能函数，包括计算模式的不定性；

X_i（$i = 1,2,\cdots,n$）——基本变量；

x_i^*（$i = 1,2,\cdots,n$）——基本变量 X_i 的验算点坐标值；

$\frac{\partial g}{\partial X_i} \big|_P$——功能函数 $g(X_1, X_2, \cdots, X_n)$ 的一阶偏导

数在验算点 $P(x_1^*, x_2^*, \cdots, x_n^*)$ 处的值；

$\mu_{X_i'}$、$\sigma_{X_i'}$ ——基本变量 X_i 的当量正态化变量 X_i' 的平均值和标准差；

$f_{X_i}(\cdot)$、$F_{X_i}(\cdot)$ ——基本变量 X_i 的概率密度函数和概率分布函数；

$\varphi(\cdot)$、$\Phi(\cdot)$、$\Phi^{-1}(\cdot)$ ——标准正态随机变量的概率密度函数、概率分布函数和概率分布函数的反函数。

3 当有多个非正态相关的基本变量且极限状态方程为本标准式（4.3.5）时，将式（E.2.2-2）和式（E.2.2-3）用下列公式替换后进行迭代计算：

$$\beta = \frac{g(x_1^*, x_2^*, \cdots, x_n^*) + \sum_{j=1}^{n} \frac{\partial g}{\partial X_j}\big|_P (\mu_{X_j'} - x_j^*)}{\sqrt{\sum_{k=1}^{n}\sum_{j=1}^{n} (\frac{\partial g}{\partial X_k}\big|_P \frac{\partial g}{\partial X_j}\big|_P \rho_{X_k' X_j'} \sigma_{X_k'} \sigma_{X_j'})}}$$

(E.2.2-7)

$$\alpha_{X_i'} = -\frac{\sum_{j=1}^{n} \frac{\partial g}{\partial X_j}\big|_P \rho_{X_i' X_j'} \sigma_{X_j'}}{\sqrt{\sum_{k=1}^{n}\sum_{j=1}^{n} \frac{\partial g}{\partial X_k}\big|_P \frac{\partial g}{\partial X_j}\big|_P \rho_{X_k' X_j'} \sigma_{X_k'} \sigma_{X_j'}}}$$

$(i = 1, 2, \cdots, n)$ (E.2.2-8)

式中：$\rho_{X_i' X_j'}$ ——当量正态化变量 X_i' 与 X_j' 的相关系数，可近似取变量 X_i 与 X_j 的相关系数 $\rho_{X_i X_j}$。

E.3 结构可靠度校准

E.3.1 结构可靠度校准是用可靠度方法分析按传统方法所设计结构的可靠度水平，也是确定设计时采用的可靠指标的基础，校准中所选取的结构构件应具有代表性。

E.3.2 结构可靠度校准可采用下列步骤：

1 确定校准范围，选取结构物类型或结构材料形式，根据目标可靠指标的适用范围选取代表性的结构构件和构件的破坏形式；

2 确定设计中基本变量参数的取值范围；

3 对传统设计方法的表达式和其中的设计参数取值进行分析；

4 计算不同构件的可靠指标 β_i；

5 根据结构构件在工程中的应用数量和重要性，确定一组权重系数 ω_i，应满足下式要求：

$$\sum_{i=1}^{n} \omega_i = 1$$

(E.3.2-1)

6 按下式确定所校准结构构件可靠指标的加权平均值：

$$\beta_m = \sum_{i=1}^{n} \omega_i \beta_i$$

(E.3.2-2)

E.3.3 结构安全等级采用目标可靠指标进行表达时，二级结构或结构构件的目标可靠指标 β_t 应根据可靠度校准的 β_m 经综合分析和判断确定；一级和三级结构或结构构件的可靠指标宜在二级结构或结构构件的目标可靠指标的基础上提高和降低 0.5 确定。

E.4 基于可靠指标的设计

E.4.1 根据目标可靠指标进行结构或结构构件设计时，可采用下列方法之一：

1 所设计结构或结构构件的可靠指标应符合下式规定：

$$\beta \geqslant \beta_t$$

(E.4.1-1)

式中：β ——所设计结构或构件的可靠指标；

β_t ——所设计结构或构件的目标可靠指标。

当不满足式（E.4.1-1）的要求时，应重新进行设计，直至满足要求为止。

2 对某些结构构件的截面设计，当抗力服从对数正态分布时，可按下式直接求解结构构件的几何参数：

$$R(\mu_f, a_d) = \sqrt{1 + \delta_R^2} \exp(\frac{\mu_{R'}}{r^*} - 1 + \ln r^*)$$

(E.4.1-2)

式中：$R(\cdot)$ ——抗力函数；

$\mu_{R'}$ ——迭代计算求得的当量正态化抗力的平均值；

r^* ——迭代计算求得的抗力验算点值；

δ_R ——抗力的变异系数；

μ_f ——材料性能平均值；

a_d ——几何参数的设计值。

E.4.2 当按可靠指标方法设计的结果与传统方法设计的结果有明显差异时，应分析产生差异的原因，当证明了可靠指标方法设计的结果合理后方可采用。

E.5 分项系数的确定方法

E.5.1 结构或结构构件设计表达式中作用和抗力分项系数的确定应符合下列规定：

1 结构上的同种作用采用相同的作用分项系数，不同的作用采用各自的作用分项系数；

2 不同种类的构件有各自的抗力分项系数，同一种构件在任何可变作用下，抗力分项系数不变；

3 对各种构件在不同的作用效应比下，按所选定的作用分项系数和抗力分项系数进行设计，使所得的可靠指标与目标可靠指标 β_t 具有最佳的一致性。

E.5.2 对安全等级为二级的结构或结构构件，当永久作用起不利作用时，结构或结构构件设计表达式中的作用和抗力分项系数可按下列步骤确定：

1 选定代表性的结构或结构构件或破坏方式、

一个永久作用和一个可变作用组成的简单组合；

　　2 对安全等级为二级的结构或结构构件，重要性系数 γ_0 取为 1.0；

　　3 对选定的结构或结构构件，确定作用分项系数 γ_G 和 γ_Q 下简单组合的作用效应设计值；

　　4 对选定的结构或结构构件，确定抗力分项系数 γ_R 下简单组合的抗力标准值；

　　5 计算选定结构或结构构件简单组合下的可靠指标 β；

　　6 对选定的所有代表性结构或结构构件、所有作用分项系数 γ_G 和 γ_Q 的范围以 0.1 或 0.05 的级差，优化确定 γ_R；选定一组使按分项系数表达式设计的结构或结构构件的可靠指标 β 与目标可靠指标 β_t 最接近的分项系数 γ_G、γ_Q 和 γ_R；

　　7 根据以往的工程经验，对优化确定的分项系数 γ_G、γ_Q 和 γ_R 进行判断，并进行调整。

E.5.3 对安全等级为二级的结构或结构构件，当永久作用起有利作用时，结构或结构构件分项系数表达式中的永久作用应取负号，根据第 E.5.2 条已经选定的永久作用起不利作用时的可变作用分项系数 γ_Q 和抗力分项系数 γ_R，以 0.1 或 0.05 为级差优化确定永久作用分项系数 γ_G。

E.6 可变作用组合值系数的确定方法

E.6.1 可变作用组合值系数的确定应符合下列原则：

　　对两种或两种以上可变作用参与组合的情况，基于已确定的可变作用分项系数 γ_G、γ_Q 和抗力分项系数 γ_R，组合值系数的确定应使按分项系数表达式设计的结构或结构构件的可靠指标 β 与目标可靠指标 β_t 具有最佳的一致性。

E.6.2 可变作用组合值系数可按下列步骤确定：

　　1 以安全等级为二级的结构或结构构件为基础，选定代表性的结构或结构构件或破坏方式、由一个永久作用和两个或两个以上可变作用组成的组合和常用的主导可变作用标准值效应与永久作用标准值效应的比值，伴随可变作用标准值效应与主导可变作用标准值效应的比值；

　　2 根据已经确定的作用分项系数 γ_G、γ_Q，计算不同结构或结构构件、不同作用组合和常用作用效应比下的抗力设计值；

　　3 根据已经确定的抗力分项系数 γ_R，计算不同结构或结构构件、不同作用组合和常用作用效应比下的抗力标准值；

　　4 计算不同结构或结构构件、不同作用组合和常用作用效应比下的可靠指标 β；

　　5 对选定的所有代表性结构或结构构件、作用组合和常用的作用效应比，优化确定组合值系数 ψ_c，使按分项系数表达式设计的结构或结构构件的可靠指标 β 与目标可靠指标 β_t 具有最佳的一致性；

　　6 根据以往的工程经验，对优化确定的组合值系数 ψ_c 进行判断，并进行调整。

附录 F 试验辅助设计

F.1 一般规定

F.1.1 试验辅助设计应符合下列规定：

　　1 在试验进行之前，应制定试验方案。试验方案应包括试验目的、试件的选取和制作，还应包括试验实施和评估等所有必要的说明。

　　2 制定试验方案前，应预先进行定性分析，确定所考虑结构或结构构件性能的可能临界区域和相应极限状态标志。

　　3 试件应采用与构件实际加工相同的工艺制作。

　　4 按试验结果确定设计值时，应考虑试验数量的影响。

F.1.2 应通过换算或修正系数考虑试验条件与结构实际条件的不同。换算系数 η 应通过试验或理论分析确定。影响换算系数 η 的主要因素应包括尺寸效应、时间效应、试件的边界条件、环境条件、工艺条件等。

F.2 试验结果的统计评估原则

F.2.1 统计评估应符合下列基本原则：

　　1 在评估试验结果时，应将试件的性能和失效模式与理论预测值进行对比，当偏离预测值过大时，应分析原因，并做补充试验；

　　2 应根据已有的分布类型及参数信息，以统计方法为基础对试验结果进行评估；本标准附录给出的方法仅适用于统计数据或先验信息取自同一母体的情况；

　　3 试验的评估结果仅对所考虑的试验条件有效，不宜将其外推应用。

F.2.2 材料性能、模型参数或抗力设计值的确定应符合下列基本原则：

　　1 可采用经典统计方法或贝叶斯法推断材料性能、模型参数或抗力的设计值：先确定标准值，然后除以一个分项系数，必要时要考虑换算系数的影响；

　　2 在进行材料性能、模型参数或抗力设计值评估时，应考虑试验数据的离散性、与试验数量相关的统计不定性和先验的统计知识。

F.3 单项性能指标设计值的统计评估

F.3.1 单项性能指标设计值统计评估，应符合下列规定：

　　1 单项性能 X 可代表构件的抗力或提供构件抗力的性能；

2 本标准附录 F 第 F.3.2 条、第 F.3.3 条的所有结论都是以构件的抗力或提供构件抗力的性能服从正态分布或对数正态分布给出的；

3 当没有关于平均值的先验知识时，可基于经典方法进行设计值估算，其中"δ_x 未知"对应于没有变异系数先验知识的情况，"δ_x 已知"对应于已知变异系数全部知识的情况；

4 当已有关于平均值的先验知识时，可基于贝叶斯方法进行设计值估算。

F.3.2 当采用经典统计方法时，应符合下列规定：

1 当性能 X 服从正态分布时，其设计值 X_d 可按下式计算：

$$X_d = \eta_d \frac{X_{K(n)}}{\gamma_m} = \frac{\eta_d}{\gamma_m} \mu_x (1 - k_{nk}\delta_x)$$

(F.3.2-1)

式中：η_d——换算系数的设计值，换算系数的评估主要取决于试验类型和材料；

γ_m——分项系数，具体数值应根据试验结果的应用领域来选定；

k_{nk}——标准值单侧容限系数；

μ_x——性能 X 的平均值；

δ_x——性能 X 的变异系数。

2 当性能 X 服从对数正态分布时，其设计值 X_d 可按下列公式计算：

$$X_d = \frac{\eta_d}{\gamma_m} \exp(\mu_y - k_{nk}\sigma_y) \quad \text{(F.3.2-2)}$$

其中，变量 $Y = \ln X$ 的平均值 μ_y，可按下式计算：

$$\mu_y = m_y = \frac{1}{n}\sum_{i=1}^{n}\ln x_i \quad \text{(F.3.2-3)}$$

变量 $Y = \ln X$ 的标准差 σ_y 可按下式计算：

当 δ_x 已知时，

$$\sigma_y = \sqrt{\ln(\delta_x^2 + 1)} ; \quad \text{(F.3.2-4)}$$

当 δ_x 未知时，

$$\sigma_y = S_y = \sqrt{\frac{1}{n-1}\sum_{i=1}^{n}(\ln x_i - m_y)^2}$$

(F.3.2-5)

式中：x_i——性能 X 的第 i 个试验观测值。

F.3.3 当采用贝叶斯法时，应符合下列规定：

1 当性能 X 服从正态分布时，其设计值 X_d 可按下式确定：

$$X_d = \eta_d \frac{X_{K(n)}}{\gamma_m} = \frac{\eta_d}{\gamma_m}(m'' - k_{nv}\sigma'')$$

(F.3.3-1)

其中：

$$k_{nv} = t_{p,v''}\sqrt{1 + \frac{1}{n''}} \quad \text{(F.3.3-2)}$$

$$n'' = n' + n \quad \text{(F.3.3-3)}$$

$$v'' = v' + v + \delta(n') \quad \text{(F.3.3-4)}$$

$$m''n'' = m'n' + m_x n \quad \text{(F.3.3-5)}$$

$$[(\sigma'')^2 v'' + (m'')^2 n''] = [(\sigma')^2 v' + (m')^2 n'] + [(\sigma_x)^2 v + (m_x)^2 n] \quad \text{(F.3.3-6)}$$

式中：$t_{p,v''}$——自由度为 v'' 的 t 分布函数对应分位值 p 的自变量值，$P_t\{x > t_{p,v''}\} = p$；

m'、σ'、n'、v'——先验分布参数。

2 先验分布参数 n' 和 v' 的确定，应符合下列原则：

1) 当有效数据很少时，应取 n' 和 v' 等于零，此时贝叶斯法评估结果与经典统计方法的"δ_x 未知"情况相同；

2) 当根据过去经验可取平均值和标准差为定值时，则 n' 和 v' 可取 50 或更大；

3) 在一般情况下，可假定只有很少数据或无先验数据，此时 $n' = 0$，这样可能获得较佳的估算值。

本标准用词说明

1 为便于在执行本标准条文时区别对待，对于要求严格程度不同的用词说明如下：

1) 表示很严格，非这样做不可的：
正面词采用"必须"，反面词采用"严禁"；

2) 表示严格，在正常情况下均应这样做的：
正面词采用"应"，反面词采用"不应"或"不得"；

3) 表示允许稍有选择，在条件许可时首先应这样做的：
正面词采用"宜"，反面词采用"不宜"；

4) 表示有选择，在一定条件下可以这样做的，采用"可"。

2 条文中指明应按其他有关标准执行的写法为："应符合……的规定"或"应按……执行"。

引用标准名录

1 《建筑抗震设计规范》GB 50011
2 《工程结构可靠性设计统一标准》GB 50153

中华人民共和国国家标准

建筑结构可靠性设计统一标准

GB 50068－2018

条 文 说 明

编 制 说 明

《建筑结构可靠性设计统一标准》GB 50068－2018 经住房和城乡建设部 2018 年 11 月 1 日以第 263 号公告批准、发布。

本标准是在《建筑结构可靠度设计统一标准》GB 50068－2001 的基础上修订而成的。《建筑结构可靠度设计统一标准》GB 50068－2001 的主编单位是中国建筑科学研究院；参加单位是：中国建筑东北设计研究院、重庆大学、中南建筑设计院、四川省建筑科学研究院、福建师范大学；主要起草人员是：李明顺、胡德炘、史志华、陶学康、陈基发、白生翔、苑振芳、戴国欣、陈雪庭、王永维、钟亮、戴国莹、林忠民。

本标准修订过程中，编制组进行了广泛的调查研究，总结了我国工程建设的实践经验，同时参考了国外先进技术标准，许多单位和学者进行了大量的研究，为本次修订提供了极有价值的参考资料。

为了便于广大设计、施工、科研、学校等单位有关人员在使用标准时正确理解和执行条文规定，编制组按章、节、条顺序编制了本标准的条文说明，对条文规定的目的、依据以及执行中需注意的有关事项进行了说明，还着重对强制性条文的强制性理由作了解释。但是，本条文说明不具备与标准正文同等的法律效力，仅供使用者作为理解和把握标准规定的参考。

目　次

1 总 则

1.0.1 本标准是我国建筑结构领域的一本重要的基础性国家标准，是制定建筑结构其他相关标准的基础。本标准对各种材料的建筑结构可靠性设计的基本原则、基本要求和基本方法作出了统一规定，其目的是使设计建造的各种材料的建筑结构能够满足确保人的生命和财产安全，并符合国家的技术经济政策的要求。

"可持续发展"越来越成为各类工程结构发展的主题，根据《工程结构可靠性设计统一标准》GB 50153-2008，本次修订中增加了"使结构符合可持续发展的要求"。

对于建筑结构而言，可持续发展需要考虑经济、环境和社会三个方面的内容：

1 经济方面。应尽量减少从工程的规划、设计、建造、使用、维修直至拆除等各阶段费用的总和，而不是单纯从某一阶段的费用进行衡量。以墙体为例，如仅着眼于降低建造费用而使墙体的保暖性不够，则在使用阶段的采暖费用必然增加，就不符合可持续发展的要求。

2 环境方面。要做到减少原材料和能源的消耗，减少污染。建筑工程对环境的冲击性很大。以建筑结构中大量采用的钢筋混凝土为例，减少对环境冲击的方法有提高水泥、混凝土、钢材的性能和强度，淘汰低性能和强度的材料；提高钢筋混凝土的耐久性；利用粉煤灰等作为水泥的部分替代用品（生产水泥时会产生大量的二氧化碳），利用混凝土碎块作为骨料的部分替代用品等。

3 社会方面。要保护使用者的健康和舒适，保护建筑工程的文化价值。可持续发展的最终目标还是发展，建筑结构的性能、功能必须好，能满足使用者日益提高的要求。

为了提高可持续性的应用水平，国际上正在做出努力，例如，国际标准化组织编制的国际标准或技术规程有《房屋建筑的可持续性——总原则》ISO 15392，《房屋建筑的可持续性——建筑工程环境性能评估方法框架》ISO/TS 21931（Sustainability in building construction—Framework for methods of assessment for environmental performance of construction work）等。

1.0.2 本条规定了本标准的适用范围。本标准作为我国建筑结构领域的一本基础标准，所规定的基本原则、基本要求和基本方法适用于整个结构、组成结构的构件及地基基础的设计；适用于结构的施工阶段和使用阶段；也适用于既有结构的可靠性评定。

1.0.4 我国在建筑结构设计领域积极推广并已得到广泛采用是以概率理论为基础、以分项系数表达的极限状态设计方法，但这并不意味着要排斥其他有效的结构设计方法，采用什么样的结构设计方法，应根据实际条件确定。概率极限状态设计方法需要以大量的统计数据为基础，当不具备这一条件时，建筑结构设计可根据可靠的工程经验或通过必要的试验研究进行，也可继续按传统模式采用容许应力或单一安全系数等经验方法进行。

荷载对结构的影响除了其量值的大小外，荷载的离散性对结构的影响也相当大，因而不同的荷载采用不同的分项系数，如永久荷载分项系数较小，风荷载分项系数较大；另一方面，荷载对地基的影响除了其量值大小外，荷载的持续性对地基的影响也很大。例如对一般的房屋建筑，在整个使用期间，结构自重始终持续作用，因而对地基的变形影响大，而风荷载标准值的取值为平均 50 年一遇值，因而对地基承载力和变形影响均相对较小，有风组合下的地基容许承载力应该比无风组合下的地基容许承载力大。

基础设计时，如用容许应力方法确定基础底面积，用极限状态方法确定基础厚度及配筋，虽然在基础设计上用了两种方法，但实际上也是可行的。

除上述两种设计方法外，还有单一安全系数方法，如在地基稳定性验算中，要求抗滑力矩与滑动力矩之比大于安全系数 K。

钢筋混凝土挡土墙设计是三种设计方法有可能同时应用的一个例子：挡土墙的结构设计采用极限状态法，稳定性（抗倾覆稳定性、抗滑移稳定性）验算采用单一安全系数法，地基承载力计算采用容许应力法。如对结构和地基采用相同的荷载组合和相同的荷载系数，表面上是统一了设计方法，实际上是不正确的。

设计方法虽有上述三种可用，但结构设计仍应采用极限状态法，有条件时采用以概率理论为基础的极限状态法。欧洲规范为极限状态设计方法用于土工设计，使极限状态方法在建筑结构设计中得以全面实施，已经作出努力，在欧洲规范7《土工设计》（Eurocode 7 Geotechnical design）中，专门列出了土工设计状况。在土工设计状况中，各分项系数与持久、短暂设计状况中的分项系数有所不同。因缺乏这方面的研究工作基础，本次修订未能对土工设计状况作出明确的表述。

1.0.5、1.0.6 本标准是制定建筑结构荷载标准和各种材料建筑结构设计标准及其他相关标准应遵守的基本准则，但并不能替代它们。如从结构设计看，本标准主要制定了各种材料建筑结构设计所共同面临的各种基本变量（作用、环境影响、材料性能和几何参数）的取值原则、作用组合的规则、作用组合效应的确定方法等，结构设计中各基本变量的具体取值及在各种受力状态下作用效应和结构抗力具体计算方法，应由各种材料建筑结构设计标准和其他相关标准作出相应规定。

2 术语和符号

本章的术语和符号主要依据国家标准《工程结构设计基本术语标准》GB/T 50083-2014、《工程结构设计通用符号标准》GB/T 50132-2014、国际标准《结构可靠性总原则》ISO 2394：2015 和国家标准《工程结构可靠性设计统一标准》GB 50153-2008，并参考欧洲规范《结构设计基础》EN 1990：2002 等。

2.1 术　语

2.1.2　结构构件

例如，柱、梁、板、基桩等。

2.1.5　设计使用年限

在 2000 年第 279 号国务院令颁布的《建设工程质量管理条例》中，规定了基础设施工程、房屋建筑的地基基础工程和主体结构工程的最低保修期限为设计文件规定的该工程的"合理使用年限"；《结构可靠性总原则》ISO 2394：1998 中，提出了"设计工作年限（design working life）"，其含义与"合理使用年限"相当。

在原国家标准《建筑结构可靠度设计统一标准》GB 50068-2001 中，已将"合理使用年限"与"设计工作年限"统一称为"设计使用年限"，并规定建筑结构在超过设计使用年限后，应进行可靠性评估，根据评估结果，采取相应措施，并重新界定其使用年限。

设计使用年限是设计规定的一个时段，在这一规定时段内，结构只需进行正常的维护而不需进行大修就能按预期目的使用，完成预定的功能，即建筑结构在正常使用和维护下所应达到的使用年限，如达不到这个年限则意味着在设计、施工、使用与维护的某一或某些环节上出现了非正常情况，应查找原因。所谓"正常维护"包括必要的检测、防护及维修。

2.1.6　设计状况

以房屋建筑为例，建筑结构承受家具和正常人员荷载的状况属持久状况；结构施工时承受堆料荷载的状况属短暂状况；结构遭受火灾、爆炸、撞击等作用的状况属偶然状况；结构遭受地震作用的状况属地震状况。

2.1.11　荷载布置

荷载布置就是布置荷载的位置、大小和方向。只有自由作用有荷载布置的问题，固定作用不存在这个问题。荷载布置通常被称为图形加载。荷载布置的一个最简单例子，如对一根多跨连续梁，有各跨均加载、每隔一跨加载或相邻二跨加载而其余跨均不加载等荷载布置。

2.1.12　荷载工况

荷载工况就是确定荷载组合和每一种荷载组合下

的各种荷载布置。假设某一结构设计共有 3 种荷载组合，荷载组合①有 3 种荷载布置，组合②有 4 种荷载布置，组合③有 12 种荷载布置，则该结构设计共有 19 种荷载工况。设计时对每一种荷载工况都要按本标准式（8.2.4）计算出荷载效应，结构各截面的荷载效应最不利值就是按式（8.2.4）计算的基本组合的效应设计值。

除有经验、有把握排除对设计不起控制的荷载工况外，对每一种荷载工况均需要进行相应的结构分析。分析的目的是要找到各个截面、各个构件、结构各个部分及整个结构的最不利荷载效应。只要达到这个目的，任何计算过程都是可以的。

当荷载与荷载效应为线性关系时，叠加原理适用，荷载组合可转换为荷载效应叠加，即用本标准式（8.2.4-2）取代式（8.2.4-1），此时，可先对每一种荷载（每一种布置），计算出其荷载效应，然后按式（8.2.4-2）进行荷载效应叠加。

2.1.18　耐久性极限状态

当环境影响的效应明确时，宜采用耐久性能的某项规定限值界定耐久性极限状态，如混凝土结构中钢筋达到锈蚀的碳化深度、临界氯离子浓度等；对无法定量化的状态，可采用耐久性能的某项标志界定耐久性极限状态，如钢结构中构件出现锈蚀迹象，砌体结构中构件表面出现冻融损伤，木结构中胶合木结构防潮层丧失防护作用或出现脱胶现象等。

2.1.19　抗力

例如，承载力、刚度、抗裂度及材料的抗劣化能力等。

2.1.20　结构的整体稳固性

结构的整体稳固性系指结构在遭遇偶然事件时，仅产生局部的损坏而不致出现与起因不相称的整体性破坏。

2.1.21　关键构件

采用国际标准《结构可靠性总原则》ISO 2394：2015 关于"key element"的术语。

2.1.24　可靠度

对于新建结构，"规定的时间"是指设计使用年限。结构的可靠度是对可靠性的定量描述，即结构在规定的时间内，在规定的条件下，完成预定功能的概率。这是从统计数学观点出发的比较科学的定义，因为在各种随机因素的影响下，结构完成预定功能的能力只能用概率来度量。结构可靠度的这一定义，与其他各种从定值观点出发的定义是有本质区别的。

2.1.26　可靠指标 β

对于新建结构，与可靠度相对应的可靠指标 β，是指设计使用年限的 β。

2.1.30　统计参数

例如，平均值、标准差、变异系数等。

2.1.32　名义值

例如，根据物理条件或经验确定的值。

2.1.34 容许应力法

结构或地基规定的容许应力由材料或岩土强度标准值除以某一安全系数得到。

2.1.39 作用效应

例如，内力、变形和裂缝等。

2.1.53 设计基准期

原标准中的设计基准期，一是用于可靠指标 β，指设计基准期的 β，二是用于可变作用的取值。本标准中设计基准期只用于可变作用的取值。

设计基准期是为确定可变作用的取值而规定的标准时段，它不等同于结构的设计使用年限。设计如需采用不同的设计基准期，则必须相应确定在不同的设计基准期内最大作用的概率分布及其统计参数。

2.1.54 可变作用的组合值～2.1.56 可变作用的准永久值

根据组合值系数 ψ_c、频遇值系数 ψ_f 和准永久值系数 ψ_q 的定义，它们之间一般存在 $\psi_q \leqslant \psi_f \leqslant \psi_c \leqslant 1$ 关系。

2.1.57 可变作用的伴随值

在作用组合中，伴随主导作用的可变作用值。主导作用：在作用的基本组合中为代表值采用标准值的可变作用；在作用的偶然组合中为偶然作用；在作用的地震组合中为地震作用。

2.1.58 作用的代表值

作用代表值包括作用标准值、组合值、频遇值和准永久值，其量值从大到小的排序依次为：作用标准值＞组合值＞频遇值＞准永久值。这四个值的排序不可颠倒，但个别种类的作用，组合值与频遇值可能取相同值。

2.1.60 作用组合；荷载组合

原标准《建筑结构可靠度设计统一标准》GB 50068-2001 在术语上都是沿用作用效应组合，在概念上主要强调的是在设计时对不同作用（或荷载）经过合理搭配后，将其在结构上的效应叠加的过程。实际上在结构设计中，当作用与作用效应间为非线性关系时，作用组合时采用简单的线性叠加就不再有效，因此在采用效应叠加时，还必须强调作用与作用效应"可按线性关系考虑"的条件。为此，在不同作用（或荷载）的组合时，不再强调在结构上效应叠加的涵义，而且其组合内容，除考虑它们的合理搭配外，还应考虑它们在某种极限状态结构设计表达式中设计值的规定，以保证结构具有必要的可靠度。

2.1.67 一阶线弹性分析～2.1.73 刚性－塑性分析

一阶分析与二阶分析的划分界限在于结构分析时所依据的结构是否已考虑变形。如依据的是初始结构即未变形结构，则是一阶分析；如依据的是已变形结构，则是二阶分析。

事实上结构承受荷载时总是要产生变形的，如变形很小，由结构变形产生的次内力不影响结构的安全性和适用性，则结构分析时可略去变形的影响，根据初始结构的几何形体进行一阶分析，以简化计算工作。

3 基本规定

3.1 基本要求

3.1.1 结构可靠度与结构的使用年限长短有关，本标准所指的结构的可靠度或失效概率，对新建结构，是指设计使用年限的结构可靠度或失效概率，当结构的使用年限超过设计使用年限后，结构的失效概率可能较设计预期值增大。

3.1.2 在建筑结构必须满足的五项功能中，第 1、4、5 三项是对结构安全性的要求，第 2 项是对结构适用性的要求，第 3 项是对结构耐久性的要求，三者可概括为对结构可靠性的要求。

所谓足够的耐久性能，系指结构在规定的工作环境中，在预定时期内，其材料性能的劣化不致导致结构出现不可接受的失效概率。从工程概念上讲，足够的耐久性能就是指在正常维护条件下结构能够正常使用到规定的设计使用年限。

偶然事件发生时，要防止结构出现连续倒塌，保持结构必需的整体稳固性。关于结构整体稳固性的具体要求，详见本标准附录 B。

由于连续倒塌的风险对大多数建筑物而言是低的，因而可以根据结构的重要性采取不同的对策。以防止出现结构的连续倒塌：对重要的结构，应采取必要的措施，防止出现结构的连续倒塌；对一般的结构，宜采取适当的措施，防止出现结构的连续倒塌；对于次要的结构，可不考虑结构的连续倒塌问题。

3.1.3、3.1.4 规定了为满足对结构的基本要求，使结构避免或减少可能的损坏，宜采取的若干主要措施。

3.2 安全等级和可靠度

3.2.1 本条为强制性条文。在本标准中，按建筑结构破坏后果的严重性统一划分为三个安全等级，其中，大量的一般结构宜列入中间等级；重要结构应提高一级；次要结构可降低一级。至于重要结构与次要结构的划分，则应根据建筑结构的破坏后果，即危及人的生命、造成经济损失、对社会或环境产生影响等的严重程度确定。结构安全等级示例，见表 1。

表 1 结构安全等级

安全等级	示例
一级	大型的公共建筑等重要结构
二级	普通的住宅和办公楼等一般结构
三级	小型的或临时性储存建筑等次要结构

建筑结构抗震设计中的甲类建筑和乙类建筑，其安全等级宜规定为一级；丙类建筑，其安全等级宜规定为二级；丁类建筑，其安全等级宜规定为三级。

3.2.2 同一建筑结构内的各种结构构件宜与结构采用相同的安全等级，但允许对部分结构构件根据其重要程度和综合经济效果进行适当调整。如提高某一结构构件的安全等级所需额外费用很少，又能减轻整个结构的破坏从而大大减少人员伤亡和财物损失，则可将该结构构件的安全等级比整个结构的安全等级提高一级；相反，如某一结构构件的破坏并不影响整个结构或其他结构构件，则可将其安全等级降低一级。

3.2.4、3.2.5 可靠指标 β 的功能主要有两个：其一，是度量结构构件可靠性大小的尺度，对有充分的统计数据的结构构件，其可靠性大小可通过可靠指标 β 度量与比较；其二，目标可靠指标是分项系数法所采用的各分项系数取值的基本依据。为此，不同安全等级和失效模式的可靠指标宜适当拉开档次，参照国内外对可靠指标的分级，规定安全等级每相差一级，可靠指标取值宜相差 0.5。

3.2.6 本标准表 3.2.6 中规定的房屋建筑结构构件持久设计状况承载能力极限状态设计的可靠指标，是以建筑结构安全等级为二级时延性破坏的 β 值 3.2 作为基准，其他情况下相应增减 0.5。可靠指标 β 与失效概率运算值 p_f 的关系见表 2。

表 2　可靠指标 β 与失效概率运算值 p_f 的关系

β	2.7	3.2	3.7	4.2
p_f	3.5×10^{-3}	6.9×10^{-4}	1.1×10^{-4}	1.3×10^{-5}

表 3.2.6 中延性破坏是指结构构件在破坏前有明显的变形或其他预兆；脆性破坏是指结构构件在破坏前无明显的变形或其他预兆。

表 3.2.6 中作为基准的 β 值，是根据对 20 世纪 70 年代对各类材料结构设计规范校准所得的结果并经综合平衡后确定的，表中规定的 β 值是房屋建筑各种材料结构设计规范应采用的最低值。

根据本次修订对我国建筑结构安全度设置水平的调整方案，永久作用和可变作用的分项系数有所提高，编制组对各种材料的结构构件可靠指标进行了校核计算，结果表明可靠指标的计算值有所提高，均可满足本标准目标可靠指标的要求，但考虑到以下理由，编制组认为本次修订不宜上调我国建筑结构的目标可靠指标：1）目标可靠指标已由最初规定的"平均值"过渡到现在的"下限值"，实际上这一指标的内涵已有所提高；2）可靠指标作为计算值，与所考虑的基本标量及其不定性关系较大，目前我国在可靠指标计算中对国际上提出的有关"主观不定性"和"环境影响"等因素基本没有涉及，而这些因素的引入将会拉低可靠指标计算值；3）以欧洲规范作用分项系数取值和目标可靠指标（$\beta=3.8$）的关系为参照系，我国建筑结构目标可靠指标的规定（延性破坏结构为 $\beta=3.2$，脆性破坏结构为 $\beta=3.7$）是适宜的；4）为今后在可靠指标计算中考虑更多影响因素留有余地。

本标准表 3.2.6 中规定的 β 值是对结构构件而言的。对于其他部分如连接等，设计时采用的 β 值，应由各种材料的结构设计标准另作规定。

目前由于统计资料不够完备以及结构可靠度分析中引入了近似假定，因此所得的失效概率 p_f 及相应的 β 并非实际值。这些值是一种与结构构件实际失效概率有一定联系的运算值，主要用于对各类结构构件可靠度作相对的度量。

3.2.7 为促进房屋使用性能的改善，根据国际有关标准的建议，结合国内对我国建筑结构构件正常使用极限状态可靠度所作的分析研究成果，对结构构件正常使用的可靠度作出了规定。对于正常使用极限状态，其可靠指标一般应根据结构构件作用效应的可逆程度选取：可逆程度较高的结构构件取较低值；可逆程度较低的结构构件取较高值，例如《结构可靠性总原则》ISO 2394-1998 规定，对可逆的正常使用极限状态，其可靠指标取为 0；对不可逆的正常使用极限状态，其可靠指标取为 1.5。

不可逆极限状态指产生超越状态的作用被卸除后，仍将永久保持超越状态的一种极限状态；可逆极限状态指产生超越状态的作用被卸除后，将不再保持超越状态的一种极限状态。

3.2.8 目前，为耐久性极限状态设定目标可靠指标的规范非常少，《结构可靠性总原则》ISO 2394 提出了条件极限状态，但未给出对应的目标可靠指标，仅国际结构混凝土联合会《使用寿命设计模式规范》（2006）["Model code for service life design" International federation for structural concrete（FIB 2006）]、《混凝土结构耐久性设计规范》GB/T 50476-2008 和浙江省《混凝土结构耐久性技术规程》DB 33/T 1128-2016 有所论述。其中，《使用寿命设计模式规范》CEB-FIB 针对钢筋脱钝建议 β 取 1.0~1.5，《混凝土结构耐久性设计规范》GB/T 50476-2008 建议 β 取 1.3~1.7，浙江省《混凝土结构耐久性技术规程》DB 33/T 1128-2016 针对混凝土结构中钢筋钝化、锈胀开裂以及达到锈胀裂宽阈值，建议 β 取 1.0~2.0 之间。综合上述考虑，本标准规定根据其可逆程度，耐久性极限状态设计的可靠指标取 1.0~2.0。

3.3　设计使用年限和耐久性

3.3.1 房屋建筑结构取设计基准期为 50 年，即房屋建筑结构的可变作用取值是按 50 年确定的。

3.3.2 本条为强制性条文。设计文件中需要标明结构的设计使用年限，而无需标明结构的设计基准期、耐久年限、寿命等。

3.3.3 延续原标准对结构设计使用年限的规定，仅作个别文字调整。下表是欧洲规范《结构设计基础》EN 1990：2002 给出的结构设计使用年限类别的示例。

表3　设计使用年限示例

类别	设计使用年限（年）	示　例
1	10	临时性结构
2	10～25	可替换的结构构件
3	15～30	农业和类似结构
4	50	房屋结构和其他普通结构
5	100	标志性建筑的结构、桥梁和其他土木工程结构

此外，对于特殊建筑结构的设计使用年限，可另行规定。

3.4　可靠性管理

结构达到规定的可靠度水平是有条件的，结构可靠度是在"正常设计、正常施工、正常使用"条件下结构完成预定功能的概率，本节是从实际出发，对"三个正常"的要求作出了具有可操作性的规定。

4　极限状态设计原则

4.1　极　限　状　态

4.1.1 承载能力极限状态可理解为结构或结构构件发挥允许的最大承载能力的状态。结构构件由于塑性变形而使其几何形状发生显著改变，虽未达到最大承载能力，但已彻底不能使用，也属于达到这种极限状态。

正常使用极限状态可理解为结构或结构构件达到使用功能上允许的某个限值的状态。例如，某些构件必须控制变形、裂缝才能满足使用要求。因过大的变形会造成如房屋内粉刷层剥落、填充墙和隔断墙开裂及屋面积水等后果；过大的裂缝会影响结构的耐久性；过大的变形、裂缝也会造成用户心理上的不安全感。

结构的可靠性包括安全性、适用性和耐久性，相应的可靠性设计也应包括承载能力、正常使用和耐久性三种极限状态设计。近年来随着耐久性设计理论和方法的不断进步，本次修订增加了有关结构耐久性极限状态设计的内容。

结构耐久性是指在服役环境作用和正常使用维护条件下，结构抵御结构性能劣化（或退化）的能力，因此，在结构全寿命性能变化过程中，原则上结构劣化过程的各个阶段均可以选作耐久性极限状态的基准。理论上讲，足够的耐久性要求已包含在一段时间内的安全性和适用性要求中。然而，出于实用的原因，增加与耐久性有关的极限状态内容或针对一定（非临界）条件的极限状态是有用的（见《结构可靠性总原则》ISO 2394：2015 和《结构耐久性设计总原则》ISO 13823：2008 General principles on the design of structures for durability）。因此，广义上来说，对于极限状态可定义以下3个状态：

第1类极限状态：影响结构初始耐久性能的状态（如，碳化或氯盐侵蚀深度达到钢筋表面导致钢筋开始脱钝、钢结构防腐涂层作用丧失等）；

第2类极限状态：影响结构正常使用的状态（如，钢结构的锈蚀斑点、混凝土表面裂缝宽度超出限值等）；

第3类极限状态：影响结构安全性能的状态（如，钢结构的锈蚀孔、混凝土保护层的脱离等）。

考虑到本标准的可延续性，同时与国际标准接轨，本次标准修订中首次引入的耐久性极限状态系指第1类极限状态。国际标准《结构可靠性总原则》ISO 2394：2015 和《结构耐久性设计总原则》ISO 13823：2008 均提出了耐久性极限状态〔ISO 2394：2015 中的 "condition limit states"（条件极限状态）和 ISO 13823：2008 中的 "initiation limit state"［初始（劣化）极限状态］〕、正常使用极限状态和承载能力极限状态。显然，耐久性极限状态应是结构设计的控制条件之一。

4.2　设　计　状　况

4.2.1 原标准规定结构设计时应考虑持久设计状况、短暂设计状况和偶然设计状况等三种设计状况，根据《工程结构可靠性设计统一标准》GB 50153-2008，本次修订中增加了地震设计状况。这主要是由于地震作用具有与火灾、爆炸、撞击或局部破坏等偶然作用不同的特点：首先，我国很多地区处于地震设防区，需要进行抗震设计且很多结构是由抗震设计控制的；其二，地震作用是能够统计并有统计资料的，可以根据地震的重现期确定地震作用。因此，本次修订借鉴了欧洲规范《结构设计基础》EN 1990：2002 的规定，在原有三种设计状况的基础上，增加了地震设计状况。结构设计应分别考虑持久设计状况、短暂设计状况、偶然设计状况，对处于地震设防区的结构尚应考虑地震设计状况。

4.3　极限状态设计

4.3.1 当考虑偶然事件产生的作用时，主要承重结构可仅按承载能力极限状态进行设计，此时采用的结构可靠指标可适当降低。

4.3.2～4.3.4 建筑结构按极限状态设计时，对不同的设计状况应采用相应的作用组合，在每一种作用组合中还必须选取其中的最不利组合进行有关的极限状态设计。设计时应针对各种有关的极限状态进行必要的计算或验算，当有实际工程经验时，也可采用构造措施来代替验算。

4.3.5 基本变量是指极限状态方程中所包含的影响结构可靠度的各种物理量。它包括：引起结构作用效应 S（内力等）的各种作用，如恒荷载、活荷载、地震、温度变化等；构成结构抗力 R（强度等）的各种因素，如材料性能、几何参数等。分析结构可靠度时，也可将作用效应或结构抗力作为综合的基本变量考虑。基本变量一般可认为是相互独立的随机变量。

极限状态方程是当结构处于极限状态时各有关基本变量的关系式。当结构设计问题中仅包含两个基本变量时，在以基本变量为坐标的平面上，极限状态方程为直线（线性问题）或曲线（非线性问题）；当结构设计问题中包含多个基本变量时，在以基本变量为坐标的空间中，极限状态方程为平面（线性问题）或曲面（非线性问题）。

4.3.6～4.3.8 为了合理地统一我国各类材料结构设计规范的结构可靠度和极限状态设计原则，促进结构设计理论的发展，本标准采用了以概率理论为基础的极限状态设计方法。

以往采用的半概率极限状态设计方法，仅在荷载和材料强度的设计取值上分别考虑了各自的统计变异性，没有对结构构件的可靠度给出科学的定量描述。这种方法常常使人误认为只要设计中采用了某一给定的安全系数，结构就能百分之百的可靠，将设计安全系数与结构可靠度简单地等同了起来。而以概率理论为基础的极限状态设计方法则是以结构失效概率来定义结构可靠度，并以与结构失效概率相对应的可靠指标 β 来度量结构可靠度，从而能较好地反映结构可靠度的实质，使设计概念更为科学和明确。

5 结构上的作用和环境影响

5.1 一般规定

5.1.1 是对结构上的外界因素进行系统的分类和规定。外界因素包括在结构上可能出现的各种作用和环境影响，其中最主要的是各种作用，就作用形态的不同，还可分为直接作用和间接作用，前者是指施加在结构上的集中力或分布力，习惯上常称为荷载；不以力的形式出现在结构上的作用，归类为间接作用，它们都是引起结构外加变形和约束变形的原因，例如地面运动、基础沉降、材料收缩、温度变化等。无论是直接作用还是间接作用，都将使结构产生作用效应，诸如应力、内力、变形、裂缝等。

环境影响与作用不同，它是指能使结构材料随时间逐渐劣化的外界因素，随影响性质的不同，它们可以是机械的、物理的、化学的或生物的，与作用一样，它们也会影响到结构的安全性和适用性。

5.2 结构上的作用

5.2.1 结构上的大部分作用，例如建筑结构的楼面活荷载和风荷载，它们各自出现与否以及出现时量值的大小，在时间和空间上都是互相独立的，这种作用在计算其结构效应和进行组合时，均可按单个作用考虑。某些作用在结构上的出现密切相关且有可能同时以最大值出现，例如桥梁上诸多单独的车辆荷载，可以将它们以车队形式作为单个荷载来考虑。但冬季的雪荷载和结构上的季节温度差，它们的最大值有可能同时出现，就不能各自按单个作用考虑它们的组合。

5.2.2 对有可能同时出现的各种作用，应该考虑它们在时间和空间上的相关关系，通过作用组合（荷载组合）来处理对结构效应的影响；对于不可能同时出现的作用，就不应考虑其同时出现的组合。

5.2.3 作用按随时间的变化分类是作用最主要的分类，它直接关系到作用变量概率模型的选择。

永久作用的统计参数与时间基本无关，故可采用随机变量概率模型来描述；永久作用的随机性通常表现在随空间变异上。可变作用的统计参数与时间有关，故宜采用随机过程概率模型来描述；在实用上经常可将随机过程概率模型转化为随机变量概率模型来处理。

永久作用可分为以下几类：

1 结构自重；

2 土压力；

3 水位不变的水压力；

4 预应力；

5 地基变形；

6 混凝土收缩；

7 钢材焊接变形；

8 引起结构外加变形或约束变形的各种施工因素。

可变作用可分为以下几类：

1 使用时人员、物件等荷载；

2 施工时结构的某些自重；

3 安装荷载；

4 车辆荷载；

5 吊车荷载；

6 风荷载；

7 雪荷载；

8 冰荷载；

9 多遇地震；

10 正常撞击；

11 水位变化的水压力；

12 扬压力；

13 波浪力；

14 温度变化。

偶然作用可分为以下几类：

1 撞击；

2 爆炸；

3 罕遇地震；

4 龙卷风；

5 火灾；

6 极严重的侵蚀；

7 洪水作用。

在上述作用的举例中，地震作用和撞击既可作为可变作用，也可作为偶然作用，这完全取决于对结构重要性的评估，对一般结构，可以按规定的可变作用考虑。由于偶然作用是指在设计使用年限内不太可能出现的作用，因而对重要结构，除了可采用重要性系数的办法以提高安全度外，也可以通过偶然设计状况将作用按量值较大的偶然作用来考虑，其意图是要求一旦出现意外作用时，结构也不至于发生灾难性的后果。

对于一般结构的设计，可以采用当地的地震烈度按标准规定的可变作用来考虑，但是对于重要结构，可提高地震烈度，按偶然作用的要求来考虑。欧洲规范还规定雪荷载也可按偶然作用考虑，以适应重要结构一旦遭遇意外的大雪事件的设计需要。

作用按不同性质进行分类，是出于结构设计规范化的需要，例如，吊车荷载，按随时间变化的分类属于可变荷载，应考虑它对结构可靠性的影响；按随空间变化的分类属于自由作用，应考虑它在结构上的最不利位置；按结构反应特点的分类属于动态荷载，还应考虑结构的动力响应。

在选择作用的概率模型时，很多典型的概率分布类型的取值往往是无界的，而实际上很多随机作用的量值由于客观条件的限制而具有不能被超越的界限值，例如水坝的最高水位，具有敞开泄压口的内爆炸荷载等。选用这类有界作用的概率分布类型时，应考虑它们的特点，例如可采用截尾的分布类型。

作用的其他分类，例如，当进行结构疲劳验算时，可按作用随时间变化的低周性和高周性分类；当考虑结构徐变效应时，可按作用在结构上持续期的长短分类。

5.2.4 作为基本变量的作用，应尽可能根据它随时间变化的规律，采用随机过程的概率模型来描述，但由于对作用观测数据的局限性，对于不同问题还可给以合理的简化。譬如，在设计基准期内结构上的最不利作用（最大作用或最小作用），原则上应按随机过程的概率模型，但通过简化，也可采用随机变量的概率模型来描述。

在一个确定的设计基准期 T 内，对荷载随机过程作一次连续观测（例如对某地的风压连续观测 30

年～50 年），所获得的依赖于观测时间的数据就称为随机过程的一个样本函数。每个随机过程都是由大量的样本函数构成的。

荷载随机过程的样本函数是十分复杂的，它随荷载种类的不同而异。目前对各类荷载随机过程的样本函数及其性质了解甚少。对于常见的活荷载、风荷载、雪荷载等，为了简化起见，采用了平稳二项随机过程概率模型，即将它们的样本函数统一模型化为等时段矩形波函数，矩形波幅值的变化规律采用荷载随机过程 $\{Q(t), t \in [0, T]\}$ 中任意时点荷载的概率分布函数 $F_Q(x) = P\{Q(t_0) \leqslant x, t_0 \in [0, T]\}$ 来描述。

对于永久荷载，其值在设计基准期内基本不变，从而随机过程就转化为与时间无关的随机变量 $\{G(t) = G, t \in [0, T]\}$，所以样本函数的图像是平行于时间轴的一条直线。此时，荷载一次出现的持续时间 $\tau = T$，在设计基准期内的时段数 $r = \dfrac{T}{\tau} = 1$，而且在每一时段内出现的概率 $p = 1$。

对于可变荷载（活荷载及风、雪荷载等），其样本函数的共同特点是荷载一次出现的持续时间 $\tau < T$，在设计基准期内的时段数 $r > 1$，且在 T 内至少出现一次，所以平均出现次数 $m = pr \geqslant 1$。不同的可变荷载，其统计参数 τ、p 以及任意时点荷载的概率分布函数 $F_Q(x)$ 都是不同的。

对于活荷载及风、雪荷载随机过程的样本函数，采用这种统一的模型，为推导设计基准期最大荷载的概率分布函数和计算组合的最大荷载效应（综合荷载效应）等带来很多方便。

当采用一次二阶矩极限状态设计法时，必须将荷载随机过程转化为设计基准期最大荷载，即：

$$Q_T = \max_{0 \leqslant t \leqslant T} Q(t) \tag{1}$$

因 T 已规定，故 Q_T 是一个与时间参数 t 无关的随机变量。

各种荷载的概率模型必须通过调查实测，根据所获得的资料和数据进行统计分析后确定，使之尽可能反映荷载的实际情况，但不要求一律选用平稳二项随机过程这种特定的概率模型。

5.2.5 任意时点荷载的概率分布函数 $F_Q(x)$ 是结构可靠度分析的基础。它应根据实测数据，运用 χ^2 检验或 $K-S$ 检验等方法，选择典型的概率分布如正态、对数正态、伽马、极值Ⅰ型、极值Ⅱ型、极值Ⅲ型等来拟合，检验的显著性水平可取 0.05。显著性水平是指所假设的概率分布类型为真而经检验被拒绝的最大概率。

5.2.6 荷载的统计参数，如平均值、标准差、变异系数等，应根据实测数据，按数理统计学的参数估计方法确定。当统计资料不足且一时又难以获得时，可根据工程经验经适当的判断确定。

5.2.7 虽然任何作用都具有不同性质的变异性，但在工程设计中，不可能直接引用反映其变异性的各种统计参数并通过复杂的概率运算进行设计。因此，在设计时，除了采用能便于设计者使用的设计表达式外，对作用仍应赋予一个规定的量值，称为作用的代表值。根据设计的不同要求，可规定不同的代表值，以使其能更确切地反映它在设计中的特点。在本标准中参考国际标准对可变作用采用四种代表值：标准值、组合值、频遇值和准永久值，其中标准值是作用的基本代表值，而其他代表值都可在标准值的基础上乘以相应的系数后来表示。

1 作用标准值是指其在结构设计基准期内可能出现的最大作用值。由于作用本身的随机性，因而设计基准期内的最大作用也是随机变量，尤其是可变作用，原则上都可用它们的统计分布来描述。作用标准值统一由设计基准期最大作用概率分布的某个分位值来确定，设计基准期应统一规定，譬如为 50 年或 100 年，此外还应对该分位值的百分位作明确规定，这样标准值就可取分布的统计特征值（均值、众值、中值或较高的分位值，譬如 90% 或 95% 的分位值），因此在国际上也称标准值为特征值。

1) 当可变作用采用平稳二项随机过程概率模型时，设计基准期 T 内可变作用最大值的概率分布函数 $F_T(x)$ 可按下式计算：

$$F_T(x) = [F(x)]^m \tag{2}$$

式中：$F(x)$ —— 可变作用随机过程的截口概率分布函数；

　　　m —— 可变作用在设计基准期 T 内的平均出现次数。

当截口概率分布为极值 I 型分布时：

$$F(x) = \exp\left[-\exp\left(-\frac{x-u}{\alpha}\right)\right] \tag{3}$$

其最大值概率分布函数为：

$$F_T(x) = \exp\left\{-\exp\left[-\frac{x-(u+\alpha\ln m)}{\alpha}\right]\right\} \tag{4}$$

2) 可变作用的标准值 Q_k 可由可变作用在设计基准期 T 内最大值概率分布的统计特征值确定，最常用的统计特征值有平均值、中位值和众值，也可采用其他指定概率 p 的分位值，即：

$$F_T(Q_k) = p \tag{5}$$

此时，对标准值 Q_k 在设计基准期内最大值分布上的超越概率为 $1-p$。

3) 对可变作用的标准值，有时可以通过平均重现期的规定来定义。在很多情况下，特别是对自然作用，采用重现期 T_R 来表达可变作用的标准值 Q_k 比较方便，重现期是指连续两次超过作用值 Q_k 的平均间隔时间，Q_k 与 T_R 的关系见下式：

$$F(Q_k) = 1 - 1/T_R \tag{6}$$

重现期 T_R、概率 p 和确定标准值的设计基准期 T 还存在下述近似关系：

$$T_R \approx \frac{1}{\ln(1/p)} T \tag{7}$$

在实际工程中，由于无法对所考虑的作用取得充分的数据，需根据已有的工程实践经验，通过分析判断后，协议一个公称值或名义值作为作用的代表值。

当有两种或两种以上的可变作用在结构上要求同时考虑时，由于所有可变作用同时达到其单独出现时可能达到的最大值的概率极小，因此在结构按承载能力极限状态设计时，除主导作用应采用标准值为代表值外，其他伴随作用均应采用主导作用出现时段内的最大量值，也即以小于其标准值的组合值为代表值。

2 可变作用组合值可按下述原则确定：

1) 可变作用近似采用等时段荷载组合模型，假设所有作用的随机过程 $Q(t)$ 都是由相等时段 τ 组成的矩形波平稳各态历经过程，如图 1 所示。

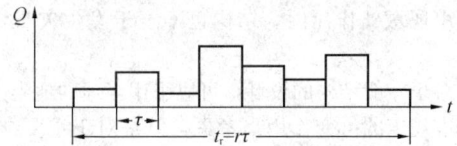

图 1　等时段荷载组合模型示意

2) 根据各个作用在设计基准期内的时段数 r 的大小将作用按序排列，在诸作用的组合中必然有一个作用取其最大作用 Q_{max}，而其他作用则分别取各自的时段最大作用或任意时点作用，统称为组合作用 Q_c。

3) 按设计值方法的原理，该最大作用的设计值 Q_{maxd} 和组合作用 Q_{cd} 及作用的组合值系数 φ_c 分别见公式（8）、式（9）、式（10）。

$$Q_{maxd} = F_{Qmax}^{-1}[\Phi(0.7\beta)] \tag{8}$$

$$Q_{cd} = F_{Qc}^{-1}[\Phi(0.28\beta)] \tag{9}$$

$$\psi_c = \frac{Q_{cd}}{Q_{maxd}} = \frac{F_{Qc}^{-1}[\Phi(0.28\beta)]}{F_{Qmax}^{-1}[\Phi(0.7\beta)]}$$
$$= \frac{F_{Qmax}^{-1}[\Phi(0.28\beta)^r]}{F_{Qmax}^{-1}[\Phi(0.7\beta)]} \tag{10}$$

对极值 I 型的作用，作用的组合值系数见式（11）。

$$\psi_c = \frac{1-0.78\upsilon\{0.577 + \ln[-\ln(\Phi(0.28\beta))] + \ln r\}}{1-0.78\upsilon\{0.577 + \ln[-\ln(\Phi(0.7\beta))]\}} \tag{11}$$

式中　υ —— 作用最大值的变异系数。

4) 组合值系数也可作为伴随作用的分项系数，按本标准附录 E 第 E.6 节的有关内容确定。

3 当结构按正常使用极限状态的要求进行设计时，例如要求控制结构的变形、局部损坏以及振动时，理应从不同的要求出发，来选择不同的作用代表值；目前规范提供的除标准值和组合值外，还有频遇值和准永久值。频遇值是代表某个约定条件下不被超越的作用水平，例如将设计基准期内被超越的总时间规定为某个较小的比例，或被超越的频率限制在规定的频率内的作用水平。准永久值是代表作用在设计基准期内经常出现的水平，也即其持久性部分，当对持久性部分无法定性时，也可按频遇值定义，将在设计基准期内被超越的总时间规定为某个较大的比例来确定。可变作用频遇值可按下述原则确定：

1）按作用值被超越的总持续时间与设计基准期的规定比例确定频遇值。

在可变作用的随机过程的分析中，将作用值超过某水平 Q_x 的总持续时间 $T_x = \sum_{i \geqslant 1} t_i$ 与设计基准期 T 的比率 $\eta_x = T_x/T$ 来表征频遇值作用的短暂程度，如图 2（a）所示。图 2（b）给出的是可变作用 Q 在非零时域内任意时点作用值 Q^* 的概率分布函数 $F_{Q^*}(x)$，超过 Q_x 水平的概率 p^* 可按下式确定：

$$p^* = 1 - F_{Q^*}(Q_x) \tag{12}$$

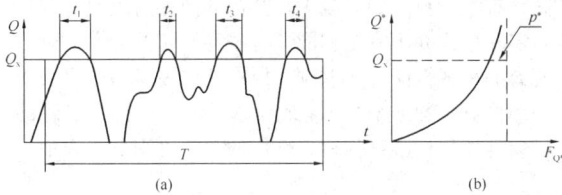

图 2 以作用值超过某水平 Q_x 的总持续时间与设计基准期 T 的比例定义可变作用频遇值

对各态历经的随机过程，存在下列关系式：

$$\eta_x = p^* q \tag{13}$$

式中 q——作用 Q 的非零概率。

当 η_x 为规定值时，相应的作用水平 Q_x 可按下式确定：

$$Q_x = F_Q^{-1}\left(1 - \frac{\eta_x}{q}\right) \tag{14}$$

对与时间有关联的正常使用极限状态，作用的频遇值可考虑按这种方式取值，当允许某些极限状态在一个较短的持续时间内被超越，或在总体上不长的时间内被超越，就可采用建议不大于 0.1 的 η_x 值，按式（14）计算作用的频遇值 $\psi_f Q_k$。

2）按作用值被超越的总频数或单位时间平均超越频数即跨阈率确定频遇值。

在可变作用随机过程的分析中，将作用值超过某水平 Q_x 的次数 n_x 或单位时间内的平均超越次数即跨阈率 $\nu_x = n_x/T$ 来表征频遇值出现的疏密程度（图 3）。

跨阈率可通过直接观察确定，一般也可应用随机过程的某些特性（如谱密度函数）间接确定。当其任意时点作用 Q^* 的均值 μ_{Q^*} 及其跨阈率 ν_m 为已知，而且作用是高斯平稳各态历经的随机过程，则对应于跨阈率 ν_x 的作用水平 Q_x 可按下式确定：

$$Q_x = \mu_{Q^*} + \sigma_{Q^*} \sqrt{\ln(\nu_m/\nu_x)^2} \tag{15}$$

式中 σ_{Q^*}——任意时点作用 Q^* 的标准差。

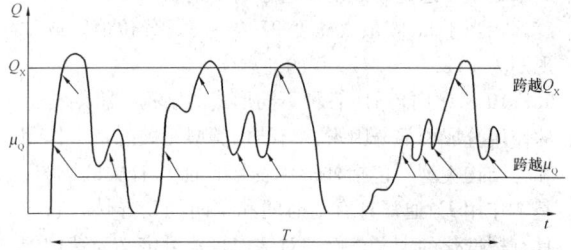

图 3 以跨阈率定义可变作用频遇值

对与作用超越次数有关联的正常使用极限状态，作用的频遇值 $\psi_f Q_k$ 可考虑按这种方式取值，当结构振动时涉及人的舒适性、影响非结构构件的性能和设备的使用功能等的极限状态，都可采用频遇值来衡量结构的正常性。

4 可变作用准永久值可按下述原则确定：

1）对在结构上经常出现的部分可变作用，可将其出现部分的均值作为准永久值 $\psi_q Q_k$ 采用。

2）对不易判别的可变作用，可以按作用值被超越的总持续时间与设计基准期的规定比率确定，此时比率可取 0.5。当可变作用可认为是各态历经的随机过程时，准永久值 $\psi_q Q_k$ 可直接按本条第 3 款式（14）确定。

5.2.8 偶然作用是指在设计使用年限内不一定出现，而一旦出现其量值很大，且持续期在多数情况下很短的作用，例如爆炸、撞击、龙卷风、偶然出现的雪荷载、风荷载等。因此，偶然作用的出现是一种意外事件，它们的代表值应根据具体的工程情况和偶然作用可能出现的最大值，并且考虑经济上的因素，综合地加以确定，也可通过有关的标准规定。

对这类作用，由于历史资料的局限性，一般都是根据工程经验，通过分析判断，经协议确定其名义值。当有可能获取偶然作用的量值数据并可供统计分析，但是缺乏失效后果的定量和经济上的优化分析时，国际标准建议可采用重现期为万年的标准确定其代表值。

当采用偶然作用为结构的主导作用时，设计应保证结构不会由于作用的偶然出现而导致灾难性的后果。

5.2.9 地震作用的代表值按传统都采用当地地区的基本烈度，根据大部分地区的统计资料，它相当于设计基准期为 50 年最大烈度 90% 的分位值。如果采用重现期表示，基本烈度相当于重现期为 475 年的地震烈度。现行国家标准《建筑抗震设计规范》GB 50011 将抗震设防划分三个水准，第一水准是低于基本烈度，也称为众值烈度，俗称小震，它相当于50年最大烈度36.8%的分位值；第二水准是基本烈度；第三水准是罕遇地震烈度，它远高于基本烈度，俗称大震，相当于50年最大烈度97%～98%分位值，或重现期为1642年～2475年的地震烈度。

5.2.10 为了能适应各种不同形式的结构，将结构上的作用分成两部分因素：与结构类型无关的基本作用和与结构类型（包括外形和变形性能）有关的因素。基本作用 F_0 通常具有随时间和空间的变异性，它应具有标准化的定义，例如对结构自重可定义为结构的图纸尺寸和材料的标准重度；对雪荷载可定义标准地面上的雪重为基本雪压；对风荷载可定义标准地面上10m高处的标准时距的平均风速为基本风压，如此等等。而作用值应在基本作用的基础上，考虑与结构有关的其他因素，通过反映作用规律的数学函数 $\varphi(\cdot)$ 来表述，例如，对雪荷载的情况，可根据屋面的不同条件将基本雪压换算为屋面上的雪荷载；对风荷载的情况，可根据场地地面粗糙度情况、结构外形及结构不同高度，将基本风压换算为结构上的风荷载。

5.2.11 当作用对结构产生不可忽略的加速度时，也即与加速度对应的结构效应占有相当比重时，结构应采用动力模型来描述。此时，动态作用必须按某种方式描述其随时间的变异性（随机性），作用可根据分析的方便与否而采用时域或频域的描述方式，作用历程中的不定性可通过选定随机参数的非随机函数来描述，也可进一步采用随机过程来描述，各种随机过程经常被假定为是分段平稳的。

在有些情况下，动态作用与材料性能和结构刚度、质量及各类阻尼有关，此时对作用的描述首先是在偏于安全的前提下规定某些参数，例如结构质量、初速度等。通常还可以进一步将这些参数转化为等效的静态作用。

如果认为所选用的参数还不能保证其结果偏于安全，就有必要对有关作用模型按不同的假设进行计算，从中选出认为可靠的结果。

5.3 环境影响

5.3.1、5.3.2 环境影响可以具有机械的、物理的、化学的或生物的性质，并且有可能使结构的材料性能随时间发生不同程度的退化，向不利方向发展，从而影响结构的安全性和适用性。

环境影响在很多方面与作用相似，而且可以和作用相同地进行分类，特别是关于它们在时间上的变异性，因此，环境影响可分类为永久、可变和偶然影响三类。例如，对处于海洋环境中的混凝土结构，氯离子对钢筋的腐蚀作用是永久影响，空气湿度对木材强度的影响是可变影响等。

环境影响对结构的效应主要是针对材料性能的降低，它是与材料本身有密切关系，因此，环境影响的

效应应根据材料特点而加以规定。在多数情况下涉及化学的和生物的损害，其中环境湿度的因素是最关键的。

如同作用一样，对环境影响应尽量采用定量描述；但在多数情况下，这样做是有困难的，因此，目前对环境影响只能根据材料特点，按其抗侵蚀性的程度来划分等级，设计时按等级采取相应措施。

6 材料和岩土的性能及几何参数

6.1 材料和岩土的性能

6.1.2 用材料的标准试件试验所得的材料性能 f_{spe}，一般说来，不等同于结构中实际的材料性能 f_{str}，有时两者可能有较大的差别。例如，材料试件的加荷速度远超过实际结构的受荷速度，致使试件的材料强度较实际结构偏高；试件的尺寸远小于结构的尺寸，致使试件的材料强度受到尺寸效应的影响而与结构中不同；有些材料，如混凝土，其标准试件的成型与养护与实际结构并不完全相同，有时甚至相差很大，以致两者的材料性能有所差别。所有这些因素一般习惯于采用换算系数或函数 K_0 来考虑，因此结构中实际的材料性能与标准试件材料性能的关系可用下式表示：

$$f_{str} = K_0 f_{spe} \tag{16}$$

由于结构所处的状态具有变异性，因此换算系数或函数 K_0 也是随机变量。

6.1.3 材料性能实际上是随时间变化的，有些材料性能，例如木材、混凝土的强度等，这种变化相当明显，但为了简化起见，各种材料性能仍作为与时间无关的随机变量来考虑，而性能随时间的变化一般通过引进换算系数来估计。

6.1.5 材料强度标准值一般取概率分布的低分位值，国际上一般取0.05分位值，本标准也采用这个分位值确定材料强度标准值。此时，当材料强度按正态分布时，标准值为

$$f_k = \mu_f - 1.645\sigma_f \tag{17}$$

当按对数正态分布时，标准值近似为

$$f_k = \mu_f \exp(-1.645\delta_f) \tag{18}$$

式中 μ_f、σ_f 及 δ_f 分别为材料强度的平均值、标准差及变异系数。

当材料强度增加对结构性能不利时，必要时可取高分位值。

6.1.8 岩土性能参数的标准值当有可能采用可靠性估值时，可根据区间估计理论确定，单侧置信界限值由式 $f_k = \mu_f \left(1 \pm \dfrac{t_\alpha}{\sqrt{n}} \delta_f\right)$ 求得，式中 t_α 为学生氏分布函数，按置信度 $1-\alpha$ 和样本容量 n 确定。

6.2 几何参数

6.2.3 结构的某些几何参数，例如梁跨和柱高，其

变异性一般对结构抗力的影响很小，设计时可按确定量考虑。

7 结构分析和试验辅助设计

7.1 一般规定

7.1.1～7.1.3 结构分析是确定结构上作用效应的过程或方法，结构上的作用效应是指在作用影响下的结构反应，包括构件截面内力（如轴力、剪力、弯矩、扭矩）以及变形和裂缝。

在结构分析中，宜考虑环境对材料、构件和结构性能的影响，如湿度对木材强度的影响，高温对钢结构性能的影响等。

7.2 结构模型

7.2.1 建立结构分析模型一般都要对结构原型进行适当简化，考虑决定性因素，忽略次要因素，并合理考虑构件及其连接，以及构件与基础间的力-变形关系等因素。

7.2.2 一维结构分析模型适用于结构的某一维尺寸（长度）比其他两维大得多的情况，或结构在其他两维方向上的变化对结构分析结果影响很小的情况，如连续梁；二维结构分析模型适用于结构的某一维尺寸比其他两维小得多的情况，或结构在某一维方向上的变化对分析结果影响很小的情况，如平面框架；三维结构分析模型适用于结构中没有一维尺寸显著大于或小于其他两维的情况。

7.2.4 在许多情况下，结构变形会引起几何参数名义值产生显著变异。一般称这种变形效应为几何非线性或二阶效应。如果这种变形对结构性能有重要影响，原则上应与结构的几何不完整性一样在设计中加以考虑。

7.2.5 结构分析模型描述各有关变量之间物理上或经验上的关系。这些变量一般是随机变量。计算模型一般可表达为：

$$Y = f(X_1, X_2, \cdots, X_n) \qquad (19)$$

式中： Y ——模型预测值；

$f(\cdot)$ ——模型函数；

X_i （ $i = 1, 2, \cdots, n$ ）——基本变量。

如果模型函数 $f(\cdot)$ 是完整、准确的，变量 X_i （ $i = 1, 2, \cdots, n$ ）值在特定的试验中经量测已知，则结果 Y 可以预测无误；但多数情况下模型并不完整，这可能是因为缺乏有关知识，或者为设计方便而过多简化造成的。模型预测值的试验结果 Y' 可以写成如下：

$$Y' = f'(X_1, X_2, \cdots, X_n, \theta_1, \theta_2, \cdots, \theta_n) \qquad (20)$$

式中， θ_i （ $i = 1, 2, \cdots, n$ ）为有关参数，它包含着模型不定性，且按随机变量处理。在多数情况下其统计特性可通过试验或观测得到。

7.3 作用模型

7.3.1 一个完善的作用模型应能描述作用的特性，如作用的大小、位置、方向、持续时间等。在有些情况下，还应考虑不同特性之间的相关性，以及作用与结构反应之间的相互作用。

在多数情况下，结构动态反应是由作用的大小、位置或方向的急剧变化所引起的。结构构件的刚度或抗力的突然改变，亦可能产生动态效应。当动态性能起控制作用时，需要比较详细的过程描述。动态作用的描述可以时间为主或以频率为主给出，依方便而定。为描述作用在时间变化历程中的各种不定性，可将作用描述为一个具有选定随机参数的时间非随机函数，或作为一个分段平稳的随机过程。

7.4 分析方法

7.4.1、7.4.2 当结构的材料性能处于弹性状态时，一般可假定力与变形（或变形率）之间的相互关系是线性的，可采用弹性理论进行结构分析，这种情况下，分析比较简单，效率也较高；而当结构的材料性能处于弹塑性状态或完全塑性状态时，力与变形（或变形率）之间的相互关系比较复杂，一般情况下都是非线性的，这时宜采用弹塑性理论或塑性理论进行结构分析。

7.4.3 结构动力分析主要涉及结构的刚度、惯性力和阻尼。动力分析刚度与静力分析所采用的原则一致。尽管重复作用可能产生刚度的退化，但由于动力影响，亦可能引起刚度增大。惯性力是由结构质量、非结构质量和周围流体、空气和土壤等附加质量的加速度引起的。阻尼可由许多不同因素产生，其中主要因素有：

1 材料阻尼，例如源于材料的弹性特性或塑性特性；

2 连接中的摩擦阻尼；

3 非结构构件引起的阻尼；

4 几何阻尼；

5 土壤材料阻尼；

6 空气动力和流体动力阻尼。

在一些特殊情况下，某些阻尼项可能是负值，导致从环境到结构的能量流动。例如疾驰、颤动和在某些程度上的游涡所引起的反应。对于强烈地震时的动力反应，一般需要考虑循环能量衰减和滞回能量消失。

7.5 试验辅助设计

7.5.1、7.5.2 试验辅助设计（简称试验设计）是确定结构和结构构件抗力、材料性能、岩土性能，以及结构作用和作用效应设计值的方法。该方法以试验数据的统计评估为依据，与概率设计和分项系数设计概念相一致。在下列情况下可采用试验辅助设计：

1 标准没有规定或超出标准适用范围的情况；

2 计算参数不能确切反映工程实际的特定情况；

3 现有设计方法可能导致不安全或设计结果过于保守的情况；

4 新型结构（或构件）、新材料的应用或新设计公式的建立；

5 标准规定的特定情况。

对于新技术、新材料等，在工程应用中应特别慎重，同时也应遵守其他政策和规范的要求。

8 分项系数设计方法

8.1 一般规定

8.1.1 尽管概率极限状态设计方法全部更新了结构可靠性的概念与分析方法，但提供给设计人员实际使用的仍然是分项系数设计表达方式，它与设计人员长期使用的表达形式相同，从而易于掌握。

概率极限状态设计方法必须以统计数据为基础，考虑到对各类建筑结构所具有的统计数据在质与量两个方面都很有很大差异，或在某些领域根本没有统计数据，因而规定当缺乏统计数据时，可以不通过可靠指标 β，直接按工程经验确定分项系数。

8.1.2 规定了各种基本变量设计值的确定方法。

1 作用的设计值 F_d 一般可表示为作用的代表值 F_r 与作用的分项系数 γ_F 的乘积。对可变作用，其代表值包括标准值、组合值、频遇值和准永久值。组合值、频遇值和准永久值可通过对可变作用标准值的折减来表示，即分别对可变作用的标准值乘以不大于 1 的组合值系数 ψ_c、频遇值系数 ψ_f 和准永久值系数 ψ_q。

建筑结构按不同极限状态设计时，在相应的作用组合中对可能同时出现的各种作用，应采用不同的作用设计值 F_d，见表 4。

表 4 作用的设计值 F_d

极限状态	作用组合	永久作用	主导作用	伴随可变作用	本标准公式
承载能力极限状态	基本组合	$\gamma_G G_{ik}$	$\gamma_Q \gamma_{L1} Q_{1k}$	$\gamma_Q \psi_{cj} \gamma_{Lj} Q_{jk}$	(8.2.4-1)
	偶然组合	G_{ik}	A_d	$(\psi_{f1}$ 或 $\psi_{q1}) Q_{1k}$ 和 $\psi_{qj} Q_{jk}$	(8.2.5-1)
正常使用极限状态	标准组合	G_{ik}	Q_{1k}	$\psi_{cj} Q_{jk}$	(8.3.2-1)
	频遇组合	G_{ik}	$\psi_{f1} Q_{1k}$	$\psi_{qj} Q_{jk}$	(8.3.2-3)
	准永久组合	G_{ik}	—	$\psi_{qj} Q_{jk}$	(8.3.2-5)

对于本标准式（8.1.2-4），也可根据需要从材料性能的分项系数 γ_M 中将反映抗力模型不定性的系数 γ_{Rd} 分离出来。

8.2 承载能力极限状态

8.2.1 本条列出了四种承载能力极限状态，应根据四种状态性质的不同，采用不同的设计表达方式及与之相应的分项系数数值。

1 结构或结构构件的破坏，也包括基础等。

4 对于疲劳破坏，有些材料（如钢筋）的疲劳强度宜采用应力变程（应力幅）而不采用强度绝对值来表达。

8.2.2 作用组合的效应设计值 S_d，包括如轴力、弯矩设计值或表示几个轴力、弯矩向量的设计值等；本标准式（8.2.2-1）中，S_d 包括荷载系数，R_d 包括材料系数（或抗力系数），这两类系数在一定范围内是可以互换的。

以建筑结构中安全等级为二级、设计使用年限为 50 年的钢筋混凝土轴心受拉构件为例。

设永久作用标准值的效应 $N_{Gk} = 10$kN，可变作用标准值的效应 $N_{Qk} = 20$kN，钢筋强度标准值 $f_{yk} = 400$N/mm²，求所需钢筋面积 A_s。

方案 1：取 $\gamma_G = 1.3$，$\gamma_Q = 1.5$，$\gamma_s = 1.1$，则由本标准式（8.2.4-2），作用组合的效应设计值 $N_d = \gamma_G N_{Gk} + \gamma_Q N_{Qk} = 1.3 \times 10 + 1.5 \times 20 = 43$kN，取 $R_d = A_s f_{yk} / \gamma_s = N_d = 43$kN，则 $A_s = 43 \times 1.1 / (400 \times 0.001) = 118.3$mm²。

方案 2：取 $\gamma_G = 1.192$（$= 1.3 \times 1.1 / 1.2$），$\gamma_Q = 1.375$（$= 1.5 \times 1.1 / 1.2$），$\gamma_s = 1.2$ [$= 1.1 / (1.1 / 1.2)$]，则由本标准式（8.2.4-2），作用组合的效应设计值 $N_d = \gamma_G N_{Gk} + \gamma_Q N_{Qk} = 1.192 \times 10 + 1.375 \times 20 = 39.42$kN，取 $R_d = A_s f_{yk} / \gamma_s = N_d = 39.42$kN，则 $A_s = 39.42 \times 1.2 / (400 \times 0.001) = 118.3$mm²。

方案 1 和方案 2 是完全等价的，用相同的钢筋截面积承受相同的拉力设计值，安全度是完全相同的。

方案 1 的荷载系数及材料系数与国际及国内参数比较靠近，而方案 2 则有明显差异，因此方案 2 不可取。

8.2.4 对基本组合，原标准给出了设计表达式，设计人员可用作设计，但仅限于作用与作用效应按线性关系考虑的情况，非线性关系时不适用。本次修订根据《工程结构可靠性设计统一标准》GB 50153-2008 给出对线性与非线性二种关系全部适用的、设计人员可直接采用的表达式。应注意在本标准式（8.2.4-1）作用组合的效应函数 $S(\cdot)$ 中，符号"Σ"和"+"均表示组合，即同时考虑所有作用对结构的共同影响，而不表示代数相加。

本标准对结构的重要性系数用 γ_0 表示，这与原标准相同。

当结构的设计使用年限与设计基准期不同时，应对可变作用的标准值进行调整，这是因为结构上的各种可变作用均是根据设计基准期确定其标准值的。以房屋建筑为例，结构的设计基准期为 50 年，即房屋建筑结构上的各种可变作用的标准值取其 50 年一遇的最大值分布上的"某一分位值"，对设计使用年限为 100 年的结构，要保证结构在 100 年时具有设计要求的可靠度水平，理论上要求结构上的各种可变作用应采用 100 年一遇的最大值分布上的相同分位值作为可变作用的"标准值"，但这种作法对同一种可变作用会随设计使用年限的不同而有多种"标准值"，不便于荷载规范表达和设计人员使用，为此，本标准首次提出考虑结构设计使用年限的荷载调整系数 γ_L，以设计使用年限 100 年为例，γ_L 的含义是在可变作用 100 年一遇的最大值分布上，与该可变作用 50 年一遇的最大值分布上标准值的相同分位值的比值，其他年限可类推。在本标准表 8.2.10 中对房屋建筑结构给出了 γ_L 的具体取值，设计人员可直接采用；对设计使用年限为 50 年的结构，其设计使用年限与设计基准期相同，不需调整可变作用的标准值，则取 γ_L =1.0。

永久荷载不随时间而变化，因而与 γ_L 无关。

当设计使用年限大于基准期时，除在荷载方面需考虑 γ_L 外，在抗力方面也需采取相应措施，如采用较高的混凝土强度等级、加大混凝土保护层厚度或对钢筋作涂层处理等，使结构在较长的时间内不致因材料性能劣化而降低可靠度。

式（8.2.4）中第 1 个可变作用 Q_1 即为主导可变作用。

当作用与作用效应不宜按线性关系考虑时，在单个主导作用的情形下可考虑以下简化规则：a）当效应的增加高于作用时，作用分项系数应乘在作用代表值上；b）当效应的增加低于作用时，作用分项系数应乘在作用代表值的效应上。除悬索、缆索和膜结构外，大多数结构或结构构件属于效应的增加高于作用的类型。

8.2.5 偶然作用的情况复杂，种类很多，因而对偶然组合，原标准只用文字作了简单叙述，本标准根据《工程结构可靠性设计统一标准》GB 50153-2008 给出了偶然组合效应设计值的表达式，但未能统一选定本标准式（8.2.5-1）及式（8.2.5-2）中用 ψ_{f1} 或 ψ_{q1}，有关的设计标准应予以明确。

作用的偶然组合适用于偶然事件发生时的结构验算和发生后受损结构的整体稳固性验算。

8.2.6 各类建筑结构都会遭遇地震，很多结构是由抗震设计控制的。

国内外对地震作用的研究，今天已发展到可统计且有统计数据了。可以给出不同重现期的地震作用，根据地震作用不同的取值水平提出对结构相应的性能要求，这和现在无法统计或没有统计数据的偶然作用显然不同。将地震设计状况单独列出的客观条件已经具备，列出这一状况有利于建筑结构抗震设计的统一协调与发展。

8.2.7 我国建筑结构抗震设计已经积累了丰富的经验，并凝练出具有我国特色的建筑抗震设计的设防

目标。

8.2.8 结构重要性系数 γ_0 是考虑结构破坏后果的严重性而引入的系数，对于安全等级为一级和三级的结构构件分别取 1.1 和 0.9。可靠度分析表明，采用这些系数后，结构构件可靠指标值较安全等级为二级的结构构件分别增减 0.5 左右，与本标准表 3.2.6 的规定基本一致。考虑不同投资主体对建筑结构可靠度的要求可能不同，故允许结构重要性系数 γ_0 分别取不应小于 1.1、1.0 和 0.9。

8.2.9 对永久荷载系数 γ_G 和可变荷载系数 γ_Q 的取值，分别根据对结构构件承载能力有利和不利两种情况，作出了具体规定。

在某些情况下，永久荷载效应与可变荷载效应符号相反，而前者对结构承载能力起有利作用。此时，若永久荷载分项系数仍取同号效应时相同的值，则结构构件的可靠度将严重不足。为了保证结构构件具有必要的可靠度，并考虑到经济指标不致波动过大和应用方便，规定当永久荷载效应对结构构件的承载能力有利时，γ_G 不应大于 1.0。

在"以概率理论为基础、以分项系数表达的极限状态设计方法"中，将对结构可靠度的要求分解到各种分项系数设计取值中，作用（包括永久作用、可变作用等）分项系数取值越高，相应的结构可靠度设置水平也就越高，但从概率的观点看，一个结构可靠与否是随机事件，无论其可靠度水平有多高，都不能做到 100% 安全可靠，总会有一定的失效概率存在，因此不可避免地存在着由于结构失效带来的风险（危及人的生命、造成经济损失、对社会或环境产生不利影响等），人们只能做到把风险控制在可接受的范围内。一般来说，可靠度设置水平越高风险水平就越低，相应的一次投资的经济代价也越高；相反，可靠度设置水平越低风险水平就越高，而相应的一次投资的经济代价则越低。在经济发展水平较低的时候，对结构可靠度的投入受到经济水平的制约，在保证"基本安全"的前提下，人们不得不承受较高的风险；而在经济发展水平较高的条件下，人们更多会选择具有较高投入的结构可靠度从而降低所承担的风险。本次修订将永久作用分项系数 γ_G 由 1.2 调整为 1.3、可变作用分项系数 γ_Q 由 1.4 调整为 1.5，同时相应调整预应力作用的分项系数 γ_P，由 1.2 调整为 1.3，为我国房屋建筑结构与国际主流规范可靠度设置水平的一致性奠定了基础。

8.2.10 对设计使用年限为 100 年和 5 年的结构构件，通过考虑结构设计使用年限的荷载调整系数 γ_L 对可变荷载取值进行调整。

8.3 正常使用极限状态

8.3.1 对承载能力极限状态，安全与失效之间的分界线是清晰的，如钢材的屈服、混凝土的压坏、结构

的倾覆、地基的滑移，都是清晰的物理现象；对正常使用极限状态，能正常使用与不能正常使用之间的分界线是模糊的，难以找到清晰的物理界限区分正常与不正常，在很大程度上依靠工程经验确定。

本条作用组合的效应设计值 S_d 指变形、裂缝等的设计值。

8.3.2 列出了三种组合，来源于《结构可靠性总原则》ISO 2394 和《结构设计基础》EN 1990。

正常使用极限状态的可逆与不可逆的划分很重要。标准组合宜用于不可逆正常使用极限状态；频遇组合宜用于可逆正常使用极限状态；准永久组合宜用在当长期效应取决定性因素时的正常使用极限状态。

可逆与不可逆不能只按所验算构件的情况确定，还需要与周边构件联系起来考虑。以钢梁的挠度为例，钢梁的挠度本身当然是可逆的，但当钢梁下有隔墙，钢梁与隔墙之间又未作专门处理，钢梁的挠度会使隔墙损坏，则仍被认为是不可逆的，应采用标准组合进行设计验算；如钢梁的挠度不会损坏其他构件（结构的或非结构的），只影响到人的舒适感，则可采用频遇组合进行设计验算；如钢梁的挠度对各种性能要求均无影响，只是个外观问题，则可采用准永久组合进行设计验算。

附录 A 既有结构的可靠性评定

A.1 一 般 规 定

A.1.1 村镇中的一些既有房屋和城市中的棚户房屋没有正规的设计或没有按行业规则建造与施工，不具备进行可靠性评定的基础，不宜按本附录的原则和方法进行评定。

A.1.2 本条提出既有结构检测评定的规定。第 1 款中的"规定的年限"不仅仅限于设计使用年限，有些行业规定既有结构使用 5 年～10 年就要进行检测鉴定，重新备案。出现第 4 款和第 5 款的情况，当争议的焦点是设计质量和施工质量问题时，可先进行工程质量的评定，再进行既有结构的可靠性评定。

A.1.3 把结构的承载能力、适用性、耐久性和抵抗偶然作用的能力等分开评定可避免概念的混淆，避免引发不必要的问题，同时便于业主根据问题的轻重缓急采取适当的处理措施。对既有结构进行可靠性评定时，业主可根据结构的具体情况提出进行某项性能的评定，也可进行全部性能的评定。

A.1.4 既有结构的可靠性评定以现行结构标准的相关规定为依据是国际上通行的原则，也是本附录提出的"保障结构性能"的基本要求。但评定不是照搬设计标准的全部公式，要考虑既有结构的特点，对结构构件的实际状况（不是原设计预期状况）进行评定，

这是实现尽量减少加固等工程量的具体措施。

A.1.5 既有结构可靠性评定的基本原则是确保结构的性能符合相应及可持续发展的要求；尽量减少业主对既有结构加固等的工程量。上述相应的要求是指现行结构标准对结构性能的基本要求。

A.2 承载能力评定

A.2.1 本条提出既有结构承载能力评定的四个分项，其中作用与作用效应的分析和构件与连接的承载力两个评定分项也可视为一个分项。本标准的可靠指标包括了作用效应和构件承载力两个分项。

A.2.2 以现行设计标准的规定为基准，对既有结构的体系予以评定。

A.2.3 构件的构造有些是针对适用性的有些是针对耐久性的，在承载能力的评定时可不考虑适用性和耐久性的构造要求。

A.2.4 由于本标准的规定比过去有所提高，因此不宜将构件承载能力的评定称为安全性评定。

A.2.5 本条规定了几种构件承载力的评定方法，目前我国结构设计标准普遍采用的是材料强度系数方法。

A.2.6 本条规定了基于结构良好状态评定方法的规则，首先要保障在偶然作用下结构不会出现倒塌或坍塌；其次是结构构件与连接部位未达到正常使用极限状态的限值且结构上的作用不会出现明显的变化。当既有结构经历了相应的灾害，而未出现正常使用极限状态限值的现象，也可以认定该结构可以抵抗这种灾害的作用。

A.2.7 本条第 1 款所称的计算模型是指构件承载力的计算公式。计算公式所确定的构件承载力应与所评定构件承载能力极限状态的承载力相符合。例如，混凝土悬挑构件的承载力不能用受弯构件正截面承载力予以评定，再如地震作用下有侧移的框架柱的承载力，不能用偏压构件或斜截面承载力予以评定。无论采取何种方法评定构件的几何参数都可以取实测值，且应考虑不可恢复性损伤的影响。例如钢材的锈蚀等对构件承载力的影响等。

本条第 2 款提到的材料强度系数可按相关结构设计标准的规定确定，此时材料强度应取实测推定的标准值。

本条第 3 款的中提到的抗力系数与构件承载力的分项系数相近，建筑结构的有些设计标准使用的是抗力系数。在使用抗力系数时，材料的强度可以使用实测值平均值或最小值，而且可以利用模型不定性的保守措施。

A.2.8 本条所称的基于可靠指标的构件承载力分项系数的评定方法是一种用构件承载力的分项系数 γ_R 替代现行标准材料强度系数和抗力系数的方法。

构件承载力的变异系数 δ_R 可以通过对批量构件

承载力的试验数据分析确定。将可靠指标 β 分解为作用效应的可靠指标 β_S 和构件承载力的可靠指标 β_R 可以有两种方法。一种是直接分解可靠指标的方法，国际标准和欧洲规范采取了这种方法。另一种方法是利用 β 和 δ_R 分解出 β_R 并计算确定 γ_R。第一种方法相对简单，第二种方法比第一种方法更为合理。这两种方法都需要先行确定 β_S 的取值。构件承载力分项系数的计算公式体现了分项系数与可靠指标和变异系数之间的关系，其实质是将分项系数与可靠指标和失效概率建立了联系。

A.2.9 荷载检验是确定构件承载力的方法之一。本条提出荷载检验确定承载力的规则。当结构主要承受重力作用时，应采用重力荷载的检验方法；检验的荷载值应通过预先的计算估计，并在检验时采取逐级加载的方式。为了避免结构或构件产生过大变形或损伤，检验荷载不宜大于荷载的设计值（标准值×荷载系数×所属面积）。

结构构件的承载力除了有荷载系数的裕量外，还应有构件系数或材料强度系数的裕量。对于检验荷载未达到构件系数或材料系数部分，可采取辅助计算分析的方法实现。

A.2.10 本条第 1 款的自重荷载不包括永久荷载中的堆物荷载等，现场实测数据包括构配件的单位体积的自重和尺寸参数。对于用实测后的自重的代表荷载，其分项系数可以取 $\gamma_G = 1.2$；对于未实测的自重荷载其 γ_G 不应小于 1.3。本条第 2 款专指楼面均布活荷载；有确切的调查表明，当人员极度拥挤时，仅人员荷载就可达到 $5kN/m^2$ 左右，有些公共建筑及其走道和楼梯经常出现这种状况。本条第 3 款的规定与建筑结构荷载规范的规定类似，当有实测数据且实测数据大于重现期 100 年的地面雪压时，取实测数据。根据分析，瞬时风对于一些轻型结构有极大的影响，3s 的瞬时风一般为 10min 的平均风的 1.5 倍。

A.2.11 本条规定要进行荷载或作用的组合，然后计算作用效应。作用效应应考虑作用效应的不定性。造成作用效应存在不定性的因素至少有施工偏差和结构分析方法两类因素。

A.3 适用性评定

A.3.1 本条提出适用性评定的两个分项，建筑结构的各项能力性能都是为了保障建筑的使用功能。

A.3.2 本条提出正常使用极限状态评定的规则，以现行结构标准规定的限值，对结构构件的变形、位移等实际状况予以评价。

A.3.4 结构标准的一些限值是在荷载标准值作用下的限值，例如地震作用下的限值。通常这种位移或变形现场是无法测定的，要采取结构分析的方法计算确定。

A.3.5 即使位移和变形在标准的限制范围之内，只

要对建筑的功能构成影响即可将其评定为维系建筑功能的能力不足。这些现象包括装饰装修层出现破损、设备设施的正常运行受到影响和使用人员产生不安全感等。

A.4 耐久性评定

A.4.1 耐久年数为结构在环境影响下出现耐久性极限状态标志或限值的年限。评估使用年限为预期结构继续使用的经济合理的使用年数，也可以认为是下一个"设计使用年限"。当耐久年数大于评估使用年限时，表明结构具有足够的耐久性。

A.4.2 目前只有混凝土结构耐久性设计标准明确提出了耐久性极限状态的标志与限值，其他结构设计标准并没有提出明确规定。

A.4.3 所谓标志是可以看到迹象的，而限值则需要通过检验或测试确定。

A.4.5 出现耐久性极限状态标志的构件，无需推定耐久年数，没有耐久年限可言。相反还要进行承载力和适用性的评定。例如钢筋出现锈蚀，在计算构件承载力时应该使用锈蚀后的截面面积和力学性能指标计算构件的承载力。

A.4.6 本条规定的推定方法已在一些标准中得到应用。

A.5 抵抗偶然作用能力的评定

A.5.1 本条提出既有结构的抗灾害能力评定的项目。

A.5.2 对于建筑结构不可抵御的泥石流、山体滑坡、岩崩、地面坍陷等自然和人为灾害，不应按本标准进行抵抗偶然作用能力的评定。

A.5.3 本条第 1 款的评定方法，是依据多次地震损失总结出的经验方法。

A.5.4 本条所提洪水并非河道之内的洪水，而是漫过堤岸的洪水，这类洪水对结构的冲击作用相对较弱，但有时浸泡时间较长。浸泡会使材料强度明显降低，也会使地基的承载力受到影响。

附录 B 结构整体稳固性

B.1 一般规定

B.1.1 结构整体稳固性设计是针对偶然作用的，偶然作用包括爆炸、撞击、火灾、极度腐蚀、设计施工错误和疏忽等。爆炸、撞击等是以荷载的形式直接作用于结构的，而火灾和极度腐蚀是以降低结构的承载力为特征的，虽然同是偶然作用，但作用的方式不同，设计中采用的措施和方法也不同。本附录针对的是爆炸、撞击等偶然荷载引起的结构连续倒塌问题。

关于火灾和极度腐蚀，目前已有专门的设计规范，如现行国家标准《建筑设计防火规范》GB 50016、《混凝土结构耐久性设计规范》GB/T 50467、《工业建筑防腐蚀设计规范》GB 50046 等。设计、施工中的错误和疏忽是一个管理问题，应通过提高设计和施工人员的技术水平和风险意识及加强设计、施工中的检查来解决。

B.1.2 偶然荷载有多种，不同偶然荷载的特性是不同的，对结构的作用方式也是不同的，所以应针对不同的偶然荷载采用不同的整体稳固性设计方法。例如撞击对结构的作用是以点或面接触的形式传递的，作用方向明确；而爆炸是以瞬间爆发气体压力的形式作用于结构的，而且压力是任意方向，气浪过后是短时间的负压。有时不同形式的偶然作用会同时或相继出现，如爆炸引起的局部结构损坏体又在爆炸力的作用下作用于结构的其他部分，气浪和损坏体的撞击几乎是同时产生的；上部楼层阳台在爆炸作用下垮塌跌落，对下部楼层的阳台造成撞击作用则是相继作用，这些作用都比单个作用的破坏力大，需考虑其联合影响，但不一定是时间上最大值的叠加，视情况考虑时间差。

B.1.3 本条从偶然作用属性列出了对结构整体稳固性有影响的偶然作用类型，这些都是比较常见的。国际标准《结构可靠性总原则》ISO 2394：2015 和欧洲规范《结构上的作用—第 1-7 部分：一般作用—偶然作用》EN 1991-1-7：2006 从风险的角度，将针对这些偶然作用的结构整体稳固性设计定义为风险已知（riskinformed）的设计。此外，欧洲规范《结构上的作用—第 1-7 部分：一般作用—偶然作用》EN 1991-1-7：2006 中还提供了风险未知的结构整体稳固性设计方法，即虽然不能明确可能的风险源，但设计中直接赋予结构一定的抗连续倒塌能力。

本条列出的第 1 类偶然作用包括两种情况，一种情况是具有一定客观性质的自然作用，决定于自然环境，与人的关系不大；另一种情况是人类活动引起的危险，如煤气爆炸、粉尘爆炸、直升机降落等产生的作用与人的操作有关，主观上不希望发生而客观上不一定能得到控制，在一定程度上也具有客观的属性。第 2 类偶然作用指的是故意进行的破坏和人为制造的恐怖袭击。第 3 类偶然作用是人活动过程中的一种表现，与第 2 类偶然作用不同，非人故意所为，与人的知识结构、工作能力、责任心甚至生理和心理等因素有关，其不利影响可以通过加强学习、明确责任分工、细心检查等措施降低。

B.2 设 计 原 则

B.2.1 如同结构抗震设计中结构选址要避开不利地段一样，避免偶然事件的发生或减轻偶然作用的影响是保证结构整体稳固性最简单、最经济和最有效的方法。例如，对于有泥石流或可能会发生滑坡的地区，结构的建造要避开不稳定山坡或堆积物一定距离；对存放危险品的地方，要根据相关规定将结构建造在安全距离之外。如果不能完全避开危险源或避开距离不符合要求，要采取避免偶然荷载直接作用于结构及减轻结构连续倒塌的措施。例如，对可能发生泥石流或滑坡的山坡设置障碍物或进行加固处理，对可能遭受撞击的结构采取防护措施等。

B.2.2 概念设计是不进行详细计算，而通过定性分析和判断选择受力明确、荷载传递路径清晰的结构形式及采取抗连续倒塌的措施，需要针对结构所处环境、可能遭受的偶然作用、结构用途和结构形式等从多方面考虑。如果结构概念设计得当，将会收到事半功倍的效果；如果结构设计方案存在缺陷，即使构件的承载力再高也难以保证结构整体具有较高的稳固性，经济上也不一定合理，效果更是事倍功半。如同先天有缺陷的儿童，不管花多少钱，后天的治疗也难以达到正常儿童的健康水平。

B.2.3 使结构具有较高的冗余度是结构设计的基本原则，对于偶然荷载作用下结构的抗连续倒塌设计更是如此。与一般永久荷载和可变荷载作用下的情况（即持久设计状况和短暂设计状况）不同，由于偶然作用量值很大，作用时间短，当偶然事件发生时，结构完全不发生损坏往往是不现实的，即使设计上能够做到也是不经济的，特别是偶然事件的发生一般属于小概率事件，按完全抗偶然作用进行设计是没有必要的，所以合理的设计原则是允许结构在一定范围内发生程度上不会引起连续倒塌的破坏。一方面可接受的局部破坏使偶然作用的能量得到释放，另一方面，结构的其他部分得到保护，经过对破坏的局部区域进行修复，使结构整体恢复到初始状态或接近初始状态。关键是结构局部破坏后能够保持整体稳定，不致因发生局部破坏而发生整体倒塌，在这种情况下，保证结构局部破坏后的荷载具有可靠的替代传递路径非常重要，即需要考虑局部破坏区域的荷载如何传递到未破坏的区域，以及未破坏的区域能否承担重分布后的荷载。

B.2.4 对结构材料和结构构件及连接的变形性能提出了要求。偶然作用的特点是虽然量值很大，但持续时间非常短，这样只要结构、结构构件及连接具有良好的变形能力和延性，能够通过改变荷载传递路径实现局部破坏部分承担的荷载向剩余结构转移，从而使整体结构度过短暂的偶然作用时期而不倒塌。

B.2.5 关键构件是对保持结构整体稳固性起支撑作用的构件，如果这些构件发生破坏，结构整体性就不能得到保证，如结构的柱、转换梁、墙等；非关键构件是对保持结构整体稳定性起作用不大的构件，如一般的梁。设计中需关注关键构件抵抗偶然作用的能力并对关键构件进行保护。

B.2.6 关键构件能够承受规定的偶然作用并采取了防护措施就意味着结构基本满足了整体稳固性要求。因为偶然作用的随机性很大，超过设计规定值的可能性依然存在，超过保护措施提供的保护能力的可能性也很大，在这种情况下还要考虑关键构件失效后的局部破坏问题，控制局部破坏的程度和范围，避免结构发生连续倒塌。

B.3 设计方法

B.3.1 一般永久作用和可变作用下结构的设计程序是概念设计、计算分析和构造处理，而在结构整体稳固性设计中，概念设计和构造处理往往比计算分析更为有效和重要。这是因为：①本附录考虑的偶然作用，如爆炸、撞击，不确定性很大，即使计算方法是精确的，分析结果也未必是准确的，因为设计采用的作用值只是一个协议值；②爆炸、撞击等偶然作用是动态作用，结构的反应也是动力反应，准确计算结构的动力反应实际上是困难的，特别是当结构局部区域进入材料非线性和几何非线性状态后。有些结构设计本身就难以做到精确的内力计算，例如砌体结构。对于砌体结构，通过设置构造柱和圈梁、加强结构不同区域的联系对于保持结构整体稳固性比计算会更有效。

本条所提的结构整体稳固性设计方法是广义概念上的设计方法，只要对保持结构整体稳固性有效，都可以采用。控制事件法属于从源头上降低结构连续倒塌风险的设计方法，例如对于住宅，通过安装天然气泄漏报警器使泄漏的天然气浓度达到临界浓度之前得到控制，避免爆炸事件的发生；对于有粉尘的工业厂房，通过设计良好的通风系统降低粉尘浓度，避免燃爆事件的发生。抵抗特定荷载法是通过设计使结构或结构构件具有抵抗偶然荷载的能力。替代路径法是通过设计使结构在发生局部破坏后，能够将局部破坏区域的荷载转移到其他完好区域的方法，如当爆炸或撞击使结构底层失去一根柱后，其支撑的梁所承担的重力荷载将部分转移到临近的柱和梁。减轻后果法是通过合理的设计使结构在偶然作用下虽然不能避免发生局部破坏，但局部破坏的范围得到控制从而避免结构整体发生连续倒塌的方法。例如对于住宅或饭店，天然气是影响结构整体稳固性的危险源之一，如果采用框架结构设计时将厨房布置在靠近外墙的位置，则发生天然气爆炸事件后，高压气体能够迅速通过窗口或推开外墙得到释放，主体结构受影响较小；反之，如果厨房布置在靠近房屋中心的位置，当爆炸事件发生后高压气体要从里向外宣泄，内墙、外墙都会发生破坏，还可能影响主体结构承载。另外，从降低燃气爆炸后果的角度考虑，采用大窗口的墙比小窗口的墙更有利，高压气体容易通过窗口释放而使墙体得到保护。

本条只是列出了几种保持结构整体稳固性的设计方法，几种方法也可同时采用，设计中还可以根据结构的具体情况采用其他的方法，要充分调动设计人员的主观能动性。

B.3.2 本标准第3.2.6条规定了建筑结构一般永久作用和可变作用下（持久设计状况）的最低可靠度水平，按这一可靠度水平进行设计技术上是可行的，经济上也是合理的。由于偶然作用的量值一般很大（偶然设计状况），保证结构具有与一般永久作用和可变作用时相同的可靠度水平技术上是困难的，经济上往往也是不合理的。考虑到偶然事件发生的概率毕竟很小，绝大部分结构在其设计使用年限内不会遇到偶然事件。所以允许偶然事件发生时结构出现局部破坏，但在个别关键构件失效的情况下，结构局部破坏的区域仍有一定承载力及将部分荷载转移到剩余结构的能力，同时局部破坏不会引起剩余结构的链式倒塌，不影响结构的整体稳固性，即当偶然事件发生时，结构抗连续倒塌设计的策略之一就是通过牺牲局部利益保全整体利益。

偶然事件发生后结构局部受到损坏，但只要在自重和准永久可变荷载下不发生连续倒塌，即可避免重大的经济损失和人身伤亡，通过修复使结构复原，继续使用。不同类型和材料的结构局部损坏后保持整体稳固性的能力是不同的，延性结构和局部损坏后性能受延性构件控制的结构，整体稳固性决定于结构的变形能力；而脆性结构和局部损坏后性能受脆性构件控制的结构，整体稳固性决定于结构的承载力。设计中需要根据结构局部损坏后的性能进行承载力和变形验算。由于不同材料结构的性能不同，变形限值由各材料结构设计标准规定。

B.3.3 线性静力方法、非线性静力方法和非线性动力方法是复杂程度依次增大、理论上讲计算精度依次增高的结构分析方法。线性静力方法和非线性静力方法不能直接反映偶然作用及瞬间结构体系改变产生的动力效应，动力效应需要专门进行考虑。美国国防部有关标准和美国公共事务管理局《新联邦大楼与现代主要工程抗连续性倒塌分析与设计指南》规定，按线性静力方法和非线性静力方法进行分析时，局部破坏后的竖向荷载放大一倍。由于不同类型结构的弹塑性分析方法有很大不同，具体由各材料结构设计标准规定。

试验表明，结构材料强度随加载速度的提高而提高，这对于结构抗连续倒塌是有利的，设计中考虑这一有利影响，可减小为保证结构整体稳固性而额外增加的费用。如本标准附录B第B.3.2条条文说明指出的，从经济上考虑，结构遭受巨大的偶然作用时不需达到持久设计状况时的可靠度水平。因此设计和验算时材料性能可取设计值、标准值或平均值，但要经分析确定。

B.3.4 本标准第 3.2.1 条根据结构破坏后果规定了结构的安全等级。结构因整体稳固性不足而发生连续倒塌的后果的性质是相同的，即人身伤亡、经济损失、社会影响、环境影响等，故采用本标准第 3.2.1 条的安全等级对结构进行整体稳固性设计，但如本标准附录 B 第 B.3.2 条条文说明所论述的，偶然设计状况的结构可靠度水平与持久设计状况的可靠度水平是不同的。

不管是哪一安全等级的结构，针对整体稳固性进行概念设计和构造处理都是必要的，这是结构整体稳固性设计的基本原则，也是投入低而效果显著的方法。安全等级为三级的结构属于不重要的结构，倒塌造成的后果不大，只要求进行概念设计和构造处理就能获得必要的抗连续倒塌能力。安全等级为二级的结构属于量大面广的结构，进行概念设计、构造处理并采用线性静力方法进行计算，这样既能够在构造上满足结构抗连续倒塌的要求，设计计算也不复杂，与一般持久状况设计的复杂程度是一致的。安全等级为一级的结构倒塌破坏造成的后果严重，对整体稳固性的要求较高，要求进行概念设计、构造处理和复杂程度不低于线性静力方法的方法进行计算，当线性静力方法不能合理反映结构的非线性特征或动力反应时，再采用非线性静力方法或非线性动力方法进行计算。

B.4 安全管理与评估

B.4.1 除通过设计使结构具备规定的整体稳固性外，在结构使用中进行风险和安全管理也非常重要，如避免在建筑物内存放易燃、易爆物品，提高用户的风险意识，安装易燃、易爆气体泄漏监测装置等，建筑物业主、用户和有关管理部门对此都负有责任。

B.4.2 在设计使用年限内，可能需要对结构进行维修或加固。维修或加固一般是针对提高持久设计状况承载力的，但如果将加固支撑设置在易于遭受撞击的位置，当支撑遭撞击失去后，反而会使结构被支撑构件承受突然下沉产生的冲击力。对于结构用途改变的情况，更应予以重视。一方面结构改变用途其风险源的位置可能与原用途的结构不同，另一方面改变结构体系的加固方式可能会改变结构局部破坏后的荷载传递路径，使结构不再具有当初设计时的整体稳固性。

附录 C 耐久性极限状态设计

C.1 一般规定

C.1.1 确定结构的设计使用年限是耐久性设计的第一步工作。

C.1.2 构件耐久性设计的目标，是使其在设计使用年限内不达到有关的耐久性极限状态。

C.1.3 本条提出耐久性设计的四项措施，木材的干燥等措施是典型的保证构件质量的预防性处理措施，构件的涂层等是典型的表面防护措施，特殊环境下可采用阴极保护措施。

C.2 设计使用年限

C.2.3 如某些矿区的建筑物等。

C.3 环境影响种类

C.3.1 建筑结构与其他工程结构最明显的差异就是可以区分室内环境和室外环境。

C.4 耐久性极限状态

C.4.3 组合钢结构中的劲性配筋的钢构件，可执行本标准附录 C 第 C.4.5 条的规定。

C.5 耐久性极限状态设计方法和措施

C.5.2 耐久性的作用效应与构件承载力的作用效应不同，其作用效应是环境影响强度和作用时间跨度与构件抵抗环境影响能力的结合体。对于缺少或者不存在这种规律的构件（如木结构的虫蛀和腐朽），需要采取经验设计方法。所谓经验方法就是，从成功的结构中取得经验，从失效的事例中汲取教训。

C.5.6 混凝土结构耐久性设计标准基本采用半定量设计方法。在考虑构件抵抗环境影响的能力时，一般不考虑构件装饰层的有利作用，特定情况下可以适当考虑其作用。

C.5.8 环境影响的不定性是指每一固定的时间段环境影响的强度会存在差异，充分考虑其不定性是指要选取强度最强时间段环境影响的强度作为基准。构件抵抗环境影响能力的不定性是指材料性能的离散性和截面尺寸的施工偏差等。

附录 D 质量管理

D.1 质量控制要求

D.1.1 材料和构件的质量可采用一个或多个质量特征来表达，例如，材料的试件强度和其他物理力学性能以及构件的尺寸误差等。为了保证结构具有预期的可靠度，必须对结构设计、原材料生产以及结构施工提出统一配套的质量水平要求。

D.1.2 材料与构件的质量水平可按各类材料的结构设计标准规定的结构构件可靠指标 β 近似地确定，并以有关的统计参数来表达。当荷载的统计参数已知后，材料与构件的质量水平原则上可采用下列质量方程来描述：

$$q(\mu_f, \delta_i, \beta, f_k) = 0 \qquad (21)$$

式中 μ_f 和 δ_i 为材料和构件的某个质量特征 f 的平均值和变异系数，β 为标准规定的结构构件可靠指标。

应当指出，当按上述质量方程确定材料和构件的合格质量水平时，需以安全等级为二级的典型结构构件的可靠指标为基础进行分析。材料和构件的质量水平要求，不应随安全等级而变化，以便于生产管理。

D.1.3 材料的等级一般以材料强度标准值划分。同一等级的材料采用同一标准值。无论天然材料还是人工材料，对属于同一等级的不同产地和不同厂家的材料，其性能的质量水平一般不宜低于各类材料的结构设计标准规定的可靠指标 β 的要求。按本标准制定质量要求时，允许各有关标准根据材料和构件的特点对可靠指标稍作增减。

D.1.7 材料及构件的质量控制包括两种，其中生产控制属于生产单位内部的质量控制；合格控制即验收是在生产单位和用户之间进行的质量控制，即按统一规定的质量验收标准或双方同意的其他规则进行验收。

在生产控制阶段，材料性能的实际质量水平应控制在规定的合格质量水平之上。当生产有暂时性波动时，材料性能的实际质量水平亦不得低于规定的极限质量水平。

D.1.8 由于交验的材料和构件通常是大批量的，而且很多质量特征的检验是破损性的，因此，合格控制一般采用抽样检验方式。对于有可靠依据采用非破损检验方法的，必要时可采用全数检验方式。

验收标准主要包括下列内容：

1 批量大小——每一交验批中材料或构件的数量；

2 抽样方法——可为随机的或系统的抽样方法，系统的抽样方法是指抽样部位或时间是固定的；

3 抽样数量——每一交验批中抽取试样的数量；

4 验收函数——验收中采用的试样数据的某个函数，例如样本平均值、样本方差、样本最小值或最大值等；

5 验收界限——与验收函数相比较的界限值，用以确定交验批合格与否。

当前在材料和构件生产中，抽样检验标准多数是根据经验来制定的。其缺点在于没有从统计学观点合理考虑生产方和用户方的风险率或其他经济因素，因而所规定的抽样数量和验收界限往往缺乏科学依据，标准的松严程度也无法相互比较。

为了克服非统计抽样检验方法的缺点，本标准规定宜在统计理论的基础上制定抽样质量验收标准，以使达不到质量要求的交验批基本能判定为不合格，而已达到质量要求的交验批基本能判定为合格。

D.1.9 现有质量验收标准形式很多，本标准系按下述原则考虑：

对于生产连续性较差或各批间质量特征的统计参数差异较大的材料和构件，很难使产品批的质量基本维持在合格质量水平之上，因此必须按控制用户方风险率制定验收标准。此时，所涉及的极限质量水平，可按各类材料结构设计标准的有关要求和工程经验确定，与极限质量水平相应的用户风险率，可根据有关标准的规定确定。

对于工厂内成批连续生产的材料和构件，可采用计数或计量的调整型抽样检验方案。当前可参考国际标准《计数检验的抽样程序》ISO 2859（Sampling procedures for inspection by attributes）及《计量检验的抽样程序》ISO 3951（Sampling procedures for inspection by variables）制定合理的验收标准和转换规则。规定转换规则主要是为了限制劣质产品出厂，提高生产管理水平；此外，对优质产品也提出了减少检验费用的可能性。考虑到生产过程可能出现质量波动，以及不同生产单位的质量可能有差别，允许在生产中对质量验收标准的松严程度进行调整。当产品质量比较稳定时，质量验收标准通常可按控制生产方的风险率来制定。此时所涉及的合格质量水平，可按标准规定的结构构件可靠指标 β 来确定。确定生产方的风险率时，应根据有关标准的规定并考虑批量大小、检验技术水平等因素确定。

D.1.10 当交验的材料或构件按质量验收标准检验判为不合格时，并不意味着这批产品一定不能使用，因为实际上存在着抽样检验结果的偶然性和试件的代表性等问题。为此，应根据有关的质量验收标准采取各种措施对产品作进一步检验和判定。例如，可以重新抽取较多的试样进行复查；当材料或构件已进入结构物时，可直接从结构中截取试件进行复查，或直接在结构物上进行荷载试验；也允许采用可靠的非破损检测方法并经综合分析后对结构作出质量评估。对于不合格的产品允许降级使用，直至报废。

D.2 设计审查及施工检查

D.2.1 结构设计可靠性水平的实现是以正常设计、正常施工和正常使用为前提的，因此必须对设计、施工进行必要的审查和检查，我国有关部门和标准对此有明确规定，应予遵守。

国外标准对结构的质量管理十分重视，对设计审查和施工检查也有明确要求，如欧洲规范《结构设计基础》EN 1990：2002 主要根据结构的可靠性等级（类似于我国结构的安全等级）的不同设置了不同的设计监督和施工检查水平的最低要求。规定结构的设计监督分为扩大监督和常规监督，扩大监督由非本设计单位的第三方进行；常规监督由本单位该项目设计人之外的其他人员按照组织程序进行或由该项目设计人员进行自检；同样，结构的施工检查也分为扩大检查和常规检查，扩大检查由第三方进行；常规检查即按照组织程序进行或由该项目施工人员进行自检。

对重要工程或复杂工程，当采用计算机软件做结构计算时，应至少采用两套计算模型符合工程实际的软件，并对计算结果进行分析对比，确认其合理、正确后方可用于工程设计。

附录 E　结构可靠度分析基础和可靠度设计方法

E.1　一般规定

E.1.1　从概念上讲，结构可靠性设计方法分为确定性方法和概率方法，如图 4 所示。在确定性方法中，设计中的变量按定值看待，安全系数完全凭经验确定，属于早期的设计方法。概率方法分为全概率方法和一次可靠度方法（FORM）。

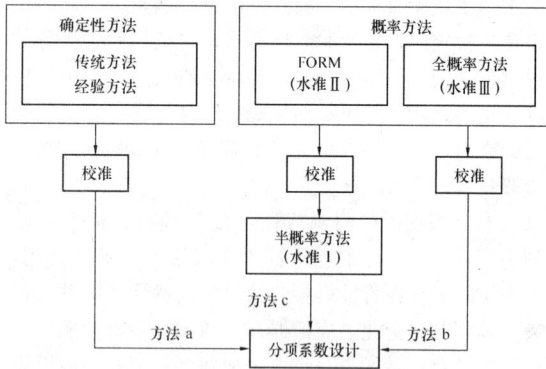

图 4　结构可靠性设计方法概况

全概率方法使用随机过程模型及更准确的概率计算方法，从原理上讲，可给出可靠度的准确结果，但因为经常缺乏统计数据及数值计算上的复杂性，设计标准的校准很少使用全概率方法。一次可靠度方法使用随机变量模型和近似的概率计算方法，与当前的数据收集情况及计算手段是相适应的。所以，目前国内外设计标准的校准基本都采用一次可靠度方法。

本附录说明了结构可靠度校准、直接用可靠指标进行设计的方法及用可靠指标确定设计表达式中作用、抗力分项系数和作用组合值系数的方法。

E.1.2　进行结构可靠度分析的基本条件是建立结构的极限状态方程和确定基本随机变量的概率分布函数。功能函数描述了要分析的结构的某一功能所处的状态：$Z>0$ 表示结构处于可靠状态；$Z=0$ 表示结构处于极限状态；$Z<0$ 表示结构处于失效状态。计算结构可靠度就是计算功能函数 $Z>0$ 的概率。概率分布函数描述了基本变量的随机特征，不同的随机变量具有不同的随机特征。

E.1.3　一般情况下结构会受到两个或两个以上的可变作用，所以设计需要考虑两个问题，一是这些可变作用是否会同时出现，只有会同时出现的作用才需进行组合，不会同时出现的可变作用不需进行组合；另一是对于可同时出现的作用以多大的量值相遇，这是一个概率问题。如果这些可变作用不相关或不完全正相关，则同时达到最大值的概率很小，按其设计基准期内的最大值进行可靠度分析或设计是不经济的，需要从概率上考虑相应作用的取值问题。结构可变作用组合是一个比较复杂的问题，完全用数学方法解决有很多困难，目前国际上采用的方法是从工程概念出发制定的各种实用组合规则，按照这些组合规则得到的作用组合分析结果经采用数学方法论证是可靠的，所以得到广泛应用。本条提供了两种组合规则，规则 1 为"结构安全联合委员会"（JCSS）采用的组合规则，规则 2 为 Turkstra 提出的组合规则。

E.2　结构可靠指标计算

E.2.1　结构可靠度的计算方法有多种，如一次二阶矩方法（FOSM）、二次二阶矩方法（SOSM）、蒙特卡洛模拟（Monte Carlo Simulation）方法等。本条推荐采用国内外标准普遍采用的一次二阶矩方法，对于一些比较特殊的情况，也可以采用其他方法，如计算精度要求较高时，可采用二次二阶矩方法，极限状态方程比较复杂时可采用蒙特卡洛方法等。

E.2.2　由简单到复杂，本条给出了三种情况的可靠指标计算方法。第 1 种情况用于说明可靠指标的概念；第 2 种是变量独立情况下可靠指标的一般计算公式；第 3 种情况是变量相关时可靠指标的一般计算公式，是对独立随机变量一次二阶矩方法进行推广的基础上提出来的，与独立变量一次二阶矩方法的迭代计算步骤没有区别。迭代计算可靠指标的方法很多，下面是本附录建议的迭代计算步骤：

1　假定变量 $X_1, X_2, \cdots, X_n$ 的验算点初值 $x_i^{*(0)}$（$i=1,2,\cdots,n$）[一般可取 μ_{X_i}（$i=1,2,\cdots,n$）]；

2　取 $x_i^* = x_i^{*(0)}$（$i=1,2,\cdots,n$），由本标准式（E.2.2-5）、式（E.2.2-6）式计算 $\sigma_{X'_i}$、$\mu_{X'_i}$（$i=1,2,\cdots,n$）；

3　由本标准式（E.2.2-2）式计算 β；

4　由本标准式（E.2.2-3）式计算 $\alpha_{X'_i}$（$i=1,2,\cdots,n$）；

5　由本标准式（E.2.2-4）式计算 $x_i^{*(1)}$（$i=1,2,\cdots,n$）；

6　如果 $\sqrt{\sum_{i=1}^{n}(x_i^{*(1)}-x_i^{*(0)})^2} \leqslant \varepsilon$，其中 ε 为规定的误差，则本次计算的 β 即为要求的可靠指标，停止计算；否则取 $x_i^{*(0)} = x_i^{*(1)}$（$i=1,2,\cdots,n$）转第 2 步重新计算。

在按上述步骤迭代计算变量相关情况的可靠指标时，需要使用当量正态化随机变量 X'_i 与 X'_j 的相关系

数 $\rho_{X'_i,X'_j}$，本附录建议取其原始变量 X_i 与 X_j 的相关系数 ρ_{X_i,X_j}。这是因为当随机变量 X_i 与 X_j 的变异系数不是很大时（小于 0.5），$\rho_{X'_i,X'_j}$ 与 ρ_{X_i,X_j} 相差不大。例如，如果 X_i 服从正态分布，X_j 服从对数正态分布，则有

$$\rho_{X_i,\ln X_j} = \frac{\rho_{X_i,X_j}\delta_{X_j}}{\sqrt{\ln(1+\delta_{X_j}^2)}} \tag{22}$$

如果 X_i 和 X_j 均服从对数正态分布，则有

$$\rho_{\ln X_i,\ln X_j} = \frac{\ln(1+\rho_{X_i,X_j}\delta_{X_i}\delta_{X_j})}{\sqrt{\ln(1+\delta_{X_i}^2)\ln(1+\delta_{X_j}^2)}} \tag{23}$$

如果 $\delta_{X_i} \leqslant 0.3$，$\delta_{X_j} \leqslant 0.3$，则有：

$\sqrt{\ln(1+\delta_{X_i}^2)} \approx \delta_{X_i}$，$\sqrt{\ln(1+\delta_{X_j}^2)} \approx \delta_{X_j}$，$\ln(1+\rho_{X_i,X_j}\delta_{X_i}\delta_{X_j}) \approx \rho_{X_i,X_j}\delta_{X_i}\delta_{X_j}$，

从而 $\rho_{X_i,\ln X_j} \approx \rho_{X_i,X_j}$，$\rho_{\ln X_i,\ln X_j} \approx \rho_{X_i,X_j}$。

当随机变量 X_i 与 X_j 服从其他分布时，通过 Nataf 变换可以求得 $\rho_{X'_i,X'_j}$ 与 $\rho_{X_iX_j}$ 的近似关系，丹麦学者 Ove Ditlevsen 和挪威学者 Henrik O. Madsen 的著作《Structural Reliability Methods》列表给出了随机变量 X_i 与 X_j 不同分布时 $\rho_{X'_i,X'_j}$ 与 ρ_{X_i,X_j} 比值的关系。当 X_i 与 X_j 的变异系数不超过 0.5 时，可靠指标计算中 $\rho_{X'_i,X'_j}$ 近似取 ρ_{X_i,X_j} 是可行的。

从数学上讲，对于一般的工程问题，采用一次二阶矩方法计算的可靠度具有足够的计算精度，但计算所得到的可靠指标或失效概率只是一个运算值，这是因为：

1 影响结构可靠性的因素不只是随机性，还有其他不确定性因素，这些因素目前尚不能通过数学方法加以分析，还需通过工程经验进行决策；

2 尽管我国编制各统一标准时对各种结构承受的作用进行过大量统计分析，但由于客观条件的限制，如数据收集的持续时间和数据的样本容量，这些统计结果尚不能完全反映所分析变量的统计规律；

3 为使可靠度计算简化，一些假定与实际情况不一定完全符合，如作用效应与作用的线性关系只是在一定条件下成立的，在有些条件下是近似成立的，近似的程度目前尚难以判定。

尽管如此，但可靠度方法仍然是一种先进的方法，它从概率角度定量描述了结构的可靠性（尽管计算的失效概率只是一个运算值，但可用于相同条件下的比较），扩大了概率理论在结构设计中应用的范围和程度，使结构由经验设计方法向科学设计方法转化又前进了一步。从目前国际上结构可靠性理论的发展和应用情况看，可靠指标是反映结构可靠水平的一个宏观指标，更具有象征意义；可靠度设计方法不在于如何准确计算可靠指标，而是以可靠性理论为基础建立一套比较系统和完善的设计方法体系，这套设计体系反映了结构建造、服役和维护、管理中各种不确定性问题的处理方法。设计人员自觉和主动从不确定性

的角度认识和把握工程设计更为重要。

E.3 结构可靠度校准

E.3.1 结构可靠度校准的目的是分析现行设计标准规范中结构设计方法所赋予结构的可靠度水平和确定结构设计的目标可靠指标，以保证结构的安全可靠和经济合理。校准法的基本思想是利用可靠度方法，计算按现行设计标准规范设计的结构的可靠指标，进而确定今后结构设计的可靠度水平。这实际上是承认按现行设计标准规范设计的结构的平均可靠水平是合理的。但随着国家经济的发展，必要时要在可靠度校准的基础上对结构的目标可靠指标进行调整。所以结构可靠度校准是结构可靠度设计的基础。

E.3.2 本条说明了结构可靠度校准的一般步骤，这一步骤仅供参考，对于不同的结构，可靠度分析的方法可能不同，校准的步骤可能也有所差别。

选取结构物类型或结构材料形式是指可靠度校准所考虑的结构物的类型，如混凝土结构、钢结构、砌体结构等。

确定设计中基本变量参数的取值范围是指设计参数的变化范围，如可变作用的标准值与永久作用的标准值比值的范围，目的是可靠度校准能够涵盖工程中可能出现的各种情况。

设计表达式和其中的设计参数取值决定了所设计结构的可靠度水平，设计表达式如抗弯设计表达式、抗剪设计表达式等。

E.4 基于可靠指标的设计

E.4.1 本条提供了两种直接用可靠度理论进行结构设计的方法。第 1 种方法实际上是可靠指标校核的方法，第 2 种方法适合于构件截面设计的情况，如承载力服从对数正态分布的钢筋混凝土构件的截面配筋计算。对于这种情况，可采用下面的迭代计算步骤：

1 根据永久作用效应 S_G、可变作用效应 S_1，S_2，$\cdots$，S_m 和结构抗力 R 建立极限状态方程：

$$Z = R - S_G - \sum_{i=1}^{m} S_i = 0 \tag{24}$$

式中：$S_i(i=1,2,\cdots,m)$——第 i 个作用效应随机变量，如采用 JCSS 组合规则，则有 m 个组合，在第 1 个组合 $S_{Qm,1}$ 中，S_1，S_2，$\cdots$，S_m 分别为 $\max\limits_{t\in[0,T]} S_{Q_1}(t)$，$\max\limits_{t\in\tau_2} S_{Q_2}(t)$，$\max\limits_{t\in\tau_3} S_{Q_3}(t)$，$\cdots$，$\max\limits_{t\in\tau_m} S_{Q_m}(t)$，在第 2 个组合 $S_{Qm,2}$ 中，S_1，S_2，$\cdots$，S_m 分别为 $S_{Q_1}(t_0)$，$\max\limits_{t\in[0,T]} S_{Q_2}(t)$，$\max\limits_{t\in\tau_2} S_{Q_3}(t)$，$\cdots$，$\max\limits_{t\in\tau_{m-1}} S_{Q_m}(t)$，依次类推。

2 假定初值 $s_G^{*(0)}$（一般取 μ_{S_G}）、$s_i^{*(0)}$（$i=1,2,\cdots,m$）（一般取 μ_{S_i}（$i=1,2,\cdots,m$））和 $r^{*(0)}$（一般取 $s_G^{*(0)} + \sum_{i=1}^{m} s_i^{*(0)}$）。

3 取 $s_G^* = s_G^{*(0)}$、$s_i^* = s_i^{*(0)}$（$i = 1, 2, \cdots, m$）和 $r^* = r^{*(0)}$，按本标准式（E.2.2-6）、式（E.2.2-5）计算 σ_{S_i}、μ_{S_i}（$i = 1, 2, \cdots, m$），按下式计算 σ_R'：

$$\sigma_R' = r^* \sqrt{\ln(1 + \alpha_R^2)} \tag{25}$$

4 按本标准式（E.2.2-3）计算 α_{S_i}（$i = 1, 2, \cdots, m$）和 α_R'。

5 按本标准式（E.2.2-4）计算 s_G^* 和 s_i^*（$i = 1, 2, \cdots, m$），按下式求解 r^*：

$$r^* = s_G^* + \sum_{i=1}^{m} s_i^* \tag{26}$$

6 如果 $|r^* - r^{*(0)}| \leqslant \varepsilon$，其中 ε 为规定的误差，转第 7 步；否则取 $s_G^{*(0)} = s_G^*$，$s_i^{*(0)} = s_i^*$（$i = 1, 2, \cdots, m$），$r_i^{*(0)} = r_i^*$ 转第 3 步重新进行计算。

7 由本标准式（E.4.1-2）计算结构构件的几何参数。

E.4.2 直接用可靠指标方法对结构或结构构件进行设计，理论上是科学的，但目前设计尚没有这方面的经验，需要慎重考虑。如果用可靠指标方法设计的结果与按传统方法设计的结果存在差异，并不能说明哪种方法的结果一定是合理的，而要根据具体情况进行分析。

E.5 分项系数的确定方法

E.5.1 本条规定了确定结构或结构构件设计表达式中作用和抗力分项系数的原则，基本思想是：作用分项系数取值依赖于作用本身而与结构形式无关，不同的结构构件或破坏形式采用不同的抗力系数，分项系数的取值总体上能够代表和反映目标可靠指标水平。

E.5.2 本条说明了可变作用起不利作用时确定结构或结构构件设计表达式中分项系数的步骤，对于不同的结构或结构构件，可能有所差别，可根据具体情况进行适当调整。需要说明的是，确定作用分项系数的方法包括优化方法和设计值方法，本条采用的是优化方法，其优点是可直接得到一套反映设计变量参数变化范围的作用分项系数和抗力分项系数。设计值方法的优点是直接反映了分项系数与可靠指标的关系，但在确定统一的分项系数取值时，还需针对各种情况的分析结果进行归纳。

E.5.3 本条说明了可变作用起有利作用时确定结构或结构构件设计表达式中可变作用分项系数的方法。可变作用起有利作用时，如果仍采用起不利作用时确定的作用分项系数进行结构设计，则会因放大有利作用的影响而降低结构或结构构件的实际可靠度，所以要专门确定可变作用起有利作用时的分项系数。

E.6 可变作用组合值系数的确定方法

E.6.1 本条规定了确定结构或结构构件设计表达式中组合值系数的原则。

E.6.2 本条给出了结构或结构构件设计表达式中组合值系数的步骤，对于不同的结构或结构构件，步骤可能有所差别，可根据具体情况适当调整。

附录 F 试验辅助设计

F.3 单项性能指标设计值的统计评估

F.3.2 标准值单侧容限系数 k_{nk} 计算过程如下。

1 单项性能指标 X 的变异系数 δ_x 值可通过试验结果按下列公式计算：

$$\sigma_x^2 = \frac{1}{n-1} \sum_{i=1}^{n} (x_i - m_x)^2 \tag{27}$$

$$m_x = \frac{1}{n} \sum_{i=1}^{n} x_i \tag{28}$$

$$\delta_x = \sigma_x / m_x \tag{29}$$

2 标准值单侧容限系数 k_{nk} 分为"δ_x 已知"和"δ_x 未知"两种情况，可分别按下列公式计算：

$$k_{nk} = u_p \sqrt{1 + \frac{1}{n}} \qquad (\delta_x \text{ 已知})$$

$$k_{nk} = t_{p,\upsilon} \sqrt{1 + \frac{1}{n}} \qquad (\delta_x \text{ 未知})$$

式中：n —— 试验样本数量；

u_p —— 对应分位数 p 的标准正态分布函数自变量值 $P_\Phi\{x > u_p\} = p$，当分位值 $p = 0.05$ 时，$u_p = 1.645$；

$t_{p,\upsilon}$ —— 自由度 $\upsilon = n - 1$ 的 t 分布函数对应分位值 p 的自变量值，$P_t\{x > t_{p,\upsilon}\} = p$。

对于材料，一般取标准值的分位值 $p = 0.05$，k_{nk} 值可由表 5 给出。

表 5 分位值 $p = 0.05$ 时标准值单侧容限系数 k_{nk}

样本数 n	3	4	5	6	8	10	20	30	∞
δ_x 已知	1.90	1.84	1.80	1.78	1.75	1.73	1.69	1.67	1.65
δ_x 未知	3.37	2.63	2.34	2.18	2.01	1.92	1.77	1.73	1.65

F.3.3 在统计学中，有两大学派，一个是经典学派，另一个是贝叶斯（Bayesian）学派。贝叶斯学派的基本观点是：重要的先验信息是可能得到的，并且应该充分利用。贝叶斯参数估计方法的实质是以先验信息为基础，以实际观测数据为条件的一种参数估计方法。在贝叶斯参数估计方法中，把未知参数 θ 视为一个已知分布 $\pi(\theta)$ 的随机变量，从而将先验信息数学

形式化，并加以利用。

1 m'，σ'，n' 和 υ' 为先验分布参数，一般可将先验信息理解为假定的先验试验结果：m' 为先验样本的平均值；σ' 为先验样本的标准差；n' 为先验样本数；υ' 为先验样本的自由度，$\upsilon' = \dfrac{1}{2\delta'^2}$，其中 δ' 为先验样本的变异系数。

2 当参数 $n' > 0$ 时，取 $\delta(n') = 1$；当 $n' = 0$ 时，取 $\delta(n') = 0$，此时存在如下简化关系：

$$n'' = n, \upsilon'' = \upsilon' + \upsilon$$

$$m'' = m_x, \sigma'' = \sqrt{\frac{(\sigma')^2 \upsilon' + (\sigma_x)^2 \upsilon}{\upsilon' + \upsilon}}$$

3 t 分布函数对应分位值 $p = 0.05$ 的自变量值 $t_{p,\upsilon''}$，可由表 6 给出。

表 6 t 分布函数对应分位值 $p = 0.05$ 的自变量值 $t_{p,\upsilon''}$

自由度 υ''	2	3	4	5	7	10	20	30	∞
$t_{p,\upsilon''}$	2.93	2.35	2.13	2.02	1.90	1.81	1.72	1.70	1.65

中华人民共和国国家标准

建筑结构荷载规范

Load code for the design of building structures

GB 50009—2012

主编部门：中华人民共和国住房和城乡建设部
批准部门：中华人民共和国住房和城乡建设部
施行日期：２０１２ 年 １０ 月 １ 日

中华人民共和国住房和城乡建设部
公　告

第 1405 号

关于发布国家标准《建筑结构
荷载规范》的公告

现批准《建筑结构荷载规范》为国家标准，编号为 GB 50009 - 2012，自 2012 年 10 月 1 日起实施。其中，第 3.1.2、3.1.3、3.2.3、3.2.4、5.1.1、5.1.2、5.3.1、5.5.1、5.5.2、7.1.1、7.1.2、8.1.1、8.1.2 条为强制性条文，必须严格执行。原《建筑结构荷载规范》GB 50009 - 2001（2006 年版）同时废止。

本规范由我部标准定额研究所组织中国建筑工业出版社出版发行。

中华人民共和国住房和城乡建设部
2012 年 5 月 28 日

前　　言

根据住房和城乡建设部《关于印发〈2009 年工程建设标准规范制订、修订计划〉的通知》（建标 [2009] 88 号文）的要求，本规范由中国建筑科学研究院会同各有关单位在国家标准《建筑结构荷载规范》GB 50009 - 2001（2006 年版）的基础上进行修订而成。修订过程中，编制组认真总结了近年来的设计经验，参考了国外规范和国际标准的有关内容，开展了多项专题研究，在全国范围内广泛征求了建设主管部门以及设计、科研和教学单位的意见，经反复讨论、修改和试设计，最后经审查定稿。

本规范共分 10 章和 9 个附录，主要技术内容是：总则、术语和符号、荷载分类和荷载组合、永久荷载、楼面和屋面活荷载、吊车荷载、雪荷载、风荷载、温度作用、偶然荷载。

本规范修订的主要技术内容是：1. 增加可变荷载考虑设计使用年限的调整系数的规定；2. 增加偶然荷载组合表达式；3. 增加第 4 章"永久荷载"；4. 调整和补充了部分民用建筑楼面、屋面均布活荷载标准值，修改了设计墙、柱和基础时消防车活荷载取值的规定，修改和补充了栏杆活荷载；5. 补充了部分屋面积雪不均匀分布的情况；6. 调整了风荷载高度变化系数和山峰地形修正系数；7. 补充完善了风荷载体型系数和局部体型系数，补充了高层建筑群干扰效应系数的取值范围，增加对风洞试验设备和方法要求的规定；8. 修改了顺风向风振系数的计算表达式和计算参数，增加大跨屋盖结构风振计算的原则

规定；9. 增加了横风向和扭转风振等效风荷载计算的规定，增加了顺风向风荷载、横风向及扭转风振等效风荷载组合工况的规定；10. 修改了阵风系数的计算公式与表格；11. 增加了第 9 章"温度作用"；12. 增加了第 10 章"偶然荷载"；13. 增加了附录 B"消防车活荷载考虑覆土厚度影响的折减系数"；14. 根据新的观测资料，重新统计全国各气象台站的雪压和风压，调整了部分城市的基本雪压和基本风压值，绘制了新的全国基本雪压和基本风压图；15. 根据历年月平均最高和月平均最低气温资料，经统计给出全国各气象台站的基本气温，增加了全国基本气温分布图；16. 增加了附录 H"横风向及扭转风振的等效风荷载"；17. 增加附录 J"高层建筑顺风向和横风向风振加速度计算"。

本规范中以黑体字标志的条文为强制性条文，必须严格执行。

本规范由住房和城乡建设部负责管理和对强制性条文的解释，由中国建筑科学研究院负责具体技术内容的解释。在执行中如有意见和建议，请寄送中国建筑科学研究院国家标准《建筑结构荷载规范》管理组（地址：北京市北三环东路 30 号，邮编 100013）。

本规范主编单位：中国建筑科学研究院
本规范参编单位：同济大学
　　　　　　　　中国建筑设计研究院
　　　　　　　　中国建筑标准设计研究院
　　　　　　　　北京市建筑设计研究院

中国气象局公共气象服务中心

哈尔滨工业大学

大连理工大学

中国航空规划建设发展有限公司

华东建筑设计研究院有限公司

中国建筑西南设计研究院有限公司

中南建筑设计院股份有限公司

深圳市建筑设计研究总院有限公司

浙江省建筑设计研究院

本规范主要起草人员：金新阳（以下按姓氏笔画排列）

王　建　王国砚　冯　远

朱　丹　贡金鑫　李　霆

杨振斌　杨蔚彪　束伟农

陈　凯　范　重　范　峰

林　政　顾　明　唐　意

韩纪升

本规范主要审查人员：程懋堃　汪大绥　徐永基

陈基发　薛　桁　任庆英

娄　宇　袁金西　左　江

吴一红　莫　庸　郑文忠

方小丹　章一萍　樊小卿

目　　次

Contents

1 总 则

1.0.1 为了适应建筑结构设计的需要，符合安全适用、经济合理的要求，制定本规范。

1.0.2 本规范适用于建筑工程的结构设计。

1.0.3 本规范依据国家标准《工程结构可靠性设计统一标准》GB 50153－2008 规定的基本准则制订。

1.0.4 建筑结构设计中涉及的作用应包括直接作用（荷载）和间接作用。本规范仅对荷载和温度作用作出规定，有关可变荷载的规定同样适用于温度作用。

1.0.5 建筑结构设计中涉及的荷载，除应符合本规范的规定外，尚应符合国家现行有关标准的规定。

2 术语和符号

2.1 术 语

2.1.1 永久荷载 permanent load

在结构使用期间，其值不随时间变化，或其变化与平均值相比可以忽略不计，或其变化是单调的并能趋于限值的荷载。

2.1.2 可变荷载 variable load

在结构使用期间，其值随时间变化，且其变化与平均值相比不可以忽略不计的荷载。

2.1.3 偶然荷载 accidental load

在结构设计使用年限内不一定出现，而一旦出现其量值很大，且持续时间很短的荷载。

2.1.4 荷载代表值 representative values of a load

设计中用以验算极限状态所采用的荷载量值，例如标准值、组合值、频遇值和准永久值。

2.1.5 设计基准期 design reference period

为确定可变荷载代表值而选用的时间参数。

2.1.6 标准值 characteristic value/nominal value

荷载的基本代表值，为设计基准期内最大荷载统计分布的特征值（例如均值、众值、中值或某个分位值）。

2.1.7 组合值 combination value

对可变荷载，使组合后的荷载效应在设计基准期内的超越概率，能与该荷载单独出现时的相应概率趋于一致的荷载值；或使组合后的结构具有统一规定的可靠指标的荷载值。

2.1.8 频遇值 frequent value

对可变荷载，在设计基准期内，其超越的总时间为规定的较小比率或超越频率为规定频率的荷载值。

2.1.9 准永久值 quasi-permanent value

对可变荷载，在设计基准期内，其超越的总时间约为设计基准期一半的荷载值。

2.1.10 荷载设计值 design value of a load

荷载代表值与荷载分项系数的乘积。

2.1.11 荷载效应 load effect

由荷载引起结构或结构构件的反应，例如内力、变形和裂缝等。

2.1.12 荷载组合 load combination

按极限状态设计时，为保证结构的可靠性而对同时出现的各种荷载设计值的规定。

2.1.13 基本组合 fundamental combination

承载能力极限状态计算时，永久荷载和可变荷载的组合。

2.1.14 偶然组合 accidental combination

承载能力极限状态计算时永久荷载、可变荷载和一个偶然荷载的组合，以及偶然事件发生后受损结构整体稳固性验算时永久荷载与可变荷载的组合。

2.1.15 标准组合 characteristic/nominal combination

正常使用极限状态计算时，采用标准值或组合值为荷载代表值的组合。

2.1.16 频遇组合 frequent combination

正常使用极限状态计算时，对可变荷载采用频遇值或准永久值为荷载代表值的组合。

2.1.17 准永久组合 quasi-permanent combination

正常使用极限状态计算时，对可变荷载采用准永久值为荷载代表值的组合。

2.1.18 等效均布荷载 equivalent uniform live load

结构设计时，楼面上不连续分布的实际荷载，一般采用均布荷载代替；等效均布荷载系指其在结构上所得的荷载效应能与实际的荷载效应保持一致的均布荷载。

2.1.19 从属面积 tributary area

考虑梁、柱等构件均布荷载折减所采用的计算构件负荷的楼面面积。

2.1.20 动力系数 dynamic coefficient

承受动力荷载的结构或构件，当按静力设计时采用的等效系数，其值为结构或构件的最大动力效应与相应的静力效应的比值。

2.1.21 基本雪压 reference snow pressure

雪荷载的基准压力，一般按当地空旷平坦地面上积雪自重的观测数据，经概率统计得出 50 年一遇最大值确定。

2.1.22 基本风压 reference wind pressure

风荷载的基准压力，一般按当地空旷平坦地面上 10m 高度处 10min 平均的风速观测数据，经概率统计得出 50 年一遇最大值确定的风速，再考虑相应的空气密度，按贝努利（Bernoulli）公式（E.2.4）确定的风压。

2.1.23 地面粗糙度 terrain roughness

风在到达结构物以前吹越过 2km 范围内的地面时，描述该地面上不规则障碍物分布状况的等级。

2.1.24 温度作用 thermal action

结构或结构构件中由于温度变化所引起的作用。

2.1.25 气温 shade air temperature

在标准百叶箱内测量所得按小时定时记录的温度。

2.1.26 基本气温 reference air temperature

气温的基准值，取 50 年一遇月平均最高气温和月平均最低气温，根据历年最高温度月内最高气温的平均值和最低温度月内最低气温的平均值经统计确定。

2.1.27 均匀温度 uniform temperature

在结构构件的整个截面中为常数且主导结构构件膨胀或收缩的温度。

2.1.28 初始温度 initial temperature

结构在施工某个特定阶段形成整体约束的结构系统时的温度，也称合拢温度。

2.2 符　号

2.2.1 荷载代表值及荷载组合

A_d ——偶然荷载的标准值；

C ——结构或构件达到正常使用要求的规定限值；

G_k ——永久荷载的标准值；

Q_k ——可变荷载的标准值；

R_d ——结构构件抗力的设计值；

S_{A_d} ——偶然荷载效应的标准值；

S_{Gk} ——永久荷载效应的标准值；

S_{Qk} ——可变荷载效应的标准值；

S_d ——荷载效应组合设计值；

γ_0 ——结构重要性系数；

γ_G ——永久荷载的分项系数；

γ_Q ——可变荷载的分项系数；

γ_{L_j} ——可变荷载考虑设计使用年限的调整系数；

ψ_c ——可变荷载的组合值系数；

ψ_f ——可变荷载的频遇值系数；

ψ_q ——可变荷载的准永久值系数。

2.2.2 雪荷载及风荷载

$a_{D,z}$ ——高层建筑 z 高度顺风向风振加速度（m/s²）；

$a_{L,z}$ ——高层建筑 z 高度横风向风振加速度（m/s²）；

B ——结构迎风面宽度；

B_z ——脉动风荷载的背景分量因子；

C'_L ——横风向风力系数；

C'_T ——风致扭矩系数；

C_m ——横风向风力的角沿修正系数；

C_{sm} ——横风向风力功率谱的角沿修正系数；

D ——结构平面进深（顺风向尺寸）或直径；

f_1 ——结构第 1 阶自振频率；

f_{T1} ——结构第 1 阶扭转自振频率；

f_1^* ——折算频率；

f_{T1}^* ——扭转折算频率；

F_{Dk} ——顺风向单位高度风力标准值；

F_{Lk} ——横风向单位高度风力标准值；

T_{Tk} ——单位高度风致扭矩标准值；

g ——重力加速度，或峰值因子；

H ——结构或山峰顶部高度；

I_{10} ——10m 高度处风的名义湍流强度；

K_L ——横风向振型修正系数；

K_T ——扭转振型修正系数；

R ——脉动风荷载的共振分量因子；

R_L ——横风向风振共振因子；

R_T ——扭转风振共振因子；

Re ——雷诺数；

St ——斯脱罗哈数；

S_k ——雪荷载标准值；

S_0 ——基本雪压；

T_1 ——结构第 1 阶自振周期；

T_{L1} ——结构横风向第 1 阶自振周期；

T_{T1} ——结构扭转第 1 阶自振周期；

w_0 ——基本风压；

w_k ——风荷载标准值；

w_{Lk} ——横风向风振等效风荷载标准值；

w_{Tk} ——扭转风振等效风荷载标准值；

α ——坡度角，或风速剖面指数；

β_z ——高度 z 处的风振系数；

β_{gz} ——阵风系数；

v_{cr} ——横风向共振的临界风速；

v_H ——结构顶部风速；

μ_r ——屋面积雪分布系数；

μ_z ——风压高度变化系数；

μ_s ——风荷载体型系数；

μ_{sl} ——风荷载局部体型系数；

η ——风荷载地形地貌修正系数；

η_a ——顺风向风振加速度的脉动系数；

ρ ——空气密度，或积雪密度；

ρ_x、ρ_z ——水平方向和竖直方向脉动风荷载相关系数；

φ_z ——结构振型系数；

ζ ——结构阻尼比；

ζ_a ——横风向气动阻尼比。

2.2.3 温度作用

T_{max}、T_{min} ——月平均最高气温，月平均最低气温；

$T_{s,max}$、$T_{s,min}$ ——结构最高平均温度，结构最低平均温度；

$T_{0,max}$、$T_{0,min}$ ——结构最高初始温度，结构最低初始温度；

ΔT_k ——均匀温度作用标准值；

α_T ——材料的线膨胀系数。

2.2.4 偶然荷载

A_V ——通口板面积（m²）；

K_{dc} ——计算爆炸等效均布静力荷载的动力系数；

m ——汽车或直升机的质量；

P_k ——撞击荷载标准值；

p_c ——爆炸均布动荷载最大压力；

p_v ——通口板的核定破坏压力；

q_{ce} ——爆炸等效均布静力荷载标准值；

t ——撞击时间；

v ——汽车速度（m/s）；

V ——爆炸空间的体积。

3 荷载分类和荷载组合

3.1 荷载分类和荷载代表值

3.1.1 建筑结构的荷载可分为下列三类：

1 永久荷载，包括结构自重、土压力、预应力等。

2 可变荷载，包括楼面活荷载、屋面活荷载和积灰荷载、吊车荷载、风荷载、雪荷载、温度作用等。

3 偶然荷载，包括爆炸力、撞击力等。

3.1.2 建筑结构设计时，应按下列规定对不同荷载采用不同的代表值：

1 对永久荷载应采用标准值作为代表值；

2 对可变荷载应根据设计要求采用标准值、组合值、频遇值或准永久值作为代表值；

3 对偶然荷载应按建筑结构使用的特点确定其代表值。

3.1.3 确定可变荷载代表值时应采用 50 年设计基准期。

3.1.4 荷载的标准值，应按本规范各章的规定采用。

3.1.5 承载能力极限状态设计或正常使用极限状态按标准组合设计时，对可变荷载应按规定的荷载组合采用荷载的组合值或标准值作为其荷载代表值。可变荷载的组合值，应为可变荷载的标准值乘以荷载组合值系数。

3.1.6 正常使用极限状态按频遇组合设计时，应采用可变荷载的频遇值或准永久值作为其荷载代表值；按准永久组合设计时，应采用可变荷载的准永久值作为其荷载代表值。可变荷载的频遇值，应为可变荷载标准值乘以频遇值系数。可变荷载准永久值，应为可变荷载标准值乘以准永久值系数。

3.2 荷载组合

3.2.1 建筑结构设计应根据使用过程中在结构上可能同时出现的荷载，按承载能力极限状态和正常使用极限状态分别进行荷载组合，并应取各自的最不利的组合进行设计。

3.2.2 对于承载能力极限状态，应按荷载的基本组合或偶然组合计算荷载组合的效应设计值，并应采用下列设计表达式进行设计：

$$\gamma_0 S_d \leqslant R_d \qquad (3.2.2)$$

式中：γ_0 ——结构重要性系数，应按各有关建筑结构设计规范的规定采用；

S_d ——荷载组合的效应设计值；

R_d ——结构构件抗力的设计值，应按各有关建筑结构设计规范的规定确定。

3.2.3 荷载基本组合的效应设计值 S_d，应从下列荷载组合值中取用最不利的效应设计值确定：

1 由可变荷载控制的效应设计值，应按下式进行计算：

$$S_d = \sum_{j=1}^m \gamma_{G_j} S_{G_j k} + \gamma_{Q_1} \gamma_{L_1} S_{Q_1 k} + \sum_{i=2}^n \gamma_{Q_i} \gamma_{L_i} \psi_{c_i} S_{Q_i k}$$

(3.2.3-1)

式中：γ_{G_j} ——第 j 个永久荷载的分项系数，应按本规范第 3.2.4 条采用；

γ_{Q_i} ——第 i 个可变荷载的分项系数，其中 γ_{Q_1} 为主导可变荷载 Q_1 的分项系数，应按本规范第 3.2.4 条采用；

γ_{L_i} ——第 i 个可变荷载考虑设计使用年限的调整系数，其中 γ_{L_1} 为主导可变荷载 Q_1 考虑设计使用年限的调整系数；

$S_{G_j k}$ ——按第 j 个永久荷载标准值 G_{jk} 计算的荷载效应值；

$S_{Q_i k}$ ——按第 i 个可变荷载标准值 Q_{ik} 计算的荷载效应值，其中 $S_{Q_1 k}$ 为诸可变荷载效应中起控制作用者；

ψ_{c_i} ——第 i 个可变荷载 Q_i 的组合值系数；

m ——参与组合的永久荷载数；

n ——参与组合的可变荷载数。

2 由永久荷载控制的效应设计值，应按下式进行计算：

$$S_d = \sum_{j=1}^m \gamma_{G_j} S_{G_j k} + \sum_{i=1}^n \gamma_{Q_i} \gamma_{L_i} \psi_{c_i} S_{Q_i k}$$

(3.2.3-2)

注：1 基本组合中的效应设计值仅适用于荷载与荷载效应为线性的情况；

2 当对 $S_{Q_1 k}$ 无法明显判断时，应轮次以各可变荷载效应作为 $S_{Q_1 k}$，并选取其中最不利的荷载组合的效应设计值。

3.2.4 基本组合的荷载分项系数，应按下列规定采用：

1 永久荷载的分项系数应符合下列规定：

1）当永久荷载效应对结构不利时，对由可变荷载效应控制的组合应取 1.2，对由永久荷载效应控制的组合应取 1.35；

2）当永久荷载效应对结构有利时，不应大于1.0。

2 可变荷载的分项系数应符合下列规定：

1）对标准值大于 4kN/m² 的工业房屋楼面结构的活荷载，应取 1.3；

2）其他情况，应取 1.4。

3 对结构的倾覆、滑移或漂浮验算，荷载的分项系数应满足有关的建筑结构设计规范的规定。

3.2.5 可变荷载考虑设计使用年限的调整系数 γ_L 应按下列规定采用：

1 楼面和屋面活荷载考虑设计使用年限的调整系数 γ_L 应按表 3.2.5 采用。

表 3.2.5 楼面和屋面活荷载考虑设计使用年限的调整系数 γ_L

结构设计使用年限（年）	5	50	100
γ_L	0.9	1.0	1.1

注：1 当设计使用年限不为表中数值时，调整系数 γ_L 可按线性内插确定；

2 对于荷载标准值可控制的活荷载，设计使用年限调整系数 γ_L 取 1.0。

2 对雪荷载和风荷载，应取重现期为设计使用年限，按本规范第 E.3.3 条的规定确定基本雪压和基本风压，或按有关规范的规定采用。

3.2.6 荷载偶然组合的效应设计值 S_d 可按下列规定采用：

1 用于承载能力极限状态计算的效应设计值，应按下式进行计算：

$$S_d = \sum_{j=1}^{m} S_{G_j k} + S_{A_d} + \psi_{f_1} S_{Q_1 k} + \sum_{i=2}^{n} \psi_{q_i} S_{Q_i k}$$

$$(3.2.6-1)$$

式中：S_{A_d} —— 按偶然荷载标准值 A_d 计算的荷载效应值；

ψ_{f_1} —— 第 1 个可变荷载的频遇值系数；

ψ_{q_i} —— 第 i 个可变荷载的准永久值系数。

2 用于偶然事件发生后受损结构整体稳固性验算的效应设计值，应按下式进行计算：

$$S_d = \sum_{j=1}^{m} S_{G_j k} + \psi_{f_1} S_{Q_1 k} + \sum_{i=2}^{n} \psi_{q_i} S_{Q_i k}$$

$$(3.2.6-2)$$

注：组合中的设计值仅适用于荷载与荷载效应为线性的情况。

3.2.7 对于正常使用极限状态，应根据不同的设计要求，采用荷载的标准组合、频遇组合或准永久组合，并应按下列设计表达式进行设计：

$$S_d \leqslant C \qquad (3.2.7)$$

式中：C —— 结构或结构构件达到正常使用要求的规定限值，例如变形、裂缝、振幅、加速度、应力等的限值，应按各有关建筑结构设计规范的规定采用。

3.2.8 荷载标准组合的效应设计值 S_d 应按下式进行计算：

$$S_d = \sum_{j=1}^{m} S_{G_j k} + S_{Q_1 k} + \sum_{i=2}^{n} \psi_{c_i} S_{Q_i k} \quad (3.2.8)$$

注：组合中的设计值仅适用于荷载与荷载效应为线性的情况。

3.2.9 荷载频遇组合的效应设计值 S_d 应按下式进行计算：

$$S_d = \sum_{j=1}^{m} S_{G_j k} + \psi_{f_1} S_{Q_1 k} + \sum_{i=2}^{n} \psi_{q_i} S_{Q_i k}$$

$$(3.2.9)$$

注：组合中的设计值仅适用于荷载与荷载效应为线性的情况。

3.2.10 荷载准永久组合的效应设计值 S_d 应按下式进行计算：

$$S_d = \sum_{j=1}^{m} S_{G_j k} + \sum_{i=1}^{n} \psi_{q_i} S_{Q_i k} \quad (3.2.10)$$

注：组合中的设计值仅适用于荷载与荷载效应为线性的情况。

4 永久荷载

4.0.1 永久荷载应包括结构构件、围护构件、面层及装饰、固定设备、长期储物的自重，土压力、水压力，以及其他需要按永久荷载考虑的荷载。

4.0.2 结构自重的标准值可按结构构件的设计尺寸与材料单位体积的自重计算确定。

4.0.3 一般材料和构件的单位自重可取其平均值，对于自重变异较大的材料和构件，自重的标准值应根据对结构的不利或有利状态，分别取上限值或下限值。常用材料和构件单位体积的自重可按本规范附录 A 采用。

4.0.4 固定隔墙的自重可按永久荷载考虑，位置可灵活布置的隔墙自重应按可变荷载考虑。

5 楼面和屋面活荷载

5.1 民用建筑楼面均布活荷载

5.1.1 民用建筑楼面均布活荷载的标准值及其组合值系数、频遇值系数和准永久值系数的取值，不应小于表 5.1.1 的规定。

表 5.1.1 民用建筑楼面均布活荷载标准值及其组合值、频遇值和准永久值系数

项次	类 别			标准值 (kN/m²)	组合值 系数ψ_c	频遇值 系数ψ_f	准永久值 系数ψ_q
1	(1) 住宅、宿舍、旅馆、办公楼、医院病房、托儿所、幼儿园			2.0	0.7	0.5	0.4
	(2) 试验室、阅览室、会议室、医院门诊室			2.0	0.7	0.6	0.5
2	教室、食堂、餐厅、一般资料档案室			2.5	0.7	0.6	0.5
3	(1) 礼堂、剧场、影院、有固定座位的看台			3.0	0.7	0.5	0.3
	(2) 公共洗衣房			3.0	0.7	0.6	0.5
4	(1) 商店、展览厅、车站、港口、机场大厅及其旅客等候室			3.5	0.7	0.6	0.5
	(2) 无固定座位的看台			3.5	0.7	0.5	0.3
5	(1) 健身房、演出舞台			4.0	0.7	0.6	0.5
	(2) 运动场、舞厅			4.0	0.7	0.6	0.3
6	(1) 书库、档案库、贮藏室			5.0	0.9	0.9	0.8
	(2) 密集柜书库			12.0	0.9	0.9	0.8
7	通风机房、电梯机房			7.0	0.9	0.9	0.8
8	汽车通道及客车停车库	(1) 单向板楼盖 (板跨不小于2m) 和双向板楼盖 (板跨不小于3m×3m)	客车	4.0	0.7	0.7	0.6
			消防车	35.0	0.7	0.5	0.0
		(2) 双向板楼盖 (板跨不小于6m×6m) 和无梁楼盖 (柱网不小于6m×6m)	客车	2.5	0.7	0.7	0.6
			消防车	20.0	0.7	0.5	0.0
9	厨房	(1) 餐厅		4.0	0.7	0.7	0.7
		(2) 其他		2.0	0.7	0.6	0.5
10	浴室、卫生间、盥洗室			2.5	0.7	0.6	0.5
11	走廊、门厅	(1) 宿舍、旅馆、医院病房、托儿所、幼儿园、住宅		2.0	0.7	0.5	0.4
		(2) 办公楼、餐厅、医院门诊部		2.5	0.7	0.6	0.5
		(3) 教学楼及其他可能出现人员密集的情况		3.5	0.7	0.5	0.3
12	楼梯	(1) 多层住宅		2.0	0.7	0.5	0.4
		(2) 其他		3.5	0.7	0.5	0.3
13	阳台	(1) 可能出现人员密集的情况		3.5	0.7	0.6	0.5
		(2) 其他		2.5	0.7	0.6	0.5

注：1 本表所给各项活荷载适用于一般使用条件，当使用荷载较大、情况特殊或有专门要求时，应按实际情况采用；

2 第 6 项书库活荷载当书架高度大于 2m 时，书库活荷载尚应按每米书架高度不小于 2.5kN/m² 确定；

3 第 8 项中的客车活荷载仅适用于停放载人少于 9 人的客车；消防车活荷载适用于满载总重为 300kN 的大型车辆；当不符合本表的要求时，应将车轮的局部荷载按结构效应的等效原则，换算为等效均布荷载；

4 第 8 项消防车活荷载，当双向板楼盖板跨介于 3m×3m～6m×6m 之间时，应按跨度线性插值确定；

5 第 12 项楼梯活荷载，对预制楼梯踏步平板，尚应按 1.5kN 集中荷载验算；

6 本表各项荷载不包括隔墙自重和二次装修荷载；对固定隔墙的自重应按永久荷载考虑，当隔墙位置可灵活自由布置时，非固定隔墙的自重应取不小于 1/3 的每延米长墙重 (kN/m) 作为楼面活荷载的附加值 (kN/m²) 计入，且附加值不应小于 1.0kN/m²。

5.1.2 设计楼面梁、墙、柱及基础时，本规范表5.1.1中楼面活荷载标准值的折减系数取值不应小于下列规定：

 1 设计楼面梁时：

  1) 第1（1）项当楼面梁从属面积超过25m² 时，应取0.9；

  2) 第1（2）～7项当楼面梁从属面积超过50m² 时，应取0.9；

  3) 第8项对单向板楼盖的次梁和槽形板的纵肋应取0.8，对单向板楼盖的主梁应取0.6，对双向板楼盖的梁应取0.8；

  4) 第9～13项应采用与所属房屋类别相同的折减系数。

 2 设计墙、柱和基础时：

  1) 第1（1）项应按表5.1.2规定采用；

  2) 第1（2）～7项应采用与其楼面梁相同的折减系数；

  3) 第8项的客车，对单向板楼盖应取0.5，对双向板楼盖和无梁楼盖应取0.8；

  4) 第9～13项应采用与所属房屋类别相同的折减系数。

 注：楼面梁的从属面积应按梁两侧各延伸二分之一梁间距的范围内的实际面积确定。

表5.1.2 活荷载按楼层的折减系数

墙、柱、基础计算截面以上的层数	1	2～3	4～5	6～8	9～20	＞20
计算截面以上各楼层活荷载总和的折减系数	1.00（0.90）	0.85	0.70	0.65	0.60	0.55

 注：当楼面梁的从属面积超过25m² 时，应采用括号内的系数。

5.1.3 设计墙、柱时，本规范表5.1.1中第8项的消防车活荷载可按实际情况考虑；设计基础时可不考虑消防车活荷载。常用板跨的消防车活荷载按覆土厚度的折减系数可按附录B规定采用。

5.1.4 楼面结构上的局部荷载可按本规范附录C的规定，换算为等效均布活荷载。

5.2 工业建筑楼面活荷载

5.2.1 工业建筑楼面在生产使用或安装检修时，由设备、管道、运输工具及可能拆移的隔墙产生的局部荷载，均应按实际情况考虑，可采用等效均布活荷载代替。对设备位置固定的情况，可直接按固定位置对结构进行计算，但应考虑因设备安装和维修过程中的位置变化可能出现的最不利效应。工业建筑楼面堆放原料或成品较多、较重的区域，应按实际情况考虑；一般的堆放情况可按均布活荷载或等效均布活荷载考虑。

 注：1 楼面等效均布活荷载，包括计算次梁、主梁和基础时的楼面荷载，可分别按本规范附录C的规定确定；

   2 对于一般金工车间、仪器仪表生产车间、半导体器件车间、棉纺织车间、轮胎准备车间和粮食加工车间，当缺乏资料时，可按本规范附录D采用。

5.2.2 工业建筑楼面（包括工作平台）上无设备区域的操作荷载，包括操作人员、一般工具、零星原料和成品的自重，可按均布活荷载2.0kN/m² 考虑。在设备所占区域内可不考虑操作荷载和堆料荷载。生产车间的楼梯活荷载，可按实际情况采用，但不宜小于3.5kN/m²。生产车间的参观走廊活荷载，可采用3.5kN/m²。

5.2.3 工业建筑楼面活荷载的组合值系数、频遇值系数和准永久值系数除本规范附录D中给出的以外，应按实际情况采用；但在任何情况下，组合值和频遇值系数不应小于0.7，准永久值系数不应小于0.6。

5.3 屋面活荷载

5.3.1 房屋建筑的屋面，其水平投影面上的屋面均布活荷载的标准值及其组合值系数、频遇值系数和准永久值系数的取值，不应小于表5.3.1的规定。

表5.3.1 屋面均布活荷载标准值及其组合值系数、频遇值系数和准永久值系数

项次	类别	标准值（kN/m²）	组合值系数 ψ_c	频遇值系数 ψ_f	准永久值系数 ψ_q
1	不上人的屋面	0.5	0.7	0.5	0.0
2	上人的屋面	2.0	0.7	0.5	0.4
3	屋顶花园	3.0	0.7	0.6	0.5
4	屋顶运动场地	3.0	0.7	0.6	0.4

 注：1 不上人的屋面，当施工或维修荷载较大时，应按实际采用；对不同类型的结构应按有关设计规范的规定采用，但不得低于0.3kN/m²；

   2 当上人的屋面兼作其他用途时，应按相应楼面活荷载采用；

   3 对于因屋面排水不畅、堵塞等引起的积水荷载，应采取构造措施加以防止；必要时，应按积水的可能深度确定屋面活荷载；

   4 屋顶花园活荷载不应包括花圃土石等材料自重。

5.3.2 屋面直升机停机坪荷载应按下列规定采用：

 1 屋面直升机停机坪荷载应按局部荷载考虑，或根据局部荷载换算为等效均布荷载考虑。局部荷载标准值应按直升机实际最大起飞重量确定，当没有机型技术资料时，可按表5.3.2的规定选用局部荷载标准值及作用面积。

表 5.3.2 屋面直升机停机坪局部荷载标准值及作用面积

类型	最大起飞重量（t）	局部荷载标准值（kN）	作用面积
轻型	2	20	0.20m×0.20m
中型	4	40	0.25m×0.25m
重型	6	60	0.30m×0.30m

2 屋面直升机停机坪的等效均布荷载标准值不应低于 5.0kN/m²。

3 屋面直升机停机坪荷载的组合值系数应取 0.7，频遇值系数应取 0.6，准永久值系数应取 0。

5.3.3 不上人的屋面均布活荷载，可不与雪荷载和风荷载同时组合。

5.4 屋面积灰荷载

5.4.1 设计生产中有大量排灰的厂房及其邻近建筑时，对于具有一定除尘设施和保证清灰制度的机械、冶金、水泥等的厂房屋面，其水平投影面上的屋面积灰荷载标准值及其组合值系数、频遇值系数和准永久值系数，应分别按表 5.4.1-1 和表 5.4.1-2 采用。

表 5.4.1-1 屋面积灰荷载标准值及其组合值系数、频遇值系数和准永久值系数

项次	类别	标准值（kN/m²）屋面无挡风板	屋面有挡风板 挡风板内	屋面有挡风板 挡风板外	组合值系数 ψ_c	频遇值系数 ψ_f	准永久值系数 ψ_q
1	机械厂铸造车间（冲天炉）	0.50	0.75	0.30	0.9	0.9	0.8
2	炼钢车间（氧气转炉）	—	0.75	0.30			
3	锰、铬铁合金车间	0.75	1.00	0.30			
4	硅、钨铁合金车间	0.50	1.00	0.30			
5	烧结室、一次混合室	0.50	1.00	0.20			
6	烧结厂通廊及其他车间	0.30			0.9	0.9	0.8
7	水泥厂有灰源车间（窑房、磨房、联合贮库、烘干房、破碎房）	1.00					
8	水泥厂无灰源车间（空气压缩机站、机修间、材料库、配电站）	0.50	—	—			

注：1 表中的积灰均布荷载，仅应用于屋面坡度 α 不大于 25°时；当 α 大于 45°时，可不考虑积灰荷载；当 α 在 25°～45°范围内时，可按插值法取值；

2 清灰设施的荷载另行考虑；

3 对第 1～4 项的积灰荷载，仅应用于距烟囱中心 20m 半径范围内的屋面；当邻近建筑在该范围内时，其积灰荷载对第 1、3、4 项应按车间屋面无挡风板的采用，对第 2 项应按车间屋面挡风板外的采用。

表 5.4.1-2 高炉邻近建筑的屋面积灰荷载标准值及其组合值系数、频遇值系数和准永久值系数

高炉容积（m³）	标准值（kN/m²）屋面离高炉距离（m） ≤50	100	200	组合值系数 ψ_c	频遇值系数 ψ_f	准永久值系数 ψ_q
<255	0.50	—	—	1.0	1.0	1.0
255～620	0.75	0.30	—			
>620	1.00	0.50	0.30			

注：1 表 5.4.1-1 中的注 1 和注 2 也适用本表；

2 当邻近建筑屋面离高炉距离为表内中间值时，可按插入法取值。

5.4.2 对于屋面上易形成灰堆处，当设计屋面板、檩条时，积灰荷载标准值宜乘以下列规定的增大系数：

1 在高低跨处两倍于屋面高差但不大于 6.0m 的分布宽度内取 2.0；

2 在天沟处不大于 3.0m 的分布宽度内取 1.4。

5.4.3 积灰荷载应与雪荷载或不上人的屋面均布活荷载两者中的较大值同时考虑。

5.5 施工和检修荷载及栏杆荷载

5.5.1 施工和检修荷载应按下列规定采用：

1 设计屋面板、檩条、钢筋混凝土挑檐、悬挑雨篷和预制小梁时，施工或检修集中荷载标准值不应小于 1.0kN，并应在最不利位置处进行验算；

2 对于轻型构件或较宽的构件，应按实际情况验算，或应加垫板、支撑等临时设施；

3 计算挑檐、悬挑雨篷的承载力时，应沿板宽每隔 1.0m 取一个集中荷载；在验算挑檐、悬挑雨篷的倾覆时，应沿板宽每隔 2.5m～3.0m 取一个集中荷载。

5.5.2 楼梯、看台、阳台和上人屋面等的栏杆活荷载标准值，不应小于下列规定：

1 住宅、宿舍、办公楼、旅馆、医院、托儿所、幼儿园，栏杆顶部的水平荷载应取 1.0kN/m；

2 学校、食堂、剧场、电影院、车站、礼堂、展览馆或体育场，栏杆顶部的水平荷载应取 1.0kN/m，竖向荷载应取 1.2kN/m，水平荷载与竖向荷载应分别考虑。

5.5.3 施工荷载、检修荷载及栏杆荷载的组合值系数应取 0.7，频遇值系数应取 0.5，准永久值系数应取 0。

5.6 动力系数

5.6.1 建筑结构设计的动力计算，在有充分依据时，可将重物或设备的自重乘以动力系数后，按静力计算方法设计。

5.6.2 搬运和装卸重物以及车辆启动和刹车的动力

系数，可采用1.1～1.3；其动力荷载只传至楼板和梁。

5.6.3 直升机在屋面上的荷载，也应乘以动力系数，对具有液压轮胎起落架的直升机可取1.4；其动力荷载只传至楼板和梁。

6 吊 车 荷 载

6.1 吊车竖向和水平荷载

6.1.1 吊车竖向荷载标准值，应采用吊车的最大轮压或最小轮压。

6.1.2 吊车纵向和横向水平荷载，应按下列规定采用：

1 吊车纵向水平荷载标准值，应按作用在一边轨道上所有刹车轮的最大轮压之和的10%采用；该项荷载的作用点位于刹车轮与轨道的接触点，其方向与轨道方向一致。

2 吊车横向水平荷载标准值，应取横行小车重量与额定起重量之和的百分数，并应乘以重力加速度，吊车横向水平荷载标准值的百分数应按表6.1.2采用。

表6.1.2 吊车横向水平荷载标准值的百分数

吊车类型	额定起重量（t）	百分数（%）
软钩吊车	≤10	12
	16～50	10
	≥75	8
硬钩吊车	—	20

3 吊车横向水平荷载应等分于桥架的两端，分别由轨道上的车轮平均传至轨道，其方向与轨道垂直，并应考虑正反两个方向的刹车情况。

注：1 悬挂吊车的水平荷载应由支撑系统承受；设计该支撑系统时，尚应考虑风荷载与悬挂吊车水平荷载的组合；

2 手动吊车及电动葫芦可不考虑水平荷载。

6.2 多台吊车的组合

6.2.1 计算排架考虑多台吊车竖向荷载时，对单层吊车的单跨厂房的每个排架，参与组合的吊车台数不宜多于2台；对单层吊车的多跨厂房的每个排架，不宜多于4台；对双层吊车的单跨厂房宜按上层和下层吊车分别不多于2台进行组合；对双层吊车的多跨厂房宜按上层和下层吊车分别不多于4台进行组合，且当下层吊车满载时，上层吊车应按空载计算；上层吊车满载时，下层吊车不应计入。考虑多台吊车水平荷载时，对单跨或多跨厂房的每个排架，参与组合的吊车台数不应多于2台。

注：当情况特殊时，应按实际情况考虑。

6.2.2 计算排架时，多台吊车的竖向荷载和水平荷载的标准值，应乘以表6.2.2中规定的折减系数。

表6.2.2 多台吊车的荷载折减系数

参与组合的吊车台数	吊车工作级别	
	A1～A5	A6～A8
2	0.90	0.95
3	0.85	0.90
4	0.80	0.85

6.3 吊车荷载的动力系数

6.3.1 当计算吊车梁及其连接的承载力时，吊车竖向荷载应乘以动力系数。对悬挂吊车（包括电动葫芦）及工作级别A1～A5的软钩吊车，动力系数可取1.05；对工作级别为A6～A8的软钩吊车、硬钩吊车和其他特种吊车，动力系数可取为1.1。

6.4 吊车荷载的组合值、频遇值及准永久值

6.4.1 吊车荷载的组合值系数、频遇值系数及准永久值系数可按表6.4.1中的规定采用。

表6.4.1 吊车荷载的组合值系数、频遇值系数及准永久值系数

吊车工作级别		组合值系数 ψ_c	频遇值系数 ψ_f	准永久值系数 ψ_q
软钩吊车	工作级别A1～A3	0.70	0.60	0.50
	工作级别A4、A5	0.70	0.70	0.60
	工作级别A6、A7	0.70	0.70	0.70
硬钩吊车及工作级别A8的软钩吊车		0.95	0.95	0.95

6.4.2 厂房排架设计时，在荷载准永久组合中可不考虑吊车荷载；但在吊车梁按正常使用极限状态设计时，宜采用吊车荷载的准永久值。

7 雪 荷 载

7.1 雪荷载标准值及基本雪压

7.1.1 屋面水平投影面上的雪荷载标准值应按下式计算：

$$s_k = \mu_r s_0 \tag{7.1.1}$$

式中：s_k——雪荷载标准值（kN/m²）；

μ_r——屋面积雪分布系数；

s_0——基本雪压（kN/m²）。

7.1.2 基本雪压应采用按本规范规定的方法确定的50年重现期的雪压；对雪荷载敏感的结构，应采用100年重现期的雪压。

7.1.3 全国各城市的基本雪压值应按本规范附录 E 中表 E.5 重现期 R 为 50 年的值采用。当城市或建设地点的基本雪压值在本规范表 E.5 中没有给出时，基本雪压值应按本规范附录 E 规定的方法，根据当地年最大雪压或雪深资料，按基本雪压定义，通过统计分析确定，分析时应考虑样本数量的影响。当地没有雪压和雪深资料时，可根据附近地区规定的基本雪压或长期资料，通过气象和地形条件的对比分析确定；也可比照本规范附录 E 中附图 E.6.1 全国基本雪压分布图近似确定。

7.1.4 山区的雪荷载应通过实际调查后确定。当无实测资料时，可按当地邻近空旷平坦地面的雪荷载值乘以系数 1.2 采用。

7.1.5 雪荷载的组合值系数可取 0.7；频遇值系数可取 0.6；准永久值系数应按雪荷载分区Ⅰ、Ⅱ和Ⅲ的不同，分别取 0.5、0.2 和 0；雪荷载分区应按本规范附录 E.5 或附图 E.6.2 的规定采用。

7.2 屋面积雪分布系数

7.2.1 屋面积雪分布系数应根据不同类别的屋面形式，按表 7.2.1 采用。

表 7.2.1 屋面积雪分布系数

项次	类别	屋面形式及积雪分布系数 μ_r	备 注
1	单跨单坡屋面	 α: ≤25° / 30° / 35° / 40° / 45° / 50° / 55° / ≥60° μ_r: 1.0 / 0.85 / 0.7 / 0.55 / 0.4 / 0.25 / 0.1 / 0	—
2	单跨双坡屋面	 均匀分布的情况 μ_r 不均匀分布的情况 $0.75\mu_r$ $1.25\mu_r$	μ_r 按第 1 项规定采用
3	拱形屋面	 均匀分布的情况 μ_r 不均匀分布的情况 $0.5\mu_{r,m}$ $\mu_{r,m}$ $\mu_r = l/(8f)$ $(0.4 \leqslant \mu_r \leqslant 1.0)$ $\mu_{r,m} = 0.2 + 10f/l$ $(\mu_{r,m} \leqslant 2.0)$	—
4	带天窗的坡屋面	 均匀分布的情况 1.0 不均匀分布的情况 1.1 0.8 1.1	—
5	带天窗有挡风板的坡屋面	 均匀分布的情况 1.0 不均匀分布的情况 1.0 1.4 0.8 1.4 1.0	—

项次	类别	屋面形式及积雪分布系数 μ_r	备 注
6	多跨单坡屋面（锯齿形屋面）		μ_r 按第 1 项规定采用
7	双跨双坡或拱形屋面		μ_r 按第 1 或 3 项规定采用
8	高低屋面	$a=2h$（$4m<a<8m$） $\mu_{r,m}=(b_1+b_2)/2h$（$2.0\leqslant\mu_{r,m}\leqslant4.0$）	—
9	有女儿墙及其他突起物的屋面	$a=2h$ $\mu_{r,m}=1.5h/s_0$（$1.0\leqslant\mu_{r,m}\leqslant2.0$）	—
10	大跨屋面（$l>$ 100m）		1 还应同时考虑第 2 项、第 3 项的积雪分布； 2 μ_r 按第 1 或 3 项规定采用

注：1 第 2 项单跨双坡屋面仅当坡度 α 在 20°～30° 范围时，可采用不均匀分布情况；
　　2 第 4、5 项只适用于坡度 α 不大于 25° 的一般工业厂房屋面；
　　3 第 7 项双跨双坡或拱形屋面，当 α 不大于 25° 或 f/l 不大于 0.1 时，只采用均匀分布情况；
　　4 多跨屋面的积雪分布系数，可参照第 7 项的规定采用。

7.2.2 设计建筑结构及屋面的承重构件时，应按下列规定采用积雪的分布情况：

1 屋面板和檩条按积雪不均匀分布的最不利情况采用；

2 屋架和拱壳应分别按全跨积雪的均匀分布、不均匀分布和半跨积雪的均匀分布按最不利情况采用；

3 框架和柱可按全跨积雪的均匀分布情况采用。

8 风 荷 载

8.1 风荷载标准值及基本风压

8.1.1 垂直于建筑物表面上的风荷载标准值，应按下列规定确定：

1 计算主要受力结构时，应按下式计算：

$$w_k = \beta_z \mu_s \mu_z w_0 \quad (8.1.1-1)$$

式中：w_k——风荷载标准值（kN/m^2）；

β_z——高度 z 处的风振系数；

μ_s——风荷载体型系数；

μ_z——风压高度变化系数；

w_0——基本风压（kN/m^2）。

2 计算围护结构时，应按下式计算：

$$w_k = \beta_{gz} \mu_{sl} \mu_z w_0 \quad (8.1.1-2)$$

式中：β_{gz}——高度 z 处的阵风系数；

μ_{sl}——风荷载局部体型系数。

8.1.2 基本风压应采用按本规范规定的方法确定的 50 年重现期的风压，但不得小于 **0.3kN/m²**。对于高层建筑、高耸结构以及对风荷载比较敏感的其他结构，基本风压的取值应适当提高，并应符合有关结构设计规范的规定。

8.1.3 全国各城市的基本风压值应按本规范附录 E 中表 E.5 重现期 R 为 50 年的值采用。当城市或建设地点的基本风压值在本规范表 E.5 没有给出时，基本风压值应按本规范附录 E 规定的方法，根据基本风压的定义和当地年最大风速资料，通过统计分析确定，分析时应考虑样本数量的影响。当地没有风速资料时，可根据附近地区规定的基本风压或长期资料，通过气象和地形条件的对比分析确定；也可比照本规范附录 E 中附图 E.6.3 全国基本风压分布图近似确定。

8.1.4 风荷载的组合值系数、频遇值系数和准永久值系数可分别取 0.6、0.4 和 0.0。

8.2 风压高度变化系数

8.2.1 对于平坦或稍有起伏的地形，风压高度变化系数应根据地面粗糙度类别按表 8.2.1 确定。地面粗糙度可分为 A、B、C、D 四类：A 类指近海海面和海岛、海岸、湖岸及沙漠地区；B 类指田野、乡村、丛林、丘陵以及房屋比较稀疏的乡镇；C 类指有密集建筑群的城市市区；D 类指有密集建筑群且房屋较高的城市市区。

表 8.2.1 风压高度变化系数 μ_z

离地面或海平面高度（m）	地面粗糙度类别			
	A	B	C	D
5	1.09	1.00	0.65	0.51
10	1.28	1.00	0.65	0.51
15	1.42	1.13	0.65	0.51
20	1.52	1.23	0.74	0.51
30	1.67	1.39	0.88	0.51
40	1.79	1.52	1.00	0.60
50	1.89	1.62	1.10	0.69
60	1.97	1.71	1.20	0.77
70	2.05	1.79	1.28	0.84
80	2.12	1.87	1.36	0.91
90	2.18	1.93	1.43	0.98
100	2.23	2.00	1.50	1.04
150	2.46	2.25	1.79	1.33
200	2.64	2.46	2.03	1.58
250	2.78	2.63	2.24	1.81
300	2.91	2.77	2.43	2.02
350	2.91	2.91	2.60	2.22
400	2.91	2.91	2.76	2.40
450	2.91	2.91	2.91	2.58
500	2.91	2.91	2.91	2.74
≥550	2.91	2.91	2.91	2.91

8.2.2 对于山区的建筑物，风压高度变化系数除可按平坦地面的粗糙度类别由本规范表 8.2.1 确定外，还应考虑地形条件的修正，修正系数 η 应按下列规定采用：

1 对于山峰和山坡，修正系数应按下列规定采用：

1） 顶部 B 处的修正系数可按下式计算：

$$\eta_B = \left[1 + \kappa \tan\alpha \left(1 - \frac{z}{2.5H} \right) \right]^2 \quad (8.2.2)$$

式中：$\tan\alpha$——山峰或山坡在迎风面一侧的坡度；当 $\tan\alpha$ 大于 0.3 时，取 0.3；

κ——系数，对山峰取 2.2，对山坡取 1.4；

H——山顶或山坡全高（m）；

z——建筑物计算位置离建筑物地面的高度（m）；当 $z > 2.5H$ 时，取 $z = 2.5H$。

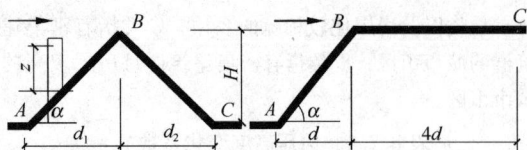

图 8.2.2 山峰和山坡的示意

2）其他部位的修正系数，可按图8.2.2所示，取 A、C 处的修正系数 η_A、η_C 为 1，AB 间和 BC 间的修正系数按 η 的线性插值确定。

2 对于山间盆地、谷地等闭塞地形，η 可在 0.75～0.85 选取。

3 对于与风向一致的谷口、山口，η 可在 1.20～1.50 选取。

8.2.3 对于远海海面和海岛的建筑物或构筑物，风压高度变化系数除可按 A 类粗糙度类别由本规范表 8.2.1 确定外，还应考虑表 8.2.3 中给出的修正系数。

表 8.2.3　远海海面和海岛的修正系数 η

距海岸距离（km）	η
<40	1.0
40～60	1.0～1.1
60～100	1.1～1.2

8.3　风荷载体型系数

8.3.1 房屋和构筑物的风荷载体型系数，可按下列规定采用：

1 房屋和构筑物与表 8.3.1 中的体型类同时，可按表 8.3.1 的规定采用；

2 房屋和构筑物与表 8.3.1 中的体型不同时，可按有关资料采用；当无资料时，宜由风洞试验确定；

3 对于重要且体型复杂的房屋和构筑物，应由风洞试验确定。

表 8.3.1　风荷载体型系数

项次	类　别	体型及体型系数 μ_s			备　注
1	封闭式落地双坡屋面				中间值按线性插值法计算
		α	μ_s		
		0°	0.0		
		30°	+0.2		
		≥60°	+0.8		
2	封闭式双坡屋面		α	μ_s	1　中间值按线性插值法计算； 2　μ_s 的绝对值不小于 0.1
			≤15°	−0.6	
			30°	0.0	
			≥60°	+0.8	
3	封闭式落地拱形屋面		f/l	μ_s	中间值按线性插值法计算
			0.1	+0.1	
			0.2	+0.2	
			0.5	+0.6	
4	封闭式拱形屋面		f/l	μ_s	1　中间值按线性插值法计算； 2　μ_s 的绝对值不小于 0.1
			0.1	−0.8	
			0.2	0.0	
			0.5	+0.6	
5	封闭式单坡屋面				迎风坡面的 μ_s 按第 2 项采用

项次	类 别	体型及体型系数 μ_s	备 注
6	封闭式高低双坡屋面		迎风坡面的 μ_s 按第 2 项采用
7	封闭式带天窗双坡屋面		带天窗的拱形屋面可按照本图采用
8	封闭式双跨双坡屋面		迎风坡面的 μ_s 按第 2 项采用
9	封闭式不等高不等跨的双跨双坡屋面		迎风坡面的 μ_s 按第 2 项采用
10	封闭式不等高不等跨的三跨双坡屋面		1 迎风坡面的 μ_s 按第 2 项采用; 2 中跨上部迎风墙面的 μ_{s1} 按下式采用: $\mu_{s1}=0.6(1-2h_1/h)$ 当 $h_1=h$,取 $\mu_{s1}=-0.6$
11	封闭式带天窗带坡的双坡屋面		—
12	封闭式带天窗带双坡的双坡屋面		—
13	封闭式不等高不等跨且中跨带天窗的三跨双坡屋面		1 迎风坡面的 μ_s 按第 2 项采用; 2 中跨上部迎风墙面的 μ_{s1} 按下式采用: $\mu_{s1}=0.6(1-2h_1/h)$ 当 $h_1=h$,取 $\mu_{s1}=-0.6$
14	封闭式带天窗的双跨双坡屋面		迎风面第 2 跨的天窗面的 μ_s 下列规定采用: 1 当 $a\leqslant 4h$,取 $\mu_s=0.2$; 2 当 $a>4h$,取 $\mu_s=0.6$

项次	类 别	体型及体型系数 μ_s	备 注
15	封闭式带女儿墙的双坡屋面	$+1.3$　0 $+0.8$　-0.5	当屋面坡度不大于 15° 时，屋面上的体型系数可按无女儿墙的屋面采用
16	封闭式带雨篷的双坡屋面	(a) μ_s　-0.6　-0.3　$+0.8$　-0.5　α　(b) -1.4　-0.9　-0.5　$+0.8$　-0.5	迎风坡面的 μ_s 按第 2 项采用
17	封闭式对立两个带雨篷的双坡屋面	μ_s　-0.4　-0.3　-0.2　-0.4　-0.5　α　$+0.8$　-0.4　$+0.2$　-0.3　s	1　本图适用于 s 为 8m～20m 范围内； 2　迎风坡面的 μ_s 按第 2 项采用
18	封闭式带下沉天窗的双坡屋面或拱形屋面	-0.8　$[-1.2]$　-0.5　$+0.8$　-0.5	—
19	封闭式带下沉天窗的双跨双坡或拱形屋面	-0.8　$[-1.2]$　-0.5　$[-1.2]$　-0.4　$+0.8$　-0.4	—
20	封闭式带天窗挡风板的坡屋面	$+0.4$　-0.8　-0.7　-0.6　0　-0.6　$+0.3$　$+0.8$　-0.8　-0.6　-0.5	—
21	封闭式带天窗挡风板的双跨坡屋面	$+0.4$　-0.8　-0.7　-0.6　-0.1　-0.5　-0.6　0.4　0　-0.4　$+0.3$　$+0.8$　-0.8　-0.6　-0.5　-0.4　-0.4	—
22	封闭式锯齿形屋面	μ_s　-0.6　-0.6　-0.5　-0.5　-0.4　-0.4　α　$+0.8$　-0.6　-0.6　-0.5　-0.5　-0.4　-0.4　$+0.8$　-0.4 (1)　(2)　(3)　(1)　(2)　(3)	1　迎风坡面的 μ_s 按第 2 项采用； 2　齿面增多或减少时，可均匀地在 (1)、(2)、(3) 三个区段内调节
23	封闭式复杂多跨屋面	$+h$　a　a　a　-0.6　-0.7　-0.7　-0.5　-0.6　-0.6　-0.5　μ_s　$+0.8$　-0.2　-0.6　-0.5　-0.5　-0.4　-0.4　-0.4	天窗面的 μ_s 按下列规定采用： 1　当 $a \leqslant 4h$ 时，取 $\mu_s = 0.2$； 2　当 $a > 4h$ 时，取 $\mu_s = 0.6$

项次	类别	体型及体型系数 μ_s	备注
24	靠山封闭式双坡屋面	 本图适用于 $H_m/H \geqslant 2$ 及 $s/H = 0.2 \sim 0.4$ 的情况 体型系数 μ_s 按下表采用： (表1) (b) 体型系数 μ_s 按下表采用： (表2)	—
25	靠山封闭式带天窗的双坡屋面	 本图适用于 $H_m/H \geqslant 2$ 及 $s/H = 0.2 \sim 0.4$ 的情况 体型系数 μ_s 按下表采用： (表3)	—
26	单面开敞式双坡屋面		迎风坡面的 μ_s 按第 2 项采用

体型系数 μ_s 按下表采用（项次24 图a）：

β	α	A	B	C	D	E
30°	15°	+0.9	−0.4	0.0	+0.2	−0.2
	30°	+0.9	+0.2	−0.2	−0.2	−0.3
	60°	+1.0	+0.7	−0.4	−0.2	−0.5
60°	15°	+1.0	+0.3	+0.4	+0.5	+0.4
	30°	+1.0	+0.4	+0.3	+0.4	+0.2
	60°	+1.0	+0.8	−0.3	0.0	−0.5
90°	15°	+1.0	+0.5	+0.7	+0.8	+0.6
	30°	+1.0	+0.6	+0.8	+0.9	+0.7
	60°	+1.0	+0.9	−0.1	+0.2	−0.4

体型系数 μ_s 按下表采用（项次24 图b）：

β	ABCD	E	A′B′C′D′	F
15°	−0.8	+0.9	−0.2	−0.2
30°	−0.9	+0.9	−0.2	−0.2
60°	−0.9	+0.9	−0.2	−0.2

体型系数 μ_s 按下表采用（项次25）：

β	A	B	C	D	D′	C′	B′	A′	E
30°	+0.9	+0.2	−0.6	−0.4	−0.3	−0.3	−0.3	−0.2	−0.5
60°	+0.9	+0.6	+0.1	+0.1	+0.2	+0.2	+0.2	+0.4	+0.1
90°	+1.0	+0.8	+0.6	+0.2	+0.6	+0.6	+0.6	+0.8	+0.6

项次	类 别	体型及体型系数 μ_s	备 注
27	双面开敞及四面开敞式双坡屋面	(a) 两端有山墙　(b) 四面开敞 体型系数 μ_s 	α	μ_{s1}	μ_{s2}
---	---	---
$\leqslant 10°$	-1.3	-0.7
$30°$	$+1.6$	$+0.4$		1　中间值按线性插值法计算； 2　本图屋面对风作用敏感，风压时正时负，设计时应考虑 μ_s 值变号的情况； 3　纵向风荷载对屋面所引起的总水平力，当 $\alpha \geqslant 30°$ 时，为 $0.05Aw_h$；当 $\alpha < 30°$ 时，为 $0.10Aw_h$；其中，A 为屋面的水平投影面积，w_h 为屋面高度 h 处的风压； 4　当室内堆放物品或房屋处于山坡时，屋面吸力应增大，可按第 26 项 (a) 采用
28	前后纵墙半开敞双坡屋面		1　迎风坡面的 μ_s 按第 2 项采用； 2　本图适用于墙的上部集中开敞面积 $\geqslant 10\%$ 且 $< 50\%$ 的房屋； 3　当开敞面积达 50% 时，背风墙面的系数改为 -1.1
29	单坡及双坡顶盖	(a) | α	μ_{s1}	μ_{s2}	μ_{s3}	μ_{s4}
---	---	---	---	---
$\leqslant 10°$	-1.3	-0.5	$+1.3$	$+0.5$
$30°$	-1.4	-0.6	$+1.4$	$+0.6$ | (b) (c) | α	μ_{s1}	μ_{s2}
---	---	---
$\leqslant 10°$	$+1.0$	$+0.7$
$30°$	-1.6	-0.4		1　中间值按线性插值法计算； 2　(b) 项体型系数按第 27 项采用； 3　(b)、(c) 应考虑第 27 项注 2 和注 3
30	封闭式房屋和构筑物	(a) 正多边形（包括矩形）平面 	—

项次	类 别	体型及体型系数 μ_s	备 注
30	封闭式房屋和构筑物	(b) Y形平面 (c) L形平面　　(d) Π形平面 (e) 十字形平面　　(f) 截角三边形平面	—
31	高度超过45m的矩形截面高层建筑	+0.8 <table><tr><td>D/B</td><td>$\leqslant 1$</td><td>1.2</td><td>2</td><td>$\geqslant 4$</td></tr><tr><td>μ_{s1}</td><td>-0.6</td><td>-0.5</td><td>-0.4</td><td>-0.3</td></tr><tr><td>μ_{s2}</td><td colspan="4">-0.7</td></tr></table>	—
32	各种截面的杆件	$\mu = +1.3$	—
33	桁架	(a) 单榀桁架的体型系数 $\mu_{st} = \phi \mu_s$ 式中：μ_s 为桁架构件的体型系数，对型钢杆件按第 32 项采用，对圆管杆件按第 37 (b) 项采用； 　　　$\phi = A_n/A$ 为桁架的挡风系数； 　　　A_n 为桁架杆件和节点挡风的净投影面积； 　　　$A = hl$ 为桁架的轮廓面积。 (b) n 榀平行桁架的整体体型系数 $\mu_{stw} = \mu_{st} \dfrac{1 - \eta^n}{1 - \eta}$ 式中：μ_{st} 为单榀桁架的体型系数； 　　　η 系数按下表采用。 <table><tr><td>ϕ ＼ b/h</td><td>$\leqslant 1$</td><td>2</td><td>4</td><td>6</td></tr><tr><td>$\leqslant 0.1$</td><td>1.00</td><td>1.00</td><td>1.00</td><td>1.00</td></tr><tr><td>0.2</td><td>0.85</td><td>0.90</td><td>0.93</td><td>0.97</td></tr><tr><td>0.3</td><td>0.66</td><td>0.75</td><td>0.80</td><td>0.85</td></tr><tr><td>0.4</td><td>0.50</td><td>0.60</td><td>0.67</td><td>0.73</td></tr><tr><td>0.5</td><td>0.33</td><td>0.45</td><td>0.53</td><td>0.62</td></tr><tr><td>0.6</td><td>0.15</td><td>0.30</td><td>0.40</td><td>0.50</td></tr></table>	—

项次	类别	体型及体型系数 μ_s	备注
34	独立墙壁及围墙	$\xrightarrow{\hspace{1cm}}$ +1.3	—
35	塔架	（a）角钢塔架整体计算时的体型系数 μ_s 按下表采用。 （见下表） （b）管子及圆钢塔架整体计算时的体型系数 μ_s： 当 $\mu_z w_0 d^2$ 不大于 0.002 时，μ_s 按角钢塔架的 μ_s 值乘以 0.8 采用； 当 $\mu_z w_0 d^2$ 不小于 0.015 时，μ_s 按角钢塔架的 μ_s 值乘以 0.6 采用。	中间值按线性插值法计算
36	旋转壳顶	（a）$f/l>\frac{1}{4}$　　　（b）$f/l\leqslant\frac{1}{4}$ $\mu_s=-\cos^2\phi$ $\mu_s = 0.5\sin^2\phi\sin\psi - \cos^2\phi$ 式中：ψ 为平面角，ϕ 为仰角。	—
37	圆截面构筑物（包括烟囱、塔桅等）	（a）局部计算时表面分布的体型系数	1 （a）项局部计算用表中的值适用于 $\mu_z w_0 d^2$ 大于 0.015 的表面光滑情况，其中 w_0 以 kN/m² 计，d 以 m 计。 2 （b）项整体计算用表中的中间值按线性插值法计算；$\triangle$ 为表面凸出高度

项次 35 塔架的角钢塔架整体计算体型系数表：

挡风系数 ϕ	方形			三角形风向③④⑤
	风向①	风向②		
		单角钢	组合角钢	
≤0.1	2.6	2.9	3.1	2.4
0.2	2.4	2.7	2.9	2.2
0.3	2.2	2.4	2.7	2.0
0.4	2.0	2.2	2.4	1.8
0.5	1.9	1.9	2.0	1.6

项次	类别	体型及体型系数 μ_s	备注
37	圆截面构筑物（包括烟囱、塔桅等）		1 （a）项局部计算用表中的值适用于 $\mu_z w_0 d^2$ 大于 0.015 的表面光滑情况，其中 w_0 以 kN/m² 计，d 以 m 计。 2 （b）项整体计算用表中的中间值按线性插值法计算；Δ 为表面凸出高度
38	架空管道		1 本图适用于 $\mu_z w_0 d^2 \geqslant$ 0.015 的情况； 2 （b）项前后双管的 μ_s 值为前后两管之和，其中前管为 0.6； 3 （c）项密排多管的 μ_s 值为各管之总和

项次 37 体型及体型系数栏：

α	$H/d \geqslant 25$	$H/d = 7$	$H/d = 1$
0°	+1.0	+1.0	+1.0
15°	+0.8	+0.8	+0.8
30°	+0.1	+0.1	+0.1
45°	−0.9	−0.8	−0.7
60°	−1.9	−1.7	−1.2
75°	−2.5	−2.2	−1.5
90°	−2.6	−2.2	−1.7
105°	−1.9	−1.7	−1.2
120°	−0.9	−0.8	−0.7
135°	−0.7	−0.6	−0.5
150°	−0.6	−0.5	−0.4
165°	−0.6	−0.5	−0.4
180°	−0.6	−0.5	−0.4

（b）整体计算时的体型系数

$\mu_z w_0 d^2$	表面情况	$H/d \geqslant 25$	$H/d = 7$	$H/d = 1$
$\geqslant 0.015$	$\Delta \approx 0$	0.6	0.5	0.5
	$\Delta = 0.02d$	0.9	0.8	0.7
	$\Delta = 0.08d$	1.2	1.0	0.8
$\leqslant 0.002$		1.2	0.8	0.7

项次 38 体型及体型系数栏：

（a）上下双管

s/d	$\leqslant 0.25$	0.5	0.75	1.0	1.5	2.0	$\geqslant 3.0$
μ_s	+1.20	+0.90	+0.75	+0.70	+0.65	+0.63	+0.60

（b）前后双管

s/d	$\leqslant 0.25$	0.5	1.5	3.0	4.0	6.0	8.0	$\geqslant 10.0$
μ_s	+0.68	+0.86	+0.94	+0.99	+1.08	+1.11	+1.14	+1.20

（c）密排多管

$\mu_s = +1.4$

项次	类 别	体型及体型系数 μ_s	备 注
39	拉索	风荷载水平分量 w_x 的体型系数 μ_{sx} 及垂直分量 w_y 的体型系数 μ_{sy} 按下表采用: 表格如下	—

拉索表格:

α	μ_{sx}	μ_{sy}	α	μ_{sx}	μ_{sy}
0°	0.00	0.00	50°	0.60	0.40
10°	0.05	0.05	60°	0.85	0.40
20°	0.10	0.10	70°	1.10	0.30
30°	0.20	0.25	80°	1.20	0.20
40°	0.35	0.40	90°	1.25	0.00

8.3.2 当多个建筑物,特别是群集的高层建筑,相互间距较近时,宜考虑风力相互干扰的群体效应;一般可将单独建筑物的体型系数 μ_s 乘以相互干扰系数。相互干扰系数可按下列规定确定:

1 对矩形平面高层建筑,当单个施扰建筑与受扰建筑高度相近时,根据施扰建筑的位置,对顺风向风荷载可在 1.00~1.10 范围内选取,对横风向风荷载可在 1.00~1.20 范围内选取;

2 其他情况可比照类似条件的风洞试验资料确定,必要时宜通过风洞试验确定。

8.3.3 计算围护构件及其连接的风荷载时,可按下列规定采用局部体型系数 μ_{sl}:

1 封闭式矩形平面房屋的墙面及屋面可按表8.3.3的规定采用;

2 檐口、雨篷、遮阳板、边棱处的装饰条等突出构件,取 −2.0;

3 其他房屋和构筑物可按本规范第8.3.1条规定体型系数的1.25倍取值。

表 8.3.3 封闭式矩形平面房屋的局部体型系数

项次	类 别	体型及局部体型系数	备 注
1	封闭式矩形平面房屋的墙面		E 应取 $2H$ 和迎风宽度 B 中较小者

墙面体型系数:

迎风面		1.0
侧面	S_a	−1.4
	S_b	−1.0
背风面		−0.6

项次	类 别	体型及局部体型系数	备 注
2	封闭式矩形平面房屋的双坡屋面	（见下表）	1 E 应取 $2H$ 和迎风宽度 B 中较小者; 2 中间值可按线性插值法计算(应对相同符号项插值); 3 同时给出两个值的区应分别考虑正负风压的作用; 4 风沿纵轴吹来时,靠近山墙的屋面可参照表中 $\alpha \le 5$ 时的 R_a 和 R_b 取值

双坡屋面体型系数表:

	α	≤5	15	30	≥45
R_a	$H/D \le 0.5$	−1.8 0.0	−1.5 +0.2	−1.5 +0.7	0.0 +0.7
	$H/D \ge 1.0$	−2.0 0.0	−2.0 +0.2		
R_b		−1.8 0.0	−1.5 +0.2	−1.5 +0.7	0.0 +0.7
R_c		−1.2 0.0	−0.6 +0.2	−0.3 +0.4	0.0 +0.6
R_d		−0.6 +0.2	−1.5 0.0	−0.5 0.0	−0.3 0.0
R_e		−0.6 0.0	−0.4 0.0	−0.4 0.0	−0.2 0.0

项次	类别	体型及局部体型系数	备注
3	封闭式矩形平面房屋的单坡屋面		1 E 应取 $2H$ 和迎风宽度 B 中的较小者; 2 中间值可按线性插值法计算; 3 迎风坡面可参考第2项取值

α	$\leqslant 5$	15	30	$\geqslant 45$
R_a	-2.0	-2.5	-2.3	-1.2
R_b	-2.0	-2.0	-1.5	-0.5
R_c	-1.2	-1.2	-0.8	-0.5

8.3.4 计算非直接承受风荷载的围护构件风荷载时,局部体型系数 μ_{sl} 可按构件的从属面积折减,折减系数按下列规定采用:

1 当从属面积不大于 $1m^2$ 时,折减系数取 1.0;

2 当从属面积大于或等于 $25m^2$ 时,对墙面折减系数取 0.8,对局部体型系数绝对值大于 1.0 的屋面区域折减系数取 0.6,对其他屋面区域折减系数取 1.0;

3 当从属面积大于 $1m^2$ 小于 $25m^2$ 时,墙面和绝对值大于 1.0 的屋面局部体型系数可采用对数插值,即按下式计算局部体型系数:

$$\mu_{sl}(A) = \mu_{sl}(1) + [\mu_{sl}(25) - \mu_{sl}(1)]\log A /1.4 \tag{8.3.4}$$

8.3.5 计算围护构件风荷载时,建筑物内部压力的局部体型系数可按下列规定采用:

1 封闭式建筑物,按其外表面风压的正负情况取 -0.2 或 0.2;

2 仅一面墙有主导洞口的建筑物,按下列规定采用:

1) 当开洞率大于 0.02 且小于或等于 0.10 时,取 $0.4\mu_{sl}$;

2) 当开洞率大于 0.10 且小于或等于 0.30 时,取 $0.6\mu_{sl}$;

3) 当开洞率大于 0.30 时,取 $0.8\mu_{sl}$。

3 其他情况,应按开放式建筑物的 μ_{sl} 取值。

注:1 主导洞口的开洞率是指单个主导洞口面积与该墙面全部面积之比;

2 μ_{sl} 应取主导洞口对应位置的值。

8.3.6 建筑结构的风洞试验,其试验设备、试验方法和数据处理应符合相关规范的规定。

8.4 顺风向风振和风振系数

8.4.1 对于高度大于 30m 且高宽比大于 1.5 的房屋,以及基本自振周期 T_1 大于 0.25s 的各种高耸结构,应考虑风压脉动对结构产生顺风向风振的影响。顺风向风振响应应计算应按结构随机振动理论进行。对于符合本规范第 8.4.3 条规定的结构,可采用风振系数法计算其顺风向风荷载。

注:1 结构的自振周期应按结构动力学计算;近似的基本自振周期 T_1 可按附录 F 计算;

2 高层建筑顺风向风振加速度可按本规范附录 J 计算。

8.4.2 对于风敏感的或跨度大于 36m 的柔性屋盖结构,应考虑风压脉动对结构产生风振的影响。屋盖结构的风振响应,宜依据风洞试验结果按随机振动理论计算确定。

8.4.3 对于一般竖向悬臂型结构,例如高层建筑和构架、塔架、烟囱等高耸结构,均可仅考虑结构第一振型的影响,结构的顺风向风荷载可按公式(8.1.1-1)计算。z 高度处的风振系数 β_z 可按下式计算:

$$\beta_z = 1 + 2gI_{10}B_z\sqrt{1+R^2} \tag{8.4.3}$$

式中:g ——峰值因子,可取 2.5;

I_{10} ——10m 高度名义湍流强度,对应 A、B、C 和 D 类地面粗糙度,可分别取 0.12、0.14、0.23 和 0.39;

R ——脉动风荷载的共振分量因子;

B_z ——脉动风荷载的背景分量因子。

8.4.4 脉动风荷载的共振分量因子可按下列公式计算:

$$R = \sqrt{\frac{\pi}{6\zeta_1}\frac{x_1^2}{(1+x_1^2)^{4/3}}} \tag{8.4.4-1}$$

$$x_1 = \frac{30f_1}{\sqrt{k_w w_0}}, x_1 > 5 \tag{8.4.4-2}$$

式中:f_1 ——结构第 1 阶自振频率(Hz);

k_w ——地面粗糙度修正系数,对 A 类、B 类、C 类和 D 类地面粗糙度分别取 1.28、1.0、0.54 和 0.26;

ζ_1 ——结构阻尼比,对钢结构可取 0.01,对有填充墙的钢结构房屋可取 0.02,对钢筋混凝土及砌体结构可取 0.05,对其他结构可根据工程经验确定。

8.4.5 脉动风荷载的背景分量因子可按下列规定确定:

1 对体型和质量沿高度均匀分布的高层建筑和高耸结构,可按下式计算:

$$B_z = kH^{a_1}\rho_x\rho_z\frac{\phi_1(z)}{\mu_z} \tag{8.4.5}$$

式中：$\phi_1(z)$ ——结构第 1 阶振型系数；

$\quad\quad H$ ——结构总高度（m），对 A、B、C 和 D 类地面粗糙度，H 的取值分别不应大于 300m、350m、450m 和 550m；

$\quad\quad \rho_x$ ——脉动风荷载水平方向相关系数；

$\quad\quad \rho_z$ ——脉动风荷载竖直方向相关系数；

$\quad\quad k$、a_1 ——系数，按表 8.4.5-1 取值。

表 8.4.5-1　系数 k 和 a_1

粗糙度类别		A	B	C	D
高层建筑	k	0.944	0.670	0.295	0.112
	a_1	0.155	0.187	0.261	0.346
高耸结构	k	1.276	0.910	0.404	0.155
	a_1	0.186	0.218	0.292	0.376

　　2　对迎风面和侧风面的宽度沿高度按直线或接近直线变化，而质量沿高度按连续规律变化的高耸结构，式（8.4.5）计算的背景分量因子 B_z 应乘以修正系数 θ_B 和 θ_v。θ_B 为构筑物在 z 高度处的迎风面宽度 $B(z)$ 与底部宽度 $B(0)$ 的比值；θ_v 可按表 8.4.5-2 确定。

表 8.4.5-2　修正系数 θ_v

$\dfrac{B(H)}{B(0)}$	1	0.9	0.8	0.7	0.6	0.5	0.4	0.3	0.2	≤0.1
θ_v	1.00	1.10	1.20	1.32	1.50	1.75	2.08	2.53	3.30	5.60

8.4.6　脉动风荷载的空间相关系数可按下列规定确定：

　　1　竖直方向的相关系数可按下式计算：

$$\rho_z = \frac{10\sqrt{H + 60e^{-H/60} - 60}}{H} \quad (8.4.6\text{-}1)$$

式中：H ——结构总高度（m）；对 A、B、C 和 D 类地面粗糙度，H 的取值分别不应大于 300m、350m、450m 和 550m。

　　2　水平方向相关系数可按下式计算：

$$\rho_x = \frac{10\sqrt{B + 50e^{-B/50} - 50}}{B} \quad (8.4.6\text{-}2)$$

式中：B ——结构迎风面宽度（m），$B \leq 2H$。

　　3　对迎风面宽度较小的高耸结构，水平方向相关系数可取 $\rho_x = 1$。

8.4.7　振型系数应根据结构动力计算确定。对外形、质量、刚度沿高度按连续规律变化的竖向悬臂型高耸结构及沿高度比较均匀的高层建筑，振型系数 $\phi_1(z)$ 也可根据相对高度 z/H 按本规范附录 G 确定。

8.5　横风向和扭转风振

8.5.1　对于横风向风振作用效应明显的高层建筑以及细长圆形截面构筑物，宜考虑横风向风振的影响。

8.5.2　横风向风振的等效风荷载可按下列规定采用：

　　1　对于平面或立面体型较复杂的高层建筑和高耸结构，横风向风振的等效风荷载 w_{Lk} 宜通过风洞试验确定，也可比照有关资料确定；

　　2　对于圆形截面高层建筑及构筑物，其由跨临界强风共振（旋涡脱落）引起的横风向风振等效风荷载 w_{Lk} 可按本规范附录 H.1 确定；

　　3　对于矩形截面及凹角或削角矩形截面的高层建筑，其横风向风振等效风荷载 w_{Lk} 可按本规范附录 H.2 确定。

　　注：高层建筑横风向风振加速度可按本规范附录 J 计算。

8.5.3　对圆形截面的结构，应按下列规定对不同雷诺数 Re 的情况进行横风向风振（旋涡脱落）的校核：

　　1　当 $Re < 3\times10^5$ 且结构顶部风速 v_H 大于 v_{cr} 时，可发生亚临界的微风共振。此时，可在构造上采取防振措施，或控制结构的临界风速 v_{cr} 不小于 15m/s。

　　2　当 $Re \geq 3.5\times10^6$ 且结构顶部风速 v_H 的 1.2 倍大于 v_{cr} 时，可发生跨临界的强风共振，此时应考虑横风向风振的等效风荷载。

　　3　当雷诺数为 $3\times10^5 \leq Re < 3.5\times10^6$ 时，则发生超临界范围的风振，可不作处理。

　　4　雷诺数 Re 可按下列公式确定：

$$Re = 69000vD \quad (8.5.3\text{-}1)$$

式中：v ——计算所用风速，可取临界风速值 v_{cr}；

$\quad\quad D$ ——结构截面的直径（m），当结构的截面沿高度缩小时（倾斜度不大于 0.02），可近似取 2/3 结构高度处的直径。

　　5　临界风速 v_{cr} 和结构顶部风速 v_H 可按下列公式确定：

$$v_{cr} = \frac{D}{T_i St} \quad (8.5.3\text{-}2)$$

$$v_H = \sqrt{\frac{2000\mu_H w_0}{\rho}} \quad (8.5.3\text{-}3)$$

式中：T_i ——结构第 i 振型的自振周期，验算亚临界微风共振时取基本自振周期 T_1；

$\quad\quad St$ ——斯脱罗哈数，对圆截面结构取 0.2；

$\quad\quad \mu_H$ ——结构顶部风压高度变化系数；

$\quad\quad w_0$ ——基本风压（kN/m²）；

$\quad\quad \rho$ ——空气密度（kg/m³）。

8.5.4　对于扭转风振作用效应明显的高层建筑及高耸结构，宜考虑扭转风振的影响。

8.5.5　扭转风振等效风荷载可按下列规定采用：

　　1　对于体型较复杂以及质量或刚度有显著偏心的高层建筑，扭转风振等效风荷载 w_{Tk} 宜通过风洞试验确定，也可比照有关资料确定；

　　2　对于质量和刚度较对称的矩形截面高层建筑，其扭转风振等效风荷载 w_{Tk} 可按本规范附录 H.3 确定。

8.5.6　顺风向风荷载、横风向风振及扭转风振等效风荷载宜按表 8.5.6 考虑风荷载组合工况。表 8.5.6

中的单位高度风力 F_{Dk}、F_{Lk} 及扭矩 T_{Tk} 标准值应按下列公式计算：

$$F_{Dk} = (w_{k1} - w_{k2})B \qquad (8.5.6-1)$$

$$F_{Lk} = w_{Lk}B \qquad (8.5.6-2)$$

$$T_{Tk} = w_{Tk}B^2 \qquad (8.5.6-3)$$

式中：F_{Dk} ——顺风向单位高度风力标准值（kN/m）；

F_{Lk} ——横风向单位高度风力标准值（kN/m）；

T_{Tk} ——单位高度风致扭矩标准值（kN·m/m）；

w_{k1}、w_{k2} ——迎风面、背风面风荷载标准值（kN/m²）；

w_{Lk}、w_{Tk} ——横风向风振和扭转风振等效风荷载标准值（kN/m²）；

B ——迎风面宽度（m）。

表 8.5.6　风荷载组合工况

工况	顺风向风荷载	横风向风振等效风荷载	扭转风振等效风荷载
1	F_{Dk}	—	—
2	$0.6F_{Dk}$	F_{Lk}	—
3	—	—	T_{Tk}

8.6　阵风系数

8.6.1　计算围护结构（包括门窗）风荷载时的阵风系数应按表 8.6.1 确定。

表 8.6.1　阵风系数 β_{gz}

离地面高度（m）	地面粗糙度类别			
	A	B	C	D
5	1.65	1.70	2.05	2.40
10	1.60	1.70	2.05	2.40
15	1.57	1.66	2.05	2.40
20	1.55	1.63	1.99	2.40
30	1.53	1.59	1.90	2.40
40	1.51	1.57	1.85	2.29
50	1.49	1.55	1.81	2.20
60	1.48	1.54	1.78	2.14
70	1.48	1.52	1.75	2.09
80	1.47	1.51	1.73	2.04
90	1.46	1.50	1.71	2.01
100	1.46	1.50	1.69	1.98
150	1.43	1.47	1.63	1.87
200	1.42	1.45	1.59	1.79
250	1.41	1.43	1.57	1.74
300	1.40	1.42	1.54	1.70
350	1.40	1.41	1.53	1.67
400	1.40	1.41	1.51	1.64
450	1.40	1.41	1.50	1.62
500	1.40	1.41	1.50	1.60
550	1.40	1.41	1.50	1.59

9　温度作用

9.1　一般规定

9.1.1　温度作用应考虑气温变化、太阳辐射及使用热源等因素，作用在结构或构件上的温度作用应采用其温度的变化来表示。

9.1.2　计算结构或构件的温度作用效应时，应采用材料的线膨胀系数 α_T。常用材料的线膨胀系数可按表 9.1.2 采用。

表 9.1.2　常用材料的线膨胀系数 α_T

材　料	线膨胀系数 α_T（×10⁻⁶/℃）
轻骨料混凝土	7
普通混凝土	10
砌体	6～10
钢，锻铁，铸铁	12
不锈钢	16
铝，铝合金	24

9.1.3　温度作用的组合值系数、频遇值系数和准永久值系数可分别取 0.6、0.5 和 0.4。

9.2　基本气温

9.2.1　基本气温可采用按本规范附录 E 规定的方法确定的 50 年重现期的月平均最高气温 T_{max} 和月平均最低气温 T_{min}。全国各城市的基本气温值可按本规范附录 E 中表 E.5 采用。当城市或建设地点的基本气温值在本规范附录 E 中没有给出时，基本气温值可根据当地气象台站记录的气温资料，按附录 E 规定的方法通过统计分析确定。当地没有气温资料时，可根据附近地区规定的基本气温，通过气象和地形条件的对比分析确定；也可比照本规范附录 E 中图 E.6.4 和图 E.6.5 近似确定。

9.2.2　对金属结构等对气温变化较敏感的结构，宜考虑极端气温的影响，基本气温 T_{max} 和 T_{min} 可根据当地气候条件适当增加或降低。

9.3　均匀温度作用

9.3.1　均匀温度作用的标准值应按下列规定确定：

1　对结构最大温升的工况，均匀温度作用标准值按下式计算：

$$\Delta T_k = T_{s,max} - T_{0,min} \qquad (9.3.1-1)$$

式中：ΔT_k ——均匀温度作用标准值（℃）；

$T_{s,max}$ ——结构最高平均温度（℃）；

$T_{0,min}$ ——结构最低初始平均温度（℃）。

2　对结构最大温降的工况，均匀温度作用标准值按下式计算：

$$\Delta T_k = T_{s,min} - T_{0,max} \quad (9.3.1\text{-}2)$$

式中：$T_{s,min}$——结构最低平均温度（℃）；

$T_{0,max}$——结构最高初始平均温度（℃）。

9.3.2 结构最高平均温度 $T_{s,max}$ 和最低平均温度 $T_{s,min}$ 宜分别根据基本气温 T_{max} 和 T_{min} 按热工学的原理确定。对于有围护的室内结构，结构平均温度应考虑室内外温差的影响；对于暴露于室外的结构或施工期间的结构，宜依据结构的朝向和表面吸热性质考虑太阳辐射的影响。

9.3.3 结构的最高初始平均温度 $T_{0,max}$ 和最低初始平均温度 $T_{0,min}$ 应根据结构的合拢或形成约束的时间确定，或根据施工时结构可能出现的温度按不利情况确定。

10 偶 然 荷 载

10.1 一 般 规 定

10.1.1 偶然荷载应包括爆炸、撞击、火灾及其他偶然出现的灾害引起的荷载。本章规定仅适用于爆炸和撞击荷载。

10.1.2 当采用偶然荷载作为结构设计的主导荷载时，在允许结构出现局部构件破坏的情况下，应保证结构不致因偶然荷载引起连续倒塌。

10.1.3 偶然荷载的荷载设计值可直接取用按本章规定的方法确定的偶然荷载标准值。

10.2 爆 炸

10.2.1 由炸药、燃气、粉尘等引起的爆炸荷载宜按等效静力荷载采用。

10.2.2 在常规炸药爆炸动荷载作用下，结构构件的等效均布静力荷载标准值，可按下式计算：

$$q_{ce} = K_{dc} p_c \quad (10.2.2)$$

式中：q_{ce}——作用在结构构件上的等效均布静力荷载标准值；

p_c——作用在结构构件上的均布动荷载最大压力，可按国家标准《人民防空地下室设计规范》GB 50038 - 2005 中第 4.3.2 条和第 4.3.3 条的有关规定采用；

K_{dc}——动力系数，根据构件在均布动荷载作用下的动力分析结果，按最大内力等效的原则确定。

注：其他原因引起的爆炸，可根据其等效 TNT 装药量，参考本条方法确定等效均布静力荷载。

10.2.3 对于具有通口板的房屋结构，当通口板面积 A_V 与爆炸空间体积 V 之比在 $0.05{\sim}0.15$ 之间且体积 V 小于 $1000m^3$ 时，燃气爆炸的等效均布静力荷载 p_k 可按下列公式计算并取其较大值：

$$p_k = 3 + p_V \quad (10.2.3\text{-}1)$$

$$p_k = 3 + 0.5 p_V + 0.04 \left(\frac{A_V}{V}\right)^2$$
$$(10.2.3\text{-}2)$$

式中：p_V——通口板（一般指窗口的平板玻璃）的额定破坏压力（kN/m^2）；

A_V——通口板面积（m^2）；

V——爆炸空间的体积（m^3）。

10.3 撞 击

10.3.1 电梯竖向撞击荷载标准值可在电梯总重力荷载的 $(4{\sim}6)$ 倍范围内选取。

10.3.2 汽车的撞击荷载可按下列规定采用：

1 顺行方向的汽车撞击力标准值 P_k(kN) 可按下式计算：

$$P_k = \frac{mv}{t} \quad (10.3.2)$$

式中：m——汽车质量（t），包括车自重和载重；

v——车速（m/s）；

t——撞击时间（s）。

2 撞击力计算参数 m、v、t 和荷载作用点位置宜按照实际情况采用；当无数据时，汽车质量可取 15t，车速可取 22.2m/s，撞击时间可取 1.0s，小型车和大型车的撞击力荷载作用点位置可分别取位于路面以上 0.5m 和 1.5m 处。

3 垂直行车方向的撞击力标准值可取顺行方向撞击力标准值的 0.5 倍，二者可不考虑同时作用。

10.3.3 直升飞机非正常着陆的撞击荷载可按下列规定采用：

1 竖向等效静力撞击力标准值 P_k （kN）可按下式计算：

$$P_k = C\sqrt{m} \quad (10.3.3)$$

式中：C——系数，取 $3kN \cdot kg^{-0.5}$；

m——直升飞机的质量（kg）。

2 竖向撞击力的作用范围宜包括停机坪内任何区域以及停机坪边缘线 7m 之内的屋顶结构。

3 竖向撞击力的作用区域宜取 $2m \times 2m$。

附录 A 常用材料和构件的自重

表 A 常用材料和构件的自重表

项次	名 称		自重	备 注
1	木材 (kN/m³)	杉木	4.0	随含水率而不同
		冷杉、云杉、红松、华山松、樟子松、铁杉、拟赤杨、红椿、杨木、枫杨	4.0~5.0	随含水率而不同
		马尾松、云南松、油松、赤松、广东松、桤木、枫香、柳木、檫木、秦岭落叶松、新疆落叶松	5.0~6.0	随含水率而不同

项次	名　称		自重	备　注
1	木　材 (kN/m³)	东北落叶松、陆均松、榆木、桦木、水曲柳、苦楝、木荷、臭椿	6.0～7.0	随含水率而不同
		锥木(栲木)、石栎、槐木、乌墨	7.0～8.0	随含水率而不同
		青冈栎(槠木)、栎木(柞木)、桉树、木麻黄	8.0～9.0	随含水率而不同
		普通木板条、椽檩木料	5.0	随含水率而不同
		锯末	2.0～2.5	加防腐剂时为3kN/m³
		木丝板	4.0～5.0	—
		软木板	2.5	
		刨花板	6.0	
2	胶合板材 (kN/m²)	胶合三夹板(杨木)	0.019	
		胶合三夹板(椴木)	0.022	
		胶合三夹板(水曲柳)	0.028	
		胶合五夹板(杨木)	0.030	
		胶合五夹板(椴木)	0.034	
		胶合五夹板(水曲柳)	0.040	
		甘蔗板(按10mm厚计)	0.030	常用厚度为13mm, 15mm, 19mm, 25mm
		隔声板(按10mm厚计)	0.030	常用厚度为13mm, 20mm
		木屑板(按10mm厚计)	0.120	常用厚度为6mm, 10mm
3	金属矿产 (kN/m³)	锻铁	77.5	—
		铁矿渣	27.6	—
		赤铁矿	25.0～30.0	—
		钢	78.5	—
		紫铜、赤铜	89.0	—
		黄铜、青铜	85.0	—
		硫化铜矿	42.0	—
		铝	27.0	—
		铝合金	28.0	—
		锌	70.5	—
		亚锌矿	40.5	—
		铅	114.0	—
		方铅矿	74.5	—
		金	193.0	—
		白金	213.0	—
		银	105.0	—

项次	名　称		自重	备　注
3	金属矿产 (kN/m³)	锡	73.5	—
		镍	89.0	—
		水银	136.0	—
		钨	189.0	—
		镁	18.5	—
		锑	66.6	—
		水晶	29.5	—
		硼砂	17.5	—
		硫矿	20.5	—
		石棉矿	24.6	—
		石棉	10.0	压实
		石棉	4.0	松散, 含水量不大于15%
		石垩(高岭土)	22.0	—
		石膏矿	25.5	—
		石膏	13.0～14.5	粗块堆放 $\varphi=30°$ / 细块堆放 $\varphi=40°$
		石膏粉	9.0	—
4	土、砂、砂砾、岩石 (kN/m³)	腐殖土	15.0～16.0	干, $\varphi=40°$; 湿, $\varphi=35°$; 很湿, $\varphi=25°$
		黏土	13.5	干, 松, 空隙比为1.0
		黏土	16.0	干, $\varphi=40°$, 压实
		黏土	18.0	湿, $\varphi=35°$, 压实
		黏土	20.0	很湿, $\varphi=25°$, 压实
		砂土	12.2	干, 松
		砂土	16.0	干, $\varphi=35°$, 压实
		砂土	18.0	湿, $\varphi=35°$, 压实
		砂土	20.0	很湿, $\varphi=25°$, 压实
		砂土	14.0	干, 细砂
		砂土	17.0	干, 粗砂
		卵石	16.0～18.0	干
		黏土夹卵石	17.0～18.0	干, 松
		砂夹卵石	15.0～17.0	干, 松
		砂夹卵石	16.0～19.2	干, 压实
		砂夹卵石	18.9～19.2	湿
		浮石	6.0～8.0	干

项次	名　称	自重	备　注
4 土、砂、砂砾、岩石 (kN/m³)	浮石填充料	4.0～6.0	—
	砂岩	23.6	—
	页岩	28.0	—
	页岩	14.8	片石堆置
	泥灰石	14.0	$\varphi=40°$
	花岗岩、大理石	28.0	—
	花岗岩	15.4	片石堆置
	石灰石	26.4	—
	石灰石	15.2	片石堆置
	贝壳石灰岩	14.0	—
	白云石	16.0	片石堆置 $\varphi=48°$
	滑石	27.1	—
	火石(燧石)	35.2	—
	云斑石	27.6	—
	玄武岩	29.5	—
	长石	25.5	—
	角闪石、绿石	30.0	—
	角闪石、绿石	17.1	片石堆置
	碎石子	14.0～15.0	堆置
	岩粉	16.0	黏土质或石灰质的
	多孔黏土	5.0～8.0	作填充料用，$\varphi=35°$
	硅藻土填充料	4.0～6.0	—
	辉绿岩板	29.5	—
5 砖及砌块 (kN/m³)	普通砖	18.0	240mm×115mm×53mm(684块/m³)
	普通砖	19.0	机器制
	缸砖	21.0～21.5	230mm×110mm×65mm(609块/m³)
	红缸砖	20.4	—
	耐火砖	19.0～22.0	230mm×110mm×65mm(609块/m³)
	耐酸瓷砖	23.0～25.0	230mm×113mm×65mm(590块/m³)
	灰砂砖	18.0	砂：白灰＝92：8
	煤渣砖	17.0～18.5	—
	矿渣砖	18.5	硬矿渣：烟灰：石灰＝75：15：10
	焦渣砖	12.0～14.0	—
	烟灰砖	14.0～15.0	炉渣：电石渣：烟灰＝30：40：30

项次	名　称	自重	备　注
5 砖及砌块 (kN/m³)	黏土坯	12.0～15.0	—
	锯末砖	9.0	—
	焦渣空心砖	10.0	290mm×290mm×140mm(85块/m³)
	水泥空心砖	9.8	290mm×290mm×140mm(85块/m³)
	水泥空心砖	10.3	300mm×250mm×110mm(121块/m³)
	水泥空心砖	9.6	300mm×250mm×160mm(83块/m³)
	蒸压粉煤灰砖	14.0～16.0	干重度
	陶粒空心砌块	5.0	长600mm，400mm，宽150mm，250mm，高250mm，200mm
		6.0	390mm×290mm×190mm
	粉煤灰轻渣空心砌块	7.0～8.0	390mm×190mm×190mm，390mm×240mm×190mm
	蒸压粉煤灰加气混凝土砌块	5.5	
	混凝土空心小砌块	11.8	390mm×190mm×190mm
	碎砖	12.0	堆置
	水泥花砖	19.8	200mm×200mm×24mm(1042块/m³)
	瓷面砖	17.8	150mm×150mm×8mm(5556块/m³)
	陶瓷马赛克	0.12kN/m²	厚5mm
6 石灰、水泥、灰浆及混凝土 (kN/m³)	生石灰块	11.0	堆置，$\varphi=30°$
	生石灰粉	12.0	堆置，$\varphi=35°$
	熟石灰膏	13.5	
	石灰砂浆、混合砂浆	17.0	
	水泥石灰焦渣砂浆	14.0	
	石灰炉渣	10.0～12.0	
	水泥炉渣	12.0～14.0	
	石灰焦渣砂浆	13.0	
	灰土	17.5	石灰：土＝3：7，夯实
	稻草石灰泥	16.0	—
	纸筋石灰泥	16.0	—
	石灰锯末	3.4	石灰：锯末＝1：3
	石灰三合土	17.5	石灰、砂子、卵石
	水泥	12.5	轻质松散，$\varphi=20°$
	水泥	14.5	散装，$\varphi=30°$

项次	名　称		自重	备　注
6	石灰、水泥、灰浆及混凝土（kN/m³）	水泥	16.0	袋装压实，$\varphi=40°$
		矿渣水泥	14.5	—
		水泥砂浆	20.0	—
		水泥蛭石砂浆	5.0～8.0	—
		石棉水泥浆	19.0	—
		膨胀珍珠岩砂浆	7.0～15.0	—
		石膏砂浆	12.0	—
		碎砖混凝土	18.5	—
		素混凝土	22.0～24.0	振捣或不振捣
		矿渣混凝土	20.0	—
		焦渣混凝土	16.0～17.0	承重用
		焦渣混凝土	10.0～14.0	填充用
		铁屑混凝土	28.0～65.0	—
		浮石混凝土	9.0～14.0	—
		沥青混凝土	20.0	—
		无砂大孔性混凝土	16.0～19.0	—
		泡沫混凝土	4.0～6.0	—
		加气混凝土	5.5～7.5	单块
		石灰粉煤灰加气混凝土	6.0～6.5	—
		钢筋混凝土	24.0～25.0	—
		碎砖钢筋混凝土	20.0	—
		钢丝网水泥	25.0	用于承重结构
		水玻璃耐酸混凝土	20.0～23.5	—
		粉煤灰陶砾混凝土	19.5	—
7	沥青、煤灰、油料（kN/m³）	石油沥青	10.0～11.0	根据相对密度
		柏油	12.0	—
		煤沥青	13.4	—
		煤焦油	10.0	—
		无烟煤	15.5	整体
		无烟煤	9.5	块状堆放，$\varphi=30°$
		无烟煤	8.0	碎状堆放，$\varphi=35°$
		煤末	7.0	堆放，$\varphi=15°$
		煤球	10.0	堆放
		褐煤	12.5	—
		褐煤	7.0～8.0	堆放
		泥炭	7.5	—
		泥炭	3.2～3.4	堆放
		木炭	3.0～5.0	—
		煤焦	12.0	—

项次	名　称		自重	备　注
7	沥青、煤灰、油料（kN/m³）	煤焦	7.0	堆放，$\varphi=45°$
		焦渣	10.0	—
		煤灰	6.5	—
		煤灰	8.0	压实
		石墨	20.8	—
		煤蜡	9.0	—
		油蜡	9.6	—
		原油	8.8	—
		煤油	8.0	—
		煤油	7.2	桶装，相对密度0.82～0.89
		润滑油	7.4	—
		汽油	6.7	—
		汽油	6.4	桶装，相对密度0.72～0.76
		动物油、植物油	9.3	—
		豆油	8.0	大铁桶装，每桶360kg
8	杂项（kN/m³）	普通玻璃	25.6	—
		钢丝玻璃	26.0	—
		泡沫玻璃	3.0～5.0	—
		玻璃棉	0.5～1.0	作绝缘层填充料用
		岩棉	0.5～2.5	—
		沥青玻璃棉	0.8～1.0	导热系数 0.035～0.047[W/(m·K)]
		玻璃棉板（管套）	1.0～1.5	—
		玻璃钢	14.0～22.0	—
		矿渣棉	1.2～1.5	松散，导热系数0.031～0.044[W/(m·K)]
		矿渣棉制品（板、砖、管）	3.5～4.0	导热系数 0.047～0.07[W/(m·K)]
		沥青矿渣棉	1.2～1.6	导热系数0.041～0.052[W/(m·K)]
		膨胀珍珠岩粉料	0.8～2.5	干，松散，导热系数0.052～0.076[W/(m·K)]
		水泥珍珠岩制品、憎水珍珠岩制品	3.5～4.0	强度1N/m²；导热系数 0.058～0.081[W/(m·K)]
		膨胀蛭石	0.8～2.0	导热系数0.052～0.07[W/(m·K)]
		沥青蛭石制品	3.5～4.5	导热系数0.81～0.105[W/(m·K)]

项次	名　称	自重	备　注
8 杂项 (kN/m³)	水泥蛭石制品	4.0~6.0	导热系数 0.093~0.14[W/(m·K)]
	聚氯乙烯板(管)	13.6~16.0	
	聚苯乙烯泡沫塑料	0.5	导热系数不大于 0.035[W/(m·K)]
	石棉板	13.0	含水率不大于3%
	乳化沥青	9.8~10.5	—
	软性橡胶	9.30	
	白磷	18.30	
	松香	10.70	
	磁	24.00	
	酒精	7.85	100%纯
	酒精	6.60	桶装，相对密度 0.79~0.82
	盐酸	12.00	浓度40%
	硝酸	15.10	浓度91%
	硫酸	17.90	浓度87%
	火碱	17.00	浓度60%
	氯化铵	7.50	袋装堆放
	尿素	7.50	袋装堆放
	碳酸氢铵	8.00	袋装堆放
	水	10.00	温度 4℃ 密度最大时
	冰	8.96	—
	书籍	5.00	书架藏置
	道林纸	10.00	—
	报纸	7.00	—
	宣纸类	4.00	—
	棉花、棉纱	4.00	压紧平均重量
	稻草	1.20	
	建筑碎料(建筑垃圾)	15.00	
9 食品 (kN/m³)	稻谷	6.00	$\varphi=35°$
	大米	8.50	散放
	豆类	7.50~8.00	$\varphi=20°$
	豆类	6.80	袋装
	小麦	8.00	$\varphi=25°$
	面粉	7.00	—
	玉米	7.80	$\varphi=28°$
	小米、高粱	7.00	散装
	小米、高粱	6.00	袋装

项次	名　称	自重	备　注
9 食品 (kN/m³)	芝麻	4.50	袋装
	鲜果	3.50	散装
	鲜果	3.00	箱装
	花生	2.00	袋装带壳
	罐头	4.50	箱装
	酒、酱、油、醋	4.00	成瓶箱装
	豆饼	9.00	圆饼放置，每块28kg
	矿盐	10.0	成块
	盐	8.60	细粒散放
	盐	8.10	袋装
	砂糖	7.50	散装
	砂糖	7.00	袋装
10 砌体 (kN/m³)	浆砌细方石	26.4	花岗石，方整石块
	浆砌细方石	25.6	石灰石
	浆砌细方石	22.4	砂岩
	浆砌毛方石	24.8	花岗石，上下面大致平整
	浆砌毛方石	24.0	石灰石
	浆砌毛方石	20.8	砂岩
	干砌毛石	20.8	花岗石，上下面大致平整
	干砌毛石	20.0	石灰石
	干砌毛石	17.6	砂岩
	浆砌普通砖	18.0	—
	浆砌机砖	19.0	—
	浆砌缸砖	21.0	—
	浆砌耐火砖	22.0	—
	浆砌矿渣砖	21.0	—
	浆砌焦渣砖	12.5~14.0	—
	土坯砖砌体	16.0	
	黏土砖空斗砌体	17.0	中填碎瓦砾，一眠一斗
	黏土砖空斗砌体	13.0	全斗
	黏土砖空斗砌体	12.5	不能承重
	黏土砖空斗砌体	15.0	能承重
	粉煤灰泡沫砌块砌体	8.0~8.5	粉煤灰：电石渣：废石膏=74：22：4
	三合土	17.0	灰：砂：土=1：1：9~1：1：4

项次	名　称		自重	备　注
11	隔墙与墙面(kN/m²)	双面抹灰板条隔墙	0.9	每面抹灰厚16～24mm，龙骨在内
		单面抹灰板条隔墙	0.5	灰厚16～24mm，龙骨在内
		C形轻钢龙骨隔墙	0.27	两层12mm纸面石膏板，无保温层
			0.32	两层12mm纸面石膏板，中填岩棉保温板50mm
			0.38	三层12mm纸面石膏板，无保温层
			0.43	三层12mm纸面石膏板，中填岩棉保温板50mm
			0.49	四层12mm纸面石膏板，无保温层
			0.54	四层12mm纸面石膏板，中填岩棉保温板50mm
		贴瓷砖墙面	0.50	包括水泥砂浆打底，共厚25mm
		水泥粉刷墙面	0.36	20mm厚，水泥粗砂
		水磨石墙面	0.55	25mm厚，包括打底
		水刷石墙面	0.50	25mm厚，包括打底
		石灰粗砂粉刷	0.34	20mm厚
		剁假石墙面	0.50	25mm厚，包括打底
		外墙拉毛墙面	0.70	包括25mm水泥砂浆打底
12	屋架、门窗(kN/m²)	木屋架	0.07+0.007l	按屋面水平投影面积计算，跨度l以m计算
		钢屋架	0.12+0.011l	无天窗，包括支撑，按屋面水平投影面积计算，跨度l以m计算
		木框玻璃窗	0.20～0.30	—
		钢框玻璃窗	0.40～0.45	—
		木门	0.10～0.20	—
		钢铁门	0.40～0.45	—

项次	名　称	自重	备　注
13	屋顶(kN/m²)		
	黏土平瓦屋面	0.55	按实际面积计算，下同
	水泥平瓦屋面	0.50～0.55	—
	小青瓦屋面	0.90～1.10	—
	冷摊瓦屋面	0.50	—
	石板瓦屋面	0.46	厚6.3mm
	石板瓦屋面	0.71	厚9.5mm
	石板瓦屋面	0.96	厚12.1mm
	麦秸泥灰顶	0.16	以10mm厚计
	石棉板瓦	0.18	仅瓦自重
	波形石棉瓦	0.20	1820mm×725mm×8mm
	镀锌薄钢板	0.05	24号
	瓦楞铁	0.05	26号
	彩色钢板波形瓦	0.12～0.13	0.6mm厚彩色钢板
	拱形彩色钢板屋面	0.30	包括保温及灯具重0.15kN/m²
	有机玻璃屋面	0.06	厚1.0mm
	玻璃屋顶	0.30	9.5mm夹丝玻璃，框架自重在内
	玻璃砖顶	0.65	框架自重在内
	油毡防水层(包括改性沥青防水卷材)	0.05	一层油毡刷油两遍
		0.25～0.30	四层做法，一毡二油上铺小石子
		0.30～0.35	六层做法，二毡三油上铺小石子
		0.35～0.40	八层做法，三毡四油上铺小石子
	捷罗克防水层	0.10	厚8mm
	屋顶天窗	0.35～0.40	9.5mm夹丝玻璃，框架自重在内
14	顶棚(kN/m²)		
	钢丝网抹灰吊顶	0.45	—
	麻刀灰板条顶棚	0.45	吊木在内，平均灰厚20mm
	砂子灰板条顶棚	0.55	吊木在内，平均灰厚25mm
	苇箔抹灰顶棚	0.48	吊木龙骨在内
	松木板顶棚	0.25	吊木在内
	三夹板顶棚	0.18	吊木在内
	马粪纸顶棚	0.15	吊木及盖缝条在内
	木丝板吊顶棚	0.26	厚25mm，吊木及盖缝条在内

项次	名 称		自重	备 注
14	顶棚 (kN/m²)	木丝板吊顶棚	0.29	厚30mm,吊木及盖缝条在内
		隔声纸板顶棚	0.17	厚10mm,吊木及盖缝条在内
		隔声纸板顶棚	0.18	厚13mm,吊木及盖缝条在内
		隔声纸板顶棚	0.20	厚20mm,吊木及盖缝条在内
		V形轻钢龙骨吊顶	0.12	一层9mm纸面石膏板,无保温层
			0.17	二层9mm纸面石膏板,有厚50mm的岩棉板保温层
			0.20	二层9mm纸面石膏板,无保温层
			0.25	二层9mm纸面石膏板,有厚50mm的岩棉板保温层
		V形轻钢龙骨及铝合金龙骨吊顶	0.10~0.12	一层矿棉吸声板厚15mm,无保温层
		顶棚上铺焦渣锯末绝缘层	0.20	厚50mm焦渣、锯末按1:5混合
15	地面 (kN/m²)	地板格栅	0.20	仅格栅自重
		硬木地板	0.20	厚25mm,剪刀撑、钉子等自重在内,不包括格栅自重
		松木地板	0.18	—
		小瓷砖地面	0.55	包括水泥粗砂打底
		水泥花砖地面	0.60	砖厚25mm,包括水泥粗砂打底
		水磨石地面	0.65	10mm面层,20mm水泥砂浆打底
		油地毡	0.02~0.03	油地纸,地板表面用
		木块地面	0.70	加防腐油膏铺砌厚76mm
		菱苦土地面	0.28	厚20mm
		铸铁地面	4.00~5.00	60mm碎石垫层,60mm面层
		缸砖地面	1.70~2.10	60mm砂垫层,53mm棉层,平铺
		缸砖地面	3.30	60mm砂垫层,115mm棉层,侧铺
		黑砖地面	1.50	砂垫层,平铺

项次	名 称		自重	备 注
16	建筑用压型钢板 (kN/m²)	单波型 V-300(S-30)	0.120	波高173mm,板厚0.8mm
		双波型 W-500	0.110	波高130mm,板厚0.8mm
		三波型 V-200	0.135	波高70mm,板厚1mm
		多波型 V-125	0.065	波高35mm,板厚0.6mm
		多波型 V-115	0.079	波高35mm,板厚0.6mm
17	建筑墙板 (kN/m²)	彩色钢板金属幕墙板	0.11	两层,彩色钢板厚0.6mm,聚苯乙烯芯材厚25mm
		金属绝热材料(聚氨酯)复合板	0.14	板厚40mm,钢板厚0.6mm
			0.15	板厚60mm,钢板厚0.6mm
			0.16	板厚80mm,钢板厚0.6mm
		彩色钢板夹聚苯乙烯保温板	0.12~0.15	两层,彩色钢板厚0.6mm,聚苯乙烯芯材板厚(50~250)mm
		彩色钢板岩棉夹心板	0.24	板厚100mm,两层彩色钢板,Z型龙骨岩棉芯材
			0.25	板厚120mm,两层彩色钢板,Z型龙骨岩棉芯材
		GRC增强水泥聚苯复合保温板	1.13	—
		GRC空心隔墙板	0.30	长(2400~2800)mm,宽600mm,厚60mm
		GRC内隔墙板	0.35	长(2400~2800)mm,宽600mm,厚60mm
		轻质GRC保温板	0.14	3000mm×600mm×60mm
		轻质GRC空心隔墙扳	0.17	3000mm×600mm×60mm
		轻质大型墙板(太空板系列)	0.70~0.90	6000mm×1500mm×120mm,高强水泥发泡芯材

续表

项次	名 称			自重	备 注
17	建筑墙板 (kN/m²)	轻质条型墙板(太空板系列)	厚度80mm	0.40	标准规格3000mm×1000(1200、1500)mm高强水泥发泡
			厚度100mm	0.45	芯材，按不同檩距及荷载配有不同钢骨架及冷拔钢丝网
			厚度120mm	0.50	
		GRC墙板		0.11	厚10mm
		钢丝网岩棉夹芯复合板(GY板)		1.10	岩棉芯材厚50mm，双面钢丝网水泥砂浆各厚25mm
		硅酸钙板		0.08	板厚6mm
				0.10	板厚8mm
				0.12	板厚10mm
		泰柏板		0.95	板厚10mm，钢丝网片夹聚苯乙烯保温层，每面抹水泥砂浆层20mm
		蜂窝复合板		0.14	厚75mm
		石膏珍珠岩空心条板		0.45	长(2500～3000)mm，宽600mm，厚60mm
		加强型水泥石膏聚苯保温板		0.17	3000mm×600mm×60mm
		玻璃幕墙		1.00～1.50	一般可按单位面积玻璃自重增大20%～30%采用

附录 B 消防车活荷载考虑覆土厚度影响的折减系数

B. 0. 1 当考虑覆土对楼面消防车活荷载的影响时，可对楼面消防车活荷载标准值进行折减，折减系数可按表 B.0.1、表 B.0.2 采用。

表 B. 0. 1 单向板楼盖楼面消防车活荷载折减系数

折算覆土厚度 $\bar{s}$ (m)	楼板跨度 (m)		
	2	3	4
0	1.00	1.00	1.00
0.5	0.94	0.94	0.94
1.0	0.88	0.88	0.88
1.5	0.82	0.80	0.81
2.0	0.70	0.70	0.71
2.5	0.56	0.60	0.62
3.0	0.46	0.51	0.54

表 B. 0. 2 双向板楼盖楼面消防车活荷载折减系数

折算覆土厚度 $\bar{s}$ (m)	楼板跨度 (m)			
	3×3	4×4	5×5	6×6
0	1.00	1.00	1.00	1.00
0.5	0.95	0.96	0.99	1.00
1.0	0.88	0.93	0.98	1.00
1.5	0.79	0.83	0.93	1.00
2.0	0.67	0.72	0.81	0.92
2.5	0.57	0.62	0.70	0.81
3.0	0.48	0.54	0.61	0.71

B. 0. 2 板顶折算覆土厚度 $\bar{s}$ 应按下式计算：

$$\bar{s} = 1.43 s \tan\theta \tag{B.0.2}$$

式中：s——覆土厚度（m）；

θ——覆土应力扩散角，不大于45°。

附录 C 楼面等效均布活荷载的确定方法

C. 0. 1 楼面（板、次梁及主梁）的等效均布活荷载，应在其设计控制部位上，根据需要按内力、变形及裂缝的等值要求来确定。在一般情况下，可仅按内力的等值来确定。

C. 0. 2 连续梁、板的等效均布活荷载，可按单跨简支计算。但计算内力时，仍应按连续考虑。

C. 0. 3 由于生产、检修、安装工艺以及结构布置的不同，楼面活荷载差别较大时，应划分区域分别确定等效均布活荷载。

C. 0. 4 单向板上局部荷载（包括集中荷载）的等效均布活荷载可按下列规定计算：

1 等效均布活荷载 q_e 可按下式计算：

$$q_e = \frac{8M_{max}}{bl^2} \tag{C.0.4-1}$$

式中：l——板的跨度；

b——板上荷载的有效分布宽度，按本附录 C.0.5 确定；

M_{max}——简支单向板的绝对最大弯矩，按设备的最不利布置确定。

2 计算 M_{max} 时，设备荷载应乘以动力系数，并扣去设备在该板跨内所占面积上由操作荷载引起的弯矩。

C. 0. 5 单向板上局部荷载的有效分布宽度 b，可按下列规定计算：

1 当局部荷载作用面的长边平行于板跨时，简支板上荷载的有效分布宽度 b 为（图 C.0.5-1）：

当 $b_{cx} \geq b_{cy}$，$b_{cy} \leq 0.6l$，$b_{cx} \leq l$ 时：

$$b = b_{cy} + 0.7l \tag{C.0.5-1}$$

当 $b_{cx} \geq b_{cy}$，$0.6l < b_{cy} \leq l$，$b_{cx} \leq l$ 时：

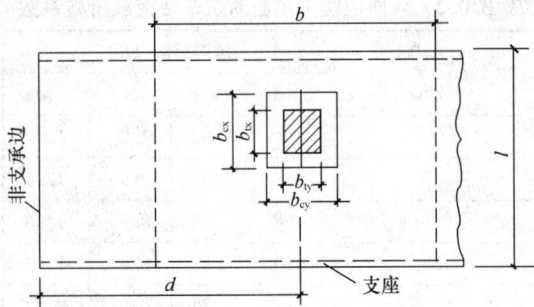

图 C.0.5-1 简支板上局部荷载的有效分布宽度
（荷载作用面的长边平行于板跨）

$$b = 0.6b_{cy} + 0.94l \qquad (C.0.5-2)$$

2 当荷载作用面的长边垂直于板跨时，简支板上荷载的有效分布宽度 b 按下列规定确定（图 C.0.5-2）：

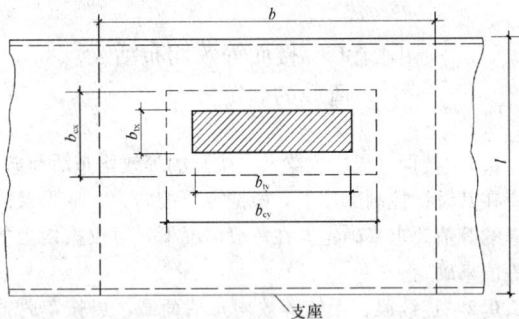

图 C.0.5-2 简支板上局部荷载的有效分布宽度
（荷载作用面的长边垂直于板跨）

1）当 $b_{cx} < b_{cy}$，$b_{cy} \leqslant 2.2l$，$b_{cx} \leqslant l$ 时：

$$b = \frac{2}{3}b_{cy} + 0.73l \qquad (C.0.5-3)$$

2）当 $b_{cx} < b_{cy}$，$b_{cy} > 2.2l$，$b_{cx} \leqslant l$ 时：

$$b = b_{cy} \qquad (C.0.5-4)$$

式中：l——板的跨度；

b_{cx}、b_{cy}——荷载作用面平行和垂直于板跨的计算宽度，分别取 $b_{cx} = b_{tx} + 2s + h$，$b_{cy} = b_{ty} + 2s + h$。其中 b_{tx} 为荷载作用面平行于板跨的宽度，b_{ty} 为荷载作用面垂直于板跨的宽度，s 为垫层厚度，h 为板的厚度。

3 当局部荷载作用在板的非支承边附近，即 $d < \dfrac{b}{2}$ 时（图 C.0.5-1），荷载的有效分布宽度应予折减，可按下式计算：

$$b' = \frac{b}{2} + d \qquad (C.0.5-5)$$

式中：b'——折减后的有效分布宽度；

d——荷载作用面中心至非支承边的距离。

4 当两个局部荷载相邻且 $e < b$ 时（图 C.0.5-3），荷载的有效分布宽度应予折减，可按下式计算：

$$b' = \frac{b}{2} + \frac{e}{2} \qquad (C.0.5-6)$$

式中：e——相邻两个局部荷载的中心间距。

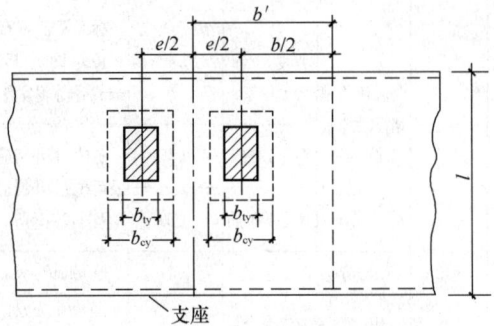

图 C.0.5-3 相邻两个局部荷载的有效分布宽度

5 悬臂板上局部荷载的有效分布宽度（图 C.0.5-4）按下式计算：

$$b = b_{cy} + 2x \qquad (C.0.5-7)$$

式中：x——局部荷载作用面中心至支座的距离。

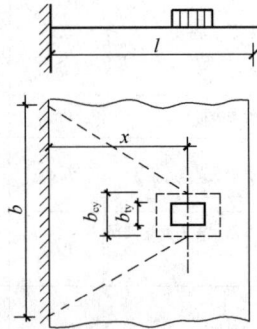

图 C.0.5-4 悬臂板上局部荷载的有效分布宽度

C.0.6 双向板的等效均布荷载可按与单向板相同的原则，按四边简支板的绝对最大弯矩等值来确定。

C.0.7 次梁（包括槽形板的纵肋）上的局部荷载应按下列规定确定等效均布活荷载：

1 等效均布活荷载应取按弯矩和剪力等效的均布活荷载中的较大者，按弯矩和剪力等效的均布活荷载分别按下列公式计算：

$$q_{eM} = \frac{8M_{max}}{sl^2} \qquad (C.0.7-1)$$

$$q_{eV} = \frac{2V_{max}}{sl} \qquad (C.0.7-2)$$

式中：s——次梁间距；

l——次梁跨度；

M_{max}、V_{max}——简支次梁的绝对最大弯矩与最大剪力，按设备的最不利布置确定。

2 按简支梁计算 M_{max} 与 V_{max} 时，除了直接传给次梁的局部荷载外，还应考虑邻近板面传来的活荷载（其中设备荷载应考虑动力影响，并扣除设备所占面积上的操作荷载），以及两侧相邻次梁卸荷作用。

C.0.8 当荷载分布比较均匀时，主梁上的等效均布活荷载可由全部荷载总和除以全部受荷面积求得。

C.0.9 柱、基础上的等效均布活荷载，在一般情况下，可取与主梁相同。

附录 D 工业建筑楼面活荷载

D.0.1 一般金工车间、仪器仪表生产车间、半导体器件车间、棉纺织车间、轮胎厂准备车间和粮食加工车间的楼面等效均布活荷载，可按表 D.0.1-1～表 D.0.1-6 采用。

表 D.0.1-1 金工车间楼面均布活荷载

序号	项目	标准值（kN/m²）				组合值系数 ψ_c	频遇值系数 ψ_f	准永久值系数 ψ_q	代表性机床型号
		板		次梁（肋）					
		板跨≥1.2m	板跨≥2.0m	梁间距≥1.2m	梁间距≥2.0m	主梁				
1	一类金工	22.0	14.0	14.0	10.0	9.0	1.00	0.95	0.85	CW6180、X53K、X63W、B690、M1080、Z35A

续表

序号	项目	标准值（kN/m²）				组合值系数 ψ_c	频遇值系数 ψ_f	准永久值系数 ψ_q	代表性机床型号
		板		次梁（肋）					
		板跨≥1.2m	板跨≥2.0m	梁间距≥1.2m	梁间距≥2.0m	主梁				
2	二类金工	18.0	12.0	12.0	9.0	8.0	1.00	0.95	0.85	C6163、X52K、X62W、B6090、M1050A、Z3040
3	三类金工	16.0	10.0	10.0	8.0	7.0	1.00	0.95	0.85	C6140、X51K、X61W、B6050、M1040、Z3025
4	四类金工	12.0	8.0	8.0	6.0	5.0	1.00	0.95	0.85	C6132、X50A、X60W、B635-1、M1010、Z32K

注：1 表列荷载适用于单向支承的现浇梁板及预制槽形板等楼面结构，对于槽形板，表列板跨系指槽形板纵肋间距。
2 表列荷载不包括隔墙自重和吊顶自重。
3 表列荷载考虑了安装、检修和正常使用情况下的设备（包括动力影响）和操作荷载。
4 设计墙、柱、基础时，表列楼面荷载可采用与设计主梁相同的荷载。

表 D.0.1-2 仪器仪表生产车间楼面均布活荷载

序号	车间名称		标准值（kN/m²）				组合值系数 ψ_c	频遇值系数 ψ_f	准永久值系数 ψ_q	附注
			板		次梁（肋）	主梁				
			板跨≥1.2m	板跨≥2.0m						
1	光学车间	光学加工	7.0	5.0	5.0	4.0	0.80	0.80	0.70	代表性设备 H015 研磨机、ZD-450 型及 GZD300 型镀膜机、Q8312 型透镜抛光机
2		较大型光学仪器装配	7.0	5.0	5.0	4.0	0.80	0.80	0.70	代表性设备 C0502A 精整车床，万能工具显微镜
3		一般光学仪器装配	4.0	4.0	4.0	3.0	0.70	0.70	0.60	产品在桌面上装配
4	较大型光学仪器装配		7.0	5.0	5.0	4.0	0.80	0.80	0.70	产品在楼面上装配
5	一般光学仪器装配		4.0	4.0	4.0	3.0	0.70	0.70	0.60	产品在桌面上装配
6	小模数齿轮加工，晶体元件（宝石）加工		7.0	5.0	5.0	4.0	0.80	0.80	0.70	代表性设备 YM3680 滚齿机，宝石平面磨床
7	车间仓库	一般仪器仓库	4.0	4.0	4.0	3.0	1.0	0.95	0.85	—
		较大型仪器仓库	7.0	7.0	7.0	6.0	1.0	0.95	0.85	—

注：见表 D.0.1-1 注。

表 D.0.1-3 半导体器件车间楼面均布活荷载

序号	车间名称	标准值（kN/m²）					组合值系数 ψ_c	频遇值系数 ψ_f	准永久值系数 ψ_q	代表性设备单件自重（kN）
		板		次梁（肋）		主梁				
		板跨≥1.2m	板跨≥2.0m	梁间距≥1.2m	梁间距≥2.0m					
1	半导体器件车间	10.0	8.0	8.0	6.0	5.0	1.0	0.95	0.85	14.0～18.0
2		8.0	6.0	6.0	5.0	4.0	1.0	0.95	0.85	9.0～12.0
3		6.0	5.0	5.0	4.0	3.0	1.0	0.95	0.85	4.0～8.0
4		4.0	4.0	3.0	3.0	3.0	1.0	0.95	0.85	≤3.0

注：见表 D.0.1-1 注。

表 D.0.1-4　棉纺织造车间楼面均布活荷载

序号	车间名称		标准值（kN/m²）					组合值系数 ψ_c	频遇值系数 ψ_f	准永久值系数 ψ_q	代表性设备
			板		次梁（肋）		主梁				
			板跨≥1.2m	板跨≥2.0m	梁间距≥1.2m	梁间距≥2.0m					
1	梳棉间		12.0	8.0	10.0	7.0	5.0	0.8	0.8	0.7	FA201，203
			15.0	10.0	12.0	8.0					FA221A
2	粗纱间		8.0 (15.0)	6.0 (10.0)	6.0 (8.0)	5.0	4.0				FA401，415A，421TJEA458A
3	细纱间络筒间		6.0 (10.0)	5.0	5.0	5.0	4.0				FA705，506，507A GA013，015ESPERO
4	捻线间整经间		8.0	6.0	6.0	5.0	4.0	0.8	0.8	0.7	FAT05，721，762 ZC-L-180 D3-1000-180
5	织布间	有梭织机	12.5	6.5	6.5	5.5	4.4				GA615-150 GA615-180
		剑杆织机	18.0	9.0	10.0	6	4.5				GA731-190，733-190 TP600-200 SOMET-190

注：括号内的数值仅用于粗纱机机头部位局部楼面。

表 D.0.1-5　轮胎厂准备车间楼面均布活荷载

序号	车间名称	标准值（kN/m²）				组合值系数 ψ_c	频遇值系数 ψ_f	准永久值系数 ψ_q	代表性设备
		板		次梁（肋）	主梁				
		板跨≥1.2m	板跨≥2.0m						
1	准备车间	14.0	14.0	12.0	10.0	1.0	0.95	0.85	炭黑加工投料
2		10.0	8.0	8.0	6.0	1.0	0.95	0.85	化工原料加工配合、密炼机炼胶

注：1　密炼机检修用的电葫芦荷载未计入，设计时应另行考虑。
　　2　炭黑加工投料活荷载系考虑兼作炭黑仓库使用的情况，若不兼作仓库时，上述荷载应予降低。
　　3　见表 D.0.1-1 注。

表 D.0.1-6　粮食加工车间楼面均布活荷载

序号	车间名称		标准值（kN/m²）						主梁	组合值系数 ψ_c	频遇值系数 ψ_f	准永久值系数 ψ_q	代表性设备
			板			次梁							
			板跨≥2.0m	板跨≥2.5m	板跨≥3.0m	梁间距≥2.0m	梁间距≥2.5m	梁间距≥3.0m					
1	面粉厂	拉丝车间	14.0	12.0	12.0	12.0	12.0	12.0	12.0				JMN10 拉丝机
2		磨子间	12.0	10.0	9.0	10.0	9.0	8.0	9.0				MF011 磨粉机
3		麦间及制粉车间	5.0	5.0	4.0	5.0	4.0	4.0	4.0	1.0	0.95	0.85	SX011 振动筛 GF031 擦麦机 GF011 打麦机
4		吊平筛的顶层	2.0	2.0	2.0	6.0	6.0	6.0	6.0				SL011 平筛
5		洗麦车间	14.0	12.0	10.0	10.0	9.0	9.0	9.0				洗麦机
6	米厂	砻谷机及碾米车间	7.0	6.0	5.0	5.0	4.0	4.0	4.0				LG309 胶辊砻谷机
7		清理车间	4.0	3.0	3.0	4.0	3.0	3.0	3.0				组合清理筛

注：1　当拉丝车间不可能满布磨辊时，主梁活荷载可按 10kN/m² 采用。
　　2　吊平筛的顶层荷载系按设备吊在梁下考虑的。
　　3　米厂清理车间采用 SX011 振动筛时，等效均布活荷载可按面粉厂麦间的规定采用。
　　4　见表 D.0.1-1 注。

附录 E 基本雪压、风压和温度的确定方法

E.1 基本雪压

E.1.1 在确定雪压时，观察场地应符合下列规定：

1 观察场地周围的地形为空旷平坦；

2 积雪的分布保持均匀；

3 设计项目地点应在观察场地的地形范围内，或它们具有相同的地形；

4 对于积雪局部变异特别大的地区，以及高原地形的山区，应予以专门调查和特殊处理。

E.1.2 雪压样本数据应符合下列规定：

1 雪压样本数据应采用单位水平面积上的雪重（kN/m^2）；

2 当气象台站有雪压记录时，应直接采用雪压数据计算基本雪压；当无雪压记录时，可采用积雪深度和密度按下式计算雪压 s：

$$s = h\rho g \qquad (E.1.2)$$

式中：h——积雪深度，指从积雪表面到地面的垂直深度（m）；

ρ——积雪密度（t/m^3）；

g——重力加速度，$9.8m/s^2$。

3 雪密度随积雪深度、积雪时间和当地的地理气候条件等因素的变化有较大幅度的变异，对于无雪压直接记录的台站，可按地区的平均雪密度计算雪压。

E.1.3 历年最大雪压数据按每年 7 月份到次年 6 月份间的最大雪压采用。

E.1.4 基本雪压按 E.3 中规定的方法进行统计计算，重现期应取 50 年。

E.2 基本风压

E.2.1 在确定风压时，观察场地应符合下列规定：

1 观测场地及周围应为空旷平坦的地形；

2 能反映本地区较大范围内的气象特点，避免局部地形和环境的影响。

E.2.2 风速观测数据资料应符合下述要求：

1 应采用自记式风速仪记录的 10min 平均风速资料，对于以往非自记的定时观测资料，应通过适当修正后加以采用。

2 风速仪标准高度应为 10m；当观测的风速仪高度与标准高度相差较大时，可按下式换算到标准高度的风速 v：

$$v = v_z \left(\frac{10}{z}\right)^\alpha \qquad (E.2.2)$$

式中：z——风速仪实际高度（m）；

v_z——风速仪观测风速（m/s）；

α——空旷平坦地区地面粗糙度指数，取 0.15。

3 使用风杯式测风仪时，必须考虑空气密度受温度、气压影响的修正。

E.2.3 选取年最大风速数据时，一般应有 25 年以上的风速资料；当无法满足时，风速资料不宜少于 10 年。观测数据应考虑其均一性，对不均一数据应结合周边气象站状况等作合理性订正。

E.2.4 基本风压应按下列规定确定：

1 基本风压 w_0 应根据基本风速按下式计算：

$$w_0 = \frac{1}{2}\rho v_0^2 \qquad (E.2.4-1)$$

式中：v_0——基本风速；

ρ——空气密度（t/m^3）。

2 基本风速 v_0 应按本规范附录 E.3 中规定的方法进行统计计算，重现期应取 50 年。

3 空气密度 ρ 可按下列规定采用：

1）空气密度 ρ 可按下式计算：

$$\rho = \frac{0.001276}{1+0.00366t}\left(\frac{p-0.378p_{vap}}{100000}\right)$$
$$(E.2.4-2)$$

式中：t——空气温度（℃）；

p——气压（Pa）；

p_{vap}——水汽压（Pa）。

2）空气密度 ρ 也可根据所在地的海拔高度按下式近似估算：

$$\rho = 0.00125e^{-0.0001z} \qquad (E.2.4-3)$$

式中 z——海拔高度（m）。

E.3 雪压和风速的统计计算

E.3.1 雪压和风速的统计样本均应采用年最大值，并采用极值 I 型的概率分布，其分布函数应为：

$$F(x) = \exp\{-\exp[-\alpha(x-u)]\}$$
$$(E.3.1-1)$$

$$\alpha = \frac{1.28255}{\sigma} \qquad (E.3.1-2)$$

$$u = \mu - \frac{0.57722}{\alpha} \qquad (E.3.1-3)$$

式中：x——年最大雪压或年最大风速样本；

u——分布的位置参数，即其分布的众值；

α——分布的尺度参数；

σ——样本的标准差；

μ——样本的平均值。

E.3.2 当由有限样本 n 的均值 $\bar{x}$ 和标准差 σ_1 作为 μ 和 σ 的近似估计时，分布参数 u 和 α 应按下列公式计算：

$$\alpha = \frac{C_1}{\sigma_1} \qquad (E.3.2-1)$$

$$u = \bar{x} - \frac{C_2}{\alpha} \qquad (E.3.2-2)$$

式中：C_1、C_2——系数，按表 E.3.2 采用。

表 E.3.2　系数 C_1 和 C_2

n	C_1	C_2	n	C_1	C_2
10	0.9497	0.4952	60	1.17465	0.55208
15	1.02057	0.5182	70	1.18536	0.55477
20	1.06283	0.52355	80	1.19385	0.55688
25	1.09145	0.53086	90	1.20649	0.5586
30	1.11238	0.53622	100	1.20649	0.56002
35	1.12847	0.54034	250	1.24292	0.56878
40	1.14132	0.54362	500	1.2588	0.57240
45	1.15185	0.54630	1000	1.26851	0.57450
50	1.16066	0.54853	∞	1.28255	0.57722

E.3.3　重现期为 R 的最大雪压和最大风速 x_R 可按下式确定：

$$x_R = u - \frac{1}{\alpha} \ln \left[\ln \left(\frac{R}{R-1} \right) \right] \quad (E.3.3)$$

E.3.4　全国各城市重现期为 10 年、50 年和 100 年的雪压和风压值可按表 E.5 采用，其他重现期 R 的相应值可根据 10 年和 100 年的雪压和风压值按下式确定：

$$x_R = x_{10} + (x_{100} - x_{10})(\ln R / \ln 10 - 1)$$

$$(E.3.4)$$

E.4　基本气温

E.4.1　气温是指在气象台站标准百叶箱内测量所得按小时定时记录的温度。

E.4.2　基本气温根据当地气象台站历年记录所得的最高温度月的月平均最高气温值和最低温度月的月平均最低气温值资料，经统计分析确定。月平均最高气温和月平均最低气温可假定其服从极值 I 型分布，基本气温取极值分布中平均重现期为 50 年的值。

E.4.3　统计分析基本气温时，选取的月平均最高气温和月平均最低气温资料一般应取最近 30 年的数据；当无法满足时，不宜少于 10 年的资料。

E.5　全国各城市的雪压、风压和基本气温

表 E.5　全国各城市的雪压、风压和基本气温

省市名	城市名	海拔高度(m)	风压(kN/m²)			雪压(kN/m²)			基本气温(℃)		雪荷载准永久值系数分区
			$R=10$	$R=50$	$R=100$	$R=10$	$R=50$	$R=100$	最低	最高	
北京	北京市	54.0	0.30	0.45	0.50	0.25	0.40	0.45	−13	36	Ⅱ
天津	天津市	3.3	0.30	0.50	0.60	0.25	0.40	0.45	−12	35	Ⅱ
	塘沽	3.2	0.40	0.55	0.65	0.20	0.35	0.40	−12	35	Ⅱ
上海	上海市	2.8	0.40	0.55	0.60	0.10	0.20	0.25	−4	36	Ⅲ
重庆	重庆市	259.1	0.25	0.40	0.45	—	—	—	1	37	—
	奉节	607.3	0.25	0.35	0.45	0.20	0.35	0.40	−1	35	Ⅲ
	梁平	454.6	0.20	0.30	0.35	—	—	—	−1	36	—
	万州	186.7	0.20	0.35	0.45	—	—	—	0	38	—
	涪陵	273.5	0.20	0.30	0.35	—	—	—	1	37	—
	金佛山	1905.9	—	—	—	0.35	0.50	0.60	−10	25	Ⅱ
河北	石家庄市	80.5	0.25	0.35	0.40	0.20	0.30	0.35	−11	36	Ⅱ
	蔚县	909.5	0.20	0.30	0.35	0.20	0.30	0.35	−24	33	Ⅱ
	邢台市	76.8	0.20	0.30	0.35	0.20	0.30	0.35	−10	36	Ⅱ
	丰宁	659.7	0.30	0.40	0.45	0.15	0.25	0.30	−22	33	Ⅱ
	围场	842.8	0.35	0.45	0.50	0.20	0.30	0.35	−23	32	Ⅱ
	张家口市	724.2	0.35	0.55	0.60	0.15	0.25	0.30	−18	34	Ⅱ
	怀来	536.8	0.25	0.35	0.40	0.15	0.20	0.25	−17	35	Ⅱ

省市名	城市名	海拔高度(m)	风压(kN/m²) R=10	R=50	R=100	雪压(kN/m²) R=10	R=50	R=100	基本气温(℃) 最低	最高	雪荷载准永久值系数分区
河北	承德市	377.2	0.30	0.40	0.45	0.20	0.30	0.35	−19	35	Ⅱ
	遵化	54.9	0.30	0.40	0.45	0.25	0.40	0.50	−18	35	Ⅱ
	青龙	227.2	0.25	0.30	0.35	0.25	0.40	0.45	−19	34	Ⅱ
	秦皇岛市	2.1	0.35	0.45	0.50	0.15	0.25	0.30	−15	33	Ⅱ
	霸县	9.0	0.25	0.40	0.45	0.20	0.30	0.35	−14	36	Ⅱ
	唐山市	27.8	0.30	0.40	0.45	0.20	0.35	0.40	−15	35	Ⅱ
	乐亭	10.5	0.30	0.40	0.45	0.25	0.40	0.45	−16	34	Ⅱ
	保定市	17.2	0.30	0.40	0.45	0.20	0.35	0.40	−12	36	Ⅱ
	饶阳	18.9	0.30	0.35	0.40	0.20	0.30	0.35	−14	36	Ⅱ
	沧州市	9.6	0.30	0.40	0.45	0.20	0.30	0.35	—	—	Ⅱ
	黄骅	6.6	0.30	0.40	0.45	0.20	0.30	0.35	−13	36	Ⅱ
	南宫市	27.4	0.25	0.35	0.40	0.15	0.25	0.30	−13	37	Ⅱ
山西	太原市	778.3	0.30	0.40	0.45	0.25	0.35	0.40	−16	34	Ⅱ
	右玉	1345.8	—	—	—	0.20	0.30	0.35	−29	31	Ⅱ
	大同市	1067.2	0.35	0.55	0.65	0.15	0.25	0.30	−22	32	Ⅱ
	河曲	861.5	0.30	0.50	0.60	0.20	0.30	0.35	−24	35	Ⅱ
	五寨	1401.0	0.30	0.40	0.45	0.25	0.30	0.35	−25	31	Ⅱ
	兴县	1012.6	0.25	0.45	0.55	0.25	0.30	0.35	−19	34	Ⅱ
	原平	828.2	0.30	0.50	0.60	0.25	0.30	0.35	−19	34	Ⅱ
	离石	950.8	0.30	0.45	0.50	0.25	0.30	0.35	−19	34	Ⅱ
	阳泉市	741.9	0.30	0.40	0.45	0.20	0.35	0.40	−13	34	Ⅱ
	榆社	1041.4	0.20	0.30	0.35	0.25	0.30	0.35	−17	33	Ⅱ
	隰县	1052.7	0.25	0.35	0.40	0.25	0.30	0.35	−16	34	Ⅱ
	介休	743.9	0.25	0.40	0.45	0.20	0.30	0.35	−15	35	Ⅱ
	临汾市	449.5	0.25	0.40	0.45	0.15	0.25	0.30	−14	37	Ⅱ
	长治县	991.8	0.30	0.50	0.60	—	—	—	−15	32	
	运城市	376.0	0.30	0.45	0.50	0.15	0.25	0.30	−11	38	Ⅱ
	阳城	659.5	0.30	0.45	0.50	0.20	0.30	0.35	−12	34	Ⅱ
内蒙古	呼和浩特市	1063.0	0.35	0.55	0.60	0.25	0.40	0.45	−23	33	Ⅱ
	额右旗拉布达林	581.4	0.35	0.50	0.60	0.35	0.45	0.50	−41	30	Ⅰ
	牙克石市图里河	732.6	0.30	0.40	0.45	0.40	0.60	0.70	−42	28	Ⅰ
	满洲里市	661.7	0.50	0.65	0.70	0.20	0.30	0.35	−35	30	Ⅰ
	海拉尔市	610.2	0.45	0.65	0.75	0.45	0.45	0.50	−38	30	Ⅰ
	鄂伦春小二沟	286.1	0.30	0.40	0.45	0.35	0.50	0.55	−40	31	Ⅰ
	新巴尔虎右旗	554.2	0.45	0.60	0.65	0.25	0.40	0.45	−32	32	Ⅰ
	新巴尔虎左旗阿木古朗	642.0	0.40	0.55	0.60	0.25	0.35	0.40	−34	31	Ⅰ
	牙克石市博克图	739.7	0.40	0.55	0.60	0.35	0.55	0.65	−31	28	Ⅰ

省市名	城 市 名	海拔高度（m）	风压(kN/m²)			雪压(kN/m²)			基本气温(℃)		雪荷载准永久值系数分区
			R=10	R=50	R=100	R=10	R=50	R=100	最低	最高	
内蒙古	扎兰屯市	306.5	0.30	0.40	0.45	0.35	0.55	0.65	−28	32	Ⅰ
	科右翼前旗阿尔山	1027.4	0.35	0.50	0.55	0.45	0.60	0.70	−37	27	Ⅰ
	科右翼前旗索伦	501.8	0.45	0.55	0.60	0.25	0.35	0.40	−30	31	Ⅰ
	乌兰浩特市	274.7	0.40	0.55	0.60	0.20	0.30	0.35	−27	32	Ⅰ
	东乌珠穆沁旗	838.7	0.35	0.55	0.65	0.30	0.35		−33	32	Ⅰ
	额济纳旗	940.5	0.40	0.60	0.70	0.05	0.10	0.15	−23	39	Ⅱ
	额济纳旗拐子湖	960.0	0.45	0.55	0.60	0.05	0.10	0.10	−23	39	Ⅱ
	阿左旗巴彦毛道	1328.1	0.40	0.55	0.60	0.10	0.15	0.20	−23	35	Ⅱ
	阿拉善右旗	1510.1	0.45	0.55	0.60	0.05	0.10	0.10	−20	35	Ⅱ
	二连浩特市	964.7	0.55	0.65	0.70	0.15	0.25	0.30	−30	34	Ⅱ
	那仁宝力格	1181.6	0.40	0.55	0.60	0.25	0.35		−33	31	Ⅰ
	达茂旗满都拉	1225.2	0.50	0.75	0.85	0.15	0.20	0.25	−25	34	Ⅱ
	阿巴嘎旗	1126.1	0.35	0.50	0.55	0.30	0.45	0.50	−33	31	Ⅰ
	苏尼特左旗	1111.4	0.40	0.50	0.55	0.25	0.35	0.40	−32	33	Ⅰ
	乌拉特后旗海力素	1509.6	0.45	0.50	0.55	0.10	0.15	0.20	−25	33	Ⅱ
	苏尼特右旗朱日和	1150.8	0.50	0.65	0.75	0.15	0.25	0.30	−26	33	Ⅱ
	乌拉特中旗海流图	1288.0	0.45	0.60	0.65	0.20	0.30	0.35	−26	33	Ⅱ
	百灵庙	1376.6	0.50	0.75	0.85	0.25	0.35	0.40	−27	32	Ⅱ
	四子王旗	1490.1	0.40	0.60	0.70	0.30	0.45	0.55	−26	30	Ⅱ
	化德	1482.7	0.45	0.75	0.85	0.15	0.25	0.30	−26	29	Ⅱ
	杭锦后旗陕坝	1056.7	0.30	0.45	0.50	0.15	0.20	0.25	—	—	Ⅱ
	包头市	1067.2	0.35	0.55	0.60	0.15	0.25	0.30	−23	34	Ⅱ
	集宁市	1419.3	0.40	0.60	0.70	0.25	0.35	0.40	−25	30	Ⅱ
	阿拉善左旗吉兰泰	1031.8	0.35	0.50	0.55	0.05	0.10	0.15	−23	37	Ⅱ
	临河市	1039.3	0.30	0.50	0.60	0.15	0.25	0.30	−21	35	Ⅱ
	鄂托克旗	1380.3	0.35	0.55	0.65	0.20	0.30	0.35	−23	33	Ⅱ
	东胜市	1460.4	0.30	0.50	0.60	0.25	0.35	0.40	−21	31	Ⅱ
	阿腾席连	1329.3	0.40	0.50	0.55	0.20	0.30	0.35	—	—	Ⅱ
	巴彦浩特	1561.4	0.40	0.60	0.70	0.15	0.20	0.25	−19	33	Ⅱ
	西乌珠穆沁旗	995.9	0.45	0.55	0.60	0.30	0.40	0.45	−30	30	Ⅰ
	扎鲁特鲁北	265.0	0.40	0.55	0.60	0.20	0.30	0.35	−23	34	Ⅱ
	巴林左旗林东	484.4	0.40	0.55	0.60	0.20	0.30	0.35	−26	32	Ⅱ
	锡林浩特市	989.5	0.40	0.55	0.60	0.20	0.40	0.45	−30	31	Ⅰ
	林西	799.0	0.45	0.60	0.70	0.25	0.40	0.45	−25	32	Ⅰ
	开鲁	241.0	0.40	0.55	0.60	0.20	0.30	0.35	−25	34	Ⅱ
	通辽	178.5	0.40	0.55	0.60	0.20	0.30	0.35	−25	33	Ⅱ
	多伦	1245.4	0.40	0.55	0.60	0.20	0.30	0.35	−28	30	Ⅰ
	翁牛特旗乌丹	631.8	—	—	—	0.20	0.30	0.35	−23	32	Ⅱ
	赤峰市	571.1	0.30	0.55	0.65	0.20	0.30	0.35	−23	33	Ⅱ
	敖汉旗宝国图	400.5	0.40	0.50	0.55	0.25	0.40	0.45	−23	33	Ⅱ

省市名	城 市 名	海拔高度(m)	风压(kN/m²)			雪压(kN/m²)			基本气温(℃)		雪荷载准永久值系数分区
			R=10	R=50	R=100	R=10	R=50	R=100	最低	最高	
辽宁	沈阳市	42.8	0.40	0.55	0.60	0.30	0.50	0.55	−24	33	Ⅰ
	彰武	79.4	0.35	0.45	0.50	0.20	0.30	0.35	−22	33	Ⅱ
	阜新市	144.0	0.40	0.60	0.70	0.25	0.40	0.45	−23	33	Ⅱ
	开原	98.2	0.30	0.45	0.50	0.35	0.45	0.55	−27	33	Ⅰ
	清原	234.1	0.25	0.40	0.45	0.45	0.70	0.80	−27	33	Ⅰ
	朝阳市	169.2	0.40	0.55	0.60	0.30	0.45	0.55	−23	35	Ⅱ
	建平县叶柏寿	421.7	0.30	0.35	0.40	0.25	0.35	0.40	−22	35	Ⅱ
	黑山	37.5	0.45	0.65	0.75	0.30	0.45	0.50	−21	33	Ⅱ
	锦州市	65.9	0.40	0.60	0.70	0.30	0.40	0.45	−18	33	Ⅱ
	鞍山市	77.3	0.30	0.50	0.60	0.30	0.45	0.55	−18	34	Ⅱ
	本溪市	185.2	0.35	0.45	0.50	0.40	0.55	0.60	−24	33	Ⅰ
	抚顺市章党	118.5	0.30	0.45	0.50	0.35	0.45	0.50	−28	33	Ⅰ
	桓仁	240.3	0.25	0.30	0.35	0.35	0.50	0.55	−25	32	Ⅰ
	绥中	15.3	0.25	0.40	0.45	0.25	0.35	0.40	−19	33	Ⅱ
	兴城市	8.8	0.35	0.45	0.50	0.20	0.30	0.35	−19	32	Ⅱ
	营口市	3.3	0.40	0.65	0.75	0.30	0.40	0.45	−20	33	Ⅱ
	盖县熊岳	20.4	0.30	0.40	0.45	0.25	0.40	0.45	−22	33	Ⅱ
	本溪县草河口	233.4	0.25	0.45	0.55	0.35	0.55	0.60	—	—	Ⅰ
	岫岩	79.3	0.30	0.45	0.50	0.35	0.50	0.55	−22	33	Ⅱ
	宽甸	260.1	0.30	0.50	0.60	0.40	0.60	0.70	−26	32	Ⅱ
	丹东市	15.1	0.35	0.55	0.65	0.30	0.40	0.45	−18	32	Ⅱ
	瓦房店市	29.3	0.35	0.50	0.55	0.20	0.30	0.35	−17	32	Ⅱ
	新金县皮口	43.2	0.35	0.50	0.55	0.20	0.30	0.35	—	—	Ⅱ
	庄河	34.8	0.35	0.50	0.55	0.25	0.35	0.40	−19	32	Ⅱ
	大连市	91.5	0.40	0.65	0.75	0.25	0.40	0.45	−13	32	Ⅱ
吉林	长春市	236.8	0.45	0.65	0.75	0.30	0.45	0.50	−26	32	Ⅰ
	白城市	155.4	0.45	0.65	0.75	0.15	0.20	0.25	−29	33	Ⅱ
	乾安	146.3	0.35	0.45	0.55	0.15	0.20	0.23	−28	33	Ⅱ
	前郭尔罗斯	134.7	0.30	0.45	0.50	0.15	0.25	0.30	−28	33	Ⅱ
	通榆	149.5	0.35	0.50	0.55	0.15	0.25	0.30	−28	33	Ⅱ
	长岭	189.3	0.30	0.45	0.50	0.15	0.20	0.25	−27	32	Ⅱ
	扶余市三岔河	196.6	0.40	0.60	0.70	0.25	0.35	0.40	−29	33	Ⅱ
	双辽	114.9	0.35	0.50	0.55	0.20	0.30	0.35	−27	33	Ⅰ
	四平市	164.2	0.40	0.55	0.60	0.20	0.35	0.40	−24	33	Ⅱ
	磐石县烟筒山	271.6	0.30	0.40	0.45	0.25	0.40	0.45	−31	31	Ⅰ
	吉林市	183.4	0.40	0.50	0.55	0.30	0.45	0.50	−31	32	Ⅰ
	蛟河	295.0	0.30	0.45	0.50	0.50	0.75	0.85	−31	32	Ⅰ

省市名	城 市 名	海拔高度（m）	风压(kN/m²)			雪压(kN/m²)			基本气温(℃)		雪荷载准永久值系数分区
			R=10	R=50	R=100	R=10	R=50	R=100	最低	最高	
吉林	敦化市	523.7	0.30	0.45	0.50	0.30	0.50	0.60	−29	30	Ⅰ
	梅河口市	339.9	0.30	0.40	0.45	0.30	0.45	0.50	−27	32	Ⅰ
	桦甸	263.8	0.30	0.40	0.45	0.40	0.65	0.75	−33	32	Ⅰ
	靖宇	549.2	0.25	0.35	0.40	0.40	0.60	0.70	−32	31	Ⅰ
	扶松县东岗	774.2	0.30	0.45	0.55	0.80	1.15	1.30	−27	30	Ⅰ
	延吉市	176.8	0.35	0.50	0.55	0.35	0.55	0.65	−26	32	Ⅰ
	通化市	402.9	0.30	0.50	0.60	0.50	0.80	0.90	−27	32	Ⅰ
	浑江市临江	332.7	0.20	0.30	0.30	0.45	0.70	0.80	−27	33	Ⅰ
	集安市	177.7	0.20	0.30	0.35	0.45	0.70	0.80	−26	33	Ⅰ
	长白	1016.7	0.35	0.45	0.50	0.40	0.60	0.70	−28	29	Ⅰ
黑龙江	哈尔滨市	142.3	0.35	0.55	0.70	0.30	0.45	0.50	−31	32	Ⅰ
	漠河	296.0	0.25	0.35	0.40	0.60	0.75	0.85	−42	30	Ⅰ
	塔河	357.4	0.25	0.30	0.35	0.50	0.65	0.75	−38	30	Ⅰ
	新林	494.6	0.25	0.35	0.40	0.50	0.65	0.75	−40	29	Ⅰ
	呼玛	177.4	0.30	0.50	0.60	0.45	0.60	0.70	−40	31	Ⅰ
	加格达奇	371.7	0.25	0.35	0.40	0.45	0.65	0.70	−38	30	Ⅰ
	黑河市	166.4	0.35	0.50	0.55	0.60	0.75	0.85	−35	31	Ⅰ
	嫩江	242.2	0.40	0.55	0.60	0.40	0.55	0.60	−39	31	Ⅰ
	孙吴	234.5	0.40	0.60	0.70	0.45	0.60	0.70	−40	31	Ⅰ
	北安市	269.7	0.30	0.50	0.60	0.40	0.55	0.60	−36	31	Ⅰ
	克山	234.6	0.30	0.45	0.50	0.30	0.50	0.55	−34	31	Ⅰ
	富裕	162.4	0.30	0.40	0.45	0.25	0.35	0.40	−34	32	Ⅰ
	齐齐哈尔市	145.9	0.35	0.45	0.50	0.25	0.40	0.45	−30	32	Ⅰ
	海伦	239.2	0.35	0.55	0.65	0.30	0.40	0.45	−32	31	Ⅰ
	明水	249.2	0.35	0.45	0.50	0.25	0.40	0.45	−30	31	Ⅰ
	伊春市	240.9	0.25	0.35	0.40	0.50	0.65	0.75	−36	31	Ⅰ
	鹤岗市	227.9	0.30	0.40	0.45	0.45	0.65	0.70	−27	31	Ⅰ
	富锦	64.2	0.30	0.45	0.50	0.40	0.55	0.60	−30	31	Ⅰ
	泰来	149.5	0.30	0.45	0.50	0.20	0.30	0.35	−28	33	Ⅰ
	绥化市	179.6	0.35	0.55	0.65	0.35	0.50	0.60	−32	31	Ⅰ
	安达市	149.3	0.35	0.55	0.65	0.20	0.30	0.35	−31	32	Ⅰ
	铁力	210.5	0.25	0.35	0.40	0.50	0.75	0.85	−34	31	Ⅰ
	佳木斯市	81.2	0.40	0.65	0.75	0.60	0.85	0.95	−30	32	Ⅰ
	依兰	100.1	0.45	0.65	0.75	0.30	0.45	0.50	−29	32	Ⅰ
	宝清	83.0	0.30	0.40	0.45	0.55	0.85	1.00	−30	31	Ⅰ
	通河	108.6	0.35	0.50	0.55	0.50	0.75	0.85	−33	32	Ⅰ
	尚志	189.7	0.35	0.55	0.60	0.40	0.55	0.60	−32	32	Ⅰ

省市名	城 市 名	海拔高度（m）	风压（kN/m²）			雪压（kN/m²）			基本气温（℃）		雪荷载准永久值系数分区
			R=10	R=50	R=100	R=10	R=50	R=100	最低	最高	
黑龙江	鸡西市	233.6	0.40	0.55	0.65	0.45	0.65	0.75	−27	32	Ⅰ
	虎林	100.2	0.35	0.45	0.50	0.95	1.40	1.60	−29	31	Ⅰ
	牡丹江市	241.4	0.35	0.50	0.55	0.50	0.75	0.85	−28	32	Ⅰ
	绥芬河市	496.7	0.40	0.60	0.70	0.60	0.75	0.85	−30	29	Ⅰ
山东	济南市	51.6	0.30	0.45	0.50	0.20	0.30	0.35	−9	36	Ⅱ
	德州市	21.2	0.30	0.45	0.50	0.20	0.35	0.40	−11	36	Ⅱ
	惠民	11.3	0.40	0.50	0.55	0.25	0.35	0.40	−13	36	Ⅱ
	寿光县羊角沟	4.4	0.30	0.45	0.50	0.15	0.25	0.30	−11	36	Ⅱ
	龙口市	4.8	0.45	0.60	0.65	0.25	0.35	0.40	−11	35	Ⅱ
	烟台市	46.7	0.40	0.55	0.60	0.30	0.40	0.45	−8	32	Ⅱ
	威海市	46.6	0.45	0.65	0.75	0.30	0.50	0.60	−8	32	Ⅱ
	荣成市成山头	47.7	0.60	0.70	0.75	0.25	0.40	0.45	−7	30	Ⅱ
	莘县朝城	42.7	0.35	0.45	0.50	0.25	0.35	0.40	−12	36	Ⅱ
	泰安市泰山	1533.7	0.65	0.85	0.95	0.40	0.55	0.60	−16	25	Ⅱ
	泰安市	128.8	0.30	0.40	0.45	0.20	0.35	0.40	−12	33	Ⅱ
	淄博市张店	34.0	0.30	0.40	0.45	0.30	0.45	0.50	−12	36	Ⅱ
	沂源	304.5	0.30	0.35	0.40	0.20	0.30	0.35	−13	35	Ⅱ
	潍坊市	44.1	0.30	0.40	0.45	0.25	0.35	0.40	−12	36	Ⅱ
	莱阳市	30.5	0.30	0.40	0.45	0.15	0.25	0.30	−13	35	Ⅱ
	青岛市	76.0	0.45	0.60	0.70	0.15	0.20	0.25	−9	33	Ⅱ
	海阳	65.2	0.40	0.55	0.60	0.10	0.15	0.15	−10	33	Ⅱ
	荣成市石岛	33.7	0.40	0.55	0.65	0.10	0.15	0.15	−8	31	Ⅱ
	菏泽市	49.7	0.25	0.40	0.45	0.20	0.30	0.35	−10	36	Ⅱ
	兖州	51.7	0.25	0.40	0.45	0.25	0.35	0.45	−11	36	Ⅱ
	营县	107.4	0.25	0.35	0.40	0.20	0.35	0.40	−11	35	Ⅱ
	临沂	87.9	0.30	0.40	0.45	0.25	0.40	0.45	−10	36	Ⅱ
	日照市	16.1	0.30	0.40	0.45	—	—	—	−8	33	—
江苏	南京市	8.9	0.25	0.40	0.45	0.40	0.65	0.75	−6	37	Ⅱ
	徐州市	41.0	0.25	0.35	0.40	0.25	0.35	0.40	−8	35	Ⅱ
	赣榆	2.1	0.30	0.45	0.50	0.25	0.35	0.40	−8	35	Ⅱ
	盱眙	34.5	0.25	0.35	0.40	0.20	0.30	0.35	−7	36	Ⅱ
	淮阴市	17.5	0.25	0.40	0.45	0.25	0.40	0.45	−7	35	Ⅱ
	射阳	2.0	0.30	0.40	0.45	0.15	0.20	0.25	−7	35	Ⅲ
	镇江	26.5	0.30	0.40	0.45	0.25	0.35	0.40	—	—	Ⅲ
	无锡	6.7	0.30	0.45	0.50	0.30	0.40	0.45	—	—	Ⅲ
	泰州	6.6	0.25	0.40	0.45	0.25	0.35	0.40	—	—	Ⅲ
	连云港	3.7	0.35	0.55	0.65	0.25	0.40	0.45	—	—	Ⅱ

省市名	城 市 名	海拔高度(m)	风压(kN/m²)			雪压(kN/m²)			基本气温(℃)		雪荷载准永久值系数分区
			R=10	R=50	R=100	R=10	R=50	R=100	最低	最高	
江苏	盐城	3.6	0.25	0.45	0.55	0.20	0.35	0.40	—	—	Ⅲ
	高邮	5.4	0.25	0.40	0.45	0.20	0.35	0.40	−6	36	Ⅲ
	东台市	4.3	0.30	0.40	0.45	0.20	0.30	0.35	−6	36	Ⅲ
	南通市	5.3	0.30	0.45	0.50	0.15	0.25	0.30	−4	36	Ⅲ
	启东县吕泗	5.5	0.35	0.50	0.55	0.10	0.20	0.25	−4	35	Ⅲ
	常州市	4.9	0.25	0.40	0.45	0.20	0.35	0.40	−4	37	Ⅲ
	溧阳	7.2	0.25	0.40	0.45	0.30	0.50	0.55	−5	37	Ⅲ
	吴县东山	17.5	0.30	0.45	0.50	0.25	0.40	0.45	−5	36	Ⅲ
浙江	杭州市	41.7	0.30	0.45	0.50	0.30	0.45	0.50	−4	38	Ⅲ
	临安县天目山	1505.9	0.55	0.75	0.85	1.00	1.60	1.85	−11	28	Ⅱ
	平湖县乍浦	5.4	0.35	0.45	0.50	0.25	0.35	0.40	−5	36	Ⅲ
	慈溪市	7.1	0.30	0.45	0.50	0.25	0.35	0.40	−4	37	Ⅲ
	嵊泗	79.6	0.85	1.30	1.55	—	—	—	−2	34	—
	嵊泗县嵊山	124.6	1.00	1.65	1.95	—	—	—	0	30	—
	舟山市	35.7	0.50	0.85	1.00	0.30	0.50	0.60	−2	35	Ⅲ
	金华市	62.6	0.25	0.35	0.40	0.35	0.55	0.65	−3	39	Ⅲ
	嵊县	104.3	0.25	0.40	0.50	0.35	0.55	0.65	−3	39	Ⅲ
	宁波市	4.2	0.30	0.50	0.60	0.20	0.30	0.35	−3	37	Ⅲ
	象山县石浦	128.4	0.75	1.20	1.45	0.20	0.30	0.35	−2	35	Ⅲ
	衢州市	66.9	0.25	0.35	0.40	0.30	0.50	0.60	−3	38	Ⅲ
	丽水市	60.8	0.20	0.30	0.35	0.30	0.45	0.50	−3	39	Ⅲ
	龙泉	198.4	0.20	0.30	0.35	0.35	0.55	0.65	−2	38	Ⅲ
	临海市括苍山	1383.1	0.60	0.90	1.05	0.45	0.65	0.75	−8	29	Ⅲ
	温州市	6.0	0.35	0.60	0.70	0.25	0.35	0.40	0	36	Ⅲ
	椒江市洪家	1.3	0.35	0.55	0.65	0.20	0.30	0.35	−2	36	Ⅲ
	椒江市下大陈	86.2	0.95	1.45	1.75	0.25	0.35	0.40	−1	33	Ⅲ
	玉环县坎门	95.9	0.70	1.20	1.45	0.20	0.35	0.40	0	34	Ⅲ
	瑞安市北麂	42.3	1.00	1.80	2.20	—	—	—	2	33	—
安徽	合肥市	27.9	0.25	0.35	0.40	0.40	0.60	0.70	−6	37	Ⅱ
	砀山	43.2	0.25	0.35	0.40	0.25	0.40	0.45	−9	36	Ⅱ
	亳州市	37.7	0.25	0.45	0.55	0.25	0.40	0.45	−8	37	Ⅱ
	宿县	25.9	0.25	0.40	0.50	0.25	0.40	0.45	−8	36	Ⅱ
	寿县	22.7	0.25	0.35	0.40	0.30	0.50	0.55	−7	35	Ⅱ
	蚌埠市	18.7	0.25	0.35	0.40	0.30	0.45	0.55	−6	36	Ⅱ
	滁县	25.3	0.25	0.35	0.40	0.30	0.50	0.60	−6	36	Ⅱ
	六安市	60.5	0.20	0.35	0.40	0.35	0.55	0.60	−5	37	Ⅱ
	霍山	68.1	0.20	0.35	0.40	0.45	0.65	0.75	−6	37	Ⅱ

省市名	城市名	海拔高度（m）	风压（kN/m²）			雪压（kN/m²）			基本气温（℃）		雪荷载准永久值系数分区
			R=10	R=50	R=100	R=10	R=50	R=100	最低	最高	
安徽	巢湖	22.4	0.25	0.35	0.40	0.30	0.45	0.50	−5	37	Ⅱ
	安庆市	19.8	0.25	0.40	0.45	0.20	0.35	0.40	−3	36	Ⅲ
	宁国	89.4	0.25	0.35	0.40	0.30	0.50	0.55	−6	38	Ⅲ
	黄山	1840.4	0.50	0.70	0.80	0.35	0.45	0.50	−11	24	Ⅲ
	黄山市	142.7	0.25	0.35	0.40	0.30	0.45	0.50	−3	38	Ⅲ
	阜阳市	30.6	—	—	—	0.35	0.55	0.60	−7	36	Ⅱ
江西	南昌市	46.7	0.30	0.45	0.55	0.30	0.45	0.50	−3	38	Ⅲ
	修水	146.8	0.20	0.30	0.35	0.25	0.40	0.50	−4	37	Ⅲ
	宜春市	131.3	0.20	0.30	0.35	0.25	0.40	0.45	−3	38	Ⅲ
	吉安	76.4	0.25	0.30	0.35	0.25	0.35	0.45	−2	38	Ⅲ
	宁冈	263.1	0.20	0.30	0.35	0.30	0.45	0.50	−3	38	Ⅲ
	遂川	126.1	0.20	0.30	0.35	0.30	0.45	0.55	−1	38	Ⅲ
	赣州市	123.8	0.20	0.30	0.35	0.20	0.35	0.40	0	38	Ⅲ
	九江	36.1	0.25	0.35	0.40	0.30	0.40	0.45	−2	38	Ⅲ
	庐山	1164.5	0.40	0.55	0.60	0.60	0.95	1.05	−9	29	Ⅲ
	波阳	40.1	0.25	0.40	0.45	0.35	0.60	0.70	−3	38	Ⅲ
	景德镇市	61.5	0.25	0.35	0.40	0.25	0.35	0.40	−3	38	Ⅲ
	樟树市	30.4	0.25	0.30	0.35	0.30	0.40	0.45	−3	38	Ⅲ
	贵溪	51.2	0.20	0.30	0.35	0.35	0.50	0.60	−2	38	Ⅲ
	玉山	116.3	0.20	0.30	0.35	0.35	0.55	0.65	−3	38	Ⅲ
	南城	80.8	0.25	0.30	0.35	0.20	0.35	0.40	−3	37	Ⅲ
	广昌	143.8	0.20	0.30	0.35	0.30	0.45	0.50	−2	38	Ⅲ
	寻乌	303.9	0.25	0.30	0.35	—	—	—	−0.3	37	—
福建	福州市	83.8	0.40	0.70	0.85	—	—	—	3	37	
	邵武市	191.5	0.20	0.30	0.35	0.25	0.35	0.40	−1	37	Ⅲ
	崇安县七仙山	1401.9	0.55	0.70	0.80	0.40	0.60	0.70	−5	28	Ⅲ
	浦城	276.9	0.20	0.30	0.35	0.35	0.55	0.65	−2	37	Ⅲ
	建阳	196.9	0.25	0.35	0.40	0.35	0.50	0.55	−2	38	Ⅲ
	建瓯	154.9	0.25	0.35	0.40	0.25	0.35	0.40	0	38	Ⅲ
	福鼎	36.2	0.35	0.70	0.90	—	—	—	1	37	
	泰宁	342.9	0.20	0.30	0.35	0.30	0.50	0.60	−2	37	Ⅲ
	南平市	125.6	0.20	0.35	0.45	—	—	—	2	38	
	福鼎县台山	106.6	0.75	1.00	1.10	—	—	—	4	30	
	长汀	310.0	0.20	0.35	0.40	0.15	0.25	0.30	0	36	Ⅲ
	上杭	197.9	0.25	0.30	0.35	—	—	—	2	36	—
	永安市	206.0	0.25	0.40	0.45	—	—	—	2	38	
	龙岩市	342.3	0.20	0.35	0.45	—	—	—	3	36	

省市名	城 市 名	海拔高度(m)	风压(kN/m²)			雪压(kN/m²)			基本气温(℃)		雪荷载准永久值系数分区
			R=10	R=50	R=100	R=10	R=50	R=100	最低	最高	
福建	德化县九仙山	1653.5	0.60	0.80	0.90	0.25	0.40	0.50	−3	25	Ⅲ
	屏南	896.5	0.20	0.30	0.35	0.25	0.45	0.50	−2	32	Ⅲ
	平潭	32.4	0.75	1.30	1.60	—	—	—	4	34	—
	崇武	21.8	0.55	0.85	1.05	—	—	—	5	33	—
	厦门市	139.4	0.50	0.80	0.95	—	—	—	5	35	—
	东山	53.3	0.80	1.25	1.45	—	—	—	7	34	—
陕西	西安市	397.5	0.25	0.35	0.40	0.20	0.25	0.30	−9	37	Ⅱ
	榆林市	1057.5	0.25	0.40	0.45	0.20	0.25	0.30	−22	35	Ⅱ
	吴旗	1272.6	0.25	0.40	0.50	0.15	0.20	0.20	−20	33	Ⅱ
	横山	1111.0	0.30	0.40	0.45	0.15	0.25	0.30	−21	35	Ⅱ
	绥德	929.7	0.30	0.40	0.45	0.25	0.35	0.40	−19	35	Ⅱ
	延安市	957.8	0.25	0.35	0.40	0.15	0.25	0.30	−17	34	Ⅱ
	长武	1206.5	0.20	0.30	0.35	0.20	0.30	0.35	−15	32	Ⅱ
	洛川	1158.3	0.25	0.35	0.40	0.25	0.35	0.40	−15	32	Ⅱ
	铜川市	978.9	0.20	0.35	0.40	0.15	0.20	0.25	−12	33	Ⅱ
	宝鸡市	612.4	0.20	0.35	0.40	0.15	0.20	0.25	−8	37	Ⅱ
	武功	447.8	0.20	0.35	0.40	0.20	0.25	0.30	−9	37	Ⅱ
	华阴县华山	2064.9	0.40	0.50	0.55	0.50	0.70	0.75	−15	25	Ⅱ
	略阳	794.2	0.25	0.35	0.40	0.10	0.15	0.15	−6	34	Ⅲ
	汉中市	508.4	0.20	0.30	0.35	0.15	0.20	0.25	−5	34	Ⅲ
	佛坪	1087.7	0.25	0.35	0.45	0.15	0.25	0.30	−8	33	Ⅲ
	商州市	742.2	0.25	0.30	0.35	0.20	0.30	0.35	−8	35	Ⅱ
	镇安	693.7	0.20	0.35	0.40	0.20	0.30	0.35	−7	36	Ⅲ
	石泉	484.9	0.20	0.30	0.35	0.20	0.30	0.35	−5	35	Ⅲ
	安康市	290.8	0.30	0.45	0.50	0.10	0.15	0.20	−4	37	Ⅲ
甘肃	兰州	1517.2	0.20	0.30	0.35	0.10	0.15	0.20	−15	34	Ⅱ
	吉诃德	966.5	0.45	0.55	0.60	—	—	—	—	—	—
	安西	1170.8	0.40	0.55	0.60	0.10	0.20	0.25	−22	37	Ⅱ
	酒泉市	1477.2	0.40	0.55	0.60	0.20	0.30	0.35	−21	33	Ⅱ
	张掖市	1482.7	0.30	0.50	0.60	0.05	0.10	0.15	−22	34	Ⅱ
	武威市	1530.9	0.35	0.55	0.65	0.15	0.20	0.25	−20	33	Ⅱ
	民勤	1367.0	0.40	0.50	0.55	0.05	0.10	0.10	−21	35	Ⅱ
	乌鞘岭	3045.1	0.35	0.40	0.45	0.35	0.55	0.60	−22	21	Ⅱ
	景泰	1630.5	0.25	0.40	0.45	0.10	0.15	0.20	−18	33	Ⅱ
	靖远	1398.2	0.20	0.30	0.35	0.15	0.20	0.25	−18	33	Ⅱ
	临夏市	1917.0	0.20	0.30	0.35	0.15	0.25	0.30	−18	30	Ⅱ
	临洮	1886.6	0.20	0.30	0.35	0.30	0.50	0.55	−19	30	Ⅱ
	华家岭	2450.6	0.30	0.40	0.45	0.25	0.40	0.45	−17	24	Ⅱ

省市名	城 市 名	海拔高度(m)	风压(kN/m²)			雪压(kN/m²)			基本气温(℃)		雪荷载准永久值系数分区
			R=10	R=50	R=100	R=10	R=50	R=100	最低	最高	
甘肃	环县	1255.6	0.20	0.30	0.35	0.15	0.25	0.30	−18	33	Ⅱ
	平凉市	1346.6	0.25	0.30	0.35	0.15	0.25	0.30	−14	32	Ⅱ
	西峰镇	1421.0	0.20	0.30	0.35	0.25	0.40	0.45	−14	31	Ⅱ
	玛曲	3471.4	0.25	0.30	0.35	0.15	0.20	0.25	−23	21	Ⅱ
	夏河县合作	2910.0	0.25	0.30	0.35	0.25	0.40	0.45	−23	24	Ⅱ
	武都	1079.1	0.25	0.35	0.40	0.05	0.10	0.15	−5	35	Ⅲ
	天水市	1141.7	0.20	0.35	0.40	0.15	0.20	0.25	−11	34	Ⅱ
	马宗山	1962.7	—	—	—	0.10	0.15	0.20	−25	32	Ⅱ
	敦煌	1139.0	—	—	—	0.10	0.15	0.20	−20	37	Ⅱ
	玉门市	1526.0	—	—	—	0.15	0.20	0.25	−21	33	Ⅱ
	金塔县鼎新	1177.4	—	—	—	0.05	0.10	0.15	−21	36	Ⅱ
	高台	1332.2	—	—	—	0.10	0.15	0.20	−21	34	Ⅱ
	山丹	1764.6	—	—	—	0.15	0.20	0.25	−21	32	Ⅱ
	永昌	1976.1	—	—	—	0.10	0.15	0.20	−22	29	Ⅱ
	榆中	1874.1	—	—	—	0.15	0.20	0.25	−19	30	Ⅱ
	会宁	2012.2	—	—	—	0.20	0.30	0.35	—	—	Ⅱ
	岷县	2315.0	—	—	—	0.10	0.15	0.20	−19	27	Ⅱ
宁夏	银川	1111.4	0.40	0.65	0.75	0.15	0.20	0.25	−19	34	Ⅱ
	惠农	1091.0	0.45	0.65	0.70	0.05	0.10	0.10	−20	35	Ⅱ
	陶乐	1101.6	—	—	—	0.05	0.10	0.10	−20	35	Ⅱ
	中卫	1225.7	0.30	0.45	0.50	0.05	0.10	0.15	−18	33	Ⅱ
	中宁	1183.3	0.30	0.35	0.40	0.10	0.15	0.20	−18	34	Ⅱ
	盐池	1347.8	0.30	0.40	0.45	0.20	0.30	0.35	−20	34	Ⅱ
	海源	1854.2	0.25	0.35	0.40	0.25	0.40	0.45	−17	30	Ⅱ
	同心	1343.9	0.20	0.30	0.35	0.10	0.15	0.20	−18	34	Ⅱ
	固原	1753.0	0.25	0.35	0.40	0.30	0.40	0.45	−20	29	Ⅱ
	西吉	1916.5	0.20	0.30	0.35	0.15	0.20	0.20	−20	29	Ⅱ
青海	西宁	2261.2	0.25	0.35	0.40	0.15	0.20	0.25	−19	29	Ⅱ
	茫崖	3138.5	0.30	0.40	0.45	0.05	0.10	0.10	—	—	Ⅱ
	冷湖	2733.0	0.40	0.55	0.60	0.05	0.10	0.10	−26	.29	Ⅱ
	祁连县托勒	3367.0	0.30	0.40	0.45	0.20	0.25	0.30	−32	22	Ⅱ
	祁连县野牛沟	3180.0	0.30	0.40	0.45	0.15	0.20	0.20	−31	21	Ⅱ
	祁连县	2787.4	0.30	0.35	0.40	0.10	0.15	0.15	−25	25	Ⅱ
	格尔木市小灶火	2767.0	0.30	0.40	0.45	0.05	0.10	0.10	−25	30	Ⅱ
	大柴旦	3173.2	0.30	0.40	0.45	0.10	0.15	0.15	−27	26	Ⅱ
	德令哈市	2981.5	0.25	0.35	0.40	0.10	0.15	0.20	−22	28	Ⅱ
	刚察	3301.5	0.25	0.35	0.40	0.20	0.25	0.30	−26	21	Ⅱ

省市名	城 市 名	海拔高度(m)	风压(kN/m²)			雪压(kN/m²)			基本气温(℃)		雪荷载准永久值系数分区
			$R=10$	$R=50$	$R=100$	$R=10$	$R=50$	$R=100$	最低	最高	
青海	门源	2850.0	0.25	0.35	0.40	0.20	0.30	0.30	-27	24	Ⅱ
	格尔木市	2807.6	0.30	0.40	0.45	0.10	0.20	0.25	-21	29	Ⅱ
	都兰县诺木洪	2790.4	0.35	0.50	0.60	0.05	0.10	0.10	-22	30	Ⅱ
	都兰	3191.1	0.30	0.45	0.55	0.20	0.25	0.30	-21	26	Ⅱ
	乌兰县茶卡	3087.6	0.25	0.35	0.40	0.15	0.20	0.25	-25	25	Ⅱ
	共和县恰卜恰	2835.0	0.25	0.35	0.40	0.10	0.15	0.20	-22	26	Ⅱ
	贵德	2237.1	0.25	0.30	0.35	0.05	0.10	0.10	-18	30	Ⅱ
	民和	1813.9	0.20	0.30	0.35	0.10	0.10	0.15	-17	31	Ⅱ
	唐古拉山五道梁	4612.2	0.35	0.45	0.50	0.20	0.25	0.30	-29	17	Ⅰ
	兴海	3323.2	0.25	0.35	0.40	0.15	0.20	0.20	-25	23	Ⅱ
	同德	3289.4	0.25	0.35	0.40	0.20	0.30	0.35	-28	23	Ⅱ
	泽库	3662.8	0.25	0.30	0.35	0.20	0.40	0.45	—	—	Ⅱ
	格尔木市托托河	4533.1	0.40	0.50	0.55	0.25	0.35	0.40	-33	19	Ⅰ
	治多	4179.0	0.25	0.30	0.35	0.15	0.20	0.25	—	—	Ⅰ
	杂多	4066.4	0.25	0.35	0.40	0.20	0.25	0.30	-25	22	Ⅱ
	曲麻莱	4231.2	0.25	0.35	0.40	0.15	0.25	0.30	-28	20	Ⅱ
	玉树	3681.2	0.20	0.30	0.35	0.15	0.20	0.25	-20	24.4	Ⅱ
	玛多	4272.3	0.30	0.40	0.45	0.25	0.35	0.40	-33	18	Ⅰ
	称多县清水河	4415.4	0.25	0.30	0.35	0.25	0.30	0.35	-33	17	Ⅰ
	玛沁县仁峡姆	4211.1	0.30	0.35	0.40	0.25	0.30	0.35	-33	18	Ⅰ
	达日县吉迈	3967.5	0.25	0.35	0.40	0.20	0.25	0.30	-27	20	Ⅰ
	河南	3500.0	0.25	0.40	0.45	0.20	0.25	0.30	-29	21	Ⅱ
	久治	3628.5	0.20	0.30	0.35	0.20	0.25	0.30	-24	21	Ⅱ
	昂欠	3643.7	0.25	0.30	0.35	0.10	0.20	0.25	-18	25	Ⅱ
	班玛	3750.0	0.20	0.30	0.35	0.15	0.20	0.25	-20	22	Ⅱ
新疆	乌鲁木齐市	917.9	0.40	0.60	0.70	0.65	0.90	1.00	-23	34	Ⅰ
	阿勒泰市	735.3	0.40	0.70	0.85	1.20	1.65	1.85	-28	32	Ⅰ
	阿拉山口	284.8	0.95	1.35	1.55	0.20	0.25	0.25	-25	39	Ⅱ
	克拉玛依市	427.3	0.65	0.90	1.00	0.20	0.30	0.35	-27	38	Ⅰ
	伊宁市	662.5	0.40	0.60	0.70	1.00	1.40	1.55	-23	35	Ⅰ
	昭苏	1851.0	0.25	0.40	0.45	0.65	0.85	0.95	-23	26	Ⅰ
	达坂城	1103.5	0.55	0.80	0.90	0.15	0.20	0.20	-21	32	Ⅰ
	巴音布鲁克	2458.0	0.25	0.35	0.40	0.55	0.75	0.85	-40	22	Ⅰ
	吐鲁番市	34.5	0.50	0.85	1.00	0.15	0.20	0.25	-20	44	Ⅱ
	阿克苏市	1103.8	0.30	0.45	0.50	0.15	0.25	0.30	-20	36	Ⅱ
	库车	1099.0	0.35	0.50	0.60	0.15	0.20	0.30	-19	36	Ⅱ
	库尔勒	931.5	0.30	0.45	0.50	0.15	0.20	0.30	-18	37	Ⅱ

省市名	城 市 名	海拔高度(m)	风压(kN/m²)			雪压(kN/m²)			基本气温(℃)		雪荷载准永久值系数分区
			R=10	R=50	R=100	R=10	R=50	R=100	最低	最高	
新疆	乌恰	2175.7	0.25	0.35	0.40	0.35	0.50	0.60	−20	31	Ⅱ
	喀什	1288.7	0.35	0.55	0.65	0.30	0.45	0.50	−17	36	Ⅱ
	阿合奇	1984.9	0.25	0.35	0.40	0.25	0.35	0.40	−21	31	Ⅱ
	皮山	1375.4	0.20	0.30	0.35	0.15	0.20	0.25	−18	37	Ⅱ
	和田	1374.6	0.25	0.40	0.45	0.10	0.20	0.25	−15	37	Ⅱ
	民丰	1409.3	0.20	0.30	0.35	0.10	0.15	0.15	−19	37	Ⅱ
	安德河	1262.8	0.20	0.30	0.35	0.05	0.05	0.05	−23	39	Ⅱ
	于田	1422.0	0.20	0.30	0.35	0.10	0.15	0.15	−17	36	Ⅱ
	哈密	737.2	0.40	0.60	0.70	0.15	0.25	0.30	−23	38	Ⅱ
	哈巴河	532.6	—	—	—	0.70	1.00	1.15	−26	33.6	Ⅰ
	吉木乃	984.1	—	—	—	0.85	1.15	1.35	−24	31	Ⅰ
	福海	500.9	—	—	—	0.30	0.45	0.50	−31	34	Ⅰ
	富蕴	807.5	—	—	—	0.95	1.35	1.50	−33	34	Ⅰ
	塔城	534.9	—	—	—	1.10	1.55	1.75	−23	35	Ⅰ
	和布克塞尔	1291.6	—	—	—	0.25	0.40	0.45	−23	30	Ⅰ
	青河	1218.2	—	—	—	0.90	1.30	1.45	−35	31	Ⅰ
	托里	1077.8	—	—	—	0.55	0.75	0.85	−24	32	Ⅰ
	北塔山	1653.7	—	—	—	0.55	0.65	0.70	−25	28	Ⅰ
	温泉	1354.6	—	—	—	0.35	0.45	0.50	−25	30	Ⅰ
	精河	320.1	—	—	—	0.20	0.30	0.35	−27	38	Ⅰ
	乌苏	478.7	—	—	—	0.40	0.55	0.60	−26	37	Ⅰ
	石河子	442.9	—	—	—	0.50	0.70	0.80	−28	37	Ⅰ
	蔡家湖	440.5	—	—	—	0.40	0.50	0.55	−32	38	Ⅰ
	奇台	793.5	—	—	—	0.55	0.75	0.85	−31	34	Ⅰ
	巴仑台	1752.5	—	—	—	0.20	0.30	0.35	−20	30	Ⅱ
	七角井	873.2	—	—	—	0.05	0.10	0.15	−23	38	Ⅱ
	库米什	922.4	—	—	—	0.10	0.15	0.15	−25	38	Ⅱ
	焉耆	1055.8	—	—	—	0.15	0.20	0.25	−24	35	Ⅱ
	拜城	1229.2	—	—	—	0.20	0.30	0.35	−26	34	Ⅱ
	轮台	976.1	—	—	—	0.15	0.20	0.30	−19	38	Ⅱ
	吐尔格特	3504.4	—	—	—	0.40	0.55	0.65	−27	18	Ⅱ
	巴楚	1116.5	—	—	—	0.10	0.15	0.20	−19	38	Ⅱ
	柯坪	1161.8	—	—	—	0.05	0.10	0.15	−20	37	Ⅱ
	阿拉尔	1012.2	—	—	—	0.05	0.10	0.10	−20	36	Ⅱ
	铁干里克	846.0	—	—	—	0.10	0.15	0.15	−20	39	Ⅱ
	若羌	888.3	—	—	—	0.10	0.15	0.20	−18	40	Ⅱ
	塔吉克	3090.9	—	—	—	0.15	0.25	0.30	−28	28	Ⅱ

省市名	城市名	海拔高度(m)	风压(kN/m²)			雪压(kN/m²)			基本气温(℃)		雪荷载准永久值系数分区
			R=10	R=50	R=100	R=10	R=50	R=100	最低	最高	
新疆	莎车	1231.2	—	—	—	0.15	0.20	0.25	−17	37	Ⅱ
	且末	1247.5	—	—	—	0.10	0.15	0.20	−20	37	Ⅱ
	红柳河	1700.0	—	—	—	0.10	0.15	0.15	−25	35	Ⅱ
河南	郑州市	110.4	0.30	0.45	0.50	0.25	0.40	0.45	−8	36	Ⅱ
	安阳市	75.5	0.25	0.45	0.55	0.25	0.40	0.45	−8	36	Ⅱ
	新乡市	72.7	0.30	0.40	0.45	0.20	0.30	0.35	−8	36	Ⅱ
	三门峡市	410.1	0.25	0.40	0.45	0.15	0.20	0.25	−8	36	Ⅱ
	卢氏	568.8	0.20	0.30	0.35	0.20	0.30	0.35	−10	35	Ⅱ
	孟津	323.3	0.30	0.45	0.50	0.30	0.40	0.50	−8	35	Ⅱ
	洛阳市	137.1	0.25	0.40	0.45	0.25	0.35	0.40	−6	36	Ⅱ
	栾川	750.1	0.20	0.30	0.35	0.25	0.40	0.45	−9	34	Ⅱ
	许昌市	66.8	0.30	0.40	0.45	0.25	0.40	0.45	−8	36	Ⅱ
	开封市	72.5	0.30	0.45	0.50	0.20	0.30	0.35	−8	36	Ⅱ
	西峡	250.3	0.25	0.35	0.40	0.25	0.30	0.35	−6	36	Ⅱ
	南阳市	129.2	0.25	0.35	0.40	0.30	0.45	0.50	−7	36	Ⅱ
	宝丰	136.4	0.25	0.35	0.40	0.25	0.30	0.35	−8	36	Ⅱ
	西华	52.6	0.25	0.45	0.55	0.30	0.45	0.50	−8	37	Ⅱ
	驻马店市	82.7	0.25	0.40	0.45	0.30	0.45	0.50	−8	36	Ⅱ
	信阳市	114.5	0.25	0.35	0.40	0.35	0.55	0.65	−6	36	Ⅱ
	商丘市	50.1	0.20	0.35	0.45	0.25	0.45	0.50	−8	36	Ⅱ
	固始	57.1	0.20	0.35	0.40	0.35	0.55	0.65	−6	36	Ⅱ
湖北	武汉市	23.3	0.25	0.35	0.40	0.30	0.50	0.60	−5	37	Ⅱ
	郧县	201.9	0.20	0.30	0.35	0.25	0.40	0.45	−3	37	Ⅱ
	房县	434.4	0.20	0.30	0.35	0.20	0.30	0.35	−7	35	Ⅲ
	老河口市	90.0	0.20	0.30	0.35	0.25	0.35	0.40	−6	36	Ⅱ
	枣阳	125.5	0.25	0.40	0.45	0.25	0.40	0.45	−6	36	Ⅱ
	巴东	294.5	0.15	0.30	0.35	0.15	0.20	0.25	−2	38	Ⅲ
	钟祥	65.8	0.20	0.30	0.35	0.25	0.35	0.40	−4	36	Ⅱ
	麻城市	59.3	0.20	0.35	0.45	0.35	0.55	0.65	−4	37	Ⅱ
	恩施市	457.1	0.20	0.30	0.35	0.15	0.20	0.25	−2	36	Ⅲ
	巴东县绿葱坡	1819.3	0.30	0.35	0.40	0.65	0.95	1.10	−10	26	Ⅲ
	五峰县	908.4	0.20	0.30	0.35	0.25	0.35	0.40	−5	34	Ⅲ
	宜昌市	133.1	0.20	0.30	0.35	0.20	0.30	0.35	−3	37	Ⅲ
	荆州	32.6	0.20	0.30	0.35	0.30	0.40	0.45	−4	36	Ⅱ
	天门市	34.1	0.20	0.30	0.35	0.25	0.35	0.45	−5	36	Ⅱ
	来凤	459.5	0.20	0.30	0.35	0.15	0.20	0.25	−3	35	Ⅲ
	嘉鱼	36.0	0.20	0.35	0.45	0.30	0.35	0.40	−3	37	Ⅲ
	英山	123.8	0.20	0.30	0.35	0.25	0.40	0.45	−5	37	Ⅲ
	黄石市	19.6	0.25	0.35	0.40	0.25	0.35	0.40	−3	38	Ⅲ

省市名	城市名	海拔高度(m)	风压(kN/m²) R=10	风压 R=50	风压 R=100	雪压(kN/m²) R=10	雪压 R=50	雪压 R=100	基本气温(℃)最低	基本气温最高	雪荷载准永久值系数分区
湖南	长沙市	44.9	0.25	0.35	0.40	0.30	0.45	0.50	−3	38	Ⅲ
	桑植	322.2	0.20	0.30	0.35	0.25	0.35	0.40	−3	36	Ⅲ
	石门	116.9	0.25	0.30	0.35	0.25	0.35	0.40	−3	36	Ⅲ
	南县	36.0	0.25	0.40	0.50	0.30	0.45	0.50	−3	36	Ⅲ
	岳阳市	53.0	0.25	0.40	0.45	0.35	0.55	0.65	−2	36	Ⅲ
	吉首市	206.6	0.20	0.30	0.35	0.20	0.30	0.35	−2	36	Ⅲ
	沅陵	151.6	0.20	0.30	0.35	0.20	0.35	0.40	−3	37	Ⅲ
	常德市	35.0	0.25	0.40	0.50	0.30	0.50	0.60	−3	36	Ⅱ
	安化	128.3	0.20	0.30	0.35	0.30	0.45	0.50	−3	38	Ⅱ
	沅江市	36.0	0.25	0.40	0.45	0.35	0.55	0.65	−3	37	Ⅲ
	平江	106.3	0.20	0.30	0.35	0.25	0.40	0.45	−4	37	Ⅲ
	芷江	272.2	0.20	0.30	0.35	0.25	0.40	0.45	−3	36	Ⅲ
	雪峰山	1404.9	—	—	—	0.50	0.75	0.85	−8	27	Ⅱ
	邵阳市	248.6	0.20	0.30	0.35	0.20	0.30	0.35	−3	37	Ⅲ
	双峰	100.0	0.20	0.30	0.35	0.25	0.40	0.45	−4	38	Ⅲ
	南岳	1265.9	0.60	0.75	0.85	0.50	0.75	0.85	−8	28	Ⅲ
	通道	397.5	0.25	0.30	0.35	0.15	0.25	0.30	−3	35	Ⅲ
	武岗	341.0	0.20	0.30	0.35	0.20	0.30	0.35	−3	36	Ⅲ
	零陵	172.6	0.25	0.40	0.45	0.15	0.25	0.30	−2	37	Ⅲ
	衡阳市	103.2	0.25	0.40	0.45	0.20	0.35	0.40	−2	38	Ⅲ
	道县	192.2	0.25	0.35	0.40	0.15	0.20	0.25	−1	37	Ⅲ
	郴州市	184.9	0.20	0.30	0.35	0.20	0.30	0.35	−2	38	Ⅲ
广东	广州市	6.6	0.30	0.50	0.60	—	—	—	6	36	—
	南雄	133.8	0.20	0.30	0.35	—	—	—	1	37	—
	连县	97.6	0.20	0.30	0.35	—	—	—	2	37	—
	韶关	69.3	0.20	0.35	0.45	—	—	—	2	37	—
	佛岗	67.8	0.20	0.30	0.35	—	—	—	4	36	—
	连平	214.5	0.20	0.30	0.35	—	—	—	2	36	—
	梅县	87.8	0.20	0.30	0.35	—	—	—	4	37	—
	广宁	56.8	0.20	0.30	0.35	—	—	—	4	36	—
	高要	7.1	0.30	0.50	0.60	—	—	—	6	36	—
	河源	40.6	0.20	0.30	0.35	—	—	—	5	36	—
	惠阳	22.4	0.35	0.55	0.60	—	—	—	6	36	—
	五华	120.9	0.20	0.30	0.35	—	—	—	4	36	—
	汕头市	1.1	0.50	0.80	0.95	—	—	—	6	35	—
	惠来	12.9	0.45	0.75	0.90	—	—	—	7	35	—
	南澳	7.2	0.50	0.80	0.95	—	—	—	9	32	—

省市名	城 市 名	海拔高度(m)	风压(kN/m²)			雪压(kN/m²)			基本气温(℃)		雪荷载准永久值系数分区
			R=10	R=50	R=100	R=10	R=50	R=100	最低	最高	
广东	信宜	84.6	0.35	0.60	0.70	—	—	—	7	36	—
	罗定	53.3	0.20	0.30	0.35	—	—	—	6	37	—
	台山	32.7	0.35	0.55	0.65	—	—	—	6	35	—
	深圳市	18.2	0.45	0.75	0.90	—	—	—	8	35	—
	汕尾	4.6	0.50	0.85	1.00	—	—	—	7	34	—
	湛江市	25.3	0.50	0.80	0.95	—	—	—	9	36	—
	阳江	23.3	0.45	0.75	0.90	—	—	—	7	35	—
	电白	11.8	0.45	0.70	0.80	—	—	—	8	35	—
	台山县上川岛	21.5	0.75	1.05	1.20	—	—	—	8	35	—
	徐闻	67.9	0.45	0.75	0.90	—	—	—	10	36	—
广西	南宁市	73.1	0.25	0.35	0.40	—	—	—	6	36	—
	桂林市	164.4	0.20	0.30	0.35	—	—	—	1	36	—
	柳州市	96.8	0.20	0.30	0.35	—	—	—	3	36	—
	蒙山	145.7	0.20	0.30	0.35	—	—	—	2	36	—
	贺山	108.8	0.20	0.30	0.35	—	—	—	2	36	—
	百色市	173.5	0.25	0.45	0.55	—	—	—	5	37	—
	靖西	739.4	0.20	0.30	0.35	—	—	—	4	32	—
	桂平	42.5	0.20	0.30	0.35	—	—	—	5	36	—
	梧州市	114.8	0.20	0.30	0.35	—	—	—	4	36	—
	龙舟	128.8	0.20	0.30	0.35	—	—	—	7	36	—
	灵山	66.0	0.20	0.30	0.35	—	—	—	5	35	—
	玉林	81.8	0.20	0.30	0.35	—	—	—	5	36	—
	东兴	18.2	0.45	0.75	0.90	—	—	—	8	34	—
	北海市	15.3	0.45	0.75	0.90	—	—	—	7	35	—
	涠洲岛	55.2	0.70	1.10	1.30	—	—	—	9	34	—
海南	海口市	14.1	0.45	0.75	0.90	—	—	—	10	37	—
	东方	8.4	0.55	0.85	1.00	—	—	—	10	37	—
	儋县	168.7	0.40	0.70	0.85	—	—	—	9	37	—
	琼中	250.9	0.30	0.45	0.55	—	—	—	8	36	—
	琼海	24.0	0.50	0.85	1.05	—	—	—	10	37	—
	三亚市	5.5	0.50	0.85	1.05	—	—	—	14	36	—
	陵水	13.9	0.50	0.85	1.05	—	—	—	12	36	—
	西沙岛	4.7	1.05	1.80	2.20	—	—	—	18	35	—
	珊瑚岛	4.0	0.70	1.10	1.30	—	—	—	16	36	—
四川	成都市	506.1	0.20	0.30	0.35	0.10	0.10	0.15	−1	34	Ⅲ
	石渠	4200.0	0.25	0.30	0.35	0.35	0.50	0.60	−28	19	Ⅱ
	若尔盖	3439.6	0.25	0.30	0.35	0.30	0.40	0.45	−24	21	Ⅱ
	甘孜	3393.5	0.35	0.45	0.50	0.30	0.50	0.55	−17	25	Ⅱ

省市名	城 市 名	海拔高度(m)	风压(kN/m²)			雪压(kN/m²)			基本气温(℃)		雪荷载准永久值系数分区
			R=10	R=50	R=100	R=10	R=50	R=100	最低	最高	
四川	都江堰市	706.7	0.20	0.30	0.35	0.15	0.25	0.30	—	—	Ⅲ
	绵阳市	470.8	0.20	0.30	0.35	—	—	—	−3	35	—
	雅安市	627.6	0.20	0.30	0.35	0.10	0.20	0.20	0	34	Ⅲ
	资阳	357.0	0.20	0.30	0.35	—	—	—	1	33	—
	康定	2615.7	0.30	0.35	0.40	0.30	0.50	0.55	−10	23	Ⅱ
	汉源	795.9	0.20	0.30	0.35	—	—	—	2	34	—
	九龙	2987.3	0.20	0.30	0.35	0.15	0.20	0.20	−10	25	Ⅲ
	越西	1659.0	0.25	0.30	0.35	0.15	0.25	0.30	−4	31	Ⅲ
	昭觉	2132.4	0.25	0.30	0.35	0.25	0.35	0.40	−6	28	Ⅲ
	雷波	1474.9	0.20	0.30	0.40	0.20	0.30	0.35	−4	29	Ⅲ
	宜宾市	340.8	0.20	0.30	0.35	—	—	—	2	35	—
	盐源	2545.0	0.20	0.30	0.35	0.20	0.30	0.35	−6	27	Ⅲ
	西昌市	1590.9	0.20	0.30	0.35	0.20	0.30	0.35	−1	32	Ⅲ
	会理	1787.1	0.20	0.30	0.35	—	—	—	−4	30	—
	万源	674.0	0.20	0.30	0.35	0.05	0.10	0.15	−3	35	Ⅲ
	阆中	382.6	0.20	0.30	0.35	—	—	—	−1	36	—
	巴中	358.9	0.20	0.30	0.35	—	—	—	−1	36	—
	达县市	310.4	0.20	0.35	0.45	—	—	—	0	37	—
	遂宁市	278.2	0.20	0.30	0.35	—	—	—	0	36	—
	南充市	309.3	0.20	0.30	0.35	—	—	—	0	36	—
	内江市	347.1	0.25	0.40	0.50	—	—	—	0	36	—
	泸州市	334.8	0.20	0.30	0.35	—	—	—	1	36	—
	叙永	377.5	0.20	0.30	0.35	—	—	—	1	36	—
	德格	3201.2	—	—	—	0.15	0.20	0.25	−15	26	Ⅲ
	色达	3893.9	—	—	—	0.30	0.40	0.45	−24	21	Ⅲ
	道孚	2957.2	—	—	—	0.15	0.20	0.25	−16	28	Ⅲ
	阿坝	3275.1	—	—	—	0.25	0.40	0.45	−19	22	Ⅲ
	马尔康	2664.4	—	—	—	0.15	0.25	0.30	−12	29	Ⅲ
	红原	3491.6	—	—	—	0.25	0.40	0.45	−26	22	Ⅱ
	小金	2369.2	—	—	—	0.10	0.15	0.15	−8	31	Ⅱ
	松潘	2850.7	—	—	—	0.20	0.30	0.35	−16	26	Ⅱ
	新龙	3000.0	—	—	—	0.10	0.15	0.15	−16	27	Ⅱ
	理唐	3948.9	—	—	—	0.35	0.50	0.60	−19	21	Ⅱ
	稻城	3727.7	—	—	—	0.20	0.30	0.30	−19	23	Ⅲ
	峨眉山	3047.4	—	—	—	0.40	0.55	0.60	−15	19	Ⅱ
贵州	贵阳市	1074.3	0.20	0.30	0.35	0.10	0.20	0.25	−3	32	Ⅲ
	威宁	2237.5	0.25	0.35	0.40	0.25	0.35	0.40	−6	26	Ⅲ

省市名	城 市 名	海拔高度(m)	风压(kN/m²)			雪压(kN/m²)			基本气温(℃)		雪荷载准永久值系数分区
			R=10	R=50	R=100	R=10	R=50	R=100	最低	最高	
贵州	盘县	1515.2	0.25	0.35	0.40	0.25	0.35	0.45	−3	30	Ⅲ
	桐梓	972.0	0.20	0.30	0.35	0.10	0.15	0.20	−4	33	Ⅲ
	习水	1180.2	0.20	0.30	0.35	0.15	0.20	0.25	−5	31	Ⅲ
	毕节	1510.6	0.20	0.30	0.35	0.15	0.25	0.30	−4	30	Ⅲ
	遵义市	843.9	0.20	0.30	0.35	0.10	0.15	0.20	−2	34	Ⅲ
	湄潭	791.8	—	—	—	0.15	0.20	0.25	−3	34	Ⅲ
	思南	416.3	0.20	0.30	0.35	0.10	0.20	0.25	−1	36	Ⅲ
	铜仁	279.7	0.20	0.30	0.35	0.20	0.30	0.35	−2	37	Ⅲ
	黔西	1251.8	—	—	—	0.15	0.20	0.25	−4	32	Ⅲ
	安顺市	1392.9	0.20	0.30	0.35	0.20	0.30	0.35	−3	30	Ⅲ
	凯里市	720.3	0.20	0.30	0.35	0.15	0.20	0.25	−3	34	Ⅲ
	三穗	610.5	—	—	—	0.20	0.30	0.35	−4	34	Ⅲ
	兴仁	1378.5	0.20	0.30	0.35	0.20	0.35	0.40	−2	30	Ⅲ
	罗甸	440.3	0.20	0.30	0.35	—	—	—	1	37	—
	独山	1013.3	—	—	—	0.20	0.30	0.35	−3	32	Ⅲ
	榕江	285.7	—	—	—	0.10	0.15	0.20	−1	37	Ⅲ
云南	昆明市	1891.4	0.20	0.30	0.35	0.20	0.30	0.35	−1	28	Ⅲ
	德钦	3485.0	0.25	0.35	0.40	0.60	0.90	1.05	−12	22	Ⅱ
	贡山	1591.3	0.20	0.30	0.35	0.45	0.75	0.90	−3	30	Ⅱ
	中甸	3276.1	0.20	0.30	0.35	0.50	0.80	0.90	−15	22	Ⅱ
	维西	2325.6	0.20	0.30	0.35	0.45	0.65	0.75	−6	28	Ⅲ
	昭通市	1949.5	0.25	0.35	0.40	0.15	0.25	0.30	−6	28	Ⅲ
	丽江	2393.2	0.25	0.30	0.35	0.20	0.30	0.35	−5	27	Ⅲ
	华坪	1244.8	0.30	0.45	0.55	—	—	—	−1	35	—
	会泽	2109.5	0.25	0.35	0.40	0.25	0.35	0.40	−4	26	Ⅲ
	腾冲	1654.6	0.20	0.30	0.35	—	—	—	−3	27	—
	泸水	1804.9	0.20	0.30	0.35	—	—	—	1	26	—
	保山市	1653.5	0.20	0.30	0.35	—	—	—	−2	29	—
	大理市	1990.5	0.45	0.65	0.75	—	—	—	−2	28	—
	元谋	1120.2	0.25	0.35	0.40	—	—	—	2	35	—
	楚雄市	1772.0	0.20	0.35	0.40	—	—	—	−2	29	—
	曲靖市沾益	1898.7	0.25	0.30	0.35	0.25	0.40	0.45	−1	28	Ⅲ
	瑞丽	776.6	0.20	0.30	0.35	—	—	—	3	32	—
	景东	1162.3	0.20	0.30	0.35	—	—	—	1	32	—
	玉溪	1636.7	0.20	0.30	0.35	—	—	—	−1	30	—
	宜良	1532.1	0.25	0.45	0.55	—	—	—	1	28	—
	泸西	1704.3	0.25	0.30	0.35	—	—	—	−2	29	—

省市名	城 市 名	海拔高度（m）	风压（kN/m²）			雪压（kN/m²）			基本气温（℃）		雪荷载准永久值系数分区
			R=10	R=50	R=100	R=10	R=50	R=100	最低	最高	
云南	孟定	511.4	0.25	0.40	0.45	—	—	—	−5	32	—
	临沧	1502.4	0.20	0.30	0.35	—	—	—	0	29	—
	澜沧	1054.8	0.20	0.30	0.35	—	—	—	1	32	—
	景洪	552.7	0.20	0.40	0.50	—	—	—	7	35	—
	思茅	1302.1	0.25	0.45	0.50	—	—	—	3	30	—
	元江	400.9	0.25	0.30	0.35	—	—	—	7	37	—
	勐腊	631.9	0.20	0.30	0.35	—	—	—	7	34	—
	江城	1119.5	0.20	0.40	0.50	—	—	—	4	30	—
	蒙自	1300.7	0.25	0.35	0.45	—	—	—	3	31	—
	屏边	1414.1	0.20	0.40	0.35	—	—	—	2	28	—
	文山	1271.6	0.20	0.30	0.35	—	—	—	3	31	—
	广南	1249.6	0.25	0.35	0.40	—	—	—	0	31	—
西藏	拉萨市	3658.0	0.20	0.30	0.35	0.10	0.15	0.20	−13	27	Ⅲ
	班戈	4700.0	0.35	0.55	0.65	0.20	0.25	0.30	−22	18	Ⅰ
	安多	4800.0	0.45	0.75	0.90	0.25	0.40	0.45	−28	17	Ⅰ
	那曲	4507.0	0.30	0.45	0.50	0.30	0.40	0.45	−25	19	Ⅰ
	日喀则市	3836.0	0.20	0.30	0.35	0.10	0.15	0.15	−17	25	Ⅲ
	乃东县泽当	3551.7	0.20	0.30	0.35	0.10	0.15	0.15	−12	26	Ⅲ
	隆子	3860.0	0.30	0.45	0.50	0.10	0.15	0.20	−18	24	Ⅲ
	索县	4022.8	0.30	0.40	0.50	0.20	0.25	0.30	−23	22	Ⅰ
	昌都	3306.0	0.20	0.30	0.35	0.15	0.20	0.20	−15	27	Ⅱ
	林芝	3000.0	0.25	0.35	0.45	0.10	0.15	0.15	−9	25	Ⅲ
	葛尔	4278.0	—	—	—	0.10	0.15	0.15	−27	25	Ⅰ
	改则	4414.9	—	—	—	0.20	0.30	0.35	−29	23	Ⅰ
	普兰	3900.0	—	—	—	0.50	0.70	0.80	−21	25	Ⅰ
	申扎	4672.0	—	—	—	0.15	0.20	0.20	−22	19	Ⅰ
	当雄	4200.0	—	—	—	0.30	0.45	0.50	−23	21	Ⅱ
	尼木	3809.4	—	—	—	0.15	0.20	0.25	−17	26	Ⅲ
	聂拉木	3810.0	—	—	—	2.00	3.30	3.75	−13	18	Ⅰ
	定日	4300.0	—	—	—	0.15	0.25	0.30	−22	23	Ⅱ
	江孜	4040.0	—	—	—	0.10	0.10	0.15	−19	24	Ⅲ
	错那	4280.0	—	—	—	0.60	0.90	1.00	−24	16	Ⅲ
	帕里	4300.0	—	—	—	0.95	1.50	1.75	−23	16	Ⅱ
	丁青	3873.1	—	—	—	0.25	0.35	0.40	−17	22	Ⅱ
	波密	2736.0	—	—	—	0.25	0.35	0.40	−9	27	Ⅲ
	察隅	2327.6	—	—	—	0.35	0.55	0.65	−4	29	Ⅲ

省市名	城 市 名	海拔高度(m)	风压(kN/m²)			雪压(kN/m²)			基本气温(℃)		雪荷载准永久值系数分区
			R=10	R=50	R=100	R=10	R=50	R=100	最低	最高	
台湾	台北	8.0	0.40	0.70	0.85	—	—	—	—	—	—
	新竹	8.0	0.50	0.80	0.95	—	—	—	—	—	—
	宜兰	9.0	1.10	1.85	2.30	—	—	—	—	—	—
	台中	78.0	0.50	0.80	0.90	—	—	—	—	—	—
	花莲	14.0	0.40	0.70	0.85	—	—	—	—	—	—
	嘉义	20.0	0.50	0.80	0.95	—	—	—	—	—	—
	马公	22.0	0.85	1.30	1.55	—	—	—	—	—	—
	台东	10.0	0.65	0.90	1.05	—	—	—	—	—	—
	冈山	10.0	0.55	0.80	0.95	—	—	—	—	—	—
	恒春	24.0	0.70	1.05	1.20	—	—	—	—	—	—
	阿里山	2406.0	0.25	0.35	0.40	—	—	—	—	—	—
	台南	14.0	0.60	0.85	1.00	—	—	—	—	—	—
香港	香港	50.0	0.80	0.90	0.95	—	—	—	—	—	—
	横澜岛	55.0	0.95	1.25	1.40	—	—	—	—	—	—
澳门	澳门	57.0	0.75	0.85	0.90	—	—	—	—	—	—

注：表中"—"表示该城市没有统计数据。

E.6 全国基本雪压、风压及基本气温分布图

E.6.1 全国基本雪压分布图见图 E.6.1。

E.6.2 雪荷载准永久值系数分区图见图 E.6.2。

E.6.3 全国基本风压分布图见图 E.6.3。

E.6.4 全国基本气温(最高气温)分布图见图 E.6.4。

E.6.5 全国基本气温(最低气温)分布图见图 E.6.5。

附录 F 结构基本自振周期的经验公式

F.1 高耸结构

F.1.1 一般高耸结构的基本自振周期，钢结构可取下式计算的较大值，钢筋混凝土结构可取下式计算的较小值：

$$T_1 = (0.007 \sim 0.013)H \qquad (F.1.1)$$

式中：H——结构的高度(m)。

F.1.2 烟囱和塔架等具体结构的基本自振周期可按下列规定采用：

1 烟囱的基本自振周期可按下列规定计算：

1)高度不超过 60m 的砖烟囱的基本自振周期按下式计算：

$$T_1 = 0.23 + 0.22 \times 10^{-2} \frac{H^2}{d} \qquad (F.1.2-1)$$

2)高度不超过 150m 的钢筋混凝土烟囱的基本自振周期按下式计算：

$$T_1 = 0.41 + 0.10 \times 10^{-2} \frac{H^2}{d} \qquad (F.1.2-2)$$

3)高度超过 150m，但低于 210m 的钢筋混凝土烟囱的基本自振周期按下式计算：

$$T_1 = 0.53 + 0.08 \times 10^{-2} \frac{H^2}{d} \qquad (F.1.2-3)$$

式中：H——烟囱高度(m)；

d——烟囱 1/2 高度处的外径(m)。

2 石油化工塔架(图 F.1.2)的基本自振周期可按下列规定计算：

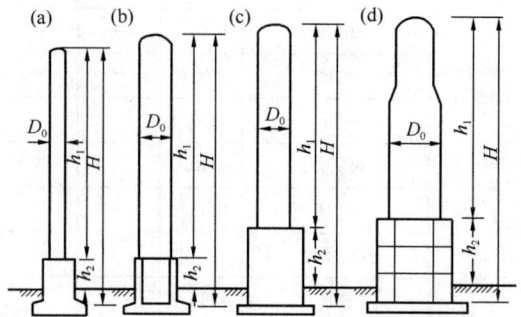

图 F.1.2 设备塔架的基础形式
(a)圆柱基础塔；(b)圆筒基础塔；(c)方形(板式)
框架基础塔；(d)环形框架基础塔

1)圆柱(筒)基础塔(塔壁厚不大于 30mm)的基

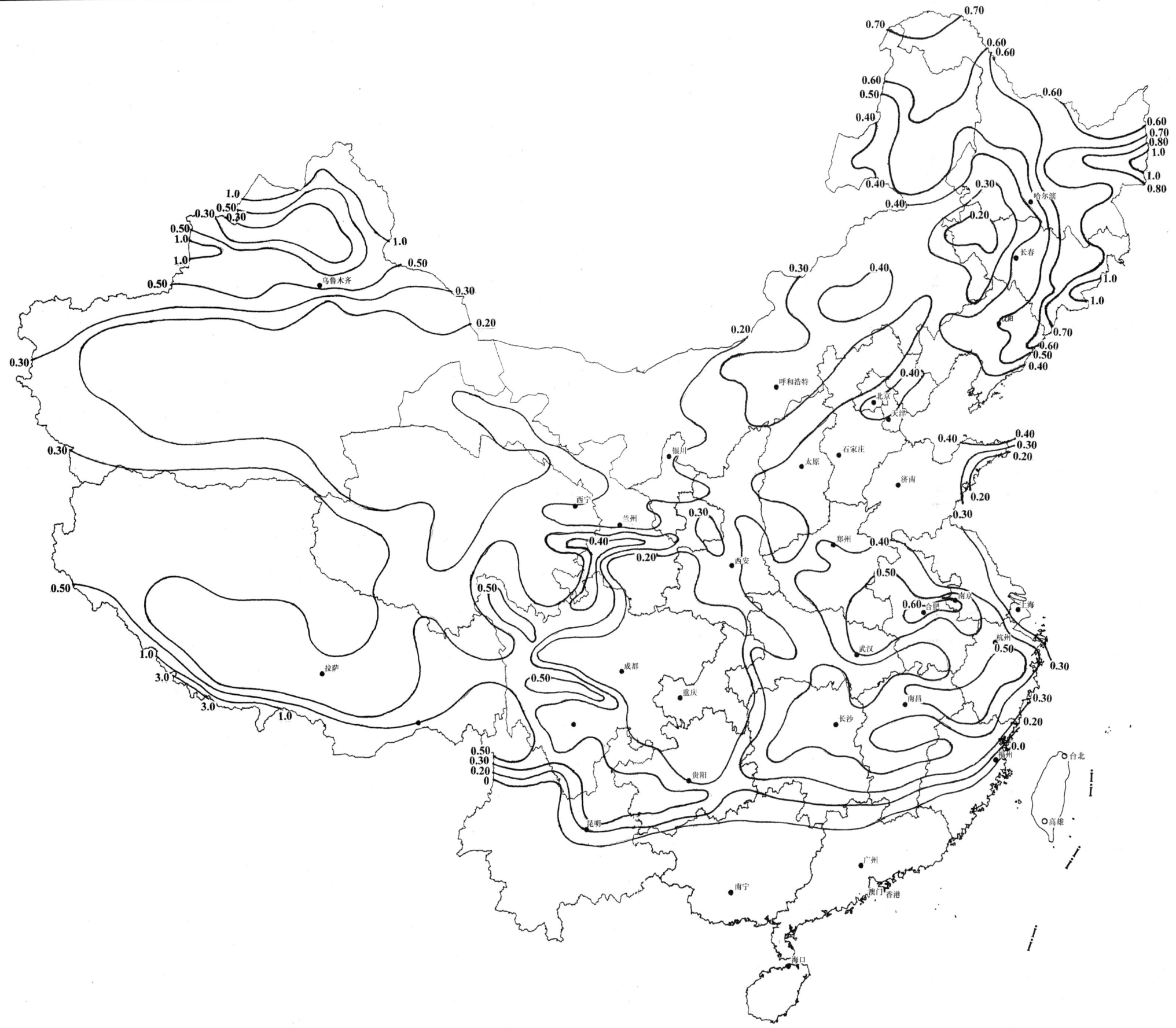

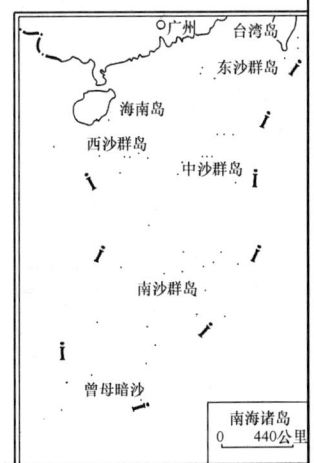

图 E.6.1 全国基本雪压分布图（kN/m²）

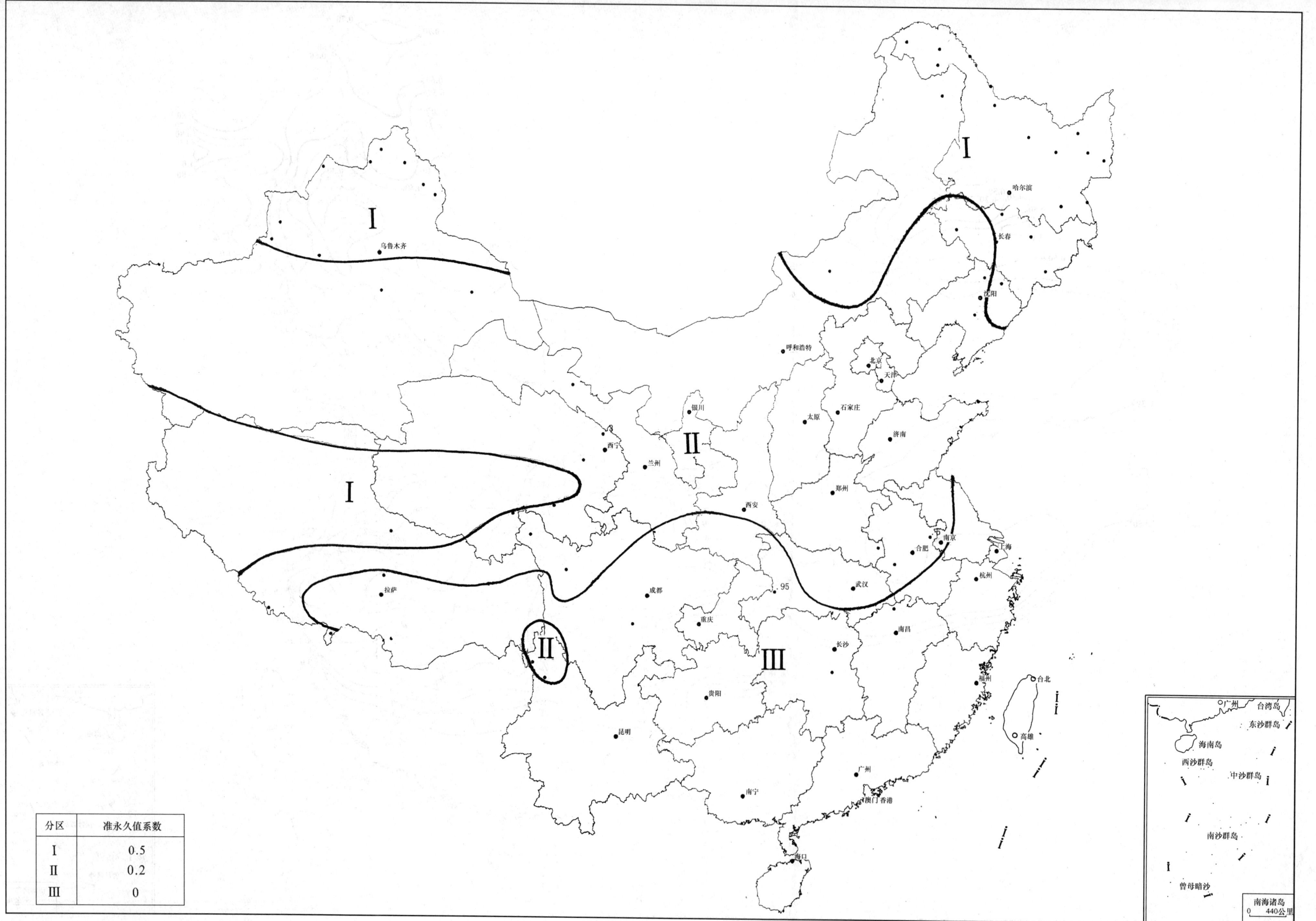

分区	准永久值系数
I	0.5
II	0.2
III	0

图 E.6.2 雪荷载准永久值系数分区图

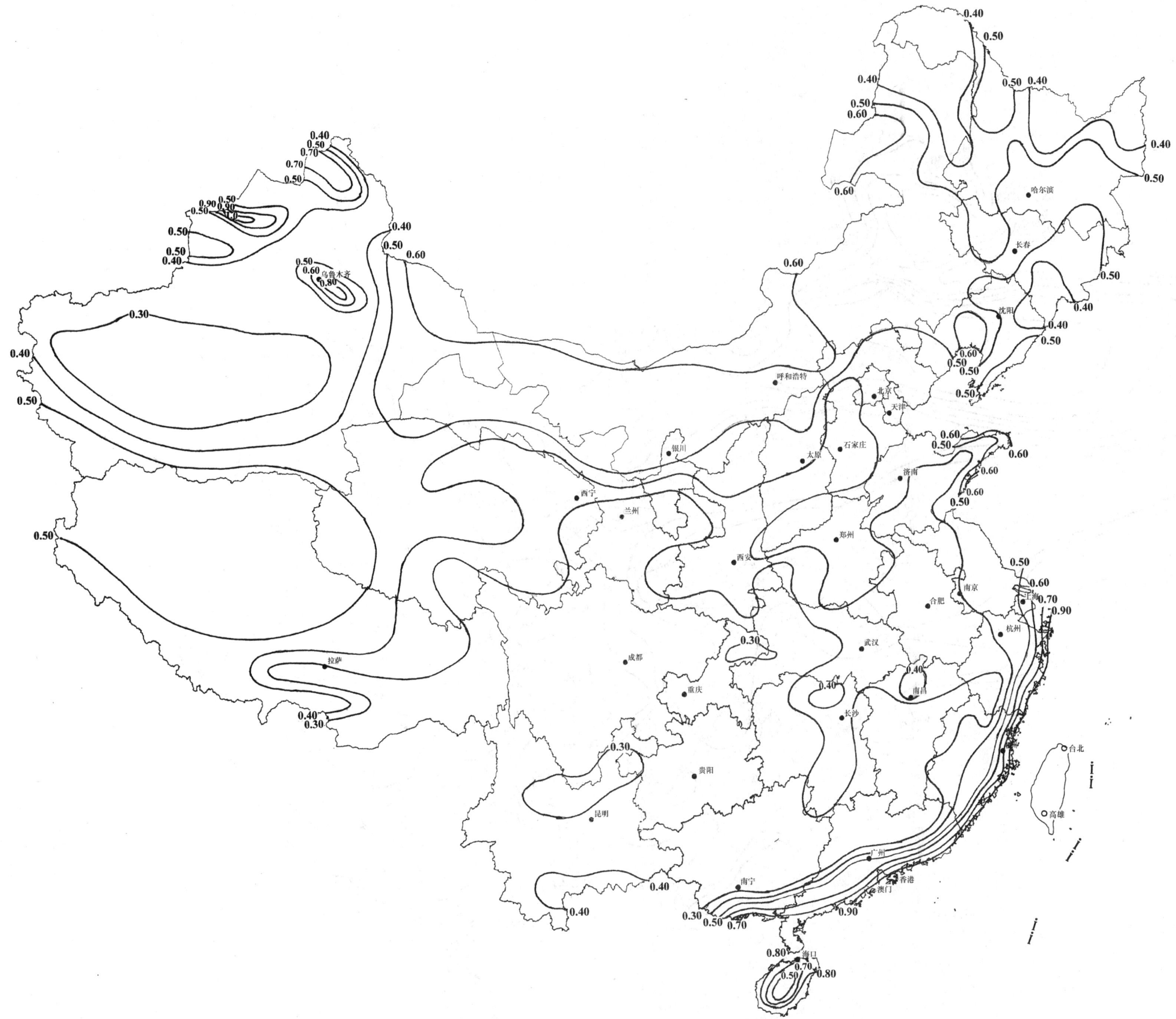

图 E.6.3 全国基本风压分布图 (kN/m²)

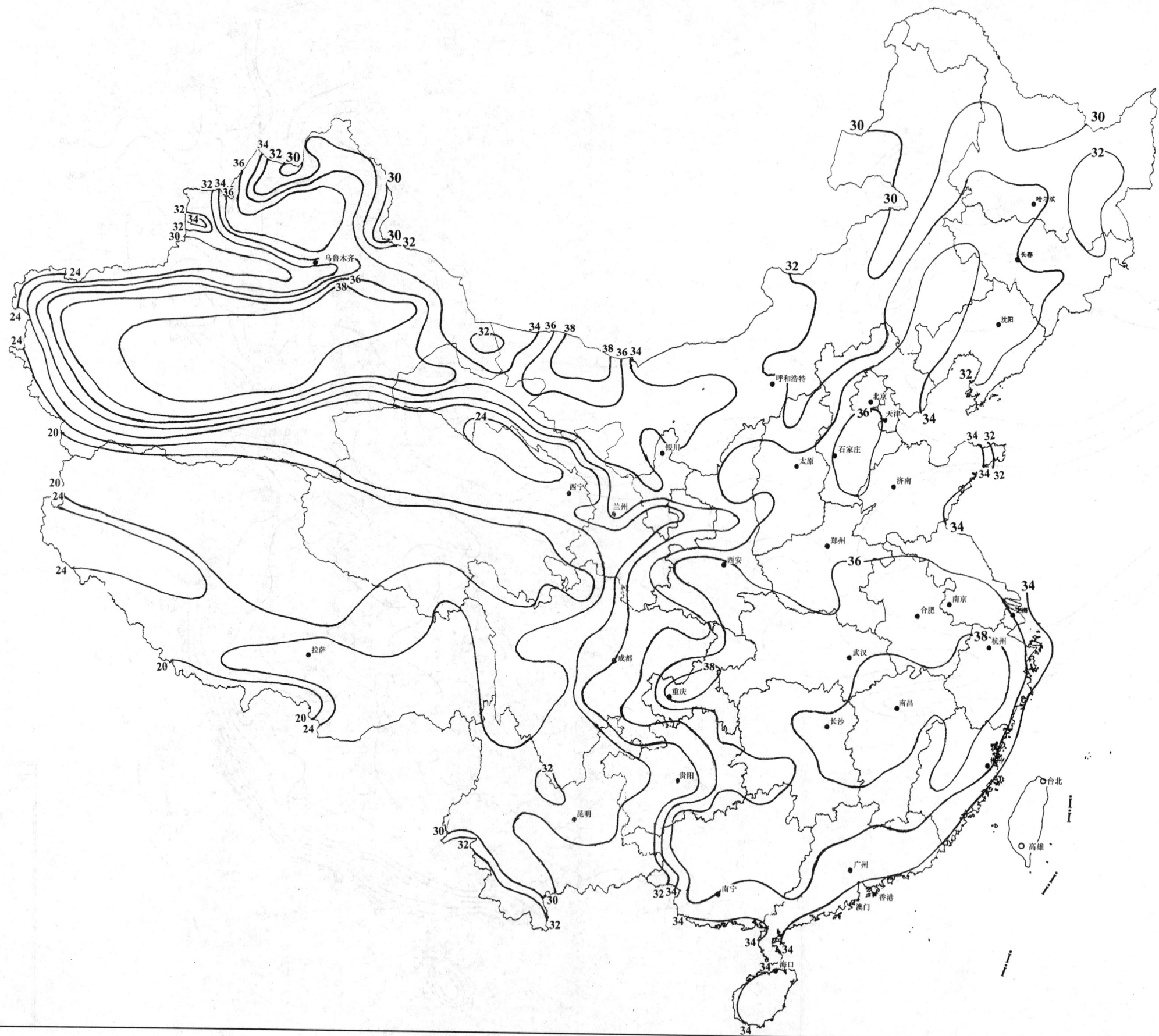

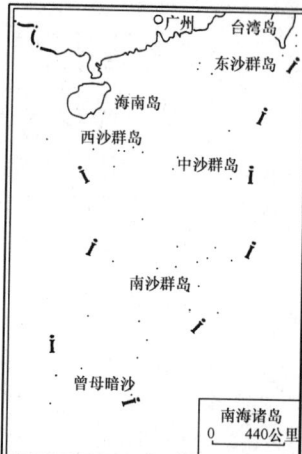

图 E.6.4 全国基本气温（最高气温）分布图

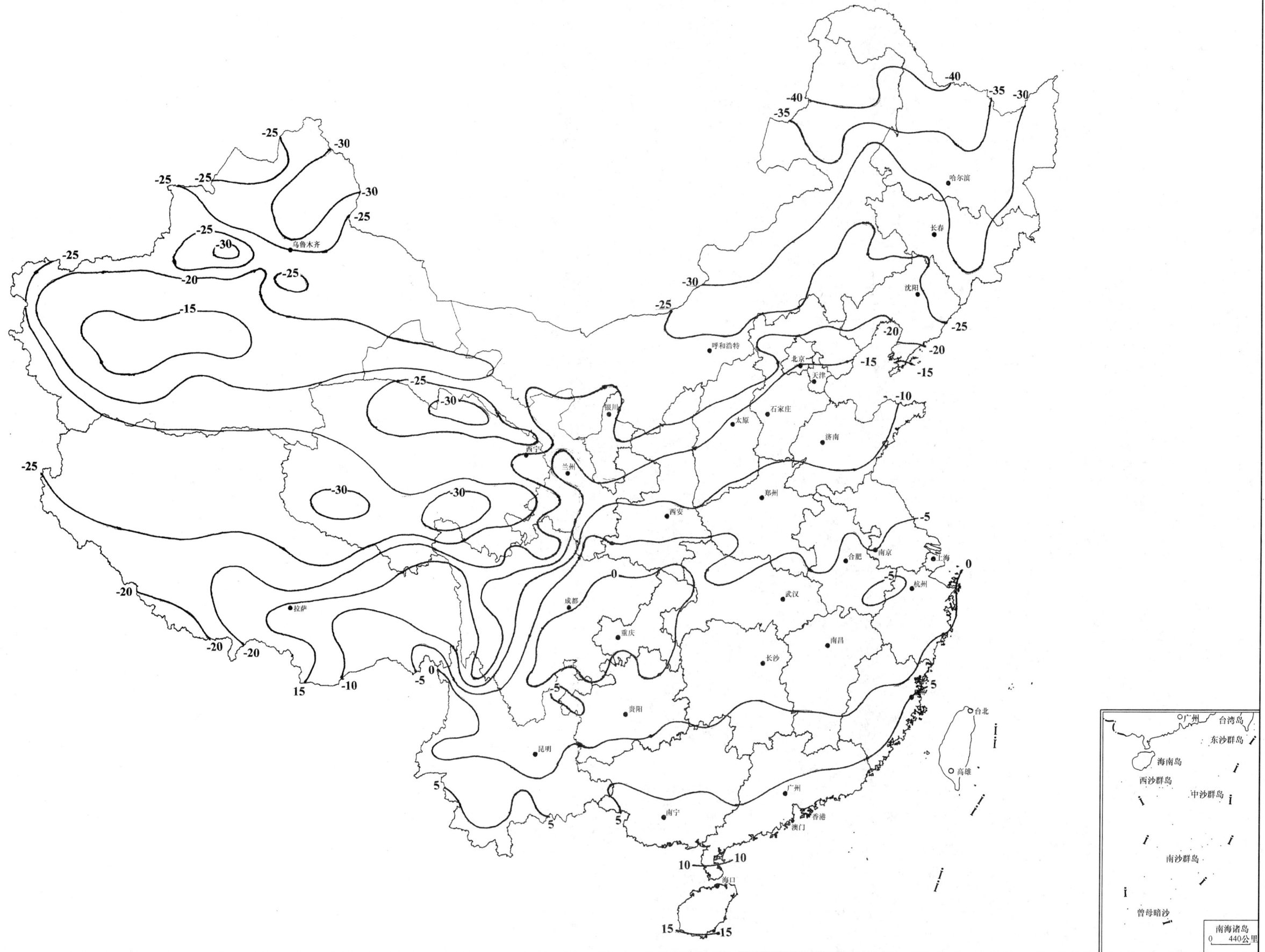

图 E.6.5　全国基本气温（最低气温）分布图

本自振周期按下列公式计算：

当 $H^2/D_0 < 700$ 时

$$T_1 = 0.35 + 0.85 \times 10^{-3} \frac{H^2}{D_0} \quad \text{(F.1.2-4)}$$

当 $H^2/D_0 \geqslant 700$ 时

$$T_1 = 0.25 + 0.99 \times 10^{-3} \frac{H^2}{D_0} \quad \text{(F.1.2-5)}$$

式中：H——从基础底板或柱基顶面至设备塔顶面的总高度（m）；

D_0——设备塔的外径（m）；对变直径塔，可按各段高度为权，取外径的加权平均值。

2）框架基础塔（塔壁厚不大于30mm）的基本自振周期按下式计算：

$$T_1 = 0.56 + 0.40 \times 10^{-3} \frac{H^2}{D_0} \quad \text{(F.1.2-6)}$$

3）塔壁厚大于30mm的各类设备塔架的基本自振周期应按有关理论公式计算。

4）当若干塔由平台连成一排时，垂直于排列方向的各塔基本自振周期 T_1 可采用主塔（即周期最长的塔）的基本自振周期值；平行于排列方向的各塔基本自振周期 T_1 可采用主塔基本自振周期乘以折减系数0.9。

F.2 高层建筑

F.2.1 一般情况下，高层建筑的基本自振周期可根据建筑总层数近似地按下列规定采用：

1 钢结构的基本自振周期按下式计算：

$$T_1 = (0.10 \sim 0.15)n \quad \text{(F.2.1-1)}$$

式中：n——建筑总层数。

2 钢筋混凝土结构的基本自振周期按下式计算：

$$T_1 = (0.05 \sim 0.10)n \quad \text{(F.2.1-2)}$$

F.2.2 钢筋混凝土框架、框剪和剪力墙结构的基本自振周期可按下列规定采用：

1 钢筋混凝土框架和框剪结构的基本自振周期按下式计算：

$$T_1 = 0.25 + 0.53 \times 10^{-3} \frac{H^2}{\sqrt[3]{B}} \quad \text{(F.2.2-1)}$$

2 钢筋混凝土剪力墙结构的基本自振周期按下式计算：

$$T_1 = 0.03 + 0.03 \frac{H}{\sqrt[3]{B}} \quad \text{(F.2.2-2)}$$

式中：H——房屋总高度（m）；

B——房屋宽度（m）。

附录 G 结构振型系数的近似值

G.0.1 结构振型系数应按实际工程由结构动力学计算得出。一般情况下，对顺风向响应可仅考虑第1振型的影响，对圆截面高层建筑及构筑物横风向的共振响应，应验算第1至第4振型的响应。本附录列出相应的前4个振型系数。

G.0.2 迎风面宽度远小于其高度的高耸结构，其振型系数可按表G.0.2采用。

表 G.0.2 高耸结构的振型系数

相对高度	振 型 序 号			
z/H	1	2	3	4
0.1	0.02	−0.09	0.23	−0.39
0.2	0.06	−0.30	0.61	−0.75
0.3	0.14	−0.53	0.76	−0.43
0.4	0.23	−0.68	0.53	0.32
0.5	0.34	−0.71	0.02	0.71
0.6	0.46	−0.59	−0.48	0.33
0.7	0.59	−0.32	−0.66	−0.40
0.8	0.79	0.07	−0.40	−0.64
0.9	0.86	0.52	0.23	−0.05
1.0	1.00	1.00	1.00	1.00

G.0.3 迎风面宽度较大的高层建筑，当剪力墙和框架均起主要作用时，其振型系数可按表G.0.3采用。

表 G.0.3 高层建筑的振型系数

相对高度	振 型 序 号			
z/H	1	2	3	4
0.1	0.02	−0.09	0.22	−0.38
0.2	0.08	−0.30	0.58	−0.73
0.3	0.17	−0.50	0.70	−0.40
0.4	0.27	−0.68	0.46	0.33
0.5	0.38	−0.63	−0.03	0.68
0.6	0.45	−0.48	−0.49	0.29
0.7	0.67	−0.18	−0.63	−0.47
0.8	0.74	0.17	−0.34	−0.62
0.9	0.86	0.58	0.27	−0.02
1.0	1.00	1.00	1.00	1.00

G.0.4 对截面沿高度规律变化的高耸结构，其第1振型系数可按表G.0.4采用。

表 G.0.4 高耸结构的第1振型系数

相对高度	高 耸 结 构				
z/H	$B_H/B_0=1.0$	0.8	0.6	0.4	0.2
0.1	0.02	0.02	0.01	0.01	0.01
0.2	0.06	0.06	0.05	0.04	0.03
0.3	0.14	0.12	0.11	0.09	0.07
0.4	0.23	0.21	0.19	0.16	0.13
0.5	0.34	0.32	0.29	0.26	0.21
0.6	0.46	0.44	0.41	0.37	0.31
0.7	0.59	0.57	0.55	0.51	0.45
0.8	0.79	0.71	0.69	0.66	0.61
0.9	0.86	0.86	0.85	0.83	0.80
1.0	1.00	1.00	1.00	1.00	1.00

注：表中 B_H、B_0 分别为结构顶部和底部的宽度。

附录 H 横风向及扭转风振的等效风荷载

H.1 圆形截面结构横风向风振等效风荷载

H.1.1 跨临界强风共振引起在 z 高度处振型 j 的等效风荷载标准值可按下列规定确定：

1 等效风荷载标准值 $w_{Lk,j}$(kN/m^2)可按下式计算：

$$w_{Lk,j} = |\lambda_j| v_{cr}^2 \phi_j(z)/12800\zeta_j \quad (H.1.1-1)$$

式中：λ_j ——计算系数；

v_{cr} ——临界风速，按本规范公式(8.5.3-2)计算；

$\phi_j(z)$ ——结构的第 j 振型系数，由计算确定或按本规范附录 G 确定；

ζ_j ——结构第 j 振型的阻尼比；对第 1 振型，钢结构取 0.01，房屋钢结构取 0.02，混凝土结构取 0.05；对高阶振型的阻尼比，若无相关资料，可近似按第 1 振型的值取用。

2 临界风速起始点高度 H_1 可按下式计算：

$$H_1 = H \times \left(\frac{v_{cr}}{1.2v_H}\right)^{1/\alpha} \quad (H.1.1-2)$$

式中：α ——地面粗糙度指数，对 A、B、C 和 D 四类地面粗糙度分别取 0.12、0.15、0.22 和 0.30；

v_H ——结构顶部风速(m/s)，按本规范公式(8.5.3-3)计算。

注：横风向风振等效风荷载所考虑的高阶振型序号不大于 4，对一般悬臂型结构，可只取第 1 或第 2 阶振型。

3 计算系数 λ_j 可按表 H.1.1 采用。

表 H.1.1 λ_j 计算用表

结构类型	振型序号	H_1/H										
		0	0.1	0.2	0.3	0.4	0.5	0.6	0.7	0.8	0.9	1.0
高耸结构	1	1.56	1.55	1.54	1.49	1.42	1.31	1.15	0.94	0.68	0.37	0
	2	0.83	0.82	0.76	0.60	0.37	0.09	-0.16	-0.33	-0.38	-0.27	0
	3	0.52	0.48	0.32	0.06	-0.19	-0.30	-0.21	0.00	0.20	0.23	0
	4	0.30	0.33	0.34	-0.20	-0.23	0.03	0.16	0.15	-0.05	-0.18	0
高层建筑	1	1.56	1.56	1.54	1.49	1.41	1.28	1.12	0.91	0.65	0.35	0
	2	0.73	0.72	0.63	0.45	0.19	-0.11	-0.36	-0.52	-0.53	-0.36	0

H.2 矩形截面结构横风向风振等效风荷载

H.2.1 矩形截面高层建筑当满足下列条件时，可按本节的规定确定其横风向风振等效风荷载：

1 建筑的平面形状和质量在整个高度范围内基本相同；

2 高宽比 $H/\sqrt{BD}$ 在 4~8 之间，深宽比 D/B 在 0.5~2 之间，其中 B 为结构的迎风面宽度，D 为结构平面的进深(顺风向尺寸)；

3 $v_H T_{L1}/\sqrt{BD} \leq 10$，$T_{L1}$ 为结构横风向第 1 阶自振周期，v_H 为结构顶部风速。

H.2.2 矩形截面高层建筑横风向风振等效风荷载标准值可按下式计算：

$$w_{Lk} = gw_0\mu_z C'_L\sqrt{1+R_L^2} \quad (H.2.2)$$

式中：w_{Lk} ——横风向风振等效风荷载标准值(kN/m^2)，计算横风向风力时应乘以迎风面的面积；

g ——峰值因子，可取 2.5；

C'_L ——横风向风力系数；

R_L ——横风向共振因子。

H.2.3 横风向风力系数可按下列公式计算：

$$C'_L = (2+2\alpha)C_m\gamma_{CM} \quad (H.2.3-1)$$

$$\gamma_{CM} = C_R - 0.019\left(\frac{D}{B}\right)^{-2.54} \quad (H.2.3-2)$$

式中：C_m ——横风向风力角沿修正系数，可按本附录第 H.2.5 条的规定采用；

α ——风速剖面指数，对应 A、B、C 和 D 类粗糙度分别取 0.12、0.15、0.22 和 0.30；

C_R ——地面粗糙度系数，对应 A、B、C 和 D 类粗糙度分别取 0.236、0.211、0.202 和 0.197。

H.2.4 横风向共振因子可按下列规定确定：

1 横风向共振因子 R_L 可按下列公式计算：

$$R_L = K_L\sqrt{\frac{\pi S_{F_L} C_{sm}/\gamma_{CM}^2}{4(\zeta_1+\zeta_{a1})}} \quad (H.2.4-1)$$

$$K_L = \frac{1.4}{(\alpha+0.95)C_m}\cdot\left(\frac{z}{H}\right)^{-2\alpha+0.9} \quad (H.2.4-2)$$

$$\zeta_{a1} = \frac{0.0025(1-T_{L1}^{*2})T_{L1}^* + 0.000125T_{L1}^{*2}}{(1-T_{L1}^{*2})^2 + 0.0291T_{L1}^{*2}} \quad (H.2.4-3)$$

$$T_{L1}^* = \frac{v_H T_{L1}}{9.8B} \quad (H.2.4-4)$$

式中：S_{F_L} ——无量纲横风向广义风力功率谱；

C_{sm} ——横风向风力功率谱的角沿修正系数，可按本附录第 H.2.5 条的规定采用；

ζ_1 ——结构第 1 阶振型阻尼比；

K_L——振型修正系数;

ζ_{a1}——结构横风向第1阶振型气动阻尼比;

T_{L1}^*——折算周期。

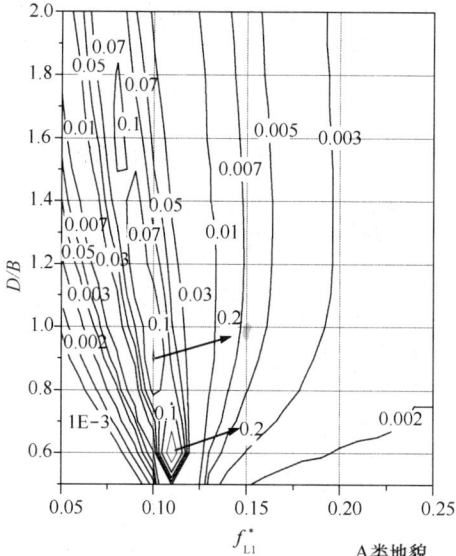

(a)

A类地貌

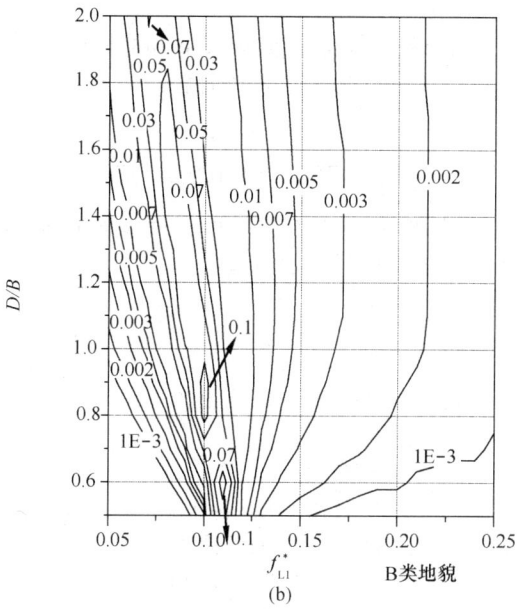

(b)

B类地貌

图 H.2.4 无量纲横风向广义风力功率谱(一)

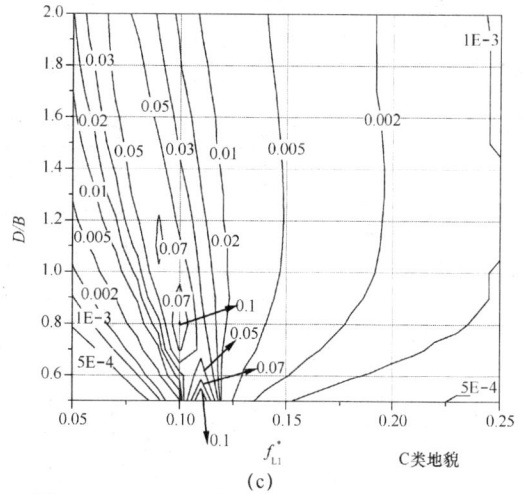

(c)

C类地貌

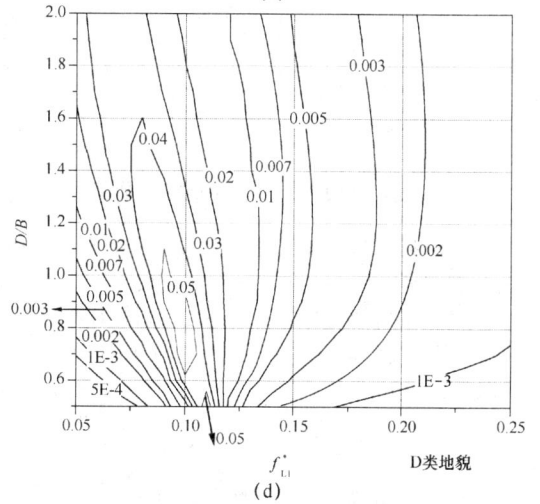

(d)

D类地貌

图 H.2.4 无量纲横风向广义风力功率谱(二)

(a)削角   (b)凹角

图 H.2.5 截面削角和凹角示意图

2 无量纲横风向广义风力功率谱 S_{F_L},可根据深宽比 D/B 和折算频率 f_{L1}^* 按图 H.2.4 确定。折算频率 f_{L1}^* 按下式计算:

$$f_{L1}^* = f_{L1}B/v_H \tag{H.2.4-5}$$

式中:f_{L1}——结构横风向第1阶振型的频率(Hz)。

H.2.5 角沿修正系数 C_m 和 C_{sm} 可按下列规定确定:

1 对于横截面为标准方形或矩形的高层建筑,C_m 和 C_{sm} 取 1.0;

2 对于图 H.2.5 所示的削角或凹角矩形截面,横风向风力系数的角沿修正系数 C_m 可按下式计算:

$$C_m = \begin{cases} 1.00 - 81.6\left(\dfrac{b}{B}\right)^{1.5} + 301\left(\dfrac{b}{B}\right)^2 - 290\left(\dfrac{b}{B}\right)^{2.5} \\ \qquad 0.05 \leqslant b/B \leqslant 0.2 \quad 凹角 \\ 1.00 - 2.05\left(\dfrac{b}{B}\right)^{0.5} + 24\left(\dfrac{b}{B}\right)^{1.5} - 36.8\left(\dfrac{b}{B}\right)^2 \\ \qquad 0.05 \leqslant b/B \leqslant 0.2 \quad 削角 \end{cases}$$

$$\tag{H.2.5}$$

式中:b——削角或凹角修正尺寸(m)(图 H.2.5)。

3 对于图 H.2.5 所示的削角或凹角矩形截面,横风向广义风力功率谱的角沿修正系数 C_{sm} 可按表 H.2.5 取值。

角沿情况	地面粗糙度类别	b/B	折减频率(f_{L1}^*)						
			0.100	0.125	0.150	0.175	0.200	0.225	0.250
削角	B类	5%	0.183	0.905	1.2	1.2	1.2	1.2	1.1
		10%	0.070	0.349	0.568	0.653	0.684	0.670	0.653
		20%	0.106	0.902	0.953	0.819	0.743	0.667	0.626
削角	D类	5%	0.368	0.749	0.922	0.955	0.943	0.917	0.897
		10%	0.256	0.504	0.659	0.706	0.713	0.697	0.686
		20%	0.339	0.974	0.977	0.894	0.841	0.805	0.790
凹角	B类	5%	0.106	0.595	0.980	1.0	1.0	1.0	1.0
		10%	0.033	0.228	0.450	0.565	0.610	0.604	0.594
		20%	0.042	0.842	0.563	0.451	0.421	0.400	0.400
凹角	D类	5%	0.267	0.586	0.839	0.955	0.987	0.991	0.984
		10%	0.091	0.261	0.452	0.567	0.613	0.633	0.628
		20%	0.169	0.954	0.659	0.527	0.475	0.447	0.453

注：1　A类地面粗糙度的 C_{sm} 可按B类取值；

　　2　C类地面粗糙度的 C_{sm} 可按B类和D类插值取用。

H.3　矩形截面结构扭转风振等效风荷载

H.3.1　矩形截面高层建筑当满足下列条件时，可按本节的规定确定其扭转风振等效风荷载：

1　建筑的平面形状在整个高度范围内基本相同；

2　刚度及质量的偏心率（偏心距/回转半径）小于0.2；

3　$\dfrac{H}{\sqrt{BD}} \leqslant 6$，$D/B$ 在 $1.5\sim 5$ 范围内，$\dfrac{T_{T1}v_H}{\sqrt{BD}} \leqslant$ 10，其中 T_{T1} 为结构第1阶扭转振型的周期（s），应按结构动力计算确定。

H.3.2　矩形截面高层建筑扭转风振等效风荷载标准值可按下式计算：

$$w_{Tk} = 1.8gw_0\mu_H C_T'\left(\frac{z}{H}\right)^{0.9}\sqrt{1+R_T^2}$$

(H.3.2)

式中：w_{Tk}——扭转风振等效风荷载标准值（kN/m²），扭矩计算应乘以迎风面面积和宽度；

　　　μ_H——结构顶部风压高度变化系数；

　　　g——峰值因子，可取2.5；

　　　C_T'——风致扭矩系数；

　　　R_T——扭转共振因子。

H.3.3　风致扭矩系数可按下式计算：

$$C_T' = \{0.0066 + 0.015\,(D/B)^2\}^{0.78}$$ (H.3.3)

H.3.4　扭转共振因子可按下列规定确定：

1　扭转共振因子可按下列公式计算：

$$R_T = K_T\sqrt{\frac{\pi F_T}{4\zeta_1}}$$ (H.3.4-1)

$$K_T = \frac{(B^2+D^2)}{20r^2}\left(\frac{z}{H}\right)^{-0.1}$$ (H.3.4-2)

式中：F_T——扭矩谱能量因子；

　　　K_T——扭转振型修正系数；

　　　r——结构的回转半径（m）。

2　扭矩谱能量因子 F_T 可根据深宽比 D/B 和扭转折算频率 f_{T1}^* 按图 H.3.4 确定。扭转折算频率 f_{T1}^* 按下式计算：

$$f_{T1}^* = \frac{f_{T1}\sqrt{BD}}{v_H}$$ (H.3.4-3)

式中：f_{T1}——结构第1阶扭转自振频率（Hz）。

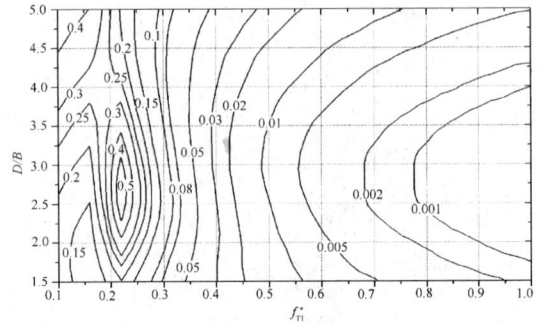

图 H.3.4　扭矩谱能量因子

附录 J　高层建筑顺风向和横风向风振加速度计算

J.1　顺风向风振加速度计算

J.1.1　体型和质量沿高度均匀分布的高层建筑，顺风向风振加速度可按下式计算：

$$a_{D,z} = \frac{2gI_{10}w_R\mu_s\mu_z B_z\eta_a B}{m}$$ (J.1.1)

式中，$a_{D,z}$——高层建筑 z 高度顺风向风振加速度（m/s²）；

　　　g——峰值因子，可取2.5；

　　　I_{10}——10m高度名义湍流度，对应A、B、C和D类地面粗糙度，可分别取0.12、0.14、0.23和0.39；

　　　w_R——重现期为 R 年的风压（kN/m²），可按本规范附录E公式（E.3.3）计算；

　　　B——迎风面宽度（m）；

　　　m——结构单位高度质量（t/m）；

　　　μ_z——风压高度变化系数；

　　　μ_s——风荷载体型系数；

　　　B_z——脉动风荷载的背景分量因子，按本规范公式（8.4.5）计算；

　　　η_a——顺风向风振加速度的脉动系数。

J.1.2　顺风向风振加速度的脉动系数 η_a 可根据结构阻尼比 ζ_1 和系数 x_1，按表J.1.2确定。系数 x_1 按本规范公式（8.4.4-2）计算。

表 J.1.2　顺风向风振加速度的脉动系数 η_a

x_1	$\zeta_1=0.01$	$\zeta_1=0.02$	$\zeta_1=0.03$	$\zeta_1=0.04$	$\zeta_1=0.05$
5	4.14	2.94	2.41	2.10	1.88
6	3.93	2.79	2.28	1.99	1.78
7	3.75	2.66	2.18	1.90	1.70
8	3.59	2.55	2.09	1.82	1.63
9	3.46	2.46	2.02	1.75	1.57
10	3.35	2.38	1.95	1.69	1.52
20	2.67	1.90	1.55	1.35	1.21
30	2.34	1.66	1.36	1.18	1.06
40	2.12	1.51	1.23	1.07	0.96
50	1.97	1.40	1.15	1.00	0.89
60	1.86	1.32	1.08	0.94	0.84
70	1.76	1.25	1.03	0.89	0.80
80	1.69	1.20	0.98	0.85	0.76
90	1.62	1.15	0.94	0.82	0.74
100	1.56	1.11	0.91	0.79	0.71
120	1.47	1.05	0.86	0.74	0.67
140	1.40	0.99	0.81	0.71	0.63
160	1.34	0.95	0.78	0.68	0.61
180	1.29	0.91	0.75	0.65	0.58
200	1.24	0.88	0.72	0.63	0.56
220	1.20	0.85	0.70	0.61	0.55
240	1.17	0.83	0.68	0.59	0.53
260	1.14	0.81	0.66	0.58	0.52
280	1.11	0.79	0.65	0.56	0.50
300	1.09	0.77	0.63	0.55	0.49

J.2　横风向风振加速度计算

J.2.1　体型和质量沿高度均匀分布的矩形截面高层建筑，横风向风振加速度可按下式计算：

$$a_{L,z}=\frac{2.8gw_R\mu_H B}{m}\phi_{L1}(z)\sqrt{\frac{\pi S_{F_L}C_{sm}}{4(\zeta_1+\zeta_{a1})}}$$

（J.2.1）

式中：$a_{L,z}$——高层建筑 z 高度横风向风振加速度（m/s^2）；

g——峰值因子，可取 2.5；

w_R——重现期为 R 年的风压（kN/m^2），可按本规范附录 E 第 E.3.3 条的规定计算；

B——迎风面宽度（m）；

m——结构单位高度质量（t/m）；

μ_H——结构顶部风压高度变化系数；

S_{F_L}——无量纲横风向广义风力功率谱，可按本规范附录 H 第 H.2.4 条确定；

C_{sm}——横风向风力谱的角沿修正系数，可按本规范附录 H 第 H.2.5 条的规定采用；

$\phi_{L1}(z)$——结构横风向第 1 阶振型系数；

ζ_1——结构横风向第 1 阶振型阻尼比；

ζ_{a1}——结构横风向第 1 阶振型气动阻尼比，可按本规范附录 H 公式（H.2.4-3）计算。

本规范用词说明

1　为便于在执行本规范条文时区别对待，对执行规范严格程度的用词说明如下：

1）表示很严格，非这样做不可的用词：
正面词采用"必须"，反面词采用"严禁"；

2）表示严格，在正常情况下均应这样做的用词：
正面词采用"应"，反面词采用"不应"或"不得"；

3）表示允许稍有选择，在条件许可时首先应这样做的用词：
正面词采用"宜"，反面词采用"不宜"；

4）表示有选择，在一定条件下可以这样做的，采用"可"。

2　条文中指明应按其他有关标准执行的写法为："应符合……的规定"或"应按……执行"。

引用标准名录

1　《人民防空地下室设计规范》GB 50038

2　《工程结构可靠性设计统一标准》GB 50153

中华人民共和国国家标准

建筑结构荷载规范

GB 50009—2012

条 文 说 明

修 订 说 明

《建筑结构荷载规范》GB 50009-2012，经住房和城乡建设部 2012 年 5 月 28 日以第 1405 号公告批准、发布。

本规范是在《建筑结构荷载规范》GB 50009-2001（2006 年版）的基础上修订而成。上一版的主编单位是中国建筑科学研究院，参编单位是同济大学、建设部建筑设计院、中国轻工国际工程设计院、中国建筑标准设计研究所、北京市建筑设计研究院、中国气象科学研究院。主要起草人是陈基发、胡德炘、金新阳、张相庭、顾子聪、魏才昂、蔡益燕、关桂学、薛桁。本次修订中，上一版主要起草人陈基发、张相庭、魏才昂、薛桁等作为顾问专家参与修订工作，发挥了重要作用。

本规范修订过程中，编制组开展了设计使用年限可变荷载调整系数与偶然荷载组合、雪荷载灾害与屋面积雪分布、风荷载局部体型系数与内压系数、高层建筑群体干扰效应、高层建筑结构顺风向风振响应计算、高层建筑横风向与扭转风振响应计算、国内外温度作用规范与应用、国内外偶然作用规范与应用等多项专题研究，收集了自上一版发布以来反馈的意见和建议，认真总结了工程设计经验，参考了国内外规范和国际标准的有关内容，在全国范围内广泛征求了建设主管部门和设计院等有关使用单位的意见，并对反馈意见进行了汇总和处理。

本次修订增加了第 4 章、第 9 章和第 10 章，增加了附录 B、附录 H 和附录 J，规范的涵盖范围和技术内容有较大的扩充和修订。

为了便于设计、审图、科研和学校等单位的有关人员在使用本规范时能正确理解和执行条文规定，《建筑结构荷载规范》编制组按章、节、条顺序编写了本规范的条文说明，对条文规定的目的、编制依据以及执行中需注意的有关事项进行了说明，部分条文还列出了可提供进一步参考的文献。但是，本条文说明不具备与规范正文同等的法律效力，仅供使用者作为理解和把握条文内容的参考。

目　次

1 总　　则

1.0.1 制定本规范的目的首先是要保证建筑结构设计的安全可靠，同时兼顾经济合理。

1.0.2 本规范的适用范围限于工业与民用建筑的主结构及其围护结构的设计，其中也包括附属于该类建筑的一般构筑物在内，例如烟囱、水塔等。在设计其他土木工程结构或特殊的工业构筑物时，本规范中规定的风、雪荷载也可作为设计的依据。此外，对建筑结构的地基基础设计，其上部传来的荷载也应以本规范为依据。

1.0.3 本标准在可靠性理论基础、基本原则以及设计方法等方面遵循《工程结构可靠性设计统一标准》GB 50153－2008 的有关规定。

1.0.4 结构上的作用是指能使结构产生效应（结构或构件的内力、应力、位移、应变、裂缝等）的各种原因的总称。直接作用是指作用在结构上的力集（包括集中力和分布力），习惯上统称为荷载，如永久荷载、活荷载、吊车荷载、雪荷载、风荷载以及偶然荷载等。间接作用是指那些不是直接以力集的形式出现的作用，如地基变形、混凝土收缩和徐变、焊接变形、温度变化以及地震等引起的作用等。

本次修订增加了温度作用的规定，因此本规范涉及的内容范围也由直接作用（荷载）扩充到间接作用。考虑到设计人员的习惯和使用方便，在规范条文中规定对于可变荷载的规定同样适用于温度作用，这样，在后面的条文的用词中涉及温度作用有关内容时不再区分作用与荷载，统一以荷载来表述。

对于其他间接作用，目前尚不具备条件列入本规范。尽管在本规范中没有给出各类间接作用的规定，但在设计中仍应根据实际可能出现的情况加以考虑。

对于位于地震设防地区的建筑结构，地震作用是必须考虑的主要作用之一。由于《建筑抗震设计规范》GB 50011 已经对地震作用作了相应规定，本规范不再涉及。

1.0.5 除本规范中给出的荷载外，在某些工程中仍有一些其他性质的荷载需要考虑，例如塔桅结构上结构构件、架空线、拉绳表面的裹冰荷载，由《高耸结构设计规范》GB 50135 规定，储存散料的储仓荷载由《钢筋混凝土筒仓设计规范》GB 50077 规定，地下构筑物的水压力和土压力由《给水排水工程构筑物结构设计规范》GB 50069 规定，烟囱结构的温差作用由《烟囱设计规范》GB 50051 规定，设计中应按相应的规范执行。

2　术语和符号

术语和符号是根据现行国家标准《工程结构设计

基本术语和通用符号》GBJ 132、《建筑结构设计术语和符号标准》GB/T 50083 的规定，并结合本规范的具体情况给出的。

本次修订在保持原有术语符号基本不变的情况下，增加了与温度作用相关的术语，如温度作用、气温、基本气温、均匀温度以及初始温度等，增加了横风向与扭转风振、温度作用以及偶然荷载相关的符号。

3　荷载分类和荷载组合

3.1　荷载分类和荷载代表值

3.1.1 《工程结构可靠性设计统一标准》GB 50153 指出，结构上的作用可按随时间或空间的变异分类，还可按结构的反应性质分类，其中最基本的是按随时间的变异分类。在分析结构可靠度时，它关系到概率模型的选择；在按各类极限状态设计时，它还关系到荷载代表值及其效应组合形式的选择。

本规范中的永久荷载和可变荷载，类同于以往所谓的恒荷载和活荷载；而偶然荷载也相当于 50 年代规范中的特殊荷载。

土压力和预应力作为永久荷载是因为它们都是随时间单调变化而能趋于限值的荷载，其标准值都是依其可能出现的最大值来确定。在建筑结构设计中，有时也会遇到有水压力作用的情况，对水位不变的水压力可按永久荷载考虑，而水位变化的水压力应按可变荷载考虑。

地震作用（包括地震力和地震加速度等）由《建筑抗震设计规范》GB 50011 具体规定。

偶然荷载，如撞击、爆炸等是由各部门以其专业本身特点，一般按经验确定采用。本次修订增加了偶然荷载一章，偶然荷载的标准值可按该章规定的方法确定采用。

3.1.2 结构设计中采用何种荷载代表将直接影响到荷载的取值和大小，关系结构设计的安全，要以强制性条文给以规定。

虽然任何荷载都具有不同性质的变异性，但在设计中，不可能直接引用反映荷载变异性的各种统计参数，通过复杂的概率运算进行具体设计。因此，在设计时，除了采用能便于设计者使用的设计表达式外，对荷载仍应赋予一个规定的量值，称为荷载代表值。荷载可根据不同的设计要求，规定不同的代表值，以使之能更确切地反映它在设计中的特点。本规范给出荷载的四种代表值：标准值、组合值、频遇值和准永久值。荷载标准值是荷载的基本代表值，而其他代表值都可在标准值的基础上乘以相应的系数后得出。

荷载标准值是指其在结构的使用期间可能出现的最大荷载值。由于荷载本身的随机性，因而使用期间的最大荷载也是随机变量，原则上也可用它的统计分布来描述。按《工程结构可靠性设计统一标准》GB 50153 的规定，荷载标准值统一由设计基准期最大荷载概率分布的某个分位值来确定，设计基准期统一规定为 50 年，而对该分位值的百分位未作统一规定。

因此，对某类荷载，当有足够资料而有可能对其统计分布作出合理估计时，则在其设计基准期最大荷载的分布上，可根据协议的百分位，取其分位值作为该荷载的代表值，原则上可取分布的特征值（例如均值、众值或中值），国际上习惯称之为荷载的特征值（Characteristic value）。实际上，对于大部分自然荷载，包括风雪荷载，习惯上都以其规定的平均重现期来定义标准值，也即相当于以其重现期内最大荷载的分布的众值为标准值。

目前，并非对所有荷载都能取得充分的资料，为此，不得不从实际出发，根据已有的工程实践经验，通过分析判断后，协议一个公称值（Nominal value）作为代表值。在本规范中，对按这两种方式规定的代表值统称为荷载标准值。

3.1.3 在确定各类可变荷载的标准值时，会涉及出现荷载最大值的时域问题，本规范统一采用一般结构的设计使用年限 50 年作为规定荷载最大值的时域，在此也称之为设计基准期。采用不同的设计基准期，会得到不同的可变荷载代表值，因而也会直接影响结构的安全，必须以强制性条文予以确定。设计人员在按本规范的原则和方法确定其他可变荷载时，也应采用 50 年设计基准期，以便与本规范规定的分项系数、组合值系数等参数相匹配。

3.1.4 本规范所涉及的荷载，其标准值的取值应按本规范各章的规定采用。本规范提供的荷载标准值，若属于强制性条款，在设计中必须作为荷载最小值采用；若不属于强制性条款，则应由业主认可后采用，并在设计文件中注明。

3.1.5 当有两种或两种以上的可变荷载在结构上要求同时考虑时，由于所有可变荷载同时达到其单独出现时可能达到的最大值的概率极小，因此，除主导荷载（产生最大效应的荷载）仍可以其标准值为代表值外，其他伴随荷载均应采用相应时段内的最大荷载，也即以小于其标准值的组合值为荷载代表值，而组合值原则上可按相应时段最大荷载分布中的协议分位值（可取与标准值相同的分位值）来确定。

国际标准对组合值的确定方法另有规定，它出于可靠指标一致性的目的，并采用经简化后的敏感系数 α，给出两种不同方法的组合值系数表达式。在概念上这种方式比同分位值的表达方式更为合理，但在研究中发现，采用不同方法所得的结果对实际应用来说，并没有明显的差异，考虑到目前实际荷载取样的局限性，因此本规范暂不明确组合值的确定方法，主要还是在工程设计的经验范围内，偏保守地加以

确定。

3.1.6 荷载的标准值是在规定的设计基准期内最大荷载的意义上确定的，它没有反映荷载作为随机过程而具有随时间变异的特性。当结构按正常使用极限状态的要求进行设计时，例如要求控制房屋的变形、裂缝、局部损坏以及引起不舒适的振动时，就应从不同的要求出发，来选择荷载的代表值。

在可变荷载 Q 的随机过程中，荷载超过某水平 Q_x 的表示方式，国际标准对此建议有两种：

1 用超过 Q_x 的总持续时间 $T_x = \Sigma t_i$，或其与设计基准期 T 的比值 $\mu_x = T_x/T$ 来表示，见图 1 (a)。图 1 (b) 给出的是可变荷载 Q 在非零时域内任意时点荷载 Q^* 的概率分布函数 $F_{Q^*}(Q)$，超越 Q_x 的概率为 p^* 可按下式确定：

$$p^* = 1 - F_{Q^*}(Q_x)$$

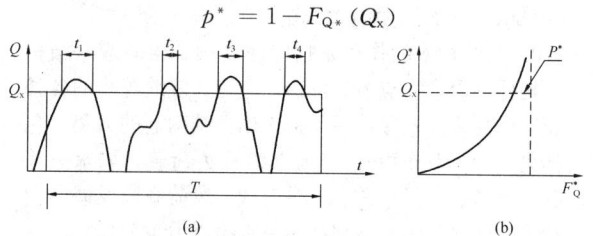

图 1 可变荷载按持续时间确定代表值示意图

对于各态历经的随机过程，μ_x 可按下式确定：

$$\mu_x = \frac{T_x}{T} = p^* q$$

式中，q 为荷载 Q 的非零概率。

当 μ_x 为规定时，则相应的荷载水平 Q_x 按下式确定：

$$Q_x = F_{Q^*}^{-1} \left(1 - \frac{\mu_x}{q}\right)$$

对于与时间有关联的正常使用极限状态，荷载的代表值均可考虑按上述方式取值。例如允许某些极限状态在一个较短的持续时间内被超过，或在总体上不长的时间内被超过，可以采用较小的 μ_x 值（建议不大于 0.1）计算荷载频遇值 Q_f 作为荷载的代表值，它相当于在结构上时而出现的较大荷载值，但总是小于荷载的标准值。对于在结构上经常作用的可变荷载，应以准永久值为代表值，相应的 μ_x 值建议取0.5，相当于可变荷载在整个变化过程中的中间值。

2 用超越 Q_x 的次数 n_x 或单位时间内的平均超越次数 $\nu_x = n_x/T$（跨阈率）来表示（图 2）。

跨阈率可通过直接观察确定，一般也可应用随机过程的某些特性（例如其谱密度函数）间接确定。当其任意时点荷载的均值 μ_{Q^*} 及其跨阈率 ν_m 为已知，而且荷载是高斯平稳各态历经的随机过程，则对应于跨阈率 ν_x 的荷载水平 Q_x 按下式确定：

$$Q_x = \mu_{Q^*} + \sigma_{Q^*} \sqrt{\ln(\nu_m/\nu_x)^2}$$

对于与荷载超越次数有关联的正常使用极限状态，荷载的代表值可考虑按上述方式取值，国际标准

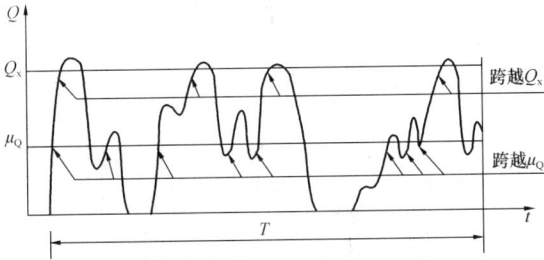

图 2　可变荷载按跨阈率确定代表值示意图

建议将此作为确定频遇值的另一种方式，尤其是当结构振动时涉及人的舒适性、影响非结构构件的性能和设备的使用功能的极限状态，但是国际标准关于跨阈率的取值目前并没有具体的建议。

按严格的统计定义来确定频遇值和准永久值目前还比较困难，本规范所提供的这些代表值，大部分还是根据工程经验并参考国外标准的相关内容后确定的。对于有可能再划分为持久性和临时性两类的可变荷载，可以直接引用荷载的持久性部分，作为荷载准永久值取值的依据。

3.2　荷 载 组 合

3.2.1、3.2.2　当整个结构或结构的一部分超过某一特定状态，而不能满足设计规定的某一功能要求时，则称此特定状态为结构对该功能的极限状态。设计中的极限状态往往以结构的某种荷载效应，如内力、应力、变形、裂缝等超过相应规定的标志为依据。根据设计中要求考虑的结构功能，结构的极限状态在总体上可分为两大类，即承载能力极限状态和正常使用极限状态。对承载能力极限状态，一般是以结构的内力超过其承载能力为依据；对正常使用极限状态，一般是以结构的变形、裂缝、振动参数超过设计允许的限值为依据。在当前的设计中，有时也通过结构应力的控制来保证结构满足正常使用的要求，例如地基承载应力的控制。

对所考虑的极限状态，在确定其荷载效应时，应对所有可能同时出现的诸荷载作用加以组合，求得组合后在结构中的总效应。考虑荷载出现的变化性质，包括出现与否和不同的作用方向，这种组合可以多种多样，因此还必须在所有可能组合中，取其中最不利的一组作为该极限状态的设计依据。

3.2.3　对于承载能力极限状态的荷载组合，可按《工程结构可靠性设计统一标准》GB 50153 - 2008 的规定，根据所考虑的设计状况，选用不同的组合；对持久和短暂设计状况，应采用基本组合，对偶然设计状况，应采用偶然组合。

在承载能力极限状态的基本组合中，公式（3.2.3-1）和公式（3.2.3-2）给出了荷载效应组合设计值的表达式，由于直接涉及结构的安全性，故要以强制性条文规定。建立表达式的目的是保证在各种可

能出现的荷载组合情况下，通过设计都能使结构维持在相同的可靠度水平上。必须注意，规范给出的表达式都是以荷载与荷载效应有线性关系为前提，对于明显不符合该条件的情况，应在各本结构设计规范中对此作出相应的补充规定。这个原则同样适用于正常使用极限状态的各个组合的表达式。

在应用公式（3.2.3-1）时，式中的 S_{Q_1K} 为诸可变荷载效应中其设计值为控制其组合为最不利者，当设计者无法判断时，可轮次以各可变荷载效应 S_{Q_iK} 为 S_{Q_1K}，选其中最不利的荷载效应组合为设计依据，这个过程建议由计算机程序的运算来完成。

GB 50009 - 2001 修订时，增加了结构的自重占主要荷载时，由公式（3.2.3-2）给出由永久荷载效应控制的组合设计值。考虑这个组合式后可以避免可靠度可能偏低的后果；虽然过去在有些结构设计规范中，也曾为此专门给出某些补充规定，例如对某些以自重为主的构件采用提高重要性系数、提高屋面活荷载的设计规定，但在实际应用中，总不免有挂一漏万的顾虑。采用公式（3.2.3-2）后，可在结构设计规范中撤销这些补充的规定，同时也避免了永久荷载为主的结构安全度可能不足的后果。

在应用公式（3.2.3-2）的组合式时，对可变荷载，出于简化的目的，也可仅考虑与结构自重方向一致的竖向荷载，而忽略影响不大的横向荷载。此外，对某些材料的结构，可考虑自身的特点，由各结构设计规范自行规定，可不采用该组合式进行校核。

考虑到简化规则缺乏理论依据，现在结构分析及荷载组合基本由计算机软件完成，简化规则已经用得很少，本次修订取消原规范第 3.2.4 条关于一般排架、框架结构基本组合的简化规则。在方案设计阶段，当需要用手算初步进行荷载效应组合计算时，仍允许采用对所有参与组合的可变荷载的效应设计值，乘以一个统一的组合系数 0.9 的简化方法。

必须指出，条文中给出的荷载效应组合值的表达式是采用各项可变荷载效应叠加的形式，这在理论上仅适用于各项可变荷载的效应与荷载为线性关系的情况。当涉及非线性问题时，应根据问题性质，或按有关设计规范的规定采用其他不同的方法。

GB 50009 - 2001 修订时，摈弃了原规范"遇风组合"的惯例，即只有在可变荷载包含风荷载时才考虑组合值系数的方法，而要求基本组合中所有可变荷载在作为伴随荷载时，都必须以其组合值为代表值。对组合值系数，除风荷载取 $\psi_c = 0.6$ 外，对其他可变荷载，目前建议统一取 $\psi_c = 0.7$。但为避免与以往设计结果有过大差别，在任何情况下，暂时建议不低于频遇值系数。

参照《工程结构可靠性设计统一标准》GB 50153 - 2008，本次修订引入了可变荷载考虑结构设计使用

年限的调整系数 γ_L。引入可变荷载考虑结构设计使用年限调整系数的目的，是为解决设计使用年限与设计基准期不同时对可变荷载标准值的调整问题。当设计使用年限与设计基准期不同时，采用调整系数 γ_L 对可变荷载的标准值进行调整。

设计基准期是为统一确定荷载和材料的标准值而规定的年限，它通常是一个固定值。可变荷载是一个随机过程，其标准值是指在结构设计基准期内可能出现的最大值，由设计基准期最大荷载概率分布的某个分位值来确定。

设计使用年限是指设计规定的结构或结构构件不需要进行大修即可按其预定目的使用的时期，它不是一个固定值，与结构的用途和重要性有关。设计使用年限长短对结构设计的影响要从荷载和耐久性两个方面考虑。设计使用年限越长，结构使用中荷载出现"大值"的可能性越大，所以设计中应提高荷载标准值；相反，设计使用年限越短，结构使用中荷载出现"大值"的可能性越小，设计中可降低荷载标准值，以保持结构安全和经济的一致性。耐久性是决定结构设计使用年限的主要因素，这方面应在结构设计规范中考虑。

3.2.4 荷载效应组合的设计值中，荷载分项系数应根据荷载不同的变异系数和荷载的具体组合情况（包括不同荷载的效应比），以及与抗力有关的分项系数的取值水平等因素确定，以使在不同设计情况下的结构可靠度能趋于一致。但为了设计上的方便，将荷载分成永久荷载和可变荷载两类，相应给出两个规定的系数 γ_G 和 γ_Q。这两个分项系数是在荷载标准值已给定的前提下，使按极限状态设计表达式设计所得的各类结构构件的可靠指标，与规定的目标可靠指标之间，在总体上误差最小为原则，经优化后选定的。

《建筑结构设计统一标准》GBJ 68-84 编制组曾选择了 14 种有代表性的结构构件；针对永久荷载与办公楼活荷载、永久荷载与住宅活荷载以及永久荷载与风荷载三种简单组合情况进行分析，并在 γ_G = 1.1、1.2、1.3 和 γ_Q = 1.1、1.2、1.3、1.4、1.5、1.6 共 3×6 组方案中，选得一组最优方案为 γ_G = 1.2 和 γ_Q = 1.4。但考虑到前提条件的局限性，允许在特殊的情况下作合理的调整，例如对于标准值大于 $4kN/m^2$ 的工业楼面活荷载，其变异系数一般较小，此时从经济上考虑，可取 γ_Q = 1.3。

分析表明，当永久荷载效应与可变荷载效应相比很大时，若仍采用 γ_G = 1.2，则结构的可靠度就不能达到目标值的要求，因此，在本规范公式（3.2.3-2）给出的由永久荷载效应控制的设计组合值中，相应取 γ_G = 1.35。

分析还表明，当永久荷载效应与可变荷载效应异号时，若仍采用 γ_G = 1.2，则结构的可靠度会随永久荷载效应所占比重的增大而严重降低，此时，γ_G 宜

取小于 1.0 的系数。但考虑到经济效果和应用方便的因素，建议取 γ_G = 1.0。地下水压力作为永久荷载考虑时，由于受地表水位的限制，其分项系数一般建议取 1.0。

在倾覆、滑移或漂浮等有关结构整体稳定性的验算中，永久荷载效应一般对结构是有利的，荷载分项系数一般应取小于 1.0 的值。虽然各结构标准已经广泛采用分项系数表达方式，但对永久荷载分项系数的取值，如地下水荷载的分项系数，各地方有差异，目前还不可能采用统一的系数。因此，在本规范中原则上不规定与此有关的分项系数的取值，以免发生矛盾。当在其他结构设计规范中对结构倾覆、滑移或漂浮的验算有具体规定时，应按结构设计规范的规定执行，当没有具体规定时，对永久荷载分项系数应按工程经验采用不大于 1.0 的值。

3.2.5 本条为本次修订增加的内容，规定了可变荷载设计使用年限调整系数的具体取值。

《工程结构可靠性设计统一标准》GB 50153 - 2008 附录 A1 给出了设计使用年限为 5、50 和 100 年时考虑设计使用年限的可变荷载调整系数 γ_L。确定 γ_L 可采用两种方法：（1）使结构在设计使用年限 T_L 内的可靠指标与在设计基准期 T 的可靠指标相同；（2）使可变荷载按设计使用年限 T_L 定义的标准值 Q_{kL} 与按设计基准期 T（50 年）定义的标准值 Q_k 具有相同的概率分位值。按第二种方法进行分析比较简单，当可变荷载服从极值 I 型分布时，可以得到下面 γ_L 的表达式：

$$\gamma_L = 1 + 0.78 k_Q \delta_Q \ln\left(\frac{T_L}{T}\right)$$

式中，k_Q 为可变荷载设计基准期内最大值的平均值与标准值之比；δ_Q 为可变荷载设计基准期最大值的变异系数。表 1 给出了部分可变荷载对应不同设计使用年限时的调整系数，比较可知规范的取值基本偏于保守。

表 1　考虑设计使用年限的可变荷载调整系数 γ_L 计算值

设计使用年限（年）	5	10	20	30	50	75	100
办公楼活荷载	0.839	0.858	0.919	0.955	1.000	1.036	1.061
住宅活荷载	0.798	0.859	0.920	0.955	1.000	1.036	1.061
风荷载	0.651	0.756	0.861	0.923	1.000	1.061	1.105
雪荷载	0.713	0.799	0.886	0.936	1.000	1.051	1.087

对于风、雪荷载，可通过选择不同重现期的值来考虑设计使用年限的变化。本规范在附录 E 除了给出

重现期为 50 年（设计基准期）的基本风压和基本雪压外，也给出了重现期为 10 年和 100 年的风压和雪压值，可供选用。对于吊车荷载，由于其有效荷载是核定的，与使用时间没有太大关系。对温度作用，由于是本次规范修订新增内容，还没有太多设计经验，考虑设计使用年限的调整尚不成熟。因此，本规范引入的《工程结构可靠性设计统一标准》GB 50153 - 2008 表 A.1.9 可变荷载调整系数 γ_L 的具体数据，仅限于楼面和屋面活荷载。

根据表 1 计算结果，对表 3.2.5 中所列以外的其他设计使用年限对应的 γ_L 值，按线性内插计算是可行的。

荷载标准值可控制的活荷载是指那些不会随时间明显变化的荷载，如楼面均布活荷载中的书库、储藏室、机房、停车库，以及工业楼面均布活荷载等。

3.2.6 本次修订针对结构承载能力计算和偶然事件发生后受损结构整体稳固性验算分别给出了偶然组合效应设计值的计算公式。

对于偶然设计状况（包括撞击、爆炸、火灾事故的发生），均应采用偶然组合进行设计。偶然荷载的特点是出现的概率很小，而一旦出现，量值很大，往往具有很大的破坏作用，甚至引起结构与起因不成比例的连续倒塌。我国近年因撞击或爆炸导致建筑物倒塌的事件时有发生，加强建筑物的抗连续倒塌设计刻不容缓。目前美国、欧洲、加拿大、澳大利亚等有关规范都有关于建筑结构抗连续倒塌设计的规定。原规范只是规定了偶然荷载效应的组合原则，本规范分别给出了承载能力计算和整体稳定验算偶然荷载效应组合的设计值的表达式。

偶然荷载效应组合的表达式主要考虑到：（1）由于偶然荷载标准值的确定往往带有主观和经验的因素，因而设计表达式中不再考虑荷载分项系数，而直接采用规定的标准值为设计值；（2）对偶然设计状况，偶然事件本身属于小概率事件，两种不相关的偶然事件同时发生的概率更小，所以不必同时考虑两种或两种以上偶然荷载；（3）偶然事件的发生是一个强不确定性事件，偶然荷载的大小也是不确定的，所以实际情况下偶然荷载值超过规定设计值的可能性是存在的，按规定设计值设计的结构仍然存在破坏的可能性；但为保证人的生命安全，设计还要保证偶然事件发生后受损的结构能够承担对应于偶然设计状况的永久荷载和可变荷载。所以，表达式分别给出了偶然事件发生时承载能力计算和发生后整体稳固性验算两种不同的情况。

设计人员和业主首先要控制偶然荷载发生的概率或减小偶然荷载的强度，其次才是进行抗连续倒塌设计。抗连续倒塌设计有多种方法，如直接设计法和间接设计法等。无论采用直接方法还是间接方法，均需要验算偶然荷载下结构的局部强度及偶然荷载发生后

结构的整体稳固性，不同的情况采用不同的荷载组合。

3.2.7～3.2.10 对于结构的正常使用极限状态设计，过去主要是验算结构在正常使用条件下的变形和裂缝，并控制它们不超过限值。其中，与之有关的荷载效应都是根据荷载的标准值确定的。实际上，在正常使用的极限状态设计时，与状态有关的荷载水平，不一定非以设计基准期内的最大荷载为准，应根据所考虑的正常使用具体条件来考虑。参照国际标准，对正常使用极限状态的设计，当考虑短期效应时，可根据不同的设计要求，分别采用荷载的标准组合或频遇组合，当考虑长期效应时，可采用准永久组合。频遇组合系指永久荷载标准值、主导可变荷载的频遇值与伴随可变荷载的准永久值的效应组合。

可变荷载的准永久值系数仍按原规范的规定采用；频遇值系数原则上应按本规范第 3.1.6 条的条文说明中的规定，但由于大部分可变荷载的统计参数并不掌握，规范中采用的系数目前是按工程经验经判断后给出。

此外，正常使用极限状态要求控制的极限标志也不一定仅限于变形、裂缝等常见现象，也可延伸到其他特定的状态，如地基承载应力的设计控制，实质上是控制地基的沉陷，因此也可归入这一类。

与基本组合中的规定相同，对于标准、频遇及准永久组合，其荷载效应组合的设计值也仅适用于各项可变荷载效应与荷载为线性关系的情况。

4 永久荷载

4.0.1 本章为本次修订新增的内容，主要是为了完善规范的章节划分，并与国外标准保持一致。本章内容主要由原规范第 3.1.3 条扩充而来。

民用建筑二次装修很普遍，而且增加的荷载较大，在计算面层及装饰自重时必须考虑二次装修的自重。

固定设备主要包括：电梯及自动扶梯，采暖、空调及给排水设备，电器设备，管道、电缆及其支架等。

4.0.2、4.0.3 结构或非承重构件的自重是建筑结构的主要永久荷载，由于其变异性不大，而且多为正态分布，一般以其分布的均值作为荷载标准值，由此，即可按结构设计规定的尺寸和材料或结构构件单位体积的自重（或单位面积的自重）平均值确定。对于自重变异性较大的材料，如现场制作的保温材料、混凝土薄壁构件等，尤其是制作屋面的轻质材料，考虑到结构的可靠性，在设计中应根据该荷载对结构有利或不利，分别取其自重的下限值或上限值。在附录 A 中，对某些变异性较大的材料，都分别给出其自重的上限和下限值。

对于在附录 A 中未列出的材料或构件的自重，应根据生产厂家提供的资料或设计经验确定。

4.0.4 可灵活布置的隔墙自重按可变荷载考虑时，可换算为等效均布荷载，换算原则在本规范表 5.1.1 注 6 中规定。

5 楼面和屋面活荷载

5.1 民用建筑楼面均布活荷载

5.1.1 作为强制性条文，本次修订明确规定表 5.1.1 中列入的民用建筑楼面均布活荷载的标准值及其组合值系数、频遇值系数和准永久值系数为设计时必须遵守的最低要求。如设计中有特殊需要，荷载标准值及其组合值、频遇值和准永久值系数的取值可以适当提高。

本次修订，对不同类别的楼面均布活荷载，除调整和增加个别项目外，大部分的标准值仍保持原有水平。主要修订内容为：

1）提高教室活荷载标准值。原规范教室活荷载取值偏小，目前教室除传统的讲台、课桌椅外，投影仪、计算机、音响设备、控制柜等多媒体教学设备显著增加；班级学生人数可能出现超员情况。本次修订将教室活荷载取值由 2.0kN/m² 提高至 2.5kN/m²。

2）增加运动场的活荷载标准值。现行规范中尚未包括体育馆中运动场的活荷载标准值。运动场除应考虑举办运动会、开闭幕式、大型集会等密集人流的活动外，还应考虑跑步、跳跃等冲击力的影响。本次修订运动场活荷载标准值取为 4.0kN/m²。

3）第 8 项的类别修改为汽车通道及"客车"停车库，明确本项荷载不适用于消防车的停车库；增加了板跨为 3m×3m 的双向板楼盖停车库活荷载标准值。在原规范中，对板跨小于 6m×6m 的双向板楼盖和柱网小于 6m×6m 的无梁楼盖的消防车活荷载未作出具体规定。由于消防车活荷载本身较大，对结构构件截面尺寸、层高与经济性影响显著，设计人员使用不方便，故在本次修订中予以增加。

根据研究与大量试算，在表注 4 中明确规定板跨在 3m×3m 至 6m×6m 之间的双向板，可以按线性插值方法确定活荷载标准值。

对板上有覆土的消防车活荷载，明确规定可以考虑覆土的影响，一般可在原消防车轮压作用范围的基础上，取扩散角为 35°，以扩散后的作用范围按等效均布荷载方法确定活荷载标准值。新增加附录 B，给出常用板跨消防车活荷载覆土厚度折减系数。

4）提高原规范第 10 项第 1 款浴室和卫生间的活荷载标准值。近年来，在浴室、卫生间中安装浴缸、坐便器等卫生设备的情况越来越普遍，故在本次修订中，将浴室和卫生间的活荷载统一规定为 2.5kN/m²。

5）楼梯单列一项，提高除多层住宅外其他建筑楼梯的活荷载标准值。在发生特殊情况时，楼梯对于人员疏散与逃生的安全性具有重要意义。汶川地震后，楼梯的抗震构造措施已经大大加强。在本次修订中，除了使用人数较少的多层住宅楼梯活荷载仍按 2.0kN/m² 取值外，其余楼梯活荷载取值均改为 3.5kN/m²。

在《荷载暂行规范》规结 1—58 中，民用建筑楼面活荷载取值是参照当时的苏联荷载规范并结合我国具体情况，按经验判断的方法来确定的。《工业与民用建筑结构荷载规范》TJ 9-74 修订前，在全国一定范围内对办公室和住宅的楼面活荷载进行了调查。当时曾对 4 个城市（北京、兰州、成都和广州）的 606 间住宅和 3 个城市（北京、兰州和广州）的 258 间办公室的实际荷载作了测定。按楼板内弯矩等效的原则，将实际荷载换算为等效均布荷载，经统计计算，分别得出其平均值为 1.051kN/m² 和 1.402kN/m²，标准差为 0.23kN/m² 和 0.219kN/m²；按平均值加两倍标准差的标准荷载定义，得出住宅和办公室的标准活荷载分别为 1.513kN/m² 和 1.84kN/m²。但在规结 1—58 中对办公楼允许按不同情况可取 1.5kN/m² 或 2kN/m² 进行设计，而且较多单位根据当时的设计实践经验取 1.5kN/m²，而只对兼作会议室的办公楼可提高到 2kN/m²。对其他用途的民用楼面，由于缺乏足够数据，一般仍按实际荷载的具体分析，并考虑当时的设计经验，在原规范的基础上适当调整后确定。

《建筑结构荷载规范》GBJ 9-87 根据《建筑结构统一设计标准》GBJ 68-84 对荷载标准值的定义，重新对住宅、办公室和商店的楼面活荷载作了调查和统计，并考虑荷载随空间和时间的变异性，采用了适当的概率统计模型。模型中直接采用房间面积平均荷载来代替等效均布荷载，这在理论上虽然不很严格，但对结果估计不会有严重影响，而调查和统计工作却可得到很大的简化。

楼面活荷载按其随时间变异的特点，可分持久性和临时性两部分。持久性活荷载是指楼面上在某个时段内基本保持不变的荷载，例如住宅内的家具、物品，工业房屋内的机器、设备和堆料，还包括常住人员自重。这些荷载，除非发生一次搬迁，一般变化不大。临时性活荷载是指楼面上偶尔出现短期荷载，例如聚会的人群、维修时工具和材料的堆积、室内扫除时家具的集聚等。

对持续性活荷载 L_i 的概率统计模型，可根据调查给出荷载变动的平均时间间隔 τ 及荷载的统计分布，采用等时段的二项平稳随机过程（图 3）。

对临时性活荷载 L_r 由于持续时间很短，要通过调查确定荷载在单位时间内出现次数的平均率及其荷载值的统计分布，实际上是有困难的。为此，提出一个勉强可以替代的方法，就是通过对用户的查询，了

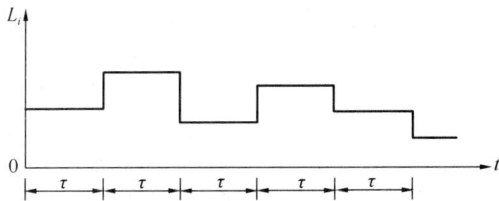

图 3 持续性活荷载随时间变化示意图

解到最近若干年内一次最大的临时性荷载值，以此作为时段内的最大荷载 L_{rs}，并作为荷载统计的基础。对 L_r 也采用与持久性活荷载相同的概率模型（图4）。

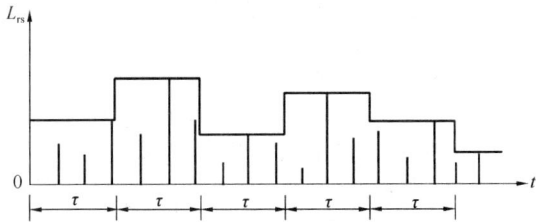

图 4 临时性活荷载随时间变化示意图

出于分析上的方便，对各类活荷载的分布类型采用了极值 I 型。根据 L_r 和 L_{rs} 的统计参数，分别求出 50 年最大荷载值 L_{rT} 和 L_{rT} 的统计分布和参数。再根据 Tukstra 的组合原则，得出 50 年内总荷载最大值 L_T 的统计参数。在 1977 年以后的三年里，曾对全国某些城市的办公室、住宅和商店的活荷载情况进行了调查，其中：在全国 25 个城市实测了 133 栋办公楼共 2201 间办公室，总面积为 63700m²，同时调查了 317 栋用户的搬迁情况；对全国 10 个城市的住宅实测了 556 间，总为 7000m²，同时调查了 229 户的搬迁情况；在全国 10 个城市实测了 21 家百货商店共 214 个柜台，总面积为 23700m²。

表 2 中的 L_K 系指《建筑结构荷载规范》GBJ 9-87 中给出的活荷载的标准值。按《建筑结构可靠度设计统一标准》GB 50068 的规定，标准值应为设计基准期 50 年内荷载最大值分布的某一个分位值。虽然没有对分位值的百分数作具体规定，但对性质类同的可变荷载，应尽量使其取值在保证率上保持相同的水平。从表 5.1.1 中可见，若对办公室而言，$L_K=1.5$kN/m²，它相当于 L_T 的均值 μ_{LT} 加 1.5 倍的标准差 σ_{LT}，其中 1.5 系数指保证率系数 α。若假设 L_T 的分布仍为极值 I 型，则与 α 对应的保证率为 92.1%，也即 L_K 取 92.1% 的分位值。以此为标准，则住宅的活荷载标准值就偏低较多。鉴于当时调查时的住宅荷载还是偏高的实际情况，因此原规范仍保持以往的取值。但考虑到工程界普遍的意见，认为对于建设工程量比较大的住宅和办公楼来说，其荷载标准值与国外相比显然偏低，又鉴于民用建筑的楼面活荷载今后的变化趋势也难以预测，因此，在《建筑结构荷载规范》GB 50009—2001 修订时，楼面活荷载的最小值规定为 2.0kN/m²。

表 2 全国部分城市建筑楼面活荷载统计分析表

	办公室			住宅			商店		
	μ	σ	τ	μ	σ	τ	μ	σ	τ
L_i	0.386	0.178	10 年	0.504	0.162	10 年	0.580	0.351	10 年
L_{rs}	0.355	0.244		0.468	0.252		0.955	0.428	
L_{iT}	0.610	0.178		0.707	0.162		4.650	0.351	
L_{rT}	0.661	0.244		0.784	0.252		2.261	0.428	
L_T	1.047	0.302		1.288	0.300		2.841	0.553	
L_K	1.5			1.5			3.5		
α	1.5			0.7			1.2		
p (%)	92.1			79.1			88.5		

关于其他类别的荷载，由于缺乏系统的统计资料，仍按以往的设计经验，并参考国际标准化组织 1986 年颁布的《居住和公共建筑的使用和占用荷载》ISO 2103 而加以确定。

对藏书库和档案库，根据 70 年代初期的调查，其荷载一般为 3.5kN/m² 左右，个别超过 4kN/m²，而最重的可达 5.5kN/m²（按书架高 2.3m，净距 0.6m，放 7 层精装书籍估计）。GBJ 9-87 修订时参照 ISO 2103 的规定采用为 5kN/m²，并在表注中又给出按书架每米高度不少于 2.5kN/m² 的补充规定。对于采用密集柜的无过道书库规定荷载标准值为 12kN/m²。

客车停车库及车道的活荷载仅考虑由小轿车、吉普车、小型旅行车（载人少于 9 人）的车轮局部荷载以及其他必要的维修设备荷载。在 ISO 2103 中，停车库活荷载标准值取 2.5kN/m²。按荷载最不利布置核算其等效均布荷载后，表明该荷载值只适用于板跨不小于 6m 的双向板或无梁楼盖。对国内目前常用的单向板楼盖，当板跨不小于 2m 时，应取 4.0kN/m² 比较合适。当结构情况不符合上述条件时，可直接按车轮局部荷载计算楼板内力，局部荷载取 4.5kN，分布在 0.2m×0.2m 的局部面上。该局部荷载也可作为验算结构局部效应的依据（如抗冲切等）。对其他车的车库和车道，应按车辆最大轮压作为局部荷载确定。

目前常见的中型消防车总质量小于 15t，重型消防车总质量一般在（20～30）t。对于住宅、宾馆等建筑物，灭火时以中型消防车为主，当建筑物总高在 30m 以上或建筑物面积较大时，应考虑重型消防车。消防车楼面活荷载按等效均布荷载确定，本次修订对消防车活荷载进行了更加广泛的研究和计算，扩大了楼板跨度的取值范围，考虑了覆土厚度影响。计算中选用的消防车为重型消防车，全车总重 300kN，前轴重为 60kN，后轴重为 2×120kN，有 2 个前轮与 4 个后轮，轮压作用尺寸均为 0.2m×0.6m。选择的楼板跨度为 2m～4m 的单向板和跨度为 3m～6m 的双向板。计算中综合考虑了消防车台数、楼板跨度、板长宽比以及覆土厚度等因素的影响，按照荷载最不利布置原则确定消防车位置，采用有限元软件分析了在消防车轮压作用下不同板跨单向板和双向板的等效均布活荷载值。

根据单向板和双向板的等效均布活荷载值计算结果，本次修订规定板跨在 3m 至 6m 之间的双向板，活荷载可根据板跨按线性插值确定。当单向板楼盖板跨介于 2m～4m 之间时，活荷载可按跨度在（35～25）kN/m² 范围内线性插值确定。

当板顶有覆土时，可根据覆土厚度对活荷载进行折减，在新增的附录 B 中，给出了不同板跨、不同覆土厚度的活荷载折减系数。

在计算折算覆土厚度的公式（B.0.2）中，假定覆土应力扩散角为 35°，常数 1.43 为 tan35° 的倒数。使用者可以根据具体情况采用实际的覆土应力扩散角 θ，按此式计算折算覆土厚度。

对于消防车不经常通行的车道，也即除消防站以外的车道，适当降低了其荷载的频遇值和准永久值系数。

对民用建筑楼面可根据在楼面上活动的人和设施的不同状况，可以粗略将其标准值分成以下七个档次：

（1）活动的人很少 $L_K = 2.0$kN/m²；

（2）活动的人较多且有设备 $L_K = 2.5$kN/m²；

（3）活动的人很多且有较重的设备 $L_K = 3.0$kN/m²；

（4）活动的人很集中，有时很挤或有较重的设备 $L_K = 3.5$kN/m²；

（5）活动的性质比较剧烈 $L_K = 4.0$kN/m²；

（6）储存物品的仓库 $L_K = 5.0$kN/m²；

（7）有大型的机械设备 $L_K = (6 \sim 7.5)$kN/m²。

对于在表 5.1.1 中没有列出的项目可对照上述类别和档次选用，但当有特别重的设备时应另行考虑。

作为办公楼的荷载还应考虑会议室、档案室和资料室等的不同要求，一般应在（2.0～2.5）kN/m² 范围内采用。

对于洗衣房、通风机房以及非固定隔墙的楼面均布活荷载，均系参照国内设计经验和国外规范的有关内容酌情增添的。其中非固定隔墙的荷载应按活荷载考虑，可采用每延米长度的墙重（kN/m）的 1/3 作为楼面活荷载的附加值（kN/m²），该附加值建议不小于 1.0kN/m²，但对于楼面活荷载大于 4.0kN/m² 的情况，不小于 0.5kN/m²。

走廊、门厅和楼梯的活荷载标准值一般应按相连通房屋的活荷载标准值采用，但对有可能出现密集人流的情况，活荷载标准值不应低于 3.5kN/m²。可能出现密集人流的建筑主要是指学校、公共建筑和高层建筑的消防楼梯等。

5.1.2 作为强制性条文，本次修订明确规定本条列入的设计楼面梁、墙、柱及基础时的楼面均布活荷载的折减系数，为设计时必须遵守的最低要求。

作用在楼面上的活荷载，不可能以标准值的大小同时布满在所有的楼面上，因此在设计梁、墙、柱和基础时，还要考虑实际荷载沿楼面分布的变异情况，也即在确定梁、墙、柱和基础的荷载标准值时，允许按楼面活荷载标准值乘以折减系数。

折减系数的确定实际上是比较复杂的，采用简化的概率统计模型来解决这个问题还不够成熟。目前除美国规范是按结构部位的影响面积来考虑外，其他国家均按传统方法，通过从属面积来虑荷载折减系数。对于支撑单向板的梁，其从属面积为梁两侧各延伸二分之一的梁间距范围内的面积；对于支撑双向板的梁，其从属面积由板面的剪力零线构成。对于支撑梁的柱，其从属面积为所支撑梁的从属面积的总和；对于多层房屋，柱的从属面积为其上部所有柱从属面积的总和。

在 ISO 2103 中，建议按下述不同情况对荷载标准值乘以折减系数 λ。

当计算梁时：

1 对住宅、办公楼等房屋或其房间按下式计算：

$$\lambda = 0.3 + \frac{3}{\sqrt{A}} \quad (A > 18\text{m}^2)$$

2 对公共建筑或其房间按下式计算：

$$\lambda = 0.5 + \frac{3}{\sqrt{A}} \quad (A > 36\text{m}^2)$$

式中：A——所计算梁的从属面积，指向梁两侧各延伸 1/2 梁间距范围内的实际楼面面积。

当计算多层房屋的柱、墙和基础时：

1 对住宅、办公楼等房屋按下式计算：

$$\lambda = 0.3 + \frac{0.6}{\sqrt{n}}$$

2 对公共建筑按下式计算：

$$\lambda = 0.5 + \frac{0.6}{\sqrt{n}}$$

式中：n——所计算截面以上的楼层数，$n \geq 2$。

为了设计方便，而又不明显影响经济效果，本条文的规定作了一些合理的简化。在设计柱、墙和基础时，对第 1（1）建筑类别采用的折减系数改用 $\lambda = 0.4 + \frac{0.6}{\sqrt{n}}$。对第 1（2）～8 项的建筑类别，直接按楼面梁的折减系数，而不另考虑按楼层的折减。这与 ISO 2103 相比略为保守，但与以往的设计经验比较接近。

停车库及车道的楼面活荷载是根据荷载最不利布置下的等效均布荷载确定，因此本条文给出的折减系数，实际上也是根据次梁、主梁或柱上的等效均布荷载与楼面等效均布荷载的比值确定。

本次修订，设计墙、柱和基础时针对消防车的活荷载的折减不再包含在本强制性条文中，单独列为第5.1.3条，便于设计人员灵活掌握。

5.1.3 消防车荷载标准很大，但出现概率小，作用时间短。在墙、柱设计时应容许作较大的折减，由设计人员根据经验确定折减系数。在基础设计时，根据经验和习惯，同时为减少平时使用时产生的不均匀沉降，允许不考虑消防车通道的消防车活荷载。

5.2 工业建筑楼面活荷载

5.2.1 本规范附录 C 的方法主要是为确定楼面等效均布活荷载而制订的。为了简化，在方法上作了一些假设：计算等效均布荷载时统一假定结构的支承条件都为简支，并按弹性阶段分析内力。这对实际上为非简支的结构以及考虑材料处于弹塑性阶段的设计会有一定的设计误差。

计算板面等效均布荷载时，还必须明确板面局部荷载实际作用面的尺寸。作用面一般按矩形考虑，从而可确定荷载传递到板轴心面处的计算宽度，此时假定荷载按 45°扩散线传递。

板面等效均布荷载按板内分布弯矩等效的原则确定，也即在实际的局部荷载作用下在简支板内引起的绝对最大的分布弯矩，使其等于在等效均布荷载作用下在该简支板内引起的最大分布弯矩作为条件。所谓绝对最大是指在设计时假定实际荷载的作用位置是在对板最不利的位置上。

在局部荷载作用下，板内分布弯矩的计算比较复杂，一般可参考有关的计算手册。对于边长比大于 2 的单向板，本规范附录 C 中给出更为具体的方法。在均布荷载作用下，单向板内分布弯矩沿板宽方向是均匀分布的，因此可按单位宽度的简支板来计算其分布弯矩；在局部荷载作用下，单向板内分布弯矩沿板宽方向不再是均匀分布，而是在局部荷载处具有最大值，并逐渐向宽度两侧减小，形成一个分布宽度。现以均布荷载代替，为使板内分布弯矩等效，可相应确定板的有效分布宽度。在本规范附录 C 中，根据计算结果，给出了五种局部荷载情况下有效分布宽度的近似公式，从而可直接按公式（C.0.4-1）确定单向板的等效均布活荷载。

不同用途的工业建筑，其工艺设备的动力性质不尽相同。对一般情况，荷载中应考虑动力系数 1.05～1.1；对特殊的专用设备和机器，可提高到 1.2～1.3。

本次修订增加固定设备荷载计算原则，增加原料、成品堆放荷载计算原则。

5.2.2 操作荷载对板面一般取 2kN/m²。对堆料较多的车间，如金工车间，操作荷载取 2.5kN/m²。有的车间，例如仪器仪表装配车间，由于生产的不均衡性，某个时期的成品、半成品堆放特别严重，这时可定为 4kN/m²。还有些车间，其荷载基本上由堆料所控制，例如粮食加工厂的拉丝车间、轮胎厂的准备车间、纺织车间的齿轮室等。

操作荷载在设备所占的楼面面积内不予考虑。

本次修订增加设备区域内可不考虑操作荷载和堆料荷载的规定，增加参观走廊活荷载。

5.3 屋面活荷载

5.3.1 作为强制性条文，本次修订明确规定表5.3.1 中列入的屋面均布活荷载的标准值及其组合值系数、频遇值系数和准永久值系数为设计时必须遵守的最低要求。

对不上人的屋面均布活荷载，以往规范的规定是考虑在使用阶段作为维修时所必需的荷载，因而取值较低，统一规定为 0.3kN/m²。后来在屋面结构上，尤其是钢筋混凝土屋面上，出现了较多的事故，原因无非是屋面超重、超载或施工质量偏低。特别对无雪地区，按过低的屋面活荷载设计，就更容易发生质量事故。因此，为了进一步提高屋面结构的可靠度，在GBJ 9-87 中将不上人的钢筋混凝土屋面活荷载提高到 0.5kN/m²。根据原颁布的 GBJ 68-84，对永久荷载和可变荷载分别采用不同的荷载分项系数以后，荷载以自重为主的屋面结构可靠度相对又有所下降。为此，GBJ 9-87 有区别地适当提高其屋面活荷载的值为 0.7kN/m²。

GB 50009-2001 修订时，补充了以恒载控制的不利组合式，而屋面活荷载中主要考虑的仅是施工或维修荷载，故将原规范项次 1 中对重屋盖结构附加的荷载值 0.2kN/m² 取消，也不再区分屋面性质，统一取为 0.5kN/m²。但在不同材料的结构设计规范中，尤其对于轻质屋面结构，当出于设计方面的历史经验而有必要改变屋面荷载的取值时，可由该结构设计规范自行规定，但不得低于 0.3kN/m²。

关于屋顶花园和直升机停机坪的荷载是参照国内设计经验和国外规范有关内容确定的。

本次修订增加了屋顶运动场地的活荷载标准值。随着城市建设的发展，人民的物质文化生活水平不断提高，受到土地资源的限制，出现了屋面作为运动场地的情况，故在本次修订中新增屋顶运动场活荷载的内容。参照体育馆的运动场，屋顶运动场地的活荷载值为 4.0kN/m²。

5.4 屋面积灰荷载

5.4.1 屋面积灰荷载是冶金、铸造、水泥等行业的建筑所特有的问题。我国早已注意到这个问题，各设计、生产单位也积累了一定的经验和数据。在制订TJ 9-74 前，曾对全国 15 个冶金企业的 25 个车间，

13个机械工厂的18个铸造车间及10个水泥厂的27个车间进行了一次全面系统的实际调查。调查了各车间设计时所依据的积灰荷载、现场的除尘装置和实际清灰制度，实测了屋面不同部位、不同灰源距离、不同风向下的积灰厚度，并计算其平均日积灰量，对灰的性质及其重度也作了研究。

调查结果表明，这些工业建筑的积灰问题比较严重，而且其性质也比较复杂。影响积灰的主要因素是：除尘装置的使用维修情况、清灰制度执行情况、风向和风速、烟囱高度、屋面坡度和屋面挡风板等。对积灰特别严重或情况特殊的工业厂房屋面积灰荷载应根据实际情况确定。

确定积灰荷载只有在工厂设有一般的除尘装置，且能坚持正常的清灰制度的前提下才有意义。对一般厂房，可以做到（3～6）个月清灰一次。对铸造车间的冲天炉附近，因积灰速度较快，积灰范围不大，可以做到按月清灰一次。

调查中所得的实测平均日积灰量列于表3中。

表3　实测平均日积灰量

车间名称		平均日积灰量（cm）
贮矿槽、出铁场		0.08
炼钢车间	有化铁炉	0.06
	无化铁炉	0.065
铁合金车间		0.067～0.12
烧结车间	无挡风板	0.035
	有挡风板（挡风板内）	0.046
铸造车间		0.18
水泥厂	窑房	0.044
	磨房	0.028
生、熟料库和联合贮库		0.045

对积灰取样测定了灰的天然重度和饱和重度，以其平均值作为灰的实际重度，用以计算积灰周期内的最大积灰荷载。按灰源类别不同，分别得出其计算重度（表4）。

表4　积灰重度

车间名称	灰源类别	重度（kN/m³）			备注
		天然	饱和	计算	
炼铁车间	高炉	13.2	17.9	15.55	
炼钢车间	转炉	9.4	15.5	12.45	
铁合金车间	电炉	8.1	16.6	12.35	—
烧结车间	烧结炉	7.8	15.8	11.80	
铸造车间	冲天炉	11.2	15.6	13.40	
水泥厂	生料库		8.1	10.35	建议按熟料库采用
	熟料库		12.6	15.00	

5.4.2　易于形成灰堆的屋面处，其积灰荷载的增大系数可参照雪荷载的屋面积雪分布系数的规定来确定。

5.4.3　对有雪地区，积灰荷载应与雪荷载同时考虑。此外，考虑到雨季的积灰有可能接近饱和，此时的积灰荷载的增值为偏于安全，可通过不上人屋面活荷载来补偿。

5.5　施工和检修荷载及栏杆荷载

5.5.1　设计屋面板、檩条、钢筋混凝土挑檐、雨篷和预制小梁时，除了按第5.3.1条单独考虑屋面均布活荷载外，还应另外验算在施工、检修时可能出现在最不利位置上，由人和工具自重形成的集中荷载。对于宽度较大的挑檐和雨篷，在验算其承载力时，为偏于安全，可沿其宽度每隔1.0m考虑有一个集中荷载；在验算其倾覆时，可根据实际可能的情况，增大集中荷载的间距，一般可取（2.5～3.0）m。

地下室顶板等部位在建造施工和使用维修时，往往需要运输、堆放大量建筑材料与施工机具，因施工超载引起建筑物楼板开裂甚至破坏时有发生，应该引起设计与施工人员的重视。在进行首层地下室顶板设计时，施工活荷载一般不小于4.0kN/m²，但可以根据情况扣除尚未施工的建筑地面做法与隔墙的自重，并在设计文件中给出相应的详细规定。

5.5.2　作为强制性条文，本次修订明确规定栏杆活荷载的标准值为设计时必须遵守的最低要求。

本次修订时，考虑到楼梯、看台、阳台和上人屋面等的栏杆在紧急情况下对人身安全保护的重要作用，将住宅、宿舍、办公楼、旅馆、医院、托儿所、幼儿园等的栏杆顶部水平荷载从0.5kN/m提高至1.0kN/m。对学校、食堂、剧场、电影院、车站、礼堂、展览馆或体育场等的栏杆，除了将顶部水平荷载提高至1.0kN/m外，还增加竖向荷载1.2kN/m。参照《城市桥梁设计荷载标准》CJJ 77-98对桥上人行道栏杆的规定，计算桥上人行道栏杆时，作用在栏杆扶手上的竖向活荷载采用1.2kN/m，水平向外活荷载采用1.0kN/m。两者应分别考虑，不应同时作用。

6　吊车荷载

6.1　吊车竖向和水平荷载

6.1.1　按吊车荷载设计结构时，有关吊车的技术资料（包括吊车的最大或最小轮压）都应由工艺提供。多年实践表明，由各工厂设计的起重机械，其参数和尺寸不太可能完全与该标准保持一致。因此，设计时仍应直接参照制造厂当时的产品规格作为设计依据。

选用的吊车是按其工作的繁重程度来分级的，这不仅对吊车本身的设计有直接的意义，也和厂房结构的设计有关。国家标准《起重机设计规范》GB

3811-83 是参照国际标准《起重设备分级》ISO 4301-1980 的原则，重新划分了起重机的工作级别。在考虑吊车繁重程度时，它区分了吊车的利用次数和荷载大小两种因素。按吊车在使用期内要求的总工作循环次数分成 10 个利用等级，又按吊车荷载达到其额定值的频繁程度分成 4 个载荷状态（轻、中、重、特重）。根据要求的利用等级和载荷状态，确定吊车的工作级别，共分 8 个级别作为吊车设计的依据。

这样的工作级别划分在原则上也适用于厂房的结构设计，虽然根据过去的设计经验，在按吊车荷载设计结构时，仅参照吊车的载荷状态将其划分为轻、中、重和超重 4 级工作制，而不考虑吊车的利用因素，这样做实际上也并不会影响到厂房的结构设计，但是，在执行国家标准《起重机设计规范》GB 3811-83 以来，所有吊车的生产和定货，项目的工艺设计以及土建原始资料的提供，都以吊车的工作级别为依据，因此在吊车荷载的规定中也相应改用按工作级别划分。采用的工作级别是按表 5 与过去的工作制等级相对应的。

表 5　吊车的工作制等级与工作级别的对应关系

工作制等级	轻级	中级	重级	超重级
工作级别	A1～A3	A4，A5	A6，A7	A8

6.1.2　吊车的水平荷载分纵向和横向两种，分别由吊车的大车和小车的运行机构在启动或制动时引起的惯性力产生。惯性力为运行重量与运行加速度的乘积，但必须通过制动轮与钢轨间的摩擦传递给厂房结构。因此，吊车的水平荷载取决于制动轮的轮压和它与钢轨间的滑动摩擦系数，摩擦系数一般可取 0.14。

在规范 TJ 9-74 中，吊车纵向水平荷载取作用在一边轨道上所有刹车轮最大轮压之和的 10%，虽比理论值为低，但经长期使用检验，尚未发现有问题。太原重机学院曾对 1 台 300t 中级工作制的桥式吊车进行了纵向水平荷载的测试，得出大车制动力系数为 0.084～0.091，与规范规定值比较接近。因此，纵向水平荷载的取值仍保持不变。

吊车的横向水平荷载可按下式取值：

$$T = \alpha (Q + Q_1) g$$

式中：Q——吊车的额定起重量；

　　　Q_1——横行小车重量；

　　　g——重力加速度；

　　　α——横向水平荷载系数（或称小车制动力系数）。

如考虑小车制动轮数占总轮数之半，则理论上 α 应取 0.07，但 TJ 9-74 当年对软钩吊车取 α 不小于 0.05，对硬钩吊车取 α 为 0.10，并规定该荷载仅由一边轨道上各车轮平均传递到轨顶，方向与轨道垂直，同时考虑正反两个方向。

经浙江大学、太原重机学院及原第一机械工业部第一设计院等单位，在 3 个地区对 5 个厂房及 12 个露天栈桥的额定起重量为 5t～75t 的中级工作制桥式吊车进行了实测。实测结果表明：小车制动力的上限均超过规范的规定值，而且横向水平荷载系数 α 往往随吊车起重量的减小而增大，这可能是由于司机对起重量大的吊车能控制以较低的运行速度所致。根据实测资料分别给出 5t～75t 吊车上小车制动力的统计参数，见表 6。若对小车制动力的标准值按保证率 99.9% 取值，则 $T_k = \mu_T + 3\sigma_T$，由此得出系数 α，除 5t 吊车明显偏大外，其他约在 0.08～0.11 之间。经综合分析比较，将吊车额定起重量按大小分成 3 个组别，分别规定了软钩吊车的横向水平荷载系数为 0.12、0.10 和 0.08。

对于夹钳、料耙、脱锭等硬钩吊车，由于使用频繁，运行速度高，小车附设的悬臂结构使起吊的重物不能自由摆动等原因，以致制动时产生较大的惯性力。TJ 9-74 规范规定它的横向水平荷载虽已比软钩吊车大一倍，但与实测相比还是偏低，曾对 10t 夹钳吊车进行实测，实测的制动力为规范规定值的 1.44 倍。此外，硬钩吊车的另一个问题是卡轨现象严重。综合上述情况，GBJ 9-87 已将硬钩吊车的横向水平荷载系数 α 提高为 0.2。

表 6　吊车制动力统计参数

吊车额定起重量（t）	制动力 T（kN）		标准值 T_k（kN）	$\alpha = \dfrac{T_k}{(Q + Q_1)g}$
	均值 μ_T	标准差 σ_T		
5	0.056	0.020	0.116	0.175
10	0.074	0.022	0.140	0.108
20	0.121	0.040	0.247	0.079
30	0.181	0.048	0.325	0.081
75	0.405	0.141	0.828	0.080

经对 13 个车间和露天栈桥的小车制动力实测数据进行分析，表明吊车制动轮与轨道之间的摩擦力足以传递小车制动时产生的制动力。小车制动力是由支承吊车的两边相应的承重结构共同承受，并不是 TJ 9-74 规范中所认为的仅由一边轨道传递横向水平荷载。经对实测资料的统计分析，当两边柱的刚度相等时，小车制动力的横向分配系数多数为 0.45/0.55，少数为 0.4/0.6，个别为 0.3/0.7，平均为 0.474/0.526。为了计算方便，GBJ 9-87 规范已建议吊车的横向水平荷载在两边轨道上平等分配，这个规定与欧美的规范也是一致的。

6.2　多台吊车的组合

6.2.1　设计厂房的吊车梁和排架时，考虑参与组合的吊车台数是根据所计算的结构构件能同时产生效应的吊车台数确定。它主要取决于柱距大小和厂房跨间的数量，其次是各吊车同时集聚在同一柱距范围内的可能性。根据实际观察，在同一跨度内，2台吊车以邻接距离运行的情况还是常见的，但3台吊车相邻运行却很罕见，即使发生，由于柱距所限，能产生影响的也只是2台。因此，对单跨厂房设计时最多考虑2台吊车。

对多跨厂房，在同一柱距内同时出现超过2台吊车的机会增加。但考虑隔跨吊车对结构的影响减弱，为了计算上的方便，容许在计算吊车竖向荷载时，最多只考虑4台吊车。而在计算吊车水平荷载时，由于同时制动的机会很小，容许最多只考虑2台吊车。

本次修订增加了双层吊车组合的规定：当下层吊车满载时，上层吊车只考虑空载的工况；当上层吊车满载时，下层吊车不应同时作业，不予考虑。

6.2.2 TJ 9-74规范对吊车荷载，无论是由2台还是4台吊车引起的，都按同时满载，且其小车位置都按同时处于最不利的极限工作位置上考虑。根据在北京、上海、沈阳、鞍山、大连等地的实际观察调查，实际上这种最不利的情况是不可能出现的。对不同工作制的吊车，其吊车载荷有所不同，即不同吊车有各自的满载概率，而2台或4台同时满载，且小车又同时处于最不利位置的概率就更小。因此，本条文给出的折减系数是从概率的观点考虑多台吊车共同作用时的吊车荷载效应组合相对于最不利效应的折减。

为了探讨多台吊车组合后的折减系数，在编制GBJ 68-84时，曾在全国3个地区9个机械工厂的机械加工、冲压、装配和铸造车间，对额定起重量为2t～50t的轻、中、重级工作制的57台吊车做了吊车竖向荷载的实测调查工作。根据所得资料，经整理并通过统计分析，根据分析结果表明，吊车荷载的折减系数与吊车工作的载荷状态有关，随吊车工作载荷状态由轻级到重级而增大；随额定起重量的增大而减小；同跨2台和相邻跨2台的差别不大。在对竖向吊车荷载分析结果的基础上，并参考国外规范的规定，本条文给出的折减系数值还是偏于保守的；并将此规定直接引用到横向水平荷载的折减。GB 50009-2001修订时，在参与组合的吊车数量上，插入了台数为3的可能情况。

双层吊车的吊车荷载折减系数可以参照单层吊车的规定采用。

6.3 吊车荷载的动力系数

6.3.1 吊车竖向荷载的动力系数，主要是考虑吊车在运行时对吊车梁及其连接的动力影响。根据调查了解，产生动力的主要因素是吊车轨道接头的高低不平和工件翻转时的振动。从少量实测资料来看，其量值都在1.2以内。TJ 9-74规范对钢吊车梁取1.1，对钢筋混凝土吊车梁按工作制级别分别取1.1，1.2和

1.3。在前苏联荷载规范 СНиП6-74 中，不分材料，仅对重级工作制的吊车梁取动力系数1.1。GBJ 9-87修订时，主要考虑到吊车荷载分项系数统一按可变荷载分项系数1.4取值后，相对于以往的设计而言偏高，会影响吊车梁的材料用量。在当时对吊车梁的实际动力特性不甚清楚的前提下，暂时采用略为降低的值1.05和1.1，以弥补偏高的荷载分项系数。

TJ 9-74规范当时对横向水平荷载还规定了动力系数，以计算重级工作制的吊车梁上翼缘及其制动结构的强度和稳定性以及连接的强度，这主要是考虑在这类厂房中，吊车在实际运行过程中产生的水平卡轨力。产生卡轨力的原因主要在于吊车轨道不直或吊车行驶时的歪斜，其大小与吊车的制造、安装、调试和使用期间的维护等管理因素有关。在下沉的条件下，不应出现严重的卡轨现象，但实际上由于生产中难以控制的因素，尤其是硬钩吊车，经常产生较大的卡轨力，使轨道被严重啃蚀，有时还会造成吊车梁与柱连接的破坏。假如采用按吊车的横向制动力乘以所谓动力系数的方式来规定卡轨力，在概念上是不够清楚的。鉴于目前对卡轨力的产生机理、传递方式以及在正常条件下的统计规律还缺乏足够的认识，因此在取得更为系统的实测资料以前，还无法建立合理的计算模型，给出明确的设计规定。TJ 9-74规范中关于这个问题的规定，已从本规范中撤销，由各结构设计规范和技术标准根据自身特点分别自行规定。

6.4 吊车荷载的组合值、频遇值及准永久值

6.4.2 处于工作状态的吊车，一般很少会持续地停留在某一个位置上，所以在正常条件下，吊车荷载的作用都是短时间的。但当空载吊车经常被安置在指定的某个位置时，计算吊车梁的长期荷载效应可按本条文规定的准永久值采用。

7 雪 荷 载

7.1 雪荷载标准值及基本雪压

7.1.1 影响结构雪荷载大小的主要因素是当地的地面积雪自重和结构上的积雪分布，它们直接关系到雪荷载的取值和结构安全，要以强制性条文规定雪荷载标准值的确定方法。

7.1.2 基本雪压的确定方法和重现期直接关系到当地基本雪压值的大小，因而也直接关系到建筑结构在雪荷载作用下的安全，必须以强制性条文作规定。确定基本雪压的方法包括对雪压观测场地、观测数据以及统计方法的规定，重现期为50年的雪压即为传统意义上的50年一遇的最大雪压，详细方法见本规范附录E。对雪荷载敏感的结构主要是指大跨、轻质屋盖结构，此类结构的雪荷载经常是控制荷载，极端雪

荷载作用下的容易造成结构整体破坏，后果特别严重，应此基本雪压要适当提高，采用 100 年重现期的雪压。

本规范附录 E 表 E.5 中提供的 50 年重现期的基本雪压值是根据全国 672 个地点的基本气象台（站）的最大雪压或雪深资料，按附录 E 规定的方法经统计得到的雪压。本次修订在原规范数据的基础上，补充了全国各台站自 1995 年至 2008 年的年极值雪压数据，进行了基本雪压的重新统计。根据统计结果，新疆和东北部分地区的基本雪压变化较大，如新疆的阿勒泰基本雪压由 1.25 增加到 1.65，伊宁由 1.0 增加到 1.4，黑龙江的虎林由 0.7 增加到 1.4。近几年西北、东北及华北地区出现了历史少见的大雪天气，大跨轻质屋盖结构工程因雪灾遭受破坏的事件时有发生，应引起设计人员的足够重视。

我国大部分气象台（站）收集的都是雪深数据，而相应的积雪密度数据又不齐全。在统计中，当缺乏平行观测的积雪密度时，均以当地的平均密度来估算雪压值。

各地区的积雪的平均密度按下述取用：东北及新疆北部地区的平均密度取 150kg/m³；华北及西北地区取 130kg/m³，其中青海取 120kg/m³；淮河、秦岭以南地区一般取 150kg/m³，其中江西、浙江取 200kg/m³。

年最大雪压的概率分布统一按极值 I 型考虑，具体计算可按本规范附录 E 的规定。我国基本雪压分布图具有如下特点：

1）新疆北部是我国突出的雪压高值区。该区由于冬季受北冰洋南侵的冷湿气流影响，雪量丰富，且阿尔泰山、天山等山脉对气流有阻滞和抬升作用，更利于降雪。加上温度低，积雪可以保持整个冬季不融化，新雪覆老雪，形成了特大雪压。在阿尔泰山区域雪压值达 1.65kN/m²。

2）东北地区由于气旋活动频繁，并有山脉对气流的抬升作用，冬季多降雪天气，同时因气温低，更有利于积雪。因此大兴安岭及长白山区是我国又一个雪压高值区。黑龙江省北部和吉林省东部的广泛地区，雪压值可达 0.7kN/m² 以上。但是吉林西部和辽宁北部地区，因地处大兴安岭的东南背风坡，气流有下沉作用，不易降雪，积雪不多，雪压不大。

3）长江中下游及淮河流域是我国稍南地区的一个雪压高值区。该地区冬季降雪情况不很稳定，有些年份一冬无积雪，而有些年份在某种天气条件下，例如寒潮南下，到此区后冷暖空气僵持，加上水汽充足，遇较低温度，即降下大雪，积雪很深，也带来雪灾。1955 年元旦，江淮一带降大雪，南京雪深达 51cm，正阳关达 52cm，合肥达 40cm。1961 年元旦，浙江中部降大雪，东阳雪深达 55cm，金华达 45cm。江西北部以及湖南一些地点也会出现（40～50）cm

以上的雪深。因此，这一地区不少地点雪压达（0.40～0.50）kN/m²。但是这里的积雪期是较短的，短则 1、2 天，长则 10 来天。

4）川西、滇北山区的雪压也较高。因该区海拔高，温度低，湿度大，降雪较多而不易融化。但该区的河谷内，由于落差大，高度相对低和气流下沉增温作用，积雪就不多。

5）华北及西北大部地区，冬季温度虽低，但水汽不足，降水量较少，雪压也相应较小，一般为（0.2～0.3）kN/m²。西北干旱地区，雪压在 0.2kN/m²以下。该区内的燕山、太行山、祁连山等山脉，因有地形的影响，降雪稍多，雪压可在 0.3kN/m²以上。

6）南岭、武夷山脉以南，冬季气温高，很少降雪，基本无积雪。

对雪荷载敏感的结构，例如轻型屋盖，考虑到雪荷载有时会远超过结构自重，此时仍采用雪荷载分项系数为 1.40，屋盖结构的可靠度可能不够，因此对这种情况，建议将基本雪压适当提高，但这应由有关规范或标准作具体规定。

7.1.4 对山区雪压未开展实测研究仍按原规范作一般性的分析估计。在无实测资料的情况下，规范建议比附近空旷地面的基本雪压增大 20% 采用。

7.2 屋面积雪分布系数

7.2.1 屋面积雪分布系数就是屋面水平投影面积上的雪荷载 s_k 与基本雪压 s_0 的比值，实际也就是地面基本雪压换算为屋面雪荷载的换算系数。它与屋面形式、朝向及风力等有关。

我国与前苏联、加拿大、北欧等国相比，积雪情况不甚严重，积雪期也较短。因此本规范根据以往的设计经验，参考国际标准 ISO 4355 及国外有关资料，对屋面积雪分布仅概括地规定了典型屋面积雪分布系数，现就这些图形作以下几点说明：

1 坡屋面

我国南部气候转暖，屋面积雪容易融化，北部寒潮风较大，屋面积雪容易吹掉。

本次修订根据屋面积雪的实际情况，并参考欧洲规范的规定，将第 1 项中屋面积雪为 0 的最大坡度 α 由原规范的 50° 修改为 60°，规定当 $\alpha \geqslant 60°$ 时 $\mu_r = 0$；规定当 $\alpha \leqslant 25°$ 时 $\mu_r = 1$；屋面积雪分布系数 μ_r 的值也作相应修改。

2 拱形屋面

原规范只给出了均匀分布的情况，所给积雪系数与矢跨比有关，即 $\mu_r = l/8f$（l 为跨度，f 为矢高），规定 μ_r 不大于 1.0 及不小于 0.4。

本次修订增加了一种不均匀分布情况，考虑拱形屋面积雪的飘移效应。通过对拱形屋面实际积雪分布的调查观测，这类屋面由于飘积作用往往存在不均匀分布的情况，积雪在屋脊两侧的迎风面和背风面都有分布，峰值出现在有积雪范围内（屋面切线角小于等于60°）的中间处，迎风面的峰值大约是背风面峰值的50%。增加的不均匀积雪分布系数与欧洲规范相当。

3 带天窗屋面及带天窗有挡风板的屋面

天窗顶上的数据0.8是考虑了滑雪的影响，挡风板内的数据1.4是考虑了堆雪的影响。

4 多跨单坡及双跨（多跨）双坡或拱形屋面

其系数1.4及0.6则是考虑了屋面凹处范围内，局部堆雪影响及局部滑雪影响。

本次修订对双坡屋面和锯齿形屋面都增加了一种不均匀分布情况（不均匀分布情况2），双坡屋面增加了一种两个屋脊间不均匀积雪的分布情况，而锯齿形屋面增加的不均匀情况则考虑了类似高低跨衔接处的积雪效应。

5 高低屋面

前苏联根据西伯里亚地区的屋面雪荷载的调查，规定屋面积雪分布系数 $\mu_r = \dfrac{2h}{s_0}$，但不大于4.0，其中 h 为屋面高低差，以"m"计，s_0 为基本雪压，以"kN/m²"计；又规定积雪分布宽度 $a_1 = 2h$，但不小于5m，不大于10m；积雪按三角形状分布，见图5。

我国高雪地区的基本雪压 $s_0 = (0.5\sim0.8)$ kN/m²，当屋面高低差达2m以上时，则 μ_r 通常均取4.0。根据我国积雪情况调查，高低屋面堆雪集中程度远次于西伯里亚地区，形成三角形分布的情况较少，一般高低屋面处存在风涡作用，雪堆多形成曲线图形的堆积情况。本规范将它简化为矩形分布的雪堆，μ_r 取平均值为2.0，雪堆长度为 $2h$，但不小于4m，不大于8m。

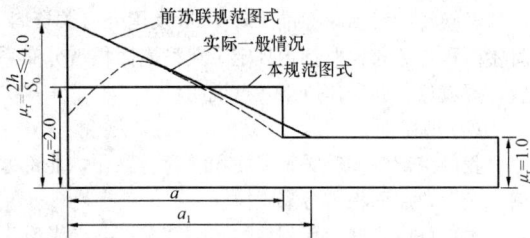

图5　高低屋面处雪堆分布图示

本次修订增加了一种不均匀分布情况，考虑高跨墙体对低跨屋面积雪的遮挡作用，使得计算的积雪分布更接近于实际，同时还增加了低跨屋面跨度较小时的处理。$\mu_{r,m}$ 的取值主要参考欧洲规范。

这种积雪情况同样适用于雨篷的设计。

6 有女儿墙及其他突起物的屋面

本次修订新增加的内容，目的是要规范和完善女儿墙及其他突起物屋面积雪分布系数的取值。

7 大跨屋面

本次修订针对大跨屋面增加一种不均匀分布情

况。大跨屋面结构对雪荷载比较敏感，因雪破坏的情况时有发生，设计时增加一类不均匀分布情况是必要的。由于屋面积雪在风作用下的飘移效应，屋面积雪会呈现中部大边缘小的情况，但对于不均匀积雪分布的范围以及屋面积雪系数具体的取值，目前尚没有足够的调查研究作依据，规范提供的数值供酌情使用。

8 其他屋面形式

对规范典型屋面图形以外的情况，设计人员可根据上述说明推断酌定，例如天沟处及下沉式天窗内建议 $\mu_r = 1.4$，其长度可取女儿墙高度的（1.2~2）倍。

7.2.2 设计建筑结构及屋面的承重构件时，原则上应按表7.2.1中给出的两种雪荷载分布情况，分别计算结构构件的效应值，并按最不利的情况确定结构构件的截面，但这样的设计计算工作量较大。根据长期以来积累的设计经验，出于简化的目的，规范允许设计人员按本条文的规定进行设计。

8 风 荷 载

8.1 风荷载标准值及基本风压

8.1.1 影响结构风荷载因素较多，计算方法也可以有多种多样，但是它们将直接关系到风荷载的取值和结构安全，要以强制性条文分别规定主体结构和围护结构风荷载标准值的确定方法，以达到保证结构安全的最低要求。

对于主要受力结构，风荷载标准值的表达可有两种形式，其一为平均风压加上由脉动风引起结构风振的等效风压；另一种为平均风压乘以风振系数。由于在高层建筑和高耸结构等悬臂型结构的风振计算中，往往是第1振型起主要作用，因而我国与大多数国家相同，采用后一种表达形式，即采用平均风压乘以风振系数 β_z，它综合考虑了结构在风荷载作用下的动力响应，其中包括风速随时间、空间的变异性和结构的阻尼特性等因素。对非悬臂型的结构，如大跨空间结构，计算公式（8.1.1-1）中风荷载标准值也可理解为结构的静力等效风荷载。

对于围护结构，由于其刚性一般较大，在结构效应中可不必考虑其共振分量，此时可仅在平均风压的基础上，近似考虑脉动风瞬间的增大因素，可通过局部风压体型系数 μ_{s1} 和阵风系数 β_{gz} 来计算其风荷载。

8.1.2 基本风压的确定方法和重现期直接关系到当地基本风压值的大小，因而也直接关系到建筑结构在风荷载作用下的安全，必须以强制性条文规定。确定基本风压的方法包括对观测场地、风速仪的类型和高度以及统计方法的规定，重现期为50年的风压即为传统意义上的50年一遇的最大风压。

基本风压 w_0 是根据当地气象台站历年来的最大风速记录，按基本风速的标准要求，将不同风速仪高度和时次时距的年最大风速，统一换算为离地 10m 高，自记 10min 平均年最大风速数据，经统计分析确定重现期为 50 年的最大风速，作为当地的基本风速 v_0，再按以下贝努利公式计算得到：

$$w_0 = \frac{1}{2}\rho v_0^2$$

详细方法见本规范附录 E。

对风荷载比较敏感的高层建筑和高耸结构，以及自重较轻的钢木主体结构，这类结构风荷载很重要，计算风荷载的各种因素和方法还不十分确定，因此基本风压应适当提高。如何提高基本风压值，仍可由各结构设计规范，根据结构的自身特点作出规定，没有规定的可以考虑适当提高其重现期来确定基本风压。对于此类结构物中的围护结构，其重要性与主体结构相比要低些，可仍取 50 年重现期的基本风压。对于其他设计情况，其重现期也可由有关的设计规范另行规定，或由设计人员自行选用，附录 E 给出了不同重现期风压的换算公式。

本规范附录 E 表 E.5 中提供的 50 年重现期的基本风压值是根据全国 672 个地点的基本气象台（站）的最大风速资料，按附录 E 规定的方法经统计和换算得到的风压。本次修订在原规范数据的基础上，补充了全国各台站自 1995 年至 2008 年的年极值风速数据，进行了基本风压的重新统计。虽然部分城市在采用新的极值风速数据统计后，得到的基本风压比原规范小，但考虑到近年来气象台站地形地貌的变化等因素，在没有可靠依据情况下一般保持原值不变。少量城市在补充新的气象资料重新统计后，基本风压有所提高。

20 世纪 60 年代前，国内的风速记录大多数根据风压板的观测结果，刻度所反映的风速，实际上是统一根据标准的空气密度 $\rho = 1.25\text{kg/m}^3$ 按上述公式反算而得，因此在按该风速确定风压时，可统一按公式 $w_0 = v_0^2/1600$（kN/m^2）计算。

鉴于通过风压板的观测，人为的观测误差较大，再加上时次时距换算中的误差，其结果就不太可靠。当前各气象台站已累积了较多的根据风杯式自记风速仪记录的 10min 平均年最大风速数据，现在的基本风速统计基本上都是以自记的数据为依据。因此在确定风压时，必须考虑各台站观测当时的空气密度，当缺乏资料时，也可参考附录 E 的规定采用。

8.2 风压高度变化系数

8.2.1 在大气边界层内，风速随离地面高度增加而增大。当气压场随高度不变时，风速随高度增大的规律，主要取决于地面粗糙度和温度垂直梯度。通常认为在离地面高度为 300m～550m 时，风速不再受地面粗糙度的影响，也即达到所谓"梯度风速"，该高度称之梯度风高度 H_G。地面粗糙度等级低的地区，其梯度风高度比等级高的地区为低。

风速剖面主要与地面粗糙度和风气候有关。根据气象观测和研究，不同的风气候和风结构对应的风速剖面是不同的。建筑结构要承受多种风气候条件下的风荷载的作用，从工程应用的角度出发，采用统一的风速剖面表达式是可行和合适的。因此规范在规定风剖面和统计各地基本风压时，对风的性质并不加以区分。主导我国设计风荷载的极端风气候为台风或冷锋风，在建筑结构关注的近地面范围，风速剖面基本符合指数律。自 GBJ 9 - 87 以来，本规范一直采用如下的指数律作为风速剖面的表达式：

$$v_z = v_{10} \left(\frac{z}{10}\right)^\alpha$$

GBJ 9 - 87 将地面粗糙度类别划分为海上、乡村和城市 3 类，GB 50009 - 2001 修订时将地面粗糙度类别规定为海上、乡村、城市和大城市中心 4 类，指数分别取 0.12、0.16、0.22 和 0.30，梯度高度分别取 300m、350m、400m 和 450m，基本上适应了各类工程建设的需要。

但随着国内城市发展，尤其是诸如北京、上海、广州等超大型城市群的发展，城市涵盖的范围越来越大，使得城市地貌下的大气边界层厚度与原来相比有显著增加。本次修订在保持划分 4 类粗糙度类别不变的情况下，适当提高了 C、D 两类粗糙度类别的梯度风高度，由 400m 和 450m 分别修改为 450m 和 550m。B 类风速剖面指数由 0.16 修改为 0.15，适当降低了标准场地类别的平均风荷载。

根据地面粗糙度指数及梯度风高度，即可得出风压高度变化系数如下：

$$\mu_z^A = 1.284 \left(\frac{z}{10}\right)^{0.24}$$

$$\mu_z^B = 1.000 \left(\frac{z}{10}\right)^{0.30}$$

$$\mu_z^C = 0.544 \left(\frac{z}{10}\right)^{0.44}$$

$$\mu_z^D = 0.262 \left(\frac{z}{10}\right)^{0.60}$$

针对 4 类地貌，风压高度变化系数分别规定了各自的截断高度，对应 A、B、C、D 类分别取为 5m、10m、15m 和 30m，即高度变化系数取值分别不小于 1.09、1.00、0.65 和 0.51。

在确定城区的地面粗糙度类别时，若无 α 的实测可按下述原则近似确定：

1 以拟建房 2km 为半径的迎风半圆影响范围内的房屋高度和密集度来区分粗糙度类别，风向原则上应以该地区最大风的风向为准，但也可取其主导风；

2 以半圆影响范围内建筑物的平均高度 $\bar{h}$ 来划分地面粗糙度类别，当 $\bar{h} \geqslant 18\text{m}$，为 D 类，$9\text{m} < \bar{h} < 18\text{m}$，为 C 类，$\bar{h} \leqslant 9\text{m}$，为 B 类；

3 影响范围内不同高度的面域可按下述原则确

定，即每座建筑物向外延伸距离为其高度的面域内均为该高度，当不同高度的面域相交时，交叠部分的高度取大者；

4 平均高度 $\bar{h}$ 取各面域面积为权数计算。

8.2.2 地形对风荷载的影响较为复杂。原规范参考加拿大、澳大利亚和英国的相关规范，以及欧洲钢结构协会 ECCS 的规定，针对较为简单的地形条件，给出了风压高度变化系数的修正系数，在计算时应注意公式的使用条件。更为复杂的情形可根据相关资料或专门研究取值。

本次修订将山峰修正系数计算公式中的系数 κ 由3.2 修改为 2.2，原因是原规范规定的修正系数在 z/H 值较小的情况下，与日本、欧洲等国外规范相比偏大，修正结果偏于保守。

8.3 风荷载体型系数

8.3.1 风荷载体型系数是指风作用在建筑物表面一定面积范围内所引起的平均压力（或吸力）与来流风的速度压的比值，它主要与建筑物的体型和尺度有关，也与周围环境和地面粗糙度有关。由于它涉及的是关于固体与流体相互作用的流体动力学问题，对于不规则形状的固体，问题尤为复杂，无法给出理论上的结果，一般均应由试验确定。鉴于原型实测的方法对结构设计的不现实性，目前只能根据相似性原理，在边界层风洞内对拟建的建筑物模型进行测试。

表 8.3.1 列出 39 项不同类型的建筑物和各类结构体型及其体型系数，这些都是根据国内外的试验资料和国外规范中的建议性规定整理而成，当建筑物与表中列出的体型类同时可参考应用。

本次修订增加了第 31 项矩形截面高层建筑，考虑深宽比 D/B 对背风面体型系数的影响。当平面深宽比 $D/B \leqslant 1.0$ 时，背风面的体型系数由 -0.5 增加到 -0.6，矩形高层建筑的风力系数也由 1.3 增加到 1.4。

必须指出，表 8.3.1 中的系数是有局限性的，风洞试验仍应作为抗风设计重要的辅助工具，尤其是对于体型复杂而且重要的房屋结构。

8.3.2 当建筑群，尤其是高层建筑群，房屋相互间距较近时，由于旋涡的相互干扰，房屋某些部位的局部风压会显著增大，设计时应予注意。对比较重要的高层建筑，建议在风洞试验中考虑周围建筑物的干扰因素。

本条文增加的矩形平面高层建筑的相互干扰系数取值是根据国内大量风洞试验研究给出的。试验研究直接以基底弯矩响应作为目标，采用基于基底弯矩的相互干扰系数来描述基底弯矩由于干扰所引起的静力和动力干扰作用。相互干扰系数定义为受扰后的结构风荷载和单体结构风荷载的比值。在没有充分依据的情况下，相互干扰系数的取值一般不小于 1.0。

建筑高度相同的单个施扰建筑的顺风向和横风向风荷载相互干扰系数的研究结果分别见图 6 和图 7。图中假定风向是由左向右吹，b 为受扰建筑的迎风面宽度，x 和 y 分别为施扰建筑离受扰建筑的纵向和横向距离。

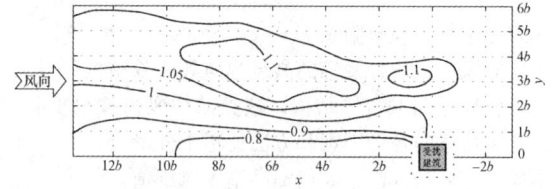

图 6 单个施扰建筑作用的
顺风向风荷载相互干扰系数

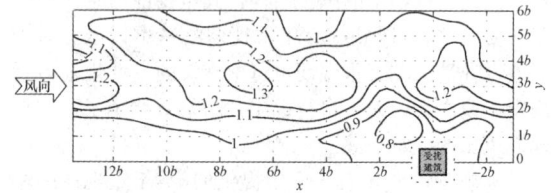

图 7 单个施扰建筑作用的横风向
风荷载相互干扰系数

建筑高度相同的两个干扰建筑的顺风向荷载相互干扰系数见图 8。图中 l 为两个施扰建筑 A 和 B 的中心连线，取值时 l 不能和 l_1 和 l_2 相交。图中给出的是两个施扰建筑联合作用时的最不利情况，当这两个建筑都不在图中所示区域时，应按单个施扰建筑情况处理并依照图 6 选取较大的数值。

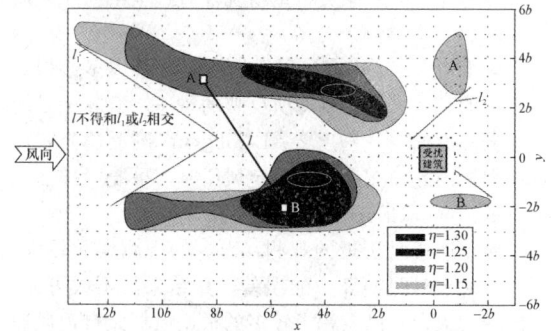

图 8 两个施扰建筑作用的
顺风向风荷载相互干扰系数

8.3.3 通常情况下，作用于建筑物表面的风压分布并不均匀，在角隅、檐口、边棱处和在附属结构的部位（如阳台、雨篷等外挑构件），局部风压会超过按本规范表 8.3.1 所得的平均风压。局部风压体型系数是考虑建筑物表面风压分布不均匀而导致局部部位的风压超过全表面平均风压的实际情况作出的调整。

本次修订细化了原规范对局部体型系数的规定，补充了封闭式矩形平面房屋墙面及屋面的分区域局部体型系数，反映了建筑物高宽比和屋面坡度对局部体型系数的影响。

8.3.4 本条由原规范 7.3.3 条注扩充而来，考虑了从属面积对局部体型系数的影响，并将折减系数的应用限于验算非直接承受风荷载的围护构件，如檩条、幕墙骨架等，最大的折减从属面积由 $10m^2$ 增加到 $25m^2$，屋面最小的折减系数由 0.8 减小到 0.6。

8.3.5 本条由原规范 7.3.3 条第 2 款扩充而来，增加了建筑物某一面有主导洞口的情况，主导洞口是指开孔面积较大且大风期间也不关闭的洞口。对封闭式建筑物，考虑到建筑物内实际存在的个别孔口和缝隙，以及机械通风等因素，室内可能存在正负不同的气压，参考国外规范，大多取 $\pm(0.18\sim0.25)$ 的压力系数，本次修订仍取 ±0.2。

对于有主导洞口的建筑物，其内压分布要复杂得多，和洞口面积、洞口位置、建筑物内部格局以及其他墙面的背景透风率等因素都有关系。考虑到设计工作的实际需要，参考国外规范规定和相关文献的研究成果，本次修订对仅有一面墙有主导洞口的建筑物内压作出了简化规定。根据本条第 2 款进行计算时，应注意考虑不同风向下内部压力的不同取值。本条第 3 款所称的开放式建筑是指主导洞口面积过大或不止一面墙存在大洞口的建筑物（例如本规范表 8.3.1 的 26 项）。

8.3.6 风洞试验虽然是抗风设计的重要研究手段，但必须满足一定的条件才能得出合理可靠的结果。这些条件主要包括：风洞风速范围、静压梯度、流场均匀度和气流偏角等设备的基本性能；测试设备的量程、精度、频响特性等；平均风速剖面、湍流度、积分尺度、功率谱等大气边界层的模拟要求；模型缩尺比、阻塞率、刚度；风洞试验数据的处理方法等。由住房与城乡建设部立项的行业标准《建筑工程风洞试验方法标准》正在制订中，该标准将对上述条件作出具体规定。在该标准尚未颁布实施之前，可参考国外相关资料确定风洞试验应满足的条件，如美国 ASCE 编制的 Wind Tunnel Studies of Buildings and Structures、日本建筑中心出版的《建筑风洞实验指南》（中国建筑工业出版社，2011，北京）等。

8.4 顺风向风振和风振系数

8.4.1 参考国外规范及我国建筑工程抗风设计和理论研究的实践情况，当结构基本自振周期 $T \geqslant 0.25s$ 时，以及对于高度超过 30m 且高宽比大于 1.5 的高柔房屋，由风引起的结构振动比较明显，而且随着结构自振周期的增长，风振也随之增强。因此在设计中应考虑风振的影响，而且原则上还应考虑多个振型的影响；对于前几阶频率比较密集的结构，例如桅杆、屋盖等结构，需要考虑的振型可多达 10 个及以上。应按随机振动理论对结构的响应进行计算。

对于 $T<0.25s$ 的结构和高度小于 30m 或高宽比

小于 1.5 的房屋，原则上也应考虑风振影响。但已有研究表明，对这类结构，往往按构造要求进行结构设计，结构已有足够的刚度，所以这类结构的风振响应一般不大。一般来说，不考虑风振响应不会影响这类结构的抗风安全性。

8.4.2 对如何考虑屋盖结构的风振问题过去没有提及，这次修订予以补充。需考虑风振的屋盖结构指的是跨度大于 36m 的柔性屋盖结构以及质量轻刚度小的索膜结构。

屋盖结构风振响应和等效静力风荷载计算是一个复杂的问题，国内外规范均没有给出一般性计算方法。目前比较一致的观点是，屋盖结构不宜采用与高层建筑和高耸结构相同的风振系数计算方法。这是因为，高层及高耸结构的顺风向风振系数方法，本质上是直接采用风速谱估计风压谱（准定常方法），然后计算结构的顺风向振动响应。对于高层（耸）结构的顺风向风振，这种方法是合适的。但屋盖结构的脉动风压除了和风速脉动有关外，还和流动分离、再附、旋涡脱落等复杂流动现象有关，所以风压谱不能直接用风速谱来表示。此外，屋盖结构多阶模态及模态耦合效应比较明显，难以简单采用风振系数方法。

悬挑型大跨屋盖结构与一般悬臂型结构类似，第 1 阶振型对风振响应的贡献最大。另有研究表明，单侧独立悬挑型大跨屋盖结构可按照准定常方法计算风振响应。比如澳洲规范（AS/NZS 1170.2：2002）基于准定常方法给出悬挑型大跨屋盖的设计风荷载。但需要注意的是，当存在另一侧看台挑篷或其他建筑物干扰时，准定常方法有可能也不适用。

8.4.3～8.4.6 对于一般悬臂型结构，例如框架、塔架、烟囱等高耸结构，高度大于 30m 且高宽比大于 1.5 的高柔房屋，由于频谱比较稀疏，第一振型起到绝对的作用，此时可以仅考虑结构的第一振型，并通过下式的风振系数来表达：

$$\beta(z) = \frac{\overline{F}_{Dk}(z) + \hat{F}_{Dk}(z)}{\overline{F}_{Dk}(z)} \tag{1}$$

式中：$\overline{F}_{Dk}(z)$ 为顺风向单位高度平均风力（kN/m），可按下式计算：

$$\overline{F}_{Dk}(z) = w_0 \mu_s \mu_z(z) B \tag{2}$$

$\hat{F}_{Dk}(z)$ 为顺风向单位高度第 1 阶风振惯性力峰值（kN/m），对于重量沿高度无变化的等截面结构，采用下式计算：

$$\hat{F}_{Dk}(z) = g\omega_1^2 m\phi_1(z)\sigma_{q_1} \tag{3}$$

式中：ω_1 为结构顺风向第 1 阶自振圆频率；g 为峰值因子，取为 2.5，与原规范取值 2.2 相比有适当提高；σ_{q_1} 为顺风向一阶广义位移均方根，当假定相干函数与频率无关时，σ_{q_1} 可按下式计算：

$$\sigma_{q_1} = \frac{2w_0 I_{10} B \mu_s}{\omega_1^2 m}$$

$$\frac{\sqrt{\int_0^B \int_0^B \omega h_x(x_1,x_2)\mathrm{d}x_1\mathrm{d}x_2 \int_0^H \int_0^H [\mu_z(z_1)\phi_1(z_1)\bar{I}_z(z_1)][\mu_z(z_2)\phi_1(z_2)\bar{I}_z(z_2)]\omega h_z(z_1,z_2)\mathrm{d}z_1\mathrm{d}z_2}}{\int_0^H \phi_1^2(z)\mathrm{d}z}$$

$$\times \sqrt{\int_0^\infty \omega_1^4 |H_j(i\omega)|^2 S_f(\omega)\mathrm{d}\omega} \tag{4}$$

将风振响应近似取为准静态的背景分量及窄带共振响应分量之和。则式（4）与频率有关的积分项可近似表示为：

$$\left[\omega_1^4 \int_{-\infty}^\infty |H_{q_1}(i\omega)|^2 S_f(\omega \cdot)\mathrm{d}\omega\right]^{1/2} \approx \sqrt{1+R^2} \tag{5}$$

$$B_z = \frac{\sqrt{\int_0^B \int_0^B \omega h_x(x_1,x_2)\mathrm{d}x_1\mathrm{d}x_2 \int_0^H \int_0^H [\mu_z(z_1)\phi_1(z_1)\bar{I}_z(z_1)][\mu_z(z_2)\phi_1(z_2)\bar{I}_z(z_2)]\omega h_z(z_1,z_2)\mathrm{d}z_1\mathrm{d}z_2}}{\int_0^H \phi_1^2(z)\mathrm{d}z} \cdot \frac{\phi_1(z)}{\mu_z(z)} \tag{6}$$

将式（2）～式（6）代入式（1），就得到规范规定的风振系数计算式（8.4.3）。

共振因子 R 的一般计算式为：

$$R = \sqrt{\frac{\pi f_1 S_f(f_1)}{4\zeta_1}} \tag{7}$$

S_f 为归一化风速谱，若采用 Davenport 建议的风速谱密度经验公式，则：

$$S_f(f) = \frac{2x^2}{3f(1+x^2)^{4/3}} \tag{8}$$

利用式（7）和式（8）可得到规范的共振因子计算公式（8.4.4-1）。

在背景因子计算中，可采用 Shiotani 提出的与频率无关的竖向和水平向相干函数：

$$\mathrm{coh}_z(z_1,z_2) = e^{-\frac{|z_1-z_2|}{60}} \tag{9}$$

$$\mathrm{coh}_x(x_1,x_2) = e^{-\frac{|x_1-x_2|}{50}} \tag{10}$$

湍流度沿高度的分布可按下式计算：

$$I_z(z) = I_{10}\bar{I}_z(z) \tag{11}$$

$$\bar{I}_z(z) = \left(\frac{z}{10}\right)^{-\alpha} \tag{12}$$

式中 α 为地面粗糙度指数，对应于 A、B、C 和 D 类地貌，分别取为 0.12、0.15、0.22 和 0.30。I_{10} 为 10m 高名义湍流度，对应 A、B、C 和 D 类地面粗糙度，可分别取 0.12、0.14、0.23 和 0.39，取值比原规范有适当提高。

式（6）为多重积分式，为方便使用，经过大量试算及回归分析，采用非线性最小二乘法拟合得到简化经验公式（8.4.5）。拟合计算过程中，考虑了迎风面和背风面的风压相关性，同时结合工程经验乘以了 0.7 的折减系数。

对于体型或质量沿高度变化的高耸结构，在应用公式（8.4.5）时应注意如下问题：对于进深尺寸比较均匀的构筑物，即使迎风面宽度沿高度有变化，计算结果也和按等截面计算的结果十分接近，故对这种情况仍可采用公式（8.4.5）计算背景分量因子；对于进深尺寸和宽度沿高度按线性或近似于线性变化、而重量沿高度按连续规律变化的构筑物，例如截面为正方形或三角形的高耸塔架及圆形截面的烟囱，计算结果表明，必须考虑外形的影响，对背景分量因子予以修正。

本次修订在附录 J 中增加了顺风向风振加速度计算的内容。顺风向风振加速度计算的理论与上述风振系数计算所采用的相同，在仅考虑第一振型情况下，加速度响应峰值可按下式计算：

$$a_D(z) = g\phi_1(z)\sqrt{\int_{-\infty}^\infty \omega^4 S_{q_1}(\omega)\mathrm{d}\omega}$$

式中，$S_{q_1}(\omega)$ 为顺风向第 1 阶广义位移响应功率谱。

采用 Davenport 风速谱和 Shiotani 空间相关性公式，上式可表示为：

$$a_D(z) = \frac{2g I_{10} w_R \mu_s \mu_z B_z B}{m}\sqrt{\int_{-\infty}^\infty \omega^4 |H_{q_1}(i\omega)|^2 S_f(\omega)\mathrm{d}\omega}$$

为便于使用，上式中的根号项用顺风向风振加速度的脉动系数 η_a 表示，则可得到本规范附录 J 的公式（J.1.1）。经计算整理得到 η_a 的计算用表，即本规范表 J.1.2。

8.4.7 结构振型系数按理应通过结构动力分析确定。为了简化，在确定风荷载时，可采用近似公式。按结构变形特点，对高耸构筑物可按弯曲型考虑，采用下述近似公式：

$$\phi_1 = \frac{6z^2 H^2 - 4z^3 H + z^4}{3H^4}$$

对高层建筑，当以剪力墙的工作为主时，可按弯剪型考虑，采用下述近似公式：

$$\phi_1 = \tan\left[\frac{\pi}{4}\left(\frac{z}{H}\right)^{0.7}\right]$$

对高层建筑也可进一步考虑框架和剪力墙各自的弯曲和剪切刚度，根据不同的综合刚度参数 λ，给出不同的振型系数。附录 G 对高层建筑给出前四个振型系数，它是假设框架和剪力墙均起主要作用时的情况，即取 $\lambda=3$。综合刚度参数 λ 可按下式确定：

$$\lambda = \frac{C}{\eta}\left(\frac{1}{EI_w} + \frac{1}{EI_N}\right)H^2$$

式中：C——建筑物的剪切刚度；

EI_w——剪力墙的弯曲刚度；

EI_N——考虑墙柱轴向变形的等效刚度；

$$\eta = 1 + \frac{C_f}{C_w}$$

C_f——框架剪切刚度；

C_w——剪力墙剪切刚度；

H——房屋总高。

8.5 横风向和扭转风振

8.5.1 判断高层建筑是否需要考虑横风向风振的影响这一问题比较复杂，一般要考虑建筑的高度、高宽比、结构自振频率及阻尼比等多种因素，并要借鉴工程经验及有关资料来判断。一般而言，建筑高度超过150m或高宽比大于5的高层建筑可出现较为明显的横风向风振效应，并且效应随着建筑高度或建筑高宽比增加而增加。细长圆形截面构筑物一般指高度超过30m且高宽比大于4的构筑物。

8.5.2、8.5.3 当建筑物受到风力作用时，不但顺风向可能发生风振，而且在一定条件下也能发生横风向的风振。导致建筑横风向风振的主要激励有：尾流激励（旋涡脱落激励）、横风向紊流激励以及气动弹性激励（建筑振动和风之间的耦合效应），其激励特性远比顺风向要复杂。

对于圆截面柱体结构，若旋涡脱落频率与结构自振频率相近，可能出现风振。大量试验表明，旋涡脱落频率 f_s 与平均风速 v 成正比，与截面的直径 D 成反比，这些变量之间满足如下关系：$St = \frac{f_s D}{v}$，其中，St 是斯脱罗哈数，其值仅决定于结构断面形状和雷诺数。

雷诺数 $Re = \frac{vD}{\nu}$（可用近似公式 $Re = 69000vD$ 计算，其中，分母中 ν 为空气运动黏性系数，约为 1.45×10^{-5} m²/s；分子中 v 是平均风速；D 是圆柱结构的直径）将影响圆截面柱体结构的横风向风力和振动响应。当风速较低，即 $Re \leq 3 \times 10^5$ 时，$St \approx 0.2$。一旦 f_s 与结构频率相等，即发生亚临界的微风共振。当风速增大而处于超临界范围，即 $3 \times 10^5 \leq Re < 3.5 \times 10^6$ 时，旋涡脱落没有明显的周期，结构的横向振动

也呈随机性。当风更大，$Re \geq 3.5 \times 10^6$，即进入跨临界范围，重新出现规则的周期性旋涡脱落。一旦与结构自振频率接近，结构将发生强风共振。

一般情况下，当风速在亚临界或超临界范围内时，只要采取适当构造措施，结构不会在短时间内出现严重问题。也就是说，即使发生亚临界微风共振或超临界随机振动，结构的正常使用可能受到影响，但不至于造成结构破坏。当风速进入跨临界范围内时，结构有可能出现严重的振动，甚至于破坏，国内外都曾发生过很多这类损坏和破坏的事例，对此必须引起注意。

规范附录 H.1 给出了发生跨临界强风共振时的圆形截面横风向风振等效风荷载计算方法。公式（H.1.1-1）中的计算系数 λ_j 是对 j 振型情况下考虑与共振区分布有关的折算系数。此外，应注意公式中的临界风速 v_{cr} 与结构自振周期有关，也即对同一结构不同振型的强风共振，v_{cr} 是不同的。

附录 H.2 的横风向风振等效风荷载计算方法是依据大量典型建筑模型的风洞试验结果给出的。这些典型建筑的截面为均匀矩形，高宽比（$H/\sqrt{BD}$）和截面深宽比（D/B）分别为 4～8 和 0.5～2。试验结果的适用折算风速范围为 $v_H T_{L1}/\sqrt{BD} \leq 10$。

大量研究结果表明，当建筑截面深宽比大于2时，分离气流将在侧面发生再附，横风向风力的基本特征变化较大；当设计折算风速大于10或高宽比大于8，可能发生不利且难以准确估算的气动弹性现象，不宜采用附录 H.2 计算方法，建议进行专门的风洞试验研究。

高宽比 $H/\sqrt{BD}$ 在 4～8 之间以及截面深宽比 D/B 在 0.5～2 之间的矩形截面高层建筑的横风向广义力功率谱可按下列公式计算得到：

$$S_{F_L} = \frac{S_p \beta_k (f_{L1}^*/f_p)^\gamma}{\{1 - (f_{L1}^*/f_p)^2\}^2 + \beta_k (f_{L1}^*/f_p)^2}$$

$$f_p = 10^{-5}\left(191 - 9.48N_R + \frac{1.28H}{\sqrt{DB}} + \frac{N_R H}{\sqrt{DB}}\right)$$

$$\left[68 - 21\left(\frac{D}{B}\right) + 3\left(\frac{D}{B}\right)^2\right]$$

$$S_p = (0.1N_R^{-0.4} - 0.0004e^{N_R})$$

$$\left[\frac{0.84H}{\sqrt{DB}} - 2.12 - 0.05\left(\frac{H}{\sqrt{DB}}\right)^2\right] \times$$

$$\left[0.422 + \left(\frac{D}{B}\right)^{-1} - 0.08\left(\frac{D}{B}\right)^{-2}\right]$$

$$\beta_k = (1 + 0.00473e^{1.7N_R})$$

$$(0.065 + e^{1.26 - \frac{0.63B}{\sqrt{DB}}})e^{1.7 - \frac{3.44B}{D}}$$

$$\gamma = (-0.8 + 0.06N_R + 0.0007e^{N_R})$$

$$\left[-\left(\frac{H}{\sqrt{DB}}\right)^{0.34} + 0.00006e^{\frac{H}{\sqrt{DB}}}\right] \times$$

$$\left[\frac{0.414D}{B} + 1.67\left(\frac{D}{B}\right)^{-1.23}\right]$$

式中：f_p——横风向风力谱的谱峰频率系数；

N_R——地面粗糙度类别的序号，对应 A、B、C 和 D 类地貌分别取 1、2、3 和 4；

S_p——横风向风力谱的谱峰系数；

β_k——横风向风力谱的带宽系数；

γ——横风向风力谱的偏态系数。

图 H.2.4 给出的是将 $H/\sqrt{BD}=6.0$ 代入该公式计算得到的结果，供设计人员手算时用。此时，因取高宽比为固定值，忽略了其影响，对大多数矩形截面高层建筑，计算误差是可以接受的。

本次修订在附录 J 中增加了横风向风振加速度计算的内容。横风向风振加速度计算的依据和方法与横风向风振等效风荷载相似，也是基于大量的风洞试验结果。大量风洞试验结果表明，高层建筑横风向风力以旋涡脱落激励为主，相对于顺风向风力谱，横风向风力谱的峰值比较突出，谱峰的宽度较小。根据横风向风力谱的特点，并参考相关研究成果，横风向加速度响应可只考虑共振分量的贡献，由此推导可得到本规范附录 J 横风向加速度计算公式（J.2.1）。

8.5.4、8.5.5 扭转风荷载是由于建筑各个立面风压的非对称作用产生的，受截面形状和湍流度等因素的影响较大。判断高层建筑是否需要考虑扭转风振的影响，主要考虑建筑的高度、高宽比、深宽比、结构自振频率、结构刚度与质量的偏心等因素。

建筑高度超过 150m，同时满足 $H/\sqrt{BD}\geq3$、$D/B\geq1.5$、$\dfrac{T_{T1}v_H}{\sqrt{BD}}\geq0.4$ 的高层建筑［T_{T1} 为第 1 阶扭转周期（s）］，扭转风振效应明显，宜考虑扭转风振的影响。

截面尺寸和质量沿高度基本相同的矩形截面高层建筑，当其刚度或质量的偏心率（偏心距/回转半径）不大于 0.2，且同时满足 $\dfrac{H}{\sqrt{BD}}\leq6$，$D/B$ 在 1.5～5 范围，$\dfrac{T_{T1}v_H}{\sqrt{BD}}\leq10$，可按附录 H.3 计算扭转风振等效风荷载。

当偏心率大于 0.2 时，高层建筑的弯扭耦合风振效应显著，结构风振响应规律非常复杂，不能直接采用附录 H.3 给出的方法计算扭转风振等效风荷载；大量风洞试验结果表明，风致扭矩与横风向风力具有较强相关性，当 $\dfrac{H}{\sqrt{BD}}>6$ 或 $\dfrac{T_{T1}v_H}{\sqrt{BD}}>10$ 时，两者的耦合作用易发生不稳定的气动弹性现象。对于符合上述情况的高层建筑，建议在风洞试验基础上，有针对性地进行专门研究。

8.5.6 高层建筑结构在脉动风荷载作用下，其顺风向风荷载、横风向风振等效风荷载和扭转风振等效风荷载一般是同时存在的，但三种风荷载的最大值并不一定同时出现，因此在设计中应当按表 8.5.6 考虑三种风荷载的组合工况。

表 8.5.6 主要参考日本规范方法并结合我国的实际情况和工程经验给出。一般情况下顺风向风振响应与横风向风振响应的相关性较小，对于顺风向风荷载为主的情况，横风向风荷载不参与组合；对于横风向风荷载为主的情况，顺风向风荷载仅静力部分参与组合，简化为在顺风向风荷载标准值前乘以 0.6 的折减系数。

虽然扭转风振与顺风向及横风向风振响应之间存在相关性，但由于影响因素较多，在目前研究尚不成熟情况下，暂不考虑扭转风振等效风荷载与另外两个方向的风荷载的组合。

8.6 阵 风 系 数

8.6.1 计算围护结构的阵风系数，不再区分幕墙和其他构件，统一按下式计算：

$$\beta_{zg} = 1 + 2gI_{10}\left(\frac{z}{10}\right)^{-a}$$

其中 A、B、C、D 四类地面粗糙度类别的截断高度分别为 5m、10m、15m 和 30m，即对应的阵风系数不大于 1.65，1.70，2.05 和 2.40。调整后的阵风系数与原规范相比系数有变化，来流风的极值速度压（阵风系数乘以高度变化系数）与原规范相比降低了约 5％到 10％。对幕墙以外的其他围护结构，由于原规范不考虑阵风系数，因此风荷载标准值会有明显提高，这是考虑到近几年来轻型屋面围护结构发生风灾破坏的事件较多的情况而作出的修订。但对低矮房屋非直接承受风荷载的围护结构，如檩条等，由于其最小局部体型系数由 -2.2 修改为 -1.8，按面积的最小折减系数由 0.8 减小到 0.6，因此风荷载的整体取值与原规范相当。

9 温 度 作 用

9.1 一 般 规 定

9.1.1 引起温度作用的因素很多，本规范仅涉及气温变化及太阳辐射等由气候因素产生的温度作用。有使用热源的结构一般是指有散热设备的厂房、烟囱、储存热物的筒仓、冷库等，其温度作用应由专门规范作规定，或根据建设方和设备供应商提供的指标确定温度作用。

温度作用是指结构或构件内温度的变化。在结构构件任意截面上的温度分布，一般认为可由三个分量叠加组成：① 均匀分布的温度分量 ΔT_u（图 9a）；② 沿截面线性变化的温度分量（梯度温差）ΔT_{My}、ΔT_{Mz}（图 9b、c），一般采用截面边缘的温度差表示；③ 非线性变化的温度分量 ΔT_E（图 9d）。

结构和构件的温度作用即指上述分量的变化，对超大型结构、由不同材料部件组成的结构等特殊情况，尚需考虑不同结构部件之间的温度变化。对大体积结构，尚需考虑整个温度场的变化。

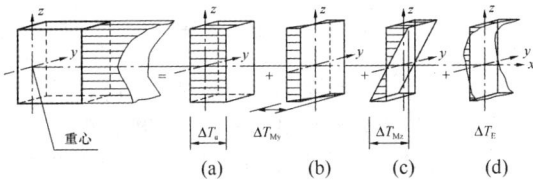

图 9　结构构件任意截面上的温度分布

建筑结构设计时，应首先采取有效构造措施来减少或消除温度作用效应，如设置结构的活动支座或节点、设置温度缝、采用隔热保温措施等。当结构或构件在温度作用和其他可能组合的荷载共同作用下产生的效应（应力或变形）可能超过承载能力极限状态或正常使用极限状态时，比如结构某一方向平面尺寸超过伸缩缝最大间距或温度区段长度、结构约束较大、房屋高度较高等，结构设计中一般应考虑温度作用。是否需要考虑温度作用效应的具体条件由《混凝土结构设计规范》GB 50010、《钢结构设计规范》GB 50017 等结构设计规范作出规定。

9.1.2　常用材料的线膨胀系数表主要参考欧洲规范的数据确定。

9.1.3　温度作用属于可变的间接作用，考虑到结构可靠指标及设计表达式的统一，其荷载分项系数取值与其他可变荷载相同，取 1.4。该值与美国混凝土设计规范 ACI 318 的取值相当。

作为结构可变荷载之一，温度作用应根据结构施工和使用期间可能同时出现的情况考虑其与其他可变荷载的组合。规范规定的组合值系数、频遇值系数及准永久值系数主要依据设计经验及参考欧洲规范确定。

混凝土结构在进行温度作用效应分析时，可考虑混凝土开裂等因素引起的结构刚度的降低。混凝土材料的徐变和收缩效应，可根据经验将其等效为温度作用。具体方法可参考有关资料和文献。如在行业标准《水工混凝土结构设计规范》SL 191-2008 中规定，初估混凝土干缩变形时可将其影响折算为（10～15）℃的温降。在《铁路桥涵设计基本规范》TB 10002.1-2005 中规定混凝土收缩的影响可按降低温度的方法来计算，对整体浇筑的混凝土和钢筋混凝土结构分别相当于降低温度 20℃和 15℃。

9.2　基 本 气 温

9.2.1　基本气温是气温的基准值，是确定温度作用所需最主要的气象参数。基本气温一般是以气象台站记录所得的某一年极值气温数据为样本，经统计得到的具有一定年超越概率的最高和最低气温。采用什么气温参数作为年极值气温样本数据，目前还没有统一

模式。欧洲规范 EN 1991-1-5∶-2003 采用小时最高和最低气温；我国行业标准《铁路桥涵设计基本规范》TB 10002.1-2005 采用七月份和一月份的月平均气温，《公路桥涵设计通用规范》JTG D60-2004 采用有效温度并将全国划分为严寒、寒冷和温热三个区来规定。目前国内在建筑结构设计中采用的基本气温也不统一，钢结构设计有的采用极端最高、最低气温，混凝土结构设计有的采用最高或最低月平均气温，这种情况带来的后果是难以用统一尺度评判温度作用下结构的可靠性水准，温度作用分项系数及其他各系数的取值也很难统一。作为结构设计的基本气象参数，有必要加以规范和统一。

根据国内的设计现状并参考国外规范，本规范将基本气温定义为 50 年一遇的月平均最高和月平均最低气温。分别根据全国各基本气象台站最近 30 年历年最高温度月的月平均最高和最低温度月的月平均最低气温为样本，经统计（假定其服从极值 I 型分布）得到。

对于热传导速率较慢且体积较大的混凝土及砌体结构，结构温度接近当地月平均气温，可直接采用月平均最高气温和月平均最低气温作为基本气温。

对于热传导速率较快的金属结构或体积较小的混凝土结构，它们对气温的变化比较敏感，这些结构要考虑昼夜气温变化的影响，必要时应对基本气温进行修正。气温修正的幅度大小与地理位置相关，可根据工程经验及当地极值气温与月平均最高和月平均最低气温的差值以及保温隔热性能酌情确定。

9.3　均匀温度作用

9.3.1　均匀温度作用对结构影响最大，也是设计时最常考虑的，温度作用的取值及结构分析方法较为成熟。对室内外温差较大且没有保温隔热面层的结构，或太阳辐射较强的金属结构等，应考虑结构或构件的梯度温度作用，对体积较大或约束较强的结构，必要时应考虑非线性温度作用。对梯度和非线性温度作用的取值及结构分析目前尚没有较为成熟统一的方法，因此，本规范仅对均匀温度作用作出规定，其他情况设计人员可参考有关文献或根据设计经验酌情处理。

以结构的初始温度（合拢温度）为基准，结构的温度作用效应要考虑温升和温降两种工况。这两种工况产生的效应和可能出现的控制应力或位移是不同的，温升工况会使构件产生膨胀，而温降则会使构件产生收缩，一般情况两者都应校核。

气温和结构温度的单位采用摄氏度（℃），零上为正，零下为负。温度作用标准值的单位也是摄氏度（℃），温升为正，温降为负。

9.3.2　影响结构平均温度的因素较多，应根据工程施工期间和正常使用期间的实际情况确定。

对暴露于环境气温下的室外结构，最高平均温度

和最低平均温度一般可依据基本气温 T_{max} 和 T_{min} 确定。

对有围护的室内结构，结构最高平均温度和最低平均温度一般可依据室内和室外的环境温度按热工学的原理确定，当仅考虑单层结构材料且室内外环境温度类似时，结构平均温度可近似地取室内外环境温度的平均值。

在同一种材料内，结构的梯度温度可近似假定为线性分布。

室内环境温度应根据建筑设计资料的规定采用，当没有规定时，应考虑夏季空调条件和冬季采暖条件下可能出现的最低温度和最高温度的不利情况。

室外环境温度一般可取基本气温，对温度敏感的金属结构，尚应根据结构表面的颜色深浅及朝向考虑太阳辐射的影响，对结构表面温度予以增大。夏季太阳辐射对外表面最高温度的影响，与当地纬度、结构方位、表面材料色调等因素有关，不宜简单近似。参考早期的国际标准化组织文件《结构设计依据—温度气候作用》技术报告 ISO TR 9492 中相关的内容，经过计算发现，影响辐射量的主要因素是结构所处的方位，在我国不同纬度的地方（北纬 20 度～50 度）虽然有差别，但不显著。

结构外表面的材料及其色调的影响肯定是明显的。表7为经过计算归纳近似给出围护结构表面温度的增大值。当没有可靠资料时，可参考表7确定。

表7 考虑太阳辐射的围护结构表面温度增加

朝向	表面颜色	温度增加值（℃）
平屋面	浅亮	6
	浅色	11
	深暗	15
东向、南向和西向的垂直墙面	浅亮	3
	浅色	5
	深暗	7
北向、东北和西北向的垂直墙面	浅亮	2
	浅色	4
	深暗	6

对地下室与地下结构的室外温度，一般应考虑离地表面深度的影响。当离地表面深度超过 10m 时，土体基本为恒温，等于年平均气温。

9.3.3 混凝土结构的合拢温度一般可取后浇带封闭时的月平均气温。钢结构的合拢温度一般可取合拢时的日平均温度，但当合拢时有日照时，应考虑日照的影响。结构设计时，往往不能准确确定施工工期，因此，结构合拢温度通常是一个区间值。这个区间值应包括施工可能出现的合拢温度，即应考虑施工的可行性和工期的不可预见性。

10 偶 然 荷 载

10.1 一 般 规 定

10.1.1 产生偶然荷载的因素很多，如由炸药、燃气、粉尘、压力容器等引起的爆炸，机动车、飞行器、电梯等运动物体引起的撞击，罕遇出现的风、雪、洪水等自然灾害及地震灾害等等。随着我国社会经济的发展和全球反恐面临的新形势，人们使用燃气、汽车、电梯、直升机等先进设施和交通工具的比例大大提高，恐怖袭击的威胁仍然严峻。在建筑结构设计中偶然荷载越来越重要，为此本次修订专门增加偶然荷载这一章。

限于目前对偶然荷载的研究和认知水平以及设计经验，本次修订仅对炸药及燃气爆炸、电梯及汽车撞击等较为常见且有一定研究资料和设计经验的偶然荷载作出规定，对其他偶然荷载，设计人员可以根据本规范规定的原则，结合实际情况或参考有关资料确定。

依据 ISO 2394，在设计中所取的偶然荷载代表值是由有关权威机构或主管工程人员根据经济和社会政策、结构设计和使用经验按一般性的原则确定的，其值是唯一的。欧洲规范进一步规定偶然荷载的确定应从三个方面来考虑：①荷载的机理，包括形成的原因、短暂时间内结构的动力响应、计算模型等；②从概率的观点对荷载发生的后果进行分析；③针对不同后果采取的措施从经济上考虑优化设计的问题。从上述三方面综合确定偶然荷载代表值相当复杂，因此欧洲规范提出当缺乏后果定量分析及经济优化设计数据时，对偶然荷载可以按年失效概率万分之一确定，相当于偶然荷载万年一遇。其思路大致如此：假设在偶然荷载设计状况下结构的可靠指标为 $\beta = 3.8$（稍高于一般的 3.7），则其取值的超越概率为：

$$\Phi(-\alpha\beta) = \Phi(-0.7 \times 3.8) = \Phi(-2.66) = 0.003$$

这是对设计基准期是 50 年而言，对 1 年的超越概率则为万分之零点六，近似取万分之一。由于偶然荷载的有效统计数据在很多情况下不够充分，此时只能根据工程经验来确定。

10.1.2 偶然荷载的设计原则，与《工程结构可靠性设计统一标准》GB 50153 - 2008 一致。建筑结构设计中，主要依靠优化结构方案、增加结构冗余度、强化结构构造等措施，避免因偶然荷载作用引起结构发生连续倒塌。在结构分析和构件设计中是否需要考虑偶然荷载作用，要视结构的重要性、结构类型及复杂程度等因素，由设计人员根据经验决定。

结构设计中应考虑偶然荷载发生时和偶然荷载发生后两种设计状况。首先，在偶然事件发生时应保证某些特殊部位的构件具备一定的抵抗偶然荷载的承载能力，结构构件受损可控。此时结构在承受偶然荷载的同时，还要承担永久荷载、活荷载或其他荷载，应采用结构承载能力设计的偶然荷载效应组合。其次，要保证在偶然事件发生后，受损结构能够承担对应于偶然设计状况的永久荷载和可变荷载，保证结构有足够的整体稳固性，不致因偶然荷载引起结构连续倒塌，此时应采用结构整体稳固验算的偶然荷载效应组合。

10.1.3 与其他可变荷载根据设计基准期通过统计确定荷载标准值的方法不同，在设计中所取的偶然荷载代表值是由有关的权威机构或主管工程人员根据经济和社会政策、结构设计和使用经验按一般性的原则来确定的，因此不考虑荷载分项系数，设计值与标准值取相同的值。

10.2 爆 炸

10.2.1 爆炸一般是指在极短时间内，释放出大量能量，产生高温，并放出大量气体，在周围介质中造成高压的化学反应或状态变化。爆炸的类型很多，例如炸药爆炸（常规武器爆炸、核爆炸）、煤气爆炸、粉尘爆炸、锅炉爆炸、矿井下瓦斯爆炸、汽车等物体燃烧时引起的爆炸等。爆炸对建筑物的破坏程度与爆炸类型、爆炸源能量大小、爆炸距离及周围环境、建筑物本身的振动特性等有关，精确度量爆炸荷载的大小较为困难。本规范首次加入爆炸荷载的内容，对目前工程中较为常用且有一定研究和应用经验的炸药爆炸和燃气爆炸荷载进行规定。

10.2.2 爆炸荷载的大小主要取决于爆炸当量和结构离爆炸源的距离，本条主要依据《人民防空地下室设计规范》GB 50038-2005 中有关常规武器爆炸荷载的计算方法制定。

确定等效均布静力荷载的基本步骤为：

1）确定爆炸冲击波波形参数，即等效动荷载。

常规武器地面爆炸空气冲击波波形可取按等冲量简化的无升压时间的三角形，见图 10。

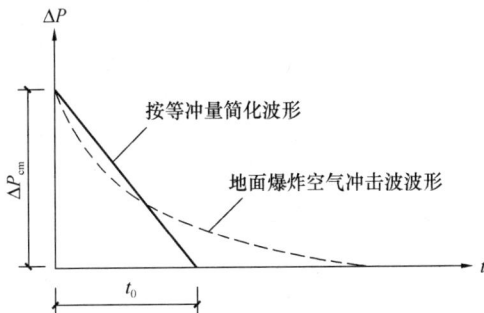

图 10 常规武器地面爆炸
空气冲击波简化波形

常规武器地面爆炸冲击波最大超压（N/mm²）ΔP_{cm} 可按下式计算：

$$\Delta P_{cm} = 1.316 \left(\frac{\sqrt[3]{C}}{R}\right)^3 + 0.369 \left(\frac{\sqrt[3]{C}}{R}\right)^{1.5}$$

式中：C——等效 TNT 装药量（kg），应按国家现行有关规定取值；

R——爆心至作用点的距离（m），爆心至外墙外侧水平距离应按国家现行有关规定取值。

地面爆炸空气冲击波按等冲量简化的等效作用时间 t_0（s），可按下式计算：

$$t_0 = 4.0 \times 10^{-4} \Delta P_{cm}^{-0.5} \sqrt[3]{C}$$

2）按单自由度体系强迫振动的方法分析得到构件的内力。

从结构设计所需精度和尽可能简化设计的角度考虑，在常规武器爆炸动荷载或核武器爆炸动荷载作用下，结构动力分析一般采用等效静荷载法。试验结果与理论分析表明，对于一般防空地下室结构在动力分析中采用等效静荷载法除了剪力（支座反力）误差相对较大外，不会造成设计上明显不合理。

研究表明，在动荷载作用下，结构构件振型与相应静荷载作用下挠曲线很相近，且动荷载作用下结构构件的破坏规律与相应静荷载作用下破坏规律基本一致，所以在动力分析时，可将结构构件简化为单自由度体系。运用结构动力学中对单自由度集中质量等效体系分析的结果，可获得相应的动力系数。

等效静荷载法一般适用于单个构件。实际结构是个多构件体系，如有顶板、底板、墙、梁、柱等构件，其中顶板、底板与外墙直接受到不同峰值的外加动荷载，内墙、柱、梁等承受上部构件传来的动荷载。由于动荷载作用的时间有先后，动荷载的变化规律也不一致，因此对结构体系进行综合的精确分析是较为困难的，故一般均采用近似方法，将它拆成单个构件，每一个构件都按单独的等效体系进行动力分析。各构件的支座条件应按实际支承情况来选取。例如对钢筋混凝土结构，顶板与外墙的刚度接近，其连接处可近似按弹性支座（介于固端与铰支之间）考虑。而底板与外墙的刚度相差较大，在计算外墙时可将二者连接处视作固定端。对通道或其他简单、规则的结构，也可近似作为一个整体构件按等效静荷载法进行动力计算。

对于特殊结构也可按有限自由度体系采用结构动力学方法，直接求出结构内力。

3）根据构件最大内力（弯矩、剪力或轴力）等效的原则确定等效均布静力荷载。

等效静力荷载法规定结构构件在等效静力荷载作用下的各项内力（如弯矩、剪力、轴力）等与动荷载作用下相应内力最大值相等，这样即可把动荷载视为静荷载。

10.2.3 当前在房屋设计中考虑燃气爆炸的偶然荷载是有实际意义的。本条主要参照欧洲规范《由撞击和爆炸引起的偶然作用》EN 1991－1－7 中的有关规定。设计的主要思想是通过通口板破坏后的泄压过程，提供爆炸空间内的等效静力荷载公式，以此确定关键构件的偶然荷载。

爆炸过程是十分短暂的，可以考虑构件设计抗力的提高，爆炸持续时间可近似取 $t=0.2$s。

EN 1991 Part 1.7 给出的抗力提高系数的公式为：

$$\varphi_{d} = 1 + \sqrt{\frac{p_{SW}}{p_{Rd}}}\sqrt{\frac{2u_{max}}{g(\Delta t)^2}}$$

式中：p_{SW}——关键构件的自重；

p_{Rd}——关键构件的在正常情况下的抗力设计值；

u_{max}——关键构件破坏时的最大位移；

g——重力加速度。

10.3 撞　击

10.3.1 当电梯运行超过正常速度一定比例后，安全钳首先作用，将轿厢（对重）卡在导轨上。安全钳作用瞬间，将轿厢（对重）传来的冲击荷载作用给导轨，再由导轨传至底坑（悬空导轨除外）。在安全钳失效的情况下，轿厢（对重）才有可能撞击缓冲器，缓冲器将吸收轿厢（对重）的动能，提供最后的保护。因此偶然情况下，作用于底坑的撞击力存在四种情况：轿厢或对重的安全钳通过导轨传至底坑；轿厢或对重通过缓冲器传至底坑。由于这四种情况不可能同时发生，表 10 中的撞击力取值为这四种情况下的最大值。根据部分电梯厂家提供的样本，计算出不同的电梯品牌、类型的撞击力与电梯总重力荷载的比值（表 8）。

根据表 8 结果，并参考了美国 IBC 96 规范以及我国《电梯制造与安装安全规范》GB 7588－2003，确定撞击荷载标准值。规范值适用于电力驱动的拽引式或强制式乘客电梯、病床电梯及载货电梯，不适用于杂物电梯和液压电梯。电梯总重力荷载为电梯核定载重和轿厢自重之和，忽略了电梯装饰荷载的影响。额定速度较大的电梯，相应的撞击荷载也较大，高速电梯（额定速度不小于 2.5m/s）宜取上限值。

表 8　撞击力与电梯总重力荷载比值计算结果

电梯类型		品牌 1	品牌 2	品牌 3
无机房	低速客梯	3.7～4.4	4.1～5.0	3.7～4.7
有机房	低速客梯	3.7～3.8	4.1～4.3	4.0～4.8
	低速观光梯	3.7	4.9～5.6	4.9～5.4
	低速医梯	4.2～4.7	5.2	4.0～4.5
	低速货梯	3.5～4.1	3.9～7.4	3.6～5.2
	高速客梯	4.7～5.4	5.9～7.0	6.5～7.1

10.3.2 本条借鉴了《公路桥涵设计通用规范》JTG D60－2004 和《城市人行天桥与人行地道技术规范》CJJ 69－95 的有关规定，基于动量定理给出了撞击力的一般公式，概念较为明确。按上述公式计算的撞击力，与欧洲规范相当。

我国公路上 10t 以下中、小型汽车约占总数的80%，10t 以上大型汽车占 20%。因此，该规范规定计算撞击力时撞击车质量取 10t。而《城市人行天桥与人行地道技术规范》CJJ 69－95 则建议取 15t。本规范建议撞击车质量按照实际情况采用，当无数据时可取 15t。又据《城市人行天桥与人行地道技术规范》CJJ 69－95，撞击车速建议取国产车平均最高车速的 80%。目前高速公路、一级公路、二级公路的最高设计车速分别为 120km/h、100km/h 和 80km/h，综合考虑取车速为 80km/h（22.2m/s）。

在没有试验资料时，撞击时间按《公路桥涵设计通用规范》JTG D60－2004 的建议，取值 1s。

参照《城市人行天桥与人行地道技术规范》CJJ 69－95 和欧洲规范 EN 1991-1-7，垂直行车方向撞击力取顺行方向撞击力的 50%，二者不同时作用。

建筑结构可能承担的车辆撞击主要包括地下车库及通道的车辆撞击、路边建筑物车辆撞击等，由于所处环境不同，车辆质量、车速等变化较大，因此在给出一般值的基础上，设计人员可根据实际情况调整。

10.3.3 本条主要参考欧洲规范 EN 1991－1－7 的有关规定。

中华人民共和国国家标准

建筑抗震设计规范

Code for seismic design of buildings

GB 50011—2010

（2016 年版）

主编部门：中华人民共和国住房和城乡建设部
批准部门：中华人民共和国住房和城乡建设部
施行日期：２０１０ 年 １ ２ 月 １ 日

中华人民共和国住房和城乡建设部
公 告

第 1199 号

住房城乡建设部关于发布国家标准
《建筑抗震设计规范》局部修订的公告

现批准《建筑抗震设计规范》GB 50011－2010局部修订的条文，自 2016 年 8 月 1 日起实施。经此次修改的原条文同时废止。

局部修订的条文及具体内容，将刊登在我部有关网站和近期出版的《工程建设标准化》刊物上。

中华人民共和国住房和城乡建设部

2016 年 7 月 7 日

修 订 说 明

本次局部修订系根据住房和城乡建设部《关于印发 2014 年工程建设标准规范制订、修订计划的通知》（建标 [2013] 169 号）的要求，由中国建筑科学研究院会同有关的设计、勘察、研究和教学单位对《建筑抗震设计规范》GB 50011－2010 进行局部修订而成。

此次局部修订的主要内容包括两个方面，即，(1) 根据《中国地震动参数区划图》GB 18306－2015 和《中华人民共和国行政区划简册 2015》以及民政部发布 2015 年行政区划变更公报，修订《建筑抗震设计规范》GB 50011－2010 附录 A：我国主要城镇抗震设防烈度、设计基本地震加速度和设计地震分组；(2) 根据《建筑抗震设计规范》GB 50011－2010 实施以来各方反馈的意见和建议，对部分条款进行文字性调整。修订过程中广泛征求了各方面的意见，对具体修订内容进行了反复的讨论和修改，与相关标准进行协调，最后经审查定稿。

此次局部修订，共涉及一个附录和 10 条条文的修改，分别为附录 A 和第 3.4.3 条、第 3.4.4 条、第 4.4.1 条、第 6.4.5 条、第 7.1.7 条、第 8.2.7 条、第 8.2.8 条、第 9.2.16 条、第 14.3.1 条、第 14.3.2 条。

本规范条文下划线部分为修改的内容；用黑体字标志的条文为强制性条文，必须严格执行。

本次局部修订的主编单位：中国建筑科学研究院

本次局部修订的参编单位：中国地震局地球物理研究所
           中国建筑标准设计研究院
           北京市建筑设计研究院
           中国电子工程设计院

本规范主要起草人员：黄世敏 王亚勇 戴国莹 符圣聪 罗开海 李小军 柯长华 郁银泉 娄 宇 薛慧立

本规范主要审查人员：徐培福 齐五辉 范 重 吴 健 郭明田 吴汉福 马东辉 宋 波 潘 鹏

中华人民共和国住房和城乡建设部
公　告

第 609 号

关于发布国家标准
《建筑抗震设计规范》的公告

现批准《建筑抗震设计规范》为国家标准，编号为GB 50011-2010，自2010年12月1日起实施。其中，第 1.0.2、 1.0.4、 3.1.1、 3.3.1、 3.3.2、 3.4.1、 3.5.2、 3.7.1、 3.7.4、 3.9.1、 3.9.2、 3.9.4、 3.9.6、 4.1.6、 4.1.8、 4.1.9、 4.2.2、 4.3.2、 4.4.5、 5.1.1、 5.1.3、 5.1.4、 5.1.6、 5.2.5、 5.4.1、 5.4.2、 5.4.3、 6.1.2、 6.3.3、 6.3.7、 6.4.3、 7.1.2、 7.1.5、 7.1.8、 7.2.4、 7.2.6、 7.3.1、 7.3.3、 7.3.5、 7.3.6、 7.3.8、 7.4.1、 7.4.4、 7.5.7、 7.5.8、 8.1.3、 8.3.1、 8.3.6、 8.4.1、 8.5.1、 10.1.3、 10.1.12、 10.1.15、 12.1.5、 12.2.1、 12.2.9 条为强制性条文，必须严格执行。原《建筑抗震设计规范》GB 50011-2001同时废止。

本规范由我部标准定额研究所组织中国建筑工业出版社出版发行。

中华人民共和国住房和城乡建设部
2010 年 5 月 31 日

前　　言

本规范系根据原建设部《关于印发〈2006年工程建设标准规范制订、修订计划（第一批）〉的通知》（建标〔2006〕77号）的要求，由中国建筑科学研究院会同有关的设计、勘察、研究和教学单位对《建筑抗震设计规范》GB 50011-2001进行修订而成。

修订过程中，编制组总结了2008年汶川地震震害经验，对灾区设防烈度进行了调整，增加了有关山区场地、框架结构填充墙设置、砌体结构楼梯间、抗震结构施工要求的强制性条文，提高了装配式楼板构造和钢筋伸长率的要求。此后，继续开展了专题研究和部分试验研究，调查总结了近年来国内外大地震（包括汶川地震）的经验教训，采纳了地震工程的新科研成果，考虑了我国的经济条件和工程实践，并在全国范围内广泛征求了有关设计、勘察、科研、教学单位及抗震管理部门的意见，经反复讨论、修改、充实和试设计，最后经审查定稿。

本次修订后共有14章12个附录。除了保持2008年局部修订的规定外，主要修订内容是：补充了关于7度（0.15g）和8度（0.30g）设防的抗震措施规定，按《中国地震动参数区划图》调整了设计地震分组；改进了土壤液化判别公式；调整了地震影响系数曲线的阻尼调整参数、钢结构的阻尼比和承载力抗震调整系数、隔震结构的水平向减震系数的计算，并补

充了大跨屋盖建筑水平和竖向地震作用的计算方法；提高了对混凝土框架结构房屋、底部框架砌体房屋的抗震设计要求；提出了钢结构房屋抗震等级并相应调整了抗震措施的规定；改进了多层砌体房屋、混凝土抗震墙房屋、配筋砌体房屋的抗震措施；扩大了隔震和消能减震房屋的适用范围；新增建筑抗震性能化设计原则以及有关大跨屋盖建筑、地下建筑、框排架厂房、钢支撑-混凝土框架和钢框架-钢筋混凝土核心筒结构的抗震设计规定。取消了内框架砖房的内容。

本规范中以黑体字标志的条文为强制性条文，必须严格执行。

本规范由住房和城乡建设部负责管理和对强制性条文的解释，中国建筑科学研究院负责具体技术内容的解释。在执行过程中，请各单位结合工程实践，认真总结经验，并将意见和建议寄交北京市北三环东路30号中国建筑科学研究院国家标准《建筑抗震设计规范》管理组（邮编：100013，E-mail：GB 50011-cabr@163.com）。

主　编　单　位：中国建筑科学研究院
参　编　单　位：中国地震局工程力学研究所、中国建筑设计研究院、中国建筑标准设计研究院、北京市建筑设计研究院、中国电子工程设计院、中国建筑西南设计研究院、中国建筑西北设计研究院、中国建筑

东北设计研究院、华东建筑设计研究院、中南建筑设计院、广东省建筑设计研究院、上海建筑设计研究院、新疆维吾尔自治区建筑设计研究院、云南省设计院、四川省建筑设计院、深圳市建筑设计研究总院、北京市勘察设计研究院、上海市隧道工程轨道交通设计研究院、中建国际（深圳）设计顾问有限公司、中冶集团建筑研究总院、中国机械工业集团公司、中国中元国际工程公司、清华大学、同济大学、哈尔滨工业大学、浙江大学、重庆大学、云南大学、广州大学、大连理工大学、北京工业大学

主要起草人：黄世敏　王亚勇（以下按姓氏笔画排列）

丁洁民　方泰生　邓　华　叶燎原
冯　远　吕西林　刘琼祥　李　亮
李　惠　李　霆　李小军　李亚明
李英民　李国强　杨林德　苏经宇

肖　伟　吴明舜　辛鸿博　张瑞龙
陈　炯　陈富生　欧进萍　郁银泉
易方民　罗开海　周正华　周炳章
周福霖　周锡元　柯长华　娄　宇
姜文伟　袁金西　钱基宏　钱稼茹
徐　建　徐永基　唐曹明　容柏生
曹文宏　符圣聪　章一萍　葛学礼
董津城　程才渊　傅学怡　曾德民
窦南华　蔡益燕　薛彦涛　薛慧立
戴国莹

主要审查人：徐培福　吴学敏　刘志刚（以下按姓氏笔画排列）

刘树屯　李　黎　李学兰　陈国义
侯忠良　莫　庸　顾宝和　高孟谭
黄小坤　程懋堃

目　　次

Contents

1 总　则

1.0.1 为贯彻执行国家有关建筑工程、防震减灾的法律法规并实行以预防为主的方针，使建筑经抗震设防后，减轻建筑的地震破坏，避免人员伤亡，减少经济损失，制定本规范。

按本规范进行抗震设计的建筑，其基本的抗震设防目标是：当遭受低于本地区抗震设防烈度的多遇地震影响时，主体结构不受损坏或不需修理可继续使用；当遭受相当于本地区抗震设防烈度的设防地震影响时，可能发生损坏，但经一般性修理仍可继续使用；当遭受高于本地区抗震设防烈度的罕遇地震影响时，不致倒塌或发生危及生命的严重破坏。使用功能或其他方面有专门要求的建筑，当采用抗震性能化设计时，具有更具体或更高的抗震设防目标。

1.0.2 抗震设防烈度为6度及以上地区的建筑，必须进行抗震设计。

1.0.3 本规范适用于抗震设防烈度为6、7、8和9度地区建筑工程的抗震设计以及隔震、消能减震设计。建筑的抗震性能化设计，可采用本规范规定的基本方法。

抗震设防烈度大于9度地区的建筑及行业有特殊要求的工业建筑，其抗震设计应按有关专门规定执行。

> 注：本规范"6度、7度、8度、9度"即"抗震设防烈度为6度、7度、8度、9度"的简称。

1.0.4 抗震设防烈度必须按国家规定的权限审批、颁发的文件（图件）确定。

1.0.5 一般情况下，建筑的抗震设防烈度应采用根据中国地震动参数区划图确定的地震基本烈度（本规范设计基本地震加速度值所对应的烈度值）。

1.0.6 建筑的抗震设计，除应符合本规范要求外，尚应符合国家现行有关标准的规定。

2　术语和符号

2.1　术　语

2.1.1 抗震设防烈度　seismic precautionary intensity

按国家规定的权限批准作为一个地区抗震设防依据的地震烈度。一般情况，取50年内超越概率10%的地震烈度。

2.1.2 抗震设防标准　seismic precautionary criterion

衡量抗震设防要求高低的尺度，由抗震设防烈度或设计地震动参数及建筑抗震设防类别确定。

2.1.3 地震动参数区划图　seismic ground motion parameter zonation map

以地震动参数（以加速度表示地震作用强弱程度）为指标，将全国划分为不同抗震设防要求区域的图件。

2.1.4 地震作用　earthquake action

由地震动引起的结构动态作用，包括水平地震作用和竖向地震作用。

2.1.5 设计地震动参数　design parameters of ground motion

抗震设计用的地震加速度（速度、位移）时程曲线、加速度反应谱和峰值加速度。

2.1.6 设计基本地震加速度　design basic acceleration of ground motion

50年设计基准期超越概率10%的地震加速度的设计取值。

2.1.7 设计特征周期　design characteristic period of ground motion

抗震设计用的地震影响系数曲线中，反映地震震级、震中距和场地类别等因素的下降段起始点对应的周期值，简称特征周期。

2.1.8 场地　site

工程群体所在地，具有相似的反应谱特征。其范围相当于厂区、居民小区和自然村或不小于1.0km^2的平面面积。

2.1.9 建筑抗震概念设计　seismic concept design of buildings

根据地震灾害和工程经验等所形成的基本设计原则和设计思想，进行建筑和结构总体布置并确定细部构造的过程。

2.1.10 抗震措施　seismic measures

除地震作用计算和抗力计算以外的抗震设计内容，包括抗震构造措施。

2.1.11 抗震构造措施　details of seismic design

根据抗震概念设计原则，一般不需计算而对结构和非结构各部分必须采取的各种细部要求。

2.2　主要符号

2.2.1 作用和作用效应

F_{Ek}、F_{Evk}——结构总水平、竖向地震作用标准值；

G_E、G_{eq}——地震时结构（构件）的重力荷载代表值、等效总重力荷载代表值；

w_k——风荷载标准值；

S_E——地震作用效应（弯矩、轴向力、剪力、应力和变形）；

S——地震作用效应与其他荷载效应的基本组合；

S_k——作用、荷载标准值的效应；

M——弯矩；

N——轴向压力；

V——剪力；

p——基础底面压力；

u——侧移；

θ——楼层位移角。

2.2.2 材料性能和抗力

K——结构（构件）的刚度；

R——结构构件承载力；

f、f_k、f_E——各种材料强度（含地基承载力）设计值、标准值和抗震设计值；

$[\theta]$——楼层位移角限值。

2.2.3 几何参数

A——构件截面面积；

A_s——钢筋截面面积；

B——结构总宽度；

H——结构总高度、柱高度；

L——结构（单元）总长度；

a——距离；

a_s、a'_s——纵向受拉、受压钢筋合力点至截面边缘的最小距离；

b——构件截面宽度；

d——土层深度或厚度，钢筋直径；

h——构件截面高度；

l——构件长度或跨度；

t——抗震墙厚度、楼板厚度。

2.2.4 计算系数

α——水平地震影响系数；

α_{max}——水平地震影响系数最大值；

α_{vmax}——竖向地震影响系数最大值；

γ_G、γ_E、γ_w——作用分项系数；

γ_{RE}——承载力抗震调整系数；

ζ——计算系数；

η——地震作用效应（内力和变形）的增大或调整系数；

λ——构件长细比，比例系数；

ξ_y——结构（构件）屈服强度系数；

ρ——配筋率，比率；

ϕ——构件受压稳定系数；

ψ——组合值系数，影响系数。

2.2.5 其他

T——结构自振周期；

N——贯入锤击数；

I_{lE}——地震时地基的液化指数；

X_{ji}——位移振型坐标（j 振型 i 质点的 x 方向相对位移）；

Y_{ji}——位移振型坐标（j 振型 i 质点的 y 方向相对位移）；

n——总数，如楼层数、质点数、钢筋根数、跨数等；

v_{se}——土层等效剪切波速；

Φ_{ji}——转角振型坐标（j 振型 i 质点的转角方向相对位移）。

3 基本规定

3.1 建筑抗震设防分类和设防标准

3.1.1 抗震设防的所有建筑应按现行国家标准《建筑工程抗震设防分类标准》GB 50223 确定其抗震设防类别及其抗震设防标准。

3.1.2 抗震设防烈度为 6 度时，除本规范有具体规定外，对乙、丙、丁类的建筑可不进行地震作用计算。

3.2 地 震 影 响

3.2.1 建筑所在地区遭受的地震影响，应采用相应于抗震设防烈度的设计基本地震加速度和特征周期表征。

3.2.2 抗震设防烈度和设计基本地震加速度取值的对应关系，应符合表 3.2.2 的规定。设计基本地震加速度为 0.15g 和 0.30g 地区内的建筑，除本规范另有规定外，应分别按抗震设防烈度 7 度和 8 度的要求进行抗震设计。

表 3.2.2 抗震设防烈度和设计基本地震加速度值的对应关系

抗震设防烈度	6	7	8	9
设计基本地震加速度值	0.05g	0.10(0.15)g	0.20(0.30)g	0.40g

注：g 为重力加速度。

3.2.3 地震影响的特征周期应根据建筑所在地的设计地震分组和场地类别确定。本规范的设计地震共分为三组，其特征周期应按本规范第 5 章的有关规定采用。

3.2.4 我国主要城镇（县级及县级以上城镇）中心地区的抗震设防烈度、设计基本地震加速度值和所属的设计地震分组，可按本规范附录 A 采用。

3.3 场地和地基

3.3.1 选择建筑场地时，应根据工程需要和地震活动情况、工程地质和地震地质的有关资料，对抗震有利、一般、不利和危险地段做出综合评价。对不利地段，应提出避开要求；当无法避开时应采取有效的措施。对危险地段，严禁建造甲、乙类的建筑，不应建造丙类的建筑。

3.3.2 建筑场地为 I 类时，对甲、乙类的建筑应允许仍按本地区抗震设防烈度的要求采取抗震构造措施；对丙类的建筑应允许按本地区抗震设防烈度降低一度的要求采取抗震构造措施，但抗震设防烈度为6度时仍应按本地区抗震设防烈度的要求采取抗震构造措施。

3.3.3 建筑场地为Ⅲ、Ⅳ类时，对设计基本地震加速度为0.15g和0.30g的地区，除本规范另有规定外，宜分别按抗震设防烈度8度（0.20g）和9度（0.40g）时各抗震设防类别建筑的要求采取抗震构造措施。

3.3.4 地基和基础设计应符合下列要求：

1 同一结构单元的基础不宜设置在性质截然不同的地基上。

2 同一结构单元不宜部分采用天然地基部分采用桩基；当采用不同基础类型或基础埋深显著不同时，应根据地震时两部分地基基础的沉降差异，在基础、上部结构的相关部位采取相应措施。

3 地基为软弱黏性土、液化土、新近填土或严重不均匀土时，应根据地震时地基不均匀沉降和其他不利影响，采取相应的措施。

3.3.5 山区建筑的场地和地基基础应符合下列要求：

1 山区建筑场地勘察应有边坡稳定性评价和防治方案建议；应根据地质、地形条件和使用要求，因地制宜设置符合抗震设防要求的边坡工程。

2 边坡设计应符合现行国家标准《建筑边坡工程技术规范》GB 50330的要求；其稳定性验算时，有关的摩擦角应按设防烈度的高低相应修正。

3 边坡附近的建筑基础应进行抗震稳定性设计。建筑基础与土质、强风化岩质边坡的边缘应留有足够的距离，其值应根据设防烈度的高低确定，并采取措施避免地震时地基基础破坏。

3.4 建筑形体及其构件布置的规则性

3.4.1 建筑设计应根据抗震概念设计的要求明确建筑形体的规则性。不规则的建筑应按规定采取加强措施；特别不规则的建筑应进行专门研究和论证，采取特别的加强措施；严重不规则的建筑不应采用。

注：形体指建筑平面形状和立面、竖向剖面的变化。

3.4.2 建筑设计应重视其平面、立面和竖向剖面的规则性对抗震性能及经济合理性的影响，宜择优选用规则的形体，其抗侧力构件的平面布置宜规则对称、侧向刚度沿竖向宜均匀变化、竖向抗侧力构件的截面尺寸和材料强度宜自下而上逐渐减小、避免侧向刚度和承载力突变。

不规则建筑的抗震设计应符合本规范第3.4.4条的有关规定。

3.4.3 建筑形体及其构件布置的平面、竖向不规则性，应按下列要求划分：

1 混凝土房屋、钢结构房屋和钢-混凝土混合结构房屋存在表3.4.3-1所列举的某项平面不规则类型或表3.4.3-2所列举的某项竖向不规则类型以及类似的不规则类型，应属于不规则的建筑。

表3.4.3-1 平面不规则的主要类型

不规则类型	定义和参考指标
扭转不规则	在具有偶然偏心的规定水平力作用下，楼层两端抗侧力构件弹性水平位移（或层间位移）的最大值与平均值的比值大于1.2
凹凸不规则	平面凹进的尺寸，大于相应投影方向总尺寸的30%
楼板局部不连续	楼板的尺寸和平面刚度急剧变化，例如，有效楼板宽度小于该层楼板典型宽度的50%，或开洞面积大于该层楼面面积的30%，或较大的楼层错层

表3.4.3-2 竖向不规则的主要类型

不规则类型	定义和参考指标
侧向刚度不规则	该层的侧向刚度小于相邻上一层的70%，或小于其上相邻三个楼层侧向刚度平均值的80%；除顶层或出屋面小建筑外，局部收进的水平向尺寸大于相邻下一层的25%
竖向抗侧力构件不连续	竖向抗侧力构件（柱、抗震墙、抗震支撑）的内力由水平转换构件（梁、桁架等）向下传递
楼层承载力突变	抗侧力结构的层间受剪承载力小于相邻上一楼层的80%

2 砌体房屋、单层工业厂房、单层空旷房屋、大跨屋盖建筑和地下建筑的平面和竖向不规则性的划分，应符合本规范有关章节的规定。

3 当存在多项不规则或某项不规则超过规定的参考指标较多时，应属于特别不规则的建筑。

3.4.4 建筑形体及其构件布置不规则时，应按下列要求进行地震作用计算和内力调整，并应对薄弱部位采取有效的抗震构造措施：

1 平面不规则而竖向规则的建筑，应采用空间结构计算模型，并应符合下列要求：

1）扭转不规则时，应计入扭转影响，且在具有偶然偏心的规定水平力作用下，楼层两端抗侧力构件弹性水平位移或层间位移的最大值与平均值的比值不宜大于1.5，当最大层间位移远小于规范限值时，可适当放宽；

2）凹凸不规则或楼板局部不连续时，应采用符合楼板平面内实际刚度变化的计算模型；高烈度或不规则程度较大时，宜计入楼板局部变形的影响；

3）平面不对称且凹凸不规则或局部不连续，可根据实际情况分块计算扭转位移比，对扭转较大的部位应采用局部的内力增大系数。

2 平面规则而竖向不规则的建筑，应采用空间结构计算模型，刚度小的楼层的地震剪力应乘以不小于 1.15 的增大系数，其薄弱层应按本规范有关规定进行弹塑性变形分析，并应符合下列要求：

1）竖向抗侧力构件不连续时，该构件传递给水平转换构件的地震内力应根据烈度高低和水平转换构件的类型、受力情况、几何尺寸等，乘以 1.25～2.0 的增大系数；

2）侧向刚度不规则时，相邻层的侧向刚度比应依据其结构类型符合本规范相关章节的规定；

3）楼层承载力突变时，薄弱层抗侧力结构的受剪承载力不应小于相邻上一楼层的 65%。

3 平面不规则且竖向不规则的建筑，应根据不规则类型的数量和程度，有针对性地采取不低于本条 1、2 款要求的各项抗震措施。特别不规则的建筑，应经专门研究，采取更有效的加强措施或对薄弱部位采用相应的抗震性能化设计方法。

3.4.5 体型复杂、平立面不规则的建筑，应根据不规则程度、地基基础条件和技术经济等因素的比较分析，确定是否设置防震缝，并分别符合下列要求：

1 当不设置防震缝时，应采用符合实际的计算模型，分析判明其应力集中、变形集中或地震扭转效应等导致的易损部位，采取相应的加强措施。

2 当在适当部位设置防震缝时，宜形成多个较规则的抗侧力结构单元。防震缝应根据抗震设防烈度、结构材料种类、结构类型、结构单元的高度和高差以及可能的地震扭转效应的情况，留有足够的宽度，其两侧的上部结构应完全分开。

3 当设置伸缩缝和沉降缝时，其宽度应符合防震缝的要求。

3.5 结 构 体 系

3.5.1 结构体系应根据建筑的抗震设防类别、抗震设防烈度、建筑高度、场地条件、地基、结构材料和施工等因素，经技术、经济和使用条件综合比较确定。

3.5.2 结构体系应符合下列各项要求：

1 应具有明确的计算简图和合理的地震作用传递途径。

2 应避免因部分结构或构件破坏而导致整个结构丧失抗震能力或对重力荷载的承载能力。

3 应具备必要的抗震承载力，良好的变形能力和消耗地震能量的能力。

4 对可能出现的薄弱部位，应采取措施提高其抗震能力。

3.5.3 结构体系尚宜符合下列各项要求：

1 宜有多道抗震防线。

2 宜具有合理的刚度和承载力分布，避免因局部削弱或突变形成薄弱部位，产生过大的应力集中或塑性变形集中。

3 结构在两个主轴方向的动力特性宜相近。

3.5.4 结构构件应符合下列要求：

1 砌体结构应按规定设置钢筋混凝土圈梁和构造柱、芯柱，或采用约束砌体、配筋砌体等。

2 混凝土结构构件应控制截面尺寸和受力钢筋、箍筋的设置，防止剪切破坏先于弯曲破坏、混凝土的压溃先于钢筋的屈服、钢筋的锚固粘结破坏先于钢筋破坏。

3 预应力混凝土的构件，应配有足够的非预应力钢筋。

4 钢结构构件的尺寸应合理控制，避免局部失稳或整个构件失稳。

5 多、高层的混凝土楼、屋盖宜优先采用现浇混凝土板。当采用预制装配式混凝土楼、屋盖时，应从楼盖体系和构造上采取措施确保各预制板之间连接的整体性。

3.5.5 结构各构件之间的连接，应符合下列要求：

1 构件节点的破坏，不应先于其连接的构件。

2 预埋件的锚固破坏，不应先于连接件。

3 装配式结构构件的连接，应能保证结构的整体性。

4 预应力混凝土构件的预应力钢筋，宜在节点核心区以外锚固。

3.5.6 装配式单层厂房的各种抗震支撑系统，应保证地震时厂房的整体性和稳定性。

3.6 结 构 分 析

3.6.1 除本规范特别规定者外，建筑结构应进行多遇地震作用下的内力和变形分析，此时，可假定结构与构件处于弹性工作状态，内力和变形分析可采用线性静力方法或线性动力方法。

3.6.2 不规则且具有明显薄弱部位可能导致重大地震破坏的建筑结构，应按本规范有关规定进行罕遇地震作用下的弹塑性变形分析。此时，可根据结构特点采用静力弹塑性分析或弹塑性时程分析方法。

当本规范有具体规定时，尚可采用简化方法计算结构的弹塑性变形。

3.6.3 当结构在地震作用下的重力附加弯矩大于初

始弯矩的 10% 时，应计入重力二阶效应的影响。

> 注：重力附加弯矩指任一楼层以上全部重力荷载与该楼层地震平均层间位移的乘积；初始弯矩指该楼层地震剪力与楼层层高的乘积。

3.6.4 结构抗震分析时，应按照楼、屋盖的平面形状和平面内变形情况确定为刚性、分块刚性、半刚性、局部弹性和柔性等的横隔板，再按抗侧力系统的布置确定抗侧力构件间的共同工作并进行各构件间的地震内力分析。

3.6.5 质量和侧向刚度分布接近对称且楼、屋盖可视为刚性横隔板的结构，以及本规范有关章节有具体规定的结构，可采用平面结构模型进行抗震分析。其他情况，应采用空间结构模型进行抗震分析。

3.6.6 利用计算机进行结构抗震分析，应符合下列要求：

  1 计算模型的建立、必要的简化计算与处理，应符合结构的实际工作状况，计算中应考虑楼梯构件的影响。

  2 计算软件的技术条件应符合本规范及有关标准的规定，并应阐明其特殊处理的内容和依据。

  3 复杂结构在多遇地震作用下的内力和变形分析时，应采用不少于两个合适的不同力学模型，并对其计算结果进行分析比较。

  4 所有计算机计算结果，应经分析判断确认其合理、有效后方可用于工程设计。

3.7 非结构构件

3.7.1 非结构构件，包括建筑非结构构件和建筑附属机电设备，自身及其与结构主体的连接，应进行抗震设计。

3.7.2 非结构构件的抗震设计，应由相关专业人员分别负责进行。

3.7.3 附着于楼、屋面结构上的非结构构件，以及楼梯间的非承重墙体，应与主体结构有可靠的连接或锚固，避免地震时倒塌伤人或砸坏重要设备。

3.7.4 框架结构的围护墙和隔墙，应估计其设置对结构抗震的不利影响，避免不合理设置而导致主体结构的破坏。

3.7.5 幕墙、装饰贴面与主体结构应有可靠连接，避免地震时脱落伤人。

3.7.6 安装在建筑上的附属机械、电气设备系统的支座和连接，应符合地震时使用功能的要求，且不应导致相关部件的损坏。

3.8 隔震与消能减震设计

3.8.1 隔震与消能减震设计，可用于对抗震安全性和使用功能有较高要求或专门要求的建筑。

3.8.2 采用隔震或消能减震设计的建筑，当遭遇到本地区的多遇地震影响、设防地震影响和罕遇地震影

响时，可按高于本规范第 1.0.1 条的基本设防目标进行设计。

3.9 结构材料与施工

3.9.1 抗震结构对材料和施工质量的特别要求，应在设计文件上注明。

3.9.2 结构材料性能指标，应符合下列最低要求：

  1 砌体结构材料应符合下列规定：

  　1）普通砖和多孔砖的强度等级不应低于 MU10，其砌筑砂浆强度等级不应低于 M5；

  　2）混凝土小型空心砌块的强度等级不应低于 MU7.5，其砌筑砂浆强度等级不应低于 Mb7.5。

  2 混凝土结构材料应符合下列规定：

  　1）混凝土的强度等级，框支梁、框支柱及抗震等级为一级的框架梁、柱、节点核芯区，不应低于 C30；构造柱、芯柱、圈梁及其他各类构件不应低于 C20；

  　2）抗震等级为一、二、三级的框架和斜撑构件（含梯段），其纵向受力钢筋采用普通钢筋时，钢筋的抗拉强度实测值与屈服强度实测值的比值不应小于 1.25；钢筋的屈服强度实测值与屈服强度标准值的比值不应大于 1.3，且钢筋在最大拉力下的总伸长率实测值不应小于 9%。

  3 钢结构的钢材应符合下列规定：

  　1）钢材的屈服强度实测值与抗拉强度实测值的比值不应大于 0.85；

  　2）钢材应有明显的屈服台阶，且伸长率不应小于 20%；

  　3）钢材应有良好的焊接性和合格的冲击韧性。

3.9.3 结构材料性能指标，尚宜符合下列要求：

  1 普通钢筋宜优先采用延性、韧性和焊接性较好的钢筋；普通钢筋的强度等级，纵向受力钢筋宜选用符合抗震性能指标的不低于 HRB400 级的热轧钢筋，也可采用符合抗震性能指标的 HRB335 级热轧钢筋；箍筋宜选用符合抗震性能指标的不低于 HRB335 级的热轧钢筋，也可选用 HPB300 级热轧钢筋。

> 注：钢筋的检验方法应符合现行国家标准《混凝土结构工程施工质量验收规范》GB 50204 的规定。

  2 混凝土结构的混凝土强度等级，抗震墙不宜超过 C60，其他构件，9 度时不宜超过 C60，8 度时不宜超过 C70。

  3 钢结构的钢材宜采用 Q235 等级 B、C、D 的碳素结构钢及 Q345 等级 B、C、D、E 的低合金高强度结构钢；当有可靠依据时，尚可采用其他钢种和钢号。

3.9.4 在施工中，当需要以强度等级较高的钢筋替代原设计中的纵向受力钢筋时，应按照钢筋受拉承载力设计值相等的原则换算，并应满足最小配筋率

要求。

3.9.5 采用焊接连接的钢结构，当接头的焊接拘束度较大、钢板厚度不小于40mm且承受沿板厚方向的拉力时，钢板厚度方向截面收缩率不应小于国家标准《厚度方向性能钢板》GB/T 5313关于Z15级规定的容许值。

3.9.6 钢筋混凝土构造柱和底部框架-抗震墙房屋中的砌体抗震墙，其施工应先砌墙后浇构造柱和框架梁柱。

3.9.7 混凝土墙体、框架柱的水平施工缝，应采取措施加强混凝土的结合性能。对于抗震等级一级的墙体和转换层楼板与落地混凝土墙体的交接处，宜验算水平施工缝截面的受剪承载力。

3.10 建筑抗震性能化设计

3.10.1 当建筑结构采用抗震性能化设计时，应根据其抗震设防类别、设防烈度、场地条件、结构类型和不规则性，建筑使用功能和附属设施功能的要求、投资大小、震后损失和修复难易程度等，对选定的抗震性能目标提出技术和经济可行性综合分析和论证。

3.10.2 建筑结构的抗震性能化设计，应根据实际需要和可能，具有针对性：可分别选定针对整个结构、结构的局部部位或关键部位、结构的关键部件、重要构件、次要构件以及建筑构件和机电设备支座的性能目标。

3.10.3 建筑结构的抗震性能化设计应符合下列要求：

1 选定地震动水准。对设计使用年限50年的结构，可选用本规范的多遇地震、设防地震和罕遇地震的地震作用，其中，设防地震的加速度应按本规范表3.2.2的设计基本地震加速度采用，设防地震的地震影响系数最大值，6度、7度（0.10g）、7度（0.15g）、8度（0.20g）、8度（0.30g）、9度可分别采用0.12、0.23、0.34、0.45、0.68和0.90。对设计使用年限超过50年的结构，宜考虑实际需要和可能，经专门研究后对地震作用作适当调整。对处于发震断裂两侧10km以内的结构，地震动参数应计入近场影响，5km以内宜乘以增大系数1.5，5km以外宜乘以不小于1.25的增大系数。

2 选定性能目标，即对应于不同地震动水准的预期损坏状态或使用功能，应不低于本规范第1.0.1条对基本设防目标的规定。

3 选定性能设计指标。设计应选定分别提高结构或其关键部位的抗震承载力、变形能力或同时提高抗震承载力和变形能力的具体指标，尚应计及不同水准地震作用取值的不确定性而留有余地。设计宜确定在不同地震动水准下结构不同部位的水平和竖向构件承载力的要求（含不发生脆性剪切破坏、形成塑性铰、达到屈服值或保持弹性等）；宜选择在不同地震动水准下结构不同部位的预期弹性或弹塑性变形状

态，以及相应的构件延性构造的高、中或低要求。当构件的承载力明显提高时，相应的延性构造可适当降低。

3.10.4 建筑结构的抗震性能化设计的计算应符合下列要求：

1 分析模型应正确、合理地反映地震作用的传递途径和楼盖在不同地震动水准下是否整体或分块处于弹性工作状态。

2 弹性分析可采用线性方法，弹塑性分析可根据性能目标所预期的结构弹塑性状态，分别采用增加阻尼的等效线性化方法以及静力或动力非线性分析方法。

3 结构非线性分析模型相对于弹性分析模型可有所简化，但二者在多遇地震下的线性分析结果应基本一致；应计入重力二阶效应、合理确定弹塑性参数，应依据构件的实际截面、配筋等计算承载力，可通过与理想弹性假定计算结果的对比分析，着重发现构件可能破坏的部位及其弹塑性变形程度。

3.10.5 结构及其构件抗震性能化设计的参考目标和计算方法，可按本规范附录M第M.1节的规定采用。

3.11 建筑物地震反应观测系统

3.11.1 抗震设防烈度为7、8、9度时，高度分别超过160m、120m、80m的大型公共建筑，应按规定设置建筑结构的地震反应观测系统，建筑设计应留有观测仪器和线路的位置。

4 场地、地基和基础

4.1 场 地

4.1.1 选择建筑场地时，应按表4.1.1划分对建筑抗震有利、一般、不利和危险的地段。

表4.1.1 有利、一般、不利和危险地段的划分

地段类别	地质、地形、地貌
有利地段	稳定基岩，坚硬土，开阔、平坦、密实、均匀的中硬土等
一般地段	不属于有利、不利和危险的地段
不利地段	软弱土，液化土，条状突出的山嘴，高耸孤立的山丘，陡坡，陡坎，河岸和边坡的边缘，平面分布上成因、岩性、状态明显不均匀的土层（含故河道、疏松的断层破碎带、暗埋的塘浜沟谷和半填半挖地基），高含水量的可塑黄土，地表存在结构性裂缝等
危险地段	地震时可能发生滑坡、崩塌、地陷、地裂、泥石流等及发震断裂带上可能发生地表位错的部位

4.1.2 建筑场地的类别划分，应以土层等效剪切波速和场地覆盖层厚度为准。

4.1.3 土层剪切波速的测量，应符合下列要求：

　　1 在场地初步勘察阶段，对大面积的同一地质单元，测试土层剪切波速的钻孔数量不宜少于3个。

　　2 在场地详细勘察阶段，对单幢建筑，测试土层剪切波速的钻孔数量不宜少于2个，测试数据变化较大时，可适量增加；对小区中处于同一地质单元内的密集建筑群，测试土层剪切波速的钻孔数量可适量减少，但每幢高层建筑和大跨空间结构的钻孔数量均不得少于1个。

　　3 对丁类建筑及丙类建筑中层数不超过10层、高度不超过24m的多层建筑，当无实测剪切波速时，可根据岩土名称和性状，按表4.1.3划分土的类型，再利用当地经验在表4.1.3的剪切波速范围内估算各土层的剪切波速。

表 4.1.3　土的类型划分和剪切波速范围

土的类型	岩土名称和性状	土层剪切波速范围（m/s）
岩石	坚硬、较硬且完整的岩石	$v_s > 800$
坚硬土或软质岩石	破碎和较破碎的岩石或软和较软的岩石，密实的碎石土	$800 \geq v_s > 500$
中硬土	中密、稍密的碎石土，密实、中密的砾、粗、中砂，$f_{ak} > 150$ 的黏性土和粉土，坚硬黄土	$500 \geq v_s > 250$
中软土	稍密的砾、粗、中砂，除松散外的细、粉砂，$f_{ak} \leq 150$ 的黏性土和粉土，$f_{ak} > 130$ 的填土，可塑新黄土	$250 \geq v_s > 150$
软弱土	淤泥和淤泥质土，松散的砂，新近沉积的黏性土和粉土，$f_{ak} \leq 130$ 的填土，流塑黄土	$v_s \leq 150$

　　注：f_{ak} 为由载荷试验等方法得到的地基承载力特征值（kPa）；v_s 为岩土剪切波速。

4.1.4 建筑场地覆盖层厚度的确定，应符合下列要求：

　　1 一般情况下，应按地面至剪切波速大于500m/s且其下卧各层岩土的剪切波速均不小于500m/s的土层顶面的距离确定。

　　2 当地面5m以下存在剪切波速大于其上部各土层剪切波速2.5倍的土层，且该层及其下卧各层岩土的剪切波速均不小于400m/s时，可按地面至该土层顶面的距离确定。

　　3 剪切波速大于500m/s的孤石、透镜体，应视同周围土层。

　　4 土层中的火山岩硬夹层，应视为刚体，其厚度应从覆盖土层中扣除。

4.1.5 土层的等效剪切波速，应按下列公式计算：

$$v_{se} = d_0/t \qquad (4.1.5-1)$$

$$t = \sum_{i=1}^{n} (d_i/v_{si}) \qquad (4.1.5-2)$$

式中：v_{se}——土层等效剪切波速（m/s）；

　　　　d_0——计算深度（m），取覆盖层厚度和20m两者的较小值；

　　　　t——剪切波在地面至计算深度之间的传播时间；

　　　　d_i——计算深度范围内第 i 土层的厚度（m）；

　　　　v_{si}——计算深度范围内第 i 土层的剪切波速（m/s）；

　　　　n——计算深度范围内土层的分层数。

4.1.6 建筑的场地类别，应根据土层等效剪切波速和场地覆盖层厚度按表4.1.6划分为四类，其中Ⅰ类分为Ⅰ₀、Ⅰ₁两个亚类。当有可靠的剪切波速和覆盖层厚度且其值处于表4.1.6所列场地类别的分界线附近时，应允许按插值方法确定地震作用计算所用的特征周期。

表 4.1.6　各类建筑场地的覆盖层厚度（m）

岩石的剪切波速或土的等效剪切波速（m/s）	场 地 类 别				
	Ⅰ₀	Ⅰ₁	Ⅱ	Ⅲ	Ⅳ
$v_s > 800$	0				
$800 \geq v_s > 500$		0			
$500 \geq v_{se} > 250$			<5	≥5	
$250 \geq v_{se} > 150$			<3	3～50	>50
$v_{se} \leq 150$			<3	3～15	15～80	>80

　　注：表中 v_s 系岩石的剪切波速。

4.1.7 场地内存在发震断裂时，应对断裂的工程影响进行评价，并应符合下列要求：

　　1 对符合下列规定之一的情况，可忽略发震断裂错动对地面建筑的影响：

　　　　1) 抗震设防烈度小于8度；

　　　　2) 非全新世活动断裂；

　　　　3) 抗震设防烈度为8度和9度时，隐伏断裂的土层覆盖厚度分别大于60m和90m。

　　2 对不符合本条1款规定的情况，应避开主断裂带。其避让距离不宜小于表4.1.7对发震断裂最小避让距离的规定。在避让距离的范围内确有需要建造分散的、低于三层的丙、丁类建筑时，应按提高一度采取抗震措施，并提高基础和上部结构的整体性，且不得跨越断层线。

表 4.1.7 发震断裂的最小避让距离（m）

烈　度	建筑抗震设防类别			
	甲	乙	丙	丁
8	专门研究	200m	100m	—
9	专门研究	400m	200m	—

4.1.8 当需要在条状突出的山嘴、高耸孤立的山丘、非岩石和强风化岩石的陡坡、河岸和边坡边缘等不利地段建造丙类及丙类以上建筑时，除保证其在地震作用下的稳定性外，尚应估计不利地段对设计地震动参数可能产生的放大作用，其水平地震影响系数最大值应乘以增大系数。其值应根据不利地段的具体情况确定，在 1.1~1.6 范围内采用。

4.1.9 场地岩土工程勘察，应根据实际需要划分的对建筑有利、一般、不利和危险的地段，提供建筑的场地类别和岩土地震稳定性（含滑坡、崩塌、液化和震陷特性）评价，对需要采用时程分析法补充计算的建筑，尚应根据设计要求提供土层剖面、场地覆盖层厚度和有关的动力参数。

4.2 天然地基和基础

4.2.1 下列建筑可不进行天然地基及基础的抗震承载力验算：

　　1 本规范规定可不进行上部结构抗震验算的建筑。

　　2 地基主要受力层范围内不存在软弱黏性土层的下列建筑：

　　　　1）一般的单层厂房和单层空旷房屋；

　　　　2）砌体房屋；

　　　　3）不超过 8 层且高度在 24m 以下的一般民用框架和框架-抗震墙房屋；

　　　　4）基础荷载与 3）项相当的多层框架厂房和多层混凝土抗震墙房屋。

　　注：软弱黏性土层指 7 度、8 度和 9 度时，地基承载力特征值分别小于 80、100 和 120kPa 的土层。

4.2.2 天然地基基础抗震验算时，应采用地震作用效应标准组合，且地基抗震承载力应取地基承载力特征值乘以地基抗震承载力调整系数计算。

4.2.3 地基抗震承载力应按下式计算：

$$f_{aE} = \zeta_a f_a \qquad (4.2.3)$$

式中：f_{aE}——调整后的地基抗震承载力；

　　　　ζ_a——地基抗震承载力调整系数，应按表 4.2.3 采用；

　　　　f_a——深宽修正后的地基承载力特征值，应按现行国家标准《建筑地基基础设计规范》GB 50007 采用。

表 4.2.3 地基抗震承载力调整系数

岩土名称和性状	ζ_a
岩石，密实的碎石土，密实的砾、粗、中砂，$f_{ak} \geqslant 300$ 的黏性土和粉土	1.5
中密、稍密的碎石土，中密和稍密的砾、粗、中砂，密实和中密的细、粉砂，$150kPa \leqslant f_{ak} < 300kPa$ 的黏性土和粉土，坚硬黄土	1.3
稍密的细、粉砂，$100kPa \leqslant f_{ak} < 150kPa$ 的黏性土和粉土，可塑黄土	1.1
淤泥，淤泥质土，松散的砂，杂填土，新近堆积黄土及流塑黄土	1.0

4.2.4 验算天然地基地震作用下的竖向承载力时，按地震作用效应标准组合的基础底面平均压力和边缘最大压力应符合下列各式要求：

$$p \leqslant f_{aE} \qquad (4.2.4-1)$$
$$p_{max} \leqslant 1.2 f_{aE} \qquad (4.2.4-2)$$

式中：p——地震作用效应标准组合的基础底面平均压力；

　　　　p_{max}——地震作用效应标准组合的基础边缘的最大压力。

高宽比大于 4 的高层建筑，在地震作用下基础底面不宜出现脱离区（零应力区）；其他建筑，基础底面与地基土之间脱离区（零应力区）面积不应超过基础底面面积的 15%。

4.3 液化土和软土地基

4.3.1 饱和砂土和饱和粉土（不含黄土）的液化判别和地基处理，6 度时，一般情况下可不进行判别和处理，但对液化沉陷敏感的乙类建筑可按 7 度的要求进行判别和处理，7~9 度时，乙类建筑可按本地区抗震设防烈度的要求进行判别和处理。

4.3.2 地面下存在饱和砂土和饱和粉土时，除 6 度外，应进行液化判别；存在液化土层的地基，应根据建筑的抗震设防类别、地基的液化等级，结合具体情况采取相应的措施。

　　注：本条饱和土液化判别要求不含黄土、粉质黏土。

4.3.3 饱和的砂土或粉土（不含黄土），当符合下列条件之一时，可初步判别为不液化或可不考虑液化影响：

　　1 地质年代为第四纪晚更新世（Q_3）及其以前时，7、8 度时可判为不液化。

　　2 粉土的黏粒（粒径小于 0.005mm 的颗粒）含量百分率，7 度、8 度和 9 度分别不小于 10、13 和 16 时，可判为不液化土。

　　注：用于液化判别的黏粒含量系采用六偏磷酸钠作分散剂测定，采用其他方法时应按有关规定换算。

3 浅埋天然地基的建筑，当上覆非液化土层厚度和地下水位深度符合下列条件之一时，可不考虑液化影响：

$$d_{\mathrm{u}} > d_0 + d_{\mathrm{b}} - 2 \quad (4.3.3\text{-}1)$$
$$d_{\mathrm{w}} > d_0 + d_{\mathrm{b}} - 3 \quad (4.3.3\text{-}2)$$
$$d_{\mathrm{u}} + d_{\mathrm{w}} > 1.5d_0 + 2d_{\mathrm{b}} - 4.5 \quad (4.3.3\text{-}3)$$

式中：d_{w}——地下水位深度（m），宜按设计基准期内年平均最高水位采用，也可按近期内年最高水位采用；

d_{u}——上覆盖非液化土层厚度（m），计算时宜将淤泥和淤泥质土层扣除；

d_{b}——基础埋置深度（m），不超过 2m 时应采用 2m；

d_0——液化土特征深度（m），可按表 4.3.3 采用。

表 4.3.3　液化土特征深度（m）

饱和土类别	7 度	8 度	9 度
粉土	6	7	8
砂土	7	8	9

注：当区域的地下水位处于变动状态时，应按不利的情况考虑。

4.3.4 当饱和砂土、粉土的初步判别认为需进一步进行液化判别时，应采用标准贯入试验判别法判别地面下 20m 范围内土的液化；但对本规范第 4.2.1 条规定可不进行天然地基及基础的抗震承载力验算的各类建筑，可只判别地面下 15m 范围内土的液化。当饱和土标准贯入锤击数（未经杆长修正）小于或等于液化判别标准贯入锤击数临界值时，应判为液化土。当有成熟经验时，尚可采用其他判别方法。

在地面下 20m 深度范围内，液化判别标准贯入锤击数临界值可按下式计算：

$$N_{\mathrm{cr}} = N_0\beta\left[\ln(0.6d_{\mathrm{s}} + 1.5) - 0.1d_{\mathrm{w}}\right]\sqrt{3/\rho_{\mathrm{c}}}$$
$$(4.3.4)$$

式中：N_{cr}——液化判别标准贯入锤击数临界值；

N_0——液化判别标准贯入锤击数基准值，可按表 4.3.4 采用；

d_{s}——饱和土标准贯入点深度（m）；

d_{w}——地下水位（m）；

ρ_{c}——黏粒含量百分率，当小于 3 或为砂土时，应采用 3；

β——调整系数，设计地震第一组取 0.80，第二组取 0.95，第三组取 1.05。

表 4.3.4　液化判别标准贯入锤击数基准值 N_0

设计基本地震加速度（g）	0.10	0.15	0.20	0.30	0.40
液化判别标准贯入锤击数基准值	7	10	12	16	19

4.3.5 对存在液化砂土层、粉土层的地基，应探明各液化土层的深度和厚度，按下式计算每个钻孔的液化指数，并按表 4.3.5 综合划分地基的液化等级：

$$I_{l\mathrm{E}} = \sum_{i=1}^{n}\left[1 - \frac{N_i}{N_{\mathrm{cri}}}\right]d_i W_i \quad (4.3.5)$$

式中：$I_{l\mathrm{E}}$——液化指数；

n——在判别深度范围内每一个钻孔标准贯入试验点的总数；

N_i、N_{cri}——分别为 i 点标准贯入锤击数的实测值和临界值，当实测值大于临界值时应取临界值；当只需要判别 15m 范围以内的液化时，15m 以下的实测值可按临界值采用；

d_i——i 点所代表的土层厚度（m），可采用与该标准贯入试验点相邻的上、下两标准贯入试验点深度差的一半，但上界不高于地下水位深度，下界不深于液化深度；

W_i——i 土层单位土层厚度的层位影响权函数值（单位为 m^{-1}）。当该层中点深度不大于 5m 时应采用 10，等于 20m 时应采用零值，5～20m 时应按线性内插法取值。

表 4.3.5　液化等级与液化指数的对应关系

液化等级	轻 微	中 等	严 重
液化指数 $I_{l\mathrm{E}}$	$0 < I_{l\mathrm{E}} \leqslant 6$	$6 < I_{l\mathrm{E}} \leqslant 18$	$I_{l\mathrm{E}} > 18$

4.3.6 当液化砂土层、粉土层较平坦且均匀时，宜按表 4.3.6 选用地基抗液化措施；尚可计入上部结构重力荷载对液化危害的影响，根据液化震陷量的估计适当调整抗液化措施。

不宜将未经处理的液化土层作为天然地基持力层。

表 4.3.6　抗液化措施

建筑抗震设防类别	地基的液化等级		
	轻微	中等	严重
乙类	部分消除液化沉陷，或对基础和上部结构处理	全部消除液化沉陷，或部分消除液化沉陷且对基础和上部结构处理	全部消除液化沉陷
丙类	基础和上部结构处理，亦可不采取措施	基础和上部结构处理，或更高要求的措施	全部消除液化沉陷，或部分消除液化沉陷且对基础和上部结构处理

续表 4.3.6

建筑抗震设防类别	地基的液化等级		
	轻微	中等	严重
丁类	可不采取措施	可不采取措施	基础和上部结构处理，或其他经济的措施

注：甲类建筑的地基抗液化措施应进行专门研究，但不宜低于乙类的相应要求。

4.3.7 全部消除地基液化沉陷的措施，应符合下列要求：

　　1 采用桩基时，桩端伸入液化深度以下稳定土层中的长度（不包括桩尖部分），应按计算确定，且对碎石土，砾、粗、中砂，坚硬黏性土和密实粉土尚不应小于 0.8m，对其他非岩石土尚不宜小于 1.5m。

　　2 采用深基础时，基础底面应埋入液化深度以下的稳定土层中，其深度不应小于 0.5m。

　　3 采用加密法（如振冲、振动加密、挤密碎石桩、强夯等）加固时，应处理至液化深度下界；振冲或挤密碎石桩加固后，桩间土的标准贯入锤击数不宜小于本规范第 4.3.4 条规定的液化判别标准贯入锤击数临界值。

　　4 用非液化土替换全部液化土层，或增加上覆非液化土层的厚度。

　　5 采用加密法或换土法处理时，在基础边缘以外的处理宽度，应超过基础底面下处理深度的 1/2 且不小于基础宽度的 1/5。

4.3.8 部分消除地基液化沉陷的措施，应符合下列要求：

　　1 处理深度应使处理后的地基液化指数减少，其值不宜大于 5；大面积筏基、箱基的中心区域，处理后的液化指数可比上述规定降低 1；对独立基础和条形基础，尚不应小于基础底面下液化土特征深度和基础宽度的较大值。

　　注：中心区域指位于基础外边界以内沿长宽方向距外边界大于相应方向 1/4 长度的区域。

　　2 采用振冲或挤密碎石桩加固后，桩间土的标准贯入锤击数不宜小于按本规范第 4.3.4 条规定的液化判别标准贯入锤击数临界值。

　　3 基础边缘以外的处理宽度，应符合本规范第 4.3.7 条 5 款的要求。

　　4 采取减小液化震陷的其他方法，如增厚上覆非液化土层的厚度和改善周边的排水条件等。

4.3.9 减轻液化影响的基础和上部结构处理，可综合采用下列各项措施：

　　1 选择合适的基础埋置深度。

　　2 调整基础底面积，减少基础偏心。

　　3 加强基础的整体性和刚度，如采用箱基、筏基或钢筋混凝土交叉条形基础，加设基础圈梁等。

　　4 减轻荷载，增强上部结构的整体刚度和均匀对称性，合理设置沉降缝，避免采用对不均匀沉降敏感的结构形式等。

　　5 管道穿过建筑处应预留足够尺寸或采用柔性接头等。

4.3.10 在故河道以及临近河岸、海岸和边坡等有液化侧向扩展或流滑可能的地段内不宜修建永久性建筑，否则应进行抗滑动验算、采取防土体滑动措施或结构抗裂措施。

4.3.11 地基中软弱黏性土层的震陷判别，可采用下列方法。饱和粉质黏土震陷的危害性和抗震措施应根据沉降和横向变形大小等因素综合研究确定，8 度（0.30g）和 9 度时，当塑性指数小于 15 且符合下式规定的饱和粉质黏土可判为震陷性软土。

$$W_S \geqslant 0.9W_L \qquad (4.3.11\text{-}1)$$

$$I_L \geqslant 0.75 \qquad (4.3.11\text{-}2)$$

式中：W_S——天然含水量；

　　　W_L——液限含水量，采用液、塑限联合测定法测定；

　　　I_L——液性指数。

4.3.12 地基主要受力层范围内存在软弱黏性土层和高含水量的可塑性黄土时，应结合具体情况综合考虑，采用桩基、地基加固处理或本规范第 4.3.9 条的各项措施，也可根据软土震陷量的估计，采取相应措施。

4.4 桩　　基

4.4.1 承受竖向荷载为主的低承台桩基，当地面下无液化土层，且桩承台周围无淤泥、淤泥质土和地基承载力特征值不大于 100kPa 的填土时，下列建筑可不进行桩基抗震承载力验算：

　　1 6 度～8 度时的下列建筑：

　　　1）一般的单层厂房和单层空旷房屋；

　　　2）不超过 8 层且高度在 24m 以下的一般民用框架房屋和框架-抗震墙房屋；

　　　3）基础荷载与 2）项相当的多层框架厂房和多层混凝土抗震墙房屋。

　　2 本规范第 4.2.1 条之 1 款规定的建筑及砌体房屋。

4.4.2 非液化土中低承台桩基的抗震验算，应符合下列规定：

　　1 单桩的竖向和水平向抗震承载力特征值，可均比非抗震设计时提高 25%。

　　2 当承台周围的回填土夯实至干密度不小于现行国家标准《建筑地基基础设计规范》GB 50007 对填土的要求时，可由承台正面填土与桩共同承担水平地震作用；但不应计入承台底面与地基土间的摩擦力。

4.4.3 存在液化土层的低承台桩基抗震验算，应符合下列规定：

1 承台埋深较浅时，不宜计入承台周围土的抗力或刚性地坪对水平地震作用的分担作用。

2 当桩承台底面上、下分别有厚度不小于1.5m、1.0m的非液化土层或非软弱土层时，可按下列二种情况进行桩的抗震验算，并按不利情况设计：

1）桩承受全部地震作用，桩承载力按本规范第4.4.2条取用，液化土的桩周摩阻力及桩水平抗力均应乘以表4.4.3的折减系数。

表 4.4.3　土层液化影响折减系数

实际标贯锤击数/ 临界标贯锤击数	深度 d_s（m）	折减系数
≤0.6	$d_s\leq10$	0
	$10<d_s\leq20$	1/3
>0.6~0.8	$d_s\leq10$	1/3
	$10<d_s\leq20$	2/3
>0.8~1.0	$d_s\leq10$	2/3
	$10<d_s\leq20$	1

2）地震作用按水平地震影响系数最大值的10%采用，桩承载力仍按本规范第4.4.2条1款取用，但应扣除液化土层的全部摩阻力及桩承台下2m深度范围内非液化土的桩周摩阻力。

3 打入式预制桩及其他挤土桩，当平均桩距为2.5~4倍桩径且桩数不少于5×5时，可计入打桩对土的加密作用及桩身对液化土变形限制的有利影响。当打桩后桩间土的标准贯入锤击数达到不液化的要求时，单桩承载力可不折减，但对桩尖持力层作强度校核时，桩群外侧的应力扩散角宜取为零。打桩后桩间土的标准贯入锤击数宜由试验确定，也可按下式计算：

$$N_1 = N_p + 100\rho(1 - e^{-0.3N_p})　　(4.4.3)$$

式中：N_1——打桩后的标准贯入锤击数；

ρ——打入式预制桩的面积置换率；

N_p——打桩前的标准贯入锤击数。

4.4.4 处于液化土中的桩基承台周围，宜用密实干土填筑夯实，若用砂土或粉土则应使土层的标准贯入锤击数不小于本规范第4.3.4条规定的液化判别标准贯入锤击数临界值。

4.4.5 液化土和震陷软土中桩的配筋范围，应自桩顶至液化深度以下符合全部消除液化沉陷所要求的深度，其纵向钢筋应与桩顶部相同，箍筋应加粗和加密。

4.4.6 在有液化侧向扩展的地段，桩基除应满足本节中的其他规定外，尚应考虑土流动时的侧向作用力，且承受侧向推力的面积应按边桩外缘间的宽度

计算。

5　地震作用和结构抗震验算

5.1　一般规定

5.1.1 各类建筑结构的地震作用，应符合下列规定：

1 一般情况下，应至少在建筑结构的两个主轴方向分别计算水平地震作用，各方向的水平地震作用应由该方向抗侧力构件承担。

2 有斜交抗侧力构件的结构，当相交角度大于15°时，应分别计算各抗侧力构件方向的水平地震作用。

3 质量和刚度分布明显不对称的结构，应计入双向水平地震作用下的扭转影响；其他情况，应允许采用调整地震作用效应的方法计入扭转影响。

4 8、9度时的大跨度和长悬臂结构及9度时的高层建筑，应计算竖向地震作用。

> 注：8、9度时采用隔震设计的建筑结构，应按有关规定计算竖向地震作用。

5.1.2 各类建筑结构的抗震计算，应采用下列方法：

1 高度不超过40m、以剪切变形为主且质量和刚度沿高度分布比较均匀的结构，以及近似于单质点体系的结构，可采用底部剪力法等简化方法。

2 除1款外的建筑结构，宜采用振型分解反应谱法。

3 特别不规则的建筑、甲类建筑和表5.1.2-1所列高度范围的高层建筑，应采用时程分析法进行多遇地震下的补充计算；当取三组加速度时程曲线输入时，计算结果宜取时程法的包络值和振型分解反应谱法的较大值；当取七组及七组以上的时程曲线时，计算结果可取时程法的平均值和振型分解反应谱法的较大值。

采用时程分析法时，应按建筑场地类别和设计地震分组选用实际强震记录和人工模拟的加速度时程曲线，其中实际强震记录的数量不应少于总数的2/3，多组时程曲线的平均地震影响系数曲线应与振型分解反应谱法所采用的地震影响系数曲线在统计意义上相符，其加速度时程的最大值可按表5.1.2-2采用。弹性时程分析时，每条时程曲线计算所得结构底部剪力不应小于振型分解反应谱法计算结果的65%，多条时程曲线计算所得结构底部剪力的平均值不应小于振型分解反应谱法计算结果的80%。

表 5.1.2-1　采用时程分析的房屋高度范围

烈度、场地类别	房屋高度范围（m）
8度Ⅰ、Ⅱ类场地和7度	>100
8度Ⅲ、Ⅳ类场地	>80
9度	>60

表 5.1.2-2 时程分析所用地震加速度时程的最大值（cm/s²）

地震影响	6 度	7 度	8 度	9 度
多遇地震	18	35(55)	70(110)	140
罕遇地震	125	220(310)	400(510)	620

注：括号内数值分别用于设计基本地震加速度为 0.15g 和 0.30g 的地区。

4 计算罕遇地震下结构的变形，应按本规范第 5.5 节规定，采用简化的弹塑性分析方法或弹塑性时程分析法。

5 平面投影尺度很大的空间结构，应根据结构形式和支承条件，分别按单点一致、多点、多向单点或多向多点输入进行抗震计算。按多点输入计算时，应考虑地震行波效应和局部场地效应。6 度和 7 度 Ⅰ、Ⅱ 类场地的支承结构、上部结构和基础的抗震验算可采用简化方法，根据结构跨度、长度不同，其短边构件可乘以附加地震作用效应系数 1.15～1.30；7 度 Ⅲ、Ⅳ 类场地和 8、9 度时，应采用时程分析方法进行抗震验算。

6 建筑结构的隔震和消能减震设计，应采用本规范第 12 章规定的计算方法。

7 地下建筑结构应采用本规范第 14 章规定的计算方法。

5.1.3 计算地震作用时，建筑的重力荷载代表值应取结构和构配件自重标准值和各可变荷载组合值之和。各可变荷载的组合值系数，应按表 5.1.3 采用。

表 5.1.3 组合值系数

可变荷载种类		组合值系数
雪荷载		0.5
屋面积灰荷载		0.5
屋面活荷载		不计入
按实际情况计算的楼面活荷载		1.0
按等效均布荷载计算的楼面活荷载	藏书库、档案库	0.8
	其他民用建筑	0.5
起重机悬吊物重力	硬钩吊车	0.3
	软钩吊车	不计入

注：硬钩吊车的吊重较大时，组合值系数应按实际情况采用。

5.1.4 建筑结构的地震影响系数应根据烈度、场地类别、设计地震分组和结构自振周期以及阻尼比确定。其水平地震影响系数最大值应按表 5.1.4-1 采用；特征周期应根据场地类别和设计地震分组按表 5.1.4-2 采用，计算罕遇地震作用时，特征周期应增加 0.05s。

注：周期大于 6.0s 的建筑结构所采用的地震影响系数应专门研究。

表 5.1.4-1 水平地震影响系数最大值

地震影响	6 度	7 度	8 度	9 度
多遇地震	0.04	0.08(0.12)	0.16(0.24)	0.32
罕遇地震	0.28	0.50(0.72)	0.90(1.20)	1.40

注：括号中数值分别用于设计基本地震加速度为 0.15g 和 0.30g 的地区。

表 5.1.4-2 特征周期值(s)

设计地震分组	场地类别				
	I_0	I_1	Ⅱ	Ⅲ	Ⅳ
第一组	0.20	0.25	0.35	0.45	0.65
第二组	0.25	0.30	0.40	0.55	0.75
第三组	0.30	0.35	0.45	0.65	0.90

5.1.5 建筑结构地震影响系数曲线（图 5.1.5）的阻尼调整和形状参数应符合下列要求：

1 除有专门规定外，建筑结构的阻尼比应取 0.05，地震影响系数曲线的阻尼调整系数应按 1.0 采用，形状参数应符合下列规定：

1）直线上升段，周期小于 0.1s 的区段。

2）水平段，自 0.1s 至特征周期区段，应取最大值（α_{max}）。

3）曲线下降段，自特征周期至 5 倍特征周期区段，衰减指数应取 0.9。

4）直线下降段，自 5 倍特征周期至 6s 区段，下降斜率调整系数应取 0.02。

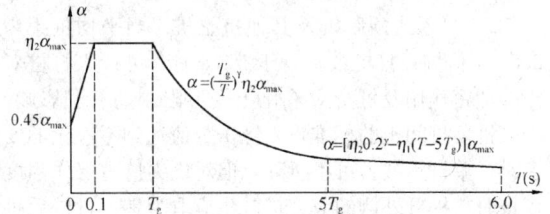

图 5.1.5 地震影响系数曲线

α—地震影响系数；α_{max}—地震影响系数最大值；η_1—直线下降段的下降斜率调整系数；γ—衰减指数；T_g—特征周期；η_2—阻尼调整系数；T—结构自振周期

2 当建筑结构的阻尼比按有关规定不等于 0.05 时，地震影响系数曲线的阻尼调整系数和形状参数应符合下列规定：

1）曲线下降段的衰减指数应按下式确定：

$$\gamma = 0.9 + \frac{0.05 - \zeta}{0.3 + 6\zeta} \quad (5.1.5-1)$$

式中：γ——曲线下降段的衰减指数；

ζ——阻尼比。

2）直线下降段的下降斜率调整系数应按下式确定：

$$\eta_1 = 0.02 + \frac{0.05 - \zeta}{4 + 32\zeta} \quad (5.1.5-2)$$

式中：η_1——直线下降段的下降斜率调整系数，小于 0 时取 0。

3）阻尼调整系数应按下式确定：

$$\eta_2 = 1 + \frac{0.05 - \zeta}{0.08 + 1.6\zeta} \quad (5.1.5\text{-}3)$$

式中：η_2——阻尼调整系数，当小于 0.55 时，应取 0.55。

5.1.6 结构的截面抗震验算，应符合下列规定：

1 6 度时的建筑（不规则建筑及建造于 IV 类场地上较高的高层建筑除外），以及生土房屋和木结构房屋等，应符合有关的抗震措施要求，但应允许不进行截面抗震验算。

2 6 度时不规则建筑、建造于 IV 类场地上较高的高层建筑，7 度和 7 度以上的建筑结构（生土房屋和木结构房屋等除外），应进行多遇地震作用下的截面抗震验算。

注：采用隔震设计的建筑结构，其抗震验算应符合有关规定。

5.1.7 符合本规范第 5.5 节规定的结构，除按规定进行多遇地震作用下的截面抗震验算外，尚应进行相应的变形验算。

5.2 水平地震作用计算

5.2.1 采用底部剪力法时，各楼层可仅取一个自由度，结构的水平地震作用标准值，应按下列公式确定（图 5.2.1）：

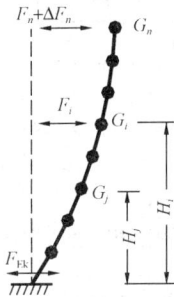

图 5.2.1 结构水平
地震作用计算简图

$$F_{Ek} = \alpha_1 G_{eq} \quad (5.2.1\text{-}1)$$

$$F_i = \frac{G_i H_i}{\sum_{j=1}^{n} G_j H_j} F_{Ek}(1 - \delta_n) \quad (i = 1, 2, \cdots n)$$

$$(5.2.1\text{-}2)$$

$$\Delta F_n = \delta_n F_{Ek} \quad (5.2.1\text{-}3)$$

式中：F_{Ek}——结构总水平地震作用标准值；

α_1——相应于结构基本自振周期的水平地震影响系数值，应按本规范第 5.1.4、第 5.1.5 条确定，多层砌体房屋、底部框架砌体房屋，宜取水平地震影响系数最大值；

G_{eq}——结构等效总重力荷载，单质点应取总重力荷载代表值，多质点可取总重力

荷载代表值的 85%；

F_i——质点 i 的水平地震作用标准值；

G_i、G_j——分别为集中于质点 i、j 的重力荷载代表值，应按本规范第 5.1.3 条确定；

H_i、H_j——分别为质点 i、j 的计算高度；

δ_n——顶部附加地震作用系数，多层钢筋混凝土和钢结构房屋可按表 5.2.1 采用，其他房屋可采用 0.0；

ΔF_n——顶部附加水平地震作用。

表 5.2.1 顶部附加地震作用系数

T_g (s)	$T_1 > 1.4 T_g$	$T_1 \leqslant 1.4 T_g$
$T_g \leqslant 0.35$	$0.08 T_1 + 0.07$	
$0.35 < T_g \leqslant 0.55$	$0.08 T_1 + 0.01$	0.0
$T_g > 0.55$	$0.08 T_1 - 0.02$	

注：T_1 为结构基本自振周期。

5.2.2 采用振型分解反应谱法时，不进行扭转耦联计算的结构，应按下列规定计算其地震作用和作用效应：

1 结构 j 振型 i 质点的水平地震作用标准值，应按下列公式确定：

$$F_{ji} = \alpha_j \gamma_j X_{ji} G_i \quad (i = 1, 2, \cdots n, j = 1, 2, \cdots m)$$

$$(5.2.2\text{-}1)$$

$$\gamma_j = \sum_{i=1}^{n} X_{ji} G_i / \sum_{i=1}^{n} X_{ji}^2 G_i \quad (5.2.2\text{-}2)$$

式中：F_{ji}——j 振型 i 质点的水平地震作用标准值；

α_j——相应于 j 振型自振周期的地震影响系数，应按本规范第 5.1.4、第 5.1.5 条确定；

X_{ji}——j 振型 i 质点的水平相对位移；

γ_j——j 振型的参与系数。

2 水平地震作用效应（弯矩、剪力、轴向力和变形），当相邻振型的周期比小于 0.85 时，可按下式确定：

$$S_{Ek} = \sqrt{\sum S_j^2} \quad (5.2.2\text{-}3)$$

式中：S_{Ek}——水平地震作用标准值的效应；

S_j——j 振型水平地震作用标准值的效应，可只取前 2～3 个振型，当基本自振周期大于 1.5s 或房屋高宽比大于 5 时，振型个数应适当增加。

5.2.3 水平地震作用下，建筑结构的扭转耦联地震效应应符合下列要求：

1 规则结构不进行扭转耦联计算时，平行于地震作用方向的两个边榀各构件，其地震作用效应应乘以增大系数。一般情况下，短边可按 1.15 采用，长边可按 1.05 采用；当扭转刚度较小时，周边各构件宜按不小于 1.3 采用。角部构件宜同时乘以两个方向各自的增大系数。

2 按扭转耦联振型分解法计算时，各楼层可取两个正交的水平位移和一个转角共三个自由度，并应按下列公式计算结构的地震作用和作用效应。确有依据时，尚可采用简化计算方法确定地震作用效应。

1）j 振型 i 层的水平地震作用标准值，应按下列公式确定：

$$F_{xji} = \alpha_j \gamma_{tj} X_{ji} G_i$$
$$F_{yji} = \alpha_j \gamma_{tj} Y_{ji} G_i \quad (i=1,2,\cdots n,j=1,2,\cdots m)$$
$$F_{tji} = \alpha_j \gamma_{tj} r_i^2 \varphi_{ji} G_i \quad (5.2.3-1)$$

式中：F_{xji}、F_{yji}、F_{tji}——分别为 j 振型 i 层的 x 方向、y 方向和转角方向的地震作用标准值；

X_{ji}、Y_{ji}——分别为 j 振型 i 层质心在 x、y 方向的水平相对位移；

φ_{ji}——j 振型 i 层的相对扭转角；

r_i——i 层转动半径，可取 i 层绕质心的转动惯量除以该层质量的商的正二次方根；

γ_{tj}——计入扭转的 j 振型的参与系数，可按下列公式确定：

当仅取 x 方向地震作用时

$$\gamma_{tj} = \sum_{i=1}^{n} X_{ji} G_i \Big/ \sum_{i=1}^{n} (X_{ji}^2 + Y_{ji}^2 + \varphi_{ji}^2 r_i^2) G_i$$
$$(5.2.3-2)$$

当仅取 y 方向地震作用时

$$\gamma_{tj} = \sum_{i=1}^{n} Y_{ji} G_i \Big/ \sum_{i=1}^{n} (X_{ji}^2 + Y_{ji}^2 + \varphi_{ji}^2 r_i^2) G_i$$
$$(5.2.3-3)$$

当取与 x 方向斜交的地震作用时，

$$\gamma_{tj} = \gamma_{xj} \cos\theta + \gamma_{yj} \sin\theta \quad (5.2.3-4)$$

式中：γ_{xj}、γ_{yj}——分别由式（5.2.3-2）、式（5.2.3-3）求得的参与系数；

θ——地震作用方向与 x 方向的夹角。

2）单向水平地震作用下的扭转耦联效应，可按下列公式确定：

$$S_{Ek} = \sqrt{\sum_{j=1}^{m} \sum_{k=1}^{m} \rho_{jk} S_j S_k} \quad (5.2.3-5)$$

$$\rho_{jk} = \frac{8\sqrt{\zeta_j \zeta_k}(\zeta_j + \lambda_T \zeta_k)\lambda_T^{1.5}}{(1-\lambda_T^2)^2 + 4\zeta_j \zeta_k (1+\lambda_T^2)\lambda_T + 4(\zeta_j^2 + \zeta_k^2)\lambda_T^2}$$
$$(5.2.3-6)$$

式中：S_{Ek}——地震作用标准值的扭转效应；

S_j、S_k——分别为 j、k 振型地震作用标准值的效应，可取前 9～15 个振型；

ζ_j、ζ_k——分别为 j、k 振型的阻尼比；

ρ_{jk}——j 振型与 k 振型的耦联系数；

λ_T——k 振型与 j 振型的自振周期比。

3）双向水平地震作用下的扭转耦联效应，可按下列公式中的较大值确定：

$$S_{Ek} = \sqrt{S_x^2 + (0.85 S_y)^2} \quad (5.2.3-7)$$

或

$$S_{Ek} = \sqrt{S_y^2 + (0.85 S_x)^2} \quad (5.2.3-8)$$

式中，S_x、S_y 分别为 x 向、y 向单向水平地震作用按式(5.2.3-5)计算的扭转效应。

5.2.4 采用底部剪力法时，突出屋面的屋顶间、女儿墙、烟囱等的地震作用效应，宜乘以增大系数 3，此增大部分不应往下传递，但与该突出部分相连的构件应予计入；采用振型分解法时，突出屋面部分可作为一个质点；单层厂房突出屋面天窗架的地震作用效应的增大系数，应按本规范第 9 章的有关规定采用。

5.2.5 抗震验算时，结构任一楼层的水平地震剪力应符合下式要求：

$$V_{EKi} > \lambda \sum_{j=i}^{n} G_j \quad (5.2.5)$$

式中：V_{EKi}——第 i 层对应于水平地震作用标准值的楼层剪力；

λ——剪力系数，不应小于表 5.2.5 规定的楼层最小地震剪力系数值，对竖向不规则结构的薄弱层，尚应乘以 1.15 的增大系数；

G_j——第 j 层的重力荷载代表值。

表 5.2.5 楼层最小地震剪力系数值

类 别	6度	7度	8度	9度
扭转效应明显或基本周期小于 3.5s 的结构	0.008	0.016(0.024)	0.032(0.048)	0.064
基本周期大于 5.0s 的结构	0.006	0.012(0.018)	0.024(0.036)	0.048

注：1 基本周期介于 3.5s 和 5s 之间的结构，按插入法取值；

2 括号内数值分别用于设计基本地震加速度为 0.15g 和 0.30g 的地区。

5.2.6 结构的楼层水平地震剪力，应按下列原则分配：

1 现浇和装配整体式混凝土楼、屋盖等刚性楼、屋盖建筑，宜按抗侧力构件等效刚度的比例分配。

2 木楼盖、木屋盖等柔性楼、屋盖建筑，宜按抗侧力构件从属面积上重力荷载代表值的比例分配。

3 普通的预制装配式混凝土楼、屋盖等半刚性楼、屋盖的建筑，可取上述两种分配结果的平均值。

4 计入空间作用、楼盖变形、墙体弹塑性变形和扭转的影响时，可按本规范各有关规定对上述分配结果作适当调整。

5.2.7 结构抗震计算，一般情况下可不计入地基与结构相互作用的影响；8 度和 9 度时建造于Ⅲ、Ⅳ类场地，采用箱基、刚性较好的筏基和桩箱联合基础的钢筋混凝土高层建筑，当结构基本自振周期处于特征周期的 1.2 倍至 5 倍范围时，若计入地基与结构动力相互作用的影响，对刚性地基假定计算的水平地震剪力可按下列规定折减，其层间变形可按折减后的楼层剪力计算。

1 高宽比小于 3 的结构，各楼层水平地震剪力的折减系数，可按下式计算：

$$\psi = \left(\frac{T_1}{T_1 + \Delta T} \right)^{0.9} \quad (5.2.7)$$

式中：ψ——计入地基与结构动力相互作用后的地震剪力折减系数；

T_1——按刚性地基假定确定的结构基本自振周期（s）；

ΔT——计入地基与结构动力相互作用的附加周期（s），可按表 5.2.7 采用。

表 5.2.7 附加周期（s）

烈 度	场 地 类 别	
	Ⅲ 类	Ⅳ 类
8	0.08	0.20
9	0.10	0.25

2 高宽比不小于 3 的结构，底部的地震剪力按第 1 款规定折减，顶部不折减，中间各层按线性插入值折减。

3 折减后各楼层的水平地震剪力，应符合本规范第 5.2.5 条的规定。

5.3 竖向地震作用计算

5.3.1 9 度时的高层建筑，其竖向地震作用标准值应按下列公式确定（图 5.3.1）；楼层的竖向地震作用效应可按各构件承受的重力荷载代表值的比例分配，并宜乘以增大系数 1.5。

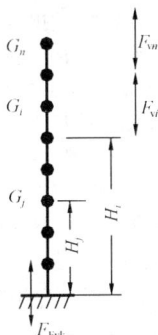

图 5.3.1 结构竖向地震
作用计算简图

$$F_{Evk} = \alpha_{vmax} G_{eq} \quad (5.3.1-1)$$

$$F_{vi} = \frac{G_i H_i}{\sum G_j H_j} F_{Evk} \quad (5.3.1-2)$$

式中：F_{Evk}——结构总竖向地震作用标准值；

F_{vi}——质点 i 的竖向地震作用标准值；

α_{vmax}——竖向地震影响系数的最大值，可取水平地震影响系数最大值的 65%；

G_{eq}——结构等效总重力荷载，可取其重力荷载代表值的 75%。

5.3.2 跨度、长度小于本规范第 5.1.2 条第 5 款规定且规则的平板型网架屋盖的跨度大于 24m 的屋架、屋盖横梁及托架的竖向地震作用标准值，宜取其重力荷载代表值和竖向地震作用系数的乘积；竖向地震作用系数可按表 5.3.2 采用。

表 5.3.2 竖向地震作用系数

结构类型	烈度	场 地 类 别		
		Ⅰ	Ⅱ	Ⅲ、Ⅳ
平板型网架、钢屋架	8	可不计算 (0.10)	0.08(0.12)	0.10(0.15)
	9	0.15	0.15	0.20
钢筋混凝土屋架	8	0.10(0.15)	0.13(0.19)	0.13(0.19)
	9	0.20	0.25	0.25

注：括号中数值用于设计基本地震加速度为 0.30g 的地区。

5.3.3 长悬臂构件和不属于本规范第 5.3.2 条的大跨结构的竖向地震作用标准值，8 度和 9 度可分别取该结构、构件重力荷载代表值的 10% 和 20%，设计基本地震加速度为 0.30g 时，可取该结构、构件重力荷载代表值的 15%。

5.3.4 大跨度空间结构的竖向地震作用，尚可按竖向振型分解反应谱方法计算。其竖向地震影响系数可采用本规范第 5.1.4、第 5.1.5 条规定的水平地震影响系数的 65%，但特征周期可均按设计第一组采用。

5.4 截面抗震验算

5.4.1 结构构件的地震作用效应和其他荷载效应的基本组合，应按下式计算：

$$S = \gamma_G S_{GE} + \gamma_{Eh} S_{Ehk} + \gamma_{Ev} S_{Evk} + \psi_w \gamma_w S_{wk} \quad (5.4.1)$$

式中：S——结构构件内力组合的设计值，包括组合的弯矩、轴向力和剪力设计值等；

γ_G——重力荷载分项系数，一般情况应采用 1.2，当重力荷载效应对构件承载能力有利时，不应大于 1.0；

γ_{Eh}、γ_{Ev}——分别为水平、竖向地震作用分项系数，应按表 5.4.1 采用；

γ_w——风荷载分项系数，应采用 1.4；

S_{GE}——重力荷载代表值的效应，可按本规范第 5.1.3 条采用，但有吊车时，尚应包括悬吊物重力标准值的效应；

S_{Ehk}——水平地震作用标准值的效应，尚应乘以相应的增大系数或调整系数；

S_{Evk}——竖向地震作用标准值的效应，尚应乘以相应的增大系数或调整系数；

S_{wk}——风荷载标准值的效应；

ψ_w——风荷载组合值系数，一般结构取 0.0，风荷载起控制作用的建筑应采用 0.2。

注：本规范一般略去表示水平方向的下标。

表 5.4.1 地震作用分项系数

地 震 作 用	γ_{Eh}	γ_{Ev}
仅计算水平地震作用	1.3	0.0
仅计算竖向地震作用	0.0	1.3
同时计算水平与竖向地震作用（水平地震为主）	1.3	0.5
同时计算水平与竖向地震作用（竖向地震为主）	0.5	1.3

5.4.2 结构构件的截面抗震验算，应采用下列设计表达式：

$$S \leqslant R/\gamma_{RE} \qquad (5.4.2)$$

式中：γ_{RE}——承载力抗震调整系数，除另有规定外，应按表 5.4.2 采用；

R——结构构件承载力设计值。

表 5.4.2 承载力抗震调整系数

材料	结构构件	受力状态	γ_{RE}
钢	柱，梁，支撑，节点板件，螺栓，焊缝柱，支撑	强度	0.75
		稳定	0.80
砌体	两端均有构造柱、芯柱的抗震墙	受剪	0.9
	其他抗震墙	受剪	1.0
混凝土	梁	受弯	0.75
	轴压比小于 0.15 的柱	偏压	0.75
	轴压比不小于 0.15 的柱	偏压	0.80
	抗震墙	偏压	0.85
	各类构件	受剪、偏拉	0.85

5.4.3 当仅计算竖向地震作用时，各类结构构件承载力抗震调整系数均应采用 1.0。

5.5 抗震变形验算

5.5.1 表 5.5.1 所列各类结构应进行多遇地震作用下的抗震变形验算，其楼层内最大的弹性层间位移应符合下式要求：

$$\Delta u_e \leqslant [\theta_e]h \qquad (5.5.1)$$

式中：Δu_e——多遇地震作用标准值产生的楼层内最大的弹性层间位移；计算时，除以弯曲变形为主的高层建筑外，可不扣除结构整体弯曲变形；应计入扭转变形，各作用分项系数均应采用 1.0；钢筋混凝土结构构件的截面刚度可采用弹性刚度；

$[\theta_e]$——弹性层间位移角限值，宜按表 5.5.1

采用；

h——计算楼层层高。

表 5.5.1 弹性层间位移角限值

结 构 类 型	$[\theta_e]$
钢筋混凝土框架	1/550
钢筋混凝土框架-抗震墙、板柱-抗震墙、框架-核心筒	1/800
钢筋混凝土抗震墙、筒中筒	1/1000
钢筋混凝土框支层	1/1000
多、高层钢结构	1/250

5.5.2 结构在罕遇地震作用下薄弱层的弹塑性变形验算，应符合下列要求：

1 下列结构应进行弹塑性变形验算：

1）8 度Ⅲ、Ⅳ类场地和 9 度时，高大的单层钢筋混凝土柱厂房的横向排架；

2）7~9 度时楼层屈服强度系数小于 0.5 的钢筋混凝土框架结构和框排架结构；

3）高度大于 150m 的结构；

4）甲类建筑和 9 度时乙类建筑中的钢筋混凝土结构和钢结构；

5）采用隔震和消能减震设计的结构。

2 下列结构宜进行弹塑性变形验算：

1）本规范表 5.1.2-1 所列高度范围且属于本规范表 3.4.3-2 所列竖向不规则类型的高层建筑结构；

2）7 度Ⅲ、Ⅳ类场地和 8 度时乙类建筑中的钢筋混凝土结构和钢结构；

3）板柱-抗震墙结构和底部框架砌体房屋；

4）高度不大于 150m 的其他高层钢结构；

5）不规则的地下建筑结构及地下空间综合体。

注：楼层屈服强度系数为按钢筋混凝土构件实际配筋和材料强度标准值计算的楼层受剪承载力和按罕遇地震作用标准值计算的楼层弹性地震剪力的比值；对排架柱，指按实际配筋面积、材料强度标准值和轴向力计算的正截面受弯承载力与按罕遇地震作用标准值计算的弹性地震弯矩的比值。

5.5.3 结构在罕遇地震作用下薄弱层（部位）弹塑性变形计算，可采用下列方法：

1 不超过 12 层且层刚度无突变的钢筋混凝土框架和框排架结构、单层钢筋混凝土柱厂房可采用本规范第 5.5.4 条的简化计算法；

2 除 1 款以外的建筑结构，可采用静力弹塑性分析方法或弹塑性时程分析法等。

3 规则结构可采用弯剪层模型或平面杆系模型，属于本规范第 3.4 节规定的不规则结构应采用空间结构模型。

5.5.4 结构薄弱层（部位）弹塑性层间位移的简化

计算，宜符合下列要求：

1 结构薄弱层（部位）的位置可按下列情况确定：

1）楼层屈服强度系数沿高度分布均匀的结构，可取底层；

2）楼层屈服强度系数沿高度分布不均匀的结构，可取该系数最小的楼层（部位）和相对较小的楼层，一般不超过 2～3 处；

3）单层厂房，可取上柱。

2 弹塑性层间位移可按下列公式计算：

$$\Delta u_p = \eta_p \Delta u_e \qquad (5.5.4-1)$$

或

$$\Delta u_p = \mu \Delta u_y = \frac{\eta_p}{\xi_y} \Delta u_y \qquad (5.5.4-2)$$

式中：Δu_p——弹塑性层间位移；

Δu_y——层间屈服位移；

μ——楼层延性系数；

Δu_e——罕遇地震作用下按弹性分析的层间位移；

η_p——弹塑性层间位移增大系数，当薄弱层（部位）的屈服强度系数不小于相邻层（部位）该系数平均值的 0.8 时，可按表 5.5.4 采用。当不大于该平均值的 0.5 时，可按表内相应数值的 1.5 倍采用；其他情况可采用内插法取值；

ξ_y——楼层屈服强度系数。

表 5.5.4　弹塑性层间位移增大系数

结构类型	总层数 n 或部位	ξ_y		
		0.5	0.4	0.3
多层均匀框架结构	2～4	1.30	1.40	1.60
	5～7	1.50	1.65	1.80
	8～12	1.80	2.00	2.20
单层厂房	上柱	1.30	1.60	2.00

5.5.5 结构薄弱层（部位）弹塑性层间位移应符合下式要求：

$$\Delta u_p \leqslant [\theta_p] h \qquad (5.5.5)$$

式中：$[\theta_p]$——弹塑性层间位移角限值，可按表 5.5.5 采用；对钢筋混凝土框架结构，当轴压比小于 0.40 时，可提高 10%；当柱子全高的箍筋构造比本规范第 6.3.9 条规定的体积配箍率大 30% 时，可提高 20%，但累计不超过 25%；

h——薄弱层楼层高度或单层厂房上柱高度。

表 5.5.5　弹塑性层间位移角限值

结构类型	$[\theta_p]$
单层钢筋混凝土柱排架	1/30
钢筋混凝土框架	1/50
底部框架砌体房屋中的框架-抗震墙	1/100
钢筋混凝土框架-抗震墙、板柱-抗震墙、框架-核心筒	1/100
钢筋混凝土抗震墙、筒中筒	1/120
多、高层钢结构	1/50

6　多层和高层钢筋混凝土房屋

6.1　一般规定

6.1.1 本章适用的现浇钢筋混凝土房屋的结构类型和最大高度应符合表 6.1.1 的要求。平面和竖向均不规则的结构，适用的最大高度宜适当降低。

注：本章"抗震墙"指结构抗侧力体系中的钢筋混凝土剪力墙，不包括只承担重力荷载的混凝土墙。

表 6.1.1　现浇钢筋混凝土房屋适用的最大高度（m）

结构类型		烈　　度				
		6	7	8(0.2g)	8(0.3g)	9
框架		60	50	40	35	24
框架-抗震墙		130	120	100	80	50
抗震墙		140	120	100	80	60
部分框支抗震墙		120	100	80	50	不应采用
筒体	框架-核心筒	150	130	100	90	70
	筒中筒	180	150	120	100	80
板柱-抗震墙		80	70	55	40	不应采用

注：1　房屋高度指室外地面到主要屋面板板顶的高度（不包括局部突出屋顶部分）；

2　框架-核心筒结构指周边稀柱框架与核心筒组成的结构；

3　部分框支抗震墙结构指首层或底部两层为框支层的结构，不包括仅个别框支墙的情况；

4　表中框架，不包括异形柱框架；

5　板柱-抗震墙结构指板柱、框架和抗震墙组成抗侧力体系的结构；

6　乙类建筑可按本地区抗震设防烈度确定其适用的最大高度；

7　超过表内高度的房屋，应进行专门研究和论证，采取有效的加强措施。

6.1.2 钢筋混凝土房屋应根据设防类别、烈度、结构类型和房屋高度采用不同的抗震等级，并应符合相应的计算和构造措施要求。丙类建筑的抗震等级应按表 6.1.2 确定。

表 6.1.2　现浇钢筋混凝土房屋的抗震等级

结构类型		设防烈度							
		6		7		8		9	
		≤24	>24	≤24	>24	≤24	>24	≤24	
框架结构	高度（m）	≤24	>24	≤24	>24	≤24	>24	≤24	
	框架	四	三	三	二	二	一	一	
	大跨度框架	三		二		一		—	
框架-抗震墙结构	高度（m）	≤60	>60	≤24	25~60	>60	≤24	25~60	>60	≤24	25~50
	框架	四	三	四	三	二	三	二	一	二	一
	抗震墙	三		三	二		二	一		一	
抗震墙结构	高度（m）	≤80	>80	≤24	25~80	>80	≤24	25~80	>80	≤24	25~60
	抗震墙	四	三	四	三	二	三	二	一	二	一
部分框支抗震墙结构	高度（m）	≤80	>80	≤24	25~80	>80	≤24	25~80	>80		
	抗震墙 一般部位	四	三	四	三	二	三	二	一		
	加强部位	三	二	三	二	一	二	一			
	框支层框架	二	一	二	一		一				
框架-核心筒结构	框架	三		二		一		一	
	核心筒	二		二		一		一	
筒中筒结构	外筒	三		二		一		一	
	内筒	三		二		一		一	
板柱-抗震墙结构	高度（m）	≤35	>35	≤35	>35	≤35	>35		
	框架、板柱的柱	三	二	二	二	一	一		
	抗震墙	二	二	二	一	二	一		

注：1　建筑场地为Ⅰ类时，除6度外允许按表内降低一度所对应的抗震等级采取抗震构造措施，但相应的计算要求不应降低；

2　接近或等于高度分界时，应允许结合房屋不规则程度及场地、地基条件确定抗震等级；

3　大跨度框架指跨度不小于18m的框架；

4　高度不超过60m的框架-核心筒结构按框架-抗震墙的要求设计时，应按表中框架-抗震墙结构的规定确定其抗震等级。

6.1.3　钢筋混凝土房屋抗震等级的确定，尚应符合下列要求：

1　设置少量抗震墙的框架结构，在规定的水平力作用下，底层框架部分所承担的地震倾覆力矩大于结构总地震倾覆力矩的50%时，其框架的抗震等级应按框架结构确定，抗震墙的抗震等级可与其框架的抗震等级相同。

注：底层指计算嵌固端所在的层。

2　裙房与主楼相连，除应按裙房本身确定抗震等级外，相关范围不应低于主楼的抗震等级；主楼结构在裙房顶板对应的相邻上下各一层应适当加强抗震构造措施。裙房与主楼分离时，应按裙房本身确定抗震等级。

3　当地下室顶板作为上部结构的嵌固部位时，地下一层的抗震等级应与上部结构相同，地下一层以下抗震构造措施的抗震等级可逐层降低一级，但不应低于四级。地下室中无上部结构的部分，抗震构造措施的抗震等级可根据具体情况采用三级或四级。

4　当甲乙类建筑按规定提高一度确定其抗震等级而房屋的高度超过本规范表6.1.2相应规定的上界时，应采取比一级更有效的抗震构造措施。

注：本章"一、二、三、四级"即"抗震等级为一、二、三、四级"的简称。

6.1.4　钢筋混凝土房屋需要设置防震缝时，应符合下列规定：

1　防震缝宽度应分别符合下列要求：

1）框架结构（包括设置少量抗震墙的框架结构）房屋的防震缝宽度，当高度不超过15m时不应小于100mm；高度超过15m时，6度、7度、8度和9度分别每增加高度5m、4m、3m和2m，宜加宽20mm；

2）框架-抗震墙结构房屋的防震缝宽度不应小于本款1）项规定数值的70%，抗震墙结构房屋的防震缝宽度不应小于本款1）项规定数值的50%；且均不宜小于100mm；

3）防震缝两侧结构类型不同时，宜按需要较宽防震缝的结构类型和较低房屋高度确定缝宽。

2　8、9度框架结构房屋防震缝两侧结构层高相差较大时，防震缝两侧框架柱的箍筋应沿房屋全高加密，并可根据需要在缝两侧沿房屋全高各设置不少于两道垂直于防震缝的抗撞墙。抗撞墙的布置宜避免加大扭转效应，其长度可不大于1/2层高，抗震等级可同框架结构；框架构件的内力应按设置和不设置抗撞墙两种计算模型的不利情况取值。

6.1.5　框架结构和框架-抗震墙结构中，框架和抗震墙均应双向设置，柱中线与抗震墙中线、梁中线与柱中线之间偏心距大于柱宽的1/4时，应计入偏心的影响。

甲、乙类建筑以及高度大于24m的丙类建筑，不应采用单跨框架结构；高度不大于24m的丙类建筑不宜采用单跨框架结构。

6.1.6　框架-抗震墙、板柱-抗震墙结构以及框支层中，抗震墙之间无大洞口的楼、屋盖的长宽比，不宜超过表6.1.6的规定；超过时，应计入楼盖平面内变形的影响。

表 6.1.6　抗震墙之间楼屋盖的长宽比

楼、屋盖类型		设防烈度			
		6	7	8	9
框架-抗震墙结构	现浇或叠合楼、屋盖	4	4	3	2
	装配整体式楼、屋盖	3	3	2	不宜采用

续表 6.1.6

楼、屋盖类型	设防烈度			
	6	7	8	9
板柱-抗震墙结构的现浇楼、屋盖	3	3	2	—
框支层的现浇楼、屋盖	2.5	2.5	2	—

6.1.7 采用装配整体式楼、屋盖时，应采取措施保证楼、屋盖的整体性及其与抗震墙的可靠连接。装配整体式楼、屋盖采用配筋现浇面层加强时，其厚度不应小于 50mm。

6.1.8 框架-抗震墙结构和板柱-抗震墙结构中的抗震墙设置，宜符合下列要求：

1 抗震墙宜贯通房屋全高。

2 楼梯间宜设置抗震墙，但不宜造成较大的扭转效应。

3 抗震墙的两端（不包括洞口两侧）宜设置端柱或与另一方向的抗震墙相连。

4 房屋较长时，刚度较大的纵向抗震墙不宜设置在房屋的端开间。

5 抗震墙洞口宜上下对齐；洞边距端柱不宜小于 300mm。

6.1.9 抗震墙结构和部分框支抗震墙结构中的抗震墙设置，应符合下列要求：

1 抗震墙的两端（不包括洞口两侧）宜设置端柱或与另一方向的抗震墙相连；框支部分落地墙的两端（不包括洞口两侧）应设置端柱或与另一方向的抗震墙相连。

2 较长的抗震墙宜设置跨高比大于 6 的连梁形成洞口，将一道抗震墙分成长度较均匀的若干墙段，各墙段的高宽比不宜小于 3。

3 墙肢的长度沿结构全高不宜有突变；抗震墙有较大洞口时，以及一、二级抗震墙的底部加强部位，洞口宜上下对齐。

4 矩形平面的部分框支抗震墙结构，其框支层的楼层侧向刚度不应小于相邻非框支楼层侧向刚度的 50%；框支层落地抗震墙间距不宜大于 24m，框支层的平面布置宜对称，且宜设抗震筒体；底层框架部分承担的地震倾覆力矩，不应大于结构总地震倾覆力矩的 50%。

6.1.10 抗震墙底部加强部位的范围，应符合下列规定：

1 底部加强部位的高度，应从地下室顶板算起。

2 部分框支抗震墙结构的抗震墙，其底部加强部位的高度，可取框支层加框支层以上两层的高度及落地抗震墙总高度的1/10二者的较大值。其他结构的抗震墙，房屋高度大于 24m 时，底部加强部位的高度可取底部两层和墙体总高度的 1/10 二者的较大值；房屋高度不大于 24m 时，底部加强部位可取底部

一层。

3 当结构计算嵌固端位于地下一层的底板或以下时，底部加强部位尚宜向下延伸到计算嵌固端。

6.1.11 框架单独柱基有下列情况之一时，宜沿两个主轴方向设置基础系梁：

1 一级框架和Ⅳ类场地的二级框架；

2 各柱基础底面在重力荷载代表值作用下的压应力差别较大；

3 基础埋置较深，或各基础埋置深度差别较大；

4 地基主要受力层范围内存在软弱黏性土层、液化土层或严重不均匀土层；

5 桩基承台之间。

6.1.12 框架-抗震墙结构、板柱-抗震墙结构中的抗震墙基础和部分框支抗震墙结构的落地抗震墙基础，应有良好的整体性和抗转动的能力。

6.1.13 主楼与裙房相连且采用天然地基，除应符合本规范第 4.2.4 条的规定外，在多遇地震作用下主楼基础底面不宜出现零应力区。

6.1.14 地下室顶板作为上部结构的嵌固部位时，应符合下列要求：

1 地下室顶板应避免开设大洞口；地下室在地上结构相关范围的顶板应采用现浇梁板结构，相关范围以外的地下室顶板宜采用现浇梁板结构；其楼板厚度不宜小于 180mm，混凝土强度等级不宜小于 C30，应采用双层双向配筋，且每层每个方向的配筋率不宜小于 0.25%。

2 结构地上一层的侧向刚度，不宜大于相关范围地下一层侧向刚度的 0.5 倍；地下室周边宜有与其顶板相连的抗震墙。

3 地下室顶板对应于地上框架柱的梁柱节点除应满足抗震计算要求外，尚应符合下列规定之一：

1）地下一层柱截面每侧纵向钢筋不应小于地上一层柱对应纵向钢筋的 1.1 倍，且地下一层柱上端和节点左右梁端实配的抗震受弯承载力之和应大于地上一层柱下端实配的抗震受弯承载力的 1.3 倍。

2）地下一层梁刚度较大时，柱截面每侧的纵向钢筋面积应大于地上一层对应柱每侧纵向钢筋面积的 1.1 倍；同时梁端顶面和底面的纵向钢筋面积均应比计算增大 10% 以上。

4 地下一层抗震墙墙肢端部边缘构件纵向钢筋的截面面积，不应少于地上一层对应墙肢端部边缘构件纵向钢筋的截面面积。

6.1.15 楼梯间应符合下列要求：

1 宜采用现浇钢筋混凝土楼梯。

2 对于框架结构，楼梯间的布置不应导致结构平面特别不规则；楼梯构件与主体结构整浇时，应计入楼梯构件对地震作用及其效应的影响，应进行楼梯

构件的抗震承载力验算；宜采取构造措施，减少楼梯构件对主体结构刚度的影响。

3 楼梯间两侧填充墙与柱之间应加强拉结。

6.1.16 框架的填充墙应符合本规范第13章的规定。

6.1.17 高强混凝土结构抗震设计应符合本规范附录B的规定。

6.1.18 预应力混凝土结构抗震设计应符合本规范附录C的规定。

6.2 计 算 要 点

6.2.1 钢筋混凝土结构应按本节规定调整构件的组合内力设计值，其层间变形应符合本规范第5.5节的有关规定。构件截面抗震验算时，非抗震的承载力设计值应除以本规范规定的承载力抗震调整系数；凡本章和本规范附录未作规定者，应符合现行有关结构设计规范的要求。

6.2.2 一、二、三、四级框架的梁柱节点处，除框架顶层和柱轴压比小于0.15者及框支梁与框支柱的节点外，柱端组合的弯矩设计值应符合下式要求：

$$\sum M_c = \eta_c \sum M_b \qquad (6.2.2-1)$$

一级的框架结构和9度的一级框架可不符合上式要求，但应符合下式要求：

$$\sum M_c = 1.2 \sum M_{bua} \qquad (6.2.2-2)$$

式中：$\sum M_c$——节点上下柱端截面顺时针或反时针方向组合的弯矩设计值之和，上下柱端的弯矩设计值，可按弹性分析分配；

$\sum M_b$——节点左右梁端截面反时针或顺时针方向组合的弯矩设计值之和，一级框架节点左右梁端均为负弯矩时，绝对值较小的弯矩应取零；

$\sum M_{bua}$——节点左右梁端截面反时针或顺时针方向实配的正截面抗震受弯承载力所对应的弯矩值之和，根据实配钢筋面积（计入梁受压筋和相关楼板钢筋）和材料强度标准值确定；

η_c——框架柱端弯矩增大系数；对框架结构，一、二、三、四级可分别取1.7、1.5、1.3、1.2；其他结构类型中的框架，一级可取1.4，二级可取1.2，三、四级可取1.1。

当反弯点不在柱的层高范围内时，柱端截面组合的弯矩设计值可乘以上述柱端弯矩增大系数。

6.2.3 一、二、三、四级框架结构的底层，柱下端截面组合的弯矩设计值，应分别乘以增大系数1.7、1.5、1.3和1.2。底层柱纵向钢筋应按上下端的不利情况配置。

6.2.4 一、二、三级的框架梁和抗震墙的连梁，其梁端截面组合的剪力设计值应按下式调整：

$$V = \eta_{vb}(M_b^l + M_b^r)/l_n + V_{Gb} \qquad (6.2.4-1)$$

一级的框架结构和9度的一级框架梁、连梁可不按上式调整，但应符合下式要求：

$$V = 1.1(M_{bua}^l + M_{bua}^r)/l_n + V_{Gb} \qquad (6.2.4-2)$$

式中：V——梁端截面组合的剪力设计值；

l_n——梁的净跨；

V_{Gb}——梁在重力荷载代表值（9度时高层建筑还应包括竖向地震作用标准值）作用下，按简支梁分析的梁端截面剪力设计值；

M_b^l、M_b^r——分别为梁左右端反时针或顺时针方向组合的弯矩设计值，一级框架两端弯矩均为负弯矩时，绝对值较小的弯矩应取零；

M_{bua}^l、M_{bua}^r——分别为梁左右端反时针或顺时针方向实配的正截面抗震受弯承载力所对应的弯矩值，根据实配钢筋面积（计入受压筋和相关楼板钢筋）和材料强度标准值确定；

η_{vb}——梁端剪力增大系数，一级可取1.3，二级可取1.2，三级可取1.1。

6.2.5 一、二、三、四级的框架柱和框支柱组合的剪力设计值应按下式调整：

$$V = \eta_{vc}(M_c^b + M_c^t)/H_n \qquad (6.2.5-1)$$

一级的框架结构和9度的一级框架可不按上式调整，但应符合下式要求：

$$V = 1.2(M_{cua}^b + M_{cua}^t)/H_n \qquad (6.2.5-2)$$

式中：V——柱端截面组合的剪力设计值；框支柱的剪力设计值尚应符合本规范第6.2.10条的规定；

H_n——柱的净高；

M_c^t、M_c^b——分别为柱的上下端顺时针或反时针方向截面组合的弯矩设计值，应符合本规范第6.2.2、6.2.3条的规定；框支柱的弯矩设计值尚应符合本规范第6.2.10条的规定；

M_{cua}^t、M_{cua}^b——分别为偏心受压柱的上下端顺时针或反时针方向实配的正截面抗震受弯承载力所对应的弯矩值，根据实配钢筋面积、材料强度标准值和轴压力等确定；

η_{vc}——柱剪力增大系数；对框架结构，一、二、三、四级可分别取1.5、1.3、1.2、1.1；对其他结构类型的框架，一级可取1.4，二级可取1.2，三、四级可取1.1。

6.2.6 一、二、三、四级框架的角柱，经本规范第6.2.2、6.2.3、6.2.5、6.2.10条调整后的组合弯矩设计值、剪力设计值尚应乘以不小于 1.10 的增大系数。

6.2.7 抗震墙各墙肢截面组合的内力设计值，应按下列规定采用：

1 一级抗震墙的底部加强部位以上部位，墙肢的组合弯矩设计值应乘以增大系数，其值可采用 1.2；剪力相应调整。

2 部分框支抗震墙结构的落地抗震墙墙肢不应出现小偏心受拉。

3 双肢抗震墙中，墙肢不宜出现小偏心受拉；当任一墙肢为偏心受拉时，另一墙肢的剪力设计值、弯矩设计值应乘以增大系数 1.25。

6.2.8 一、二、三级的抗震墙底部加强部位，其截面组合的剪力设计值应按下式调整：

$$V = \eta_{vw} V_w \qquad (6.2.8\text{-}1)$$

9 度的一级可不按上式调整，但应符合下式要求：

$$V = 1.1 \frac{M_{wua}}{M_w} V_w \qquad (6.2.8\text{-}2)$$

式中：V——抗震墙底部加强部位截面组合的剪力设计值；

V_w——抗震墙底部加强部位截面组合的剪力计算值；

M_{wua}——抗震墙底部截面按实配纵向钢筋面积、材料强度标准值和轴力等计算的抗震受弯承载力所对应的弯矩值；有翼墙时应计入墙两侧各一倍翼墙厚度范围内的纵向钢筋；

M_w——抗震墙底部截面组合的弯矩设计值；

η_{vw}——抗震墙剪力增大系数，一级可取 1.6，二级可取 1.4，三级可取 1.2。

6.2.9 钢筋混凝土结构的梁、柱、抗震墙和连梁，其截面组合的剪力设计值应符合下列要求：

跨高比大于 2.5 的梁和连梁及剪跨比大于 2 的柱和抗震墙：

$$V \leqslant \frac{1}{\gamma_{RE}}(0.20 f_c b h_0) \qquad (6.2.9\text{-}1)$$

跨高比不大于 2.5 的连梁、剪跨比不大于 2 的柱和抗震墙、部分框支抗震墙结构的框支柱和框支梁、以及落地抗震墙的底部加强部位：

$$V \leqslant \frac{1}{\gamma_{RE}}(0.15 f_c b h_0) \qquad (6.2.9\text{-}2)$$

剪跨比应按下式计算：

$$\lambda = M^c/(V^c h_0) \qquad (6.2.9\text{-}3)$$

式中：λ——剪跨比，应按柱端或墙端截面组合的弯矩计算值 M^c、对应的截面组合剪力计算值 V^c 及截面有效高度 h_0 确定，并取上下端计算结果的较大值；反弯点位于柱高中部的框架柱可按柱净高与 2 倍柱截面高度之比计算；

V——按本规范第 6.2.4、6.2.5、6.2.6、6.2.8、6.2.10 条等规定调整后的梁端、柱端或墙端截面组合的剪力设计值；

f_c——混凝土轴心抗压强度设计值；

b——梁、柱截面宽度或抗震墙墙肢截面宽度；圆形截面柱可按面积相等的方形截面柱计算；

h_0——截面有效高度，抗震墙可取墙肢长度。

6.2.10 部分框支抗震墙结构的框支柱尚应满足下列要求：

1 框支柱承受的最小地震剪力，当框支柱的数量不少于 10 根时，柱承受地震剪力之和不应小于结构底部总地震剪力的 20%；当框支柱的数量少于 10 根时，每根柱承受的地震剪力不应小于结构底部总地震剪力的 2%。框支柱的地震弯矩应相应调整。

2 一、二级框支柱由地震作用引起的附加轴力应分别乘以增大系数 1.5、1.2；计算轴压比时，该附加轴力可不乘以增大系数。

3 一、二级框支柱的顶层柱上端和底层柱下端，其组合的弯矩设计值应分别乘以增大系数 1.5 和 1.25，框支柱的中间节点应满足本规范第 6.2.2 条的要求。

4 框支梁中线宜与框支柱中线重合。

6.2.11 部分框支抗震墙结构的一级落地抗震墙底部加强部位尚应满足下列要求：

1 当墙肢在边缘构件以外的部位在两排钢筋间设置直径不小于 8mm、间距不大于 400mm 的拉结筋时，抗震墙受剪承载力验算可计入混凝土的受剪作用。

2 墙肢底部截面出现大偏心受拉时，宜在墙肢的底部截面处另设交叉防滑斜筋，防滑斜筋承担的地震剪力可按墙肢底截面处剪力设计值的 30% 采用。

6.2.12 部分框支抗震墙结构的框支柱顶层楼盖应符合本规范附录 E 第 E.1 节的规定。

6.2.13 钢筋混凝土结构抗震计算时，尚应符合下列要求：

1 侧向刚度沿竖向分布基本均匀的框架-抗震墙结构和框架-核心筒结构，任一层框架部分承担的剪力值，不应小于结构底部总地震剪力的 20% 和按框架-抗震墙结构、框架-核心筒结构计算的框架部分各楼层地震剪力中最大值 1.5 倍二者的较小值。

2 抗震墙地震内力计算时，连梁的刚度可折减，折减系数不宜小于 0.50。

3 抗震墙结构、部分框支抗震墙结构、框架-抗震墙结构、框架-核心筒结构、筒中筒结构、板柱-抗震墙结构计算内力和变形时，其抗震墙应计入端部翼墙的共同工作。

4 设置少量抗震墙的框架结构，其框架部分的地震剪力值，宜采用框架结构模型和框架-抗震墙结构模型二者计算结果的较大值。

6.2.14 框架节点核芯区的抗震验算应符合下列要求：

1 一、二、三级框架的节点核芯区应进行抗震验算；四级框架节点核芯区可不进行抗震验算，但应符合抗震构造措施的要求。

2 核芯区截面抗震验算方法应符合本规范附录D的规定。

6.3 框架的基本抗震构造措施

6.3.1 梁的截面尺寸，宜符合下列各项要求：

1 截面宽度不宜小于200mm；

2 截面高宽比不宜大于4；

3 净跨与截面高度之比不宜小于4。

6.3.2 梁宽大于柱宽的扁梁应符合下列要求：

1 采用扁梁的楼、屋盖应现浇，梁中线宜与柱中线重合，扁梁应双向布置。扁梁的截面尺寸应符合下列要求，并应满足现行有关规范对挠度和裂缝宽度的规定：

$$b_b \leqslant 2b_c \qquad (6.3.2\text{-}1)$$
$$b_b \leqslant b_c + h_b \qquad (6.3.2\text{-}2)$$
$$h_b \geqslant 16d \qquad (6.3.2\text{-}3)$$

式中：b_c——柱截面宽度，圆形截面取柱直径的0.8倍；

b_b、h_b——分别为梁截面宽度和高度；

d——柱纵筋直径。

2 扁梁不宜用于一级框架结构。

6.3.3 梁的钢筋配置，应符合下列各项要求：

1 梁端计入受压钢筋的混凝土受压区高度和有效高度之比，一级不应大于0.25，二、三级不应大于0.35。

2 梁端截面的底面和顶面纵向钢筋配筋量的比值，除按计算确定外，一级不应小于0.5，二、三级不应小于0.3。

3 梁端箍筋加密区的长度、箍筋最大间距和最小直径应按表6.3.3采用，当梁端纵向受拉钢筋配筋率大于2%时，表中箍筋最小直径数值应增大2mm。

表 6.3.3 梁端箍筋加密区的长度、箍筋的最大间距和最小直径

抗震等级	加密区长度（采用较大值）（mm）	箍筋最大间距（采用最小值）（mm）	箍筋最小直径（mm）
一	$2h_b$，500	$h_b/4,6d,100$	10
二	$1.5h_b$，500	$h_b/4,8d,100$	8
三	$1.5h_b$，500	$h_b/4,8d,150$	8
四	$1.5h_b$，500	$h_b/4,8d,150$	6

注：1 d为纵向钢筋直径，h_b为梁截面高度；
2 箍筋直径大于12mm、数量不少于4肢且肢距不大于150mm时，一、二级的最大间距应允许适当放宽，但不得大于150mm。

6.3.4 梁的钢筋配置，尚应符合下列规定：

1 梁端纵向受拉钢筋的配筋率不宜大于2.5%。沿梁全长顶面、底面的配筋，一、二级不应少于2φ14，且分别不应少于梁顶面、底面两端纵向配筋中较大截面面积的1/4；三、四级不应少于2φ12。

2 一、二、三级框架梁内贯通中柱的每根纵向钢筋直径，对框架结构不应大于矩形截面柱在该方向截面尺寸的1/20，或纵向钢筋所在位置圆形截面柱弦长的1/20；对其他结构类型的框架不宜大于矩形截面柱在该方向截面尺寸的1/20，或纵向钢筋所在位置圆形截面柱弦长的1/20。

3 梁端加密区的箍筋肢距，一级不宜大于200mm和20倍箍筋直径的较大值，二、三级不宜大于250mm和20倍箍筋直径的较大值，四级不宜大于300mm。

6.3.5 柱的截面尺寸，宜符合下列各项要求：

1 截面的宽度和高度，四级或不超过2层时不宜小于300mm，一、二、三级且超过2层时不宜小于400mm；圆柱的直径，四级或不超过2层时不宜小于350mm，一、二、三级且超过2层时不宜小于450mm。

2 剪跨比宜大于2。

3 截面长边与短边的边长比不宜大于3。

6.3.6 柱轴压比不宜超过表6.3.6的规定；建造于Ⅳ类场地且较高的高层建筑，柱轴压比限值应适当减小。

表 6.3.6 柱轴压比限值

结 构 类 型	抗 震 等 级			
	一	二	三	四
框架结构	0.65	0.75	0.85	0.90
框架-抗震墙，板柱-抗震墙、框架-核心筒及筒中筒	0.75	0.85	0.90	0.95
部分框支抗震墙	0.6	0.7	—	

注：1 轴压比指柱组合的轴压力设计值与柱的全截面面积和混凝土轴心抗压强度设计值乘积之比值；对本规范规定不进行地震作用计算的结构，可取无地震作用组合的轴力设计值计算；
2 表内限值适用于剪跨比大于2、混凝土强度等级不高于C60的柱；剪跨比不大于2的柱，轴压比限值应降低0.05；剪跨比小于1.5的柱，轴压比限值应专门研究并采取特殊构造措施；
3 沿柱全高采用井字复合箍且箍筋肢距不大于200mm、间距不大于100mm、直径不小于12mm，或沿柱全高采用复合螺旋箍、螺旋间距不大于100mm、箍筋肢距不大于200mm、直径不小于12mm，或沿柱全高采用连续复合矩形螺旋箍、螺旋净距不大于80mm、箍筋肢距不大于200mm、直径不小于10mm，轴压比限值均可增加0.10；上述三种箍筋的最小配箍特征值均应按增大的轴压比由本规范表6.3.9确定；
4 在柱的截面中部附加芯柱，其中另加的纵向钢筋的总面积不少于柱截面面积的0.8%，轴压比限值可增加0.05；此项措施与注3的措施共同采用时，轴压比限值可增加0.15，但箍筋的体积配箍率仍可按轴压比增加0.10的要求确定；
5 柱轴压比不应大于1.05。

6.3.7 柱的钢筋配置，应符合下列各项要求：

1 柱纵向受力钢筋的最小总配筋率应按表6.3.7-1采用，同时每一侧配筋率不应小于 0.2%；对建造于Ⅳ类场地且较高的高层建筑，最小总配筋率应增加 0.1%。

表 6.3.7-1 柱截面纵向钢筋的
最小总配筋率（百分率）

类 别	抗 震 等 级			
	一	二	三	四
中柱和边柱	0.9(1.0)	0.7(0.8)	0.6(0.7)	0.5(0.6)
角柱、框支柱	1.1	0.9	0.8	0.7

注：1 表中括号内数值用于框架结构的柱；
　　2 钢筋强度标准值小于 400MPa 时，表中数值应增加 0.1，钢筋强度标准值为 400MPa 时，表中数值应增加 0.05；
　　3 混凝土强度等级高于 C60 时，上述数值应相应增加 0.1。

2 柱箍筋在规定的范围内应加密，加密区的箍筋间距和直径，应符合下列要求：

　1）一般情况下，箍筋的最大间距和最小直径，应按表6.3.7-2采用。

表 6.3.7-2 柱箍筋加密区的箍筋
最大间距和最小直径

抗震等级	箍筋最大间距 （采用较小值，mm）	箍筋最小直径 （mm）
一	6d，100	10
二	8d，100	8
三	8d，150（柱根 100）	8
四	8d，150（柱根 100）	6（柱根 8）

注：1 d 为柱纵筋最小直径；
　　2 柱根指底层柱下端箍筋加密区。

　2）一级框架柱的箍筋直径大于 12mm 且箍筋肢距不大于 150mm 及二级框架柱的箍筋直径不小于 10mm 且箍筋肢距不大于 200mm 时，除底层柱下端外，最大间距应允许采用 150mm；三级框架柱的截面尺寸不大于 400mm 时，箍筋最小直径应允许采用 6mm；四级框架柱剪跨比不大于 2 时，箍筋直径不应小于 8mm。

　3）框支柱和剪跨比不大于 2 的框架柱，箍筋间距不应大于 100mm。

6.3.8 柱的纵向钢筋配置，尚应符合下列规定：

1 柱的纵向钢筋宜对称配置。

2 截面边长大于 400mm 的柱，纵向钢筋间距不宜大于 200mm。

3 柱总配筋率不应大于 5%；剪跨比不大于 2 的一级框架的柱，每侧纵向钢筋配筋率不宜大于 1.2%。

4 边柱、角柱及抗震墙端柱在小偏心受拉时，柱内纵筋总截面面积应比计算值增加 25%。

5 柱纵向钢筋的绑扎接头应避开柱端的箍筋加密区。

6.3.9 柱的箍筋配置，尚应符合下列要求：

1 柱的箍筋加密范围，应按下列规定采用：

　1）柱端，取截面高度（圆柱直径）、柱净高的 1/6 和 500mm 三者的最大值；

　2）底层柱的下端不小于柱净高的 1/3；

　3）刚性地面上下各 500mm；

　4）剪跨比不大于 2 的柱、因设置填充墙等形成的柱净高与柱截面高度之比不大于 4 的柱、框支柱、一级和二级框架的角柱，取全高。

2 柱箍筋加密区的箍筋肢距，一级不宜大于 200mm，二、三级不宜大于 250mm，四级不宜大于 300mm。至少每隔一根纵向钢筋宜在两个方向有箍筋或拉筋约束；采用拉筋复合箍时，拉筋宜紧靠纵向钢筋并钩住箍筋。

3 柱箍筋加密区的体积配箍率，应按下列规定采用：

　1）柱箍筋加密区的体积配箍率应符合下式要求：

$$\rho_v \geqslant \lambda_v f_c / f_{yv} \qquad (6.3.9)$$

式中：ρ_v——柱箍筋加密区的体积配箍率，一级不应小于 0.8%，二级不应小于 0.6%，三、四级不应小于 0.4%；计算复合螺旋箍的体积配箍率时，其非螺旋箍的箍筋体积应乘以折减系数 0.80；

　　　f_c——混凝土轴心抗压强度设计值，强度等级低于 C35 时，应按 C35 计算；

　　　f_{yv}——箍筋或拉筋抗拉强度设计值；

　　　λ_v——最小配箍特征值，宜按表 6.3.9 采用。

表 6.3.9 柱箍筋加密区的箍筋最小配箍特征值

抗震 等级	箍筋形式	柱轴压比								
		≤0.3	0.4	0.5	0.6	0.7	0.8	0.9	1.0	1.05
一	普通箍、复合箍	0.10	0.11	0.13	0.15	0.17	0.20	0.23	—	—
	螺旋箍、复合或连续复合矩形螺旋箍	0.08	0.09	0.11	0.13	0.15	0.18	0.21	—	—
二	普通箍、复合箍	0.08	0.09	0.11	0.13	0.15	0.17	0.19	0.22	0.24
	螺旋箍、复合或连续复合矩形螺旋箍	0.06	0.07	0.09	0.11	0.13	0.15	0.17	0.20	0.22
三、四	普通箍、复合箍	0.06	0.07	0.09	0.11	0.13	0.15	0.17	0.20	0.22
	螺旋箍、复合或连续复合矩形螺旋箍	0.05	0.06	0.07	0.09	0.11	0.13	0.15	0.18	0.20

注：普通箍指单个矩形箍和单个圆形箍，复合箍指由矩形、多边形、圆形箍或拉筋组成的箍筋；复合螺旋箍指由螺旋箍与矩形、多边形、圆形箍或拉筋组成的箍筋；连续复合矩形螺旋箍指用一根通长钢筋加工而成的箍筋。

2）框支柱宜采用复合螺旋箍或井字复合箍，其最小配箍特征值应比表6.3.9内数值增加0.02，且体积配箍率不应小于1.5%。

3）剪跨比不大于2的柱宜采用复合螺旋箍或井字复合箍，其体积配箍率不应小于1.2%，9度一级时不应小于1.5%。

4 柱箍筋非加密区的箍筋配置，应符合下列要求：

1）柱箍筋非加密区的体积配箍率不宜小于加密区的50%。

2）箍筋间距，一、二级框架柱不应大于10倍纵向钢筋直径，三、四级框架柱不应大于15倍纵向钢筋直径。

6.3.10 框架节点核芯区箍筋的最大间距和最小直径宜按本规范第6.3.7条采用；一、二、三级框架节点核芯区配箍特征值分别不宜小于0.12、0.10和0.08，且体积配箍率分别不宜小于0.6%、0.5%和0.4%。柱剪跨比不大于2的框架节点核芯区，体积配箍率不宜小于核芯区上、下柱端的较大体积配箍率。

6.4 抗震墙结构的基本抗震构造措施

6.4.1 抗震墙的厚度，一、二级不应小于160mm且不宜小于层高或无支长度的1/20，三、四级不应小于140mm且不宜小于层高或无支长度的1/25；无端柱或翼墙时，一、二级不宜小于层高或无支长度的1/16，三、四级不宜小于层高或无支长度的1/20。

底部加强部位的墙厚，一、二级不应小于200mm且不宜小于层高或无支长度的1/16，三、四级不应小于160mm且不宜小于层高或无支长度的1/20；无端柱或翼墙时，一、二级不宜小于层高或无支长度的1/12，三、四级不宜小于层高或无支长度的1/16。

6.4.2 一、二、三级抗震墙在重力荷载代表值作用下墙肢的轴压比，一级时，9度不宜大于0.4，7、8度不宜大于0.5；二、三级时不宜大于0.6。

注：墙肢轴压比指墙的轴压力设计值与墙的全截面面积和混凝土轴心抗压强度设计值乘积之比值。

6.4.3 抗震墙竖向、横向分布钢筋的配筋，应符合下列要求：

1 一、二、三级抗震墙的竖向和横向分布钢筋最小配筋率均不应小于0.25%，四级抗震墙分布钢筋最小配筋率不应小于0.20%。

注：高度小于24m且剪压比很小的四级抗震墙，其竖向分布筋的最小配筋率应允许按0.15%采用。

2 部分框支抗震墙结构的落地抗震墙底部加强部位，竖向和横向分布钢筋配筋率均不应小于0.3%。

6.4.4 抗震墙竖向和横向分布钢筋的配置，尚应符合下列规定：

1 抗震墙的竖向和横向分布钢筋的间距不宜大于300mm，部分框支抗震墙结构的落地抗震墙底部加强部位，竖向和横向分布钢筋的间距不宜大于200mm。

2 抗震墙厚度大于140mm时，其竖向和横向分布钢筋应双排布置，双排分布钢筋间拉筋的间距不宜大于600mm，直径不应小于6mm。

3 抗震墙竖向和横向分布钢筋的直径，均不宜大于墙厚的1/10且不应小于8mm；竖向钢筋直径不宜小于10mm。

6.4.5 抗震墙两端和洞口两侧应设置边缘构件，边缘构件包括暗柱、端柱和翼墙，并应符合下列要求：

1 对于抗震墙结构，底层墙肢底截面的轴压比不大于表6.4.5-1规定的一、二、三级抗震墙及四级抗震墙，墙肢两端可设置构造边缘构件，构造边缘构件的范围可按图6.4.5-1采用，构造边缘构件的配筋除应满足受弯承载力要求外，并宜符合表6.4.5-2的要求。

表6.4.5-1 抗震墙设置构造边缘构件的最大轴压比

抗震等级或烈度	一级（9度）	一级（7、8度）	二、三级
轴压比	0.1	0.2	0.3

表6.4.5-2 抗震墙构造边缘构件的配筋要求

抗震等级	底部加强部位			其他部位		
	纵向钢筋最小量（取较大值）	箍筋		纵向钢筋最小量（取较大值）	拉筋	
		最小直径（mm）	沿竖向最大间距（mm）		最小直径（mm）	沿竖向最大间距（mm）
一	$0.010A_c$，$6\phi16$	8	100	$0.008A_c$，$6\phi14$	8	150
二	$0.008A_c$，$6\phi14$	8	150	$0.006A_c$，$6\phi12$	8	200
三	$0.006A_c$，$6\phi12$	6	150	$0.005A_c$，$4\phi12$	6	200
四	$0.005A_c$，$6\phi12$	6	200	$0.004A_c$，$4\phi12$	6	250

注：1 A_c为边缘构件的截面面积；

2 其他部位的拉筋，水平间距不应大于纵筋间距的2倍；转角处宜采用箍筋；

3 当端柱承受集中荷载时，其纵向钢筋、箍筋直径和间距应满足柱的相应要求。

2 底层墙肢底截面的轴压比大于表6.4.5-1规定的一、二、三级抗震墙，以及部分框支抗震墙结构的抗震墙，应在底部加强部位及相邻的上一层设置约束边缘构件，在以上的其他部位可设置构造边缘构件。约束边缘构件沿墙肢的长度、配箍特征值、箍筋和纵向钢筋宜符合表6.4.5-3的要求（图6.4.5-2）。

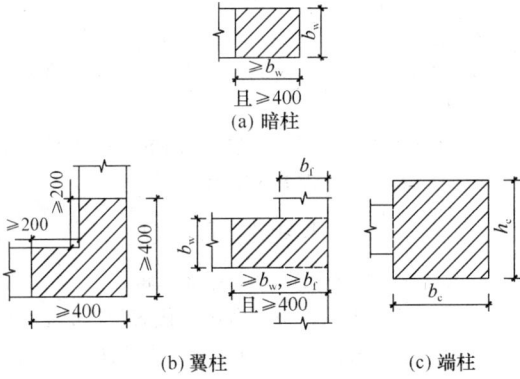

(a) 暗柱

(b) 翼柱　　　(c) 端柱

图 6.4.5-1　抗震墙的构造边缘构件范围

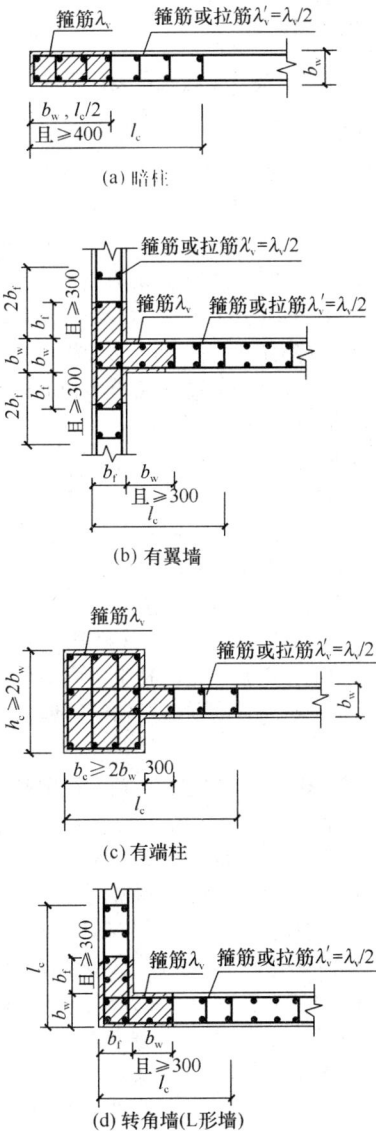

(a) 暗柱

(b) 有翼墙

(c) 有端柱

(d) 转角墙(L形墙)

图 6.4.5-2　抗震墙的约束边缘构件

表 6.4.5-3　抗震墙约束边缘构件的范围及配筋要求

项　目	一级(9度)		一级(7、8度)		二、三级	
	$\lambda \leqslant 0.2$	$\lambda > 0.2$	$\lambda \leqslant 0.3$	$\lambda > 0.3$	$\lambda \leqslant 0.4$	$\lambda > 0.4$
l_c (暗柱)	$0.20h_w$	$0.25h_w$	$0.15h_w$	$0.20h_w$	$0.15h_w$	$0.20h_w$
l_c (翼墙或端柱)	$0.15h_w$	$0.20h_w$	$0.10h_w$	$0.15h_w$	$0.10h_w$	$0.15h_w$
λ_v	0.12	0.20	0.12	0.20	0.12	0.20
纵向钢筋(取较大值)	$0.012A_c$, $8\phi16$		$0.012A_c$, $8\phi16$		$0.010A_c$, $6\phi16$ (三级 $6\phi14$)	
箍筋或拉筋沿竖向间距	100mm		100mm		150mm	

注：1　抗震墙的翼墙长度小于其 3 倍厚度或端柱截面边长小于 2 倍墙厚时，按无翼墙、无端柱查表；端柱有集中荷载时，配筋构造尚应满足与墙相同抗震等级框架柱的要求；

2　l_c 为约束边缘构件沿墙肢长度，且不小于墙厚和 400mm；有翼墙或端柱时不应小于翼墙厚度或端柱沿墙肢方向截面高度加 300mm；

3　λ_v 为约束边缘构件的配箍特征值，体积配箍率可按本规范式 (6.3.9) 计算，并可适当计入满足构造要求且在墙端有可靠锚固的水平分布钢筋的截面面积；

4　h_w 为抗震墙墙肢长度；

5　λ 为墙肢轴压比；

6　A_c 为图 6.4.5-2 中约束边缘构件阴影部分的截面面积。

6.4.6　抗震墙的墙肢长度不大于墙厚的 3 倍时，应按柱的有关要求进行设计；矩形墙肢的厚度不大于 300mm 时，尚宜全高加密箍筋。

6.4.7　跨高比较小的高连梁，可设水平缝形成双连梁、多连梁或采取其他加强受剪承载力的构造。顶层连梁的纵向钢筋伸入墙体的锚固长度范围内，应设置箍筋。

6.5　框架-抗震墙结构的基本抗震构造措施

6.5.1　框架-抗震墙结构的抗震墙厚度和边框设置，应符合下列要求：

1　抗震墙的厚度不应小于 160mm 且不宜小于层高或无支长度的 1/20，底部加强部位的抗震墙厚度不应小于 200mm 且不宜小于层高或无支长度的 1/16。

2　有端柱时，墙体在楼盖处宜设置暗梁，暗梁的截面高度不宜小于墙厚和 400mm 的较大值；端柱截面宜与同层框架柱相同，并应满足本规范第 6.3 节对框架柱的要求；抗震墙底部加强部位的端柱和紧靠抗震墙洞口的端柱宜按柱箍筋加密区的要求沿全高加密箍筋。

6.5.2　抗震墙的竖向和横向分布钢筋，配筋率均不应小于 0.25%，钢筋直径不宜小于 10mm，间距不宜大于 300mm，并应双排布置，双排分布钢筋间应设置拉筋。

6.5.3 楼面梁与抗震墙平面外连接时，不宜支承在洞口连梁上；沿梁轴线方向宜设置与梁连接的抗震墙，梁的纵筋应锚固在墙内；也可在支承梁的位置设置扶壁柱或暗柱，并应按计算确定其截面尺寸和配筋。

6.5.4 框架-抗震墙结构的其他抗震构造措施，应符合本规范第 6.3 节、6.4 节的有关要求。

> 注：设置少量抗震墙的框架结构，其抗震墙的抗震构造措施，可仍按本规范第 6.4 节对抗震墙的规定执行。

6.6 板柱-抗震墙结构抗震设计要求

6.6.1 板柱-抗震墙结构的抗震墙，其抗震构造措施应符合本节规定，尚应符合本规范第 6.5 节的有关规定；柱（包括抗震墙端柱）和梁的抗震构造措施应符合本规范第 6.3 节的有关规定。

6.6.2 板柱-抗震墙的结构布置，尚应符合下列要求：

1 抗震墙厚度不应小于 180mm，且不宜小于层高或无支长度的 1/20；房屋高度大于 12m 时，墙厚不应小于 200mm。

2 房屋的周边采用有梁框架，楼、电梯洞口周边宜设置边框梁。

3 8 度时宜采用有托板或柱帽的板柱节点，托板或柱帽根部的厚度（包括板厚）不宜小于柱纵筋直径的 16 倍，托板或柱帽的边长不宜小于 4 倍板厚和柱截面对应边长之和。

4 房屋的地下一层顶板，宜采用梁板结构。

6.6.3 板柱-抗震墙结构的抗震计算，应符合下列要求：

1 房屋高度大于 12m 时，抗震墙应承担结构的全部地震作用；房屋高度不大于 12m 时，抗震墙宜承担结构的全部地震作用。各层板柱和框架部分应能承担不少于本层地震剪力的 20%。

2 板柱结构在地震作用下按等代平面框架分析时，其等代梁的宽度宜采用垂直于等代平面框架方向两侧柱距各 1/4。

3 板柱节点应进行冲切承载力的抗震验算，应计入不平衡弯矩引起的冲切，节点处地震作用组合的不平衡弯矩引起的冲切反力设计值应乘以增大系数，一、二、三级板柱的增大系数可分别取 1.7、1.5、1.3。

6.6.4 板柱-抗震墙结构的板柱节点构造应符合下列要求：

1 无柱帽平板应在柱上板带中设构造暗梁，暗梁宽度可取柱宽及柱两侧各不大于 1.5 倍板厚。暗梁支座上部钢筋面积应不小于柱上板带钢筋面积的 50%，暗梁下部钢筋不宜少于上部钢筋的 1/2；箍筋

直径不应小于 8mm，间距不宜大于 3/4 倍板厚，肢距不宜大于 2 倍板厚，在暗梁两端应加密。

2 无柱帽柱上板带的板底钢筋，宜在距柱面为 2 倍板厚以外连接，采用搭接时钢筋端部宜有垂直于板面的弯钩。

3 沿两个主轴方向通过柱截面的板底连续钢筋的总截面面积，应符合下式要求：

$$A_s \geqslant N_G / f_y \qquad (6.6.4)$$

式中：A_s ——板底连续钢筋总截面面积；

N_G ——在本层楼板重力荷载代表值（8 度时尚宜计入竖向地震）作用下的柱轴压力设计值；

f_y ——楼板钢筋的抗拉强度设计值。

4 板柱节点应根据抗冲切承载力要求，配置抗剪栓钉或抗冲切钢筋。

6.7 筒体结构抗震设计要求

6.7.1 框架-核心筒结构应符合下列要求：

1 核心筒与框架之间的楼盖宜采用梁板体系；部分楼层采用平板体系时应有加强措施。

2 除加强层及其相邻上下层外，按框架-核心筒计算分析的框架部分各层地震剪力的最大值不宜小于结构底部总地震剪力的 10%。当小于 10% 时，核心筒墙体的地震剪力应适当提高，边缘构件的抗震构造措施应适当加强；任一层框架部分承担的地震剪力不应小于结构底部总地震剪力的 15%。

3 加强层设置应符合下列规定：

1）9 度时不应采用加强层；

2）加强层的大梁或桁架应与核心筒内的墙肢贯通；大梁或桁架与周边框架柱的连接宜采用铰接或半刚性连接；

3）结构整体分析应计入加强层变形的影响；

4）施工程序及连接构造上，应采取措施减小结构竖向温度变形及轴向压缩对加强层的影响。

6.7.2 框架-核心筒结构的核心筒、筒中筒结构的内筒，其抗震墙除应符合本规范第 6.4 节的有关规定外，尚应符合下列要求：

1 抗震墙的厚度、竖向和横向分布钢筋应符合本规范第 6.5 节的规定；筒体底部加强部位及相邻上一层，当侧向刚度无突变时不宜改变墙体厚度。

2 框架-核心筒结构一、二级筒体角部的边缘构件宜按下列要求加强：底部加强部位，约束边缘构件范围内宜全部采用箍筋，且约束边缘构件沿墙肢的长度宜取墙肢截面高度的 1/4，底部加强部位以上的全高范围内宜按转角墙的要求设置约束边缘构件。

3 内筒的门洞不宜靠近转角。

6.7.3 楼面大梁不宜支承在内筒连梁上。楼面大梁

与内筒或核心筒墙体平面外连接时，应符合本规范第6.5.3条的规定。

6.7.4 一、二级核心筒和内筒中跨高比不大于2的连梁，当梁截面宽度不小于400mm时，可采用交叉暗柱配筋，并应设置普通箍筋；截面宽度小于400mm但不小于200mm时，除配置普通箍筋外，可另增设斜向交叉构造钢筋。

6.7.5 筒体结构转换层的抗震设计应符合本规范附录E第E.2节的规定。

7 多层砌体房屋和底部框架砌体房屋

7.1 一般规定

7.1.1 本章适用于普通砖（包括烧结、蒸压、混凝土普通砖）、多孔砖（包括烧结、混凝土多孔砖）和混凝土小型空心砌块等砌体承重的多层房屋，底层或底部两层框架-抗震墙砌体房屋。

配筋混凝土小型空心砌块房屋的抗震设计，应符合本规范附录F的规定。

注：1 采用非黏土的烧结砖、蒸压砖、混凝土砖的砌体房屋，块体的材料性能应有可靠的试验数据；当本章未作具体规定时，可按本章普通砖、多孔砖房屋的相应规定执行；

2 本章中"小砌块"为"混凝土小型空心砌块"的简称；

3 非空旷的单层砌体房屋，可按本章规定的原则进行抗震设计。

7.1.2 多层房屋的层数和高度应符合下列要求：

1 一般情况下，房屋的层数和总高度不应超过表7.1.2的规定。

表7.1.2 房屋的层数和总高度限值（m）

房屋类别		最小抗震墙厚度(mm)	6度 0.05g		7度 0.10g		7度 0.15g		8度 0.20g		8度 0.30g		9度 0.40g	
			高度	层数	高度	层数	高度	层数	高度	层数	高度	层数	高度	层数
多层砌体房屋	普通砖	240	21	7	21	7	21	7	18	6	15	5	12	4
	多孔砖	240	21	7	21	7	18	6	18	6	15	5	9	3
	多孔砖	190	21	7	21	7	18	6	15	5	—	—	—	—
	小砌块	190	21	7	21	7	18	6	18	6	15	5	9	3

续表7.1.2

房屋类别		最小抗震墙厚度(mm)	6度 0.05g		7度 0.10g		7度 0.15g		8度 0.20g		8度 0.30g		9度 0.40g	
			高度	层数	高度	层数	高度	层数	高度	层数	高度	层数	高度	层数
底部框架-抗震墙砌体房屋	普通砖多孔砖	240	22	7	22	7	19	6	16	5	—	—	—	—
	多孔砖	190	22	7	19	6	19	6	13	4	—	—	—	—
	小砌块	190	22	7	22	7	19	6	16	5	—	—	—	—

注：1 房屋的总高度指室外地面到主要屋面板板顶或檐口的高度，半地下室从地下室室内地面算起，全地下室和嵌固条件好的半地下室应允许从室外地面算起；对带阁楼的坡屋面应算到山尖墙的1/2高度处；

2 室内外高差大于0.6m时，房屋总高度应允许比表中的数据适当增加，但增加量应少于1.0m；

3 乙类的多层砌体房屋仍按本地区设防烈度查表，其层数应减少一层且总高度应降低3m；不应采用底部框架-抗震墙砌体房屋。

4 本表小砌块砌体房屋不包括配筋混凝土小型空心砌块砌体房屋。

2 横墙较少的多层砌体房屋，总高度应比表7.1.2的规定降低3m，层数相应减少一层；各层横墙很少的多层砌体房屋，还应再减少一层。

注：横墙较少是指同一楼层内开间大于4.2m的房间占该层总面积的40%以上；其中，开间不大于4.2m的房间占该层总面积不到20%且开间大于4.8m的房间占该层总面积的50%以上为横墙很少。

3 6、7度时，横墙较少的丙类多层砌体房屋，当按规定采取加强措施并满足抗震承载力要求时，其高度和层数应允许仍按表7.1.2的规定采用。

4 采用蒸压灰砂砖和蒸压粉煤灰砖的砌体的房屋，当砌体的抗剪强度仅达到普通黏土砖砌体的70%时，房屋的层数应比普通砖房减少一层，总高度应减少3m；当砌体的抗剪强度达到普通黏土砖砌体的取值时，房屋层数和总高度的要求同普通砖房屋。

7.1.3 多层砌体承重房屋的层高，不应超过3.6m。

底部框架-抗震墙砌体房屋的底部，层高不应超过4.5m；当底层采用约束砌体抗震墙时，底层的层高不应超过4.2m。

注：当使用功能确有需要时，采用约束砌体等加强措施的普通砖房屋，层高不应超过3.9m。

7.1.4 多层砌体房屋总高度与总宽度的最大比值，宜符合表7.1.4的要求。

表 7.1.4　房屋最大高宽比

烈　度	6	7	8	9
最大高宽比	2.5	2.5	2.0	1.5

注：1　单面走廊房屋的总宽度不包括走廊宽度；
　　2　建筑平面接近正方形时，其高宽比宜适当减小。

7.1.5　房屋抗震横墙的间距，不应超过表 7.1.5 的要求：

表 7.1.5　房屋抗震横墙的间距（m）

房屋类别		烈　度			
		6	7	8	9
多层砌体房屋	现浇或装配整体式钢筋混凝土楼、屋盖	15	15	11	7
	装配式钢筋混凝土楼、屋盖	11	11	9	4
	木屋盖	9	9	4	—
底部框架-抗震墙砌体房屋	上部各层	同多层砌体房屋			—
	底层或底部两层	18	15	11	—

注：1　多层砌体房屋的顶层，除木屋盖外的最大横墙间距应允许适当放宽，但应采取相应加强措施；
　　2　多孔砖抗震横墙厚度为 190mm 时，最大横墙间距应比表中数值减少 3m。

7.1.6　多层砌体房屋中砌体墙段的局部尺寸限值，宜符合表 7.1.6 的要求：

表 7.1.6　房屋的局部尺寸限值（m）

部　位	6度	7度	8度	9度
承重窗间墙最小宽度	1.0	1.0	1.2	1.5
承重外墙尽端至门窗洞边的最小距离	1.0	1.0	1.2	1.5
非承重外墙尽端至门窗洞边的最小距离	1.0	1.0	1.0	1.0
内墙阳角至门窗洞边的最小距离	1.0	1.0	1.5	2.0
无锚固女儿墙（非出入口处）的最大高度	0.5	0.5	0.5	0.0

注：1　局部尺寸不足时，应采取局部加强措施弥补，且最小宽度不宜小于 1/4 层高和表列数据的 80%；
　　2　出入口处的女儿墙应有锚固。

7.1.7　多层砌体房屋的建筑布置和结构体系，应符合下列要求：

1　应优先采用横墙承重或纵横墙共同承重的结构体系。不应采用砌体墙和混凝土墙混合承重的结构体系。

2　纵横向砌体抗震墙的布置应符合下列要求：

　1）宜均匀对称，沿平面内宜对齐，沿竖向应上下连续；且纵横向墙体的数量不宜相差过大；

　2）平面轮廓凹凸尺寸，不应超过典型尺寸的 50%；当超过典型尺寸的 25% 时，房屋转角处应采取加强措施；

　3）楼板局部大洞口的尺寸不宜超过楼板宽度

的 30%，且不应在墙体两侧同时开洞；

　4）房屋错层的楼板高差超过 500mm 时，应按两层计算；错层部位的墙体应采取加强措施；

　5）同一轴线上的窗间墙宽度宜均匀；在满足本规范第 7.1.6 条要求的前提下，墙面洞口的立面面积，6、7 度时不宜大于墙面总面积的 55%，8、9 度时不宜大于 50%；

　6）在房屋宽度方向的中部应设置内纵墙，其累计长度不宜小于房屋总长度的 60%（高宽比大于 4 的墙段不计入）。

3　房屋有下列情况之一时宜设置防震缝，缝两侧均应设置墙体，缝宽应根据烈度和房屋高度确定，可采用 70mm～100mm：

　1）房屋立面高差在 6m 以上；

　2）房屋有错层，且楼板高差大于层高的 1/4；

　3）各部分结构刚度、质量截然不同。

4　楼梯间不宜设置在房屋的尽端或转角处。

5　不应在房屋转角处设置转角窗。

6　横墙较少、跨度较大的房屋，宜采用现浇钢筋混凝土楼、屋盖。

7.1.8　底部框架-抗震墙砌体房屋的结构布置，应符合下列要求：

1　上部的砌体墙体与底部的框架梁或抗震墙，除楼梯间附近的个别墙段外均应对齐。

2　房屋的底部，应沿纵横两方向设置一定数量的抗震墙，并应均匀对称布置。6 度且总层数不超过四层的底层框架-抗震墙砌体房屋，应允许采用嵌砌于框架之间的约束普通砖砌体或小砌块砌体的砌体抗震墙，但应计入砌体墙对框架的附加轴力和附加剪力并进行底层的抗震验算，且同一方向不应同时采用钢筋混凝土抗震墙和约束砌体抗震墙；其余情况，8 度时应采用钢筋混凝土抗震墙，6、7 度时应采用钢筋混凝土抗震墙或配筋小砌块砌体抗震墙。

3　底层框架-抗震墙砌体房屋的纵横两个方向，第二层计入构造柱影响的侧向刚度与底层侧向刚度的比值，6、7 度时不应大于 2.5，8 度时不应大于 2.0，且均不应小于 1.0。

4　底部两层框架-抗震墙砌体房屋纵横两个方向，底层与底部第二层侧向刚度应接近，第三层计入构造柱影响的侧向刚度与底部第二层侧向刚度的比值，6、7 度时不应大于 2.0，8 度时不应大于 1.5，且均不应小于 1.0。

5　底部框架-抗震墙砌体房屋的抗震墙应设置条形基础、筏形基础等整体性好的基础。

7.1.9　底部框架-抗震墙砌体房屋的钢筋混凝土结构部分，除应符合本章规定外，尚应符合本规范第 6 章的有关要求；此时，底部混凝土框架的抗震等级，6、7、8 度应分别按三、二、一级采用，混凝土墙体的抗震等级，6、7、8度应分别按三、三、二级采用。

7.2 计算要点

7.2.1 多层砌体房屋、底部框架-抗震墙砌体房屋的抗震计算，可采用底部剪力法，并应按本节规定调整地震作用效应。

7.2.2 对砌体房屋，可只选从属面积较大或竖向应力较小的墙段进行截面抗震承载力验算。

7.2.3 进行地震剪力分配和截面验算时，砌体墙段的层间等效侧向刚度应按下列原则确定：

1 刚度的计算应计及高宽比的影响。高宽比小于1时，可只计算剪切变形；高宽比不大于4且不小于1时，应同时计算弯曲和剪切变形；高宽比大于4时，等效侧向刚度可取0.0。

注：墙段的高宽比指层高与墙长之比，对门窗洞边的小墙段指洞净高与洞侧墙宽之比。

2 墙段宜按门窗洞口划分；对设置构造柱的小开口墙段按毛墙面计算的刚度，可根据开洞率乘以表7.2.3的墙段洞口影响系数：

表7.2.3 墙段洞口影响系数

开洞率	0.10	0.20	0.30
影响系数	0.98	0.94	0.88

注：1 开洞率为洞口水平截面积与墙段水平毛截面积之比，相邻洞口之间净宽小于500mm的墙段视为洞口；

2 洞口中线偏离墙段中线大于墙段长度的1/4时，表中影响系数值宜折减0.9；门窗洞的洞顶高度大于层高80%时，表中数据不适用；窗洞高度大于50%层高时，按门洞对待。

7.2.4 底部框架-抗震墙砌体房屋的地震作用效应，应按下列规定调整：

1 对底层框架-抗震墙砌体房屋，底层的纵向和横向地震剪力设计值均应乘以增大系数；其值应允许在1.2～1.5范围内选用，第二层与底层侧向刚度比大者应取大值。

2 对底部两层框架-抗震墙砌体房屋，底层和第二层的纵向和横向地震剪力设计值亦均应乘以增大系数；其值应允许在1.2～1.5范围内选用，第三层与第二层侧向刚度比大者应取大值。

3 底层或底部两层的纵向和横向地震剪力设计值应全部由该方向的抗震墙承担，并按各墙体的侧向刚度比例分配。

7.2.5 底部框架-抗震墙砌体房屋中，底部框架的地震作用效应宜采用下列方法确定：

1 底部框架柱的地震剪力和轴向力，宜按下列规定调整：

1）框架柱承担的地震剪力设计值，可按各抗侧力构件有效侧向刚度比例分配确定；有

效侧向刚度的取值，框架不折减；混凝土墙或配筋混凝土小砌块砌体墙可乘以折减系数0.30；约束普通砖砌体或小砌块砌体抗震墙可乘以折减系数0.20；

2）框架柱的轴力应计入地震倾覆力矩引起的附加轴力，上部砖房可视为刚体，底部各轴线承受的地震倾覆力矩，可近似按底部抗震墙和框架的有效侧向刚度的比例分配确定；

3）当抗震墙之间楼盖长宽比大于2.5时，框架柱各轴线承担的地震剪力和轴向力，尚应计入楼盖平面内变形的影响。

2 底部框架-抗震墙砌体房屋的钢筋混凝土托墙梁计算地震组合内力时，应采用合适的计算简图。若考虑上部墙体与托墙梁的组合作用，应计入地震时墙体开裂对组合作用的不利影响，可调整有关的弯矩系数、轴力系数等计算参数。

7.2.6 各类砌体沿阶梯形截面破坏的抗震抗剪强度设计值，应按下式确定：

$$f_{vE} = \zeta_N f_v \qquad (7.2.6)$$

式中：f_{vE}——砌体沿阶梯形截面破坏的抗震抗剪强度设计值；

f_v——非抗震设计的砌体抗剪强度设计值；

ζ_N——砌体抗震抗剪强度的正应力影响系数，应按表7.2.6采用。

表7.2.6 砌体强度的正应力影响系数

砌体类别	σ_0/f_v							
	0.0	1.0	3.0	5.0	7.0	10.0	12.0	≥16.0
普通砖，多孔砖	0.80	0.99	1.25	1.47	1.65	1.90	2.05	—
小砌块	—	1.23	1.69	2.15	2.57	3.02	3.32	3.92

注：σ_0为对应于重力荷载代表值的砌体截面平均压应力。

7.2.7 普通砖、多孔砖墙体的截面抗震受剪承载力，应按下列规定验算：

1 一般情况下，应按下式验算：

$$V \leqslant f_{vE} A / \gamma_{RE} \qquad (7.2.7\text{-}1)$$

式中：V——墙体剪力设计值；

f_{vE}——砖砌体沿阶梯形截面破坏的抗震抗剪强度设计值；

A——墙体横截面面积，多孔砖取毛截面面积；

γ_{RE}——承载力抗震调整系数，承重墙按本规范表5.4.2采用，自承重墙按0.75采用。

2 采用水平配筋的墙体，应按下式验算：

$$V \leqslant \frac{1}{\gamma_{RE}} (f_{vE} A + \zeta_s f_{yh} A_{sh}) \qquad (7.2.7\text{-}2)$$

式中：f_{yh}——水平钢筋抗拉强度设计值；

A_{sh}——层间墙体竖向截面的总水平钢筋面积，

其配筋率应不小于 0.07% 且不大于 0.17%；

ζ_s——钢筋参与工作系数，可按表 7.2.7 采用。

表 7.2.7　钢筋参与工作系数

墙体高宽比	0.4	0.6	0.8	1.0	1.2
ζ_s	0.10	0.12	0.14	0.15	0.12

3 当按式（7.2.7-1）、式（7.2.7-2）验算不满足要求时，可计入基本均匀设置于墙段中部、截面不小于 240mm×240mm（墙厚 190mm 时为 240mm×190mm）且间距不大于 4m 的构造柱对受剪承载力的提高作用，按下列简化方法验算：

$$V \leqslant \frac{1}{\gamma_{RE}}[\eta_c f_{vE}(A-A_c)+\zeta_t f_t A_c + 0.08 f_{yc} A_{sc} + \zeta_s f_{yh} A_{sh}]$$
$$(7.2.7-3)$$

式中：A_c——中部构造柱的横截面总面积（对横墙和内纵墙，$A_c>0.15A$ 时，取 0.15A；对外纵墙，$A_c>0.25A$ 时，取 0.25A）；

f_t——中部构造柱的混凝土轴心抗拉强度设计值；

A_{sc}——中部构造柱的纵向钢筋截面总面积（配筋率不小于 0.6%，大于 1.4% 时取 1.4%）；

f_{yh}、f_{yc}——分别为墙体水平钢筋、构造柱钢筋抗拉强度设计值；

ζ_c——中部构造柱参与工作系数；居中设一根时取 0.5，多于一根时取 0.4；

η_c——墙体约束修正系数；一般情况取 1.0，构造柱间距不大于 3.0m 时取 1.1；

A_{sh}——层间墙体竖向截面的总水平钢筋面积，无水平钢筋时取 0.0。

7.2.8 小砌块墙体的截面抗震受剪承载力，应按下式验算：

$$V \leqslant \frac{1}{\gamma_{RE}}[f_{vE}A + (0.3 f_t A_c + 0.05 f_y A_s)\zeta_c]$$
$$(7.2.8)$$

式中：f_t——芯柱混凝土轴心抗拉强度设计值；

A_c——芯柱截面总面积；

A_s——芯柱钢筋截面总面积；

f_y——芯柱钢筋抗拉强度设计值；

ζ_c——芯柱参与工作系数，可按表 7.2.8 采用。

注：当同时设置芯柱和构造柱时，构造柱截面可作为芯柱截面，构造柱钢筋可作为芯柱钢筋。

表 7.2.8　芯柱参与工作系数

填孔率 ρ	$\rho<0.15$	$0.15\leqslant\rho<0.25$	$0.25\leqslant\rho<0.5$	$\rho\geqslant0.5$
ζ_c	0.0	1.0	1.10	1.15

注：填孔率指芯柱根数（含构造柱和填实孔洞数量）与孔洞总数之比。

7.2.9 底层框架-抗震墙砌体房屋中嵌砌于框架之间的普通砖或小砌块的砌体墙，当符合本规范第 7.5.4 条、第 7.5.5 条的构造要求时，其抗震验算应符合下列规定：

1 底层框架柱的轴向力和剪力，应计入砖墙或小砌块墙引起的附加轴向力和附加剪力，其值可按下列公式确定：

$$N_f = V_w H_f / l \qquad (7.2.9-1)$$
$$V_f = V_w \qquad (7.2.9-2)$$

式中：V_w——墙体承担的剪力设计值，柱两侧有墙时可取二者的较大值；

N_f——框架柱的附加轴压力设计值；

V_f——框架柱的附加剪力设计值；

H_f、l——分别为框架的层高和跨度。

2 嵌砌于框架之间的普通砖墙或小砌块墙及两端框架柱，其抗震受剪承载力应按下式验算：

$$V \leqslant \frac{1}{\gamma_{REc}}\sum(M_{yc}^u + M_{yc}^l)/H_0 + \frac{1}{\gamma_{REw}}\sum f_{vE} A_{w0}$$
$$(7.2.9-3)$$

式中：V——嵌砌普通砖墙或小砌块墙及两端框架柱剪力设计值；

A_{w0}——砖墙或小砌块墙水平截面的计算面积，无洞口时取实际截面的 1.25 倍，有洞口时取截面净面积，但不计入宽度小于洞口高度 1/4 的墙肢截面面积；

M_{yc}^u、M_{yc}^l——分别为底层框架柱上下端的正截面受弯承载力设计值，可按现行国家标准《混凝土结构设计规范》GB 50010 非抗震设计的有关公式取等号计算；

H_0——底层框架柱的计算高度，两侧均有砌体墙时取柱净高的 2/3，其余情况取柱净高；

γ_{REc}——底层框架柱承载力抗震调整系数，可采用 0.8；

γ_{REw}——嵌砌普通砖墙或小砌块墙承载力抗震调整系数，可采用 0.9。

7.3　多层砖砌体房屋抗震构造措施

7.3.1 各类多层砖砌体房屋，应按下列要求设置现浇钢筋混凝土构造柱（以下简称构造柱）：

1 构造柱设置部位，一般情况下应符合表 7.3.1 的要求。

2 外廊式和单面走廊式的多层房屋，应根据房屋增加一层的层数，按表 7.3.1 的要求设置构造柱，且单面走廊两侧的纵墙均应按外墙处理。

3 横墙较少的房屋，应根据房屋增加一层的层数，按表 7.3.1 的要求设置构造柱。当横墙较少的房屋为外廊式或单面走廊式时，应按本条 2 款要求设置构造柱；但 6 度不超过四层、7 度不超过三层和 8 度不超过二层时，应按增加二层的层数对待。

4 各层横墙很少的房屋，应按增加二层的层数设置构造柱。

5 采用蒸压灰砂砖和蒸压粉煤灰砖的砌体房屋，当砌体的抗剪强度仅达到普通黏土砖砌体的**70%**时，应根据增加一层的层数按本条1～4款要求设置构造柱；但6度不超过四层、7度不超过三层和8度不超过二层时，应按增加二层的层数对待。

表 7.3.1 多层砖砌体房屋构造柱设置要求

房屋层数				设 置 部 位	
6度	7度	8度	9度		
四、五	三、四	二、三		楼、电梯间四角，楼梯斜梯段上下端对应的墙体处；外墙四角和对应转角；错层部位横墙与外纵墙交接处；大房间内外墙交接处；较大洞口两侧	隔12m或单元墙与外纵墙交接处；楼梯间对应的另一侧内横墙与外纵墙交接处
六	五	四	二		隔开间横墙（轴线）与外墙交接处；山墙与内纵墙交接处
七	≥六	≥五	≥三		内墙（轴线）与外墙交接处；内墙的局部较小墙垛处；内纵墙与横墙（轴线）交接处

注：较大洞口，内墙指不小于2.1m的洞口；外墙在内外墙交接处已设置构造柱时应允许适当放宽，但洞侧墙体应加强。

7.3.2 多层砖砌体房屋的构造柱应符合下列构造要求：

1 构造柱最小截面可采用180mm×240mm（墙厚190mm时为180mm×190mm），纵向钢筋宜采用4φ12，箍筋间距不宜大于250mm，且在柱上下端应适当加密；6、7度时超过六层、8度时超过五层和9度时，构造柱纵向钢筋宜采用4φ14，箍筋间距不应大于200mm；房屋四角的构造柱应适当加大截面及配筋。

2 构造柱与墙连接处应砌成马牙槎，沿墙高每隔500mm设2φ6水平钢筋和φ4分布短筋平面内点焊组成的拉结网片或φ4点焊钢筋网片，每边伸入墙内不宜小于1m。6、7度时底部1/3楼层，8度时底部1/2楼层，9度时全部楼层，上述拉结钢筋网片应沿墙体水平通长设置。

3 构造柱与圈梁连接处，构造柱的纵筋应在圈梁纵筋内侧穿过，保证构造柱纵筋上下贯通。

4 构造柱可不单独设置基础，但应伸入室外地

面下500mm，或与埋深小于500mm的基础圈梁相连。

5 房屋高度和层数接近本规范表7.1.2的限值时，纵、横墙内构造柱间距尚应符合下列要求：
　　1）横墙内的构造柱间距不宜大于层高的二倍；下部1/3楼层的构造柱间距适当减小；
　　2）当外纵墙开间大于3.9m时，应另设加强措施。内纵墙的构造柱间距不宜大于4.2m。

7.3.3 多层砖砌体房屋的现浇钢筋混凝土圈梁设置应符合下列要求：

1 装配式钢筋混凝土楼、屋盖或木屋盖的砖房，应按表7.3.3的要求设置圈梁；纵墙承重时，抗震横墙上的圈梁间距应比表内要求适当加密。

2 现浇或装配整体式钢筋混凝土楼、屋盖与墙体有可靠连接的房屋，应允许不另设圈梁，但楼板沿抗震墙体周边均应加强配筋并应与相应的构造柱钢筋可靠连接。

表 7.3.3 多层砖砌体房屋现浇钢筋混凝土圈梁设置要求

墙 类	烈 度		
	6、7	8	9
外墙和内纵墙	屋盖处及每层楼盖处	屋盖处及每层楼盖处	屋盖处及每层楼盖处
内横墙	同上；屋盖处间距不应大于4.5m；楼盖处间距不应大于7.2m；构造柱对应部位	同上；各层所有横墙，且间距不应大于4.5m；构造柱对应部位	同上；各层所有横墙

7.3.4 多层砖砌体房屋现浇混凝土圈梁的构造应符合下列要求：

1 圈梁应闭合，遇有洞口圈梁应上下搭接。圈梁宜与预制板设在同一标高处或紧靠板底；

2 圈梁在本规范第7.3.3条要求的间距内无横墙时，应利用梁或板缝中配筋替代圈梁；

3 圈梁的截面高度不应小于120mm，配筋应符合表7.3.4的要求；按本规范第3.3.4条3款要求增设的基础圈梁，截面高度不应小于180mm，配筋不应少于4φ12。

表 7.3.4 多层砖砌体房屋圈梁配筋要求

配 筋	烈 度		
	6、7	8	9
最小纵筋	4φ10	4φ12	4φ14
箍筋最大间距（mm）	250	200	150

7.3.5 多层砖砌体房屋的楼、屋盖应符合下列要求：

1 现浇钢筋混凝土楼板或屋面板伸进纵、横墙内的长度，均不应小于**120mm**。

2 装配式钢筋混凝土楼板或屋面板，当圈梁未设在板的同一标高时，板端伸进外墙的长度不应小于 **120mm**，伸进内墙的长度不应小于 **100mm** 或采用硬架支模连接，在梁上不应小于 **80mm** 或采用硬架支模连接。

3 当板的跨度大于 **4.8m** 并与外墙平行时，靠外墙的预制板侧边应与墙或圈梁拉结。

4 房屋端部大房间的楼盖，6 度时房屋的屋盖和 7~9 度时房屋的楼、屋盖，当圈梁设在板底时，钢筋混凝土预制板应相互拉结，并应与梁、墙或圈梁拉结。

7.3.6 楼、屋盖的钢筋混凝土梁或屋架应与墙、柱（包括构造柱）或圈梁可靠连接；不得采用独立砖柱。跨度不小于 **6m** 大梁的支承构件应采用组合砌体等加强措施，并满足承载力要求。

7.3.7 6、7 度时长度大于 **7.2m** 的大房间，以及 8、9 度时外墙转角及内外墙交接处，应沿墙高每隔 500mm 配置 2ϕ6 的通长钢筋和 ϕ4 分布短筋平面内点焊组成的拉结网片或 ϕ4 点焊网片。

7.3.8 楼梯间尚应符合下列要求：

1 顶层楼梯间墙体应沿墙高每隔 **500mm** 设 2ϕ6 通长钢筋和 ϕ4 分布短钢筋平面内点焊组成的拉结网片或 ϕ4 点焊网片；7~9 度时其他各层楼梯间墙体应在休息平台或楼层半高处设置 60mm 厚、纵向钢筋不应少于 2ϕ10 的钢筋混凝土带或配筋砖带，配筋砖带不少于 3 皮，每皮的配筋不少于 2ϕ6，砂浆强度等级不应低于 M7.5 且不低于同层墙体的砂浆强度等级。

2 楼梯间及门厅内墙阳角处的大梁支承长度不应小于 **500mm**，并应与圈梁连接。

3 装配式楼梯段应与平台板的梁可靠连接，8、9 度时不应采用装配式楼梯段；不应采用墙中悬挑式踏步或踏步竖肋插入墙体的楼梯，不应采用无筋砖砌栏板。

4 突出屋顶的楼、电梯间，构造柱应伸到顶部，并与顶部圈梁连接，所有墙体应沿墙高每隔 500mm 设 2ϕ6 通长钢筋和 ϕ4 分布短筋平面内点焊组成的拉结网片或 ϕ4 点焊网片。

7.3.9 坡屋顶房屋的屋架应与顶层圈梁可靠连接，檩条或屋面板应与墙、屋架可靠连接，房屋出入口处的檐口瓦应与屋面构件锚固。采用硬山搁檩时，顶层内纵墙顶宜增砌支承山墙的踏步式墙垛，并设置构造柱。

7.3.10 门窗洞处不应采用砖过梁；过梁支承长度，6~8 度时不应小于 240mm，9 度时不应小于 360mm。

7.3.11 预制阳台，6、7 度时应与圈梁和楼板的现浇板带可靠连接，8、9 度时不应采用预制阳台。

7.3.12 后砌的非承重砌体隔墙、烟道、风道、垃圾道等应符合本规范第 13.3 节的有关规定。

7.3.13 同一结构单元的基础（或桩承台），宜采用同一类型的基础，底面宜埋置在同一标高上，否则应增设基础圈梁并应按 1：2 的台阶逐步放坡。

7.3.14 丙类的多层砖砌体房屋，当横墙较少且总高度和层数接近或达到本规范表 7.1.2 规定限值时，应采取下列加强措施：

1 房屋的最大开间尺寸不宜大于 6.6m。

2 同一结构单元内横墙错位数量不宜超过横墙总数的 1/3，且连续错位不宜多于两道；错位的墙体交接处均应增设构造柱，且楼、屋面板应采用现浇钢筋混凝土板。

3 横墙和内纵墙上洞口的宽度不宜大于 1.5m；外纵墙上洞口的宽度不宜大于 2.1m 或开间尺寸的一半；且内外墙上洞口位置不应影响内外纵墙与横墙的整体连接。

4 所有纵横墙均应在楼、屋盖标高处设置加强的现浇钢筋混凝土圈梁：圈梁的截面高度不宜小于 150mm，上下纵筋各不应少于 3ϕ10，箍筋不小于 ϕ6，间距不大于 300mm。

5 所有纵横墙交接处及横墙的中部，均应增设满足下列要求的构造柱：在纵、横墙内的柱距不宜大于 3.0m，最小截面尺寸不宜小于 240mm×240mm（墙厚 190mm 时为 240mm×190mm），配筋宜符合表 7.3.14 的要求。

表 7.3.14　增设构造柱的纵筋和箍筋设置要求

位置	纵 向 钢 筋			箍 筋		
	最大配筋率（%）	最小配筋率（%）	最小直径（mm）	加密区范围（mm）	加密区间距（mm）	最小直径（mm）
角柱	1.8	0.8	14	全高	100	6
边柱	1.8	0.8	14	上端 700 下端 500	100	6
中柱	1.4	0.6	12			

6 同一结构单元的楼、屋面板应设置在同一标高处。

7 房屋底层和顶层的窗台标高处，宜设置沿纵横墙通长的水平现浇钢筋混凝土带；其截面高度不小于 60mm，宽度不小于墙厚，纵向钢筋不少于 2ϕ10，横向分布筋的直径不小于 ϕ6 且其间距不大于 200mm。

7.4 多层砌块房屋抗震构造措施

7.4.1 多层小砌块房屋应按表 7.4.1 的要求设置钢筋混凝土芯柱。对外廊式和单面走廊式的多层房屋、横墙较少的房屋、各层横墙很少的房屋，尚应分别按本规范第 7.3.1 条第 2、3、4 款关于增加层数的对应要求，按表 7.4.1 的要求设置芯柱。

表 7.4.1　多层小砌块房屋芯柱设置要求

房屋层数				设置部位	设置数量
6度	7度	8度	9度		
四、五	三、四	二、三		外墙转角，楼、电梯间四角，楼梯斜梯段上下端对应的墙体处； 大房间内外墙交接处； 错层部位横墙与外纵墙交接处； 隔12m或单元横墙与外纵墙交接处	外墙转角，灌实3个孔； 内外墙交接处，灌实4个孔； 楼梯斜段上下端对应的墙体处，灌实2个孔
六	五	四		同上； 隔开间横墙（轴线）与外纵墙交接处	
七	六	五	二	同上； 各内墙（轴线）与外纵墙交接处； 内纵墙与横墙（轴线）交接处和洞口两侧	外墙转角，灌实5个孔； 内外墙交接处，灌实4个孔； 内墙交接处，灌实4～5个孔； 洞口两侧各灌实1个孔
	七	≥六	≥三	同上； 横墙内芯柱间距不大于2m	外墙转角，灌实7个孔； 内外墙交接处，灌实5个孔； 内墙交接处，灌实4～5个孔； 洞口两侧各灌实1个孔

注：外墙转角、内外墙交接处、楼电梯间四角等部位，应允许采用钢筋混凝土构造柱替代部分芯柱。

7.4.2 多层小砌块房屋的芯柱，应符合下列构造要求：

1 小砌块房屋芯柱截面不宜小于120mm×120mm。

2 芯柱混凝土强度等级，不应低于Cb20。

3 芯柱的竖向插筋应贯通墙身且与圈梁连接；插筋不应小于1ϕ12，6、7度时超过五层、8度时超过四层和9度时，插筋不应小于1ϕ14。

4 芯柱应伸入室外地面下500mm或与埋深小于500mm的基础圈梁相连。

5 为提高墙体抗震受剪承载力而设置的芯柱，宜在墙体内均匀布置，最大净距不宜大于2.0m。

6 多层小砌块房屋墙体交接处或芯柱与墙体连接处应设置拉结钢筋网片，网片可采用直径4mm的钢筋点焊而成，沿墙高间距不大于600mm，并应沿墙体水平通长设置。6、7度时底部1/3楼层，8度时底部1/2楼层，9度时全部楼层，上述拉结钢筋网片沿墙高间距不大于400mm。

7.4.3 小砌块房屋中替代芯柱的钢筋混凝土构造柱，应符合下列构造要求：

1 构造柱截面不宜小于190mm×190mm，纵向钢筋宜采用4ϕ12，箍筋间距不宜大于250mm，且在柱上下端应适当加密；6、7度时超过五层、8度时超过四层和9度时，构造柱纵向钢筋宜采用4ϕ14，箍筋间距不应大于200mm；外墙转角的构造柱可适当加大截面及配筋。

2 构造柱与砌块墙连接处应砌成马牙槎，与构造柱相邻的砌块孔洞，6度时宜填实，7度时应填实，8、9度时应填实并插筋。构造柱与砌块墙之间沿墙高每隔600mm设置ϕ4点焊拉结钢筋网片，并应沿墙体水平通长设置。6、7度时底部1/3楼层，8度时底部1/2楼层，9度全部楼层，上述拉结钢筋网片沿墙高间距不大于400mm。

3 构造柱与圈梁连接处，构造柱的纵筋应在圈梁纵筋内侧穿过，保证构造柱纵筋上下贯通。

4 构造柱可不单独设置基础，但应伸入室外地面下500mm，或与埋深小于500mm的基础圈梁相连。

7.4.4 多层小砌块房屋的现浇钢筋混凝土圈梁的设置位置应按本规范第7.3.3条多层砖砌体房屋圈梁的要求执行，圈梁宽度不应小于190mm，配筋不应少于4ϕ12，箍筋间距不应大于200mm。

7.4.5 多层小砌块房屋的层数，6度时超过五层、7度时超过四层、8度时超过三层和9度时，在底层和顶层的窗台标高处，沿纵横墙应设置通长的水平现浇钢筋混凝土带；其截面高度不小于60mm，纵筋不少于2ϕ10，并应有分布拉结钢筋；其混凝土强度等级不应低于C20。

水平现浇混凝土带亦可采用槽形砌块替代模板，其纵筋和拉结钢筋不变。

7.4.6 丙类的多层小砌块房屋，当横墙较少且总高度和层数接近或达到本规范表7.1.2规定限值时，应符合本规范第7.3.14条的相关要求；其中，墙体中部的构造柱可采用芯柱替代，芯柱的灌孔数量不应少于2孔，每孔插筋的直径不应小于18mm。

7.4.7 小砌块房屋的其他抗震构造措施，尚应符合本规范第7.3.5条至第7.3.13条有关要求。其中，墙体的拉结钢筋网片间距应符合本节的相应规定，分别取600mm和400mm。

7.5　底部框架-抗震墙砌体房屋抗震构造措施

7.5.1 底部框架-抗震墙砌体房屋的上部墙体应设置钢筋混凝土构造柱或芯柱，并应符合下列要求：

1 钢筋混凝土构造柱、芯柱的设置部位，应根据房屋的总层数分别按本规范第7.3.1条、7.4.1条的规定设置。

2 构造柱、芯柱的构造，除应符合下列要求外，尚应符合本规范第7.3.2、7.4.2、7.4.3条的规定：

　　1）砖砌体墙中构造柱截面不宜小于240mm×

240mm（墙厚 190mm 时为 240mm×190mm）；

  2）构造柱的纵向钢筋不宜少于 4φ14，箍筋间距不宜大于 200mm；芯柱每孔插筋不应小于 1φ14，芯柱之间沿墙高应每隔 400mm 设 φ4 焊接钢筋网片。

  3 构造柱、芯柱应与每层圈梁连接，或与现浇楼板可靠拉接。

7.5.2 过渡层墙体的构造，应符合下列要求：

  1 上部砌体墙的中心线宜与底部的框架梁、抗震墙的中心线相重合；构造柱或芯柱宜与框架柱上下贯通。

  2 过渡层应在底部框架柱、混凝土墙或约束砌体墙的构造柱所对应处设置构造柱或芯柱；墙体内的构造柱间距不宜大于层高；芯柱除按本规范表 7.4.1 设置外，最大间距不宜大于 1m。

  3 过渡层构造柱的纵向钢筋，6、7 度时不宜少于 4φ16，8 度时不宜少于 4φ18。过渡层芯柱的纵向钢筋，6、7 度时不宜少于每孔 1φ16，8 度时不宜少于每孔 1φ18。一般情况下，纵向钢筋应锚入下部的框架柱或混凝土墙内；当纵向钢筋锚固在托墙梁内时，托墙梁的相应位置应加强。

  4 过渡层的砌体墙在窗台标高处，应设置沿纵横墙通长的水平现浇钢筋混凝土带；其截面高度不小于 60mm，宽度不小于墙厚，纵向钢筋不少于 2φ10，横向分布筋的直径不小于 6mm 且其间距不大于 200mm。此外，砖砌体墙在相邻构造柱间的墙体，应沿墙高每隔 360mm 设置 2φ6 通长水平钢筋和 φ4 分布短筋平面内点焊组成的拉结网片或 φ4 点焊钢筋网片，并锚入构造柱内；小砌块砌体墙芯柱之间沿墙高应每隔 400mm 设置 φ4 通长水平点焊钢筋网片。

  5 过渡层的砌体墙，凡宽度不小于 1.2m 的门洞和 2.1m 的窗洞，洞口两侧宜增设截面不小于 120mm×240mm（墙厚 190mm 时为 120mm×190mm）的构造柱或单孔芯柱。

  6 当过渡层的砌体抗震墙与底部框架梁、墙体不对齐时，应在底部框架内设置托墙转换梁，并且过渡层砖墙或砌块墙应采取比本条 4 款更高的加强措施。

7.5.3 底部框架-抗震墙砌体房屋的底部采用钢筋混凝土墙时，其截面和构造应符合下列要求：

  1 墙板周边应设置梁（或暗梁）和边框柱（或框架柱）组成的边框；边框梁的截面宽度不宜小于墙板厚度的 1.5 倍，截面高度不宜小于墙板厚度的 2.5 倍；边框柱的截面高度不宜小于墙板厚度的 2 倍。

  2 墙板的厚度不宜小于 160mm，且不应小于墙板净高的 1/20；墙体宜开设洞口形成若干墙段，各墙段的高宽比不宜小于 2。

  3 墙体的竖向和横向分布钢筋配筋率均不应小于 0.30%，并应采用双排布置；双排分布钢筋间拉筋的间距不应大于 600mm，直径不应小于 6mm。

  4 墙体的边缘构件可按本规范第 6.4 节关于一般部位的规定设置。

7.5.4 当 6 度设防的底层框架-抗震墙砖房的底层采用约束砖砌体墙时，其构造应符合下列要求：

  1 砖墙厚不应小于 240mm，砌筑砂浆强度等级不应低于 M10，应先砌墙后浇框架。

  2 沿框架柱每隔 300mm 配置 2φ8 水平钢筋和 φ4 分布短筋平面内点焊组成的拉结网片，并沿砖墙水平通长设置；在墙体半高处尚应设置与框架柱相连的钢筋混凝土水平系梁。

  3 墙长大于 4m 时和洞口两侧，应在墙内增设钢筋混凝土构造柱。

7.5.5 当 6 度设防的底层框架-抗震墙砌块房屋的底层采用约束小砌块砌体墙时，其构造应符合下列要求：

  1 墙厚不应小于 190mm，砌筑砂浆强度等级不应低于 Mb10，应先砌墙后浇框架。

  2 沿框架柱每隔 400mm 配置 2φ8 水平钢筋和 φ4 分布短筋平面内点焊组成的拉结网片，并沿砌块墙水平通长设置；在墙体半高处尚应设置与框架柱相连的钢筋混凝土水平系梁，系梁截面不应小于 190mm×190mm，纵筋不应小于 4φ12，箍筋直径不应小于 φ6，间距不应大于 200mm。

  3 墙体在门、窗洞口两侧应设置芯柱，墙长大于 4m 时，应在墙内增设芯柱，芯柱应符合本规范第 7.4.2 条的有关规定；其余位置，宜采用钢筋混凝土构造柱替代芯柱，钢筋混凝土构造柱应符合本规范第 7.4.3 条的有关规定。

7.5.6 底部框架-抗震墙砌体房屋的框架柱应符合下列要求：

  1 柱的截面不应小于 400mm×400mm，圆柱直径不应小于 450mm。

  2 柱的轴压比，6 度时不宜大于 0.85，7 度时不宜大于 0.75，8 度时不宜大于 0.65。

  3 柱的纵向钢筋最小总配筋率，当钢筋的强度标准值低于 400MPa 时，中柱在 6、7 度时不应小于 0.9%，8 度时不应小于 1.1%；边柱、角柱和混凝土抗震墙端柱在 6、7 度时不应小于 1.0%，8 度时不应小于 1.2%。

  4 柱的箍筋直径，6、7 度时不应小于 8mm，8 度时不应小于 10mm，并应全高加密箍筋，间距不大于 100mm。

  5 柱的最上端和最下端组合的弯矩设计值应乘以增大系数，一、二、三级的增大系数应分别按 1.5、1.25 和 1.15 采用。

7.5.7 底部框架-抗震墙砌体房屋的楼盖应符合下列要求：

  1 过渡层的底板应采用现浇钢筋混凝土板，板厚不应小于 120mm；并应少开洞、开小洞，当洞口尺寸大于 800mm 时，洞口周边应设置边梁。

  2 其他楼层，采用装配式钢筋混凝土楼板时均应设现浇圈梁；采用现浇钢筋混凝土楼板时应允许不另设圈梁，但楼板沿抗震墙体周边均应加强配筋并应与相应的构造柱可靠连接。

7.5.8 底部框架-抗震墙砌体房屋的钢筋混凝土托墙梁，其截面和构造应符合下列要求：

1 梁的截面宽度不应小于 300mm，梁的截面高度不应小于跨度的 1/10。

2 箍筋的直径不应小于 8mm，间距不应大于 200mm；梁端在 1.5 倍梁高且不小于 1/5 梁净跨范围内，以及上部墙体的洞口处和洞口两侧各 500mm 且不小于梁高的范围内，箍筋间距不应大于 100mm。

3 沿梁高应设腰筋，数量不应少于 $2\phi14$，间距不应大于 200mm。

4 梁的纵向受力钢筋和腰筋应按受拉钢筋的要求锚固在柱内，且支座上部的纵向钢筋在柱内的锚固长度应符合钢筋混凝土框支梁的有关要求。

7.5.9 底部框架-抗震墙砌体房屋的材料强度等级，应符合下列要求：

1 框架柱、混凝土墙和托墙梁的混凝土强度等级，不应低于 C30。

2 过渡层砌体块材的强度等级不应低于 MU10，砖砌体砌筑砂浆强度的等级不应低于 M10，砌块砌体砌筑砂浆强度的等级不应低于 Mb10。

7.5.10 底部框架-抗震墙砌体房屋的其他抗震构造措施，应符合本规范第 7.3 节、第 7.4 节和第 6 章的有关要求。

8 多层和高层钢结构房屋

8.1 一般规定

8.1.1 本章适用的钢结构民用房屋的结构类型和最大高度应符合表 8.1.1 的规定。平面和竖向均不规则的钢结构，适用的最大高度宜适当降低。

注：1 钢支撑-混凝土框架和钢框架-混凝土筒体结构的抗震设计，应符合本规范附录 G 的规定；

2 多层钢结构厂房的抗震设计，应符合本规范附录 H 第 H.2 节的规定。

表 8.1.1 钢结构房屋适用的最大高度（m）

结构类型	6、7 度 (0.10g)	7 度 (0.15g)	8 度 (0.20g)	8 度 (0.30g)	9 度 (0.40g)
框架	110	90	90	70	50
框架-中心支撑	220	200	180	150	120
框架-偏心支撑（延性墙板）	240	220	200	180	160
筒体（框筒，筒中筒，桁架筒，束筒）和巨型框架	300	280	260	240	180

注：1 房屋高度指室外地面到主要屋面板板顶的高度（不包括局部突出屋顶部分）；

2 超过表内高度的房屋，应进行专门研究和论证，采取有效的加强措施；

3 表内的筒体不包括混凝土筒。

8.1.2 本章适用的钢结构民用房屋的最大高宽比不宜超过表 8.1.2 的规定。

表 8.1.2 钢结构民用房屋适用的最大高宽比

烈度	6、7	8	9
最大高宽比	6.5	6.0	5.5

注：塔形建筑的底部有大底盘时，高宽比可按大底盘以上计算。

8.1.3 钢结构房屋应根据设防分类、烈度和房屋高度采用不同的抗震等级，并应符合相应的计算和构造措施要求。丙类建筑的抗震等级应按表 8.1.3 确定。

表 8.1.3 钢结构房屋的抗震等级

房屋高度	烈度			
	6	7	8	9
≤50m		四	三	二
>50m	四	三	二	一

注：1 高度接近或等于高度分界时，应允许结合房屋不规则程度和场地、地基条件确定抗震等级；

2 一般情况，构件的抗震等级应与结构相同；当某个部位各构件的承载力均满足 2 倍地震作用组合下的内力要求时，7～9 度的构件抗震等级应允许按降低一度确定。

8.1.4 钢结构房屋需要设置防震缝时，缝宽应不小于相应钢筋混凝土结构房屋的 1.5 倍。

8.1.5 一、二级的钢结构房屋，宜设置偏心支撑、带竖缝钢筋混凝土抗震墙板、内藏钢支撑钢筋混凝土墙板、屈曲约束支撑等消能支撑或筒体。

采用框架结构时，甲、乙类建筑和高层的丙类建筑不应采用单跨框架，多层的丙类建筑不宜采用单跨框架。

注：本章"一、二、三、四级"即"抗震等级为一、二、三、四级"的简称。

8.1.6 采用框架-支撑结构的钢结构房屋应符合下列规定：

1 支撑框架在两个方向的布置均宜基本对称，支撑框架之间楼盖的长宽比不宜大于 3。

2 三、四级且高度不大于 50m 的钢结构宜采用中心支撑，也可采用偏心支撑、屈曲约束支撑等消能支撑。

3 中心支撑框架宜采用交叉支撑，也可采用人字支撑或单斜杆支撑，不宜采用 K 形支撑；支撑的轴线宜交汇于梁柱构件轴线的交点，偏离交点时的偏心距不应超过支撑杆件宽度，并应计入由此产生的附加弯矩。当中心支撑采用只能受拉的单斜杆体系时，应同时设置不同倾斜方向的两组斜杆，且每组中不同方向单斜杆的截面面积在水平方向的投影面积之差不应大于 10%。

4 偏心支撑框架的每根支撑应至少有一端与框

架梁连接，并在支撑与梁交点和柱之间或同一跨内另一支撑与梁交点之间形成消能梁段。

5 采用屈曲约束支撑时，宜采用人字支撑、成对布置的单斜杆支撑等形式，不应采用 K 形或 X 形，支撑与柱的夹角宜在 35°～55° 之间。屈曲约束支撑受压时，其设计参数、性能检验和作为一种消能部件的计算方法可按相关要求设计。

8.1.7 钢框架-筒体结构，必要时可设置由筒体外伸臂或外伸臂和周边桁架组成的加强层。

8.1.8 钢结构房屋的楼盖应符合下列要求：

1 宜采用压型钢板现浇钢筋混凝土组合楼板或钢筋混凝土楼板，并应与钢梁有可靠连接。

2 对 6、7 度时不超过 50m 的钢结构，尚可采用装配整体式钢筋混凝土楼板，也可采用装配式楼板或其他轻型楼盖；但应将楼板预埋件与钢梁焊接，或采取其他保证楼盖整体性的措施。

3 对转换层楼盖或楼板有大洞口等情况，必要时可设置水平支撑。

8.1.9 钢结构房屋的地下室设置，应符合下列要求：

1 设置地下室时，框架-支撑（抗震墙板）结构中竖向连续布置的支撑（抗震墙板）应延伸至基础；钢框架柱应至少延伸至地下一层，其竖向荷载应直接传至基础。

2 超过 50m 的钢结构房屋应设置地下室。其基础埋置深度，当采用天然地基时不宜小于房屋总高度的 1/15；当采用桩基时，桩承台埋深不宜小于房屋总高度的 1/20。

8.2 计算要点

8.2.1 钢结构应按本节规定调整地震作用效应，其层间变形应符合本规范第 5.5 节的有关规定。构件截面和连接抗震验算时，非抗震的承载力设计值应除以本规范规定的承载力抗震调整系数；凡本章未作规定者，应符合现行有关设计规范、规程的要求。

8.2.2 钢结构抗震计算的阻尼比宜符合下列规定：

1 多遇地震下的计算，高度不大于 50m 时可取 0.04；高度大于 50m 且小于 200m 时，可取 0.03；高度不小于 200m 时，宜取 0.02。

2 当偏心支撑框架部分承担的地震倾覆力矩大于结构总地震倾覆力矩的 50% 时，其阻尼比可比本条 1 款相应增加 0.005。

3 在罕遇地震下的弹塑性分析，阻尼比可取 0.05。

8.2.3 钢结构在地震作用下的内力和变形分析，应符合下列规定：

1 钢结构应按本规范第 3.6.3 条规定计入重力二阶效应。进行二阶效应的弹性分析时，应按现行国家标准《钢结构设计规范》GB 50017 的有关规定，在每层柱顶附加假想水平力。

2 框架梁可按梁端截面的内力设计。对工字形截面柱，宜计入梁柱节点域剪切变形对结构侧移的影响；对箱形柱框架、中心支撑框架和不超过 50m 的钢结构，其层间位移计算可不计入梁柱节点域剪切变形的影响，近似按框架轴线进行分析。

3 钢框架-支撑结构的斜杆可按端部铰接杆计算；其框架部分按刚度分配计算得到的地震层剪力应乘以调整系数，达到不小于结构底部总地震剪力的 25% 和框架部分计算最大层剪力 1.8 倍二者的较小值。

4 中心支撑框架的斜杆轴线偏离梁柱轴线交点不超过支撑杆件的宽度时，仍可按中心支撑框架分析，但应计及由此产生的附加弯矩。

5 偏心支撑框架中，与消能梁段相连构件的内力设计值，应按下列要求调整：

1） 支撑斜杆的轴力设计值，应取与支撑斜杆相连接的消能梁段达到受剪承载力时支撑斜杆轴力与增大系数的乘积；其增大系数，一级不应小于 1.4，二级不应小于 1.3，三级不应小于 1.2；

2） 位于消能梁段同一跨的框架梁内力设计值，应取消能梁段达到受剪承载力时框架梁内力与增大系数的乘积；其增大系数，一级不应小于 1.3，二级不应小于 1.2，三级不应小于 1.1；

3） 框架柱的内力设计值，应取消能梁段达到受剪承载力时柱内力与增大系数的乘积；其增大系数，一级不应小于 1.3，二级不应小于 1.2，三级不应小于 1.1。

6 内藏钢支撑钢筋混凝土墙板和带竖缝钢筋混凝土墙板应按有关规定计算，带竖缝钢筋混凝土墙板可仅承受水平荷载产生的剪力，不承受竖向荷载产生的压力。

7 钢结构转换构件下的钢框架柱，地震内力应乘以增大系数，其值可采用 1.5。

8.2.4 钢框架梁的上翼缘采用抗剪连接件与组合楼板连接时，可不验算地震作用下的整体稳定。

8.2.5 钢框架节点处的抗震承载力验算，应符合下列规定：

1 节点左右梁端和上下柱端的全塑性承载力，除下列情况之一外，应符合下式要求：

1） 柱所在楼层的受剪承载力比相邻上一层的受剪承载力高出 25%；

2） 柱轴压比不超过 0.4，或 $N_2 \leqslant \varphi A_c f$（$N_2$ 为 2 倍地震作用下的组合轴力设计值）；

3） 与支撑斜杆相连的节点。

等截面梁

$$\sum W_{pc}(f_{yc} - N/A_c) \geqslant \eta \sum W_{pb} f_{yb}$$

(8.2.5-1)

端部翼缘变截面的梁

$$\sum W_{pc}(f_{yc} - N/A_c) \geqslant \sum (\eta W_{pb1} f_{yb} + V_{pb}s)$$
$$(8.2.5-2)$$

式中：W_{pc}、W_{pb}——分别为交汇于节点的柱和梁的塑性截面模量；

W_{pb1}——梁塑性铰所在截面的梁塑性截面模量；

f_{yc}、f_{yb}——分别为柱和梁的钢材屈服强度；

N——地震组合的柱轴力；

A_c——框架柱的截面面积；

η——强柱系数，一级取 1.15，二级取 1.10，三级取 1.05；

V_{pb}——梁塑性铰剪力；

s——塑性铰至柱面的距离，塑性铰可取梁端部变截面翼缘的最小处。

2 节点域的屈服承载力应符合下列要求：

$$\psi(M_{pb1} + M_{pb2})/V_p \leqslant (4/3)f_{yv} \quad (8.2.5-3)$$

工字形截面柱

$$V_p = h_{b1} h_{c1} t_w \quad (8.2.5-4)$$

箱形截面柱

$$V_p = 1.8 h_{b1} h_{c1} t_w \quad (8.2.5-5)$$

圆管截面柱

$$V_p = (\pi/2)h_{b1} h_{c1} t_w \quad (8.2.5-6)$$

3 工字形截面柱和箱形截面柱的节点域应按下列公式验算：

$$t_w \geqslant (h_{b1} + h_{c1})/90 \quad (8.2.5-7)$$
$$(M_{b1} + M_{b2})/V_p \leqslant (4/3)f_v/\gamma_{RE} \quad (8.2.5-8)$$

式中：M_{pb1}、M_{pb2}——分别为节点域两侧梁的全塑性受弯承载力；

V_p——节点域的体积；

f_v——钢材的抗剪强度设计值；

f_{yv}——钢材的屈服抗剪强度，取钢材屈服强度的 0.58 倍；

ψ——折减系数；三、四级取 0.6，一、二级取 0.7；

h_{b1}、h_{c1}——分别为梁翼缘厚度中点间的距离和柱翼缘（或钢管直径线上管壁）厚度中点间的距离；

t_w——柱在节点域的腹板厚度；

M_{b1}、M_{b2}——分别为节点域两侧梁的弯矩设计值；

γ_{RE}——节点域承载力抗震调整系数，取 0.75。

8.2.6 中心支撑框架构件的抗震承载力验算，应符合下列规定：

1 支撑斜杆的受压承载力应按下式验算：

$$N/(\varphi A_{br}) \leqslant \psi f/\gamma_{RE} \quad (8.2.6-1)$$
$$\psi = 1/(1 + 0.35\lambda_n) \quad (8.2.6-2)$$

$$\lambda_n = (\lambda/\pi)\sqrt{f_{ay}/E} \quad (8.2.6-3)$$

式中：N——支撑斜杆的轴向力设计值；

A_{br}——支撑斜杆的截面面积；

φ——轴心受压构件的稳定系数；

ψ——受循环荷载时的强度降低系数；

λ、λ_n——支撑斜杆的长细比和正则化长细比；

E——支撑斜杆钢材的弹性模量；

f、f_{ay}——分别为钢材强度设计值和屈服强度；

γ_{RE}——支撑稳定破坏承载力抗震调整系数。

2 人字支撑和 V 形支撑的框架梁在支撑连接处应保持连续，并按不计入支撑支点作用的梁验算重力荷载和支撑屈曲时不平衡力作用下的承载力；不平衡力应按受拉支撑的最小屈服承载力和受压支撑最大屈曲承载力的 0.3 倍计算。必要时，人字支撑和 V 形支撑可沿竖向交替设置或采用拉链柱。

注：顶层和出屋面房间的梁可不执行本款。

8.2.7 偏心支撑框架构件的抗震承载力验算，应符合下列规定：

1 消能梁段的受剪承载力应符合下列要求：

当 $N \leqslant 0.15Af$ 时

$$V \leqslant \phi V_l/\gamma_{RE} \quad (8.2.7-1)$$

$V_l = 0.58A_w f_{ay}$ 或 $V_l = 2M_{lp}/a$，取较小值

$$A_w = (h - 2t_f)t_w$$
$$M_{lp} = fW_p$$

当 $N > 0.15Af$ 时

$$V \leqslant \phi V_{lc}/\gamma_{RE} \quad (8.2.7-2)$$

$$V_{lc} = 0.58A_w f_{ay} \sqrt{1 - [N/(Af)]^2}$$

或 $V_{lc} = 2.4M_{lp}[1 - N/(Af)]/a$，取较小值

式中：N、V——分别为消能梁段的轴力设计值和剪力设计值；

V_l、V_{lc}——分别为消能梁段受剪承载力和计入轴力影响的受剪承载力；

M_{lp}——消能梁段的全塑性受弯承载力；

A、A_w——分别为消能梁段的截面面积和腹板截面面积；

W_p——消能梁段的塑性截面模量；

a、h——分别为消能梁段的净长和截面高度；

t_w、t_f——分别为消能梁段的腹板厚度和翼缘厚度；

f、f_{ay}——消能梁段钢材的抗压强度设计值和屈服强度；

ϕ——系数，可取 0.9；

γ_{RE}——消能梁段承载力抗震调整系数，取 0.75。

2 支撑斜杆与消能梁段连接的承载力不得小于支撑的承载力。若支撑需抵抗弯矩，支撑与梁的连接应按抗压弯连接设计。

8.2.8 钢结构抗侧力构件的连接计算，应符合下列要求：

1 钢结构抗侧力构件连接的承载力设计值，不应小于相连构件的承载力设计值；高强度螺栓连接不得滑移。

2 钢结构抗侧力构件连接的极限承载力应大于相连构件的屈服承载力。

3 梁与柱刚性连接的极限承载力，应按下列公式验算：

$$M_u^j \geq \eta_j M_p \qquad (8.2.8\text{-}1)$$

$$V_u^j \geq 1.2(\sum M_p / l_n) + V_{Gb} \qquad (8.2.8\text{-}2)$$

4 支撑与框架连接和梁、柱、支撑的拼接极限承载力，应按下列公式验算：

支撑连接和拼接 $\quad N_{ubr}^j \geq \eta_j A_{br} f_y \qquad (8.2.8\text{-}3)$

梁的拼接 $\quad M_{ub,sp}^j \geq \eta_j M_p \qquad (8.2.8\text{-}4)$

柱的拼接 $\quad M_{uc,sp}^j \geq \eta_j M_{pc} \qquad (8.2.8\text{-}5)$

5 柱脚与基础的连接极限承载力，应按下列公式验算：

$$M_{u,base}^j \geq \eta_j M_{pc} \qquad (8.2.8\text{-}6)$$

式中： M_p、M_{pc} ——分别为梁的塑性受弯承载力和考虑轴力影响时柱的塑性受弯承载力；

V_{Gb} ——梁在重力荷载代表值（9度时高层建筑尚应包括竖向地震作用标准值）作用下，按简支梁分析的梁端截面剪力设计值；

l_n ——梁的净跨；

A_{br} ——支撑杆件的截面面积；

M_u^j、V_u^j ——分别为连接的极限受弯、受剪承载力；

N_{ubr}^j、$M_{ub,sp}^j$、$M_{uc,sp}^j$ ——分别为支撑连接和拼接、梁、柱拼接的极限受压（拉）、受弯承载力；

$M_{u,base}^j$ ——柱脚的极限受弯承载力。

η_j ——连接系数，可按表 8.2.8 采用。

表 8.2.8 钢结构抗震设计的连接系数

母材牌号	梁柱连接		支撑连接，构件拼接		柱 脚	
	焊接	螺栓连接	焊接	螺栓连接		
Q235	1.40	1.45	1.25	1.30	埋入式	1.2
Q345	1.30	1.35	1.20	1.25	外包式	1.2
Q345GJ	1.25	1.30	1.15	1.20	外露式	1.1

注：1 屈服强度高于 Q345 的钢材，按 Q345 的规定采用；

2 屈服强度高于 Q345GJ 的 GJ 钢材，按 Q345GJ 的规定采用；

3 翼缘焊接腹板栓接时，连接系数分别按表中连接形式取用。

8.3 钢框架结构的抗震构造措施

8.3.1 框架柱的长细比，一级不应大于 $60\sqrt{235/f_{ay}}$，二级不应大于 $80\sqrt{235/f_{ay}}$，三级不应大于 $100\sqrt{235/f_{ay}}$，四级时不应大于 $120\sqrt{235/f_{ay}}$。

8.3.2 框架梁、柱板件宽厚比，应符合表 8.3.2 的规定：

表 8.3.2 框架梁、柱板件宽厚比限值

板件名称		一级	二级	三级	四级
柱	工字形截面翼缘外伸部分	10	11	12	13
	工字形截面腹板	43	45	48	52
	箱形截面壁板	33	36	38	40
梁	工字形截面和箱形截面翼缘外伸部分	9	9	10	11
	箱形截面翼缘在两腹板之间部分	30	30	32	36
	工字形截面和箱形截面腹板	$72-120N_b$ $/(Af)$ ≤ 60	$72-100N_b$ $/(Af)$ ≤ 65	$80-110N_b$ $/(Af)$ ≤ 70	$85-120N_b$ $/(Af)$ ≤ 75

注：1 表列数值适用于 Q235 钢，采用其他牌号钢材时，应乘以 $\sqrt{235/f_{ay}}$。

2 $N_b/(Af)$ 为梁轴压比。

8.3.3 梁柱构件的侧向支承应符合下列要求：

1 梁柱构件受压翼缘应根据需要设置侧向支承。

2 梁柱构件在出现塑性铰的截面，上下翼缘均应设置侧向支承。

3 相邻两侧向支承点间的构件长细比，应符合现行国家标准《钢结构设计规范》GB 50017 的有关规定。

8.3.4 梁与柱的连接构造应符合下列要求：

1 梁与柱的连接宜采用柱贯通型。

2 柱在两个互相垂直的方向都与梁刚接时宜采用箱形截面，并在梁翼缘连接处设置隔板；隔板采用电渣焊时，柱壁板厚度不宜小于 16mm，小于 16mm 时可改用工字形柱或采用贯通式隔板。当柱仅在一个方向与梁刚接时，宜采用工字形截面，并将柱腹板置于刚接框架平面内。

3 工字形柱（绕强轴）和箱形柱与梁刚接时（图8.3.4-1），应符合下列要求：

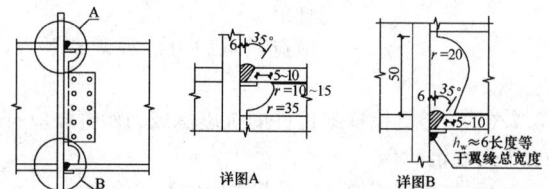

图 8.3.4-1 框架梁与柱的现场连接

1）梁翼缘与柱翼缘间应采用全熔透坡口焊缝；一、二级时，应检验焊缝的V形切口冲击韧性，其夏比冲击韧性在−20℃时不低于27J；

2）柱在梁翼缘对应位置应设置横向加劲肋（隔板），加劲肋（隔板）厚度不应小于梁翼缘厚度，强度与梁翼缘相同；

3）梁腹板宜采用摩擦型高强度螺栓与柱连接板连接（经工艺试验合格能确保现场焊接质量时，可用气体保护焊进行焊接）；腹板角部应设置焊接孔，孔形应使其端部与梁翼缘和柱翼缘间的全熔透坡口焊缝完全隔开；

4）腹板连接板与柱的焊接，当板厚不大于16mm时应采用双面角焊缝，焊缝有效厚度应满足等强度要求，且不小于5mm；板厚大于16mm时采用K形坡口对接焊缝。该焊缝宜采用气体保护焊，且板端应绕焊；

5）一级和二级时，宜采用能将塑性铰自梁端外移的端部扩大形连接、梁端加盖板或骨形连接。

4 框架梁采用悬臂梁段与柱刚性连接时（图8.3.4-2），悬臂梁段与柱应采用全焊接连接，此时上下翼缘焊接孔的形式宜相同；梁的现场拼接可采用翼缘焊接腹板螺栓连接或全部螺栓连接。

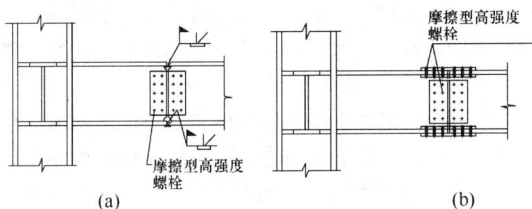

图8.3.4-2 框架柱与梁悬臂段的连接

5 箱形柱在与梁翼缘对应位置设置的隔板，应采用全熔透对接焊缝与壁板相连。工字形柱的横向加劲肋与柱翼缘，应采用全熔透对接焊缝连接，与腹板可采用角焊缝连接。

8.3.5 当节点域的腹板厚度不满足本规范第8.2.5条第2、3款的规定时，应采取加厚柱腹板或采取贴焊补强板的措施。补强板的厚度及其焊缝应按传递补强板所分担剪力的要求设计。

8.3.6 梁与柱刚性连接时，柱在梁翼缘上下各500mm的范围内，柱翼缘与柱腹板间或箱形柱壁板间的连接焊缝应采用全熔透坡口焊缝。

8.3.7 框架柱的接头距框架梁上方的距离，可取1.3m和柱净高一半二者的较小值。

上下柱的对接接头应采用全熔透焊缝，柱拼接接头上下各100mm范围内，工字形柱翼缘与腹板间及箱形柱角部壁板间的焊缝，应采用全熔透焊缝。

8.3.8 钢结构的刚接柱脚宜采用埋入式，也可采用外包式；6、7度且高度不超过50m时也可采用外露式。

8.4 钢框架-中心支撑结构的抗震构造措施

8.4.1 中心支撑的杆件长细比和板件宽厚比限值应符合下列规定：

1 支撑杆件的长细比，按压杆设计时，不应大于$120\sqrt{235/f_{ay}}$；一、二、三级中心支撑不得采用拉杆设计，四级采用拉杆设计时，其长细比不应大于180。

2 支撑杆件的板件宽厚比，不应大于表8.4.1规定的限值。采用节点板连接时，应注意节点板的强度和稳定。

表8.4.1 钢结构中心支撑板件宽厚比限值

板件名称	一级	二级	三级	四级
翼缘外伸部分	8	9	10	13
工字形截面腹板	25	26	27	33
箱形截面壁板	18	20	25	30
圆管外径与壁厚比	38	40	40	42

注：表列数值适用于Q235钢，采用其他牌号钢材应乘以$\sqrt{235/f_{ay}}$，圆管应乘以$235/f_{ay}$。

8.4.2 中心支撑节点的构造应符合下列要求：

1 一、二、三级，支撑宜采用H形钢制作，两端与框架可采用刚接构造，梁柱与支撑连接处应设置加劲肋；一级和二级采用焊接工字形截面的支撑时，其翼缘与腹板的连接宜采用全熔透连续焊缝。

2 支撑与框架连接处，支撑杆端宜做成圆弧。

3 梁在其与V形支撑或人字支撑相交处，应设置侧向支承；该支承点与梁端支承点间的侧向长细比（λ_y）以及支承力，应符合现行国家标准《钢结构设计规范》GB 50017关于塑性设计的规定。

4 若支撑和框架采用节点板连接，应符合现行国家标准《钢结构设计规范》GB 50017关于节点板在连接杆件每侧有不小于30°夹角的规定；一、二级时，支撑端部至节点板最近嵌固点（节点板与框架构件连接焊缝的端部）在沿支撑杆件轴线方向的距离，不应小于节点板厚度的2倍。

8.4.3 框架-中心支撑结构的框架部分，当房屋高度不高于100m且框架部分按计算分配的地震剪力不大于结构底部总地震剪力的25%时，一、二、三级的抗震构造措施可按框架结构降低一级的相应要求采用。其他抗震构造措施，应符合本规范第8.3节对框架结构抗震构造措施的规定。

8.5 钢框架-偏心支撑结构的抗震构造措施

8.5.1 偏心支撑框架消能梁段的钢材屈服强度不应大于 345MPa。消能梁段及与消能梁段同一跨内的非消能梁段，其板件的宽厚比不应大于表 8.5.1 规定的限值。

表 8.5.1 偏心支撑框架梁的板件宽厚比限值

板件名称		宽厚比限值
翼缘外伸部分		8
腹板	当 $N/(Af) \leqslant 0.14$ 时	$90[1-1.65N/(Af)]$
	当 $N/(Af) > 0.14$ 时	$33[2.3-N/(Af)]$

注：表列数值适用于 Q235 钢，当材料为其他钢号时应乘以 $\sqrt{235/f_{ay}}$，$N/(Af)$ 为梁轴压比。

8.5.2 偏心支撑框架的支撑杆件长细比不应大于 $120\sqrt{235/f_{ay}}$，支撑杆件的板件宽厚比不应超过现行国家标准《钢结构设计规范》GB 50017 规定的轴心受压构件在弹性设计时的宽度比限值。

8.5.3 消能梁段的构造应符合下列要求：

1 当 $N > 0.16Af$ 时，消能梁段的长度应符合下列规定：

当 $\rho(A_w/A) < 0.3$ 时

$$a < 1.6M_{lp}/V_l \qquad (8.5.3-1)$$

当 $\rho(A_w/A) \geqslant 0.3$ 时

$$a \leqslant [1.15-0.5\rho(A_w/A)]1.6M_{lp}/V_l \qquad (8.5.3-2)$$

$$\rho = N/V \qquad (8.5.3-3)$$

式中：a——消能梁段的长度；

ρ——消能梁段轴向力设计值与剪力设计值之比。

2 消能梁段的腹板不得贴焊补强板，也不得开洞。

3 消能梁段与支撑连接处，应在其腹板两侧配置加劲肋，加劲肋的高度应为梁腹板高度，一侧的加劲肋宽度不应小于 $(b_f/2 - t_w)$，厚度不应小于 $0.75t_w$ 和 10mm 的较大值。

4 消能梁段应按下列要求在其腹板上设置中间加劲肋：

1）当 $a \leqslant 1.6M_{lp}/V_l$ 时，加劲肋间距不大于 $(30t_w - h/5)$；

2）当 $2.6M_{lp}/V_l < a \leqslant 5M_{lp}/V_l$ 时，应在距消能梁段端部 $1.5b_f$ 处配置中间加劲肋，且中间加劲肋间距不应大于 $(52t_w - h/5)$；

3）当 $1.6M_{lp}/V_l < a \leqslant 2.6M_{lp}/V_l$ 时，中间加

劲肋的间距宜在上述二者间线性插入；

4）当 $a > 5M_{lp}/V_l$ 时，可不配置中间加劲肋；

5）中间加劲肋应与消能梁段的腹板等高，当消能梁段截面高度不大于 640mm 时，可配置单侧加劲肋，消能梁段截面高度大于 640mm 时，应在两侧配置加劲肋，一侧加劲肋的宽度不应小于 $(b_f/2 - t_w)$，厚度不应小于 t_w 和 10mm。

8.5.4 消能梁段与柱的连接应符合下列要求：

1 消能梁段与柱连接时，其长度不得大于 $1.6M_{lp}/V_l$，且应满足相关标准的规定。

2 消能梁段翼缘与柱翼缘之间应采用坡口全熔透对接焊缝连接，消能梁段腹板与柱之间应采用角焊缝（气体保护焊）连接；角焊缝的承载力不得小于消能梁段腹板的轴力、剪力和弯矩同时作用时的承载力。

3 消能梁段与柱腹板连接时，消能梁段翼缘与横向加劲板间应采用坡口全熔透焊缝，其腹板与柱连接板间应采用角焊缝（气体保护焊）连接；角焊缝的承载力不得小于消能梁段腹板的轴力、剪力和弯矩同时作用时的承载力。

8.5.5 消能梁段两端上下翼缘应设置侧向支撑，支撑的轴力设计值不得小于消能梁段翼缘轴向承载力设计值的 6%，即 $0.06b_f t_f f$。

8.5.6 偏心支撑框架梁的非消能梁段上下翼缘，应设置侧向支撑，支撑的轴力设计值不得小于梁翼缘轴向承载力设计值的 2%，即 $0.02b_f t_f f$。

8.5.7 框架-偏心支撑结构的框架部分，当房屋高度不高于 100m 且框架部分按计算分配的地震作用不大于结构底部总地震剪力的 25% 时，一、二、三级的抗震构造措施可按框架结构降低一级的相应要求采用。其他抗震构造措施，应符合本规范第 8.3 节对框架结构抗震构造措施的规定。

9 单层工业厂房

9.1 单层钢筋混凝土柱厂房

（Ⅰ）一 般 规 定

9.1.1 本节主要适用于装配式单层钢筋混凝土柱厂房，其结构布置应符合下列要求：

1 多跨厂房宜等高和等长，高低跨厂房不宜采用一端开口的结构布置。

2 厂房的贴建房屋和构筑物，不宜布置在厂房角部和紧邻防震缝处。

3 厂房体型复杂或有贴建的房屋和构筑物时，宜设防震缝；在厂房纵横跨交接处、大柱网厂房或不

设柱间支撑的厂房，防震缝宽度可采用 100mm～150mm，其他情况可采用 50mm～90mm。

4 两个主厂房之间的过渡跨至少应有一侧采用防震缝与主厂房脱开。

5 厂房内上起重机的铁梯不应靠近防震缝设置；多跨厂房各跨上起重机的铁梯不宜设置在同一横向轴线附近。

6 厂房内的工作平台、刚性工作间宜与厂房主体结构脱开。

7 厂房的同一结构单元内，不应采用不同的结构形式；厂房端部应设屋架，不应采用山墙承重；厂房单元内不应采用横墙和排架混合承重。

8 厂房柱距宜相等，各柱列的侧移刚度宜均匀，当有抽柱时，应采取抗震加强措施。

注：钢筋混凝土框排架厂房的抗震设计，应符合本规范附录 H 第 H.1 节的规定。

9.1.2 厂房天窗架的设置，应符合下列要求：

1 天窗宜采用突出屋面较小的避风型天窗，有条件或 9 度时宜采用下沉式天窗。

2 突出屋面的天窗宜采用钢天窗架；6～8 度时，可采用矩形截面杆件的钢筋混凝土天窗架。

3 天窗架不宜从厂房结构单元第一开间开始设置；8 度和 9 度时，天窗架宜从厂房单元端部第三柱间开始设置。

4 天窗屋盖、端壁板和侧板，宜采用轻型板材；不应采用端壁板代替端天窗架。

9.1.3 厂房屋架的设置，应符合下列要求：

1 厂房宜采用钢屋架或重心较低的预应力混凝土、钢筋混凝土屋架。

2 跨度不大于 15m 时，可采用钢筋混凝土屋面梁。

3 跨度大于 24m，或 8 度Ⅲ、Ⅳ类场地和 9 度时，应优先采用钢屋架。

4 柱距为 12m 时，可采用预应力混凝土托架（梁）；当采用钢屋架时，亦可采用钢托架（梁）。

5 有突出屋面天窗架的屋盖不宜采用预应力混凝土或钢筋混凝土空腹屋架。

6 8 度（0.30g）和 9 度时，跨度大于 24m 的厂房不宜采用大型屋面板。

9.1.4 厂房柱的设置，应符合下列要求：

1 8 度和 9 度时，宜采用矩形、工字形截面柱或斜腹杆双肢柱，不宜采用薄壁工字形柱、腹板开孔工字形柱、预制腹板的工字形柱和管柱。

2 柱底至室内地坪以上 500mm 范围内和阶形柱的上柱宜采用矩形截面。

9.1.5 厂房围护墙、砌体女儿墙的布置、材料选型和抗震构造措施，应符合本规范第 13.3 节的有关规定。

（Ⅱ）计 算 要 点

9.1.6 单层厂房按本规范的规定采取抗震构造措施并符合下列条件之一时，可不进行横向和纵向抗震验算：

1 7 度Ⅰ、Ⅱ类场地、柱高不超过 10m 且结构单元两端均有山墙的单跨和等高多跨厂房（锯齿形厂房除外）。

2 7 度时和 8 度（0.20g）Ⅰ、Ⅱ类场地的露天吊车栈桥。

9.1.7 厂房的横向抗震计算，应采用下列方法：

1 混凝土无檩和有檩屋盖厂房，一般情况下，宜计及屋盖的横向弹性变形，按多质点空间结构分析；当符合本规范附录 J 的条件时，可按平面排架计算，并按附录 J 的规定对排架柱的地震剪力和弯矩进行调整。

2 轻型屋盖厂房，柱距相等时，可按平面排架计算。

注：本节轻型屋盖指屋面为压型钢板、瓦楞铁等有檩屋盖。

9.1.8 厂房的纵向抗震计算，应采用下列方法：

1 混凝土无檩和有檩屋盖及有较完整支撑系统的轻型屋盖厂房，可采用下列方法：

1）一般情况下，宜计及屋盖的纵向弹性变形，围护墙与隔墙的有效刚度，不对称时尚宜计及扭转的影响，按多质点进行空间结构分析；

2）柱顶标高不大于 15m 且平均跨度不大于 30m 的单跨或等高多跨的钢筋混凝土柱厂房，宜采用本规范附录 K 第 K.1 节规定的修正刚度法计算。

2 纵墙对称布置的单跨厂房和轻型屋盖的多跨厂房，可按柱列分片独立计算。

9.1.9 突出屋面天窗架的横向抗震计算，可采用下列方法：

1 有斜撑杆的三铰拱式钢筋混凝土和钢天窗架的横向抗震计算可采用底部剪力法；跨度大于 9m 或 9 度时，混凝土天窗架的地震作用效应应乘以增大系数，其值可采用 1.5。

2 其他情况下天窗架的横向水平地震作用可采用振型分解反应谱法。

9.1.10 突出屋面天窗架的纵向抗震计算，可采用下列方法：

1 天窗架的纵向抗震计算，可采用空间结构分析法，并计及屋盖平面弹性变形和纵墙的有效刚度。

2 柱高不超过 15m 的单跨和等高多跨混凝土无檩屋盖厂房的天窗架纵向地震作用计算，可采用底部剪力法，但天窗架的地震作用效应应乘以效应增大系数，其值可按下列规定采用：

　　1）单跨、边跨屋盖或有纵向内隔墙的中跨屋盖：

$$\eta = 1 + 0.5n \qquad (9.1.10\text{-}1)$$

　　2）其他中跨屋盖：

$$\eta = 0.5n \qquad (9.1.10\text{-}2)$$

式中：η——效应增大系数；

　　　　n——厂房跨数，超过四跨时取四跨。

9.1.11 两个主轴方向柱距均不小于 12m、无桥式起重机且无柱间支撑的大柱网厂房，柱截面抗震验算应同时计算两个主轴方向的水平地震作用，并应计入位移引起的附加弯矩。

9.1.12 不等高厂房中，支承低跨屋盖的柱牛腿（柱肩）的纵向受拉钢筋截面面积，应按下式确定：

$$A_s \geqslant \left(\frac{N_G a}{0.85 h_0 f_y} + 1.2 \frac{N_E}{f_y} \right) \gamma_{RE} \quad (9.1.12)$$

式中：A_s——纵向水平受拉钢筋的截面面积；

　　　　N_G——柱牛腿面上重力荷载代表值产生的压力设计值；

　　　　a——重力作用点至下柱近侧边缘的距离，当小于 $0.3h_0$ 时采用 $0.3h_0$；

　　　　h_0——牛腿最大竖向截面的有效高度；

　　　　N_E——柱牛腿面上地震组合的水平拉力设计值；

　　　　f_y——钢筋抗拉强度设计值；

　　　　γ_{RE}——承载力抗震调整系数，可采用 1.0。

9.1.13 柱间交叉支撑斜杆的地震作用效应及其与柱连接节点的抗震验算，可按本规范附录 K 第 K.2 节的规定进行。下柱柱间支撑的下节点位置按本规范第 9.1.23 条规定设置于基础顶面以上时，宜进行纵向柱列柱根的斜截面受剪承载力验算。

9.1.14 厂房的抗风柱、屋架小立柱和计及工作平台影响的抗震计算，应符合下列规定：

　　1 高大山墙的抗风柱，在 8 度和 9 度时应进行平面外的截面抗震承载力验算。

　　2 当抗风柱与屋架下弦相连接时，连接点应设在下弦横向支撑节点处，下弦横向支撑杆件的截面和连接节点应进行抗震承载力验算。

　　3 当工作平台和刚性内隔墙与厂房主体结构连接时，应采用与厂房实际受力相适应的计算简图，并计入工作平台和刚性内隔墙对厂房的附加地震作用影响。变位受约束且剪跨比不大于 2 的排架柱，其斜截面受剪承载力应按现行国家标准《混凝土结构设计规范》GB 50010 的规定计算，并按本规范第 9.1.25 条采取相应的抗震构造措施。

　　4 8 度Ⅲ、Ⅳ类场地和 9 度时，带有小立柱的拱形和折线型屋架或上弦节间较长且矢高较大的屋

架，其上弦宜进行抗扭验算。

（Ⅲ）抗震构造措施

9.1.15 有檩屋盖构件的连接及支撑布置，应符合下列要求：

　　1 檩条应与混凝土屋架（屋面梁）焊牢，并应有足够的支承长度。

　　2 双脊檩应在跨度 1/3 处相互拉结。

　　3 压型钢板应与檩条可靠连接，瓦楞铁、石棉瓦等应与檩条拉结。

　　4 支撑布置宜符合表 9.1.15 的要求。

表 9.1.15　有檩屋盖的支撑布置

支撑名称		烈度		
		6、7	8	9
屋架支撑	上弦横向支撑	单元端开间各设一道	单元端开间及单元长度大于66m的柱间支撑开间各设一道；天窗开洞范围的两端各增设局部的支撑一道	单元端开间及单元长度大于42m的柱间支撑开间各设一道；天窗开洞范围的两端各增设局部的上弦横向支撑一道
	下弦横向支撑	同非抗震设计		
	跨中竖向支撑			
	端部竖向支撑	屋架端部高度大于900mm时，单元端开间及柱间支撑开间各设一道		
天窗架支撑	上弦横向支撑	单元天窗端开间各设一道	单元天窗端开间及每隔30m各设一道	单元天窗端开间及每隔18m各设一道
	两侧竖向支撑	单元天窗端开间及每隔36m各设一道		

9.1.16 无檩屋盖构件的连接及支撑布置，应符合下列要求：

　　1 大型屋面板应与屋架（屋面梁）焊牢，靠柱列的屋面板与屋架（屋面梁）的连接焊缝长度不宜小于 80mm。

　　2 6 度和 7 度时有天窗厂房单元的端开间，或 8 度和 9 度时各开间，宜将垂直屋架方向两侧相邻的大型屋面板的顶面彼此焊牢。

　　3 8 度和 9 度时，大型屋面板端头底面的预埋件宜采用角钢并与主筋焊牢。

　　4 非标准屋面板宜采用装配整体式接头，或将板四角切掉后与屋架（屋面梁）焊牢。

　　5 屋架（屋面梁）端部顶面预埋件的锚筋，8 度时不宜少于 4ϕ10，9 度时不宜少于 4ϕ12。

　　6 支撑的布置宜符合表 9.1.16-1 的要求，有中间井式天窗时宜符合表 9.1.16-2 的要求；8 度和 9 度跨度不大于 15m 的厂房屋盖采用屋面梁时，可仅在厂房单元两端各设竖向支撑一道；单坡屋面梁的屋盖支撑布置，宜按屋架端部高度大于 900mm 的屋盖支

撑布置执行。

表 9.1.16-1　无檩屋盖的支撑布置

支撑名称		烈　度		
		6、7	8	9
屋架支撑	上弦横向支撑	屋架跨度小于18m时同非抗震设计，跨度不小于18m时在厂房单元端间各设一道	单元端开间及柱间支撑开间各设一道，天窗开洞范围的两端宜增设局部的支撑一道	
	上弦通长水平系杆	同非抗震设计	沿屋架跨度不大于15m设一道，但装配整体式屋面可仅在天窗开洞范围内设置；围护墙在屋架上弦高度有现浇圈梁时，其端部处可不另设	沿屋架跨度不大于12m设一道，但装配整体式屋面可仅在天窗范围内设置；围护墙在屋架上弦高度有现浇圈梁时，其端部处可不另设
	下弦横向支撑		同非抗震设计	同上弦横向支撑
	跨中竖向支撑			
	两端竖向支撑 屋架端部高度≤900mm	单元端开间各设一道	单元端开间各设一道	单元端开间及每隔48m各设一道
	两端竖向支撑 屋架端部高度>900mm	单元端开间各设一道	单元端开间、柱间支撑开间各设一道	单元端开间、柱间支撑开间及每隔30m各设一道
天窗架支撑	天窗两侧竖向支撑	厂房单元天窗端开间及每隔30m设一道	厂房单元天窗端开间及每隔24m设一道	厂房单元天窗端开间及每隔18m设一道
	上弦横向支撑	同非抗震设计	厂房单元天窗端开间及柱间支撑开间各设一道	单元天窗端开间及柱间支撑开间各设一道

表 9.1.16-2　中间井式天窗无檩屋盖支撑布置

支撑名称		6、7度	8度	9度
上弦横向支撑 下弦横向支撑		厂房单元端开间各设一道	厂房单元端开间及柱间支撑开间各设一道	
上弦通长水平系杆		天窗范围内屋架跨中上弦节点处设置		
下弦通长水平系杆		天窗两侧及天窗范围内屋架下弦节点处设置		
跨中竖向支撑		有上弦横向支撑开间设置，位置与下弦通长系杆相对应		
两端竖向支撑	屋架端部高度≤900mm	同非抗震设计	有上弦横向支撑开间，且间距不大于48m	
	屋架端部高度>900mm	厂房单元端开间各设一道	有上弦横向支撑开间，且间距不大于48m	有上弦横向支撑开间，且间距不大于30m

9.1.17　屋盖支撑尚应符合下列要求：

1　天窗开洞范围内，在屋架脊点处应设上弦通长水平压杆；8度Ⅲ、Ⅳ类场地和9度时，梯形屋架

端部上节点应沿厂房纵向设置通长水平压杆。

2　屋架跨中竖向支撑在跨度方向的间距，6～8度时不大于15m，9度时不大于12m；当仅在跨中设一道时，应设在跨中屋架屋脊处；当设二道时，应在跨度方向均匀布置。

3　屋架上、下弦通长水平系杆与竖向支撑宜配合设置。

4　柱距不小于12m且屋架间距6m的厂房，托架（梁）区段及其相邻开间应设下弦纵向水平支撑。

5　屋盖支撑杆件宜用型钢。

9.1.18　突出屋面的混凝土天窗架，其两侧墙板与天窗立柱宜采用螺栓连接。

9.1.19　混凝土屋架的截面和配筋，应符合下列要求：

1　屋架上弦第一节间和梯形屋架端竖杆的配筋，6度和7度时不宜少于$4\phi12$，8度和9度时不宜少于$4\phi14$。

2　梯形屋架的端竖杆截面宽度宜与上弦宽度相同。

3　拱形和折线形屋架上弦端部支撑屋面板的小立柱，截面不宜小于200mm×200mm，高度不宜大于500mm，主筋宜采用Π形，6度和7度时不宜少于$4\phi12$，8度和9度时不宜少于$4\phi14$，箍筋可采用$\phi6$，间距不宜大于100mm。

9.1.20　厂房柱子的箍筋，应符合下列要求：

1　下列范围内柱的箍筋应加密：

　　1）柱头，取柱顶以下500mm并不小于柱截面长边尺寸；

　　2）上柱，取阶形柱自牛腿面至起重机梁顶面以上300mm高度范围内；

　　3）牛腿（柱肩），取全高；

　　4）柱根，取下柱柱底至室内地坪以上500mm；

　　5）柱间支撑与柱连接节点和柱变位受平台等约束的部位，取节点上、下各300mm。

2　加密区箍筋间距不应大于100mm，箍筋肢距和最小直径应符合表9.1.20的规定。

表 9.1.20　柱加密区箍筋最大肢距和最小箍筋直径

烈度和场地类别		6度和7度Ⅰ、Ⅱ类场地	7度Ⅲ、Ⅳ类地和8度Ⅰ、Ⅱ类场地	8度Ⅲ类和9度场地类别
箍筋最大肢距（mm）		300	250	200
箍筋最小直径	一般柱头和柱根	$\phi6$	$\phi8$	$\phi8(\phi10)$
	角柱柱头	$\phi8$	$\phi10$	$\phi10$
	上柱牛腿和有支撑的柱根	$\phi8$	$\phi8$	$\phi10$
	有支撑的柱头和柱变位受约束部位	$\phi8$	$\phi10$	$\phi12$

注：括号内数值用于柱根。

3 厂房柱侧向受约束且剪跨比不大于 2 的排架柱，柱顶预埋钢板和柱箍筋加密区的构造尚应符合下列要求：

　　1）柱顶预埋钢板沿排架平面方向的长度，宜取柱顶的截面高度，且不得小于截面高度的 1/2 及 300mm；

　　2）屋架的安装位置，宜减小在柱顶的偏心，其柱顶轴向力的偏心距不应大于截面高度的 1/4；

　　3）柱顶轴向力排架平面内的偏心距在截面高度的 1/6～1/4 范围内时，柱顶箍筋加密区的箍筋体积配筋率：9 度不宜小于 1.2%；8 度不宜小于 1.0%；6、7 度不宜小于 0.8%；

　　4）加密区箍筋宜配置四肢箍，肢距不大于 200mm。

9.1.21 大柱网厂房柱的截面和配筋构造，应符合下列要求：

　　1 柱截面宜采用正方形或接近正方形的矩形，边长不宜小于柱全高的 1/18～1/16。

　　2 重屋盖厂房地震组合的柱轴压比，6、7 度时不宜大于 0.8，8 度不宜大于 0.7，9 度时不应大于 0.6。

　　3 纵向钢筋宜沿柱截面周边对称配置，间距不宜大于 200mm，角部宜配置直径较大的钢筋。

　　4 柱头和柱根的箍筋应加密，并应符合下列要求：

　　　1）加密范围，柱根取基础顶面至室内地坪以上 1m，且不小于柱全高的 1/6；柱头取柱顶以下 500mm，且不小于柱截面长边尺寸；

　　　2）箍筋直径、间距和肢距，应符合本规范第 9.1.20 条的规定。

9.1.22 山墙抗风柱的配筋，应符合下列要求：

　　1 抗风柱柱顶以下 300mm 和牛腿（柱肩）面以上 300mm 范围内的箍筋，直径不宜小于 6mm，间距不应大于 100mm，肢距不宜大于 250mm。

　　2 抗风柱的变截面牛腿（柱肩）处，宜设置纵向受拉钢筋。

9.1.23 厂房柱间支撑的设置和构造，应符合下列要求：

　　1 厂房柱间支撑的布置，应符合下列规定：

　　　1）一般情况下，应在厂房单元中部设置上、下柱间支撑，且下柱支撑应与上柱支撑配套设置；

　　　2）有起重机或 8 度和 9 度时，宜在厂房单元两端增设上柱支撑；

　　　3）厂房单元较长或 8 度Ⅲ、Ⅳ类场地和 9 度时，可在厂房单元中部 1/3 区段内设置两道柱间支撑。

　　2 柱间支撑应采用型钢，支撑形式宜采用交叉式，其斜杆与水平面的交角不宜大于 55 度。

　　3 支撑杆件的长细比，不宜超过表 9.1.23 的规定。

表 9.1.23　交叉支撑斜杆的最大长细比

位置	烈　　度			
	6 度和 7 度Ⅰ、Ⅱ类场地	7 度Ⅲ、Ⅳ类场地和 8 度Ⅰ、Ⅱ类场地	8 度Ⅲ、Ⅳ类场地和 9 度Ⅰ、Ⅱ类场地	9 度Ⅲ、Ⅳ类场地
上柱支撑	250	250	200	150
下柱支撑	200	150	120	120

　　4 下柱支撑的下节点位置和构造措施，应保证将地震作用直接传给基础；当 6 度和 7 度（0.10g）不能直接传给基础时，应计及支撑对柱和基础的不利影响采取加强措施。

　　5 交叉支撑在交叉点应设置节点板，其厚度不应小于 10mm，斜杆与交叉节点板应焊接，与端节点板宜焊接。

9.1.24 8 度时跨度不小于 18m 的多跨厂房中柱和 9 度时多跨厂房各柱，柱顶宜设置通长水平压杆，此压杆可与梯形屋架支座处通长水平系杆合并设置，钢筋混凝土系杆端头与屋架间的空隙应采用混凝土填实。

9.1.25 厂房结构构件的连接节点，应符合下列要求：

　　1 屋架（屋面梁）与柱顶的连接，8 度时宜采用螺栓，9 度时宜采用钢板铰，亦可采用螺栓；屋架（屋面梁）端部支承垫板的厚度不宜小于 16mm。

　　2 柱顶预埋件的锚筋，8 度时不宜少于 4φ14，9 度时不宜少于 4φ16；有柱间支撑的柱子，柱顶预埋件尚应增设抗剪钢板。

　　3 山墙抗风柱的柱顶，应设置预埋板，使柱顶与端屋架的上弦（屋面梁上翼缘）可靠连接。连接部位应位于上弦横向支撑与屋架的连接点处，不符合时可在支撑中增设次腹杆或设置型钢横梁，将水平地震作用传至节点部位。

　　4 支承低跨屋盖的中柱牛腿（柱肩）的预埋件，应与牛腿（柱肩）中按计算承受水平拉力部分的纵向钢筋焊接，且焊接的钢筋，6 度和 7 度时不应少于 2φ12，8 度时不应少于 2φ14，9 度时不应少于 2φ16。

　　5 柱间支撑与柱连接节点预埋件的锚件，8 度Ⅲ、Ⅳ类场地和 9 度时，宜采用角钢加端板，其他情况可采用不低于 HRB335 级的热轧钢筋，但锚固长度不应小于 30 倍锚筋直径或增设端板。

　　6 厂房中的起重机走道板、端屋架与山墙间的填充小屋面板、天沟板、天窗端壁板和天窗侧板下的填充砌体等构件应与支承结构有可靠的连接。

9.2 单层钢结构厂房

（Ⅰ）一 般 规 定

9.2.1 本节主要适用于钢柱、钢屋架或钢屋面梁承重的单层厂房。

单层的轻型钢结构厂房的抗震设计，应符合专门的规定。

9.2.2 厂房的结构体系应符合下列要求：

1 厂房的横向抗侧力体系，可采用刚接框架、铰接框架、门式刚架或其他结构体系。厂房的纵向抗侧力体系，8、9度应采用柱间支撑；6、7度宜采用柱间支撑，也可采用刚接框架。

2 厂房内设有桥式起重机时，起重机梁系统的构件与厂房框架柱的连接应能可靠地传递纵向水平地震作用。

3 屋盖应设置完整的屋盖支撑系统。屋盖横梁与柱顶铰接时，宜采用螺栓连接。

9.2.3 厂房的平面布置、钢筋混凝土屋面板和天窗架的设置要求等，可参照本规范第9.1节单层钢筋混凝土柱厂房的有关规定。当设置防震缝时，其缝宽不宜小于单层混凝土柱厂房防震缝宽度的1.5倍。

9.2.4 厂房的围护墙板应符合本规范第13.3节的有关规定。

（Ⅱ）抗 震 验 算

9.2.5 厂房抗震计算时，应根据屋盖高差、起重机设置情况，采用与厂房结构的实际工作状况相适应的计算模型计算地震作用。

单层厂房的阻尼比，可依据屋盖和围护墙的类型，取0.045~0.05。

9.2.6 厂房地震作用计算时，围护墙体的自重和刚度，应按下列规定取值：

1 轻型墙板或与柱柔性连接的预制混凝土墙板，应计入其全部自重，但不应计入其刚度；

2 柱边贴砌且与柱有拉结的砌体围护墙，应计入其全部自重；当沿墙体纵向进行地震作用计算时，尚可计入普通砖砌体墙的折算刚度，折算系数，7、8和9度可分别取0.6、0.4和0.2。

9.2.7 厂房的横向抗震计算，可采用下列方法：

1 一般情况下，宜采用考虑屋盖弹性变形的空间分析方法；

2 平面规则、抗侧刚度均匀的轻型屋盖厂房，可按平面框架进行计算。等高厂房可采用底部剪力法，高低跨厂房应采用振型分解反应谱法。

9.2.8 厂房的纵向抗震计算，可采用下列方法：

1 采用轻型板材围护墙或与柱柔性连接的大型墙板的厂房，可采用底部剪力法计算，各纵向柱列的地震作用可按下列原则分配：

　　1）轻型屋盖可按纵向柱列承受的重力荷载代表值的比例分配；

　　2）钢筋混凝土无檩屋盖可按纵向柱列刚度比例分配；

　　3）钢筋混凝土有檩屋盖可取上述两种分配结果的平均值。

2 采用柱边贴砌且与柱拉结的普通砖砌体围护墙厂房，可参照本规范第9.1节的规定计算。

3 设置柱间支撑的柱列应计入支撑杆件屈曲后的地震作用效应。

9.2.9 厂房屋盖构件的抗震计算，应符合下列要求：

1 竖向支撑桁架的腹杆应能承受和传递屋盖的水平地震作用，其连接的承载力应大于腹杆的承载力，并满足构造要求。

2 屋盖横向水平支撑、纵向水平支撑的交叉斜杆均可按拉杆设计，并取相同的截面面积。

3 8、9度时，支承跨度大于24m的屋盖横梁的托架以及设备荷重较大的屋盖横梁，均应按本规范第5.3节计算其竖向地震作用。

9.2.10 柱间X形支撑、V形或Λ形支撑应考虑拉压杆共同作用，其地震作用及验算可按本规范附录K第K.2节的规定按拉杆计算，并计及相交受压杆的影响，但压杆卸载系数宜改取0.30。

交叉支撑端部的连接，对单角钢支撑应计入强度折减，8、9度时不得采用单面偏心连接；交叉支撑有一杆中断时，交叉节点板应予以加强，其承载力不小于1.1倍杆件承载力。

支撑杆件的截面应力比，不宜大于0.75。

9.2.11 厂房结构构件连接的承载力计算，应符合下列规定：

1 框架上柱的拼接位置应选择弯矩较小区域，其承载力不应小于按上柱两端呈全截面塑性屈服状态计算的拼接处的内力，且不得小于柱全截面受拉屈服承载力的0.5倍。

2 刚接框架屋盖横梁的拼接，当位于横梁最大应力区以外时，宜按与被拼接截面等强度设计。

3 实腹屋面梁与柱的刚性连接、梁端梁与梁的拼接，应采用地震组合内力进行弹性阶段设计。梁柱刚性连接、梁与梁拼接的极限受弯承载力应符合下列要求：

　　1）一般情况，可按本规范第8.2.8条钢结构梁柱刚接、梁与梁拼接的规定考虑连接系数进行验算。其中，当最大应力区在上柱时，全塑性受弯承载力应取实腹梁、上柱二者的较小值；

　　2）当屋面梁采用钢结构弹性设计阶段的板件宽厚比时，梁柱刚性连接和梁与梁拼接，应能可靠传递设防烈度地震组合内力或按本款1项验算。

刚接框架的屋架上弦与柱相连的连接板，在设防地震下不宜出现塑性变形。

4 柱间支撑与构件的连接，不应小于支撑杆件塑性承载力的1.2倍。

（Ⅲ）抗震构造措施

9.2.12 厂房的屋盖支撑，应符合下列要求：

1 无檩屋盖的支撑布置，宜符合表9.2.12-1的要求。

2 有檩屋盖的支撑布置，宜符合表9.2.12-2的要求。

3 当轻型屋盖采用实腹屋面梁、柱刚性连接的刚架体系时，屋盖水平支撑可布置在屋面梁的上翼缘平面。屋面梁下翼缘应设置隔撑侧向支承，隔撑的另一端可与屋面檩条连接。屋盖横向支撑、纵向天窗架支撑的布置可参照表9.2.12的要求。

4 屋盖纵向水平支撑的布置，尚应符合下列规定：

1）当采用托架支承屋盖横梁的屋盖结构时，应沿厂房单元全长设置纵向水平支撑；

2）对于高低跨厂房，在低跨屋盖横梁端部支承处，应沿屋盖全长设置纵向水平支撑；

3）纵向柱列局部柱间采用托架支承屋盖横梁时，应沿托架的柱间及向其两侧至少各延伸一个柱间设置屋盖纵向水平支撑；

4）当设置沿结构单元全长的纵向水平支撑时，应与横向水平支撑形成封闭的水平支撑体系。多跨厂房屋盖纵向水平支撑的间距不宜超过两跨，不得超过三跨；高跨和低跨宜按各自的标高组成相对独立的封闭支撑体系。

5 支撑杆宜采用型钢；设置交叉支撑时，支撑杆的长细比限值可取350。

表9.2.12-1　无檩屋盖的支撑系统布置

支撑名称			烈　度		
			6、7	8	9
屋架支撑	上、下弦横向支撑		屋架跨度小于18m时同非抗震设计；屋架跨度不小于18m时，在厂房单元端开间各设一道	厂房单元端开间及上柱支撑开间各设一道；天窗开洞范围的两端各增设局部上弦支撑一道；当屋架端部支承在屋架上弦时，其下弦横向支撑同非抗震设计	
	上弦通长水平系杆			在屋脊处、天窗架竖向支撑处、横向支撑节点处和屋架两端处设置	
	下弦通长水平系杆			屋架竖向支撑节点处设置；当屋架与柱刚接时，在屋架端节点处按控制下弦平面外长细比不大于150设置	
	竖向支撑	屋架跨度小于30m	同非抗震设计	厂房单元两端开间及上柱支撑各开间屋架端部各设一道	同8度，且每隔42m在屋架端部设置
		屋架跨度大于等于30m		厂房单元的端开间，屋架1/3跨度处和上柱支撑开间内的屋架端部设置，并与上、下弦横向支撑相对应	同8度，且每隔36m在屋架端部设置
纵向天窗架支撑	上弦横向支撑		天窗架单元两端开间各设一道	天窗架单元端开间及柱间支撑开间各设一道	
	竖向支撑	跨中	跨度不小于12m时设置，其道数与两侧相同	跨度不小于9m时设置，其道数与两侧相同	
		两侧	天窗架单元端开间及每隔36m设置	天窗架单元端开间及每隔30m设置	天窗架单元端开间及每隔24m设置

表9.2.12-2　有檩屋盖的支撑系统布置

支撑名称		烈　度		
		6、7	8	9
屋架支撑	上弦横向支撑	厂房单元开间及每隔60m各设一道	厂房单元开间及上柱柱间支撑开间各设一道	同8度，且天窗开洞范围的两端各增设局部上弦横向支撑一道
	下弦横向支撑	同非抗震设计；当屋架端部支承在屋架下弦时，同上弦横向支撑		
	跨中竖向支撑	同非抗震设计		屋架跨度大于等于30m时，跨中增设一道
	两侧竖向支撑	屋架端部高度大于900mm时，厂房单元端开间及柱间支撑开间各设一道		
	下弦通长水平系杆	同非抗震设计	屋架两端和屋架竖向支撑处设置；与柱刚接时，屋架端开间处按控制下弦平面外长细比不大于150设置	
纵向天窗架支撑	上弦横向支撑	天窗架单元两端开间各设一道	天窗架单元两端开间及每隔54m各设一道	天窗架单元两端开间及每隔48m各设一道
	两侧竖向支撑	天窗架单元端开间及每隔42m各设一道	天窗架单元端开间及每隔36m各设一道	天窗架单元端开间及每隔24m各设一道

9.2.13 厂房框架柱的长细比，轴压比小于 0.2 时不宜大于 150；轴压比不小于 0.2 时，不宜大于 $120\sqrt{235/f_{ay}}$。

9.2.14 厂房框架柱、梁的板件宽厚比，应符合下列要求：

1 重屋盖厂房，板件宽厚比限值可按本规范第 8.3.2 条的规定采用，7、8、9 度的抗震等级可分别按四、三、二级采用。

2 轻屋盖厂房，塑性耗能区板件宽厚比限值可根据其承载力的高低按性能目标确定。塑性耗能区外的板件宽厚比限值，可采用现行《钢结构设计规范》GB 50017 弹性设计阶段的板件宽厚比限值。

注：腹板的宽厚比，可通过设置纵向加劲肋减小。

9.2.15 柱间支撑应符合下列要求：

1 厂房单元的各纵向柱列，应在厂房单元中部布置一道下柱柱间支撑；当 7 度厂房单元长度大于 120m（采用轻型围护材料时为 150m）、8 度和 9 度厂房单元大于 90m（采用轻型围护材料时为 120m）时，应在厂房单元 1/3 区段内各布置一道下柱支撑；当柱距数不超过 5 个且厂房长度小于 60m 时，亦可在厂房单元的两端布置下柱支撑。上柱柱间支撑应布置在厂房单元两端和具有下柱支撑的柱间。

2 柱间支撑宜采用 X 形支撑，条件限制时也可采用 V 形、Λ 形及其他形式的支撑。X 形支撑斜杆与水平面的夹角、支撑斜杆交叉点的节点板厚度，应符合本规范第 9.1 节的规定。

3 柱间支撑杆件的长细比限值，应符合现行国家标准《钢结构设计规范》GB 50017 的规定。

4 柱间支撑宜采用整根型钢，当热轧型钢超过材料最大长度规格时，可采用拼接等强接长。

5 有条件时，可采用消能支撑。

9.2.16 柱脚应能可靠传递柱身承载力，宜采用埋入式、插入式或外包式柱脚，6、7 度时也可采用外露式柱脚。柱脚设计应符合下列要求：

1 实腹式钢柱采用埋入式、插入式柱脚的埋入深度，应由计算确定，且不得小于钢柱截面高度的 2.5 倍。

2 格构式柱采用插入式柱脚的埋入深度，应由计算确定，其最小插入深度不得小于单肢截面高度（或外径）的 2.5 倍，且不得小于柱总宽度的 0.5 倍。

3 采用外包式柱脚时，实腹 H 形截面柱的钢筋混凝土外包高度不宜小于 2.5 倍的钢结构截面高度，箱型截面柱或圆管截面柱的钢筋混凝土外包高度不宜小于 3.0 倍的钢结构截面高度或圆管截面直径。

4 当采用外露式柱脚时，柱脚极限承载力不宜小于柱截面塑性屈服承载力的 1.2 倍。柱脚锚栓不宜用以承受柱底水平剪力，柱底剪力应由钢底板与基础间的摩擦力或设置抗剪键及其他措施承担。柱脚锚栓应可靠锚固。

9.3 单层砖柱厂房

（Ⅰ）一 般 规 定

9.3.1 本节适用于 6～8 度（0.20g）的烧结普通砖（黏土砖、页岩砖）、混凝土普通砖砌筑的砖柱（墙垛）承重的下列中小型单层工业厂房：

1 单跨和等高多跨且无桥式起重机。

2 跨度不大于 15m 且柱顶标高不大于 6.6m。

9.3.2 厂房的结构布置应符合下列要求，并宜符合本规范第 9.1.1 条的有关规定：

1 厂房两端均应设置承重山墙。

2 与柱等高并相连的纵横内隔墙宜采用砖抗震墙。

3 防震缝设置应符合下列规定：

　　1）轻型屋盖厂房，可不设防震缝；

　　2）钢筋混凝土屋盖厂房与贴建的建（构）筑物间宜设防震缝，防震缝的宽度可采用 50mm～70mm，防震缝处应设置双柱或双墙。

4 天窗不应通至厂房单元的端开间，天窗不应采用端砖壁承重。

注：本章轻型屋盖指木屋盖和轻钢屋架、压型钢板、瓦楞铁等屋面的屋盖。

9.3.3 厂房的结构体系，尚应符合下列要求：

1 厂房屋盖宜采用轻型屋盖。

2 6 度和 7 度时，可采用十字形截面的无筋砖柱；8 度时不应采用无筋砖柱。

3 厂房纵向的独立砖柱柱列，可在柱间设置与柱等高的抗震墙承受纵向地震作用；不设置抗震墙的独立砖柱柱顶，应设通长水平压杆。

4 纵、横向内隔墙宜采用抗震墙，非承重横隔墙和非整体砌筑且不到顶的纵向隔墙宜采用轻质墙；当采用非轻质墙时，应计及隔墙对柱及其与屋架（屋面梁）连接节点的附加地震剪力。独立的纵向和横向内隔墙应采取措施保证其平面外的稳定性，且顶部应设置现浇钢筋混凝土压顶梁。

（Ⅱ）计 算 要 点

9.3.4 按本节规定采取抗震构造措施的单层砖柱厂房，当符合下列条件之一时，可不进行横向或纵向截面抗震验算：

1 7 度（0.10g）Ⅰ、Ⅱ类场地，柱顶标高不超过 4.5m，且结构单元两端均有山墙的单跨及等高多跨砖柱厂房，可不进行横向和纵向抗震验算。

2 7 度（0.10g）Ⅰ、Ⅱ类场地，柱顶标高不超过 6.6m，两侧设有厚度不小于 240mm 且开洞截面面积不超过 50% 的外纵墙，结构单元两端均有山墙的单跨厂房，可不进行纵向抗震验算。

9.3.5 厂房的横向抗震计算，可采用下列方法：

1 轻型屋盖厂房可按平面排架进行计算。

2 钢筋混凝土屋盖厂房和密铺望板的瓦木屋盖厂房可按平面排架进行计算并计及空间工作，按本规范附录 J 调整地震作用效应。

9.3.6 厂房的纵向抗震计算，可采用下列方法：

1 钢筋混凝土屋盖厂房宜采用振型分解反应谱法进行计算。

2 钢筋混凝土屋盖的等高多跨砖柱厂房，可按本规范附录 K 规定的修正刚度法进行计算。

3 纵墙对称布置的单跨厂房和轻型屋盖的多跨厂房，可采用柱列分片独立进行计算。

9.3.7 突出屋面天窗架的横向和纵向抗震计算应符合本规范第 9.1.9 条和第 9.1.10 条的规定。

9.3.8 偏心受压砖柱的抗震验算，应符合下列要求：

1 无筋砖柱地震组合轴向力设计值的偏心距，不宜超过 0.9 倍截面形心到轴向力所在方向截面边缘的距离；承载力抗震调整系数可采用 0.9。

2 组合砖柱的配筋应按计算确定，承载力抗震调整系数可采用 0.85。

（Ⅲ）抗震构造措施

9.3.9 钢屋架、压型钢板、瓦楞铁等轻型屋盖的支撑，可按本规范表 9.2.12-2 的规定设置，上、下弦横向支撑应布置在两端第二开间；木屋盖的支撑布置，宜符合表 9.3.9 的要求，支撑与屋架或天窗架应采用螺栓连接；木天窗架的边柱，宜采用通长木夹板或铁板并通过螺栓加强边柱与屋架上弦的连接。

表 9.3.9 木屋盖的支撑布置

支撑名称		烈度		
		6、7	8	
		各类屋盖	满铺望板	稀铺望板或无望板
屋架支撑	上弦横向支撑	同非抗震设计		屋架跨度大于6m时，房屋单元两端第二开间及每隔20m设一道
屋架支撑	下弦横向支撑	同非抗震设计		
	跨中竖向支撑	同非抗震设计		
天窗架支撑	天窗两侧竖向支撑	同非抗震设计		不宜设置天窗
	上弦横向支撑			

9.3.10 檩条与山墙卧梁应可靠连接，搁置长度不应小于 120mm，有条件时可采用檩条伸出山墙的屋面结构。

9.3.11 钢筋混凝土屋盖的构造措施，应符合本规范第 9.1 节的有关规定。

9.3.12 厂房柱顶标高处应沿房屋外墙及承重内墙设置现浇闭合圈梁，8 度时还应沿墙高每隔 3m～4m 增设一道圈梁，圈梁的截面高度不应小于 180mm，配筋不应少于 4φ12；当地基为软弱黏性土、液化土、新近填土或严重不均匀土层时，尚应设置基础圈梁。当圈梁兼作门窗过梁或抵抗不均匀沉降影响时，其截面和配筋除满足抗震要求外，尚应根据实际受力计算确定。

9.3.13 山墙应沿屋面设置现浇钢筋混凝土卧梁，并应与屋盖构件锚拉；山墙壁柱的截面与配筋，不宜小于排架柱，壁柱应通到墙顶并与卧梁或屋盖构件连接。

9.3.14 屋架（屋面梁）与墙顶圈梁或柱顶垫块，应采用螺栓或焊接连接；柱顶垫块厚度不应小于 240mm，并应配置两层直径不小于 8mm 间距不大于 100mm 的钢筋网；墙顶圈梁应与柱顶垫块整浇。

9.3.15 砖柱的构造应符合下列要求：

1 砖的强度等级不应低于 MU10，砂浆的强度等级不应低于 M5；组合砖柱中的混凝土强度等级不应低于 C20。

2 砖柱的防潮层应采用防水砂浆。

9.3.16 钢筋混凝土屋盖的砖柱厂房，山墙开洞的水平截面面积不宜超过总截面面积的 50%；8 度时，应在山墙、横墙两端设置钢筋混凝土构造柱，构造柱的截面尺寸可采用 240mm×240mm，竖向钢筋不应少于 4φ12，箍筋可采用 φ6，间距宜为 250mm～300mm。

9.3.17 砖砌体墙的构造应符合下列要求：

1 8 度时，钢筋混凝土无檩屋盖砖柱厂房，砖围护墙顶部宜沿墙长每隔 1m 埋入 1φ8 竖向钢筋，并插入顶部圈梁内。

2 7 度且墙顶高度大于 4.8m 或 8 度时，不设置构造柱的外墙转角及承重内横墙与外纵墙交接处，应沿墙高每 500mm 配置 2φ6 钢筋，每边伸入墙内不小于 1m。

3 出屋面女儿墙的抗震构造措施，应符合本规范第 13.3 节的有关规定。

10 空旷房屋和大跨屋盖建筑

10.1 单层空旷房屋

（Ⅰ）一般规定

10.1.1 本节适用于较空旷的单层大厅和附属房屋组成的公共建筑。

10.1.2 大厅、前厅、舞台之间，不宜设防震缝分开；大厅与两侧附属房屋之间可不设防震缝。但不设缝时应加强连接。

10.1.3 单层空旷房屋大厅屋盖的承重结构，在下列情况下不应采用砖柱：

1 7度（0.15g）、8度、9度时的大厅。

2 大厅内设有挑台。

3 7度（0.10g）时，大厅跨度大于12m或柱顶高度大于6m。

4 6度时，大厅跨度大于15m或柱顶高度大于8m。

10.1.4 单层空旷房屋大厅屋盖的承重结构，除本规范第10.1.3条规定者外，可在大厅纵墙屋架支点下增设钢筋混凝土-砖组合壁柱，不得采用无筋砖壁柱。

10.1.5 前厅结构布置应加强横向的侧向刚度，大门处壁柱和前厅内独立柱应采用钢筋混凝土柱。

10.1.6 前厅与大厅、大厅与舞台连接处的横墙，应加强侧向刚度，设置一定数量的钢筋混凝土抗震墙。

10.1.7 大厅部分其他要求可参照本规范第9章，附属房屋应符合本规范的有关规定。

（Ⅱ）计 算 要 点

10.1.8 单层空旷房屋的抗震计算，可将房屋划分为前厅、舞台、大厅和附属房屋等若干独立结构，按本规范有关规定执行，但应计及相互影响。

10.1.9 单层空旷房屋的抗震计算，可采用底部剪力法，地震影响系数可取最大值。

10.1.10 大厅的纵向水平地震作用标准值，可按下式计算：

$$F_{Ek} = \alpha_{max} G_{eq} \qquad (10.1.10)$$

式中：F_{Ek}——大厅一侧纵墙或柱列的纵向水平地震作用标准值；

G_{eq}——等效重力荷载代表值。包括大厅屋盖和毗连附属房屋屋盖各一半的自重和50%雪荷载标准值，及一侧纵墙或柱列的折算自重。

10.1.11 大厅的横向抗震计算，宜符合下列原则：

1 两侧无附属房屋的大厅，有挑台部分和无挑台部分可各取一个典型开间计算；符合本规范第9章规定时，尚可计及空间工作。

2 两侧有附属房屋时，应根据附属房屋的结构类型，选择适当的计算方法。

10.1.12 8度和9度时，高大山墙的壁柱应进行平面外的截面抗震验算。

（Ⅲ）抗震构造措施

10.1.13 大厅的屋盖构造，应符合本规范第9章的规定。

10.1.14 大厅的钢筋混凝土柱和组合砖柱应符合下列要求：

1 组合砖柱纵向钢筋的上端应锚入屋架底部的钢筋混凝土圈梁内。组合砖柱的纵向钢筋，除按计算

确定外，6度Ⅲ、Ⅳ类场地和7度（0.10g）Ⅰ、Ⅱ类场地每侧不应少于4φ14；7度（0.10g）Ⅲ、Ⅳ类场地每侧不应少于4φ16。

2 钢筋混凝土柱按抗震等级不低于二级的框架柱设计，其配筋量应按计算确定。

10.1.15 前厅与大厅、大厅与舞台间轴线上横墙，应符合下列要求：

1 应在横墙两端，纵向梁支点及大洞口两侧设置钢筋混凝土框架柱或构造柱。

2 嵌砌在框架柱间的横墙应有部分设计成抗震等级不低于二级的钢筋混凝土抗震墙。

3 舞台口的柱和梁应采用钢筋混凝土结构，舞台口大梁上承重砌体墙应设置间距不大于4m的立柱和间距不大于3m的圈梁，立柱、圈梁的截面尺寸、配筋及与周围砌体的拉结应符合多层砌体房屋的要求。

4 9度时，舞台口大梁上的墙体应采用轻质隔墙。

10.1.16 大厅柱（墙）顶标高处应设置现浇圈梁，并宜沿墙高每隔3m左右增设一道圈梁。梯形屋架端部高度大于900mm时还应在上弦标高处增设一道圈梁。圈梁的截面高度不宜小于180mm，宽度宜与墙厚相同，纵筋不应少于4φ12，箍筋间距不宜大于200mm。

10.1.17 大厅与两侧附属房屋间不设防震缝时，应在同一标高处设置封闭圈梁并在交接处拉通，墙体交接处应沿墙高每隔400mm在水平灰缝内设置拉结钢筋网片，且每边伸入墙内不宜小于1m。

10.1.18 悬挑式挑台应有可靠的锚固和防止倾覆的措施。

10.1.19 山墙应沿屋面设置钢筋混凝土卧梁，并应与屋盖构件锚拉；山墙应设置钢筋混凝土柱或组合柱，其截面和配筋分别不宜小于排架柱或纵墙组合柱，并应通到山墙的顶端与卧梁连接。

10.1.20 舞台后墙，大厅与前厅交接处的高大山墙，应利用工作平台或楼层作为水平支撑。

10.2 大跨屋盖建筑

（Ⅰ）一 般 规 定

10.2.1 本节适用于采用拱、平面桁架、立体桁架、网架、网壳、张弦梁、弦支穹顶等基本形式及其组合而成的大跨度钢屋盖建筑。

采用非常用形式以及跨度大于120m、结构单元长度大于300m或悬挑长度大于40m的大跨钢屋盖建筑的抗震设计，应进行专门研究和论证，采取有效的加强措施。

10.2.2 屋盖及其支承结构的选型和布置，应符合下列各项要求：

1 应能将屋盖的地震作用有效地传递到下部支承结构。

2 应具有合理的刚度和承载力分布，屋盖及其支承的布置宜均匀对称。

3 宜优先采用两个水平方向刚度均衡的空间传力体系。

4 结构布置宜避免因局部削弱或突变形成薄弱部位，产生过大的内力、变形集中。对于可能出现的薄弱部位，应采取措施提高其抗震能力。

5 宜采用轻型屋面系统。

6 下部支承结构应合理布置，避免使屋盖产生过大的地震扭转效应。

10.2.3 屋盖体系的结构布置，尚应分别符合下列要求：

1 单向传力体系的结构布置，应符合下列规定：

　1）主结构（桁架、拱、张弦梁）间应设置可靠的支撑，保证垂直于主结构方向的水平地震作用的有效传递；

　2）当桁架支座采用下弦节点支承时，应在支座间设置纵向桁架或采用其他可靠措施，防止桁架在支座处发生平面外扭转。

2 空间传力体系的结构布置，应符合下列规定：

　1）平面形状为矩形且三边支承一边开口的结构，其开口边应加强，保证足够的刚度；

　2）两向正交正放网架、双向张弦梁，应沿周边支座设置封闭的水平支撑；

　3）单层网壳应采用刚接节点。

注：单向传力体系指平面拱、单向平面桁架、单向立体桁架、单向张弦梁等结构形式；空间传力体系指网架、网壳、双向立体桁架、双向张弦梁和弦支穹顶等结构形式。

10.2.4 当屋盖分区域采用不同的结构形式时，交界区域的杆件和节点应加强；也可设置防震缝，缝宽不宜小于150mm。

10.2.5 屋面围护系统、吊顶及悬吊物等非结构构件应与结构可靠连接，其抗震措施应符合本规范第13章的有关规定。

（Ⅱ）计 算 要 点

10.2.6 下列屋盖结构可不进行地震作用计算，但应符合本节有关的抗震措施要求：

1 7度时，矢跨比小于1/5的单向平面桁架和单向立体桁架结构可不进行沿桁架的水平向以及竖向地震作用计算。

2 7度时，网架结构可不进行地震作用计算。

10.2.7 屋盖结构抗震分析的计算模型，应符合下列要求：

1 应合理确定计算模型，屋盖与主要支承部位的连接假定应与构造相符。

2 计算模型应计入屋盖结构与下部结构的协同作用。

3 单向传力体系支撑构件的地震作用，宜按屋盖结构整体模型计算。

4 张弦梁和弦支穹顶的地震作用计算模型，宜计入几何刚度的影响。

10.2.8 屋盖钢结构和下部支承结构协同分析时，阻尼比应符合下列规定：

1 当下部支承结构为钢结构或屋盖直接支承在地面时，阻尼比可取0.02。

2 当下部支承结构为混凝土结构时，阻尼比可取0.025～0.035。

10.2.9 屋盖结构的水平地震作用计算，应符合下列要求：

1 对于单向传力体系，可取主结构方向和垂直主结构方向分别计算水平地震作用。

2 对于空间传力体系，应至少取两个主轴方向同时计算水平地震作用；对于有两个以上主轴或质量、刚度明显不对称的屋盖结构，应增加水平地震作用的计算方向。

10.2.10 一般情况，屋盖结构的多遇地震作用计算可采用振型分解反应谱法；体型复杂或跨度较大的结构，也可采用多向地震反应谱法或时程分析法进行补充计算。对于周边支承或周边支承和多点支承相结合、且规则的网架、平面桁架和立体桁架结构，其竖向地震作用可按本规范第5.3.2条规定进行简化计算。

10.2.11 屋盖结构构件的地震作用效应的组合应符合下列要求：

1 单向传力体系，主结构构件的验算可取主结构方向的水平地震效应和竖向地震效应的组合、主结构间支撑构件的验算可仅计入垂直于主结构方向的水平地震效应。

2 一般结构，应进行三向地震作用效应的组合。

10.2.12 大跨屋盖结构在重力荷载代表值和多遇竖向地震作用标准值下的组合挠度值不宜超过表10.2.12的限值。

表 10.2.12　大跨屋盖结构的挠度限值

结 构 体 系	屋盖结构（短向跨度 l_1）	悬挑结构（悬挑跨度 l_2）
平面桁架、立体桁架、网架、张弦梁	$l_1/250$	$l_2/125$
拱、单层网壳	$l_1/400$	—
双层网壳、弦支穹顶	$l_1/300$	$l_2/150$

10.2.13 屋盖构件截面抗震验算除应符合本规范第5.4节的有关规定外，尚应符合下列要求：

1 关键杆件的地震组合内力设计值应乘以增大

系数；其取值，7、8、9度宜分别按1.1、1.15、1.2采用。

2 关键节点的地震作用效应组合设计值应乘以增大系数；其取值，7、8、9度宜分别按1.15、1.2、1.25采用。

3 预张拉结构中的拉索，在多遇地震作用下应不出现松弛。

注：对于空间传力体系，关键杆件指临支座杆件，即：临支座2个区（网）格内的弦、腹杆；临支座1/10跨度范围内的弦、腹杆，两者取较小的范围。对于单向传力体系，关键杆件指与支座直接相临节间的弦杆和腹杆。关键节点为与关键杆件连接的节点。

（Ⅲ）抗震构造措施

10.2.14 屋盖钢杆件的长细比，宜符合表10.2.14的规定：

表 10.2.14 钢杆件的长细比限值

杆件类型	受拉	受压	压弯	拉弯
一般杆件	250	180	150	250
关键杆件	200	150(120)	150(120)	200

注：1 括号内数值用于8、9度；
　　2 表列数据不适用于拉索等柔性构件。

10.2.15 屋盖构件节点的抗震构造，应符合下列要求：

1 采用节点板连接各杆件时，节点板的厚度不宜小于连接杆件最大壁厚的1.2倍。

2 采用相贯节点时，应将内力较大方向的杆件直通。直通杆件的壁厚不应小于焊于其上各杆件的壁厚。

3 采用焊接球节点时，球体的壁厚不应小于相连杆件最大壁厚的1.3倍。

4 杆件宜相交于节点中心。

10.2.16 支座的抗震构造应符合下列要求：

1 应具有足够的强度和刚度，在荷载作用下不应先于杆件和其他节点破坏，也不得产生不可忽略的变形。支座节点构造形式应传力可靠、连接简单，并符合计算假定。

2 对于水平可滑动的支座，应保证屋盖在罕遇地震下的滑移不超出支承面，并应采取限位措施。

3 8、9度时，多遇地震下只承受竖向压力的支座，宜采用拉压型构造。

10.2.17 屋盖结构采用隔震及减震支座时，其性能参数、耐久性及相关构造应符合本规范第12章的有关规定。

11 土、木、石结构房屋

11.1 一般规定

11.1.1 土、木、石结构房屋的建筑、结构布置应符合下列要求：

1 房屋的平面布置应避免拐角或突出。

2 纵横向承重墙的布置宜均匀对称，在平面内宜对齐，沿竖向应上下连续；在同一轴线上，窗间墙的宽度宜均匀。

3 多层房屋的楼层不应错层，不应采用板式单边悬挑楼梯。

4 不应在同一高度内采用不同材料的承重构件。

5 屋檐外挑梁上不得砌筑砌体。

11.1.2 木楼、屋盖房屋应在下列部位采取拉结措施：

1 两端开间屋架和中间隔开间屋架应设置竖向剪刀撑；

2 在屋檐高度处应设置纵向通长水平系杆，系杆应采用墙揽与各道横墙连接或与木梁、屋架下弦连接牢固；纵向水平系杆端部宜采用木夹板对接，墙揽可采用方木、角铁等材料；

3 山墙、山尖墙应采用墙揽与木屋架、木构架或檩条拉结；

4 内隔墙墙顶应与梁或屋架下弦拉结。

11.1.3 木楼、屋盖构件的支承长度应不小于表11.1.3的规定：

表 11.1.3 木楼、屋盖构件的最小支承长度（mm）

构件名称	木屋架、木梁	对接木龙骨、木檩条		搭接木龙骨、木檩条
位置	墙上	屋架上	墙上	屋架上、墙上
支承长度与连接方式	240（木垫板）	60（木夹板与螺栓）	120（木夹板与螺栓）	满搭

11.1.4 门窗洞口过梁的支承长度，6～8度时不应小于240mm，9度时不应小于360mm。

11.1.5 当采用冷摊瓦屋面时，底瓦的弧边两角宜设置钉孔，可采用铁钉与椽条钉牢；盖瓦与底瓦宜采用石灰或水泥砂浆压垄等做法与底瓦粘结牢固。

11.1.6 土木石房屋突出屋面的烟囱、女儿墙等易倒塌构件的出屋面高度，6、7度时不应大于600mm；8度（0.20g）时不应大于500mm；8度（0.30g）和9度时不应大于400mm。并应采取拉结措施。

注：坡屋面上的烟囱高度由烟囱的根部上沿算起。

11.1.7 土木石房屋的结构材料应符合下列要求：

1 木构件应选用干燥、纹理直、节疤少、无腐朽的木材。

2 生土墙体土料应选用杂质少的黏性土。

3 石材应质地坚实，无风化、剥落和裂纹。

11.1.8 土木石房屋的施工应符合下列要求：

1 HPB300 钢筋端头应设置 180°弯钩。

2 外露铁件应做防锈处理。

11.2 生土房屋

11.2.1 本节适用于 6 度、7 度（0.10g）未经焙烧的土坯、灰土和夯土承重墙体的房屋及土窑洞、土拱房。

> 注：1 灰土墙指掺石灰（或其他粘结材料）的土筑墙和掺石灰土坯墙；
> 2 土窑洞指未经扰动的原土中开挖而成的崖窑。

11.2.2 生土房屋的高度和承重横墙墙间距应符合下列要求：

1 生土房屋宜建单层，灰土墙房屋可建二层，但总高度不应超过 6m。

2 单层生土房屋的檐口高度不宜大于 2.5m。

3 单层生土房屋的承重横墙间距不宜大于 3.2m。

4 窑洞净跨不宜大于 2.5m。

11.2.3 生土房屋的屋盖应符合下列要求：

1 应采用轻屋面材料。

2 硬山搁檩房屋宜采用双坡屋面或弧形屋面，檩条支承处应设垫木，端檩应出檐，内墙上檩条应满搭或采用夹板对接和燕尾榫加扒钉连接。

3 木屋盖各构件应采用圆钉、扒钉、钢丝等相互连接。

4 木屋架、木梁在外墙上宜满搭，支承处应设置木圈梁或木垫板；木垫板的长度、宽度和厚度分别不宜小于 500mm、370mm 和 60mm；木垫板下应铺设砂浆垫层或黏土石灰浆垫层。

11.2.4 生土房屋的承重墙体应符合下列要求：

1 承重墙体门窗洞口的宽度，6、7 度时不应大于 1.5m。

2 门窗洞口宜采用木过梁；当过梁由多根木杆组成时，宜采用木板、扒钉、铅丝将各根木杆连接成整体。

3 内外墙体应同时分层交错夯筑或咬砌。外墙四角和内外墙交接处，应沿墙高每隔 500mm 左右放置一层竹筋、木条、荆条等编织的拉结网片，每边伸入墙体应不小于 1000mm 或至门窗洞边，拉结网片在相交处应绑扎；或采取其他加强整体性的措施。

11.2.5 各类生土房屋的地基应夯实，应采用毛石、片石、凿开的卵石或普通砖基础，基础墙应采用混合砂浆或水泥砂浆砌筑。外墙宜做墙裙防潮处理（墙脚宜设防潮层）。

11.2.6 土坯宜采用黏性土湿法成型并宜掺入草苇等拉结材料；土坯应卧砌并宜采用黏土浆或黏土石灰浆砌筑。

11.2.7 灰土墙房屋应每层设置圈梁，并在横墙上拉通；内纵墙顶面宜在山尖墙两侧增砌踏步式墙垛。

11.2.8 土拱房应多跨连接布置，各拱脚均应支承在稳固的崖体上或支承在人工土墙上；拱圈厚度宜为 300mm～400mm，应支模砌筑，不应后倾贴砌；外侧支承墙和拱圈上不应布置门窗。

11.2.9 土窑洞应避开易产生滑坡、山崩的地段；开挖窑洞的崖体应土质密实、土体稳定、坡度较平缓、无明显的竖向节理；崖窑前不宜直接砌土坯或其他材料的前脸；不宜开挖层窑，否则应保持足够的间距，且上、下不宜对齐。

11.3 木结构房屋

11.3.1 本节适用于 6～9 度的穿斗木构架、木柱木屋架和木柱木梁等房屋。

11.3.2 木结构房屋不应采用木柱与砖柱或砖墙等混合承重；山墙应设置端屋架（木梁），不得采用硬山搁檩。

11.3.3 木结构房屋的高度应符合下列要求：

1 木柱木屋架和穿斗木构架房屋，6～8 度时不宜超过二层，总高度不宜超过 6m；9 度时宜建单层，高度不应超过 3.3m。

2 木柱木梁房屋宜建单层，高度不宜超过 3m。

11.3.4 礼堂、剧院、粮仓等较大跨度的空旷房屋，宜采用四柱落地的三跨木排架。

11.3.5 木屋架屋盖的支撑布置，应符合本规范第 9.3 节有关规定的要求，但房屋两端的屋架支撑，应设置在端开间。

11.3.6 木柱木屋架和木柱木梁房屋应在木柱与屋架（或梁）间设置斜撑；横隔墙较多的居住房屋应在非抗震隔墙内设斜撑；斜撑宜采用木夹板，并应通到屋架的上弦。

11.3.7 穿斗木构架房屋的横向和纵向均应在木柱的上、下柱端和楼层下部设置穿枋，并应在每一纵向柱列间设置 1～2 道剪刀撑或斜撑。

11.3.8 木结构房屋的构件连接，应符合下列要求：

1 柱顶应有暗榫插入屋架下弦，并用 U 形铁件连接；8、9 度时，柱脚应采用铁件或其他措施与基础锚固。柱础埋入地面以下的深度不应小于 200mm。

2 斜撑和屋盖支撑结构，均应采用螺栓与主体构件相连接；除穿斗木构件外，其他木构件宜采用螺栓连接。

3 椽与檩的搭接处应满钉，以增强屋盖的整体性。木构架中，宜在柱檐口以上沿房屋纵向设置竖向剪刀撑等措施，以增强纵向稳定性。

11.3.9 木构件应符合下列要求：

1 木柱的梢径不宜小于 150mm；应避免在柱的同一高度处纵横向同时开槽，且在柱的同一截面开槽面积不应超过截面总面积的 1/2。

2 柱子不能有接头。

3 穿枋应贯通木构架各柱。

11.3.10 围护墙应符合下列要求：

1 围护墙与木柱的拉结应符合下列要求：

1）沿墙高每隔 500mm 左右，应采用 8 号钢丝将墙体内的水平拉结筋或拉结网片与木柱拉结；

2）配筋砖圈梁、配筋砂浆带与木柱应采用 $\phi6$ 钢筋或 8 号钢丝拉结。

2 土坯砌筑的围护墙，洞口宽度应符合本规范第 11.2 节的要求。砖等砌筑的围护墙，横墙和内纵墙上的洞口宽度不宜大于 1.5m，外纵墙上的洞口宽度不宜大于 1.8m 或开间尺寸的一半。

3 土坯、砖等砌筑的围护墙不应将木柱完全包裹，应贴砌在木柱外侧。

11.4 石结构房屋

11.4.1 本节适用于 6～8 度，砂浆砌筑的料石砌体（包括有垫片或无垫片）承重的房屋。

11.4.2 多层石砌体房屋的总高度和层数不应超过表 11.4.2 的规定。

表 11.4.2 多层石砌体房屋总高度（m）和层数限值

墙体类别	烈度					
	6		7		8	
	高度	层数	高度	层数	高度	层数
细、半细料石砌体（无垫片）	16	五	13	四	10	三
粗料石及毛料石砌体（有垫片）	13	四	10	三	7	二

注：1 房屋总高度的计算同本规范表 7.1.2 注。

2 横墙较少的房屋，总高度应降低 3m，层数相应减少一层。

11.4.3 多层石砌体房屋的层高不宜超过 3m。

11.4.4 多层石砌体房屋的抗震横墙间距，不应超过表 11.4.4 的规定。

表 11.4.4 多层石砌体房屋的抗震横墙间距（m）

楼、屋盖类型	烈度		
	6	7	8
现浇及装配整体式钢筋混凝土	10	10	7
装配式钢筋混凝土	7	7	4

11.4.5 多层石砌体房屋，宜采用现浇或装配整体式钢筋混凝土楼、屋盖。

11.4.6 石墙的截面抗震验算，可参照本规范第 7.2 节；其抗剪强度应根据试验数据确定。

11.4.7 多层石砌体房屋应在外墙四角、楼梯间四角

和每开间的内外墙交接处设置钢筋混凝土构造柱。

11.4.8 抗震横墙洞口的水平截面面积，不应大于全截面面积的 1/3。

11.4.9 每层的纵横墙均应设置圈梁，其截面高度不应小于 120mm，宽度宜与墙厚相同，纵向钢筋不应小于 4ϕ10，箍筋间距不宜大于 200mm。

11.4.10 无构造柱的纵横墙交接处，应采用条石无垫片砌筑，且应沿墙高每隔 500mm 设置拉结钢筋网片，每边每侧伸入墙内不宜小于 1m。

11.4.11 不应采用石板作为承重构件。

11.4.12 其他有关抗震构造措施要求，参照本规范第 7 章的相关规定。

12 隔震和消能减震设计

12.1 一般规定

12.1.1 本章适用于设置隔震层以隔离水平地震动的房屋隔震设计，以及设置消能部件吸收与消耗地震能量的房屋消能减震设计。

采用隔震和消能减震设计的建筑结构，应符合本规范第 3.8.1 条的规定，其抗震设防目标应符合本规范第 3.8.2 条的规定。

注：1 本章隔震设计指在房屋基础、底部或下部结构与上部结构之间设置由橡胶隔震支座和阻尼装置等部件组成具有整体复位功能的隔震层，以延长整个结构体系的自振周期，减少输入上部结构的水平地震作用，达到预期防震要求。

2 消能减震设计指在房屋结构中设置消能器，通过消能器的相对变形和相对速度提供附加阻尼，以消耗输入结构的地震能量，达到预期防震减震要求。

12.1.2 建筑结构隔震设计和消能减震设计确定设计方案时，除应符合本规范第 3.5.1 条的规定外，尚应与采用抗震设计的方案进行对比分析。

12.1.3 建筑结构采用隔震设计时应符合下列各项要求：

1 结构高宽比宜小于 4，且不应大于相关规范规程对非隔震结构的具体规定，其变形特征接近剪切变形，最大高度应满足本规范非隔震结构的要求；高宽比大于 4 或非隔震结构相关规定的结构采用隔震设计时，应进行专门研究。

2 建筑场地宜为 Ⅰ、Ⅱ、Ⅲ 类，并应选用稳定性较好的基础类型。

3 风荷载和其他非地震作用的水平荷载标准值产生的总水平力不宜超过结构总重力的 10%。

4 隔震层应提供必要的竖向承载力、侧向刚度和阻尼；穿过隔震层的设备配管、配线，应采用柔性连接或其他有效措施以适应隔震层的罕遇地震水平位移。

12.1.4 消能减震设计可用于钢、钢筋混凝土、钢-混凝土混合等结构类型的房屋。

消能部件应对结构提供足够的附加阻尼，尚应根据其结构类型分别符合本规范相应章节的设计要求。

12.1.5 隔震和消能减震设计时，隔震装置和消能部件应符合下列要求：

1 隔震装置和消能部件的性能参数应经试验确定。

2 隔震装置和消能部件的设置部位，应采取便于检查和替换的措施。

3 设计文件上应注明对隔震装置和消能部件的性能要求，安装前应按规定进行检测，确保性能符合要求。

12.1.6 建筑结构的隔震设计和消能减震设计，尚应符合相关专门标准的规定；也可按抗震性能目标的要求进行性能化设计。

12.2 房屋隔震设计要点

12.2.1 隔震设计应根据预期的竖向承载力、水平向减震系数和位移控制要求，选择适当的隔震装置及抗风装置组成结构的隔震层。

隔震支座应进行竖向承载力的验算和罕遇地震下水平位移的验算。

隔震层以上结构的水平地震作用应根据水平向减震系数确定；其竖向地震作用标准值，8 度（0.20g）、8 度（0.30g）和 9 度时分别不应小于隔震层以上结构总重力荷载代表值的 20%、30%和 40%。

12.2.2 建筑结构隔震设计的计算分析，应符合下列规定：

1 隔震体系的计算简图，应增加由隔震支座及其顶部梁板组成的质点；对变形特征为剪切型的结构可采用剪切模型（图12.2.2）；当隔震层以上结构的质心与隔震层刚度中心不重合时，应计入扭转效应的影响。隔震层顶部的梁板结构，应作为其上部结构的一部分进行计算和设计。

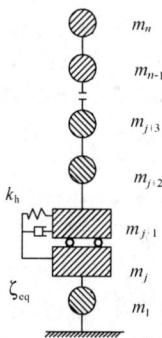

图 12.2.2 隔震结构计算简图

2 一般情况下，宜采用时程分析法进行计算；输入地震波的反应谱特性和数量，应符合本规范第 5.1.2 条的规定，计算结果宜取其包络值；当处于发震断层 10km 以内时，输入地震波应考虑近场影响系数，5km 以内宜取 1.5，5km 以外可取不小于 1.25。

3 砌体结构及基本周期与其相当的结构可按本规范附录 L 简化计算。

12.2.3 隔震层的橡胶隔震支座应符合下列要求：

1 隔震支座在表 12.2.3 所列的压应力下的极限水平变位，应大于其有效直径的 0.55 倍和支座内部橡胶总厚度 3 倍二者的较大值。

2 在经历相应设计基准期的耐久试验后，隔震支座刚度、阻尼特性变化不超过初期值的±20%；徐变量不超过支座内部橡胶总厚度的 5%。

3 橡胶隔震支座在重力荷载代表值的竖向压应力不应超过表 12.2.3 的规定。

表 12.2.3 橡胶隔震支座压应力限值

建筑类别	甲类建筑	乙类建筑	丙类建筑
压应力限值（MPa）	10	12	15

注：1 压应力设计值应按永久荷载和可变荷载的组合计算；其中，楼面活荷载应按现行国家标准《建筑结构荷载规范》GB 50009 的规定乘以折减系数；

2 结构倾覆验算时应包括水平地震作用效应组合；对需进行竖向地震作用计算的结构，尚应包括竖向地震作用效应组合；

3 当橡胶支座的第二形状系数（有效直径与橡胶层总厚度之比）小于 5.0 时应降低压应力限值：小于 5 不小于 4 时降低 20%，小于 4 不小于 3 时降低 40%；

4 外径小于 300mm 的橡胶支座，丙类建筑的压应力限值为 10MPa。

12.2.4 隔震层的布置、竖向承载力、侧向刚度和阻尼应符合下列规定：

1 隔震层宜设置在结构的底部或下部，其橡胶隔震支座应设置在受力较大的位置，间距不宜过大，其规格、数量和分布应根据竖向承载力、侧向刚度和阻尼的要求通过计算确定。隔震层在罕遇地震下应保持稳定，不宜出现不可恢复的变形；其橡胶支座在罕遇地震的水平和竖向地震同时作用下，拉应力不应大于 1MPa。

2 隔震层的水平等效刚度和等效黏滞阻尼比可按下列公式计算：

$$K_h = \sum K_j \qquad (12.2.4\text{-}1)$$

$$\zeta_{eq} = \sum K_j \zeta_j / K_h \qquad (12.2.4\text{-}2)$$

式中：ζ_{eq}——隔震层等效黏滞阻尼比；

K_h——隔震层水平等效刚度；

ζ_j——j 隔震支座由试验确定的等效黏滞阻尼比，设置阻尼装置时，应包括相应阻尼比；

K_j——j 隔震支座（含消能器）由试验确定的水平等效刚度。

3 隔震支座由试验确定设计参数时，竖向荷载应保持本规范表 12.2.3 的压应力限值；对水平向减震系数计算，应取剪切变形 100%的等效刚度和等效黏滞阻尼比；对罕遇地震验算，宜采用剪切变形 250%时的等效刚度和等效黏滞阻尼比，当隔震支座直径较大时可采用剪切变形 100%时的等效刚度和等效黏滞阻尼比。当采用时程分析时，应以试验所得滞回曲线作为计算依据。

12.2.5 隔震层以上结构的地震作用计算，应符合下列规定：

1 对多层结构，水平地震作用沿高度可按重力荷载代表值分布。

2 隔震后水平地震作用计算的水平地震影响系数可按本规范第5.1.4、第5.1.5条确定。其中，水平地震影响系数最大值可按下式计算：

$$\alpha_{max1} = \beta\alpha_{max}/\psi \qquad (12.2.5)$$

式中：α_{max1}——隔震后的水平地震影响系数最大值；

α_{max}——非隔震的水平地震影响系数最大值，按本规范第5.1.4条采用；

β——水平向减震系数；对于多层建筑，为按弹性计算所得的隔震与非隔震各层层间剪力的最大比值。对高层建筑结构，尚应计算隔震与非隔震各层倾覆力矩的最大比值，并与层间剪力的最大比值相比较，取二者的较大值；

ψ——调整系数；一般橡胶支座，取0.80；支座剪切性能偏差为 S-A 类，取0.85；隔震装置带有阻尼器时，相应减少0.05。

注：1 弹性计算时，简化计算和反应谱分析时宜按隔震支座水平剪切应变为100%时的性能参数进行计算；当采用时程分析法时按设计基本地震加速度输入进行计算；

2 支座剪切性能偏差按现行国家产品标准《橡胶支座 第3部分：建筑隔震橡胶支座》GB 20688.3确定。

3 隔震层以上结构的总水平地震作用不得低于非隔震结构在6度设防时的总水平地震作用，并应进行抗震验算；各楼层的水平地震剪力尚应符合本规范第5.2.5条对本地区设防烈度的最小地震剪力系数的规定。

4 9度时和8度且水平向减震系数不大于0.3时，隔震层以上的结构应进行竖向地震作用的计算。隔震层以上结构竖向地震作用标准值计算时，各楼层可视为质点，并按本规范式（5.3.1-2）计算竖向地震作用标准值沿高度的分布。

12.2.6 隔震支座的水平剪力应根据隔震层在罕遇地震下的水平剪力按各隔震支座的水平等效刚度分配；当按扭转耦联计算时，尚应计及隔震层的扭转刚度。

隔震支座对应于罕遇地震水平剪力的水平位移，应符合下列要求：

$$u_i \leqslant [u_i] \qquad (12.2.6-1)$$

$$u_i = \eta_i u_c \qquad (12.2.6-2)$$

式中：u_i——罕遇地震作用下，第 i 个隔震支座考虑扭转的水平位移；

$[u_i]$——第 i 个隔震支座的水平位移限值；对橡胶隔震支座，不应超过该支座有效直径的0.55倍和支座内部橡胶总厚度3.0倍二者的较小值；

u_c——罕遇地震下隔震层质心处或不考虑扭转的水平位移；

η_i——第 i 个隔震支座的扭转影响系数，应取考虑扭转和不考虑扭转时 i 支座计算位移的比值；当隔震层以上结构的质心与隔震层刚度中心在两个主轴方向均无偏心时，边支座的扭转影响系数不应小于1.15。

12.2.7 隔震结构的隔震措施，应符合下列规定：

1 隔震结构应采取不阻碍隔震层在罕遇地震下发生大变形的下列措施：

 1）上部结构的周边应设置竖向隔离缝，缝宽不宜小于各隔震支座在罕遇地震下的最大水平位移值的1.2倍且不小于200mm。对两相邻隔震结构，其缝宽取最大水平位移值之和，且不小于400mm。

 2）上部结构与下部结构之间，应设置完全贯通的水平隔离缝，缝高可取20mm，并用柔性材料填充；当设置水平隔离缝确有困难时，应设置可靠的水平滑移垫层。

 3）穿越隔震层的门廊、楼梯、电梯、车道等部位，应防止可能的碰撞。

2 隔震层以上结构的抗震措施，当水平向减震系数大于0.40时（设置阻尼器时为0.38）不应降低非隔震时的有关要求；水平向减震系数不大于0.40时（设置阻尼器时为0.38），可适当降低本规范有关章节对非隔震建筑的要求，但烈度降低不得超过1度，与抵抗竖向地震作用有关的抗震构造措施不应降低。此时，对砌体结构，可按本规范附录L采取抗震构造措施。

注：与抵抗竖向地震作用有关的抗震措施，对钢筋混凝土结构，指墙、柱的轴压比规定；对砌体结构，指外墙尽端墙体的最小尺寸和圈梁的有关规定。

12.2.8 隔震层与上部结构的连接，应符合下列规定：

1 隔震层顶部应设置梁板式楼盖，且应符合下列要求：

 1）隔震支座的相关部位应采用现浇混凝土梁板结构，现浇板厚度不应小于160mm；

 2）隔震层顶部梁、板的刚度和承载力，宜大于一般楼盖梁板的刚度和承载力；

 3）隔震支座附近的梁、柱应计算冲切和局部承压，加密箍筋并根据需要配置网状钢筋。

2 隔震支座和阻尼装置的连接构造，应符合下列要求：

 1）隔震支座和阻尼装置应安装在便于维护人

員接近的部位；

2）隔震支座与上部结构、下部结构之间的连接件，应能传递罕遇地震下支座的最大水平剪力和弯矩；

3）外露的预埋件应有可靠的防锈措施。预埋件的锚固钢筋应与钢板牢固连接，锚固钢筋的锚固长度宜大于 20 倍锚固钢筋直径，且不应小于 250mm。

12.2.9 隔震层以下的结构和基础应符合下列要求：

1 隔震层支墩、支柱及相连构件，应采用隔震结构罕遇地震下隔震支座底部的竖向力、水平力和力矩进行承载力验算。

2 隔震层以下的结构（包括地下室和隔震塔楼下的底盘）中直接支承隔震层以上结构的相关构件，应满足嵌固的刚度比和隔震后设防地震的抗震承载力要求，并按罕遇地震进行抗剪承载力验算。隔震层以下地面以上的结构在罕遇地震下的层间位移角限值应满足表 **12.2.9** 要求。

3 隔震建筑地基基础的抗震验算和地基处理仍应按本地区抗震设防烈度进行，甲、乙类建筑的抗液化措施应按提高一个液化等级确定，直至全部消除液化沉陷。

表 **12.2.9** 隔震层以下地面以上结构罕遇地震作用下层间弹塑性位移角限值

下部结构类型	$[\theta_p]$
钢筋混凝土框架结构和钢结构	1/100
钢筋混凝土框架-抗震墙	1/200
钢筋混凝土抗震墙	1/250

12.3 房屋消能减震设计要点

12.3.1 消能减震设计时，应根据多遇地震下的预期减震要求及罕遇地震下的预期结构位移控制要求，设置适当的消能部件。消能部件可由消能器及斜撑、墙体、梁等支承构件组成。消能器可采用速度相关型、位移相关型或其他类型。

注：1 速度相关型消能器指黏滞消能器和黏弹性消能器等；

2 位移相关型消能器指金属屈服消能器和摩擦消能器等。

12.3.2 消能部件可根据需要沿结构的两个主轴方向分别设置。消能部件宜设置在变形较大的位置，其数量和分布应通过综合分析合理确定，并有利于提高整个结构的消能减震能力，形成均匀合理的受力体系。

12.3.3 消能减震设计的计算分析，应符合下列规定：

1 当主体结构基本处于弹性工作阶段时，可采用线性分析方法作简化估算，并根据结构的变形特征和高度等，按本规范第 5.1 节的规定分别采用底部剪力法、振型分解反应谱法和时程分析法。消能减震结构的地震影响系数可根据消能减震结构的总阻尼比按本规范第 5.1.5 条的规定采用。

消能减震结构的自振周期应根据消能减震结构的总刚度确定，总刚度应为结构刚度和消能部件有效刚度的总和。

消能减震结构的总阻尼比应为结构阻尼比和消能部件附加给结构的有效阻尼比的总和；多遇地震和罕遇地震下的总阻尼比应分别计算。

2 对主体结构进入弹塑性阶段的情况，应根据主体结构体系特征，采用静力非线性分析方法或非线性时程分析方法。

在非线性分析中，消能减震结构的恢复力模型应包括结构恢复力模型和消能部件的恢复力模型。

3 消能减震结构的层间弹塑性位移角限值，应符合预期的变形控制要求，宜比非消能减震结构适当减小。

12.3.4 消能部件附加给结构的有效阻尼比和有效刚度，可按下列方法确定：

1 位移相关型消能部件和非线性速度相关型消能部件附加给结构的有效刚度应采用等效线性化方法确定。

2 消能部件附加给结构的有效阻尼比可按下式估算：

$$\xi_a = \sum_j W_{cj} / (4\pi W_s) \qquad (12.3.4\text{-}1)$$

式中：ξ_a——消能减震结构的附加有效阻尼比；

W_{cj}——第 j 个消能部件在结构预期层间位移 Δu_j 下往复循环一周所消耗的能量；

W_s——设置消能部件的结构在预期位移下的总应变能。

注：当消能部件在结构上分布较均匀，且附加给结构的有效阻尼比小于 20% 时，消能部件附加给结构的有效阻尼比也可采用强行解耦方法确定。

3 不计及扭转影响时，消能减震结构在水平地震作用下的总应变能，可按下式估算：

$$W_s = (1/2) \sum F_i u_i \qquad (12.3.4\text{-}2)$$

式中：F_i——质点 i 的水平地震作用标准值；

u_i——质点 i 对应于水平地震作用标准值的位移。

4 速度线性相关型消能器在水平地震作用下往复循环一周所消耗的能量，可按下式估算：

$$W_{cj} = (2\pi^2 / T_1) C_j \cos^2 \theta_j \Delta u_j^2 \qquad (12.3.4\text{-}3)$$

式中：T_1——消能减震结构的基本自振周期；

C_j——第 j 个消能器的线性阻尼系数；

θ_j——第 j 个消能器的消能方向与水平面的

夹角；

Δu_j——第 j 个消能器两端的相对水平位移。

当消能器的阻尼系数和有效刚度与结构振动周期有关时，可取相应于消能减震结构基本自振周期的值。

5 位移相关型和速度非线性相关型消能器在水平地震作用下往复循环一周所消耗的能量，可按下式估算：

$$W_{cj} = A_j \qquad (12.3.4\text{-}4)$$

式中：A_j——第 j 个消能器的恢复力滞回环在相对水平位移 Δu_j 时的面积。

消能器的有效刚度可取消能器的恢复力滞回环在相对水平位移 Δu_j 时的割线刚度。

6 消能部件附加给结构的有效阻尼比超过 25% 时，宜按 25% 计算。

12.3.5 消能部件的设计参数，应符合下列规定：

1 速度线性相关型消能器与斜撑、墙体或梁等支承构件组成消能部件时，支承构件沿消能器消能方向的刚度应满足下式：

$$K_b \geqslant (6\pi/T_1)C_D \qquad (12.3.5\text{-}1)$$

式中：K_b——支承构件沿消能器方向的刚度；

C_D——消能器的线性阻尼系数；

T_1——消能减震结构的基本自振周期。

2 黏弹性消能器的黏弹性材料总厚度应满足下式：

$$t \geqslant \Delta u/[\gamma] \qquad (12.3.5\text{-}2)$$

式中：t——黏弹性消能器的黏弹性材料的总厚度；

Δu——沿消能器方向的最大可能的位移；

$[\gamma]$——黏弹性材料允许的最大剪切应变。

3 位移相关型消能器与斜撑、墙体或梁等支承构件组成消能部件时，消能部件的恢复力模型参数宜符合下列要求：

$$\Delta u_{py}/\Delta u_{sy} \leqslant 2/3 \qquad (12.3.5\text{-}3)$$

式中：Δu_{py}——消能部件在水平方向的屈服位移或起滑位移；

Δu_{sy}——设置消能部件的结构层间屈服位移。

4 消能器的极限位移应不小于罕遇地震下消能器最大位移的 1.2 倍；对速度相关型消能器，消能器的极限速度应不小于地震作用下消能器最大速度的 1.2 倍，且消能器应满足在此极限速度下的承载力要求。

12.3.6 消能器的性能检验，应符合下列规定：

1 对黏滞流体消能器，由第三方进行抽样检验，其数量为同一工程同一类型同一规格数量的 20%，但不少于 2 个，检测合格率为 100%，检测后的消能器可用于主体结构；对其他类型消能器，抽检数量为同一类型同一规格数量的 3%，当同一类型同一规格的消能器数量较少时，可以在同一类型消能器中抽检总数量的 3%，但不应少于 2 个，检测合格率为

100%，检测后的消能器不能用于主体结构。

2 对速度相关型消能器，在消能器设计位移和设计速度幅值下，以结构基本频率往复循环 30 圈后，消能器的主要设计指标误差和衰减量不应超过 15%；对位移相关型消能器，在消能器设计位移幅值下往复循环 30 圈后，消能器的主要设计指标误差和衰减量不应超过 15%，且不应有明显的低周疲劳现象。

12.3.7 结构采用消能减震设计时，消能部件的相关部位应符合下列要求：

1 消能器与支承构件的连接，应符合本规范和有关规程对相关构件连接的构造要求。

2 在消能器施加给主结构最大阻尼力作用下，消能器与主结构之间的连接部件应在弹性范围内工作。

3 与消能部件相连的结构构件设计时，应计入消能部件传递的附加内力。

12.3.8 当消能减震结构的抗震性能明显提高时，主体结构的抗震构造要求可适当降低。降低程度可根据消能减震结构地震影响系数与不设置消能减震装置结构的地震影响系数之比确定，最大降低程度应控制在 1 度以内。

13 非结构构件

13.1 一般规定

13.1.1 本章主要适用于非结构构件与建筑结构的连接。非结构构件包括持久性的建筑非结构构件和支承于建筑结构的附属机电设备。

注：1 建筑非结构构件指建筑中除承重骨架体系以外的固定构件和部件，主要包括非承重墙体，附着于楼面和屋面结构的构件、装饰构件和部件、固定于楼面的大型储物架等。

2 建筑附属机电设备指为现代建筑使用功能服务的附属机械、电气构件、部件和系统，主要包括电梯、照明和应急电源、通信设备，管道系统，采暖和空气调节系统，烟火监测和消防系统，公用天线等。

13.1.2 非结构构件应根据所属建筑的抗震设防类别和非结构地震破坏的后果及其对整个建筑结构影响的范围，采取不同的抗震措施，达到相应的性能化设计目标。

建筑非结构构件和建筑附属机电设备实现抗震性能化设计目标的某些方法可按本规范附录 M 第 M.2 节执行。

13.1.3 当抗震要求不同的两个非结构构件连接在一起时，应按较高的要求进行抗震设计。其中一个非结构构件连接损坏时，应不致引起与之相连接的有较高要求的非结构构件失效。

13.2 基本计算要求

13.2.1 建筑结构抗震计算时，应按下列规定计入非结构构件的影响：

1 地震作用计算时，应计入支承于结构构件的建筑构件和建筑附属机电设备的重力。

2 对柔性连接的建筑构件，可不计入刚度；对嵌入抗侧力构件平面内的刚性建筑非结构构件，应计入其刚度影响，可采用周期调整等简化方法；一般情况下不应计入其抗震承载力，当有专门的构造措施时，尚可按有关规定计入其抗震承载力。

3 支承非结构构件的结构构件，应将非结构构件地震作用效应作为附加作用对待，并满足连接件的锚固要求。

13.2.2 非结构构件的地震作用计算方法，应符合下列要求：

1 各构件和部件的地震力应施加于其重心，水平地震力应沿任一水平方向。

2 一般情况下，非结构构件自身重力产生的地震作用可采用等效侧力法计算；对支承于不同楼层或防震缝两侧的非结构构件，除自身重力产生的地震作用外，尚应同时计及地震时支承点之间相对位移产生的作用效应。

3 建筑附属设备（含支架）的体系自振周期大于 0.1s 且其重力超过所在楼层重力的 1%，或建筑附属设备的重力超过所在楼层重力的 10% 时，宜进入整体结构模型的抗震设计，也可采用本规范附录 M 第 M.3 节的楼面谱方法计算。其中，与楼盖非弹性连接的设备，可直接将设备与楼盖作为一个质点计入整个结构的分析中得到设备所受的地震作用。

13.2.3 采用等效侧力法时，水平地震作用标准值宜按下列公式计算：

$$F = \gamma \eta \zeta_1 \zeta_2 \alpha_{\max} G \qquad (13.2.3)$$

式中：F——沿最不利方向施加于非结构构件重心处的水平地震作用标准值；

γ——非结构构件功能系数，由相关标准确定或按本规范附录 M 第 M.2 节执行；

η——非结构构件类别系数，由相关标准确定或按本规范附录 M 第 M.2 节执行；

ζ_1——状态系数；对预制建筑构件、悬臂类构件、支承点低于质心的任何设备和柔性体系宜取 2.0，其余情况可取 1.0；

ζ_2——位置系数，建筑的顶点宜取 2.0，底部宜取 1.0，沿高度线性分布；对本规范第 5 章要求采用时程分析法补充计算的结构，应按其计算结果调整；

$\alpha_{\max}$——水平地震影响系数最大值；可按本规范

第 5.1.4 条关于多遇地震的规定采用；

G——非结构构件的重力，应包括运行时有关的人员、容器和管道中的介质及储物柜中物品的重力。

13.2.4 非结构构件因支承点相对水平位移产生的内力，可按该构件在位移方向的刚度乘以规定的支承点相对水平位移计算。

非结构构件在位移方向的刚度，应根据其端部的实际连接状态，分别采用刚接、铰接、弹性连接或滑动连接等简化的力学模型。

相邻楼层的相对水平位移，可按本规范规定的限值采用。

13.2.5 非结构构件的地震作用效应（包括自身重力产生的效应和支座相对位移产生的效应）和其他荷载效应的基本组合，按本规范结构构件的有关规定计算；幕墙需计算地震作用效应与风荷载效应的组合；容器类尚应计及设备运转时的温度、工作压力等产生的作用效应。

非结构构件抗震验算时，摩擦力不得作为抵抗地震作用的抗力；承载力抗震调整系数可采用 1.0。

13.3 建筑非结构构件的基本抗震措施

13.3.1 建筑结构中，设置连接幕墙、围护墙、隔墙、女儿墙、雨篷、商标、广告牌、顶篷支架、大型储物架等建筑非结构构件的预埋件、锚固件的部位，应采取加强措施，以承受建筑非结构构件传给主体结构的地震作用。

13.3.2 非承重墙体的材料、选型和布置，应根据烈度、房屋高度、建筑体型、结构层间变形、墙体自身抗侧力性能的利用等因素，综合分析后确定，并应符合下列要求：

1 非承重墙体宜优先采用轻质墙体材料；采用砌体墙时，应采取措施减少对主体结构的不利影响，并应设置拉结筋、水平系梁、圈梁、构造柱等与主体结构可靠拉结。

2 刚性非承重墙体的布置，应避免使结构形成刚度和强度分布上的突变；当围护墙非对称均匀布置时，应考虑质量和刚度的差异对主体结构抗震不利的影响。

3 墙体与主体结构应有可靠的拉结，应能适应主体结构不同方向的层间位移；8、9 度时应具有满足层间变位的变形能力，与悬挑构件相连接时，尚应具有满足节点转动引起的竖向变形的能力。

4 外墙板的连接件应具有足够的延性和适当的转动能力，宜满足在设防地震下主体结构层间变形的要求。

5 砌体女儿墙在人流出入口和通道处应与主体结构锚固；非出入口无锚固的女儿墙高度，6~8 度时不宜超过 0.5m，9 度时应有锚固。防震缝处女儿墙应留有足够的宽度，缝两侧的自由端应予以加强。

13.3.3 多层砌体结构中，非承重墙体等建筑非结构构件应符合下列要求：

1 后砌的非承重隔墙应沿墙高每隔500mm～600mm配置2φ6拉结钢筋与承重墙或柱拉结，每边伸入墙内不应少于500mm；8度和9度时，长度大于5m的后砌隔墙，墙顶尚应与楼板或梁拉结，独立墙肢端部及大门洞边宜设钢筋混凝土构造柱。

2 烟道、风道、垃圾道等不应削弱墙体；当墙体被削弱时，应对墙体采取加强措施；不宜采用无竖向配筋的附墙烟囱或出屋面的烟囱。

3 不应采用无锚固的钢筋混凝土预制挑檐。

13.3.4 钢筋混凝土结构中的砌体填充墙，尚应符合下列要求：

1 填充墙在平面和竖向的布置，宜均匀对称，宜避免形成薄弱层或短柱。

2 砌体的砂浆强度等级不应低于M5；实心块体的强度等级不宜低于MU2.5，空心块体的强度等级不宜低于MU3.5；墙顶应与框架梁密切结合。

3 填充墙应沿框架柱全高每隔500mm～600mm设2φ6拉筋，拉筋伸入墙内的长度，6、7度时宜沿墙全长贯通，8、9度时应全长贯通。

4 墙长大于5m时，墙顶与梁宜有拉结；墙长超过8m或层高2倍时，宜设置钢筋混凝土构造柱；墙高超过4m时，墙体半高宜设置与柱连接且沿墙全长贯通的钢筋混凝土水平系梁。

5 楼梯间和人流通道的填充墙，尚应采用钢丝网砂浆面层加强。

13.3.5 单层钢筋混凝土柱厂房的围护墙和隔墙，尚应符合下列要求：

1 厂房的围护墙宜采用轻质墙板或钢筋混凝土大型墙板，砌体围护墙应采用外贴式并与柱可靠拉结；外侧柱距为12m时应采用轻质墙板或钢筋混凝土大型墙板。

2 刚性围护墙沿纵向宜均匀对称布置，不宜一侧为外贴式，另一侧为嵌砌式或开敞式；不宜一侧采用砌体墙一侧采用轻质墙板。

3 不等高厂房的高跨封墙和纵横向厂房交接处的悬墙宜采用轻质墙板，6、7度采用砌体时不应直接砌在低跨屋面上。

4 砌体围护墙在下列部位应设置现浇钢筋混凝土圈梁：

1）梯形屋架端部上弦和柱顶的标高处应各设一道，但屋架端部高度不大于900mm时可合并设置；

2）应按上密下稀的原则每隔4m左右在窗顶增设一道圈梁，不等高厂房的高低跨封墙和纵墙跨交接处的悬墙，圈梁的竖向间距不应大于3m；

3）山墙沿屋面应设钢筋混凝土卧梁，并应与屋架端部上弦标高处的圈梁连接。

5 圈梁的构造应符合下列规定：

1）圈梁宜闭合，圈梁截面宽度宜与墙厚相同，截面高度不应小于180mm；圈梁的纵筋，6～8度时不应少于4φ12，9度时不应少于4φ14；

2）厂房转角处柱顶圈梁在端开间范围内的纵筋，6～8度时不宜少于4φ14，9度时不宜少于4φ16，转角两侧各1m范围内的箍筋直径不宜小于φ8，间距不宜大于100mm；圈梁转角处应增设不少于3根且直径与纵筋相同的水平斜筋；

3）圈梁应与柱或屋架牢固连接，山墙卧梁应与屋面板拉结；顶部圈梁与柱或屋架连接的锚拉钢筋不宜少于4φ12，且锚固长度不宜少于35倍钢筋直径，防震缝处圈梁与柱或屋架的拉结宜加强。

6 墙梁宜采用现浇，当采用预制墙梁时，梁底应与砖墙顶面牢固拉结并应与柱锚拉；厂房转角处相邻的墙梁，应相互可靠连接。

7 砌体隔墙与柱宜脱开或柔性连接，并应采取措施使墙体稳定，隔墙顶部应设现浇钢筋混凝土压顶梁。

8 砖墙的基础，8度Ⅲ、Ⅳ类场地和9度时，预制基础梁应采用现浇接头；当另设条形基础时，在柱基础顶面标高处应设置连续的现浇钢筋混凝土圈梁，其配筋不应少于4φ12。

9 砌体女儿墙高度不宜大于1m，且应采取措施防止地震时倾倒。

13.3.6 钢结构厂房的围护墙，应符合下列要求：

1 厂房的围护墙，应优先采用轻型板材，预制钢筋混凝土墙板宜与柱柔性连接；9度时宜采用轻型板材。

2 单层厂房的砌体围护墙应贴砌并与柱拉结，尚应采取措施使墙体不妨碍厂房柱列沿纵向的水平位移；8、9度时不应采用嵌砌式。

13.3.7 各类顶棚的构件与楼板的连接件，应能承受顶棚、悬挂重物和有关机电设施的自重和地震附加作用；其锚固的承载力应大于连接件的承载力。

13.3.8 悬挑雨篷或一端由柱支承的雨篷，应与主体结构可靠连接。

13.3.9 玻璃幕墙、预制墙板、附属于楼屋面的悬臂构件和大型储物架的抗震构造，应符合相关专门标准的规定。

13.4 建筑附属机电设备
支架的基本抗震措施

13.4.1 附属于建筑的电梯、照明和应急电源系统、烟火监测和消防系统、采暖和空气调节系统、通信系统、公用天线等与建筑结构的连接构件和部件的抗震措施，应根据设防烈度、建筑使用功能、房屋高度、结构类型和变形特征、附属设备所处的位置和运转要求等经综合分析后确定。

13.4.2 下列附属机电设备的支架可不考虑抗震设防要求：

1 重力不超过 1.8kN 的设备。

2 内径小于 25mm 的燃气管道和内径小于 60mm 的电气配管。

3 矩形截面面积小于 0.38 m² 和圆形直径小于 0.70m 的风管。

4 吊杆计算长度不超过 300mm 的吊杆悬挂管道。

13.4.3 建筑附属机电设备不应设置在可能导致其使用功能发生障碍等二次灾害的部位；对于有隔振装置的设备，应注意其强烈振动对连接件的影响，并防止设备和建筑结构发生谐振现象。

建筑附属机电设备的支架应具有足够的刚度和强度；其与建筑结构应有可靠的连接和锚固，应使设备在遭遇设防烈度地震影响后能迅速恢复运转。

13.4.4 管道、电缆、通风管和设备的洞口设置，应减少对主要承重结构构件的削弱；洞口边缘应有补强措施。

管道和设备与建筑结构的连接，应能允许二者间有一定的相对变位。

13.4.5 建筑附属机电设备的基座或连接件应能将设备承受的地震作用全部传递到建筑结构上。建筑结构中，用以固定建筑附属机电设备预埋件、锚固件的部位，应采取加强措施，以承受附属机电设备传给主体结构的地震作用。

13.4.6 建筑内的高位水箱应与所在的结构构件可靠连接；且应计及水箱及所含水重对建筑结构产生的地震作用效应。

13.4.7 在设防地震下需要连续工作的附属设备，宜设置在建筑结构地震反应较小的部位；相关部位的结构构件应采取相应的加强措施。

14 地 下 建 筑

14.1 一 般 规 定

14.1.1 本章主要适用于地下车库、过街通道、地下变电站和地下空间综合体等单建式地下建筑。不包括地下铁道、城市公路隧道等。

14.1.2 地下建筑宜建造在密实、均匀、稳定的地基上。当处于软弱土、液化土或断层破碎带等不利地段时，应分析其对结构抗震稳定性的影响，采取相应措施。

14.1.3 地下建筑的建筑布置应力求简单、对称、规则、平顺；横剖面的形状和构造不宜沿纵向突变。

14.1.4 地下建筑的结构体系应根据使用要求、场地工程地质条件和施工方法等确定，并应具有良好的整体性，避免抗侧力结构的侧向刚度和承载力突变。

丙类钢筋混凝土地下结构的抗震等级，6、7度时不应低于四级，8、9度时不宜低于三级。乙类钢筋混凝土地下结构的抗震等级，6、7度时不宜低于三级，8、9度时不宜低于二级。

14.1.5 位于岩石中的地下建筑，其出入口通道两侧的边坡和洞口仰坡，应依据地形、地质条件选用合理的口部结构类型，提高其抗震稳定性。

14.2 计 算 要 点

14.2.1 按本章要求采取抗震措施的下列地下建筑，可不进行地震作用计算：

1 7度Ⅰ、Ⅱ类场地的丙类地下建筑。

2 8度（0.20g）Ⅰ、Ⅱ类场地时，不超过二层、体型规则的中小跨度丙类地下建筑。

14.2.2 地下建筑的抗震计算模型，应根据结构实际情况确定并符合下列要求：

1 应能较准确地反映周围挡土结构和内部各构件的实际受力状况；与周围挡土结构分离的内部结构，可采用与地上建筑同样的计算模型。

2 周围地层分布均匀、规则且具有对称轴的纵向较长的地下建筑，结构分析可选择平面应变分析模型并采用反应位移法或等效水平地震加速度法、等效侧力法计算。

3 长宽比和高宽比均小于3及本条第2款以外的地下建筑，宜采用空间结构分析计算模型并采用土层-结构时程分析法计算。

14.2.3 地下建筑抗震计算的设计参数，应符合下列要求：

1 地震作用的方向应符合下列规定：

1） 按平面应变模型分析的地下结构，可仅计算横向的水平地震作用；

2） 不规则的地下结构，宜同时计算结构横向和纵向的水平地震作用；

3） 地下空间综合体等体型复杂的地下结构，8、9度时尚宜计及竖向地震作用。

2 地震作用的取值，应随地下的深度比地面相应减少；基岩处的地震作用可取地面的一半，地面至基岩的不同深度处可按插入法确定；地表、土层界面和基岩面较平坦时，也可采用一维波动法确定；土层界面、基岩面或地表起伏较大时，宜采用二维或三维有限元法确定。

3 结构的重力荷载代表值应取结构、构件自重和水、土压力的标准值及各可变荷载的组合值之和。

4 采用土层-结构时程分析法或等效水平地震加

速度法时，土、岩石的动力特性参数可由试验确定。

14.2.4 地下建筑的抗震验算，除应符合本规范第5章的要求外，尚应符合下列规定：

 1 应进行多遇地震作用下截面承载力和构件变形的抗震验算。

 2 对于不规则的地下建筑以及地下变电站和地下空间综合体等，尚应进行罕遇地震作用下的抗震变形验算。计算可采用本规范第5.5节的简化方法，混凝土结构弹塑性层间位移角限值 $[\theta_p]$ 宜取 1/250。

 3 液化地基中的地下建筑，应验算液化时的抗浮稳定性。液化土层对地下连续墙和抗拔桩等的摩阻力，宜根据实测的标准贯入锤击数与临界标准贯入锤击数的比值确定其液化折减系数。

14.3 抗震构造措施和抗液化措施

14.3.1 钢筋混凝土地下建筑的抗震构造，应符合下列要求：

 1 宜采用现浇结构。需要设置部分装配式构件时，应使其与周围构件有可靠的连接。

 2 地下钢筋混凝土框架结构构件的最小尺寸应不低于同类地面结构构件的规定。

 3 中柱的纵向钢筋最小总配筋率，应比本规范表6.3.7-1的规定增加0.2%。中柱与梁或顶板、中间楼板及底板连接处的箍筋应加密，其范围和构造与地面框架结构的柱相同。

14.3.2 地下建筑的顶板、底板和楼板，应符合下列要求：

 1 宜采用梁板结构。当采用板柱-抗震墙结构时，无柱帽的平板应在柱上板带中设构造暗梁，其构造措施按本规范第6.6.4条第1款的规定采用。

 2 对地下连续墙的复合墙体，顶板、底板及各层楼板的负弯矩钢筋至少应有50%锚入地下连续墙，锚入长度按受力计算确定；正弯矩钢筋需锚入内衬，并均不小于规定的锚固长度。

 3 楼板开孔时，孔洞宽度应不大于该层楼板宽度的30%；洞口的布置宜使结构质量和刚度的分布仍较均匀、对称，避免局部突变。孔洞周围应设置满足构造要求的边梁或暗梁。

14.3.3 地下建筑周围土体和地基存在液化土层时，应采取下列措施：

 1 对液化土层采取注浆加固和换土等消除或减轻液化影响的措施。

 2 进行地下结构液化上浮验算，必要时采取增设抗拔桩、配置压重等相应的抗浮措施。

 3 存在液化土薄夹层，或施工中深度大于20m的地下连续墙围护结构遇到液化土层时，可不做地基抗液化处理，但其承载力及抗浮稳定性验算应计入土层液化引起的土压力增加及摩阻力降低等因素的影响。

14.3.4 地下建筑穿越地震时岸坡可能滑动的古河道或可能发生明显不均匀沉陷的软土地带时，应采取更换软弱土或设置桩基础等措施。

14.3.5 位于岩石中的地下建筑，应采取下列抗震措施：

 1 口部通道和未经注浆加固处理的断层破碎带区段采用复合式支护结构时，内衬结构应采用钢筋混凝土衬砌，不得采用素混凝土衬砌。

 2 采用离壁式衬砌时，内衬结构应在拱墙相交处设置水平撑抵紧围岩。

 3 采用钻爆法施工时，初期支护和围岩地层间应密实回填。干砌块石回填时应注浆加强。

附录A 我国主要城镇抗震设防烈度、设计基本地震加速度和设计地震分组

本附录仅提供我国各县级及县级以上城镇地区建筑工程抗震设计时所采用的抗震设防烈度（以下简称"烈度"）、设计基本地震加速度值（以下简称"加速度"）和所属的设计地震分组（以下简称"分组"）。

A.0.1 北京市

烈度	加速度	分组	县级及县级以上城镇
8度	0.20g	第二组	东城区、西城区、朝阳区、丰台区、石景山区、海淀区、门头沟区、房山区、通州区、顺义区、昌平区、大兴区、怀柔区、平谷区、密云区、延庆区

A.0.2 天津市

烈度	加速度	分组	县级及县级以上城镇
8度	0.20g	第二组	和平区、河东区、河西区、南开区、河北区、红桥区、东丽区、津南区、北辰区、武清区、宝坻区、滨海新区、宁河区
7度	0.15g	第二组	西青区、静海区、蓟县

A.0.3 河北省

	烈度	加速度	分组	县级及县级以上城镇
石家庄市	7度	0.15g	第一组	辛集市
	7度	0.10g	第一组	赵县
	7度	0.10g	第二组	长安区、桥西区、新华区、井陉矿区、裕华区、栾城区、藁城区、鹿泉区、井陉县、正定县、高邑县、深泽县、无极县、平山县、元氏县、晋州市
	7度	0.10g	第三组	灵寿县
	6度	0.05g	第三组	行唐县、赞皇县、新乐市
唐山市	8度	0.30g	第二组	路南区、丰南区
	8度	0.20g	第二组	路北区、古冶区、开平区、丰润区、滦县
	7度	0.15g	第三组	曹妃甸区（唐海）、乐亭县、玉田县
	7度	0.15g	第二组	滦南县、迁安市
	7度	0.10g	第三组	迁西县、遵化市
秦皇岛市	7度	0.15g	第二组	卢龙县
	7度	0.10g	第三组	青龙满族自治县、海港区
	7度	0.10g	第二组	抚宁区、北戴河区、昌黎县
	6度	0.05g	第三组	山海关区
邯郸市	8度	0.20g	第二组	峰峰矿区、临漳县、磁县
	7度	0.15g	第二组	邯山区、丛台区、复兴区、邯郸县、成安县、大名县、魏县、武安市
	7度	0.15g	第一组	永年县
	7度	0.10g	第三组	邱县、馆陶县
	7度	0.10g	第二组	涉县、肥乡县、鸡泽县、广平县、曲周县
邢台市	7度	0.15g	第一组	桥东区、桥西区、邢台县[1]、内丘县、柏乡县、隆尧县、任县、南和县、宁晋县、巨鹿县、新河县、沙河市
	7度	0.10g	第二组	临城县、广宗县、平乡县、南宫市
	6度	0.05g	第三组	威县、清河县、临西县
保定市	7度	0.15g	第二组	涞水县、定兴县、涿州市、高碑店市
	7度	0.10g	第二组	竞秀区、莲池区、徐水区、高阳县、容城县、安新县、易县、蠡县、博野县、雄县
	7度	0.10g	第三组	清苑区、涞源县、安国市
	6度	0.05g	第三组	满城县、阜平县、唐县、望都县、曲阳县、顺平县、定州市
张家口市	8度	0.20g	第二组	下花园区、怀来县、涿鹿县
	7度	0.15g	第二组	桥东区、桥西区、宣化区、宣化县[2]、蔚县、阳原县、怀安县、万全县
	7度	0.10g	第三组	赤城县
	7度	0.10g	第二组	张北县、尚义县、崇礼县
	6度	0.05g	第三组	沽源县
	6度	0.05g	第二组	康保县
承德市	7度	0.10g	第三组	鹰手营子矿区、兴隆县
	6度	0.05g	第三组	双桥区、双滦区、承德县、平泉县、滦平县、隆化县、丰宁满族自治县、宽城满族自治县
	6度	0.05g	第一组	围场满族蒙古族自治县

	烈度	加速度	分组	县级及县级以上城镇
沧州市	7度	0.15g	第二组	青县
	7度	0.15g	第一组	肃宁县、献县、任丘市、河间市
	7度	0.10g	第三组	黄骅市
	7度	0.10g	第二组	新华区、运河区、沧县[3]、东光县、南皮县、吴桥县、泊头市
	6度	0.05g	第三组	海兴县、盐山县、孟村回族自治县
廊坊市	8度	0.20g	第二组	安次区、广阳区、香河县、大厂回族自治县、三河市
	7度	0.15g	第二组	固安县、永清县、文安县
	7度	0.15g	第一组	大城县
	7度	0.10g	第二组	霸州市
衡水市	7度	0.15g	第一组	饶阳县、深州市
	7度	0.10g	第二组	桃城区、武强县、冀州市
	7度	0.10g	第一组	安平县
	6度	0.05g	第三组	枣强县、武邑县、故城县、阜城县
	6度	0.05g	第二组	景县

注: 1 邢台县政府驻邢台市桥东区;
    2 宣化县政府驻张家口市宣化区;
    3 沧县政府驻沧州市新华区。

A.0.4 山西省

	烈度	加速度	分组	县级及县级以上城镇
太原市	8度	0.20g	第二组	小店区、迎泽区、杏花岭区、尖草坪区、万柏林区、晋源区、清徐县、阳曲县
	7度	0.15g	第二组	古交市
	7度	0.10g	第三组	娄烦县
大同市	8度	0.20g	第二组	城区、矿区、南郊区、大同县
	7度	0.15g	第三组	浑源县
	7度	0.15g	第二组	新荣区、阳高县、天镇县、广灵县、灵丘县、左云县
阳泉市	7度	0.10g	第三组	盂县
	7度	0.10g	第二组	城区、矿区、郊区、平定县
长治市	7度	0.10g	第三组	平顺县、武乡县、沁县、沁源县
	7度	0.10g	第二组	城区、郊区、长治县、黎城县、壶关县、潞城市
	6度	0.05g	第三组	襄垣县、屯留县、长子县
晋城市	7度	0.10g	第三组	沁水县、陵川县
	6度	0.05g	第三组	城区、阳城县、泽州县、高平市
朔州市	8度	0.20g	第二组	山阴县、应县、怀仁县
	7度	0.15g	第二组	朔城区、平鲁区、右玉县
晋中市	8度	0.20g	第二组	榆次区、太谷县、祁县、平遥县、灵石县、介休市
	7度	0.10g	第三组	榆社县、和顺县、寿阳县
	7度	0.10g	第二组	昔阳县
	6度	0.05g	第三组	左权县
运城市	8度	0.20g	第三组	永济市
	7度	0.15g	第三组	临猗县、万荣县、闻喜县、稷山县、绛县

	烈度	加速度	分组	县级及县级以上城镇
运城市	7度	0.15g	第二组	盐湖区、新绛县、夏县、平陆县、芮城县、河津市
	7度	0.10g	第二组	垣曲县
忻州市	8度	0.20g	第二组	忻府区、定襄县、五台县、代县、原平市
	7度	0.15g	第三组	宁武县
	7度	0.15g	第二组	繁峙县
	7度	0.10g	第三组	静乐县、神池县、五寨县
	6度	0.05g	第三组	岢岚县、河曲县、保德县、偏关县
临汾市	8度	0.30g	第二组	洪洞县
	8度	0.20g	第二组	尧都区、襄汾县、古县、浮山县、汾西县、霍州市
	7度	0.15g	第二组	曲沃县、翼城县、蒲县、侯马市
	7度	0.10g	第三组	安泽县、吉县、乡宁县、隰县
	6度	0.05g	第三组	大宁县、永和县
吕梁市	8度	0.20g	第二组	文水县、交城县、孝义市、汾阳市
	7度	0.10g	第三组	离石区、岚县、中阳县、交口县
	6度	0.05g	第三组	兴县、临县、柳林县、石楼县、方山县

A.0.5 内蒙古自治区

	烈度	加速度	分组	县级及县级以上城镇
呼和浩特市	8度	0.20g	第二组	新城区、回民区、玉泉区、赛罕区、土默特左旗
	7度	0.15g	第二组	托克托县、和林格尔县、武川县
	7度	0.10g	第二组	清水河县
包头市	8度	0.30g	第二组	土默特右旗
	8度	0.20g	第二组	东河区、石拐区、九原区、昆都仑区、青山区
	7度	0.15g	第二组	固阳县
	6度	0.05g	第三组	白云鄂博矿区、达尔罕茂明安联合旗
乌海市	8度	0.20g	第二组	海勃湾区、海南区、乌达区
赤峰市	8度	0.20g	第一组	元宝山区、宁城县
	7度	0.15g	第一组	红山区、喀喇沁旗
	7度	0.10g	第一组	松山区、阿鲁科尔沁旗、敖汉旗
	6度	0.05g	第一组	巴林左旗、巴林右旗、林西县、克什克腾旗、翁牛特旗
通辽市	7度	0.10g	第一组	科尔沁区、开鲁县
	6度	0.05g	第一组	科尔沁左翼中旗、科尔沁左翼后旗、库伦旗、奈曼旗、扎鲁特旗、霍林郭勒市
鄂尔多斯市	8度	0.20g	第二组	达拉特旗
	7度	0.10g	第三组	东胜区、准格尔旗
	6度	0.05g	第三组	鄂托克前旗、鄂托克旗、杭锦旗、伊金霍洛旗
	6度	0.05g	第一组	乌审旗
呼伦贝尔市	7度	0.10g	第一组	扎赉诺尔区、新巴尔虎右旗、扎兰屯市
	6度	0.05g	第一组	海拉尔区、阿荣旗、莫力达瓦达斡尔族自治旗、鄂伦春自治旗、鄂温克族自治旗、陈巴尔虎旗、新巴尔虎左旗、满洲里市、牙克石市、额尔古纳市、根河市

	烈度	加速度	分组	县级及县级以上城镇
巴彦淖尔市	8度	0.20g	第二组	杭锦后旗
	8度	0.20g	第一组	磴口县、乌拉特前旗、乌拉特后旗
	7度	0.15g	第二组	临河区、五原县
	7度	0.10g	第二组	乌拉特中旗
乌兰察布市	7度	0.15g	第二组	凉城县、察哈尔右翼前旗、丰镇市
	7度	0.10g	第三组	察哈尔右翼中旗
	7度	0.10g	第二组	集宁区、卓资县、兴和县
	6度	0.05g	第三组	四子王旗
	6度	0.05g	第二组	化德县、商都县、察哈尔右翼后旗
兴安盟	6度	0.05g	第一组	乌兰浩特市、阿尔山市、科尔沁右翼前旗、科尔沁右翼中旗、扎赉特旗、突泉县
锡林郭勒盟	6度	0.05g	第三组	太仆寺旗
	6度	0.05g	第二组	正蓝旗
	6度	0.05g	第一组	二连浩特市、锡林浩特市、阿巴嘎旗、苏尼特左旗、苏尼特右旗、东乌珠穆沁旗、西乌珠穆沁旗、镶黄旗、正镶白旗、多伦县
阿拉善盟	8度	0.20g	第二组	阿拉善左旗、阿拉善右旗
	6度	0.05g	第一组	额济纳旗

A.0.6 辽宁省

	烈度	加速度	分组	县级及县级以上城镇
沈阳市	7度	0.10g	第一组	和平区、沈河区、大东区、皇姑区、铁西区、苏家屯、浑南区（原东陵区）、沈北新区、于洪区、辽中县
	6度	0.05g	第一组	康平县、法库县、新民市
大连市	8度	0.20g	第一组	瓦房店市、普兰店市
	7度	0.15g	第一组	金州区
	7度	0.10g	第二组	中山区、西岗区、沙河口区、甘井子区、旅顺口区
	6度	0.05g	第二组	长海县
	6度	0.05g	第一组	庄河市
鞍山市	8度	0.20g	第二组	海城市
	7度	0.10g	第二组	铁东区、铁西区、立山区、千山区、岫岩满族自治县
	7度	0.10g	第一组	台安县
抚顺市	7度	0.10g	第一组	新抚区、东洲区、望花区、顺城区、抚顺县[1]
	6度	0.05g	第一组	新宾满族自治县、清原满族自治县
本溪市	7度	0.10g	第二组	南芬区
	7度	0.10g	第一组	平山区、溪湖区、明山区
	6度	0.05g	第一组	本溪满族自治县、桓仁满族自治县
丹东市	8度	0.20g	第一组	东港市
	7度	0.15g	第一组	元宝区、振兴区、振安区
	6度	0.05g	第二组	凤城市
	6度	0.05g	第一组	宽甸满族自治县

	烈度	加速度	分组	县级及县级以上城镇
锦州市	6度	0.05g	第二组	古塔区、凌河区、太和区、凌海市
	6度	0.05g	第一组	黑山县、义县、北镇市
营口市	8度	0.20g	第二组	老边区、盖州市、大石桥市
	7度	0.15g	第二组	站前区、西市区、鲅鱼圈区
阜新市	6度	0.05g	第一组	海州区、新邱区、太平区、清河门区、细河区、阜新蒙古族自治县、彰武县
辽阳市	7度	0.10g	第二组	弓长岭区、宏伟区、辽阳县
	7度	0.10g	第一组	白塔区、文圣区、太子河区、灯塔市
盘锦市	7度	0.10g	第二组	双台子区、兴隆台区、大洼县、盘山县
铁岭市	7度	0.10g	第一组	银州、清河、铁岭县[2]、昌图县、开原市
	6度	0.05g	第一组	西丰县、调兵山市
朝阳市	7度	0.10g	第二组	凌源市
	7度	0.10g	第一组	双塔区、龙城区、朝阳县[3]、建平县、北票市
	6度	0.05g	第二组	喀喇沁左翼蒙古族自治县
葫芦岛市	6度	0.05g	第二组	连山区、龙港区、南票区
	6度	0.05g	第三组	绥中县、建昌县、兴城市

注：1 抚顺县政府驻抚顺市顺城区新城路中段；
  2 铁岭县政府驻铁岭市银州区工人街道；
  3 朝阳县政府驻朝阳市双塔区前进街道。

A.0.7 吉林省

	烈度	加速度	分组	县级及县级以上城镇
长春市	7度	0.10g	第一组	南关区、宽城区、朝阳区、二道区、绿园区、双阳区、九台区
	6度	0.05g	第一组	农安县、榆树市、德惠市
吉林市	8度	0.20g	第一组	舒兰市
	7度	0.10g	第一组	昌邑区、龙潭区、船营区、丰满区、永吉县
	6度	0.05g	第一组	蛟河市、桦甸市、磐石市
四平市	7度	0.10g	第一组	伊通满族自治县
	6度	0.05g	第一组	铁西区、铁东区、梨树县、公主岭市、双辽市
辽源市	6度	0.05g	第一组	龙山区、西安区、东丰县、东辽县
通化市	6度	0.05g	第一组	东昌区、二道江区、通化县、辉南县、柳河县、梅河口市、集安市
白山市	6度	0.05g	第一组	浑江区、江源区、抚松县、靖宇县、长白朝鲜族自治县、临江市
松原市	8度	0.20g	第一组	宁江区、前郭尔罗斯蒙古族自治县
	7度	0.10g	第一组	乾安县
	6度	0.05g	第一组	长岭县、扶余市
白城市	7度	0.15g	第一组	大安市
	7度	0.10g	第一组	洮北区
	6度	0.05g	第一组	镇赉县、通榆县、洮南市
延边朝鲜族自治州	7度	0.15g	第一组	安图县
	6度	0.05g	第一组	延吉市、图们市、敦化市、珲春市、龙井市、和龙市、汪清县

A.0.8 黑龙江省

	烈度	加速度	分组	县级及县级以上城镇
哈尔滨市	8度	0.20g	第一组	方正县
	7度	0.15g	第一组	依兰县、通河县、延寿县
	7度	0.10g	第一组	道里区、南岗区、道外区、松北区、香坊区、呼兰区、尚志市、五常市
	6度	0.05g	第一组	平房区、阿城区、宾县、巴彦县、木兰县、双城区
齐齐哈尔市	7度	0.10g	第一组	昂昂溪区、富拉尔基、泰来县
	6度	0.05g	第一组	龙沙区、建华区、铁锋区、碾子山区、梅里斯达斡尔族区、龙江县、依安县、甘南县、富裕县、克山县、克东县、拜泉县、讷河市
鸡西市	6度	0.05g	第一组	鸡冠区、恒山区、滴道区、梨树区、城子河区、麻山区、鸡东县、虎林市、密山市
鹤岗市	7度	0.10g	第一组	向阳区、工农区、南山区、兴安区、东山区、兴山区、萝北县
	6度	0.05g	第一组	绥滨县
双鸭山市	6度	0.05g	第一组	尖山区、岭东区、四方台区、宝山区、集贤县、友谊县、宝清县、饶河县
大庆市	7度	0.10g	第一组	肇源县
	6度	0.05g	第一组	萨尔图区、龙凤区、让胡路区、红岗区、大同区、肇州县、林甸县、杜尔伯特蒙古族自治县
伊春市	6度	0.05g	第一组	伊春区、南岔区、友好区、西林区、翠峦区、新青区、美溪区、金山屯区、五营区、乌马河区、汤旺河区、带岭区、乌伊岭区、红星区、上甘岭区、嘉荫县、铁力市
佳木斯市	7度	0.10g	第一组	向阳区、前进区、东风区、郊区、汤原县
	6度	0.05g	第一组	桦南县、桦川县、抚远县、同江市、富锦市
七台河市	6度	0.05g	第一组	新兴区、桃山区、茄子河区、勃利县
牡丹江市	6度	0.05g	第一组	东安区、阳明区、爱民区、西安区、东宁县、林口县、绥芬河市、海林市、宁安市、穆棱市
黑河市	6度	0.05g	第一组	爱辉区、嫩江县、逊克县、孙吴县、北安市、五大连池市
绥化市	7度	0.10g	第一组	北林区、庆安县
	6度	0.05g	第一组	望奎县、兰西县、青冈县、明水县、绥棱县、安达市、肇东市、海伦市
大兴安岭地区	6度	0.05g	第一组	加格达奇区、呼玛县、塔河县、漠河县

A.0.9 上海市

烈度	加速度	分组	县级及县级以上城镇
7度	0.10g	第二组	黄浦区、徐汇区、长宁区、静安区、普陀区、闸北区、虹口区、杨浦区、闵行区、宝山区、嘉定区、浦东新区、金山区、松江区、青浦区、奉贤区、崇明县

A.0.10 江苏省

	烈度	加速度	分组	县级及县级以上城镇
南京市	7度	0.10g	第二组	六合区
	7度	0.10g	第一组	玄武区、秦淮区、建邺区、鼓楼区、浦口区、栖霞区、雨花台区、江宁区、溧水区
	6度	0.05g	第一组	高淳区

续表

	烈度	加速度	分组	县级及县级以上城镇
无锡市	7度	0.10g	第一组	崇安区、南长区、北塘区、锡山区、滨湖区、惠山区、宜兴市
	6度	0.05g	第二组	江阴市
徐州市	8度	0.20g	第二组	睢宁县、新沂市、邳州市
	7度	0.10g	第三组	鼓楼区、云龙区、贾汪区、泉山区、铜山区
	7度	0.10g	第二组	沛县
	6度	0.05g	第二组	丰县
常州市	7度	0.10g	第一组	天宁区、钟楼区、新北区、武进区、金坛区、溧阳市
苏州市	7度	0.10g	第一组	虎丘区、吴中区、相城区、姑苏区、吴江区、常熟市、昆山市、太仓市
	6度	0.05g	第二组	张家港市
南通市	7度	0.10g	第二组	崇川区、港闸区、海安县、如东县、如皋市
	6度	0.05g	第二组	通州区、启东市、海门市
连云港市	7度	0.15g	第三组	东海县
	7度	0.10g	第三组	连云区、海州区、赣榆区、灌云县
	6度	0.05g	第三组	灌南县
淮安市	7度	0.10g	第三组	清河区、淮阴区、清浦区
	7度	0.10g	第二组	盱眙县
	6度	0.05g	第三组	淮安区、涟水县、洪泽县、金湖县
盐城市	7度	0.15g	第三组	大丰区
	7度	0.10g	第三组	盐都区
	7度	0.10g	第二组	亭湖区、射阳县、东台市
	6度	0.05g	第三组	响水县、滨海县、阜宁县、建湖县
扬州市	7度	0.15g	第二组	广陵区、江都区
	7度	0.15g	第一组	邗江区、仪征市
	7度	0.10g	第二组	高邮市
	6度	0.05g	第三组	宝应县
镇江市	7度	0.15g	第一组	京口区、润州区
	7度	0.10g	第一组	丹徒区、丹阳市、扬中市、句容市
泰州市	7度	0.10g	第二组	海陵区、高港区、姜堰区、兴化市
	6度	0.05g	第二组	靖江市
	6度	0.05g	第一组	泰兴市
宿迁市	8度	0.30g	第二组	宿城区、宿豫区
	8度	0.20g	第二组	泗洪县
	7度	0.15g	第三组	沭阳县
	7度	0.10g	第三组	泗阳县

A.0.11 浙江省

	烈度	加速度	分组	县级及县级以上城镇
杭州市	7度	0.10g	第一组	上城区、下城区、江干区、拱墅区、西湖区、余杭区
	6度	0.05g	第一组	滨江区、萧山区、富阳区、桐庐县、淳安县、建德市、临安市

	烈度	加速度	分组	县级及县级以上城镇
宁波市	7度	0.10g	第一组	海曙区、江东区、江北区、北仑区、镇海区、鄞州区
	6度	0.05g	第一组	象山县、宁海县、余姚市、慈溪市、奉化市
温州市	6度	0.05g	第二组	洞头区、平阳县、苍南县、瑞安市
	6度	0.05g	第一组	鹿城区、龙湾区、瓯海区、永嘉县、文成县、泰顺县、乐清市
嘉兴市	7度	0.10g	第一组	南湖区、秀洲区、嘉善县、海宁市、平湖市、桐乡市
	6度	0.05g	第一组	海盐县
湖州市	6度	0.05g	第一组	吴兴区、南浔区、德清县、长兴县、安吉县
绍兴市	6度	0.05g	第一组	越城区、柯桥区、上虞区、新昌县、诸暨市、嵊州市
金华市	6度	0.05g	第一组	婺城区、金东区、武义县、浦江县、磐安县、兰溪市、义乌市、东阳市、永康市
衢州市	6度	0.05g	第一组	柯城区、衢江区、常山县、开化县、龙游县、江山市
舟山市	7度	0.10g	第一组	定海区、普陀区、岱山县、嵊泗县
台州市	6度	0.05g	第二组	玉环县
	6度	0.05g	第一组	椒江区、黄岩区、路桥区、三门县、天台县、仙居县、温岭市、临海市
丽水市	6度	0.05g	第二组	庆元县
	6度	0.05g	第一组	莲都区、青田县、缙云县、遂昌县、松阳县、云和县、景宁畲族自治县、龙泉市

A. 0. 12　安徽省

	烈度	加速度	分组	县级及县级以上城镇
合肥市	7度	0.10g	第一组	瑶海区、庐阳区、蜀山区、包河区、长丰县、肥东县、肥西县、庐江县、巢湖市
芜湖市	6度	0.05g	第一组	镜湖区、弋江区、鸠江区、三山区、芜湖县、繁昌县、南陵县、无为县
蚌埠市	7度	0.15g	第二组	五河县
	7度	0.10g	第二组	固镇县
	7度	0.10g	第一组	龙子湖区、蚌山区、禹会区、淮上区、怀远县
淮南市	7度	0.10g	第一组	大通区、田家庵区、谢家集区、八公山区、潘集区、凤台县
马鞍山市	6度	0.05g	第一组	花山区、雨山区、博望区、当涂县、含山县、和县
淮北市	6度	0.05g	第三组	杜集区、相山区、烈山区、濉溪县
铜陵市	7度	0.10g	第一组	铜官山区、狮子山区、郊区、铜陵县
安庆市	7度	0.10g	第一组	迎江区、大观区、宜秀区、枞阳县、桐城市
	6度	0.05g	第一组	怀宁县、潜山县、太湖县、宿松县、望江县、岳西县
黄山市	6度	0.05g	第一组	屯溪区、黄山区、徽州区、歙县、休宁县、黟县、祁门县
滁州市	7度	0.10g	第二组	天长市、明光市
	7度	0.10g	第一组	定远县、凤阳县
	6度	0.05g	第二组	琅琊区、南谯区、来安县、全椒县
阜阳市	7度	0.10g	第一组	颍州区、颍东区、颍泉区
	6度	0.05g	第一组	临泉县、太和县、阜南县、颍上县、界首市

	烈度	加速度	分组	县级及县级以上城镇
宿州市	7度	0.15g	第二组	泗县
	7度	0.10g	第三组	萧县
	7度	0.10g	第二组	灵璧县
	6度	0.05g	第三组	埇桥区
	6度	0.05g	第二组	砀山县
六安市	7度	0.15g	第一组	霍山县
	7度	0.10g	第一组	金安区、裕安区、寿县、舒城县
	6度	0.05g	第一组	霍邱县、金寨县
亳州市	7度	0.10g	第二组	谯城区、涡阳县
	6度	0.05g	第二组	蒙城县
	6度	0.05g	第一组	利辛县
池州市	7度	0.10g	第一组	贵池区
	6度	0.05g	第一组	东至县、石台县、青阳县
宣城市	7度	0.10g	第一组	郎溪县
	6度	0.05g	第一组	宣州区、广德县、泾县、绩溪县、旌德县、宁国市

A. 0. 13　福建省

	烈度	加速度	分组	县级及县级以上城镇
福州市	7度	0.10g	第三组	鼓楼区、台江区、仓山区、马尾区、晋安区、平潭县、福清市、长乐市
	6度	0.05g	第三组	连江县、永泰县
	6度	0.05g	第二组	闽侯县、罗源县、闽清县
厦门市	7度	0.15g	第三组	思明区、湖里区、集美区、翔安区
	7度	0.15g	第二组	海沧区
	7度	0.10g	第三组	同安区
莆田市	7度	0.10g	第三组	城厢区、涵江区、荔城区、秀屿区、仙游县
三明市	6度	0.05g	第一组	梅列区、三元区、明溪县、清流县、宁化县、大田县、尤溪县、沙县、将乐县、泰宁县、建宁县、永安市
泉州市	7度	0.15g	第三组	鲤城区、丰泽区、洛江区、石狮市、晋江市
	7度	0.10g	第三组	泉港区、惠安县、安溪县、永春县、南安市
	6度	0.05g	第三组	德化县
漳州市	7度	0.15g	第三组	漳浦县
	7度	0.15g	第二组	芗城区、龙文区、诏安县、长泰县、东山县、南靖县、龙海市
	7度	0.10g	第三组	云霄县
	7度	0.10g	第二组	平和县、华安县
南平市	6度	0.05g	第二组	政和县
	6度	0.05g	第一组	延平区、建阳区、顺昌县、浦城县、光泽县、松溪县、邵武市、武夷山市、建瓯市
龙岩市	6度	0.05g	第二组	新罗区、永定区、漳平市
	6度	0.05g	第一组	长汀县、上杭县、武平县、连城县
宁德市	6度	0.05g	第二组	蕉城区、霞浦县、周宁县、柘荣县、福安市、福鼎市
	6度	0.05g	第一组	古田县、屏南县、寿宁县

A.0.14 江西省

	烈度	加速度	分组	县级及县级以上城镇
南昌市	6度	0.05g	第一组	东湖区、西湖区、青云谱区、湾里区、青山湖区、新建区、南昌县、安义县、进贤县
景德镇市	6度	0.05g	第一组	昌江区、珠山区、浮梁县、乐平市
萍乡市	6度	0.05g	第一组	安源区、湘东区、莲花县、上栗县、芦溪县
九江市	6度	0.05g	第一组	庐山区、浔阳区、九江县、武宁县、修水县、永修县、德安县、星子县、都昌县、湖口县、彭泽县、瑞昌市、共青城市
新余市	6度	0.05g	第一组	渝水区、分宜县
鹰潭市	6度	0.05g	第一组	月湖区、余江县、贵溪市
赣州市	7度	0.10g	第一组	安远县、会昌县、寻乌县、瑞金市
	6度	0.05g	第一组	章贡区、南康区、赣县、信丰县、大余县、上犹县、崇义县、龙南县、定南县、全南县、宁都县、于都县、兴国县、石城县
吉安市	6度	0.05g	第一组	吉州区、青原区、吉安县、吉水县、峡江县、新干县、永丰县、泰和县、遂川县、万安县、安福县、永新县、井冈山市
宜春市	6度	0.05g	第一组	袁州区、奉新县、万载县、上高县、宜丰县、靖安县、铜鼓县、丰城市、樟树市、高安市
抚州市	6度	0.05g	第一组	临川区、南城县、黎川县、南丰县、崇仁县、乐安县、宜黄县、金溪县、资溪县、东乡县、广昌县
上饶市	6度	0.05g	第一组	信州区、广丰区、上饶县、玉山县、铅山县、横峰县、弋阳县、余干县、鄱阳县、万年县、婺源县、德兴市

A.0.15 山东省

	烈度	加速度	分组	县级及县级以上城镇
济南市	7度	0.10g	第三组	长清区
	7度	0.10g	第二组	平阴县
	6度	0.05g	第三组	历下区、市中区、槐荫区、天桥区、历城区、济阳县、商河县、章丘市
青岛市	7度	0.10g	第三组	黄岛区、平度市、胶州市、即墨市
	7度	0.10g	第二组	市南区、市北区、崂山区、李沧区、城阳区
	6度	0.05g	第三组	莱西市
淄博市	7度	0.15g	第二组	临淄区
	7度	0.10g	第三组	张店区、周村区、桓台县、高青县、沂源县
	7度	0.10g	第二组	淄川区、博山区
枣庄市	7度	0.15g	第三组	山亭区
	7度	0.15g	第二组	台儿庄区
	7度	0.10g	第三组	市中区、薛城区、峄城区
	7度	0.10g	第二组	滕州市
东营市	7度	0.10g	第三组	东营区、河口区、垦利县、广饶县
	6度	0.05g	第三组	利津县
烟台市	7度	0.15g	第三组	龙口市
	7度	0.15g	第二组	长岛县、蓬莱市

	烈度	加速度	分组	县级及县级以上城镇
烟台市	7度	0.10g	第三组	莱州市、招远市、栖霞市
	7度	0.10g	第二组	芝罘区、福山区、莱山区
	7度	0.10g	第一组	牟平区
	6度	0.05g	第三组	莱阳市、海阳市
潍坊市	8度	0.20g	第二组	潍城区、坊子区、奎文区、安丘市
	7度	0.15g	第三组	诸城市
	7度	0.15g	第二组	寒亭区、临朐县、昌乐县、青州市、寿光市、昌邑市
	7度	0.10g	第三组	高密市
济宁市	7度	0.10g	第三组	微山县、梁山县
	7度	0.10g	第二组	兖州区、汶上县、泗水县、曲阜市、邹城市
	6度	0.05g	第三组	任城区、金乡县、嘉祥县
	6度	0.05g	第二组	鱼台县
泰安市	7度	0.10g	第三组	新泰市
	7度	0.10g	第二组	泰山区、岱岳区、宁阳县
	6度	0.05g	第三组	东平县、肥城市
威海市	7度	0.10g	第一组	环翠区、文登区、荣成市
	6度	0.05g	第二组	乳山市
日照市	8度	0.20g	第二组	莒县
	7度	0.15g	第三组	五莲县
	7度	0.10g	第三组	东港区、岚山区
莱芜市	7度	0.10g	第三组	钢城区
	7度	0.10g	第二组	莱城区
临沂市	8度	0.20g	第二组	兰山区、罗庄区、河东区、郯城县、沂水县、莒南县、临沭县
	7度	0.15g	第二组	沂南县、兰陵县、费县
	7度	0.10g	第三组	平邑县、蒙阴县
德州市	7度	0.15g	第二组	平原县、禹城市
	7度	0.10g	第三组	临邑县、齐河县
	7度	0.10g	第二组	德城区、陵城区、夏津县
	6度	0.05g	第三组	宁津县、庆云县、武城县、乐陵市
聊城市	8度	0.20g	第二组	阳谷县、莘县
	7度	0.15g	第二组	东昌府区、茌平县、高唐县
	7度	0.10g	第三组	冠县、临清市
	7度	0.10g	第二组	东阿县
滨州市	7度	0.10g	第三组	滨城区、博兴县、邹平县
	6度	0.05g	第三组	沾化区、惠民县、阳信县、无棣县
菏泽市	8度	0.20g	第二组	鄄城县、东明县
	7度	0.15g	第二组	牡丹区、郓城县、定陶县
	7度	0.10g	第三组	巨野县
	7度	0.10g	第二组	曹县、单县、成武县

A. 0.16　河南省

	烈度	加速度	分组	县级及县级以上城镇
郑州市	7度	0.15g	第二组	中原区、二七区、管城回族区、金水区、惠济区
	7度	0.10g	第二组	上街区、中牟县、巩义市、荥阳市、新密市、新郑市、登封市
开封市	7度	0.15g	第二组	兰考县
	7度	0.10g	第二组	龙亭区、顺河回族区、鼓楼区、禹王台区、祥符区、通许县、尉氏县
	6度	0.05g	第二组	杞县
洛阳市	7度	0.10g	第二组	老城区、西工区、瀍河回族区、涧西区、吉利区、洛龙区、孟津县、新安县、宜阳县、偃师市
	6度	0.05g	第三组	洛宁县
	6度	0.05g	第二组	嵩县、伊川县
	6度	0.05g	第一组	栾川县、汝阳县
平顶山市	6度	0.05g	第一组	新华区、卫东区、石龙区、湛河区[1]、宝丰县、叶县、鲁山县、舞钢市
	6度	0.05g	第二组	郏县、汝州市
安阳市	8度	0.20g	第二组	文峰区、殷都区、龙安区、北关区、安阳县[2]、汤阴县
	7度	0.15g	第二组	滑县、内黄县
	7度	0.10g	第二组	林州市
鹤壁市	8度	0.20g	第二组	山城区、淇滨区、淇县
	7度	0.15g	第二组	鹤山区、浚县
新乡市	8度	0.20g	第二组	红旗区、卫滨区、凤泉区、牧野区、新乡县、获嘉县、原阳县、延津县、卫辉市、辉县市
	7度	0.15g	第二组	封丘县、长垣县
焦作市	7度	0.15g	第二组	修武县、武陟县
	7度	0.10g	第二组	解放区、中站区、马村区、山阳区、博爱县、温县、沁阳市、孟州市
濮阳市	8度	0.20g	第二组	范县
	7度	0.15g	第二组	华龙区、清丰县、南乐县、台前县、濮阳县
许昌市	7度	0.10g	第一组	魏都区、许昌县、鄢陵县、禹州市、长葛市
	6度	0.05g	第二组	襄城县
漯河市	7度	0.10g	第一组	舞阳县
	6度	0.05g	第一组	召陵区、源汇区、郾城区、临颍县
三门峡市	7度	0.15g	第二组	湖滨区、陕州区、灵宝市
	6度	0.05g	第三组	渑池县、卢氏县
	6度	0.05g	第二组	义马市
南阳市	7度	0.10g	第一组	宛城区、卧龙区、西峡县、镇平县、内乡县、唐河县
	6度	0.05g	第一组	南召县、方城县、淅川县、社旗县、新野县、桐柏县、邓州市
商丘市	7度	0.10g	第二组	梁园区、睢阳区、民权县、虞城县
	6度	0.05g	第三组	睢县、永城市
	6度	0.05g	第二组	宁陵县、柘城县、夏邑县
信阳市	7度	0.10g	第一组	罗山县、潢川县、息县
	6度	0.05g	第一组	浉河区、平桥区、光山县、新县、商城县、固始县、淮滨县

	烈度	加速度	分组	县级及县级以上城镇
周口市	7度	0.10g	第一组	扶沟县、太康县
	6度	0.05g	第一组	川汇区、西华县、商水县、沈丘县、郸城县、淮阳县、鹿邑县、项城市
驻马店市	7度	0.10g	第一组	西平县
	6度	0.05g	第一组	驿城区、上蔡县、平舆县、正阳县、确山县、泌阳县、汝南县、遂平县、新蔡县
省直辖县级行政单位	7度	0.10g	第二组	济源市

注：1 湛河区政府驻平顶山市新华区曙光街街道；
　　2 安阳县政府驻安阳市北关区灯塔路街道。

A.0.17 湖北省

	烈度	加速度	分组	县级及县级以上城镇
武汉市	7度	0.10g	第一组	新洲区
	6度	0.05g	第一组	江岸区、江汉区、硚口区、汉阳区、武昌区、青山区、洪山区、东西湖区、汉南区、蔡甸区、江夏区、黄陂区
黄石市	6度	0.05g	第一组	黄石港区、西塞山区、下陆区、铁山区、阳新县、大冶市
十堰市	7度	0.15g	第一组	竹山县、竹溪县
	7度	0.10g	第一组	郧阳区、房县
	6度	0.05g	第一组	茅箭区、张湾区、郧西县、丹江口市
宜昌市	6度	0.05g	第一组	西陵区、伍家岗区、点军区、猇亭区、夷陵区、远安县、兴山县、秭归县、长阳土家族自治县、五峰土家族自治县、宜都市、当阳市、枝江市
襄阳市	6度	0.05g	第一组	襄城区、樊城区、襄州区、南漳县、谷城县、保康县、老河口市、枣阳市、宜城市
鄂州市	6度	0.05g	第一组	梁子湖区、华容区、鄂城区
荆门市	6度	0.05g	第一组	东宝区、掇刀区、京山县、沙洋县、钟祥市
孝感市	6度	0.05g	第一组	孝南区、孝昌县、大悟县、云梦县、应城市、安陆市、汉川市
荆州市	6度	0.05g	第一组	沙市区、荆州区、公安县、监利县、江陵县、石首市、洪湖市、松滋市
黄冈市	7度	0.10g	第一组	团风县、罗田县、英山县、麻城市
	6度	0.05g	第一组	黄州区、红安县、浠水县、蕲春县、黄梅县、武穴市
咸宁市	6度	0.05g	第一组	咸安区、嘉鱼县、通城县、崇阳县、通山县、赤壁市
随州市	6度	0.05g	第一组	曾都区、随县、广水市
恩施土家族苗族自治州	6度	0.05g	第一组	恩施市、利川市、建始县、巴东县、宣恩县、咸丰县、来凤县、鹤峰县
省直辖县级行政单位	6度	0.05g	第一组	仙桃市、潜江市、天门市、神农架林区

A.0.18 湖南省

	烈度	加速度	分组	县级及县级以上城镇
长沙市	6度	0.05g	第一组	芙蓉区、天心区、岳麓区、开福区、雨花区、望城区、长沙县、宁乡县、浏阳市

	烈度	加速度	分组	县级及县级以上城镇
株洲市	6度	0.05g	第一组	荷塘区、芦淞区、石峰区、天元区、株洲县、攸县、茶陵县、炎陵县、醴陵市
湘潭市	6度	0.05g	第一组	雨湖区、岳塘区、湘潭县、湘乡市、韶山市
衡阳市	6度	0.05g	第一组	珠晖区、雁峰区、石鼓区、蒸湘区、南岳区、衡阳县、衡南县、衡山县、衡东县、祁东县、耒阳市、常宁市
邵阳市	6度	0.05g	第一组	双清区、大祥区、北塔区、邵东县、新邵县、邵阳县、隆回县、洞口县、绥宁县、新宁县、城步苗族自治县、武冈市
岳阳市	7度	0.10g	第二组	湘阴县、汨罗市
	7度	0.10g	第一组	岳阳楼区、岳阳县
	6度	0.05g	第一组	云溪区、君山区、华容县、平江县、临湘市
常德市	7度	0.15g	第一组	武陵、鼎城区
	7度	0.10g	第一组	安乡县、汉寿县、澧县、临澧县、桃源县、津市市
	6度	0.05g	第一组	石门县
张家界市	6度	0.05g	第一组	永定区、武陵源区、慈利县、桑植县
益阳市	6度	0.05g	第一组	资阳区、赫山区、南县、桃江县、安化县、沅江市
郴州市	6度	0.05g	第一组	北湖区、苏仙区、桂阳县、宜章县、永兴县、嘉禾县、临武县、汝城县、桂东县、安仁县、资兴市
永州市	6度	0.05g	第一组	零陵区、冷水滩区、祁阳县、东安县、双牌县、道县、江永县、宁远县、蓝山县、新田县、江华瑶族自治县
怀化市	6度	0.05g	第一组	鹤城区、中方县、沅陵县、辰溪县、溆浦县、会同县、麻阳苗族自治县、新晃侗族自治县、芷江侗族自治县、靖州苗族侗族自治县、通道侗族自治县、洪江市
娄底市	6度	0.05g	第一组	娄星区、双峰县、新化县、冷水江市、涟源市
湘西土家族苗族自治州	6度	0.05g	第一组	吉首市、泸溪县、凤凰县、花垣县、保靖县、古丈县、永顺县、龙山县

A.0.19 广东省

	烈度	加速度	分组	县级及县级以上城镇
广州市	7度	0.10g	第一组	荔湾区、越秀区、海珠区、天河区、白云区、黄埔区、番禺区、南沙区
	6度	0.05g	第一组	花都区、增城区、从化区
韶关市	6度	0.05g	第一组	武江区、浈江区、曲江区、始兴县、仁化县、翁源县、乳源瑶族自治县、新丰县、乐昌市、南雄市
深圳市	7度	0.10g	第一组	罗湖区、福田区、南山区、宝安区、龙岗区、盐田区
珠海市	7度	0.10g	第二组	香洲区、金湾区
	7度	0.10g	第一组	斗门区
汕头市	8度	0.20g	第二组	龙湖区、金平区、濠江区、潮阳区、澄海区、南澳县
	7度	0.15g	第二组	潮南区
佛山市	7度	0.10g	第一组	禅城区、南海区、顺德区、三水区、高明区
江门市	7度	0.10g	第一组	蓬江区、江海区、新会区、鹤山市
	6度	0.05g	第一组	台山市、开平市、恩平市
湛江市	8度	0.20g	第二组	徐闻县
	7度	0.10g	第一组	赤坎区、霞山区、坡头区、麻章区、遂溪县、廉江市、雷州市、吴川市

	烈度	加速度	分组	县级及县级以上城镇
茂名市	7度	0.10g	第一组	茂南区、电白区、化州市
	6度	0.05g	第一组	高州市、信宜市
肇庆市	7度	0.10g	第一组	端州区、鼎湖区、高要区
	6度	0.05g	第一组	广宁县、怀集县、封开县、德庆县、四会市
惠州市	6度	0.05g	第一组	惠城区、惠阳区、博罗县、惠东县、龙门县
梅州市	7度	0.10g	第二组	大埔县
	7度	0.10g	第一组	梅江区、梅县区、丰顺县
	6度	0.05g	第一组	五华县、平远县、蕉岭县、兴宁市
汕尾市	7度	0.10g	第一组	城区、海丰县、陆丰市
	6度	0.05g	第一组	陆河县
河源市	7度	0.10g	第一组	源城区、东源县
	6度	0.05g	第一组	紫金县、龙川县、连平县、和平县
阳江市	7度	0.15g	第一组	江城区
	7度	0.10g	第一组	阳东区、阳西县
	6度	0.05g	第一组	阳春市
清远市	6度	0.05g	第一组	清城区、清新区、佛冈县、阳山县、连山壮族瑶族自治县、连南瑶族自治县、英德市、连州市
东莞市	6度	0.05g	第一组	东莞市
中山市	7度	0.10g	第一组	中山市
潮州市	8度	0.20g	第二组	湘桥区、潮安区
	7度	0.15g	第二组	饶平县
揭阳市	7度	0.15g	第二组	榕城区、揭东区
	7度	0.10g	第二组	惠来县、普宁市
	6度	0.05g	第一组	揭西县
云浮市	6度	0.05g	第一组	云城区、云安区、新兴县、郁南县、罗定市

A.0.20 广西壮族自治区

	烈度	加速度	分组	县级及县级以上城镇
南宁市	7度	0.15g	第一组	隆安县
	7度	0.10g	第一组	兴宁区、青秀区、江南区、西乡塘区、良庆区、邕宁区、横县
	6度	0.05g	第一组	武鸣县、马山县、上林县、宾阳县
柳州市	6度	0.05g	第一组	城中区、鱼峰区、柳南区、柳北区、柳江县、柳城县、鹿寨县、融安县、融水苗族自治县、三江侗族自治县
桂林市	6度	0.05g	第一组	秀峰区、叠彩区、象山区、七星区、雁山区、临桂区、阳朔县、灵川县、全州县、兴安县、永福县、灌阳县、龙胜各族自治县、资源县、平乐县、荔浦县、恭城瑶族自治县
梧州市	6度	0.05g	第一组	万秀区、长洲区、龙圩区、苍梧县、藤县、蒙山县、岑溪市
北海市	7度	0.10g	第一组	合浦县
	6度	0.05g	第一组	海城区、银海区、铁山港区

	烈度	加速度	分组	县级及县级以上城镇
防城港市	6度	0.05g	第一组	港口区、防城区、上思县、东兴市
钦州市	7度	0.15g	第一组	灵山县
	7度	0.10g	第一组	钦南区、钦北区、浦北县
贵港市	6度	0.05g	第一组	港北区、港南区、覃塘区、平南县、桂平市
玉林市	7度	0.10g	第一组	玉州区、福绵区、陆川县、博白县、兴业县、北流市
	6度	0.05g	第一组	容县
百色市	7度	0.15g	第一组	田东县、平果县、乐业县
	7度	0.10g	第一组	右江区、田阳县、田林县
	6度	0.05g	第二组	西林县、隆林各族自治县
	6度	0.05g	第一组	德保县、那坡县、凌云县
贺州市	6度	0.05g	第一组	八步区、昭平县、钟山县、富川瑶族自治县
河池市	6度	0.05g	第一组	金城江区、南丹县、天峨县、凤山县、东兰县、罗城仫佬族自治县、环江毛南族自治县、巴马瑶族自治县、都安瑶族自治县、大化瑶族自治县、宜州市
来宾市	6度	0.05g	第一组	兴宾区、忻城县、象州县、武宣县、金秀瑶族自治县、合山市
崇左市	7度	0.10g	第一组	扶绥县
	6度	0.05g	第一组	江州区、宁明县、龙州县、大新县、天等县、凭祥市
自治区直辖县级行政单位	6度	0.05g	第一组	靖西市

A.0.21 海南省

	烈度	加速度	分组	县级及县级以上城镇
海口市	8度	0.30g	第二组	秀英区、龙华区、琼山区、美兰区
三亚市	6度	0.05g	第一组	海棠区、吉阳区、天涯区、崖州区
三沙市	7度	0.10g	第一组	三沙市1
儋州市	7度	0.10g	第二组	儋州市
省直辖县级行政单位	8度	0.20g	第二组	文昌市、定安县
	7度	0.15g	第二组	澄迈县
	7度	0.15g	第一组	临高县
	7度	0.10g	第二组	琼海市、屯昌县
	6度	0.05g	第二组	白沙黎族自治县、琼中黎族苗族自治县
	6度	0.05g	第一组	五指山市、万宁市、东方市、昌江黎族自治县、乐东黎族自治县、陵水黎族自治县、保亭黎族苗族自治县

注：1 三沙市政府驻地西沙永兴岛。

A.0.22 重庆市

烈度	加速度	分组	县级及县级以上城镇
7度	0.10g	第一组	黔江区、荣昌区
6度	0.05g	第一组	万州区、涪陵区、渝中区、大渡口区、江北区、沙坪坝区、九龙坡区、南岸区、北碚区、綦江区、大足区、渝北区、巴南区、长寿区、江津区、合川区、永川区、南川区、铜梁区、璧山区、潼南区、梁平县、城口县、丰都县、垫江县、武隆县、忠县、开县、云阳县、奉节县、巫山县、巫溪县、石柱土家族自治县、秀山土家族苗族自治县、酉阳土家族苗族自治县、彭水苗族土家族自治县

	烈度	加速度	分组	县级及县级以上城镇
成都市	8度	0.20g	第二组	都江堰市
	7度	0.15g	第二组	彭州市
	7度	0.10g	第三组	锦江区、青羊区、金牛区、武侯区、成华区、龙泉驿区、青白江区、新都区、温江区、金堂县、双流县、郫县、大邑县、蒲江县、新津县、邛崃市、崇州市
自贡市	7度	0.10g	第二组	富顺县
	7度	0.10g	第一组	自流井区、贡井区、大安区、沿滩区
	6度	0.05g	第三组	荣县
攀枝花市	7度	0.15g	第三组	东区、西区、仁和区、米易县、盐边县
泸州市	6度	0.05g	第二组	泸县
	6度	0.05g	第一组	江阳区、纳溪区、龙马潭区、合江县、叙永县、古蔺县
德阳市	7度	0.15g	第二组	什邡市、绵竹市
	7度	0.10g	第三组	广汉市
	7度	0.10g	第二组	旌阳区、中江县、罗江县
绵阳市	8度	0.20g	第二组	平武县
	7度	0.15g	第二组	北川羌族自治县（新）、江油市
	7度	0.10g	第二组	涪城区、游仙区、安县
	6度	0.05g	第二组	三台县、盐亭县、梓潼县
广元市	7度	0.15g	第二组	朝天区、青川县
	7度	0.10g	第二组	利州区、昭化区、剑阁县
	6度	0.05g	第二组	旺苍县、苍溪县
遂宁市	6度	0.05g	第一组	船山区、安居区、蓬溪县、射洪县、大英县
内江市	7度	0.10g	第一组	隆昌县
	6度	0.05g	第二组	威远县
	6度	0.05g	第一组	市中区、东兴区、资中县
乐山市	7度	0.15g	第三组	金口河区
	7度	0.15g	第二组	沙湾区、沐川县、峨边彝族自治县、马边彝族自治县
	7度	0.10g	第三组	五通桥区、犍为县、夹江县
	7度	0.10g	第二组	市中区、峨眉山市
	6度	0.05g	第三组	井研县
南充市	6度	0.05g	第二组	阆中市
	6度	0.05g	第一组	顺庆区、高坪区、嘉陵区、南部县、营山县、蓬安县、仪陇县、西充县
眉山市	7度	0.10g	第三组	东坡区、彭山区、洪雅县、丹棱县、青神县
	6度	0.05g	第二组	仁寿县
宜宾市	7度	0.10g	第三组	高县
	7度	0.10g	第二组	翠屏区、宜宾县、屏山县
	6度	0.05g	第三组	珙县、筠连县
	6度	0.05g	第二组	南溪区、江安县、长宁县
	6度	0.05g	第一组	兴文县
广安市	6度	0.05g	第一组	广安区、前锋区、岳池县、武胜县、邻水县、华蓥市

	烈度	加速度	分组	县级及县级以上城镇
达州市	6 度	0.05g	第一组	通川区、达川区、宣汉县、开江县、大竹县、渠县、万源市
雅安市	8 度	0.20g	第三组	石棉县
	8 度	0.20g	第一组	宝兴县
	7 度	0.15g	第三组	荥经县、汉源县
	7 度	0.15g	第二组	天全县、芦山县
	7 度	0.10g	第三组	名山区
	7 度	0.10g	第二组	雨城区
巴中市	6 度	0.05g	第一组	巴州区、恩阳区、通江县、平昌县
	6 度	0.05g	第二组	南江县
资阳市	6 度	0.05g	第一组	雁江区、安岳县、乐至县
	6 度	0.05g	第二组	简阳市
阿坝藏族羌族自治州	8 度	0.20g	第三组	九寨沟县
	8 度	0.20g	第二组	松潘县
	8 度	0.20g	第一组	汶川县、茂县
	7 度	0.15g	第二组	理县、阿坝县
	7 度	0.10g	第三组	金川县、小金县、黑水县、壤塘县、若尔盖县、红原县
	7 度	0.10g	第二组	马尔康县
甘孜藏族自治州	9 度	0.40g	第二组	康定市
	8 度	0.30g	第二组	道孚县、炉霍县
	8 度	0.20g	第三组	理塘县、甘孜县
	8 度	0.20g	第二组	泸定县、德格县、白玉县、巴塘县、得荣县
	7 度	0.15g	第三组	九龙县、雅江县、新龙县
	7 度	0.15g	第二组	丹巴县
	7 度	0.10g	第三组	石渠县、色达县、稻城县
	7 度	0.10g	第二组	乡城县
凉山彝族自治州	9 度	0.40g	第三组	西昌市
	8 度	0.30g	第三组	宁南县、普格县、冕宁县
	8 度	0.20g	第三组	盐源县、德昌县、布拖县、昭觉县、喜德县、越西县、雷波县
	7 度	0.15g	第三组	木里藏族自治县、会东县、金阳县、甘洛县、美姑县
	7 度	0.10g	第三组	会理县

A. 0. 24 贵州省

	烈度	加速度	分组	县级及县级以上城镇
贵阳市	6 度	0.05g	第一组	南明区、云岩区、花溪区、乌当区、白云区、观山湖区、开阳县、息烽县、修文县、清镇市
六盘水市	7 度	0.10g	第二组	钟山区
	6 度	0.05g	第三组	盘县
	6 度	0.05g	第二组	水城县
	6 度	0.05g	第一组	六枝特区

续表

	烈度	加速度	分组	县级及县级以上城镇
遵义市	6度	0.05g	第一组	红花岗区、汇川区、遵义县、桐梓县、绥阳县、正安县、道真仡佬族苗族自治县、务川仡佬族苗族自治县凤、冈县、湄潭县、余庆县、习水县、赤水市、仁怀市
安顺市	6度	0.05g	第一组	西秀区、平坝区、普定县、镇宁布依族苗族自治县、关岭布依族苗族自治县、紫云苗族布依族自治县
铜仁市	6度	0.05g	第一组	碧江区、万山区、江口县、玉屏侗族自治县、石阡县、思南县、印江土家族苗族自治县、德江县、沿河土家族自治县、松桃苗族自治县
黔西南布依族苗族自治州	7度	0.15g	第一组	望谟县
	7度	0.10g	第二组	普安县、晴隆县
	6度	0.05g	第三组	兴义市
	6度	0.05g	第二组	兴仁县、贞丰县、册亨县、安龙县
毕节市	7度	0.10g	第三组	威宁彝族回族苗族自治县
	6度	0.05g	第三组	赫章县
	6度	0.05g	第二组	七星关区、大方县、纳雍县
	6度	0.05g	第一组	金沙县、黔西县、织金县
黔东南苗族侗族自治州	6度	0.05g	第一组	凯里市、黄平县、施秉县、三穗县、镇远县、岑巩县、天柱县、锦屏县、剑河县、台江县、黎平县、榕江县、从江县、雷山县、麻江县、丹寨县
黔南布依族苗族自治州	7度	0.10g	第一组	福泉市、贵定县、龙里县
	6度	0.05g	第一组	都匀市、荔波县、瓮安县、独山县、平塘县、罗甸县、长顺县、惠水县、三都水族自治县

A.0.25 云南省

	烈度	加速度	分组	县级及县级以上城镇
昆明市	9度	0.40g	第三组	东川区、寻甸回族彝族自治县
	8度	0.30g	第三组	宜良县、嵩明县
	8度	0.20g	第三组	五华区、盘龙区、官渡区、西山区、呈贡区、晋宁县、石林彝族自治县、安宁市
	7度	0.15g	第三组	富民县、禄劝彝族苗族自治县
曲靖市	8度	0.20g	第三组	马龙县、会泽县
	7度	0.15g	第三组	麒麟区、陆良县、沾益县
	7度	0.10g	第三组	师宗县、富源县、罗平县、宣威市
玉溪市	8度	0.30g	第三组	江川县、澄江县、通海县、华宁县、峨山彝族自治县
	8度	0.20g	第三组	红塔区、易门县
	7度	0.15g	第三组	新平彝族傣族自治县、元江哈尼族彝族傣族自治县
保山市	8度	0.30g	第三组	龙陵县
	8度	0.20g	第三组	隆阳区、施甸县
	7度	0.15g	第三组	昌宁县
昭通市	8度	0.20g	第三组	巧家县、永善县
	7度	0.15g	第三组	大关县、彝良县、鲁甸县
	7度	0.15g	第二组	绥江县

	烈度	加速度	分组	县级及县级以上城镇
昭通市	7度	0.10g	第三组	昭阳区、盐津县
	7度	0.10g	第二组	水富县
	6度	0.05g	第二组	镇雄县、威信县
丽江市	8度	0.30g	第三组	古城区、玉龙纳西族自治县、永胜县
	8度	0.20g	第三组	宁蒗彝族自治县
	7度	0.15g	第三组	华坪县
普洱市	9度	0.40g	第三组	澜沧拉祜族自治县
	8度	0.30g	第三组	孟连傣族拉祜族佤族自治县、西盟佤族自治县
	8度	0.20g	第三组	思茅区、宁洱哈尼族彝族自县
	7度	0.15g	第三组	景东彝族自治县、景谷傣族彝族自治县
	7度	0.10g	第三组	墨江哈尼族自治县、镇沅彝族哈尼族拉祜族自治县、江城哈尼族彝族自治县
临沧市	8度	0.30g	第三组	双江拉祜族佤族布朗族傣族自治县、耿马傣族佤族自治县、沧源佤族自治县
	8度	0.20g	第三组	临翔区、凤庆县、云县、永德县、镇康县
楚雄彝族自治州	8度	0.20g	第三组	楚雄市、南华县
	7度	0.15g	第三组	双柏县、牟定县、姚安县、大姚县、元谋县、武定县、禄丰县
	7度	0.10g	第三组	永仁县
红河哈尼族彝族自治州	8度	0.30g	第三组	建水县、石屏县
	7度	0.15g	第三组	个旧市、开远市、弥勒市、元阳县、红河县
	7度	0.10g	第三组	蒙自市、泸西县、金平苗族瑶族傣族自治县、绿春县
	7度	0.10g	第一组	河口瑶族自治县
	6度	0.05g	第三组	屏边苗族自治县
文山壮族苗族自治州	7度	0.10g	第三组	文山市
	6度	0.05g	第三组	砚山县、丘北县
	6度	0.05g	第二组	广南县
	6度	0.05g	第一组	西畴县、麻栗坡县、马关县、富宁县
西双版纳傣族自治州	8度	0.30g	第三组	勐海县
	8度	0.20g	第三组	景洪市
	7度	0.15g	第三组	勐腊县
大理白族自治州	8度	0.30g	第三组	洱源县、剑川县、鹤庆县
	8度	0.20g	第三组	大理市、漾濞彝族自治县、祥云县、宾川县、弥渡县、南涧彝族自治县、巍山彝族回族自治县
	7度	0.15g	第三组	永平县、云龙县
德宏傣族景颇族自治州	8度	0.30g	第三组	瑞丽市、芒市
	8度	0.20g	第三组	梁河县、盈江县、陇川县
怒江傈僳族自治州	8度	0.20g	第三组	泸水县
	8度	0.20g	第二组	福贡县、贡山独龙族怒族自治县
	7度	0.15g	第三组	兰坪白族普米族自治县
迪庆藏族自治州	8度	0.20g	第二组	香格里拉市、德钦县、维西傈僳族自治县
省直辖县级行政单位	8度	0.20g	第三组	腾冲市

A. 0. 26 西藏自治区

	烈度	加速度	分组	县级及县级以上城镇
拉萨市	9度	0.40g	第三组	当雄县
	8度	0.20g	第三组	城关区、林周县、尼木县、堆龙德庆县
	7度	0.15g	第三组	曲水县、达孜县、墨竹工卡县
昌都市	8度	0.20g	第三组	卡若区、边坝县、洛隆县
	7度	0.15g	第三组	类乌齐县、丁青县、察雅县、八宿县、左贡县
	7度	0.15g	第二组	江达县、芒康县
	7度	0.10g	第三组	贡觉县
山南地区	8度	0.30g	第三组	错那县
	8度	0.20g	第三组	桑日县、曲松县、隆子县
	7度	0.15g	第三组	乃东县、扎囊县、贡嘎县、琼结县、措美县、洛扎县、加查县、浪卡子县
日喀则市	8度	0.20g	第三组	仁布县、康马县、聂拉木县
	8度	0.20g	第二组	拉孜县、定结县、亚东县
	7度	0.15g	第三组	桑珠孜区（原日喀则市）、南木林县、江孜县、定日县、萨迦县、白朗县、吉隆县、萨嘎县、岗巴县
	7度	0.15g	第二组	昂仁县、谢通门县、仲巴县
那曲地区	8度	0.30g	第三组	申扎县
	8度	0.20g	第三组	那曲县、安多县、尼玛县
	8度	0.20g	第二组	嘉黎县
	7度	0.15g	第三组	聂荣县、班戈县
	7度	0.15g	第二组	索县、巴青县、双湖县
	7度	0.10g	第三组	比如县
阿里地区	8度	0.20g	第三组	普兰县
	7度	0.15g	第三组	噶尔县、日土县
	7度	0.15g	第二组	札达县、改则县
	7度	0.10g	第三组	革吉县
	7度	0.10g	第二组	措勤县
林芝市	9度	0.40g	第三组	墨脱县
	8度	0.30g	第三组	米林县、波密县
	8度	0.20g	第三组	巴宜区（原林芝县）
	7度	0.15g	第三组	察隅县、朗县
	7度	0.10g	第三组	工布江达县

A. 0. 27 陕西省

	烈度	加速度	分组	县级及县级以上城镇
西安市	8度	0.20g	第二组	新城区、碑林区、莲湖区、灞桥区、未央区、雁塔区、阎良区、临潼区、长安区、高陵区、蓝田县、周至县、户县
铜川市	7度	0.10g	第三组	王益区、印台区、耀州区
	6度	0.05g	第三组	宜君县

续表

	烈度	加速度	分组	县级及县级以上城镇
宝鸡市	8度	0.20g	第三组	凤翔县、岐山县、陇县、千阳县
	8度	0.20g	第二组	渭滨区、金台区、陈仓区、扶风县、眉县
	7度	0.15g	第三组	凤县
	7度	0.10g	第三组	麟游县、太白县
咸阳市	8度	0.20g	第二组	秦都区、杨陵区、渭城区、泾阳县、武功县、兴平市
	7度	0.15g	第三组	乾县
	7度	0.15g	第二组	三原县、礼泉县
	7度	0.10g	第三组	永寿县、淳化县
	6度	0.05g	第三组	彬县、长武县、旬邑县
渭南市	8度	0.30g	第二组	华县
	8度	0.20g	第二组	临渭区、潼关县、大荔县、华阴市
	7度	0.15g	第三组	澄城县、富平县
	7度	0.15g	第二组	合阳县、蒲城县、韩城市
	7度	0.10g	第三组	白水县
延安市	6度	0.05g	第三组	吴起县、富县、洛川县、宜川县、黄龙县、黄陵县
	6度	0.05g	第二组	延长县、延川县
	6度	0.05g	第一组	宝塔区、子长县、安塞县、志丹县、甘泉县
汉中市	7度	0.15g	第二组	略阳县
	7度	0.10g	第三组	留坝县
	7度	0.10g	第二组	汉台区、南郑县、勉县、宁强县
	6度	0.05g	第三组	城固县、洋县、西乡县、佛坪县
	6度	0.05g	第一组	镇巴县
榆林市	6度	0.05g	第三组	府谷县、定边县、吴堡县
	6度	0.05g	第一组	榆阳区、神木县、横山县、靖边县、绥德县、米脂县、佳县、清涧县、子洲县
安康市	7度	0.10g	第一组	汉滨区、平利县
	6度	0.05g	第三组	汉阴县、石泉县、宁陕县
	6度	0.05g	第二组	紫阳县、岚皋县、旬阳县、白河县
	6度	0.05g	第一组	镇坪县
商洛市	7度	0.15g	第二组	洛南县
	7度	0.10g	第三组	商州区、柞水县
	7度	0.10g	第一组	商南县
	6度	0.05g	第三组	丹凤县、山阳县、镇安县

A.0.28 甘肃省

	烈度	加速度	分组	县级及县级以上城镇
兰州市	8度	0.20g	第三组	城关区、七里河区、西固区、安宁区、永登县
	7度	0.15g	第三组	红古区、皋兰县、榆中县
嘉峪关市	8度	0.20g	第二组	嘉峪关市
金昌市	7度	0.15g	第三组	金川区、永昌县

	烈度	加速度	分组	县级及县级以上城镇
白银市	8度	0.30g	第三组	平川区
	8度	0.20g	第三组	靖远县、会宁县、景泰县
	7度	0.15g	第三组	白银区
天水市	8度	0.30g	第二组	秦州区、麦积区
	8度	0.20g	第三组	清水县、秦安县、武山县、张家川回族自治县
	8度	0.20g	第二组	甘谷县
武威市	8度	0.30g	第三组	古浪县
	8度	0.20g	第三组	凉州区、天祝藏族自治县
	7度	0.10g	第三组	民勤县
张掖市	8度	0.20g	第三组	临泽县
	8度	0.20g	第二组	肃南裕固族自治县、高台县
	7度	0.15g	第三组	甘州区
	7度	0.15g	第二组	民乐县、山丹县
平凉市	8度	0.20g	第三组	华亭县、庄浪县、静宁县
	7度	0.15g	第三组	崆峒区、崇信县
	7度	0.10g	第三组	泾川县、灵台县
酒泉市	8度	0.20g	第二组	肃北蒙古族自治县
	7度	0.15g	第三组	肃州区、玉门市
	7度	0.15g	第二组	金塔县、阿克塞哈萨克族自治县
	7度	0.10g	第三组	瓜州县、敦煌市
庆阳市	7度	0.10g	第三组	西峰区、环县、镇原县
	6度	0.05g	第三组	庆城县、华池县、合水县、正宁县、宁县
定西市	8度	0.20g	第三组	通渭县、陇西县、漳县
	7度	0.15g	第三组	安定区、渭源县、临洮县、岷县
陇南市	8度	0.30g	第二组	西和县、礼县
	8度	0.20g	第三组	两当县
	8度	0.20g	第二组	武都区、成县、文县、宕昌县、康县、徽县
临夏回族自治州	8度	0.20g	第三组	永靖县
	7度	0.15g	第三组	临夏市、康乐县、广河县、和政县、东乡族自治县、
	7度	0.15g	第二组	临夏县
	7度	0.10g	第三组	积石山保安族东乡族撒拉族自治县
甘南藏族自治州	8度	0.20g	第三组	舟曲县
	8度	0.20g	第二组	玛曲县
	7度	0.15g	第三组	临潭县、卓尼县、迭部县
	7度	0.15g	第二组	合作市、夏河县
	7度	0.10g	第三组	碌曲县

A. 0. 29 青海省

	烈度	加速度	分组	县级及县级以上城镇
西宁市	7度	0.10g	第三组	城中区、城东区、城西区、城北区、大通回族土族自治县、湟中县、湟源县
海东市	7度	0.10g	第三组	乐都区、平安区、民和回族土族自治县、互助土族自治县、化隆回族自治县、循化撒拉族自治县
海北藏族自治州	8度	0.20g	第二组	祁连县
	7度	0.15g	第三组	门源回族自治县
	7度	0.15g	第二组	海晏县
	7度	0.10g	第三组	刚察县
黄南藏族自治州	7度	0.15g	第二组	同仁县
	7度	0.10g	第三组	尖扎县、河南蒙古族自治县
	7度	0.10g	第二组	泽库县
海南藏族自治州	7度	0.15g	第二组	贵德县
	7度	0.10g	第三组	共和县、同德县、兴海县、贵南县
果洛藏族自治州	8度	0.30g	第三组	玛沁县
	8度	0.20g	第三组	甘德县、达日县
	7度	0.15g	第三组	玛多县
	7度	0.10g	第三组	班玛县、久治县
玉树藏族自治州	8度	0.20g	第三组	曲麻莱县
	7度	0.15g	第三组	玉树市、治多县
	7度	0.10g	第三组	称多县
	7度	0.10g	第二组	杂多县、囊谦县
海西蒙古族藏族自治州	7度	0.15g	第三组	德令哈市
	7度	0.15g	第二组	乌兰县
	7度	0.10g	第三组	格尔木市、都兰县、天峻县

A. 0. 30 宁夏回族自治区

	烈度	加速度	分组	县级及县级以上城镇
银川市	8度	0.20g	第三组	灵武市
	8度	0.20g	第二组	兴庆区、西夏区、金凤区、永宁县、贺兰县
石嘴山市	8度	0.20g	第二组	大武口区、惠农区、平罗县
吴忠市	8度	0.20g	第三组	利通区、红寺堡区、同心县、青铜峡市
	6度	0.05g	第三组	盐池县
固原市	8度	0.20g	第三组	原州区、西吉县、隆德县、泾源县
	7度	0.15g	第三组	彭阳县
中卫市	8度	0.30g	第三组	海原县
	8度	0.20g	第三组	沙坡头区、中宁县

A. 0. 31 新疆维吾尔自治区

	烈度	加速度	分组	县级及县级以上城镇
乌鲁木齐市	8度	0.20g	第二组	天山区、沙依巴克区、新市区、水磨沟区、头屯河区、达阪城区、米东区、乌鲁木齐县[1]

	烈度	加速度	分组	县级及县级以上城镇
克拉玛依市	8度	0.20g	第三组	独山子区
	7度	0.10g	第三组	克拉玛依区、白碱滩区
	7度	0.10g	第一组	乌尔禾区
吐鲁番市	7度	0.15g	第二组	高昌区（原吐鲁番市）
	7度	0.10g	第二组	鄯善县、托克逊县
哈密地区	8度	0.20g	第二组	巴里坤哈萨克自治县
	7度	0.15g	第二组	伊吾县
	7度	0.10g	第二组	哈密市
昌吉回族自治州	8度	0.20g	第三组	昌吉市、玛纳斯县
	8度	0.20g	第二组	木垒哈萨克自治县
	7度	0.15g	第三组	呼图壁县
	7度	0.15g	第二组	阜康市、吉木萨尔县
	7度	0.10g	第二组	奇台县
博尔塔拉蒙古自治州	8度	0.20g	第三组	精河县
	8度	0.20g	第二组	阿拉山口市
	7度	0.15g	第三组	博乐市、温泉县
巴音郭楞蒙古自治州	8度	0.20g	第二组	库尔勒市、焉耆回族自治县、和静镇、和硕县、博湖县
	7度	0.15g	第二组	轮台县
	7度	0.10g	第三组	且末县
	7度	0.10g	第二组	尉犁县、若羌县
阿克苏地区	8度	0.20g	第二组	阿克苏市、温宿县、库车县、拜城县、乌什县、柯坪县
	7度	0.15g	第二组	新和县
	7度	0.10g	第三组	沙雅县、阿瓦提县、阿瓦提镇
克孜勒苏柯尔克孜自治州	9度	0.40g	第三组	乌恰县
	8度	0.30g	第三组	阿图什市
	8度	0.20g	第三组	阿克陶县
	8度	0.20g	第二组	阿合奇县
喀什地区	9度	0.40g	第三组	塔什库尔干塔吉克自治县
	8度	0.30g	第三组	喀什市、疏附县、英吉沙县
	8度	0.20g	第三组	疏勒县、岳普湖县、伽师县、巴楚县
	7度	0.15g	第三组	泽普县、叶城县
	7度	0.10g	第三组	莎车县、麦盖提县
和田地区	7度	0.15g	第二组	和田市、和田县[2]、墨玉县、洛浦县、策勒县
	7度	0.10g	第三组	皮山县
	7度	0.10g	第二组	于田县、民丰县
伊犁哈萨克自治州	8度	0.30g	第三组	昭苏县、特克斯县、尼勒克县
	8度	0.20g	第三组	伊宁市、奎屯市、霍尔果斯市、伊宁县、霍城县、巩留县、新源县
	7度	0.15g	第三组	察布查尔锡伯自治县

续表

	烈度	加速度	分组	县级及县级以上城镇
	8度	0.20g	第三组	乌苏市、沙湾县
	7度	0.15g	第二组	托里县
塔城地区	7度	0.15g	第一组	和布克赛尔蒙古自治县
	7度	0.10g	第二组	裕民县
	7度	0.10g	第一组	塔城市、额敏县
	8度	0.20g	第三组	富蕴县、青河县
阿勒泰地区	7度	0.15g	第二组	阿勒泰市、哈巴河县
	7度	0.10g	第二组	布尔津县
	6度	0.05g	第三组	福海县、吉木乃县
	8度	0.20g	第三组	石河子市、可克达拉市
自治区直辖县级行政单位	8度	0.20g	第二组	铁门关市
	7度	0.15g	第三组	图木舒克市、五家渠市、双河市
	7度	0.10g	第二组	北屯市、阿拉尔市

注：1 乌鲁木齐县政府驻乌鲁木齐市水磨沟区南湖南路街道；
    2 和田县政府驻和田市古江巴格街道。

A.0.32 港澳特区和台湾省

	烈度	加速度	分组	县级及县级以上城镇
香港特别行政区	7度	0.15g	第二组	香港
澳门特别行政区	7度	0.10g	第二组	澳门
	9度	0.40g	第三组	嘉义县、嘉义市、云林县、南投县、彰化县、台中市、苗栗县、花莲县
	9度	0.40g	第二组	台南县、台中县
台湾省	8度	0.30g	第三组	台北市、台北县、基隆市、桃园县、新竹县、新竹市、宜兰县、台东县、屏东县
	8度	0.20g	第三组	高雄市、高雄县、金门县
	8度	0.20g	第二组	澎湖县
	6度	0.05g	第三组	妈祖县

附录 B 高强混凝土结构抗震设计要求

B.0.1 高强混凝土结构所采用的混凝土强度等级应符合本规范第 3.9.3 条的规定；其抗震设计，除应符合普通混凝土结构抗震设计要求外，尚应符合本附录的规定。

B.0.2 结构构件截面剪力设计值的限值中含有混凝土轴心抗压强度设计值（f_c）的项应乘以混凝土强度影响系数（β_c）。其值，混凝土强度等级为 C50 时取 1.0，C80 时取 0.8，介于 C50 和 C80 之间时取其内插值。

结构构件受压区高度计算和承载力验算时，公式中含有混凝土轴心抗压强度设计值（f_c）的项也应按国家标准《混凝土结构设计规范》GB 50010 的有关规定乘以相应的混凝土强度影响系数。

B.0.3 高强混凝土框架的抗震构造措施，应符合下列要求：

1 梁端纵向受拉钢筋的配筋率不宜大于 3%（HRB335 级钢筋）和 2.6%（HRB400 级钢筋）。梁端箍筋加密区的箍筋最小直径应比普通混凝土梁箍筋的最小直径增大 2mm。

2 柱的轴压比限值宜按下列规定采用：不超过 C60 混凝土的柱可与普通混凝土柱相同，C65～C70 混凝土的柱宜比普通混凝土柱减小 0.05，C75～C80

混凝土的柱宜比普通混凝土柱减小 0.1。

3 当混凝土强度等级大于 C60 时，柱纵向钢筋的最小总配筋率应比普通混凝土柱增大 0.1%。

4 柱加密区的最小配箍特征值宜按下列规定采用；混凝土强度等级高于 C60 时，箍筋宜采用复合箍、复合螺旋箍或连续复合矩形螺旋箍。

    1) 轴压比不大于 0.6 时，宜比普通混凝土柱大 0.02；

    2) 轴压比大于 0.6 时，宜比普通混凝土柱大 0.03。

B.0.4 当抗震墙的混凝土强度等级大于 C60 时，应经过专门研究，采取加强措施。

附录 C 预应力混凝土结构抗震设计要求

C.0.1 本附录适用于 6、7、8 度时先张法和后张有粘结预应力混凝土结构的抗震设计，9 度时应进行专门研究。

无粘结预应力混凝土结构的抗震设计，应采取措施防止罕遇地震下结构构件塑性铰区以外有效预加力松弛，并符合专门的规定。

C.0.2 抗震设计的预应力混凝土结构，应采取措施使其具有良好的变形和消耗地震能量的能力，达到延性结构的基本要求；应避免构件剪切破坏先于弯曲破坏、节点先于被连接构件破坏、预应力筋的锚固粘结先于构件破坏。

C.0.3 抗震设计时，后张预应力框架、门架、转换层的转换大梁，宜采用有粘结预应力筋。承重结构的受拉杆件和抗震等级为一级的框架，不得采用无粘结预应力筋。

C.0.4 抗震设计时，预应力混凝土结构的抗震等级及相应的地震组合内力调整，应按本规范第 6 章对钢筋混凝土结构的要求执行。

C.0.5 预应力混凝土结构的混凝土强度等级，框架和转换层的转换构件不宜低于 C40。其他抗侧力的预应力混凝土构件，不应低于 C30。

C.0.6 预应力混凝土结构的抗震计算，除应符合本规范第 5 章的规定外，尚应符合下列规定：

1 预应力混凝土结构自身的阻尼比可采用 0.03，并可按钢筋混凝土结构部分和预应力混凝土结构部分在整个结构总变形能所占的比例折算为等效阻尼比。

2 预应力混凝土结构构件截面抗震验算时，本规范第 5.4.1 条地震作用效应基本组合中，应增加预应力作用效应项，其分项系数，一般情况应采用 1.0，当预应力作用效应对构件承载力不利时，应采用 1.2。

3 预应力筋穿过框架节点核芯区时，节点核芯区的截面抗震验算，应计入总有效预加力以及预应力孔道削弱核芯区有效验算宽度的影响。

C.0.7 预应力混凝土结构的抗震构造，除下列规定外，应符合本规范第 6 章对钢筋混凝土结构的要求：

1 抗侧力的预应力混凝土构件，应采用预应力筋和非预应力筋混合配筋方式。二者的比例应依据抗震等级按有关规定控制，其预应力强度比不宜大于 0.75。

2 预应力混凝土框架梁端纵向受拉钢筋的最大配筋率、底面和顶面非预应力钢筋配筋量的比值，应按预应力强度比相应换算后符合钢筋混凝土框架梁的要求。

3 预应力混凝土框架柱可采用非对称配筋方式；其轴压比计算，应计入预应力筋的总有效预加力形成的轴向压力设计值，并符合钢筋混凝土结构中对应框架柱的要求；箍筋宜全高加密。

4 板柱-抗震墙结构中，在柱截面范围内通过板底连续钢筋的要求，应计入预应力钢筋截面面积。

C.0.8 后张预应力筋的锚具不宜设置在梁柱节点核芯区。预应力筋-锚具组装件的锚固性能，应符合专门的规定。

附录 D 框架梁柱节点核芯区截面抗震验算

D.1 一般框架梁柱节点

D.1.1 一、二、三级框架梁柱节点核芯区组合的剪力设计值，应按下列公式确定：

$$V_j = \frac{\eta_{jb} \sum M_b}{h_{b0} - a'_s}\left(1 - \frac{h_{b0} - a'_s}{H_c - h_b}\right) \quad (D.1.1-1)$$

一级框架结构和 9 度的一级框架可不按上式确定，但应符合下式：

$$V_j = \frac{1.15 \sum M_{bua}}{h_{b0} - a'_s}\left(1 - \frac{h_{b0} - a'_s}{H_c - h_b}\right)$$

$$(D.1.1-2)$$

式中：V_j —— 梁柱节点核芯区组合的剪力设计值；

    h_{b0} —— 梁截面的有效高度，节点两侧梁截面高度不等时可采用平均值；

    a'_s —— 梁受压钢筋合力点至受压边缘的距离；

    H_c —— 柱的计算高度，可采用节点上、下柱反弯点之间的距离；

    h_b —— 梁的截面高度，节点两侧梁截面高度不等时可采用平均值；

    η_{jb} —— 强节点系数，对于框架结构，一级宜取 1.5，二级宜取 1.35，三级宜取 1.2；对于其他结构中的框架，一级宜取 1.35，二级宜取 1.2，三级宜取 1.1；

$\sum M_{\text{b}}$ ——节点左右梁端反时针或顺时针方向组合弯矩设计值之和，一级框架节点左右梁端均为负弯矩时，绝对值较小的弯矩应取零；

$\sum M_{\text{bua}}$ ——节点左右梁端反时针或顺时针方向实配的正截面抗震受弯承载力所对应的弯矩值之和，可根据实配钢筋面积（计入受压筋）和材料强度标准值确定。

D.1.2 核芯区截面有效验算宽度，应按下列规定采用：

1 核芯区截面有效验算宽度，当验算方向的梁截面宽度不小于该侧柱截面宽度的 1/2 时，可采用该侧柱截面宽度，当小于柱截面宽度的 1/2 时可采用下列二者的较小值：

$$b_{\text{j}} = b_{\text{b}} + 0.5h_{\text{c}} \tag{D.1.2-1}$$
$$b_{\text{j}} = b_{\text{c}} \tag{D.1.2-2}$$

式中：b_{j} ——节点核芯区的截面有效验算宽度；

b_{b} ——梁截面宽度；

h_{c} ——验算方向的柱截面高度；

b_{c} ——验算方向的柱截面宽度。

2 当梁、柱的中线不重合且偏心距不大于柱宽的 1/4 时，核芯区的截面有效验算宽度可采用上款和下式计算结果的较小值。

$$b_{\text{j}} = 0.5(b_{\text{b}} + b_{\text{c}}) + 0.25h_{\text{c}} - e \tag{D.1.2-3}$$

式中：e ——梁与柱中线偏心距。

D.1.3 节点核芯区组合的剪力设计值，应符合下列要求：

$$V_{\text{j}} \leqslant \frac{1}{\gamma_{\text{RE}}} (0.30\eta_{\text{j}} f_{\text{c}} b_{\text{j}} h_{\text{j}}) \tag{D.1.3}$$

式中：η_{j} ——正交梁的约束影响系数；楼板为现浇、梁柱中线重合、四侧各梁截面宽度不小于该侧柱截面宽度的 1/2，且正交方向梁高度不小于框架梁高度的 3/4 时，可采用 1.5，9 度的一级宜采用 1.25；其他情况均采用 1.0；

h_{j} ——节点核芯区的截面高度，可采用验算方向的柱截面高度；

γ_{RE} ——承载力抗震调整系数，可采用 0.85。

D.1.4 节点核芯区截面抗震受剪承载力，应采用下列公式验算：

$$V_{\text{j}} \leqslant \frac{1}{\gamma_{\text{RE}}} \left(1.1\eta_{\text{j}} f_{\text{t}} b_{\text{j}} h_{\text{j}} + 0.05\eta_{\text{j}} N \frac{b_{\text{j}}}{b_{\text{c}}} + f_{\text{yv}} A_{\text{svj}} \frac{h_{\text{b0}} - a'_{\text{s}}}{s} \right) \tag{D.1.4-1}$$

9 度的一级

$$V_{\text{j}} \leqslant \frac{1}{\gamma_{\text{RE}}} \left(0.9\eta_{\text{j}} f_{\text{t}} b_{\text{j}} h_{\text{j}} + f_{\text{yv}} A_{\text{svj}} \frac{h_{\text{b0}} - a'_{\text{s}}}{s} \right) \tag{D.1.4-2}$$

式中：N ——对应于组合剪力设计值的上柱组合轴向压力较小值，其取值不应大于柱的截面

面积和混凝土轴心抗压强度设计值的乘积的 50%，当 N 为拉力时，取 $N=0$；

f_{yv} ——箍筋的抗拉强度设计值；

f_{t} ——混凝土轴心抗压强度设计值；

A_{svj} ——核芯区有效验算宽度范围内同一截面验算方向箍筋的总截面面积；

s ——箍筋间距。

D.2 扁梁框架的梁柱节点

D.2.1 扁梁框架的梁宽大于柱宽时，梁柱节点应符合本段的规定。

D.2.2 扁梁框架的梁柱节点核芯区应根据梁纵筋在柱宽范围内、外的截面面积比例，对柱宽以内和柱宽以外的范围分别验算受剪承载力。

D.2.3 核芯区验算方法除应符合一般框架梁柱节点的要求外，尚应符合下列要求：

1 按本规范式（D.1.3）验算核芯区剪力限值时，核芯区有效宽度可取梁宽与柱宽之和的平均值；

2 四边有梁的约束影响系数，验算柱宽范围内核芯区的受剪承载力时可取 1.5；验算柱宽范围以外核芯区的受剪承载力时宜取 1.0；

3 验算核芯区受剪承载力时，在柱宽范围内的核芯区，轴向力的取值可与一般柱梁节点相同；柱宽以外的核芯区，可不考虑轴力对受剪承载力的有利作用；

4 锚入柱内的梁上部钢筋宜大于其全部截面面积的 60%。

D.3 圆柱框架的梁柱节点

D.3.1 梁中线与柱中线重合时，圆柱框架梁柱节点核芯区组合的剪力设计值应符合下列要求：

$$V_{\text{j}} \leqslant \frac{1}{\gamma_{\text{RE}}} (0.30\eta_{\text{j}} f_{\text{c}} A_{\text{j}}) \tag{D.3.1}$$

式中：η_{j} ——正交梁的约束影响系数，按本规范第 D.1.3 条确定，其中柱截面宽度按柱直径采用；

A_{j} ——节点核芯区有效截面面积，梁宽（b_{b}）不小于柱直径（D）之半时，取 $A_{\text{j}} = 0.8D^2$；梁宽（b_{b}）小于柱直径（D）之半且不小于 $0.4D$ 时，取 $A_{\text{j}} = 0.8D(b_{\text{b}} + D/2)$。

D.3.2 梁中线与柱中线重合时，圆柱框架梁柱节点核芯区截面抗震受剪承载力应采用下列公式验算：

$$\begin{aligned} V_{\text{j}} \leqslant \frac{1}{\gamma_{\text{RE}}} \Big(&1.5\eta_{\text{j}} f_{\text{t}} A_{\text{j}} + 0.05\eta_{\text{j}} \frac{N}{D^2} A_{\text{j}} \\ &+ 1.57 f_{\text{yv}} A_{\text{sh}} \frac{h_{\text{b0}} - a'_{\text{s}}}{s} \\ &+ f_{\text{yv}} A_{\text{svj}} \frac{h_{\text{b0}} - a'_{\text{s}}}{s} \Big) \end{aligned} \tag{D.3.2-1}$$

9度的一级

$$V_j \leqslant \frac{1}{\gamma_{RE}} \Big(1.2 \eta_j f_t A_j + 1.57 f_{yv} A_{sh} \frac{h_{b0} - a'_s}{s}$$
$$+ f_{yv} A_{hvj} \frac{h_{b0} - a'_s}{s} \Big) \qquad \text{(D. 3. 2-2)}$$

式中：A_{sh}——单根圆形箍筋的截面面积；

　　　A_{svj}——同一截面验算方向的拉筋和非圆形箍筋的总截面面积；

　　　D——圆柱截面直径；

　　　N——轴向力设计值，按一般梁柱节点的规定取值。

附录 E　转换层结构的抗震设计要求

E. 1　矩形平面抗震墙结构框支层楼板设计要求

E. 1. 1　框支层应采用现浇楼板，厚度不宜小于180mm，混凝土强度等级不低于 C30，应采用双层双向配筋，且每层每个方向的配筋率不应小于 0.25%。

E. 1. 2　部分框支抗震墙结构的框支层楼板剪力设计值，应符合下列要求：

$$V_f \leqslant \frac{1}{\gamma_{RE}} (0.1 f_c b_f t_f) \qquad \text{(E. 1. 2)}$$

式中：V_f——由不落地抗震墙传到落地抗震墙处按刚性楼板计算的框支层楼板组合的剪力设计值，8 度时应乘以增大系数 2，7 度时应乘以增大系数 1.5；验算落地抗震墙时不考虑此项增大系数；

　　　b_f、t_f——分别为框支层楼板的宽度和厚度；

　　　γ_{RE}——承载力抗震调整系数，可采用 0.85。

E. 1. 3　部分框支抗震墙结构的框支层楼板与落地抗震墙交接截面的受剪承载力，应按下列公式验算：

$$V_f \leqslant \frac{1}{\gamma_{RE}} (f_y A_s) \qquad \text{(E. 1. 3)}$$

式中：A_s——穿过落地抗震墙的框支层楼盖（包括梁和板）的全部钢筋的截面面积。

E. 1. 4　框支层楼板的边缘和较大洞口周边应设置边梁，其宽度不宜小于板厚的 2 倍，纵向钢筋配筋率不应小于 1%，钢筋接头宜采用机械连接或焊接，楼板的钢筋应锚固在边梁内。

E. 1. 5　对建筑平面较长或不规则及各抗震墙内力相差较大的框支层，必要时可采用简化方法验算楼板平面内的受弯、受剪承载力。

E. 2　筒体结构转换层抗震设计要求

E. 2. 1　转换层上下的结构质量中心宜接近重合（不包括裙房），转换层上下层的侧向刚度比不宜大于 2。

E. 2. 2　转换层上部的竖向抗侧力构件（墙、柱）宜直接落在转换层的主结构上。

E. 2. 3　厚板转换层结构不宜用于 7 度及 7 度以上的高层建筑。

E. 2. 4　转换层楼盖不应有大洞口，在平面内宜接近刚性。

E. 2. 5　转换层楼盖与筒体、抗震墙应有可靠的连接，转换层楼板的抗震验算和构造宜符合本附录第 E. 1 节对框支层楼板的有关规定。

E. 2. 6　8 度时转换层结构应考虑竖向地震作用。

E. 2. 7　9 度时不应采用转换层结构。

附录 F　配筋混凝土小型空心砌块抗震墙房屋抗震设计要求

F. 1　一　般　规　定

F. 1. 1　本附录适用的配筋混凝土小型空心砌块抗震墙房屋的最大高度应符合表 F. 1. 1-1 的规定，且房屋总高度与总宽度的比值不宜超过表 F. 1. 1-2 的规定。

表 F. 1. 1-1　配筋混凝土小型空心砌块抗震墙房屋适用的最大高度（m）

最小墙厚（mm）	6 度	7 度		8 度		9 度
	0.05g	0.10g	0.15g	0.20g	0.30g	0.40g
190	60	55	45	40	30	24

注：1　房屋高度超过表内高度时，应进行专门研究和论证，采取有效的加强措施；

　　2　某层或几层开间大于 6.0m 以上的房间建筑面积占相应层建筑面积 40% 以上时，表中数据相应减少 6m；

　　3　房屋高度指室外地面到主要屋面板板顶的高度（不包括局部突出屋顶部分）。

表 F. 1. 1-2　配筋混凝土小型空心砌块抗震墙房屋的最大高宽比

烈　度	6 度	7 度	8 度	9 度
最大高宽比	4.5	4.0	3.0	2.0

注：房屋的平面布置和竖向布置不规则时应适当减小最大高宽比。

F. 1. 2　配筋混凝土小型空心砌块抗震墙房屋应根据抗震设防类别、烈度和房屋高度采用不同的抗震等级，并应符合相应的计算和构造措施要求。丙类建筑的抗震等级宜按表 F. 1. 2 确定。

表 F.1.2　配筋混凝土小型空心砌块抗震墙房屋的抗震等级

烈　度	6 度		7 度		8 度		9 度
高度（m）	≤24	>24	≤24	>24	≤24	>24	≤24
抗震等级	四	三	三	二	二	一	一

注：接近或等于高度分界时，可结合房屋不规则程度及场地、地基条件确定抗震等级。

F.1.3　配筋混凝土小型空心砌块抗震墙房屋应避免采用本规范第 3.4 节规定的不规则建筑结构方案，并应符合下列要求：

1　平面形状宜简单、规则，凹凸不宜过大；竖向布置宜规则、均匀，避免过大的外挑和内收。

2　纵横向抗震墙宜拉通对直；每个独立墙段长度不宜大于 8m，且不宜小于墙厚的 5 倍；墙段的总高度与墙段长度之比不宜小于 2；门洞口宜上下对齐，成列布置。

3　采用现浇钢筋混凝土楼、屋盖时，抗震横墙的最大间距，应符合表 F.1.3 的要求。

表 F.1.3　配筋混凝土小型空心砌块抗震横墙的最大间距

烈　度	6 度	7 度	8 度	9 度
最大间距（m）	15	15	11	7

4　房屋需要设置防震缝时，其最小宽度应符合下列要求：

当房屋高度不超过 24m 时，可采用 100mm；当超过 24m 时，6 度、7 度、8 度和 9 度相应每增加 6m、5m、4m 和 3m，宜加宽 20mm。

F.1.4　配筋混凝土小型空心砌块抗震墙房屋的层高应符合下列要求：

1　底部加强部位的层高，一、二级不宜大于 3.2m，三、四级不应大于 3.9m。

2　其他部位的层高，一、二级不应大于 3.9m，三、四级不应大于 4.8m。

注：底部加强部位指不小于房屋高度的 1/6 且不小于底部二层的高度范围，房屋总高度小于 21m 时取一层。

F.1.5　配筋混凝土小型空心砌块抗震墙的短肢墙应符合下列要求：

1　不应采用全部为短肢墙的配筋小砌块抗震墙结构，应形成短肢抗震墙与一般抗震墙共同抵抗水平地震作用的抗震墙结构。9 度时不宜采用短肢墙。

2　在规定的水平力作用下，一般抗震墙承受的底部地震倾覆力矩不应小于结构总倾覆力矩的 50%，且短肢抗震墙截面面积与同层抗震墙总截面面积比例，两个主轴方向均不宜大于 20%。

3　短肢墙宜设置翼墙；不应在一字形短肢平面外布置与之单侧相交的楼、屋面梁。

4　短肢墙的抗震等级应比表 F.1.2 的规定提高一级采用；已为一级时，配筋应按 9 度的要求提高。

注：短肢抗震墙指墙肢截面高度与宽度之比为 5～8 的抗震墙，一般抗震墙指墙肢截面高度与宽度之比大于 8 的抗震墙。"L"形、"T"形、"＋"形等多肢墙截面的长短肢性质应由较长一肢确定。

F.2　计　算　要　点

F.2.1　配筋混凝土小型空心砌块抗震墙房屋抗震计算时，应按本节规定调整地震作用效应；6 度时可不进行截面抗震验算，但应按本附录的有关要求采取抗震构造措施。配筋混凝土小砌块抗震墙房屋应进行多遇地震作用下的抗震变形验算，其楼层内最大的弹性层间位移角，底层不宜超过 1/1200，其他楼层不宜超过 1/800。

F.2.2　配筋混凝土小砌块抗震墙承载力计算时，底部加强部位截面的组合剪力设计值应按下列规定调整：

$$V = \eta_{vw} V_w \qquad (F.2.2)$$

式中：V——抗震墙底部加强部位截面组合的剪力设计值；

V_w——抗震墙底部加强部位截面组合的剪力计算值；

η_{vw}——剪力增大系数，一级取 1.6，二级取 1.4，三级取 1.2，四级取 1.0。

F.2.3　配筋混凝土小型空心砌块抗震墙截面组合的剪力设计值，应符合下列要求：

剪跨比大于 2

$$V \leqslant \frac{1}{\gamma_{RE}} (0.2 f_g b h) \qquad (F.2.3\text{-}1)$$

剪跨比不大于 2

$$V \leqslant \frac{1}{\gamma_{RE}} (0.15 f_g b h) \qquad (F.2.3\text{-}2)$$

式中：f_g——灌孔小砌块砌体抗压强度设计值；

b——抗震墙截面宽度；

h——抗震墙截面高度；

γ_{RE}——承载力抗震调整系数，取 0.85。

注：剪跨比按本规范式 (6.2.9-3) 计算。

F.2.4　偏心受压配筋混凝土小型空心砌块抗震墙截面受剪承载力，应按下列公式验算：

$$V \leqslant \frac{1}{\gamma_{RE}} \left[\frac{1}{\lambda - 0.5} (0.48 f_{gv} b h_0 + 0.1N) + 0.72 f_{yh} \frac{A_{sh}}{s} h_0 \right]$$
$$(F.2.4\text{-}1)$$

$$0.5V \leqslant \frac{1}{\gamma_{RE}} \left(0.72 f_{yh} \frac{A_{sh}}{s} h_0 \right) \qquad (F.2.4\text{-}2)$$

式中：N——抗震墙组合的轴向压力设计值；当 $N > 0.2 f_g b h$ 时，取 $N = 0.2 f_g b h$；

λ——计算截面处的剪跨比，取 $\lambda = M/V h_0$；小于 1.5 时取 1.5，大于 2.2 时取 2.2；

f_{gv}——灌孔小砌块砌体抗剪强度设计值；$f_{gv} =$

$0.2f_{\mathrm{g}}^{0.55}$;

A_{sh} ——同一截面的水平钢筋截面面积;

s ——水平分布筋间距;

f_{yh} ——水平分布筋抗拉强度设计值;

h_0 ——抗震墙截面有效高度。

F.2.5 在多遇地震作用组合下,配筋混凝土小型空心砌块抗震墙的墙肢不应出现小偏心受拉。大偏心受拉配筋混凝土小型空心砌块抗震墙,其斜截面受剪承载力应按下列公式计算:

$$V \leqslant \frac{1}{\gamma_{\mathrm{RE}}} \left[\frac{1}{\lambda - 0.5} (0.48 f_{\mathrm{gv}} bh_0 - 0.17N) \right.$$

$$\left. + 0.72 f_{\mathrm{yh}} \frac{A_{\mathrm{sh}}}{s} h_0 \right] \qquad \text{(F.2.5-1)}$$

$$0.5V \leqslant \frac{1}{\gamma_{\mathrm{RE}}} \left(0.72 f_{\mathrm{yh}} \frac{A_{\mathrm{sh}}}{s} h_0 \right) \qquad \text{(F.2.5-2)}$$

当 $0.48 f_{\mathrm{gv}} bh_0 - 0.17N \leqslant 0$ 时,取 $0.48 f_{\mathrm{gv}} bh_0 - 0.17N = 0$

式中:N——抗震墙组合的轴向拉力设计值。

F.2.6 配筋小型空心砌块抗震墙跨高比大于 2.5 的连梁宜采用钢筋混凝土连梁,其截面组合的剪力设计值和斜截面受剪承载力,应符合现行国家标准《混凝土结构设计规范》GB 50010 对连梁的有关规定。

F.2.7 抗震墙采用配筋混凝土小型空心砌块砌体连梁时,应符合下列要求:

1 连梁的截面应满足下式的要求:

$$V \leqslant \frac{1}{\gamma_{\mathrm{RE}}} (0.15 f_{\mathrm{g}} bh_0) \qquad \text{(F.2.7-1)}$$

2 连梁的斜截面受剪承载力应按下式计算:

$$V \leqslant \frac{1}{\gamma_{\mathrm{RE}}} \left(0.56 f_{\mathrm{gv}} bh_0 + 0.7 f_{\mathrm{yv}} \frac{A_{\mathrm{sv}}}{s} h_0 \right)$$

$$\text{(F.2.7-2)}$$

式中:A_{sv} ——配置在同一截面内的箍筋各肢的全部截面面积;

f_{yv} ——箍筋的抗拉强度设计值。

F.3 抗震构造措施

F.3.1 配筋混凝土小型空心砌块抗震墙房屋的灌孔混凝土应采用坍落度大、流动性及和易性好,并与砌块结合良好的混凝土,灌孔混凝土的强度等级不应低于 Cb20。

F.3.2 配筋混凝土小型空心砌块抗震墙房屋的抗震墙,应全部用灌孔混凝土灌实。

F.3.3 配筋混凝土小型空心砌块抗震墙的横向和竖向分布钢筋应符合表 F.3.3-1 和表 F.3.3-2 的要求;横向分布钢筋宜双排布置,双排分布钢筋之间拉结筋的间距不应大于 400mm,直径不应小于 6mm;竖向分布钢筋宜采用单排布置,直径不应大于 25mm。

表 F.3.3-1 配筋混凝土小型空心砌块抗震墙横向分布钢筋构造要求

抗震等级	最小配筋率(%)		最大间距 (mm)	最小直径 (mm)
	一般部位	加强部位		
一级	0.13	0.15	400	$\phi 8$
二级	0.13	0.13	600	$\phi 8$
三级	0.11	0.13	600	$\phi 8$
四级	0.10	0.10	600	$\phi 6$

注:9 度时配筋率不应小于 0.2%;在顶层和底部加强部位,最大间距不应大于 400mm。

表 F.3.3-2 配筋混凝土小型空心砌块抗震墙竖向分布钢筋构造要求

抗震等级	最小配筋率(%)		最大间距 (mm)	最小直径 (mm)
	一般部位	加强部位		
一级	0.15	0.15	400	$\phi 12$
二级	0.13	0.13	600	$\phi 12$
三级	0.11	0.13	600	$\phi 12$
四级	0.10	0.10	600	$\phi 12$

注:9 度时配筋率不应小于 0.2%;在顶层和底部加强部位,最大间距应适当减小。

F.3.4 配筋混凝土小型空心砌块抗震墙在重力荷载代表值作用下的轴压比,应符合下列要求:

1 一般墙体的底部加强部位,一级(9 度)不宜大于 0.4,一级(8 度)不宜大于 0.5,二、三级不宜大于 0.6;一般部位,均不宜大于 0.6。

2 短肢墙体全高范围,一级不宜大于 0.50,二、三级不宜大于 0.60;对于无翼缘的一字形短肢墙,其轴压比限值应相应降低 0.1。

3 各向墙肢截面均为 $3b < h < 5b$ 的独立小墙肢,一级不宜大于 0.4,二、三级不宜大于 0.5;对于无翼缘的一字形独立小墙肢,其轴压比限值应相应降低 0.1。

F.3.5 配筋混凝土小型空心砌块抗震墙墙肢端部应设置边缘构件;底部加强部位的轴压比,一级大于 0.2 和二级大于 0.3 时,应设置约束边缘构件。构造边缘构件的配筋范围:无翼墙端部为 3 孔配筋;"L"形转角节点为 3 孔配筋;"T"形转角节点为 4 孔配筋;边缘构件范围内应设置水平箍筋,最小配筋应符合表 F.3.5 的要求。约束边缘构件的范围应沿受力方向比构造边缘构件增加 1 孔,水平箍筋应相应加强,也可采用混凝土边框柱加强。

表 F.3.5 抗震墙边缘构件的配筋要求

抗震等级	每孔竖向钢筋最小配筋量		水平箍筋最小直径	水平箍筋最大间距
	底部加强部位	一般部位		
一级	1φ20	1φ18	φ8	200mm
二级	1φ18	1φ16	φ6	200mm
三级	1φ16	1φ14	φ6	200mm
四级	1φ14	1φ12	φ6	200mm

注：1 边缘构件水平箍筋宜采用搭接点焊网片形式；

2 一、二、三级时，边缘构件箍筋应采用不低于HRB335级的热轧钢筋；

3 二级轴压比大于0.3时，底部加强部位水平箍筋的最小直径不应小于8mm。

F.3.6 配筋混凝土小型空心砌块抗震墙内竖向和横向分布钢筋的搭接长度不应小于48倍钢筋直径，锚固长度不应小于42倍钢筋直径。

F.3.7 配筋混凝土小型空心砌块抗震墙的横向分布钢筋，沿墙长应连续设置，两端的锚固应符合下列规定：

1 一、二级的抗震墙，横向分布钢筋可绕竖向主筋弯180度弯钩，弯钩端部直段长度不宜小于12倍钢筋直径；横向分布钢筋亦可弯入端部灌孔混凝土中，锚固长度不应小于30倍钢筋直径且不应小于250mm。

2 三、四级的抗震墙，横向分布钢筋可弯入端部灌孔混凝土中，锚固长度不应小于25倍钢筋直径且不应小于200mm。

F.3.8 配筋混凝土小型空心砌块抗震墙中，跨高比小于2.5的连梁可采用砌体连梁；其构造应符合下列要求：

1 连梁的上下纵向钢筋锚入墙内的长度，一、二级不应小于1.15倍锚固长度，三级不应小于1.05倍锚固长度，四级不应小于锚固长度；且均不应小于600mm。

2 连梁的箍筋应沿梁全长设置；箍筋直径，一级不小于10mm，二、三、四级不小于8mm；箍筋间距，一级不大于75mm，二级不大于100mm，三级不大于120mm。

3 顶层连梁在伸入墙体的纵向钢筋长度范围内应设置间距不大于200mm的构造箍筋，其直径应与该连梁的箍筋直径相同。

4 自梁顶面下200mm至梁底面上200mm范围内应增设腰筋，其间距不大于200mm；每层腰筋的数量，一级不少于2φ12，二～四级不少于2φ10；腰筋伸入墙内的长度不应小于30倍的钢筋直径且不应小于300mm。

5 连梁内不宜开洞，需要开洞时应符合下列要求：

1） 在跨中梁高1/3处预埋外径不大于200mm

的钢套管；

2） 洞口上下的有效高度不应小于1/3梁高，且不应小于200mm；

3） 洞口处应配补强钢筋，被洞口削弱的截面应进行受剪承载力验算。

F.3.9 配筋混凝土小型空心砌块抗震墙的圈梁构造，应符合下列要求：

1 墙体在基础和各楼层标高处均应设置现浇钢筋混凝土圈梁，圈梁的宽度应同墙厚，其截面高度不宜小于200mm。

2 圈梁混凝土抗压强度不应小于相应灌孔小砌块砌体的强度，且不应小于C20。

3 圈梁纵向钢筋直径不应小于墙中横向分布钢筋的直径，且不应小于4φ12；基础圈梁纵筋不应小于4φ12；圈梁及基础圈梁箍筋直径不应小于8mm，间距不应大于200mm；当圈梁高度大于300mm时，应沿圈梁截面高度方向设置腰筋，其间距不应大于200mm，直径不应小于10mm。

4 圈梁底部嵌入墙顶小砌块孔洞内，深度不宜小于30mm；圈梁顶部应是毛面。

F.3.10 配筋混凝土小型空心砌块抗震墙房屋的楼、屋盖，高层建筑和9度时应采用现浇钢筋混凝土板，多层建筑宜采用现浇钢筋混凝土板；抗震等级为四级时，也可采用装配整体式钢筋混凝土楼盖。

附录 G 钢支撑-混凝土框架和钢框架-钢筋混凝土核心筒结构房屋抗震设计要求

G.1 钢支撑-钢筋混凝土框架

G.1.1 抗震设防烈度为6～8度且房屋高度超过本规范第6.1.1条规定的钢筋混凝土框架结构最大适用高度时，可采用钢支撑-混凝土框架组成抗侧力体系的结构。

按本节要求进行抗震设计时，其适用的最大高度不宜超过本规范第6.1.1条钢筋混凝土框架结构和框架-抗震墙结构二者最大适用高度的平均值。超过最大适用高度的房屋，应进行专门研究和论证，采取有效的加强措施。

G.1.2 钢支撑-混凝土框架结构房屋应根据设防类别、烈度和房屋高度采用不同的抗震等级，并应符合相应的计算和构造措施要求。丙类建筑的抗震等级，钢支撑框架部分应比本规范第8.1.3条和第6.1.2条框架结构的规定提高一个等级，钢筋混凝土框架部分仍按本规范第6.1.2条框架结构确定。

G.1.3 钢支撑-混凝土框架结构的结构布置，应符合下列要求：

1 钢支撑框架应在结构的两个主轴方向同时设置。

2 钢支撑宜上下连续布置，当受建筑方案影响无法连续布置时，宜在邻跨延续布置。

3 钢支撑宜采用交叉支撑，也可采用人字支撑或 V 形支撑；采用单支撑时，两方向的斜杆应基本对称布置。

4 钢支撑在平面内的布置应避免导致扭转效应；钢支撑之间无大洞口的楼、屋盖的长宽比，宜符合本规范 6.1.6 条对抗震墙间距的要求；楼梯间宜布置钢支撑。

5 底层的钢支撑框架按刚度分配的地震倾覆力矩应大于结构总地震倾覆力矩的 50%。

G.1.4 钢支撑-混凝土框架结构的抗震计算，尚应符合下列要求：

1 结构的阻尼比不应大于 0.045，也可按混凝土框架部分和钢支撑部分在结构总变形能所占的比例折算为等效阻尼比。

2 钢支撑框架部分的斜杆，可按端部铰接杆计算。当支撑斜杆的轴线偏离混凝土柱轴线超过柱宽 1/4 时，应考虑附加弯矩。

3 混凝土框架部分承担的地震作用，应按框架结构和支撑框架结构两种模型计算，并宜取二者的较大值。

4 钢支撑-混凝土框架的层间位移限值，宜按框架和框架-抗震墙结构内插。

G.1.5 钢支撑与混凝土柱的连接构造，应符合本规范第 9.1 节关于单层钢筋混凝土柱厂房支撑与柱连接的相关要求。钢支撑与混凝土梁的连接构造，应符合连接不先于支撑破坏的要求。

G.1.6 钢支撑-混凝土框架结构中，钢支撑部分尚应按本规范第 8 章、现行国家标准《钢结构设计规范》GB 50017 的规定进行设计；钢筋混凝土框架部分尚应按本规范第 6 章的规定进行设计。

G.2 钢框架-钢筋混凝土核心筒结构

G.2.1 抗震设防烈度为 6~8 度且房屋高度超过本规范第 6.1.1 条规定的混凝土框架-核心筒结构最大适用高度时，可采用钢框架-混凝土核心筒组成抗侧力体系的结构。

按本节要求进行抗震设计时，其适用的最大高度不宜超过本规范第 6.1.1 条钢筋混凝土框架-核心筒结构最大适用高度和本规范第 8.1.1 条钢框架-中心支撑结构最大适用高度二者的平均值。超过最大适用高度的房屋，应进行专门研究和论证，采取有效的加强措施。

G.2.2 钢框架-混凝土核心筒结构房屋应根据设防类别、烈度和房屋高度采用不同的抗震等级，并应符合相应的计算和构造措施要求。丙类建筑的抗震等级，钢框架部分仍按本规范第 8.1.3 条确定，混凝土部分应比本规范第 6.1.2 条的规定提高一个等级（8 度时应高于一级）。

G.2.3 钢框架-钢筋混凝土核心筒结构房屋的结构布置，尚应符合下列要求：

1 钢框架-核心筒结构的钢外框架梁、柱的连接应采用刚接；楼面梁宜采用钢梁。混凝土墙体与钢梁刚接的部位宜设置连接用的构造型钢。

2 钢框架部分按刚度计算分配的最大楼层地震剪力，不宜小于结构总地震剪力的 10%。当小于 10% 时，核心筒的墙体承担的地震作用应适当增大；墙体构造的抗震等级宜提高一级，一级时应适当提高。

3 钢框架-核心筒结构的楼盖应具有良好的刚度并确保罕遇地震作用下的整体性。楼盖应采用压型钢板组合楼盖或现浇钢筋混凝土楼板，并采取措施加强楼盖与钢梁的连接。当楼面有较大开口或属于转换层楼面时，应采用现浇实心楼盖等措施加强。

4 当钢框架柱下部采用型钢混凝土柱时，不同材料的框架柱连接处应设置过渡层，避免刚度和承载力突变。过渡层钢柱计入外包混凝土后，其截面刚度可按过渡层下部型钢混凝土柱和过渡层上部钢柱二者截面刚度的平均值设计。

G.2.4 钢框架-钢筋混凝土核心筒结构的抗震计算，尚应符合下列要求：

1 结构的阻尼比不应大于 0.045，也可按钢筋混凝土筒体部分和钢框架部分在结构总变形能所占的比例折算为等效阻尼比。

2 钢框架部分除伸臂加强层及相邻楼层外的任一楼层按计算分配的地震剪力应乘以增大系数，达到不小于结构底部总地震剪力的 20% 和框架部分计算最大楼层地震剪力 1.5 倍二者的较小值，且不少于结构底部地震剪力的 15%。由地震作用产生的该楼层框架各构件的剪力、弯矩、轴力计算值均应进行相应调整。

3 结构计算宜考虑钢框架柱和钢筋混凝土墙体轴向变形差异的影响。

4 结构层间位移限值，可采用钢筋混凝土结构的限值。

G.2.5 钢框架-钢筋混凝土核心筒结构房屋中的钢结构、混凝土结构部分尚应按本规范第 6 章、第 8 章和现行国家标准《钢结构设计规范》GB 50017 及现行有关行业标准的规定进行设计。

附录 H 多层工业厂房抗震设计要求

H.1 钢筋混凝土框排架结构厂房

H.1.1 本节适用于由钢筋混凝土框架与排架侧向连

接组成的侧向框排架结构厂房、下部为钢筋混凝土框架上部顶层为排架的竖向框排架结构厂房的抗震设计。当本节未作规定时，其抗震设计应按本规范第 6 章和第 9.1 节的有关规定执行。

H.1.2 框排架结构厂房的框架部分应根据烈度、结构类型和高度采用不同的抗震等级，并应符合相应的计算和构造措施要求。

不设置贮仓时，抗震等级可按本规范第 6 章确定；设置贮仓时，侧向框排架的抗震等级可按现行国家标准《构筑物抗震设计规范》GB 50191 的规定采用，竖向框排架的抗震等级应按本规范第 6 章框架的高度分界降低 4m 确定。

> 注：框架设置贮仓，但竖壁的跨高比大于 2.5，仍按不设置贮仓的框架确定抗震等级。

H.1.3 厂房的结构布置，应符合下列要求：

1 厂房的平面宜为矩形，立面宜简单、对称。

2 在结构单元平面内，框架、柱间支撑等抗侧力构件宜对称均匀布置，避免抗侧力结构的侧向刚度和承载力产生突变。

3 质量大的设备不宜布置在结构单元的边缘楼层上，宜设置在距刚度中心较近的部位；当不可避免时宜将设备平台与主体结构分开，或在满足工艺要求的条件下尽量低位布置。

H.1.4 竖向框排架厂房的结构布置，尚应符合下列要求：

1 屋盖宜采用无檩屋盖体系；当采用其他屋盖体系时，应加强屋盖支撑设置和构件之间的连接，保证屋盖具有足够的水平刚度。

2 纵向端部应设屋架、屋面梁或采用框架结构承重，不应采用山墙承重；排架跨内不应采用横墙和排架混合承重。

3 顶层的排架跨，尚应满足下列要求：

1) 排架重心宜与下部结构刚度中心接近或重合，多跨排架宜等高等长；

2) 楼盖应现浇，顶层排架嵌固楼层应避免开设大洞口，其楼板厚度不宜小于 150mm；

3) 排架柱应竖向连续延伸至底部；

4) 顶层排架设置纵向柱间支撑处，楼盖不应设有楼梯间或开洞；柱间支撑斜杆中心线应与连接处的梁柱中心线汇交于一点。

H.1.5 竖向框排架厂房的地震作用计算，尚应符合下列要求：

1 地震作用的计算宜采用空间结构模型，质点宜设置在梁柱轴线交点、牛腿、柱顶、柱变截面处和柱上集中荷载处。

2 确定重力荷载代表值时，可变荷载应根据行业特点，对楼面活荷载取相应的组合值系数。贮料的荷载组合值系数可采用 0.9。

3 楼层有贮仓和支承重心较高的设备时，支承构件和连接应计及料斗、贮仓和设备水平地震作用产生的附加弯矩。该水平地震作用可按下式计算：

$$F_s = \alpha_{max}(1.0 + H_x/H_n)G_{eq} \quad (H.1.5)$$

式中：F_s —— 设备或料斗重心处的水平地震作用标准值；

α_{max} —— 水平地震影响系数最大值；

G_{eq} —— 设备或料斗的重力荷载代表值；

H_x —— 设备或料斗重心至室外地坪的距离；

H_n —— 厂房高度。

H.1.6 竖向框排架厂房的地震作用效应调整和抗震验算，应符合下列规定：

1 一、二、三、四级支承贮仓竖壁的框架柱，按本规范第 6.2.2、6.2.3、6.2.5 条调整后的组合弯矩设计值、剪力设计值尚应乘以增大系数，增大系数不应小于 1.1。

2 竖向框排架结构与排架柱相连的顶层框架节点处，柱端组合的弯矩设计值应按第 6.2.2 条进行调整，其他顶层框架节点处的梁端、柱端弯矩设计值可不调整。

3 顶层排架设置纵向柱间支撑时，与柱间支撑相连排架柱的下部框架柱，一、二级框架柱由地震引起的附加轴力应分别乘以调整系数 1.5、1.2；计算轴压比时，附加轴力可不乘以调整系数。

4 框排架厂房的抗震验算，尚应符合下列要求：

1) 8 度Ⅲ、Ⅳ类场地和 9 度时，框排架结构的排架柱及伸出框架跨屋顶支承排架跨屋盖的单柱，应进行弹塑性变形验算，弹塑性位移角限值可取 1/30。

2) 当一、二级框架梁柱节点两侧梁截面高度差大于较高梁截面高度的 25% 或 500mm 时，尚应按下式验算节点下柱抗震受剪承载力：

$$\frac{\eta_{jb}M_{b1}}{h_{01} - a'_s} - V_{col} \leqslant V_{RE} \quad (H.1.6-1)$$

9 度及一级时可不符合上式，但应符合：

$$\frac{1.15M_{b1ua}}{h_{01} - a'_s} - V_{col} \leqslant V_{RE} \quad (H.1.6-2)$$

式中：η_{jb} —— 节点剪力增大系数，一级取 1.35，二级取 1.2；

M_{b1} —— 较高梁端梁底组合弯矩设计值；

M_{b1ua} —— 较高梁端实配梁底正截面抗震受弯承载力所对应的弯矩值，根据实配钢筋面积（计入受压钢筋）和材料强度标准值确定；

h_{01} —— 较高梁截面的有效高度；

a'_s —— 较高梁端梁底受拉时，受压钢筋合力点至受压边缘的距离；

V_{col} ——节点下柱计算剪力设计值；

V_{RE} ——节点下柱抗震受剪承载力设计值。

H.1.7 竖向框排架厂房的基本抗震构造措施尚应符合下列要求：

1 支承贮仓的框架柱轴压比不宜超过本规范表6.3.6中框架结构的规定数值减少0.05。

2 支承贮仓的框架柱纵向钢筋最小总配筋率应不小于本规范表6.3.7中对角柱的要求。

3 竖向框排架结构的顶层排架设置纵向柱间支撑时，与柱间支撑相连排架柱的下部框架柱，纵向钢筋配筋率、箍筋的配置应满足本规范第6.3.7条中对框支柱的要求；箍筋加密区取柱全高。

4 框架柱的剪跨比不大于1.5时，应符合下列规定：

1）箍筋应按提高一级抗震等级配置，一级时应适当提高箍筋的要求；

2）框架柱每个方向应配置两根对角斜筋（图H.1.7），对角斜筋的直径，一、二级框架不应小于20mm和18mm，三、四级框架不应小于16mm；对角斜筋的锚固长度，不应小于40倍斜筋直径。

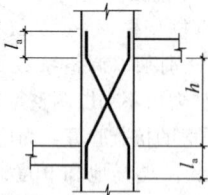

h—短柱净高；

l_a—斜筋锚固长度

图 H.1.7

5 框架柱段内设置牛腿时，牛腿及上下各500mm范围内的框架柱箍筋应加密；牛腿的上下柱段净高与柱截面高度之比不大于4时，柱箍筋应全高加密。

H.1.8 侧向框排架结构的结构布置、地震作用效应调整和抗震验算，以及无檩屋盖和有檩屋盖的支撑布置，应分别符合现行国家标准《构筑物抗震设计规范》GB 50191的有关规定。

H.2 多层钢结构厂房

H.2.1 本节适用于钢结构的框架、支撑框架、框排架等结构体系的多层厂房。本节未作规定时，多层部分可按本规范第8章的有关规定执行，其抗震等级的高度分界应比本规范第8.1节规定降低10m；单层部分可按本规范第9.2节的规定执行。

H.2.2 多层钢结构厂房的布置，除应符合本规范第8章的有关要求外，尚应符合下列规定：

1 平面形状复杂、各部分构架高度差异大或楼层荷载相差悬殊时，应设防震缝或采取其他措施。当设置防震缝时，缝宽不应小于相应混凝土结构房屋的1.5倍。

2 重型设备宜低位布置。

3 当设备重量直接由基础承受，且设备竖向需要穿过楼层时，厂房楼层应与设备分开。设备与楼层之间的缝宽，不得小于防震缝的宽度。

4 楼层上的设备不应跨越防震缝布置；当运输机、管线等长条设备必须穿越防震缝布置时，设备应具有适应地震时结构变形的能力或防止断裂的措施。

5 厂房内的工作平台结构与厂房框架结构宜采用防震缝脱开布置。当与厂房结构连接成整体时，平台结构的标高宜与厂房框架的相应楼层标高一致。

H.2.3 多层钢结构厂房的支撑布置，应符合下列要求：

1 柱间支撑宜布置在荷载较大的柱间，且在同一柱间上下贯通；当条件限制必须错开布置时，应在紧邻柱间连续布置，并宜适当增加相近楼层或屋面的水平支撑或柱间支撑搭接一层，确保支撑承担的水平地震作用可靠传递至基础。

2 有抽柱的结构，应适当增加相近楼层、屋面的水平支撑，并在相邻柱间设置竖向支撑。

3 当各榀框架侧向刚度相差较大、柱间支撑布置又不规则时，采用钢铺板的楼盖，应设置楼盖水平支撑。

4 各柱列的纵向刚度宜相等或接近。

H.2.4 厂房楼盖宜采用现浇混凝土的组合楼板，亦可采用装配整体式楼盖或钢铺板，尚应符合下列要求：

1 混凝土楼盖应与钢梁有可靠的连接。

2 当楼板开设孔洞时，应有可靠的措施保证楼板传递地震作用。

H.2.5 框排架结构应设置完整的屋盖支撑，尚应符合下列要求：

1 排架的屋盖横梁与多层框架的连接支座的标高，宜与多层框架相应楼层标高一致，并应沿单层与多层相连柱列全长设置屋盖纵向水平支撑。

2 高跨和低跨宜按各自的标高组成相对独立的封闭支撑体系。

H.2.6 多层钢结构厂房的地震作用计算，尚应符合下列规定：

1 一般情况下，宜采用空间结构模型分析；当结构布置规则，质量分布均匀时，亦可分别沿结构横向和纵向进行验算。现浇钢筋混凝土楼板，当板面开孔较小且用抗剪连接件与钢梁连接成为整体时，可视为刚性楼盖。

2 在多遇地震下，结构阻尼比可采用0.03～0.04；在罕遇地震下，阻尼比可采用0.05。

3 确定重力荷载代表值时，可变荷载应根据行业的特点，对楼面检修荷载、成品或原料堆积楼面荷载、设备和料斗及管道内的物料等，采用相应的组合值系数。

4 直接支承设备、料斗的构件及其连接，应计入设备等产生的地震作用。一般的设备对支承构件及其连接产生的水平地震作用，可按本附录第 H.1.5 条的规定计算；该水平地震作用对支承构件产生的弯矩、扭矩，取设备重心至支承构件形心距离计算。

H.2.7 多层钢结构厂房构件和节点的抗震承载力验算，尚应符合下列规定：

1 按本规范式（8.2.5）验算节点左右梁端和上下柱端的全塑性承载力时，框架柱的强柱系数，一级和地震作用控制时，取 1.25；二级和 1.5 倍地震作用控制时，取 1.20；三级和 2 倍地震作用控制时，取 1.10。

2 下列情况可不满足本规范式（8.2.5）的要求：

　　1）单层框架的柱顶或多层框架顶层的柱顶；

　　2）不满足本规范式（8.2.5）的框架柱沿验算方向的受剪承载力总和小于该楼层框架受剪承载力的 20%；且该楼层每一柱列不满足本规范式（8.2.5）的框架柱的受剪承载力总和小于本柱列全部框架柱受剪承载力总和的 33%。

3 柱间支撑杆件设计内力与其承载力设计值之比不宜大于 0.8；当柱间支撑承担不小于 70% 的楼层剪力时，不宜大于 0.65。

H.2.8 多层钢结构厂房的基本抗震构造措施，尚应符合下列规定：

1 框架柱的长细比不宜大于 150；当轴压比大于 0.2 时，不宜大于 $125(1-0.8N/Af)\sqrt{235/f_y}$。

2 厂房框架柱、梁的板件宽厚比，应符合下列要求：

　　1）单层部分和总高度不大于 40m 的多层部分，可按本规范第 9.2 节规定执行；

　　2）多层部分总高度大于 40m 时，可按本规范第 8.3 节规定执行。

3 框架梁、柱的最大应力区，不得突然改变翼缘截面，其上下翼缘均应设置侧向支承，此支承点与相邻支承点之间距应符合现行《钢结构设计规范》GB 50017 中塑性设计的有关要求。

4 柱间支撑构件宜符合下列要求：

　　1）多层框架部分的柱间支撑，宜与框架横梁组成 X 形或其他有利于抗震的形式，其长细比不宜大于 150；

　　2）支撑杆件的板件宽厚比应符合本规范第 9.2 节的要求。

5 框架梁采用高强度螺栓摩擦型拼接时，其位置宜避开最大应力区（1/10 梁净跨和 1.5 倍梁高的较大值）。梁翼缘拼接时，在平行于内力方向的高强度螺栓不宜少于 3 排，拼接板的截面模量应大于被拼接截面模量的 1.1 倍。

6 厂房柱脚应能保证传递柱的承载力，宜采用埋入式、插入式或外包式柱脚，并按本规范第 9.2 节的规定执行。

附录 J　单层厂房横向平面排架地震作用效应调整

J.1　基本自振周期的调整

J.1.1 按平面排架计算厂房的横向地震作用时，排架的基本自振周期应考虑纵墙及屋架与柱连接的固结作用，可按下列规定进行调整：

1 由钢筋混凝土屋架或钢屋架与钢筋混凝土柱组成的排架，有纵墙时取周期计算值的 80%，无纵墙时取 90%；

2 由钢筋混凝土屋架或钢屋架与砖柱组成的排架，取周期计算值的 90%；

3 由木屋架、钢木屋架或轻钢屋架与砖柱组成排架，取周期计算值。

J.2　排架柱地震剪力和弯矩的调整系数

J.2.1 钢筋混凝土屋盖的单层钢筋混凝柱厂房，按本规范第 J.1.1 条确定基本自振周期且按平面排架计算的排架柱地震剪力和弯矩，当符合下列要求时，可考虑空间工作和扭转影响，并按本规范第 J.2.3 条的规定调整：

1 7 度和 8 度；

2 厂房单元屋盖长度与总跨度之比小于 8 或厂房总跨度大于 12m；

3 山墙的厚度不小于 240mm，开洞所占的水平截面积不超过总面积 50%，并与屋盖系统有良好的连接；

4 柱顶高度不大于 15m。

注：1 屋盖长度指山墙到山墙的间距，仅一端有山墙时，应取所考虑排架至山墙的距离；

　　2 高低跨相差较大的不等高厂房，总跨度可不包括低跨。

J.2.2 钢筋混凝土屋盖和密铺望板瓦木屋盖的单层砖柱厂房，按本规范第 J.1.1 条确定基本自振周期且按平面排架计算的排架柱地震剪力和弯矩，当符合下列要求时，可考虑空间工作，并按本规范第 J.2.3 条的规定调整：

1 7 度和 8 度；

2 两端均有承重山墙；

3 山墙或承重（抗震）横墙的厚度不小于 240mm，开洞所占的水平截面积不超过总面积 50%，并与屋盖系统有良好的连接；

4 山墙或承重（抗震）横墙的长度不宜小于其高度；

5 单元屋盖长度与总跨度之比小于 8 或厂房总跨度大于 12m。

注：屋盖长度指山墙到山墙或承重（抗震）横墙的间距。

J.2.3 排架柱的剪力和弯矩应分别乘以相应的调整系数，除高低跨度交接处上柱以外的钢筋混凝土柱，其值可按表 J.2.3-1 采用，两端均有山墙的砖柱，其值可按表 J.2.3-2 采用。

表 J.2.3-1 钢筋混凝土柱（除高低跨交接处上柱外）考虑空间工作和扭转影响的效应调整系数

屋盖	山墙		屋盖长度 (m)											
			≤30	36	42	48	54	60	66	72	78	84	90	96
钢筋混凝土无檩屋盖	两端山墙	等高厂房	—	—	0.75	0.75	0.75	0.80	0.80	0.80	0.85	0.85	0.85	0.90
		不等高厂房	—	—	0.85	0.85	0.85	0.90	0.90	0.90	0.95	0.95	0.95	1.00
	一端山墙		1.05	1.15	1.20	1.25	1.30	1.30	1.30	1.30	1.35	1.35	1.35	1.35
钢筋混凝土有檩屋盖	两端山墙	等高厂房	—	—	0.80	0.85	0.90	0.95	0.95	1.00	1.00	1.05	1.05	1.10
		不等高厂房	—	—	0.85	0.90	0.95	1.00	1.00	1.05	1.05	1.10	1.10	1.15
	一端山墙		1.00	1.05	1.10	1.10	1.15	1.15	1.15	1.20	1.20	1.20	1.25	1.25

表 J.2.3-2 砖柱考虑空间作用的效应调整系数

屋盖类型	山墙或承重（抗震）横墙间距 (m)										
	≤12	18	24	30	36	42	48	54	60	66	72
钢筋混凝土无檩屋盖	0.60	0.65	0.70	0.75	0.80	0.85	0.85	0.90	0.95	0.95	1.00
钢筋混凝土有檩屋盖或密铺望板瓦木屋盖	0.65	0.70	0.75	0.80	0.90	0.95	0.95	1.00	1.05	1.05	1.10

J.2.4 高低跨交接处的钢筋混凝土柱的支承低跨屋盖牛腿以上各截面，按底部剪力法求得的地震剪力和弯矩应乘以增大系数，其值可按下式采用：

$$\eta = \zeta \left(1 + 1.7 \frac{n_h}{n_0} \cdot \frac{G_{EL}}{G_{Eh}} \right) \quad (J.2.4)$$

式中：η ——地震剪力和弯矩的增大系数；

ζ ——不等高厂房低跨交接处的空间工作影响系数，可按表 J.2.4 采用；

n_h ——高跨的跨数；

n_0 ——计算跨数，仅一侧有低跨时应取总跨数，两侧均有低跨时应取总跨数与高跨跨数之和；

G_{EL} ——集中于交接处一侧各低跨屋盖标高处的总重力荷载代表值；

G_{Eh} ——集中于高跨柱顶标高处的总重力荷载代表值。

表 J.2.4 高低跨交接处钢筋混凝土上柱空间工作影响系数

屋盖	山墙	屋盖长度 (m)											
		≤36	42	48	54	60	66	72	78	84	90	96
钢筋混凝土无檩屋盖	两端山墙	—	0.70	0.76	0.82	0.88	0.94	1.00	1.06	1.06	1.06	1.06
	一端山墙	1.25										
钢筋混凝土有檩屋盖	两端山墙	—	0.90	1.00	1.05	1.10	1.10	1.15	1.15	1.15	1.20	1.20
	一端山墙	1.05										

J.2.5 钢筋混凝土柱单层厂房的吊车梁顶标高处的上柱截面，由起重机桥架引起的地震剪力和弯矩应乘以增大系数，当按底部剪力法等简化计算方法计算时，其值可按表 J.2.5 采用。

表 J.2.5 桥架引起的地震剪力和弯矩增大系数

屋盖类型	山墙	边柱	高低跨柱	其他中柱
钢筋混凝土无檩屋盖	两端山墙	2.0	2.5	3.0
	一端山墙	1.5	2.0	2.5
钢筋混凝土有檩屋盖	两端山墙	1.5	2.0	2.5
	一端山墙	1.5	2.0	2.0

附录 K 单层厂房纵向抗震验算

K.1 单层钢筋混凝土柱厂房纵向抗震计算的修正刚度法

K.1.1 纵向基本自振周期的计算。

按本附录计算单跨或等高多跨的钢筋混凝土柱厂房纵向地震作用时，在柱顶标高不大于 15m 且平均跨度不大于 30m 时，纵向基本周期可按下列公式确定：

1 砖围护墙厂房，可按下式计算：

$$T_1 = 0.23 + 0.00025 \psi_l l \sqrt{H^3} \quad (K.1.1-1)$$

式中：ψ_l ——屋盖类型系数，大型屋面板钢筋混凝土屋架可采用 1.0，钢屋架采用 0.85；

l ——厂房跨度 (m)，多跨厂房可取各跨的平均值；

H ——基础顶面至柱顶的高度 (m)。

2 敞开、半敞开或墙板与柱子柔性连接的厂房，可按式（K.1.1-1）进行计算并乘以下列围护墙影响系数：

$$\psi_2 = 2.6 - 0.002l\sqrt{H^3} \quad (\text{K.1.1-2})$$

式中：ψ_2 ——围护墙影响系数，小于 1.0 时应采
用 1.0。

K.1.2 柱列地震作用的计算。

1 等高多跨钢筋混凝土屋盖的厂房，各纵向柱
列的柱顶标高处的地震作用标准值，可按下列公式
确定：

$$F_i = \alpha_1 G_{eq} \frac{K_{ai}}{\sum K_{ai}} \quad (\text{K.1.2-1})$$

$$K_{ai} = \psi_3 \psi_4 K_i \quad (\text{K.1.2-2})$$

式中：F_i ——i 柱列柱顶标高处的纵向地震作用标
准值；

α_1 ——相应于厂房纵向基本自振周期的水平地
震影响系数，应按本规范第 5.1.5 条
确定；

G_{eq} ——厂房单元柱列总等效重力荷载代表值，
应包括按本规范第 5.1.3 条确定的屋盖
重力荷载代表值、70%纵墙自重、50%
横墙与山墙自重及折算的柱自重（有吊
车时采用 10%柱自重，无吊车时采用
50%柱自重）；

K_i ——i 柱列柱顶的总侧移刚度，应包括 i 柱
列内柱子和上、下柱间支撑的侧移刚度
及纵墙的折减侧移刚度的总和，贴砌的
砖围护墙侧移刚度的折减系数，可根据
柱列侧移值的大小，采用 0.2~0.6；

K_{ai} ——i 柱列柱顶的调整侧移刚度；

ψ_3 ——柱列侧移刚度的围护墙影响系数，可按
表 K.1.2-1 采用；有纵向砖围护墙的四
跨或五跨厂房，由边柱列起的第三柱
列，可按表内相应数值的 1.15 倍采用；

ψ_4 ——柱列侧移刚度的柱间支撑影响系数，纵
向为砖围护墙时，边柱列可采用 1.0，
中柱列可按表 K.1.2-2 采用。

表 K.1.2-1 围护墙影响系数

围护墙类别和烈度		柱列和屋盖类别				
			中柱列			
		边柱列	无檩屋盖		有檩屋盖	
240 砖墙	370 砖墙		边跨无天窗	边跨有天窗	边跨无天窗	边跨有天窗
	7 度	0.85	1.7	1.8	1.8	1.9
7 度	8 度	0.85	1.5	1.6	1.6	1.7
8 度	9 度	0.85	1.3	1.4	1.4	1.5
9 度		0.85	1.2	1.3	1.3	1.4
无墙、石棉瓦或挂板		0.90	1.1	1.1	1.1	1.2

**表 K.1.2-2 纵向采用砖围护墙的中柱列柱
间支撑影响系数**

厂房单元内设置下柱支撑的柱间数	中柱列下柱支撑斜杆的长细比					中柱列无支撑
	≤40	41~80	81~120	121~150	>150	
一柱间	0.9	0.95	1.0	1.1	1.25	1.4
二柱间	—	—	0.9	0.95	1.0	

2 等高多跨钢筋混凝土屋盖厂房，柱列各吊车
梁顶标高处的纵向地震作用标准值，可按下式确定：

$$F_{ci} = \alpha_1 G_{ci} \frac{H_{ci}}{H_i} \quad (\text{K.1.2-3})$$

式中：F_{ci} ——i 柱列在吊车梁顶标高处的纵向地震作
用标准值；

G_{ci} ——集中于 i 柱列吊车梁顶标高处的等效重
力荷载代表值，应包括按本规范第
5.1.3 条确定的吊车梁与悬吊物的重力
荷载代表值和 40%柱子自重；

H_{ci} ——i 柱列吊车梁顶高度；

H_i ——i 柱列柱顶高度。

K.2 单层钢筋混凝土柱厂房柱间
支撑地震作用效应及验算

K.2.1 斜杆长细比不大于 200 的柱间支撑在单位侧
力作用下的水平位移，可按下式确定：

$$u = \sum \frac{1}{1 + \varphi_i} u_{ti} \quad (\text{K.2.1})$$

式中：u ——单位侧力作用点的位移；

φ_i ——i 节间斜杆轴心受压稳定系数，应按现行
国家标准《钢结构设计规范》GB 50017
采用；

u_{ti} ——单位侧力作用下 i 节间仅考虑拉杆受力
的相对位移。

K.2.2 长细比不大于 200 的斜杆截面可仅按抗拉验
算，但应考虑压杆的卸载影响，其拉力可按下式
确定：

$$N_t = \frac{l_i}{(1 + \psi_c \varphi_i) s_c} V_{bi} \quad (\text{K.2.2})$$

式中：N_t ——i 节间支撑斜杆抗拉验算时的轴向拉力
设计值；

l_i ——i 节间斜杆的全长；

ψ_c ——压杆卸载系数，压杆长细比为 60、100
和 200 时，可分别采用 0.7、0.6 和
0.5；

V_{bi} ——i 节间支撑承受的地震剪力设计值；

s_c ——支撑所在柱间的净距。

K.2.3 无贴砌墙的纵向柱列，上柱支撑与同列下柱
支撑宜等强设计。

K.3 单层钢筋混凝土柱厂房柱间支撑端节点预埋件的截面抗震验算

K.3.1 柱间支撑与柱连接节点预埋件的锚件采用锚筋时，其截面抗震承载力宜按下列公式验算：

$$N \leqslant \frac{0.8 f_y A_s}{\gamma_{RE} \left(\frac{\cos\theta}{0.8 \zeta_m \psi} + \frac{\sin\theta}{\zeta_r \zeta_v} \right)} \quad (\text{K.3.1-1})$$

$$\psi = \frac{1}{1 + \frac{0.6 e_0}{\zeta_r s}} \quad (\text{K.3.1-2})$$

$$\zeta_m = 0.6 + 0.25 t/d \quad (\text{K.3.1-3})$$

$$\zeta_v = (4 - 0.08d) \sqrt{f_c/f_y} \quad (\text{K.3.1-4})$$

式中：A_s —— 锚筋总截面面积；

γ_{RE} —— 承载力抗震调整系数，可采用 1.0；

N —— 预埋板的斜向拉力，可采用全截面屈服点强度计算的支撑斜杆轴向力的 1.05 倍；

e_0 —— 斜向拉力对锚筋合力作用线的偏心距，应小于外排锚筋之间距离的 20%（mm）；

θ —— 斜向拉力与其水平投影的夹角；

ψ —— 偏心影响系数；

s —— 外排锚筋之间的距离（mm）；

ζ_m —— 预埋板弯曲变形影响系数；

t —— 预埋板厚度（mm）；

d —— 锚筋直径（mm）；

ζ_r —— 验算方向锚筋排数的影响系数，二、三和四排可分别采用 1.0、0.9 和 0.85；

ζ_v —— 锚筋的受剪影响系数，大于 0.7 时应采用 0.7。

K.3.2 柱间支撑与柱连接节点预埋件的锚件采用角钢加端板时，其截面抗震承载力宜按下列公式验算：

$$N \leqslant \frac{0.7}{\gamma_{RE} \left(\frac{\cos\theta}{\psi N_{u0}} + \frac{\sin\theta}{V_{u0}} \right)} \quad (\text{K.3.2-1})$$

$$V_{uo} = 3n\zeta_r \sqrt{W_{min} b f_a f_c} \quad (\text{K.3.2-2})$$

$$N_{uo} = 0.8 n f_a A_s \quad (\text{K.3.2-3})$$

式中：n —— 角钢根数；

b —— 角钢肢宽；

W_{min} —— 与剪力方向垂直的角钢最小截面模量；

A_s —— 一根角钢的截面面积；

f_a —— 角钢抗拉强度设计值。

K.4 单层砖柱厂房纵向抗震计算的修正刚度法

K.4.1 本节适用于钢筋混凝土无檩或有檩屋盖等高多跨单层砖柱厂房的纵向抗震验算。

K.4.2 单层砖柱厂房的纵向基本自振周期可按下式计算：

$$T_1 = 2\psi_T \sqrt{\frac{\sum G_s}{\sum K_s}} \quad (\text{K.4.2})$$

式中：ψ_T —— 周期修正系数，按表 K.4.2 采用；

G_s —— 第 s 柱列的集中重力荷载，包括柱列左右各半跨的屋盖和山墙重力荷载，及按动能等效原则换算集中到柱顶或墙顶处的墙、柱重力荷载；

K_s —— 第 s 柱列的侧移刚度。

表 K.4.2 厂房纵向基本自振周期修正系数

屋盖类型	钢筋混凝土无檩屋盖		钢筋混凝土有檩屋盖	
	边跨无天窗	边跨有天窗	边跨无天窗	边跨有天窗
周期修正系数	1.3	1.35	1.4	1.45

K.4.3 单层砖柱厂房纵向总水平地震作用标准值可按下式计算：

$$F_{Ek} = \alpha_1 \sum G_s \quad (\text{K.4.3})$$

式中：α_1 —— 相应于单层砖柱厂房纵向基本自振周期 T_1 的地震影响系数；

G_s —— 按照柱列底部剪力相等原则，第 s 柱列换算集中到墙顶处的重力荷载代表值。

K.4.4 沿厂房纵向第 s 柱列上端的水平地震作用可按下式计算：

$$F_s = \frac{\psi_s K_s}{\sum \psi_s K_s} F_{Ek} \quad (\text{K.4.4})$$

式中：ψ_s —— 反映屋盖水平变形影响的柱列刚度调整系数，根据屋盖类型和各柱列的纵墙设置情况，按表 K.4.4 采用。

表 K.4.4 柱列刚度调整系数

纵墙设置情况		屋盖类型			
		钢筋混凝土无檩屋盖		钢筋混凝土有檩屋盖	
		边柱列	中柱列	边柱列	中柱列
砖柱敞棚		0.95	1.1	0.9	1.6
各柱列均为带壁柱砖墙		0.95	1.1	0.9	1.2
边柱列为带壁柱砖墙	中柱列的纵墙不少于 4 开间	0.7	1.4	0.75	1.5
	中柱列的纵墙少于 4 开间	0.6	1.8	0.65	1.9

附录 L 隔震设计简化计算和砌体结构隔震措施

L.1 隔震设计的简化计算

L.1.1 多层砌体结构及与砌体结构周期相当的结构

采用隔震设计时，上部结构的总水平地震作用可按本规范式（5.2.1-1）简化计算，但应符合下列规定：

1 水平向减震系数，宜根据隔震后整个体系的基本周期，按下式确定：

$$\beta = 1.2\eta_2 (T_{gm}/T_1)^\gamma \qquad (L.1.1-1)$$

式中：β——水平向减震系数；

η_2——地震影响系数的阻尼调整系数，根据隔震层等效阻尼按本规范第5.1.5条确定；

γ——地震影响系数的曲线下降段衰减指数，根据隔震层等效阻尼按本规范第5.1.5条确定；

T_{gm}——砌体结构采用隔震方案时的特征周期，根据本地区所属的设计地震分组按本规范第5.1.4条确定，但小于0.4s时应按0.4s采用；

T_1——隔震后体系的基本周期，不应大于2.0s和5倍特征周期的较大值。

2 与砌体结构周期相当的结构，其水平向减震系数宜根据隔震后整个体系的基本周期，按下式确定：

$$\beta = 1.2\eta_2 (T_g/T_1)^\gamma (T_0/T_g)^{0.9} \quad (L.1.1-2)$$

式中：T_0——非隔震结构的计算周期，当小于特征周期时应采用特征周期的数值；

T_1——隔震后体系的基本周期，不应大于5倍特征周期值；

T_g——特征周期；其余符号同上。

3 砌体结构及与其基本周期相当的结构，隔震后体系的基本周期可按下式计算：

$$T_1 = 2\pi \sqrt{G/K_h g} \qquad (L.1.1-3)$$

式中：T_1——隔震体系的基本周期；

G——隔震层以上结构的重力荷载代表值；

K_h——隔震层的水平等效刚度，可按本规范第12.2.4条的规定计算；

g——重力加速度。

L.1.2 砌体结构及与其基本周期相当的结构，隔震层在罕遇地震下的水平剪力可按下式计算：

$$V_c = \lambda_s \alpha_1 (\zeta_{eq}) G \qquad (L.1.2)$$

式中：V_c——隔震层在罕遇地震下的水平剪力。

L.1.3 砌体结构及与其基本周期相当的结构，隔震层质心处在罕遇地震下的水平位移可按下式计算：

$$u_c = \lambda_s \alpha_1 (\zeta_{eq}) G/K_h \qquad (L.1.3)$$

式中：λ_s——近场系数；距发震断层5km以内取1.5；（5~10）km取不小于1.25；

$\alpha_1 (\zeta_{eq})$——罕遇地震下的地震影响系数值，可根据隔震层参数，按本规范第5.1.5条的规

定进行计算；

K_h——罕遇地震下隔震层的水平等效刚度，应按本规范第12.2.4条的有关规定采用。

L.1.4 当隔震支座的平面布置为矩形或接近于矩形，但上部结构的质心与隔震层刚度中心不重合时，隔震支座扭转影响系数可按下列方法确定：

1 仅考虑单向地震作用的扭转时（图L.1.4），扭转影响系数可按下列公式估计：

$$\eta = 1 + 12 e s_i / (a^2 + b^2) \qquad (L.1.4-1)$$

式中：e——上部结构质心与隔震层刚度中心在垂直于地震作用方向的偏心距；

s_i——第i个隔震支座与隔震层刚度中心在垂直于地震作用方向的距离；

a、b——隔震层平面的两个边长。

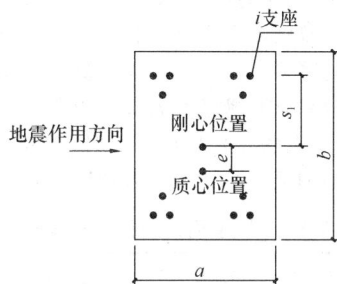

图L.1.4 扭转计算示意图

对边支座，其扭转影响系数不宜小于1.15；当隔震层和上部结构采取有效的抗扭措施后或扭转周期小于平动周期的70%，扭转影响系数可取1.15。

2 同时考虑双向地震作用的扭转时，扭转影响系数可仍按式（L.1.4-1）计算，但其中的偏心距值（e）应采用下列公式中的较大值替代：

$$e = \sqrt{e_x^2 + (0.85 e_y)^2} \qquad (L.1.4-2)$$

$$e = \sqrt{e_y^2 + (0.85 e_x)^2} \qquad (L.1.4-3)$$

式中：e_x——y方向地震作用时的偏心距；

e_y——x方向地震作用时的偏心距。

对边支座，其扭转影响系数不宜小于1.2。

L.1.5 砌体结构按本规范第12.2.5条规定进行竖向地震作用下的抗震验算时，砌体抗震抗剪强度的正应力影响系数，宜按减去竖向地震作用效应后的平均压应力取值。

L.1.6 砌体结构的隔震层顶部各纵、横梁均可按承受均布荷载的单跨简支梁或多跨连续梁计算。均布荷载可按本规范第7.2.5条关于底部框架砖房的钢筋混凝土托墙梁的规定取值；当按连续梁算出的正弯矩小于单跨简支梁跨中弯矩的0.8倍时，应按0.8倍单跨简支梁跨中弯矩配筋。

L.2 砌体结构的隔震措施

L.2.1 当水平向减震系数不大于0.40时（设置阻

尼器时为 0.38），丙类建筑的多层砌体结构，房屋的层数、总高度和高宽比限值，可按本规范第 7.1 节中降低一度的有关规定采用。

L.2.2 砌体结构隔震层的构造应符合下列规定：

1 多层砌体房屋的隔震层位于地下室顶部时，隔震支座不宜直接放置在砌体墙上，并应验算砌体的局部承压。

2 隔震层顶部纵、横梁的构造均应符合本规范第 7.5.8 条关于底部框架砖房的钢筋混凝土托墙梁的要求。

L.2.3 丙类建筑隔震后上部砌体结构的抗震构造措施应符合下列要求：

1 承重外墙尽端至门窗洞边的最小距离及圈梁的截面和配筋构造，仍应符合本规范第 7.1 节和第 7.3、7.4 节的有关规定。

2 多层砖砌体房屋的钢筋混凝土构造柱设置，水平向减震系数大于 0.40 时（设置阻尼器时为 0.38），仍应符合本规范表 7.3.1 的规定；（7～9）度，水平向减震系数不大于 0.40 时（设置阻尼器时为 0.38），应符合表 L.2.3-1 的规定。

表 L.2.3-1　隔震后砖房构造柱设置要求

房屋层数			设置部位
7 度	8 度	9 度	
三、四	二、三		每隔 12m 或单元横墙与外墙交接处
五	四	二	楼、电梯间四角，楼梯斜段上下端对应的墙体处；外墙四角和对应转角；错层部位横墙与外纵墙交接处，较大洞口两侧，大房间内外墙交接处 每隔三开间的横墙与外墙交接处
六、	五	三、四	隔开间横墙（轴线）与外墙交接处，山墙与内纵墙交接处；9 度四层，外纵墙与内墙（轴线）交接处
七	六、七	五	内墙（轴线）与外墙交接处，内墙局部较小墙垛处；内纵墙与横墙（轴线）交接处

3 混凝土小砌块房屋芯柱的设置，水平向减震系数大于 0.40 时（设置阻尼器时为 0.38），仍应符合本规范表 7.4.1 的规定；（7～9）度，当水平向减震系数不大于 0.40 时（设置阻尼器时为 0.38），应符合表 L.2.3-2 的规定。

表 L.2.3-2　隔震后混凝土小砌块房屋芯柱设置要求

房屋层数			设置部位	设置数量
7 度	8 度	9 度		
三、四	二、三		外墙转角，楼梯间四角，楼梯斜段上下端对应的墙体处；大房间内外墙交接处；每隔 12m 或单元横墙与外墙交接处	外墙转角，灌实 3 个孔 内外墙交接处，灌实 4 个孔
五	四	二	外墙转角，楼梯间四角，楼梯斜段上下端对应的墙体处；大房间内外墙交接处，山墙与内纵墙交接处，隔三开间横墙（轴线）与外纵墙交接处	
六	五	三	外墙转角，楼梯间四角，楼梯斜段上下端对应的墙体处；大房间内外墙交接处，隔开间横墙（轴线）与外纵墙交接处，山墙与内纵墙交接处；8、9 度时，外纵墙与横墙（轴线）交接处，大洞口两侧	外墙转角，灌实 5 个孔 内外墙交接处，灌实 5 个孔 洞口两侧各灌实 1 个孔
七	六	四	外墙转角，楼梯间四角，楼梯斜段上下端对应的墙体处；各内外墙（轴线）与外墙交接处，内纵墙与横墙（轴线）交接处；洞口两侧	外墙转角，灌实 7 个孔 内外墙交接处，灌实 4 个孔 内墙交接处，灌实 4～5 个孔 洞口两侧各灌实 1 个孔

4 上部结构的其他抗震构造措施，水平向减系数大于 0.40 时（设置阻尼器时为 0.38）仍按本规范第 7 章的相应规定采用；（7～9）度，水平向减震系数不大于 0.40 时（设置阻尼器时为 0.38），可按本规范第 7 章降低一度的相应规定采用。

附录 M　实现抗震性能设计目标的参考方法

M.1　结构构件抗震性能设计方法

M.1.1 结构构件可按下列规定选择实现抗震性能要求的抗震承载力、变形能力和构造的抗震等级；整个结构不同部位的构件、竖向构件和水平构件，可选用相同或不同的抗震性能要求：

1 当以提高抗震安全性为主时，结构构件对应于不同性能要求的承载力参考指标，可按表 M. 1. 1-1 的示例选用。

表 M. 1. 1-1 结构构件实现抗震性能要求的承载力参考指标示例

性能要求	多遇地震	设防地震	罕遇地震
性能 1	完好，按常规设计	完好，承载力按抗震等级调整地震效应的设计值复核	基本完好，承载力按不计抗震等级调整地震效应的设计值复核
性能 2	完好，按常规设计	基本完好，承载力按不计抗震等级调整地震效应的设计值复核	轻～中等破坏，承载力按极限值复核
性能 3	完好，按常规设计	轻微损坏，承载力按标准值复核	中等破坏，承载力达到极限值后能维持稳定，降低少于 5%
性能 4	完好，按常规设计	轻～中等破坏，承载力按极限值复核	不严重破坏，承载力达到极限值后基本维持稳定，降低少于 10%

2 当需要按地震残余变形确定使用性能时，结构构件除满足提高抗震安全性的性能要求外，不同性能要求的层间位移参考指标，可按表 M. 1. 1-2 的示例选用。

表 M. 1. 1-2 结构构件实现抗震性能要求的层间位移参考指标示例

性能要求	多遇地震	设防地震	罕遇地震
性能 1	完好，变形远小于弹性位移限值	完好，变形小于弹性位移限值	基本完好，变形略大于弹性位移限值
性能 2	完好，变形远小于弹性位移限值	基本完好，变形略大于弹性位移限值	有轻微塑性变形，变形小于 2 倍弹性位移限值
性能 3	完好，变形明显小于弹性位移限值	轻微损坏，变形小于 2 倍弹性位移限值	有明显塑性变形，变形约 4 倍弹性位移限值
性能 4	完好，变形小于弹性位移限值	轻～中等破坏，变形小于 3 倍弹性位移限值	不严重破坏，变形不大于 0.9 倍塑性变形限值

注：设防烈度和罕遇地震下的变形计算，应考虑重力二阶效应，可扣除整体弯曲变形。

3 结构构件细部构造对应于不同性能要求的抗震等级，可按表 M. 1. 1-3 的示例选用；结构中同一部位的不同构件，可区分竖向构件和水平构件，按各自最低的性能要求所对应的抗震构造等级选用。

表 M. 1. 1-3 结构构件对应于不同性能要求的构造抗震等级示例

性能要求	构造的抗震等级
性能 1	基本抗震构造。可按常规设计的有关规定降低二度采用，但不得低于 6 度，且不发生脆性破坏
性能 2	低延性构造。可按常规设计的有关规定降低一度采用，当构件的承载力高于多遇地震提高二度的要求时，可降低二度采用；均不得低于 6 度，且不发生脆性破坏
性能 3	中等延性构造。当构件的承载力高于多遇地震提高一度的要求时，可按常规设计的有关规定降低一度且不低于 6 度采用，否则仍按常规设计的规定采用
性能 4	高延性构造。仍按常规设计的有关规定采用

M. 1. 2 结构构件承载力按不同要求进行复核时，地震内力计算和调整、地震作用效应组合、材料强度取值和验算方法，应符合下列要求：

1 设防烈度下结构构件承载力，包括混凝土构件压弯、拉弯、受剪、受弯承载力，钢构件受拉、受压、受弯、稳定承载力等，按考虑地震效应调整的设计值复核时，应采用对应于抗震等级而不计入风荷载效应的地震作用效应基本组合，并按下式验算：

$$\gamma_G S_{GE} + \gamma_E S_{Ek}(I_2, \lambda, \zeta) \leqslant R/\gamma_{RE}$$

$$(M. 1. 2\text{-}1)$$

式中：I_2——表示设防地震动，隔震结构包含水平向减震影响；

λ——按非抗震性能设计考虑抗震等级的地震效应调整系数；

ζ——考虑部分次要构件进入塑性的刚度降低或消能减震结构附加的阻尼影响。

其他符号同非抗震性能设计。

2 结构构件承载力按不考虑地震作用效应调整的设计值复核时，应采用不计入风荷载效应的基本组合，并按下式验算：

$$\gamma_G S_{GE} + \gamma_E S_{Ek}(I, \zeta) \leqslant R/\gamma_{RE} \qquad (M. 1. 2\text{-}2)$$

式中：I——表示设防烈度地震动或罕遇地震动，隔震结构包含水平减震影响；

ζ——考虑部分次要构件进入塑性的刚度降低或消能减震结构附加的阻尼影响。

3 结构构件承载力按标准值复核时，应采用不计入风荷载效应的地震作用效应标准组合，并按下式验算：

$$S_{GE} + S_{Ek}(I, \zeta) \leqslant R_k \quad (M.1.2-3)$$

式中：I——表示设防地震动或罕遇地震动，隔震结构包含水平向减震影响；

ζ——考虑部分次要构件进入塑性的刚度降低或消能减震结构附加的阻尼影响；

R_k——按材料强度标准值计算的承载力。

4 结构构件按极限承载力复核时，应采用不计入风荷载效应的地震作用效应标准组合，并按下式验算：

$$S_{GE} + S_{Ek}(I, \zeta) < R_u \quad (M.1.2-4)$$

式中：I——表示设防地震动或罕遇地震动，隔震结构包含水平向减震影响；

ζ——考虑部分次要构件进入塑性的刚度降低或消能减震结构附加的阻尼影响；

R_u——按材料最小极限强度值计算的承载力；钢材强度可取最小极限值，钢筋强度可取屈服强度的 1.25 倍，混凝土强度可取立方强度的 0.88 倍。

M.1.3 结构竖向构件在设防地震、罕遇地震作用下的层间弹塑性变形按不同控制目标进行复核时，地震层间剪力计算、地震作用效应调整、构件层间位移计算和验算方法，应符合下列要求：

1 地震层间剪力和地震作用效应调整，应根据整个结构不同部位进入弹塑性阶段程度的不同，采用不同的方法。构件总体上处于开裂阶段或刚刚进入屈服阶段，可取等效刚度和等效阻尼，按等效线性方法估算；构件总体上处于承载力屈服至极限阶段，宜采用静力或动力弹塑性分析方法估算；构件总体上处于承载力下降阶段，应采用计入下降段参数的动力弹塑性分析方法估算。

2 在设防地震下，混凝土构件的初始刚度，宜采用长期刚度。

3 构件层间弹塑性变形计算时，应依据其实际的承载力，并应按本规范的规定计入重力二阶效应；风荷载和重力作用下的变形不参与地震组合。

4 构件层间弹塑性变形的验算，可采用下列公式：

$$\triangle u_p(I, \zeta, \xi_y, G_E) < [\triangle u] \quad (M.1.3)$$

式中：$\triangle u_p(\cdots)$——竖向构件在设防地震或罕遇地震下计入重力二阶效应和阻尼影响取决于其实际承载力的弹塑性层间位移角；对高宽比大于 3 的结构，可扣除整体转动的影响；

$[\triangle u]$——弹塑性位移角限值，应根据性能控制目标确定；整个结构中变形最大部位的竖向构件，轻

微损坏可取中等破坏的一半，中等破坏可取本规范表 5.5.1 和表 5.5.5 规定值的平均值，不严重破坏按小于本规范表 5.5.5 规定值的 0.9 倍控制。

M.2 建筑构件和建筑附属设备支座抗震性能设计方法

M.2.1 当非结构的建筑构件和附属机电设备按使用功能的专门要求进行性能设计时，在遭遇设防烈度地震影响下的性能要求可按表 M.2.1 选用。

表 M.2.1 建筑构件和附属机电设备的参考性能水准

性能水准	功能描述	变形指标
性能 1	外观可能损坏，不影响使用和防火能力，安全玻璃开裂；使用、应急系统可照常运行	可经受相连结构构件出现 1.4 倍的建筑构件、设备支架设计挠度
性能 2	可基本正常使用或很快恢复，耐火时间减少1/4，强化玻璃破碎；使用系统检修后运行，应急系统可照常运行	可经受相连结构构件出现 1.0 倍的建筑构件、设备支架设计挠度
性能 3	耐火时间明显减少，玻璃掉落，出口受碎片阻碍；使用系统明显损坏，需修理才能恢复功能，应急系统受损仍可基本运行	只能经受相连结构构件出现 0.6 倍的建筑构件、设备支架设计挠度

M.2.2 建筑围护墙、附属构件及固定储物柜等进行抗震性能设计时，其地震作用的构件类别系数和功能系数可参考表 M.2.2 确定。

表 M.2.2 建筑非结构构件的类别系数和功能系数

构件、部件名称	构件类别系数	功能系数	
		乙类	丙类
非承重外墙：			
围护墙	0.9	1.4	1.0
玻璃幕墙等	0.9	1.4	1.4
连接：			
墙体连接件	1.0	1.4	1.0
饰面连接件	1.0	1.0	0.6
防火顶棚连接件	0.9	1.0	1.0
非防火顶棚连接件	0.6	1.0	0.6
附属构件：			
标志或广告牌等	1.2	1.0	1.0
高于 2.4m 储物柜支架：			
货架（柜）文件柜	0.6	1.0	0.6
文物柜	1.0	1.4	1.0

M.2.3 建筑附属设备的支座及连接件进行抗震性能设计时，其地震作用的构件类别系数和功能系数可参考表 M.2.3 确定。

表 M.2.3　建筑附属设备构件的类别系数和功能系数

构件、部件所属系统	构件类别系数	功能系数	
		乙类	丙类
应急电源的主控系统、发电机、冷冻机等	1.0	1.4	1.4
电梯的支承结构、导轨、支架、轿箱导向构件等	1.0	1.0	1.0
悬挂式或摇摆式灯具	0.9	1.0	0.6
其他灯具	0.6	1.0	0.6
柜式设备支座	0.6	1.0	0.6
水箱、冷却塔支座	1.2	1.0	1.0
锅炉、压力容器支座	1.0	1.0	1.0
公用天线支座	1.2	1.0	1.0

M.3　建筑构件和建筑附属设备抗震计算的楼面谱方法

M.3.1 非结构构件的楼面谱，应反映支承非结构构件的具体结构自身动力特性、非结构构件所在楼层位置，以及结构和非结构阻尼特性对结构所在地点的地面地震运动的放大作用。

计算楼面谱时，一般情况，非结构构件可采用单质点模型；对支座间有相对位移的非结构构件，宜采用多支点体系计算。

M.3.2 采用楼面反应谱法时，非结构构件的水平地震作用标准值可按下列公式计算：

$$F = \gamma \eta \beta_s G \tag{M.3.2}$$

式中：β_s——非结构构件的楼面反应谱值，取决于设防烈度、场地条件、非结构构件与结构体系之间的周期比、质量比和阻尼，以及非结构构件在结构的支承位置、数量和连接性质；

γ——非结构构件功能系数，取决于建筑抗震

设防类别和使用要求，一般分为 1.4、1.0、0.6 三档；

η——非结构构件类别系数，取决于构件材料性能等因素，一般在 0.6～1.2 范围内取值。

本规范用词说明

1　为了便于在执行本规范条文时区别对待，对要求严格程度不同的用词说明如下：

　1) 表示很严格，非这样做不可的：
　　　正面词采用"必须"；反面词采用"严禁"；

　2) 表示严格，在正常情况下均应这样做的：
　　　正面词采用"应"；反面词采用"不应"或"不得"；

　3) 表示允许稍有选择，在条件许可时首先这样做的：
　　　正面词采用"宜"；反面词采用"不宜"；

　4) 表示有选择，在一定条件下可以这样做的，采用"可"。

2　条文中指明应按其他有关标准、规范执行的写法为："应符合……的规定"或"应按……执行"。

引用标准名录

1　《建筑地基基础设计规范》GB 50007

2　《建筑结构荷载规范》GB 50009

3　《混凝土结构设计规范》GB 50010

4　《钢结构设计规范》GB 50017

5　《构筑物抗震设计规范》GB 50191

6　《混凝土结构工程施工质量验收规范》GB 50204

7　《建筑工程抗震设防分类标准》GB 50223

8　《建筑边坡工程技术规范》GB 50330

9　《橡胶支座　第3部分：建筑隔震橡胶支座》GB 20688.3

10　《厚度方向性能钢板》GB/T 5313

中华人民共和国国家标准

建筑抗震设计规范

GB 50011—2010

（2016 年版）

条 文 说 明

修　订　说　明

本次修订系根据原建设部《关于印发〈2006 年工程建设标准规范制订、修订计划（第一批）的通知〉》（建标［2006］77 号）的要求，由中国建筑科学研究院会同有关的设计、勘察、研究和教学单位，于 2007 年 1 月开始对《建筑抗震设计规范》GB 50011-2001（以下简称 2001 规范）进行全面修订。

本次修订过程中，发生了 2008 年"5·12"汶川大地震，其震害经验表明，严格按照 2001 规范进行设计、施工和使用的建筑，在遭遇比当地设防烈度高一度的地震作用下，可以达到在预估的罕遇地震下保障生命安全的抗震设防目标。汶川地震建筑震害经验对我国建筑抗震设计规范的修订具有重要启示，地震后，根据住房和城乡建设部落实国务院《汶川地震灾后恢复重建条例》的要求，对 2001 规范进行了应急局部修订，形成了《建筑抗震设计规范》GB 50011-2001（2008 年版），此次修订共涉及 31 条规定，主要包括灾区设防烈度的调整，增加了有关山区场地、框架结构填充墙设置、砌体结构楼梯间、抗震结构施工要求的强制性条文，提高了装配式楼板构造和钢筋伸长率的要求。

在完成 2008 年版局部修订之后，《建筑抗震设计规范》的全面修订工作继续进行，于 2009 年 5 月形成了"征求意见稿"并发至全国勘察、设计、教学单位和抗震管理部门征求意见，其方式有三种：设计单位或抗震管理部门召开讨论会，形成书面意见；设计、勘察及研究人员直接用书面或电子邮件提出意见；以及有关刊物上发表论文。累计共收集到千余条次意见。同年 8 月，对所收集的意见进行分析、整理，修改了条文，开展了试设计工作。

与 2001 版规范相比，《建筑抗震设计规范》GB 50011-2010 的条文数量有下列变动：

2001 版规范共有 13 章 54 节 11 附录，共 554 条；其中，正文 447 条，附录 107 条。

《建筑抗震设计规范》GB 50011-2010 共有 14 章 59 节 12 附录，共 630 条。其中，正文增加 39 条，占原条文的 9%；附录增加 37 条，占 36%。

原有各章修改的主要内容见前言。新增的内容是：大跨屋盖建筑、地下建筑、框排架厂房、钢支撑-混凝土框架和钢框架-混凝土筒体房屋，以及抗震性能化设计原则，并删去内框架房屋的有关内容。

2001 规范 2008 年局部修订后共有 58 条强制性条文，本次修订减少了 2 条：设防标准直接引用《建筑工程抗震设防分类标准》GB 50223；对隔震设计的可行性论证，不再作为强制性要求。

2009 年 11 月，由住房和城乡建设部标准定额司主持，召开了《建筑抗震设计规范》修订送审稿审查会。会议认为，修订送审稿继续保持 2001 版规范的基本规定是合适的，所增加的新内容总体上符合汶川地震后的要求和设计需要，反映了我国抗震科研的新成果和工程实践的经验，吸取了一些国外的先进经验，更加全面、更加细致、更加科学。新规范的颁布和实施将使我国的建筑抗震设计提高到新的水平。

本次修订，附录 A 依据《中国地震动参数区划图》GB 18306-2001 及其第 1、2 号修改单进行了设计地震分组。目前，《中国地震动参数区划图》正在修订，今后，随着《中国地震动参数区划图》的修订和施行，该附录将及时与之协调，进行修改。

2001 规范的主编单位：中国建筑科学研究院

2001 规范的参编单位：中国地震局工程力学研究所、中国建筑技术研究院、冶金工业部建筑研究总院、建设部建筑设计院、机械工业部设计研究院、中国轻工国际工程设计院（中国轻工业北京设计院）、北京市建筑设计研究院、上海建筑设计研究院、中南建筑设计院、中国建筑西北设计研究院、新疆建筑设计研究院、广东省建筑设计研究院、云南省设计院、辽宁省建筑设计研究院、深圳市建筑设计研究总院、北京勘察设计研究院、深圳大学建筑设计研究院、清华大学、同济大学、哈尔滨建筑大学、华中理工大学、重庆建筑大学、云南工业大学、华南建设学院（西院）。

2001 规范的主要起草人：徐正忠　王亚勇（以下按姓序笔画排列）

王迪民	王彦深　王骏孙　韦承基　叶燎原
刘惠珊	吕西林　孙平善　李国强　吴明舜

苏经宇　张前国　陈　健　陈富生　沙　安　欧进萍

| 周炳章 | | 周锡元 | 周雍年　周福霖　胡庆昌 |

袁金西　秦　权　高小旺　容柏生　唐家祥

徐　建　徐永基　钱稼茹　龚思礼　董津城　赖　明

傅学怡　蔡益燕　樊小卿　潘凯云　戴国莹

本次修订过程中，2001 规范的一些主要起草人如 胡庆昌 、徐正忠、龚思礼、张前国等作为此次修订的顾问专家，对规范修订的原则、指导思想及具体条文的技术规定等提出了中肯的意见和建议。

目　　次

1 总　则

1.0.1　国家有关建筑的防震减灾法律法规，主要指《中华人民共和国建筑法》、《中华人民共和国防震减灾法》及相关的条例等。

本规范对于建筑抗震设防的基本思想和原则继续同《建筑抗震设计规范》GBJ 11-89（以下简称89规范）、《建筑抗震设计规范》GB 50011-2001（以下简称2001规范）保持一致，仍以"三个水准"为抗震设防目标。

抗震设防是以现有的科学水平和经济条件为前提。规范的科学依据只能是现有的经验和资料。目前对地震规律性的认识还很不足，随着科学水平的提高，规范的规定会有相应的突破；而且规范的编制要根据国家的经济条件的发展，适当地考虑抗震设防水平，制定相应的设防标准。

本次修订，继续保持89规范提出的并在2001规范延续的抗震设防三个水准目标，即"小震不坏、中震可修、大震不倒"的某种具体化。根据我国华北、西北和西南地区对建筑工程有影响的地震发生概率的统计分析，50年内超越概率约为63%的地震烈度为对应于统计"众值"的烈度，比基本烈度约低一度半，本规范取为第一水准烈度，称为"多遇地震"；50年超越概率约10%的地震烈度，即1990中国地震区划图规定的"地震基本烈度"或中国地震动参数区划图规定的峰值加速度所对应的烈度，规范取为第二水准烈度，称为"设防地震"；50年超越概率2%～3%的地震烈度，规范取为第三水准烈度，称为"罕遇地震"，当基本烈度6度时为7度强，7度时为8度强，8度时为9度弱，9度时为9度强。

与三个地震烈度水准相应的抗震设防目标是：一般情况下（不是所有情况下），遭遇第一水准烈度——众值烈度（多遇地震）影响时，建筑处于正常使用状态，从结构抗震分析角度，可以视为弹性体系，采用弹性反应谱进行弹性分析；遭遇第二水准烈度——基本烈度（设防地震）影响时，结构进入非弹性工作阶段，但非弹性变形或结构体系的损坏控制在可修复的范围［与89规范、2001规范相同，其承载力的可靠性与《工业与民用建筑抗震设计规范》TJ 11-78（以下简称78规范）相当并略有提高］；遭遇第三水准烈度——最大预估烈度（罕遇地震）影响时，结构有较大的非弹性变形，但应控制在规定的范围内，以免倒塌。

还需说明的是：

1　抗震设防烈度为6度时，建筑按本规范采取相应的抗震措施之后，抗震能力比不设防时有实质性的提高，但其抗震能力仍是较低的。

2　不同抗震设防类别的建筑按本规范规定采取抗震措施之后，相应的抗震设防目标在程度上有所提高或降低。例如，丁类建筑在设防地震下的损坏程度可能会重些，且其倒塌不危及人们的生命安全，在罕遇地震下的表现会比一般的情况要差；甲类建筑在设防地震下的损坏是轻微甚至是基本完好的，在罕遇地震下的表现将会比一般的情况好些。

3　本次修订继续采用二阶段设计实现上述三个水准的设防目标：第一阶段设计是承载力验算，取第一水准的地震动参数计算结构的弹性地震作用标准值和相应的地震作用效应，继续采用《建筑结构可靠度设计统一标准》GB 50068规定的分项系数设计表达式进行结构构件的截面承载力抗震验算，这样，其可靠度水平同78规范相当，并由于非抗震构件设计可靠性水平的提高而有所提高，既满足了在第一水准下具有必要的承载力可靠度，又满足第二水准的损坏可修的目标。对大多数的结构，可只进行第一阶段设计，而通过概念设计和抗震构造措施来满足第三水准的设计要求。

第二阶段设计是弹塑性变形验算，对地震时易倒塌的结构、有明显薄弱层的不规则结构以及有专门要求的建筑，除进行第一阶段设计外，还要进行结构薄弱部位的弹塑性层间变形验算并采取相应的抗震构造措施，实现第三水准的设防要求。

4　在89规范和2001规范所提出的以结构安全性为主的"小震不坏、中震可修、大震不倒"三水准目标，就是一种抗震性能目标——小震、中震、大震有明确的概率指标；房屋建筑不坏、可修、不倒的破坏程度，在《建筑地震破坏等级划分标准》（建设部90建抗字377号）中提出了定性的划分。本次修订，对某些有专门要求的建筑结构，在本规范第3.10节和附录M增加了关于中震、大震的进一步定量的抗震性能化设计原则和设计指标。

1.0.2　本条是强制性条文，要求处于抗震设防地区的所有新建建筑工程均必须进行抗震设计。以下，凡用粗体表示的条文，均为建筑工程房屋建筑部分的强制性条文。

1.0.3　本规范的适用范围，继续保持89规范、2001规范的规定，适用于6～9度一般的建筑工程。多年来，很多位于区划图6度的地区发生了较大的地震，6度地震区的建筑要适当考虑一些抗震要求，以减轻地震灾害。

工业建筑中，一些因生产工艺要求而造成的特殊问题的抗震设计，与一般的建筑工程不同，需由有关的专业标准予以规定。

因缺乏可靠的近场地震的资料和数据，抗震设防烈度大于9度地区的建筑抗震设计，仍没有条件列入规范。因此，在没有新的专门规定前，可仍按1989年建设部印发（89）建抗字第426号《地震基本烈度

Ⅹ度区建筑抗震设防暂行规定》的通知执行。

2001 规范比 89 规范增加了隔震、消能减震的设计规定，本次修订，还增加了抗震性能化设计的原则性规定。

1.0.4 为适应强制性条文的要求，采用最严的规范用语"必须"。

作为抗震设防依据的文件和图件，如地震烈度区划图和地震动参数区划图，其审批权限，由国家有关主管部门依法规定。

1.0.5 在 89 规范和 2001 规范中，均规定了抗震设防依据的"双轨制"，即一般情况采用抗震设防烈度（作为一个地区抗震设防依据的地震烈度），在一定条件下，可采用经国家有关主管部门规定的权限批准发布的供设计采用的抗震设防区划的地震动参数（如地面运动加速度峰值、反应谱值、地震影响系数曲线和地震加速度时程曲线）。

本次修订，按 2009 年发布的《中华人民共和国防震减灾法》对"地震小区划"的规定，删去 2001 规范对城市设防区划的相关规定，保留"一般情况"这几个字。

新一代的地震区划图正在编制中，本次修订的有关条文和附录将依据新的区划图进行相应的协调性修改。

2 术语和符号

抗震设防烈度是一个地区的设防依据，不能随意提高或降低。

抗震设防标准，是一种衡量对建筑抗震能力要求高低的综合尺度，既取决于建设地点预期地震影响强弱的不同，又取决于建筑抗震设防分类的不同。本规范规定的设防标准是最低的要求，具体工程的设防标准可按业主要求提高。

结构上地震作用的涵义，强调了其动态作用的性质，不仅包括多个方向地震加速度的作用，还包括地震动的速度和动位移的作用。

2001 规范明确了抗震措施和抗震构造措施的区别。抗震构造措施只是抗震措施的一个组成部分。在本规范的目录中，可以看到一般规定、计算要点、抗震构造措施、设计要求等。其中的一般规定及计算要点中的地震作用效应（内力和变形）调整的规定均属于抗震措施，而设计要求中的规定，可能包含有抗震措施和抗震构造措施，需按术语的定义加以区分。

本次修订，按《中华人民共和国防震减灾法》的规定，补充了"地震动参数区划图"这个术语。明确在国家法律中，"地震动参数"是"以加速度表示地震作用强弱程度"，"区划图"是将国土"划分为不同抗震设防要求区域的图件"。

3 基 本 规 定

3.1 建筑抗震设防分类和设防标准

3.1.1 根据我国的实际情况——经济实力有了较大的提高，但仍属于发展中国家的水平，提出适当的抗震设防标准，既能合理使用建设投资，又能达到抗震安全的要求。

89 规范、2001 规范关于建筑抗震设防分类和设防标准的规定，已被国家标准《建筑工程抗震设防分类标准》GB 50223 所替代。按照国家标准编写的规定，本次修订的条文直接引用而不重复该国家标准的规定。

按照《建筑工程抗震设防分类标准》GB 50223 - 2008，各个设防分类建筑的名称有所变更，但明确甲类、乙类、丙类、丁类是分别作为特殊设防类、重点设防类、标准设防类、适度设防类的简称。因此，在本规范以及建筑结构设计文件中，继续采用简称。

《建筑工程抗震设防分类标准》GB 50223 - 2008 进一步突出了设防类别划分是侧重于使用功能和灾害后果的区分，并更强调体现对人员安全的保障。

自 1989 年《建筑抗震设计规范》GBJ 11 - 89 发布以来，按技术标准设计的所有房屋建筑，均应达到"多遇地震不坏、设防地震可修和罕遇地震不倒"的设防目标。这里，多遇地震、设防地震和罕遇地震，一般按地震基本烈度区划或地震动参数区划对当地的规定采用，分别为 50 年超越概率 63%、10% 和 2%～3% 的地震，或重现期分别为 50 年、475 年和 1600 年～2400 年的地震。

针对我国地震区划图所规定的烈度有很大不确定性的事实，在建设行政主管部门领导下，89 规范明确规定了"小震不坏、中震可修、大震不倒"的抗震设防目标。这个目标可保障"房屋建筑在遭遇设防地震影响时不致有灾难性后果，在遭遇罕遇地震影响时不致倒塌"。2008 年汶川地震表明，严格按照现行抗震规范进行设计、施工和使用的房屋建筑，达到了规范规定的设防目标，在遭遇到高于地震区划图一度的地震作用下，没有出现倒塌破坏——实现了生命安全的目标。因此，《建筑工程抗震设防分类标准》GB 50223 - 2008 继续规定，绝大部分建筑均可划为标准设防类（简称丙类），将使用上需要提高防震减灾能力的房屋建筑控制在很小的范围。

在需要提高设防标准的建筑中，乙类需按提高一度的要求加强其抗震措施——增加关键部位的投资即可达到提高安全性的目标；甲类在提高一度的要求加强其抗震措施的基础上，"地震作用应按高于本地区设防烈度计算，其值应按批准的地震安全性评价结果确定"。地震安全性评价通常包括给定年限内不同超越概率的地震动参数，应由具备资质的单位按相关标准执行并对其评价报告的质量负责。这意味着，地震作用计算提高的幅度应经专门研究，并需要按规定的权限审批。条件许可时，专门研究还可包括基于建筑地震破坏损失和投资关系的优化原则确定的方法。

《建筑结构可靠度设计统一标准》GB 50068，提出了设计使用年限的原则规定。显然，抗震设防的甲、乙、丙、丁分类，也可体现设计使用年限的不同。

还需说明，《建筑工程抗震设防分类标准》GB 50223 规定乙类提高抗震措施而不要求提高地震作用，同一些国家的规范只提高地震作用（10%～30%）而不提高抗震措施，在设防概念上有所不同：提高抗震措施，着眼于把财力、物力用在增加结构薄弱部位的抗震能力上，是经济而有效的方法，适合于我国经济有较大发展而人均经济水平仍属于发展中国家的情况；只提高地震作用，则结构的各构件均全面增加材料，投资增加的效果不如前者。

3.1.2 鉴于 6 度设防的房屋建筑，其地震作用往往不属于结构设计的控制作用，为减少设计计算的工作量，本规范明确，6 度设防时，除有明确规定的情况，其抗震设计可仅进行抗震措施的设计而不进行地震作用计算。

3.2 地震影响

多年来地震经验表明，在宏观烈度相似的情况下，处在大震级、远震中距下的柔性建筑，其震害要比中、小震级近震中距的情况重得多；理论分析也发现，震中距不同时反应谱频谱特性并不相同。抗震设计时，对同样场地条件、同样烈度的地震，按震源机制、震级大小和震中距远近区别对待是必要的，建筑所受到的地震影响，需要采用设计地震动的强度及设计反应谱的特征周期来表征。

作为一种简化，89 规范主要藉助于当时的地震烈度区划，引入了设计近震和设计远震，后者可能遭遇近、远两种地震影响，设防烈度为 9 度时只考虑近震的地震影响；在水平地震作用计算时，设计近、远震用两组地震影响系数 α 曲线表达，按远震的曲线设计就已包含两种地震用不利情况。

2001 规范明确引入了"设计基本地震加速度"和"设计特征周期"，与当时的中国地震动参数区划（中国地震动峰值加速度区划图 A1 和中国地震动反应谱特征周期区划图 B1）相匹配。

"设计基本地震加速度"是根据建设部 1992 年 7 月 3 日颁发的建标〔1992〕419 号《关于统一抗震设计规范地面运动加速度设计取值的通知》而作出的。通知中有如下规定：

术语名称：设计基本地震加速度值。

定义：50 年设计基准期超越概率 10% 的地震加速度的设计取值。

取值：7 度 0.10g，8 度 0.20g，9 度 0.40g。

本规范表 3.2.2 所列的设计基本地震加速度与抗震设防烈度的对应关系即来源于上述文件。其取值与《中国地震动参数区划图》GB 18306 - 2015 附录 A 所规定的"地震动峰值加速度"相当：即在 0.10g 和 0.20g 之间有一个 0.15g 的区域，0.20g 和 0.40g 之间有一个 0.30g 的区域，在这二个区域内建筑的抗震设计要求，除另有具体规定外，分别同 7 度和 8 度，在本规范表 3.2.2 中用括号内数值表示。本规范表 3.2.2 中还引入了与 6 度相当的设计基本地震加速度值 0.05g。

"设计特征周期"即设计所用的地震影响系数的特征周期（T_g），简称特征周期。89 规范规定，其取值根据设计近、远震和场地类别来确定，我国绝大多数地区只考虑设计近震，需要考虑设计远震的地区很少（约占县级城镇的 5%）。2001 规范将 89 规范的设计近震、远震改称设计地震分组，可更好体现震级和震中距的影响，建筑工程的设计地震分为三组。根据规范编制保持其规定延续性的要求和房屋建筑抗震设防决策，2001 规范的设计地震的分组在《中国地震动参数区划图》GB 18306 - 2001 附录 B 的基础上略作调整。2010 年修订对各地的设计地震分组作了较大的调整，使之与《中国地震动参数区划图》GB 18306 - 2001 一致。此次局部修订继续保持这一原则，按照《中国地震动参数区划图》GB 18306 - 2015 附录 B 的规定确定设计地震分组。

为便于设计单位使用，本规范在附录 A 给出了县级及县级以上城镇（按民政部编 2015 行政区划简册，包括地级市的市辖区）的中心地区（如城关地区）的抗震设防烈度、设计基本地震加速度和所属的设计地震分组。

3.3 场地和地基

3.3.1 在抗震设计中，场地指具有相似的反应谱特征的房屋群体所在地，不仅仅是房屋基础下的地基土，其范围相当于厂区、居民点和自然村，在平坦地区面积一般不小于 1km×1km。

地震造成建筑的破坏，除地震动直接引起结构破坏外，还有场地条件的原因，诸如：地震引起的地表错动与地裂，地基土的不均匀沉陷、滑坡和粉、砂土液化等。因此，选择有利于抗震的建筑场地，是减轻场地引起的地震灾害的第一道工序，抗震设防区的建筑工程宜选择有利的地段，应避开不利的地段并不在危险的地段建设。针对汶川地震的教训，2008 年局部修订强调：严禁在危险地段建造甲、乙类建筑。还需要注意，按全文强制的《住宅设计规范》GB 50096，严禁在危险地段建造住宅，必须严格执行。

场地地段的划分，是在选择建筑场地的勘察阶段进行的，要根据地震活动情况和工程地质资料进行综合评价。本规范第 4.1.1 条给出划分建筑场地有利、一般、不利和危险地段的依据。

3.3.2、3.3.3 抗震构造措施不同于抗震措施，二者的区别见本规范第 2.1.10 条和第 2.1.11 条。历次大地震的经验表明，同样或相近的建筑，建造于Ⅰ类场地时震害较轻，建造于Ⅲ、Ⅳ类场地震害较重。

本规范对Ⅰ类场地，仅降低抗震构造措施，不降低抗震措施中的其他要求，如按概念设计要求的内力调整措施。对于丁类建筑，其抗震措施已降低，不再重复降低。

对Ⅲ、Ⅳ类场地，除各章有具体规定外，仅提高抗震构造措施，不提高抗震措施中的其他要求，如按概念设计要求的内力调整措施。

3.3.4 对同一结构单元不宜部分采用天然地基部分采用桩基的要求，一般情况执行没有困难。在高层建筑中，当主楼和裙房不分缝的情况下难以满足时，需仔细分析不同地基在地震下变形的差异及上部结构各部分地震反应差异的影响，采取相应措施。

本次修订，对不同地基基础类型的要求，提出了较为明确的对策。

3.3.5 本条系在 2008 年局部修订时增加的，针对山区房屋选址和地基基础设计，提出明确的抗震要求。需注意：

1 有关山区建筑距边坡边缘的距离，参照《建筑地基基础设计规范》GB 50007-2002 第 5.4.1、第 5.4.2 条计算时，其边坡坡角需按地震烈度的高低修正——减去地震角，滑动力矩需计入水平地震和竖向地震产生的效应。

2 挡土结构抗震设计稳定验算时有关摩擦角的修正，指地震主动土压力按库伦理论计算时：土的重度除以地震角的余弦，填土的内摩擦角减去地震角，土对墙背的摩擦角增加地震角。

地震角的范围取 1.5°～10°，取决于地下水位以上和以下，以及设防烈度的高低。可参见《建筑抗震鉴定标准》GB 50023-2009 第 4.2.9 条。

3.4 建筑形体及其构件布置的规则性

3.4.1 合理的建筑形体和布置（configuration）在抗震设计中是头等重要的。提倡平、立面简单对称。因为震害表明，简单、对称的建筑在地震时较不容易破坏。而且道理也很清楚，简单、对称的结构容易估计其地震时的反应，容易采取抗震构造措施和进行细部处理。"规则"包含了对建筑的平、立面外形尺寸，抗侧力构件布置、质量分布，直至承载力分布等诸多因素的综合要求。"规则"的具体界限，随着结构类型的不同而异，需要建筑师和结构工程师互相配合，才能设计出抗震性能良好的建筑。

本条主要对建筑师设计的建筑方案的规则性提出了强制性要求。在 2008 年局部修订时，为提高建筑

设计和结构设计的协调性，明确规定：首先，建筑形体和布置应依据抗震概念设计原则划分为规则与不规则两大类；对于具有不规则的建筑，针对其不规程的具体情况，明确提出不同的要求；强调应避免采用严重不规则的设计方案。

概念设计的定义见本规范第 2.1.9 条。规则性是其中的一个重要概念。

规则的建筑方案体现在体型（平面和立面的形状）简单，抗侧力体系的刚度和承载力上下变化连续、均匀，平面布置基本对称。即在平立面、竖向剖面或抗侧力体系上，没有明显的、实质的不连续（突变）。

规则与不规则的区分，本规范在第 3.4.3 条规定了一些定量的参考界限，但实际上引起建筑不规则的因素还有很多，特别是复杂的建筑体型，很难一一用若干简化的定量指标来划分不规则程度并规定限制范围，但是，有经验的、有抗震知识素养的建筑设计人员，应该对所设计的建筑的抗震性能有所估计，要区分不规则、特别不规则和严重不规则等不规则程度，避免采用抗震性能差的严重不规则的设计方案。

三种不规则程度的主要划分方法如下：

不规则，指的是超过表 3.4.3-1 和表 3.4.3-2 中一项及以上的不规则指标；

特别不规则，指具有较明显的抗震薄弱部位，可能引起不良后果者，其参考界限可参见《超限高层建筑工程抗震设防专项审查技术要点》，通常有三类：其一，同时具有本规范表 3.4.3 所列六个主要不规则类型的三个或三个以上；其二，具有表 1 所列的一项不规则；其三，具有本规范表 3.4.3 所列两个方面的基本不规则且其中有一项接近表 1 的不规则指标。

表 1 特别不规则的项目举例

序	不规则类型	简要涵义
1	扭转偏大	裙房以上有较多楼层考虑偶然偏心的扭转位移比大于 1.4
2	抗扭刚度弱	扭转周期比大于 0.9，混合结构扭转周期比大于 0.85
3	层刚度偏小	本层侧向刚度小于相邻上层的 50%
4	高位转换	框支墙体的转换构件位置：7 度超过 5 层，8 度超过 3 层
5	厚板转换	7～9 度设防的厚板转换结构
6	塔楼偏置	单塔或多塔合质心与大底盘的质心偏心距大于底盘相应边长 20%
7	复杂连接	各部分层数、刚度、布置不同的错层或连体两端塔楼显著不规则的结构
8	多重复杂	同时具有转换层、加强层、错层、连体和多塔类型中的 2 种以上

对于特别不规则的建筑方案，只要不属于严重不规则，结构设计应采取比本规范第3.4.4条等的要求更加有效的措施。

严重不规则，指的是形体复杂，多项不规则指标超过本规范3.4.4条上限值或某一项大大超过规定值，具有现有技术和经济条件不能克服的严重的抗震薄弱环节，可能导致地震破坏的严重后果者。

3.4.2 本条要求建筑设计需特别重视其平、立、剖面及构件布置不规则对抗震性能的影响。

3.4.3、3.4.4 2001规范考虑了当时89规范和《钢筋混凝土高层建筑结构设计与施工规范》JGJ 3-91的相应规定，并参考了美国UBC（1997）日本BSL（1987年版）和欧洲规范8。上述五本规范对不规则结构的条文规定有以下三种方式：

1 规定了规则结构的准则，不规定不规则结构的相应设计规定，如89规范和《钢筋混凝土高层建筑结构设计与施工规范》JGJ 3-91。

2 对结构的不规则性作出限制，如日本BSL。

3 对规则与不规则结构作出了定量的划分，并规定了相应的设计计算要求，如美国UBC及欧洲规范8。

本规范基本上采用了第3种方式，但对容易避免或危害性较小的不规则问题未作规定。

对于结构扭转不规则，按刚性楼盖计算，当最大层间位移与其平均值的比值为1.2时，相当于一端为1.0，另一端为1.45；当比值1.5时，相当于一端为1.0，另一端为3。美国FEMA的NEHRP规定，限1.4。

对于较大错层，如超过梁高的错层，需按楼板开洞对待；当错层面积大于该层总面积30%时，则属于楼板局部不连续。楼板典型宽度按楼板外形的基本宽度计算。

上层缩进尺寸超过相邻下层对应尺寸的1/4，属于用尺寸衡量的刚度不规则的范畴。侧向刚度可取地震作用下的层剪力与层间位移之比值计算，刚度突变上限（如框支层）在有关章节规定。

除了表3.4.3所列的不规则，UBC的规定中，对平面不规则尚有抗侧力构件上下错位、与主轴斜交或不对称布置，对竖向不规则尚有相邻楼层质量比大于150%或竖向抗侧力构件在平面内收进的尺寸大于构件的长度（如棋盘式布置）等。

图1～图6为典型示例，以便理解本规范表3.4.3-1和表3.4.3-2中所列的不规则类型。

本规范3.4.3条1款的规定，主要针对钢筋混凝土和钢结构的多层和高层建筑所作的不规则性的限制，对砌体结构多层房屋和单层工业厂房的不规则性应符合本规范有关章节的专门规定。

2010年修订的变化如下：

1 明确规定表3.4.3所列的不规则类型是主要

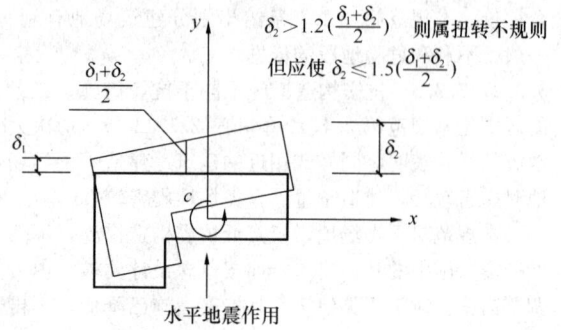

$\delta_2 > 1.2\left(\dfrac{\delta_1+\delta_2}{2}\right)$　则属扭转不规则

但应使 $\delta_2 \leqslant 1.5\left(\dfrac{\delta_1+\delta_2}{2}\right)$

水平地震作用

图1　建筑结构平面的扭转不规则示例

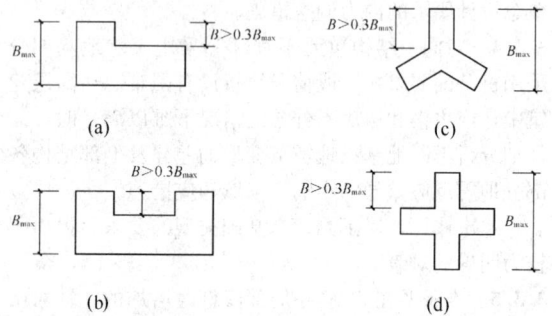

图2　建筑结构平面的凸角或凹角不规则示例

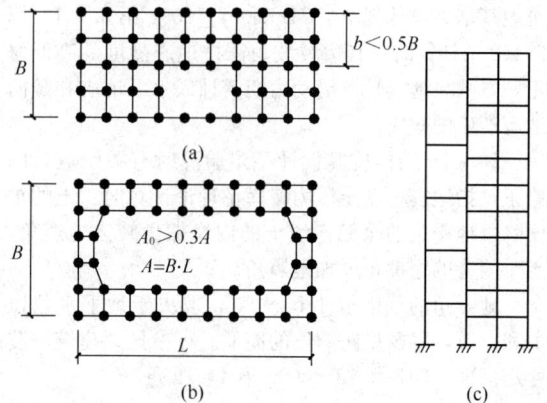

图3　建筑结构平面的局部不连续示例（大开洞及错层）

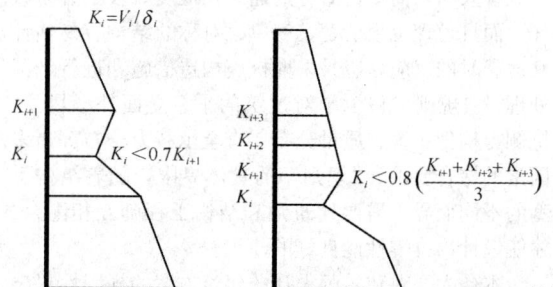

图4　沿竖向的侧向刚度不规则（有软弱层）

3—122

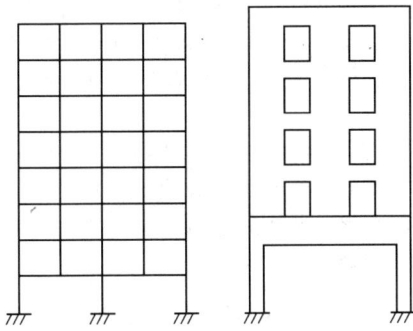

图 5 竖向抗侧力构件不连续示例

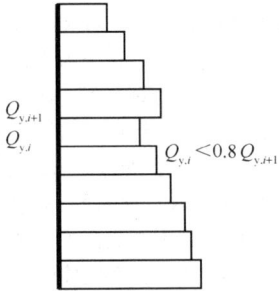

图 6 竖向抗侧力结构屈服抗
剪强度非均匀化（有薄弱层）

的而不是全部不规则，所列的指标是概念设计的参考性数值而不是严格的数值，使用时需要综合判断。明确规定按不规则类型的数量和程度，采取不同的抗震措施。不规则的程度和设计的上限控制，可根据设防烈度的高低适当调整。对于特别不规则的建筑结构要求专门研究和论证。

2 对于扭转不规则计算，需注意以下几点：

1）按国外的有关规定，楼盖周边两端位移不超过平均位移 2 倍的情况称为刚性楼盖，超过 2 倍则属于柔性楼盖。因此，这种"刚性楼盖"，并不是刚度无限大。计算扭转位移比时，楼盖刚度可按实际情况确定而不限于刚度无限大假定。

2）扭转位移比计算时，楼层的位移不采用各振型位移的 CQC 组合计算，按国外的规定明确改为取"给定水平力"计算，可避免有时 CQC 计算的最大位移出现在楼盖边缘的中部而不在角部，而且对无限刚楼盖、分块无限刚楼盖和弹性楼盖均可采用相同的计算方法处理；该水平力一般采用振型组合后的楼层地震剪力换算的水平作用力，并考虑偶然偏心；结构楼层位移和层间位移控制值验算时，仍采用 CQC 的效应组合。

3）偶然偏心大小的取值，除采用该方向最大尺寸的 5% 外，也可考虑具体的平面形状和抗侧力构件的布置调整。

4）扭转不规则的判断，还可依据楼层质量中心和刚度中心的距离用偏心率的大小作为参考方法。

3 对于侧向刚度的不规则，建议根据结构特点采用合适的方法，包括楼层标高处产生单位位移所需要的水平力、结构层间位移角的变化等进行综合分析。

4 为避免水平转换构件在大震下失效，不连续的竖向构件传递到转换构件的小震地震内力应加大，借鉴美国 IBC 规定取 2.5 倍（分项系数为 1.0），对增大系数作了调整。

本次局部修订，主要进行文字性修改，以进一步明确扭转位移比的含义。

3.4.5 体型复杂的建筑并不一概提倡设置防震缝。由于是否设置防震缝各有利弊，历来有不同的观点，总体倾向是：

1 可设缝、可不设缝时，不设缝。设置防震缝可使结构抗震分析模型较为简单，容易估计其地震作用和采取抗震措施，但需考虑扭转地震效应，并按本规范各章的规定确定缝宽，使防震缝两侧在预期的地震（如中震）下不发生碰撞或减轻碰撞引起的局部损坏。

2 当不设置防震缝时，结构分析模型复杂，连接处局部应力集中需要加强，而且需仔细估计地震扭转效应等可能导致的不利影响。

3.5 结 构 体 系

3.5.1 抗震结构体系要通过综合分析，采用合理而经济的结构类型。结构的地震反应同场地的频谱特性有密切关系，场地的地面运动特性又同地震震源机制、震级大小、震中的远近有关；建筑的重要性、装修的水准对结构的侧向变形大小有所限制，从而对结构选型提出要求；结构的选型又受结构材料和施工条件的制约以及经济条件的许可等。这是一个综合的技术经济问题，应周密加以考虑。

3.5.2、3.5.3 抗震结构体系要求受力明确、传力途径合理且传力路线不间断，使结构的抗震分析更符合结构在地震时的实际表现，对提高结构的抗震性能十分有利，是结构选型与布置结构抗侧力体系时首先考虑的因素之一。2001 规范将结构体系的要求分为强制性和非强制性两类。第 3.5.2 条是属于强制性要求的内容。

多道防线对于结构在强震下的安全是很重要的。所谓多道防线的概念，通常指的是：

第一，整个抗震结构体系由若干个延性较好的分体系组成，并由延性较好的结构构件连接起来协同工作。如框架-抗震墙体系是由延性框架和抗震墙二个系统组成；双肢或多肢抗震墙体系由若干个单肢墙分系统组成；框架-支撑框架体系由延性框架和支撑框架二个系统组成；框架-筒体体系由延性框架和筒体二个系统组成。

第二，抗震结构体系具有最大可能数量的内部、外部赘余度，有意识地建立起一系列分布的塑性屈服区，以使结构能吸收和耗散大量的地震能量，一旦破坏也易于修复。设计计算时，需考虑部分构件出现塑性变形后的内力重分布，使各个分体系所承担的地震作用的总和大于不考虑塑性内力重分布时的数值。

本次修订，按征求意见的结果，多道防线仍作为非强制性要求保留在第3.5.3条，但能够设置多道防线的结构类型，在相关章节中予以明确规定。

抗震薄弱层（部位）的概念，也是抗震设计中的重要概念，包括：

1 结构在强烈地震下不存在强度安全储备，构件的实际承载力分析（而不是承载力设计值的分析）是判断薄弱层（部位）的基础；

2 要使楼层（部位）的实际承载力和设计计算的弹性受力之比在总体上保持一个相对均匀的变化，一旦楼层（或部位）的这个比例有突变时，会由于塑性内力重分布导致塑性变形的集中；

3 要防止在局部上加强而忽视整个结构各部位刚度、强度的协调；

4 在抗震设计中有意识、有目的地控制薄弱层（部位），使之有足够的变形能力又不使薄弱层发生转移，这是提高结构总体抗震性能的有效手段。

考虑到有些建筑结构，横向抗侧力构件（如墙体）很多而纵向很少，在强烈地震中往往由于纵向的破坏导致整体倒塌，2001规范增加了结构两个主轴方向的动力特性（周期和振型）相近的抗震概念。

3.5.4 本条对各种不同材料的结构构件提出了改善其变形能力的原则和途径：

1 无筋砌体本身是脆性材料，只能利用约束条件（圈梁、构造柱、组合柱等来分割、包围）使砌体发生裂缝后不致崩塌和散落，地震时不致丧失对重力荷载的承载能力。

2 钢筋混凝土构件抗震性能与砌体相比是比较好的，但若处理不当，也会造成不可修复的脆性破坏。这种破坏包括：混凝土压碎、构件剪切破坏、钢筋锚固部分拉脱（粘结破坏），应力求避免；混凝土结构构件的尺寸控制，包括轴压比、截面长宽比、墙体高厚比、宽厚比等，当墙厚偏薄时，也有自身稳定问题。

3 提出了对预应力混凝土结构构件的要求。

4 钢结构杆件的压屈破坏（杆件失去稳定）或局部失稳也是一种脆性破坏，应予以防止。

5 针对预制混凝土板在强烈地震中容易脱落导致人员伤亡的震害，2008年局部修订增加了推荐采用现浇楼、屋盖，特别强调装配式楼、屋盖需加强整体性的基本要求。

3.5.5 本条指出了主体结构构件之间的连接应遵守

的原则：通过连接的承载力来发挥各构件的承载力、变形能力，从而获得整个结构良好的抗震能力。

本条还提出了对预应力混凝土及钢结构构件的连接要求。

3.5.6 本条支撑系统指屋盖支撑。支撑系统的不完善，往往导致屋盖系统失稳倒塌，使厂房发生灾难性的震害，因此在支撑系统布置上应特别注意保证屋盖系统的整体稳定性。

3.6 结 构 分 析

3.6.1 由于地震动的不确定性、地震的破坏作用、结构地震破坏机理的复杂性，以及结构计算模型的各种假定与实际情况的差异，迄今为止，依据所规定的地震作用进行结构抗震验算，不论计算理论和工具如何发展，计算怎样严格，计算的结果总还是一种比较粗略的估计，过分地追求数值上的精确是不必要的；然而，从工程的震害看，这样的抗震验算是有成效的，不可轻视。因此，本规范自1974年第一版以来，对抗震计算着重于把方法放在比较合理的基础上，不拘泥于细节，不追求过高的计算精度，力求简单易行，以线性的计算分析方法为基本方法，并反复强调按概念设计进行各种调整。本节列出一些原则性规定，继续保持和体现上述精神。

多遇地震作用下的内力和变形分析是本规范对结构地震反应、截面承载力验算和变形验算最基本的要求。按本规范第1.0.1条的规定，建筑物当遭受低于本地区抗震设防烈度的多遇地震影响时，主体结构不受损坏或不需修理可继续使用，与此相应，结构在多遇地震作用下的反应分析的方法，截面抗震验算（按照现行国家标准《建筑结构可靠度设计统一标准》GB 50068的基本要求），以及层间弹性位移的验算，都是以线弹性理论为基础，因此，本条规定，当建筑结构进行多遇地震作用下的内力和变形分析时，可假定结构与构件处于弹性工作状态。

3.6.2 按本规范第1.0.1条的规定：当建筑物遭受高于本地区抗震设防烈度的罕遇地震影响时，不致倒塌或发生危及生命的严重破坏，这也是本规范的基本要求。特别是建筑物的体型和抗侧力系统复杂时，将在结构的薄弱部位发生应力集中和弹塑性变形集中，严重时会导致重大的破坏甚至有倒塌的危险。因此本规范提出了检验结构抗震薄弱部位采用弹塑性（即非线性）分析方法的要求。

考虑到非线性分析的难度较大，规范只限于对不规则并具有明显薄弱部位可能导致重大地震破坏，特别是有严重的变形集中可能导致地震倒塌的结构，应按本规范第5章具体规定进行罕遇地震作用下的弹塑性变形分析。

本规范推荐了两种非线性分析方法：静力的非线性分析（推覆分析）和动力的非线性分析（弹塑性时

程分析）。

　　静力的非线性分析是：沿结构高度施加按一定形式分布的模拟地震作用的等效侧力，并从小到大逐步增加侧力的强度，使结构由弹性工作状态逐步进入弹塑性工作状态，最终达到并超过规定的弹塑性位移。这是目前较为实用的简化的弹塑性分析技术，比动力非线性分析节省计算工作量，但需要注意，静力非线性分析有一定的局限性和适用性，其计算结果需要工程经验判断。

　　动力非线性分析，即弹塑性时程分析，是较为严格的分析方法，需要较好的计算机软件和很好的工程经验判断才能得到有用的结果，是难度较大的一种方法。规范还允许采用简化的弹塑性分析技术，如本规范第5章规定的钢筋混凝土框架等的弹塑性分析简化方法。

3.6.3　本条规定，框架结构和框架-抗震墙（支撑）结构在重力附加弯矩 M_a 与初始弯矩 M_0 之比符合下式条件下，应考虑几何非线性，即重力二阶效应的影响。

$$\theta_i = \frac{M_a}{M_0} = \frac{\sum G_i \cdot \triangle u_i}{V_i \cdot h_i} > 0.1 \qquad (1)$$

式中：θ_i——稳定系数；

　　$\sum G_i$——i 层以上全部重力荷载计算值；

　　$\triangle u_i$——第 i 层楼层质心处的弹性或弹塑性层间位移；

　　V_i——第 i 层地震剪力计算值；

　　h_i——第 i 层层间高度。

　　上式规定是考虑重力二阶效应影响的下限，其上限则受弹性层间位移角限值控制。对混凝土结构，弹性位移角限值较小，上述稳定系数一般均在 0.1 以下，可不考虑弹性阶段重力二阶效应影响。

　　当在弹性分析时，作为简化方法，二阶效应的内力增大系数可取 $1/(1-\theta)$。

　　当在弹塑性分析时，宜采用考虑所有轴向力的结构和构件的几何刚度的计算机程序进行重力二阶效应分析，亦可采用其他简化分析方法。

　　混凝土柱考虑多遇地震作用产生的重力二阶效应的内力时，不应与混凝土规范承载力计算时考虑的重力二阶效应重复。

　　砌体结构和混凝土墙结构，通常不需要考虑重力二阶效应。

3.6.4　刚性、半刚性、柔性横隔板分别指在平面内不考虑变形、考虑变形、不考虑刚度的楼、屋盖。

3.6.6　本条规定主要依据《建筑工程设计文件编制深度规定》，要求使用计算机进行结构抗震分析时，应对软件的功能有切实的了解，计算模型的选取必须符合结构的实际工作情况，计算软件的技术条件应符合本规范及有关标准的规定，设计时对所有计算结果

应进行判别，确认其合理有效后方可在设计中应用。

　　2008年局部修订，注意到地震中楼梯的梯板具有斜撑的受力状态，增加了楼梯构件的计算要求：针对具体结构的不同，"考虑"的结果，楼梯构件的可能影响很大或不大，然后区别对待，楼梯构件自身应计算抗震，但并不要求一律参与整体结构的计算。

　　复杂结构指计算的力学模型十分复杂、难以找到完全符合实际工作状态的理想模型，只能依据各个软件自身的特点在力学模型上分别作某些程度不同的简化后才能运用该软件进行计算的结构。例如，多塔类结构，其计算模型可以是底部一个塔通过水平刚臂分成上部若干个不落地分塔的分叉结构，也可以用多个落地塔通过底部的低塔连成整个结构，还可以将底部按高塔分区分别归入相应的高塔中再按多个高塔进行联合计算，等等。因此本规范对这类复杂结构要求用多个相对恰当、合适的力学模型而不是截然不同不合理的模型进行比较计算。复杂结构应是计算模型复杂的结构，不同的力学模型还应属于不同的计算机程序。

3.7　非结构构件

　　非结构构件包括建筑非结构构件和建筑附属机电设备的支架等。建筑非结构构件在地震中的破坏允许大于结构构件，其抗震设防目标要低于本规范第1.0.1条的规定。非结构构件的地震破坏会影响安全和使用功能，需引起重视，应进行抗震设计。

　　建筑非结构构件一般指下列三类：①附属结构构件，如：女儿墙、高低跨封墙、雨篷等；②装饰物，如：贴面、顶棚、悬吊重物等；③围护墙和隔墙。处理好非结构构件和主体结构的关系，可防止附加灾害，减少损失。在第3.7.3条所列的非结构构件主要指在人流出入口、通道及重要设备附近的附属结构构件，其破坏往往伤人或砸坏设备，因此要求加强与主体结构的可靠锚固，在其他位置可以放宽要求。2008年局部修订时，明确增加作为疏散通道的楼梯间墙体的抗震安全性要求，提高对生命的保护。

　　砌体填充墙与框架或单层厂房柱的连接，影响整个结构的动力性能和抗震能力。两者之间的连接处理不同时，影响也不同。建议两者之间采用柔性连接或彼此脱开，可只考虑填充墙的重量而不计其刚度和强度的影响。砌体填充墙的不合理设置，例如：框架或厂房，柱间的填充墙不到顶，或房屋外墙在混凝土柱间局部高度砌墙，使这些柱子处于短柱状态，许多震害表明，这些短柱破坏很多，应予注意。

　　2008年局部修订时，第3.7.4条新增为强制性条文。强调围护墙、隔墙等非结构构件是否合理设置对主体结构的影响，以加强围护墙、隔墙等建筑非结构构件的抗震安全性，提高对生命的保护。

　　第3.7.6条提出了对幕墙、附属机械、电气设备

系统支座和连接等需符合地震时对使用功能的要求。这里的使用要求，一般指设防地震。

3.8 隔震与消能减震设计

3.8.1 建筑结构采用隔震与消能减震设计是一种有效地减轻地震灾害的技术。

本次修订，取消了 2001 规范"主要用于高烈度设防"的规定。强调了这种技术在提高结构抗震性能上具有优势，可适用于对使用功能有较高或专门要求的建筑，即用于投资方愿意通过适当增加投资来提高抗震安全要求的建筑。

3.8.2 本条对建筑结构隔震设计和消能减震设计的设防目标提出了原则要求。采用隔震和消能减震方案，具有可能满足提高抗震性能要求的优势，故推荐其按较高的设防目标进行设计。

按本规范 12 章规定进行隔震设计，还不能做到在设防烈度下上部结构不受损坏或主体结构处于弹性工作阶段的要求，但与非隔震或非消能减震建筑相比，设防目标会有所提高，大体上是：当遭受多遇地震影响时，将基本不受损坏和影响使用功能；当遭受设防地震影响时，不需修理仍可继续使用；当遭受罕遇地震影响时，将不发生危及生命安全和丧失使用价值的破坏。

3.9 结构材料与施工

3.9.1 抗震结构在材料选用、施工程序特别是材料代用上有其特殊的要求，主要是指减少材料的脆性和贯彻原设计意图。

3.9.2、3.9.3 本规范对结构材料的要求分为强制性和非强制性两种。

1 本次修订，将烧结黏土砖改为各种砖，适用范围更宽些。

2 对钢筋混凝土结构中的混凝土强度等级有所限制，这是因为高强度混凝土具有脆性性质，且随强度等级提高而增加，在抗震设计中应考虑此因素，根据现有的试验研究和工程经验，现阶段混凝土墙体的强度等级不宜超过 C60；其他构件，9 度时不宜超过 C60，8 度时不宜超过 C70。当耐久性有要求时，混凝土的最低强度等级，应遵守有关的规定。

3 本次修订，对一、二、三级抗震等级的框架，规定其普通纵向受力钢筋的抗拉强度实测值与屈服强度实测值的比值不应小于 1.25，这是为了保证当构件某个部位出现塑性铰以后，塑性铰处有足够的转动能力与耗能能力；同时还规定了屈服强度实测值与标准值的比值，否则本规范为实现强柱弱梁、强剪弱弯所规定的内力调整将难以奏效。在 2008 年局部修订的基础上，要求框架梁、框架柱、框支梁、框支柱、板柱-抗震墙的柱，以及伸臂桁架的斜撑、楼梯的梯段等，纵向钢筋均应有足够的延性及钢筋伸长率的要

求，是控制钢筋延性的重要性能指标。其取值依据产品标准《钢筋混凝土用钢 第 2 部分：热轧带肋钢筋》GB 1499.2‒2007 规定的钢筋抗震性能指标提出，凡钢筋产品标准中带 E 编号的钢筋，均属于符合抗震性能指标。本条的规定，是正规建筑用钢生产厂家的一般热轧钢筋均能达到的性能指标。从发展趋势考虑，不再推荐箍筋采用 HPB235 级钢筋；当然，现有生产的 HPB235 级钢筋仍可继续作为箍筋使用。

4 钢结构中所用的钢材，应保证抗拉强度、屈服强度、冲击韧性合格及硫、磷和碳含量的限制值。对高层钢结构，按黑色冶金工业标准《高层建筑结构用钢板》YB 4104‒2000 的规定选用。抗拉强度是实际上决定结构安全储备的关键，伸长率反映钢材能承受残余变形量的程度及塑性变形能力，钢材的屈服强度不宜过高，同时要求有明显的屈服台阶，伸长率应大于 20%，以保证构件具有足够的塑性变形能力，冲击韧性是抗震结构的要求。当采用国外钢材时，亦应符合我国国家标准的要求。结构钢材的性能指标，按钢材产品标准《建筑结构用钢板》GB/T 19879‒2005 规定的性能指标，将分子、分母对换，改为屈服强度与抗拉强度的比值。

5 国家产品标准《碳素结构钢》GB/T 700 中，Q235 钢分为 A、B、C、D 四个等级，其中 A 级钢不要求任何冲击试验值，并只在用户要求时才进行冷弯试验，且不保证焊接要求的含碳量，故不建议采用。国家产品标准《低合金高强度结构钢》GB/T 1591 中，Q345 钢分为 A、B、C、D、E 五个等级，其中 A 级钢不保证冲击韧性要求和延性性能的基本要求，故亦不建议采用。

3.9.4 混凝土结构施工中，往往因缺乏设计规定的钢筋型号（规格）而采用另外型号（规格）的钢筋代替，此时应注意替代后的纵向钢筋的总承载力设计值不应高于原设计的纵向钢筋总承载力设计值，以免造成薄弱部位的转移，以及构件在有影响的部位发生混凝土的脆性破坏（混凝土压碎、剪切破坏等）。

除按照上述等承载力原则换算外，还应满足最小配筋率和钢筋间距等构造要求，并应注意由于钢筋的强度和直径改变会影响正常使用阶段的挠度和裂缝宽度。

本条在 2008 年局部修订时提升为强制性条文，以加强对施工质量的监督和控制，实现预期的抗震设防目标。

3.9.5 厚度较大的钢板在轧制过程中存在各向异性，由于在焊缝附近常形成约束，焊接时容易引起层状撕裂。国家产品标准《厚度方向性能钢板》GB/T 5313 将厚度方向的断面收缩率分为 Z15、Z25、Z35 三个等级，并规定了试件取材方法和试件尺寸等要求。本条规定钢结构采用的钢材，当钢材板厚大于或等于 40mm 时，至少应符合 Z15 级规定的受拉试件截面收

缩率。

3.9.6 为确保砌体抗震墙与构造柱、底层框架柱的连接，以提高抗侧力砌体墙的变形能力，要求施工时先砌墙后浇筑。

本条在 2008 年局部修订提升为强制性条文。以加强对施工质量的监督和控制，实现预期的抗震设防目标。

3.9.7 本条是新增的，将 2001 规范第 6.2.14 条对施工的要求移此。抗震墙的水平施工缝处，由于混凝土结合不良，可能形成抗震薄弱部位。故规定一级抗震墙要进行水平施工缝处的受剪承载力验算。验算依据试验资料，考虑穿过施工缝处的钢筋处于复合受力状态，其强度采用 0.6 的折减系数，并考虑轴向压力的摩擦作用和轴向拉力的不利影响，计算公式如下：

$$V_{wj} \leqslant \frac{1}{\gamma_{RE}}(0.6f_y A_s + 0.8N)$$

式中：V_{wj}——抗震墙施工缝组合的剪力设计值；

f_y——竖向钢筋抗拉强度设计值；

A_s——施工缝处抗震墙的竖向分布钢筋、竖向插筋和边缘构件（不包括边缘构件以外的两侧翼墙）纵向钢筋的总截面面积；

N——施工缝处不利组合的轴向力设计值，压力取正值，拉力取负值。其中，重力荷载的分项系数，受压时为有利，取 1.0；受拉时取 1.2。

3.10 建筑抗震性能化设计

3.10.1 考虑当前技术和经济条件，慎重发展性能化目标设计方法，本条明确规定需要进行可行性论证。

性能化设计仍然是以现有的抗震科学水平和经济条件为前提的，一般需要综合考虑使用功能、设防烈度、结构的不规则程度和类型、结构发挥延性变形的能力、造价、震后的各种损失及修复难度等等因素。不同的抗震设防类别，其性能设计要求也有所不同。

鉴于目前强烈地震下结构非线性分析方法的计算模型及参数的选用尚存在不少经验因素，缺少从强震记录、设计施工资料到实际震害的验证，对结构性能的判断难以十分准确，因此在性能目标选用中宜偏于安全一些。

确有需要在处于发震断裂避让区域建造房屋，抗震性能化设计是可供选择的设计手段之一。

3.10.2 建筑的抗震性能化设计，立足于承载力和变形能力的综合考虑，具有很强的针对性和灵活性。针对具体工程的需要和可能，可以对整个结构，也可以对某些部位或关键构件，灵活运用各种措施达到预期的性能目标——着重提高抗震安全性或满足使用功能的专门要求。

例如，可以根据楼梯间作为"抗震安全岛"的要求，提出确保大震下能具有安全避难通道的具体目标和性能要求；可以针对特别不规则、复杂建筑结构的具体情况，对抗侧力结构的水平构件和竖向构件提出相应的性能目标，提高其整体或关键部位的抗震安全性；也可针对水平转换构件，为确保大震下自身及相关构件的安全而提出大震下的性能目标；地震时需要连续工作的机电设施，其相关部位的层间位移需满足规定层间位移限值的专门要求；其他情况，可对震后的残余变形提出满足设施检修后运行的位移要求，也可提出大震后可修复运行的位移要求。建筑构件采用与结构构件柔性连接，只要可靠拉结并留有足够的间隙，如玻璃幕墙与钢框之间预留变形缝隙，震害经验表明，幕墙在结构总体安全时可以满足大震后继续使用的要求。

3.10.3 我国的 89 规范提出了"小震不坏、中震可修和大震不倒"，明确要求大震下不发生危及生命的严重破坏即达到"生命安全"，就是属于一般情况的性能设计目标。本次修订所提出的性能化设计，要比本规范的一般情况较为明确，尽可能达到可操作性。

1 鉴于地震具有很大的不确定性，性能化设计需要估计各种水准的地震影响，包括考虑近场地震的影响。规范的地震水准是按 50 年设计基准期确定的。结构设计使用年限是国务院《建设工程质量管理条例》规定的在设计时考虑施工完成后正常使用、正常维护情况下不需要大修仍可完成预定功能的保修年限，国内外的一般建筑结构取 50 年。结构抗震设计的基准期是抗震规范确定地震作用取值时选用的统计时间参数，也取为 50 年，即地震发生的超越概率是按 50 年统计的，多遇地震的理论重现期 50 年，设防地震是 475 年，罕遇地震随烈度高度而有所区别，7 度约 1600 年，9 度约 2400 年。其地震加速度值，设防地震取本规范表 3.2.2 的"设计基本地震加速度值"，多遇地震、罕遇地震取本规范表 5.1.2-2 的"加速度时程最大值"。其水平地震影响系数最大值，多遇地震、罕遇地震按本规范表 5.1.4-1 取值，设防地震按本条规定取值，7 度（0.15g）和 8 度（0.30g）分别在 7、8 度和 8、9 度之间内插取值。

对于设计使用年限不同于 50 年的结构，其地震作用需要作适当调整，取值经专门研究提出并按规定的权限批准后确定。当缺乏当地的相关资料时，可参考《建筑工程抗震性态设计通则（试用）》CECS 160：2004 的附录 A，其调整系数的范围大体是：设计使用年限 70 年，取 1.15～1.2；100 年取 1.3～1.4。

2 建筑结构遭遇各种水准的地震影响时，其可能的损坏状态和继续使用的可能，与 89 规范配套的《建筑地震破坏等级划分标准》（建设部 90 建抗字 377 号）已经明确划分了各类房屋（砖房、混凝土框架、底层框架砖房、单层工业厂房、单层空旷房屋等）的地震破坏分级和地震直接经济损失估计方法，总体上可分为下列五级，与此后国外标准的相关描述不完全相同：

名称	破坏描述	继续使用的可能性	变形参考值
基本完好（含完好）	承重构件完好；个别非承重构件轻微损坏；附属构件有不同程度破坏	一般不需修理即可继续使用	$<[\triangle u_{\mathrm{e}}]$
轻微损坏	个别承重构件轻微裂缝（对钢结构构件指残余变形），个别非承重构件明显破坏；附属构件有不同程度破坏	不需修理或需稍加修理，仍可继续使用	$(1.5\sim2)$ $[\triangle u_{\mathrm{e}}]$
中等破坏	多数承重构件轻微裂缝（或残余变形），部分明显裂缝（或残余变形）；个别非承重构件严重破坏	需一般修理，采取安全措施后可适当使用	$(3\sim4)$ $[\triangle u_{\mathrm{e}}]$
严重破坏	多数承重构件严重破坏或部分倒塌	应排险大修，局部拆除	<0.9 $[\triangle u_{\mathrm{p}}]$
倒塌	多数承重构件倒塌	需拆除	$>[\triangle u_{\mathrm{p}}]$

注：1 个别指5%以下，部分指30%以下，多数指50%以上。
　　2 中等破坏的变形参考值，大致取规范弹性和弹塑性位移角限值的平均值，轻微损坏取1/2平均值。

参照上述等级划分，地震下可供选定的高于一般情况的预期性能目标可大致归纳如下：

地震水准	性能1	性能2	性能3	性能4
多遇地震	完好	完好	完好	完好
设防地震	完好，正常使用	基本完好，检修后继续使用	轻微损坏，简单修理后继续使用	轻微至接近中等损坏，变形<3$[\triangle u_{\mathrm{e}}]$
罕遇地震	基本完好，检修后继续使用	轻微至中等破坏，修复后继续使用	其破坏需加固后继续使用	接近严重破坏，大修后继续使用

3 实现上述性能目标，需要落实到具体设计指标，即各个地震水准下构件的承载力、变形和细部构造的指标。仅提高承载力时，安全性有相应提高，但使用上的变形要求不一定满足；仅提高变形能力，则结构在小震、中震下的损坏情况大致没有改变，但抗御大震倒塌的能力提高。因此，性能设计目标往往侧重通过提高承载力推迟结构进入塑性工作阶段并减少塑性变形，必要时还需同时提高刚度以满足使用功能的变形要求，而变形能力的要求可根据结构及其构

件在中震、大震下进入弹塑性的程度加以调整。

完好，即所有构件保持弹性状态：各种承载力设计值（拉、压、弯、剪、压弯、拉弯、稳定等）满足规范对抗震承载力的要求 $S<R/\gamma_{\mathrm{RE}}$，层间变形（以弯曲变形为主的结构宜扣除整体弯曲变形）满足规范多遇地震下的位移角限值 $[\triangle u_{\mathrm{e}}]$。这是各种预期性能目标在多遇地震下的基本要求——多遇地震下必须满足规范规定的承载力和弹性变形的要求。

基本完好，即构件基本保持弹性状态：各种承载力设计值基本满足规范对抗震承载力的要求 $S\leqslant R/\gamma_{\mathrm{RE}}$（其中的效应 S 不含抗震等级的调整系数），层间变形可能略微超过弹性变形限值。

轻微损坏，即结构构件可能出现轻微的塑性变形，但不达到屈服状态，按材料标准值计算的承载力大于作用标准组合的效应。

中等破坏，结构构件出现明显的塑性变形，但控制在一般加固即恢复使用的范围。

接近严重破坏，结构关键的竖向构件出现明显的塑性变形，部分水平构件可能失效需要更换，经过大修加固后可恢复使用。

对性能1，结构构件在预期大震下仍基本处于弹性状态，则其细部构造仅需要满足最基本的构造要求，工程实例表明，采用隔震、减震技术或低烈度设防且风力很大时有可能实现；条件许可时，也可对某些关键构件提出这个性能目标。

对性能2，结构构件在中震下完好，在预期大震下可能屈服，其细部构造需满足低延性的要求。例如，某6度设防的核心筒-外框结构，其风力是小震的2.4倍，风载层间位移是小震的2.5倍。结构所有构件的承载力和层间位移均可满足中震（不计入风载效应组合）的设计要求；考虑水平构件在大震下损坏使刚度降低和阻尼加大，按等效线性化方法估算，竖向构件的最小极限承载力仍可满足大震下的验算要求。于是，结构总体上可达到性能2的要求。

对性能3，在中震已有轻微塑性变形，大震下有明显的塑性变形，因而，其细部构造需要满足中等延性的构造要求。

对性能4，在中震下的损坏已大于性能3，结构总体的抗震承载力仅略高于一般情况，因而，其细部构造仍需满足高延性的要求。

3.10.4 本条规定了性能化设计时计算的注意事项。一般情况，应考虑构件在强烈地震下进入弹塑性工作阶段和重力二阶效应。鉴于目前的弹塑性参数、分析软件对构件裂缝的闭合状态和残余变形、结构自身阻尼系数、施工图中构件实际截面、配筋与计算书取值的差异等等的处理，还需要进一步研究和改进，当预期的弹塑性变形不大时，可用等效阻尼等模型简化估算。为了判断弹塑性计算结果的可靠程度，可借助于理想弹性假定的计算结果，从下列几方面进行综合

分析：

1 结构弹塑性模型一般要比多遇地震下反应谱计算时的分析模型有所简化，但在弹性阶段的主要计算结果应与多遇地震分析模型的计算结果基本相同，两种模型的嵌固端、主要振动周期、振型和总地震作用应一致。弹塑性阶段，结构构件和整个结构实际具有的抵抗地震作用的承载力是客观存在的，在计算模型合理时，不因计算方法、输入地震波形的不同而改变。若计算得到的承载力明显异常，则计算方法或参数存在问题，需仔细复核、排除。

2 整个结构客观存在的、实际具有的最大受剪承载力（底部总剪力）应控制在合理的、经济上可接受的范围，不需要接近更不可能超过按同样阻尼比的理想弹性假定计算的大震剪力，如果弹塑性计算的结果超过，则该计算的承载力数据需认真检查、复核，判断其合理性。

3 进入弹塑性变形阶段的薄弱部位会出现一定程度的塑性变形集中，该楼层的层间位移（以弯曲变形为主的结构宜扣除整体弯曲变形）应大于按同样阻尼比的理想弹性假定计算的该部位大震的层间位移；如果明显小于此值，则该位移数据需认真检查、复核，判断其合理性。

4 薄弱部位可借助于上下相邻楼层或主要竖向构件的屈服强度系数（其计算方法参见本规范第5.5.2条的说明）的比较予以复核，不同的方法、不同的波形，尽管彼此计算的承载力、位移、进入塑性变形的程度差别较大，但发现的薄弱部位一般相同。

5 影响弹塑性位移计算结果的因素很多，现阶段，其计算值的离散性，与承载力计算的离散性相比较大。注意到常规设计中，考虑到小震弹性时程分析的波形数量较少，而且计算的位移多数明显小于反应谱法的计算结果，需要以反应谱法为基础进行对比分析；大震弹塑性时程分析时，由于阻尼的处理方法不够完善，波形数量也较少（建议尽可能增加数量，如不少于7条；数量较少时宜取包络），不宜直接把计算的弹塑性位移值视为结构实际弹塑性位移，同样需要借助小震的反应谱法计算结果进行分析。建议按下列方法确定其层间位移参考数值：用同一软件、同一波形进行弹性和弹塑性计算，得到同一波形、同一部位弹塑性位移（层间位移）与小震弹性位移（层间位移）的比值，然后将此比值取平均或包络值，再乘以反应谱法计算的该部位小震位移（层间位移），从而得到大震下该部位的弹塑性位移（层间位移）的参考值。

3.10.5 本条属于原则规定，其具体化，如结构、构件在中震下的性能化设计要求等，列于附录M中第M.1节。

3.11 建筑物地震反应观测系统

3.11.1 2001规范提出了在建筑物内设置建筑物地震反应观测系统的要求。建筑物地震反应观测是发展地震工程和工程抗震科学的必要手段，我国过去限于基建资金，发展不快，这次在规范中予以规定，以促进其发展。

附录 A 我国主要城镇抗震设防烈度、设计基本地震加速度和设计地震分组

本附录系根据《中国地震动参数区划图》GB 18306-2015 和《中华人民共和国行政区划简册 2015》以及中华人民共和国民政部发布的《2015年县级以上行政区划变更情况（截至2015年9月12日）》编制。

本附录仅给出了我国各县级及县级以上城镇的中心地区（如城关地区）的抗震设防烈度、设计基本地震加速度和所属的设计地震分组。当在各县级及县级以上城镇中心地区以外的行政区域从事建筑工程建设活动时，应根据工程场址的地理坐标查询《中国地震动参数区划图》GB 18306-2015 的"附录A（规范性附录）中国地震动峰值加速度区划图"和"附录B（规范性附录）中国地震动加速度反应谱特征周期区划图"，以确定工程场址的地震动峰值加速度和地震加速度反应谱特征周期，并根据下述原则确定工程场址所在地的抗震设防烈度、设计基本地震加速度和所属的设计地震分组：

抗震设防烈度、设计基本地震加速度和 GB 18306 地震动峰值加速度的对应关系

抗震设防烈度	6	7		8		9
设计基本地震加速度值	0.05g	0.10g	0.15g	0.20g	0.30g	0.40g
GB 18306：地震动峰值加速度	0.05g	0.10g	0.15g	0.20g	0.30g	0.40g

注：g 为重力加速度。

设计地震分组与 GB 18306 地震动加速度反应谱特征周期的对应关系

设计地震分组	第一组	第二组	第三组
GB 18306：地震加速度反应谱特征周期	0.35s	0.40s	0.45s

4 场地、地基和基础

4.1 场 地

4.1.1 有利、不利和危险地段的划分，基本沿用历次规范的规定。本条中地形、地貌和岩土特性的影响

是综合在一起加以评价的，这是因为由不同岩土构成的同样地形条件的地震影响是不同的。2001 规范只列出了有利、不利和危险地段的划分，本次修订，明确其他地段划为可进行建设的一般场地。考虑到高含水量的可塑黄土在地震作用下会产生震陷，历次地震的震害也比较重，当地表存在结构性裂缝时对建筑物抗震也是不利的，因此将其列入不利地段。

关于局部地形条件的影响，从国内几次大地震的宏观调查资料来看，岩质地形与非岩质地形有所不同。1970 年云南通海地震和 2008 年汶川大地震的宏观调查表明，非岩质地形对烈度的影响比岩质地形的影响更为明显。如通海和东川的许多岩石地基上很陡的山坡，震害也未见明显的加重。因此对于岩石地基的陡坡、陡坎等，本规范未列为不利的地段。但对于岩石地基的高度达数十米的条状突出的山脊和高耸孤立的山丘，由于鞭鞘效应明显，振动有所加大，烈度仍有增高的趋势。因此本规范均将其列为不利的地形条件。

应该指出：有些资料中曾提出过有利和不利于抗震的地貌部位。本规范在编制过程中曾对抗震不利的地貌部位实例进行了分析，认为：地貌是研究不同地表形态形成的原因，其中包括组成不同地形的物质（即岩性）。也就是说地貌部位的影响意味着地表形态和岩性二者共同作用的结果，将场地土的影响包括进去了。但通过一些震害实例说明：当处于平坦的冲积平原和古河道不同地貌部位时，地表形态是基本相同的，造成古河道上房屋震害加重的原因主要因地基土质条件很差所致。因此本规范将地貌条件分别在地形条件与场地土中加以考虑，不再提出地貌部位这个概念。

4.1.2～4.1.6 89 规范中的场地分类，是在尽量保持抗震规范延续性的基础上，进一步考虑了覆盖层厚度的影响，从而形成了以平均剪切波速和覆盖层厚度作为评定指标的双参数分类方法。为了在保障安全的条件下尽可能减少设防投资，在保持技术上合理的前提下适当扩大了 II 类场地的范围。另外，由于我国规范中 I、II 类场地的 T_g 值与国外抗震规范相比是偏小的，因此有意识地将 I 类场地的范围划得比较小。

在场地划分时，需要注意以下几点：

1 关于场地覆盖层厚度的定义。要求其下部所有土层的波速均大于 500m/s，在 89 规范的说明中已有所阐述。执行中常出现一见到大于 500m/s 的土层就确定覆盖厚度而忽略对以下各土层的要求，这种错误应予以避免。2001 规范补充了当地面下某一下卧土层的剪切波速大于或等于 400m/s 且不小于相邻的上层土的剪切波速的 2.5 倍时，覆盖层厚度可按地面至该下卧层顶面的距离取值的规定。需要注意的是，只有当波速不小于 400m/s 且该土层以上的各土层的波速（不包括孤石和硬透镜体）都满足不大于该土层

波速的 40% 时才可按该土层确定覆盖层厚度；而且这一规定只适用于当下卧层硬土层顶面的埋深大于 5m 时的情况。

2 关于土层剪切波速的测试。2001 规范的波速平均采用更富有物理意义的等效剪切波速的公式计算，即：

$$v_{se} = d_0/t$$

式中，d_0 为场地评定用的计算深度，取覆盖层厚度和 20m 两者中的较小值，t 为剪切波在地表与计算深度之间传播的时间。

本次修订，初勘阶段的波速测试孔数量改为不宜小于 3 个。多层与高层建筑的分界，参照《民用建筑设计通则》改为 24m。

3 关于不同场地的分界。

为了保持与 89 规范的延续性并与其他有关规范的协调，2001 规范对 89 规范的规定作了调整，II 类、III 类场地的范围稍有扩大，并避免了 89 规范 II 类至 IV 类的跳跃。作为一种补充手段，当有充分依据时，允许使用插入方法确定边界线附近（指相差 ±15% 的范围）的 T_g 值。图 7 给出了一种连续化插入方案。该图在场地覆盖层厚度 d_{ov} 和等效剪切波速 v_{se} 平面上用等步长和按线性规则改变步长的方案进行连续化插入，相邻等值线的 T_g 值均相差 0.01s。

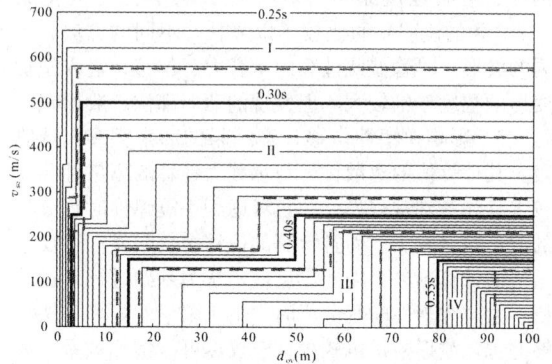

图 7　在 d_{ov}-v_{se} 平面上的 T_g 等值线图
（用于设计特征周期一组，图中相邻
T_g 等值线的差值均为 0.01s）

本次修订，考虑到 $f_{ak}<200$ 的黏性土和粉土的实测波速可能大于 250m/s，将 2001 规范的中硬土与中软土地基承载力的分界改为 $f_{ak}>150$。考虑到软弱土的指标 140m/s 与国际标准相比略偏低，将其改为 150m/s。场地类别的分界也改为 150m/s。

考虑到波速为（500～800）m/s 的场地还不是很坚硬，将原场地类别 I 类场地（坚硬土或岩石场地）中的硬质岩石场地明确为 I_0 类场地。因此，土的类型划分也相应区分。硬质岩石的波速，我国核电站抗震设计为 700m，美国抗震设计规范为 760m，欧洲抗震规范为 800m，从偏于安全方面考虑，调整为 800m/s。

4 高层建筑的场地类别问题是工程界关心的问题。按理论及实测，一般土层中的地震加速度随距地面深度而渐减。我国亦有对高层建筑修正场地类别（由高层建筑基底起算）或折减地震力建议。因高层建筑埋深常达 10m 以上，与浅基础相比，有利之处是：基底地震输入小了；但深基础的地震动输入机制很复杂，涉及地基土和结构相互作用，目前尚无公认的理论分析模型更未能总结出实用规律，因此暂不列入规范。深基础的高层建筑的场地类别仍按浅基础考虑。

5 本条中规定的场地分类方法主要适用于剪切波速随深度呈递增趋势的一般场地，对于有较厚软夹层的场地，由于其对短周期地震动具有抑制作用，可以根据分析结果适当调整场地类别和设计地震动参数。

6 新黄土是指 Q_3 以来的黄土。

4.1.7 断裂对工程影响的评价问题，长期以来，不同学科之间存在着不同看法，经过近些年来的不断研究与交流，认为需要考虑断裂影响，这主要是指地震时老断裂重新错动直通地表，在地面产生位错，对建在位错带上的建筑，其破坏是不易用工程措施加以避免的。因此规范中划为危险地段应予避开。至于地震强度，一般在确定抗震设防烈度时已给予考虑。

在活动断裂时间下限方面已取得了一致意见：即对一般的建筑工程只考虑 1.0 万年（全新世）以来活动过的断裂，在此地质时期以前的活动断裂可不予考虑。对于核电、水电等工程则应考虑 10 万年以来（晚更新世）活动过的断裂，晚更新世以前活动过的断裂亦可不予考虑。

另外一个较为一致的看法是，在地震烈度小于 8 度的地区，可不考虑断裂对工程的错动影响，因为多次国内外地震中的破坏现象均说明，在小于 8 度的地震区，地面一般不产生断裂错动。

目前尚有看法分歧的是关于隐伏断裂的评价问题，在基岩以上覆盖土层多厚，是什么土层，地面建筑就可以不考虑下部断裂的错动影响。根据我国近年来的地震宏观地表位错考察，学者们看法不够一致。有人认为 30m 厚土层就可以不考虑，有些学者认为是 50m，还有人提出用基岩位错量大小来衡量，如土层厚度是基岩位错量的（25~30）倍以上就可不考虑等等。唐山地震震中区的地裂缝，经有关单位详细工作证明，不是沿地下岩石错动直通地表的构造断裂形成的，而是由于地面振动，表面应力形成的表层地裂。这种裂缝仅分布在地面以下 3m 左右，下部土层并未断开（探挖井证实），在采煤巷道中也未发现错动，对有一定深度基础的建筑物影响不大。

为了对问题更深入的研究，由北京市勘察设计研究院在建设部抗震办公室申请立项，开展了发震断裂上覆土层厚度对工程影响的专项研究。此项研究主要

采用大型离心机模拟实验，可将缩小的模型通过提高加速度的办法达到与原型应力状况相同的状态；为了模拟断裂错动，专门加工了模拟断裂突然错动的装置，可实现垂直与水平二种错动，其位错量大小是根据国内外历次地震不同震级条件下位错量统计分析结果确定的；上覆土层则按不同岩性、不同厚度分为数种情况。实验时的位错量为 1.0m~4.0m，基本上包括了 8 度、9 度情况下的位错量；当离心机提高加速度达到与原型应力条件相同时，下部基岩突然错动，观察上部土层破裂高度，以便确定安全厚度。根据实验结果，考虑一定的安全储备和模拟实验与地震时震动特性的差异，安全系数取为 3，据此提出了 8 度、9 度地区上覆土层安全厚度的界限值。应当说这是初步的，可能有些因素尚未考虑。但毕竟是第一次以模拟实验为基础的定量提法，跟以往的分析和宏观经验是相近的，有一定的可信度。2001 规范根据搜集到的国内外地震断裂破裂宽度的资料提出了避让距离，这是宏观的分析结果，随着地震资料的不断积累将会得到补充与完善。

近年来，北京市地震局在上述离心机试验基础上进行了基底断裂错动在覆盖土层中向上传播过程的更精细的离心机模拟，认为以前试验的结论偏于保守，可放宽对破裂带的避让要求。本次修订，考虑到原条文中"前第四纪基岩隐伏断裂"的含义不够明确，容易引起误解；这里的"断裂"只能是"全新世活动断裂"或其活动性不明的其他断裂。因此删除了原条文中"前第四纪基岩"这几个字。还需要说明的是，这里所说的避让距离是断层面在地面上的投影或到断层破裂线的距离，不是指到断裂带的距离。

综合考虑历次大地震的断裂震害，离心机试验结果和我国地震区、特别是山区民居建造的实际情况，本次修订适度减少了避让距离，并规定当确实需要在避让范围内建造房屋时，仅限于建造分散的、不超过三层的丙、丁类建筑，同时应按提高一度采取抗震措施，并提高基础和上部结构的整体性，且不得跨越断层。严格禁止在避让范围内建造甲、乙类建筑。对于山区中可能发生滑坡的地带，属于特别危险的地段，严禁建造民居。

4.1.8 本条考虑局部突出地形对地震动参数的放大作用，主要依据宏观震害调查的结果和对不同地形条件和岩土构成的形体所进行的二维地震反应分析结果。所谓局部突出地形主要是指山包、山梁和悬崖、陡坎等，情况比较复杂，对各种可能出现的情况的地震动参数的放大作用都作出具体的规定是很困难的。从宏观震害经验和地震反应分析结果所反映的总趋势，大致可以归纳为以下几点：①高突地形距离基准面的高度愈大，高处的反应愈强烈；②离陡坎和边坡顶部边缘的距离愈大，反应相对减小；③从岩土构成方面看，在同样地形条件下，土质结构的反应比岩质结构大；④高突地形顶面愈

开阔，远离边缘的中心部位的反应是明显减小的；⑤边坡愈陡，其顶部的放大效应相应加大。

基于以上变化趋势，以突出地形的高差 H，坡降角度的正切 H/L 以及场址距突出地形边缘的相对距离 L_1/H 为参数，归纳出各种地形的地震力放大作用如下：

$$\lambda = 1 + \xi\alpha \qquad (2)$$

式中：λ——局部突出地形顶部的地震影响系数的放大系数；

α——局部突出地形地震动参数的增大幅度，按表2采用；

ξ——附加调整系数，与建筑场地离突出台地边缘的距离 L_1 与相对高差 H 的比值有关。当 $L_1/H < 2.5$ 时，ξ 可取为 1.0；当 $2.5 \le L_1/H < 5$ 时，ξ 可取为 0.6；当 $L_1/H \ge 5$ 时，ξ 可取为 0.3。L、L_1 均应按距离场地的最近点考虑。

表 2　局部突出地形地震影响系数的增大幅度

突出地形的高度 H (m)	非岩质地层	$H < 5$	$5 \le H < 15$	$15 \le H < 25$	$H \ge 25$
	岩质地层	$H < 20$	$20 \le H < 40$	$40 \le H < 60$	$H \ge 60$
局部突出台地边缘的侧向平均坡降 (H/L)	$H/L < 0.3$	0	0.1	0.2	0.3
	$0.3 \le H/L < 0.6$	0.1	0.2	0.3	0.4
	$0.6 \le H/L < 1.0$	0.2	0.3	0.4	0.5
	$H/L \ge 1.0$	0.3	0.4	0.5	0.6

条文中规定的最大增大幅度 0.6 是根据分析结果和综合判断给出的。本条的规定对各种地形，包括山包、山梁、悬崖、陡坡都可以应用。

本条在 2008 年局部修订时提升为强制性条文。

4.1.9 本条属于强制性条文。

勘察内容应根据实际的土层情况确定：有些地段，既不属于有利地段也不属于不利地段，而属于一般地段；不存在饱和砂土和饱和粉土时，不判别液化，若判别结果为不考虑液化，也不属于不利地段；无法避开的不利地段，要在详细查明地质、地貌、地形条件的基础上，提供岩土稳定性评价报告和相应的抗震措施。

场地地段的划分，是在选择建筑场地的勘察阶段进行的，要根据地震活动情况和工程地质资料进行综合评价。对软弱土、液化土等不利地段，要按规范的相关规定提出相应的措施。

场地类别划分，不要误为"场地土类别"划分，要依据场地覆盖层厚度和场地土层软硬程度这两个因素。其中，土层软硬程度不再采用 89 规范的"场地土类型"这个提法，一律采用"土层的等效剪切波速"值予以反映。

4.2　天然地基和基础

4.2.1　我国多次强烈地震的震害经验表明，在遭受破坏的建筑中，因地基失效导致的破坏较上部结构惯性力的破坏为少，这些地基主要由饱和松砂、软弱黏性土和成因岩性状态严重不均匀的土层组成。大量的一般的天然地基都具有较好的抗震性能。因此 89 规范规定了天然地基可以不验算的范围。

本次修订的内容如下：

1　将可不进行天然地基和基础抗震验算的框架房屋的层数和高度作了更明确的规定。考虑到砌体结构也应该满足 2001 规范条文第二款中的前提条件，故也将其列入本条的第二款中。

2　限制使用黏土砖以来，有些地区改为建造多层的混凝土抗震墙房屋，当其基础荷载与一般民用框架相当时，由于其地基基础情况与砌体结构类同，故也可不进行抗震承载力验算。

条文中主要受力层包括地基中的所有压缩层。

4.2.2、4.2.3　在天然地基抗震验算中，对地基土承载力特征值调整系数的规定，主要参考国内外资料和相关规范的规定，考虑了地基土在有限次循环动力作用下强度一般较静强度提高和在地震作用下结构可靠度容许有一定程度降低这两个因素。

在 2001 规范中，增加了对黄土地基的承载力调整系数的规定，此规定主要根据国内动、静强度对比试验结果。静强度是在预湿与固结不排水条件下进行的。破坏标准是：对软化型土取峰值强度，对硬化型土取应变为 15% 的对应强度，由此求得黄土静抗剪强度指标 C_s、φ_s 值。

动强度试验参数是：均压固结取双幅应变 5%，偏压固结取总应变为 10%；等效循环数按 7、7.5 及 8 级地震分别对应 12、20 及 30 次循环。取等效价循环数所对应的动应力 σ_d，绘制强度包线，得到动抗剪强度指标 C_d 及 φ_d。

动静强度比为：

$$\frac{\tau_d}{\tau_s} = \frac{C_d + \sigma_d \mathrm{tg}\varphi_d}{C_s + \sigma_s \mathrm{tg}\varphi_s}$$

近似认为动静强度比等于动、静承载力之比，则可求得承载力调整系数：

$$\zeta_a = \frac{R_d}{R_s} \approx \left(\frac{\tau_d}{K_d}\right) / \left(\frac{\tau_s}{K_s}\right) = \frac{\tau_d}{\tau_s} \cdot \frac{K_s}{K_d} = \zeta$$

式中：K_d、K_s——分别为动、静承载力安全系数；

R_d、R_s——分别为动、静极限承载力。

试验结果见表 3，此试验大多考虑地基土处于偏压固结状态，实际的应力水平也不太大，故采用偏压固结、正应力 100kPa～300kPa、震级（7～8）级条件下的调整系数平均值为宜。本条据上述试验，对坚硬黄土取 $\zeta = 1.3$，对可塑黄土取 1.1，对流塑土取 1.0。

表 3 ζ_a 的平均值

名称	西安黄土				兰州黄土	洛川黄土		
含水量 W	饱和状态		20%		饱和	饱和状态		
固结比 K_c	1.0	2.0	1.0	1.5	1.0	1.0	1.5	2.0
ζ_a 的平均值	0.608	1.271	0.607	1.415	0.378	0.721	1.14	1.438

注：固结比为轴压力 σ_1 与压力 σ_3 的比值。

4.2.4 地基基础的抗震验算，一般采用所谓"拟静力法"，此法假定地震作用如同静力，然后在这种条件下验算地基和基础的承载力和稳定性。所列的公式主要是参考相关规范的规定提出的，压力的计算应采用地震作用效应标准组合，即各作用分项系数均取 1.0 的组合。

4.3 液化土和软土地基

4.3.1 本条规定主要依据液化场地的震害调查结果。许多资料表明在 6 度区液化对房屋结构所造成的震害是比较轻的，因此本条规定除对液化沉陷敏感的乙类建筑外，6 度区的一般建筑可不考虑液化影响。当然，6 度的甲类建筑的液化问题也需要专门研究。

关于黄土的液化可能性及其危害在我国的历史地震中虽不乏报导，但缺乏较详细的评价资料，在 20 世纪 50 年代以来的多次地震中，黄土液化现象很少见到，对黄土的液化判别尚缺乏经验，但值得重视。近年来的国内外震害与研究还表明，砾石在一定条件下也会液化，但是由于黄土与砾石液化研究资料还不够充分，暂不列入规范，有待进一步研究。

4.3.2 本条是有关液化判别和处理的强制性条文。

本条较全面地规定了减少地基液化危害的对策：首先，液化判别的范围为，除 6 度设防外存在饱和砂土和饱和粉土的土层；其次，一旦属于液化土，应确定地基的液化等级；最后，根据液化等级和建筑抗震设防分类，选择合适的处理措施，包括地基处理和对上部结构采取加强整体性的相应措施等。

4.3.3 89 规范初判的提法是根据 20 世纪 50 年代以来历次地震对液化与非液化场地的实际考察、测试分析结果得出来的。从地貌单元来讲这些地震现场主要为河流冲洪积形成的地层，没有包括黄土分布区及其他沉积类型。如唐山地震震中区（路北区）为滦河二级阶地，地层年代为晚更新世（Q_3）地层，对地震烈度 10 度区考察，钻探测试表明，地下水位为 3m～4m，表层为 3m 左右的黏性土，其下即为饱和砂层，在 10 度情况下没有发生液化，而在一级阶地及高河漫滩等地分布的地质年代较新的地层，地震烈度虽然只有 7 度和 8 度却也发生了大面积液化，其他震区的河流冲积地层在地质年代较老的地层中也未发现液化实例。国外学者 T. L. Youd 和 Perkins 的研究结果表明：饱和松散的水力冲填土差不多总会液化，而且全

新世的无黏性土沉积层对液化也是很敏感的，更新世沉积层发生液化的情况很罕见，前更新世沉积层发生液化则更是罕见。这些结论是根据 1975 年以前世界范围内的地震液化资料给出的，并已被 1978 年日本的两次大地震以及 1977 年罗马尼亚地震液化现象所证实。

89 规范颁发后，在执行中不断有些单位和学者提出液化初步判别中第 1 款在有些地区不适合。从举出的实例来看，多为高烈度区（10 度以上）黄土高原的黄土状土，很多是古地震从描述等方面判定为液化的，没有现代地震液化与否的实际数据。有些例子是用现行公式判别的结果。

根据诸多现代地震液化资料分析认为，89 规范中有关地质年代的判断条文除高烈度区中的黄土液化外都能适用。为慎重起见，2001 规范将此款的适用范围改为局限于 7、8 度区。

4.3.4 89 规范关于地基液化判别方法，在地震区工程项目地基勘察中已广泛应用。2001 规范的砂土液化判别公式，在地面下 15m 范围内与 89 规范完全相同，是对 78 版液化判别公式加以改进得到的：保持了 15m 内随深度直线变化的简化，但减少了随深度变化的斜率（由 0.125 改为 0.10），增加了随水位变化的斜率（由 0.05 改为 0.10），使液化判别的成功率比 78 规范有所增加。

随着高层及超高层建筑的不断发展，基础埋深越来越大。高大的建筑采用桩基和深基础，要求判别液化的深度也相应加大，判别深度为 15m，已不能满足这些工程的需要。由于 15m 以下深层液化资料较少，从实际液化与非液化资料中进行统计分析尚不具备条件。在 20 世纪 50 年代以来的历次地震中，尤其是唐山地震，液化资料均在 15m 以内，图 8 中 15m 下的曲线是根据统计得到的经验公式外推得到的结果。国外虽有零星深层液化资料，但也不太确切。根据唐山地震资料及美国 H. B. Seed 教授资料进行分析的结果，其液化临界值沿深度变化均为非线性变化。为了解决 15m 以下液化判别，2001 规范对唐山地震砂土液化研究资料、美国 H. B. Seed 教授研究资料和我国铁路工程抗震设计规范中的远震液化判别方法与 89 建筑规范判别方法的液化临界值（N_{cr}）沿深度的变化情况，以 8 度区为例做了对比，见图 8。

从图 8 可以明显看出：在设计地震一组（或 89 规范的近震情况，$N_0 = 10$），深度为 12m 以上时，各种方法的临界锤击数接近，相差不大；深度 15m～20m 范围内，铁路抗震规范方法比 H. B. Seed 资料要大 1.2 击～1.5 击，89 规范由于是线性延伸，比铁路抗震规范方法要大 1.8 击～8.4 击，是偏于保守的。经过比较分析，2001 规范考虑到判别方法的延续性及广大工程技术人员熟悉程度，仍采用线性判别方法。15m～20m 深度范围内取 15m 深度处的 N_{cr} 值进

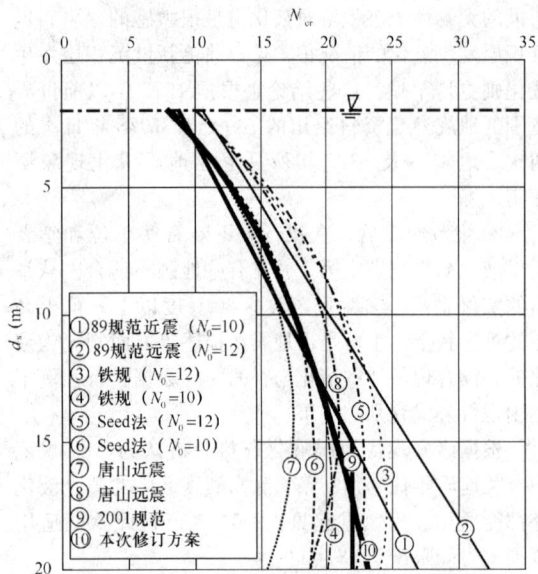

图 8 不同方法液化临界值随深度
变化比较（以 8 度区为例）

图中图例：
① 89规范近震（$N_0=10$）
② 89规范远震（$N_0=12$）
③ 铁规（$N_0=12$）
④ 铁规（$N_0=10$）
⑤ Seed法（$N_0=12$）
⑥ Seed法（$N_0=10$）
⑦ 唐山近震
⑧ 唐山远震
⑨ 2001规范
⑩ 本次修订方案

行判别，这样处理与非线性判别方法也较为接近。铁路抗震规范 N_0 值，如 8 度取 10，则 N_{cr} 值在 15m～20m 范围内比 2001 规范小 1.4 击～1.8 击。经过全面分析对比后，认为这样调整方案既简便又与其他方法接近。

本次修订的变化如下：

1 液化判别深度。一般要求将液化判别深度加深到 20m，对于本规范第 4.2.1 条规定可不进行天然地基及基础的抗震承载力验算的各类建筑，可只判别地面下 15m 范围内土的液化。

2 液化判别公式。自 1994 年美国 Northridge 地震和 1995 年日本 Kobe 地震以来，北美和日本都对其使用的地震液化简化判别方法进行了改进与完善，1996、1997 年美国举行了专题研讨会，2000 年左右，日本的几本规范皆对液化判别方法进行了修订。考虑到影响土壤液化的因素很多，而且它们具有显著的不确定性，采用概率方法进行液化判别是一种合理的选择。自 1988 年以来，特别是 20 世纪末和 21 世纪初，国内外在砂土液化判别概率方法的研究都有了长足的进展。我国学者在 H. B. Seed 的简化液化判别方法的框架下，根据人工神经网络模型与我国大量的液化和未液化现场观测数据，可得到极限状态时的液化强度比函数，建立安全裕量方程，利用结构系统的可靠度理论可得到液化概率与安全系数的映射函数，并可给出任一震级不同概率水平、不同地面加速度以及不同地下水位和埋深的液化临界锤击数。式（4.3.4）是基于以上研究结果并考虑规范延续性修改而成的。选用对数曲线的形式来表示液化临界锤击数随深度的变化，比 2001 规范折线形式更为合理。

考虑一般结构可接受的液化风险水平以及国际惯

例，选用震级 $M=7.5$，液化概率 $P_L=0.32$，水位为 2m，埋深为 3m 处的液化临界锤击数作为液化判别标准贯入锤击数基准值，见正文表 4.3.4。不同地震分组乘以调整系数。研究表明，理想的调整系数 β 与震级大小有关，可近似用式 $\beta=0.25M-0.89$ 表示。鉴于本规范规定按设计地震分组进行抗震设计，而各地震分组之间又没有明确的震级关系，因此本条依据 2001 规范两个地震组的液化判别标准以及 β 值所对应的震级大小的代表性，规定了三个地震组的 β 数值。

以 8 度第一组地下水位 2m 为例，本次修订后的液化临界值随深度变化也在图 8 中给出。可以看到，其临界锤击数与 2001 规范相差不大。

4.3.5 本条提供了一个简化的预估液化危害的方法，可对场地的喷水冒砂程度、一般浅基础建筑的可能损坏，作粗略的预估，以便为采取工程措施提供依据。

1 液化指数表达式的特点是：为使液化指数为无量纲参数，权函数 W 具有量纲 m^{-1}；权函数沿深度分布为梯形，其图形面积判别深度 20m 时为 125。

2 液化等级的名称为轻微、中等、严重三级；各级的液化指数、地面喷水冒砂情况以及对建筑危害程度的描述见表 4，系根据我国百余个液化震害资料得出的。

表 4 液化等级和对建筑物的相应危害程度

液化等级	液化指数（20m）	地面喷水冒砂情况	对建筑的危害情况
轻微	<6	地面无喷水冒砂，或仅在洼地、河边有零星的喷水冒砂点	危害性小，一般不至引起明显的震害
中等	6～18	喷水冒砂可能性大，从轻微到严重均有，多数属中等	危害性较大，可造成不均匀沉陷和开裂，有时不均匀沉陷可能达到 200mm
严重	>18	一般喷水冒砂都很严重，地面变形很明显	危害性大，不均匀沉陷可能大于 200mm，高重心结构可能产生不容许的倾斜

2001 规范中，层位影响权函数值 W_i 的确定考虑了判别深度为 15m 和 20m 两种情况。本次修订明确采用 20m 判别深度。因此，只保留原条文中的判别深度为 20m 情况的 W_i 确定方案和液化等级与液化指数的对应关系。对本规范第 4.2.1 条规定可不进行天然地基及基础的抗震承载力验算的各类建筑，计算液化指数时 15m 地面下的土层均视为不液化。

4.3.6 抗液化措施是对液化地基的综合治理，89 规范已说明要注意以下几点：

1 倾斜场地的土层液化往往带来大面积土体滑动，造成严重后果，而水平场地土层液化的后果一般只造成建筑的不均匀下沉和倾斜，本条的规定不适用于坡度大于 10°的倾斜场地和液化土层严重不均的情况；

2 液化等级属于轻微者，除甲、乙类建筑由于其重要性需确保安全外，一般不作特殊处理，因为这类场地可能不发生喷水冒砂，即使发生也不致造成建筑的严重震害；

3 对于液化等级属于中等的场地，尽量多考虑采用较易实施的基础与上部结构处理的构造措施，不一定要加固处理液化土层；

4 在液化层深厚的情况下，消除部分液化沉陷的措施，即处理深度不一定达到液化下界而残留部分未经处理的液化层。

本次修订继续保持 2001 规范针对 89 规范的修改内容：

1 89 规范中不允许液化地基作持力层的规定有些偏严，改为不宜将未加处理的液化土层作为天然地基的持力层。因为：理论分析与振动台试验均已证明液化的主要危害来自基础外侧，液化持力层范围内位于基础直下方的部位其实最难液化，由于最先液化区域对基础直下方未液化部分的影响，使之失去侧边土压力支持。在外侧易液化区的影响得到控制的情况下，轻微液化的土层是可以作为基础的持力层的，例如：

例 1，1975 年海城地震中营口宾馆筏基以液化土层为持力层，震后无震害，基础下液化层厚度为 4.2m，为筏基宽度的 1/3 左右，液化土层的标贯锤击数 $N=2\sim5$，烈度为 7 度。在此情况下基础外侧液化对地基中间部分的影响很小。

例 2，1995 年日本阪神地震中有数座建筑位于液化严重的六甲人工岛上，地基未加处理而未遭液化危害的工程实录（见松尾雅夫等人论文，载"基础工"96 年 11 期，P54）：

①仓库二栋，平面均为 36m×24m，设计中采用了补偿式基础，即使仓库满载时的基底压力也只是与移去的土自重相当。地基为欠固结的可液化砂砾，震后有震陷，但建筑物无损，据认为无震害的原因是：液化后的减震效果使输入基底的地震作用削弱；补偿式筏式基础防止了表层土喷砂冒水；良好的基础刚度可使不均匀沉降减小；采用了吊车轨道调平，地脚螺栓加长等构造措施以减少不均匀沉降的影响。

②平面为 116.8m×54.5m 的仓库建在六甲人工岛厚 15m 的可液化土上，设计时预期建成后欠固结的黏土下卧层尚可能产生 1.1m～1.4m 的沉降。为防止不均匀沉降及液化，设计中采用了三方面的措施：补偿式基础＋基础下 2m 深度内以水泥土加固液化层＋防止不均匀沉降的构造措施。地震使该房屋产生震

陷，但情况良好。

例 3，震害调查与有限元分析显示，当基础宽度与液化层厚之比大于 3 时，则液化震陷不超过液化层厚的 1%，不致引起结构严重破坏。

因此，将轻微和中等液化的土层作为持力层不是绝对不允许，但应经过严密的论证。

2 液化的危害主要来自震陷，特别是不均匀震陷。震陷量主要决定于土层的液化程度和上部结构的荷载。由于液化指数不能反映上部结构的荷载影响，因此有趋势直接采用震陷量来评价液化的危害程度。例如，对 4 层以下的民用建筑，当精细计算的平均震陷值 $S_E<5$cm 时，可不采取抗液化措施，当 $S_E=5$cm～15cm 时，可优先考虑采取结构和基础的构造措施，当 $S_E>15$cm 时需要进行地基处理，基本消除液化震陷；在同样震陷量下，乙类建筑应该采取较丙类建筑更高的抗液化措施。

依据实测震陷、振动台试验以及有限元法对一系列典型液化地基计算得出的震陷变化规律，发现震陷量取决于液化土的密度（或承载力）、基底压力、基底宽度、液化层底面和顶面的位置和地震震级等因素，曾提出估计砂土与粉土液化平均震陷量的经验方法如下：

砂土

$$S_E=\frac{0.44}{B}\xi S_0(d_1^2-d_2^2)(0.01p)^{0.6}\left(\frac{1-D_r}{0.5}\right)^{1.5}$$

$$(3)$$

粉土 $\qquad S_E=\frac{0.44}{B}\xi kS_0(d_1^2-d_2^2)(0.01p)^{0.6}\qquad(4)$

式中：S_E——液化震陷量平均值；液化层为多层时，先按各层次分别计算后再相加；

B——基础宽度（m）；对住房等密集型基础取建筑平面宽度；当 $B\leqslant0.44d_1$ 时，取 $B=0.44d_1$；

S_0——经验系数，对第一组、7、8、9 度分别取 0.05、0.15 及 0.3；

d_1——由地面算起的液化深度（m）；

d_2——由地面算起的上覆非液化土层深度（m）；液化层为持力层取 $d_2=0$；

p——宽度为 B 的基础底面地震作用效应标准组合的压力（kPa）；

D_r——砂土相对密实度（%），可依据标贯锤击数 N 取 $D_r=\left(\frac{N}{0.23\sigma'_v+16}\right)^{0.5}$；

k——与粉土承载力有关的经验系数，当承载力特征值不大于 80kPa 时，取 0.30，当不小于 300kPa 时取 0.08，其余可内插取值；

ξ——修正系数，直接位于基础下的非液化厚度满足本规范第 4.3.3 条第 3 款对上覆非液化土层厚度 d_u 的要求，$\xi=0$；无非

液化层，$\xi=1$；中间情况内插确定。

采用以上经验方法计算得到的震陷值，与日本的实测震陷基本符合；但与国内资料的符合程度较差，主要的原因可能是：国内资料中实测震陷值常常是相对值，如相对于车间某个柱子或相对于室外地面的震陷；地质剖面则往往是附近的，而不是针对所考察的基础的；有的震陷值（如天津上古林的场地）含有震前沉降及软土震陷；不明确沉降值是最大沉降或平均沉降。

鉴于震陷量的评价方法目前还不够成熟，因此本条只是给出了必要时可以根据液化震陷量的评价结果适当调整抗液化措施的原则规定。

4.3.7～4.3.9 在这几条中规定了消除液化震陷和减轻液化影响的具体措施，这些措施都是在震害调查和分析判断的基础上提出来的。

采用振冲加密或挤密碎石桩加固后构成了复合地基。此时，如桩间土的实测标贯值仍低于本规范4.3.4条规定的临界值，不能简单判为液化。许多文献或工程实践均已指出振冲桩或挤密碎石桩有挤密、排水和增大桩身刚度等多重作用，而实测的桩间土标贯值不能反映排水的作用。因此，89规范要求加固后的桩间土的标贯值应大于临界标贯值是偏保守的。

新的研究成果与工程实践中，已提出了一些考虑桩身强度与排水效应的方法，以及根据桩的面积置换率和桩土应力比适当降低复合地基桩间土液化判别的临界标贯值的经验方法，2001规范将"桩间土的实测标贯值不应小于临界标贯锤击数"的要求，改为"不宜"。本次修订继续保持。

注意到历次地震的震害经验表明，筏基、箱基等整体性好的基础对抗液化十分有利。例如1975年海城地震中，营口市营口饭店直接坐落在4.2m厚的液化土层上，震后仅沉降缝（筏基与裙房间）有错位；1976年唐山地震中，天津医院12.8m宽的筏基下有2.3m的液化粉土，液化层距基底3.5m，未做抗液化处理，震后室外有喷水冒砂，但房屋基本不受影响。1995年日本神户地震中也有许多类似的实例。实验和理论分析结果也表明，液化往往最先发生在房屋基础下外侧的地方，基础中部以下是最不容易液化的。因此对大面积箱形基础中部区域的抗液化措施可以适当放宽要求。

4.3.10 本条规定了有可能发生侧扩或流动时滑动土体的最危险范围并要求采取土体抗滑和结构抗裂措施。

1 液化侧扩地段的宽度来自1975年海城地震、1976年唐山地震及1995年日本阪神地震对液化侧扩区的大量调查。根据对阪神地震的调查，在距水线50m范围内，水平位移及竖向位移均很大；在50m～150m范围内，水平地面位移仍较显著；大于150m以后水平位移趋于减小，基本不构成震害。上述调查结果与我国海城、唐山地震后的调查结果基本一致：

海河故道、滦运河、新滦河、陡河岸波滑坍范围约距水线100m～150m，辽河、黄河等则可达500m。

2 侧向流动土体对结构的侧向推力，根据阪神地震后对受害结构的反算结果得到的：1）非液化上覆土层施加于结构的侧压相当于被动土压力，破坏土楔的运动方向是土楔向上滑而楔后土体向下，与被动土压发生时的运动方向一致；2）液化层中的侧压相当于竖向总压的1/3；3）桩基承受侧压的面积相当于垂直于流动方向桩排的宽度。

3 减小地裂对结构影响的措施包括：1）将建筑的主轴沿平行河流放置；2）使建筑的长高比小于3；3）采用筏基或箱基，基础板内应根据需要加配抗拉裂钢筋，筏基内的抗弯钢筋可兼作抗拉裂钢筋，抗拉裂钢筋可由中部向基础边缘逐段减少。当土体产生引张裂缝并流向河心或海岸线时，基础底面的极限摩阻力形成对基础的撕拉力，理论上，其最大值等于建筑物重力荷载之半乘以土与基础间的摩擦系数，实际上常因基础底面与土有部分脱离接触而减少。

4.3.11、4.3.12 从1976年唐山地震、1999年我国台湾和土耳其地震中的破坏实例分析，软土震陷确是造成震害的重要原因，实有明确判别标准和抗御措施之必要。

我国《构筑物抗震设计规范》GB 50191的1993年版根据唐山地震经验，规定7度区不考虑软土震陷；8度区f_{ak}大于100kPa，9度区f_{ak}大于120kPa的土亦可不考虑。但上述规定有以下不足：

（1）缺少系统的震陷试验研究资料。

（2）震陷实录局限于津塘8、9度地区，7度区是未知的空白；不少7度区的软土比津塘地区（唐山地震时为8、9度区）要差，津塘地区的多层建筑在8、9度地震时产生了15cm～30cm的震陷，比它们差的土在7度时是否会产生大于5cm的震陷？初步认为对7度区$f_k<70$kPa的软土还是应该考虑震陷的可能性并宜采用室内动三轴试验和H. B. Seed简化方法加以判定。

（3）对8、9度规定的f_{ak}值偏于保守。根据天津实际震陷资料并考虑地震的偶发性及所需的设防费用，暂时规定软土震陷量小于5cm者可不采取措施，则8度区$f_{ak}>90$kPa及9度区$f_{ak}>100$kPa的软土均可不考虑震陷的影响。

对少黏性土的液化判别，我国学者最早给出了判别方法。1980年汪闻韶院士提出根据液限、塑限判别少黏性土的地震液化，此方法在国内已获得普遍认可，在国际上也有一定影响。我国水利和电力部门的地质勘察规范已将此写入条文。虽然近几年国外学者[Bray et al.（2004）、Seed et al.（2003）、Martin et al.（2000）等]对此判别方法进行了改进，但基本思路和框架没变。本次修订，借鉴和考虑了国内外学者对该判别法的修改意见，及《水利水电工程地质勘察规范》GB 50478 和《水工建筑物抗震设计规范》DL 5073 的有关规定，增加了软弱粉质土震陷的判别法。

对自重湿陷性黄土或黄土状土，研究表明具有震陷性。若孔隙比大于 0.8，当含水量在缩限（指固体与半固体的界限）与 25％ 之间时，应该根据需要评估其震陷量。对含水量在 25％ 以上的黄土或黄土状土的震陷量可按一般软土评估。关于软土及黄土的可能震陷目前已有了一些研究成果可以参考。例如，当建筑基础底面以下非软土层厚度符合表 5 中的要求时，可不采取消除软土地基的震陷影响措施。

表 5　基础底面以下非软土层厚度

烈　度	基础底面以下非软土层厚度（m）
7	≥0.5b 且 ≥3
8	≥b 且 ≥5
9	≥1.5b 且 ≥8

注：b 为基础底面宽度（m）。

4.4　桩　　基

4.4.1　根据桩基抗震性能一般比同类结构的天然地基要好的宏观经验，继续保留 89 规范关于桩基不验算范围的规定。

本次修订，进一步明确了本条的适用范围。限制使用黏土砖以来，有些地区改为多层的混凝土抗震墙房屋和框架-抗震墙房屋，当其基础荷载与一般民用框架相当时，也可不进行桩基的抗震承载力验算。

4.4.2　桩基抗震验算方法已与《构筑物抗震设计规范》GB 50191 和《建筑桩基技术规范》JGJ 94 等协调。

关于地下室外墙侧的被动土压与桩共同承担地震水平力问题，大致有以下做法：假定由桩承担全部地震水平力；假定由地下室外的土承担全部水平力；由桩、土分担水平力（或由经验公式求出分担比，或用 m 法求土抗力或由有限元法计算）。目前看来，桩完全不承担地震水平力的假定偏于不安全，因为从日本的资料来看，桩基的震害是相当多的，因此这种做法不宜采用；由桩承受全部地震力的假定又过于保守。日本 1984 年发布的"建筑基础抗震设计规程"提出下列估算桩所承担的地震剪力的公式：

$$V = 0.2V_0 \sqrt{H}/\sqrt[4]{d_f}$$

上述公式主要根据是对地上（3～10）层、地下（1～4）层、平面 14m×14m 的塔楼所作的一系列试算结果。在这些计算中假定抗地震水平的因素有桩、前方的被动土抗力，侧面土的摩擦力三部分。土性质为标贯值 $N＝10～20$，q（单轴压强）为 0.5kg/cm² ～1.0kg/cm²（黏土）。土的摩擦抗力与水平位移成以下弹塑性关系：位移≤1cm 时抗力呈线性变化，当位移＞1cm 时抗力保持不变。被动土抗力最大值取朗肯被动土压，达到最大值之前土抗力与水平位移呈线

性关系。由于背景材料只包括高度 45m 以下的建筑，对 45m 以上的建筑没有相应的计算资料。但从计算结果的发展趋势推断，对更高的建筑其值估计不超过 0.9，因而桩负担的地震力宜在（0.3～0.9）V_0 之间取值。

关于不计桩基承台底面与土的摩阻力为抗地震水平力的组成部分问题：主要是因为这部分摩阻力不可靠；软弱黏性土有震陷问题，一般黏性土也可能因桩身摩擦力产生的桩间土在附加应力下的压缩使土与承台脱空；欠固结土有固结下沉问题；非液化的砂砾则有震密问题等。实践中不乏静载下桩与土脱空的报导，地震情况下震后桩台与土脱空的报导也屡见不鲜。此外，计算摩阻力亦很困难，因为解答此问题须明确桩基在竖向荷载作用下的桩、土荷载分担比。出于上述考虑，为安全计，本条规定不应考虑承台与土的摩擦阻抗。

对于疏桩基础，如果桩的设计承载力按桩极限荷载取用则可以考虑承台与土间的摩阻力。因为此时承台与土不会脱空，且桩、土的竖向荷载分担比也比较明确。

4.4.3　本条中规定的液化土中桩的抗震验算原则和方法主要考虑了以下情况：

1　不计承台旁的土抗力或地坪的分担作用是出于安全考虑，拟将此作为安全储备，主要是目前对液化土中桩的地震作用与土中液化进程的关系尚未弄清。

2　根据地震反应分析与振动台试验，地面加速度最大时刻出现在液化土的孔压比小于 1（常为 0.5～0.6）时，此时土尚未充分液化，只是刚度比未液化时下降很多，因之对液化土的刚度作折减。折减系数的取值与构筑物抗震设计规范基本一致。

3　液化土中孔隙水压力的消散往往需要较长的时间。地震时土中孔压不会泄漏消散，往往于震后才出现喷砂冒水，这一过程通常持续几小时甚至一二天，其间常有沿桩与基础四周排水现象，这说明此时桩身摩阻力已大减，从而出现竖向承载力不足和缓慢的沉降，因此应按静力荷载组合校核桩身的强度与承载力。

式（4.4.3）主要根据由工程实践中总结出来的打桩前后土性变化规律，已在许多工程实例中得到验证。

4.4.5　本条在保证桩基安全方面是相当关键的。桩基理论分析已经证明，地震作用下的桩基在软、硬土层交界面处最易受到剪、弯损害。日本 1995 年阪神地震后对许多桩基的实际考查也证实了这一点，但在采用 m 法的桩身内力计算方法中却无法反映，目前除考虑桩土相互作用的地震反应分析可以较好地反映桩身受力情况外，还没有简便实用的计算方法保证桩在地震作用下的安全，因此必须采取有效的构造措

施。本条的要点在于保证软土或液化土层附近桩身的抗弯和抗剪能力。

5 地震作用和结构抗震验算

5.1 一般规定

5.1.1 抗震设计时，结构所承受的"地震力"实际上是由于地震地面运动引起的动态作用，包括地震加速度、速度和动位移的作用，按照国家标准《建筑结构设计术语和符号标准》GB/T 50083 的规定，属于间接作用，不可称为"荷载"，应称"地震作用"。

结构应考虑的地震作用方向有以下规定：

1 某一方向水平地震作用主要由该方向抗侧力构件承担，如该构件带有翼缘、翼墙等，尚应包括翼缘、翼墙的抗侧力作用。

2 考虑到地震可能来自任意方向，为此要求有斜交抗侧力构件的结构，应考虑对各构件的最不利方向的水平地震作用，一般即与该构件平行的方向。明确交角大于 15°时，应考虑斜向地震作用。

3 不对称不均匀的结构是"不规则结构"的一种，同一建筑单元同一平面内质量、刚度分布不对称，或虽在本层平面内对称，但沿高度分布不对称的结构。需考虑扭转影响的结构，具有明显的不规则性。扭转计算应同时"考虑双向水平地震作用下的扭转影响"。

4 研究表明，对于较高的高层建筑，其竖向地震作用产生的轴力在结构上部是不可忽略的，故要求9 度区高层建筑需考虑竖向地震作用。

5 关于大跨度和长悬臂结构，根据我国大陆和台湾地震的经验，9 度和 9 度以上时，跨度大于 18m的屋架、1.5m 以上的悬挑阳台和走廊等震害严重甚至倒塌；8 度时，跨度大于 24m 的屋架、2m 以上的悬挑阳台和走廊等震害严重。

5.1.2 不同的结构采用不同的分析方法在各国抗震规范中均有体现，底部剪力法和振型分解反应谱法仍是基本方法，时程分析法作为补充计算方法，对特别不规则（参照本规范表 3.4.3 的规定）、特别重要的和较高的高层建筑才要求采用。所谓"补充"，主要指对计算结果的底部剪力、楼层剪力和层间位移进行比较，当时程分析法大于振型分解反应谱法时，相关部位的构件内力和配筋相应的调整。

进行时程分析时，鉴于不同地震波输入进行时程分析的结果不同，本条规定一般可以根据小样本容量下的计算结果来估计地震作用效应值。通过大量地震加速度记录输入不同结构类型进行时程分析结果的统计分析，若选用不少于二组实际记录和一组人工模拟的加速度时程曲线作为输入，计算的平均地震效应值不小于大样本容量平均值的保证率在 85% 以上，而

且一般也不会偏大很多。当选用数量较多的地震波，如 5 组实际记录和 2 组人工模拟时程曲线，则保证率更高。所谓"在统计意义上相符"指的是，多组时程波的平均地震影响系数曲线与振型分解反应谱法所用的地震影响系数曲线相比，在对应于结构主要振型的周期点上相差不大于 20%。计算结果在结构主方向的平均底部剪力一般不会小于振型分解反应谱法计算结果的 80%，每条地震波输入的计算结果不会小于65%。从工程角度考虑，这样可以保证时程分析结果满足最低安全要求。但计算结果也不能太大，每条地震波输入计算不大于 135%，平均不大于 120%。

正确选择输入的地震加速度时程曲线，要满足地震动三要素的要求，即频谱特性、有效峰值和持续时间均要符合规定。

频谱特性可用地震影响系数曲线表征，依据所处的场地类别和设计地震分组确定。

加速度的有效峰值按规范表 5.1.2-2 中所列地震加速度最大值采用，即以地震影响系数最大值除以放大系数（约 2.25）得到。计算输入的加速度曲线的峰值，必要时可比上述有效峰值适当加大。当结构采用三维空间模型等需要双向（二个水平向）或三向（二个水平和一个竖向）地震波输入时，其加速度最大值通常按 1（水平 1）∶0.85（水平 2）∶0.65（竖向）的比例调整。人工模拟的加速度时程曲线，也应按上述要求生成。

输入的地震加速度时程曲线的有效持续时间，一般从首次达到该时程曲线最大峰值的 10% 那一点算起，到最后一点达到最大峰值的 10% 为止；不论是实际的强震记录还是人工模拟波形，有效持续时间一般为结构基本周期的（5～10）倍，即结构顶点的位移可按基本周期往复（5～10）次。

抗震性能设计所需要对应于设防地震（中震）的加速度最大峰值，即本规范表 3.2.2 的设计基本地震加速度值，对应的地震影响系数最大值，见本规范3.10 节。

本次修订，增加了平面投影尺度很大的大跨空间结构地震作用的下列计算要求：

1 平面投影尺度很大的空间结构，指跨度大于120m，或长度大于 300m，或悬臂大于 40m 的结构。

2 关于结构形式和支承条件

对周边支承空间结构，如：网架，单、双层网壳，索穹顶，弦支穹顶屋盖和下部圈梁-框架结构，当下部支承结构为一个整体、且与上部空间结构侧向刚度比大于等于 2 时，可采用三向（水平两向加竖向）单点一致输入计算地震作用；当下部支承结构由结构缝分开、且每个独立的支承结构单元与上部空间结构侧向刚度比小于 2 时，应采用三向多点输入计算地震作用；

对两线边支承空间结构，如：拱，拱桁架；门式

刚架，门式桁架；圆柱面网壳等结构，当支承于独立基础时，应采用三向多点输入计算地震作用；

对长悬臂空间结构，应视其支承结构特点，采用多向单点一致输入、或多向多点输入计算地震作用。

3 关于单点一致输入、多向单点输入、多点输入和多向多点输入

单点一致输入，即仅对基础底部输入一致的加速度反应谱或加速度时程进行结构计算。

多向单点输入，即沿空间结构基础底部，三向同时输入，其地震动参数（加速度峰值或反应谱最大值）比例取：水平主向：水平次向：竖向＝1.00：0.85：0.65。

多点输入，即考虑地震行波效应和局部场地效应，对各独立基础或支承结构输入不同的设计反应谱或加速度时程进行计算，估计可能造成的地震效应。对于6度和7度Ⅰ、Ⅱ类场地上的大跨空间结构，多点输入下的地震效应不太明显，可以采用简化计算方法，乘以附加地震作用效应系数，跨度越大、场地条件越差，附加地震作用系数越大；对于7度Ⅲ、Ⅳ场地和8、9度区，多点输入下的地震效应比较明显，应考虑行波和局部场地效应对输入加速度时程进行修正，采用结构时程分析方法进行多点输入下的抗震验算。

多向多点输入，即同时考虑多向和多点输入进行计算。

4 关于行波效应

研究证明，地震传播过程的行波效应、相干效应和局部场地效应对于大跨空间结构的地震效应有不同程度的影响，其中，以行波效应和场地效应的影响较为显著，一般情况下，可不考虑相干效应。对于周边支承空间结构，行波效应影响表现在对大跨屋盖系统和下部支承结构；对于两线边支承空间结构，行波效应通过支座影响到上部结构。

行波效应将使不同点支承结构或支座处的加速度峰值不同，相位也不同，从而使不同点的设计反应谱或加速度时程不同，计算分析应考虑这些差异。由于地震动是一种随机过程，多点输入时，应考虑最不利的组合情况。行波效应与潜在震源、传播路径、场地的地震地质特性有关，当需要进行多点输入计算分析时，应对此作专门研究。

5 关于局部场地效应

当独立基础或支承结构下卧土层剖面地质条件相差较大时，可采用一维或二维模型计算求得基础底部的土层地震反应谱或加速度时程、或按土层等效剪切波速对基岩地震反应谱或加速度时程进行修正后，作为多点输入的地震反应谱或加速度时程。当下卧土层剖面地质条件比较均匀时，可不考虑局部场地效应，不需要对地震反应谱或加速度时程进行修正。

5.1.3 按现行国家标准《建筑结构可靠度设计统一标准》GB 50068的原则规定，地震发生时恒荷载与其他重力荷载可能的遇合结果总称为"抗震设计的重力荷载代表值G_E"，即永久荷载标准值与有关可变荷载组合值之和。组合值系数基本上沿用78规范的取值，考虑到藏书库等活荷载在地震时遇合的概率较大，故按等效楼面均布荷载计算活荷载时，其组合值系数为0.8。

表中硬钩吊车的组合值系数，只适用于一般情况，吊重较大时需按实际情况取值。

5.1.4 本次修订，表5.1.4-1增加6度区罕遇地震的水平地震影响系数最大值。与第4章场地类别相对应，表5.1.4-2增加Ⅰ₀类场地的特征周期。

5.1.5 弹性反应谱理论仍是现阶段抗震设计的最基本理论，规范所采用的设计反应谱以地震影响系数曲线的形式给出。

本规范的地震影响系数的特点是：

1 同样烈度、同样场地条件的反应谱形状，随着震源机制、震级大小、震中距远近等的变化，有较大的差别，影响因素很多。在继续保留烈度概念的基础上，用设计地震分组的特征周期T_g予以反映。其中，Ⅰ、Ⅱ、Ⅲ类场地的特征周期值，2001规范较89规范的取值增大了0.05s；本次修订，计算罕遇地震作用时，特征周期T_g值又增大0.05s。这些改进，适当提高了结构的抗震安全性，也比较符合近年来得到的大量地震加速度资料的统计结果。

2 在$T \leqslant 0.1s$的范围内，各类场地的地震影响系数一律采用同样的斜线，使之符合$T = 0$时（刚体）动力不放大的规律；在$T \geqslant T_g$时，设计反应谱在理论上存在二个下降段，即速度控制段和位移控制段，在加速度反应谱中，前者衰减指数为1，后者衰减指数为2。设计反应谱是用来预估建筑结构在其设计基准期内可能经受的地震作用，通常根据大量实际地震记录的反应谱进行统计并结合工程经验判断加以规定。为保持规范的延续性，地震影响系数在$T \leqslant 5T_g$范围内与2001规范维持一致，各曲线的衰减指数为非整数；在$T > 5T_g$的范围为倾斜下降段，不同场地类别的最小值不同，较符合实际反应谱的统计规律。对于周期大于6s的结构，地震影响系数仍专门研究。

3 按二阶段设计要求，在截面承载力验算时的设计地震作用，取众值烈度下结构按完全弹性分析的数值，据此调整了本规范相应的地震影响系数最大值，其取值继续与按78规范各结构影响系数C折减的平均值大致相当。在罕遇地震的变形验算时，按超越概率2%～3%提供了对应的地震影响系数最大值。

4 考虑到不同结构类型建筑的抗震设计需要，提供了不同阻尼比（0.02～0.30）地震影响系数曲线相对于标准的地震影响系数（阻尼比为0.05）的修正方法。根据实际强震记录的统计分析结果，这种修

正可分二段进行：在反应谱平台段（$\alpha=\alpha_{max}$），修正幅度最大；在反应谱上升段（$T<T_g$）和下降段（$T>T_g$），修正幅度变小；在曲线两端（0s和6s），不同阻尼比下的α系数趋向接近。

本次修订，保持2001规范地震影响系数曲线的计算表达式不变，只对其参数进行调整，达到以下效果：

1 阻尼比为5％的地震影响系数与2001规范相同，维持不变。

2 基本解决了2001规范在长周期段，不同阻尼比地震影响系数曲线交叉、大阻尼曲线值高于小阻尼曲线值的不合理现象。Ⅰ、Ⅱ、Ⅲ类场地的地震影响系数曲线在周期接近6s时，基本交汇在一点上，符合理论和统计规律。

3 降低了小阻尼（2％～3.5％）的地震影响系数值，最大降低幅度达18％。略微提高了阻尼比6％～10％的地震影响系数值，长周期部分最大增幅约5％。

4 适当降低了大阻尼（20％～30％）的地震影响系数值，在$5T_g$周期以内，基本不变，长周期部分最大降幅约10％，有利于消能减震技术的推广应用。

对应于不同特征周期T_g的地震影响系数曲线如图9所示：

5.1.6 在强烈地震下，结构和构件并不存在最大承载力极限状态的可靠度。从根本上说，抗震验算应该是弹塑性变形能力极限状态的验算。研究表明，地震作用下结构和构件的变形和其最大承载能力有密切的联系，但因结构的不同而异。本条继续保持89规范和2001规范关于不同的结构应采取不同验算方法的规定。

1 当地震作用在结构设计中基本上不起控制作用时，例如6度区的大多数建筑，以及被地震经验所证明者，可不做抗震验算，只需满足有关抗震构造要求。但"较高的高层建筑（以后各章同）"，诸如高于40m的钢筋混凝土框架、高于60m的其他钢筋混凝土民用房屋和类似的工业厂房，以及高层钢结构房屋，其基本周期可能大于Ⅳ类场地的特征周期T_g，则6度的地震作用值可能相当于同一建筑在7度Ⅱ类场地下的取值，此时仍须进行抗震验算。本次修订增加了6度设防的不规则建筑应进行抗震验算的要求。

2 对于大部分结构，包括6度设防的上述较高的高层建筑和不规则建筑，可以将设防地震下的变形验算，转换为以多遇地震下按弹性分析获得的地震作用效应（内力）作为额定统计指标，进行承载力极限状态的验算，即只需满足第一阶段的设计要求，就可具有比78规范适当提高的抗震承载力的可靠度，保持了规范的延续性。

3 我国历次大地震的经验表明，发生高于基本烈度的地震是可能的，设计时考虑"大震不倒"是必要的，规范要求对薄弱层进行罕遇地震下变形验算，

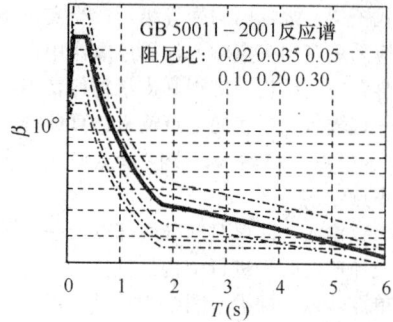

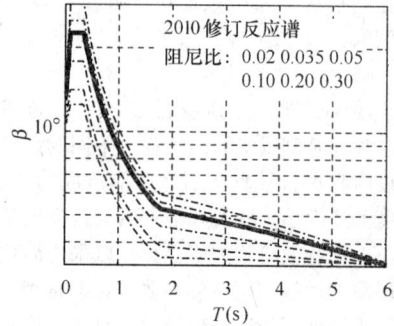

(a) $T_g=0.35s$

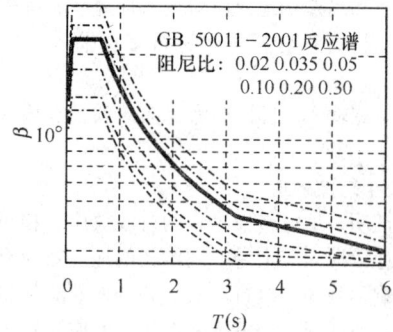

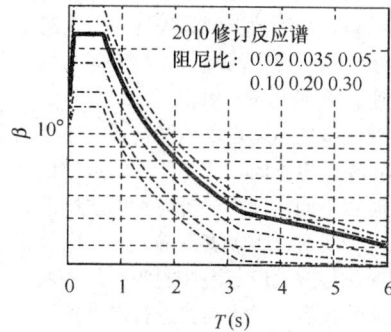

(b) $T_g=0.65s$

图9 调整后不同特征周期T_g
的地震影响系数曲线

即满足第二阶段设计的要求。89规范仅对框架、填充墙框架、高大单层厂房等（这些结构，由于存在明显的薄弱层，在唐山地震中倒塌较多）及特殊要求的建筑做了要求，2001规范对其他结构，如各类钢筋混凝土结构、钢结构、采用隔震和消能减震技术的结构，也需要进行第二阶段设计。

5.2 水平地震作用计算

5.2.1 底部剪力法视多质点体系为等效单质点系。根据大量的计算分析，本条继续保持 89 规范的如下规定：

1 引入等效质量系数 0.85，它反映了多质点系底部剪力值与对应单质点系（质量等于多质点系总质量，周期等于多质点系基本周期）剪力值的差异。

2 地震作用沿高度倒三角形分布，在周期较长时顶部误差可达 25%，故引入依赖于结构周期和场地类别的顶点附加集中地震予以调整。单层厂房沿高度分布在 9 章中已另有规定，故本条不重复调整（取 $\delta_n = 0$）。

5.2.2 对于振型分解法，由于时程分析法亦可利用振型分解法进行计算，故加上"反应谱"以示区别。为使高柔建筑的分析精度有所改进，其组合的振型个数适当增加。振型个数一般可以取振型参与质量达到总质量 90% 所需的振型数。

随机振动理论分析表明，当结构体系的振型密集、两个振型的周期接近时，振型之间的耦联明显。在阻尼比均为 5% 的情况下，由本规范式（5.2.3-6）可以得出（如图 10 所示）：当相邻振型的周期比为 0.85 时，耦联系数大约为 0.27，采用平方和开方 SRSS 方法进行振型组合的误差不大；而当周期比为 0.90 时，耦联系数增大一倍，约为 0.50，两个振型之间的互相影响不可忽略。这时，计算地震作用效应不能采用 SRSS 组合方法，而应采用完全方根组合 CQC 方法，如本规范式（5.2.3-5）和式（5.2.3-6）所示。

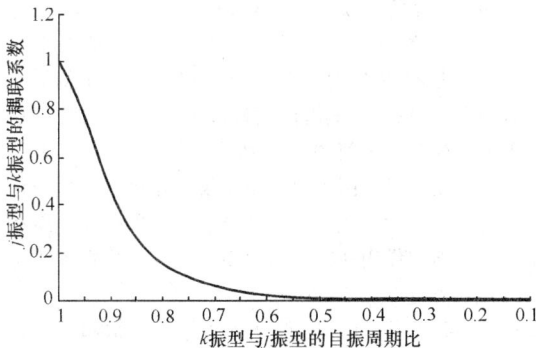

图 10 不同振型周期比对应的耦联系数

5.2.3 地震扭转效应是一个极其复杂的问题，一般情况，宜采用较规则的结构体型，以避免扭转效应。体型复杂的建筑结构，即使楼层"计算刚心"和质心重合，往往仍然存在明显的扭转效应。因此，89 规范规定，考虑结构扭转效应时，一般只能取各楼层质心为相对坐标原点，按多维振型分解法计算，其振型效应彼此耦联，用完全二次型方根法组合，可以由计算机运算。

89 规范修订过程中，提出了许多简化计算方法，例如，扭转效应系数法，表示扭转时某榀抗侧力构件按平动分析的层剪力效应的增大，物理概念明确，而数值依赖于各类结构大量算例的统计。对低于 40m 的框架结构，当各层的质心和"计算刚心"接近于两串轴线时，根据上千个算例的分析，若偏心参数 ε 满足 $0.1 < \varepsilon < 0.3$，则边榀框架的扭转效应增大系数 $\eta = 0.65 + 4.5\varepsilon$。偏心参数的计算公式是 $\varepsilon = e_y s_y / (K_\varphi / K_x)$，其中，$e_y$、$s_y$ 分别为 i 层刚心和 i 层边榀框架距 i 层以上总质心的距离（y 方向），K_x、K_φ 分别为 i 层平动刚度和绕质心的扭转刚度。其他类型结构，如单层厂房也有相应的扭转效应系数。对单层结构，多采用基于刚心和质心概念的动力偏心距法估算。这些简化方法各有一定的适用范围，故规范要求在确有依据时才可用来近似估计。

本次修订，保持了 2001 规范的如下改进：

1 即使对于平面规则的建筑结构，国外的多数抗震设计规范也考虑由于施工、使用等原因所产生的偶然偏心引起的地震扭转效应及地震地面运动扭转分量的影响。故要求规则结构不考虑扭转耦联计算时，应采用增大边榀构件地震内力的简化处理方法。

2 增加考虑双向水平地震作用下的地震效应组合。根据强震观测记录的统计分析，二个水平方向地震加速度的最大值不相等，二者之比约为 1∶0.85；而且两个方向的最大值不一定发生在同一时刻，因此采用平方和开方计算二个方向地震作用效应的组合。条文中的地震作用效应，系指两个正交方向地震作用在每个构件的同一局部坐标方向的地震作用效应，如 x 方向地震作用下在局部坐标 x_i 向的弯矩 M_{xx} 和 y 方向地震作用下在局部坐标 x_i 向的弯矩 M_{xy}；按不利情况考虑时，则取上述组合的最大弯矩与对应的剪力，或上述组合的最大剪力与对应的弯矩，或上述组合的最大轴力与对应的弯矩等等。

3 扭转刚度较小的结构，例如某些核心筒-外稀柱框架结构或类似的结构，第一振型周期为 T_θ，或满足 $T_\theta > 0.75 T_{x1}$，或 $T_\theta > 0.75 T_{y1}$，对较高的高层建筑，$0.75 T_\theta > T_{x2}$，或 $0.75 T_\theta > T_{y2}$，均需考虑地震扭转效应。但如果考虑扭转影响的地震作用效应小于考虑偶然偏心引起的地震效应时，应取后者以策安全。但现阶段，偶然偏心与扭转二者不需要同时参与计算。

4 增加了不同阻尼比时耦联系数的计算方法，以供高层钢结构等使用。

5.2.4 突出屋面的小建筑，一般按其重力荷载小于标准层 1/3 控制。

对于顶层带有空旷大房间或轻钢结构的房屋，不宜视为突出屋面的小屋并采用底部剪力乘以增大系数的办法计算地震作用效应，而应视为结构体系一部分，用振型分解法等计算。

5.2.5 由于地震影响系数在长周期段下降较快，对于基本周期大于 3.5s 的结构，由此计算所得的水平地震作用下的结构效应可能太小。而对于长周期结构，地震动态作用中的地面运动速度和位移可能对结构的破坏具有更大影响，但是规范所采用的振型分解反应谱法尚无法对此作出估计。出于结构安全的考虑，提出了对结构总水平地震剪力及各楼层水平地震剪力最小值的要求，规定了不同烈度下的剪力系数，当不满足时，需改变结构布置或调整结构总剪力和各楼层的水平地震剪力使之满足要求。例如，当结构底部的总地震剪力略小于本条规定而中、上部楼层均满足最小值时，可采用下列方法调整：若结构基本周期位于设计反应谱的加速度控制段时，则各楼层均需乘以同样大小的增大系数；若结构基本周期位于反应谱的位移控制段时，则各楼层 i 均需按底部的剪力系数的差值 $\triangle\lambda_0$ 增加该层的地震剪力——$\triangle F_{Eki} = \triangle\lambda_0 G_{Ei}$；若结构基本周期位于反应谱的速度控制段时，则增加值应大于 $\triangle\lambda_0 G_{Ei}$，顶部增加值可取动位移作用和加速度作用二者的平均值，中间各层的增加值可近似按线性分布。

需要注意：①当底部总剪力相差较多时，结构的选型和总体布置需重新调整，不能仅采用乘以增大系数方法处理。②只要底部总剪力不满足要求，则结构各楼层的剪力均需要调整，不能仅调整不满足的楼层。③满足最小地震剪力是结构后续抗震计算的前提，只有调整到符合最小剪力要求才能进行相应的地震倾覆力矩、构件内力、位移等等的计算分析；即意味着，当各层的地震剪力需要调整时，原先计算的倾覆力矩、内力和位移均需相应调整。④采用时程分析法时，其计算的总剪力也需符合最小地震剪力的要求。⑤本条规定不考虑阻尼比的不同，是最低要求，各类结构，包括钢结构、隔震和消能减震结构均需一律遵守。

扭转效应明显与否一般可由考虑耦联的振型分解反应谱法分析结果判断，例如前三个振型中，二个水平方向的振型参与系数为同一个量级，即存在明显的扭转效应。对于扭转效应明显或基本周期小于 3.5s 的结构，剪力系数取 $0.2\alpha_{max}$，保证足够的抗震安全度。对于存在竖向不规则的结构，突变部位的薄弱楼层，尚应按本规范 3.4.4 条的规定，再乘以不小于 1.15 的系数。

本次修订增加了 6 度区楼层最小地震剪力系数值。

5.2.7 由于地基和结构动力相互作用的影响，按刚性地基分析的水平地震作用在一定范围内有明显的折减。考虑到我国的地震作用取值与国外相比还较小，故仅在必要时才利用这一折减。研究表明，水平地震作用的折减系数主要与场地条件、结构自振周期、上部结构和地基的阻尼特性等因素有关，柔性地基上的

建筑结构的折减系数随结构周期的增大而减小，结构越刚，水平地震作用的折减量越大。89 规范在统计分析基础上建议，框架结构折减 10%，抗震墙结构折减 15%～20%。研究表明，折减量与上部结构的刚度有关，同样高度的框架结构，其刚度明显小于抗震墙结构，水平地震作用的折减量也减小，当地震作用很小时不宜再考虑水平地震作用的折减。据此规定了可考虑地基与结构动力相互作用的结构自振周期的范围和折减量。

研究表明，对于高宽比较大的高层建筑，考虑地基与结构动力相互作用后水平地震作用的折减系数并非各楼层均为同一常数，由于高振型的影响，结构上部几层的水平地震作用一般不宜折减。大量计算分析表明，折减系数沿楼层高度的变化较符合抛物线型分布，2001 规范提供了建筑顶部和底部的折减系数的计算公式。对于中间楼层，为了简化，采用按高度线性插值方法计算折减系数。本次修订保留了这一规定。

5.3 竖向地震作用计算

5.3.1 高层建筑的竖向地震作用计算，是 89 规范增加的规定。输入竖向地震加速度波的时程反应分析发现，高层建筑由竖向地震引起的轴向力在结构的上部明显大于底部，是不可忽视的。作为简化方法，原则上与水平地震作用的底部剪力法类似：结构竖向振动的基本周期较短，总竖向地震作用可表示为竖向地震影响系数最大值和等效总重力荷载代表值的乘积；沿高度分布按第一振型考虑，也采用倒三角形分布；在楼层平面内的分布，则按构件所承受的重力荷载代表值分配。只是等效质量系数取 0.75。

根据台湾 921 大地震的经验，2001 规范要求高层建筑楼层的竖向地震作用效应应乘以增大系数 1.5，使结构总竖向地震作用标准值，8、9 度分别略大于重力荷载代表值的 10% 和 20%。

隔震设计时，由于隔震垫不仅不隔离竖向地震作用反而有所放大，与隔震后结构的水平地震作用相比，竖向地震作用往往不可忽视，计算方法在本规范 12 章具体规定。

5.3.2 用反应谱法、时程分析法等进行结构竖向地震反应的计算分析研究表明，对一般尺度的平板型网架和大跨度屋架各主要杆件，竖向地震内力和重力荷载下的内力之比值，彼此相差一般不太大，此比值随烈度和场地条件而异，且当结构周期大于特征周期时，随跨度的增大，比值反而有所下降。由于在常用的跨度范围内，这个下降还不很大，为了简化，本规范略去跨度的影响。

5.3.3 对长悬臂等大跨度结构的竖向地震作用计算，本次修订未修改，仍采用 78 规范的静力法。

5.3.4 空间结构的竖向地震作用，除了第 5.3.2、

第5.3.3条的简化方法外，还可采用竖向振型的振型分解反应谱方法。对于竖向反应谱，各国学者有一些研究，但研究成果纳入规范的不多。现阶段，多数规范仍采用水平反应谱的65%，包括最大值和形状参数。但认为竖向反应谱的特征周期与水平反应谱相比，尤其在远震中距时，明显小于水平反应谱。故本条规定，特征周期均按第一组采用。对处于发震断裂10km以内的场地，竖向反应谱的最大值可能接近水平谱，但特征周期小于水平谱。

5.4 截面抗震验算

本节基本同89规范，仅按《建筑结构可靠度设计统一标准》GB 50068（以下简称《统一标准》）的修订，对符号表达做了修改，并修改了钢结构的γ_{RE}。

5.4.1 在设防烈度的地震作用下，结构构件承载力按《统一标准》计算的可靠指标β是负值，难于按《统一标准》的要求进行设计表达式的分析。因此，89规范以来，在第一阶段的抗震设计时取相当于众值烈度下的弹性地震作用作为额定设计指标，使此时的设计表达式可按《统一标准》的要求导出。

1 地震作用分项系数的确定

在众值烈度下的地震作用，应视为可变作用而不是偶然作用。这样，根据《统一标准》中确定直接作用（荷载）分项系数的方法，通过综合比较，本规范对水平地震作用，确定$\gamma_{Eh}=1.3$，至于竖向地震作用分项系数，则参照水平地震作用，也取$\gamma_{Ev}=1.3$。当竖向与水平地震作用同时考虑时，根据加速度峰值记录和反应谱的分析，二者的组合比为1：0.4，故$\gamma_{Eh}=1.3$，$\gamma_{Ev}=0.4\times1.3\approx0.5$。

此次修订，考虑大跨、大悬臂结构的竖向地震作用效应比较显著，表5.4.1增加了同时计算水平与竖向地震作用（竖向地震为主）的组合。

此外，按照《统一标准》的规定，当重力荷载对结构构件承载力有利时，取$\gamma_G=1.0$。

2 抗震验算中作用组合值系数的确定

本规范在计算地震作用时，已经考虑了地震作用与各种重力荷载（恒荷载与活荷载、雪荷载等）的组合问题，在本规范5.1.3条中规定了一组组合值系数，形成了抗震设计的重力荷载代表值，本规范继续沿用78规范在验算和计算地震作用时（除吊车悬吊重力外）对重力荷载均采用相同的组合值系数的规定，可简化计算，并避免有两种不同的组合值系数。因此，本条中仅出现风荷载的组合值系数，并按《统一标准》的方法，将78规范的取值予以转换得到。这里，所谓风荷载起控制作用，指风荷载和地震作用产生的总剪力和倾覆力矩相当的情况。

3 地震作用标准值的效应

规范的作用效应组合是建立在弹性分析叠加原理基础上的，考虑到抗震计算模型的简化和塑性内力分

布与弹性内力分布的差异等因素，本条中还规定，对地震作用效应，当本规范各章有规定时尚应乘以相应的效应调整系数η，如突出屋面小建筑、天窗架、高低跨厂房交接处的柱子、框架柱，底层框架-抗震墙结构的柱子、梁端和抗震墙底部加强部位的剪力等的增大系数。

4 关于重要性系数

根据地震作用的特点、抗震设计的现状，以及抗震设防分类与《统一标准》中安全等级的差异，重要性系数对抗震设计的实际意义不大，本规范对建筑重要性的处理仍采用抗震措施的改变来实现，不考虑此项系数。

5.4.2 结构在设防烈度下的抗震验算根本上应该是弹塑性变形验算，但为减少验算工作量和符合设计习惯，对大部分结构，将变形验算转换为众值烈度地震作用下构件承载力验算的形式来表现。按照《统一标准》的原则，89规范与78规范在众值烈度下有基本相同的可靠指标，研究发现，78规范钢结构构件的可靠指标比混凝土结构构件明显偏低，故89规范予以适当提高，使之与砌体、混凝土构件有相近的可靠指标；而且随着非抗震设计材料指标的提高，2001规范各类材料结构的抗震可靠性也略有提高。基于此前提，在确定地震作用分项系数取1.3的同时，则可得到与抗力标准值R_k相应的最优抗力分项系数，并进一步转换为抗震的抗力函数（即抗震承载力设计值R_{dE}），使抗力分项系数取1.0或不出现。本规范砌体结构的截面抗震验算，就是这样处理的。

现阶段大部分结构构件截面抗震验算时，采用了各有关规范的承载力设计值R_d，因此，抗震设计的抗力分项系数，就相应地变为非抗震设计的构件承载力设计值的抗震调整系数γ_{RE}，即$\gamma_{RE}=R_d/R_{dE}$或$R_{dE}=R_d/\gamma_{RE}$。还需注意，地震作用下结构的弹塑性变形直接依赖于结构实际的屈服强度（承载力），本节的承载力是设计值，不可误作为标准值来进行本章5.5节要求的弹塑性变形验算。

本次修订，配合钢结构构件、连接的内力调整系数的变化，调整了其承载力抗震调整系数的取值。

5.4.3 本条在2008年局部修订时，提升为强制性条文。

5.5 抗震变形验算

5.5.1 根据本规范所提出的抗震设防三个水准的要求，采用二阶段设计方法来实现，即：在多遇地震作用下，建筑主体结构不受损坏，非结构构件（包括围护墙、隔墙、幕墙、内外装修等）没有过重破坏并导致人员伤亡，保证建筑的正常使用功能；在罕遇地震作用下，建筑主体结构遭受破坏或严重破坏但不倒塌。根据各国规范的规定、震害经验和实验研究结果及工程实例分析，采用层间位移角作为衡量结构变形

能力从而判别是否满足建筑功能要求的指标是合理的。

对各类钢筋混凝土结构和钢结构要求进行多遇地震作用下的弹性变形验算，实现第一水准下的设防要求。弹性变形验算属于正常使用极限状态的验算，各作用分项系数均取1.0。钢筋混凝土结构构件的刚度，国外规范规定需考虑一定的非线性而取有效刚度，本规范规定与位移限值相配套，一般可取弹性刚度；当计算的变形较大时，宜适当考虑构件开裂时的刚度退化，如取$0.85E_cI_0$。

第一阶段设计，变形验算以弹性层间位移角表示。不同结构类型给出弹性层间位移角限值范围，主要依据国内外大量的试验研究和有限元分析的结果，以钢筋混凝土构件（框架柱、抗震墙等）开裂时的层间位移角作为多遇地震下结构弹性层间位移角限值。

计算时，一般不扣除由于结构重力P-$\triangle$效应所产生的水平相对位移；高度超过150m或$H/B > 6$的高层建筑，可以扣除结构整体弯曲所产生的楼层水平绝对位移值，因为以弯曲变形为主的高层建筑结构，这部分位移在计算的层间位移中占有相当的比例，加以扣除比较合理。如未扣除，位移角限值可有所放宽。

框架结构试验结果表明，对于开裂层间位移角，不开洞填充墙框架为1/2500，开洞填充墙框架为1/926；有限元分析结果表明，不带填充墙时为1/800，不开洞填充墙时为1/2000。本规范不再区分有填充墙和无填充墙，均按89规范的1/550采用，并仍按构件截面弹性刚度计算。

对于框架-抗震墙结构的抗震墙，其开裂层间位移角：试验结果为1/3300～1/1100，有限元分析结果为1/4000～1/2500，取二者的平均值约为1/3000～1/1600。2001规范统计了我国当时建成的124幢钢筋混凝土框-墙、框-筒、抗震墙、筒结构高层建筑的结构抗震计算结果，在多遇地震作用下的最大弹性层间位移均小于1/800，其中85%小于1/1200。因此对框-墙、板柱-墙、框-筒结构的弹性位移角限值范围1/800；对抗震墙和筒中筒结构层间弹性位移角限值范围为1/1000，与现行的混凝土高层规程相当；对框支要求较框-墙结构加严，取1/1000。

钢结构在弹性阶段的层间位移限值，日本建筑法施行令定为层高的1/200。参照美国加州规范（1988）对基本自振周期大于0.7s的结构的规定，本规范取1/250。

单层工业厂房的弹性层间位移角需根据吊车使用要求加以限制，严于抗震要求，因此不必再对地震作用下的弹性位移加以限制；弹塑性层间位移的计算和限值在本规范第5.5.4和第5.5.5条有规定，单层钢筋混凝土柱排架为1/30。因此本条不再单列对于单层工业厂房的弹性位移限值。

多层工业厂房应区分结构材料（钢和混凝土）和结构类型（框、排架），分别采用相应的弹性及弹塑性层间位移角限值，框排架结构中的排架柱的弹塑性层间位移角限值，在本规范附录H第H.1节中规定为1/30。

5.5.2 震害经验表明，如果建筑结构中存在薄弱层或薄弱部位，在强烈地震作用下，由于结构薄弱部位产生了弹塑性变形，结构构件严重破坏甚至引起结构倒塌；属于乙类建筑的生命线工程中的关键部位在强烈地震作用下一旦遭受破坏将带来严重后果，或产生次生灾害或对救灾、恢复重建及生产、生活造成很大影响。除了89规范所规定的高大的单层工业厂房的横向排架、楼层屈服强度系数小于0.5的框架结构、底部框架砖房等之外，板柱-抗震墙及结构体系不规则的某些高层建筑结构和乙类建筑也要求进行罕遇地震作用下的抗震变形验算。采用隔震和消能减震技术的建筑结构，对隔震和消能减震部件应有位移限制要求，在罕遇地震作用下隔震和消能减震部件应能起到降低地震效应和保护主体结构的作用，因此要求进行抗震变形验算。

考虑到弹塑性变形计算的复杂性，对不同的建筑结构提出不同的要求。随着弹塑性分析模型和软件的发展和改进，本次修订进一步增加了弹塑性变形验算的范围。

5.5.3 对建筑结构在罕遇地震作用下薄弱层（部位）弹塑性变形计算，12层以下且层刚度无突变的框架结构及单层钢筋混凝土柱厂房可采用规范的简化方法计算；较为精确的结构弹塑性分析方法，可以是三维的静力弹塑性（如push-over方法）或弹塑性时程分析方法；有时尚可采用塑性内力重分布的分析方法等。

5.5.4 钢筋混凝土框架结构及高大单层钢筋混凝土柱厂房等结构，在大地震中往往受到严重破坏甚至倒塌。实际震害分析及实验研究表明，除了这些结构刚度相对较小而变形较大外，更主要的是存在承载力验算所没有发现的薄弱部位——其承载力本身虽满足设计地震作用下抗震承载力的要求，却比相邻部位要弱得多。对于单层厂房，这种破坏多发生在8度Ⅲ、Ⅳ类场地和9度区，破坏部位是上柱，因为上柱的承载力一般相对较小且其下端的支承条件不如下柱。对于底部框架-抗震墙结构，则底部和过渡层是明显的薄弱部位。

迄今，各国规范的变形估计公式有三种；一是按假想的完全弹性体计算；二是将额定的地震作用下的弹性变形乘以放大系数，即$\triangle u_p = \eta_p \cdot \triangle u_e$；三是按时程分析法等专门程序计算。其中采用第二种的最多，本条继续保持89规范所采用的方法。

1　根据数千个（1～15）层剪切型结构采用理想弹塑性恢复力模型进行弹塑性时程分析的计算结果，

获得如下统计规律：

  1）多层结构存在"塑性变形集中"的薄弱层是一种普遍现象，其位置，对屈服强度系数 ξ_y 分布均匀的结构多在底层，分布不均匀结构则在 ξ_y 最小处和相对较小处，单层厂房往往在上柱。

  2）多层剪切型结构薄弱层的弹塑性变形与弹性变形之间有相对稳定的关系。

  对于屈服强度系数 ξ_y 均匀的多层结构，其最大的层间弹塑性变形增大系数 η_p 可按层数和 ξ_y 的差异用表格形式给出；对于 ξ_y 不均匀的结构，其情况复杂，在弹性刚度沿高度变化较平缓时，可近似用均匀结构的 η_p 适当放大取值；对其他情况，一般需要用静力弹塑性分析、弹塑性时程分析法或内力重分布法等予以估计。

  2 本规范的设计反应谱是在大量单质点系的弹性反应分析基础上统计得到的"平均值"，弹塑性变形增大系数也在统计平均意义下有一定的可靠性。当然，还应注意简化方法都有其适用范围。

  此外，如采用延性系数来表示多层结构的层间变形，可用 $\mu=\eta_p/\xi_y$ 计算。

  3 计算结构楼层或构件的屈服强度系数时，实际承载力应取截面的实际配筋和材料强度标准值计算，钢筋混凝土梁柱的正截面受弯实际承载力公式如下：

梁： $M_{byk}^a = f_{yk}A_{sb}^a(h_{b0}-a_s')$

柱：轴向力满足 $N_G/(f_{ck}b_ch_c) \leqslant 0.5$ 时，

$M_{cyk}^a = f_{yk}A_{sc}^a(h_0-a_s') + 0.5N_Gh_c(1-N_G/f_{ck}b_ch_c)$

式中，N_G 为对应于重力荷载代表值的柱轴压力（分项系数取 1.0）。

  注：上角 a 表示"实际的"。

  4 2001 规范修订过程中，对不超过 20 层的钢框架和框架-支撑结构的薄弱层层间弹塑性位移的简化计算公式开展了研究。利用 DRAIN-2D 程序对三跨的平面钢框架和中跨为交叉支撑的三跨钢结构进行了不同层数钢结构的弹塑性地震反应分析。主要计算参数如下：结构周期，框架取 $0.1n$（层数），支撑框架取 $0.09n$；恢复力模型，框架取屈服后刚度为弹性刚度 0.02 的不退化双线性模型，支撑框架的恢复力模型同时考虑了压屈后的强度退化和刚度退化；楼层屈服剪力，框架的一般层约为底层的 0.7，支撑框架的一般层约为底层的 0.9；底层的屈服强度系数为 0.7～0.3；在支撑框架中，支撑承担的地震剪力为总地震剪力的 75%，框架部分承担 25%；地震波取 80 条天然波。

  根据计算结果的统计分析发现：①纯框架结构的弹塑性位移反应与弹性位移反应差不多，弹塑性位移增大系数接近 1；②随着屈服强度系数的减小，弹塑性位移增大系数增大；③楼层屈服强度系数较小时，由于支撑的屈曲失效效应，支撑框架的弹塑性位移增大系数大于框架结构。

  以下是 15 层和 20 层钢结构的弹塑性增大系数的统计数值（平均值加一倍方差）：

屈服强度系数	15层框架	20层框架	15层支撑框架	20层支撑框架
0.50	1.15	1.20	1.05	1.15
0.40	1.20	1.30	1.15	1.25
0.30	1.30	1.50	1.65	1.90

  上述统计值与 89 规范对剪切型结构的统计值有一定的差异，可能与钢结构基本周期较长、弯曲变形所占比重较大，采用杆系模型时楼层屈服强度系数计算，以及钢结构恢复力模型的屈服后刚度取为初始刚度的 0.02 而不是理想弹塑性恢复力模型等有关。

5.5.5 在罕遇地震作用下，结构要进入弹塑性变形状态。根据震害经验、试验研究和计算分析结果，提出以构件（梁、柱、墙）和节点达到极限变形时的层间极限位移角作为罕遇地震作用下结构弹塑性层间位移角限值的依据。

  国内外许多研究结果表明，不同结构类型的不同结构构件的弹塑性变形能力是不同的，钢筋混凝土结构的弹塑性变形主要由构件关键受力区的弯曲变形、剪切变形和节点区受拉钢筋的滑移变形等三部分非线性变形组成。影响结构层间极限位移角的因素很多，包括：梁柱的相对强弱关系、配箍率、轴压比、剪跨比、混凝土强度等级、配筋率等，其中轴压比和配箍率是最主要的因素。

  钢筋混凝土框架结构的层间位移是楼层梁、柱、节点弹塑性变形的综合结果，美国对 36 个梁-柱组合试件试验结果表明，极限侧移角的分布为 1/27～1/8，我国学者对数十榀填充墙框架的试验结果表明，不开洞填充墙和开洞填充墙框架的极限侧移角平均值分别为 1/30 和 1/38。本条规定框架和板柱-框架的位移角限值为 1/50 是留有安全储备的。

  由于底部框架砌体房屋沿竖向存在刚度突变，因此对其混凝土框架部分适当从严；同时，考虑到底部框架一般均带一定数量的抗震墙，故类比框架-抗震墙结构，取位移角限值为 1/100。

  钢筋混凝土结构在罕遇地震作用下，抗震墙要比框架柱先进入弹塑性状态，而且最终破坏也相对集中在抗震墙单元。日本对 176 个带边框柱抗震墙的试验研究表明，抗震墙的极限位移角的分布为 1/333～1/125，国内对 11 个带边框低矮抗震墙试验所得到的极限位移角分布为 1/192～1/112。在上述试验研究结果的基础上，取 1/120 作为抗震墙和筒中筒结构的弹塑性层间位移角限值。考虑到框架-抗震墙结构、板柱-抗震墙和框架-核心筒结构中大部分水平地震作用由抗震墙承担，弹塑性层间位移角限值可比框架结构的框架柱严，但比抗震墙和筒中筒结构要松，故取1/100。高层钢结构，美国ATC3-06规定，Ⅱ类危险性的建筑（容纳人数较多），层间最大位移角限值为1/67；美国AISC《房屋钢结构抗震规定》（1997）中规定，与小震相比，大震时的位移角放大系数，对双重抗侧力体系中的框架-中心支撑结构取5，对框架-偏心支撑结构，取4。如果弹性位移角限值为1/300，则对应的弹塑性位移角限值分别大于1/60和1/75。考虑到钢结构在构件稳定有保证时具有较好的延性，弹塑性层间位移角限值适当放宽至1/50。

鉴于甲类建筑在抗震安全性上的特殊要求，其层间变位角限值应专门研究确定。

6 多层和高层钢筋混凝土房屋

6.1 一般规定

6.1.1 本章适用于现浇钢筋混凝土多层和高层房屋，包括采用符合本章第6.1.7条要求的装配整体式楼屋盖的房屋。

对采用钢筋混凝土材料的高层建筑，从安全和经济诸方面综合考虑，其适用最大高度应有限制。当钢筋混凝土结构的房屋高度超过最大适用高度时，应通过专门研究，采取有效加强措施，如采用型钢混凝土构件、钢管混凝土构件等，并按建设部部长令的有关规定进行专项审查。

与2001规范相比，本章对适用最大高度的修改如下：

1 补充了8度（0.3g）时的最大适用高度，按8度和9度之间内插且偏于8度。

2 框架结构的适用最大高度，除6度外有所降低。

3 板柱-抗震墙结构的适用最大高度，有所增加。

4 删除了在Ⅳ类场地适用的最大高度应适当降低的规定。

5 对于平面和竖向均不规则的结构，适用的最大高度适当降低的规范用词，由"应"改为"宜"，一般减少10%左右。对于部分框支结构，表6.1.1的适用高度已经考虑框支的不规则而比全落地抗震墙结构降低，故对于框支结构的"竖向和平面均不规则"，指框支层以上的结构同时存在竖向和平面不规则的情况。

还需说明：

仅有个别墙体不落地，例如不落地墙的截面面积不大于总截面面面积的10%，只要框支部分的设计合理且不致加大扭转不规则，仍可视为抗震墙结构，其适用最大高度仍可按全部落地的抗震墙结构确定。

框架-核心筒结构存在抗扭不利和加强层刚度突变问题，其适用最大高度略低于筒中筒结构。框架-核心筒结构中，带有部分仅承受竖向荷载的无梁楼盖时，不作为表6.1.1的板柱-抗震墙结构对待。

6.1.2 钢筋混凝土房屋的抗震等级是重要的设计参数，89规范就明确规定应根据设防类别、结构类型、烈度和房屋高度四个因素确定。抗震等级的划分，体现了对不同抗震设防类别、不同结构类型、不同烈度、同一烈度但不同高度的钢筋混凝土房屋结构延性要求的不同，以及同一种构件在不同结构类型中的延性要求的不同。

钢筋混凝土房屋结构应根据抗震等级采取相应的抗震措施。这里，抗震措施包括抗震计算时的内力调整措施和各种抗震构造措施。因此，乙类建筑应提高一度查表6.1.2确定其抗震等级。

本章条文中，"×级框架"包括框架结构、框架-抗震墙结构、框支层和框架-核心筒结构、板柱-抗震墙结构中的框架，"×级框架结构"仅指框架结构的框架，"×级抗震墙"包括抗震墙结构、框架-抗震墙结构、筒体结构和板柱-抗震墙结构中的抗震墙。

本次修订的主要变化如下：

1 注意到《民用建筑设计通则》GB 50362规定，住宅10层及以上为高层建筑，多层公共建筑高度24m以上为高层建筑。本次修订，将框架结构的30m高度分界改为24m；对于7、8、9度时的框架-抗震墙结构，抗震墙结构以及部分框支抗震墙结构，增加24m作为一个高度分界，其抗震等级比2001规范降低一级，但四级不再降低，框支层框架不降低，总体上与89规范对"低层较规则结构"的要求相近。

2 明确了框架-核心筒结构的高度不超过60m时，当按框架-抗震墙结构的要求设计时，其抗震等级按框架-抗震墙结构的规定采用。

3 将"大跨度公共建筑"改为"大跨度框架"，并明确其跨度按18m划分。

6.1.3 本条是关于混凝土结构抗震等级的进一步补充规定。

1 关于框架和抗震墙组成的结构的抗震等级。设计中有三种情况：其一，个别或少量框架，此时结构属于抗震墙体系的范畴，其抗震墙的抗震等级，仍按抗震墙结构确定；框架的抗震等级可参照框架-抗震墙结构的框架确定。其二，当框架-抗震墙结构有足够的抗震墙时，其框架部分是次要抗侧力构件，按本规范表6.1.2框架-抗震墙结构确定抗震等级；89规范要求其抗震墙底部承受的地震倾覆力矩不小于结构底部总地震倾覆力矩的50%。其三，墙体很少，即2001规范规定"在基本振型地震作用下，框架部分承受的地震倾覆力矩大于结构总地震倾覆力矩的50%"，其框架部分的抗震等级应按框架结构确定。对于这类结构，本次修订进一步明确以下几点：一是将"在基本振型地震作用下"改为"在规定的水平力作用下"，"规定的水平力"的含义见本规范第 3.4 节；二是明确底层框架部分所承担的地震倾覆力矩大于结构总地震倾覆力矩的 50%时仍属于框架结构范畴；三是删除了"最大适用高度可比框架结构适当增加"的规定；四是补充规定了其抗震墙的抗震等级。

框架部分按刚度分配的地震倾覆力矩的计算公式，保持 2001 规范的规定不变：

$$M_c = \sum_{i=1}^{n} \sum_{j=1}^{m} V_{ij} h_i$$

式中：M_c——框架-抗震墙结构在规定的侧向力作用下框架部分分配的地震倾覆力矩；

  n——结构层数；

  m——框架 i 层的柱根数；

  V_{ij}——第 i 层第 j 根框架柱的计算地震剪力；

  h_i——第 i 层层高。

在框架结构中设置少量抗震墙，往往是为了增大框架结构的刚度、满足层间位移角限值的要求，仍然属于框架结构范畴，但层间位移角限值需按底层框架部分承担倾覆力矩的大小，在框架结构和框架-抗震墙结构两者的层间位移角限值之间偏于安全内插。

2 关于裙房的抗震等级。裙房与主楼相连，主楼结构在裙房顶板对应的上下各一层受刚度与承载力突变影响较大，抗震构造措施需要适当加强。裙房与主楼之间设防震缝，在大震作用下可能发生碰撞，该部位也需要采取加强措施。

裙房与主楼相连的相关范围，一般可从主楼周边外延 3 跨且不小于 20m，相关范围以外的区域可按裙房自身的结构类型确定其抗震等级。裙房偏置时，其端部有较大扭转效应，也需要加强。

3 关于地下室的抗震等级。带地下室的多层和高层建筑，当地下室结构的刚度和受剪承载力比上部楼层相对较大时（参见本规范第 6.1.14 条），地下室顶板可视作嵌固部位，在地震作用下的屈服部位将发生在地上楼层，同时将影响到地下一层。地面以下地震响应逐渐减小，规定地下一层的抗震等级不能降低；而地下一层以下不要求计算地震作用，规定其抗震构造措施的抗震等级可逐层降低（图 11）。

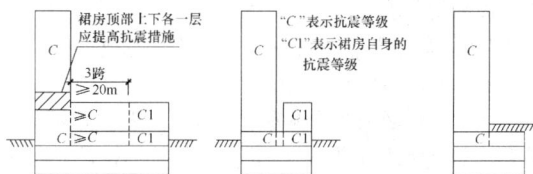

图 11　裙房和地下室的抗震等级

4 关于乙类建筑的抗震等级。根据《建筑工程抗震设防分类标准》GB 50223 的规定，乙类建筑应按提高一度查本规范表 6.1.2 确定抗震等级（内力调整和构造措施）。本规范第 6.1.1 条规定，乙类建筑的钢筋混凝土房屋可按本地区抗震设防烈度确定其适用的最大高度，于是可能出现 7 度乙类的框支结构房屋和 8 度乙类的框架结构、框架-抗震墙结构、部分框支抗震墙结构、板柱-抗震墙结构的房屋提高一度后，其高度超过本规范表 6.1.2 中抗震等级为一级的高度上界。此时，内力调整不提高，只要求抗震构造措施"高于一级"，大体与《高层建筑混凝土结构技术规程》JGJ 3 中特一级的构造要求相当。

6.1.4 震害表明，本条规定的防震缝宽度的最小值，在强烈地震下相邻结构仍可能局部碰撞而损坏，但宽度过大会给立面处理造成困难。因此，是否设置防震缝应按本规范第 3.4.5 条的要求判断。

防震缝可以结合沉降要求贯通到地基，当无沉降问题时也可以从基础或地下室以上贯通。当有多层地下室，上部结构为带裙房的单塔或多塔结构时，可将裙房用防震缝自地下室以上分隔，地下室顶板应有良好的整体性和刚度，能将地震剪力分布到整个地下室结构。

8、9 度框架结构房屋防震缝两侧层高相差较大时，可在防震缝两侧房屋的尽端沿全高设置垂直于防震缝的抗撞墙，通过抗撞墙的损坏减少防震缝两侧碰撞时框架的破坏。本次修订，抗撞墙的长度由 2001 规范的可不大于一个柱距，修改为"可不大于层高的 1/2"。结构单元较长时，抗撞墙可能引起较大温度内力，也可能有较大扭转效应，故设置时应综合分析（图 12）。

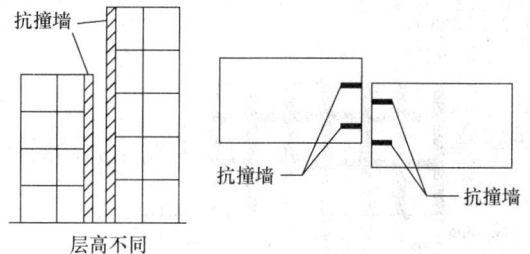

图 12　抗撞墙示意图

6.1.5 梁中线与柱中线之间、柱中线与抗震墙中线之间有较大偏心距时，在地震作用下可能导致核芯区受剪面积不足，对柱带来不利的扭转效应。当偏心距超过 1/4 柱宽时，需进行具体分析并采取有效措施，如采用水平加腋梁及加强柱的箍筋等。

2008 年局部修订，本条增加了控制单跨框架结构适用范围的要求。框架结构中某个主轴方向均为单跨，也属于单跨框架结构；某个主轴方向有局部的单跨框架，可不作为单跨框架结构对待。一、二层的连廊采用单跨框架时，需要注意加强。框-墙结构中的框架，可以是单跨。

6.1.6 楼、屋盖平面内的变形，将影响楼层水平地震剪力在各抗侧力构件之间的分配。为使楼、屋盖具有传递水平地震剪力的刚度，从 78 规范起，就提出了不同烈度下抗震墙之间不同类型楼、屋盖的长宽比限值。超过该限值时，需考虑楼、屋盖平面内变形对楼层水平地震剪力分配的影响。本次修订，8 度框架-抗震墙结构装配整体式楼、屋盖的长宽比由 2.5 调整为 2；适当放宽板柱-抗震墙结构现浇楼、屋盖的长宽比。

6.1.7 预制板的连接不足时，地震中将造成严重的震害。需要特别加强。在混凝土结构中，本规范仅适用于采用符合要求的装配整体式混凝土楼、屋盖。

6.1.8 在框架-抗震墙结构和板柱-抗震墙结构中，抗震墙是主要抗侧力构件，竖向布置应连续，防止刚度和承载力突变。本次修订，增加结合楼梯间布置抗震墙形成安全通道的要求；将 2001 规范"横向与纵向的抗震墙宜相连"改为"抗震墙的两端（不包括洞口两侧）宜设置端柱，或与另一方向的抗震墙相连"，明确要求两端设置端柱或翼墙；取消抗震墙设置在不需要开洞部位的规定，以及连梁最大跨高比和最小高度的规定。

6.1.9 本次修订，增加纵横向墙体互为翼墙或设置端柱的要求。

部分框支抗震墙属于抗震不利的结构体系，本规范的抗震措施只限于框支层不超过两层的情况。本次修订，明确部分框支抗震墙结构的底层框架应满足框架-抗震墙结构对框架部分承担地震倾覆力矩的限值——框支层不应设计为少墙框架体系（图13）。

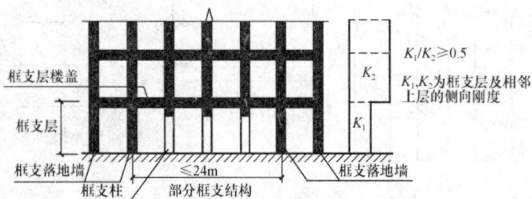

图 13 框支结构示意图

为提高较长抗震墙的延性，分段后各墙段的总高度与墙宽之比，由不应小于 2 改为不宜小于 3（图14）。

6.1.10 延性抗震墙一般控制在其底部即计算嵌固端以上一定高度范围内屈服、出现塑性铰。设计时，将墙体底部可能出现塑性铰的高度范围作为底部加强部位，提高其受剪承载力，加强其抗震构造措施，使其具有大的弹塑性变形能力，从而提高整个结构的抗震倒塌能力。

89 规范的底部加强部位与墙肢高度和长度有

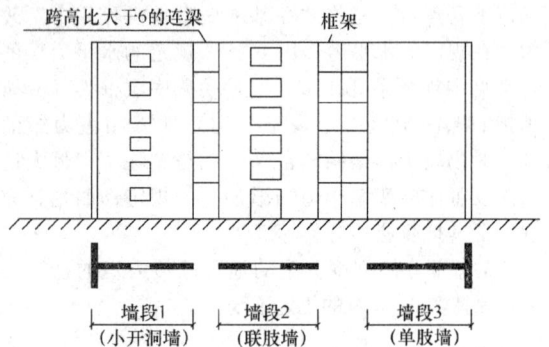

图 14　较长抗震墙的组成示意图

关，不同长度墙肢的加强部位高度不同。为了简化设计，2001 规范改为底部加强部位的高度仅与墙肢总高度相关。本次修订，将"墙体总高度的 1/8"改为"墙体总高度的 1/10"；明确加强部位的高度一律从地下室顶板算起；当计算嵌固端位于地面以下时，还需向下延伸，但加强部位的高度仍从地下室顶板算起。

此外，还补充了高度不超过 24m 的多层建筑的底部加强部位高度的规定。

有裙房时，按本规范第 6.1.3 条的要求，主楼与裙房顶对应的相邻上下层需要加强。此时，加强部位的高度也可以延伸至裙房以上一层。

6.1.12 当地基土较弱，基础刚度和整体性较差，在地震作用下抗震墙基础将产生较大的转动，从而降低了抗震墙的抗侧力刚度，对内力和位移都将产生不利影响。

6.1.13 配合本规范第 4.2.4 条的规定，针对主楼与裙房相连的情况，明确其天然地基底部不宜出现零应力区。

6.1.14 为了能使地下室顶板作为上部结构的嵌固部位，本条规定了地下室顶板和地下一层的设计要求：

地下室顶板必须具有足够的平面内刚度，以有效传递地震基底剪力。地下室顶板的厚度不宜小于180mm，若柱网内设置多个次梁时，板厚可适当减小。这里所指地下室应为完整的地下室，在山（坡）地建筑中出现地下室各边填埋深度差异较大时，宜单独设置支档结构。

框架柱嵌固端屈服时，或抗震墙墙肢的嵌固端屈服时，地下一层对应的框架柱或抗震墙墙肢不应屈服。据此规定了地下一层框架柱纵筋面积和墙肢端部纵筋面积的要求。

"相关范围"一般可从地上结构（主楼、有裙房时含裙房）周边外延不大于 20m。

当框架柱嵌固在地下室顶板时，位于地下室顶板的梁柱节点应按首层柱的下端为"弱柱"设计，即地震时首层柱底屈服、出现塑性铰。为实现首层柱底先屈服的设计概念，本规范提供了两种方法：

其一，按下式复核：

$$\sum M_{\text{bua}} + M_{\text{cua}}^{\text{t}} \geqslant 1.3 M_{\text{cua}}^{\text{b}}$$

式中：$\sum M_{\text{bua}}$——节点左右梁端截面反时针或顺时针方向实配的正截面抗震受弯承载力所对应的弯矩值之和，根据实配钢筋面积（计入梁受压筋和相关楼板钢筋）和材料强度标准值确定；

$\sum M_{\text{cua}}^{\text{t}}$——地下室柱上端与梁端受弯承载力同一方向实配的正截面抗震受弯承载力所对应的弯矩值，应根据轴力设计值、实配钢筋面积和材料强度标准值等确定；

$\sum M_{\text{cua}}^{\text{b}}$——地上一层柱下端与梁端受弯承载力不同方向实配的正截面抗震受弯承载力所对应弯矩值，应根据轴力设计值、实配钢筋面积和材料强度标准值等确定。

设计时，梁柱纵向钢筋增加的比例也可不同，但柱的纵向钢筋至少比地上结构柱下端的钢筋增加 10%。

其二，作为简化，当梁按计算分配的弯矩接近柱的弯矩时，地下室顶板的柱上端、梁顶面和梁底面的纵向钢筋均增加 10%以上。可满足上式的要求。

6.1.15 本条是新增的。发生强烈地震时，楼梯间是重要的紧急逃生竖向通道，楼梯间（包括楼梯板）的破坏会延误人员撤离及救援工作，从而造成严重伤亡。本次修订增加了楼梯间的抗震设计要求。对于框架结构，楼梯构件与主体结构整浇时，梯板起到斜支撑的作用，对结构刚度、承载力、规则性的影响比较大，应参与抗震计算；当采取措施，如梯板滑动支承于平台板，楼梯构件对结构刚度等的影响较小，是否参与整体抗震计算差别不大。对于楼梯间设置刚度足够大的抗震墙的结构，楼梯构件对结构刚度的影响较小，也可不参与整体抗震计算。

6.2 计 算 要 点

6.2.2 框架结构的抗地震倒塌能力与其破坏机制密切相关。试验研究表明，梁端屈服型框架有较大的内力重分布和能量消耗能力，极限层间位移大，抗震性能较好；柱端屈服型框架容易形成倒塌机制。

在强震作用下结构构件不存在承载力储备，梁端受弯承载力即为实际可能达到的最大弯矩，柱端实际可能达到的最大弯矩也与其偏压下的受弯承载力相等。这是地震作用效应的一个特点。因此，所谓"强柱弱梁"指的是：节点处梁端实际受弯承载力 M_{by}^{a} 和柱端实际受弯承载力 M_{cy}^{a} 之间满足下列不等式：

$$\sum M_{\text{cy}}^{\text{a}} > \sum M_{\text{by}}^{\text{a}}$$

这种概念设计，由于地震的复杂性、楼板的影响和钢筋屈服强度的超强，难以通过精确的承载力计算真正实现。

本规范自 89 规范以来，在梁端实配钢筋不超过计算配筋 10%的前提下，将梁、柱之间的承载力不等式转为梁、柱的地震组合内力设计值的关系式，并使不同抗震等级的柱端弯矩设计值有不同程度的差异。采用增大柱端弯矩设计值的方法，只在一定程度上推迟柱端出现塑性铰；研究表明，当计入楼板和钢筋超强影响时，要实现承载力不等式，内力增大系数的取值往往需要大于 2。由于地震是往复作用，两个方向的柱端弯矩设计值均要满足要求：当梁端截面为反时针方向弯矩之和时，柱端截面应为顺时针方向弯矩之和；反之亦然。

对于一级框架，89 规范除了用增大系数的方法外，还提出了采用梁端实配钢筋面积和材料强度标准值计算的抗震受弯承载力所对应的弯矩值的调整、验算方法。这里，抗震承载力即本规范 5 章的 $R_{\text{E}} = R/\gamma_{\text{RE}} = R/0.75$，此时必须将抗震承载力验算公式取等号转换为对应的内力，即 $S = R/\gamma_{\text{RE}}$。当计算梁端抗震受弯承载力时，若计入楼板的钢筋，且材料强度标准值考虑一定的超强系数，则可提高框架"强柱弱梁"的程度。89 规范规定，一级的增大系数可根据工程经验估计节点左右梁端顺时针或反时针方向受拉钢筋的实际截面面积与计算面积的比值 $\lambda_{\text{s}} = A_{\text{s}}^{\text{a}}/A_{\text{s}}^{\text{c}}$，取 $1.1\lambda_{\text{s}}$ 作为实配增大系数的近似估计，其中的 1.1 来自钢筋材料标准值与设计值的比值 $f_{\text{yk}}/f_{\text{y}}$。柱弯矩增大系数值可参考 λ_{s} 的可能变化范围确定：例如，当梁顶面为计算配筋而梁底面为构造配筋时，一级的 λ_{s} 不小于 1.5，于是，柱弯矩增大系数不小于 $1.1 \times 1.5 = 1.65$；二级 λ_{s} 不小于 1.3，柱弯矩增大系数不小于 1.43。

2001 规范比 89 规范提高了强柱弱梁的弯矩增大系数 η_{c}，弯矩增大系数 η_{c} 考虑了一定的超配钢筋（包括楼板的配筋）和钢筋超强。一级的框架结构及 9 度时，仍应采用框架梁的实际抗震受弯承载力确定柱端组合的弯矩设计值，取二者的较大值。

本次修订，提高了框架结构的柱端弯矩增大系数，而其他结构中框架的柱端弯矩增大系数仍与 2001 规范相同；并补充了四级框架的柱端弯矩增大系数。对于一级框架结构和 9 度时的一级框架，明确只需按梁端实配抗震受弯承载力确定柱端弯矩设计值；即使按增大系数的方法比实配方法保守，也可不采用增大系数的方法。对于二、三级框架结构，也可按式 (6.2.2-2) 的梁端实配抗震受弯承载力确定柱端弯矩设计值，但式中的系数 1.2 可适当降低，如取 1.1 即可；这样，有可能比按内力增大系数，即按式 (6.2.2-1) 调整的方法更经济、合理。计算梁端实配抗震受弯承载力时，还应计入梁两侧有效翼缘范围的楼板。因此，在框架刚度和承载力计算时，所计入的梁两侧有效翼缘范围应相互协调。

即使按"强柱弱梁"设计的框架，在强震作用下，柱端仍有可能出现塑性铰，保证柱的抗地震倒塌能力是框架抗震设计的关键。本规范通过柱的抗震构造措施，使柱具有大的弹塑性变形能力和耗能能力，达到在大震作用下，即使柱端出铰，也不会引起框架倒塌的目标。

当框架底部若干层的柱反弯点不在楼层内时，说明这些层的框架梁相对较弱。为避免在竖向荷载和地震共同作用下变形集中，压屈失稳，柱端弯矩也应乘以增大系数。

对于轴压比小于 0.15 的柱，包括顶层柱在内，因其具有比较大的变形能力，可不满足上述要求；对框支柱，在本规范第 6.2.10 条另有规定。

6.2.3 框架结构计算嵌固端所在层即底层的柱下端过早出现塑性屈服，将影响整个结构的抗地震倒塌能力。嵌固端截面乘以弯矩增大系数是为了避免框架结构柱下端过早屈服。对其他结构中的框架，其主要抗侧力构件为抗震墙，对其框架部分的嵌固端截面，可不作要求。

当仅用插筋满足柱嵌固端截面弯矩增大的要求时，可能造成塑性铰向底层柱的上部转移，对抗震不利。规范提出按柱上下端不利情况配置纵向钢筋的要求。

6.2.4、6.2.5、6.2.8 防止梁、柱和抗震墙底部在弯曲屈服前出现剪切破坏是抗震概念设计的要求，它意味着构件的受剪承载力要大于构件弯曲时实际达到的剪力，即按实际配筋面积和材料强度标准值计算的承载力之间满足下列不等式：

$$V_{bu} > (M_{bu}^l + M_{bu}^r)/l_{bo} + V_{Gb}$$

$$V_{cu} > (M_{cu}^b + M_{cu}^t)/H_{cn}$$

$$V_{wu} > (M_{wu}^b - M_{wu}^t)/H_{wn}$$

规范在纵向受力钢筋不超过计算配筋 10% 的前提下，将承载力不等式转为内力设计值表达式，不同抗震等级采用不同的剪力增大系数，使"强剪弱弯"的程度有所差别。该系数同样考虑了材料实际强度和钢筋实际面积这两个因素的影响，对柱和墙还考虑了轴向力的影响，并简化计算。

一级的剪力增大系数，需从上述不等式中导出。直接取实配钢筋面积 A_s^a 与计算实配筋面积 A_s^c 之比 λ_s 的 1.1 倍，是 η_v 最简单的近似，对梁和节点的"强剪"能满足工程的要求，对柱和墙偏于保守。89 规范在条文说明中给出较为复杂的近似计算公式如下：

$$\eta_{vc} \approx \frac{1.1\lambda_s + 0.58\lambda_N(1 - 0.56\lambda_N)(f_c/f_y\rho_t)}{1.1 + 0.58\lambda_N(1 - 0.75\lambda_N)(f_c/f_y\rho_t)}$$

$$\eta_{vw} \approx \frac{1.1\lambda_{sw} + 0.58\lambda_N(1 - 0.56\lambda_N)\zeta(f_c/f_y\rho_{tw})}{1.1 + 0.58\lambda_N(1 - 0.75\lambda_N)\zeta(f_c/f_y\rho_{tw})}$$

式中，λ_N 为轴压比，λ_{sw} 为墙体实际受拉钢筋（分布筋和集中筋）截面面积与计算面积之比，ζ 为考虑墙体边缘构件影响的系数，ρ_{tw} 为墙体受拉钢筋配筋率。

当柱 $\lambda_s \leqslant 1.8$，$\lambda_N \geqslant 0.2$ 且 $\rho_t = 0.5\% \sim 2.5\%$，墙 $\lambda_{sw} \leqslant 1.8$，$\lambda_N \leqslant 0.3$ 且 $\rho_{tw} = 0.4\% \sim 1.2\%$ 时，通过数百个算例的统计分析，能满足工程要求的剪力增大系数 η_v 的进一步简化计算公式如下：

$$\eta_{vc} \approx 0.15 + 0.7[\lambda_s + 1/(2.5 - \lambda_N)]$$

$$\eta_{vw} \approx 1.2 + (\lambda_{sw} - 1)(0.6 + 0.02/\lambda_N)$$

2001 规范的框架柱、抗震墙的剪力增大系数 η_{vc}、η_{vw}，即参考上述近似公式确定。此次修订，框架梁、框架结构以外框架的柱、连梁和抗震墙的剪力增大系数与 2001 规范相同，框架结构的柱的剪力增大系数随柱端弯矩增大系数的提高而提高；同时，明确一级的框架结构及 9 度的一级框架，只需满足实配要求，而即使增大系数为偏保守也可不满足。同样，二、三、四级框架结构的框架柱，也可采用实配方法而不采用增大系数的方法，使之较为经济又合理。

注意：柱和抗震墙的弯矩设计值系经本节有关规定调整后的取值；梁端、柱端弯矩设计值之和须取顺时针方向之和以及反时针方向之和两者的较大值；梁端纵向受拉钢筋也按顺时针及反时针方向考虑。

6.2.6 地震时角柱处于复杂的受力状态，其弯矩和剪力设计值的增大系数，比其他柱略有增加，以提高抗震能力。

6.2.7 对一级抗震墙规定调整截面的组合弯矩设计值，目的是通过配筋方式迫使塑性铰区位于墙肢的底部加强部位。89 规范要求底部加强部位的组合弯矩设计值均按墙底截面的设计值采用，以上一般部位的组合弯矩设计值按线性变化，对于较高的房屋，会导致与加强部位相邻一般部位的弯矩取值过大。2001 规范改为：底部加强部位的弯矩设计值均取墙底部截面的组合弯矩设计值，底部加强部位以上，均采用各墙肢截面的组合弯矩设计值乘以增大系数，但增大后与加强部位紧邻一般部位的弯矩有可能小于相邻加强部位的组合弯矩。本次修订，改为仅加强部位以上乘以增大系数。主要有两个目的：一是使墙肢的塑性铰在底部加强部位的范围内得到发展，不是将塑性铰集中在底层，甚至集中在底截面以上不大的范围内，从而减轻墙肢底截面附近的破坏程度，使墙肢有较大的塑性变形能力；二是避免底部加强部位紧邻的上层墙肢屈服而底部加强部位不屈服。

当抗震墙的墙肢在多遇地震下出现小偏心受拉时，在设防地震、罕遇地震下的抗震能力可能大大丧失；而且，即使多遇地震下为偏压的墙肢而设防地震下转为偏拉，则其抗震能力有实质性的改变，也需要采取相应的加强措施。

双肢抗震墙的某个墙肢为偏心受拉时，一旦出现全截面受拉开裂，则其刚度退化严重，大部分地震作用将转移到受压墙肢，因此，受压肢需适当增大弯矩和剪力设计值以提高承载能力。注意到地震是往复的作用，实际上双肢墙的两个墙肢，都可能要按增大后的内力配筋。

6.2.9 框架柱和抗震墙的剪跨比可按图 15 及公式进行计算。

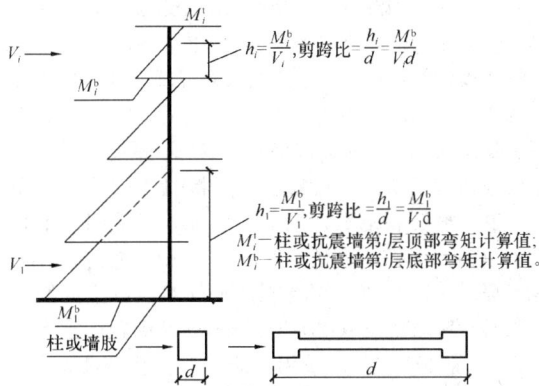

图 15　剪跨比计算简图

6.2.10～6.2.12 这几条规定了部分框支结构设计计算的注意事项。

第 6.2.10 条 1 款的规定，适用于本章 6.1.1 条所指的框支层不超过 2 层的情况。本次修订，将本层地震剪力改为底层地震剪力即基底剪力，但主楼与裙房相连时，不含裙房部分的地震剪力，框支柱也不含裙房的框架柱。

框支结构的落地墙，在转换层以下的部位是保证框支结构抗震性能的关键部位，这部位的剪力传递还可能存在矮墙效应。为了保证抗震墙在大震时的受剪承载力，只考虑有拉筋约束部分的混凝土受剪承载力。

无地下室的部分框支抗震墙结构的落地墙，特别是联肢或双肢墙，当考虑不利荷载组合出现偏心受拉时，为了防止墙与基础交接处产生滑移，宜按总剪力的 30% 设置 45°交叉防滑斜筋，斜筋可按单排设在墙截面中部并应满足锚固要求。

6.2.13 本条规定了在结构整体分析中的内力调整：

1　按照框墙结构（不包括少墙框架体系和少框架的抗震墙体系）中框架和墙体协同工作的分析结果，在一定高度以上，框架按侧向刚度分配的剪力与墙体的剪力反号，二者相减等于楼层的地震剪力，此时，框架承担的剪力与底部总地震剪力的比值基本保持某个比例；按多道防线的概念设计要求，墙体是第一道防线，在设防地震、罕遇地震下先于框架破坏，由于塑性内力重分布，框架部分按侧向刚度分配的剪力会比多遇地震下加大。

我国 20 世纪 80 年代 1/3 比例的空间框墙结构模型反复荷载试验及该试验模型的弹塑性分析表明：保持楼层侧向位移协调的情况下，弹性阶段底部的框架仅承担不到 5% 的总剪力；随着墙体开裂，框架承担

的剪力逐步增大；当墙体端部的纵向钢筋开始受拉屈服时，框架承担大于 20% 总剪力；墙体压坏时框架承担大于 33% 的总剪力。本规范规定的取值，既体现了多道抗震设防的原则，又考虑了当前的经济条件。对于框架-核心筒结构，尚应符合本规范 6.7.1 条 1 款的规定。

此项规定适用于竖向结构布置基本均匀的情况；对塔类结构出现分段规则的情况，可分段调整；对有加强层的结构，不含加强层及相邻上下层的调整。此项规定不适用于部分框架柱不到顶，使上部框架柱数量较少的楼层。

2　计算地震内力时，抗震墙连梁刚度可折减；计算位移时，连梁刚度可不折减。抗震墙的连梁刚度折减后，如部分连梁尚不能满足剪压比限值，可采用双连梁、多连梁的布置，还可按剪压比要求降低连梁剪力设计值及弯矩，并相应调整抗震墙的墙肢内力。

3　抗震墙应计入腹板与翼墙共同工作。对于翼墙的有效长度，89 规范和 2001 规范有不同的具体规定，本次修订不再给出具体规定。2001 规范规定："每侧由墙面算起可取相邻抗震墙净间距的一半、至门窗洞口的墙长度及抗震墙总高度的 15% 三者的最小值"，可供参考。

4　对于少墙框架结构，框架部分的地震剪力取两种计算模型的较大值较为妥当。

6.2.14 节点核芯区是保证框架承载力和抗倒塌能力的关键部位。本次修订，增加了三级框架的节点核芯区进行抗震验算的规定。

2001 规范提供了梁宽大于柱宽的框架和圆柱框架的节点核芯区验算方法。梁宽大于柱宽时，按柱宽范围内和范围外分别计算。圆柱的计算公式依据国外资料和国内试验结果提出：

$$V_j \leqslant \frac{1}{\gamma_{\mathrm{RE}}} \left(1.5\eta_j f_t A_j + 0.05\eta_j \frac{N}{D^2} A_j + 1.57 f_{yv} A_{sh} \frac{h_{b0} - a'_s}{s} \right)$$

上式中，A_j 为圆柱截面面积，A_{sh} 为核芯区环形箍筋的单根截面面积。去掉 γ_{RE} 及 η_j 附加系数，上式可写为：

$$V_j \leqslant 1.5 f_t A_j + 0.05 \frac{N}{D^2} A_j + 1.57 f_{yv} A_{sh} \frac{h_{b0} - a'_s}{s}$$

上式中系数 1.57 来自 ACI Structural Journal, Jan-Feb. 1989, Priestley 和 Paulay 的文章：Seismic strength of circular reinforced concrete columns.

圆形截面柱受剪，环形箍筋所承受的剪力可用下式表达：

$$V_s = \frac{\pi A_{sh} f_{yv} D'}{2s} = 1.57 f_{yv} A_{sh} \frac{D'}{s} \approx 1.57 f_{yv} A_{sh} \frac{h_{b0} - a'_s}{s}$$

式中：A_{sh}——环形箍单肢截面面积；

D'——纵向钢筋所在圆周的直径；

h_{b0}——框架梁截面有效高度；

s——环形箍筋间距。

根据重庆建筑大学 2000 年完成的 4 个圆柱梁柱节点试验，对比了计算和试验的节点核芯区受剪承载力，计算值与试验之比约为 85%，说明此计算公式的可靠性有一定保证。

6.3 框架的基本抗震构造措施

6.3.1、6.3.2 合理控制混凝土结构构件的尺寸，是本规范第 3.5.4 条的基本要求之一。梁的截面尺寸，应从整个框架结构中梁、柱的相互关系，如在强柱弱梁基础上提高梁变形能力的要求等来处理。

为了避免或减小扭转的不利影响，宽扁梁框架的梁柱中线宜重合，并应采用整体现浇楼盖。为了使宽扁梁端部在柱外的纵向钢筋有足够的锚固，应在两个主轴方向都设置宽扁梁。

6.3.3、6.3.4 梁的变形能力主要取决于梁端的塑性转动量，而梁的塑性转动量与截面混凝土相对受压区高度有关。当相对受压区高度为 0.25 至 0.35 范围时，梁的位移延性系数可到达 3~4。计算梁端截面纵向受拉钢筋时，应采用与柱交界面的组合弯矩设计值，并应计入受压钢筋。计算梁端相对受压区高度时，宜按梁端截面实际受拉和受压钢筋面积进行计算。

梁端底面和顶面纵向钢筋的比值，同样对梁的变形能力有较大影响。梁端底面的钢筋可增加负弯矩时的塑性转动能力，还能防止在地震中梁底出现正弯矩时过早屈服或破坏过重，从而影响承载力和变形能力的正常发挥。

根据试验和震害经验，梁端的破坏主要集中于 (1.5~2.0) 倍梁高的长度范围内；当箍筋间距小于 $6d~8d$（d 为纵向钢筋直径）时，混凝土压溃前受压钢筋一般不致压屈，延性较好。因此规定了箍筋加密区的最小长度，限制了箍筋最大肢距；当纵向受拉钢筋的配筋率超过 2% 时，箍筋的最小直径相应增大。

本次修订，将梁端纵向受拉钢筋的配筋率不大于 2.5% 的要求，由强制性改为非强制性，移到 6.3.4 条。还提高了框架结构梁的纵向受力钢筋伸入节点的握裹要求。

6.3.5 本次修订，根据汶川地震的经验，对一、二、三级且层数超过 2 层的房屋，增大了柱截面最小尺寸的要求，以有利于实现"强柱弱梁"。

6.3.6 限制框架柱的轴压比主要是为了保证柱的塑性变形能力和保证框架的抗倒塌能力。抗震设计时，除了预计不可能进入屈服的柱外，通常希望框架柱最终为大偏心受压破坏。由于轴压比直接影响柱的截面设计，2001 规范仍以 89 规范的限值为依据，根据不同情况进行适当调整，同时控制轴压比最大值。在框架-抗震墙、板柱-抗震墙及筒体结构中，框架属于第二道防线，其中框架的柱与框架结构的柱相比，其重要性相对较低，为此可以适当增大轴压限值。本次

修订，将框架结构的轴压比限值减小了 0.05，框架-抗震墙、板柱-抗震墙及筒体中三级框架的柱的轴压比限值也减小了 0.05，增加了四级框架的柱的轴压比限值。

利用箍筋对混凝土进行约束，可以提高混凝土的轴心抗压强度和混凝土的受压极限变形能力。但在计算柱的轴压比时，仍取无箍筋约束的混凝土的轴心抗压强度设计值，不考虑箍筋约束对混凝土轴心抗压强度的提高作用。

我国清华大学研究成果和日本 AIJ 钢筋混凝土房屋设计指南都提出，考虑箍筋对混凝土的约束作用时，复合箍筋肢距不宜大于 200mm，箍筋间距不宜大于 100mm，箍筋直径不宜小于 10mm 的构造要求。参考美国 ACI 资料，考虑螺旋箍筋对混凝土的约束作用时，箍筋直径不宜小于 10mm，净螺距不宜大于 75mm。为便于施工，采用螺旋间距不大于 100mm，箍筋直径不小于 12mm。矩形截面柱采用连续矩形复合螺旋箍是一种非常有效的提高延性的措施，这已被西安建筑科技大学的试验研究所证实。根据日本川铁株式会社 1998 年发表的试验报告，相同柱截面、相同配筋、配箍率、箍距及箍筋肢距，采用连续复合螺旋箍比一般复合箍筋可提高柱的极限变形角 25%。采用连续复合矩形螺旋箍可按圆形复合螺旋箍对待。用上述方法提高柱的轴压比后，应按增大的轴压比由本规范表 6.3.9 确定配箍量，且沿柱全高采用相同的配箍特征值。

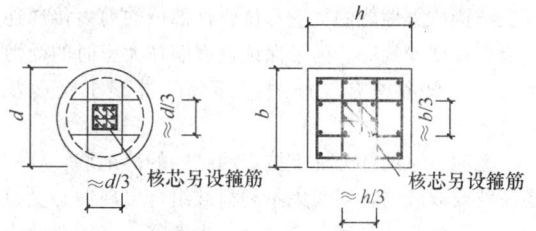

图 16 芯柱尺寸示意图

试验研究和工程经验都证明，在矩形或圆形截面柱内设置矩形核芯柱，不但可以提高柱的受压承载力，还可以提高柱的变形能力。在压、弯、剪作用下，当柱出现弯、剪裂缝，在大变形情况下芯柱可以有效地减小柱的压缩，保持柱的外形和截面承载力，特别对于承受高轴压的短柱，更有利于提高变形能力，延缓倒塌。为了便于梁筋通过，芯柱边长不宜小于柱边长或直径的 1/3，且不宜小于 250mm（图 16）。

6.3.7、6.3.8 柱纵向钢筋的最小总配筋率，89 规范的比 78 规范有所提高，但仍偏低，很多情况小于非抗震配筋率，2001 规范适当调整。本次修订，提高了框架结构中柱和边柱纵向钢筋的最小总配筋率的要求。随着高强钢筋和高强混凝土的使用，最小纵向钢筋的配筋率要求，将随混凝土强度和钢筋的强度而有所变化，但表中的数据是最低的要求，必须满足。

当框架柱在地震作用组合下处于小偏心受拉状态时，柱的纵筋总截面面积应比计算值增加25%，是为了避免柱的受拉纵筋屈服后再受压时，由于包兴格效应导致纵筋压屈。

6.3.9 框架柱的弹塑性变形能力，主要与柱的轴压比和箍筋对混凝土的约束程度有关。为了具有大体上相同的变形能力，轴压比大的柱，要求的箍筋约束程度高。箍筋对混凝土的约束程度，主要与箍筋形式、体积配箍率、箍筋抗拉强度以及混凝土轴心抗压强度等因素有关，而体积配箍率、箍筋强度及混凝土强度三者又可以用配箍特征值表示，配箍特征值相同时，螺旋箍、复合螺旋箍及连续复合螺旋箍的约束程度，比普通箍和复合箍对混凝土的约束更好。因此，规范规定，轴压比大的柱，其配箍特征值大于轴压比低的柱；轴压比相同的柱，采用普通箍或复合箍时的配箍特征值，大于采用螺旋箍、复合螺旋箍或连续复合螺旋箍时的配箍特征值。

89规范的体积配箍率，是在配箍特征值基础上，对箍筋抗拉强度和混凝土轴心抗压强度的关系做了一定简化得到的，仅适用于混凝土强度在C35以下和HPB235级钢箍筋。2001规范直接给出配箍特征值，能够经济合理地反映箍筋对混凝土的约束作用。为了避免配箍率过小，2001规范还规定了最小体积配箍率。普通箍筋的体积配箍率随轴压比增大而增加的对应关系举例如下：采用符合抗震性能要求的HRB335级钢筋且混凝土强度等级大于C35时，一、二、三级轴压比分别小于0.6、0.5和0.4时，体积配箍率取正文中的最小值——分别为0.8%、0.6%和0.4%，轴压比分别超过0.6、0.5和0.4但在最大轴压比范围内，轴压比每增加0.1，体积配箍率增加$0.02(f_c/f_y) \approx 0.0011(f_c/16.7)$；超过最大轴压比范围，轴压比每增加0.1，体积配箍率增加$0.03(f_c/f_y) = 0.0001f_c$。

本次修订，删除了89规范和2001规范关于复合箍应扣除重叠部分箍筋体积的规定，因重叠部分对混凝土的约束情况比较复杂，如何换算有待进一步研究；箍筋的强度也不限制在标准值400MPa以内。四级框架柱的箍筋加密区的最小体积配箍特征值，与三级框架柱相同。

对于封闭箍筋与两端为135°弯钩的拉筋组成的复合箍，约束效果最好的是拉筋同时钩住主筋和箍筋；其次是拉筋紧靠纵向钢筋并钩住箍筋；当拉筋间距符合箍筋肢距的要求，纵筋与箍筋有可靠拉结时，拉筋也可紧靠箍筋并钩住纵筋。

考虑到框架柱在层高范围内剪力不变及可能的扭转影响，为避免箍筋非加密区的受剪能力突然降低很多，导致柱的中段破坏，对非加密区的最小箍筋量也作了规定。

箍筋类别参见图17。

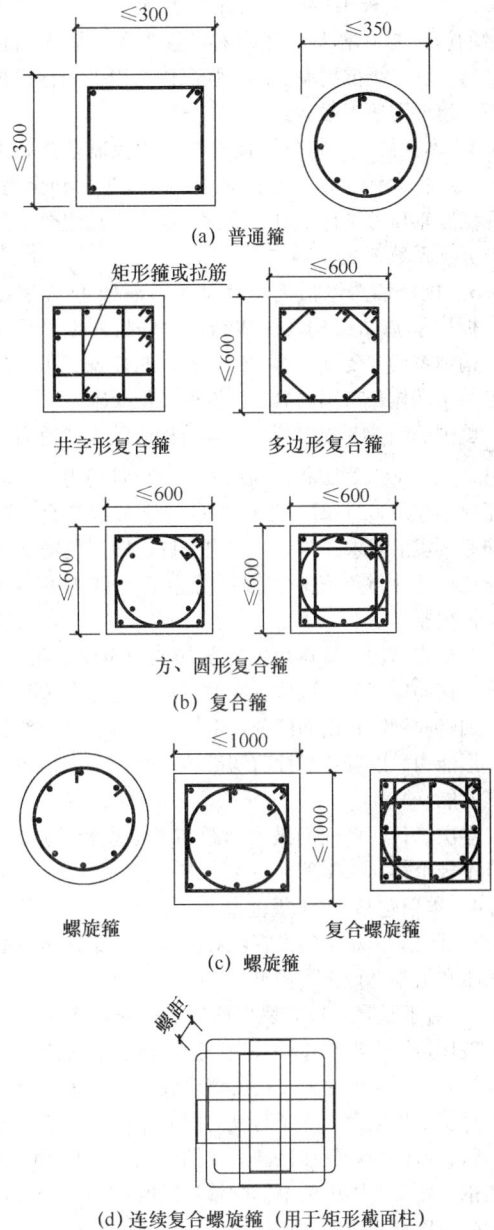

(a) 普通箍

井字形复合箍　　多边形复合箍

方、圆形复合箍

(b) 复合箍

螺旋箍　　　　复合螺旋箍

(c) 螺旋箍

(d) 连续复合螺旋箍（用于矩形截面柱）

图17　各类箍筋示意图

6.3.10 为使框架的梁柱纵向钢筋有可靠的锚固条件，框架梁柱节点核芯区的混凝土要具有良好的约束。考虑到核芯区内箍筋的作用与柱端有所不同，其构造要求与柱端有所区别。

6.4　抗震墙结构的基本抗震构造措施

6.4.1 本次修订，将墙厚与层高之比的要求，由"应"改为"宜"，并增加无支长度的相应规定。无端柱或翼墙是指墙的两端（不包括洞口两侧）为一字形的矩形截面。

试验表明，有边缘构件约束的矩形截面抗震墙与无边缘构件约束的矩形截面抗震墙相比，极限承载力约提高 40%，极限层间位移角约增加一倍，对地震能量的消耗能力增大 20% 左右，且有利于墙板的稳定。对一、二级抗震墙底部加强部位，当无端柱或翼墙时，墙厚需适当增加。

6.4.2 本次修订，将抗震墙的轴压比控制范围，由一、二级扩大到三级，由底部加强部位扩大到全高。计算墙肢轴压力设计值时，不计入地震作用组合，但应取分项系数 1.2。

6.4.3 抗震墙，包括抗震墙结构、框架-抗震墙结构、板柱-抗震墙结构及筒体结构中的抗震墙，是这些结构体系的主要抗侧力构件。在强制性条文中，纳入了关于墙体分布钢筋数量控制的最低要求。

美国 ACI 318 规定，当抗震结构墙的设计剪力小于 $A_{cv}\sqrt{f_c'}$（A_{cv} 为腹板截面面积，该设计剪力对应的剪压比小于 0.02）时，腹板的竖向分布钢筋允许降到同非抗震的要求。因此，本次修订，四级抗震墙的剪压比低于上述数值时，竖向分布筋允许按不小于 0.15% 控制。

对框支结构，抗震墙的底部加强部位受力很大，其分布钢筋应高于一般抗震墙的要求。通过在这些部位增加竖向钢筋和横向的分布钢筋，提高墙体开裂后的变形能力，以避免脆性剪切破坏，改善整个结构的抗震性能。

本次修订，将钢筋最大间距和最小直径的规定，移至本规范第 6.4.4 条。

6.4.4 本条包括 2001 规范第 6.4.2 条、6.4.4 条的内容和部分 6.4.3 条的内容，对抗震墙分布钢筋的最大间距和最小直径作了调整。

6.4.5 对于开洞的抗震墙即联肢墙，强震作用下合理的破坏过程应当是连梁首先屈服，然后墙肢的底部钢筋屈服、形成塑性铰。抗震墙墙肢的塑性变形能力和抗地震倒塌能力，除了与纵向配筋有关外，还与截面形状、截面相对受压区高度或轴压比、墙两端的约束范围、约束范围内的箍筋配箍特征值有关。当截面相对受压区高度或轴压比较小时，即使不设约束边缘构件，抗震墙也具有较好的延性和耗能能力。当截面相对受压区高度或轴压比大到一定值时，就需设置约束边缘构件，使墙肢端部成为箍筋约束混凝土，具有较大的受压变形能力。当轴压比更大时，即使设置约束边缘构件，在强烈地震作用下，抗震墙有可能压溃、丧失承担竖向荷载的能力。因此，2001 规范规定了一、二级抗震墙在重力荷载代表值作用下的轴压比限值；当墙底截面的轴压比超过一定值时，底部加强部位墙的两端及洞口两侧应设置约束边缘构件，使底部加强部位有良好的延性和耗能能力；考虑到底部加强部位以上相邻层的抗震墙，其轴压比可能仍较大，将约束边缘构件向上延伸一层；还规定了构造边缘构件和约束边缘构件的具体构造要求。

2010 年修订的主要内容是：

1 将设置约束边缘构件的要求扩大至三级抗震墙。

2 约束边缘构件的尺寸及其配箍特征值，根据轴压比的大小确定。当墙体的水平分布钢筋满足锚固要求且水平分布钢筋之间设置足够的拉筋形成复合箍时，约束边缘构件的体积配箍率可计入分布筋，考虑水平筋同时为抗剪受力钢筋，且竖向间距往往大于约束边缘构件的箍筋间距，需要另增一道封闭箍筋，故计入的水平分布钢筋的配箍特征值不宜大于 0.3 倍总配箍特征值。

3 对于底部加强区以上的一般部位，带翼墙时构造边缘构件的总长度改为与矩形端相同，即不小于墙厚和 400mm；转角墙在内侧改为不小于 200mm。在加强部位与一般部位的过渡区（可大体取加强部位以上与加强部位的高度相同的范围），边缘构件的长度需逐步过渡。

此次局部修订，补充约束边缘构件的端柱有集中荷载时的设计要求。

6.4.6 当抗震墙的墙肢长度不大于墙厚的 3 倍时，要求应按柱的有关要求进行设计。本次修订，降低了小墙肢的箍筋全高加密的要求。

6.4.7 高连梁设置水平缝，使一根连梁成为大跨高比的两根或多根连梁，其破坏形态从剪切破坏变为弯曲破坏。

6.5 框架-抗震墙结构的基本抗震构造措施

6.5.1 框架-抗震墙结构中的抗震墙，是作为该结构体系第一道防线的主要的抗侧力构件，需要比一般的抗震墙有所加强。

其抗震墙通常有两种布置方式：一种是抗震墙与框架分开，抗震墙围成筒，墙的两端没有柱；另一种是抗震墙嵌入框架内，有端柱、有边框梁，成为带边框抗震墙。第一种情况的抗震墙，与抗震墙结构中的抗震墙、筒体结构中的核心筒或内筒墙体区别不大。对于第二种情况的抗震墙，如果梁的宽度大于墙的厚度，则每一层的抗震墙有可能成为高宽比小的矮墙，强震作用下发生剪切破坏，同时，抗震墙给柱端施加很大的剪力，使柱端剪坏，这对抗地震倒塌是非常不利的。2005 年，日本完成了一个 1/3 比例的 6 层 2 跨、3 开间的框架-抗震墙结构模型的振动台试验，抗震墙嵌入框架内。最后，首层抗震墙剪切破坏，抗震墙的端柱剪坏，首层其他柱的两端出塑性铰，首层倒塌。2006 年，日本完成了一个足尺的 6 层 2 跨、3 开间的框架-抗震墙结构模型的振动台试验。与 1/3 比例的模型相比，除了模型比例不同外，嵌入框架内的抗震墙采用开缝墙。最后，首层开缝墙出现弯曲破坏和剪切斜裂缝，没有出现首层倒塌的破坏现象。

本次修订，对墙厚与层高之比的要求，由"应"

改为"宜";对于有端柱的情况,不要求一定设置边框梁。

6.5.2 本次修订,增加了抗震墙分布钢筋的最小直径和最大间距的规定,拉筋具体配置方式的规定可参照本规范第6.4.4条。

6.5.3 楼面梁与抗震墙平面外连接,主要出现在抗震墙与框架分开布置的情况。试验表明,在往复荷载作用下,锚固在墙内的梁的纵筋有可能产生滑移,与梁连接的墙面混凝土有可能拉脱。

6.5.4 少墙框架结构中抗震墙的地位不同于框架-抗震墙,不需要按本节的规定设计其抗震墙。

6.6 板柱-抗震墙结构抗震设计要求

6.6.2 规定了板柱-抗震墙结构中抗震墙的最小厚度;放松了楼、电梯洞口周边设置边框梁的要求。按柱纵筋直径16倍控制托板或柱帽根部的厚度是为了保证板柱节点的抗弯刚度。

6.6.3 本次修订,对高度不超过12m的板柱-抗震墙结构,放松抗震墙所承担的地震剪力的要求;新增板柱节点冲切承载力的抗震验算要求。

无柱帽平板在柱上板带中按本规范要求设置构造暗梁时,不可把平板作为有边梁的双向板进行设计。

6.6.4 为了防止强震作用下楼板脱落,穿过柱截面的板底两个方向钢筋的受拉承载力应满足该层楼板重力荷载代表值作用下的柱轴压力设计值。试验研究表明,抗剪栓钉的抗冲切效果优于抗冲切钢筋。

6.7 筒体结构抗震设计要求

6.7.1 本条新增框架-核心筒结构框架部分地震剪力的要求,以避免外框太弱。框架-核心筒结构框架部分的地震剪力应同时满足本条与第6.2.13条的规定。

框架-核心筒结构的核心筒与周边框架之间采用梁板结构时,各层梁对核心筒有一定的约束,可不设加强层,梁与核心筒连接应避开核心筒的连梁。当楼层采用平板结构且核心筒较柔,在地震作用下不能满足变形要求,或筒体由于受弯产生拉力时,宜设置加强层,其部位应结合建筑功能设置。为了避免加强层周边框架柱在地震作用下由于强梁带来的不利影响,加强层的大梁或桁架与周边框架不宜刚性连接。9度时不应采用加强层。核心筒的轴向压缩及外框架的竖向温度变形对加强层产生附加内力,在加强层与周边框架柱之间采取后浇连接及有效的外保温措施是必要的。

筒中筒结构的外筒可采取下列措施提高延性:

1 采用非结构幕墙。当采用钢筋混凝土裙墙时,可在裙墙与柱连接处设置受剪控制缝。

2 外筒为壁式筒体时,在裙墙与窗间墙连接处设置受剪控制缝,外筒按联肢抗震墙设计;三级的壁式筒体可按壁式框架设计,但壁式框架柱除满足计算

要求外,尚需满足本章第6.4.5条的构造要求;支承大梁的壁式筒体在大梁支座宜设置壁柱,一级时,由壁柱承担大梁传来的全部轴力,但验算轴压比时仍取全部截面。

3 受剪控制缝的构造如图18所示。

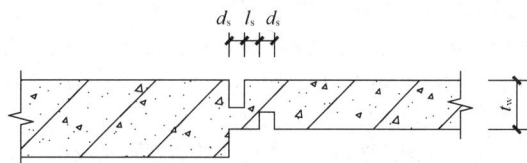

缝宽 d_s 大于5mm;两缝间距 l_s 大于50mm

图18 外筒裙墙受剪控制缝构造

6.7.2 框架-核心筒结构的核心筒、筒中筒结构的内筒,都是由抗震墙组成的,也都是结构的主要抗侧力竖向构件,其抗震构造措施应符合本章第6.4节和第6.5节的规定,包括墙的最小厚度、分布钢筋的配置、轴压比限值、边缘构件的要求等,以使筒体具有足够大的抗震能力。

框架-核心筒结构的框架较弱,宜加强核心筒的抗震能力;核心筒连梁的跨高比一般较小,墙的整体作用较强。因此,核心筒角部的抗震构造措施予以加强。

6.7.4 试验表明,跨高比小的连梁配置斜向交叉暗柱,可以改善其抗剪性能,但施工比较困难,本次修订,将2001规范设置交叉暗柱、交叉构造钢筋的要求,由"宜"改为"可"。

7 多层砌体房屋和底部框架砌体房屋

7.1 一 般 规 定

7.1.1 考虑到黏土砖被限用,本章的适用范围由黏土砖砌体改为各类砖砌体,包括非黏土结砖、蒸压砖砌体,并增加混凝土类砖,该类砖已有产品国标。对非黏土烧结砖和蒸压砖,仍按2001规范的规定依据其抗剪强度区别对待。

对于配筋混凝土小砌块承重房屋的抗震设计,仍然在本规范的附录F中予以规定。

本次修订,明确本章的规定,原则上也可用于单层非空旷砌体房屋的抗震设计。

砌体结构房屋抗震设计的适用范围,随国家经济的发展而不断改变。89规范删去了"底部内框架砖房"的结构形式;2001规范删去了混凝土中型砌块和粉煤灰中型砌块的规定,并将"内框架砖房"限制于多排柱内框架;本次修订,考虑到"内框架砖房"已很少使用且抗震性能较低,取消了相关内容。

7.1.2 砌体房屋的高度限制,是十分敏感且深受关注的规定。基于砌体材料的脆性性质和震害经验,限

制其层数和高度是主要的抗震措施。

多层砖房的抗震能力，除依赖于横墙间距、砖和砂浆强度等级、结构的整体性和施工质量等因素外，还与房屋的总高度有直接的联系。

历次地震的宏观调查资料说明：二、三层砖房在不同烈度区的震害，比四、五层的震害轻得多，六层及六层以上的砖房在地震时震害明显加重。海城和唐山地震中，相邻的砖房，四、五层的比二、三层的破坏严重，倒塌的百分比亦高得多。

国外在地震区对砖结构房屋的高度限制较严。不少国家在 7 度及以上地震区不允许采用无筋砖结构，前苏联等国对配筋和无筋砖结构的高度和层数作了相应的限制。结合我国具体情况，砌体房屋的高度限制是指设置了构造柱的房屋高度。

多层砌块房屋的总高度限制，主要是依据计算分析、部分震害调查和足尺模型试验，并参照多层砖房确定的。

2008 局部修订时，补充了属于乙类的多层砌体结构房屋按当地设防烈度查表 7.1.2 的高度和层数控制要求。本条在 2008 年局部修订基础上作下列变动：

1 偏于安全，6 度的普通砖砌体房屋的高度和层数适当降低。

2 明确补充规定了 7 度（0.15g）和 8 度（0.30g）的高度和层数限值。

3 底部框架-抗震墙砌体房屋，不允许用于乙类建筑和 8 度（0.3g）的丙类建筑。表 7.1.2 中底部框架-抗震墙砌体房屋的最小砌体墙厚系指上部砌体房屋部分。

4 横墙较少的房屋，按规定的措施加强后，总层数和总高度不变的适用范围，比 2001 规范有所调整：扩大到丙类建筑；根据横墙较少砖砌体房屋的试设计结果，当砖墙厚度为 240mm 时，7 度（0.1g 和 0.15g）纵横墙计算承载力基本满足；8 度（0.2g）六层时纵墙承载力大多不能满足，五层时部分纵墙承载力不满足；8 度（0.3g）五层时纵横墙承载力均不能满足要求。故本次修订，规定仅 6、7 度时允许总层数和总高度不降低。

5 补充了横墙很少的多层砌体房屋的定义。对各层横墙很少的多层砌体房屋，其总层数应比横墙较少时再减少一层，由于层高的限值，总高度也有所降低。

需要注意：

表 7.1.2 的注 2 表明，房屋高度按有效数字控制。当室内外高差不大于 0.6m 时，房屋总高度限值按表中数据的有效数字控制，则意味着可比表中数据增加 0.4m；当室内外高差大于 0.6m 时，虽然房屋总高度允许比表中的数据增加不多于 1.0m，实际上其增加量只能少于 0.4m。

坡屋面阁楼层一般仍需计入房屋总高度和层数，

但属于本规范第 5.2.4 条规定的出屋面小建筑范围时，不计入层数和高度的控制范围。斜屋面下的"小建筑"通常按实际有效使用面积或重力荷载代表值小于顶层 30% 控制。

对于半地下室和全地下室的嵌固条件，仍与 2001 规范相同。

7.1.3 本条在 2008 局部修订中作了修改，以适应教学楼等需要层高 3.9m 的使用要求。约束砌体，大体上指间距接近层高的构造柱与圈梁组成的砌体、同时拉结网片符合相应的构造要求，可参见本规范第 7.3.14、7.5.4、7.5.5 条等。

对于采用约束砌体抗震墙的底框房屋，根据试设计结果，底层的层高也比 2001 规范有所减少。

7.1.4 若砌体房屋考虑整体弯曲进行验算，目前的方法即使在 7 度时，超过三层就不满足要求，与大量的地震宏观调查结果不符。实际上，多层砌体房屋一般可以不做整体弯曲验算，但为了保证房屋的稳定性，限制了其高宽比。

7.1.5 多层砌体房屋的横向地震力主要由横墙承担，地震中横墙间距大小对房屋倒塌影响很大，不仅横墙需具有足够的承载力，而且楼盖须具有传递地震力给横墙的水平刚度，本条规定是为了满足楼盖对传递水平地震力所需的刚度要求。

对于多层砖房，历来均沿用 78 规范的规定；对砌块房屋则参照多层砖房给出，且不宜采用木楼、屋盖。

纵墙承重的房屋，横墙间距同样应满足本条规定。

地震中，横墙间距大小对房屋倒塌影响很大，本次修订，考虑到原规定的抗震横墙最大间距在实际工程中一般也不需要这么大，故减小(2~3)m。

鉴于基本不采用木楼盖，将"木楼、屋盖"改为"木屋盖"。

多层砌体房屋顶层的横墙最大间距，在采用钢筋混凝土屋盖时允许适当放宽，大致指大房间平面长宽比不大于 2.5，最大抗震横墙间距不超过表 7.1.5 中数值的 1.4 倍及 18m。此时，抗震横墙除应满足抗震承载力计算要求外，相应的构造柱需要加强并至少向下延伸一层。

7.1.6 砌体房屋局部尺寸的限制，在于防止因这些部位的失效，而造成整栋结构的破坏甚至倒塌，本条系根据地震区的宏观调查资料分析规定的，如采用另增设构造柱等措施，可适当放宽。本次修订进一步明确了尺寸不足的小墙段的最小值限制。

外墙尽端指，建筑物平面凸角处（不包括外墙总长的中部局部凸折处）的外墙端头，以及建筑物平面凹角处（不包括外墙总长的中部局部凹折处）未与内墙相连的外墙端头。

7.1.7 本条对多层砌体房屋的建筑布置和结构体系

作了较详细的规定，是对本规范第3章关于建筑结构规则布置的补充。

根据历次地震调查统计，纵墙承重的结构布置方案，因横向支承较少，纵墙较易受弯曲破坏而导致倒塌，为此，要优先采用横墙承重的结构布置方案。

纵横墙均匀对称布置，可使各墙垛受力基本相同，避免薄弱部位的破坏。

震害调查表明，不设防震缝造成的房屋破坏，一般多只是局部的，在7度和8度地区，一些平面较复杂的一、二层房屋，其震害与平面规则的同类房屋相比，并无明显的差别，同时，考虑到设置防震缝所耗的投资较多，所以89规范以来，对设置防震缝的要求比78规范有所放宽。

楼梯间墙体缺少各层楼板的侧向支承，有时还因为楼梯踏步削弱楼梯间的墙体，尤其是楼梯间顶层，墙体有一层半楼层的高度，震害加重。因此，在建筑布置时尽量不设尽端，或对尽端开间采取专门的加强措施。

本次修订，除按2008年局部修订外，有关烟道、预制挑檐板移入第13章。对建筑结构体系的规则性增加了下列要求：

1 为保证房屋纵向的抗震能力，并根据本规范第3.5.3条两个主轴方向振动特性不宜相差过大的要求，规定多层砌体的纵横向墙体数量不宜相差过大，在房屋宽度的中部（约1/3宽度范围）应有内纵墙，且多道内纵墙开洞后累计长度不宜小于房屋纵向长度的60%。"宜"表示，当房屋层数很少时，还可比60%适当放宽。

2 避免采用混凝土墙与砌体墙混合承重的体系，防止不同材料性能的墙体被各个击破。

3 房屋转角处不应设窗，避免局部破坏严重。

4 根据汶川地震的经验，外纵墙体开洞率不应过大，宜按55%左右控制。

5 明确砌体结构的楼板外轮廓、开大洞、较大错层等不规则的划分，以及设计要求。考虑到砌体墙的抗震性能不及混凝土墙，相应的不规则界限比混凝土结构有所加严。

6 本条规定同一轴线（直线或弧线）上的窗间墙宽度宜均匀，包括与同一直线或弧线上墙段平行错位净距离不超过2倍墙厚的墙段上的窗间墙（此时错位处两墙段之间连接墙的厚度不应小于外墙厚度），在满足本规范第7.1.6条的局部尺寸要求的情况下，墙体的立面开洞率亦应进行控制。

7.1.8 本次修订，将2001规范"基本对齐"明确为"除楼梯间附近的个别墙段外"，并明确上部砌体侧向刚度应计入构造柱影响的要求。

底层采用砌体抗震墙的情况，仅允许用于6度设防时，且明确应采用约束砌体加强，但不应采用约束多孔砖砌体，有关的构造要求见本章第7.5节；6、7

度时，也允许采用配筋小砌块墙体。还需注意，砌体抗震墙应对称布置，避免或减少扭转效应，不作为抗震墙的砌体墙，应按填充墙处理，施工时后砌。

底部抗震墙的基础，不限定具体的基础形式，明确为"整体性好的基础"。

7.1.9 底部框架-抗震墙房屋的钢筋混凝土结构部分，其抗震要求原则上均应符合本规范第6章的要求，抗震等级与钢筋混凝土结构的框支层相当。但考虑到底部框架-抗震墙房屋高度较低，底部的钢筋混凝土抗震墙应按低矮墙或开竖缝设计，构造上有所区别。

7.2 计 算 要 点

7.2.1 砌体房屋层数不多，刚度沿高度分布一般比较均匀，并以剪切变形为主，因此可采用底部剪力法计算。底部框架-抗震墙房屋属于竖向不规则结构，层数不多，仍可采用底部剪力法简化计算，但应考虑一系列的地震作用效应调整，使之较符合实际。

自承重墙体（如横墙承重方案中的纵墙等），如按常规方法进行抗震验算，往往比承重墙还要厚，但抗震安全性的要求可以考虑降低，为此，利用 γ_{RE} 适当调整。

7.2.2 根据一般的设计经验，抗震验算时，只需对纵、横向的不利墙段进行截面验算，不利墙段为：①承担地震作用较大的；②竖向压应力较小的；③局部截面较小的墙段。

7.2.3 在楼层各墙段间进行地震剪力的分配和截面验算时，根据层间墙段的不同高宽比（一般墙段和门窗洞边的小墙段，高宽比按本条"注"的方法分别计算），分别按剪切或弯剪变形同时考虑，较符合实际情况。

砌体的墙段按门窗洞口划分、小开口墙等效刚度的计算方法等内容同2001规范。

本次修订明确，关于开洞率的定义及适用范围，系参照原行业标准《设置钢筋混凝土构造柱多层砖房抗震技术规程》JGJ/T 13的相关内容得到的，该表仅适用于带构造柱的小开口墙段。当本层门窗过梁及以上墙体的合计高度小于层高的20%时，洞口两侧应分为不同的墙段。

7.2.4、7.2.5 底部框架-抗震墙砌体房屋是我国现阶段经济条件下特有的一种结构。强烈地震的震害表明，这类房屋设计不合理时，其底部可能发生变形集中，出现较大的侧移而破坏，甚至坍塌。近十多年来，各地进行了许多试验研究和分析计算，对这类结构有进一步的认识。但总体上仍需持谨慎的态度。其抗震计算上需注意：

1 继续保持2001规范对底层框架-抗震墙砌体房屋地震作用效应调整的要求。按第二层与底层侧移刚度的比例相应地增大底层的地震剪力，比例越大，增加越多，以减少底层的薄弱程度。通常，增大系数可依据刚度比用线性插值法近似确定。

底层框架-抗震墙砌体房屋，二层以上全部为砌体墙承重结构，仅底层为框架-抗震墙结构，水平地震剪力要根据对应的单层的框架-抗震墙结构中各构件的侧移刚度比例，并考虑塑性内力重分布来分配。

作用于房屋二层以上的各楼层水平地震力对底层引起的倾覆力矩，将使底层抗震墙产生附加弯矩，并使底层框架柱产生附加轴力。倾覆力矩引起构件变形的性质与水平剪力不同，本次修订，考虑实际运算的可操作性，近似地将倾覆力矩在底层框架和抗震墙之间按它们的有效侧移刚度比例分配。需注意，框架部分的倾覆力矩近似按有效侧向刚度分配计算，所承担的倾覆力矩略偏少。

2 底部两层框架-抗震墙砌体房屋的地震作用效应调整原则，同底层框架-抗震墙砌体房屋。

3 该类房屋底部托墙梁在抗震设计中的组合弯矩计算方法：

考虑到大震时墙体严重开裂，托墙梁与非抗震的墙梁受力状态有所差异，当按静力的方法考虑两端框架柱落地的托梁与上部墙体组合作用时，若计算系数不变会导致不安全，应调整计算参数。作为简化计算，偏于安全，在托墙梁上部各层墙体不开洞和跨中1/3范围内开一个洞口的情况，也可采用折减荷载的方法：托墙梁弯矩计算时，由重力荷载代表值产生的弯矩，四层以下全部计入组合，四层以上可有所折减，取不小于四层的数值计入组合；对托墙梁剪力计算时，由重力荷载产生的剪力不折减。

4 本次修订，增加考虑楼盖平面内变形影响的要求。

7.2.6 砌体材料抗震强度设计值的计算，继续保持89规范的规定：

地震作用下砌体材料的强度指标，因不同于静力，宜单独给出。其中砖砌体强度是按震害调查资料综合估算并参照部分试验给出的，砌块砌体强度则依据试验。为了方便，当前仍继续沿用静力指标。但是，强度设计值和标准值的关系则是针对抗震设计的特点按《统一标准》可靠度分析得到的，并采用调整静强度设计值的形式。

关于砌体结构抗剪承载力的计算，有两种半理论半经验的方法——主拉和剪摩。在砂浆等级＞M2.5且在$1<\sigma_0/f_v \leqslant 4$时，两种方法结果相近。本规范采用正应力影响系数的形式，将两种方法用同样的表达方式给出。

对砖砌体，此系数与89规范相同，继续沿用78规范的方法，采用在震害统计基础上的主拉公式得到，以保持规范的延续性：

$$\zeta_N = \frac{1}{1.2}\sqrt{1+0.45\sigma_0/f_v} \qquad (5)$$

对于混凝土小砌块砌体，其f_v较低，σ_0/f_v相对较大，两种方法差异也大，震害经验又较少，根据试验资料，正应力影响系数由剪摩公式得到：

$$\zeta_N = 1+0.23\sigma_0/f_v \qquad (\sigma_0/f_v \leqslant 6.5) \qquad (6)$$

$$\zeta_N = 1.52+0.15\sigma_0/f_v \qquad (6.5<\sigma_0/f_v \leqslant 16) \quad (7)$$

本次修订，根据砌体规范f_v取值的变化，对表内数据作了调整，使f_{vE}与σ_0的函数关系基本不变。根据有关试验资料，当$\sigma_0/f_v \geqslant 16$时，小砌块砌体的正应力影响系数如仍按剪摩公式线性增加，则其值偏高，偏于不安全。因此当σ_0/f_v大于16时，小砌块砌体的正应力影响系数都按$\sigma_0/f_v=16$时取3.92。

7.2.7 继续沿用了2001规范关于设置构造柱墙段抗震承载力验算方法：

一般情况下，构造柱仍不以显式计入受剪承载力计算中，抗震承载力验算的公式与89规范完全相同。

当构造柱的截面和配筋满足一定要求后，必要时可采用显式计入墙段中部位置处构造柱对抗震承载力的提高作用。有关构造柱规程、地方规程和有关的资料，对计入构造柱承载力的计算方法有三种：其一，换算截面法，根据混凝土和砌体的弹性模量比折算，刚度和承载力均按同一比例换算，并忽略钢筋的作用；其二，并联叠加法，构造柱和砌体分别计算刚度和承载力，再将二者相加，构造柱的受剪承载力分别考虑了混凝土和钢筋的承载力，砌体的受剪承载力还考虑了小间距构造柱的约束提高作用；其三，混合法，构造柱混凝土的承载力以换算截面并入砌体截面计算受剪承载力，钢筋的作用单独计算后再叠加。在三种方法中，对承载力抗震调整系数γ_{RE}的取值各有不同。由于不同的方法均根据试验成果引入不同的经验修正系数，使计算结果彼此相差不大，但计算基本假定和概念在理论上不够理想。

收集了国内许多单位所进行的一系列两端设置、中间设置1～3根构造柱及开洞砖墙体，并有不同截面、不同配筋、不同材料强度的试验成果，通过累计百余个试验结果的统计分析，结合混凝土构件抗剪计算方法，提出了抗震承载力简化计算公式。此简化公式的主要特点是：

（1）墙段两端的构造柱对承载力的影响，仍按89规范仅采用承载力抗震调整系数γ_{RE}反映其约束作用，忽略构造柱对墙段刚度的影响，仍按门窗洞口划分墙段，使之与现行国家标准的方法有延续性。

（2）引入中部构造柱参与工作系数及构造柱对墙体的约束修正系数，本次修订时该系数取1.1时的构造柱间距由2001规范的不大于2.8m调整为3.0m，以和7.3.14条的构造措施相对应。

（3）构造柱的承载力分别考虑了混凝土和钢筋的抗剪作用，但不能随意加大混凝土的截面和钢筋的用量。

（4）该公式是简化方法，计算的结果与试验结果相比偏于保守，供必要时利用。

横墙较少房屋及外纵墙的墙段计入其中部构造柱参与工作，抗震承载力可有所提高。

砖砌体横向配筋的抗剪验算公式是根据试验资料得到的。钢筋的效应系数随墙段高宽比在 0.07～0.15 之间变化，水平配筋的适用范围是 0.07%～0.17%。

本次修订，增加了同时考虑水平钢筋和中部构造柱对墙体受剪承载力贡献的简化计算方法。

7.2.8 混凝土小砌块的验算公式，系根据混凝土小砌块技术规程的基础资料，无芯柱时取 $\gamma_{RE} = 1.0$ 和 $\zeta_c = 0.0$，有芯柱时取 $\gamma_{RE} = 0.9$，按《统一标准》的原则要求分析得到的。

2001 规范修订时进行了同时设置芯柱和构造柱的墙片试验。结果发现，只要把式（7.2.8）的芯柱截面（120mm×120mm）用构造柱截面（如180mm×240mm）替代，芯柱钢筋截面（如 1φ12）用构造柱钢筋（如 4φ12）替代，则计算结果与试验结果基本一致。于是，2001 规范对式（7.2.8）的适用范围作了调整，也适用于同时设置芯柱和构造柱的情况。

7.2.9 底层框架-抗震墙房屋中采用砖砌体作为抗震墙时，砖墙和框架成为组合的抗侧力构件，直接引用 89 规范在试验和震害调查基础上提出的抗侧力砖填充墙的承载力计算方法。由砖抗震墙-周边框架所承担的地震作用，将通过周边框架向下传递，故底层砖抗震墙周边的框架柱还需考虑砖墙的附加轴向力和附加剪力。

本次修订，比 2001 版增加了底框房屋采用混凝土小砌块的约束砌体抗震墙承载力验算的内容。这类由混凝土边框与约束砌体墙组成的抗震构件，在满足上下层刚度比 2.5 的前提下，数量较少而需承担全楼层 100% 的地震剪力（6 度时约为全楼总重力的 4%）。因此，虽然仅适用于 6 度设防，为判断其安全性，仍应进行抗震验算。

7.3 多层砖砌体房屋抗震构造措施

7.3.1、7.3.2 钢筋混凝土构造柱在多层砖砌体结构中的应用，根据历次大地震的经验和大量试验研究，得到了比较一致的结论，即：①构造柱能够提高砌体的受剪承载力 10%～30% 左右，提高幅度与墙体高宽比、竖向压力和开洞情况有关；②构造柱主要是对砌体起约束作用，使之有较高的变形能力；③构造柱应当设置在震害较重、连接构造比较薄弱和易于应力集中的部位。

本次修订继续保持 2001 规范的规定，根据房屋的用途、结构部位、烈度和承担地震作用的大小来设置构造柱。当房屋高度接近本规范表 7.1.2 的总高度

和层数限值时，纵、横墙中构造柱间距的要求不变。对较长的纵、横墙需有构造柱来加强墙体的约束和抗倒塌能力。

由于钢筋混凝土构造柱的作用主要在于对墙体的约束，构造上截面不必很大，但需与各层纵横墙的圈梁或现浇楼板连接，才能发挥约束作用。

为保证钢筋混凝土构造柱的施工质量，构造柱须有外露面。一般利用马牙槎外露即可。

当6、7度房屋的层数少于本规范表 7.2.1 规定时，如6度二、三层和7度二层且横墙较多的丙类房屋，只要合理设计、施工质量好，在地震时可到达预期的设防目标，本规范对其构造柱设置未作强制性要求。注意到构造柱有利于提高砌体房屋抗地震倒塌能力，这些低层、小规模且设防烈度低的房屋，可根据具体条件和可能适当设置构造柱。

2008 年局部修订时，增加了不规则平面的外墙对应转角（凸角）处设置构造柱的要求；楼梯斜段上下端对应墙体处增加四根构造柱，与在楼梯间四角设置的构造柱合计有八根构造柱，再与本规范 7.3.8 条规定的楼层半高的钢筋混凝土带等可组成应急疏散安全岛。

本次修订，在 2008 年局部修订的基础上作下列修改：

① 文字修改，明确适用于各类砖砌体，包括蒸压砖、烧结砖和混凝土砖。

② 对横墙很少的多层砌体房屋，明确按增加二层的层数设置构造柱。

③ 调整了 6 度设防时 7 层砖房的构造柱设置要求。

④ 提高了隔15m 内横墙与外纵墙交接处设置构造柱的要求，调整至 12m；同时增加了楼梯间对应的另一侧内横墙与外纵墙交接处设置构造柱的要求。间隔12m 和楼梯间相对的内外墙交接处的要求二者取一。

⑤ 增加了较大洞口的说明。对于内外墙交接处的外墙小墙段，其两端存在较大洞口时，在内外墙交接处按规定设置构造柱，考虑到施工时难以在一个不大的墙段内设置三根构造柱，墙段两端可不再设置构造柱，但小墙段的墙体需要加强，如拉结钢筋网片通长设置，间距加密。

⑥ 原规定拉结筋每边伸入墙内不小于1m，构造柱间距4m，中间只剩下 2m 无拉结筋。为加强下部楼层墙体的抗震性能，本次修订将下部楼层构造柱间的拉结筋贯通，拉结筋与φ4 钢筋在平面内点焊组成拉结网片，提高抗倒塌能力。

7.3.3、7.3.4 圈梁能增强房屋的整体性，提高房屋的抗震能力，是抗震的有效措施，本次修订，提高了对楼层内横墙圈梁间距的要求，以增强房屋的整体性能。

74、78规范根据震害调查结果，明确现浇钢筋混凝土楼盖不需要设置圈梁。89规范和2001规范均规定，现浇或装配整体式钢筋混凝土楼、屋盖与墙体有可靠连接的房屋，允许不另设圈梁，但为加强砌体房屋的整体性，楼板沿抗震墙体周边均应加强配筋并应与相应的构造柱钢筋可靠连接。

圈梁的截面和配筋等构造要求，与2001规范保持一致。

7.3.5、7.3.6 砌体房屋楼、屋盖的抗震构造要求，包括楼板搁置长度、楼板与圈梁、墙体的拉结，屋架（梁）与墙、柱的锚固、拉结等等，是保证楼、屋盖与墙体整体性的重要措施。

本次修订，在2008年局部修订的基础上，提高了6~8度时预制板相互拉结的要求，同时取消了独立砖柱的做法。在装配式楼板伸入墙（梁）内长度的规定中，明确了硬架支模的做法（硬架支模的施工方法是：先架设梁或圈梁的模板，再将预制楼板支承在具有一定刚度的硬支架上，然后浇筑梁或圈梁、现浇叠合层等的混凝土）。

组合砌体的定义见砌体设计规范。

7.3.7 由于砌体材料的特性，较大的房间在地震中会加重破坏程度，需要局部加强墙体的连接构造要求。本次修订，将拉结筋的长度改为通长，并明确为拉结网片。

7.3.8 历次地震震害表明，楼梯间由于比较空旷常常破坏严重，必须采取一系列有效措施。本条在2008年局部修订时改为强制性条文。本次修订增加8、9度时不应采用装配式楼梯段的要求。

突出屋顶的楼、电梯间，地震中受到较大的地震作用，因此在构造措施上也需要特别加强。

7.3.9 坡屋顶与平屋顶相比，震害有明显差别。硬山搁檩的做法不利于抗震，2001规范修订提高了硬山搁檩的构造要求。屋架的支撑应保证屋架的纵向稳定。出入口处要加强屋盖构件的连接和锚固，以防脱落伤人。

7.3.10 砌体结构中的过梁应采用钢筋混凝土过梁，本次修订，明确不能采用砖过梁，不论是配筋还是无筋。

7.3.11 预制的悬挑构件，特别是较大跨度时，需要加强与现浇构件的连接，以增强稳定性。本次修订，对预制阳台的限制有所加严。

7.3.12 本次修订，将2001规范第7.1.7条有关风道等非结构构件的规定移入第13章。

7.3.13 房屋的同一独立单元中，基础底面最好处于同一标高，否则易因地面运动传递到基础不同标高处而造成震害。如有困难时，则应设基础圈梁并放坡逐步过渡，不宜有高差上的过大突变。

对于软弱地基上的房屋，按本规范第3章的原则，应在外墙及所有承重墙下设置基础圈梁，以增强

抵抗不均匀沉陷和加强房屋基础部分的整体性。

7.3.14 本条对应于本规范第7.1.2条第3款，2001规范规定为住宅类房屋，本次修订扩大为所有丙类建筑中横墙较少的多层砌体房屋（6、7度时）。对于横墙间距大于4.2m的房间超过楼层总面积40％且房屋总高度和层数接近本章表7.1.2规定限值的砌体房屋，其抗震设计方法大致包括以下方面：

（1）墙体的布置和开洞大小不妨碍纵横墙的整体连接的要求；

（2）楼、屋盖结构采用现浇钢筋混凝土板等加强整体性的构造要求；

（3）增设满足截面和配筋要求的钢筋混凝土构造柱并控制其间距、在房屋底层和顶层沿楼层半高处设置现浇钢筋混凝土带，并增大配筋数量，以形成约束砌体墙段的要求；

（4）按本规范7.2.7条第3款计入墙段中部钢筋混凝土构造柱的承载力。

本次修订，根据试设计结果，要求横墙较少时构造柱的间距，纵横墙均不大于3m。

7.4 多层砌块房屋抗震构造措施

7.4.1、7.4.2 为了增加混凝土小型空心砌块砌体房屋的整体性和延性，提高其抗震能力，结合空心砌块的特点，规定了在墙体的适当部位设置钢筋混凝土芯柱的构造措施。这些芯柱设置要求均比砖房构造柱设置严格，且芯柱与墙体的连接要采用钢筋网片。

芯柱伸入室外地面下500mm，地下部分为砖砌体时，可采用类似于构造柱的方法。

本次修订，按多层砖房的本规范表7.3.1的要求，增加了楼、电梯间的芯柱或构造柱的布置要求；并补充9度的设置要求。

砌块房屋墙体交接处、墙体与构造柱、芯柱的连接，均要设钢筋网片，保证连接的有效性。本次修订，将原7.4.5条有关拉结钢筋网片设置要求调整至本规范第7.4.2、7.4.3条中。要求拉结钢筋网片沿墙体水平通长设置。为加强下部楼层墙体的抗震性能，将下部楼层墙体的拉结钢筋网片沿墙高的间距加密，提高抗倒塌能力。

7.4.3 本条规定了替代芯柱的构造柱的基本要求，与砖房的构造柱规定大致相同。小砌块墙体在马牙槎部位浇灌混凝土后，需形成无插筋的芯柱。

试验表明，在墙体交接处用构造柱代替芯柱，可较大程度地提高对砌块砌体的约束能力，也为施工带来方便。

7.4.4 本次修订，小砌块房屋的圈梁设置位置的要求同砖砌体房屋，直接引用而不重复。

7.4.5 根据振动台模拟试验的结果，作为砌块房屋的层数和高度达到与普通砖房屋相同的加强措施之一，在房屋的底层和顶层，沿楼层半高处增设一道通

长的现浇钢筋混凝土带，以增强结构抗震的整体性。

本次修订，补充了可采用槽形砌块作为模板的做法，便于施工。

7.4.6 本条为新增条文。与多层砖砌体横墙较少的房屋一样，当房屋高度和层数接近或达到本规范表7.1.2的规定限值，丙类建筑中横墙较少的多层小砌块房屋应满足本章第7.3.14条的相关要求。本条对墙体中部替代增设构造柱的芯柱给出了具体规定。

7.4.7 砌块砌体房屋楼盖、屋盖、楼梯间、门窗过梁和基础等的抗震构造要求，则基本上与多层砖房相同。其中，墙体的拉结构造，沿墙体竖向间距按砌块模数修改。

7.5 底部框架-抗震墙砌体房屋抗震构造措施

7.5.1 总体上看，底部框架-抗震墙砌体房屋比多层砌体房屋抗震性能稍弱，因此构造柱的设置要求更严格。本次修订，增加了上部为混凝土小砌块砌体墙的相关要求。上部小砌块墙体内代替芯柱的构造柱，考虑到模数的原因，构造柱截面不再加大。

7.5.2 本条为新增条文。过渡层即与底部框架-抗震墙相邻的上一砌体楼层，其在地震时破坏较重，因此，本次修订将关于过渡层的要求集中在一条内叙述并予以特别加强。

1 增加了过渡层墙体为混凝土小砌块砌体墙时芯柱设置及插筋的要求。

2 加强了过渡层构造柱或芯柱的设置间距要求。

3 过渡层构造柱纵向钢筋配置的最小要求，增加了6度时的加强要求，8度时考虑到构造柱纵筋根数与其截面的匹配性，统一取为4根。

4 增加了过渡层墙体在窗台标高处设置通长水平现浇钢筋混凝土带的要求；加强了墙体与构造柱或芯柱拉结措施。

5 过渡层墙体开洞较大时，要求在洞口两侧增设构造柱或单孔芯柱。

6 对于底部次梁转换的情况，过渡层墙体应另外采取加强措施。

7.5.3 底框房屋中的钢筋混凝土抗震墙，是底部的主要抗侧力构件，而且往往为低矮抗震墙。对其构造上提出了更为严格的要求，以加强抗震能力。

由于底框中的混凝土抗震墙为带边框的抗震墙且总高度不超过二层，其边缘构件只需要满足构造边缘构件的要求。

7.5.4 对6度底层采用砌体抗震墙的底框房屋，补充了约束砖砌体抗震墙的构造要求，切实加强砖抗震墙的抗震能力，并在使用中不致随意拆除更换。

7.5.5 本条是新增的，主要适用于6度设防时上部为小砌块墙体的底层框架-抗震墙砌体房屋。

7.5.6 本条是新增的。规定底框房屋的框架柱不同于一般框架-抗震墙结构中的框架柱的要求，大体上

接近框支柱的有关要求。柱的轴压比、纵向钢筋和箍筋要求，参照本规范第6章对框架结构柱的要求，同时箍筋全高加密。

7.5.7 底部框架-抗震墙房屋的底部与上部各层的抗侧力结构体系不同，为使楼盖具有传递水平地震力的刚度，要求过渡层的底板为现浇钢筋混凝土板。

底部框架-抗震墙砌体房屋上部各层对楼盖的要求，同多层砖房。

7.5.8 底部框架的托墙梁是极其重要的受力构件，根据有关试验资料和工程经验，对其构造作了较多的规定。

7.5.9 针对底框房屋在结构上的特殊性，提出了有别于一般多层房屋的材料强度等级要求。本次修订，提高了过渡层砌筑砂浆强度等级的要求。

附录 F 配筋混凝土小型空心砌块抗震墙房屋抗震设计要求

F.1 一般规定

F.1.1 国内外有关试验研究结果表明，配筋混凝土小砌块抗震墙的最小分布钢筋仅为混凝土抗震墙的一半，但承载力明显高于普通砌体，而竖向和水平灰缝使其具有较大的耗能能力，结构的设计计算方法与钢筋混凝土抗震墙结构基本相似。从安全、经济诸方面综合考虑，对于满灌的配筋混凝土小砌块抗震墙房屋，本附录所适用高度可比2001规范适当增加，同时补充了7度（0.15g）、8度（0.30g）和9度的有关规定。当横墙较少时，类似多层砌体房屋，也要求其适用高度有所降低。

当经过专门研究，有可靠技术依据，采取必要的加强措施，按住房和城乡建设部的有关规定进行专项审查，房屋高度可以适当增加。

配筋混凝土小砌块房屋高宽比限制在一定范围内时，有利于房屋的稳定性，减少房屋发生整体弯曲破坏的可能性。配筋砌块砌体抗震墙抗拉相对不利，限制房屋高宽比，可使墙肢在多遇地震下不致出现小偏心受拉状况，本次修订对6度时的高宽比限制适当加严。根据试验研究和计算分析，当房屋的平面布置和竖向布置不规则时，会增大房屋的地震反应，应适当减小房屋高宽比以保证在地震作用下结构不会发生整体弯曲破坏。

F.1.2 配筋小砌块砌体抗震墙房屋的抗震等级是确定其抗震措施的重要设计参数，依据抗震设防分类、烈度和房屋高度等划分抗震等级。本次修订，参照现浇钢筋混凝土房屋以24m为界划分抗震等级的规定，对2001规范的规定作了调整，并增加了9度的有关规定。

F.1.3 根据本规范第3.4节的规则性要求，提出配筋混凝土小砌块房屋平面和竖向布置简单、规则、抗

震墙拉通对直的要求，从结构体型的设计上保证房屋具有较好的抗震性能。

本次修订，对墙肢长度提出了具体的要求。考虑到抗震墙结构应具有延性，高宽比大于2的延性抗震墙，可避免脆性的剪切破坏，要求墙段的长度（即墙段截面高度）不宜大于8m。当墙很长时，可通过开设洞口将长墙分成长度较小、较均匀的超静定次数较高的联肢墙，洞口连梁宜采用约束弯矩较小的弱连梁（其跨高比宜大于6）。由于配筋小砌块砌体抗震墙的竖向钢筋设置在砌块孔洞内（距墙端约100mm），墙肢长度很短时很难充分发挥作用，因此设计时墙肢长度也不宜过短。

楼、屋盖平面内的变形，将影响楼层水平地震作用在各抗侧力构件之间的分配，为了保证配筋小砌块砌体抗震墙结构房屋的整体性，楼、屋盖宜采用现浇钢筋混凝土楼、屋盖，横墙间距也不应过大，使楼盖具备传递地震力给横墙所需的水平刚度。

根据试验研究结果，由于配筋小砌块砌体抗震墙存在水平灰缝和垂直灰缝，其结构整体刚度小于钢筋混凝土抗震墙，因此防震缝的宽度要大于钢筋混凝土抗震墙房屋。

F.1.4 本条是新增条文。试验研究表明，抗震墙的高度对抗震墙出平面偏心受压强度和变形有直接关系，控制层高主要是为了保证抗震墙出平面的强度、刚度和稳定性。由于小砌块墙体的厚度是190mm，当房屋的层高为3.2m～4.8m时，与现浇钢筋混凝土抗震墙的要求基本相当。

F.1.5 本条是新增条文，对配筋小砌块砌体抗震墙房屋中的短肢墙布置作了规定。虽然短肢抗震墙有利于建筑布置，能扩大使用空间，减轻结构自重，但是其抗震性能较差，因此在整个结构中应设置足够数量的一般抗震墙，形成以一般抗震墙为主、短肢抗震墙与一般抗震墙相结合共同抵抗水平力的结构体系，保证房屋的抗震能力。本条参照有关规定，对短肢抗震墙截面面积与同一层内所有抗震墙截面面积的比例作了规定。

一字形短肢抗震墙的延性及平面外稳定均相对较差，因此规定不宜布置单侧楼、屋面梁与之平面外垂直或斜交，同时要求短肢抗震墙应尽可能设置翼缘，保证短肢抗震墙具有适当的抗震能力。

F.2 计 算 要 点

F.2.1 本条是新增条文。配筋小砌块砌体抗震墙存在水平灰缝和垂直灰缝，在地震作用下具有较好的耗能能力，而且灌孔砌体的强度和弹性模量也要低于相对应的混凝土，其变形比普通钢筋混凝土抗震墙大。根据同济大学、哈尔滨工业大学、湖南大学等有关单位的试验研究结果，综合参考了钢筋混凝土抗震墙弹性层间位移角限值，规定了配筋小砌块砌体抗震墙结

构在多遇地震作用下的弹性层间位移角限值为1/800，底层承受的剪力最大且主要是剪切变形，其弹性层间位移角限值要求相对较高，取1/1200。

F.2.2～F.2.7 配筋小砌块砌体抗震墙房屋的抗震计算分析，包括内力调整和截面应力计算方法，大多参照钢筋混凝土结构的有关规定，并针对配筋小砌块砌体结构的特点做了修改。

在配筋小砌块砌体抗震墙房屋抗震设计计算中，抗震墙底部的荷载作用效应最大，因此应根据计算分析结果，对底部截面的组合剪力设计值采用按不同抗震等级确定剪力放大系数的形式进行调整，以使房屋的最不利截面得到加强。

条文中规定配筋小砌块砌体抗震墙的截面抗剪能力限制条件，是为了规定抗震墙截面尺寸的最小值，或者说是限制了抗震墙截面的最大名义剪应力值。试验研究结果表明，抗震墙的名义剪应力过高，灌孔砌体会在早期出现斜裂缝，水平抗剪钢筋不能充分发挥作用，即使配置很多水平抗剪钢筋，也不能有效地提高抗震墙的抗剪能力。

配筋小砌块砌体抗震墙截面应力控制值，类似于混凝土抗压强度设计值，采用"灌孔小砌块砌体"的抗压强度，它不同于砌体抗压强度，也不同于混凝土抗压强度。

配筋小砌块砌体抗震墙截面受剪承载力由砌体、竖向和水平分布筋三者共同承担，为使水平分布钢筋不致过小，要求水平分布筋应承担一半以上的水平剪力。

配筋小砌块砌体由于受其块型、砌筑方法和配筋方式的影响，不适宜做跨高比较大的梁构件。而在配筋小砌块砌体抗震墙结构中，连梁是保证房屋整体性的重要构件，为了保证连梁与抗震墙节点处在弯曲屈服前不会出现剪切破坏和具有适当的刚度和承载能力，对于跨高比大于2.5的连梁宜采用受力性能更好的钢筋混凝土连梁，以确保连梁构件的"强剪弱弯"。对于跨高比小于2.5的连梁（主要指窗下墙部分），新增了允许采用配筋小砌块砌体连梁的规定。

F.3 抗震构造措施

F.3.1 灌孔混凝土是指由水泥、砂、石等主要原材料配制的大流动性细石混凝土，石子粒径控制在（5～16）mm之间，坍落度控制在（230～250）mm。过高的灌孔混凝土强度与混凝土小砌块块材的强度不匹配，由此组成的灌孔砌体的性能不能充分发挥，而且低强度的灌孔混凝土其和易性也较差，施工质量无法保证。

F.3.2 本条是新增条文。配筋小砌块砌体抗震墙是一个整体，必须全部灌孔。在配筋小砌块砌体抗震墙结构的房屋中，允许有部分墙体不灌孔，但不灌孔的墙体只能按填充墙对待并后砌。

F.3.3 本条根据有关的试验研究结果、配筋小砌块砌体的特点和试点工程的经验，并参照了国内外相应的规范等资料，规定了配筋小砌块砌体抗震墙中配筋的最低构造要求。本次修改把原条文规定改为表格形式，同时对抗震等级为一、二级的配筋要求略有提高，并新增加了 9 度的配筋率不应小于 0.2% 的规定。

F.3.4 配筋小砌块砌体抗震墙在重力荷载代表值作用下的轴压比控制是为了保证配筋小砌块砌体在水平荷载作用下的延性和强度的发挥，同时也是为了防止墙片截面过小、配筋率过高，保证抗震结构延性。本次修订对一般墙、短肢墙、一字形短肢墙的轴压比限值做了区别对待；由于短肢墙和无翼缘的一字形短肢墙的抗震性能较差，因此其轴压比限值更为严格。

F.3.5 在配筋小砌块砌体抗震墙结构中，边缘构件在提高墙体承载力方面和变形能力方面的作用都非常明显，因此参照混凝土抗震墙结构边缘构件设置的要求，结合配筋小砌块砌体抗震墙的特点，规定了边缘构件的配筋要求。

配筋小砌块砌体抗震墙的水平筋放置于砌块横肋的凹槽和灰缝中，直径不小于 6mm 且不大于 8mm 比较合适。因此一级的水平筋最小直径为 $\phi8$，二～四级为 $\phi6$，为了适当弥补钢筋直径小的影响，抗震等级为一、二、三级时，应采用不低于 HRB335 级的热轧钢筋。

本次修订，还增加了一、二级抗震墙的底部加强部位设置约束边缘构件的要求。当房屋高度接近本附录表 F.1.1-1 的限值时，也可以采用钢筋混凝土边框柱作为约束边缘构件来加强对墙体的约束，边框柱截面沿墙体方向的长度可取 400mm。在设计时还应注意，过于强大的边框柱可能会造成墙体与边框柱的受力和变形不协调，使边框柱和配筋小砌块墙体的连接处开裂，影响整片墙体的抗震性能。

F.3.6 根据配筋小砌块砌体抗震墙的施工特点，墙内的竖向钢筋布置无法绑扎搭接，钢筋的搭接长度应比普通混凝土构件的搭接长度长些。

F.3.7 本条是新增条文，规定了水平分布钢筋的锚固要求。根据国内外有关试验研究成果，砌块砌体抗震墙的水平钢筋，当采用围绕墙端竖向钢筋 180° 加 12d 延长段锚固时，施工难度较大，而一般做法可将该水平钢筋末端弯钩锚于灌孔混凝土中，弯入长度不小于 200mm，在试验中发现这样的弯折锚固长度已能保证该水平钢筋能达到屈服。因此，考虑不同的抗震等级和施工因素，分别规定相应的锚固长度。

F.3.8 本条是根据国内外试验研究成果和经验、以及配筋砌块砌体连梁的特点而制定的。

F.3.9 本次修订，进一步细化了对圈梁的构造要求。在配筋小砌块砌体抗震墙和楼、屋盖的结合处设置钢筋混凝土圈梁，可进一步增加结构的整体性，同时该圈梁也可作为建筑竖向尺寸调整的手段。钢筋混凝土圈梁作为配筋小砌块砌体抗震墙的一部分，其强度应和灌孔小砌块砌体强度基本一致，相互匹配，其纵筋配筋量不应小于配筋小砌块砌体抗震墙水平筋的数量，其腰筋间距不应大于配筋小砌块砌体抗震墙水平筋间距，并宜适当加密。

F.3.10 对于预制板的楼盖，配筋混凝土小型空心砌块砌体抗震墙房屋与其他结构类型房屋一样，均要求楼、屋盖有足够的刚度和整体性。

8 多层和高层钢结构房屋

8.1 一般规定

8.1.1 本章主要适用于民用建筑，多层工业建筑不同于民用建筑的部分，由附录 H 予以规定。用冷弯薄壁型钢作为主要承重结构的房屋，构件截面较小，自重较轻，可不执行本章的规定。

本章不适用于上层为钢结构下层为钢筋混凝土结构的混合型结构。对于混凝土核心筒-钢框架混合结构，在美国主要用于非抗震设防区，且认为不宜大于 150m。在日本，1992 年建了两幢，其高度分别为 78m 和 107m，结合这两项工程开展了一些研究，但并未推广。据报道，日本规定采用这类体系要经建筑中心评定和建设大臣批准。

我国自 20 世纪 80 年代在当时不设防的上海希尔顿酒店采用混合结构以来，应用较多，除大量应用于 7 度和 6 度地区外，也用于 8 度地区。由于这种体系主要由混凝土核心筒承担地震作用，钢框架和混凝土筒的侧向刚度差异较大，国内对其抗震性能虽有一些研究，尚不够完善。本次修订，将混凝土核心筒-钢框架结构做了一些原则性的规定，列入附录 G 第 G.2 节中。

本次修订，将框架-偏心支撑（延性墙板）单列，有利于促进它的推广应用。筒体和巨型框架以及框架-偏心支撑的适用最大高度，与国内现有建筑已达到的高度相比是保守的，需结合超限审查要求确定。AISC 抗震规程对 B、C 等级（大致相当于我国 0.10g 及以下）的结构，不要求执行规定的抗震构造措施，明显放宽。据此，对 7 度按设计基本地震加速度划分。对 8 度也按设计基本地震加速度作了划分。

8.1.2 国外 20 世纪 70 年代及以前建造的高层钢结构，高宽比较大的，如纽约世界贸易中心双塔，为 6.6，其他建筑很少超过此值的。注意到美国东部的地震烈度很小，《高层民用建筑钢结构技术规程》JGJ 99 据此对高宽比作了规定。本规范考虑到市场经济发展的现实，在合理的前提下比高层钢结构规程适当放宽高宽比要求。

本次修订，按《高层民用建筑钢结构技术规程》

JGJ 99 增加了表注，规定了底部有大底盘的房屋高度的取法。

8.1.3 将 2001 规范对不同烈度、不同层数所规定的"作用效应调整系数"和"抗震构造措施"共 7 种，调整、归纳、整理为四个不同的要求，称之为抗震等级。2001 规范以 12 层为界区分改为 50m 为界。对 6 度高度不超过 50m 的钢结构，与 2001 规范相同，其"作用效应调整系数"和"抗震构造措施"可按非抗震设计执行。

不同的抗震等级，体现不同的延性要求。可借鉴国外相应的抗震规范，如欧洲 Eurocode8、美国 AISC、日本 BCJ 的高、中、低等延性要求的规定。而且，按抗震设计等能量的概念，当构件的承载力明显提高，能满足烈度高一度的地震作用的要求时，延性要求可适当降低，故允许降低其抗震等级。

甲、乙类设防的建筑结构，其抗震设防标准的确定，按现行国家标准《建筑工程抗震设防分类标准》GB 50223 的规定处理，不再重复。

8.1.5 本次修订，将 2001 规范的 12 层和烈度的划分方法改为抗震等级划分。所以本章对钢结构房屋的抗震措施，一般以抗震等级区分。凡未注明的规定，则各种高度、各种烈度的钢结构房屋均要遵守。

本次修订，补充了控制单跨框架结构适用范围的要求。

8.1.6 三、四级且高度不大于 50m 的钢结构房屋宜优先采用交叉支撑，它可按拉杆设计，较经济。若采用受压支撑，其长细比及板件宽厚比应符合有关规定。

大量研究表明，偏心支撑具有弹性阶段刚度接近中心支撑框架，弹塑性阶段的延性和消能能力接近延性框架的特点，是一种良好的抗震结构。常用的偏心支撑形式如图 19 所示。

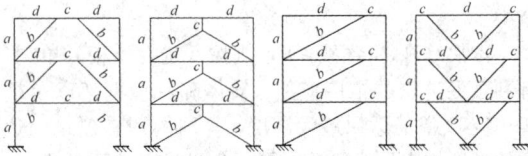

图 19 偏心支撑示意图
a—柱；b—支撑；c—消能梁段；d—其他梁段

偏心支撑框架的设计原则是强柱、强支撑和弱消能梁段，即在大震时消能梁段屈服形成塑性铰，且具有稳定的滞回性能，即使消能梁段进入应变硬化阶段，支撑斜杆、柱和其余梁段仍保持弹性。因此，每根斜杆只能在一端与消能梁段连接，若两端均与消能梁段相连，则可能一端的消能梁段屈服，另一端消能梁段不屈服，使偏心支撑的承载力和消能能力降低。

本次修订，考虑了设置屈曲约束支撑框架的情况。屈曲约束支撑是由芯材、约束芯材屈曲的套管

和位于芯材和套管间的无粘结材料及填充材料组成的一种支撑构件。这是一种受拉时同普通支撑而受压时承载力与受拉时相当且具有某种消能机制的支撑，采用单斜杆布置时宜成对设置。屈曲约束支撑在多遇地震下不发生屈曲，可按中心支撑设计；与 V 形、Λ 形支撑相连的框架梁可不考虑支撑屈曲引起的竖向不平衡力。此时，需要控制屈曲约束支撑轴力设计值：

$$N \leqslant 0.9 N_{ysc} / \eta_y$$

$$N_{ysc} = \eta_y f_{ay} A_1$$

式中：N——屈曲约束支撑轴力设计值；

N_{ysc}——芯板的受拉或受压屈服承载力，根据芯材约束屈服段的截面面积来计算；

A_1——约束屈服段的钢材截面面积；

f_{ay}——芯板钢材的屈服强度标准值；

η_y——芯板钢材的超强系数，Q235 取 1.25，Q195 取 1.15，低屈服点钢材（$f_{ay} < 160$）取 1.1，其实测值不应大于上述数值的 15%。

作为消能构件时，其设计参数、性能检验、计算方法的具体要求需按专门的规定执行，主要内容如下：

1 屈曲约束支撑的性能要求：

1) 芯材钢材应有明显的屈服台阶，屈服强度不宜大于 235kN/mm²，伸长率不应小于 25%；

2) 钢套管的弹性屈曲承载力不宜小于屈曲约束支撑极限承载力计算值的 1.2 倍；

3) 屈曲约束支撑应能在 2 倍设计层间位移角的情况下，限制芯材的局部和整体屈曲。

2 屈曲约束支撑应按照同一工程中支撑的构造形式、约束屈服段材料和屈服承载力分类进行抽样试验检验，构造形式和约束屈服段材料相同且屈服承载力在 50% 至 150% 范围内的屈曲约束支撑划分为同一类别。每种类别抽样比例为 2%，且不少于一根。试验时，依次在 1/300，1/200，1/150，1/100 支撑长度的拉伸和压缩往复各 3 次变形。试验得到的滞回曲线应稳定、饱满，具有正的增量刚度，且最后一级变形第 3 次循环的承载力不低于历经最大承载力的 85%，历经最大承载力不高于屈曲约束支撑极限承载力计算值的 1.1 倍。

3 计算方法可按照位移型阻尼器的相关规定执行。

8.1.9 支撑桁架沿竖向连续布置，可使层间刚度变化较均匀。支撑桁架需延伸到地下室，不可因建筑方面的要求而在地下室移动位置。支撑在地下室是否改为混凝土抗震墙形式，与是否设置钢骨混凝土结构层有关，设置钢骨混凝土结构层时采用混凝土墙较协

调。该抗震墙是否由钢支撑外包混凝土构成还是采用混凝土墙，由设计确定。

日本在高层钢结构的下部（地下室）设钢骨混凝土结构层，目的是使内力传递平稳，保证柱脚的嵌固性，增加建筑底部刚性、整体性和抗倾覆稳定性；而美国无此要求。本规范对此不作规定。

多层钢结构与高层钢结构不同，根据工程情况可设置或不设置地下室。当设置地下室时，房屋一般较高，钢框架柱宜伸至地下一层。

钢结构的基础埋置深度，参照高层混凝土结构的规定和上海的工程经验确定。

8.2 计 算 要 点

8.2.1 钢结构构件按地震组合内力设计值进行抗震验算时，钢材的各种强度设计值需除以本规范规定的承载力抗震调整系数 γ_{RE}，以体现钢材动静强度和抗震设计与非抗震设计可靠指标的不同。国外采用许用应力设计的规范中，考虑地震组合时钢材的强度通常规定提高 1/3 或 30%，与本规范 γ_{RE} 的作用类似。

8.2.2 2001 规范的钢结构阻尼比偏严，本次修订依据试验结果适当放宽。采用屈曲约束支撑的钢结构，阻尼比按本规范第 12 章消能减震结构的规定采用。

采用该阻尼比后，地震影响系数均按本规范第 5 章的规定采用。

8.2.3 本条规定了钢结构内力和变形分析的一些原则要求。

1 钢结构考虑二阶效应的计算，《钢结构设计规范》GB 50017－2003 第 3.2.8 条的规定，应计入构件初始缺陷（初倾斜、初弯曲、残余应力等）对内力的影响，其影响程度可通过在框架每层柱顶作用有附加的假想水平力来体现。

2 对工字形截面柱，美国 NEHRP 抗震设计手册（第二版）2000 年节点域考虑剪切变形的方法如下，可供参考：

考虑节点域剪切变形对层间位移角的影响，可近似将所得层间位移角与由节点域在相应楼层设计弯矩下的剪切变形角平均值相加求得。节点域剪切变形角的楼层平均值可按下式计算。

$$\Delta\gamma_i = \frac{1}{n}\sum\frac{M_{j,i}}{GV_{pe,ji}},\quad (j=1,2,\cdots n)$$

式中：$\Delta\gamma_i$——第 i 层钢框架在所考虑的受弯平面内节点域剪切变形引起的变形角平均值；

$M_{j,i}$——第 i 层框架的第 j 个节点域在所考虑的受弯平面内的不平衡弯矩，由框架分析得出，即 $M_{ji}=M_{b1}+M_{b2}$；

$V_{pe,ji}$——第 i 层框架的第 j 个节点域的有效体积；

M_{b1}、M_{b2}——分别为受弯平面内第 i 层第 j 个节点左、右梁端同方向地震作用组合下的弯矩设计值。

对箱形截面柱节点域变形较小，其对框架位移的影响可略去不计。

3 本款修订依据多道防线的概念设计，框架-支撑体系中，支撑框架是第一道防线，在强烈地震中支撑先屈服，内力重分布使框架部分承担的地震剪力必需增大，二者之和应大于弹性计算的总剪力；如果调整的结果框架部分承担的地震剪力不适当增大，则不是"双重体系"而是按刚度分配的结构体系。美国 IBC 规范中，这两种体系的延性折减系数是不同的，适用高度也不同。日本在钢支撑-框架结构设计中，去掉支撑的纯框架按总剪力的 40% 设计，远大于 25% 总剪力。这一规定体现了多道设防的原则，抗震分析时可通过框架部分的楼层剪力调整系数来实现，也可采用删去支撑框架进行计算来实现。

4 为使偏心支撑框架仅在耗能梁段屈服，支撑斜杆、柱和非耗能梁段的内力设计值应根据耗能梁段屈服时的内力确定并考虑耗能梁段的实际有效超强系数，再根据各构件的承载力抗震调整系数，确定斜杆、柱和非耗能梁段保持弹性所需的承载力。2005AISC 抗震规程规定，位于消能梁段同一跨的框架梁和框架柱的内力设计值增大系数不小于 1.1，支撑斜杆的内力增大系数不小于 1.25。据此，对 2001 规范的规定适当调整，梁和柱由原来的 8 度不小于 1.5 和 9 度不小于 1.6 调整为二级不小于 1.2 和一级不小于 1.3，支撑斜杆由原来的 8 度不小于 1.4 和 9 度不小于 1.5 调整为二级不小于 1.3 和一级不小于 1.4。

8.2.5 本条是实现"强柱弱梁"抗震概念设计的基本要求。

1 轴压比较小时可不验算强柱弱梁。条文所要求的是按 2 倍的小震地震作用的地震组合得出的内力设计值，而不是取小震地震组合轴向力的 2 倍。

参考美国规定增加了梁端塑性铰外移的强柱弱梁验算公式。骨形连接（RBS）连接的塑性铰至柱面距离，参考 FEMA350 的规定，取（0.5～0.75）b_f＋（0.65～0.85）$h_b/2$（其中，b_f 和 h_b 分别为梁翼缘宽度和梁截面高度）；梁端扩大型和加盖板的连接按日本规定，取净跨的 1/10 和梁高二者的较大值。强柱系数建议以 7 度（0.10g）作为低烈度区分界，大致相当于 AISC 的等级 C，按 AISC 抗震规程，等级 B、C 是低烈度区，可不执行该标准规定的抗震构造措施。强柱系数实际上已隐含系数 1.15。本次修订，只是将强柱系数，按抗震等级作了相应的划分，基本维持了 2001 规范的数值。

2 关于节点域。日本规定节点板域尺寸自梁柱翼缘中心线算起，AISC 的节点域稳定公式规定自翼缘内侧算起。本次修订，拟取自翼缘中心线算起。

美国节点板域稳定公式为高度和宽度之和除以90，历次修订此式未变；我国同济大学和哈尔滨工业大学做过试验，结果都是 1/70，考虑到试件板厚有一定限制，过去对高层用 1/90，对多层用 1/70。板的初始缺陷对平面内稳定影响较大，特别是板厚有限时，一次试验也难以得出可靠结果。考虑到该式一般不控制，本次修订拟统一采用美国的参数 1/90。

研究表明，节点域既不能太厚，也不能太薄，太厚了使节点域不能发挥其耗能作用，太薄了将使框架侧向位移太大，规范使用折减系数来设计。取 0.7 是参考日本研究结果采用。《高层民用建筑钢结构技术规程》JGJ 99-98 规定在 7 度时改用 0.6，是考虑到我国 7 度地区较大，可减少节点域加厚。日本第一阶段设计相当于我国 8 度；考虑 7 度可适当降低要求，所以按抗震等级划分拟就了系数。

当两侧梁不等高时，节点域剪应力计算公式可参阅《钢结构设计规范》管理组编著的《钢结构设计计算示例》p582 页，中国计划出版社，2007 年 3 月。

8.2.6 本条规定了支撑框架的验算。

1 考虑循环荷载时的强度降低系数，是高钢规编制时陈绍蕃教授提出的。考虑中心支撑长细比限值改动较大，拟保留此系数。

2 当人字支撑的腹杆在大震下受压屈曲后，其承载力将下降，导致横梁在支撑处出现向下的不平衡集中力，可能引起横梁破坏和楼板下陷，并在横梁两端出现塑性铰；此不平衡集中力取受拉支撑的竖向分量减去受压支撑屈曲压力竖向分量的 30%。V 形支撑情况类似，仅当斜杆失稳时楼板不是下陷而是向上隆起，不平衡力与前种情况相反。设计单位反映，考虑不平衡力后梁截面过大。条文中的建议是 AISC 抗震规程中针对此情况提出的，具有实用性，参见图 20。

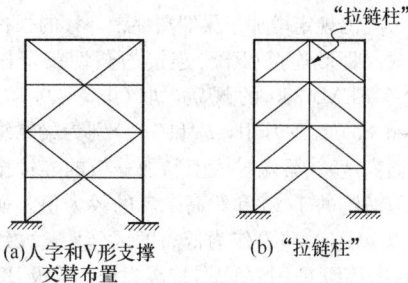

(a)人字和V形支撑交替布置　(b)"拉链柱"

图 20　人字支撑的布置

8.2.7 偏心支撑框架的设计计算，主要参考 AISC 于 1997 年颁布的《钢结构房屋抗震规程》并根据我国情况作了适当调整。

当消能梁段的轴力设计值不超过 $0.15Af$ 时，按 AISC 规定，忽略轴力影响，消能梁段的受剪承载力取腹板屈服时的剪力和梁段两端形成塑性铰时的剪力两者的较小值。本规范根据我国钢结构设计规范关于钢材拉、压、弯强度设计值与屈服强度的关系，取承载力抗震调整系数为 1.0，计算结果与 AISC 相当；当轴力设计值超过 $0.15Af$ 时，则降低梁段的受剪承载力，以保证该梁段具有稳定的滞回性能。

为使支撑斜杆能承受消能梁段的梁端弯矩，支撑与梁段的连接应设计成刚接（图 21）。

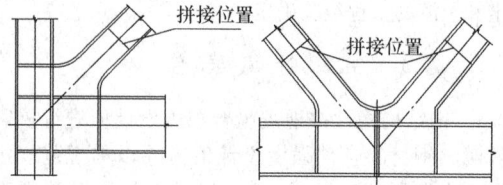

图 21　支撑端部刚接构造示意图

8.2.8 构件的连接，需符合强连接弱构件的原则。

1 需要对连接作二阶段设计。第一阶段，要求按构件承载力而不是设计内力进行连接计算，是考虑设计内力较小时将导致连接件型号和数量偏少，或焊缝的有效截面尺寸偏小，给第二阶段连接（极限承载力）设计带来困难。另外，高强度螺栓滑移对钢结构连接的弹性设计是不允许的。

2 框架梁一般为弯矩控制，剪力控制的情况很少，其设计剪力应采用与梁屈服弯矩相应的剪力，2001 规范规定采用腹板全截面屈服时的剪力，过于保守。另一方面，2001 规范用 1.3 代替 1.2 考虑竖向荷载往往偏小，故作了相应修改。采用系数 1.2，是考虑梁腹板的塑性变形小于翼缘的变形要求较多，当梁截面受剪力控制时，该系数宜适当加大。

3 钢结构连接系数修订，系参考日本建筑学会《钢结构连接设计指南》（2001/2006）的下列规定拟定。

母材牌号	梁端连接时		支撑连接/构件拼接		柱脚
	母材破断	螺栓破断	母材破断	螺栓破断	
SS400	1.40	1.45	1.25	1.30	埋入式 1.2
SM490	1.35	1.40	1.20	1.25	外包式 1.2
SN400	1.30	1.35	1.15	1.20	外露式 1.0
SN490	1.25	1.30	1.10	1.15	— —

注：螺栓是指高强度螺栓，极限承载力计算时按承压型连接考虑。

表中的连接系数包括了超强系数和应变硬化系数；SS 是碳素结构钢，SM 是焊接结构钢，SN 是抗震结构钢，其性能是逐步提高的。连接系数随钢种的性能提高而递减，也随钢材的强度等级递增而递减，是以钢材超强系数统计数据为依据的，而应变硬化系数各国普遍取 1.1。该文献说明，梁端连接的塑性变形要求最高，连接系数也最高，而支撑连接和构件拼接的塑性变形相对较小，故连接系数可取较低值。螺栓连接受滑移的影响，且钉孔使截面减弱，影响了承载力。美国和欧盟规范中，连接系数都没有这样细致的划分和规定。我国目前对建筑钢材的超强系数还没有作过统计，本规范表 8.2.8 是按上述文献 2006 版列出的，它比 2001 规范对螺栓破断的规定降低了 0.05。借鉴日本上述规定，将构件承载力抗震调整系数中的焊接连接和螺栓连接都取 0.75，连接系数在连接承载力计算表达式中统一考虑，有利于按不同情况区别对待，也有利于提高连接系数的直观性。对于 Q345 钢材，连接系数 $1.30 < f_u/f_y = 470/345 = 1.36$，解决了 2001 规范所规定综合连接系数偏高，材料强度不能充分利用的问题。另外，对于外露式柱脚，考虑在我国应用较多，适当提高抗震设计时的承载力是必要的，采用了 1.1 系数。本规范表 8.2.8 与日本规定相当接近。

8.3 钢框架结构的抗震构造措施

8.3.1 框架柱的长细比关系到钢结构的整体稳定。研究表明，钢结构高度加大时，轴力加大，竖向地震对框架柱的影响很大。本条规定与 2001 规范相比，高于 50m 时，7、8 度有所放松；低于 50m 时，8、9 度有所加严。

8.3.2 框架梁、柱板件宽厚比的规定，是以结构符合强柱弱梁为前提，考虑柱仅在后期出现少量塑性不需要很高的转动能力，综合美国和日本规定制定的。陈绍蕃教授指出，以轴压比 0.37 为界的 12 层以下梁腹板宽厚比限值的计算公式，适用于采用塑性内力重分布的连续组合梁负弯矩区，如果不考虑出现塑性铰后的内力重分布，宽厚比限值可以放宽。据此，将 2001 规范对梁宽厚比限值中的 $(N_b/Af < 0.37)$ 和 $(N_b/Af \geq 0.37)$ 两个限值条件取消。考虑到按刚性楼盖分析时，得不出梁的轴力，但在进入弹塑性阶段时，上翼缘的负弯矩区楼板将退出工作，迫使钢梁翼缘承受一定轴力，不考虑是不安全的。注意到日本对梁腹板宽厚比限值的规定 60（65），括号内为缓和值，不考虑轴力影响；AISC 341-05 规定，当梁腹板轴压比为 0.125时其宽厚比限值为 75。据此，梁腹板宽厚比限值对一、二、三、四抗震等级分别取上限值（60、65、70、75）$\sqrt{235/f_{ay}}$。

本次修订按抗震等级划分后，12 层以下柱的板件宽厚比几乎不变，12 层以上有所放松：8 度由 10、43、35 放松为 11、45、36；7 度由 11、43、37 放松为 12、48、38；6 度由 13、43、39 放松为 13、52、40。

注意，从抗震设计的角度，对于板件宽厚比的要求，主要是地震下构件端部可能的塑性铰范围，非塑性铰范围的构件宽厚比可有所放宽。

8.3.3 当梁上翼缘与楼板有可靠连接时，简支梁可不设置侧向支承，固端梁下翼缘在梁端 0.15 倍梁跨附近宜设置隔撑。梁端采用梁端扩大、加盖板或骨形连接时，应在塑性区外设置竖向加劲肋，隔撑与偏置的竖向加劲肋相连。梁端翼缘宽度较大，对梁下翼缘侧向约束较大时，也可不设隔撑。朱聘儒著《钢-混凝土组合梁设计原理》（第二版）一书，对负弯矩区段组合梁钢部件的稳定性作了计算分析，指出负弯矩区段内的梁部件名义上虽是压弯构件，由于其截面轴压比较小，稳定问题不突出。李国强著《多高层建筑钢结构设计》第 203 页介绍了提供侧向约束的几种方法，也可供参考。首先验算钢梁受压区长细比 λ_y 是否满足：

$$\lambda_y \leq 60 \sqrt{235/f_y}$$

若不满足可按图 22 所示方法设置侧向约束。

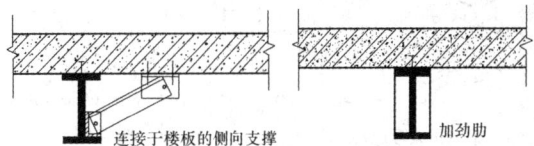

图 22 钢梁受压翼缘侧向约束

8.3.4 本条规定了梁柱连接构造要求。

1 电渣焊时壁板最小厚度 16mm，是征求日本焊接专家意见并得到国内钢结构制作专家的认同。贯通式隔板是和冷成形箱形柱配套使用的，柱边缘受拉时要求对其采用 Z 向钢制作，限于设备条件，目前我国应用不多，其构造要求可参见现行行业标准《高层民用建筑钢结构技术规程》JGJ 99。隔板厚度一般不宜小于翼缘厚度。

2 现场连接时焊接孔如规范条文图 8.3.4-1 所示，应严格按规定形状和尺寸用刀具加工。FEMA 中推荐的孔形如下（图 23），美国规定为必须采用之孔形。其最大应力不出现在腹板与翼缘连接处，香港学者做过有限元分析比较，认为是当前国际上最佳孔形，且与梁腹板连接方便。有条件时也可采用该焊接孔形。

3 日本规定腹板连接板 $t_w \leq 16m$ 时采用双面角焊缝，焊缝计算厚度取 5mm；t_w 大于 16mm 时用 K 形坡口对接焊缝，端部均要求绕焊。美国将梁腹板连接板连接焊缝列为重要焊缝，要求符合与翼缘焊缝同

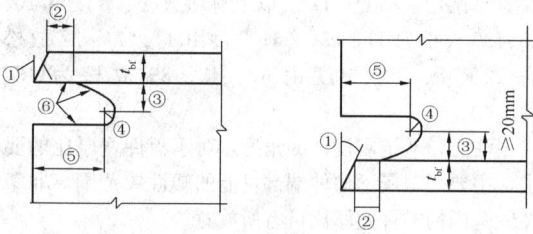

说明：
①坡口角度符合有关规定；②翼缘厚度或12mm，取小者；
③(1~0.75)倍翼缘厚度；④最小半径19mm；⑤3倍翼缘厚
度(±12mm)；⑥表面平整。圆弧开口不大于25°。

图23　FEMA推荐的焊接孔形

等的低温冲击韧性指标。本条不要求符合较高冲击韧
性指标，但要求用气保焊和板端绕焊。

4 日本普遍采用梁端扩大形，不采用RBS形；
美国主要采用RBS形。RBS形加工要求较高，且需
在关键截面削减部分钢材，国内技术人员表示难以
接受。现将二者都列出供选用。此外，还有梁端用
矩形加强板、加腋等形式加强的方案，这里列入常
用的四种形式（图24）。梁端扩大部分的直角边长
比可取1：2至1：3。AISC将7度（0.15g）及以
上列入强震区，宜按此要求对梁端采用塑性铰外移
构造。

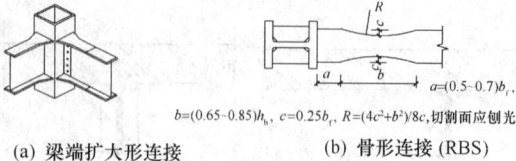

$a=(0.5~0.7)b_f$，
$b=(0.65~0.85)h_b$，$c=0.25b_f$，$R=(4c^2+b^2)/8c$，切割面应刨光

(a) 梁端扩大形连接　　(b) 骨形连接 (RBS)

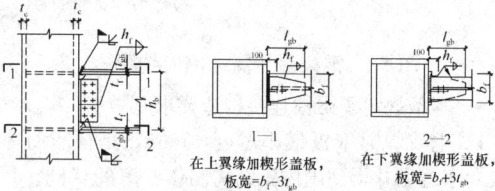

在上翼缘加楔形盖板，
板宽$=b_f+3t_{gb}$

在下翼缘加楔形盖板，
板宽$=b_f+3t_{gb}$

(c) 盖板式连接

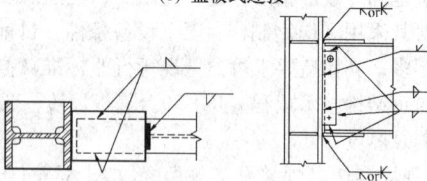

(d) 翼缘板式连接

图24　梁端扩大形连接、骨形连接、
盖板式连接和翼缘板式连接

5 日本在梁高小于700mm时，采用本规范图
8.3.4-2的悬臂梁段式连接。

6 AISC规定，隔板与柱壁板的连接，也可用角
焊缝加强的双面部分熔透坡口焊缝连接，但焊缝的承载力
不应小于隔板与柱翼缘全截面连接时的承载力。

8.3.5 当节点域的体积不满足第8.2.5条有关规定

时，参考日本规定和美国AISC钢结构抗震规程1997
年版的规定，提出了加厚节点域和贴焊补强板的加强
措施：

（1）对焊接组合柱，宜加厚节点板，将柱腹板在
节点域范围更换为较厚板件。加厚板件应伸出柱横向
加劲肋之外各150mm，并采用对接焊缝与柱腹板
相连；

（2）对轧制H形柱，可贴焊补强板加强。补强
板上下边缘可不伸过横向加劲肋或伸过柱横向加劲
肋之外各150mm。当补强板不伸过横向加劲肋时，
加劲肋应与柱腹板焊接，补强板与加劲肋之间的角
焊缝应能传递补强板所分担的剪力，且厚度不小于
5mm；当补强板伸过加劲肋时，加劲肋仅与补强板
焊接，此焊缝应能将加劲肋传来的力传递给补强
板，补强板的厚度及其焊缝应按传递该力的要求设
计。补强板侧边可采用角焊缝与柱翼缘相连，其板
面尚应采用塞焊与柱腹板连成整体。塞焊点之间的
距离，不应大于相连板件中较薄板件厚度的
$21\sqrt{235/f_y}$倍。

8.3.6 罕遇地震作用下，框架节点将进入塑性区，
保证结构在塑性区的整体性是很必要的。参考国外关
于高层钢结构的设计要求，提出相应规定。

8.3.7 本条规定主要考虑柱连接接头放在柱受力小
的位置。本次修订增加了对净高小于2.6m柱的接头
位置要求。

8.3.8 本条要求，对8、9度有所放松。外露式只能
用于6、7度高度不超过50m的情况。

8.4　钢框架-中心支撑结构的抗震构造措施

8.4.1 本节规定了中心支撑框架的构造要求，主要
用于高度50m以上的钢结构房屋。

AISC 341-05抗震规程，特殊中心支撑框架和
普通中心支撑框架的支撑长细比限值均规定不大于
$120\sqrt{235/f_y}$。本次修订作了相应修改。

本次修订，按抗震等级划分后，支撑板件宽厚限
值也作了适当修改和补充。对50m以上房屋的工字
形截面构件有所放松：9度由7，21放松为8，25；8
度时由8，23放松为9，26；7度时由8，23放松为
10，27；6度时由9，25放松为13，33。

8.4.2 美国规定，加速度0.15g以上的地区，支
撑框架结构的梁与柱连接不应采用铰接。考虑到
双重抗侧力体系对高层建筑抗震很重要，且梁与
柱铰接将使结构位移增大，故规定一、二、三级
不应铰接。

支撑与节点板嵌固点保留一个小距离，可使节
点板在大震时产生平面外屈曲，从而减轻对支撑
的破坏，这是AISC-97（补充）的规定，如图25
所示。

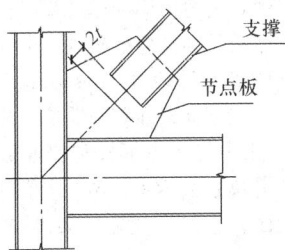

图 25　支撑端部节点板
的构造示意图

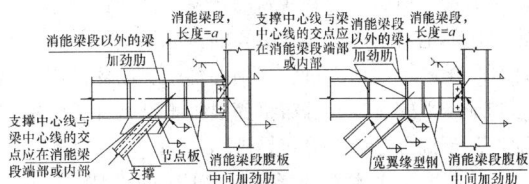

图 26　偏心支撑构造

8.5　钢框架-偏心支撑结构的抗震构造措施

8.5.1　本节规定了保证消能梁段发挥作用的一系列构造要求。

为使消能梁段有良好的延性和消能能力，其钢材应采用 Q235、Q345 或 Q345GJ。

板件宽厚比参照 AISC 的规定作了适当调整。当梁上翼缘与楼板固定但不能表明其下翼缘侧向固定时，仍需设置侧向支撑。

8.5.3　为使消能梁段在反复荷载作用下具有良好的滞回性能，需采取合适的构造并加强对腹板的约束：

1　支撑斜杆轴力的水平分量成为消能梁段的轴向力，当此轴向力较大时，除降低此梁段的受剪承载力外，还需减少该梁段的长度，以保证它具有良好的滞回性能。

2　由于腹板上贴焊的补强板不能进入弹塑性变形，因此不能采用补强板；腹板上开洞也会影响其弹塑性变形能力。

3　消能梁段与支撑斜杆的连接处，需设置与腹板等高的加劲肋，以传递梁段的剪力并防止梁腹板屈曲。

4　消能梁段腹板的中间加劲肋，需按梁段的长度区别对待，较短时为剪切屈服型，加劲肋间距小些；较长时为弯曲屈服型，需在距端部 1.5 倍的翼缘宽度处配置加劲肋；中等长度时应同时满足剪切屈服型和弯曲屈服型的要求。

偏心支撑的斜杆中心线与梁中心线的交点，一般在消能梁段的端部，也允许在消能梁段内，此时将产生与消能梁段端部弯矩方向相反的附加弯矩，从而减少消能梁段和支撑杆的弯矩，对抗震有利；但交点不应在消能梁段以外，因此时将增大支撑和消能梁段的弯矩，于抗震不利（图 26）。

8.5.5　消能梁段两端设置翼缘的侧向隔撑，是为了承受平面外扭转。

8.5.6　与消能梁段处于同一跨内的框架梁，同样承受轴力和弯矩，为保持其稳定，也需设置翼缘的侧向隔撑。

附录 G　钢支撑-混凝土框架和钢框架-钢筋混凝土核心筒结构房屋抗震设计要求

G.1　钢支撑-钢筋混凝土框架

G.1.1　我国的钢支撑-混凝土框架结构，钢支撑承担较大的水平力，但不及抗震墙，其适用高度不宜超过框架结构和框剪结构二者最大适用高度的平均值。

本节的规定，除抗震等级外也可适用于房屋高度在混凝土框架结构最大适用高度内的情况。

G.1.2　由于房屋高度超过本规范第 6.1.1 条混凝土框架结构的最大适用高度，故参照框剪结构提高抗震等级。

G.1.3　本条规定了钢支撑-混凝土框架结构不同于钢支撑结构、混凝土框架结构的设计要求，主要参照混凝土框架-抗震墙结构的要求，将钢支撑框架在整个结构中的地位类比于混凝土框架-抗震墙结构中的抗震墙。

G.1.4　混合结构的阻尼比，取决于混凝土结构和钢结构在总变形能中所占比例的大小。采用振型分解反应谱法时，不同振型的阻尼比可能不同。当简化估算时，可取 0.045。

按照多道防线的概念设计，支撑是第一道防线，混凝土框架需适当增大按刚度分配的地震作用，可取两种模型计算的较大值。

G.2　钢框架-钢筋混凝土核心筒结构

G.2.1　我国的钢框架-钢筋混凝土核心筒，由钢筋混凝土筒体承担主要水平力，其适用高度应低于高层钢结构而高于钢筋混凝土结构，参考《高层建筑混凝土结构技术规程》JGJ 3-2002 第 11 章的规定，其最大适用高度不大于二者的平均值。

G.2.2　本条抗震等级的划分，基本参照《高层建筑混凝土结构技术规程》JGJ 3-2002 的第 11 章和本规范第 6.1.2、8.1.3 条的规定。

G.2.3　本条规定了钢框架-钢筋混凝土核心筒结构体系设计中不同于混凝土结构、钢结构的一些基本要求：

1　近年来的试验和计算分析，对钢框架部分应承担的最小地震作用有些新的认识：框架部分承担一定比例的地震作用是非常重要的，如果钢框架部分按计算分配的地震剪力过少，则混凝土、筒体的受力状态和地震下的表现与普通钢筋混凝土结构几乎没有差别，甚至混凝土墙体更容易破坏。

清华大学土木系选择了一幢国内的钢框架-混凝土核心筒结构，变换其钢框架部分和混凝土核心筒的截面尺寸，并将它们进行不同组合，分析了共 20 个截面尺寸互不相同的结构方案，进行了在地震作用下的受力性能研究和比较，提出了钢框架部分剪力分担率的设计建议。

考虑钢框架-钢筋混凝土核心筒的总高度大于普通的钢筋混凝土框架-核心筒房屋，为给混凝土墙体留有一定的安全储备，规定钢框架按刚度分配的最小地震作用。当小于规定时，混凝土筒承担的地震作用和抗震构造均应适当提高。

2 钢框架柱的应力一般较高，而混凝土墙体大多由位移控制，墙的应力较低，而且两种材料弹性模量不等，此外，混凝土存在徐变和收缩，因此会使钢框架和混凝土筒体间存在较大变形。为了其差异变形不致使结构产生过大的附加内力，国外这类结构的楼盖梁大多两端都做成铰接。我国的习惯做法是，楼盖梁与周边框架刚接，但与钢筋混凝土墙体做成铰接，当墙体内设置连接用的构造型钢时，也可采用刚接。

3 试验表明，混凝土墙体与钢梁连接处存在局部弯矩及轴向力，但墙体平面外刚度较小，很容易出现裂缝；设置构造型钢有助于提高墙体的局部性能，也便于钢结构的安装。

4 底层或下部楼层用型钢混凝土柱，上部楼层用钢柱，可提高结构刚度和节约钢材，是常见的做法。阪神地震表明，此时应避免刚度突变引起的破坏，设置过渡层使结构刚度逐渐变化，可以减缓此种效应。

5 要使钢框架与混凝土核心筒能协同工作，其楼板的刚度和大震作用下的整体性是十分重要的，本条要求其楼板应采用现浇实心板。

G.2.4 本条规定了抗震计算中，不同于钢筋混凝土结构的要求：

1 混合结构的阻尼比，取决于混凝土结构和钢结构在总变形能中所占比例的大小。采用振型分解反应谱法时，不同振型的阻尼比可能不同。必要时，可参照本规范第 10 章关于大跨空间钢结构与混凝土支座综合阻尼比的换算方法确定，当简化估算时，可取 0.045。

2 根据多道抗震防线的要求，钢框架部分应按其刚度承担一定比例的楼层地震力。

按美国 IBC 2006 规定，凡在设计时考虑提供所需要的抵抗地震力的结构部件所组成的体系均为抗震

结构体系。其中，由剪力墙和框架组成的结构有以下三类：①双重体系是"抗弯框架（moment frame）具有至少提供抵抗 25% 设计力（design forces）的能力，而总地震抗力由抗弯框架和剪力墙按其相对刚度的比例共同提供"；由中等抗弯框架和普通剪力墙组成的双重体系，其折减系数 $R=5.5$，不许用于加速度大于 0.20g 的地区。②在剪力墙-框架协同体系中，"每个楼层的地震力均由墙体和框架按其相对刚度的比例并考虑协同工作共同承担"；其折减系数也是 $R=5.5$，但不许用于加速度大于 0.13g 的地区。③当设计中不考虑框架部分承受地震力时，称为房屋框架（building frame）体系；对于普通剪力墙和建筑框架的体系，其折减系数 $R=5$，不许用于加速度大于 0.20g 的地区。

关于双重体系中钢框架部分的剪力分担率要求，美国 UBC85 已经明确为"不少于所需侧向力的 25%"，在 UBC97 是"应能独立承受至少 25% 的设计基底剪力"。我国在 2001 抗震规范修订时，第 8 章多高层钢结构房屋的设计规定是"不小于钢框架部分最大楼层地震剪力的 1.8 倍和 25% 结构总地震剪力二者的较小值"。考虑到混凝土核心筒的刚度远大于支撑钢框架或钢筒体，参考混凝土核心筒结构的相关要求，本条规定调整后钢框架承担的剪力至少达到底部总剪力的 15%。

9 单层工业厂房

9.1 单层钢筋混凝土柱厂房

（Ⅰ）一般规定

9.1.1 本规范关于单层钢筋混凝土柱厂房的规定，系根据 20 世纪 60 年代以来装配式单层工业厂房的震害和工程经验总结得到的。因此，对于现浇的单层钢筋混凝土柱厂房，需注意本节针对装配式结构的某些规定不适用。

根据震害经验，厂房结构布置应注意的问题是：

1 历次地震的震害表明，不等高多跨厂房有高振型反应，不等长多跨厂房有扭转效应，破坏较重；均对抗震不利，故多跨厂房宜采用等高和等长。

2 地震的震害表明，单层厂房的毗邻建筑任意布置是不利的，在厂房纵墙与山墙交汇的角部是不允许布置的。在地震作用下，防震缝处排架柱的侧移量大，当有毗邻建筑时，相互碰撞或变位受约束的情况严重；地震中有不少倒塌、严重破坏等加重震害的震例，因此，在防震缝附近不宜布置毗邻建筑。

3 大柱网厂房和其他不设柱间支撑的厂房，在地震作用下侧移量较设置柱间支撑的厂房大，防震缝

的宽度需适当加大。

4 地震作用下，相邻两个独立的主厂房的振动变形可能不同步协调，与之相接的过渡跨的屋盖常倒塌破坏；为此过渡跨至少应有一侧采用防震缝与主厂房脱开。

5 上吊车的铁梯，晚间停放吊车时，增大该处排架侧移刚度，加大地震反应，特别是多跨厂房各跨上吊车的铁梯集中在同一横向轴线时，会导致震害破坏，应避免。

6 工作平台或刚性内隔墙与厂房主体结构连接时，改变了主体结构的工作性状，加大地震反应；导致应力集中，可能造成短柱效应，不仅影响排架柱，还可能涉及柱顶的连接和相邻的屋盖结构，计算和加强措施均较困难，故以脱开为佳。

7 不同形式的结构，振动特性不同，材料强度不同，侧移刚度不同。在地震作用下，往往由于荷载、位移、强度的不均衡，而造成结构破坏。山墙承重和中间有横墙承重的单层钢筋混凝土柱厂房和端砖壁承重的天窗架，在地震中均有较重破坏，为此，厂房的一个结构单元内，不宜采用不同的结构形式。

8 两侧为嵌砌墙，中柱列设柱间支撑；一侧为外贴墙或嵌砌墙，另一侧为开敞；一侧为嵌砌墙，另一侧为外贴墙等各柱列纵向刚度严重不均匀的厂房，由于各柱列的地震作用分配不均匀，变形不协调，常导致柱列和屋盖的纵向破坏，在 7 度区就有这种震害反映，在 8 度和大于 8 度区，破坏就更普遍且严重，不少厂房柱倒屋塌，在设计中应予以避免。

9.1.2 根据震害经验，天窗架的设置应注意下列问题：

1 突出屋面的天窗架对厂房的抗震带来很不利的影响，因此，宜采用突出屋面较小的避风型天窗。采用下沉式天窗的屋盖有良好的抗震性能，唐山地震中甚至经受了 10 度地震的考验，不仅是 8 度区，有条件时均可采用。

2 第二开间起开设天窗，将使端开间每块屋面板与屋架无法焊接或焊连的可靠性大大降低而导致地震时掉落，同时也大大降低屋面纵向水平刚度。所以，如果山墙能够开窗，或者采光要求不太高时，天窗从第三开间起设置。

天窗架从厂房单元端第三柱间开始设置，虽增强屋面纵向水平刚度，但对建筑通风、采光不利，考虑到 6 度和 7 度区的地震作用效应较小，且很少有屋盖破坏的震例，本次修订改为对 6 度和 7 度区不做此要求。

3 历次地震经验表明，不仅是天窗屋盖和端壁板，就是天窗侧板也宜采用轻型板材。

9.1.3 根据震害经验，厂房屋盖结构的设置应注意下列问题：

1 轻型大型屋面板无檩屋盖和钢筋混凝土有檩屋盖的抗震性能好，经过 8～10 度强烈地震考验，有条件时可采用。

2 唐山地震震害统计分析表明，屋盖的震害破坏程度与屋盖承重结构的形式密切相关，根据 8～11 度地震的震害调查统计发现：梯形屋架屋盖共调查 91 跨，全部或大部倒塌 41 跨，部分或局部倒塌 11 跨，共计 52 跨，占 56.7%；拱形屋架屋盖共调查 151 跨，全部或大部倒塌 13 跨，部分或局部倒塌 16 跨，共计 29 跨，占 19.2%；屋面梁屋盖共调查 168 跨，全部或大部倒塌 11 跨，部分或局部倒塌 17 跨，共计 28 跨，占 16.7%。

另外，采用下沉式屋架的屋盖，经 8～10 度强烈地震的考验，没有破坏的震例。为此，提出厂房宜采用低重心的屋盖承重结构。

3 拼块式的预应力混凝土和钢筋混凝土屋架（屋面梁）的结构整体性差，在唐山地震中其破坏率和破坏程度均较整榀式重得多。因此，在地震区不宜采用。

4 预应力混凝土和钢筋混凝土空腹桁架的腹杆及其上弦节点均较薄弱，在天窗两侧竖向支撑的附加地震作用下，容易产生节点破坏、腹杆折断的严重破坏，因此，不宜采用有突出屋面天窗架的空腹桁架屋盖。

5 随着经济的发展，组合屋架已很少采用，本次修订继续保持 89 规范、2001 规范的规定，不列入这种屋架的规定。

本次修订，根据震害经验，建议在高烈度（8 度 0.30g 和 9 度）且跨度大于 24m 的厂房，不采用重量大的大型屋面板。

9.1.4 不开孔的薄壁工字形柱、腹板开孔的普通工字形柱以及管柱，均存在抗震薄弱环节，故规定不宜采用。

（Ⅱ）计 算 要 点

9.1.7、9.1.8 对厂房的纵横向抗震分析，本规范明确规定，一般情况下，采用多质点空间结构分析方法。

关于横向计算：

当符合本规范附录 J 的条件时可采用平面排架简化方法，但计算所得的排架地震内力应考虑各种效应调整。本规范附录 J 的调整系数有以下特点：

1 适用于 7～8 度柱顶标高不超过 15m 且砖墙刚度较大等情况的厂房，9 度时砖墙开裂严重，空间工作影响明显减弱，一般不考虑调整。

2 计算地震作用时，采用经过调整的排架计算周期。

3 调整系数采用了考虑屋盖平面内剪切刚度、扭转和砖墙开裂后刚度下降影响的空间模型，用振型分解法进行分析，取不同屋盖类型、各种山墙间距、各种厂房跨度、高度和单元长度，得出了统计规律，给出了较为合理的调整系数。因排架计算周期偏长，地震作用偏小，当山墙间距较大或仅一端有山墙时，按排架分析的地震内力需要增大而不是减小。对一端山墙的厂房，所考虑的排架一般指无山墙端的第二榀，而不是端榀。

4 研究发现，对不等高厂房高低跨交接处支承低跨屋盖牛腿以上的中柱截面，其地震作用效应的调整系数随高、低跨屋盖重力的比值是线性下降，要由公式计算。公式中的空间工作影响系数与其他各截面（包括上述中柱的下柱截面）的作用效应调整系数含义不同，分别列于不同的表格，要避免混淆。

5 地震中，吊车桥架造成了厂房局部的严重破坏。为此，把吊车桥架作为移动质点，进行了大量的多质点空间结构分析，并与平面排架简化分析比较，得出其放大系数。使用时，只乘以吊车桥架重力荷载在吊车梁顶标高处产生的地震作用，而不乘以截面的总地震作用。

关于纵向计算：

历次地震，特别是海城、唐山地震，厂房沿纵向发生破坏的例子很多，而且中柱列的破坏普遍比边柱列严重得多。在计算分析和震害总结的基础上，规范提出了厂房纵向抗震计算原则和简化方法。

钢筋混凝土屋盖厂房的纵向抗震计算，要考虑围护墙有效刚度、强度和屋盖的变形，采用空间分析模型。本规范附录 K 第 K.1 节的实用计算方法，仅适用于柱顶标高不超过 15m 且有纵向砖围护墙的等高厂房，是选取多种简化方法与空间分析计算结果比较而得到的。其中，要用经验公式计算基本周期。考虑到随着烈度的提高，厂房纵向侧移加大，围护墙开裂加重，刚度降低明显，故一般情况，围护墙的有效刚度折减系数，在 7、8、9 度时可近似取 0.6、0.4 和 0.2。不等高和纵向不对称厂房，还需考虑厂房扭转的影响，尚无合适的简化方法。

9.1.9、9.1.10 地震震害表明，没有考虑抗震设防的一般钢筋混凝土天窗架，其横向受损并不明显，而纵向破坏却相当普遍。计算分析表明，常用的钢筋混凝土带斜腹杆的天窗架，横向刚度很大，基本上随屋盖平移，可以直接采用底部剪力法的计算结果，但纵向则要按跨数和位置调整。

有斜撑杆的三铰拱式钢天窗架的横向刚度也较厂房屋盖的横向刚度大很多，也是基本上随屋盖平移，故其横向抗震计算方法可与混凝土天窗架一样采用底部剪力法。由于钢天窗架的强度和延性优于混凝土天窗架，且可靠度高，故当跨度大于 9m 或 9 度时，钢天窗架的地震作用效应不必乘以增大系数 1.5。

本规范明确关于突出屋面天窗架简化计算的适用范围为有斜杆的三铰拱式天窗架，避免与其他桁架式天窗架混淆。

对于天窗架的纵向抗震分析，继续保持 89 规范的相关规定。

9.1.11 关于大柱网厂房的双向水平地震作用，89 规范规定取一个主轴方向 100% 加上相应垂直方向的 30% 的不利组合，相当于两个方向的地震作用效应完全相同时按本规范 5.2 节规定计算的结果，因此是一种略偏安全的简化方法。为避免与本规范 5.2 节的规定不协调，保持 2001 规范的规定，不再专门列出。

位移引起的附加弯矩，即 "P-Δ" 效应，按本规范 3.6 节的规定计算。

9.1.12 不等高厂房支承低跨屋盖的柱牛腿在地震作用下开裂较多，甚至牛腿面预埋板向外位移破坏。在重力荷载和水平地震作用下的柱牛腿纵向水平受拉钢筋的计算公式，第一项为承受重力荷载纵向钢筋的计算，第二项为承受水平拉力纵向钢筋的计算。

9.1.13 震害和试验研究表明：交叉支撑杆件的最大长细比小于 200 时，斜拉杆和斜压杆在支撑桁架中是共同工作的。支撑中的最大作用相当于单压杆的临界状态值。据此，在本规范的附录 K 第 K.2 节中规定了柱间支撑的设计原则和简化方法：

1 支撑侧移的计算：按剪切构件考虑，支撑任一点的侧移等于该点以下各节间相对侧移值的叠加。它可用以确定厂房纵向柱列的侧移刚度及上、下支撑地震作用的分配。

2 支撑斜杆抗震验算：试验结果发现，支撑的水平承载力，相当于拉杆承载力与压杆承载力乘以折减系数之和的水平分量。此折减系数即本规范附录 K 中的"压杆卸载系数"，可以线性内插；亦可直接用下列公式确定斜拉杆的净截面 A_n：

$$A_n \geqslant \gamma_{RE} l_i V_{bi} / [(1 + \psi_c \phi_i) s_c f_{at}]$$

3 震害表明，单层钢筋混凝土柱厂房的柱间支撑虽有一定数量的破坏，但这些厂房大多数未考虑抗震设防。据计算分析，抗震验算的柱间支撑斜杆内力大于非抗震设计时的内力几倍。

4 柱间支撑与柱的连接节点在地震反复荷载作用下承受拉弯剪和压弯剪，试验表明其承载力比单调荷载作用下有所降低；在抗震安全性综合分析基础上，提出了确定预埋板钢筋截面面积的计算公式，适用于符合本规范第 9.1.25 条 5 款构造规定的情况。

5 提出了柱间支撑节点预埋件采用角钢时的验算方法。

本规范第 9.1.23 条对下柱柱间支撑的下节点位置有明确的规定，一般将节点位置置于基础顶标高处。6、7 度时地震力较小，采取加强措施后可设在基础顶面以上；本次修订明确，必要时也可沿纵向柱列进行柱根的斜截面受剪承载力验算来确定加强措施。

9.1.14 本条规定了与厂房次要构件有关的计算。

1 地震震害表明：8度和9度区，不少抗风柱的上柱和下柱根部开裂、折断，导致山尖墙倒塌，严重的抗风柱连同山墙全部向外倾倒。抗风柱虽非单层厂房的主要承重构件，但它却是厂房纵向抗震中的重要构件，对保证厂房的纵向抗震安全，具有不可忽视的作用，补充规定8、9度时需进行平面外的截面抗震验算。

2 当抗风柱与屋架下弦相连接时，虽然此类厂房均在厂房两端第一开间设置下弦横向支撑，但当厂房遭到地震作用时，高大山墙引起的纵向水平地震作用具有较大的数值，由于阶形抗风柱的下柱刚度远大于上柱刚度，大部分水平地震作用将通过下柱的上端连接传至屋架下弦，但屋架下弦支撑的强度和刚度往往不能满足要求，从而导致屋架下弦支撑杆件压曲。1966年邢台地震6度区、1975年海城地震8度区均出现过这种震害。故要求进行相应的抗震验算。

3 当工作平台、刚性内隔墙与厂房主体结构相连时，将提高排架的侧移刚度，改变其动力特性，加大地震作用，还可能造成应力和变形集中，加重厂房的震害。地震中由此造成排架柱折断或屋盖倒塌，其严重程度因具体条件而异，很难作出统一规定。因此抗震计算时，需采用符合实际的结构计算简图，并采取相应的措施。

4 震害表明，上弦有小立柱的拱形和折线形屋架及上弦节间长和节间矢高较大的屋架，在地震作用下屋架上弦将产生附加扭矩，导致屋架上弦破坏。为此，8、9度在这种情况下需进行截面抗扭验算。

（Ⅲ）抗震构造措施

9.1.15 本节所指有檩屋盖，主要是波形瓦（包括石棉瓦及槽瓦）屋盖。这类屋盖只要设置保证整体刚度的支撑体系，屋面瓦与檩条间以及檩条与屋架间有牢固的拉结，一般均具有一定的抗震能力，甚至在唐山10度地震区也基本完好地保存下来。但是，如果屋面瓦与檩条或檩条与屋架拉结不牢，在7度地震区也会出现严重震害，海城地震和唐山地震中均有这种例子。

89规范对有檩屋盖的规定，系针对钢筋混凝土体系而言。2001规范增加了对钢结构有檩体系的要求。本次修订，未作修改。

9.1.16 无檩屋盖指的是各类不用檩条的钢筋混凝土屋面板与屋架（梁）组成的屋盖。屋盖的各构件相互间联成整体是厂房抗震的重要保证，这是根据唐山、海城震害经验提出的总要求。鉴于我国目前仍大量采用钢筋混凝土大型屋面板，故重点对大型屋面板与屋架（梁）焊连的屋盖体系作了具体规定。

这些规定中，屋面板和屋架（梁）可靠焊连是第一道防线，为保证焊连强度，要求屋面板端头底面预埋板和屋架端部顶面预埋件均应加强锚固；相邻屋面板吊钩或四角顶面预埋铁件间的焊连是第二道防线；当制作非标准屋面板时，也应采取相应的措施。

设置屋盖支撑是保证屋盖整体性的重要抗震措施，基本沿用了89规范的规定。

根据震害经验，8度区天窗跨度等于或大于9m和9度区天窗架宜设置上弦横向支撑。

9.1.17 本规范在进一步总结地震经验的基础上，对有檩和无檩屋盖支撑布置的规定作适当的补充。

9.1.18 唐山地震震害表明，采用刚性焊连构造时，天窗立柱普遍在下挡和侧板连接处出现开裂和破坏，甚至倒塌，刚性连接仅在支撑很强的情况下才是可行的措施，故规定一般单层厂房宜用螺栓连接。

9.1.19 屋架端竖杆和第一节间上弦杆，静力分析中常作为非受力杆件而采用构造配筋，截面受弯、受剪承载力不足，需适当加强。对折线形屋架为调整屋面坡度而在端节间上弦顶面设置的小立柱，也要适当增大配筋和加密箍筋。以提高其拉弯剪能力。

9.1.20 根据震害经验，排架柱的抗震构造，增加了箍筋肢距的要求，并提高了角柱柱头的箍筋构造要求。

1 柱子在变位受约束的部位容易出现剪切破坏，要增加箍筋。变位受约束的部位包括：设有柱间支撑的部位、嵌砌内隔墙、侧边贴建披屋、靠山墙的角柱、平台连接处等。

2 唐山地震震害表明：当排架柱的变位受平台，刚性横隔墙等约束，其影响的严重程度和部位，因约束条件而异，有的仅在约束部位的柱身出现裂缝；有的造成屋架上弦折断、屋盖坍落（如天津拖拉机厂冲压车间）；有的导致柱头和连接破坏屋盖倒塌（如天津第一机床厂铸工车间配砂间）。必须区别情况从设计计算和构造上采取相应的有效措施，不能统一采用局部加强排架柱的箍筋，如高低跨柱的上柱的剪跨比较小时就应全高加密箍筋，并加强柱头与屋架的连接。

3 为了保证排架柱箍筋加密区的延性和抗剪强度，除箍施的最小直径和最大间距外，增加对箍筋最大肢距的要求。

4 在地震作用下，排架柱的柱头由于构造上的原因，不是完全的铰接；而是处于压弯剪的复杂受力状态，在高烈度地区，这种情况更为严重，排架柱头破坏较重，加密区的箍筋直径需适当加大。

5 厂房角柱的柱头处于双向地震作用，侧向变形受约束和压弯剪的复杂受力状态，其抗震强度和延性较中间排架柱头弱得多，地震中，6度区就有角柱顶开裂的破坏；8度和大于8度时，震害就更多，严重的柱头折断，端屋架塌落，为此，厂房角柱的柱头加密箍筋宜提高一度配置。

6 本次修订，增加了柱侧向受约束且剪跨比不大于 2 的排架柱柱顶的构造要求。

9.1.21 大柱网厂房的抗震性能是唐山地震中发现的新问题，其震害特征是：①柱根出现对角破坏，混凝土酥碎剥落，纵筋压曲，说明主要是纵、横两个方向或斜向地震作用的影响，柱根的强度和延性不足；②中柱的破坏率和破坏程度均大于边柱，说明与柱的轴压比有关。

本次修订，保持了 2001 规范对大柱网厂房的抗震验算规定，包括轴压比和相应的箍筋构造要求。其中的轴压比限值，考虑到柱子承受双向压弯剪和 P-Δ 效应的影响，受力复杂，参照了钢筋混凝土框支柱的要求，以保证延性；大柱网厂房柱仅承受屋盖（包括屋面、屋架、托架、悬挂吊车）和柱的自重，尚不致因控制轴压比而给设计带来困难。

9.1.22 对抗风柱，除了提出验算要求外，还提出纵筋和箍筋的构造规定。

地震中，抗风柱的柱头和上、下柱的根部都有产生裂缝、甚至折断的震害，另外，柱肩产生劈裂的情况也不少。为此，柱头和上、下柱根部需加强箍筋的配置，并在柱肩处设置纵向受拉钢筋，以提高其抗震能力。

9.1.23 柱间支撑的抗震构造，本次修订基本保持 2001 规范对 89 规范的改进：

①支撑杆件的长细比限值随烈度和场地类别而变化；本次修订，调整了 8、9 度下柱支撑的长细比要求；②进一步明确了支撑柱子连接节点的位置和相应的构造；③增加了关于交叉支撑节点板及其连接的构造要求。

柱间支撑是单层钢筋混凝土柱厂房的纵向主要抗侧力构件，当厂房单元较长或 8 度Ⅲ、Ⅳ类场地和 9 度时，纵向地震作用效应较大，设置一道下柱支撑不能满足要求时，可设置两道下柱支撑，但应注意：两道下柱支撑宜设置在厂房单元中间三分之一区段内，不宜设置在厂房单元的两端，以避免温度应力过大；在满足工艺条件的前提下，两者靠近设置时，温度应力小；在厂房单元中部三分之一区段内，适当拉开设置则有利于缩短地震作用的传递路线，设计中可根据具体情况确定。

交叉式柱间支撑的侧移刚度大，对保证单层钢筋混凝土柱厂房在纵向地震作用下的稳定性有良好的效果，但在与下柱连接的节点处理时，会遇到一些困难。

9.1.25 本条规定厂房各构件连接节点的要求，具体贯彻了本规范第 3.5 节的原则规定，包括屋架与柱的连接，柱顶锚件；抗风柱、牛腿（柱肩）、柱与柱间支撑连接处的预埋件：

1 柱顶与屋架采用钢板铰，在原苏联的地震中经受了考验，效果较好；建议在 9 度时采用。

2 为加强柱牛腿（柱肩）预埋板的锚固，要把相当于承受水平拉力的纵向钢筋（即本节第 9.1.12 公式中的第 2 项）与预埋板焊连。

3 在设置柱间支撑的截面处（包括柱顶、柱底等），为加强锚固，发挥支撑的作用，提出了节点预埋件采用角钢加端板锚固的要求，埋板与锚件的焊接，通常用埋弧焊或开锥形孔塞焊。

4 抗风柱的柱顶与屋架上弦的连接节点，要具有传递纵向水平地震力的承载力和延性。抗风柱顶与屋架（屋面梁）上弦可靠连接，不仅保证抗风柱的强度和稳定，同时也保证山墙产生的纵向地震作用的可靠传递，但连接点必须在上弦横向支撑与屋架的连接点，否则将使屋架上弦产生附加的节间平面外弯矩。由于现在的预应力混凝土和钢筋混凝土屋架，一般均不符合抗风柱布置间距的要求，故补充规定以引起注意，当遇到这种情况时，可以采用在屋架横向支撑中加设次腹杆或型钢横梁，使抗风柱顶的水平力传递至上弦横向支撑的节点。

9.2 单层钢结构厂房

（Ⅰ）一 般 规 定

9.2.1 国内外的多次地震经验表明，钢结构的抗震性能一般比其他结构的要好。总体上说，单层钢结构厂房在地震中破坏较轻，但也有损坏或坍塌的。因此，单层钢结构厂房进行抗震设防是必要的。

本次修订，仍不包括轻型钢结构厂房。

9.2.2 从单层钢结构厂房的震害实例分析，在 7～9 度的地震作用下，其主要震害是柱间支撑的失稳变形和连接节点的断裂或拉脱，柱脚锚栓剪断和拉断，以及锚栓锚固过短所致的拔出破坏。亦有少量厂房的屋盖支撑杆件失稳变形或连接节点板开裂破坏。

9.2.3 原则上，单层钢结构厂房的平面、竖向布置的抗震设计要求，是使结构的质量和刚度分布均匀，厂房受力合理、变形协调。

钢结构厂房的侧向刚度小于混凝土柱厂房，其防震缝缝宽要大于混凝土柱厂房。当设防烈度高或厂房较高时，或当厂房坐落在较软弱场地土或有明显扭转效应时，尚需适当增加。

（Ⅱ）抗 震 验 算

9.2.5 通常设计时，单层钢结构厂房的阻尼比与混凝土柱厂房相同。本次修订，考虑到轻型围护的单层钢结构厂房，在弹性状态工作的阻尼比较小，根据单层、多层到高层钢结构房屋的阻尼比由大到小变化的规律，建议阻尼比按屋盖和围护墙的类型区别对待。

9.2.6 本条保持 2001 规范的规定。单层钢结构厂房的围护墙类型较多。围护墙的自重和刚度主要由其类型、与厂房柱的连接所决定。因此，为使厂房的抗震计算更符合实际情况、更合理，其自重和刚度取值应结合所采用的围护墙类型、与厂房柱的连接方式来决定。对于与柱贴砌的普通砖墙围护厂房，除需考虑墙体的侧移刚度外，尚应考虑墙体开裂而对其侧移刚度退化的影响。当为外贴式砖砌纵墙，7、8、9度设防时，其等效系数分别可取 0.6、0.4、0.2。

9.2.7、9.2.8 单层钢结构厂房的地震作用计算，应根据厂房的竖向布置（等高或不等高）、起重机设置、屋盖类别等情况，采用能反映出厂房地震反应特点的单质点、两质点和多质点的计算模型。总体上，单层钢结构厂房地震作用计算的单元划分、质量集中等，可参照钢筋混凝土柱厂房的执行。但对于不等高单层钢结构厂房，不能采用底部剪力法计算，而应采用多质点模型振型分解反应谱法计算。

轻型墙板通过墙架构件与厂房框架柱连接，预制混凝土大型墙板可与厂房框架柱柔性连接。这些围护墙类型和连接方式对框架柱纵向侧移的影响较小。亦即，当各柱列的刚度基本相同时，其纵向柱列的变位亦基本相同。因此，等高单跨或多跨厂房的纵向抗震计算时，对无檩屋盖可按柱列刚度分配；对有檩屋盖可按柱列所承受的重力荷载代表值比例分配和按单柱列计算，并取两者之较大值。而当采用与柱贴砌的砖围护墙时，其纵向抗震计算与混凝土柱厂房的基本相同。

按底部剪力法计算纵向柱列的水平地震作用时，所得的中间柱列纵向基本周期偏长，可利用周期折减系数予以修正。

单层钢结构厂房纵向主要由柱间支撑抵抗水平地震作用，是震害多发部位。在地震作用下，柱间支撑可能屈曲，也可能不屈曲。柱间支撑处于屈曲状态或者不屈曲状态，对与支撑相连的框架柱的受力差异较大，因此需针对支撑杆件是否屈曲的两种状态，分别验算设置支撑的纵向柱列的受力。当然，目前采用轻型围护结构的单层钢结构厂房，在风荷载较大时，7、8度的柱间支撑杆件在7、8度也可处于不屈曲状态。这种情况可不进行支撑屈曲后状态的验算。

9.2.9 屋盖的竖向支承桁架可包括支承天窗架的竖向桁架、竖向支撑桁架等。屋盖竖向支承桁架承受的作用力包括屋盖自重产生的地震力，尚将其传递给主框架，故其杆件截面需由计算确定。

屋盖水平支撑交叉斜杆，在地震作用下，考虑受压斜杆失稳而需按拉杆设计，故其连接的承载力不应小于支撑杆的全塑性承载力。条文参考上海市的规定给出。

参照冶金部门的规定，支承跨度大于 24m 屋面横梁的托架是直接传递地震竖向作用的构件，应考虑屋架传来的竖向地震作用。

对于厂房屋面设置荷重较大的设备等情况，不论厂房跨度大小，都应对屋盖横梁进行竖向地震作用验算。

9.2.10 单层钢结构厂房的柱间支撑一般采用中心支撑。X 形柱间支撑用料省，抗震性能好，应首先考虑采用。但单层钢结构厂房的柱距，往往比单层混凝土柱厂房的基本柱距（6m）要大几倍，V 或 Λ 形也是常用的几种柱间支撑形式，下柱柱间支撑也有用单斜杆的。

支撑杆件屈曲后状态支撑框架按本规范第 5 章的规定进行抗震验算。本条卸载系数主要依据日本、美国的资料导出，与附录 K 第 K.2 节对我国混凝土柱厂房柱间支撑规定的卸载系数有所不同。但同样适用于支撑杆件长细比大于 $60\sqrt{235/f_y}$ 的情况，长细比大于 200 时不考虑压杆卸载影响。

与 V 或 Λ 形支撑相连的横梁，除了轻型围护结构的厂房满足设防地震下不屈曲的支撑外，通常需要按本规范第 8.2.6 条计入支撑屈曲后的不平衡力的影响。即横梁截面 A_{br} 满足：

$$M_{bp,N} \geqslant \frac{1}{4}S_c\sin\theta(1-0.3\varphi_i)A_{br}f/\gamma_{RE}$$

式中：$M_{bp,N}$——考虑轴力作用的横梁全截面塑性抗弯承载力；

S_c——支撑所在柱间的净距。

9.2.11 设计经验表明，跨度不很大的轻型屋盖钢结构厂房，如仅从新建的一次投资比较，采用实腹屋面梁的造价略比采用屋架的高些。但实腹屋面梁制作简便，厂房施工期和使用期的涂装、维护量小而方便，且质量好、进度快。如按厂房全寿命的支出比较，这些跨度不很大的厂房采用实腹屋面梁比采用屋架要合理一些。实腹屋面梁一般与柱刚性连接。这种刚架结构应用日益广泛。

1 受运输条件限制，较高厂房柱有时需在上柱拼接接长。条文给出的拼接承载力要求是最小要求，有条件时可采用等强度拼接接长。

2 梁柱刚性连接、拼接的极限承载力验算及相应的构造措施（如潜在塑性铰位置的侧向支承），应针对单层刚架厂房的受力特征和遭遇强震时可能形成的极限机构进行。一般情况下，单跨横向刚架的最大应力区在梁底上柱截面，多跨横向刚架在中间柱列处也可出现在梁端截面。这是钢结构单层刚架厂房的特征。柱顶和柱底出现塑性铰是单层刚架厂房的极限承载力状态之一，故可放弃"强柱弱梁"的抗震概念。

条文中的刚架梁端的最大应力区，可按距梁端 1/10 梁净跨和 1.5 倍梁高中的较大值确定。实际工程中，受构件运输条件限制，梁的现场拼接往往在梁端附近，即最大应力区，此时，其极限承载力验算应与梁柱刚性连接的相同。

（Ⅲ）抗震构造措施

9.2.12 屋盖支撑系统（包括系杆）的布置和构造

应满足的主要功能是：保证屋盖的整体性（主要指屋盖各构件之间不错位）和屋盖横梁平面外的稳定性，保证屋盖和山墙水平地震作用传递路线的合理、简捷，且不中断。本次修订，针对钢结构厂房的特点规定了不同于钢筋混凝土柱厂房的屋盖支撑布置要求：

1 一般情况下，屋盖横向支撑应对应于上柱柱间支撑布置，故其间距取决于柱间支撑间距。表9.2.12屋盖横向支撑间距限值可按本节第9.2.15条的柱间支撑间距限值执行。

2 无檩屋盖（重型屋盖）是指通用的1.5m×6.0m预制大型屋面板。大型屋面板与屋架的连接需保证三个角点牢固焊接，才能起到上弦水平支撑的作用。

屋架的主要横向支撑应设置在传递厂房框架支座反力的平面内。即，当屋架为端斜杆上承式时，应以上弦横向支撑为主；当屋架为端斜杆下承式时，以下弦横向支撑为主。当主要横向支撑设置在屋架的下弦平面区间内时，宜对应地设置上弦横向支撑；当采用以上弦横向支撑为主的屋架区间内时，一般可不设置对应的下弦横向支撑。

3 有檩屋盖（轻型屋盖）主要是指彩色涂层压形钢板、硬质金属面夹芯板等轻型板材和高频焊接薄壁型钢檩条组成的屋盖。在轻型屋盖中，高频焊接薄壁型钢等型钢檩条一般都可兼作上弦系杆，故在表9.2.12中未列入。

对于有檩屋盖，宜将主要横向支撑设置在上弦平面，水平地震作用通过上弦平面传递，相应的，屋架亦应采用端斜杆上承式。在设置横向支撑开间的柱顶刚性系杆或竖向支撑、屋面檩条应加强，使屋盖横向支撑能通过屋面檩条、柱顶刚性系杆或竖向支撑等构件可靠地传递水平地震作用。但当采用下沉式横向天窗时，应在屋架下弦平面设置封闭的屋盖水平支撑系统。

4 8、9度时，屋盖支撑体系（上、下弦横向支撑）与柱间支撑应布置在同一开间，以便加强结构单元的整体性。

5 支撑设置还需注意：当厂房跨度不很大时，压型钢板轻型屋盖比较适合于采用与柱刚接的屋面梁。压型钢板屋面的坡度较平缓，跨变效应可略去不计。

对轻型有檩屋盖，亦可采用屋架端斜杆为上承式的铰接框架，柱顶水平力通过屋架上弦平面传递。屋盖支撑布置也可参照实腹屋面梁的，隔撑间距宜按屋架下弦的平面外长细比小于240确定，但横向支撑开间的屋架两端应设置竖向支撑。

檩条隔撑系统布置时，需考虑合理的传力路径，檩条及其两端连接应足以承受隔撑传至的作用力。

屋盖纵向水平支撑的布置比较灵活。设计时，应据具体情况综合分析，以达到合理布置的目的。

9.2.13 单层钢结构厂房的最大柱顶位移限值、吊车梁顶面标高处的位移限值，一般已可控制出现长细比过大的柔韧厂房。

本次修订，参考美国、欧洲、日本钢结构规范和抗震规范，结合我国现行钢结构设计规范的规定和设计习惯，按轴压比大小对厂房框架柱的长细比限值适当调整。

9.2.14 板件的宽厚比，是保证厂房框架延性的关键指标，也是影响单位面积耗钢量的关键指标。本次修订，对重屋盖和轻屋盖予以区别对待。重屋盖参照多层钢结构低于50m的抗震等级采用，柱的宽厚比要求比2001规范有所放松。

对于采用压型钢板轻型屋盖的单层钢结构厂房，对于设防烈度8度（0.20g）及以下的情况，即使按设防烈度的地震动参数进行弹性计算，也经常出现由非地震组合控制厂房框架受力的情况。因此，根据实际工程的计算分析，发现如果采用性能化设计的方法，可以分别按"高延性，低弹性承载力"或"低延性，高弹性承载力"的抗震设计思路来确定板件宽厚比。即通过厂房框架承受的地震内力与其具有的弹性抗力进行比较来选择板件宽厚比：

当构件的强度和稳定的承载力均满足高承载力——2倍多遇地震作用下的要求（$\gamma_G S_{GE} + \gamma_{Eh} 2S_E \leqslant R/\gamma_{RE}$）时，可采用现行《钢结构设计规范》GB 50017弹性设计阶段的板件宽厚比限值，即C类；当强度和稳定的承载力均满足中等承载力——1.5倍多遇地震作用下的要求（$\gamma_G S_{GE} + \gamma_{Eh} 1.5S_E \leqslant R/\gamma_{RE}$）时，可按表6中B类采用；其他情况，则按表6中A类采用。

表6 柱、梁构件的板件宽厚比限值

构件	板件名称		A类	B类
柱	I形截面	翼缘 b/t	10	12
		腹板 h_0/t_w	44	50
	箱形截面	壁板、腹板间翼缘 b/t	33	37
		腹板 h_0/t_w	44	48
	圆形截面	外径壁厚比 D/t	50	70
梁	I形截面	翼缘 b/t	9	11
		腹板 h_0/t_w	65	72
	箱形截面	腹板间翼缘 b/t	30	36
		腹板 h_0/t_w	65	72

注：表列数值适用于Q235钢。当材料为其他钢号时，除圆管的外径壁厚比应乘以$235/f_y$外，其余应乘以$\sqrt{235/f_y}$。

A、B、C三类宽厚比的数值，系参照欧、日、美等国家的抗震规范选定。大体上，A 类可达全截面塑性且塑性铰在转动过程中承载力不降低；B 类可达全截面塑性，在应力强化开始前足以抵抗局部屈曲发生，但由于局部屈曲使塑性铰的转动能力有限。C 类是指现行《钢结构设计规范》GB 50017 按弹性准则设计时腹板不发生局部屈曲的情况，如双轴对称 H 形截面翼缘需满足 $b/t \leqslant 15 \sqrt{235/f_y}$，受弯构件腹板需满足 $72 \sqrt{235/f_y} < h_0/t_w \leqslant 130 \sqrt{235/f_y}$，压弯构件腹板应符合《钢结构设计规范》GB 50017 - 2003 式（5.4.2）的要求。

上述板件宽厚比与地震作用的对应关系，系根据底部剪力相当的条件，与欧洲 EC8 规范、日本 BCJ 规范给出的板件宽厚比限值与地震作用的对应关系大致持平。

鉴于单跨单层厂房横向刚架的耗能区（潜在塑性铰区），一般在上柱梁底截面附近，因此，即使遭遇强烈地震在上柱梁底区域形成塑性铰，并考虑塑性铰区钢材应变硬化，屋面梁仍可能处于弹性状态工作。所以框架塑性耗能区外的构件区段（即使遭遇强烈地震，截面应力始终在弹性范围内波动的构件区段），可采用 C 类截面。

设计经验表明，就目前广泛采用轻型围护材料的情况，采用上述方法确定宽厚比，虽然增加了一些计算工作量，但充分利用了构件自身所具有的承载力，在 6、7 度设防时可以较大地降低耗钢量。

9.2.15 柱间支撑对整个厂房的纵向刚度、自振特性、塑性铰产生部位都有影响。柱间支撑的布置应合理确定其间距，合理选择和配置其刚度以减小厂房整体扭转。

1 柱间支撑长细比限值，大于细柔长细比下限值 $130 \sqrt{235/f_y}$（考虑 $0.5f_y$ 的残余应力）时，不需作钢号修正。

2 采用焊接型钢时，应采用整根型钢制作支撑杆件；但当采用热轧型钢时，采用拼接板加强才能达到等强接长。

3 对于大型屋面板无檩屋盖，柱顶的集中质量往往要大于各层吊车梁处的集中质量，其地震作用对各层柱间支撑大体相同，因此，上层柱间支撑的刚度、强度宜接近下层柱间支撑的。

4 压型钢板等轻型墙屋面围护，其波形垂直厂房纵向，对结构的约束较小，故可放宽厂房柱间支撑的间距。条文参考冶金部门的规定，对轻型围护厂房的柱间支撑间距作出规定。

9.2.16 震害表明，外露式柱脚破坏的特征是锚栓剪断、拉断或拔出。由于柱脚锚栓破坏，使钢结构倾斜，严重者导致厂房坍塌。外包式柱脚表现为顶部箍筋不足的破坏。

1 埋入式柱脚，在钢柱根部截面容易满足塑性铰的要求。当埋入深度达到钢柱截面高度 2 倍的深度，可认为其柱脚部位的恢复力特性基本呈纺锤形。插入式柱脚引用冶金部门的有关规定。埋入式、插入式柱脚应确保钢柱的埋入深度和钢柱埋入部分的周边混凝土厚度。

2 外包式柱脚的力学性能主要取决于外包钢筋混凝土的力学性能。所以，外包短柱的钢筋应加强，特别是顶部箍筋，并确保外包混凝土的厚度。

3 一般的外露式柱脚，从力学的角度看，作为半刚性考虑更加合适。与钢柱根部截面的全截面屈服承载力相比，柱脚在多数情况下由锚栓屈服所决定的塑性弯矩较小。这种柱脚受弯时的力学性能，主要由锚栓的性能决定。如锚栓受拉屈服后能充分发展塑性，则承受反复荷载作用时，外露式柱脚的恢复力特性呈典型的滑移型滞回特性。但实际的柱脚，往往在锚栓截面未削弱部分屈服前，螺纹部分就发生断裂，难以有充分的塑性发展。并且，当钢柱截面大到一定程度时，设计大于柱截面受弯承载力的外露式柱脚往往是困难的。因此，当柱脚承受的地震作用大时，采用外露式不经济，也不合适。采用外露式柱脚时，与柱间支撑连接的柱脚，不论计算是否需要，都必须设置剪力键，以可靠抵抗水平地震作用。

此次局部修订，进一步补充说明外露式柱脚的承载力验算要求，明确为"极限承载力不宜小于柱截面塑性屈服承载力的 1.2 倍"。

9.3 单层砖柱厂房

（Ⅰ）一 般 规 定

9.3.1 本次修订明确本节适用范围为 6～8 度（0.20g）的烧结普通砖（黏土砖、页岩砖）、混凝土普通砖砌体。

在历次大地震中，变截面砖柱的上柱震害严重又不易修复，故规定砖柱厂房的适用范围为等高的中小型工业厂房。超出此范围的砖柱厂房，要采取比本节规定更有效的措施。

9.3.2 针对中小型工业厂房的特点，对钢筋混凝土无檩屋盖的砖柱厂房，要求设置防震缝。对钢、木等有檩屋盖的砖柱厂房，则明确可不设防震缝。

防震缝处需设置双柱或双墙，以保证结构的整体稳定性和刚性。

本次修订规定，屋盖设置天窗时，天窗不应通到端开间，以免过多削弱屋盖的整体性。天窗采用端砖壁时，地震中较多严重破坏，甚至倒塌，不应采用。

9.3.3 厂房的结构选型应注意：

1 历次大地震中，均有相当数量不配筋的无阶形柱的单层砖柱厂房，经受 8 度地震仍基本完好或轻微损坏。分析认为，当砖柱厂房山墙的间距、开洞率和高宽比均符合砌体结构静力计算的"刚性方案"条件且山墙的厚度不小于240mm时，即：

①厂房两端均设有承重山墙且山墙和横墙间距，对钢筋混凝土无檩屋盖不大于32m，对钢筋混凝土有檩屋盖、轻型屋盖和有密铺望板的木屋盖不大于20m；

②山墙或横墙上洞口的水平截面面积不应超过山墙或横墙截面面积的50%；

③山墙和横墙的长度不小于其高度。

不配筋的砖排架柱仍可满足8度的抗震承载力要求。仅从承载力方面，8度地震时可不配筋；但历次的震害表明，当遭遇9度地震时，不配筋的砖柱大多数倒塌，按照"大震不倒"的设计原则，本次修订强调，8度（0.20g）时不应采用无筋砖柱。即仍保留78规范、89规范关于8度设防时至少应设置"组合砖柱"的规定，且多跨厂房在8度Ⅲ、Ⅳ类场地时，中柱宜采用钢筋混凝土柱，仅边柱可略放宽采用组合砖柱。

2 震害表明，单层砖柱厂房的纵向也要有足够的强度和刚度，单靠独立砖柱是不够的，像钢筋混凝土柱厂房那样设置交叉支撑也不妥，因为支撑吸引来的地震剪力很大，将会剪断砖柱。比较经济有效的办法是，在柱间砌筑与柱整体连接的纵向砖墙并设置砖墙基础，以代替柱间支撑加强厂房的纵向抗震能力。

采用钢筋混凝土屋盖时，由于纵向水平地震作用较大，不能单靠屋盖中的一般纵向构件传递，所以要求在无上述抗震墙的砖柱顶部处设压杆（或用满足压杆构造的圈梁、天沟或檩条等代替）。

3 强调隔墙与抗震墙合并设置，目的在于充分利用墙体的功能，并避免非承重墙对柱及屋架与柱连接点的不利影响。当不能合并设置时，隔墙要采用轻质材料。

单层砖柱厂房的纵向隔墙与横向内隔墙一样，也宜做成抗震墙，否则会导致主体结构的破坏，独立的纵向、横向内隔墙，受震后容易倒塌，需采取保证其平面外稳定性的措施。

（Ⅱ）计 算 要 点

9.3.4 本次修订基本保持了2001规范可不进行纵向抗震验算的条件。明确为7度（0.10g）的情况，不适用于7度（0.15g）的情况。

9.3.5、9.3.6 在本节适用范围内的砖柱厂房，纵、横向抗震计算原则与钢筋混凝土柱厂房基本相同，故可参照本章第9.1节所提供的方法进行计算。其中，纵向简化计算的附录K不适用，而屋盖为钢筋混凝土或密铺望板的瓦木屋盖时，2001规范规定，横向平面排架计算同样考虑厂房的空间作用影响。理由如下：

① 根据国家标准《砌体结构设计规范》GB 50003的规定：密铺望板瓦木屋盖与钢筋混凝土有檩屋盖属于同一种屋盖类型，静力计算中，符合刚弹性方案的条件时（20～48）m均可考虑空间工作，但89抗震规范规定：钢筋混凝土有檩屋盖可以考虑空间工作，而密铺望板的瓦木屋盖不可以考虑空间工作，二者不协调。

② 历次地震，特别是辽南地震和唐山地震中，不少密铺望板瓦木屋盖单层砖柱厂房反映了明显的空间工作特性。

③ 根据王光远教授《建筑结构的振动》的分析结论，不仅仅钢筋混凝土无檩屋盖和有檩屋盖（大波瓦、槽瓦）厂房；就是石棉瓦和黏土瓦屋盖厂房在地震作用下，也有明显的空间工作。

④ 从具有木望板的瓦木屋盖单层砖柱厂房的实测可以看出：实测厂房的基本周期均比按排架计算周期为短，同时其横向振型与钢筋混凝土屋盖的振型基本一致。

⑤ 山楼墙间距小于24m时，其空间工作更明显，且排架柱的剪力和弯矩的折减有更大的趋势，而单层砖柱厂房山、楼墙间距小于24m的情况，在工程建设中也是常见的。

根据以上分析，本次修订继续保持2001规范对单层砖柱厂房的空间工作的如下修订：

1） 7度和8度时，符合砌体结构刚弹性方案（20～48）m的密铺望板瓦木屋盖单层砖柱厂房与钢筋混凝土有檩屋盖单层砖柱厂房一样，也可考虑地震作用下的空间工作。

2） 附录J"砖柱考虑空间工作的调整系数"中的"两端山墙间距"改为"山墙、承重（抗震）横墙的间距"；并将小于24m分为24m、18m、12m。

3） 单层砖柱厂房考虑空间工作的条件与单层钢筋混凝土柱厂房不同，在附录K中加以区别和修正。

9.3.8 砖柱的抗震验算，在现行国家标准《砌体结构设计规范》GB 50003的基础上，按可靠度分析，同样引入承载力调整系数后进行验算。

（Ⅲ）抗震构造措施

9.3.9 砖柱厂房一般多采用瓦木屋盖，89规范关于木屋盖的规定基本上是合理的，本次修订，保持89规范、2001规范的规定；并依据木结构设计规范的规定，明确8度时的木屋盖不宜设置天窗。

木屋盖的支撑布置中，如端开间下弦水平系杆与山墙连接，地震后容易将山墙顶坏，故不宜采用。木天窗架需加强与屋架的连接，防止受震后倾倒。

当采用钢筋混凝土和钢屋盖时，可参照第9.1、9.2节的规定。

9.3.10 檩条与山墙连接不好，地震时将使支承处的砌体错动，甚至造成山尖墙倒塌，檩条伸出山墙的出山屋面有利于加强檩条与山墙的连接，对抗震有利，可以采用。

9.3.12 震害调查发现，预制圈梁的抗震性能较差，故规定在屋架底部标高处设置现浇钢筋混凝土圈梁。为加强圈梁的功能，规定圈梁的截面高度不应小于180mm；宽度习惯上与砖墙同宽。

9.3.13 震害还表明，山墙是砖柱厂房抗震的薄弱部位之一，外倾、局部倒塌较多；甚至有全部倒塌的。为此，要求采用卧梁并加强锚拉的措施。

9.3.14 屋架（屋面梁）与柱顶或墙顶的圈梁锚固的修订如下：

1 震害表明：屋架（屋面梁）和柱子可用螺栓连接，也可采用焊接连接。

2 对垫块的厚度和配筋作了具体规定。垫块厚度太薄或配筋太少时，本身可能局部承压破坏，且埋件锚固不足。

9.3.15 根据设计需要，本次修订规定了砖柱的抗震要求。

9.3.16 钢筋混凝土屋盖单层砖柱厂房，在横向水平地震作用下，由于空间工作的因素，山墙、横墙将负担较大的水平地震剪力，为了减轻山墙、横墙的剪切破坏，保证房屋的空间工作，对山墙、横墙的开洞面积加以限制，8度时宜在山墙、横墙的两端设置构造柱。

9.3.17 采用钢筋混凝土无檩屋盖等刚性屋盖的单层砖柱厂房，地震时砖墙往往在屋盖处圈梁底面下一至四皮砖范围内出现周围水平裂缝。为此，对于高烈度地区刚性屋盖的单层砖柱厂房，在砖墙顶部沿墙长每隔1m左右埋设一根 $\phi8$ 竖向钢筋，并插入顶部圈梁内，以防止柱周围水平裂缝，甚至墙体错动破坏的产生。

附录H 多层工业厂房抗震设计要求

H.1 钢筋混凝土框排架结构厂房

H.1.1 多层钢筋混凝土厂房结构特点：柱网为（6～12）m，跨度大，层高高（4～8）m，楼层荷载大（10～20）kN/m²，可能会有错层，有设备振动扰力、吊车荷载，隔墙少，竖向质量、刚度不均匀，平面扭转。框排架结构是多、高层工业厂房的一种特殊结构，其特点是平面、竖向布置不规则、不对称，纵向、横向和竖向的质量分布很不均匀，结构的薄弱环节较多；地震反应特征和震害要比框架结构和排架结构复杂，表现出更显著的空间作用效应，抗震设计有特殊要求。

H.1.2 为减少与国家标准《构筑物抗震设计规范》GB 50191重复，本附录主要针对上下列的框排架

的特点予以规定。

针对框排架厂房的特点，其抗震措施要求更高。震害表明，同等高度设有贮仓的比不设贮仓的框架在地震中破坏的严重。钢筋混凝土贮仓竖壁与纵横向框架柱相连，以竖壁的跨高比来确定贮仓的影响，当竖壁的跨高比大于2.5时，竖壁为浅梁，可按不设贮仓的框架考虑。

H.1.3 对于框排架结构厂房，如在排架跨采用有檩或其他轻屋盖体系，与结构的整体刚度不协调，会产生过大的位移和扭转，为了提高抗扭刚度，保证变形尽量趋于协调，使排架列柱与框架柱列能较好地共同工作，本条规定目的是保证排架跨屋盖的水平刚度；山墙承重属结构单元内有不同的结构形式，造成刚度、荷载、材料强度不均衡，本条规定借鉴单层厂房的规定和震害调查制订。

H.1.5 在地震时，成品或原料堆积楼面荷载、设备和料斗及管道内的物料等可变荷载的遇合概率较大，应根据行业特点和使用条件，取用不同的组合值系数；厂房除外墙外，一般内隔墙较少，结构自振周期调整系数建议取 0.8～0.9；框排架结构的排架柱，是厂房的薄弱部位或薄弱层，应进行弹塑性变形验算；高大设备、料斗、贮仓的地震作用对结构构件和连接的影响不容忽视，其重力荷载除参与结构整体分析外，还应考虑水平地震作用下产生的附加弯矩。式（H.1.5）为设备水平地震作用的简化计算公式。

H.1.6 支承贮仓竖壁的框架柱的上端截面，在地震作用下如果过早屈服，将影响整体结构的变形能力。对于上述部位的组合弯矩设计值，在第6章规定基础上再增大 1.1 倍。

与排架柱相连的顶层框架节点处，框架梁端、柱端组合的弯矩设计值乘以增大系数，是为了提高节点承载力。排架纵向地震作用将通过纵向柱间支撑传至下部框架柱，本条参照框支柱要求调整构件内力。

竖向框排架结构的排架柱，是厂房的薄弱部位，需进行弹塑性变形验算。

针对框排架厂房节点两侧梁高通常不等的特点，为防止柱端和小核芯区剪切破坏，提出了高差大于大梁25%或500mm时的承载力验算公式。

H.1.7 框架柱的剪跨比不大于1.5时，为超短柱，破坏为剪切脆性型破坏。抗震设计应尽量避免采用超短柱，但由于工艺使用要求，有时不可避免（如有错层等情况），应采取特殊构造措施。在短柱内配置斜钢筋，可以改善其延性，控制斜裂缝发展。

H.2 多层钢结构厂房

H.2.1 考虑多层厂房受力复杂，其抗震等级的高度分界比民用建筑有所降低。

H.2.2 当设备、料斗等设备穿过楼层时，由于各楼

层梁的竖向挠度难以同步，如采用分层支承，则各楼层结构的受力不明确。同时，在水平地震作用下，各层的层间位移对设备、料斗产生附加作用效应，严重时可损坏设备。

细而高的设备必须借助厂房楼层侧向支承才能稳定，楼层与设备之间应采用能适应层间位移差异的柔性连接。

装料后的设备、料斗总重心接近楼层的支承点处，是为了降低设备或料斗的地震作用对支承结构所产生的附加效应。

H.2.3 结构布置合理的支撑位置，往往与工艺布置冲突，支撑布置难以上下贯通，支撑平面布置错位。在保证支撑能把水平地震作用通过适当的途径，可靠地传递至基础前提下，支撑位置也可不设置在同一柱间。

H.2.6 本条与 2001 规范相比，主要增加关于阻尼比的规定：

在众值烈度的地震作用下，结构处于弹性阶段。根据 33 个冶金钢结构厂房用脉动法和吊车刹车进行大位移自由衰减阻尼比测试结果，钢结构厂房小位移阻尼比为 0.012～0.029 之间，平均阻尼比 0.018；大位移阻尼比为 0.0188～0.0363 之间，平均阻尼比 0.026。与本规范第 8.2.2 条协调，规定多遇地震作用计算的阻尼比取 0.03～0.04。板件宽厚比限值的选择计算的阻尼比也取此值。当结构经受强烈地震作用（如中震、大震等）时，考虑到结构已可能进入非弹性阶段，结构以延性耗能为主。因此，罕遇地震分析的阻尼比可适当取大一些。

H.2.7 "强柱弱梁"抗震概念，考虑的不仅是单独的梁柱连接部位，在更大程度上是反映结构的整体性能。多层工业厂房中，由于工艺设备布置的要求，有时较难做到"强柱弱梁"要求，因此，应着眼于结构整体的角度全面考虑和计算分析。

对梁柱节点左右梁端和上下柱端的全塑性承载力的验算要求，比本规范第 8.2.5 条增加两种例外情况：

①单层或多层结构顶层的低轴力柱，弹塑性软弱层的影响不明显，不需要满足要求。

②柱列中允许占一定比例的柱，当轴力较小而足以限制其在地震下出现不利反应且仍有可接受的刚度时，可不必满足强柱弱梁要求（如在厂房钢结构的一些大跨梁处、民用建筑转换大梁处）。条文中的柱列，指一个单线柱列或垂直于该柱列方向平面尺寸 10% 范围内的几列平行的柱列。

H.2.8 框架柱长细比限值大小对钢结构耗钢量有较大影响。构件长细比增加，往往误解为承载力退化严重。其实，这时的比较对象是构件的强度承载力，而不是稳定承载力。构件长细比属于稳定设计的范畴（实质上是位移问题）。构件长细比愈大，设计可使用

的稳定承载力则愈小。在此基础上的比较表明，长细比增加，并不表现出稳定承载力退化趋势加重的迹象。

显然，框架柱的长细比增大，结构层间刚度减小，整体稳定性降低。但这些概念上已由结构的最大位移限值、层间位移限值、二阶效应验算以及限制软弱层、薄弱层、平面和竖向布置的抗震概念措施等所控制。美国 AISC 钢结构规范在提示中述及受压构件的长细比不应超过 200，钢结构抗震规范未作规定；日本 BCJ 抗震规范规定柱的长细比不得超过 200。条文参考美国、欧洲、日本钢结构规范和抗震规范，结合我国钢结构设计习惯，对框架柱的长细比限值作出规定。

当构件长细比不大于 $125\sqrt{235/f_{ay}}$（弹塑性屈曲范围）时，长细比的钢号修正项才起作用。

抗侧力结构构件的截面板件宽厚比，是抗震钢结构构件局部延性要求的关键指标。板件宽厚比对工程设计的耗钢量影响很大。考虑多层钢结构厂房的特点，其板件宽厚比的抗震等级分界，比民用建筑降低 10m。

多层钢结构厂房的支撑布置往往受工艺要求制约，故增大其地震组合设计值。为避免出现过度刚强的支撑而吸引过多的地震作用，其长细比宜在弹性屈曲范围内选用。条文给出的柱间支撑长细比限值，下限值与欧洲规范的 X 形支撑、美国规范特殊中心支撑框架（SCBF）、日本规范的 BB 级支撑相当，上限值要稍严些。条文限定支撑长细比下限值的原因是，长细比在部分弹塑性屈曲范围（$60\sqrt{235/f_{ay}} \leqslant \lambda \leqslant 125\sqrt{235/f_{ay}}$）中心受压构件，表现为承载力值不稳定，滞回环波动大。

10 空旷房屋和大跨屋盖建筑

10.1 单层空旷房屋

（Ⅰ）一 般 规 定

单层空旷房屋是一组不同类型的结构组成的建筑，包含有单层的观众厅和多层的前后左右的附属用房。无侧厅的食堂，可参照本规范第 9 章设计。

观众厅与前后厅之间、观众厅与两侧厅之间一般不设缝，震害较轻；个别房屋在观众厅与侧厅处留缝，反而破坏较重。因此，在单层空旷房屋中的观众厅与侧厅、前后厅之间可不设防震缝，但根据本规范第 3 章的要求，布置要对称，避免扭转，并按本章采取措施，使整组建筑形成相互支持和有良好联系的空间结构体系。

本节主要规定了单层空旷房屋大厅抗震设计中有别于单层厂房的要求，对屋盖选型、构造、非承重隔

墙及各种结构类型的附属房屋的要求，见其他各有关章节。

大厅人员密集，抗震要求较高，故观众厅有挑台，或房屋高、跨度大，或烈度高，需要采用钢筋混凝土框架或门式刚架结构等。根据震害调查及分析，为进一步提高其抗震安全性，本次修订对第10.1.3条进行了修改，对砖柱承重的情况作了更为严格的限制：

① 增加了 7 度（0.15g）时不应采用砖柱的规定；

② 鉴于现阶段各地区经济发展不平衡，对于设防烈度6度、7度（0.10g），经济条件不足的地区，还不宜全部取消砖柱承重，只是在跨度和柱顶高度方面较 2001 规范限制更加严格。

（Ⅱ）计 算 要 点

本次修订对计算要点的规定未作修改，同 2001 规范。

单层空旷房屋的平面和体型均较复杂，尚难以采用符合实际工作状态的假定和合理的模型进行整体计算分析。为了简化，从工程设计的角度考虑，可将整个房屋划为若干个部分，分别进行计算，然后从构造上和荷载的局部影响上加以考虑，互相协调。例如，通过周期的经验修正，使各部分的计算周期趋于一致；横向抗震分析时，考虑附属房屋的结构类型及其与大厅的连接方式，选用排架、框排架或排架-抗震墙的计算简图，条件合适时亦可考虑空间工作的影响，交接处的柱子要考虑高振型的影响；纵向抗震分析时，考虑屋盖的类型和前后厅等影响，选用单柱列或空间协同分析模型。

根据宏观震害调查分析，单层空旷房屋中，舞台后山墙等高大山墙的壁柱，地震中容易破坏。为减少其破坏，特别强调，高烈度时高大山墙应进行出平面的抗震验算。验算要求可参考本规范第 9 章，即壁柱在水平地震力作用下的偏心距超过规定值时，应设置组合壁柱，并验算其偏心受压的承载力。

（Ⅲ）抗震构造措施

单层空旷房屋的主要抗震构造措施如下：

1 6、7 度时，中、小型单层空旷房屋的大厅，无筋的纵墙壁柱虽可满足承载力的设计要求，但考虑到大厅使用上的重要性，仍要求采用配筋砖柱或组合砖柱。

本次修订，在第 10.1.3 条不允许8度Ⅰ、Ⅱ类场地和 7 度（0.15g）采用砖柱承重，故在第10.1.14 条删去了 2001 规范的有关规定。

当大厅采用钢筋混凝土柱时，其抗震等级不应低于二级。当附属房屋低于大厅柱顶标高时，大厅柱成为短柱，则其箍筋应全高加密。

2 前厅与大厅、大厅与舞台之间的墙体是单层空旷房屋的主要抗侧力构件，承担横向地震作用。因此，应根据抗震设防烈度及房屋的跨度、高度等因素，设置一定数量的抗震墙。采用钢筋混凝土抗震墙时，其抗震等级不应低于二级。与此同时，还应加强墙上的大梁及其连接的构造措施。

舞台口梁为悬梁，上部支承有舞台上的屋架，受力复杂，而且舞台口两侧墙体为一端自由的高大悬墙，在舞台口处不能形成一个门架式的抗震横墙，在地震作用下破坏较多。因此，舞台口墙要加强与大厅屋盖体系的拉结，用钢筋混凝土墙体、立柱和水平圈梁来加强自身的整体性和稳定性。9 度时不应采用舞台口砌体悬墙承重。本次修订，进一步明确 9 度时舞台口悬墙应采用轻质墙体。

3 大厅四周的墙体一般较高，需增设多道水平圈梁来加强整体性和稳定性。特别是墙顶标高处的圈梁更为重要。

4 大厅与两侧的附属房屋之间一般不设防震缝，其交接处受力较大，故要加强相互间的连接，以增强房屋的整体性。本次修订，与本规范第 7 章对砌体结构的规定相协调，进一步提高了拉结措施——间距不大于 400mm，且采用由拉结钢筋与分布短筋在平面内焊接而成的钢筋网片。

5 二层悬挑式挑台不但荷载大，而且悬挑跨度也较大，需要进行专门的抗震设计计算分析。

10.2 大跨屋盖建筑

（Ⅰ）一 般 规 定

10.2.1 近年来，大跨屋盖的建筑工程越来越广泛。为适应该类结构抗震设计的要求，本次修订增加了大跨屋盖建筑结构抗震设计的相关规定，并形成单独一节。

本条规定了本规范适用的屋盖结构范围及主要结构形式。本规范的大跨屋盖建筑是指与传统板式、梁板式屋盖结构相区别，具有更大跨越能力的屋盖体系，不应单从跨度大小的角度来理解大跨屋盖建筑结构。

大跨屋盖的结构形式多样，新形式也不断出现，本规范适用于一些常用结构形式，包括：拱、平面桁架、立体桁架、网架、网壳、张弦梁和弦支穹顶等七类基本形式以及由这些基本形式组合而成的结构。相应的，针对于这些屋盖结构形式的抗震研究开展较多，也积累了一定的抗震设计经验。

对于悬索结构、膜结构、索杆张力结构等柔性屋盖体系，由于几何非线性效应，其地震作用计算方法和抗震设计理论目前尚不成熟，本次修订暂不纳入。此外，大跨屋盖结构基本以钢结构为主，故本节也未对混凝土薄壳、组合网架、组合网壳等屋盖结构形式作出具体规定。

还需指出的是，对于存在拉索的预张拉屋盖结构，总体可分为三类：预应力结构，如预应力桁架、网架或网壳等；悬挂（斜拉）结构，如悬挂（斜拉）桁架、网架或网壳等；张弦结构，主要指张弦梁结构和弦支穹顶结构。本节中，预应力结构、悬挂（斜拉）结构归类在其依托的基本形式中。考虑到张弦结构的受力性能与常规预应力结构、悬挂（斜拉）结构有较大的区别，且是近些年发展起来的一类大跨屋盖结构新体系，因此将其作为基本形式列入。

大跨屋盖的结构新形式不断出现、体型复杂化、跨度极限不断突破，为保证结构的安全性，避免抗震性能差、受力很不合理的结构形式被采用，有必要对超出适用范围的大型建筑屋盖结构进行专门的抗震性能研究和论证，这也是国际上通常采用的技术保障措施。根据当前工程实践经验，对于跨度大于120m、结构单元长度大于300m或悬挑长度大于40m的屋盖结构，需要进行专门的抗震性能研究和论证。同时由于抗震设计经验的缺乏，新出现的屋盖结构形式也需要进行专门的研究和论证。

对于可开启屋盖，也属于非常用形式之一，其抗震设计除满足本节的规定外，与开闭功能有关的设计也需要另行研究和论证。

10.2.2 本条规定为抗震概念设计的主要原则，是本规范第3.4节和第3.5节规定的补充。

大跨屋盖结构的选型和布置首先应保证屋盖的地震效应能够有效地通过支座节点传递给下部结构或基础，且传递途径合理。

屋盖结构的地震作用不仅与屋盖自身结构相关，而且还与支承条件以及下部结构的动力性能密切相关，是整体结构的反应。根据抗震概念设计的基本原则，屋盖结构及其支承点的布置宜均匀对称，具有合理的刚度和承载力分布。同时下部结构设计也应充分考虑屋盖结构地震响应的特点，避免采用很不规则的结构布置而造成屋盖结构产生过大的地震扭转效应。

屋盖自身的结构形式宜优先采用两个水平方向刚度均衡、整体刚度良好的网架、网壳、双向立体桁架、双向张弦梁或弦支穹顶等空间传力体系。同时宜避免局部削弱或突变的薄弱部位。对于可能出现的薄弱部位，应采取措施提高抗震能力。

10.2.3 本条针对屋盖体系自身传递地震作用的主要特点，对两类结构的布置要求作了规定。

1 单向传力体系的抗震薄弱环节是垂直于主结构（桁架、拱、张弦梁）方向的水平地震力传递以及主结构的平面外稳定性，设置可靠的屋盖支撑是重要的抗震措施。在单榀立体桁架中，与屋面支撑同层的两（多）根主弦杆间也应设置斜杆。这一方面可提高桁架的平面外刚度，同时也使得纵向水平地震内力在同层主弦杆中分布均匀，避免薄弱区域的出现。

当桁架支座采用下弦节点支承时，必须采取有效措施确保支座处桁架不发生平面外扭转，设置纵向桁架是一种有效的做法，同时还可保证纵向水平地震力的有效传递。

2 空间传力结构体系具有良好的整体性和空间受力特点，抗震性能优于单向传力体系。对于平面形状为矩形且三边支承一边开口的屋盖结构，可以通过在开口边局部增加层数来形成边桁架，以提高开口边的刚度和加强结构整体性。对于两向正交正放网架和双向张弦梁，屋盖平面内的水平刚度较弱。为保证结构的整体性及水平地震作用的有效传递与分配，应沿上弦周边网格设置封闭的水平支撑。当结构跨度较大或下弦周边支承时，下弦周边网格也应设置封闭的水平支撑。

10.2.4 当屋盖分区域采用不同抗震性能的结构形式时，在结构交界区域通常会产生复杂的地震响应，一般避免采用此类结构。如确要采用，应对交界区域的杆件和节点采用加强措施。如果建筑设计和下部支承条件允许，设置防震缝也是可采用的有效措施。此时，由于实际工程情况复杂，为避免其两侧结构在强烈地震中碰撞，条文规定的防震缝宽度可能不足，最好按设防烈度下两侧独立结构在交界线上的相对位移最大值来复核。对于规则结构，缝宽也可将多遇地震下的最大相对变形值乘以不小于3的放大系数近似估计。

（Ⅱ）计 算 要 点

10.2.6 本条规定屋盖结构可不进行地震作用计算的范围。

1 研究表明，单向平面桁架和单向立体桁架是否受沿桁架方向的水平地震效应控制主要取决于矢跨比的大小。对于矢跨比小于1/5的该类结构，水平地震效应较小，7度时可不进行沿桁架的水平向和竖向地震作用计算。但是由于垂直桁架方向的水平地震作用主要由屋盖支撑承担，本节并没有对支撑的布置进行详细规定，因此对于7度及7度以上的该类体系，均应进行垂直于桁架方向的水平地震作用计算并对支撑构件进行验算。

2 网架属于平板形屋盖结构。大量计算分析结果表明，当支承结构刚度较大时，网架结构以竖向振动为主。7度时，网架结构的设计往往由非地震作用工况控制，因此可不进行地震作用计算，但应满足相应的抗震措施的要求。

10.2.7 本条规定抗震计算模型。

1 屋盖结构自身的地震效应是与下部结构协同工作的结果。由于下部结构的竖向刚度一般较大，以往在屋盖结构的竖向地震作用计算时通常习惯于仅单独以屋盖结构作为分析模型。但研究表明，不考虑屋盖结构与下部结构的协同工作，会对屋盖结构的地震作用，特别是水平地震作用计算产生显著影响，甚至得出错误结果。即便在竖向地震作用计算时，当下部结构给屋盖提供的竖向刚度较弱或分布不均匀时，仅按屋盖结构模型所计算的结果也会产生较大的误差。因此，考虑上下部结构的协同作用是屋盖结构地震作用计算的基本原则。

考虑上下部结构协同工作的最合理方法是按整体结构模型进行地震作用计算。因此对于不规则的结构，抗震计算应采用整体结构模型。当下部结构比较规则时，也可以采用一些简化方法（譬如等效为支座弹性约束）来计入下部结构的影响。但是，这种简化必须依据可靠且符合动力学原理。

2 研究表明，对于跨度较大的张弦梁和弦支穹顶结构，由预张力引起的非线性几何刚度对结构动力特性有一定的影响。此外，对于某些布索方案（譬如肋环型布索）的弦支穹顶结构，撑杆和下弦拉索系统实际上是需要依靠预张力来保证体系稳定性的几何可变体系，且不计入几何刚度也将导致结构总刚矩阵奇异。因此，这些形式的张弦结构计算模型就必须计入几何刚度。几何刚度一般可取重力荷载代表值作用下的结构平衡态的内力（包括预张力）贡献。

10.2.8 本条规定了整体、协同计算时的阻尼比取值。

屋盖钢结构和下部混凝土支承结构的阻尼比不同，协同分析时阻尼比取值方面的研究较少。工程设计中阻尼比取值大多在 0.025～0.035 间，具体数值一般认为与屋盖钢结构和下部混凝土支承结构的组成比例有关。下面根据位能等效原则提供两种计算整体结构阻尼比的方法，供设计中采用。

方法一：振型阻尼比法。振型阻尼比是指针对于各阶振型所定义的阻尼比。组合结构中，不同材料的能量耗散机理不同，因此相应构件的阻尼比也不相同，一般钢构件取 0.02，混凝土构件取 0.05。对于每一阶振型，不同构件单元对于振型阻尼比的贡献认为与单元变形能有关，变形能大的单元对该振型阻尼比的贡献较大，反之则较小。所以，可根据该阶振型下的单元变形能，采用加权平均的方法计算出振型阻尼比 ζ_i：

$$\zeta_i = \sum_{s=1}^{n} \zeta_s W_{si} / \sum_{s=1}^{n} W_{si}$$

式中：ζ_i——结构第 i 阶振型的阻尼比；

ζ_s——第 s 个单元阻尼比，对钢构件取 0.02；对混凝土构件取 0.05；

n——结构的单元总数；

W_{si}——第 s 个单元对应于第 i 阶振型的单元变形能。

方法二：统一阻尼比法。依然采用方法一的公式，但并不针对各振型 i 分别计算单元变形能 W_{si}，而是取各单元在重力荷载代表值作用下的变形能

W_{si}，这样便求得对应于整体结构的一个阻尼比。

在罕遇地震作用下，一些实际工程的计算结果表明，屋盖钢结构也仅有少量构件能进入塑性屈服状态，所以阻尼比仍建议与多遇地震下的结构阻尼比取值相同。

10.2.9 本条规定水平地震作用的计算方向和宜考虑水平多向地震作用计算的范围。

不同于单向传力体系，空间传力体系的屋盖结构通常难以明确划分为沿某个方向的抗侧力构件，通常需要沿两个水平主轴方向同时计算水平地震作用。对于平面为圆形、正多边形的屋盖结构，可能存在两个以上的主轴方向，此时需要根据实际情况增加地震作用的计算方向。另外，当屋盖结构、支承条件或下部结构的布置明显不对称时，也应增加水平地震作用的计算方向。

10.2.10 本条规定了屋盖结构地震作用计算的方法。

本节适用的大跨屋盖结构形式属于线性结构范畴，因此振型分解反应谱法依然可作为是结构弹性地震效应计算的基本方法。随着近年来结构动力学理论和计算技术的发展，一些更为精确的动力学计算方法逐步被接受和应用，包括多向地震反应谱法、时程分析法，甚至多向随机振动分析方法。对于结构动力响应复杂和跨度较大的结构，应该鼓励采用这些方法进行地震作用计算，以作为振型分解反应谱法的补充。

自振周期分布密集是大跨屋盖结构区别于多高层结构的重要特点。在采用振型分解反应谱法时，一般应考虑更多阶振型的组合。研究表明，在不按上下部结构整体模型进行计算时，网架结构的组合振型数宜至少取前（10～15）阶，网壳结构宜至少取前（25～30）阶。对于体型复杂的屋盖结构或按上下部结构整体模型计算时，应取更多阶组合振型。对于存在明显扭转效应的屋盖结构，组合应采用完全二次型方根（CQC）法。

10.2.11 对于单向传力体系，结构的抗侧力构件通常是明确的。桁架构件抵抗其面内的水平地震作用和竖向地震作用，垂直桁架方向的水平地震作用则由屋盖支撑承担。因此，可针对各向抗侧力构件分别进行地震作用计算。

除单向传力体系外，一般屋盖结构的构件难以明确划分为沿某个方向的抗侧力构件，即构件的地震效应往往包含三向地震作用的结果，因此其构件验算应考虑三向（两个水平向和竖向）地震作用效应的组合，其组合值系数可按本规范第 5 章的规定采用。这也是基本原则。

10.2.12 多遇地震作用下的屋盖结构变形限值部分参考了《空间网格结构技术规程》的相关规定。

10.2.13 本条规定屋盖构件及其连接的抗震验算。

大跨屋盖结构由于其自重轻、刚度好，所受震害

一般要小于其他类型的结构。但震害情况也表明，支座及其邻近构件发生破坏的情况较多，因此通过放大地震作用效应来提高该区域杆件和节点的承载力，是重要的抗震措施。由于通常该区域的节点和杆件数量不多，对于总工程造价的增加是有限的。

拉索是预张拉结构的重要构件。在多遇地震作用下，应保证拉索不发生松弛而退出工作。在设防烈度下，也宜保证拉索在各地震作用参与的工况组合下不出现松弛。

（Ⅲ） 抗震构造措施

10.2.14 本条规定了杆件的长细比限值。

杆件长细比限值参考了国家现行标准《钢结构设计规范》GB 50017 和《空间网格结构技术规程》JGJ 7 的相关规定，并作了适当加强。

10.2.15 本条规定了节点的构造要求。

节点选型要与屋盖结构的类型及整体刚度等因素结合起来，采用的节点要便于加工、制作、焊接。设计中，结构杆件内力的正确计算，必须用有效的构造措施来保证，其中节点构造应符合计算假定。

在地震作用下，节点应不先于杆件破坏，也不产生不可恢复的变形，所以要求节点具有足够的强度和刚度。杆件相交于节点中心将不产生附加弯矩，也使模型计算假定更加符合实际情况。

10.2.16 本条规定了屋盖支座的抗震构造。

支座节点是屋盖地震作用传递给下部结构的关键部件，其构造应与结构分析所取的边界条件相符，否则将使结构实际内力与计算内力出现较大差异，并可能危及结构的整体安全。

支座节点往往是地震破坏的部位，属于前面定义的关键节点的范畴，应予加强。在节点验算方面，对地震作用效应进行了必要的提高（第 10.2.13 条）。此外根据延性设计的要求，支座节点在超过设防烈度的地震作用下，应有一定的抗变形能力。但对于水平可滑动的支座节点，较难得到保证。因此建议按设防烈度计算值作为可滑动支座的位移限值（确定支承面的大小），在罕遇地震作用下采用限位措施确保不致滑移出支承面。

对于 8、9 度时多遇地震下竖向仅受压的支座节点，考虑到在强烈地震作用（如中震、大震）下可能出现受拉，因此建议采用构造上也能承受拉力的拉压型支座形式，且预埋锚筋、锚栓也按受拉情况进行构造配置。

11 土、木、石结构房屋

11.1 一般规定

本节是在 2001 规范基础上增加的内容。主要依

据云南丽江、普洱、大姚地震，新疆巴楚、伽师地震，河北张北地震，内蒙古西乌旗地震，江西九江-瑞昌地震，浙江文成地震，四川道孚、汶川等地震灾区房屋震害调查资料，对土木石房屋具有共性的震害问题进行了总结，在此基础上提出了本节的有关规定。本章其他条款也据此做了部分改动与细化。

11.1.1 形状比较简单、规则的房屋，在地震作用下受力明确、简洁，同时便于进行结构分析，在设计上易于处理。震害经验也充分表明，简单、规整的房屋在遭遇地震时破坏也相对较轻。

墙体均匀、对称布置，在平面内对齐、竖向连续是传递地震作用的要求，这样沿主轴方向的地震作用能够均匀对称地分配到各个抗侧力墙段，避免出现应力集中或因扭转造成部分墙段受力过大而破坏、倒塌。我国不少地区的二、三层房屋，外纵墙在一、二层上下不连续，即二层外纵墙外挑，在 7 度地震影响下二层墙体开裂严重。

板式单边悬挑楼梯在墙体开裂后会因嵌固端破坏而失去承载能力，容易造成人员跌落伤亡。

震害调查发现，有的房屋纵横墙采用不同材料砌筑，如纵墙用砖砌筑、横墙和山墙用土坯砌筑，这类房屋由于两种材料砌块的规格不同，砖与土坯之间不能咬槎砌筑，不同材料墙体之间为通缝，导致房屋整体性差，在地震中破坏严重；又如有些地区采用的外砖里坯（亦称里生外熟）承重墙，地震中墙体倒塌现象较为普遍。这里所说的不同墙体混合承重，是指同一高度左右相邻不同材料的墙体，对于下部采用砖（石）墙，上部采用土坯墙，或下部采用石墙，上部采用砖或土坯墙的做法则不受此限制，但这类房屋的抗震承载力应按上部相对较弱的墙体考虑。

调查发现，一些村镇房屋设有较宽的外挑檐，在屋檐外挑梁的上面砌筑用于搁置檩条的小段墙体，甚至砌成花格状，没有任何拉结措施，地震时中容易破坏掉落伤人，因此明确规定不得采用。该位置可采用三角形小屋架或设瓜柱解决外挑部位檩条的支承问题。

11.1.2 木楼、屋盖房屋刚性较弱，加强木楼、屋盖的整体性可以有效地提高房屋的抗震性能，各构件之间的拉结是加强整体性的重要措施。试验研究表明，木屋盖加设竖向剪刀撑可增强木屋架纵向稳定性。

纵向通长水平系杆主要用于竖向剪刀撑、横墙、山墙的拉结。

采用墙揽将山墙与屋盖构件拉结牢固，可防止山墙外闪破坏；内隔墙稳定性差，墙顶与梁或屋架下弦拉结是防止其平面外失稳倒塌的有效措施。

11.1.3 本条规定了木楼、屋盖构件在屋架和墙上的最小支承长度和对应的连接方式。

11.1.4 本条规定了门窗洞口过梁的支承长度。

11.1.5 地震中坡屋面溜瓦是瓦屋面常见的破坏现

象，冷摊瓦屋面的底瓦浮搁在椽条上时更容易发生溜瓦、掉落伤人。因此，本条要求冷摊瓦屋面的底瓦与椽条应有锚固措施。根据地震现场调查情况，建议在底瓦的弧边两角设置钉孔，采用铁钉与椽条钉牢。盖瓦可用石灰或水泥砂浆压垄等做法与底瓦粘结牢固。该项措施还可以防止暴风对冷摊瓦屋面造成的破坏。四川汶川地震灾区恢复重建中已有平瓦预留了锚固钉孔。

11.1.6 本条对突出屋面的烟囱、女儿墙等易倒塌构件的出屋面高度提出了限值。

11.1.7 本条对土木石房屋的结构材料提出了基本要求。

11.1.8 本条对土木石房屋施工中钢筋端头弯钩和外露铁件防锈处理提出要求。

11.2 生 土 房 屋

11.2.1 本次修订，根据生土房屋在不同地震烈度下的震害情况，将本节生土房屋的适用范围较 2001 规范降低一度。

11.2.2 生土房屋的层数，因其抗震能力有限，一般仅限于单层；本次修订，生土房屋的高度和开间尺寸限制保持不变。

灰土墙指掺有石灰的土坯砌筑或灰土夯筑而成的墙体，其承载力明显高于土墙。1970 年云南通海地震，7、8 度区两层及两层以下的土墙房屋仅轻微损坏。1918 年广东南澳大地震，汕头为 8 度，一些由贝壳煅烧的白灰夯筑的 2、3 层灰土承重房屋，包括医院和办公楼，受到轻微损坏，修复后继续使用。因此，灰土墙承重房屋采取适当的措施后，7 度设防时可建二层房屋。

11.2.3 生土房屋的屋面采用轻质材料，可减轻地震作用；提倡用双坡和弧形屋面，可降低山墙高度，增加其稳定性；单坡屋面的后纵墙过高，稳定性差，平屋面防水有问题，不宜采用。

由于土墙抗压强度低，支承屋面构件部位均应有垫板或圈梁。檩条要满搭在墙上或椽子上，端檩要出檐，以使外墙受荷均匀，增加接触面积。

11.2.4 抗震墙上开洞过大会削弱墙体抗震能力，因此对门窗洞口宽度进行限制。

当一个洞口采用多根木杆组成过梁时，在木杆上表面采用木板、扒钉、钢丝等将各根木杆连接成整体可避免地震时局部破坏塌落。

生土墙在纵横墙交接处沿高度每隔 500mm 左右设一层荆条、竹片、树条等拉结网片，可以加强转角处和内外墙交接处墙体的连接，约束该部位墙体，提高墙体的整体性，减轻地震时的破坏。震害表明，较细的多根荆条、竹片编制的网片，比较粗的几根竹竿或木杆的拉结效果好。原因是网片与墙体的接触面积

大，握裹好。

11.2.5 调查表明，村镇房屋墙体非地震作用开裂现象普遍，主要原因是不重视地基处理和基础的砌筑质量，导致地基不均匀沉降使墙体开裂。因此，本条要求对房屋的地基应夯实，并对基础的材料和砌筑砂浆提出了相应要求。设置防潮层以防止生土墙体酥落。

11.2.6 土坯的土质和成型方法，决定了土坯质量的好坏并最终决定土墙的强度，应予以重视。

11.2.7 为加强灰土墙房屋的整体性，要求设置圈梁。圈梁可用配筋砖带或木圈梁。

11.2.8 提高土拱房的抗震性能，主要是拱脚的稳定、拱圈的牢固和整体性。若一侧为崖体一侧为人工土墙，会因软硬不同导致破坏。

11.2.9 土窑洞有一定的抗震能力，在宏观震害调查时看到，土体稳定、土质密实、坡度较平缓的土窑洞在 7 度区有较好的例子。因此，对土窑洞来说，首先要选择良好的建筑场地，应避开易产生滑坡、崩塌的地段。

崖窑前不要接砌土坯或其他材料的前脸，否则前脸部分将极易遭到破坏。

有些地区习惯开挖层窑，一般来说比较危险，如需要时应注意间隔足够的距离，避免一旦土体破坏时发生连锁反应，造成大面积坍塌。

11.3 木结构房屋

11.3.1 本节所规定的木结构房屋，不适用于木柱与屋架（梁）铰接的房屋。因其柱子上、下端均为铰接，是不稳定的结构体系。

11.3.2 木柱与砖柱或砖墙在力学性能上是完全不同的材料，木柱属于柔性材料，变形能力强，砖柱或砖墙属于脆性材料，变形能力差。若两者混用，在水平地震作用下变形不协调，将使房屋产生严重破坏。

震害表明，无端屋架山墙往往容易在地震中破坏，导致端开间塌落，故要求设置端屋架（木梁），不得采用硬山搁檩做法。

11.3.3 由于结构构造的不同，各种木结构房屋的抗震性能也有一定的差异。其中穿斗木构架和木柱木屋架房屋结构性能较好，通常采用重量较轻的瓦屋面，具有结构重量轻、延性与整体性较好的优点，其抗震性能比木柱木梁房屋要好，6～8 度可建造两层房屋。

木柱木梁房屋一般为重量较大的平屋盖泥被屋顶，通常为粗梁细柱，梁、柱之间连接简单，从震害调查结果看，其抗震性能低于穿斗木构架和木柱木屋架房屋，一般仅建单层房屋。

11.3.4 四柱三跨木排架指的是中间有一个较大的主跨，两侧各有一个较小边跨的结构，是大跨空旷木柱房屋较为经济合理的方案。

震害表明，15m～18m 宽的木柱房屋，若仅用单跨，破坏严重，甚至倒塌；而采用四柱三跨的结构形

式，甚至出现地裂缝，主跨也安然无恙。

11.3.5 木结构房屋无承重山墙，故本规范第 9.3 节规定的房屋两端第二开间设置屋盖支撑的要求需向外移到端开间。

11.3.6~11.3.8 木柱与屋架（梁）设置斜撑，目的是控制横向侧移和加强整体性，穿斗木构架房屋整体性较好，有相当的抗倒力和变形能力，故可不必采用斜撑来限制侧移，但平面外的稳定性还需采用纵向支撑来加强。

　　震害表明，木柱与木屋架的斜撑若用夹板形式，通过螺栓与屋架下弦节点和上弦处紧密连接，则基本完好，而斜撑连接于下弦任意部位时，往往倒塌或严重破坏。

　　为保证排架的稳定性，加强柱脚和基础的锚固是十分必要的，可采用拉结铁件和螺栓连接的方式，或有石销键的柱础，也可对柱脚采取防腐处理后埋入地面以下。

11.3.9 本条对木构件截面尺寸、开榫、接头等的构造提出了要求。

11.3.10 震害表明，木结构围护墙是非常容易破坏和倒塌的构件。木构架和砌体围护墙的质量、刚度有明显差异，自振特性不同，在地震作用下变形性能和产生的位移不一致，木构件的变形能力大于砌体围护墙，连接不牢时两者不能共同工作，甚至会相互碰撞，引起墙体开裂、错位，严重时倒塌。本条的目的是尽可能使围护墙在采取适当措施后不倒塌，以减轻人员伤亡和地震损失。

　　1 沿墙高每隔 500mm 采用 8 号钢丝将墙体内的水平拉结筋或拉结网片与木柱拉结，配筋砖圈梁、配筋砂浆带等与木柱采用 $\phi6$ 钢筋或 8 号钢丝拉结，可以使木构架与围护墙协同工作，避免两者相互碰撞破坏。振动台试验表明，在较强地震作用下即使墙体因抗剪承载力不足而开裂，在与木柱有可靠拉结的情况下也不致倒塌。

　　2 对土坯、砖等砌筑的围护墙洞口的宽度提出了限制。

　　3 完全包裹在土坯、砖等砌筑的围护墙中的木柱不通风，较易腐蚀，且难于检查木柱的变质情况。

11.4　石结构房屋

11.4.1、11.4.2 多层石房震害经验不多，唐山地区多数是二层，少数三、四层，而昭通地区大部分是二、三层，仅泉州石结构古塔高达 48.24m，经过 1604 年 8 级地震（泉州烈度为 8 度）的考验至今犹存。

　　多层石房高度限值相对于砖房是较小的，这是考虑到石块加工不平整，性能差别很大，且目前石结构的地震经验还不足。2008 年局部修订将总高度和层数限值由"不宜"，改为"不应"，要求更加严格了。

11.4.6 从宏观震害和试验情况来看，石墙体的破坏特征和砖结构相近，石墙体的抗剪承载力验算可与多层砌体结构采用同样的方法。但其承载力设计值应由试验确定。

11.4.7 石结构房屋的构造柱设置要求，系参照 89 规范混凝土中型砌块房屋对芯柱的设置要求规定的，而构造柱的配筋构造等要求，需参照多层黏土砖房的规定。

11.4.8 洞口是石墙体的薄弱环节，因此需对其洞口的面积加以限制。

11.4.9 多层石房每层设置钢筋混凝土圈梁，能够提高其抗震能力，减轻震害，例如，唐山地震中，10 度区有 5 栋设置了圈梁的二层石房，震后基本完好，或仅轻微破坏。

　　与多层砖房相比，石墙体房屋圈梁的截面加大，配筋略有增加，因为石墙材料重量较大。在每开间及每道墙上，均设置现浇圈梁是为了加强墙体间的连接和整体性。

11.4.10 石墙在交接处用条石无垫片砌筑，并设置拉结钢筋网片，是根据石墙材料的特点，为加强房屋整体性而采取的措施。

11.4.11 本条为新增条文。石板多有节理缺陷，在建房过程中常堆载断裂造成人员伤亡事故。因此，明确不得采用对抗震不利的料石作为承重构件。

12　隔震和消能减震设计

12.1　一般规定

12.1.1 隔震和消能减震是建筑结构减轻地震灾害的有效技术。

　　隔震体系通过延长结构的自振周期能够减少结构的水平地震作用，已被国外强震记录所证实。国内外的大量试验和工程经验表明：隔震一般可使结构的水平地震加速度反应降低 60% 左右，从而消除或有效地减轻结构和非结构的地震损坏，提高建筑物及其内部设施和人员的地震安全性，增加了震后建筑物继续使用的功能。

　　采用消能减震的方案，通过消能器增加结构阻尼来减少结构在风作用下的位移是公认的事实，对减少结构水平和竖向的地震反应也是有效的。

　　适应我国经济发展的需要，有条件地利用隔震和消能减震来减轻建筑结构的地震灾害，是完全可能的。本章主要吸收国内外研究成果中较成熟的内容，目前仅列入橡胶隔震支座的隔震技术和关于消能减震设计的基本要求。

　　2001 规范隔震层位置仅限于基础与上部结构之间，本次修订，隔震设计的适用范围有所扩大，考虑国内外已有隔震建筑的隔震层不仅是设置在基础上，而且设置在一层柱顶等下部结构或多塔楼的底盘上。

12.1.2 隔震技术和消能减震技术的主要使用范围，是可增加投资来提高抗震安全的建筑。进行方案比较时，需对建筑的抗震设防分类、抗震设防烈度、场地条件、使用功能及建筑、结构的方案，从安全和经济两方面进行综合分析对比。

考虑到随着技术的发展，隔震和消能减震设计的方案分析不需要特别的论证，本次修订不作为强制性条文，只保留其与本规范第3.5.1条关于抗震设计的规定不同的特点——与抗震设计方案进行对比，这是确定隔震设计的水平向减震系数和减震设计的阻尼比所需要的，也能显示出隔震和减震设计比抗震设计在提高结构抗震能力上的优势。

12.1.3 本次修订，对隔震设计的结构类型不作限制，修改2001版规定的基本周期小于1s和采用底部剪力法进行非隔震设计的结构。在隔震设计的方案比较和选择时仍应注意：

1 隔震技术对低层和多层建筑比较合适，日本和美国的经验表明，不隔震时基本周期小于1.0s的建筑结构效果最佳；建筑结构基本周期的估计，普通的砌体房屋可取0.4s，钢筋混凝土框架取 $T_1 = 0.075H^{3/4}$，钢筋混凝土抗震墙结构取 $T_1 = 0.05H^{3/4}$。但是，不应仅限于基本自振周期在1s内的结构，因为超过1s的结构采用隔震技术有可能同样有效，国外大量隔震建筑也验证了此点，故取消了2001规范要求结构周期小于1s的限制。

2 根据橡胶隔震支座抗拉屈服强度低的特点，需限制非地震作用的水平荷载，结构的变形特点需符合剪切变形为主且房屋高宽比小于4或有关规范、规程对非隔震结构的高宽比限制要求。现行规范、规程有关非隔震结构高宽比的规定如下：

高宽比大于4的结构小震下基础不应出现拉应力；砌体结构，6、7度不大于2.5，8度不大于2.0，9度不大于1.5；混凝土框架结构，6、7度不大于4，8度不大于3，9度不大于2；混凝土抗震墙结构，6、7度不大于6，8度不大于5，9度不大于4。

对高宽比大的结构，需进行整体倾覆验算，防止支座压屈或出现拉应力超过1MPa。

3 国外对隔震工程的许多考察发现：硬土场地较适合于隔震房屋；软弱场地滤掉了地震波的中高频分量，延长结构的周期将增大而不是减小其地震反应，墨西哥地震就是一个典型的例子。2001规范的要求仍然保留，当在IV类场地建造隔震房屋时，应进行专门研究和专项审查。

4 隔震层防火措施和穿越隔震层的配管、配线，有与隔震要求相关的专门要求。2008年汶川地震中，位于7、8度区的隔震建筑，上部结构完好，但隔震层的管线受损，故需要特别注意改进。

12.1.4 消能减震房屋最基本的特点是：

1 消能装置可同时减少结构的水平和竖向的地震作用，适用范围较广，结构类型和高度均不受限制；

2 消能装置使结构具有足够的附加阻尼，可满足罕遇地震下预期的结构位移要求；

3 由于消能装置不改变结构的基本形式，除消能部件和相关部件外的结构设计仍可按本规范各章对相应结构类型的要求执行。这样，消能减震房屋的抗震构造，与普通房屋相比不降低，其抗震安全性可有明显的提高。

12.1.5 隔震支座、阻尼器和消能减震部件在长期使用过程中需要检查和维护。因此，其安装位置应便于维护人员接近和操作。

为了确保隔震和消能减震的效果，隔震支座、阻尼器和消能减震部件的性能参数应严格检验。

按照国家产品标准《橡胶支座 第3部分：建筑隔震橡胶支座》GB 20688.3-2006的规定，橡胶支座产品在安装前应对工程中所用的各种类型和规格的原型部件进行抽样检验，其要求是：

采用随机抽样方式确定检测试件。若有一件抽样的一项性能不合格，则该次抽样检验不合格。

对一般建筑，每种规格的产品抽样数量应不少于总数的20%；若有不合格，应重新抽取总数的50%，若仍有不合格，则应100%检测。

一般情况下，每项工程抽样总数不少于20件，每种规格的产品抽样数量不少于4件。

尚没有国家标准和行业标准的消能部件中的消能器，应采用本章第12.3节规定的方法进行检验。对黏滞流体消能器等可重复利用的消能器，抽检数量适当增多，抽检的消能器可用于主体结构；对金属屈服位移相关型消能器等不可重复利用的消能器，在同一类型中抽检数量不少于2个，抽检合格率为100%，抽检后不能用于主体结构。

型式检验和出厂检验应由第三方完成。

12.1.6 本条明确提出，可采用隔震、减震技术进行结构的抗震性能化设计。此时，本章的规定应依据性能化目标加以调整。

12.2 房屋隔震设计要点

12.2.1 本规范对隔震的基本要求是：通过隔震层的大变形来减少其上部结构的地震作用，从而减少地震破坏。隔震设计需解决的主要问题是：隔震层位置的确定、隔震垫的数量、规格和布置、隔震层在罕遇地震下的承载力和变形控制、隔震层不隔离竖向地震作用的影响、上部结构的水平向减震系数及其与隔震层的连接构造等。

隔震层的位置通常位于第一层以下。当位于第一层及以上时，隔震体系的特点与普通隔震结构可有较大差异，隔震层以下的结构设计计算也更复杂。

为便于我国设计人员掌握隔震设计方法，本规范提出了"水平向减震系数"的概念。按减震系数进行设计，隔震层以上结构的水平地震作用和抗震验算，构件承载力留有一定的安全储备。对于丙类建筑，相应的构造要求也可有所降低。但必须注意，结构所受的地震作用，既有水平向也有竖向，目前的橡胶隔震支座只具有隔离水平地震的功能，对竖向地震没有隔震效果，隔震后结构的竖向地震力可能大于水平地震力，应予以重视并做相应的验算，采取适当的措施。

12.2.2 本条规定了隔震体系的计算模型，且一般要求采用时程分析法进行设计计算。在附录 L 中提供了简化计算方法。

图 12.2.2 是对应于底部剪力法的等效剪切型结构的示意图；其他情况，质点 j 可有多个自由度，隔震装置也有相应的多个自由度。

本次修订，当隔震结构位于发震断裂主断裂带 10km 以内时，要求各个设防类别的房屋均应计及地震近场效应。

12.2.3、12.2.4 规定了隔震层设计的基本要求。

1 关于橡胶隔震支座的压应力和最大拉应力限值。

1）根据 Haringx 弹性理论，按稳定要求，以压缩荷载下叠层橡胶水平刚度为零的压应力作为屈曲应力 σ_{cr}，该屈曲应力取决于橡胶的硬度、钢板厚度与橡胶厚度的比值、第一形状参数 s_1（有效直径与中央孔洞直径之差 $D-D_0$ 与橡胶层 4 倍厚度 $4t_r$ 之比）和第二形状参数 s_2（有效直径 D 与橡胶层总厚度 nt_r 之比）等。

通常，隔震支座中间钢板厚度是单层橡胶厚度的一半，取比值为 0.5。对硬度为 30～60 共七种橡胶，以及 $s_1 = 11$、13、15、17、19、20 和 $s_2 = 3$、4、5、6、7，累计 210 种组合进行了计算。结果表明：满足 $s_1 \geq 15$ 和 $s_2 \geq 5$ 且橡胶硬度不小于 40 时，最小的屈曲应力值为 34.0MPa。

将橡胶支座在地震下发生剪切变形后上下钢板投影的重叠部分作为有效受压面积，以该有效受压面积得到的平均应力达到最小屈曲应力作为控制橡胶支座稳定的条件，取容许剪切变形为 0.55D（D 为支座有效直径），则可得本条规定的丙类建筑的压应力限值

$$\sigma_{max} = 0.45\sigma_{cr} = 15.0\text{MPa}$$

对 $s_2 < 5$ 且橡胶硬度不小于 40 的支座，当 $s_2 = 4$，$\sigma_{max} = 12.0$MPa；当 $s_2 = 3$，$\sigma_{max} = 9.0$MPa。因此规定，当 $s_2 < 5$ 时，平均压应力限值需予以降低。

2）规定隔震支座控制拉应力，主要考虑下列

三个因素：

①橡胶受拉后内部有损伤，降低了支座的弹性性能；

②隔震支座出现拉应力，意味着上部结构存在倾覆危险；

③规定隔震支座拉应力 $\sigma_t < 1$MPa 理由是：1）广州大学工程抗震研究中心所做的橡胶垫的抗拉试验中，其极限抗拉强度为（2.0～2.5）MPa；2）美国 UBC 规范采用的容许抗拉强度为 1.5MPa。

2 关于隔震层水平刚度和等效黏滞阻尼比的计算方法，系根据振动方程的复阻尼理论得到的。其实部为水平刚度，虚部为等效黏滞阻尼比。

本次修订，考虑到随着橡胶隔震支座的制作工艺越来越成熟，隔震支座的直径越来越大，建议在隔震支座选型时尽量选用大直径的支座，对 300mm 直径的支座，由于其直径小，稳定性差，故将其设计承载力由 12MPa 降低到 10MPa。

橡胶支座随着水平剪切变形的增大，其容许竖向承载能力将逐渐减小，为防止隔震支座在大变形的情况下失去承载能力，故要求支座的剪切变形应满足 $\sigma \leq \sigma_{cr}(1 - \gamma/s_2)$，式中，$\gamma$ 为水平剪切变形，s_2 为支座第二形状系数，σ 为支座竖向面压，σ_{cr} 为支座极限抗压强度。同时支座的竖向压应力不大于 30MPa，水平变形不大于 0.55D 和 300% 的较小值。

隔震支座直径较大时，如直径不小于 600mm，考虑实际工程隔震后的位移和现有试验设备的条件，对于罕遇地震位移验算时的支座设计参数，可取水平剪切变形 100% 的刚度和阻尼。

还需注意，橡胶材料是非线性弹性体，橡胶隔震支座的有效刚度与振动周期有关，动静刚度的差别甚大。因此，为了保证隔震的有效性，最好取相应于隔震体系基本周期的刚度进行计算。本次修订，将 2001 规范隐含加载频率影响的"动刚度"改为"等效刚度"，用语更明确，方便同国家标准《橡胶支座》接轨；之所以去掉有关频率对刚度影响的语句，因相关的产品标准已有明确的规定。

12.2.5 隔震后，隔震层以上结构的水平地震作用可根据水平向减震系数确定。对于多层结构，层间地震剪力代表了水平地震作用取值及其分布，可用来识别结构的水平向减震系数。

考虑到隔震层不能隔离结构的竖向地震作用，隔震结构的竖向地震力可能大于其水平地震力，竖向地震的影响不可忽略，故至少要求 9 度时和 8 度水平向减震系数为 0.30 时应进行竖向地震作用验算。

本次修订，拟对水平向减震系数的概念作某些调整：直接将"隔震结构与非隔震结构最大水平剪力的比值"改称为"水平向减震系数"，采用该概念力图使其意义更明确，以方便设计人员理解和操作（美

国、日本等国也同样采用此方法）。

隔震后上部结构按本规范相关结构的规定进行设计时，地震作用可以降低，降低后的地震影响系数曲线形式参见本规范 5.1.5 条，仅地震影响系数最大值 α_{max1} 减小。

2001 规范确定隔震后水平地震作用时所考虑的安全系数 1.4，对于当时隔震支座的性能是合适的。当前，在国家产品标准《橡胶支座 第 3 部分：建筑隔震橡胶支座》GB 20688.3-2006 中，橡胶支座按剪切性能允许偏差分为 S-A 和 S-B 两类，其中 S-A 类的允许偏差为 ±15%，S-B 类的允许偏差为 ±25%。因此，随着隔震支座产品性能的提高，该系数可适当减少。本次修订，按照《建筑结构可靠度设计统一标准》GB 50068 的要求，确定设计用的水平地震作用的降低程度，需根据概率可靠度分析提供一定的概率保证，一般考虑 1.645 倍变异系数。于是，依据支座剪变刚度与隔震后体系周期及对应地震总剪力的关系，由支座刚度的变异导出地震总剪力的变异，再乘以 1.645，则大致得到不同支座的 ψ 值，S-A 类为 0.85，S-B 类为 0.80。当设置阻尼器时还需要附加与阻尼器有关的变异系数，ψ 值相应减少，对于 S-A 类，取 0.80，对于 S-B 类，取 0.75。

隔震后的上部结构用软件计算时，直接取 α_{max1} 进行结构计算分析。从宏观的角度，可以将隔震后结构的水平地震作用大致归纳为比非隔震时降低半度、一度和一度半三个档次，如表 7 所示（对于一般橡胶支座）；而上部结构的抗震构造，只能按降低一度分档，即以 $\beta=0.40$ 分档。

**表 7　水平向减震系数与隔震后结构
水平地震作用所对应烈度的分档**

本地区设防烈度（设计基本地震加速度）	水平向减震系数 β		
	$0.53{\geqslant}\beta{\geqslant}0.40$	$0.40{>}\beta{>}0.27$	$\beta{\leqslant}0.27$
9 (0.40g)	8 (0.30g)	8 (0.20g)	7 (0.15g)
8 (0.30g)	8 (0.20g)	7 (0.15g)	7 (0.10g)
8 (0.20g)	7 (0.15g)	7 (0.10g)	7 (0.10g)
7 (0.15g)	7 (0.10g)	7 (0.10g)	6 (0.05g)
7 (0.10g)	7 (0.10g)	6 (0.05g)	6 (0.05g)

本次修订对 2001 规范的规定，还有下列变化：

1　计算水平减震系数的隔震支座参数，橡胶支座的水平剪切应变由 50% 改为 100%，大致接近设防地震的变形状态，支座的等效刚度比 2001 规范减少，计算的隔震的效果更明显。

2　多层隔震结构的水平地震作用沿高度矩形分布改为按重力荷载代表值分布。还补充了高层隔震建筑确定水平向减震系数的方法。

3　对 8 度设防考虑竖向地震的要求有所加严，由"宜"改为"应"。

12.2.7　隔震后上部结构的抗震措施可以适当降低，一般的橡胶支座以水平向减震系数 0.40 为界划分，并明确降低的要求不得超过一度，对于不同的设防烈度如表 8 所示：

**表 8　水平向减震系数与隔震后上部
结构抗震措施所对应烈度的分档**

本地区设防烈度（设计基本地震加速度）	水平向减震系数	
	$\beta{\geqslant}0.40$	$\beta{<}0.40$
9 (0.40g)	8 (0.30g)	8 (0.20g)
8 (0.30g)	8 (0.20g)	7 (0.15g)
8 (0.20g)	7 (0.15g)	7 (0.10g)
7 (0.15g)	7 (0.10g)	7 (0.10g)
7 (0.10g)	7 (0.10g)	6 (0.05g)

需注意，本规范的抗震措施，一般没有 8 度（0.30g）和 7 度（0.15g）的具体规定。因此，当 β ≥0.40 时抗震措施不降低，对于 7 度（0.15g）设防时，即使 $\beta<0.40$，隔震后的抗震措施基本上不降低。

砌体结构隔震后的抗震措施，在附录 L 中有较为具体的规定。对混凝土结构的具体要求，可直接按降低后的烈度确定，本次修订不再给出具体要求。

考虑到隔震层对竖向地震作用没有隔振效果，隔震层以上结构的抗震构造措施应保留与竖向抗力有关的要求。本次修订，与抵抗竖向地震有关的措施用条注的方式予以明确。

12.2.8　本次修订，删去 2001 规范关于墙体下隔震支座的间距不宜大于 2m 的规定，使大直径的隔震支座布置更为合理。

为了保证隔震层能够整体协调工作，隔震层顶部应设置平面内刚度足够大的梁板体系。当采用装配整体式钢筋混凝土楼盖时，为使纵横梁体系能传递竖向荷载并协调横向剪力在每个隔震支座的分配，支座上方的纵横梁体系应为现浇。为增大隔震层顶部梁板的平面内刚度，需加大梁的截面尺寸和配筋。

隔震支座附近的梁、柱受力状态复杂，地震时还会受到冲切，应加密箍筋，必要时配置网状钢筋。

上部结构的底部剪力通过隔震支座传给基础结构。因此，上部结构与隔震支座的连接件、隔震支座与基础的连接件应具有传递上部结构最大底部剪力的能力。

12.2.9　对隔震层以下的结构部分，主要设计要求是：保证隔震设计能在罕遇地震下发挥隔震效果。因此，需进行与设防地震、罕遇地震有关的验算，并适当提高抗液化措施。

本次修订，增加了隔震层位于下部或大底盘顶部时对隔震层以下结构的规定，进一步明确了按隔震后而不是隔震前的受力和变形状态进行抗震承载力和变形验算的要求。

12.3 房屋消能减震设计要点

12.3.1 本规范对消能减震的基本要求是：通过消能器的设置来控制预期的结构变形，从而使主体结构构件在罕遇地震下不发生严重破坏。消能减震设计需解决的主要问题是：消能器和消能部件的选型，消能部件在结构中的分布和数量，消能器附加给结构的阻尼比估算，消能减震体系在罕遇地震下的位移计算，以及消能部件与主体结构的连接构造和其附加的作用等等。

罕遇地震下预期结构位移的控制值，取决于使用要求，本规范第5.5节的限值是针对非消能减震结构"大震不倒"的规定。采用消能减震技术后，结构位移的控制可明显小于第5.5节的规定。

消能器的类型甚多，按 ATC-33.03 的划分，主要分为位移相关型、速度相关型和其他类型。金属屈服型和摩擦型属于位移相关型，当位移达到预定的启动限才能发挥消能作用，有些摩擦型消能器的性能有时不够稳定。黏滞型和黏弹性型属于速度相关型。消能器的性能主要用恢复力模型表示，应通过试验确定，并需根据结构预期位移控制等因素合理选用。位移要求愈严，附加阻尼愈大，消能部件的要求愈高。

12.3.2 消能部件的布置需经分析确定。设置在结构的两个主轴方向，可使两方向均有附加阻尼和刚度；设置于结构变形较大的部位，可更好发挥消耗地震能量的作用。

本次修订，将 2001 规范规定框架结构的层间弹塑性位移角不应大于 1/80 改为符合预期的变形控制要求，宜比不设置消能器的结构适当减小，设计上较为合理，仍体现消能减震提高结构抗震能力的优势。

12.3.3 消能减震设计计算的基本内容是：预估结构的位移，并与未采用消能减震结构的位移相比，求出所需的附加阻尼，选择消能部件的数量、布置和所能提供的阻尼大小，设计相应的消能部件，然后对消能减震体系进行整体分析，确认其是否满足位移控制要求。

消能减震结构的计算方法，与消能部件的类型、数量、布置及所提供的阻尼大小有关。理论上，大阻尼比的阻尼矩阵不满足振型分解的正交性条件，需直接采用恢复力模型进行非线性静力分析或非线性时程分析计算。从实用的角度，ATC-33 建议适当简化；特别是主体结构基本控制在弹性工作范围内时，可采

用线性计算方法估计。

12.3.4 采用底部剪力法或振型分解反应谱法计算消能减震结构时，需要通过强行解耦，然后计算消能减震结构的自振周期、振型和阻尼比。此时，消能部件附加给结构的阻尼，参照 ATC-33，用消能部件本身在地震下变形所吸收的能量与设置消能器后结构总地震变形能的比值来表征。

消能减震结构的总刚度取为结构刚度和消能部件刚度之和，消能减震结构的阻尼比按下列公式近似估算：

$$\zeta_j = \zeta_{sj} + \zeta_{cj}$$

$$\zeta_{cj} = \frac{T_j}{4\pi M_j} \Phi_j^T C_c \Phi_j$$

式中：ζ_j、ζ_{sj}、ζ_{cj} —— 分别为消能减震结构的 j 振型阻尼比、原结构的 j 振型阻尼比和消能器附加的 j 振型阻尼比；

T_j、Φ_j、M_j —— 消能减震结构第 j 自振周期、振型和广义质量；

C_c —— 消能器产生的结构附加阻尼矩阵。

国内外的一些研究表明，当消能部件较均匀分布且阻尼比不大于 0.20 时，强行解耦与精确解的误差，大多数可控制在 5% 以内。

12.3.5 本次修订，增加了对黏弹性材料总厚度以及极限位移、极限速度的规定。

12.3.6 本次修订，根据实际工程经验，细化了 2001 版的检测要求，试验的循环次数，由 60 圈改为 30 圈。性能的衰减程度，由 10% 降低为 15%。

12.3.7 本次修订，进一步明确消能器与主结构连接部件应在弹性范围内工作。

12.3.8 本条是新增的。当消能减震的地震影响系数不到非消能减震的 50% 时，可降低一度。

附录 L 隔震设计简化计算和砌体结构隔震措施

1 对于剪切型结构，可根据基本周期和规范的地震影响系数曲线估计其隔震和不隔震的水平地震作用。此时，分别考虑结构基本周期不大于特征周期和大于特征周期两种情况，在每一种情况中又以 5 倍特征周期为界加以区分。

　　1）不隔震结构的基本周期不大于特征周期 T_g 的情况：

设隔震结构的地震影响系数为 α，不隔震结构的地震影响系数为 α'，则对隔震结构，整个体系的基本周期为 T_1，当不大于 $5T_g$ 时地震影响系数

$$\alpha = \eta_2 (T_g/T_1)^\gamma \alpha_{max} \qquad (8)$$

由于不隔震结构的基本周期小于或等于特征周期，其地震影响系数

$$\alpha' = \alpha_{max} \qquad (9)$$

式中：α_{max}——阻尼比 0.05 的不隔震结构的水平地震影响系数最大值；

η_2、γ——分别为与阻尼比有关的最大值调整系数和曲线下降段衰减指数，见本规范第 5.1 节条文说明。

按照减震系数的定义，若水平向减震系数为 β，则隔震后结构的总水平地震作用为不隔震结构总水平地震作用的 β 倍，即

$$\alpha \leqslant \beta \alpha'$$

于是

$$\beta \geqslant \eta_2 (T_g/T_1)^\gamma$$

根据 2001 规范试设计的结果，简化法的减震系数小于时程法，采用 1.2 的系数可接近时程法，故规定：

$$\beta = 1.2 \eta_2 (T_g/T_1)^\gamma \qquad (10)$$

当隔震后结构基本周期 $T_1 > 5T_g$ 时，地震影响系数为倾斜下降段且要求不小于 $0.2\alpha_{max}$，确定水平向减震系数需专门研究，往往不易实现。例如要使水平向减震系数为 0.25，需有：

$$T_1/T_g = 5 + (\eta_2 0.2^\gamma - 0.175)/(\eta_1 T_g)$$

对 II 类场地 $T_g = 0.35s$，阻尼比 0.05，相应的 T_1 为 4.7s

但此时 $\alpha = 0.175 \alpha_{max}$，不满足 $\alpha \geqslant 0.2 \alpha_{max}$ 的要求。

2）结构基本周期大于特征周期的情况：

不隔震结构的基本周期 T_0 大于特征周期 T_g 时，地震影响系数为

$$\alpha' = (T_g/T_0)^{0.9} \alpha_{max} \qquad (11)$$

为使隔震结构的水平向减震系数达到 β，同样考虑 1.2 的调整系数，需有

$$\beta = 1.2 \eta_2 (T_g/T_1)^\gamma (T_0/T_g)^{0.9} \qquad (12)$$

当隔震后结构基本周期 $T_1 > 5T_g$ 时，也需专门研究。

注意，若在 $T_0 \leqslant T_g$ 时，取 $T_0 = T_g$，则式（12）可转化为式（10），意味着也适用于结构基本周期不大于特征周期的情况。

多层砌体结构的自振周期较短，对多层砌体结构及与其基本周期相当的结构，本规范按不隔震时基本周期不大于 0.4s 考虑。于是，在上述公式中引入"不隔震结构的计算周期 T_0"表示不隔震的基本周期，并规定多层砌体取 0.4s 和特征周期二者的较大值，其他结构取计算基本周期和特征周期的较大值，即得到规范条文中的公式：砌体结构用式（L.1.1-1）表达；与砌体周期相当的结构用式（L.1.1-2）表达。

2 本条提出的隔震层扭转影响系数是简化计算

（图 27）。在隔震层顶板为刚性的假定下，由几何关系，第 i 支座的水平位移可写为：

$$u_i = \sqrt{(u_c + u_{ti} \sin\alpha_i)^2 + (u_{ti} \cos\alpha_i)^2}$$
$$= \sqrt{u_c^2 + 2u_c u_{ti} \sin\alpha_i + u_{ti}^2}$$

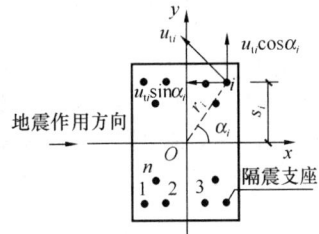

图 27　隔震层扭转计算简图

略去高阶量，可得：

$$u_i = \eta_i u_c$$

$$\eta_i = 1 + (u_{ti}/u_c) \sin\alpha_i$$

另一方面，在水平地震下 i 支座的附加位移可根据楼层的扭转角与支座至隔震层刚度中心的距离得到

$$\frac{u_{ti}}{u_c} = \frac{k_h}{\sum k_j r_j^2} r_i e$$

$$\eta_i = 1 + \frac{k_h}{\sum k_j r_j^2} r_i e \sin\alpha_i$$

如果将隔震层平移刚度和扭转刚度用隔震层平面的几何尺寸表述，并设隔震层平面为矩形且隔震支座均匀布置，可得

$$k_h \propto ab$$

$$\sum k_j r_j^2 \propto ab(a^2 + b^2)/12$$

于是

$$\eta_i = 1 + 12 e s_i/(a^2 + b^2)$$

对于同时考虑双向水平地震作用的扭转影响的情况，由于隔震层在两个水平方向的刚度和阻尼特性相同，若两方向隔震层顶部的水平力近似认为相等，均取为 F_{Ek}，可有地震扭矩

$$M_{tx} = F_{Ek} e_y, \quad M_{ty} = F_{EK} e_x$$

同时作用的地震扭矩取下列二者的较大：

$$M_t = \sqrt{M_{tx}^2 + (0.85M_{ty})^2} \text{ 和 } M_t = \sqrt{M_{ty}^2 + (0.85M_{tx})^2}$$

记为

$$M_{tx} = F_{EK} e$$

其中，偏心距 e 为下列二式的较大值：

$$e = \sqrt{e_x^2 + (0.85e_y)^2} \text{ 和 } e = \sqrt{e_y^2 + (0.85e_x)^2}$$

考虑到施工的误差，地震剪力的偏心距 e 宜计入偶然偏心距的影响，与本规范第 5.2 节的规定相同，隔震层也采用限制扭转影响系数最小值的方法处理。由于

隔震结构设计有助于减轻结构扭转反应，建议偶然偏心距可根据隔震层的情况取值，不一定取垂直于地震作用方向边长的5%。

3 对于砌体结构，其竖向抗震验算可简化为墙体抗震承载力验算时在墙体的平均正应力 σ_0 计入竖向地震应力的不利影响。

4 考虑到隔震层对竖向地震作用没有隔震效果，上部砌体结构的构造应保留与竖向抗力有关的要求。对砌体结构的局部尺寸、圈梁配筋和构造柱、芯柱的最大间距作了原则规定。

13 非结构构件

13.1 一 般 规 定

13.1.1 非结构的抗震设计所涉及的设计领域较多，本章主要涉及与主体结构设计有关的内容，即非结构构件与主体结构的连接件及其锚固的设计。

非结构构件（如墙板、幕墙、广告牌、机电设备等）自身的抗震，系以其不受损坏为前提的，本章不直接涉及这方面的内容。

本章所列的建筑附属设备，不包括工业建筑中的生产设备和相关设施。

13.1.2 非结构构件的抗震设防目标列于本规范第3.7节。与主体结构三水准设防目标相协调，容许建筑非结构构件的损坏程度略大于主体结构，但不得危及生命。

建筑非结构构件和建筑附属机电设备支架的抗震设防分类，各国的抗震规范、标准有不同的规定，本规范大致分为高、中、低三个层次：

高要求时，外观可能损坏而不影响使用功能和防火能力，安全玻璃可能裂缝，可经受相连结构构件出现1.4倍以上设计挠度的变形，即功能系数取≥1.4；

中等要求时，使用功能基本正常或可很快恢复，耐火时间减少1/4，强化玻璃破碎，其他玻璃无下落，可经受相连结构构件出现设计挠度的变形，功能系数取1.0；

一般要求，多数构件基本处于原位，但系统可能损坏，需修理才能恢复功能，耐火时间明显降低，容许玻璃破碎下落，只能经受相连结构构件出现0.6倍设计挠度的变形，功能系数取0.6。

世界各国的抗震规范、规定中，要求对非结构的地震作用进行计算的有60%，而仅有28%对非结构的构造作出规定。考虑到我国设计人员的习惯，首先要求采取抗震措施，对于抗震计算的范围由相关标准规定，一般情况下，除了本规范第5章有明确规定的非结构构件，如出屋面女儿墙、长悬臂构件（雨篷等）外，尽量减少非结构构件地震作用计算和构件抗震验算的范围。例如，需要进行抗震验算的非结构构件大致如下：

1 7～9度时，基本上为脆性材料制作的幕墙及各类幕墙的连接；

2 8、9度时，悬挂重物的支座及其连接、出屋面广告牌和类似构件的锚固；

3 附着于高层建筑的重型商标、标志、信号等的支架；

4 8、9度时，乙类建筑的文物陈列柜的支座及其连接；

5 7～9度时，电梯提升设备的锚固件、高层建筑的电梯构件及其锚固；

6 7～9度时，建筑附属设备自重超过1.8kN或其体系自振周期大于0.1s的设备支架、基座及其锚固。

13.1.3 很多情况下，同一部位有多个非结构构件，如出入口通道可包括非承重墙体、悬吊顶棚、应急照明和出入信号四个非结构构件；电气转换开关可能安装在非承重隔墙上等。当抗震设防要求不同的非结构构件连接在一起时，要求低的构件也需按较高的要求设计，以确保较高设防要求的构件能满足规定。

13.2 基本计算要求

13.2.1 本条明确了结构专业所需考虑的非结构构件的影响，包括如何在结构设计中计入相关的重力、刚度、承载力和必要的相互作用。结构构件设计时仅计入支承非结构部位的集中作用并验算连接件的锚固。

13.2.2 非结构构件的地震作用，除了自身质量产生的惯性力外，还有支座间相对位移产生的附加作用；二者需同时组合计算。

非结构构件的地震作用，除了本规范第5章规定的长悬臂构件外，只考虑水平方向。其基本的计算方法是对应于"地面反应谱"的"楼面谱"，即反映支承非结构构件的主体结构体系自身动力特性、非结构构件所在楼层位置和支点数量、结构和非结构阻尼特性对地面地震运动的放大作用；当非结构构件的质量较大时或非结构体系的自振特性与主结构体系的某一振型的振动特性相近时，非结构体系还将与主结构体系的地震反应产生相互影响。一般情况下，可采用简化方法，即等效侧力法计算；同时计入支座间相对位移产生的附加内力。对刚性连接于楼板上的设备，当与楼层并为一个质点参与整个结构的计算分析时，也不必另外用楼面谱进行其地震作用计算。

要求进行楼面谱计算的非结构构件，主要是建筑附属设备，如巨大的高位水箱、出屋面的大型塔架等。采用第二代楼面谱计算可反映非结构构件对所在建筑结构的反作用，不仅导致结构本身地震反应的变化，固定在其上的非结构的地震反应也明显不同。

计算楼面谱的基本方法是随机振动法和时程分析法，当非结构构件的材料与结构体系相同时，可直接利用一般的时程分析软件得到；当非结构构件的质量较大，或材料阻尼特性明显不同，或在不同楼层上有支点，需采用第二代楼面谱的方法进行验算。此时，可考虑非结构与主体结构的相互作用，包括"吸振效应"，计算结果更加可靠。采用时程分析法和随机振动法计算楼面谱需有专门的计算软件。

13.2.3 非结构构件的抗震计算，最早见于 ACT-3，采用了静力法。

等效侧力法在第一代楼面谱（以建筑的楼面运动作为地震输入，将非结构构件作为单自由度系统，将其最大反应的均值作为楼面谱，不考虑非结构构件对楼层的反作用）基础上做了简化。各国抗震规范的非结构构件的等效侧力法，一般由设计加速度、功能（或重要）系数、构件类别系数、位置系数、动力放大系数和构件重力六个因素所决定。

设计加速度一般取相当于设防烈度的地面运动加速度；与本规范各章协调，这里仍取多遇地震对应的加速度。

部分非结构构件的功能系数和类别系数参见本规范附录 M 第 M.2 节。

位置系数，一般沿高度为线性分布，顶点的取值，UBC97 为 4.0，欧洲规范为 2.0，日本取 3.3。根据强震观测记录的分析，对多层和一般的高层建筑，顶部的加速度约为底层的二倍；当结构有明显的扭转效应或高宽比较大时，房屋顶部和底部的加速度比例大于 2.0。因此，凡采用时程分析法补充计算的建筑结构，此比值应依据时程分析法相应调整。

状态系数，取决于非结构体系的自振周期，UBC97 在不同场地条件下，以周期 1s 时的动力放大系数为基础再乘以 2.5 和 1.0 两档，欧洲规范要求计算非结构体系的自振周期 T_a，取值为 $3/[1+(1-T_a/T_1)^2]$，日本取 1.0、1.5 和 2.0 三档。本规范不要求计算体系的周期，简化为两种极端情况，1.0 适用于非结构的体系自振周期不大于 0.06s 等体系刚度较大的情况，其余按 T_a 接近于 T_1 的情况取值。当计算非结构体系的自振周期时，则可按 $2/[1+(1-T_a/T_1)^2]$ 采用。

由此得到的地震作用系数（取位置、状态和构件类别三个系数的乘积）的取值范围，与主体结构体系相比，UBC97 按场地不同为（0.7～4.0）倍〔若以硬土条件下结构周期 1.0s 为 1.0，则为（0.5～5.6）倍〕，欧洲规范为 0.75～6.0 倍〔若以硬土条件下结构周期 1.0s 为 1.0，则为（1.2～10）倍〕。我国一般为（0.6～4.8）倍〔若以 $T_g=0.4$s、结构周期 1.0s 为 1.0，则为（1.3～11）倍〕。

13.2.4 非结构构件支座间相对位移的取值，凡需验算层间位移者，除有关标准的规定外，一般按本规范规定的位移限值采用。

对建筑非结构构件，其变形能力相差较大。砌体材料构成的非结构构件，由于变形能力较差而限制在要求高的场所使用，国外的规范也只有构造要求而不要求进行抗震计算；金属幕墙和高级装修材料具有较大的变形能力，国外通常由生产厂家按主体结构设计的变形要求提供相应的材料，而不是由材料决定结构的变形要求；对玻璃幕墙，《建筑幕墙》标准中已规定其平面内变形分为五个等级，最大 1/100，最小 1/400。

对设备支架，支座间相对位移的取值与使用要求有直接联系。例如，要求在设防烈度地震下保持使用功能（如管道不破碎等），取设防烈度下的变形，即功能系数可取 2～3，相应的变形限值则多遇地震的（3～4）倍；要求在罕遇地震下不造成次生灾害，则取罕遇地震下的变形限值。

13.2.5 本条规定非结构构件地震作用效应组合和承载力验算的原则。强调不得将摩擦力作为抗震设计的抗力。

13.3 建筑非结构构件的基本抗震措施

89 规范各章中有关建筑非结构构件的构造要求如下：

1 砌体房屋中，后砌隔墙、楼梯间砖砌栏板的规定；

2 多层钢筋混凝土房屋中，围护墙和隔墙材料、砖填充墙布置和连接的规定；

3 单层钢筋混凝土柱厂房中，天窗端壁板、围护墙、高低跨封墙和纵横跨悬墙的材料和布置的规定，砌体隔墙和围护墙、墙梁、大型墙板等与排架柱、抗风柱的连接构造要求；

4 单层砖柱厂房中，隔墙的选型和连接构造规定；

5 单层钢结构厂房中，围护墙选型和连接要求。

2001 规范将上述规定加以合并整理，形成建筑非结构构件材料、选型、布置和锚固的基本抗震要求。还补充了吊车走道板、天沟板、端屋架与山墙间的填充小屋面板，天窗端壁板和天窗侧板下的填充砌体等非结构构件与支承结构可靠连接的规定。

玻璃幕墙已有专门的规程，预制墙板、顶棚及女儿墙、雨篷等附属构件的规定，也由专门的非结构抗震设计规程加以规定。

本次修订的主要内容如下：

13.3.3 将砌体房屋中关于烟道、垃圾道的规定移入本节。

13.3.4 增加了框架楼梯间等处填充墙设置钢丝网面层加强的要求。

13.3.5 进一步明确厂房围护墙的设置应注意下列问题：

1 唐山地震震害经验表明：嵌砌墙的墙体破坏较外贴墙轻得多，但对厂房的整体抗震性能极为不利，在多跨厂房和外纵墙不对称布置的厂房中，由于各柱列的纵向侧移刚度差别悬殊，导致厂房纵向破坏，倒塌的震例不少，即使两侧均为嵌砌墙的单跨厂房，也会由于纵向侧移刚度的增加而加大厂房的纵向地震作用效应，特别是柱顶地震作用的集中对柱顶节点的抗震很不利，容易造成柱顶节点破坏，危及屋盖的安全，同时由于门窗洞口处刚度的削弱和突变，还会导致门窗洞口处柱子的破坏，因此，单跨厂房也不宜在两侧采用嵌砌墙。

2 砖砌体的高低跨封墙和纵横向厂房交接处的悬墙，由于质量大、位置高，在水平地震作用特别是高振型影响下，外甩力大，容易发生外倾、倒塌，造成高砸低的震害，不仅砸坏低屋盖，还可能破坏低跨设备或伤人，危害严重，唐山地震中，这种震害的发生率很高，因此，宜采用轻质墙板，当必须采用砖砌体时，应加强与主体结构的锚拉。

3 高低跨封墙直接砌在低跨屋面板上时，由于高振型和上、下变形不协调的影响，容易发生倒塌破坏，并砸坏低跨屋盖，邢台地震 7 度区就有这种震例。

4 砌体女儿墙的震害较普遍，故规定需设置时，应控制其高度，并采取防地震时倾倒的构造措施。

5 不同墙体材料的质量、刚度不同，对主体结构的地震影响不同，对抗震不利，故不宜采用。必要时，宜采用相应的措施。

13.3.6 本条文字表达略有修改。轻型板材是指彩色涂层压型钢板、硬质金属面夹芯板，以及铝合金板等轻型板材。

降低厂房屋盖和围护结构的重量，对抗震十分有利。震害调查表明，轻型墙板的抗震效果很好。大型墙板围护厂房的抗震性能明显优于砌体围护墙厂房。大型墙板与厂房柱刚性连接，对厂房的抗震不利，并对厂房的纵向温度变形、厂房柱不均匀沉降以及各种振动也都不利。因此，大型墙板与厂房柱间应优先采用柔性连接。

嵌砌砌体墙对厂房的纵向抗震不利，故一般不应采用。

13.4 建筑附属机电设备支架的基本抗震措施

本规范仅规定对附属机电设备支架的基本要求。并参照美国 UBC 规范的规定，给出了可不作抗震设防要求的一些小型设备和小直径的管道。

建筑附属机电设备的种类繁多，参照美国 UBC97 规范，要求自重超过 1.8kN（400 磅）或自振周期大于 0.1s 时，要进行抗震计算。计算自振周期时，一般采用单质点模型。对于支承条件复杂的机电设备，其计算模型应符合相关设备标准的要求。

附录 M 实现抗震性能设计目标的参考方法

M.1 结构构件抗震性能设计方法

M.1.1 本条依据震害，尽可能将结构构件在地震中的破坏程度，用构件的承载力和变形的状态做适当的定量描述，以作为性能设计的参考指标。

关于中等破坏时构件变形的参考值，大致取规范弹性限值和弹塑性限值的平均值；构件接近极限承载力时，其变形比中等破坏小些；轻微损坏，构件处于开裂状态，大致取中等破坏的一半。不严重破坏，大致取规范不倒塌的弹塑性变形限值的 90%。

不同性能要求的位移及其延性要求，参见图 28。从中可见，对于非隔震、减震结构，性能 1，在罕遇地震时层间位移可按线性弹性计算，约为［Δu_e］，震后基本不存在残余变形；性能 2，震时位移小于 2［Δu_e］，震后残余变形小于 0.5［Δu_e］；性能 3，考虑阻尼有所增加，震时位移约为（4～5）［Δu_e］，按退化刚度估计震后残余变形约［Δu_e］；性能 4，考虑等效阻尼加大和刚度退化，震时位移约（7～8）［Δu_e］，震后残余变形约 2［Δu_e］。

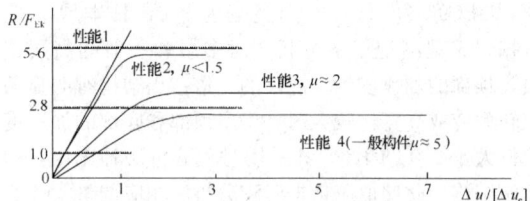

图 28 不同性能要求的位移和延性需求示意图

从抗震能力的等能量原理，当承载力提高一倍时，延性要求减少一半，故构造所对应的抗震等级大致可按降低一度的规定采用。延性的细部构造，对混凝土构件主要指箍筋、边缘构件和轴压比等构造，不包括影响正截面承载力的纵向受力钢筋的构造要求；对钢结构构件主要指长细比、板件宽厚比、加劲肋等构造。

M.1.2 本条列出了实现不同性能要求的构件承载力验算表达式，中震和大震均不考虑地震效应与风荷载效应的组合。

设计值复核，需计入作用分项系数、抗力的材料分项系数、承载力抗震调整系数，但计入和不计入不同抗震等级的内力调整系数时，其安全性的高低略有区别。

标准值和极限值复核，不计入作用分项系数、承载力抗震调整系数和内力调整系数，但材料强度分别取标准值和最小极限值。其中，钢材强度的最小极限值 f_u 按《高层民用建筑钢结构技术规程》JGJ 99 采用，约为钢材屈服强度的（1.35～1.5）倍；钢筋最小极限强度参照本规范第3.9.2条，取钢筋屈服强度f_y的1.25倍；混凝土最小极限强度参照《混凝土结构设计规范》GB 50011-2002第4.1.3条的说明，考虑实际结构混凝土强度与试件混凝土强度的差异，取立方强度的0.88倍。

M.1.3 本条给出竖向构件弹塑性变形验算的注意事项。

对于不同的破坏状态，弹塑性分析的地震作用和变形计算的方法也不同，需分别处理。

地震作用下构件弹塑性变形计算时，必须依据其实际的承载力——取材料强度标准值、实际截面尺寸（含钢筋截面）、轴向力等计算，考虑地震强度的不确定性，构件材料动静强度的差异等等因素的影响，从工程的角度，构件弹塑性参数可仍按杆件模型适当简化，参照IBC的规定，建议混凝土构件的初始刚度取短期或长期刚度，至少按$0.85E_cI$简化计算。

结构的竖向构件在不同破坏状态下层间位移角的参考控制目标，若依据试验结果并扣除整体转动影响，墙体的控制值要远小于框架柱。从工程应用的角度，参照常规设计时各楼层最大层间位移角的限值，若干结构类型按本条正文规定得到的变形最大的楼层中竖向构件最大位移限值，如表9所示。

表9 结构竖向构件对应于不同破坏状态的最大层间位移角参考控制目标

结构类型	完好	轻微损坏	中等破坏	不严重破坏
钢筋混凝土框架	1/550	1/250	1/120	1/60
钢筋混凝土抗震墙、筒中筒	1/1000	1/500	1/250	1/135
钢筋混凝土框架-抗震墙、板柱-抗震墙、框架-核心筒	1/800	1/400	1/200	1/110
钢筋混凝土框支层	1/1000	1/500	1/250	1/135
钢结构	1/300	1/200	1/100	1/55
钢框架-钢筋混凝土内筒、型钢混凝土框架-钢筋混凝土内筒	1/800	1/400	1/200	1/110

M.2 建筑构件和建筑附属设备支座抗震性能设计方法

各类建筑构件在强烈地震下的性能，一般允许其损坏大于结构构件，在大震下损坏不对生命造成危害。固定于结构的各类机电设备，则需考虑使用功能保持的程度，如检修后照常使用、一般性修理后恢复使用、更换部分构件的大修后恢复使用等。

本附录的表M.2.2和表M.2.3来自2001规范第13.2.3条的条文说明，主要参考国外的相关规定。

关于功能系数，UBC97分1.5和1.0两档，欧洲规范分1.5、1.4、1.2、1.0和0.8五档，日本取1.0，2/3，1/2三档。本附录按设防类别和使用要求确定，一般分为三档，取≥1.4、1.0和0.6。

关于构件类别系数，美国早期的ATC-3分0.6、0.9、1.5、2.0、3.0五档，UBC97称反应修正系数，无延性材料或采用胶粘剂的锚固为1.0，其余分为2/3、1/3、1/4三档，欧洲规范分1.0和1/2两档，本附录分0.6、0.9、1.0和1.2四档。

M.3 建筑构件和建筑附属设备抗震计算的楼面谱方法

非结构抗震设计的楼面谱，即从具体的结构及非结构所在的楼层在地震下的运动（如实际加速度记录或模拟加速度时程）得到具体的加速度谱，体现非结构动力特性对所处环境（场地条件、结构特性、非结构位置等）地震反应的再次放大效果。对不同的结构或同一结构的不同楼层，其楼面谱均不相同，在与结构体系主要振动周期相近的若干周期段，均有明显的放大效果。下面给出北京长富宫的楼面谱，可以看到上述特点。

北京长富宫为地上25层的钢结构，前六个自振周期为3.45s、1.15s、0.66s、0.48s、0.46s、0.35s。采用随机振动法计算的顶层楼面反应谱如图29所示，说明非结构的支承条件不同时，与主体结构的某个振型发生共振的机会是较多的。

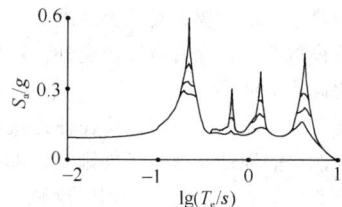

图29 长富宫顶层的楼面反应谱

14 地 下 建 筑

14.1 一 般 规 定

14.1.1 本章是新增加的，主要规定地下建筑不同于地面建筑的抗震设计要求。

地下建筑种类较多，有的抗震能力强，有的使用要求高，有的服务于人流、车流，有的服务于物资储藏，抗震设防应有不同的要求。本章的适用范围为单建式地下建筑，且不包括地下铁道和城市公路隧道，因为地下铁道和城市公路隧道等属于交通运输类工程。

高层建筑的地下室（包括设置防震缝与主楼对应范围分开的地下室）属于附建式地下建筑，其性能要求通常与地面建筑一致，可按本规范有关章节所提出的要求设计。

随着城市建设的快速发展，单建式地下建筑的规模正在增大，类型正在增多，其抗震能力和抗震设防要求也有差异，需要在工程设计中进一步研究，逐步解决。

14.1.2 建设场地的地形、地质条件对地下建筑结构的抗震性能均有直接或间接的影响。选择在密实、均匀、稳定的地基上建造，有利于结构在经受地震作用时保持稳定。

14.1.3、14.1.4 对称、规则并具有良好的整体性，及结构的侧向刚度宜自下而上逐渐减小等是抗震结构建筑布置的常见要求。地下建筑与地面建筑的区别是，地下建筑结构尤应力求体型简单，纵向、横向外形平顺，剖面形状、构件组成和尺寸不沿纵向经常变化，使其抗震能力提高。

关于钢筋混凝土结构的地下建筑的抗震等级，其要求略高于高层建筑的地下室，这是由于：

① 高层建筑地下室，在楼房倒塌后一般即弃之不用，单建式地下建筑则在附近房屋倒塌后仍常有继续服役的必要，其使用功能的重要性常高于高层建筑地下室；

② 地下结构一般不宜带缝工作，尤其是在地下水位较高的场合，其整体性要求高于地面建筑；

③ 地下空间通常是不可再生的资源，损坏后一般不能推倒重来，需原地修复，而难度较大。

本条的具体规定主要针对乙类、丙类设防的地下建筑，其他设防类别，除有具体规定外，可按本规范相关规定提高或降低。

14.1.5 岩石地下建筑的口部结构往往是抗震能力薄弱的部位，洞口的地形、地质条件则对口部结构的抗震稳定性有直接的影响，故应特别注意洞口位置和口部结构类型的选择的合理性。

14.2 计 算 要 点

14.2.1 本条根据当前的工程经验，确定抗震设计中可不进行计算分析的地下建筑的范围。

设防烈度为 7 度时 Ⅰ、Ⅱ 类场地中的丙类建筑可不计算，主要是参考唐山地震中天津市人防工程震害调查的资料。

设防烈度为 8 度（0.20g）Ⅰ、Ⅱ 类场地中层数不多于 2 层、体型简单、跨度不大、构件连结整体性好的丙类建筑，其结构刚度相对较大，抗震能力相对

较强，具有设计经验时也可不进行地震作用计算。

14.2.2 本条规定地下建筑抗震计算的模型和相应的计算方法。

1 地下建筑结构抗震计算模型的最大特点是，除了结构自身受力、传力途径的模拟外，还需要正确模拟周围土层的影响。

长条形地下结构按横截面的平面应变问题进行抗震计算的方法，一般适用于离端部或接头的距离达 1.5 倍结构跨度以上的地下建筑结构。端部和接头部位等的结构受力变形情况较复杂，进行抗震计算时原则上应按空间结构模型进行分析。

结构形式、土层和荷载分布的规则性对结构的地震反应都有影响，差异较大时地下结构的地震反应也将有明显的空间效应。此时，即使是外形相仿的长条形结构，也宜按空间结构模型进行抗震计算和分析。

2 对地下建筑结构，反应位移法、等效水平地震加速度法或等效侧力法，作为简便方法，仅适用于平面应变问题的地震反应分析；其余情况，需要采用具有普遍适用性的时程分析法。

3 反应位移法。采用反应位移法计算时，将土层动力反应位移的最大值作为强制位移施加于结构上，然后按静力原理计算内力。土层动力反应位移的最大值可通过输入地震波的动力有限元计算确定。

以长条形地下结构为例，其横截面的等效侧向荷载为由两侧土层变形形成的侧向力 $p(z)$、结构自重产生的惯性力及结构与周围土层间的剪切力 τ 三者的总和（图 30）。地下结构本身的惯性力，可取结构的质量乘以最大加速度，并施加在结构重心上。$p(z)$ 和 τ

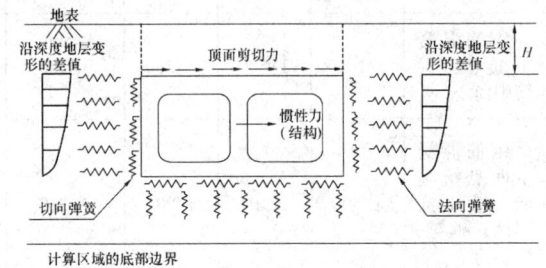

图 30 反应位移法的等效荷载

可按下列公式计算：

$$\tau = \frac{G}{\pi H} S_v T_s \tag{13}$$

$$p(z) = k_h [u(z) - u(z_b)] \tag{14}$$

式中，τ 为地下结构顶板上表面与土层接触处的剪切力；G 为土层的动剪变模量，可采用结构周围地层中应变水平为 10^{-4} 量级的地层的剪切刚度，其值约为初始值的 $70\% \sim 80\%$；H 为顶板以上土层的厚度，S_v 为基底上的速度反应谱，可由地面加速度反应谱得到；T_s 为顶板以上土层的固有周期；$p(z)$ 为土层变形形成的侧向力，$u(z)$ 为距地表深度 z 处的地震土

层变形；z_b 为地下结构底面距地表面的深度；k_h 为地震时单位面积的水平向土层弹簧系数，可采用不包含地下结构的土层有限元网格，在地下结构处施加单位水平力然后求出对应的水平变形得到。

4 等效水平地震加速度法。此法将地下结构的地震反应简化为沿垂直向线性分布的等效水平地震加速度的作用效应，计算采用的数值方法常为有限元法；等效侧力法将地下结构的地震反应简化为作用在节点上的等效水平地震惯性力的作用效应，从而可采用结构力学方法计算结构的动内力。两种方法都较简单，尤其是等效侧力法。但二者需分别得出等效水平地震加速度荷载系数和等效侧力系数等的取值，普遍适用性较差。

5 时程分析法。根据软土地区的研究成果，平面应变问题时程分析法网格划分时，侧向边界宜取至离相邻结构边墙至少 3 倍结构宽度处，底部边界取至基岩表面，或经时程分析试算结果趋于稳定的深度处，上部边界取至地表。计算的边界条件，侧向边界可采用自由场边界，底部边界离结构底面较远时可取为可输入地震加速度时程的固定边界，地表为自由变形边界。

采用空间结构模型计算时，在横截面上的计算范围和边界条件可与平面应变问题的计算相同，纵向边界可取为离结构端部距离为 2 倍结构横断面面积当量宽度处的横剖面，边界条件均宜为自由场边界。

14.2.3 本条规定地下结构抗震计算的主要设计参数：

1 地下结构的地震作用方向与地面建筑的区别。首先是对于长条形地下结构，作用方向与其纵轴方向斜交的水平地震作用，可分解为横断面上和沿纵轴方向作用的水平地震作用，二者强度均将降低，一般不可能单独起控制作用。因而对其按平面应变问题分析时，一般可仅考虑沿结构横向的水平地震作用；对地下空间综合体等体型复杂的地下建筑结构，宜同时计算结构横向和纵向的水平地震作用。其次是对竖向地震作用的要求，体型复杂的地下空间结构或地基地质条件复杂的长条形地下结构，都易产生不均匀沉降并导致结构裂损，因而即使设防烈度为 7 度，必要时也需考虑竖向地震作用效应的综合作用。

2 地面以下地震作用的大小。地面下设计基本地震加速度值随深度逐渐减小是公认的，但取值各国有不同的规定；一般在基岩面取地表的 1/2，基岩至地表按深度线性内插。我国《水工建筑物抗震设计规范》DL 5073 第 9.1.2 条规定地表为基岩面时，基岩面下 50m 及其以下部位的设计地震加速度代表值可取为地表规定值的 1/2，不足 50m 处可按深度由线性插值确定。对于进行地震安全性评价的场地，则可根据具体情况按一维或多维的模型进行分析后确定其减小的规律。

3 地下结构的重力荷载代表值。地下建筑结构静力设计时，水、土压力是主要荷载，故在确定地下建筑结构的重力荷载的代表值时，应包含水、土压力的标准值。

4 土层的计算参数。软土的动力特性采用 Davidenkov 模型表述时，动剪变模量 G、阻尼比 λ 与动剪应变 γ_d 之间满足关系式：

$$\frac{G}{G_{max}} = 1 - \left[\frac{(\gamma_d/\gamma_0)^{2B}}{1+(\gamma_d/\gamma_0)^{2B}}\right]^A \quad (15)$$

$$\frac{\lambda}{\lambda_{max}} = \left[1 - \frac{G}{G_{max}}\right]^\beta \quad (16)$$

式中，G_{max} 为最大动剪变模量，γ_0 为参考应变，λ_{max} 为最大阻尼比，A、B、β 为拟合参数。

以上参数可由土的动力特性试验确定，缺乏资料时也可按下列经验公式估算。

$$G_{max} = \rho c_s^2 \quad (17)$$

$$\lambda_{max} = \alpha_2 - \alpha_3 (\sigma_v')^{\frac{1}{2}} \quad (18)$$

$$\sigma_v' = \sum_{i=1}^n \gamma_i' h_i \quad (19)$$

式中，ρ 为质量密度，c_s 为剪切波速，σ_v' 为有效上覆压力，γ_i' 为第 i 层土的有效重度，h_i 为第 i 层土的厚度，α_2、α_3 为经验常数，可由当地试验数据拟合分析确定。

14.2.4 地下建筑不同于地面建筑的抗震验算内容如下：

1 一般应进行多遇地震下承载力和变形的验算。

2 考虑地下建筑修复的难度较大，将罕遇地震作用下混凝土结构弹塑性层间位移角的限值取为 $[\theta_p] = 1/250$。由于多遇地震作用下按结构弹性状态计算得到的结果可能不满足罕遇地震作用下的弹塑性变形要求，建议进行设防地震下构件承载力和结构变形验算，使其在设防地震下可安全使用，在罕遇地震下能满足抗震变形验算的要求。

3 在有可能液化的地基中建造地下建筑结构时，应注意检验其抗浮稳定性，并在必要时采取措施加固地基，以防地震时结构周围的场地液化。鉴于经采取措施加固后地基的动力特性将有变化，本条要求根据实测标准贯入锤击数与临界锤击数的比值确定液化折减系数，并进而计算地下连续墙和抗拔桩等的摩阻力。

14.3 抗震构造措施和抗液化措施

14.3.1 地下钢筋混凝土框架结构构件的尺寸常大于同类地面结构的构件，但因使用功能不同的框架结构要求不一致，因而本条仅提构件最小尺寸应至少符合同类地面建筑结构构件的规定，而未对其规定具体尺寸。

地下钢筋混凝土结构按抗震等级提出的构造要求，第 3 款为根据"强柱弱梁"的设计概念适当加强框架柱的措施。

此次局部修订进行文字调整，以明确最小总配筋率取值规定。

14.3.2 本条规定比地上板柱结构有所加强，旨在便于协调安全受力和方便施工的需要。为加快施工进度，减少基坑暴露时间，地下建筑结构的底板、顶板和楼板常采用无梁肋结构，由此使底板、顶板和楼板等的受力体系不再是板梁体系，故在必要时宜通过在柱上板带中设置暗梁对其加强。

为加强楼盖结构的整体性，第2款提出加强周边墙体与楼板的连接构造的措施。

水平地震作用下，地下建筑侧墙、顶板和楼板开孔都将影响结构体系的抗震承载能力，故有必要适当限制开孔面积，并辅以必要的措施加强孔口周围的构件。

此次局部修订进行文字调整，明确暗梁的设置范围。

14.3.3 根据单建式地下建筑结构的特点，提出遇到液化地基时可采用的处理技术和要求。

对周围土体和地基中存在的液化土层，注浆加固和换土等技术措施可有效地消除或减轻液化危害。

对液化土层未采取措施时，应考虑其上浮的可能性，验算方法及要求见本章第14.2节，必要时应采取抗浮措施。

地基中包含薄的液化土夹层时，以加强地下结构而不是加固地基为好。当基坑开挖中采用深度大于20m的地下连续墙作为围护结构时，坑内土体将因受到地下连续墙的挟持包围而形成较好的场地条件，地震时一般不可能液化。这两种情况，周围土体都存在液化土，在承载力及抗浮稳定性验算中，仍应计入周围土层液化引起的土压力增加和摩阻力降低等因素的影响。

14.3.4 当地下建筑不可避免地必须通过滑坡和地质条件剧烈变化的地段时，本条给出了减轻地下建筑结构地震作用效应的构造措施。

14.3.5 汶川地震中公路隧道的震害调查表明，当断层破碎带的复合式支护采用素混凝土内衬时，地震下内衬结构严重裂损并大量坍塌，而采用钢筋混凝土内衬结构的隧道口部地段，复合式支护的内衬结构仅出现裂缝。因此，要求在断层破碎带中采用钢筋混凝土内衬结构。

中华人民共和国国家标准

建筑工程抗震设防分类标准

Standard for classification of seismic
protection of building constructions

GB 50223—2008

主编部门：中华人民共和国住房和城乡建设部
批准部门：中华人民共和国住房和城乡建设部
施行日期：２００８年７月３０日

中华人民共和国住房和城乡建设部
公　告

第 70 号

关于发布国家标准
《建筑工程抗震设防分类标准》的公告

现批准《建筑工程抗震设防分类标准》为国家标准，编号为 GB 50223‑2008，自发布之日起实施。其中，第 1.0.3、3.0.2、3.0.3 条为强制性条文，必须严格执行。原《建筑工程抗震设防分类标准》GB 50223‑2004同时废止。

本标准由我部标准定额研究所组织中国建筑工业出版社出版发行。

中华人民共和国住房和城乡建设部

2008 年 7 月 30 日

前　言

本标准系根据住房和城乡建设部建标 [2008] 65 号文的要求，由中国建筑科学研究院会同有关的设计、研究和教学单位对《建筑工程抗震设防分类标准》GB 50223‑2004进行修订而成。

修订过程中，初步调查总结了汶川大地震的经验教训：我国在 1976 年唐山地震后，建设部做出建筑从 6 度开始抗震设防和按高于设防烈度一度的"大震"不倒塌的设防目标进行抗震设计的决策，是正确的。本次汶川地震表明，严格按照现行规范进行设计、施工和使用的建筑，在遭遇比当地设防烈度高一度的地震作用下，没有出现倒塌破坏，有效地保护了人民的生命安全。

本次修订，考虑到我国经济已有较大发展，按照"对学校、医院、体育场馆、博物馆、文化馆、图书馆、影剧院、商场、交通枢纽等人员密集的公共服务设施，应当按照高于当地房屋建筑的抗震设防要求进行设计，增强抗震设防能力"的要求，提高了某些建筑的抗震设防类别，并在全国范围内较广泛地征求了有关设计、科研、教学单位及抗震管理部门的意见，经反复讨论、修改、充实，最后经审查定稿。

本次修订继续保持 1995 年版和 2004 年版的分类原则：鉴于所有建筑均要求达到"大震不倒"的设防目标，对需要比普通建筑提高抗震设防要求的建筑控制在较小的范围内，并主要采取提高抗倒塌变形能力的措施。

修订后本标准共有 8 章。主要修订内容如下：

1. 调整了分类的定义和内涵。

2. 特别加强对未成年人在地震等突发事件中的保护。

3. 扩大了划入人员密集建筑的范围，提高了医院、体育场馆、博物馆、文化馆、图书馆、影剧院、商场、交通枢纽等人员密集的公共服务设施的抗震能力。

4. 增加了地震避难场所建筑、电子信息中心建筑的要求。

5. 进一步明确本标准所列的建筑名称是示例，未列入本标准的建筑可按使用功能和规模相近的示例确定其抗震设防类别。

本标准将来可能需要进行局部修订，有关局部修订的信息和条文内容将刊登在《工程建设标准化》杂志上。

本标准以黑体字标志的条文为强制性条文，必须严格执行。

本标准由住房和城乡建设部负责管理和对强制性条文的解释，由中国建筑科学研究院工程抗震研究所负责具体技术内容的解释。在执行过程中，请各单位结合工程实践，认真总结经验，并将意见和建议寄交北京市北三环东路 30 号中国建筑科学研究院国家标准《建筑工程抗震设防分类标准》管理组（邮编：100013，E‑mail：ieecabr@cabr.com.cn）。

主 编 单 位：中国建筑科学研究院

参 加 单 位：北京市建筑设计研究院

中国中轻国际工程有限公司
中国电子工程设计院
中国钢研科技集团公司
北京市市政工程设计研究总院
中国航空工业规划设计研究院
中国电力工程顾问集团公司
中广电广播电影电视设计研究院
北京华宇工程有限公司

中国石化工程建设公司
同济大学

主要起草人：王亚勇　戴国莹（以下按姓氏笔画排列）
许鸿业　李　杰　李　虹　沈世杰
沈顺高　吴德安　张相忱　苗启松
罗开海　郑　捷　柯长华　娄　宇
黄左坚

目 次

1 总　则

1.0.1 为明确建筑工程抗震设计的设防类别和相应的抗震设防标准，以有效地减轻地震灾害，制定本标准。

1.0.2 本标准适用于抗震设防区建筑工程的抗震设防分类。

1.0.3 抗震设防区的所有建筑工程应确定其抗震设防类别。

　　新建、改建、扩建的建筑工程，其抗震设防类别不应低于本标准的规定。

1.0.4 制定建筑工程抗震设防分类的行业标准，应遵守本标准的划分原则。

　　本标准未列出的有特殊要求的建筑工程，其抗震设防分类应按专门规定执行。

2 术　语

2.0.1 抗震设防分类　seismic fortification category for structures

　　根据建筑遭遇地震破坏后，可能造成人员伤亡、直接和间接经济损失、社会影响的程度及其在抗震救灾中的作用等因素，对各类建筑所做的设防类别划分。

2.0.2 抗震设防烈度　seismic fortification intensity

　　按国家规定的权限批准作为一个地区抗震设防依据的地震烈度。一般情况下，取 50 年内超越概率 10%的地震烈度。

2.0.3 抗震设防标准　seismic fortification criterion

　　衡量抗震设防要求高低的尺度，由抗震设防烈度或设计地震动参数及建筑抗震设防类别确定。

3 基本规定

3.0.1 建筑抗震设防类别划分，应根据下列因素的综合分析确定：

　　1 建筑破坏造成的人员伤亡、直接和间接经济损失及社会影响的大小。

　　2 城镇的大小、行业的特点、工矿企业的规模。

　　3 建筑使用功能失效后，对全局的影响范围大小、抗震救灾影响及恢复的难易程度。

　　4 建筑各区段的重要性有显著不同时，可按区段划分抗震设防类别。下部区段的类别不应低于上部区段。

　　5 不同行业的相同建筑，当所处地位及地震破坏所产生的后果和影响不同时，其抗震设防类别可不相同。

　　注：区段指由防震缝分开的结构单元、平面内使用功能

不同的部分、或上下使用功能不同的部分。

3.0.2 建筑工程应分为以下四个抗震设防类别：

　　1 特殊设防类：指使用上有特殊设施，涉及国家公共安全的重大建筑工程和地震时可能发生严重次生灾害等特别重大灾害后果，需要进行特殊设防的建筑。简称甲类。

　　2 重点设防类：指地震时使用功能不能中断或需尽快恢复的生命线相关建筑，以及地震时可能导致大量人员伤亡等重大灾害后果，需要提高设防标准的建筑。简称乙类。

　　3 标准设防类：指大量的除 1、2、4 款以外按标准要求进行设防的建筑。简称丙类。

　　4 适度设防类：指使用上人员稀少且震损不致产生次生灾害，允许在一定条件下适度降低要求的建筑。简称丁类。

3.0.3 各抗震设防类别建筑的抗震设防标准，应符合下列要求：

　　1 标准设防类，应按本地区抗震设防烈度确定其抗震措施和地震作用，达到在遭遇高于当地抗震设防烈度的预估罕遇地震影响时不致倒塌或发生危及生命安全的严重破坏的抗震设防目标。

　　2 重点设防类，应按高于本地区抗震设防烈度一度的要求加强其抗震措施；但抗震设防烈度为 9 度时应按比 9 度更高的要求采取抗震措施；地基基础的抗震措施，应符合有关规定。同时，应按本地区抗震设防烈度确定其地震作用。

　　3 特殊设防类，应按高于本地区抗震设防烈度提高一度的要求加强其抗震措施；但抗震设防烈度为 9 度时应按比 9 度更高的要求采取抗震措施。同时，应按批准的地震安全性评价的结果且高于本地区抗震设防烈度的要求确定其地震作用。

　　4 适度设防类，允许比本地区抗震设防烈度的要求适当降低其抗震措施，但抗震设防烈度为 6 度时不应降低。一般情况下，仍应按本地区抗震设防烈度确定其地震作用。

　　注：对于划为重点设防类而规模很小的工业建筑，当改
　　　用抗震性能较好的材料且符合抗震设计规范对结构
　　　体系的要求时，允许按标准设防类设防。

3.0.4 本标准仅列出主要行业的抗震设防类别的建筑示例；使用功能、规模与示例类似或相近的建筑，可按该示例划分其抗震设防类别。本标准未列出的建筑宜划为标准设防类。

4 防灾救灾建筑

4.0.1 本章适用于城市和工矿企业与防灾和救灾有关的建筑。

4.0.2 防灾救灾建筑应根据其社会影响及在抗震救灾中的作用划分抗震设防类别。

4.0.3 医疗建筑的抗震设防类别，应符合下列规定：

1 三级医院中承担特别重要医疗任务的门诊、医技、住院用房，抗震设防类别应划为特殊设防类。

2 二、三级医院的门诊、医技、住院用房，具有外科手术室或急诊科的乡镇卫生院的医疗用房，县级及以上急救中心的指挥、通信、运输系统的重要建筑，县级及以上的独立采供血机构的建筑，抗震设防类别应划为重点设防类。

3 工矿企业的医疗建筑，可比照城市的医疗建筑示例确定其抗震设防类别。

4.0.4 消防车库及其值班用房，抗震设防类别应划为重点设防类。

4.0.5 20万人口以上的城镇和县及县级市防灾应急指挥中心的主要建筑，抗震设防类别不应低于重点设防类。

工矿企业的防灾应急指挥系统建筑，可比照城市防灾应急指挥系统建筑示例确定其抗震设防类别。

4.0.6 疾病预防与控制中心建筑的抗震设防类别，应符合下列规定：

1 承担研究、中试和存放剧毒的高危险传染病病毒任务的疾病预防与控制中心的建筑或其区段，抗震设防类别应划为特殊设防类。

2 不属于1款的县、县级市及以上的疾病预防与控制中心的主要建筑，抗震设防类别应划为重点设防类。

4.0.7 作为应急避难场所的建筑，其抗震设防类别不应低于重点设防类。

5 基础设施建筑

5.1 城镇给水排水、燃气、热力建筑

5.1.1 本节适用于城镇的给水、排水、燃气、热力建筑工程。

工矿企业的给水、排水、燃气、热力建筑工程，可分别比照城市的给水、排水、燃气、热力建筑工程确定其抗震设防类别。

5.1.2 城镇和工矿企业的给水、排水、燃气、热力建筑，应根据其使用功能、规模、修复难易程度和社会影响等划分抗震设防类别。其配套的供电建筑，应与主要建筑的抗震设防类别相同。

5.1.3 给水建筑工程中，20万人口以上城镇、抗震设防烈度为7度及以上的县及县级市的主要取水设施和输水管线、水质净化处理厂的主要水处理建（构）筑物、配水井、送水泵房、中控室、化验室等，抗震设防类别应划为重点设防类。

5.1.4 排水建筑工程中，20万人口以上城镇、抗震设防烈度为7度及以上的县及县级市的污水干管（含合流），主要污水处理厂的主要水处理建（构）筑物、

进水泵房、中控室、化验室，以及城市排涝泵站、城镇主干道立交处的雨水泵站，抗震设防类别应划为重点设防类。

5.1.5 燃气建筑中，20万人口以上城镇、县及县级市的主要燃气厂的主厂房、贮气罐、加压泵房和压缩间、调度楼及相应的超高压和高压调压间、高压和次高压输配气管道等主要设施，抗震设防类别应划为重点设防类。

5.1.6 热力建筑中，50万人口以上城镇的主要热力厂主厂房、调度楼、中继泵站及相应的主要设施用房，抗震设防类别应划为重点设防类。

5.2 电力建筑

5.2.1 本节适用于电力生产建筑和城镇供电设施。

5.2.2 电力建筑应根据其直接影响的城市和企业的范围及地震破坏造成的直接和间接经济损失划分抗震设防类别。

5.2.3 电力调度建筑的抗震设防类别，应符合下列规定：

1 国家和区域的电力调度中心，抗震设防类别应划为特殊设防类。

2 省、自治区、直辖市的电力调度中心，抗震设防类别宜划为重点设防类。

5.2.4 火力发电厂（含核电厂的常规岛）、变电所的生产建筑中，下列建筑的抗震设防类别应划为重点设防类：

1 单机容量为300MW及以上或规划容量为800MW及以上的火力发电厂和地震时必须维持正常供电的重要电力设施的主厂房、电气综合楼、网控楼、调度通信楼、配电装置楼、烟囱、烟道、碎煤机室、输煤转运站和输煤栈桥、燃油和燃气机组电厂的燃料供应设施。

2 330kV及以上的变电所和220kV及以下枢纽变电所的主控通信楼、配电装置楼、就地继电器室；330kV及以上的换流站工程中的主控通信楼、阀厅和就地继电器室。

3 供应20万人口以上规模的城镇集中供热的热电站的主要发配电控制室及其供电、供热设施。

4 不应中断通信设施的通信调度建筑。

5.3 交通运输建筑

5.3.1 本节适用于铁路、公路、水运和空运系统建筑和城镇交通设施。

5.3.2 交通运输系统生产建筑应根据其在交通运输线路中的地位、修复难易程度和对抢险救灾、恢复生产所起的作用划分抗震设防类别。

5.3.3 铁路建筑中，高速铁路、客运专线（含城际铁路）、客货共线Ⅰ、Ⅱ级干线和货运专线的铁路枢纽的行车调度、运转、通信、信号、供电、供水建

筑，以及特大型站和最高聚集人数很多的大型站的客运候车楼，抗震设防类别应划为重点设防类。

5.3.4 公路建筑中，高速公路、一级公路、一级汽车客运站和位于抗震设防烈度为7度及以上地区的公路监控室，一级长途汽车站客运候车楼，抗震设防类别应划为重点设防类。

5.3.5 水运建筑中，50万人口以上城市、位于抗震设防烈度为7度及以上地区的水运通信和导航等重要设施的建筑，国家重要客运站，海难救助打捞等部门的重要建筑，抗震设防类别应划为重点设防类。

5.3.6 空运建筑中，国际或国内主要干线机场中的航空站楼、大型机库，以及通信、供电、供热、供水、供气、供油的建筑，抗震设防类别应划为重点设防类。

航管楼的设防标准应高于重点设防类。

5.3.7 城镇交通设施的抗震设防类别，应符合下列规定：

1 在交通网络中占关键地位、承担交通量大的大跨度桥应划为特殊设防类；处于交通枢纽的其余桥梁应划为重点设防类。

2 城市轨道交通的地下隧道、枢纽建筑及其供电、通风设施，抗震设防类别应划为重点设防类。

5.4 邮电通信、广播电视建筑

5.4.1 本节适用于邮电通信、广播电视建筑。

5.4.2 邮电通信、广播电视建筑，应根据其在整个信息网络中的地位和保证信息网络通畅的作用划分抗震设防类别。其配套的供电、供水建筑，应与主体建筑的抗震设防类别相同；当特殊设防类的供电、供水建筑为单独建筑时，可划为重点设防类。

5.4.3 邮电通信建筑的抗震设防类别，应符合下列规定：

1 国际出入口局，国际无线电台，国家卫星通信地球站，国际海缆登陆站，抗震设防类别应划为特殊设防类。

2 省中心及省中心以上通信枢纽楼、长途传输一级干线枢纽站、国内卫星通信地球站、本地网通枢纽楼及通信生产楼、应急通信用房，抗震设防类别应划为重点设防类。

3 大区中心和省中心的邮政枢纽，抗震设防类别应划为重点设防类。

5.4.4 广播电视建筑的抗震设防类别，应符合下列规定：

1 国家级、省级的电视调频广播发射塔建筑，当混凝土结构塔的高度大于250m或钢结构塔的高度大于300m时，抗震设防类别应划为特殊设防类；国家级、省级的其余发射塔建筑，抗震设防类别应划为重点设防类。国家级卫星地球站上行站，抗震设防类别应划为特殊设防类。

2 国家级、省级广播中心、电视中心和电视调频广播发射台的主体建筑，发射总功率不小于200kW的中波和短波广播发射台、广播电视卫星地球站、国家级和省级广播电视监测台与节目传送台的机房建筑和天线支承物，抗震设防类别应划为重点设防类。

6 公共建筑和居住建筑

6.0.1 本章适用于体育建筑、影剧院、博物馆、档案馆、商场、展览馆、会展中心、教育建筑、旅馆、办公建筑、科学实验建筑等公共建筑和住宅、宿舍、公寓等居住建筑。

6.0.2 公共建筑，应根据其人员密集程度、使用功能、规模、地震破坏所造成的社会影响和直接经济损失的大小划分抗震设防类别。

6.0.3 体育建筑中，规模分级为特大型的体育场，大型、观众席容量很多的中型体育场和体育馆（含游泳馆），抗震设防类别应划为重点设防类。

6.0.4 文化娱乐建筑中，大型的电影院、剧场、礼堂、图书馆的视听室和报告厅、文化馆的观演厅和展览厅、娱乐中心建筑，抗震设防类别应划为重点设防类。

6.0.5 商业建筑中，人流密集的大型的多层商场抗震设防类别应划为重点设防类。当商业建筑与其他建筑合建时应分别判断，并按区段确定其抗震设防类别。

6.0.6 博物馆和档案馆中，大型博物馆，存放国家一级文物的博物馆，特级、甲级档案馆，抗震设防类别应划为重点设防类。

6.0.7 会展建筑中，大型展览馆、会展中心，抗震设防类别应划为重点设防类。

6.0.8 教育建筑中，幼儿园、小学、中学的教学用房以及学生宿舍和食堂，抗震设防类别应不低于重点设防类。

6.0.9 科学实验建筑中，研究、中试生产和存放具有高放射性物品以及剧毒的生物制品、化学制品、天然和人工细菌、病毒（如鼠疫、霍乱、伤寒和新发高危险传染病等）的建筑，抗震设防类别应划为特殊设防类。

6.0.10 电子信息中心的建筑中，省部级编制和贮存重要信息的建筑，抗震设防类别应划为重点设防类。

国家级信息中心建筑的抗震设防标准应高于重点设防类。

6.0.11 高层建筑中，当结构单元内经常使用人数超过8000人时，抗震设防类别宜划为重点设防类。

6.0.12 居住建筑的抗震设防类别不应低于标准设防类。

7 工业建筑

7.1 采煤、采油和矿山生产建筑

7.1.1 本节适用于采煤、采油和天然气以及采矿的生产建筑。

7.1.2 采煤、采油和天然气、采矿的生产建筑，应根据其直接影响的城市和企业的范围及地震破坏所造成的直接和间接经济损失划分抗震设防类别。

7.1.3 采煤生产建筑中，矿井的提升、通风、供电、供水、通信和瓦斯排放系统，抗震设防类别应划为重点设防类。

7.1.4 采油和天然气生产建筑中，下列建筑的抗震设防类别应划为重点设防类：

1 大型油、气田的联合站、压缩机房、加压气站泵房、阀组间、加热炉建筑。

2 大型计算机房和信息贮存库。

3 油品储运系统液化气站、轻油泵房及氮气站、长输管道首末站、中间加压泵站。

4 油、气田主要供电、供水建筑。

7.1.5 采矿生产建筑中，下列建筑的抗震设防类别应划为重点设防类：

1 大型冶金矿山的风机室、排水泵房、变电室、配电室等。

2 大型非金属矿山的提升、供水、排水、供电、通风等系统的建筑。

7.2 原材料生产建筑

7.2.1 本节适用于冶金、化工、石油化工、建材和轻工业原材料等工业原材料生产建筑。

7.2.2 冶金、化工、石油化工、建材、轻工业的原材料生产建筑，主要以其规模、修复难易程度和停产后相关企业的直接和间接经济损失划分抗震设防类别。

7.2.3 冶金工业、建材工业企业的生产建筑中，下列建筑的抗震设防类别应划为重点设防类：

1 大中型冶金企业的动力系统建筑，油库及油泵房，全厂性生产管制中心、通信中心的主要建筑。

2 大型和不容许中断生产的中型建材工业企业的动力系统建筑。

7.2.4 化工和石油化工生产建筑中，下列建筑的抗震设防类别应划为重点设防类：

1 特大型、大型和中型企业的主要生产建筑以及对正常运行起关键作用的建筑。

2 特大型、大型和中型企业的供热、供电、供气和供水建筑。

3 特大型，大型和中型企业的通讯、生产指挥中心建筑。

7.2.5 轻工原材料生产建筑中，大型浆板厂和洗涤剂原料厂等大型原材料生产企业中的主要装置及其控制系统和动力系统建筑，抗震设防类别应划为重点设防类。

7.2.6 冶金、化工、石油化工、建材、轻工业原料生产建筑中，使用或生产过程中具有剧毒、易燃、易爆物质的厂房，当具有泄毒、爆炸或火灾危险性时，其抗震设防类别应划为重点设防类。

7.3 加工制造业生产建筑

7.3.1 本节适用于机械、船舶、航空、航天、电子（信息）、纺织、轻工、医药等工业生产建筑。

7.3.2 加工制造工业生产建筑，应根据建筑规模和地震破坏所造成的直接和间接经济损失的大小划分抗震设防类别。

7.3.3 航空工业生产建筑中，下列建筑的抗震设防类别应划为重点设防类：

1 部级及部级以上的计量基准所在的建筑，记录和贮存航空主要产品（如飞机、发动机等）或关键产品的信息贮存所在的建筑。

2 对航空工业发展有重要影响的整机或系统性能试验设施、关键设备所在建筑（如大型风洞及其测试间，发动机高空试车台及其动力装置及测试间，全机电磁兼容试验建筑）。

3 存放国内少有或仅有的重要精密设备的建筑。

4 大中型企业主要的动力系统建筑。

7.3.4 航天工业生产建筑中，下列建筑的抗震设防类别应划为重点设防类：

1 重要的航天工业科研楼、生产厂房和试验设施、动力系统的建筑。

2 重要的演示、通信、计量、培训中心的建筑。

7.3.5 电子信息工业生产建筑中，下列建筑的抗震设防类别应划为重点设防类：

1 大型彩管、玻壳生产厂房及其动力系统。

2 大型的集成电路、平板显示器和其他电子类生产厂房。

3 重要的科研中心、测试中心、试验中心的主要建筑。

7.3.6 纺织工业的化纤生产建筑中，具有化工性质的生产建筑，其抗震设防类别宜按本标准 7.2.4 条划分。

7.3.7 大型医药生产建筑中，具有生物制品性质的厂房及其控制系统，其抗震设防类别宜按本标准 6.0.9 条划分。

7.3.8 加工制造工业建筑中，生产或使用具有剧毒、易燃、易爆物质且具有火灾危险性的厂房及其控制系统的建筑，抗震设防类别应划为重点设防类。

7.3.9 大型的机械、船舶、纺织、轻工、医药等工业企业的动力系统建筑应划为重点设防类。

7.3.10 机械、船舶工业的生产厂房，电子、纺织、轻工、医药等工业的其他生产厂房，宜划为标准设防类。

8 仓库类建筑

8.0.1 本章适用于工业与民用的仓库类建筑。

8.0.2 仓库类建筑，应根据其存放物品的经济价值和地震破坏所产生的次生灾害划分抗震设防类别。

8.0.3 仓库类建筑的抗震设防类别，应符合下列规定：

　1 储存高、中放射性物质或剧毒物品的仓库不应低于重点设防类，储存易燃、易爆物质等具有火灾危险性的危险品仓库应划为重点设防类。

　2 一般的储存物品的价值低、人员活动少、无次生灾害的单层仓库等可划为适度设防类。

本标准用词说明

　1 为便于在执行本标准条文时区别对待，对要求严格程度不同的用词说明如下：

　　1）表示很严格，非这样做不可的：
　　　正面词采用"必须"；反面词采用"严禁"；

　　2）表示严格，在正常情况下均应这样做的：
　　　正面词采用"应"；反面词采用"不应"或"不得"；

　　3）表示允许稍有选择，在条件许可时首先应这样做的：
　　　正面词采用"宜"；反面词采用"不宜"；

　　表示有选择，在一定条件下可以这样做的，采用"可"。

　2 条文中指明应按其他有关标准、规范执行时，写法为："应符合……的规定"或"应按……执行"。

中华人民共和国国家标准

建筑工程抗震设防分类标准

GB 50223—2008

条 文 说 明

目　　次

1 总 则

1.0.1 按照遭受地震破坏后可能造成的人员伤亡、经济损失和社会影响的程度及建筑功能在抗震救灾中的作用，将建筑工程划分为不同的类别，区别对待，采取不同的设计要求，是根据我国现有技术和经济条件的实际情况，达到减轻地震灾害又合理控制建设投资的重要对策之一。

1.0.2 本次修订基本保持 1995 年版以来本标准的适用范围。

抗震设防烈度与设计基本地震加速度的对应关系，按《建筑抗震设计规范》GB 50011 的规定执行。

建筑工程，本标准指各类房屋建筑及其附属设施，包括基础设施建筑的相关内容。

1.0.3 本条是新增的，作为强制性条文，主要明确两点：其一，所有建筑工程进行抗震设计时均应确定其设防分类；其二，本标准的规定是最低的要求。

鉴于既有建筑工程的情况复杂，需要根据实际情况处理，故本标准的规定不包括既有建筑。

1.0.4 本标准属于基础标准，各类建筑的抗震设计规范、规程中对于建筑工程抗震设防类别的划分，需以本标准为依据。

由于行业很多，本标准不可能一一列举，只能对各类建筑作较原则的规定。因此，本标准未列举的行业，其具体建筑的抗震设防类别的划分标准，需按本标准的原则要求，比照本标准所列举的行业建筑示例确定。

核工业、军事工业等特殊行业，以及一般行业中有特殊要求的建筑，本标准难以作出普遍性的规定；有些行业，如与水工建筑有关的建筑，其抗震设防类别需依附于行业主要建筑，本标准不作规定。

2 术 语

2.0.1 术语提到了确定抗震设防类别所涉及的几个影响因素。其中的经济损失分为直接和间接两类，是为了在抗震设防类别划分中区别对待。

直接经济损失指建筑物、设备及设施遭到破坏而产生的经济损失和因停产、停业所减少的净产值。间接经济损失指建筑物、设备及设施遭到破坏，导致停产所减少的社会产值、修复所需费用、伤员医疗费用以及保险补偿费用等。其中，建筑的地震灾害保险是各国保险业的一种业务，在《中华人民共和国防震减灾法》中已经明确鼓励单位和个人参加地震灾害保险。发生严重破坏性地震时，灾区将丧失或部分丧失自我恢复能力，需要采取相应的救灾行动，包括保险补偿等。

社会影响指建筑物、设备及设施破坏导致人员伤亡造成的影响、社会稳定、生活条件的降低、对生态环境的影响以及对国际的影响等。

2.0.2、2.0.3 这两个术语，引自《建筑抗震设计规范》GB 50011 的"抗震设防烈度"和"抗震设防标准"。

关于建筑的抗震设防烈度和对应的设计基本加速度，根据建设部 1992 年 7 月 3 日发布的建标［1992］419 号文《关于统一抗震设计规范地面运动加速度设计取值的通知》的规定，均指当地 50 年设计基准期内超越概率 10% 的地震烈度和对应的地震地面运动加速度的设计取值。这里需注意，设计基准期和设计使用年限是不同的两个概念。

各本建筑设计规范、规程采用的设计基准期均为 50 年，建筑工程的设计使用年限可以根据具体情况采用。《建筑结构可靠度设计统一标准》GB 50068－2001 提出了设计使用年限的原则规定，要求纪念性的、特别重要的建筑的设计使用年限为 100 年，以提高其设计的安全性。然而，要使不同设计使用年限的建筑工程对完成预定的功能具有足够的可靠度，所对应的各种可变荷载（作用）的标准值和变异系数、材料强度设计值、设计表达式的各个分项系数、可靠指标的确定等需要相互配套，是一个系统工程，有待逐步研究解决。现阶段，重要性系数增加 0.1，可靠指标约增加 0.5，《建筑结构可靠度设计统一标准》GB 50068—2001 要求，设计使用年限 100 年的建筑和设计使用年限 50 年的重要建筑，均采用重要性系数不小于 1.1 来适当提高结构的安全性，二者并无区别。

对于抗震设计，鉴于本标准的建筑抗震设防分类和相应的设防标准已体现抗震安全性要求的不同，对不同的设计使用年限，可参考下列处理方法：

1）若投资方提出的所谓设计使用年限 100 年的功能要求仅仅是耐久性 100 年的要求，则抗震设防类别和相应的设防标准仍按本标准的规定采用。

2）不同设计使用年限的地震动参数与设计基准期（50 年）的地震动参数之间的基本关系，可参阅有关的研究成果。当获得设计使用年限 100 年内不同超越概率的地震动参数时，如按这些地震动参数确定地震作用，即意味着通过提高结构的地震作用来提高抗震能力。此时，如果按本标准划分规定不属于标准设防类，仍应按本标准的相关要求采取抗震措施。

需注意，只提高地震作用或只提高抗震措施，二者的效果有所不同，但均可认为满足提高抗震安全性的要求；当既提高地震作用又提高抗震措施时，则结构抗震安全性可有较大程度的提高。

3）当设计使用年限少于设计基准期，抗震

设防要求可相应降低。临时性建筑通常可不设防。

3 基 本 规 定

3.0.1 建筑工程抗震设防类别划分的基本原则，是从抗震设防的角度进行分类。这里，主要指建筑遭受地震损坏对各方面影响后果的严重性。本条规定了判断后果所需考虑的因素，即对各方面影响的综合分析来划分。这些影响因素主要包括：

　　①从性质看有人员伤亡、经济损失、社会影响等；

　　②从范围看有国际、国内、地区、行业、小区和单位；

　　③从程度看有对生产、生活和救灾影响的大小，导致次生灾害的可能，恢复重建的快慢等。

　　在对具体的对象作实际的分析研究时，建筑工程自身抗震能力、各部分功能的差异及相同建筑在不同行业所处的地位等因素，对建筑损坏的后果有不可忽视的影响，在进行设防分类时应对以上因素做综合分析。

　　本标准在各章中，对若干行业的建筑如何按上述原则进行划分，给出了较为具体的方法和示例。

　　城市的规模，本标准1995年版以市区人口划分：100万人口以上为特大城市，50万～100万人口为大城市，20万～50万人口以下为中等城市，不足20万人口为小城市。近年来，一些城市将将郊区县划为市区，使市区范围不断扩大，相应的市区常住和流动人口增多。建议结合城市的国民经济产值衡量城市的大小，而且，经济实力强的城市，提高其建筑的抗震能力的要求也容易实现。

　　作为划分抗震设防类别所依据的规模、等级、范围，不同行业的定义不一样，例如，有的以投资规模区分，有的以产量大小区分，有的以等级区分，有的以座位多少区分。因此，特大型、大型和中小型的界限，与该行业的特点有关，还会随经济的发展而改变，需由有关标准和该行业的行政主管部门规定。由于不同行业之间对建筑规模和影响范围尚缺少定量的横向比较指标，不同行业的设防分类只能通过对上述多种因素的综合分析，在相对合理的情况下确定。例如，电力网络中的某些大电厂建筑，其损坏尚不致严重影响整个电网的供电；而大中型工矿企业中没有联网的自备发电设施，尽管规模不及大电厂，却是工矿企业的生命线工程设施，其重要性不可忽视。

　　在一个较大的建筑中，若不同区段使用功能的重要性有显著差异，应区别对待，可只提高某些重要区段的抗震设防类别，其中，位于下部的区段，其抗震设防类别不应低于上部的区段。

　　需要说明的是，本标准在条文说明的总则中明

确，划分不同的抗震设防类别并采取不同的设计要求，是在现有技术和经济条件下减轻地震灾害的重要对策之一。考虑到现行的抗震设计规范、规程中，已经对某些相对重要的房屋建筑的抗震设防有很具体的提高要求。例如，混凝土结构中，高度大于30m的框架结构、高度大于60m的框架-抗震墙结构和高度大于80m的抗震墙结构，其抗震措施比一般的多层混凝土房屋有明显的提高；钢结构中，层数超过12层的房屋，其抗震措施也高于一般的多层房屋。因此，本标准在划分建筑抗震设防类别时，注意与设计规范、规程的设计要求配套，力求避免出现重复性的提高抗震设计要求。

3.0.2 本条作为强制性条文，明确在抗震设计中，将所有的建筑按本标准3.0.1条要求综合考虑分析后归纳为四类：需要特殊设防的特殊设防类、需要提高设防要求的重点设防类、按标准要求设防的标准设防类和允许适度设防的适度设防类。

　　本次修订，进一步突出了设防类别划分是侧重于使用功能和灾害后果的区分，并更强调体现对人员安全的保障。

　　所谓严重次生灾害，指地震破坏引发放射性污染、洪灾、火灾、爆炸、剧毒或强腐蚀性物质大量泄露、高危险传染病病毒扩散等灾难性灾害。

　　自1989年《建筑抗震设计规范》GBJ 11-89发布以来，按技术标准设计的所有房屋建筑，均应达到"多遇地震不坏、设防烈度地震可修和罕遇地震不倒"的设防目标。这里，多遇地震、设防烈度地震和罕遇地震，一般按地震基本烈度区划或地震动参数区划对当地的规定采用，分别为50年超越概率63％、10％和2％～3％的地震，或重现期分别为50年、475年和1600～2400年的地震。考虑到上述抗震设防目标可保障：房屋建筑在遭遇设防烈度地震影响时不致有灾难性后果，在遭遇罕遇地震影响时不致倒塌。本次汶川地震表明，严格按照现行规范进行设计、施工和使用的建筑，在遭遇比当地设防烈度高一度的地震作用下，没有出现倒塌破坏，有效地保护了人民的生命安全。因此，绝大部分建筑均可划为标准设防类，一般简称丙类。

　　市政工程中，按《室外给水排水和燃气热力工程抗震设计规范》GB 50032-2003设计的给水排水和热力工程，应在遭遇设防烈度地震影响下不需修理或经一般修理即可继续使用，其管网不致引发次生灾害，因此，绝大部分给水排水、热力工程也可划为标准设防类。

3.0.3 本条为强制性条文。任何建筑的抗震设防标准均不得低于本条的要求。

　　针对我国地震区划图所规定的烈度有很大不确定性的事实，在建设部领导下，《建筑抗震设计规范》GBJ 11-89明确规定了"小震不坏、中震可修、大震

"不倒"的抗震性能设计目标。这样，所有的建筑，只要严格按规范设计和施工，可以在遇到高于区划图一度的地震下不倒塌——实现生命安全的目标。因此，将使用上需要提高防震减灾能力的建筑控制在很小的范围。其中，重点设防类需按提高一度的要求加强其抗震措施——增加关键部位的投资即可达到提高安全性的目标；特殊设防类在提高一度的要求加强其抗震措施的基础上，还需要进行"场地地震安全性评价"等专门研究。

本条的修订有两处：

其一，从抗震概念设计的角度，文字表达上更突出各个设防类别在抗震措施上的区别。

其二，作为重点设防类建筑的例外，考虑到小型的工业建筑，如变电站、空压站、水泵房等通常采用砌体结构，明确其设计改用抗震性能较好的材料且结构体系符合抗震设计规范的有关规定时（见《建筑抗震设计规范》GB 50011-2001 第3.5.2条），其抗震措施才允许按标准类的要求采用。

房屋建筑所处场地的地震安全性评价，通常包括给定年限内不同超越概率的地震动参数，应由具备资质的单位按相关规定执行。地震安全性评价的结果需要按规定的权限审批。

需要说明，本标准规定重点设防类提高抗震措施而不提高地震作用，同一些国家的规范只提高地震作用（10%～30%）而不提高抗震措施，在设防概念上有所不同：提高抗震措施，着眼于把财力、物力用在增加结构薄弱部位的抗震能力上，是经济而有效的方法；只提高地震作用，则结构的各构件均全面增加材料，投资增加的效果不如前者。

3.0.4 本标准列举了主要行业建筑示例的抗震设防类别。一些功能类似的建筑，可比照示例进行划分。如工矿企业的供电、供热、供水、供气等动力系统的建筑，包括没有联网的自备热电站、主要的变配电室、泵站、加压站、煤气站、乙炔站、氧气站、油库等，功能特征与基础设施建筑类似，分类原则相同。

4 防灾救灾建筑

4.0.1 本章的防灾救灾建筑主要指地震时应急的医疗、消防设施和防灾应急指挥中心。与防灾救灾相关的供电、供水、供气、供热、广播、通信和交通系统的建筑，在城镇基础设施中已经予以规定。

4.0.2 本条保持2004年版的规定。

4.0.3 本条修订有三处：

其一，将2004年版条文说明中提到的承担特别重要医疗任务的医院，在正文中对文字予以修改，以避免三级特等医院与三级甲等医院相混。

其二，我国的一、二、三级医院主要反映设置规划确定的医院规模和服务人数的多少。当前在100万

人口以上的大城市才建立三级医院，并且需联合二级医院才能完成所需的服务任务。因此，本次修订明确将二级、三级医院均提高为重点设防类。仍需考虑与急救处理无关的专科医院和综合医院的不同，区别对待。

其三，2004年版根据新疆伽师、巴楚地震的经验，针对边远地区实际医疗机构分布的情况，增加了8度、9度区的乡镇主要医疗建筑提高抗震设防类别的要求。本次修订更突出医疗卫生系统防灾救灾的功能，考虑到二级医院的急救处理范围不能或难以覆盖的县和乡镇，需要建立具有外科手术室和急诊科的医院或卫生院，并提高其抗震设防类别，可以逐步形成覆盖城乡范围具有地震等突发灾害时医疗卫生急救处理和防疫设施的完整保障系统。

医院的级别，按国家卫生行政主管部门的规定，三级医院指该医院总床位不少于500个且每床建筑面积不少于60 m^2，二级医院指床位不少于100个且每床建筑面积不少于45 m^2。

工矿企业与城市比照的原则，指从企业的规模和在本行业中的地位来对比。

4.0.4 本条保持2004年版的规定，消防车库等不分城市和县、镇的大小，均划为重点设防类。

工矿企业的消防设施，比照城市划分。工业行业建筑中关于消防车库抗震设防类别的划分规定均予以取消，避免重复规定。

4.0.5 本次修订，将8度、9度的县级防灾应急指挥中心，扩大到6度、7度，即所有烈度。

考虑到防灾应急指挥中心具有必需的信息、控制、调度系统和相应的动力系统，当一个建筑只在某个区段具有防灾应急指挥中心的功能时，可仅加强该区段，提高其设防标准。

4.0.6 本条保持2004年版的规定。考虑到地震后容易发生疫情，对县级及以上的疾病预防与控制中心的主要建筑提高设防标准；其中属于研究、中试和存放具有剧毒性质的高危险传染病病毒的建筑，与本标准第6.0.9条的规定一致，划为特殊设防类。

4.0.7 本条是新增的。按照2007年发布的国家标准《城市抗震防灾规划标准》GB 50413等相关规划标准的要求，作为地震等突发灾害的应急避难场所，需要有提高抗震设防类别的建筑。

5 基础设施建筑

5.1 城镇给水排水、燃气、热力建筑

5.1.1 本节主要为属于城镇的市政工程以及工矿企业中的类似工程。

5.1.2 配套的供电建筑，主要指变电站、变配电室等。

5.1.3 给水工程设施是城镇生命线工程的重要组成部分，涉及生产用水、居民生活饮用水和震后抗震救灾用水。地震时首先要保证主要水源不能中断（取水构筑物、输水管道安全可靠）；水质净化处理厂能基本正常运行。要达到这一目标，需要对水处理系统的建（构）筑物、配水井、送水泵房、加氯间或氯库和作为运行中枢机构的控制室和水质化验室加强设防。对一些大城市，尚需考虑供水加压泵房。

水质净化处理系统的主要建（构）筑物，包括反应沉淀池、滤站（滤池或有上部结构）、加药、贮存清水等设施。对贮存消毒用的氯库加强设防，是避免震后氯气泄漏，引发二次灾害。

条文强调"主要"，指在一个城镇内，当有多个水源引水、分区设置水厂，并设置环状配水管网可相互沟通供水时，仅规定主要的水源和相应的水质净化处理厂的建（构）筑物提高设防标准，而不是全部给水建筑。

现行的给排水工程的抗震设计规范，要求给排水工程在遭遇设防烈度地震影响下不需修理或经一般修理即可继续使用，因此，需要提高设防标准的，一般以城区人口20万划分；考虑供水的特点，增加7～9度设防的小城市和县城。

5.1.4 排水工程设施包括排水管网、提升泵房和污水处理厂，当系统遭受地震破坏后，将导致环境污染，成为震后引发传染病的根源。为此，需要保持污水处理厂能够基本正常运行、排水管网的损坏不致引发次生灾害，应予以重视。相应的主要设施指大容量的污水处理池，一旦破坏可能引发数以万吨计的污水泛滥，修复困难，后果严重。

污水厂（含污水回用处理厂）的水处理建（构）筑物，包括进水格栅间、沉砂池、沉淀池（含二次沉淀）、生物处理池（含曝气池）、消化池等。

对污水干线加强设防，主要考虑这些排水管的体量大，一般为重力流，埋深较大，遭受地震破坏后可能引发水土流失、建（构）筑物基础下陷、结构开裂等次生灾害。

道路立交处的雨水泵房承担降低地下水位和排除雨后积水的任务，城市排涝泵站承担排涝的任务，遭受地震破坏将导致积水过深，影响救灾车辆的通行，加剧震害，故予以加强。

条文强调"主要"，指一个城镇内，当有多个污水处理厂时，需区分水处理规模和建设场地的环境，确定需要加强抗震设防的污水处理工程，而不是全部提高。

大型池体对地基不均匀沉降敏感，尤其是矩形水池，长边可达100m以上，提高地基液化处理的要求是必要的。

5.1.5 燃气系统遭受地震破坏后，既影响居民生活又可能引发严重火灾或煤气、天然气泄漏等次生灾

害，需予以提高。输配气管道按运行压力区别对待，可体现城镇的大小。超高压指压力大于4.0MPa，高压指1.6～4.0MPa，次高压指0.4～1.6MPa。

5.1.6 热力建筑遭受地震破坏后，影响面不及供水和燃气系统大，且输送管道均采用钢管，需要提高设防标准的范围小些。相应的主要设施指主干线管道。

5.2 电力建筑

5.2.1 本节保持本标准2004年版的适用范围。

5.2.2 本条保持本标准2004年版的规定。供电系统建筑一旦遭受地震破坏，不仅影响本系统的生产，还影响其他工业生产和城乡人民的生活，因此，需要适当提高抗震设防类别。

5.2.3 考虑到电力调度的重要性，对国家和大区的调度中心予以提高。

5.2.4 本条保持2004年版的有关的规定，与《电力设施抗震设计规范》GB 50260-96的有关规定协调。电力系统中需要提高设防标准的，是属于相当大规模、重要电力设施的生产关键部位的建筑。

地震时必须维持正常工作的重要电力设施，主要指没有联网的大中型工矿企业的自备发电设施，其停电会造成重要设备严重破坏或者危及人身安全，按各工业部门的具体情况确定。

作为城市生命线工程之一，将防灾救灾建筑对供电系统的相应要求一并规定。

本次修订还补充了燃油和燃气机组发电厂安全关键部位的建筑——卸、输、供油设施。此外，还增加了换流站工程的相关内容。

单机容量，在联合循环机组中通常即机组容量。

5.3 交通运输建筑

5.3.1 本节适用范围与2004年版相同。

5.3.2 本条保持本标准2004年版的规定。

5.3.3 本条基本保持2004年版的规定。

铁路系统的建筑中，需要提高设防标准的建筑主要是五所一室和人员密集的候车室。重要的铁路干线由铁道设计规范和铁道行政主管部门规定。特大型站，按《铁路旅客车站建筑设计规范》GB 50226-2007的规定，指全年上车旅客最多月份中，一昼夜在候车室内瞬时（8～10min）出现的最大候车（含送客）人数的平均值，即最高聚集人数大于10000人的车站；大型站的最高集聚人数为3000～10000人。本次修订，将人员密集的人数很多的大型站界定为最高聚集人数6000人。

5.3.4 本条基本保持本标准2004年版的规定，将8度、9度设防区扩大为7～9度设防区。

高速公路、一级公路的含义由公路设计规范和交通行政主管部门规定。一级汽车客运站的候车楼，按《汽车客运站建筑设计规范》JGJ 60-99的规定，指

日发送旅客折算量（指车站年度平均每日发送长途旅客和短途旅客折算量之和）大于7000人次的客运站的候车楼。

5.3.5 本条基本保持本标准2004年版的规定。将8度、9度设防区扩大为7～9度设防区。

国家重要客运站，指《港口客运站建筑设计规范》JGJ 86 - 92规定的一级客运站，其设计旅客聚集量（设计旅客年客运人数除以年客运天数再乘以聚集系数和客运不平衡系数）大于2500人。

5.3.6 本条基本保持本标准2004年版的规定。考虑航管楼的功能，将航管楼的设防标准略微提高。

国内主要干线的含义应遵守民用航空技术标准和民航行政主管部门的规定。

5.3.7 本条保持2004年版的规定。城镇桥梁中，属于特殊设防类的桥梁，如跨越江河湖海的大跨度桥梁，担负城市出入交通关口，往往结构复杂、形式多样、受损后修复困难；其余交通枢纽的桥梁按重点设防类对待。

城市轨道交通包括轻轨、地下铁道等，在我国特大和大城市已迅速发展，其枢纽建筑具有体量大、结构复杂、人员集中的特点，受损后影响面大且修复困难。

交通枢纽建筑主要包括控制、指挥、调度中心，以及大型客运换乘站等。

5.4 邮电通信、广播电视建筑

5.4.1 本条保持本标准2004年版的规定。

5.4.2 本条保持本标准2004年版的规定。

5.4.3 本条基本保持本标准2004年版的规定。鉴于邮政与电信分属不同部门，将邮政和电信建筑分别规定。本条第1、2款对电信建筑的设防分类进行规定，其中县一级市的长途电信枢纽楼已经不存在，故删去。第3款对邮政建筑的设防分类进行规定。

5.4.4 本条保持本标准2004年版的规定，与《广播电影电视工程建筑抗震设防分类标准》GY 5060 - 97作了协调。

鉴于国家级卫星地球站上行站的节目发送中心具有保证发送所需的关键设备，设防类别提高为特殊设防类。

6 公共建筑和居住建筑

6.0.2 本条保持本标准2004年版的规定。

6.0.3 本条扩大了对人民生命的保护范围，参照《体育建筑设计规范》JGJ 31 - 2003的规模分级，进一步明确体育建筑中人员密集的范围：观众座位很多的中型体育场指观众座位容量不少于30000人或每个结构区段的座位容量不少于5000人，观众座位很多的中型体育馆（含游泳馆）指观众座位容量不少于4500人。

6.0.4 本条参照《剧场建筑设计规范》JGJ 57 - 2000和《电影院建筑设计规范》JGJ 58 - 2008关于规模的分级，本标准的大型剧场、电影院、礼堂，指座位不少于1200座；本次修订新增的图书馆和文化馆，与大型娱乐中心同样对待，指一个区段内上下楼层合计的座位明显大于1200座同时其中至少有一个500座以上（相当于中型电影院的座位容量）的大厅。这类多层建筑中人员密集且疏散有一定难度，地震破坏造成的人员伤亡和社会影响很大，故提高设防标准。

6.0.5 本条基本保持2004年版的有关要求，扩大了对人民生命的保护范围。借鉴《商店建筑设计规范》JGJ 48关于规模的分级，考虑近年来商场发展情况，本次修订，大型商场指一个区段人流5000人，换算的建筑面积约17000m² 或营业面积7000m² 以上的商业建筑。这类商业建筑一般须同时满足人员密集、建筑面积或营业面积达到大型商场的标准、多层建筑等条件；所有仓储式、单层的大商场不包括在内。

当商业建筑与其他建筑合建时，包括商住楼或综合楼，其划分区段按比照原则确定。例如，高层建筑中多层的商业裙房区段或者下部的商业区段为重点设防类，而上部的住宅可以不提高设防类别。还需注意，当按区段划分时，若上部区段为重点设防类，则其下部区段也应为重点设防类。

6.0.6 本条保持本标准2004年版的有关要求。参照《博物馆建筑设计规范》JGJ 66 - 91，本标准的大型博物馆指建筑规模大于10000m²，一般适用于中央各部委直属博物馆和各省、自治区、直辖市博物馆。按照《档案馆建筑设计规范》JGJ 25 - 2000，特级档案馆为国家级档案馆，甲级档案馆为省、自治区、直辖市档案馆，二者的耐久年限要求在100年以上。

6.0.7 本条保持2004年版的规定。这类展览馆、会展中心，在一个区段的设计容纳人数一般在5000人以上。

6.0.8 对于中、小学生和幼儿等未成年人在突发地震时的保护措施，国际上随着经济、技术发展的情况呈日益增加的趋势。

2004年版的分类标准中，明确规定了人数较多的幼儿园、小学教学用房提高抗震设防类别的要求。本次修订，为在发生地震灾害时特别加强对未成年人的保护，在我国经济有较大发展的条件下，对2004年版"人数较多"的规定予以修改，所有幼儿园、小学和中学（包括普通中小学和有未成年人的各类初级、中级学校）的教学用房（包括教室、实验室、图书室、微机室、语音室、体育馆、礼堂）的设防类别均予以提高。鉴于学生的宿舍和学生食堂的人员比较密集，也考虑提高其抗震设防类别。

本次修改后，扩大了教育建筑中提高设防标准的范围。

6.0.9 本条基本保持本标准 2004 年版的规定。在生物制品、天然和人工细菌、病毒中，具有剧毒性质的，包括新近发现的具有高发危险性的病毒，列为特殊设防类，而一般的剧毒物品在本标准的其他章节中列为重点设防类，主要考虑该类剧毒性质的传染性，建筑一旦破坏的后果极其严重，波及面很广。

6.0.10 本条是新增的，将 2004 年版第 7.3.5 条 1 款的规定移此，以进一步明确各类信息建筑的设防类别和设防标准。

6.0.11 本条比 2004 年版 6.0.10 条的规定扩大了对人员生命的保护，将 10000 人改为 8000 人。经常使用人数 8000 人，按《办公建筑设计规范》JGJ 67 - 2006 的规定，大体人均面积为 $10m^2$/人计算，则建筑面积大致超过 $80000m^2$，结构单元内集中的人数特别多。考虑到这类房屋总建筑面积很大，多层时需分缝处理，在一个结构单元内集中如此众多人数属于高层建筑，设计时需要进行可行性论证，其抗震措施一般须要专门研究，即提高的程度是按整个结构提高一度、提高一个抗震等级还是在关键部位采取比标准设防类建筑更有效的加强措施，包括采用抗震性能设计方法等，可以经专门研究和论证确定，并须按规定进行抗震设防专项审查予以确认。

6.0.12 本条将规范用词"可"改为"不应低于"，与全文强制的《住宅建筑规范》GB 50368 - 2005 一致。

7 工 业 建 筑

7.1 采煤、采油和矿山生产建筑

7.1.1 本节保持本标准 2004 年版的规定。

7.1.2 本条保持 2004 年版的规定。这类生产建筑一旦遭受地震破坏，不仅影响本系统的生产，还影响电力工业和其他相关工业的生产以及城乡的人民生活，因此，需要适当提高抗震设防标准。

7.1.3 本条保持 2004 年版的规定。鉴于小煤矿已经禁止，采煤矿井的规模均大于 2004 年版的规定值，本条文字修改，删去大型的界限。

采煤生产中需要提高设防标准的，是涉及煤矿矿井生产及人身安全的六大系统的建筑和矿区救灾系统建筑。

提升系统指井口房、井架、井塔和提升机房等；通风系统指通风机房和风道建筑；供电系统指为矿井服务的变电所、室外构架和线路等；供水系统指取水构筑物、水处理构筑物及加压泵房；通信系统指通信楼、调度中心的机房部分；瓦斯排放系统指瓦斯抽放泵房。

7.1.4 本条保持 2004 年版的规定。

采油和天然气生产建筑中，需要提高设防标准的，主要是涉及油气田、炼油厂、油品储存、输油管道的生产和安全方面的关键部位的建筑。

7.1.5 本条保持 2004 年版的规定，突出了采矿生产建筑的性质。矿山建筑中，需要提高设防标准的，主要是涉及生产及人身安全的关键建筑和救灾系统建筑。

7.2 原材料生产建筑

7.2.2 本条基本保持 2004 年版的规定。原材料工业生产建筑遭受地震破坏后，除影响本行业的生产外，还对其他相关行业有影响，需要适当提高抗震设防类别。

7.2.3 本条保持 2004 年版的规定，并与《冶金建筑抗震设计规范》YB 9081 - 97 的有关规定协调。

钢铁和有色冶金生产厂房，结构设计时自身有较大的抗震能力，不需要专门提高抗震设防类别。

大中型冶金企业的动力系统的建筑，主要指全厂性的能源中心、总降压变电所、各高压配电室、生产工艺流程上主要车间的变电所、自备电厂主厂房、生产和生活用水总泵站、氧气站、氢气站、乙炔站、供热建筑。

7.2.4 本条保持 2004 年版的规定，与《石油化工企业建筑抗震设防等级分类标准》SH3049 作了协调。

化工和石油化工的生产门类繁多，本标准按生产装置的性质和规模加以区分。需要提高设防标准的，属于主要的生产装置及其控制系统的建筑。

7.2.5 本条保持 2004 年版的规定。轻工原材料生产企业中的大型浆板厂及大型洗涤剂原料厂，前者规模大且影响大，涉及方方面面，后者属轻工系统的石油化工工业，故提高其主要装置及控制系统的设防标准。

7.2.6 本条将原材料生产活动中，使用、产生具有剧毒、易燃、易爆物质和放射性物品的有关建筑的抗震设防分类原则归纳在一起。

在矿山建筑中，指炸药雷管库、硝酸铵、硝酸钠库及其热处理加工车间、起爆材料加工车间及炸药生产车间等。

在化工、石油化工和具有化工性质的轻工原料生产建筑中，指各种剧毒物质、高压生产和具有火灾危险的厂房及其控制系统的建筑。

火灾危险性的判断，可参见《建筑设计防火规范》GB 50016 - 2006 的有关说明。若使用或产生的易燃、易爆物质的量较少，不足以构成爆炸或火灾等危险时，可根据实际情况确定其抗震设防类别。

7.3 加工制造业生产建筑

7.3.1 本节保持 2004 年版的规定。

7.3.2 本条保持 2004 年版的规定。

7.3.3 本条保持 2004 年版的规定。

7.3.4 本条保持 2004 年版的规定。

7.3.5 本条基本保持 2004 年版的规定。大型电子类生产厂房指同时满足投资额 10 亿元以上、单体建筑面积超过 50000m² 和职工人数超过 1000 人的条件。

7.3.6 本条保持 2004 年版的规定。

7.3.7 本条保持 2004 年版的规定，对医药生产中的危险厂房等予以加强。

7.3.8 本条将加工制造生产活动中，使用、产生和储存剧毒、易燃、易爆物质的有关建筑的抗震设防分类原则归纳在一起。

易燃、易爆物质可参照《建筑设计防火规范》GB 50016 确定。在生产过程中，若使用或产生的易燃、易爆物质的量较少，不足以构成爆炸或火灾等危险时，可根据实际情况确定其抗震设防别。

根据《建筑设计防火规范》GB 50016 - 2006 的有关说明，爆炸和火灾危险的判断是比较复杂的。例如，有些原料和成品都不具备火灾危险性，但生产过程中，在某些条件下生成的中间产品却具有明显的火灾危险性；有些物品在生产过程中并不危险，而在贮存中危险性较大。

7.3.9 本条保持 2004 年版的规定。

7.3.10 本条保持 2004 年版的规定。加工制造工业包括机械、电子、船舶、航空、航天、纺织、轻工、医药、粮食、食品等等，其中，航空、航天、电子、医药有特殊性，纺织与轻工业中部分具有化工性质的生产装置按化工行业对待，动力系统和具有火灾危险的易燃、易爆、剧毒物质的厂房提高设防标准，一般的生产建筑可不提高。

8 仓库类建筑

8.0.2 本条保持 2004 年版的规定。

8.0.3 本条文字作了修改，进一步区分放射性物质、剧毒物品仓库与具有火灾危险性的危险品仓库的区别。

存放物品的火灾危险性，可根据《建筑设计防火规范》GB 50016 - 2006 确定。

仓库类建筑，各行各业都有多种多样的规模、各种不同的功能，破坏后的影响也十分不同，本标准只提高有较大社会和经济影响的仓库的设防标准。但仓库并不都属于适度设防类，需按其储存物品的性质和影响程度来确定，由各行业在行业标准中予以规定，例如，属于抗震防灾工程的大型粮食仓库一般划为标准设防类。又如，《冷库设计规范》GB 50072 - 2001 规定的公称容积大于 15000m³ 的冷库，《汽车库建筑设计规范》JGJ 100 - 98 规定的停车数大于 500 辆的特大型汽车库，也不属于"储存物品价值低"的仓库。

中华人民共和国国家标准

建筑地基基础设计规范

Code for design of building foundation

GB 50007—2011

主编部门：中华人民共和国住房和城乡建设部
批准部门：中华人民共和国住房和城乡建设部
施行日期：2 0 1 2 年 8 月 1 日

中华人民共和国住房和城乡建设部
公 告

第 1096 号

关于发布国家标准
《建筑地基基础设计规范》的公告

现批准《建筑地基基础设计规范》为国家标准，编号为 GB 50007-2011，自 2012 年 8 月 1 日起实施。其中，第 3.0.2、3.0.5、5.1.3、5.3.1、5.3.4、6.1.1、6.3.1、6.4.1、7.2.7、7.2.8、8.2.7、8.4.6、8.4.9、8.4.11、8.4.18、8.5.10、8.5.13、8.5.20、8.5.22、9.1.3、9.1.9、9.5.3、10.2.1、10.2.10、10.2.13、10.2.14、10.3.2、10.3.8 条为强制性条文，必须严格执行。原《建筑地基基础设计规范》GB 50007-2002 同时废止。

本规范由我部标准定额研究所组织中国建筑工业出版社出版发行。

中华人民共和国住房和城乡建设部
2011 年 7 月 26 日

前 言

本规范是根据住房和城乡建设部《关于印发〈2008 年工程建设标准规范制订、修订计划（第一批）〉的通知》（建标〔2008〕102 号）的要求，由中国建筑科学研究院会同有关单位在原《建筑地基基础设计规范》GB 50007-2002 的基础上修订完成的。

本规范在编制过程中，编制组经广泛调查研究，认真总结实践经验，参考国外先进标准，与国内相关标准协调，并在广泛征求意见的基础上，最后经审查定稿。

本规范共分 10 章和 22 个附录，主要技术内容包括：总则、术语和符号、基本规定、地基岩土的分类及工程特性指标、地基计算、山区地基、软弱地基、基础、基坑工程、检验与监测。

本规范修订的主要技术内容是：

1. 增加地基基础设计等级中基坑工程的相关内容；

2. 地基基础设计使用年限不应小于建筑结构的设计使用年限；

3. 增加泥炭、泥炭质土的工程定义；

4. 增加回弹再压缩变形计算方法；

5. 增加建筑物抗浮稳定计算方法；

6. 增加当地基中下卧岩面为单向倾斜，岩面坡度大于 10%，基底下的土层厚度大于 1.5m 的土岩组合地基设计原则；

7. 增加岩石地基设计内容；

8. 增加岩溶地区场地根据岩溶发育程度进行地基基础设计的原则；

9. 增加复合地基变形计算方法；

10. 增加扩展基础最小配筋率不应小于 0.15% 的设计要求；

11. 增加当扩展基础底面短边尺寸小于或等于柱宽加 2 倍基础有效高度的斜截面受剪承载力计算要求；

12. 对桩基沉降计算方法，经统计分析，调整了沉降经验系数；

13. 增加对高地下水位地区，当场地水文地质条件复杂，基坑周边环境保护要求高，设计等级为甲级的基坑工程，应进行地下水控制专项设计的要求；

14. 增加对地基处理工程的工程检验要求；

15. 增加单桩水平载荷试验要点，单桩竖向抗拔载荷试验要点。

本规范中以黑体字标志的条文为强制性条文，必须严格执行。

本规范由住房和城乡建设部负责管理和对强制性条文的解释，由中国建筑科学研究院负责具体技术内容的解释。本规范在执行过程中如有意见或建议，请寄送中国建筑科学研究院国家标准《建筑地基基础设计规范》管理组（地址：北京市北三环东路 30 号，邮编：100013，Email：tyjcabr@sina.com.cn）。

本 规 范 主 编 单 位：中国建筑科学研究院

本 规 范 参 编 单 位：建设综合勘察设计研究院
北京市勘察设计研究院

中国建筑西南勘察设计研究院　　　　　同济大学
贵阳建筑勘察设计有限公司　　　　　　太原理工大学
　　　　　　　　　　　　　　　　　　广州大学
北京市建筑设计研究院　　　　　　　　郑州大学
中国建筑设计研究院　　　　　　　　　东南大学
上海现代设计集团有限公司　　　　　　重庆大学

本规范主要起草人员：

滕延京	黄熙龄	王曙光
宫剑飞	王卫东	王小南
王公山	白晓红	任庆英
刘松玉	朱　磊	沈小克
张丙吉	张成金	张季超
陈祥福	杨　敏	林立岩
郑　刚	周同和	武　威
郝江南	侯光瑜	胡岱文
袁内镇	顾宝和	唐孟雄
顾晓鲁	梁志荣	康景文
裴　捷	潘凯云	薛慧立

中国建筑东北设计研究院
辽宁省建筑设计研究院
云南怡成建筑设计公司
中南建筑设计院
湖北省建筑科学研究院
广州市建筑科学研究院
黑龙江省寒地建筑科学研究院
黑龙江省建筑工程质量监督总站
中冶北方工程技术有限公司
中国建筑工程总公司
天津大学

本规范主要审查人员：

徐正忠	黄绍铭	吴学敏
顾国荣	化建新	王常青
肖自强	宋昭煌	徐天平
徐张建	梅全亭	黄质宏
窦南华		

目　　次

Contents

1 总 则

1.0.1 为了在地基基础设计中贯彻执行国家的技术经济政策，做到安全适用、技术先进、经济合理、确保质量、保护环境，制定本规范。

1.0.2 本规范适用于工业与民用建筑（包括构筑物）的地基基础设计。对于湿陷性黄土、多年冻土、膨胀土以及在地震和机械振动荷载作用下的地基基础设计，尚应符合国家现行相应专业标准的规定。

1.0.3 地基基础设计，应坚持因地制宜、就地取材、保护环境和节约资源的原则；根据岩土工程勘察资料，综合考虑结构类型、材料情况与施工条件等因素，精心设计。

1.0.4 建筑地基基础的设计除应符合本规范的规定外，尚应符合国家现行有关标准的规定。

2 术语和符号

2.1 术 语

2.1.1 地基 ground，foundation soils
支承基础的土体或岩体。

2.1.2 基础 foundation
将结构所承受的各种作用传递到地基上的结构组成部分。

2.1.3 地基承载力特征值 characteristic value of subsoil bearing capacity
由载荷试验测定的地基土压力变形曲线线性变形段内规定的变形所对应的压力值，其最大值为比例界限值。

2.1.4 重力密度（重度） gravity density，unit weight
单位体积岩土体所承受的重力，为岩土体的密度与重力加速度的乘积。

2.1.5 岩体结构面 rock discontinuity structural plane
岩体内开裂的和易开裂的面，如层面、节理、断层、片理等，又称不连续构造面。

2.1.6 标准冻结深度 standard frost penetration
在地面平坦、裸露、城市之外的空旷场地中不少于10年的实测最大冻结深度的平均值。

2.1.7 地基变形允许值 allowable subsoil deformation
为保证建筑物正常使用而确定的变形控制值。

2.1.8 土岩组合地基 soil-rock composite ground
在建筑地基的主要受力层范围内，有下卧基岩表面坡度较大的地基；或石芽密布并有出露的地基；或大块孤石或个别石芽出露的地基。

2.1.9 地基处理 ground treatment，ground improvement
为提高地基承载力，或改善其变形性质或渗透性质而采取的工程措施。

2.1.10 复合地基 composite ground，composite foundation
部分土体被增强或被置换，而形成的由地基土和增强体共同承担荷载的人工地基。

2.1.11 扩展基础 spread foundation
为扩散上部结构传来的荷载，使作用在基底的压应力满足地基承载力的设计要求，且基础内部的应力满足材料强度的设计要求，通过向侧边扩展一定底面积的基础。

2.1.12 无筋扩展基础 non-reinforced spread foundation
由砖、毛石、混凝土或毛石混凝土、灰土和三合土等材料组成的，且不需配置钢筋的墙下条形基础或柱下独立基础。

2.1.13 桩基础 pile foundation
由设置于岩土中的桩和连接于桩顶端的承台组成的基础。

2.1.14 支挡结构 retaining structure
使岩土边坡保持稳定、控制位移、主要承受侧向荷载而建造的结构物。

2.1.15 基坑工程 excavation engineering
为保证地面向下开挖形成的地下空间在地下结构施工期间的安全稳定所需的挡土结构及地下水控制、环境保护等措施的总称。

2.2 符 号

2.2.1 作用和作用效应
E_a——主动土压力；
F_k——相应于作用的标准组合时，上部结构传至基础顶面的竖向力值；
G_k——基础自重和基础上的土重；
M_k——相应于作用的标准组合时，作用于基础底面的力矩值；
p_k——相应于作用的标准组合时，基础底面处的平均压力值；
p_0——基础底面处平均附加压力；
Q_k——相应于作用的标准组合时，轴心竖向力作用下桩基中单桩所受竖向力。

2.2.2 抗力和材料性能
a——压缩系数；
c——黏聚力；
E_s——土的压缩模量；
e——孔隙比；
f_a——修正后的地基承载力特征值；
f_{ak}——地基承载力特征值；

f_{rk}——岩石饱和单轴抗压强度标准值;

q_{pa}——桩端土的承载力特征值;

q_{sa}——桩周土的摩擦力特征值;

R_a——单桩竖向承载力特征值;

w——土的含水量;

w_L——液限;

w_p——塑限;

γ——土的重力密度,简称土的重度;

δ——填土与挡土墙墙背的摩擦角;

δ_r——填土与稳定岩石坡面间的摩擦角;

θ——地基的压力扩散角;

μ——土与挡土墙基底间的摩擦系数;

ν——泊松比;

φ——内摩擦角。

2.2.3 几何参数

A——基础底面面积;

b——基础底面宽度(最小边长);或力矩作用方向的基础底面边长;

d——基础埋置深度,桩身直径;

h_0——基础高度;

H_f——自基础底面算起的建筑物高度;

H_g——自室外地面算起的建筑物高度;

L——房屋长度或沉降缝分隔的单元长度;

l——基础底面长度;

s——沉降量;

u——周边长度;

z_0——标准冻结深度;

z_n——地基沉降计算深度;

β——边坡对水平面的坡角。

2.2.4 计算系数

$\bar{\alpha}$——平均附加应力系数;

η_b——基础宽度的承载力修正系数;

η_d——基础埋深的承载力修正系数;

ψ_s——沉降计算经验系数。

3 基 本 规 定

3.0.1 地基基础设计应根据地基复杂程度、建筑物规模和功能特征以及由于地基问题可能造成建筑物破坏或影响正常使用的程度分为三个设计等级,设计时应根据具体情况,按表3.0.1选用。

表 3.0.1 地基基础设计等级

设计等级	建筑和地基类型
甲级	重要的工业与民用建筑物 30层以上的高层建筑 体型复杂,层数相差超过10层的高低层连成一体建筑物

续表 3.0.1

设计等级	建筑和地基类型
甲级	大面积的多层地下建筑物(如地下车库、商场、运动场等) 对地基变形有特殊要求的建筑物 复杂地质条件下的坡上建筑物(包括高边坡) 对原有工程影响较大的新建建筑物 场地和地基条件复杂的一般建筑物 位于复杂地质条件及软土地区的二层及二层以上地下室的基坑工程 开挖深度大于15m的基坑工程 周边环境条件复杂、环境保护要求高的基坑工程
乙级	除甲级、丙级以外的工业与民用建筑物 除甲级、丙级以外的基坑工程
丙级	场地和地基条件简单、荷载分布均匀的七层及七层以下民用建筑及一般工业建筑;次要的轻型建筑物 非软土地区且场地地质条件简单、基坑周边环境条件简单、环境保护要求不高且开挖深度小于5.0m的基坑工程

3.0.2 根据建筑物地基基础设计等级及长期荷载作用下地基变形对上部结构的影响程度,地基基础设计应符合下列规定:

1 所有建筑物的地基计算均应满足承载力计算的有关规定;

2 设计等级为甲级、乙级的建筑物,均应按地基变形设计;

3 设计等级为丙级的建筑物有下列情况之一时应作变形验算:

1)地基承载力特征值小于130kPa,且体型复杂的建筑;

2)在基础上及其附近有地面堆载或相邻基础荷载差异较大,可能引起地基产生过大的不均匀沉降时;

3)软弱地基上的建筑物存在偏心荷载时;

4)相邻建筑距离近,可能发生倾斜时;

5)地基内有厚度较大或厚薄不均的填土,其自重固结未完成时。

4 对经常受水平荷载作用的高层建筑、高耸结构和挡土墙等,以及建造在斜坡上或边坡附近的建筑物和构筑物,尚应验算其稳定性;

5 基坑工程应进行稳定性验算;

6 建筑地下室或地下构筑物存在上浮问题时,尚应进行抗浮验算。

3.0.3 表3.0.3所列范围内设计等级为丙级的建筑物可不作变形验算。

表3.0.3　可不作地基变形验算的设计等级为丙级的建筑物范围

地基主要受力层情况				80≤f_{ak}<100	100≤f_{ak}<130	130≤f_{ak}<160	160≤f_{ak}<200	200≤f_{ak}<300
地基承载力特征值 f_{ak}(kPa)								
	各土层坡度(%)			≤5	≤10	≤10	≤10	≤10
建筑类型	砌体承重结构、框架结构(层数)			≤5	≤5	≤6	≤6	≤7
	单层排架结构(6m柱距)	单跨	吊车额定起重量(t)	10~15	15~20	20~30	30~50	50~100
			厂房跨度(m)	≤18	≤24	≤30	≤30	≤30
		多跨	吊车额定起重量(t)	5~10	10~15	15~20	20~30	20~75
			厂房跨度(m)	≤18	≤24	≤30	≤30	≤30
	烟囱	高度(m)		≤40	≤50	≤75		≤100
	水塔	高度(m)		≤20	≤30			≤30
		容积(m³)		50~100	100~200	200~300	300~500	500~1000

注：1　地基主要受力层系指条形基础底面下深度为3b（b为基础底面宽度），独立基础下为1.5b，且厚度均不小于5m的范围（二层以下一般的民用建筑除外）；

2　地基主要受力层中如有承载力特征值小于130kPa的土层，表中砌体承重结构的设计，应符合本规范第7章的有关要求；

3　表中砌体承重结构和框架结构均指民用建筑，对于工业建筑可按厂房高度、荷载情况折合成与其相当的民用建筑层数；

4　表中吊车额定起重量、烟囱高度和水塔容积的数值系指最大值。

3.0.4　地基基础设计前应进行岩土工程勘察，并应符合下列规定：

1　岩土工程勘察报告应提供下列资料：

1）有无影响建筑场地稳定性的不良地质作用，评价其危害程度；

2）建筑物范围内的地层结构及其均匀性，各岩土层的物理力学性质指标，以及对建筑材料的腐蚀性；

3）地下水埋藏情况、类型和水位变化幅度及规律，以及对建筑材料的腐蚀性；

4）在抗震设防区应划分场地类别，并对饱和砂土及粉土进行液化判别；

5）对可供采用的地基基础设计方案进行论证分析，提出经济合理、技术先进的设计方案建议；提供与设计要求相对应的地基承载力及变形计算参数，并对设计与施工应注意的问题提出建议；

6）当工程需要时，尚应提供：深基坑开挖的边坡稳定计算和支护设计所需的岩土技术

参数，论证其对周边环境的影响；基坑施工降水的有关技术参数及地下水控制方法的建议；用于计算地下水浮力的设防水位。

2　地基评价宜采用钻探取样、室内土工试验、触探，并结合其他原位测试方法进行。设计等级为甲级的建筑物应提供载荷试验指标、抗剪强度指标、变形参数指标和触探资料；设计等级为乙级的建筑物应提供抗剪强度指标、变形参数指标和触探资料；设计等级为丙级的建筑物应提供触探及必要的钻探和土工试验资料。

3　建筑物地基均应进行施工验槽。当地基条件与原勘察报告不符时，应进行施工勘察。

3.0.5　地基基础设计时，所采用的作用效应与相应的抗力限值应符合下列规定：

1　按地基承载力确定基础底面积及埋深或按单桩承载力确定桩数时，传至基础或承台底面上的作用效应应按正常使用极限状态下作用的标准组合；相应的抗力应采用地基承载力特征值或单桩承载力特征值；

2　计算地基变形时，传至基础底面上的作用效应应按正常使用极限状态下作用的准永久组合，不应计入风荷载和地震作用；相应的限值应为地基变形允许值；

3　计算挡土墙、地基或滑坡稳定以及基础抗浮稳定时，作用效应应按承载能力极限状态下作用的基本组合，但其分项系数均为1.0；

4　在确定基础或桩基承台高度、支挡结构截面、计算基础或支挡结构内力、确定配筋和验算材料强度时，上部结构传来的作用效应和相应的基底反力、挡土墙土压力以及滑坡推力，应按承载能力极限状态下作用的基本组合，采用相应的分项系数；当需要验算基础裂缝宽度时，应按正常使用极限状态下作用的标准组合；

5　基础设计安全等级、结构设计使用年限、结构重要性系数应按有关规范的规定采用，但结构重要性系数γ_0不应小于1.0。

3.0.6　地基基础设计时，作用组合的效应设计值应符合下列规定：

1　正常使用极限状态下，标准组合的效应设计值S_k应按下式确定：

$$S_k = S_{Gk} + S_{Q1k} + \psi_{c2}S_{Q2k} + \cdots\cdots + \psi_{cn}S_{Qnk}$$

$$(3.0.6-1)$$

式中：S_{Gk}——永久作用标准值G_k的效应；

S_{Qik}——第i个可变作用标准值Q_{ik}的效应；

ψ_{ci}——第i个可变作用Q_i的组合值系数，按现行国家标准《建筑结构荷载规范》GB 50009的规定取值。

2　准永久组合的效应设计值S_k应按下式确定：

$$S_k = S_{Gk} + \psi_{q1} S_{Q1k} + \psi_{q2} S_{Q2k} + \cdots\cdots + \psi_{qn} S_{Qnk}$$

$$(3.0.6-2)$$

式中：ψ_{qi}——第 i 个可变作用的准永久值系数，按现行国家标准《建筑结构荷载规范》GB 50009 的规定取值。

3 承载能力极限状态下，由可变作用控制的基本组合的效应设计值 S_d，应按下式确定：

$$S_d = \gamma_G S_{Gk} + \gamma_{Q1} S_{Q1k} + \gamma_{Q2} \psi_{q2} S_{Q2k} + \cdots\cdots + \gamma_{Qn} \psi_{qn} S_{Qnk}$$

$$(3.0.6-3)$$

式中：γ_G——永久作用的分项系数，按现行国家标准《建筑结构荷载规范》GB 50009 的规定取值；

γ_{Qi}——第 i 个可变作用的分项系数，按现行国家标准《建筑结构荷载规范》GB 50009 的规定取值。

4 对由永久作用控制的基本组合，也可采用简化规则，基本组合的效应设计值 S_d 可按下式确定：

$$S_d = 1.35 S_k \qquad (3.0.6-4)$$

式中：S_k——标准组合的作用效应设计值。

3.0.7 地基基础的设计使用年限不应小于建筑结构的设计使用年限。

4 地基岩土的分类及工程特性指标

4.1 岩土的分类

4.1.1 作为建筑地基的岩土，可分为岩石、碎石土、砂土、粉土、黏性土和人工填土。

4.1.2 作为建筑地基的岩石，除应确定岩石的地质名称外，尚应按本规范第 4.1.3 条划分岩石的坚硬程度，按本规范第 4.1.4 条划分岩体的完整程度。岩石的风化程度可分为未风化、微风化、中等风化、强风化和全风化。

4.1.3 岩石的坚硬程度应根据岩块的饱和单轴抗压强度 f_{rk} 按表 4.1.3 分为坚硬岩、较硬岩、较软岩、软岩和极软岩。当缺乏饱和单轴抗压强度资料或不能进行该项试验时，可在现场通过观察定性划分，划分标准可按本规范附录 A.0.1 条执行。

表 4.1.3 岩石坚硬程度的划分

坚硬程度类别	坚硬岩	较硬岩	较软岩	软岩	极软岩
饱和单轴抗压强度标准值 f_{rk}(MPa)	$f_{rk} > 60$	$60 \geq f_{rk} > 30$	$30 \geq f_{rk} > 15$	$15 \geq f_{rk} > 5$	$f_{rk} \leq 5$

4.1.4 岩体完整程度应按表 4.1.4 划分为完整、较完整、较破碎、破碎和极破碎。当缺乏试验数据时可

按本规范附录 A.0.2 条确定。

表 4.1.4 岩体完整程度划分

完整程度等级	完整	较完整	较破碎	破碎	极破碎
完整性指数	>0.75	0.75~0.55	0.55~0.35	0.35~0.15	<0.15

注：完整性指数为岩体纵波速与岩块纵波速之比的平方。选定岩体、岩块测定波速时应有代表性。

4.1.5 碎石土为粒径大于 2mm 的颗粒含量超过全重 50% 的土。碎石土可按表 4.1.5 分为漂石、块石、卵石、碎石、圆砾和角砾。

表 4.1.5 碎石土的分类

土的名称	颗粒形状	粒组含量
漂石 块石	圆形及亚圆形为主 棱角形为主	粒径大于 200mm 的颗粒含量超过全重 50%
卵石 碎石	圆形及亚圆形为主 棱角形为主	粒径大于 20mm 的颗粒含量超过全重 50%
圆砾 角砾	圆形及亚圆形为主 棱角形为主	粒径大于 2mm 的颗粒含量超过全重 50%

注：分类时应根据粒组含量栏从上到下以最先符合者确定。

4.1.6 碎石土的密实度，可按表 4.1.6 分为松散、稍密、中密、密实。

表 4.1.6 碎石土的密实度

重型圆锥动力触探锤击数 $N_{63.5}$	密实度
$N_{63.5} \leq 5$	松散
$5 < N_{63.5} \leq 10$	稍密
$10 < N_{63.5} \leq 20$	中密
$N_{63.5} > 20$	密实

注：1 本表适用于平均粒径小于或等于 50mm 且最大粒径不超过 100mm 的卵石、碎石、圆砾、角砾；对于平均粒径大于 50mm 或最大粒径大于 100mm 的碎石土，可按本规范附录 B 鉴别其密实度；

2 表内 $N_{63.5}$ 为经综合修正后的平均值。

4.1.7 砂土为粒径大于 2mm 的颗粒含量不超过全重 50%、粒径大于 0.075mm 的颗粒超过全重 50% 的土。砂土可按表 4.1.7 分为砾砂、粗砂、中砂、细砂和粉砂。

表 4.1.7 砂土的分类

土的名称	粒组含量
砾砂	粒径大于 2mm 的颗粒含量占全重 25%~50%

续表 4.1.7

土的名称	粒组含量
粗砂	粒径大于 0.5mm 的颗粒含量超过全重 50%
中砂	粒径大于 0.25mm 的颗粒含量超过全重 50%
细砂	粒径大于 0.075mm 的颗粒含量超过全重 85%
粉砂	粒径大于 0.075mm 的颗粒含量超过全重 50%

注：分类时应根据粒组含量栏从上到下以最先符合者确定。

4.1.8 砂土的密实度，可按表 4.1.8 分为松散、稍密、中密、密实。

表 4.1.8 砂土的密实度

标准贯入试验锤击数 N	密实度
$N \leqslant 10$	松散
$10 < N \leqslant 15$	稍密
$15 < N \leqslant 30$	中密
$N > 30$	密实

注：当用静力触探探头阻力判定砂土的密实度时，可根据当地经验确定。

4.1.9 黏性土为塑性指数 I_p 大于 10 的土，可按表 4.1.9 分为黏土、粉质黏土。

表 4.1.9 黏性土的分类

塑性指数 I_p	土的名称
$I_p > 17$	黏土
$10 < I_p \leqslant 17$	粉质黏土

注：塑性指数由相应于 76g 圆锥体沉入土样中深度为 10mm 时测定的液限计算而得。

4.1.10 黏性土的状态，可按表 4.1.10 分为坚硬、硬塑、可塑、软塑、流塑。

表 4.1.10 黏性土的状态

液性指数 I_L	状态
$I_L \leqslant 0$	坚硬
$0 < I_L \leqslant 0.25$	硬塑
$0.25 < I_L \leqslant 0.75$	可塑
$0.75 < I_L \leqslant 1$	软塑
$I_L > 1$	流塑

注：当用静力触探探头阻力判定黏性土的状态时，可根据当地经验确定。

4.1.11 粉土为介于砂土与黏性土之间，塑性指数 I_p 小于或等于 10 且粒径大于 0.075mm 的颗粒含量不超过全重 50% 的土。

4.1.12 淤泥为在静水或缓慢的流水环境中沉积，并经生物化学作用形成，其天然含水量大于液限、天然孔隙比大于或等于 1.5 的黏性土。当天然含水量大于液限而天然孔隙比小于 1.5 但大于或等于 1.0 的黏性土或粉土为淤泥质土。含有大量未分解的腐殖质，有机质含量大于 60% 的土为泥炭，有机质含量大于或等于 10% 且小于或等于 60% 的土为泥炭质土。

4.1.13 红黏土为碳酸盐岩系的岩石经红土化作用形成的高塑性黏土。其液限一般大于 50%。红黏土经再搬运后仍保留其基本特征，其液限大于 45% 的土为次生红黏土。

4.1.14 人工填土根据其组成和成因，可分为素填土、压实填土、杂填土、冲填土。素填土为由碎石土、砂土、粉土、黏性土等组成的填土。经过压实或夯实的素填土为压实填土。杂填土为含有建筑垃圾、工业废料、生活垃圾等杂物的填土。冲填土为由水力冲填泥砂形成的填土。

4.1.15 膨胀土为土中黏粒成分主要由亲水性矿物组成，同时具有显著的吸水膨胀和失水收缩特性，其自由膨胀率大于或等于 40% 的黏性土。

4.1.16 湿陷性土为在一定压力下浸水后产生附加沉降，其湿陷系数大于或等于 0.015 的土。

4.2 工程特性指标

4.2.1 土的工程特性指标可采用强度指标、压缩性指标以及静力触探探头阻力、动力触探锤击数、标准贯入试验锤击数、载荷试验承载力等特性指标表示。

4.2.2 地基土工程特性指标的代表值应分别为标准值、平均值及特征值。抗剪强度指标应取标准值，压缩性指标应取平均值，载荷试验承载力应取特征值。

4.2.3 载荷试验应采用浅层平板载荷试验或深层平板载荷试验。浅层平板载荷试验适用于浅层地基，深层平板载荷试验适用于深层地基。两种载荷试验的试验要求应分别符合本规范附录 C、D 的规定。

4.2.4 土的抗剪强度指标，可采用原状土室内剪切试验、无侧限抗压强度试验、现场剪切试验、十字板剪切试验等方法测定。当采用室内剪切试验确定时，宜选择三轴压缩试验的自重压力下预固结的不固结不排水试验。经过预压固结的地基可采用固结不排水试验。每层土的试验数量不得少于六组。室内试验抗剪强度指标 c_k、φ_k，可按本规范附录 E 确定。在验算坡体的稳定性时，对于已有剪切破裂面或其他软弱结构面的抗剪强度，应进行野外大型剪切试验。

4.2.5 土的压缩性指标可采用原状土室内压缩试验、原位浅层或深层平板载荷试验、旁压试验确定，并应符合下列规定：

1 当采用室内压缩试验确定压缩模量时，试验所施加的最大压力应超过土自重压力与预计的附加压力之和，试验成果用 e-p 曲线表示；

2 当考虑土的应力历史进行沉降计算时，应进行高压固结试验，确定先期固结压力、压缩指数，试验成果用 e-$\lg p$ 曲线表示；为确定回弹指数，应在估计的先期固结压力之后进行一次卸荷，再继续加荷至预定的最后一级压力；

3 当考虑深基坑开挖卸荷和再加荷时，应进行回弹再压缩试验，其压力的施加应与实际的加卸荷状况一致。

4.2.6 地基土的压缩性可按 p_1 为 100kPa，p_2 为 200kPa 时相对应的压缩系数值 a_{1-2} 划分为低、中、高压缩性，并符合以下规定：

1 当 $a_{1-2} < 0.1\text{MPa}^{-1}$ 时，为低压缩性土；

2 当 $0.1\text{MPa}^{-1} \leqslant a_{1-2} < 0.5\text{MPa}^{-1}$ 时，为中压缩性土；

3 当 $a_{1-2} \geqslant 0.5\text{MPa}^{-1}$ 时，为高压缩性。

5 地 基 计 算

5.1 基础埋置深度

5.1.1 基础的埋置深度，应按下列条件确定：

1 建筑物的用途，有无地下室、设备基础和地下设施，基础的形式和构造；

2 作用在地基上的荷载大小和性质；

3 工程地质和水文地质条件；

4 相邻建筑物的基础埋深；

5 地基土冻胀和融陷的影响。

5.1.2 在满足地基稳定和变形要求的前提下，当上层地基的承载力大于下层土时，宜利用上层土作持力层。除岩石地基外，基础埋深不宜小于 0.5m。

5.1.3 高层建筑基础的埋置深度应满足地基承载力、变形和稳定性要求。位于岩石地基上的高层建筑，其基础埋深应满足抗滑稳定性要求。

5.1.4 在抗震设防区，除岩石地基外，天然地基上的箱形和筏形基础其埋置深度不宜小于建筑物高度的 1/15；桩箱或桩筏基础的埋置深度（不计桩长）不宜小于建筑物高度的 1/18。

5.1.5 基础宜埋置在地下水位以上，当必须埋在地下水位以下时，应采取地基土在施工时不受扰动的措施。当基础埋置在易风化的岩层上，施工时应在基坑开挖后立即铺筑垫层。

5.1.6 当存在相邻建筑物时，新建建筑物的基础埋深不宜大于原有建筑基础。当埋深大于原有建筑基础时，两基础间应保持一定净距，其数值应根据建筑荷载大小、基础形式和土质情况确定。

5.1.7 季节性冻土地基的场地冻结深度应按下式进行计算：

$$z_d = z_0 \cdot \psi_{zs} \cdot \psi_{zw} \cdot \psi_{ze} \quad (5.1.7)$$

式中：z_d——场地冻结深度（m），当有实测资料时

按 $z_d = h' - \Delta z$ 计算；

h'——最大冻深出现时场地最大冻土层厚度（m）；

Δz——最大冻深出现时场地地表冻胀量（m）；

z_0——标准冻结深度（m）；当无实测资料时，按本规范附录 F 采用；

ψ_{zs}——土的类别对冻结深度的影响系数，按表 5.1.7-1 采用；

ψ_{zw}——土的冻胀性对冻结深度的影响系数，按表 5.1.7-2 采用；

ψ_{ze}——环境对冻结深度的影响系数，按表 5.1.7-3 采用。

表 5.1.7-1　土的类别对冻结深度的影响系数

土的类别	影响系数 ψ_{zs}
黏性土	1.00
细砂、粉砂、粉土	1.20
中、粗、砾砂	1.30
大块碎石土	1.40

表 5.1.7-2　土的冻胀性对冻结深度的影响系数

冻 胀 性	影响系数 ψ_{zw}
不冻胀	1.00
弱冻胀	0.95
冻胀	0.90
强冻胀	0.85
特强冻胀	0.80

表 5.1.7-3　环境对冻结深度的影响系数

周围环境	影响系数 ψ_{ze}
村、镇、旷野	1.00
城市近郊	0.95
城市市区	0.90

注：环境影响系数一项，当城市市区人口为 20 万～50 万时，按城市近郊取值；当城市市区人口大于 50 万小于或等于 100 万时，只计入市区影响；当城市市区人口超过 100 万时，除计入市区影响外，尚应考虑 5km 以内的郊区近郊影响系数。

5.1.8 季节性冻土地区基础埋置深度宜大于场地冻结深度。对于深厚季节冻土地区，当建筑基础底面土层为不冻胀、弱冻胀、冻胀土时，基础埋置深度可以小于场地冻结深度，基础底面下允许冻土层最大厚度应根据当地经验确定。没有地区经验时可按本规范附录 G 查取。此时，基础最小埋置深度 d_{min} 可按下式计算：

$$d_{min} = z_d - h_{max} \quad (5.1.8)$$

式中：h_{max}——基础底面下允许冻土层最大厚度（m）。

5.1.9 地基土的冻胀类别分为不冻胀、弱冻胀、冻胀、强冻胀和特强冻胀，可按本规范附录 G 查取。在冻胀、强冻胀和特强冻胀地基上采用防冻害措施时应符合下列规定：

1 对在地下水位以上的基础，基础侧表面应回填不冻胀的中、粗砂，其厚度不应小于 200mm；对在地下水位以下的基础，可采用桩基础、保温性基础、自锚式基础（冻土层下有扩大板或扩底短桩），也可将独立基础或条形基础做成正梯形的斜面基础。

2 宜选择地势高、地下水位低、地表排水条件好的建筑场地。对低洼场地，建筑物的室外地坪标高应至少高出自然地面 300mm～500mm，其范围不宜小于建筑四周向外各一倍冻结深度距离的范围。

3 应做好排水设施，施工和使用期间防止水浸入建筑地基。在山区应设截水沟或在建筑物下设置暗沟，以排走地表水和潜水。

4 在强冻胀性和特强冻胀性地基上，其基础结构应设置钢筋混凝土圈梁和基础梁，并控制建筑的长高比。

5 当独立基础连系梁下或桩基础承台下有冻土时，应在梁或承台下留有相当于该土层冻胀量的空隙。

6 外门斗、室外台阶和散水坡等部位宜与主体结构断开，散水坡分段不宜超过 1.5m，坡度不宜小于 3%，其下宜填入非冻胀性材料。

7 对跨年度施工的建筑，入冬前应对地基采取相应的防护措施；按采暖设计的建筑物，当冬季不能正常采暖时，也应对地基采取保温措施。

5.2 承载力计算

5.2.1 基础底面的压力，应符合下列规定：

1 当轴心荷载作用时

$$p_k \leqslant f_a \tag{5.2.1-1}$$

式中：p_k——相应于作用的标准组合时，基础底面处的平均压力值（kPa）；

f_a——修正后的地基承载力特征值（kPa）。

2 当偏心荷载作用时，除符合式（5.2.1-1）要求外，尚应符合下式规定：

$$p_{kmax} \leqslant 1.2 f_a \tag{5.2.1-2}$$

式中：p_{kmax}——相应于作用的标准组合时，基础底面边缘的最大压力值（kPa）。

5.2.2 基础底面的压力，可按下列公式确定：

1 当轴心荷载作用时

$$p_k = \frac{F_k + G_k}{A} \tag{5.2.2-1}$$

式中：F_k——相应于作用的标准组合时，上部结构传至基础顶面的竖向力值（kN）；

G_k——基础自重和基础上的土重（kN）；

A——基础底面面积（m²）。

2 当偏心荷载作用时

$$p_{kmax} = \frac{F_k + G_k}{A} + \frac{M_k}{W} \tag{5.2.2-2}$$

$$p_{kmin} = \frac{F_k + G_k}{A} - \frac{M_k}{W} \tag{5.2.2-3}$$

式中：M_k——相应于作用的标准组合时，作用于基础底面的力矩值（kN·m）；

W——基础底面的抵抗矩（m³）；

p_{kmin}——相应于作用的标准组合时，基础底面边缘的最小压力值（kPa）。

3 当基础底面形状为矩形且偏心距 $e > b/6$ 时（图 5.2.2），p_{kmax} 应按下式计算：

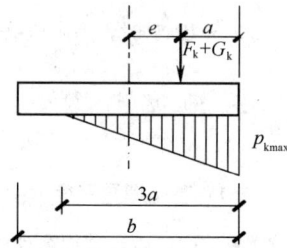

图 5.2.2 偏心荷载（$e > b/6$）
下基底压力计算示意
b—力矩作用方向基础底面边长

$$p_{kmax} = \frac{2(F_k + G_k)}{3la} \tag{5.2.2-4}$$

式中：l——垂直于力矩作用方向的基础底面边长（m）；

a——合力作用点至基础底面最大压力边缘的距离（m）。

5.2.3 地基承载力特征值可由载荷试验或其他原位测试、公式计算，并结合工程实践经验等方法综合确定。

5.2.4 当基础宽度大于 3m 或埋置深度大于 0.5m 时，从载荷试验或其他原位测试、经验值等方法确定的地基承载力特征值，尚应按下式修正：

$$f_a = f_{ak} + \eta_b \gamma (b - 3) + \eta_d \gamma_m (d - 0.5) \tag{5.2.4}$$

式中：f_a——修正后的地基承载力特征值（kPa）；

f_{ak}——地基承载力特征值（kPa），按本规范第 5.2.3 条的原则确定；

η_b、η_d——基础宽度和埋置深度的地基承载力修正系数，按基底下土的类别查表 5.2.4 取值；

γ——基础底面以下土的重度（kN/m³），地下水位以下取浮重度；

b——基础底面宽度（m），当基础底面宽度小于 3m 时按 3m 取值，大于 6m 时按 6m 取值；

γ_m——基础底面以上土的加权平均重度(kN/m³)，位于地下水位以下的土层取有效重度；

d——基础埋置深度（m），宜自室外地面标高算起。在填方整平地区，可自填土地面标高算起，但填土在上部结构施工后完成时，应从天然地面标高算起。对于地下室，当采用箱形基础或筏基时，基础埋置深度自室外地面标高算起；当采用独立基础或条形基础时，应从室内地面标高算起。

表 5.2.4　承载力修正系数

土　的　类　别		η_b	η_d
淤泥和淤泥质土		0	1.0
人工填土 e 或 I_L 大于等于 0.85 的黏性土		0	1.0
红黏土	含水比 $\alpha_w > 0.8$ 含水比 $\alpha_w \leq 0.8$	0 0.15	1.2 1.4
大面积 压实填土	压实系数大于 0.95、黏粒含量 $\rho_c \geq 10\%$ 的粉土 最大干密度大于 2100kg/m³ 的级配砂石	0 0	1.5 2.0
粉　土	黏粒含量 $\rho_c \geq 10\%$ 的粉土 黏粒含量 $\rho_c < 10\%$ 的粉土	0.3 0.5	1.5 2.0
e 及 I_L 均小于 0.85 的黏性土 粉砂、细砂(不包括很湿与饱和时的稍密状态) 中砂、粗砂、砾砂和碎石土		0.3 2.0 3.0	1.6 3.0 4.4

注：1　强风化和全风化的岩石，可参照所风化成的相应土类取值，其他状态下的岩石不修正；
　　2　地基承载力特征值按本规范附录 D 深层平板载荷试验确定时 η_d 取 0；
　　3　含水比是指土的天然含水量与液限的比值；
　　4　大面积压实填土是指填土范围大于两倍基础宽度的填土。

5.2.5　当偏心距 e 小于或等于 0.033 倍基础底面宽度时，根据土的抗剪强度指标确定地基承载力特征值可按下式计算，并应满足变形要求：

$$f_a = M_b\gamma b + M_d\gamma_m d + M_c c_k \qquad (5.2.5)$$

式中：　f_a——由土的抗剪强度指标确定的地基承载力特征值（kPa）；

M_b、M_d、M_c——承载力系数，按表 5.2.5 确定；

b——基础底面宽度（m），大于 6m 按 6m 取值，对于砂土小于 3m 时按 3m 取值；

c_k——基底下一倍短边宽度的深度范围内土的黏聚力标准值（kPa）。

表 5.2.5　承载力系数 M_b、M_d、M_c

土的内摩擦角标准值 φ_k(°)	M_b	M_d	M_c
0	0	1.00	3.14
2	0.03	1.12	3.32
4	0.06	1.25	3.51
6	0.10	1.39	3.71
8	0.14	1.55	3.93
10	0.18	1.73	4.17
12	0.23	1.94	4.42
14	0.29	2.17	4.69
16	0.36	2.43	5.00
18	0.43	2.72	5.31
20	0.51	3.06	5.66
22	0.61	3.44	6.04
24	0.80	3.87	6.45
26	1.10	4.37	6.90
28	1.40	4.93	7.40
30	1.90	5.59	7.95
32	2.60	6.35	8.55
34	3.40	7.21	9.22
36	4.20	8.25	9.97
38	5.00	9.44	10.80
40	5.80	10.84	11.73

注：φ_k——基底下一倍短边宽度的深度范围内土的内摩擦角标准值(°)。

5.2.6　对于完整、较完整、较破碎的岩石地基承载力特征值可按本规范附录 H 岩石地基载荷试验方法确定；对破碎、极破碎的岩石地基承载力特征值，可根据平板载荷试验确定。对完整、较完整和较破碎的岩石地基承载力特征值，也可根据室内饱和单轴抗压强度按下式进行计算：

$$f_a = \psi_r \cdot f_{rk} \qquad (5.2.6)$$

式中：f_a——岩石地基承载力特征值（kPa）；

f_{rk}——岩石饱和单轴抗压强度标准值（kPa），可按本规范附录 J 确定；

ψ_r——折减系数。根据岩体完整程度以及结构面的间距、宽度、产状和组合，由地方经验确定。无经验时，对完整岩石可取 0.5；对较完整岩体可取 0.2～0.5；对较破碎岩体可取 0.1～0.2。

注：1　上述折减系数值未考虑施工因素及建筑物使用后风化作用的继续；
　　2　对于黏土质岩，在确保施工期及使用期不致遭水浸泡时，也可采用天然湿度的试样，不进行饱和处理。

5.2.7　当地基受力层范围内有软弱下卧层时，应符合下列规定：

1　应按下式验算软弱下卧层的地基承载力：

$$p_z + p_{cz} \leq f_{az} \qquad (5.2.7-1)$$

式中：p_z——相应于作用的标准组合时，软弱下卧层顶面处的附加压力值（kPa）；

p_{cz}——软弱下卧层顶面处土的自重压力值（kPa）；

f_{az}——软弱下卧层顶面处经深度修正后的地基承载力特征值（kPa）。

2 对条形基础和矩形基础，式（5.2.7-1）中的 p_z 值可按下列公式简化计算：

条形基础

$$p_z = \frac{b(p_k - p_c)}{b + 2z\tan\theta} \quad (5.2.7\text{-}2)$$

矩形基础

$$p_z = \frac{lb(p_k - p_c)}{(b + 2z\tan\theta)(l + 2z\tan\theta)} \quad (5.2.7\text{-}3)$$

式中：b——矩形基础或条形基础底边的宽度（m）；

l——矩形基础底边的长度（m）；

p_c——基础底面处土的自重压力值（kPa）；

z——基础底面至软弱下卧层顶面的距离（m）；

θ——地基压力扩散线与垂直线的夹角（°），可按表 5.2.7 采用。

表 5.2.7　地基压力扩散角 θ

E_{s1}/E_{s2}	z/b	
	0.25	0.50
3	6°	23°
5	10°	25°
10	20°	30°

注：1 E_{s1} 为上层土压缩模量；E_{s2} 为下层土压缩模量；

2 $z/b < 0.25$ 时取 $\theta = 0°$，必要时，宜由试验确定；$z/b > 0.50$ 时 θ 值不变；

3 z/b 在 0.25 与 0.50 之间可插值使用。

5.2.8 对于沉降已经稳定的建筑或经过预压的地基，可适当提高地基承载力。

5.3 变 形 计 算

5.3.1 建筑物的地基变形计算值，不应大于地基变形允许值。

5.3.2 地基变形特征可分为沉降量、沉降差、倾斜、局部倾斜。

5.3.3 在计算地基变形时，应符合下列规定：

1 由于建筑地基不均匀、荷载差异很大、体型复杂等因素引起的地基变形，对于砌体承重结构应由局部倾斜值控制；对于框架结构和单层排架结构应由相邻柱基的沉降差控制；对于多层或高层建筑和高耸结构应由倾斜值控制；必要时尚应控制平均沉降量。

2 在必要情况下，需要分别预估建筑物在施工期间和使用期间的地基变形值，以便预留建筑物有关部分之间的净空，选择连接方法和施工顺序。

5.3.4 建筑物的地基变形允许值应按表 5.3.4 规定采用。对表中未包括的建筑物，其地基变形允许值应根据上部结构对地基变形的适应能力和使用上的要求确定。

表 5.3.4　建筑物的地基变形允许值

变 形 特 征		地基土类别	
		中、低压缩性土	高压缩性土
砌体承重结构基础的局部倾斜		0.002	0.003
工业与民用建筑相邻柱基的沉降差	框架结构	0.002l	0.003l
	砌体墙填充的边排柱	0.0007l	0.001l
	当基础不均匀沉降时不产生附加应力的结构	0.005l	0.005l
单层排架结构（柱距为 6m）柱基的沉降量（mm）		(120)	200
桥式吊车轨面的倾斜（按不调整轨道考虑）	纵　向	0.004	
	横　向	0.003	
多层和高层建筑的整体倾斜	$H_g \leqslant 24$	0.004	
	$24 < H_g \leqslant 60$	0.003	
	$60 < H_g \leqslant 100$	0.0025	
	$H_g > 100$	0.002	
体型简单的高层建筑基础的平均沉降量（mm）		200	
高耸结构基础的倾斜	$H_g \leqslant 20$	0.008	
	$20 < H_g \leqslant 50$	0.006	
	$50 < H_g \leqslant 100$	0.005	
	$100 < H_g \leqslant 150$	0.004	
	$150 < H_g \leqslant 200$	0.003	
	$200 < H_g \leqslant 250$	0.002	
高耸结构基础的沉降量（mm）	$H_g \leqslant 100$	400	
	$100 < H_g \leqslant 200$	300	
	$200 < H_g \leqslant 250$	200	

注：1 本表数值为建筑物地基实际最终变形允许值；

2 有括号者仅适用于中压缩性土；

3 l 为相邻柱基的中心距离（mm）；H_g 为自室外地面起算的建筑物高度（m）；

4 倾斜指基础倾斜方向两端点的沉降差与其距离的比值；

5 局部倾斜指砌体承重结构沿纵向 6m～10m 内基础两点的沉降差与其距离的比值。

5.3.5 计算地基变形时，地基内的应力分布，可采用各向同性均质线性变形体理论。其最终变形量可按下式进行计算：

$$s = \psi_s s' = \psi_s \sum_{i=1}^{n} \frac{p_0}{E_{si}} (z_i \bar{\alpha}_i - z_{i-1} \bar{\alpha}_{i-1}) \quad (5.3.5)$$

式中：s——地基最终变形量（mm）；

s'——按分层总和法计算出的地基变形量
（mm）；

ψ_s——沉降计算经验系数，根据地区沉降观测资料及经验确定，无地区经验时可根据变形计算深度范围内压缩模量的当量值（$\overline{E}_s$）、基底附加压力按表 5.3.5 取值；

n——地基变形计算深度范围内所划分的土层数（图 5.3.5）；

p_0——相应于作用的准永久组合时基础底面处的附加压力（kPa）；

E_{si}——基础底面下第 i 层土的压缩模量（MPa），应取土的自重压力至土的自重压力与附加压力之和的压力段计算；

z_i、z_{i-1}——基础底面至第 i 层土、第 $i-1$ 层土底面的距离（m）；

$\overline{\alpha}_i$、$\overline{\alpha}_{i-1}$——基础底面计算点至第 i 层土、第 $i-1$ 层土底面范围内平均附加应力系数，可按本规范附录 K 采用。

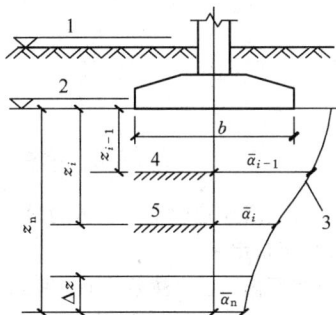

图 5.3.5 基础沉降计算的分层示意

1—天然地面标高；2—基底标高；3—平均附加应力系数 $\overline{\alpha}$ 曲线；4—$i-1$ 层；5—i 层

表 5.3.5 沉降计算经验系数 ψ_s

$\overline{E}_s$ (MPa) 基底附加压力	2.5	4.0	7.0	15.0	20.0
$p_0 \geq f_{ak}$	1.4	1.3	1.0	0.4	0.2
$p_0 \leq 0.75 f_{ak}$	1.1	1.0	0.7	0.4	0.2

5.3.6 变形计算深度范围内压缩模量的当量值（$\overline{E}_s$），应按下式计算：

$$\overline{E}_s = \frac{\Sigma A_i}{\Sigma \dfrac{A_i}{E_{si}}} \qquad (5.3.6)$$

式中：A_i——第 i 层土附加应力系数沿土层厚度的积分值。

5.3.7 地基变形计算深度 z_n（图 5.3.5），应符合式（5.3.7）的规定。当计算深度下部仍有较软土层时，应继续计算。

$$\Delta s'_n \leq 0.025 \sum_{i=1}^{n} \Delta s'_i \qquad (5.3.7)$$

式中：$\Delta s'_i$——在计算深度范围内，第 i 层土的计算变形值（mm）；

$\Delta s'_n$——在由计算深度向上取厚度为 Δz 的土层计算变形值（mm），Δz 见图 5.3.5 并按表 5.3.7 确定。

表 5.3.7 Δz

b (m)	≤ 2	$2 < b \leq 4$	$4 < b \leq 8$	$b > 8$
Δz (m)	0.3	0.6	0.8	1.0

5.3.8 当无相邻荷载影响，基础宽度在 1m～30m 范围内时，基础中点的地基变形计算深度也可按简化公式（5.3.8）进行计算。在计算深度范围内存在基岩时，z_n 可取至基岩表面；当存在较厚的坚硬黏性土层，其孔隙比小于 0.5、压缩模量大于 50MPa，或存在较厚的密实砂卵石层，其压缩模量大于 80MPa 时，z_n 可取至该层土表面。此时，地基土附加压力分布应考虑相对硬层存在的影响，按本规范公式（6.2.2）计算地基最终变形量。

$$z_n = b(2.5 - 0.4\ln b) \qquad (5.3.8)$$

式中：b——基础宽度（m）。

5.3.9 当存在相邻荷载时，应计算相邻荷载引起的地基变形，其值可按应力叠加原理，采用角点法计算。

5.3.10 当建筑物地下室基础埋置较深时，地基土的回弹变形量可按下式进行计算：

$$s_c = \psi_c \sum_{i=1}^{n} \frac{p_c}{E_{ci}} (z_i \overline{\alpha}_i - z_{i-1} \overline{\alpha}_{i-1}) \qquad (5.3.10)$$

式中：s_c——地基的回弹变形量（mm）；

ψ_c——回弹量计算的经验系数，无地区经验时可取 1.0；

p_c——基坑底面以上土的自重压力（kPa），地下水位以下应扣除浮力；

E_{ci}——土的回弹模量（kPa），按现行国家标准《土工试验方法标准》GB/T 50123 中土的固结试验回弹曲线的不同应力段计算。

5.3.11 回弹再压缩变形量计算可采用再加荷的压力小于卸荷土的自重压力段内再压缩变形线性分布的假定按下式进行计算：

$$s'_c = \begin{cases} r'_0 s_c \dfrac{p}{p_c R'_0} & p < R'_0 p_c \\ s_c \left[r'_0 + \dfrac{r'_{R'=1.0} - r'_0}{1 - R'_0} \left(\dfrac{p}{p_c} - R'_0 \right) \right] & R'_0 p_c \leq p \leq p_c \end{cases}$$
$$(5.3.11)$$

式中：s'_c——地基土回弹再压缩变形量（mm）；

s_c——地基的回弹变形量（mm）；

r'_0——临界再压缩比率，相应于再压缩比率与再加荷比关系曲线上两段线性交点对应的再压缩比率，由土的固结回弹再压缩试验确定；

R'_0——临界再加荷比，相应在再压缩比率与再加荷比关系曲线上两段线性交点对应的再加荷比，由土的固结回弹再压缩试验确定；

$r'_{R'=1.0}$——对应于再加荷比 $R'=1.0$ 时的再压缩比率，由土的固结回弹再压缩试验确定，其值等于回弹再压缩变形增大系数；

p——再加荷的基底压力（kPa）。

5.3.12 在同一整体大面积基础上建有多栋高层和低层建筑，宜考虑上部结构、基础与地基的共同作用进行变形计算。

5.4 稳定性计算

5.4.1 地基稳定性可采用圆弧滑动面法进行验算。最危险的滑动面上诸力对滑动中心所产生的抗滑力矩与滑动力矩应符合下式要求：

$$M_R/M_S \geqslant 1.2 \qquad (5.4.1)$$

式中：M_S——滑动力矩（kN·m）；

M_R——抗滑力矩（kN·m）。

5.4.2 位于稳定土坡坡顶上的建筑，应符合下列规定：

1 对于条形基础或矩形基础，当垂直于坡顶边缘线的基础底面边长小于或等于3m时，其基础底面外边缘线至坡顶的水平距离（图5.4.2）应符合下式要求，且不得小于2.5m：

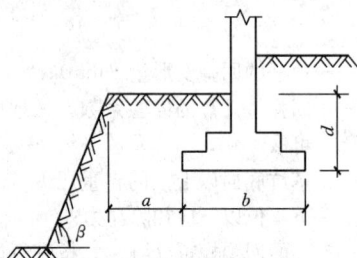

图 5.4.2 基础底面外边缘线至坡顶的水平距离示意

条形基础

$$a \geqslant 3.5b - \frac{d}{\tan\beta} \qquad (5.4.2-1)$$

矩形基础

$$a \geqslant 2.5b - \frac{d}{\tan\beta} \qquad (5.4.2-2)$$

式中：a——基础底面外边缘线至坡顶的水平距离（m）；

b——垂直于坡顶边缘线的基础底面边长（m）；

d——基础埋置深度（m）；

β——边坡坡角（°）。

2 当基础底面外边缘线至坡顶的水平距离不满

足式（5.4.2-1）、式（5.4.2-2）的要求时，可根据基底平均压力按式（5.4.1）确定基础距坡顶边缘的距离和基础埋深。

3 当边坡坡角大于45°、坡高大于8m时，尚应按式（5.4.1）验算坡体稳定性。

5.4.3 建筑物基础存在浮力作用时应进行抗浮稳定性验算，并应符合下列规定：

1 对于简单的浮力作用情况，基础抗浮稳定性应符合下式要求：

$$\frac{G_k}{N_{w,k}} \geqslant K_w \qquad (5.4.3)$$

式中：G_k——建筑物自重及压重之和（kN）；

$N_{w,k}$——浮力作用值（kN）；

K_w——抗浮稳定安全系数，一般情况下可取1.05。

2 抗浮稳定性不满足设计要求时，可采用增加压重或设置抗浮构件等措施。在整体满足抗浮稳定性要求而局部不满足时，也可采用增加结构刚度的措施。

6 山 区 地 基

6.1 一 般 规 定

6.1.1 山区（包括丘陵地带）地基的设计，应对下列设计条件分析认定：

1 建设场区内，在自然条件下，有无滑坡现象，有无影响场地稳定性的断层、破碎带；

2 在建设场地周围，有无不稳定的边坡；

3 施工过程中，因挖方、填方、堆载和卸载等对山坡稳定性的影响；

4 地基内岩石厚度及空间分布情况、基岩面的起伏情况、有无影响地基稳定性的临空面；

5 建筑地基的不均匀性；

6 岩溶、土洞的发育程度，有无采空区；

7 出现危岩崩塌、泥石流等不良地质现象的可能性；

8 地面水、地下水对建筑地基和建设场区的影响。

6.1.2 在山区建设时应对场区作出必要的工程地质和水文地质评价。对建筑物有潜在威胁或直接危害的滑坡、泥石流、崩塌以及岩溶、土洞强烈发育地段，不应选作建设场地。

6.1.3 山区建设工程的总体规划，应根据使用要求、地形地质条件合理布置。主体建筑宜设置在较好的地基上，使地基条件与上部结构的要求相适应。

6.1.4 山区建设中，应充分利用和保护天然排水系统和山地植被。当必须改变排水系统时，应在易于导流或拦截的部位将水引出场外。在受山洪影响的地段，应采取相应的排洪措施。

6.2 土岩组合地基

6.2.1 建筑地基（或被沉降缝分隔区段的建筑地基）的主要受力层范围内，如遇下列情况之一者，属于土岩组合地基：

1 下卧基岩表面坡度较大的地基；

2 石芽密布并有出露的地基；

3 大块孤石或个别石芽出露的地基。

6.2.2 当地基中下卧基岩面为单向倾斜、岩面坡度大于10%、基底下的土层厚度大于1.5m时，应按下列规定进行设计：

1 当结构类型和地质条件符合表6.2.2-1的要求时，可不作地基变形验算。

表6.2.2-1 下卧基岩表面允许坡度值

地基土承载力特征值 f_{ak}(kPa)	四层及四层以下的砌体承重结构，三层及三层以下的框架结构	具有150kN和150kN以下吊车的一般单层排架结构	
		带墙的边柱和山墙	无墙的中柱
≥150	≤15%	≤15%	≤30%
≥200	≤25%	≤30%	≤50%
≥300	≤40%	≤50%	≤70%

2 不满足上述条件时，应考虑刚性下卧层的影响，按下式计算地基的变形：

$$s_{gz} = \beta_{gz} s_z \qquad (6.2.2)$$

式中：s_{gz}——具刚性下卧层时，地基土的变形计算值（mm）；

β_{gz}——刚性下卧层对上覆土层的变形增大系数，按表6.2.2-2采用；

s_z——变形计算深度相当于实际土层厚度按本规范第5.3.5条计算确定的地基最终变形计算值（mm）。

表6.2.2-2 具有刚性下卧层时地基
变形增大系数 β_{gz}

h/b	0.5	1.0	1.5	2.0	2.5
β_{gz}	1.26	1.17	1.12	1.09	1.00

注：h—基底下的土层厚度；b—基础底面宽度。

3 在岩土界面上存在软弱层（如泥化带）时，应验算地基的整体稳定性。

4 当土岩组合地基位于山间坡地、山麓洼地或冲沟地带，存在局部软弱土层时，应验算软弱下卧层的强度及不均匀变形。

6.2.3 对于石芽密布并有出露的地基，当石芽间距

小于2m，其间为硬塑或坚硬状态的红黏土时，对于房屋为六层和六层以下的砌体承重结构、三层和三层以下的框架结构或具有150kN和150kN以下吊车的单层排架结构，其基底压力小于200kPa，可不作地基处理。如不能满足上述要求时，可利用经检验稳定性可靠的石芽作支墩式基础，也可在石芽出露部位作褥垫。当石芽间有较厚的软弱土层时，可用碎石、土夹石等进行置换。

6.2.4 对于大块孤石或个别石芽出露的地基，当土层的承载力特征值大于150kPa、房屋为单层排架结构或一、二层砌体承重结构时，宜在基础与岩石接触的部位采用褥垫进行处理。对于多层砌体承重结构，应根据土质情况，结合本规范第6.2.6条、第6.2.7条的规定综合处理。

6.2.5 褥垫可采用炉渣、中砂、粗砂、土夹石等材料，其厚度宜取300mm~500mm，夯填度应根据试验确定。当无资料时，夯填度可按下列数值进行设计：

中砂、粗砂　　　　　　　　　0.87±0.05；

土夹石（其中碎石含量为20%~30%）
　　　　　　　　　　　　　　0.70±0.05。

注：夯填度为褥垫夯实后的厚度与虚铺厚度的比值。

6.2.6 当建筑物对地基变形要求较高或地质条件比较复杂不宜按本规范第6.2.3条、第6.2.4条有关规定进行地基处理时，可调整建筑平面位置，或采用桩基或梁、拱跨越等处理措施。

6.2.7 在地基压缩性相差较大的部位，宜结合建筑平面形状、荷载条件设置沉降缝。沉降缝宽度宜取30mm~50mm，在特殊情况下可适当加宽。

6.3 填 土 地 基

6.3.1 当利用压实填土作为建筑工程的地基持力层时，在平整场地前，应根据结构类型、填料性能和现场条件等，对拟压实的填土提出质量要求。未经检验查明以及不符合质量要求的压实填土，均不得作为建筑工程的地基持力层。

6.3.2 当利用未经填方设计处理形成的填土作为建筑物地基时，应查明填料成分与来源，填土的分布、厚度、均匀性、密实度与压缩性以及填土的堆积年限等情况，根据建筑物的重要性、上部结构类型、荷载性质与大小、现场条件等因素，选择合适的地基处理方法，并提出填土地基处理的质量要求与检验方法。

6.3.3 拟压实的填土地基应根据建筑物对地基的具体要求，进行填方设计。填方设计的内容包括填料的性质、压实机械的选择、密实度要求、质量监督和检验方法等。对重大的填方工程，必须在填方设计前选择典型的场区进行现场试验，取得填方设计参数后，才能进行填方工程的设计与施工。

6.3.4 填方工程设计前应具备详细的场地地形、地

貌及工程地质勘察资料。位于塘、沟、积水洼地等地区的填土地基，应查明地下水的补给与排泄条件、底层软弱土体的清除情况、自重固结程度等。

6.3.5 对含有生活垃圾或有机质废料的填土，未经处理不宜作为建筑物地基使用。

6.3.6 压实填土的填料，应符合下列规定：

1 级配良好的砂土或碎石土；以卵石、砾石、块石或岩石碎屑作填料时，分层压实时其最大粒径不宜大于 200mm，分层夯实时其最大粒径不宜大于 400mm；

2 性能稳定的矿渣、煤渣等工业废料；

3 以粉质黏土、粉土作填料时，其含水量宜为最优含水量，可采用击实试验确定；

4 挖高填低或开山填沟的土石料，应符合设计要求；

5 不得使用淤泥、耕土、冻土、膨胀性土以及有机质含量大于 5% 的土。

6.3.7 压实填土的质量以压实系数 λ_c 控制，并应根据结构类型、压实填土所在部位按表 6.3.7 确定。

表 6.3.7 压实填土地基压实系数控制值

结构类型	填土部位	压实系数 (λ_c)	控制含水量 (%)
砌体承重及框架结构	在地基主要受力层范围内	≥0.97	$w_{op}\pm2$
	在地基主要受力层范围以下	≥0.95	
排架结构	在地基主要受力层范围内	≥0.96	
	在地基主要受力层范围以下	≥0.94	

注：1 压实系数（λ_c）为填土的实际干密度（ρ_d）与最大干密度（ρ_{dmax}）之比；w_{op} 为最优含水量；

  2 地坪垫层以下及基础底面标高以上的压实填土，压实系数不应小于 0.94。

6.3.8 压实填土的最大干密度和最优含水量，应采用击实试验确定，击实试验的操作应符合现行国家标准《土工试验方法标准》GB/T 50123 的有关规定。对于碎石、卵石，或岩石碎屑等填料，其最大干密度可取 $2100kg/m^3 \sim 2200kg/m^3$。对于黏性土或粉土填料，当无试验资料时，可按下式计算最大干密度：

$$\rho_{dmax} = \eta \frac{\rho_w d_s}{1+0.01 w_{op} d_s} \quad (6.3.8)$$

式中：ρ_{dmax}——压实填土的最大干密度（kg/m^3）；

  η——经验系数，粉质黏土取 0.96，粉土取 0.97；

  ρ_w——水的密度（kg/m^3）；

  d_s——土粒相对密度（比重）；

  w_{op}——最优含水量（%）。

6.3.9 压实填土地基承载力特征值，应根据现场原位测试（静载荷试验、动力触探、静力触探等）结果确定。其下卧层顶面的承载力特征值应满足本规范第

5.2.7 条的要求。

6.3.10 填土地基在进行压实施工时，应注意采取地面排水措施，当其阻碍原地表水畅通排泄时，应根据地形修建截水沟，或设置其他排水设施。设置在填土区的上、下水管道，应采取防渗、防漏措施，避免因漏水使填土颗粒流失，必要时应在填土土坡的坡脚处设置反滤层。

6.3.11 位于斜坡上的填土，应验算其稳定性。对由填土而产生的新边坡，当填土边坡坡度符合表 6.3.11 的要求时，可不设置支挡结构。当天然地面坡度大于 20% 时，应采取防止填土可能沿坡面滑动的措施，并应避免雨水沿斜坡排泄。

表 6.3.11 压实填土的边坡坡度允许值

填土类型	边坡坡度允许值（高宽比）		压实系数 (λ_c)
	坡高在 8m 以内	坡高为 8m~15m	
碎石、卵石	1:1.50~1:1.25	1:1.75~1:1.50	0.94~0.97
砂夹石（碎石、卵石占全重 30%~50%）	1:1.50~1:1.25	1:1.75~1:1.50	
土夹石（碎石、卵石占全重 30%~50%）	1:1.50~1:1.25	1:2.00~1:1.50	
粉质黏土，黏粒含量 $\rho_c \geq 10\%$ 的粉土	1:1.75~1:1.50	1:2.25~1:1.75	

6.4 滑坡防治

6.4.1 在建设场区内，由于施工或其他因素的影响有可能形成滑坡的地段，必须采取可靠的预防措施。对具有发展趋势并威胁建筑物安全使用的滑坡，应及早采取综合整治措施，防止滑坡继续发展。

6.4.2 应根据工程地质、水文地质条件以及施工影响等因素，分析滑坡可能发生或发展的主要原因，采取下列防治滑坡的处理措施：

1 排水：应设置排水沟以防止地面水浸入滑坡地段，必要时尚应采取防渗措施。在地下水影响较大的情况下，应根据地质条件，设置地下排水系统。

2 支挡：根据滑坡推力的大小、方向及作用点，可选用重力式抗滑挡墙、阻滑桩及其他抗滑结构。抗滑挡墙的基底及阻滑桩的桩端应埋置于滑动面以下的稳定土（岩）层中。必要时，应验算墙顶以上的土（岩）体从墙顶滑出的可能性。

3 卸载：在保证卸载区上方及两侧岩土稳定的情况下，可在滑体主动区卸载，但不得在滑体被动区卸载。

4 反压：在滑体的阻滑区段增加竖向荷载以提高滑体的阻滑安全系数。

6.4.3 滑坡推力可按下列规定进行计算：

1 当滑体有多层滑动面（带）时，可取推力最大的滑动面（带）确定滑坡推力。

2 选择平行于滑动方向的几个具有代表性的断面进行计算。计算断面一般不得少于2个，其中应有一个是滑动主轴断面。根据不同断面的推力设计相应的抗滑结构。

3 当滑动面为折线形时，滑坡推力可按下列公式进行计算（图6.4.3）。

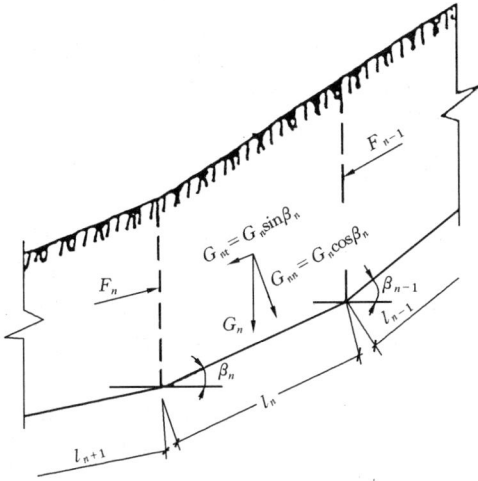

图 6.4.3 滑坡推力计算示意

$$F_n = F_{n-1}\psi + \gamma_t G_{nt} - G_{nn}\tan\varphi_n - c_n l_n$$
(6.4.3-1)

$$\psi = \cos(\beta_{n-1} - \beta_n) - \sin(\beta_{n-1} - \beta_n)\tan\varphi_n$$
(6.4.3-2)

式中：F_n、F_{n-1}——第 n 块、第 $n-1$ 块滑体的剩余下滑力（kN）；

ψ——传递系数；

γ_t——滑坡推力安全系数；

G_{nt}、G_{nn}——第 n 块滑体自重沿滑动面、垂直滑动面的分力（kN）；

φ_n——第 n 块滑体沿滑动面土的内摩擦角标准值（°）；

c_n——第 n 块滑体沿滑动面土的黏聚力标准值（kPa）；

l_n——第 n 块滑体沿滑动面的长度（m）。

4 滑坡推力作用点，可取在滑体厚度的1/2处。

5 滑坡推力安全系数，应根据滑坡现状及其对工程的影响等因素确定，对地基基础设计等级为甲级的建筑物宜取1.30，设计等级为乙级的建筑物宜取1.20，设计等级为丙级的建筑物宜取1.10。

6 根据土（岩）的性质和当地经验，可采用试验和滑坡反算相结合的方法，合理地确定滑动面上的抗剪强度。

6.5 岩 石 地 基

6.5.1 岩石地基基础设计应符合下列规定：

1 置于完整、较完整、较破碎岩体上的建筑物可仅进行地基承载力计算。

2 地基基础设计等级为甲、乙级的建筑物，同一建筑物的地基存在坚硬程度不同，两种或多种岩体变形模量差异达2倍及2倍以上，应进行地基变形验算。

3 地基主要受力层深度内存在软弱下卧岩层时，应考虑软弱下卧岩层的影响进行地基稳定性验算。

4 桩孔、基底和基坑边坡开挖应采用控制爆破，到达持力层后，对软岩、极软岩表面应及时封闭保护。

5 当基岩面起伏较大，且都使用岩石地基时，同一建筑物可以使用多种基础形式。

6 当基础附近有临空面时，应验算向临空面倾覆和滑移稳定性。存在不稳定的临空面时，应将基础埋深加大至下伏稳定基岩；亦可在基础底部设置锚杆，锚杆应进入下伏稳定岩体，并满足抗倾覆和抗滑移要求。同一基础的地基可以放阶处理，但应满足抗倾覆和抗滑移要求。

7 对于节理、裂隙发育及破碎程度较高的不稳定岩体，可采用注浆加固和清爆填塞等措施。

6.5.2 对遇水易软化和膨胀、易崩解的岩石，应采取保护措施减少其对岩体承载力的影响。

6.6 岩溶与土洞

6.6.1 在碳酸盐岩为主的可溶性岩石地区，当存在岩溶（溶洞、溶蚀裂隙等）、土洞等现象时，应考虑其对地基稳定的影响。

6.6.2 岩溶场地可根据岩溶发育程度划分为三个等级，设计时应根据具体情况，按表6.6.2选用。

表 6.6.2 岩溶发育程度

等 级	岩溶场地条件
岩溶强发育	地表有较多岩溶塌陷、漏斗、洼地、泉眼 溶沟、溶槽、石芽密布，相邻钻孔间存在临空面且基岩面高差大于5m 地下有暗河、伏流 钻孔见洞隙率大于30%或线岩溶率大于20% 溶槽或串珠状竖向溶洞发育深度达20m以上
岩溶中等发育	介于强发育和微发育之间
岩溶微发育	地表无岩溶塌陷、漏斗 溶沟、溶槽较发育 相邻钻孔间存在临空面且基岩面相对高差小于2m 钻孔见洞隙率小于10%或线岩溶率小于5%

6.6.3 地基基础设计等级为甲级、乙级的建筑物主体宜避开岩溶强发育地段。

6.6.4 存在下列情况之一且未经处理的场地，不应作为建筑物地基：

1 浅层溶洞成群分布，洞径大，且不稳定的地段；

2 漏斗、溶槽等埋藏浅，其中充填物为软弱土体；

3 土洞或塌陷等岩溶强发育的地段；

4 岩溶水排泄不畅，有可能造成场地暂时淹没的地段。

6.6.5 对于完整、较完整的坚硬岩、较硬岩地基，当符合下列条件之一时，可不考虑岩溶对地基稳定性的影响：

1 洞体较小，基础底面尺寸大于洞的平面尺寸，并有足够的支承长度；

2 顶板岩石厚度大于或等于洞的跨度。

6.6.6 地基基础设计等级为丙级且荷载较小的建筑物，当符合下列条件之一时，可不考虑岩溶对地基稳定性的影响。

1 基础底面以下的土层厚度大于独立基础宽度的 3 倍或条形基础宽度的 6 倍，且不具备形成土洞的条件时；

2 基础底面与洞体顶板间土层厚度小于独立基础宽度的 3 倍或条形基础宽度的 6 倍，洞隙或岩溶漏斗被沉积物填满，其承载力特征值超过 150kPa，且无被水冲蚀的可能性时；

3 基础底面存在面积小于基础底面积 25% 的垂直洞隙，但基底岩石面积满足上部荷载要求时。

6.6.7 不符合本规范第 6.6.5 条、第 6.6.6 条的条件时，应进行洞体稳定性分析；基础附近有临空面时，应验算向临空面倾覆和沿岩体结构面滑移稳定性。

6.6.8 土洞对地基的影响，应按下列规定综合分析与处理：

1 在地下水强烈活动于岩土交界面的地区，应考虑由地下水作用所形成的土洞对地基的影响，预测地下水位在建筑物使用期间的变化趋势。总图布置前，应获得场地土洞发育程度分区资料。施工时，除已查明的土洞外，尚应沿基槽进一步查明土洞的特征和分布情况。

2 在地下水位高于基岩表面的岩溶地区，应注意人工降水引起土洞进一步发育或地表塌陷的可能性。塌陷区的范围及方向可根据水文地质条件和抽水试验的观测结果综合分析确定。在塌陷范围内不应采用天然地基。并应注意降水对周围环境和建（构）筑物的影响。

3 由地表水形成的土洞或塌陷，应采取地表截流、防渗或堵塞等措施进行处理。应根据土洞埋深，

分别选用挖填、灌砂等方法进行处理。由地下水形成的塌陷及浅埋土洞，应清除软土，抛填块石作反滤层，面层用黏土夯填；深埋土洞宜用砂、砾石或细石混凝土灌填。在上述处理的同时，尚应采用梁、板或拱跨越。对重要的建筑物，可采用桩基处理。

6.6.9 对地基稳定性有影响的岩溶洞隙，应根据其位置、大小、埋深、围岩稳定性和水文地质条件综合分析，因地制宜采取下列处理措施：

1 对较小的岩溶洞隙，可采用镶补、嵌塞与跨越等方法处理。

2 对较大的岩溶洞隙，可采用梁、板和拱等结构跨越，也可采用浆砌块石等堵塞措施以及洞底支撑或调整柱距等方法处理。跨越结构应有可靠的支承面。梁式结构在稳定岩石上的支承长度应大于梁高1.5 倍。

3 基底有不超过 25% 基底面积的溶洞（隙）且充填物难以挖除时，宜在洞隙部位设置钢筋混凝土底板，底板宽度应大于洞隙，并采取措施保证底板不向洞隙方向滑移。也可在洞隙部位设置钻孔桩进行穿越处理。

4 对于荷载不大的低层和多层建筑，围岩稳定，如溶洞位于条形基础末端，跨越工程量大，可按悬臂梁设计基础，若溶洞位于单独基础重心一侧，可按偏心荷载设计基础。

6.7 土质边坡与重力式挡墙

6.7.1 边坡设计应符合下列规定：

1 边坡设计应保护和整治边坡环境，边坡水系应因势利导，设置地表排水系统，边坡工程应设内部排水系统。对于稳定的边坡，应采取保护及营造植被的防护措施。

2 建筑物的布局应依山就势，防止大挖大填。对于平整场地而出现的新边坡，应及时进行支挡或构造防护。

3 应根据边坡类型、边坡环境、边坡高度及可能的破坏模式，选择适当的边坡稳定计算方法和支挡结构形式。

4 支挡结构设计应进行整体稳定性验算、局部稳定性验算、地基承载力计算、抗倾覆稳定性验算、抗滑移稳定性验算及结构强度计算。

5 边坡工程设计前，应进行详细的工程地质勘察，并应对边坡的稳定性作出准确的评价；对周围环境的危害性作出预测；对岩石边坡的结构面调查清楚，指出主要结构面的所在位置；提供边坡设计所需要的各项参数。

6 边坡的支挡结构应进行排水设计。对于可以向坡外排水的支挡结构，应在支挡结构上设置排水孔。排水孔应沿着横竖两个方向设置，其间距宜取 2m～3m，排水孔外斜坡度宜为 5%，孔眼尺寸不宜

小于100mm。支挡结构后面应做好滤水层，必要时应做排水暗沟。支挡结构后面有山坡时，应在坡脚处设置截水沟。对于不能向坡外排水的边坡，应在支挡结构后面设置排水暗沟。

7 支挡结构后面的填土，应选择透水性强的填料。当采用黏性土作填料时，宜掺入适量的碎石。在季节性冻土地区，应选择不冻胀的炉渣、碎石、粗砂等填料。

6.7.2 在坡体整体稳定的条件下，土质边坡的开挖应符合下列规定：

1 边坡的坡度允许值，应根据当地经验，参照同类土层的稳定坡度确定。当土质良好且均匀、无不良地质现象、地下水不丰富时，可按表 6.7.2 确定。

表 6.7.2 土质边坡坡度允许值

土的类别	密实度或状态	坡度允许值（高宽比）	
		坡高在 5m 以内	坡高为 5m～10m
碎石土	密实	1：0.35～1：0.50	1：0.50～1：0.75
	中密	1：0.50～1：0.75	1：0.75～1：1.00
	稍密	1：0.75～1：1.00	1：1.00～1：1.25
黏性土	坚硬	1：0.75～1：1.00	1：1.00～1：1.25
	硬塑	1：1.00～1：1.25	1：1.25～1：1.50

注：1 表中碎石土的充填物为坚硬或硬塑状态的黏性土；
2 对于砂土或充填物为砂土的碎石土，其边坡坡度允许值均按自然休止角确定。

2 土质边坡开挖时，应采取排水措施，边坡的顶部应设置截水沟。在任何情况下不应在坡脚及坡面上积水。

3 边坡开挖时，应由上往下开挖，依次进行。弃土应分散处理，不得将弃土堆置在坡顶及坡面上。当必须在坡顶或坡面上设置弃土转运站时，应进行坡体稳定性验算，严格控制堆栈的土方量。

4 边坡开挖后，应立即对边坡进行防护处理。

6.7.3 重力式挡土墙土压力计算应符合下列规定：

1 对土质边坡，边坡主动土压力应按式（6.7.3-1）进行计算。当填土为无黏性土时，主动土压力系数可按库伦土压力理论确定。当支挡结构满足朗肯条件时，主动土压力系数可按朗肯土压力理论确定。黏性土或粉土的主动土压力也可采用楔体试算法图解求得。

$$E_a = \frac{1}{2}\psi_a \gamma h^2 k_a \qquad (6.7.3\text{-}1)$$

式中：E_a——主动土压力（kN）；
ψ_a——主动土压力增大系数，挡土墙高度小于 5m 时宜取 1.0，高度 5m～8m 时宜取 1.1，高度大于 8m 时宜取 1.2；
γ——填土的重度（kN/m³）；
h——挡土结构的高度（m）；

k_a——主动土压力系数，按本规范附录 L 确定。

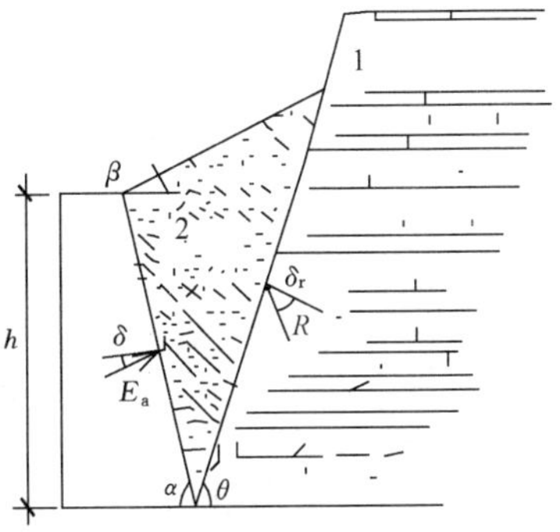

图 6.7.3 有限填土挡土墙土压力计算示意
1—岩石边坡；2—填土

2 当支挡结构后缘有较陡峻的稳定岩石坡面，岩坡的坡角 $\theta > (45° + \varphi/2)$ 时，应按有限范围填土计算土压力，取岩石坡面为破裂面。根据稳定岩石坡面与填土间的摩擦角按下式计算主动土压力系数：

$$k_a = \frac{\sin(\alpha+\theta)\sin(\alpha+\beta)\sin(\theta-\delta_r)}{\sin^2\alpha\sin(\theta-\beta)\sin(\alpha-\delta+\theta-\delta_r)}$$

$$(6.7.3\text{-}2)$$

式中：θ——稳定岩石坡面倾角（°）；
δ_r——稳定岩石坡面与填土间的摩擦角（°），根据试验确定。当无试验资料时，可取 $\delta_r = 0.33\varphi_k$，φ_k 为填土的内摩擦角标准值（°）。

6.7.4 重力式挡土墙的构造应符合下列规定：

1 重力式挡土墙适用于高度小于 8m、地层稳定、开挖土石方时不会危及相邻建筑物的地段。

2 重力式挡土墙可在基底设置逆坡。对于土质地基，基底逆坡坡度不宜大于 1：10；对于岩石地基，基底逆坡坡度不宜大于 1：5。

3 毛石挡土墙的墙顶宽度不宜小于 400mm；混凝土挡土墙的墙顶宽度不宜小于 200mm。

4 重力式挡墙的基础埋置深度，应根据地基承载力、水流冲刷、岩石裂隙发育及风化程度等因素进行确定。在特强冻涨、强冻涨地区应考虑冻涨的影响。在土质地基中，基础埋置深度不宜小于 0.5m；在软质岩地基中，基础埋置深度不宜小于 0.3m。

5 重力式挡土墙应每间隔 10m～20m 设置一道伸缩缝。当地基有变化时宜加设沉降缝。在挡土结构的拐角处，应采取加强的构造措施。

6.7.5 挡土墙的稳定性验算应符合下列规定：

1 抗滑移稳定性应按下列公式进行验算（图 6.7.5-1）：

$$\frac{(G_n + E_{an})\mu}{E_{at} - G_t} \geq 1.3 \qquad (6.7.5\text{-}1)$$

$$G_n = G\cos\alpha_0 \qquad (6.7.5\text{-}2)$$

$$G_t = G\sin\alpha_0 \qquad (6.7.5\text{-}3)$$

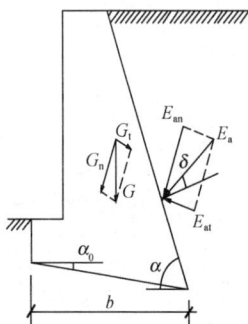

图 6.7.5-1 挡土墙抗滑
稳定验算示意

$$E_{at} = E_a \sin(\alpha - \alpha_0 - \delta) \qquad (6.7.5-4)$$

$$E_{an} = E_a \cos(\alpha - \alpha_0 - \delta) \qquad (6.7.5-5)$$

式中：G——挡土墙每延米自重（kN）；

α_0——挡土墙基底的倾角（°）；

α——挡土墙墙背的倾角（°）；

δ——土对挡土墙墙背的摩擦角（°），可按表
6.7.5-1 选用；

μ——土对挡土墙基底的摩擦系数，由试验确
定，也可按表 6.7.5-2 选用。

表 6.7.5-1　土对挡土墙墙背的摩擦角 δ

挡土墙情况	摩擦角 δ
墙背平滑、排水不良	$(0 \sim 0.33)\varphi_k$
墙背粗糙、排水良好	$(0.33 \sim 0.50)\varphi_k$
墙背很粗糙、排水良好	$(0.50 \sim 0.67)\varphi_k$
墙背与填土间不可能滑动	$(0.67 \sim 1.00)\varphi_k$

注：φ_k 为墙背填土的内摩擦角。

表 6.7.5-2　土对挡土墙基底的摩擦系数 μ

土的类别		摩擦系数 μ
黏性土	可塑	$0.25 \sim 0.30$
	硬塑	$0.30 \sim 0.35$
	坚硬	$0.35 \sim 0.45$
粉土		$0.30 \sim 0.40$
中砂、粗砂、砾砂		$0.40 \sim 0.50$
碎石土		$0.40 \sim 0.60$
软质岩		$0.40 \sim 0.60$
表面粗糙的硬质岩		$0.65 \sim 0.75$

注：1　对易风化的软质岩和塑性指数 I_p 大于 22 的黏性
土，基底摩擦系数应通过试验确定；

2　对碎石土，可根据其密实程度、填充物状况、风
化程度等确定。

2　抗倾覆稳定性应按下列公式进行验算（图
6.7.5-2）：

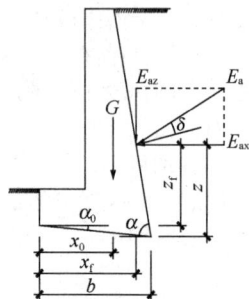

图 6.7.5-2　挡土墙抗
倾覆稳定验算示意

$$\frac{Gx_0 + E_{az}x_f}{E_{ax}z_f} \geq 1.6 \qquad (6.7.5-6)$$

$$E_{ax} = E_a \sin(\alpha - \delta) \qquad (6.7.5-7)$$

$$E_{az} = E_a \cos(\alpha - \delta) \qquad (6.7.5-8)$$

$$x_f = b - z\cot \alpha \qquad (6.7.5-9)$$

$$z_f = z - b\tan\alpha_0 \qquad (6.7.5-10)$$

式中：z——土压力作用点至墙踵的高度（m）；

x_0——挡土墙重心至墙趾的水平距离（m）；

b——基底的水平投影宽度（m）。

3　整体滑动稳定性可采用圆弧滑动面法进行
验算。

4　地基承载力计算，除应符合本规范第 5.2 节
的规定外，基底合力的偏心距不应大于 0.25 倍基础
的宽度。当基底下有软弱下卧层时，尚应进行软弱下
卧层的承载力验算。

6.8　岩石边坡与岩石锚杆挡墙

6.8.1　在岩石边坡整体稳定的条件下，岩石边坡的
开挖坡度允许值，应根据当地经验按工程类比的原
则，参照本地区已有稳定边坡的坡度值加以确定。

6.8.2　当整体稳定的软质岩边坡高度小于 12m，硬
质岩边坡高度小于 15m 时，边坡开挖时可进行构造
处理（图 6.8.2-1、图 6.8.2-2）。

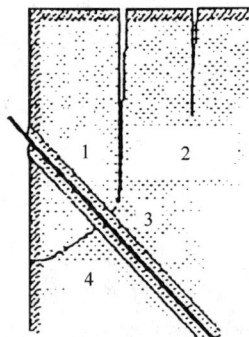

图 6.8.2-1　边坡顶部支护
1—崩塌体；2—岩石边坡顶部
裂隙；3—锚杆；4—破裂面

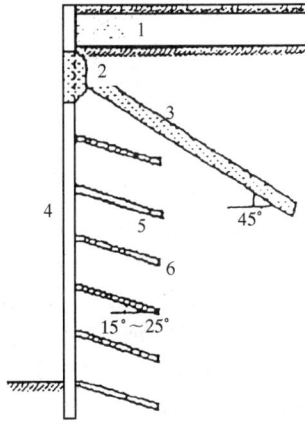

图 6.8.2-2 整体稳定边坡支护
1—土层；2—横向连系梁；3—支护锚杆；
4—面板；5—防护锚杆；6—岩石

6.8.3 对单结构面外倾边坡作用在支挡结构上的推力，可根据楔体平衡法进行计算，并应考虑结构面填充物的性质及其浸水后的变化。具有两组或多组结构面的交线倾向于临空面的边坡，可采用棱形体分割法计算棱体的下滑力。

6.8.4 岩石锚杆挡土结构设计，应符合下列规定（图 6.8.4）：

1 岩石锚杆挡土结构的荷载，宜采用主动土压力乘以 1.1~1.2 的增大系数；

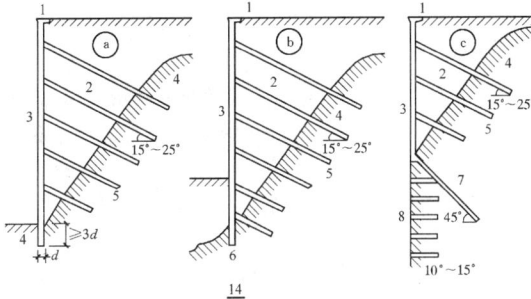

图 6.8.4　锚杆体系支挡结构
1—压顶梁；2—土层；3—立柱及面板；4—岩石；5—岩石锚杆；6—立柱嵌入岩体；7—顶撑锚杆；8—护面；9—面板；10—立柱（竖柱）；11—土体；12—土坡顶部；13—土坡坡脚；14—剖面图；15—平面图

2 挡板计算时，其荷载的取值可考虑支承挡板的两立柱间土体的卸荷拱作用；

3 立柱端部应嵌入稳定岩层内，并应根据端部的实际情况假定为固定支承或铰支承，当立柱插入岩层中的深度大于 3 倍立柱长边时，可按固定支承

计算；

4 岩石锚杆应与立柱牢固连接，并应验算连接处立柱的抗剪切强度。

6.8.5 岩石锚杆的构造应符合下列规定：

1 岩石锚杆由锚固段和非锚固段组成。锚固段应嵌入稳定的基岩中，嵌入基岩深度应大于 40 倍锚杆筋体直径，且不得小于 3 倍锚杆的孔径。非锚固段的主筋必须进行防护处理。

2 作支护用的岩石锚杆，锚杆孔径不宜小于 100mm；作防护用的锚杆，其孔径可小于 100mm，但不应小于 60mm。

3 岩石锚杆的间距，不应小于锚杆孔径的 6 倍。

4 岩石锚杆与水平面的夹角宜为 15°~25°。

5 锚杆筋体宜采用热轧带肋钢筋，水泥砂浆强度不宜低于 25MPa，细石混凝土强度不宜低于 C25。

6.8.6 岩石锚杆锚固段的抗拔承载力，应按照本规范附录 M 的试验方法经现场原位试验确定。对于永久性锚杆的初步设计或对于临时性锚杆的施工阶段设计，可按下式计算：

$$R_t = \xi f u_r h_r \qquad (6.8.6)$$

式中：R_t——锚杆抗拔承载力特征值（kN）；
ξ——经验系数，对于永久性锚杆取 0.8，对于临时性锚杆取 1.0；
f——砂浆与岩石间的粘结强度特征值（kPa），由试验确定，当缺乏试验资料时，可按表 6.8.6 取用；
u_r——锚杆的周长（m）；
h_r——锚杆锚固段嵌入岩层中的长度（m），当长度超过 13 倍锚杆直径时，按 13 倍直径计算。

表 6.8.6　砂浆与岩石间的粘结强度特征值（MPa）

岩石坚硬程度	软岩	较软岩	硬质岩
粘结强度	<0.2	0.2~0.4	0.4~0.6

注：水泥砂浆强度为 30MPa 或细石混凝土强度等级为 C30。

7　软弱地基

7.1　一般规定

7.1.1 当地基压缩层主要由淤泥、淤泥质土、冲填土、杂填土或其他高压缩性土层构成时应按软弱地基进行设计。在建筑地基的局部范围内有高压缩性土层时，应按局部软弱土层处理。

7.1.2 勘察时，应查明软弱土层的均匀性、组成、分布范围和土质情况；冲填土尚应查明排水固结条件；杂填土应查明堆积历史，确定自重压力下的稳定性、湿陷性等。

7.1.3 设计时，应考虑上部结构和地基的共同作用。对建筑体型、荷载情况、结构类型和地质条件进行综合分析，确定合理的建筑措施、结构措施和地基处理方法。

7.1.4 施工时，应注意对淤泥和淤泥质土基槽底面的保护，减少扰动。荷载差异较大的建筑物，宜先建重、高部分，后建轻、低部分。

7.1.5 活荷载较大的构筑物或构筑物群（如料仓、油罐等），使用初期应根据沉降情况控制加载速率，掌握加载间隔时间，或调整活荷载分布，避免过大倾斜。

7.2 利用与处理

7.2.1 利用软弱土层作为持力层时，应符合下列规定：

1 淤泥和淤泥质土，宜利用其上覆较好土层作为持力层，当上覆土层较薄，应采取避免施工时对淤泥和淤泥质土扰动的措施；

2 冲填土、建筑垃圾和性能稳定的工业废料，当均匀性和密实度较好时，可利用作为轻型建筑物地基的持力层。

7.2.2 局部软弱土层以及暗塘、暗沟等，可采用基础梁、换土、桩基或其他方法处理。

7.2.3 当地基承载力或变形不能满足设计要求时，地基处理可选用机械压实、堆载预压、真空预压、换填垫层或复合地基等方法。处理后的地基承载力应通过试验确定。

7.2.4 机械压实包括重锤夯实、强夯、振动压实等方法，可用于处理由建筑垃圾或工业废料组成的杂填土地基，处理有效深度应通过试验确定。

7.2.5 堆载预压可用于处理较厚淤泥和淤泥质土地基。预压荷载宜大于设计荷载，预压时间应根据建筑物的要求以及地基固结情况决定，并应考虑堆载大小和速率对堆载效果和周围建筑物的影响。采用塑料排水带或砂井进行堆载预压和真空预压时，应在塑料排水带或砂井顶部做排水砂垫层。

7.2.6 换填垫层（包括加筋垫层）可用于软弱地基的浅层处理。垫层材料可采用中砂、粗砂、砾砂、角（圆）砾、碎（卵）石、矿渣、灰土、黏性土以及其他性能稳定、无腐蚀性的材料。加筋材料可采用高强度、低徐变、耐久性好的土工合成材料。

7.2.7 复合地基设计应满足建筑物承载力和变形要求。当地基土为欠固结土、膨胀土、湿陷性黄土、可液化土等特殊性土时，设计采用的增强体和施工工艺应满足处理后地基土和增强体共同承担荷载的技术要求。

7.2.8 复合地基承载力特征值应通过现场复合地基载荷试验确定，或采用增强体载荷试验结果和其周边土的承载力特征值结合经验确定。

7.2.9 复合地基基础底面的压力除应满足本规范公式（5.2.1-1）的要求外，还应满足本规范公式（5.2.1-2）的要求。

7.2.10 复合地基的最终变形量可按式（7.2.10）计算：

$$s = \psi_{sp} s' \qquad (7.2.10)$$

式中：s——复合地基最终变形量（mm）；

ψ_{sp}——复合地基沉降计算经验系数，根据地区沉降观测资料经验确定，无地区经验时可根据变形计算深度范围内压缩模量的当量值（$\overline{E}_s$）按表7.2.10取值；

s'——复合地基计算变形量（mm），可按本规范公式（5.3.5）计算；加固土层的压缩模量可取复合土层的压缩模量，按本规范第7.2.12条确定；地基变形计算深度应大于加固土层的厚度，并应符合本规范第5.3.7条的规定。

表 7.2.10　复合地基沉降计算经验系数 ψ_{sp}

$\overline{E}_s$（MPa）	4.0	7.0	15.0	20.0	35.0
ψ_{sp}	1.0	0.7	0.4	0.25	0.2

7.2.11 变形计算深度范围内压缩模量的当量值（$\overline{E}_s$），应按下式计算：

$$\overline{E}_s = \frac{\sum_{i=1}^{n} A_i + \sum_{j=1}^{m} A_j}{\sum_{i=1}^{n} \dfrac{A_i}{E_{spi}} + \sum_{j=1}^{m} \dfrac{A_j}{E_{sj}}} \qquad (7.2.11)$$

式中：E_{spi}——第 i 层复合土层的压缩模量（MPa）；

E_{sj}——加固土层以下的第 j 层土的压缩模量（MPa）。

7.2.12 复合地基变形计算时，复合土层的压缩模量可按下列公式计算：

$$E_{spi} = \xi \cdot E_{si} \qquad (7.2.12-1)$$

$$\xi = f_{spk} / f_{ak} \qquad (7.2.12-2)$$

式中：E_{spi}——第 i 层复合土层的压缩模量（MPa）；

ξ——复合土层的压缩模量提高系数；

f_{spk}——复合地基承载力特征值（kPa）；

f_{ak}——基础底面下天然地基承载力特征值（kPa）。

7.2.13 增强体顶部应设褥垫层。褥垫层可采用中砂、粗砂、砾砂、碎石、卵石等散体材料。碎石、卵石宜掺入 20%～30% 的砂。

7.3 建筑措施

7.3.1 在满足使用和其他要求的前提下，建筑体型应力求简单。当建筑体型比较复杂时，宜根据其平面形状和高度差异情况，在适当部位用沉降缝将其划分成若干个刚度较好的单元；当高度差异或荷载差异较大时，可将两者隔开一定距离，当拉开距离后的两单元必须连接时，应采用能自由沉降的连接构造。

7.3.2 当建筑物设置沉降缝时，应符合下列规定：

1 建筑物的下列部位，宜设置沉降缝：

　1）建筑平面的转折部位；

　2）高度差异或荷载差异处；

　3）长高比过大的砌体承重结构或钢筋混凝土框架结构的适当部位；

　4）地基土的压缩性有显著差异处；

　5）建筑结构或基础类型不同处；

　6）分期建造房屋的交界处。

2 沉降缝应有足够的宽度，沉降缝宽度可按表7.3.2选用。

表 7.3.2　房屋沉降缝的宽度

房 屋 层 数	沉降缝宽度（mm）
二～三	50～80
四～五	80～120
五层以上	不小于 120

7.3.3 相邻建筑物基础间的净距，可按表 7.3.3 选用。

表 7.3.3　相邻建筑物基础间的净距(m)

影响建筑的预估平均沉降量 s(mm) ＼ 被影响建筑的长高比	$2.0 \leqslant \dfrac{L}{H_f} < 3.0$	$3.0 \leqslant \dfrac{L}{H_f} < 5.0$
70～150	2～3	3～6
160～250	3～6	6～9
260～400	6～9	9～12
＞400	9～12	不小于 12

注：1　表中 L 为建筑物长度或沉降缝分隔的单元长度(m)；H_f 为自基础底面标高算起的建筑物高度(m)；

　　2　当被影响建筑的长高比为 $1.5 < L/H_f < 2.0$ 时，其间净距可适当缩小。

7.3.4 相邻高耸结构或对倾斜要求严格的构筑物的外墙间隔距离，应根据倾斜允许值计算确定。

7.3.5 建筑物各组成部分的标高，应根据可能产生的不均匀沉降采取下列相应措施：

1 室内地坪和地下设施的标高，应根据预估沉降量予以提高。建筑物各部分（或设备之间）有联系时，可将沉降较大者标高提高。

2 建筑物与设备之间，应留有净空。当建筑物有管道穿过时，应预留孔洞，或采用柔性的管道接头等。

7.4　结 构 措 施

7.4.1 为减少建筑物沉降和不均匀沉降，可采用下列措施：

1 选用轻型结构，减轻墙体自重，采用架空地板代替室内填土；

2 设置地下室或半地下室，采用覆土少、自重轻的基础形式；

3 调整各部分的荷载分布、基础宽度或埋置深度；

4 对不均匀沉降要求严格的建筑物，可选用较小的基底压力。

7.4.2 对于建筑体型复杂、荷载差异较大的框架结构，可采用箱基、桩基、筏基等加强基础整体刚度，减少不均匀沉降。

7.4.3 对于砌体承重结构的房屋，宜采用下列措施增强整体刚度和承载力：

1 对于三层和三层以上的房屋，其长高比 L/H_f 宜小于或等于2.5；当房屋的长高比为 $2.5 < L/H_f \leqslant 3.0$ 时，宜做到纵墙不转折或少转折，并应控制其内横墙间距或增强基础刚度和承载力。当房屋的预估最大沉降量小于或等于 120mm 时，其长高比可不受限制。

2 墙体内宜设置钢筋混凝土圈梁或钢筋砖圈梁。

3 在墙体上开洞时，宜在开洞部位配筋或采用构造柱及圈梁加强。

7.4.4 圈梁应按下列要求设置：

1 在多层房屋的基础和顶层处应各设置一道，其他各层可隔层设置，必要时也可逐层设置。单层工业厂房、仓库，可结合基础梁、连系梁、过梁等酌情设置。

2 圈梁应设置在外墙、内纵墙和主要内横墙上，并宜在平面内连成封闭系统。

7.5　大面积地面荷载

7.5.1 在建筑范围内有地面荷载的单层工业厂房、露天车间和单层仓库的设计，应考虑由于地面荷载所产生的地基不均匀变形及其对上部结构的不利影响。当有条件时，宜利用堆载预压过的建筑场地。

注：地面荷载系指生产堆料、工业设备等地面堆载和天然地面上的大面积填土。

7.5.2 地面堆载应均衡，并应根据使用要求、堆载特点、结构类型和地质条件确定允许堆载量和范围。

堆载不宜压在基础上。大面积的填土，宜在基础施工前三个月完成。

7.5.3 地面堆载荷载应满足地基承载力、变形、稳定性要求，并应考虑对周边环境的影响。当堆载量超过地基承载力特征值时应进行专项设计。

7.5.4 厂房和仓库的结构设计，可适当提高柱、墙的抗弯能力，增强房屋的刚度。对于中、小型仓库，宜采用静定结构。

7.5.5 对于在使用过程中允许调整吊车轨道的单层钢筋混凝土工业厂房和露天车间的天然地基设计，除应遵守本规范第5章的有关规定外，尚应符合下式要求：

$$s'_g \leqslant [s'_g] \qquad (7.5.5)$$

式中：s'_g——由地面荷载引起柱基内侧边缘中点的地基附加沉降量计算值，可按本规范附录 N 计算；

$[s'_g]$——由地面荷载引起柱基内侧边缘中点的地基附加沉降量允许值，可按表 7.5.5 采用。

表 7.5.5　地基附加沉降量允许值 $[s'_g]$ (mm)

$\dfrac{a}{b}$	6	10	20	30	40	50	60	70
1	40	45	50	55	55			
2	45	50	55	60	60			
3	50	55	60	65	70	75		
4	55	60	65	70	75	80	85	90
5	65	70	75	80	85	90	95	100

注：表中 a 为地面荷载的纵向长度 (m)；b 为车间跨度方向基础底面边长 (m)。

7.5.6 按本规范第 7.5.5 条设计时，应考虑在使用过程中垫高或移动吊车轨道和吊车梁的可能性。应增大吊车顶面与屋架下弦间的净空和吊车边缘与上柱边缘间的净距，当地基土平均压缩模量 E_s 为 3MPa 左右，地面平均荷载大于 25kPa 时，净空宜大于 300mm，净距宜大于 200mm。并应按吊车轨道可能移动的幅度，加宽钢筋混凝土吊车梁腹部及配置抗扭钢筋。

7.5.7 具有地面荷载的建筑地基遇到下列情况之一时，宜采用桩基：

1 不符合本规范第 7.5.5 条要求；

2 车间内设有起重量 300kN 以上、工作级别大于 A5 的吊车；

3 基底下软土层较薄，采用桩基经济者。

8　基　础

8.1　无筋扩展基础

8.1.1 无筋扩展基础（图 8.1.1）高度应满足下式的要求：

$$H_0 \geqslant \frac{b - b_0}{2\tan\alpha} \qquad (8.1.1)$$

式中：b——基础底面宽度 (m)；

b_0——基础顶面的墙体宽度或柱脚宽度 (m)；

H_0——基础高度 (m)；

$\tan\alpha$——基础台阶宽高比 $b_2 : H_0$，其允许值可按表 8.1.1 选用；

b_2——基础台阶宽度 (m)。

表 8.1.1　无筋扩展基础台阶宽高比的允许值

基础材料	质量要求	台阶宽高比的允许值		
		$p_k \leqslant 100$	$100 < p_k \leqslant 200$	$200 < p_k \leqslant 300$
混凝土基础	C15 混凝土	1：1.00	1：1.00	1：1.25
毛石混凝土基础	C15 混凝土	1：1.00	1：1.25	1：1.50
砖基础	砖不低于 MU10、砂浆不低于 M5	1：1.50	1：1.50	1：1.50
毛石基础	砂浆不低于 M5	1：1.25	1：1.50	—
灰土基础	体积比为 3：7 或 2：8 的灰土，其最小干密度：粉土 1550kg/m³　粉质黏土 1500kg/m³　黏土 1450kg/m³	1：1.25	1：1.50	—
三合土基础	体积比 1：2：4 ~ 1：3：6(石灰：砂：骨料)，每层约虚铺 220mm，夯至 150mm	1：1.50	1：2.00	—

注：1 p_k 为作用的标准组合时基础底面处的平均压力值 (kPa)；

2 阶梯形毛石基础的每阶伸出宽度，不宜大于 200mm；

3 当基础由不同材料叠合组成时，应对接触部分作抗压验算；

4 混凝土基础单侧扩展范围内基础底面处的平均压力值超过 300kPa 时，尚应进行抗剪验算；对基底反力集中于立柱附近的岩石地基，应进行局部受压承载力验算。

8.1.2 采用无筋扩展基础的钢筋混凝土柱，其柱脚高度 h_1 不得小于 b_1（图 8.1.1），并不应小于 300mm 且不小于 20d。当柱纵向钢筋在柱脚内的竖向锚固长度不满足锚固要求时，可沿水平方向弯折，弯折后的水平锚固长度不应小于 10d 也不应大于 20d。

注：d 为柱中的纵向受力钢筋的最大直径。

8.2　扩展基础

8.2.1 扩展基础的构造，应符合下列规定：

1 锥形基础的边缘高度不宜小于 200mm，且两个方向的坡度不宜大于 1：3；阶梯形基础的每阶高度，宜为 300mm ~ 500mm。

2 垫层的厚度不宜小于 70mm，垫层混凝土强度等级不宜低于 C10。

3 扩展基础受力钢筋最小配筋率不应小于 0.15%，底板受力钢筋的最小直径不应小于 10mm，间距不应大于 200mm，也不应小于 100mm。墙下钢

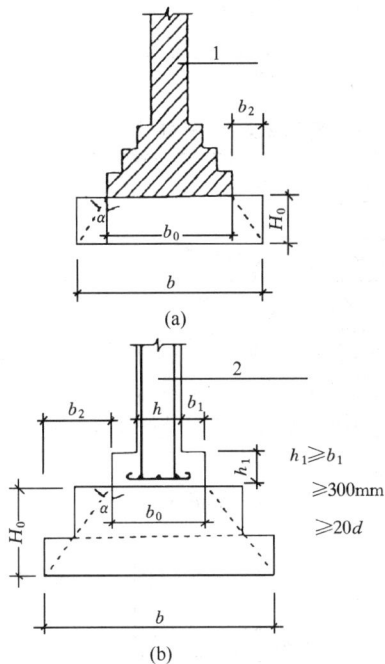

图 8.1.1　无筋扩展基础构造示意
d—柱中纵向钢筋直径；
1—承重墙；2—钢筋混凝土柱

筋混凝土条形基础纵向分布钢筋的直径不应小于8mm；间距不应大于300mm；每延米分布钢筋的面积不应小于受力钢筋面积的15%。当有垫层时钢筋保护层的厚度不应小于40mm；无垫层时不应小于70mm。

4　混凝土强度等级不应低于C20。

5　当柱下钢筋混凝土独立基础的边长和墙下钢筋混凝土条形基础的宽度大于或等于2.5m时，底板受力钢筋的长度可取边长或宽度的0.9倍，并宜交错布置（图8.2.1-1）。

6　钢筋混凝土条形基础底板在T形及十字形交接处，底板横向受力钢筋仅沿一个主要受力方向通长布置，另一方向的横向受力钢筋可布置到主要受力方向底板宽度1/4处（图8.2.1-2）。在拐角处底板横向受力钢筋应沿两个方向布置（图8.2.1-2）。

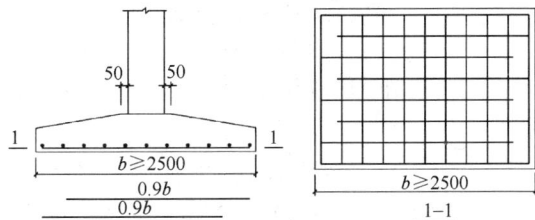

图 8.2.1-1　柱下独立基础底板受力钢筋布置

8.2.2　钢筋混凝土柱和剪力墙纵向受力钢筋在基础内的锚固长度应符合下列规定：

1　钢筋混凝土柱和剪力墙纵向受力钢筋在基

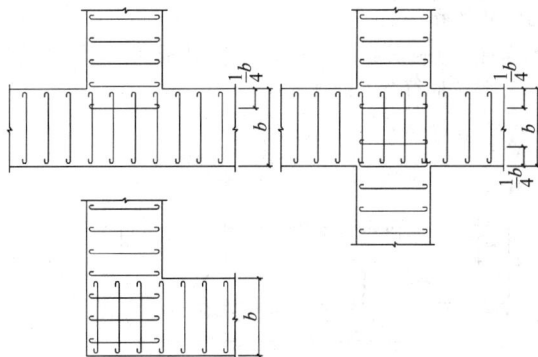

图 8.2.1-2　墙下条形基础纵横交叉处底板
受力钢筋布置

内的锚固长度（l_a）应根据现行国家标准《混凝土结构设计规范》GB 50010有关规定确定；

2　抗震设防烈度为6度、7度、8度和9度地区的建筑工程，纵向受力钢筋的抗震锚固长度（l_{aE}）应按下式计算：

1）一、二级抗震等级纵向受力钢筋的抗震锚固长度（l_{aE}）应按下式计算：

$$l_{aE} = 1.15 l_a \qquad (8.2.2-1)$$

2）三级抗震等级纵向受力钢筋的抗震锚固长度（l_{aE}）应按下式计算：

$$l_{aE} = 1.05 l_a \qquad (8.2.2-2)$$

3）四级抗震等级纵向受力钢筋的抗震锚固长度（l_{aE}）应按下式计算：

$$l_{aE} = l_a \qquad (8.2.2-3)$$

式中：l_a——纵向受拉钢筋的锚固长度（m）。

3　当基础高度小于l_a（l_{aE}）时，纵向受力钢筋的锚固总长度除符合上述要求外，其最小直锚段的长度不应小于20d，弯折段的长度不应小于150mm。

8.2.3　现浇柱的基础，其插筋的数量、直径以及钢筋种类应与柱内纵向受力钢筋相同。插筋的锚固长度应满足本规范第8.2.2条的规定，插筋与柱的纵向受力钢筋的连接方法，应符合现行国家标准《混凝土结构设计规范》GB 50010的有关规定。插筋的下端宜做成直钩放在基础底板钢筋网上。当符合下列条件之一时，可仅将四角的插筋伸至底板钢筋网上，其余插筋锚固在基础顶面下l_a或l_{aE}处（图8.2.3）。

1　柱为轴心受压或小偏心受压，基础高度大于或等于1200mm；

2　柱为大偏心受压，基础高度大于或等

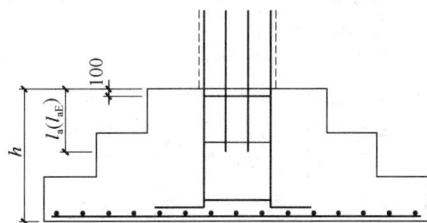

图 8.2.3　现浇柱的基础中插筋构造示意

于 1400mm。

8.2.4 预制钢筋混凝土柱与杯口基础的连接（图8.2.4），应符合下列规定：

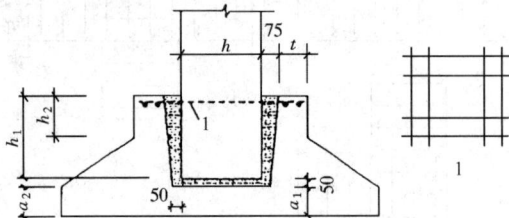

图 8.2.4 预制钢筋混凝土柱与杯口
基础的连接示意
注：$a_2 \geqslant a_1$；1—焊接网

1 柱的插入深度，可按表8.2.4-1选用，并应满足本规范第8.2.2条钢筋锚固长度的要求及吊装时柱的稳定性。

表 8.2.4-1 柱的插入深度 h_1（mm）

矩形或工字形柱				双肢柱
$h<500$	$500 \leqslant h$ <800	$800 \leqslant h$ $\leqslant 1000$	$h>1000$	
$h \sim 1.2h$	h	$0.9h$ 且$\geqslant 800$	$0.8h$ $\geqslant 1000$	$(1/3 \sim 2/3) \ h_a$ $(1.5 \sim 1.8) \ h_b$

注：1 h 为柱截面长边尺寸；h_a 为双肢柱全截面长边尺寸；h_b 为双肢柱全截面短边尺寸；

　　2 柱轴心受压或小偏心受压时，h_1 可适当减小，偏心距大于 $2h$ 时，h_1 应适当加大。

2 基础的杯底厚度和杯壁厚度，可按表8.2.4-2选用。

表 8.2.4-2 基础的杯底厚度和杯壁厚度

柱截面长边尺寸 h（mm）	杯底厚度 a_1（mm）	杯壁厚度 t（mm）
$h<500$	$\geqslant 150$	$150 \sim 200$
$500 \leqslant h<800$	$\geqslant 200$	$\geqslant 200$
$800 \leqslant h<1000$	$\geqslant 200$	$\geqslant 300$
$1000 \leqslant h<1500$	$\geqslant 250$	$\geqslant 350$
$1500 \leqslant h<2000$	$\geqslant 300$	$\geqslant 400$

注：1 双肢柱的杯底厚度值，可适当加大；

　　2 当有基础梁时，基础梁下的杯壁厚度，应满足其支承宽度的要求；

　　3 柱子插入杯口部分的表面应凿毛，柱子与杯口之间的空隙，应用比基础混凝土强度等级高一级的细石混凝土充填密实，当达到材料设计强度的70%以上时，方能进行上部吊装。

3 当柱为轴心受压或小偏心受压且 $t/h_2 \geqslant 0.65$ 时，或大偏心受压且 $t/h_2 \geqslant 0.75$ 时，杯壁可不配筋；

当柱为轴心受压或小偏心受压且 $0.5 \leqslant t/h_2 < 0.65$ 时，杯壁可按表8.2.4-3构造配筋；其他情况下，应按计算配筋。

表 8.2.4-3 杯壁构造配筋

柱截面长边尺寸（mm）	$h<1000$	$1000 \leqslant h$ <1500	$1500 \leqslant h$ $\leqslant 2000$
钢筋直径（mm）	$8 \sim 10$	$10 \sim 12$	$12 \sim 16$

注：表中钢筋置于杯口顶部，每边两根(图8.2.4)。

8.2.5 预制钢筋混凝土柱（包括双肢柱）与高杯口基础的连接（图8.2.5-1），除应符合本规范第8.2.4条插入深度的规定外，尚应符合下列规定：

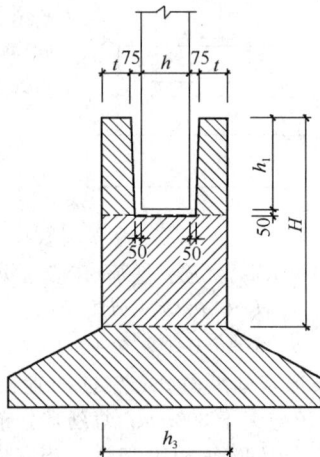

图 8.2.5-1 高杯口基础
H—短柱高度

1 起重机起重量小于或等于750kN，轨顶标高小于或等于14m，基本风压小于0.5kPa的工业厂房，且基础短柱的高度不大于5m。

2 起重机起重量大于750kN，基本风压大于0.5kPa，应符合下式的规定：

$$\frac{E_2 J_2}{E_1 J_1} \geqslant 10 \qquad (8.2.5\text{-}1)$$

式中：E_1——预制钢筋混凝土柱的弹性模量（kPa）；

J_1——预制钢筋混凝土柱对其截面短轴的惯性矩（m^4）；

E_2——短柱的钢筋混凝土弹性模量（kPa）；

J_2——短柱对其截面短轴的惯性矩（m^4）。

3 当基础短柱的高度大于5m，应符合下式的规定：

$$\Delta_2 / \Delta_1 \leqslant 1.1 \qquad (8.2.5\text{-}2)$$

式中：Δ_1——单位水平力作用在以高杯口基础顶面为固定端的柱顶时，柱顶的水平位移（m）；

Δ_2——单位水平力作用在以短柱底面为固定端的柱顶时，柱顶的水平位移（m）。

4 杯壁厚度应符合表8.2.5的规定。高杯口基础短柱的纵向钢筋，除满足计算要求外，在非地震区及抗震设防烈度低于 9 度地区，且满足本条第 1、2、3 款的要求时，短柱四角纵向钢筋的直径不宜小于 20mm，并延伸至基础底板的钢筋网上；短柱长边的纵向钢筋，当长边尺寸小于或等于 1000mm 时，其钢筋直径不应小于 12mm，间距不应大于 300mm；当长边尺寸大于 1000mm 时，其钢筋直径不应小于 16mm，间距不应大于 300mm，且每隔一米左右伸下一根并作 150mm 的直钩支承在基础底部的钢筋网上，其余钢筋锚固至基础底板顶面下 l_a 处（图 8.2.5-2）。短柱短边每隔 300mm 应配置直径不小于 12mm 的纵向钢筋且每边的配筋率不少于 0.05% 短柱的截面面积。短柱中杯口壁内横向箍筋不应小于 $\phi 8@150$；短柱中其他部位的箍筋直径不应小于 8mm，间距不应大于 300mm；当抗震设防烈度为 8 度和 9 度时，箍筋直径不应小于 8mm，间距不应大于 150mm。

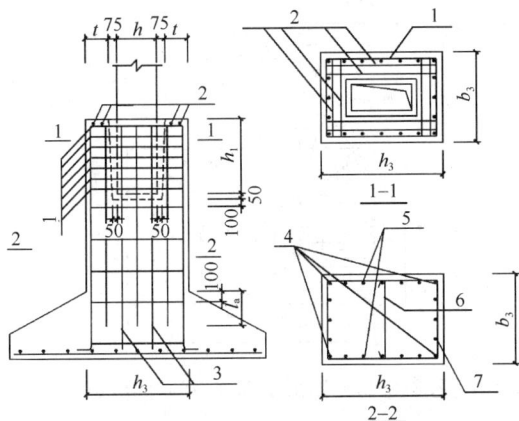

图 8.2.5-2 高杯口基础构造配筋
1—杯口壁内横向箍筋 $\phi 8@150$；2—顶层焊接钢筋网；3—插入基础底部的纵向钢筋不应少于每米 1 根；4—短柱四角钢筋一般不小于 $\Phi 20$；5—短柱长边纵向钢筋当 $h_3 \leqslant 1000$ 用 $\phi 12@300$，当 $h_3 > 1000$ 用 $\Phi 16@300$；6—按构造要求；7—短柱短边纵向钢筋每边不小于 $0.05\% b_3 h_3$
（不小于 $\phi 12@300$）

表 8.2.5 高杯口基础的杯壁厚度 t

h (mm)	t (mm)
$600 < h \leqslant 800$	$\geqslant 250$
$800 < h \leqslant 1000$	$\geqslant 300$
$1000 < h \leqslant 1400$	$\geqslant 350$
$1400 < h \leqslant 1600$	$\geqslant 400$

8.2.6 扩展基础的基础底面积，应按本规范第 5 章有关规定确定。在条形基础相交处，不应重复计入基础面积。

8.2.7 扩展基础的计算应符合下列规定：

1 对柱下独立基础，当冲切破坏锥体落在基础底面以内时，应验算柱与基础交接处以及基础变阶处的受冲切承载力；

2 对基础底面短边尺寸小于或等于柱宽加两倍基础有效高度的柱下独立基础，以及墙下条形基础，应验算柱（墙）与基础交接处的基础受剪切承载力；

3 基础底板的配筋，应按抗弯计算确定；

4 当基础的混凝土强度等级小于柱的混凝土强度等级时，尚应验算柱下基础顶面的局部受压承载力。

8.2.8 柱下独立基础的受冲切承载力应按下列公式验算：

$$F_l \leqslant 0.7\beta_{hp} f_t a_m h_0 \qquad (8.2.8-1)$$
$$a_m = (a_t + a_b)/2 \qquad (8.2.8-2)$$
$$F_l = p_j A_l \qquad (8.2.8-3)$$

式中：β_{hp}——受冲切承载力截面高度影响系数，当 h 不大于 800mm 时，β_{hp} 取 1.0；当 h 大于或等于 2000mm 时，β_{hp} 取 0.9，其间按线性内插法取用；

f_t——混凝土轴心抗拉强度设计值（kPa）；

h_0——基础冲切破坏锥体的有效高度（m）；

a_m——冲切破坏锥体最不利一侧计算长度（m）；

a_t——冲切破坏锥体最不利一侧斜截面的上边长（m），当计算柱与基础交接处的受冲切承载力时，取柱宽；当计算基础变阶处的受冲切承载力时，取上阶宽；

a_b——冲切破坏锥体最不利一侧斜截面在基础底面积范围内的下边长（m），当冲切破坏锥体的底面落在基础底面以内（图 8.2.8a、b），计算柱与基础交接处的受冲切承载力时，取柱宽加两倍基础有效高度；当计算基础变阶处的受冲切承载力时，取上阶宽加两倍该处的基础有效高度；

p_j——扣除基础自重及其上土重后相应于作用的基本组合时的地基土单位面积净反力（kPa），对偏心受压基础可取基础边缘处最大地基土单位面积净反力；

A_l——冲切验算时取用的部分基底面积（m²）（图 8.2.8a、b 中的阴影面积 ABC-DEF）；

F_l——相应于作用的基本组合时作用在 A_l 上的地基土净反力设计值（kPa）。

8.2.9 当基础底面短边尺寸小于或等于柱宽加两倍基础有效高度时，应按下列公式验算柱与基础交接处截面受剪承载力：

$$V_s \leqslant 0.7\beta_{hs} f_t A_0 \qquad (8.2.9-1)$$
$$\beta_{hs} = (800/h_0)^{1/4} \qquad (8.2.9-2)$$

式中：V_s——相应于作用的基本组合时，柱与基础交接处的剪力设计值（kN），图 8.2.9 中

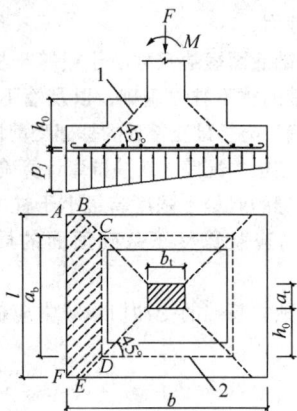

(a) 柱与基础交接处

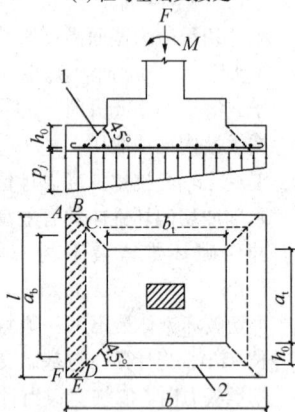

(b) 基础变阶处

图 8.2.8 计算阶形基础的受冲切承载力截面位置
1—冲切破坏锥体最不利一侧的斜截面；
2—冲切破坏锥体的底面线；

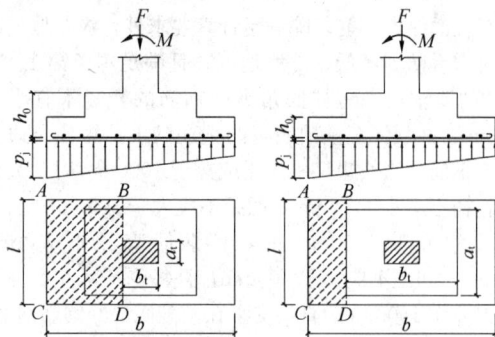

(a) 柱与基础交接处　　(b) 基础变阶处

图 8.2.9　验算阶形基础受剪切承载力示意

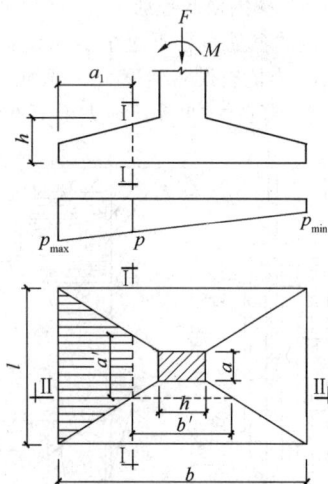

图 8.2.11　矩形基础底板的计算示意

$$M_{\text{II}} = \frac{1}{48}(l-a')^2(2b+b')\left(p_{\max}+p_{\min}-\frac{2G}{A}\right)$$

(8.2.11-2)

式中：M_{I}、M_{II}——相应于作用的基本组合时，任意截面 I-I、II-II 处的弯矩设计值（kN·m）；

a_1——任意截面 I-I 至基底边缘最大反力处的距离（m）；

l、b——基础底面的边长（m）；

$p_{\max}$、$p_{\min}$——相应于作用的基本组合时的基础底面边缘最大和最小地基反力设计值（kPa）；

p——相应于作用的基本组合时在任意截面 I-I 处基础底面地基反力设计值（kPa）；

G——考虑作用分项系数的基础自重及其上的土自重（kN）；当组合值由永久作用控制时，作用分项系数可取 1.35。

8.2.12 基础底板配筋除满足计算和最小配筋率要求外，尚应符合本规范第 8.2.1 条第 3 款的构造要求。

的阴影面积乘以基底平均净反力；

β_{hs}——受剪切承载力截面高度影响系数，当 h_0 <800mm 时，取 $h_0 = 800$mm；当 $h_0 >$ 2000mm 时，取 $h_0 = 2000$mm；

A_0——验算截面处基础的有效截面面积（m²）。当验算截面为阶形或锥形时，可将其截面折算成矩形截面，截面的折算宽度和截面的有效高度按本规范附录 U 计算。

8.2.10 墙下条形基础底板应按本规范公式（8.2.9-1）验算墙与基础底板交接处截面受剪承载力，其中 A_0 为验算截面处基础底板的单位长度垂直截面有效面积，V_s 为墙与基础交接处由基底平均净反力产生的单位长度剪力设计值。

8.2.11 在轴心荷载或单向偏心荷载作用下，当台阶的宽高比小于或等于 2.5 且偏心距小于或等于 1/6 基础宽度时，柱下矩形独立基础任意截面的底板弯矩可按下列简化方法进行计算（图 8.2.11）：

$$M_{\text{I}} = \frac{1}{12}a_1^2\left[(2l+a')\left(p_{\max}+p-\frac{2G}{A}\right)+(p_{\max}-p)l\right]$$

(8.2.11-1)

计算最小配筋率时，对阶形或锥形基础截面，可将其截面折算成矩形截面，截面的折算宽度和截面的有效高度，按附录 U 计算。基础底板钢筋可按式 (8.2.12) 计算。

$$A_s = \frac{M}{0.9 f_y h_0} \tag{8.2.12}$$

8.2.13 当柱下独立柱基底面长短边之比 ω 在大于或等于 2、小于或等于 3 的范围时，基础底板短向钢筋应按下述方法布置：将短向全部钢筋面积乘以 λ 后求得的钢筋，均匀分布在与柱中心线重合的宽度等于基础短边的中间带宽范围内（图 8.2.13），其余的短向钢筋则均匀分布在中间带宽的两侧。长向配筋应均匀分布在基础全宽范围内。λ 按下式计算：

$$\lambda = 1 - \frac{\omega}{6} \tag{8.2.13}$$

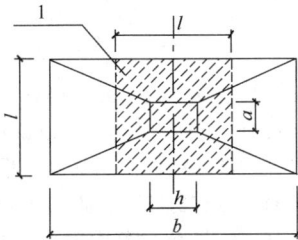

图 8.2.13　基础底板短向
钢筋布置示意

1—λ 倍短向全部钢筋面积
均匀配置在阴影范围内

8.2.14 墙下条形基础（图 8.2.14）的受弯计算和配筋应符合下列规定：

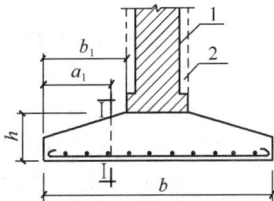

图 8.2.14　墙下条形
基础的计算示意

1—砖墙；2—混凝土墙

1　任意截面每延米宽度的弯矩，可按下式进行计算。

$$M_I = \frac{1}{6} a_1^2 \left(2p_{max} + p - \frac{3G}{A} \right) \tag{8.2.14}$$

2　其最大弯矩截面的位置，应符合下列规定：

1）当墙体材料为混凝土时，取 $a_1 = b_1$；

2）如为砖墙且放脚不大于 1/4 砖长时，取 $a_1 = b_1 + 1/4$ 砖长。

3　墙下条形基础底板每延米宽度的配筋除满足计算和最小配筋率要求外，尚应符合本规范第 8.2.1 条第 3 款的构造要求。

8.3　柱下条形基础

8.3.1 柱下条形基础的构造，除应符合本规范第 8.2.1 条的要求外，尚应符合下列规定：

1　柱下条形基础梁的高度宜为柱距的 1/4～1/8。翼板厚度不应小于 200mm。当翼板厚度大于 250mm 时，宜采用变厚度翼板，其顶面坡度宜小于或等于 1：3。

2　条形基础的端部宜向外伸出，其长度宜为第一跨距的 0.25 倍。

3　现浇柱与条形基础梁的交接处，基础梁的平面尺寸应大于柱的平面尺寸，且柱的边缘至基础梁边缘的距离不得小于 50mm（图 8.3.1）。

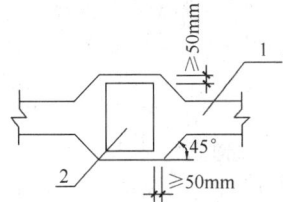

图 8.3.1　现浇柱与条形
基础梁交接处平面尺寸

1—基础梁；2—柱

4　条形基础梁顶部和底部的纵向受力钢筋除应满足计算要求外，顶部钢筋应按计算配筋全部贯通，底部通长钢筋不应少于底部受力钢筋截面总面积的 1/3。

5　柱下条形基础的混凝土强度等级，不应低于 C20。

8.3.2 柱下条形基础的计算，除应符合本规范第 8.2.6 条的要求外，尚应符合下列规定：

1　在比较均匀的地基上，上部结构刚度较好，荷载分布较均匀，且条形基础梁的高度不小于 1/6 柱距时，地基反力可按直线分布，条形基础梁的内力可按连续梁计算，此时边跨跨中弯矩及第一内支座的弯矩值宜乘以 1.2 的系数。

2　当不满足本条第 1 款的要求时，宜按弹性地基梁计算。

3　对交叉条形基础，交点上的柱荷载，可按静力平衡条件及变形协调条件，进行分配。其内力可按本条上述规定，分别进行计算。

4　应验算柱边缘处基础梁的受剪承载力。

5　当存在扭矩时，尚应作抗扭计算。

6　当条形基础的混凝土强度等级小于柱的混凝土强度等级时，应验算柱下条形基础梁顶面的局部受压承载力。

8.4　高层建筑筏形基础

8.4.1 筏形基础分为梁板式和平板式两种类型，其选型应根据地基土质、上部结构体系、柱距、荷载大小、使用要求以及施工条件等因素确定。框架-核心筒结构和筒中筒结构宜采用平板式筏形基础。

8.4.2 筏形基础的平面尺寸，应根据工程地质条件、上部结构的布置、地下结构底层平面以及荷载分布等因素按本规范第5章有关规定确定。对单幢建筑物，在地基土比较均匀的条件下，基底平面形心宜与结构竖向永久荷载重心重合。当不能重合时，在作用的准永久组合下，偏心距 e 宜符合下式规定：

$$e \leqslant 0.1W/A \qquad (8.4.2)$$

式中：W——与偏心距方向一致的基础底面边缘抵抗矩（m^3）；

A——基础底面积（m^2）。

8.4.3 对四周与土层紧密接触带地下室外墙的整体式筏基和箱基，当地基持力层为非密实的土和岩石，场地类别为 Ⅲ 类和 Ⅳ 类，抗震设防烈度为8度和9度，结构基本自振周期处于特征周期的 1.2 倍～5 倍范围时，按刚性地基假定计算的基底水平地震剪力、倾覆力矩可按设防烈度分别乘以 0.90 和 0.85 的折减系数。

8.4.4 筏形基础的混凝土强度等级不应低于C30，当有地下室时应采用防水混凝土。防水混凝土的抗渗等级应按表 8.4.4 选用。对重要建筑，宜采用自防水并设置架空排水层。

表 8.4.4　防水混凝土抗渗等级

埋置深度 d（m）	设计抗渗等级	埋置深度 d（m）	设计抗渗等级
$d<10$	P6	$20 \leqslant d < 30$	P10
$10 \leqslant d < 20$	P8	$30 \leqslant d$	P12

8.4.5 采用筏形基础的地下室，钢筋混凝土外墙厚度不应小于250mm，内墙厚度不宜小于200mm。墙的截面设计除满足承载力要求外，尚应考虑变形、抗裂及外墙防渗等要求。墙体内应设置双面钢筋，钢筋不宜采用光面圆钢筋，水平钢筋的直径不应小于12mm，竖向钢筋的直径不应小于10mm，间距不应大于200mm。

8.4.6 平板式筏基的板厚应满足受冲切承载力的要求。

8.4.7 平板式筏基柱下冲切验算应符合下列规定：

1 平板式筏基柱下冲切验算时应考虑作用在冲切临界截面重心上的不平衡弯矩产生的附加剪力。对基础边柱和角柱冲切验算时，其冲切力应分别乘以 1.1 和 1.2 的增大系数。距柱边 $h_0/2$ 处冲切临界截面的最大剪应力 τ_{max} 应按式（8.4.7-1）、式（8.4.7-2）进行计算（图 8.4.7）。板的最小厚度不应小于500mm。

$$\tau_{max} = \frac{F_l}{u_m h_0} + \alpha_s \frac{M_{unb} c_{AB}}{I_s} \qquad (8.4.7-1)$$

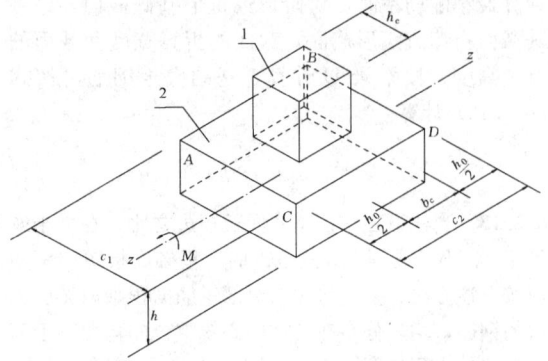

图 8.4.7　内柱冲切临界截面示意
1—筏板；2—柱

$$\tau_{max} \leqslant 0.7(0.4 + 1.2/\beta_s)\beta_{hp} f_t \qquad (8.4.7-2)$$

$$\alpha_s = 1 - \frac{1}{1 + \frac{2}{3}\sqrt{\dfrac{c_1}{c_2}}} \qquad (8.4.7-3)$$

式中：F_l——相应于作用的基本组合时的冲切力（kN），对内柱取轴力设计值减去筏板冲切破坏锥体内的基底净反力设计值；对边柱和角柱，取轴力设计值减去筏板冲切临界截面范围内的基底净反力设计值；

u_m——距柱边缘不小于 $h_0/2$ 处冲切临界截面的最小周长（m），按本规范附录P计算；

h_0——筏板的有效高度（m）；

M_{unb}——作用在冲切临界截面重心上的不平衡弯矩设计值（kN·m）；

c_{AB}——沿弯矩作用方向，冲切临界截面重心至冲切临界截面最大剪应力点的距离（m），按附录P计算；

I_s——冲切临界截面对其重心的极惯性矩（m^4），按本规范附录P计算；

β_s——柱截面长边与短边的比值，当 $\beta_s < 2$ 时，β_s 取2，当 $\beta_s > 4$ 时，β_s 取4；

β_{hp}——受冲切承载力截面高度影响系数，当 $h \leqslant 800$mm 时，取 $\beta_{hp} = 1.0$；当 $h \geqslant 2000$mm 时，取 $\beta_{hp} = 0.9$，其间按线性内插法取值；

f_t——混凝土轴心抗拉强度设计值（kPa）；

c_1——与弯矩作用方向一致的冲切临界截面的边长（m），按本规范附录P计算；

c_2——垂直于 c_1 的冲切临界截面的边长（m），按本规范附录P计算；

α_s——不平衡弯矩通过冲切临界截面上的偏心剪力来传递的分配系数。

2 当柱荷载较大，等厚度筏板的受冲切承载力不能满足要求时，可在筏板上面增设柱墩或在筏板下局部增加板厚或采用抗冲切钢筋等措施满足受冲切承载能力要求。

8.4.8 平板式筏基内筒下的板厚应满足受冲切承载力的要求，并应符合下列规定：

1 受冲切承载力应按下式进行计算：

$$F_l / u_m h_0 \leqslant 0.7 \beta_{hp} f_t / \eta \qquad (8.4.8)$$

式中：F_l——相应于作用的基本组合时，内筒所承受的轴力设计值减去内筒下筏板冲切破坏锥体内的基底净反力设计值（kN）；

u_m——距内筒外表面 $h_0/2$ 处冲切临界截面的周长（m）（图 8.4.8）；

h_0——距内筒外表面 $h_0/2$ 处筏板的截面有效高度（m）；

η——内筒冲切临界截面周长影响系数，取 1.25。

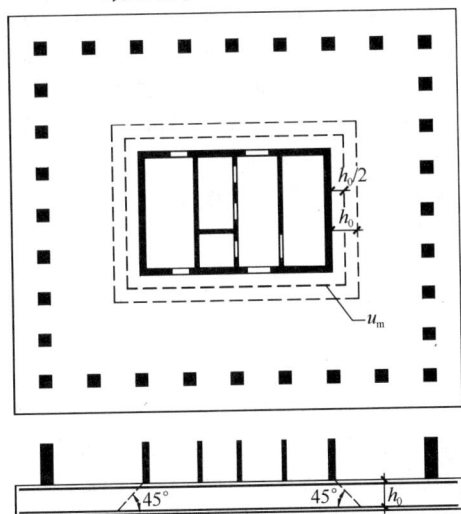

图 8.4.8　筏板受内筒冲切的临界截面位置

2 当需要考虑内筒根部弯矩的影响时，距内筒外表面 $h_0/2$ 处冲切临界截面的最大剪应力可按公式（8.4.7-1）计算，此时 $\tau_{max} \leqslant 0.7 \beta_{hp} f_t / \eta$。

8.4.9 平板式筏基应验算距内筒和柱边缘 h_0 处截面的受剪承载力。当筏板变厚度时，尚应验算变厚度处筏板的受剪承载力。

8.4.10 平板式筏基受剪承载力应按式（8.4.10）验算，当筏板的厚度大于 2000mm 时，宜在板厚中间部位设置直径不小于 12mm、间距不大于 300mm 的双向钢筋网。

$$V_s \leqslant 0.7 \beta_{hs} f_t b_w h_0 \qquad (8.4.10)$$

式中：V_s——相应于作用的基本组合时，基底净反力平均值产生的距内筒或柱边缘 h_0 处筏板单位宽度的剪力设计值（kN）；

b_w——筏板计算截面单位宽度（m）；

h_0——距内筒或柱边缘 h_0 处筏板的截面有效高度（m）。

8.4.11 梁板式筏基底板应计算正截面受弯承载力，

其厚度尚应满足受冲切承载力、受剪切承载力的要求。

8.4.12 梁板式筏基底板受冲切、受剪切承载力计算应符合下列规定：

1 梁板式筏基底板受冲切承载力应按下式进行计算：

$$F_l \leqslant 0.7 \beta_{hp} f_t u_m h_0 \qquad (8.4.12-1)$$

式中：F_l——作用的基本组合时，图 8.4.12-1 中阴影部分面积上的基底平均净反力设计值（kN）；

u_m——距基础梁边 $h_0/2$ 处冲切临界截面的周长（m）（图 8.4.12-1）。

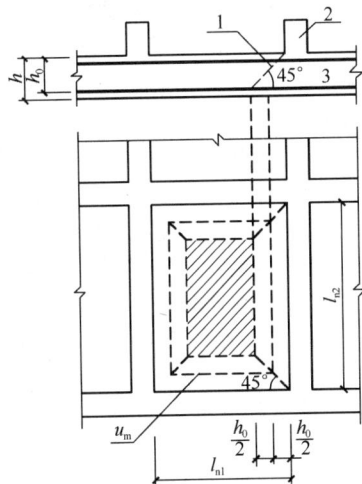

图 8.4.12-1　底板的冲切计算示意
1—冲切破坏锥体的斜截面；2—梁；3—底板

2 当底板区格为矩形双向板时，底板受冲切所需的厚度 h_0 应按式（8.4.12-2）进行计算，其底板厚度与最大双向板格的短边净跨之比不应小于 1/14，且板厚不应小于 400mm。

$$h_0 = \frac{(l_{n1} + l_{n2}) - \sqrt{(l_{n1} + l_{n2})^2 - \dfrac{4 p_n l_{n1} l_{n2}}{p_n + 0.7 \beta_{hp} f_t}}}{4}$$

$$(8.4.12-2)$$

式中：l_{n1}、l_{n2}——计算板格的短边和长边的净长度（m）；

p_n——扣除底板及其上填土自重后，相应于作用的基本组合时的基底平均净反力设计值（kPa）。

3 梁板式筏基双向底板斜截面受剪承载力应按下式进行计算：

$$V_s \leqslant 0.7 \beta_{hs} f_t (l_{n2} - 2 h_0) h_0 \qquad (8.4.12-3)$$

式中：V_s——距梁边缘 h_0 处，作用在图 8.4.12-2 中阴影部分面积上的基底平均净反力产生的剪力设计值（kN）。

4 当底板板格为单向板时，其斜截面受剪承载力应按本规范第 8.2.10 条验算，其底板厚度不应小于 400mm。

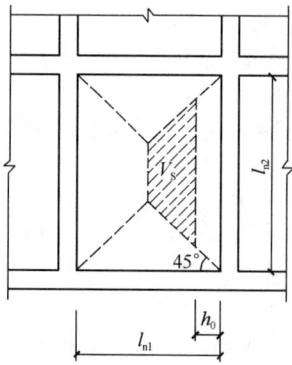

图 8.4.12-2 底板剪切
计算示意

8.4.13 地下室底层柱、剪力墙与梁板式筏基的基础梁连接的构造应符合下列规定：

1 柱、墙的边缘至基础梁边缘的距离不应小于 50mm（图 8.4.13）；

2 当交叉基础梁的宽度小于柱截面的边长时，交叉基础梁连接处应设置八字角，柱角与八字角之间的净距不宜小于 50mm（图 8.4.13a）；

3 单向基础梁与柱的连接，可按图 8.4.13b、c 采用；

4 基础梁与剪力墙的连接，可按图 8.4.13d 采用。

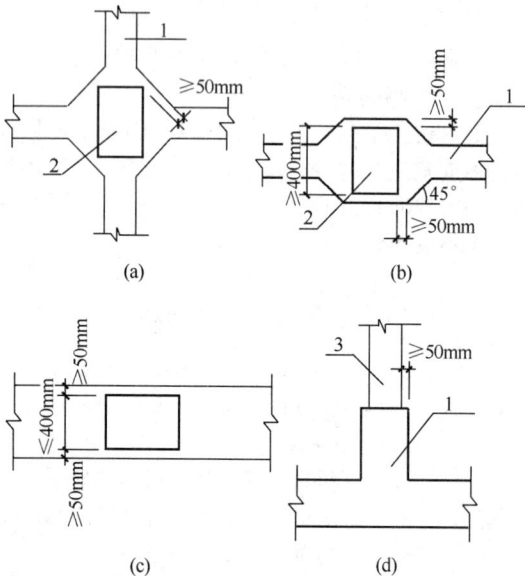

图 8.4.13 地下室底层柱或剪力墙与梁板式
筏基的基础梁连接的构造要求
1—基础梁；2—柱；3—墙

8.4.14 当地基土比较均匀、地基压缩层范围内无软弱土层或可液化土层、上部结构刚度较好，柱网和荷载较均匀、相邻柱荷载及柱间距的变化不超过 20%，且梁板式筏基梁的高跨比或平板式筏基板的厚跨比不

小于 1/6 时，筏形基础可仅考虑局部弯曲作用。筏形基础的内力，可按基底反力直线分布进行计算，计算时基底反力应扣除底板自重及其上填土的自重。当不满足上述要求时，筏基内力可按弹性地基梁板方法进行分析计算。

8.4.15 按基底反力直线分布计算的梁板式筏基，其基础梁的内力可按连续梁分析，边跨跨中弯矩以及第一内支座的弯矩值宜乘以 1.2 的系数。梁板式筏基的底板和基础梁的配筋除满足计算要求外，纵横方向的底部钢筋尚应有不少于 1/3 贯通全跨，顶部钢筋按计算配筋全部连通，底板上下贯通钢筋的配筋率不应小于 0.15%。

8.4.16 按基底反力直线分布计算的平板式筏基，可按柱下板带和跨中板带分别进行内力分析。柱下板带中，柱宽及其两侧各 0.5 倍板厚且不大于 1/4 板跨的有效宽度范围内，其钢筋配置量不应小于柱下板带钢筋数量的一半，且应能承受部分不平衡弯矩 $\alpha_m M_{unb}$，M_{unb} 为作用在冲切临界截面重心上的不平衡弯矩，α_m 应按式（8.4.16）进行计算。平板式筏基柱下板带和跨中板带的底部支座钢筋应有不少于 1/3 贯通全跨，顶部钢筋应按计算配筋全部连通，上下贯通钢筋的配筋率不应小于 0.15%。

$$\alpha_m = 1 - \alpha_s \qquad (8.4.16)$$

式中：α_m——不平衡弯矩通过弯曲来传递的分配系数；

α_s——按公式（8.4.7-3）计算。

8.4.17 对有抗震设防要求的结构，当地下一层结构顶板作为上部结构嵌固端时，嵌固处的底层框架柱下端截面组合弯矩设计值应按现行国家标准《建筑抗震设计规范》GB 50011 的规定乘以与其抗震等级相对应的增大系数。当平板式筏形基础板作为上部结构的嵌固端、计算柱下板带截面组合弯矩设计值时，底层框架柱下端内力应考虑地震作用组合及相应的增大系数。

8.4.18 梁板式筏基基础梁和平板式筏基的顶面应满足底层柱下局部受压承载力的要求。对抗震设防烈度为 9 度的高层建筑，验算柱下基础梁、筏板局部受压承载力时，应计入竖向地震作用对柱轴力的影响。

8.4.19 筏板与地下室外墙的接缝、地下室外墙沿高度处的水平接缝应严格按施工缝要求施工，必要时可设通长止水带。

8.4.20 带裙房的高层建筑筏形基础应符合下列规定：

1 当高层建筑与相连的裙房之间设置沉降缝时，高层建筑的基础埋深应大于裙房基础的埋深至少 2m。地面以下沉降缝的缝隙应用粗砂填实（图 8.4.20a）。

2 当高层建筑与相连的裙房之间不设置沉降缝时，宜在裙房一侧设置用于控制沉降差的后浇带，当沉降实测值和计算确定的后期沉降差满足设计要求

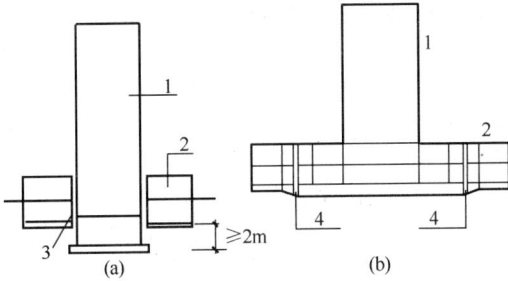

图 8.4.20 高层建筑与裙房间的沉降缝、
后浇带处理示意

1—高层建筑；2—裙房及地下室；3—室外地坪以下
用粗砂填实；4—后浇带

后，方可进行后浇带混凝土浇筑。当高层建筑基础面积满足地基承载力和变形要求时，后浇带宜设在与高层建筑相邻裙房的第一跨内。当需要满足高层建筑地基承载力、降低高层建筑沉降量、减小高层建筑与裙房间的沉降差而增大高层建筑基础面积时，后浇带可设在距主楼边柱的第二跨内，此时应满足以下条件：

    1）地基土质较均匀；

    2）裙房结构刚度较好且基础以上的地下室和裙房结构层数不少于两层；

    3）后浇带一侧与主楼连接的裙房基础底板厚度与高层建筑的基础底板厚度相同（图8.4.20b）。

    3 当高层建筑与相连的裙房之间不设沉降缝和后浇带时，高层建筑及与其紧邻一跨裙房的筏板应采用相同厚度，裙房筏板的厚度宜从第二跨裙房开始逐渐变化，应同时满足主、裙楼基础整体性和基础板的变形要求；应进行地基变形和基础内力的验算，验算时应分析地基与结构间变形的相互影响，并采取有效措施防止产生有不利影响的差异沉降。

8.4.21 在同一大面积整体筏形基础上建有多幢高层和低层建筑时，筏板厚度和配筋宜按上部结构、基础与地基土共同作用的基础变形和基底反力计算确定。

8.4.22 带裙房的高层建筑下的整体筏形基础，其主楼下筏板的整体挠度值不宜大于0.05%，主楼与相邻的裙房柱的差异沉降不应大于其跨度的0.1%。

8.4.23 采用大面积整体筏形基础时，与主楼连接的外扩地下室其角隅处的楼板板角，除配置两个垂直方向的上部钢筋外，尚应布置斜向上部构造钢筋，钢筋直径不应小于10mm、间距不应大于200mm，该钢筋伸入板内的长度不宜小于1/4的短边跨度；与基础整体弯曲方向一致的垂直于外墙的楼板上部钢筋以及主裙楼交界处的楼板上部钢筋，钢筋直径不应小于10mm、间距不应大于200mm，且钢筋的面积不应小于现行国家标准《混凝土结构设计规范》GB 50010中受弯构件的最小配筋率，钢筋的锚固长度不应小于30d。

8.4.24 筏形基础地下室施工完毕后，应及时进行基坑回填工作。填土应按设计要求选料，回填时应先清除基坑中的杂物，在相对的两侧或四周同时回填并分层夯实，回填土的压实系数不应小于0.94。

8.4.25 采用筏形基础带地下室的高层和低层建筑、地下室四周外墙与土层紧密接触且土层为非松散填土、松散粉细砂土、软塑流塑黏性土，上部结构为框架、框剪或框架—核心筒结构，当地下一层结构顶板作为上部结构嵌固部位时，应符合下列规定：

    1 地下一层的结构侧向刚度大于或等于与其相连的上部结构底层楼层侧向刚度的1.5倍。

    2 地下一层结构顶板应采用梁板式楼盖，板厚不应小于180mm，其混凝土强度等级不宜小于C30；楼面应采用双层双向配筋，且每层每个方向的配筋率不宜小于0.25%。

    3 地下室外墙和内墙边缘的板面不应有大洞口，以保证将上部结构的地震作用或水平力传递到地下室抗侧力构件中。

    4 当地下室内、外墙与主体结构墙体之间的距离符合表8.4.25的要求时，该范围内的地下室内、外墙可计入地下一层的结构侧向刚度，但此范围内的侧向刚度不能重叠使用于相邻建筑。当不符合上述要求时，建筑物的嵌固部位可在筏形基础的顶面，此时宜考虑基侧土和基底土对地下室的抗力。

表 8.4.25 地下室墙与主体结构墙之间
的最大间距 d

抗震设防烈度7度、8度	抗震设防烈度9度
$d \leqslant 30m$	$d \leqslant 20m$

8.4.26 地下室的抗震等级、构件的截面设计以及抗震构造措施应符合现行国家标准《建筑抗震设计规范》GB 50011 的有关规定。剪力墙底部加强部位的高度应从地下室顶板算起；当结构嵌固在基础顶面时，剪力墙底部加强部位的范围尚应延伸至基础顶面。

8.5 桩 基 础

8.5.1 本节包括混凝土预制桩和混凝土灌注桩低桩承台基础。竖向受压桩按桩身竖向受力情况可分为摩擦型桩和端承型桩。摩擦型桩的桩顶竖向荷载主要由桩侧阻力承受；端承型桩的桩顶竖向荷载主要由桩端阻力承受。

8.5.2 桩基设计应符合下列规定：

    1 所有桩基均应进行承载力和桩身强度计算。对预制桩，尚应进行运输、吊装和锤击等过程中的强度和抗裂验算。

    2 桩基础沉降验算应符合本规范第8.5.15条的规定。

    3 桩基础的抗震承载力验算应符合现行国家标

准《建筑抗震设计规范》GB 50011 的有关规定。

4 桩基宜选用中、低压缩性土层作桩端持力层。

5 同一结构单元内的桩基，不宜选用压缩性差异较大的土层作桩端持力层，不宜采用部分摩擦桩和部分端承桩。

6 由于欠固结软土、湿陷性土和场地填土的固结，场地大面积堆载、降低地下水位等原因，引起桩周土的沉降大于桩的沉降时，应考虑桩侧负摩擦力对桩基承载力和沉降的影响。

7 对位于坡地、岸边的桩基，应进行桩基的整体稳定验算。桩基应与边坡工程统一规划，同步设计。

8 岩溶地区的桩基，当岩溶上覆土层的稳定性有保证，且桩端持力层承载力及厚度满足要求，可利用上覆土层作为桩端持力层。当必须采用嵌岩桩时，应对岩溶进行施工勘察。

9 应考虑桩基施工中挤土效应对桩基及周边环境的影响；在深厚饱和软土中不宜采用大片密集有挤土效应的桩基。

10 应考虑深基坑开挖中，坑底土回弹隆起对桩身受力及桩承载力的影响。

11 桩基设计时，应结合地区经验考虑桩、土、承台的共同工作。

12 在承台及地下室周围的回填中，应满足填土密实度要求。

8.5.3 桩和桩基的构造，应符合下列规定：

1 摩擦型桩的中心距不宜小于桩身直径的 3 倍；扩底灌注桩的中心距不宜小于扩底直径的 1.5 倍，当扩底直径大于 2m 时，桩距净距不宜小于 1m。在确定桩距时尚应考虑施工工艺中挤土等效应对邻近桩的影响。

2 扩底灌注桩的扩底直径，不应大于桩身直径的 3 倍。

3 桩底进入持力层的深度，宜为桩身直径的 1 倍～3 倍。在确定桩底进入持力层深度时，尚应考虑特殊土、岩溶以及震陷液化等影响。嵌岩灌注桩周边嵌入完整和较完整的未风化、微风化、中风化硬质岩体的最小深度，不宜小于 0.5m。

4 布置桩位时宜使桩基承载力合力点与竖向永久荷载合力作用点重合。

5 设计使用年限不少于 50 年时，非腐蚀环境中预制桩的混凝土强度等级不应低于 C30，预应力桩不应低于 C40，灌注桩的混凝土强度等级不应低于 C25；二 b 类环境及三类及四类、五类微腐蚀环境中不应低于 C30；在腐蚀环境中的桩，桩身混凝土的强度等级应符合现行国家标准《混凝土结构设计规范》GB 50010 的有关规定。设计使用年限不少于 100 年的桩，桩身混凝土的强度等级宜适当提高。水下灌注混凝土的桩身混凝土强度等级不宜高于 C40。

6 桩身混凝土的材料、最小水泥用量、水灰比、抗渗等级等应符合现行国家标准《混凝土结构设计规范》GB 50010、《工业建筑防腐蚀设计规范》GB 50046 及《混凝土结构耐久性设计规范》GB/T 50476 的有关规定。

7 桩的主筋配置应经计算确定。预制桩的最小配筋率不宜小于 0.8%（锤击沉桩）、0.6%（静压沉桩），预应力桩不宜小于 0.5%；灌注桩最小配筋率不宜小于 0.2%～0.65%（小直径桩取大值）。桩顶以下 3 倍～5 倍桩身直径范围内，箍筋宜适当加强加密。

8 桩身纵向钢筋配筋长度应符合下列规定：

　1）受水平荷载和弯矩较大的桩，配筋长度应通过计算确定；

　2）桩基承台下存在淤泥、淤泥质土或液化土层时，配筋长度应穿过淤泥、淤泥质土层或液化土层；

　3）坡地岸边的桩、8 度及 8 度以上地震区的桩、抗拔桩、嵌岩端承桩应通长配筋；

　4）钻孔灌注桩构造钢筋的长度不宜小于桩长的 2/3；桩施工在基坑开挖前完成时，其钢筋长度不宜小于基坑深度的 1.5 倍。

9 桩身配筋可根据计算结果及施工工艺要求，可沿桩身纵向不均匀配筋。腐蚀环境中的灌注桩主筋直径不宜小于 16mm，非腐蚀性环境中灌注桩主筋直径不应小于 12mm。

10 桩顶嵌入承台内的长度不应小于 50mm。主筋伸入承台内的锚固长度不应小于钢筋直径（HPB235）的 30 倍和钢筋直径（HRB335 和 HRB400）的 35 倍。对于大直径灌注桩，当采用一柱一桩时，可设置承台或将桩与柱直接连接。桩和柱的连接可按本规范第 8.2.5 条高杯口基础的要求选择截面尺寸和配筋，柱纵筋插入桩身的长度应满足锚固长度的要求。

11 灌注桩主筋混凝土保护层厚度不应小于 50mm；预制桩不应小于 45mm，预应力管桩不应小于 35mm；腐蚀环境中的灌注桩不应小于 55mm。

8.5.4 群桩中单桩桩顶竖向力应按下列公式进行计算：

1 轴心竖向力作用下：

$$Q_k = \frac{F_k + G_k}{n} \qquad (8.5.4-1)$$

式中：F_k ——相应于作用的标准组合时，作用于桩基承台顶面的竖向力（kN）；

　　G_k ——桩基承台自重及承台上土自重标准值（kN）；

　　Q_k ——相应于作用的标准组合时，轴心竖向力作用下任一单桩的竖向力（kN）；

　　n ——桩基中的桩数。

2 偏心竖向力作用下：

$$Q_{ik} = \frac{F_k + G_k}{n} \pm \frac{M_{xk}y_i}{\sum y_i^2} \pm \frac{M_{yk}x_i}{\sum x_i^2} \quad (8.5.4\text{-}2)$$

式中：Q_{ik}——相应于作用的标准组合时，偏心竖向力作用下第 i 根桩的竖向力（kN）；

M_{xk}、M_{yk}——相应于作用的标准组合时，作用于承台底面通过桩群形心的 x、y 轴的力矩（kN·m）；

x_i、y_i——第 i 根桩至桩群形心的 y、x 轴线的距离（m）。

3 水平力作用下：

$$H_{ik} = \frac{H_k}{n} \quad (8.5.4\text{-}3)$$

式中：H_k——相应于作用的标准组合时，作用于承台底面的水平力（kN）；

H_{ik}——相应于作用的标准组合时，作用于任一单桩的水平力（kN）。

8.5.5 单桩承载力计算应符合下列规定：

1 轴心竖向力作用下：

$$Q_k \leqslant R_a \quad (8.5.5\text{-}1)$$

式中：R_a——单桩竖向承载力特征值（kN）。

2 偏心竖向力作用下，除满足公式（8.5.5-1）外，尚应满足下列要求：

$$Q_{ikmax} \leqslant 1.2R_a \quad (8.5.5\text{-}2)$$

3 水平荷载作用下：

$$H_{ik} \leqslant R_{Ha} \quad (8.5.5\text{-}3)$$

式中：R_{Ha}——单桩水平承载力特征值（kN）。

8.5.6 单桩竖向承载力特征值的确定应符合下列规定：

1 单桩竖向承载力特征值应通过单桩竖向静载荷试验确定。在同一条件下的试桩数量，不宜少于总桩数的 1% 且不应少于 3 根。单桩的静载荷试验，应按本规范附录 Q 进行。

2 当桩端持力层为密实砂卵石或其他承载力类似的土层时，对单桩竖向承载力很高的大直径端承型桩，可采用深层平板载荷试验确定桩端土的承载力特征值，试验方法应符合本规范附录 D 的规定。

3 地基基础设计等级为丙级的建筑物，可采用静力触探及标贯试验参数结合工程经验确定单桩竖向承载力特征值。

4 初步设计时单桩竖向承载力特征值可按下式进行估算：

$$R_a = q_{pa}A_p + u_p \sum q_{sia}l_i \quad (8.5.6\text{-}1)$$

式中：A_p——桩底端横截面面积（m²）；

q_{pa}, q_{sia}——桩端阻力特征值、桩侧阻力特征值（kPa），由当地静载荷试验结果统计分析算得；

u_p——桩身周边长度（m）；

l_i——第 i 层岩土的厚度（m）。

5 桩端嵌入完整及较完整的硬质岩中，当桩长较短且入岩较浅时，可按下式估算单桩竖向承载力特征值：

$$R_a = q_{pa}A_p \quad (8.5.6\text{-}2)$$

式中：q_{pa}——桩端岩石承载力特征值（kN）。

6 嵌岩灌注桩桩端以下 3 倍桩径且不小于 5m 范围内应无软弱夹层、断裂破碎带和洞穴分布，且在桩底应力扩散范围内应无岩体临空面。当桩端无沉渣时，桩端岩石承载力特征值应根据岩石饱和单轴抗压强度标准值按本规范第 5.2.6 条确定，或按本规范附录 H 用岩石地基载荷试验确定。

8.5.7 当作用于桩基上的外力主要为水平力或高层建筑承台下为软弱土层、液化土层时，应根据使用要求对桩顶变位的限制，对桩基的水平承载力进行验算。当外力作用面的桩距较大时，桩基的水平承载力可视为各单桩的水平承载力的总和。当承台侧面的土未经扰动或回填密实时，可计算土抗力的作用。当水平推力较大时，宜设置斜桩。

8.5.8 单桩水平承载力特征值应通过现场水平载荷试验确定。必要时可进行带承台桩的载荷试验。单桩水平载荷试验，应按本规范附录 S 进行。

8.5.9 当桩基承受拔力时，应对桩基进行抗拔验算。单桩抗拔承载力特征值应通过单桩竖向抗拔载荷试验确定，并应加载至破坏。单桩竖向抗拔载荷试验，应按本规范附录 T 进行。

8.5.10 桩身混凝土强度应满足桩的承载力设计要求。

8.5.11 按桩身混凝土强度计算桩的承载力时，应按桩的类型和成桩工艺的不同将混凝土的轴心抗压强度设计值乘以工作条件系数 φ_c，桩轴心受压时桩身强度应符合式（8.5.11）的规定。当桩顶以下 5 倍桩身直径范围内螺旋式箍筋间距不大于 100mm 且钢筋耐久性得到保证的灌注桩，可适当计入桩身纵向钢筋的抗压作用。

$$Q \leqslant A_p f_c \varphi_c \quad (8.5.11)$$

式中：f_c——混凝土轴心抗压强度设计值（kPa），按现行国家标准《混凝土结构设计规范》GB 50010 取值；

Q——相应于作用的基本组合时的单桩竖向力设计值（kN）；

A_p——桩身横截面面积（m²）；

φ_c——工作条件系数，非预应力预制桩取 0.75，预应力桩取 0.55～0.65，灌注桩取 0.6～0.8（水下灌注桩、长桩或混凝土强度等级高于 C35 时用低值）。

8.5.12 非腐蚀环境中的抗拔桩应根据环境类别控制裂缝宽度满足设计要求，预应力混凝土管桩应按桩身裂缝控制等级为二级的要求进行桩身混凝土抗裂验算。腐蚀环境中的抗拔桩和受水平力或弯矩较大的桩应进行桩身混凝土抗裂验算，裂缝控制等级应为二级；预应力混凝土管桩裂缝控制等级应为一级。

8.5.13 桩基沉降计算应符合下列规定：

1 对以下建筑物的桩基应进行沉降验算：

1）地基基础设计等级为甲级的建筑物桩基；

2）体形复杂、荷载不均匀或桩端以下存在软弱土层的设计等级为乙级的建筑物桩基；

3）摩擦型桩基。

2 桩基沉降不得超过建筑物的沉降允许值，并应符合本规范表 5.3.4 的规定。

8.5.14 嵌岩桩、设计等级为丙级的建筑物桩基、对沉降无特殊要求的条形基础下不超过两排桩的桩基、吊车工作级别 A5 及 A5 以下的单层工业厂房且桩端下为密实土层的桩基，可不进行沉降验算。当有可靠地区经验时，对地质条件不复杂、荷载均匀、对沉降无特殊要求的端承型桩基也可不进行沉降验算。

8.5.15 计算桩基沉降时，最终沉降量宜按单向压缩分层总和法计算。地基内的应力分布宜采用各向同性均质线性变形体理论，按实体深基础方法或明德林应力公式方法进行计算，计算按本规范附录 R 进行。

8.5.16 以控制沉降为目的设置桩基时，应结合地区经验，并满足下列要求：

1 桩身强度应按桩顶荷载设计值验算；

2 桩、土荷载分配应按上部结构与地基共同作用分析确定；

3 桩端进入较好的土层，桩端平面处土层应满足下卧层承载力设计要求；

4 桩距可采用 4 倍～6 倍桩身直径。

8.5.17 桩基承台的构造，除满足受冲切、受剪切、受弯承载力和上部结构的要求外，尚应符合下列要求：

1 承台的宽度不应小于 500mm。边桩中心至承台边缘的距离不宜小于桩的直径或边长，且桩的外边缘至承台边缘的距离不小于 150mm。对于条形承台梁，桩的外边缘至承台梁边缘的距离不小于 75mm。

2 承台的最小厚度不应小于 300mm。

3 承台的配筋，对于矩形承台，其钢筋应按双向均匀通长布置（图 8.5.17a），钢筋直径不宜小于 10mm，间距不宜大于 200mm；对于三桩承台，钢筋应按三向板带均匀布置，且最里面的三根钢筋围成的三角形应在柱截面范围内（图 8.5.17b）。承台梁的主筋除满足计算要求外，尚应符合现行国家标准《混凝土结构设计规范》GB 50010 关于最小配筋率的规定，主筋直径不宜小于 12mm，架立筋不宜小于 10mm，箍筋直径不宜小于 6mm（图 8.5.17c）；柱下独立桩基承台的最小配筋率不应小于 0.15%。钢筋锚固长度自边桩内侧（当为圆桩时，应将其直径乘以 0.886 等效为方桩）算起，锚固长度不应小于 35 倍钢筋直径，当不满足时应将钢筋向上弯折，此时钢筋

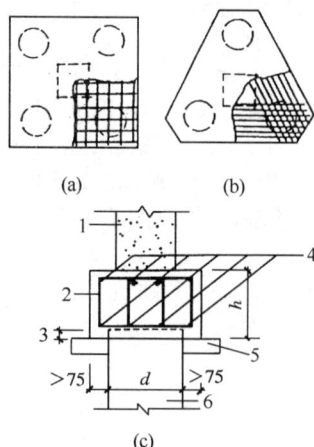

图 8.5.17 承台配筋

1—墙；2—箍筋直径≥6mm；3—桩顶入承台≥50mm；

4—承台梁内主筋除须按计算配筋外尚应满足最小配筋率；5—垫层 100mm 厚 C10 混凝土

水平段的长度不应小于 25 倍钢筋直径，弯折段的长度不应小于 10 倍钢筋直径。

4 承台混凝土强度等级不应低于 C20；纵向钢筋的混凝土保护层厚度不应小于 70mm，当有混凝土垫层时，不应小于 50mm；且不应小于桩头嵌入承台内的长度。

8.5.18 柱下桩基承台的弯矩可按以下简化计算方法确定：

1 多桩矩形承台计算截面取在柱边和承台高度变化处（杯口外侧或台阶边缘，图 8.5.18a）：

$$M_x = \sum N_i y_i \qquad (8.5.18-1)$$

$$M_y = \sum N_i x_i \qquad (8.5.18-2)$$

式中：M_x、M_y——分别为垂直 y 轴和 x 轴方向计算截面处的弯矩设计值（kN·m）；

x_i、y_i——垂直 y 轴和 x 轴方向自桩轴线到相应计算截面的距离（m）；

N_i——扣除承台和其上填土自重后相应于作用的基本组合时的第 i 桩竖向力设计值（kN）。

2 三桩承台

1）等边三桩承台（图 8.5.18b）。

$$M = \frac{N_{max}}{3}\left(s - \frac{\sqrt{3}}{4}c\right) \qquad (8.5.18-3)$$

式中：M——由承台形心至承台边缘距离范围内板带的弯矩设计值（kN·m）；

N_{max}——扣除承台和其上填土自重后的三桩中相应于作用的基本组合时的最大单桩竖向力设计值（kN）；

s——桩距（m）；

c——方柱边长（m），圆柱时 $c = 0.886d$（d 为圆柱直径）。

2）等腰三桩承台（图 8.5.18c）。

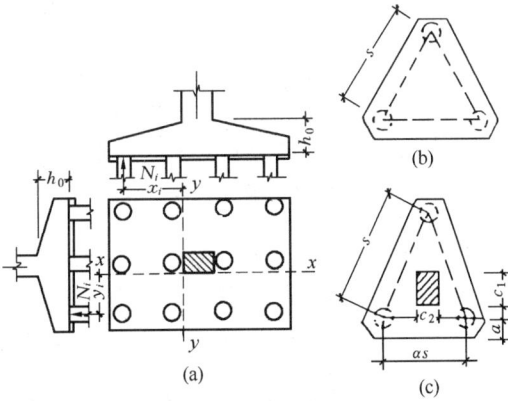

图 8.5.18 承台弯矩计算

$$M_1 = \frac{N_{max}}{3}\left(s - \frac{0.75}{\sqrt{4-\alpha^2}}c_1\right) \quad (8.5.18\text{-}4)$$

$$M_2 = \frac{N_{max}}{3}\left(\alpha s - \frac{0.75}{\sqrt{4-\alpha^2}}c_2\right) \quad (8.5.18\text{-}5)$$

式中：M_1、M_2——分别为由承台形心到承台两腰和底边的距离范围内板带的弯矩设计值（kN·m）；

s——长向桩距（m）；

α——短向桩距与长向桩距之比，当 α 小于 0.5 时，应按变截面的二桩承台设计；

c_1、c_2——分别为垂直于、平行于承台底边的柱截面边长（m）。

8.5.19 柱下桩基础独立承台受冲切承载力的计算，应符合下列规定：

1 柱对承台的冲切，可按下列公式计算（图 8.5.19-1）：

$$F_l \leqslant 2\left[\alpha_{ox}(b_c + a_{oy}) + \alpha_{oy}(h_c + a_{ox})\right]\beta_{hp}f_t h_0$$
$$(8.5.19\text{-}1)$$

$$F_l = F - \Sigma N_i \quad (8.5.19\text{-}2)$$

$$\alpha_{ox} = 0.84/(\lambda_{ox} + 0.2) \quad (8.5.19\text{-}3)$$

$$\alpha_{oy} = 0.84/(\lambda_{oy} + 0.2) \quad (8.5.19\text{-}4)$$

式中：F_l——扣除承台及其上填土自重，作用在冲切破坏锥体上相应于作用的基本组合时的冲切力设计值（kN），冲切破坏锥体应采用自柱边或承台变阶处至相应桩顶边缘连线构成的锥体，锥体与承台底面的夹角不小于 45°（图 8.5.19-1）；

h_0——冲切破坏锥体的有效高度（m）；

β_{hp}——受冲切承载力截面高度影响系数，其值按本规范第 8.2.8 条的规定取用；

α_{ox}、α_{oy}——冲切系数；

λ_{ox}、λ_{oy}——冲跨比，$\lambda_{ox} = a_{ox}/h_0$，$\lambda_{oy} = a_{oy}/h_0$，$a_{ox}$、$a_{oy}$ 为柱边或变阶处至桩边的水平

距离；当 $a_{ox}(a_{oy}) < 0.25h_0$ 时，$a_{ox}(a_{oy}) = 0.25h_0$；当 $a_{ox}(a_{oy}) > h_0$ 时，$a_{ox}(a_{oy}) = h_0$；

F——柱根部轴力设计值（kN）；

ΣN_i——冲切破坏锥体范围内各桩的净反力设计值之和（kN）。

对中低压缩性土上的承台，当承台与地基土之间没有脱空现象时，可根据地区经验适当减小柱下桩基础独立承台受冲切计算的承台厚度。

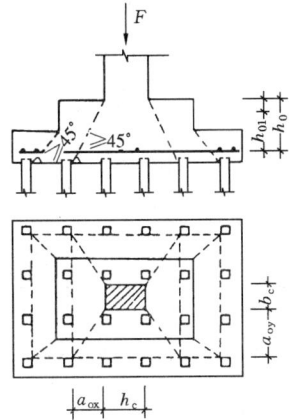

图 8.5.19-1 柱对承台冲切

2 角桩对承台的冲切，可按下列公式计算：

1） 多桩矩形承台受角桩冲切的承载力应按下列公式计算（图 8.5.19-2）：

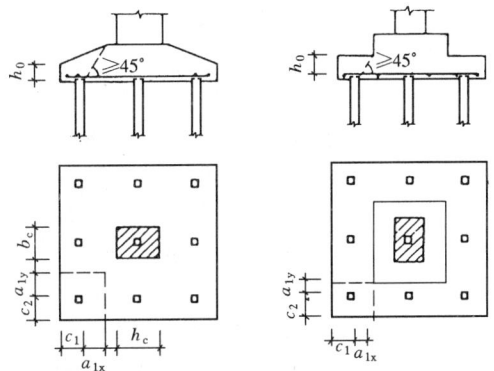

图 8.5.19-2 矩形承台角桩冲切验算

$$N_l \leqslant \left[\alpha_{1x}\left(c_2 + \frac{a_{1y}}{2}\right) + \alpha_{1y}\left(c_1 + \frac{a_{1x}}{2}\right)\right]\beta_{hp}f_t h_0$$
$$(8.5.19\text{-}5)$$

$$\alpha_{1x} = \frac{0.56}{\lambda_{1x} + 0.2} \quad (8.5.19\text{-}6)$$

$$\alpha_{1y} = \frac{0.56}{\lambda_{1y} + 0.2} \quad (8.5.19\text{-}7)$$

式中：N_l——扣除承台和其上填土自重后的角桩桩顶相应于作用的基本组合时的竖向力设计值（kN）；

α_{1x}、α_{1y}——角桩冲切系数；

λ_{1x}、λ_{1y}——角桩冲跨比，其值满足 0.25~1.0，λ_{1x}

$=a_{1x}/h_0$，$\lambda_{1y}=a_{1y}/h_0$；

c_1、c_2——从角桩内边缘至承台外边缘的距离（m）；

a_{1x}、a_{1y}——从承台底角桩内边缘引 45°冲切线与承台顶面或承台变阶处相交点至角桩内边缘的水平距离（m）；

h_0——承台外边缘的有效高度（m）。

2）三桩三角形承台受角桩冲切的承载力可按下列公式计算（图 8.5.19-3）。对圆柱及圆桩，计算时可将圆形截面换算成正方形截面。

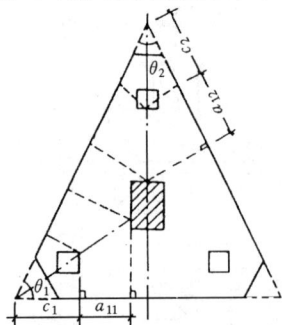

图 8.5.19-3　三角形承台角桩冲切验算

底部角桩

$$N_l \leqslant \alpha_{11}(2c_1+a_{11})\tan\frac{\theta_1}{2}\beta_{hp}f_th_0$$
(8.5.19-8)

$$\alpha_{11}=\frac{0.56}{\lambda_{11}+0.2}$$
(8.5.19-9)

顶部角桩

$$N_l \leqslant \alpha_{12}(2c_2+a_{12})\tan\frac{\theta_2}{2}\beta_{hp}f_th_0$$
(8.5.19-10)

$$\alpha_{12}=\frac{0.56}{\lambda_{12}+0.2}$$
(8.5.19-11)

式中：λ_{11}、λ_{12}——角桩冲跨比，其值满足 $0.25\sim1.0$，$\lambda_{11}=\frac{a_{11}}{h_0}$，$\lambda_{12}=\frac{a_{12}}{h_0}$；

a_{11}、a_{12}——从承台底角桩内边缘向相邻承台边引 45°冲切线与承台顶面相交点至角桩内边缘的水平距离（m）；当柱位于该 45°线以内时则取柱边与桩内边缘连线为冲切锥体的锥线。

8.5.20 柱下桩基础独立承台应分别对柱边和桩边、变阶处和桩边连线形成的斜截面进行受剪计算。当柱边外有多排桩形成多个剪切斜截面时，尚应对每个斜截面进行验算。

8.5.21 柱下桩基独立承台斜截面受剪承载力可按下列公式进行计算（图 8.5.21）：

$$V \leqslant \beta_{hs}\beta f_tb_0h_0$$
(8.5.21-1)

$$\beta=\frac{1.75}{\lambda+1.0}$$
(8.5.21-2)

式中：V——扣除承台及其上填土自重后相应于作用的基本组合时的斜截面的最大剪力设计值（kN）；

b_0——承台计算截面处的计算宽度（m）；阶梯形承台变阶处的计算宽度、锥形承台的计算宽度应按本规范附录 U 确定；

h_0——计算宽度处的承台有效高度（m）；

β——剪切系数；

β_{hs}——受剪切承载力截面高度影响系数，按公式（8.2.9-2）计算；

λ——计算截面的剪跨比，$\lambda_x=\dfrac{a_x}{h_0}$，$\lambda_y=\dfrac{a_y}{h_0}$；

a_x、a_y 为柱边或承台变阶处至 x、y 方向计算一排桩的桩边的水平距离，当 $\lambda<0.25$ 时，取 $\lambda=0.25$；当 $\lambda>3$ 时，取 $\lambda=3$。

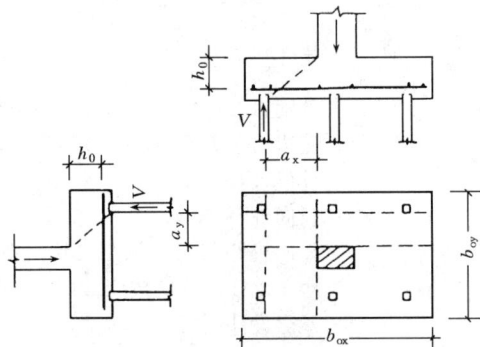

图 8.5.21　承台斜截面受剪计算

8.5.22 当承台的混凝土强度等级低于柱或桩的混凝土强度等级时，尚应验算柱下或桩上承台的局部受压承载力。

8.5.23 承台之间的连接应符合下列要求：

1 单桩承台，应在两个互相垂直的方向上设置连系梁。

2 两桩承台，应在其短向设置连系梁。

3 有抗震要求的柱下独立承台，宜在两个主轴方向设置连系梁。

4 连系梁顶面宜与承台位于同一标高。连系梁的宽度不应小于 250mm，梁的高度可取承台中心距的 $1/10\sim1/15$，且不小于 400mm。

5 连系梁的主筋应按计算要求确定。连系梁内上下纵向钢筋直径不应小于 12mm 且不应少于 2 根，并应按受拉要求锚入承台。

8.6　岩石锚杆基础

8.6.1 岩石锚杆基础适用于直接建在基岩上的柱基，以及承受拉力或水平力较大的建筑物基础。锚杆基础应与基岩连成整体，并应符合下列要求：

1 锚杆孔直径，宜取锚杆筋体直径的 3 倍，但不应小于一倍锚杆筋体直径加 50mm。锚杆基础的构造要求，可按图 8.6.1 采用。

2 锚杆筋体插入上部结构的长度，应符合钢筋的锚固长度要求。

3 锚杆筋体宜采用热轧带肋钢筋，水泥砂浆强度不宜低于 30MPa，细石混凝土强度不宜低于 C30。灌浆前，应将锚杆孔清理干净。

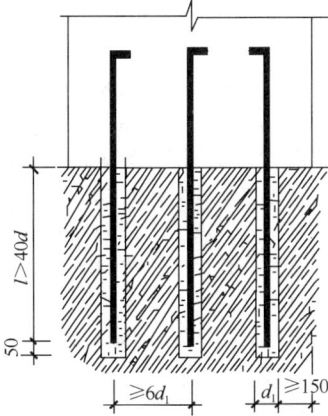

图 8.6.1 锚杆基础
d_1—锚杆直径；l—锚杆的有效锚固长度；d—锚杆筋体直径

8.6.2 锚杆基础中单根锚杆所承受的拔力，应按下列公式验算：

$$N_{ti} = \frac{F_k + G_k}{n} - \frac{M_{xk} y_i}{\sum y_i^2} - \frac{M_{yk} x_i}{\sum x_i^2} \quad (8.6.2\text{-}1)$$

$$N_{tmax} \leqslant R_t \quad (8.6.2\text{-}2)$$

式中：F_k——相应于作用的标准组合时，作用在基础顶面上的竖向力（kN）；

G_k——基础自重及其上的土自重（kN）；

M_{xk}、M_{yk}——按作用的标准组合计算作用在基础底面形心的力矩值（kN·m）；

x_i、y_i——第 i 根锚杆至基础底面形心的 y、x 轴线的距离（m）；

N_{ti}——相应于作用的标准组合时，第 i 根锚杆所承受的拔力值（kN）；

R_t——单根锚杆抗拔承载力特征值（kN）。

8.6.3 对设计等级为甲级的建筑物，单根锚杆抗拔承载力特征值 R_t 应通过现场试验确定；对于其他建筑物应符合下式规定：

$$R_t \leqslant 0.8\pi d_1 l f \quad (8.6.3)$$

式中：f——砂浆与岩石间的粘结强度特征值（kPa），可按本规范表 6.8.6 选用。

9 基 坑 工 程

9.1 一 般 规 定

9.1.1 岩、土质场地建（构）筑物的基坑开挖与支护，包括桩式和墙式支护、岩层或土层锚杆以及采用逆作法施工的基坑工程应符合本章的规定。

9.1.2 基坑支护设计应确保岩土开挖、地下结构施工的安全，并应确保周围环境不受损害。

9.1.3 基坑工程设计应包括下列内容：

1 支护结构体系的方案和技术经济比较；

2 基坑支护体系的稳定性验算；

3 支护结构的承载力、稳定和变形计算；

4 地下水控制设计；

5 对周边环境影响的控制设计；

6 基坑土方开挖方案；

7 基坑工程的监测要求。

9.1.4 基坑工程设计安全等级、结构设计使用年限、结构重要性系数，应根据基坑工程的设计、施工及使用条件按有关规范的规定采用。

9.1.5 基坑支护结构设计应符合下列规定：

1 所有支护结构设计均应满足强度和变形计算以及土体稳定性验算的要求；

2 设计等级为甲级、乙级的基坑工程，应进行因土方开挖、降水引起的基坑内外土体的变形计算；

3 高地下水位地区设计等级为甲级的基坑工程，应按本规范第 9.9 节的规定进行地下水控制的专项设计。

9.1.6 基坑工程设计采用的土的强度指标，应符合下列规定：

1 对淤泥及淤泥质土，应采用三轴不固结不排水抗剪强度指标；

2 对正常固结的饱和黏性土应采用在土的有效自重应力下预固结的三轴不固结不排水抗剪强度指标；当施工挖土速度较慢，排水条件好，土体有条件固结时，可采用三轴固结不排水抗剪强度指标；

3 对砂类土，采用有效应力强度指标；

4 验算软黏土隆起稳定性时，可采用十字板剪切强度或三轴不固结不排水抗剪强度指标；

5 灵敏度较高的土，基坑邻近有交通频繁的主干道或其他对土的扰动源时，计算采用土的强度指标宜适当进行折减；

6 应考虑打桩、地基处理的挤土效应等施工扰动原因造成对土强度指标降低的不利影响。

9.1.7 因支护结构变形、岩土开挖及地下水条件变化引起的基坑内外土体变形应符合下列规定：

1 不得影响地下结构尺寸、形状和正常施工；

2 不得影响既有桩基的正常使用；

3 对周围已有建、构筑物引起的地基变形不得超过地基变形允许值；

4 不得影响周边地下建（构）筑物、地下轨道交通设施及管线的正常使用。

9.1.8 基坑工程设计应具备以下资料：

1 岩土工程勘察报告；

2 建筑物总平面图、用地红线图；

3 建筑物地下结构设计资料，以及桩基础或地基处理设计资料；

4 基坑环境调查报告，包括基坑周边建（构）筑物、地下管线、地下设施及地下交通工程等的相关资料。

9.1.9 基坑土方开挖应严格按设计要求进行，不得超挖。基坑周边堆载不得超过设计规定。土方开挖完成后应立即施工垫层，对基坑进行封闭，防止水浸和暴露，并应及时进行地下结构施工。

9.2 基坑工程勘察与环境调查

9.2.1 基坑工程勘察宜在开挖边界外开挖深度的 1 倍～2 倍范围内布置勘探点。勘察深度应满足基坑支护稳定性验算、降水或止水帷幕设计的要求。当基坑开挖边界外无法布置勘察点时，应通过调查取得相关资料。

9.2.2 应查明场区水文地质资料及与降水有关的参数，并应包括下列内容：

1 地下水的类型、地下水位高程及变化幅度；

2 各含水层的水力联系、补给、径流条件及土层的渗透系数；

3 分析流砂、管涌产生的可能性；

4 提出施工降水或隔水措施以及评估地下水位变化对场区环境造成的影响。

9.2.3 当场地水文地质条件复杂，应进行现场抽水试验，并进行水文地质勘察。

9.2.4 严寒地区的大型越冬基坑应评价各土层的冻胀性，并应对特殊土受开挖、振动影响以及失水、浸水影响引起的土的特性参数变化进行评估。

9.2.5 岩体基坑工程勘察除查明基坑周围的岩层分布、风化程度、岩石破碎情况和各岩层物理力学性质外，还应查明岩体主要结构面的类型、产状、延展情况、闭合程度、填充情况、力学性质等，特别是外倾结构面的抗剪强度以及地下水情况，并评估岩体滑动、岩块崩塌的可能性。

9.2.6 需对基坑工程周边进行环境调查时，调查的范围和内容应符合下列规定：

1 应调查基坑周边 2 倍开挖深度范围内建（构）筑物及设施的状况，当附近有轨道交通设施、隧道、防汛墙等重要建（构）筑物及设施时，或降水深度较大时应扩大调查范围。

2 环境调查应包括下列内容：

1）建（构）筑物的结构形式、材料强度、基础形式与埋深、沉降与倾斜及保护要求等；

2）地下交通工程、管线设施等的平面位置、埋深、结构形式、材料强度、断面尺寸、运营情况及保护要求等。

9.3 土压力与水压力

9.3.1 支护结构的作用效应包括下列各项：

1 土压力；

2 静水压力、渗流压力；

3 基坑开挖影响范围以内的建（构）筑物荷载、地面超载、施工荷载及邻近场地施工的影响；

4 温度变化及冻胀对支护结构产生的内力和变形；

5 临水支护结构尚应考虑波浪作用和水流退落时的渗流力；

6 作为永久结构使用时建筑物的相关荷载作用；

7 基坑周边主干道交通运输产生的荷载作用。

9.3.2 主动土压力、被动土压力可采用库仑或朗肯土压力理论计算。当对支护结构水平位移有严格限制时，应采用静止土压力计算。

9.3.3 作用于支护结构的土压力和水压力，对砂性土宜按水土分算计算；对黏性土宜按水土合算计算；也可按地区经验确定。

9.3.4 基坑工程采用止水帷幕并插入坑底下部相对不透水层时，基坑内外的水压力，可按静水压力计算。

9.3.5 当按变形控制原则设计支护结构时，作用在支护结构的计算土压力可按支护结构与土体的相互作用原理确定，也可按地区经验确定。

9.4 设 计 计 算

9.4.1 基坑支护结构设计时，作用的效应设计值应符合下列规定：

1 基本组合的效应设计值可采用简化规则，应按下式进行计算：

$$S_d = 1.25 S_k \qquad (9.4.1-1)$$

式中：S_d——基本组合的效应设计值；

S_k——标准组合的效应设计值。

2 对于轴向受力为主的构件，S_d 简化计算可按下式进行：

$$S_d = 1.35 S_k \qquad (9.4.1-2)$$

9.4.2 支护结构的入土深度应满足基坑支护结构稳定性及变形验算的要求，并结合地区工程经验综合确定。有地下水渗流作用时，应满足抗渗流稳定的验算，并宜插入坑底下部不透水层一定深度。

9.4.3 桩、墙式支护结构设计计算应符合下列规定：

1 桩、墙式支护可为柱列式排桩、板桩、地下连续墙、型钢水泥土墙等独立支护或与内支撑、锚杆组合形成的支护体系，适用于施工场地狭窄、地质条件差、基坑较深或需要严格控制支护结构或基坑周边环境地基变形时的基坑工程。

2 桩、墙式支护结构的设计应包括下列内容：

1）确定桩、墙的入土深度；

2）支护结构的内力和变形计算；

3）支护结构的构件和节点设计；

4）基坑变形计算，必要时提出对环境保护的工程技术措施；

5）支护桩、墙作为主体结构一部分时，尚应计算在建筑物荷载作用下的内力及变形；

6）基坑工程的监测要求。

9.4.4 根据基坑周边环境的复杂程度及环境保护要求，可按下列规定进行变形控制设计，并采取相应的保护措施：

1 根据基坑周边的环境保护要求，提出基坑的各项变形设计控制指标；

2 预估基坑开挖对周边环境的附加变形值，其总变形值应小于其允许变形值；

3 应从支护结构施工、地下水控制及开挖三个方面分别采取相关措施保护周围环境。

9.4.5 支护结构的内力和变形分析，宜采用侧向弹性地基反力法计算。土的侧向地基反力系数可通过单桩水平载荷试验确定。

9.4.6 支护结构应进行稳定验算。稳定验算应符合本规范附录 V 的规定。当有可靠工程经验时，稳定安全系数可按地区经验确定。

9.4.7 地下水渗流稳定性验算，应符合下列规定：

1 当坑内外存在水头差时，粉土和砂土应按本规范附录 W 进行抗渗流稳定性验算；

2 当基坑底上部土体为不透水层，下部具有承压水头时，坑内土体应按本规范附录 W 进行抗突涌稳定性验算。

9.5 支护结构内支撑

9.5.1 支护结构的内支撑必须采用稳定的结构体系和连接构造，优先采用超静定内支撑结构体系，其刚度应满足变形计算要求。

9.5.2 支撑结构计算分析应符合下列原则：

1 内支撑结构应按与支护桩、墙节点处变形协调的原则进行内力与变形分析；

2 在竖向荷载及水平荷载作用下支撑结构的承载力和位移计算应符合国家现行结构设计规范的有关规定，支撑体系可根据不同条件按平面框架、连续梁或简支梁分析；

3 当基坑内坑底标高差异大，或因基坑周边土层分布不均匀，土性指标差异大，导致作用在内支撑周边侧向土压力值变化较大时，应按桩、墙与内支撑系统节点的位移协调原则进行计算；

4 有可靠经验时，可采用空间结构分析方法，对支撑、围檩（压顶梁）和支护结构进行整体计算；

5 内支撑系统的各水平及竖向受力构件，应按结构构件的受力条件及施工中可能出现的不利影响因素，设置必要的连接构件，保证结构构件在平面内及

平面外的稳定性。

9.5.3 支撑结构的施工与拆除顺序，应与支护结构的设计工况相一致，必须遵循先撑后挖的原则。

9.6 土层锚杆

9.6.1 土层锚杆锚固段不应设置在未经处理的软弱土层、不稳定土层和不良地质地段及钻孔注浆引发较大土体沉降的土层。

9.6.2 锚杆杆体材料宜选用钢绞线、螺纹钢筋，当锚杆极限承载力小于 400kN 时，可采用 HRB 335 钢筋。

9.6.3 锚杆布置与锚固体强度应满足下列要求：

1 锚杆锚固体上下排间距不宜小于 2.5m，水平方向间距不宜小于 1.5m；锚杆锚固体上覆土层厚度不宜小于 4.0m。锚杆的倾角宜为 15°～35°。

2 锚杆定位支架沿锚杆轴线方向宜每隔 1.0m～2.0m 设置一个，锚杆杆体的保护层不得少于 20mm。

3 锚固体宜采用水泥砂浆或纯水泥浆，浆体设计强度不宜低于 20.0MPa。

4 土层锚杆钻孔直径不宜小于 120mm。

9.6.4 锚杆设计应包括下列内容：

1 确定锚杆类型、间距、排距和安设角度、断面形状及施工工艺；

2 确定锚杆自由段、锚固段长度、锚固体直径、锚杆抗拔承载力特征值；

3 锚杆筋体材料设计；

4 锚具、承压板、台座及腰梁设计；

5 预应力锚杆张拉荷载值、锁定荷载值；

6 锚杆试验和监测要求；

7 对支护结构变形控制需要进行的锚杆补张拉设计。

9.6.5 锚杆预应力筋的截面面积应按下式确定：

$$A \geqslant 1.35 \frac{N_t}{\gamma_P f_{Pt}} \qquad (9.6.5)$$

式中：N_t——相应于作用的标准组合时，锚杆所承受的拉力值（kN）；

γ_P——锚杆张拉施工工艺控制系数，当预应力筋为单束时可取 1.0，当预应力筋为多束时可取 0.9；

f_{Pt}——钢筋、钢绞线强度设计值（kPa）。

9.6.6 土层锚杆锚固段长度（L_a）应按基本试验确定，初步设计时也可按下式估算：

$$L_a \geqslant \frac{K \cdot N_t}{\pi \cdot D \cdot q_s} \qquad (9.6.6)$$

式中：D——锚固体直径（m）；

K——安全系数，可取 1.6；

q_s——土体与锚固体间粘结强度特征值（kPa），由当地锚杆抗拔试验结果统计

分析算得。

9.6.7 锚杆应在锚固体和外锚头强度达到设计强度的 80% 以上后逐根进行张拉锁定，张拉荷载宜为锚杆所受拉力值的 1.05 倍～1.1 倍，并在稳定 5min～10min 后退至锁定荷载锁定。锁定荷载宜取锚杆设计承载力的 0.7 倍～0.85 倍。

9.6.8 锚杆自由段超过潜在的破裂面不应小于 1m，自由段长度不宜小于 5m，锚固段在最危险滑动面以外的有效长度应满足稳定性计算要求。

9.6.9 对设计等级为甲级的基坑工程，锚杆轴向拉力特征值应按本规范附录 Y 土层锚杆试验确定。对设计等级为乙级、丙级的基坑工程可按物理参数或经验数据设计，现场试验验证。

9.7 基坑工程逆作法

9.7.1 逆作法适用于支护结构水平位移有严格限制的基坑工程。根据工程具体情况，可采用全逆作法、半逆作法、部分逆作法。

9.7.2 逆作法的设计应包含下列内容：

1 基坑支护的地下连续墙或排桩与地下结构侧墙、内支撑、地下结构楼盖体系一体的结构分析计算；

2 土方开挖及外运；

3 临时立柱做法；

4 侧墙与支护结构的连接；

5 立柱与底板和楼盖的连接；

6 坑底土卸载和回弹引起的相邻立柱之间，立柱与侧墙之间的差异沉降对已施工结构受力的影响分析计算；

7 施工作业程序、混凝土浇筑及施工缝处理；

8 结构节点构造措施。

9.7.3 基坑工程逆作法设计应保证地下结构的侧墙、楼板、底板、柱满足基坑开挖时作为基坑支护结构及作为地下室永久结构工况时的设计要求。

9.7.4 当采用逆作法施工时，可采用支护结构体系与地下结构结合的设计方案：

1 地下结构墙体作为基坑支护结构；

2 地下结构水平构件（梁、板体系）作为基坑支护的内支撑；

3 地下结构竖向构件作为支护结构支承柱。

9.7.5 当地下连续墙同时作为地下室永久结构使用时，地下连续墙的设计计算尚应符合下列规定：

1 地下连续墙应分别按照承载能力极限状态和正常使用极限状态进行承载力、变形计算和裂缝验算。

2 地下连续墙墙身的防水等级应满足永久结构使用防水设计要求。地下连续墙与主体结构连接的接缝位置（如地下结构顶板、底板位置）根据地下结构的防水等级要求，可设置刚性止水片、遇水膨胀橡胶

止水条以及预埋注浆管等构造措施。

3 地下连续墙与主体结构的连接应根据其受力特性和连接刚度进行设计计算。

4 墙顶承受竖向偏心荷载时，应按偏心受压构件计算正截面受压承载力。墙顶圈梁与墙体及上部结构的连接处应验算截面抗剪承载力。

9.7.6 主体地下结构的水平构件用作支撑时，其设计应符合下列规定：

1 用作支撑的地下结构水平构件宜采用梁板结构体系进行分析计算；

2 宜考虑由立柱桩差异变形及立柱桩与围护墙之间差异变形引起的地下结构水平构件的结构次应力，并采取必要措施防止有害裂缝的产生；

3 对地下结构的同层楼板面存在高差的部位，应验算该部位构件的抗弯、抗剪、抗扭承载能力，必要时应设置可靠的水平转换结构或临时支撑等措施；

4 对结构楼板的洞口及车道开口部位，当洞口两侧的梁板不能满足支撑的水平传力要求时，应在缺少结构楼板处设置临时支撑等措施；

5 在各层结构留设结构分缝或基坑施工期间不能封闭的后浇带位置，应通过计算设置水平传力构件。

9.7.7 竖向支承结构的设计应符合下列规定：

1 竖向支承结构宜采用一根结构柱对应布置一根临时立柱和立柱桩的形式（一柱一桩）。

2 立柱应按偏心受压构件进行承载力计算和稳定性验算，立柱桩应进行单桩竖向承载力与沉降计算。

3 在主体结构底板施工之前，相邻立柱桩间以及立柱桩与邻近基坑围护墙之间的差异沉降不宜大于 1/400 柱距，且不宜大于 20mm。作为立柱桩的灌注桩宜采用桩端后注浆措施。

9.8 岩体基坑工程

9.8.1 岩体基坑包括岩石基坑和土岩组合基坑。基坑工程实施前应对基坑工程有潜在威胁或直接危害的滑坡、泥石流、崩塌以及岩溶、土洞强烈发育地段，采取可靠的整治措施。

9.8.2 岩体基坑工程设计时应分析岩体结构、软弱结构面对边坡稳定的影响。

9.8.3 在岩石边坡整体稳定的条件下，可采用放坡开挖方案。岩石边坡的开挖坡度允许值，应根据当地经验按工程类比的原则，可按本地区已有稳定边坡的坡度值确定。

9.8.4 对整体稳定的软质岩边坡，开挖时应按本规范第 6.8.2 条的规定对边坡进行构造处理。

9.8.5 对单结构面外倾边坡作用在支挡结构上的横推力，可根据楔形平衡法进行计算，并应考虑结构面

填充物的性质及其浸水后的变化。具有两组或多组结构面的交线倾向于临空面的边坡，可采用棱形体分割法计算棱体的下滑力。

9.8.6 对土岩组合基坑，当采用岩石锚杆挡土结构进行支护时，应符合本规范第 6.8.2 条、第 6.8.3 条的规定。岩石锚杆的构造要求及设计计算应符合本规范第 6.8.4 条、第 6.8.5 条的规定。

9.9 地下水控制

9.9.1 基坑工程地下水控制应防止基坑开挖过程及使用期间的管涌、流砂、坑底突涌与地下水有关的坑外地层过度沉降。

9.9.2 地下水控制设计应满足下列要求：

　　1 地下工程施工期间，地下水位控制在基坑面以下 0.5m～1.5m；

　　2 满足坑底突涌验算要求；

　　3 满足坑底和侧壁抗渗流稳定的要求；

　　4 控制坑外地面沉降量及沉降差，保证邻近建（构）筑物及地下管线的正常使用。

9.9.3 基坑降水设计应包括下列内容：

　　1 基坑降水系统设计应包括下列内容：

　　　　1）确定降水井的布置、井数、井深、井距、井径、单井出水量；

　　　　2）疏干井和减压井过滤管的构造设计；

　　　　3）人工滤层的设置要求；

　　　　4）排水管路系统。

　　2 验算坑底土层的渗流稳定性及抗承压水突涌的稳定性。

　　3 计算基坑降水域内各典型部位的最终稳定水位及水位降深随时间的变化。

　　4 计算降水引起的对邻近建（构）筑物及地下设施产生的沉降。

　　5 回灌井的设置及回灌系统设计。

　　6 渗流作用对支护结构内力及变形的影响。

　　7 降水施工、运营、基坑安全监测要求，除对周边环境的监测外，还应包括对水位和水中微细颗粒含量的监测要求。

9.9.4 隔水帷幕设计应符合下列规定：

　　1 采用地下连续墙或隔水帷幕隔离地下水，隔离帷幕渗透系数宜小于 1.0×10^{-4} m/d，竖向截水帷幕深度应插入下卧不透水层，其插入深度应满足抗渗流稳定的要求。

　　2 对封闭式隔水帷幕，在基坑开挖前应进行坑内抽水试验，并通过坑内外的观测井观察水位变化、抽水量变化等确认帷幕的止水效果和质量。

　　3 当隔水帷幕不能有效切断基坑深部承压含水层时，可在承压含水层中设置减压井，通过设计计算，控制承压含水层的减压水头，按需减压，确保坑底土不发生突涌。对承压水进行减压控制时，因降水

减压引起的坑外地面沉降不得超过环境控制要求的地面变形允许值。

9.9.5 基坑地下水控制设计应与支护结构的设计统一考虑，由降水、排水和支护结构水平位移引起的地层变形和地表沉陷不应大于变形允许值。

9.9.6 高地下水位地区，当水文地质条件复杂，基坑周边环境保护要求高，设计等级为甲级的基坑工程，应进行地下水控制专项设计，并应包括下列内容：

　　1 应具备专门的水文地质勘察资料、基坑周边环境调查报告及现场抽水试验资料；

　　2 基坑降水风险分析及降水设计；

　　3 降水引起的地面沉降计算及环境保护措施；

　　4 基坑渗漏的风险预测及抢险措施；

　　5 降水运营、监测与管理措施。

10 检验与监测

10.1 一般规定

10.1.1 为设计提供依据的试验应在设计前进行，平板载荷试验、基桩静载试验、基桩抗拔试验及锚杆的抗拔试验等应加载到极限或破坏，必要时，应对基底反力、桩身内力和桩端阻力等进行测试。

10.1.2 验收检验静载荷试验最大加载量不应小于承载力特征值的 2 倍。

10.1.3 抗拔桩的验收检验应采取工程桩裂缝宽度控制的措施。

10.2 检验

10.2.1 基槽（坑）开挖到底后，应进行基槽（坑）检验。当发现地质条件与勘察报告和设计文件不一致、或遇到异常情况时，应结合地质条件提出处理意见。

10.2.2 地基处理的效果检验应符合下列规定：

　　1 地基处理后载荷试验的数量，应根据场地复杂程度和建筑物重要性确定。对于简单场地上的一般建筑物，每个单体工程载荷试验点数不宜少于 3 处；对复杂场地或重要建筑物应增加试验点数。

　　2 处理地基的均匀性检验深度不应小于设计处理深度。

　　3 对回填风化岩、山坯土、建筑垃圾等特殊土，应采用波速、超重型动力触探、深层载荷试验等多种方法综合评价。

　　4 对遇水软化、崩解的风化岩、膨胀性土等特殊土层，除根据试验数据评价承载力外，尚应评价由于试验条件与实际条件的差异对检测结果的影响。

　　5 复合地基除应进行静载荷试验外，尚应进行

竖向增强体及周边土的质量检验。

　　6　条形基础和独立基础复合地基载荷试验的压板宽度宜按基础宽度确定。

　　10.2.3　在压实填土的施工过程中，应分层取样检验土的干密度和含水量。检验点数量，对大基坑每$50m^2 \sim 100m^2$面积内不应少于一个检验点；对基槽每$10m \sim 20m$不应少于一个检验点；每个独立柱基不应少于一个检验点。采用贯入仪或动力触探检验垫层的施工质量时，分层检验点的间距应小于4m。根据检验结果求得的压实系数，不得低于本规范表6.3.7的规定。

　　10.2.4　压实系数可采用环刀法、灌砂法、灌水法或其他方法检验。

　　10.2.5　预压处理的软弱地基，在预压前后应分别进行原位十字板剪切试验和室内土工试验。预压处理的地基承载力应进行现场载荷试验。

　　10.2.6　强夯地基的处理效果应采用载荷试验结合其他原位测试方法检验。强夯置换的地基承载力检验除应采用单墩载荷试验检验外，尚应采用动力触探等方法查明施工后土层密度随深度的变化。强夯地基或强夯置换地基载荷试验的压板面积应按处理深度确定。

　　10.2.7　砂石桩、振冲碎石桩的处理效果应采用复合地基载荷试验方法检验。大型工程及重要建筑应采用多桩复合地基载荷试验方法检验；桩间土应在处理后采用动力触探、标准贯入、静力触探等原位测试方法检验。砂石桩、振冲碎石桩的桩体密实度可采用动力触探方法检验。

　　10.2.8　水泥搅拌桩成桩后可进行轻便触探和标准贯入试验结合钻取芯样、分段取芯样作抗压强度试验评价桩身质量。

　　10.2.9　水泥土搅拌桩复合地基承载力检验应进行单桩载荷试验和复合地基载荷试验。

　　10.2.10　**复合地基应进行桩身完整性和单桩竖向承载力检验以及单桩或多桩复合地基载荷试验，施工工艺对桩间土承载力有影响时还应进行桩间土承载力检验。**

　　10.2.11　对打入式桩、静力压桩，应提供经确认的施工过程有关参数。施工完成后尚应进行桩顶标高、桩位偏差等检验。

　　10.2.12　对混凝土灌注桩，应提供施工过程有关参数，包括原材料的力学性能检验报告、试件留置数量及制作养护方法、混凝土抗压强度试验报告、钢筋笼制作质量检查报告。施工完成后尚应进行桩顶标高、桩位偏差等检验。

　　10.2.13　人工挖孔桩终孔时，应进行桩端持力层检验。单柱单桩的大直径嵌岩桩，应视岩性检验孔底下**3倍桩身直径或5m深度范围内有无土洞、溶洞、破碎带或软弱夹层等不良地质条件。**

　　10.2.14　施工完成后的工程桩应进行桩身完整性检验和竖向承载力检验。承受水平力较大的桩应进行水平承载力检验，抗拔桩应进行抗拔承载力检验。

　　10.2.15　桩身完整性检验宜采用两种或多种合适的检验方法进行。直径大于800mm的混凝土嵌岩桩应采用钻孔抽芯法或声波透射法检测，检测桩数不得少于总桩数的10%，且不得少于10根，且每根柱下承台的抽检桩数不应少于1根。直径不大于800mm的桩以及直径大于800mm的非嵌岩桩，可根据桩径和桩长的大小，结合桩的类型和当地经验采用钻孔抽芯法、声波透射法或动测法进行检测。检测的桩数不应少于总桩数的10%，且不得少于10根。

　　10.2.16　竖向承载力检验的方法和数量可根据地基基础设计等级和现场条件，结合当地可靠的经验和技术确定。复杂地质条件下的工程桩竖向承载力的检验应采用静载荷试验，检验桩数不得少于同条件下总桩数的1%，且不得少于3根。大直径嵌岩桩的承载力可根据终孔时桩端持力层岩性报告结合桩身质量检验报告核验。

　　10.2.17　水平受荷桩和抗拔桩承载力的检验可分别按本规范附录S单桩水平载荷试验和附录T单桩竖向抗拔静载试验的规定进行，检验桩数不得少于同条件下总桩数的1%，且不得少于3根。

　　10.2.18　地下连续墙应提交经确认的有关成墙记录和施工报告。地下连续墙完成后应进行墙体质量检验。检验方法可采用钻孔抽芯或声波透射法，非承重地下连续墙检验槽段数不得少于同条件下总槽段数的10%；对承重地下连续墙检验槽段数不得少于同条件下总槽段数的20%。

　　10.2.19　岩石锚杆完成后应按本规范附录M进行抗拔承载力检验，检验数量不得少于锚杆总数的5%，且不得少于6根。

　　10.2.20　当检验发现地基处理的效果、桩身或地下连续墙质量、桩或岩石锚杆承载力不满足设计要求时，应结合工程场地地质和施工情况综合分析，必要时应扩大检验数量，提出处理意见。

10.3　监　测

　　10.3.1　大面积填方、填海等地基处理工程，应对地面沉降进行长期监测，直到沉降达到稳定标准；施工过程中还应对土体位移、孔隙水压力等进行监测。

　　10.3.2　**基坑开挖应根据设计要求进行监测，实施动态设计和信息化施工。**

　　10.3.3　施工过程中降低地下水对周边环境影响较大时，应对地下水位变化、周边建筑物的沉降和位移、土体变形、地下管线变形等进行监测。

　　10.3.4　预应力锚杆施工完成后应对锁定的预应力进行监测，监测锚杆数量不得少于锚杆总数的5%，且不得少于6根。

10.3.5 基坑开挖监测包括支护结构的内力和变形，地下水位变化及周边建（构）筑物、地下管线等市政设施的沉降和位移等监测内容可按表10.3.5选择。

表 10.3.5 基坑监测项目选择表

地基基础设计等级	支护结构水平位移	邻近建（构）筑物沉降与地下管线变形	地下水位	锚杆拉力	支撑轴力或变形	立柱变形	桩墙内力	地面沉降	基坑底隆起	土侧向变形	孔隙水压力	土压力
甲级	√	√	√	√	√	√	√	√	√	△	△	△
乙级	√	√	√	△	△	△	△	△	△	△	△	△
丙级	√	√	○	○	○	○	○	○	○	○	○	○

注：1 √为应测项目，△为宜测项目，○为可不测项目；

2 对深度超过15m的基坑宜设坑底土回弹监测点；

3 基坑周边环境进行保护要求严格时，地下水位监测应包括对基坑内、外地下水位进行监测。

10.3.6 边坡工程施工过程中，应严格记录气象条件、挖方、填方、堆载等情况。尚应对边坡的水平位移和竖向位移进行监测，直到变形稳定为止，且不得少于二年。爆破施工时，应监控爆破对周边环境的影响。

10.3.7 对挤土桩布桩较密或周边环境保护要求严格时，应对打桩过程中造成的土体隆起和位移、邻桩桩顶标高及桩位、孔隙水压力等进行监测。

10.3.8 下列建筑物应在施工期间及使用期间进行沉降变形观测：

1 地基基础设计等级为甲级建筑物；

2 软弱地基上的地基基础设计等级为乙级建筑物；

3 处理地基上的建筑物；

4 加层、扩建建筑物；

5 受邻近深基坑开挖施工影响或受场地地下水等环境因素变化影响的建筑物；

6 采用新型基础或新型结构的建筑物。

10.3.9 需要积累建筑物沉降经验或进行设计反分析的工程，应进行建筑物沉降观测和基础反力监测。沉降观测宜同时设分层沉降监测点。

附录 A 岩石坚硬程度及岩体完整程度的划分

A.0.1 岩石坚硬程度根据现场观察进行定性划分应符合表 A.0.1 的规定。

表 A.0.1 岩石坚硬程度的定性划分

名称		定性鉴定	代表性岩石
硬质岩	坚硬岩	锤击声清脆，有回弹，振手，难击碎，基本无吸水反应	未风化—微风化的花岗岩、闪长岩、辉绿岩、玄武岩、安山岩、片麻岩、石英岩、硅质砾岩、石英砂岩、硅质石灰岩等
	较硬岩	锤击声较清脆，有轻微回弹，稍振手，较难击碎，有轻微吸水反应	1. 微风化的坚硬岩；2. 未风化—微风化的大理岩、板岩、石灰岩、白云岩、钙质砂岩等
软质岩	较软岩	锤击声不清脆，无回弹，较易击碎，浸水后指甲可刻出印痕	1. 中等风化—强风化的坚硬岩或较硬岩；2. 未风化—微风化的凝灰岩、千枚岩、砂质泥岩、泥灰岩等
	软岩	锤击声哑，无回弹，有凹痕，易击碎，浸水后手可掰开	1. 强风化的坚硬岩和较硬岩；2. 中等风化—强风化的较软岩；3. 未风化—微风化的页岩、泥质砂岩、泥岩等
	极软岩	锤击声哑，无回弹，有较深凹痕，手可捏碎，浸水后可捏成团	1. 全风化的各种岩石；2. 各种半成岩

A.0.2 岩体完整程度的划分宜按表 A.0.2 的规定。

表 A.0.2 岩体完整程度的划分

名称	结构面组数	控制性结构面平均间距（m）	代表性结构类型
完整	1～2	＞1.0	整状结构
较完整	2～3	0.4～1.0	块状结构
较破碎	＞3	0.2～0.4	镶嵌状结构
破碎	＞3	＜0.2	碎裂状结构
极破碎	无序	—	散体状结构

附录 B 碎石土野外鉴别

表 B.0.1 碎石土密实度野外鉴别方法

密实度	骨架颗粒含量和排列	可挖性	可钻性
密实	骨架颗粒含量大于总重的70%，呈交错排列，连续接触	锹镐挖掘困难，用撬棍方能松动，井壁一般较稳定	钻进极困难，冲击钻探时，钻杆、吊锤跳动剧烈，孔壁较稳定

密实度	骨架颗粒含量和排列	可挖性	可钻性
中密	骨架颗粒含量等于总重的 60%～70%，呈交错排列，大部分接触	锹镐可挖掘，井壁有掉块现象，从井壁取出大颗粒处，能保持颗粒凹面形状	钻进较困难，冲击钻探时，钻杆、吊锤跳动不剧烈，孔壁有坍塌现象
稍密	骨架颗粒含量等于总重的 55%～60%，排列混乱，大部分不接触	锹可以挖掘，井壁坍塌，从井壁取出大颗粒后，砂土立即坍落	钻进较容易，冲击钻探时，钻杆稍有跳动，孔壁易坍塌
松散	骨架颗粒含量小于总重的 55%，排列十分混乱，绝大部分不接触	锹易挖掘，井壁极易坍塌	钻进很容易，冲击钻探时，钻杆无跳动，孔壁极易坍塌

注：1 骨架颗粒系指与本规范表 4.1.5 相对应粒径的颗粒；

2 碎石土的密实度应按表列各项要求综合确定。

附录 C 浅层平板载荷试验要点

C.0.1 地基土浅层平板载荷试验适用于确定浅部地基土层的承压板下应力主要影响范围内的承载力和变形参数，承压板面积不应小于 $0.25m^2$，对于软土不应小于 $0.5m^2$。

C.0.2 试验基坑宽度不应小于承压板宽度或直径的三倍。应保持试验土层的原状结构和天然湿度。宜在拟试压表面用粗砂或中砂层找平，其厚度不应超过 20mm。

C.0.3 加荷分级不应少于 8 级。最大加载量不应小于设计要求的两倍。

C.0.4 每级加载后，按间隔 10min、10min、10min、15min、15min，以后为每隔半小时测读一次沉降量，当在连续两小时内，每小时的沉降量小于 0.1mm 时，则认为已趋稳定，可加下一级荷载。

C.0.5 当出现下列情况之一时，即可终止加载：

1 承压板周围的土明显地侧向挤出；

2 沉降 s 急骤增大，荷载-沉降（p-s）曲线出现陡降段；

3 在某一级荷载下，24h 内沉降速率不能达到稳定标准；

4 沉降量与承压板宽度或直径之比大于或等于 0.06。

C.0.6 当满足第 C.0.5 条前三款的情况之一时，其对应的前一级荷载为极限荷载。

C.0.7 承载力特征值的确定应符合下列规定：

1 当 p-s 曲线上有比例界限时，取该比例界限所对应的荷载值；

2 当极限荷载小于对应比例界限的荷载值的 2 倍时，取极限荷载值的一半；

3 当不能按上述二款要求确定时，当压板面积为 $0.25m^2$～$0.50m^2$，可取 s/b=0.01～0.015 所对应的荷载，但其值不应大于最大加载量的一半。

C.0.8 同一土层参加统计的试验点不应少于三点，各试验实测值的极差不得超过其平均值的 30%，取此平均值作为该土层的地基承载力特征值（f_{ak}）。

附录 D 深层平板载荷试验要点

D.0.1 深层平板载荷试验适用于确定深部地基土层及大直径桩桩端土层在承压板下应力主要影响范围内的承载力和变形参数。

D.0.2 深层平板载荷试验的承压板采用直径为 0.8m 的刚性板，紧靠承压板周围外侧的土层高度应不少于 80cm。

D.0.3 加荷等级可按预估极限承载力的 1/10～1/15 分级施加。

D.0.4 每级加荷后，第一个小时内按间隔 10min、10min、10min、15min、15min，以后为每隔半小时测读一次沉降。当在连续两小时内，每小时的沉降量小于 0.1mm 时，则认为已趋稳定，可加下一级荷载。

D.0.5 当出现下列情况之一时，可终止加载：

1 沉降 s 急剧增大，荷载-沉降（p-s）曲线上有可判定极限承载力的陡降段，且沉降量超过 0.04d（d 为承压板直径）；

2 在某级荷载下，24h 内沉降速率不能达到稳定；

3 本级沉降量大于前一级沉降量的 5 倍；

4 当持力层土层坚硬，沉降量很小时，最大加载量不小于设计要求的 2 倍。

D.0.6 承载力特征值的确定应符合下列规定：

1 当 p-s 曲线上有比例界限时，取该比例界限所对应的荷载值；

2 满足终止加载条件前三款的条件之一时，其对应的前一级荷载定为极限荷载，当该值小于对应比例界限的荷载值的 2 倍时，取极限荷载值的一半；

3 不能按上述二款要求确定时，可取 s/d=0.01～0.015 所对应的荷载值，但其值不应大于最大加载量的一半。

D.0.7 同一土层参加统计的试验点不应少于三点，当试验实测值的极差不超过平均值的 30% 时，取此平均值作为该土层的地基承载力特征值（f_{ak}）。

附录 F 中国季节性冻土标准冻深线图

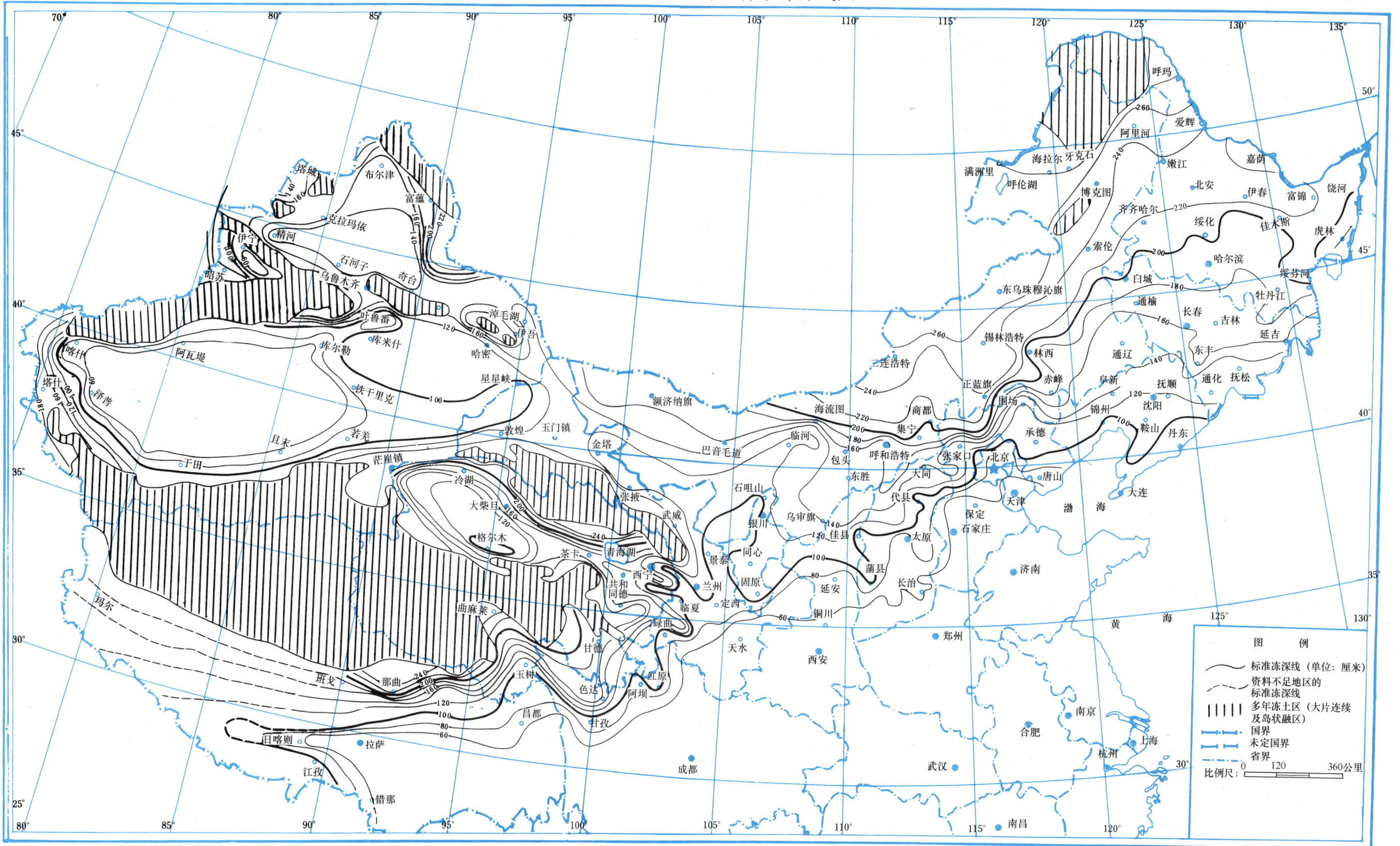

图例

标准冻深线（单位：厘米）

资料不足地区的
标准冻深线

多年冻土区（大片连续
及岛状融区）

国界

未定国界

省界

比例尺：0 120 360公里

附录 E 抗剪强度指标 c、φ 标准值

E.0.1 内摩擦角标准值 φ_k，黏聚力标准值 c_k，可按下列规定计算：

1 根据室内 n 组三轴压缩试验的结果，按下列公式计算变异系数、某一土性指标的试验平均值和标准差：

$$\delta = \sigma / \mu \tag{E.0.1-1}$$

$$\mu = \frac{\sum\limits_{i=1}^{n} \mu_i}{n} \tag{E.0.1-2}$$

$$\sigma = \sqrt{\frac{\sum\limits_{i=1}^{n} \mu_i^2 - n\mu^2}{n-1}} \tag{E.0.1-3}$$

式中 δ——变异系数；

μ——某一土性指标的试验平均值；

σ——标准差。

2 按下列公式计算内摩擦角和黏聚力的统计修正系数 ψ_φ、ψ_c：

$$\psi_\varphi = 1 - \left(\frac{1.704}{\sqrt{n}} + \frac{4.678}{n^2}\right)\delta_\varphi \tag{E.0.1-4}$$

$$\psi_c = 1 - \left(\frac{1.704}{\sqrt{n}} + \frac{4.678}{n^2}\right)\delta_c \tag{E.0.1-5}$$

式中 ψ_φ——内摩擦角的统计修正系数；

ψ_c——黏聚力的统计修正系数；

δ_φ——内摩擦角的变异系数；

δ_c——黏聚力的变异系数。

3
$$\varphi_k = \psi_\varphi \varphi_m \tag{E.0.1-6}$$
$$c_k = \psi_c c_m \tag{E.0.1-7}$$

式中 φ_m——内摩擦角的试验平均值；

c_m——黏聚力的试验平均值。

附录 G 地基土的冻胀性分类及建筑基础底面下允许冻土层最大厚度

G.0.1 地基土的冻胀性分类，可按表 G.0.1 分为不冻胀、弱冻胀、冻胀、强冻胀和特强冻胀。

G.0.2 建筑基础底面下允许冻土层最大厚度 h_{max}（m），可按表 G.0.2 查取。

表 G.0.1 地基土的冻胀性分类

土的名称	冻前天然含水量 w（%）	冻结期间地下水位距冻结面的最小距离 h_w（m）	平均冻胀率 η（%）	冻胀等级	冻胀类别
碎（卵）石，砾、粗、中砂（粒径小于 0.075mm 颗粒含量大于 15%），细砂（粒径小于 0.075mm 颗粒含量大于 10%）	$w \leqslant 12$	>1.0	$\eta \leqslant 1$	I	不冻胀
		≤1.0	$1 < \eta \leqslant 3.5$	II	弱胀冻
	$12 < w \leqslant 18$	>1.0			
		≤1.0	$3.5 < \eta \leqslant 6$	III	胀冻
	$w > 18$	>0.5			
		≤0.5	$6 < \eta \leqslant 12$	IV	强胀冻
粉砂	$w \leqslant 14$	>1.0	$\eta \leqslant 1$	I	不冻胀
		≤1.0	$1 < \eta \leqslant 3.5$	II	弱胀冻
	$14 < w \leqslant 19$	>1.0			
		≤1.0	$3.5 < \eta \leqslant 6$	III	胀冻
	$19 < w \leqslant 23$	>1.0			
		≤1.0	$6 < \eta \leqslant 12$	IV	强胀冻
	$w > 23$	不考虑	$\eta > 12$	V	特强胀冻
粉土	$w \leqslant 19$	>1.5	$\eta \leqslant 1$	I	不冻胀
		≤1.5	$1 < \eta \leqslant 3.5$	II	弱胀冻
粉土	$19 < w \leqslant 22$	>1.5	$1 < \eta \leqslant 3.5$	II	弱胀冻
		≤1.5	$3.5 < \eta \leqslant 6$	III	胀冻
	$22 < w \leqslant 26$	>1.5			
		≤1.5	$6 < \eta \leqslant 12$	IV	强胀冻
	$26 < w \leqslant 30$	>1.5			
		≤1.5	$\eta > 12$	V	特强胀冻
	$w > 30$	不考虑			

土的名称	冻前天然含水量 w（%）	冻结期间地下水位距冻结面的最小距离 h_w（m）	平均冻胀率 η（%）	冻胀等级	冻胀类别
黏性土	$w \leqslant w_p+2$	>2.0	$\eta \leqslant 1$	I	不冻胀
		$\leqslant 2.0$	$1 < \eta \leqslant 3.5$	II	弱胀冻
	$w_p+2 < w \leqslant w_p+5$	>2.0			
		$\leqslant 2.0$	$3.5 < \eta \leqslant 6$	III	胀冻
	$w_p+5 < w \leqslant w_p+9$	>2.0			
		$\leqslant 2.0$	$6 < \eta \leqslant 12$	IV	强胀冻
	$w_p+9 < w \leqslant w_p+15$	>2.0			
		$\leqslant 2.0$			
	$w > w_p+15$	不考虑	$\eta > 12$	V	特强胀冻

注：1 w_p——塑限含水量（%）；

   w——在冻土层内冻前天然含水量的平均值（%）；

2 盐渍化冻土不在表列；

3 塑性指数大于 22 时，冻胀性降低一级；

4 粒径小于 0.005mm 的颗粒含量大于 60% 时，为不冻胀土；

5 碎石类土当充填物大于全部质量的 40% 时，其冻胀性按充填物土的类别判断；

6 碎石土、砾砂、粗砂、中砂（粒径小于 0.075mm 颗粒含量不大于 15%）、细砂（粒径小于 0.075mm 颗粒含量不大于 10%）均按不冻胀考虑。

表 G.0.2 建筑基础底面下允许冻土层最大厚度 h_{max}（m）

冻胀性	基础形式	采暖情况	基底平均压力（kPa）					
			110	130	150	170	190	210
弱冻胀土	方形基础	采暖	0.90	0.95	1.00	1.10	1.15	1.20
		不采暖	0.70	0.80	0.95	1.00	1.05	1.10
	条形基础	采暖	>2.50	>2.50	>2.50	>2.50	>2.50	>2.50
		不采暖	2.20	>2.50	>2.50	>2.50	>2.50	>2.50
冻胀土	方形基础	采暖	0.65	0.70	0.75	0.80	0.85	—
		不采暖	0.55	0.60	0.65	0.70	0.75	—
	条形基础	采暖	1.55	1.80	2.00	2.20	2.50	—
		不采暖	1.15	1.35	1.55	1.75	1.95	—

注：1 本表只计算法向冻胀力，如果基侧存在切向冻胀力，应采取防切向力措施；

2 基础宽度小于 0.6m 时不适用，矩形基础取短边尺寸按方形基础计算；

3 表中数据不适用于淤泥、淤泥质土和欠固结土；

4 计算基底平均压力时取永久作用的标准组合值乘以 0.9，可以内插。

附录 H 岩石地基载荷试验要点

H.0.1 本附录适用于确定完整、较完整、较破碎岩石地基作为天然地基或桩基础持力层时的承载力。

H.0.2 采用圆形刚性承压板，直径为 300mm。当岩石埋藏深度较大时，可采用钢筋混凝土桩，但桩周需采取措施以消除桩身与土之间的摩擦力。

H.0.3 测量系统的初始稳定读数观测应在加压前，每隔 10min 读数一次，连续三次读数不变可开始试验。

H.0.4 加载应采用单循环加载，荷载逐级递增直到破坏，然后分级卸载。

H.0.5 加载时，第一级加载值应为预估设计荷载的 1/5，以后每级应为预估设计荷载的 1/10。

H.0.6 沉降量测读应在加载后立即进行，以后每 10min 读数一次。

H.0.7 连续三次读数之差均不大于 0.01mm，可视为达到稳定标准，可施加下一级荷载。

H.0.8 加载过程中出现下述现象之一时，即可终止加载：

1 沉降量读数不断变化，在 24h 内，沉降速率有增大的趋势；

2 压力加不上或勉强加上而不能保持稳定。

注：若限于加载能力，荷载也应增加到不少于设计要求的两倍。

H.0.9 卸载及卸载观测应符合下列规定：

1 每级卸载为加载时的两倍，如为奇数，第一级可为 3 倍；

2 每级卸载后，隔 10min 测读一次，测读三次后可卸下一级荷载；

3 全部卸载后，当测读到半小时回弹量小于 0.01mm 时，即认为达到稳定。

H.0.10 岩石地基承载力的确定应符合下列规定：

1 对应于 $p-s$ 曲线上起始直线段的终点为比例界限。符合终止加载条件的前一级荷载为极限荷载。将极限荷载除以 3 的安全系数，所得值与对应于比例界限的荷载相比较，取小值。

2 每个场地载荷试验的数量不应少于 3 个，取最小值作为岩石地基承载力特征值。

3 岩石地基承载力不进行深宽修正。

附录 J 岩石饱和单轴抗压强度试验要点

J.0.1 试料可用钻孔的岩芯或坑、槽探中采取的岩块。

J.0.2 岩样尺寸一般为 $\phi 50mm \times 100mm$，数量不应少于 6 个，进行饱和处理。

J.0.3 在压力机上以每秒 500kPa～800kPa 的加载速度加荷，直到试样破坏为止，记下最大加载，做好试验前后的试样描述。

J.0.4 根据参加统计的一组试样的试验值计算其平均值、标准差、变异系数，取岩石饱和单轴抗压强度的标准值为：

$$f_{rk} = \psi \cdot f_{rm} \qquad (J.0.4-1)$$

$$\psi = 1 - \left(\frac{1.704}{\sqrt{n}} + \frac{4.678}{n^2} \right)\delta \qquad (J.0.4-2)$$

式中：f_{rm}——岩石饱和单轴抗压强度平均值（kPa）；

f_{rk}——岩石饱和单轴抗压强度标准值（kPa）；

ψ——统计修正系数；

n——试样个数；

δ——变异系数。

附录 K 附加应力系数 α、平均附加应力系数 $\bar{\alpha}$

K.0.1 矩形面积上均布荷载作用下角点的附加应力系数 α（表 K.0.1-1）、平均附加应力系数 $\bar{\alpha}$（表 K.0.1-2）。

表 K.0.1-1 矩形面积上均布荷载作用下角点附加应力系数 α

z/b	l/b											
	1.0	1.2	1.4	1.6	1.8	2.0	3.0	4.0	5.0	6.0	10.0	条形
0.0	0.250	0.250	0.250	0.250	0.250	0.250	0.250	0.250	0.250	0.250	0.250	0.250
0.2	0.249	0.249	0.249	0.249	0.249	0.249	0.249	0.249	0.249	0.249	0.249	0.249
0.4	0.240	0.242	0.243	0.243	0.244	0.244	0.244	0.244	0.244	0.244	0.244	0.244
0.6	0.223	0.228	0.230	0.232	0.232	0.233	0.234	0.234	0.234	0.234	0.234	0.234
0.8	0.200	0.207	0.212	0.215	0.216	0.218	0.220	0.220	0.220	0.220	0.220	0.220
1.0	0.175	0.185	0.191	0.195	0.198	0.200	0.203	0.204	0.204	0.204	0.205	0.205
1.2	0.152	0.163	0.171	0.176	0.179	0.182	0.187	0.188	0.189	0.189	0.189	0.189
1.4	0.131	0.142	0.151	0.157	0.161	0.164	0.171	0.173	0.174	0.174	0.174	0.174
1.6	0.112	0.124	0.133	0.140	0.145	0.148	0.157	0.159	0.160	0.160	0.160	0.160
1.8	0.097	0.108	0.117	0.124	0.129	0.133	0.143	0.146	0.147	0.148	0.148	0.148
2.0	0.084	0.095	0.103	0.110	0.116	0.120	0.131	0.135	0.136	0.137	0.137	0.137
2.2	0.073	0.083	0.092	0.098	0.104	0.108	0.121	0.125	0.126	0.127	0.128	0.128
2.4	0.064	0.073	0.081	0.088	0.093	0.098	0.111	0.116	0.118	0.118	0.119	0.119
2.6	0.057	0.065	0.072	0.079	0.084	0.089	0.102	0.107	0.110	0.111	0.112	0.112
2.8	0.050	0.058	0.065	0.071	0.076	0.080	0.094	0.100	0.102	0.104	0.105	0.105
3.0	0.045	0.052	0.058	0.064	0.069	0.073	0.087	0.093	0.096	0.097	0.099	0.099
3.2	0.040	0.047	0.053	0.058	0.063	0.067	0.081	0.087	0.090	0.092	0.093	0.094
3.4	0.036	0.042	0.048	0.053	0.057	0.061	0.075	0.081	0.085	0.086	0.088	0.089
3.6	0.033	0.038	0.043	0.048	0.052	0.056	0.069	0.076	0.080	0.082	0.084	0.084
3.8	0.030	0.035	0.040	0.044	0.048	0.052	0.065	0.072	0.075	0.077	0.080	0.080

z/b	l/b											
	1.0	1.2	1.4	1.6	1.8	2.0	3.0	4.0	5.0	6.0	10.0	条形
4.0	0.027	0.032	0.036	0.040	0.044	0.048	0.060	0.067	0.071	0.073	0.076	0.076
4.2	0.025	0.029	0.033	0.037	0.041	0.044	0.056	0.063	0.067	0.070	0.072	0.073
4.4	0.023	0.027	0.031	0.034	0.038	0.041	0.053	0.060	0.064	0.066	0.069	0.070
4.6	0.021	0.025	0.028	0.032	0.035	0.038	0.049	0.056	0.061	0.063	0.066	0.067
4.8	0.019	0.023	0.026	0.029	0.032	0.035	0.046	0.053	0.058	0.060	0.064	0.064
5.0	0.018	0.021	0.024	0.027	0.030	0.033	0.043	0.050	0.055	0.057	0.061	0.062
6.0	0.013	0.015	0.017	0.020	0.022	0.024	0.033	0.039	0.043	0.046	0.051	0.052
7.0	0.009	0.011	0.013	0.015	0.016	0.018	0.025	0.031	0.035	0.038	0.043	0.045
8.0	0.007	0.009	0.010	0.011	0.013	0.014	0.020	0.025	0.028	0.031	0.037	0.039
9.0	0.006	0.007	0.008	0.009	0.010	0.011	0.016	0.020	0.024	0.026	0.032	0.035
10.0	0.005	0.006	0.007	0.007	0.008	0.009	0.013	0.017	0.020	0.022	0.028	0.032
12.0	0.003	0.004	0.005	0.005	0.006	0.006	0.009	0.012	0.014	0.017	0.022	0.026
14.0	0.002	0.003	0.003	0.004	0.004	0.005	0.007	0.009	0.011	0.013	0.018	0.023
16.0	0.002	0.002	0.003	0.003	0.004	0.004	0.005	0.007	0.009	0.010	0.014	0.020
18.0	0.001	0.002	0.002	0.002	0.003	0.003	0.004	0.006	0.007	0.008	0.012	0.018
20.0	0.001	0.001	0.002	0.002	0.002	0.002	0.004	0.005	0.006	0.007	0.010	0.016
25.0	0.001	0.001	0.001	0.001	0.001	0.002	0.002	0.003	0.004	0.004	0.007	0.013
30.0	0.001	0.001	0.001	0.001	0.001	0.001	0.002	0.002	0.003	0.002	0.005	0.011
35.0	0.000	0.000	0.001	0.001	0.001	0.001	0.001	0.002	0.002	0.002	0.004	0.009
40.0	0.000	0.000	0.000	0.000	0.001	0.001	0.001	0.001	0.001	0.002	0.003	0.008

注：l—基础长度（m）；b—基础宽度（m）；z—计算点离基础底面垂直距离（m）。

K.0.2 矩形面积上三角形分布荷载作用下的附加应力系数 α、平均附加应力系数 $\bar{\alpha}$（表 K.0.2）。

K.0.3 圆形面积上均布荷载作用下中点的附加应力系数 α、平均附加应力系数 $\bar{\alpha}$（表 K.0.3）。

K.0.4 圆形面积上三角形分布荷载作用下边点的附加应力系数 α、平均附加应力系数 $\bar{\alpha}$（表 K.0.4）。

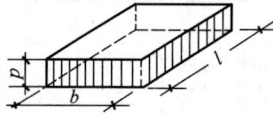

表 K.0.1-2 矩形面积上均布荷载作用下角点的平均附加应力系数 $\bar{\alpha}$

z/b \ l/b	1.0	1.2	1.4	1.6	1.8	2.0	2.4	2.8	3.2	3.6	4.0	5.0	10.0
0.0	0.2500	0.2500	0.2500	0.2500	0.2500	0.2500	0.2500	0.2500	0.2500	0.2500	0.2500	0.2500	0.2500
0.2	0.2496	0.2497	0.2497	0.2498	0.2498	0.2498	0.2498	0.2498	0.2498	0.2498	0.2498	0.2498	0.2498
0.4	0.2474	0.2479	0.2481	0.2483	0.2483	0.2484	0.2485	0.2485	0.2485	0.2485	0.2485	0.2485	0.2485
0.6	0.2423	0.2437	0.2444	0.2448	0.2451	0.2452	0.2454	0.2455	0.2455	0.2455	0.2455	0.2455	0.2456
0.8	0.2346	0.2372	0.2387	0.2395	0.2400	0.2403	0.2407	0.2408	0.2409	0.2409	0.2410	0.2410	0.2410
1.0	0.2252	0.2291	0.2313	0.2326	0.2335	0.2340	0.2346	0.2349	0.2351	0.2352	0.2352	0.2353	0.2353
1.2	0.2149	0.2199	0.2229	0.2248	0.2260	0.2268	0.2278	0.2282	0.2285	0.2286	0.2287	0.2288	0.2289
1.4	0.2043	0.2102	0.2140	0.2164	0.2180	0.2191	0.2204	0.2211	0.2215	0.2217	0.2218	0.2220	0.2221
1.6	0.1939	0.2006	0.2049	0.2079	0.2099	0.2113	0.2130	0.2138	0.2143	0.2146	0.2148	0.2150	0.2152
1.8	0.1840	0.1912	0.1960	0.1994	0.2018	0.2034	0.2055	0.2066	0.2073	0.2077	0.2079	0.2082	0.2084

z/b \ l/b	1.0	1.2	1.4	1.6	1.8	2.0	2.4	2.8	3.2	3.6	4.0	5.0	10.0
2.0	0.1746	0.1822	0.1875	0.1912	0.1938	0.1958	0.1982	0.1996	0.2004	0.2009	0.2012	0.2015	0.2018
2.2	0.1659	0.1737	0.1793	0.1833	0.1862	0.1883	0.1911	0.1927	0.1937	0.1943	0.1947	0.1952	0.1955
2.4	0.1578	0.1657	0.1715	0.1757	0.1789	0.1812	0.1843	0.1862	0.1873	0.1880	0.1885	0.1890	0.1895
2.6	0.1503	0.1583	0.1642	0.1686	0.1719	0.1745	0.1779	0.1799	0.1812	0.1820	0.1825	0.1832	0.1838
2.8	0.1433	0.1514	0.1574	0.1619	0.1654	0.1680	0.1717	0.1739	0.1753	0.1763	0.1769	0.1777	0.1784
3.0	0.1369	0.1449	0.1510	0.1556	0.1592	0.1619	0.1658	0.1682	0.1698	0.1708	0.1715	0.1725	0.1733
3.2	0.1310	0.1390	0.1450	0.1497	0.1533	0.1562	0.1602	0.1628	0.1645	0.1657	0.1664	0.1675	0.1685
3.4	0.1256	0.1334	0.1394	0.1441	0.1478	0.1508	0.1550	0.1577	0.1595	0.1607	0.1616	0.1628	0.1639
3.6	0.1205	0.1282	0.1342	0.1389	0.1427	0.1456	0.1500	0.1528	0.1548	0.1561	0.1570	0.1583	0.1595
3.8	0.1158	0.1234	0.1293	0.1340	0.1378	0.1408	0.1452	0.1482	0.1502	0.1516	0.1526	0.1541	0.1554
4.0	0.1114	0.1189	0.1248	0.1294	0.1332	0.1362	0.1408	0.1438	0.1459	0.1474	0.1485	0.1500	0.1516
4.2	0.1073	0.1147	0.1205	0.1251	0.1289	0.1319	0.1365	0.1396	0.1418	0.1434	0.1445	0.1462	0.1479
4.4	0.1035	0.1107	0.1164	0.1210	0.1248	0.1279	0.1325	0.1357	0.1379	0.1396	0.1407	0.1425	0.1444
4.6	0.1000	0.1070	0.1127	0.1172	0.1209	0.1240	0.1287	0.1319	0.1342	0.1359	0.1371	0.1390	0.1410
4.8	0.0967	0.1036	0.1091	0.1136	0.1173	0.1204	0.1250	0.1283	0.1307	0.1324	0.1337	0.1357	0.1379
5.0	0.0935	0.1003	0.1057	0.1102	0.1139	0.1169	0.1216	0.1249	0.1273	0.1291	0.1304	0.1325	0.1348
5.2	0.0906	0.0972	0.1026	0.1070	0.1106	0.1136	0.1183	0.1217	0.1241	0.1259	0.1273	0.1295	0.1320
5.4	0.0878	0.0943	0.0996	0.1039	0.1075	0.1105	0.1152	0.1186	0.1211	0.1229	0.1243	0.1265	0.1292
5.6	0.0852	0.0916	0.0968	0.1010	0.1046	0.1076	0.1122	0.1156	0.1181	0.1200	0.1215	0.1238	0.1266
5.8	0.0828	0.0890	0.0941	0.0983	0.1018	0.1047	0.1094	0.1128	0.1153	0.1172	0.1187	0.1211	0.1240
6.0	0.0805	0.0866	0.0916	0.0957	0.0991	0.1021	0.1067	0.1101	0.1126	0.1146	0.1161	0.1185	0.1216
6.2	0.0783	0.0842	0.0891	0.0932	0.0966	0.0995	0.1041	0.1075	0.1101	0.1120	0.1136	0.1161	0.1193
6.4	0.0762	0.0820	0.0869	0.0909	0.0942	0.0971	0.1016	0.1050	0.1076	0.1096	0.1111	0.1137	0.1171
6.6	0.0742	0.0799	0.0847	0.0886	0.0919	0.0948	0.0993	0.1027	0.1053	0.1073	0.1088	0.1114	0.1149
6.8	0.0723	0.0779	0.0826	0.0865	0.0898	0.0926	0.0970	0.1004	0.1030	0.1050	0.1066	0.1092	0.1129
7.0	0.0705	0.0761	0.0806	0.0844	0.0877	0.0904	0.0949	0.0982	0.1008	0.1028	0.1044	0.1071	0.1109
7.2	0.0688	0.0742	0.0787	0.0825	0.0857	0.0884	0.0928	0.0962	0.0987	0.1008	0.1023	0.1051	0.1090
7.4	0.0672	0.0725	0.0769	0.0806	0.0838	0.0865	0.0908	0.0942	0.0967	0.0988	0.1004	0.1031	0.1071
7.6	0.0656	0.0709	0.0752	0.0789	0.0820	0.0846	0.0889	0.0922	0.0948	0.0968	0.0984	0.1012	0.1054
7.8	0.0642	0.0693	0.0736	0.0771	0.0802	0.0828	0.0871	0.0904	0.0929	0.0950	0.0966	0.0994	0.1036
8.0	0.0627	0.0678	0.0720	0.0755	0.0785	0.0811	0.0853	0.0886	0.0912	0.0932	0.0948	0.0976	0.1020
8.2	0.0614	0.0663	0.0705	0.0739	0.0769	0.0795	0.0837	0.0869	0.0894	0.0914	0.0931	0.0959	0.1004
8.4	0.0601	0.0649	0.0690	0.0724	0.0754	0.0779	0.0820	0.0852	0.0878	0.0893	0.0914	0.0943	0.0938
8.6	0.0588	0.0636	0.0676	0.0710	0.0739	0.0764	0.0805	0.0836	0.0862	0.0882	0.0898	0.0927	0.0973
8.8	0.0576	0.0623	0.0663	0.0696	0.0724	0.0749	0.0790	0.0821	0.0846	0.0866	0.0882	0.0912	0.0959
9.2	0.0554	0.0599	0.0637	0.0670	0.0697	0.0721	0.0761	0.0792	0.0817	0.0837	0.0853	0.0882	0.0931
9.6	0.0533	0.0577	0.0614	0.0645	0.0672	0.0696	0.0734	0.0765	0.0789	0.0809	0.0825	0.0855	0.0905
10.0	0.0514	0.0556	0.0592	0.0622	0.0649	0.0672	0.0710	0.0739	0.0763	0.0783	0.0799	0.0829	0.0880
10.4	0.0496	0.0537	0.0572	0.0601	0.0627	0.0649	0.0686	0.0716	0.0739	0.0759	0.0775	0.0804	0.0857
10.8	0.0479	0.0519	0.0553	0.0581	0.0606	0.0628	0.0664	0.0693	0.0717	0.0736	0.0751	0.0781	0.0834
11.2	0.0463	0.0502	0.0535	0.0563	0.0587	0.0609	0.0644	0.0672	0.0695	0.0714	0.0730	0.0759	0.0813
11.6	0.0448	0.0486	0.0518	0.0545	0.0569	0.0590	0.0625	0.0652	0.0675	0.0694	0.0709	0.0738	0.0793
12.0	0.0435	0.0471	0.0502	0.0529	0.0552	0.0573	0.0606	0.0634	0.0656	0.0674	0.0690	0.0719	0.0774
12.8	0.0409	0.0444	0.0474	0.0499	0.0521	0.0541	0.0573	0.0599	0.0621	0.0639	0.0654	0.0682	0.0739
13.6	0.0387	0.0420	0.0448	0.0472	0.0493	0.0512	0.0543	0.0568	0.0589	0.0607	0.0621	0.0649	0.0707
14.4	0.0367	0.0398	0.0425	0.0448	0.0468	0.0486	0.0516	0.0540	0.0561	0.0577	0.0592	0.0619	0.0677
15.2	0.0349	0.0379	0.0404	0.0426	0.0446	0.0463	0.0492	0.0515	0.0535	0.0551	0.0565	0.0592	0.0650
16.0	0.0332	0.0361	0.0385	0.0407	0.0425	0.0442	0.0469	0.0492	0.0511	0.0527	0.0540	0.0567	0.0625
18.0	0.0297	0.0323	0.0345	0.0364	0.0381	0.0396	0.0422	0.0442	0.0460	0.0475	0.0487	0.0512	0.0570
20.0	0.0269	0.0292	0.0312	0.0330	0.0345	0.0359	0.0383	0.0402	0.0418	0.0432	0.0444	0.0468	0.0524

矩形面积上三角形分布荷载作用下的附加应力系数 α 与平均附加应力系数 $\bar{\alpha}$

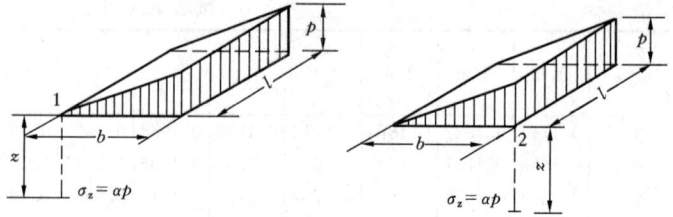

$\sigma_z = \alpha p$ 　　　 $\sigma_z = \alpha p$

表 K.0.2

z/b	l/b 0.2 点1 α	l/b 0.2 点1 $\bar{\alpha}$	l/b 0.2 点2 α	l/b 0.2 点2 $\bar{\alpha}$	l/b 0.4 点1 α	l/b 0.4 点1 $\bar{\alpha}$	l/b 0.4 点2 α	l/b 0.4 点2 $\bar{\alpha}$	l/b 0.6 点1 α	l/b 0.6 点1 $\bar{\alpha}$	l/b 0.6 点2 α	l/b 0.6 点2 $\bar{\alpha}$	z/b
0.0	0.0000	0.0000	0.2500	0.2500	0.0000	0.0000	0.2500	0.2500	0.0000	0.0000	0.2500	0.2500	0.0
0.2	0.0223	0.0112	0.1821	0.2161	0.0280	0.0140	0.2115	0.2308	0.0296	0.0148	0.2165	0.2333	0.2
0.4	0.0269	0.0179	0.1094	0.1810	0.0420	0.0245	0.1604	0.2084	0.0487	0.0270	0.1781	0.2153	0.4
0.6	0.0259	0.0207	0.0700	0.1505	0.0448	0.0308	0.1165	0.1851	0.0560	0.0355	0.1405	0.1966	0.6
0.8	0.0232	0.0217	0.0480	0.1277	0.0421	0.0340	0.0853	0.1640	0.0553	0.0405	0.1093	0.1787	0.8
1.0	0.0201	0.0217	0.0346	0.1104	0.0375	0.0351	0.0638	0.1461	0.0508	0.0430	0.0852	0.1624	1.0
1.2	0.0171	0.0212	0.0260	0.0970	0.0324	0.0351	0.0491	0.1312	0.0450	0.0439	0.0673	0.1480	1.2
1.4	0.0145	0.0204	0.0202	0.0865	0.0278	0.0344	0.0386	0.1187	0.0392	0.0436	0.0540	0.1356	1.4
1.6	0.0123	0.0195	0.0160	0.0779	0.0238	0.0333	0.0310	0.1082	0.0339	0.0427	0.0440	0.1247	1.6
1.8	0.0105	0.0186	0.0130	0.0709	0.0204	0.0321	0.0254	0.0993	0.0294	0.0415	0.0363	0.1153	1.8
2.0	0.0090	0.0178	0.0108	0.0650	0.0176	0.0308	0.0211	0.0917	0.0255	0.0401	0.0304	0.1071	2.0
2.5	0.0063	0.0157	0.0072	0.0538	0.0125	0.0276	0.0140	0.0769	0.0183	0.0365	0.0205	0.0908	2.5
3.0	0.0046	0.0140	0.0051	0.0458	0.0092	0.0248	0.0100	0.0661	0.0135	0.0330	0.0148	0.0786	3.0
5.0	0.0018	0.0097	0.0019	0.0289	0.0036	0.0175	0.0038	0.0424	0.0054	0.0236	0.0056	0.0476	5.0
7.0	0.0009	0.0073	0.0010	0.0211	0.0019	0.0133	0.0019	0.0311	0.0028	0.0180	0.0029	0.0352	7.0
10.0	0.0005	0.0053	0.0004	0.0150	0.0009	0.0097	0.0010	0.0222	0.0014	0.0133	0.0014	0.0253	10.0

z/b	l/b 0.8 点1 α	l/b 0.8 点1 $\bar{\alpha}$	l/b 0.8 点2 α	l/b 0.8 点2 $\bar{\alpha}$	l/b 1.0 点1 α	l/b 1.0 点1 $\bar{\alpha}$	l/b 1.0 点2 α	l/b 1.0 点2 $\bar{\alpha}$	l/b 1.2 点1 α	l/b 1.2 点1 $\bar{\alpha}$	l/b 1.2 点2 α	l/b 1.2 点2 $\bar{\alpha}$	z/b
0.0	0.0000	0.0000	0.2500	0.2500	0.0000	0.0000	0.2500	0.2500	0.0000	0.0000	0.2500	0.2500	0.0
0.2	0.0301	0.0151	0.2178	0.2339	0.0304	0.0152	0.2182	0.2341	0.0305	0.0153	0.2184	0.2342	0.2
0.4	0.0517	0.0280	0.1844	0.2175	0.0531	0.0285	0.1870	0.2184	0.0539	0.0288	0.1881	0.2187	0.4
0.6	0.0621	0.0376	0.1520	0.2011	0.0654	0.0388	0.1575	0.2030	0.0673	0.0394	0.1602	0.2039	0.6
0.8	0.0637	0.0440	0.1232	0.1852	0.0688	0.0459	0.1311	0.1883	0.0720	0.0470	0.1355	0.1899	0.8
1.0	0.0602	0.0476	0.0996	0.1704	0.0666	0.0502	0.1086	0.1746	0.0708	0.0518	0.1143	0.1769	1.0
1.2	0.0546	0.0492	0.0807	0.1571	0.0615	0.0525	0.0901	0.1621	0.0664	0.0546	0.0962	0.1649	1.2
1.4	0.0483	0.0495	0.0661	0.1451	0.0554	0.0534	0.0751	0.1507	0.0606	0.0559	0.0817	0.1541	1.4
1.6	0.0424	0.0490	0.0547	0.1345	0.0492	0.0533	0.0628	0.1405	0.0545	0.0561	0.0696	0.1443	1.6
1.8	0.0371	0.0480	0.0457	0.1252	0.0435	0.0525	0.0534	0.1313	0.0487	0.0556	0.0596	0.1354	1.8
2.0	0.0324	0.0467	0.0387	0.1169	0.0384	0.0513	0.0456	0.1232	0.0434	0.0547	0.0513	0.1274	2.0
2.5	0.0236	0.0429	0.0265	0.1000	0.0284	0.0478	0.0318	0.1063	0.0326	0.0513	0.0365	0.1107	2.5
3.0	0.0176	0.0392	0.0192	0.0871	0.0214	0.0439	0.0233	0.0931	0.0249	0.0476	0.0270	0.0976	3.0
5.0	0.0071	0.0285	0.0074	0.0576	0.0088	0.0324	0.0091	0.0624	0.0104	0.0356	0.0108	0.0661	5.0
7.0	0.0038	0.0219	0.0038	0.0427	0.0047	0.0251	0.0047	0.0465	0.0056	0.0277	0.0056	0.0496	7.0
10.0	0.0019	0.0162	0.0019	0.0308	0.0023	0.0186	0.0024	0.0336	0.0028	0.0207	0.0028	0.0359	10.0

续表 K.0.2

z/b	1.4 点1 α	1.4 点1 ᾱ	1.4 点2 α	1.4 点2 ᾱ	1.6 点1 α	1.6 点1 ᾱ	1.6 点2 α	1.6 点2 ᾱ	1.8 点1 α	1.8 点1 ᾱ	1.8 点2 α	1.8 点2 ᾱ	z/b
0.0	0.0000	0.0000	0.2500	0.2500	0.0000	0.0000	0.2500	0.2500	0.0000	0.0000	0.2500	0.2500	0.0
0.2	0.0305	0.0153	0.2185	0.2343	0.0306	0.0153	0.2185	0.2343	0.0306	0.0153	0.2185	0.2343	0.2
0.4	0.0543	0.0289	0.1886	0.2189	0.0545	0.0290	0.1889	0.2190	0.0546	0.0290	0.1891	0.2190	0.4
0.6	0.0684	0.0397	0.1616	0.2043	0.0690	0.0399	0.1625	0.2046	0.0694	0.0400	0.1630	0.2047	0.6
0.8	0.0739	0.0476	0.1381	0.1907	0.0751	0.0480	0.1396	0.1912	0.0759	0.0482	0.1405	0.1915	0.8
1.0	0.0735	0.0528	0.1176	0.1781	0.0753	0.0534	0.1202	0.1789	0.0766	0.0538	0.1215	0.1794	1.0
1.2	0.0698	0.0560	0.1007	0.1666	0.0721	0.0568	0.1037	0.1678	0.0738	0.0574	0.1055	0.1684	1.2
1.4	0.0644	0.0575	0.0864	0.1562	0.0672	0.0586	0.0897	0.1576	0.0692	0.0594	0.0921	0.1585	1.4
1.6	0.0586	0.0580	0.0743	0.1467	0.0616	0.0594	0.0780	0.1484	0.0639	0.0603	0.0806	0.1494	1.6
1.8	0.0528	0.0578	0.0644	0.1381	0.0560	0.0593	0.0681	0.1400	0.0585	0.0604	0.0709	0.1413	1.8
2.0	0.0474	0.0570	0.0560	0.1303	0.0507	0.0587	0.0596	0.1324	0.0533	0.0599	0.0625	0.1338	2.0
2.5	0.0362	0.0540	0.0405	0.1139	0.0393	0.0560	0.0440	0.1163	0.0419	0.0575	0.0469	0.1180	2.5
3.0	0.0280	0.0503	0.0303	0.1008	0.0307	0.0525	0.0333	0.1033	0.0331	0.0541	0.0359	0.1052	3.0
5.0	0.0120	0.0382	0.0123	0.0690	0.0135	0.0403	0.0139	0.0714	0.0148	0.0421	0.0154	0.0734	5.0
7.0	0.0064	0.0299	0.0066	0.0520	0.0073	0.0318	0.0074	0.0541	0.0081	0.0333	0.0083	0.0558	7.0
10.0	0.0033	0.0224	0.0032	0.0379	0.0037	0.0239	0.0037	0.0395	0.0041	0.0252	0.0042	0.0409	10.0

z/b	2.0 点1 α	2.0 点1 ᾱ	2.0 点2 α	2.0 点2 ᾱ	3.0 点1 α	3.0 点1 ᾱ	3.0 点2 α	3.0 点2 ᾱ	4.0 点1 α	4.0 点1 ᾱ	4.0 点2 α	4.0 点2 ᾱ	z/b
0.0	0.0000	0.0000	0.2500	0.2500	0.0000	0.0000	0.2500	0.2500	0.0000	0.0000	0.2500	0.2500	0.0
0.2	0.0306	0.0153	0.2185	0.2343	0.0306	0.0153	0.2186	0.2343	0.0306	0.0153	0.2186	0.2343	0.2
0.4	0.0547	0.0290	0.1892	0.2191	0.0548	0.0290	0.1894	0.2192	0.0549	0.0291	0.1894	0.2192	0.4
0.6	0.0696	0.0401	0.1633	0.2048	0.0701	0.0402	0.1638	0.2050	0.0702	0.0402	0.1639	0.2050	0.6
0.8	0.0764	0.0483	0.1412	0.1917	0.0773	0.0486	0.1423	0.1920	0.0776	0.0487	0.1424	0.1920	0.8
1.0	0.0774	0.0540	0.1225	0.1797	0.0790	0.0545	0.1244	0.1803	0.0794	0.0546	0.1248	0.1803	1.0
1.2	0.0749	0.0577	0.1069	0.1689	0.0774	0.0584	0.1096	0.1697	0.0779	0.0586	0.1103	0.1699	1.2
1.4	0.0707	0.0599	0.0937	0.1591	0.0739	0.0609	0.0973	0.1603	0.0748	0.0612	0.0982	0.1605	1.4
1.6	0.0656	0.0609	0.0826	0.1502	0.0697	0.0623	0.0870	0.1517	0.0708	0.0626	0.0882	0.1521	1.6
1.8	0.0604	0.0611	0.0730	0.1422	0.0652	0.0628	0.0782	0.1441	0.0666	0.0633	0.0797	0.1445	1.8
2.0	0.0553	0.0608	0.0649	0.1348	0.0607	0.0629	0.0707	0.1371	0.0624	0.0634	0.0726	0.1377	2.0
2.5	0.0440	0.0586	0.0491	0.1193	0.0504	0.0614	0.0559	0.1223	0.0529	0.0623	0.0585	0.1233	2.5
3.0	0.0352	0.0554	0.0380	0.1067	0.0419	0.0589	0.0451	0.1104	0.0449	0.0600	0.0482	0.1116	3.0
5.0	0.0161	0.0435	0.0167	0.0749	0.0214	0.0480	0.0221	0.0797	0.0248	0.0500	0.0256	0.0817	5.0
7.0	0.0089	0.0347	0.0091	0.0572	0.0124	0.0391	0.0126	0.0619	0.0152	0.0414	0.0154	0.0642	7.0
10.0	0.0046	0.0263	0.0046	0.0403	0.0066	0.0302	0.0066	0.0462	0.0084	0.0325	0.0083	0.0485	10.0

z/b	6.0 点1 α	6.0 点1 ᾱ	6.0 点2 α	6.0 点2 ᾱ	8.0 点1 α	8.0 点1 ᾱ	8.0 点2 α	8.0 点2 ᾱ	10.0 点1 α	10.0 点1 ᾱ	10.0 点2 α	10.0 点2 ᾱ	z/b
0.0	0.0000	0.0000	0.2500	0.2500	0.0000	0.0000	0.2500	0.2500	0.0000	0.0000	0.2500	0.2500	0.0
0.2	0.0306	0.0153	0.2186	0.2343	0.0306	0.0153	0.2186	0.2343	0.0306	0.0153	0.2186	0.2343	0.2
0.4	0.0549	0.0291	0.1894	0.2192	0.0549	0.0291	0.1894	0.2192	0.0549	0.0291	0.1894	0.2192	0.4
0.6	0.0702	0.0402	0.1640	0.2050	0.0702	0.0402	0.1640	0.2050	0.0702	0.0402	0.1640	0.2050	0.6
0.8	0.0776	0.0487	0.1426	0.1921	0.0776	0.0487	0.1426	0.1921	0.0776	0.0487	0.1426	0.1921	0.8
1.0	0.0795	0.0546	0.1250	0.1804	0.0796	0.0546	0.1250	0.1804	0.0796	0.0546	0.1250	0.1804	1.0
1.2	0.0782	0.0587	0.1105	0.1700	0.0783	0.0587	0.1105	0.1700	0.0783	0.0587	0.1105	0.1700	1.2
1.4	0.0752	0.0613	0.0986	0.1606	0.0752	0.0613	0.0987	0.1606	0.0753	0.0613	0.0987	0.1606	1.4
1.6	0.0714	0.0628	0.0887	0.1523	0.0715	0.0628	0.0888	0.1523	0.0715	0.0628	0.0889	0.1523	1.6
1.8	0.0673	0.0635	0.0805	0.1447	0.0675	0.0635	0.0806	0.1448	0.0675	0.0635	0.0808	0.1448	1.8
2.0	0.0634	0.0637	0.0734	0.1380	0.0636	0.0638	0.0736	0.1380	0.0636	0.0638	0.0738	0.1380	2.0
2.5	0.0543	0.0627	0.0601	0.1237	0.0547	0.0628	0.0604	0.1238	0.0548	0.0628	0.0605	0.1239	2.5
3.0	0.0469	0.0607	0.0504	0.1123	0.0474	0.0609	0.0509	0.1124	0.0476	0.0609	0.0511	0.1125	3.0
5.0	0.0283	0.0515	0.0290	0.0833	0.0296	0.0519	0.0303	0.0837	0.0301	0.0521	0.0309	0.0839	5.0
7.0	0.0186	0.0435	0.0190	0.0663	0.0204	0.0442	0.0207	0.0671	0.0212	0.0445	0.0216	0.0674	7.0
10.0	0.0111	0.0349	0.0111	0.0509	0.0128	0.0359	0.0130	0.0520	0.0139	0.0364	0.0141	0.0526	10.0

表 K.0.3 圆形面积上均布荷载作用下中点的附加应力系数 α 与平均附加应力系数 $\bar{\alpha}$

z/r	圆形 α	圆形 ᾱ	z/r	圆形 α	圆形 ᾱ
0.0	1.000	1.000	2.6	0.187	0.560
0.1	0.999	1.000	2.7	0.175	0.546
0.2	0.992	0.998	2.8	0.165	0.532
0.3	0.976	0.993	2.9	0.155	0.519
0.4	0.949	0.986	3.0	0.146	0.507
0.5	0.911	0.974	3.1	0.138	0.495
0.6	0.864	0.960	3.2	0.130	0.484
0.7	0.811	0.942	3.3	0.124	0.473
0.8	0.756	0.923	3.4	0.117	0.463
0.9	0.701	0.901	3.5	0.111	0.453
1.0	0.647	0.878	3.6	0.106	0.443
1.1	0.595	0.855	3.7	0.101	0.434
1.2	0.547	0.831	3.8	0.096	0.425
1.3	0.502	0.808	3.9	0.091	0.417
1.4	0.461	0.784	4.0	0.087	0.409
1.5	0.424	0.762	4.1	0.083	0.401
1.6	0.390	0.739	4.2	0.079	0.393
1.7	0.360	0.718	4.3	0.076	0.386
1.8	0.332	0.697	4.4	0.073	0.379
1.9	0.307	0.677	4.5	0.070	0.372
2.0	0.285	0.658	4.6	0.067	0.365
2.1	0.264	0.640	4.7	0.064	0.359
2.2	0.245	0.623	4.8	0.062	0.353
2.3	0.229	0.606	4.9	0.059	0.347
2.4	0.210	0.590	5.0	0.057	0.341
2.5	0.200	0.574			

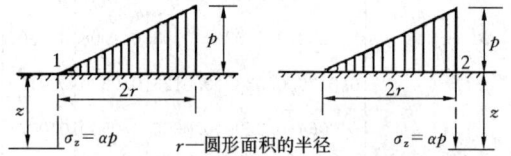

$\sigma_z = \alpha p$ r——圆形面积的半径 $\sigma_z = \alpha p$

表 K.0.4 圆形面积上三角形分布荷载作用下边点的附加应力系数 α 与平均附加应力系数 $\bar{\alpha}$

z/r	点1 α	点1 ᾱ	点2 α	点2 ᾱ
0.0	0.000	0.000	0.500	0.500
0.1	0.016	0.008	0.465	0.483
0.2	0.031	0.016	0.433	0.466
0.3	0.044	0.023	0.403	0.450
0.4	0.054	0.030	0.376	0.435
0.5	0.063	0.035	0.349	0.420
0.6	0.071	0.041	0.324	0.406
0.7	0.078	0.045	0.300	0.393
0.8	0.083	0.050	0.279	0.380
0.9	0.088	0.054	0.258	0.368
1.0	0.091	0.057	0.238	0.356
1.1	0.092	0.061	0.221	0.344
1.2	0.093	0.063	0.205	0.333
1.3	0.092	0.065	0.190	0.323
1.4	0.091	0.067	0.177	0.313
1.5	0.089	0.069	0.165	0.303
1.6	0.087	0.070	0.154	0.294
1.7	0.085	0.071	0.144	0.286
1.8	0.083	0.072	0.134	0.278
1.9	0.080	0.072	0.126	0.270
2.0	0.078	0.073	0.117	0.263

续表 K.0.4

z/r	点 1 α	1 $\bar{\alpha}$	点 2 α	2 $\bar{\alpha}$
2.1	0.075	0.073	0.110	0.255
2.2	0.072	0.073	0.104	0.249
2.3	0.070	0.073	0.097	0.242
2.4	0.067	0.073	0.091	0.236
2.5	0.064	0.072	0.086	0.230
2.6	0.062	0.072	0.081	0.225
2.7	0.059	0.071	0.078	0.219
2.8	0.057	0.071	0.074	0.214
2.9	0.055	0.070	0.070	0.209
3.0	0.052	0.070	0.067	0.204
3.1	0.050	0.069	0.064	0.200
3.2	0.048	0.069	0.061	0.196
3.3	0.046	0.068	0.059	0.192
3.4	0.045	0.067	0.055	0.188
3.5	0.043	0.067	0.053	0.184
3.6	0.041	0.066	0.051	0.180
3.7	0.040	0.065	0.048	0.177
3.8	0.038	0.065	0.046	0.173
3.9	0.037	0.064	0.043	0.170
4.0	0.036	0.063	0.041	0.167
4.2	0.033	0.062	0.038	0.161
4.4	0.031	0.061	0.034	0.155
4.6	0.029	0.059	0.031	0.150
4.8	0.027	0.058	0.029	0.145
5.0	0.025	0.057	0.027	0.140

附录 L 挡土墙主动土压力系数 k_a

L.0.1 挡土墙在土压力作用下，其主动压力系数应按下列公式计算：

$$k_a = \frac{\sin(\alpha+\beta)}{\sin^2\alpha\sin^2(\alpha+\beta-\varphi-\delta)}\{k_q[\sin(\alpha+\beta)\sin(\alpha-\delta)$$
$$+\sin(\varphi+\delta)\sin(\varphi-\beta)]$$
$$+2\eta\sin\alpha\cos\varphi\cos(\alpha+\beta-\varphi-\delta)$$
$$-2[(k_q\sin(\alpha+\beta)\sin(\varphi-\beta)+\eta\sin\alpha\cos\varphi)$$
$$(k_q\sin(\alpha-\delta)\sin(\varphi+\delta)$$
$$+\eta\sin\alpha\cos\varphi)]^{1/2}\}$$

(L.0.1-1)

$$k_q = 1 + \frac{2q}{\gamma h}\frac{\sin\alpha\cos\beta}{\sin(\alpha+\beta)}$$ (L.0.1-2)

$$\eta = \frac{2c}{\gamma h}$$ (L.0.1-3)

式中：q——地表均布荷载（kPa），以单位水平投影面上的荷载强度计算。

L.0.2 对于高度小于或等于 5m 的挡土墙，当填土质量满足设计要求且排水条件符合本规范第 6.7.1 条的要求时，其主动土压力系数可按图 L.0.2 查得，当地下水丰富时，应考虑水压力的作用。

L.0.3 按图 L.0.2 查主动土压力系数时，图中土类的填土质量应满足下列规定：

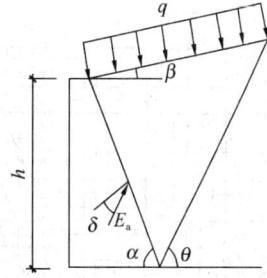

图 L.0.1 计算简图

1 Ⅰ类 碎石土，密实度应为中密及以上，干密度应大于或等于 2000kg/m³；

2 Ⅱ类 砂土，包括砾砂、粗砂、中砂，其密实度应为中密及以上，干密度应大于或等于 1650kg/m³；

3 Ⅲ类 黏土夹块石，干密度应大于或等于 1900kg/m³；

4 Ⅳ类 粉质黏土，干密度应大于或等于 1650kg/m³。

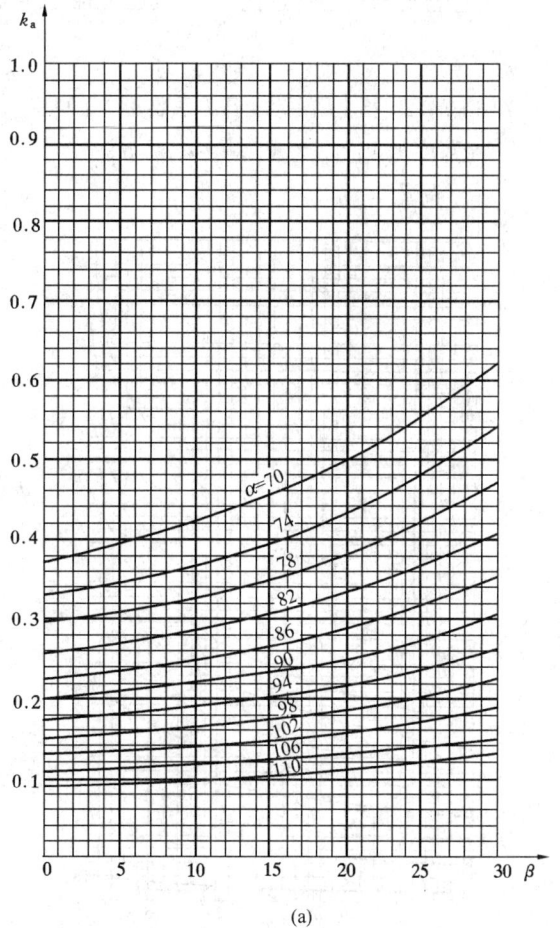

(a)

图 L.0.2-1 挡土墙主动土压力系数 k_a（一）

(a) Ⅰ类土土压力系数 $\left(\delta=\frac{1}{2}\varphi,\ q=0\right)$

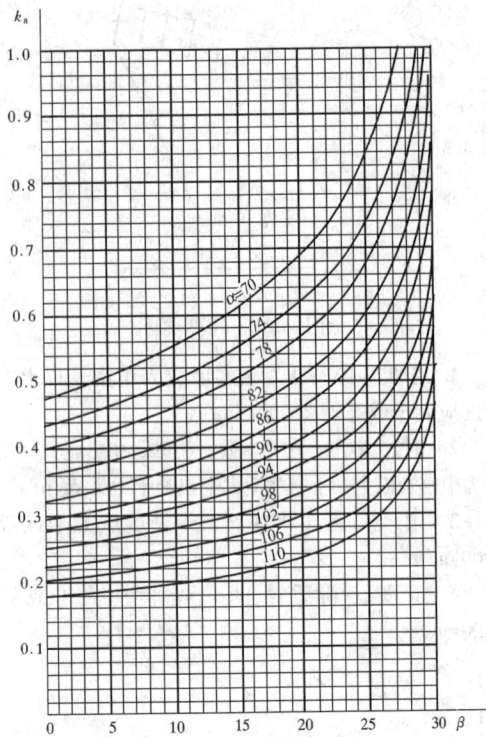

图 L.0.2-2 挡土墙主动土压力系数 k_a（二）

（b）Ⅱ类土土压力系数 $\left(\delta=\dfrac{1}{2}\varphi,\ q=0\right)$

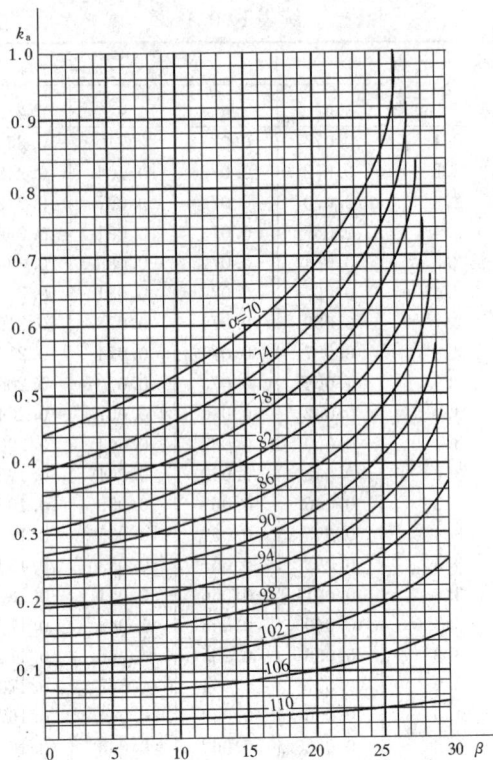

图 L.0.2-4 挡土墙主动土压力系数 k_a（四）

（d）Ⅳ类土土压力系数 $\left(\delta=\dfrac{1}{2}\varphi,\ q=0,\ H=5\text{m}\right)$

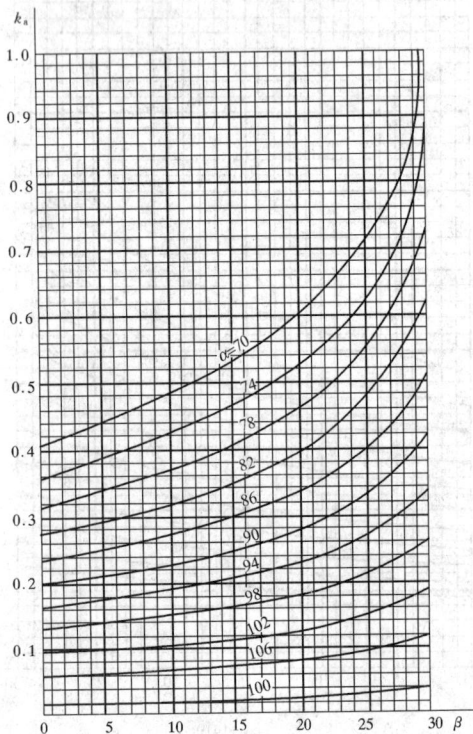

图 L.0.2-3 挡土墙主动土压力系数 k_a（三）

（c）Ⅲ类土土压力系数 $\left(\delta=\dfrac{1}{2}\varphi,\ q=0,\ H=5\text{m}\right)$

附录 M 岩石锚杆抗拔试验要点

M.0.1 在同一场地同一岩层中的锚杆，试验数不得少于总锚杆的 5%，且不应少于 6 根。

M.0.2 试验采用分级加载，荷载分级不得少于 8 级。试验的最大加载量不应少于锚杆设计荷载的 2 倍。

M.0.3 每级荷载施加完毕后，应立即测读位移量。以后每间隔 5min 测读一次。连续 4 次测读出的锚杆拔升值均小于 0.01mm 时，认为在该级荷载下的位移已达到稳定状态，可继续施加下一级上拔荷载。

M.0.4 当出现下列情况之一时，即可终止锚杆的上拔试验：

    1 锚杆拔升值持续增长，且在 1h 内未出现稳定的迹象；

    2 新增加的上拔力无法施加，或者施加后无法使上拔力保持稳定；

    3 锚杆的钢筋已被拔断，或者锚杆锚筋被拔出。

M.0.5 符合上述终止条件的前一级上拔荷载，即为该锚杆的极限抗拔力。

M.0.6 参加统计的试验锚杆，当满足其极差不超过平均值的 30% 时，可取其平均值为锚杆极限承载力。极差超过平均值的 30％ 时，宜增加试验量并分析极差过大的原因，结合工程情况确定极限承载力。

M.0.7 将锚杆极限承载力除以安全系数 2 为锚杆抗拔承载力特征值（R_t）。

M.0.8 锚杆钻孔时，应利用钻孔取出的岩芯加工成标准试件，在天然湿度条件下进行岩石单轴抗压试验，每根试验锚杆的试样数不得少于 3 个。

M.0.9 试验结束后，必须对锚杆试验现场的破坏情况进行详尽的描述和拍摄照片。

附录 N　大面积地面荷载作用下地基附加沉降量计算

N.0.1 由地面荷载引起柱基内侧边缘中点的地基附加沉降计算值可按分层总和法计算，其计算深度按本规范公式（5.3.7）确定。

N.0.2 参与计算的地面荷载包括地面堆载和基础完工后的新填土，地面荷载应按均布荷载考虑，其计算范围：横向取 5 倍基础宽度，纵向为实际堆载长度。其作用面在基底平面处。

N.0.3 当荷载范围横向宽度超过 5 倍基础宽度时，按 5 倍基础宽度计算。小于 5 倍基础宽度或荷载不均匀时，应换算成宽度为 5 倍基础宽度的等效均布地面荷载计算。

N.0.4 换算时，将柱基两侧地面荷载按每段为 0.5 倍基础宽度分成 10 个区段（图 N.0.4），然后按式（N.0.4）计算等效均布地面荷载。当等效均布地面荷载为正值时，说明柱基将发生内倾；为负值时，将发生外倾。

$$q_{eq} = 0.8 \left[\sum_{i=0}^{10} \beta_i q_i - \sum_{i=0}^{10} \beta_i p_i \right] \quad (N.0.4)$$

式中：q_{eq}——等效均布地面荷载（kPa）；

β_i——第 i 区段的地面荷载换算系数，按表 N.0.4 查取；

q_i——柱内侧第 i 区段内的平均地面荷载（kPa）；

p_i——柱外侧第 i 区段内的平均地面荷载（kPa）。

表 N.0.4　地面荷载换算系数 β_i

区段	0	1	2	3	4	5	6	7	8	9	10
$\dfrac{a}{5b} \geq 1$	0.30	0.29	0.22	0.15	0.10	0.08	0.06	0.04	0.03	0.02	0.01
$\dfrac{a}{5b} < 1$	0.52	0.40	0.30	0.13	0.08	0.05	0.02	0.01	0.01	—	—

注：a、b 见本规范表 7.5.5。

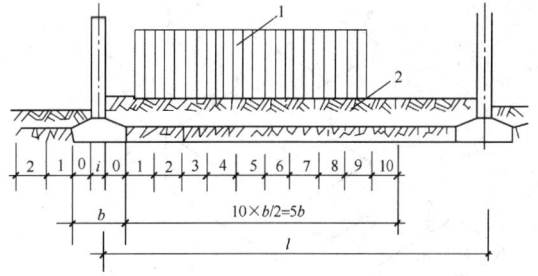

图 N.0.4　地面荷载区段划分
1—地面堆载；2—大面积填土

附录 P　冲切临界截面周长及极惯性矩计算公式

P.0.1 冲切临界截面的周长 u_m 以及冲切临界截面对其重心的极惯性矩 I_s，应根据柱所处的部位分别按下列公式进行计算：

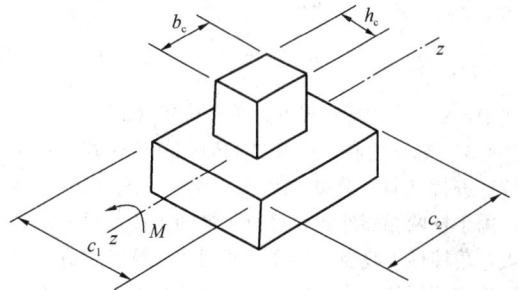

图 P.0.1-1

1 对于内柱，应按下列公式进行计算：

$$u_m = 2c_1 + 2c_2 \quad (P.0.1-1)$$

$$I_s = \frac{c_1 h_0^3}{6} + \frac{c_1^3 h_0}{6} + \frac{c_2 h_0 c_1^2}{2} \quad (P.0.1-2)$$

$$c_1 = h_c + h_0 \quad (P.0.1-3)$$

$$c_2 = b_c + h_0 \quad (P.0.1-4)$$

$$c_{AB} = \frac{c_1}{2} \quad (P.0.1-5)$$

式中：h_c——与弯矩作用方向一致的柱截面的边长（m）；

b_c——垂直于 h_c 的柱截面边长（m）。

2 对于边柱，应按式（P.0.1-6）～式（P.0.1-11）进行计算。公式（P.0.1-6）～式（P.0.1-11）适用于柱外侧齐筏板边缘的边柱。对外伸式筏板，边柱柱下筏板冲切临界截面的计算模式应根据边柱外侧筏板的悬挑长度和柱子的边长确定。当边柱外侧的悬挑长度小于或等于（$h_0 + 0.5 b_c$）时，冲切临界截面可计算至垂直于自由边的板端，计算 c_1 及 I_s 值时应计及边柱外侧的悬挑长度；当边柱外侧筏板的悬挑长度大于（$h_0 + 0.5 b_c$）时，边柱柱下筏板冲切临界截面的计算模式同内柱。

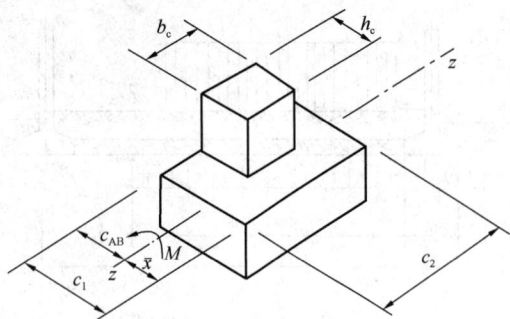

图 P.0.1-2

$$u_\mathrm{m} = 2c_1 + c_2 \quad \text{(P.0.1-6)}$$

$$I_\mathrm{s} = \frac{c_1 h_0^3}{6} + \frac{c_1^3 h_0}{6} + 2h_0 c_1 \left(\frac{c_1}{2} - \overline{X}\right)^2 + c_2 h_0 \overline{X}^2$$

$$\text{(P.0.1-7)}$$

$$c_1 = h_\mathrm{c} + \frac{h_0}{2} \quad \text{(P.0.1-8)}$$

$$c_2 = b_\mathrm{c} + h_0 \quad \text{(P.0.1-9)}$$

$$c_\mathrm{AB} = c_1 - \overline{X} \quad \text{(P.0.1-10)}$$

$$\overline{X} = \frac{c_1^2}{2c_1 + c_2} \quad \text{(P.0.1-11)}$$

式中：$\overline{X}$——冲切临界截面重心位置（m）。

3 对于角柱，应按式(P.0.1-12)～式（P.0.1-17）进行计算。公式（P.0.1-12）～式（P.0.1-17）适用于柱两相邻外侧齐筏板边缘的角柱。对外伸式筏板，角柱柱下筏板冲切临界截面的计算模式应根据角柱外侧筏板的悬挑长度和柱子的边长确定。当角柱两相邻外侧筏板的悬挑长度分别小于或等于（$h_0 + 0.5b_\mathrm{c}$）和（$h_0 + 0.5h_\mathrm{c}$）时，冲切临界截面可计算至垂直于自由边的板端，计算 c_1、c_2 及 I_s 值应计及角柱外侧筏板的悬挑长度；当角柱两相邻外侧筏板的悬挑长度大于（$h_0 + 0.5b_\mathrm{c}$）和（$h_0 + 0.5h_\mathrm{c}$）时，角柱柱下筏板冲切临界截面的计算模式同内柱。

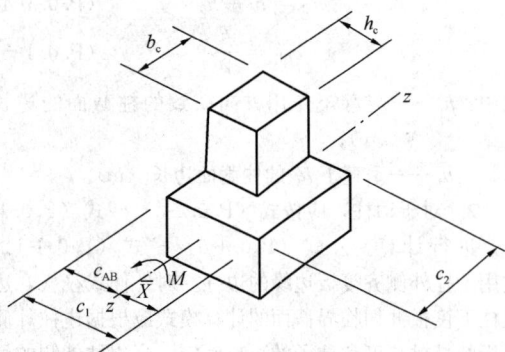

图 P.0.1-3

$$u_\mathrm{m} = c_1 + c_2 \quad \text{(P.0.1-12)}$$

$$I_\mathrm{s} = \frac{c_1 h_0^3}{12} + \frac{c_1^3 h_0}{12} + c_1 h_0 \left(\frac{c_1}{2} - \overline{X}\right)^2 + c_2 h_0 \overline{X}^2$$

$$\text{(P.0.1-13)}$$

$$c_1 = h_\mathrm{c} + \frac{h_0}{2} \quad \text{(P.0.1-14)}$$

$$c_2 = b_\mathrm{c} + \frac{h_0}{2} \quad \text{(P.0.1-15)}$$

$$c_\mathrm{AB} = c_1 - \overline{X} \quad \text{(P.0.1-16)}$$

$$\overline{X} = \frac{c_1^2}{2c_1 + 2c_2} \quad \text{(P.0.1-17)}$$

附录 Q　单桩竖向静载荷试验要点

Q.0.1 单桩竖向静载荷试验的加载方式，应按慢速维持荷载法。

Q.0.2 加载反力装置宜采用锚桩，当采用堆载时应符合下列规定：

1 堆载加于地基的压应力不宜超过地基承载力特征值。

2 堆载的限值可根据其对试桩和对基准桩的影响确定。

3 堆载量大时，宜利用桩（可利用工程桩）作为堆载的支点。

4 试验反力装置的最大抗拔或承重能力应满足试验加荷的要求。

Q.0.3 试桩、锚桩（压重平台支座）和基准桩之间的中心距离应符合表 Q.0.3 的规定。

表 Q.0.3　试桩、锚桩和基准桩之间的中心距离

反力系统	试桩与锚桩（或压重平台支座墩边）	试桩与基准桩	基准桩与锚桩（或压重平台支座墩边）
锚桩横梁反力装置 压重平台反力装置	≥4d 且 >2.0m	≥4d 且 >2.0m	≥4d 且 >2.0m

注：d—试桩或锚桩的设计直径，取其较大者（如试桩或锚桩为扩底桩时，试桩与锚桩的中心距尚不应小于 2 倍扩大端直径）。

Q.0.4 开始试验的时间：预制桩在砂土中入土 7d 后。黏性土不得少于 15d。对于饱和软黏土不得少于 25d。灌注桩应在桩身混凝土达到设计强度后，才能进行。

Q.0.5 加荷分级不应小于 8 级，每级加载量宜为预估极限荷载的 1/8～1/10。

Q.0.6 测读桩沉降量的间隔时间：每级加载后，每第 5min、10min、15min 时各测读一次，以后每隔 15min 读一次，累计 1h 后每隔半小时读一次。

Q.0.7 在每级荷载作用下，桩的沉降量连续两次在每小时内小于 0.1mm 时可视为稳定。

Q.0.8 符合下列条件之一时可终止加载：

1 当荷载-沉降（Q-s）曲线上有可判定极限承载力的陡降段，且桩顶总沉降量超过 40mm；

2 $\dfrac{\Delta s_{n+1}}{\Delta s_n} \geqslant 2$，且经 24h 尚未达到稳定；

3 25m 以上的非嵌岩桩，Q-s 曲线呈缓变型时，桩顶总沉降量大于 60mm～80mm；

4 在特殊条件下，可根据具体要求加载至桩顶总沉降量大于 100mm。

注：1 Δs_n——第 n 级荷载的沉降量；

　　 Δs_{n+1}——第 $n+1$ 级荷载的沉降量；

　　2 桩底支承在坚硬岩（土）层上，桩的沉降量很小时，最大加载量不应小于设计荷载的两倍。

Q.0.9 卸载及卸载观测应符合下列规定：

1 每级卸载值为加载值的两倍；

2 卸载后隔 15min 测读一次，读两次后，隔半小时再读一次，即可卸下一级荷载；

3 全部卸载后，隔 3h 再测读一次。

Q.0.10 单桩竖向极限承载力应按下列方法确定：

1 作荷载-沉降（Q-s）曲线和其他辅助分析所需的曲线。

2 当陡降段明显时，取相应于陡降段起点的荷载值。

3 当出现本附录 Q.0.8 第 2 款的情况时，取前一级荷载值。

4 Q-s 曲线呈缓变型时，取桩顶总沉降量 $s=40mm$ 所对应的荷载值，当桩长大于 40m 时，宜考虑桩身的弹性压缩。

5 按上述方法判断有困难时，可结合其他辅助分析方法综合判定。对桩基沉降有特殊要求者，应根据具体情况选取。

6 参加统计的试桩，当满足其极差不超过平均值的 30% 时，可取其平均值为单桩竖向极限承载力；极差超过平均值的 30% 时，宜增加试桩数量并分析极差过大的原因，结合工程具体情况确定极限承载力。对桩数为 3 根及 3 根以下的柱下桩台，取最小值。

Q.0.11 将单桩竖向极限承载力除以安全系数 2，为单桩竖向承载力特征值（R_a）。

附录 R　桩基础最终沉降量计算

R.0.1 桩基础最终沉降量的计算采用单向压缩分层总和法：

$$s = \psi_p \sum_{j=1}^{m} \sum_{i=1}^{n_j} \frac{\sigma_{j,i} \Delta h_{j,i}}{E_{sj,i}} \qquad (R.0.1)$$

式中：s——桩基最终计算沉降量（mm）；

　　m——桩端平面以下压缩层范围内土层总数；

　　$E_{sj,i}$——桩端平面下第 j 层土第 i 个分层在自重应力至自重应力加附加应力作用段的压缩模量（MPa）；

　　n_j——桩端平面下第 j 层土的计算分层数；

　　$\Delta h_{j,i}$——桩端平面下第 j 层土的第 i 个分层厚度，（m）；

　　$\sigma_{j,i}$——桩端平面下第 j 层土第 i 个分层的竖向附加应力（kPa），可分别按本附录第 R.0.2 或第 R.0.4 条的规定计算；

　　ψ_p——桩基沉降计算经验系数，各地区应根据当地的工程实测资料统计对比确定。

R.0.2 采用实体深基础计算桩基础最终沉降量时，采用单向压缩分层总和法按本规范第 5.3.5 条～第 5.3.8 条的有关公式计算。

R.0.3 本规范公式（5.3.5）中附加压力计算，应为桩底平面处的附加压力。实体基础的支承面积可按图 R.0.3 采用。实体深基础桩基沉降计算经验系数 ψ_{ps} 应根据地区桩基础沉降观测资料及经验统计确定。在不具备条件时，ψ_{ps} 值可按表 R.0.3 选用。

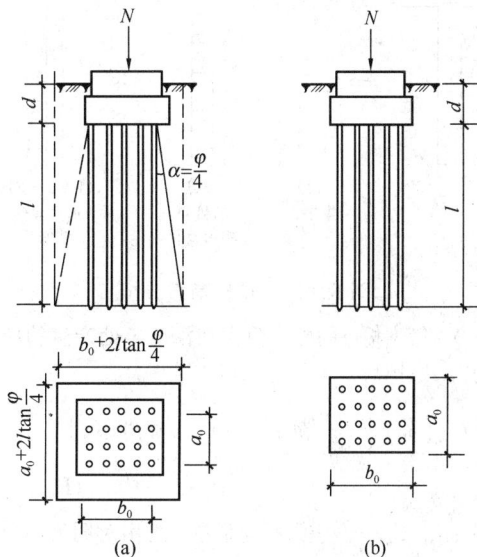

图 R.0.3　实体深基础的底面积

表 R.0.3　实体深基础计算桩基沉降经验系数 ψ_{ps}

$\overline{E}_s$（MPa）	$\leqslant 15$	25	35	$\geqslant 45$
ψ_{ps}	0.5	0.4	0.35	0.25

注：表内数值可以内插。

R.0.4 采用明德林应力公式方法进行桩基础沉降计算时，应符合下列规定：

1 采用明德林应力公式计算地基中的某点的竖向附加应力值时，可将各根桩在该点所产生的附加应力，逐根叠加按下式计算：

$$\sigma_{j,i} = \sum_{k=1}^{n} (\sigma_{zp,k} + \sigma_{zs,k}) \qquad (R.0.4-1)$$

式中：$\sigma_{zp,k}$——第 k 根桩的端阻力在深度 z 处产生的应力（kPa）；

　　$\sigma_{zs,k}$——第 k 根桩的侧摩阻力在深度 z 处产生的应力（kPa）。

2 第 k 根桩的端阻力在深度 z 处产生的应力可按下式计算：

$$\sigma_{zp,k} = \frac{\alpha Q}{l^2} I_{p,k} \qquad (\text{R.}0.4\text{-}2)$$

式中：Q——相应于作用的准永久组合时，轴心竖向力作用下单桩的附加荷载（kN）；由桩端阻力 Q_p 和桩侧摩阻力 Q_s 共同承担，且 $Q_p = \alpha Q$，α 是桩端阻力比；桩的端阻力假定为集中力，桩侧摩阻力可假定为沿桩身均匀分布和沿桩身线性增长分布两种形式组成，其值分别为 βQ 和 $(1-\alpha-\beta)Q$，如图 R.0.4 所示；

    l——桩长（m）；

    $I_{p,k}$——应力影响系数，可用对明德林应力公式进行积分的方式推导得出。

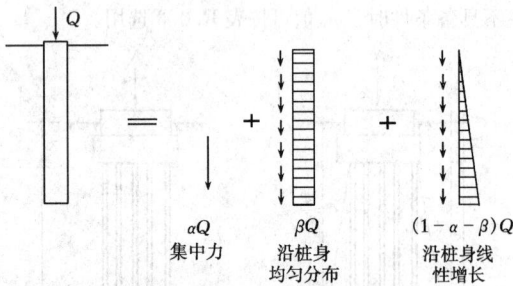

图 R.0.4　单桩荷载分担

3 第 k 根桩的侧摩阻力在深度 z 处产生的应力可按下式计算：

$$\sigma_{zs,k} = \frac{Q}{l^2} \left[\beta I_{s1,k} + (1-\alpha-\beta) I_{s2,k} \right]$$

$$(\text{R.}0.4\text{-}3)$$

式中：I_{s1}，I_{s2}——应力影响系数，可用对明德林应力公式进行积分的方式推导得出。

4 对于一般摩擦型桩可假定桩侧摩阻力全部是沿桩身线性增长的（即 $\beta=0$），则（R.0.4-3）式可简化为：

$$\sigma_{zs,k} = \frac{Q}{l^2} (1-\alpha) I_{s2,k} \qquad (\text{R.}0.4\text{-}4)$$

5 对于桩顶的集中力：

$$I_p = \frac{1}{8\pi(1-\nu)} \left\{ \frac{(1-2\nu)(m-1)}{A^3} - \frac{(1-2\nu)(m-1)}{B^3} \right.$$

$$+ \frac{3(m-1)^3}{A^5}$$

$$+ \frac{3(3-4\nu)m(m+1)^2 - 3(m+1)(5m-1)}{B^5}$$

$$\left. + \frac{30m(m+1)^3}{B^7} \right\} \qquad (\text{R.}0.4\text{-}5)$$

6 对于桩侧摩阻力沿桩身均匀分布的情况：

$$I_{s1} = \frac{1}{8\pi(1-\nu)} \left\{ \frac{2(2-\nu)}{A} \right.$$

$$- \frac{2(2-\nu) + 2(1-2\nu)(m^2/n^2 + m/n^2)}{B}$$

$$+ \frac{(1-2\nu)2(m/n)^2}{F} - \frac{n^2}{A^3}$$

$$- \frac{4m^2 - 4(1+\nu)(m/n)^2 m^2}{F^3}$$

$$- \frac{4m(1+\nu)(m+1)(m/n+1/n)^2 - (4m^2+n^2)}{B^3}$$

$$\left. + \frac{6m^2(m^4-n^4)/n^2}{F^5} - \frac{6m[mn^2-(m+1)^5/n^2]}{B^5} \right\}$$

$$(\text{R.}0.4\text{-}6)$$

7 对于桩侧摩阻力沿桩身线性增长的情况：

$$I_{s2} = \frac{1}{4\pi(1-\nu)} \left\{ \frac{2(2-\nu)}{A} \right.$$

$$- \frac{2(2-\nu)(4m+1) - 2(1-2\nu)(1+m)m^2/n^2}{B}$$

$$- \frac{2(1-2\nu)m^3/n^2 - 8(2-\nu)m}{F} - \frac{mn^2+(m-1)^3}{A^3}$$

$$- \frac{4\nu n^2 m + 4m^3 - 15n^2 m - 2(5+2\nu)(m/n)^2(m+1)^3 + (m+1)^3}{B^3}$$

$$- \frac{2(7-2\nu)mn^2 - 6m^3 + 2(5+2\nu)(m/n)^2 m^3}{F^3}$$

$$- \frac{6mn^2(n^2-m^2) + 12(m/n)^2(m+1)^5}{B^5}$$

$$+ \frac{12(m/n)^2 m^5 + 6mn^2(n^2-m^2)}{F^5}$$

$$\left. + 2(2-\nu)\ln\left(\frac{A+m-1}{F+m} \times \frac{B+m+1}{F+m}\right) \right\}$$

$$(\text{R.}0.4\text{-}7)$$

式中：$A = [n^2+(m-1)^2]^{\frac{1}{2}}$、$B = [n^2+(m+1)^2]^{\frac{1}{2}}$、

    $F = \sqrt{n^2+m^2}$、$n = r/l$、$m = z/l$；

    ν——地基土的泊松比；

    r——计算点离桩身轴线的水平距离（m）；

    z——计算应力点离承台底面的竖向距离（m）。

8 将公式（R.0.4-1）～公式（R.0.4-4）代入公式（R.0.1），得到单向压缩分层总和法沉降计算公式：

$$s = \psi_{pm} \frac{Q}{l^2} \sum_{j=1}^{m} \sum_{i=1}^{n_j} \frac{\Delta h_{j,i}}{E_{sj,i}} \sum_{k=1}^{K} \left[\alpha I_{p,k} + (1-\alpha) I_{s2,k} \right]$$

$$(\text{R.}0.4\text{-}8)$$

R.0.5 采用明德林应力公式计算桩基础最终沉降量时，相应于作用的准永久组合时，轴心竖向力作用下

单桩附加荷载的桩端阻力比 α 和桩基沉降计算经验系数 ψ_{pm} 应根据当地工程的实测资料统计确定。无地区经验时，ψ_{pm} 值可按表 R.0.5 选用。

表 R.0.5　明德林应力公式方法计算桩基沉降经验系数 ψ_{pm}

$\overline{E}_s$（MPa）	≤15	25	35	≥40
ψ_{pm}	1.00	0.8	0.6	0.3

注：表内数值可以内插。

附录 S　单桩水平载荷试验要点

S.0.1　单桩水平静载荷试验宜采用多循环加卸载试验法，当需要测量桩身应力或应变时宜采用慢速维持荷载法。

S.0.2　施加水平作用力的作用点宜与实际工程承台底面标高一致。试桩的竖向垂直度偏差不宜大于 1%。

S.0.3　采用千斤顶顶推或采用牵引法施加水平力。力作用点与试桩接触处宜安设球形铰，并保证水平作用力与试桩轴线位于同一平面。

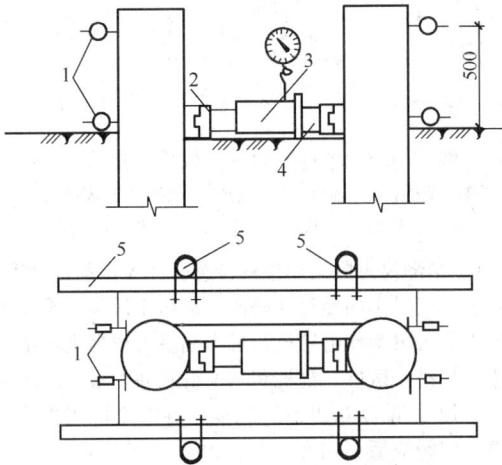

图 S.0.3　单桩水平静载荷试验示意
1—百分表；2—球铰；3—千斤顶；
4—垫块；5—基准梁

S.0.4　桩的水平位移宜采用位移传感器或大量程百分表测量，在力作用水平面试桩两侧应对称安装两个百分表或位移传感器。

S.0.5　固定百分表的基准桩应设置在试桩及反力结构影响范围以外。当基准桩设置在与加荷轴线垂直方向上或试桩位移相反方向上，净距可适当减小，但不宜小于 2m。

S.0.6　采用顶推法时，反力结构与试桩之间净距不宜小于 3 倍试桩直径，采用牵引法时不宜小于 10 倍试桩直径。

S.0.7　多循环加载时，荷载分级宜取设计或预估极限水平承载力的 1/10～1/15。每级荷载施加后，维持恒载 4min 测读水平位移，然后卸载至零，停 2min 测读水平残余位移，至此完成一个加卸载循环，如此循环 5 次即完成一级荷载的试验观测。试验不得中途停歇。

S.0.8　慢速维持荷载法的加卸载分级、试验方法及稳定标准应符合本规范第 Q.0.5 条、第 Q.0.6 条、第 Q.0.7 条的规定。

S.0.9　当出现下列情况之一时，可终止加载：

　　1　在恒定荷载作用下，水平位移急剧增加；

　　2　水平位移超过 30mm～40mm（软土或大直径桩时取高值）；

　　3　桩身折断。

S.0.10　单桩水平极限荷载 H_u 可按下列方法综合确定：

　　1　取水平力-时间-位移（H_0-t-X_0）曲线明显陡变的前一级荷载为极限荷载（图 S.0.10-1）；慢速维持荷载法取 H_0-X_0 曲线产生明显陡变的起始点对应的荷载为极限荷载；

　　2　取水平力-位移梯度（H_0-$\Delta X_0/\Delta H_0$）曲线第二直线段终点对应的荷载为极限荷载（图 S.0.10-2）；

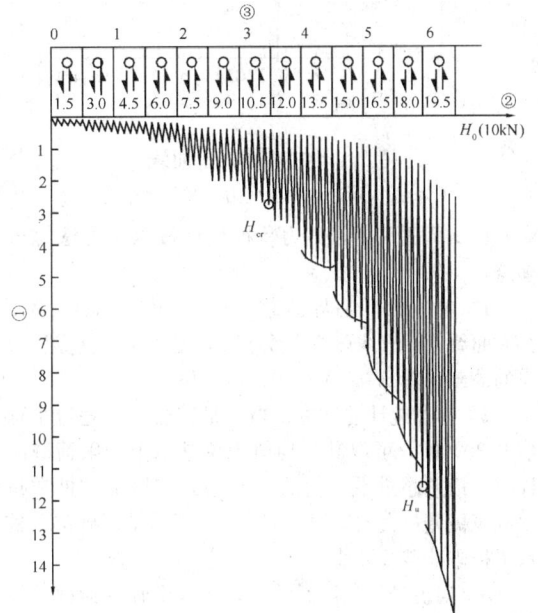

图 S.0.10-1　H_0-t-X_0 曲线
①—水平位移 X_0（mm）；②—水平力；
③—时间 t（h）

　　3　取桩身折断的前一级荷载为极限荷载（图 S.0.10-3）；

　　4　按上述方法判断有困难时，可结合其他辅助分析方法综合判定；

　　5　极限承载力统计取值方法应符合本规范第 Q.0.10 条的有关规定。

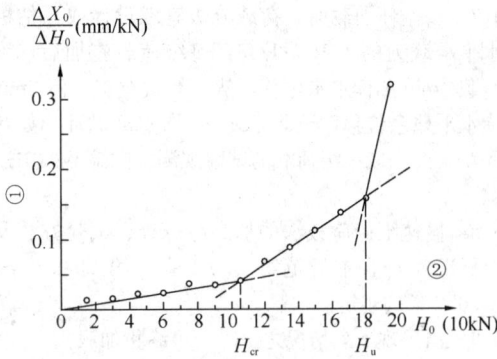

图 S.0.10-2　H_0 - $\Delta X_0/\Delta H_0$曲线
①—位移梯度；②—水平力

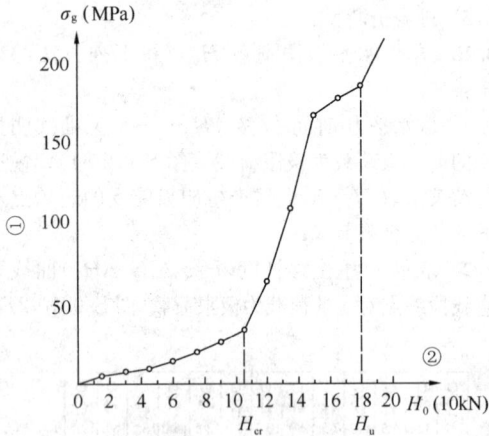

图 S.0.10-3　H_0 - σ_g曲线
①—最大弯矩点钢筋应力；②—水平力

S.0.11　单桩水平承载力特征值应按以下方法综合确定：

1　单桩水平临界荷载（H_{cr}）可取 H_0 - $\Delta X_0/\Delta H_0$曲线第一直线段终点或 H_0 - σ_g曲线第一拐点所对应的荷载（图 S.0.10-2、图 S.0.10-3）。

2　参加统计的试桩，当满足其极差不超过平均值的30%时，可取其平均值为单桩水平极限荷载统计值。极差超过平均值的30%时，宜增加试桩数量并分析极差过大的原因，结合工程具体情况确定单桩水平极限荷载统计值。

3　当桩身不允许裂缝时，取水平临界荷载统计值的0.75倍为单桩水平承载力特征值。

4　当桩身允许裂缝时，将单桩水平极限荷载统计值的除以安全系数2为单桩水平承载力特征值，且桩身裂缝宽度应满足相关规范要求。

S.0.12　从成桩到开始试验的间隔时间应符合本规范第 Q.0.4 条的规定。

附录 T　单桩竖向抗拔载荷试验要点

T.0.1　单桩竖向抗拔载荷试验应采用慢速维持荷载法进行。

T.0.2　试桩应符合实际工作条件并满足下列规定：

1　试桩桩身钢筋伸出桩顶长度不宜少于 $40d$ + $500mm$（d 为钢筋直径）。为设计提供依据的试验，试桩钢筋按钢筋强度标准值计算的拉力应大于预估极限承载力的 1.25 倍。

2　试桩顶部露出地面高度不宜小于 $300mm$。

3　试桩的成桩工艺和质量控制应严格遵守有关规定。试验前应对试验桩进行低应变检测，有明显扩径的桩不应作为抗拔试验桩。

4　试桩的位移量测仪表的架设位置与桩顶的距离不应小于 1 倍桩径，当桩径大于 $800mm$ 时，试桩的位移量测仪表的架设位置与桩顶的距离可适当减少，但不得少于 0.5 倍桩径。

5　当采用工程桩作试桩时，桩的配筋应满足在最大试验荷载作用下桩的裂缝宽度控制条件，可采用分段配筋。

T.0.3　试验设备装置主要由加载装置与量测装置组成，如图 T.0.3 所示。

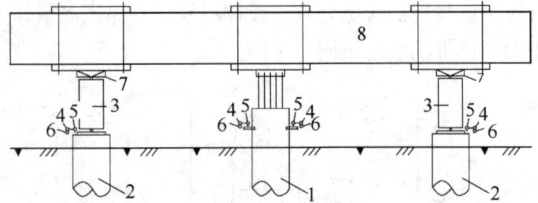

图 T.0.3　单桩竖向抗拔载荷试验示意
1—试桩；2—锚桩；3—液压千斤顶；4—表座；5—测微表；6—基准梁；7—球铰；8—反力梁

1　量测仪表应采用位移传感器或大量程百分表。加载装置应采用同型号并联同步油压千斤顶，千斤顶的反力装置可为反力锚桩。反力锚桩可根据现场情况利用工程桩。试桩、锚桩和基准桩之间的最小间距应符合本规范第 Q.0.3 条的规定，对扩底抗拔桩，上述最小间距应适当加大。

2　采用天然地基提供反力时，施加于地基的压应力不应大于地基承载力特征值的 1.5 倍。

T.0.4　加载量不宜少于预估的或设计要求的单桩抗拔极限承载力。每级加载为设计或预估单桩极限抗拔承载力的 1/8～1/10，每级荷载达到稳定标准后加下一级荷载，直到满足加载终止条件，然后分级卸载到零。

T.0.5　抗拔静载试验除对试桩的上拔变形量进行观测外，还应对锚桩的变形量、桩周地面土的变形情况及桩身外露部分裂缝开展情况进行观测记录。

T.0.6　每级加载后，在第 5min、10min、15min 各测读一次上拔变形量，以后每隔 15min 测读一次，累计 1h 以后每隔 30min 测读一次。

T.0.7　在每级荷载作用下，桩的上拔变形量连续两次在每小时内小于 0.1mm 时可视为稳定。

T.0.8 每级卸载值为加载值的两倍。卸载后间隔 15min 测读一次，读两次后，隔 30min 再读一次，即可卸下一级荷载。全部卸载后，隔 3h 再测读一次。

T.0.9 在试验过程中，当出现下列情况之一时，可终止加载：

    1 桩顶荷载达到桩受拉钢筋强度标准值的 0.9 倍，或某根钢筋拉断；

    2 某级荷载作用下，上拔变形量陡增且总上拔变形量已超过 80mm；

    3 累计上拔变形量超过 100mm；

    4 工程桩验收检测时，施加的上拔力应达到设计要求，当桩有抗裂要求时，不应超过桩身抗裂要求所对应的荷载。

T.0.10 单桩竖向抗拔极限承载力的确定应符合下列规定：

    1 对于陡变形曲线（图 T.0.10-1），取相应于陡升段起点的荷载值。

    2 对于缓变形 U-Δ 曲线，可根据 Δ-$\lg t$ 曲线，取尾部显著弯曲的前一级荷载值（图 T.0.10-2）。

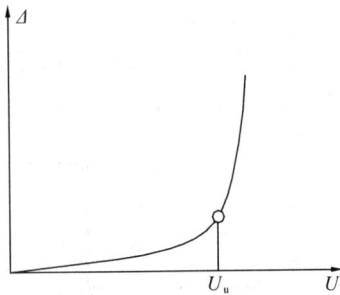

图 T.0.10-1　陡变形 U-Δ 曲线

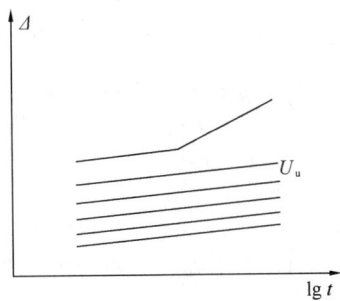

图 T.0.10-2　Δ-$\lg t$ 曲线

    3 当出现第 T.0.9 条第 1 款情况时，取其前一级荷载。

    4 参加统计的试桩，当满足其极差不超过平均值的 30% 时，可取其平均值为单桩竖向抗拔极限承载力；极差超过平均值的 30% 时，宜增加试桩数量并分析极差过大的原因，结合工程具体情况确定极限承载力。对桩数为 3 根及 3 根以下的柱下桩台，取最小值。

T.0.11 单桩竖向抗拔承载力特征值应按以下方法确定：

    1 将单桩竖向抗拔极限承载力除以 2，此时桩身配筋应满足裂缝宽度设计要求；

    2 当桩身不允许开裂时，应取桩身开裂的前一级荷载；

    3 按设计允许的上拔变形量所对应的荷载取值。

T.0.12 从成桩到开始试验的时间间隔，应符合本规范第 Q.0.4 条的要求

附录 U　阶梯形承台及锥形承台斜截面受剪的截面宽度

U.0.1 对于阶梯形承台应分别在变阶处（A_1-A_1，B_1-B_1）及柱边处（A_2-A_2，B_2-B_2）进行斜截面受剪计算（图 U.0.1），并应符合下列规定：

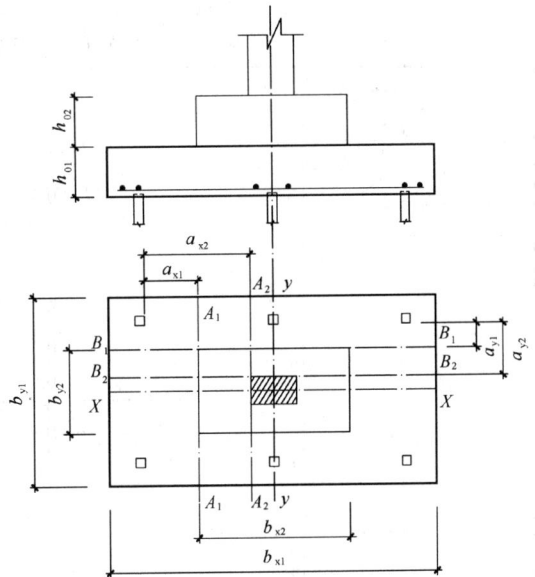

图 U.0.1　阶梯形承台斜截面受剪计算

    1 计算变阶处截面 A_1-A_1、B_1-B_1 的斜截面受剪承载力时，其截面有效高度均为 h_{01}，截面计算宽度分别为 b_{y1} 和 b_{x1}。

    2 计算柱边截面 A_2-A_2 和 B_2-B_2 处的斜截面受剪承载力时，其截面有效高度均为 $h_{01}+h_{02}$，截面计算宽度按下式进行计算：

对 A_2-A_2 　　$b_{y0}=\dfrac{b_{y1}\cdot h_{01}+b_{y2}\cdot h_{02}}{h_{01}+h_{02}}$ 　　(U.0.1-1)

对 B_2-B_2

$$b_{x0}=\dfrac{b_{x1}\cdot h_{01}+b_{x2}\cdot h_{02}}{h_{01}+h_{02}} \qquad (U.0.1-2)$$

U.0.2 对于锥形承台应对 A-A 及 B-B 两个截面进行受剪承载力计算（图 U.0.2），截面有效高度均为 h_0，截面的计算宽度按下式计算：

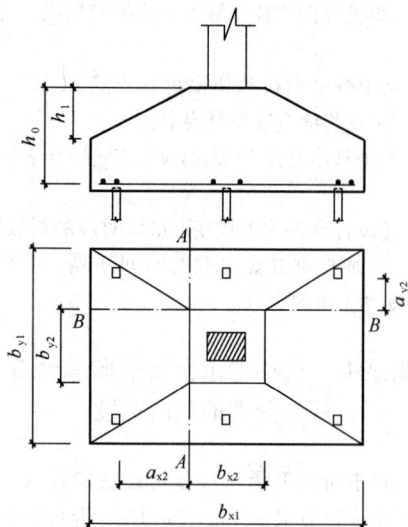

图 U.0.2 锥形承台受剪计算

$$对 A-A \quad b_{y0}=\left[1-0.5\frac{h_1}{h_0}\left(1-\frac{b_{y2}}{b_{y1}}\right)\right]b_{y1}$$

(U.0.2-1)

$$对 B-B \quad b_{x0}=\left[1-0.5\frac{h_1}{h_0}\left(1-\frac{b_{x2}}{b_{x1}}\right)\right]b_{x1}$$

(U.0.2-2)

附录 V 支护结构稳定性验算

V.0.1 桩、墙式支护结构应按表 V.0.1 的规定进行抗倾覆稳定、隆起稳定和整体稳定验算。土的抗剪强度指标的选用应符合本规范第 9.1.6 条的规定。

V.0.2 当坡体内有地下水渗流作用时，稳定分析时应进行坡体内的水力坡降与渗流压力计算，也可采用替代重度法作简化分析。

表 V.0.1 支护结构的稳定性验算

稳定性验算 计算方法 与稳定安全系数 \ 结构类型	桩、墙支护	
	悬臂桩倾覆稳定	带支撑桩的倾覆稳定
计算简图		
计算方法与 稳定安全系数	悬臂支护桩在坑内外水、土压力作用下，对 O 点取距的倾覆作用，应满足下式规定： $$K_t=\frac{\sum M_{E_p}}{\sum M_{E_a}}$$ 式中：$\sum M_{E_p}$——主动区倾覆作用力矩总和（kN·m）； $\sum M_{E_a}$——被动区抗倾覆作用力矩总和（kN·m）； K_t——桩、墙式悬臂支护抗倾覆稳定安全系数，取 $K_t \geqslant 1.30$	最下一道支撑点以下支护桩在坑内外水、土压力作用下，对 O 点取距的倾覆作用应满足下式规定： $$K_t=\frac{\sum M_{E_p}}{\sum M_{E_a}}$$ 式中：$\sum M_{E_p}$——主动区倾覆作用力矩总和（kN·m）； $\sum M_{E_a}$——被动区抗倾覆作用力矩总和（kN·m）； K_t——带支撑桩、墙式支护抗倾覆稳定安全系数，取 $K_t \geqslant 1.30$
备注		

结构类型\稳定性验算\计算方法与稳定安全系数	桩、墙式支护	
	隆起稳定	整体稳定
计算简图		
计算方法与稳定安全系数	基坑底下部土体的强度稳定性应满足下式规定： $$K_D = \frac{N_c \tau_0 + \gamma t}{\gamma(h+t)+q}$$ 式中：N_c——承载力系数，$N_c = 5.14$； τ_0——由十字板试验确定的总强度（kPa）； γ——土的重度（kN/m³）； K_D——入土深度底部土抗隆起稳定安全系数，取 $K_D \geqslant 1.60$； t——支护结构入土深度（m）； h——基坑开挖深度（m）； q——地面荷载（kPa）	基坑底下部土体的强度稳定性应满足下式规定： $$K_D = \frac{M_P + \int_0^\pi \tau_0 t d\theta}{(q+\gamma h)t^2/2}$$ 式中：M_P——支护桩、墙横截面抗弯强度标准值（kN·m）； K_D——基坑底部处土抗隆起稳定安全系数，取 $K_D \geqslant 1.40$	按圆弧滑动面法，验算基坑整体稳定性，应满足下式规定： $$K_R = \frac{M_R}{M_S}$$ 式中：M_S、M_R——分别为对于危险滑弧面上滑动力矩和抗滑力矩（kN·m）； K_R——整体稳定安全系数，取 $K_R \geqslant 1.30$
备注	适用于支护桩底为软土（$\varphi = 0$）的基坑	

附录 W 基坑抗渗流稳定性计算

W.0.1 当上部为不透水层，坑底下某深度处有承压水层时，基坑底抗渗流稳定性可按下式验算（图 W.0.1）：

$$\frac{\gamma_m(t+\Delta t)}{p_w} \geqslant 1.1 \qquad (W.0.1)$$

式中：γ_m——透水层以上土的饱和重度（kN/m³）；

$t+\Delta t$——透水层顶面距基坑底面的深度（m）；

p_w——含水层水压力（kPa）。

W.0.2 当基坑内外存在水头差时，粉土和砂土应进行抗渗流稳定性验算，渗流的水力梯度不应超过临界水力梯度。

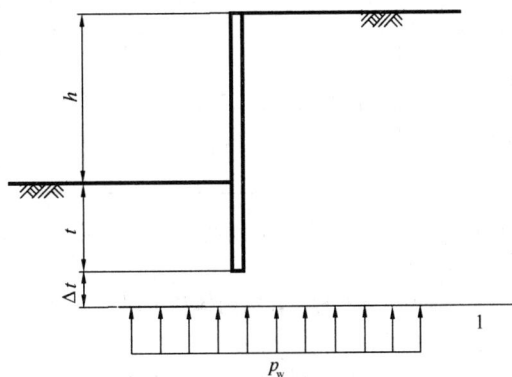

图 W.0.1 基坑底抗渗流稳定验算示意
1—透水层

附录 Y 土层锚杆试验要点

Y.0.1 土层锚杆试验的地质条件、锚杆材料和施工工艺等应与工程锚杆一致。为使确定锚固体与土层粘结强度特征值、验证杆体与砂浆间粘结强度特征值的试验达到极限状态，应使杆体承载力标准值大于预估破坏荷载的 1.2 倍。

Y.0.2 试验时最大的试验荷载不宜超过锚杆杆体承载力标准值的 0.9 倍。

Y.0.3 锚固体灌浆强度达到设计强度的 90% 后，方可进行锚杆试验。

Y.0.4 试验应采用循环加、卸载法，并应符合下列规定：

1 每级加荷观测时间内，测读锚头位移不应小于 3 次；

2 每级加荷观测时间内，当锚头位移增量不大于 0.1mm 时，可施加下一级荷载；不满足时应在锚头位移增量 2h 内小于 2mm 时再施加下一级荷载；

3 加、卸载等级、测读间隔时间宜按表 Y.0.4 确定；

4 如果第六次循环加荷观测时间内，锚头位移增量不大于 0.1mm 时，可视试验装置情况，按每级增加预估破坏荷载的 10% 进行 1 次或 2 次循环。

表 Y.0.4 锚杆基本试验循环加卸载等级与位移观测间隔时间

加荷标准循环数	预估破坏荷载的百分数（%）								
	每级加载量			累计加载量	每级卸载量				
第一循环	10			30					10
第二循环	10	30		50				30	10
第三循环	10	30	50	70			50	30	10
第四循环	10	30	50	70	80	70	50	30	10
第五循环	10	30	50	80	90	80	50	30	10
第六循环	10	30	50	90	100	90	50	30	10
观测时间（min）	5	5	5	5	10	5	5	5	5

Y.0.5 锚杆试验中出现下列情况之一时可视为破坏，应终止加载：

1 锚头位移不收敛，锚固体从土层中拔出或锚杆从锚固体中拔出；

2 锚头总位移量超过设计允许值；

3 土层锚杆试验中后一级荷载产生的锚头位移增量，超过上一级荷载位移增量的 2 倍。

Y.0.6 试验完成后，应根据试验数据绘制荷载-位移（Q-s）曲线、荷载-弹性位移（Q-s_e）曲线和荷载-塑性位移（Q-s_e）曲线。

Y.0.7 单根锚杆的极限承载力取破坏荷载前一级的荷载量；在最大试验荷载作用下未达到破坏标准时，单根锚杆的极限承载力取最大荷载值。

Y.0.8 锚杆试验数量不得少于 3 根。参与统计的试验锚杆，当满足其极差值不大于平均值的 30% 时，取平均值作为锚杆的极限承载力；若最大极差超过 30%，应增加试验数量，并分析极差过大的原因，结合工程情况确定极限承载力。

Y.0.9 将锚杆极限承载力除以安全系数 2，即为锚杆抗拔承载力特征值。

Y.0.10 锚杆验收试验应符合下列规定：

1 试验最大荷载值按 $0.85A_s f_y$ 确定；

2 试验采用单循环法，按试验最大荷载值的 10%、30%、50%、70%、80%、90%、100% 施加；

3 每级试验荷载达到后，观测 10min，测计锚头位移；

4 达到试验最大荷载值，测计锚头位移后卸荷到试验最大荷载值的 10% 观测 10min 并测计锚头位移；

5 锚杆试验完成后，绘制锚杆荷载-位移曲线（Q-s）曲线图；

6 符合下列条件时，试验的锚杆为合格：

   1）加载到设计荷载后变形稳定；

   2）锚杆弹性变形不小于自由段长度变形计算值的 80%，且不大于自由段长度与 1/2 锚固段长度之和的弹性变形计算值；

7 验收试验的锚杆数量取锚杆总数的 5%，且不应少于 5 根。

本规范用词说明

1 为便于在执行本规范条文时区别对待，对要求严格程度不同的用词说明如下：

   1）表示很严格，非这样做不可的用词：
      正面词采用"必须"；反面词采用"严禁"。

   2）表示严格，在正常情况下均应这样做的用词：
      正面词采用"应"；反面词采用"不应"或"不得"。

   3）表示允许稍有选择，在条件许可时首先应这样做的用词：
      正面词采用"宜"；反面词采用"不宜"。

   4）表示有选择，在一定条件下可以这样做的，采用"可"。

2 规范中指明应按其他有关标准执行时的写法为"应符合……的规定"或"应按……执行"。

引用标准名录

1 《建筑结构荷载规范》GB 50009
2 《混凝土结构设计规范》GB 50010
3 《建筑抗震设计规范》GB 50011
4 《工业建筑防腐蚀设计规范》GB 50046
5 《土工试验方法标准》GB/T 50123
6 《混凝土结构耐久性设计规范》GB/T 50476

中华人民共和国国家标准

建筑地基基础设计规范

GB 50007—2011

条 文 说 明

修 订 说 明

《建筑地基基础设计规范》GB 50007－2011，经住房和城乡建设部 2011 年 7 月 26 日以第 1096 号公告批准、发布。

本规范是在《建筑地基基础设计规范》GB 50007－2002 的基础上修订而成的，上一版的主编单位是中国建筑科学研究院，参编单位是北京市勘察设计研究院、建设部综合勘察设计研究院、北京市建筑设计研究院、建设部建筑设计院、上海建筑设计研究院、广西建筑综合设计研究院、云南省设计院、辽宁省建筑设计研究院、中南建筑设计院、湖北省建筑科学研究院、福建省建筑科学研究院、陕西省建筑科学研究院、甘肃省建筑科学研究院、广州市建筑科学研究院、四川省建筑科学研究院、黑龙江省寒地建筑科学研究院、天津大学、同济大学、浙江大学、重庆建筑大学、太原理工大学、广东省基础工程公司，主要起草人员是黄熙龄、滕延京、王铁宏、王公山、王惠昌、白晓红、汪国烈、吴学敏、杨敏、周光孔、周经文、林立岩、罗宇生、陈如桂、钟亮、顾晓鲁、顾宝和、侯光瑜、袁炳麟、袁内镇、唐杰康、黄求顺、龚一鸣、裴捷、潘凯云、潘秋元。本次修订的主要技术内容是：

1 增加地基基础设计等级中基坑工程的相关内容；

2 地基基础设计使用年限不应小于建筑结构的设计使用年限；

3 增加泥炭、泥炭质土的工程定义；

4 增加回弹再压缩变形计算方法；

5 增加建筑物抗浮稳定计算方法；

6 增加当地基中下卧岩面为单向倾斜，岩面坡度大于 10%，基底下的土层厚度大于 1.5m 的土岩组合地基设计原则；

7 增加岩石地基设计内容；

8 增加岩溶地区场地根据岩溶发育程度进行地基基础设计的原则；

9 增加复合地基变形计算方法；

10 增加扩展基础最小配筋率不应小于 0.15% 的设计要求；

11 增加当扩展基础底面短边尺寸小于或等于柱宽加 2 倍基础有效高度的斜截面受剪承载力计算要求；

12 对桩基沉降计算方法，经统计分析，调整了沉降经验系数；

13 增加对高地下水位地区，当场地水文地质条件复杂，基坑周边环境保护要求高，设计等级为甲级的基坑工程，应进行地下水控制专项设计的要求；

14 增加对地基处理工程的工程检验要求；

15 增加单桩水平载荷试验要点，单桩竖向抗拔载荷试验要点。

本规范修订过程中，编制组共召开全体会议 4 次，专题研讨会 14 次，总结了我国建筑地基基础领域的实践经验，同时参考了国外先进技术法规、技术标准，通过调研、征求意见及工程试算，对增加和修订内容的反复讨论、分析、论证，取得了重要技术参数。

为便于广大设计、施工、科研、学校等单位有关人员在使用本规范时能正确理解和执行条文规定，《建筑地基基础设计规范》修订组按章、节、条顺序编制了本规范的条文说明，对条文规定的目的、依据以及执行中需注意的有关事项进行了说明，还着重对强制性条文的强制性理由作了解释。但是，本条文说明不具备与规范正文同等的法律效力，仅供使用者作为理解和把握规范规定的参考。

目 次

1 总　　则

1.0.1　现行国家标准《工程结构可靠性设计统一标准》GB 50153 对结构设计应满足的功能要求作了如下规定：一、能承受在正常施工和正常使用时可能出现的各种作用；二、保持良好的使用性能；三、具有足够的耐久性能；四、当发生火灾时，在规定的时间内可保持足够的承载力；五、当发生爆炸、撞击、人为错误等偶然事件时，结构能保持必需的整体稳固性，不出现与起因不相称的破坏后果，防止出现结构的连续倒塌。按此规定根据地基工作状态，地基设计时应当考虑：

　　1　在长期荷载作用下，地基变形不致造成承重结构的损坏；

　　2　在最不利荷载作用下，地基不出现失稳现象；

　　3　具有足够的耐久性能。

　　因此，地基基础设计应注意区分上述三种功能要求。在满足第一功能要求时，地基承载力的选取以不使地基中出现长期塑性变形为原则，同时还要考虑在此条件下各类建筑可能出现的变形特征及变形量。由于地基土的变形具有长期的时间效应，与钢、混凝土、砖石等材料相比，它属于大变形材料。从已有的大量地基事故分析，绝大多数事故皆由地基变形过大或不均匀造成。故在规范中明确规定了按变形设计的原则、方法；对于一部分地基基础设计等级为丙级的建筑物，当按地基承载力设计基础面积及埋深后，其变形亦同时满足要求时可不进行变形计算。

　　地基基础的设计使用年限应满足上部结构的设计使用年限要求。大量工程实践证明，地基在长期荷载作用下承载力有所提高，基础材料应根据其工作环境满足耐久性设计要求。

1.0.2　本规范主要针对工业与民用建筑（包括构筑物）的地基基础设计提出设计原则和计算方法。

　　对于湿陷性黄土地基、膨胀土地基、多年冻土地基等，由于这些土类的物理力学性质比较特殊，选用土的承载力、基础埋深、地基处理等应按国家现行标准《湿陷性黄土地区建筑规范》GB 50025、《膨胀土地区建筑技术规范》GBJ 112、《冻土地区建筑地基基础设计规范》JGJ 118 的规定进行设计。对于振动荷载作用下的地基设计，由于土的动力性能与静力性能差异较大，应按现行国家标准《动力机器基础设计规范》GB 50040 的规定进行设计。但基础设计，仍然可以采用本规范的规定进行设计。

1.0.3　由于地基土的性质复杂。在同一地基内土的力学指标离散性一般较大，加上暗塘、古河道、山前洪积、熔岩等许多不良地质条件，必须强调因地制宜原则。本规范对总的设计原则、计算均作出了通用规定，也给出了许多参数。各地区可根据土的特性、地质情况作具体补充。此外，设计人员必须根据具体工程的地质条件、结构类型以及地基在长期荷载作用下的工作形状，采用优化设计方法，以提高设计质量。

1.0.4　地基基础设计中，作用在基础上的各类荷载及其组合方法按现行国家标准《建筑结构荷载规范》GB 50009 执行。在地下水位以下时应扣去水的浮力。否则，将使计算结果偏差很大而造成重大失误。在计算土压力、滑坡推力、稳定性时尤应注意。

　　本规范只给出各类基础基底反力、力矩、挡墙所受的土压力等。至于基础断面大小及配筋量尚应满足抗弯、抗冲切、抗剪切、抗压等要求，设计时应根据所选基础材料按照有关规范规定执行。

2　术语和符号

2.1　术　　语

2.1.3　由于土为大变形材料，当荷载增加时，随着地基变形的相应增长，地基承载力也在逐渐加大，很难界定出一个真正的"极限值"；另一方面，建筑物的使用有一个功能要求，常常是地基承载力还有潜力可挖，而变形已达到或超过按正常使用的限值。因此，地基设计是采用正常使用极限状态这一原则，所选定的地基承载力是在地基土的压力变形曲线线性变形段内相应于不超过比例界限点的地基压力值，即允许承载力。

　　根据国外有关文献，相应于我国规范中"标准值"的含义可以有特征值、公称值、名义值、标定值四种，在国际标准《结构可靠性总原则》ISO 2394 中相应的术语直译为"特征值"（Characteristic Value）该值的确定可以是统计得出，也可以是传统经验值或某一物理量限定的值。

　　本次修订采用"特征值"一词，用以表示正常使用极限状态计算时采用的地基承载力和单桩承载力的设计使用值，其涵义即为在发挥正常使用功能时所允许采用的抗力设计值，以避免过去一律提"标准值"时所带来的混淆。

3　基　本　规　定

3.0.1　建筑地基基础设计等级是按照地基基础设计的复杂性和技术难度确定的，划分时考虑了建筑物的性质、规模、高度和体型；对地基变形的要求；场地和地基条件的复杂程度；以及由于地基问题对建筑物的安全和正常使用可能造成影响的严重程度等因素。

　　地基基础设计等级采用三级划分，见表 3.0.1。现对该表作如下重点说明：

　　在地基基础设计等级为甲级的建筑物中，30 层以上的高层建筑，不论其体型复杂与否均列入甲级，这是考虑到其高度和重量对地基承载力和变形均有较高要求，采用天然地基往往不能满足设计需要，而须考虑桩基或进行地基处理；体型复杂、层数相差超过10层的高低层连成一体的建筑物是指在平面上和立面上高度变化较大、体型变化复杂，且建于同一整体基础上的高层宾馆、办公楼、商业建筑等建筑物。由于上部荷载大小相差悬殊、结构刚度和构造变化复杂，很易出现地基不均匀变形，为使地基变形不超过建筑物的允许值，地基基础设计的复杂程度和技术难度均较大，有时需要采用多种地基和基础类型或考虑采用地基与基础和上部结构共同作用的变形分析计算来解决不均匀沉降对基础和上部结构的影响问题；大面积的多层地下建筑物存在深基坑开挖的降水、支护和对邻近建筑物可能造成严重不良影响等问题，增加了地基基础设计的复杂性，有些地面以上没有荷载或荷载很小的大面积多层地下建筑物，如地下停车场、商场、运动场等还存在抗地下水浮力的设计问题；复杂地质条件下的坡上建筑物是指坡体岩土的种类、性质、产状和地下水条件变化复杂等对坡体稳定性不利的情况，此时应作坡体稳定性分析，必要时应采取整治措施；对原有工程有较大影响的新建建筑物是指在原有建筑物旁和在地铁、地下隧道、重要地下管道上或旁边新建的建筑物，当新建建筑物对原有工程影响较大时，为保证原有工程的安全和正常使用，增加了地基基础设计的复杂性和难度；场地和地基条件复杂的建筑物是指不良地质现象强烈发育的场地，如泥石流、崩塌、滑坡、岩溶土洞塌陷等，或地质环境恶劣的场地，如地下采空区、地面沉降区、地裂缝地区等，复杂地基是指地基岩土种类和性质变化很大、有古河道或暗浜分布、地基为特殊性岩土，如膨胀土、湿陷性土等，以及地下水对工程影响很大等特殊处理等情况，上述情况均增加了地基基础设计的复杂程度和技术难度。对在复杂地质条件和软土地区开挖较深的基坑工程，由于基坑支护、开挖和地下水控制等技术复杂、难度较大；挖深大于15m的基坑以及基坑周边环境条件复杂、环境保护要求高时对基坑支档结构的位移控制严格，也列入甲级。

表3.0.1所列的设计等级为丙级的建筑物是指建筑场地稳定，地基岩土均匀良好、荷载分布均匀的七层及七层以下的民用建筑和一般工业建筑物以及次要的轻型建筑物。

由于情况复杂，设计时应根据建筑物和地基的具体情况参照上述说明确定地基基础的设计等级。

3.0.2 本条为强制性条文。本条规定了地基设计的基本原则，为确保地基设计的安全，在进行地基设计时必须严格执行。地基设计的原则如下：

1 各类建筑物的地基计算均应满足承载力计算的要求。

2 设计等级为甲级、乙级的建筑物均应按地

变形设计，这是由于因地基变形造成上部结构的破坏和裂缝的事例很多，因此控制地基变形成为地基基础设计的主要原则，在满足承载力计算的前提下，应按控制地基变形的正常使用极限状态设计。

3 对经常受水平荷载作用、建造在边坡附近的建筑物和构筑物以及基坑工程应进行稳定性验算。本规范2002版增加了对地下水埋藏较浅，而地下室或地下建筑存在上浮问题时，应进行抗浮验算的规定。

3.0.4 本条规定了对地基勘察的要求：

1 在地基基础设计前必须进行岩土工程勘察。

2 对岩土工程勘察报告的内容作出规定。

3 对不同地基基础设计等级建筑物的地基勘察方法，测试内容提出了不同要求。

4 强调应进行施工验槽，如发现问题应进行补充勘察，以保证工程质量。

抗浮设防水位是很重要的设计参数，影响因素众多，不仅与气候、水文地质等自然因素有关，有时还涉及地下水开采、上下游水量调配、跨流域调水和大量地下工程建设等复杂因素。对情况复杂的重要工程，要在勘察期间预测建筑物使用期间水位可能发生的变化和最高水位有时相当困难。故现行国家标准《岩土工程勘察规范》GB 50021规定，对情况复杂的重要工程，需论证使用期间水位变化，提出抗浮设防水位时，应进行专门研究。

3.0.5 本条为强制性条文。地基基础设计时，所采用的作用的最不利组合和相应的抗力限值应符合下列规定：

当按地基承载力计算和地基变形计算以确定基础底面积和埋深时应采用正常使用极限状态，相应的作用效应为标准组合和准永久组合的效应设计值。

在计算挡土墙、地基、斜坡的稳定和基础抗浮稳定时，采用承载能力极限状态作用的基本组合，但规定结构重要性系数 γ_0 不应小于1.0，基本组合的效应设计值 S 中作用的分项系数均为1.0。

在根据材料性质确定基础或桩台的高度、支挡结构截面、计算基础或支挡结构内力、确定配筋和验算材料强度时，应按承载能力极限状态采用作用的基本组合。此时，S 中包含相应作用的分项系数。

3.0.6 作用组合的效应设计值应按现行国家标准《建筑结构荷载规范》GB 50009的规定执行。规范编制组对基础构件设计的分项系数进行了大量试算工作，对高层建筑筏板基础5人次8项工程、高耸构筑物1人次2项工程、烟囱2人次8项工程、支挡结构5人次20项工程的试算结果统计，对由永久作用控制的基本组合采用简化算法确定设计值时，作用的综合分项系数可取1.35。

3.0.7 现行国家标准《工程结构可靠性设计统一标准》GB 50153规定，工程设计时应规定结构的设计

使用年限，地基基础设计必须满足上部结构设计使用年限的要求。

4 地基岩土的分类及工程特性指标

4.1 岩土的分类

4.1.2～4.1.4 岩石的工程性质极为多样，差别很大，进行工程分类十分必要。

岩石的分类可以分为地质分类和工程分类。地质分类主要根据其地质成因、矿物成分、结构构造和风化程度，可以用地质名称加风化程度表达，如强风化花岗岩、微风化砂岩等。这对于工程的勘察设计确是十分必要的。工程分类主要根据岩体的工程性状，使工程师建立起明确的工程特性概念。地质分类是一种基本分类，工程分类应在地质分类的基础上进行，目的是为了较好地概括其工程性质，便于进行工程评价。

本规范 2002 版除了规定应确定地质名称和风化程度外，增加了"岩石的坚硬程度"和"岩体的完整程度"的划分，并分别提出了定性和定量的划分标准和方法，对于可以取样试验的岩石，应尽量采用定量的方法，对于难以取样的破碎和极破碎岩石，可用附录 A 的定性方法，可操作性较强。岩石的坚硬程度直接和地基的强度和变形性质有关，其重要性是无疑的。岩体的完整程度反映了它的裂隙性，而裂隙性是岩体十分重要的特性，破碎岩石的强度和稳定性较完整岩石大大削弱，尤其对边坡和基坑工程更为突出。将岩石的坚硬程度和岩体的完整程度各分五级。划分出极软岩十分重要，因为这类岩石常有特殊的工程性质，例如某些泥岩具有很高的膨胀性；泥质砂岩、全风化花岗岩等有很强的软化性（饱和单轴抗压强度可等于零）；有的第三纪砂岩遇水崩解，有流砂性质。划分出极破碎岩体也很重要，有时开挖时甚硬，暴露后逐渐崩解。片岩各向异性特别显著，作为边坡极易失稳。

破碎岩石测岩块的纵波波速有时会有困难，不易准确测定，此时，岩块的纵波波速可用现场测定岩性相同但岩体完整的纵波波速代替。

这些内容本次修订保留原规范内容。

4.1.6 碎石土难以取样试验，规范采用以重型动力触探锤击数 $N_{63.5}$ 为主划分其密实度，同时可采用野外鉴别法，列入附录 B。

重型圆锥动力触探在我国已有近 50 年的应用经验，各地积累了大量资料。铁道部第二设计院通过筛选，采用了 59 组对比数据，包括卵石、碎石、圆砾、角砾，分布在四川、广西、辽宁、甘肃等地，数据经修正（表 1），统计分析了 $N_{63.5}$ 与地基承载力关系（表 2）。

表 1 修正系数

L (m) \ $N_{63.5}$	5	10	15	20	25	30	35	40	≥50
≤2	1.0	1.0	1.0	1.0	1.0	1.0	1.0	1.0	
4	0.96	0.95	0.93	0.92	0.90	0.89	0.87	0.86	0.84
6	0.93	0.90	0.88	0.85	0.83	0.81	0.79	0.78	0.75
8	0.90	0.86	0.83	0.80	0.77	0.75	0.73	0.71	0.67
10	0.88	0.83	0.79	0.75	0.72	0.69	0.67	0.64	0.61
12	0.85	0.79	0.75	0.70	0.67	0.64	0.61	0.59	0.55
14	0.82	0.76	0.71	0.66	0.62	0.58	0.56	0.53	0.50
16	0.79	0.73	0.67	0.62	0.57	0.54	0.51	0.48	0.45
18	0.77	0.70	0.63	0.57	0.53	0.49	0.46	0.43	0.40
20	0.75	0.67	0.59	0.53	0.48	0.44	0.41	0.39	0.36

注：L 为杆长。

表 2 $N_{63.5}$ 与承载力的关系

$N_{63.5}$	3	4	5	6	8	10	12	14	16
σ_0 (kPa)	140	170	200	240	320	400	480	540	600
$N_{63.5}$	18	20	22	24	26	28	30	35	40
σ_0 (kPa)	660	720	780	830	870	900	930	970	1000

注：1 适用的深度范围为 1m～20m；
2 表内的 $N_{63.5}$ 为经修正后的平均击数。

表 1 的修正，实际上是对杆长、上覆土自重压力、侧摩阻力的综合修正。

过去积累的资料基本上是 $N_{63.5}$ 与地基承载力的关系，极少与密实度有关系。考虑到碎石土的承载力主要与密实度有关，故本次修订利用了表 2 的数据，参考其他资料，制定了本条按 $N_{63.5}$ 划分碎石土密实度的标准。

4.1.8 关于标准贯入试验锤击数 N 值的修正问题，虽然国内外已有不少研究成果，但意见很不一致。在我国，一直用经过修正后的 N 值确定地基承载力，用不修正的 N 值判别液化。国外和我国某些地方规范，则采用有效上覆自重压力修正。因此，勘察报告首先提供未经修正的实测值，这是基本数据。然后，在应用时根据当地积累资料统计分析时的具体情况，确定是否修正和如何修正。用 N 值确定砂土密实度，确定这个标准时并未经过修正，故表 4.1.8 中的 N 值为未经过修正的数值。

4.1.11 粉土的性质介于砂土和黏性土之间。砂粒含量较多的粉土，地震时可能产生液化，类似于砂土的性质。黏粒含量较多（>10%）的粉土不会液化，性质近似于黏性土。而西北一带的黄土，颗粒成分以粉粒为主，砂粒和黏粒含量都很低。因此，将粉土细分为亚类，是符合工程需要的。但目前，由于经验积累的不同和认识上的差别，尚难确定一个能被普遍接受的划分亚类标准，故本条未作划分亚类的明确规定。

4.1.12 淤泥和淤泥质土有机质含量为 5%～10% 时的工程性质变化较大，应予以重视。

随着城市建设的需要，有些工程遇到泥炭或泥炭质土。泥炭或泥炭质土是在湖相和沼泽静水、缓慢的流水环境中沉积,经生物化学作用形成,含有大量的有机质,具有含水量高、压缩性高、孔隙比高和天然密度低、抗剪强度低、承载力低的工程特性。泥炭、泥炭质土不应直接作为建筑物的天然地基持力层,工程中遇到时应根据地区经验处理。

4.1.13 红黏土是红土的一个亚类。红土化作用是在炎热湿润气候条件下的一种特定的化学风化成土作用。它较为确切地反映了红黏土形成的历程与环境背景。

区域地质资料表明:碳酸盐类岩石与非碳酸盐类岩石常呈互层产出,即使在碳酸盐类岩石成片分布的地区,也常见非碳酸盐类岩石夹杂其中。故将成土母岩扩大到"碳酸盐岩系出露区的岩石"。

在岩溶洼地、谷地、准平原及丘陵斜坡地带,当受片状及间歇性水流冲蚀,红黏土的土粒被带到低洼处堆积成新的土层,其颜色较未搬运者为浅,常含粗颗粒,但总体上仍保持红黏土的基本特征,而明显有别于一般的黏性土。这类土在鄂西、湘西、广西、粤北等山地丘陵区分布,还远较红黏土广泛。为了利于对这类土的认识和研究,将它划定为次生红黏土。

4.2 工程特性指标

4.2.1 静力触探、动力触探、标准贯入试验等原位测试,用于确定地基承载力,在我国已有丰富经验,可以应用,故列入本条,并强调了必须有地区经验,即当地的对比资料。同时还应注意,当地基基础设计等级为甲级和乙级时,应结合室内试验成果综合分析,不宜单独应用。

本规范 1974 版建立了土的物理力学性指标与地基承载力关系,本规范 1989 版仍保留了地基承载力表,列入附录,并在使用上加以适当限制。承载力表使用方便是其主要优点,但也存在一些问题。承载力表是用大量的试验数据,通过统计分析得到的。我国各地土质条件各异,用几张表格很难概括全国的规律。用查表法确定承载力,在大多数地区可能基本适合或偏保守,但也不排除个别地区可能不安全。此外,随着设计水平的提高和对工程质量要求的趋于严格,变形控制已是地基设计的重要原则,本规范作为国标,如仍沿用承载力表,显然已不适应当前的要求,本规范 2002 版已决定取消有关承载力表的条文和附录,勘察单位应根据试验和地区经验确定地基承载力等设计参数。

4.2.2 工程特性指标的代表值,对于地基计算至关重要。本条明确规定了代表值的选取原则。标准值取其概率分布的 0.05 分位数;地基承载力特征值是指由载荷试验地基土压力变形曲线线性变形段内规定的变形对应的压力值,实际即为地基承载力的允许值。

4.2.3 载荷试验是确定岩土承载力和变形参数的主

要方法,本规范 1989 版列入了浅层平板载荷试验。考虑到浅层平板载荷试验不能解决深层土的问题,本规范 2002 版修订增加了深层载荷试验的规定。这种方法已积累了一定经验,为了统一操作,将其试验要点列入了本规范的附录 D。

4.2.4 采用三轴剪切试验测定土的抗剪强度,是国际上常规的方法。优点是受力条件明确,可以控制排水条件,既可用于总应力法,也可用于有效应力法;缺点是对取样和试验操作要求较高,土质不均时试验成果不理想。相比之下,直剪试验虽然简便,但受力条件复杂,无法控制排水,故本规范 2002 版修订推荐三轴试验。鉴于多数工程施工速度快,较接近于不固结不排水试验条件,故本规范推荐 UU 试验。而且,用 UU 试验成果计算,一般比较安全。但预压固结的地基,应采用固结不排水剪。进行 UU 试验时,宜在土的有效自重压力下预固结,更符合实际。

鉴于现行国家标准《土工试验方法标准》GB/T 50123 中未提出土的有效自重压力下预固结 UU 试验操作方法,本规范对其试验要点说明如下:

1 试验方法适用于细粒土和粒径小于 20mm 的粗粒土。

2 试验必须制备 3 个以上性质相同的试样,在不同的周围压力下进行试验,周围压力宜根据工程实际荷重确定。对于填土,最大一级周围压力应与最大的实际荷重大致相等。

注:试验宜在恒温条件下进行。

3 试样的制备应满足相关规范的要求。对于非饱和土,试样应保持土的原始状态;对于饱和土,试样应预先进行饱和。

4 试样的安装、自重压力固结,应按下列步骤进行:

1)在压力室的底座上,依次放上不透水板、试样及不透水试样帽,将橡皮膜用承膜筒套在试样外,并用橡皮圈将橡皮膜两端与底座及试样帽分别扎紧。

2)将压力室罩顶部活塞提高,放下压力室罩,将活塞对准试样中心,并均匀地拧紧底座连接螺母。向压力室内注满纯水,待压力室顶部排气孔有水溢出时,拧紧排气孔,并将活塞对准测力计和试样顶部。

3)将离合器调至粗位,转动粗调手轮,当试样帽与活塞及测力计接近时,将离合器调至细位,改用细调手轮,使试样帽与活塞及测力计接触,装上变形指示计,将测力计和变形指示计调至零位。

4)开周围压力阀,施加相当于自重压力的周围压力。

5)施加周围压力 1h 后关排水阀。

6)施加试验需要的周围压力。

5 剪切试样应按下列步骤进行：

1） 剪切应变速率宜为每分钟应变 0.5%～1.0%。

2） 启动电动机，合上离合器，开始剪切。试样每产生 0.3%～0.4% 的轴向应变（或 0.2mm 变形值），测记一次测力计读数和轴向变形值。当轴向应变大于 3% 时，试样每产生 0.7%～0.8% 的轴向应变（或 0.5mm 变形值），测记一次。

3） 当测力计读数出现峰值时，剪切应继续进行到轴向应变为 15%～20%。

4） 试验结束，关电动机，关周围压力阀，脱开离合器，将离合器调至粗位，转动粗调手轮，将压力室降下，打开排气孔，排除压力室内的水，拆卸压力室罩，拆除试样，描述试样破坏形状，称试样质量，并测定含水率。

6 试验数据的计算和整理应满足相关规范要求。

室内试验确定土的抗剪强度指标影响因素很多，包括土的分层合理性、土样均匀性、操作水平等，某些情况下使试验结果的变异系数较大，这时应分析原因，增加试验组数，合理取值。

4.2.5 土的压缩性指标是建筑物沉降计算的依据。为了与沉降计算的受力条件一致，强调施加的最大压力应超过土的有效自重压力与预计的附加压力之和，并取与实际工程相同的压力段计算变形参数。

考虑土的应力历史进行沉降计算的方法，注意了欠压密土在土的自重压力下的继续压密和超压密土的卸荷再压缩，比较符合实际情况，是国际上常用的方法，应通过高压固结试验测定有关参数。

5 地 基 计 算

5.1 基础埋置深度

5.1.3 本条为强制性条文。除岩石地基外，位于天然土质地基上的高层建筑筏形或箱形基础应有适当的埋置深度，以保证筏形和箱形基础的抗倾覆和抗滑移稳定性，否则可能导致严重后果，必须严格执行。

随着我国城镇化进程，建设土地紧张，高层建筑设地下室，不仅满足埋置深度要求，还增加使用功能，对软土地基还能提高建筑物的整体稳定性，所以一般情况下高层建筑宜设地下室。

5.1.4 本条给出的抗震设防区内的高层建筑筏形和箱形基础埋深不宜小于建筑物高度的 1/15，是基于工程实践和科研成果。北京市勘察设计研究院 张在明 等在分析北京八度抗震设防区内高层建筑地基整体稳定性与基础埋深的关系时，以二幢分别为 15 层和 25 层的建筑，考虑了地震作用和地基的种种不利因素，用圆弧滑动面法进行分析，其结论是：从地基稳定的角度考虑，当 25 层建筑物的基础埋深为 1.8m 时，其稳定安全系数为 1.44，如埋深为 3.8m（1/17.8）时，则安全系数达到 1.64。对位于岩石地基上的高层建筑筏形和箱形基础，其埋置深度应根据抗滑移的要求来确定。

5.1.6 在城市居住密集的地方往往新旧建筑物距离较近，当新建建筑物与原有建筑物距离较近，尤其是新建建筑物基础埋深大于原有建筑物时，新建建筑物会对原有建筑物产生影响，甚至会危及原有建筑物的安全或正常使用。为了避免新建建筑物对原有建筑物的影响，设计时应考虑与原有建筑物保持一定的安全距离，该安全距离应通过分析新旧建筑物的地基承载力、地基变形和地基稳定性来确定。通常决定建筑物相邻影响距离大小的因素，主要有新建建筑物的沉降量和原有建筑物的刚度等。新建建筑物的沉降量与地基土的压缩性、建筑物的荷载大小有关，而原有建筑物的刚度则与其结构形式、长高比以及地基土的性质有关。本规范第 7.3.3 条为相邻建筑物基础间净距的相关规定，这是根据国内 55 个工程实例的调查和分析得到的，满足该条规定的净距要求一般可不考虑对相邻建筑的影响。

当相邻建筑物较近时，应采取措施减小相互影响：1 尽量减小新建建筑物的沉降量；2 新建建筑物的基础埋深不宜大于原有建筑基础；3 选择对地基变形不敏感的结构形式；4 采取有效的施工措施，如分段施工、采取有效的支护措施以及对原有建筑物地基进行加固等措施。

5.1.7 "场地冻结深度"在本规范 2002 版中称为"设计冻深"，其值是根据当地标准冻深，考虑建设场地所处地基条件和环境条件，经修正后采取的更接近实际的冻深值。本次修订将"设计冻深"改为"场地冻结深度"，以使概念更加清晰准确。

附录 F《中国季节性冻土标准冻深线图》是在标准条件下取得的，该标准条件即为标准冻结深度的定义：地下水位与冻结锋面之间的距离大于 2m，不冻胀黏性土，地表平坦、裸露，城市之外的空旷场地中，多年实测（不少于十年）最大冻深的平均值。由于建设场地通常不具备上述标准条件，所以标准冻结深度一般不直接用于设计中，而是要考虑场地实际条件将标准冻结深度乘以冻深影响系数，使得到的场地冻深更接近实际情况。公式 5.1.7 中主要考虑了土质系数、湿度系数、环境系数。

土质对冻深的影响是众所周知的，因岩性不同其热物理参数也不同，粗颗粒土的导热系数比细颗粒土的大。因此，当其他条件一致时，粗颗粒土比细颗粒土的冻深大，砂类土的冻深比黏性土的大。我国对这方面问题的实测数据不多，不系统，前苏联 1974 年和 1983 年《房屋及建筑物地基》设计规范中有明确规定，本规范采纳了他们的数据。

土的含水量和地下水位对冻深也有明显的影响，因土中水在相变时要放出大量的潜热，所以含水量越多，地下水位越高（冻结时向上迁移水量越多），参与相变的水量就越多，放出的潜热也越多，由于冻胀土冻结的过程也是放热的过程，放热在某种程度上减缓了冻深的发展速度，因此冻深相对变浅。

城市的气温高于郊外，这种现象在气象学中称为城市的"热岛效应"。城市里的辐射受热状况发生改变（深色的沥青屋顶及路面吸收大量阳光），高耸的建筑物吸收更多的阳光，各种建筑材料的热容量和传热量大于松土。据计算，城市接受的太阳辐射量比郊外高出 10％～30％，城市建筑物和路面传送热量的速度比郊外湿润的砂质土壤快 3 倍，工业排放、交通车辆排放尾气，人为活动等都放出很多热量，加之建筑群集中，风小对流差等，使周围气温升高。这些都导致了市区冻结深度小于标准冻深，为使设计时采用的冻深数据更接近实际，原规范根据国家气象局气象科学研究院气候所、中国科学院、北京地理研究所气候室提供的数据，给出了环境对冻深的影响系数，经多年使用没有问题，因此本次修订对此不作修改，但使用时应注意，此处所说的城市（市区）是指城市集中区，不包括郊区和市属县、镇。

冻结深度与冻土层厚度两个概念容易混淆，对不冻胀土二者相同，但对冻胀性土，尤其强冻胀以上的土，二者相差颇大。对于冻胀性土，冬季自然地面是随冻胀量的加大而逐渐上抬的，此时钻探（挖探）量测的冻土层厚度包含了冻胀量，设计基础埋深时所需的冻深值是自冻前自然地面算起的，它等于实测冻土层厚度减去冻胀量，为避免混淆，在公式 5.1.7 中予以明确。

关于冻深的取值，尽量应用当地的实测资料，要注意个别年份挖探一个、两个数据不能算实测数据，多年实测资料（不少于十年）的平均值才为实测数据。

5.1.8 季节冻土地区基础合理浅埋在保证建筑安全方面是可以实现的，为此冻土学界从 20 世纪 70 年代开始做了大量的研究实践工作，取得了一定的成效，并将浅埋方法编入规范中。本次规范修订保留了原规范基础浅埋方法，但缩小了应用范围，将基底允许出现冻土层应用范围控制在深厚季节冻土地区的不冻胀、弱冻胀和冻胀土场地，修订主要依据如下：

1 原规范基础浅埋方法目前实际设计中使用不普遍。从本规范 1974 版、1989 版到 2002 版，根据当时国情和低层建筑较多的情况，为降低基础工程费用，规范都给出了基础浅埋方法，但目前在实际应用中实施基础浅埋的工程比例不大。经调查了解，我国浅季节冻土地区（冻深小于 1m）除农村低层建筑外基本没有实施基础浅埋。中厚季节冻土地区（冻深在

1m～2m 之间）多层建筑和冻胀性较强的地基也很少有浅埋基础，基础埋深多数控制在场地冻深以下。在深厚季节性冻土地区（冻深大于 2m）冻胀性不强的地基上浅埋基础较多。浅埋基础应用不多的原因一是设计者对基础浅埋不放心；二是多数勘察资料对冻深范围内的土层不给地基基础设计参数；三是多数情况冻胀性土层不是适宜的持力层。

2 随着国家经济的发展，人们对基础浅埋带来的经济效益与房屋建筑的安全性、耐久性之间，更加重视房屋建筑的安全性、耐久性。

3 基础浅埋后如果使用过程中地基浸水，会造成地基土冻胀性的增强，导致房屋出现冻胀破坏。此现象在采用了浅埋基础的三层以下建筑时有发生。

4 冻胀性强的土融化时的冻融软化现象使基础出现短时的沉陷，多年累积可导致部分浅埋基础房屋使用 20 年～30 年后室内地面低于室外地面，甚至出现进屋下台阶现象。

5 目前西欧、北美、日本和俄罗斯规范规定基础埋深均不小于冻深。

鉴于上述情况，本次规范修订提出在浅季节冻土地区、中厚季节冻土地区和深厚季节冻土地区中冻胀性较强的地基不宜实施基础浅埋，在深厚季节冻土地区的不冻胀、弱冻胀、冻胀土地基可以实施基础浅埋，并给出了基底最大允许冻土层厚度表。该表是原规范表保留了弱冻胀、冻胀土数据基础上进行了取整修改。

5.1.9 防切向冻胀力的措施如下：

切向冻胀力是指地基土冻结膨胀时产生的其作用方向平行基础侧面的冻胀力。基础防切向冻胀力方法很多，采用时应根据工程特点、地方材料和经验确定。以下介绍 3 种可靠的方法。

（一）基侧填砂

用基侧填砂来减小或消除切向冻胀力，是简单易行的方法。地基土在冻结膨胀时所产生的冻胀力通过土与基础牢固冻结在一起的剪切面传递，砂类土的持水能力很小，当砂土处在地下水位之上时，不但为非饱和土而且含水量很小，其力学性能接近松散冻土，所以砂土与基础侧表面冻结在一起的冻结强度很小，可传递的切向冻胀力亦很小。在基础施工完成后回填基坑时在基侧外表（采暖建筑）或四周（非采暖建筑）填入厚度不小于 100mm 的中、粗砂，可以起到良好的防切向冻胀力破坏的效果。本次修订将换填厚度由原来的 100mm 改为 200mm，原因是 100mm 施工困难，且容易造成换填层不连续。

（二）斜面基础

截面为上小下大的斜面基础就是将独立基础或条形基础的台阶或放大脚做成连续的斜面，其防切向冻胀力作用明显，但它容易被理解为是用下部基础断面中的扩大部分来阻止切向冻胀力将基础抬起，这种理

解是错误的。现对其原理分析如下：

在冬初当第一层土冻结时，土产生冻胀，并同时出现两个方向膨胀：沿水平方向膨胀基础受一水平作用力 H_1；垂直方向上膨胀基础受一作用力 V_1。V_1 可分解成两个分力，即沿基础斜边的 τ_{12} 和沿基础斜边法线方向的 N_{12}，τ_{12} 即是由于土有向上膨胀趋势对基础施加的切向冻胀力，N_{12} 是由于土有向上膨胀的趋势对基础斜边法线方向作用的拉应力。水平冻胀力 H_1 也可分解成两个分力，其一是 τ_{11}，其二是 N_{11}，τ_{11} 是由于水平冻胀力的作用施加在基础斜边上的切向冻胀力，N_{11} 则是由于水平冻胀力作用施加在基础斜边上的正压力（见图1受力分布图）。此时，第一层土作用于基侧的切向冻胀力为 $\tau_1 = \tau_{11} + \tau_{12}$，正压力 $N_1 = N_{11} - N_{12}$。由于 N_{12} 为正拉力，它的存在将降低基侧受到的正压力数值。当冻结界面发展到第二层土时，除第一层的原受力不变之外又叠加了第二层土冻胀时对第一层的作用，由于第二层土冻胀时受到第一层的约束，使第一层土对基侧的切向冻胀力增加至 $\tau_1 = \tau_{11} + \tau_{12} + \tau_{22}$，而且当冻结第二层土时第一层土所处位置的土温又有所降低，土在产生水平冻胀后出现冷缩，令冻土层的冷缩拉力为 N_c，此时正压力为 $N_1 = N_{11} - N_{12} - N_c$。当冻层发展到第三层土时，第一、二层重又出现一次上述现象。

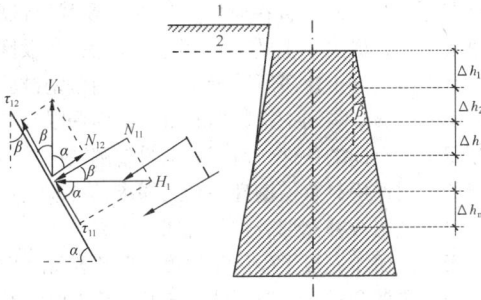

图1 斜面基础基侧受力分布图
1—冻后地面；2—冻前地面

由以上分析可以看出，某层的切向冻胀力随冻深的发展而逐步增加，而该层位置基础斜面上受到的冻胀压应力随冻深的发展数值逐渐变小，当冻深发展到第 n 层，第一层的切向冻胀力超过基侧与土的冻结强度时，基础便与冻土产生相对位移，切向冻胀力不再增加而下滑，出现卸荷现象。N_1 由一开始冻结产生较大的压应力，随着冻深向下发展、土温的降低、下层土的冻胀等作用，拉应力分量在不断地增长，当达到一定程度，N_1 由压力变成拉力，所以当达到抗拉强度极限时，基侧与土将开裂，由于冻土的受拉呈脆性破坏，一旦开裂很快延基侧向下延伸扩展，这一开裂，使基础与基侧土之间产生空隙，切向冻胀力也就不复存在了。

应该说明的是，在冻胀土层范围之内的基础扩大部分根本起不到锚固作用，因在上层冻胀时基础下部

所出现的锚固力，等冻深发展到该层时，随着该层的冻胀而消失了，只有处在下部未冻土中基础的扩大部分才起锚固作用，但我们所说的浅埋基础根本不存在这一伸入未冻土层中的部分。

在闫家岗冻土站不同冻胀性土的场地上进行了多组方锥形（截头锥）桩基础的多年观测，观测结果表明，当 β 角大于等于 $9°$ 时，基础即是稳定的，见图2。基础稳定的原因不是由于切向冻胀力被下部扩大部分给锚住，而是由于在倾斜表面上出现拉力分量与冷缩分量叠加之后的开裂，切向冻胀力退出工作所造成的，见图3的试验结果。

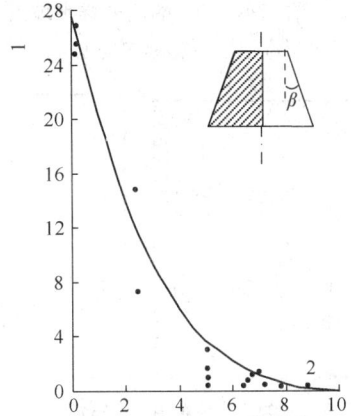

图2 斜面基础的抗冻拔试验
1—基础冻拔量（cm）；2—β（°）

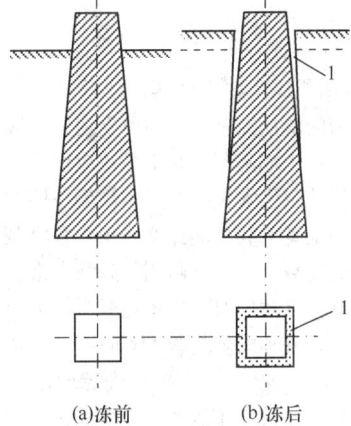

图3 斜面基础的防冻胀试验
1—空隙

用斜面基础防切向冻胀力具有如下特点：

1 在冻胀作用下基础受力明确，技术可靠。当其倾斜角 β 大于等于 $9°$ 时，将不会出现因切向冻胀力作用而导致的冻害事故发生。

2 不但可以在地下水位之上，也可在地下水位之下应用。

3 耐久性好，在反复冻融作用下防冻胀效果不变。

4 不用任何防冻胀材料就可解决切向冻胀问题。

该种基础施工时比常规基础复杂，当基础侧面较粗糙时，可用水泥砂浆将基础侧面抹平。

（三）保温基础

在基础外侧采取保温措施是消除切向冻胀力的有效方法。日本称其为"裙式保温法"，20世纪90年代开始在北海道进行研究和实践，取得了良好的效果。该方法可在冻胀性较强、地下水位较高的地基中使用，不但可以消除切向冻胀力，还可以减少地面热损耗，同时实现基础浅埋。

基础保温方法见图4。保温层厚度应根据地区气候条件确定，水平保温板上面应有不小于300mm厚土层保护，并有不小于5％的向外排水坡度，保温宽度应不小于自保温层以下算起的场地冻结深度。

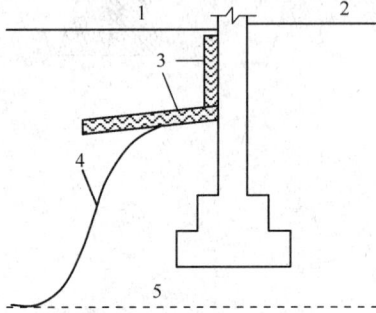

图4 保温基础示意
1—室外地面；2—采暖室内地面；3—苯板保温层；
4—实际冻深线；5—原场地冻深线

5.2 承载力计算

5.2.4 大面积压实填土地基，是指填土宽度大于基础宽度两倍的质量控制严格的填土地基，质量控制不满足要求的填土地基深度修正系数应取1.0。

目前建筑工程大量存在着主裙楼一体的结构，对于主体结构地基承载力的深度修正，宜将基础底面以上范围内的荷载，按基础两侧的超载考虑，当超载宽度大于基础宽度两倍时，可将超载折算成土层厚度作为基础埋深，基础两侧超载不等时，取小值。

5.2.5 根据土的抗剪强度指标确定地基承载力的计算公式，条件原为均布压力。当受到较大的水平荷载而使合力的偏心距过大时，地基反力分布将很不均匀，根据规范要求 $p_{kmax} \leqslant 1.2f_a$ 的条件，将计算公式增加一个限制条件为：当偏心距 $e \leqslant 0.033b$ 时，可用该式计算。相应式中的抗剪强度指标 c、φ，要求采用附录E求出的标准值。

5.2.6 岩石地基的承载力一般较土高得多。本条规定："用岩石地基载荷试验确定"。但对完整、较完整和较破碎的岩体可以取样试验时，可以根据饱和单轴抗压强度标准值，乘以折减系数确定地基承载力特征值。

关键问题是如何确定折减系数。岩石饱和单轴抗

压强度与地基承载力之间的不同在于：第一，抗压强度试验时，岩石试件处于无侧限的单轴受力状态；而地基承载力则处于有围压的三轴应力状态。如果地基是完整的，则后者远远高于前者。第二，岩块强度与岩体强度是不同的，原因在于岩体中存在或多或少、或宽或窄、或显或隐的裂隙，这些裂隙不同程度地降低了地基的承载力。显然，越完整、折减越少；越破碎，折减越多。由于情况复杂，折减系数的取值原则上由地方经验确定，无经验时，按岩体的完整程度，给出了一个范围值。经试算和与已有的经验对比，条文给出的折减系数是安全的。

至于"破碎"和"极破碎"的岩石地基，因无法取样试验，故不能用该法确定地基承载力特征值。

岩样试验中，尺寸效应是一个不可忽视的因素。本规范规定试件尺寸为$\phi 50mm \times 100mm$。

5.2.7 本规范1974版中规定了矩形基础和条形基础下的地基压力扩散角（压力扩散线与垂直线的夹角），一般取22°，当土层为密实的碎石土，密实的砾砂、粗砂、中砂以及坚硬和硬塑状态的黏土时，取30°。当基础底面至软弱下卧层顶面以上的土层厚度小于或等于1/4基础宽度时，可按0°计算。

双层土的压力扩散作用有理论解，但缺乏试验证明，在1972年开始编制地基规范时主要根据理论解及仅有的一个由四川省科研所提供的现场载荷试验。为慎重起见，提出了上述的应用条件。在89版修订规范时，由天津市建研所进行了大批室内模型试验及三组野外试验，得到一批数据。由于试验局限在基宽与硬层厚度相同的条件，对于大家希望解决的较薄硬土层的扩散作用只有借助理论公式探求其合理应用范围。以下就修改补充部分进行说明：

天津建研所完成了硬质土厚度z等于基宽b时硬层的压力扩散角试验，试验共16组，其中野外载荷试验2组，室内模型试验14组，试验中进行了软层顶面处的压力测量。

试验所选用的材料，室内为粉质黏土、淤泥质黏土，用人工制备。野外用煤球灰及石屑。双层土的刚度指标用$\alpha = E_{s1}/E_{s2}$控制，分别取$\alpha = 2$、4、5、6等。模型基宽为360mm及200mm两种，现场压板宽度为1410mm。

现场试验下卧层为煤球灰，变形模量为2.2MPa，极限荷载60kPa，按$s = 0.015b \approx 21.1mm$时所对应的压力仅仅为40kPa。（图5，曲线1）上层硬土为振密煤球灰及振密石屑，其变形模量为10.4MPa及12.7MPa，这两组试验$\alpha = 5$、6，从图5曲线中可明显看到：当$z = b$时，$\alpha = 5$、6的硬层有明显的压力扩散作用，曲线2所反映的承载力为曲线1的3.5倍，曲线3所反映的承载力为曲线1的4.25倍。

室内模型试验：硬层为标准砂，$e = 0.66$，$E_s = 11.6MPa \sim 14.8MPa$；下卧软层分别选用流塑状粉质

黏土，变形模量在4MPa左右；淤泥质土变形模量为2.5MPa左右。从载荷试验曲线上很难找到这两类土的比例界线值，见图6，曲线1流塑状粉质黏土$s=50$mm时的强度仅20kPa。作为双层地基，当$\alpha=2$，$s=50$mm时的强度为56kPa（曲线2），$\alpha=4$时为70kPa（曲线3），$\alpha=6$时为96kPa（曲线4）。虽然按同一下沉量来确定强度是欠妥的，但可反映垫层的扩散作用，说明θ值愈大，压力扩散的效果愈显著。

关于硬层压力扩散角的确定一般有两种方法，一种是取承载力比值倒算θ角，另一种是采用实测压力比值，天津建研所采用后一种方法，取软层顶三个压力实测平均值作为扩散到软层上的压力值，然后按扩散角公式求θ值。

从图6中可以看出：p-θ曲线上按实测压力求出的θ角随荷载增加迅速降低，到硬土层出现开裂后降到最低值。

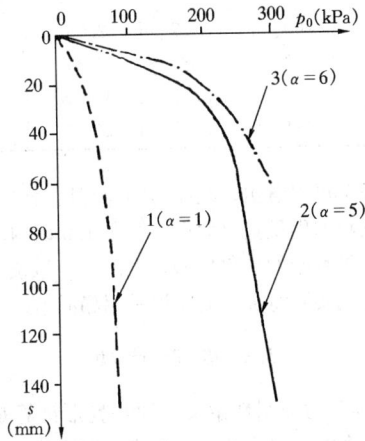

图5　现场载荷试验p-s曲线

1—原有煤球灰地基；2—振密煤球
灰地基；3—振密土石屑地基

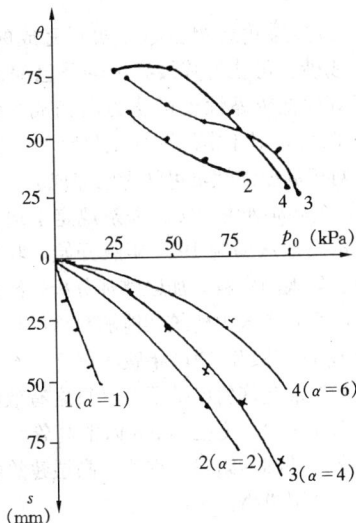

图6　室内模型试验p-s曲线p-θ曲线

注：$\alpha=2$、4时，下层土模量为4.0MPa；
　　$\alpha=6$时，下层土模量为2.9MPa。

根据平面模型实测压力计算的θ值分别为：$\alpha=4$时，$\theta=24.67°$；$\alpha=5$时，$\theta=26.98°$；$\alpha=6$时，$\theta=27.31°$；均小于$30°$，而直观的破裂角却为$30°$（图7）。

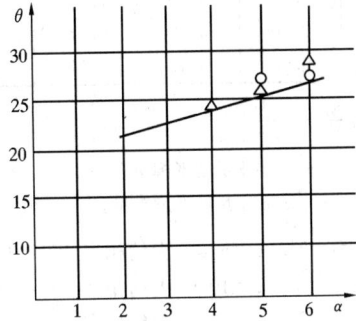

图7　双层地基试验α-θ曲线
△—室内试验；○—现场试验

现场载荷试验实测压力值见表3。

表3　现场实测压力

载荷板下压力 p_0（kPa）		60	80	100	140	160	180	220	240	260	300
软弱下卧层面上平均压力 p_z（kPa）	2 ($\alpha=5$)	27.3		31.2			33.2	50.5		87.9	130.3
	3 ($\alpha=6$)		24		26.7				33.5		704

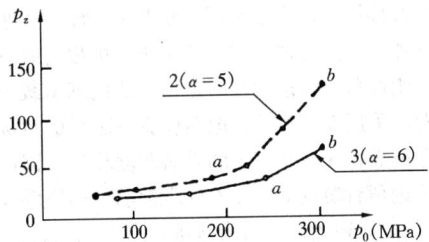

图8　载荷板压力p_0与界面压力p_z关系

按表3实测压力做图8，可以看出，当荷载增加到a点后，传到软土顶界面上的压力急骤增加，即压力扩散角迅速降低，到b点时，$\alpha=5$时为$28.6°$，$\alpha=6$时为$28°$，如果按a点所对应的压力分别为180kPa、240kPa，其对应的扩散角为$30.34°$及$36.85°$，换言之，在p-s曲线中比例界限范围内的θ角比破坏时略高。

为讨论这个问题，在缺乏试验论证的条件下，只能借助已有理论解进行分析。

根据叶戈罗夫的平面问题解答，条形均布荷载下双层地基中点应力p_z的应力系数k_z见表4。

表 4　条形基础中点地基应力系数

z/b	ν=1.0	ν=5.0	ν=10.0	ν=15.0
0.0	1.00	1.00	1.00	1.00
0.25	1.02	0.95	0.87	0.82
0.50	0.90	0.69	0.58	0.52
1.00	0.60	0.41	0.33	0.29

注：$\nu = \dfrac{E_{s1}}{E_{s2}} \cdot \dfrac{1-\mu_2^2}{\mu_1^2}$；

　　E_{s1}——硬土层土的变形模量；

　　E_{s2}——下卧软土层的变形模量。

换算为 α 时，$\nu=5.0$　大约相当　$\alpha=4$；

　　　　　　　$\nu=10.0$　大约相当　$\alpha=7\sim8$；

　　　　　　　$\nu=15.0$　大约相当　$\alpha=12$。

将应力系数换算为压力扩散角可建表如下：

表 5　压力扩散角 θ

z/b	ν=1.0, α=1	ν=5.0, α≈4	ν=10.0, α≈7~8	ν=15.0, α≈12
0.00	—	—	—	—
0.25	0	5.94°	16.63°	23.7°
0.50	3.18°	24.0°	35.0°	42.0°
1.00	18.43°	35.73°	45.43°	50.75°

从计算结果分析，该值与图 6 所示试验值不同，当压力小时，试验值大于理论值，随着压力增加，试验值逐渐减小。到接近破坏时，试验值趋近于 25°，比理论值小 50% 左右，出现上述现象的原因可能是理论值只考虑土直线变形段的应力扩散，当压板下出现塑性区即载荷试验出现拐点后，土的应力应变关系已呈非线性性质，当下卧软土层较差时，硬层挠曲变形不断增加，直到出现开裂。这时压力扩散角取决于上层土的刚性角逐渐达到某一定值。从地基承载力的角度出发，采用破坏时的扩散角验算下卧层的承载力比较安全可靠，并与实测土的破裂角度相当。因此，在采用理论值计算时，θ 大于 30° 的均以 30° 为限，θ 小于 30° 的则以理论计算值为基础；求出 $z=0.25b$ 时的扩散角，见图 9。

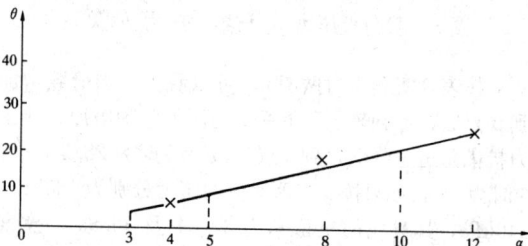

图 9　$z=0.25b$ 时 α-θ 曲线（计算值）

从表 5 可以看到 $z=0.5b$ 时，扩散角计算值均大于 $z=6$ 时图 7 所给出的试验值。同时，$z=0.5b$ 时的扩散角不宜大于 $z=b$ 时所得试验值。故 $z=0.5b$ 时的扩散角仍按 $z=b$ 时考虑，而大于 $0.5b$ 时扩散角

亦不再增加。从试验所示的破裂面的出现以及任一材料都有一个强度限值考虑，将扩散角限制在一定范围内还是合理的。综上所述，建议条形基础下硬土层地基的扩散角如表 6 所示。

表 6　条形基础压力扩散角

E_{s1}/E_{s2}	z=0.25b	z=0.5b
3	6°	23°
5	10°	25°
10	20°	30°

关于方形基础的扩散角与条形基础扩散角，可按均质土中的压力扩散系数换算，见表 7。

表 7　扩散角对照

z/b	压力扩散系数		压力扩散角	
	方形	条形	方形	条形
0.2	0.960	0.977	2.95°	3.36°
0.4	0.800	0.881	8.39°	9.58°
0.6	0.606	0.755	13.33°	15.13°
1.0	0.334	0.550	20.00°	22.24°

从表 7 可以看出，在相等的均布压力作用下，压力扩散系数差别很大，但在 z/b 在 1.0 以内时，方形基础与条形基础的扩散角相差不到 2°，该值与建表误差相比已无实际意义，故建议采用相同值。

5.3　变形计算

5.3.1　本条为强制性条文。地基变形计算是地基设计中的一个重要组成部分。当建筑物地基产生过大的变形时，对于工业与民用建筑来说，都可能影响正常的生产或生活，危及人们的安全，影响人们的心理状态。

5.3.3　一般多层建筑物在施工期间完成的沉降量，对于碎石或砂土可认为其最终沉降量已完成 80% 以上，对于其他低压缩性土可认为已完成最终沉降量的 50%～80%，对于中压缩性土可认为已完成 20%～50%，对于高压缩性土可认为已完成 5%～20%。

5.3.4　本条为强制性条文。本条规定了地基变形的允许值。本规范从编制 1974 年版开始，收集了大量建筑物的沉降观测资料，加以整理分析，统计其变形特征值，从而确定各类建筑物能够允许的地基变形限制。经历 1989 年版和 2002 年版的修订、补充，本条规定的地基变形允许值已被证明是行之有效的。

对表 5.3.4 中高度在 100m 以上高耸结构物（主要为高烟囱）基础的倾斜允许值和高层建筑物基础倾斜允许值，分别说明如下：

（一）高耸构筑物部分：（增加 $H>100$m 时的允许变形值）

1　国内外规范、文献中烟囱高度 $H>100$m 时

的允许变形值的有关规定：

1）我国《烟囱设计规范》GBJ 51—83（表8）

表8　基础允许倾斜值

烟囱高度 H（m）	基础允许倾斜值	烟囱高度 H（m）	基础允许倾斜值
$100 < H \leqslant 150$	$\leqslant 0.004$	$200 < H$	$\leqslant 0.002$
$150 < H \leqslant 200$	$\leqslant 0.003$		

上述规定的基础允许倾斜值，主要根据烟囱筒身的附加弯矩不致过大。

2）前苏联地基规范 CHИП 2.02.01—83（1985年）（表9）

表9　地基允许倾斜值和沉降值

烟囱高度 H（m）	地基允许倾斜值	地基平均沉降量（mm）
$100 < H < 200$	$1/(2H)$	300
$200 < H < 300$	$1/(2H)$	200
$300 < H$	$1/(2H)$	100

3）基础分析与设计（美）J. E. BOWLES（1977年）烟囱、水塔的圆环基础的允许倾斜值为 0.004。

4）结构的允许沉降（美）M. I. ESRIG（1973年）高大的刚性建筑物明显可见的倾斜为 0.004。

2　确定高烟囱基础允许倾斜值的依据：

1）影响高烟囱基础倾斜的因素

①风力；

②日照；

③地基土不均匀及相邻建筑物的影响；

④由施工误差造成的烟囱筒身基础的偏心。

上述诸因素中风、日照的最大值仅为短时间作用，而地基不均匀与施工误差的偏心则为长期作用，相对的讲后者更为重要。根据1977年电力系统高烟囱设计问题讨论会议纪要，从已建成的高烟囱看，烟囱筒身中心垂直偏差，当采用激光对中找直后，顶端施工偏差值均小于 $H/1000$，说明施工偏差是很小的。因此，地基土不均匀及相邻建筑物的影响是高烟囱基础产生不均匀沉降（即倾斜）的重要因素。

确定高烟囱基础的允许倾斜值，必须考虑基础倾斜对烟囱筒身强度和地基土附加压力的影响。

2）基础倾斜产生的筒身二阶弯矩在烟囱筒身总附加弯矩中的比率

我国烟囱设计规范中的烟囱筒身由风荷载、基础倾斜和日照所产生的自重附加弯矩公式为：

$$M_f = \frac{Gh}{2}\left[\left(H - \frac{2}{3}h\right)\left(\frac{1}{\rho_w} + \frac{\alpha_{hz}\Delta_t}{2\gamma_0}\right) + m_\theta\right]$$

式中：G——由筒身顶部算起 $h/3$ 处的烟囱每米高的折算自重（kN）；

h——计算截面至筒顶高度（m）；

H——筒身总高度（m）；

$\dfrac{1}{\rho_w}$——筒身代表截面处由风荷载及附加弯矩产生的曲率；

α_{hz}——混凝土总变形系数；

Δ_t——筒身日照温差，可按 20℃ 采用；

m_θ——基础倾斜值；

γ_0——由筒身顶部算起 $0.6H$ 处的筒壁平均半径（m）。

从上式可看出，当筒身曲率 $\dfrac{1}{\rho_w}$ 较小时附加弯矩中基础倾斜部分才起较大作用，为了研究基础倾斜在筒身附加弯矩中的比率，有必要分析风、日照、地基倾斜对上式的影响。在 m_θ 为定值时，由基础倾斜引起的附加弯矩与总附加弯矩的比值为：

$$m_\theta \Big/ \left[\left(H - \frac{2}{3}h\right)\left(\frac{1}{\rho_w} + \frac{\alpha_{hz}\Delta_t}{2\gamma_0}\right) + m_\theta\right]$$

显然，基倾附加弯矩所占比率在强度阶段与使用阶段是不同的，后者较前者大些。

现以高度为 180m、顶部内径为 6m、风荷载为 50kgf/m^2 的烟囱为例：

在标高 25m 处求得的各项弯矩值为

总风弯矩　　　　$M_w = 13908.5\text{t} - m$

总附加弯矩　　　$M_f = 4394.3\text{t} - m$

其中：风荷附加　$M_{fw} = 3180.4$

日照附加　$M_t = 395.5$

地倾附加　$M_{fj} = 818.4$（$m_\theta = 0.003$）

可见当基础倾斜 0.003 时，由基础倾斜引起的附加弯矩仅占总弯矩（$M_w + M_f$）值的 4.6%，同样当基础倾斜 0.006 时，为 10%。综上所述，可以认为在一般情况下，筒身达到明显可见的倾斜（0.004）时，地基倾斜在高烟囱附加弯矩计算中是次要的。

但高烟囱在风、地震、温度、烟气侵蚀等诸多因素作用下工作，筒身又为环形薄壁截面，有关刚度、应力计算的因素复杂，并考虑到对邻接部分免受损害，参考了国内外规范、文献后认为，随着烟囱高度的增加，适当地递减烟囱基础允许倾斜值是合适的，因此，在修订 TJ 7-74 地基基础设计规范表 21 时，对高度 $h > 100\text{m}$ 高耸构物基础的允许倾斜值可采用我国烟囱设计规范的有关数据。

（二）高层建筑部分

这部分主要参考《高层建筑箱形与筏形基础技术规范》JGJ 6 有关规定及编制说明中有关资料定出允许变形值。

1　我国箱基规定横向整体倾斜的计算值 α，在非地震区宜符合 $\alpha \leqslant \dfrac{b}{100H}$，式中，$b$ 为箱形基础宽度；

H 为建筑物高度。在箱基编制说明中提到在地震区 α 值宜用 $\dfrac{b}{150H}\sim\dfrac{b}{200H}$。

2 对刚性的高层房屋的允许倾斜值主要取决于人类感觉的敏感程度，倾斜值达到明显可见的程度大致为 1/250，结构损坏则大致在倾斜值达到 1/150 时开始。

5.3.5 该条指出：

1 压缩模量的取值，考虑到地基变形的非线性性质，一律采用固定压力段下的 E_s 值必然会引起沉降计算的误差，因此采用实际压力下的 E_s 值，即

$$E_s=\frac{1+e_0}{\alpha}$$

式中：e_0——土自重压力下的孔隙比；

α——从土自重压力至土的自重压力与附加压力之和压力段的压缩系数。

2 地基压缩层范围内压缩模量 E_s 的加权平均值提出按分层变形进行 E_s 的加权平均方法

设：$\dfrac{\sum A_i}{E_s}=\dfrac{A_1}{E_{s1}}+\dfrac{A_2}{E_{s2}}+\dfrac{A_3}{E_{s3}}+\cdots\cdots=\dfrac{\sum A_i}{E_{si}}$

则：

$$\overline{E}_s=\frac{\sum A_i}{\sum \dfrac{A_i}{E_{si}}}$$

式中：$\overline{E}_s$——压缩层内加权平均的 E_s 值（MPa）；

E_{si}——压缩层内第 i 层土的 E_s 值（MPa）；

A_i——压缩层内第 i 层土的附加应力面积（m^2）。

显然，应用上式进行计算能够充分体现各分层土的 E_s 值在整个沉降计算中的作用，使在沉降计算中 E_s 完全等效于分层的 E_s。

3 根据对 132 栋建筑物的资料进行沉降计算并与资料值进行对比得出沉降计算经验系教 ψ_s 与平均 E_s 之间的关系，在编制规范表 5.3.5 时，考虑了在实际工作中有时设计压力小于地基承载力的情况，将基底压力小于 $0.75f_{ak}$ 时另列一栏，在表 5.3.5 的数值方面采用了一个平均压缩模量值可对应给出一个 ψ_s 值，并允许采用内插方法，避免了采用压缩模量区间取一个 ψ_s 值，在区间分界处因 ψ_s 取值不同而引起的误差。

5.3.7 对于存在相邻影响情况下的地基变形计算深度，这次修订时仍以相对变形作为控制标准（以下简称为变形比法）。

在 TJ 7-74 规范之前，我国一直沿用前苏联 НИТУ127-55 规范，以地基附加应力对自重应力之比为 0.2 或 0.1 作为控制计算深度的标准（以下简称应力比法），该法沿用成习，并有相当经验。但它没有考虑到土层的构造与性质，过于强调荷载对压缩层深度的影响而对基础大小这一更为重要的因素重视不足。自 TJ 7-74 规范试行以来，采用变形比法的规定，

纠正了上述的毛病，取得了不少经验，但也存在一些问题。有的文献指出，变形比法规定向上取计算层厚为 1m 的计算变形值，对于不同的基础宽度，其计算精度不等。从与实测资料的对比分析中可以看出，用变形比法计算独立基础、条形基础时，其值偏大。但对于 $b=10m\sim50m$ 的大基础，其值却与实测值相近。为使变形比法在计算小基础时，其计算 z_n 值也不至于过于偏大，经过多次统计，反复试算，提出采用 $0.3(1+\ln b)$ m 代替向上取计算层厚为 1m 的规定，取得较为满意的结果（以下简称为修正变形比法）。第 5.3.7 条中的表 5.3.7 就是根据 $0.3(1+\ln b)$ m 的关系，以更粗的分格给出的向上计算层厚 Δz 值。

5.3.8 本条列入了当无相邻荷载影响时确定基础中点的变形计算深度简化公式（5.3.8），该公式系根据具有分层深标的 19 个载荷试验（面积 $0.5m^2\sim13.5m^2$）和 31 个工程实测资料统计分析而得。分析结果表明。对于一定的基础宽度，地基压缩层的深度不一定随着荷载（p）的增加而增加。对于基础形状（如矩形基础、圆形基础）与地基土类别（如软土、非软土）对压缩层深度的影响亦无显著的规律，而基础大小和压缩层深度之间却有明显的有规律性的关系。

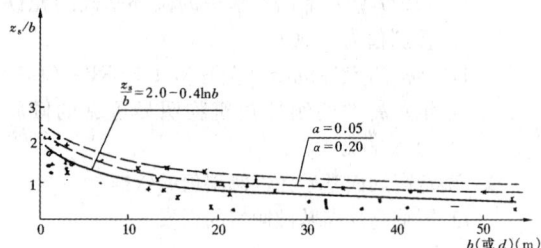

图 10 z_s/b-b 实测点和回归线

·—图形基础；＋—方形基础；×—矩形基础

图 10 为以实测压缩层深度 z_s 与基础宽度 b 之比为纵坐标，而以 b 为横坐标的实测点和回归线图。实线方程 $z_s/b=2.0-0.41nb$ 为根据实测点求得的结果。为使曲线具有更高的保证率，方程式右边引入随机项 $t_a\varphi_0 S$，取置信度 $1-\alpha=95\%$ 时，该随机项偏于安全地取 0.5，故公式变为：

$$z_s=b(2.5-0.41nb)$$

图 10 的实线之上有两条虚线。上层虚线为 $\alpha=0.05$，具有置信度为 95% 的方程，即式（5.3.8）。下层虚线为 $\alpha=0.2$，具有置信度为 80% 的方程。为安全起见只推荐前者。

此外，从图 10 中可以看到绝大多数实测点分布在 $z_s/b=2$ 的线以下。即使最高的个别点，也只位于 $z_s/b=2.2$ 之处。国内外一些资料亦认为压缩层深度以取 $2b$ 或稍高一点为宜。

在计算深度范围内存在基岩或存在相对硬层时，

按第5.3.5条的原则计算地基变形时，由于下卧硬层存在，地基应力分布明显不同于 Boussinesq 应力分布。为了减少计算工作量，此次条文修订增加对于计算深度范围内存在基岩和相对硬层时的简化计算原则。

在计算深度范围内存在基岩或存在相对硬层时，地基土层中最大压应力的分布可采用 K. E. 叶戈罗夫带式基础下的结果（表10）。对于矩形基础，长短边边长之比大于或等于2时，可参考该结果。

表10 带式基础下非压缩性地基上面土层中的最大压应力系数

z/h	非压缩性土层的埋深		
	h＝b	h＝2b	h＝5b
1.0	1.000	1.00	1.00
0.8	1.009	0.99	0.82
0.6	1.020	0.92	0.57
0.4	1.024	0.84	0.44
0.2	1.023	0.78	0.37
0	1.022	0.76	0.36

注：表中 h 为非压缩性地基上面土层的厚度，b 为带式荷载的半宽，z 为纵坐标。

5.3.10 应该指出高层建筑由于基础埋置较深，地基回弹再压缩变形往往在总沉降中占重要地位，甚至某些高层建筑设置3层～4层（甚至更多层）地下室时，总荷载有可能等于或小于该深度土的自重压力，这时高层建筑地基沉降变形将由地基回弹变形决定。公式（5.3.10）中，E_{ci} 应按现行国家标准《土工试验方法标准》GB/T 50123进行试验确定，计算时应按回弹曲线上相应的压力段计算。沉降计算经验系数 ψ_c 应按地区经验采用。

地基回弹变形计算算例：

某工程采用箱形基础，基础平面尺寸 64.8m×12.8m，基础埋深5.7m，基础底面以下各土层分别在自重压力下做回弹试验，测得回弹模量见表11。

表11 土的回弹模量

土层	层厚(m)	回弹模量（MPa）			
		$E_{0-0.025}$	$E_{0.025-0.05}$	$E_{0.05-0.1}$	$E_{0.1-0.2}$
③粉土	1.8	28.7	30.2	49.1	570
④粉质黏土	5.1	12.8	14.1	22.3	280
⑤卵石	6.7	100（无试验资料，估算值）			

基底附加应力 108kN/m²，计算基础中点最大回弹量。回弹计算结果见表12。

表12 回弹量计算表

z_i	$\bar{a}_i$	$z_i\bar{a}_i-z_{i-1}\bar{a}_{i-1}$	p_z+p_{cz} (kPa)	E_{ci} (MPa)	$p_c(z_i\bar{a}_i-z_{i-1}\bar{a}_{i-1})/E_{ci}$
0	1.000	0	0	—	—
1.8	0.996	1.7928	41	28.7	6.75mm
4.9	0.964	2.9308	115	22.3	14.17mm
5.9	0.950	0.8814	139	280	0.34mm
6.9	0.925	0.7775	161	280	0.3mm
合计					21.56mm

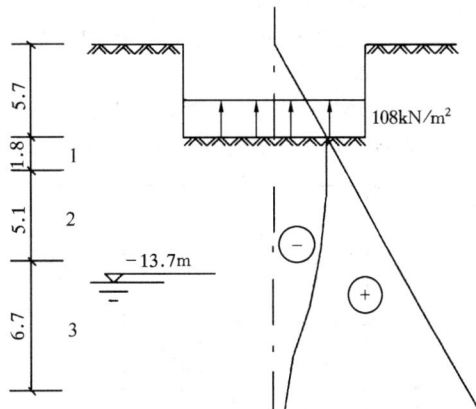

图11 回弹计算示意
1—③粉土；2—④粉质黏土；3—⑤卵石

从计算过程及土的回弹试验曲线特征可知，地基土回弹的初期，回弹模量很大，回弹量较小，所以地基土的回弹变形土层计算深度是有限的。

5.3.11 根据土的固结回弹再压缩试验或平板载荷试验卸荷再加荷试验结果，地基土回弹再压缩曲线在再压缩比率与再加荷比关系中可用两段线性关系模拟。这里再压缩比率定义为：

1）土的固结回弹再压缩试验

$$r'=\frac{e_{max}-e'_i}{e_{max}-e_{min}}$$

式中：e'_i——再加荷过程中 P_i 级荷载施加后再压缩变形稳定时的土样孔隙比；

e_{min}——回弹变形试验中最大预压荷载或初始上覆荷载下的孔隙比；

e_{max}——回弹变形试验中土样上覆荷载全部卸载后土样回弹稳定时的孔隙比。

2）平板载荷试验卸荷再加荷试验

$$r'=\frac{\Delta s_{rci}}{s_c}$$

式中：Δs_{rci}——载荷试验中再加荷过程中，经第 i 级加荷，土体再压缩变形稳定后产生的再压缩变形量；

s_c——载荷试验中卸荷阶段产生的回弹变

形量。

再加荷比定义为：

1）土的固结回弹再压缩试验

$$R' = \frac{P_i}{P_{max}}$$

式中：P_{max}——最大预压荷载，或初始上覆荷载；

P_i——卸荷回弹完成后，再加荷过程中经过第 i 级加荷后作用于土样上的竖向上覆荷载。

2）平板载荷试验卸荷再加荷试验

$$R' = \frac{P_i}{P_0}$$

式中：P_0——卸荷对应的最大压力；

P_i——再加荷过程中，经第 i 级加荷对应的压力。

典型试验曲线关系见图，工程设计中可按图 12 所示的试验结果按两段线性关系确定 r_0' 和 R_0'。

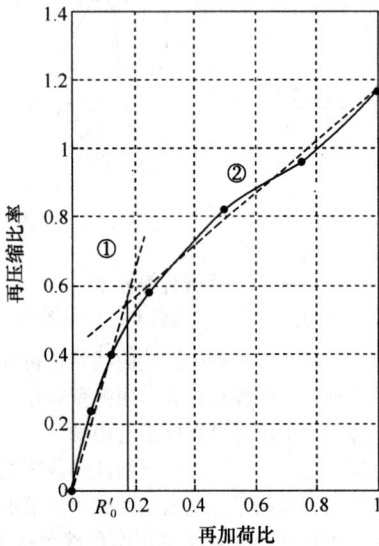

图 12　再压缩比率与再加荷比关系

中国建筑科学研究院滕延京、李建民等在室内压缩回弹试验、原位载荷试验、大比尺模型试验基础上，对回弹变形随卸荷发展规律以及再压缩变形随加荷发展规律进行了较为深入的研究。

图 13、图 14 的试验结果表明，土样卸荷回弹过程中，当卸荷比 $R < 0.4$ 时，已完成的回弹变形不到总回弹变形量的 10%；当卸荷比增大至 0.8 时，已完成的回弹变形仅约占总回弹变形量的 40%；而当卸荷比介于 0.8～1.0 之间时，发生的回弹量约占总回弹变形量的 60%。

图 13、图 15 的试验结果表明，土样再压缩过程中，当再加荷量为卸荷量的 20% 时，土样再压缩变形量已接近回弹变形量的 40%～60%；当再加荷量为卸荷量 40% 时，土样再压缩变形量为回弹变形量的 70% 左右；当再加荷量为卸荷量的 60% 时，土样

产生的再压缩变形量接近回弹变形量的 90%。

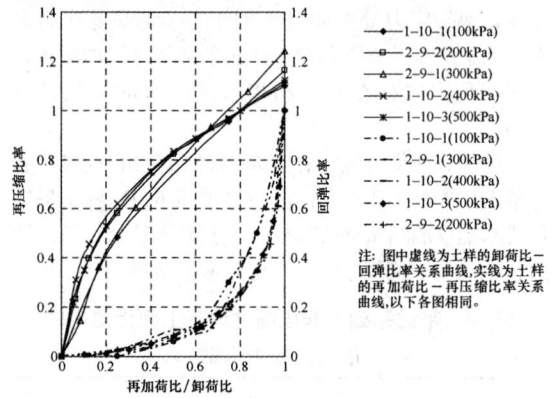

图 13　土样卸荷比-回弹比率、再加荷比-再压缩比率关系曲线（粉质黏土）

注：图中虚线为土样的卸荷比-回弹比率关系曲线，实线为土样的再加荷比-再压缩比率关系曲线，以下各图相同。

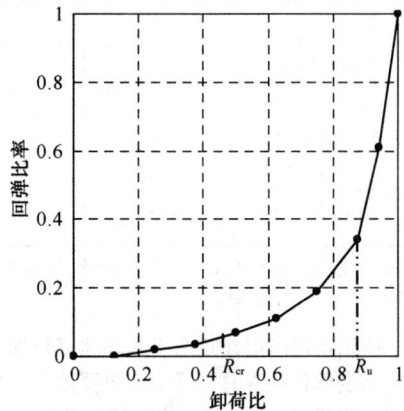

图 14　土样回弹变形发展规律曲线

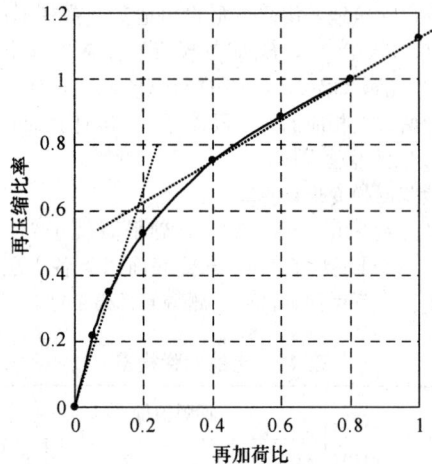

图 15　载荷试验再压缩曲线规律

回弹变形计算可按回弹变形的三个阶段分别计算：小于临界卸荷比时，其变形很小，可按线性模量关系计算；临界卸荷比至极限卸荷比段，可按 log 曲线分布的模量计算。

工程应用时，回弹变形计算的深度可取至土层的临界卸荷比深度；再压缩变形计算时初始荷载产生的变形不会产生结构内力，应在总压缩量中扣除。

工程计算的步骤和方法如下：

1 进行地基土的固结回弹再压缩试验，得到需要进行回弹再压缩计算土层的计算参数。每层土试验土样的数量不得少于 6 个，按《岩土工程勘察规范》GB 50021 的要求统计分析确定计算参数。

2 按本规范第 5.3.10 条的规定进行地基土回弹变形量计算。

3 绘制再压缩比率与再加荷比关系曲线，确定 r_0' 和 R_0'。

4 按本条计算方法计算回弹再压缩变形量。

5 如果工程在需计算回弹再压缩变形量的土层进行过平板载荷试验，并有卸荷再加荷试验数据，同样可按上述方法计算回弹再压缩变形量。

6 进行回弹再压缩变形量计算，地基内的应力分布，可采用各向同性均质线性变形体理论计算。若再压缩变形计算的最终压力小于卸载压力，$r_{R'=1.0}'$ 可取 $r_{R'=a}'$，a 为工程再压缩变形计算的最大压力对应的再加荷比，$a \leqslant 1.0$。

工程算例：

1 模型试验

模型试验在中国建筑科学研究院地基基础研究所试验室内进行，采用刚性变形深标对基坑开挖过程中基底及以下不同深度处土体回弹变形进行观测，最终取得良好结果。

变形深标点布置图 16，其中 A 轴上 5 个深标点所测深度为基底处，其余各点所测为基底下不同深度处土体回弹变形。

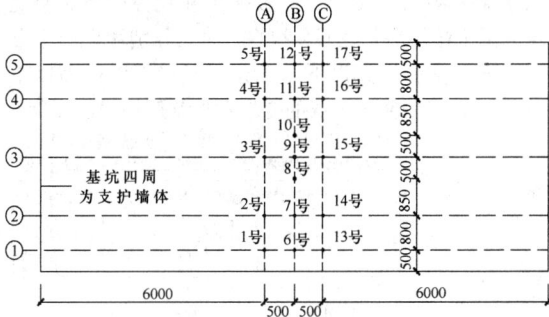

图 16　模型试验刚性变形深标点平面布置图

由图 17 可知 3 号深标点最终测得回弹变形量为 4.54mm，以 3 号深标点为例，对基地处土体再压缩变形量进行计算：

1）确定计算参数

根据土工试验，由再加荷比、再压缩比率进行分析，得到模型试验中基底处土体再压缩变形规律见图 18。

2）计算所得该深标点处回弹变形最终量为 5.14mm。

3）确定 r_0' 和 R_0'。

模型试验中，基底处最终卸荷压力为 72.45kPa，

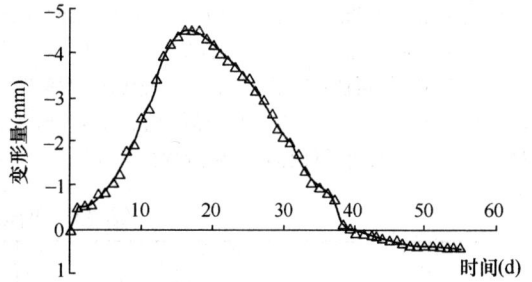

图 17　3 号刚性变形深标点变形时程曲线

土工试验结果得到再加荷比-再压缩比率关系曲线，根据土体再压缩变形两阶段线性关系，切线①与切线②的交点即为两者关系曲线的转折点，得到 $r_0' = 0.42$，$R_0' = 0.25$，见图 19。

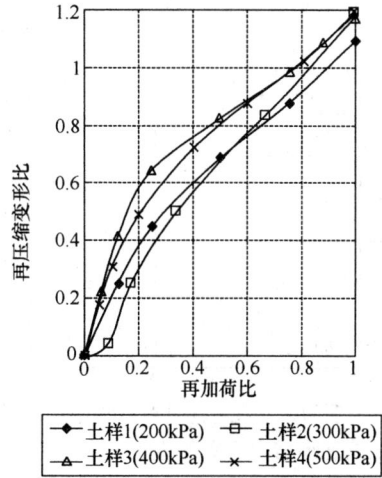

土样1(200kPa)　　土样2(300kPa)
土样3(400kPa)　　土样4(500kPa)

图 18　土工试验所得基底处土体再压缩变形规律

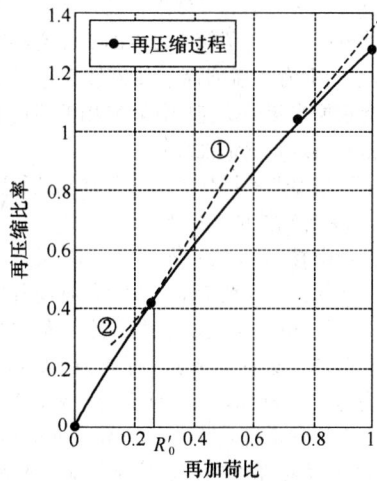

图 19　模型试验中基底处土体再压缩变形规律

4）再压缩变形量计算

根据模型试验过程，基坑开挖完成后，3 号深标点处最终卸荷量为 72.45kPa，根据其回填过程中各

时间点再加荷情况，由下表可知，因最终加荷完成时，最终再加荷比为 0.8293，此时对应的再压缩比率约为 1.1，故再压缩变形计算中其再压缩变形增大系数取为 $r'_{R'=0.8293} = 1.1$，采用规范公式（5.3.11）对其进行再压缩变形计算，计算过程见表 13。

回填完成时基底处土体最终再压缩变形为 4.86mm。

根据模型实测结果，试验结束后又经过一个月变形测试，得到 3 号刚性变形深标点最终再压缩变形量为 4.98mm。

表 13　再压缩变形沉降计算表

工况序号	再加荷量 p (kPa)	总卸荷量 p_c (kPa)	计算回弹变形量 s_c (mm)	再加荷比 R'	$p < R'_0 \cdot p_c$ $\dfrac{p}{p_c \cdot R_0}$ $= \dfrac{p}{72.45 \times 0.25}$	再压缩变形量 (mm)	$R'_0 \cdot p_c \leqslant p \leqslant p_c$ $r'_0 + \dfrac{r'_{R'=0.8293} - r'_0}{1 - R'_0}$ $\left(\dfrac{p}{p_c} - R'_0\right)$ $= 0.42 + 0.9067$ $\left(\dfrac{p}{p_c} - 0.25\right)$	再压缩变形量 (mm)
1	2.97			0.0410	0.1640	0.354		
2	8.94			0.1234	0.4936	1.066		
3	11.80			0.1628	0.6515	1.406		
4	15.62			0.2156	0.8624	1.862		
5	—	72.45	5.14	0.25			0.42	2.16
6	39.41			0.5440	—		0.6866	3.53
7	45.95			0.6342	—		0.7684	3.95
8	54.41			0.7510	—		0.8743	4.49
9	60.08			0.8293	—		0.9453	4.86

需要说明的是，在上述计算过程中已同时进行了土体再压缩变形增大系数的修正，$r'_{R'=0.8293} = 1.1$ 系数的取值即根据工程最终再加荷情况而确定。

2　上海华盛路高层住宅

在 20 世纪 70 年代，针对高层建筑地基基础回弹问题，我国曾在北京、上海等地进行过系统的实测研究及计算方法分析，取得了较为可贵的实测资料。其中 1976 年建设的上海华盛路高层住宅楼工程就是其中之一，在此根据当年的研究资料，采用上述再压缩变形计算方法对其进行验证性计算。

根据《上海华盛路高层住宅箱形基础测试研究报告》，该工程概况与实测情况如下：

本工程系由南楼（13 层）和北楼（12 层）两单元组成的住宅建筑。南北楼上部女儿墙的标高分别为 +39.80m 和 +37.00m。本工程采用天然地基，两层地下室，箱形基础。底层室内地坪标高为 ±0.000m，室外地面标高为 −0.800m，基底标高为 −6.450m。

为了对本工程的地基基础进行比较全面的研究，采用一些测量手段对降水曲线、地基回弹、基础沉降、压缩层厚度、基底反力等进行了测量，测试布置见图 20。在 G_{14} 和 G_{15} 轴中间埋设一个分层标 F_2（基底标高以下 50cm），以观测井点降水对地基变形的影响和基坑开挖引起的地基回弹；在邻近建筑物埋设沉降标，以研究井点降水和南北楼对邻近建筑物的影响。基坑开挖前，在北楼埋设 6 个回弹标，以研究基坑开挖引起的地基回弹。基坑开挖过程中，分层标 F_2 被碰坏，有 3 个回弹标被抓土斗挖掉。当北楼浇筑混凝土垫层后，在 G_{14} 和 G_{15} 轴上分别埋设两个分层标 F_1（基底标高以下 5.47m）、F_3（基底标高以下 11.2m），以研究各土层的变形和地基压缩层的厚度。

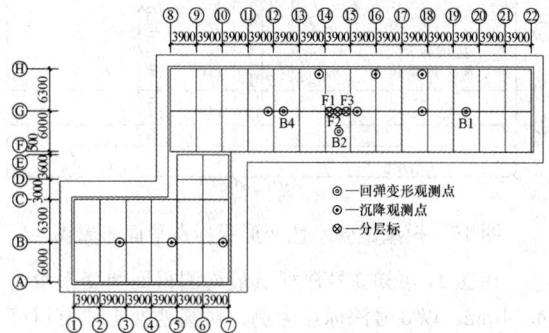

图 20　上海华盛路高层住宅工程基坑回弹点平面位置与测点成果图

1976 年 5 月 8 日南北楼开始井点降水，5 月 19 日根据埋在北楼基底标高以下 50cm 的分层标 F_2，测得由于降水引起的地基下沉 1.2cm，翌日北楼进行挖土，分层标被抓土斗碰坏。5 月 27 日当挖土到基底时，根据埋在北楼基底标高下约 30cm 的回弹标 H_2 和 H_4 的实测结果，并考虑降水预压下沉的影响，基坑中部的地基回弹为 4.5cm。

1) 确定计算参数

根据工程勘察报告，土样 9953 为基底处土体取样，固结回弹试验其所受固结压力为 110kPa，接近基底处土体自重应力，试验成果见图 21。

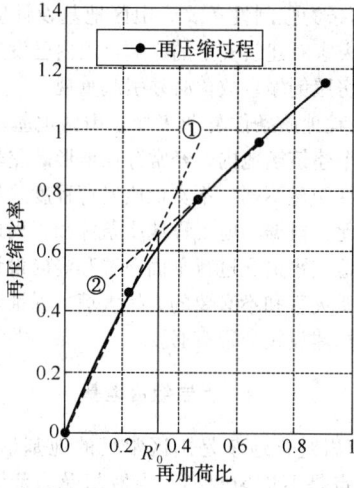

图 21　土样 9953 固结回弹试验
成果再压缩变形分析

在土样 9953 固结回弹再压缩试验所得再加荷比-再压缩比率、卸荷比-回弹比率关系曲线上，采用相同方法得到再加荷比-在压缩比率关系曲线上的切线①与切线②。

2) 计算所得该深标点处回弹变形最终量为 49.76mm。

3) 确定确定 r'_0 和 R'_0

根据图 22 土样 9953 再压缩变形分析曲线，切线①与切线②的交点即为再压缩变形过程中两阶段线性阶段的转折点，则由上图取 $r'_0 = 0.64$，$R'_0 = 0.32$，$r'_{R'=1.0} = 1.2$。

4) 再压缩变形量计算

根据研究资料，结合施工进度，预估再加荷过程中几个工况条件下建筑物沉降量，见表 14。如表中 1976 年 10 月 13 日时，当前工况下基底所受压力为 113kPa，本工程中基坑开挖在基底处卸荷量为 106kPa，则可认为至此时为止对基底下土体来说是其再压缩变形过程。因沉降观测是从基础底板完成后开始的，故此表格中的实测沉降量偏小。

根据上述资料，计算各工况下基底处土体再压缩变形量见表 15。

由工程资料可知至工程实测结束时实际工程再加荷量为 113kPa，而由于基坑开挖基底处土体卸荷量为 106kPa，但鉴于土工试验数据原因，再加荷比取 1.0 进行计算。

则由上述建筑物沉降表，至 1976 年 10 月 13 日，观测到的建筑物累计沉降量为 54.9mm。

同样，根据本节所定义载荷试验再加荷比、再压缩比率概念，可依据载荷试验数据按上述步骤进行再压缩变形计算。

表 14　各施工进度下建筑物沉降表

序号	监测时间	当前工况下基底处所受压力（kPa）	实测累计沉降量（mm）
1	1976 年 6 月 14 日	12	0
2	1976 年 7 月 7 日	32	7.2
3	1976 年 7 月 21 日	59	18.9
4	1976 年 7 月 28 日	60	18.9
5	1976 年 8 月 2 日	61	22.3
6	1976 年 9 月 13 日	78	40.7
7	1976 年 10 月 13 日	113	54.9

表 15　再压缩变形沉降计算表

工况序号	再加荷量 p (kPa)	总卸荷量 p_c (kPa)	计算回弹变形量 s_c (mm)	再加荷比 $R' = \dfrac{p}{106\times0.32}$	$p < R'_0\cdot p_c$：$\dfrac{p}{p_c\cdot R'_0}$	再压缩变形量 (mm)	$R'_0\cdot p_c \le p \le p_c$：$r'_0 + \dfrac{R'=1.0 - r'_0}{1-R'_0}\left(\dfrac{p}{p_c}-R'_0\right) = 0.64 + 0.8235\left(\dfrac{p}{p_c}-0.32\right)$	再压缩变形量 (mm)
1	12			0.1132	0.3538	11.27	—	—
2	32			0.3018	0.9434	30.10	—	—
3	—			0.32	—	—	0.64	31.85
4	59	106	49.76	0.5566	—	—	0.8348	41.54
5	60			0.5660	—	—	0.8426	41.93
6	61			0.5754	—	—	0.8503	42.31
7	78			0.7358	—	—	0.9824	48.88
8	113			1.0	—	—	1.1999	59.71

5.3.12 中国建筑科学研究院通过十余组大比尺模型试验和三十余项工程测试，得到大底盘高层建筑地基反力、地基变形的规律，提出该类建筑地基基础设计方法。

大底盘高层建筑由于外挑裙楼和地下结构的存在，使高层建筑地基基础变形由刚性、半刚性向柔性转化，基础挠曲度增加（见图 22），设计时应加以控制。

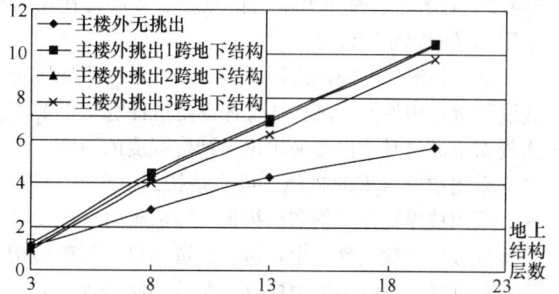

图 22　大底盘高层建筑与单体高层建筑的整体挠曲
（框架结构，2 层地下结构）

主楼外挑出的地下结构可以分担主楼的荷载，降低了整个基础范围内的平均基底压力，使主楼外有挑出时的平均沉降量减小。

裙房扩散主楼荷载的能力是有限的，主楼荷载的有效传递范围是主楼外1跨～2跨。超过3跨，主楼荷载将不能通过裙房有效扩散（见图23）。

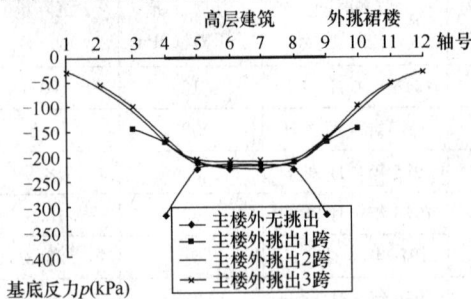

图23 大底盘高层建筑与单体高层建筑的基底反力
（内筒外框结构20层，2层地下结构）

大底盘结构基底中点反力与单体高层建筑基底中点反力大小接近，刚度较大的内筒使该部分基础沉降、反力趋于均匀分布。

单体高层建筑的地基承载力在基础刚度满足规范条件时可按平均基底压力验算，角柱、边柱构件设计可按内力计算值放大1.2或1.1倍设计；大底盘地下结构的地基反力在高层内筒部位与单体高层建筑内筒部位地基反力接近，是平均基底压力的0.7倍～0.8倍，且高层部位的边缘反力无单体高层建筑的放大现象，可按此地基反力进行地基承载力验算；角柱、边柱构件设计内力计算值无需放大，但外挑一跨的框架梁、柱内力较不整体连接的情况要大，设计时应予以加强。

增加基础底板刚度、楼板厚度或地基刚度可有效减少大底盘结构基础的差异沉降。试验证明大底盘结构基础底板出现弯曲裂缝的基础挠曲度在0.05%～0.1%之间。工程设计时，大面积整体筏形基础主楼的整体挠度不宜大于0.05%，主楼与相邻的裙楼的差异沉降不大于其跨度0.1%可保证基础结构安全。

5.4 稳定性计算

5.4.3 对于简单的浮力作用情况，基础浮力作用可采用阿基米德原理计算。

抗浮稳定性不满足设计要求时，可采用增加压重或设置抗浮构件等措施。在整体满足抗浮稳定性要求而局部不满足时，也可采用增加结构刚度的措施。

采用增加压重的措施，可直接按式（5.4.3）验算。采用抗浮构件（例如抗拔桩等）措施时，由于其产生抗拔力伴随位移发生，过大的位移量对基础结构是不允许的，抗拔力取值应满足位移控制条件。采用本规范附录T的方法确定的抗拔桩抗拔承载力特征值进行设计对大部分工程可满足要求，对变形要求严格的工程还应进行变形计算。

6 山区地基

6.1 一般规定

6.1.1 本条为强制性条文。山区地基设计应重视潜在的地质灾害对建筑安全的影响，国内已发生几起滑坡引起的房屋倒塌事故，必须引起重视。

6.1.2 工程地质条件复杂多变是山区地基的显著特征。在一个建筑场地内，经常存在地形高差较大，岩土工程特性明显不同，不良地质发育程度差异较大等情况。因此，根据场地工程地质条件和工程地质分区并结合场地整平情况进行平面布置和竖向设计，对避免诱发地质灾害和不必要的大挖大填，保证建筑物的安全和节约建设投资很有必要。

6.2 土岩组合地基

6.2.2 土岩组合地基是山区常见的地基形式之一，其主要特点是不均匀变形。当地基受力范围内存在刚性下卧层时，会使上覆土体中出现应力集中现象，从而引起土层变形增大。本次修订增加了考虑刚性下卧层计算地基变形的一种简便方法，即先按一般土质地基计算变形，然后按本条所列的变形增大系数进行修正。

6.3 填土地基

6.3.1 本条为强制性条文。近几年城市建设高速发展，在新城区的建设过程中，形成了大量的填土场地，但多数情况是未经填方设计，直接将开山的岩屑倾倒填筑到沟谷地带的填土。当利用其作为建筑物地基时，应进行详细的工程地质勘察工作，按照设计的具体要求，选择合适的地基方法进行处理。不允许将未经检验查明的以及不符合要求的填土作为建筑工程的地基持力层。

6.3.2 为节约用地，少占或不占良田，在平原、山区和丘陵地带的建设中，已广泛利用填土作为建筑或其他工程的地基持力层。填土工程设计是一项很重要的工作，只有在精心设计、精心施工的条件下，才能获得高质量的填土地基。

6.3.5 有机质的成分很不稳定且不易压实，其土料中含量大于5%时不能作为填土的填料。

6.3.6 利用当地的土、石或性能稳定的工业废料作为压实填土的填料，既经济，又省工、省时，符合因地制宜、就地取材和多快好省的建设原则。

利用碎石、块石及爆破开采的岩石碎屑作填料时，为保证夯压密实，应限制其最大粒径，当采用强夯方法进行处理时，其最大粒径可根据夯实能量和当地经验适当加大。

采用黏性土和黏粒含量≥10%的粉土作填料时，

填料的含水量至关重要。在一定的压实功下，填料在最优含水量时，干密度可达最大值，压实效果最好。填料的含水量太大时，应将其适当晾干处理，含水量过小时，则应将其适当增湿。压实填土施工前，应在现场选取有代表性的填料进行击实试验，测定其最优含水量，用以指导施工。

6.3.7、6.3.8 填土地基的压实系数，是填土地基的重要指标，应按建筑物的结构类型、填土部位及对变形的要求确定。压实填土的最大干密度的测定，对于以岩石碎屑为主的粗粒土填料目前存在一些不足，实验室击实试验值偏低而现场小坑灌砂法所得值偏高，导致压实系数偏高较多，应根据地区经验或现场试验确定。

6.3.9 填土地基的承载力，应根据现场静载荷试验确定。考虑到填土的不均匀性，试验数据量应较自然地层多，才能比较准确地反映出地基的性质，可配合采用其他原位测试法进行确定。

6.3.10 在填土施工过程中，应切实做好地面排水工作。对设置在填土场地的上、下水管道，为防止因管道渗漏影响邻近建筑或其他工程，应采取必要的防渗漏措施。

6.3.11 位于斜坡上的填土，其稳定性验算应包含两方面的内容：一是填土在自重及建筑物荷载作用下，沿天然坡面滑动；二是由于填土出现新边坡的稳定问题。填土新边坡的稳定性较差，应注意防护。

6.4 滑坡防治

6.4.1 本条为强制性条文。滑坡是山区建设中常见的不良地质现象，有的滑坡是在自然条件下产生的，有的是在工程活动影响下产生的。滑坡对工程建设危害极大，山区建设对滑坡问题必须重视。

6.5 岩石地基

6.5.1 在岩石地基，特别是在层状岩石中，平面和垂向持力层范围内软岩、硬岩相间出现很常见。在平面上软硬岩石相间分布或在垂向上硬岩有一定厚度、软岩有一定埋深的情况下，为安全合理地使用地基，就有必要通过验算地基的承载力和变形来确定如何对地基进行使用。岩石一般可视为不可压缩地基，上部荷载通过基础传递到岩石地基上时，基底应力以直接传递为主，应力呈柱形分布，当荷载不断增加使岩石裂缝被压密产生微弱沉降而卸荷时，部分荷载将转移到冲切锥范围以外扩散，基底压力呈钟形分布。验算岩石下卧层强度时，其基底压力扩散角可按 $30°\sim40°$ 考虑。

由于岩石地基刚度大，在岩性均匀的情况下可不考虑不均匀沉降的影响，故同一建筑物中允许使用多种基础形式，如桩基与独立基础并用，条形基础、独立基础与桩基础并用等。

基岩面起伏剧烈，高差较大并形成临空面是岩石地基的常见情况，为确保建筑物的安全，应重视临空面对地基稳定性的影响。

6.6 岩溶与土洞

6.6.2 由于岩溶发育具有严重的不均匀性，为区别对待不同岩溶发育程度场地上的地基基础设计，将岩溶场地划分为岩溶强发育、中等发育和微发育三个等级，用以指导勘察、设计、施工。

基岩面相对高差以相邻钻孔的高差确定。

钻孔见洞隙率＝（见洞隙钻孔数量/钻孔总数）×100%。线岩溶率＝（见洞隙的钻探进尺之和/钻探总进尺）×100%。

6.6.4～6.6.9 大量的工程实践证明，岩溶地基经过恰当的处理后，可以作建筑地基。现在建筑用地日趋紧张，在岩溶发育地区要避开岩溶强发育场地非常困难。采取合理可靠的措施对岩溶地基进行处理并加以利用，更加切合当前建筑地基基础设计的实际情况。

土洞的顶板强度低，稳定性差，且土洞的发育速度一般都很快，因此其对地基稳定性的危害大。故在岩溶发育地区的地基基础设计应对土洞给予高度重视。

由于影响岩溶稳定性的因素很多，现行勘探手段一般难以查明岩溶特征，目前对岩溶稳定性的评价，仍然是以定性和经验为主。

对岩溶顶板稳定性的定量评价，仍处于探索阶段。某些技术文献中曾介绍采用结构力学中的梁、板、拱理论评价，但由于计算边界条件不易明确，计算结果难免具有不确定性。

岩溶地基的地基与基础方案的选择应针对具体条件区别对待。大多数岩溶场地的岩溶都需要加以适当处理方能进行地基基础设计。而地基基础方案经济合理与否，除考虑地基自然状况外，还应考虑地基处理方案的选择。

一般情况下，岩溶洞隙侧壁由于受溶蚀风化的影响，此部分岩体强度和完整程度较内部围岩要低，为保证建筑物的安全，要求跨越岩溶洞隙的梁式结构在稳定岩石上的支承长度应大于梁高 1.5 倍。

当采用洞底支撑（穿越）方法处理时，桩的设计应考虑下列因素，并根据不同条件选择：

1 桩底以下 3 倍～5 倍桩径或不小于 5m 深度范围内无影响地基稳定性的洞隙存在，岩体稳定性良好，桩端嵌入中等风化～微风化岩体不宜小于 0.5m，并低于应力扩散范围内的不稳定洞隙底板，或经验算桩端埋置深度已可保证桩不向临空面滑移。

2 基坑涌水易于抽排、成孔条件良好，宜设计人工挖孔桩。

3 基坑涌水量较大，抽排将对环境及相邻建筑物产生不良影响，或成孔条件不好，宜设计钻孔桩。

4 当采用小直径桩时，应设置承台。对地基基础设计等级为甲级、乙级的建筑物，桩的承载力特征值应由静载试验确定，对地基基础设计等级为丙级的建筑物，可借鉴类似工程确定。

当按悬臂梁设计基础时，应对悬臂梁不同受力工况进行验算。

桩身穿越溶洞顶板的岩体，由于岩溶发育的复杂性和不均匀性，顶板情况一般难以查明，通常情况下不计算顶板岩体的侧阻力。

6.7 土质边坡与重力式挡墙

6.7.1 边坡设计的一般原则：

1 边坡工程与环境之间有着密切的关系，边坡处理不当，将破坏环境，毁坏生态平衡，治理边坡必须强调环境保护。

2 在山区进行建设，切忌大挖大填，某些建设项目，不顾环境因素，大搞人造平原，最后出现大规模滑坡，大量投资毁于一旦，还酿成生态环境的破坏。应提倡依山就势。

3 工程地质勘察工作，是不可缺少的基本建设程序。边坡工程的影响面较广，处理不当就可酿成地质灾害，工程地质勘察尤为重要。勘察工作不能局限于红线范围，必须扩大勘察面，一般在坡顶的勘察范围，应达到坡高的 1 倍～2 倍，才能获取较完整的地质资料。对于高大边坡，应进行专题研究，提出可行性方案经论证后方可实施。

4 边坡支挡结构的排水设计，是支挡结构设计很重要的一环，许多支挡结构的失效，都与排水不善有关。根据重庆市的统计，倒塌的支挡结构，由于排水不善造成的事故占 80% 以上。

6.7.3 重力式挡土墙上的土压力计算应注意的问题：

1 土压力的计算，目前国际上仍采用楔体试算法。根据大量的试算与实际观测结果的对比，对于高大挡土结构来说，采用古典土压力理论计算的结果偏小，土压力的分布也有较大的偏差。对于高大挡土墙，通常也不允许出现达到极限状态时的位移值，因此在土压力计算式中计入增大系数。

2 土压力计算公式是在土体达到极限平衡状态的条件下推导出来的，当边坡支挡结构不能达到极限状态时，土压力设计值应取主动土压力与静止土压力的某一中间值。

3 在山区建设中，经常遇到 60°～80° 陡峻的岩石自然边坡，其倾角远大于库仑破坏面的倾角，这时如果仍然采用古典土压力理论计算土压力，将会出现较大的偏差。当岩石自然边坡的倾角大于 $45° + \varphi/2$ 时，应按楔体试算法计算土压力值。

6.7.4、6.7.5 重力式挡土结构，是过去用得较多的一种挡土结构形式。在山区地盘比较狭窄，重力式挡土结构的基础宽度较大，影响土地的开发利用，对于

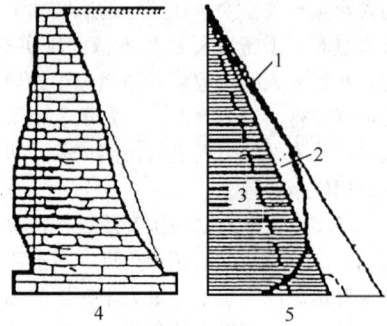

图 24 墙体变形与土压力
1—测试曲线；2—静止土压力；3—主动土压力；
4—墙体变形；5—计算曲线

高大挡土墙，往往也是不经济的。石料是主要的地方材料，经多个工程测算，对于高度 8m 以上的挡土墙，采用桩锚体系挡土结构，其造价、稳定性、安全性、土地利用率等方面，都较重力式挡土墙结构为好。所以规范规定"重力式挡土墙宜用于高度小于 8m、地层稳定、开挖土石方时不会危及相邻建筑物安全的地段"。

对于重力式挡土墙的稳定性验算，主要由抗滑稳定性控制，而现实工程中倾覆稳定破坏的可能性又大于滑动破坏。说明过去抗倾覆稳定性安全系数偏低，这次稍有调整，由原来的 1.5 调整成 1.6。

6.8 岩石边坡与岩石锚杆挡墙

6.8.2 整体稳定边坡，原始地应力释放后回弹较快，在现场很难测量到横向推力。但在高切削的岩石边坡上，很容易发现边坡顶部的拉伸裂隙，其深度约为边坡高度的 0.2 倍～0.3 倍，离开边坡顶部边缘一定距离后很快消失，说明边坡顶部确实有拉应力存在。这一点从二维光弹试验中也得到了证明。从光弹试验中也证明了边坡的坡脚，存在着压应力与剪切应力，对岩石边坡来说，岩石本身具有较高的抗压与抗剪切强度，所以岩石边坡的破坏，都是从顶部垮塌开始的。因此对于整体结构边坡的支护，应注意加强顶部的支护结构。

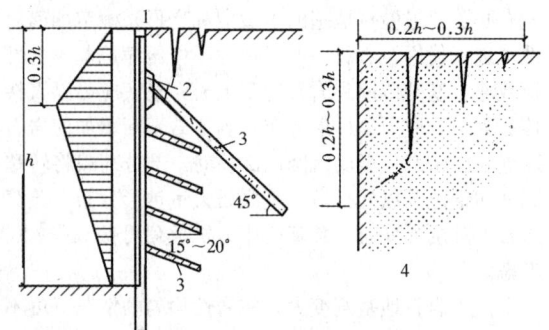

图 25 整体稳定边坡顶部裂隙
1—压顶梁；2—连系梁及牛腿；3—构造锚杆；
4—坡顶裂隙分布

边坡的顶部裂隙比较发育，必须采用强有力的锚杆进行支护，在顶部 $0.2h\sim0.3h$ 高度处，至少布置一排结构锚杆，锚杆的横向间距不应大于 3m，长度不应小于 6m。结构锚杆直径不宜小于 130mm，钢筋不宜小于 $3\Phi22$。其余部分为防止风化剥落，可采用锚杆进行构造防护。防护锚杆的孔径宜采用 50mm ~100mm，锚杆长度宜采用 2m~4m，锚杆的间距宜采用 1.5m~2.0m。

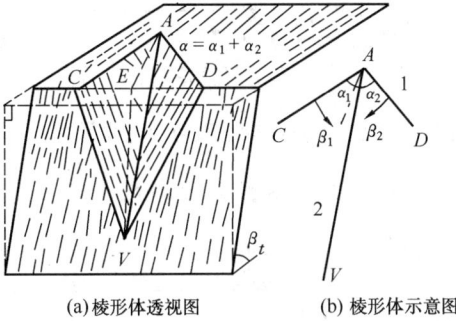

(a)棱形体透视图 　　(b)棱形体示意图

图 26　具有两组结构面的下滑棱柱体示意
1—裂隙走向；2—棱线

6.8.3　单结构面外倾边坡的横推力较大，主要原因是结构面的抗剪强度一般较低。在工程实践中，单结构面外倾边坡的横推力，通常采用楔形体平面课题进行计算。

对于具有两组或多组结构面形成的下滑棱柱体，其下滑力通常采用棱形体分割法进行计算。现举例如下：

1　已知：新开挖的岩石边坡的坡角为 $80°$。边坡上存在着两组结构面（如图 26 所示）：结构面 1 走向 AC，与边坡顶部边缘线 CD 的夹角为 $75°$，其倾角 β_1 $=70°$；其结构面 2 走向 AD，与边坡顶部边缘线 DC 的夹角为 $40°$，其倾角 $\beta_2 = 43°$。即两结构面走向线间的夹角 α 为 $65°$。AE 点的距离为 3m。经试验两个结构面上的内摩擦角均为 $\varphi=15.6°$，其黏聚力近于 0。岩石的重度为 24kN/m³。

2　棱线 AV 与两结构面走向线间的平面夹角 α_1 及 α_2。可采用下列计算式进行计算：

$$\cot\alpha_1 = \frac{\tan\beta_1}{\sin\alpha\tan\beta_2} + \cot\alpha$$

$$\cot\alpha_2 = \frac{\tan\beta_2}{\sin\alpha\tan\beta_1} + \cot\alpha$$

从而通过计算得出 $\alpha_1 = 15°$，$\alpha_2 = 50°$。

3　进而计算出棱线 AV 的倾角，即沿着棱线方向上结构面的视倾角 β'。

$$\tan\beta' = \tan\beta_1\sin\alpha_1$$

计算得：$\beta' = 35.5°$

4　用 AVE 平面将下滑棱柱体分割成两个块体。计算获得两个滑块的重力为：$w_1 = 31$kN，$w_2 = 139$kN；

棱柱体总重为 $w = w_1 + w_2 = 170$kN。

5　对两个块体的重力分解成垂直与平行于结构面的分力：

$$N_1 = w_1\cos\beta_1 = 10.6\text{kN}$$
$$T_1 = w_1\sin\beta_1 = 29.1\text{kN}$$
$$N_2 = w_2\cos\beta_2 = 101.7\text{kN}$$
$$T_2 = w_2\sin\beta_2 = 94.8\text{kN}$$

6　再将平行于结构面的下滑力分解成垂直与平行于棱线的分力：

$$\tan\theta_1 = \tan(90°-\alpha_1)\cos\beta_1 = 1.28 \quad \theta_1 = 52°$$
$$\tan\theta_2 = \tan(90-\alpha_2)\cos\beta_2 = 0.61 \quad \theta_2 = 32°$$
$$T_{s1} = T_1\cos\theta_1 = 18\text{kN}$$
$$T_{s2} = T_2\cos\theta_2 = 80\text{kN}$$

7　棱柱体总的下滑力：$T_s = T_{s1} + T_{s2} = 98$kN

两结构面上的摩阻力：

$$F_t = (N_1 + N_2)\tan\varphi = (10.6 + 101.7)\tan15.6° = 31\text{kN}$$

作用在支挡结构上推力：$T = T_s - F_t = 67$kN。

6.8.4　岩石锚杆挡土结构，是一种新型挡土结构体系，对支挡高大土质边坡很有成效。岩石锚杆挡土结构的位移很小，支挡的土体不可能达到极限状态，当按主动土压力理论计算土压力时，必须乘以一个增大系数。

岩石锚杆挡土结构是通过立柱或竖桩将土压力传递给锚杆，再由锚杆将土压力传递给稳定的岩体，达到支挡的目的。立柱间的挡板是一种维护结构，其作用是挡住两立柱间的土体，使其不掉下来。因存在着卸荷拱作用，两立柱间的土体作用在挡土板的土压力是不大的，有些支挡结构没有设置挡板也能安全支挡边坡。

岩石锚杆挡土结构的立柱必须嵌入稳定的岩体中，一般的嵌入深度为立柱断面尺寸的 3 倍。当所支挡的主体位于高度较大的陡崖边坡的顶部时，可有两种处理办法：

1　将立柱延伸到坡脚，为了增强立柱的稳定性，可在陡崖的适当部位增设一定数量的锚杆。

2　将立柱在具有一定承载能力的陡崖顶部截断，在立柱底部增设锚杆，以承受立柱底部的横推力及部分竖向力。

6.8.5　本条为锚杆的构造要求，现说明如下：

1　锚杆宜优先采用热轧带肋的钢筋作主筋，是因为在建筑工程中所用的锚杆大多不使用机械锚头，在很多情况下主筋也不允许设置弯钩，为增加主筋与混凝土的握裹力作出的规定。

2　大量的试验研究表明，岩石锚杆在 15 倍～20 倍锚杆直径以深的部位已没有锚固力分布，只有锚杆顶部周围的岩体出现破坏后，锚固力才会向深部延伸。当岩石锚杆的嵌岩深度小于 3 倍锚杆的孔径时，其抗拔力较低，不能采用本规范式（6.8.6）进行抗拔承载力计算。

3 锚杆的施工质量对锚杆抗拔力的影响很大，在施工中必须将钻孔清洗干净，孔壁不允许有泥膜存在。锚杆的施工还应满足有关施工验收规范的规定。

7 软弱地基

7.2 利用与处理

7.2.7 本条为强制性条文。规定了复合地基设计的基本原则，为确保地基设计的安全，在进行地基设计时必须严格执行。

　　复合地基是指由地基土和竖向增强体（桩）组成、共同承担荷载的人工地基。复合地基按增强体材料可分为刚性桩复合地基、粘结材料桩复合地基和无粘结材料桩复合地基。

　　当地基土为欠固结土、膨胀土、湿陷性黄土、可液化土等特殊土时，设计时应综合考虑土体的特殊性质，选用适当的增强体和施工工艺，以保证处理后的地基土和增强体共同承担荷载。

7.2.8 本条为强制性条文。强调复合地基的承载力特征值应通过载荷试验确定。可直接通过复合地基载荷试验确定，或通过增强体载荷试验结合土的承载力特征值和地区经验确定。

　　桩体强度较高的增强体，可以将荷载传递到桩端土层。当桩长较长时，由于单桩复合地基载荷试验的荷载板宽度较小，不能全面反映复合地基的承载特性。因此单纯采用单桩复合地基载荷试验的结果确定复合地基承载力特征值，可能由于试验的载荷板面积或由于褥垫层厚度对复合地基载荷试验结果产生影响。因此对复合地基承载力特征值的试验方法，当采用设计褥垫厚度进行试验时，对于独立基础或条形基础宜采用与基础宽度相等的载荷板进行试验，当基础宽度较大、试验有困难而采用较小宽度载荷板进行试验时，应考虑褥垫层厚度对试验结果的影响。必要时应通过多桩复合地基载荷试验确定。有地区经验时也可采用单桩载荷试验结果和其周边土承载力特征值结合经验确定。

7.2.9 复合地基的承载力计算应同时满足轴心荷载和偏心荷载作用的要求。

7.2.10 复合地基的地基计算变形量可采用单向压缩分层总和法按本规范第 5.3.5 条～第 5.3.8 条有关的公式计算，加固区土层的模量取桩土复合模量。

　　由于采用复合地基的建筑物沉降观测资料较少，一直沿用天然地基的沉降计算经验系数。各地使用对复合土层模量较低时符合性较好，对于承载力提高幅度较大的刚性桩复合地基出现计算值小于实测值的现象。本次修订通过对收集到的全国 31 个 CFG 桩复合地基工程沉降观测资料分析，得出地基的沉降计算经验系数与沉降计算深度范围内压缩模量当量值的关系，如图 27 所示，本次修订对于当量模量大于 15MPa 的沉降计算经验系数进行了调整。

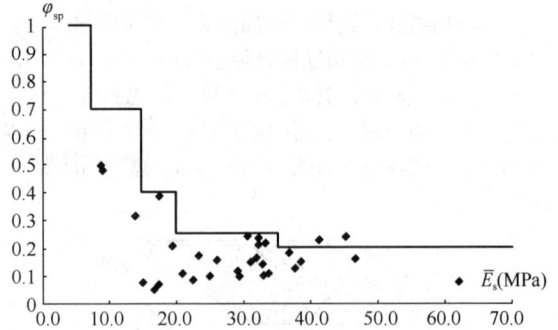

图 27　沉降计算经验系数与当量模量的关系

7.5 大面积地面荷载

7.5.5 在计算依据（基础由于地面荷载引起的倾斜值≤0.008）和计算方法与原规范相同的基础上，作了复算，结果见表 16。

表 16 中：

$[q_{eq}]$——地面的均布荷载允许值（kPa）；

$[s'_g]$——中间柱基内侧边缘中点的地基附加沉降允许值（mm）；

β_0——压在基础上的地面堆载（不考虑基础外的地面堆载影响）对基础内倾值的影响系数；

β'_0——和压在基础上的地面堆载纵向方向一致的压在地基上的地面堆载对基础内倾值的影响系数；

l——车间跨度（m）；

b——车间跨度方向基础底面边长（m）；

d——基础埋深（m）；

a——地面堆载的纵向长度（m）；

z_n——从室内地坪面起算的地基变形计算深度（m）；

$\bar{E}_s$——地基变形计算深度内按应力面积法求得土的平均压缩模量（MPa）；

$\bar{\alpha}_{Az}$、$\bar{\alpha}_{Bz}$——柱基内、外侧边缘中点自室内地坪面起算至 z_n 处的平均附加应力系数；

$\bar{\alpha}_{Ad}$、$\bar{\alpha}_{Bd}$——柱基内、外侧边缘中点自室内地坪面起算至基底处的平均附加应力系数；

$\tan\theta^0$——纵向方向和压在基础上的地面堆载一致的压在地基上的地面堆载引起基础的内倾值；

$\tan\theta$——地面堆载范围与基础内侧边缘线重合时，均布地面堆载引起的基础内倾值；

$\beta_1 \cdots\cdots \beta_{10}$——分别表示地面堆载离柱基内侧边缘的不同位置和堆载的纵向长度对基础内倾值的影响系数。

表 16 中：

$$[q_{eq}] = \frac{0.008b\bar{E}_s}{z_n(\bar{\alpha}_{Az} - \bar{\alpha}_{Bz}) - d(\bar{\alpha}_{Ad} - \bar{\alpha}_{Bd})}$$

$$[S'_s] = \frac{0.008bz_n\bar{\alpha}_{Az}}{z_n(\bar{\alpha}_{Az} - \bar{\alpha}_{Bz}) - d(\bar{\alpha}_{Ad} - \bar{\alpha}_{Bd})}$$

$$\beta_0 = \frac{0.033b}{z_n(\bar{\alpha}_{Az} - \bar{\alpha}_{Bz}) - d(\bar{\alpha}_{Ad} - \bar{\alpha}_{Bd})}$$

$$\beta'_0 = \frac{\tan\theta'}{\tan\theta}$$

大面积地面荷载作用下地基附加沉降的计算举例：

单层工业厂房，跨度 $l=24$m，柱基底面边长 $b=3.5$m，基础埋深 1.7m，地基土的压缩模量 $E_s=4$MPa，堆载纵向长度 $a=60$m，厂房填土在基础完工后填筑，地面荷载大小和范围如图 28 所示，求由于地面荷载作用下柱基内侧边缘中点（A）的地基附加沉

降值，并验算是否满足天然地基设计要求。

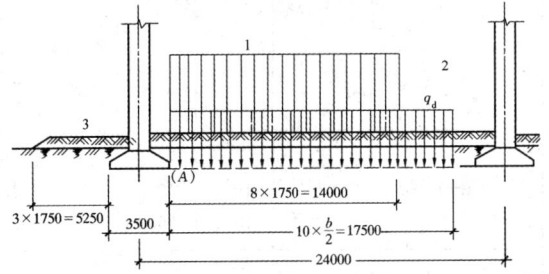

图 28 地面荷载计算示意
1—地面堆载 $q_1=20$kPa；2—填土 $q_2=15.2$kPa；3—填土 $p_i=9.5$kPa

一、等效均布地面荷载 q_{eq}
计算步骤如表 17 所示。

二、柱基内侧边缘中点（A）的地基附加沉降值 s'_g
计算时取 $a'=30$m，$b'=17.5$m。计算步骤如表 18 所示。

表 16 均布荷载允许值 [q_{eq}] 地基沉降允许值 [s'_g] 和系数 β 的计算总表

l (m)	d (m)	b (m)	a (m)	z_n	$\bar{\alpha}_{Az}$	$\bar{\alpha}_{Bz}$	$\bar{\alpha}_{Ad}$	$\bar{\alpha}_{Bd}$	[q_{eq}] (kPa)	[s'_g] (m)	β_0	1	2	3	4	5	6	7	8	9	10	β'_0
12	2	1	6	13.0	0.282	0.163	0.488	0.088	$0.0107\bar{E}_s$	0.0393	0.44											
			11	16.5	0.324	0.216	0.485	0.082	$0.0082\bar{E}_s$	0.0438	0.34											
			22	21.0	0.358	0.264	0.498	0.095	$0.0068\bar{E}_s$	0.0513	0.28											
			33	23.0	0.366	0.276	0.499	0.096	$0.0063\bar{E}_s$	0.0528	0.26											
			44	24.0	0.378	0.284	0.499	0.096	$0.0055\bar{E}_s$	0.0476	0.23											
12	2	2	6	13.0	0.279	0.108	0.488	0.024	$0.0123\bar{E}_s$	0.0448	0.51	0.27	0.24	0.17	0.10	0.08	0.05	0.03	0.03	0.030	0.01	
			10	15.0	0.324	0.150	0.499	0.031	$0.0096\bar{E}_s$	0.0446	0.39											
			20	20.0	0.349	0.198	0.499	0.029	$0.0077\bar{E}_s$	0.0540	0.32	0.21	0.20	0.15	0.12	0.09	0.07	0.06	0.04	0.03	0.03	
			30	22.0	0.363	0.222	0.49	0.029	$0.0074\bar{E}_s$	0.0590	0.31			0.31	0.31	0.18	0.11	0.09				
			40	22.5	0.373	0.231	0.499	0.029	$0.0071\bar{E}_s$	0.0596	0.29											
18	2	3	6	13.5	0.282	0.082	0.488	0.010	$0.0138\bar{E}_s$	0.0526	0.57		0.64	0.24	0.08	0.04	—					
			12	18.0	0.333	0.134	0.498	0.010	$0.0092\bar{E}_s$	0.0551	0.38	0.38	0.23	0.15	0.10	0.06	0.05	0.03	0.02	0.02	0.01	
			15	19.5	0.349	0.153	0.498	0.011	$0.0084\bar{E}_s$	0.0574	0.35	0.31	0.22	0.15	0.10	0.08	0.05	0.03	0.03	0.02	0.01	0.06
			30	24.0	0.388	0.205	0.499	0.012	$0.0071\bar{E}_s$	0.0659	0.29	0.27	0.21	0.14	0.11	0.08	0.06	0.05	0.03	0.03	0.02	
			45	27.0	0.396	0.228	0.499	0.011	$0.0067\bar{E}_s$	0.0723	0.28		0.42	0.28	0.15	0.08	0.07					
			60	28.5	0.399	0.237	0.499	0.012	$0.0066\bar{E}_s$	0.0737	0.27											
24	2	4	6	14.0	0.277	0.059	0.488	0.002	$0.0154\bar{E}_s$	0.0596	0.63	0.40	0.34	0.12	0.06	0.04	0.02	0.01	0.01	—		
			12	19.0	0.332	0.110	0.497	0.005	$0.0099\bar{E}_s$	0.0625	0.41	0.40	0.25	0.13	0.09	0.06	0.03	0.02	0.01	0.01	0.01	
			20	23.0	0.370	0.154	0.499	0.006	$0.0080\bar{E}_s$	0.0683	0.33	0.35	0.23	0.14	0.09	0.07	0.04	0.03	0.02	0.02	0.01	
			40	28.0	0.408	0.206	0.499	0.006	$0.0068\bar{E}_s$	0.0780	0.28											
			60	32.0	0.413	0.229	0.499	0.006	$0.0066\bar{E}_s$	0.0866	0.27	0.27	0.21	0.15	0.09	0.06	0.06	0.50	0.08	0.02		
			80	34.0	0.415	0.236	0.499	0.006	$0.0063\bar{E}_s$	0.0884	0.26											
30	2	5	6	14.0	0.279	0.046	0.488	0.002	$0.0175\bar{E}_s$	0.0681	0.72	0.57	0.24	0.10	0.05	0.03	0.01	—		—	—	
			12	20.0	0.327	0.091	0.498	0.001	$0.0107\bar{E}_s$	0.0702	0.44	0.47	0.24	0.12	0.07	0.04	0.02	0.02	0.01	—		0.10
			25	26.0	0.384	0.151	0.499	0.003	$0.0079\bar{E}_s$	0.0785	0.32			0.61	0.23	0.29	0.05	0.01				
			50	32.5	0.419	0.204	0.499	0.003	$0.0067\bar{E}_s$	0.0910	0.28											
			75	35.0	0.430	0.226	0.499	0.003	$0.0065\bar{E}_s$	0.0978	0.27	0.60	0.21	0.15	0.09	0.06	0.05	0.04	0.03	0.03	0.02	
			100	37.5	0.430	0.234	0.499	0.003	$0.0063\bar{E}_s$	0.1012	0.26	0.31	0.21	0.13	0.10	0.07	0.06	0.04	0.03	0.02	0.03	

表 17

区 段		0	1	2	3	4	5	6	7	8	9	10
$\beta_i\left(\dfrac{a}{5b}=\dfrac{6000}{1750}>1\right)$		0.30	0.29	0.22	0.15	0.10	0.08	0.06	0.04	0.03	0.02	0.01
q_i (kPa)	堆 载	0	20.0	20.0	20.0	20.0	20.0	20.0	20.0	20.0	0	0
	填 土	15.2	15.2	15.2	15.2	15.2	15.2	15.2	15.2	15.2	15.2	15.2
	合 计	15.2	35.2	35.2	35.2	35.2	35.2	35.2	35.2	35.2	15.2	15.2
p_i (kPa)填土		9.5	9.5	9.5	4.8							
$\beta_i q_i-\beta_i p_i$ (kPa)		1.7	7.5	5.7	4.6	3.5	2.8	2.1	1.4	1.1	0.3	0.2

$$q_{eq}=0.8\sum_{i=0}^{10}(\beta_i q_i-\beta_i p_i)=0.8\times30.9=24.7\text{kPa}$$

表 18

z_i (m)	$\dfrac{a'}{b'}$	$\dfrac{z_i}{b'}$	$\bar{\alpha}_i$	$z_i\bar{\alpha}_i$ (m)	$z_i\bar{\alpha}_i-z_{i-1}\bar{\alpha}_{i-1}$	E_{si} (MPa)	$\Delta s'_{gi}=\dfrac{q_{lg}}{E_{si}}\times(z_i\bar{\alpha}_i-z_{i-1}\bar{\alpha}_{i-1})$ (mm)	$s'_g=\sum_{i=1}^{n}\Delta s'_{gi}$ (mm)	$\dfrac{\Delta s'_{gi}}{\sum_{i=1}^{n}\Delta s'_{gi}}$
0	$\dfrac{30.00}{17.50}=1.71$	0							
28.80		$\dfrac{28.80}{17.50}=1.65$	$2\times0.2069=0.4138$	11.92		4.0	73.6	73.6	
30.00		$\dfrac{30.00}{17.50}=1.71$	$2\times0.2044=0.4088$	12.26	0.34	4.0	2.1	75.7	0.028>0.025
29.80		$\dfrac{29.80}{17.50}=1.70$	$2\times0.2049=0.4098$	12.21		4.0		75.4	
31.00		$\dfrac{31.00}{17.50}=1.77$	$2\times0.2020=0.4040$	12.52	0.34	4.0	1.9	77.3	0.0246<0.025

注：地面荷载宽度 $b'=17.5$m，由地基变形计算深度 z 处向上取计算层厚度为 1.2m。从上表中得知地基变形计算深度 z_n 为 31m，所以由地面荷载引起柱基内侧边缘中点（A）的地基附加沉降值 $s'_g=77.3$mm。按 $a=60$m，$b=3.5$m。查表 16 得地基附加沉降允许值 $[s'_g]=80$mm，故满足天然地基设计的要求。

8 基 础

8.1 无筋扩展基础

8.1.1 本规范提供的各种无筋扩展基础台阶宽高比的允许值沿用了本规范 1974 版规定的允许值，这些规定都是经过长期的工程实践检验，是行之有效的。在本规范 2002 版编制时，根据现行国家标准《混凝土结构设计规范》GB 50010 以及《砌体结构设计规范》GB 50003 对混凝土和砌体结构的材料强度等级要求作了调整。计算结果表明，当基础单侧扩展范围内基础底面处的平均压力值超过 300kPa 时，应按下式验算墙（柱）边缘或变阶处的受剪承载力：

$$V_s\leqslant0.366f_tA$$

式中：V_s——相应于作用的基本组合时的地基土平均净反力产生的沿墙（柱）边缘或变阶处的剪力设计值（kN）；

A——沿墙（柱）边缘或变阶处基础的垂直截面积（m²）。当验算截面为阶形时其截面折算宽度按附录 U 计算。

上式是根据材料力学、素混凝土抗拉强度设计值以及基底反力为直线分布的条件下确定的，适用于除岩石以外的地基。

对基底反力集中于立柱附近的岩石地基，基础的抗剪验算条件应根据各地区具体情况确定。重庆大学曾对置于泥岩、泥质砂岩和砂岩等变形模量较大的岩石地基上的无筋扩展基础进行了试验，试验研究结果表明，岩石地基上无筋扩展基础的基底反力曲线是一倒置的马鞍形，呈现出中间大，两边小，到了边缘又略为增大的分布形式，反力的分布曲线主要与岩体的变形模量和基础的弹性模量比值、基础的高宽比有关。由于试验数据少，且因我国岩石类别较多，目前尚不能提供有关此类基础的受剪承载力验算公式，因此有关岩石地基上无筋扩展基础的台阶宽高比应结合各地区经验确定。根据已掌握的岩石地基上的无筋扩展基础试验中出现沿柱周边直剪和劈裂破坏现象，提出设计时应对柱下混凝土基础进行局部受压承载力验算，避免柱下素混凝土基础可能因横向拉应力达到混凝土的抗拉强度后引起基础周边混凝土发生竖向劈裂破坏和压陷。

8.2 扩 展 基 础

8.2.1 扩展基础是指柱下钢筋混凝土独立基础和墙下钢筋混凝土条形基础。由于基础底板中垂直于受力钢筋的另一个方向的配筋具有分散部分荷载的作用，有利于底板内力重分布，因此各国规范中基础板的最小配筋率都小于梁的最小配筋率。美国 ACI318 规范中基础板的最小配筋率是按温度和混凝土收缩的要求规定为 0.2%（f_{yk}＝275MPa～345MPa）和 0.18%（f_{yk}＝415MPa）；英国标准 BS8110 规定板的两个方向的最小配筋率：低碳钢为 0.24%，合金钢为 0.13%；英国规范 CP110 规定板的受力钢筋和次要钢筋的最小配筋率：低碳钢为 0.25% 和 0.15%，合金钢为 0.15% 和 0.12%；我国《混凝土结构设计规范》GB 50010 规定对卧置于地基上的混凝土板受拉钢筋的最小配筋率不应小于 0.15%。本规范此次修订，明确了柱下独立基础的受力钢筋最小配筋率为 0.15%，此要求低于美国规范，与我国《混凝土结构设计规范》GB 50010 对卧置于地基上的混凝土板受拉钢筋的最小配筋率以及英国规范对合金钢的最小配筋率要求相一致。

为减小混凝土收缩产生的裂缝，提高条形基础对不均匀地基土适应能力，本次修订适当加大了分布钢筋的配筋量。

8.2.5 自本规范 GBJ 7‐89 版颁布后，国内高杯口基础杯壁厚度以及杯壁和短柱部分的配筋要求基本上照此执行，情况良好。本次修订，保留了本规范 2002 版增加的抗震设防烈度为 8 度和 9 度时，短柱部分的横向箍筋的配置量不宜小于 $\phi8@150$ 的要求。

制定高杯口基础的构造依据是：

1 杯壁厚度 t

多数设计在计算有短柱基础的厂房排架时，一般都不考虑短柱的影响，将排架柱视作固定在基础杯口顶面的二阶柱（图29b）。这种简化计算所得的弯矩

m 较考虑有短柱存在按三阶柱（图29c）计算所得的弯矩小。

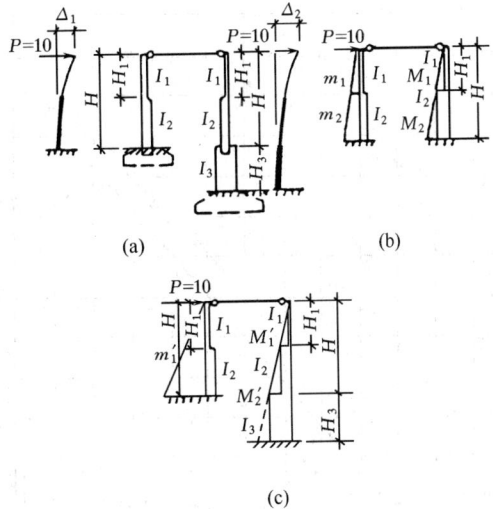

图 29　带短柱基础厂房的计算示意
（a）厂房图形；（b）简化计算；（c）精确计算

原机械工业部设计院对起重机起重量小于或等于 750kN、轨顶标高在 14m 以下的一般工业厂房做了大量分析工作，分析结果表明：短柱刚度愈小即 $\dfrac{\Delta_2}{\Delta_1}$ 的比值愈大（图29a），则弯矩误差 $\dfrac{\Delta m}{m}$%，即 $\dfrac{m'-m}{m}$% 愈大。图30为二阶柱和三阶柱的弯矩误差关系，从图中可以看到，当 $\dfrac{\Delta_2}{\Delta_1}=1.11$ 时，$\dfrac{\Delta m}{m}=$ 8%，构件尚属安全使用范围之内。在相同的短柱高度和相同的柱截面条件下，短柱的刚度与杯壁的厚度 t 有关，GBJ 7‐89 规范就是据此规定杯壁的厚度。通过十多年实践，按构造配筋的限制条件可适当放宽，本规范 2002 版参照《机械工厂结构设计规范》GBJ 8‐97 增加了第 8.2.5 条中第 2、3 款的限制条件。

对符合本规范条文要求，且满足表 8.2.5 杯壁厚度最小要求的设计可不考虑高杯口基础短柱部分对排架的影响，否则应按三阶柱进行分析。

2 杯壁配筋

杯壁配筋的构造要求是基于横向（顶层钢筋网和横向箍筋）和纵向钢筋共同工作的计算方法，并通过试验验证。大量试算工作表明，除较小柱截面的杯口外，均能保证必需的安全度。顶层钢筋网由于抗弯力臂大，设计时应充分利用其抗弯承载力以减少杯壁其他的钢筋用量。横向箍筋 $\phi8@150$ 的抗弯承载力随柱的插入杯口深度 h_1 而异，但当柱截面高度 h 大于 1000mm，$h_1=0.8h$ 时，抗弯能力有限，因此设计时横向箍筋不宜大于 $\phi8@150$。纵向钢筋直径可为 12mm～16mm，且其设置量又与 h 成正比，h 愈大则

其抗弯承载力愈大，当 $h \geqslant 1000mm$ 时，其抗弯承载力已达到甚至超过顶层钢筋网的抗弯承载力。

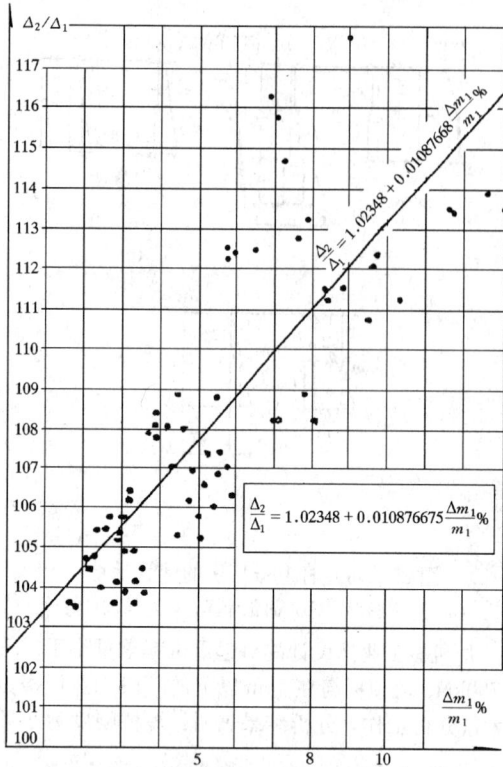

图 30　一般工业厂房 $\dfrac{\Delta_2}{\Delta_1}$ 与 $\dfrac{\Delta m}{m}\%$（上柱）关系

注：Δ_1 和 Δ_2 的相关系数 $\gamma = 0.817824352$

8.2.7 本条为强制性条文。规定了扩展基础的设计内容：受冲切承载力计算、受剪切承载力计算、抗弯计算、受压承载力计算。为确保扩展基础设计的安全，在进行扩展基础设计时必须严格执行。

8.2.8、8.2.9 为保证柱下独立基础双向受力状态，基础底面两个方向的边长一般都保持在相同或相近的范围内，试验结果和大量工程实践表明，当冲切破坏锥体落在基础底面以内时，此类基础的截面高度由受冲切承载力控制。本规范编制时所作的计算分析和比较也表明，符合本规范要求的双向受力独立基础，其剪切所需的截面有效面积一般都能满足要求，无需进行受剪承载力验算。考虑到实际工作中柱下独立基础底面两个方向的边长比值有可能大于2，此时基础的受力状态接近于单向受力，柱与基础交接处不存在受冲切的问题，仅需对基础进行斜截面受剪承载力验算。因此，本次规范修订时，补充了基础底面短边尺寸小于柱宽加两倍基础有效高度时，验算柱与基础交接处基础受剪承载力的条款。验算截面取柱边缘，当受剪验算截面为阶梯形及锥形时，可将其截面折算成矩形，折算截面的宽度及截面有效高度，可按照本规范附录U确定。需要说明的是：计算斜截面受剪承载力时，验算截面的位置，各国规范的规定不尽相

同。对于非预应力构件，美国规范 ACI318，根据构件端部斜截面脱离体的受力条件规定了：当满足（1）支座反力（沿剪力作用方向）在构件端部产生压力时；（2）距支座边缘 h_0 范围内无集中荷载时；取距支座边缘 h_0 处作为验算受剪承载力的截面，并取距支座边缘 h_0 处的剪力作为验算的剪力设计值。当不符合上述条件时，取支座边缘处作为验算受剪承载力的截面，剪力设计值取支座边缘处的剪力。我国混凝土结构设计规范对均布荷载作用下的板类受弯构件，其斜截面受剪承载力的验算位置一律取支座边缘处，剪力设计值一律取支座边缘处的剪力。在验算单向受剪承载力时，ACI-318 规范的混凝土抗剪强度取 $\phi \sqrt{f'_c}/6$，抗剪强度为冲切承载力（双向受剪）时混凝土抗剪强度 $\phi \sqrt{f'_c}/3$ 的一半，而我国的混凝土单向受剪强度与双向受剪强度相同，设计时只是在截面高度影响系数中略有差别。对于单向受力的基础底板，按照我国混凝土设计规范的受剪承载力公式验算，计算截面从板边退出 h_0 算得的板厚小于美国 ACI318 规范，而验算断面取梁或墙边时算得的板厚则大于美国 ACI318 规范。

本条文中所说的"短边尺寸"是指垂直于力矩作用方向的基础底边尺寸。

8.2.10 墙下条形基础底板为单向受力，应验算墙与基础交接处单位长度的基础受剪切承载力。

8.2.11 本条中的公式（8.2.11-1）和式（8.2.11-2）是以基础台阶宽高比小于或等于 2.5，以及基础底面与地基土之间不出现零应力区（$e \leqslant b/6$）为条件推导出来的弯矩简化计算公式，适用于除岩石以外的地基。其中，基础台阶宽高比小于或等于 2.5 是基于试验结果，旨在保证基底反力呈直线分布。中国建筑科学研究院地基所黄熙龄、郭天强对不同宽高比的板进行了试验，试验板的面积为 $1.0m \times 1.0m$。试验结果表明：在轴向荷载作用下，当 $h/l \leqslant 0.125$ 时，基底反力呈现中部大、端部小（图31a、31b），地基承载力没有充分发挥基础板就出现井字形受弯破坏裂缝；当 $h/l = 0.16$ 时，地基反力呈直线分布，加载超过地基承载力特征值后，基础板发生冲切破坏（图31c）；当 $h/l = 0.20$ 时，基础边缘反力逐渐增大，中部反力逐渐减小，在加荷接近冲切承载力时，底部反力向中部集中，最终基础板出现冲切破坏（图31d）。基于试验结果，对基础台阶宽高比小于或等于 2.5 的独立柱基可采用基底反力直线分布进行内力分析。

此外，考虑到独立基础的高度一般是由冲切或剪切承载力控制，基础板相对较厚，如果用其计算最小配筋可能导致底板用钢量不必要的增加，因此本规范提出对阶形以及锥形独立基础，可将其截面折算成矩形，其折算截面的宽度 b_0 及截面有效高度 h_0 按本规范附录U确定，并按最小配筋率 0.15% 计算基础底板的最小配筋量。

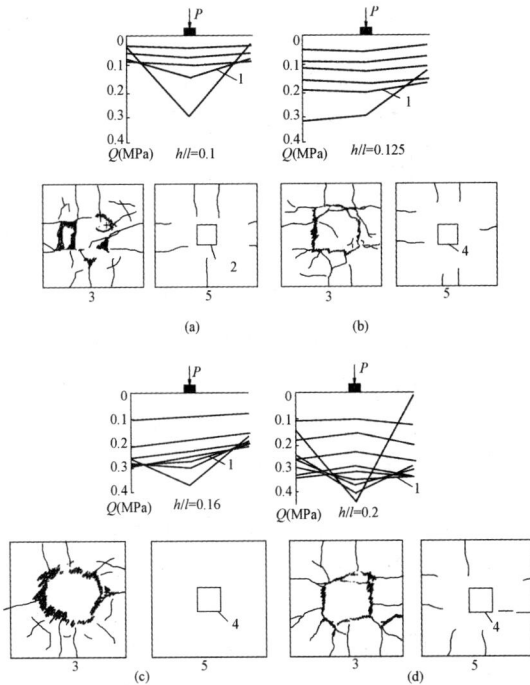

图 31　不同宽高比的基础板下反力分布

h—板厚；l—板宽

1—开裂；2—柱边整齐裂缝；3—板底面；4—裂缝；

5—板顶面

8.3　柱下条形基础

8.3.1、8.3.2　基础梁的截面高度应根据地基反力、柱荷载的大小等因素确定。大量工程实践表明，柱下条形基础梁的截面高度一般为柱距的 1/4～1/8。原上海工业建筑设计院对 50 项工程的统计，条形基础梁的高跨比在 1/4～1/6 之间的占工程数的 88%。在选择基础梁截面时，柱边缘处基础梁的受剪截面尚应满足现行《混凝土结构设计规范》GB 50010 的要求。

关于柱下条形基础梁的内力计算方法，本规范给出了按连续梁计算内力的适用条件。在比较均匀的地基上，上部结构刚度较好，荷载分布较均匀，且条形基础梁的截面高度大于或等于 1/6 柱距时，地基反力可按直线分布考虑。其中基础梁高大于或等于 1/6 柱距的条件是通过与柱距 l 和文克勒地基模型中的弹性特征系数 λ 的乘积 $\lambda l \leqslant 1.75$ 作了比较，结果表明，当高跨比大于或等于 1/6 时，对一般柱距及中等压缩性的地基都可考虑地基反力为直线分布。当不满足上述条件时，宜按弹性地基梁法计算内力，分析时采用的地基模型应结合地区经验进行选择。

8.4　高层建筑筏形基础

8.4.1　筏形基础分为平板式和梁板式两种类型，其选型应根据工程具体条件确定。与梁板式筏基相比，平板式筏基具有抗冲切及抗剪切能力强的特点，且构

造简单，施工便捷，经大量工程实践和部分工程事故分析，平板式筏基具有更好的适应性。

8.4.2　对单幢建筑物，在均匀地基的条件下，基础底面的压力和基础的整体倾斜主要取决于作用的准永久组合下产生的偏心距大小。对基底平面为矩形的筏基，在偏心荷载作用下，基础抗倾覆稳定系数 K_F 可用下式表示：

$$K_F = \frac{y}{e} = \frac{\gamma B}{e} = \frac{\gamma}{\dfrac{e}{B}}$$

式中：B——与组合荷载竖向合力偏心方向平行的基础边长；

e——作用在基底平面的组合荷载全部竖向合力对基底面积形心的偏心距；

y——基底平面形心至最大受压边缘的距离，γ 为 y 与 B 的比值。

从式中可以看出 e/B 直接影响着抗倾覆稳定系数 K_F，K_F 随着 e/B 的增大而降低，因此容易引起较大的倾斜。表 19 三个典型工程的实测证实了在地基条件相同时，e/B 越大，则倾斜越大。

表 19　e/B 值与整体倾斜的关系

地基条件	工程名称	横向偏心距 e（m）	基底宽度 B（m）	e/B	实测倾斜（‰）
上海软土地基	胸科医院	0.164	17.9	1/109	2.1（有相邻建筑影响）
上海软土地基	某研究所	0.154	14.8	1/96	2.7
北京硬土地基	中医医院	0.297	12.6	1/42	1.716（唐山地震时北京烈度为 6 度，未发现明显变化）

高层建筑由于楼身质心高，荷载重，当筏形基础开始产生倾斜后，建筑物总重对基础底面形心将产生新的倾覆力矩增量，而倾覆力矩的增量又产生新的倾斜增量，倾斜可能随时间而增长，直至地基变形稳定为止。因此，为避免基础产生倾斜，应尽量使结构竖向荷载合力作用点与基础平面形心重合，当偏心难以避免时，则应规定竖向合力偏心距的限值。本规范根据实测资料并参考交通部（公路桥涵设计规范）对桥墩合力偏心距的限制，规定了在作用的准永久组合时，$e \leqslant 0.1W/A$。从实测结果来看，这个限制对硬土地区稍严格，当有可靠依据时可适当放松。

8.4.3　国内建筑物脉动实测试验结果表明，当地基为非密实土和岩石持力层时，由于地基的柔性改变了上部结构的动力特性，延长了上部结构的基本周期以及增大了结构体系的阻尼，同时土与结构的相互作用

也改变了地基运动的特性。结构按刚性地基假定分析
的水平地震作用比其实际承受的地震作用大，因此可
以根据场地条件、基础埋深、基础和上部结构的刚度
等因素确定是否对水平地震作用进行适当折减。

实测地震记录及理论分析表明，土中的水平地震
加速度一般随深度而渐减，较大的基础埋深，可以减
少来自基底的地震输入，例如日本取地表下 20m 深
处的地震系数为地表的 0.5 倍；法国规定筏基或带地
下室的建筑的地震荷载比一般的建筑少 20%。同时，
较大的基础埋深，可以增加基础侧面的摩擦阻力和土
的被动土压力，增强土对基础的嵌固作用。美国 FE-
MA386 及 IBC 规范采用加长结构物自振周期作为考
虑地基土的柔性影响，同时采用增加结构有效阻尼来
考虑地震过程中结构的能量耗散，并规定了结构的基
底剪力最大可降低 30%。

本次修订，对不同土层剪切波速、不同场地类别
以及不同基础埋深的钢筋混凝土剪力墙结构，框架剪
力墙结构和框架核心筒结构进行分析，结合我国现阶
段的地震作用条件并与美国 UBC1977 和 FEMA386、
IBC 规范进行了比较，提出了对四周与土层紧密接触
带地下室外墙的整体式筏基和箱基，场地类别为Ⅲ类
和Ⅳ类，结构基本自振周期处于特征周期的 1.2 倍～
5 倍范围时，按刚性地基假定分析的基底水平地震剪
力和倾覆力矩可根据抗震设防烈度乘以折减系数，8
度时折减系数取 0.9，9 度时折减系数取 0.85，该折
减系数是一个综合性的包络值，它不能与现行国家标
准《建筑抗震设计规范》GB 50011 第 5.2 节中提出
的折减系数同时使用。

8.4.6 本条为强制性条文。平板式筏基的板厚通常
由冲切控制，包括柱下冲切和内筒冲切，因此其板厚
应满足受冲切承载力的要求。

8.4.7 N. W. Hanson 和 J. M. Hanson 在他们的《混
凝土板柱之间剪力和弯矩的传递》试验报告中指出：
板与柱之间的不平衡弯矩传递，一部分不平衡弯矩是
通过临界截面周边的弯曲应力 T 和 C 来传递，而一
部分不平衡弯矩则通过临界截面上的偏心剪力对临界
截面重心产生的弯矩来传递，如图 32 所示。因此，
在验算距柱边 $h_0/2$ 处的冲切临界截面剪应力时，除
需考虑竖向荷载产生的剪应力外，尚应考虑作用在冲
切临界截面重心上的不平衡弯矩所产生的附加剪应
力。本规范公式（8.4.7-1）右侧第一项是根据现行
国家标准《混凝土结构设计规范》GB 50010 在集中
力作用下的冲切承载力计算公式换算而得，右侧第二
项是引自美国 ACI 318 规范中有关的计算规定。

关于公式（8.4.7-1）中冲切力取值的问题，国
内外大量试验结果表明，内柱的冲切破坏呈完整的锥
体状，我国工程实践中一直沿用柱所承受的轴向力设
计值减去冲切破坏锥体范围内相应的地基净反力作为
冲切力；对边柱和角柱，中国建筑科学研究院地基所

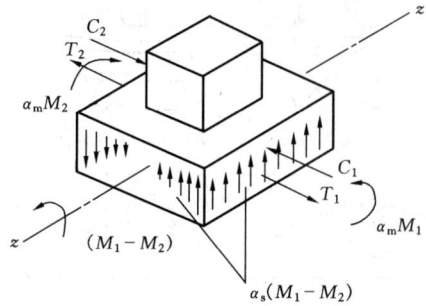

图 32　板与柱不平衡弯矩传递示意

试验结果表明，其冲切破坏锥体近似为 1/2 和 1/4 圆
台体，本规范参考了国外经验，取柱轴力设计值减去
冲切临界截面范围内相应的地基净反力作为冲切力设
计值。

本规范中的角柱和边柱是相对于基础平面而言
的。大量计算结果表明，受基础盆形挠曲的影响，基
础的角柱和边柱产生了附加的压力。本次修订时将角
柱和边柱的冲切力乘以了放大系数 1.2 和 1.1。

公式（8.4.7-1）中的 M_{unb} 是指作用在柱边 $h_0/2$
处冲切临界截面重心上的弯矩，对边柱它包括由柱根
处轴力 N 和该处筏板冲切临界截面范围内相应的地
基反力 P 对临界截面重心产生的弯矩。由于本条中
筏板和上部结构是分别计算的，因此计算 M 值时尚
应包括柱子根部的弯矩设计值 M_c，如图 33 所示，M
的表达式为：

$$M_{unb} = Ne_N - Pe_p \pm M_c$$

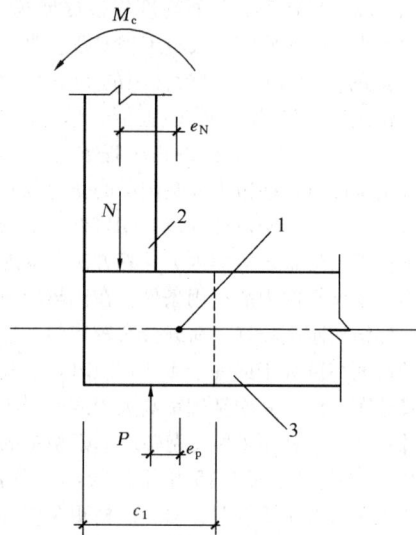

图 33　边柱 M_{unb} 计算示意
1—冲切临界截面重心；2—柱；3—筏板

对于内柱，由于对称关系，柱截面形心与冲切临
界截面重心重合，$e_N = e_p = 0$，因此冲切临界截面重心
上的弯矩，取柱根弯矩设计值。

国外试验结果表明，当柱截面的长边与短边的比
值 β_s 大于 2 时，沿冲切临界截面的长边的受剪承载力

约为柱短边受剪承载力的一半或更低。本规范的公式(8.4.7-2)是在我国受冲切承载力公式的基础上，参考了美国 ACI 318 规范中受冲切承载力公式中有关规定，引进了柱截面长、短边比值的影响，适用于包括扁柱和单片剪力墙在内的平板式筏基。图 34 给出了本规范与美国 ACI 318 规范在不同 β_s 条件下筏板有效高度的比较，由于我国受冲切承载力取值偏低，按本规范算得的筏板有效高度稍大于美国 ACI 318 规范相关公式的结果。

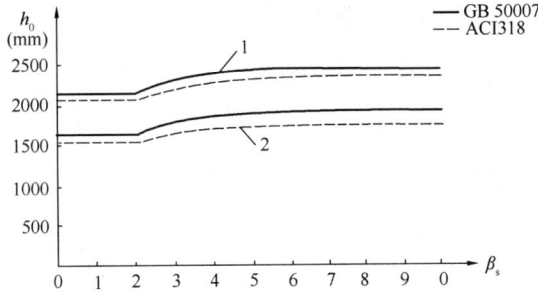

图 34　不同 β_s 条件下筏板有效高度的比较
1—实例一、筏板区格 9m×11m，作用的标准组合的地基土净反力 345.6kPa；2—实例二、筏板区格 7m×9.45m，作用的标准组合的地基土净反力 245.5kPa

　　对有抗震设防要求的平板式筏基，尚应验算地震作用组合的临界截面的最大剪应力 $\tau_{E,max}$，此时公式(8.4.7-1)和式(8.4.7-2)应改写为：

$$\tau_{E,max} = \frac{V_{sE}}{A_s} + \alpha_s \frac{M_E}{I_s} C_{AB}$$

$$\tau_{E,max} \leq \frac{0.7}{\gamma_{RE}} \left(0.4 + \frac{1.2}{\beta_s} \right) \beta_{hp} f_t$$

式中：V_{sE}——作用的地震组合的集中反力设计值（kN）；

　　　　M_E——作用的地震组合的冲切临界截面重心上的弯矩设计值（kN·m）；

　　　　A_s——距柱边 $h_0/2$ 处的冲切临界截面的筏板有效面积（m²）；

　　　　γ_{RE}——抗震调整系数，取 0.85。

8.4.8　Venderbilt 在他的《连续板的抗剪强度》试验报告中指出：混凝土抗冲切承载力随比值 u_m/h_0 的增加而降低。由于使用功能上的要求，核心筒占有相当大的面积，因而距核心筒外表面 $h_0/2$ 处的冲切临界截面周长是很大的，在 h_0 保持不变的条件下，核心筒下筏板的受冲切承载力实际上是降低了，因此设计时应验算核心筒下筏板的受冲切承载力，局部提高核心筒下筏板的厚度。此外，我国工程实践和美国休斯敦壳体大厦基础钢筋应力实测结果表明，框架-核心筒结构和框筒结构下筏板底部最大应力出现在核心筒边缘处，因此局部提高核心筒下筏板的厚度，也有利于核心筒边缘处筏板应力较大部位的配筋。本规范

给出的核心筒下筏板冲切截面周长影响系数 η，是通过实际工程中不同尺寸的核心筒，经分析并和美国 ACI 318 规范对比后确定的（详见表 20）。

表 20　内筒下筏板厚度比较

筒尺寸 (m×m)	筏板混凝土强度等级	标准组合的内筒轴力 (kN)	标准组合的基底净反力 (kN/m²)	规范名称	筏板有效高度（m）	
					不考虑冲切临界截面周长影响	考虑冲切临界截面周长影响
11.3×13.0	C30	128051	383.4	GB 50007	1.22	1.39
				ACI 318	1.18	1.44
12.6×27.2	C40	424565	453.1	GB 50007	2.41	2.72
				ACI 318	2.36	2.71
24×24	C40	718848	480	GB 50007	3.2	3.58
				ACI 318	3.07	3.55
24×24	C40	442980	300	GB 50007	2.39	2.57
				ACI 318	2.12	2.67
24×24	C40	336960	225	GB 50007	1.95	2.28
				ACI 318	1.67	2.21

8.4.9　本条为强制性条文。平板式筏基内筒、柱边缘处以及筏板变厚度处剪力较大，应进行抗剪承载力验算。

8.4.10　通过对已建工程的分析，并鉴于梁板式筏基基础梁下实测土反力存在的集中效应、底板与土壤之间的摩擦力作用以及实际工程中底板的跨厚比一般都在 14～6 之间变动等有利因素，本规范明确了取距内柱和内筒边缘 h_0 处作为验算筏板受剪的部位，如图 35 所示；角柱下验算筏板受剪的部位取距柱角 h_0 处，如图 36 所示。式(8.4.10) 中的 V_s 即作用在图 35 或图 36 中阴影面积上的地基平均净反力设计值除以验算截面处的板格中至中的长度（内柱）、或距角柱角点 h_0 处 45° 斜线的长度（角柱）。国内筏板试验报告表明：筏板的裂缝首先出现在板的角部，设计中当采用简化计算方法时，需适当考虑角点附近土反力的集中效应，乘以 1.2 的增大系数。图 37 给出了筏

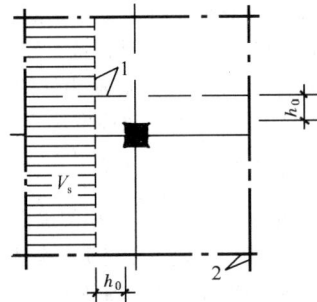

图 35　内柱（筒）下筏板验算剪切部位示意
1—验算剪切部位；2—板格中线

板模型试验中裂缝发展的过程。设计中当角柱下筏板受剪承载力不满足规范要求时，也可采用适当加大底层角柱横截面或局部增加筏板角隅板厚等有效措施，以期降低受剪截面处的剪力。

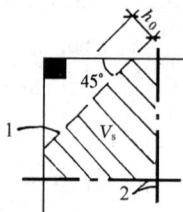

图 36　角柱(筒)下筏板验算
剪切部位示意
1—验算剪切部位；2—板格中线

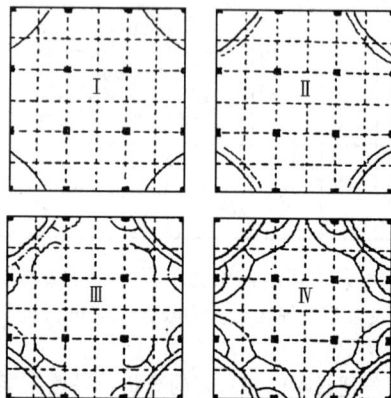

图 37　筏板模型试验裂缝发展过程

对于上部为框架-核心筒结构的平板式筏形基础，设计人应根据工程的具体情况采用符合实际的计算模型或根据实测确定的地基反力来验算距核心筒 h_0 处的筏板受剪承载力。当边柱与核心筒之间的距离较大时，式（8.4.10）中的 V_s 即作用在图 38 中阴影面积上的地基平均净反力设计值与边柱轴力设计值之差除以 b，b 取核心筒两侧紧邻邻跨的跨中分线之间的距离。当主楼核心筒外侧有两排以上框架柱或边柱与核心筒之间的距离较小时，设计人应根据工程具体情况慎重确定筏板受剪承载力验算单元的计算宽度。

关于厚筏基础板厚中部设置双向钢筋网的规定，同国家标准《混凝土结构设计规范》GB 50010 的要求。日本 Shioya 等通过对无腹筋构件的截面高度变化试验，结果表明，梁的有效高度从 200mm 变化到 3000mm 时，其名义抗剪强度 $\left(\dfrac{V}{bh_0}\right)$ 降低 64%。加拿大 M. P. Collins 等研究了配有中间纵向钢筋的无腹筋梁的抗剪承载力，试验研究表明，构件中部的纵向钢筋对限制斜裂缝的发展，改善其抗剪性能是有效的。

8.4.11　本条为强制性条文。本条规定了梁板式筏基底板的设计内容：抗弯计算、受冲切承载力计算、受

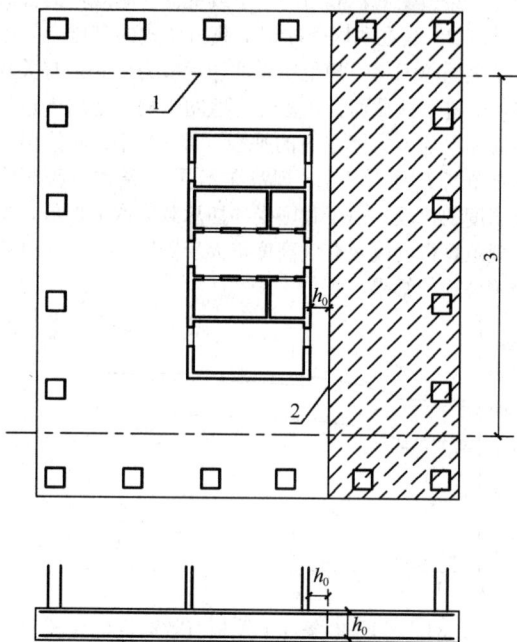

图 38　框架-核心筒下筏板受剪承载力
计算截面位置和计算
1—混凝土核心筒与柱之间的中分线；2—剪切计算截面；
3—验算单元的计算宽度 b

剪切承载力计算。为确保梁板式筏基底板设计的安全，在进行梁板式筏基底板设计时必须严格执行。

8.4.12　板的抗冲切机理要比梁的抗剪复杂，目前各国规范的受冲切承载力计算公式都是基于试验的经验公式。本规范梁板式筏基底板受冲切承载力和受剪承载力验算方法源于《高层建筑箱形基础设计与施工规程》JGJ 6－80。验算底板受剪承载力时，规程 JGJ 6－80 规定了以距墙边 h_0（底板的有效高度）处作为验算底板受剪承载力的部位。在本规范 2002 版编制时，对北京市十余幢已建的箱形基础进行调查及复算，调查结果表明按此规定计算的底板并没有发现异常现象，情况良好。表 21 和表 22 给出了部分已建工程有关箱形基础双向底板的信息，以及箱形基础双向底板按不同规范计算剪切所需的 h_0。分析比较结果表明，取距支座边缘 h_0 处作为验算双向底板受剪承载力的部位，并将梯形受荷面积上的平均净反力摊在（$l_{n2}-2h_0$）上的计算结果与工程实际的板厚以及按 ACI 318 计算结果是十分接近的。

表 21　已建工程箱形基础双向底板信息表

序号	工程名称	板格尺寸 (m×m)	地基净反力标准值 (kPa)	支座宽度 (m)	混凝土强度等级	底板实用厚度 h (mm)
①	海军医院门诊楼	7.2×7.5	231.2	0.60	C25	550
②	望京Ⅱ区 1 号楼	6.3×7.2	413.6	0.20	C25	850
③	望京Ⅱ区 2 号楼	6.3×7.2	290.4	0.20	C25	700

序号	工程名称	板格尺寸 (m×m)	地基净反力标准值 (kPa)	支座宽度 (m)	混凝土强度等级	底板实用厚度 h (mm)
④	望京Ⅱ区 3 号楼	6.3×7.2	384.0	0.20	C25	850
⑤	松榆花园 1 号楼	8.1×8.4	616.8	0.25	C35	1200
⑥	中鑫花园	6.15×9.0	414.4	0.30	C30	900
⑦	天创成	7.9×10.1	595.5	0.25	C30	1300
⑧	沙板庄小区	6.4×8.7	434.0	0.20	C30	1000

表 22　已建工程箱形基础双向底板剪切计算分析

序号	双向底板剪切计算的 h_0 (mm)			按 GB 50007 双向底板冲切计算的 h_0 (mm)	工程实用厚度 h (mm)
	GB 50010	ACI-318	GB 50007		
	梯形土反力摊在 l_{n2} 上		梯形土反力摊在 $(l_{n2}-2h_0)$ 上		
	支座边缘	距支座边 h_0	距支座边 h_0		
①	600	584	514	470	550
②	1200	853	820	710	850
③	760	680	620	540	700
④	1090	815	770	670	850
⑤	1880	1160	1260	1000	1200
⑥	1210	915	824	700	900
⑦	2350	1355	1440	1120	1300
⑧	1300	950	890	740	1000

8.4.14　中国建筑科学研究院地基所黄熙龄和郭天强在他们的框架柱-筏基础模型试验报告中指出，在均匀地基上，上部结构刚度较好，柱网和荷载分布较均匀，且基础梁的截面高度大于或等于 1/6 的梁板式筏基基础，可不考虑筏板的整体弯曲，只按局部弯曲计算，地基反力可按直线分布。试验是在粉质黏土和碎石土两种不同类型的土层上进行的，筏基平面尺寸为 3220mm×2200mm，厚度为 150mm（图 39），其上为三榀单层框架（图 40）。试验结果表明，土质无论是粉质黏土还是碎石土，沉降都相当均匀（图 41），筏

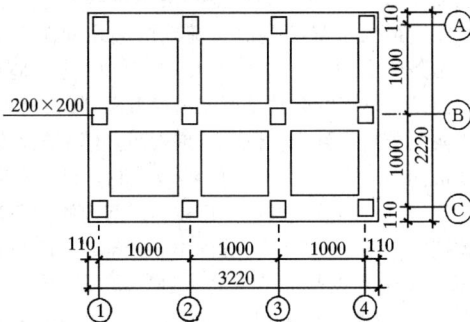

图 39　模型试验加载梁平面图

板的整体挠曲度约为万分之三。基础内力的分布规律，按整体分析法（考虑上部结构作用）与倒梁法是一致的，且倒梁板法计算出来的弯矩值还略大于整体分析法（图 42）。

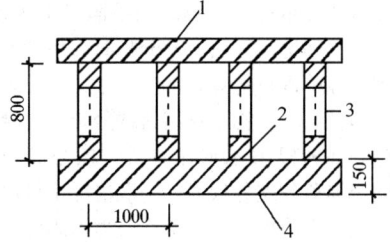

图 40　模型试验(B)轴线剖面图
1—框架梁；2—柱；3—传感器；4—筏板

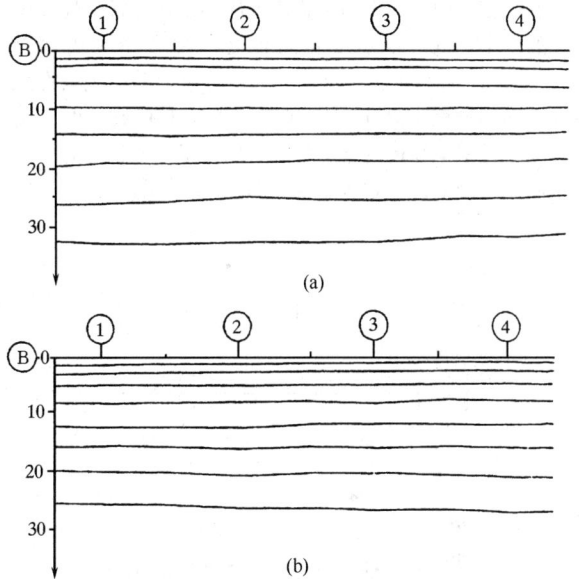

图 41　(B) 轴线沉降曲线
(a) 粉质黏土；(b) 碎石土

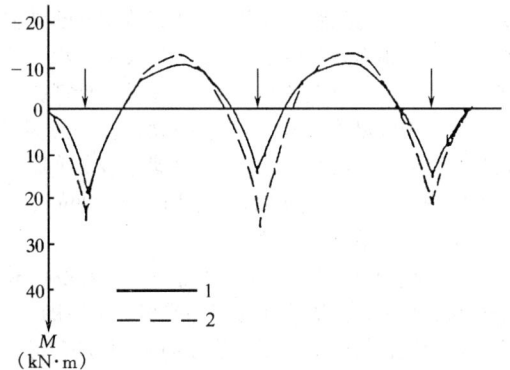

图 42　整体分析法与倒梁板法弯矩计算结果比较
1—整体（考虑上部结构刚度）；2—倒梁板法

对单幢平板式筏基，当地基土比较均匀，地基压缩层范围内无软弱土层或可液化土层、上部结构刚度

较好，柱网和荷载较均匀、相邻柱荷载及柱间距的变化不超过 20%，上部结构刚度较好，筏板厚度满足受冲切承载力要求，且筏板的厚跨比不小于 1/6 时，平板式筏基可仅考虑局部弯曲作用。筏形基础的内力，可按直线分布进行计算。当不满足上述条件时，宜按弹性地基理论计算内力，分析时采用的地基模型应结合地区经验进行选择。

对于地基土、结构布置和荷载分布不符合本条要求的结构，如框架-核心筒结构等，核心筒和周边框架柱之间竖向荷载差异较大，一般情况下核心筒下的基底反力大于周边框架柱下基底反力，因此不适用于本条提出的简化计算方法，应采用能正确反映结构实际受力情况的计算方法。

8.4.16 工程实践表明，在柱宽及其两侧一定范围的有效宽度内，其钢筋配置量不应小于柱下板带配筋量的一半，且应能承受板与柱之间部分不平衡弯矩 $\alpha_m M_{unb}$，以保证板柱之间的弯矩传递，并使筏板在地震作用过程中处于弹性状态。条款中有效宽度的范围，是根据筏板较厚的特点，以小于 1/4 板跨为原则而提出来的。有效宽度范围如图 43 所示。

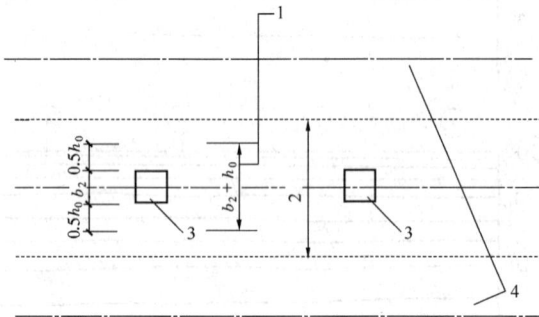

图 43　柱两侧有效宽度范围的示意
1—有效宽度范围内的钢筋应不小于柱下板带配筋量
的一半，且能承担 $\alpha_m M_{unb}$；2—柱下板带；
3—柱；4—跨中板带

8.4.18 本条为强制性条文。梁板式筏基基础梁和平板式筏基的顶面处与结构柱、剪力墙交界处承受较大的竖向力，设计时应进行局部受压承载力计算。

8.4.20 中国建筑科学研究院地基所黄熙龄、袁勋、宫剑飞、朱红波等对塔裙一体大底盘平板式筏形基础进行室内模型系列试验以及实际工程的原位沉降观测，得到以下结论：

1 厚筏基础（厚跨比不小于 1/6）具备扩散主楼荷载的作用，扩散范围与相邻裙房地下室的层数、间距及筏板的厚度有关，影响范围不超过三跨。

2 多塔楼作用下大底盘厚筏基础的变形特征为：各塔楼独立作用下产生的变形效应通过以各个塔楼下面一定范围内的区域为沉降中心，各自沿径向向外围衰减。

3 多塔楼作用下大底盘厚筏基础的基底反力的分布规律为：各塔楼荷载产出的基底反力以其塔楼下某一区域为中心，通过各自塔楼周围的裙房基础沿径向向外围扩散，并随着距离的增大而逐渐衰减。

4 大比例室内模型系列试验和工程实测结果表明，当高层建筑与相连的裙房之间不设沉降缝和后浇带时，高层建筑的荷载通过裙房基础向周围扩散并逐渐减小，因此与高层建筑紧邻的裙房基础下的地基反力相对较大，该范围内的裙房基础板厚度突然减小过多时，有可能出现基础板的截面因承载力不够而发生破坏或其因变形过大出现裂缝。因此本条提出高层建筑及与其紧邻一跨的裙房筏板应采用相同厚度，裙房筏板的厚度宜从第二跨裙房开始逐渐变化。

5 室内模型试验结果表明，平面呈 L 形的高层建筑下的大面积整体筏形基础，筏板在满足厚跨比不小于 1/6 的条件下，裂缝发生在与高层建筑相邻的裙房第一跨和第二跨交接处的柱旁。试验结果还表明，高层建筑连同紧邻一跨的裙房其变形相当均匀，呈现出接近刚性板的变形特征。因此，当需要设置后浇带时，后浇带宜设在与高层建筑相邻裙房的第二跨内（见图 44）。

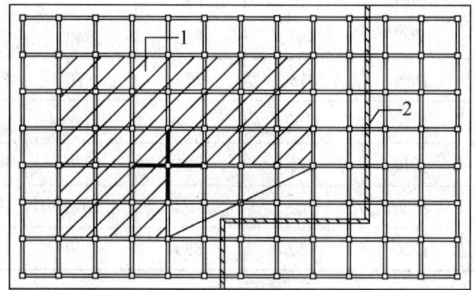

图 44　平面呈 L 形的高层建筑后浇带示意
1—L 形高层建筑；2—后浇带

8.4.21 室内模型试验和工程沉降观察以及反算结果表明，在同一大面积整体筏形基础上有多幢高层和低层建筑时，筏形基础的结构分析宜考虑上部结构、基础与地基土的共同作用，否则将得到与沉降测试结果不符的较小的基础边缘沉降值和较大的基础挠曲度。

8.4.22 高层建筑基础不但应满足强度要求，而且应有足够的刚度，方可保证上部结构的安全。本规范基础挠曲度 Δ/L 的定义为：基础两端沉降的平均值和基础中间最大沉降的差值与基础两端之间距离的比值。本条给出的基础挠曲 $\Delta/L = 0.5‰$ 限值，是基于中国建筑科学研究院地基所室内模型系列试验和大量工程实测分析得到的。试验结果表明，模型的整体挠曲变形曲线呈盆形，当 $\Delta/L > 0.7‰$ 时，筏板角部开始出现裂缝，随后底层边、角柱的根部内侧顺着基础整体挠曲方向出现裂缝。英国 Burland 曾对四幢直径为 20m 平板式筏基的地下仓库进行沉降观测，筏板厚度 1.2m，基础持力层为白垩层土。四幢地下仓库的整体挠曲变形曲线均呈反盆状（图 45），当基础挠

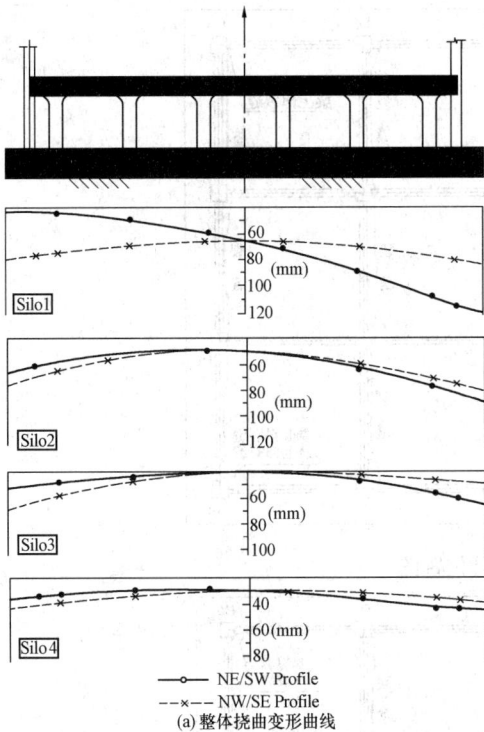

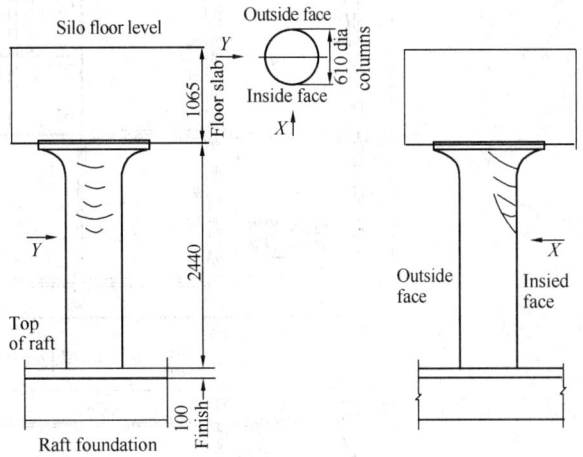

图 45 四幢地下仓库平板式筏基的整体挠曲变形曲线及柱子裂缝示意

曲度 $\Delta/L=0.45‰$ 时，混凝土柱子出现发丝裂缝，当 $\Delta/L=0.6‰$ 时，柱子开裂严重，不得不设置临时支撑。因此，控制基础挠曲度的是完全必要的。

8.4.23 中国建筑科学研究院地基所滕延京和石金龙对大底盘框架-核心筒结构筏板基础进行了室内模型试验，试验基坑内为人工换填的均匀粉土，深 2.5m，其下为天然地基老土。通过载荷板试验，地基土承载力特征值为 100kPa。试验模型比例 $i=6$，上部结构为 8 层框架-核心筒结构，其左右两侧各带 1 跨 2 层裙房，筏板厚度为 220mm，楼板厚度：1 层为 35mm，2 层为 50mm，框架柱尺寸为 150mm×150mm，大底盘结构模型平面及剖面见图46。

试验结果显示：

1 当筏板发生纵向挠曲时，在上部结构共同作用下，外扩裙房的角柱和边柱抑制了筏板纵向挠曲的发展，柱下筏板存在局部负弯矩，同时也使顺着基础整体挠曲方向的裙房底层边、角柱下端的内侧，以及底层边、角柱上端的外侧出现裂缝。

2 裙房的角柱内侧楼板出现弧形裂缝、顺着挠曲方向裙房的外柱内侧楼板以及主裙楼交界处的楼板均发生了裂缝，图47及图48为一层和二层楼板板面裂缝位置图。本条的目的旨在从构造上加强此类楼板的薄弱环节。

8.4.24 试验资料和理论分析都表明，回填土的质量影响着基础的埋置作用，如果不能保证填土和地下室外墙之间的有效接触，将减弱土对基础的约束作用，

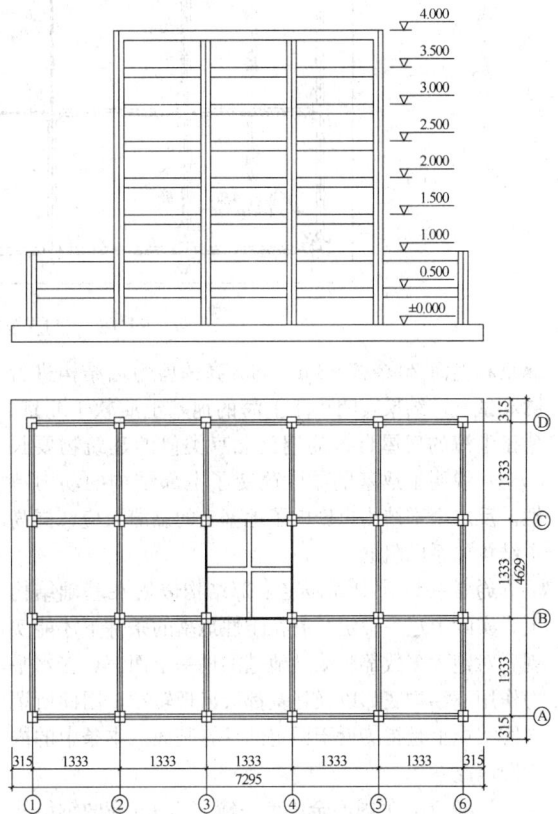

图 46 大底盘结构试验模型平面及剖面

降低基侧土对地下结构的阻抗。因此，应注意地下室四周回填土应均匀分层夯实。

8.4.25 20 世纪 80 年代，国内王前信、王有为曾对

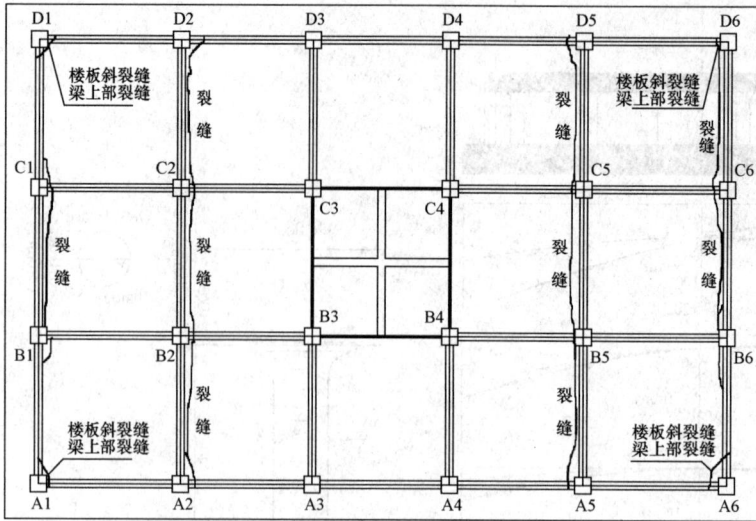

图 47　一层楼板板面裂缝位置图

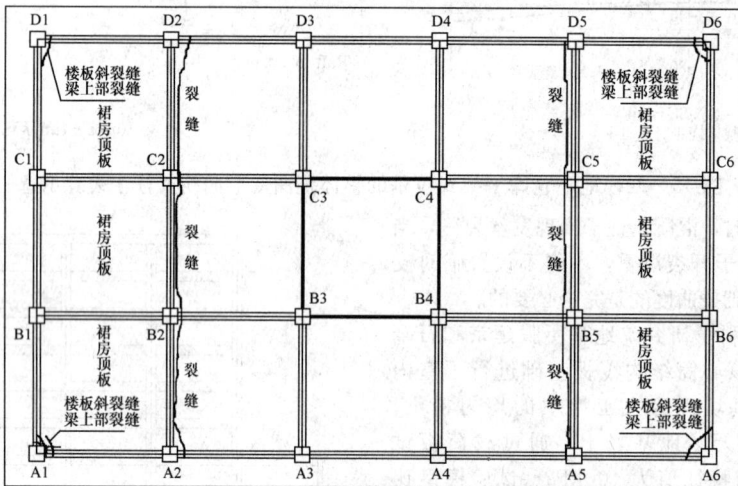

图 48　二层楼板板面裂缝位置图

北京和上海 20 余栋 23m～58m 高的剪力墙结构进行脉动试验，结果表明由于上海的地基土质软于北京，建于上海的房屋自振周期比北京类似的建筑物要长 30%，说明了地基的柔性改变了上部结构的动力特性。反之上部结构也影响了地基土的黏滞效应，提高了结构体系的阻尼。

通常在设计中都假定上部结构嵌固在基础结构上，实际上这一假定只有在刚性地基的条件下才能实现。对绝大多数都属柔性地基的地基土而言，在水平力作用下结构底部以及地基都会出现转动，因此所谓嵌固实质上是指接近于固定的计算基面。本条中的嵌固即属此意。

1989 年，美国旧金山市一幢 257.9m 高的钢结构建筑，地下室采用钢筋混凝土剪力墙加强，其下为 2.7m 厚的筏板，基础持力层为黏性土和密实性砂土，基岩位于室外地面下 48m～60m 处。在强震作用下，地下室除了产生 52.4mm 的整体水平位移外，还产生了万分之三的整体转角。实测记录反映了两个基本事实：其一是厚筏基础四周外墙与土层紧密接触，且具有一定数量纵横内墙的地下室变形呈现出与刚体变形相似的特征；其二是地下结构的转角体现了柔性地基的影响。地震作用下，既然四周与土壤接触的具有外墙的地下室变形与刚体变形基本一致，那么在抗震设计中可假设地下结构为一刚体，上部结构嵌固在地下室的顶板上，而在嵌固部位处增加一个大小与柔性地基相同的转角。

对有抗震设防要求的高层建筑基础和地下结构设计中的一个重要原则是，要求基础和地下室结构应具有足够的刚度和承载力，保证上部结构进入非弹性阶段时，基础和地下室结构始终能承受上部结构传来的荷载并将荷载安全传递到地基上。因此，当地下一层结构顶板作为上部结构的嵌固部位时，为避免塑性铰转移到地下一层结构，保证上部结构在地震作用下能实现预期的耗能机制，本规范规定了地下一层的层间侧向刚度大于或等于与其相连的上部结构楼层刚度的1.5倍。地下室的内外墙与主楼剪力墙的间距符合条文中表8.4.25要求时，可将该范围内的地下室的内墙的刚度计入地下室层间侧向刚度内，但该范围内的侧向刚度不能重叠使用于相邻建筑，6度区和非抗震设计的建筑物可参照表8.4.25中的7度、8度区的要求适当放宽。

当上部结构嵌固地下一层结构顶板上时，为保证上部结构的地震等水平作用能有效通过楼板传递到地下室抗侧力构件中，地下一层结构顶板上开设洞口的面积不宜大于该层面积的30%；沿地下室外墙和内墙边缘的楼板不应有大洞口；地下一层结构顶板应采用梁板式楼盖；楼板的厚度、混凝土强度等级及配筋率不应过小。本规范提出地下一层结构顶板的厚度不应小于180mm的要求，不仅旨在保证楼板具有一定的传递水平作用的整体刚度，还旨在充分发挥其有效减小基础整体弯曲变形和基础内力的作用，使结构受力、变形更为合理、经济。试验和沉降观测结果的反演均显示了楼板参与工作后对降低基础整体挠曲度的贡献，基础整体挠曲度随着楼板厚度的增加而减小。

当不符合本条要求时，建筑物的嵌固部位可设在筏基的顶部，此时宜考虑基侧土对地下室外墙和基底土对地下室底板的抗力。

8.4.26 国内震害调查表明，唐山地震中绝大多数地面以上的工程均遭受严重破坏，而地下人防工程基本完好。如新华旅社上部结构为8层组合框架，8度设防，实际地震烈度为10度。该建筑物的梁、柱和墙体均遭到严重破坏（未倒塌），而地下室仍然完好。天津属软土区，唐山地震波及天津时，该地区的地震烈度为7度～8度，震后已有的人防地下室基本完好，仅人防通道出现裂缝。这不仅仅由于地下室刚度和整体性一般较大，还由于土层深处的水平地震加速度一般比地面小，因此当结构嵌固在基础顶面时，剪力墙底部加强部位的高度应从地下室顶板算起，但地下部也应作为加强部位。国内震害还表明，个别与上部结构交接处的地下室柱头出现了局部压坏及剪坏现象。这表明在强震作用下，塑性铰的范围有向地下室发展的可能。因此，与上部结构底层相邻的那一层地下室是设计中需要加强的部位。有关地下室的抗震等级、构件的截面设计以及抗震构造措施参照现行国家标准《建筑抗震设计规范》GB 50011 有关条款使用。

8.5 桩 基 础

8.5.1 摩擦型桩分为端承摩擦桩和摩擦桩，端承摩擦桩的桩顶竖向荷载主要由桩侧阻力承受；摩擦桩的桩端阻力可忽略不计，桩顶竖向荷载全部由桩侧阻力承受。端承型桩分为摩擦端承桩和端承桩，摩擦端承桩的桩顶竖向荷载主要由桩端阻力承受；端承桩的桩侧阻力可忽略不计，桩顶竖向荷载全部由桩端阻力承受。

8.5.2 同一结构单元的桩基，由于采用压缩性差异较大的持力层或部分采用摩擦桩，部分采用端承桩，常引起较大不均匀沉降，导致建筑物构件开裂或建筑物倾斜；在地震荷载作用下，摩擦桩和端承桩的沉降不同，如果同一结构单元的桩基同时采用部分摩擦桩和部分端承桩，将导致结构产生较大的不均匀沉降。

岩溶地区的嵌岩桩在成孔中常发生漏浆、塌孔和埋钻现象，给施工造成困难，因此应首先考虑利用上覆土层作为桩端持力层的可行性。利用上覆土层作为桩端持力层的条件是上覆土层必须是稳定的土层，其承载力及厚度应满足要求。上覆土层的稳定性的判定至关重要，在岩溶发育区，当基岩上覆土层为饱和砂类土时，应视为地面易塌陷区，不得作为建筑场地。必须用作建筑场地时，可采用嵌岩端承基础，同时采取勘探孔注浆等辅助措施。基岩面以上为黏性土层，黏性土有一定厚度且无土洞存在或可溶性岩面上有砂岩、泥岩等非可溶岩层时，上覆土层可视为稳定土层。当上覆黏性土在岩溶水上下交替变化作用下可能形成土洞时，上覆土层也应视为不稳定土层。

在深厚软土中，当基坑开挖较深时，基底土的回弹可引起桩身上浮、桩身开裂，影响单桩承载力和桩身耐久性，应引起高度重视。设计时应考虑加强桩身配筋、支护结构设计时应采取防止基底隆起的措施，同时应加强坑底隆起的监测。

承台及地下室周围的回填土质量对高层建筑抗震性能的影响较大，规范均规定了填土压实系数不小于0.94。除要求施工中采取措施尽量保证填土质量外，可考虑改用灰土回填或增加一至两层混凝土水平加强条带，条带厚度不应小于0.5m。

关于桩、土、承台共同工作问题，各地区根据工程经验有不同的处理方法，如混凝土桩复合地基、复合桩基、减少沉降的桩基、桩基的变刚度调平设计等。实际操作中应根据建筑物的要求和岩土工程条件以及工程经验确定设计参数。无论采用哪种模式，承台下土层均应当是稳定土层。液化土、欠固结土、高灵敏度软土、新填土等皆属于不稳定土层，当沉桩引起承台土体明显隆起时也不宜考虑承台底土层的抗力作用。

8.5.3 本条规定了摩擦型桩的桩中心距限制条件，主要为了减少摩擦型桩侧阻叠加效应及沉桩中对邻桩的影响，对于密集群桩以及挤土型桩，应加大桩距。非挤土桩当承台下桩数少于9根，且少于3排时，桩距可不小于2.5d。对于端承型桩，特别是非挤土端承桩和嵌岩桩桩距的限制可以放宽。

扩底灌注桩的扩底直径，不应大于桩身直径的3倍，是考虑到扩底施工的难易和安全，同时需要保持桩间土的稳定。

桩端进入持力层的最小深度，主要是考虑了在各类持力层中成桩的可能性和难易程度，并保证桩端阻力的发挥。

桩端进入破碎岩石或软质岩的桩，按一般桩来计算桩端进入持力层的深度。桩端进入完整和较完整的未风化、微风化、中等风化硬质岩石时，入岩施工困难，同时硬质岩已提供足够的端阻力。规范条文提出桩周边嵌岩最小深度为 0.5m。

桩身混凝土最低强度等级与桩身所处环境条件有关。有关岩土及地下水的腐蚀性问题，牵涉腐蚀源、腐蚀类别、性质、程度、地下水位变化、桩身材料等诸多因素。现行国家标准《岩土工程勘察规范》GB 50021、《混凝土结构设计规范》GB 50010、《工业建筑防腐蚀设计规范》GB 50046、《混凝土结构耐久性设计规范》GB/T 50476 等不同角度作了相应的表述和规定。

为了便于操作，本条将桩身环境划分为非腐蚀环境（包括微腐蚀环境）和腐蚀环境两大类，对非腐蚀环境中桩身混凝土强度作了明确规定，腐蚀环境中的桩身混凝土强度、材料、最小水泥用量、水灰比、抗渗等级等还应符合相关规范的规定。

桩身埋于地下，不能进行正常维护和维修，必须采取措施保证其使用寿命，特别是许多情况下桩顶附近位于地下水位频繁变化区，对桩身混凝土及钢筋的耐久性应引起重视。

灌注桩水下浇筑混凝土目前大多采用商品混凝土，混凝土各项性能有保障的条件下，可将水下浇筑混凝土强度等级达到 C45。

当场地位于坡地且桩端持力层和地面坡度超过 10% 时，除应进行场地稳定验算并考虑挤土桩对边坡稳定的不利影响外，桩身尚应通长配筋，用来增加桩身水平抗力。关于通长配筋的理解应该是钢筋长度达到设计要求的持力层需要的长度。

采用大直径长灌注桩时，宜将部分构造钢筋通长设置，用以验证孔径及孔深。

8.5.6 为保证桩基设计的可靠性，规定除设计等级为丙级的建筑物外，单桩竖向承载力特征值应采用竖向静载荷试验确定。

设计等级为丙级的建筑物可根据静力触探或标准贯入试验方法确定单桩竖向承载力特征值。用静力触探或标准贯入方法确定单桩承载力已有不少地区和单位进行过研究和总结，取得了许多宝贵经验。其他原位测试方法确定单桩竖向承载力的经验不足，规范未推荐。确定单桩竖向承载力时，应重视类似工程、邻近工程的经验。

试桩前的初步设计，规范推荐了通用的估算公式（8.5.6-1），式中侧阻、端阻采用特征值，规范特别注明侧阻、端阻特征值应由当地载荷试验结果统计分析求得，减少全国采用同一表格所带来的误差。

嵌入完整和较完整的未风化、微风化、中等风化硬质岩石的嵌岩桩，规范给出了单桩竖向承载力特征值的估算式（8.5.6-2），只计端阻。简化计算的意义在于硬质岩强度超过桩身混凝土强度，设计以桩身强度控制，桩长较小时再计入侧阻、嵌岩阻力等已无工程意义。当然，嵌岩桩并不是不存在侧阻力，有时侧阻和嵌岩阻力占有很大的比例。对于嵌入破碎岩和软质岩石中的桩，单桩承载力特征值则按公式（8.5.6-1）进行估算。

为确保大直径嵌岩桩的设计可靠性，必须确定桩底一定深度内岩体性状。此外，在桩底应力扩散范围内可能埋藏有相对软弱的夹层，甚至存在洞隙，应引起足够注意。岩层表面往往起伏不平，有隐伏沟槽存在，特别在碳酸盐类岩石地区，岩面石芽、溶槽密布，此时桩端可能落于岩面隆起或斜面处，有导致滑移的可能，因此，规范规定在桩底端应力扩散范围内应无岩体临空面存在，并确保基底岩体的稳定性。实践证明，作为基础施工图设计依据的详细勘察阶段的工作精度，满足不了这类桩设计施工的要求，因此，当基础方案选定之后，还应根据桩位及要求进行专门性的桩基勘察，以便针对各个桩的持力层选择入岩深度、确定承载力，并为施工处理等提供可靠依据。

8.5.7、8.5.8 单桩水平承载力与诸多因素相关，单桩水平承载力特征值应由单桩水平载荷试验确定。

规范特别写入了带承台桩的水平载荷试验。桩基抵抗水平力很大程度上依赖于承台侧面抗力，带承台桩基的水平载荷试验能反映桩基在水平力作用下的实际工作状况。

带承台桩基水平载荷试验采用慢速维持荷载法，用以确定长期荷载下的桩基水平承载力和地基土水平反力系数。加载分级及每级荷载稳定标准可按单桩竖向静载荷试验的办法。当加载至桩身破坏或位移超过 30mm～40mm（软土取大值）时停止加载。卸载按 2 倍加载等级逐级卸载，每 30min 卸一级载，并于每次卸载前测读位移。

根据试验数据绘制荷载位移 H_0-X_0 曲线及荷载位移梯度 $H_0-(\Delta X_0/\Delta H_0)$ 曲线，取 $H_0-(\Delta X_0/\Delta H_0)$ 曲线的第一拐点为临界荷载，取第二拐点或 H_0-X_0 曲线的陡降起点为极限荷载。若桩身设有应力测读装置，还可根据最大弯矩点变化特征综合判定临界荷载和极限荷载。

对于重要工程，可模拟承台顶竖向荷载的实际状况进行试验。

水平荷载作用下桩基内各单桩的抗力分配与桩数、桩距、桩身刚度、土质性状、承台形式等诸多因素有关。

水平力作用下的群桩效应的研究工作不深入，条文规定了水平力作用面的桩距较大时，桩基的水平承载力可视为各单桩水平承载力的总和，实际上在低桩承台的前提下应注重采取措施充分发挥承台底面及侧面土的抗力作用，加强承台间的连系等。当承台周围填土质量有保证时，应考虑土的抗力作用按弹性抗力法进行计算。

用斜桩来抵抗水平力是一项有效的措施，在桥梁桩基中采用较多。但在一般工业与用民建筑中则很少采用，究其原因是依靠承台埋深大多可以解决水平力的问题。

8.5.9 单桩抗拔承载力特征值应通过单桩竖向抗拔载荷试验确定，并应加载至破坏，试验数量，同条件下的桩不应少于3根且不应少于总抗拔桩数的1%。

8.5.10 本条为强制性条文。为避免基桩在受力过程中发生桩身强度破坏，桩基设计时应进行基桩的桩身强度验算，确保桩身混凝土强度满足桩的承载力要求。

8.5.11 鉴于桩身强度计算中并未考虑荷载偏心、弯矩作用、瞬时荷载的影响等因素，因此，桩身强度设计必须留有一定富裕。在确定工作条件系数时考虑了承台下的土质情况、抗震设防等级、桩长、混凝土浇筑方法、混凝土强度等级以及桩型等因素。本次修订中适当提高了灌注桩的工作条件系数，补充了预应力混凝土管桩工作条件系数。考虑到高强度离心混凝土的延性差、加之沉桩中对桩身混凝土的损坏、加工过程中已对桩身施加轴向预应力等因素，结合日本、广东省的经验，将工作条件系数规定为0.55～0.65。

日本、美国及广东省等规定管桩允许承载力（相当于承载力特征值）应满足下式要求：

$$R_a \leqslant 0.25(f_{cu,k} - \sigma_{pc})A_G$$

式中：$f_{cu,k}$——桩身混凝土立方体抗压强度；

σ_{pc}——桩身混凝土有效预应力值（约为4MPa～10MPa）；

A_G——桩身混凝土横截面积。

$$Q \leqslant 0.33(f_{cu,k} - \sigma_{pc})A_G$$

$$f_{cu,k} = [2.18(C60) \sim 2.23(C80)]f_c$$

PHC桩：

$$Q \leqslant 0.33(2.23f_c - \sigma_{pc})A_G$$

当$\sigma_{pc} = 4MPa$时

$$Q \leqslant 0.33(2.23f_c - 0.11f_c)A_G$$
$$Q \leqslant 0.699f_c A_G$$

当$\sigma_{pc} = 10MPa$时

$$Q \leqslant 0.33(2.23f_c - 0.28f_c)A_G$$
$$Q \leqslant 0.644f_c A_G$$

PC桩：

$$Q \leqslant 0.33(2.18f_c - \sigma_{pc})A_G$$

当$\sigma_{pc} = 4MPa$时

$$Q \leqslant 0.33(2.18f_c - 0.145f_c)A_G$$
$$Q \leqslant 0.67f_c A_G$$

当$\sigma_{pc} = 10MPa$时

$$Q \leqslant 0.33(2.18f_c - 0.36f_c)A_G$$

$$Q \leqslant 0.6f_c A_G$$

考虑到当前管桩生产质量、软土中的抗震要求、沉桩中桩身混凝土受损以及接头焊接时高温对桩身混凝土的损伤等因素，将工作条件系数定为0.55～0.65是合理的。

8.5.12 非腐蚀性环境中的抗拔桩，桩身裂缝宽度应满足设计要求。预应力混凝土管桩因增加钢筋直径有困难，考虑其钢筋直径较小，耐久性差，所以裂缝控制等级应为二级，即混凝土拉应力不应超过混凝土抗拉强度设计值。

腐蚀性环境中，考虑桩身钢筋耐久性，抗拔桩和受水平或弯矩较大的桩不允许桩身混凝土出现裂缝。预应力混凝土管桩裂缝等级应为一级（即桩身混凝土不出现拉应力）。

预应力管桩作为抗拔桩使用时，近期出现了数起桩身抗拔破坏的事故，主要表现在主筋墩头与端板连接处拉脱，同时管桩的接头焊缝耐久性也有问题，因此，在抗拔构件中应慎用预应力混凝土管桩。必须使用时应考虑以下几点：

1 预应力筋必须锚入承台；

2 截桩后应考虑预应力损失，在预应力损失段的桩外围应包裹钢筋混凝土；

3 宜采用单节管桩；

4 多节管桩可考虑通长灌芯，另行设置通长的抗拔钢筋，或将抗拔承载力留有余地，防止墩头拔出。

5 端板与钢筋的连接强度应满足抗拔力要求。

8.5.13 本条为强制性条文。地基基础设计强调变形控制原则，桩基础也应按变形控制原则进行设计。本条规定了桩基沉降计算的适用范围以及控制原则。

8.5.15 软土中摩擦桩的桩基础沉降计算是一个非常复杂的问题。纵观许多描述桩基实际沉降和沉降发展过程的文献可知，土体中桩基沉降实质是由桩身压缩、桩端刺入变形和桩端平面以下土层受群桩荷载共同作用产生的整体压缩变形等多个主要分量组成。摩擦桩基础的沉降是历时数年、甚至更长时间才能完成的过程，加荷瞬间完成的沉降只占总沉降中的小部分。大部分沉降都是与时间发展有关的沉降，也就是由于固结或流变产生的沉降。因此，摩擦型桩基础的沉降不是用简单的弹性理论就能描述的问题，这就是为什么依据弹性理论公式的各种桩基沉降计算方法，在实际工程的应用中往往都与实测结果存在较大的出入，即使经过修正，两者也只能在某一范围内比较接近的原因。

近年来越来越多的研究人员和设计人员理解了，目前借用弹性理论的公式计算桩基沉降，实质是一种经验拟合方法。

从经验拟合这一观点出发，本规范推荐Mindlin方法和考虑应力扩散以及不考虑应力扩散的实体深基础方法。修订组收集了部分软土地区 62 栋房屋沉降实测资料和工程计算资料，将大量实际工程的长期沉降观测资料与各种计算方法的计算值对比，经过统计分析，最后推荐了桩基础最终沉降量计算的经验修正系数。考虑应力扩散以及不考虑应力扩散的实体深基础方法计算沉降量和沉降计算深度都有差异，从统计意义上沉降量计算的经验修正系数差异不大。

8.5.16 20 世纪 80 年代上海市开始采用为控制沉降而设置桩基的方法，取得显著的社会经济效益。目前天津、湖北、福建等省市也相继应用了上述方法。开发这种方法是考虑桩、土、承台共同工作时，基础的承载力可以满足要求，而下卧层变形过大，此时采用摩擦型桩旨在减少沉降，以满足建筑物的使用要求。以控制沉降为目的的设置桩基是指直接用沉降量指标来确定用桩的数量。能否实行这种设计方法，必须要有当地的经验，特别是符合当地工程实践的桩基沉降计算方法。直接用沉降量确定用桩数量后，还必须满足本条所规定的使用条件和构造措施。上述方法的基本原则有三点：

一、设计用桩数量可以根据沉降控制条件，即允许沉降量计算确定。

二、基础总安全度不能降低，应按桩、土和承台共同作用的实际状态来验算。桩土共同工作是一个复杂的过程，随着沉降的发展，桩、土的荷载分担不断变化，作为一种最不利状态的控制，桩顶荷载可能接近或等于单桩极限承载力。为了保证桩基的安全度，规定按承载力特征值计算的桩群承载力与土承载力之和应大于或等于作用的标准组合产生的作用在桩基承台顶面的竖向力与承台及其上土自重之和。

三、为保证桩、土和承台共同工作，应采用摩擦型桩，使桩基产生可以容许的沉降，承台底不致脱空，在桩基沉降过程中充分发挥桩端持力层的抗力。同时桩端还要置于相对较好的土层中，防止沉降过大，达不到预期控制沉降的目的。为保证承台底不脱空，当承台底土为欠固结土或承载力利用价值不大的软土时，尚应对其进行处理。

8.5.18 本条是桩基承台的弯矩计算。

1 承台试件破坏过程的描述

中国石化总公司洛阳设计院和郑州工学院曾就桩台受弯问题进行专题研究。试验中发现，凡属抗弯破坏的试件均呈梁式破坏的特点。四桩承台试件采用均布方式配筋，试验时初始裂缝首先在承台两个对应边的一边或两边中部或中部附近产生，之后在两个方向交替发展，并逐渐演变成各种复杂的裂缝而向承台中部合拢，最后形成各种不同的破坏模式。三桩承台试件是采用梁式配筋，承台中部因无配筋而抗裂性能较差，初始裂缝多由承台中部开始向外发展，最后形成各种不同的破坏模式。可以得出，不论是三桩试件还是四桩试件，它们在开裂破坏的过程中，总是在两个

方向上互相交替承担上部主要荷载，而不是平均承担，也即是交替起着梁的作用。

2 推荐的抗弯计算公式

通过对众多破坏模式的理论分析，选取图 49 所示的四种典模型式作为公式推导的依据。

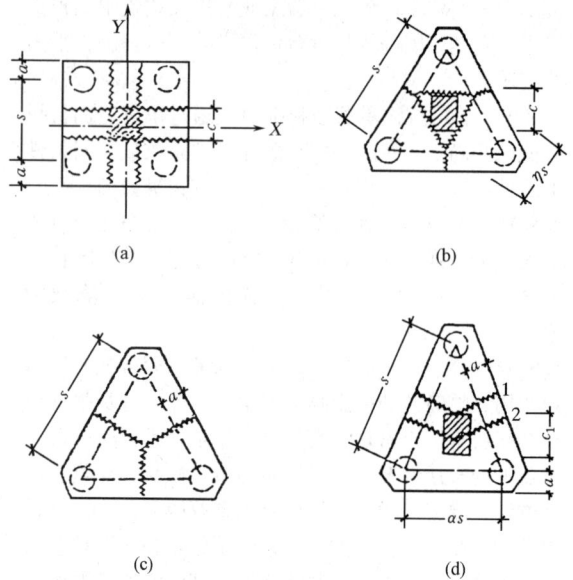

图 49　承台破坏模式

（a）四桩承台；（b）等边三桩承台（一）；（c）等边三桩承台（二）；（d）等腰三桩承台

1）图 49a 四桩承台破坏模式系屈服线将承台分成很规则的若干块几何块体。设块体为刚性的，变形略去不计，最大弯矩产生于屈服线处，该弯矩全部由钢筋来承担，不考虑混凝土的拉力作用，则利用极限平衡方法并按悬臂梁计算。

$$M_x = \sum (N_i y_i)$$
$$M_y = \sum (N_i x_i)$$

2）图 49b 是等边三桩承台具有代表性的破坏模式，可利用钢筋混凝土板的屈服线理论，按机动法的基本原理来推导公式得：

$$M = \frac{N_{max}}{3}\left(s - \frac{\sqrt{3}}{2}c\right) \qquad (1)$$

由图 49c 的等边三桩承台最不利破坏模式，可得另一个公式即：

$$M = \frac{N_{max}}{3}s \qquad (2)$$

式（1）考虑屈服线产生在柱边，过于理想化；式（2）未考虑柱子的约束作用，是偏于安全的。根据试件破坏的多数情况，采用（1）、（2）二式的平均值为规范的推荐公式（8.5.18-3）：

$$M = \frac{N_{max}}{3}\left(s - \frac{\sqrt{3}}{4}c\right)$$

3）由图 49d，等腰三桩承台典型的屈服线基本上都垂直于等腰三桩承台的两个腰，当试件在长跨产

生开裂破坏后，才在短跨内产生裂缝。因此根据试件的破坏形态并考虑梁的约束影响作用，按梁的理论给出计算公式。

在长跨，当屈服线通过柱中心时：

$$M_1 = \frac{N_{max}}{3}s \qquad (3)$$

当屈服线通过柱边缝时：

$$M_1 = \frac{N_{max}}{3}\left(s - \frac{1.5}{\sqrt{4-a^2}}c_1\right) \qquad (4)$$

式（3）未考虑柱子的约束影响，偏于安全；而式（4）考虑屈服线通过往边缘处，又不够安全，今采用两式的平均值作为推荐公式（8.5.18-4）：

$$M_1 = \frac{N_{max}}{3}\left(s - \frac{0.75}{\sqrt{4-a^2}}c_1\right)$$

上述所有三桩承台计算的 M 值均指由柱截面形心到相应承台边的板带宽度范围内的弯矩，因而可按此相应宽度采用三向配筋。

8.5.19 柱对承台的冲切计算方法，本规范在编制时曾考虑了以下两种计算方法：方法一为冲切临界截面取柱边 $0.5h_0$ 处，当冲切临界截面与桩相交时，冲切力扣除相交那部分单桩承载力，采用这种计算方法的国家有美国、新西兰，我国 20 世纪 90 年代前一些设计单位亦多采用此法；方法二为冲切锥体取柱边或承台变阶处至相应桩顶内边缘连线所构成的锥体并考虑了冲跨比的影响，原苏联及我国《建筑桩基技术规范》JGJ 94 均采用这种方法。计算结果表明，这两种方法求得的柱对承台冲切所需的有效高度是十分接近的，相差约 5% 左右。考虑到方法一在计算过程中需要扣除冲切临界截面与柱相交那部分面积的单桩承载力，为避免计算上繁琐，本规范推荐采用方法二。

本规范公式（8.5.19-1）中的冲切系数是按 $\lambda=1$ 时与我国现行《混凝土结构设计规范》GB 50010 的受冲切承载力公式相衔接，即冲切破坏锥体与承台底面的夹角为 45°时冲切系数 $\alpha=0.7$ 提出来的。

图 50 及图 51 分别给出了采用本规范和美国 ACI 318 计算的一典型九桩承台内柱对承台冲切、角桩对承台冲切所需的承台有效高度比较表，其中桩径为 800mm，柱距为 2400mm，方柱尺寸为 1550mm，承台宽度为 6400mm。按本规范算得的承台有效高度与美国 ACI 318 规范相比较略偏于安全。但是，美国钢筋混凝土学会 CRSI 手册认为由角桩荷载引起的承台角隅 45°剪切破坏较之角桩冲切破坏更为不利，因此尚需验算距柱边 h_0 承台角隅 45°处的抗剪强度。

8.5.20 本条为强制性条文。桩基承台的柱边、变阶处等部位剪力较大，应进行斜截面抗剪承载力验算。

8.5.21 桩基承台的抗剪计算，在小剪跨比的条件下具有深梁的特征。关于深梁的抗剪问题，近年来我国已发表了一系列有关的抗剪强度试验报告以及抗剪承载力计算文章，尽管文章中给出的抗剪承载力的表达

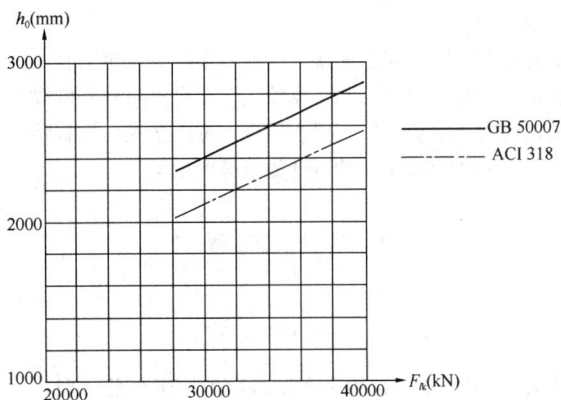

图 50　内柱对承台冲切承台有效高度比较

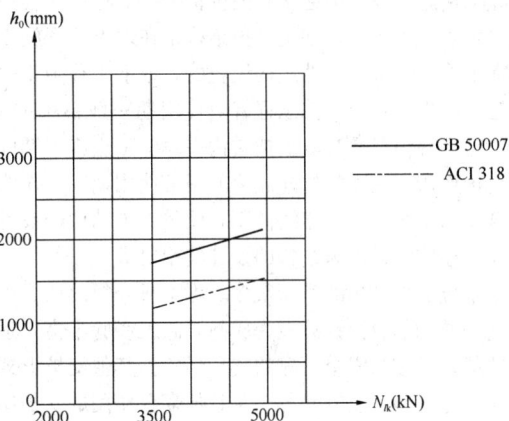

图 51　角桩对承台冲切承台有效高度比较

式不尽相同，但结果具有很好的一致性。本规范提出的剪切系数是通过分析和比较后确定的，它已能涵盖深梁、浅梁不同条件的受剪承载力。图 52 给出了一典型的九桩承台的柱边剪切所需的承台有效高度比较表，按本规范求得的柱边剪切所需的承台有效高度与美国 ACI 318 规范求得的结果是相当接近的。

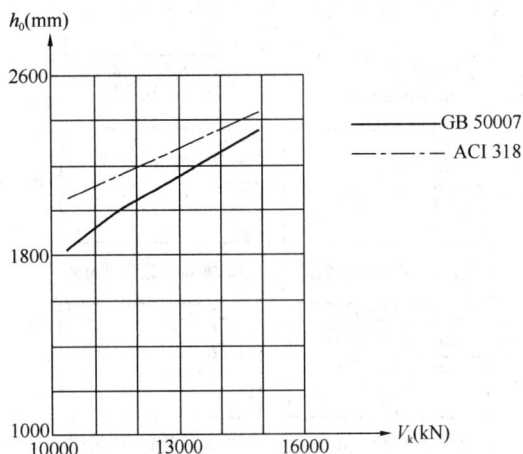

图 52　柱边剪切承台有效高度比较

8.5.22 本条为强制性条文。桩基承台与柱、桩交界处承受较大的竖向力，设计时应进行局部受压承载力

计算。

8.5.23 承台之间的连接，通常应在两个互相垂直的方向上设置连系梁。对于单层工业厂房排架柱基础横向跨度较大、设置连系梁有困难时，可仅在纵向设置连系梁，在端部应按基础设计要求设置地梁。

9 基坑工程

9.1 一般规定

9.1.1 基坑支护结构是在建筑物地下工程建造时为确保土方开挖，控制周边环境影响在允许范围内的一种施工措施。设计中通常有两种情况，一种情况是在大多数基坑工程中，基坑支护结构是在地下工程施工过程中作为一种临时性结构设置的，地下工程施工完成后，即失去作用，其工程有效使用期一般不超过2年；另一种情况是基坑支护结构在地下工程施工期间起支护作用，在建筑物建成后的正常使用期间，作为建筑物的永久性构件继续使用，此类支护结构的设计计算，还应满足永久结构的设计使用要求。

基坑支护结构的类型很多，本章所介绍的桩、墙式支护结构的设计计算较为成熟，施工经验丰富，适应性强，是较为安全可靠的支护形式。其他支护形式例如水泥土墙，土钉墙等以及其他复合使用的支护结构，在工程实践中应用，应根据地区经验设计施工。

9.1.2 基坑支护结构的功能是为地下结构的施工创造条件、保证施工安全，并保证基坑周围环境得到应有的保护。图53列出了几种基坑周边典型的环境条件。基坑工程设计与施工时，应根据场地的地质条件

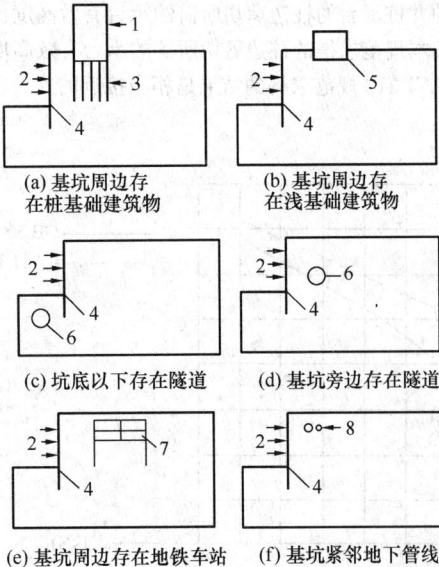

(a) 基坑周边存在桩基础建筑物　(b) 基坑周边存在浅基础建筑物

(c) 坑底以下存在隧道　(d) 基坑旁边存在隧道

(e) 基坑周边存在地铁车站　(f) 基坑紧邻地下管线

图53 基坑周边典型的环境条件

1—建筑物；2—基坑；3—桩基；4—围护墙；
5—浅基础建筑物；6—隧道；7—地铁车站；
8—地下管线

及具体的环境条件，通过有效的工程措施，满足对周边环境的保护要求。

9.1.3 本条为强制性条文。本条规定了基坑支护结构设计的基本原则，为确保基坑支护结构设计的安全，在进行基坑支护结构设计时必须严格执行。

基坑支护结构设计应从稳定、强度和变形三个方面满足设计要求：

1 稳定：指基坑周围土体的稳定性，即不发生土体的滑动破坏，因渗流造成流砂、流土、管涌以及支护结构、支撑体系的失稳。

2 强度：支护结构，包括支撑体系或锚杆结构的强度应满足构件强度和稳定设计的要求。

3 变形：因基坑开挖造成的地层移动及地下水位变化引起的地面变形，不得超过基坑周围建筑物、地下设施的变形允许值，不得影响基坑工程基桩的安全或地下结构的施工。

基坑工程施工过程中的监测应包括对支护结构和对周边环境的监测，并提出各项监测要求的报警值。随基坑开挖，通过对支护结构桩、墙及其支撑系统的内力、变形的测试，掌握其工作性能和状态。通过对影响区域内的建筑物、地下管线的变形监测，了解基坑降水和开挖过程中对其影响的程度，作出在施工过程中基坑安全性的评价。

9.1.4 基坑支护结构设计时，应规定支护结构的设计使用年限。基坑工程的施工条件一般均比较复杂，且易受环境及气象因素影响，施工周期宜短不宜长。支护结构设计的有效期一般不宜超过2年。

基坑工程设计时，应根据支护结构破坏可能产生后果的严重性，确定支护结构的安全等级。基坑工程的事故和破坏，通常受设计、施工、现场管理及地下水控制条件等多种因素影响。其中对于不按设计要求施工及管理水平不高等因素，应有相应的有效措施加以控制，对支护结构设计的安全等级，可按表23的规定确定。

表23 基坑支护结构的安全等级

安全等级	破坏后果	适用范围
一级	很严重	有特殊安全要求的支护结构
二级	严重	重要的支护结构
三级	不严重	一般的支护结构

基坑支护结构施工或使用期间可能遇到设计时无法预测的不利荷载条件，所以基坑支护结构设计采用的结构重要性系数的取值不宜小于1.0。

9.1.5 不同设计等级基坑工程设计原则的区别主要体现在变形控制及地下水控制设计要求。对设计等级为甲级的基坑变形计算除基坑支护结构的变形外，尚应进行基坑周边地面沉降以及周边被保护对象的变形计算。对场地水文地质条件复杂、设计等级为

甲级的基坑应作地下水控制的专项设计，主要目的是要在充分掌握场地地下水规律的基础上，减少因地下水处理不当对周边建（构）筑物以及地下管线的损坏。

9.1.6 基坑工程设计时，对土的强度指标的选用，主要应根据现场土体的排水条件及固结条件确定。

三轴试验受力明确，又可控制排水条件，因此，在基坑工程中确定土的强度指标时规定应采用三轴剪切试验方法。

软黏土灵敏度高，受扰动后强度下降明显。这种黏土矿物颗粒在一定条件下从凝聚状态迅速过渡到胶溶状态的现象，称为"触变现象"。深厚软黏土中的基坑，在扰动源作用下，随着基坑变形的发展，灵敏黏土强度降低的现象是不可忽视的。

9.1.7 基坑设计时对变形的控制主要考虑因土方开挖和降水引起的对基坑周边环境的影响。基坑施工不可避免地会对周边建（构）筑物等产生附加沉降和水平位移，设计时应控制建（构）筑物等地基的总变形值（原有变形加附加变形）不得超过地基的允许变形值。

土方开挖使坑内土体产生隆起变形和侧移，严重时将使坑内工程桩偏位、开裂甚至断裂。设计时应明确对土方开挖过程的要求，保证对工程桩的正常使用。

9.1.9 本条为强制性条文。基坑开挖是大面积的卸载过程，将引起基坑周边土体应力场变化及地面沉降。降雨或施工用水渗入土体会降低土体的强度和增加侧压力，饱和黏性土随着基坑暴露时间延长和经扰动，坑底土强度逐渐降低，从而降低支护体系的安全度。基底暴露后应及时铺筑混凝土垫层，这对保护坑底土不受施工扰动、延缓应力松弛具有重要的作用，特别是雨期施工中作用更为明显。

基坑周边荷载，会增加墙后土体的侧向压力，增大滑动力矩，降低支护体系的安全度。施工过程中，不得随意在基坑周围堆土，形成超过设计要求的地面超载。

9.2 基坑工程勘察与环境调查

9.2.1 拟建建筑物的详细勘察，大多数是沿建筑物外轮廓布置勘探工作，往往使基坑工程的设计和施工依据的地质资料不足。本条要求勘察及勘探范围应超出建筑物轮廓线，一般取基坑周围相当基坑深度的2倍，当有特殊情况时，尚需扩大范围。勘探点的深度一般不应小于基坑深度的2倍。

9.2.2 基坑工程设计时，对土的强度指标有较高要求，在勘察手段上，要求钻探取样与原位测试并重，综合确定提供设计计算用的强度指标。

9.2.3 基坑工程的水文地质勘察，应查明场地地下水类型、潜水、承压水的埋置分布特点，明确含水层及相对隔水层的成因及动态变化特征。通过室内及现场水文地质实验，提供各土层的水平向与垂直向的渗透系数。对于需进行地下水控制专项设计的基坑工程，应对场地含水层及地下水分布情况进行现场抽水试验，计算含水层水文地质参数。

抽水试验的目的是：

1 评价含水层的富水性，确定含水层组单井涌水量，了解含水层组水位状况，测定承压水头；

2 获取含水层组的水文地质参数；

3 确定抽水试验影响范围。

抽水试验的成果资料应包括：在成井过程中，井管长度、成井井管、滤水管排列情况、洗井情况等的详细记录；绘制各抽水井及观测井的 $s\text{-}t$ 曲线、$s\text{-}\lg t$ 曲线，恢复水位 $s\text{-}\lg t$ 曲线以及各组抽水试验的 $Q\text{-}s$ 关系曲线和 $q\text{-}s$ 关系曲线。确定土层的渗透系数、影响半径、单位涌水量等参数。

9.2.4 越冬基坑受土的冻胀影响评价需要土的相关参数，特殊性土也需其相关设计参数。

9.2.6 国外关于基坑围护墙后地表的沉降形状（Peck，1969；Clough，1990；Hsieh 和 Ou，1998 等）及上海地区的工程实测资料表明，墙后地表沉降的主要影响区域为2倍基坑开挖深度，而在2倍~4倍开挖深度范围内为次影响区域，即地表沉降由较小值衰减到可以忽略不计。因此本条规定，一般情况下环境调查的范围为2倍开挖深度。但当有重要的建（构）筑物如历代优秀建筑、有精密仪器与设备的厂房、其他采用天然地基或短桩基础的重要建筑物、轨道交通设施、隧道、防汛墙、共同沟、原水管、自来水总管、燃气总管等重要建（构）筑物或设施位于2倍~4倍开挖深度范围内时，为了能全面掌握基坑可能对周围环境产生的影响，也应对这些环境情况作调查。环境调查一般包括如下内容：

1 对于建筑物应查明其用途、平面位置、层数、结构形式、材料强度、基础形式与埋深、历史沿革及现状、荷载、沉降、倾斜、裂缝情况、有关竣工资料（如平面图、立面图和剖面图等）及保护要求等；对历代优秀建筑，一般建造年代较远，保护要求较高，原设计图纸等资料也可能不齐全，有时需要通过专门的房屋结构质量检测与鉴定，对结构的安全性作出综合评价，以进一步确定其抵抗变形的能力。

2 对于隧道、防汛墙、共同沟等构筑物应查明其平面位置、埋深、材料类型、断面尺寸、受力情况及保护要求等。

3 对于管线应查明其平面位置、直径、材料类型、埋深、接头形式、压力、输送的物质（油、气、水等）、建造年代及保护要求等，当无相关资料时可进行必要的地下管线探测工作。

4 环境调查的目的是明确环境的保护要求，从而得到其变形的控制标准，并为基坑工程的环境影响分析提供依据。

9.3 土压力与水压力

9.3.2 自然状态下的土体内水平向有效应力，可认为与静止土压力相等。土体侧向变形会改变其水平应力状态。最终的水平应力，随着变形的大小和方向可呈现出两种极限状态（主动极限平衡状态和被动极限平衡状态），支护结构处于主动极限平衡状态时，受主动土压力作用，是侧向土压力的最小值。

按作用的标准组合计算土压力时，土的重度取平均值，土的强度指标取标准值。

库仑土压理论和朗肯土压理论是工程中常用的两种经典土压理论，无论用库仑或朗肯理论计算土压力，由于其理论的假设与实际工作情况有一定的出入，只能看作是近似的方法，与实测数据有一定差异。一些试验结果证明，库仑土压力理论在计算主动土压力时，与实际较为接近。在计算被动土压力时，其计算结果与实际相比，往往偏大。

静止土压力系数（k_0）宜通过试验测定。当无试验条件时，对正常固结土也可按表24估算。

表24 静止土压力系数 k_0

土类	坚硬土	硬—可塑 黏性土、粉 质黏土、 砂土	可—软塑 黏性土	软塑 黏性土	流塑 黏性土
k_0	0.2~0.4	0.4~0.5	0.5~0.6	0.6~0.75	0.75~0.8

对于位移要求严格的支护结构，在设计中宜按静止土压力作为侧向土压力。

9.3.3 高地下水位地区土压力计算时，常涉及水土分算与水土合算两种算法。水土分算采用浮重度计算土的竖向有效应力，如果采用有效应力强度理论，水土分算当然是合理的。但当支护结构内外土体中存在渗流现象和超静孔隙水压力时，特别是在黏性土层中，孔隙压力场的计算是比较复杂的。这时采用半经验的总应力强度理论可能更简便。本规范对饱和黏性土的土压力计算，推荐总应力强度理论水土合算法。

在基坑工程场地范围内，当会出现存在多个含水土层及相对隔水层的情况，各含水层的水头也常存在差异，从区域水文地质条件分析，也存在层间越流补给的条件。计算作用在支护结构上的侧向水压力时，可将含水层的水头近似按潜水位水头进行计算。

9.3.5 作用在支护结构上的土压力及其分布规律取决于支护体的刚度及侧向位移条件。

刚性支护结构的土压力分布可由经典的库仑和朗肯土压力理论计算得到，实测结果表明，只要支护结构的顶部的位移不小于其底部的位移，土压力沿垂直方向分布可按三角形计算。但是，如果支护结构底部

位移大于顶部位移，土压力将沿高度呈曲线分布，此时，土压力的合力较上述典型条件要大10%~15%，在设计中应予注意。

相对柔性的支护结构的位移及土压力分布情况比较复杂，设计时应根据具体情况分析，选择适当的土压力值，有条件时土压力值应采用现场实测、反演分析等方法总结地区经验，使设计更加符合实际情况。

9.4 设计计算

9.4.1 结构按承载能力极限状态设计中，应考虑各种作用组合，由于基坑支护结构是房屋地下结构施工过程中的一种围护结构，结构使用期短。本条规定，基坑支护结构的基本组合的效应设计值可采用简化计算原则，按下式确定：

$$S_d = \gamma_F S \left(\sum_{i \geqslant 1} G_{ik} + \sum_{j \geqslant 1} Q_{jk} \right)$$

式中：γ_F ——作用的综合分项系数；

G_{ik} ——第 i 个永久作用的标准值；

Q_{jk} ——第 j 个可变作用的标准值。

作用的综合分项系数 γ_F 可取 1.25，但对于轴向受力为主的构件，γ_F 应取 1.35。

9.4.2 支护结构的入土深度应满足基坑支护结构稳定性及变形验算的要求，并结合地区工程经验综合确定。按当上述要求确定了入土深度，但支护结构的底部位于软土或液化土层中时，支护结构的入土深度应适当加大，支护结构的底部应进入下卧较好的土层。

9.4.4 基坑工程在城市区域的环境保护问题日益突出。基坑设计的稳定性仅是必要条件，大多数情况下的主要控制条件是变形，从而使得基坑工程的设计从强度控制转向变形控制。

1 基坑工程设计时，应根据基坑周边环境的保护要求来确定基坑的变形控制指标。严格地讲，基坑工程的变形控制指标（如围护结构的侧移及地表沉降）应根据基坑周边环境对附加变形的承受能力及基坑开挖对周围环境的影响程度来确定。由于问题的复杂性，在很多情况下，确定基坑周围环境对附加变形的承受能力是一件非常困难的事情，而要较准确地预测基坑开挖对周边环境的影响程度也往往存在较大的难度，因此也就难以针对某个具体工程提出非常合理的变形控制指标。此时根据大量已成功实施的工程实践统计资料来确定基坑的变形控制指标不失为一种有效的方法。上海市《基坑工程技术规范》DG/TJ 08-61就是采用这种方法并根据基坑周围环境的重要性程度及其与基坑的距离，提出了基坑变形设计控制指标（如表25所示），可作为变形控制设计时的参考。

表 25　基坑变形设计控制指标

环境保护对象	保护对象与基坑距离关系	支护结构最大侧移	坑外地表最大沉降
优秀历史建筑、有精密仪器与设备的厂房、其他采用天然地基或短桩基础的重要建筑物、轨道交通设施、隧道、防汛墙、原水管、自来水总管、煤气总管、共同沟等重要建（构）筑物或设施	$s \leqslant H$	0.18%H	0.15%H
	$H < s \leqslant 2H$	0.3%H	0.25%H
	$2H < s \leqslant 4H$	0.7%H	0.55%H
较重要的自来水管、燃气管、污水管等市政管线、采用天然地基或短桩基础的建筑物等	$s \leqslant H$	0.3%H	0.25%H
	$H < s \leqslant 2H$	0.7%H	0.55%H

注：1　H 为基坑开挖深度，s 为保护对象与基坑开挖边线的净距；

　　2　位于轨道交通设施、优秀历史建筑、重要管线等环境保护对象周边的基坑工程，应遵照政府有关文件和规定执行。

不同地区不同的土质条件，支护结构的位移对周围环境的影响程度不同，各地区应积累工程经验，确定变形控制指标。

2　目前预估基坑开挖对周边环境的附加变形主要有两种方法。一种是建立在大量基坑统计资料基础上的经验方法，该方法预测的是地表沉降，并不考虑周围建（构）筑物存在的影响，可以用来间接评估基坑开挖引起周围环境的附加变形。上海市《基坑工程技术规范》DG/TJ 08-61 提出了如图 54 所示的地表沉降曲线分布，其中最大地表沉降 δ_{vm} 可根据其与围护结构最大侧移 δ_{hm} 的经验关系来确定，一般可取 $\delta_{vm} = 0.8\delta_{hm}$。

另一种方法是有限元法，但在应用时应有可靠的

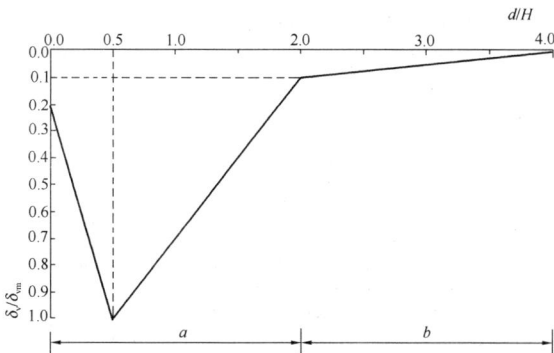

图 54　围护墙后地表沉降预估曲线
δ_v/δ_{vm}—坑外某点的沉降/最大沉降；d/H—坑外地表某点围护墙外侧的距离/基坑开挖深度；a—主影响区域；b—次影响区域

工程实测数据为依据，且该方法分析得到的结果宜与经验方法进行相互校核，以确认分析结果的合理性。采用有限元法分析时应合理地考虑分析方法、边界条件、土体本构模型的选择及计算参数、接触面的设置、初始地应力场的模拟、基坑施工的全过程模拟等因素。

关于建筑物的允许变形值，表 26 是根据国内外有关研究成果给出的建筑物在自重作用下的差异沉降与建筑物损坏程度的关系，可作为确定建筑物对基坑开挖引起的附加变形的承受能力的参考。

表 26　各类建筑物在自重作用下的差异沉降与建筑物损坏程度的关系

建筑结构类型	δ/L（L 为建筑物长度，δ 为差异沉降）	建筑物的损坏程度
1　一般砖墙承重结构，包括有内框架的结构，建筑物长高比小于10；有圈梁；天然地基（条形基础）	达 1/150	分隔墙及承重砖墙发生相当多的裂缝，可能发生结构破坏
2　一般钢筋混凝土框架结构	达 1/150	发生严重变形
	达 1/300	分隔墙或外墙产生裂缝等非结构性破坏
	达 1/500	开始出现裂缝
3　高层刚性建筑（箱形基础、桩基）	达 1/250	可观察到建筑物倾斜
4　有桥式行车的单层排架结构的厂房；天然地基或桩基	达 1/300	桥式行车运转困难，不调整轨面难运行，分割墙有裂缝
5　有斜撑的框架结构	达 1/600	处于安全极限状态
6　一般对沉降差反应敏感的机器基础	达 1/850	机器使用可能会发生困难，处于可运行的极限状态

3　基坑工程是支护结构施工、降水以及基坑开挖的系统工程，其对环境的影响主要分如下三类：支护结构施工过程中产生的挤土效应或土体损失引起的相邻地面隆起或沉降；长时间、大幅度降低地下水可能引起地面沉降，从而引起邻近建（构）筑物及地下管线的变形及开裂；基坑开挖时产生的不平衡力、软黏土发生蠕变和坑外水土流失而导致周围土体及围护墙向开挖区发生侧向移动、地面沉降及坑底隆起，从而引起紧邻建（构）筑物及地下管线的侧移、沉降或倾斜。因此除从设计方面采取有关环境保护措施外，还应从支护结构施工、地下水控制及开挖三个方面分

别采取相关措施保护周围环境。必要时可对被保护的建（构）筑物及管线采取土体加固、结构托换、架空管线等防范措施。

9.4.5 支护结构计算的侧向弹性抗力法来源于单桩水平力计算的侧向弹性地基梁法。用理论方法计算桩的变位和内力时，通常采用文克尔假定的竖向弹性地基梁的计算方法。地基水平抗力系数的分布图式常用的有：常数法、"k"法、"m"法、"c"法等。不同分布图式的计算结果，往往相差很大。国内常采用"m"法，假定地基水平抗力系数（K_x）随深度正比例增加，即 $K_x = mz$，z 为计算点的深度，m 称为地基水平抗力系数的比例系数。按弹性地基梁法求解桩的弹性曲线微分方程式，即可求得桩身各点的内力及变位值。基坑支护桩计算的侧向弹性抗力法，即相当于桩受水平力作用计算的"m"法。

1 地基水平抗力系数的比例系数 m 值

m 值不是一个定值，与现场地质条件，桩身材料与刚度，荷载水平与作用方式以及桩顶水平位移取值大小等因素有关。通过理论分析可得，作用在桩顶的水平力与桩顶位移 X 的关系如下式所示：

$$X = \frac{H}{\alpha^3 EI} A \tag{5}$$

式中：H——作用在桩顶的水平力（kN）；

A——弹性长桩按"m"法计算的无量纲系数；

EI——桩身的抗弯刚度；

α——桩的水平变形系数，$\alpha = \sqrt[5]{\frac{mb_0}{EI}}$（1/m），

其中 b_0 为桩身计算宽度（m）。

无试验资料时，m 值可从表 27 中选用。

表 27 非岩石类土的比例系数 m 值表

地基土类别	预制桩、钢桩		灌注桩	
	m (MN/m⁴)	相应单桩地面处水平位移 (mm)	m (MN/m⁴)	相应单桩地面处水平位移 (mm)
淤泥、淤泥质土和湿陷性黄土	2～4.5	10	2.5～6.0	6～12
液塑（$I_L > 1$）、软塑（$0 < I_L \leq 1$）状黏性土、$e > 0.9$ 粉土、松散粉细砂、松散填土	4.5～6.0	10	6～14	4～8
可塑（$0.25 < I_L \leq 0.75$）状黏性土、$e = 0.9$ 粉土、湿陷性黄土、稍密和中密的填土、稍密细砂	6.0～10.0	10	14～35	3～6
硬塑（$0 < I_L \leq 0.25$）和坚硬（$I_L \leq 0$）的黏性土、湿陷性黄土、$e < 0.9$ 粉土、中密的中粗砂、密实老黄土	10.0～22.0	10	35～100	2～5
中密和密实的砾砂、碎石类土			100～300	1.5～3

2 基坑支护桩的侧向弹性地基抗力法，借助于单桩水平力计算的"m"法，基坑支护桩内力分析的计算简图如图 55 所示。

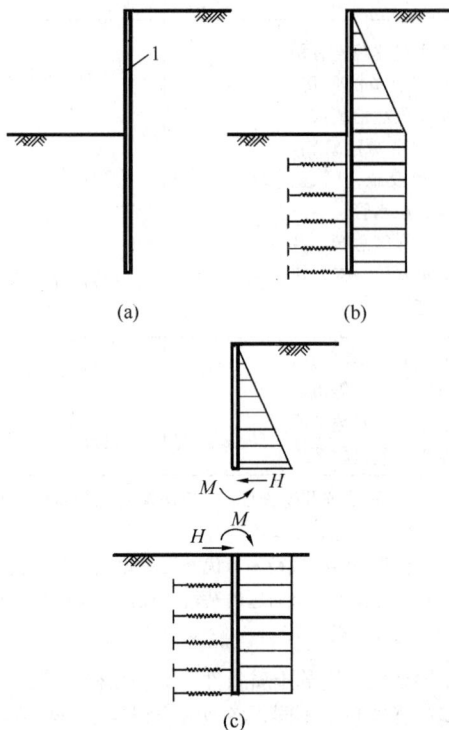

图 55 侧向弹性地基抗力法
1—支护桩

图 55 中，（a）为基坑支护桩，（b）为基坑支护桩上作用的土压力分布图，在开挖深度范围内通常取主动土压力分布图式，支护桩入土部分，为侧向受力的弹性地基梁（如 c 所示），地基反力系数取"m"法图形，内力分析时，常按杆系有限元——结构矩阵分析解法即可求得支护桩身的内力、变形解。

当采用密排桩支护时，土压力可作为平面问题计算。当桩间距比较大时，形成分离式排桩墙。桩身变形产生的土抗力不仅仅局限于桩自身宽度的范围内。从土抗力的角度考虑，桩身截面的计算宽度和桩径之间有如表 28 所示的关系。

表 28 桩身截面计算宽度 b_0（m）

截面宽度 b 或直径 d（m）	圆桩	方桩
> 1	$0.9(d+1)$	$b+1$
≤ 1	$0.9(1.5d+0.5)$	$1.5b+0.5$

由于侧向弹性地基抗力法能较好地反映基坑开挖和回填过程各种工况和复杂情况对支护结构受力的影响，是目前工程界最常用的基坑设计计方法。

9.4.6 基坑因土体的强度不足，地下水渗流作用而造成基坑失稳，包括：支护结构倾覆失稳；基坑内外侧土体整体滑动失稳；基坑底土因承载力不足而隆

起；地层因地下水渗流作用引起流土、管涌以及承压水突涌等导致基坑工程破坏。本条将基坑稳定性归纳为：支护桩、墙的倾覆稳定；基坑底土隆起稳定；基坑边坡整体稳定；坑底土渗流、突涌稳定四个方面，基坑设计时必须满足上述四方面的验算要求。

1 基坑稳定性验算，采用单一安全系数法，应满足下式要求：

$$\frac{R}{S_d} \geq K \tag{6}$$

式中：K——各类稳定安全系数；

R——土体抗力极限值；

S_d——承载能力极限状态下基本组合的效应设计值，但其分项系数均为 1.0，当有地区可靠工程经验时，分项系数也可按地区经验确定。

2 基坑稳定性验算时，所选用的强度指标的类别，稳定验算方法与安全系数取值之间必须配套。当按附录 V 进行各项稳定验算时，土的抗剪强度指标的选用，应符合本规范第 9.1.6 条的规定。

3 土坡及基坑内外土体的整体稳定性计算，可按平面问题考虑，宜采用圆弧滑动面计算。有软土夹层和倾斜岩面等情况时，尚需采用非圆弧滑动面计算。

对不同情况的土坡及基坑整体稳定性验算，最危险滑动面上诸力对滑动中心所产生的滑动力矩与抗滑力矩应符合下式要求：

$$M_S \leq \frac{1}{K_R} M_R \tag{7}$$

式中：M_S、M_R——分别为对于危险滑弧面上滑动力矩和抗滑力矩（kN·m）；

K_R——整体稳定抗滑安全系数。

M_S 计算中，当有地下水存在时，坑外土条零压线（浸润线）以上的土条重度取天然重度，以下的土条取饱和重度。坑内土条取浮重度。

验算整体稳定时，对于开挖区，有条件时可采用卸荷条件下的抗剪强度指标进行验算。

4 基坑底隆起稳定性验算，实质上是软土地基承载力不足造成，故用 $\varphi=0$ 的承载力公式进行验算。当桩底土为一般黏性土时，上海市《基坑工程技术规范》DG/TJ 08-61 提出了适用于一般黏性土的抗隆起计算公式。

板式支护体系按承载能力极限状态验算绕最下道内支撑点的抗隆起稳定性时（图56），应满足式（8）的要求：

$$M_{SLK} \leq \frac{M_{RLK}}{K_{RL}} \tag{8}$$

$$M_{RLK} = K_a \tan\varphi_k \left\{ \frac{D'}{2}\gamma h_0'^2 + q_k D' h_0' + \frac{\pi}{4}(q_k + \gamma h_0')D'^2 \right.$$
$$+ \gamma D'^3 \left[\frac{1}{3} + \frac{1}{3}\cos^3\alpha - \frac{1}{2}\left(\frac{\pi}{2} - \alpha\right)\sin\alpha \right.$$

$$\left. + \frac{1}{2}\sin^2\alpha\cos\alpha \right] \right\} + \tan\varphi_k \left\{ \frac{\pi}{4}(q_k + \gamma h_0')D'^2 + \gamma D'^3 \right.$$
$$\left[\frac{2}{3} + \frac{2}{3}\cos\alpha - \frac{\sin\alpha}{2}\left(\frac{\pi}{2} - \alpha\right) - \frac{1}{6}\sin^2\alpha\cos\alpha \right] \right\}$$
$$+ c_k [D'h_0' + D'^2(\pi - \alpha)]$$

$$M_{SLK} = \frac{1}{3}\gamma D'^3 \sin\alpha + \frac{1}{6}\gamma D'^2(D' - D)\cos^2\alpha$$
$$+ \frac{1}{2}(q_k + \gamma h_0')D'^2 \tag{9}$$

$$k_a = \tan^2\left(\frac{\pi}{4} - \frac{\varphi_k}{2}\right) \tag{10}$$

式中：M_{RLK}——抗隆起力矩值（kN·m/m）；

M_{SLK}——隆起力矩值（kN·m/m）；

α——如图 56 所示（弧度）；

γ——围护墙底以上地基土各土层天然重度的加权平均值（kN/m³）；

D——围护墙在基坑开挖面以下的入土深度（m）；

D'——最下一道支撑距墙底的深度（m）；

K_a——主动土压力系数；

c_k、φ_k——滑裂面上地基土的黏聚力标准值（kPa）和内摩擦角标准值（°）的加权平均值；

h_0'——最下一道支撑距地面的深度（m）；

q_k——坑外地面荷载标准值（kPa）；

K_{RL}——抗隆起安全系数。设计等级为甲级的基坑工程取 2.5；乙级的基坑工程取 2.0；丙级的基坑工程取 1.7。

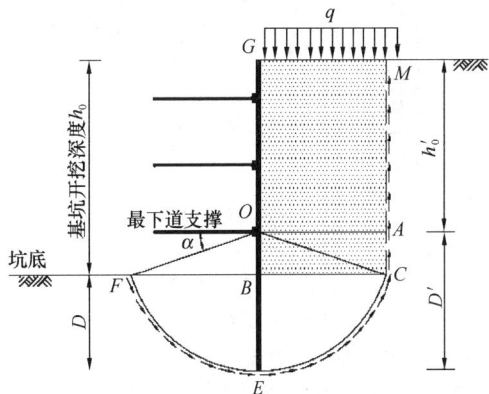

图 56 坑底抗隆起计算简图

5 桩、墙式支护结构的倾覆稳定性验算，对悬臂式支护结构，在附录 V 中采用作用在墙内外的土压力引起的力矩平衡的方法验算，抗倾覆稳定性安全系数应大于或等于 1.30。

对于带支撑的桩、墙式支护体系，支护结构的抗倾覆稳定性又称抗踢脚稳定性，踢脚破坏为作用与围护结构两侧的土压力均达到极限状态，因而使得围护结构（特别是围护结构插入坑底以下的部分）大量地向开挖区移动，导致基坑支护失效。本条取最下道支撑或锚拉点以下的围护结构作为脱离体，将作用于围护结构上的外力进行力矩平衡分析，从而求得抗倾覆分项系数。需指出的是，抗倾覆力矩项中本应包括支护结构的桩身抗力力矩，但由于其值相对而言要小得多，因此在本条的计算公式中不考虑。

9.5 支护结构内支撑

9.5.1 常用的内支撑体系有平面支撑体系和竖向斜撑体系两种。

平面支撑体系可以直接平衡支撑两端支护墙上所受到的侧压力，且构造简单，受力明确，适用范围较广。但当构件长度较大时，应考虑平面受弯及弹性压缩对基坑位移的影响。此外，当基坑两侧的水平作用力相差悬殊时，支护墙的位移会通过水平支撑而相互影响，此时应调整支护结构的计算模型。

竖向斜撑体系（图57）的作用是将支护墙上侧压力通过斜撑传到基坑开挖面以下的地基上。它的施工流程是：支护墙完成后，先对基坑中部的土层采取放坡开挖，然后安装斜撑，再挖除四周留下的土坡。对于平面尺寸较大，形状不很规则，但深度较浅的基坑采用竖向斜撑体系施工比较简单，也可节省支撑材料。

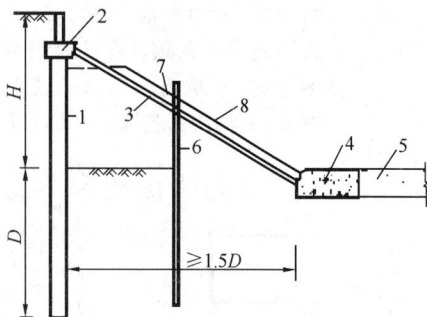

图57 竖向斜撑体系
1—围护墙；2—墙顶梁；3—斜撑；4—斜撑基础；
5—基础压杆；6—立柱；7—系杆；
8—土堤

由以上两种基本支撑体系，也可以演变为其他支撑体系。如"中心岛"为方案，类似竖向斜撑方案，先在基坑中部放坡挖土，施工中部主体结构，然后利用完成的主体结构安装水平支撑或斜撑，再挖除四周留下的土坡。

当必须利用支撑构件兼作施工平台或栈桥时，除应满足内支撑体系计算的有关规定外，尚应满足作业平台（或栈桥）结构的承载力和变形要求，因此需另行设计。

9.5.2 基坑支护结构的内力和变形分析大多采用平面杆系模型进行计算。通常把支撑系统结构视为平面框架，承受支护桩传来的侧向力。为避免计算模型产生"漂移"现象，应在适当部位加设水平约束或采用"弹簧"等予以约束。

当基坑周边的土层分布或土性差异大，或坑内挖深差异大，不同的支护桩其受力条件相差较大时，应考虑支撑系统节点与支护桩支点之间的变形协调。这时应采用支护桩与支撑系统结合在一起的空间结构计算简图进行内力分析。

支撑系统中的竖向支撑立柱，应按偏心受压构件计算。计算时除应考虑竖向荷载作用外，尚应考虑支撑横向水平力对立柱产生的弯矩，以及土方开挖时，作用在立柱上的侧向土压力引起的弯矩。

9.5.3 本条为强制性条文。当采用内支撑结构时，支撑结构的设置与拆除是支撑结构设计的重要内容之一，设计时应有针对性地对支撑结构的设置和拆除过程中的各种工况进行设计计算。如果支撑结构的施工与设计工况不一致，将可能导致基坑支护结构发生承载力、变形、稳定性破坏。因此支撑结构的施工，包括设置、拆除、土方开挖等，应严格按照设计工况进行。

9.6 土 层 锚 杆

9.6.1 土层锚杆简称土锚，其一端与支护桩、墙连接，另一端锚固在稳定土层中，作用在支护结构上的水土压力，通过自由端传递至锚固段，对支护结构形成锚拉支承作用。因此，锚固段不宜设置在软弱或松散的土层中，锚拉式支承的基坑支护，基坑内部开敞，为挖土、结构施工创造了空间，有利于提高施工效率和工程质量。

9.6.3 锚杆有多种破坏形式，当依靠锚杆保持结构系统稳定的构件时，设计必须仔细校核各种可能的破坏形式。因此除了要求每根土锚必须能够有足够的承载力之外，还必须考虑包括土锚和地基在内的整体稳定性。通常认为锚固段所需的长度是由于承载力的需要，而土锚所需的总长度则取决于稳定的要求。

在土锚支护结构稳定分析中，往往设有许多假定，这些假定的合理程度，有一定的局限性，因此各种计算往往只能作为工程安全性判断的参考。不同的使用者根据不尽相同的计算方法，采用现场试验和现场监测来评价工程的安全度对重要工程来说是十分必要的。

稳定计算方法依建筑物形状而异。对围护系统这类承受土压力的构筑物，必须进行外部稳定和内部稳定两方面的验算。

1 外部稳定计算

所谓外部稳定是指锚杆、围护系统和土体全部合在一起的整体稳定，见图58a。整个土锚均在土体的深滑裂面范围之内，造成整体失稳。一般采用圆弧法具体试算边坡的整体稳定。土锚长度必须超过滑动面，要求稳定安全系数不小于1.30。

2 内部稳定计算

所谓内部稳定计算是指土锚与支护墙基础假想支点之间深滑动面的稳定验算，见图58b。内部稳定最常用的计算是采用Kranz稳定分析方法，德国DIN4125、日本JSFD1-77等规范都采用此法，也有的国家如瑞典规范推荐用Brows对Kranz的修正方法。我国有些锚定式支挡工程设计中采用Kranz方法。

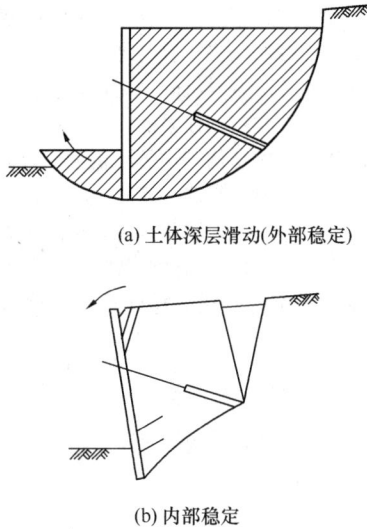

(a) 土体深层滑动(外部稳定)

(b) 内部稳定

图58 锚杆的整体稳定

9.6.4 锚杆设计包括构件和锚固体截面、锚固段长度、自由段长度、锚固结构稳定性等计算或验算内容。

锚杆支护体系的构造如图59所示。

锚杆支护体系由挡土构筑物、腰梁及托架、锚杆三个部分所组成，以保证施工期间的基坑边坡稳定与安全，见图59。

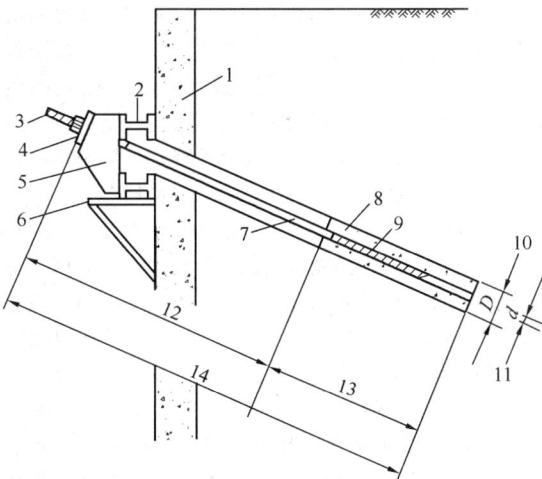

图59 锚杆构造

1—构筑物；2—腰梁；3—螺母；4—垫板；5—台座；6—托架；7—套管；8—锚固体；9—钢拉杆；10—锚固体直径；11—拉杆直径；12—非锚固段长 L_0；13—有效锚固段长 L_a；14—锚杆全长 L

9.6.5 锚杆预应力筋张拉施工工艺控制系数，应根据锚杆张拉工艺特点确定。当锚杆钢筋或钢绞线为单根时，张拉施工工艺控制系数可取1.0。当锚杆钢筋或钢绞线为多根时，考虑到张拉施工时锚杆钢筋或钢绞线受力的不均匀性，张拉施工工艺控制系数可取0.9。

9.6.6 土层锚杆的锚固段长度及锚杆轴向拉力特征值应根据土层锚杆锚固试验（附录Y）的规定确定。

9.7 基坑工程逆作法

9.7.4 支护结构与主体结构相结合，是指在施工期间利用地下结构外墙或地下结构的梁、板、柱兼作基坑支护体系，不设置或仅设置部分临时围护支护体系的支护方法。与常规的临时支护方法相比，基坑工程采用支护结构与主体结构相结合的设计施工方法具有诸多优点，如由于可同时向地上和地下施工因而可以缩短工程的施工工期；水平梁板支撑刚度大，挡土安全性高，围护结构和土体的变形小，对周围的环境影响小；采用封闭逆作施工，施工现场文明；已完成的地面层可充分利用，地面层先行完成，无需架设栈桥，可作为材料堆置场或施工作业场；避免了采用大量临时支撑的浪费现象，工程经济效益显著。

利用地下结构兼作基坑的支护结构，基坑开挖阶段与永久使用阶段的荷载状况和结构状况有较大的差别，因此应分别进行设计和验算，同时满足各种工况下的承载力极限状态和正常使用阶段极限状态的设计要求。

支护结构作为主体地下结构的一部分时，地下结构梁板与地下连续墙、竖向支承结构之间的节点连接是需要重点考虑的内容。所谓变形协调，主要指地下结构尚未完工之前，处于支护结构承载状态时，其变形与沉降量及差异沉降均应在限值规定内，保证在地下结构完工、转换成主体工程基础承载时，与主体结构设计对变形和沉降要求一致，同时要求承载转换前后，结构的节点连接和防水构造等均应稳定可靠，满足设计要求。

9.7.5 "两墙合一"的安全性和可靠性已经得到工程界的普遍认同，并在全国得到了大量应用，已经形成了一整套比较成熟的设计方法。"两墙合一"地下连续墙具有良好的技术经济效果：（1）刚度大、防水性能好；（2）将基坑临时围护墙与永久地下室外墙合二为一，节省了常规地下室外墙的工程量；（3）不需要施工操作空间，可减少直接土方开挖量，并且无需再施工换撑板带和进行回填土工作，经济效果明显，尤其对于红线退界紧张或地下室与邻近建（构）筑物距离极近的地下工程，"两墙合一"可大大减小围护体所占空间，具有其他围护形式无可替代的优势；（4）基坑开挖到坑底后，在基础内部结构由下而上施工过程中，"两墙合一"的设计无需再施工地下室外墙，因此比常规两墙分离的工程施工工期要节省，同时也避免了长期困扰地下室外墙浇筑施工过程中混凝土的收缩裂缝问题。

9.7.6 主体地下结构的水平构件用作支撑时，其设计应符合下列规定：

1 结构水平构件与支撑相结合的设计中可用梁板结构体系作为水平支撑，该结构体系受力明确，可根据施工需要在梁间开设孔洞，并在梁周边预留止水片，在逆作法结束后再浇筑封闭；也可采用结构楼板后作的梁格体系，在开挖阶段仅浇筑框架梁作为内支撑，梁格空间均可作为出土口，基础底板浇筑后再封闭楼板结构。另外，结构水平构件与支撑相结合设计中也可采用无梁楼盖作为水平支撑，其整体性好、支撑刚度大，且便于结构模板体系的施工。在无梁楼盖上设置施工孔洞时，一般需设置边梁并附加止水构造。无梁楼板一般在梁柱节点位置设置一定长宽的柱帽，逆作阶段竖向支承钢立柱的尺寸一般占柱帽尺寸的比例较小，因此，无梁楼盖体系梁柱节点位置钢筋穿越矛盾相对梁板体系缓和、易于解决。

对用作支撑的结构水平构件，当采用梁板体系且结构开口较多时，可简化为仅考虑梁系的作用，进行在一定边界条件下及在周边水平荷载作用下的封闭框架的内力和变形计算，其计算结果是偏安全的。当梁板体系需考虑板的共同作用，或结构为无梁楼盖时，应采用有限元的方法进行整体计算分析，根据计算分析结果并结合工程概念和经验，合理确定用于结构构件设计的内力。

2 支护结构与主体结构相结合的设计方法中，作为竖向支承的立柱桩其竖向变形应严格控制。立柱桩的竖向变形主要包含两个方面：一方面为基坑开挖卸荷引起的立柱向上的回弹隆起；另一方面为已施工完成的水平结构和施工荷载等竖向荷重的加载作用下，立柱桩的沉降。立柱桩竖向变形量和立柱桩间的差异变形过大时，将引发对已施工完成结构的不利结构次应力，因此在主体地下水平结构构件设计时，应通过验算采取必要的措施以控制有害裂缝的产生。

3 主体地下水平结构作为基坑施工期的水平支撑，需承受坑外传来的水土侧向压力。因此水平结构应具有直接的、完整的传力体系。如同层楼板面标高出现较大的高差时，应通过计算采取有效的转换结构以利于水平力的传递。另外，应在结构楼板出现较大面积的缺失区域以及地下各层水平结构梁板的结构分缝以及施工后浇带等位置，通过计算设置必要的水平支撑传力体系。

9.7.7 竖向支承结构的设计应符合下列规定：

1 在支护结构与主体结构相结合的工程中，由于逆作阶段结构梁板的自重相当大，立柱较多采用承载力较高而断面小的角钢拼接格构柱或钢管混凝土柱。

2 立柱应根据其垂直度允许偏差计入竖向荷载偏心的影响，偏心距应按计算跨度乘以允许偏差，并按双向偏心考虑。支护结构与主体结构相结合的工程中，利用各层地下结构梁板作为支护结构的水平内支撑体系。水平支撑的刚度可假定为无穷大，因而钢立柱假定为无水平位移。

3 立柱桩在上部荷载及基坑开挖土体应力释放的作用下，发生竖向变形，同时立柱桩承载的不均匀，增加了立柱桩间及立柱桩与地下连续墙之间产生较大沉降的可能，若差异沉降过大，将会使支撑系统产生裂缝，甚至影响结构体系的安全。控制整个结构的不均匀沉降是支护结构与主体结构相结合施工的关键技术之一。目前事先精确计算立柱桩在底板封闭前的沉降或上抬量还有一定困难，完全消除沉降差也是不可能的，但可通过桩底后注浆等措施，增大立柱桩的承载力并减小沉降，从而达到控制立柱沉降差的目的。

9.8 岩体基坑工程

9.8.1~9.8.6 本节给出岩石基坑和岩土组合基坑的设计原则。

9.9 地下水控制

9.9.1 在高地下水位地区，深基坑工程设计施工中的关键问题之一是如何有效地实施对地下水的控制。地下水控制失效也是引发基坑工程事故的重要源头。

9.9.3 基坑降水设计时对单井降深的计算，通常采用解析法用裘布衣公式计算。使用时，应注意其适用条件，裘布衣公式假定：（1）进入井中的水流主要是径向水流和水平流；（2）在整个水流深度上流速是均匀一致的（稳定流状态）。要求含水层是均质、各向同性的无限延伸的。单井抽水经一定时间后水量和水位均趋稳定，形成漏斗，在影响半径以外，水位降落为零，才符合公式使用条件。对于潜水，公式使用时，降深不能过大。降深过大时，水流以垂直分量为主，与公式假定不符。常见的基坑降水计算资料，只是一种粗略的计算，解析法不易取得理想效果。

鉴于计算技术的发展，数值法在降水设计中已有大量研究成果，并已在水资源评价中得到了应用。在基坑降水设计中已开始在重大实际工程中应用，并已取得与实测资料相应的印证。所以在设计等级甲级的基坑降水设计，可采用有限元数值方法进行设计。

9.9.6 地下水抽降将引起大范围的地面沉降。基坑围护结构渗漏亦易发生基坑外侧土层坍陷、地面下沉，引发基坑周边的环境问题。因此，为有效控制基坑周边的地面变形，在高地下水位地区的甲级基坑或基坑周边环境保护要求严格时，应进行基坑降水和环境保护的地下水控制专项设计。

地下水控制专项设计应包括降水设计、运营管理以及风险预测及应对等内容：

    1 制定基坑降水设计方案：

      1）进行工程地下水风险分析，浅层潜水降水的影响，疏干降水效果的估计；

      2）承压水突涌风险分析。

    2 基坑抗突涌稳定性验算。

    3 疏干降水设计计算，疏干井数量，深度。

    4 减压设计，当对下部承压水采取减压降水时，确定减压井数量、深度以及减压运营的要求。

    5 减压降水的三维数值分析，渗流数值模型的建立，减压降水结果的预测。

    6 减压降水对环境影响的分析及应采取的工程措施。

    7 支护桩、墙渗漏风险的预测及应对措施。

    8 降水措施与管理措施：

      1）现场排水系统布置；

      2）深井构造、设计、降水井标准；

      3）成井施工工艺的确定；

      4）降水井运行管理。

    深基坑降水和环境保护的专项设计，是一项比较复杂的设计工作。与基坑支护结构（或隔水帷幕）周围的地下水渗流特征及场地水文地质条件、支护结构及隔水帷幕的插入深度、降水井的位置等有关。

10 检验与监测

10.1 一般规定

10.1.1 为设计提供依据的试验为基本试验，应在设计前进行。基本试验应加载到极限或破坏，为设计人员提供足够的设计依据。

10.1.2 为验证设计结果或为工程验收提供依据的试验为验收检验。验收检验是利用工程桩、工程锚杆等进行试验，其最大加载量不应小于设计承载力特征值的 2 倍。

10.1.3 抗拔桩的验收检验应控制裂缝宽度，满足耐久性设计要求。

10.2 检 验

10.2.1 本条为强制性条文。基槽（坑）检验工作应包括下列内容：

    1 应做好验槽（坑）准备工作，熟悉勘察报告，了解拟建建筑物的类型和特点，研究基础设计图纸及环境监测资料。当遇有下列情况时，应列为验槽（坑）的重点：

      1）当持力土层的顶板标高有较大的起伏变化时；

      2）基础范围内存在两种以上不同成因类型的地层时；

      3）基础范围内存在局部异常土质或坑穴、古井、老地基或古迹遗址时；

      4）基础范围内遇有断层破碎带、软弱岩脉以及古河道、湖、沟、坑等不良地质条件时；

      5）在雨期或冬期等不良气候条件下施工，基底土质可能受到影响时。

    2 验槽（坑）应首先核对基槽（坑）的施工位置。平面尺寸和槽（坑）底标高的容许误差，可视具体的工程情况和基础类型确定。一般情况下，槽（坑）底标高的偏差应控制在 0mm～50mm 范围内；平面尺寸，由设计中心线向两边量测，长、宽尺寸不应小于设计要求。

    验槽（坑）方法宜采用轻型动力触探或袖珍贯入仪等简便易行的方法，当持力层中埋藏有下卧砂层而承压水头高于基底时，则不宜进行钎探，以免造成涌砂。当施工揭露的岩土条件与勘察报告有较大差别或者验槽（坑）人员认为必要时，可有针对性地进行补充勘察测试工作。

    3 基槽（坑）检验报告是岩土工程的重要技术档案，应做到资料齐全，及时归档。

10.2.2 复合地基提高地基承载力、减少地基变形的能力主要是设置了增强体，与地基土共同作用的结果，所以复合地基应对增强体施工质量进行检验。复合地基载荷试验由于试验的压板面积有限，考虑到大面积荷载的长期作用结果与小面积短时荷载作用的试验结果有一定的差异，故需要对载荷板尺寸限制。条形基础和独立基础复合地基载荷试验的压板宽度的确定宜考虑面积置换率和褥垫层厚度，基础宽度不大时应取基础宽度，基础宽度较大，试验条件达不到时应取较薄厚度褥垫层。

    对遇水软化、崩解的风化岩、膨胀性土等特殊土层，不可仅根据试验数据评价承载力等，尚应考虑于试验条件与实际施工条件的差异带来的潜在风险，试验结果宜考虑一定的折减。

10.2.3 在压实填土的施工过程中，取样检验分层土的厚度视施工机械而定，一般情况下宜按 200mm～500mm 分层进行检验。

10.2.4 利用贯入仪检验垫层质量，通过现场对比试验确定其击数与干密度的对应关系。

    垫层质量的检验可采用环刀法；在粗粒土垫层中，可采用灌水法、灌砂法进行检验。

10.2.5 预压处理的软弱地基，应在预压区内预留孔位，在预压前后堆载不同阶段进行原位十字板剪切试验和取土室内土工试验，检验地基处理效果。

10.2.6 强夯地基或强夯置换地基载荷试验的压板面积应考虑压板的尺寸效应，应采用大压板载荷试验，根据处理深度的大小，压板面积可采用 1m²～4m²，压板最小直径不得小于 1m。

10.2.7 砂石桩对桩体采用动力触探方法检验，对桩间土采用标准贯入、静力触探或其他原位测试方法进行检验可检测砂石桩及桩间土的挤密效果。如处理可液化地层时，可按标准贯入击数来检测砂性土的抗液化性。

10.2.8、10.2.9 水泥土搅拌桩进行标准贯入试验后对成桩质量有怀疑时可采用双管单动取样器对桩身钻芯取样，制成试块，测试桩身实际强度。钻孔直径不宜小于108mm。由于取芯和试样制作原因，桩身钻芯取样测试的桩身强度应该是较高值，评价时应给予注意。

单桩载荷试验和复合地基载荷试验是检验水泥土搅拌桩质量的最直接有效的方法，一般在龄期28d后进行。

10.2.10 本条为强制性条文。刚性桩复合地基单桩的桩身完整性检测可采用低应变法；单桩竖向承载力检测可采用静载荷试验；刚性桩复合地基承载力可采用单桩或多桩复合地基载荷试验。当施工工艺对地基土承载力影响较小、有地区经验时，可采用单桩静载荷试验和桩间土静载荷试验结果确定刚性桩复合地基承载力。

10.2.11 预制打入桩、静力压桩应提供经确认的桩顶标高、桩底标高、桩端进入持力层的深度等。其中预制桩还应提供打桩的最后三阵锤贯入度、总锤击数等，静力压桩还应提供最大压力值等。

当预制打入桩、静力压桩的入土深度与勘察资料不符或对桩端下卧层有怀疑时，可采用补勘方法，检查自桩端以上1m起至下卧层5d范围内的标准贯入击数和岩土特性。

10.2.12 混凝土灌注桩提供经确认的参数应包括桩端进入持力层的深度，对锤击沉管灌注桩，应提供最后三阵锤贯入度、总锤击数等。对钻（冲）孔桩，应提供孔底虚土或沉渣情况。当锤击沉管灌注桩、冲（钻）孔灌注桩的入土（岩）深度与勘察资料不符或对桩端下卧层有怀疑时，可采用补勘方法，检查自桩端以上1m起至下卧层5d范围内的岩土特性。

10.2.13 本条为强制性条文。人工挖孔桩应逐孔进行终孔验收，终孔验收的重点是持力层的岩土特征。对单柱单桩的大直径嵌岩桩，承载能力主要取决嵌岩段岩性特征和下卧层的持力性状，终孔时，应用超前钻逐孔对桩底下3d或5m深度范围内持力层进行检验，查明是否存在溶洞、破碎带和软夹层等，并提供岩芯抗压强度试验报告。

终孔验收如发现与勘察报告及设计文件不一致，应由设计人提出处理意见。缺少经验时，应进行桩端持力层岩基原位荷载试验。

10.2.14 本条为强制性条文。单桩竖向静载试验应在工程桩的桩身质量检验后进行。

10.2.15 桩基工程事故，有相当部分是因桩身存在严重的质量问题而造成的。桩基施工完成后，合理地选取工程桩进行完整性检测，评定工程桩质量是十分重要的。抽检方式必须随机、有代表性。常用桩基完整性检测方法有钻孔抽芯法、声波透射法、高应变动力检测法、低应变动力检测法等。其中低应变方法方便灵活，检测速度快，适宜用于预制桩、小直径灌注桩的检测。一般情况下低应变方法能可靠地检测到桩顶下第一个浅部缺陷的界面，但由于激振能量小，当桩身存在多个缺陷或桩周土阻力很大或桩长较大时，难以检测到桩底反射波和深部缺陷的反射波信号，影响检测结果准确度。改进方法是加大激振能量，相对地采用高应变检测方法的效果要好，但对大直径桩，特别是嵌岩桩，高、低应变均难以取得较好的检测效果。钻孔抽芯法通过钻取混凝土芯样和桩底持力层岩芯，既可直观地判别桩身混凝土的连续性，持力层岩土特征及沉渣情况，又可通过芯样试压，了解相应混凝土和岩样的强度，是大直径桩的重要检测方法。不足之处是一孔之见，存在片面性，且检测费用大，效率低。声波透射法通过预埋管逐个剖面检测桩身质量，既能可靠地发现桩身缺陷，又能合理地评定缺陷的位置、大小和形态，不足之处是需要预埋管，检测时缺乏随机性，且只能有效检测桩身质量。实际工作中，将声波透射法与钻孔抽芯法有机地结合起来进行大直径桩质量检测是科学、合理、且是切实有效的检测手段。

直径大于800mm的嵌岩桩，其承载力一般设计得较高，桩身质量是控制承载力的主要因素之一，应采用可靠的钻孔抽芯或声波透射法（或两者组合）进行检测。每个柱下承台的桩抽检数不得少于一根的规定，涵盖了单柱单桩的嵌岩桩必须100%检测，但直径大于800mm非嵌岩桩检测数量不少于总桩数的10%。小直径桩其抽检数量宜为20%。

10.2.16 工程桩竖向承载力检验可根据建筑物的重要程度确定抽检数量及检验方法。对地基基础设计等级为甲级、乙级的工程，宜采用慢速静荷载加载法进行承载力检验。

对预制桩和满足高应变法适用检测范围的灌注桩，当有静载对比试验时，可采用高应变法检验单桩竖向承载力，抽检数量不得少于总桩数的5%，且不得少于5根。

超过试验能力的大直径嵌岩桩的承载力特征值检验，可根据超前钻及钻孔抽芯法检验报告提供的嵌岩深度、桩端持力层岩石的单轴抗压强度、桩底沉渣情况和桩身混凝土质量，必要时结合桩端岩基荷载试验和桩侧摩阻力试验进行核验。

10.2.18 对地下连续墙，应提交经确认的成墙记录，主要包括槽底岩性、入岩深度、槽底标高、槽宽、垂直度、清渣、钢筋笼制作和安装质量、混凝土灌注质量记录及预留试块强度检验报告等。由于高低应变检测数学模型与连续墙不符，对地下连续墙的检测，应采用钻孔抽芯或声波透射法。对承重连续墙，检验槽段不宜少于同条件下总槽段数的20%。

10.2.19 岩石锚杆现在已普遍使用。本规范2002版规定检验数量不得少于锚杆总数的3%，为了更好地控制岩石锚杆施工质量，提高检验数量，规定检验数量不得少于锚杆总数的5%，但最少抽检数量不变。

10.3 监　　测

10.3.1 监测剖面及监测点数量应满足监控到填土区的整体稳定性及边界区边坡的滑移稳定性的要求。

10.3.2 本条为强制性条文。由于设计、施工不当造成的基坑事故时有发生，人们认识到基坑工程的监测是实现信息化施工、避免事故发生的有效措施，又是完善、发展设计理论、设计方法和提高施工水平的重要手段。

根据基坑开挖深度及周边环境保护要求确定基坑的地基基础设计等级，依据地基基础设计等级对基坑的监测内容、数量、频次、报警标准及抢险措施提出明确要求，实施动态设计和信息化施工。本条列为强制性条文，使基坑开挖过程必须严格进行第三方监测，确保基坑及周边环境的安全。

10.3.3 人工挖孔桩降水、基坑开挖降水等都对环境有一定的影响，为了确保周边环境的安全和正常使用，施工降水过程中应对地下水位变化、周边地形、建筑物的变形、沉降、倾斜、裂缝和水平位移等情况进行监测。

10.3.4 预应力锚杆施加的预应力实际值因锁定工艺不同和基坑及周边条件变化而发生改变，需要监测。

当监测的锚头预应力不足设计锁定值的70%，且边坡位移超过设计警戒值时，应对预应力锚杆重新进行张拉锁定。

10.3.5 监测项目选择应根据基坑支护形式、地质条件、工程规模、施工工况与季节及环境保护的要求等因素综合而定。对设计等级为丙级的基坑也提出了监测要求，对每种等级的基坑均增加了地面沉降监测要求。

10.3.6 监测值的变化和周边建（构）筑物、管线允许的最大沉降变形是确定监控报警标准的主要因素，其中周边建（构）筑物原有的沉降与基坑开挖造成的附加沉降叠加后，不能超过允许的最大沉降变形值。

爆破对周边环境的影响程度与炸药量、引爆方式、地质条件、离爆破点距离等有关，实际影响程度需对测点的振动速度和频率进行监测确定。

10.3.7 挤土桩施工过程中造成的土体隆起等挤土效应，不但影响周边环境，也会造成邻桩的抬起，严重影响成桩质量和单桩承载力，应实施监控。监测结果反映土体隆起和位移、邻桩桩顶标高及桩位偏差超出设计要求时，应提出处理意见。

10.3.8 本条为强制性条文。本条所指的建筑物沉降观测包括从施工开始，整个施工期内和使用期间对建筑物进行的沉降观测。并以实测资料作为建筑物地基基础工程质量检查的依据之一，建筑物施工期的观测日期和次数，应根据施工进度确定，建筑物竣工后的第一年内，每隔2月～3月观测一次，以后适当延长至4月～6月，直至达到沉降变形稳定标准为止。

中华人民共和国国家标准

建筑边坡工程技术规范

Technical code for building slope engineering

GB 50330—2013

主编部门：重 庆 市 城 乡 建 设 委 员 会
批准部门：中华人民共和国住房和城乡建设部
施行日期：２ ０ １ ４ 年 ６ 月 １ 日

中华人民共和国住房和城乡建设部
公 告

第 195 号

住房城乡建设部关于发布国家标准
《建筑边坡工程技术规范》的公告

现批准《建筑边坡工程技术规范》为国家标准，编号为 GB 50330—2013，自 2014 年 6 月 1 日起实施。其中，第 3.1.3、3.3.6、18.4.1、19.1.1 条为强制性条文，必须严格执行。原《建筑边坡工程技术规范》GB 50330—2002 同时废止。

本规范由我部标准定额研究所组织中国建筑工业出版社出版发行。

中华人民共和国住房和城乡建设部
2013 年 11 月 1 日

前 言

根据原建设部《关于印发〈2007 年工程建设标准规范制订、修订计划（第一批）〉的通知》（建标〔2007〕125 号）的要求，规范编制组经广泛调查研究，认真总结实践经验，参考有关国内标准和国际标准，并在广泛征求意见的基础上，修订了《建筑边坡工程技术规范》GB 50330‐2002。

本规范主要技术内容是：1. 总则；2. 术语和符号；3. 基本规定；4. 边坡工程勘察；5. 边坡稳定性评价；6. 边坡支护结构上的侧向岩土压力；7. 坡顶有重要建（构）筑物的边坡工程；8. 锚杆（索）；9. 锚杆（索）挡墙；10. 岩石锚喷支护；11. 重力式挡墙；12. 悬臂式挡墙和扶壁式挡墙；13. 桩板式挡墙；14. 坡率法；15. 坡面防护与绿化；16. 边坡工程排水；17. 工程滑坡防治；18. 边坡工程施工；19. 边坡工程监测、质量检验及验收。

本规范修订的主要技术内容是：

1. 明确临时性边坡（包括岩质基坑边坡）的有关参数（如破裂角、等效内摩擦角等）取值，给出临时性边坡的侧向压力计算；

2. 将锚杆有关计算（锚杆截面、锚固体与地层的锚固长度和杆体与锚固体的锚固长度计算）由原规范的概率极限状态计算方法转换成安全系数法；

3. 调整边坡稳定性分析评价方法：圆弧形滑动面稳定性计算时推荐采用毕肖普法，折线形滑动面稳定性计算时推荐采用传递系数隐式解法；

4. 增加分阶坡形的侧压力计算方法，给出了抗震时边坡支护结构侧压力的计算内容；

5. 对永久性边坡的岩石锚喷支护进行了局部修改完善，补充了临时性边坡及坡面防护的锚喷支护的有关内容；

6. 增加扶壁式挡墙形式，补充有关技术内容；

7. 新增"桩板式挡墙"一章，给出了桩板式挡墙的设计原则、计算、构造及施工等有关技术内容；

8. 新增"坡面防护与绿化"一章，规定了坡面防护与绿化的设计原则、计算、构造及施工等有关技术内容；

9. 将原规范第 3.5 节"排水措施"扩充成"边坡工程排水"一章，规定了边坡工程坡面防水、地下排水及防渗的设计和施工方法；

10. 将原规范第 3.6 节"坡顶有重要建（构）筑物的边坡工程设计"与第 14 章"边坡变形控制"合并，形成本规范的第 7 章"坡顶有重要建（构）筑物的边坡工程"，规定了坡顶有重要建（构）筑物边坡工程设计原则、方法、岩土侧压力的修订方法，抗震设计及安全施工的具体要求；

11. 修改工程滑坡的防治，删除危岩和崩塌防治内容；

12. 对边坡工程监测、质量检验及验收进行局部修改完善，并给出了边坡工程监测的预警值。

本规范中以黑体字标志的条文为强制性条文，必须严格执行。

本规范由住房和城乡建设部负责管理和对强制性条文的解释，由重庆市设计院负责具体技术内容的解释。执行过程中如有意见或建议，请寄送重庆市设计院（地址：重庆市渝中区人和街 31 号，邮政编码：
400015）。

本 规 范 主 编 单 位：重庆市设计院
中国建筑技术集团有限
公司

本 规 范 参 编 单 位：中国人民解放军后勤工程
学院
中冶建筑研究总院有限
公司
重庆市建筑科学研究院
重庆交通大学
中铁二院重庆勘察设计研
究院有限责任公司
中国科学院地质与地球物
理研究所
建设综合勘察研究设计院
有限公司
大连理工大学
中国建筑西南勘察设计研
究院有限公司

北京市勘察设计研究院有
限公司
重庆市建设工程勘察质量
监督站
重庆大学
重庆一建建设集团有限
公司

本规范主要起草人员：郑生庆　郑颖人　黄　强
陈希昌　汤启明　刘兴远
陆　新　胡建林　凌天清
黄家愉　周显毅　何　平
康景文　贾金青　李正川
沈小克　伍法权　周载阳
杨素春　李耀刚　张季茂
王　华　姚　刚　周忠明
张智浩　张培文

本规范主要审查人员：滕延京　钱志雄　张旷成
杨　斌　罗济章　薛尚铃
王德华　钟　阳　戴一鸣
常大美

目　次

Contents

1 总　则

1.0.1　为在建筑边坡工程的勘察、设计、施工及质量控制中贯彻执行国家技术经济政策，做到技术先进、安全可靠、经济合理、确保质量和保护环境，制定本规范。

1.0.2　本规范适用于岩质边坡高度为 30m 以下（含30m）、土质边坡高度为 15m 以下（含 15m）的建筑边坡工程以及岩石基坑边坡工程。

超过上述限定高度的边坡工程或地质和环境条件复杂的边坡工程除应符合本规范的规定外，尚应进行专项设计，采取有效、可靠的加强措施。

1.0.3　软土、湿陷性黄土、冻土、膨胀土和其他特殊性岩土以及侵蚀性环境的建筑边坡工程，尚应符合国家现行相应专业标准的规定。

1.0.4　建筑边坡工程应综合考虑工程地质、水文地质、边坡高度、环境条件、各种作用、邻近的建（构）筑物、地下市政设施、施工条件和工期等因素，因地制宜，精心设计，精心施工。

1.0.5　建筑边坡工程除应符合本规范外，尚应符合国家现行有关标准的规定。

2　术语和符号

2.1　术　语

2.1.1　建筑边坡　building slope
　　在建筑场地及其周边，由于建筑工程和市政工程开挖或填筑施工所形成的人工边坡和对建（构）筑物安全或稳定有不利影响的自然斜坡。本规范中简称边坡。

2.1.2　边坡支护　slope retaining
　　为保证边坡稳定及其环境的安全，对边坡采取的结构性支挡、加固与防护行为。

2.1.3　边坡环境　slope environment
　　边坡影响范围内或影响边坡安全的岩土体、水系、建（构）筑物、道路及管网等的统称。

2.1.4　永久性边坡　longterm slope
　　设计使用年限超过 2 年的边坡。

2.1.5　临时性边坡　temporary slope
　　设计使用年限不超过 2 年的边坡。

2.1.6　锚杆（索）　anchor（anchorage）
　　将拉力传至稳定岩土层的构件（或系统）。当采用钢绞线或高强钢丝束并施加一定的预拉应力时，称为锚索。

2.1.7　锚杆挡墙　retaining wall with anchors
　　由锚杆（索）、立柱和面板组成的支护结构。

2.1.8　锚喷支护　anchor-shotcrete retaining
　　由锚杆和喷射混凝土面板组成的支护结构。

2.1.9　重力式挡墙　gravity retaining wall
　　依靠自身重力使边坡保持稳定的支护结构。

2.1.10　扶壁式挡墙　counterfort retaining wall
　　由立板、底板、扶壁和墙后填土组成的支护结构。

2.1.11　桩板式挡墙　pile-sheet retaining
　　由抗滑桩和桩间挡板等构件组成的支护结构。

2.1.12　坡率法　slope ratio method
　　通过调整、控制边坡坡率维持边坡整体稳定和采取构造措施保证边坡及坡面稳定的边坡治理方法。

2.1.13　工程滑坡　engineering-triggered landslide
　　因建筑和市政建设等工程行为而诱发的滑坡。

2.1.14　软弱结构面　weak structural plane
　　断层破碎带、软弱夹层、含泥或岩屑等结合程度很差、抗剪强度极低的结构面。

2.1.15　外倾结构面　out-dip structural plane
　　倾向坡外的结构面。

2.1.16　边坡塌滑区　landslip zone of slope
　　计算边坡最大侧压力时潜在滑动面和控制边坡稳定的外倾结构面以外的区域。

2.1.17　岩体等效内摩擦角　equivalent angle of internal friction
　　包括边坡岩体黏聚力、重度和边坡高度等因素影响的综合内摩擦角。

2.1.18　动态设计法　method of information design
　　根据信息法施工和施工勘察反馈的资料，对地质结论、设计参数及设计方案进行再验证，确认原设计条件有较大变化，及时补充、修改原设计的设计方法。

2.1.19　信息法施工　construction of information
　　根据施工现场的地质情况和监测数据，对地质结论、设计参数进行验证，对施工安全性进行判断并及时修正施工方案的施工方法。

2.1.20　逆作法　topdown construction method
　　在建筑边坡工程施工中自上而下分阶开挖及支护的施工方法。

2.1.21　土层锚杆　anchored bar in soil
　　锚固于稳定土层中的锚杆。

2.1.22　岩石锚杆　anchored bar in rock
　　锚固于稳定岩层内的锚杆。

2.1.23　系统锚杆　system of anchor bars
　　为保证边坡整体稳定，在坡体上按一定方式设置的锚杆群。

2.1.24　坡顶重要建（构）筑物　important construction on top of slope
　　位于边坡坡顶上的破坏后果很严重、严重的建（构）筑物。

2.1.25　荷载分散型锚杆　load-dispersive anchorage

在锚杆孔内，由多个独立的单元锚杆所组成的复合锚固体系。每个单元锚杆由独立的自由段和锚固段构成，能使锚杆所承担的荷载分散于各单元锚杆的锚固段上。一般可分为压力分散型锚杆和拉力分散型锚杆。

2.1.26 地基系数 coefficient of subgrade reaction

弹性半空间地基上某点所受的法向压力与相应位移的比值，又称温克尔系数。

2.2 符 号

2.2.1 作用和作用效应

e_a——修正前侧向土压力；

e'_a——修正后侧向土压力；

e_p——挡墙前侧向被动土压力；

E_a——相应于荷载标准组合的主动岩土压力合力；

E'_a——修正主动岩土压力合力；

E'_{ah}——侧向岩土压力合力水平分力修正值；

E_0——静止土压力；

E_p——挡墙前侧向被动土压力合力；

G——四边形滑裂体自重；挡墙每延米自重；滑体单位宽度自重；

H_{tk}——锚杆水平拉力标准值；

K_a——主动岩、土压力系数；

K_0——静止土压力系数；

K_p——被动岩、土压力系数；

q——地表均布荷载标准值；

q_L——局部均布荷载标准值；

α_w——边坡综合水平地震系数。

2.2.2 材料性能和抗力性能

c——岩土体的黏聚力；滑移面的黏聚力；

c'——有效应力的岩土体的黏聚力；

c_s——边坡外倾软弱结构面的黏聚力；

φ——岩土体的内摩擦角；

φ'——有效应力的岩土体的内摩擦角；

φ_s——边坡外倾软弱结构面内摩擦角；

γ——岩土体的重度；

γ'——岩土体的浮重度；

γ_{sat}——岩土体的饱和重度；

γ_w——水的重度；

D_r——土体的相对密实度；

w_L——土体的液限；

I_L——土的液性指数；

μ——挡墙底与地基岩土体的摩擦系数；

ρ——地震角。

2.2.3 几何参数

a——上阶边坡的宽度；坡脚到坡顶重要建筑物基础外边缘的水平距离；

A——锚杆杆体截面面积；滑动面面积；

A_c——锚固体截面面积；

A_s——锚杆钢筋或预应力钢绞线截面面积；

B——肋柱宽度；

B_p——桩身计算宽度；

H——边坡高度；挡墙高度；

L——边坡坡顶塌滑区外缘至坡底边缘的水平投影距离；

l_a——锚杆锚固体与地层间的锚固段长度或锚筋与砂浆间的锚固长度；

α——锚杆倾角；支挡结构墙背与水平面的夹角；

α'——边坡面与水平面的夹角；

α_0——挡墙底面倾角；

β——填土表面与水平面的夹角；地表斜坡面与水平面的夹角；

δ——墙背与岩土的摩擦角；

δ_r——稳定且无软弱层的岩石坡面与填土间的内摩擦角；

θ——边坡的破裂角；缓倾的外倾软弱结构面的倾角；假定岩土体滑动面与水平面的夹角；稳定岩石坡面或假定边坡岩土体滑动面与水平面的夹角；滑面倾角。

2.2.4 计算系数

F_s——边坡稳定性系数；挡墙抗滑移稳定系数；

F_t——挡墙抗倾覆稳定系数；

F_{st}——边坡稳定安全系数；

K——安全系数；

K_b——锚杆杆体抗拉安全系数，或锚杆钢筋抗拉安全系数；

β_1——岩质边坡主动岩石压力修正系数；

β_2——锚杆挡墙侧向岩土压力修正系数；

γ_0——支护结构重要性系数；

γ_k——滑坡稳定安全系数。

3 基 本 规 定

3.1 一 般 规 定

3.1.1 建筑边坡工程设计时应取得下列资料：

1 工程用地红线图、建筑平面布置总图、相邻建筑物的平、立、剖面和基础图等；

2 场地和边坡勘察资料；

3 边坡环境资料；

4 施工条件、施工技术、设备性能和施工经验等资料；

5 有条件时宜取得类似边坡工程的经验。

3.1.2 一级边坡工程应采用动态设计法。二级边坡工程宜采用动态设计法。

3.1.3 建筑边坡工程的设计使用年限不应低于被保

护的建（构）筑物设计使用年限。

3.1.4 建筑边坡支护结构形式应考虑场地地质和环境条件、边坡高度、边坡侧压力的大小和特点、对边坡变形控制的难易程度以及边坡工程安全等级等因素，可按表3.1.4选定。

表3.1.4 边坡支护结构常用形式

条件 支护结构	边坡环境 条件	边坡高度 H（m）	边坡工程 安全等级	备注
重力式挡墙	场地允许，坡顶无重要建（构）筑物	土质边坡，$H \leqslant 10$ 岩质边坡，$H \leqslant 12$	一、二、三级	不利于控制边坡变形。土方开挖后边坡稳定较差时不应采用
悬臂式挡墙、扶壁式挡墙	填方区	悬臂式挡墙，$H \leqslant 6$ 扶壁式挡墙，$H \leqslant 10$	一、二、三级	适用于土质边坡
桩板式挡墙		悬臂式，$H \leqslant 15$ 锚拉式，$H \leqslant 25$	一、二、三级	桩嵌固段土质较差时不宜采用，当挡墙变形要求较高时宜采用锚拉式桩板挡墙
板肋式或格构式锚杆挡墙		土质边坡，$H \leqslant 15$ 岩质边坡，$H \leqslant 30$	一、二、三级	边坡高度较大或稳定性较差时宜采用逆作法施工。对挡墙变形有较高要求的边坡，宜采用预应力锚杆
排桩式锚杆挡墙	坡顶建（构）筑物需要保护，场地狭窄	土质边坡，$H \leqslant 15$ 岩质边坡，$H \leqslant 30$	一、二、三级	有利于对边坡变形控制。适用于稳定性较差的土质边坡、有外倾软弱结构面的岩质边坡、垂直开挖施工尚不能保证稳定的边坡
岩石锚喷支护		Ⅰ类岩质边坡，$H \leqslant 30$	一、二、三级	适用于岩质边坡
		Ⅱ类岩质边坡，$H \leqslant 30$	二、三级	
		Ⅲ类岩质边坡，$H \leqslant 15$	二、三级	
坡率法	坡顶无重要建（构）筑物，场地有放坡条件	土质边坡，$H \leqslant 10$ 岩质边坡，$H \leqslant 25$	一、二、三级	不良地质段，地下水发育区、软塑及流塑状土时不应采用

3.1.5 规模大、破坏后果很严重、难以处理的滑坡、

危岩、泥石流及断层破碎带地区，不应修筑建筑边坡。

3.1.6 山区工程建设时应根据地质、地形条件及工程要求，因地制宜设置边坡，避免形成深挖高填的边坡工程。对稳定性较差且边坡高度较大的边坡工程宜采用放坡或分阶放坡方式进行治理。

3.1.7 当边坡坡体内洞室密集而对边坡产生不利影响时，应根据洞室大小和深度等因素进行稳定性分析，采取相应的加强措施。

3.1.8 存在临空外倾结构面的岩土质边坡，支护结构基础必须置于外倾结构面以下稳定地层内。

3.1.9 边坡工程平面布置、竖向及立面设计应考虑对周边环境的影响，做到美化环境，体现生态保护要求。

3.1.10 当施工期边坡变形较大且大于规范、设计允许值时，应采取包括边坡施工期临时加固措施的支护方案。

3.1.11 对已出现明显变形、发生安全事故及使用条件发生改变的边坡工程，其鉴定和加固应按现行国家标准《建筑边坡工程鉴定与加固技术规范》GB 50843的有关规定执行。

3.1.12 下列边坡工程的设计及施工应进行专门论证：

1 高度超过本规范适用范围的边坡工程；

2 地质和环境条件复杂、稳定性极差的一级边坡工程；

3 边坡塌滑区有重要建（构）筑物、稳定性较差的边坡工程；

4 采用新结构、新技术的一、二级边坡工程。

3.1.13 建筑边坡工程的混凝土结构耐久性设计应符合现行国家标准《混凝土结构设计规范》GB 50010的规定。

3.2 边坡工程安全等级

3.2.1 边坡工程应根据其损坏后可能造成的破坏后果（危及人的生命、造成经济损失、产生不良社会影响）的严重性、边坡类型和边坡高度等因素，按表3.2.1确定边坡工程安全等级。

表3.2.1 边坡工程安全等级

边坡类型		边坡高度 H（m）	破坏后果	安全等级
岩质边坡	岩体类型为Ⅰ或Ⅱ类	$H \leqslant 30$	很严重	一级
			严重	二级
			不严重	三级
	岩体类型为Ⅲ或Ⅳ类	$15 < H \leqslant 30$	很严重	一级
			严重	二级
		$H \leqslant 15$	很严重	一级
			严重	二级
			不严重	三级

续表 3.2.1

边坡类型	边坡高度 H(m)	破坏后果	安全等级
土质边坡	$10 < H \leqslant 15$	很严重	一级
		严重	二级
	$H \leqslant 10$	很严重	一级
		严重	二级
		不严重	三级

注：1 一个边坡工程的各段，可根据实际情况采用不同的安全等级；

    2 对危害性极严重、环境和地质条件复杂的边坡工程，其安全等级应根据工程情况适当提高；

    3 很严重：造成重大人员伤亡或财产损失；严重：可能造成人员伤亡或财产损失；不严重：可能造成财产损失。

3.2.2 破坏后果很严重、严重的下列边坡工程，其安全等级应定为一级：

    1 由外倾软弱结构面控制的边坡工程；

    2 工程滑坡地段的边坡工程；

    3 边坡塌滑区有重要建（构）筑物的边坡工程。

3.2.3 边坡塌滑区范围可按下式估算：

$$L = \frac{H}{\tan\theta} \qquad (3.2.3)$$

式中：L——边坡坡顶塌滑区外缘至坡底边缘的水平投影距离(m)；

    H——边坡高度(m)；

    θ——坡顶无荷载时边坡的破裂角(°)；对直立土质边坡可取 $45° + \varphi/2$，φ 为土体的内摩擦角；对斜面土质边坡，可取 $(\beta + \varphi)/2$，β 为坡面与水平面的夹角，φ 为土体的内摩擦角；对直立岩质边坡可按本规范第 6.3.3 条确定；对倾斜坡面岩质边坡可按本规范第 6.3.4 条确定。

3.3 设计原则

3.3.1 边坡工程设计应符合下列规定：

    1 支护结构达到最大承载能力、锚固系统失效、发生不适于继续承载的变形或坡体失稳应满足承载能力极限状态的设计要求；

    2 支护结构和边坡达到支护结构或邻近建（构）筑物的正常使用所规定的变形限值或达到耐久性的某项规定限值应满足正常使用极限状态的设计要求。

3.3.2 边坡工程设计所采用作用效应组合与相应的抗力限值应符合下列规定：

    1 按地基承载力确定支护结构或构件的基础底面积及埋深或按单桩承载力确定桩数时，传至基础或桩上的作用效应应采用荷载效应标准组合；相应的抗力应采用地基承载力特征值或单桩承载力特征值；

    2 计算边坡与支护结构的稳定性时，应采用荷载效应基本组合，但其分项系数均为1.0；

    3 计算锚杆面积、锚杆杆体与砂浆的锚固长度、锚杆锚固体与岩土层的锚固长度时，传至锚杆的作用效应应采用荷载效应标准组合；

    4 在确定支护结构截面、基础高度、计算基础或支护结构内力、确定配筋和验算材料强度时，应采用荷载效应基本组合，并应满足下式的要求：

$$\gamma_0 S \leqslant R \qquad (3.3.2)$$

式中：S——基本组合的效应设计值；

    R——结构构件抗力的设计值；

    γ_0——支护结构重要性系数，对安全等级为一级的边坡不应低于1.1，二、三级边坡不应低于1.0。

    5 计算支护结构变形、锚杆变形及地基沉降时，应采用荷载效应的准永久组合，不计入风荷载和地震作用，相应的限值应为支护结构、锚杆或地基的变形允许值；

    6 支护结构抗裂计算时，应采用荷载效应标准组合，并考虑长期作用影响；

    7 抗震设计时地震作用效应和荷载效应的组合应按国家现行有关标准执行。

3.3.3 地震区边坡工程应按下列原则考虑地震作用的影响：

    1 边坡工程抗震设防烈度应根据中国地震动参数区划图确定的本地区地震基本烈度，且不应低于边坡塌滑区内建筑物的设防烈度；

    2 抗震设防的边坡工程，其地震作用计算应按国家现行有关标准执行；抗震设防烈度为 6 度的地区，边坡工程支护结构可不进行地震作用计算，但应采取抗震构造措施，抗震设防烈度 6 度以上的地区，边坡工程支护结构应进行地震作用计算，临时性边坡可不作抗震计算；

    3 支护结构和锚杆外锚头等，应按抗震设防烈度要求采取相应的抗震构造措施。

3.3.4 抗震设防区，支护结构或构件承载能力应采用地震作用效应和荷载效应基本组合进行验算。

3.3.5 边坡工程设计应包括支护结构的选型、平面及立面布置、计算、构造和排水，并对施工、监测及质量验收等提出要求。

3.3.6 边坡支护结构设计时应进行下列计算和验算：

    1 支护结构及其基础的抗压、抗弯、抗剪、局部抗压承载力的计算；支护结构基础的地基承载力计算；

    2 锚杆锚固体的抗拔承载力及锚杆杆体抗拉承载力的计算；

    3 支护结构稳定性验算。

3.3.7 边坡支护结构设计时尚应进行下列计算和验算：

    1 地下水发育边坡的地下水控制计算；

    2 对变形有较高要求的边坡工程还应结合当地经验进行变形验算。

4 边坡工程勘察

4.1 一般规定

4.1.1 下列建筑边坡工程应进行专门性边坡工程地质勘察：

    1 超过本规范适用范围的边坡工程；

    2 地质条件和环境条件复杂、有明显变形迹象的一级边坡工程；

    3 边坡邻近有重要建（构）筑物的边坡工程。

4.1.2 除本规范第4.1.1条规定外的其他边坡工程可与建筑工程地质勘察一并进行，但应满足边坡勘察的工作深度和要求，勘察报告应有边坡稳定性评价的内容。大型和地质环境复杂的边坡工程宜分阶段勘察；当地质环境复杂、施工过程中发现地质环境与原勘察资料不符可能影响边坡治理效果或因设计、施工原因变更边坡支护方案时尚应进行施工勘察。

4.1.3 岩质边坡的破坏形式应按表4.1.3划分。

表 4.1.3 岩质边坡的破坏形式分类

破坏形式	岩体特征		破坏特征
滑移型	由外倾结构面控制的岩体	硬性结构面的岩体	沿外倾结构面滑移，分单面滑移与多面滑移
		软弱结构面的岩体	
	不受外倾结构面控制和无外倾结构面的岩体	块状岩体、碎裂状、散体状岩体	沿极软岩、强风化岩、碎裂结构或散体状岩体中最不利滑动面滑移
崩塌型	受结构面切割控制的岩体	被结构面切割的岩体	沿陡倾、临空的结构面塌滑；由内、外倾结构不利组合面切割，块体失稳倾倒；岩腔上岩体沿结构面剪切或坠落破坏
	无外倾结构面的岩体	整体状岩体、巨块状岩体	陡立边坡，因卸荷作用产生拉张裂缝导致岩体倾倒

4.1.4 岩质边坡工程勘察应根据岩体主要结构面与坡向的关系、结构面的倾角大小、结合程度、岩体完整程度等因素对边坡岩体类型进行划分，并应符合表4.1.4的规定。

表 4.1.4 岩质边坡的岩体分类

边坡岩体类型	判定条件			
	岩体完整程度	结构面结合程度	结构面产状	直立边坡自稳能力
I	完整	结构面结合良好或一般	外倾结构面或外倾不同结构面的组合线倾角＞75°或＜27°	30m高的边坡长期稳定，偶有掉块
II	完整	结构面结合良好或一般	外倾结构面或外倾不同结构面的组合线倾角27°～75°	15m高的边坡稳定，15m～30m高的边坡欠稳定
	完整	结构面结合差	外倾结构面或外倾不同结构面的组合线倾角＞75°或＜27°	15m高的边坡稳定，15m～30m高的边坡欠稳定
	较完整	结构面结合良好或一般	外倾结构面或外倾不同结构面的组合线倾角＞75°或＜27°	边坡出现局部落块
III	完整	结构面结合差	外倾结构面或外倾不同结构面的组合线倾角27°～75°	8m高的边坡稳定，15m高的边坡欠稳定
	较完整	结构面结合良好或一般	外倾结构面或外倾不同结构面的组合线倾角27°～75°	8m高的边坡稳定，15m高的边坡欠稳定
	较完整	结构面结合差	外倾结构面或外倾不同结构面的组合线倾角＞75°或＜27°	8m高的边坡稳定，15m高的边坡欠稳定
	较破碎	结构面结合良好或一般	外倾结构面或外倾不同结构面的组合线倾角＞75°或＜27°	8m高的边坡稳定，15m高的边坡欠稳定
	较破碎（碎裂镶嵌）	结构面结合良好或一般	结构面无明显规律	8m高的边坡稳定，15m高的边坡欠稳定

续表4.1.4

边坡岩体类型	判定条件			
	岩体完整程度	结构面结合程度	结构面产状	直立边坡自稳能力
Ⅳ	较完整	结构面结合差或很差	外倾结构面以层面为主，倾角多为27°~75°	8m高的边坡不稳定
	较破碎	结构面结合一般或差	外倾结构面或外倾不同结构面的组合线倾角27°~75°	8m高的边坡不稳定
	破碎或极破碎	碎块间结合很差	结构面无明显规律	8m高的边坡不稳定

注：1 结构面指原生结构面和构造结构面，不包括风化裂隙；

2 外倾结构面系指倾向与坡向的夹角小于30°的结构面；

3 不包括全风化基岩，全风化基岩可视为土体；

4 Ⅰ类岩体为软岩，应降为Ⅱ类岩体；Ⅰ类岩体为较软岩且边坡高度大于15m时，可降为Ⅱ类；

5 当地下水发育时，Ⅱ、Ⅲ类岩体可根据具体情况降低一档；

6 强风化岩应划为Ⅳ类；完整的极软岩可划为Ⅲ类或Ⅳ类；

7 当边坡岩体较完整、结构面结合差或很差、外倾结构面或外倾不同结构面的组合线倾角27°~75°，结构面贯通性差时，可划为Ⅲ类；

8 当有贯通性较好的外倾结构面时应验算沿该结构面破坏的稳定性。

4.1.5 当无外倾结构面及外倾不同结构面组合时，完整、较完整的坚硬岩、较硬岩宜划为Ⅰ类，较破碎的坚硬岩、较硬岩宜划为Ⅱ类；完整、较完整的较软岩、软岩宜划为Ⅱ类，较破碎的较软岩、软岩可划为Ⅲ类。

4.1.6 确定岩质边坡的岩体类型时，由坚硬程度不同的岩石互层组成且每层厚度小于或等于5m的岩质边坡宜视为由相对软弱岩石组成的边坡。当边坡岩体由两层以上单层厚度大于5m的岩体组成时，可分段确定边坡岩体类型。

4.1.7 已有变形迹象的边坡宜在勘察期间进行变形监测。

4.1.8 边坡工程勘察等级应根据边坡工程安全等级和地质环境复杂程度按表4.1.8划分。

表4.1.8 边坡工程勘察等级

边坡工程安全等级	边坡地质环境复杂程度		
	复杂	中等复杂	简单
一级	一级	一级	二级
二级	一级	二级	三级
三级	二级	三级	三级

4.1.9 边坡地质环境复杂程度可按下列标准判别：

1 地质环境复杂：组成边坡的岩土体种类多，强度变化大，均匀性差，土质边坡潜在滑面多，岩质边坡受外倾结构面或外倾不同结构面组合控制，水文地质条件复杂；

2 地质环境中等复杂：介于地质环境复杂与地质环境简单之间；

3 地质环境简单：组成边坡的岩土体种类少，强度变化小，均匀性好，土质边坡潜在滑面少，岩质边坡受外倾结构面或外倾不同结构面组合控制，水文地质条件简单。

4.1.10 工程滑坡应根据工程特点按现行国家有关标准执行。

4.2 边坡工程勘察要求

4.2.1 边坡工程勘察前除应收集边坡及邻近边坡的工程地质资料外，尚应取得下列资料：

1 附有坐标和地形的拟建边坡支挡结构的总平面布置图；

2 边坡高度、坡底高程和边坡平面尺寸；

3 拟建场地的整平高程和挖方、填方情况；

4 拟建支挡结构的性质、结构特点及拟采取的基础形式、尺寸和埋置深度；

5 边坡滑塌区及影响范围内的建（构）筑物的相关资料；

6 边坡工程区域的相关气象资料；

7 场地区域最大降雨强度和二十年一遇及五十年一遇最大降水量；河、湖历史最高水位和二十年一遇及五十年一遇的水位资料；可能影响边坡水文地质条件的工业和市政管线、江河等水源因素，以及相关水库水位调度方案资料；

8 对边坡工程产生影响的汇水面积、排水坡度、长度和植被等情况；

9 边坡周围山洪、冲沟和河流冲淤等情况。

4.2.2 边坡工程勘察应包括下列内容：

1 场地地形和场地所在地貌单元；

2 岩土时代、成因、类型、性状、覆盖层厚度、基岩面的形态和坡度、岩石风化和完整程度；

3 岩、土体的物理力学性能；

4 主要结构面特别是软弱结构面的类型、产状、发育程度、延伸程度、结合程度、充填状况、充水状况、组合关系、力学属性和与临空面的关系；

5 地下水水位、水量、类型、主要含水层分布情况、补给及动态变化情况；

6 岩土的透水性和地下水的出露情况；

7 不良地质现象的范围和性质；

8 地下水、土对支挡结构材料的腐蚀性；

9 坡顶邻近（含基坑周边）建（构）筑物的荷载、结构、基础形式和埋深，地下设施的分布和埋深。

4.2.3 边坡工程勘察应先进行工程地质测绘和调查。工程地质测绘和调查工作应查明边坡的形态、坡角、结构面产状和性质等，工程地质测绘和调查范围应包括可能对边坡稳定有影响及受边坡影响的所有地段。

4.2.4 边坡工程勘探应采用钻探（直孔、斜孔）、坑（井）探、槽探和物探等方法。对于复杂、重要的边坡工程可辅以洞探。位于岩溶发育的边坡除采用上述方法外，尚应采用物探。

4.2.5 边坡工程勘探范围应包括坡面区域和坡面外围一定的区域。对无外倾结构面控制的岩质边坡的勘探范围：到坡顶的水平距离一般不应小于边坡高度；外倾结构面控制的岩质边坡的勘探范围应根据组成边坡的岩土性质及可能破坏模式确定。对于可能按坡体内部圆弧形破坏的土质边坡不应小于1.5倍坡高。对可能沿岩土界面滑动的土质边坡，后部应大于可能的后缘边界，前缘应大于可能的剪出口位置。勘察范围尚应包括可能对建（构）筑物有潜在安全影响的区域。

4.2.6 勘探线应以垂直边坡走向或平行主滑方向布置为主，在拟设支挡结构的位置应布置平行和垂直的勘探线。成图比例尺应大于或等于1∶500，剖面的纵横比例应相同。

4.2.7 勘探点分为一般性勘探点和控制性勘探点。控制性勘探点宜占勘探点总数的1/5～1/3，地质环境条件简单、大型的边坡工程取1/5，地质环境条件复杂、小型的边坡工程取1/3，并应满足统计分析的要求。

4.2.8 详细勘察的勘探线、点间距可按表4.2.8或地区经验确定。每一单独边坡段勘探线不应少于2条，每条勘探线不应少于2个勘探点。

表4.2.8 详细勘察的勘探线、点间距

边坡勘察等级	勘探线间距（m）	勘探点间距（m）
一级	≤20	≤15
二级	20～30	15～20
三级	30～40	20～25

注：初步勘察的勘探线、间距可适当放宽。

4.2.9 边坡工程勘探点深度应进入最下层潜在滑面2.0m～5.0m，控制性钻孔取大值，一般性钻孔取小值；支挡位置的控制性勘探孔深度应根据可能选择的支护结构形式确定。对于重力式挡墙、扶壁式挡墙和锚杆挡墙可进入持力层不小于2.0m；对于悬臂桩进入嵌固段的深度土质时不宜小于悬臂长度的1.0倍，岩质时不小于0.7倍。

4.2.10 对主要岩土层和软弱层应采样进行室内物理力学性能试验，其试验项目应包括物性、强度及变形指标，试样的含水状态应包括天然状态和饱和状态。用于稳定性计算时土的抗剪强度指标宜采用直接剪切试验获取，用于确定地基承载力时土的峰值抗剪强度指标宜采用三轴试验获取。主要岩土层采集试样数量：土层不少于6组，对于现场大剪试验，每组不应少于3个试件；岩样抗压强度不应少于9个试件。岩石抗剪强度不少于3组。需要时应采集岩样进行变形指标试验，有条件时应进行结构面的抗剪强度试验。

4.2.11 建筑边坡工程勘察应提供水文地质参数。对于土质边坡及较破碎、破碎和极破碎的岩质边坡宜在不影响边坡安全条件下，通过抽水、压水或渗水试验确定水文地质参数。

4.2.12 建筑边坡工程勘察除应进行地下水力学作用和地下水物理、化学作用的评价以外，还应论证孔隙水压力变化规律和对边坡应力状态的影响，并应考虑雨季和暴雨过程的影响。

4.2.13 对于地质条件复杂的边坡工程，初步勘察时宜选择部分钻孔埋设地下水和变形监测设备进行监测。

4.2.14 除各类监测孔外，边坡工程勘察工作中的探井、探坑和探槽等在野外工作完成后应及时封填密实。

4.2.15 对大型待填的填土边坡宜进行料源勘察，针对可能的取料地点，查明用于边坡填筑的岩土工程性质，为边坡填筑的设计和施工提供依据。

4.3 边坡力学参数取值

4.3.1 岩体结构面抗剪强度指标的试验应符合现行国家标准《工程岩体试验方法标准》GB/T 50266的有关规定。当无条件进行试验时，结构面的抗剪强度指标标准值在初步设计时可按表4.3.1并结合类似工程经验确定。

表4.3.1 结构面抗剪强度指标标准值

结构面类型		结构面结合程度	内摩擦角 φ（°）	黏聚力 c（MPa）
硬性结构面	1	结合好	>35	>0.13
	2	结合一般	35～27	0.13～0.09
	3	结合差	27～18	0.09～0.05

结构面类型		结构面结合程度	内摩擦角 φ (°)	黏聚力 c (MPa)
软弱结构面	4	结合很差	18～12	0.05～0.02
	5	结合极差（泥化层）	<12	<0.02

注：1 除第1项和第5项外，结构面两壁岩性为极软岩、软岩时较低值；

2 取值时应考虑结构面的贯通程度；

3 结构面浸水时取较低值；

4 临时性边坡可取高值；

5 已考虑结构面的时间效应；

6 未考虑结构面参数在施工期和运行期受其他因素影响发生的变化，当判定为不利因素时，可进行适当折减。

4.3.2 岩体结构面的结合程度可按表4.3.2确定。

表 4.3.2 结构面的结合程度

结合程度	结合状况	起伏粗糙程度	结构面张开度（mm）	充填状况	岩体状况
结合良好	铁硅钙质胶结	起伏粗糙	≤3	胶结	硬岩或较软岩
结合一般	铁硅钙质胶结	起伏粗糙	3～5	胶结	硬岩或较软岩
	铁硅钙质胶结	起伏粗糙	≤3	胶结	软岩
	分离	起伏粗糙	≤3（无充填时）	无充填或岩块、岩屑充填	硬岩或较软岩
结合差	分离	起伏粗糙	≤3	干净无充填	软岩
	分离	平直光滑	≤3（无充填时）	无充填或岩块、岩屑充填	各种岩层
	分离	平直光滑		岩块、岩屑夹泥或附泥膜	各种岩层
结合很差	分离	平直光滑、略有起伏		泥质或泥夹岩屑充填	各种岩层
	分离	平直很光滑	≤3	无充填	各种岩层

结合程度	结合状况	起伏粗糙程度	结构面张开度（mm）	充填状况	岩体状况
结合极差	结合极差	—	—	泥化夹层	各种岩层

注：1 起伏度：当 $R_A \leq 1\%$，平直；当 $1\% < R_A \leq 2\%$ 时，略有起伏；当 $2\% < R_A$ 时，起伏；其中 $R_A = A/L$，A 为连续结构面起伏幅度（cm），L 为连续结构面取样长度（cm），测量范围 L 一般为1.0m～3.0m；

2 粗糙度：很光滑，感觉非常细腻如镜面；光滑，感觉比较细腻，无颗粒感；较粗糙，可以感觉到一定的颗粒状；粗糙，明显感觉到颗粒状。

4.3.3 当无试验资料和缺少当地经验时，天然状态或饱和状态岩体内摩擦角标准值可根据天然状态或饱和状态岩块的内摩擦角标准值结合边坡岩体完整程度按表4.3.3中系数折减确定。

表 4.3.3 边坡岩体内摩擦角的折减系数

边坡岩体完整程度	内摩擦角的折减系数
完整	0.95～0.90
较完整	0.90～0.85
较破碎	0.85～0.80

注：1 全风化层可按成分相同的土层考虑；

2 强风化基岩可根据地方经验适当折减。

4.3.4 边坡岩体等效内摩擦角宜按当地经验确定。当缺乏当地经验时，可按表4.3.4取值。

表 4.3.4 边坡岩体等效内摩擦角标准值

边坡岩体类型	Ⅰ	Ⅱ	Ⅲ	Ⅳ
等效内摩擦角 φ_e (°)	$\varphi_e > 72$	$72 \geq \varphi_e > 62$	$62 \geq \varphi_e > 52$	$52 \geq \varphi_e > 42$

注：1 适用于高度不大于30m的边坡；当高度大于30m时，应作专门研究；

2 边坡高度较大时宜取较小值；高度较小时宜取较大值；当边坡岩体变化较大时，应按同等高度段分别取值；

3 已考虑时间效应；对于Ⅱ、Ⅲ、Ⅳ类岩质临时边坡可取上限值；Ⅰ类岩质临时边坡可根据岩体强度及完整程度取大于72°的数值；

4 适用于完整、较完整的岩体；破碎、较破碎的岩体可根据地方经验适当折减。

4.3.5 边坡稳定性计算应根据不同的工况选择相应

的抗剪强度指标。土质边坡按水土合算原则计算时，地下水位以下宜采用土的饱和自重固结不排水抗剪强度指标；按水土分算原则计算时，地下水位以下宜采用土的有效抗剪强度指标。

4.3.6 填土边坡的力学参数宜根据试验并结合当地经验确定。试验方法应根据工程要求、填料的性质和施工质量等确定，试验条件应尽可能接近实际状况。

4.3.7 土质边坡抗剪强度试验方法的选择应符合下列规定：

   1 根据坡体内的含水状态选择天然或饱和状态的抗剪强度试验方法；

   2 用于土质边坡，在计算土压力和抗倾覆计算时，对黏土、粉质黏土宜选择直剪固结快剪或三轴固结不排水剪，对粉土、砂土和碎石土宜选择有效应力强度指标；

   3 用于土质边坡计算整体稳定、局部稳定和抗滑稳定性时，对一般的黏性土、砂土和碎石土，按第 2 款相同的试验方法，但对饱和软黏土，宜选择直剪快剪、三轴不固结不排水试验或十字板剪切试验。

5 边坡稳定性评价

5.1 一般规定

5.1.1 下列建筑边坡应进行稳定性评价：

   1 选作建筑场地的自然斜坡；

   2 由于开挖或填筑形成、需要进行稳定性验算的边坡；

   3 施工期出现新的不利因素的边坡；

   4 运行期条件发生变化的边坡。

5.1.2 边坡稳定性评价应在查明工程地质、水文地质条件的基础上，根据边坡岩土工程条件，采用定性分析和定量分析相结合的方法进行。

5.1.3 对土质较软、地面荷载较大、高度较大的边坡，其坡脚地面抗隆起、抗管涌和抗渗流等稳定性评价应按国家现行有关标准执行。

5.2 边坡稳定性分析

5.2.1 边坡稳定性分析之前，应根据岩土工程地质条件对边坡的可能破坏方式及相应破坏方向、破坏范围、影响范围等作出判断。判断边坡的可能破坏方式时应同时考虑到受岩土体强度控制的破坏和受结构面控制的破坏。

5.2.2 边坡抗滑移稳定性计算可采用刚体极限平衡法。对结构复杂的岩质边坡，可结合采用极射赤平投影法和实体比例投影法；当边坡破坏机制复杂时，可采用数值极限分析法。

5.2.3 计算沿结构面滑动的稳定性时，应根据结构面形态采用平面或折线形滑面。计算土质边坡、极软

岩边坡、破碎或极破碎岩质边坡的稳定性时，可采用圆弧形滑面。

5.2.4 采用刚体极限平衡法计算边坡抗滑稳定性时，可根据滑面形态按本规范附录 A 选择具体计算方法。

5.2.5 边坡稳定性计算时，对基本烈度为 7 度及 7 度以上地区的永久性边坡应进行地震工况下边坡稳定性校核。

5.2.6 塌滑区内无重要建（构）筑物的边坡采用刚体极限平衡法和静力数值计算法计算稳定性时，滑体、条块或单元的地震作用可简化为一个作用于滑体、条块或单元重心处、指向坡外（滑动方向）的水平静力，其值应按下列公式计算：

$$Q_e = \alpha_w G \quad (5.2.6-1)$$

$$Q_{ei} = \alpha_w G_i \quad (5.2.6-2)$$

式中：Q_e、Q_{ei}——滑体、第 i 计算条块或单元单位宽度地震力（kN/m）；

   G、G_i——滑体、第 i 计算条块或单元单位宽度自重［含坡顶建（构）筑物作用］（kN/m）；

   α_w——边坡综合水平地震系数，由所在地区地震基本烈度按表 5.2.6 确定。

表 5.2.6 水平地震系数

地震基本烈度	7 度		8 度		9 度
地震峰值加速度	0.10g	0.15g	0.20g	0.30g	0.40g
综合水平地震系数 α_w	0.025	0.038	0.050	0.075	0.100

5.2.7 当边坡可能存在多个滑动面时，对各个可能的滑动面均应进行稳定性计算。

5.3 边坡稳定性评价标准

5.3.1 除校核工况外，边坡稳定性状态分为稳定、基本稳定、欠稳定和不稳定四种状态，可根据边坡稳定性系数按表 5.3.1 确定。

表 5.3.1 边坡稳定性状态划分

边坡稳定性系数 F_s	$F_s < 1.00$	$1.00 \leqslant F_s < 1.05$	$1.05 \leqslant F_s < F_{st}$	$F_s \geqslant F_{st}$
边坡稳定性状态	不稳定	欠稳定	基本稳定	稳定

注：F_{st}——边坡稳定安全系数。

5.3.2 边坡稳定安全系数 F_{st} 应按表 5.3.2 确定，当边坡稳定性系数小于边坡稳定安全系数时应对边坡进

行处理。

表 5.3.2　边坡稳定安全系数 F_{st}

稳定安全系数　边坡类型		边坡工程安全等级		
		一级	二级	三级
永久边坡	一般工况	1.35	1.30	1.25
	地震工况	1.15	1.10	1.05
临时边坡		1.25	1.20	1.15

注：1　地震工况时，安全系数仅适用于塌滑区内无重要建（构）筑物的边坡；
　　2　对地质条件很复杂或破坏后果极严重的边坡工程，其稳定安全系数应适当提高。

6　边坡支护结构上的侧向岩土压力

6.1　一般规定

6.1.1　侧向岩土压力分为静止岩土压力、主动岩土压力和被动岩土压力。当支护结构变形不满足主动岩土压力产生条件时，或当边坡上方有重要建筑物时，应对侧向岩土压力进行修正。

6.1.2　侧向岩土压力可采用库仑土压力或朗金土压力公式求解。侧向总岩土压力可采用总岩土压力公式直接计算或按土压力公式求和计算，侧向岩土压力和分布应根据支护类型确定。

6.1.3　在各种岩土侧压力计算时，可用解析公式求解。对于复杂情况也可采用数值极限分析法进行计算。

6.2　侧向土压力

6.2.1　静止土压力可按下式计算：

$$e_{0i} = \left(\sum_{j=1}^{i} \gamma_j h_j + q \right) K_{0i} \qquad (6.2.1)$$

式中：e_{0i}——计算点处的静止土压力（kN/m^2）；
　　　γ_j——计算点以上第 j 层土的重度（kN/m^3）；
　　　h_j——计算点以上第 j 层土的厚度（m）；
　　　q——坡顶附加均布荷载（kN/m^2）；
　　　K_{0i}——计算点处的静止土压力系数。

6.2.2　静止土压力系数宜由试验确定。当无试验条件时，对砂土可取 0.34～0.45，对黏性土可取 0.5～0.7。

6.2.3　根据平面滑裂面假定（图 6.2.3），主动土压力合力可按下列公式计算：

$$E_a = \frac{1}{2} \gamma H^2 K_a \qquad (6.2.3-1)$$

$$K_a = \frac{\sin(\alpha+\beta)}{\sin^2\alpha \sin^2(\alpha+\beta-\varphi-\delta)}$$
$$\{ K_q [\sin(\alpha+\delta)\sin(\alpha-\delta)$$
$$+ \sin(\varphi+\delta)\sin(\varphi-\beta)]$$
$$+ 2\eta\sin\alpha\cos\varphi\cos(\alpha+\beta-\varphi-\delta)$$
$$- 2\sqrt{K_q \sin(\alpha+\beta)\sin(\varphi-\beta)+\eta\sin\alpha\cos\varphi}$$
$$\times \sqrt{K_q \sin(\alpha-\delta)\sin(\varphi+\delta)+\eta\sin\alpha\cos\varphi} \}$$
$$(6.2.3-2)$$

$$K_q = 1 + \frac{2q\sin\alpha\cos\beta}{\gamma H \sin(\alpha+\beta)} \qquad (6.2.3-3)$$

$$\eta = \frac{2c}{\gamma H} \qquad (6.2.3-4)$$

式中：E_a——相应于荷载标准组合的主动土压力合力（kN/m）；
　　　K_a——主动土压力系数；
　　　H——挡土墙高度（m）；
　　　γ——土体重度（kN/m^3）；
　　　c——土的黏聚力（kPa）；
　　　φ——土的内摩擦角（°）；
　　　q——地表均布荷载标准值（kN/m^2）；
　　　δ——土对挡土墙墙背的摩擦角（°），可按表 6.2.3 取值；
　　　β——填土表面与水平面的夹角（°）；
　　　α——支挡结构墙背与水平面的夹角（°）。

表 6.2.3　土对挡土墙墙背的摩擦角 δ

挡土墙情况	摩擦角 δ
墙背平滑，排水不良	$(0.00\sim0.33)\varphi$
墙背粗糙，排水良好	$(0.33\sim0.50)\varphi$
墙背很粗糙，排水良好	$(0.50\sim0.67)\varphi$
墙背与填土间不可能滑动	$(0.67\sim1.00)\varphi$

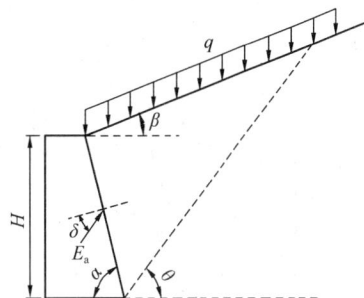

图 6.2.3　土压力计算

6.2.4　当墙背直立光滑、土体表面水平时，主动土压力可按下式计算：

$$e_{ai} = \left(\sum_{j=1}^{i} \gamma_j h_j + q\right) K_{ai} - 2c_i \sqrt{K_{ai}} \quad (6.2.4)$$

式中：e_{ai}——计算点处的主动土压力（kN/m²）；当 $e_{ai} < 0$ 时取 $e_{ai} = 0$；

K_{ai}——计算点处的主动土压力系数，取 $K_{ai} = \tan^2(45° - \varphi_i/2)$；

c_i——计算点处土的黏聚力（kPa）；

φ_i——计算点处土的内摩擦角（°）。

6.2.5 当墙背直立光滑、土体表面水平时，被动土压力可按下式计算：

$$e_{pi} = \left(\sum_{j=1}^{i} \gamma_j h_j + q\right) K_{pi} + 2c_i \sqrt{K_{pi}} \quad (6.2.5)$$

式中：e_{pi}——计算点处的被动土压力（kN/m²）；

K_{pi}——计算点处的被动土压力系数，取 $K_{pi} = \tan^2(45° + \varphi_i/2)$。

6.2.6 边坡坡体中有地下水但未形成渗流时，作用于支护结构上的侧压力可按下列规定计算：

1 对砂土和粉土应按水土分算原则计算；

2 对黏性土宜根据工程经验按水土分算或水土合算原则计算；

3 按水土分算原则计算时，作用在支护结构上的侧压力等于土压力和静止水压力之和，地下水位以下的土压力采用浮重度（γ'）和有效应力抗剪强度指标（c'、φ'）计算；

4 按水土合算原则计算时，地下水位以下的土压力采用饱和重度（γ_{sat}）和总应力抗剪强度指标（c、φ）计算。

6.2.7 边坡坡体中有地下水形成渗流时，作用于支护结构上的侧压力，除按本规范第 6.2.6 条计算外，尚应按国家现行有关标准的规定计算渗透力。

6.2.8 当挡墙后土体破裂面以内有较陡的稳定岩石坡面时，应视为有限范围填土情况计算主动土压力（图 6.2.8）。有限范围填土时，主动土压力合力可按下列公式计算：

$$E_a = \frac{1}{2} \gamma H^2 K_a \quad (6.2.8-1)$$

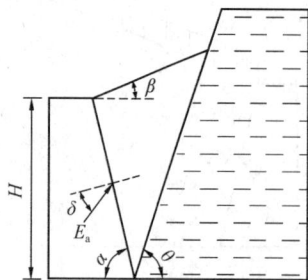

图 6.2.8 有限范围填土时土压力计算

$$K_a = \frac{\sin(\alpha + \beta)}{\sin(\alpha - \delta + \theta - \delta_r)\sin(\theta - \beta)}$$

$$\left[\frac{\sin(\alpha + \theta)\sin(\theta - \delta_r)}{\sin^2\alpha} - \eta\frac{\cos\delta_r}{\sin\alpha}\right] \quad (6.2.8-2)$$

式中：θ——稳定岩石坡面的倾角（°）；

δ_r——稳定且无软弱层的岩石坡面与填土间的内摩擦角（°），宜根据试验确定。当无试验资料时，可取 $\delta_r = (0.40 \sim 0.70)\varphi$。$\varphi$ 为填土的内摩擦角。

6.2.9 当坡顶作用有线性分布荷载、均布荷载和坡顶填土表面不规则时或岩土边坡为二阶竖直时，在支护结构上产生的侧压力可按本规范附录 B 简化计算。

6.2.10 当边坡的坡面为倾斜、坡顶水平、无超载时（图 6.2.10），土压力的合力可按下列公式计算，边坡破坏时的平面破裂角可按公式（6.2.10-3）计算：

$$E_a = \frac{1}{2} \gamma H^2 K_a \quad (6.2.10-1)$$

$$K_a = (\cot\theta - \cot\alpha')\tan(\theta - \varphi) - \frac{\eta\cos\varphi}{\sin\theta\cos(\theta - \varphi)}$$

$$(6.2.10-2)$$

$$\theta = \arctan\left[\frac{\cos\varphi}{\sqrt{1 + \frac{\cot\alpha'}{\eta + \tan\varphi}} - \sin\varphi}\right]$$

$$(6.2.10-3)$$

$$\eta = \frac{2c}{\gamma h} \quad (6.2.10-4)$$

式中：E_a——水平土压力合力（kN/m）；

K_a——水平土压力系数；

h——边坡的垂直高度（m）；

γ——支护结构后的土体重度，地下水位以下用有效重度（kN/m³）；

α'——边坡坡面与水平面的夹角（°）；

c——土的黏聚力（kPa）；

φ——土的内摩擦角（°）；

θ——土体的临界滑动面与水平面的夹角（°）。

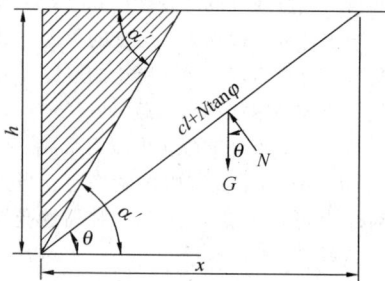

图 6.2.10 边坡的坡面为倾斜时计算简图

6.2.11 考虑地震作用时，作用于支护结构上的地震主动土压力可按本规范公式（6.2.3-1）计算，主动土压力系数应按下式计算：

$$K_a = \frac{\sin(\alpha+\beta)}{\cos\rho\sin^2\alpha\sin^2(\alpha+\beta-\varphi-\delta)}$$
$$\{K_q[\sin(\alpha+\beta)\sin(\alpha-\delta-\rho)$$
$$+\sin(\varphi+\delta)\sin(\varphi-\rho-\beta)]$$
$$+2\eta\sin\alpha\cos\varphi\cos\rho\cos(\alpha+\beta-\varphi-\delta)$$
$$-2[(K_q\sin(\alpha+\beta)\sin(\varphi-\rho-\beta)$$
$$+\eta\sin\alpha\cos\varphi\cos\rho)$$
$$(K_q\sin(\alpha-\delta-\rho)\sin(\varphi+\delta)$$
$$+\eta\sin\alpha\cos\varphi\cos\rho]^{0.5}\}\qquad(6.2.11)$$

式中：ρ——地震角，可按表 6.2.11 取值。

表 6.2.11　地震角 ρ

类别	7度		8度		9度
	0.10g	0.15g	0.20g	0.30g	0.40g
水 上	1.5°	2.3°	3.0°	4.5°	6.0°
水 下	2.5°	3.8°	5.0°	7.5°	10.0°

6.3　侧向岩石压力

6.3.1　对沿外倾结构面滑动的边坡，主动岩石压力合力可按下列公式计算：

$$E_a = \frac{1}{2}\gamma H^2 K_a \qquad (6.3.1\text{-}1)$$

$$K_a = \frac{\sin(\alpha+\beta)}{\sin^2\alpha\sin(\alpha-\delta+\theta-\varphi_s)\sin(\theta-\beta)}$$
$$[K_q\sin(\alpha+\theta)\sin(\theta-\varphi_s)-\eta\sin\alpha\cos\varphi_s]$$
$$(6.3.1\text{-}2)$$

$$\eta = \frac{2c_s}{\gamma H} \qquad (6.3.1\text{-}3)$$

式中：θ——边坡外倾结构面倾角（°）；

c_s——边坡外倾结构面黏聚力（kPa）；

φ_s——边坡外倾结构面内摩擦角（°）；

K_q——系数，可按公式 6.2.3-3）计算；

δ——岩石与挡墙背的摩擦角（°），取（0.33～0.50）φ。

当有多组外倾结构面时，应计算每组结构面的主动岩石压力并取其大值。

6.3.2　对沿缓倾的外倾软弱结构面滑动的边坡（图 6.3.2），主动岩石压力合力可按下式计算：

$$E_a = G\tan(\theta-\varphi_s) - \frac{c_s L\cos\varphi_s}{\cos(\theta-\varphi_s)} \qquad (6.3.2)$$

式中：G——四边形滑裂体自重（kN/m）；

L——滑裂面长度（m）；

θ——缓倾的外倾软弱结构面的倾角（°）；

c_s——外倾软弱结构面的黏聚力（kPa）；

φ_s——外倾软弱结构面内摩擦角（°）。

6.3.3　岩质边坡的侧向岩石压力计算和破裂角应符合下列规定：

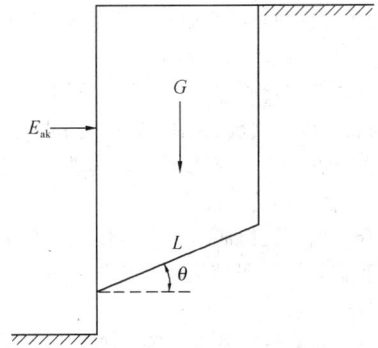

图 6.3.2　岩质边坡四边形滑裂时侧向压力计算

1　对无外倾结构面的岩质边坡，应以岩体等效内摩擦角按侧向土压力方法计算侧向岩石压力；对坡顶无建筑荷载的永久性边坡和坡顶有建筑荷载时的临时性边坡和基坑边坡，破裂角按 $45°+\varphi/2$ 确定，Ⅰ类岩体边坡可取 75°左右；坡顶无建筑荷载的临时性边坡和基坑边坡的破裂角，Ⅰ类岩体边坡取 82°；Ⅱ类岩体边坡取 72°；Ⅲ类岩体边坡取 62°；Ⅳ类岩体边坡取 $45°+\varphi/2$；

2　当有外倾硬性结构面时，应分别以外倾硬性结构面的抗剪强度参数按本规范第 6.3.1 条的方法和以岩体等效内摩擦角按侧向土压力方法分别计算，取两种结果的较大值；破裂角取本条第 1 款和外倾结构面倾角两者中的较小值；

3　当边坡沿外倾软弱结构面破坏时，侧向岩石压力应按本规范第 6.3.1 条和第 6.3.2 条计算，破裂角取该外倾结构面的倾角，同时应按本条第 1 款进行验算。

6.3.4　当岩质边坡的坡面为倾斜、坡顶水平、无超载时，岩石压力的合力可按本规范公式（6.2.10-1）计算。当岩体存在外倾结构面时，θ 可取外倾结构面的倾角，抗剪强度指标取外倾结构面的抗剪强度指标；当存在多个外倾结构面时，应分别计算，取其中的最大值为设计值。

6.3.5　考虑地震作用时，作用于支护结构上的地震主动岩石压力应按本规范第 6.3.1 条公式（6.3.1-1）计算，其主动岩石压力系数应按下式计算：

$$K_a = \frac{\sin(\alpha+\beta)}{\cos\rho\sin^2\alpha\sin(\alpha-\delta+\theta-\varphi_s)\sin(\theta-\beta)}$$
$$[K_q\sin(\alpha+\theta)\sin(\theta-\varphi_s+\rho)$$
$$-\eta\sin\alpha\cos\varphi_s\cos\rho] \qquad (6.3.5)$$

式中：ρ——地震角，可按本规范表 6.2.11 取值。

7　坡顶有重要建（构）筑物的边坡工程

7.1　一般规定

7.1.1　本章适用于抗震设防烈度为 7 度及 7 度以下地区、建（构）筑物位于岩土质边坡塌滑区、土质边坡 1 倍边坡高度和岩质边坡 0.5 倍边坡高度范围的边坡工程。

7.1.2 对坡顶有重要建（构）筑物的下列边坡应优先采用排桩式锚杆挡墙、锚拉式桩板挡墙或抗滑桩板式挡墙等主动受力、变形较小、对边坡稳定性和建筑物地基基础扰动小的支护结构：

1 建（构）筑物基础置于塌滑区内的边坡；

2 存在外倾软弱结构面或坡体软弱、开挖后稳定性较差的边坡；

3 建（构）筑物及管线等对变形控制有较高要求的边坡；

4 采用其他支护方案在施工期可能降低边坡稳定性的边坡。

7.1.3 对坡顶邻近建（构）筑物、道路及管线等可能引发较大变形或危害的边坡工程应加强监测并采取设计和施工措施。当出现可能产生较大危害的变形时，应按现行国家标准《建筑边坡工程鉴定与加固技术规范》GB 50843 的有关规定执行。

7.2 设 计 计 算

7.2.1 坡顶有重要建（构）筑物的边坡工程设计应符合下列规定：

1 应调查建（构）筑物的结构形式、基础平面布置、基础荷载、基础类型、埋置深度、建（构）筑物的开裂及场地变形以及地下管线等现状情况；

2 应根据基础方案、构造做法和基础到边坡的距离等因素，考虑建筑物基础与边坡支护结构的相互影响；

3 应考虑建筑物基础传递的垂直荷载、水平荷载和弯矩等对边坡支护结构强度和变形的影响，并应对边坡稳定性进行验算；

4 应考虑边坡变形对地基承载力和基础变形的不利影响，并应对建筑物基础和地基稳定性进行验算；

5 边坡支护结构距建（构）筑物基础外边缘的最小安全距离应满足坡顶建筑（构）物抗倾覆、基础嵌固和传递水平荷载等要求，其值应根据设防烈度、边坡的稳定性、边坡岩土构成、边坡高度和建筑高度等因素并结合地区工程经验综合确定；不满足时应根据工程和现场条件采取有效加固措施；

6 对于有外倾结构面的岩质边坡以及土质边坡，边坡开挖后不应使建（构）筑物的基础置于有临空且有外倾软弱结构面的岩体上和稳定性极差的土质边坡塌滑区。

7.2.2 边坡与坡顶建（构）筑物同步设计的边坡工程及坡顶新建建（构）筑物的既有边坡工程应符合下列规定：

1 应避免坡顶重要建（构）筑物产生的垂直荷载直接作用在边坡潜在塌滑体上；应采取桩基础、加

深基础、增设地下室或降低边坡高度等措施，将建（构）筑物的荷载直接传至边坡潜在破裂面以下足够深度的稳定岩土层内；

2 新建建（构）筑物的基础设计、边坡支护结构距建（构）筑物基础外边缘的距离应满足本规范第7.2.1 条的相关规定；

3 应考虑建（构）筑物基础施工过程引起地下水变化对边坡稳定性的影响；

4 位于抗震设防区，边坡支护结构抗震设计应符合现行国家标准《建筑抗震设计规范》GB 50011 的有关规定；坡顶的建（构）筑物的抗震设计应按抗震不利地段考虑，地震效应放大系数应符合现行国家标准《建筑抗震设计规范》GB 50011 的有关规定；

5 新建建（构）筑物的部分荷载作用于原有边坡支护结构而使其安全度和耐久性不满足要求时，应按现行国家标准《建筑边坡工程鉴定与加固技术规范》GB 50843 的要求进行加固处理。

7.2.3 无外倾结构面的岩土质边坡坡顶有重要建（构）筑物时，可按表 7.2.3 确定支护结构上的侧向岩土压力。

表 7.2.3 侧向岩土压力取值

坡顶重要建（构）筑物基础位置		侧向岩土压力取值
土质边坡	$a<0.5H$	E_0
	$0.5H \leq a \leq 1.0H$	$E'_a = \dfrac{1}{2}(E_0 + E_a)$
	$a>1.0H$	E_a
岩质边坡	$a<0.5H$	$E'_a = \beta_1 E_a$
	$a \geq 0.5H$	E_a

注：1 E_a——主动岩土压力合力，E'_a——修正主动岩土压力合力，E_0——静止土压力合力；

2 β_1——主动岩石压力修正系数；

3 a——坡脚线到坡顶重要建（构）筑物基础外边缘的水平距离；

4 对多层建筑物，当基础浅埋时 H 取边坡高度；当基础埋深较大时，若基础周边与岩土间设置摩擦小的软性材料隔离层，能使基础垂直荷载传至边坡破裂面以下足够深度的稳定岩土层内且其水平荷载对边坡不造成较大影响，则 H 可从隔离层下端算至坡底；否则，H 仍取边坡高度；

5 对高层建筑物应设置钢筋混凝土地下室，并在地下室侧墙临边坡一侧设置摩擦小的软性材料隔离层，使建筑物基础的水平荷载不传给支护结构，并应将建筑物垂直荷载传至边坡破裂面以下足够深度的稳定岩土层内时，H 可从地下室底标高算至坡底；否则，H 仍取边坡高度。

7.2.4 岩质边坡主动岩石压力修正系数 β_1 可根据边坡岩体类别按表 7.2.4 确定。

表7.2.4 主动岩石压力修正系数 β_1

边坡岩体类型	Ⅰ	Ⅱ	Ⅲ	Ⅳ
主动岩石压力修正系数 β_1		1.30	1.30～1.45	1.45～1.55

注：1 当裂隙发育时取大值，裂隙不发育时取小值；

2 坡顶有重要既有建（构）筑物对边坡变形控制要求较高时取大值；

3 对临时性边坡及基坑边坡取小值。

7.2.5 坡顶有重要建（构）筑物的有外倾结构面的岩土质边坡侧压力修正应符合下列规定：

1 对有外倾结构面的土质边坡，其侧压力修正值应按本规范第7.2.4条计算后乘以1.30的增大系数，应按本规范第7.2.3条分别计算并取两个计算结果的最大值；

2 对有外倾结构面的岩质边坡，其侧压力修正值应按本规范第6.3.1条和本规范第6.3.2条计算并乘以1.15的增大系数，应按本规范第7.2.3条分别计算并取两个计算结果的最大值。

7.2.6 采用锚杆挡墙的岩土质边坡侧压力设计值应按本章规定计算的岩土侧压力修正值和本规范第9.2.2条计算的岩土侧压力修正值两者中的大值确定。

7.2.7 对支护结构变形控制有较高要求时，可按本规范第7.2.3～7.2.5条确定边坡侧压力修正值。

7.2.8 当岩质边坡塌滑区或土质边坡1倍坡高范围内有建（构）筑物基础传递较大荷载时，除应验算边坡工程的整体稳定性外，还应加长锚杆，使锚固段锚入岩质边坡塌滑区外，土质边坡的与地面线间成45°外不应少于5m～8m，并应采用长短相间的设置方法。

7.2.9 在已建挡墙坡脚新建建（构）筑时，其基础及地下室等宜与边坡有一定的距离，避免对边坡稳定造成不利影响，否则应采取措施处理。

7.2.10 位于边坡坡顶的挡墙及建（构）筑物基础应按国家现行有关规范的规定进行局部稳定性验算。

7.3 构 造 设 计

7.3.1 支护结构的混凝土强度等级不应低于C30。

7.3.2 在已有边坡坡顶新建重要建（构）筑物时，穿越边坡滑塌体及软弱结构面高度范围的新建重要建（构）筑物基础周边与岩土间应设有摩擦小的软性材料隔离层，使基础垂直荷载传递至边坡破裂面及软弱结构面以下足够深度的稳定岩土层内。

7.3.3 穿越边坡滑塌体及软弱结构面的桩基础经隔离处理后，应按国家现行相关标准的规定加强基础结构配筋及基础节点构造，桩身最小配筋率不宜小于0.60%。

7.3.4 边坡支护结构及其锚杆的设置应注意避免与坡顶建筑结构及其基础相碰。

7.3.5 设计时应明确提出避免对周边环境和坡顶建（构）筑物、道路及管线等造成伤害的技术要求和措施。当边坡开挖需要降水时，应考虑降水、排水对坡顶建筑物、道路、管线及边坡可能产生的不利影响，并有避免造成结构性损坏的措施。

7.3.6 坡顶邻近有重要建（构）筑物时，应根据其重要性、对变形的适应能力和岩土性状等因素，按当地经验确定边坡支护结构的变形允许值，并应采取措施避免边坡支护结构过大变形和地下水的变化、施工因素的干扰等造成坡顶建（构）筑物结构开裂及其基础沉降超过允许值。

7.4 施 工

7.4.1 边坡工程施工应采用信息法，施工过程中应对边坡工程及坡顶建（构）筑物进行实时监测，及时了解和分析监测信息，对可能出现的险情应制定防范措施和应急预案。施工中发现与勘察、设计不符或者出现异常情况时，应停止施工作业，并及时向建设、勘察、施工、监理、监测等单位反馈，研究解决措施。

7.4.2 施工前应根据现场实际情况作好地表截排水措施。应采用逆作法施工的边坡，应在上层边坡支护完成后方可进行下一层的开挖。边坡开挖后应及时支挡，避免长时间暴露。

7.4.3 稳定性较差的边坡开挖方案应按不利工况进行边坡稳定和变形验算，当开挖的边坡稳定性不满足要求时，应采取措施增强施工期边坡稳定性。

7.4.4 当水钻成孔可能诱发边坡和周边环境变形过大等不良影响时，应采用无水成孔法。

8 锚杆（索）

8.1 一 般 规 定

8.1.1 当边坡工程采用锚固方案或包含有锚固措施时，应充分考虑锚杆的特性、锚杆与被锚固结构体系的稳定性、经济性以及施工可行性。

8.1.2 锚杆（索）主要分为拉力型、压力型、荷载拉力分散型和荷载压力分散型，适用于边坡工程和岩质基坑工程。

8.1.3 锚杆设计使用年限应与所服务的边坡工程设计使用年限相同，其防腐等级应达到相应的要求。

8.1.4 锚杆的锚固段不应设置在未经处理的下列岩土层中：

1 有机质土，淤泥质土；

2 液限 w_L 大于50%的土层；

3 松散的砂土或碎石土。

8.1.5 下列情况宜采用预应力锚杆：

1 边坡变形控制要求严格时；

2 边坡在施工期稳定性很差时；

3 高度较大的土质边坡采用锚杆支护时；

4 高度较大且存在外倾软弱结构面的岩质边坡采用锚杆支护时；

5 滑坡整治采用锚杆支护时。

8.1.6 下列情况的锚杆（索）应进行基本试验，并应符合本规范附录C的规定：

1 采用新工艺、新材料或新技术的锚杆（索）；

2 无锚固工程经验的岩土层内的锚杆（索）；

3 一级边坡工程的锚杆（索）。

8.1.7 锚杆（索）的形式应根据锚固段岩土层的工程特性、锚杆（索）承载力大小、锚杆（索）材料和长度以及施工工艺等因素综合考虑，可按本规范附录D选择。

8.2 设 计 计 算

8.2.1 锚杆（索）轴向拉力标准值应按下式计算：

$$N_{ak} = \frac{H_{tk}}{\cos\alpha} \qquad (8.2.1)$$

式中：N_{ak}——相应于作用的标准组合时锚杆所受轴向拉力（kN）；

H_{tk}——锚杆水平拉力标准值（kN）；

α——锚杆倾角（°）。

8.2.2 锚杆（索）钢筋截面面积应满足下列公式的要求：

普通钢筋锚杆：

$$A_s \geq \frac{K_b N_{ak}}{f_y} \qquad (8.2.2-1)$$

预应力锚索锚杆：

$$A_s \geq \frac{K_b N_{ak}}{f_{py}} \qquad (8.2.2-2)$$

式中：A_s——锚杆钢筋或预应力锚索截面面积（m^2）；

f_y, f_{py}——普通钢筋或预应力钢绞线抗拉强度设计值（kPa）；

K_b——锚杆杆体抗拉安全系数，应按表8.2.2取值。

表8.2.2 锚杆杆体抗拉安全系数

边坡工程安全等级	安全系数	
	临时性锚杆	永久性锚杆
一级	1.8	2.2
二级	1.6	2.0
三级	1.4	1.8

8.2.3 锚杆（索）锚固体与岩土层间的长度应满足下式的要求：

$$l_a \geq \frac{K N_{ak}}{\pi \cdot D \cdot f_{rbk}} \qquad (8.2.3)$$

式中：K——锚杆锚固体抗拔安全系数，按表8.2.3-1取值；

l_a——锚杆锚固段长度（m），尚应满足本规范第8.4.1条的规定；

f_{rbk}——岩土层与锚固体极限粘结强度标准值（kPa），应通过试验确定；当无试验资料时可按表8.2.3-2和表8.2.3-3取值；

D——锚杆锚固段钻孔直径（mm）。

表8.2.3-1 岩土锚杆锚固体抗拔安全系数

边坡工程安全等级	安全系数	
	临时性锚杆	永久性锚杆
一级	2.0	2.6
二级	1.8	2.4
三级	1.6	2.2

表8.2.3-2 岩石与锚固体极限粘结强度标准值

岩石类别	f_{rbk}值（kPa）
极软岩	270～360
软岩	360～760
较软岩	760～1200
较硬岩	1200～1800
坚硬岩	1800～2600

注：1 适用于注浆强度等级为M30；

    2 仅适用于初步设计，施工时应通过试验检验；

    3 岩体结构面发育时，取表中下限值；

    4 岩石类别根据天然单轴抗压强度 f_r 划分：$f_r <$ 5MPa 为极软岩，5MPa $\leq f_r <$ 15MPa 为软岩，15MPa $\leq f_r <$ 30MPa 为较软岩，30MPa $\leq f_r <$ 60MPa 为较硬岩，$f_r \geq$ 60MPa 为坚硬岩。

表8.2.3-3 土体与锚固体极限粘结强度标准值

土层种类	土的状态	f_{rbk}值（kPa）
黏性土	坚硬	65～100
	硬塑	50～65
	可塑	40～50
	软塑	20～40
砂土	稍密	100～140
	中密	140～200
	密实	200～280
碎石土	稍密	120～160
	中密	160～220
	密实	220～300

注：1 适用于注浆强度等级为M30；

    2 仅适用于初步设计，施工时应通过试验检验。

8.2.4 锚杆（索）杆体与锚固砂浆间的锚固长度应

满足下式的要求：

$$l_a \geqslant \frac{KN_{ak}}{n\pi d f_b}$$ (8.2.4)

式中：l_a——锚筋与砂浆间的锚固长度（m）；

d——锚筋直径（m）；

n——杆体（钢筋、钢绞线）根数（根）；

f_b——钢筋与锚固砂浆间的粘结强度设计值（kPa），应由试验确定，当缺乏试验资料时可按表 8.2.4 取值。

表 8.2.4 钢筋、钢绞线与砂浆之间的粘结强度设计值 f_b

锚杆类型	水泥浆或水泥砂浆强度等级		
	M25	M30	M35
水泥砂浆与螺纹钢筋间的粘结强度设计值 f_b	2.10	2.40	2.70
水泥砂浆与钢绞线、高强钢丝间的粘结强度设计值 f_b	2.75	2.95	3.40

注：1 当采用二根钢筋点焊成束的做法时，粘结强度应乘 0.85 折减系数；

2 当采用三根钢筋点焊成束的做法时，粘结强度应乘 0.7 折减系数；

3 成束钢筋的根数不应超过三根，钢筋截面总面积不应超过锚孔面积的 20%。当锚固段钢筋和注浆材料采用特殊设计，并经试验验证锚固效果良好时，可适当增加锚筋用量。

8.2.5 永久性锚杆抗震验算时，其安全系数应按 0.8 折减。

8.2.6 锚杆（索）的弹性变形和水平刚度系数应由锚杆抗拔试验确定。当无试验资料时，自由段无粘结的岩石锚杆水平刚度系数 K_h 及自由段无粘结的土层锚杆水平刚度系数 K_t 可按下列公式进行估算：

$$K_h = \frac{AE_s}{l_f}\cos^2\alpha$$ (8.2.6-1)

$$K_t = \frac{3AE_sE_cA_c}{3l_fE_cA_c + E_sAl_a}\cos^2\alpha$$ (8.2.6-2)

式中：K_h——自由段无粘结的岩石锚杆水平刚度系数（kN/m）；

K_t——自由段无粘结的土层锚杆水平刚度系数（kN/m）；

l_f——锚杆无粘结自由段长度（m）；

l_a——锚杆锚固段长度，特指锚杆杆体与锚固体粘结的长度（m）；

E_s——杆体弹性模量（kN/m²）；

E_m——注浆体弹性模量（kN/m²）；

E_c——锚固体组合弹性模量，$E_c = \dfrac{AE_s + (A_c - A)E_m}{A_c}$；

A——杆体截面面积（m²）；

A_c——锚固体截面面积（m²）；

α——锚杆倾角（°）。

8.2.7 预应力岩石锚杆和全粘结岩石锚杆可按刚性拉杆考虑。

8.3 原 材 料

8.3.1 锚杆（索）原材料性能应符合国家现行标准的有关规定，并应满足设计要求，方便施工，且材料之间不应产生不良影响。

8.3.2 锚杆（索）杆体可使用普通钢材、精轧螺纹钢、钢绞线包括无粘结钢绞线和高强钢丝，其材料尺寸和力学性能应符合本规范附录 E 的规定；不宜采用镀锌钢材。

8.3.3 灌浆材料性能应符合下列规定：

1 水泥宜使用普通硅酸盐水泥，需要时可采用抗硫酸盐水泥；

2 砂的含泥量按重量计不得大于 3%，砂中云母、有机物、硫化物和硫酸盐等有害物质的含量按重量计不得大于 1%；

3 水中不应含有影响水泥正常凝结和硬化的有害物质，不得使用污水；

4 外加剂的品种和掺量应由试验确定；

5 浆体配制的灰砂比宜为 0.80～1.50，水灰比宜为 0.38～0.50；

6 浆体材料 28d 的无侧限抗压强度，不应低于 25MPa。

8.3.4 锚具应符合下列规定：

1 预应力筋用锚具、夹具和连接器的性能均应符合现行国家标准《预应力筋用锚具、夹具和连接器》GB/T 14370 的规定；

2 预应力锚具的锚固效率应至少发挥预应力杆体极限抗拉力的 95% 以上，达到实测极限拉力时的总应变应小于 2%；

3 锚具应具有补偿张拉和松弛的功能，需要时可采用可以调节拉力的锚头；

4 锚具罩应采用钢板或塑料材料制作加工，需完全罩住锚杆头和预应力筋的尾端，与支承面的接缝应为水密性接缝。

8.3.5 套管材料和波纹管应符合下列规定：

1 具有足够的强度，保证其在加工和安装过程中不损坏；

2 具有抗水性和化学稳定性；

3 与水泥浆、水泥砂浆或防腐油脂接触无不良反应。

8.3.6 防腐材料应符合下列规定：

1 在锚杆设计使用年限内，保持其防腐性能和耐久性；

2 在规定的工作温度内或张拉过程中不得开裂、

变脆或成为流体;

3 应具有化学稳定性和防水性,不得与相邻材料发生不良反应;不得对锚杆自由段的变形产生限制和不良影响。

8.3.7 导向帽、隔离架应由钢、塑料或其他对杆体无害的材料组成,不得使用木质隔离架。

8.4 构 造 设 计

8.4.1 锚杆总长度应为锚固段、自由段和外锚头的长度之和,并应符合下列规定:

1 锚杆自由段长度应为外锚头到潜在滑裂面的长度;预应力锚杆自由段长度应不小于 5.0m,且应超过潜在滑裂面 1.5m;

2 锚杆锚固段长度应按本规范公式(8.2.3)和公式(8.2.4)进行计算,并取其中大值。同时,土层锚杆的锚固段长度不应小于 4.0m,并不宜大于 10.0m;岩石锚杆的锚固段长度不应小于 3.0m,且不宜大于 45D 和 6.5m,预应力锚索不宜大于 55D 和 8.0m;

3 位于软质岩中的预应力锚索,可根据地区经验确定最大锚固长度;

4 当计算锚固段长度超过构造要求长度时,应采取改善锚固段岩土体质量、压力灌浆、扩大锚固段直径、采用荷载分散型锚杆等,提高锚杆承载能力。

8.4.2 锚杆的钻孔直径应符合下列规定:

1 钻孔内的锚杆钢筋面积不超过钻孔面积的 20%;

2 钻孔内的锚杆钢筋保护层厚度,对永久性锚杆不应小于 25mm,对临时性锚杆不应小于 15mm。

8.4.3 锚杆的倾角宜采用 10°~35°,并应避免对相邻构筑物产生不利影响。

8.4.4 锚杆隔离架应沿锚杆轴线方向每隔 1m~3m 设置一个,对土层应取小值,对岩层可取大值。

8.4.5 预应力锚杆传力结构应符合下列规定:

1 预应力锚杆传力结构应有足够的强度、刚度、韧性和耐久性;

2 强风化或软弱破碎岩质边坡和土质边坡宜采用框架格构型钢筋混凝土传力结构;

3 对Ⅰ、Ⅱ类及完整性好的Ⅲ类岩质边坡,宜采用墩座或地梁型钢筋混凝土传力结构;

4 传力结构与坡面的结合部位应做好防排水设计及防腐措施;

5 承压板及过渡管宜由钢板和钢管制成,过渡管钢管壁厚不宜小于 5mm。

8.4.6 当锚固段岩体破碎、渗(失)水量大时,应对岩体作灌浆加固处理。

8.4.7 永久性锚杆的防腐蚀处理应符合下列规定:

1 非预应力锚杆的自由段位于岩土层中时,可采用除锈、刷沥青船底漆和沥青玻纤布缠裹二层进行防腐蚀处理;

2 对采用钢绞线、精轧螺纹钢制作的预应力锚杆(索),其自由段可按本条第 1 款进行防腐蚀处理后装入套管中;自由段套管两端 100mm~200mm 长度范围内用黄油充填,外绕扎工程胶布固定;

3 对位于无腐蚀性岩土层内的锚固段,水泥浆或水泥砂浆保护层厚度应不小于 25mm;对位于腐蚀性岩土层内的锚固段,应采取特殊防腐蚀处理,且水泥浆或水泥砂浆保护层厚度不应小于 50mm;

4 经过防腐蚀处理后,非预应力锚杆的自由段外端应埋入钢筋混凝土构件内 50mm 以上;对预应力锚杆,其锚头的锚具经除锈、涂防腐漆三度后应采用钢筋网罩、现浇混凝土封闭,且混凝土强度等级不应低于 C30,厚度不应小于 100mm,混凝土保护层厚度不应小于 50mm。

8.4.8 临时性锚杆的防腐蚀可采取下列处理措施:

1 非预应力锚杆的自由段,可采用除锈后刷沥青防锈漆处理;

2 预应力锚杆的自由段,可采用除锈后刷沥青防锈漆或加套管处理;

3 外锚头可采用外涂防腐材料或外包混凝土处理。

8.5 施 工

8.5.1 锚杆施工前应做好下列准备工作:

1 应掌握锚杆施工区建(构)筑物基础、地下管线等情况;

2 应判断锚杆施工对邻近建筑物和地下管线的不良影响,并制定相应预防措施;

3 编制符合锚杆设计要求的施工组织设计;并应检验锚杆的制作工艺和张拉锁定方法与设备;确定锚杆注浆工艺并标定张拉设备;

4 应检查原材料的品种、质量和规格型号,以及相应的检验报告。

8.5.2 锚孔施工应符合下列规定:

1 锚孔定位偏差不宜大于 20.0mm;

2 锚孔偏斜度不应大于 2%;

3 钻孔深度超过锚杆设计长度不应小于 0.5m。

8.5.3 钻孔机械应考虑钻孔通过的岩土类型、成孔条件、锚固类型、锚杆长度、施工现场环境、地形条件、经济性和施工速度等因素进行选择。在不稳定地层中或地层受扰动导致水土流失会危及邻近建筑物或公用设施的稳定时,应采用套管护壁钻孔或干钻。

8.5.4 锚杆的灌浆应符合下列规定:

1 灌浆前应清孔,排放孔内积水;

2 注浆管宜与锚杆同时放入孔内;向水平孔或下倾孔内注浆时,注浆管出浆口应插入距孔底 100mm~300mm 处,浆液自下而上连续灌注;向上倾斜的钻孔内注浆时,应在孔口设置密封装置;

3 孔口溢出浆液或排气管停止排气并满足注浆要求时，可停止注浆；

4 根据工程条件和设计要求确定灌浆方法和压力，确保钻孔灌浆饱满和浆体密实；

5 浆体强度检验用试块的数量每 30 根锚杆不应少于一组，每组试块不应少于 6 个。

8.5.5 预应力锚杆锚头承压板及其安装应符合下列规定：

1 承压板应安装平整、牢固，承压面应与锚孔轴线垂直；

2 承压板底部的混凝土应填充密实，并满足局部抗压强度要求。

8.5.6 预应力锚杆的张拉与锁定应符合下列规定：

1 锚杆张拉宜在锚固体强度大于 20MPa 并达到设计强度的 80% 后进行；

2 锚杆张拉顺序应避免相近锚杆相互影响；

3 锚杆张拉控制应力不宜超过 0.65 倍钢筋或钢绞线的强度标准值；

4 锚杆进行正式张拉之前，应取 0.10 倍~0.20 倍锚杆轴向拉力值，对锚杆预张拉 1 次~2 次，使其各部位的接触紧密和杆体完全平直；

5 宜进行锚杆设计预应力值 1.05 倍~1.10 倍的超张拉，预应力保留值应满足设计要求；对地层及被锚固结构位移控制要求较高的工程，预应力锚杆的锁定值宜为锚杆轴向拉力特征值；对容许地层及被锚固结构产生一定变形的工程，预应力锚杆的锁定值宜为锚杆设计预应力值的 0.75 倍~0.90 倍。

9 锚杆（索）挡墙

9.1 一般规定

9.1.1 锚杆挡墙可分为下列形式：

1 根据挡墙的结构形式可分为板肋式锚杆挡墙、格构式锚杆挡墙和排桩式锚杆挡墙；

2 根据锚杆的类型可分为非预应力锚杆挡墙和预应力锚杆（索）挡墙。

9.1.2 下列边坡宜采用排桩式锚杆挡墙支护：

1 位于滑坡区或切坡后可能引发滑坡的边坡；

2 切坡后可能沿外倾软弱结构面滑动、破坏后果严重的边坡；

3 高度较大、稳定性较差的土质边坡；

4 边坡塌滑区内有重要建筑物基础的Ⅳ类岩质边坡和土质边坡。

9.1.3 在施工期稳定性较好的边坡，可采用板肋式或格构式锚杆挡墙。

9.1.4 填方锚杆挡墙在设计和施工时应采取有效措施防止新填方土体沉降造成的锚杆附加拉应力过大。高度较大的新填方边坡不宜采用锚杆挡墙方案。

9.2 设计计算

9.2.1 锚杆挡墙设计应包括下列内容：

1 侧向岩土压力计算；

2 挡墙结构内力计算；

3 立柱嵌入深度计算；

4 锚杆计算和混凝土结构局部承压强度以及抗裂性计算；

5 挡板、立柱（肋柱或排桩）及其基础设计；

6 边坡变形控制设计；

7 整体稳定性分析；

8 施工方案建议和监测要求。

9.2.2 坡顶无建（构）筑物且不需对边坡变形进行控制的锚杆挡墙，其侧向岩土压力合力可按下式计算：

$$E'_{ah} = E_{ah}\beta_2 \qquad (9.2.2)$$

式中：E'_{ah}——相应于作用的标准组合时，每延米侧向岩土压力合力水平分力修正值（kN）；

E_{ah}——相应于作用的标准组合时，每延米侧向主动岩土压力合力水平分力（kN）；

β_2——锚杆挡墙侧向岩土压力修正系数，应根据岩土类别和锚杆类型按表 9.2.2 确定。

表 9.2.2 锚杆挡墙侧向岩土压力修正系数 β_2

锚杆类型 岩土类别	非预应力锚杆			预应力锚杆	
	土层锚杆	自由段为土层的岩石锚杆	自由段为岩层的岩石锚杆	自由段为土层时	自由段为岩层时
β_2	1.1~1.2	1.1~1.2	1.0	1.2~1.3	1.1

注：当锚杆变形计算值较小时取大值，较大时取小值。

9.2.3 确定岩土自重产生的锚杆挡墙侧压力分布，应考虑锚杆层数、挡墙位移大小、支护结构刚度和施工方法等因素，可简化为三角形、梯形或当地经验图形。

9.2.4 填方锚杆挡墙和单排锚杆的土层锚杆挡墙的侧压力，可近似按库仑理论取为三角形分布。

9.2.5 对岩质边坡以及坚硬、硬塑状黏性土和密实、中密砂土类边坡，当采用逆作法施工的、柔性结构的多层锚杆挡墙时，侧压力分布可近似按图 9.2.5 确定，图中 e'_{ah} 按下列公式计算：

对岩质边坡：

$$e'_{ah} = \frac{E'_{ah}}{0.9H} \qquad (9.2.5-1)$$

对土质边坡：

$$e'_{ah} = \frac{E'_{ah}}{0.875H} \qquad (9.2.5-2)$$

式中：e'_{ah}——相应于作用的标准组合时侧向岩土压力水平分力修正值（kN/m²）；

H——挡墙高度（m）。

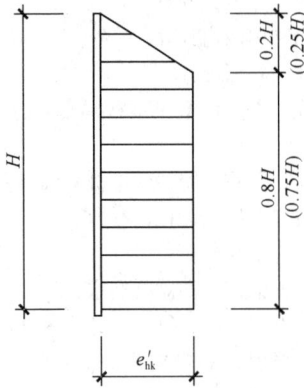

图 9.2.5 锚杆挡墙侧压力分布图
（括号内数值适用于土质边坡）

9.2.6 对板肋式和排桩式锚杆挡墙，立柱荷载取立柱受荷范围内的最不利荷载效应标准组合值。

9.2.7 岩质边坡以及坚硬、硬塑状黏性土和密实、中密砂土类边坡的锚杆挡墙，立柱可按下列规定计算：

    1 立柱可按支承于刚性锚杆上的连续梁计算内力；当锚杆变形较大时立柱宜按支承于弹性锚杆上的连续梁计算内力；

    2 根据立柱下端的嵌岩程度，可按铰接端或固定端考虑；当立柱位于强风化岩层以及坚硬、硬塑状黏性土和密实、中密砂土内时，其嵌入深度可按等值梁法计算。

9.2.8 除坚硬、硬塑状黏性土和密实、中密砂土类外的土质边坡锚杆挡墙，结构内力宜按弹性支点法计算。当锚固点水平变形较小时，结构内力可按静力平衡法或等值梁法计算，计算方法可按本规范附录 F 执行。

9.2.9 根据挡板与立柱连接构造的不同，挡板可简化为支撑在立柱上的水平连续板、简支板或双铰拱板；设计荷载可取板所处位置的岩土压力值。岩质边坡锚杆挡墙或坚硬、硬塑状黏性土和密实、中密砂土等且排水良好的挖方土质边坡锚杆挡墙，可根据当地的工程经验考虑两立柱间岩土形成的卸荷拱效应。

9.2.10 当锚固点变形较小时，钢筋混凝土格式式锚杆挡墙可简化为支撑在锚固点上的井字梁进行内力计算；当锚固点变形较大时，应考虑变形对格构式挡墙内力的影响。

9.2.11 由支护结构、锚杆和地层组成的锚杆挡墙体系的整体稳定性验算可采用圆弧滑动法或折线滑动法，并应符合本规范第 5 章的相关规定。

9.3 构 造 设 计

9.3.1 锚杆挡墙支护结构立柱的间距宜采用 2.0m

~6.0m。

9.3.2 锚杆挡墙支护中锚杆的布置应符合下列规定：

    1 锚杆上下排垂直间距、水平间距均不宜小于 2.0m；

    2 当锚杆间距小于上述规定或锚固段岩土层稳定性较差时，锚杆宜采用长短相间的方式布置；

    3 第一排锚杆锚固体上覆土层的厚度不宜小于 4.0m，上覆岩层的厚度不宜小于 2.0m；

    4 第一锚点位置可设于坡顶下 1.5m~2.0m 处；

    5 锚杆的倾角宜采用 10°~35°；

    6 锚杆布置应尽量与边坡走向垂直，并应与结构面呈较大倾角相交；

    7 立柱位于土层时宜在立柱底部附近设置锚杆。

9.3.3 立柱、挡板和格构梁的混凝土强度等级不应小于 C25。

9.3.4 立柱的截面尺寸除应满足强度、刚度和抗裂要求外，还应满足挡板的支座宽度、锚杆钻孔和锚固等要求。肋柱截面宽度不宜小于 300mm，截面高度不宜小于 400mm；钻孔桩直径不宜小于 500mm，人工挖孔桩直径不宜小于 800mm。

9.3.5 立柱基础应置于稳定的地层内，可采用独立基础、条形基础或桩基础等形式。

9.3.6 对永久性边坡，现浇挡板和拱板厚度不宜小于 200mm。

9.3.7 锚杆挡墙立柱宜对称配筋；当第一锚点以上悬臂部分内力较大或柱顶设单锚时，可根据立柱的内力包络图采用不对称配筋做法。

9.3.8 格构梁截面尺寸应按强度、刚度和抗裂要求计算确定，且格构梁截面宽度和截面高度均不宜小于 300mm。

9.3.9 锚杆挡墙现浇混凝土构件的伸缩缝间距不宜大于 20m~25m。

9.3.10 锚杆挡墙立柱的顶部宜设置钢筋混凝土构造连梁。

9.3.11 当锚杆挡墙的锚固区内有建（构）筑物基础传递较大荷载时，除应验算挡墙的整体稳定性外，还应适当加长锚杆，并采用长短相间的设置方法。

9.4 施 工

9.4.1 排桩式锚杆挡墙和在施工期边坡可能失稳的板肋式锚杆挡墙，应采用逆作法进行施工。

9.4.2 对施工期处于不利工况的锚杆挡墙，应按临时性支护结构进行验算。

10 岩石锚喷支护

10.1 一 般 规 定

10.1.1 岩石锚喷支护应符合下列规定：

1 对永久性岩质边坡（基坑边坡）进行整体稳定性支护时，Ⅰ类岩质边坡可采用混凝土锚喷支护；Ⅱ类岩质边坡宜采用钢筋混凝土锚喷支护；Ⅲ类岩质边坡应采用钢筋混凝土锚喷支护，且边坡高度不宜大于 15m；

2 对临时性岩质边坡（基坑边坡）进行整体稳定性支护时，Ⅰ、Ⅱ类岩质边坡可采用混凝土锚喷支护；Ⅲ类岩质边坡宜采用钢筋混凝土锚喷支护，且边坡高度不应大于 25m；

3 对边坡局部不稳定岩石块体，可采用锚喷支护进行局部加固；

4 符合本规范第 14.2.2 条的岩质边坡，可采用锚喷支护进行坡面防护，且构造要求应符合本规范第 10.3.3 条要求。

10.1.2 膨胀性岩质边坡和具有严重腐蚀性的边坡不应采用锚喷支护。有深层外倾滑动面或坡体渗水明显的岩质边坡不宜采用锚喷支护。

10.1.3 岩质边坡整体稳定性用系统锚杆支护后，对局部不稳定块体尚应采用锚杆加强支护。

10.2 设 计 计 算

10.2.1 采用锚喷支护的岩质边坡整体稳定性计算应符合下列规定：

1 岩石侧压力分布可按本规范第 9.2.5 条的规定确定；

2 锚杆轴向拉力可按下式计算：

$$N_{ak} = e'_{ah} s_{xj} s_{yj} / \cos\alpha \qquad (10.2.1)$$

式中：N_{ak}——锚杆所受轴向拉力（kN）；

s_{xj}、s_{yj}——锚杆的水平、垂直间距（m）；

e'_{ah}——相应于作用的标准组合时侧向岩石压力水平分力修正值（kN/m）；

α——锚杆倾角（°）。

10.2.2 锚喷支护边坡时，锚杆计算应符合本规范第 8.2.2～8.2.4 条的规定。

10.2.3 岩石锚杆总长度应符合本规范第 8.4.1 条的相关规定。

10.2.4 采用局部锚杆加固不稳定岩石块体时，锚杆承载力应符合下式的规定：

$$K_b (G_t - f G_n - cA) \leqslant \Sigma N_{akti} + f \Sigma N_{akni}$$

$$(10.2.4)$$

式中：A——滑动面面积（m²）；

c——滑移面的黏聚力（kPa）；

f——滑动面上的摩擦系数；

G_t、G_n——分别为不稳定块体自重在平行和垂直于滑面方向的分力（kN）；

N_{akti}、N_{akni}——单根锚杆轴向拉力在抗滑方向和垂直

于滑动面方向上的分力（kN）；

K_b——锚杆钢筋抗拉安全系数，按本规范第 8.2.2 条规定取值。

10.3 构 造 设 计

10.3.1 系统锚杆的设置宜符合下列规定：

1 锚杆布置宜采用行列式排列或菱形排列；

2 锚杆间距宜为 1.25m～3.00m，且不应大于锚杆长度的一半；对Ⅰ、Ⅱ类岩体边坡最大间距不应大于 3.00m，对Ⅲ、Ⅳ类岩体边坡最大间距不应大于 2.00m；

3 锚杆安设倾角宜为 10°～20°；

4 应采用全粘结锚杆。

10.3.2 锚喷支护用于岩质边坡整体支护时，其面板应符合下列规定：

1 对永久性边坡，Ⅰ类岩质边坡喷射混凝土面板厚度不应小于 50mm，Ⅱ类岩质边坡喷射混凝土面板厚度不应小于 100mm，Ⅲ类岩体边坡钢筋网喷射混凝土面板厚度不应小于 150mm；对临时性边坡，Ⅰ类岩质边坡喷射混凝土面板厚度不应小于 50mm，Ⅱ类岩质边坡喷射混凝土面板厚度不应小于 80mm，Ⅲ类岩体边坡钢筋网喷射混凝土面板厚度不应小于 100mm；

2 钢筋直径宜为 6mm～12mm，钢筋间距宜为 100mm～250mm，单层钢筋网喷射混凝土面板厚度不应小于 80mm，双层钢筋网喷射混凝土面板厚度不应小于 150mm；钢筋保护层厚度不应小于 25mm；

3 锚杆钢筋与面板的连接应有可靠的连接构造措施。

10.3.3 岩质边坡坡面防护宜符合下列规定：

1 锚杆布置宜采用行列式排列，也可采用菱形排列；

2 应采用全粘结锚杆，锚杆长度为 3m～6m，锚杆倾角宜为 15°～25°，钢筋直径可采用 16mm～22mm；钻孔直径为 40mm～70mm；

3 Ⅰ、Ⅱ类岩质边坡可采用混凝土锚喷防护，Ⅲ类岩质边坡宜采用钢筋混凝土锚喷防护，Ⅳ类岩质边坡应采用钢筋混凝土锚喷防护；

4 混凝土喷层厚度可采用 50mm～80mm，Ⅰ、Ⅱ类岩质边坡可取小值，Ⅲ、Ⅳ类岩质边坡宜取大值；

5 可采用单层钢筋网，钢筋直径为 6mm～10mm，间距 150mm～200mm。

10.3.4 喷射混凝土强度等级，对永久性边坡不应低于 C25，对防水要求较高的不应低于 C30；对临时性边坡不应低于 C20。喷射混凝土 1d 龄期的抗压强度设计值不应小于 5MPa。

10.3.5 喷射混凝土的物理力学参数可按表 10.3.5 采用。

表 10.3.5 喷射混凝土物理力学参数

喷射混凝土强度等级 物理力学参数	C20	C25	C30
轴心抗压强度设计值（MPa）	9.60	11.90	14.30
抗拉强度设计值（MPa）	1.10	1.27	1.43
弹性模量（MPa）	2.10×10^4	2.30×10^4	2.50×10^4
重度（kN/m³）	22.00		

10.3.6 喷射混凝土与岩面的粘结力，对整体状和块状岩体不应低于 0.80MPa，对碎裂状岩体不应低于 0.40MPa。喷射混凝土与岩面粘结力试验应符合现行国家标准《锚杆喷射混凝土支护技术规范》GB 50086 的规定。

10.3.7 面板宜沿边坡纵向每隔 20m～25m 的长度分段设置竖向伸缩缝。

10.3.8 坡体泄水孔及截水、排水沟等的设置应符合本规范的相关规定。

10.4 施 工

10.4.1 边坡坡面处理宜尽量平缓、顺直，且应锤击密实，凹处填筑应稳定。

10.4.2 应清除坡面松散层及不稳定的块体。

10.4.3 Ⅲ类岩体边坡应采用逆作法施工，Ⅱ类岩体边坡可部分采用逆作法施工。

11 重力式挡墙

11.1 一般规定

11.1.1 根据墙背倾斜情况，重力式挡墙可分为俯斜式挡墙、仰斜式挡墙、直立式挡墙和衡重式挡墙等类型。

11.1.2 采用重力式挡墙时，土质边坡高度不宜大于 10m，岩质边坡高度不宜大于 12m。

11.1.3 对变形有严格要求或开挖土石方可能危及边坡稳定的边坡不宜采用重力式挡墙，开挖土石方危及相邻建筑物安全的边坡不应采用重力式挡墙。

11.1.4 重力式挡墙类型应根据使用要求、地形、地质和施工条件等综合考虑确定，对岩质边坡和挖方形成的土质边坡宜优先采用仰斜式挡墙，高度较大的土质边坡宜采用衡重或仰斜式挡墙。

11.2 设计计算

11.2.1 土质边坡采用重力式挡墙高度不小于 5m 时，主动土压力宜按本规范第 6.2 节计算的主动土压力值乘以增大系数确定。挡墙高度 5m～8m 增大系

数宜取 1.1，挡墙高度大于 8m 时增大系数宜取 1.2。

11.2.2 重力式挡墙设计应进行抗滑移和抗倾覆稳定性验算。当挡墙地基软弱、有软弱结构面或位于边坡坡顶时，还应按本规范第 5 章有关规定进行地基稳定性验算。

11.2.3 重力式挡墙的抗滑移稳定性应按下列公式验算（图 11.2.3）：

$$F_s = \frac{(G_n + E_{an})\mu}{E_{at} - G_t} \geqslant 1.3 \quad (11.2.3-1)$$

$$G_n = G\cos\alpha_0 \quad (11.2.3-2)$$

$$G_t = G\sin\alpha_0 \quad (11.2.3-3)$$

$$E_{at} = E_a\sin(\alpha - \alpha_0 - \delta) \quad (11.2.3-4)$$

$$E_{an} = E_a\cos(\alpha - \alpha_0 - \delta) \quad (11.2.3-5)$$

式中：E_a——每延米主动岩土压力合力（kN/m）；

F_s——挡墙抗滑移稳定系数；

G——挡墙每延米自重（kN/m）；

α——墙背与墙底水平投影的夹角（°）；

α_0——挡墙底面倾角（°）；

δ——墙背与岩土的摩擦角（°），可按本规范的表 6.2.3 选用；

μ——挡墙底与地基岩土体的摩擦系数，宜由试验确定，也可按表 11.2.3 选用。

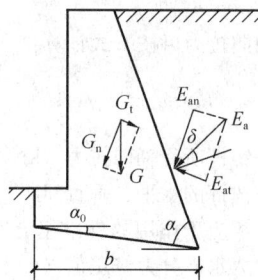

图 11.2.3 挡墙抗滑移
稳定性验算

表 11.2.3 岩土与挡墙底面摩擦系数 μ

岩土类别		摩擦系数 μ
黏性土	可塑	0.20～0.25
	硬塑	0.25～0.30
	坚硬	0.30～0.40
粉土		0.25～0.35
中砂、粗砂、砾砂		0.35～0.40
碎石土		0.40～0.50
极软岩、软岩、较软岩		0.40～0.60
表面粗糙的坚硬岩、较硬岩		0.65～0.75

11.2.4 重力式挡墙的抗倾覆稳定性应按下列公式进行验算（图11.2.4）：

$$F_t = \frac{Gx_0 + E_{az}x_f}{E_{ax}z_f} \geq 1.6 \quad (11.2.4\text{-}1)$$

$$E_{ax} = E_a \sin(\alpha - \delta) \quad (11.2.4\text{-}2)$$

$$E_{az} = E_a \cos(\alpha - \delta) \quad (11.2.4\text{-}3)$$

$$x_f = b - z\cot\alpha \quad (11.2.4\text{-}4)$$

$$z_f = z - b\tan\alpha_0 \quad (11.2.4\text{-}5)$$

式中：F_t——挡墙抗倾覆稳定系数；

b——挡墙底面水平投影宽度（m）；

x_0——挡墙中心到墙趾的水平距离（m）；

z——岩土压力作用点到墙踵的竖直距离（m）。

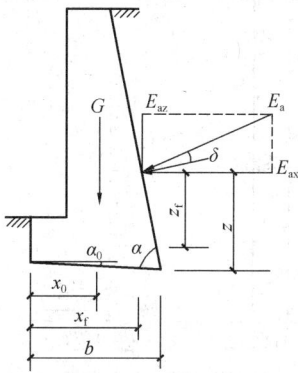

图 11.2.4 挡墙抗倾覆
稳定性验算

11.2.5 地震工况时，重力式挡墙的抗滑移稳定系数不应小于1.10，抗倾覆稳定性不应小于1.30。

11.2.6 重力式挡墙的地基承载力和结构强度计算，应符合国家现行有关标准的规定。

11.3 构 造 设 计

11.3.1 重力式挡墙材料可使用浆砌块石、条石、毛石混凝土或素混凝土。块石、条石的强度等级不应低于MU30，砂浆强度等级不应低于M5.0；混凝土强度等级不应低于C15。

11.3.2 重力式挡墙基底可做成逆坡。对土质地基，基底逆坡坡度不宜大于1:10；对岩质地基，基底逆坡坡度不宜大于1:5。

11.3.3 挡墙地基表面纵坡大于5%时，应将基底设计为台阶式，其最下一级台阶底宽不宜小于1.00m。

11.3.4 块石或条石挡墙的墙顶宽度不宜小于400mm，毛石混凝土、素混凝土挡墙的墙顶宽度不宜小于200mm。

11.3.5 重力式挡墙的基础埋置深度，应根据地基稳定性、地基承载力、冻结深度、水流冲刷情况以及岩石风化程度等因素确定。在土质地基中，基础最小埋置深度不宜小于0.50m，在岩质地基中，基础最小埋置深度不宜小于0.30m。基础埋置深度应从坡脚排水

沟底算起。受水流冲刷时，埋深应从预计冲刷底面算起。

11.3.6 位于稳定斜坡地面的重力式挡墙，其墙趾最小埋入深度和距斜坡面的最小水平距离应符合表11.3.6的规定。

表 11.3.6 斜坡地面墙趾最小埋入深度和距斜坡地面的最小水平距离 （m）

地基情况	最小埋入深度（m）	距斜坡地面的最小水平距离（m）
硬质岩石	0.60	0.60～1.50
软质岩石	1.00	1.50～3.00
土质	1.00	3.00

注：硬质岩指单轴抗压强度大于30MPa的岩石，软质岩指单轴抗压强度小于15MPa的岩石。

11.3.7 重力式挡墙的伸缩缝间距，对条石、块石挡墙宜为20m～25m，对混凝土挡墙宜为10m～15m。在挡墙高度突变处及与其他建（构）筑物连接处应设置伸缩缝，在地基岩土性状变化处应设置沉降缝。沉降缝、伸缩缝的缝宽宜为20mm～30mm，缝中应填塞沥青麻筋或其他有弹性的防水材料，填塞深度不应小于150mm。

11.3.8 挡墙后面的填土，应优先选择抗剪强度高和透水性较强的填料。当采用黏性土作填料时，宜掺入适量的砂砾或碎石。不应采用淤泥质土、耕植土、膨胀性黏土等软弱有害的岩土体作为填料。

11.3.9 挡墙的防渗与泄水布置应根据地形、地质、环境、水体来源及填料等因素分析确定。

11.3.10 挡墙后填土地表应设置排水良好的地表排水系统。

11.4 施 工

11.4.1 浆砌块石、条石挡墙的施工所用砂浆宜采用机械拌合。块石、条石表面应清洗干净，砂浆填塞应饱满，严禁干砌。

11.4.2 块石、条石挡墙所用石材的上下面应尽可能平整，块石厚度不应小于200mm。挡墙应分层错缝砌筑，墙体砌筑时不应有垂直通缝；且外露面应用M7.5砂浆勾缝。

11.4.3 墙后填土应分层夯实，选料及其密实度均应满足设计要求，填料回填应在砌体或混凝土强度达到设计强度的75%以上后进行。

11.4.4 当填方挡墙墙后地面的横坡坡度大于1:6时，应进行地面粗糙处理后再填土。

11.4.5 重力式挡墙在施工前应预先设置好排水系统，保持边坡和基坑地面干燥。基坑开挖后，基坑内不应积水，并应及时进行基础施工。

11.4.6 重力式抗滑挡墙应分段、跳槽施工。

12 悬臂式挡墙和扶壁式挡墙

12.1 一般规定

12.1.1 悬臂式挡墙和扶壁式挡墙适用于地基承载力较低的填方边坡工程。

12.1.2 悬臂式挡墙和扶壁式挡墙适用高度对悬臂式挡墙不宜超过 6m，对扶壁式挡墙不宜超过 10m。

12.1.3 悬臂式挡墙和扶壁式挡墙结构应采用现浇钢筋混凝土结构。

12.1.4 悬臂式挡墙和扶壁式挡墙的基础应置于稳定的岩土层内，其埋置深度应符合本规范第 11.3.5 条和第 11.3.6 条的规定。

12.2 设计计算

12.2.1 计算挡墙整体稳定性和立板内力时，可不考虑挡墙前底板以上土的影响；在计算墙趾板内力时，应计算底板以上填土的自重。

12.2.2 计算挡墙实际墙背和墙踵板的土压力时，可不计填料与板间的摩擦力。

12.2.3 悬臂式挡墙和扶壁式挡墙的侧向主动土压力宜按第二破裂面法进行计算。当不能形成第二破裂面时，可用墙踵下缘与墙顶内缘的连线或通过墙踵的竖向面作为假想墙背计算，取其中不利状态的侧向压力作为设计控制值。

12.2.4 计算立板内力时，侧向压力分布可按图 12.2.4 或根据当地经验图形确定。

12.2.5 悬臂式挡墙的立板、墙趾板和墙踵板等结构构件可取单位宽度按悬挑构件进行计算。

12.2.6 对扶壁式挡墙，根据其受力特点可按下列简化模型进行内力计算：

　　1 立板和墙踵板可根据边界约束条件按三边固定、一边自由的板或以扶壁为支点的连续板进行计算；

　　2 墙趾底板可简化为固定在立板上的悬臂板进行计算；

　　3 扶壁可简化为 T 形悬臂梁进行计算，其中立板为梁的翼缘，扶壁为梁的腹板。

12.2.7 悬臂式挡墙和扶壁式挡墙的结构构件截面设计应按现行国家标准《混凝土结构设计规范》GB 50010 的有关规定执行。

12.2.8 挡墙结构应进行混凝土裂缝宽度的验算。迎土面的裂缝宽度不应大于 0.2mm，背土面的裂缝宽度不应大于 0.3mm，并应符合现行国家标准《混凝土结构设计规范》GB 50010 的有关规定。

12.2.9 悬臂式挡墙和扶壁式挡墙的抗滑、抗倾稳定性验算应按本规范的第 10.2 节的有关规定执行。当存在深部潜在滑面时，应按本规范的第 5 章的有关规

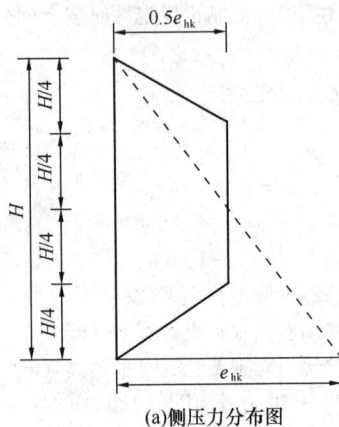

(a)侧压力分布图

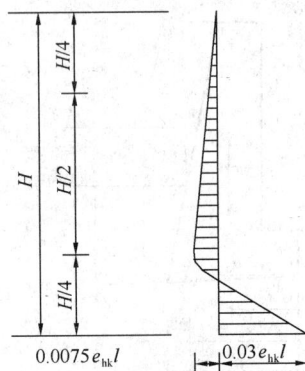

(b)立板竖向弯矩分布图

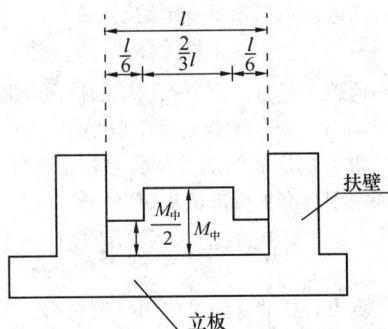

(c)立板弯矩横向分布图

图 12.2.4　扶壁式挡墙侧向压力分布图

$M_{中}$—板跨中弯矩；H—墙面板的高度；
e_{hk}—墙面板底端内填料引起的法向土压力；
l—扶壁之间的净距

定进行有关潜在滑面整体稳定性验算。

12.2.10 悬臂式挡墙和扶壁式挡墙的地基承载力和变形验算按国家现行有关规范执行。

12.3 构造设计

12.3.1 悬臂式挡墙和扶壁式挡墙的混凝土强度等级应根据结构承载力和所处环境类别确定，且不应低于 C25。立板和扶壁的混凝土保护层厚度不应小于 35mm，底板的保护层厚度不应小于 40mm。受力钢筋直径不应小于 12mm，间距不宜大于 250mm。

12.3.2 悬臂式挡墙截面尺寸应根据强度和变形计算确定，立板顶宽和底板厚度不应小于 200mm。当挡墙高度大于 4m 时，宜加根部翼。

12.3.3 扶壁式挡墙尺寸应根据强度和变形计算确定，并应符合下列规定：

    1 两扶壁之间的距离宜取挡墙高度的 1/3～1/2；

    2 扶壁的厚度宜取扶壁间距的 1/8～1/6，且不宜小于 300mm；

    3 立板顶端和底板的厚度不应小于 200mm；

    4 立板在扶壁处的外伸长度，宜根据外伸悬臂固端弯矩与中间跨固端弯矩相等的原则确定，可取两扶壁净距的 0.35 倍左右。

12.3.4 悬臂式挡墙和扶壁式挡墙结构构件应根据其受力特点进行配筋设计，其配筋率、钢筋的连接和锚固等应符合现行国家标准《混凝土结构设计规范》GB 50010 的有关规定。

12.3.5 当挡墙受滑动稳定控制时，应采取提高抗滑能力的构造措施。宜在墙底下设防滑键，其高度应保证键前土体不被挤出。防滑键厚度应根据抗剪强度计算确定，且不应小于 300mm。

12.3.6 悬臂式挡墙和扶壁式挡墙位于纵向坡度大于 5％ 的斜坡时，基底宜做成台阶形。

12.3.7 对软弱地基或填方地基，当地基承载力不满足设计要求时，应进行地基处理或采用桩基础方案。

12.3.8 悬臂式挡墙和扶壁式挡墙的泄水孔设置及构造要求等应按本规范相关规定执行。

12.3.9 悬臂式挡墙和扶壁式挡墙纵向伸缩缝间距宜采用 10m～15m。宜在不同结构单元处和地层性状变化处设置沉降缝；且沉降缝与伸缩缝宜合并设置。其他要求应符合本规范的第 11.3.7 条的规定。

12.3.10 悬臂式挡墙和扶壁式挡墙的墙后填料质量和回填质量应符合本规范第 11.3.8 条的要求。

12.4 施 工

12.4.1 施工时应做好排水系统，避免水软化地基的不利影响，基坑开挖后应及时封闭。

12.4.2 施工时应清除填土中的草和树皮、树根等杂物。在墙身混凝土强度达到设计强度的 70％ 后方可填土，填土应分层夯实。

12.4.3 扶壁间回填宜对称实施，施工时应控制填土对扶壁式挡墙的不利影响。

12.4.4 当挡墙墙后表面的横坡坡度大于 1：6 时，应在进行表面粗糙处理后再填土。

13 桩板式挡墙

13.1 一 般 规 定

13.1.1 桩板式挡墙适用于开挖土石方可能危及相邻建筑物或环境安全的边坡、填方边坡支挡以及工程滑坡治理。

13.1.2 桩板式挡墙按其结构形式分为悬臂式桩板挡墙、锚拉式桩板挡墙。挡板可以采用现浇板或预制板。桩板式挡墙形式的选择应根据工程特点、使用要求、地形、地质和施工条件等综合考虑确定。

13.1.3 悬臂式桩板挡墙高度不宜超过 12m，锚拉式桩板挡墙高度不宜大于 25m。桩间距不宜小于 2 倍桩径或桩截面短边尺寸。

13.1.4 桩间距、桩长和截面尺寸应根据岩土侧压力大小和锚固段地基承载力等因素确定，达到安全可靠、经济合理。

13.1.5 锚拉式桩板挡墙可采用单点锚固或多点锚固的结构形式，当其高度较大、边坡推力较大时宜采用预应力锚杆。

13.1.6 填方锚拉式桩板挡墙应符合本规范第 9.1.4 条的规定。

13.1.7 桩板式挡墙用于滑坡治理时应符合本规范第 17 章的相关规定。

13.1.8 锚拉式桩板挡墙的锚杆（索）的设计和施工应符合本规范第 8 章的相关规定。

13.2 设 计 计 算

13.2.1 桩板式挡墙的岩土侧向压力可按库仑主动土压力计算，并根据对支护结构变形的不同限制要求，按本规范第 6 章的相关规定确定岩土侧向压力。锚拉式桩板挡墙的岩土侧压力可按本规范第 9.2.2 条确定。

13.2.2 对有潜在滑动面的边坡及工程滑坡，应取滑动剩余下滑力与主动岩土压力两者的较大值进行桩板式挡墙设计。

13.2.3 作用在桩上的荷载宽度可按左右两相邻桩桩中心之间距离的各一半之和计算。作用在挡板上的荷载宽度可取板的计算板跨度。

13.2.4 桩板式挡墙用于滑坡支挡时，滑动面以上桩前滑体抗力可由桩前剩余抗滑力或被动土压力确定，设计时选较小值。当桩前滑体可能滑动时，不应计其抗力。

13.2.5 桩板式挡墙桩身内力计算时，临空段或边坡滑动面以上部分桩身内力，应根据岩土侧压力或滑坡推力计算。嵌入段或滑动面以下部分桩身内力，宜根据埋入段地面或滑动面处弯矩和剪力，采用地基系数法计算。根据岩土条件可选用"k 法"或"m 法"。地基系数 k 和 m 值宜根据试验资料、地方经验和工程类比综合确定，初步设计阶段可按本规范附录 G 取值。

13.2.6 桩板式挡墙的桩嵌入岩土层部分的内力采用地基系数法计算时，桩的计算宽度可按下列规定取值：

圆形桩：$d \leqslant 1$m 时，$B_p = 0.9(1.5d + 0.5)$；

　　　　$d > 1$m 时，$B_p = 0.9(d + 1)$；

矩形桩：$b \leqslant 1$m 时，$B_p = 1.5b + 0.5$；

　　　　$b > 1$m 时，$B_p = b + 1$；

式中：B_p——桩身计算宽度（m）；

　　　　b——桩宽（m）；

　　　　d——桩径（m）。

13.2.7　桩底支承应结合岩土层情况和桩基埋入深度可按自由端或铰支端考虑。

13.2.8　桩嵌入岩土层的深度应根据地基的横向承载力特征值确定，并应符合下列规定：

　　1　嵌入岩层时，桩的最大横向压应力 σ_{max} 应小于或等于地基的横向承载力特征值 f_H。桩为矩形截面时，地基的横向承载力特征值可按下式计算：

$$f_H = K_H \eta f_{rk} \qquad (13.2.8\text{-}1)$$

式中：f_H——地基的横向承载力特征值（kPa）；

　　　　K_H——在水平方向的换算系数，根据岩层构造可取 0.50～1.00；

　　　　η——折减系数，根据岩层的裂缝、风化及软化程度可取 0.30～0.45；

　　　　f_{rk}——岩石天然单轴极限抗压强度标准值（kPa）。

　　2　嵌入土层或风化层土、砂砾状岩层时，滑动面以下或桩嵌入稳定岩土层内深度为 $h_2/3$ 和 h_2（滑动面以下或嵌入稳定岩土层内桩长）处的横向压应力不应大于地基横向承载力特征值。悬臂抗滑桩（图 13.2.8）地基横向承载力特征值可按下列公式计算：

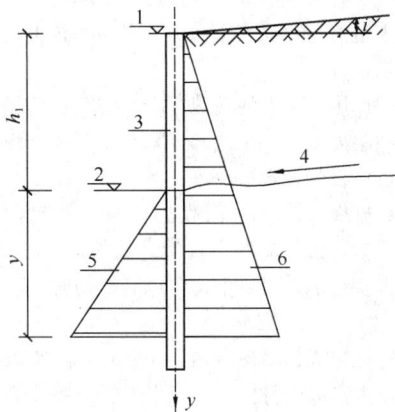

图 13.2.8　悬臂抗滑桩土质地基横向
承载力特征值计算简图

1—桩顶地面；2—滑面；3—抗滑桩；4—滑动方向；
5—被动土压力分布图；6—主动土压力分布图

　　1）当设桩处沿滑动方向地面坡度小于 8°时，地基 y 点的横向承载力特征值可按下式计算：

$$f_H = 4\gamma_2 y \frac{\tan\varphi_0}{\cos\varphi_0}$$
$$- \gamma_1 h_1 \frac{1 - \sin\varphi_0}{1 + \sin\varphi_0} \qquad (13.2.8\text{-}2)$$

式中：f_H——地基的横向承载力特征值（kPa）；

　　　　γ_1——滑动面以上土体的重度（kN/m³）；

　　　　γ_2——滑动面以下土体的重度（kN/m³）；

　　　　φ_0——滑动面以下土体的等效内摩擦角（°）；

　　　　h_1——设桩处滑动面至地面的距离（m）；

　　　　y——滑动面至计算点的距离（m）。

　　2）当设桩处沿滑动方向地面坡度 $i \geqslant 8°$ 且 $i \leqslant \varphi_0$ 时，地基 y 点的横向承载力特征值可按下式计算：

$$f_H = 4\gamma_2 y \frac{\cos^2 i \sqrt{\cos^2 i - \cos^2 \varphi}}{\cos^2 \varphi}$$
$$- \gamma_1 h_1 \cos i \frac{\cos i - \sqrt{\cos^2 i - \cos^2 \varphi}}{\cos i + \sqrt{\cos^2 i - \cos^2 \varphi}}$$

$$(13.2.8\text{-}3)$$

式中：φ——滑动面以下土体的内摩擦角（°）。

13.2.9　桩基嵌固段顶端地面处的水平位移不宜大于 10mm。当地基强度或位移不能满足要求时，应通过调整桩的埋深、截面尺寸或间距等措施进行处理。

13.2.10　桩板式挡墙的桩身按受弯构件设计，当无特殊要求时，可不作裂缝宽度验算。

13.2.11　锚拉式桩板挡墙计算时可考虑将桩、锚固段岩土体及锚索（杆）视为一整体，锚索（杆）视为弹性支座，桩简化为受横向变形约束的弹性地基梁，根据位移变形协调原理，按"k 法"或"m 法"计算锚杆（索）拉力及桩各段内力和位移。

13.2.12　锚拉桩采用锚固段为岩石的预应力锚杆（索）或全粘结岩石锚杆时，锚杆（索）可按刚性杆考虑，将桩简化为单跨简支梁或多跨连续梁，计算桩各段内力和位移。

13.3　构　造　设　计

13.3.1　桩的混凝土强度等级不应低于 C25，用于滑坡支挡时桩身混凝土强度等级不应低于 C30。挡板的混凝土强度等级不应低于 C25，灌注锚杆（索）孔的水泥砂浆强度等级不应低于 M30。

13.3.2　桩受力主筋混凝土保护层不应小于 50mm，挡板受力主筋混凝土保护层挡土一侧不应小于 25mm，临空一侧不应小于 20mm。

13.3.3　桩内不宜采用斜筋抗剪。剪力较大时可采用调整混凝土强度等级、箍筋直径和间距和桩身截面尺寸等措施，以满足斜截面抗剪强度要求。

13.3.4　桩的箍筋宜采用封闭式，肢数不宜多于 4 肢，箍筋直径不应小于 8mm。

13.3.5　桩的两侧和受压边应配置纵向构造钢筋，两侧纵向钢筋直径不宜小于 12mm，间距不宜大于

400mm；受压边钢筋直径不宜小于 14mm，间距不宜大于 200mm。

13.3.6 锚拉式桩板挡墙锚孔距桩顶距离不宜小于 1500mm，锚固点附近桩身箍筋应适当加密，锚杆（索）构造应按本规范第 8.4 节有关规定设计。

13.3.7 悬臂式桩板挡墙桩长在岩质地基中嵌固深度不宜小于桩总长的 1/4，土质地基中不宜小于 1/3。

13.3.8 桩板式挡墙应根据其受力特点进行配筋设计，其配筋率、钢筋搭接和锚固应符合现行国家标准《混凝土结构设计规范》GB 50010 的有关规定。

13.3.9 桩板式挡墙纵向伸缩缝间距不宜大于 25m。伸缩缝构造应符合本规范第 10.3.7 条的规定。

13.3.10 桩板式挡墙墙后填料质量和回填质量应符合本规范第 11.3.8 条的规定。

13.4 施　工

13.4.1 挖方区悬臂式桩板挡墙应先施工桩，再施工挡板；挖方区锚拉式桩板挡墙应先施工桩，再采用逆作法施工锚杆（索）及挡板。

13.4.2 桩身混凝土应连续灌注，不得形成水平施工缝。当需加快施工进度时，宜采用速凝、早强混凝土。

13.4.3 桩纵筋的接头不得设在土石分界处和滑动面处。

13.4.4 墙后填土必须分层夯实，选料及其密实度均应满足设计要求。

13.4.5 桩和挡板设计未考虑大型碾压机的荷载时，桩板后至少 2m 内不得使用大型碾压机械填筑。

13.4.6 工程滑坡治理施工尚应符合本规范第 17.3 节的规定。

14 坡率法

14.1 一般规定

14.1.1 当工程场地有放坡条件，且无不良地质作用时宜优先采用坡率法。

14.1.2 有下列情况之一的边坡不应单独采用坡率法，应与其他边坡支护方法联合使用：

1 放坡开挖对相邻建（构）筑物有不利影响的边坡；

2 地下水发育的边坡；

3 软弱土层等稳定性差的边坡；

4 坡体内有外倾软弱结构面或深层滑动面的边坡；

5 单独采用坡率法不能有效改善整体稳定性的边坡；

6 地质条件复杂的一级边坡。

14.1.3 填方边坡采用坡率法时可与加筋材料联合

应用。

14.1.4 采用坡率法时应进行边坡环境整治、坡面绿化和排水处理。

14.1.5 高度较大的边坡应分级开挖放坡。分级放坡时应验算边坡整体的和各级的稳定性。

14.2 设计计算

14.2.1 土质边坡的坡率允许值应根据工程经验，按工程类比的原则并结合已有稳定边坡的坡率值分析确定。当无经验且土质均匀良好、地下水贫乏、无不良地质作用和地质环境条件简单时，边坡坡率允许值可按表 14.2.1 确定。

表 14.2.1　土质边坡坡率允许值

边坡土体类别	状态	坡率允许值（高宽比）	
		坡高小于 5m	坡高 5m～10m
碎石土	密实	1：0.35～1：0.50	1：0.50～1：0.75
	中密	1：0.50～1：0.75	1：0.75～1：1.00
	稍密	1：0.75～1：1.00	1：1.00～1：1.25
黏性土	坚硬	1：0.75～1：1.00	1：1.00～1：1.25
	硬塑	1：1.00～1：1.25	1：1.25～1：1.50

注：1　碎石土的充填物为坚硬或硬塑状态的黏性土；

　　2　对于砂土或充填物为砂土的碎石土，其边坡坡率允许值应按砂土或碎石土的自然休止角确定。

14.2.2 在边坡保持整体稳定的条件下，岩质边坡开挖的坡率允许值应根据工程经验，按工程类比的原则结合已有稳定边坡的坡率值分析确定。对无外倾软弱结构面的边坡，放坡坡率可按表 14.2.2 确定。

表 14.2.2　岩质边坡坡率允许值

边坡岩体类型	风化程度	坡率允许值（高宽比）		
		$H<8m$	$8m{\leqslant}H$ $<15m$	$15m{\leqslant}H$ $<25m$
I 类	未（微）风化	1：0.00～ 1：0.10	1：0.10～ 1：0.15	1：0.15～ 1：0.25
	中等风化	1：0.10～ 1：0.15	1：0.15～ 1：0.25	1：0.25～ 1：0.35
II 类	未（微）风化	1：0.10～ 1：0.15	1：0.15～ 1：0.25	1：0.25～ 1：0.35
	中等风化	1：0.15～ 1：0.25	1：0.25～ 1：0.35	1：0.35～ 1：0.50
III 类	未（微）风化	1：0.25～ 1：0.35	1：0.35～ 1：0.50	—
	中等风化	1：0.35～ 1：0.50	1：0.50～ 1：0.75	—

续表14.2.2

边坡岩体类型	风化程度	坡率允许值（高宽比）		
		$H<8m$	$8m\leqslant H<15m$	$15m\leqslant H<25m$
Ⅳ类	中等风化	1：0.50～1：0.75	1：0.75～1：1.00	—
	强风化	1：0.75～1：1.00	—	—

注：1 H——边坡高度；
　　2 Ⅳ类强风化包括各类风化程度的极软岩；
　　3 全风化岩体可按土质边坡坡率取值。

14.2.3 下列边坡的坡率允许值应通过稳定性计算分析确定：

1 有外倾软弱结构面的岩质边坡；

2 土质较软的边坡；

3 坡顶边缘附近有较大荷载的边坡；

4 边坡高度超过本规范表14.2.1和表14.2.2范围的边坡。

14.2.4 填土边坡的坡率允许值应根据边坡稳定性计算结果并结合地区经验确定。

14.2.5 土质边坡稳定性计算应考虑边坡影响范围内的建（构）筑物和边坡支护处理对地下水运动等水文地质条件的影响，以及由此而引起的对边坡稳定性的影响。

14.2.6 边坡稳定性评价应符合本规范第5章的有关规定。

14.3 构 造 设 计

14.3.1 边坡整体高度可按同一坡率进行放坡，也可根据边坡岩土的变化情况按不同的坡率放坡。

14.3.2 位于斜坡上的人工压实填土边坡应验算填土沿斜坡滑动的稳定性。分层填筑前应将斜坡的坡面修成若干台阶，使压实填土与斜坡面紧密接触。

14.3.3 边坡排水系统的设置应符合下列规定：

1 边坡坡顶、坡面、坡脚和水平台阶应设排水沟，并作好坡脚防护；在坡顶外围应设截水沟；

2 当边坡表层有积水湿地、地下水渗出或地下水露头时，应根据实际情况设置外倾排水孔、排水盲沟和排水钻孔。

14.3.4 对局部不稳定块体应清除，或采用锚杆和其他有效加固措施。

14.3.5 永久性边坡宜采用锚喷、浆砌片石或格构等构造措施护面。在条件许可时，宜尽量采用格构或其他有利于生态环境保护和美化的护面措施。临时性边坡可采用水泥砂浆护面。

14.4 施 工

14.4.1 挖方边坡施工开挖应自上而下有序进行，并

应保持两侧边坡的稳定，保证弃土、弃渣的堆填不应导致边坡附加变形或破坏现象发生。

14.4.2 填土边坡施工应自下而上分层进行，每一层填土施工完成后应进行相应技术指标的检测，质量检验合格后方可进行下一层填土施工。

14.4.3 边坡工程在雨期施工时应做好水的排导和防护工作。

15 坡面防护与绿化

15.1 一 般 规 定

15.1.1 边坡整体稳定但其坡面岩土体易风化、剥落或有浅层崩塌、滑落及掉块等时，应进行坡面防护。

15.1.2 边坡坡面防护工程应在稳定边坡上设置。对欠稳定的或存在不良地质因素的边坡，应先进行边坡治理后进行坡面防护与绿化。

15.1.3 边坡坡面防护应根据工程区域气候、水文、地形、地质条件、材料来源及使用条件采取工程防护和植物防护相结合的综合处理措施，并应考虑下列因素经技术经济比较确定：

1 坡面风化作用；

2 雨水冲刷；

3 植物生长效果、环境效应；

4 冻胀、干裂作用；

5 坡面防渗、防淘刷等需要；

6 其他需要考虑的因素。

15.1.4 临时防护措施应与永久防护措施相结合。

15.1.5 地下水和地表水较为丰富的边坡，应将边坡防护结合排水措施进行综合设计。

15.2 工 程 防 护

15.2.1 砌体护坡应符合下列规定：

1 砌体护坡可采用浆砌条石、块石、片石、卵石或混凝土预制块等作为砌筑材料，适用于坡度缓于1：1的易风化的岩石和土质挖方边坡；

2 石料强度等级不应低于MU30，浆砌块石、片石、卵石护坡的厚度不宜小于250mm；

3 预制块的混凝土强度等级不应低于C20；厚度不小于150mm；

4 铺砌层下应设置碎石或砂砾垫层，厚度不宜小于100mm；

5 砌筑砂浆强度等级不应低于M5.0，在严寒地区和地震地区或水下部分的砌筑砂浆强度等级不应低于M7.5；

6 砌体护坡应设置伸缩缝和泄水孔；

7 砌体护坡伸缩缝间距宜为20m～25m、缝宽20mm～30mm；在地基性状和护坡高度变化处应设沉降缝，沉降缝与伸缩缝宜合并设置；缝中应填塞沥青

麻筋或其他有弹性的防水材料，填塞深度不应小于150mm；在拐角处应采取适当的加强构造措施。

15.2.2 护面墙防护设计应符合下列规定：

　　1 护面墙可采用浆砌条石、块石或混凝土预制块等作为砌筑材料，也可现浇素混凝土；适用于防护易风化或风化严重的软质岩石或较破碎岩石挖方边坡，以及坡面易受侵蚀的土质边坡；

　　2 窗孔式护面墙防护的边坡坡率应缓于1：0.75；拱式护面墙适用于边坡下部岩层较完整而上部需防护的边坡，边坡坡率应缓于1：0.50；

　　3 单级护面墙的高度不宜超过10m；其墙背坡坡率与边坡坡率一致，顶宽不应小于500mm，底宽不应小于1000mm，并应设置伸缩缝和泄水孔；

　　4 伸缩缝的间距宜为20m～25m，但对素混凝土护面墙为10m～15m；

　　5 护面墙基础应设置在稳定的地基上，基础埋置深度应根据地质条件确定；冰冻地区应埋置在冰冻深度以下不小于250mm；护面墙前趾应低于排水沟铺砌的底面。

15.2.3 对边坡坡度不大于60°、中风化的易风化岩质边坡可采用喷射砂浆进行坡面防护。喷射砂浆防护厚度不宜小于50mm，砂浆强度等级不应低于M20；喷护坡面应设置泄水孔和伸缩缝，泄水孔纵、横间距宜为2.5m，伸缩缝间距宜为10m～15m。

15.2.4 喷射混凝土防护工程应符合本规范第10章的规定。

15.3 植物防护与绿化

15.3.1 植物防护与绿化工程设计应符合下列规定：

　　1 植草宜选用易成活、生长快、根系发达、叶茎矮或有匍匐茎的多年生当地草种；草种的配合、播种量等应根据植物的生长特点、防护地点及施工方法确定；

　　2 铺草皮适用于需要快速绿化的边坡，且坡率缓于1：1.00的土质边坡和严重风化的软质岩石边坡；草皮应选择根系发达、茎矮叶茂耐旱草种，不宜采用喜水草种，严禁采用生长在泥沼地的草皮；

　　3 植树宜用于坡率缓于1：1.50的边坡；树种应选用能迅速生长且根深枝密的低矮灌木类；

　　4 湿法喷播绿化适用于土质边坡、土夹石边坡、严重风化岩石的坡率缓于1：0.50的挖方和填方边坡防护；

　　5 客土喷播与绿化适用于风化岩石、土壤较少的软质岩石、养分较少的土壤、硬质土壤、植物立地条件差的高大陡坡面和受侵蚀显著的坡面；当坡率陡于1：1.00时，宜设置挂网或混凝土格构。

15.3.2 骨架植物防护工程中的骨架可采用浆砌片石或混凝土作骨架，且应符合下列规定：

　　1 骨架植物防护适用于边坡坡率缓于1：0.75

土质和全风化的岩石边坡防护与绿化，当坡面受雨水冲刷严重或潮湿时，坡度应缓于1：1.00；

　　2 应根据边坡坡率、土质和当地情况确定骨架形式，并与周围景观相协调；骨架内应采用植物或其他辅助防护措施；

　　3 当降雨量较大且集中的地区，骨架宜做成截水槽型；截水槽断面尺寸由降雨强度计算确定。

15.3.3 混凝土空心块植物防护适用于坡度缓于1：0.75的土质边坡和全风化、强风化的岩石挖方边坡；并根据需要设置浆砌片石或混凝土骨架。空心预制块的混凝土强度等级不应低于C20，厚度不应小于150mm。空心预制块内应填充种植土，喷播植草。

15.3.4 锚杆钢筋混凝土格构植物防护与绿化适用于土质边坡和坡体中无不良结构面、风化破碎的岩石挖方边坡。钢筋混凝土格构的混凝土强度等级不应低于C25，格构几何尺寸应根据边坡高度和地层情况等确定，格构内宜植草。在多雨地区，格构上应设置截水槽，截水槽断面尺寸由降雨强度计算确定。

15.4 施　　工

15.4.1 坡面防护施工应符合下列规定：

　　1 根据开挖坡面地质水文情况逐段核实边坡防护措施有效性，且应符合信息法施工要求；

　　2 挖方边坡防护工程应采用逆作法施工，开挖一级防护一级，并应及时进行养护；

　　3 施工前应对边坡进行修整，清除边坡上的危石及不密实的松土；

　　4 坡面防护层应与坡面密贴结合，不得留有空隙；

　　5 在多雨地区或地下水发育地段，边坡防护工程施工应采取有效截、排水措施。

15.4.2 喷浆或喷射混凝土防护施工应符合下列规定：

　　1 喷护前应采取措施对泉水、渗水进行处治，并按设计要求设置泄水孔，排、防积水；

　　2 施工作业前应进行试喷，选择合适的水灰比和喷射压力；喷射顺序应自下而上进行；

　　3 砂浆或混凝土初凝后，应立即开始养护，喷浆养护期不应少于5d，喷射混凝土养护期不应少于7d；

　　4 应及时对喷浆或混凝土层顶部进行封闭处理。

15.4.3 砌体护坡工程施工应符合下列规定：

　　1 砌体护坡施工前应将坡面整平；在铺设混凝土预制块前，对局部坑洞处应预先采用混凝土或浆砌片石填补平整；

　　2 浆砌块石、片石、卵石护坡应采取坐浆法施工，预制块应错缝砌筑，护坡面应平顺，并与相邻坡面顺接；

　　3 砂浆初凝后，应立即进行养护；砂浆终凝前，砌块应覆盖。

15.4.4 护面墙施工应符合下列规定：

1 护面墙施工前，应清除边坡风化层至新鲜岩面；对风化迅速的岩层，清挖到新鲜岩面后应立即修筑护面墙；

2 护面墙背应与坡面密贴，边坡局部凹陷处，应挖成台阶后用混凝土填充或浆砌片石嵌补；

3 坡顶护面墙与坡面之间应按设计要求做好防渗处理。

15.4.5 植被防护施工应符合下列规定：

1 种草施工，草籽应撒布均匀，同时做好保护措施；

2 灌木、树木应在适宜季节栽植；

3 客土喷播施工所喷播植草混合料中植生土、土壤稳定剂、水泥、肥料、混合草籽和水等的配合比应根据边坡坡率、地质情况和当地气候条件确定，混合草籽用量每1000m² 不宜少于25kg；在气温低于12℃时不宜喷播作业；

4 铺、种植被后，应适时进行洒水、施肥等养护管理，植物成活率应达到90%以上；养护用水不应含油、酸、碱、盐等有碍草木生长的成分。

16 边坡工程排水

16.1 一般规定

16.1.1 边坡工程排水应包括排除坡面水、地下水和减少坡面水下渗等措施。坡面排水、地下排水与减少坡面雨水下渗措施宜统一考虑，并形成相辅相成的排水、防渗体系。

16.1.2 坡面排水应根据汇水面积、降雨强度、历时和径流方向等进行整体规划和布置。边坡影响区内、外的坡面和地表排水系统宜分开布置，自成体系。

16.1.3 地下排水措施宜根据边坡水文地质和工程地质条件选择，当其在地下水位以上时应采取措施防止渗漏。

16.1.4 边坡工程的临时性排水设施，应满足坡面水尤其是季节性暴雨、地下水和施工用水等的排放要求，有条件时应结合边坡工程的永久性排水措施进行。

16.1.5 边坡排水应满足使用功能要求、排水结构安全可靠、便于施工、检查和养护维修。

16.2 坡面排水

16.2.1 建筑边坡坡面排水设施应包括截水沟、排水沟、跌水与急流槽等，应结合地形和天然水系进行布设，并作好进出水口的位置选择。应采取措施防止截排水沟出现堵塞、溢流、渗漏、淤积、冲刷和冻结等

现象。

16.2.2 各类坡面排水设施设置的位置、数量和断面尺寸应根据地形条件、降雨强度、历时、分区汇水面积、坡面径流量和坡体内渗出的水量等因素计算分析确定。各类坡面排水沟顶应高出沟内设计水面200mm以上。

16.2.3 截、排水沟设计应符合下列规定：

1 坡顶截水沟宜结合地形进行布设，且距挖方边坡坡口或潜在塌滑区后缘不应小于5m；填方边坡上侧的截水沟距填方坡脚的距离不宜小于2m；在多雨地区可设一道或多道截水沟；

2 需将截水沟、边坡附近洼处汇集的水引向边坡范围以外时，应设置排水沟；

3 截、排水沟的底宽和顶宽不宜小于500mm，可采用梯形断面或矩形断面，其沟底纵坡不宜小于0.3%；

4 截、排水沟需进行防渗处理；砌筑砂浆强度等级不应低于M7.5，块石、片石强度等级不应低于MU30，现浇混凝土或预制混凝土强度等级不应低于C20；

5 当截、排水沟出水口处的坡面坡度大于10%、水头高差大于1.0m时，可设置跌水和急流槽将水流引出坡体或引入排水系统。

16.3 地下排水

16.3.1 在设计地下排水设施前应查明场地水文地质条件，获取设计、施工所需的水文地质参数。

16.3.2 边坡地下排水设施包括渗流沟、仰斜式排水孔等。地下排水设施的类型、位置及尺寸应根据工程地质和水文地质条件确定，并与坡面排水设施相协调。

16.3.3 渗流沟设计应符合下列规定：

1 对于地下水埋藏浅或无固定含水层的土质边坡宜采用渗流沟排除坡体内的地下水；

2 边坡渗流沟应垂直嵌入边坡坡体，其基底宜设置在含水层以下较坚实的土层上；寒冷地区的渗流沟出口，应采取防冻措施；其平面形状宜采用条带形布置；对范围较大的潮湿坡体，可采用增设支沟，按分岔形布置或拱形布置；

3 渗流沟侧壁及顶部应设置反滤层，底部应设置封闭层；渗流沟迎水侧可采用砂砾石、无砂混凝土、渗水土工织物作反滤层；

16.3.4 仰斜式排水孔和泄水孔设计应符合下列规定：

1 用于引排边坡内地下水的仰斜式排水孔的仰角不宜小于6°，长度应伸至地下水富集部位或潜在滑动面，并宜根据边坡渗水情况成群分布；

2 仰斜式排水孔和泄水孔排出的水宜引入排水沟予以排除，其最下一排的出水口应高于地面或排水

沟设计水位顶面，且不应小于200mm；

3 仰斜式泄水孔其边长或直径不宜小于100mm、外倾坡度不宜小于5%、间距宜为2m～3m，并宜按梅花形布置；在地下水较多或有大股水流处，应加密设置；

4 在泄水孔进水侧应设置反滤层或反滤包；反滤层厚度不应小于500mm，反滤包尺寸不应小于500mm×500mm×500mm，反滤层和反滤包的顶部和底部应设厚度不小于300mm的黏土隔水层。

16.4 施　工

16.4.1 边坡排水设施施工前，宜先完成临时排水设施；施工期间，应对临时排水设施进行经常维护，保证排水畅通。

16.4.2 截水沟和排水沟施工应符合下列规定：

1 截水沟和排水沟采用浆砌块石、片石时，砂浆应饱满，沟底表面粗糙；

2 截水沟和排水沟的水沟线形要平顺，转弯处宜为弧线形。

16.4.3 渗流沟施工应符合下列规定：

1 边坡上的渗流沟宜从下向上分段间隔开挖，开挖作业面应根据土质选用合理的支撑形式，并应随挖随支撑、及时回填，不可暴露太久；

2 渗流沟渗水材料顶面不应低于坡面原地下水位；在冰冻地区，渗流沟埋置深度不应小于当地最小冻结深度；

3 在渗流沟的迎水面反滤层应采用颗粒大小均匀的碎、砾石分层填筑；土工布反滤层采用缝合法施工时，土工布的搭接宽度应大于100mm；铺设时应紧贴保护层，不宜拉得过紧；

4 渗流沟底部的封闭层宜采用浆砌片石或干砌片石水泥砂浆勾缝，寒冷地区应设保温层，并加大出水口附近纵坡；保温层可采用炉渣、砂砾、碎石或草皮等。

16.4.4 排水孔施工应符合下列规定：

1 仰斜式排水孔成孔直径宜为75mm～150mm，仰角不应小于6°；孔深应延伸至富水区；

2 仰斜式排水管直径宜为50mm～100mm，渗水孔宜采用梅花形排列，渗水段裹1层～2层无纺土工布，防止渗水孔堵塞；

3 边坡防护工程上的泄水孔可采取预埋PVC管等方式施工，管径不宜小于50mm，外倾坡度不宜小于0.5%。

17 工程滑坡防治

17.1 一　般　规　定

17.1.1 工程滑坡类型可按表17.1.1进行划分。

表17.1.1　工程滑坡类型

滑坡类型		诱发因素	滑体特征	滑动特征
工程滑坡	人工弃土滑坡 切坡顺层滑坡 切坡岩层滑坡 切坡土层滑坡	开挖坡脚、坡顶加载、施工用水等因素	由外倾且软弱的岩土坡面上填土构成；由层面外倾且较软弱的岩土体构成；由外倾软弱结构面控制稳定的岩体构成	弃土沿下卧层岩土层面或弃土体内滑动；沿外倾的下卧潜在滑面或土体内滑动；沿岩体外倾、临空软弱结构面滑动
自然滑坡或工程滑坡	堆积体滑坡 岩体顺层滑坡 土体顺层滑坡	暴雨、洪水或地震等自然因素，或人为因素	由滑坡和崩塌碎、块石堆积体构成，已有老滑面；由顺层岩体构成，已有老滑面；由顺层土体构成，已有老滑面	沿外倾下卧岩土层老滑面或体内滑动；沿外倾软弱岩层、老滑面或体内滑动；沿外倾土层滑面或体内滑动

17.1.2 在滑坡区或潜在滑坡区进行工程建设和滑坡整治时应以防为主，防治结合，先治坡，后建房。应根据滑坡特性采取治坡与治水相结合的措施，合理有效地综合整治滑坡。

17.1.3 当滑坡体上有重要建（构）筑物时，滑坡防治在确保滑体整体稳定的同时，应选择有利于减小坡体变形的方案，避免危及建（构）筑物安全和保证其正常使用功能。

17.1.4 滑坡防治方案除应满足滑坡整治稳定性要求外，尚应考虑支护结构与相邻建（构）筑物基础关系，并满足建筑功能要求。在滑坡区尤其是在主滑段进行工程建设时，建筑物基础宜采用桩基础或桩锚基础等方案，将荷载直接传至稳定岩土层中，并应符合本规范第7章的有关规定。

17.1.5 工程滑坡的发育阶段可按表17.1.5划分。

表17.1.5　滑坡发育阶段

演变阶段	弱变形阶段	强变形阶段	滑动阶段	停滑阶段
滑动带及滑动面	主滑段滑动带在蠕动变形，但滑体尚未沿滑动带位移	主滑段滑动带已大部分形成，部分探井及钻孔可发现滑动带有镜面、擦痕及搓揉现象。滑体局部沿滑动带位移	整个滑坡已全面形成，滑带土特征明显且新鲜，绝大多数探井及钻孔发现滑动带有镜面、擦痕及搓揉现象，滑带土含水量常较高	滑体不再沿滑动带位移，滑带土含水量降低，进入固结阶段

续表17.1.5

演变阶段	弱变形阶段	强变形阶段	滑动阶段	停滑阶段
滑坡前缘	前缘无明显变化，未发现新泉点	前缘有隆起，有放射状裂隙或大体垂直等高线的压致张拉裂缝，有时有局部坍塌现象或出现湿地或有泉水溢出	前缘出现明显的剪出口并经常剪出，剪出口附近湿地明显，有一个或多个泉点，有时形成了滑坡舌，滑坡舌常明显伸出，鼓胀及放射裂隙加剧并常伴有坍塌	前缘滑坡舌伸出，覆盖于原地表上或到达前方阻挡体壅高，前缘湿地明显，鼓丘不再发展
滑坡后缘	后缘地表或建构筑物出现一条或数条与地形等高线大体平行的拉张裂缝，裂缝断续分布	后缘地表或建（构）筑物拉张裂缝多而宽且贯通，外侧下错	后缘张裂缝常出现多个阶坎或地堑式沉陷带，滑坡壁常较明显	后缘裂缝不再增多，不再扩大，滑坡壁明显
滑坡两侧	两侧无明显裂缝，边界不明显	两侧出现雁行羽状剪切裂缝	羽状裂缝与滑坡后缘张裂缝连通，滑坡周界明显	羽状裂缝不再扩大，不再增多甚至闭合
滑坡体	无明显异常，偶见滑坡体上树木倾斜	有裂缝及少量沉陷等异常现象，可见滑坡体上树木倾斜	有差异运动形成的纵向裂缝，中、后部水塘、水沟或水田渗漏，滑坡体上不少树木倾斜，滑坡整体位移	滑体变形不再发展，原始地形总坡度变小，裂缝不再增多甚至闭合
稳定状态	基本稳定	欠稳定	不稳定	欠稳定～稳定
稳定系数	$1.05<F_s<F_{st}$	$1.00<F_s<1.05$	$F_s<1.00$	$1.00<F_s，F_s>F_{st}$

注：F_{st}——滑坡稳定性安全系数。

17.1.6 滑坡治理尚应符合本规范第3章的有关规定。

17.2 工程滑坡防治

17.2.1 工程滑坡治理应考虑滑坡类型成因、滑坡形态、工程地质和水文地质条件、滑坡稳定性、工程重要性、坡上建（构）筑物和施工影响等因素，分析滑坡的有利和不利因素、发展趋势及危害性，并应采取下列工程措施进行综合治理：

1 排水：根据工程地质、水文地质、暴雨、洪水和防治方案等条件，采取有效的地表排水和地下排水措施；可采用在滑坡后缘外设置环形截水沟、滑坡体上设分级排水沟、裂隙封填以及坡面封闭等措施，排放地表水，防止暴雨和洪水对滑体和滑面的浸蚀软化；需要时可采用设置地下横、纵向排水盲沟、廊道和仰斜式孔等措施，疏排滑体及滑带水；

2 支挡：滑坡整治时应根据滑坡稳定性、滑坡推力和岩土性状等因素，按本规范表3.1.4选用支挡结构类型；

3 减载：刷方减载应在滑坡的主滑段实施；

4 反压：反压填方应设置在滑坡前缘抗滑段区域，可采用土石回填或加筋土反压以提高滑坡的稳定性；同时应加强反压区地下水引排；

5 对滑带注浆条件和注浆效果较好的滑坡，可采用注浆法改善滑坡带的力学特性；注浆法宜与其他抗滑措施联合使用；严禁因注浆堵塞地下水排泄通道；

6 植被绿化，并应符合本规范第15章的相关规定。

17.2.2 滑坡治理设计及计算应符合下列规定：

1 滑坡计算应考虑滑坡自重、滑坡体上建（构）筑物等的附加荷载、地下水及洪水的静水压力和动水压力以及地震作用等的影响，取荷载效应的最不利组合值作为滑坡的设计控制值；

2 滑坡稳定系数应与滑坡所处的滑动特征、发育阶段相适应，并应符合本规范第17.1.5条的规定；

3 滑坡稳定性分析计算剖面不宜少于3条，其中应有一条是主轴（主滑方向）剖面，剖面间距不宜大于30m；

4 当滑体具有多层滑面时，应分别计算各滑动面的滑坡推力，取滑坡推力作用效应（对支护结构产生的弯矩或剪力）最大值作为设计值；

5 滑坡滑面（带）的强度指标应考虑岩土性质、滑坡的变形特征及含水条件等因素，根据试验值、反算值和地区经验值等综合分析确定；

6 作用在抗滑支挡结构上的滑坡推力分布，可根据滑体性质和高度等因素确定为三角形、矩形或梯形；

7 滑坡支挡设置应保证滑体不从支挡结构顶部越过、桩间挤出和产生新的深层滑动。

17.2.3 工程滑坡稳定性分析及剩余下滑力计算应按本规范第5章有关规定执行。工程滑坡稳定安全系数应按本规范表5.3.2确定。

17.3 施　　工

17.3.1 工程滑坡治理应采用信息法施工。

17.3.2 工程滑坡治理各单项工程的施工程序应有利

于施工期滑坡的稳定和治理。

17.3.3 滑坡区地段的工程切坡应自上而下、分段跳槽方式施工，严禁通长大断面开挖。开挖弃渣不得随意堆放在滑坡的推力段，以免诱发坡体滑动或引起新的滑坡。

17.3.4 工程滑坡治理开挖不宜在雨期实施，应控制施工用水，做好施工排水措施。

17.3.5 工程滑坡治理不宜采用普通爆破法施工。

17.3.6 工程滑坡的抗滑桩应从滑坡两端向主轴方向分段间隔施工，开挖中应核实滑动面位置和性状，当与原勘察设计不符时应及时向相关部门反馈信息。

18 边坡工程施工

18.1 一般规定

18.1.1 边坡工程应根据安全等级、边坡环境、工程地质和水文地质、支护结构类型和变形控制要求等条件编制施工方案，采取合理、可行、有效的措施保证施工安全。

18.1.2 对土石方开挖后不稳定或欠稳定的边坡，应根据边坡的地质特征和可能发生的破坏方式等情况，采取自上而下、分段跳槽、及时支护的逆作法或部分逆作法施工。未经设计许可严禁大开挖、爆破作业。

18.1.3 不应在边坡潜在塌滑区超量堆载。

18.1.4 边坡工程的临时性排水措施应满足地下水、暴雨和施工用水等的排放要求，有条件时宜结合边坡工程的永久性排水措施进行。

18.1.5 边坡工程开挖后应及时按设计实施支护结构施工或采取封闭措施。

18.1.6 一级边坡工程施工应采用信息法施工。

18.1.7 边坡工程施工应进行水土流失、噪声及粉尘控制等的环境保护。

18.1.8 边坡工程施工除应符合本章规定外，尚应符合本规范其他有关章节及现行国家标准《土方与爆破工程施工及验收规范》GB 50201 的有关规定。

18.2 施工组织设计

18.2.1 边坡工程的施工组织设计应包括下列基本内容：

1 工程概况

边坡环境及邻近建（构）筑物基础概况、场区地形、工程地质与水文地质特点、施工条件、边坡支护结构特点、必要的图件及技术难点。

2 施工组织管理

组织机构图及职责分工，规章制度及落实合同工期。

3 施工准备

熟悉设计图、技术准备、施工所需的设备、材料进场、劳动力等计划。

4 施工部署

平面布置，边坡施工的分段分阶、施工程序。

5 施工方案

土石方及支护结构施工方案、附属构筑物施工方案、试验与监测。

6 施工进度计划

采用流水作业原理编制施工进度、网络计划及保证措施。

7 质量保证体系及措施

8 安全管理及文明施工

18.2.2 采用信息法施工的边坡工程组织设计应反映信息法施工的特殊要求。

18.3 信息法施工

18.3.1 信息法施工的准备工作应包括下列内容：

1 熟悉地质及环境资料，重点了解影响边坡稳定性的地质特征和边坡破坏模式；

2 了解边坡支护结构的特点和技术难点，掌握设计意图及对施工的特殊要求；

3 了解坡顶需保护的重要建（构）筑物基础、结构和管线情况及其要求，必要时采取预加固措施；

4 收集同类边坡工程的施工经验；

5 参与制定和实施边坡支护结构、邻近建（构）筑物和管线的监测方案；

6 制定应急预案。

18.3.2 信息法施工应符合下列规定：

1 按设计要求实施监测，掌握边坡工程监测情况；

2 编录施工现场揭示的地质状态与原地质资料对比变化图，为施工勘察提供资料；

3 根据施工方案，对可能出现的开挖不利工况进行边坡及支护结构强度、变形和稳定验算；

4 建立信息反馈制度，当开挖后的实际地质情况与原勘察资料变化较大，支护结构变形较大，监测值达到报警值等不利于边坡稳定的情况发生时，应及时向设计、监理、业主通报，并根据设计处理措施调整施工方案；

5 施工中出现险情时应按本规范第 18.5 节要求进行处理。

18.4 爆破施工

18.4.1 岩石边坡开挖爆破施工应采取避免边坡及邻近建（构）筑物震害的工程措施。

18.4.2 当地质条件复杂、边坡稳定性差、爆破对坡顶建（构）筑物震害较严重时，不应采用爆破开挖方案。

18.4.3 边坡爆破施工应符合下列规定：

1 在爆破危险区应采取安全保护措施；

2 爆破前应对爆破影响区建（构）筑物的原有状况进行查勘记录，并布设好监测点；

3 爆破施工应符合本规范第18.2节要求；当边坡开挖采用逆作法时，爆破应配合放阶施工；当爆破危害较大时，应采取控制爆破措施；

4 支护结构坡面爆破宜采用光面爆破法；爆破坡面宜预留部分岩层采用人工挖掘修整；

5 爆破施工技术尚应符合国家现行有关标准的规定。

18.4.4 爆破影响区有建筑物时，爆破产生的地面质点震动速度应按表18.4.4确定。

表18.4.4 爆破安全允许震动速度

保护对象类别	安全允许震动速度（cm/s）		
	<10Hz	10Hz～50Hz	50Hz～100Hz
土坯房、毛石房屋	0.5～1.0	0.7～1.2	1.1～1.5
一般砖房、非抗震的大型砌块建筑	2.0～2.5	2.3～2.8	2.7～3.0
混凝土结构房屋	3.0～4.0	3.5～4.5	4.2～5.0

注：Hz——赫兹，频率符号。

18.4.5 对稳定性较差的边坡或爆破影响范围内坡顶有重要建筑物的边坡，爆破震动效应应通过爆破震动效应监测或试爆试验确定。

18.5 施工险情应急处理

18.5.1 当边坡变形过大，变形速率过快，周边环境出现沉降开裂等险情时，应暂停施工，并根据险情状况采用下列应急处理措施：

1 坡底被动区临时压重；

2 坡顶主动区卸土减载，并应严格控制卸载程序；

3 做好临时排水、封面处理；

4 临时加固支护结构；

5 加强险情地段监测；

6 立即向勘察、设计等单位反馈信息，及时按施工现状开展勘察及设计资料复审工作。

18.5.2 边坡施工出现险情时，施工单位应做好边坡支护结构及边坡环境异常情况收集、整理、汇编等工作。

18.5.3 边坡施工出现险情后，施工单位应会同相关单位查清险情原因，并应按边坡排危抢险方案的原则制定施工抢险方案。

18.5.4 施工单位应根据施工抢险方案及时开展边坡工程抢险工作。

19 边坡工程监测、质量检验及验收

19.1 监 测

19.1.1 边坡塌滑区有重要建（构）筑物的一级边坡工程施工时必须对坡顶水平位移、垂直位移、地表裂缝和坡顶建（构）筑物变形进行监测。

19.1.2 边坡工程应由设计提出监测项目和要求，由业主委托有资质的监测单位编制监测方案，监测方案应包括监测项目、监测目的、监测方法、测点布置、监测项目报警值和信息反馈制度等内容，经设计、监理和业主等共同认可后实施。

19.1.3 边坡工程可根据安全等级、地质环境、边坡类型、支护结构类型和变形控制要求，按表19.1.3选择监测项目。

表19.1.3 边坡工程监测项目表

测试项目	测点布置位置	边坡工程安全等级		
		一级	二级	三级
坡顶水平位移和垂直位移	支护结构顶部或预估支护结构变形最大处	应测	应测	应测
地表裂缝	墙顶背后1.0H（岩质）～1.5H（土质）范围内	应测	应测	选测
坡顶建（构）筑物变形	边坡坡顶建筑物基础、墙面和整体倾斜	应测	应测	选测
降雨、洪水与时间关系	—	应测	应测	选测
锚杆（索）拉力	外锚头或锚杆主筋	应测	选测	可不测
支护结构变形	主要受力构件	应测	选测	可不测
支护结构应力	应力最大处	选测	选测	可不测
地下水、渗水与降雨关系	出水点	应测	选测	可不测

注：1 在边坡塌滑区内有重要建（构）筑物，破坏后果严重时，应加强对支护结构的应力监测；

2 H——边坡高度（m）。

19.1.4 边坡工程监测应符合下列规定：

1 坡顶位移观测，应在每一典型边坡段的支护结构顶部设置不少于3个监测点的观测网，观测位移量、移动速度和移动方向；

2 锚杆拉力和预应力损失监测，应选择有代表

性的锚杆（索），测定锚杆（索）应力和预应力损失；

3 非预应力锚杆的应力监测根数不宜少于锚杆总数 3%，预应力锚索的应力监测根数不宜少于锚索总数的 5%，且均不应少于 3 根；

4 监测工作可根据设计要求、边坡稳定性、周边环境和施工进程等因素进行动态调整；

5 边坡工程施工初期，监测宜每天一次，且应根据地质环境复杂程度、周边建（构）筑物、管线对边坡变形敏感程度、气候条件和监测数据调整监测时间及频率；当出现险情时应加强监测；

6 一级永久性边坡工程竣工后的监测时间不宜少于 2 年。

19.1.5 地表位移监测可采用 GPS 法和大地测量法，可辅以电子水准仪进行水准测量。在通视条件较差的环境下，采用 GPS 监测为主；在通视条件较好的情况下采用大地测量法。边坡变形监测与测量精度应符合现行国家标准《工程测量规范》GB 50026 的有关规定。

19.1.6 应采取有效措施监测地表裂缝、位错等变化。监测精度对于岩质边坡分辨率不应低于 0.50mm、对于土质边坡分辨率不应低于 1.00mm。

19.1.7 边坡工程施工过程中及监测期间遇到下列情况时应及时报警，并采取相应的应急措施：

1 有软弱外倾结构面的岩土边坡支护结构坡顶有水平位移迹象或支护结构受力裂缝有发展；无外倾结构面的岩质边坡或支护结构构件的最大裂缝宽度达到国家现行相关标准的允许值；土质边坡支护结构坡顶的最大水平位移已大于边坡开挖深度的 1/500 或 20mm，以及其水平位移速度已连续 3d 大于 2mm/d；

2 土质边坡坡顶邻近建筑物的累计沉降、不均匀沉降或整体倾斜已大于现行国家标准《建筑地基基础设计规范》GB 50007 规定允许值的 80%，或建筑物的整体倾斜度变化速度已连续 3d 每天大于 0.00008；

3 坡顶邻近建筑物出现新裂缝、原有裂缝有新发展；

4 支护结构中有重要构件出现应力骤增、压屈、断裂、松弛或破坏的迹象；

5 边坡底部或周围岩土体已出现可能导致边坡剪切破坏的迹象或其他可能影响安全的征兆；

6 根据当地工程经验判断已出现其他必须报警的情况。

19.1.8 对地质条件特别复杂的、采用新技术治理的一级边坡工程，应建立边坡工程长期监测系统。边坡工程监测系统包括监测基准网和监测点建设、监测设备仪器安装和保护、数据采集与传输、数据处理与分析、预测预报或总结等。

19.1.9 边坡工程监测报告应包括下列主要内容：

1 边坡工程概况；

2 监测依据；

3 监测项目和要求；

4 监测仪器的型号、规格和标定资料；

5 测点布置图、监测指标时程曲线图；

6 监测数据整理、分析和监测结果评述。

19.2 质量检验

19.2.1 边坡支护结构的原材料质量检验应包括下列内容：

1 材料出厂合格证检查；

2 材料现场抽检；

3 锚杆浆体和混凝土的配合比试验，强度等级检验。

19.2.2 锚杆的质量验收应按本规范附录 C 的规定执行。软土层锚杆质量验收应按国家现行有关标准执行。

19.2.3 灌注桩检验可采取低应变动测法、预埋管声波透射法或其他有效方法，并应符合下列规定：

1 对低应变检测结果有怀疑的灌注桩，应采用钻芯法进行补充检测；钻芯法应进行单孔或跨孔声波检测，混凝土质量与强度评定按国家现行有关标准执行；

2 对一级边坡桩，当长边尺寸不小于 2.0m 或桩长超过 15.0m 时，应采用声波透射法检验桩身完整性；当对桩身质量有怀疑时，可采用钻芯法进行复检。

19.2.4 钢筋位置、间距、数量和保护层厚度可采用钢筋探测仪复检，当对钢筋规格有怀疑时可直接凿开检查。

19.2.5 喷射混凝土护壁厚度和强度的检验应符合下列规定：

1 可用凿孔法或钻孔法检测面板护壁厚度，每 100m² 抽检一组；芯样直径为 100mm 时，每组不应少于 3 个点；

2 厚度平均值应大于设计厚度，最小值不应小于设计厚度的 80%；

3 混凝土抗压强度的检测和评定应符合现行国家标准《建筑结构检测技术标准》GB/T 50344 的有关规定。

19.2.6 边坡工程质量检测报告应包括下列内容：

1 工程概况；

2 检测主要依据；

3 检测方法与仪器设备型号；

4 检测点分布图；

5 检测数据分析；

6 检测结论。

19.3 验　　收

19.3.1 边坡工程验收应取得下列资料：

1 施工记录、隐蔽工程检查验收记录和竣工图；

2 边坡工程与周围建（构）筑物位置关系图；

3 原材料出厂合格证、场地材料复检报告或委托试验报告；

4 混凝土强度试验报告、砂浆试块抗压强度试验报告；

5 锚杆抗拔试验等现场实体检测报告；

6 边坡和周围建（构）筑物监测报告；

7 勘察报告、设计施工图和设计变更通知、重大问题处理文件及技术洽商记录；

8 各分项、分部工程验收记录。

19.3.2 边坡工程验收应按现行国家标准《建筑工程施工质量验收统一标准》GB 50300 的有关规定执行。

附录 A 不同滑面形态的边坡稳定性计算方法

A.0.1 圆弧形滑面的边坡稳定性系数可按下列公式计算（图 A.0.1）：

$$F_s = \frac{\sum_{i=1}^{n} \frac{1}{m_{\theta i}} \left[c_i l_i \cos\theta_i + (G_i + G_{bi} - U_i \cos\theta_i) \tan\varphi_i \right]}{\sum_{i=1}^{n} \left[(G_i + G_{bi}) \sin\theta_i + Q_i \cos\theta_i \right]}$$

$$\text{(A.0.1-1)}$$

$$m_{\theta i} = \cos\theta_i + \frac{\tan\varphi_i \sin\theta_i}{F_s} \quad \text{(A.0.1-2)}$$

$$U_i = \frac{1}{2} \gamma_w (h_{wi} + h_{w,i-1}) l_i \quad \text{(A.0.1-3)}$$

式中：F_s——边坡稳定性系数；

c_i——第 i 计算条块滑面黏聚力（kPa）；

φ_i——第 i 计算条块滑面内摩擦角（°）；

l_i——第 i 计算条块滑面长度（m）；

θ_i——第 i 计算条块滑面倾角（°），滑面倾向与滑动方向相同时取正值，滑面倾向与滑动方向相反时取负值；

U_i——第 i 计算条块滑面单位宽度总水压力（kN/m）；

G_i——第 i 计算条块单位宽度自重（kN/m）；

G_{bi}——第 i 计算条块单位宽度竖向附加荷载（kN/m）；方向指向下方时取正值，指向上方时取负值；

Q_i——第 i 计算条块单位宽度水平荷载（kN/m）；方向指向坡外时取正值，指向坡内时取负值；

h_{wi}, $h_{w,i-1}$——第 i 及第 $i-1$ 计算条块滑面前端水头高度（m）；

γ_w——水重度，取 10kN/m³；

i——计算条块号，从后方起编；

n——条块数量。

A.0.2 平面滑动面的边坡稳定性系数可按下列公式计算（图 A.0.2）：

$$F_s = \frac{R}{T} \quad \text{(A.0.2-1)}$$

$$R = \left[(G + G_b)\cos\theta - Q\sin\theta - V\sin\theta - U \right]\tan\varphi + cL$$

$$\text{(A.0.2-2)}$$

$$T = (G + G_b)\sin\theta + Q\cos\theta + V\cos\theta$$

$$\text{(A.0.2-3)}$$

$$V = \frac{1}{2} \gamma_w h_w^2 \quad \text{(A.0.2-4)}$$

$$U = \frac{1}{2} \gamma_w h_w L \quad \text{(A.0.2-5)}$$

式中：T——滑体单位宽度重力及其他外力引起的下滑力（kN/m）；

R——滑体单位宽度重力及其他外力引起的抗滑力（kN/m）；

c——滑面的黏聚力（kPa）；

φ——滑面的内摩擦角（°）；

L——滑面长度（m）；

G——滑体单位宽度自重（kN/m）；

G_b——滑体单位宽度竖向附加荷载（kN/m）；方向指向下方时取正值，指向上方时取负值；

θ——滑面倾角（°）；

U——滑面单位宽度总水压力（kN/m）；

V——后缘陡倾裂隙面上的单位宽度总水压力（kN/m）；

Q——滑体单位宽度水平荷载（kN/m）；方向

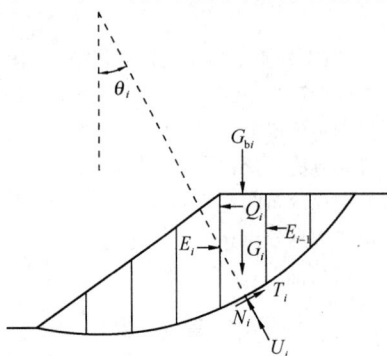

图 A.0.1 圆弧形滑面边坡计算示意

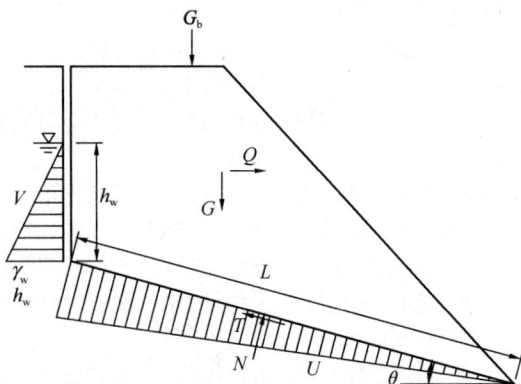

图 A.0.2 平面滑动面边坡计算简图

指向坡外时取正值，指向坡内时取
负值；

h_w——后缘陡倾裂隙充水高度（m），根据裂隙
情况及汇水条件确定。

A.0.3 折线形滑动面的边坡可采用传递系数法隐式
解，边坡稳定性系数可按下列公式计算（图 A.0.3）：

$$P_n = 0 \qquad (A.0.3\text{-}1)$$
$$P_i = P_{i-1}\psi_{i-1} + T_i - R_i/F_s \qquad (A.0.3\text{-}2)$$
$$\psi_{i-1} = \cos(\theta_{i-1} - \theta_i) - \sin(\theta_{i-1} - \theta_i)\tan\varphi_i/F_s$$
$$\qquad (A.0.3\text{-}3)$$
$$T_i = (G_i + G_{bi})\sin\theta_i + Q_i\cos\theta_i \quad (A.0.3\text{-}4)$$
$$R_i = c_i l_i + [(G_i + G_{bi})\cos\theta_i - Q_i\sin\theta_i - U_i]\tan\varphi_i$$
$$\qquad (A.0.3\text{-}5)$$

式中：P_n——第 n 条块单位宽度剩余下滑力（kN/
m）；

P_i——第 i 计算条块与第 $i+1$ 计算条块单位
宽度剩余下滑力（kN/m）；当 $P_i < 0$
（$i < n$）时取 $P_i = 0$；

T_i——第 i 计算条块单位宽度重力及其他外力
引起的下滑力（kN/m）；

R_i——第 i 计算条块单位宽度重力及其他外力
引起的抗滑力（kN/m）；

ψ_{i-1}——第 $i-1$ 计算条块对第 i 计算条块的传
递系数；其他符号同前。

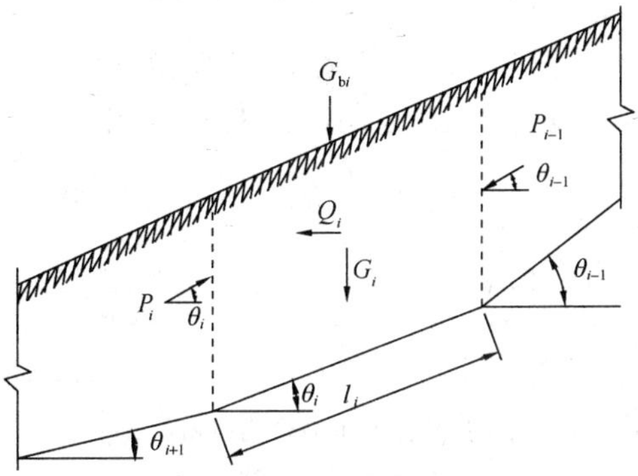

图 A.0.3 折线形滑面边坡传递系数法计算简图

注：在用折线形滑面计算滑坡推力时，应将公式
（A.0.3-2）和公式（A.0.3-3）中的稳定系数 F_i 替换
为安全系数 F_{st}，以此计算的 P_n，即为滑坡的推力。

附录 B 几种特殊情况下的侧向压力计算

B.0.1 距支护结构顶端作用有线分布荷载时（图
B.0.1），附加侧向压力分布可简化为等腰三角形，最
大附加侧向土压力可按下式计算：

$$e_{h,max} = \left(\frac{2Q_L}{h}\right)\sqrt{K_a} \qquad (B.0.1)$$

式中：$e_{h,max}$——最大附加侧向压力（kN/m²）；

h——附加侧向压力分布范围（m），$h =$

$a(\tan\beta - \tan\varphi)$，$\beta = 45° + \varphi/2$；

Q_L——线分布荷载标准值（kN/m）；

K_a——主动土压力系数，$K = \tan^2(45° - \varphi/2)$。

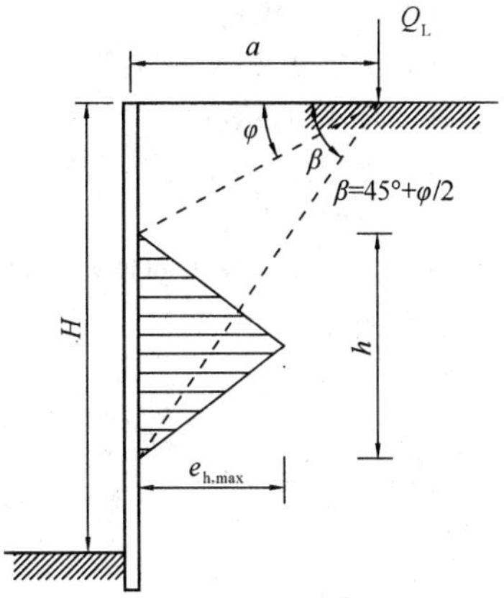

图 B.0.1 线荷载产生的附加侧向压力分布图

B.0.2 距支护结构顶端作用有宽度的均布荷载时，
附加侧向压力分布可简化为有限范围内矩形（图
B.0.2），附加侧向土压力可按下式计算：

$$e_h = K_a \cdot q_L \qquad (B.0.2)$$

式中：e_h——附加侧向土压力（kN/m²）；

K_a——主动土压力系数；

q_L——局部均布荷载标准值（kN/m²）。

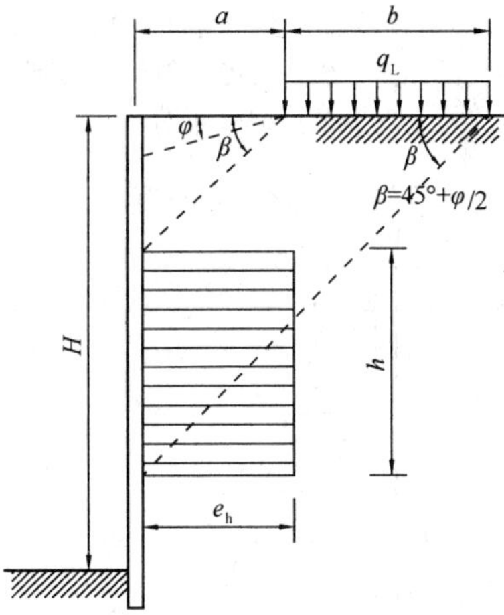

图 B.0.2 局部荷载产生的附加侧向压力分布图

B.0.3 当坡顶地面非水平时，支护结构上的主动土
压力可按下列规定进行计算：

1 坡顶地表局部为水平时（图 B.0.3-1），支护
结构上的主动土压力可按下列公式计算：

$$e_a = \gamma z \cos\beta \frac{\cos\beta - \sqrt{\cos^2\beta - \cos^2\varphi}}{\cos\beta + \sqrt{\cos^2\beta - \cos^2\varphi}}$$

$$\qquad (B.0.3\text{-}1)$$

$$e'_a = K_a \gamma (z+h) - 2c \sqrt{K_a} \quad \text{(B.0.3-2)}$$

式中：β——边坡坡顶地表斜坡面与水平面的夹角（°）；

  c——土体的黏聚力（kPa）；

  φ——土体的内摩擦角（°）；

  γ——土体的重度（kN/m³）；

  K_a——主动土压力系数；

  e_a、e'_a——侧向土压力（kN/m²）；

  z——计算点的深度（m）；

  h——地表水平面与地表斜坡和支护结构相交点的距离（m）。

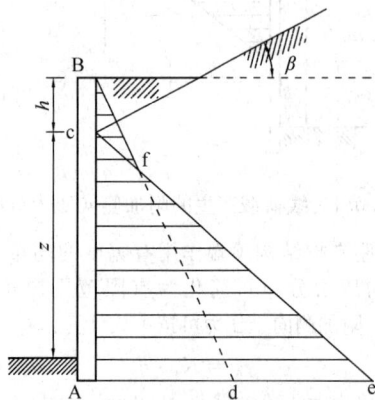

图 B.0.3-1　地面局部为水平时支护结构
上主动土压力的近似计算

2　坡顶地表局部为斜面时（图 B.0.3-2），计算支护结构上的侧向土压力时可将斜面延长到 c 点，则 BAdfB 为主动土压力的近似分布图形；

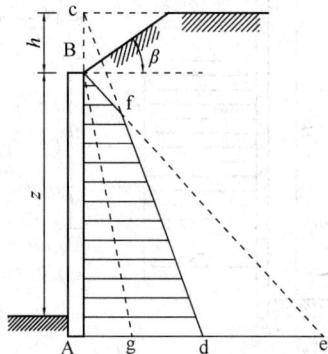

图 B.0.3-2　地面局部为斜面时支护结构
上主动土压力的近似计算

3　坡顶地表中部为斜面时（图 B.0.3-3），支护结构上主动土压力可按本条第 1 款和第 2 款的方法叠加计算。

B.0.4　当边坡为二阶且竖直、坡顶水平且无超载时（图 B.0.4），岩土压力的合力和边坡破坏时的平面破裂角应符合下列规定：

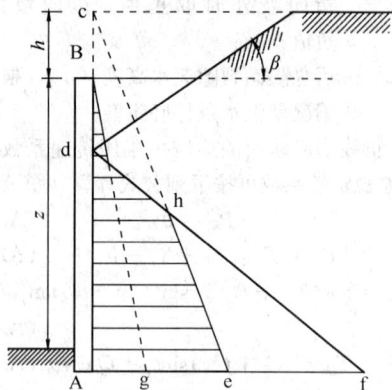

图 B.0.3-3　地面中部为斜面时支护结构
上主动土压力的近似计算

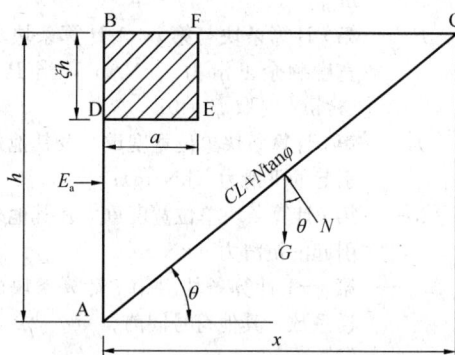

图 B.0.4　二阶竖直边坡的计算简图

1　岩土压力的合力应按下列公式计算：

$$E_a = \frac{1}{2} \gamma h^2 K_a \quad \text{(B.0.4-1)}$$

$$K_a = \left(\cot\theta - \frac{2a\xi}{h} \right) \tan(\theta - \varphi) - \frac{\eta\cos\varphi}{\sin\theta\cos(\theta - \varphi)}$$

$$\text{(B.0.4-2)}$$

式中：E_a——水平岩土压力合力（kN/m）；

  K_a——水平岩土压力系数；

  γ——支挡结构后的岩土体重度，地下水位以下用有效重度（kN/m³）；

  h——边坡的垂直高度（m）；

  a——上阶边坡的宽度（m）；

  ξ——上阶边坡的高度与总的边坡高度的比值；

  φ——岩土体或外倾结构面的内摩擦角（°）；

  θ——岩土体的临界滑动面与水平面的夹角（°）。当岩体存在外倾结构面时，θ 可取外倾结构面的倾角，取外倾结构面的抗剪强度指标；当存在多个外倾结构面时，应分别计算，取其中的最大值为设计值；当岩体中不存在外倾结构面时，θ 可按式（B.0.4-3）计算。

2 边坡破坏时的平面破裂角应按下列公式计算：

$$\theta = \arctan\left[\frac{\cos\varphi}{\sqrt{1+\frac{2a\xi}{h(\eta+\tan\varphi)}}-\sin\varphi}\right]$$

$$(B.0.4-3)$$

$$\eta = \frac{2c}{\gamma h}$$

$$(B.0.4-4)$$

式中：γ——支挡结构后的岩土体重度，地下水位以下用有效重度（kN/m³）；

h——边坡的垂直高度（m）；

a——上阶边坡的宽度（m）；

ξ——上阶边坡的高度与总的边坡高度的比值；

c——岩土体或外倾结构面的黏聚力（kPa）；

φ——岩土体或外倾结构面的内摩擦角（°）。

附录 C 锚 杆 试 验

C.1 一 般 规 定

C.1.1 锚杆试验包括锚杆的基本试验、验收试验。锚杆蠕变试验应符合国家现行有关标准的规定。

C.1.2 锚杆试验的千斤顶和油泵以及测力计、应变计和位移计等计量仪表应在试验前进行计量检定合格，且精度应经过确认，并在试验期间应保持不变。

C.1.3 锚杆试验的反力装置在计划的最大试验荷载下应具有足够的强度和刚度。

C.1.4 锚杆锚固体强度达到设计强度90%后方可进行试验。

C.1.5 锚杆试验记录表可按表 C.1.5 制定。

表 C.1.5　锚杆试验记录表

工程名称：

施工单位：

试验类别		试验日期		砂浆强度等级	设计	
试验编号		灌浆日期			实际	
岩土性状		灌浆压力		杆体材料	规格	
锚固段长度		自由段长度			数量	
钻孔直径		钻孔倾角			长度	
序号	荷载(kN)	百分表位移(mm)			本级位移量(mm)	增量累计(mm)	备注
		1	2	3			

校核：　　　　　　　　　　　试验记录：

C.2 基 本 试 验

C.2.1 锚杆基本试验的地质条件、锚杆材料和施工工艺等应与工程锚杆一致。

C.2.2 基本试验时最大的试验荷载不应超过杆体标准值的 0.85 倍，普通钢筋不应超过其屈服值 0.90 倍。

C.2.3 基本试验主要目的是确定锚固体与岩土层间粘结强度极限标准值、锚杆设计参数和施工工艺。试验锚杆的锚固长度和锚杆根数应符合下列规定：

1 当进行确定锚固体与岩土层间粘结强度极限标准值、验证杆体与砂浆间粘结强度极限标准值的试验时，为使锚固体与地层间首先破坏，当锚固段长度取设计锚固长度时应增加锚杆钢筋用量，或采用设计锚杆时应减短锚固长度，试验锚杆的锚固长度对硬质岩取设计锚固长度的 0.40 倍，对软质岩取设计锚固长度的 0.60 倍；

2 当进行确定锚固段变形参数和应力分布的试验时，锚固段长度应取设计锚固长度；

3 每种试验锚杆数量均不应少于3根。

C.2.4 锚杆基本试验应采用循环加、卸荷法，并应符合下列规定：

1 每级荷载施加或卸除完毕后，应立即测读变形量；

2 在每级加荷等级观测时间内，读测位移不应少于3次，每级荷载稳定标准为3次百分表读数的累计变位量不超过 0.10mm；稳定后即可加下一级荷载；

3 在每级卸荷时间内，应测读锚头位移2次，荷载全部卸除后，再测读2次～3次；

4 加、卸荷等级、测读间隔时间宜按表 C.2.4 确定。

表 C.2.4　锚杆基本试验循环加、卸荷等级与位移观测间隔时间

加荷标准循环数	预估破坏荷载的百分数（%）										
	每级加载量				累计加载量	每级卸载量					
第一循环	10	20	20			50			20	20	10
第二循环	10	20	20	20		70		20	20	20	10
第三循环	10	20	20	20	20	90	20	20	20	20	10
第四循环	10	20	20	20	20	10	100	10	20	20	20	10
观测时间(min)	5	5	5	5	5	5		5	5	5	5	5

C.2.5 锚杆试验中出现下列情况之一时可视为破坏，应终止加载：

1 锚头位移不收敛，锚固体从岩土层中拔出或锚杆从锚固体中拔出；

2 锚头总位移量超过设计允许值；

3 土层锚杆试验中后一级荷载产生的锚头位移增量，超过上一级荷载位移增量的2倍。

C.2.6 试验完成后，应根据试验数据绘制：荷载-位移（Q-s）曲线、荷载-弹性位移（Q-s_e）曲线、荷载-塑性位移（Q-s_p）曲线。

C.2.7 拉力型锚杆弹性变形在最大试验荷载作用下，所测得的弹性位移量应超过该荷载下杆体自由段理论弹性伸长值的80%，且小于杆体自由段长度与1/2锚固段之和的理论弹性伸长值。

C.2.8 锚杆极限承载力标准值取破坏荷载前一级的荷载值；在最大试验荷载作用下未达到本规范附录C第C.2.5条规定的破坏标准时，锚杆极限承载力取最大荷载值为标准值。

C.2.9 当锚杆试验数量为3根，各根极限承载力值的最大差值小于30%时，取最小值作为锚杆的极限承载力标准值；若最大差值超过30%，应增加试验数量，按95%的保证概率计算锚杆极限承载力标准值。

C.2.10 基本试验的钻孔，应钻取芯样进行岩石力学性能试验。

C.3 验 收 试 验

C.3.1 锚杆验收试验的目的是检验施工质量是否达到设计要求。

C.3.2 验收试验锚杆的数量取每种类型锚杆总数的5%，自由段位于Ⅰ、Ⅱ、Ⅲ类岩石内时取总数的1.5%，且均不得少于5根。

C.3.3 验收试验的锚杆应随机抽样。质监、监理、业主或设计单位对质量有疑问的锚杆也应抽样作验收试验。

C.3.4 验收试验荷载对永久性锚杆为锚杆轴向拉力N_{ak}的1.50倍；对临时性锚杆为1.20倍。

C.3.5 前三级荷载可按试验荷载值的20%施加，以后每级按10%施加；达到检验荷载后观测10min，在10min持荷时间内锚杆的位移量应小于1.00mm。当不能满足时持荷至60min时，锚杆位移量应小于2.00mm。卸荷到试验荷载的0.10倍并测出锚头位移。加载时的测读时间可按本规范附录C表C.2.4确定。

C.3.6 锚杆试验完成后应绘制锚杆荷载-位移（Q-s）曲线图。

C.3.7 符合下列条件时，试验的锚杆应评定为合格：

1 加载到试验荷载计划最大值后变形稳定；

2 符合本规范附录C第C.2.8条规定。

C.3.8 当验收锚杆不合格时，应按锚杆总数的30%重新抽检；重新抽检有锚杆不合格时应全数进行检验。

C.3.9 锚杆总变形量应满足设计允许值，且应与地区经验基本一致。

附录 D 锚 杆 选 型

表 D 锚杆选型

锚杆类别	锚固形式 锚杆特征	材料	锚杆轴向拉力 N_{ak}（kN）	锚杆长度（m）	应力状况	备 注
土层锚杆		普通螺纹钢筋	<300	<16	非预应力	锚杆超长时，施工安装难度较大
		钢绞线高强钢丝	300～800	>10	预应力	锚杆超长时施工方便
		预应力螺纹钢筋（直径18mm～25mm）	300～800	>10	预应力	杆体防腐性好，施工安装方便
		无粘结钢绞线	300～800	>10	预应力	压力型、压力分散型锚杆
岩层锚杆		普通螺纹钢筋	<300	<16	非预应力	锚杆超长时，施工安装难度较大
		钢绞线高强钢丝	300～3000	>10	预应力	锚杆超长时施工方便
		预应力螺纹钢筋（直径25mm～32mm）	300～1100	>10	预应力或非预应力	杆体防腐性好，施工安装方便
		无粘结钢绞线	300～3000	>10	预应力	压力型、压力分散型锚杆

附录 E 锚杆材料

E.0.1 锚杆材料可根据锚固工程性质、锚固部位和工程规模等因素，选择高强度、低松弛的普通钢筋、预应力螺纹钢筋、预应力钢丝或钢绞线。

E.0.2 锚杆材料的物理力学性能应符合下列规定：

1 采用高强预应力钢丝时，其力学性能必须符合现行国家标准《预应力混凝土用钢丝》GB/T 5223 的规定；

2 采用预应力钢绞线时，其力学性能必须符合现行国家标准《预应力混凝土用钢绞线》GB/T 5224 的规定，其抗拉强度应符合表 E.0.2-1 的规定；

3 采用预应力螺纹钢筋时，其抗拉强度应符合表 E.0.2-2 的规定；

4 采用无粘结钢绞线时，其主要技术参数应符合表 E.0.2-3 的规定；

5 采用普通螺纹钢筋时，其抗拉强度应符合表 E.0.2-4 的规定。

表 E.0.2-1 钢绞线抗拉强度设计值、标准值（N/mm²）

种类	直径（mm）	抗拉强度设计值（f_{py}）	屈服强度标准值（f_{pyk}）	极限强度标准值（f_{ptk}）
1×3 三股	8.6, 10.8, 12.9	1220	1410	1720
		1320	1670	1860
		1390	1760	1960
1×7 七股	9.5, 12.7, 15.2, 17.8	1220	1540	1720
		1320	1670	1860
		1390	1760	1960
	21.6	1220	1590	1720
		1320	1670	1860

表 E.0.2-2 预应力螺纹钢筋抗拉强度设计值、标准值（N/mm²）

种类	直径（mm）	符号	抗拉强度设计值（f_y）	屈服强度标准值（f_{yk}）	极限强度标准值（f_{stk}）
预应力螺纹钢筋	18 25 32 40 50	PSB785	650	785	980
		PSB930	770	930	1030
		PSB1080	900	1080	1230

表 E.0.2-3 无粘结钢绞线主要技术参数

防腐油脂线重量（g/m）		>32		钢材与 PE 层间摩擦系数		0.04～0.10	
PE 层厚度（mm）	双层	外层	0.80～1.00	成品重量（kg/m）		单层	双层
		内层	0.80～1.00		φ15.2	1.218	1.27
	单层		0.80～1.00		φ12.7	0.871	0.907

表 E.0.2-4 普通螺纹钢筋抗拉强度设计值、标准值（N/mm²）

种类		直径（mm）	抗拉强度设计值（f_y）	屈服强度标准值（f_{yk}）	极限强度标准值（f_{stk}）
热轧钢筋	HRB335 HRBF335	6～50	300	335	455
	HRB400 HRBF400 RRB400	6～50	360	400	540
	HRB500 HRBF500	6～50	435	500	630

附录 F 土质边坡的静力平衡法和等值梁法

F.0.1 对板肋式及桩锚式挡墙，当立柱（肋柱和桩）嵌入深度较小或坡脚土体较软弱时，可视立柱下端为自由端，按静力平衡法计算。当立柱嵌入深度较大或为岩层或坡脚土体较坚硬时，可视立柱下端为固定端，按等值梁法计算。

F.0.2 采用静力平衡法或等值梁计算立柱内力和锚杆水平分力时，应符合下列假定：

1 采用从上到下的逆作法施工；

2 假定上部锚杆施工后开挖下部边坡时，上部分的锚杆内力保持不变；

3 立柱在锚杆处为不动点。

F.0.3 采用静力平衡法（图 F.0.3）计算时应符合下列规定：

1 锚杆水平分力可按下式计算：

$$H_{tkj} = E_{akj} - E_{pkj} - \sum_{i=1}^{j-1} H_{tki} \quad (F.0.3-1)$$
$$(j = 1, 2, \cdots, n)$$

式中：H_{tki}、H_{tkj}——相应于作用的标准组合时，第 i、j 层锚杆水平分力（kN）；

E_{akj}——相应于作用的标准组合时，挡

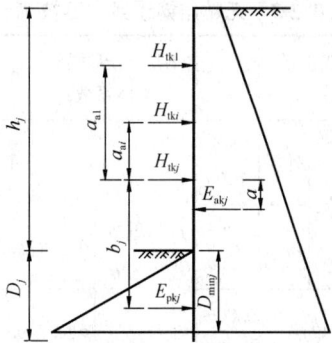

(a) 第 j 层锚杆水平分力

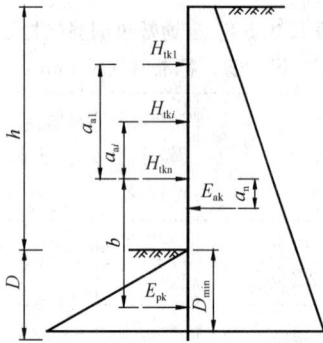

(b)立柱嵌入深度

图 F.0.3 静力平衡法计算简图

> 墙后侧向主动土压力合力（kN）；

E_{pkj}——相应于作用的标准组合时，坡脚地面以下挡墙前侧向被动土压力合力（kN）；

n——沿边坡高度范围内设置的锚杆总层数。

2 最小嵌入深度 D_{min} 可按下式计算确定：

$$E_{pk}b - E_{ak}a_n - \sum_{i=1}^{n} H_{tki}a_{ai} = 0 \qquad (F.0.3-2)$$

式中：E_{ak}——相应于作用的标准组合时，挡墙后侧向主动土压力合力（kN）；

E_{pk}——相应于作用的标准组合时，挡墙前侧向被动土压力合力（kN）；

a_{a1}——H_{tk1} 作用点到 H_{tkn} 的距离（m）；

a_{ai}——H_{tki} 作用点到 H_{tkn} 的距离（m）；

a_n——E_{ak} 作用点到 H_{tkn} 的距离（m）；

b——E_{pk} 作用点到 H_{tkn} 的距离（m）。

3 立柱设计嵌入深度 h_r 可按下式计算：

$$h_r = \xi h_{r1} \qquad (F.0.3-3)$$

式中：ξ——立柱嵌入深度增大系数，对一、二、三级边坡分别为 1.50、1.40、1.30；

h_r——立柱设计嵌入深度（m）；

h_{r1}——挡墙最低一排锚杆设置后，开挖高度为边坡高度时立柱的最小嵌入深度（m）。

4 立柱的内力可根据锚固力和作用于支护结构上侧压力按常规方法计算。

F.0.4 采用等值梁法（图 F.0.4）计算时应符合下列规定：

1 坡脚地面以下立柱反弯点到坡脚地面的距离 Y_n 可按下式计算：

$$e_{ak} - e_{pk} = 0 \qquad (F.0.4-1)$$

式中：e_{ak}——相应于作用的标准组合时，挡墙后侧向主动土压力（kN/m²）；

e_{pk}——相应于作用的标准组合时，挡墙前侧向被动土压力（kN/m²）。

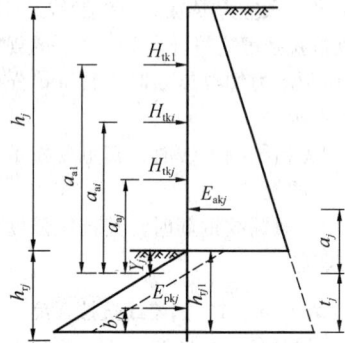

(a) 第 j 层锚杆水平分力

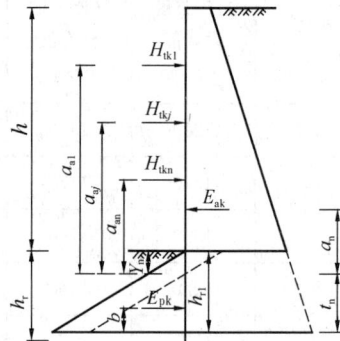

(b)立柱嵌入深度

图 F.0.4 等值梁法计算简图

2 第 j 层锚杆的水平分力可按下式计算：

$$H_{tkj} = \frac{E_{akj}a_j - \sum_{i=1}^{j-1} H_{tki}a_{ai}}{a_{aj}} \qquad (F.0.4-2)$$

$$(j = 1, 2, \cdots, n)$$

式中：a_{ai}——H_{tki} 作用点到反弯点的距离（m）；

a_{aj}——H_{tkj} 作用点到反弯点的距离（m）；

a_j——E_{akj} 作用点到反弯点的距离（m）。

3 立柱的最小嵌入深度 h_r 可按下列公式计算确定：

$$h_r = Y_n + t_n \qquad (F.0.4-3)$$

$$t_n = \frac{E_{pk} \cdot b}{E_{ak} - \sum_{i=1}^{n} H_{tki}} \qquad (F.0.4-4)$$

式中：b——桩前作用于立柱的被动土压力合力 E_{pk} 作用点到立柱底的距离（m）。

4 立柱设计嵌入深度可按本规范附录 F 的公式（F.0.3-3）计算。

5 立柱的内力可根据锚固力和作用于支护结构上的侧压力按常规方法计算。

F.0.5 计算挡墙后侧向压力时，在坡脚地面以上部分计算宽度应取立柱间的水平距离，在坡脚地面以下部分计算宽度对肋柱取 $1.5b+0.50$（其中 b 为肋柱宽度），对桩取 $0.90（1.5d+0.50）$（其中 d 为桩直径）。

F.0.6 挡墙前坡脚地面以下被动侧向压力，应考虑墙前岩土层稳定性、地面是否无限等情况，按当地工程经验折减使用。

附录 G 岩土层地基系数

G.0.1 较完整岩层和土层的地基系数可按表 G.0.1-1 和 G.0.1-2 取值。

表 G.0.1-1 较完整岩层的地基系数

序号	岩体单轴极限抗压强度（kPa）	地基系数（kN/m³）	
		水平方向 k	竖直方向 k_0
1	10000	60000～160000	100000～200000
2	15000	150000～200000	250000
3	20000	180000～240000	300000
4	30000	240000～320000	400000
5	40000	360000～480000	600000
6	50000	480000～640000	800000
7	60000	720000～960000	1200000
8	80000	900000～2000000	1500000～2500000

注：$k=（0.6～0.8）k_0$。

表 G.0.1-2 土质地基系数

序号	土的名称	水平方向 m（kN/m⁴）	竖向方向 m_0（kN/m⁴）
1	$0.75<I_L<1.0$ 的软塑黏土及粉黏土；淤泥	500～1400	1000～2000
2	$0.5<I_L<0.75$ 的软塑粉质黏土及黏土	1000～2800	2000～4000
3	硬塑粉质黏土及黏土；细砂和中砂	2000～4200	4000～6000
4	坚硬的粉质黏土及黏土；粗砂	3000～7000	6000～10000
5	砾砂；碎石土、卵石土	5000～14000	10000～20000

续表 G.0.1-2

序号	土的名称	水平方向 m（kN/m⁴）	竖向方向 m_0（kN/m⁴）
6	密实的大漂石	40000～84000	80000～120000

注：1 I_L——土的液性指数；

2 对于土质地基系数 m 和 m_0，相应于桩顶位移 6mm～10mm；

3 有可靠资料和经验时，可不受本表的限制。

本规范用词说明

1 为便于在执行本规范条文时区别对待，对要求严格程度不同的用词说明如下：

1）表示很严格，非这样做不可的用词：
正面词采用"必须"，反面词采用"严禁"；

2）表示严格，在正常情况下均应这样做的用词：
正面词采用"应"，反面词采用"不应"或"不得"；

3）表示允许稍有选择，在条件许可时首先应这样做的用词：
正面词采用"宜"，反面词采用"不宜"；

4）表示有选择，在一定条件下可以这样做的用词，采用"可"。

2 条文中指明应按其他有关标准执行的写法为："应符合……的规定"或"应按……执行"。

引用标准名录

1 《建筑地基基础设计规范》GB 50007

2 《混凝土结构设计规范》GB 50010

3 《建筑抗震设计规范》GB 50011

4 《工程测量规范》GB 50026

5 《锚杆喷射混凝土支护技术规范》GB 50086

6 《土方与爆破工程施工及验收规范》GB 50201

7 《工程岩体试验方法标准》GB/T 50266

8 《建筑工程施工质量验收统一标准》GB 50300

9 《建筑结构检测技术标准》GB/T 50344

10 《建筑边坡工程鉴定与加固技术规范》GB 50843

11 《预应力混凝土用钢丝》GB/T 5223

12 《预应力混凝土用钢绞线》GB/T 5224

13 《预应力筋用锚具、夹具和连接器》GB/T 14370

中华人民共和国国家标准

建筑边坡工程技术规范

GB 50330—2013

条 文 说 明

修 订 说 明

《建筑边坡工程技术规范》GB 50330－2013 经住房和城乡建设部 2013 年 11 月 1 日以第 195 号公告批准、发布。

本规范是在《建筑边坡工程技术规范》GB 50330－2002 的基础上修订而成的，上一版的主编单位是重庆市设计院，参编单位是解放军后勤工程学院、建设部综合勘察研究设计院、中国科学院地质与地球物理研究所、重庆市建筑科学研究院、重庆交通学院、重庆大学，主要起草人员是郑生庆、郑颖人、李耀刚、陈希昌、黄家愉、伍法权、周载阳、方玉树、徐锡权、欧阳仲春、庄斌耀、张四平、贾金青。

本规范修订过程中，修订组进行了广泛的调查研究，总结了我国工程建设的实践经验，同时参考了国外先进技术法规、技术标准，许多单位和学者的研究成果是本次修订中极有价值的参考资料。通过征求意见和试算，对增加和修订条文内容进行反复讨论、分析、论证，取得了重要技术参数。

为便于广大设计、施工、科研、学校等单位有关人员在使用本规范时能正确理解和执行条文规定，《建筑边坡工程技术规范》修订组按章、节、条顺序编制了本规范的条文说明，对条文规定的目的、依据以及执行中需注意的有关事项进行了说明，还着重对强制性条文的强制性理由作了解释。但是条文说明不具备与规范正文同等的法律效力，仅供使用者作为理解和把握规范规定的参考。

目　次

1 总 则

1.0.1 山区建筑边坡支护技术，涉及工程地质、水文地质、岩土力学、支护结构、锚固技术、施工及监测等多门学科，边坡支护理论及技术发展也较快。但因勘察、设计、施工不当，已建的边坡工程中时有垮塌事故和浪费现象，造成国家和人民生命财产严重损失，同时遗留了一些安全度、耐久性及抗震性能低的边坡支护结构物。制定本规范的主要目的是使建筑边坡工程技术标准化，符合技术先进、经济合理、安全适用、确保质量、保护环境的要求，以保障建筑边坡工程建设健康发展。

1.0.2 本规范适用于建（构）筑物或市政工程开挖和填方形成的人工边坡，工程滑坡，岩石基坑边坡，以及破坏后危及建（构）筑物安全的自然斜坡的支护设计。

软土边坡有关抗隆起、抗渗流、边坡稳定、锚固技术、地下水处理、结构选型等较特殊的问题以及其他特殊岩土的边坡，应按现行相关专业规范执行。对于开矿、采石等形成的边坡，不适用于本规范，应按相关专业规范执行。

1.0.3 本条中岩质建筑边坡应用高度限值确定为30m、土质建筑边坡确定为15m，主要考虑超过以上高度的超高边坡支护设计，应参考本规范的原则作专项设计，根据工程情况采取有效的加强措施。

1.0.4 边坡工程的设计和施工除考虑条文中所述工程地质、周边环境等因素外，强调借鉴地区经验因地制宜是非常必要的。结合本规范给出的边坡支护形式、施工工艺及岩土参数，各地区可根据岩土的特性、地质情况等作具体补充。

1.0.5 边坡支护是一门综合性和边缘性强的工程技术，本规范难以全面反映地质勘察、地基及基础、钢筋混凝土结构及抗震设计等技术。因此，本条规定除遵守本规范外，尚应符合国家现行有关标准的规定。

3 基 本 规 定

3.1 一 般 规 定

3.1.2 动态设计法是本规范边坡支护设计的基本原则。采用动态设计时，应提出对施工方案的特殊要求和监测要求，应掌握施工现场的地质状况、施工情况和变形、应力监测的反馈信息，并根据实际地质状况和监测信息对原设计作校核、修改和补充。当地质勘察参数难以准确确定、设计理论和方法带有经验性和类比性时，根据施工中反馈的信息和监控资料完善设计，是一种客观求实、准确安全的设计方法，可以达到以下效果：

1 避免勘察结论失误。山区地质情况复杂、多变，受多种因素制约，地质勘察资料准确性的保证率较低，勘察主要结论失误造成边坡工程失败的现象不乏其例。因此规定地质情况复杂的一级边坡在施工开挖中补充施工勘察工作，收集地质资料，查对核实原地质勘察结论。这样可有效避免勘察结论失误而造成工程事故。在有专门审查制度的地区，场地和边坡勘察报告应含有审查合格书。

2 设计者掌握施工开挖反映的真实地质特征、边坡变形量、应力测定值等，对原设计作校核和补充、完善设计，确保工程安全，设计合理。

3 边坡变形和应力监测资料是加快施工速度或排危应急抢险，确保工程安全施工的重要依据。

4 有利于积累工程经验，总结和发展边坡工程支护技术。

设计应提出对施工方案的特殊要求和监测要求，掌握施工现场的地质状况、施工情况和变形、应力监测的反馈信息，根据实际地质状况和监测信息对原设计作校核、修改和补充。

3.1.3 边坡的使用年限指边坡工程的支护结构能发挥正常支护功能的年限，边坡工程设计年限临时边坡为2年，永久边坡按50年设计，当受边坡支护结构保护的建筑物（坡顶塌滑区、坡下塌方区）为临时或永久性时，支护结构的设计使用年限应不低于上述值。因此，本条为强制性条文，应严格执行。

3.1.4 综合考虑场地地质条件、边坡变形控制的难易程度、边坡重要性及安全等级、施工可行性及经济性、选择合理的支护设计方案是设计成功的关键。为便于确定设计方案，本条介绍了工程中常用的边坡支护形式，其中，锚拉式桩板式挡墙、板肋式或格构式锚杆挡墙、排桩式锚杆挡墙属于有利于对边坡变形进行控制的支护形式，其余支护形式均不利于边坡变形控制。

3.1.5 建筑边坡场地有无不良地质现象是建筑物及建筑边坡选址首先必须考虑的重大问题。显然在滑坡、危岩及泥石流规模大、破坏后果严重、难以处理的地段规划建筑场地是难以满足安全可靠、经济合理的原则的，何况自然灾害的发生也往往不以人们的意志为转移。因此在规模大、难以处理的、破坏后果很严重的滑坡、危岩、泥石流及断层破碎带地区不应修建建筑边坡。

3.1.6 稳定性较差的高大边坡，采用后仰放坡或分阶放坡方案，有利于减小侧压力，提高施工期的安全和降低施工难度。分阶放坡时水平台阶应有足够宽度，否则应考虑上阶边坡对下阶边坡的荷载影响。

3.1.7 当边坡坡体内及支护结构基础下洞室（人防洞室或天然溶洞）密集时，可能造成边坡工程施工期塌方或支护结构变形过大，已有不少工程教训，设计时应引起充分重视。

3.1.11 在边坡工程的使用期，当边坡出现明显变形，发生安全事故及使用条件改变时，例如开挖坡脚、坡顶超载、需加高坡体高度时，都必须进行鉴定和加固设计，并按现行国家标准《建筑边坡工程鉴定与加固技术规范》GB 50843 的规定执行。

3.1.12 本条所指"稳定性极差、较差"的边坡工程是指按本规范有关规定处理后安全度控制都非常困难、困难的边坡。本条所指的"新结构、新技术"是指尚未被规范和有关文件认可的新结构、新技术。对工程中出现超过规范应用范围的重大技术难题，新结构、新技术的合理推广应用以及严重事故的正确处理，采用专门技术论证的方式可达到技术先进、确保质量、安全经济的良好效果。重庆、广州和上海等地区在主管部门领导下，采用专家技术论证方式在解决重大边坡工程技术难题和减少工程事故方面已取得良好效果。因此本规范推荐专门论证做法。

3.2 边坡工程安全等级

3.2.1 边坡工程安全等级是支护工程设计、施工中根据不同的地质环境条件及工程具体情况加以区别对待的重要标准。本条提出边坡安全等级分类的原则，除根据现行国家标准《建筑结构可靠度设计统一标准》GB 50068 按破坏后果严重性分为很严重、严重、不严重外，尚考虑了边坡稳定性因素（岩土类别和坡高）。从边坡工程事故原因分析看，高度大、稳定性差的边坡（土质软弱、滑坡区、外倾软弱结构面发育的边坡等）发生事故的概率较高，破坏后果也较严重，因此本条将稳定性很差的、坡高较大的边坡均划入一级边坡。

表 3.2.1 中对高度 15m 以上的Ⅲ、Ⅳ类岩质边坡取消了破坏后果不严重分级，主要是这类边坡岩石整体性相对差，边坡较高时若因支护结构安全度不够可能会造成较大范围的边坡垮塌，对周边环境的破坏大，而相同高度的Ⅰ、Ⅱ类岩质边坡整体性好，即使支护结构安全度不够也不会出现大范围的边坡垮塌。对 10m 以上的土质边坡，取消破坏后果不严重，也是基于边坡较高，一旦破坏，影响的范围较大。

对危害性极严重、环境和地质条件复杂的边坡工程，当安全等级已为一级时，主要通过组织专家进行专项论证的方式来保证边坡支护方案的安全性和合理性。

3.2.2 由外倾软弱结构面控制边坡稳定的边坡工程和工程滑坡地段的边坡工程，其边坡稳定性很差，发生边坡塌滑事故的概率高，且破坏后果常很严重，边坡塌滑区内有重要建（构）筑物的边坡工程，破坏后直接危及到重要建（构）筑物安全，后果极其严重，因此对上述边坡工程安全等级定为一级。

3.2.3 无外倾结构面的岩土边坡，塌滑区及附近有荷载，特别是重大建筑物荷载作用时，将会因荷载作用加大边坡塌滑区的范围，设计时应作对应的考虑和处理。并按本规范第 7 章的相关规定执行，工程滑坡及有外倾软弱结构面的岩土质边坡塌滑区应按滑坡面及软弱结构面的范围确定。

3.3 设计原则

3.3.1 本条说明边坡工程设计的两类极限状态的相关内容。

1 承载能力极限状态

锚杆设计时原规范采用承载力概率极限状态分项系数的设计方法。本次修订改为综合安全系数代替荷载分项系数及锚杆工作条件系数，以锚杆极限承载力为抗力的基本参数。这种调整一方面实现了与现行国家标准《建筑地基基础设计规范》GB 50007 和《锚杆喷射混凝土支护技术规范》GB 50086 的规定一致，便于使用；另一方面岩土性状的不确定性对锚杆承载力可靠性的影响，使锚杆承载力概率极限状态设计尚属不完全的可靠性分析设计，进行调整是合理的。

2 正常使用极限状态

为保证支护结构的耐久性和防腐性达到正常使用极限状态的要求，支护结构的钢筋混凝土构件的构造和抗裂应按现行国家标准《混凝土结构设计规范》GB 50010 有关规定执行。锚杆是承受高应力的受拉构件，其锚固砂浆的裂缝开展较大，计算一般难以满足规范要求，设计中应采取严格的防腐构造措施，保证锚杆的耐久性。

3.3.2 本次修订对边坡工程计算或验算的内容采用的不同荷载效应组合与相应的抗力进行了规定。

1 确定支护结构或构件的基础底面积及埋深或桩基数量时，应采用正常使用极限状态，相应的作用效应为标准组合；

2 确定锚杆面积、锚杆杆体与砂浆的锚固长度时，由于本次规范修订采用了安全系数法，均采用荷载效应标准组合；

3 计算支护结构或构件内力及配筋时，应采用混凝土结构相应的设计方法；荷载相应采用基本组合，抗力采用包含抗力分项系数的设计值；

4 边坡变形验算时，仅考虑荷载的长期组合，不考虑偶然荷载的作用；支护结构抗裂计算与钢筋混凝土结构裂缝计算一致，采用荷载相应标准组合和荷载准永久组合。

3.3.3 建筑边坡抗震设防的必要性成为工程界的统一认识。城市中建筑边坡一旦破坏将直接危及到相邻的建筑，后果极为严重，因此抗震设防的建筑边坡与建筑物的基础同样重要。本条提出在边坡设计中应考虑抗震构造要求，其构造应满足现行国家标准《建筑抗震设计规范》GB 50011 中对梁的相应要求，当立柱竖向附加荷载较大时，尚应满足对柱的相应要求。

对坡顶有重要建（构）筑物的边坡工程，边坡的抗震加强措施主要通过增大地震作用来进行加强处理，具体内容本规范第7章有专门介绍。

3.3.6 本条第1~3款所列内容是支护结构承载力计算和稳定性计算的基本要求，是边坡工程满足承载能力极限状态的具体内容，是支护结构安全的重要保证；因此，本条定为强制性条文，设计时上述内容应认真计算，满足规范要求以确保工程安全。

3.3.7 本条对存在地下水的不利作用以及变形验算作出规定：

1 当坡顶荷载较大（如建筑荷载等）、土质较软、地下水发育时，边坡尚应进行地下水控制、坡底隆起、稳定性及渗流稳定性验算，方法可按国家现行有关规范执行。

2 影响边坡及支护结构变形的因素复杂，工程条件繁多，目前尚无实用的理论计算方法可用于工程实践。本规范第8.2.6条关于锚杆的变形计算，也只是近似的简化计算。在工程设计中，为保证下列类型的一级边坡满足正常使用极限状态条件，主要依据地区经验、工程类比及信息法施工等控制性措施解决。对边坡变形有较高要求的边坡工程，主要有以下几类：

1）边坡塌滑区附近有建（构）筑物的边坡工程；

2）坡顶建（构）筑物主体结构对地基变形敏感，不允许地基有较大变形的边坡工程；

3）预估变形值较大、设计需要控制变形的高大土质边坡工程。

4 边坡工程勘察

4.1 一般规定

4.1.1 本条为新增条文。专门性边坡工程岩土勘察报告应包括以下主要内容：

1 勘察目的、任务要求和执行的主要技术标准；

2 边坡安全等级和勘察等级；

3 边坡概况（含边坡要素、边坡组成、边坡类型、边坡性质等）；

4 勘察方法、工作量布置和质量评述；

5 自然地理概况；

6 地质环境；

7 边坡岩体类别划分和可能的破坏模式；

8 岩土体物理力学性质；

9 地震效应和地下水腐蚀性评价；

10 边坡稳定性评价（定性、定量评价—计算模式、计算工况、计算参数取值依据、稳定状态判定等）及支护建议；

11 结论与建议。

4.1.2 本条在原规范第4.1.1条的基础上作了局部

修改，并将原强制性条文的部分改为一般性条文。

4.1.3 本条为原规范第3.1.2条。本次在崩塌破坏模式中增加了常见的坡顶破坏模式。

4.1.4 表4.1.4在原规范表A-1的基础上作了以下调整：

1 表中结构面倾角由35°改为27°；本次修改中既考虑了垂直边坡又考虑了倾斜边坡，缓倾结构面在斜边坡中容易发生破坏，因而将结构面倾角降低为27°；

2 不完整（散体、碎裂）改为破碎或极破碎；

3 调整了表注中：1）明确表中结构面系指构造结构面，不包括风化裂隙；2）不包括全风化基岩；3）完整的极软岩可划为Ⅲ类或Ⅳ类。

边坡岩体分类是非常重要的。本规范从岩体力学观点出发，强调结构面对边坡稳定的控制作用，按岩体边坡的稳定性进行分类。

本次修订补充了受外倾结构面控制的岩质边坡的岩体分类。

4.1.5 本条为新增条文，对原规范第4.1.4条中未能包含的岩体类型予以补充。

4.1.7 本条对原规范第4.1.4条的调整。强调对已有变形迹象的边坡应在勘察过程中进行变形监测。

4.1.8、4.1.9 划分工程勘察等级的目的是突出重点，区别对待，指导勘察工作的布置，以利管理。边坡工程勘察的工作量布置与勘察等级关系密切，而原规范无边坡工程勘察等级的内容。故本次新增此内容。

4.2 边坡工程勘察要求

4.2.1、4.2.2 本条是对边坡工程的具体要求，也是基本要求。

本次修订在原规范第4.2.1条中去掉原有的第5、6款（因已包含在第4.2.2条应查明的内容中），新增第6、7、8款有关气象、水文的内容（原规范第4.3.1条的部分内容）。

在原规范的第4.2.2条中新增"地下水、土对支护结构材料的腐蚀性"一款。

4.2.3 地质测绘和调查是工程勘察的重要基础工作之一。一般应在可行性研究或初勘阶段进行。本条对测绘内容和范围进行了规定。在边坡工程调查与勘察中应加强对沟底和山前堆积物的勘察。

4.2.4 本条是对边坡勘察中勘探工作的具体要求。本次修订增加了岩溶发育的边坡尚应采用物探方法的要求。

4.2.5 本条为原规范第4.1.2条的调整、补充。本次对岩质边坡区分了有、无外倾结构面控制的岩质边坡，增加了考虑潜在滑动面的勘探范围要求。

本次增加的涉水边坡的勘察范围主要指河、湖岸的边坡；对于海岸涉水边坡，应根据有关行业标准或地方经验确定。

4.2.6 边坡的破坏主要是重力作用下的一种地质现象，其破坏方式主要是沿垂直边坡方向的滑移失稳，故勘察线应沿垂直边坡布置。沿可能支挡位置布置剖面是设计的需要。本次增加了对成图比例尺的规定。规定纵、横剖面的比例尺应相同。

4.2.7 本条对控制性勘探点的数量进行了规定。

4.2.10 本次主要修订内容：1）明确规定岩石抗剪强度（试验）的试样数量不少于3组；并在2）明确有条件时应进行结构面的抗剪强度试验。

本规范采用概率理论对测试数据进行处理，根据概率理论，最小数据量 n 由 $t_p/\sqrt{n} = \Delta r/\delta$ 确定。式中 t_p 为 t 分布的系数值，与置信水平 P_s 自由度（$n-1$）有关。一般土体的性质指标变异多为变异性很低～低，要较之岩体（变异性多为低～中等）为低。故土体6个测试数据（测试单值）基本能满足置信概率 $P_s=0.95$ 时的精度要求，而岩体则需9个测试数据（测试单值）才能达到置信概率 $P_s=0.95$ 时的精度要求。由于岩石三轴剪试验费用较高等原因，所以工作中可以根据地区经验确定岩体的 c、φ 值并应用测试成果作校核。

抗剪强度指标 c、φ 是一对负相关的指标，不应直接用符合正态分布单指标统计方法进行数理统计。应用单指标 τ 进行数理统计后，再按作图法或用最小二乘法计算出 c、φ，但这样做较为麻烦。经将146组抗剪强度试验值用先统计 τ，再计算 c、φ 和直接统计 c、φ 进行比较后，发现 φ 相差甚微，c 相差5%以内。故当变异系数小于或等于0.20时，也可以直接统计 c、φ。

当试验数据量不足时，一般可采用平均值乘以0.85～0.95的折减系数作为标准值。1）当 $3<n\leqslant6$ 且极差小于平均值的30%，宜取平均值乘以0.85～0.95的折减系数作为标准值（其数值不应小于最小值）；2）当 $n=3$ 或 $3<n\leqslant6$ 且极差大于平均值的30%，可取平均值乘以0.85～0.95的折减系数作为标准值（其数值不应大于最小值）。折减系数根据岩土均匀性确定。均匀时取较大值，不均匀时取较小值。

在专门性边坡工程地质勘察时，对有特殊要求的岩体边坡宜作岩体蠕变试验。

岩石（体）作为一种材料，具有在静载作用下随时间推移出现强度降低的"蠕变效应"（或称"流变效应"）。岩石（体）流变试验在我国（特别是建筑边坡）进行得不是很多。根据研究资料表明，长期强度一般为平均标准强度的80%左右。对于一些有特殊要求的岩质边坡，从安全、经济的角度出发，进行"岩体流变"试验是必要的。

4.2.11 必要的水文地质参数是边坡稳定性评价、预测及排水系统设计所必需的，为获取水文地质参数而进行的现场试验必须在确保边坡稳定的前提下进行。

本次修订仅在"不影响边坡条件下"之前增加了附加条件；将"在不影响边坡安全条件下，可进行……"改为"宜在不影响边坡安全条件下，通过……"。

同时明确了影响边坡安全的岩土条件为土质边坡、较破碎、破碎和极破碎的岩质边坡。土质边坡、较破碎、破碎和极破碎的岩质边坡有可能在进行水文测试过程中导致边坡失稳，故应慎重。

4.2.12 本条要求在边坡工程勘察中，对边坡岩土体或可能的支护结构由于地下水产生的侵蚀、矿物成分改变等物理、化学影响及影响程度进行调查研究与评价。

4.2.13 地下水的长期观测和深部位移观测是十分重要的。地下水的长期观测可以为地下水的动态变化提供依据；深部位移观测则是滑坡预测的重要手段之一。

4.2.14 本条是对边坡岩土体和环境保护的基本要求。

4.3 边坡力学参数取值

4.3.1 条文中增加了"并结合类似工程经验"一句话。在表注中作了调整：1）取消"无经验时取表中的低值"；2）将"岩体结构面贯通性差取表中高值"改为"取值时应考虑结构面的贯通程度"；3）新增注6。

现场剪切试验是确定结构面抗剪强度的一种有效手段，但是，由于受现场试验条件限制、试验费用较高、试验时间较长等影响，在勘察时难以普遍采用。而且，试验点的抗剪强度与整个结构面的抗剪强度可能会存在较大的偏差，这种"以点代面"可能与实际不符。此外，结构面的抗剪强度还将受施工期和运行期各种因素的影响。故本次修订未对现场剪切试验作明确规定，但是当试验条件具备时，一级边坡宜进行现场剪切试验。

准确确定结构面的抗剪强度指标是十分困难的，需要综合试验成果、地区经验，并考虑施工期和运行期各种影响因素，才能合理取值。表4.3.1所提供的结构面的抗剪强度指标经验值，经多年使用，情况反映良好，本次修订除附注外未作修改。

本次修订时增加的表注2"取值时应考虑结构面的贯通程度"是基于构造裂隙面一般延伸长度均有限，当边坡高度较大时，往往在边坡高度范围内裂隙并未完全贯通，有"岩桥"存在。此时边坡整体稳定性不仅受裂隙面的强度控制，更要受到岩体强度的控制。故判定裂隙的贯通程度是边坡勘察工作的重点之一。当采用斜孔、平洞等手段确能判定裂隙延长贯通深度小于边坡高度1/2时，裂隙面的抗剪强度的取值要提高（可在本档上限值的基础上适当提高）。

本次修订收集了结构面试验资料范围涉及铁路、水利、公路、城市建筑等领域岩体结构面试验成果共计30余组；并根据需要补充完成了结构面现场试验及室内中型试验共21组作为修订的依据。结构面性状包括层面和裂隙。主要考虑因素包括结构面的结合程度、裂隙宽度、充填物性状、起伏粗糙、岩壁软硬及水的影响等。通过分析整理，对原《建筑边坡工程技术规范》GB 50330－2002进行完善和补充。需要说明的是，本次收集的结构面试验成果均为抗剪断峰值强度，经折减后成为设计值。具体说明如下：

    1）结构面仍然分为五类，对边坡工程实用而言，应该重点研究Ⅱ、Ⅲ、Ⅳ类岩石边坡结构面的性质。

    2）原有分类方法主要考虑了结构面张开度、充填性质、岩壁粗糙起伏程度，总体说来还比较笼统。本次提出的分类方法更为具体，分别考虑了结构面结合状况、起伏粗糙度、结构面张开度、充填状况、岩壁状况等5个因素。将结构面类型细分为更多的亚类，力求与实际结构面强度的确定相对应。

    3）根据使用意见和研究成果，对各类结构面的表述与指标也作了一些修改，使其更为完善准确，但并无原则性的变动。

4.3.2 补充修改了结构面结合程度判据，更便于操作。

4.3.3 岩体因受结构面的影响，其抗剪强度是低于岩块的。研究表明，较之岩块，岩体的内摩擦角降低不大，而黏聚力却削弱很多。本规范根据大量现场试验资料，给出了边坡岩体内摩擦角的折减系数。

4.3.4 本条的表4.3.4是根据大量边坡工程总结出的经验值。本次修订将各类岩体边坡类型的等效内摩擦角均提高了2°。

4.3.6 本条是对填土力学参数取值和试验方法的规定。

5 边坡稳定性评价

5.1 一般规定

5.1.1 施工期出现新的不利因素的边坡，指在建筑和边坡加固措施尚未完成的施工阶段可能出现显著变形、破坏及其他显著影响边坡稳定性因素的边坡。对于这些边坡，应对施工期出现新的不利因素作用下的边坡稳定性作出评价。

    运行期条件发生变化的边坡，指在边坡运行期由于新建工程等而改变坡形（如加高、开挖坡脚等）、水文地质条件、荷载及安全等级的边坡。

5.1.2 定性分析和定量分析相结合的方法，指在边坡稳定性评价中，应以边坡地质结构、变形破坏模式、变形破坏与稳定性状态的地质判断为基础，根据边坡地质结构和破坏类型选取恰当的方法进行定量计算分析，并综合考虑定性判断和定量分析结果作出边坡稳定性评价。

5.2 边坡稳定性分析

5.2.1 根据边坡工程地质条件、可能的破坏模式以及已经出现的变形破坏迹象对边坡的稳定性状态作出定性判断，并对其稳定性趋势作出估计，是边坡稳定性分析的基础。

    稳定性分析包括滑动失稳和倾倒失稳。滑动失稳可按本章方法进行；倾倒失稳尚不能用传统极限分析方法判定，可采用数值极限分析方法。

    受岩土体强度控制的破坏，指地质结构面不能构成破坏滑动面，边坡破坏主要受边坡应力场和岩土体强度相对关系控制。

5.2.2 对边坡规模较小、结构面组合关系较复杂的块体滑动破坏，采用赤平极射投影法及实体比例投影法较为方便。

    对破坏机制复杂的边坡，难以采用传统的方法计算，目前国外和国内水利水电部门已广泛采用数值极限分析方法进行计算。数值极限分析方法与传统极限分析方法求解原理相同，只是求解方法不同，两种方法得到的计算结果是一致的，对复杂边坡传统极限分析方法无法求解，需要作许多人为假设，影响计算精度，而数值极限分析方法适用性广，不另作假设就可直接求得。

5.2.3 对于均质土体边坡，一般宜采用圆弧滑动面条分法进行边坡稳定性计算。岩质边坡在发育3组以上结构面，且不存在优势外倾结构面组的条件下，可以认为岩体为各向同性介质，在斜坡规模相对较大时，其破坏通常按近似圆弧滑面发生，宜采用圆弧滑动面条分法计算。

    通过边坡地质结构分析，存在平面滑动可能性的边坡，可采用平面滑动稳定性计算方法计算。对建筑边坡来说，坡体后缘存在竖向贯通裂缝的情况较少，是否考虑裂隙水压力应视具体情况确定。

    对于规模较大，地质结构较复杂，或者可能沿基岩与覆盖层界面滑动的情形，宜采用折线滑动面计算方法进行边坡稳定性计算。

5.2.4 对于圆弧形滑动面，本规范建议采用简化毕肖普法进行计算，通过多种方法的比较，证明该方法有很高的准确性，已得到国内外的公认。以往广泛应用的瑞典法，虽然求解简单，但计算误差较大，过于安全而造成浪费，所以瑞典法不再列入规范。

    对于折线形滑动面，本规范建议采用传递系数隐式解法。传递系数法有隐式解与显式解两种形式。显式解的出现是由于当时计算机不普及，对传递系数作了一个简化的假设，将传递系数中的安全系数值假设为1，从而使计算简化，但增加了计算误差。同时对安全系数作了新的定义，在这一定义中当荷载增大时只考虑下滑力的增大，不考虑抗滑力的提高，这也不符合力学规律。因而隐式解优于显式解，当前计算机已经很普及，应当回归到原来的传递系数法。

无论隐式解与显式解法，传递系数法都存在一个缺陷，即对折线形滑面有严格的要求，如果两滑面间的夹角（即转折点处的两倾角的差值）过大，就会出现不可忽视的误差。因而当转折点处的两倾角的差值超过10°时，需要对滑面进行处理，以消除尖角效应。一般可采用对突变的倾角作圆弧连接，然后在弧上插点，来减少倾角的变化值，使其小于10°，处理后，误差可以达到工程要求。

对于折线形滑动面，国际上通常采用摩根斯坦-普赖斯法进行计算。摩根斯坦-普赖斯法是一种严格的条分法，计算精度很高，也是国外和国内水利水电部门等推荐采用的方法。由于国内许多工程界习惯采用传递系数法，通过比较，尽管传递系数法是一种非严格的条分法，如果采用隐式解法且两滑面间的夹角不大，该法也有很高的精度，而且计算简单，国内广为应用，我国工程师比较熟悉，所以本规范建议采用传递系数隐式解法。在实际工程中，也可采用国际上通用的摩根斯坦-普赖斯法进行计算。

附录A主要是用来计算边坡的稳定性系数，对于折线形滑面的滑坡推力可采用附录A中的传递系数法，计算时，应将公式（A.0.3-2）和公式（A.0.3-3）中的稳定系数 F_i 替换为安全系数 F_{st}，以此计算的 P_n，即为滑坡的推力。

5.2.6 本条表5.2.6中的水平地震系数的取值是采用新的现行国家标准《建筑抗震鉴定标准》GB 50023中的值换算得到的。

5.3 边坡稳定性评价标准

5.3.1 为了边坡的维修工作的方便，提出了边坡稳定状态分类的评价标准。

5.3.2 由于建筑边坡规模较小，一般工况中采用的安全系数又较高，所以不再考虑土体的雨季饱和工况。对于受雨水或地下水影响大的边坡工程，可结合当地做法，按饱和工况计算，即按饱和重度与饱和状态时的抗剪强度参数。

规范中边坡安全系数是按通常情况确定的，特殊情况（如坡顶存在安全等级为一级的建构筑物，存在油库等破坏后有严重后果的建筑边坡）下安全系数可适当提高。

6 边坡支护结构上的侧向岩土压力

6.1 一 般 规 定

6.1.1、6.1.2 当前，国内外对土压力的计算一般采用著名的库仑公式与朗金公式，但上述公式基于极限平衡理论，要求支护结构发生一定的侧向变形。若挡墙的侧向变形条件不符合主动极限平衡状态条件时则需对侧向岩土压力进行修正，其修正系数可依据经验确定。

土质边坡的土压力计算应考虑如下因素：

1 土的物理力学性质（重力密度、抗剪强度、墙与土之间的摩擦系数等）；

2 土的应力历史和应力路径；

3 支护结构相对土体位移的方向、大小；

4 地面坡度、地面超载和邻近基础荷载；

5 地震荷载；

6 地下水位及其变化；

7 温差、沉降、固结的影响；

8 支护结构类型及刚度；

9 边坡与基坑的施工方法和顺序。

岩质边坡的岩石压力计算应考虑如下因素：

1 岩体的物理力学性质（重力密度、岩石的抗剪强度和结构面的抗剪强度）；

2 边坡岩体类别（包括岩体结构类型、岩石强度、岩体完整性、地表水浸蚀和地下水状况、岩体结构面产状、倾向、结构面的结合程度等）；

3 岩体内单个软弱结构面的数量、产状、布置形式及抗剪强度；

4 支护结构相对岩体位移的方向与大小；

5 地面坡度、地面超载和邻近基础荷载；

6 地震荷载；

7 支护结构类型及刚度；

8 岩石边坡与基坑的施工方法与顺序。

6.1.3 侧向岩土压力的计算公式主要是采用著名的库仑公式与朗金公式，但对复杂情况的侧压力计算，近年来数值计算技术发展较快，计算机及相关的软件也较多。目前国际上和我国水利水电部门广泛采用数值极限分析方法，如有限元强度折减法和超载法，其计算结果与传统极限分析法相同，对于传统极限分析法无法求解的复杂问题十分适用，因此对于复杂情况下岩土侧压力计算可采用数值极限分析法。如岩土组合边坡的稳定性分析采用有限元强度折减法可以方便地求出稳定安全系数与滑动面。

6.2 侧 向 土 压 力

6.2.1～6.2.5 按经典土压力理论计算静止土压力、主动与被动土压力。本条规定主动土压力可用库仑公式与朗金公式，被动土压力采用朗金公式。一般认为，库仑公式计算主动土压力比较接近实际，但计算被动土压力误差较大；朗金公式计算主动土压力偏于保守，但算被动土压力反而偏小。建议实际应用中，用库仑公式计算主动土压力，用朗金公式计算被动土压力。

静止土压力系数可以用 K_0 试验测试，测定 K_0 的仪器有静止侧压力系数测定仪或三轴仪，在现行行业标准《土工试验规程》SL 237，静止侧压力系数试验（SL237-028-1999）中规定了具体试验的要求。但由于该项试验方法还未列入国家标准《土工试验方法标准》GB/T 50123 中，所以实际工程中，多数采用经验公式或经验参数，这二者得到的数值差不多，原规范推荐采用经验参数，本次修订时仍然采用经验参数。一般说来，在实际工程应用时，对正常固结的黏性土或砂土，颗粒越粗或土越密实，K_0 取本规范推荐的低值，反之取高值。但对超固结土，有时存在土的水平应力大于竖直应力，会出现 K_0 大于 1 的情况，使用时应注意超固结土的情况。

6.2.6、6.2.7 采用水土分算还是水土合算，是当前有争议的问题。一般认为，对砂土与粉土采用水土分算，黏性土采用水土合算。水土分算时采用有效应力抗剪强度；水土合算时采用总应力抗剪强度。对正常固结土，一般以室内自重固结下不排水指标求主动土压力；以不固结不排水指标求被动土压力。

6.2.8 本条主动土压力是按挡墙后有较陡的稳定岩石边坡情况下导出的。

本次规范修订时，对于稳定且无软弱层岩石坡面与填土间的摩擦角 δ_r 的取值及其影响，以及对于稳定岩石角度 θ 的影响，课题组进行了专门的研究，研究结论认为，稳定岩石与土之间的摩擦角 δ_r 对主动土压力计算值影响很大。随稳定岩石坡面与土之间的摩擦角 δ_r 的增加，主动土压力值会明显减小。当 $\delta_r = \varphi$ 时，应用公式（6.2.8）计算得到的值比公式（6.2.3）得到的值略小，它们间的结果相近；当 $\delta_r = 0.5\varphi$ 时，应用公式（6.2.8）计算得到的值比公式（6.2.3）得到的值大 1.541 倍～2.549 倍，同时随 c 值的增大而增加。另外随稳定岩石角度 θ 的增加，主动土压力的值有所减小，但影响值明显比稳定岩石与土之间的摩擦角 δ_r 影响小。稳定岩石坡面与填土间的摩擦角取值宜根据试验确定。当无试验资料时，可按本条中提出的建议值 $\delta_r = (0.40 \sim 0.70)\varphi$。一般说来对黏性土与粉土取低值，对砂性土与碎石土取高值。

6.2.9 本条提出的一些特殊情况下的土压力计算公式，是依据土压力理论结合经验而确定的半经验公式。

本条在原规范的基础上，增加了边坡为二阶时，岩土边坡土压力的计算公式。二阶的直立岩土质边坡是常见的边坡，根据平面滑裂面导出了在二阶的边坡上总岩土压力计算式与滑裂面的倾角。二阶直立岩石边坡上总岩石压力计算式与滑裂面的倾角计算的计算公式与二阶直立土质边坡的计算基本相同，但如岩体中存在外倾结构面时，滑裂面的倾角取外倾结构面倾角。对于单阶边坡，此式可退化到朗肯公式。

6.2.10 当土质边坡的坡面为倾斜时，根据平面滑裂面，得到了土压力计算公式与滑裂面的计算公式（6.2.10）。

本条规定的关于边坡坡面为倾斜时的土压力计算公式，可以确定边坡破坏时平面破裂角。用公式（6.2.10）计算主动土压力值与公式（6.2.3）的值一致，但对一般的斜边坡公式（6.2.10）比公式（6.2.3）更为简洁，当 $\alpha = 90°$ 或倾斜边坡坡高为临界高度时，$\theta = (\alpha + \varphi)/2$。

6.2.11 在地震作用下，考虑地震作用时的土压力计算，应考虑地震角的影响，地震角的大小与地震设计烈度有关，并采用库仑理论公式计算。本规范中的关于地震情况下的土压力计算公式，是参照国内建筑、铁路、公路、交通等行业的抗震规范提出的，计算时，土的重度除以地震角的余弦，墙背填土的内摩擦角和墙背摩擦角分别减去地震角和增加地震角。地震角的取值是采用现行国家标准《建筑抗震鉴定标准》GB 50023 中的值。

6.3 侧向岩石压力

6.3.1 岩体与土体不同，滑裂面为外倾结构面倾角，因而由此推出的岩石压力公式与库仑公式不同，当滑裂角 $\theta = 45° + \varphi/2$ 时公式（6.3.1）即为库仑公式。当岩体无明显结构面时或为破碎、散体岩体时 θ 角取 $45° + \varphi/2$。

6.3.2 有些岩体中存在外倾的软弱结构面，即使结构面倾角很小，仍可能产生四面楔体塌落，对滑落体的大小按当地实际情况确定。滑落体的稳定分析采用力多边形法验算。

6.3.3 本条给出滑移型永久性边坡且坡顶无建筑荷载时岩质边坡侧向岩石压力计算方法，以及破裂角设计取值原则。本条中的无建筑荷载主要是指无重要建筑物或荷载较大的建筑物。本条规定侧压力可按理论公式和按取等效内摩擦角的经验公式计算，两者中取大值作为设计依据。一般情况下，由于规定的等效内摩擦角取值很大，经验公式算出的结果都会小于理论公式计算的结果（除Ⅵ类岩体边坡外）。当岩质和结构面结合程度高时，导致按理论计算公式计算得到的推力为零或极小，以致不需要支护或支护量极少。为保证工程安全，实际工程中这种情况下仍然需要一定的支护。经验公式不会算出推力为零或极小的情况，起到了保证最少支护量的作用。经验公式计算考虑以下因素：①建筑岩石边坡在使用期内，受不利因素与时间效应的影响，岩石及结构面强度可能软化降低；②考虑偶然地震荷载作用的不利影响；③考虑地质参数取值可能存在变异性的不利影响，本条的计算方法力图达到边坡支护的可靠度，满足现行标准的要求。

对临时岩质边坡侧向岩石压力计算和破裂角的取值作出一定的修正，其依据是临时边坡设计中可以不考虑时间效应和地震效应等不利因素的影响，因此岩压力的计算可以适当放松，按经验公式计算时等效内摩擦角可取规范中的高值；另外，对于破裂角的取值也可提高。但坡顶有建（构）筑物荷载的临时边坡应考虑坡顶建（构）筑物荷载对边坡塌滑区范围的扩大影响，同时应满足永久性边坡的相关规定。

6.3.4 当岩石边坡的坡面为倾斜时，根据平面滑裂面假定，得到了岩石压力计算公式与滑裂面的计算公式［同公式（6.2.10）］，如果岩体中存在外倾结构面时，滑裂面的倾角取外倾结构面的倾角。

6.3.5 在地震作用下，考虑地震作用时的岩石侧压力计算，应考虑地震角的影响，地震角的大小与地震设计烈度有关。根据现行国家标准《铁路工程抗震设计规范》GB 50111－2006（2009 年版）条文说明中第 6.1.6 条，工程震害调查表明，位于岩石地基上的挡土墙震害比在土基上的挡土墙稍轻微，因而岩石地基上的地震角取值与本规范第 6.2.11 条相同，并采用库仑理论公式计算。

7 坡顶有重要建（构）筑物的边坡工程

7.1 一般规定

7.1.1 本条确定了本章的适用范围及坡顶有建（构）筑物时边坡工程的分类。可分为坡顶有既有建（构）筑物的边坡工程、边坡与坡顶建（构）筑物同步施工的边坡工程及坡顶新建建（构）筑物的既有边坡工程。对 7 度以上地区，可参照本章相关规定并结合地区特点加强处理。

7.1.2 当坡顶邻近有重要建筑物时，支护结构方案选择时应优先选择排桩式锚杆挡墙、锚拉式桩板式挡墙或抗滑桩，其具有受力可靠、边坡变形小、施工期对边坡稳定性和建筑地基基础扰动小的优点，对土质边坡或有外倾结构面的岩质边坡宜采用预应力锚杆，更有利于控制边坡变形，确保坡顶建（构）筑物安全。除按本章优选支护方案外，还应充分考虑下列因素：

    1 边坡开挖对坡顶邻近建筑物的安全和正常使用的不利影响程度；

    2 坡顶邻近建筑物基础形式及距坡顶邻近建筑物的距离；

    3 坡顶邻近建（构）筑物及管线等对边坡变形的接受程度；

    4 施工开挖期边坡的稳定状况及施工安全和可行性。

7.2 设计计算

7.2.1、7.2.2 当坡顶建筑物基础位于边坡塌滑区，建筑物基础传来的垂直荷载、水平荷载及弯矩部分作用于支护结构时，边坡支护结构强度、整体稳定和变形验算均应根据工程具体情况，考虑建筑物传来的荷载对边坡支护结构的作用。其中建筑水平荷载对边坡支护结构作用的定性及定量近似估算，可根据基础方案、构造做法、荷载大小、基础到边坡的距离、边坡岩土体性状等因素确定。建筑物传来的水平荷载由基础抗侧力、地基摩擦力及基础与边坡间坡体岩土抗力承担，当水平作用力大于上述抗力之和时由支护结构承担不平衡的水平力。

坡顶建筑物基础与边坡支护结构的相互作用主要考虑建筑荷载传给支护结构，对边坡稳定影响，因边坡临空状使建筑物地基侧向约束减小后地基承载力相应降低及新施工的建筑基础和施工开挖期对边坡原有水系产生的不利影响。

在已有建筑物的相邻处开挖边坡，目前已有不少成功的工程实例，但危及建筑物安全的事故也时有发生。建筑物的基础与支护结构之间距离越近，事故发生的可能性越大，危害性越大。本条规定的目的是尽可能保证建筑物基础与支护结构间较合理的安全距离，减少边坡工程事故发生的可能性。确因工程需要时，应采取相应措施确保勘察、设计和施工的可靠性。不应出现因新开挖边坡使原稳定的建筑基础置于稳定性极差的临空处外倾软弱结构面的岩体和稳定性极差的土质边坡塌滑区外边缘，造成高风险的边坡工程。

7.2.3 当坡肩有建筑物、挡墙的变形量较大时，将危及建筑物的安全及正常使用。为使边坡的变形量控制在允许范围内，根据建筑物基础与边坡外边缘的关系和岩土外倾结构面条件采用第 7.2.3 条、第 7.2.4 条和第 7.2.5 条确定的岩土侧压力设计值。其目的是使边坡受力稳定的同时，确保边坡只发生较小变形，这样有利于保证坡顶建筑物的安全及正常使用。

对高层建筑，其传至边坡的水平荷载较大，按第 7.2.1 条的条文分析可知，支护结构可能承担高层建筑物基础传来的不平衡的水平力，设计时应充分重视，应设置钢筋混凝土地下室，并加大地下室埋深，借用钢筋混凝土地下室的刚体及其底板与地基间的摩阻力平衡高层建筑物传来的部分水平力，同时高层建筑钢筋混凝土地下室基础可采用桩基础（桩周边加设隔离层）将基础垂直荷载传至边坡破裂面以下足够深度的稳定岩土层内，此时，H 值可从地下室底标高算至桩底，否则，H 仍取边坡高度。除设置钢筋混凝土地下室外，还应加强支护结构的抗侧力以平衡高层建筑物可能传来的水平力。

7.2.4 本条主动岩石压力修正系数 β_1 的确定考虑以下因素：

    1 有利于控制坡顶有重要建（构）筑物的边坡变形，保证坡顶建（构）筑物的功能和安全；

    2 岩石边坡开挖后侧向变形受支护结构或预应

力锚杆约束，边坡侧压力相应增大，本规范按岩石主动土压力乘以修正系数 β_1 来反映土压力增大现象；

3 β_1 值的定量确定目前无工程实测资料和相关标准可以借鉴，从理论分析看，坚硬的块石类土静止土压力约为主动土压力 1.80 倍左右，以此类比，岩体结构面结合较差，岩体完整程度为较破碎的Ⅳ类岩体，本规范主动土压力系数 β_1 定为 1.45～1.55，考虑Ⅰ～Ⅲ类岩石的结构完整性，则分别采用 1.30～1.45。

7.3 构 造 设 计

7.3.6 当坡顶附近有重要建（构）筑物时除应保证边坡整体稳定性外，还应控制边坡工程变形对坡顶建（构）筑物的危害。边坡的变形值大小与边坡高度、坡顶建（构）筑物荷载的大小、地质条件、水文条件、支护结构类型、施工开挖方案等因素相关，变形计算复杂且不够成熟，有关规范均未提出较成熟的计算方法，工程实践中只能根据地区经验，采用工程类比的方法，从设计、施工、变形监测等方面采取措施控制边坡变形。

同样，支护结构变形允许值涉及因素较多，难以用理论分析和数值计算确定，工程设计中可根据边坡条件按地区经验确定。

7.4 施 工

7.4.1 施工时应加强监测和信息反馈，并作好有关工程应急预案。

7.4.3 稳定性较差的岩土边坡（较软弱的土边坡，有外倾软弱结构面的岩石边坡，潜在滑坡等）开挖

时，不利组合荷载下的不利工况时边坡的稳定和变形控制应满足有关规定要求，避免出现施工事故，必要时应采取施工措施增强施工期的稳定性。

8 锚杆（索）

8.1 一 般 规 定

8.1.2 锚杆是能将张拉力传递到稳定的或适宜的岩土体中的一种受拉杆件（体系），一般由锚头、杆体自由段和杆体锚固段组成。当采用钢绞线或钢丝束作杆体材料时，可称为锚索（图1）。根据锚固段灌浆体受力的不同，主要分为拉力型、压力型、荷载分散型（拉力分散型与压力分散型）等（图2）。拉力型锚杆锚固段灌浆体受拉，浆体易开裂，防腐性能差，但易于施工；压力型锚杆锚固段灌浆体受压，浆体不易开裂，防腐性能好，承载力高，可用于永久性工程。锚杆挡墙是由锚杆和钢筋混凝土肋柱及挡板组成的支挡结构物，它依靠锚固于稳定岩土层内锚杆的抗拔力平衡挡板处的土压力。近年来，锚杆技术发展迅速，在边坡支护、危岩锚定、滑坡整治、洞室加固及高层建筑基础锚固等工程中广泛应用，具有实用、安全、经济的特点。

8.1.5 当坡顶边缘附近有重要建（构）筑物时，一般不允许支护结构发生较大变形，此时采用预应力锚杆能有效控制支护结构及边坡的变形量，有利于建（构）筑物的安全。

对施工期稳定性较差的边坡，采用预应力锚杆减少变形同时增加边坡滑裂面上的正应力及阻滑力，有利于边坡的稳定。

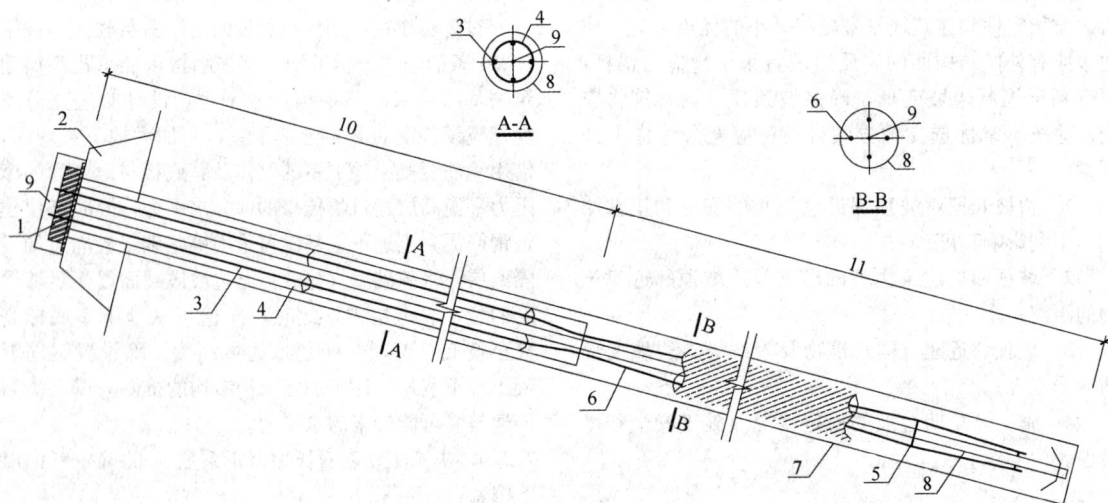

图 1 永久性拉力型锚索结构图

1—锚具；2—垫座；3—涂塑钢绞线；4—光滑套管；5—隔离架；6—无包裹钢绞线；
7—钻孔壁；8—注浆管；9—保护罩；10—自由段区；11—锚固段区

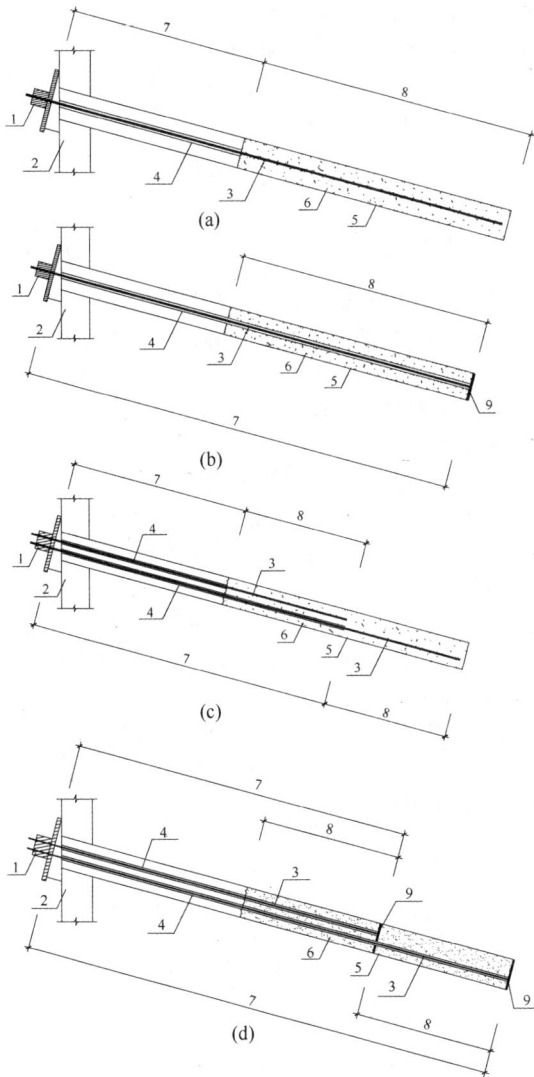

图2 压力分散型锚杆简图

(a) 拉力型锚杆；(b) 压力型锚杆；

(c) 拉力分散型锚杆；(d) 压力分散型锚杆

1—锚头；2—支护结构；3—杆体；4—保护套管；

5—锚杆钻孔；6—锚固段灌浆体；7—自由段区；

8—锚固段区；9—承载板（体）

8.2 设 计 计 算

本节将锚杆（索）设计部分涉及的杆体（钢筋、钢绞线、预应力钢丝）截面积、锚固体与地层的锚固长度，杆体与锚固体（水泥浆、水泥砂浆等）的锚固长度计算由原规范中的概率极限状态设计方法转换成传统意义的安全系数法计算，以便与国家现行岩土工程类多数标准修改稿的思路保持一致。对应的地层（岩石与土体）与锚固体之间粘结强度特征值由地层与锚固体间粘结强度极限标准值替代。原规范中的临时性锚杆、永久性锚杆的荷载分项系数、杆体抗拉工作条件系数、锚固体与地层间粘结工作条件系数、杆

体与锚固体粘结强度工作条件系数在锚杆杆体抗拉安全系数和岩土锚杆锚固体抗拔安全系数中综合考虑。

此外，对不同边坡工程安全等级所对应的临时性锚杆、永久性锚杆的锚杆杆体抗拉安全系数和锚杆锚固体抗拔安全系数按不同的边坡工程安全等级逐一作出了规定。

8.2.1 用于边坡支护的锚杆轴向拉力 N_{ak} 是荷载分项系数1.0的荷载效应基本组合时，锚杆挡墙计算求得的锚杆拉力组合值，可按本规范第6章的静力平衡法或等值梁法（附录F）计算的锚杆挡墙支点力求得。

用于滑坡和边坡抗滑稳定支护的锚杆轴向拉力为荷载分项系数1.0时，用满足滑坡和边坡安全稳定系数（表5.3.2）时的滑坡推力和边坡推力对锚杆挡墙计算求得。

8.2.2～8.2.4 锚杆设计宜先按式（8.2.2）计算所用锚杆钢筋的截面积，选择每根锚杆实配的钢筋根数、直径和锚孔直径，再用选定的锚孔直径按式（8.2.3）确定锚固体长度 l_a[此时，锚杆（索）承载力极限值 $N = A_s f_y (A_s f_{py})$ 或 $\pi D f_{rbki} l_a$ 的较小值]。然后再用选定的锚杆钢筋面积按式（8.2.3）和式（8.2.4）确定锚杆杆体的锚固长度 l_a。

锚杆杆体与锚固体材料之间的锚固力一般高于锚固体与土层间的锚固力，因此土层锚杆锚固段长度计算结果一般均为式（8.2.3）控制。

极软岩和软质岩中的锚固破坏一般发生于锚固体与岩层间，硬质岩中的锚固端破坏可发生在锚杆杆体与锚固体材料之间，因此岩石锚杆锚固段长度应分别按式（8.2.3）和式（8.2.4）计算，取其中大值。

表8.2.3-2主要根据重庆及国内其他地方的工程经验，并结合国外有关标准而定的；表8.2.3-3数值主要参考现行国家标准《锚杆喷射混凝土支护技术规范》GB 50086及国外有关标准确定。锚杆极限承载力标准值由基本试验确定，对于二、三级边坡工程中的锚杆，其极限承载力标准值也可由地层与锚固体粘结强度标准值与其两者的接触表面积的乘积来估算。

锚杆设计顺序和内容可按图3进行。

8.2.6 自由段作无粘结处理的非预应力岩石锚杆受拉变形主要是非锚固段钢筋的弹性变形，岩石锚固段理论计算变形值或实测变形值均很小。根据重庆地区大量现场锚杆锚固段变形实测结果统计，砂岩和泥岩锚固性能较好，3ϕ25四级精轧螺纹钢，用M30级砂浆锚入整体结构的中风化泥岩中2m时，在600kN荷载作用下锚固段钢筋弹性变形仅为1mm左右。因此非预应力无粘结岩石锚杆的伸长变形主要是自由段钢筋的弹性变形，其水平刚度可近似按式（8.2.6-1）估算。

自由段无粘结的土层锚杆主要考虑锚杆自由段和锚固段的弹性变形，其水平刚度系数可近似按式

掌握地质情况　　　　　环境踏勘

推断边坡破坏方式及对其周边环境的影响程度

采用锚杆方案可行性经济性评价

确定边坡安全等级，计算所需锚固力

$t_s>45d$(对拉力型锚杆)或
$55d$时(对预应力锚索)
增大孔径或改变
锚固形式重新设计

选择锚杆形式，决定锚杆间距排数和倾角，计算每根锚杆轴向拉力

确定锚杆体承载力，计算锚筋截面

依据锚筋承载力进行锚固体设计，确定锚固段长度、注浆材料和工艺

试验结果
不满足设
计要求时

确定锚杆自由段长度和锚杆总长

外锚头及防腐等构造设计，以及预应力锚杆张拉值和锁定值确定

锚杆基本
试验

必要时进行锚杆支护边坡整体稳定性验算

根据施工信息
反馈必要时调
整锚杆设计

锚杆施工工艺建议、性能试验、验收和监测要求

施工

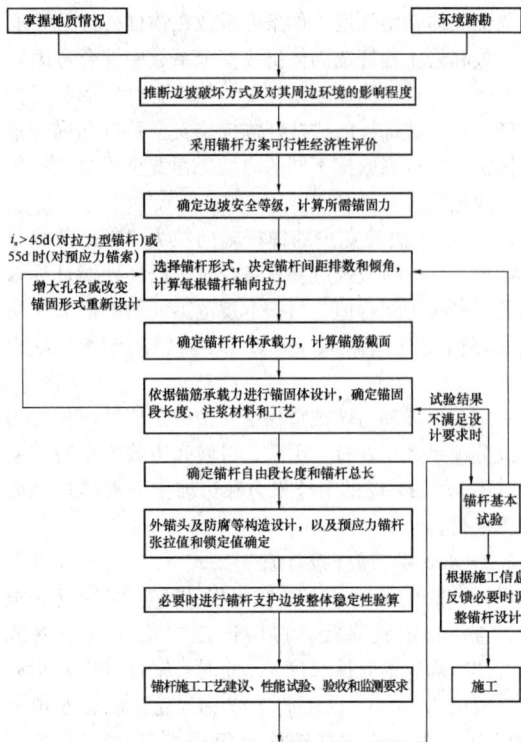

图 3　锚杆设计顺序及内容

（8.2.6-2）估算。

8.2.7 预应力岩石锚杆由于预应力的作用效应，锚固段变形极小。当锚杆承受的拉力小于预应力值时，整根预应力岩石锚杆受拉变形值都较小，可忽略不计。全粘结岩石锚杆的理论计算变形值和实测值也较小，可忽略不计，故可按刚性拉杆考虑。

8.3 原 材 料

8.3.2 对非预应力全粘结型锚杆，当锚杆承载力标准值低于 400kN 时，采用Ⅱ、Ⅲ级钢筋能满足设计要求，其构造简单，施工方便。承载力设计值较大的预应力锚杆，宜采用钢绞线或高强钢丝，首先是因为其抗拉强度远高于Ⅱ、Ⅲ级钢筋，能满足设计值要求，同时可大幅度地降低钢材用量；二是预应力锚索需要的锚具、张拉机具等配件有成熟的配套产品，供货方便；三是其产生的弹性伸长总量远高于Ⅱ、Ⅲ级钢筋，当锚头松动，钢筋松弛等原因引起的预应力损失值也要小得多；四是钢绞线、钢丝运输、安装较粗钢筋方便，在狭窄的场地也可施工。高强精轧螺纹钢则适用于中级承载能力的预应力锚杆，有钢绞线和普通粗钢筋的类同优点，其防腐的耐久性和可靠性较高，锚杆处于水下，腐蚀性较强的地层中，且需预应力时宜优先采用。

镀锌钢材在酸性土质中易产生化学腐蚀，发生"氢脆"现象，故作此条规定。

8.3.4 锚具的构造应使每束预应力钢绞线可采用夹

片方式锁定，张拉时可整根锚杆操作。锚具由锚头、夹片和承压板等组成，为满足设计使用目的，锚头应具有多次补偿张拉的功能，锚具型号及性能参数详见国家现行有关标准。

8.4 构 造 设 计

8.4.1 本条规定锚固段设计长度取值的上限值和下限值，是为保证锚固效果安全、可靠，使计算结果与锚固段锚固体和地层间的应力状况基本一致。

日本有关锚固工法介绍的锚固段锚固体与地层间锚固应力分布如图 4 所示。由于灌浆体与岩土体和杆体的弹性特征值不一致，当杆体受拉后粘结应力并非沿纵向均匀分布，而是出现如图中Ⅰ所示应力集中现象。当锚固段过长时，随着应力不断增加从靠近边坡面处锚固端开始，灌浆体与地层界面的粘结逐渐软化或脱开，此时可发生裂缝沿界面向深部发展现象，如图中Ⅱ所示。随着锚固效应弱化，锚杆抗拔力并不与锚固长度增加成正比，如图中Ⅲ所示。由此可见，计算采用过长的增大锚固长度，并不能提高锚固力，公式（8.2.3）应用必须限制计算长度的上限值，国外有关标准规定计算长度不超过 10m。实际工程中，考虑到锚杆耐久性和对岩土体加固效应等因素，锚杆实际锚固长度可适当加长。

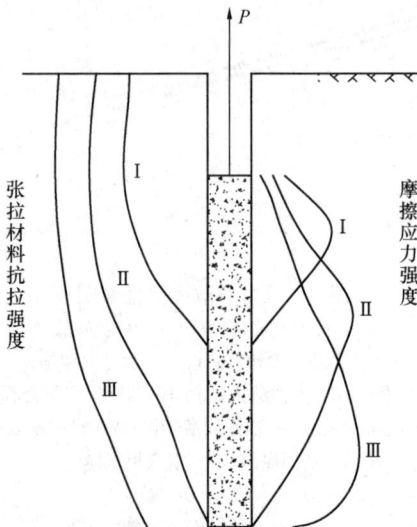

图 4　拉力型锚杆锚固应力分布图
Ⅰ—锚杆工作阶段应力分布图；
Ⅱ—锚杆应力超过工作阶段，变形
增大时应力分布图；Ⅲ—锚固段
处于破坏阶段时应力分布图

反之，锚固段长度设计过短时，由于实际施工期锚固区地层局部强度可能降低，或岩体中存在不利组合结构面时，锚固段被拔出的危险性增大，为确保锚固安全度的可靠性，国内外有关标准均规定锚固段构造长度不得小于 3.0m～4.0m。

大量的工程试验证实，在硬质岩和软质岩中，中、小级承载力锚杆在工作阶段锚固段应力传递深度约为1.5m～3.0m（12倍～20倍钻孔直径），三峡工程锚固于花岗岩中3000kN级锚索工作阶段应力传递深度实测值约为4.0m（约25倍孔径）。

综合以上原因，本规范根据大量锚杆试验结果及锚固段设计安全度及构造需要，提出锚固段的设计计算长度应满足本条要求。

当计算锚固段长度超过限值时，可采取锚固段压力灌浆（二次劈裂灌浆）方法加固锚固段周围土体、提高土体与锚固体粘结摩阻力，以获得更高单位长度锚固段抗拔承载力。一般情况下，采取压力灌浆方法可提高锚固力1.2倍～1.5倍。此外，还可采用改变锚固体形式的方法即荷载分散型锚杆。荷载分散型锚杆是在同一个锚杆孔内安装几个单元锚杆，每个单元锚杆均有各自的锚杆杆体、自由段和锚固段。承受集中拉力荷载时，各个不同的单元锚杆锚固段分别承担较小的拉力荷载，使锚杆锚固段上粘结应力大大减小且相应于整根锚杆分布均匀，能最大限度地调用整个加固范围内土层强度。可根据具体锚杆孔直径大小与承载力要求设置单元锚杆个数，使锚杆承载力可随锚固段长度的增加正比例提高，满足使用要求。此外，压力分散型锚杆还可增加防腐能力，减小预应力损失，特别适用于相对软弱又对变形及承载力要求较高的岩土体。锚固应力分布见图5。

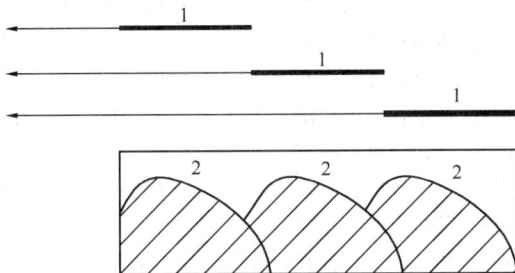

图5 荷载分散型锚杆锚固应力分布图
1—单元锚杆；2—粘摩阻力

8.4.3 锚杆轴线与水平面的夹角小于10°后，锚杆外端灌浆饱满度难以保证，因此建议夹角一般不小于10°。由于锚杆水平抗拉力等于拉杆强度与锚杆倾角余弦值的乘积，锚杆倾角过大时锚杆有效水平拉力下降过多，同时将对锚肋作用较大的垂直分力，该垂直分力在锚肋基础设计时不能忽略，同时对施工期锚杆挡墙的竖向稳定不利，因此锚杆倾角宜为10°～35°。

8.4.6 在锚固段岩体破碎，渗水严重时，水泥固结灌浆可达到密封裂隙，封阻渗水，保证和提高锚固性能效果。

8.4.7、8.4.8 锚杆防腐处理的可靠性及耐久性是影响锚杆使用寿命的重要因素之一，"应力腐蚀"和"化学腐蚀"双重作用将使杆体锈蚀速度加快，锚杆使用寿命大大降低，防腐处理应保证锚杆各段均不出现杆体材料局部腐蚀现象。

锚杆的防腐保护等级与措施应根据锚杆的设计使用年限及所处地层有无腐蚀性确定。腐蚀环境中的永久性锚杆应采用Ⅰ级防腐保护构造；非腐蚀环境中的永久性锚杆及腐蚀环境中的临时性锚杆应采用Ⅱ级防护，非腐蚀环境中的临时性锚杆可采用Ⅲ级简单防腐保护构造。具体防腐做法及要求可参见现行国家标准《锚杆喷射混凝土支护技术规范》GB 50086相关要求。

9 锚杆（索）挡墙

9.1 一般规定

9.1.1 本条列举锚杆挡墙的常用形式，此外还有竖肋和板为预制构件的装配肋板式锚杆挡墙，下部为挖方、上部为填方的组合锚杆挡墙。

根据地形、地质特征和边坡荷载等情况，各类锚杆挡墙的方案特点和其适用性如下：

1 钢筋混凝土装配式锚杆挡土墙适用于填方地段。

2 现浇钢筋混凝土板肋式锚杆挡土墙适用于挖方地段，当土方开挖后边坡稳定性较差时应采用"逆作法"施工。

3 排桩式锚杆挡土墙：适用于边坡稳定性很差、坡肩有建（构）筑物等附加荷载地段的边坡。当采用现浇钢筋混凝土板肋式锚杆挡土墙，还不能确保施工期的坡体稳定时宜采用本方案。排桩可采用人工挖孔桩、钻孔桩或型钢。排桩施工完后用"逆作法"施工锚杆及钢筋混凝土挡板或拱板。

4 钢筋混凝土格架式锚杆挡土墙：墙面垂直型适用于稳定性、整体性较好的Ⅰ、Ⅱ类岩石边坡，在坡面上现浇网格状的钢筋混凝土格架梁，竖向肋和水平梁的结点上加设锚杆，岩面可加钢筋网并喷射混凝土作支挡或封面处理；墙面后仰型可用于各类岩石边坡和稳定性较好的土质边坡，格架内墙面根据稳定性可作封面、支挡或绿化处理。

5 钢筋混凝土预应力锚杆挡土墙：当挡土墙的变形需要严格控制时，宜采用预应力锚杆。锚杆的预应力也可增大滑面或破裂面上的静摩擦力并产生抗力，更有利于坡体稳定。

9.1.2 工程经验证明，稳定性差的边坡支护，采用排桩式预应力锚杆挡墙且逆作施工是安全可靠的，设计方案有利于边坡的稳定及控制边坡水平及垂直变形。故本条提出了几种稳定性差、危害性大的边坡支护宜采用上述方案。此外，采用增设锚杆、对锚杆和边坡施加预应力或跳槽开挖等措施，也可增加边坡的稳定性。设计应结合工程地质环境、重要性及施工条件等因素综合确定支护方案。

9.1.4 填方锚杆挡土墙垮塌事故经验证实，控制好填方的质量及采取有效措施减小新填土沉降压缩、固结变形对锚杆拉力增加和对挡墙的附加推力增加是高填方锚杆挡墙成败关键。因此本条规定新填方锚杆挡墙应作特殊设计，采取有效措施控制填方对锚杆拉力增加过大的不利情况发生。当新填方边坡高度较大且无成熟的工程经验时，不宜采用锚杆挡墙方案。

9.2 设 计 计 算

9.2.2 挡墙侧向压力大小与岩土力学性质、墙高、支护结构形式及位移方向和大小等因素有关。根据挡墙位移的方向及大小，其侧向压力可分为主动土压力、静止土压力和被动土压力。由于锚杆挡墙构造特殊，侧向压力的影响因素更为复杂，例如：锚杆变形量大小、锚杆是否加预应力、锚杆挡土墙的施工方案等都直接影响挡墙的变形，使土压力发生变化；同时，挡土板、锚杆和地基间存在复杂的相互作用关系，因此目前理论上还未有准确的计算方法如实反映各种因素对锚杆挡墙的侧向压力的影响。从理论分析和实测资料看，土质边坡锚杆挡墙的土压力大于主动土压力，采用预应力锚杆挡墙时土压力增加更大，本规范采用土压力增大系数 β 来反映锚杆挡墙侧向压力的增大。岩质边坡变形小，应力释放较快，锚杆对岩体约束后侧向压力增大不明显，故对非预应力锚杆挡墙不考虑侧压力增大，预应力锚杆考虑 1.1 的增大值。

9.2.3～9.2.5 从理论分析和实测结果看，影响锚杆挡墙侧向压力分布图形的因素复杂，主要为填方或挖方、挡墙位移大小与方向、锚杆层数及弹性大小、是否采用逆作施工方法、墙后岩土类别和硬软等情况。不同条件时分布图形可能是三角形、梯形或矩形，仅用侧向压力随深度成线性增加的三角形应力图已不能反映许多锚杆挡墙侧向压力的实际情况。本规范第9.2.5条对满足特定条件时的应力分布图形作了梯形分布规定，与国内外工程实测资料和相关标准一致。主要原因为逆作施工法的锚杆对边坡变形约束作用、支撑作用及岩石和硬土的竖向拱效应明显，使边坡侧向压力向锚固点传递，造成矩形应力分布图形与有支撑时基坑土压力呈矩形、梯形分布图形不同。反之，上述条件以外的非硬土边坡宜采用库仑三角形应力分布图形或地区经验图形。

9.2.7、9.2.8 锚杆挡墙与墙后岩土体是相互作用、相互影响的一个整体，其结构内力除与支护结构的刚度有关外，还与岩土体的变形有关，因此要准确计算是较为困难的。根据目前的研究成果，可按连续介质理论采用有限元、边界元及弹性支点法等方法进行较精确的计算。但在实际工程中，也有采用等值梁法或静力平衡法等进行近似计算。

在平面分析模型中弹性支点法根据连续梁理论，考虑支护结构与其后岩土体的变形协调，其计算结果较为合理，因此规范推荐此方法。等值梁法或静力平衡法假定上部锚杆施工后开挖下部边坡时上部的锚杆内力保持不变，并且在锚杆处为不动点，不能反映挡墙实际受力特点。因锚杆受力后将产生变形，支护结构刚度也较小，属柔性结构。但在锚固点变形较小时其计算结果能满足工程需要，且其计算较为简单。因此对岩质边坡及较坚硬的土质边坡，也可作为近似方法。对较软弱土的边坡，宜采用弹性支点法或其他较精确的方法。

9.2.9 挡板为支承于竖肋上的连续板或简支板、拱构件，其设计荷载按板的位置及标高处的岩土压力值确定，这是常规的能保证安全的设计方法。大量工程实测值证实，挡土板的实际应力值存在小于设计值的情况，其主要原因是挡土板后的岩土存在拱效应，岩土压力部分荷载通过"拱作用"直接传至肋柱上，从而减少作用在挡土板上荷载。影响"拱效应"的因素复杂，主要与岩土密实性、排水情况、挡板的刚度、施工方法和力学参数等因素有关。目前理论研究还不能作出定量的计算，一些地区主要是采取工程类比的经验方法，相同的地质条件、相同的板跨，采用定量的设计用料。本条按以上原则对于存在"拱效应"较强的岩石和土质密实且排水可靠的挖方挡墙，可考虑两肋间岩土"卸荷拱"的作用。设计者应根据地区工程经验考虑荷载减小效应。完整的硬质岩荷载减小效应明显，反之极软岩及密实性较高的土荷载减小效果稍差；对于软弱土和填方边坡，无可靠地区经验时不宜考虑"卸荷拱"作用。

9.2.11 锚杆挡墙的整体稳定性验算包括内部稳定和外部稳定两方面的验算。

内部稳定是指锚杆锚固段与支护结构基础假想支点之间滑动面的稳定验算，可结合本规范第5章的有关规定，并参考国家现行相关规范关于土钉墙稳定计算方法进行验算。

外部稳定是指支护结构、锚杆和包括锚固段岩土体在内的岩土体的整体稳定，可结合本规范第5章的有关规定，采用圆弧法验算边坡的整体稳定。

9.3 构 造 设 计

9.3.2 锚杆轴线与水平面的夹角小于10°后，锚杆外端灌浆饱满度难以保证，因此建议夹角一般不小于10°。由于锚杆水平抗拉力等于拉杆强度与锚杆倾角余弦值的乘积，锚杆倾角过大时锚杆有效水平拉力下降过多，同时将对锚肋作用较大的垂直分力，该垂直分力在锚肋基础设计时不能忽略，同时对施工期锚杆挡墙的竖向稳定不利，因此锚杆倾角宜为10°～35°。

提出锚杆间距控制主要考虑到当锚杆间距过密

时，由于"群锚效应"锚杆承载力将降低，锚固段应力影响区段土体被破坏可能性增大。

由于锚杆每米直接费用中钻孔费约占一半左右，因此在设计中应适当减少钻孔量，采用承载力低而密的锚杆是不经济的，应选用承载力较高的锚杆，同时也可避免发生"群锚效应"不利影响。

9.3.6 本条提出现浇挡板的厚度不宜小于200mm的建议要求，主要考虑现场立模和浇混凝土的条件较差，为保证混凝土质量的施工要求。为确保挡土板混凝土浇筑密实度，一般情况下，不宜采用喷射混凝土施工。

9.3.9 在岩壁上一次浇筑混凝土板的长度不宜过大，以避免当混凝土收缩时岩石的"约束"作用产生拉应力，导致挡土板开裂，此时宜减短浇筑长度。

9.4 施　工

9.4.1 稳定性一般的高边坡，当采用大爆破、大开挖或开挖后不及时支护或存在外倾结构面时，均有可能发生边坡失稳和局部岩体塌方，此时应采用自上而下、分层开挖和锚固的逆作施工法。

10 岩石锚喷支护

10.1 一般规定

10.1.1 本次修订新增第2款、第3款和第4款，锚喷支护应用范围确定为Ⅰ、Ⅱ、Ⅲ类岩石永久边坡，Ⅰ、Ⅱ、Ⅲ类岩石临时边坡，以及Ⅰ～Ⅲ类岩石边坡整体稳定前提下的坡面防护，共三种类型，同时明确了永久性边坡、临时性边坡相应的适用高度。锚喷支护具有性能可靠、施工方便、工期短等优势，但喷层外表不佳且易污染；采用现浇钢筋混凝土板能改善美观，因而表面处理也可采用喷射混凝土和现浇混凝土面板。

10.1.3 锚喷支护中锚杆有系统锚杆与局部锚杆两种类型。系统锚杆用以维持边坡整体稳定，采用本规范相关的直线滑裂面的极限平衡法计算。局部锚杆用以维持不稳定块体的稳定，采用赤平投影法或块体平衡法计算。

10.2 设计计算

10.2.1～10.2.3 锚喷支护边坡的整体稳定性计算，边坡侧压力及分布图形，锚杆总长度以及锚杆计算均按本规范第6章和第7章相关规定执行。本条说明锚喷支护的锚杆轴向拉力标准值的计算方法，但顶层锚杆应按本规范第9.2.5条应力分布图形中的顶部梯形分布图进行计算。

10.2.4 本条说明用局部锚杆加固不稳定块体的具体计算方法。

10.3 构造设计

10.3.1、10.3.2 岩石边坡在稳定性较好时，锚喷支护中的锚杆多采用全长粘结性锚杆，主要是由于全长粘结性锚杆具有性能可靠、使用年限长，便于岩石边坡施工的优点，一般长度不宜过长。对于提高岩石边坡整体稳定性的锚喷支护，一般在坡面上采用按一定规律布设的系统锚杆来提高整体稳定，系统锚杆在坡面上多采用已被工程实践证明了加固效果优于其他布设方式的行列式或菱形排列，且锚杆间的最大间距，以确保两根锚杆间的岩体稳定。锚杆最大间距显然与岩坡分类有关，岩坡分类等级越低，最大间距应当越小。对于系统锚杆未能加固的局部不稳定区或不稳定块体，可采用随机布设的、数量较少的随机锚杆进行加固，以确保岩石边坡局部区域及不稳定块体的稳定性。

10.3.3 本条为新增条文，采用坡面防护构造处理的岩质边坡应符合本规范第13.2.2条的规定，此时边坡的整体稳定已采用坡率法保证，本条的做法仅起到坡面防护和坡体浅层加固的作用。本条各款中具体参数的选择可按Ⅰ、Ⅱ类边坡或高度较低的边坡取小值，Ⅲ、Ⅳ类边坡或高度较高的边坡取大值的原则执行，对临时性边坡取较小值。

10.3.4 喷射混凝土应重视早期强度，通常规定1d龄期的抗压强度不应低于5.0MPa。

10.3.6 边坡的岩面条件通常要比地下工程中的岩面条件差，因而喷射混凝土与岩面的粘结力略低于地下工程中喷射混凝土与岩面的粘结力。现行国家标准《锚杆喷射混凝土支护技术规范》GB 50086规定，Ⅰ、Ⅱ类围岩喷射混凝土与岩面粘结力不低于0.8MPa；Ⅲ类围岩不低于0.5MPa。本条规定整体状与块体岩体不应低于0.8MPa；碎裂状岩体不应低于0.4MPa。

10.4 施　工

10.4.3 锚喷支护应尽量采用部分逆作法施工，这样既能确保工程开挖中的安全，又便于施工。但应注意，对未支护开挖段岩体的高度与宽度应依据岩体的破碎、风化程度作严格控制，以免施工中出现事故。

11 重力式挡墙

11.1 一般规定

11.1.2 重力式挡墙基础底面大、体积大。如高度过大，则既不利于土地的开发利用，也往往是不经济的。当土质边坡高度大于10m、岩质边坡高度大于12m时，上述状况已明显存在，故本条对挡墙高度作了限制。

本次修订结合实际工程经验，对挡墙适用高度进行了适当放松。

11.1.3 一般情况下，重力式挡墙位移较大，难以满足对变形的严格要求。

挖方挡墙施工难以采用逆作法，开挖面形成后边坡稳定性相对较低，有时可能危及边坡稳定及相邻建筑物安全。因此本条对重力式挡墙适用范围作了限制。

11.1.4 重力式挡墙形式的选择对挡墙的安全与经济影响较大。在同等条件下，挡墙中主动土压力以仰斜最小，直立居中，俯斜最大，因此仰斜式挡墙较为合理。但不同的墙型往往使挡墙条件（如挡墙高度、填土质量）不同。故重力式挡墙形式应综合考虑多种因素而确定。

挖方边坡采用仰斜式挡墙时，墙背可与边坡坡面紧贴，不存在填方施工不便、质量受影响问题，仰斜当是首选墙型。

挡墙高度较大时，土压力较大，降低土压力已成为突出问题，故宜采用衡重式或仰斜式。

11.2 设 计 计 算

11.2.1 对于高大挡土墙，通常不允许出现达到极限状态的位移值，因此土压力计算时考虑增大系数，同时也与现行国家标准《建筑地基基础设计规范》GB 50007 一致。

11.2.3～11.2.5 抗滑移稳定性及抗倾覆稳定性验算是重力式挡墙设计中十分重要的一环，式（11.2.3-1）及式（11.2.4-1）应得到满足。当抗滑移稳定性不满足要求时，可采取增大挡墙断面尺寸、墙底做成逆坡、换土做砂石垫层等措施使抗滑移稳定性满足要求。当抗倾覆稳定性不满足要求时，可采取增大挡墙断面尺寸、增长墙趾或改变墙背做法（如在直立墙背上做卸荷台）等措施使抗倾覆稳定性满足要求。

地震工况时，土压力按本规范第 6 章有关规定进行计算。

11.2.6 土质地基有软弱层或岩质地基有软弱结构面时，存在着挡墙地基整体失稳破坏的可能性，故需进行地基稳定性验算。

11.3 构 造 设 计

11.3.1 条石、块石及素混凝土是重力式挡墙的常用材料，也有采用砖及其他材料的。

11.3.2 挡墙基底做成逆坡对增加挡墙的稳定性有利，但基底逆坡坡度过大，将导致墙踵陷入地基中，也会使保持挡墙墙身的整体性变得困难。为避免这一情况，本条对基底逆坡坡度作了限制。

11.3.6 本次补充了稳定斜坡地面基础埋置条件。其中距斜坡地面水平距离的上、下限值的采用，可根据地基的地质情况，斜坡坡度等综合确定。如较完整的硬质岩，节理不发育、微风化的、坡度较缓的可取上

限值 0.6m；节理发育的、坡度较陡时可取下限值 1.5m；对岩石单轴抗压强度在 15MPa～30MPa 的岩石，可根据具体环境情况取中间值。

11.4 施 工

11.4.4 本条规定是为了避免填方沿原地面滑动。填方基底处理办法有铲除草皮和耕植土、开挖台阶等。

12 悬臂式挡墙和扶壁式挡墙

12.1 一 般 规 定

12.1.1、12.1.2 本条对适用范围作调整。根据现行相关规范及行业的要求，限制悬臂式挡墙和扶壁式挡墙在不良地质地段和地震时的应用。

扶壁式挡墙由立板、底板及扶壁（立板的肋）三部分组成，底板分为墙趾板和墙踵板。扶壁式挡墙适用于石料缺乏、地基承载力较低的填方边坡工程。一般采用现浇钢筋混凝土结构。扶壁式挡墙回填不应采用特殊类土（如淤泥、软土、黄土、膨胀土、盐渍土、有机质土等），主要考虑这些土物理力学性质不稳定、变异大，因此限制使用。扶壁式挡墙高度不宜超过 10m 的规定是考虑地基承载力、结构受力特点及经济等因素定的，一般高度为 6m～10m 填方边坡采用扶壁式挡墙较为经济合理。

12.1.4 扶壁式挡墙基础应置于稳定的地层内，这是挡墙稳定的前提。本条规定的挡墙基础埋置深度是参考国内外有关规范而定的，这是为满足地基承载力、稳定和变形条件的构造要求。在实际工程中应根据工程地质条件和挡墙结构受力情况，采用合适的埋置深度，但不应小于本条规定的最小值。在受冲刷或受冻胀影响的边坡工程，还应考虑这些因素的不利影响，挡墙基础应在其影响之下的一定深度。

12.2 设 计 计 算

扶壁式挡墙的设计内容主要包括边坡侧向土压力计算、地基承载力验算、结构内力及配筋、裂缝宽度验算及稳定性计算。在计算时应根据计算内容分别采用相应的荷载组合及分项系数。扶壁式挡墙外荷载一般包括墙后土体自重及坡顶地面活载。当受水或地震影响或坡顶附近有建筑物时，应考虑其产生的附加侧向土压力作用。

12.2.1 扶壁式挡墙基础埋深较小，墙趾处回填土往往难以保证夯填密实，因此在计算挡墙整体稳定及立板内力时，可忽略墙前底板以上土的有利影响，但在计算墙趾板内力时则应考虑墙趾板以上土体的重量。

12.2.2 计算挡墙实际墙背和墙踵板的土压力时，可不计填料与墙间的摩擦力。

12.2.3 根据国内外模型试验及现场测试的资料，按

库仑理论采用第二破裂面法计算侧向土压力较符合工程实际。但目前美国及日本等均采用通过墙踵的竖向面为假想墙背计算侧向压力。因此本条规定当不能形成第二破裂面时，可用墙踵下缘与墙顶内缘的连线作为假想墙背及通过墙踵的竖向面为假想墙背计算侧向压力。同时侧向土压力计算应符合本规范第6章的有关规定。

12.2.4 影响扶壁式挡墙的侧向压力分布的因素很多，主要包括墙后填土、支护结构刚度、地下水、挡墙变形及施工方法等，可简化为三角形、梯形或矩形。应根据工程具体情况，并结合当地经验确定符合实际的分布图形，这样结构内力计算才合理。

12.2.5 增加悬臂式挡墙结构的计算模型的规定。

12.2.6 扶壁式挡墙是较复杂的空间受力结构体系，要精确计算是比较困难复杂的。根据扶壁式挡墙的受力特点，可将空间受力问题简化为平面问题近似计算。这种方法能反映构件的受力情况，同时也是偏于安全的。立板和墙踵板可简化为靠近底板部分为三边固定，一边自由的板及上部以扶壁为支承的连续板；墙趾底板可简化为固端在立板上的悬臂板进行计算；扶壁可简化为悬臂的T形梁，立板为梁的翼，扶壁为梁的腹板。

12.2.7 本条明确悬臂式挡墙和扶壁式挡墙结构构件截面设计要求。

12.2.8 扶壁式挡墙为钢筋混凝土结构，其受力较大时可能开裂，钢筋净保护层厚度减小，受水浸蚀影响较大。为保证扶壁式挡墙的耐久性，本条规定了扶壁式挡墙裂缝宽度计算的要求。

12.2.9 增加悬臂式挡墙和扶壁式挡墙的抗滑、抗倾稳定性验算的规定。

12.2.10 增加有关地基承载力及变形验算的规定。

12.3 构造设计

12.3.1 根据现行国家标准《混凝土结构设计规范》GB 50010 规定了扶壁式挡墙的混凝土强度等级、钢筋直径和间距及混凝土保护层厚度的要求。

12.3.2 本条明确悬臂式挡墙的截面形式及构造要求。

12.3.3 扶壁式挡墙的尺寸应根据强度及刚度等要求计算确定，同时还应当满足锚固、连接等构造要求。本条根据工程实践经验总结得来。

12.3.4 扶壁式挡墙配筋应根据其受力特点进行设计。立板和墙踵板按板配筋，墙趾板按悬臂板配筋，扶壁按倒T形悬臂深梁进行配筋；立板与扶壁、底板与扶壁之间根据传力要求计算设计连接钢筋。宜根据立板、墙踵板及扶壁的内力大小分段分级配筋，同时立板、底板及扶壁的配筋率、钢筋的搭接和锚固等应符合现行国家标准《混凝土结构设计规范》GB 50010 的有关规定。

12.3.5 在挡墙底部增设防滑键是提高挡墙抗滑稳定的一种有效措施。当挡墙稳定受滑动控制时，宜在墙底下设防滑键。防滑键应具有足够的抗剪强度，并保证键前土体足够抗力不被挤出。

12.3.6、12.3.7 挡墙基础是保证挡墙安全正常工作的十分重要的部分。实际工程中许多挡墙破坏都是地基基础设计不当引起的。因此设计时必须充分掌握工程地质及水文地质条件，在安全、可靠、经济的前提下合理选择基础形式，采取恰当的地基处理措施。当挡墙纵向坡度较大时，为减少开挖及挡墙高度，节省造价，在保证地基承载力的前提下可设计成台阶形。当地基为软土层时，可采用换土层法或采用桩基础等地基处理措施。不应将基础置于未经处理的地层上。

12.3.8 本条补充悬臂式挡墙和扶壁式挡墙的泄水孔设置及构造要求。

12.3.9 本次修订将伸缩缝间距减小，并扩大到悬臂式挡墙。

钢筋混凝土结构扶壁式挡墙因温度变化引起材料变形，增加结构的附加内力，当长度过长时可能使结构开裂。本条参照现行有关标准规定了伸缩缝的构造要求。

扶壁式挡墙对地基不均匀变形敏感，在不同结构单元及地层岩土性状变化时，将产生不均匀变形。为适应这种变化，宜采用沉降缝分成独立的结构单元。有条件时伸缩缝与沉降缝宜合并设置。

12.3.10 墙后填土直接影响侧向土压力，因此宜选用重度小、内摩擦角大的填料，不得采用物理力学性质不稳定、变异大的填料（如黏性土、淤泥、耕土、膨胀土、盐渍土及有机质土等特殊土）。同时，要求填料透水性强，易排水，这样可显著减小墙后侧向土压力。

12.4 施　　工

12.4.1 本条规定在施工时应做好地下水、地表水及施工用水的排放工作，避免水软化地基，降低地基承载力。基坑开挖后应及时进行封闭和基础施工。

12.4.2、12.4.3 挡墙后填料应严格按设计要求就地选取，并应清除填土中的草、树皮树根等杂物。在结构达到设计强度的70%后进行回填。填土应分层压实，其压实度应满足设计要求。扶壁间的填土应对称进行，减小因不对称回填对挡墙的不利影响。挡墙泄水孔的反滤层应当在填筑过程中及时施工。

13 桩板式挡墙

13.1 一般规定

13.1.1 采用桩板式挡墙作为边坡支护结构时，可有效地控制边坡变形，因而是高大填方边坡、坡顶附近有建筑物挖方边坡的较好支挡形式。

桩板式挡墙的桩基施工工艺和桩间是否设置挡板

及挡板做法的选择应综合考虑场地条件和施工可行性等多种因素后确定。

13.1.3 悬臂式桩板挡墙高度过大，支挡结构承担的岩土压力及产生的桩顶位移均会出现较大幅度增长，不利于控制边坡安全，且悬臂桩断面过大。因此，从安全性和经济性的角度出发，控制桩板式挡墙的高度，一般不宜超过10m。

13.1.5 桩板式挡墙桩顶位移过大时，在桩上加设预应力锚杆（索）或非预应力锚杆可起到控制挡墙变形、降低桩身内力的作用。边坡现状稳定性较差时，采用预应力锚拉式桩挡墙可起到边坡预加固作用，提高了边坡施工期的安全度。

13.2 设 计 计 算

13.2.5 在无试验值及地区经验值等数据依据时，可以通过现场踏勘调查，根据地层种类参考表1估算滑坡体和滑床的物理力学指标及地基系数，对于抢险项目和项目前期投资估算具有实用价值。

表1 岩质地层物理力学指标及地基系数

地层种类	内摩擦角	弹性模量 E_0 （kPa）	泊松比 ν	地基系数 k （kN/m³）	剪切应力 （kPa）
细粒花岗岩、正长岩	80°以上	5430～6900	0.25～0.30	$2.0 \times 10^6 \sim 2.5 \times 10^6$	1500以上
辉绿岩、玢岩		6700～7870	0.28	2.5×10^6	
中粒花岗岩	80°以上	5430～6500	0.25	$1.8 \times 10^6 \sim 2.0 \times 10^6$	1500以上
粗粒正长岩、坚硬白云岩		6560～7000			
坚硬石灰岩	80°	4400～10000	0.25～0.30	$1.2 \times 10^6 \sim 2.0 \times 10^6$	1500
坚硬砂岩、大理岩		4660～5430			
粗粒花岗岩、花岗片麻岩		5430～6000			
较坚硬石灰岩	75°～80°	4400～9000	0.25～0.30	$0.8 \times 10^6 \sim 1.2 \times 10^6$	1200～1400
较坚硬砂岩		4460～5000			
不坚硬花岗岩		5430～6000			
坚硬页岩	70°～75°	2000～5500	0.15～0.30	$0.4 \times 10^6 \sim 0.8 \times 10^6$	700～1200
普通石灰岩		4400～8000	0.25～0.30		
普通砂岩		4600～5000	0.25～0.30		
坚硬泥灰岩	70°	800～1200	0.29～0.38	$0.3 \times 10^6 \sim 0.4 \times 10^6$	500～700
较坚硬页岩		1980～3600	0.25～0.30		
不坚硬石灰岩		4400～6000	0.25～0.30		
不坚硬砂岩		1000～2780	0.25～0.30		
较坚硬泥灰岩	65°	700～900	0.29～0.38	$0.2 \times 10^6 \sim 0.3 \times 10^6$	300～500
普通页岩		1900～3000	0.15～0.20		
软石灰岩		4400～5000	0.25		
不坚硬泥灰岩	45°	30～500	0.29～0.38	$0.06 \times 10^6 \sim 0.12 \times 10^6$	150～300
硬化黏土		10～300	0.30～0.37		
软片岩		500～700	0.15～0.18		
硬煤		50～300	0.30～0.40		
密实黏土		10～300	0.30～0.37		
普通煤		50～300	0.30～0.40		
胶结卵石		50～100			
掺石土		50～100			

13.2.7 当锚固段为松散介质、较完整同种岩层或虽然是不同的岩层但岩层刚度相差不大时，桩端支承可视为自由端。

当锚固段上部为土层，桩底嵌入一定深度的较完整基岩时，桩端可采用自由端或铰支端计算。当采用自由端时，各层的地基系数必须根据具体情况选用；当采用铰支端计算时，应把计算"铰支点"选在嵌入段基岩的顶面，并根据嵌入段的地层反力计算嵌入段的深度。

当桩嵌岩段桩底附近围岩的侧向 k 相比桩底基岩的 k_0 较大时，桩端支承可视为铰支端。

13.2.8 地基系数法通过假定埋入地面以下桩与岩土体的协调变形，确定桩埋入段截面、配筋及长度。本条给出了桩埋入段地基横向承载力的计算公式，便于桩基截面和埋深的设计调整。

13.2.9 地基系数 k 和 m 是根据地面处桩位移值为 6mm～10mm 时得出来的，试验资料证明，桩的变形和地基抗力不成线性关系，而是非线性的，变形愈大，地基系数愈小，所以当地面处桩的水平位移超过 10mm 时，常规地基系数便不能采用，必须进行折减，折减以后地基系数变小，得出桩的变形更大，形成恶性循环，故通常采用增加桩截面或加大埋深来防止地面处桩水平位移过大。

13.2.10 悬臂式桩板挡墙桩身内力最大部位一般位于锚固段，桩身裂缝对桩的承载力影响小，通常情况下不必进行桩身裂缝宽度验算。当支护结构所处环境为二 b 类环境及更差环境、坡顶边坡滑塌区有重要建筑时，应验算桩身裂缝宽度。

13.3 构 造 设 计

13.3.3、13.3.4 主要考虑到用于抗滑的桩桩身截面较大，多采用人工挖孔，为方便施工，不宜设置过多的箍筋肢数。

13.3.5 为使钢筋骨架有足够的刚度和便于人工作业，对纵向分布钢筋的最小直径作了一定限制，同时结合桩基受力特点，对纵向分布钢筋间距作了适当放松。

13.4 施 工

13.4.3 土石分界处及滑动面处往往属于受力最大部位，本条规定桩纵筋接头避开有利于保证桩身承载力的发挥。

14 坡 率 法

14.1 一 般 规 定

14.1.1 本规范的坡率法是指控制边坡高度和坡度、无需对边坡整体进行支护而自身稳定的一种人工放坡设计方法。坡率法是一种比较经济、施工方便的边坡治理方法，对有条件的且地质条件不复杂的场地宜优先用坡率法。

14.1.2 本条规定对地质条件复杂，破坏后果很严重的边坡工程治理不应单独使用坡率法，单独采用坡率法时可靠性低，因此应与其他边坡支护方法联合使用，可采用坡率法（或边坡上段采用坡率法）提高边坡稳定性，降低边坡下滑力后再采用锚杆挡墙等支护结构，控制边坡的稳定，确保达到安全可靠的效果。

14.1.3 对于填方边坡可在填料中增加加筋材料提高边坡的稳定性或加大放坡的坡度以保证边坡的稳定性。

14.2 设 计 计 算

14.2.1～14.2.6 采用坡率法的边坡，原则上都应进行稳定性计算和评价，但对于工程地质及水文地质条件简单的土质边坡和整体无外倾结构面的岩质边坡，在有成熟的地区经验时，可参照地区经验或表14.2.1 或表 14.2.2 确定放坡坡率。对于填土边坡由于所用土料及密实度要求可能有很大差别，不能一概而论，应根据实际情况按本规范第 5 章的有关规定通过稳定性计算确定边坡坡率；无经验时可按现行国家标准《建筑地基基础设计规范》GB 50007 的有关规定确定填土边坡的坡率允许值。

14.3 构 造 设 计

14.3.1～14.3.5 在坡高范围内，不同的岩土层，可采用不同的坡率放坡。边坡坡率设计应注意边坡环境的防护整治，边坡水系应因势利导保持畅通。考虑到边坡的永久性，坡面应采取保护措施，防止土体流失、岩层风化及环境恶化造成边坡稳定性降低。

15 坡面防护与绿化

由于人类对环境保护与景观的要求越来越高，在保证建筑边坡稳定与安全的基础上，逐步注重边坡工程的景观与绿化的设计和使用要求，为便于指导边坡工程的植物绿化（美化）工程的设计、施工等要求，这次修订新增一章"坡面防护与绿化"，以加强岩土工程环境保护，在工程实践中应不断补充、完善相关技术措施。

15.1 一 般 规 定

15.1.1 边坡整体稳定但其岩土体易风化、剥落或有浅层崩塌、滑落及掉块等影响边坡坡面的耐久性或正常使用，或可能威胁到人身和财产安全及边坡环境保护要求时，应进行坡面防护。

15.1.2 边坡防护工程只能在稳定边坡上设置。对于边坡稳定性不足和存在不良地质因素的坡段，应先采用治理措施保证边坡整体安全性，再采取坡面防护措施，坡面防护措施应能保持自身稳定。

当边坡支护结构与坡面防护措施联合使用时，可统一进行计算。

15.1.3 坡面防护工程一般分为工程防护和植物防护两大类。工程防护存在的主要问题是与周围环境不协调、景观效果差，在城市建筑边坡坡面防护中应尽量使景观设计和环境保护相结合，注意与周围自然环境和当地人文环境的融合，并结合边坡碎落台、平台上种植攀藤植物，如爬墙虎，或者采用客土喷播等岩面植生（植物防护与绿化）措施，以减少对周围环境的不利影响。

15.1.5 对于位于地下水和地面水较为丰富地段的边坡，其坡面防护效果的好坏直接与水的处理密切相关，应进行边坡坡面防护与排水措施的综合设计。

15.2 工 程 防 护

15.2.1 工程防护包括喷护、锚杆挂网喷浆、浆砌片石护坡、格构梁和护面墙等不同结构形式的工程防护。砌体防护用于边坡坡面防护时，应注意与边坡渗沟或仰斜排（泄）水孔等配合使用，防止边坡产生变形破坏。浆砌片石护坡高度较大时，应设置防滑耳墙，保证护坡砌体稳定。

15.2.2 护面墙主要是一种浆砌片石覆盖层，适用于防护易风化或风化严重的软质岩石或较破碎岩石挖方边坡，以及坡面易受侵蚀的土质边坡。护面墙除自重外，不承受其他荷重，亦不承受墙背土压力。护面墙高度一般不超过 10m，可以分级，中间设平台，墙背可设耳墙，纵向每隔 10m 宜设一条伸缩缝，墙身应预留泄水孔，基础要求稳固，顶部应封闭。墙基软弱地段，可用拱形结构跨过。坡面开挖后形成的凹陷，应以砌石填塞平整，称之为支补墙。

15.2.3、15.2.4 对坡面较陡或易风化的坡面，可以在喷浆或喷射混凝土前先铺设加筋材料，加筋材料可以用铁丝网或土工格栅，由短锚杆固定在边坡坡面上，此时常称为"挂网喷浆防护"或"挂网喷射混凝土防护"。

15.3 植物防护与绿化

15.3.1 植物防护形式较多，其中三维植被网以热塑树脂为原料，采用科学配方，经挤出、拉伸、焊接、收缩等工序而制成。其结构分为上下两层，下层为一个经双面拉伸的高模量基础层，强度足以防止植被网变形，上层由具有一定弹性的、规则的、凹凸不平的网包组成。由于网包的作用，能降低雨滴的冲蚀能量，并通过网包阻挡坡面雨水，同时网包能很好地固定充填物（土、营养土、草籽）不被雨水冲走，为植被生长创造良好条件。另外，三维网固定在坡面上，直接对坡面起固筋作用。当植物生长茂盛后，根系与三维网盘错、连接、纠缠在一起，坡面和土相接，形成一个坚固的绿色复合保护整体，起到复合护坡的作用。

湿法喷播是一种以水为载体的机械化植被建植技术。它采用专门的设备（喷播机）施工。种子在较短时间内萌芽、生长成株、覆盖坡面，达到迅速绿化，稳固边坡之目的。

客土喷播是将客土（提供植物生育的基盘材料）、纤维（基盘辅助材料）、侵蚀防止剂、缓效肥料和种子按一定比例，加入专用设备中充分混合后，喷射到坡面，使植物获得必要的生长基础，达到快速绿化的目的。

15.3.2、15.3.3 浆砌片石（混凝土块）骨架植草防护适用于土质和强风化的岩石边坡，防止边坡受雨水侵蚀，避免土质坡面上产生沟槽。其形式多样，主要有拱形骨架、菱形（方格）骨架、人字形骨架、多边形混凝土空心块等。浆砌片石（混凝土块）骨架植草防护既稳定边坡，又能节省材料、造价较低、施工方便、造型美观，能与周围环境自然融合，值得广泛推广应用。

15.3.4 锚杆混凝土框架植草防护是近年来在总结了锚杆挂网喷浆（混凝土）防护的经验教训后发展起来的，它既保留了锚杆对风化破碎岩石边坡主动支护作用，防止岩石边坡经开挖卸荷和爆破松动而产生的局部楔形破坏，又吸收了浆砌片石（混凝土块）骨架植草防护的造型美观、便于绿化的优点。锚杆混凝土框架植草防护形式有多种组合：锚杆混凝土框架＋喷播植草、锚杆混凝土框架＋挂三维土工网＋喷播植草、锚杆混凝土框架＋土工格栅＋喷播植草、锚杆混凝土框架＋混凝土空心块＋喷播植草等。

坡面绿化与植物防护是一个统一体，是在两个不同视野上的不同体现。

坡面绿化与植物防护的唯一区别在于：前者注重美化边坡与景观作用，后者注重植物根系的固土作用，因而在植物种类的选择上有所区别。在建筑边坡中，经常是两者同时兼顾。因此，边坡绿化既可美化环境、涵养水源、防止水土流失和坡面滑动、净化空气，也可以对坡面起到防护作用。对于石质挖方边坡而言，边坡绿化的环保意义和对山地城市景观的改善尤其突出。

15.4 施 工

本部分内容主要参考了国家现行行业标准《公路路基施工技术规范》JTG F10、《铁路路基设计规范》TB 10001 和《铁路混凝土与砌体工程施工规范》TB 10210 等规范，并根据建筑边坡与公路和铁路边坡的不同之处进行了相应的调整。

16 边坡工程排水

由于边坡的稳定与安全和水的关系密切，为加强与指导边坡工程排水设计，本次修订在原规范的"3.5排水措施"基础上，新增一章"边坡工程排水"以加强边坡工程排水措施，并应在工程实践中不断补充、完善相关技术措施。

16.1 一般规定

16.1.1～16.1.5 边坡坡面、地表的排水和地下排水与防渗措施宜统一考虑，使之形成相辅相成的排水、防渗体系。为了确保实践中排水措施的有效性，坡面排水设施需采取措施防止渗漏。

边坡排水中的部分内容（如渗沟、跌水、急流槽等），在建筑室内外排水专业设计中不会涉及，都是交由边坡工程师自己来设计，但在以往的边坡工程设计中没有得到足够重视，因此，在此次规范修订中予以补充。

16.2 坡面排水

16.2.1 坡面、地表的排水设施应结合地形和天然水系进行布设，并作好进出口的位置选择和处理，防止出现堵塞、溢流、渗漏、淤积、冲刷等现象。地表排水沟（管）排放的水流不得直接排入饮用水水源、养殖池等水源。

16.2.2 排水设施的几何尺寸应根据集水面积、降雨强度、历时、分区汇水面积、坡面径流量、坡体内渗出的水量等因素进行计算确定，并作好整体规划和布置。关于坡面排水设施几何尺寸确定，本规范未作详细规定，可参考现行国家标准《室外排水设计规范》GB 50014 等有关规定进行设计计算。

16.2.3 截水沟根据具体情况可设一道或数道。设置截水沟的作用是拦截来自边坡或山坡上方的地面水、保护边坡不受冲刷。截水沟的横断面尺寸需经流量计算确定（详见《公路排水设计规范》JTG/T D33）。为防止边坡的破坏，截水沟设置的位置和道数是十分重要的，应经过详细水文、地质、地形等调查后确定截水沟的位置。截水沟应采取有效的防渗措施，出水口应引伸到边坡范围以外，出口处设置消能设施，确保边坡的稳定性。

跌水和急流槽主要用于陡坡地段的坡面排水或者用在截、排水沟出水口处的坡面坡度大于10%、水头高差大于1m的地段，达到水流的消能和减缓流速的目的。跌水和急流槽的设计可参考现行行业标准《公路排水设计规范》JTG/T D33 的有关规定执行。

16.3 地下排水

16.3.1 设计前应收集既有的工程地下排水设施、边坡地质和水文地质等有关资料，应查明水文地质参数，作出地下水对边坡影响的评价，为地下排水设计提供可靠的依据。

16.3.2 仰斜式排水孔是排泄挖方边坡上地下水的有效措施，当坡面上有集中地下水时，采用仰斜式排水孔排泄，且成群布置，能取得较好的效果。当坡面上无集中地下水，但土质潮湿、含水量高，如高液限土、红黏土、膨胀土坡，设置渗沟能有效排泄坡体中地下水，提高土体强度，增强边坡稳定性。在滑坡治理工程中也经常采用支撑渗沟与抗滑支挡结构联合治理滑坡。

16.3.3 渗沟根据使用部位、结构形式，可将渗沟分为填石渗沟、管式渗沟、边坡渗沟、无砂混凝土渗沟。

填石渗沟也称为盲沟，一般适用于地下水流量不大、渗沟不长的地段。填石渗沟较易淤塞。管式渗沟一般适用于地下水流量较大、引水较长的地段。条件允许时，应优先采用管式渗沟。随着我国建筑材料工业的发展，渗沟透水管和反滤层材料也有多种新材料可供选择。

边坡渗沟则主要用于疏干潮湿的土质边坡坡体和引排边坡上局部出露的上层滞水或泉水，坡面采用干砌片石覆盖，以确保边坡干燥、稳定。

用于渗沟的反滤土工布及防渗土工布（又称复合土工膜），设计时应根据水文地质条件、使用部位可按现行国家标准 GB/T 17638～GB/T 17642 选用。防渗土工布也可采用喷涂热沥青的土工布。

无砂混凝土既可作为反滤层，也可作为渗沟，是近几年在交通行业地下排水设施中应用的新型排水设施，用无砂混凝土作为透水的井壁和沟壁以替代施工较复杂的反滤层和渗水孔设备，并可承受适当的荷载，具有透水性和过滤性好、施工简便、省料等优点，值得推广应用。预制无砂混凝土板块作为反滤层，用在卵砾石、粗中砂含水层中效果良好；如用于细颗粒土地层，应在无砂混凝土板块外侧铺设土工织物作反滤层，用以防止细颗粒土堵塞无砂混凝土块的孔隙。

一般情况下，渗沟每隔30m或在平面转弯、纵坡变坡点等处，宜设置检查、疏通井。检查井直径不宜小于1m，井内应设检查梯，井口应设井盖，当深度大于20m时，应增设护栏等安全设备。

填石渗沟最小纵坡不宜小于1.00%；无砂混凝土渗沟、管式渗沟最小纵坡不宜小于0.50%。渗沟出口段宜加大纵坡，出口处宜设置栅板或端墙，出水口应高出坡面排水沟槽常水位200mm以上。

16.3.4 仰斜式排水孔是采用小直径的排水管在边坡体内排除深层地下水的一种有效方法，它可以快速疏干地下水，提高岩土体抗剪强度，防止边坡失稳，并减少对岩（土）体的开挖，加快工程进度和降低造价，因而在国内外边坡工程中得到广泛的应用。近年来在广东、福建、四川等省取得了良好的应用效果，最长排水孔已达 50m。

仰斜式排水孔钻孔直径一般为 75mm～150mm，仰角不应小于 6°，长度应伸至地下水富集或潜在滑动面。孔内透水管直径一般为 50mm～100mm。透水管应外包 1 层～2 层渗水土工布，防止泥土将渗水孔堵塞，管体四周宜用透水土工布作反滤层。

16.4 施 工

本节内容主要参考了现行行业标准《公路路基施工技术规范》JTG F10、《公路排水设计规范》JTG/T D33 和《铁路混凝土与砌体工程施工规范》TB 10210 等的有关规定，并根据建筑边坡与公路及铁路边坡的不同之处进行了相应的补充完善、修改和删减。

17 工程滑坡防治

17.1 一般规定

17.1.1 本规范根据滑坡的诱发因素、滑体及滑动特征将滑坡分为工程滑坡和自然滑坡（含工程古滑坡）两大类，以此作为滑坡设计及计算的分类依据。对工程滑坡，规范推荐采用与边坡工程类同的设计计算方法及有关参数和安全度；对自然滑坡，则采用本章规定的与传统方法基本一致的方法。

滑坡根据运动方式、成因、稳定程度及规模等因素，还可分为推力式滑坡、牵引式滑坡、活滑坡、死滑坡和大中小型等滑坡。

17.1.2 对于潜在滑坡，其滑动面尚未全面贯通，岩土力学性能要优于滑坡产生后滑动面贯通的情况，因此事先对滑坡采取较简易的预防措施所费人力、物力要比滑坡产生后再设法整治的费用少得多，且可避免滑坡危害，这就是"以防为主，防治结合"的原则。

从某种意义上讲，无水不滑坡。因此治水是改善滑体土的物理力学性质的重要途径，是滑坡治本思想的体现，滑坡的防治一定要采取"坡水两治"的办法才能从根本上解决问题。

17.1.3 当滑坡体上有建（构）筑物，滑坡治理除必需保证滑体的承载能力极限状态功能外，还应避免因支护结构的变形或滑坡体的再压缩变形等造成危及重要建（构）筑物正常使用功能状况发生，并应从设计方案上采取相应处理措施。

17.1.5 本节将滑坡从发生到消亡分成五个阶段，各阶段滑带土的剪应力逐渐变化，抗剪强度从峰值逐渐变化到残余值，滑坡变形特征逐渐加剧，其稳定系数发生变化。通过现场调查，分析滑坡变形特征，可以明确滑坡所处阶段，对于滑带土抗剪强度的取值、滑

坡治理安全系数的取值、滑坡治理措施的选取，都有重要的意义。对于无主滑段、牵引段和抗滑段之分的滑坡，比如滑面为直线型的滑坡，一般发育迅速，其各阶段转化快，难以划分发育阶段，应根据各类滑坡的特性和变形状况区别对待。

17.2 工程滑坡防治

17.2.1 产生滑坡涉及的因素很多，应针对性地选择一种或多种有效措施，制定合理的方案。本条提出的一些治理措施是经过工程检验、得到广大工程技术人员认可的成功经验的总结。

1 排水：滑坡有"无水不滑"的特点，根据滑坡的地形、工程地质、水文地质、暴雨、洪水和防治方案等条件，采取有效的地表排水和地下排水措施，是滑坡治理的首选有力措施之一；

2 支挡：支挡结构是治理滑坡的常用措施，设计时结合滑坡的特性，按表 3.1.4 优化选择；

3 减载：刷方减载应在滑坡的主滑段实施，并应采取措施防止地面水浸入坡体内。严禁在滑坡的抗滑段减载和减载诱发次生地质灾害；

4 反压：当反压土体抗剪强度低或反压土体厚度受控制时，可以采用加筋土反压提高反压效果；应加强反压区地下水引排，严禁因反压堵塞地下水排泄通道，严禁在工程地质条件不明确或稳定性差的区域回填反压，应确保反压区地基的稳定性；

5 改良滑带：对滑带注浆条件和注浆效果较好的滑坡，可采用注浆法改善滑坡带的力学特性，注浆法宜与其他抗滑措施联合使用，改良范围应以因改良滑带后可能出现的新的滑移面最小稳定系数满足安全要求为准。严禁因注浆堵塞地下水排泄通道。

17.2.2 滑坡支挡设计是一种结构设计，应遵循的规定很多，本条仅对作用于支挡结构上的外力计算作了一些规定。

滑坡推力分布图形受滑体岩土性状、滑坡类型、支护结构刚度等因素影响较大，规范难以给出各类滑坡的分布图形。从工程实测统计分析来看有以下特点，当滑体为较完整的块石、碎石类土时呈三角形分布，当滑体为黏土时呈矩形分布，当为介于两者间的滑体时呈梯形分布。设计者应根据工程情况和地区经验等因素，确定较合理的分布图形。

17.2.3 本条说明见第 5 章相关规定。

17.3 施 工

17.3.1 滑坡是一种复杂的地质现象，由于种种原因人们对它的认识有局限性、时效性。因此根据施工现场的反馈信息采用动态设计和信息法施工是非常必要的；条文中提出的几点要求，也是工程经验教训的总结。

18 边坡工程施工

18.1 一般规定

18.1.1 地质环境条件复杂、稳定性差的边坡工程，其安全施工是建筑边坡工程成功的重要环节，也是边坡工程事故的多发阶段。施工方案应结合边坡的具体工程条件及设计基本原则，采取合理可行、行之有效的综合措施，在确保工程施工安全、质量可靠的前提下加快施工进度。

18.1.2 对土石方开挖后不稳定的边坡无序大开挖、大爆破造成事故的工程实例太多。采用"自上而下、分阶施工、跳槽开挖、及时支护"的逆作法或半逆作法施工是边坡施工成功经验的总结，应根据边坡的稳定条件选择安全的开挖施工方案。

18.2 施工组织设计

18.2.1 边坡工程施工组织设计是贯彻实施设计意图、执行规范、规程，确保工程进度、工期、工程质量，指导施工活动的主要技术文件，施工单位应认真编制，严格审查，实行多方会审制度。

18.3 信息法施工

18.3.1、18.3.2 信息法施工是将动态设计、施工、监测及信息反馈融为一体的现代化施工法。信息法施工是动态设计法的延伸，也是动态设计法的需要，是一种客观、求实的施工工作方法。地质情况复杂、稳定性差的边坡工程，施工期的稳定安全控制更为重要和困难。建立监测网和信息反馈可达到控制施工安全，完善设计，是边坡工程经验总结和发展起来的先进施工方法，应当给予大力推广。

信息法施工的基本原则应贯穿于施工组织设计和现场施工的全过程，使监控网、信息反馈系统与动态设计和施工活动有机结合在一起，不断将现场水文地质变化情况反馈到设计和施工单位，以调整设计与施工参数，指导设计与施工。

信息法施工可根据其特殊情况或设计要求，将监控网的监测范围延伸至相邻建（构）筑物或周边环境，及时反馈信息，以便对边坡工程的整体或局部稳定作出准确判断，必要时采取应急措施，保障施工质量和顺利施工。

18.4 爆破施工

18.4.1 边坡工程施工中常因爆破施工控制不当对边坡及邻近建（构）筑物产生震害，因此本条作为强制性条文必须严格执行，规定爆破施工时应采取严密的爆破施工方案及控制爆破等有效措施，爆破方案应经设计、监理和相关单位审查后执行，并应采取避免产生震害的工程措施。

18.4.3 周边建筑物密集或建（构）筑物对爆破震动敏感时，爆破前应对周边建（构）筑物原有变形、损伤、裂缝及安全状况等情况采用拍照、录像等方法作好详细勘查记录，有条件时应请有鉴定资质的单位作好事前鉴定，避免不必要的工程或法律纠纷，并设置相应的震动监测点和变形观测点加强震动和建（构）筑物变形的监测。

19 边坡工程监测、质量检验及验收

19.1 监 测

19.1.1 坡顶有重要建（构）筑物的一级边坡工程风险较高，破坏后果严重，因此规定坡顶有重要建（构）筑物的一级边坡工程施工时应进行监测，并明确了必须监测的项目，其他监测项目应根据建筑边坡工程施工的技术特点、难点和边坡环境，由设计单位确定。监测工作可为评估边坡工程安全状态、预防灾害的发生、避免产生不良社会影响以及为动态设计和信息法施工提供实测数据，故本条作为强制性条文应严格执行。

19.1.2 该条给出了边坡工程监测工作的组织和实施方法。为确保边坡工程监测工作顺利、有效和可靠地进行，应编制边坡工程监测方案，本条给出了边坡工程监测方案编制的基本要求。

19.1.3 边坡工程监测项目的确定可根据其地质环境、安全等级、边坡类型、支护结构类型和变形控制等条件，经综合分析后确定，当无相关地区经验时可按表19.1.3确定监测项目。

19.1.4 为做好边坡工程监测工作，本条给出了边坡工程监测工作的最低要求。

19.1.5 本条给出了地表位移监测的方法和监测精度的基本要求；无论采用何种检测手段，确保监测数据的有效性和可靠性是选择监测方法的前提条件。

19.1.6 本条明确规定应采取有效措施监测地表裂缝、位错的出现和变化，同时监测设备应满足监测精度要求。

19.1.7 边坡工程及支护结构变形值的大小与边坡高度、地质条件、水文条件、支护类型、坡顶荷载等多种因素有关，变形计算复杂且不成熟，国家现行有关标准均未提出较成熟的计算理论。因此，目前较准确地提出边坡工程变形预警值也是困难的，特别是对岩体或岩土体边坡工程变形控制标准更难提出统一的判定标准，工程实践中只能根据地区经验，采取工程类比的方法确定。本条给出了边坡工程施工过程中及监测期间应报警和采取相应的应急措施的几种情况，报警值的确定考虑了边坡类型、安全等级及被保护对象对变形的敏感程度等因素，变形控制比单纯的地基不均匀沉降要严。

19.1.8 对地质条件特别复杂的、采用新技术治理的一级边坡工程，由于缺少相关的实践经验和试验验证，为确保边坡工程安全和发展边坡工程监测理论及技术应建立有效的、可靠的监测系统获取该类边坡工程长期监测数据。

19.1.9 本条给出了边坡工程监测报告应涵盖的基本内容。

19.2 质 量 检 验

19.2.1 本条给出了边坡支护结构的原材料质量检验的基本内容。

19.2.2 本条给出了锚杆质量的检验方法。

19.2.3 为确保灌注桩桩身质量符合规定的质量要求，应进行相应的检测工作，应根据工程实际情况采取有效、可靠的检验方法，真实反映灌注桩桩身质量；特别强调在特定条件下应采用声波透射法检验桩身完整性，对灌注桩桩身质量存在疑问时，可采用钻芯法进行复检。

19.2.4～19.2.6 给出了混凝土支护结构现场复检、喷射混凝土护壁厚度和强度的检验方法；从对已有边坡工程检测报告的调查发现，检测报告形式繁多，表达内容、方式各不相同，报告水平参差不齐现象十分严重，为此统一规定了边坡工程检测报告的基本要求。

19.3 验 收

19.3.1 本条规定了边坡工程验收前应获取的基本资料。

19.3.2 边坡工程属构筑物，工程验收应符合现行国家标准《建筑工程施工质量验收统一标准》GB 50300 的有关规定。

中华人民共和国行业标准

建筑地基处理技术规范

Technical code for ground treatment of buildings

JGJ 79—2012

批准部门：中华人民共和国住房和城乡建设部
施行日期：２０１３年６月１日

中华人民共和国住房和城乡建设部
公　　告

第 1448 号

住房城乡建设部关于发布行业标准
《建筑地基处理技术规范》的公告

现批准《建筑地基处理技术规范》为行业标准，编号为 JGJ 79-2012，自 2013 年 6 月 1 日起实施。其中，第 3.0.5、4.4.2、5.4.2、6.2.5、6.3.2、6.3.10、6.3.13、7.1.2、7.1.3、7.3.2、7.3.6、8.4.4、10.2.7 条为强制性条文，必须严格执行。原行业标准《建筑地基处理技术规范》JGJ 79-2002 同时废止。

本规范由我部标准定额研究所组织中国建筑工业出版社出版发行。

中华人民共和国住房和城乡建设部
2012 年 8 月 23 日

前　　言

根据住房和城乡建设部《关于印发〈2009 年工程建设标准规范制订、修订计划〉的通知》（建标〔2009〕88 号）的要求，规范编制组经广泛调查研究，认真总结实践经验，参考有关国际标准和国外先进标准，与国内相关规范协调，并在广泛征求意见的基础上，修订了《建筑地基处理技术规范》JGJ 79-2002。

本规范主要技术内容是：1. 总则；2. 术语和符号；3. 基本规定；4. 换填垫层；5. 预压地基；6. 压实地基和夯实地基；7. 复合地基；8. 注浆加固；9. 微型桩加固；10. 检验与监测。

本规范修订的主要技术内容是：1. 增加处理后的地基应满足建筑物承载力、变形和稳定性要求的规定；2. 增加采用多种地基处理方法综合使用的地基处理工程验收检验的综合安全系数的检验要求；3. 增加地基处理采用的材料，应根据场地环境类别符合耐久性设计的要求；4. 增加处理后的地基整体稳定分析方法；5. 增加加筋垫层设计验算方法；6. 增加真空和堆载联合预压处理的设计、施工要求；7. 增加高夯击能的设计参数；8. 增加复合地基承载力考虑基础深度修正的有粘结强度增强体桩身强度验算方法；9. 增加多桩型复合地基设计施工要求；10. 注浆加固；11. 增加微型桩加固；12. 增加检验与监测；13. 增加复合地基增强体单桩静载荷试验要点；14. 增加处理后地基静载荷试验要点。

本规范中以黑体字标志的条文为强制性条文，必须严格执行。

本规范由住房和城乡建设部负责管理和对强制性条文的解释，由中国建筑科学研究院负责具体技术内容的解释。执行过程中如有意见或建议，请寄送中国建筑科学研究院（地址：北京市北三环东路 30 号 邮政编码：100013）。

本 规 范 主 编 单 位：中国建筑科学研究院
本 规 范 参 编 单 位：机械工业勘察设计研究院
湖北省建筑科学研究设计院
福建省建筑科学研究院
现代建筑设计集团上海申元岩土工程有限公司
中化岩土工程股份有限公司
中国航空规划建设发展有限公司
天津大学
同济大学
太原理工大学
郑州大学综合设计研究院
本规范主要起草人员：滕延京　张永钧　闫明礼
　　　　　　　　　　张　峰　张东刚　袁内镇
　　　　　　　　　　侯伟生　叶观宝　白晓红
　　　　　　　　　　郑　刚　王亚凌　水伟厚
　　　　　　　　　　郑建国　周同和　杨俊峰
本规范主要审查人员：顾国荣　周国钧　顾晓鲁
　　　　　　　　　　徐张建　张丙吉　康景文
　　　　　　　　　　梅全亭　滕文川　肖自强
　　　　　　　　　　潘凯云　黄　新

目　次

Contents

1 总 则

1.0.1 为了在地基处理的设计和施工中贯彻执行国家的技术经济政策,做到安全适用、技术先进、经济合理、确保质量、保护环境,制定本规范。

1.0.2 本规范适用于建筑工程地基处理的设计、施工和质量检验。

1.0.3 地基处理除应满足工程设计要求外,尚应做到因地制宜、就地取材、保护环境和节约资源等。

1.0.4 建筑工程地基处理除应符合本规范外,尚应符合国家现行有关标准的规定。

2 术语和符号

2.1 术 语

2.1.1 地基处理 ground treatment, ground improvement

提高地基承载力,改善其变形性能或渗透性能而采取的技术措施。

2.1.2 复合地基 composite ground, composite foundation

部分土体被增强或被置换,形成由地基土和竖向增强体共同承担荷载的人工地基。

2.1.3 地基承载力特征值 characteristic value of subsoil bearing capacity

由载荷试验测定的地基土压力变形曲线线性变形段内规定的变形所对应的压力值,其最大值为比例界限值。

2.1.4 换填垫层 replacement layer of compacted fill

挖除基础底面下一定范围内的软弱土层或不均匀土层,回填其他性能稳定、无侵蚀性、强度较高的材料,并夯压密实形成的垫层。

2.1.5 加筋垫层 replacement layer of tensile reinforcement

在垫层材料内铺设单层或多层水平向加筋材料形成的垫层。

2.1.6 预压地基 preloaded ground, preloaded foundation

在地基上进行堆载预压或真空预压,或联合使用堆载和真空预压,形成固结压密后的地基。

2.1.7 堆载预压 preloading with surcharge of fill

地基上堆加荷载使地基土固结压密的地基处理方法。

2.1.8 真空预压 vacuum preloading

通过对覆盖于竖井地基表面的封闭薄膜内抽真空排水使地基土固结压密的地基处理方法。

2.1.9 压实地基 compacted ground, compacted fill

利用平碾、振动碾、冲击碾或其他碾压设备将填土分层密实处理的地基。

2.1.10 夯实地基 rammed ground, rammed earth

反复将夯锤提到高处使其自由落下,给地基以冲击和振动能量,将地基土密实处理或置换形成密实墩体的地基。

2.1.11 砂石桩复合地基 composite foundation with sand-gravel columns

将碎石、砂或砂石混合料挤压入已成的孔中,形成密实砂石竖向增强体的复合地基。

2.1.12 水泥粉煤灰碎石桩复合地基 composite foundation with cement-fly ash-gravel piles

由水泥、粉煤灰、碎石等混合料加水拌合在土中灌注形成竖向增强体的复合地基。

2.1.13 夯实水泥土桩复合地基 composite foundation with rammed soil-cement columns

将水泥和土按设计比例拌合均匀,在孔内分层夯实形成竖向增强体的复合地基。

2.1.14 水泥土搅拌桩复合地基 composite foundation with cement deep mixed columns

以水泥作为固化剂的主要材料,通过深层搅拌机械,将固化剂和地基土强制搅拌形成竖向增强体的复合地基。

2.1.15 旋喷桩复合地基 composite foundation with jet grouting

通过钻杆的旋转、提升,高压水泥浆由水平方向的喷嘴喷出,形成喷射流,以此切割土体并与土拌合形成水泥土竖向增强体的复合地基。

2.1.16 灰土桩复合地基 composite foundation with compacted soil-lime columns

用灰土填入孔内分层夯实形成竖向增强体的复合地基。

2.1.17 柱锤冲扩桩复合地基 composite foundation with impact displacement columns

用柱锤冲击方法成孔并分层夯扩填料形成竖向增强体的复合地基。

2.1.18 多桩型复合地基 composite foundation with multiple reinforcement of different materials or lengths

采用两种及两种以上不同材料增强体,或采用同一材料、不同长度增强体加固形成的复合地基。

2.1.19 注浆加固 ground improvement by permeation and high hydrofracture grouting

将水泥浆或其他化学浆液注入地基土层中,增强土颗粒间的联结,使土体强度提高、变形减少、渗透性降低的地基处理方法。

2.1.20 微型桩 micropile

用桩工机械或其他小型设备在土中形成直径不大于300mm的树根桩、预制混凝土桩或钢管桩。

2.2 符　号

2.2.1 作用和作用效应

E——强夯或强夯置换夯击能；

p_c——基础底面处土的自重压力值；

p_{cz}——垫层底面处土的自重压力值；

p_k——相应于作用的标准组合时，基础底面处的平均压力值；

p_z——相应于作用的标准组合时，垫层底面处的附加压力值。

2.2.2 抗力和材料性能

D_r——砂土相对密实度；

D_{r1}——地基挤密后要求砂土达到的相对密实度；

d_s——土粒相对密度（比重）；

e——孔隙比；

e_0——地基处理前的孔隙比；

e_1——地基挤密后要求达到的孔隙比；

e_{max}、e_{min}——砂土的最大、最小孔隙比；

f_{ak}——天然地基承载力特征值；

f_{az}——垫层底面处经深度修正后的地基承载力特征值；

f_{cu}——桩体试块（边长 150mm 立方体）标准养护 28d 的立方体抗压强度平均值，对水泥土可取桩体试块（边长 70.7mm 立方体）标准养护 90d 的立方体抗压强度平均值；

f_{sk}——处理后桩间土的承载力特征值；

f_{spa}——深度修正后的复合地基承载力特征值；

f_{spk}——复合地基的承载力特征值；

k_h——天然土层水平向渗透系数；

k_s——涂抹区的水平向渗透系数；

q_p——桩端端阻力特征值；

q_s——桩周土的侧阻力特征值；

q_w——竖井纵向通水量，为单位水力梯度下单位时间的排水量；

R_a——单桩竖向承载力特征值；

T_a——土工合成材料在允许延伸率下的抗拉强度；

T_p——相应于作用的标准组合时单位宽度土工合成材料的最大拉力；

U——固结度；

$\overline{U_t}$——t 时间地基的平均固结度；

w_{op}——最优含水量；

α_p——桩端端阻力发挥系数；

β——桩间土承载力发挥系数；

θ——压力扩散角；

λ——单桩承载力发挥系数；

λ_c——压实系数；

ρ_d——干密度；

ρ_{dmax}——最大干密度；

ρ_c——黏粒含量；

ρ_w——水的密度；

τ_{ft}——t 时刻，该点土的抗剪强度；

τ_{f0}——地基土的天然抗剪强度；

$\Delta\sigma_z$——预压荷载引起的该点的附加竖向应力；

φ_{cu}——三轴固结不排水压缩试验求得的土的内摩擦角；

$\overline{\eta_c}$——桩间土经成孔挤密后的平均挤密系数。

2.2.3 几何参数

A——基础底面积；

A_e——一根桩承担的处理地基面积；

A_p——桩的截面积；

b——基础底面宽度、塑料排水带宽度；

d——桩的直径；

d_e——一根桩分担的处理地基面积的等效圆直径、竖井的有效排水直径；

d_p——塑料排水带当量换算直径；

l——基础底面长度；

l_p——桩长；

m——面积置换率；

s——桩间距；

z——基础底面下换填垫层的厚度；

δ——塑料排水带厚度。

3　基　本　规　定

3.0.1 在选择地基处理方案前，应完成下列工作：

　　1 搜集详细的岩土工程勘察资料、上部结构及基础设计资料等；

　　2 结合工程情况，了解当地地基处理经验和施工条件，对于有特殊要求的工程，尚应了解其他地区相似场地上同类工程的地基处理经验和使用情况等；

　　3 根据工程的要求和采用天然地基存在的主要问题，确定地基处理的目的和处理后要求达到的各项技术经济指标等；

　　4 调查邻近建筑、地下工程、周边道路及有关管线等情况；

　　5 了解施工场地的周边环境情况。

3.0.2 在选择地基处理方案时，应考虑上部结构、基础和地基的共同作用，进行多种方案的技术经济比较，选用地基处理或加强上部结构与地基处理相结合的方案。

3.0.3 地基处理方法的确定宜按下列步骤进行：

　　1 根据结构类型、荷载大小及使用要求，结合地形地貌、地层结构、土质条件、地下水特征、环境情况和对邻近建筑的影响等因素进行综合分析，初步选出几种可供考虑的地基处理方案，包括选择两种或多种地基处理措施组成的综合处理方案；

2 对初步选出的各种地基处理方案，分别从加固原理、适用范围、预期处理效果、耗用材料、施工机械、工期要求和对环境的影响等方面进行技术经济分析和对比，选择最佳的地基处理方法；

3 对已选定的地基处理方法，应按建筑物地基基础设计等级和场地复杂程度以及该种地基处理方法在本地区使用的成熟程度，在场地有代表性的区域进行相应的现场试验或试验性施工，并进行必要的测试，以检验设计参数和处理效果。如达不到设计要求时，应查明原因，修改设计参数或调整地基处理方案。

3.0.4 经处理后的地基，当按地基承载力确定基础底面积及埋深而需要对本规范确定的地基承载力特征值进行修正时，应符合下列规定：

1 大面积压实填土地基，基础宽度的地基承载力修正系数应取零；基础埋深的地基承载力修正系数，对于压实系数大于 0.95、黏粒含量 $\rho_c \geqslant 10\%$ 的粉土，可取 1.5，对于干密度大于 2.1t/m³ 的级配砂石可取 2.0；

2 其他处理地基，基础宽度的地基承载力修正系数应取零，基础埋深的地基承载力修正系数应取 1.0。

3.0.5 处理后的地基应满足建筑物地基承载力、变形和稳定性要求，地基处理的设计尚应符合下列规定：

1 经处理后的地基，当在受力层范围内仍存在软弱下卧层时，应进行软弱下卧层地基承载力验算；

2 按地基变形设计或应作变形验算且需进行地基处理的建筑物或构筑物，应对处理后的地基进行变形验算；

3 对建造在处理后的地基上受较大水平荷载或位于斜坡上的建筑物及构筑物，应进行地基稳定性验算。

3.0.6 处理后地基的承载力验算，应同时满足轴心荷载作用和偏心荷载作用的要求。

3.0.7 处理后地基的整体稳定分析可采用圆弧滑动法，其稳定安全系数不应小于 1.30。散体加固材料的抗剪强度指标，可按加固体材料的密实度通过试验确定；胶结材料的抗剪强度指标，可按桩体断裂后滑动面材料的摩擦性能确定。

3.0.8 刚度差异较大的整体大面积基础的地基处理，宜考虑上部结构、基础和地基共同作用进行地基承载力和变形验算。

3.0.9 处理后的地基应进行地基承载力和变形评价、处理范围和有效加固深度内地基均匀性评价，以及复合地基增强体的成桩质量和承载力评价。

3.0.10 采用多种地基处理方法综合使用的地基处理工程验收检验时，应采用大尺寸承压板进行载荷试验，其安全系数不应小于 2.0。

3.0.11 地基处理所采用的材料，应根据场地类别符合有关标准对耐久性设计与使用的要求。

3.0.12 地基处理施工中应有专人负责质量控制和监测，并做好施工记录；当出现异常情况时，必须及时会同有关部门妥善解决。施工结束后应按国家有关规定进行工程质量检验和验收。

4 换填垫层

4.1 一般规定

4.1.1 换填垫层适用于浅层软弱土层或不均匀土层的地基处理。

4.1.2 应根据建筑体型、结构特点、荷载性质、场地土质条件、施工机械设备及填料性质和来源等综合分析后，进行换填垫层的设计，并选择施工方法。

4.1.3 对于工程量较大的换填垫层，应按所选用的施工机械、换填材料及场地的土质条件进行现场试验，确定换填垫层压实效果和施工质量控制标准。

4.1.4 换填垫层的厚度应根据置换软弱土的深度以及下卧土层的承载力确定，厚度宜为 0.5m～3.0m。

4.2 设计

4.2.1 垫层材料的选用应符合下列要求：

1 砂石。宜选用碎石、卵石、角砾、圆砾、砾砂、粗砂、中砂或石屑，并应级配良好，不含植物残体、垃圾等杂质。当使用粉细砂或石粉时，应掺入不少于总重量 30% 的碎石或卵石。砂石的最大粒径不宜大于 50mm。对湿陷性黄土或膨胀土地基，不得选用砂石等透水性材料。

2 粉质黏土。土料中有机质含量不得超过 5%，且不得含有冻土或膨胀土。当含有碎石时，其最大粒径不宜大于 50mm。用于湿陷性黄土或膨胀土地基的粉质黏土垫层，土料中不得夹有砖、瓦或石块等。

3 灰土。体积配合比宜为 2:8 或 3:7。石灰宜选用新鲜的消石灰，其最大粒径不得大于 5mm。土料宜选用粉质黏土，不宜使用块状黏土，且不得含有松软杂质，土料应过筛且最大粒径不得大于 15mm。

4 粉煤灰。选用的粉煤灰应满足相关标准对腐蚀性和放射性的要求。粉煤灰垫层上宜覆土 0.3m～0.5m。粉煤灰垫层中采用掺加剂时，应通过试验确定其性能及适用条件。粉煤灰垫层中的金属构件、管网应采取防腐措施。大量填筑粉煤灰时，应经场地地下水和土壤环境的不良影响评价合格后，方可使用。

5 矿渣。宜选用分级矿渣、混合矿渣及原状矿渣等高炉重矿渣。矿渣的松散重度不应小于 11kN/m³，有机质及含泥总量不得超过 5%。垫层设计、施工前应对所选用的矿渣进行试验，确认性能稳定并满足腐蚀性和放射性安全的要求。对易受酸、碱影响的基础或地下管网不得采用矿渣垫层。大量填筑矿渣时，应经场地地下水和土壤环境的不良影响评价合格后，方可使用。

6 其他工业废渣。在有充分依据或成功经验时，可采用质地坚硬、性能稳定、透水性强、无腐蚀性和无放射性危害的其他工业废渣材料，但应经过现场试验证明其经济技术效果良好且施工措施完善后方可使用。

7 土工合成材料加筋垫层所选用土工合成材料的品种与性能及填料，应根据工程特性和地基土质条件，按照现行国家标准《土工合成材料应用技术规范》GB 50290 的要求，通过设计计算并进行现场试验后确定。土工合成材料应采用抗拉强度较高、耐久性好、抗腐蚀的土工带、土工格栅、土工格室、土工垫或土工织物等土工合成材料。垫层填料宜采用碎石、角砾、砾砂、粗砂、中砂等材料，且不宜含氯化钙、碳酸钠、硫化物等化学物质。当工程要求垫层具有排水功能时，垫层材料应具有良好的透水性。在软土地基上使用加筋垫层时，应保证建筑物稳定并满足允许变形的要求。

4.2.2 垫层厚度的确定应符合下列规定：

1 应根据需置换软弱土（层）的深度或下卧土层的承载力确定，并应符合下式要求：

$$p_z + p_{cz} \leqslant f_{az} \quad (4.2.2\text{-}1)$$

式中：p_z——相应于作用的标准组合时，垫层底面处的附加压力值（kPa）；

p_{cz}——垫层底面处土的自重压力值（kPa）；

f_{az}——垫层底面处经深度修正后的地基承载力特征值（kPa）。

2 垫层底面处的附加压力值 p_z 可分别按式（4.2.2-2）和式（4.2.2-3）计算：

1）条形基础

$$p_z = \frac{b(p_k - p_c)}{b + 2z\tan\theta} \quad (4.2.2\text{-}2)$$

2）矩形基础

$$p_z = \frac{bl(p_k - p_c)}{(b + 2z\tan\theta)(l + 2z\tan\theta)} \quad (4.2.2\text{-}3)$$

式中：b——矩形基础或条形基础底面的宽度（m）；

l——矩形基础底面的长度（m）；

p_k——相应于作用的标准组合时，基础底面处的平均压力值（kPa）；

p_c——基础底面处土的自重压力值（kPa）；

z——基础底面下垫层的厚度（m）；

θ——垫层（材料）的压力扩散角（°），宜通过试验确定。无试验资料时，可按表4.2.2采用。

表 4.2.2 土和砂石材料压力扩散角 θ（°）

换填材料 z/b	中砂、粗砂、砾砂、圆砾、角砾、石屑、卵石、碎石、矿渣	粉质黏土、粉煤灰	灰土
0.25	20	6	28
≥0.50	30	23	

注：1 当 $z/b < 0.25$ 时，除灰土取 $\theta = 28°$ 外，其他材料均取 $\theta = 0°$，必要时宜由试验确定；
2 当 $0.25 < z/b < 0.5$ 时，θ 值可以内插；
3 土工合成材料加筋垫层其压力扩散角宜由现场静载荷试验确定。

4.2.3 垫层底面的宽度应符合下列规定：

1 垫层底面宽度应满足基础底面应力扩散的要求，可按下式确定：

$$b' \geqslant b + 2z\tan\theta \quad (4.2.3)$$

式中：b'——垫层底面宽度（m）；

θ——压力扩散角，按本规范表 4.2.2 取值；当 $z/b < 0.25$ 时，按表 4.2.2 中 $z/b = 0.25$ 取值。

2 垫层顶面每边超出基础底边缘不应小于 300mm，且从垫层底面两侧向上，按当地基坑开挖的经验及要求放坡。

3 整片垫层底面的宽度可根据施工的要求适当加宽。

4.2.4 垫层的压实标准可按表 4.2.4 选用。矿渣垫层的压实系数可根据满足承载力设计要求的试验结果，按最后两遍压实的压陷差确定。

表 4.2.4 各种垫层的压实标准

施工方法	换填材料类别	压实系数 λ_c
碾压振密或夯实	碎石、卵石	≥0.97
	砂夹石（其中碎石、卵石占全重的 30%～50%）	
	土夹石（其中碎石、卵石占全重的 30%～50%）	
	中砂、粗砂、砾砂、角砾、圆砾、石屑	
	粉质黏土	≥0.97
	灰土	≥0.95
	粉煤灰	≥0.95

注：1 压实系数 λ_c 为土的控制干密度 ρ_d 与最大干密度 ρ_{dmax} 的比值；土的最大干密度宜采用击实试验确定；碎石或卵石的最大干密度可取 $2.1t/m^3 \sim 2.2t/m^3$；
2 表中压实系数 λ_c 系使用轻型击实试验测定土的最大干密度 ρ_{dmax} 时给出的压实控制标准，采用重型击实试验时，对粉质黏土、灰土、粉煤灰及其他材料压实标准应为压实系数 $\lambda_c \geqslant 0.94$。

4.2.5 换填垫层的承载力宜通过现场静载荷试验确定。

4.2.6 对于垫层下存在软弱下卧层的建筑，在进行地基变形计算时应考虑邻近建筑物基础荷载对软弱下卧层顶面应力叠加的影响。当超出原地面标高的垫层或换填材料的重度高于天然土层重度时，宜及时换填，并应考虑其附加荷载的不利影响。

4.2.7 垫层地基的变形由垫层自身变形和下卧层变形组成。换填垫层在满足本规范第 4.2.2 条～4.2.4 条的条件下，垫层地基的变形可仅考虑其下卧层的变形。对地基沉降有严格限制的建筑，应计算垫层自身的变形。垫层下卧层的变形量可按现行国家标准《建筑地基基础设计规范》GB 50007 的规定进行计算。

4.2.8 加筋土垫层所选用的土工合成材料尚应进行材料强度验算：

$$T_p \leqslant T_a \qquad (4.2.8)$$

式中：T_a——土工合成材料在允许延伸率下的抗拉强度（kN/m）；

T_p——相应于作用的标准组合时，单位宽度的土工合成材料的最大拉力（kN/m）。

4.2.9 加筋土垫层的加筋体设置应符合下列规定：

   1 一层加筋时，可设置在垫层的中部；

   2 多层加筋时，首层筋材距垫层顶面的距离宜取 30%垫层厚度，筋材层间距宜取 30%～50%的垫层厚度，且不应小于 200mm；

   3 加筋线密度宜为 0.15～0.35。无经验时，单层加筋宜取高值，多层加筋宜取低值。垫层的边缘应有足够的锚固长度。

4.3 施 工

4.3.1 垫层施工应根据不同的换填材料选择施工机械。粉质黏土、灰土垫层宜采用平碾、振动碾或羊足碾，以及蛙式夯、柴油夯。砂石垫层等宜用振动碾。粉煤灰垫层宜采用平碾、振动碾、平板振动器、蛙式夯。矿渣垫层宜采用平板振动器或平碾，也可采用振动碾。

4.3.2 垫层的施工方法、分层铺填厚度、每层压实遍数宜通过现场试验确定。除接触下卧软土层的垫层底部应根据施工机械设备及下卧层土质条件确定厚度外，其他垫层的分层铺填厚度宜为 200mm～300mm。为保证分层压实质量，应控制机械碾压速度。

4.3.3 粉质黏土和灰土垫层土料的施工含水量宜控制在 $w_{op} \pm 2\%$ 的范围内，粉煤灰垫层的施工含水量宜控制在 $w_{op} \pm 4\%$ 的范围内。最优含水量 w_{op} 可通过击实试验确定，也可按当地经验选取。

4.3.4 当垫层底部存在古井、古墓、洞穴、旧基础、暗塘时，应根据建筑物对不均匀沉降的控制要求予以处理，并经检验合格后，方可铺填垫层。

4.3.5 基坑开挖时应避免坑底土层受扰动，可保留

180mm～220mm 厚的土层暂不挖去，待铺填垫层前再由人工挖至设计标高。严禁扰动垫层下的软弱土层，应防止软弱垫层被践踏、受冻或受水浸泡。在碎石或卵石垫层底部宜设置厚度为 150mm～300mm 的砂垫层或铺一层土工织物，并应防止基坑边坡塌土混入垫层中。

4.3.6 换填垫层施工时，应采取基坑排水措施。除砂垫层宜采用水撼法施工外，其余垫层施工均不得在浸水条件下进行。工程需要时应采取降低地下水位的措施。

4.3.7 垫层底面宜设在同一标高上，如深度不同，坑底土层应挖成阶梯或斜坡搭接，并按先深后浅的顺序进行垫层施工，搭接处应夯压密实。

4.3.8 粉质黏土、灰土垫层及粉煤灰垫层施工，应符合下列规定：

   1 粉质黏土及灰土垫层分段施工时，不得在柱基、墙角及承重窗间墙下接缝；

   2 垫层上下两层的缝距不得小于 500mm，且接缝处应夯压密实；

   3 灰土拌合均匀后，应当日铺填夯压；灰土夯压密实后，3d 内不得受水浸泡；

   4 粉煤灰垫层铺填后，宜当日压实，每层验收后应及时铺填上层或封层，并应禁止车辆碾压通行；

   5 垫层施工竣工验收合格后，应及时进行基础施工与基坑回填。

4.3.9 土工合成材料施工，应符合下列要求：

   1 下铺地基土层顶面应平整；

   2 土工合成材料铺设顺序应先纵向后横向，且应把土工合成材料张拉平整、绷紧，严禁有皱折；

   3 土工合成材料的连接宜采用搭接法、缝接法或胶接法，接缝强度不应低于原材料抗拉强度，端部应采用有效方法固定，防止筋材拉出；

   4 应避免土工合成材料暴晒或裸露，阳光暴晒时间不应大于 8h。

4.4 质 量 检 验

4.4.1 对粉质黏土、灰土、砂石、粉煤灰垫层的施工质量可选用环刀取样、静力触探、轻型动力触探或标准贯入试验等方法进行检验；对碎石、矿渣垫层的施工质量可采用重型动力触探试验等进行检验。压实系数可采用灌砂法、灌水法或其他方法进行检验。

4.4.2 换填垫层的施工质量检验应分层进行，并应在每层的压实系数符合设计要求后铺填上层。

4.4.3 采用环刀法检验垫层的施工质量时，取样点应选择位于每层垫层厚度的 2/3 深度处。检验点数量，条形基础下垫层每 10m～20m 不应少于 1 个点，独立柱基、单个基础下垫层不应少于 1 个点，其他基础下垫层每 50m²～100m² 不应少于 1 个点。采用标准贯入试验或动力触探法检验垫层的施工质量时，每

分层平面上检验点的间距不应大于 4m。

4.4.4 竣工验收应采用静载荷试验检验垫层承载力，且每个单体工程不宜少于 3 个点；对于大型工程应按单体工程的数量或工程划分的面积确定检验点数。

4.4.5 加筋垫层中土工合成材料的检验应符合下列要求：

　　1 土工合成材料质量应符合设计要求，外观无破损、无老化、无污染；

　　2 土工合成材料应可张拉、无皱折、紧贴下承层，锚固端应锚固牢靠；

　　3 上下层土工合成材料搭接缝应交替错开，搭接强度应满足设计要求。

5 预 压 地 基

5.1 一 般 规 定

5.1.1 预压地基适用于处理淤泥质土、淤泥、冲填土等饱和黏性土地基。预压地基按处理工艺可分为堆载预压、真空预压、真空和堆载联合预压。

5.1.2 真空预压适用于处理以黏性土为主的软弱地基。当存在粉土、砂土等透水、透气层时，加固区周边应采取确保膜下真空压力满足设计要求的密封措施。对塑性指数大于 25 且含水量大于 85% 的淤泥，应通过现场试验确定其适用性。加固土层上覆盖有厚度大于 5m 以上的回填土或承载力较高的黏性土层时，不宜采用真空预压处理。

5.1.3 预压地基应预先通过勘察查明土层在水平和竖直方向的分布、层理变化，查明透水层的位置、地下水类型及水源补给情况等。并应通过土工试验确定土层的先期固结压力、孔隙比与固结压力的关系、渗透系数、固结系数、三轴试验抗剪强度指标，通过原位十字板试验确定土的抗剪强度。

5.1.4 对重要工程，应在现场选择试验区进行预压试验，在预压过程中应进行地基竖向变形、侧向位移、孔隙水压力、地下水位等项目的监测并进行原位十字板剪切试验和室内土工试验。根据试验区获得的监测资料确定加载速率控制指标，推算土的固结系数、固结度及最终竖向变形等，分析地基处理效果，对原设计进行修正，指导整个场区的设计与施工。

5.1.5 对堆载预压工程，预压荷载应分级施加，并确保每级荷载下地基的稳定性；对真空预压工程，可采用一次连续抽真空至最大压力的加载方式。

5.1.6 对主要以变形控制设计的建筑物，当地基土经预压所完成的变形量和平均固结度满足设计要求时，方可卸载。对以地基承载力或抗滑稳定性控制设计的建筑物，当地基土经预压后其强度满足建筑物地基承载力或稳定性要求时，方可卸载。

5.1.7 当建筑物的荷载超过真空预压的压力，或建筑物对地基变形有严格要求时，可采用真空和堆载联合预压，其总压力宜超过建筑物的竖向荷载。

5.1.8 预压地基加固应考虑预压施工对相邻建筑物、地下管线等产生附加沉降的影响。真空预压地基加固区边线与相邻建筑物、地下管线等的距离不宜小于 20m，当距离较近时，应对相邻建筑物、地下管线等采取保护措施。

5.1.9 当受预压时间限制，残余沉降或工程投入使用后的沉降不满足工程要求时，在保证整体稳定条件下可采用超载预压。

5.2 设 计

Ⅰ 堆 载 预 压

5.2.1 对深厚软黏土地基，应设置塑料排水带或砂井等排水竖井。当软土层厚度较小或软土层中含较多薄粉砂夹层，且固结速率能满足工期要求时，可不设置排水竖井。

5.2.2 堆载预压地基处理的设计应包括下列内容：

　　1 选择塑料排水带或砂井，确定其断面尺寸、间距、排列方式和深度；

　　2 确定预压区范围、预压荷载大小、荷载分级、加载速率和预压时间；

　　3 计算堆载荷载作用下地基土的固结度、强度增长、稳定性和变形。

5.2.3 排水竖井分普通砂井、袋装砂井和塑料排水带。普通砂井直径宜为 300mm～500mm，袋装砂井直径宜为 70mm～120mm。塑料排水带的当量换算直径可按下式计算：

$$d_p = \frac{2(b+\delta)}{\pi} \tag{5.2.3}$$

式中：d_p——塑料排水带当量换算直径（mm）；

　　　　b——塑料排水带宽度（mm）；

　　　　δ——塑料排水带厚度（mm）。

5.2.4 排水竖井可采用等边三角形或正方形排列的平面布置，并应符合下列规定：

　　1 当等边三角形排列时，

$$d_e = 1.05l \tag{5.2.4-1}$$

　　2 当正方形排列时，

$$d_e = 1.13l \tag{5.2.4-2}$$

式中：d_e——竖井的有效排水直径；

　　　　l——竖井的间距。

5.2.5 排水竖井的间距可根据地基土的固结特性和预定时间内所要求达到的固结度确定。设计时，竖井的间距可按井径比 n 选用（$n = d_e/d_w$，d_w 为竖井直径，对塑料排水带可取 $d_w = d_p$）。塑料排水带或袋装砂井的间距可按 $n = 15～22$ 选用，普通砂井的间距可按 $n = 6～8$ 选用。

5.2.6 排水竖井的深度应符合下列规定：

1 根据建筑物对地基的稳定性、变形要求和工期确定；

2 对以地基抗滑稳定性控制的工程，竖井深度应大于最危险滑动面以下2.0m；

3 对以变形控制的建筑工程，竖井深度应根据在限定的预压时间内需完成的变形量确定；竖井宜穿透受压土层。

5.2.7 一级或多级等速加载条件下，当固结时间为t时，对应总荷载的地基平均固结度可按下式计算：

$$\overline{U}_t = \sum_{i=1}^n \frac{\dot{q}_i}{\sum \Delta p} \left[(T_i - T_{i-1}) - \frac{\alpha}{\beta} e^{-\beta t} (e^{\beta T_i} - e^{\beta T_{i-1}}) \right]$$

$$(5.2.7)$$

式中：$\overline{U}_t$——t时间地基的平均固结度；

$\dot{q}_i$——第i级荷载的加载速率（kPa/d）；

$\sum \Delta p$——各级荷载的累加值（kPa）；

T_{i-1}，T_i——分别为第i级荷载加载的起始和终止时间（从零点起算）（d），当计算第i级荷载加载过程中某时间t的固结度时，T_i改为t；

α、β——参数，根据地基土排水固结条件按表5.2.7采用。对竖井地基，表中所列β为不考虑涂抹和井阻影响的参数值。

表5.2.7 α和β值

排水固结条件 参数	竖向排水固结 $\overline{U}_z > 30\%$	向内径向排水固结	竖向和向内径向排水固结（竖井穿透受压土层）	说　明
α	$\dfrac{8}{\pi^2}$	1	$\dfrac{8}{\pi^2}$	$F_n = \dfrac{n^2}{n^2-1} \ln(n) - \dfrac{3n^2-1}{4n^2}$ c_h——土的径向排水固结系数（cm²/s）；c_v——土的竖向排水固结系数（cm²/s）；H——土层竖向排水距离（cm）；$\overline{U}_z$——双面排水土层或固结应力均匀分布的单面排水土层平均固结度
β	$\dfrac{\pi^2 c_v}{4H^2}$	$\dfrac{8c_h}{F_n d_e^2}$	$\dfrac{8c_h}{F_n d_e^2} + \dfrac{\pi^2 c_v}{4H^2}$	

5.2.8 当排水竖井采用挤土方式施工时，应考虑涂抹对土体固结的影响。当竖井的纵向通水量q_w与天然土层水平向渗透系数k_h的比值较小，且长度较长时，尚应考虑井阻影响。瞬时加载条件下，考虑涂抹和井阻影响时，竖井地基径向排水平均固结度可按下列公式计算：

$$\overline{U}_r = 1 - e^{-\frac{8c_h}{Fd_e^2}t}$$

$$(5.2.8-1)$$

$$F = F_n + F_s + F_r \qquad (5.2.8-2)$$

$$F_n = \ln(n) - \frac{3}{4} \qquad n \geqslant 15 \qquad (5.2.8-3)$$

$$F_s = \left[\frac{k_h}{k_s} - 1 \right] \ln s \qquad (5.2.8-4)$$

$$F_r = \frac{\pi^2 L^2}{4} \frac{k_h}{q_w} \qquad (5.2.8-5)$$

式中：$\overline{U}_r$——固结时间t时竖井地基径向排水平均固结度；

k_h——天然土层水平向渗透系数（cm/s）；

k_s——涂抹区土的水平向渗透系数，可取$(1/5 \sim 1/3)k_h$（cm/s）；

s——涂抹区直径d_s竖井直径d_w的比值，可取$s = 2.0 \sim 3.0$，对中等灵敏黏性土取低值，对高灵敏黏性土取高值；

L——竖井深度（cm）；

q_w——竖井纵向通水量，为单位水力梯度下单位时间的排水量（cm³/s）。

一级或多级等速加荷条件下，考虑涂抹和井阻影响时竖井穿透受压土层地基的平均固结度可按式（5.2.7）计算，其中，$\alpha = \dfrac{8}{\pi^2}$，$\beta = \dfrac{8c_h}{Fd_e^2} + \dfrac{\pi^2 c_v}{4H^2}$。

5.2.9 对排水竖井未穿透受压土层的情况，竖井范围内土层的平均固结度和竖井底面以下受压土层的平均固结度，以及通过预压完成的变形量均应满足设计要求。

5.2.10 预压荷载大小、范围、加载速率应符合下列规定：

1 预压荷载大小应根据设计要求确定；对于沉降有严格限制的建筑，可采用超载预压法处理，超载量大小应根据预压时间内要求完成的变形量通过计算确定，并宜使预压荷载下受压土层各点的有效竖向应力大于建筑物荷载引起的相应点的附加应力；

2 预压荷载顶面的范围应不小于建筑物基础外缘的范围；

3 加载速率应根据地基土的强度确定；当天然地基土的强度满足预压荷载下地基的稳定性要求时，可一次性加载；如不满足应分级逐渐加载，待前期预压荷载下地基土的强度增长满足下一级荷载下地基的稳定性要求时，方可加载。

5.2.11 计算预压荷载下饱和黏性土地基中某点的抗剪强度时，应考虑土体原来的固结状态。对正常固结饱和黏性土地基，某点某一时间的抗剪强度可按下式计算：

$$\tau_{ft} = \tau_{f0} + \Delta\sigma_z \cdot U_t \tan\varphi_{cu} \qquad (5.2.11)$$

式中：τ_{ft}——t时刻，该点土的抗剪强度（kPa）；

τ_{f0}——地基土的天然抗剪强度（kPa）；

$\Delta\sigma_z$——预压荷载引起的该点的附加竖向应力

（kPa）；

U_t——该点土的固结度；

φ_{cu}——三轴固结不排水压缩试验求得的土的内摩擦角（°）。

5.2.12 预压荷载下地基最终竖向变形量的计算可取附加应力与土自重应力的比值为 0.1 的深度作为压缩层的计算深度，可按式（5.2.12）计算：

$$s_f = \xi \sum_{i=1}^{n} \frac{e_{0i} - e_{1i}}{1 + e_{0i}} h_i \qquad (5.2.12)$$

式中：s_f——最终竖向变形量（m）；

e_{0i}——第 i 层中点土自重应力所对应的孔隙比，由室内固结试验 $e\text{-}p$ 曲线查得；

e_{1i}——第 i 层中点土自重应力与附加应力之和所对应的孔隙比，由室内固结试验 $e\text{-}p$ 曲线查得；

h_i——第 i 层土层厚度（m）；

ξ——经验系数，可按地区经验确定。无经验时对正常固结饱和黏性土地基可取 $\xi=1.1\sim1.4$；荷载较大或地基软弱土层厚度大时应取较大值。

5.2.13 预压处理地基应在地表铺设与排水竖井相连的砂垫层，砂垫层应符合下列规定：

1 厚度不应小于 500mm；

2 砂垫层砂料宜用中粗砂，黏粒含量不应大于 3%，砂料中可含有少量粒径不大于 50mm 的砾石；砂垫层的干密度应大于 1.5t/m^3，渗透系数应大于 $1 \times 10^{-2}\text{cm/s}$。

5.2.14 在预压区边缘应设置排水沟，在预压区内宜设置与砂垫层相连的排水盲沟，排水盲沟的间距不宜大于 20m。

5.2.15 砂井的砂料应选用中粗砂，其黏粒含量不应大于 3%。

5.2.16 堆载预压处理地基设计的平均固结度不宜低于 90%，且应在现场监测的变形速率明显变缓时方可卸载。

Ⅱ 真空预压

5.2.17 真空预压处理地基应设置排水竖井，其设计应包括下列内容：

1 竖井断面尺寸、间距、排列方式和深度；

2 预压区面积和分块大小；

3 真空预压施工工艺；

4 要求达到的真空度和土层的固结度；

5 真空预压和建筑物荷载下地基的变形计算；

6 真空预压后的地基承载力增长计算。

5.2.18 排水竖井的间距可按本规范第 5.2.5 条确定。

5.2.19 砂井的砂料应选用中粗砂，其渗透系数应大于 $1 \times 10^{-2}\text{cm/s}$。

5.2.20 真空预压竖向排水通道宜穿透软土层，但不应进入下卧透水层。当软土层较厚、且以地基抗滑稳定性控制的工程，竖向排水通道的深度不应小于最危险滑动面下 2.0m。对以变形控制的工程，竖井深度应根据在限定的预压时间内需完成的变形量确定，且宜穿透主要受压土层。

5.2.21 真空预压区边缘应大于建筑物基础轮廓线，每边增加量不得小于 3.0m。

5.2.22 真空预压的膜下真空度应稳定地保持在 86.7kPa（650mmHg）以上，且应均匀分布，排水竖井深度范围内土层的平均固结度应大于 90%。

5.2.23 对于表层存在良好的透气层或在处理范围内有充足水源补给的透水层，应采取有效措施隔断透气层或透水层。

5.2.24 真空预压固结度和地基强度增长的计算可按本规范第 5.2.7 条、第 5.2.8 条和第 5.2.11 条计算。

5.2.25 真空预压地基最终竖向变形可按本规范第 5.2.12 条计算。ξ 可按当地经验取值，无当地经验时，ξ 可取 $1.0\sim1.3$。

5.2.26 真空预压地基加固面积较大时，宜采取分区加固，每块预压面积应尽可能大且呈方形，分区面积宜为 $20000\text{m}^2\sim40000\text{m}^2$。

5.2.27 真空预压地基加固可根据加固面积的大小、形状和土层结构特点，按每套设备可加固地基 $1000\text{m}^2\sim1500\text{m}^2$ 确定设备数量。

5.2.28 真空预压的膜下真空度应符合设计要求，且预压时间不宜低于 90d。

Ⅲ 真空和堆载联合预压

5.2.29 当设计地基预压荷载大于 80kPa，且进行真空预压处理地基不能满足设计要求时可采用真空和堆载联合预压地基处理。

5.2.30 堆载体的坡肩线宜与真空预压边线一致。

5.2.31 对于一般软黏土，上部堆载施工宜在真空预压膜下真空度稳定地达到 86.7kPa（650mmHg）且抽真空时间不少于 10d 后进行。对于高含水量的淤泥类土，上部堆载施工宜在真空预压膜下真空度稳定地达到 86.7kPa（650mmHg）且抽真空 20d～30d 后可进行。

5.2.32 当堆载较大时，真空和堆载联合预压应采用分级加载，分级数应根据地基土稳定计算确定。分级加载时，应待前期预压荷载下地基的承载力增长满足下一级荷载下地基的稳定性要求时，方可增加堆载。

5.2.33 真空和堆载联合预压时地基固结度和地基承载力增长可按本规范第 5.2.7 条、第 5.2.8 条和第 5.2.11 条计算。

5.2.34 真空和堆载联合预压最终竖向变形可按本规范第 5.2.12 条计算，ξ 可按当地经验取值，无当地经验时，ξ 可取 $1.0\sim1.3$。

5.3 施 工

Ⅰ 堆载预压

5.3.1 塑料排水带的性能指标应符合设计要求，并应在现场妥善保护，防止阳光照射、破损或污染。破损或污染的塑料排水带不得在工程中使用。

5.3.2 砂井的灌砂量，应按井孔的体积和砂在中密状态时的干密度计算，实际灌砂量不得小于计算值的 95%。

5.3.3 灌入砂袋中的砂宜用干砂，并应灌制密实。

5.3.4 塑料排水带和袋装砂井施工时，宜配置深度检测设备。

5.3.5 塑料排水带需接长时，应采用滤膜内芯带平搭接的连接方法，搭接长度宜大于 200mm。

5.3.6 塑料排水带施工所用套管应保证插入地基中的带子不扭曲。袋装砂井施工所用套管内径应大于砂井直径。

5.3.7 塑料排水带和袋装砂井施工时，平面井距偏差不应大于井径，垂直度允许偏差应为 ±1.5%，深度应满足设计要求。

5.3.8 塑料排水带和袋装砂井砂袋埋入砂垫层中的长度不应小于 500mm。

5.3.9 堆载预压加载过程中，应满足地基承载力和稳定控制要求，并应进行竖向变形、水平位移及孔隙水压力的监测，堆载预压加载速率应满足下列要求：

1 竖井地基最大竖向变形量不应超过 15mm/d；
2 天然地基最大竖向变形量不应超过 10mm/d；
3 堆载预压边缘处水平位移不应超过 5mm/d；
4 根据上述观测资料综合分析、判断地基的承载力和稳定性。

Ⅱ 真空预压

5.3.10 真空预压的抽气设备宜采用射流真空泵，真空泵空抽吸力不应低于 95kPa。真空泵的设置应根据地基预压面积、形状、真空泵效率和工程经验确定，每块预压区设置的真空泵不应少于两台。

5.3.11 真空管路设置应符合下列规定：

1 真空管路的连接应密封，真空管路中应设置止回阀和截门；
2 水平向分布滤水管可采用条状、梳齿状及羽毛状等形式，滤水管布置宜成回路；
3 滤水管应设在砂垫层中，上覆砂层厚度宜为 100mm～200mm；
4 滤水管可采用钢管或塑料管，应外包尼龙纱或土工织物等滤水材料。

5.3.12 密封膜应符合下列规定：

1 密封膜应采用抗老化性能好、韧性好、抗穿刺性能强的不透气材料；

2 密封膜热合时，宜采用双热合缝的平搭接，搭接宽度应大于 15mm；

3 密封膜宜铺设三层，膜周边可采用挖沟埋膜、平铺并用黏土覆盖压边、围埝沟内及膜上覆水等方法进行密封。

5.3.13 地基土渗透性强时，应设置黏土密封墙。黏土密封墙宜采用双排搅拌桩，搅拌桩直径不宜小于 700mm；当搅拌桩深度小于 15m 时，搭接宽度不宜小于 200mm；当搅拌桩深度大于 15m 时，搭接宽度不宜小于 300mm；搅拌桩成桩搅拌应均匀，黏土密封墙的渗透系数应满足设计要求。

Ⅲ 真空和堆载联合预压

5.3.14 采用真空和堆载联合预压时，应先抽真空，当真空压力达到设计要求并稳定后，再进行堆载，并继续抽真空。

5.3.15 堆载前，应在膜上铺设编织布或无纺布等土工编织布保护层。保护层上铺设 100mm～300mm 厚砂垫层。

5.3.16 堆载施工时可采用轻型运输工具，不得损坏密封膜。

5.3.17 上部堆载施工时，应监测膜下真空度的变化，发现漏气应及时处理。

5.3.18 堆载加载过程中，应满足地基稳定性设计要求，对竖向变形、边缘水平位移及孔隙水压力的监测应满足下列要求：

1 地基向加固区外的侧移速率不应大于 5mm/d；
2 地基竖向变形速率不应大于 10mm/d；
3 根据上述观察资料综合分析、判断地基的稳定性。

5.3.19 真空和堆载联合预压除满足本规范第 5.3.14 条～第 5.3.18 条规定外，尚应符合本规范第 5.3 节"Ⅰ堆载预压"和"Ⅱ真空预压"的规定。

5.4 质量检验

5.4.1 施工过程中，质量检验和监测应包括下列内容：

1 对塑料排水带应进行纵向通水量、复合体抗拉强度、滤膜抗拉强度、滤膜渗透系数和等效孔径等性能指标现场随机抽样测试；

2 对不同来源的砂井和砂垫层砂料，应取样进行颗粒分析和渗透性试验；

3 对以地基抗滑稳定性控制的工程，应在预压区内预留孔位，在加载不同阶段进行原位十字板剪切试验和取土进行室内土工试验；加载前的地基土检测，应在打设塑料排水带之前进行；

4 对预压工程，应进行地基竖向变形、侧向位移和孔隙水压力等监测；

5 真空预压、真空和堆载联合预压工程，除应进行地基变形、孔隙水压力监测外，尚应进行膜下真空度和地下水位监测。

5.4.2 预压地基竣工验收检验应符合下列规定：

1 排水竖井处理深度范围内和竖井底面以下受压土层，经预压所完成的竖向变形和平均固结度应满足设计要求；

2 应对预压的地基土进行原位试验和室内土工试验。

5.4.3 原位试验可采用十字板剪切试验或静力触探，检验深度不应小于设计处理深度。原位试验和室内土工试验，应在卸载 3d～5d 后进行。检验数量按每个处理分区不少于 6 点进行检测，对于堆载斜坡处应增加检验数量。

5.4.4 预压处理后的地基承载力应按本规范附录 A 确定。检验数量按每个处理分区不应少于 3 点进行检测。

6 压实地基和夯实地基

6.1 一般规定

6.1.1 压实地基适用于处理大面积填土地基。浅层软弱地基以及局部不均匀地基的换填处理应符合本规范第 4 章的有关规定。

6.1.2 夯实地基可分为强夯和强夯置换处理地基。强夯处理地基适用于碎石土、砂土、低饱和度的粉土与黏性土、湿陷性黄土、素填土和杂填土等地基；强夯置换适用于高饱和度的粉土与软塑～流塑的黏性土地基上对变形要求不严格的工程。

6.1.3 压实和夯实处理后的地基承载力应按本规范附录 A 确定。

6.2 压实地基

6.2.1 压实地基处理应符合下列规定：

1 地下水位以上填土，可采用碾压法和振动压实法，非黏性土或黏粒含量少、透水性较好的松散填土地基宜采用振动压实法。

2 压实地基的设计和施工方法的选择，应根据建筑物体型、结构与荷载特点、场地土层条件、变形要求及填料等因素确定。对大型、重要或场地地层条件复杂的工程，在正式施工前，应通过现场试验确定地基处理效果。

3 以压实填土作为建筑地基持力层时，应根据建筑结构类型、填料性能和现场条件等，对拟压实的填土提出质量要求。未经检验，且不符合质量要求的压实土，不得作为建筑地基持力层。

4 对大面积填土的设计和施工，应验算并采取有效措施确保大面积填土自身稳定性、填土下原地基

的稳定性、承载力和变形满足设计要求；应评估对邻近建筑物及重要市政设施、地下管线等的变形和稳定的影响；施工过程中，应对大面积填土和邻近建筑物、重要市政设施、地下管线等进行变形监测。

6.2.2 压实填土地基的设计应符合下列规定：

1 压实填土的填料可选用粉质黏土、灰土、粉煤灰、级配良好的砂土或碎石土，以及质地坚硬、性能稳定、无腐蚀性和无放射性危害的工业废料等，并应满足下列要求：

    1） 以碎石土作填料时，其最大粒径不宜大于 100mm；

    2） 以粉质黏土、粉土作填料时，其含水量宜为最优含水量，可采用击实试验确定；

    3） 不得使用淤泥、耕土、冻土、膨胀土以及有机质含量大于 5% 的土料；

    4） 采用振动压实法时，宜降低地下水位到振实面下 600mm。

2 碾压法和振动压实法施工时，应根据压实机械的压实性能，地基土性质、密实度、压实系数和施工含水量等，并结合现场试验确定碾压分层厚度、碾压遍数、碾压范围和有效加固深度等施工参数。初步设计可按表 6.2.2-1 选用。

表 6.2.2-1　填土每层铺填厚度及压实遍数

施工设备	每层铺填厚度（mm）	每层压实遍数
平碾（8t～12t）	200～300	6～8
羊足碾（5t～16t）	200～350	8～16
振动碾（8t～15t）	500～1200	6～8
冲击碾压（冲击势能 15 kJ～25kJ）	600～1500	20～40

3 对已经回填完成且回填厚度超过表 6.2.2-1 中的铺填厚度，或粒径超过 100mm 的填料含量超过 50% 的填土地基，应采用较高性能的压实设备或采用夯实法进行加固。

4 压实填土的质量以压实系数 λ_c 控制，并应根据结构类型和压实填土所在的部位按表 6.2.2-2 的要求确定。

表 6.2.2-2　压实填土的质量控制

结构类型	填土部位	压实系数 λ_c	控制含水量（%）
砌体承重结构和框架结构	在地基主要受力层范围以内	≥0.97	$w_{op} \pm 2$
	在地基主要受力层范围以下	≥0.95	
排架结构	在地基主要受力层范围以内	≥0.96	
	在地基主要受力层范围以下	≥0.94	

注：地坪垫层以下及基础底面标高以上的压实填土，压实系数不应小于 0.94。

5 压实填土的最大干密度和最优含水量，宜采用击实试验确定，当无试验资料时，最大干密度可按下式计算：

$$\rho_{\mathrm{dmax}} = \eta\frac{\rho_{\mathrm{w}}d_s}{1+0.01w_{\mathrm{op}}d_s} \qquad (6.2.2)$$

式中：ρ_{dmax}——分层压实填土的最大干密度（t/m³）；

η——经验系数，粉质黏土取 0.96，粉土取 0.97；

ρ_{w}——水的密度（t/m³）；

d_s——土粒相对密度（比重）（t/m³）；

w_{op}——填料的最优含水量（%）。

当填料为碎石或卵石时，其最大干密度可取 2.1t/m³～2.2t/m³。

6 设置在斜坡上的压实填土，应验算其稳定性。当天然地面坡度大于 20% 时，应采取防止压实填土可能沿坡面滑动的措施，并应避免雨水沿斜坡排泄。当压实填土阻碍原地表水畅通排泄时，应根据地形修筑雨水截水沟，或设置其他排水设施。设置在压实填土区的上、下水管道，应采取严格防渗、防漏措施。

7 压实填土的边坡坡度允许值，应根据其厚度、填料性质等因素，按照填土自身稳定性、填土下原地基的稳定性的验算结果确定，初步设计时可按表 6.2.2-3 的数值确定。

8 冲击碾压法可用于地基冲击碾压、土石混填或填石路基分层碾压、路基冲击增强补压、旧砂石（沥青）路面冲压和旧水泥混凝土路面冲压等处理；其冲击设备、分层填料的虚铺厚度、分层压实的遍数等的设计应根据土质条件、工期要求等因素综合确定，其有效加固深度宜为 3.0m～4.0m，施工前应进行试验段施工，确定施工参数。

表 6.2.2-3 压实填土的边坡坡度允许值

填 土 类 型	边坡坡度允许值（高宽比）		压实系数（λ_c）
	坡高在 8m 以内	坡高为 8m～15m	
碎石、卵石	1:1.50～1:1.25	1:1.75～1:1.50	0.94～0.97
砂夹石（碎石卵石占全重 30%～50%）	1:1.50～1:1.25	1:1.75～1:1.50	
土夹石（碎石卵石占全重 30%～50%）	1:1.50～1:1.25	1:2.00～1:1.50	
粉质黏土，黏粒含量 $\rho_c \geqslant 10\%$ 的粉土	1:1.75～1:1.50	1:2.25～1:1.75	

注：当压实填土厚度 H 大于 15m 时，可设计成台阶或者采用土工格栅加筋等措施，验算满足稳定性要求后进行压实填土的施工。

9 压实填土地基承载力特征值，应根据现场静载荷试验确定，或可通过动力触探、静力触探等试验，并结合静载荷试验结果确定；其下卧层顶面的承载力应满足本规范式（4.2.2-1）、式（4.2.2-2）和式（4.2.2-3）的要求。

10 压实填土地基的变形，可按现行国家标准《建筑地基基础设计规范》GB 50007 的有关规定计算，压缩模量应通过处理后地基的原位测试或土工试验确定。

6.2.3 压实填土地基的施工应符合下列规定：

1 应根据使用要求、邻近结构类型和地质条件确定允许加载量和范围，并按设计要求均衡分步施加，避免大量快速集中填土。

2 填料前，应清除填土层底面以下的耕土、植被或软弱土层等。

3 压实填土施工过程中，应采取防雨、防冻措施，防止填料（粉质黏土、粉土）受雨水淋湿或冻结。

4 基槽内压实时，应先压实基槽两边，再压实中间。

5 冲击碾压法施工的冲击碾压宽度不宜小于 6m，工作面较窄时，需设置转弯车道，冲压最短直线距离不宜少于 100m，冲压边角及转弯区域应采用其他措施压实；施工时，地下水位应降低到碾压面以下 1.5m。

6 性质不同的填料，应采取水平分层、分段填筑，并分层压实；同一水平层，应采用同一填料，不得混合填筑；填方分段施工时，接头部位如不能交替填筑，应按 1:1 坡度分层留台阶；如能交替填筑，则应分层相互交替搭接，搭接长度不小于 2m；压实填土的施工缝，各层应错开搭接，在施工缝的搭接处，应适当增加压实遍数；边角及转弯区域应采取其他措施压实，以达到设计标准。

7 压实地基施工场地附近有对振动和噪声环境控制要求时，应合理安排施工工序和时间，减少噪声与振动对环境的影响，或采取挖减振沟等减振和隔振措施，并进行振动和噪声监测。

8 施工过程中，应避免扰动填土下卧的淤泥或淤泥质土层。压实填土施工结束检验合格后，应及时进行基础施工。

6.2.4 压实填土地基的质量检验应符合下列规定：

1 在施工过程中，应分层取样检验土的干密度和含水量；每 50m²～100m² 面积内应设不少于 1 个检测点，每一个独立基础下，检测点不少于 1 个点，条形基础每 20 延米设检测点不少于 1 个点，压实系数不得低于本规范表 6.2.2-2 的规定；采用灌水法或灌砂法检测的碎石土干密度不得低于 2.0t/m³。

2 有地区经验时，可采用动力触探、静力触探、标准贯入等原位试验，并结合干密度试验的对比结果进行质量检验。

3 冲击碾压法施工宜分层进行变形量、压实系数等土的物理力学指标监测和检测。

4 地基承载力验收检验，可通过静载荷试验并结合动力触探、静力触探、标准贯入等试验结果综合判定。每个单体工程静载荷试验不应少于3点，大型工程可按单体工程的数量或面积确定检验点数。

6.2.5 压实地基的施工质量检验应分层进行。每完成一道工序，应按设计要求进行验收，未经验收或验收不合格时，不得进行下一道工序施工。

6.3 夯 实 地 基

6.3.1 夯实地基处理应符合下列规定：

1 强夯和强夯置换施工前，应在施工现场有代表性的场地选取一个或几个试验区，进行试夯或试验性施工。每个试验区面积不宜小于20m×20m，试验区数量应根据建筑场地复杂程度、建筑规模及建筑类型确定。

2 场地地下水位高，影响施工或夯实效果时，应采取降水或其他技术措施进行处理。

6.3.2 强夯置换处理地基，必须通过现场试验确定其适用性和处理效果。

6.3.3 强夯处理地基的设计应符合下列规定：

1 强夯的有效加固深度，应根据现场试夯或地区经验确定。在缺少试验资料或经验时，可按表6.3.3-1进行预估。

表 6.3.3-1 强夯的有效加固深度（m）

单击夯击能 E （kN·m）	碎石土、砂土等 粗颗粒土	粉土、粉质黏土、 湿陷性黄土等 细颗粒土
1000	4.0～5.0	3.0～4.0
2000	5.0～6.0	4.0～5.0
3000	6.0～7.0	5.0～6.0
4000	7.0～8.0	6.0～7.0
5000	8.0～8.5	7.0～7.5
6000	8.5～9.0	7.5～8.0
8000	9.0～9.5	8.0～8.5
10000	9.5～10.0	8.5～9.0
12000	10.0～11.0	9.0～10.0

注：强夯法的有效加固深度应从最初起夯面算起；单击夯击能 E 大于 12000kN·m 时，强夯的有效加固深度应通过试验确定。

2 夯点的夯击次数，应根据现场试夯的夯击次数和夯沉量关系曲线确定，并应同时满足下列条件：

1）最后两击的平均夯沉量，宜满足表6.3.3-2的要求，当单击夯击能 E 大于 12000kN·m时，应通过试验确定；

表 6.3.3-2 强夯法最后两击平均夯沉量（mm）

单击夯击能 E （kN·m）	最后两击平均夯沉量不大于 （mm）
$E < 4000$	50
$4000 \leqslant E < 6000$	100
$6000 \leqslant E < 8000$	150
$8000 \leqslant E < 12000$	200

2）夯坑周围地面不应发生过大的隆起；

3）不因夯坑过深而发生提锤困难。

3 夯击遍数应根据地基土的性质确定，可采用点夯（2～4）遍，对于渗透性较差的细颗粒土，应适当增加夯击遍数；最后以低能量满夯2遍，满夯可采用轻锤或低落距锤多次夯击，锤印搭接。

4 两遍夯击之间，应有一定的时间间隔，间隔时间取决于土中超静孔隙水压力的消散时间。当缺少实测资料时，可根据地基土的渗透性确定，对于渗透性较差的黏性土地基，间隔时间不应少于（2～3）周；对于渗透性好的地基可连续夯击。

5 夯击点位置可根据基础底面形状，采用等边三角形、等腰三角形或正方形布置。第一遍夯击点间距可取夯锤直径的（2.5～3.5）倍，第二遍夯击点应位于第一遍夯击点之间。以后各遍夯击点间距可适当减小。对处理深度较深或单击夯击能较大的工程，第一遍夯击点间距宜适当增大。

6 强夯处理范围应大于建筑物基础范围，每边超出基础外缘的宽度宜为基底下设计处理深度的1/2～2/3，且不应小于3m；对可液化地基，基础边缘的处理宽度，不应小于5m；对湿陷性黄土地基，应符合现行国家标准《湿陷性黄土地区建筑规范》GB 50025 的有关规定。

7 根据初步确定的强夯参数，提出强夯试验方案，进行现场试夯。应根据不同土质条件，待试夯结束一周至数周后，对试夯场地进行检测，并与夯前测试数据进行对比，检验强夯效果，确定工程采用的各项强夯参数。

8 根据基础埋深和试夯时所测得的夯沉量，确定起夯面标高、夯坑回填方式和夯后标高。

9 强夯地基承载力特征值应通过现场静载荷试验确定。

10 强夯地基变形计算，应符合现行国家标准《建筑地基基础设计规范》GB 50007 有关规定。夯后有效加固深度内土的压缩模量，应通过原位测试或土工试验确定。

6.3.4 强夯处理地基的施工，应符合下列规定：

1 强夯夯锤质量宜为 10t～60t，其底面形式宜采用圆形，锤底面积宜按土的性质确定，锤底静接地压力值宜为 25kPa～80kPa，单击夯击能高时，取高值，单击夯击能低时，取低值，对于细颗粒土宜取低值。锤的底面宜对称设置若干个上下贯通的排气孔，孔径宜为300mm～400mm。

2 强夯法施工，应按下列步骤进行：

1）清理并平整施工场地；

2）标出第一遍夯点位置，并测量场地高程；

3）起重机就位，夯锤置于夯点位置；

4）测量夯前锤顶高程；

5）将夯锤起吊到预定高度，开启脱钩装置，夯锤脱钩自由下落，放下吊钩，测量锤顶高程；若发现因坑底倾斜而造成夯锤歪斜时，应及时将坑底整平；

6）重复步骤5），按设计规定的夯击次数及控制标准，完成一个夯点的夯击；当夯坑过深，出现提锤困难，但无明显隆起，而尚未达到控制标准时，宜将夯坑回填至与坑顶齐平后，继续夯击；

7）换夯点，重复步骤3）～6），完成第一遍全部夯点的夯击；

8）用推土机将夯坑填平，并测量场地高程；

9）在规定的间隔时间后，按上述步骤逐次完成全部夯击遍数；最后，采用低能量满夯，将场地表层松土夯实，并测量夯后场地高程。

6.3.5 强夯置换处理地基的设计，应符合下列规定：

1 强夯置换墩的深度应由土质条件决定。除厚层饱和粉土外，应穿透软土层，到达较硬土层上，深度不宜超过10m。

2 强夯置换的单击夯击能应根据现场试验确定。

3 墩体材料可采用级配良好的块石、碎石、矿渣、工业废渣、建筑垃圾等坚硬粗颗粒材料，且粒径大于300mm的颗粒含量不宜超过30%。

4 夯点的夯击次数应通过现场试夯确定，并应满足下列条件：

1）墩底穿透软弱土层，且达到设计墩长；

2）累计夯沉量为设计墩长的（1.5～2.0）倍；

3）最后两击的平均夯沉量可按表6.3.3-2确定。

5 墩位布置宜采用等边三角形或正方形。对独立基础或条形基础可根据基础形状与宽度作相应布置。

6 墩间距应根据荷载大小和原状土的承载力选定，当满堂布置时，可取夯锤直径的（2～3）倍。对独立基础或条形基础可取夯锤直径的（1.5～2.0）倍。墩的计算直径可取夯锤直径的（1.1～1.2）倍。

7 强夯置换处理范围应符合本规范第6.3.3条第6款的规定。

8 墩顶应铺设一层厚度不小于500mm的压实垫层，垫层材料宜与墩体材料相同，粒径不宜大于100mm。

9 强夯置换设计时，应预估地面抬高值，并在试夯时校正。

10 强夯置换地基处理试验方案的确定，应符合本规范第6.3.3条第7款的规定。除应进行现场静载荷试验和变形模量检测外，尚应采用超重型或重型动力触探等方法，检查置换墩着底情况，以及地基土的承载力与密度随深度的变化。

11 软黏性土中强夯置换地基承载力特征值应通过现场单墩静载荷试验确定；对于饱和粉土地基，当处理后形成2.0m以上厚度的硬层时，其承载力可通过现场单墩复合地基静载荷试验确定。

12 强夯置换地基的变形宜按单墩静载荷试验确定的变形模量计算加固区的地基变形，对墩下地基土的变形可按置换墩材料的压力扩散角计算传至墩下土层的附加应力，按现行国家标准《建筑地基基础设计规范》GB 50007的有关规定计算确定；对饱和粉土地基，当处理后形成2.0m以上厚度的硬层时，可按本规范第7.1.7条的规定确定。

6.3.6 强夯置换处理地基的施工应符合下列规定：

1 强夯置换夯锤底面宜采用圆形，夯锤底静接地压力值宜大于80 kPa。

2 强夯置换施工应按下列步骤进行：

1）清理并平整施工场地，当表层土松软时，可铺设1.0m～2.0m厚的砂石垫层；

2）标出夯点位置，并测量场地高程；

3）起重机就位，夯锤置于夯点位置；

4）测量夯前锤顶高程；

5）夯击并逐击记录夯坑深度；当夯坑过深，起锤困难时，应停夯，向夯坑内填料直至与坑顶齐平，记录填料数量；工序重复，直至满足设计的夯击次数及质量控制标准，完成一个墩体的夯击；当夯点周围软土挤出，影响施工时，应随时清理，并宜在夯点周围铺垫碎石后，继续施工；

6）按照"由内而外、隔行跳打"的原则，完成全部夯点的施工；

7）推平场地，采用低能量满夯，将场地表层松土夯实，并测量夯后场地高程；

8）铺设垫层，分层碾压密实。

6.3.7 夯实地基宜采用带有自动脱钩装置的履带式起重机，夯锤的质量不应超过起重机械额定起重质量。履带式起重机应在臂杆端部设置辅助门架或采取其他安全措施，防止起落锤时，机架倾覆。

6.3.8 当场地表层土软弱或地下水位较高，宜采用人工降低地下水位或铺填一定厚度的砂石材料的施工措施。施工前，宜将地下水位降低至坑底面以下2m。施工时，坑内或场地积水应及时排除。对细颗粒土，尚应采取晾晒等措施降低含水量。当地基土的含水量低，影响处理效果时，宜采取增湿措施。

6.3.9 施工前，应查明施工影响范围内地下构筑物和地下管线的位置，并采取必要的保护措施。

6.3.10 当强夯施工所引起的振动和侧向挤压对邻近建构筑物产生不利影响时，应设置监测点，并采取挖隔振沟等隔振或防振措施。

6.3.11 施工过程中的监测应符合下列规定：

    1 开夯前，应检查夯锤质量和落距，以确保单击夯击能量符合设计要求。

    2 在每一遍夯击前，应对夯点放线进行复核，夯完后检查夯坑位置，发现偏差或漏夯应及时纠正。

    3 按设计要求，检查每个夯点的夯击次数、每击的夯沉量、最后两击的平均夯沉量和总夯沉量、夯点施工起止时间。对强夯置换施工，尚应检查置换深度。

    4 施工过程中，应对各项施工参数及施工情况进行详细记录。

6.3.12 夯实地基施工结束后，应根据地基土的性质及所采用的施工工艺，待土层休止期结束后，方可进行基础施工。

6.3.13 强夯处理后的地基竣工验收，承载力检验应根据静载荷试验、其他原位测试和室内土工试验等方法综合确定。强夯置换后的地基竣工验收，除应采用单墩静载荷试验进行承载力检验外，尚应采用动力触探等查明置换墩着底情况及密度随深度的变化情况。

6.3.14 夯实地基的质量检验应符合下列规定：

    1 检查施工过程中的各项测试数据和施工记录，不符合设计要求时应补夯或采取其他有效措施。

    2 强夯处理后的地基承载力检验，应在施工结束后间隔一定时间进行，对于碎石土和砂土地基，间隔时间宜为(7～14)d；粉土和黏性土地基，间隔时间宜为(14～28)d；强夯置换地基，间隔时间宜为28d。

    3 强夯地基均匀性检验，可采用动力触探试验或标准贯入试验、静力触探试验等原位测试，以及室内土工试验。检验点的数量，可根据场地复杂程度和建筑物的重要性确定，对于简单场地上的一般建筑物，按每400m²不少于1个检测点，且不少于3点；对于复杂场地或重要建筑地基，每300m²不少于1个检验点，且不少于3点。强夯置换地基，可采用超重型或重型动力触探试验等方法，检查置换墩着底情况及承载力与密度随深度的变化，检验数量不应少于墩点数的3%，且不少于3点。

    4 强夯地基承载力检验的数量，应根据场地复杂程度和建筑物的重要性确定，对于简单场地上的一般建筑，每个建筑地基载荷试验检验点不应少于3点；对于复杂场地或重要建筑地基应增加检验点数。检测结果的评价，应考虑夯点和夯间位置的差异。强夯置换地基单墩载荷试验数量不应少于墩点数的1%，且不少于3点。对饱和粉土地基，当处理后墩间土能形成2.0m以上厚度的硬层时，其地基承载力可通过现场单墩复合地基静载荷试验确定，检验数量不应少于墩点数的1%，且每个建筑载荷试验检验点不应少于3点。

7 复合地基

7.1 一般规定

7.1.1 复合地基设计前，应在有代表性的场地上进行现场试验或试验性施工，以确定设计参数和处理效果。

7.1.2 对散体材料复合地基增强体应进行密实度检验；对有粘结强度复合地基增强体应进行强度及桩身完整性检验。

7.1.3 复合地基承载力的验收检验应采用复合地基静载荷试验，对有粘结强度的复合地基增强体尚应进行单桩静载荷试验。

7.1.4 复合地基增强体单桩的桩位施工允许偏差：对条形基础的边桩沿轴线方向应为桩径的±1/4，沿垂直轴线方向应为桩径的±1/6，其他情况桩位的施工允许偏差应为桩径的±40%；桩身的垂直度允许偏差应为±1%。

7.1.5 复合地基承载力特征值应通过复合地基静载荷试验或采用增强体静载荷试验结果和其周边土的承载力特征值结合经验确定，初步设计时，可按下列公式估算：

    1 对散体材料增强体复合地基应按下式计算：

$$f_{spk} = [1 + m(n-1)]f_{sk} \quad (7.1.5\text{-}1)$$

式中：f_{spk}——复合地基承载力特征值（kPa）；

      f_{sk}——处理后桩间土承载力特征值（kPa），可按地区经验确定；

      n——复合地基桩土应力比，可按地区经验确定；

      m——面积置换率，$m = d^2/d_e^2$；d为桩身平均直径（m），d_e为一根桩分担的处理地基面积的等效圆直径（m）；等边三角形布桩 $d_e = 1.05s$，正方形布桩 $d_e = 1.13s$，矩形布桩 $d_e = 1.13\sqrt{s_1 s_2}$，s、s_1、s_2 分别为桩间距、纵向桩间距和横向桩间距。

    2 对有粘结强度增强体复合地基应按下式计算：

$$f_{spk} = \lambda m \frac{R_a}{A_p} + \beta(1-m)f_{sk} \quad (7.1.5\text{-}2)$$

式中：λ——单桩承载力发挥系数，可按地区经验取值；

      R_a——单桩竖向承载力特征值（kN）；

      A_p——桩的截面积（m²）；

      β——桩间土承载力发挥系数，可按地区经验取值。

3 增强体单桩竖向承载力特征值可按下式估算：

$$R_a = u_p \sum_{i=1}^{n} q_{si} l_{pi} + \alpha_p q_p A_p \quad (7.1.5\text{-}3)$$

式中：u_p——桩的周长（m）；

$\quad q_{si}$——桩周第 i 层土的侧阻力特征值（kPa），可按地区经验确定；

$\quad l_{pi}$——桩长范围内第 i 层土的厚度（m）；

$\quad \alpha_p$——桩端端阻力发挥系数，应按地区经验确定；

$\quad q_p$——桩端端阻力特征值（kPa），可按地区经验确定；对于水泥搅拌桩、旋喷桩应取未经修正的桩端地基土承载力特征值。

7.1.6 有粘结强度复合地基增强体桩身强度应满足式（7.1.6-1）的要求。当复合地基承载力进行基础埋深的深度修正时，增强体桩身强度应满足式（7.1.6-2）的要求。

$$f_{cu} \geqslant 4 \frac{\lambda R_a}{A_P} \quad (7.1.6\text{-}1)$$

$$f_{cu} \geqslant 4 \frac{\lambda R_a}{A_P} \left[1 + \frac{\gamma_m (d - 0.5)}{f_{spa}} \right] \quad (7.1.6\text{-}2)$$

式中：f_{cu}——桩体试块（边长 150mm 立方体）标准养护 28d 的立方体抗压强度平均值（kPa），对水泥土搅拌桩应符合本规范第 7.3.3 条的规定；

$\quad \gamma_m$——基础底面以上土的加权平均重度（kN/m³），地下水位以下取有效重度；

$\quad d$——基础埋置深度（m）；

$\quad f_{spa}$——深度修正后的复合地基承载力特征值（kPa）。

7.1.7 复合地基变形计算应符合现行国家标准《建筑地基基础设计规范》GB 50007 的有关规定，地基变形计算深度应大于复合土层的深度。复合土层的分层与天然地基相同，各复合土层的压缩模量等于该层天然地基压缩模量的 ζ 倍，ζ 值可按下式确定：

$$\zeta = \frac{f_{spk}}{f_{ak}} \quad (7.1.7)$$

式中：f_{ak}——基础底面下天然地基承载力特征值（kPa）。

7.1.8 复合地基的沉降计算经验系数 ψ_s 可根据地区沉降观测资料统计值确定，无经验取值时，可采用表 7.1.8 的数值。

表 7.1.8 沉降计算经验系数 ψ_s

$\overline{E}_s$（MPa）	4.0	7.0	15.0	20.0	35.0
ψ_s	1.0	0.7	0.4	0.25	0.2

注：$\overline{E}_s$ 为变形计算深度范围内压缩模量的当量值，应按下式计算：

$$\overline{E}_s = \frac{\sum_{i=1}^{n} A_i + \sum_{j=1}^{m} A_j}{\sum_{i=1}^{n} \frac{A_i}{E_{spi}} + \sum_{j=1}^{m} \frac{A_j}{E_{sj}}} \quad (7.1.8)$$

式中：A_i——加固土层第 i 层土附加应力系数沿土层厚度的积分值；

$\quad A_j$——加固土层下第 j 层土附加应力系数沿土层厚度的积分值。

7.1.9 处理后的复合地基承载力，应按本规范附录 B 的方法确定；复合地基增强体的单桩承载力，应按本规范附录 C 的方法确定。

7.2 振冲碎石桩和沉管砂石桩复合地基

7.2.1 振冲碎石桩、沉管砂石桩复合地基处理应符合下列规定：

1 适用于挤密处理松散砂土、粉土、粉质黏土、素填土、杂填土等地基，以及用于处理可液化地基。饱和黏土地基，如对变形控制不严格，可采用砂石桩置换处理。

2 对大型的、重要的或场地地层复杂的工程，以及对于处理不排水抗剪强度不小于 20kPa 的饱和黏性土和饱和黄土地基，应在施工前通过现场试验确定其适用性。

3 不加填料振冲挤密法适用于处理黏粒含量不大于 10% 的中砂、粗砂地基，在初步设计阶段宜进行现场工艺试验，确定不加填料振密的可行性，确定孔距、振密电流值、振冲水压力、振后砂层的物理力学指标等施工参数；30kW 振冲器振密深度不宜超过 7m，75kW 振冲器振密深度不宜超过 15m。

7.2.2 振冲碎石桩、沉管砂石桩复合地基设计应符合下列规定：

1 地基处理范围应根据建筑物的重要性和场地条件确定，宜在基础外缘扩大（1~3）排桩。对可液化地基，在基础外缘扩大宽度不应小于基底下可液化土层厚度的 1/2，且不应小于 5m。

2 桩位布置，对大面积满堂基础和独立基础，可采用三角形、正方形、矩形布桩；对条形基础，可沿基础轴线采用单排布桩或对称轴线多排布桩。

3 桩径可根据地基土质情况、成桩方式和成桩设备等因素确定，桩的平均直径可按每根桩所用填料量计算。振冲碎石桩桩径宜为 800mm~1200mm；沉管砂石桩桩径宜为 300mm~800mm。

4 桩间距应通过现场试验确定，并应符合下列规定：

　1）振冲碎石桩的桩间距应根据上部结构荷载大小和场地土层情况，并结合所采用的振冲器功率大小综合考虑；30kW 振冲器布桩间距可采用 1.3m~2.0m；55kW 振冲器布桩间距可采用 1.4m~2.5m；75kW 振冲器布桩间距可采用 1.5m～3.0m；不加填料振冲挤密孔距可为 2m～3m；

　2）沉管砂石桩的桩间距，不宜大于砂石桩直径的 4.5 倍；初步设计时，对松散粉土和砂土地基，应根据挤密后要求达到的孔隙比确定，可按下列公式估算：

等边三角形布置

$$s = 0.95\xi d\sqrt{\frac{1+e_0}{e_0-e_1}} \qquad (7.2.2-1)$$

正方形布置

$$s = 0.89\xi d\sqrt{\frac{1+e_0}{e_0-e_1}} \qquad (7.2.2-2)$$

$$e_1 = e_{max} - D_{r1}(e_{max}-e_{min}) \qquad (7.2.2-3)$$

式中：　s ——砂石桩间距（m）；

　　　　d ——砂石桩直径（m）；

　　　　ξ ——修正系数，当考虑振动下沉密实作用时，可取 1.1～1.2；不考虑振动下沉密实作用时，可取 1.0；

　　　　e_0 ——地基处理前砂土的孔隙比，可按原状土样试验确定，也可根据动力或静力触探等对比试验确定；

　　　　e_1 ——地基挤密后要求达到的孔隙比；

e_{max}、e_{min} ——砂土的最大、最小孔隙比，可按现行国家标准《土工试验方法标准》GB/T 50123 的有关规定确定；

　　　　D_{r1} ——地基挤密后要求砂土达到的相对密实度，可取 0.70～0.85。

　5　桩长可根据工程要求和工程地质条件，通过计算确定并应符合下列规定：

　1）当相对硬土层埋深较浅时，可按相对硬层埋深确定；

　2）当相对硬土层埋深较大时，应按建筑物地基变形允许值确定；

　3）对按稳定性控制的工程，桩长应不小于最危险滑动面以下 2.0m 的深度；

　4）对可液化的地基，桩长应按要求处理液化的深度确定；

　5）桩长不宜小于 4m。

　6　振冲桩桩体材料可采用含泥量不大于 5% 的碎石、卵石、矿渣或其他性能稳定的硬质材料，不宜使用风化易碎的石料。对 30kW 振冲器，填料粒径宜为 20mm～80mm；对 55kW 振冲器，填料粒径宜为 30mm～100mm；对 75kW 振冲器，填料粒径宜为 40mm～150mm。沉管桩桩体材料可用含泥量不大于 5% 的碎石、卵石、角砾、圆砾、砾砂、粗砂、中砂或石屑等硬质材料，最大粒径不宜大于 50mm。

　7　桩顶和基础之间宜铺设厚度为 300mm～500mm 的垫层，垫层材料宜用中砂、粗砂、级配砂石和碎石等，最大粒径不宜大于 30mm，其夯填度（夯实后的厚度与虚铺厚度的比值）不应大于 0.9。

　8　复合地基的承载力初步设计可按本规范（7.1.5-1）式估算，处理后桩间土承载力特征值可按地区经验确定，如无经验时，对于一般黏性土地基，可取天然地基承载力特征值，松散的砂土、粉土可取原天然地基承载力特征值的（1.2～1.5）倍；复合地基桩土应力比 n，宜采用实测值确定，如无实测资料时，对于黏性土可取 2.0～4.0，对于砂土、粉土可取 1.5～3.0。

　9　复合地基变形计算应符合本规范第 7.1.7 条和第 7.1.8 条的规定。

　10　对处理堆载场地地基，应进行稳定性验算。

7.2.3　振冲碎石桩施工应符合下列规定：

　1　振冲施工可根据设计荷载的大小、原土强度的高低、设计桩长等条件选用不同功率的振冲器。施工前应在现场进行试验，以确定水压、振密电流和留振时间等各种施工参数。

　2　升降振冲器的机械可用起重机、自行井架式施工平车或其他合适的设备。施工设备应配有电流、电压和留振时间自动信号仪表。

　3　振冲施工可按下列步骤进行：

　1）清理平整施工场地，布置桩位；

　2）施工机具就位，使振冲器对准桩位；

　3）启动供水泵和振冲器，水压宜为 200kPa～600kPa，水量宜为 200L/min～400L/min，将振冲器徐徐沉入土中，造孔速度宜为 0.5m/min～2.0m/min，直至达到设计深度；记录振冲器经各深度的水压、电流和留振时间；

　4）造孔后边提升振冲器，边冲水直至孔口，再放至孔底，重复（2～3）次扩大孔径并使孔内泥浆变稀，开始填料制桩；

　5）大功率振冲器投料可不提出孔口，小功率振冲器下料困难时，可将振冲器提出孔口填料，每次填料厚度不宜大于 500mm；将振冲器沉入填料中进行振密制桩，当电流达到规定的密实电流值和规定的留振时间后，将振冲器提升 300mm～500mm；

　6）重复以上步骤，自下而上逐段制作桩体直至孔口，记录各段深度的填料量、最终电流值和留振时间；

　7）关闭振冲器和水泵。

　4　施工现场应事先开设泥水排放系统，或组织好运浆车辆将泥浆运至预先安排的存放地点，应设置沉淀池，重复使用上部清水。

　5　桩体施工完毕后，应将顶部预留的松散桩体挖除，铺设垫层并压实。

6 不加填料振冲加密宜采用大功率振冲器，造孔速度宜为 8m/min～10m/min，到达设计深度后，宜将射水量减至最小，留振至密实电流达到规定时，上提 0.5m，逐段振密直至孔口，每米振密时间约 1min。在粗砂中施工，如遇下沉困难，可在振冲器两侧增焊辅助水管，加大造孔水量，降低造孔水压。

7 振密孔施工顺序，宜沿直线逐点逐行进行。

7.2.4 沉管砂石桩施工应符合下列规定：

1 砂石桩施工可采用振动沉管、锤击沉管或冲击成孔等成桩法。当用于消除粉细砂及粉土液化时，宜用振动沉管成桩法。

2 施工前应进行成桩工艺和成桩挤密试验。当成桩质量不能满足设计要求时，应调整施工参数后，重新进行试验或设计。

3 振动沉管成桩法施工，应根据沉管和挤密情况，控制填砂石量、提升高度和速度、挤压次数和时间、电机的工作电流等。

4 施工中应选用能顺利出料和有效挤压桩孔内砂石料的桩尖结构。当采用活瓣桩靴时，对砂土和粉土地基宜选用尖锥形；一次性桩尖可采用混凝土锥形桩尖。

5 锤击沉管成桩法施工可采用单管法或双管法。锤击法挤密应根据锤击能量，控制分段的填砂石量和成桩的长度。

6 砂石桩桩孔内材料填料量，应通过现场试验确定，估算时，可按设计桩孔体积乘以充盈系数确定，充盈系数可取1.2～1.4。

7 砂石桩的施工顺序：对砂土地基宜从外围或两侧向中间进行。

8 施工时桩位偏差不应大于套管外径的 30%，套管垂直度允许偏差应为±1%。

9 砂石桩施工后，应将表层的松散层挖除或夯压密实，随后铺设并压实砂石垫层。

7.2.5 振冲碎石桩、沉管砂石桩复合地基的质量检验应符合下列规定：

1 检查各项施工记录，如有遗漏或不符合要求的桩，应补桩或采取其他有效的补救措施。

2 施工后，应间隔一定时间方可进行质量检验。对粉质黏土地基不宜少于 21d，对粉土地基不宜少于 14d，对砂土和杂填土地基不宜少于 7d。

3 施工质量的检验，对桩体可采用重型动力触探试验；对桩间土可采用标准贯入、静力触探、动力触探或其他原位测试等方法；对消除液化的地基检验应采用标准贯入试验。桩间土质量的检测位置应在等边三角形或正方形的中心。检验深度不应小于处理地基深度，检测数量不应少于桩孔总数的 2%。

7.2.6 竣工验收时，地基承载力检验应采用复合地基静载荷试验，试验数量不应少于总桩数的 1%，且每个单体建筑不应少于 3 点。

7.3 水泥土搅拌桩复合地基

7.3.1 水泥土搅拌桩复合地基处理应符合下列规定：

1 适用于处理正常固结的淤泥、淤泥质土、素填土、黏性土（软塑、可塑）、粉土（稍密、中密）、粉细砂（松散、中密）、中粗砂（松散、稍密）、饱和黄土等土层。不适用于含大孤石或障碍物较多且不易清除的杂填土、欠固结的淤泥和淤泥质土、硬塑及坚硬的黏性土、密实的砂类土，以及地下水渗流影响成桩质量的土层。当地基土的天然含水量小于 30%（黄土含水量小于 25%）时不宜采用粉体搅拌法。冬期施工时，应考虑负温对处理地基效果的影响。

2 水泥土搅拌桩的施工工艺分为浆液搅拌法（以下简称湿法）和粉体搅拌法（以下简称干法）。可采用单轴、双轴、多轴搅拌或连续成槽搅拌形成柱状、壁状、格栅状或块状水泥土加固体。

3 对采用水泥土搅拌桩处理地基，除应按现行国家标准《岩土工程勘察规范》GB 50021 要求进行岩土工程详细勘察外，尚应查明拟处理地基土层的 pH 值、塑性指数、有机质含量、地下障碍物及软土分布情况、地下水位及其运动规律等。

4 设计前，应进行处理地基土的室内配比试验。针对现场拟处理地基土层的性质，选择合适的固化剂、外掺剂及其掺量，为设计提供不同龄期、不同配比的强度参数。对竖向承载的水泥土强度宜取 90d 龄期试块的立方体抗压强度平均值。

5 增强体的水泥掺量不应小于 12%，块状加固时水泥掺量不应小于加固天然土质量的 7%；湿法的水泥浆水灰比可取 0.5～0.6。

6 水泥土搅拌桩复合地基宜在基础和桩之间设置褥垫层，厚度可取 200mm～300mm。褥垫层材料可选用中砂、粗砂、级配砂石等，最大粒径不宜大于 20mm。褥垫层的夯填度不应大于 0.9。

7.3.2 水泥土搅拌桩用于处理泥炭土、有机质土、pH 值小于 4 的酸性土、塑性指数大于 25 的黏土，或在腐蚀性环境中以及无工程经验的地区使用时，必须通过现场和室内试验确定其适用性。

7.3.3 水泥土搅拌桩复合地基设计应符合下列规定：

1 搅拌桩的长度，应根据上部结构对地基承载力和变形的要求确定，并应穿透软弱土层到达地基承载力相对较高的土层；当设置的搅拌桩同时为提高地基稳定性时，其桩长应超过危险滑弧以下不少于 2.0m；干法的加固深度不宜大于 15m，湿法加固深度不宜大于 20m。

2 复合地基的承载力特征值，应通过现场单桩或多桩复合地基静载荷试验确定。初步设计时可按本规范式（7.1.5-2）估算，处理后桩间土承载力特征值 f_{sk}（kPa）可取天然地基承载力特征值；桩间土承载力发挥系数 β，对淤泥、淤泥质土和流塑状软土等处理土层，可取 0.1～0.4，对其他土层可取 0.4～0.8；单桩承载力发挥系数 λ 可取 1.0。

3 单桩承载力特征值，应通过现场静载荷试验确定。初步设计时可按本规范式（7.1.5-3）估算，桩端端阻力发挥系数可取 0.4～0.6；桩端端阻力特征值，可取桩端土未修正的地基承载力特征值，并应满足式（7.3.3）的要求，应使由桩身材料强度确定的单桩承载力不小于由桩周土和桩端土的抗力所提供的单桩承载力。

$$R_a = \eta f_{cu} A_p \qquad (7.3.3)$$

式中：f_{cu} ——与搅拌桩桩身水泥土配比相同的室内加固土试块，边长为 70.7mm 的立方体在标准养护条件下 90d 龄期的立方体抗压强度平均值（kPa）；

η ——桩身强度折减系数，干法可取 0.20～0.25；湿法可取 0.25。

4 桩长超过 10m 时，可采用固化剂变掺量设计。在全长桩身水泥总掺量不变的前提下，桩身上部 1/3 桩长范围内，可适当增加水泥掺量及搅拌次数。

5 桩的平面布置可根据上部结构特点及对地基承载力和变形的要求，采用柱状、壁状、格栅状或块状等加固形式。独立基础下的桩数不宜少于 4 根。

6 当搅拌桩处理范围以下存在软弱下卧层时，应按现行国家标准《建筑地基基础设计规范》GB 50007 的有关规定进行软弱下卧层地基承载力验算。

7 复合地基的变形计算应符合本规范第 7.1.7 条和第 7.1.8 条的规定。

7.3.4 用于建筑物地基处理的水泥土搅拌桩施工设备，其湿法施工配备注浆泵的额定压力不宜小于 5.0MPa；干法施工的最大送粉压力不应小于 0.5MPa。

7.3.5 水泥土搅拌桩施工应符合下列规定：

1 水泥土搅拌桩施工现场施工前应予以平整，清除地上和地下的障碍物。

2 水泥土搅拌桩施工前，应根据设计进行工艺性试桩，数量不得少于 3 根，多轴搅拌施工不得少于 3 组。应对工艺试桩的质量进行检验，确定施工参数。

3 搅拌头翼片的枚数、宽度、与搅拌轴的垂直夹角、搅拌头的回转数、提升速度应相互匹配，干法搅拌时钻头每转一圈的提升（或下沉）量宜为 10mm～15mm，确保加固深度范围内土体的任何一点均能经过 20 次以上的搅拌。

4 搅拌桩施工时，停浆（灰）面应高于桩顶设计标高 500mm。在开挖基坑时，应将桩顶以上土层及桩顶施工质量较差的桩段，采用人工挖除。

5 施工中，应保持搅拌桩机底盘的水平和导向架的竖直，搅拌桩的垂直度允许偏差和桩位偏差应满足本规范第 7.1.4 条的规定。成桩直径和桩长不得小

于设计值。

6 水泥土搅拌桩施工应包括下列主要步骤：

1) 搅拌机械就位、调平；

2) 预搅下沉至设计加固深度；

3) 边喷浆（或粉），边搅拌提升直至预定的停浆（或灰）面；

4) 重复搅拌下沉至设计加固深度；

5) 根据设计要求，喷浆（或粉）或仅搅拌提升直至预定的停浆（或灰）面；

6) 关闭搅拌机械。

在预（复）搅下沉时，也可采用喷浆（粉）的施工工艺，确保全桩长上下至少再重复搅拌一次。

对地基土进行干法咬合加固时，如复搅困难，可采用慢速搅拌，保证搅拌的均匀性。

7 水泥土搅拌湿法施工应符合下列规定：

1) 施工前，应确定灰浆泵输浆量、灰浆经输浆管到达搅拌机喷浆口的时间和起吊设备提升速度等施工参数，并应根据设计要求，通过工艺性成桩试验确定施工工艺；

2) 施工中所使用的水泥应过筛，制备好的浆液不得离析，泵送浆应连续进行。拌制水泥浆液的罐数、水泥和外掺剂用量以及泵送浆液的时间应记录；喷浆量及搅拌深度应采用经国家计量部门认证的监测仪器进行自动记录；

3) 搅拌机喷浆提升的速度和次数应符合施工工艺要求，并设专人进行记录；

4) 当水泥浆液到达出浆口后，应喷浆搅拌 30s，在水泥浆与桩端土充分搅拌后，再开始提升搅拌头；

5) 搅拌机预搅下沉时，不宜冲水，当遇到硬土层下沉太慢时，可适量冲水；

6) 施工过程中，如因故停浆，应将搅拌头下沉至停浆点以下 0.5m 处，待恢复供浆时，再喷浆搅拌提升；若停机超过 3h，宜先拆卸输浆管路，并妥加清洗；

7) 壁状加固时，相邻桩的施工时间间隔不宜超过 12h。

8 水泥土搅拌干法施工应符合下列规定：

1) 喷粉施工前，应检查搅拌机械、供粉泵、送气（粉）管路、接头和阀门的密封性、可靠性，送气（粉）管路的长度不宜大于 60m；

2) 搅拌头每旋转一周，提升高度不得超过 15mm；

3) 搅拌头的直径应定期复核检查，其磨耗量不得大于 10mm；

4) 当搅拌头到达设计桩底以上 1.5m 时，应开启喷粉机提前进行喷粉作业；当搅拌头提

升至地面下 500mm 时，喷粉机应停止喷粉；

    5）成桩过程中，因故停止喷粉，应将搅拌头下沉至停灰面以下 1m 处，待恢复喷粉时，再喷粉搅拌提升。

7.3.6 水泥土搅拌桩干法施工机械必须配置经国家计量部门确认的具有能瞬时检测并记录出粉体计量装置及搅拌深度自动记录仪。

7.3.7 水泥土搅拌桩复合地基质量检验应符合下列规定：

    1 施工过程中应随时检查施工记录和计量记录。

    2 水泥土搅拌桩的施工质量检验可采用下列方法：

        1）成桩 3d 内，采用轻型动力触探（N_{10}）检查上部桩身的均匀性，检验数量为施工总桩数的 1%，且不少于 3 根；

        2）成桩 7d 后，采用浅部开挖桩头进行检查，开挖深度宜超过停浆（灰）面下 0.5m，检查搅拌的均匀性，量测成桩直径，检查数量不少于总桩数的 5%。

    3 静载荷试验宜在成桩 28d 后进行。水泥土搅拌桩复合地基承载力检验应采用复合地基静载荷试验和单桩静载荷试验，验收检验数量不少于总桩数的 1%，复合地基静载荷试验数量不少于 3 台（多轴搅拌为 3 组）。

    4 对变形有严格要求的工程，应在成桩 28d 后，采用双管单动取样器钻取芯样作水泥土抗压强度检验，检验数量为施工总桩数的 0.5%，且不少于 6 点。

7.3.8 基槽开挖后，应检验桩位、桩数与桩顶桩身质量，如不符合设计要求，应采取有效补强措施。

7.4 旋喷桩复合地基

7.4.1 旋喷桩复合地基处理应符合下列规定：

    1 适用于处理淤泥、淤泥质土、黏性土（流塑、软塑和可塑）、粉土、砂土、黄土、素填土和碎石土等地基。对土中含有较多的大直径块石、大量植物根茎和高含量的有机质，以及地下水流速较大的工程，应根据现场试验结果确定其适应性。

    2 旋喷施工，应根据工程需要和土质条件选用单管法、双管法和三管法；旋喷桩加固体形状可分为柱状、壁状、条状或块状。

    3 在制定旋喷桩方案时，应搜集邻近建筑物和周边地下埋设物等资料。

    4 旋喷桩方案确定后，应结合工程情况进行现场试验，确定施工参数及工艺。

7.4.2 旋喷桩加固体强度和直径，应通过现场试验确定。

7.4.3 旋喷桩复合地基承载力特征值和单桩竖向承载力特征值应通过现场静载荷试验确定。初步设计

时，可按本规范式（7.1.5-2）和式（7.1.5-3）估算，其桩身材料强度尚应满足式（7.1.6-1）和式（7.1.6-2）要求。

7.4.4 旋喷桩复合地基的地基变形计算应符合本规范第 7.1.7 条和第 7.1.8 条的规定。

7.4.5 当旋喷桩处理地基范围以下存在软弱下卧层时，应按现行国家标准《建筑地基基础设计规范》GB 50007 的有关规定进行软弱下卧层地基承载力验算。

7.4.6 旋喷桩复合地基宜在基础和桩顶之间设置褥垫层。褥垫层厚度宜为 150mm～300mm，褥垫层材料可选用中砂、粗砂和级配砂石等，褥垫层最大粒径不宜大于 20mm。褥垫层的夯填度不应大于 0.9。

7.4.7 旋喷桩的平面布置可根据上部结构和基础特点确定，独立基础下的桩数不应少于 4 根。

7.4.8 旋喷桩施工应符合下列规定：

    1 施工前，应根据现场环境和地下埋设物的位置等情况，复核旋喷桩的设计孔位。

    2 旋喷桩的施工工艺及参数应根据土质条件、加固要求，通过试验或根据工程经验确定。单管法、双管法高压水泥浆和三管法高压水的压力应大于 20MPa，流量应大于 30L/min，气流压力宜大于 0.7MPa，提升速度宜为 0.1 m/min～0.2m/min。

    3 旋喷注浆，宜采用强度等级为 42.5 级的普通硅酸盐水泥，可根据需要加入适量的外加剂及掺合料。外加剂和掺合料的用量，应通过试验确定。

    4 水泥浆液的水灰比宜为 0.8～1.2。

    5 旋喷桩的施工工序为：机具就位、贯入喷射管、喷射注浆、拔管和冲洗等。

    6 喷射孔与高压注浆泵的距离不宜大于 50m。钻孔位置的允许偏差应为 ±50mm。垂直度允许偏差应为 ±1%。

    7 当喷射注浆管贯入土中，喷嘴达到设计标高时，即可喷射注浆。在喷射注浆参数达到规定值后，随即按旋喷的工艺要求，提升喷射管，由下而上旋转喷射注浆。喷射管分段提升的搭接长度不得小于 100mm。

    8 对需要局部扩大加固范围或提高强度的部位，可采用复喷措施。

    9 在旋喷注浆过程中出现压力骤然下降、上升或冒浆异常时，应查明原因并及时采取措施。

    10 旋喷注浆完毕，应迅速拔出喷射管。为防止浆液凝固收缩影响桩顶高程，可在原孔位采用冒浆回灌或第二次注浆等措施。

    11 施工中应做好废泥浆处理，及时将废泥浆运出或在现场短期堆放后作土方运出。

    12 施工中应严格按照施工参数和材料用量施工，用浆量和提升速度应采用自动记录装置，并做好各项施工记录。

7.4.9 旋喷桩质量检验应符合下列规定:

1 旋喷桩可根据工程要求和当地经验采用开挖检查、钻孔取芯、标准贯入试验、动力触探和静载荷试验等方法进行检验。

2 检验点布置应符合下列规定:

  1) 有代表性的桩位;

  2) 施工中出现异常情况的部位;

  3) 地基情况复杂,可能对旋喷桩质量产生影响的部位。

3 成桩质量检验点的数量不少于施工孔数的2%,并不应少于6点;

4 承载力检验宜在成桩28d后进行。

7.4.10 竣工验收时,旋喷桩复合地基承载力检验应采用复合地基静载荷试验和单桩静载荷试验。检验数量不得少于总桩数的1%,且每个单体工程复合地基静载荷试验的数量不得少于3台。

7.5 灰土挤密桩和土挤密桩复合地基

7.5.1 灰土挤密桩、土挤密桩复合地基处理应符合下列规定:

1 适用于处理地下水位以上的粉土、黏性土、素填土、杂填土和湿陷性黄土等地基,可处理地基的厚度宜为3m~15m;

2 当以消除地基土的湿陷性为主要目的时,可选用土挤密桩;当以提高地基的承载力或增强其水稳性为主要目的时,宜选用灰土挤密桩;

3 当地基土的含水量大于24%、饱和度大于65%时,应通过试验确定其适用性;

4 对重要工程或在缺乏经验的地区,施工前应按设计要求,在有代表性的地段进行现场试验。

7.5.2 灰土挤密桩、土挤密桩复合地基设计应符合下列规定:

1 地基处理的面积:当采用整片处理时,应大于基础或建筑物底层平面的面积,超出建筑物外墙基础底面外缘的宽度,每边不宜小于处理土层厚度的1/2,且不应小于2m;当采用局部处理时,对非自重湿陷性黄土、素填土和杂填土等地基,每边不应小于基础底面宽度的25%,且不应小于0.5m;对自重湿陷性黄土地基,每边不应小于基础底面宽度的75%,且不应小于1.0m。

2 处理地基的深度,应根据建筑场地的土质情况、工程要求和成孔及夯实设备等综合因素确定。对湿陷性黄土地基,应符合现行国家标准《湿陷性黄土地区建筑规范》GB 50025 的有关规定。

3 桩孔直径宜为300mm~600mm。桩孔宜按等边三角形布置,桩孔之间的中心距离,可为桩孔直径的(2.0~3.0)倍,也可按下式估算:

$$s = 0.95d\sqrt{\frac{\bar{\eta}_c \rho_{dmax}}{\bar{\eta}_c \rho_{dmax} - \bar{\rho}_d}} \qquad (7.5.2-1)$$

式中:s——桩孔之间的中心距离(m);

  d——桩孔直径(m);

  ρ_{dmax}——桩间土的最大干密度(t/m³);

  $\bar{\rho}_d$——地基处理前土的平均干密度(t/m³);

  $\bar{\eta}_c$——桩间土经成孔挤密后的平均挤密系数,不宜小于0.93。

4 桩间土的平均挤密系数 $\bar{\eta}_c$,应按下式计算:

$$\bar{\eta}_c = \frac{\bar{\rho}_{d1}}{\rho_{dmax}} \qquad (7.5.2-2)$$

式中:$\bar{\rho}_{d1}$——在成孔挤密深度内,桩间土的平均干密度(t/m³),平均试样数不应少于6组。

5 桩孔的数量可按下式估算:

$$n = \frac{A}{A_e} \qquad (7.5.2-3)$$

式中:n——桩孔的数量;

  A——拟处理地基的面积(m²);

  A_e——单根土或灰土挤密桩所承担的处理地基面积(m²),即:

$$A_e = \frac{\pi d_e^2}{4} \qquad (7.5.2-4)$$

式中:d_e——单根桩分担的处理地基面积的等效圆直径(m)。

6 桩孔内的灰土填料,其消石灰与土的体积配合比,宜为2:8或3:7。土料宜选用粉质黏土,土料中的有机质含量不应超过5%,且不得含有冻土、渣土垃圾粒径不应超过15mm。石灰可选用新鲜的消石灰或生石灰粉,粒径不应大于5mm。消石灰的质量应合格,有效 $CaO+MgO$ 含量不得低于60%。

7 孔内填料应分层回填夯实,填料的平均压实系数 $\bar{\lambda}_c$ 不应低于0.97,其中压实系数最小值不应低于0.93。

8 桩顶标高以上应设置300mm~600mm厚的褥垫层。垫层材料可根据工程要求采用2:8或3:7灰土、水泥土等。其压实系数均不应低于0.95。

9 复合地基承载力特征值,应按本规范第7.1.5条确定。初步设计时,可按本规范式(7.1.5-1)进行估算。桩土应力比应按试验或地区经验确定。灰土挤密桩复合地基承载力特征值,不宜大于处理前天然地基承载力特征值的2.0倍,且不宜大于250kPa;对土挤密桩复合地基承载力特征值,不宜大于处理前天然地基承载力特征值的1.4倍,且不宜大于180kPa。

10 复合地基的变形计算应符合本规范第7.1.7条和第7.1.8条的规定。

7.5.3 灰土挤密桩、土挤密桩施工应符合下列规定:

1 成孔应按设计要求、成孔设备、现场土质和周围环境等情况,选用振动沉管、锤击沉管、冲击或钻孔等方法;

2 桩顶设计标高以上的预留覆盖土层厚度,宜符合下列规定:

1）沉管成孔不宜小于0.5m；

2）冲击成孔或钻孔夯扩法成孔不宜小于1.2m。

3 成孔时，地基土宜接近最优（或塑限）含水量，当土的含水量低于12%时，宜对拟处理范围内的土层进行增湿，应在地基处理前（4～6）d，将需增湿的水通过一定数量和一定深度的渗水孔，均匀地浸入拟处理范围内的土层中，增湿土的加水量可按下式估算：

$$Q = v\bar{\rho}_d(w_{op} - \bar{w})k \qquad (7.5.3)$$

式中：Q——计算加水量（t）；

v——拟加固土的总体积（m³）；

$\bar{\rho}_d$——地基处理前土的平均干密度（t/m³）；

w_{op}——土的最优含水量（%），通过室内击实试验求得；

$\bar{w}$——地基处理前土的平均含水量（%）；

k——损耗系数，可取1.05～1.10。

4 土料有机质含量不应大于5%，且不得含有冻土和膨胀土，使用时应过10mm～20mm的筛，混合料含水量应满足最优含水量要求，允许偏差应为±2%，土料和水泥应拌合均匀；

5 成孔和孔内回填夯实应符合下列规定：

1）成孔和孔内回填夯实的施工顺序，当整片处理地基时，宜从里（或中间）向外间隔（1～2）孔依次进行，对大型工程，可采取分段施工；当局部处理地基时，宜从外向里间隔（1～2）孔依次进行；

2）向孔内填料前，孔底应夯实，并应检查桩孔的直径、深度和垂直度；

3）桩孔的垂直度允许偏差应为±1%；

4）孔中心距允许偏差应为桩距的±5%；

5）经检验合格后，应按设计要求，向孔内分层填入筛好的素土、灰土或其他填料，并应分层夯实至设计标高。

6 铺设灰土垫层前，应按设计要求将桩顶标高以上的预留松动土层挖除或夯（压）密实；

7 施工过程中，应有专人监督成孔及回填夯实的质量，并应做好施工记录；如发现地基土质与勘察资料不符，应立即停止施工，待查明情况或采取有效措施处理后，方可继续施工；

8 雨期或冬期施工，应采取防雨或防冻措施，防止填料受雨水淋湿或冻结。

7.5.4 灰土挤密桩、土挤密桩复合地基质量检验应符合下列规定：

1 桩孔质量检验应在成孔后及时进行，所有桩孔均需检验并作出记录，检验合格或经处理后方可进行夯填施工。

2 应随机抽样检测夯后桩长范围内灰土或土填料的平均压实系数$\bar{\lambda}_c$，抽检的数量不应少于桩总数的1%，且不得少于9根。对灰土桩桩身强度有怀疑时，尚应检验消石灰与土的体积配合比。

3 应抽样检验处理深度内桩间土的平均挤密系数$\bar{\eta}_c$，检测探井数不应少于总桩数的0.3%，且每项单体工程不得少于3个。

4 对消除湿陷性的工程，除应检测上述内容外，尚应进行现场浸水静载荷试验，试验方法应符合现行国家标准《湿陷性黄土地区建筑规范》GB 50025的规定。

5 承载力检验应在成桩后14d～28d后进行，检测数量不应少于总桩数的1%，且每项单体工程复合地基静载荷试验不应少于3点。

7.5.5 竣工验收时，灰土挤密桩、土挤密桩复合地基的承载力检验应采用复合地基静载荷试验。

7.6 夯实水泥土桩复合地基

7.6.1 夯实水泥土桩复合地基处理应符合下列规定：

1 适用于处理地下水位以上的粉土、黏性土、素填土和杂填土等地基，处理地基的深度不宜大于15m；

2 岩土工程勘察应查明土层厚度、含水量、有机质含量等；

3 对重要工程或在缺乏经验的地区，施工前应按设计要求，选择地质条件有代表性的地段进行试验性施工。

7.6.2 夯实水泥土桩复合地基设计应符合下列规定：

1 夯实水泥土桩宜在建筑物基础范围内布置；基础边缘距离最外一排桩中心的距离不宜小于1.0倍桩径；

2 桩长的确定：当相对硬土层埋藏较浅时，应按相对硬土层的埋藏深度确定；当相对硬土层的埋藏较深时，可按建筑物地基的变形允许值确定；

3 桩孔直径宜为300mm～600mm；桩孔宜按等边三角形或方形布置，桩间距可为桩孔直径的（2～4）倍；

4 桩孔内的填料，应根据工程要求进行配比试验，并应符合本规范第7.1.6条的规定；水泥与土的体积配合比宜为1：5～1：8；

5 孔内填料应分层回填夯实，填料的平均压实系数$\bar{\lambda}_c$不应低于0.97，压实系数最小值不应低于0.93；

6 桩顶标高以上应设置厚度为100mm～300mm的褥垫层；垫层材料可采用粗砂、中砂或碎石等，垫层材料最大粒径不宜大于20mm；褥垫层的夯填度不应大于0.9；

7 复合地基承载力特征值应按本规范第7.1.5条规定确定；初步设计时可按公式（7.1.5-2）进行估算；桩间土承载力发挥系数β可取0.9～1.0；单桩承载力发挥系数λ可取1.0；

8 复合地基的变形计算应符合本规范第7.1.7条和第7.1.8条的有关规定。

7.6.3 夯实水泥土桩施工应符合下列规定：

1 成孔应根据设计要求、成孔设备、现场土质和周围环境等，选用钻孔、洛阳铲成孔等方法。当采用人工洛阳铲成孔工艺时，处理深度不宜大于6.0m。

2 桩顶设计标高以上的预留覆盖土层厚度不宜小于0.3m。

3 成孔和孔内回填夯实应符合下列规定：

1）宜选用机械成孔和夯实；

2）向孔内填料前，孔底应夯实；分层填料时，夯锤落距和填料厚度应满足夯填密实度的要求；

3）土料有机质含量不应大于5%，且不得含有冻土和膨胀土，混合料含水量应满足最优含水量要求，允许偏差应为±2%，土料和水泥应拌合均匀；

4）成孔经检验合格后，按设计要求，向孔内分层填入拌合好的水泥土，并应分层夯实至设计标高。

4 铺设垫层前，应按设计要求将桩顶标高以上的预留土层挖除。垫层施工应避免扰动基底土层。

5 施工过程中，应有专人监理成孔及回填夯实的质量，并应做好施工记录。如发现地基土质与勘察资料不符，应立即停止施工，待查明情况或采取有效措施处理后，方可继续施工。

6 雨期或冬期施工，应采取防雨或防冻措施，防止填料受雨水淋湿或冻结。

7.6.4 夯实水泥土桩复合地基质量检验应符合下列规定：

1 成桩后，应及时抽样检验水泥土桩的质量；

2 夯填桩体的干密度质量检验应随机抽样检测，抽检的数量不应少于总桩数的2%；

3 复合地基静载荷试验和单桩静载荷试验检验数量不应少于桩总数的1%，且每项单体工程复合地基静载荷试验检验数量不应少于3点。

7.6.5 竣工验收时，夯实水泥土桩复合地基承载力检验应采用单桩复合地基静载荷试验和单桩静载荷试验；对重要或大型工程，尚应进行多桩复合地基静载荷试验。

7.7 水泥粉煤灰碎石桩复合地基

7.7.1 水泥粉煤灰碎石桩复合地基适用于处理黏性土、粉土、砂土和自重固结已完成的素填土地基。对淤泥质土应按地区经验或通过现场试验确定其适用性。

7.7.2 水泥粉煤灰碎石桩复合地基设计应符合下列规定：

1 水泥粉煤灰碎石桩，应选择承载力和压缩模量相对较高的土层作为桩端持力层。

2 桩径：长螺旋钻中心压灌、干成孔和振动沉管成桩宜为350mm～600mm；泥浆护壁钻孔成桩宜为600mm～800mm；钢筋混凝土预制桩宜为300mm～600mm。

3 桩间距应根据基础形式、设计要求的复合地基承载力和变形、土性及施工工艺确定：

1）采用非挤土成桩工艺和部分挤土成桩工艺，桩间距宜为（3～5）倍桩径；

2）采用挤土成桩工艺和墙下条形基础单排布桩的桩间距宜为（3～6）倍桩径；

3）桩长范围内有饱和粉土、粉细砂、淤泥、淤泥质土层，采用长螺旋钻中心压灌成桩施工中可能发生窜孔时宜采用较大桩距。

4 桩顶和基础之间应设置褥垫层，褥垫层厚度宜为桩径的40%～60%。褥垫材料宜采用中砂、粗砂、级配砂石和碎石等，最大粒径不宜大于30mm。

5 水泥粉煤灰碎石桩可只在基础范围内布桩，并可根据建筑物荷载分布、基础形式和地基土性状，合理确定布桩参数：

1）内筒外框结构内筒部位可采用减小桩距、增大桩长或桩径布桩；

2）对相邻柱荷载水平相差较大的独立基础，应按变形控制确定桩长和桩距；

3）筏板厚度与跨距之比小于1/6的平板式筏基、梁的高跨比大于1/6且板的厚跨比（筏板厚度与梁的中心距之比）小于1/6的梁板式筏基，应在柱（平板式筏基）和梁（梁板式筏基）边缘每边外扩2.5倍板厚的面积范围内布桩；

4）对荷载水平不高的墙下条形基础可采用墙下单排布桩。

6 复合地基承载力特征值应按本规范第7.1.5条规定确定。初步设计时，可按式（7.1.5-2）估算，其中单桩承载力发挥系数λ和桩间土承载力发挥系数β应按地区经验取值，无经验时λ可取0.8～0.9；β可取0.9～1.0；处理后桩间土的承载力特征值f_{sk}，对非挤土成桩工艺，可取天然地基承载力特征值；对挤土成桩工艺，一般黏性土可取天然地基承载力特征值；松散砂土、粉土可取天然地基承载力特征值的（1.2～1.5）倍，原土强度低的取大值。按式（7.1.5-3）估算单桩承载力时，桩端端阻力发挥系数α_p可取1.0；桩身强度应满足本规范第7.1.6条的规定。

7 处理后的地基变形计算应符合本规范第7.1.7条和第7.1.8条的规定。

7.7.3 水泥粉煤灰碎石桩施工应符合下列规定：

1 可选用下列施工工艺：

1）长螺旋钻孔灌注成桩：适用于地下水位以上的黏性土、粉土、素填土、中等密实以上的砂土地基；

2）长螺旋钻中心压灌成桩：适用于黏性土、粉土、砂土和素填土地基，对噪声或泥浆污染要求严格的场地可优先选用；穿越卵石夹层时应通过试验确定适用性；

3）振动沉管灌注成桩：适用于粉土、黏性土及素填土地基；挤土造成地面隆起量大时，应采用较大桩距施工；

4）泥浆护壁成孔灌注成桩，适用于地下水位以下的黏性土、粉土、砂土、填土、碎石土及风化岩层等地基；桩长范围和桩端有承压水的土层应通过试验确定其适应性。

2 长螺旋钻中心压灌成桩施工和振动沉管灌注成桩施工应符合下列规定：

1）施工前，应按设计要求在试验室进行配合比试验；施工时，按配合比配制混合料；长螺旋钻中心压灌成桩施工的坍落度宜为160mm～200mm，振动沉管灌注成桩施工的坍落度宜为30mm～50mm；振动沉管灌注成桩后桩顶浮浆厚度不宜超过200mm；

2）长螺旋钻中心压灌成桩施工钻至设计深度后，应控制提拔钻杆时间，混合料泵送量应与拔管速度相配合，不得在饱和砂土或饱和粉土层内停泵待料；沉管灌注成桩施工拔管速度宜为1.2m/min～1.5m/min，如遇淤泥质土，拔管速度应适当减慢；当遇有松散饱和粉土、粉细砂或淤泥质土，当桩距较小时，宜采取隔桩跳打措施；

3）施工桩顶标高宜高出设计桩顶标高不少于0.5m；当施工作业面高出桩顶设计标高较大时，宜增加混凝土灌注量；

4）成桩过程中，应抽样做混合料试块，每台机械每台班不应少于一组。

3 冬期施工时，混合料入孔温度不得低于5℃，对桩头和桩间土应采取保温措施；

4 清土和截桩时，应采用小型机械或人工剔除等措施，不得造成桩顶标高以下桩身断裂或桩间土扰动；

5 褥垫层铺设宜采用静力压实法，当基础底面下桩间土的含水量较低时，也可采用动力夯实法，夯填度不应大于0.9；

6 泥浆护壁成孔灌注成桩和锤击、静压预制桩施工，应符合现行行业标准《建筑桩基技术规范》JGJ 94 的规定。

7.7.4 水泥粉煤灰碎石桩复合地基质量检验应符合下列规定：

1 施工质量检验应检查施工记录、混合料坍落度、桩数、桩位偏差、褥垫层厚度、夯填度和桩体试块抗压强度等；

2 竣工验收时，水泥粉煤灰碎石桩复合地基承载力检验应采用复合地基静载荷试验和单桩静载荷试验；

3 承载力检验宜在施工结束28d后进行，其桩身强度应满足试验荷载条件；复合地基静载荷试验和单桩静载荷试验的数量不应少于总桩数的1%，且每个单体工程的复合地基静载荷试验的试验数量不应少于3点；

4 采用低应变动力试验检测桩身完整性，检查数量不低于总桩数的10%。

7.8 柱锤冲扩桩复合地基

7.8.1 柱锤冲扩桩复合地基适用于处理地下水位以上的杂填土、粉土、黏性土、素填土和黄土等地基；对地下水位以下饱和土层处理，应通过现场试验确定其适用性。

7.8.2 柱锤冲扩桩处理地基的深度不宜超过10m。

7.8.3 对大型的、重要的或场地复杂的工程，在正式施工前，应在有代表性的场地进行试验。

7.8.4 柱锤冲扩桩复合地基设计应符合下列规定：

1 处理范围应大于基底面积。对一般地基，在基础外缘应扩大（1～3）排桩，且不应小于基底下处理土层厚度的1/2；对可液化地基，在基础外缘扩大的宽度，不应小于基底下可液化土层厚度的1/2，且不应小于5m；

2 桩位布置宜为正方形和等边三角形，桩距宜为1.2m～2.5m或取桩径的（2～3）倍；

3 桩径宜为500mm～800mm，桩孔内填料量应通过现场试验确定；

4 地基处理深度：对相对硬土层埋藏较浅地基，应达到相对硬土层深度；对相对硬土层埋藏较深地基，应按下卧层地基承载力及建筑物地基的变形允许值确定；对可液化地基，应按现行国家标准《建筑抗震设计规范》GB 50011 的有关规定确定；

5 桩顶部应铺设200mm～300mm厚砂石垫层，垫层的夯填度不应大于0.9；对湿陷性黄土，垫层材料应采用灰土，满足本规范第7.5.2条第8款的规定。

6 桩体材料可采用碎砖三合土、级配砂石、矿渣、灰土、水泥混合土等，当采用碎砖三合土时，其体积比可采用生石灰：碎砖：黏性土为1:2:4，当采用其他材料时，应通过试验确定其适用性和配合比；

7 承载力特征值应通过现场复合地基静载荷试验确定；初步设计时，可按式（7.1.5-1）估算，置换率 m 宜取0.2～0.5；桩土应力比 n 通过试验确定或按地区经验确定；无经验值时，可取2～4；

8 处理后地基变形计算应符合本规范第7.1.7条和第7.1.8条的规定；

9 当柱锤冲扩桩处理深度以下存在软弱下卧层时，应按现行国家标准《建筑地基基础设计规范》GB 50007 的有关规定进行软弱下卧层地基承载力验算。

7.8.5 柱锤冲扩桩施工应符合下列规定：

1 宜采用直径 300mm～500mm、长度 2m～6m、质量 2t～10t 的柱状锤进行施工。

2 起重机具可用起重机、多功能冲扩桩机或其他专用机具设备。

3 柱锤冲扩桩复合地基施工可按下列步骤进行：

1）清理平整施工场地，布置桩位。

2）施工机具就位，使柱锤对准桩位。

3）柱锤冲孔：根据土质及地下水情况可分别采用下列三种成孔方式：

① 冲击成孔：将柱锤提升一定高度，自由下落冲击土层，如此反复冲击，接近设计成孔深度时，可在孔内填少量粗骨料继续冲击，直到孔底被夯密实；

② 填料冲击成孔：成孔时出现缩颈或塌孔时，可分次填入碎砖和生石灰块，边冲击边将填料挤入孔壁及孔底，当孔底接近设计成孔深度时，夯入部分碎砖挤密桩端土；

③ 复打成孔：当塌孔严重难以成孔时，可提锤反复冲击至设计孔深，然后分次填入碎砖和生石灰块，待孔内生石灰吸水膨胀、桩间土性质有所改善后，再进行二次冲击复打成孔。

当采用上述方法仍难以成孔时，也可以采用套管成孔，即用柱锤边冲孔边将套管压入土中，直至桩底设计标高。

4）成桩：用料斗或运料车将拌合好的填料分层填入桩孔夯实。当采用套管成孔时，边分层填料夯实，边将套管拔出。锤的质量、锤长、落距、分层填料量、分层夯填度、夯击次数和总填料量等，应根据试验或按当地经验确定。每个桩孔应夯填至桩顶设计标高以上至少 0.5m，其上部桩孔宜用原地基土夯封。

5）施工机具移位，重复上述步骤进行下一根桩施工。

4 成孔和填料夯实的施工顺序，宜间隔跳打。

7.8.6 基槽开挖后，应晾槽拍底或振动压路机碾压后，再铺设垫层并压实。

7.8.7 柱锤冲扩桩复合地基的质量检验应符合下列规定：

1 施工过程中应随时检查施工记录及现场施工情况，并对照预定的施工工艺标准，对每根桩进行质量评定；

2 施工结束后 7d～14d，可采用重型动力触探或标准贯入试验对桩身及桩间土进行抽样检验，检验数量不应少于冲扩桩总数的 2%，每个单体工程桩身及桩间土总检验点数均不应少于 6 点；

3 竣工验收时，柱锤冲扩桩复合地基承载力检验应采用复合地基静载荷试验；

4 承载力检验数量不应少于总桩数的 1%，且每个单体工程复合地基静载荷试验不应少于 3 点；

5 静载荷试验应在成桩 14d 后进行；

6 基槽开挖后，应检查桩位、桩径、桩数、桩顶密实度及槽底土质情况。如发现漏桩、桩位偏差过大、桩头及槽底土质松软等质量问题，应采取补救措施。

7.9 多桩型复合地基

7.9.1 多桩型复合地基适用于处理不同深度存在相对硬层的正常固结土，或浅层存在欠固结土、湿陷性黄土、可液化土等特殊土，以及地基承载力和变形要求较高的地基。

7.9.2 多桩型复合地基的设计应符合下列原则：

1 桩型及施工工艺的确定，应考虑土层情况、承载力与变形控制要求、经济性和环境要求等综合因素；

2 对复合地基承载力贡献较大或用于控制复合土层变形的长桩，应选择相对较好的持力层；对处理欠固结土的增强体，其桩长应穿越欠固结土层；对消除湿陷性土的增强体，其桩长宜穿过湿陷性土层；对处理液化土的增强体，其桩长宜穿过可液化土层；

3 如浅部存在有较好持力层的正常固结土，可采用长桩与短桩的组合方案；

4 对浅部存在软土或欠固结土，宜先采用预压、压实、夯实、挤密方法或低强度桩复合地基等处理浅层地基，再采用桩身强度相对较高的长桩进行地基处理；

5 对湿陷性黄土应按现行国家标准《湿陷性黄土地区建筑规范》GB 50025 的规定，采用压实、夯实或土桩、灰土桩等处理湿陷性，再采用桩身强度相对较高的长桩进行地基处理；

6 对可液化地基，可采用碎石桩等方法处理液化土层，再采用有粘结强度桩进行地基处理。

7.9.3 多桩型复合地基单桩承载力应由静载荷试验确定，初步设计可按本规范第 7.1.6 条规定估算；对施工扰动敏感的土层，应考虑后施工桩对已施工桩的影响，单桩承载力予以折减。

7.9.4 多桩型复合地基的布桩宜采用正方形或三角形间隔布置，刚性桩宜在基础范围内布桩，其他增强体布桩应满足液化土地基和湿陷性黄土地基对不同性质土质处理范围的要求。

7.9.5 多桩型复合地基垫层设置，对刚性长、短桩复合地基宜选择砂石垫层，垫层厚度宜取对复合地基承载力贡献大的增强体直径的 1/2；对刚性桩与其他材料增强体桩组合的复合地基，垫层厚度宜取刚性桩直径的 1/2；对湿陷性的黄土地基，垫层材料应采用灰土，垫层厚度宜为 300mm。

7.9.6 多桩型复合地基承载力特征值，应采用多桩复合地基静载荷试验确定，初步设计时，可采用下列公式估算：

1 对具有粘结强度的两种桩组合形成的多桩型复合地基承载力特征值：

$$f_{spk} = m_1 \frac{\lambda_1 R_{a1}}{A_{p1}} + m_2 \frac{\lambda_2 R_{a2}}{A_{p2}} + \beta(1 - m_1 - m_2)f_{sk}$$

(7.9.6-1)

式中：m_1、m_2 ——分别为桩 1、桩 2 的面积置换率；

λ_1、λ_2 ——分别为桩 1、桩 2 的单桩承载力发挥系数；应由单桩复合地基试验按等变形准则或多桩复合地基静载荷试验确定，有地区经验时也可按地区经验确定；

R_{a1}、R_{a2} ——分别为桩 1、桩 2 的单桩承载力特征值（kN）；

A_{p1}、A_{p2} ——分别为桩 1、桩 2 的截面面积（m²）；

β ——桩间土承载力发挥系数；无经验时可取 0.9～1.0；

f_{sk} ——处理后复合地基桩间土承载力特征值（kPa）。

2 对具有粘结强度的桩与散体材料桩组合形成的复合地基承载力特征值：

$$f_{spk} = m_1 \frac{\lambda_1 R_{a1}}{A_{p1}} + \beta[1 - m_1 + m_2(n-1)]f_{sk}$$

(7.9.6-2)

式中：β ——仅由散体材料桩加固处理形成的复合地基承载力发挥系数；

n ——仅由散体材料桩加固处理形成复合地基的桩土应力比；

f_{sk} ——仅由散体材料桩加固处理后桩间土承载力特征值（kPa）。

7.9.7 多桩型复合地基面积置换率，应根据基础面积与该面积范围内实际的布桩数量进行计算，当基础面积较大或条形基础较长时，可用单元面积置换率替代。

1 当按图 7.9.7（a）矩形布桩时，$m_1 = \dfrac{A_{p1}}{2s_1 s_2}$，$m_2 = \dfrac{A_{p2}}{2s_1 s_2}$；

2 当按图 7.9.7（b）三角形布桩且 $s_1 = s_2$ 时，$m_1 = \dfrac{A_{p1}}{2s_1^2}$，$m_2 = \dfrac{A_{p2}}{2s_1^2}$。

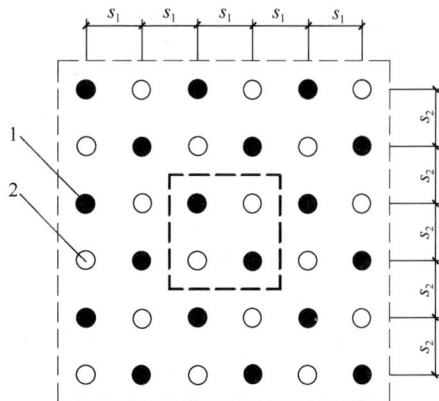

图 7.9.7（a） 多桩型复合地基矩形布桩单元面积计算模型
1—桩 1；2—桩 2

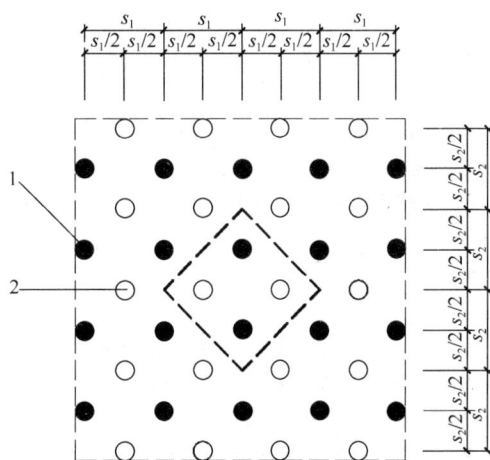

图 7.9.7（b） 多桩型复合地基三角形布桩单元面积计算模型
1—桩 1；2—桩 2

7.9.8 多桩型复合地基变形计算可按本规范第 7.1.7 条和第 7.1.8 条的规定，复合土层的压缩模量可按下列公式计算：

1 有粘结强度增强体的长短桩复合加固区、仅长桩加固区土层压缩模量提高系数分别按下列公式计算：

$$\zeta_1 = \frac{f_{spk}}{f_{ak}}$$

(7.9.8-1)

$$\zeta_2 = \frac{f_{spk1}}{f_{ak}}$$

(7.9.8-2)

式中：f_{spk1}、f_{spk} ——分别为仅由长桩处理形成复合地基承载力特征值和长短桩复合地基承载力特征值（kPa）；

ζ_1、ζ_2 ——分别为长短桩复合地基加固土层压缩模量提高系数和仅由长桩处理形成复合地基加固土层压缩模量提高系数。

2 对由有粘结强度的桩与散体材料桩组合形成的复合地基加固区土层压缩模量提高系数可按式（7.9.8-3）或式（7.9.8-4）计算：

$$\zeta_1 = \frac{f_{spk}}{f_{spk2}}[1+m(n-1)]\alpha \qquad (7.9.8-3)$$

$$\zeta_1 = \frac{f_{spk}}{f_{ak}} \qquad (7.9.8-4)$$

式中：f_{spk2}——仅由散体材料桩加固处理后复合地基承载力特征值（kPa）；

α——处理后桩间土地基承载力的调整系数，$\alpha = f_{sk}/f_{ak}$；

m——散体材料桩的面积置换率。

7.9.9 复合地基变形计算深度应大于复合地基土层的厚度，且应满足现行国家标准《建筑地基基础设计规范》GB 50007 的有关规定。

7.9.10 多桩型复合地基的施工应符合下列规定：

1 对处理可液化土层的多桩型复合地基，应先施工处理液化的增强体；

2 对消除或部分消除湿陷性黄土地基，应先施工处理湿陷性的增强体；

3 应降低或减小后施工增强体对已施工增强体的质量和承载力的影响。

7.9.11 多桩型复合地基的质量检验应符合下列规定：

1 竣工验收时，多桩型复合地基承载力检验，应采用多桩复合地基静载荷试验和单桩静载荷试验，检验数量不得少于总桩数的 1%；

2 多桩复合地基载荷板静载荷试验，对每个单体工程检验数量不得少于 3 点；

3 增强体施工质量检验，对散体材料增强体的检验数量不应少于其总桩数的 2%，对具有粘结强度的增强体，完整性检验数量不应少于其总桩数的 10%。

8 注 浆 加 固

8.1 一 般 规 定

8.1.1 注浆加固适用于建筑地基的局部加固处理，适用于砂土、粉土、黏性土和人工填土等地基加固。加固材料可选用水泥浆液、硅化浆液和碱液等固化剂。

8.1.2 注浆加固设计前，应进行室内浆液配比试验和现场注浆试验，确定设计参数，检验施工方法和设备。

8.1.3 注浆加固应保证加固地基在平面和深度连成一体，满足土体渗透性、地基土的强度和变形的设计要求。

8.1.4 注浆加固后的地基变形计算应按现行国家标准《建筑地基基础设计规范》GB 50007 的有关规定进行。

8.1.5 对地基承载力和变形有特殊要求的建筑地基，注浆加固宜与其他地基处理方法联合使用。

8.2 设 计

8.2.1 水泥为主剂的注浆加固设计应符合下列规定：

1 对软弱地基土处理，可选用以水泥为主剂的浆液及水泥和水玻璃的双液型混合浆液；对有地下水流动的软弱地基，不应采用单液水泥浆液。

2 注浆孔间距宜取 1.0m～2.0m。

3 在砂土地基中，浆液的初凝时间宜为 5min～20min；在黏性土地基中，浆液的初凝时间宜为（1～2）h。

4 注浆量和注浆有效范围，应通过现场注浆试验确定；在黏性土地基中，浆液注入率宜为 15%～20%；注浆点上覆土层厚度应大于 2m。

5 对劈裂注浆的注浆压力，在砂土中，宜为 0.2MPa～0.5MPa；在黏性土中，宜为 0.2MPa～0.3MPa。对压密注浆，当采用水泥砂浆浆液时，坍落度宜为 25mm～75mm，注浆压力宜为 1.0MPa～7.0MPa。当采用水泥水玻璃双液快凝浆液时，注浆压力不应大于 1.0MPa。

6 对人工填土地基，应采用多次注浆，间隔时间应按浆液的初凝试验结果确定，且不应大于 4h。

8.2.2 硅化浆液注浆加固设计应符合下列规定：

1 砂土、黏性土宜采用压力双液硅化注浆；渗透系数为（0.1～2.0）m/d的地下水位以上的湿陷性黄土，可采用无压或压力单液硅化注浆；自重湿陷性黄土宜采用无压单液硅化注浆；

2 防渗注浆加固用的水玻璃模数不宜小于 2.2，用于地基加固的水玻璃模数宜为 2.5～3.3，且不溶于水的杂质含量不应超过 2%；

3 双液硅化注浆用的氧化钙溶液中的杂质含量不得超过 0.06%，悬浮颗粒含量不得超过 1%，溶液的 pH 值不得小于 5.5；

4 硅化注浆的加固半径应根据孔隙比、浆液黏度、凝固时间、灌浆速度、灌浆压力和灌浆量等试验确定；无试验资料时，对粗砂、中砂、细砂、粉砂和黄土可按表 8.2.2 确定；

表 8.2.2 硅化法注浆加固半径

土的类型及加固方法	渗透系数 （m/d）	加固半径 （m）
粗砂、中砂、细砂 （双液硅化法）	2～10	0.3～0.4
	10～20	0.4～0.6
	20～50	0.6～0.8
	50～80	0.8～1.0

续表8.2.2

土的类型及加固方法	渗透系数 (m/d)	加固半径 (m)
粉砂（单液硅化法）	0.3～0.5	0.3～0.4
	0.5～1.0	0.4～0.6
	1.0～2.0	0.6～0.8
	2.0～5.0	0.8～1.0
黄土（单液硅化法）	0.1～0.3	0.3～0.4
	0.3～0.5	0.4～0.6
	0.5～1.0	0.6～0.8
	1.0～2.0	0.8～1.0

5 注浆孔的排间距可取加固半径的 1.5 倍；注浆孔的间距可取加固半径的（1.5～1.7）倍；最外侧注浆孔位超出基础底面宽度不得小于 0.5m；分层注浆时，加固层厚度可按注浆管带孔部分的长度上下各25%加固半径计算；

6 单液硅化法应采用浓度为 10%～15% 的硅酸钠，并掺入 2.5%氯化钠溶液；加固湿陷性黄土的溶液用量，可按下式估算：

$$Q = V \bar{n} d_{N1} \alpha \qquad (8.2.2\text{-}1)$$

式中：Q ——硅酸钠溶液的用量（m^3）；

V ——拟加固湿陷性黄土的体积（m^3）；

$\bar{n}$ ——地基加固前，土的平均孔隙率；

d_{N1} ——灌注时，硅酸钠溶液的相对密度；

α ——溶液填充孔隙的系数，可取 0.60～0.80。

7 当硅酸钠溶液浓度大于加固湿陷性黄土所要求的浓度时，应进行稀释，稀释加水量可按下式估算：

$$Q' = \frac{d_N - d_{N1}}{d_{N1} - 1} \times q \qquad (8.2.2\text{-}2)$$

式中：Q' ——稀释硅酸钠溶液的加水量（t）；

d_N ——稀释前，硅酸钠溶液的相对密度；

q ——拟稀释硅酸钠溶液的质量（t）。

8 采用单液硅化法加固湿陷性黄土地基，灌注孔的布置应符合下列规定：

1) 灌注孔间距：压力灌注宜为 0.8m～1.2m；溶液无压力自渗宜为 0.4m～0.6m；

2) 对新建建（构）筑物和设备基础的地基，应在基础底面下按等边三角形满堂布孔，超出基础底面外缘的宽度，每边不得小于 1.0m；

3) 对既有建（构）筑物和设备基础的地基，应沿基础侧向布孔，每侧不宜少于 2 排；

4) 当基础底面宽度大于 3m 时，除应在基础下每侧布置 2 排灌注孔外，可在基础两侧布置斜向基础底面中心以下的灌注孔或在其台阶上布置穿透基础的灌注孔。

8.2.3 碱液注浆加固设计应符合下列规定：

1 碱液注浆加固适用于处理地下水位以上渗透系数为（0.1～2.0）m/d 的湿陷性黄土地基，对自重湿陷性黄土地基的适应性应通过试验确定；

2 当100g 干土中可溶性和交换性钙镁离子含量大于10mg·eq 时，可采用灌注氢氧化钠一种溶液的单液法；其他情况可采用灌注氢氧化钠和氯化钙双液灌注加固；

3 碱液加固地基的深度应根据地基的湿陷类型、地基湿陷等级和湿陷性黄土层厚度，并结合建筑物类别与湿陷事故的严重程度等综合因素确定；加固深度宜为 2m～5m：

1) 对非自重湿陷性黄土地基，加固深度可为基础宽度的（1.5～2.0）倍；

2) 对Ⅱ级自重湿陷性黄土地基，加固深度可为基础宽度的（2.0～3.0）倍。

4 碱液加固土层的厚度 h，可按下式估算：

$$h = l + r \qquad (8.2.3\text{-}1)$$

式中：l ——灌注孔长度，从注液管底部到灌注孔底部的距离（m）；

r ——有效加固半径（m）。

5 碱液加固地基的半径 r，宜通过现场试验确定。当碱液浓度和温度符合本规范第 8.3.3 条规定时，有效加固半径与碱液灌注量之间，可按下式估算：

$$r = 0.6\sqrt{\frac{V}{nl \times 10^3}} \qquad (8.2.3\text{-}2)$$

式中：V ——每孔碱液灌注量（L），试验前可根据加固要求达到的有效加固半径按式（8.2.3-3）进行估算；

n ——拟加固土的天然孔隙率。

r ——有效加固半径（m），当无试验条件或工程量较小时，可取 0.4m～0.5m。

6 当采用碱液加固既有建（构）筑物的地基时，灌注孔的平面布置，可沿条形基础两侧或单独基础周边各布置一排。当地基湿陷性较严重时，孔距宜为 0.7m～0.9m；当地基湿陷较轻时，孔距宜为 1.2m～2.5m。

7 每孔碱液灌注量可按下式估算：

$$V = \alpha\beta\pi r^2(l + r)n \qquad (8.2.3\text{-}3)$$

式中：α ——碱液充填系数，可取 0.6～0.8；

β ——工作条件系数，考虑碱液流失影响，可取 1.1。

8.3 施 工

8.3.1 水泥为主剂的注浆施工应符合下列规定：

1 施工场地应预先平整，并沿钻孔位置开挖沟槽和集水坑。

2 注浆施工时，宜采用自动流量和压力记录仪，并应及时进行数据整理分析。

3 注浆孔的孔径宜为 70mm～110mm，垂直度允许偏差应为±1%。

4 花管注浆法施工可按下列步骤进行：

  1) 钻机与注浆设备就位；

  2) 钻孔或采用振动法将花管置入土层；

  3) 当采用钻孔法时，应从钻杆内注入封闭泥浆，然后插入孔径为 50mm 的金属花管；

  4) 待封闭泥浆凝固后，移动花管自下而上或自上而下进行注浆。

5 压密注浆施工可按下列步骤进行：

  1) 钻机与注浆设备就位；

  2) 钻孔或采用振动法将金属注浆管压入土层；

  3) 当采用钻孔法时，应从钻杆内注入封闭泥浆，然后插入孔径为 50mm 的金属注浆管；

  4) 待封闭泥浆凝固后，捅去注浆管的活络堵头，提升注浆管自下而上或自上而下进行注浆。

6 浆液黏度应为 80s～90s，封闭泥浆 7d 后 70.7mm×70.7mm×70.7mm 立方体试块的抗压强度应为0.3MPa～0.5MPa。

7 浆液宜用普通硅酸盐水泥。注浆时可部分掺用粉煤灰，掺入量可为水泥重量的 20%～50%。根据工程需要，可在浆液拌制时加入速凝剂、减水剂和防析水剂。

8 注浆用水 pH 值不得小于 4。

9 水泥浆的水灰比可取 0.6～2.0，常用的水灰比为 1.0。

10 注浆的流量可取(7～10)L/min，对充填型注浆，流量不宜大于 20L/min。

11 当用花管注浆和带有活堵头的金属管注浆时，每次上拔或下钻高度宜为 0.5m。

12 浆体应经过搅拌机充分搅拌均匀后，方可压注，注浆过程中应不停缓慢搅拌，搅拌时间应小于浆液初凝时间。浆液在泵送前应经过筛网过滤。

13 水温不得超过 30℃～35℃，盛浆桶和注浆管路在注浆体静止状态不得暴露于阳光下，防止浆液凝固；当日平均温度低于 5℃或最低温度低于－3℃的条件下注浆时，应采取措施防止浆液冻结。

14 应采用跳孔间隔注浆，且先外围后中间的注浆顺序。当地下水流速较大时，应从水头高的一端开始注浆。

15 对渗透系数相同的土层，应先注浆封顶，后由下而上进行注浆，防止浆液上冒。如土层的渗透系数随深度而增大，则应自下而上注浆。对互层地层，应先对渗透性或孔隙率大的地层进行注浆。

16 当既有建筑地基进行注浆加固时，应对既有建筑及其邻近建筑、地下管线和地面的沉降、倾斜、位移和裂缝进行监测。并应采用多孔间隔注浆和缩短浆液凝固时间等措施，减少既有建筑基础因注浆而产生的附加沉降。

8.3.2 硅化浆液注浆施工应符合下列规定：

1 压力灌浆溶液的施工步骤应符合下列规定：

  1) 向土中打入灌注管和灌注溶液，应自基础底面标高起向下分层进行，达到设计深度后，应将管拔出，清洗干净方可继续使用；

  2) 加固既有建筑物地基时，应采用沿基础侧向先外排，后内排的施工顺序；

  3) 灌注溶液的压力值由小逐渐增大，最大压力不宜超过 200kPa。

2 溶液自渗的施工步骤，应符合下列规定：

  1) 在基础侧向，将设计布置的灌注孔分批或全部打入或钻至设计深度；

  2) 将配好的硅酸钠溶液满注灌注孔，溶液面宜高出基础底面标高 0.50m，使溶液自行渗入土中；

  3) 在溶液自渗过程中，每隔 2h～3h，向孔内添加一次溶液，防止孔内溶液渗干。

3 待溶液量全部注入土中后，注浆孔宜用体积比为 2∶8 灰土分层回填夯实。

8.3.3 碱液注浆施工应符合下列规定：

1 灌注孔可用洛阳铲、螺旋钻成孔或用带有尖端的钢管打入土中成孔，孔径宜为 60mm～100mm，孔中应填入粒径为 20mm～40mm 的石子到注液管下端标高处，再将内径 20mm 的注液管插入孔中，管底以上 300mm 高度内应填入粒径为 2mm～5mm 的石子，上部宜用体积比为 2∶8 灰土填入夯实。

2 碱液可用固体烧碱或液体烧碱配制，每加固 1m³ 黄土宜用氢氧化钠溶液 35kg～45kg。碱液浓度不应低于 90g/L；双液加固时，氯化钙溶液的浓度为 50 g/L～80g/L。

3 配溶液时，应先放水，而后徐徐放入碱块或浓碱液。溶液加碱量可按下列公式计算：

  1) 采用固体烧碱配制每 1m³ 浓度为 M 的碱液时，每 1m³ 水中的加碱量应符合下式规定：

$$G_s = \frac{1000M}{P} \qquad (8.3.3-1)$$

式中：G_s ——每 1m³ 碱液中投入的固体烧碱量（g）；

    M ——配制碱液的浓度（g/L）；

    P ——固体烧碱中，NaOH 含量的百分数（%）。

  2) 采用液体烧碱配制每 1m³ 浓度为 M 的碱液时，投入的液体烧碱体积 V_1 和加水量 V_2 应符合下列公式规定：

$$V_1 = 1000\frac{M}{d_N N} \qquad (8.3.3-2)$$

$$V_2 = 1000\left(1 - \frac{M}{d_N N}\right) \qquad (8.3.3-3)$$

式中：V_1 —— 液体烧碱体积（L）；

$\quad\quad V_2$ —— 加水的体积（L）；

$\quad\quad d_N$ —— 液体烧碱的相对密度；

$\quad\quad N$ —— 液体烧碱的质量分数。

4 应将桶内碱液加热到 90℃ 以上方能进行灌注，灌注过程中，桶内溶液温度不应低于 80℃。

5 灌注碱液的速度，宜为（2～5）L/min。

6 碱液加固施工，应合理安排灌注顺序和控制灌注速率。宜采用隔（1～2）孔灌注，分段施工，相邻两孔灌注的间隔时间不宜少于 3d。同时灌注的两孔间距不应小于 3m。

7 当采用双液加固时，应先灌注氢氧化钠溶液，待间隔8h～12h后，再灌注氯化钙溶液，氯化钙溶液用量宜为氢氧化钠溶液用量的 1/2～1/4。

8.4 质量检验

8.4.1 水泥为主剂的注浆加固质量检验应符合下列规定：

1 注浆检验应在注浆结束 28d 后进行。可选用标准贯入、轻型动力触探、静力触探或面波等方法进行加固地层均匀性检测。

2 按加固土体深度范围每间隔 1m 取样进行室内试验，测定土体压缩性、强度或渗透性。

3 注浆检验点不应少于注浆孔数的 2%～5%。检验点合格率小于 80% 时，应对不合格的注浆区实施重复注浆。

8.4.2 硅化注浆加固质量检验应符合下列规定：

1 硅酸钠溶液灌注完毕，应在 7d～10d 后，对加固的地基土进行检验；

2 应采用动力触探或其他原位测试检验加固地基的均匀性；

3 工程设计对土的压缩性和湿陷性有要求时，尚应在加固土的全部深度内，每隔 1m 取土样进行室内试验，测定其压缩性和湿陷性；

4 检验数量不应少于注浆孔数的 2%～5%。

8.4.3 碱液加固质量检验应符合下列规定：

1 碱液加固施工应做好施工记录，检查碱液浓度及每孔注入量是否符合设计要求。

2 开挖或钻孔取样，对加固土体进行无侧限抗压强度试验和水稳性试验。取样部位应在加固土体中部，试块数不少于 3 个，28d 龄期的无侧限抗压强度平均值不得低于设计值的 90%。将试块浸泡在自来水中，无崩解。当需要查明加固土体的外形和整体性时，可对有代表性加固土体进行开挖，量测其有效加固半径和加固深度。

3 检验数量不应少于注浆孔数的 2%～5%。

8.4.4 注浆加固处理后地基的承载力应进行静载荷试验检验。

8.4.5 静载荷试验应按附录 A 的规定进行，每个单体建筑的检验数量不应少于 3 点。

9 微型桩加固

9.1 一般规定

9.1.1 微型桩加固适用于既有建筑地基加固或新建建筑的地基处理。微型桩按桩型和施工工艺，可分为树根桩、预制桩和注浆钢管桩等。

9.1.2 微型桩加固后的地基，当桩与承台整体连接时，可按桩基础设计；桩与基础不整体连接时，可按复合地基设计。按桩基设计时，桩顶与基础的连接应符合现行行业标准《建筑桩基技术规范》JGJ 94 的有关规定；按复合地基设计时，应符合本规范第 7 章的有关规定，褥垫层厚度宜为 100mm～150mm。

9.1.3 既有建筑地基基础采用微型桩加固补强，应符合现行行业标准《既有建筑地基基础加固技术规范》JGJ 123 的有关规定。

9.1.4 根据环境的腐蚀性、微型桩的类型、荷载类型（受拉或受压）、钢材的品种及设计使用年限，微型桩中钢构件或钢筋的防腐构造应符合耐久性设计的要求。钢构件或预制桩钢筋保护层厚度不应小于 25mm，钢管砂浆保护层厚度不应小于 35mm，混凝土灌注桩钢筋保护层厚度不应小于 50mm；

9.1.5 软土地基微型桩的设计施工应符合下列规定：

1 应选择较好的土层作为桩端持力层，进入持力层深度不宜小于 5 倍的桩径或边长；

2 对不排水抗剪强度小于 10kPa 的土层，应进行试验性施工；并应采用护筒或永久套管包裹水泥浆、砂浆或混凝土；

3 应采取间隔施工、控制注浆压力和速度等措施，减小微型桩施工期间的地基附加变形，控制基础不均匀沉降及总沉降量；

4 在成孔、注浆或压桩施工过程中，应监测相邻建筑和边坡的变形。

9.2 树根桩

9.2.1 树根桩适用于淤泥、淤泥质土、黏性土、粉土、砂土、碎石土及人工填土等地基处理。

9.2.2 树根桩加固设计应符合下列规定：

1 树根桩的直径宜为 150mm～300mm，桩长不宜超过 30m，对新建建筑宜采用直桩型或斜桩网状布置。

2 树根桩的单桩竖向承载力应通过单桩静载荷试验确定。当无试验资料时，可按本规范式（7.1.5-3）估算。当采用水泥浆二次注浆工艺时，桩侧阻力可乘 1.2～1.4 的系数。

3 桩身材料混凝土强度不应小于 C25，灌注材料可用水泥浆、水泥砂浆、细石混凝土或其他灌浆料，也可用碎石或细石充填再灌注水泥浆或水泥砂浆。

4 树根桩主筋不应少于 3 根，钢筋直径不应小于 12mm，且宜通长配筋。

5 对高渗透性土体或存在地下洞室可能导致的胶凝材料流失，以及施工和使用过程中可能出现桩孔变形与移位，造成微型桩的失稳与扭曲时，应采取土层加固等技术措施。

9.2.3 树根桩施工应符合下列规定：

1 桩位允许偏差宜为±20mm；桩身垂直度允许偏差应为±1%。

2 钻机成孔可采用天然泥浆护壁，遇粉细砂层易塌孔时应加套管。

3 树根桩钢筋笼宜整根吊放。分节吊放时，钢筋搭接焊缝长度双面焊不得小于 5 倍钢筋直径，单面焊不得小于 10 倍钢筋直径，施工时，应缩短吊放和焊接时间；钢筋笼应采用悬挂或支撑的方法，确保灌浆或浇注混凝土时的位置和高度。在斜桩中组装钢筋笼时，应采用可靠的支撑和定位方法。

4 灌注施工时，应采用间隔施工、间歇施工或添加速凝剂等措施，以防止相邻桩孔移位和窜孔。

5 当地下水流速较大可能导致水泥浆、砂浆或混凝土流失影响灌注质量时，应采用永久套管、护筒或其他保护措施。

6 在风化或有裂隙发育的岩层中灌注水泥浆时，为避免水泥浆向周围岩体的流失，应进行桩孔测试和预灌浆。

7 当通过水下浇注管或带孔钻杆或管状承重构件进行浇注混凝土或水泥砂浆时，水下浇注管或带孔钻杆的末端应埋入泥浆中。浇注过程应连续进行，直到顶端溢出浆体的黏稠度与注入浆体一致时为止。

8 通过临时套管灌注水泥浆时，钢筋的放置应在临时套管拔出之前完成，套管拔出过程中应每隔 2m 施加灌浆压力。采用管材作为承重构件时，可通过其底部进行灌浆。

9 当采用碎石或细石充填再注浆工艺时，填料应经清洗，投入量不应小于计算桩孔体积的 0.9 倍，填灌时应同时用注浆管注水清孔。一次注浆时，注浆压力宜为 0.3MPa～1.0MPa，由孔底使浆液逐渐上升，直至浆液溢出孔口再停止注浆。第一次注浆浆液初凝时，方可进行二次及多次注浆，二次注浆水泥浆压力宜为 2MPa～4MPa。灌浆过程结束后，灌浆管中应充满水泥浆并维持灌浆压力一定时间。拔除注浆管后应立即在桩顶填充碎石，并在 1m～2m 范围内补充注浆。

9.2.4 树根桩采用的灌注材料应符合下列规定：

1 具有较好的和易性、可塑性、黏聚性、流动性和自密实性；

2 当采用管送或泵送混凝土或砂浆时，应选用

圆形骨料；骨料的最大粒径不应大于纵向钢筋净距的 1/4，且不应大于 15mm；

3 对水下浇注混凝土配合比，水泥含量不应小于 375kg/m³，水灰比宜小于 0.6；

4 水泥浆的制配，应符合本规范第 9.4.4 条的规定，水泥宜采用普通硅酸盐水泥，水灰比不宜大于 0.55。

9.3 预 制 桩

9.3.1 预制桩适用于淤泥、淤泥质土、黏性土、粉土、砂土和人工填土等地基处理。

9.3.2 预制桩桩体可采用边长为 150mm～300mm 的预制混凝土方桩，直径 300mm 的预应力混凝土管桩，断面尺寸为 100mm～300mm 的钢管桩和型钢等，施工除应满足现行行业标准《建筑桩基技术规范》JGJ 94 的规定外，尚应符合下列规定：

1 对型钢微型桩应保证压桩过程中计算桩体材料最大应力不超过材料抗压强度标准值的 90%；

2 对预制混凝土方桩或预应力混凝土管桩，所用材料及预制过程（包括连接件）、压桩力、接桩和截桩等，应符合现行行业标准《建筑桩基技术规范》JGJ 94 的有关规定；

3 除用于减小桩身阻力的涂层外，桩身材料以及连接件的耐久性应符合现行国家标准《工业建筑防腐蚀设计规范》GB 50046 的有关规定。

9.3.3 预制桩的单桩竖向承载力应通过单桩静载荷试验确定；无试验资料时，初步设计可按本规范式(7.1.5-3)估算。

9.4 注浆钢管桩

9.4.1 注浆钢管桩适用于淤泥质土、黏性土、粉土、砂土和人工填土等地基处理。

9.4.2 注浆钢管桩单桩承载力的设计计算，应符合现行行业标准《建筑桩基技术规范》JGJ 94 的有关规定；当采用二次注浆工艺时，桩侧摩阻力特征值取值可乘以 1.3 的系数。

9.4.3 钢管桩可采用静压或植入等方法施工。

9.4.4 水泥浆的制备应符合下列规定：

1 水泥浆的配合比应采用经认证的计量装置计量，材料掺量符合设计要求；

2 选用的搅拌机应能够保证搅拌水泥浆的均匀性；在搅拌槽和注浆泵之间应设置存储池，注浆前应进行搅拌以防止浆液离析和凝固；

9.4.5 水泥浆灌注应符合下列规定：

1 应缩短桩孔成孔和灌注水泥浆之间的时间间隔；

2 注浆时，应采取措施保证桩长范围内完全灌满水泥浆；

3 灌注方法应根据注浆泵和注浆系统合理选用，

注浆泵与注浆孔口距离不宜大于 30m；

4 当采用桩身钢管进行注浆时，可通过底部一次或多次灌浆；也可将桩身钢管加工成花管进行多次灌浆；

5 采用花管灌浆时，可通过花管进行全长多次灌浆，也可通过花管及阀门进行分段灌浆，或通过互相交错的后注浆管进行分步灌浆。

9.4.6 注浆钢管桩钢管的连接应采用套管焊接，焊接强度与质量应满足现行国家标准《建筑地基基础工程施工质量验收规范》GB 50202 的要求。

9.5 质量检验

9.5.1 微型桩的施工验收，应提供施工过程有关参数，原材料的力学性能检验报告，试件留置数量及制作养护方法、混凝土和砂浆等抗压强度试验报告，型钢、钢管和钢筋笼制作质量检查报告。施工完成后尚应进行桩顶标高和桩位偏差等检验。

9.5.2 微型桩的桩位施工允许偏差，对独立基础、条形基础的边桩沿垂直轴线方向应为 $\pm 1/6$ 桩径，沿轴线方向应为 $\pm 1/4$ 桩径，其他位置的桩应为 $\pm 1/2$ 桩径；桩身的垂直度允许偏差应为 $\pm 1\%$。

9.5.3 桩身完整性检验宜采用低应变动力试验进行检测。检测桩数不得少于总桩数的 10%，且不得少于 10 根。每个柱下承台的抽检桩数不应少于 1 根。

9.5.4 微型桩的竖向承载力检验应采用静载荷试验，检验桩数不得少于总桩数的 1%，且不得少于 3 根。

10 检验与监测

10.1 检 验

10.1.1 地基处理工程的验收检验应在分析工程的岩土工程勘察报告、地基基础设计及地基处理设计资料，了解施工工艺和施工中出现的异常情况等后，根据地基处理的目的，制定检验方案，选择检验方法。当采用一种检验方法的检测结果具有不确定性时，应采用其他检验方法进行验证。

10.1.2 检验数量应根据场地复杂程度、建筑物的重要性以及地基处理施工技术的可靠性确定，并满足处理地基的评价要求。在满足本规范各种处理地基的检验数量，检验结果不满足设计要求时，应分析原因，提出处理措施。对重要的部位，应增加检验数量。

10.1.3 验收检验的抽检位置应按下列要求综合确定：

1 抽检点宜随机、均匀和有代表性分布；

2 设计人员认为的重要部位；

3 局部岩土特性复杂可能影响施工质量的部位；

4 施工出现异常情况的部位。

10.1.4 工程验收承载力检验时，静载荷试验最大加载量不应小于设计要求的承载力特征值的 2 倍。

10.1.5 换填垫层和压实地基的静载荷试验的压板面积不应小于 $1.0m^2$；强夯地基或强夯置换地基静载荷试验的压板面积不宜小于 $2.0m^2$。

10.2 监 测

10.2.1 地基处理工程应进行施工全过程的监测。施工中，应有专人或专门机构负责监测工作，随时检查施工记录和计量记录，并按照规定的施工工艺对工序进行质量评定。

10.2.2 堆载预压工程，在加载过程中应进行竖向变形量、水平位移及孔隙水压力等项目的监测。真空预压应进行膜下真空度、地下水位、地面变形、深层竖向变形和孔隙水压力等监测。真空预压加固区周边有建筑物时，还应进行深层侧向位移和地表边桩位移监测。

10.2.3 强夯施工应进行夯击次数、夯沉量、隆起量、孔隙水压力等项目的监测；强夯置换施工尚应进行置换深度的监测。

10.2.4 当夯实、挤密、旋喷桩、水泥粉煤灰碎石桩、柱锤冲扩桩、注浆等方法施工可能对周边环境及建筑物产生不良影响时，应对施工过程的振动、噪声、孔隙水压力、地下管线和建筑物变形进行监测。

10.2.5 大面积填土、填海等地基处理工程，应对地面变形进行长期监测；施工过程中还应对土体位移和孔隙水压力等进行监测。

10.2.6 地基处理工程施工对周边环境有影响时，应进行邻近建（构）筑物竖向及水平位移监测、邻近地下管线监测以及周围地面变形监测。

10.2.7 处理地基上的建筑物应在施工期间及使用期间进行沉降观测，直至沉降达到稳定为止。

附录 A 处理后地基静载荷试验要点

A.0.1 本试验要点适用于确定换填垫层、预压地基、压实地基、夯实地基和注浆加固等处理后地基承压板应力主要影响范围内土层的承载力和变形参数。

A.0.2 平板静载荷试验采用的压板面积应按需检验土层的厚度确定，且不应小于 $1.0m^2$，对夯实地基，不宜小于 $2.0m^2$。

A.0.3 试验基坑宽度不应小于承压板宽度或直径的 3 倍。应保持试验土层的原状结构和天然湿度。宜在拟试压表面用粗砂或中砂层找平，其厚度不超过 20mm。基准梁及加荷平台支点（或锚桩）宜设在试坑以外，且与承压板边的净距不应小于 2m。

A.0.4 加荷分级不应少于 8 级。最大加载量不应小于设计要求的 2 倍。

A.0.5 每级加载后，按间隔 10min、10min、10min、

15min、15min，以后为每隔 0.5h 测读一次沉降量，当在连续 2h 内，每小时的沉降量小于 0.1mm 时，则认为已趋稳定，可加下一级荷载。

A.0.6 当出现下列情况之一时，即可终止加载，当满足前三种情况之一时，其对应的前一级荷载定为极限荷载：

    1 承压板周围的土明显地侧向挤出；

    2 沉降 s 急骤增大，压力-沉降曲线出现陡降段；

    3 在某一级荷载下，24h 内沉降速率不能达到稳定标准；

    4 承压板的累计沉降量已大于其宽度或直径的 6%。

A.0.7 处理后的地基承载力特征值确定应符合下列规定：

    1 当压力-沉降曲线上有比例界限时，取该比例界限所对应的荷载值。

    2 当极限荷载小于对应比例界限的荷载值的 2 倍时，取极限荷载值的一半。

    3 当不能按上述两款要求确定时，可取 $s/b =$ 0.01 所对应的荷载，但其值不应大于最大加载量的一半。承压板的宽度或直径大于 2m 时，按 2m 计算。

    注：s 为静载荷试验承压板的沉降量；b 为承压板宽度。

A.0.8 同一土层参加统计的试验点不应少于 3 点，各试验实测值的极差不超过其平均值的 30% 时，取该平均值作为处理地基的承载力特征值。当极差超过平均值的 30% 时，应分析极差过大的原因，需要时应增加试验数量并结合工程具体情况确定处理后地基的承载力特征值。

附录 B　复合地基静载荷试验要点

B.0.1 本试验要点适用于单桩复合地基静载荷试验和多桩复合地基静载荷试验。

B.0.2 复合地基静载荷试验用于测定承压板下应力主要影响范围内复合土层的承载力。复合地基静载荷试验承压板应具有足够刚度。单桩复合地基静载荷试验的承压板可用圆形或方形，面积为一根桩承担的处理面积；多桩复合地基静载荷试验的承压板可用方形或矩形，其尺寸按实际桩数所承担的处理面积确定。单桩复合地基静载荷试验桩的中心（或形心）应与承压板中心保持一致，并与荷载作用点相重合。

B.0.3 试验应在桩顶设计标高进行。承压板底面以下宜铺设粗砂或中砂垫层，垫层厚度可取 100mm～150mm。如采用设计的垫层厚度进行试验，试验承压板的宽度对独立基础和条形基础应采用基础的设计宽度，对大型基础试验有困难时应考虑承压板尺寸和垫层厚度对试验结果的影响。垫层施工的夯填度应满足设计要求。

B.0.4 试验标高处的试坑宽度和长度不应小于承压板尺寸的 3 倍。基准梁及加荷平台支点（或锚桩）宜设在试坑以外，且与承压板边的净距不应小于 2m。

B.0.5 试验前应采取防水和排水措施，防止试验场地地基土含水量变化或地基土扰动，影响试验结果。

B.0.6 加载等级可分为（8～12）级。测试前为校核试验系统整体工作性能，预压荷载不得大于总加载量的 5%。最大加载压力不应小于设计要求承载力特征值的 2 倍。

B.0.7 每加一级荷载前后均应各读记承压板沉降量一次，以后每 0.5h 读记一次。当 1h 内沉降量小于 0.1mm 时，即可加下一级荷载。

B.0.8 当出现下列现象之一时可终止试验：

    1 沉降急剧增大，土被挤出或承压板周围出现明显的隆起；

    2 承压板的累计沉降量已大于其宽度或直径的 6%；

    3 当达不到极限荷载，而最大加载压力已大于设计要求压力值的 2 倍。

B.0.9 卸载级数可为加载级数的一半，等量进行，每卸一级，间隔 0.5h，读记回弹量，待卸完全部荷载后间隔 3h 读记总回弹量。

B.0.10 复合地基承载力特征值的确定应符合下列规定：

    1 当压力-沉降曲线上极限荷载能确定，而其值不小于对应比例界限的 2 倍时，可取比例界限；当其值小于对应比例界限的 2 倍时，可取极限荷载的一半；

    2 当压力-沉降曲线是平缓的光滑曲线时，可按相对变形值确定，并应符合下列规定：

        1） 对沉管砂石桩、振冲碎石桩和柱锤冲扩桩复合地基，可取 s/b 或 s/d 等于 0.01 所对应的压力；

        2） 对灰土挤密桩、土挤密桩复合地基，可取 s/b 或 s/d 等于 0.008 所对应的压力；

        3） 对水泥粉煤灰碎石桩或夯实水泥土桩复合地基，对以卵石、圆砾、密实粗中砂为主的地基，可取 s/b 或 s/d 等于 0.008 所对应的压力；对以黏性土、粉土为主的地基，可取 s/b 或 s/d 等于 0.01 所对应的压力；

        4） 对水泥土搅拌桩或旋喷桩复合地基，可取 s/b 或 s/d 等于 0.006～0.008 所对应的压力，桩身强度大于 1.0MPa 且桩身质量均匀时可取高值；

        5） 对有经验的地区，可按当地经验确定相对变形值，但原地基土为高压缩性土层时，相对变形值的最大值不应大于 0.015；

6）复合地基荷载试验，当采用边长或直径大于 2m 的承压板进行试验时，b 或 d 按 2m 计；

7）按相对变形值确定的承载力特征值不应大于最大加载压力的一半。

注：s 为静载荷试验承压板的沉降量；b 和 d 分别为承压板宽度和直径。

B.0.11 试验点的数量不应少于 3 点，当满足其极差不超过平均值的 30% 时，可取其平均值为复合地基承载力特征值。当极差超过平均值的 30% 时，应分析离差过大的原因，需要时应增加试验数量，并结合工程具体情况确定复合地基承载力特征值。工程验收时应视建筑物结构、基础形式综合评价，对于桩数少于 5 根的独立基础或桩数少于 3 排的条形基础，复合地基承载力特征值应取最低值。

附录 C 复合地基增强体单桩静载荷试验要点

C.0.1 本试验要点适用于复合地基增强体单桩竖向抗压静载荷试验。

C.0.2 试验应采用慢速维持荷载法。

C.0.3 试验提供的反力装置可采用锚桩法或堆载法。当采用堆载法加载时应符合下列规定：

1 堆载支点施加于地基的压应力不宜超过地基承载力特征值；

2 堆载的支墩位置以不对试桩和基准桩的测试产生较大影响确定，无法避开时应采取有效措施；

3 堆载量大时，可利用工程桩作为堆载支点；

4 试验反力装置的承重能力应满足试验加载要求。

C.0.4 堆载支点以及试桩、锚桩、基准桩之间的中心距离应符合现行国家标准《建筑地基基础设计规范》GB 50007 的规定。

C.0.5 试压前应对桩头进行加固处理，水泥粉煤灰碎石桩等强度高的桩，桩顶宜设置带水平钢筋网片的混凝土桩帽或采用钢护筒桩帽，其混凝土宜提高强度等级和采用早强剂。桩帽高度不宜小于 1 倍桩的直径。

C.0.6 桩帽下复合地基增强体单桩的桩顶标高及地基土标高应与设计标高一致，加固桩头前应凿成平面。

C.0.7 百分表架设位置宜在桩顶标高位置。

C.0.8 开始试验的时间、加载分级、测读沉降量的时间、稳定标准及卸载观测等应符合现行国家标准《建筑地基基础设计规范》GB 50007 的有关规定。

C.0.9 当出现下列条件之一时可终止加载：

1 当荷载-沉降（Q-s）曲线上有可判定极限承载

力的陡降段，且桩顶总沉降量超过 40mm；

2 $\dfrac{\Delta s_{n+1}}{\Delta s_n} \geqslant 2$，且经 24h 沉降尚未稳定；

3 桩身破坏，桩顶变形急剧增大；

4 当桩长超过 25m，Q-s 曲线呈缓变形时，桩顶总沉降量大于 60mm～80mm；

5 验收检验时，最大加载不应小于设计单桩承载力特征值的 2 倍。

注：Δs_n——第 n 级荷载的沉降增量；Δs_{n+1}——第 $n+1$ 级荷载的沉降增量。

C.0.10 单桩竖向抗压极限承载力的确定应符合下列规定：

1 作荷载-沉降（Q-s）曲线和其他辅助分析所需的曲线；

2 曲线陡降段明显时，取相应于陡降段起点的荷载值；

3 当出现本规范第 C.0.9 条第 2 款的情况时，取前一级荷载值；

4 Q-s 曲线呈缓变型时，取桩顶总沉降量 s 为 40mm 所对应的荷载值；

5 按上述方法判断有困难时，可结合其他辅助分析方法综合判定；

6 参加统计的试桩，当满足其极差不超过平均值的 30% 时，设计可取其平均值为单桩极限承载力；极差超过平均值的 30% 时，应分析离差过大的原因，结合工程具体情况确定单桩极限承载力；需要时应增加试桩数量。工程验收时应视建筑物结构、基础形式综合评价，对于桩数少于 5 根的独立基础或桩数少于 3 排的条形基础，应取最低值。

C.0.11 将单桩极限承载力除以安全系数 2，为单桩承载力特征值。

本规范用词说明

1 为便于在执行本规范条文时区别对待，对要求严格程度不同的用词如下：

1）表示很严格，非这样做不可的：
正面词采用"必须"；反面词采用"严禁"；

2）表示严格，在正常情况下均应这样做的：
正面词采用"应"；反面词采用"不应"或"不得"；

3）表示允许稍有选择，在条件许可时首先应这样做的：
正面词采用"宜"；反面词采用"不宜"；

4）表示有选择，在一定条件下可以这样做的，采用"可"。

2 条文中指明应按其他有关标准执行时的写法为："应符合……的规定"或"应按……执行"。

引用标准名录

1 《建筑地基基础设计规范》GB 50007
2 《建筑抗震设计规范》GB 50011
3 《岩土工程勘察规范》GB 50021
4 《湿陷性黄土地区建筑规范》GB 50025
5 《工业建筑防腐蚀设计规范》GB 50046
6 《土工试验方法标准》GB/T 50123
7 《建筑地基基础工程施工质量验收规范》GB 50202
8 《土工合成材料应用技术规范》GB 50290
9 《建筑桩基技术规范》JGJ 94
10 《既有建筑地基基础加固技术规范》JGJ 123

中华人民共和国行业标准

建筑地基处理技术规范

JGJ 79—2012

条 文 说 明

修 订 说 明

《建筑地基处理技术规范》JGJ 79-2012，经住房和城乡建设部 2012 年 8 月 23 日以第 1448 号公告批准、发布。

本规范是在《建筑地基处理技术规范》JGJ 79-2002 的基础上修订而成，上一版的主编单位是中国建筑科学研究院，参编单位是冶金建筑研究总院、陕西省建筑科学研究设计院、浙江大学、同济大学、湖北省建筑科学研究设计院、福建省建筑科学研究院、铁道部第四勘测设计院（上海）、河北工业大学、西安建筑科技大学、铁道部科学研究院，主要起草人员是张永钧、（以下按姓氏笔画为序）王仁兴、王吉望、王恩远、平湧潮、叶观宝、刘毅、刘惠珊、张峰、杨灿文、罗宇生、周国钧、侯伟生、袁勋、袁内镇、涂光祉、闫明礼、康景俊、滕延京、潘秋元。本次修订的主要技术内容是：1. 处理后的地基承载力、变形和稳定性的计算原则；2. 多种地基处理方法综合处理的工程检验方法；3. 地基处理材料的耐久性设计；4. 处理后的地基整体稳定性分析方法；5. 加筋垫层下卧层承载力验算方法；6. 真空和堆载联合预压处理的设计和施工要求；7. 高能级强夯的设计参数；8. 有粘结强度复合地基增强体桩身强度验算；9. 多桩型复合地基设计施工要求；10. 注浆加固；11. 微型桩加固；12. 检验与监测；13. 复合地基增强体单桩静载荷试验要点；14. 处理后地基静载荷试验要点。

本规范修订过程中，编制组进行了广泛深入的调查研究，总结了我国工程建设建筑地基处理工程的实践经验，同时参考了国外先进标准，与国内相关标准协调，通过调研、征求意见及工程试算，对增加和修订内容的讨论、分析、论证，取得了重要技术参数。

为便于广大设计、施工、科研和学校等单位有关人员在使用本规范时能正确理解和执行条文规定，《建筑地基处理技术规范》编制组按章、节、条顺序编制了本规范的条文说明，对条文规定的目的、依据以及执行中需注意的有关事项进行了说明，还着重对强制性条文的强制性理由做了解释。但是，本条文说明不具备与规范正文同等的法律效力，仅供使用者作为理解和把握规范规定的参考。

目　　次

1 总　　则

1.0.1 我国大规模的基本建设以及可用于建设的土地减少，需要进行地基处理的工程大量增加。随着地基处理设计水平的提高、施工工艺的改进和施工设备的更新，我国地基处理技术有了很大发展。但由于工程建设的需要，建筑使用功能的要求不断提高，需要地基处理的场地范围进一步扩大，用于地基处理的费用在工程建设投资中所占比重不断增大。因此，地基处理的设计和施工必须认真贯彻执行国家的技术经济政策，做到安全适用、技术先进、经济合理、确保质量和保护环境。

1.0.2 本规范适用于建筑工程地基处理的设计、施工和质量检验，铁路、交通、水利、市政工程的建（构）筑物地基可根据工程的特点采用本规范的处理方法。

1.0.3 因地制宜、就地取材、保护环境和节约资源是地基处理工程应该遵循的原则，符合国家的技术经济政策。

2　术语和符号

2.1　术　　语

2.1.2 本规范所指复合地基是指建筑工程中由地基土和竖向增强体形成的复合地基。

3　基　本　规　定

3.0.1 本条规定是在选择地基处理方案前应完成的工作，其中强调要进行现场调查研究，了解当地地基处理经验和施工条件，调查邻近建筑、地下工程、管线和环境情况等。

3.0.2 大量工程实例证明，采用加强建筑物上部结构刚度和承载能力的方法，能减少地基的不均匀变形，取得较好的技术经济效果。因此，本条规定对于需要进行地基处理的工程，在选择地基处理方案时，应同时考虑上部结构、基础和地基的共同作用，尽量选用加强上部结构和处理地基相结合的方案，这样既可降低地基处理费用，又可收到满意的效果。

3.0.3 本条规定了在确定地基处理方法时宜遵循的步骤。着重指出在选择地基处理方案时，宜根据各种因素进行综合分析，初步选出几种可供考虑的地基处理方案，其中强调包括选择两种或多种地基处理措施组成的综合处理方案。工程实践证明，当岩土工程条件较为复杂或建筑物对地基要求较高时，采用单一的地基处理方法，往往满足不了设计要求或造价较高，而由两种或多种地基处理措施组成的综合处理方法可

能是最佳选择。

地基处理是经验性很强的技术工作。相同的地基处理工艺，相同的设备，在不同成因的场地上处理效果不尽相同；在一个地区成功的地基处理方法，在另一个地区使用，也需根据场地的特点对施工工艺进行调整，才能取得满意的效果。因此，地基处理方法和施工参数确定时，应进行相应的现场试验或试验性施工，进行必要的测试，以检验设计参数和处理效果。

3.0.4 建筑地基承载力的基础宽度、基础埋深修正是建立在浅基础承载力理论上，对基础宽度和基础埋深所能提高的地基承载力设计取值的经验方法。经处理的地基由于其处理范围有限，处理后增强的地基性状与自然环境下形成的地基性状有所不同，处理后的地基，当按地基承载力确定基础底面积及埋深而需要对本规范确定的地基承载力特征值进行修正时，应分析工程具体情况，采用安全的设计方法。

1 压实填土地基，当其处理的面积较大（一般应视处理宽度大于基础宽度的 2 倍），可按现行国家标准《建筑地基基础设计规范》GB 50007 规定的土性要求进行修正。

这里有两个问题需要注意：首先，需修正的地基承载力应是基础底面经检验确定的承载力，许多工程进行修正的地基承载力与基础底面确定的承载力并不一致；其次，这些处理后的地基表层及以下土层的承载力并不一致，可能存在表层高以下土层低的情况。所以如果地基承载力验算考虑了深度修正，应在地基主要持力层满足要求条件下才能进行。

2 对于不满足大面积处理的压实地基、夯实地基以及其他处理地基，基础宽度的地基承载力修正系数取零，基础埋深的地基承载力修正系数取 1.0。

复合地基由于其处理范围有限，增强体的设置改变了基底压力的传递路径，其破坏模式与天然地基不同。复合地基承载力的修正的研究成果还很少，为安全起见，基础宽度的地基承载力修正系数取零，基础埋深的地基承载力修正系数取 1.0。

3.0.5 本条为强制性条文。对处理后的地基应进行的设计计算内容给出规定。

处理地基的软弱下卧层验算，对压实、夯实、注浆加固地基及散体材料增强体复合地基等应按压力扩散角，按现行国家标准《建筑地基基础设计规范》GB 50007 的方法验算，对有粘结强度的增强体复合地基，按其荷载传递特性，可按实体深基础法验算。

处理后的地基应满足建筑物承载力、变形和稳定性要求。稳定性计算可按本规范第 3.0.7 条的规定进行，变形计算应符合现行国家标准《建筑地基基础设计规范》GB 50007 的有关规定。

3.0.6 偏心荷载作用下，对于换填垫层、预压地基、压实地基、夯实地基、散体桩复合地基、注浆加固等处理后地基可按现行国家标准《建筑地基基础设计规

范》GB 50007 的要求进行验算，即满足：

当轴心荷载作用时

$$P_k \leqslant f'_a \qquad (1)$$

当偏心荷载作用时

$$P_{kmax} \leqslant 1.2f'_a \qquad (2)$$

式中：f'_a 为处理后地基的承载力特征值。

对于有一定粘结强度增强体复合地基，由于增强体布置不同，分担偏心荷载时增强体上的荷载不同，应同时对桩、土作用的力加以控制，满足建筑物在长期荷载作用下的正常使用要求。

3.0.7 受较大水平荷载或位于斜坡上的建筑物及构筑物，当建造在处理后的地基上时，或由于建筑物及构筑物建造在处理后的地基上，而邻近地下工程施工改变了原建筑物地基的设计条件，建筑物地基存在稳定问题时，应进行建筑物整体稳定分析。

采用散体材料进行地基处理，其地基的稳定可采用圆弧滑动法分析，已得到工程界的共识；对于采用具有胶结强度的材料进行地基处理，其地基的稳定性分析方法还有不同的认识。同时，不同的稳定分析的方法其保证工程安全的最小稳定安全系数的取值不同。采用具有胶结强度的材料进行地基处理，其地基整体失稳是增强体断裂，并逐渐形成连续滑动面的破坏现象，已得到工程的验证。

本次修订规范组对处理地基的稳定分析方法进行了专题研究。在《软土地基上复合地基整体稳定计算方法》专题报告中，对同一工程算例采用传统的复合地基稳定计算方法、英国加筋土及加筋填土规范计算方法、考虑桩体弯曲破坏的可使用抗剪强度计算方法、桩在滑动面发挥摩擦力的计算方法、扣除桩分担荷载的等效荷载法等进行了对比分析，提出了可采用考虑桩体弯曲破坏的等效抗剪强度计算方法、扣除桩分担荷载的等效荷载法和英国 BS8006 方法综合评估软土地基上复合地基的整体稳定性的建议。并提出了不同计算方法对应不同最小安全系数取值的建议。

采用 geoslope 计算软件的有限元强度折减法对某一实际工程采用砂桩复合地基加固以及采用刚性桩加固进行了稳定性分析对比。砂桩的抗剪强度指标由砂桩的密实度确定，刚性桩的抗剪强度指标由桩折断后的材料摩擦系数确定。对比分析结果说明，采用刚性桩加固计算的稳定安全系数与采用考虑桩体弯曲破坏的等效抗剪强度计算方法的结果较接近；同时其结果说明，如果考虑刚性桩折断，采用材料摩擦性质确定抗剪强度指标，刚性桩加固后的稳定安全系数与砂桩复合地基加固接近（不考虑砂桩排水固结作用）。计算中刚性桩加固的桩土应力比在不同位置分别为堆载平台面处 7.3～8.4，坡面处 5.8～6.4。砂桩复合地基加固，当砂桩的内摩擦角取 30°，不考虑砂桩排水固结作用的稳定安全系数为 1.06；考虑砂桩排水固

结作用的稳定安全系数为 1.29。采用 CFG 桩复合地基加固，CFG 桩断裂后，材料间摩擦系数取 0.55，折算内摩擦角取 29°，计算的稳定安全系数为 1.05。

本次修订规定处理后的地基上建筑物稳定分析可采用圆弧滑动法，其稳定安全系数不应小于 1.30。散体加固材料的抗剪强度指标，可按加固体的密实度通过试验确定，这是常用的方法。胶结材料抵抗水平荷载和弯矩的能力较弱，其对整体稳定的作用（这里主要指具有胶结强度的竖向增强体），假定其桩体完全断裂，按滑动面材料的摩擦性能确定抗剪强度指标，对工程验算是安全的。

规范修订组的验算结果表明，采用无配筋的竖向增强体地基处理，其提高稳定安全性的能力是有限的。工程需要时应配置钢筋，增加增强体的抗剪强度；或采用设置抗滑构件的方法满足稳定安全性要求。

3.0.8 刚度差异较大的整体大面积基础其地基反力分布不均匀，且结构对地基变形有较高要求，所以其地基处理设计，宜根据结构、基础和地基共同作用结果进行地基承载力和变形验算。

3.0.9 本条是地基处理工程的验收检验的基本要求。

换填垫层、预压地基、压实地基、夯实地基和注浆加固地基的检测，主要通过载荷试验、静力和动力触探、标准贯入或土工试验等检验处理地基的均匀性和承载力。对于复合地基，不仅要做上述检验，还应对增强体的质量进行检验，需要时可采用钻芯取样进行增强体强度复核。

3.0.10 本条是对采用多种地基处理方法综合使用的地基处理工程验收检验方法的要求。采用多种地基处理方法综合使用的地基处理工程，每一种方法处理后的检验由于其检验方法的局限性，不能代表整个处理效果的检验，地基处理工程完成后应进行整体处理效果的检验（例如进行大尺寸承压板载荷试验）。

3.0.11 地基处理采用的材料，一方面要考虑地下土、水环境对其处理效果的影响，另一方面应符合环境保护要求，不应对地基土和地下水造成污染。地基处理采用材料的耐久性要求，应符合有关规范的规定。现行国家标准《工业建筑防腐蚀设计规范》GB 50046 对工业建筑材料的防腐蚀问题进行了规定，现行国家标准《混凝土结构设计规范》GB 50010 对混凝土的防腐蚀和耐久性提出了要求，应遵照执行。对水泥粉煤灰碎石桩复合地基的增强体以及微型桩材料，应根据表 1 规定的混凝土结构暴露的环境类别，满足表 2 的要求。

表 1　混凝土结构的环境类别

环境类别	条　件
一	室内干燥环境； 无侵蚀性静水浸没环境

续表1

环境类别	条　件
二 a	室内潮湿环境； 非严寒和非寒冷地区的露天环境； 非严寒和非寒冷地区的与无侵蚀性的水或土壤直接接触的环境； 严寒和寒冷地区的冰冻线以下与无侵蚀性的水或土壤直接接触的环境
二 b	干湿交替环境； 水位频繁变动环境； 严寒和寒冷地区的露天环境； 严寒和寒冷地区冰冻线以上与无侵蚀性的水或土壤直接接触的环境
三 a	严寒和寒冷地区冬季水位变动区环境； 受除冰盐影响环境； 海风环境
三 b	盐渍土环境； 受除冰盐作用环境； 海岸环境
四	海水环境
五	受人为或自然的侵蚀性物质影响的环境

注：1　室内潮湿环境是指构件表面经常处于结露或湿润状态的环境；
  2　严寒和寒冷地区的划分应符合现行国家标准《民用建筑热工设计规范》GB 50176 的有关规定；
  3　海岸环境和海风环境宜根据当地情况，考虑主导风向及结构所处迎风、背风部位等因素的影响，由调查研究和工程经验确定；
  4　受除冰盐影响环境是指受到除冰盐盐雾影响的环境；受除冰盐作用环境是指被除冰盐溶液溅射的环境以及使用除冰盐地区的洗车房、停车楼等建筑；
  5　暴露的环境是指混凝土结构表面所处的环境。

表2　结构混凝土材料的耐久性基本要求

环境等级	最大水胶比	最低强度等级	最大氯离子含量（％）	最大碱含量（kg/m³）
一	0.60	C20	0.30	不限制
二 a	0.55	C25	0.20	3.0
二 b	0.50（0.55）	C30（C25）	0.15	3.0
三 a	0.45（0.50）	C35（C30）	0.15	3.0
三 b	0.40	C40	0.10	3.0

注：1　氯离子含量系指其占胶凝材料总量的百分比；
  2　预应力构件混凝土中的最大氯离子含量为 0.06％；其最低混凝土强度等级宜按表中的规定提高两个等级；
  3　素混凝土构件的水胶比及最低强度等级的要求可以适当放松；
  4　有可靠工程经验时，二类环境中的最低强度等级可降低一个等级；
  5　处于严寒和寒冷地区二 b、三 a 类环境中的混凝土应使用引气剂，并可采用括号中的有关参数；
  6　当使用非碱活性骨料时，对混凝土中的碱含量可不作限制。

3.0.12　地基处理工程是隐蔽工程。施工技术人员应掌握所承担工程的地基处理目的、加固原理、技术要求和质量标准等，才能根据场地情况和施工情况及时调整施工工艺和施工参数，实现设计要求。地基处理工程同时又是经验性很强的技术工作，根据场地勘测资料以及建筑物的地基要求进行设计，在现场实施中仍有许多与场地条件和设计要求不符合的情况，要求及时解决。地基处理工程施工结束后，必须按国家有关规定进行质量检验和验收。

4　换 填 垫 层

4.1　一 般 规 定

4.1.1　软弱土层系指主要由淤泥、淤泥质土、冲填土、杂填土或其他高压缩性土层构成的地基。在建筑地基的局部范围内有高压缩性土层时，应按局部软弱土层处理。

换填垫层适用于处理各类浅层软弱地基。当在建筑范围内上层软弱土较薄时，则可采用全部置换处理。对于较深厚的软弱土层，当仅用垫层局部置换上层软弱土层时，下卧软弱土层在荷载作用下的长期变形可能依然很大。例如，对较深厚的淤泥或淤泥质土类软弱地基，采用垫层仅置换上层软土后，通常可提高持力层的承载力，但不能解决由于深层土质软弱而造成地基变形量大对上部建筑物产生的有害影响；或者对于体型复杂、整体刚度差、或对差异变形敏感的建筑，均不应采用浅层局部换填的处理方法。

对于建筑范围内局部存在松填土、暗沟、暗塘、古井、古墓或拆除旧基础后的坑穴，可采用换填垫层进行地基处理。在这种局部的换填处理中，保持建筑地基整体变形均匀是换填应遵循的最基本的原则。

4.1.3　大面积换填处理，一般采用大型机械设备，场地条件应满足大型机械对下卧土层的施工要求，地下水位高时应采取降水措施，对分层土的厚度、压实效果及施工质量控制标准等均应通过试验确定。

4.1.4　开挖基坑后，利用分层回填夯压，也可处理较深的软弱土层。但换填基坑开挖过深，常因地下水位高，需要采用降水措施；坑壁放坡占地面积大或边坡需要支护及因此易引起邻近地面、管网、道路与建筑的沉降变形破坏；再则施工土方量大、弃土多等因素，常使处理工程费用增高、工期拖长、对环境的影响增大等。因此，换填法的处理深度通常控制在 3m 以内较为经济合理。

大面积填土产生的大范围地面负荷影响深度较深，地基缩变形量大，变形延续时间长，与换填垫层浅层处理地基的特点不同，因而大面积填土地基的设计施工按照本规范第 6 章有关规定执行。

4.2 设　计

4.2.1 砂石是良好的换填材料，但对具有排水要求的砂垫层宜控制含泥量不大于3%；采用粉细砂作为换填材料时，应改善材料的级配状况，在掺加碎石或卵石使其颗粒不均匀系数不小于5并拌合均匀后，方可用于铺填垫层。

石屑是采石场筛选碎石后的细粒废弃物，其性质接近于砂，在各地使用作为换填材料时，均取得了很好的成效。但应控制好含泥量及含粉量，才能保证垫层的质量。

黏土难以夯压密实，故换填时应避免采用作为换填材料，在不得已选用上述土料回填时，也应掺入不少于30%的砂石并拌合均匀后，方可使用。当采用粉质黏土大面积换填并使用大型机械夯压时，土料中的碎石粒径可稍大于50mm，但不宜大于100mm，否则将影响垫层的夯压效果。

灰土强度随土料中黏粒含量增高而加大，塑性指数小于4的粉土中黏粒含量太少，不能达到提高灰土强度的目的，因而不能用于拌合灰土。灰土所用的消石灰应符合优等品标准，储存期不超过3个月，所含活性CaO和MgO越高则胶结力越强。通常灰土的最佳含灰率约为CaO＋MgO总量的8%。石灰应消解（3～4）d并筛除生石灰块后使用。

粉煤灰可分为湿排灰和调湿灰。按其燃烧后形成玻璃体的粒径分析，应属粉土的范畴。但由于含有CaO、SO_3等成分，具有一定的活性，当与水作用时，因具有胶凝作用的火山灰反应，使粉煤灰垫层逐渐获得一定的强度与刚度，有效地改善了垫层地基的承载能力及减小变形的能力。不同于抗地震液化能力较低的粉土或粉砂，由于粉煤灰具有一定的胶凝作用，在压实系数大于0.9时，即可以抵抗7度地震液化。用于发电的燃煤常伴生有微量放射性同位素，因而粉煤灰亦有时有弱放射性。作为建筑物垫层的粉煤灰应按照现行国家标准《建筑材料放射性核素限量》GB 6566的有关规定作为安全使用的标准，粉煤灰含碱性物质，回填后碱性成分在地下水中溶出，使地下水具弱碱性，因此应考虑其对地下水的影响并应对粉煤灰垫层中的金属构件、管网采取一定的防腐措施。粉煤灰垫层上宜覆盖0.3m～0.5m厚的黏性土，以防干灰飞扬，同时减少碱性对植物生长的不利影响，有利于环境绿化。

矿渣的稳定性是其是否适用于作换填垫层材料的最主要性能指标，原冶金部试验结果证明，当矿渣中CaO的含量小于45%及FeS与MnS的含量约为1%时，矿渣不会产生硅酸盐分解和铁锰分解，排渣时不浇石灰水，矿渣也就不会产生石灰分解，则该类矿渣性能稳定，可用于换填。对中、小型垫层可选用8mm～40mm与40mm～60mm的分级矿渣或0mm～60mm的混合矿渣；较大面积填时，矿渣最大粒径不宜大于200mm或大于分层铺填厚度的2/3。与粉煤灰相同，对用于换填垫层的矿渣，同样要考虑放射性、对地下水和环境的影响及对金属管网、构件的影响。

土工合成材料（Geosynthetics）是近年来随着化学合成工业的发展而迅速发展起来的一种新型土工材料，主要由涤纶、尼龙、腈纶、丙纶等高分子化合物，根据工程的需要，加工成具有弹性、柔性、高抗拉强度、低延伸率、透水、隔水、反滤性、抗腐蚀性、抗老化性和耐久性的各种类型的产品。如土工格栅、土工格室、土工垫、土工带、土工网、土工膜、土工织物、塑料排水带及其他土工合成材料等。由于这些材料的优异性能及广泛的适用性，受到工程界的重视，被迅速推广应用于河、海岸护坡、堤坝、公路、铁路、港口、堆场、建筑、矿山、电力等领域的岩土工程中，取得了良好的工程效果和经济效益。

用于换填垫层的土工合成材料，在垫层中主要起加筋作用，以提高地基土的抗拉和抗剪强度、防止垫层被拉断裂和剪切破坏、保持垫层的完整性、提高垫层的抗弯刚度。因此利用土工合成材料加筋的垫层有效地改变了天然地基的性状，增大了压力扩散角，降低了下卧土层的压力，约束了地基侧向变形，调整了地基不均匀变形，增大地基的稳定性并提高地基的承载力。由于土工合成材料的上述特点，将其用于软弱黏性土、泥炭、沼泽地区修建道路、堆场等取得了较好的成效，同时在部分建筑、构筑物的加筋垫层中应用，也取得了一定的效果。根据理论分析、室内试验以及工程实测的结果证明采用土工合成材料加筋垫层的作用机理为：（1）扩散应力，加筋垫层刚度较大，增大了压力扩散角，有利于上部荷载扩散，降低垫层底面压力；（2）调整不均匀沉降，由于加筋垫层的作用，加大了压缩层范围内地基的整体刚度，有利于调整基础的不均匀沉降；（3）增大地基稳定性，由于加筋垫层的约束，整体上限制了地基土的剪切、侧向挤出及隆起。

采用土工合成材料加筋垫层时，应根据工程荷载的特点、对变形、稳定性的要求和地基土的工程性质、地下水性质及土工合成材料的工作环境等，选择土工合成材料的类型、布置形式及填料品种，主要包括：（1）确定所需土工合成材料的类型、物理性质和主要的力学性质如允许抗拉强度及相应的伸长率、耐久性与抗腐蚀性等；（2）确定土工合成材料在垫层中的布置形式、间距及端部的固定方式；（3）选择适用的填料与施工方法等。此外，要通过验证、保证土工合成材料在垫层中不被拉断和拔出失效。同时还要检验垫层地基的强度和变形以确保满足设计的要求。最后通过静载荷试验确定垫层地基的承载能力。

土工合成材料的耐久性与老化问题，在工程界均有较多的关注。由于土工合成材料引入我国为时不久，目前未见在工程中老化而影响耐久性。英国已有近一百年的使用历史，效果较好。合成材料老化的主要因素：紫外线照射、60℃～80℃的高温或氧化等。在岩土工程中，由于土工合成材料是埋在地下的土层中，上述三个影响因素皆极微弱，故土工合成材料能满足常规建筑工程中的耐久性需要。

在加筋土垫层中，主要由土工合成材料承受拉应力，所以要求选用高强度、低徐变性、延伸率适宜的材料，以保证垫层及下卧层土体的稳定性。在软弱土层采用土工合成材料加筋垫层，由合成材料承受上部荷载产生的应力远高于软弱土中的应力，因此一旦由于合成材料超过极限强度产生破坏，随之荷载转移而由软弱土承受全部外荷，势将大大超过软弱土的极限强度，而导致地基的整体破坏；进而地基的失稳将会引起上部建筑产生较大的沉降，并使建筑结构造成严重的破坏。因此用于加筋垫层中的土工合成材料必须留有足够的安全系数，而绝不能使其受力后的强度等参数处于临界状态，以免导致严重的后果。

4.2.2 垫层设计应满足建筑地基的承载力和变形要求。首先垫层能换除基础下直接承受建筑荷载的软弱土层，代之以能满足承载力要求的垫层；其次荷载通过垫层的应力扩散，使下卧层顶面受到的压力满足小于或等于下卧层承载能力的条件；再者基础持力层被低压缩性的垫层代换，能大大减少基础的沉降量。因此，合理确定垫层厚度是垫层设计的主要内容。通常根据土层的情况确定需要换填的深度，对于浅层软土厚度不大的工程，应置换掉全部软弱土。对需换填的软弱土层，首先应根据垫层的承载力确定基础的宽度和基底压力，再根据垫层下卧层的承载力，设置垫层的厚度，经本规范式（4.2.2-1）复核，最后确定垫层厚度。

下卧层顶面的附加压力值可以根据双层地基理论进行计算，但这种方法仅限于条形基础均布荷载的计算条件。也可以将双层地基视作均质地基，按均质连续各向同性半无限直线变形体的弹性理论计算。第一种方法计算比较复杂，第二种方法的假定又与实际双层地基的状态有一定误差。最常用的是扩散角法，按本规范式（4.2.2-2）或式（4.2.2-3）计算的垫层厚度虽比按弹性理论计算的结果略偏安全，但由于计算方法比较简便，易于理解又便于接受，故而在工程设计中得到了广泛的认可和使用。

压力扩散角应随垫层材料及下卧土层的力学特性差异而定，可按双层地基的条件来考虑。四川及天津曾先后对上硬下软的双层地基进行了现场静载荷试验及大量模型试验，通过实测软弱下卧层顶面的压力反算上部垫层的压力扩散角，根据模型试验实测压力，在垫层厚度等于基础宽度时，计算的压力扩散角均小于30°，而直观破裂角为30°。同时，对照耶戈洛夫双

层地基应力理论计算值，在较安全的条件下，验算下卧层承载力的垫层破坏的扩散角与实测土的破裂角相当。因此，采用理论计算值时，扩散角最大取30°。对小于30°的情况，以理论计算值为基础，求出不同垫层厚度时的扩散角θ。根据陕西、上海、北京、辽宁、广东、湖北等地的垫层试验，对于中砂、粗砂、砾砂、石屑的变形模量均在30MPa～45MPa的范围，卵石、碎石的变形模量可达35MPa～80MPa，而矿渣则可达到35MPa～70MPa。这类粗颗粒垫层材料与下卧的较软土层相比，其变形模量比值均接近或大于10，扩散角最大取30°；而对于其他常作换填材料的细粒土或粉煤灰垫层，碾压后变形模量可达到13MPa～20MPa，与粉质黏土垫层类似，该类垫层材料的变形模量与下卧较软土层的变形模量比值显著小于粗粒土垫层的比值，则可比较安全地按3来考虑，同时按理论值计算出扩散角θ。灰土垫层则根据北京的试验及北京、天津、西北等地经验，按一定压实要求的3：7或2：8灰土28d强度考虑，取θ为28°。因此，参照现行国家标准《建筑地基基础设计规范》GB 50007给出不同垫层材料的压力扩散角。

土夹石、砂夹石垫层的压力扩散角宜依据土与石、砂与石的配比，按静载荷试验结果确定，有经验时也可按地区经验选取。

土工合成材料加筋垫层一般用于z/b较小的薄垫层。对土工带加筋垫层，设置一层土工筋带时，θ宜取26°；设置两层及以上土工筋带时，θ宜取35°。

利用太原某某现场工程加筋垫层原位静载荷试验，对土工带加筋垫层的压力扩散角进行验算。试验中加筋垫层土为碎石，粒径10mm～30mm，垫层尺寸为2.3m×2.3m×0.3m，基础底面尺寸为1.5m×1.5m。土工带加筋采用两种土工筋带：TG玻塑复合筋带（A型，极限抗拉强度σ_b=94.3MPa）和CPE钢塑复合筋带（B型，极限抗拉强度σ_b=139.4MPa）。根据不同的加筋参数和加筋材料，将此工程分为10种工况进行计算。具体工况参数如表3所示。以沉降为1.5%基础宽度处的荷载值作为基础底面处的平均压力值，垫层底面处的附加压力值为58.3kPa。基础底面处垫层土的自重压力值忽略不计。由式（4.2.2-3）分别计算加筋碎石垫层的压力扩散角值，结果列于表3。

表3　工况参数及压力扩散角

试验编号	A1	A2	A3	A4	A5	A6	A7	B6	B7	B8
加筋层数	1	1	1	1	1	2	2	2	2	2
首层间距（cm）	5	10	10	10	20	5	5	5	5	5

试验编号	A1	A2	A3	A4	A5	A6	A7	B6	B7	B8
层间距(cm)	—	—	—	—	—	10	15	10	15	20
LDR(%)	33.3	50.0	33.3	25.0	33.3	33.3	33.3	33.3	33.3	33.3
$q_{0.015B}$ (kPa)	87.5	86.3	84.7	83.2	84.0	100.9	97.6	90.6	88.3	85.6
θ (°)	29.3	28.4	27.1	25.9	26.5	38.2	36.3	31.6	29.9	27.8

注：LDR—加筋线密度；$q_{0.015B}$—沉降为1.5%基础宽度处的荷载值；θ—压力扩散角。

收集了太原地区7项土工带加筋垫层工程，按照表4.2.2给出的压力扩散角取值验算是否满足式(4.2.2-1)要求。7项工程概况描述如下，工程基本参数和压力扩散角取值列于表4。验算时，太原地区从地面到基础底面土的重度加权平均值取 $\gamma_m = 19kN/m^3$，加筋垫层重度碎石取 $21kN/m^3$，砂石取 $19.5kN/m^3$，灰土取 $16.5kN/m^3$，所用土工筋带均为TG玻塑复合筋带（A型），η_d 取1.5。验算结果列于表5。

表4　土工带加筋工程基本参数

工程编号	$L \times B$ (m)	d (m)	z (m)	N	$B \times h$ (mm)	U (m)	H (m)	LDR (%)	θ (°)
1	46.0×17.9	2.83	2.5	2	25×2.5	0.5	0.5	0.20	35
2	93.5×17.5	2.80	1.2	2	25×2.5	0.4	0.4	0.17	35
3	40.5×22.5	2.70	1.5	2	25×2.5	0.8	0.4	0.20	35
4	78.4×16.7	2.78	1.8	2	25×2.5	0.4	0.4	0.17	35
5	60.8×14.9	2.73	1.5	2	25×2.5	0.6	0.4	0.17	35
6	40.0×17.5	5.43	2.5	2	25×2.5	1.7	0.4	0.33	35
7	71.1×13.6	2.50	1.0	1	25×2.5	0.5	—	0.17	26

注：L—基础长度；B—基础宽度；d—基础埋深；z—垫层厚度；N—加筋层数；h—加筋带厚度；U—首层加筋间距；H—加筋间距；其他同表3。

表5　加筋垫层下卧层承载力计算

工程编号	p_k (kPa)	p_c (kPa)	p_z (kPa)	p_{cz} (kPa)	p_z+p_{cz} (kPa)	f_{azk} (kPa)	深度修正部分的承载力 (kPa)	f_{az} (kPa)	实测沉降		
									最大沉降 (mm)	最小沉降 (mm)	平均沉降 (mm)
1	140	53.8	67.0	102.5	169.5	70	137.6	207.6	10.0	7.0	8.3
2	140	53.2	77.8	73.0	150.8	80	99.75	179.75	—	—	—
3	220	51.3	146.7	82.8	229.5	150	105.5	255.5	72	63	67.5
4	150	52.8	81.8	87.9	169.7	80	116.25	196.25	8.7	7.0	7.9
5	130	51.9	66.2	81.1	147.3	80	106.25	186.25	4.2	3.5	3.9
6	260	103.2	120.2	151.9	272.1	120	211.75	331.75	—	—	—
7	140	47.5	85.1	67.0	152.1	90	85.5	175.5	—	—	—

1—山西省机电设计研究院13号住宅楼（6层砖混，砂石加筋）；

2—山西省体委职工住宅楼（6层砖混，灰土加筋）；

3—迎泽房管所住宅楼（9层底框，碎石加筋）；

4—文化苑 E-4 号住宅楼（7层砖混，砂石加筋）；

5—文化苑 E-5 号住宅楼（6层砖混，砂石加筋）；

6—山西省交通干部学校综合教学楼（13层框剪，砂石加筋）；

7—某机关职工住宅楼（6层砖混，砂石加筋）。

4.2.3 确定垫层宽度时，除应满足应力扩散的要求外，还应考虑侧面土的强度条件，保证垫层应有足够的宽度，防止垫层材料向侧边挤出而增大垫的竖向变形量。当基础荷载较大，或对沉降要求较高，或垫层侧边土的承载力较差时，垫层宽度应适当加大。

垫层顶面每边超出基础底边应大于 $z\tan\theta$，且不得小于300mm，如图1所示。

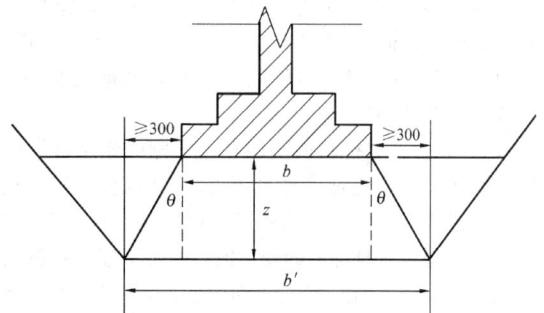

图1　垫层宽度取值示意

4.2.4 矿渣垫层的压实指标，由于干密度试验难于操作，误差较大。所以其施工的控制标准按目前的经验，在采用8t以上的平碾或振动碾施工时可按最后两遍压实的压陷差小于2mm控制。

4.2.5 经换填处理后的地基，由于理论计算方法尚不够完善，或由于较难选取有代表性的计算参数等原因，而难于通过计算准确确定地基承载力，所以，本条强调经换填垫层处理的地基其承载力宜通过试验、尤其是通过现场原位试验确定。对于按现行国家标准《建筑地基基础设计规范》GB 50007设计等级为丙级的建筑物及一般的小型、轻型或对沉降要求不高的工程，在无试验资料或经验时，当施工达到本规范要求的压实标准后，初步设计时可以参考表6所列的承载力特征值取用。

表6　垫层的承载力

换填材料	承载力特征值 f_{ak} (kPa)
碎石、卵石	200～300
砂夹石（其中碎石、卵石占全重的30%～50%）	200～250
土夹石（其中碎石、卵石占全重的30%～50%）	150～200
中砂、粗砂、砾砂、圆砾、角砾	150～200
粉质黏土	130～180
石屑	120～150
灰土	200～250
粉煤灰	120～150
矿渣	200～300

注：压实系数小的垫层，承载力特征值取低值，反之取高值；原状矿渣垫层取低值，分级矿渣或混合矿渣垫层取高值。

4.2.6 我国软黏土分布地区的大量建筑物沉降观测及工程经验表明，采用换填垫层进行局部处理后，往往由于软弱下卧层的变形，建筑物地基仍将产生过大的沉降量及差异沉降量。因此，应按现行国家标准《建筑地基基础设计规范》GB 50007中的变形计算方法进行建筑物的沉降计算，以保证地基处理效果及建筑物的安全使用。

4.2.7 粗粒换填材料的垫层在施工期间垫层自身的压缩变形已基本完成，且量值很小。因而对于碎石、卵石、砂夹石、砂和矿渣垫层，在地基变形计算中，可以忽略垫层自身部分的变形值；但对于细粒材料的尤其是厚度较大的换填垫层，则应计入垫层自身的变形，有关垫层的模量应根据试验或当地经验确定。在无试验资料或经验时，可参照表7选用。

表7　垫层模量（MPa）

垫层材料	压缩模量 E_s	变形模量 E_0
粉煤灰	8～20	—
砂	20～30	—
碎石、卵石	30～50	—
矿渣	—	35～70

注：压实矿渣的 E_0/E_s 比值可按1.5～3.0取用。

下卧层顶面承受换填材料本身的压力超过原天然土层压力较多的工程，地基下卧层将产生较大的变形。如工程条件许可，宜尽早换填，以使由此引起的大部分地基变形在上部结构施工之前完成。

4.2.9 加筋线密度为加筋带宽度与加筋带水平间距的比值。

对于土工加筋带端部可采用图2说明的胞腔式固定方法。

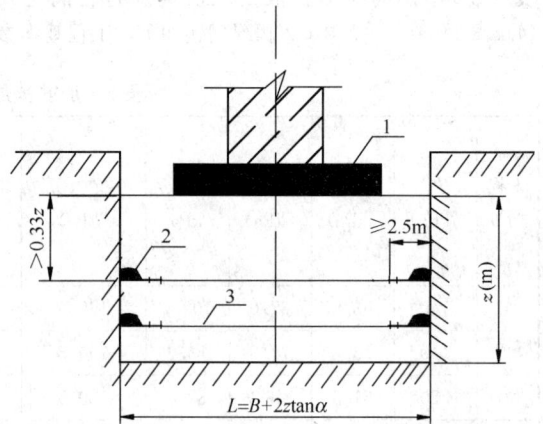

图2　胞腔式固定方法
1—基础；2—胞腔式砂石袋；3—筋带；z—加筋垫层厚度

工程案例分析：

场地条件：场地土层第一层为杂填土，厚度0.7m～0.8m，在试验时已挖去；第二层为饱和粉土，作为主要受力层，其天然重度为18.9kN/m³，土粒相对密度2.69，含水量31.8%，干重度14.5kN/m³，孔隙比0.881，饱和度96%，液限32.9%，塑限23.7%，塑性指数9.2，液性指数0.88，压缩模量3.93MPa。根据现场原土的静力触探和静载荷试验，结合本地区经验综合确定饱和粉土层的承载力特征值为80kPa。

工程概况：矩形基础，建筑物基础平面尺寸为60.8m×14.9m，基础埋深2.73m。基础底面处的平均压力 p_k 取130kPa。基础底部为软弱土层，需进行处理。

处理方法一：采用砂石进行换填，从地面到基础底面土的重度加权平均值取19kN/m³，砂石重度取19.5kN/m³。基础埋深的地基承载力修正系数取

1.0。假定 $z/B = 0.25$，如垫层厚度 z 取 3.73m，按本规范 4.2.2 条取压力扩散角 20°。计算得基础底面处的自重应力 p_c 为 51.9kPa，垫层底面处的自重应力 p_{cz} 为 124.6kPa，则垫层底面处的附加压力值 p_z 为 63.3kPa，垫层底面处的自重应力与附加压力之和为 187.9kPa，承载力深度修正值为 115.0kPa，垫层底面处土经深度修正后的承载力特征值为 195.0kPa，满足式（4.2.2-1）要求。

处理方法二：采用加筋砂石垫层。加筋材料采用 TG 玻塑复合筋带（极限抗拉强度 $\sigma_b = 94.3$MPa），筋带宽、厚分别为 25mm 和 2.5mm。两层加筋，首层加筋间距拟采用 0.6m，加筋带层间距拟采用 0.4m，加筋线密度拟采用 17%。压力扩散角取 35°。砂石垫层参数同上。基础底面处的自重应力 p_c 为 51.9kPa，假定垫层厚度为 1.5m，按式（4.2.2-3）计算加筋垫层底面处的附加压力值 p_z 为 66.6kPa，垫层底面处的自重应力 p_{cz} 为 81.2kPa，垫层底面处的自重应力与附加压力之和为 147.8kPa，计算得承载力深度修正值为 72.7kPa，垫层底面处土经深度修正后的承载力特征值为 152.7kPa＞147.8kPa，满足式（4.2.2-1）要求。由式（4.2.3）计算可得垫层底面最小宽度为 16.9m，取 17m。该工程竣工验收后，观测到的最终沉降量为 3.9mm，满足变形要求。

两种处理方法进行对比，可知，使用加筋垫层，可使垫层厚度比仅采用砂石换填时减少 60%。采用加筋垫层可以降低工程造价，施工更方便。

4.3 施　工

4.3.1 换填垫层的施工参数应根据垫层材料、施工机械设备及设计要求等通过现场试验确定，以求获得最佳密实效果。对于存在软弱下卧层的垫层，应针对不同施工机械设备的重量、碾压强度、振动力等因素，确定垫层底层的铺填厚度，使既能满足该层的压密条件，又能防止扰动下卧软土的结构。

4.3.3 为获得最佳密实效果，宜采用垫层材料的最优含水量 w_{op} 作为施工控制含水量。对于粉质黏土和灰土，现场可控制在最优含水量 w_{op} ±2% 的范围内；当使用振动碾压时，可适当放宽下限范围值，即控制在最优含水量 w_{op} 的 -6%～+2% 范围内。最优含水量可按现行国家标准《土工试验方法标准》GB/T 50123 中轻型击实试验的要求求得。在缺乏试验资料时，也可近似取液限值的 60%；或按照经验采用塑限 w_p ±2% 的范围值作为施工含水量的控制值，粉煤灰垫层不应采用浸水饱和施工法，其施工含水量应控制在最优含水量 w_{op} ±4% 的范围内。若土料湿度过大或过小，应分别予以晾晒、翻松、掺加吸水材料或洒水湿润以调整土料的含水量。对于砂石料则可根据施工方法不同按经验控制适宜的施工含水量，即当用平板式振动器时可取 15%～20%；当用平碾或蛙式

夯时可取 8%～12%；当用插入式振动器时宜为饱和。对于碎石及卵石应充分浇水湿透后夯压。

4.3.4 对垫层底部的下卧层中存在的软硬不均匀点，要根据其对垫层稳定及建筑物安全的影响确定处理方法。对不均匀沉降要求不高的一般性建筑，当下卧层中不均匀点范围小，埋藏很深，处于地基压缩层范围以外，且四周土层稳定时，对该不均匀点可不做处理。否则，应予挖除并根据与周围土质及密实度均匀一致的原则分层回填并夯压密实，以防止下卧层的不均匀变形对垫层及上部建筑产生危害。

4.3.5 垫层下卧层为软弱土层时，因其具有一定的结构强度，一旦被扰动则强度大大降低，变形大量增加，将影响到垫层及建筑的安全使用。通常的做法是，开挖基坑时应预留厚约 200mm 的保护层，待做好铺填垫层的准备后，对保护层挖一段随即用换填材料铺填一段，直到完成全部垫层，以保护下卧土层的结构不被破坏。按浙江、江苏、天津等地的习惯做法，在软弱下卧层顶面设置厚 150mm～300mm 的砂垫层，防止粗粒换填材料挤入下卧层时破坏其结构。

4.3.7 在同一栋建筑下，应尽量保持垫层厚度相同；对于厚度不同的垫层，应防止垫层厚度突变；在垫层较深部位施工时，应注意控制该部位的压实系数，以防止或减少由于地基处理厚度不同所引起的差异变形。

为保证灰土施工控制的含水量不致变化，拌合均匀后的灰土应在当日使用，灰土夯实后，在短时间内水稳性及硬化均较差，易受水浸而膨胀疏松，影响灰土的夯压质量。

粉煤灰分层碾压验收后，应及时铺填上层或封层，防止干燥或扰动使碾压层松胀密实度下降及扬起粉尘污染。

4.3.9 在地基土层表面铺设土工合成材料时，保证地基土层顶面平整，防止土工合成材料被刺穿、顶破。

4.4 质量检验

4.4.1 垫层的施工质量检验可利用轻型动力触探或标准贯入试验法检验。必须首先通过现场试验，在达到设计要求压实系数的垫层试验区内，测得标准的贯入深度或击数，然后再以此作为控制施工压实系数的标准，进行施工质量检验。利用传统的贯入试验进行施工质量检验必须在有经验的地区通过对比试验确定检验标准，再在工程中实施。检验砂垫层使用的环刀容积不应小于 200cm³，以减少其偶然误差。在粗粒土垫层中的施工质量检验，可设置纯砂检验点，按环刀取样法检验，或采用灌水法、灌砂法进行检验。

4.4.2 换填垫层的施工必须在每层密实度检验合格后再进行下一工序施工。

4.4.3 垫层施工质量检验点的数量因各地土质条件

和经验不同而不同。本条按天津、北京、河南、西北等大部分地区多数单位的做法规定了条基、独立基础和其他基础面积的检验点数量。

4.4.4 竣工验收应采用静载荷试验检验垫层质量，为保证静载荷试验的有效影响深度不小于换填垫层处理的厚度，静载荷试验压板的面积不应小于 $1.0m^2$。

5 预压地基

5.1 一般规定

5.1.1 预压处理地基一般分为堆载预压、真空预压和真空～堆载联合预压三类。降水预压和电渗排水预压在工程上应用甚少，暂未列入。堆载预压分塑料排水带或砂井地基堆载预压和天然地基堆载预压。通常，当软土层厚度小于 4.0m 时，可采用天然地基堆载预压处理，当软土层厚度超过 4.0m 时，为加速预压过程，应采用塑料排水带、砂井等竖井排水预压处理地基。对真空预压工程，必须在地基内设置排水竖井。

本条提出适用于预压地基处理的土类。对于在持续荷载作用下体积会发生很大压缩，强度会明显增长的土，这种方法特别适用。对超固结土，只有当土层的有效上覆压力与预压荷载所产生的应力水平明显大于土的先期固结压力时，土层才会发生明显的压缩。竖井排水预压对处理泥炭土、有机质土和其他次固结变形占很大比例的土处理后仍有较大的次固结变形，应考虑对工程的影响。当主固结变形与次固结变形相比所占比例较大时效果明显。

5.1.2 当需加固的土层有粉土、粉细砂或中粗砂等透水、透气层时，对加固区采取的密封措施一般有打设黏性土密封墙、开挖换填和垂直铺设密封膜穿过透水透气层等方法。对塑性指数大于 25 且含水量大于 85% 的淤泥，采用真空预压处理后的地基土强度有时仍然较低，因此，对具体的场地，需通过现场试验确定真空预压加固的适用性。

5.1.3 通过勘察查明土层的分布、透水层的位置及水源补给等，这对预压工程很重要，如对于黏土夹粉砂薄层的"千层糕"状土层，它本身具有良好的透水性，不必设置排水竖井，仅进行堆载预压即可取得良好的效果。对真空预压工程，查明处理范围内有无透水层（或透气层）及水源补给情况，关系到真空预压的成败和处理费用。

5.1.4 对重要工程，应预先选择代表性地段进行预压试验，通过试验区获得的竖向变形与时间关系曲线，孔隙水压力与时间关系曲线等推算土的固结系数。固结系数是预压工程地基固结计算的主要参数，可根据前期荷载所推算的固结系数预计后期荷载下地基不同时间的变形并根据实测值进行修正，这样就可以得到更符合实际的固结系数。此外，由变形与时间曲线可推算出预压荷载下地基的最终变形、预压阶段不同时间的固结度等，为卸载时间的确定、预压效果的评价以及指导全场的设计与施工提供主要依据。

5.1.6 对预压工程，什么情况下可以卸载，这是工程上关心的问题，特别是对变形控制严格的工程，更加重要。设计时应根据所计算的建筑物最终沉降量并对照建筑物使用期间的允许变形值，确定预压期间应完成的变形量，然后按照工期要求，选择排水竖井直径、间距、深度和排列方式、确定预压荷载大小和加载历时，使在预定工期内通过预压完成设计所要求的变形量，使卸载后的残余变形满足建筑物允许变形要求。对排水井穿透受压缩土层的情况，通过不太长时间的预压可满足设计要求，土层的平均固结度一般可达90%以上。对排水竖井未穿透受压土层的情况，应分别使竖井深度范围土层和竖井底面以下受压土层的平均固结度和所完成的变形量满足设计要求。这样要求的原因是，竖井底面以下受压土层属单向排水，如土层厚度较大，则固结较慢，预压期间所完成的变形较小，难以满足设计要求，为提高预压效果，应尽可能加深竖井深度，使竖井底面以下受压土层厚度减小。

5.1.7 当建筑物的荷载超过真空压力且建筑物对地基的承载力和变形有严格要求时，应采用真空-堆载联合预压法。工程实践证明，真空预压和堆载预压效果可以叠加，条件是两种预压必须同时进行，如某工程 47m×54m 面积真空和堆载联合预压试验，实测的平均沉降结果如表8所示。某工程预压前后十字板强度的变化如表9所示。

表 8 实测沉降值

项 目	真空预压	加 30kPa 堆载	加 50kPa 堆载
沉降（mm）	480	680	840

表 9 预压前后十字板强度（kPa）

深度（m）	土 质	预压前	真空预压	真空-堆载预压
2.0～5.8	淤泥夹淤泥质粉质黏土	12	28	40
5.8～10.0	淤泥质黏土夹粉质黏土	15	27	36
10.0～15.0	淤泥	23	28	33

5.1.8 由于预压加固地基的范围一般较大，其沉降对周边有一定影响，应有一定安全距离；距离较近时应采取保护措施。

5.1.9 超载预压可减少处理工期，减少工后沉降量。工程应用时应进行试验性施工，在保证整体稳定条件下实施。

5.2 设 计

I 堆载预压

5.2.1 本条中提出对含较多薄粉砂夹层的软土层，可不设置排水竖井。这种土层通常具有良好的透水性。表10为上海石化总厂天然地基上 10000m³ 试验油罐经 148d 充水预压的实测和推算结果。

该罐区的土层分布为：地表约 4m 的粉质黏土（"硬壳层"）其下为含粉砂薄层的淤泥质黏土，呈"千层糕"状构造。预计固结较快，地基未作处理，经 148d 充水预压后，固结度达 90% 左右。

表10 从实测 s-t 曲线推算的 β、s_f 等值

测点	2 号	5 号	10 号	13 号	16 个测点平均值	罐中心
实测沉降 s_t (cm)	87.0	87.5	79.5	79.4	84.2	131.9
β (1/d)	0.0166	0.0174	0.0174	0.0151	0.0159	0.0188
最终沉降 s_f (cm)	93.4	93.6	84.9	85.1	91.0	138.9
瞬时沉降 s_d (cm)	26.4	22.4	23.5	23.7	25.2	38.4
固结度 $\bar{U}$ (%)	90.4	91.4	91.5	88.6	89.7	93.0

土层的平均固结度普遍表达式 $\bar{U}$ 如下：

$$\bar{U} = 1 - \alpha e^{-\beta t} \tag{3}$$

式中 α、β 为和排水条件有关的参数，β 值与土的固结系数、排水距离等有关，它综合反映了土层的固结速率。从表10可看出罐区土层的 β 值较大。对照砂井地基，如台州电厂煤场砂井地基 β 值为 0.0207 (l/d)，而上海炼油厂油罐天然地基 β 值为 0.0248 (l/d)。它们的值相近。

5.2.3 对于塑料排水带的当量换算直径 d_p，虽然许多文献都提供了不同的建议值，但至今还没有结论性的研究成果，式（5.2.3）是著名学者 Hansbo 提出的，国内工程上也普遍采用，故在规范中推荐使用。

5.2.5 竖井间距的选择，应根据地基土的固结特性、预定时间内所要求达到的固结度以及施工影响等通过计算、分析确定。根据我国的工程实践，普通砂井之井径比取 6～8，塑料排水带或袋装砂井之井径比取

15～22，均取得良好的处理效果。

5.2.6 排水竖井的深度，应根据建筑物对地基的稳定性、变形要求和工期确定。对以变形控制的建筑，竖井宜穿透受压土层。对受压土层深厚，竖井很长的情况，虽然考虑井阻影响后，土层径向排水平均固结度随深度而减小，但井阻影响程度取决于竖井的纵向通水量 q_w 与天然土层水平向渗透系数 k_h 的比值大小和竖井深度等。对于竖井深度 $L = 30m$，井径比 $n = 20$，径向排水固结时间因子 $T_h = 0.86$，不同比值 q_w/k_h 时，土层在深度 $z = 1m$ 和 30m 处根据 Hansbo（1981）公式计算之径向排水平均固结度 $\bar{U}_r$ 如表11所示。

表11 Hansbo（1981）公式计算之径向排水平均固结度 $\bar{U}_r$

z (m) ＼ q_w/k_h (m²)	300	600	1500
1	0.91	0.93	0.95
30	0.45	0.63	0.81

由表可见，在深度 30m 处，土层之径向排水平均固结度仍较大，特别是当 q_w/k_h 较大时。因此，对深厚受压土层，在施工能力可能时，应尽可能加深竖井深度，这对加速土层固结，缩短工期是很有利的。

5.2.7 对逐渐加载条件下竖井地基平均固结度的计算，本规范采用的是改进的高木俊介法，该公式理论上是精确解，而且无需先计算瞬时加载条件下的固结度，再根据逐渐加载条件进行修正，而是两者合并计算出修正后的平均固结度，而且公式适用于多种排水条件，可应用于考虑井阻及涂抹作用的径向平均固结度计算。

算例：

已知：地基为淤泥质黏土层，固结系数 $c_h = c_v = 1.8 \times 10^{-3}$ cm²/s，受压土层厚 20m，袋装砂井直径 $d_w = 70mm$，袋装砂井为等边三角形排列，间距 $l = 1.4m$，深度 $H = 20m$，砂井底部为不透水层，砂井打穿受压土层。预压荷载总压力 $p = 100kPa$，分两级等速加载，如图3所示。

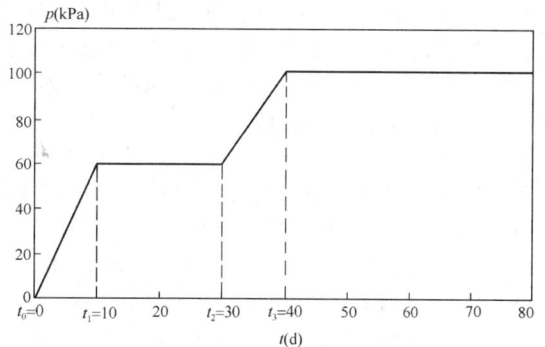

图 3 加载过程

求：加荷开始后 120d 受压土层之平均固结度（不考虑竖井井阻和涂抹影响）。

计算：

受压土层平均固结度包括两部分：径向排水平均固结度和向上竖向排水平均固结度。按公式（5.2.7）计算，其中 α、β 由表 5.2.7 知：

$$\alpha = \frac{8}{\pi^2} = 0.81$$

$$\beta = \frac{8c_h}{F_n d_e^2} + \frac{\pi^2 c_v}{4H^2}$$

根据砂井的有效排水圆柱体直径 $d_e = 1.05l = 1.05 \times 1.4 = 1.47m$

径井比 $n = d_e/d_w = 1.47/0.07 = 21$，则

$$\begin{aligned}
F_n &= \frac{n^2}{n^2-1}\ln(n) - \frac{3n^2-1}{4n^2} \\
&= \frac{21^2}{21^2-1}\ln(21) - \frac{3\times 21^2-1}{4\times 21^2} \\
&= 2.3
\end{aligned}$$

$$\begin{aligned}
\beta &= \frac{8\times 1.8\times 10^{-3}}{2.3\times 147^2} + \frac{3.14^2\times 1.8\times 10^{-3}}{4\times 2000^2} \\
&= 2.908\times 10^{-7}(1/s) \\
&= 0.0251(1/d)
\end{aligned}$$

第一级荷载的加荷速率 $\dot{q}_1 = 60/10 = 6kPa/d$

第二级荷载的加荷速率 $\dot{q}_2 = 40/10 = 4kPa/d$

固结度计算：

$$\begin{aligned}
\overline{U}_t &= \sum \frac{\dot{q}_i}{\sum \Delta p}\left[(T_i - T_{i-1}) - \frac{\alpha}{\beta}e^{-\beta t}(e^{\beta T_i} - e^{\beta T_{i-1}})\right] \\
&= \frac{\dot{q}_1}{\sum \Delta p}\left[(t_1 - t_0) - \frac{\alpha}{\beta}e^{-\beta t}(e^{\beta t_1} - e^{\beta t_0})\right] \\
&\quad + \frac{\dot{q}_2}{\sum \Delta p}\left[(t_3 - t_2) - \frac{\alpha}{\beta}e^{-\beta t}(e^{\beta t_3} - e^{\beta t_2})\right] \\
&= \frac{6}{100}\Big[(10-0) - \frac{0.81}{0.0251} \\
&\quad e^{-0.0251\times 120}(e^{0.0251\times 10} - e^0)\Big] \\
&\quad + \frac{4}{100}\Big[(40-30) - \frac{0.81}{0.0251} \\
&\quad e^{-0.0251\times 120}(e^{0.0251\times 40} - e^{0.0251\times 30})\Big] \\
&= 0.93
\end{aligned}$$

5.2.8 竖井采用挤土方式施工时，由于井壁涂抹及对周围土的扰动而使土的渗透系数降低，因而影响土层的固结速率，此即为涂抹影响。涂抹对土层固结速率的影响大小取决于涂抹区直径 d_s 和涂抹区土的水平向渗透系数 k_s 与天然土层水平渗透系数 k_h 的比值。图 4 反映了这两个因素对土层固结时间因子的影响，图中 $T_{h90}(s)$ 为不考虑井阻仅考虑涂抹影响时，土层径向排水平均固结度 $\overline{U}_r = 0.9$ 时之固结时间因子。由图可见，涂抹对土层固结速率影响显著，在固结度计算中，涂抹影响应予考虑。对涂抹区直径 d_s，有的文献取 $d_s = (2 \sim 3)d_m$，其中，d_m 为竖井施工套管横

截面积当量直径。对涂抹区土的渗透系数，由于土被扰动的程度不同，愈靠近竖井，k_s 愈小。关于 d_s 和 k_s 大小还有待进一步积累资料。

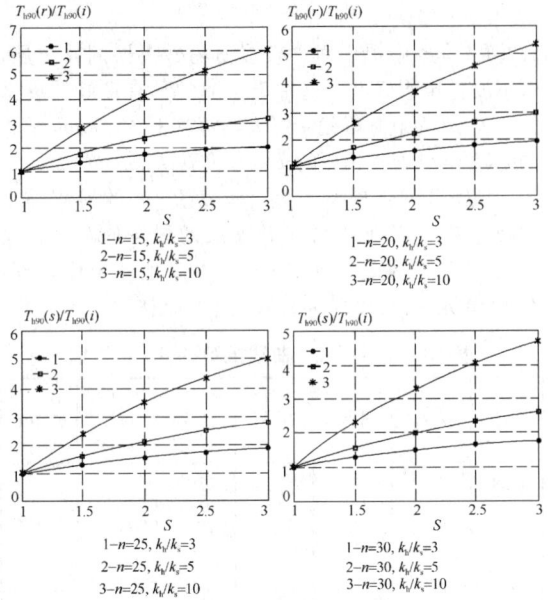

图 4　涂抹对土层固结速率的影响

如不考虑涂抹仅考虑井阻影响，即 $F = F_n + F_r$，由反映井阻影响的参数 F_r 的计算式可见，井阻大小取决于竖井深度和竖井纵向通水量 q_w 与天然土层水平向渗透系数 k_h 的比值。如以竖井地基径向平均固结度达到 $\overline{U}_r = 0.9$ 为标准，则可求得不同竖井深度，不同井径比和不同 q_w/k_h 比值时，考虑井阻影响（$F = F_n + F_r$）和理想井条件（$F = F_n$）之固结时间因子 $T_{h90}(r)$ 和 $T_{h90}(i)$。比值 $T_{h90}(r)/T_{h90}(i)$ 与 q_w/k_h 的关系曲线见图 5。

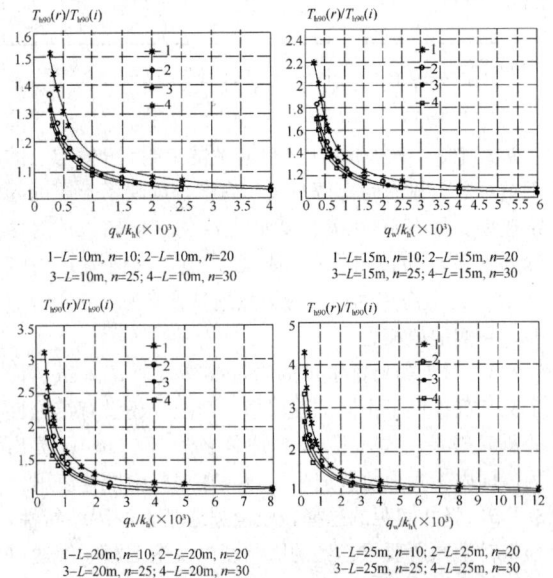

图 5　井阻对土层固结速率的影响

由图可知，对不同深度的竖井地基，如以 $T_{h90}(r)/T_{h90}(i) \leqslant 1.1$ 作为可不考虑井阻影响的标准，则可得到相应的 q_w/k_h 值，因而可得到竖井所需要的通水量 q_w 理论值，即竖井在实际工作状态下应具有的纵向通水量值。对塑料排水带来说，它不同于实验室按一定实验标准测定的通水量值。工程上所选用的通过实验测定的产品通水量应比理论通水量高。设计中如何选用产品的纵向通水量是工程上所关心而又很复杂的问题，它与排水带深度、天然土层和涂抹后土渗透系数、排水带实际工作状态和工期要求等很多因素有关。同时，在预压过程中，土层的固结速率也是不同的，预压初期土层固结较快，需通过塑料排水带排出的水量较大，而塑料排水带的工作状态相对较好。关于塑料排水带的通水量问题还有待进一步研究和在实际工程中积累更多的经验。

对砂井，其纵向通水量可按下式计算：

$$q_w = k_w \cdot A_w = k_w \cdot \pi d_w^2/4 \quad (4)$$

式中，k_w 为砂料渗透系数。作为具体算例，取井径比 $n = 20$；袋装砂井直径 $d_w = 70mm$ 和 $100mm$ 两种；土层渗透系数 $k_h = 1 \times 10^{-6}$ cm/s、5×10^{-7} cm/s、1×10^{-7} cm/s 和 1×10^{-8} cm/s，考虑井阻影响时的时间因子 $T_{h90}(r)$ 与理想井时间因子 $T_{h90}(i)$ 的比值列于表 12，相应的 q_w/k_h 列于表 13 中。从表的计算结果看，对袋装砂井，宜选用较大的直径和较高的砂料渗透系数。

表 12 井阻时间因子 $T_{h90}(r)$ 与理想井时间因子 $T_{h90}(i)$ 的比值

砂井砂料渗透系数 (cm/s)	土层渗透系数 (cm/s)	袋装砂井直径 (mm) 70		100	
		砂井深度 (m) 10	20	10	20
1×10^{-2}	1×10^{-6}	3.85	12.41	2.40	6.60
	5×10^{-7}	2.43	6.71	1.70	3.80
	1×10^{-7}	1.29	2.14	1.14	1.56
	1×10^{-8}	1.03	1.11	1.01	1.06
5×10^{-2}	1×10^{-6}	1.57	3.29	1.28	2.12
	5×10^{-7}	1.29	2.14	1.14	1.56
	1×10^{-7}	1.06	1.23	1.03	1.11
	1×10^{-8}	1.01	1.02	1.00	1.01

表 13 q_w/k_h （m^2）

砂井砂料渗透系数（cm/s）	土层渗透系数（cm/s）	袋装砂井直径 (mm) 70	100
1×10^{-2}	1×10^{-6}	38.5	78.5
	5×10^{-7}	77.0	157.0
	1×10^{-7}	385.0	785.0
	1×10^{-8}	3850.0	7850.0
5×10^{-2}	1×10^{-6}	192.3	392.5
	5×10^{-7}	384.6	785.0
	1×10^{-7}	1923.0	3925.0
	1×10^{-8}	19230.0	39250.0

算例：

已知：地基为淤泥质黏土层，水平向渗透系数 $k_h = 1 \times 10^{-7}$ cm/s，$c_v = c_h = 1.8 \times 10^{-3}$ cm²/s，袋装砂井直径 $d_w = 70mm$，砂料渗透系数 $k_w = 2 \times 10^{-2}$ cm/s，涂抹区土的渗透系数 $k_s = 1/5 \times k_h = 0.2 \times 10^{-7}$ cm/s。取 $s = 2$，袋装砂井为等边三角形排列，间距 $l = 1.4m$，深度 $H = 20m$，砂井底部为不透水层，砂井打穿受压土层。预压荷载总压力 $p = 100kPa$，分两级等速加载，如图 3 所示。

求：加载开始后 120d 受压土层之平均固结度。

计算：

袋装砂井纵向通水量

$$q_w = k_w \times \pi d_w^2/4$$
$$= 2 \times 10^{-2} \times 3.14 \times 7^2/4 = 0.769 \text{ cm}^3/s$$

$$F_n = \ln(n) - 3/4 = \ln(21) - 3/4 = 2.29$$

$$F_r = \frac{\pi^2 L^2}{4} \frac{k_h}{q_w} = \frac{3.14^2 \times 2000^2}{4} \times \frac{1 \times 10^{-7}}{0.769} = 1.28$$

$$F_s = \left(\frac{k_h}{k_s} - 1\right)\ln s = \left(\frac{1 \times 10^{-7}}{0.2 \times 10^{-7}} - 1\right)\ln 2 = 2.77$$

$$F = F_n + F_r + F_s = 2.29 + 1.28 + 2.77 = 6.34$$

$$\alpha = \frac{8}{\pi^2} = 0.81$$

$$\beta = \frac{8c_h}{F d_e^2} + \frac{\pi^2 c_v}{4H^2}$$

$$= \frac{8 \times 1.8 \times 10^{-3}}{6.34 \times 147^2} + \frac{3.14^2 \times 1.8 \times 10^{-3}}{4 \times 2000^2}$$

$$= 1.06 \times 10^{-7} \text{ (l/s)} = 0.0092 \text{ (l/d)}$$

$$\overline{U}_t = \frac{\dot{q}_1}{\sum \Delta p}\left[(t_1 - t_0) - \frac{\alpha}{\beta}e^{-\beta t}(e^{\beta t_1} - e^{\beta t_0})\right]$$
$$+ \frac{\dot{q}_2}{\sum \Delta p}\left[(t_3 - t_2) - \frac{\alpha}{\beta}e^{-\beta t}(e^{\beta t_3} - e^{\beta t_2})\right]$$

$$= \frac{6}{100}\left[(10-0) - \frac{0.81}{0.0092}\right.$$

$$e^{-0.0092\times120}(e^{0.0092\times10} - e^0)\bigg]$$

$$+ \frac{4}{100}\left[(40-30) - \frac{0.81}{0.0092}\right.$$

$$e^{-0.0092\times120}(e^{0.0092\times40} - e^{0.0092\times30})\bigg]$$

$$= 0.68$$

5.2.9 对竖井未穿透受压土层的地基，当竖井底面以下受压土层较厚时，竖井范围土层平均固结度与竖井底面以下土层的平均固结度相差较大，预压期间所完成的固结变形量也因之相差较大，如若将固结度按整个受压土层平均，则与实际固结度沿深度的分布不符，且掩盖了竖井底面以下土层固结缓慢，预压期间完成的固结变形量小，建筑物使用以后剩余沉降持续时间长等实际情况。同时，按整个受压土层平均，使竖井范围土层固结度比实际降低而影响稳定分析结果。因此，竖井范围与竖井底面以下土层的固结度和相应的固结变形应分别计算，不宜按整个受压土层平均计算。

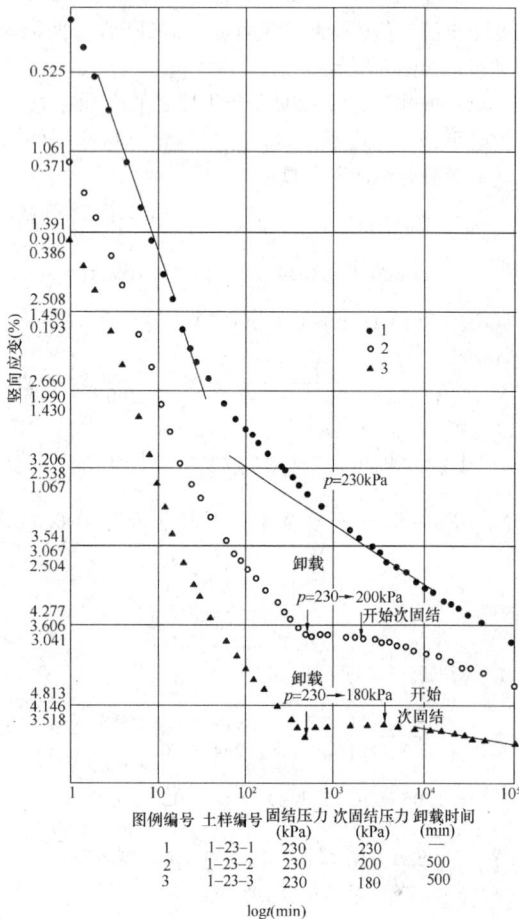

图 6 某工程淤泥质黏土的室内试验结果

5.2.11 饱和软黏土根据其天然固结状态可分成正常固结土、超固结土和欠固结土。显然，对不同固结状态的土，在预压荷载下其强度增长是不同的，由于超固结土和欠固结土强度增长缺乏实测资料，本规范暂未能提出具体预计方法。

对正常固结饱和黏性土，本规范所采用的强度计算公式已在工程上得到广泛的应用。该法模拟了压应力作用下土体排水固结引起的强度增长，而不模拟剪缩作用引起的强度增长，它可直接用十字板剪切试验结果来检验计算值的准确性。该式可用于竖井地基有效固结压力法稳定分析。

$$\tau_{ft} = \tau_{f0} + \Delta\sigma_z \cdot U_t \tan\varphi_{cu} \tag{5}$$

式中 τ_{f0} 为地基土的天然抗剪强度，由计算点土的自重应力和三轴固结不排水试验指标 φ_{cu} 计算或由原位十字板剪切试验测定。

5.2.12 预压荷载下地基的变形包括瞬时变形、主固结变形和次固结变形三部分。次固结变形大小和土的性质有关。泥炭土、有机质土或高塑性黏性土土层，次固结变形较显著，而其他土则所占比例不大，如忽略次固结变形，则受压土层的总变形为瞬时变形和主固结变形两部分组成。主固结变形工程上通常采用单向压缩分层总和法计算，这只有当荷载面积的宽度或直径大于受压土层的厚度时才较符合计算条件，否则应对变形计算值进行修正以考虑三向压缩的效应。但研究结果表明，对于正常固结或稍超固结土地基，三向修正是不重要的。因此，仍可按单向压缩计算。经验系数 ξ 考虑了瞬时变形和其他影响因素，根据多项工程实测资料推算，正常固结黏性土地基的 ξ 值列于表 14。

表 14 正常固结黏性土地基的 ξ 值

序号	工程名称	固结变形量 s_c (cm)	最终竖向变形量 s_f (cm)	经验系数 $\xi = s_f/s_c$	备注
1	宁波试验路堤	150.2	209.2	1.38	砂井地基，s_f 由实测曲线推算
2	舟山冷库	104.8	132.0	1.32	砂井预压，压力 $p = 110$kPa
3	广东某铁路路堤	97.5	113.0	1.16	—
4	宁波栎社机场	102.9	111.0	1.08	袋装砂井预压，此为场道中心点 ξ 值，道边点 ξ=1.11
5	温州机场	110.8	123.6	1.12	袋装砂井预压，此为场道中心点 ξ 值，道边点 ξ=1.07

序号	工程名称		固结变形量 s_c (cm)	最终竖向变形量 s_f (cm)	经验系数 $\xi = s_f/s_c$	备 注
6	上海金山油罐	罐中心	100.5	138.9	1.38	10000m³ 油罐 p = 164.3kPa，天然地基充水预压。罐边缘沉降为 16 个测点平均值，s_f 由实测曲线推算
		罐边缘	65.8	91.0	1.38	
7	上海油罐	罐中心	76.2	111.1	1.46	20000m³ 油罐，p = 210kPa，罐边缘沉降为 12 个测点平均值，s_f 由实测曲线推算
		罐边缘	63.0	76.3	1.21	
8	帕斯科克拉炼油厂油罐		18.3	24.4	1.33	p = 210kPa，s_f 为实测值
9	格兰岛油罐		48.3	53.4	1.10	s_c、s_f 均为实测值
			47.0	53.4	1.13	

5.2.16 预压地基大部分为软土地基，地基变形计算仅考虑固结变形，没有考虑荷载施加后的次固结变形。对于堆载预压工程的卸载时间应从安全性考虑，其固结度不宜少于 90%，现场检测的变形速率应有明显变缓趋势才能卸载。

Ⅱ 真空预压

5.2.17 真空预压处理地基必须设置塑料排水带或砂井，否则难以奏效。交通部第一航务工程局曾在现场做过试验，不设置砂井，抽气两个月，变形仅几个毫米，达不到处理目的。

5.2.19 真空度在砂井内的传递与井料的颗粒组成和渗透性有关。根据天津的资料，当井料的渗透系数 $k = 1 \times 10^{-2}$ cm/s 时，10m 长的袋装砂井真空度降低约 10%，当砂井深度超过 10m 时，为了减小真空度沿深度的损失，对砂井砂料应有更高的要求。

5.2.21 真空预压效果与预压区面积大小及长宽比等有关。表 15 为天津新港现场预压试验的实测结果。

表 15 预压区面积大小影响

预压区面积（m²）	264	1250	3000
中心点沉降量（mm）	500	570	740~800

此外，在真空预压区边缘，由于真空度会向外部扩散，其加固效果不如中部，为了使预压区加固效果比较均匀，预压区应大于建筑物基础轮廓线，并不小

于 3.0m。

5.2.22 真空预压的效果和膜内真空度大小关系很大，真空度越大，预压效果越好。如真空度不高，加上砂井井阻影响，处理效果将受到较大影响。根据国内许多工程经验，膜内真空度一般都能达到 86.7kPa（650mmHg）以上。这也是真空预压应达到的基本真空度。

5.2.25 对堆载预压工程，由于地基将产生体积不变的向外的侧向变形而引起相应的竖向变形，所以，按单向压缩分层总和法计算固结变形后尚应乘 1.1~1.4 的经验系数 ξ 以反映地基向外侧向变形的影响。对真空预压工程，在抽真空过程中将产生向内的侧向变形，这是因为抽真空时，孔隙水压力降低，水平方向增加了一个向负压源的压力 $\Delta\sigma_3 = -\Delta u$，考虑到其对变形的减少作用，将堆载预压的经验系数适当减小。根据《真空预压加固软土地基技术规程》JTS 147-2-2009 推荐的 ξ 的经验值，取 1.0~1.3。

5.2.28 真空预压加固软土地基应进行施工监控和加固效果检测，满足卸载标准时方可卸载。真空预压加固卸载标准可按下列要求确定：

　1 沉降-时间曲线达到收敛，实测地面沉降速率连续 5d~10d 平均沉降量小于或等于 2mm/d；

　2 真空预压所需的固结度宜大于 85%~90%，沉降要求严格时取高值；

　3 加固时间不少于 90d；

　4 对工后沉降有特殊要求时，卸载时间除需满足以上标准外，还需通过计算剩余沉降量来确定卸载时间。

Ⅲ 真空和堆载联合预压

5.2.29 真空和堆载联合预压加固，二者的加固效果可以叠加，符合有效应力原理，并经工程试验验证。真空预压是逐渐降低土体的孔隙水压力，不增加总应力条件下增加土体有效应力；而堆载预压是增加土体总应力和孔隙水压力，并随着孔隙水压力的逐渐消散而使有效应力逐渐增加。当采用真空-堆载联合预压时，既抽真空降低孔隙水压力，又通过堆载增加总应力。开始时抽真空使土中孔隙水压力降低有效应力增大，经不长时间（7d~10d）在土体保持稳定的情况下堆载，使土体产生正孔隙水压力，并与抽真空产生的负孔隙水压力叠加。正负孔隙水压力的叠加，转化的有效应力为消散的正、负孔隙水压力绝对值之和。现以瞬间加荷为例，对土中任一点 m 的应力转化加以说明。m 点的深度为地面下 h_m，地下水位假定与地面齐平，堆载引起 m 点的总应力增量为 $\Delta\sigma_1$，土的有效重度 γ'，水重度 γ_w，大气压力 p_a，抽真空土中 m 点大气压力逐渐降低至 p_n，t 时间的固结度为 U_1，不同时间土中 m 点总应力和有效应力如表 16 所示。

表16　土中任意点（m）有效应力-孔隙水压力随时间转换关系

情况	总应力 σ	有效应力 σ'	孔隙水压力 u
$t=0$ （未抽真空 未堆载）	σ_0	$\sigma'_0 = \gamma' h_m$	$u_0 = \gamma_w h_m + p_a$
$0 \leqslant t \leqslant \infty$ （既抽真空 又堆载）	$\sigma_t =$ $\sigma_0 + \Delta\sigma_1$	$\sigma'_t = \gamma' h_m +$ $[(p_a - p_n)$ $+ \Delta\sigma_1]U_1$	$u_t = \gamma' h_m + p_n +$ $[(p_a - p_n)$ $+ \Delta\sigma_1](1-U_1)$
$t \rightarrow \infty$ （既抽真空 又堆载）	$\sigma_t =$ $\sigma_0 + \Delta\sigma_1$	$\sigma'_t = \gamma' h_m +$ $(p_a - p_n) + \Delta\sigma_1$	$u = \gamma'_w h_m + p_a$

5.2.34　目前真空-堆载联合预压的工程，经验系数 ξ 尚缺少资料，故仍按真空预压的参数推算。

5.3　施　工

Ⅰ　堆载预压

5.3.6　塑料排水带施工所用套管应保证插入地基中的带子平直、不扭曲。塑料排水带的纵向通水量除与侧压力大小有关外，还与排水带的平直、扭曲程度有关。扭曲的排水带将使纵向通水量减小。因此施工所用套管应采用菱形断面或出口段扁矩形断面，不应全长都采用圆形断面。

袋装砂井施工所用套管直径宜略大于砂井直径，主要是为了减小对周围土的扰动范围。

5.3.9　对堆载预压工程，当荷载较大时，应严格控制加载速率，防止地基发生剪切破坏或产生过大的塑性变形。工程上一般根据竖向变形、边桩水平位移和孔隙水压力等监测资料按一定标准控制。最大竖向变形控制每天不超过 10mm～15mm，对竖井地基取高值，天然地基取低值；边桩水平位移每天不超过 5mm。孔隙水压力的控制，目前尚缺少经验。对分级加载的工程（如油罐充水预压），可将测点的观测资料整理成每级荷载下孔隙水压力增量累加值 $\Sigma\Delta u$ 与相应荷载增量累加值 $\Sigma\Delta p$ 关系曲线（$\Sigma\Delta u$-$\Sigma\Delta p$ 关系曲线）。对连续逐渐加载工程，可将测点孔压 u 与观测时间相应的荷载 p 整理成 u-p 曲线。当以上曲线斜率出现陡增时，认为该点已发生剪切破坏。

应当指出，按观测资料进行地基稳定性控制是一项复杂的工作，控制指标取决于多种因素，如地基土的性质、地基处理方法、荷载大小以及加载速率等。软土地基的失稳通常经历从局部剪切破坏到整体剪切破坏的过程，这个过程要有数天时间。因此，应对孔隙水压力、竖向变形、边桩水平位移等观测资料进行综合分析，密切注意它们的发展趋势，这是十分重要

的。对铺设有土工织物的堆载工程，要注意突发性的破坏。

Ⅱ　真空预压

5.3.11　由于各种原因射流真空泵全部停止工作，膜内真空度随之全部卸除，这将直接影响地基预压效果，并延长预压时间，为避免膜内真空度在停泵后很快降低，在真空管路中应设置止回阀和截门。当预计停泵时间超过 24h 时，则应关闭截门。所用止回阀及截门都应符合密封要求。

5.3.12　密封膜铺三层的理由是，最下一层和砂垫层相接触，膜容易被刺破，最上一层膜易受环境影响，如老化、刺破等，而中间一层膜是最安全最起作用的一层膜。膜的密封有多种方法，就效果来说，以膜上全面覆水最好。

Ⅲ　真空和堆载联合预压

5.3.15～5.3.17　堆载施工应保护真空密封膜，采取必要的保护措施。

5.3.18　堆载施工应在整体稳定的基础上分级进行，控制标准暂按堆载预压的标准控制。

5.4　质量检验

5.4.1　对于以抗滑稳定性控制的重要工程，应在预压区内预留孔位，在堆载不同阶段进行原位十字板剪切试验和取土进行室内土工试验，根据试验结果验算下一级荷载地基的抗滑稳定性，同时也检验地基处理效果。

在预压期间应及时整理竖向变形与时间、孔隙水压力与时间等关系曲线，并推算地基的最终竖向变形、不同时间的固结度以分析地基处理效果，并为确定卸载时间提供依据。工程上往往利用实测变形与时间关系曲线按以下公式推算最终竖向变形量 s_f 和参数 β 值：

$$s_f = \frac{s_3(s_2-s_1) - s_2(s_3-s_2)}{(s_2-s_1)-(s_3-s_2)} \quad (6)$$

$$\beta = \frac{1}{t_2-t_1}\ln\frac{s_2-s_1}{s_3-s_2} \quad (7)$$

式中 s_1、s_2、s_3 为加荷停止后时间 t_1、t_2、t_3 相应的竖向变形量，并取 $t_2-t_1 = t_3-t_2$。停荷后预压时间延续越长，推算的结果越可靠。有了 β 值即可计算出受压土层的平均固结系数，也可计算出任意时间的固结度。

利用加载停歇时间的孔隙水压力 u 与时间 t 的关系曲线按下式可计算出参数 β：

$$\frac{u_1}{u_2} = e^{\beta(t_2-t_1)} \quad (8)$$

式中 u_1、u_2 为相应时间 t_1、t_2 的实测孔隙水压力值。β 值反映了孔隙水压力测点附近土体的固结速率，而按式（7）计算的 β 值则反映了受压土层的平均固结

速率。

5.4.2 本条是预压地基的竣工验收要求。检验预压所完成的竖向变形和平均固结度是否满足设计要求；原位试验检验和室内土工试验预压后的地基强度是否满足设计要求。

6 压实地基和夯实地基

6.1 一般规定

6.1.1 本条对压实地基的适用范围作出规定，浅层软弱地基以及局部不均匀地基换填处理应按照本规范第 4 章的有关规定执行。

6.1.2 夯实地基包括强夯和强夯置换地基，本条对强夯和强夯置换法的适用范围作出规定。

6.1.3 压实、夯实地基的承载力确定应符合本规范附录 A 的要求。

6.2 压实地基

6.2.1 压实填土地基包括压实填土及其下部天然土层两部分，压实填土地基的变形也包括压实填土及其下部天然土层的变形。压实填土需通过设计，按设计要求进行分层压实，对其填料性质和施工质量有严格控制，其承载力和变形需满足地基设计要求。

压实机械包括静力碾压，冲击碾压，振动碾压等。静力碾压压实机械是利用碾轮的重力作用；振动式压路机是通过振动作用使被压土层产生永久变形而密实。碾压和冲击作用的冲击式压路机其碾轮分为：光碾、槽碾、羊足碾和轮胎碾等。光碾压路机压实的表面平整光滑，使用最广，适用于各种路面、垫层、飞机场道面和广场等工程的压实。槽碾、羊足碾单位压力较大，压实层厚，适用于路基、堤坝的压实。轮胎式压路机轮胎气压可调节，可增减压重，单位压力可变，压实过程有揉搓作用，使压实土层均匀密实，且不伤路面，适用于道路、广场等垫层的压实。

近年来，开山填谷、炸山填海、围海造田、人造景观等大面积填土工程越来越多，填土边坡最大高度已经达到 100 多米，大面积填方压实地基的工程案例很多，但工程事故也不少，应引起足够的重视。包括填方下的原天然地基的承载力、变形和稳定性要经过验算并满足设计要求后才可以进行填土的填筑和压实。一般情况下应进行基底处理。同时，应重视大面积填方工程的排水设计和半挖半填地基上建筑物的不均匀变形问题。

6.2.2 本条为压实填土地基的设计要求。

1 利用当地的土、石或性能稳定的工业废渣作为压实填土的填料，既经济，又省工省时，符合因地制宜、就地取材和保护环境、节约资源的建设原则。

工业废渣粘结力小，易于流失，露天填筑时宜采用黏性土包边护坡，填筑顶面宜用 0.3m～0.5m 厚的粗粒土封闭。以粉质黏土、粉土作填料时，其含水量宜为最优含水量，最优含水量的经验参数值为 20%～22%，可通过击实试验确定。

2 对于一般的黏性土，可用 8t～10t 的平碾或 12t 的羊足碾，每层铺土厚度 300mm 左右，碾压 8 遍～12 遍。对饱和黏土进行表面压实，可考虑适当的排水措施以加快土体固结。对于淤泥及淤泥质土，一般应予挖除或者结合碾压进行挤淤充填，先堆土、块石和片石等，然后用机械压入置换和挤出淤泥，堆积碾压分层进行，直到把淤泥挤出、置换完毕为止。

采用粉质黏土和黏粒含量 $\rho_c \geqslant 10\%$ 的粉土作填料时，填料的含水量至关重要。在一定的压实功下，填料在最优含水量时，干密度可达最大值，压实效果最好。填料的含水量太大，容易压成"橡皮土"，应将其适当晾干后再分层夯实；填料的含水量太小，土颗粒之间的阻力大，则不易压实。当填料含水量小于 12% 时，应将其适当增湿。压实填土施工前，应在现场选取有代表性的填料进行击实试验，测定其最优含水量，用以指导施工。

粗颗粒的砂、石等材料具有透水性，而湿陷性黄土和膨胀土遇水反应敏感，前者引起湿陷，后者引起膨胀，二者对建筑物都会产生有害变形。为此，在湿陷性黄土场地和膨胀土场地进行压实填土的施工，不得使用粗颗粒的透水性材料作填料。对主要由炉渣、碎砖、瓦块组成的建筑垃圾，每层的压实遍数一般不少于 8 遍。对炉灰等细颗粒的填土，每层的压实遍数一般不少于 10 遍。

3 填土粗骨料含量高时，如果其不均匀系数小（例如小于 5）时，压实效果较差，应选用压实功大的压实设备。

4 有些中小型工程或偏远地区，由于缺乏击实试验设备，或由于工期和其他原因，确无条件进行击实试验，在这种情况下，允许按本条公式（6.2.2-1）计算压实填土的最大干密度，计算结果与击实试验数值不一定完全一致，但可按当地经验作比较。

土的最大干密度试验有室内试验和现场试验两种，室内试验应严格按照现行国家标准《土工试验方法标准》GB/T 50123 的有关规定，轻型和重型击实设备应严格限定其使用范围。以细颗粒土作填料的压实填土，一般采用环刀取样检验其质量。而以粗颗粒砂石作填料的压实填土，当室内试验结果不能正确评价现场土料的最大干密度时，不能按照检验细颗粒土的方法采用环刀取样，应在现场对土料作不同击实功下的击实试验（根据土料性质取不同含水量），采用灌水法和灌砂法测定其密度，并按其最大干密度作为控制干密度。

6 压实填土边坡设计应控制坡高和坡比，而边坡的坡比与其高度密切相关，如土性指标相同，边越高，坡角越大，坡体的滑动势就越大。为了提高其稳定性，通常将坡比放缓，但坡比太缓，压实的土方量则大，不一定经济合理。因此，坡比不宜太缓，也不宜太陡，坡高和坡比应有一合适的关系。本条表6.2.2-3的规定吸收了铁路、公路等部门的有关资料和经验，是比较成熟的。

7　压实填土由于其填料性质及其厚度不同，它们的边坡坡度允许值也有所不同。以碎石等为填料的压实填土，在抗剪强度和变形方面要好于以粉质黏土为填料的压实填土，前者，颗粒表面粗糙，阻力较大，变形稳定快，且不易产生滑移，边坡坡度允许值相对较大；后者，阻力较小，变形稳定慢，边坡坡度允许值相对较小。

8　冲击碾压技术源于20世纪中期，我国于1995年由南非引入。目前我国国产的冲击压路机数量已达数百台。由曲线为边而构成的正多边形冲击轮在位能落差与行驶动能相结合下对工作面进行静压、揉搓、冲击，其高振幅、低频率冲击碾压使工作面下深层土石的密实度不断增加，受冲压土体逐渐接近于弹性状态，是大面积土石方工程压实技术的新发展。与一般压路机相比，考虑上料、摊铺、平整的工序等因素其压实土石的效率提高（3～4）倍。

9　压实填土的承载力是设计的重要参数，也是检验压实填土质量的主要指标之一。在现场通常采用静载荷试验或其他原位测试进行评价。

10　压实填土的变形包括压实填土层变形和下卧土层变形。

6.2.3　本条为压实填土的施工要求。

1　大面积压实填土的施工，在有条件的场地或工程，应首先考虑采用一次施工，即将基础底面以下和以上的压实填土一次施工完毕后，再开挖基坑及基槽。对无条件一次施工的场地或工程，当基础超出±0.00标高后，也宜将基础底面以上的压实填土施工完毕，避免在主体工程完工后，再施工基础底面以上的压实填土。

2　压实填土层底面下卧层的土质，对压实填土地基的变形有直接影响，为消除隐患，铺填料前，首先应查明并清除场地内填土层底面以下耕土和软弱土层。压实设备选定后，应在现场通过试验确定分层填料的虚铺厚度和分层压实的遍数，取得必要的施工参数后，再进行压实填土的施工，以确保压实填土的施工质量。压实设备施工对下卧层的饱和土体易产生扰动时可在填土底部设置碎石盲沟。

冲击碾压施工应考虑对居民、建（构）筑物等周围环境可能带来的影响。可采取以下两种减振隔振措施：①开挖宽0.5m、深1.5m左右的隔振沟进行隔振；②降低冲击压路机的行驶速度，增加冲压遍数。

在斜坡上进行压实填土，应考虑压实填土沿斜坡滑动的可能，并根据天然地面的实际坡度验算其稳定性。当天然地面坡度大于20%时，填料前，宜将斜坡的坡面挖出若干台阶，使压实填土与斜坡坡面紧密接触，形成整体，防止压实填土向下滑动。此外，还应将斜坡顶面以上的雨水有组织地引向远处，防止雨水流向压实的填土内。

3　在建设期间，压实填土场地阻碍原地表水的畅通排泄往往很难避免，但遇到此种情况时，应根据当地地形及时修筑雨水截水沟、排水盲沟等，疏通排水系统，使雨水或地下水顺利排走。对填土高度较大的边坡应重视排水对边坡稳定性的影响。

设置在压实填土场地的上、下水管道，由于材料及施工等原因，管道渗漏的可能性很大，应采取必要的防渗漏措施。

6　压实填土的施工缝各层应错开搭接，不宜在相同部位留施工缝。在施工缝处应适当增加压实遍数。此外，还应避免在工程的主要部位或主要承重部位留施工缝。

7　振动监测：当场地周围有对振动敏感的精密仪器、设备、建筑物等或有其他需要时宜进行振动监测。测点布置应根据监测目的和现场情况确定，一般可在振动强度较大区域内的建筑物基础或地面上布设观测点，并对其振动速度峰值和主振频率进行监测，具体控制标准及监测方法可参照现行国家标准《爆破安全规程》GB 6722执行。对于居民区、工业集中区等受振动可能影响人居环境时可参照现行国家标准《城市区域环境振动标准》GB 10070和《城市区域环境振动测量方法》GB/T 10071要求执行。

噪声监测：在噪声保护要求较高区域内可进行噪声监测。噪声的控制标准和监测方法可按现行国家标准《建筑施工场界环境噪声排放标准》GB 12523执行。

8　压实填土施工结束后，当不能及时施工基础和主体工程时，应采取必要的保护措施，防止压实填土表层直接日晒或受雨水浸泡。

6.2.4　压实填土地基竣工验收应采用静载荷试验检验填土地基承载力，静载荷试验点宜选择通过静力触探试验或轻便触探等原位试验确定的薄弱点。当采用静载荷试验检验压实填土的承载力时，应考虑压板尺寸与压实填土厚度的关系。压实填土厚度大，承压板尺寸也要相应增大，或采取分层检验。否则，检验结果只能反映上层或某一深度范围内压实填土的承载力。为保证静载荷试验的有效性，静载荷试验承压板的边长或直径不应小于压实地基检验厚度的1/3，且不应小于1.0m。当需要检验压实填土的湿陷性时，应采用现场浸水载荷试验。

6.2.5　压实填土的施工必须在上道工序满足设计要求后再进行下道工序施工。

6.3　夯　实　地　基

6.3.1　强夯法是反复将夯锤（质量一般为10t～60t）

提到一定高度使其自由落下（落距一般为 10m～40m），给地基以冲击和振动能量，从而提高地基的承载力并降低其压缩性，改善地基性能。强夯置换法是采用在夯坑内回填块石、碎石等粗颗粒材料，用夯锤连续夯击形成强夯置换墩。

由于强夯法具有加固效果显著、适用土类广、设备简单、施工方便、节省劳力、施工期短、节约材料、施工文明和施工费用低等优点，我国自 20 世纪 70 年代引进此法后迅速在全国推广应用。大量工程实例证明，强夯法用于处理碎石土、砂土、低饱和度的粉土与黏性土、湿陷性黄土、素填土和杂填土等地基，一般均能取得较好的效果。对于软土地基，如果未采取辅助措施，一般来说处理效果不好。强夯置换法是 20 世纪 80 年代后期开发的方法，适用于高饱和度的粉土与软塑～流塑的黏性土等地基上对变形控制要求不严的工程。

强夯法已在工程中得到广泛的应用，有关强夯机理的研究也在不断深入，并取得了一批研究成果。目前，国内强夯工程应用夯击能已经达到 18000kN·m，在软土地区开发的降水低能级强夯和在湿陷性黄土地区普遍采用的增湿强夯，解决了工程中地基处理问题，同时拓宽了强夯法应用范围，但还没有一套成熟的设计计算方法。因此，规定强夯施工前，应在施工现场有代表性的场地上进行试夯或试验性施工。

6.3.2 强夯置换法具有加固效果显著、施工期短、施工费用低等优点，目前已用于堆场、公路、机场、房屋建筑和油罐等工程，一般效果良好。但个别工程因设计、施工不当，加固后出现下沉较大或墩体与墩间土下沉不等的情况。因此，特别强调采用强夯置换法前，必须通过现场试验确定其适用性和处理效果，否则不得采用。

6.3.3 强夯地基处理设计应符合下列规定：

1 强夯法的有效加固深度既是反映处理效果的重要参数，又是选择地基处理方案的重要依据。强夯法创始人梅那（Menard）曾提出下式来估算影响深度 H(m)：

$$H \approx \sqrt{Mh} \qquad (9)$$

式中：M——夯锤质量（t）；

h——落距（m）。

国内外大量试验研究和工程实测资料表明，采用上述梅那公式估算有效加固深度将会得出偏大的结果。从梅那公式中可以看出，其影响深度仅与夯锤重和落距有关。而实际上影响有效加固深度的因素很多，除了夯锤重和落距以外，夯击次数、锤底单位压力、地基土性质、不同土层的厚度和埋藏顺序以及地下水位等都与加固深度有着密切的关系。鉴于有效加固深度问题的复杂性，以及目前尚无适用的计算式，所以本款规定有效加固深度应根据现场试夯或当地经验确定。

考虑到设计人员选择地基处理方法的需要，有必要提出有效加固深度的预估方法。由于梅那公式估算值较实测值大，国内外相继发表了一些文章，建议对梅那公式进行修正，修正系数范围值大致为 0.34～0.80，根据不同土类选用不同修正系数。虽然经过修正的梅那公式与未修正的梅那公式相比较有了改进，但是大量工程实践表明，对于同一类土，采用不同能量夯击时，其修正系数并不相同。单击夯击能越大时，修正系数越小。对于同一类土，采用一个修正系数，并不能得到满意的结果。因此，本规范不采用修正后的梅那公式，继续保持列表的形式。表 6.3.3-1 中将土类分成碎石土、砂土等粗颗粒土和粉土、黏性土、湿陷性黄土等细颗粒土两类，便于使用。上版规范单击夯击能范围为 1000kN·m～8000kN·m，近年来，沿海和内陆高填土场地地基采用 10000kN·m 以上能级强夯法的工程越来越多，积累了一定实测资料，本次修订，将单击夯击能范围扩展为 1000kN·m～12000kN·m，可满足当前绝大多数工程的需要。8000kN·m 以上各能级对应的有效加固深度，是在工程实测资料的基础上，结合工程经验制定。单击夯击能大于 12000kN·m 的有效加固深度，工程实测资料较少，待积累一定量数据后，再总结推荐。

2 夯击次数是强夯设计中的一个重要参数，对于不同地基土来说夯击次数也不同。夯击次数应通过现场试夯确定，常以夯坑的压缩量最大、夯坑周围隆起量最小为确定的原则。可从现场试夯得到的夯击次数和有效夯沉量关系曲线确定，有效夯沉量是指夯沉量与隆起量的差值，其与夯沉量的比值为有效夯实系数。通常有效夯实系数不宜小于 0.75。但要满足最后两击的平均夯沉量不大于本款的有关规定。同时夯坑周围地面不发生过大的隆起。因为隆起量太大，有效夯实系数变小，说明夯击效率降低，则夯击次数要适当减少，不能为了达到最后两击平均夯沉量控制值，而在夯坑周围 1/2 夯点间距内出现太大隆起量的情况下，继续夯击。此外，还要考虑施工方便，不能因夯坑过深而发生起锤困难的情况。

3 夯击遍数应根据地基土的性质确定。一般来说，由粗颗粒土组成的渗透性强的地基，夯击遍数可少些。反之，由细颗粒土组成的渗透性弱的地基，夯击遍数要求多些。根据我国工程实践，对于大多数工程采用夯击遍数 2 遍～4 遍，最后再以低能量满夯 2 遍，一般均能取得较好的夯击效果。对于渗透性弱的细颗粒土地基，可适当增加夯击遍数。

必须指出，由于表层土是基础的主要持力层，如处理不好，将会增加建筑物的沉降和不均匀沉降。因此，必须重视满夯的夯实效果，除了采用 2 遍满夯、每遍（2～3）击外，还可采用轻锤或低落距锤多次夯击、锤印搭接等措施。

4 两遍夯击之间应有一定的时间间隔，以利于土中超静孔隙水压力的消散。所以间隔时间取决于超静孔隙水压力的消散时间。但土中超静孔隙水压力的消散速率与土的类别、夯点间距等因素有关。有条件时在试夯前埋设孔隙水压力传感器，通过试夯确定超静孔隙水压力的消散时间，从而决定两遍夯击之间的间隔时间。当缺少实测资料时，间隔时间可根据地基土的渗透性按本条规定采用。

5 夯击点布置是否合理与夯实效果有直接的关系。夯击点位置可根据基底平面形状进行布置。对于某些基础面积较大的建筑物或构筑物，为便于施工，可按等边三角形或正方形布置夯点；对于办公楼、住宅建筑等，可根据承重墙位置布置夯点，一般可采用等腰三角形布点，这样保证了横向承重墙以及纵墙和横墙交接处墙基下均有夯击点；对于工业厂房来说也可按柱网来设置夯击点。

夯击点间距的确定，一般根据地基土的性质和要求处理的深度而定。对于细颗粒土，为便于超静孔隙水压力的消散，夯点间距不宜过小。当要求处理深度较大时，第一遍的夯点间距更不宜过小，以免夯击时在浅层形成密实层而影响夯击能往深层传递。此外，若各夯点之间的距离太小，在夯击时上部土体易向侧向已夯成的夯坑中挤出，从而造成坑壁坍塌，夯锤歪斜或倾倒，而影响夯实效果。

6 由于基础的应力扩散作用和抗震设防需要，强夯处理范围应大于建筑物基础范围，具体放大范围可根据建筑结构类型和重要性等因素考虑确定。对于一般建筑物，每边超出基础外缘的宽度宜为基底下设计处理深度的1/2～2/3，并不宜小于3m。对可液化地基，根据现行国家标准《建筑抗震设计规范》GB 50011的规定，扩大范围应超过基础底面下处理深度的1/2，并不应小于5m；对湿陷性黄土地基，尚应符合现行国家标准《湿陷性黄土地区建筑规范》GB 50025有关规定。

7 根据上述初步确定的强夯参数，提出强夯试验方案，进行现场试夯，并通过测试，与夯前测试数据进行对比，检验强夯效果，并确定工程采用的各项强夯参数，若不符合使用要求，则应改变设计参数。在进行试夯时也可采用不同设计参数的方案进行比较，择优选用。

8 在确定工程采用的各项强夯参数后，还应根据试夯所测得的夯沉量、夯坑回填方式、夯前夯后场地标高变化，结合基础埋深，确定起夯标高。夯前场地标高宜高出基础底标高0.3m～1.0m。

9 强夯地基承载力特征值的检测除了现场静载试验外，也可根据地基土性质，选择静力触探、动力触探、标准贯入试验等原位测试方法和室内土工试验结果结合静载试验结果综合确定。

6.3.4 本条是强夯处理地基的施工要求：

1 根据要求处理的深度和起重机的起重能力选

择强夯锤质量。我国至今采用的最大夯锤质量已超过60t，常用的夯锤质量为15t～40t。夯锤底面形式是否合理，在一定程度上也会影响夯击效果。正方形锤具有制作简单的优点，但在使用时也存在一些缺点，主要是起吊时由于夯锤旋转，不能保证前后几次夯击的夯坑重合，故常出现锤角与夯坑侧壁相接触的现象，因而使一部分夯击能消耗在坑壁上，影响了夯击效果。根据工程实践，圆形锤或多边形锤不存在此缺点，效果较好。锤底面积可按土的性质确定，锤底静接地压力值可取25kPa～80kPa，锤底静接地压力值应与夯击能相匹配，单击夯击能高时取大值，单击夯击能低时取小值。对粗颗粒土和饱和度低的细颗粒土，锤底静接地压力取值大时，有利于提高有效加固深度；对于饱和细颗粒土宜取较小值。为了提高夯击效果，锤底应对称设置不少于4个与其顶面贯通的排气孔，以利于夯锤着地时坑底空气迅速排出和起锤时减小坑底的吸力。排气孔的孔径一般为300mm～400mm。

2 当最后两击夯沉量尚未达到控制标准，地面无明显隆起，而因为夯坑过深出现起锤困难时，说明地基土的压缩性仍较高，还可以继续夯击。但由于夯锤与夯坑壁的摩擦阻力加大和锤底接触面出现负压的原因，继续夯击，需要频繁挖锤，施工效率降低，处理不当会引起安全事故。遇到此种情况时，应将夯坑回填后继续夯击，直至达到控制标准。

6.3.5 强夯置换处理地基设计应符合下列规定：

1 将上版规范规定的置换深度不宜超过7m，修改为不宜超过10m，是根据国内置换夯击能从5000kN·m以下，提高到10000kN·m，甚至更高，在工程实测基础上确定的。国外置换深度有达到12m，锤的质量超过40t的工程实例。

对淤泥、泥炭等黏性软弱土层，置换墩应穿透软土层，着底在较好土层上，因墩底竖向应力较墩间土高，如果墩底仍在软弱土中，墩底较高竖向应力而产生较多下沉。

对深厚饱和粉土、粉砂，墩身可不穿透该层，因墩下土在施工中密度变大，强度提高有保证，故可允许不穿透该层。

强夯置换的加固原理为下列三者之和：

强夯置换＝强夯（加密）＋碎石墩＋特大直径排水井

因此，墩间和墩下的粉土或黏性土通过排水与加密，其密度及状态可以改善。由此可知，强夯置换的加固深度由两部分组成，即置换墩长度和墩下加密范围。墩下加密范围，因资料有限目前尚难确定，应通过现场试验逐步积累资料。

2 单击夯击能应根据现场试验决定，但在可行性研究或初步设计时可按图7中的实线（平均值）与虚线（下限）所代表的公式估计。

较适宜的夯击能　　$\bar{E} = 940(H_1 - 2.1)$　　(10)

夯击能最低值　　$E_w = 940(H_1 - 3.3)$　　(11)

式中：H_1——置换墩深度（m）。

初选夯击能宜在 $\bar{E}$ 与 E_w 之间选取，高于 $\bar{E}$ 则可能浪费，低于 E_w 则可能达不到所需的置换深度。图7是国内外18个工程的实际置换墩深度汇总而来，由图中看不出土性的明显影响，估计是因强夯置换的土类多限于粉土与淤泥质土，而这类土在施工中因液化或触变，抗剪强度都很低之故。

强夯置换宜选取同一夯击能中锤底静压力较高的锤施工，图7中两根虚线间的水平距离反映出在同一夯击能下，置换深度却有不同，这一点可能多少反映了锤底静压力的影响。

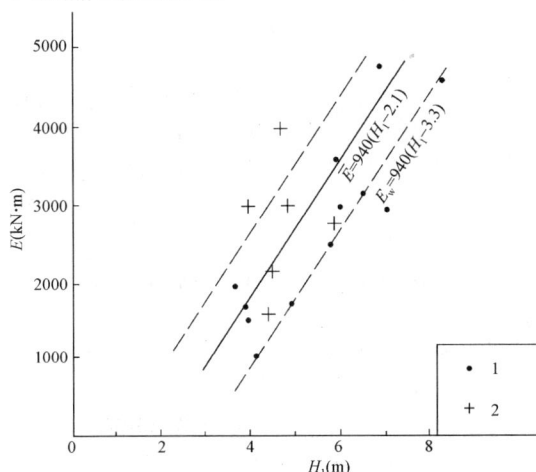

图7　夯击能与实测置换深度的关系
1—软土；2—黏土、砂

3　墩体材料级配不良或块石过多过大，均易在墩中留下大孔，在后续墩施工或建筑物使用过程中使墩间土挤入孔隙，下沉增加，因此本条强调了级配和大于300mm的块石总量不超出填料总重的30%。

4　累计夯沉量指单个夯点在每一击下夯沉量的总和，累计夯沉量为设计墩长的（1.5～2）倍以上，主要是保证夯墩的密实度与着底，实际是充盈系数的概念，此处以长度比代替体积比。

9　强夯置换时地面不可避免要抬高，特别在饱和黏性土中，根据现有资料，隆起的体积可达填入体积的大半，这主要是因为黏性土在强夯置换中密度改变较粉土少，虽有部分软土挤入置换墩孔隙中，或因填料吸水而降低一些含水量，但隆起的体积还是可观的，应在试夯时仔细记录，做出合理的估计。

11　规定强夯置换后的地基承载力对粉土中的置换地基按复合地基考虑，对淤泥或流塑的黏性土中的置换墩则不考虑墩间土的承载力，按单墩静载荷试验的承载力除以单墩加固面积取为加固后的地基承载力，主要是考虑：

1）淤泥或流塑软土中强夯置换国内有个别不

成功的先例，为安全起见，须等有足够工程经验后再行修正，以利于此法的推广应用。

2）某些国内工程因单墩承载力已够，而不再考虑墩间土的承载力。

3）强夯置换法在国外亦称为"动力置换与混合"法（Dynamic replacement and mixing method），因为墩体填料为碎石或砂砾时，置换墩形成过程中大量填料与墩间土混合，越浅处混合的越多，因而墩间土已非原来的土而是一种混合土，含水量与密实度改善很多，可与墩体共同组成复合地基，但目前由于对填料要求与施工操作尚未规范化，填料中块石过多，混合作用不强，墩间的淤泥等软土性质改善不够，因此不考虑墩间土的承载力较为稳妥。

12　强夯置换处理后的地基情况比较复杂。不考虑墩间土作用地基变形计算时，如果采用的单墩静载荷试验的载荷板尺寸与夯锤直径相同时，其地基的主要变形发生在加固区，下卧土层的变形较小，但墩的长度较小时应计算下卧土层的变形。强夯置换处理地基的建筑物沉降观测资料较少，各地应根据地区经验确定变形计算参数。

6.3.6　本条是强夯置换处理地基的施工要求：

1　强夯置换夯锤可选用圆柱形，锤底静接地压力值可取 80kPa～200kPa。

2　当表土松软时应铺设一层厚为 1.0m～2.0m 的砂石施工垫层以利施工机具运转。随着置换墩的加深，被挤出的软土渐多，夯点周围地面渐高，先铺的施工垫层在向夯坑中填料时往往被推入坑中成了填料，施工层越来越薄，因此，施工中须不断地在夯点周围加厚施工垫层，避免地面松软。

6.3.7　本条是对夯实法施工所用起重设备的要求。国内用于夯实法地基处理施工的起重机械以改装后的履带式起重机为主，施工时一般在臂杆端部设置门字形或三角形支架，提高起重能力和稳定性，降低起落夯锤时机架倾覆的安全事故发生的风险，实践证明，这是一种行之有效的办法。但同时也出现改装后的起重机实际起重量超过设备出厂额定最大起重量的情况，这种情况不利于施工安全，因此，应予以限制。

6.3.8　当场地表土软弱或地下水位高的情况，宜采用人工降低地下水位，或在表层铺设一定厚度的松散性材料。这样做的目的是在地表形成硬层，确保机械设备通行和施工，又可加大地下水和地表面的距离，防止夯击时夯坑积水。当砂土、湿陷性黄土的含水量低，夯击时，表层松散层较厚，形成的夯坑很浅，以致影响有效加固深度时，可采取表面洒水、钻孔注水等人工增湿措施。对回填地基，当可采用夯实法处理时，如果具备分层回填条件，应该选择采用分层回填方式进行回填，回填厚度尽可能控制在强夯法相应能级所对应的有效加固深度范围之内。

6.3.10 对振动有特殊要求的建筑物，或精密仪器设备等，当强夯产生的振动和挤压有可能对其产生有害影响时，应采取隔振或防振措施。施工时，在作业区一定范围设置安全警戒，防止非作业人员、车辆误入作业区而受到伤害。

6.3.11 施工过程中应有专人负责监测工作。首先，应检查夯锤质量和落距，因为若夯锤使用过久，往往因底面磨损而使质量减少，落距未达设计要求，也将影响单击夯击能；其次，夯点放线错误情况常有发生，因此，在每遍夯击前，均应对夯点放线进行认真复核；此外，在施工过程中还必须认真检查每个夯点的夯击次数，量测每击的夯沉量，检查每个夯点的夯击起止时间，防止出现少夯或漏夯，对强夯置换尚应检查置换墩长度。

由于强夯施工的特殊性，施工中所采用的各项参数和施工步骤是否符合设计要求，在施工结束后往往很难进行检查，所以要求在施工过程中对各项参数和施工情况进行详细记录。

6.3.12 基础施工必须在土层休止期满后才能进行，对黏性土地基和新近人工填土地基，休止期更显重要。

6.3.13 强夯处理后的地基竣工验收时，承载力的检验除了静载试验外，对细颗粒土尚应选择标准贯入试验、静力触探试验等原位检测方法和室内土工试验进行综合检测评价；对粗颗粒土尚应选择标准贯入试验、动力触探试验等原位检测方法进行综合检测评价。

强夯置换处理后的地基竣工验收时，承载力的检验除了单墩静载试验或单墩复合地基静载试验外，尚应采用重型或超重型动力触探、钻探检测置换墩的墩长、着底情况、密度随深度的变化情况，达到综合评价目的。对饱和粉土地基，尚应检测墩间土的物理力学指标。

6.3.14 本条是夯实地基竣工验收检验的要求。

1 夯实地基的质量检验，包括施工过程中的质量监测及夯后地基的质量检验，其中前者尤为重要。所以必须认真检查施工过程中的各项测试数据和施工记录，若不符合设计要求时，应补夯或采取其他有效措施。

2 经强夯和强夯置换处理的地基，其强度是随着时间增长而逐步恢复和提高的，因此，竣工验收质量检验应在施工结束间隔一定时间后方能进行。其间隔时间可根据土的性质而定。

3、4 夯实地基静载荷试验和其他原位测试、室内土工试验检测点的数量，主要根据场地复杂程度和建筑物的重要性确定。考虑到场地土的不均匀性和测试方法可能出现的误差，本条规定了最少检验点数。

对强夯地基，应考虑夯间土和夯击点土的差异。当需要检验夯实地基的湿陷性时，应采用现场浸水载荷试验。

国内夯实地基采用波速法检测，评价夯后地基土的均匀性，积累了许多工程资料。作为一种辅助检测评价手段，应进一步总结，与动力触探试验或标准贯入试验、静力触探试验等原位测试结果验证后使用。

7 复合地基

7.1 一般规定

7.1.1 复合地基强调由地基土和增强体共同承担荷载，对于地基土为欠固结土、湿陷性黄土、可液化土等特殊土，必须选用适当的增强体和施工工艺，消除欠固结性、湿陷性、液化性等，才能形成复合地基。复合地基处理的设计、施工参数有很强的地区性，因此强调在没有地区经验时应在有代表性的场地上进行现场试验或试验性施工，并进行必要的测试，以确定设计参数和处理效果。

混凝土灌注桩、预制桩复合地基可参照本节内容使用。

7.1.2 本条是对复合地基施工后增强体的检验要求。增强体是保证复合地基工作、提高地基承载力、减少变形的必要条件，其施工质量必须得到保证。

7.1.3 本条是对复合地基承载力设计和工程验收的检验要求。

复合地基承载力的确定方法，应采用复合地基静载荷试验的方法。桩体强度较高的增强体，可以将荷载传递到桩端土层。当桩长较长时，由于静载荷试验的载荷板宽度较小，不能全面反映复合地基的承载特性。因此单纯采用单桩复合地基静载荷试验的结果确定复合地基承载力特征值，可能会由于试验的载荷板面积或由于褥垫层厚度对复合地基静载荷试验结果产生影响。对有粘结强度增强体复合地基的增强体进行单桩静载荷试验，保证增强体桩身质量和承载力，是保证复合地基满足建筑物地基承载力要求的必要条件。

7.1.4 本条是复合地基增强体施工桩位允许偏差和垂直度的要求。

7.1.5 复合地基承载力的计算表达式对不同的增强体大致可分为两种：散体材料桩复合地基和有粘结强度增强体复合地基。本次修订分别给出其估算时的设计表达式。对散体材料桩复合地基计算时桩土应力比 n 应按试验取值或按地区经验取值。但应指出，由于地基土的固结条件不同，在长期荷载作用下的桩土应力比与试验条件时的结果有一定差异，设计时应充分考虑。处理后的桩间土承载力特征值与原土强度、类型、施工工艺密切相关，对于可挤密的松散砂土、粉土，处理后的桩间土承载力会比原土承载力有一定幅度的提高；而对于黏性土特别是饱和黏性土，施工后有一定时间的休止恢复期，过后桩间土承载力特征值可达到原土承载力；对于高灵敏性的土，由于休止期较长，设计时桩间土承载力特征值宜采用小于原土承载力特征值的设计参数。对有粘结强度增强体复合地基，本次修订根据试验结果增加了增强体单桩承载力发挥系数和桩间土承载力发挥系数，其基本依据是，在复合地基静载荷试验中取 s/b 或 s/d 等于 0.01 确定复合地基承载力时，地基土和单桩承载力发挥系数的试验结果。一般情况下，复合地基设计有褥垫层时，地基土承载力的发挥是比较充分的。

应该指出，复合地基承载力设计时取得的设计参数可靠性对设计的安全度有很大影响。当有充分试验资料作依据时，可直接按试验的综合分析结果进行设计。对刚度较大的增强体，在复合地基静载荷试验取 s/b 或 s/d 等于 0.01 确定复合地基承载力以及增强体单桩静载荷试验确定单桩承载力特征值的情况下，增强体单桩承载力发挥系数为 0.7～0.9，而地基土承载力发挥系数为 1.0～1.1。对于工程设计的大部分情况，采用初步设计的估算值进行施工，并要求施工结束后达到设计要求，设计人员的地区工程经验非常重要。首先，复合地基承载力设计中增强体单桩承载力发挥和桩间土承载力发挥与桩、土相对刚度有关，相同褥垫层厚度条件下，相对刚度差值越大，刚度大的增强体在加荷初始发挥较小，后期发挥较大；其次，由于采用勘察报告提供的参数，其对单桩承载力和天然地基承载力在相同变形条件下的富余程度不同，使得复合地基工作时增强体单桩承载力发挥和桩间土承载力发挥存在不同的情况，当提供的单桩承载力和天然地基承载力存在较大的富余值，增强体单桩承载力发挥系数和桩间土承载力发挥系数均可达到1.0，复合地基承载力载荷试验检验结果也能满足设计要求。同时复合地基承载力载荷试验是短期荷载作用，应考虑长期荷载作用的影响。总之，复合地基设计要根据工程的具体情况，采用相对安全的设计。初步设计时，增强体单桩承载力发挥系数和桩间土承载力发挥系数的取值范围在 0.8～1.0 之间，增强体单桩承载力发挥系数取高值时桩间土承载力发挥系数应取低值，反之，增强体单桩承载力发挥系数取低值时桩间土承载力发挥系数应取高值。所以，没有充分的地区经验时应通过试验确定设计参数。

桩端端阻力发挥系数 α_p 与增强体的荷载传递性质、增强体长度以及桩土相对刚度密切相关。桩长过长影响桩端承载力发挥时应取较低值；水泥土搅拌桩其荷载传递受搅拌土的性质影响应取 0.4～0.6；其他情况可取 1.0。

7.1.6 复合地基增强体的强度是保证复合地基工作的必要条件，必须保证其安全度。在有关标准材料的

可靠度设计理论基础上，本次修订适当提高了增强体材料强度的设计要求。对具有粘结强度的复合地基增强体应按建筑物基础底面作用在增强体上的压力进行验算，当复合地基承载力验算需要进行基础埋深的深度修正时，增强体桩身强度验算应按基底压力验算。本次修订给出了验算方法。

7.1.7 复合地基沉降计算目前仍以经验方法为主。本次修订综合各种复合地基的工程经验，提出以分层总和法为基础的计算方法。各地可根据地区土的工程特性、工法试验结果以及工程经验，采用适宜的方法，以积累工程经验。

7.1.8 由于采用复合地基的建筑物沉降观测资料较少，一直沿用天然地基的沉降计算经验系数。各地使用对复合土层模量较低时符合性较好，对于承载力提高幅度较大的刚性桩复合地基出现计算值小于实测值的现象。现行国家标准《建筑地基基础设计规范》GB 50007 修订组通过对收集到的全国 31 个 CFG 桩复合地基工程沉降观测资料分析，得出地基的沉降计算经验系数与沉降计算深度范围内压缩模量当量值的关系。

7.2 振冲碎石桩和沉管砂石桩复合地基

7.2.1 振冲碎石桩对不同性质的土层分别具有置换、挤密和振动密实等作用。对粘性土主要起到置换作用，对砂土和粉土除置换作用外还有振实挤密作用。在以上各种土中都要在振冲孔内加填碎石回填料，制成密实的振冲桩，而桩间土则受到不同程度的挤密和振密。桩和桩间土构成复合地基，使地基承载力提高，变形减少，并可消除土层的液化。在中、粗砂层中振冲，由于周围砂料能自行塌入孔内，也可以采用不加填料进行原地振冲加密的方法。这种方法适用于较纯净的中、粗砂层，施工简便，加密效果好。

沉管砂石桩是指采用振动或锤击沉管等方式在软弱地基中成孔后，再将砂、碎石或砂石混合料通过桩管挤压入已成的孔中，在成桩过程中逐层挤密、振密，形成大直径的砂石体所构成的密实桩体。沉管砂石桩用于处理松散砂土、粉土、可挤密的素填土及杂填土地基，主要靠桩的挤密和施工中的振动作用使桩周围土的密度增大，从而使地基的承载能力提高，压缩性降低。

国内外的实际工程经验证明，不管是采用振冲碎石桩、还是沉管砂石桩，其处理砂土及填土地基的挤密、振密效果都比较显著，均已得到广泛应用。

振冲碎石桩和沉管砂石桩用于处理软土地基，国内外也有较多的工程实例。但由于软黏土含水量高、透水性差，碎（砂）石桩很难发挥挤密效用，其主要作用是通过置换与黏性土形成复合地基，同时形成排水通道加速软土的排水固结。碎（砂）石桩单桩承载力主要取决于桩周土的侧限压力。由于软黏土抗剪强

度低，且在成桩过程土中桩周土体产生的超孔隙水压力不能迅速消散，天然结构受到扰动将导致其抗剪强度进一步降低，造成桩周对碎（砂）石桩产生的侧限压力较小，碎（砂）石桩的单桩承载力较低，如置换率不高，其提高承载力的幅度较小，很难获得可靠的处理效果。此外，如不经过预压，处理后地基仍将发生较大的沉降，难以满足建（构）筑物的沉降允许值。工程中常用预压措施（如油罐充水）解决部分工后沉降。所以，用碎（砂）石桩处理饱和软黏土地基，应按建筑结构的具体条件区别对待，宜通过现场试验后再确定是否采用。据此本条指出，在饱和黏土地基上对变形控制要求不严的工程才可采用砂石桩置换处理。

对于塑性指数较高的硬黏性土、密实砂土不宜采用碎（砂）石桩复合地基。如北京某电厂工程，天然地基承载力 f_{ak} ＝200kPa，基底土层为粉质黏土，采用振冲碎石桩，加固后桩土应力比 n ＝0.9，承载力没有提高（见图8）。

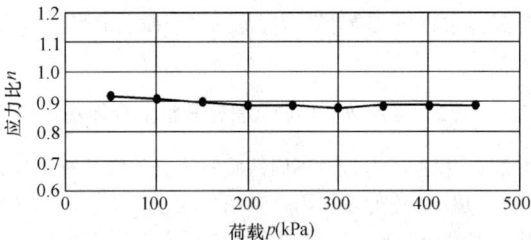

图 8 北京某工程桩土应力比随荷载的变化

对大型的、重要的或场地地层复杂的工程以及采用振冲法处理不排水强度不小于 20kPa 的饱和黏性土和饱和黄土地基，在正式施工前应通过现场试验确定其适用性是必要的。不加填料振冲挤密处理砂土地基的方法应进行现场试验确定其适用性，可参照本节规定进行施工和检验。

振冲碎石桩、沉管砂石桩广泛应用于处理可液化地基，其承载力和变形计算采用复合地基计算方法，可按本节内容设计和施工。

7.2.2 本条是振冲碎石桩、沉管砂石桩复合地基设计的规定。

1 本款规定振冲碎石桩、沉管砂石桩处理地基要超出基础一定宽度，这是基于基础的压力向基础外扩散，需要侧向约束条件保证。另外，考虑到基础下靠外边的（2～3）排桩挤密效果较差，应加宽（1～3）排桩。重要的建筑以及要求荷载较大的情况应加宽更多。

振冲碎石桩、沉管砂石桩法用于处理液化地基，必须确保建筑物的安全使用。基础外的处理宽度目前尚无统一的标准。美国经验取等于处理的深度，但根据日本和我国有关单位的模型试验得到结果为应处理深度的 2/3。另由于基础压力的影响，使地基土的有效压力增加，抗液化能力增大。根据日本用挤密桩处理的地基经过地震检验的结果，说明需处理的宽度也比处理深度的 2/3 小，据此定出每边放宽不宜小于处理深度的 1/2。同时不应小于 5m。

2 振冲碎石桩、沉管砂石桩的平面布置多采用等边三角形或正方形。对于砂土地基，因靠挤密桩周土提高密度，所以采用等边三角形更有利，它使地基挤密较为均匀。考虑基础形式和上部结构的荷载分布等因素，工程中还可根据建筑物承载力和变形要求采用矩形、等腰三角形等布桩形式。

3 采用振冲法施工的碎石桩直径通常为 0.8m～1.2m，与振冲器的功率和地基土条件有关，一般振冲器功率大、地基土松散时，成桩直径大，砂石桩直径可按每根桩所用填料量计算。

振动沉管法成桩直径的大小取决于施工设备桩管的大小和地基土的条件。目前使用的桩管直径一般为300mm～800mm，但也有小于300mm或大于800mm的。小直径桩管挤密质量较均匀但施工效率低；大直径桩管需要较大的机械能力，工效高，采用过大的桩径，一根桩要承担的挤密面积大，通过一个孔要填入的砂石料多，不易使桩周土挤密均匀。沉管法施工时，设计成桩直径与套管直径比不宜大于 1.5。另外，成桩时间长，效率低给施工也会带来困难。

4 振冲碎石桩、沉管砂石桩的间距应根据复合地基承载力和变形要求以及对原地基土要达到的挤密要求确定。

5 关于振冲碎石桩、沉管砂石桩的长度，通常根据地基的稳定和变形验算确定，为保证稳定，桩长应达到滑动弧面之下，当软弱土层厚度不大时，桩长宜超过整个松软土层。标准贯入和静力触探沿深度的变化特性也是提供确定桩长的重要资料。

对可液化的砂层，为保证处理效果，一般桩长应穿透液化层，如可液化层过深，则应按现行国家标准《建筑抗震设计规范》GB 50011 有关规定确定。

由于振冲碎石桩、沉管砂石桩在地面下 1m～2m 深度的土层处理效果较差，碎（砂）石桩的设计长度应大于主要受荷深度且不宜小于 4m。

当建筑物荷载不均匀或地基主要压缩层不均匀，建筑物的沉降存在一个沉降差，当差异沉降过大，则会使建筑物受到损坏。为了减少其差异沉降，可分区采用不同桩长进行加固，用以调整差异沉降。

7 振冲碎石桩、沉管砂石桩桩身材料是散体材料，由于施工的影响，施工后的表层土需挖除或密实处理，所以碎（砂）石桩复合地基设置垫层是有益的。同时垫层起水平排水的作用，有利于施工后加快土层固结；对独立基础等小基础碎石垫层还可以起到明显的应力扩散作用，降低碎（砂）石桩和桩周围土的附加应力，减少桩体的侧向变形，从而提高复合地基承载力，减少地基变形量。

垫层铺设后需压实，可分层进行，夯填度（夯实后的垫层厚度与虚铺厚度的比值）不得大于0.9。

8 对砂土和粉土采用碎（砂）石桩复合地基，由于成桩过程对桩间土的振密或挤密，使桩间土承载力比天然地基承载力有较大幅度的提高，为此可用桩间土承载力调整系数来表达。对国内采用振冲碎石桩44个工程桩间土承载力调整系数进行统计见图9。从图中可以看出，桩间土承载力调整系数在1.07～3.60，有两个工程小于1.2。桩间土承载力调整系数与原土天然地基承载力相关，天然地基承载力低时桩间土承载力调整系数大。在初步设计估算松散粉土、砂土复合地基承载力时，桩间土承载力调整系数可取1.2～1.5，原土强度低取大值，原土强度高取小值。

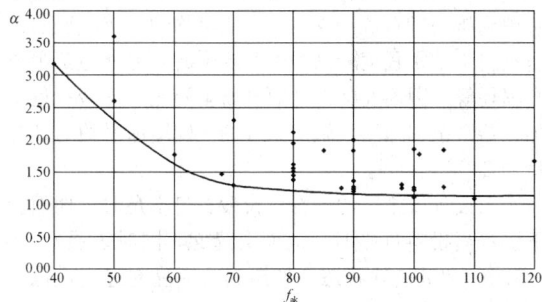

图9 桩间土承载力调整系数 α 与原土
承载力 f_{ak} 关系统计图

9 由于碎（砂）石桩向深层传递荷载的能力有限，当桩长较大时，复合地基的变形计算，不宜全桩长范围内加固土层压缩模量采用统一的放大系数。桩长超过12d以上的加固土层压缩模量的提高，对于砂土粉土宜按挤密后桩间土的模量取值；对于黏性土不宜考虑挤密效果，但有经验时可按排水固结后经检验的桩间土的模量取值。

7.2.3 本条为振冲碎石桩施工的要求。

1 振冲施工选用振冲器要考虑设计荷载、工期、工地电源容量及地基土天然强度等因素。30kW功率的振冲器每台机组约需电源容量75kW，其制成的碎石桩径约0.8m，桩长不宜超过8m，因其振动力小，桩长超过8m加密效果明显降低；75kW振冲器每台机组需要电源电量100kW，桩径可达0.9m～1.5m，振冲深度可达20m。

在邻近有已建建筑物时，为减小振动对建筑物的影响，宜用功率较小的振冲器。

为保证施工质量，电压、加密电流、留振时间要符合要求。如电源电压低于350V则应停止施工。使用30kW振冲器密实电流一般为45A～55A；55kW振冲器密实电流一般为75A～85A；75kW振冲器密实电流为80A～95A。

2 升降振冲器的机具一般常用8t～25t汽车吊，

可振冲5m～20m桩长。

3 要保证振冲桩的质量，必须控制好密实电流、填料量和留振时间三方面的指标。

首先，要控制加料振密过程中的密实电流。在成桩时，不能把振冲器刚接触填料的一瞬间的电流值作为密实电流。瞬时电流值有时可高达100A以上，但只要把振冲器停住不下降，电流值立即变小。可见瞬时电流并不真正反映填料的密实程度。只有让振冲器在固定深度上振动一定时间（称为留振时间）而电流稳定在某一数值，这一稳定电流才能代表填料的密实程度。要求稳定电流值超过规定的密实电流值，该段桩体才算制作完毕。

其次，要控制好填料量。施工中加填料不宜过猛，原则上要"少吃多餐"，即要勤加料，但每批不宜加得太多。值得注意的是在制作最深处桩体时，为达到规定密实电流所需的填料远比制作其他部分桩体多。有时这段桩体的填料量可占整根桩总填料量的1/4～1/3。这是因为开始阶段加的料有相当一部分从孔口向孔底下落过程中被黏留在某些深度的孔壁上，只有少量能落到孔底。另一个原因是如果控制不当，压力水有可能造成超深，从而使孔底填料量剧增。第三个原因是孔底遇到了事先不知的局部软弱土层，这也能使填料数量超过正常用量。

4 振冲施工有泥水从孔内返出。砂石类土返泥水较少，黏土层返泥水量大，这些泥水不能漫流在基坑内，也不能直接排入到地下排污管和河道中，以免引起对环境的有害影响，为此在场地上必须事先开设排泥水沟系统和做好沉淀池。施工时用泥浆泵将返出的泥水集中抽入池内，在城市施工，当泥水量不大时可外运。

5 为了保证桩顶部的密实，振冲前开挖基坑时应在桩顶高程以上预留一定厚度的土层。一般30kW振冲器应留0.7m～1.0m，75kW应留1.0m～1.5m。当基槽不深时可振冲后开挖。

6 在有些砂层中施工，常要连续快速提升振冲器，电流始终可保持加密电流值。如广东新沙港水中吹填的中砂，振前标贯击数为（3～7）击，设计要求振冲后不小于15击，采用正三角形布孔，桩距2.54m，加密电流100A，经振冲后达到大于20击，14m厚的砂层完成一孔约需20min。又如拉各都坝基，水中回填中、粗砂，振前 N_{10} 为10击，相对密实度 D_r 为0.11，振后 N_{10} 大于80击，$D_r=0.9$，孔距2.0m，孔深7m，全孔振冲时间4min～6min。

7.2.4 本条为沉管砂石桩施工的要求。

1 沉管法施工，应选用与处理深度相适应的机械。可用的施工机械类型很多，除专用机械外还可利用一般的打桩机改装。目前所用机械主要可分为两类，即振动沉管桩机和锤击沉管桩机。

用垂直上下振动的机械施工的称为振动沉管成桩

法，用锤击式机械施工成桩的称为锤击沉管成桩法，锤击沉管成桩法的处理深度可达 10m。桩机通常包括桩机架、桩管及桩尖、提升装置、挤密装置（振动锤或冲击锤）、上料设备及检测装置等部分。为了使桩管容易打入，高能量的振动沉管桩机配有高压空气或水的喷射装置，同时配有自动记录桩管贯入深度、提升量、压入量、管内砂石位置及变化（灌砂石及排砂石量），以及电机电流变化等检测装置。有的设备还装有计算机，根据地层阻力的变化自动控制灌砂石量并保证沿深度均匀挤密并达到设计标准。

2 不同的施工机具及施工工艺用于处理不同的地层会有不同的处理效果。常遇到设计与实际情况不符或者处理质量不能达到设计要求的情况，因此施工前在现场的成桩试验具有重要的意义。

通过现场成桩试验，检验设计要求和确定施工工艺及施工控制标准，包括填砂石量、提升高度、挤压时间等。为了满足试验及检测要求，试验桩的数量应不少于（7～9）个。正三角形布置至少要 7 个（即中间 1 个周围 6 个）；正方形布置至少要 9 个（3 排 3 列每排每列各 3 个）。如发现问题，则应及时会同设计人员调整设计或改进施工。

3 振动沉管法施工，成桩步骤如下：

1）移动桩机及导向架，把桩管及桩尖对准桩位；

2）启动振动锤，把桩管下到预定的深度；

3）向桩管内投入规定数量的砂石料（根据施工试验的经验，为了提高施工效率，装砂石也可在桩管下到便于装料的位置时进行）；

4）把桩管提升一定的高度（下砂石顺利时提升高度不超过 1m～2m），提升时桩尖自动打开，桩管内的砂石料流入孔内；

5）降落桩管，利用振动及桩尖的挤压作用使砂石密实；

6）重复 4）、5）两工序，桩管上下运动，砂石料不断补充，砂石桩不断增高；

7）桩管提至地面，砂石桩完成。

施工中，电机工作电流的变化反映挤密程度及效率。电流达到一定不变值，继续挤压将不会产生挤密效果。施工中不可能及时进行效果检测，因此按成桩过程的各项参数对施工进行控制是重要的环节，必须予以重视，有关记录是质量检验的重要资料。

4 对于黏性土地基，当采用活瓣桩靴时宜选用平底型，以便于施工时顺利出料。

5 锤击沉管法施工有单管法和双管法两种，但单管法难以发挥挤密作用，故一般宜用双管法。

双管法的施工根据具体条件选定施工设备，其施工成桩过程如下：

1）将内外管安放在预定的桩位上，将用作桩塞的砂石投入外管底部；

2）以内管做锤冲击砂石塞，靠摩擦力将外管打入预定深度；

3）固定外管将砂石塞压入土中；

4）提内管并向外管内投入砂石料；

5）边提外管边用内管将管内砂石冲出挤压土层；

6）重复 4）、5）步骤；

7）待外管拔出地面，砂石桩完成。

此法优点是砂石的压入量可随意调节，施工灵活。

其他施工控制和检测记录参照振动沉管法施工的有关规定。

6 砂石桩桩孔内的填料量应通过现场试验确定。考虑到挤密砂石桩沿深度不会完全均匀，实践证明砂石桩施工挤密程度较高时地面要隆起，另外施工中还有损耗等，因而实际设计灌砂石量要比计算砂石量增加一些。根据地层及施工条件的不同增加量约为计算量的 20%～40%。

当设计或施工的砂石桩投砂石量不足时，地面会下沉；当投料过多时，地面会隆起，同时表层 0.5m～1.0m 常呈松软状态。如遇到地面隆起过高，也说明填砂石量不适当。实际观测资料证明，砂石在达到密实状态后进一步承受挤压又会变松，从而降低处理效果。遇到这种情况应注意适当减少填砂石量。

施工场地土层可能不均匀，土质多变，处理效果不能直接看到，也不能立即测出。为了保证施工质量，使在土层变化的条件下施工质量也能达到标准，应在施工中进行详细的观测和记录。观测内容包括桩管下沉随时间的变化；灌砂石量预定数量与实际数量；桩管提升和挤压的全过程（提升、挤压、砂桩高度的形成随时间的变化）等。有自动检测记录仪器的砂石桩机施工中可以直接获得有关的资料，无此设备时须由专人测读记录。根据桩管下沉时间曲线可以估计土层的松软变化随时掌握投料数量。

7 以挤密为主的砂石桩施工时，应间隔（跳打）进行，并宜由外侧向中间推进；对黏性土地基，砂石桩主要起置换作用，为了保证设计的置换率，宜从中间向外围或隔排施工；在既有建（构）筑物邻近施工时，为了减少对邻近既有建（构）筑物的振动影响，应背离建（构）筑物方向进行。

9 砂石桩桩顶部施工时，由于上覆压力较小，因而对桩体的约束力较小，桩顶形成一个松散层，施工后应加以处理（挖除或碾压）。

7.2.5 本条为碎石桩、砂石桩复合地基的检验要求。

1 检查振冲施工各项施工记录，如有遗漏或不符合规定要求的桩或振冲点，应补做或采取有效的补救措施。

振动沉管砂石桩应在施工期间及施工结束后，检查砂石桩的施工记录，包括检查套管往复挤压振动次数与时间、套管升降幅度和速度、每次填砂石料量等项施工记录。砂石桩施工的沉管时间、各深度段的填砂石量、提升及挤压时间等是施工控制的重要手段，这些资料可以作为评估施工质量的重要依据，再结合抽检便可以较好地作出质量评价。

2 由于在制桩过程中原状土的结构受到不同程度的扰动，强度会有所降低，饱和土地基在桩周围一定范围内，土的孔隙水压力上升。待休置一段时间后，孔隙水压力会消散，强度会逐渐恢复，恢复期的长短是根据土的性质而定。原则上应待孔压消散后进行检验。黏性土孔隙水压力的消散需要的时间较长，砂土则很快。根据实际工程经验规定对饱和黏土不宜小于28d，粉质黏土不宜小于21d，粉土、砂土和杂填土可适当减少。

3 碎（砂）石桩处理地基最终是要满足承载力、变形或抗液化的要求，标准贯入、静力触探以及动力触探可直接反映施工质量并提供检测资料，所以本条规定可用这些测试方法检测碎（砂）石桩及其周围土的挤密效果。

应在桩位布置的等边三角形或正方形中心进行碎（砂）石桩处理效果检测，因为该处挤密效果较差。只要该处挤密达到要求，其他位置就一定会满足要求。此外，由该处检测的结果还可判明桩间距是否合理。

如处理可液化地层时，可按标准贯入击数来衡量砂性土的抗液化性，使碎（砂）石桩处理后的地基实测标准贯入击数大于临界贯入击数。这种液化判别方法只考虑了桩间土的抗液化能力，而未考虑碎（砂）石桩的作用，因而在设计上是偏于安全的。碎（砂）石桩处理后的地基液化评价方法应进一步研究。

7.3 水泥土搅拌桩复合地基

7.3.1 水泥土搅拌法是利用水泥等材料作为固化剂通过特制的搅拌机械，就地将软土和固化剂（浆液或粉体）强制搅拌，使软土硬结成具有整体性、水稳性和一定强度的水泥加固土，从而提高地基土强度和增大变形模量。根据固化剂掺入状态的不同，它可分为浆液搅拌和粉体喷射搅拌两种。前者是用浆液和地基土搅拌，后者是用粉体和地基土搅拌。

水泥土搅拌法加固软土技术具有其独特优点：1）最大限度地利用了原土；2）搅拌时无振动、无噪声和无污染，对周围原有建筑物及地下沟管影响很小；3）根据上部结构的需要，可灵活地采用柱状、壁状、格栅状和块状等加固形式。

水泥固化剂一般适用于正常固结的淤泥与淤泥质土、黏性土、粉土、素填土（包括冲填土）、饱和黄土、粉砂以及中细砂、砂砾（当加固粗粒土时，应注意有无明显的流动地下水）等地基加固。

根据室内试验，一般认为用水泥作加固料，对含有高岭石、多水高岭石、蒙脱石等黏土矿物的软土加固效果较好；而对含有伊利石、氯化物和水铝石英等矿物的黏性土以及有机质含量高，pH值较低的酸性土加固效果较差。

掺合料可以添加粉煤灰等。当黏土的塑性指数 I_p 大于25时，容易在搅拌头叶片上形成泥团，无法完成水泥土的拌和。当地基土的天然含水量小于30%时，由于不能保证水泥充分水化，故不宜采用干法。

在某些地区的地下水中含有大量硫酸盐（海水渗入地区），因硫酸盐与水泥发生反应时，对水泥土具有结晶性侵蚀，会出现开裂、崩解而丧失强度。为此应选用抗硫酸盐水泥，使水泥土中产生的结晶膨胀物质控制在一定的数量范围内，以提高水泥土的抗侵蚀性能。

在我国北纬40°以南的冬季负温条件下，冰冻对水泥土的结构损害甚微。在负温时，由于水泥与黏土矿物的各种反应减弱，水泥土的强度增长缓慢（甚至停止）；但正温后，随着水泥水化等反应的继续深入，水泥土的强度可接近标准养护强度。

随着水泥土搅拌机械的研发与进步，水泥土搅拌法的应用范围不断扩展。特别是20世纪80年代末期引进日本SMW法以来，多头搅拌工艺推广迅速，大功率的多头搅拌机可以穿透中密粉土及粉细砂、稍密中粗砂和砾砂，加固深度可达35m。大量用于基坑截水帷幕、被动区加固、格栅状帷幕解决液化、插芯形成新的增强体等。对于硬塑、坚硬的黏性土，含孤石及大块建筑垃圾的土层，机械能力仍然受到限制，不能使用水泥土搅拌法。

当拟加固的软弱地基为成层土时，应选择最弱的一层土进行室内配比试验。

采用水泥作为固化剂材料，在其他条件相同时，在同一土层中水泥掺入比不同时，水泥土强度将不同。由于块状加固对于水泥土的强度要求不高，因此为了节约水泥，降低成本，根据工程需要可选用32.5级水泥，7%～12%的水泥掺量。水泥掺入比大于10%时，水泥土强度可达0.3MPa～2MPa以上。一般水泥掺入比 α_w 采用12%～20%，对于型钢水泥土搅拌桩（墙），由于其水灰比较大（1.5～2.0）为保证水泥土的强度，应选用不低于42.5级的水泥，且掺量不少于20%。水泥土的抗压强度随其相应的水泥掺入比的增加而增大，但因场地土质与施工条件的差异，掺入比的提高与水泥土增加的百分比是不完全一致的。

水泥强度直接影响水泥土的强度，水泥强度等级提高10MPa，水泥土强度 f_{cu} 约增大20%～30%。

外掺剂对水泥土强度有着不同的影响。木质素磺酸钙对水泥土强度的增长影响不大，主要起减水作用；三乙醇胺、氯化钙、碳酸钠、水玻璃和石膏等材料对水泥土强度有增强作用，其效果对不同土质和不同水泥掺入比又有所不同。当掺入与水泥等量的粉煤灰后，水泥土强度可提高10%左右。故在加固软土时掺入粉煤灰不仅可消耗工业废料，水泥土强度还可有所提高。

水泥土搅拌桩用于竖向承载时，很多工程未设置褥垫层，考虑到褥垫层有利于发挥桩间土的作用，在有条件时仍以设置褥垫层为好。

水泥土搅拌形成水泥土加固体，用于基坑工程围护挡墙、被动区加固、防渗帷幕等的设计、施工和检测等可参照本节规定。

7.3.2 对于泥炭土、有机质含量大于5%或pH值小于4的酸性土，如前述水泥在上述土层有可能不凝固或发生后期崩解。因此，必须进行现场和室内试验确定其适用性。

7.3.3 本条是对水泥土搅拌桩复合地基设计的规定。

1 对软土地区，地基处理的任务主要是解决地基的变形问题，即地基设计是在满足强度的基础上以变形控制的，因此，水泥土搅拌桩的桩长应通过变形计算来确定。实践证明，若水泥土搅拌桩能穿透软弱土层到达强度相对较高的持力层，则沉降量是很小的。

对某一场地的水泥土桩，其桩身强度是有一定限制的，也就是说，水泥土桩从承载力角度，存在有效桩长，单桩承载力在一定程度上并不随桩长的增加而增大。但当软弱土层较厚，从减少地基的变形量方面考虑，桩长应穿透软弱土层到达下卧强度较高之土层，在深厚淤泥及淤泥质土层中应避免采用"悬浮"桩型。

2 在采用式（7.1.5-2）估算水泥土搅拌桩复合地基承载力时，桩间土承载力折减系数β的取值，本次修订中作了一些改动，当基础下加固土层为淤泥、淤泥质土和流塑状软土时，考虑到上述土层固结程度差，桩间土难以发挥承载作用，所以β取0.1～0.4，固结程度好或设置褥垫层时可取高值。其他土层可取0.4～0.8，加固土层强度高或设置褥垫层时取高值，桩端持力层土层强度高时取低值。确定β值时还应考虑建筑物对沉降的要求以及桩端持力层土层性质，当桩端持力层强度高或建筑物对沉降要求严时，β应取低值。

桩周第i层土的侧阻力特征值q_{si}(kPa)，对淤泥可取4kPa～7kPa；对淤泥质土可取6kPa～12kPa；对软塑状态的黏性土可取10kPa～15kPa；对可塑状态的黏性土可以取12kPa～18kPa；对稍密砂类土可取15kPa～20kPa；对中密砂类土可取20kPa～25kPa。

桩端地基土未经修正的承载力特征值q_p(kPa)，可按现行国家标准《建筑地基基础设计规范》GB 50007的有关规定确定。

桩端天然地基土的承载力折减系数α_p，可取0.4

～0.6，天然地基承载力高时取低值。

3 式（7.3.3-1）中，桩身强度折减系数η是一个与工程经验以及拟建工程的性质密切相关的参数。工程经验包括对施工队伍素质、施工质量、室内强度试验与实际加固强度比值以及对实际工程加固效果等情况的掌握。拟建工程性质包括工程地质条件、上部结构对地基的要求以及工程的重要性等。参考日本的取值情况以及我国的经验，干法施工时η取0.2～0.25，湿法施工时η取0.25。

由于水泥土强度有限，当水泥土强度为2MPa时，一根直径500mm的搅拌桩，其单桩承载力特征值仅为120kN左右，因此复合地基承载力受水泥土强度的控制，当桩中心距为1m时，其特征值不宜超过200kPa，否则则需要加大置换率，不一定经济合理。

水泥土的强度随龄期的增长而增大，在龄期超过28d后，强度仍有明显增长，为了降低造价，对承重搅拌桩试块国内外都取90d龄期为标准龄期。对起支挡作用承受水平荷载的搅拌桩，考虑开挖工期影响，水泥土强度标准可取28d龄期为标准龄期。从抗压强度试验得知，在其他条件相同时，不同龄期的水泥土抗压强度间关系大致呈线性关系，其经验关系式如下：

$$f_{cu7} = (0.47 \sim 0.63)f_{cu28}$$
$$f_{cu14} = (0.62 \sim 0.80)f_{cu28}$$
$$f_{cu60} = (1.15 \sim 1.46)f_{cu28}$$
$$f_{cu90} = (1.43 \sim 1.80)f_{cu28}$$
$$f_{cu90} = (2.37 \sim 3.73)f_{cu7}$$
$$f_{cu90} = (1.73 \sim 2.82)f_{cu14}$$

上式中f_{cu7}、f_{cu14}、f_{cu28}、f_{cu60}、f_{cu90}分别为7d、14d、28d、60d、90d龄期的水泥土抗压强度。

当龄期超过三个月后，水泥土强度增长缓慢。180d的水泥土强度为90d的1.25倍，而180d后水泥土强度增长仍未终止。

4 采用桩上部或全长复搅以及桩上部增加水泥用量的变掺量设计，有益于提高单桩承载力，也可节省造价。

5 路基、堆场下应通过验算在需要的范围内布桩。柱状加固可采用正方形、等边三角形等形式布桩。

7 水泥土搅拌桩复合地基的变形计算，本次修订作了较大修改，采用了第7.1.7条规定的计算方法，计算结果与实测值符合较好。

7.3.4 国产水泥土搅拌机配备的泥浆泵工作压力一般小于2.0MPa，上海生产的三轴搅拌设备配备的泥浆泵的额定压力为5.0MPa，其成桩质量较好。用于建筑物地基处理，在某些地层条件下，深层土的处理效果不好（例如深度大于10.0m），处理后地基变形较大，限制了水泥土搅拌桩在建筑工程地基处理中的应用。从设备能力评价水泥土成桩质量，主要有三个因素决定：搅拌次数、喷浆压力、喷浆量。国产水泥土搅拌机的转速低，搅拌次数靠降低提升速度或复搅解决，而对于喷浆压力、喷浆量两个因素对成桩质量的影响有相关性，当喷浆压力一定时，喷浆量大的成桩质量好；当喷浆量一定时，喷浆压力大的成桩质量好。所以提高国产水泥土搅拌机配备能力，是保证水泥土搅拌桩成桩质量的重要条件。本次修订对建筑工程地基处理采用的水泥土搅拌机配备能力提出了最低要求。为了满足这个条件，水泥土搅拌机配备的泥浆泵工作压力不宜小于 5.0MPa。

干法施工，日本生产的 DJM 粉体喷射搅拌机械，空气压缩机容量为 10.5m³/min，喷粉空压机工作压力一般为 0.7MPa。我国自行生产的粉喷桩施工机械，空气压缩机容量较小，喷粉空压机工作压力均小于等于 0.5MPa。

所以，适当提高国产水泥土搅拌机械的设备能力，保证搅拌桩的施工质量，对于建筑地基处理非常重要。

7.3.5 国产水泥土搅拌机的搅拌头大都采用双层（多层）十字杆形或叶片螺旋形。这类搅拌头切削和搅拌加固软土十分合适，但对块径大于 100mm 的石块、树根和生活垃圾等大块物的切割能力较差，即使将搅拌头作了加强处理后已能穿过块石层，但施工效率较低，机械磨损严重。因此，施工时应予以挖除后再填素土为宜，增加的工程量不大，但施工效率却可大大提高。如遇有明浜、池塘及洼地时应抽水和清淤，回填土料并予以压实，不得回填生活垃圾。

搅拌桩施工时，搅拌次数越多，则拌和越为均匀，水泥土强度也越高，但施工效率就降低。试验证明，当加固范围内土体任一点的水泥土每遍经过 20 次的拌合，其强度即可达到较高值。每遍搅拌次数 N 由下式计算：

$$N = \frac{h\cos\beta\Sigma Z}{V}n \qquad (12)$$

式中：h——搅拌叶片的宽度（m）；

β——搅拌叶片与搅拌轴的垂直夹角（°）；

ΣZ——搅拌叶片的总枚数；

n——搅拌头的回转数（rev/min）；

V——搅拌头的提升速度（m/min）。

根据实际施工经验，搅拌法在施工到顶端 0.3m～0.5m 范围时，因上覆土压力较小，搅拌质量较差。因此，其场地整平标高应比设计确定的桩顶标高再高出 0.3m～0.5m，桩制作时仍施工到地面。待开挖基坑时，再将上部 0.3m～0.5m 的桩身质量较差的桩段挖去。根据现场实践表明，当搅拌桩作为承重桩进行基坑开挖时，桩身水泥土已有一定的强度，若用机械开挖基坑，往往容易碰撞损坏桩顶，因此基底标高以上 0.3m 宜采用人工开挖，以保护桩头质量。

水泥土搅拌桩施工前应进行工艺性试成桩，提供提钻速度、喷灰（浆）量等参数，验证搅拌均匀程度及成桩直径，同时了解下钻及提升的阻力情况、工作效率等。

湿法施工应注意以下事项：

1） 每个水泥土搅拌桩的施工现场，由于土质有差异、水泥的品种和标号不同、因而搅拌加固质量有较大的差别。所以在正式搅拌桩施工前，均应按施工组织设计确定的搅拌施工工艺制作数根试桩，再最后确定水泥浆的水灰比、泵送时间、搅拌机提升速度和复搅深度等参数。

制桩质量的优劣直接关系到地基处理的效果。其中的关键是注浆量、水泥浆与软土搅拌的均匀程度。因此，施工中应严格控制喷浆提升速度 V，可按下式计算：

$$V = \frac{\gamma_d Q}{F\gamma\alpha_w(1+\alpha_c)} \qquad (13)$$

式中：V——搅拌头喷浆提升速度（m/min）；

γ_d、γ——分别为水泥浆和土的重度（kN/m³）；

Q——灰浆泵的排量（m³/min）；

α_w——水泥掺入比；

α_c——水泥浆水灰比；

F——搅拌桩截面积（m²）。

2） 由于搅拌机械通常采用定量泵输送水泥浆，转速大多又是恒定的，因此灌入地基中的水泥量完全取决于搅拌机的提升速度和复搅次数，施工过程中不能随意变更，并应保证水泥浆能定量不间断供应。采用自动记录是为了降低人为干扰施工质量，目前市售的记录仪必须有国家计量部门的认证。严禁采用由施工单位自制的记录仪。

由于固化剂从灰浆泵到达搅拌机出浆口需通过较长的输浆管，必须考虑水泥浆到达桩端的泵送时间。一般可通过试打桩确定其输送时间。

3） 凡成桩过程中，由于电压过低或其他原因造成停机使成桩工艺中断时，应将搅拌机下沉至停浆点以下 0.5m，等恢复供浆时再喷浆提升继续制桩；凡中途停止输浆 3h 以上者，将会使水泥浆在整个输浆管路中凝固，因此必须排清全部水泥浆，清洗管路。

4） 壁状或块状加固宜采用湿法，水泥土的终凝时间约为 24h，所以需要相邻单桩搭接施工的时间间隔不宜超过 12h。

5） 搅拌机预搅下沉时不宜冲水，当遇到硬土层下沉太慢时，方可适量冲水，但应考虑冲水对桩身强度的影响。

6） 壁状加固时，相邻桩的施工时间间隔不宜超过 12h。如间隔时间太长，与相邻桩无法搭接时，应采取局部补桩或注浆等补强措施。

干法施工应注意以下事项：

1）每个场地开工前的成桩工艺试验必不可少，由于制桩喷灰量与土性、孔深、气流量等多种因素有关，故应根据设计要求逐步调试，确定施工有关参数（如土层的可钻性、提升速度等），以便正式施工时能顺利进行。施工经验表明送粉管路长度超过60m后，送粉阻力明显增大，送粉量也不易稳定。

2）由于干法喷粉搅拌不易严格控制，所以要认真操作粉体自动计量装置，严格控制固化剂的喷入量，满足设计要求。

3）合格的粉喷桩机一般均已考虑提升速度与搅拌头转速的匹配，钻头均约每搅拌一圈提升15mm，从而保证成桩搅拌的均匀性。但每次搅拌时，桩体将出现极薄软弱结构面，这对承受水平剪力是不利的。一般可通过复搅的方法来提高桩体的均匀性，消除软弱结构面，提高桩体抗剪强度。

4）定时检查成桩直径及搅拌的均匀程度。粉喷桩桩长大于10m时，其底部喷粉阻力较大，应适当减慢钻机提升速度，以确保固化剂的设计喷入量。

5）固化剂从料罐到喷灰口有一定的时间延迟，严禁在没有喷粉的情况进行钻机提升作业。

7.3.6 喷粉量是保证成桩质量的重要因素，必须进行有效测量。

7.3.7 本条是对水泥土搅拌桩施工质量检验的要求。

1 国内的水泥土搅拌桩大多采用国产的轻型机械施工，这些机械的质量控制装置较为简陋，施工质量的保证很大程度上取决于机组人员的素质和责任心。因此，加强全过程的施工监理，严格检查施工记录和计量记录是控制施工质量的重要手段，检查重点为水泥用量、桩长、搅拌头转数和提升速度、复搅次数和复搅深度、停浆处理方法等。

3 水泥土搅拌桩复合地基承载力的检验应进行单桩或多桩复合地基静载荷试验和单桩静载荷试验。检测分两个阶段，第一阶段为施工前为设计提供依据的承载力检测，试验数量每单项工程不少于3根，如单项工程中地质情况不均匀，应加大试验数量。第二阶段为施工完成后的验收检验，数量为总桩数的1%，每单项工程不少于3根。上述两个阶段的检验均不可少，应严格执行。对重要的工程，对变形要求严格时宜进行多桩复合地基静载荷试验。

4 对重要的、变形要求严格的工程或经触探和静载荷试验检验后对桩身质量有怀疑时，应在成桩28d后，采用双管单动取样器钻取芯样作水泥土抗压强度检验。水泥搅拌桩的桩身质量检验目前尚无成熟

的方法，特别是对常用的直径500mm干法桩遇到的困难更大，采用钻芯法检测时应采用双管单动取样器，避免出现大扰动芯样使检验失真。当钻芯困难时，可采用单桩竖向抗压静载荷试验的方法检测桩身质量，加载量宜为（2.5～3.0）倍单桩承载力特征值，卸载后挖开桩头，检查桩头是否破坏。

7.4 旋喷桩复合地基

7.4.1 由于旋喷注浆使用的压力大，因而喷射流的能量大、速度快。当它连续和集中地作用在土体上，压应力和冲蚀等多种因素便在很小的区域内产生效应，对从粒径很小的细粒土到含有颗粒直径较大的卵石、碎石土，均有很大的冲击和搅动作用，使注入的浆液和土拌合凝固为新的固结体。实践表明，该法对淤泥、淤泥质土、流塑或软塑黏性土、粉土、砂土、黄土、素填土和碎石土等地基都有良好的处理效果。但对于硬黏性土，含有较多的块石或大量植物根茎的地基，因喷射流可能受到阻挡或削弱，冲击破碎力急剧下降，切削范围小或影响处理效果。而对于含有过多有机质的土层，则其处理效果取决于固结体的化学稳定性。鉴于上述几种土的组成复杂、差异悬殊，旋喷桩处理的效果差别较大，不能一概而论，故应根据现场试验结果确定其适用程度。对于湿陷性黄土地基，因当前试验资料和施工实例较少，亦应预先进行现场试验。旋喷注浆处理深度较大，我国建筑地基旋喷注浆处理深度目前已达30m以上。

高压喷射有旋喷（固结体为圆柱状）、定喷（固结体为壁状）、和摆喷（固结体为扇状）等3种基本形状，它们均可用下列方法实现。

1）单管法：喷射高压水泥浆液一种介质；

2）双管法：喷射高压水泥浆液和压缩空气两种介质；

3）三管法：喷射高压水流、压缩空气及水泥浆液等三种介质。

由于上述3种喷射流的结构和喷射的介质不同，有效处理范围也不同，以三管法最大，双管法次之，单管法最小。定喷和摆喷注浆常用双管法和三管法。

在制定旋喷注浆方案时，应搜集和掌握各种基本资料。主要是：岩土工程勘察（土层和基岩的性状，标准贯入击数，土的物理力学性质，地下水的埋藏条件、渗透性和水质成分等）资料；建筑物结构受力特性资料；施工现场和邻近建筑的四周环境资料；地下管道和其他埋设物资料及类似土层条件下使用的工程经验等。

旋喷注浆有强化地基和防漏的作用，可用于既有建筑和新建工程的地基处理、地下工程及堤坝的截水、基坑封底、被动区加固、基坑侧壁防止漏水或减小基坑位移等。对地下水流速过大或已涌水的防水工程，由于工艺、机具和瞬时速凝材料等方面的原因，

应慎重使用，并应通过现场试验确定其适用性。

7.4.2 旋喷桩直径的确定是一个复杂的问题，尤其是深部的直径，无法用准确的方法确定。因此，除了浅层可以用开挖的方法验证之外，只能用半经验的方法加以判断、确定。根据国内外的施工经验，初步设计时，其设计直径可参考表17选用。当无现场试验资料时，可参照相似土质条件的工程经验进行初步设计。

表17　旋喷桩的设计直径（m）

土质 \\ 方法		单管法	双管法	三管法
黏性土	0<N<5	0.5～0.8	0.8～1.2	1.2～1.8
	6<N<10	0.4～0.7	0.7～1.1	1.0～1.6
砂土	0<N<10	0.6～1.0	1.0～1.4	1.5～2.0
	11<N<20	0.5～0.9	0.9～1.3	1.2～1.8
	21<N<30	0.4～0.8	0.8～1.2	0.9～1.5

注：表中 N 为标准贯入击数。

7.4.3 旋喷桩复合地基承载力应通过现场静载荷试验确定。通过公式计算时，在确定折减系数 β 和单桩承载力方面均可能有较大的变化幅度，因此只能用作估算。对于承载力较低时 β 取低值，是出于减小变形的考虑。

7.4.8 本条为旋喷桩的施工要求。

1 施工前，应对照设计图纸核实设计孔位处有无妨碍施工和影响安全的障碍物。如遇有上水管、下水管、电缆线、煤气管、人防工程、旧建筑基础和其他地下埋设物等障碍物影响施工时，则应与有关单位协商清除或搬移障碍物或更改设计孔位。

2 旋喷桩的施工参数应根据土质条件、加固要求通过试验或根据工程经验确定，加固土体每立方的水泥掺入量不宜少于300kg。旋喷注浆的压力大，处理地基的效果好。根据国内实际工程中应用实例，单管法、双管法及三管法的高压水泥浆液流或高压水射流的压力应大于20MPa，流量大于30L/min，气流的压力以空气压缩机的最大压力为限，通常在0.7MPa左右，提升速度可取0.1m/min～0.2m/min，旋转速度宜取20r/min。表18列出建议的旋喷桩的施工参数，供参考。

表18　旋喷桩的施工参数一览表

旋喷施工方法		单管法	双管法	三管法
适用土质			砂土、黏性土、黄土、杂填土、小粒径砂砾	
浆液材料及配方			以水泥为主材，加入不同的外加剂后具有速凝、早强、抗腐蚀、防冻等特性，常用水灰比1:1，也可适用化学材料	

续表18

		旋喷施工方法	单管法	双管法	三管法
旋喷施工参数	水	压力（MPa）	—	—	25
		流量（L/min）	—	—	80～120
		喷嘴孔径（mm）及个数	—	—	2～3 (1～2)
	空气	压力（MPa）	—	0.7	0.7
		流量（m³/min）	—	1～2	1～2
		喷嘴间隙（mm）及个数	—	1～2 (1～2)	1～2 (1～2)
	浆液	压力（MPa）	25	25	25
		流量（L/min）	80～120	80～120	80～150
		喷嘴孔径（mm）及个数	2～3 (2)	2～3 (1～2)	10～2 (1～2)
		灌浆管外径（mm）	φ42或φ45	φ42,φ50,φ75	φ75或φ90
		提升速度（cm/min）	15～25	7～20	5～20
		旋转速度（r/min）	16～20	5～16	5～16

近年来旋喷注浆技术得到了很大的发展，利用超高压水泵（泵压大于50MPa）和超高压水泥浆泵（水泥浆压力大于35MPa），辅以低压空气，大大提高了旋喷桩的处理能力。在软土中的切割直径可超过2.0m，注浆体的强度可达5.0MPa，有效加固深度可达60m。所以对于重要的工程以及对变形要求严格的工程，应选择较强设备能力进行施工，以保证工程质量。

3 旋喷注浆的主要材料为水泥，对于无特殊要求的工程宜采用强度等级为42.5级及以上普通硅酸盐水泥。根据需要，可在水泥浆中分别加入适量的外加剂和掺合料，以改善水泥浆液的性能，如早强剂、悬浮剂等。所用外加剂或掺合剂的数量，应根据水泥土的特点通过室内配比试验或现场试验确定。当有足够实践经验时，亦可按经验确定。旋喷注浆的材料还可选用化学浆液。因费用昂贵，只有少数工程应用。

4 水泥浆液的水灰比越小，旋喷注浆处理地基的承载力越高。在施工中因注浆设备的原因，水灰比太小时，喷射有困难，故水灰比通常取0.8～1.2，生产实践中常用0.9。由于生产、运输和保存等原因，有些水泥厂的水泥成分不够稳定，质量波动较大，可导致水泥浆液凝固时间过长，固结强度降低。因此事先应对各批水泥进行检验，合格后才能使用。对拌制水泥浆的用水，只要符合混凝土拌合标准即可使用。

6 高压泵通过高压橡胶软管输送高压浆液至钻机上的注浆管，进行喷射注浆。若钻机和高压水泵的距离过远，势必要增加高压橡胶软管的长度，使高压喷射流的沿程损失增大，造成实际喷射压力降低的后果。因此钻机与高压泵的距离不宜过远，在大面积场地施工时，为了减少沿程损失，则应搬动高压泵保持与钻机的距离。

实际施工孔位与设计孔位偏差过大时，会影响加固效果。故规定孔位偏差值应小于 50mm，并且必须保持钻孔的垂直度。实际孔位、孔深和每个钻孔内的地下障碍物、洞穴、涌水、漏水及与岩土工程勘察报告不符等情况均应详细记录。土层的结构和土质种类对加固质量关系更为密切，只有通过钻孔过程详细记录地质情况并了解地下情况后，施工时才能因地制宜及时调整工艺和变更喷射参数，达到良好的处理效果。

7 旋喷注浆均自下而上进行。当注浆管不能一次提升完成而需分数次卸管时，卸管后喷射的搭接长度不得小于 100mm，以保证固结体的整体性。

8 在不改变喷射参数的条件下，对同一标高的土层作重复喷射时，能加大有效加固范围和提高固结体强度。复喷的方法根据工程要求决定。在实际工作中，旋喷桩通常在底部和顶部进行复喷，以增大承载力和确保处理质量。

9 当旋喷注浆过程中出现下列异常情况时，需查明原因并采取相应措施：

1) 流量不变而压力突然下降时，应检查各部位的泄漏情况，并应拔出注浆管，检查密封性能。

2) 出现不冒浆或断续冒浆时，若系土质松软则视为正常现象，可适当进行复喷；若系附近有空洞、通道，则应不提升注浆管继续注浆直至冒浆为止或拔出注浆管待浆液凝固后重新注浆。

3) 压力稍有下降时，可能系注浆管被击穿或有孔洞，使喷射能力降低。此时应拔出注浆管进行检查。

4) 压力陡增超过最高限值、流量为零、停机后压力仍不变动时，则可能系喷嘴堵塞。应拔管疏通喷嘴。

10 当旋喷注浆完毕后，或在喷射注浆过程中因故中断，短时间（小于或等于浆液初凝时间）内不能继续喷浆时，均应立即拔出注浆管清洗备用，以防浆液凝固后拔不出管来。为防止因浆液凝固收缩，产生加固地基与建筑基础不密贴或脱空现象，可采用超高喷射（旋喷处理地基的顶面超过建筑基础底面，其超高量大于收缩高度）、冒浆回灌或第二次注浆等措施。

11 在城市施工中泥浆管理直接影响文明施工，必须在开工前做好规划，做到有计划地堆放或废浆及时排出现场，保持场地文明。

12 应在专门的记录表格上做好自检，如实记录施工的各项参数和详细描述喷射注浆时的各种现象，以便判断加固效果并为质量检验提供资料。

7.4.9 应在严格控制施工参数的基础上，根据具体情况选定质量检验方法。开挖检查法简单易行，通常在浅层进行，但难以对整个固结体的质量作全面检查。钻孔取芯是检验单孔固结体质量的常用方法，选用时需以不破坏固结体和有代表性为前提，可以在 28d 后取芯。标准贯入和静力触探在有经验的情况下也可以应用。静载荷试验是建筑地基处理后检验地基承载力的方法。压水试验通常在工程有防渗漏要求时采用。

检验点的位置应重点布置在有代表性的加固区，对旋喷注浆时出现过异常现象和地质复杂的地段亦应进行检验。

每个建筑工程旋喷注浆处理后，不论其大小，均应进行检验。检验量为施工孔数的 2%，并且不应少于 6 点。

旋喷注浆处理地基的强度离散性大，在软弱黏性土中，强度增长速度较慢。检验时间应在喷射注浆后 28d 进行，以防由于固结体强度不高时，因检验而受到破坏，影响检验的可靠性。

7.5 灰土挤密桩和土挤密桩复合地基

7.5.1 灰土挤密桩、土挤密桩复合地基在黄土地区广泛采用。用灰土或土分层夯实的桩体，形成增强体，与挤密的桩间土一起组成复合地基，共同承受基础的上部荷载。当以消除地基土的湿陷性为主要目的时，桩孔填料可选用素土；当以提高地基的承载力为主要目的时，桩孔填料应采用灰土。

大量的试验研究资料和工程实践表明，灰土挤密桩、土挤密桩复合地基用于处理地下水位以上的粉土、黏性土、素填土、杂填土等地基，不论是消除土的湿陷性还是提高承载力都是有效的。

基底下 3m 内的素填土、杂填土，通常采用土（或灰土）垫层或强夯等方法处理；大于 15m 的土层，由于成孔设备限制，一般采用其他方法处理，本条规定可处理地基的厚度为 3m～15m，基本上符合目前陕西、甘肃和山西等省的情况。

当地基土的含水量大于 24%、饱和度大于 65% 时，在成孔和拔管过程中，桩孔及其周边土容易缩颈和隆起，挤密效果差，应通过试验确定其适用性。

7.5.2 本条是灰土挤密桩、土挤密桩复合地基的设计要求。

1 局部处理地基的宽度超出基础底面边缘一定范围，主要在于保证应力扩散，增强地基的稳定性，防止基底下被处理的土层在基础荷载作用下受水浸湿时产生侧向挤出，并使处理与未处理接触面的土体保持稳定。

整片处理的范围大，既可以保证应力扩散，又可防止水从侧向渗入未处理的下部土层引起湿陷，故整片处理兼有防渗隔水作用。

2 处理的厚度应根据现场土质情况、工程要求和成孔设备等因素综合确定。当以降低土的压缩性、提高地基承载力为主要目的时，宜对基底下压缩层范围内压缩系数 a_{1-2} 大于 $0.40MPa^{-1}$ 或压缩模量小于 $6MPa$ 的土层进行处理。

3 根据我国湿陷性黄土地区的现有成孔设备和成孔方法，成孔的桩孔直径可为 $300mm\sim600mm$。桩孔之间的中心距离通常为桩孔直径的 2.0 倍 ~3.0 倍，保证对土体挤密和消除湿陷性的要求。

4 湿陷性黄土为天然结构，处理湿陷性黄土与处理填土有所不同，故检验桩间土的质量用平均挤密系数 $\bar{\eta}_c$ 控制，而不用压实系数控制。平均挤密系数是在成孔挤密深度内，通过取土样测定桩间土的平均干密度与其最大干密度的比值而获得，平均干密度的取样自桩顶向下 $0.5m$ 起，每 $1m$ 不应少于 2 点（1组），即：桩孔外 $100mm$ 处 1 点，桩孔之间的中心距（$1/2$ 处）1 点。当桩长大于 $6m$ 时，全部深度内取样点不应少于 12 点（6 组）；当桩长小于 $6m$ 时，全部深度内的取样点不应少于 10 点（5 组）。

6 为防止填入桩孔内的灰土吸水后产生膨胀，不得使用生石灰与土拌合，而应用消解后的石灰与黄土或其他黏性土拌合，石灰富含钙离子，与土混合后产生离子交换作用，在较短时间内便成为凝硬材料，因此拌合后的灰土放置时间不可太长，并宜于当日使用完毕。

7 由于桩体是用松散状态的素土（黏性土或黏质粉土）、灰土经夯实而成，桩体的夯实质量可用土的干密度表示，土的干密度大，说明夯实质量好，反之，则差。桩体的夯实质量一般通过测定全部深度内土的干密度确定，然后将其换算为平均压实系数进行评定。桩体土的干密度取样：自桩顶向下 $0.5m$ 起，每 $1m$ 不应少于 2 点（1 组），即桩孔内距桩孔边缘 $50mm$ 处 1 点，桩孔中心（即 $1/2$）处 1 点，当桩长大于 $6m$ 时，全部深度内的取样点不应少于 12 点（6 组），当桩长不足 $6m$ 时，全部深度内的取样点不应少于 10 点（5 组）。桩体土的平均压实系数 $\bar{\lambda}_c$，是根据桩孔全部深度内的平均干密度与室内击实试验求得填料（素土或灰土）在最优含水量状态下的最大干密度的比值，即 $\bar{\lambda}_c = \bar{\rho}_{d0} / \rho_{dmax}$，式中 $\bar{\rho}_{d0}$ 为桩孔全部深度内的填料（素土或灰土），经分层夯实的平均干密度（t/m³）；ρ_{dmax} 为桩孔内的填料（素土或灰土），通过击实试验求得最优含水量状态下的最大干密度（t/m³）。

原规范规定桩孔内填料的平均压实系数 $\bar{\lambda}_c$ 均不应小于 0.96，本次修订改为填料的平均压实系数 $\bar{\lambda}_c$

均不应小于 0.97，与现行国家标准《湿陷性黄土地区建筑规范》GB 50025 的要求一致。工程实践表明只要填料的含水量和夯锤锤重合适，是完全可以达到这个要求的。

8 桩孔回填夯实结束后，在桩顶标高以上应设置 $300mm\sim600mm$ 厚的垫层，一方面可使桩和桩顶和桩间土找平，另一方面保证应力扩散，调整桩土的应力比，并对减小桩身应力集中也有良好作用。

9 为确定灰土挤密桩、土挤密桩复合地基承载力特征值应通过现场复合地基静载荷试验确定，或通过灰土桩或土桩的静载荷试验结果和桩周土的承载力特征值根据经验确定。

7.5.3 本条是灰土挤密桩、土挤密桩复合地基的施工要求。

1 现有成孔方法包括沉管（锤击、振动）和冲击等方法，但都有一定的局限性，在城市或居民较集中的地区往往限制使用，如锤击沉管成孔，通常允许在新建场地使用，故选用上述方法时，应综合考虑设计要求、成孔设备或成孔方法、现场土质和对周围环境的影响等因素。

2 施工灰土挤密桩时，在成孔或拔管过程中，对桩孔（或桩顶）上部土层有一定的松动作用，因此施工前应根据选用的成孔设备和施工方法，在基底标高以上预留一定厚度的土层，待成孔和桩孔回填夯实结束后，将其挖除或按设计规定进行处理。

3 拟处理地基土的含水量对成孔施工与桩间土的挤密至关重要。工程实践表明，当天然土的含水量小于 12% 时，土呈坚硬状态、成孔挤密困难，且设备容易损坏；当天然土的含水量等于或大于 24%，饱和度大于 65% 时，桩孔可能缩颈，桩孔周围的土容易隆起，挤密效果差；当天然土的含水量接近最优（或塑限）含水量时，成孔施工速度快，桩间土的挤密效果好。因此，在成孔过程中，应掌握好拟处理地基土的含水量。最优含水量是成孔挤密施工的理想含水量，而现场土质往往并非恰好是最优含水量，如只允许在最优含水量状态下进行成孔施工，小于最优含水量的土便需要加水增湿，大于最优含水量的土则要采取晾干等措施，这样施工很麻烦，而且不易掌握准确和加水均匀。因此，当拟处理地基土的含水量低于 12% 时，宜按公式（7.5.3）计算的加水量进行增湿。对含水量介于 $12\%\sim24\%$ 的土，只要成孔施工顺利、桩孔不出现缩颈，桩间土的挤密效果符合设计要求，不一定要采取增湿或晾干措施。

5 成孔和孔内回填夯实的施工顺序，习惯做法是从外向里间隔（$1\sim2$）孔进行，但施工到中间部位，桩孔往往打不下去或桩孔周围地面明显隆起。为此本条定为对整片处理，宜从里（或中间）向外间隔（$1\sim2$）孔进行。对大型工程可采取分段施工，对局部处理，宜从外向里间隔（$1\sim2$）孔进行。局部处理的范围小，且多为独立基础及条形基础，从外向里对桩间土的挤密有好处，也不致出现类似整片处理桩孔打不下去的情况。

6 施工过程的振动会引起地表土层的松动，基础施工后应对松动土层进行处理。

7 施工记录是验收的原始依据。必须强调施工记录的真实性和准确性，且不得任意涂改。为此应选择有一定业务素质的相关人员担任施工记录，这样才能确保做好施工记录。桩孔的直径与成孔设备或成孔方法有关，成孔设备或成孔方法如已选定，桩孔直径基本上固定不变，桩孔深度按设计规定，为防止施工出现偏差，在施工过程中应加强监督，采取随机抽样的方法进行检查。

8 土料和灰土受雨水淋湿或冻结，容易出现"橡皮土"，且不易夯实。当雨期或冬期选择灰土挤密桩处理地基时，应采取防雨或防冻措施，保护灰土不受雨水淋湿或冻结，以确保施工质量。

7.5.4 本条为灰土挤密桩、土挤密桩复合地基的施工质量检验要求：

1 为保证灰土桩复合地基的质量，在施工过程中应抽样检验施工质量，对检验结果应进行综合分析或综合评价。

2、3 桩孔夯填质量检验，是灰土挤密桩、土挤密桩复合地基质量检验的主要项目。宜采用开挖探井取样法检测。规范对抽样检验的数量作了规定。由于挖探井取样对桩体和桩间土均有一定程度的扰动及破坏，因此选点应具有代表性，并保证检验数据的可靠性。对灰土桩桩身强度有疑义时，可对灰土取样进行含灰比的检测。取样结束后，其探井应分层回填夯实，压实系数不应小于0.94。

4 对需消除湿陷性的重要工程，应按现行国家标准《湿陷性黄土地区建筑规范》GB 50025的方法进行现场浸水静载荷试验。

5 关于检测灰土桩复合地基承载力静载荷试验的时间，本规范规定应在成桩后（14～28）d，主要考虑桩体强度的恢复与发展需要一定的时间。

7.6 夯实水泥土桩复合地基

7.6.1 由于场地条件的限制，需要一种施工周期短、造价低、施工文明、质量容易控制的地基处理方法。中国建筑科学研究院地基所在北京等地旧城区危改小区工程中开发的夯实水泥土桩地基处理技术，经过大量室内、原位试验和工程实践，已在北京、河北等地多层房屋地基处理工程中广泛应用，产生了巨大的社会经济效益，节省了大量建筑资金。

目前，由于施工机械的限制，夯实水泥土桩适用于地下水位以上的粉土、素填土、杂填土和黏性土等地基。采用人工洛阳铲成孔时，处理深度宜小于6m，主要是由于施工工艺决定。

7.6.2 本条是夯实水泥土桩复合地基设计的要求。

1 夯实水泥土桩复合地基主要用于多层房屋地基处理，一般情况可仅在基础内布桩，地质条件较差或工程有特殊要求时，可在基础外设置护桩。

2 对相对硬土层埋藏较深地基，桩的长度应按建筑物地基的变形允许值确定，主要是强调采用夯实水泥土桩法处理的地基，如存在软弱下卧层时，应验算其变形，按允许变形控制设计。

3 常用的桩径为300mm～600mm。可根据所选用的成孔设备或成孔方法确定。选用的夯锤应与桩径相适应。

4 夯实水泥土强度主要由土的性质、水泥品种、水泥强度等级、龄期、养护条件等控制。特别规定夯实水泥土设计强度应采用现场土料和施工采用的水泥品种、标号进行混合料配比设计使桩体强度满足本规范第7.1.6条的要求。

夯实水泥土配比强度试验应符合下列规定：

1）试验采用的击实试模和击锤如图10所示，尺寸应符合表19规定。

表19 击实试验主要部件规格

锤质量（kg）	锤底直径（mm）	落高（mm）	击实试模（mm）
4.5	51	457	150×150×150

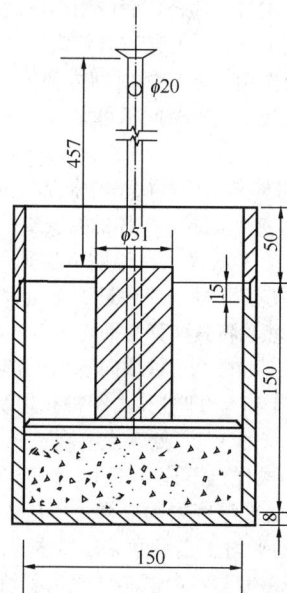

图10 击实试验主要部件示意

2）试样的制备应符合现行国家标准《土工试验方法标准》GB/T 50123的有关规定。水泥和过筛土料应按土料最优含水量拌合均匀。

3）击实试验应按下列步骤进行：

在击实试模内壁均匀涂一薄层润滑油，

称量一定量的试样，倒入试模内，分四层击实，每层击数由击实密度控制。每层高度相等，两层交界处的土面应刨毛。击实完成时，超出击实试模顶的试样用刮刀削平。称重并计算试样成型后的干密度。

4）试块脱模时间为24h，脱模后必须在标准养护条件下养护28d，按标准试验方法作立方体强度试验。

6 夯实水泥土的变形模量远大于土的变形模量。设置褥垫层，主要是为了调整基底压力分布，使荷载通过垫层传到桩和桩间土上，保证桩间土承载力的发挥。

7 采用夯实水泥土桩法处理地基的复合地基承载力应按现场复合地基静载荷试验确定，强调现场试验对复合地基设计的重要性。

8 本条提出的计算方法已有数幢建筑的沉降观测资料验证是可靠的。

7.6.3 本条是夯实水泥土桩施工的要求：

1 在旧城危改工程中，由于场地环境条件的限制，多采用人工洛阳铲、螺旋钻机成孔方法，当土质较松软时采用沉管、冲击等方法挤土成孔，可收到良好的效果。

3 混合料含水量是决定桩体夯实密度的重要因素，在现场实施时应严格控制。用机械夯实时，因锤重，夯实功大，宜采用土料最佳含水量 $w_{op}-(1\%\sim2\%)$，人工夯实时宜采用土料最佳含水量 $w_{op}+(1\%\sim2\%)$，均应由现场试验确定。各种成孔工艺均可能使孔底存在部分扰动和虚土，因此夯填混合料前应将孔底土夯实，有利于发挥桩端阻力，提高复合地基承载力。为保证桩顶的桩体强度，现场施工时均要求桩体夯填高度大于桩顶设计标高200mm～300mm。

4 褥垫层铺设要求夯填度小于0.90，主要是为了减少施工期地基的变形量。

5 夯实水泥土桩处理地基的优点之一是在成孔时可以逐孔检验土层情况是否与勘察资料相符合，不符合时可及时调整设计，保证地基处理的质量。

7.6.4 对一般工程，主要应检查施工记录、检测处理深度内桩体的干密度。目前检验干密度的手段一般采用取土和轻便触探等手段。如检验不合格，应视工程情况处理并采取有效的补救措施。

7.6.5 本条强调工程的竣工验收检验。

7.7 水泥粉煤灰碎石桩复合地基

7.7.1 水泥粉煤灰碎石桩是由水泥、粉煤灰、碎石、石屑或砂加水拌和形成的高粘结强度桩（简称CFG桩），桩、桩间土和褥垫层一起构成复合地基。

水泥粉煤灰碎石桩复合地基具有承载力提高幅度大，地基变形小等特点，适用范围较大。就基础形式而言，既可适用于条形基础、独立基础，也可适用于箱基、筏基；在工业厂房、民用建筑中均有大量应用。就土性而言，适用于处理黏性土、粉土、砂土和正常固结的素填土等地基。对淤泥质土应通过现场试验确定其适用性。

水泥粉煤灰碎石桩不仅用于承载力较低的地基，对承载力较高（如承载力 $f_{ak}=200kPa$）但变形不能满足要求的地基，也可采用水泥粉煤灰碎石桩处理，以减少地基变形。

目前已积累的工程实例，用水泥粉煤灰碎石桩处理承载力较低的地基多用于多层住宅和工业厂房。比如南京浦镇车辆厂厂南生活区24幢6层住宅楼，原地基土承载力特征值为60kPa的淤泥质土，经处理后复合地基承载力特征值达240kPa，基础形式为条基，建筑物最终沉降多在40mm左右。

对一般黏性土、粉土或砂土，桩端具有好的持力层，经水泥粉煤灰碎石桩处理后可作为高层建筑地基，如北京华亭嘉园35层住宅楼，天然地基承载力特征值 f_{ak} 为200kPa，采用水泥粉煤灰碎石桩处理后建筑物沉降在50mm以内。成都某建筑40层、41层，高度为119.90m，强风化泥岩的承载力特征值 f_{ak} 为320kPa，采用水泥粉煤灰碎石桩处理后，承载力和变形均满足设计和规范要求，并且经受住了汶川"5·12"大地震的考验。

近些年来，随着其在高层建筑地基处理广泛应用，桩体材料组成和早期相比有所变化，主要由水泥、碎石、砂、粉煤灰和水组成，其中粉煤灰为Ⅱ～Ⅲ级细灰，在桩体混合料中主要提高混合料的可泵性。

混凝土灌注桩、预制桩作为复合地基增强体，其工作性状与水泥粉煤灰碎石桩复合地基接近，可参照本节规定进行设计、施工和检测。对预应力管桩桩顶可采取设置混凝土桩帽或采用高于增强体强度等级的混凝土灌芯的技术措施，减少桩顶的刺入变形。

7.7.2 水泥粉煤灰碎石桩复合地基设计应符合下列规定：

1 桩端持力层的选择

水泥粉煤灰碎石桩应选择承载力和压缩模量相对较高的土层作为桩端持力层。水泥粉煤灰碎石桩具有较强的置换作用，其他参数相同，桩越长、桩的荷载分担比（桩承担的荷载占总荷载的百分比）越高。设计时须将桩端落在承载力和压缩模量相对高的土层上，这样可以很好地发挥桩的端阻力，也可避免场地岩性变化大可能造成建筑物的不均匀沉降。桩端持力层承载力和压缩模量越高，建筑物沉降稳定也越快。

2 桩径

桩径与选用施工工艺有关，长螺旋钻中心压灌、干成孔和振动沉管成桩宜取350mm～600mm；泥浆护壁钻孔灌注素混凝土成桩宜取600mm～800mm；钢筋混凝土预制桩宜取300mm～600mm。

其他条件相同，桩径越小桩的比表面积越大，单方混合料提供的承载力高。

3 桩距

桩距应根据设计要求的复合地基承载力、建筑物控制沉降量、土性、施工工艺等综合考虑确定。

设计的桩距首先要满足承载力和变形量的要求。从施工角度考虑，尽量选用较大的桩距，以防止新打桩对已打桩的不良影响。

就土的挤（振）密性而言，可将土分为：

1）挤（振）密效果好的土，如松散粉细砂、粉土、人工填土等；

2）可挤（振）密土，如不太密实的粉质黏土；

3）不可挤（振）密土，如饱和软黏土或密实度很高的黏性土，砂土等。

施工工艺可分为两大类：一是对桩间土产生扰动或挤密的施工工艺，如振动沉管打桩机成孔灌注桩，属挤土成桩工艺。二是对桩间土不产生扰动或挤密的施工工艺，如长螺旋钻灌注成桩，属非挤土（或部分挤土）成桩工艺。

对不可挤密土和挤土成桩工艺宜采用较大的桩距。

在满足承载力和变形要求的前提下，可以通过改变桩长来调整桩距。采用非挤土、部分挤土成桩工艺施工（如泥浆护壁钻孔灌注桩、长螺旋钻灌注桩），桩距宜取（3~5）倍桩径；采用挤土成桩工艺施工（如预制桩和振动沉管打桩机施工）和墙下条基单排布桩桩距可适当加大，宜取（3~6）倍桩径。桩长范围内有饱和粉土、粉细砂、淤泥、淤泥质土层，为防止施工发生窜孔、缩颈、断桩，减少新打桩对已打桩的不良影响，宜采用较大桩距。

4 褥垫层

桩顶和基础之间应设置褥垫层，褥垫层在复合地基中具有如下的作用：

1）保证桩、土共同承担荷载，它是水泥粉煤灰碎石桩形成复合地基的重要条件。

2）通过改变褥垫厚度，调整桩垂直荷载的分担，通常褥垫越薄桩承担的荷载占总荷载的百分比越高。

3）减少基础底面的应力集中。

4）调整桩、土水平荷载的分担，褥垫层越厚，土分担的水平荷载占总荷载的百分比越大，桩分担的水平荷载占总荷载的百分比越小。对抗震设防区，不宜采用厚度过薄的褥垫层设计。

5）褥垫层的设置，可使桩间土承载力充分发挥，作用在桩间土表面的荷载在桩侧的土单元体产生竖向和水平向附加应力，水平向附加应力作用在桩表面具有增大侧阻的作用，在桩端产生的竖向附加应力对提高单桩承载力是有益的。

5 水泥粉煤灰碎石桩可只在基础内布桩，应根据建筑物荷载分布、基础形式、地基土性状，合理确定布桩参数：

1）对框架核心筒结构形式，核心筒和外框柱宜采用不同布桩参数，核心筒部位荷载水平高，宜强化核心筒荷载影响部位布桩，相对弱化外框柱荷载影响部位布桩；通常核心筒外扩一倍板厚范围，为防止筏板发生冲切破坏需足够的净反力，宜减小桩距或增大桩径，当桩端持力层较厚时最好加大桩长，提高复合地基承载力和复合土层模量；对设有沉降缝或防震缝的建筑物，宜在沉降缝或防震缝部位，采用减小桩距、增加桩长或加大桩径布桩，以防止建筑物发生较大相向变形。

2）对于独立基础地基处理，可按变形控制进行复合地基设计。比如，天然地基承载力100kPa，设计要求经处理后复合地基承载力特征值不小于300kPa。每个独立基础下的承载力相同，都是300kPa。当两个相邻柱荷载水平相差较大的独立基础，复合地基承载力相等时，荷载水平高的基础面积大，影响深度深，基础沉降大；荷载水平低的基础面积小，影响深度浅，基础沉降小；柱间沉降差有可能不满足设计要求。柱荷载水平差异较大时应按变形控制进行复合地基设计。由于水泥粉煤灰碎石桩复合地基承载力提高幅度大，柱荷载水平高的宜采用较高承载力要求确定布桩参数；可以有效地减少基础面积、降低造价，更重要的是基础间沉降差容易控制在规范限值之内。

3）国家标准《建筑地基基础设计规范》GB 50007中对于地基反力计算，当满足下列条件时可按线性分布：

① 当地基土比较均匀；

② 上部结构刚度比较好；

③ 梁板式筏基梁的高跨比或平板式筏基板的厚跨比不小于1/6；

④ 相邻柱荷载及柱间距的变化不超过20%。地基反力满足线性分布假定时，可在整个基础范围均匀布桩。

若筏板厚度与跨距之比小于1/6，梁板式基础，梁的高跨比大于1/6且板的厚跨比（筏板厚度与梁的中心距之比）小于1/6时，基底压力不满足线性分布假定，不宜采用均匀布桩，应主要在柱边（平板式筏基）和梁边（梁板式筏基）外扩2.5倍板厚的面积范围布桩。

需要注意的是，此时的设计基底压力应按布桩区的面积重新计算。

4) 与散体桩和水泥土搅拌桩不同，水泥粉煤灰碎石桩复合地基承载力提高幅度大，条形基础下复合地基设计，当荷载水平不高时，可采用墙下单排布桩。此时，水泥粉煤灰碎石桩施工对桩位在垂直于轴线方向的偏差应严格控制，防止过大的基础偏心受力状态。

6 水泥粉煤灰碎石桩复合地基承载力特征值，应按第 7.1.5 条规定确定。初步设计时也可按本规范式（7.1.5-2）、式（7.1.5-3）估算。桩身强度应符合第 7.1.6 条的规定。

《建筑地基处理技术规范》JGJ 79-2002 规定，初步设计时复合地基承载力按下式估算：

$$f_{spk} = m \frac{R_a}{A_p} + \beta(1-m)f_{sk} \qquad (14)$$

即假定单桩承载力发挥系数为 1.0。根据中国建筑科学研究院地基所多年研究，采用本规范式（7.1.5-2）更为符合实际情况，式中 λ 按当地经验取值，无经验时可取 0.8～0.9，褥垫层的厚径比小时取大值；β 按当地经验取值，无经验时可取 0.9～1.0，厚径比大时取大值。

单桩竖向承载力特征值应通过现场静载荷试验确定。初步设计时也可按本规范式（7.1.5-3）估算，q_{si} 应按地区经验确定；q_p 可按现行国家标准《建筑地基基础设计规范》GB 50007 的有关规定确定；桩端阻力发挥系数 α_p 可取 1.0。

当承载力考虑基础埋深的深度修正时，增强体桩身强度还应满足本规范式（7.1.6-2）的规定。这次修订考虑了如下几个因素：

1) 与桩基不同，复合地基承载力可以作深度修正，基础两侧的超载越大（基础埋深越大），深度修正的数量也越大，桩承受的竖向荷载越大，设计的桩体强度应越高。

2) 刚性桩复合地基，由于设置了褥垫层，从加荷一开始，就存在一个负摩擦区，因此，桩的最大轴力作用点不在桩顶，而是在中性点处，即中性点处的轴力大于桩顶的受力。

综合以上因素，对《建筑地基处理技术规范》JGJ 79-2002 中桩体试块（边长 15cm 立方体）标准养护 28d 抗压强度平均值不小于 $3R_a/A_p$（R_a 为单桩承载力特征值，A_p 为桩的截面面积）的规定进行了调整，桩身强度适当提高，保证桩体不发生破坏。

7 水泥粉煤灰碎石桩复合地基的变形计算应按现行国家标准《建筑地基基础设计规范》GB 50007

的有关规定执行。但有两点需作说明：

1) 复合地基的分层与天然地基分层相同，当荷载接近或达到复合地基承载力时，各复合土层的压缩模量可按该层天然地基压缩模量的 ζ 倍计算。工程中应以现场试验测定的 f_{spk}，和基础底面下天然地基承载力 f_{ak} 确定。若无试验资料时，初步设计可由地质报告提供的地基承载力特征值 f_{ak}，以及计算得到的满足设计承载力和变形要求的复合地基承载力特征值 f_{spk}，按式（7.1.7-1）计算 ζ。

2) 变形计算经验系数 ψ_s，对不同地区可根据沉降观测资料统计确定，无地区经验时可按表 7.1.8 取值，表 7.1.8 根据工程实测沉降资料统计进行了调整，调整了当量模量大于 15.0MPa 的变形计算经验系数。

3) 复合地基变形计算过程中，在复合土层范围内，压缩模量很高时，满足下式要求后：

$$\Delta s'_n \leqslant 0.025 \sum_{i=1}^{n} \Delta s'_i \qquad (15)$$

若计算到此为止，桩端以下土层的变形量没有考虑，因此，计算深度必须大于复合土层厚度，才能满足现行国家标准《建筑地基基础设计规范》GB 50007 的有关规定。

7.7.3 本条是对施工的要求：

1 水泥粉煤灰碎石桩的施工，应根据设计要求和现场地基土的性质、地下水埋深、场地周边是否有居民、有无对振动反应敏感的设备等多种因素选择施工工艺。这里给出了四种常用的施工工艺：

1) 长螺旋钻干成孔灌注成桩，适用于地下水位以上的黏性土、粉土、素填土、中等密实以上的砂土以及对噪声或泥浆污染要求严格的场地。

2) 长螺旋钻中心压灌灌注成桩，适用于黏性土、粉土、砂土；对含有卵石夹层场地，宜通过现场试验确定其适用性。北京某工程卵石粒径不大于 60mm，卵石层厚度不大于 4m，卵石含量不大于 30%，采用长螺旋钻施工工艺取得了成功。目前城区施工对噪声或泥浆污染要求严格，可优先选用该工法。

3) 振动沉管灌注成桩，适用于粉土、黏性土及素填土地基及对振动和噪声污染要求不严格的场地。

4) 泥浆护壁成孔灌注成桩，适用于地下水位以下的黏性土、粉土、砂土、填土、碎石土及风化岩层。

若地基土是松散的饱和粉土、粉细砂，以消除液化和提高地基承载力为目的，此时应选择振动沉管桩机施工；振动沉管灌注成桩属挤土成桩工艺，对桩间土具有挤（振）密应。但振动沉管灌注成桩工艺难以穿透厚的硬土层、砂层和卵石层等。在饱和黏性土中成桩，会造成地表隆起，已打桩被挤断，且振动和噪声污染严重，在城中居民区施工受到限制。在夹有硬的黏性土时，可采用长螺旋钻机引孔，再用振动沉管打桩机制桩。

长螺旋钻干成孔灌注成桩适用于地下水位以上的黏性土、粉土、素填土、中等密实以上的砂土，属非挤土（或部分挤土）成桩工艺，该工艺具有穿透能力强，无振动、低噪声、无泥浆污染等特点，但要求桩长范围内无地下水，以保证成孔时不塌孔。

长螺旋钻中心压灌成桩工艺，是国内近几年来使用比较广泛的一种工艺，属非挤土（或部分挤土）成桩工艺，具有穿透能力强、无泥皮、无沉渣、低噪声、无振动、无泥浆污染、施工效率高及质量容易控制等特点。

长螺旋钻孔灌注成桩和长螺旋钻中心压灌成桩工艺，在城市居民区施工，对周围居民和环境的影响较小。

对桩长范围和桩端有承压水的土层，应选用泥浆护壁成孔灌注成桩工艺。当桩端具有高水头承压水采用长螺旋钻中心压灌成桩或振动沉管灌注成桩，承压水沿着桩体渗流，把水泥和细骨料带走，桩体强度严重降低，导致发生施工质量事故。泥浆护壁成孔灌注成桩，成孔过程消除了发生渗流的水力条件，成桩质量容易保障。

2 振动沉管灌注成桩和长螺旋钻中心压灌成桩施工除应执行国家现行有关规定外，尚应符合下列要求：

    1）振动沉管施工应控制拔管速度，拔管速度太快易造成桩径小或缩颈断桩。

为考察拔管速度对成桩桩径的影响，在南京浦镇车辆厂工地做了三种拔管速度的试验：拔管速度为1.2m/min时，成桩后开挖测桩径为380mm（沉管为φ377管）；拔管速度为2.5m/min，沉管拔出地面后，约0.2m³的混合料被带到地表，开挖后测桩径为360mm；拔管速度为0.8m/min时，成桩后发现桩顶浮浆较多。经大量工程实践认为，拔管速率控制在1.2m/min～1.5m/min是适宜的。

    2）长螺旋钻中心压灌成桩施工

长螺旋钻中心压灌成桩施工，选用的钻机钻杆顶部必须有排气装置，当桩端土为饱和粉土、砂土、卵石且水头较高时宜选用下开式钻头。基础埋深较大时，宜在基坑开挖后的工作面上施工，工作面宜高出设计桩顶标高300mm～500mm，工作面土较软时应采取相应施工措施（铺碎石、垫钢板等），保证桩机正常施工。基坑较浅在地表打桩或部分开挖空孔打桩

时，应加大保护桩长，并严格控制桩位偏差和垂直度；每方混合料中粉煤灰掺量宜为70kg～90kg，坍落度应控制在160mm～200mm，保证施工中混合料的顺利输送。如坍落度太大，易产生泌水、离析，泵压作用下，骨料与砂浆分离，导致堵管。坍落度太小，混合料流动性差，也容易造成堵管。

应杜绝在泵送混合料前提拔钻杆，以免造成桩端存在虚土或桩端混合料离析、端阻力减小。提拔钻杆中应连续泵料，特别是在饱和砂土、饱和粉土层中不得停泵待料，避免造成混合料离析、桩身缩径和断桩。

桩长范围有饱和粉土、粉细砂和淤泥、淤泥质土，当桩距较小时，新打桩钻进时长螺旋叶片对已打桩周边土剪切扰动，使土结构强度破坏，桩周土侧向约束力降低，处于流动状态的桩体侧向溢出、桩顶下沉，亦即发生所谓窜孔现象。施工时须对已打桩桩顶标高进行监控，发现已打桩桩顶下沉时，正在施工的桩提钻至窜孔土部位停止提钻继续压料，待已打桩混合料上升至桩顶时，在施桩继续泵料提钻至设计标高。为防止窜孔发生，除设计采用大桩长大桩距外，可采用隔桩跳打措施。

    3）施工中桩顶标高应高出设计桩顶标高，留有保护桩长。

    4）成桩过程中，抽样做混合料试块，每台机械一天应做一组（3块）试块（边长为150mm的立方体），标准养护，测定其28d立方体抗压强度。

3 冬期施工时，应采取措施避免混合料在初凝前受冻，保证混合料入孔温度大于5℃，根据材料加热难易程度，一般优先加热拌合水，其次是加热砂和石混合料，但温度不宜过高，以免造成混合料假凝无法正常泵送，泵送管路也应采取保温措施。施工完清除保护土层和桩头后，应立即对桩间土和桩头采用草帘等保温材料进行覆盖，防止桩间土冻胀而造成桩体拉断。

4 长螺旋钻中心压灌成桩施工中存在钻孔弃土。对弃土和保护土层采用机械、人工联合清运时，应避免机械设备超挖，并应预留至少200mm用人工清除，防止造成桩头断裂和扰动桩间土层。对软土地区，为防止发生断桩，也可根据地区经验在桩顶一定范围内配置适量钢筋。

5 褥垫层材料可为粗砂、中砂、级配砂石或碎石，碎石粒径宜为5mm～16mm，不宜选用卵石。当基础底面桩间土含水量较大时，应避免采用动力夯实法，以防扰动桩间土。对基底土为较干燥的砂石时，虚铺后可适当洒水再行碾压或夯实。

电梯井和集水坑斜面部位的桩，桩顶须设置褥垫层，不得直接和基础的混凝土相连，防止桩顶承受较大水平荷载。工程中一般做法见图11。

7—78

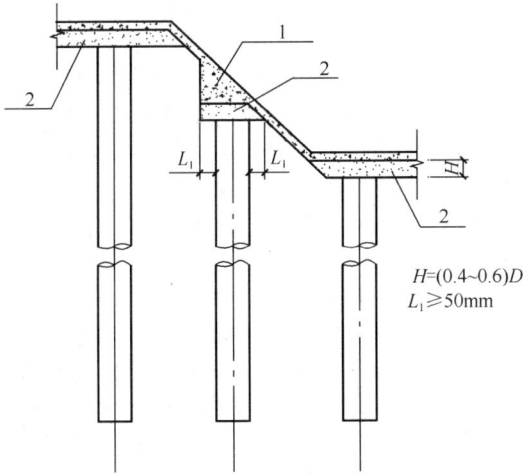

图 11 井坑斜面部位褥垫层做法示意图

1—素混凝土垫层；2—褥垫层

7.7.4 本条是对水泥粉煤灰碎石桩复合地基质量检验的规定。

7.8 柱锤冲扩桩复合地基

7.8.1 柱锤冲扩桩复合地基的加固机理主要有以下四点：

1 成孔及成桩过程中对原土的动力挤密作用；

2 对原地基土的动力固结作用；

3 冲扩桩充填置换作用（包括桩身及挤入桩间土的骨料）；

4 碎砖三合土填料生石灰的水化和胶凝作用（化学置换）。

上述作用依不同土类而有明显区别。对地下水位以上杂填土、素填土、粉土及可塑状态黏性土、黄土等，在冲孔过程中成孔质量较好，无塌孔及缩颈现象，孔内无积水，成桩过程中地面不隆起甚至下沉，经检测孔底及桩间土在成孔及成桩过程中得到挤密，试验表明挤密土影响范围约为（2～3）倍桩径。而对地下水位以下饱和土层冲孔时塌孔严重，有时甚至无法成孔，在成桩过程中地面隆起严重，经检测桩底及桩间土挤密效果不明显，桩身质量也较难保证，因此对上述土层应慎用。

7.8.2 近年来，随着施工设备能力的提高，处理深度已超过 6m，但不宜大于 10m，否则处理效果不理想。对于湿陷性黄土地区，其地基处理深度及复合地基承载力特征值，可按当地经验确定。

7.8.3 柱锤冲扩桩复合地基，多用于中、低层房屋或工业厂房。因此对大型、重要的工程以及场地条件复杂的工程，在正式施工前应进行成桩试验及试验性施工。根据现场试验取得的资料进行设计，制定施工方案。

7.8.4 本条是柱锤冲扩桩复合地基的设计要求：

1 地基处理的宽度应超过基础边缘一定范围，主要作用在于增强地基的稳定性，防止基底下被处理土层在附加应力作用下产生侧向变形，因此原天然土层越软，加宽的范围应越大。通常按压力扩散角 $\theta = 30°$ 来确定加固范围的宽度，并不少于（1～3）排桩。

用柱锤冲扩桩法处理可液化地基应适当加大处理宽度。对于上部荷载较小的室内非承重墙及单层砖房可仅在基础范围内布桩。

2 对于可塑状态黏性土、黄土等，因靠冲扩桩的挤密来提高桩间土的密实度，所以采用等边三角形布桩有利，可使地基挤密均匀。对于软黏土地基，主要靠置换。考虑到施工方便，以正方形或等边三角形的布桩形式最为常用。

桩间距与设计要求的复合地基承载力、原地基土的性质有关，根据经验，桩距一般可取 1.2m～2.5m 或取桩径的（2～3）倍。

3 柱锤冲扩桩桩径设计应考虑下列因素：

1）柱锤直径：现已经形成系列，常用直径为 300mm～500mm，如 $\phi 377$ 公称锤，就是 377mm 直径的柱锤。

2）冲孔直径：它是冲孔达到设计深度时，地基被冲击成孔的直径，对于可塑状态黏性土其成孔直径往往比锤径要大。

3）桩径：它是桩身填料夯实后的平均直径，比冲孔直径大，如 $\phi 377$ 柱锤夯实后形成的桩径可达 600mm～800mm。因此，桩径不是一个常数，当土层松软时，桩径就大，当土层较密时，桩径就小。

设计时一般先根据经验假设桩径，假设时应考虑柱锤规格、土质情况及复合地基的设计要求，一般常用 $d = 500mm～800mm$，经试成桩后再确定设计桩径。

4 地基处理深度的确定应考虑：1）软弱土层厚度；2）可液化土层厚度；3）地基变形等因素。限于设备条件，柱锤冲扩桩法适用于 10m 以内的地基处理，因此当软弱土层较厚时应进行地基变形和下卧层地基承载力验算。

5 柱锤冲扩桩法是从地下向地表进行加固，由于地表侧向约束小，加之成桩过程中桩间土隆起造成桩顶及槽底土质松动，因此为保证地基处理效果及扩散基底压力，对低于槽底的松散桩头及松软桩间土应予以清除，换填砂石垫层，采用振动压路机或其他设备压实。

6 桩体材料推荐采用以拆房为主组成的碎砖三合土，主要是为了降低工程造价，减少杂土丢弃对环境的污染。有条件时也可以采用级配砂石、矿渣、灰土、水泥混合土等。当采用其他材料缺少足够的工程经验时，应经试验确定其适用性和配合比等有关参数。

碎砖三合土的配合比（体积比）除设计有特殊要求外，一般可采用 1：2：4（生石灰：碎砖：黏性土）对地下水位以下流塑状态松软土层，宜适当加大碎砖及生石灰用量。碎砖三合土中的石灰宜采用块状生石灰，CaO 含量应在 80% 以上。碎砖三合土中的土料，尽量选用就地基坑开挖出的黏性土料，不应含有机物料（如油毡、苇草、木片等），不应使用淤泥质土、盐渍土和冻土。土料含水量对桩身密实度影响较大，因此应采用最佳含水量进行施工，考虑实际施工时土料来源及成分复杂，根据大量工程实践经验，采用目力鉴别即手握成团、落地开花即可。

为了保证桩身均匀及触探试验的可靠性，碎砖粒径不宜大于 120mm，如条件容许碎砖粒径控制在 60mm 左右最佳，成桩过程中严禁使用粒径大于 240mm 砖料及混凝土块。

7 柱锤冲扩三合土，桩身密实度及承载力因受桩间土影响而较离散，因此规范规定应按复合地基静载荷试验确定其承载力。初步设计时也可按本规范式（7.1.5-1）进行估算，该式是根据桩和桩间土通过刚性基础共同承担上部荷载而推导出来的。式中桩土应力比 n 是根据部分静载荷试验资料而实测出来的，在无实测资料时可取 $2\sim4$，桩间土承载力低时取大值。加固后桩间土承载力 f_{sk} 应根据土质条件及设计要求确定，当天然地基承载力特征值 $f_{ak} \geqslant 80kPa$ 时，可取加固前天然地基承载力进行估算；对于新填沟坑、杂填土等松软土层，可按当地经验或经现场试验根据重型动力触探平均击数 $\overline{N}_{63.5}$ 参考表 20 确定。

表 20　桩间土 $\overline{N}_{63.5}$ 和 f_{sk} 关系表

$\overline{N}_{63.5}$	2	3	4	5	6	7
f_{sk}（kPa）	80	110	130	140	150	160

注：1　计算 $\overline{N}_{63.5}$ 时应去掉 10% 的极大值和极小值，当触探深度大于 4m 时，$N_{63.5}$ 应乘以 0.9 折减系数；

2　杂填土及饱和松软土层，表中 f_{sk} 应乘以 0.9 折减系数。

8 加固后桩间土压缩模量可按当地经验或根据加固后桩间土重型动力触探平均击数 $\overline{N}_{63.5}$ 参考表 21 选用。

表 21　桩间土 E_s 和 $\overline{N}_{63.5}$ 关系表

$\overline{N}_{63.5}$	2	3	4	5	6
E_s（kPa）	4.0	6.0	7.0	7.5	8.0

7.8.5 本条是柱锤冲扩桩复合地基的施工要求：

1 目前采用的系列柱锤如表 22 所示：

表 22　柱锤明细表

序号	规格			锤底形状
	直径（mm）	长度（m）	质量（t）	
1	325	2~6	1.0~4.0	凹形底
2	377	2~6	1.5~5.0	凹形底
3	500	2~6	3.0~9.0	凹形底

注：封顶或拍底时，可采用质量 2t~10t 的扁平重锤进行。

柱锤可用钢材制作或用钢板为外壳内部浇筑混凝土制成，也可用钢管外壳内部浇铸铁心制成。

为了适应不同工程的要求，钢制柱锤可制成装配式，由组合块和锤顶两部分组成，使用时用螺栓连成整体，调整组合块数（一般 0.5t/块），即可按工程需要组合成不同质量和长度的柱锤。

锤型选择应按土质软硬、处理深度及成桩直径经试成桩后确定。

2 升降柱锤的设备可选用 10t~30t 自行杆式起重机和多功能冲扩桩机或其他专用设备，采用自动脱钩装置，起重能力应通过计算（按锤质量及成孔时土层对柱锤的吸附力）或现场试验确定，一般不应小于锤质量的（3~5）倍。

3 场地平整、清除障碍物是机械作业的基本条件。当加固深度较深，柱锤长度不够时，也可采取先挖出一部分土，然后再进行冲扩施工。

柱锤冲扩桩法成孔方式有如下三种：

1）冲击成孔：最基本的成孔工艺，条件是冲孔时孔内无明水、孔壁直立、不塌孔、不缩颈。

2）填料冲击成孔：当冲击成孔出现塌孔或缩颈时，采用本法。这时的填料与成桩填料不同，主要目的是吸收孔壁附近地基中的水分，密实孔壁，使孔壁直立、不塌孔、不缩颈。碎砖及生石灰能够显著降低土壤中的水分，提高桩间土承载力，因此填料冲击成孔时应采用碎砖及生石灰块。

3）二次复打成孔：当采用填料冲击成孔施工工艺也不能保证孔壁直立、不塌孔、不缩颈时，应采用本方案。在每一次冲扩时，填料以碎砖、生石灰为主，根据土质不同采用不同配比，其目的是吸收土壤中水分，改善原土性状，第二次复打成孔后要求孔壁直立、不塌孔，然后边填料边夯实形成桩体。

套管成孔可解决塌孔及缩颈问题，但其施工工艺较复杂，因此只在特殊情况下使用。

桩体施工的关键是分层填料量、分层夯实厚度及总填料量。

施工前应根据试成桩及设计要求的桩径和桩长进行确定。填料充盈系数不宜小于 1.5。

每根桩的施工记录是工程质量管理的重要环节，所以必须设专门技术人员负责记录工作。

要求夯填至桩顶设计标高以上，主要是为了保证桩顶密实度。当不能满足上述要求时，应进行面层夯实或采用局部换填处理。

7.8.6 柱锤冲扩桩法夯击能量较大，易发生地面隆起，造成表层桩和桩间土出现松动，从而降低处理效果，因此成孔及填料夯实的施工顺序宜间隔进行。

7.8.7 本条是柱锤冲扩桩复合地基的质量检验要求：

1 柱锤冲扩桩质量检验程序：施工中自检、竣工后质检部门抽检、基槽开挖后验槽三个环节。对质量有怀疑的工程桩，应采用重型动力触探进行自检。实践证明这是行之有效的，其中施工单位自检尤为重要。

2 采用柱锤冲扩桩处理的地基，其承载力是随着时间增长而逐步提高的，因此要求在施工结束后休止14d再进行检验，实践证明这样方便施工也是偏于安全的，对非饱和土和粉土休止时间可适当缩短。

桩身及桩间土密实度检验宜采用重型动力触探进行。检验点应随机抽样并经设计或监理认定，检测点不少于总桩数的2%且不少于6组（即同一检测点桩身及桩间土分别进行检验）。当土质条件复杂时，应加大检验数量。

柱锤冲扩桩复合地基质量评定主要包括地基承载力及均匀程度。复合地基承载力与桩身及桩间土动力触探击数的相关关系应经对比试验按当地经验确定。

6 基槽开挖检验的重点是桩顶密实度及槽底土质情况。由于柱锤冲扩桩施工工艺的特点是冲孔后自下而上成桩，即由下往上对地基进行加固处理，由于顶部上覆压力小，容易造成桩顶及槽底土质松动，而这部分又是直接持力层，因此应加强对桩顶特别是槽底以下1m厚范围内土质的检验，检验方法根据土质情况可采用轻便触探或动力触探进行。桩位偏差不宜大于1/2桩径。

7.9 多桩型复合地基

7.9.1 本节涉及的多桩型复合地基内容仅对由两种桩型处理形成的复合地基进行了规定，两种以上桩型的复合地基设计、施工与检测应通过试验确定其适用性和设计、施工参数。

7.9.2 本条为多桩型复合地基的设计原则。采用多桩型复合地基处理，一般情况下场地土具有特殊性，采用一种增强体处理后达不到设计要求的承载力或变形要求，而采用一种增强体处理特殊性土，减少其特殊性的工程危害，再采用另一种增强体处理使之达到设计要求。

多桩型复合地基的工作特性，是在等变形条件下的增强体和地基土共同承担荷载，必须通过现场试验确定设计参数和施工工艺。

7.9.3 工程中曾出现采用水泥粉煤灰碎石桩和静压高强预应力管桩组合的多桩型复合地基，采用了先施工挤土的静压高强预应力管桩，后施工排土的水泥粉煤灰碎石桩的施工方案，但通过检测发现预制桩单桩承载力与理论计算值存在较大差异，分析原因，系桩端阻力与同场地高强预应力管桩相比有明显下降所

致，水泥粉煤灰碎石桩的施工对已施工的高强预应力管桩桩端上下一定范围灵敏度相对较高的粉土及桩端粉砂产生了扰动。因此，对类似情况，应充分考虑后施工桩对已施工增强体或桩体承载力的影响。无地区经验时，应通过试验确定方案的适用性。

7.9.4 本条为建筑工程采用多桩型复合地基处理的布桩原则。处理特殊土，原则上应扩大处理面积，保证处理地基的长期稳定性。

7.9.5 根据近年来复合地基理论研究的成果，复合地基的垫层厚度与增强体直径、间距、桩间土承载力发挥度和复合地基变形控制等有关，褥垫层过厚会形成较深的负摩阻区，影响复合地基增强体承载力的发挥；褥垫层过薄复合地基增强体水平受力过大，容易损坏，同时影响复合地基桩间土承载力的发挥。

7.9.6 多桩型复合地基承载力特征值应采用多桩复合地基承载力静载荷试验确定，初步设计时的设计参数应根据地区经验取用，无地区经验时，应通过试验确定。

7.9.7 面积置换率的计算，当基础面积较大时，实际的布置桩距对理论计算采用的置换率的影响很小，因此当基础面积较大或条形基础较长时，可以单元面积置换率替代。

7.9.8 多桩型复合地基变形计算在理论上可将复合地基的变形分为复合土层变形与下卧土层变形，分别计算后相加得到，其中复合土层的变形计算采用的方法有假想实体法、桩身压缩法、应力扩散法、有限元法等，下卧土层的变形计算一般采用分层总和法。理论研究与实测表明，大多数复合地基的变形计算的精度取决于下卧土层的变形计算精度，在沉降计算经验系数确定后，复合土层底面附加应力的计算取值是关键。该附加应力随上述复合地基沉降计算的方法不同而存在较大的差异，即使采用应力扩散一种方法，也因应力扩散角的取值不同计算结果不同。对多桩型复合地基，复合土层变形及下卧土层顶面附加应力的计算将更加复杂。

工程实践中，本条涉及的多桩复合地基承载力特征值 f_{spk} 可由多桩复合地基静载荷试验确定，但由其中的一种桩处理形成的复合地基承载力特征值 f_{spk1} 的试验，对已施工完成的多桩型复合地基而言，具有一定的难度，有经验时可采用单桩载荷试验结果结合桩间土的承载力特征值计算确定。

多桩型复合地基承载力、变形计算工程实例：

1 工程概况

某工程高层住宅22栋，地下车库与主楼地下室基本连通。2号住宅楼为地下2层地上33层的剪力墙结构，裙房采用框架结构，筏形基础，主楼地基采用多桩型复合地基。

2 地质情况

基底地基土层分层情况及设计参数如表23。

表 23 地基土层分布及其参数

层号	类别	层底深度(m)	平均厚度(m)	承载力特征值(kPa)	压缩模量(MPa)	压缩性评价
6	粉土	−9.3	2.1	180	13.3	中
7	粉质黏土	−10.9	1.5	120	4.6	高
7−1	粉土	−11.9	1.2	120	7.1	中
8	粉土	−13.8	2.5	230	16.0	低
9	粉砂	−16.1	3.2	280	24.0	低
10	粉砂	−19.4	3.3	300	26.0	低
11	粉土	−24.0	4.5	280	20.0	低
12	细砂	−29.6	5.6	310	28.0	低
13	粉质黏土	−39.5	9.9	310	12.4	中
14	粉质黏土	−48.4	9.0	320	12.7	中
15	粉质黏土	−53.5	5.1	340	13.5	中
16	粉质黏土	−60.5	6.9	330	13.1	中
17	粉质黏土	−67.7	7.0	350	13.9	中

考虑到工程经济性及水泥粉煤灰碎石桩施工可能造成对周边建筑物的影响，采用多桩型长短桩复合地基。长桩选择第 12 层细砂为持力层，采用直径 400mm 的水泥粉煤灰碎石桩，混合料强度等级 C25，桩长 16.5m，设计单桩竖向受压承载力特征值为 R_a =690kN；短桩选择第 10 层细砂为持力层，采用直径 500mm 泥浆护壁素混凝土钻孔灌注桩，桩身混凝土强度等级 C25，桩长 12m，设计单桩竖向承载力特征值为 R_a =600kN；采用正方形布桩，桩间距 1.25m。

要求处理后的复合地基承载力特征值 $f_{ak} \geqslant$ 480kPa，复合地基桩平面布置如图 12。

3 复合地基承载力计算

1）单桩承载力

水泥粉煤灰碎石桩、素混凝土灌注桩单桩承载力计算参数见表 24。

表 24 水泥粉煤灰碎石桩钻孔灌注桩侧阻力和端阻力特征值一览表

层号	3	4	5	6	7	7−1	8	9	10	11	12	13
q_{sia}(kPa)	30	18	28	23	18	28	27	32	36	32	38	33
q_{pa}(kPa)									450	450	500	480

水泥粉煤灰碎石桩单桩承载力特征值计算结果 R_1 =690kN，钻孔灌注桩单桩承载力计算结果 R_2 =600kN。

2）复合地基承载力

$$f_{spk} = m_1 \frac{\lambda_1 R_{a1}}{A_{p1}} + m_2 \frac{\lambda_2 R_{a2}}{A_{p2}} + \beta(1 - m_1 - m_2) f_{sk}$$

(16)

式中：m_1 = 0.04；m_2 =0.064

$\lambda_1 = \lambda_2 = 0.9$；

R_{a1} =690kN，R_{a2} =600kN；

A_{P1} =0.1256、A_{P2} =0.20；

β =1.0；

$f_{sk} = f_{ak}$ =180kPa（第 6 层粉土）。

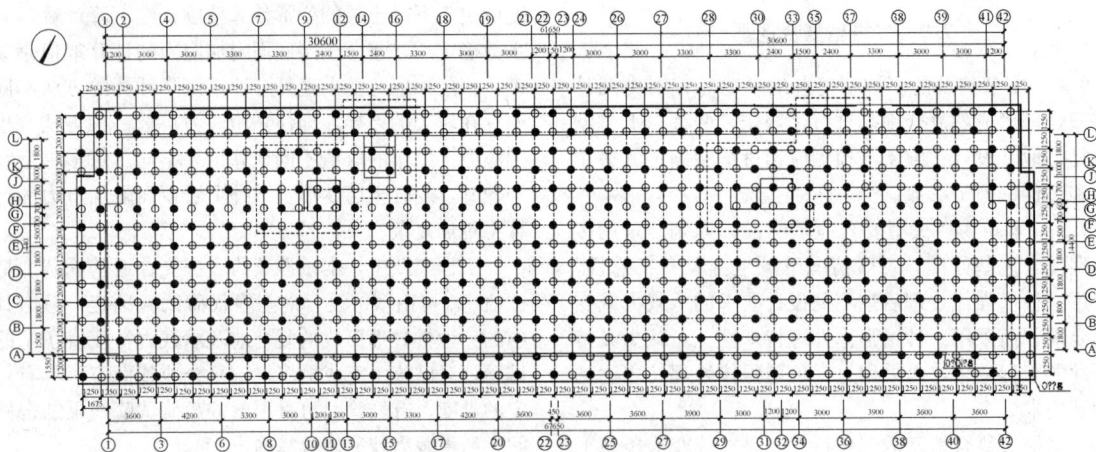

图 12 多桩型复合地基平面布置

复合地基承载力特征值计算结果为 f_{spk} =536.17kPa，复合地基承载力满足设计要求。

4 复合地基变形计算

已知，复合地基承载力特征值 f_{spk} =536.17kPa，计算复合土层模量系数还需计算单独由水泥粉煤灰碎石桩（长桩）加固形成的复合地基承载力特征值。

$f_{spk1} = 0.04 \times 0.9 \times 690/0.1256$

$+ 1.0 \times (1-0.04) \times 180$

$= 371kN$

(17)

复合土层上部由长、短桩与桩间土层组成，土层模量提高系数为：

$$\zeta_1 = \frac{f_{spk}}{f_{ak}} = 536.17/180 = 2.98 \qquad (18)$$

复合土层下部由长桩（CFG桩）与桩间土层组成，土层模量提高系数为：

$$\zeta_2 = \frac{f_{spk1}}{f_{ak}} = 371/180 = 2.07 \qquad (19)$$

复合地基沉降计算深度，按建筑地基基础设计规范方法确定，本工程计算深度：自然地面以下67.0m，计算参数如表25。

表25 复合地基沉降计算参数

计算层号	土类名称	层底标高(m)	层厚(m)	压缩模量(MPa)	计算压缩模量值(MPa)	模量提高系数(ζ_i)
6	粉土	−9.3	2.1	13.3	35.9	2.98
7	粉质黏土	−10.9	1.5	4.6	12.4	2.98
7−1	粉土	−11.9	1.2	7.1	19.2	2.98
8	粉土	−13.8	2.5	16.0	43.2	2.98
9	粉砂	−16.1	3.2	24.0	64.8	2.98
10	粉砂	−19.4	3.3	26.0	70.2	2.98
11	粉土	−24.0	4.5	20.0	54.0	2.07
12	细砂	−29.6	5.6	28.0	58.8	2.07
13	粉质黏土	−39.5	9.9	12.4	12.4	1.0
14	粉质黏土	−48.40	9.0	12.7	12.7	1.0
15	粉质黏土	−53.5	5.1	13.5	13.5	1.0
16	粉质黏土	−60.5	6.9	13.1	13.1	1.0
17	粉质黏土	−67.7	7.0	13.9	13.9	1.0

按本规范复合地基沉降计算方法计算的总沉降量值：$s = 185.54$mm

取地区经验系数 $\psi_s = 0.2$

沉降量预测值：$s = 37.08$mm

5 复合地基承载力检验

1）四桩复合地基静载荷试验

采用2.5m×2.5m方形钢制承压板，压板下铺中砂找平层，试验结果见表26。

表26 四桩复合地基静载荷试验结果汇总表

编号	最大加载量(kPa)	对应沉降量(mm)	承载力特征值(kPa)	对应沉降量(mm)
第1组（f1）	960	28.12	480	8.15
第2组（f2）	960	18.54	480	6.35
第3组（f3）	960	27.75	480	9.46

2）单桩静载荷试验

采用堆载配重方法进行，结果见表27。

表27 单桩静载荷试验结果汇总表

桩型	编号	最大加载量(kN)	对应沉降量(mm)	极限承载力(kN)	特征值对应的沉降量(mm)
CFG桩	d1	1380	5.72	1380	5.05
	d2	1380	10.20	1380	2.45
	d3	1380	14.37	1380	3.70
素混凝土灌注桩	d4	1200	8.31	1200	3.05
	d5	1200	9.95	1200	2.41
	d6	1200	9.39	1200	3.28

三根水泥粉煤灰碎石桩的桩竖向极限承载力统计值为1380kN，单桩竖向承载力特征值为690kN。三根素混凝土灌注桩的单桩竖向承载力统计值为1200kN，单桩竖向承载力特征值为600kN。

表26中复合地基试验承载力特征值对应的沉降量均较小，平均仅为8mm，远小于本规范按相对变形法对应的沉降量 0.008×2000＝16mm，表明复合地基承载力尚没有得到充分发挥。这一结果将导致沉降计算时，复合土层模量系数被低估，实测结果小于预测结果。

表27中可知，单桩承载力达到承载力特征值2倍时，沉降量一般小于10mm，说明桩承载力尚有较大的富裕，单桩承载力特征值并未得到准确体现，这与复合地基上述结果相对应。

6 地基沉降量监测结果

图13为采用分层沉降标监测方法测得的复合地

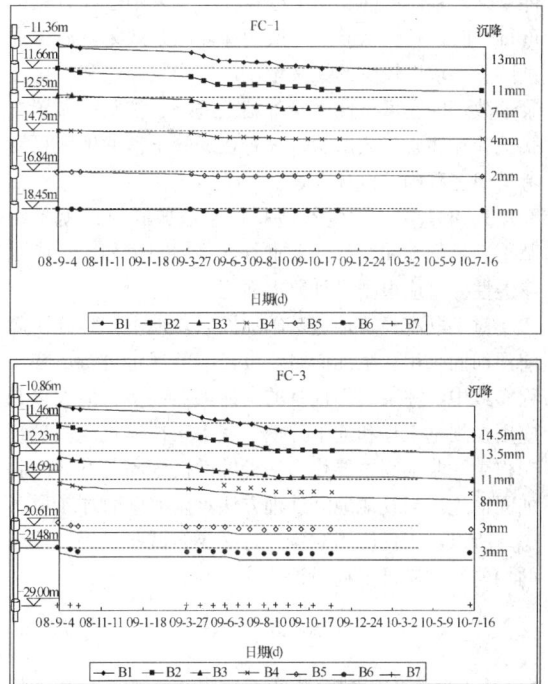

图13 分层沉降变形曲线

基沉降结果，基准沉降标位于自然地面以下40m。由于结构封顶后停止降水，水位回升导致沉降标失灵，未能继续进行分层沉降监测。

"沉降-时间曲线"显示沉降发展平稳，结构主体封顶时的复合土层沉降量约为 12mm～15mm，假定此时已完成最终沉降量的 50%～60%，按此结果推算最终沉降量应为 20mm～30mm，小于沉降量预测值 37.08mm。

7.9.11 多桩型复合地基的载荷板尺寸原则上应与计算单元的几何尺寸相等。

8 注 浆 加 固

8.1 一 般 规 定

8.1.1 注浆加固包括静压注浆加固、水泥搅拌注浆加固和高压旋喷注浆加固等。水泥搅拌注浆加固和高压旋喷注浆加固可参照本规范第 7.3 节、第 7.4 节。

对建筑地基，选用的浆液主要为水泥浆液、硅化浆液和碱液。注浆加固过程中，流动的浆液具有一定的压力，对地基土有一定的渗透力和劈裂作用，其适用的土层较广。

8.1.2 由于地质条件的复杂性，要针对注浆加固目的，在注浆加固设计前进行室内浆液配比试验和现场注浆试验是十分必要的。浆液配比的选择也应结合现场注浆试验，试验阶段可选择不同浆液配比。现场注浆试验包括注浆方案的可行性试验、注浆孔布置方式试验和注浆工艺试验三方面。可行性试验是当地基条件复杂，难以借助类似工程经验决定采用注浆方案的可行性时进行的试验。一般为保证注浆效果，尚需通过试验寻求以较少的注浆量，最佳注浆方法和最优注浆参数，即在可行性试验基础上进行、注浆孔布置方式试验和注浆工艺试验。只有在经验丰富的地区可参考类似工程确定设计参数。

8.1.3、8.1.4 对建筑地基，地基加固目的就是地基土满足强度和变形的要求，注浆加固也如此，满足渗透性要求应根据设计要求而定。

对于既有建筑地基基础加固以及地下工程施工超前预加固采用注浆加固时，可按本节规定进行。在工程实践中，注浆加固地基的实例虽然很多，但大多数应用在坝基工程和地下开挖工程中，在建筑地基处理工程中注浆加固主要作为一种辅助措施和既有建筑物加固措施，当其他地基处理方法难以实施时才予以考虑。所以，工程使用时应进行必要的试验，保证注浆的均匀性，满足工程设计要求。

8.2 设 计

8.2.1 水泥为主剂的浆液主要包括水泥浆、水泥砂浆和水泥水玻璃浆。

水泥浆液是地基治理、基础加固工程中常用的一种胶结性好、结石强度高的注浆材料，一般施工要求水泥浆的初凝时间既能满足浆液设计的扩散要求，又不至于被地下水冲走，对渗透系数大的地基还需尽可能缩短初、终凝时间。

地层中有较大裂隙、溶洞，耗浆量很大或有地下水活动时，宜采用水泥砂浆，水泥砂浆由水灰比不大于1.0的水泥浆掺砂配成，与水泥浆相比有稳定性好、抗渗能力强和析水率低的优点，但流动性小，对设备要求较高。

水泥水玻璃浆广泛用于地基、大坝、隧道、桥墩、矿井等建筑工程，其性能主要取决于水泥浆水灰比、水玻璃浓度和加入量、浆液养护条件。

对填土地基，由于其各向异性，对注浆量和方向不好控制，应采用多次注浆施工，才能保证工程质量。

8.2.2 硅化注浆加固的设计要求如下：

1 硅化加固法适用于各类砂土、黄土及一般黏性土。通常将水玻璃及氯化钙先后用下部具有细孔的钢管压入土中，两种溶液在土中相遇后起化学反应，形成硅酸胶填充在孔隙中，并胶结土粒。对渗透系数 $k=(0.10～2.00)m/d$ 的湿陷性黄土，因土中含有硫酸钙或碳酸钙，只需用单液硅化法，但通常加氯化钠溶液作为催化剂。

单液硅化法加固湿陷性黄土地基的灌注工艺有两种。一是压力灌注，二是溶液自渗（无压）。压力灌注溶液的速度快，扩散范围大，灌注溶液过程中，溶液与土接触初期，尚未产生化学反应，在自重湿陷性严重的场地，采用此法加固既有建筑物地基，附加沉降可达 300mm 以上，对既有建筑物显然是不允许的。故本条规定，压力灌注可用于加固自重湿陷性场地上拟建的设备基础和构筑物的地基，也可用于加固非自重湿陷性黄土场地上既有建筑物和设备基础的地基。因为非自重湿陷性黄土有一定的湿陷起始压力，基底附加应力不大于湿陷起始压力或虽大于湿陷起始压力但数值不大时，不致出现附加沉降，并已为大量工程实践和试验研究资料所证明。

压力灌注需要用加压设备（如空压机）和金属灌注管等，成本相对较高，其优点是加固范围较大，不只是可加固基础侧向，而且可加固既有建筑物基础底面以下的部分土层。

溶液自渗的速度慢，扩散范围小，溶液与土接触初期，对既有建筑物和设备基础的附加沉降很小（10mm～20mm），不超过建筑物地基的允许变形值。

此工艺是在 20 世纪 80 年代初发展起来的，在现场通过大量的试验研究，采用溶液自渗加固了大厚度自重湿陷性黄土场地上既有建筑物和设备基础的地基，控制了建筑物的不均匀沉降及裂缝继续发展，并恢复了建筑物的使用功能。

溶液自渗的灌注孔可用钻机或洛阳铲成孔，不需要用灌注管和加压等设备，成本相对较低，含水量不大于20%、饱和度不大于60%的地基土，采用溶液自渗较合适。

2 水玻璃的模数值是二氧化硅与氧化钠（百分率）之比，水玻璃的模数值愈大，意味着水玻璃中含 SiO_2 的成分愈多。因为硅化加固主要是由 SiO_2 对土的胶结作用，所以水玻璃模数值的大小直接影响加固土的强度。试验研究表明，模数值 $\frac{SiO_2\%}{Na_2O\%}$ 小时，偏硅酸钠溶液加固土的强度很小，完全不适合加固土的要求，模数值在 2.5～3.0 范围内的水玻璃溶液，加固土的强度可达最大值，模数值超过 3.3 以上时，随着模数值的增大，加固土的强度反而降低，说明 SiO_2 过多对土的强度有不良影响，因此本条规定采用单液硅化加固湿陷性黄土地基，水玻璃的模数值宜为 2.5～3.3。湿陷性黄土的天然含水量较小，孔隙中一般无自由水，采用浓度（10%～15%）低的硅酸钠（俗称水玻璃）溶液注入土中，不致被孔隙中的水稀释，此外，溶液的浓度低，黏滞度小，可灌性好，渗透范围较大，加固土的无侧限抗压强度可达 300kPa 以上，并对降低加固土的成本有利。

3 单液硅化加固湿陷性黄土的主要材料为液体水玻璃（即硅酸钠溶液），其颜色多为透明或稍许混浊，不溶于水的杂质含量不得超过规定值。

6 加固湿陷性黄土的溶液用量，按公式（8.2.2-1）进行估算，并可控制工程总预算及硅酸钠溶液的总消耗量，溶液填充孔隙的系数是根据已加固的工程经验得出的。

7 从工厂购进的水玻璃溶液，其浓度通常大于加固湿陷性黄土所要求的浓度，相对密度多为 1.45 或大于 1.45，注入土中时的浓度宜为 10%～15%，相对密度为 1.13～1.15，故需要按式（8.2.2-2）计算加水量，对浓度高的水玻璃溶液进行稀释。

8 加固既有建（构）筑物和设备基础的地基，不可能直接在基础底面下布置灌注孔，而只能在基础侧向（或周边）布置灌注孔，因此基础底面下的土层难以达到加固要求，对基础侧向地基土进行加固，可以防止侧向挤出，减小地基的竖向变形，每侧布置一排灌注孔加固土体很难连成整体，故本条规定每侧布置灌注孔不宜少于 2 排。

当基础底面宽度大于 3m 时，除在基础每侧布置 2 排灌注孔外，是否需要布置斜向基础底面的灌注孔，可根据工程具体情况确定。

8.2.3 碱液注浆加固的设计要求如下：

1 为提高地基承载力在自重湿陷性黄土地区单独采用注浆加固的较少，而且加固深度不足 5m。为防止采用碱液加固施工期间既有建筑物地基产生附加沉降，本条规定，在自重湿陷性黄土场地，当采用碱液法加固时，应通过试验确定其可行性，待取得经验后再逐步扩大其应用范围。

2 室内外试验表明，当 100g 干土中可溶性和交换性钙镁离子含量不少于 10mg·eq 时，灌入氢氧化钠溶液都可得到较好的加固效果。

氢氧化钠溶液注入土中后，土粒表层会逐渐发生膨胀和软化，进而发生表面的相互溶合和胶结（钠铝硅酸盐类胶结），但这种溶合胶结是非水稳性的，只有在土粒周围存在有 $Ca(OH)_2$ 和 $Mg(OH)_2$ 的条件下，才能使这种胶结构成为强度高且具有水硬性的钙铝硅酸盐络合物。这些络合物的生成将使土粒牢固胶结，强度大大提高，并且具有充分的水稳性。

由于黄土中钙、镁离子含量一般都较高（属于钙、镁离子饱和土），故采用单液加固已足够。如钙、镁离子含量较低，则需考虑采用碱液与氯化钙溶液的双液法加固。为了提高碱液加固黄土的早期强度，也可适当注入一定量的氯化钙溶液。

3 碱液加固深度的确定，关系到加固效果和工程造价，要保证加固效果良好而造价又低，就需要确定一个合理的加固深度。碱液加固法适宜于浅层加固，加固深度不宜超过 4m～5m。过深除增加施工难度外，造价也较高。当加固深度超过 5m 时，应与其他加固方法进行技术经济比较后，再行决定。

位于湿陷性黄土地基上的基础，浸水后产生的湿陷量可分为由附加压力引起的湿陷以及由饱和自重压力引起的湿陷，前者一般称为外荷湿陷，后者称为自重湿陷。

有关浸水载荷试验资料表明，外荷湿陷与自重湿陷影响深度是不同的。对非自重湿陷性黄土地基只存在外荷湿陷。当其基底压力不超过 200kPa 时，外荷湿陷影响深度约为基础宽度的（1.0～2.4）倍，但 80%～90% 的外荷湿陷量集中在基底下 $1.0b$～$1.5b$ 的深度范围内，其下所占的比例很小。对自重湿陷性黄土地基，外荷湿陷影响深度则为 $2.0b$～$2.5b$，在湿陷影响深度下限处土的附加压力与饱和自重压力的比值为 0.25～0.36，其值较一般确定压缩层下限标准 0.2（对一般土）或 0.1（对软土）要大得多，故外荷湿陷影响深度小于压缩层深度。

位于黄土地基上的中小型工业与民用建筑物，其基础宽度多为 1m～2m。当基础宽度为 2m 或 2m 以上时，其外荷湿陷影响深度将超过 4m，为避免加固深度过大，当基础较宽，也即外荷湿陷影响深度较大时，加固深度可减少到 $1.5b$～$2.0b$，这时可消除 80%～90% 的外荷湿陷量，从而大大减轻湿陷的危害。

对自重湿陷性黄土地基，试验研究表明，当地基属于自重湿陷不敏感或不很敏感类型时，如浸水范围小，外荷湿陷将占总湿陷的 87%～100%，自重湿陷将不产生或产生的不充分。当基底压力不超过

200kPa 时，其外荷湿陷影响深度为 $2.0b\sim2.5b$，故本规范建议，对于这类地基，加固深度为 $2.0b\sim3.0b$，这样可基本消除地基的全部外荷湿陷。

4 试验表明，碱液灌注过程中，溶液除向四周渗透外，还向灌注孔上下各外渗一部分，其范围约相当于有效加固半径 r。但灌注孔以上的渗出范围，由于溶液温度高，浓度也相对较大，故土体硬化快，强度高；而灌注孔以下部分，则因溶液温度和浓度部已降低，故强度较低。因此，在加固厚度计算时，可将孔下部渗出范围略去，而取 $h=l+r$，偏于安全。

5 每一灌注孔加固后形成的加固土体可近似看做一圆柱体，这圆柱体的平均半径即为有效加固半径。灌液过程中，水分渗透距离远较加固范围大。在灌注孔四周，溶液温度高，浓度也相对较大；溶液往四周渗透中，溶液的浓度和温度都逐渐降低，故加固体强度也相应由高到低。试验结果表明，无侧限抗压强度一距离关系曲线近似为一抛物线，在加固柱体外缘，由于土的含水量增高，其强度比未加固的天然土还低。灌液试验中一般可取加固后无侧限抗压强度高于天然土无侧限抗压强度平均值 50% 以上的土体为有效加固体，其值大约在 100kPa～150kPa 之间。有效加固体的平均半径即为有效加固半径。

从理论上讲，有效加固半径随溶液灌注量的增大而增大，但实际上，当溶液灌注超过某一定数量后，加固体积并不与灌注量成正比，这是因为外渗范围过大时，外围碱液浓度大大降低，起不到加固作用。因此存在一个较经济合理的加固半径。试验表明，这一合理半径一般为 0.40m～0.50m。

6 碱液加固一般采用直孔，很少采用斜孔。如灌注孔紧贴基础边缘。则有一半加固体位于基底以下，已起到承托基础的作用，故一般只需沿条形基础两侧或单独基础周边各布置一排孔即可。如孔距为 $1.8r\sim2.0r$，则加固体连成一体，相当于在原基础两侧或四周设置了桩与周围未加固土体组成复合地基。

7 湿陷性黄土的饱和度一般在 15%～77% 范围内变化，多数在 40%～50% 左右，故溶液充填土的孔隙时不可能全部取代原有水分，因此充填系数取 0.6～0.8。举例如下，如加固 $1.0m^3$ 黄土，设其天然孔隙率为 50%，饱和度为 40%，则原有水分体积为 $0.2m^3$。当碱液充填系数为 0.6 时，则 $1.0m^3$ 土中注入碱液为 $(0.3\times0.6\times0.5)\ m^3$，孔隙将被溶液全部充满，饱和度达 100%。考虑到溶液注入过程中可能将取代原有土粒周围的部分弱结合水，这时可取充填系数为 0.8，则注入碱液量为 $(0.4\times0.8\times0.5)\ m^3$，将有 $0.1m^3$ 原有水分被挤出。

考虑到黄土的大孔隙性质，将有少量碱液顺大孔隙流失，不一定能均匀地向四周渗透，故实际施工时，应使碱液灌注量适当加大，本条建议取工作条件系数为 1.1。

8.3 施　工

8.3.1 本条为水泥为主剂的注浆施工的基本要求。在实际施工过程中，常出现如下现象：

1 冒浆：其原因有多种，主要有注浆压力大、注浆段位置埋深浅、有孔隙通道等，首先应查明原因，再采用控制性措施：如降低注浆压力，或采用自流式加压；提高浆液浓度或掺砂，加入速凝剂；限制注浆量，控制单位吸浆量不超过 30L/min～40L/min；堵塞冒浆部位，对严重冒浆部位先灌混凝土盖板，后注浆。

2 窜浆：主要由于横向裂隙发育或孔距小；可采用跳孔间隔注浆方式；适当延长相邻两序孔间施工时间间隔；如窜浆孔为待注孔，可同时并联注浆。

3 绕塞返浆：主要有注浆段孔壁不完整、橡胶塞压缩量不足、上段注浆时裂隙未封闭或注浆后待凝时间不够，水泥强度过低等原因。实际注浆过程中严格按要求尽量增加等待时间。另外还有漏浆、地面抬升、埋塞等现象。

8.3.2 本条为硅化注浆施工的基本要求。

1 压力灌注溶液的施工步骤除配溶液等准备工作外，主要分为打灌注管和灌注溶液。通常自基础底面标高起向下分层进行，先施工第一加固层，完成后再施工第二加固层，在灌注溶液过程中，应注意观察溶液有无上冒（即冒出地面）现象，发现溶液上冒应立即停止灌注，分析原因，采取措施，堵塞溶液不出现上冒后，再继续灌注。打灌注管及连接胶皮管时，应精心施工，不得摇动灌注管，以免灌注管壁与土接触不严，形成缝隙，此外，胶皮管与灌注管连接完毕后，还应将灌注管上部及其周围 0.5m 厚的土层进行夯实，其干密度不得小于 $1.60g/cm^3$。

加固既有建筑物地基，在基础侧向应先施工外排，后施工内排，并间隔 1 孔～3 孔进行打灌注管和灌注溶液。

2 溶液自渗的施工步骤除配溶液与压力灌注相同外，打灌注孔及灌注溶液与压力灌注有所不同，灌注孔直接钻（或打）至设计深度，不需分层施工，可用钻机或洛阳铲成孔，采用打管成孔时，孔成后应将管拔出，孔径一般为 60mm～80mm。

溶液自渗不需要灌注管及加压设备，而是通过灌注孔直接渗入欲加固的土层中，在自渗过程中，溶液无上冒现象，每隔一定时间向孔内添加一次溶液，防止溶液渗干。硅酸钠溶液配好后，如不立即使用或停放一定时间后，溶液会产生沉淀现象，灌注时，应再将其搅拌均匀。

3 不论是压力灌注还是溶液自渗，计算溶液量全部注入土中后，加固土体中的灌注孔均宜用 2∶8 灰土分层回填夯实。

硅化注浆施工时对既有建筑物或设备基础进行沉

降观测，可及时发现在灌注硅酸钠溶液过程中是否会引起附加沉降以及附加沉降的大小，便于查明原因，停止灌注或采取其他处理措施。

8.3.3 本条为碱液注浆施工的基本要求。

1 灌注孔直径的大小主要与溶液的渗透量有关。如土质疏松，由于溶液渗透快，则孔径宜小。如孔径过大，在加固过程中，大量溶液将渗入灌注孔下部，形成上小下大的蒜头形加固体。如土的渗透性弱，而孔径较小，就将使溶液渗入缓慢，灌注时间延长，溶液由于在输液管中停留时间长，热量散失，将使加固体早期强度偏低，影响加固效果。

2 固体烧碱质量一般均能满足加固要求，液体烧碱及氯化钙在使用前均应进行化学成分定量分析，以便确定稀释到设计浓度时所需的加水量。

室内试验结果表明，用风干黄土加入相当于干土质量 1.12% 的氢氧化钠并拌合均匀制取试块，在常温下养护 28d 或在 40℃～100℃ 高温下养护 2h，然后浸水 20h，测定其无侧限抗压强度可达 166kPa～446kPa。当拌合用的氢氧化钠含量低于干土质量 1.12% 时，试块浸水后即崩解。考虑到碱液在实际灌注过程中不可能分布均匀，因此一般按干土质量 3% 比例配料，湿陷性黄土干密度一般为 1200kg/m³～1500kg/m³，故加固每 1m³ 黄土约需 NaOH 量为 35kg～45kg。

碱液浓度对加固土强度有一定影响，试验表明，当碱液浓度较低时加固强度增长不明显，较合理的碱液浓度宜为 90g/L～100g/L。

3 由于固体烧碱中仍含有少量其他成分杂质，故配置碱液时应按纯 NaOH 含量来考虑。式 (8.3.3-1) 中忽略了由于固体烧碱投入后引起的溶液体积的少许变化。现将该式应用举例如下：

设固体烧碱中含纯 NaOH 为 85%，要求配置碱液浓度为 120g/L，则配置每立方米碱液所需固体烧碱量为：

$$G_s = 1000 \times \frac{M}{P} = 1000 \times \frac{0.12}{85\%} \quad (20)$$
$$= 141.2 kg$$

采用液体烧碱配置每立方米浓度为 M 的碱液时，液体烧碱体积与所加的水的体积之和为 1000L，在 1000L 溶液中，NaOH 溶质的量为 1000M，一般化工厂生产的液体烧碱浓度以质量分数（即质量百分浓度）表示者居多，故施工中用比重计测出液体碱烧相对密度 d_N，并已知其质量分数为 N 后，则每升液体烧碱中 NaOH 溶质含量即为 $G_s = d_N V_1 N$，故 $V_1 = \frac{G_S}{d_N N} = \frac{1000M}{d_N N}$，相应水的体积为 $V_2 = 1000 - V_1 = 1000\left(1 - \frac{M}{d_N N}\right)$。

举例如下：设液体烧碱的质量分数为 30%，相对密度为 1.328，配制浓度为 100g/L 碱液时，每立方米溶液中所加的液体烧碱量为：

$$V_1 = 1000 \times \frac{M}{d_N N}$$
$$= 1000 \times \frac{0.1}{1.328 \times 30\%} = 251L \quad (21)$$

4 碱液灌注前加温主要是为了提高加固土体的早期强度。在常温下，加固强度增长很慢，加固 3d 后，强度才略有增长。温度超过 40℃ 以上时，反应过程可大大加快，连续加温 2h 即可获得较高强度。温度愈高，强度愈大。试验表明，在 40℃ 条件下养护 2h，比常温下养护 3d 的强度提高 2.87 倍，比 28d 常温养护提高 1.32 倍。因此，施工时应将溶液加热到沸腾。加热可用煤、炭、木柴、煤气或通入锅炉蒸气，因地制宜。

5 碱液加固与硅化加固的施工工艺不同之处在于后者是加压灌注（一般情况下），而前者是无压自流灌注，因此一般渗透速度比硅化法慢。其平均灌注速度在 1L/min～10L/min 之间，以 2L/min～5L/min 速度效果最好。灌注速度超过 10L/min，意味着土中存在有孔洞或裂隙，造成溶液流失；当灌注速度小于 1L/min 时，意味着溶液灌不进，如排除灌注管被杂质堵塞的因素，则表明土的可灌性差。当土中含水量超过 28% 或饱和度超过 75% 时，溶液就很难注入，一般应减少灌注量或另行采取其他加固措施以进行补救。

6 在灌液过程中，由于土体被溶液中携带的大量水分浸湿，立即变软，而加固强度的形成尚需一定时间。在加固土强度形成以前，土体在基础荷载作用下由于浸湿软化将使基础产生一定的附加下沉，为减少施工中产生过大的附加下沉，避免建筑物产生新的危害，应采取跳孔灌液并分段施工，以防止浸湿区连成一片。由于 3d 龄期强度可达到 28d 龄期强度的 50% 左右，故规定相邻两孔灌注时间间隔不少于 3d。

7 采用 $CaCl_2$ 与 NaOH 的双液法加固地基时，两种溶液在土中相遇即反应生成 $Ca(OH)_2$ 与 NaCl。前者将沉淀在土粒周围而起到胶结与填充的双重作用。由于黄土是钙、镁离子饱和土，故一般只采用单液法加固。但如要提高加固土强度，也可考虑用双液法。施工时如两种溶液先后采用同一容器，则在碱液灌注完成后应将容器中的残留碱液清洗干净，否则，后注入的 $CaCl_2$ 溶液将在容器中立即生成白色的 $Ca(OH)_2$ 沉淀物，从而使注液管堵塞，不利于溶液的渗入，为避免 $CaCl_2$ 溶液在土中置换过多的碱液中的钠离子，规定两种溶液间隔灌注时间不应少于 8h～12h，以便使先注入的碱液与被加固土体有较充分的反应时间。

施工中应注意安全操作，并备工作服、胶皮手套、风镜、围裙、鞋罩等。皮肤如沾上碱液，应立即用 5% 浓度的硼酸溶液冲洗。

8.4 质 量 检 验

8.4.1 对注浆加固效果的检验要针对不同地层条件采用相适应的检测方法，并注重注浆前后对比。对水泥为主剂的注浆加固的检测时间有明确的规定，土体强度有一个增长的过程，故验收工作应在施工完毕28d以后进行。对注浆加固效果的检验，加固地层的均匀性检测十分重要。

8.4.2 硅化注浆加固应在施工结束7d后进行，重点检测均匀性。对压缩性和湿陷性有要求的工程应取土试验，判定是否满足设计要求。

8.4.3 碱液加固后，土体强度有一个增长的过程，故验收工作应在施工完毕28d以后进行。

碱液加固工程质量的判定除以沉降观测为主要依据外，还应对加固土体的强度、有效加固半径和加固深度进行测定。有效加固半径和加固深度目前只能实地开挖测定。强度则可通过钻孔或开挖取样测定。由于碱液加固土的早期强度是不均匀的，一般应在有代表性的加固土体中部取样，试样的直径和高度均为50mm，试块数应不少于3个，取其强度平均值。考虑到后期强度还将继续增长，故允许加固土28d龄期的无侧限抗压强度的平均值可不低于设计值的90%。

如采用触探法检验加固质量，宜采用标准贯入试验；如采用轻便触探易导致钻杆损坏。

8.4.4 本条为注浆加固地基承载力的检验要求。注浆加固处理后的地基进行静载荷试验检验承载力，是保证建筑物安全的承载力确定方法。

9 微型桩加固

9.1 一 般 规 定

9.1.1 微型桩（Micropiles）或迷你桩（Minipiles），是小直径的桩，桩体主要由压力灌注的水泥浆、水泥砂浆或细石混凝土与加筋材料组成，依据其受力要求加筋材可为钢筋、钢棒、钢管或型钢等。微型桩可以是竖直或倾斜，或排或交叉网状配置，交叉网状配置之微型桩由于其桩群形如树根状，故亦被称为树根桩（Root pile）或网状树根桩（Reticulated roots pile），日本简称为RRP工法。

行业标准《建筑桩基技术规范》JGJ 94 把直径或边长小于250mm的灌注桩、预制混凝土桩、预应力混凝土桩，钢管桩、型钢桩等称为小直径桩，本规范将桩身截面尺寸小于300mm的压入（打入、植入）小直径桩纳入微型桩的范围。

本次修订纳入了目前我国工程界应用较多的树根桩、小直径预制混凝土方桩与预应力混凝土管桩、注浆钢管桩，用于狭窄场地的地基处理工程。

微型桩加固后的承载力和变形计算一般情况采用桩基础的设计原则；由于微型桩断面尺寸小，在共同变形条件下地基土参与工作，在有充分试验依据条件下可按刚性桩复合地基进行设计。微型桩的桩身配筋率较高，桩身承载力可考虑筋材的作用；对注浆钢管桩、型钢微型桩等计算桩身承载力时，可以仅考虑筋材的作用。

9.1.2 微型桩加固工程目前主要应用在场地狭小，大型设备不能施工的情况，对大量的改扩建工程具有其适用性。设计时应按桩与基础的连接方式分别按桩基础或复合地基设计，在工程中应按地基变形的控制条件采用。

9.1.4 水泥浆、水泥砂浆和混凝土保护层的厚度的规定，参照了国内外其他技术标准对水下钢材设置保护层的相关规定。增加一定腐蚀厚度的做法已成为与设置保护层方法并行选择的方法，可根据设计施工条件、经济性等综合确定。

欧洲标准（BS EN14199：2005）对微型桩用型钢（钢管）由于腐蚀造成的损失厚度，见表28。

表28　土中微型桩用钢材的损失厚度（mm）

设计使用年限	5年	25年	50年	75年	100年
原状土（砂土、淤泥、黏土、片岩）	0.00	0.30	0.60	0.90	1.20
受污染的土体和工业地基	0.15	0.75	1.50	2.25	3.00
有腐蚀性的土体（沼泽、湿地、泥炭）	0.20	1.00	1.75	2.50	3.25
非挤压无腐蚀性土体（黏土、片岩、砂土、淤泥）	0.18	0.70	1.20	1.70	2.20
非挤压有腐蚀性土体（灰、矿渣）	0.50	2.00	3.25	4.50	5.75

9.1.5 本条对软土地基条件下施工的规定，主要是为了保证成桩质量和在进行既有建筑地基加固工程中的注浆过程中，对既有建筑的沉降控制及地基稳定性控制。

9.2 树 根 桩

9.2.1 树根桩作为微型桩的一种，一般指具有钢筋笼，采用压力灌注混凝土、水泥浆或水泥砂浆形成的直径小于300mm的灌注桩，也可采用投石压浆方法形成的直径小于300mm的钢管混凝土灌注桩。近年来，树根桩复合地基应用于特殊土地区建筑工程的地基处理已经获得了较好的处理效果。

9.2.2 工程实践表明，二次注浆对桩侧阻力的提高系数与桩直径、桩侧土质情况、注浆材料、注浆量和注浆压力、方式等密切相关，提高系数一般可达1.2～2.0，本规范建议取1.2～1.4。

9.2.4 本条对骨料粒径的规定主要考虑可灌性要求，对混凝土水泥用量及水灰比的要求，主要考虑水下灌注混凝土的强度、质量和可泵送性等。

9.3 预 制 桩

9.3.1～9.3.3 本节预制桩包括预制混凝土方桩、预应力混凝土管桩、钢管桩和型钢等，施工方法包括静压法、打入法和植入法等，也包含了传统的锚杆静压法和坑式静压法。近年来的工程实践中，有许多采用静压桩形成复合地基应用于高层建筑的成功实例。鉴于静压桩施工质量容易保证，且经济性较好，静压微型桩复合地基加固方法得到了较快的推广应用。微型预制桩的施工质量应重点注意保证打桩、开挖过程中桩身不产生开裂、破坏和倾斜。对型钢、钢管作为桩身材料的微型桩，还应考虑其耐久性。

9.4 注浆钢管桩

9.4.1 注浆钢管桩是在静压钢管桩技术基础上发展起来的一种新的加固方法，近年来注浆钢管桩常用于新建工程的桩或复合地基施工质量事故的处理，具有施工灵活、质量可靠的特点。基坑工程中，注浆钢管桩大量应用于复合土钉的超前支护，本节条文可作为其设计施工的参考。

9.4.2 二次注浆对桩侧阻力的提高系数除与桩侧土体类型、注浆材料、注浆量和注浆压力、方式等密切相关外，桩直径为影响因素之一。一般来说，相同压力形成的桩周压密区厚度相等，小直径桩侧阻力增加幅度大于同材料相对直径较大的桩，因此，本条桩侧阻力增加系数与树根桩的规定有所不同，提高系数1.3为最小值，具体取值可根据试验或经验确定。

9.4.3 施工方法包含了传统的锚杆静压法和坑式静压法，对新建工程，注浆钢管桩一般采用钻机或洛阳铲成孔，然后植入钢管再封孔注浆的工艺，采用封孔注浆施工时，应具有足够的封孔长度，保证注浆压力的形成。

9.4.4 本条与第9.4.5条关于水泥浆的条款适用于其他的微型桩施工。

9.5 质 量 检 验

9.5.1～9.5.4 微型桩的质量检验应按桩基础的检验要求进行。

10 检验与监测

10.1 检 验

10.1.1 本条强调了地基处理工程的验收检验方法的确定，必须通过对岩土工程勘察报告、地基基础设计及地基处理设计资料的分析，了解施工工艺和施工中出现的异常情况等后确定。同时，对检验方法的适用性以及该方法对地基处理的处理效果评价的局限性应有足够认识，当采用一种检验方法的检验结果具有不确定性时，应采用另一种检验方法进行验证。

处理后地基的检验内容和检验方法选择可参见表29。

表29 处理后地基的检验内容和检验方法

处理地基类型	承载力 复合地基静载荷试验	增强体单桩静载荷试验	处理后地基承载力静载荷试验	处理后地基的施工质量和均匀性 干密度	轻型动力触探	标准贯入	动力触探	静力触探	土工试验	十字板剪切试验	复合地基增强体或微型桩的成桩质量 桩身强度或干密度	静力触探	标准贯入	动力触探	低应变试验	钻芯法	探井取样法
换填垫层			√	√	△	△	△	△									
预压地基			√					√	√	√							
压实地基			√	√		△	△										
强夯地基			√			√	△		√								
强夯置换地基			√		△	△	△	△	√								
复合地基 振冲碎石桩	√		○			√	△	△					√	√			
复合地基 沉管砂石桩	√		○			√	△	△					√	√			
复合地基 水泥搅拌桩	√	√	○			△	△				√					○	○
复合地基 旋喷桩	√	√	○			△	△				√					○	○
复合地基 灰土挤密桩	√		○	√		△			√		√						○
复合地基 土挤密桩	√		○	√		△			√		√						○
复合地基 夯实水泥土桩	√		○	√		○					√			△			○

续表 29

处理地基类型 / 检测方法	承载力			处理后地基的施工质量和均匀性							复合地基增强体或微型桩的成桩质量						
	复合地基静载荷试验	增强体单桩静载荷试验	处理后地基承载力静载荷试验	干密度	轻型动力触探	标准贯入	动力触探	静力触探	土工试验	十字板剪切试验	桩身强度或干密度	静力触探	标准贯入	动力触探	低应变试验	钻芯法	探井取样法
复合地基 水泥粉煤灰碎石桩	√	√	○			○	○	○	○		√				√	○	
复合地基 柱锤冲扩桩	√		○				√	√		△			√		√		
复合地基 多桩型	√		○	√		√		△	√		√			√	√	○	
注浆加固			√		√											√	○
微型桩加固		√	○			○	○				√				√	○	

注：1 处理后地基的施工质量包括预压地基的抗剪强度、夯实地基的夯间土质量、强夯置换地基墩体着底情况消除液化或消除湿陷性的处理效果、复合地基桩间土处理后的工程性质等。

2 处理后地基的施工质量和均匀性检验应涵盖整个地基处理面积和处理深度。

3 √为应测项目，是指该检验项目应该进行检验；

△为可选测项目，是指该检验项目为应测项目在大面积检验使用的补充，应在对比试验结果基础上使用；

○为该检验内容仅在其需要时进行的检验项目。

4 消除液化或消除湿陷性的处理效果、复合地基桩间土处理后的工程性质等检验仅在存在这种情况时进行。

5 应测项目、可选测项目以及需要时进行的检验项目中两种或多种检验方法检验内容相同时，可根据地区经验选择其中一种方法。

现场检验的操作和数据处理应按国家有关标准的要求进行。对钻芯取样检验和触探试验的补充说明如下：

1 钻芯取样检验：

1）应采用双管单动钻具，并配备相应的孔口管、扩孔器、卡簧、扶正器及可捞取松软渣样的钻具。混凝土桩应采用金刚石钻头，水泥土桩可采用硬质合金钻头。钻头外径不宜小于101mm。混凝土芯样直径不宜小于80mm。

2）钻芯孔垂直度允许偏差应为±0.5%，应使用扶正器等确保钻芯孔的垂直度。

3）水泥土桩钻芯孔宜位于桩半径中心附近，应采用低转速，采用较小的钻头压力。

4）对桩底持力层的钻探深度应满足设计要求，且不宜小于3倍桩径。

5）每回次进尺宜控制在1.2m内。

6）抗压芯样试件每孔不应少于6个，抗压芯样应采用保鲜袋等进行密封，避免晾晒。

2 触探试验检验：

1）圆锥动力触探和标准贯入试验，可用于散体材料桩、柔性桩、桩间土检验，重型动力触探、超重型动力触探可以评价强夯置换墩着底情况。

2）触探杆应顺直，每节触探杆相对弯曲宜小于0.5%。

3）试验时，应采用自由落锤，避免锤击偏心和晃动，触探孔倾斜度允许偏差应为±2%，每贯入1m，应将触探杆转动一圈半。

4）采用触探试验结果评价复合地基竖向增强体的施工质量时，宜对单个增强体的试验结果进行统计评价；评价竖向增强体间土体加固效果时，应对触探试验结果按照单位工程进行统计；需要进行深度修正时，修正后再统计；对单位工程，宜采用平均值作为单孔土层的代表值，再用单孔土层的代表值计算该土层的标准值。

10.1.2 本条规定地基处理工程的检验数量应满足本规范各种处理地基的检验数量的要求，检验结果不满足设计要求时，应分析原因，提出处理措施。对重要的部位，应增加检验数量。

不同基础形式，对检验数量和检验位置的要求应有不同。每个独立基础、条形基础应有检验点；满堂基础一般应均匀布置检验点。对检验结果的评价也应视不同基础部位，以及其不满足设计要求时的后果给予不同的评价。

10.1.3 验收检验的抽检点宜随机分布，是指对地基处理工程整体处理效果评价的要求。设计人员认为重要部位、局部岩土特性复杂可能影响施工质量的部位、施工出现异常情况的部位的检验，是对处理工程是否满足设计要求的补充检验。两者应结合，缺一不可。

10.1.4 工程验收承载力检验静载荷试验最大加载量不应小于设计承载力特征值的 2 倍，是处理工程承载力设计的最小安全度要求。

10.1.5 静载荷试验的压板面积对处理地基检验的深度有一定影响，本条提出对换填垫层和夯实地基、强夯地基或强夯置换地基静载荷试验的压板面积的最低要求。工程应用时应根据具体情况确定。

10.2 监　　测

10.2.1 地基处理是隐蔽工程，施工时必须重视施工质量监测和质量检验方法。只有通过施工全过程的监督管理才能保证质量，及时发现问题采取措施。

10.2.2 对堆载预压工程，当荷载较大时，应严格控制堆载速率，防止地基发生整体剪切破坏或产生过大塑性变形。工程上一般通过竖向变形、边桩位移及孔隙水压力等观测资料按一定标准进行控制。控制值的大小与地基土的性能、工程类型和加荷方式有关。

应当指出，按照控制指标进行现场观测来判定地基稳定性是综合性的工作，地基稳定性取决于多种因素，如地基土的性质、地基处理方法、荷载大小以及加荷速率等。软土地基的失稳通常从局部剪切破坏发展到整体剪切破坏，期间需要有数天时间。因此，应对竖向变形、边桩位移和孔隙水压力等观测资料进行综合分析，研究它们的发展趋势，这是十分重要的。

10.2.3 强夯施工时的振动对周围建筑物的影响程度与土质条件、夯击能量和建筑物的特性等因素有关。为此，在强夯时有时需要沿不同距离测试地表面的水平振动加速度，绘成加速度与距离的关系曲线。工程中应通过检测的建筑物反应加速度以及对建筑物的振动反应对人的适应能力综合确定安全距离。

根据国内目前的强夯采用的能量级，强夯振动引起建筑物损伤影响距离由速度、振动幅度和地面加速度确定，但对人的适应能力则不然，因人而异，与地质条件密切相关。影响范围内的建（构）筑物采取防振或隔振措施，通常在夯区周围设置隔振沟。

10.2.4 在软土地基中采用夯实、挤密桩、旋喷桩、水泥粉煤灰碎石桩、柱锤冲扩桩和注浆方法进行施工时，会产生挤土效应，对周边建筑物或地下管线产生影响，应按要求进行监测。

在渗透性弱，强度低的饱和软黏土地基中，挤土效应会使周围地基土体受到明显的挤压并产生较高的超静孔隙水压力，使桩周土体的侧向挤出、向上隆起现象比较明显，对邻近的建（构）筑物、地下管线等将产生有害的影响。为了保护周围建筑物和地下管线，应在施工期间有针对性地采取监测措施，并有效

合理地控制施工进度和施工顺序，使施工带来的种种不利影响减小到最低程度。

挤土效应中孔隙水压力增长是引起土体位移的主要原因。通过孔隙水压力监测可掌握场地地质条件下孔隙水压力增长及消散的规律，为调整施工速率、设置释放孔、设置隔离措施、开挖地面防震沟、设置袋装砂井和塑料排水板等提供施工参数。

施工时的振动对周围建筑物的影响程度与土质条件、需保护的建筑物、地下设施和管线等的特性有关。振动强度主要有三个参数：位移、速度和加速度，而在评价施工振动的危害性时，建议以速度为主，结合位移和加速度值参照现行国家标准《爆破安全规程》GB 6722 的进行综合分析比较，然后作出判断。通过监测不同距离的振动速度和振动主频，根据建筑（构）物类型来判断施工振动对建（构）筑物是否安全。

10.2.5 为保证大面积填方、填海等地基处理工程地基的长期稳定性应对地面变形进行长期监测。

10.2.6 本条是对处理施工有影响的周边环境监测的要求。

1 邻近建（构）筑物竖向及水平位移监测点应布置在基础类型、埋深和荷载有明显不同处及沉降缝、伸缩缝、新老建（构）筑物连接处的两侧、建（构）筑物的角点、中点；圆形、多边形的建（构）筑物宜沿纵横轴线对称布置；工业厂房监测点宜布置在独立柱基上。倾斜监测点宜布置在建（构）筑物角点或伸缩缝两侧承重柱（墙）上。

2 邻近地下管线监测点宜布置在上水、煤气管处、窨井、阀门、抽气孔以及检查井等管线设备处、地下电缆接头处、管线端点、转弯处；影响范围内有多条管线时，宜根据管线年份、类型、材质、管径情况，综合确定监测点，且宜在内侧和外侧的管线上布置监测点；地铁、雨污水管线等重要市政设施、管线监测点布置方案应征求等有关管理部门的意见；当无法在地下管线上布置直接监测点时，管线上地表监测点的布置间距宜为 15m～25m。

3 周边地表监测点宜按剖面布置，剖面间距宜为 30m～50m，宜设置在场地每侧边中部；每条剖面线上的监测点宜由内向外先密后疏布置，且不宜少于 5 个。

10.2.7 本条规定建筑物和构筑物地基进行地基处理，应对地基处理后的建筑物和构筑物在施工期间和使用期间进行沉降观测。沉降观测终止时间应符合设计要求，或按国家现行标准《工程测量规范》GB 50026 和《建筑变形测量规范》JGJ 8 的有关规定执行。

中华人民共和国国家标准

建筑地基基础工程施工质量验收标准

Standard for acceptance of construction quality of building foundation

GB 50202—2018

主编部门：中华人民共和国住房和城乡建设部
批准部门：中华人民共和国住房和城乡建设部
施行日期：2 0 1 8 年 1 0 月 1 日

中华人民共和国住房和城乡建设部
公　告

2018 第 23 号

住房城乡建设部关于发布国家标准
《建筑地基基础工程施工质量验收标准》的公告

现批准《建筑地基基础工程施工质量验收标准》为国家标准，编号为 GB 50202－2018，自 2018 年 10 月 1 日起实施。其中，第 5.1.3 条为强制性条文，必须严格执行。原《建筑地基基础工程施工质量验收规范》GB 50202－2002 同时废止。

本标准在住房城乡建设部门户网站（www. mo-hurd. gov. cn)公开，并由住房城乡建设部标准定额研究所组织中国计划出版社出版发行。

中华人民共和国住房和城乡建设部

2018 年 3 月 6 日

前　　言

根据住房城乡建设部《关于印发〈2012 年工程建设标准规范制订、修订计划〉的通知》（建标〔2012〕5 号）的要求，标准编制组经广泛调查研究，认真总结实践经验，参考有关国际标准和国外先进标准，并在广泛征求意见的基础上，修订了《建筑地基基础工程施工质量验收规范》GB 50202—2002。

新修订的标准共分为 10 章和 1 个附录，主要技术内容是：总则、术语、基本规定、地基工程、基础工程、特殊土地基基础工程、基坑支护工程、地下水控制、土石方工程、边坡工程等。

本标准修订的主要技术内容包括：1. 调整了章节的编排；2. 删除了原规范中对具体地基名称的术语说明，增加了与验收要求相关的术语内容；3. 完善了验收的基本规定，增加了验收时应提交的资料、验收程序、验收内容及评价标准的规定；4. 调整了振冲地基和砂桩地基，合并成砂石桩复合地基；5. 增加了无筋扩展基础、钢筋混凝土扩展基础、筏形与箱形基础、锚杆基础等基础的验收规定；6. 增加了咬合桩墙、土体加固及与主体结构相结合的基坑支护的验收规定；7. 增加了特殊土地基基础工程的验收规定；8. 增加了地下水控制和边坡工程的验收规定；9. 增加了验槽检验要点的规定；10. 删除了原规范中与具体验收内容不协调的规定。

本标准中以黑体字标志的条文为强制性条文，必须严格执行。

本标准由住房城乡建设部负责管理和对强制性条文的解释，由上海市基础工程集团有限公司负责具体

技术内容的解释。执行过程中如有意见或建议，请寄送上海市基础工程集团有限公司（地址：上海市江西中路 406 号；邮政编码：200002）。

本标准主编单位、参编单位、主要起草人和主要审查人：

<table>
<tr><td>主 编 单 位：</td><td>上海市基础工程集团有限公司
苏州嘉盛建设工程有限公司</td></tr>
<tr><td>参 编 单 位：</td><td>中国建筑科学研究院
华东建筑设计研究院有限公司
同济大学
郑州大学综合设计研究院
住房和城乡建设部标准定额研究所
广东省建筑工程集团有限公司
广东省基础工程集团有限公司
建设综合勘察研究设计院有限公司
中国建筑西南勘察设计研究院有限公司
上海广联环境岩土工程股份有限公司
陕西省建筑科学研究院
上海市工程建设咨询监理有限公司
黑龙江省寒地建筑科学研究院
上海同济建设工程质量检测站</td></tr>
</table>

主要起草人： 李耀良　朱建明　高文生　王卫东

叶观宝　周同和　姚　涛　徐天平
钟显奇　李耀刚　康景文　缪俊发
徐惠元　朱武卫　马华明　石振明
袁　芬　王曙光　吴春林　张思群
许建得　傅志斌　王理想　宋青君
王吉良　胡志刚　兰　韡　张刚志
陈　衡　张云海　尤旭东　罗云峰
沈　健　邸国恩　张兴明

主要审查人：叶可明　侯伟生　杨　斌　张　雁
桂业琨　施祖元　唐孟雄　武　威
张成金　潘延平　刘小敏　滕文川

目　次

Contents

1 总　则

1.0.1 为加强建筑地基基础工程施工质量管理,统一建筑地基基础工程施工质量的验收,保证工程施工质量,制定本标准。

1.0.2 本标准适用于建筑地基基础工程施工质量的验收。

1.0.3 建筑地基基础工程施工质量验收除应符合本标准外,尚应符合国家现行有关标准的规定。

2 术　语

2.0.1 检验　inspection

对项目的特征、性能进行量测、检查、试验等,并将结果与设计和标准规定的要求进行比较,以确定项目每项性能是否符合要求的活动。

建筑材料、构配件、设备及器具等进入施工现场后,在外观质量检查和质量证明文件核查符合要求的基础上,按照有关规定从施工现场抽取试样送至试验室进行检验的活动。

2.0.2 验收　acceptance

在施工单位自行检查合格的基础上,根据设计文件和相关标准以书面形式对工程质量是否达到合格标准作出确认的活动。

2.0.3 主控项目　dominant item

建筑工程中对质量、安全、节能、环境保护和主要使用功能起决定性作用的检验项目。

2.0.4 一般项目　general item

除主控项目以外的检验项目。

2.0.5 验槽　ground inspecting

基坑或基槽开挖至坑底设计标高后,检验地基是否符合要求的活动。

3 基本规定

3.0.1 地基基础工程施工质量验收应符合下列规定:

1 地基基础工程施工质量应符合验收规定的要求;

2 质量验收的程序应符合验收规定的要求;

3 工程质量的验收应在施工单位自行检查评定合格的基础上进行;

4 质量验收应进行分部、分项工程验收;

5 质量验收应按主控项目和一般项目验收。

3.0.2 地基基础工程验收时应提交下列资料:

1 岩土工程勘察报告;

2 设计文件、图纸会审记录和技术交底资料;

3 工程测量、定位放线记录;

4 施工组织设计及专项施工方案;

5 施工记录及施工单位自查评定报告;

6 监测资料;

7 隐蔽工程验收资料;

8 检测与检验报告;

9 竣工图。

3.0.3 施工前及施工过程中所进行的检验项目应制作表格,并应做相应记录、校审存档。

3.0.4 地基基础工程必须进行验槽,验槽检验要点应符合本标准附录 A 的规定。

3.0.5 主控项目的质量检验结果必须全部符合检验标准,一般项目的验收合格率不得低于 80%。

3.0.6 检查数量应按检验批抽样,当本标准有具体规定时,应按相应条款执行,无规定时应按检验批抽检。检验批的划分和检验批抽检数量可按照现行国家标准《建筑工程施工质量验收统一标准》GB 50300 的规定执行。

3.0.7 地基基础标准试件强度评定不满足要求或对试件的代表性有怀疑时,应对实体进行强度检测,当检测结果符合设计要求时,可按合格验收。

3.0.8 原材料的质量检验应符合下列规定:

1 钢筋、混凝土等原材料的质量检验应符合设计要求和现行国家标准《混凝土结构工程施工质量验收规范》GB 50204 的规定;

2 钢材、焊接材料和连接件等原材料及成品的进场、焊接或连接检测应符合设计要求和现行国家标准《钢结构工程施工质量验收规范》GB 50205 的规定;

3 砂、石子、水泥、石灰、粉煤灰、矿(钢)渣粉等掺合料、外加剂等原材料的质量、检验项目、批量和检验方法,应符合国家现行有关标准的规定。

4 地基工程

4.1 一般规定

4.1.1 地基工程的质量验收宜在施工完成并在间歇期后进行,间歇期应符合国家现行标准的有关规定和设计要求。

4.1.2 平板静载试验采用的压板尺寸应按设计或有关标准确定。素土和灰土地基、砂和砂石地基、土工合成材料地基、粉煤灰地基、注浆地基、预压地基的静载试验的压板面积不宜小于 $1.0m^2$;强夯地基静载试验的压板面积不宜小于 $2.0m^2$。复合地基静载试验的压板尺寸应根据设计置换率计算确定。

4.1.3 地基承载力检验时,静载试验最大加载量不应小于设计要求的承载力特征值的 2 倍。

4.1.4 素土和灰土地基、砂和砂石地基、土工合成材料地基、粉煤灰地基、强夯地基、注浆地基、预压地基的承载力必须达到设计要求。地基承载力的检验数量每 $300m^2$ 不应少于 1 点,超过 $3000m^2$ 部分每 $500m^2$ 不应少于 1 点。每单位工程不应少于 3 点。

4.1.5 砂石桩、高压喷射注浆桩、水泥土搅拌桩、土和灰土挤密桩、水泥粉煤灰碎石桩、夯实水泥土桩等复合地基的承载力必须达到设计要求。复合地基承载力的检验数量不应少于总桩数的 0.5%,且不应少于 3 点。有单桩承载力或桩身强度检验要求时,检验数量不应少于总桩数的 0.5%,且不应少于 3 根。

4.1.6 除本标准第 4.1.4 条和第 4.1.5 条指定的项目外,其他项目可按检验批抽样。复合地基中增强体的检验数量不应少于总数的 20%。

4.1.7 地基处理工程的验收,当采用一种检验方法检测结果存在不确定性时,应结合其他检验方法进行综合判断。

4.2 素土、灰土地基

4.2.1 施工前应检查素土、灰土土料、石灰或水泥等配合比及灰土的拌合均匀性。

4.2.2 施工中应检查分层铺设的厚度、夯实时的加水量、夯压遍数及压实系数。

4.2.3 施工结束后,应进行地基承载力检验。

4.2.4 素土、灰土地基的质量检验标准应符合表4.2.4的规定。

表4.2.4 素土、灰土地基质量检验标准

项序		检查项目	允许值或允许偏差		检查方法
			单位	数值	
主控项目	1	地基承载力		不小于设计值	静载试验
	2	配合比		设计值	检查拌和时的体积比
	3	压实系数		不小于设计值	环刀法
一般项目	1	石灰粒径	mm	≤5	筛析法
	2	土料有机质含量	%	≤5	灼烧减量法
	3	土颗粒粒径	mm	≤15	筛析法
	4	含水量		最优含水量±2%	烘干法
	5	分层厚度		±50	水准测量

4.3 砂和砂石地基

4.3.1 施工前应检查砂、石等原材料质量和配合比及砂、石拌和的均匀性。

4.3.2 施工中应检查分层厚度、分段施工时搭接部分的压实情况、加水量、压实遍数、压实系数。

4.3.3 施工结束后，应进行地基承载力检验。

4.3.4 砂和砂石地基的质量检验标准应符合表4.3.4的规定。

表4.3.4 砂和砂石地基质量检验标准

项序		检查项目	允许值或允许偏差		检查方法
			单位	数值	
主控项目	1	地基承载力		不小于设计值	静载试验
	2	配合比		设计值	检查拌和时的体积比或重量比
	3	压实系数		不小于设计值	灌砂法、灌水法
一般项目	1	砂石料有机质含量	%	≤5	灼烧减量法
	2	砂石料含泥量	%	≤5	水洗法
	3	砂石料粒径	mm	≤50	筛析法
	4	分层厚度		±50	水准测量

4.4 土工合成材料地基

4.4.1 施工前应检查土工合成材料的单位面积质量、厚度、比重、强度、延伸率以及土、砂石料质量等。土工合成材料以100m²为一批，每批应抽查5%。

4.4.2 施工中应检查基槽清底状况、回填料铺设厚度及平整度、土工合成材料的铺设方向、接缝搭接长度或缝接状况、土工合成材料与结构的连接状况等。

4.4.3 施工结束后，应进行地基承载力检验。

4.4.4 土工合成材料地基质量检验标准应符合表4.4.4的规定。

表4.4.4 土工合成材料地基质量检验标准

项序		检查项目	允许值或允许偏差		检查方法
			单位	数值	
主控项目	1	地基承载力		不小于设计值	静载试验
	2	土工合成材料强度	%	≥−5	拉伸试验(结果与设计值相比)
	3	土工合成材料延伸率	%	≥−3	拉伸试验(结果与设计值相比)
一般项目	1	土工合成材料搭接长度	mm	≥300	用钢尺量
	2	土石料有机质含量	%	≤5	灼烧减量法
	3	层面平整度	mm	±20	用2m靠尺
	4	分层厚度	mm	±25	水准测量

4.5 粉 煤 灰 地 基

4.5.1 施工前应检查粉煤灰材料质量。

4.5.2 施工中应检查分层厚度、碾压遍数、施工含水量控制、搭接区碾压程度、压实系数等。

4.5.3 施工结束后，应进行承载力检验。

4.5.4 粉煤灰地基质量检验标准应符合表4.5.4的规定。

表4.5.4 粉煤灰地基质量检验标准

项序		检查项目	允许值或允许偏差		检查方法
			单位	数值	
主控项目	1	地基承载力		不小于设计值	静载试验
	2	压实系数		不小于设计值	环刀法
一般项目	1	粉煤灰粒径	mm	0.001～2.000	筛析法、密度计法
	2	氧化铝及二氧化硅含量	%	≥70	试验室试验
	3	烧失量	%	≤12	灼烧减量法
	4	分层厚度	mm	±50	水准测量
	5	含水量		最优含水量±4%	烘干法

4.6 强 夯 地 基

4.6.1 施工前应检查夯锤质量和尺寸、落距控制方法、排水设施及被夯地基的土质。

4.6.2 施工中应检查夯锤落距、夯点位置、夯击范围、夯击击数、夯击遍数、每击夯沉量、最后两击的平均夯沉量、总夯沉量和夯点施工起止时间等。

4.6.3 施工结束后，应进行地基承载力、地基土的强度、变形指标及其他设计要求指标检验。

4.6.4 强夯地基质量检验标准应符合表4.6.4的规定。

表4.6.4 强夯地基质量检验标准

项序		检查项目	允许值或允许偏差		检查方法
			单位	数值	
主控项目	1	地基承载力		不小于设计值	静载试验
	2	处理后地基土的强度		不小于设计值	原位测试
	3	变形指标		设计值	原位测试
一般项目	1	夯锤落距	mm	±300	钢索设标志
	2	夯锤质量	kg	±100	称重
	3	夯击遍数		不小于设计值	计数法
	4	夯击顺序		设计要求	检查施工记录
	5	夯击击数		不小于设计值	计数法
	6	夯点位置	mm	±500	用钢尺量
	7	夯击范围(超出基础范围距离)		设计要求	用钢尺量
	8	前后两遍间歇时间		设计值	检查施工记录
	9	最后两击平均夯沉量		设计值	水准测量
	10	场地平整度	mm	±100	水准测量

4.7 注 浆 地 基

4.7.1 施工前应检查注浆点位置、浆液配比、浆液组成材料的性能及注浆设备性能。

4.7.2 施工中应抽查浆液的配比及主要性能指标、注浆的顺序及注浆过程中的压力控制等。

4.7.3 施工结束后，应进行地基承载力、地基土强度和变形指标检验。

4.7.4 注浆地基的质量检验标准应符合表4.7.4的规定。

表4.7.4 注浆地基质量检验标准

项	序	检查项目		允许值或允许偏差		检查方法
				单位	数值	
主控项目	1	地基承力力			不小于设计值	静载试验
	2	处理后地基土的强度			不小于设计值	原位测试
	3	变形指标			设计值	原位测试
一般项目	1	原材料检验	注浆用砂	粒径	mm	<2.5	筛析法
				细度模数		<2.0	筛析法
				含泥量	%	<3	水洗法
				有机质含量	%	<3	灼烧减量法
			注浆用黏土	塑性指数		>14	界限含水率试验
				黏粒含量	%	>25	密度计法
				含砂率	%	<5	洗砂瓶
				有机质含量	%	<3	灼烧减量法
			粉煤灰	细度模数		不粗于同时使用的水泥	筛析法
				烧失量	%		灼烧减量法
			水玻璃;模数			$3.0\sim3.3$	试验室试验
			其他化学浆液			设计值	查产品合格证或抽样送检
	2	注浆材料称量		%	±3	称重
	3	注浆孔位		mm	±50	用钢尺量
	4	注浆孔深		mm	±100	量测注浆管长度
	5	注浆压力		%	±10	检查压力表读数

4.8 预压地基

4.8.1 施工前应检查施工监测措施和监测初始数据、排水设施和竖向排水体等。

4.8.2 施工中应检查堆载高度、变形速率，真空预压施工时应检查密封膜的密封性能、真空表读数等。

4.8.3 施工结束后，应进行地基承载力与地基土强度和变形指标检验。

4.8.4 预压地基质量检验标准应符合表4.8.4的规定。

表4.8.4 预压地基质量检验标准

项	序	检查项目	允许值或允许偏差		检查方法
			单位	数值	
主控项目	1	地基承载力		不小于设计值	静载试验
	2	处理后地基土的强度		不小于设计值	原位测试
	3	变形指标		设计值	原位测试
一般项目	1	预压荷载(真空度)	%	$\geqslant-2$	高度测量(压力表)
	2	固结度	%	$\geqslant-2$	原位测试(与设计要求比)
	3	沉降速率	%	±10	水准测量(与控制值比)
	4	水平位移	%	±10	用测斜仪、全站仪测量
	5	竖向排水体位置	mm	$\leqslant100$	用钢尺量
	6	竖向排水体插入深度		$+200 \atop 0$	经纬仪测量
	7	插入塑料排水带时的回带长度	mm	$\leqslant500$	用钢尺量
	8	竖向排水体高出砂垫层距离	mm	$\geqslant100$	用钢尺量
	9	插入塑料排水带的回带根数	%	<5	统计
	10	砂垫层材料的含泥量	%	$\leqslant5$	水洗法

4.9 砂石桩复合地基

4.9.1 施工前应检查砂石料的含泥量及有机质含量等。振冲法施工前应检查振冲器的性能，应对电流表、电压表进行检定或校准。

4.9.2 施工中应检查每根砂石桩的桩位、填料量、标高、垂直度

等。振冲法施工中尚应检查密实电流、供水压力、供水量、填料量、留振时间、振冲点位置、振冲器施工参数等。

4.9.3 施工结束后，应进行复合地基承载力、桩体密实度等检验。

4.9.4 砂石桩复合地基质量检验标准应符合表4.9.4的规定。

表4.9.4 砂石桩复合地基质量检验标准

项	序	检查项目	允许值或允许偏差		检查方法
			单位	数值	
主控项目	1	复合地基承载力		不小于设计值	静载试验
	2	桩体密实度		不小于设计值	重型动力触探
	3	填料量	%	$\geqslant-5$	实际用料量与计算填料量体积比
	4	孔深		不小于设计值	测钻杆长度或用测绳
一般项目	1	填料的含泥量		<5	水洗法
	2	填料的有机质含量		$\leqslant5$	灼烧减量法
	3	填料粒径		设计要求	筛析法
	4	桩间土强度		不小于设计值	标准贯入试验
	5	桩位	mm	$\leqslant0.3D$	全站仪或用钢尺量
	6	桩顶标高		不小于设计值	水准测量,将顶部预留的松散桩体挖除后测量
	7	密实电流		设计值	查看电流表
	8	留振时间		设计值	用表计时
	9	褥垫层夯填度		$\leqslant0.9$	水准测量

注：1 夯填度指夯实后的褥垫层厚度与虚铺厚度的比值；
　　2 D为设计桩径(mm)。

4.10 高压喷射注浆复合地基

4.10.1 施工前应检验水泥、外掺剂等的质量，桩位，浆液配比，高压喷射设备的性能等，并应对压力表、流量表进行检定或校准。

4.10.2 施工中应检查压力、水泥浆量、提升速度、旋转速度等施工参数及施工程序。

4.10.3 施工结束后，应检验桩体的强度和平均直径，以及单桩与复合地基的承载力等。

4.10.4 高压喷射注浆复合地基质量检验标准应符合表4.10.4的规定。

表4.10.4 高压喷射注浆复合地基质量检验标准

项	序	检查项目	允许值或允许偏差		检查方法
			单位	数值	
主控项目	1	复合地基承载力		不小于设计值	静载试验
	2	单桩承载力		不小于设计值	静载试验
	3	水泥用量		不小于设计值	查看流量表
	4	桩长		不小于设计值	测钻杆长度
	5	桩身强度		不小于设计值	28d试块强度或钻芯法
一般项目	1	水胶比		设计值	实际用水量与水泥等胶凝材料的重量比
	2	钻孔位置	mm	$\leqslant50$	用钢尺量
	3	钻孔垂直度		$\leqslant1/100$	经纬仪测钻杆
	4	桩位	mm	$\leqslant0.2D$	开挖后桩顶下500mm处用钢尺量
	5	桩径	mm	$\geqslant-50$	用钢尺量
	6	桩顶标高		不小于设计值	水准测量,最上部500mm浮浆层及劣质桩体不计入
	7	喷射压力		设计值	检查压力表读数
	8	提升速度		设计值	测机头上升距离与时间
	9	旋转速度		设计值	现场测定
	10	褥垫层夯填度		$\leqslant0.9$	水准测量

注：D为设计桩径(mm)。

4.11 水泥土搅拌桩复合地基

4.11.1 施工前应检查水泥及外掺剂的质量、桩位、搅拌机工作性能，并应对各种计量设备进行检定或校准。

4.11.2 施工中应检查机头提升速度、水泥浆或水泥注入量、搅拌桩的长度及标高。

4.11.3 施工结束后，应检验桩体的强度和直径，以及单桩与复合地基的承载力。

4.11.4 水泥土搅拌桩地基质量检验标准应符合表4.11.4的规定。

表4.11.4 水泥土搅拌桩地基质量检验标准

项目	序	检查项目	允许值或允许偏差		检查方法
			单位	数值	
主控项目	1	复合地基承载力	不小于设计值		静载试验
	2	单桩承载力	不小于设计值		静载试验
	3	水泥用量	不小于设计值		查看流量表
	4	搅拌叶回转直径	mm	±20	用钢尺量
	5	桩长	不小于设计值		测钻杆长度
	6	桩身强度	不小于设计值		28d试块强度或钻芯法
一般项目	1	水胶比	设计值		实际用水量与水泥等胶凝材料的重量比
	2	提升速度	设计值		测机头上升距离及时间
	3	下沉速度	设计值		测机头下沉距离及时间
	4	桩位	条基边桩沿轴线	≤1/4D	全站仪或用钢尺量
			垂直轴线	≤1/6D	
			其他情况	≤2/5D	
	5	桩顶标高	mm	±200	水准测量，最上部500mm浮浆层及劣质桩体不计入
	6	导向架垂直度	≤1/150		经纬仪测量
	7	褥垫层夯填度	≤0.9		水准测量

注：D为设计桩径(mm)。

4.12 土和灰土挤密桩复合地基

4.12.1 施工前应对石灰及土的质量、桩位等进行检查。

4.12.2 施工中应对桩孔直径、桩孔深度、夯击次数、填料的含水量及压实系数等进行检查。

4.12.3 施工结束后，应检验成桩的质量及复合地基承载力。

4.12.4 土和灰土挤密桩复合地基质量检验标准应符合表4.12.4的规定。

表4.12.4 土和灰土挤密桩复合地基质量检验标准

项目	序	检查项目	允许值或允许偏差		检查方法
			单位	数值	
主控项目	1	复合地基承载力	不小于设计值		静载试验
	2	桩体填料平均压实系数	≥0.97		环刀法
	3	桩长	不小于设计值		测桩管长度或用测绳测孔深
一般项目	1	土料有机质含量	≤5%		灼烧减量法
	2	含水量	最优含水量±2%		烘干法
	3	石灰粒径	mm	≤5	筛析法
	4	桩位	条基边桩沿轴线	≤1/4D	全站仪或用钢尺量
			垂直轴线	≤1/6D	
			其他情况	≤2/5D	
	5	桩径	mm	+50 0	用钢尺量
	6	桩顶标高	mm	±200	水准测量，最上部500mm劣质桩体不计入
	7	垂直度	≤1/100		经纬仪测桩管
	8	砂、碎石褥垫层夯填度	≤0.9		水准测量
	9	灰土垫层压实系数	≥0.95		环刀法

注：D为设计桩径(mm)。

4.13 水泥粉煤灰碎石桩复合地基

4.13.1 施工前应对入场的水泥、粉煤灰、砂及碎石等原材料进行检验。

4.13.2 施工中应检查桩身混合料的配合比、坍落度和成孔深度、混合料充盈系数等。

4.13.3 施工结束后，应对桩体质量、单桩及复合地基承载力进行检验。

4.13.4 水泥粉煤灰碎石桩复合地基的质量检验标准应符合表4.13.4的规定。

表4.13.4 水泥粉煤灰碎石桩复合地基质量检验标准

项目	序	检查项目	允许值或允许偏差		检查方法
			单位	数值	
主控项目	1	复合地基承载力	不小于设计值		静载试验
	2	单桩承载力	不小于设计值		静载试验
	3	桩长	不小于设计值		测桩管长度或用测绳测孔深
	4	桩径	mm	+50 0	用钢尺量
	5	桩身完整性	—		低应变检测
	6	桩身强度	不小于设计要求		28d试块强度
一般项目	1	桩位	条基边桩沿轴线	≤1/4D	全站仪或用钢尺量
			垂直轴线	≤1/6D	
			其他情况	≤2/5D	
	2	桩顶标高	mm	±200	水准测量，最上部500mm劣质桩体不计入
	3	桩垂直度	≤1/100		经纬仪测桩管
	4	混合料坍落度	mm	160~220	坍落度仪
	5	混合料充盈系数	≥1.0		实际灌注量与理论灌注量的比
	6	褥垫层夯填度	≤0.9		水准测量

注：D为设计桩径(mm)。

4.14 夯实水泥土桩复合地基

4.14.1 施工前应对进场的水泥及夯实用土料的质量进行检验。

4.14.2 施工中应检查孔位、孔深、孔径、水泥和土的配比及混合料含水量等。

4.14.3 施工结束后，应对桩体质量、复合地基承载力及褥垫层夯填进行检验。

4.14.4 夯实水泥土桩的质量检验标准应符合表4.14.4的规定。

表4.14.4 夯实水泥土桩复合地基质量检验标准

项目	序	检查项目	允许值		检查方法
			单位	数值	
主控项目	1	复合地基承载力	不小于设计值		静载试验
	2	桩体填料平均压实系数	≥0.97		环刀法
	3	桩长	不小于设计值		用测绳测孔深
	4	桩身强度	不小于设计要求		28d试块强度
一般项目	1	土料有机质含量	≤5%		灼烧减量法
	2	含水量	最优含水量±2%		烘干法
	3	土料粒径	mm	≤20	筛析法
	4	桩位	条基边桩沿轴线	≤1/4D	全站仪或用钢尺量
			垂直轴线	≤1/6D	
			其他情况	≤2/5D	
	5	桩径	mm	+50 0	用钢尺量
	6	桩顶标高	mm	±200	水准测量，最上部500mm劣质桩体不计入
	7	桩孔垂直度	≤1/100		经纬仪测桩管
	8	褥垫层夯填度	≤0.9		水准测量

注：D为设计桩径(mm)。

5 基础工程

5.1 一般规定

5.1.1 扩展基础、筏形与箱形基础、沉井与沉箱,施工前应对放线尺寸进行复核;桩基工程施工前应对放好的轴线和桩位进行复核。群桩桩位的放样允许偏差应为20mm,单排桩桩位的放样允许偏差应为10mm。

5.1.2 预制桩(钢桩)的桩位偏差应符合表5.1.2的规定。斜桩倾斜度的偏差应为倾斜角正切值的15%。

表 5.1.2 预制桩(钢桩)的桩位允许偏差

序	检查项目		允许偏差(mm)
1	带有基础梁的桩	垂直基础梁的中心线	≤100+0.01H
		沿基础梁的中心线	≤150+0.01H
2	承台桩	桩数为1根~3根桩基中的桩	≤100+0.01H
		桩数大于或等于4根桩基中的桩	≤1/2桩径+0.01H或1/2边长+0.01H

注:H为桩基施工面至设计桩顶的距离(mm)。

5.1.3 灌注桩混凝土强度检验的试件应在施工现场随机抽取。来自同一搅拌站的混凝土,每浇筑50m³必须至少留置1组试件;当混凝土浇筑量不足50m³时,每连续浇筑12h必须至少留置1组试件。对单柱单桩,每根桩应至少留置1组试件。

5.1.4 灌注桩的桩径、垂直度及桩位允许偏差应符合表5.1.4的规定。

表 5.1.4 灌注桩的桩径、垂直度及桩位允许偏差

序	成孔方法		桩径允许偏差(mm)	垂直度允许偏差	桩位允许偏差(mm)
1	泥浆护壁钻孔桩	D<1000mm	≥0	≤1/100	≤70+0.01H
		D≥1000mm	≥0	≤1/100	≤100+0.01H
2	套管成孔灌注桩	D<500mm	≥0	≤1/100	≤70+0.01H
		D≥500mm	≥0	≤1/100	≤100+0.01H
3	干成孔灌注桩		≥0	≤1/100	≤70+0.01H
4	人工挖孔桩		≥0	≤1/200	≤50+0.005H

注:1 H为桩基施工面至设计桩顶的距离(mm);
　　2 D为设计桩径(mm)。

5.1.5 工程桩应进行承载力和桩身完整性检验。

5.1.6 设计等级为甲级或地质条件复杂时,应采用静载试验的方法对桩承载力进行检验,检验桩数不应少于总桩数的1%,且不应少于3根,当总桩数少于50根时,不应少于2根。在有经验和对比资料的地区,设计等级为乙级、丙级的桩基可采用高应变法对桩基进行竖向抗压承载力检测,检测数量不应少于总桩数的5%,且不应少于10根。

5.1.7 工程桩的桩身完整性的抽检数量不应少于总桩数的20%,且不应少于10根。每根柱子承台下的桩抽检数量不应少于1根。

5.2 无筋扩展基础

5.2.1 施工前应对放线尺寸进行检验。

5.2.2 施工中应对砌筑质量、砂浆强度、轴线及标高等进行检验。

5.2.3 施工结束后,应对混凝土强度、轴线位置、基础顶面标高等进行检验。

5.2.4 无筋扩展基础质量检验标准应符合表5.2.4的规定。

表 5.2.4 无筋扩展基础质量检验标准

项序		检查项目		允许偏差			检查方法
				单位	数值		
主控项目	1	轴线位置	砖基础	mm	≤10		经纬仪或用钢尺量
			毛石基础	mm	毛石砌体 ≤20	料石砌体 毛料石 ≤20 / 粗料石 ≤15	
			混凝土基础	mm	≤15		
	2	混凝土强度			不小于设计值		28d试块强度
	3	砂浆强度			不小于设计值		28d试块强度
一般项目	1		L(或B)≤30	mm	±5		用钢尺量
			30<L(或B)≤60	mm	±10		
			60<L(或B)≤90	mm	±15		
			L(或B)>90	mm	±20		
	2	基础顶面标高	砖基础	mm	±15		水准测量
			毛石基础	mm	毛石砌体 ±25	料石砌体 毛料石 ±25 / 粗料石 ±15	
			混凝土基础	mm	±15		
	3	毛石砌体厚度			+30 / +30 / +15		用钢尺量

注:L为长度(m);B为宽度(m)。

5.3 钢筋混凝土扩展基础

5.3.1 施工前应对放线尺寸进行检验。

5.3.2 施工中应对钢筋、模板、混凝土、轴线等进行检验。

5.3.3 施工结束后,应对混凝土强度、轴线位置、基础顶面标高进行检验。

5.3.4 钢筋混凝土扩展基础质量检验标准应符合表5.3.4的规定。

表 5.3.4 钢筋混凝土扩展基础质量检验标准

项序		检查项目	允许偏差		检查方法
			单位	数值	
主控项目	1	混凝土强度		不小于设计值	28d试块强度
	2	轴线位置	mm	≤15	经纬仪或用钢尺量
一般项目	1	L(或B)≤30	mm	±5	用钢尺量
		30<L(或B)≤60	mm	±10	
	2	60<L(或B)≤90	mm	±15	
		L(或B)>90	mm	±20	
		基础顶面标高	mm	±15	水准测量

注:L为长度(m);B为宽度(m)。

5.4 筏形与箱形基础

5.4.1 施工前应对放线尺寸进行检验。

5.4.2 施工中应对轴线、预埋件、预留洞中心线位置、钢筋位置及钢筋保护层厚度进行检验。

5.4.3 施工结束后,应对筏形和箱形基础的混凝土强度、轴线位置、基础顶面标高及平整度进行验收。

5.4.4 筏形和箱形基础质量检验标准应符合表5.4.4的规定。

表5.4.4　筏形和箱形基础质量检验标准

项	序	检查项目	允许偏差		检查方法
			单位	数值	
主控项目	1	混凝土强度	不小于设计值		28d试块强度
	2	轴线位置	mm	≤15	经纬仪或用钢尺量
一般项目	1	基础顶面标高	mm	±15	水准测量
	2	平整度	mm	±10	用2m靠尺量
	3	尺寸	mm	+15 −10	用钢尺量
	4	预埋件中心位置	mm	≤10	用钢尺量
	5	预留洞中心线位置	mm	≤15	用钢尺量

5.4.5　大体积混凝土施工过程中应检查混凝土的坍落度、配合比、浇筑的分层厚度、坡度以及测温点的设置，上下两层的浇筑搭接时间不应超过混凝土的初凝时间。养护时混凝土结构构件表面以内50mm～100mm位置处的温度与混凝土结构构件内部的温度差值不宜大于25℃，且与混凝土结构构件表面温度的差值不宜大于25℃。

5.5　钢筋混凝土预制桩

5.5.1　施工前应检验成品桩构造尺寸及外观质量。

5.5.2　施工中应检验接桩质量、锤击及静压的技术指标、垂直度以及桩顶标高等。

5.5.3　施工结束后应对承载力及桩身完整性等进行检验。

5.5.4　钢筋混凝土预制桩质量检验标准应符合表5.5.4-1、表5.5.4-2的规定。

表5.5.4-1　锤击预制桩质量检验标准

项	序	检查项目	允许值或允许偏差		检查方法
			单位	数值	
主控项目	1	承载力	不小于设计值		静载试验、高应变法等
	2	桩身完整性	—		低应变法
一般项目	1	成品桩质量	表面平整、颜色均匀，掉角深度小于10mm，蜂窝面积小于总面积的0.5%		查产品合格证
	2	桩位	本标准表5.1.2		全站仪或用钢尺量
	3	电焊条质量	设计要求		查产品合格证
	4	接桩：焊缝质量	本标准表5.10.4		本标准表5.10.4
		电焊结束后停歇时间	min	≥8(3)	用表计时
		上下节平面偏差	mm	≤10	用钢尺量
		节点弯曲矢高	同桩体弯曲要求		用钢尺量
	5	收锤标准	设计要求		用钢尺量或查沉桩记录
	6	桩顶标高	mm	±50	水准测量
	7	垂直度	≤1/100		经纬仪测量

注：括号中为采用二氧化碳气体保护焊时的数值。

表5.5.4-2　静压预制桩质量检验标准

项	序	检查项目	允许值或允许偏差		检查方法
			单位	数值	
主控项目	1	承载力	不小于设计值		静载试验、高应变法等
	2	桩身完整性	—		低应变法
一般项目	1	成品桩质量	本标准表5.5.4-1		查产品合格证
	2	桩位	本标准表5.1.2		全站仪或用钢尺量
	3	电焊条质量	设计要求		查产品合格证
	4	接桩：焊缝质量	本标准表5.10.4		本标准表5.10.4
		电焊结束后停歇时间	min	≥6(3)	用表计时
		上下节平面偏差	mm	≤10	用钢尺量
		节点弯曲矢高	同桩体弯曲要求		用钢尺量
	5	终压标准	设计要求		现场实测或查压桩记录
	6	桩顶标高	mm	±50	水准测量
	7	垂直度	≤1/100		经纬仪测量
	8	混凝土灌芯	设计要求		查灌注量

注：电焊结束后停歇时间括号中为采用二氧化碳气体保护焊时的数值。

5.6　泥浆护壁成孔灌注桩

5.6.1　施工前应检验灌注桩的原材料及桩位处的地下障碍物处理资料。

5.6.2　施工中应对成孔、钢筋笼制作与安装、水下混凝土灌注等各项质量指标进行检查验收；嵌岩桩应对桩端的岩性和入岩深度进行检验。

5.6.3　施工后应对桩身完整性、混凝土强度及承载力进行检验。

5.6.4　泥浆护壁成孔灌注桩质量检验标准应符合表5.6.4的规定。

表5.6.4　泥浆护壁成孔灌注桩质量检验标准

项	序	检查项目		允许值或允许偏差		检查方法
				单位	数值	
主控项目	1	承载力		不小于设计值		静载试验
	2	孔深		不小于设计值		用测绳或井径仪测量
	3	桩身完整性		—		钻芯法，低应变法，声波透射法
	4	混凝土强度		不小于设计值		28d试块强度或钻芯法
	5	嵌岩深度		不小于设计值		取岩样或超前钻孔取样
一般项目	1	垂直度		本标准表5.1.4		用超声波或井径仪测量
	2	孔径		本标准表5.1.4		用超声波或井径仪测量
	3	桩位		本标准表5.1.4		全站仪或用钢尺量开挖前量护筒，开挖后量桩中心
	4	泥浆指标	比重（黏土或砂性土中）		1.10～1.25	用比重计测，清孔后在距孔底500mm处取样
			含砂率	%	≤8	洗砂瓶
			黏度	s	18～28	黏度计
	5	泥浆面标高（高于地下水位）		m	0.5～1.0	目测法
	6	钢筋笼质量	主筋间距	mm	±10	用钢尺量
			长度	mm	±100	用钢尺量
			钢筋材质检验		设计要求	抽样送检
			箍筋间距	mm	±20	用钢尺量
			笼直径	mm	±10	用钢尺量
	7	沉渣厚度	端承桩	mm	≤50	用沉渣仪或重锤测
			摩擦桩	mm	≤150	
	8	混凝土坍落度		mm	180～220	坍落度仪

项目	序	检查项目	允许值或允许偏差		检查方法
			单位	数值	
一般项目	9	钢筋笼安装深度	mm	+100 0	用钢尺量
	10	混凝土充盈系数		≥1.0	实际灌注量与计算灌注量的比
	11	桩顶标高	mm	+30 −50	水准测量，需扣除桩顶浮浆层及劣质桩体
	12	后注浆	注浆量不小于设计要求		查看流量表
			注浆量不小于设计要求80%且注浆压力达到设计值		查看流量表，检查压力表读数
			水胶比	设计值	实际用水量与水泥等胶凝材料的重量比
	13	扩底桩	扩底直径	不小于设计值	井径仪测量
			扩底高度	不小于设计值	

5.7 干作业成孔灌注桩

5.7.1 施工前应对原材料、施工组织设计中制定的施工顺序、主要成孔设备性能指标、监测仪器、监测方法、保证人员安全的措施或安全专项施工方案等进行检查验收。

5.7.2 施工中应检验钢筋笼质量、混凝土坍落度、桩位、孔深、桩顶标高等。

5.7.3 施工结束后应检验桩的承载力、桩身完整性及混凝土的强度。

5.7.4 人工挖孔桩应复验孔底持力层土岩性，嵌岩桩应有桩端持力层的岩性报告。干作业成孔灌注桩的质量检验标准应符合表5.7.4的规定。

表 5.7.4 干作业成孔灌注桩质量检验标准

项目	序号	检查项目	允许值或允许偏差		检查方法
			单位	数值	
主控项目	1	承载力		不小于设计值	静载试验
	2	孔深及孔底土岩性		不小于设计值	测钻杆套管长度或用测绳、检查孔底土岩性报告
	3	桩身完整性		—	钻法法（大直径嵌岩桩应钻至桩尖下500mm），低应变法或声波透射法
	4	混凝土强度		不小于设计值	28d试块强度或钻芯法
	5	桩径		本标准表5.1.4	井径仪或超声检测，干作业时用钢尺量，人工挖孔桩不包括护壁厚
一般项目	1	桩位		本标准表5.1.4	全站仪或用钢尺量，基坑开挖前量护筒，开挖后量桩中心
	2	垂直度		本标准表5.1.4	经纬仪测量或线锤测量
	3	桩顶标高	mm	+30 −50	水准测量
	4	混凝土坍落度	mm	90～150	坍落度仪
	5	钢筋笼质量	主筋间距	mm	±10	用钢尺量
			长度	mm	±100	用钢尺量
			钢筋材质检验	设计要求	抽样送检
			箍筋间距	mm	±20	用钢尺量
			笼直径	mm	±10	用钢尺量

5.8 长螺旋钻孔压灌桩

5.8.1 施工前应对放线后的桩位进行检查。

5.8.2 施工中应对桩位、桩长、垂直度、钢筋笼顶标高等进行检查。

5.8.3 施工结束后应对混凝土强度、桩身完整性及承载力进行检验。

5.8.4 长螺旋钻孔压灌桩的质量检验标准应符合表5.8.4的规定。

表 5.8.4 长螺旋钻孔压灌桩质量检验标准

项目	序	检查项目	允许值或允许偏差		检查方法
			单位	数值	
主控项目	1	承载力		不小于设计值	静载试验
	2	混凝土强度		不小于设计值	28d试块强度或钻芯法
	3	桩长		不小于设计值	施工中量钻杆长度，施工后钻芯法或低应变法检测
	4	桩径		不小于设计值	用钢尺量
	5	桩身完整性		—	低应变法
一般项目	1	混凝土坍落度	mm	160～220	坍落度仪
	2	混凝土充盈系数		≥1.0	实际灌注量与理论灌注量的比
	3	垂直度		≤1/100	经纬仪测量或线锤测量
	4	桩位		本标准表5.1.4	全站仪或用钢尺量
	5	桩顶标高	mm	+30 −50	水准测量
	6	钢筋笼顶标高	mm	±100	水准测量

5.9 沉管灌注桩

5.9.1 施工前应对放线后的桩位进行检查。

5.9.2 施工中应对桩位、桩长、垂直度、钢筋笼顶标高、拔管速度等进行检查。

5.9.3 施工结束后应对混凝土强度、桩身完整性及承载力进行检验。

5.9.4 沉管灌注桩的质量检验标准应符合表5.9.4的规定。

表 5.9.4 沉管灌注桩质量检验标准

项目	序	检查项目	允许值或允许偏差		检查方法
			单位	数值	
主控项目	1	承载力		不小于设计值	静载试验
	2	混凝土强度		不小于设计要求	28d试块强度或钻芯法
	3	桩身完整性		—	低应变法
	4	桩长		不小于设计值	施工中量钻杆或套管长度，施工后钻芯法或低应变法
一般项目	1	桩径		本标准表5.1.4	用钢尺量
	2	混凝土坍落度	mm	80～100	坍落度仪
	3	垂直度		≤1/100	经纬仪测量
	4	桩位		本标准表5.1.4	全站仪或用钢尺量
	5	拔管速度	m/min	1.2～1.5	用钢尺量及秒表
	6	桩顶标高	mm	+30 −50	水准测量
	7	钢筋笼顶标高	mm	±100	水准测量

5.10 钢　桩

5.10.1 施工前应对桩位、成品桩的外观质量进行检验。

5.10.2 施工中应进行下列检验：

　　1 打入（静压）深度、收锤标准、终压标准及桩身（架）垂直度检查；

　　2 接桩质量、接桩间歇时间及桩身完整状况；电焊质量除应进行常规检查外，尚应做10%的焊缝探伤检查；

　　3 每层土每米进尺锤击数、最后1.0m进尺锤击数、总锤击数、最后三阵贯入度、桩顶标高、桩尖高等。

5.10.3 施工结束后应进行承力检验。

5.10.4 钢桩施工质量检验标准应符合本标准表5.1.2、表5.10.4的规定。

表 5.10.4　钢桩施工质量检验标准

项目	序	检查项目		允许值或允许偏差		检查方法
				单位	数值	
主控项目	1	承载力		不小于设计值		静载试验、高应变法等
	2	钢桩外径或断面尺寸	桩端	mm	≤0.5%D	用钢尺量
			桩身	mm	≤0.1%D	
	3	桩长		不小于设计值		用钢尺量
	4	矢高		mm	≤1‰l	用钢尺量
一般项目	1	桩位		本标准表5.1.2		全站仪或用钢尺量
	2	垂直度			≤1/100	经纬仪测量
	3	端部平整度		mm	≤2（H型桩≤1）	用水平尺量
	4	H钢桩的方正度		mm	h≥300：T+T′≤8　　h<300：T+T′≤6	用钢尺量
	5	端部平面与桩身中心线的倾斜值		mm	≤2	用水平尺量
	6	上下节桩错口	钢管桩外径≥700mm	mm	≤3	用钢尺量
			钢管桩外径<700mm	mm	≤2	用钢尺量
			H型钢桩	mm	≤1	用钢尺量
	7	焊缝	咬边深度	mm	≤0.5	焊缝检查仪
			加强层高度	mm	≤2	焊缝检查仪
			加强层宽度	mm	≤3	焊缝检查仪
	8	焊缝电焊质量外观		无气孔，无焊瘤，无裂缝		目测法
	9	焊缝探伤检验		设计要求		超声波或射线探伤
	10	焊接结束后停歇时间		min	≥1	用表计时
	11	节点弯曲矢高		mm	<1‰l	用钢尺量
	12	桩顶标高		mm	±50	水准测量
	13	收锤标准		设计要求		用钢尺量或查沉桩记录

注：l为两节桩长（mm），D为外径或边长（mm）。

5.11 锚杆静压桩

5.11.1 施工前应对成品桩做外观及强度检验，接桩用焊条应有产品合格证书，或送有关部门检验；压桩用压力表、锚杆规格及质量应进行检查。

5.11.2 压桩施工中应检查压力、桩垂直度、接桩间歇时间、桩的连接质量及压入深度。重要工程应对电焊接桩的接头进行探伤检查。对承受反力的结构应加强观测。

5.11.3 施工结束后应进行桩的承载力检验。

5.11.4 锚杆静压桩质量检验标准应符合表5.11.4的规定。

表 5.11.4　锚杆静压桩质量检验标准

项目	序	检查项目		允许值或允许偏差		检查方法
				单位	数值	
主控项目	1	承载力		不小于设计值		静载试验
	2	桩长		不小于设计值		用钢尺量
	1	桩位		本标准表5.1.4		全站仪或用钢尺量
	2	垂直度			≤1/100	经纬仪测量
一般项目	3	成品桩质量	外观外形尺寸	钢桩	本标准表5.10.4	目测法
				钢筋混凝土预制桩	本标准表5.5.4-1	
			强度	不小于设计要求		查产品合格证书或钻芯法
	4	接桩	电焊接桩焊缝质量	本标准表5.10.4		本标准表5.10.4
			焊接结束后停歇时间	钢桩	min	≥1	用表计时
				钢筋混凝土预制桩	min	≥6（3）	
	5	电焊条质量		设计要求		查产品合格证书
	6	压桩压力设计有要求时		%	±5	检查压力表读数
	7	接桩时上下节平面偏差		mm	≤10	用钢尺量
		接桩时节点弯曲矢高		mm	≤1‰l	
	8	桩顶标高		mm	±50	水准测量

注：1　接桩项括号中为采用二氧化碳气体保护焊时的数值；

　　2　l为两节桩长（mm）。

5.12 岩石锚杆基础

5.12.1 施工前应检验原材料质量、水泥砂浆或混凝土配合比。

5.12.2 施工中应对孔位、孔径、孔深、注浆压力等进行检验。

5.12.3 施工结束后应对抗拔承载力和锚固强度进行检验。

5.12.4 岩石锚杆质量检验标准应符合表5.12.4的规定。

表 5.12.4　岩石锚杆质量检验标准

项目	序	检查项目	允许值或允许偏差		检查方法
			单位	数值	
主控项目	1	抗拔承载力	不小于设计值		抗拔试验
	2	孔深	不小于设计值		测钻杆套管长度
	3	锚固体强度	不小于设计值		28d试块强度
一般项目	1	垂直度	本标准表5.1.4		经纬仪测量
	2	孔位	本标准表5.1.4		基坑开挖前量护筒，开挖后量孔中心
	3	孔径	mm	±10	用钢尺量
	4	杆体标高	mm	+30 −50	水准测量
	5	锚固长度	mm	+100 0	用钢尺量
	6	注浆压力	设计要求		检查压力表读数

5.13 沉井与沉箱

5.13.1 沉井与沉箱施工前应对砂垫层的地基承载力进行检验。沉箱施工前尚应对施工设备、备用的电源和供气设备进行检验。

5.13.2 沉井与沉箱施工中的验收应符合下列规定：

　　1 混凝土浇筑前应对模板尺寸、预埋件位置、模板的密封性进行检验；

　　2 拆模后应检查混凝土浇筑质量；

　　3 下沉过程中应对下沉偏差进行检验；

　　4 下沉后的接高应对地基强度、接高稳定性进行检验；

　　5 封底结束后，应对底板的结构及渗漏情况进行检验，并应符合现行国家标准《地下防水工程质量验收规范》GB 50208的规定；

6 浮运沉井应进行起浮可能性检验。

5.13.3 沉井与沉箱施工结束后应对沉井与沉箱的平面位置、尺寸、终沉标高、渗漏情况等进行综合验收。

5.13.4 沉井与沉箱的结构偏差应符合表 5.13.4 的规定。

表 5.13.4 沉井与沉箱质量检验标准

项	序	检查项目			允许值 单位	允许值 数值	检查方法
主控项目	1	混凝土强度			不小于设计值		28d试块强度或钻芯法
	2	井(箱)壁厚度			mm	±15	用钢尺量
	3	封底前下沉速率			mm/8h	≤10	水准测量
	4	刃脚平均标高	沉井		mm	±100	测量计算
			沉箱		mm	±50	
	5	终沉后 刃脚中心线位移	沉井	H₃≥10m		≤1%H₃	测量计算
				H₃<10m		≤100	
			沉箱	H₃≥10m		≤0.5%H₃	
				H₃<10m		≤50	
	6	四角中任何两角高差	沉井	L₂≥10m		≤1%L₂且≤300	测量计算
				L₂<10m		≤100	
			沉箱	L₂≥10m		≤0.5%L₂且≤150	
				L₂<10m		≤50	
一般项目	1	平面尺寸	长度		mm	±0.5%L₁且≤50	用钢尺量
			宽度		mm	±0.5%B且≤50	用钢尺量
			高度		mm	±30	用钢尺量
			直径(圆形沉箱)		mm	±0.5%D₁且≤100	用钢尺量(互相垂直)
			对角线		mm	≤0.5%线长且≤100	用钢尺量(两端中间各一点)
	2	垂直度				≤1/100	经纬仪测量
	3	预埋件中心线位置			mm	≤20	用钢尺量
	4	预留孔(洞)位移			mm	≤20	用钢尺量
	5	下沉过程中 四角高差	沉井			≤1.5%L₁~2.0%L₁且≤500mm	水准测量
			沉箱			≤1.0%L₁~1.5%L₁且≤450mm	水准测量
	6	中心位移	沉井			≤1.5%H₂且≤300mm	经纬仪测量
			沉箱			≤1%H₂且≤150mm	经纬仪测量

注: L_1 为设计沉井与沉箱长度(mm);L_2 为矩形沉井两角之间的距离(mm);圆形沉井为互相垂直的两条直径(mm);B 为设计沉井(箱)宽度(mm);H_3 为设计沉井与沉箱高度(mm);H_2 为下沉总深度,系指下沉前刃脚之高差(mm);D_1 为设计沉井与沉箱直径(mm);检查中心线位置时,应沿纵、横两个方向测量,并取其中较大值。

6 特殊土地基基础工程

6.1 一般规定

6.1.1 特殊土地区的建筑施工,应根据设计要求、场地条件和施工季节,针对特殊土的特性编制施工组织设计。

6.1.2 地基基础施工前应完成场地平整、挡土墙、护坡、截洪沟、排水沟、管沟等工程,保持场地排水通畅、边坡稳定。

6.1.3 地基基础施工应合理安排施工程序,防止施工用水和场地雨水流入建(构)筑物地基、基坑或基础周围。

6.1.4 地基基础施工宜采取分段作业,施工过程中基坑(槽)不得暴晒或泡水。地基基础工程宜避开雨天施工,雨季施工时应采取防水措施。

6.2 湿陷性黄土

6.2.1 湿陷性黄土场地上的素土、灰土地基质量检验和验收除应符合本标准第 4.2 节的规定外,尚应对外放尺寸和垫层总厚度进行检验,并应符合表 6.2.1 的规定。

表 6.2.1 湿陷性黄土场地上素土、灰土地基质量检验标准

项	序	检查项目	允许值或允许偏差 单位	允许值或允许偏差 数值	检查方法
主控项目	1	地基承载力		不小于设计值	静载试验
	2	配合比		设计值	检查拌和时的体积比
	3	压实系数		不小于设计值	环刀法
	4	外放尺寸		不小于设计值	用钢尺量
一般项目	1	石灰粒径	mm	≤5	筛析法
	2	土料有机质含量	%	≤5	灼烧减量法
	3	土颗粒粒径	mm	≤15	筛析法
	4	含水量		最优含水量±2%	烘干法
	5	分层厚度	mm	±50	水准测量或用钢尺量
	6	垫层总厚度		不小于设计值	水准测量或用钢尺量

6.2.2 湿陷性黄土场地上的强夯地基质量检验和验收除应符合本标准第 4.6 节的规定外,尚应对起夯标高、设计处理厚度内夯实土层的湿陷性、湿陷系数和压实系数进行验收,并应符合表 6.2.2 规定。

表 6.2.2 湿陷性黄土场地上强夯地基质量检验标准

项	序	检查项目	允许值或允许偏差 单位	允许值或允许偏差 数值	检查方法
主控项目	1	地基承载力		不小于设计值	静载试验
	2	处理后地基土的强度		不小于设计值	原位测试
	3	变形指标		设计值	原位测试
	4	湿陷性		设计要求	原位浸水静载试验或室内试验
一般项目	1	夯锤落距	mm	±300	钢索设标志
	2	锤的质量	kg	±100	称重
	3	夯击遍数		不小于设计值	计数法
	4	夯击顺序		设计要求	检查施工记录
	5	夯击击数		不小于设计值	计数法
	6	夯点定位	mm	≤500	用钢尺量
	7	夯击范围(超出基础范围距离)		不小于设计值	用钢尺量
	8	前后两遍间歇时间		不小于设计值	检查施工记录
	9	最后两击平均夯沉量		不大于设计值	水准测量
	10	场地平整度	mm	±100	水准测量
	11	起夯标高	mm	±300	水准测量
	12	湿陷系数		<0.015	室内湿陷系数试验,取样竖向间隔不宜大于1m
	13	压实系数		不小于设计值	环刀法,取样竖向间隔不大于1m

6.2.3 湿陷性黄土场地上的土和灰土挤密桩地基,除应符合本标准第 4.12 节的规定外,尚应符合下列规定:

1 对预钻孔夯扩桩,在施工前应检查夯锤重量、钻头直径,施工中应检查预钻孔孔径、每次填料量、夯锤提升高度、夯击次数、成桩直径等参数;

2 对复合土层湿陷性、桩间土湿陷系数、桩间土平均挤密系数进行检验,并应符合表 6.2.3 的规定。

表 6.2.3 湿陷性黄土场地上挤密地基质量检验标准

项	序	检查项目	允许值或允许偏差 单位	允许值或允许偏差 数值	检查方法
主控项目	1	复合地基承载力		不小于设计值	静载试验
	2	桩长		不小于设计值	测桩管长度或用测绳
	3	桩体填料平均压实系数		不小于设计值	环刀法
	4	复合土层湿陷性		设计要求	原位浸水静载试验或室内试验

续表 6.2.3

项	序	检查项目	允许值或允许偏差		检查方法
			单位	数值	
一般项目	1	土料有机质含量	%	≤5	灼烧减量法
	2	石灰粒径	mm	≤5	筛析法
	3	桩位		≤0.25D	全站仪或用钢尺量
	4	桩径		不小于设计值	用钢尺量
	5	垂直度		≤1/100	经纬仪测桩管
	6	桩顶垫层压实系数		不小于设计值	环刀法
	7	夯锤提升高度		不小于设计值	用钢尺量
	8	桩间土湿陷系数		<0.015	室内湿陷系数试验,取样竖向间隔不宜大于1m
	9	桩间土平均挤密系数		不小于设计要求	环刀法,取样竖向间隔不宜大于1m

注:D为设计桩径(mm)。

6.2.4 使用挤密桩消除地基湿陷性后采用桩基或水泥粉煤灰碎石桩等复合地基的工程,应对挤密桩和桩基或复合地基分别验收,并符合下列规定:

    1 挤密桩验收应符合本标准第4.12节及第6.2.3条的规定;设计无要求时,挤密地基承载力可不作为验收参数。

    2 桩基础应按本标准第5章验收;水泥粉煤灰碎石桩复合地基应按本标准第4.13节验收。

6.2.5 预浸水法质量检验应符合下列规定:

    1 施工前应检查浸水坑平面开挖尺寸和深度、浸水孔数量、深度和间距;

    2 施工中应检查湿陷变形量及浸水坑内水头高度;

    3 预浸水法质量检验标准应符合表6.2.5的规定。

表6.2.5 预浸水法质量检验标准

项	序	检查项目	允许值或允许偏差		检查方法
			单位	数值	
主控项目	1	湿陷变形稳定标准	mm/d	设计要求,按连续5d平均值计算	水准测量
	2	浸水坑边长或直径		不小于设计值	用钢尺量
一般项目	1	浸水坑底标高	mm	±150	水准测量
	2	浸水坑内水头高度		不小于设计要求	用钢尺量
	3	浸水孔深度	mm	±200	用钢尺量
	4	浸水孔间距	mm	≤0.1l	用钢尺量

注:l为设计浸水孔间距(mm)。

6.3 冻 土

6.3.1 冻土地区保温隔热地基的验收应符合下列规定:

    1 施工前应对保温隔热材料单位面积的质量、厚度、密度、强度、压缩性等做检验;

    2 施工中应检查地基土质量,回填料铺设厚度及平整度,保温隔热材料的铺设厚度、方向、接缝、防水、保护层与结构连接

状况;

    3 施工结束后应进行承载力或压缩变形检验;

    4 保温隔热地基质量检验标准应符合表6.3.1的规定。

表6.3.1 保温隔热地基质量检验标准

项	序	检查项目	允许值或允许偏差		检查方法
			单位	数值	
主控项目	1	材料强度	%	≥-5	室内试验
	2	材料压缩性	%	±3	室内试验
	3	地基承载力		不小于设计值	静载试验
一般项目	1	材料接缝质量		设计要求	目测法
	2	层面平整度	mm	±20	用2m靠尺
	3	每层铺设厚度	mm	±1.0	用钢尺量

6.3.2 多年冻土地区钢筋混凝土预制桩基础的验收应符合表6.3.2的规定。

表6.3.2 钢筋混凝土预制桩质量检验标准

项	序	检查项目	允许值或允许偏差		检查方法
			单位	数值	
主控项目	1	承载力		不小于设计值	静载试验
	2	建筑场地温	℃	±0.05	热敏电阻测量
一般项目	1	桩孔直径	mm	≥-20	用钢尺量
	2	桩侧回填		设计要求	用2m靠尺
	3	钻孔打入桩成孔直径		不大于设计值	用钢尺量
	4	钻孔打入桩钻孔深度		不小于设计值	量钻头和钻杆高度或用测绳
	5	钻孔插入桩成孔直径		不大于设计值	用钢尺量

6.3.3 多年冻土地区混凝土灌注桩基础的验收应符合下列规定:

    1 多年冻土区混凝土灌注桩基础的验收除应符合本标准第5.1节、第5.6节~第5.8节的规定外,尚应符合下列规定:

      1)施工中应检查桩身混凝土灌注温度及负温混凝土防冻剂、早强剂掺量;应检查在多年冻土融化层内的桩周外侧和低桩承台或基础梁下防止基土冻胀作用的措施,并应符合设计要求;

      2)桩基施工中应在场区内进行地温监测。

    2 施工结束后,应进行桩的承载力检验。

    3 混凝土灌注桩质量检验标准应符合表6.3.3的规定。

表6.3.3 混凝土灌注桩质量检验标准

项	序	检查项目	允许值或允许偏差		检查方法
			单位	数值	
主控项目	1	承载力		不小于设计值	静载试验
	2	场地地温	℃	±0.05	热敏电阻测量
一般项目	1	混凝土灌注温度	℃	5~10	用温度计量
	2	桩侧防冻措施		设计要求	目测法
	3	承台、基础梁下防冻措施		设计要求	目测法

6.3.4 多年冻土地区架空通风基础的验收应符合下列规定:

    1 施工前应按规定对使用的保温隔热材料及填料材料送检与抽检,并应对场地地温进行监测;

    2 施工中应检查通风空间顶棚与地面的最小距离;采用隐蔽式通风孔施工的,应检查通风孔位置、单孔大小及总通风面积;

    3 施工结束后应对基础周围回填土质量进行检验,并对通风空间顶板的保温层质量与保温层厚度进行检验;

    4 架空通风基础质量检验应符合表6.3.4的规定。

表 6.3.4 架空通风基础质量检验标准

项	序	检查项目	允许值或允许偏差		检查方法
			单位	数值	
主控项目	1	地基承载力或单桩承载力	不小于设计值		静载试验
	2	场地地温	℃	±0.05	热敏电阻测量
一般项目	1	保温材料性能	设计要求		室内试验
	2	地基活动层内防冻胀措施	设计要求		目测法
	3	架空通风空间地面排水	设计要求		目测法
	4	架空采暖水管线与架空下排水管保温	设计要求		目测法
	5	架空层高度	mm	±10	现场尺量
	6	隐蔽式通风孔面积	%	±5	尺量计算
	7	通风空间顶底板保温厚度	mm	±10	现场尺量

6.4 膨 胀 土

6.4.1 当膨胀土地基采用素土、灰土垫层或砂、砂石垫层时，其质量验收应符合本标准第4.2节或第4.3节的规定。

6.4.2 当膨胀土地基采用桩基础时，其质量验收应符合本标准第5.7节、第5.8节的规定。

6.4.3 膨胀土地区建筑物四周设置的散水或宽散水质量验收标准应符合表6.4.3的规定。

表 6.4.3 散水质量检验标准

项	序	检查项目	允许值或允许偏差		检查方法
			单位	数值	
主控项目	1	散水宽度	mm	+100 0	用钢尺量
	2	面层厚度	mm	+20 0	用钢尺量
	3	垫层厚度	mm	+20 0	用钢尺量
	4	隔热保温层厚度	mm	+20 0	用钢尺量
一般项目	1	散水坡度	设计值		用钢尺量
	2	垫层、隔热保温层配合比	设计值		检查拌和时的体积比
	3	垫层、隔热保温层压实系数	不小于设计值		环刀法
	4	石灰粒径	mm	≤5	筛析法
	5	土料有机质含量	%	≤5	灼烧减量法
	6	土颗粒粒径	mm	≤15	筛析法
	7	土的含水量	最优含水量±2%		烘干法

6.5 盐 渍 土

6.5.1 盐渍土地基中设置隔水层时，隔水层施工前应检验土工合成材料的抗拉强度、抗老化性能、防腐蚀性能，施工过程中应检查土工合成材料的搭接宽度或焊接强度、保护层厚度等。

6.5.2 盐渍土地区基础施工前应检验建筑材料（砖、砂、石、水等）的含盐量、防腐添加剂及防腐涂料的质量，施工过程中应检查防腐添加剂的用法和用量、防腐涂料的施工质量。

6.5.3 当盐渍土地基采用换土垫层时，其质量检验应符合本标准第4.3节、第4.5节的规定。

6.5.4 当盐渍土地基采用强夯与强夯置换时，其质量检验应符合本标准第4.6节的规定。

6.5.5 当盐渍土地基采用砂石桩复合地基时，其质量检验应符合本标准第4.9节的规定。

6.5.6 当盐渍土地基采用浸水预溶法地基处理时，其质量检验应符合表6.5.6的规定。

表 6.5.6 浸水预溶法质量检验标准

项	序	检查项目	允许值或允许偏差		检查方法
			单位	数值	
主控项目	1	浸水下沉量	不小于设计值		水准测量
	2	有效浸水影响深度	不小于设计值		用钢尺量
	3	浸水坑的外放尺寸	不小于设计值		用钢尺量
一般项目	1	水头高度	不小于设计值		用钢尺量

6.5.7 当盐渍土地基采用盐化法地基处理时，其质量检验应符合表6.5.7的规定。

表 6.5.7 盐化法质量检验标准

项	序	检查项目	允许值或允许偏差		检查方法
			单位	数值	
主控项目	1	含盐量	不小于设计值		实验室测量
	2	浸水影响深度	不大于设计值		用钢尺量
	3	浸盐坑的外放尺寸	不小于设计值		用钢尺量
一般项目	1	水头高度	不小于设计值		用钢尺量

7 基坑支护工程

7.1 一 般 规 定

7.1.1 基坑支护结构施工前应对放线尺寸进行校核，施工过程中应根据施工组织设计复核各项施工参数，施工完成后宜在一定养护期后进行质量验收。

7.1.2 围护结构施工完成后的质量验收应在基坑开挖前进行，支锚结构的质量验收应在对应的分层土方开挖前进行，验收内容应包括质量和强度检验、构件的几何尺寸、位置偏差及平整度等。

7.1.3 基坑开挖过程中，应根据分区分层开挖情况及时对基坑开挖面的围护墙表观质量，支护结构的变形、渗漏水情况以及支撑竖向支承构件的垂直度偏差等项目进行检查。

7.1.4 除强度或承载力等主控项目外，其他项目应按检验批抽取。

7.1.5 基坑支护工程验收以保证支护结构安全和周围环境安全为前提。

7.2 排 桩

7.2.1 灌注桩排桩和截水帷幕施工前，应对原材料进行检验。

7.2.2 灌注桩施工前应进行试成孔，试成孔数量应根据工程规模和场地地层特点确定，且不宜少于2个。

7.2.3 灌注桩排桩施工中应加强过程控制，对成孔、钢筋笼制作与安装、混凝土灌注等各项技术指标进行检查验收。

7.2.4 灌注桩排桩应采用低应变法检测桩身完整性，检测桩数不宜少于总桩数的20%，且不得少于5根。采用桩墙合一时，低应变法检测桩身完整性的检测数量应为总桩数的100%；采用声波透射法检测的灌注桩排桩数量不应低于总桩数的10%，且不应少于3根。当根据低应变法或声波透射法判定的桩身完整性为Ⅲ类、Ⅳ类时，应采用钻芯法进行验证。

7.2.5 灌注桩混凝土强度检验的试件应在施工现场随机抽取。灌注桩每浇筑50m³必须至少留置1组混凝土强度试件，单桩不足50m³的桩，每连续浇筑12h必须至少留置1组混凝土强度试件。有抗渗等级要求的灌注桩尚应留置抗渗等级检测试件，一个级配不宜少于3组。

7.2.6 灌注桩排桩的质量检验应符合表 7.2.6 的规定。

表 7.2.6　灌注桩排桩质量检验标准

项	序	检查项目	允许值或允许偏差		检查方法
			单位	数值	
主控项目	1	孔深	不小于设计值		测钻杆长度或用测绳
	2	桩身完整性	设计要求		本标准第 7.2.4 条
	3	混凝土强度	不小于设计值		28d 试块强度或钻芯法
	4	嵌岩深度	不小于设计值		取岩样或超前钻孔取样
	5	钢筋笼主筋间距	mm	±10	用钢尺量
一般项目	1	垂直度	≤1/100(≤1/200)		测钻杆,用超声波或井径仪测量
	2	孔径	不小于设计值		测钻头直径
	3	桩位	mm	≤50	开挖前量护筒,开挖后量桩中心
	4	泥浆指标	本标准第 5.6 节		泥浆试验
	钢筋笼质量	长度	mm	±100	用钢尺量
		钢筋连接质量	设计要求		实验室试验
		箍筋间距	mm	±20	用钢尺量
		笼直径	mm	±10	用钢尺量
	6	沉渣厚度	mm	≤200	用沉渣仪或重锤测
	7	混凝土坍落度	mm	180~220	坍落度仪
	8	钢筋笼安装深度	mm	±100	用钢尺量
	9	混凝土充盈系数	≥1.0		实际灌注量与理论灌注量的比
	10	桩顶标高	mm	±50	水准测量,需扣除桩顶浮浆层及劣质桩体

注:垂直度项括号中数值适用于灌注桩排桩采用桩墙合一设计的情况。

7.2.7 基坑开挖前截水帷幕的强度指标应满足设计要求,强度检测宜采用钻芯法。截水帷幕采用单轴水泥土搅拌桩、双轴水泥土搅拌桩、三轴水泥土搅拌桩、高压喷射注浆时,取芯数量不宜少于总桩数的 1%,且不应少于 3 根。截水帷幕采用渠式切割水泥土连续墙时,取芯数量宜沿基坑周边每 50 延米取 1 个点,且不应少于 3 个。

7.2.8 截水帷幕采用单轴水泥土搅拌桩或双轴水泥土搅拌桩时,质量检验应符合表 7.2.8 的规定。

表 7.2.8　单轴与双轴水泥土搅拌桩截水帷幕质量检验标准

项	序	检查项目	允许值或允许偏差		检查方法
			单位	数值	
主控项目	1	水泥用量	不小于设计值		查看流量表
	2	桩长	不小于设计值		测钻杆长度
	3	导向架垂直度	≤1/150		经纬仪测量
	4	桩径	mm	±20	量搅拌叶回转直径
一般项目	1	桩身强度	不小于设计值		28d 试块强度或钻芯法
	2	水胶比	设计值		实际用水量与水泥等胶凝材料的重量比
	3	提升速度	设计值		测机头上升距离和时间
	4	下沉速度	设计值		测机头下沉距离和时间
	5	桩位	mm	≤20	全站仪或用钢尺量
	6	桩顶标高	mm	±200	水准测量,最上部 500mm 浮浆层及劣质桩体不计入
	7	施工间歇	h	≤24	检查施工记录

7.2.9 截水帷幕采用三轴水泥土搅拌桩时,质量检验应符合表 7.2.9 的规定。

表 7.2.9　三轴水泥土搅拌桩截水帷幕质量检验标准

项	序	检查项目	允许值或允许偏差		检查方法
			单位	数值	
主控项目	1	桩身强度	不小于设计值		28d 试块强度或钻芯法
	2	水泥用量	不小于设计值		查看流量表
	3	桩长	不小于设计值		测钻杆长度
	4	导向架垂直度	≤1/250		经纬仪测量
	5	桩径	mm	±20	量搅拌叶回转直径

续表 7.2.9

项	序	检查项目	允许值或允许偏差		检查方法
			单位	数值	
一般项目	1	水胶比	设计值		实际用水量与水泥等胶凝材料的重量比
	2	提升速度	设计值		测机头上升距离和时间
	3	下沉速度	设计值		测机头下沉距离和时间
	4	桩位	mm	≤50	全站仪或用钢尺量
	5	桩顶标高	mm	±200	水准测量
	6	施工间歇	h	≤24	检查施工记录

7.2.10 截水帷幕采用渠式切割水泥土连续墙时,质量检验应符合表 7.2.10 的规定。

表 7.2.10　渠式切割水泥土连续墙截水帷幕质量检验标准

项	序	检查项目	允许值或允许偏差		检查方法
			单位	数值	
主控项目	1	墙体强度	不小于设计值		28d 试块强度或钻芯法
	2	水泥用量	不小于设计值		查看流量表
	3	墙体长度	不小于设计值		测切割链长度
	4	垂直度	≤1/250		用测斜仪量
	5	墙厚	mm	±30	用钢尺量
一般项目	1	水胶比	设计值		实际用水量与水泥等胶凝材料的重量比
	2	中心线定位	mm	±25	用钢尺量
	3	墙顶标高	mm	≥−10	水准测量

7.2.11 截水帷幕采用高压喷射注浆时,质量检验应符合表 7.2.11 的规定。

表 7.2.11　高压喷射注浆截水帷幕质量检验标准

项	序	检查项目	允许值或允许偏差		检查方法
			单位	数值	
主控项目	1	水泥用量	不小于设计值		查看流量表
	2	桩长	不小于设计值		测钻杆长度
	3	钻孔垂直度	≤1/100		经纬仪测量
	4	桩身强度	不小于设计值		钻芯法
一般项目	1	水胶比	设计值		实际用水量与水泥等胶凝材料的重量比
	2	提升速度	设计值		测机头上升距离及时间
	3	旋转速度	设计值		现场实测
	4	桩位	mm	±20	全站仪或用钢尺量
	5	桩顶标高	mm	±200	水准测量,最上部 500mm 浮浆层及劣质桩体不计入
	6	注浆压力	设计值		检查压力表读数
	7	施工间歇	h	≤24	检查施工记录

7.3　板桩围护墙

7.3.1 板桩围护墙施工前,应对钢板桩或预制钢筋混凝土板桩的成品进行外观检查。

7.3.2 钢板桩围护墙的质量检验应符合表 7.3.2 的规定。

表 7.3.2　钢板桩围护墙质量检验标准

项	序	检查项目	允许值或允许偏差		检查方法
			单位	数值	
主控项目	1	桩长		不小于设计值	用钢尺量
	2	桩身弯曲度	mm	≤2%l	用钢尺量
	3	桩顶标高	mm	±100	水准测量
一般项目	1	齿槽平直度及光滑度		无电焊渣或毛刺	用1m长的桩段做通过试验
	2	沉桩垂直度		≤1/100	经纬仪测量
	3	轴线位置		±100	经纬仪或用钢尺量
	4	齿槽咬合程度		紧密	目测法

注：l 为钢板桩设计桩长(mm)。

7.3.3　预制混凝土板桩围护墙的质量检验标准应符合表 7.3.3 的规定。

表 7.3.3　预制混凝土板桩围护墙质量检验标准

项	序	检查项目	允许值或允许偏差		检查方法
			单位	数值	
主控项目	1	桩长		不小于设计值	用钢尺量
	2	桩身弯曲度	mm	≤0.1%l	用钢尺量
	3	桩身厚度	mm	+10 / 0	用钢尺量
	4	凹凸槽尺寸		±3	用钢尺量
	5	桩顶标高		±100	水准测量
一般项目	1	保护层厚度		±5	用钢尺量
	2	模截面相对两面之差		≤5	用钢尺量
	3	桩尖对桩轴线的位移		≤10	用钢尺量
	4	沉桩垂直度		≤1/100	经纬仪测量
	5	轴线位置		±100	用钢尺量
	6	板缝间隙		≤20	用钢尺量

注：l 为预制混凝土板桩设计桩长(mm)。

7.4　咬合桩围护墙

7.4.1　施工前，应对导墙的质量和钢套管顺直度进行检查。

7.4.2　施工过程中应对桩体成孔质量、钢筋笼的制作、混凝土的坍落度进行检查。咬合桩围护墙施工中的质量检测要求尚应符合本标准第 7.2 节的规定。

7.4.3　咬合桩围护墙质量检验标准应符合表 7.4.3-1 和表 7.4.3-2 的规定。

表 7.4.3-1　单桩混凝土坍落度检验次数

项	序	单桩混凝土量(m³)	次数	检测时间
一般项目	1	≤30	2	灌注混凝土前、后阶段各一次
	2	>30	3	灌注混凝土前、后和中间阶段各一次

表 7.4.3-2　导墙、钢套管允许偏差

项	序	检查项目	允许值或允许偏差		检查方法
			单位	数值	
主控项目	1	导墙定位孔孔径	mm	±10	用钢尺量
	2	导墙定位孔口定位		≤10	用钢尺量
	3	钢套管顺直度		≤1/500	吊线锤测
	4	成孔孔径	mm	+30 / 0	用超声波或井径仪测量
	5	成孔垂直度		≤1/300	用超声波或测斜仪测量
	6	成孔孔深		不小于设计值	测钻杆长度或用测绳
一般项目	1	导墙面平整度		±5	用钢尺量
	2	导墙平面位置		±10	用钢尺量
	3	导墙顶面标高		±20	水准测量
	4	桩位		≤20	全站仪或用钢尺量
	5	矩形钢筋笼长边		±10	用钢尺量
	6	矩形钢筋笼短边		0 / -10	用钢尺量
	7	矩形钢筋笼转角	°	≤5	用量角器量
	8	钢筋笼安放位置		≤10	用钢尺量

7.5　型钢水泥土搅拌墙

7.5.1　型钢水泥土搅拌墙施工前，应对进场的 H 型钢进行检验。

7.5.2　焊接 H 型钢焊缝质量应符合设计要求和国家现行标准《钢结构焊接规范》GB 50661 和《焊接 H 型钢》YB 3301 的规定。

7.5.3　基坑开挖前应检验水泥桩(墙)体强度，强度指标应符合设计要求。墙体强度宜采用钻芯法确定，三轴水泥土搅拌桩抽检数量不应少于总桩数的 2%，且不得少于 3 根；渠式切割水泥土连续墙抽检数量每 50 延米不应少于 1 个取芯点，且不得少于 3 个。

7.5.4　型钢水泥土搅拌墙中三轴水泥土搅拌桩和渠式切割水泥土连续墙的质量检验应符合本标准第 7.2.9 条和第 7.2.10 条的规定，内插型钢的质量检验应符合表 7.5.4 的规定。

表 7.5.4　内插型钢的质量检验标准

项	序	检查项目		允许偏差		检查方法
				单位	数值	
主控项目	1	型钢截面高度		mm	±5	用钢尺量
	2	型钢截面宽度		mm	±3	用钢尺量
	3	型钢长度		mm	±10	用钢尺量
一般项目	1	型钢挠度			≤l/500	用钢尺量
	2	型钢腹板厚度		mm	≥-1	用游标卡尺量
	3	型钢翼缘板厚度		mm	≥-1	用游标卡尺量
	4	型钢顶标高		mm	±50	水准测量
	5	型钢平面位置	平行于基坑边线	mm	≤50	用钢尺量
			垂直于基坑边线	mm	≤10	用钢尺量
	6	型钢形心转角		°	≤3	用量角器量

注：l 为型钢设计长度(mm)。

7.6　土钉墙

7.6.1　土钉墙支护工程施工前应对钢筋、水泥、砂石、机械设备性能等进行检验。

7.6.2　土钉墙支护工程施工过程中应对放坡系数，土钉位置，土钉孔直径、深度及角度，土钉杆体长度，注浆配比、注浆压力及注浆量，喷射混凝土面层厚度、强度等进行检验。

7.6.3　土钉应进行抗拔承载力检验，检验数量不宜少于土钉总数的 1%，且同一土层中的土钉检验数量不应小于 3 根。

7.6.4　复合土钉墙的质量检验应符合下列规定：
　　1　复合土钉墙中的预应力锚杆，应按本标准第 7.11 节的相关规定进行抗拔承载力检验；
　　2　复合土钉墙中的水泥土搅拌桩或旋喷桩用作截水帷幕时，应按本标准第 7.2 节的规定进行质量检验。

7.6.5　土钉墙支护质量检验应符合表 7.6.5 的规定。

表 7.6.5　土钉墙支护质量检验标准

项	序	检查项目	允许值或允许偏差		检查方法
			单位	数值	
主控项目	1	抗拔承载力		不小于设计值	土钉抗拔试验
	2	土钉长度		不小于设计值	用钢尺量
	3	分层开挖厚度	mm	±200	水准测量或用钢尺量
一般项目	1	土钉位置	mm	±100	用钢尺量
	2	土钉直径		不小于设计值	用钢尺量
	3	土钉孔倾斜度	°	≤3	测倾角
	4	水胶比		设计值	实际用水量与水泥等胶凝材料的重量比
	5	注浆量		不小于设计值	查看流量表
	6	注浆压力		设计值	检查压力表读数
	7	浆体强度		不小于设计值	试块强度
	8	钢筋网间距	mm	±30	用钢尺量

项	序	检查项目	允许值或允许偏差		检查方法
			单位	数值	
一般项目	9	土钉面层厚度	mm	±10	用钢尺量
	10	面层混凝土强度	不小于设计值		28d 试块强度
	11	预留土墩尺寸及间距	mm	±500	用钢尺量
	12	微型桩桩位	mm	≤50	全站仪或用钢尺量
	13	微型桩垂直度	≤1/200		经纬仪测量

注：第12项和第13项的检测仅适用于微型桩结合土钉的复合土钉墙。

7.7 地下连续墙

7.7.1 施工前应对导墙的质量进行检查。

7.7.2 施工中应定期对泥浆指标、钢筋笼的制作与安装、混凝土的坍落度、预制地下连续墙墙段安放质量、预制接头、墙底注浆、地下连续墙成槽及墙体质量等进行检验。

7.7.3 兼作永久结构的地下连续墙，其与地下结构底板、梁及楼板之间连接的预留钢筋接驳器应按原材料检验要求进行抽样复验，取每500套为一个检验批，每批应抽查3件，复验内容为外观、尺寸、抗拉强度等。

7.7.4 混凝土抗压强度和抗渗等级应符合设计要求。墙身混凝土抗压强度试块每100m³混凝土不应少于1组，且每幅槽段不应少于1组，每组为3件；墙身混凝土抗渗试块每5幅槽段不应少于1组，每组为6件。作为永久结构的地下连续墙，其抗渗质量标准可按现行国家标准《地下防水工程质量验收规范》GB 50208 的规定执行。

7.7.5 作为永久结构的地下连续墙墙体施工结束后，应采用声波透射法对墙体质量进行检验，同类型槽段的检验数量不应少于10%，且不得少于3幅。

7.7.6 地下连续墙的质量检验标准应符合表 7.7.6-1～表 7.7.6-3 的规定。

表 7.7.6-1 泥浆性能指标

项	序	检查项目		性能指标	检查方法
一般项目	1	新拌制泥浆	比重	1.03～1.10	比重计
			黏度 黏性土	20s～25s	黏度计
			黏度 砂土	25s～35s	
	2	循环泥浆	比重	1.05～1.25	比重计
			黏度 黏性土	20s～30s	黏度计
			黏度 砂土	30s～40s	
	3	清基（槽）后的泥浆	现浇地下连续墙 比重	1.10～1.15	比重计
			黏度 黏性土	1.10～1.20	
			黏度 砂土	20s～30s	黏度计
			含砂率	≤7%	洗砂瓶
	4		预制地下连续墙 比重	1.10～1.20	比重计
			黏度	20s～30s	黏度计
			pH 值	7～9	pH 试纸

表 7.7.6-2 钢筋笼制作与安装允许偏差

项	序	检查项目		允许偏差		检查方法
				单位	数值	
主控项目	1	钢筋笼长度		mm	±100	用钢尺量，每片钢筋网检查上中下3处
	2	钢筋笼宽度		mm	0 -20	
	3	钢筋笼安装标高	临时结构	mm	±50	
			永久结构	mm	±15	
	4	主筋间距		mm	±10	任取一断面，连续量取间距，取平均值作为一点，每片钢筋网上测4点
一般项目	1	分布筋间距		mm	±20	
	2	预埋件及槽底注浆管中心位置	临时结构	mm	≤10	用钢尺量
			永久结构	mm	≤5	
	3	预埋钢筋和接驳器中心位置	临时结构	mm	≤10	用钢尺量
			永久结构	mm	≤5	
	4	钢筋笼制作平台平整度		mm	±20	用钢尺量

表 7.7.6-3 地下连续墙成槽及墙体允许偏差

项	序	检查项目		允许值		检查方法
				单位	数值	
主控项目	1	墙体强度		不小于设计值		28d 试块强度或钻芯法
	2	槽壁垂直度	临时结构	≤1/200		20%超声波 2点/幅
			永久结构	≤1/300		100%超声波 2点/幅
	3	槽段深度		不小于设计值		测绳 2点/幅
一般项目	1	导墙尺寸	宽度（设计墙厚+40mm）	mm	±10	用钢尺量
			垂直度	≤1/500		用线锤测
			导墙顶面平整度	mm	±5	用钢尺量
			导墙平面定位	mm	±10	用钢尺量
			导墙顶标高	mm	±20	水准测量
	2	槽段宽度	临时结构	不小于设计值		20%超声波 2点/幅
			永久结构	不小于设计值		100%超声波 2点/幅
	3	槽段位	临时结构	mm	≤50	钢尺 1点/幅
			永久结构	mm	≤30	
	4	沉渣厚度	临时结构	mm	≤150	100%测绳 2点/幅
			永久结构	mm	≤100	
	5	混凝土坍落度		mm	180～220	坍落度仪
	6	地下连续墙表面平整度	临时结构	mm	±150	用钢尺量
			永久结构	mm	±100	
			预制地下连续墙	mm	±20	
	7	预制墙顶标高		mm	±10	水准测量
	8	预制墙中心位移		mm	≤10	用钢尺量
	9	永久结构的渗漏水		无渗漏、无流水，且≤0.1L/(m²·d)		现场检验

7.8 重力式水泥土墙

7.8.1 水泥土搅拌桩施工前应检查水泥及掺合料的质量、搅拌桩机性能及计量设备完好程度。

7.8.2 水泥土搅拌桩的桩身强度应满足设计要求，强度检测宜采用钻芯法。取芯数量不宜少于总桩数的1%，且不得少于6根。

7.8.3 基坑开挖期间应对开挖面桩外观质量以及桩身渗漏水等情况进行质量检查。

7.8.4 水泥土搅拌桩成桩施工期间和施工完成后质量检验应符合表 7.8.4 的规定。

表 7.8.4 水泥土搅拌桩的质量检验标准

项	序	检查项目	允许值或允许偏差		检查方法
			单位	数值	
主控项目	1	桩身强度	不小于设计值		钻芯法
	2	水泥用量	不小于设计值		查看流量表
	3	桩长	不小于设计值		测钻杆长度
一般项目	1	桩径	mm	±10	量搅拌叶片回转直径
	2	水胶比	设计值		实际用水量与水泥等胶凝材料的重量比
	3	提升速度	设计值		测机头上升距离及时间
	4	下沉速度	设计值		测机头下沉距离及时间
	5	桩位	mm	≤50	全站仪或用钢尺量
	6	桩顶标高	mm	±200	水准测量
	7	导向架垂直度	≤1/100		经纬仪测量
	8	施工间歇	h	≤24	检查施工记录

7.9 土体加固

7.9.1 在基坑工程中设置被动区土体加固、封底加固时,土体加固的施工检验应符合本节规定。

7.9.2 采用水泥土搅拌桩、高压喷射注浆等土体加固的桩身强度应满足设计要求,强度检测宜采用钻芯法。取芯数量不宜少于总桩数的 0.5%,且不得少于 3 根。

7.9.3 注浆法加固结束 28d 后,宜采用静力触探、动力触探、标准贯入等原位测试方法对加固土层进行检验。检验点的位置应根据注浆加固布置和现场条件确定,每 200m² 检测数量不应少于 1 点,且总数量不应少于 5 点。

7.9.4 采用水泥土搅拌桩进行土体加固时,其施工质量检验应符合本标准表 7.8.4 的规定。

7.9.5 采用高压喷射注浆桩进行土体加固时,其施工质量检验应符合本标准表 7.2.11 的规定。

7.9.6 采用注浆法进行土体加固时,其施工质量检验应符合本标准表 4.7.4 的规定。

7.10 内支撑

7.10.1 内支撑施工前,应对放线尺寸、标高进行校核。对混凝土支撑的钢筋和混凝土、钢支撑的产品构件和连接构件以及钢立柱的制作质量等进行检验。

7.10.2 施工中应对混凝土支撑下垫层或模板的平整度和标高进行检验。

7.10.3 施工结束后,对应的下层土方开挖前应对水平支撑的尺寸、位置、标高、支撑与围护结构的连接节点、钢支撑的连接节点和钢立柱的施工质量进行检验。

7.10.4 钢筋混凝土支撑的质量检验应符合表 7.10.4 的规定。

表 7.10.4 钢筋混凝土支撑质量检验标准

项目	序	检查项目	允许值或允许偏差		检查方法
			单位	数值	
主控项目	1	混凝土强度	不小于设计值		28d 试块强度
	2	截面宽度	mm	+20 / 0	用钢尺量
	3	截面高度	mm	+20 / 0	用钢尺量
一般项目	1	标高	mm	±20	水准测量
	2	轴线平面位置	mm	≤20	用钢尺量
	3	支撑与垫层或模板的隔离措施	设计要求		目测法

7.10.5 钢支撑的质量检验应符合表 7.10.5 的规定。

表 7.10.5 钢支撑质量检验标准

项目	序	检查项目	允许值或允许偏差		检查方法
			单位	数值	
主控项目	1	外轮廓尺寸	mm	±5	用钢尺量
	2	预加顶力	kN	±10%	应力监测
一般项目	1	轴线平面位置	mm	≤30	用钢尺量
	2	连接质量	设计要求		超声波或射线探伤

7.10.6 立柱桩的质量检验应符合本标准第 5 章的有关规定。钢立柱的质量检验应符合表 7.10.6 的规定。

表 7.10.6 钢立柱的质量检验标准

项目	序	检查项目	允许偏差		检查方法
			单位	数值	
主控项目	1	截面尺寸(立柱)	mm	≤5	用钢尺量
	2	立柱长度	mm	±50	用钢尺量
	3	垂直度		≤1/200	经纬仪测量

续表 7.10.6

项目	序	检查项目	允许偏差		检查方法
			单位	数值	
一般项目	1	立柱挠度	mm	≤l/500	用钢尺量
	2	截面尺寸(缀板或缀条)	mm	≥-1	用钢尺量
	3	缀板间距	mm	±20	用钢尺量
	4	钢板厚度	mm	≥-1	用钢尺量
	5	立柱顶标高	mm	±20	水准测量
	6	平面位置	mm	≤20	用钢尺量
	7	平面转角		≤5	用量角器量

注:l 为型钢长度(mm)。

7.11 锚杆

7.11.1 锚杆施工前应对钢绞线、锚具、水泥、机械设备等进行检验。

7.11.2 锚杆施工中应对锚杆位置、钻孔直径、长度及角度、锚杆杆体长度、注浆配比、注浆压力及注浆量等进行检验。

7.11.3 锚杆应进行抗拔承载力检验,检验数量不宜少于锚杆总数的 5%,且同一土层中的锚杆检验数量不应少于 3 根。

7.11.4 锚杆质量检验应符合表 7.11.4 的规定。

表 7.11.4 锚杆质量检验标准

项目	序	检查项目	允许值或允许偏差		检查方法
			单位	数值	
主控项目	1	抗拔承载力	不小于设计值		锚杆抗拔试验
	2	锚固体强度	不小于设计值		试块强度
	3	预加力	不小于设计值		检查压力表读数
	4	锚杆长度	不小于设计值		用钢尺量
一般项目	1	钻孔孔位	mm	≤100	用钢尺量
	2	锚杆直径	不小于设计值		用钢尺量
	3	钻孔倾斜度		≤3°	测倾角
	4	水胶比(或水泥砂浆配比)	设计值		实际用水量与水泥等胶凝材料的重量比(实际用水、水泥、砂的重量比)
	5	注浆量	不小于设计值		查看流量表
	6	注浆压力	设计值		检查压力表读数
	7	自由段套管长度	mm	±50	用钢尺量

7.12 与主体结构相结合的基坑支护

7.12.1 与主体结构外墙相结合的灌注排桩围护墙、咬合桩围护墙和地下连续墙的质量检验应按本标准第 7.2 节、第 7.4 节和第 7.7 节的规定执行。

7.12.2 结构水平构件施工应与设计工况一致,施工质量检验应符合现行国家标准《混凝土结构工程施工质量验收规范》GB 50204 和《钢结构工程施工质量验收规范》GB 50205 的规定。

7.12.3 支承桩施工结束后,应采用声波透射法、钻芯法或低应变法进行桩身完整性检验,以上三种方法的检验总数量不应少于总桩数的 10%,且不应少于 10 根。

7.12.4 钢管混凝土支承柱在基坑开挖后应采用低应变法检验柱体质量,检验数量应为 100%。当发现立柱有缺陷时,应采用声波透射法或钻芯法进行验证。

7.12.5 竖向支承桩柱除应符合本标准第 7.10 节的规定外,尚应符合表 7.12.5 的规定。

表 7.12.5　竖向支承桩柱的质量检验标准

项	序	检查项目	允许偏差		检查方法
			单位	数值	
主控项目	1	支承桩柱定位	mm	≤10	用钢尺量
	2	支承柱的垂直度		≤1/300	经纬仪测量或线锤测量
一般项目	1	支承桩成孔垂直度		≤1/200	用超声波或井径仪测
	2	支承柱插入支承桩的长度	mm	±50	用钢尺量

8　地下水控制

8.1　一般规定

8.1.1　降排水运行前,应检验工程场区的排水系统。排水系统最大排水能力不应小于工程所需最大排量的1.2倍。

8.1.2　基坑工程开挖前应验收预降排水时间。预降排水时间应根据基坑面积、开挖深度、工程地质与水文地质条件以及降排水工艺综合确定。减压预降水时间应根据设计要求或减压降水验证试验结果确定。

8.1.3　降排水运行中,应检验基坑降排水效果是否满足设计要求。分层、分块开挖的土质基坑,开挖前潜水水位应控制在土层开挖面以下0.5m~1.0m;承压含水层水位应控制在安全水位埋深以下。岩质基坑开挖施工前,地下水位应控制在边坡坡脚或坑中的软弱结构面以下。

8.1.4　设有截水帷幕的基坑工程,宜通过预降水过程中的坑内外水位变化情况检验帷幕止水效果。

8.1.5　截水帷幕的施工质量验收应根据选用的帷幕类型,按本标准第7章的规定执行。

8.2　降　排　水

8.2.1　采用集水明排的基坑,应检验排水沟、集水井的尺寸。排水时集水井内水位应低于设计要求水位不小于0.5m。

8.2.2　降水施工前,应检验进场材料质量。降水施工材料质量检验标准应符合表8.2.2的规定。

表 8.2.2　降水施工材料质量检验标准

项	序	检查项目	允许值或允许偏差		检查方法
			单位	数值	
主控项目	1	井、滤管材质	设计要求		查产品合格证或按设计要求参数现场检测
	2	滤管孔隙率	设计值		测算单位长度滤管孔隙面积或等长标准滤管渗透对比法
	3	滤料粒径	(6~12)d_{50}		筛析法
	4	滤料不均匀系数	≤3		筛析法
一般项目	1	沉淀管长度	mm	+50 / 0	用钢尺量
	2	封孔回填土质量	设计要求		现场搓条法检验土性
	3	挡砂网	设计要求		查产品合格证或现场量测目数

注:d_{50}为土颗粒的平均粒径。

8.2.3　降水井正式施工时应进行试成井。试成井数量不应少于2口(组),并应根据试成井检验成孔工艺、泥浆配比,复核地层情况等。

8.2.4　降水施工中应检验成孔垂直度。降水井的成孔垂直度偏差为1/100,井管应居中竖直沉设。

8.2.5　降水井施工完成后应进行试抽水,检验成井质量和降水效果。

8.2.6　降水运行应独立配电。降水运行前,应检验现场用电系统。连续降水的工程项目,尚应检验双路以上独立供电电源或备用发电机的配置情况。

8.2.7　降水运行过程中,应监测和记录降水场区内和周边的地下水位。采用悬挂式帷幕基坑降水的,尚应计量和记录降水井抽水量。

8.2.8　降水运行结束后,应检验降水井封闭的有效性。

8.2.9　轻型井点施工质量验收应符合表8.2.9的规定。

表 8.2.9　轻型井点施工质量检验标准

项	序	检查项目	允许值或允许偏差		检查方法
			单位	数值	
主控项目	1	出水量	不小于设计值		查看流量表
一般项目	1	成孔孔径	mm	±20	用钢尺量
	2	成孔深度	mm	+1000 / -200	测绳测量
	3	滤料回填量	不小于设计计算体积的95%		测算滤料用量且测绳测量回填高度
	4	黏土封孔高度	mm	≥1000	用钢尺量
	5	井点管间距	m	0.8~1.6	用钢尺量

8.2.10　喷射井点施工质量验收应符合表8.2.10的规定。

表 8.2.10　喷射井点施工质量检验标准

项	序	检查项目	允许值或允许偏差		检查方法
			单位	数值	
主控项目	1	出水量	不小于设计值		查看流量表
一般项目	1	成孔孔径	mm	+50 / 0	用钢尺量
	2	成孔深度	mm	+1000 / -200	测绳测量
	3	滤料回填量	不小于设计计算体积的95%		测算滤料用量且测绳测量回填高度
	4	井点管间距	m	2~3	用钢尺量

8.2.11　管井施工质量检验标准应符合表8.2.11的规定。

表 8.2.11　管井施工质量检验标准

项	序	检查项目		允许值或允许偏差		检查方法
				单位	数值	
主控项目	1	泥浆比重		1.05~1.10		比重计
	2	滤料回填高度		+10% / 0		现场搓条法检验土性、测算封填黏土体积、孔口浸水检验密实性
	3	封孔		设计要求		现场检验
	4	出水量		不小于设计值		查看流量表
一般项目	1	成孔孔径		mm	±50	用钢尺量
	2	成孔深度		mm	±20	测绳测量
	3	扶中器		设计要求		测量扶中器高度或厚度、间距,检查数量
	4	活塞洗井	次数	次	≥20	检查施工记录
			时间	h	≥2	检查施工记录
	5	沉淀物高度		≤5%井深		测锤测量
	6	含砂量(体积比)		≤1/20000		现场目测或用含砂量计量杯

8.2.12　轻型井点、喷射井点、真空管井降水运行质量检验标准应符合表8.2.12的规定。

表 8.2.12 轻型井点、喷射井点、真空管井降水运行质量检验标准

项	序	检查项目	允许值或允许偏差		检查方法
			单位	数值	
主控项目	1	降水效果	设计要求		量测水位、观测土体固结或沉降情况
一般项目	1	真空负压	MPa	≥0.065	查看真空表
	2	有效井点数		≥90%	现场目测出水情况

8.2.13 减压降水管井运行质量检验标准应符合表 8.2.13 的规定。

表 8.2.13 减压降水管井运行质量检验标准

项	序	检查项目	允许值或允许偏差		检查方法
			单位	数值	
主控项目	1	观测井水位	+10% 0		量测水位
一般项目	1	安全操作平台	设计及安全要求		现场检查平台连接稳定性、牢固性、安全防护措施到位率

8.2.14 钢管井封井质量检验标准应符合表 8.2.14 的规定。

表 8.2.14 管井封井质量检验标准

项	序	检查项目	允许值或允许偏差		检查方法
			单位	数值	
主控项目	1	注浆量	+10% 0		测算注浆量
	2	混凝土强度	不小于设计值		28d 试块强度
	3	内止水钢板焊接质量	满焊、无缝隙		焊缝外观检测、掺水检验
一般项目	1	外止水钢板宽度、厚度、位置	设计要求		现场量测
	2	细石子粒径	mm	5~10	筛析法或目测
	3	细石子回填量	+10% 0		测算滤料用量且测绳测量回填高度
	4	混凝土灌注量	+10% 0		测算混凝土用量
	5	24h 残存水高度	mm	≤500	量测水位
	6	砂浆封孔	设计要求		外观检查

8.2.15 塑料管井、混凝土管井、钢筋笼滤网井封井时，应检验管内止水材料回填的密实度和止水效果。穿越基坑底板时，尚应按设计要求检验其穿越基坑底板构造的防水效果。

8.3 回 灌

8.3.1 回灌管井施工前，应检验进场材料质量。回灌管井施工材料质量检验标准应符合本标准表 8.2.2 的规定。

8.3.2 回灌管井正式施工时应进行试成孔。试成孔数量不应少于 2 个，根据试成孔检验成孔工艺、泥浆配比，复核地层情况等。

8.3.3 回灌管井施工中应检验成孔垂直度。成孔垂直度允许偏差为 1/100，井管应居中垂直沉设。

8.3.4 回灌管井施工完成后的休止期不应少于 14d，休止期结束后应进行试回灌，检验成孔质量和回灌效果。

8.3.5 回灌运行前，应检验回灌管路的安装质量和密封性。回灌管路上应装有流量计和流量控制阀。

8.3.6 回灌运行中及回扬时，应计量和记录回灌量、回扬量，并应监测地下水位和周边环境变形。

8.3.7 回灌井封井时，应检验封井材料的无公害性，并检验封井效果。

8.3.8 回灌管井的施工质量检验标准应符合本标准第 8.2.11 条的规定。

8.3.9 回灌管井运行质量检验标准应符合表 8.3.9 的规定。

表 8.3.9 回灌管井运行质量检验标准

项	序	检查项目	允许值或允许偏差		检查方法
			单位	数值	
主控项目	1	观测井水位	设计值		量测水位
	2	回灌水质	不低于回灌目的层水质		试验室化学分析
一般项目	1	回灌量	+10% 0		查看流量表
	2	回灌压力	+5% 0		检查压力表读数
	3	回扬	设计要求		检查施工记录

9 土石方工程

9.1 一 般 规 定

9.1.1 在土石方工程开挖施工前，应完成支护结构、地面排水、地下水控制、基坑及周边环境监测、施工条件验收和应急预案准备等工作的验收，合格后方可进行土石方开挖。

9.1.2 在土石方工程开挖施工中，应定期测量和校核设计平面位置、边坡坡率和水平标高。平面控制桩和水准控制点应采取可靠措施加以保护，并应定期检查和复测。土石方不应堆在基坑影响范围内。

9.1.3 土石方开挖的顺序、方法必须与设计工况与施工方案相一致，并应遵循"开槽支撑，先撑后挖，分层开挖，严禁超挖"的原则。

9.1.4 平整后的场地表面坡率应符合设计要求，设计无要求时，沿排水沟方向的坡率不应小于 2‰，平整后的场地表面应逐点检查。土石方工程的标高检查点为每 100m² 取 1 点，且不应少于 10 点；土石方工程的平面几何尺寸（长度、宽度等）应全数检查；土石方工程的边坡为每 20m 取 1 点，且每边不应少于 1 点。土石方工程的表面平整度检查点为每 100m² 取 1 点，且不应少于 10 点。

9.2 土 方 开 挖

9.2.1 施工前应检查支护结构质量、定位放线、排水和地下水控制系统，以及对周边影响范围内地下管线和建（构）筑物保护措施的落实，并应合理安排土方运输车辆的行走路线及弃土场。附近有重要保护设施的基坑，应在土方开挖前对围护体的止水性能通过预降水进行检验。

9.2.2 施工中应检查平面位置、水平标高、边坡坡率、压实度、排水系统、地下水控制系统、预留土墩、分层开挖厚度、支护结构的变形，并随时观测周围环境变化。

9.2.3 施工结束后应检查平面几何尺寸、水平标高、边坡坡率、表面平整度和基底土性等。

9.2.4 临时性挖方工程的边坡坡率允许值应符合表 9.2.4 的规定或经设计计算确定。

表 9.2.4 临时性挖方工程的边坡坡率允许值

序	土的类别		边坡坡率（高：宽）
1	砂土	不包括细砂、粉砂	1:1.25~1:1.50
2	黏性土	坚硬	1:0.75~1:1.00
		硬塑、可塑	1:1.00~1:1.25
		软塑	1:1.50 或更缓
3	碎石土	充填坚硬黏土、硬塑黏土	1:0.50~1:1.00
		充填砂土	1:1.00~1:1.50

注：1 本表适用于无支护措施的临时性挖方工程的边坡坡率。

2 设计有要求时，应符合设计标准。

3 本表适用于地下水位以上的土层。采用降水或其他加固措施时，可不受本表限制，但应计算复核。

4 一次开挖深度，软土不应超过 4m，硬土不应超过 8m。

9.2.5 土方开挖工程的质量检验标准应符合表 9.2.5-1~表

9.2.5-4 的规定。

表 9.2.5-1 柱基、基坑、基槽土方开挖工程的质量检验标准

项	序	项 目	允许值或允许偏差		检查方法
			单位	数值	
主控项目	1	标高	mm	0 −50	水准测量
	2	长度、宽度(由设计中心线向两边量)	mm	+200 −50	全站仪或用钢尺量
	3	坡率	设计值		目测法或用坡度尺检查
一般项目	1	表面平整度	mm	±20	用2m靠尺
	2	基底土性	设计要求		目测法或土样分析

表 9.2.5-2 挖方场地平整土方开挖工程的质量检验标准

项	序	项 目	允许值或允许偏差			检查方法
			单位	数值		
主控项目	1	标高	mm	人工	±30	水准测量
				机械	±50	
	2	长度、宽度(由设计中心线向两边量)	mm	人工	+300 −100	全站仪或用钢尺量
				机械	+500 −150	
	3	坡率	设计值			目测法或用坡度尺检查
一般项目	1	表面平整度	mm	人工	±20	用2m靠尺
				机械	±50	
	2	基底土性	设计要求			目测法或土样分析

表 9.2.5-3 管沟土方开挖工程的质量检验标准

项	序	项 目	允许值或允许偏差		检查方法
			单位	数值	
主控项目	1	标高	mm	0 −50	水准测量
	2	长度、宽度(由设计中心线向两边量)	mm	+100 0	全站仪或用钢尺量
	3	坡率	设计值		目测法或用坡度尺检查
一般项目	1	表面平整度	mm	±20	用2m靠尺
	2	基底土性	设计要求		目测法或土样分析

· 71 ·

表 9.2.5-4 地(路)面基层土方开挖工程的质量检验标准

项	序	项 目	允许值或允许偏差		检查方法
			单位	数值	
主控项目	1	标高	mm	0 −50	水准测量
	2	长度、宽度(由设计中心线向两边量)	设计值		全站仪或用钢尺量
	3	坡率	设计值		目测法或用坡度尺检查
一般项目	1	表面平整度	mm	±20	用2m靠尺
	2	基底土性	设计要求		目测法或土样分析

注:地(路)面基层的偏差只适用于直接在挖、填土上做地(路)面的基层。

9.3 岩质基坑开挖

9.3.1 施工前应检查支护结构质量、定位放线、爆破器材(购置、运输、储存和使用)、排水和地下水控制系统、起爆设备和检测仪表,以及对周边影响范围内地下管线和建(构)筑物保护措施的落

实情况,并应合理安排土石方运输车辆的行走路线及弃土场。

9.3.2 施工中应检查平面位置、平面尺寸、水平标高、边坡坡率、分层开挖厚度、排水系统、地下水控制系统、支护结构的变形等,并应随时对周围环境观测和监测。采用爆破施工时,爆前应检查爆破装药和爆破网路等,并应加强环境监测。

9.3.3 施工结束后应检查平面几何尺寸、水平标高、边坡坡率、表面平整度、基底岩(土)情况和承载力以及基底处理情况。岩质基坑基底处理无设计规定时,应符合下列规定:

1 岩层基底应清除岩面松碎石块、淤泥、苔藓,凿出新鲜岩面,表面应冲洗干净。倾斜岩层应将岩面凿平或凿成台阶,满足施工组织设计要求。

易风化的岩层基底,应按基础尺寸凿除已风化的表面岩层。在砌筑基础时应边砌边回填封闭,且应满足施工组织设计要求。

2 泉眼可用堵塞或排引的方法处理。

9.3.4 柱基、基坑、基槽、管沟岩质基坑开挖工程的质量检验标准应符合表 9.3.4 的规定。

表 9.3.4 柱基、基坑、基槽、管沟岩质基坑开挖工程的质量检验标准

项	序	项 目	允许值或允许偏差		检查方法
			单位	数值	
主控项目	1	标高	mm	0 −200	水准测量
	2	长度、宽度(由设计中心线向两边量)	mm	+200 0	全站仪或用钢尺量
	3	坡率	设计值		目测法或用坡度尺检查
一般项目	1	表面平整度	mm	±100	用2m靠尺
	2	基底岩(土)质	设计要求		目测法或岩(土)样分析

注:柱基、基坑、基槽、管沟应将炸松的石渣清除后检查。

9.3.5 挖方场地平整岩土开挖工程的质量检验标准应符合表 9.3.5 的规定。

表 9.3.5 挖方场地平整岩土开挖工程的质量检验标准

项	序	项 目	允许值或允许偏差		检查方法
			单位	数值	
主控项目	1	标高	mm	+100 −300	水准测量
	2	长度、宽度(由设计中心线向两边量)	mm	+400 −100	全站仪或用钢尺量
	3	坡率	设计值		目测法或用坡度尺检查
一般项目	1	表面平整度	mm	±100	用2m靠尺
	2	基底岩(土)质	设计要求		目测法或岩(土)样分析

注:场地平整应在整平完成后检查。

9.4 土石方堆放与运输

9.4.1 施工前应对土石方平衡计算进行检查,堆放与运输应满足施工组织设计要求。

9.4.2 施工中应检查安全文明施工、堆放位置、堆放的安全距离、堆土的高度、边坡坡率、排水系统、边坡稳定、防扬尘措施等内容,并应满足设计或施工组织设计要求。

9.4.3 在基坑(槽)、管沟等周边堆土的堆载限值和堆载范围应符合基坑围护设计要求,严禁在基坑(槽)、管沟、地铁及建构(筑)物周边影响范围内堆土。对于临时性堆土,应视挖方边坡处的土质情况、边坡坡率和高度,检查堆放的安全距离,确保边坡稳定。在挖方下侧堆土时应将土堆表面平整,其顶面高程应低于相邻挖方场地设计标高,保持排水畅通,堆土边坡坡率不宜大于1:1.5。在河岸处堆土时,不得影响河堤的稳定和排水,不得阻塞污染河道。

9.4.4 施工结束后,应检查堆土的平面尺寸、高度、安全距离、边坡坡率、排水、防扬尘措施等内容,并应满足设计或施工组织设计

8—23

要求。

9.4.5 土石方堆放工程的质量检验标准应符合表 9.4.5 的规定。

表 9.4.5 土石方堆放工程的质量检验标准

项	序	项 目	允许值或允许偏差		检查方法
			单位	数值	
主控项目	1	总高度		不大于设计值	水准测量
	2	长度、宽度		设计值	全站仪或用钢尺量
	3	堆放安全距离		设计值	全站仪或用钢尺量
	4	坡率		设计值	目测法或用坡度尺检查
一般项目	1	防扬尘		满足环境保护要求或施工组织设计要求	目测法

9.5 土石方回填

9.5.1 施工前应检查基底的垃圾、树根等杂物清除情况，测量基底标高、边坡坡率，检查验收基础外墙防水层和保护层等。回填料应符合设计要求，并应确定回填料含水量控制范围、铺土厚度、压实遍数等施工参数。

9.5.2 施工中应检查排水系统，每层填筑厚度、辗迹重叠程度、含水量控制、回填土有机质含量、压实系数等。回填施工的压实系数应满足设计要求。当采用分层回填时，应在下层的压实系数经试验合格后进行上层施工。填筑厚度及压实遍数应根据土质、压实系数及压实机具确定。无试验依据时，应符合表 9.5.2 的规定。

表 9.5.2 填土施工时的分层厚度及压实遍数

压实机具	分层厚度(mm)	每层压实遍数
平碾	250~300	6~8
振动压实机	250~350	3~4
柴油打夯	200~250	3~4
人工打夯	<200	3~4

9.5.3 施工结束后，应进行标高及压实系数检验。

9.5.4 填方工程质量检验标准应符合表 9.5.4-1、表 9.5.4-2 的规定。

表 9.5.4-1 柱基、基坑、基槽、管沟、地(路)面基础层填方工程质量检验标准

项	序	项 目	允许值或允许偏差		检查方法
			单位	数值	
主控项目	1	标高	mm	0 −50	水准测量
	2	分层压实系数		不小于设计值	环刀法、灌水法、灌砂法
一般项目	1	回填土料		设计要求	取样检查或直接鉴别
	2	分层厚度		设计值	水准测量及抽样检查
	3	含水量		最优含水量±2%	烘干法
	4	表面平整度		±20	用2m靠尺
	5	有机质含量		≤5%	灼烧减量法
	6	辗迹重叠长度	mm	500~1000	用钢尺量

表 9.5.4-2 场地平整填方工程质量检验标准

项	序	项 目	允许值或允许偏差			检查方法
			单位	数值		
主控项目	1	标高	mm	人工	±30	水准测量
				机械	±50	
	2	分层压实系数		不小于设计值		环刀法、灌水法、灌砂法
一般项目	1	回填土料		设计要求		取样检查或直接鉴别
	2	分层厚度		设计值		水准测量及抽样检查
	3	含水量		最优含水量±4%		烘干法
	4	表面平整度	mm	人工	±20	用2m靠尺
				机械	±30	
	5	有机质含量		≤5%		灼烧减量法
	6	辗迹重叠长度	mm	500~1000		用钢尺量

10 边坡工程

10.1 一般规定

10.1.1 锚杆(索)、挡土墙等可根据与施工方式一致且便于控制施工质量的原则，按支护类型、施工缝或施工段划分若干检验批。

10.1.2 对边坡工程的质量验收，应在钢筋、混凝土、预应力锚杆、挡土墙等验收合格的基础上，进行质量控制资料的检查及感观质量验收，并对涉及结构安全的材料、试件、施工工艺和结构的重要部位进行见证检测或结构实体检验。

10.1.3 边坡工程应进行监控量测。

10.2 喷锚支护

10.2.1 施工前应检验锚杆(索)锚固段注浆(砂浆)所用的水泥、细骨料、矿物、外加剂等主要材料的质量。同时应检验锚杆材质的接头质量，同一截面锚杆的接头面积不应超过锚杆总面积的25%。

10.2.2 施工中应检验锚杆(索)锚固段注浆(砂浆)配合比、注浆(砂浆)质量、锚杆(索)锚固段长度和强度、喷锚混凝土强度等。

10.2.3 锚杆(索)在下列情况应进行基本试验，试验数量不应少于3根，试验方法应按现行国家标准《建筑边坡工程技术规范》GB 50330 的规定执行：

1 当设计有要求时；
2 采用新工艺、新材料或新技术的锚杆(索)；
3 无锚固工程经验的岩土层内的锚杆(索)；
4 一级边坡工程的锚杆(索)。

10.2.4 施工结束后应进行锚杆验收试验，试验的数量应为锚杆总数的5%，且不应少于5根。同时应检验预应力锚杆(索)锚固后的外露长度。预应力锚杆(索)拉张的时间应按照设计要求，当无设计要求时应待注浆固结体强度达到设计强度的90%后再进行张拉。

10.2.5 边坡喷锚质量检验标准应符合表 10.2.5 的规定。

表 10.2.5 边坡喷锚质量检验标准

项	序	检查项目	允许值或允许偏差		检查方法
			单位	数值	
主控项目	1	锚杆承载力		不小于设计值	锚杆拉拔试验
	2	锚杆(索)锚固长度	mm	±50	用钢尺量(差值法)：每孔测1点
	3	喷锚混凝土强度		不小于设计值	28d试块强度
	4	预应力锚杆(索)的张拉力、锚固力		不小于设计值	拉拔试验
一般项目	1	锚孔位置	mm	≤50	用钢尺量：每孔测1点
	2	锚孔孔径	mm	±20	用钢尺量：每孔测1点
	3	锚孔倾角	°	≤1	导杆法：每孔测1点
	4	锚孔深度		不小于设计值	用钢尺量：每孔测1点
	5	锚杆(索)长度	mm	±50	用钢尺量：每孔测1点
	6	预应力锚杆(索)张拉伸长量		±6%	用钢尺量
	7	锚固段注浆体强度		不小于设计值	28d试块强度
	8	泄水孔直径、孔深	mm	±3	用钢尺量
	9	预应力锚杆(索)锚固后的外露长度	mm	≥30	用钢尺量
	10	钢束断丝滑丝数		≤1%	目测法、用钢尺量：每根(束)

10.3 挡 土 墙

10.3.1 施工前,应检验墙背填筑所用填料的重度、强度,同时应检验墙身材料的物理力学指标。

10.3.2 施工中应进行验槽,并检验墙背填筑的分层厚度、压实系数,挡土墙埋置深度,基础宽度、排水系统、泄水孔(沟)、反滤层材料级配及位置。重力式挡土墙的墙身为混凝土时,应检验混凝土的配合比、强度。

10.3.3 施工结束后,应检验重力式挡土墙砌体墙面质量、墙体高度、顶面宽度、砌缝、勾缝质量,结构变形缝的位置、宽度,泄水孔的位置、坡率等。

10.3.4 挡土墙质量检验标准应符合表10.3.4的规定。

表10.3.4 挡土墙质量检验标准

项目	序号	检查项目		允许值或允许偏差		检查方法
				单位	数值	
主控项目	1	挡土墙埋置深度				经纬仪测量
	2	墙身材料强度	石材	MPa	≥30	点荷载试验(石材)、试块强度(混凝土)
			混凝土	不小于设计值		
	3	分层压实系数		不小于设计值		环刀法
一般项目	1	平面位置		mm	≤50	全站仪测量
	2	墙身、压顶断面尺寸		不小于设计值		用钢尺量:每一缝段测3个断面,每断面测2点
	3	压顶顶面高程		mm	±10	水准测量:每一缝段测3点
	4	墙背加筋材料强度、延伸率		不小于设计值		拉伸试验
	5	泄水孔尺寸		mm	±3	用钢尺量:每一缝段测3点
	6	泄水孔的坡度		设计值		
	7	伸缩缝、沉降缝宽度		mm	+20 0	用钢尺量:每一缝段测3点
	8	轴线位置		mm	≤30	经纬仪测量:每一缝段纵横各测2点
	9	墙面倾斜率		≤0.5%		线锤测量:每一缝段测3点
	10	墙表面平整度(混凝土)		mm	±10	2m直尺、塞尺量:每一缝段测3点

10.4 边坡开挖

10.4.1 施工前应检查平面位置、标高、边坡坡率、降排水系统。

10.4.2 施工中,应检验开挖的平面尺寸、标高、坡率、水位等。

10.4.3 预裂爆破或光面爆破的岩质边坡的坡面上宜保留炮孔痕迹,残留炮孔痕迹保存率不应小于50%。

10.4.4 边坡开挖施工应检查监测和监控系统,监测、监控方法应按现行国家标准《建筑边坡工程技术规范》GB 50330的规定执行。在采用爆破施工时,应加强环境监测。

10.4.5 施工结束后,应检验边坡坡率、坡底标高、坡面平整度等。

10.4.6 边坡开挖质量检验标准应符合表10.4.6的规定。

表10.4.6 边坡开挖质量检验标准

项目	序号	检查项目		允许值或允许偏差		检查方法
				单位	数值	
主控项目	1	坡率		设计值		目测法或用坡度尺检查:每20m抽查1处
	2	坡底标高		mm	±100	水准测量
一般项目	1	坡面平整度	土坡	mm	±200	3m直尺测量:每20m测1处
			岩坡	mm	软岩±200 硬岩±350	
	2	平台宽度	土坡	mm	+200 0	用钢尺量
			岩坡	mm	软岩+300; 硬岩+500	
	3	坡脚线偏位	土坡	mm	+500 -100	经纬仪测量:每20m测2点
			软岩	mm	软岩+500 -200	
			岩坡	mm	硬岩+800 -250	

附录A 地基与基础工程验槽

A.1 一 般 规 定

A.1.1 勘察、设计、监理、施工、建设等各方相关技术人员应共同参加验槽。

A.1.2 验槽时,现场应具备岩土工程勘察报告、轻型动力触探记录(可不进行轻型动力触探的情况除外)、地基基础设计文件、地基处理或深基础施工质量检测报告等。

A.1.3 当设计文件对基坑坑底检验有专门要求时,应按设计文件要求进行。

A.1.4 验槽应在基坑或基槽开挖至设计标高后进行,对留置保护土层时其厚度不应超过100mm;槽底应为无扰动的原状土。

A.1.5 遇到下列情况之一时,尚应进行专门的施工勘察。

1 工程地质与水文地质条件复杂,出现详勘阶段难以查清的问题时;

2 开挖基槽发现土质、地层结构与勘察资料不符时;

3 施工中地基受严重扰动,天然承载力减弱,需进一步查明其性状及工程性质时;

4 开挖后发现需要增加地基处理或改变基础型式,已有勘察资料不能满足需求时;

5 施工中出现新的岩土工程或工程地质问题,已有勘察资料不能充分判别新情况时。

A.1.6 进行过施工勘察时,验槽时要结合详勘和施工勘察成果进行。

A.1.7 验槽完毕填写验槽记录或检验报告,对存在的问题或异常情况提出处理意见。

A.2 天然地基验槽

A.2.1 天然地基验槽应检验下列内容:

1 根据勘察、设计文件核对基坑的位置、平面尺寸、坑底标高;

2 根据勘察报告核对基坑底、坑边岩土体和地下水情况;

3 检查空穴、古墓、古井、暗沟、防空掩体及地下埋设物的情况,并应查明其位置、深度和性状;

4 检查基坑底土质的扰动情况以及扰动的范围和程度;

5 检查基坑底土质受到冰冻、干裂、受水冲刷或浸泡等扰动情况,并应查明影响范围和深度。

A.2.2 在进行直接观察时,可用袖珍式贯入仪或其他手段作为验槽辅助。

A.2.3 天然地基验槽前应在基坑或基槽底普遍进行轻型动力触探检验,检验数据作为验槽依据。轻型动力触探应检查下列内容:

1 地基持力层的强度和均匀性;

2 浅埋软弱下卧层或浅埋突出硬层;

3 浅埋的会影响地基承载力或基础稳定性的古井、墓穴和空洞等。

轻型动力触探采用机械自动化实施,检验完毕后,触探孔位处应灌砂填实。

A.2.4 采用轻型动力触探进行基槽检验时,检验深度及间距应按表A.2.4执行。

表A.2.4 轻型动力触探检验深度及间距(m)

排列方式	基坑或基槽宽度	检验深度	检验间距
中心一排	<0.8	1.2	一般1.0m～1.5m,出现明显异常时,需加密至足够掌握异常边界
两排错开	0.8～2.0	1.5	
梅花型	>2.0	2.0	

注:对于设置有抗拔桩或抗拔锚杆的天然地基,轻型动力触探点间距可根据抗拔桩或抗拔锚杆的布置进行适当调整;在土层分布均匀部位只在抗拔桩或抗拔锚杆间距中心布点,对土层不太均匀部位以掌握土层不均匀情况为目的,参照上表间距布点。

A.2.5 遇下列情况之一时,可不进行轻型动力触探:

1 承压水头可能高于基坑底面标高,触探可造成冒水涌砂时;

2 基础持力层为砾石层或卵石层,且基底以下砾石层或卵石层厚度大于1m时;

3 基础持力层为均匀、密实砂层,且基底以下厚度大于1.5m时。

A.3 地基处理工程验槽

A.3.1 设计文件有明确地基处理要求的,在地基处理完成、开挖至基底设计标高后进行验槽。

A.3.2 对于换填地基、强夯地基,应现场检查处理后的地基均匀性、密实度等检测报告和承载力检测资料。

A.3.3 对于增强体复合地基,应现场检查桩位、桩头、桩间土情况和复合地基施工质量检测报告。

A.3.4 对于特殊土地基,应现场检查处理后地基的湿陷性、地震液化、冻土保温、膨胀土隔水、盐渍土改良等方面的处理效果检测资料。

A.3.5 经过地基处理的地基承载力和沉降特性,应以处理后的检测报告为准。

A.4 桩基工程验槽

A.4.1 设计计算中考虑桩筏基础、低桩承台等桩间土共同作用时,应在开挖清理到设计标高后对桩间土进行检验。

A.4.2 对人工挖孔桩,应在桩孔清理完毕后,对桩端持力层进行检验。对大直径挖孔桩,应逐孔检验孔底的岩土情况。

A.4.3 在试桩或桩基施工过程中,应根据岩土工程勘察报告对出现的异常情况、桩端岩土层的起伏变化及桩周岩土层的分布进行判别。

本标准用词说明

1 为便于在执行本标准条文时区别对待,对要求严格程度不同的用词说明如下:

1)表示很严格,非这样做不可的:

正面词采用"必须",反面词采用"严禁";

2)表示严格,在正常情况下均应这样做的:

正面词采用"应",反面词采用"不应"或"不得";

3)表示允许稍有选择,在条件许可时首先应这样做的:

正面词采用"宜",反面词采用"不宜";

4)表示有选择,在一定条件下可以这样做的,采用"可"。

2 条文中指明应按其他有关标准执行的写法为:"应符合……的规定"或"应按……执行"。

引用标准名录

《混凝土结构工程施工质量验收规范》GB 50204

《钢结构工程施工质量验收规范》GB 50205

《地下防水工程质量验收规范》GB 50208

《建筑工程施工质量验收统一标准》GB 50300

《建筑边坡工程技术规范》GB 50330

《钢结构焊接规范》GB 50661

《焊接 H 型钢》YB 3301

中华人民共和国国家标准

建筑地基基础工程施工质量验收标准

GB 50202—2018

条 文 说 明

编 制 说 明

《建筑地基基础工程施工质量验收标准》GB 50202—2018，经住房城乡建设部 2018 年 3 月 16 日以 2018 第 23 号公告批准发布。

本标准是在《建筑地基基础施工质量验收规范》GB 50202—2002 的基础上修订而成，上一版的主编单位是上海市基础工程集团有限公司，参编单位是中国建筑科学研究院地基所、中港三航设计研究院、建设部综合勘察研究设计院、同济大学，主要起草人员是桂业琨、叶柏荣、吴春林、李耀刚、李耀良、陈希泉、高宏兴、郭书泰、缪俊发、李康俊、邱式中、钱建敏、刘德林。

本标准制定过程中，编制组进行了广泛的调查和研究，总结了近年来我国建筑地基基础工程的实际应用经验，同时参考了国外先进技术标准，通过广泛征求有关方面意见，并协调相关标准，对建筑地基基础工程施工质量的验收作出了具体规定。

为便于广大设计、施工、科研、学校等单位有关人员在使用本标准时能正确理解和执行条文规定，《建筑地基基础工程施工质量验收标准》编制组按章、节、条顺序编制了本标准的条文说明，对条文规定的目的、依据以及执行中需注意的有关事项进行了说明，还着重对强制性条文的强制性理由作了解释。但是，本条文说明不具备与标准正文同等的法律效力，仅供使用者作为理解和把握标准规定的参考。

目　　次

1 总 则

1.0.3 地基基础工程内容涉及砌体、混凝土、钢结构、地下防水工程以及桩基检测等有关内容，验收时除应符合本标准的规定外，尚应符合现行国家相关标准的规定。

3 基 本 规 定

3.0.1 根据地基基础工程验收阶段的不同，施工质量验收的程序也有所不同。

施工单位应在自检合格的基础上，填写《检验批质量验收记录》，并由项目质量检验员或项目专业技术负责人在《检验批质量验收记录》中相关栏签字，检验批应由专业监理工程师组织施工单位专业质量检查员、专业工长等进行验收。

分项工程应由专业监理工程师组织施工单位项目专业技术负责人等进行验收。

分部工程应由总监理工程师组织施工单位项目负责人和项目技术负责人等进行验收。

单位工程验收，施工单位应编制单位工程《施工质量总结》，由总监理工程师组织各专业监理工程师对工程质量进行验收。

3.0.2 本条给出了验收时需要提供的材料，验收材料应提交齐全。

1 岩土工程勘察报告包含岩土工程勘察报告、补勘或施工勘察报告等资料；

2 设计文件包含设计图纸、设计变更单以及相关的设计文件资料；

5 施工记录的资料包含施工技术核定单、施工意外情况的处理意见及检验资料；

7 隐蔽工程验收资料中包含地基验槽记录、钢筋验收记录等隐蔽工程验收资料；

8 检测与检验报告包含原材料、构配件等的检测及检验报告。

3.0.3 表格可按本标准相关章节的质量检验标准进行制作，并在施工及验收过程中进行记录，经过校审之后，按规定做好存档工作。

3.0.4 验槽是在基坑或基槽开挖至坑底设计标高后，检验地基是否符合要求的活动。验槽的目的是为了探明基坑或基槽的土质情况等，据此判断异常地基础是否需要进行局部处理、原钻探是否需补充、原基础设计是否需修正，同时是否应对自己所接受的资料和工程的外部环境进行再次确认等。验槽是地基基础工程施工前期重要的检查工序，是关系到整个建筑安全的关键，对每一个基坑或基槽，都必须进行验槽。

3.0.5 建筑地基基础工程的施工质量对整个工程的安全稳定具有十分重要的意义，验收的合格与否主要取决于主控项目和一般项目的检验结果。主控项目是对检验批的基本质量起决定性影响的关键项目，这种项目的检验结果具有否决权，需要特别控制，因此要求主控项目必须全部符合本标准的规定，意味着主控项目不允许有不符合要求的检验结果。

本标准主控项目中桩长(孔深)的规定为不小于设计值，但当桩端下存在软弱下卧层或承压含水层等特殊土层时，桩长过长会造成软弱下卧层承载力不足、沉降较大或对抗承压水稳定性等，造

成不利影响，因此桩长(孔深)的允许偏差宜控制在500mm以内，不宜过长(深)。

一般项目是较关键项目，相对于主控项目可以允许在抽查的数量里有20%的不合格率。对采用计数检验的一般项目，本标准要求其合格率为80%及以上，且在允许存在的20%以下的不合格点中不得有严重缺陷。严重缺陷是指对结构构件的受力性能、耐久性能或安装要求、使用功能有决定性影响的缺陷。具体的缺陷严重程度一般很难量化确定，通常需要现场监理、施工单位根据专业知识和经验分析判断。

3.0.6 本条是针对本标准中有关项目检查数量的规定，有些检验项目在条文中已经有了规定，有些没有明确指出数量的要求。本标准有具体的规定时，按照相应的条款执行，没有规定的时候，按照检验批进行抽检。现行国家标准《建筑工程施工质量验收统一标准》GB 50300针对检验批的划分给出了具体的规定，同时也根据检验批的不同数量给出了最小的抽检数量要求，在具体进行抽检的过程中，可以结合现行国家标准《建筑工程施工质量验收统一标准》GB 50300中规定的数量进行抽检。

4 地 基 工 程

4.1 一 般 规 定

4.1.1 地基工程施工质量验收考虑间歇期是因为地基土的密实、孔隙水压力的消散、水泥或化学浆液的胶结、土体结构恢复等均需有一个期限，施工结束后立即进行质量验收存在不符合实际的可能。至于间歇多长时间，在各类地基标准中均有规定，具体可由设计人员根据实际情况确定。有些大工程施工周期较长，一部分已达到间歇要求，另一部分仍在施工，就不一定待全部工程施工结束后再进行取样检查，可先在已完工程部位进行，但是否有代表性应由设计方确定。

4.1.2 静载试验的压板面积对处理地基检验的深度有一定影响，本条提出各种地基静载试验压板面积的最低要求，工程应用时应根据具体情况确定。

4.1.3 地基承载力特征值有如下两种取值方式：当极限荷载不小于对应的比例界限的2倍时，承载力特征值可取比例界限；当其值小于对应比例界限的2倍时，可取极限荷载的一半。因此根据上述的取值原则，地基承载力特征值小于或等于0.5倍的极限荷载，为了能够准确地反映实际的地基承载力特征值，静载试验最大加载量不应小于设计要求的承载力特征值的2倍。试验过程中无法加到2倍地基就破坏，说明地基承载力不符合设计要求。

4.1.4 本条所列的地基均不是复合地基，由于各地各设计单位的习惯和经验不同，对地基处理后的质量检验指标均不一样，可以选用静力触探、标准贯入、动力触探、十字板剪切和静载试验等方法进行检验。对此，本条用何指标不予规定，应按设计要求而定。地基处理的质量好坏，最终体现在这些指标中。各种指标的检验方法可按现行行业标准《建筑地基处理技术规范》JGJ 79的规定执行。

4.1.5 对砂石桩、高压喷射注浆桩、水泥土搅拌桩、土和灰土挤密桩、水泥粉煤灰碎石桩、夯实水泥土桩等复合地基，桩是主要施工对象，应检验桩和复合地基的质量，检验方法可按现行行业标准《建筑地基处理技术规范》JGJ 79的规定执行。

4.1.6 本标准第4.1.4条、第4.1.5条规定的各类地基的主控项目及数量是至少应达到的，其他主控项目及检验数量可按国家现行标准和设计要求确定，一般项目可根据实际情况，随时抽查，做好记录。复合地基中的桩的施工质量是主要的，应保证20%的抽查量。

4.1.7 本条强调了地基处理工程的验收检验方法的确定，必须通

过对岩土工程勘察报告、地基基础设计及地基加固设计资料的分析，了解施工工艺和施工中出现的异常情况等后确定。

地基工程的验收内容主要包括地基承载力、变形指标、原材料的验收、各项施工参数及岩土性状评价等，检查方法可选择静载试验、钻芯法、标准贯入试验、动力触探试验、静力触探试验、十字板剪切试验、土工试验、低应变等。但考虑到每项检验方法都有其适用性及局限性，例如钻芯法检验桩身强度时，抽芯技术的不同，采芯率也随之不同，又比如低应变检测时，不论缺陷的类型如何，其综合表现均为桩的阻抗变小，而对缺陷的性质难以区分。因此，本条规定，对检验方法的适用性以及该方法对地基处理的处理效果评价的局限性应有足够认识，当采用一种检验方法检测结果存在不确定性时，应结合其他检验方法进行综合判断。

4.2 素土、灰土地基

4.2.1 素土和灰土的土料宜用黏土、粉质黏土。严禁采用冻土、膨胀土和盐渍土等活动性较强的土料。需要时也可采用水泥替代灰土中的石灰。

4.2.2 验槽发现有软弱土层或孔穴时，应挖除并用素土或灰土分层填实。最优含水量可通过击实试验确定。灰土的最大虚铺厚度可参考表1所列数值。

表 1 灰土最大虚铺厚度

序	夯实机具	质量(t)	最大虚铺厚度(mm)	备 注
1	石夯、木夯	0.04~0.08	200~250	人力送夯，落距400mm~500mm，每遍搭接半夯
2	轻型夯实机械		200~250	蛙式或柴油打夯机
3	压路机	机重6~10	200~300	双轮

4.3 砂和砂石地基

4.3.1 原材料宜用中砂、粗砂、砾砂、碎石（卵石）、石屑。采用细砂时应掺入碎石或卵石，掺量按设计规定。

4.3.2 砂和砂石地基每层铺筑厚度及施工含水量可参考表2所列数值。

表 2 砂和砂石地基每层铺筑厚度及施工含水量

序	压实方法	每层铺筑厚度(mm)	施工含水量(%)	施工说明	备 注
1	平振法	200~250	15~20	用平板式振捣器往复振捣	不宜使用干细砂或含泥量较大的砂所铺筑的砂地基
2	插振法	振捣器插入深度	饱和	(1)用插入式振捣器；(2)插入点距可根据机械振幅大小决定；(3)不应插至下卧黏性土层；(4)插入振捣完毕后，所留的孔洞应用砂填实	不宜使用细砂或含泥量较大的砂所铺筑的地基
3	水撼法	250	饱和	(1)注水高度应超过每次铺筑面层；(2)用钢叉摇撼插入点距为100mm；(3)钢叉摇撼插入点距为100mm，齿的间距80mm，长300mm，木柄长90mm	
4	夯实法	150~200	8~12	(1)用木夯或机械夯；(2)木夯重40kg，落距400mm~500mm；(3)一夯压半夯全面夯实	
5	碾压法	250~350	8~12	6t~12t压路机往复碾压	适用于大面积的砂和砂石地基

注：在地下水位以下的地基，其最下层的铺筑厚度可比上表增加50mm。

4.4 土工合成材料地基

4.4.1 土工合成材料的品种与性能及填料，应根据工程特性和地基土质条件，按照国家现行标准《土工合成材料应用技术规范》GB/T 50290的要求，通过设计计算并进行现场试验后确定。土工合成材料应采用抗拉强度较高、耐久性好、抗腐蚀的土工带、土工格栅、土工格室、土工垫或土工织物等土合成材料。填料宜用碎石、角砾、砾砂、粗砂、中砂等材料，且不宜含氯化钙、碳酸钠、硫化物等化学物质。当工程要求垫层具有排水功能时，垫层材料应具有良好的透水性。

4.4.2 土工合成材料如用缝接法或胶接法连接，应保证主要受力方向的连接强度不低于所采用材料的抗拉强度。在地基土层表面铺设土合成材料时，保证地基土层顶面平整，防止土工合成材料被刺穿、顶破。

4.5 粉煤灰地基

4.5.1 粉煤灰可分为湿排灰和调湿灰。粉煤灰填筑材料应选用Ⅲ级以上粉煤灰，严禁混入生活垃圾及其他有机杂质。用于发电的燃煤常伴生有微量放射性同位素，因而粉煤灰亦有时有弱放射性。作为建筑物垫层的粉煤灰应按照现行国家标准《建筑材料产品及建筑用工业废渣放射性物质控制要求》GB 6763和《建筑材料放射性核素限量》GB 6566的有关规定作为安全使用的标准。粉煤灰含碱性物质，回填后碱化成分在地下水中溶出，使地下水具弱碱性，因此应考虑其对地下水的影响并应对粉煤灰垫层中的金属构件、管网采取一定的防护措施。粉煤灰材料可用电厂排出的硅铝型低钙粉煤灰。

4.5.2 粉煤灰填筑的施工参数宜试验后确定。每摊铺一层后，先用推土机预压2遍，然后用压路机碾压，施工时压轮重叠1/2~1/3轮宽，往复碾压4遍~6遍。

粉煤灰分层碾压验收后，应及时铺填上层或封层，防止干燥或扰动使碾压层松胀密实度下降及扬起粉尘污染。

4.6 强 夯 地 基

4.6.1 为避免强夯振动对周边设施的影响，施工前必须对附近建筑物进行调查，必要时采取相应的防振或隔振措施。施工时应由邻近建筑物开始夯击逐渐向远处移动。场地地下水位高，影响施工或夯实效果时，应采取降水或其他技术措施进行处理。

4.6.3 强夯处理后的地基承载力检验，应在施工结束后间隔一定时间进行，对于碎石土和砂土地基，间隔时间宜为7d~14d；粉土和黏性土地基，间隔时间宜为14d~28d。

4.6.4 对强夯地基场地地平整度的检验为强夯处理后的场地平整度。

4.7 注 浆 地 基

4.7.1 由于地质条件的复杂性，针对注浆加固目的，在注浆加固设计前进行室内浆液配比试验和现场注浆试验是十分必要的。浆液配比的选择也应结合现场注浆试验，试验阶段可选择不同浆液配比。现场注浆试验包括注浆方案的可行性试验、注浆孔布置方式试验和注浆工艺试验三方面。可行性试验是当地基条件复杂，难以借助类似工程经验决定采用注浆方案的可行性时进行的试验。一般为保证注浆效果，尚需通过试验寻求以较少的注浆量，最佳注浆方法和最优注浆参数，即在可行性试验基础上进行注浆孔布置方式试验和注浆工艺试验。只有在经验丰富的地区可参考类似工程确定设计参数。常用浆液类型见表3。

水泥为主剂的浆液主要包括水泥浆、水泥砂浆和水泥水玻璃浆。

水泥浆液是地基治理、基础加固工程中常用的一种胶结性好、

表3　常用浆液类型

浆　　液		浆液类型
粒状浆液(悬液)	不稳定粒状浆液	水泥浆
		水泥砂浆
	稳定粒状浆液	黏土浆
		水泥黏土浆
化学浆液(溶液)	无机浆液	硅酸盐
	有机浆液	环氧树脂类
		甲基丙烯酸酯类
		丙烯酰胺类
		其他

结石强度高的注浆材料,一般施工要求水泥浆的初凝时间既能满足浆液设计的扩散要求,又不至于被地下水冲走,对渗透系数大的地基还需尽可能缩短初、终凝时间。

地层中有较大裂隙、溶洞,耗浆量很大或有地下水活动时,宜采用水泥砂浆,水泥砂浆由水胶比不大于1.0的水泥浆掺砂配成,与水泥浆相比有稳定性好、抗渗能力强和析水率低的优点,但流动性小,对设备要求较高。

水泥水玻璃浆广泛用于地基、大坝、隧道、桥墩、矿井等建筑工程,其性能取决于水泥浆水胶比、水玻璃浓度和加入量、浆液养护条件。

对填土地基,由于其各向异性,对注浆量和方向不好控制,应采用多次注浆施工,才能保证工程质量。

4.7.2　对化学注浆加固的施工顺序应按设计要求进行,检查时如发现施工顺序与设计要求有异,应及时制止,以确保工程质量。

4.7.3　对水泥为主剂的注浆加固的检测时间有明确的规定,土体强度有一个增长的过程,故验收工作应在施工结束后间隔一定时间进行,对于黄土地基,间隔时间宜为7d~10d;其他地基间隔时间宜为28d。

4.7.4　对注浆加固效果的检验要针对不同地层条件设置相适应的检测方法,并注重注浆前后对比。

4.8　预压地基

4.8.1　软土的固结系数较小,当土层较厚时,达到工作要求的固结度需时较长,为此,对软土预压应设置排水通道,其长度及间距宜根据设计计算确定。

4.8.2　堆载预压必须分级堆载,以确保预压效果并避免坍滑事故。一般以每天的沉降速率、边桩位移速率和孔隙水压力增量等指标控制堆载速率。堆载预压工程的卸载时间应从安全性考虑,其固结度应满足设计要求,现场检测的变形速率应有明显变缓趋势或达到设计要求才能卸载。

真空预压的真空度可一次抽气至最大,当实测沉降速率和固结度符合设计要求时,可停止抽气。降水预压可参考本条。

4.8.3　一般工程在预压结束后,应进行十字板剪切强度或标贯、静力触探试验,但重要建筑物地基应进行承载力检验。如设计有明确规定应按设计要求进行检验。检验深度不应低于设计处理深度。验收检验应在卸载3d~5d后进行。

4.8.4　应对预压的地基土进行原位试验和室内土工试验。加固后地基排水竖井处理深度范围内和竖井底面以下受压土层所完成的竖向变形和平均固结度应满足设计要求。对于以抗滑稳定性控制的重要工程,应在预压区内预留孔位,在堆载不同阶段进行原位十字板剪切试验和取土进行室内土工试验,根据试验结果算下一级荷载地基的抗滑稳定性,同时也检验地基处理效果。

在预压期间应及时整理竖向变形与时间、孔隙水压力与时间等关系曲线,并推算地基的最终竖向变形、不同时间的固结度,以分析地基处理效果,并为确定卸载时间提供依据。地基中不同深度处的固结度可根据实测超孔隙水压力随时间的变化曲线进行确定,地基总固结度可按地基表面不同时间实测变形量与利用实测变形与时间关系曲线推算的最终竖向变形量之比确定。或利用实测变形与时间关系曲线按以下公式推算最终竖向变形量 s_f 和参数 β:

$$s_f = \frac{s_3(s_2 - s_1) - s_2(s_3 - s_2)}{(s_2 - s_1) - (s_3 - s_2)} \qquad (1)$$

$$\beta = \frac{1}{t_2 - t_1}\ln\frac{s_2 - s_1}{s_3 - s_2} \qquad (2)$$

式中 s_1、s_2、s_3 为加荷停止后时间 t_1、t_2、t_3 相应的竖向变形量,并取 $t_2 - t_1 = t_3 - t_2$。停荷后预压时间延续越长,推算的结果越可靠。有了 β 值即可计算出受压土层的平均固结系数,可计算出任意时间的固结度。

利用加载停歇时间的孔隙水压力 u 与时间 t 的关系曲线按下式可计算出参数 β:

$$\frac{u_1}{u_2} = e^{\beta(t_2 - t_1)} \qquad (3)$$

式中 u_1、u_2 为相应时间 t_1、t_2 的实测孔隙水压力值。按公式(3)计算得到的 β 值反映了孔隙水压力测点附近土体的固结速率,而按公式(2)计算的 β 值则反映了受压土层的平均固结速率。

4.9　砂石桩复合地基

4.9.1　振冲地基是砂石桩地基的一种,本次标准修订将振冲地基与砂石桩地基合并。

4.9.2　不同的施工机具及施工工艺用于处理不同的地层会有不同的处理效果,施工前在现场的成桩试验具有重要的意义。通过工艺性试成桩可以确定施工技术参数,数量不应少于2根。

4.10　高压喷射注浆复合地基

4.10.1　高压喷射注浆材料宜采用普通硅酸盐水泥。所用外加剂及掺合料的数量应通过试验确定。

水泥使用前须做质量鉴定,搅拌水泥浆所用水应符合混凝土拌合用水的标准,使用的水泥都应过筛,制备好的浆液不得离析,拌制浆液的简数、外加剂的用量等应有专人记录。外加剂和掺和料的选用及掺量应通过室内配比试验或现场试验确定。水泥浆液的水胶比越小,高压喷射注浆处理地基的强度越高。但水胶比也不宜过小,以免造成喷射困难。

4.10.3　桩体质量及承载力检验应在施工结束后28d进行。

4.11　水泥土搅拌桩复合地基

4.11.1　施工前除了检查水泥及外掺剂的质量、桩位等,还应对搅拌机工作性能及各种计量设备进行检查,计量设备主要是水泥浆流量计及其他计量装置。

4.11.2　对地质条件复杂或重要工程,应通过试成桩确定实际成桩步骤、水泥浆液的水胶比、注浆泵工作流量、搅拌机头下沉或提升速度及复搅速度、测定水泥浆从输送管到达搅拌机喷浆口的时间等工艺参数及成桩工艺。

4.12　土和灰土挤密桩复合地基

4.12.4　原规范主控项目桩体及桩间土要求满足设计要求,本次修订改为桩体填料平均压实系数不小于0.97,其中压实系数最小值不应低于0.93。垫层可采用粗砂或碎石,亦可采用灰土。当采用粗砂或碎石做垫层时,其夯填度应小于或等于0.9;当采用灰土做垫层时,其压实系数应不小于0.95。一般项目桩位允许偏差修改为:对于条形基础的边桩沿轴线方向应为桩径的±1/4,沿垂直轴线方向应为桩径的±1/6,其他情况应为桩径的40%。土和灰土挤密桩用于消除地基湿陷性,地基承载力可不作为主控项目。

4.13 水泥粉煤灰碎石桩复合地基

4.13.1、4.13.2 目前水泥粉煤灰碎石桩桩身混合料大部分采用商品混凝土混合料，但也有少数采用现场搅拌的。当采用现场搅拌混合料时应对入场的水泥、粉煤灰、砂及碎石等原材料进行检验；当采用商品混凝土混合料时应对入场混合料的配合比和坍落度等进行检查。

4.13.4 对水泥粉煤灰碎石桩的垂直度检验标准，原规范中规定为不大于 1.5%，此次修订改为不大于 1%，与现行行业标准《建筑桩基技术规范》JGJ 94 和现行国家标准《建筑地基基础工程施工规范》GB 51004 协调一致。

4.14 夯实水泥土桩复合地基

4.14.4 夯实水泥土桩加固地基的效果，桩身强度起到决定性的作用，因此新增桩身强度作为主控项目进行检查。检查桩体夯填质量用压实系数来衡量更常用。因此把原规范主控项目桩体干密度满足设计要求修改为桩体填料平均压实系数不小于 0.97。

5 基础工程

5.1 一般规定

5.1.2 倾斜角系桩的纵向中心线与铅垂线间的夹角。打(压)入桩包含预制混凝土方桩、先张法预应力管桩、钢桩，本条表中的数值未计及由于降水和基坑开挖等造成的位移，但由于打桩顺序不当，造成挤土而影响已入土桩的位移包括在表列数值中。为此，必须在施工中考虑合适的顺序及打桩速率。布桩密集的基础工程应有必要的措施来减少沉桩的挤土影响。

5.1.3 本条为强制性条文，应严格执行。本条是在原规范强制性条文第 5.1.4 条的基础上修改而成。虽然目前灌注桩的直径和深度均有所增加，但是也会出现短桩数量非常多的情况，按照原规范的要求，混凝土试块的留置数量偏多，此次修订将"小于 50m³ 的桩，每根桩必有 1 组试件"改为"当混凝土浇筑量不足 50m³ 时，每连续浇筑 12h 必须至少留置 1 组试件"，即对于单桩不足 50m³ 的桩无需一桩一试件，数量有所减少。

　　检测单位根据混凝土灌注的体积，结合本条对混凝土试块留置数量的要求进行检验，检验的质量应符合设计要求。可以根据检测单位提供的检测报告对混凝土强度进行验收，满足要求后方可进行后续施工。

5.1.5 工程桩的承载力和桩身完整性，对上部结构的安全稳定具有至关重要的意义，承载力检验是检验桩抗压或抗拔承载力满足设计值，通常采用静载试验确定；桩完整性检验是检验桩身的缩颈、夹泥、空洞、断裂等缺陷情况，通常采用钻芯法、低应变法、声波透射法等方法，要求桩身完整性的检测结果评价应达到Ⅱ类桩以上。

　　检测单位根据总桩数及设计等级，结合本标准第 5.1.6 及第 5.1.7 条对承载力和桩身完整性检验数量的要求进行检验，承载力应符合设计要求，Ⅱ类桩的分类原则为桩身有轻微缺陷，不会影响桩身结构承载力的正常发挥，本条规定桩身完整性应至少满足Ⅱ类桩的评价要求。可以根据检测单位提供的承载力及桩身完整性检测报告对其进行验收，满足要求后方可进行后续施工，对不满足要求的工程桩，可采取补强或补桩措施。

5.1.6 对重要工程(甲级)应采用静载试验检验桩的承载力。工程的分类按现行国家标准《建筑地基基础设计规范》GB 50007 的规定执行。关于静载试验桩的数量，施工区域地质条件单一时，当地又有足够的实践经验，数量可根据实际情况，由设计确定。承载力检验不仅是检验施工的质量，而且也能检验设计是否达到工程

的要求。因此，施工前的试桩如没有破坏又用于实际工程中，可作为验收的依据。非静载试验桩的数量，可按现行行业标准《建筑基桩检测技术规范》JGJ 106 的规定执行。

5.1.7 桩身完整性的检验，可按现行行业标准《建筑基桩检测技术规范》JGJ 106 所规定的方法执行。打入桩制桩的质量容易控制，问题也较易发现，抽查数可较灌注桩少。

5.2 无筋扩展基础

5.2.1 在砌体结构工程施工中，砌筑基础前放线是确定建筑平面尺寸和位置的基础工作，通过校核放线尺寸，达到控制放线精度的目的。

5.2.4 本条所列砖、毛石基础的尺寸偏差，对整个建筑物的施工质量、建筑美观和确保有效使用面积均会产生影响，故施工中对其偏差应予以控制。

5.3 钢筋混凝土扩展基础

5.3.2 钢筋混凝土扩展基础相较于无筋扩展基础而言不受刚性角的控制，这主要得力于基础中的配筋，因此钢筋的质量及数量对钢筋混凝土扩展基础的抗剪切或抗冲切能力有着重要的影响。另外混凝土浇筑的轴线偏差原因主要包括模板表面不平、模板刚度不够、混凝土浇筑时一次投料过多、模板拼缝不严等，因此模板的质量也是验收的重要内容。

5.4 筏形与箱形基础

5.4.2 预埋件大多数是金属构件，在结构中预先留有钢板和锚固筋，能够用来连接结构构件。可以用来作为后续工序固定时用的连接件，一般使用预埋件先要根据图纸进行加工，然后进行测量定位和支设支架等。

　　预埋件在混凝土浇灌前必须经过严格的检查验收，预埋件在使用的时候必须经过复检与最后的固定，经过再次的调整和固定之后，待达到技术要求之后，方可进行后续混凝土的施工。

5.4.5 一般筏形基础与箱形基础体积较大，大体积混凝土结硬化过程中内部热量较难散发，外部表面热量散发较快，内外热胀冷缩过程相应会在混凝土表面产生拉应力。温差大到一定程度，混凝土表面应力超过当时的混凝土极限抗拉强度时，在混凝土表面会产生裂缝，有时甚至是贯穿裂缝。另外，混凝土硬化后随温度降低产生收缩，在受到地基约束的情况下，会产生较大外约束力，当超过当时的混凝土极限抗拉强度时，也会产生裂缝。混凝土的坍落度、配合比、浇筑的分层厚度、坡度对大体积混凝土的热量产生及扩散都有影响，验收时应格外注意。

　　测温点的设置应具有代表性，能全面反映大体积混凝土内各部位的温度，验收时应对测温点的位置进行复核，确保无死角。

5.5 钢筋混凝土预制桩

5.5.4 钢筋混凝土预制桩质量检验标准汇合了预制桩(管桩)成品桩的质量检查验收内容，且对不同的施工方法如锤击打入法、液压沉入法、静力压入法、钻孔植入法均适用。主控项目及一般项目中成品桩质量部分属共同部分，其余对应相关项进行验收。

　　桩基验收条件应符合下列要求：

　　(1)现场桩头清理到位，混凝土灌芯已完成；

　　(2)竣工图等质量控制资料已经监理审查并签署意见；

　　(3)桩位偏差超标等质量问题已有设计书面处理意见；

　　(4)检测报告已出具；

　　(5)桩基子分部已经施工自检合格。

5.6 泥浆护壁成孔灌注桩

5.6.2 泥浆护壁成孔桩的承载力由桩侧摩阻力及桩端阻力构成，孔径等成孔质量直接影响承载力的大小。钢筋笼的刚度影响钢筋笼吊装质量，垫块安装、钢筋笼的安装精度决定着钢筋笼安

装后保护层的厚度是否满足要求。钢筋笼的直径不宜过大也不宜过小，过大会造成保护层厚度不够，过小则会造成灌注桩抗弯能力减弱，不利于结构的安全。

嵌岩桩为端承桩，承载力主要由桩端阻力构成，桩端阻力的发挥与桩端的岩性及嵌岩深径比密切相关，岩石强度越大，硬度越大，嵌岩深度越大，桩端阻力的发挥就越充分，因此验收时对嵌岩桩的桩端岩性及嵌岩深度的检验尤其重要。

5.6.4 泥浆护壁成孔灌注桩的桩径检验标准、垂直度允许偏差及桩位允许偏差应符合表 5.1.4 的规定，其余质量检验标准应符合表 5.6.4 的规定，这样更方便施工现场检查人员使用。桩身完整性按现行行业标准《建筑基桩检测技术规范》JGJ 106 进行检验，采用钻芯法时，大直径嵌岩桩应钻至桩尖下 500mm。

关于垂直度、孔径的检测方法，国内部分地区使用探笼测量，也具有一定的经济性和可行性。

5.7 干作业成孔灌注桩

5.7.1 对于人工挖孔桩而言，施工人员下井进行施工，需配备保证人员安全的措施，主要包括防坠物伤人措施、防塌孔措施、防毒措施及安全逃生措施等。

5.7.4 在现场施工条件允许的条件下，为了增强混凝土质量，应尽量采用低坍落度的混凝土，干作业成孔灌注桩相较于湿作业成孔灌注桩，浇筑条件较为方便，因此采用的坍落度较小。

5.8 长螺旋钻孔压灌桩

5.8.4 长螺旋钻孔压灌桩钢桩位偏差同表 5.1.4 灌注桩桩位偏差的要求，其余质量检验标准应符合表 5.8.4 的规定，这样更方便施工现场检查人员使用。

5.9 沉管灌注桩

5.9.4 桩位偏差同表 5.1.4 灌注桩桩位偏差的要求。沉管灌注桩拔管速度过快会引起桩身缩径甚至断桩，因此规定拔管速度控制在 1.2m/min～1.5m/min 为宜。

5.10 钢 桩

5.10.2 接桩时目前大多数采用电焊连接，焊缝处容易出现裂缝，这主要由于焊接连接时，连接处表面未清理干净，桩端不平整，焊接质量不好，焊缝不连续、不饱满、焊肉中夹有焊渣等杂物；焊接后停顿时间较短，焊缝遇地下水出现脆裂；两节桩不在同一条直线上，接桩处产生曲折，压桩过程中接桩处局部产生集中应力而破坏连接。因此本标准规定需对焊缝的质量（如上下节桩错口、焊缝咬边深度，焊接结束后停歇时间，节点弯曲矢高等）进行验收。

5.11 锚杆静压桩

5.11.2 按照现行国家标准《建筑地基基础设计规范》GB 50007 的规定，锚杆静压桩验收试验用反力装置能够提供最大反力应大于 2 倍的锚杆静压桩承载力特征值，反力装置强度不够，将会带来巨大的安全隐患，因此应对反力装置加强监测。

5.12 岩石锚杆基础

5.12.1～5.12.4 锚杆的抗拔承载力主要由锚固体与土体粘结强度及锚杆与砂浆粘结强度决定，因此在施工前对水泥砂浆、施工中对成孔质量检验至关重要。本标准将锚固体强度作为主控项目，而锚固体强度影响因素主要包括孔径及锚固长度。

5.13 沉井与沉箱

5.13.2 下沉过程中的偏差情况，虽然不作为验收依据，但是偏差太大影响到终沉标高，尤其刚开始下沉时，应严格控制偏差不要过大，否则终沉标高不易控制在要求范围内。下沉过程中的控制，一般可控制四个角，当发生过大的纠偏动作后，要注意检查中心线的偏移。封底结束后，常发生底板与井壁交接处的渗水，地下水丰富地区，混凝土底板未达到一定强度时，还会发生地下水穿孔，造成渗水，渗漏的检验验收可参照现行国家标准《地下防水工程施工质量验收规范》GB 50208 的规定执行。

6 特殊土地基基础工程

6.1 一般规定

6.1.1～6.1.4 特殊土地区施工前应收集当地的气象资料和水文资料，查明地表水的径流、排泄和积聚情况，查明地下水类型、埋藏条件、水质、水位、毛细水上升高度及季节性变化规律。针对特殊土的类型，制定针对性的施工组织设计，避免雨季施工对特殊土地基基础工程施工质量的影响。

6.2 湿陷性黄土

6.2.1 湿陷性黄土场地上的垫层地基，除提高承载力和增加均匀性外，另一重要作用是防水和隔水。一定厚度的垫层可以防止水从上部渗入地基，外放部分可以防止水从侧向渗入地基，其尺寸对垫层的防水、隔水效果至关重要，应作为验收项目。

6.2.2 现行国家标准《湿陷性黄土地区建筑规范》GB 50025 对各类建筑地基消除湿陷性的厚度的规定，是强夯地基确定设计处理厚度的一个重要依据。在设计处理（夯实）厚度内湿陷性应消除，检测方法可采用现场浸水载荷试验或取土做土工试验，具体方法在《湿陷性黄土地区建筑规范》GB 50025 中有详细规定。湿陷系数作为一般项目进行验收，允许个别土样的湿陷系数大于 0.015，但大于 0.015 的点在空间分布上不应集中、连续。压实系数和湿陷系数两项指标具有关联性，且夯实厚度和程度（压实系数）关系到防水效果，检测压实系数可作为夯实处理有效厚度和湿陷性消除厚度的辅助判断指标。

6.2.3 主控项目"复合土层湿陷性"是指桩长范围内复合土层的湿陷性应消除。可采用复合地基浸水载荷试验或通过桩体材料、桩体压实系数、桩间土湿陷系数和平均挤密系数等指标综合判定。

根据湿陷性黄土地区经验，挤密系数达到 0.90 的区域一般在距桩边 (0.5～1.0)D 范围（沉管法），平均为 0.75D。桩距的计算依据一般是挤密系数不小于 0.90，因此对于要求消除湿陷性的挤密桩地基，其桩距偏差不宜大于 0.25D。

对预钻孔夯扩桩，因钻孔过程对桩间土无挤密作用，消除湿陷性全靠夯扩，因此钻孔直径不应大于设计值，施工前应检查钻头直径。对于决定夯扩效果的锤重、每次填料量、夯锤提升高度、夯击次数等必须在施工中经常检查。最终形成的桩径是检验桩间土挤密效果的重要参数，也应经常检查。

6.2.4 为减少湿陷土层影响，黄土地区普遍采用先用挤密或强夯等方法消除部分或全部湿陷土层的湿陷性，再采用水泥粉煤灰碎石桩等复合地基或采用桩基础。根据现行国家标准《湿陷性黄土地区建筑规范》GB 50025 规定，用挤密或强夯等方法消除部分或全部湿陷土层的湿陷性后，已消除湿陷性的土层可按一般地区土层进行设计，其施工验收也可按一般地区的验收标准执行。挤密桩设计目的仅是消除湿陷性，其承载力可不进行验收。

6.2.5 预浸水法是利用自重湿陷性场地特性，预先浸水使自重湿陷发生，减少后期湿陷量的一种黄土地区特有的地基处理方法，浸水时湿陷发生越充分则预浸水处理效果越好。受周围未浸水土层约束影响，黄土实际发生湿陷量大小和浸水坑尺寸有关，因此浸水坑尺寸应检查验收。

6.3 冻　土

6.3.1　冻土地区的保温隔热地基，近几年无论是在多年冻土区还是季节冻土区，应用越来越多，因此增加该基础型式的验收内容。主要应在施工前对材料质量进行验收，检查材料合格证、试验报告等。施工过程主要检查接缝处理，铺设厚度、长度、宽度是否符合质量要求。

6.3.3　多年冻土地区的灌注桩基础，在国外应用的并不是很多，在国内由于工程造价及施工条件的制约，还在大面积应用。为了保护多年冻土环境，降低混凝土水化热对冻土的影响，要求混凝土浇筑温度在5℃～10℃，因此应对混凝土进行测温。为了及时掌握基础施工对冻土环境的影响，施工期间要对地温进行监测。多年冻土地区桩基础的设计原则主要有三种，即保持冻结状态、逐渐融化状态、预先融化状态，这三种状态对桩基础的检测方法是不一样的，因此要求按现行行业标准《冻土地区建筑地基基础设计规范》JGJ 118的规定执行。

6.3.4　多年冻土区架空通风基础，施工前应对使用的保温隔热材料及换填材料进行检验，检查材料合格证、试验报告等。施工中主要检查通风空间或通风总面积是否符合要求。其冻土地基承载力或桩基础承载力应按现行行业标准《冻土地区建筑地基基础设计规范》JGJ 118的规定执行。

6.4 膨　胀　土

6.4.1　膨胀土地基换土可采用非膨胀性土、灰土或改良土，换土厚度应通过变形计算确定。膨胀土土性改良可采用掺和水泥、石灰等材料，掺和比和施工工艺应通过试验确定。

平坦场地上胀缩等级为Ⅰ级、Ⅱ级的膨胀土地基宜采用砂、碎石垫层。垫层厚度不应小于300mm。垫层宽度应大于基底宽度，两侧宜采用与垫层相同的材料回填，并应做好防、隔水处理。

6.4.2　对胀缩等级为Ⅲ级或设计等级为甲级的膨胀土地基，宜采用桩基础。灌注桩施工时，成孔过程中严禁向孔内注水，应采用干法成孔。成孔后应清除孔底虚土，并应及时浇筑混凝土。

6.4.3　膨胀土是同时具有显著的吸水膨胀和失水收缩两种变形的黏土，土体的含水率的变化是膨胀土产生危害的主要原因。在膨胀土地区建筑物周围设置散水坡，设水平和垂直的隔水层，加强上下水管的防漏措施；面层与垫层的施工质量决定着散水坡的抗渗性能，散水的宽度直接影响着防渗漏的范围大小。

6.5 盐　渍　土

6.5.1　盐渍土地基中隔水层可以隔断盐分和水分向上迁移，防止路基产生盐胀、湿陷，并且阻断下层盐渍土对基础的侵害。

6.5.2　防腐工程施工前，应根据施工环境温度、工作条件及材料等因素，通过试验确定适宜的施工配合比和操作方法。防止盐渍土的腐蚀破坏，除采取措施外，特别重要的是土建工程质量和防腐施工质量。在一定条件下，施工质量起决定性作用。因此，对施工质量的严格把关和严格遵守有关规定、规程是十分重要的。盐渍土地区的防腐措施主要包括增加混凝土保护层的厚度，增加防腐添加剂和刷防腐涂层。验收程序及标准应符合现行国家标准《建筑防腐蚀工程施工规范》GB 50212的规定。

6.5.3　换土垫层法适用于地下水位埋置深度较深的浅层盐渍土地基，换填料应为非盐渍土的级配砂砾石和中粗砂、碎石、矿渣、粉煤灰等。

在盐渍土地区，有的盐渍土层仅存在地下1m～5m厚，对于这种情况，可采用砂石垫层处理地基，将基础下的盐渍土层全部挖除，回填不含盐的砂石材料。采用砂石材料是针对完全消除地基溶陷而言，其挖除深度随盐渍土层厚度而定，但一般不宜大于5m，否则工程造价太高，不经济。砂石垫层的厚度应保证下卧层顶面处的压应力小于该土层浸水后的承载力，还应保证垫层周围

溶陷时砂石垫层的稳定性，垫层宽度不够时，四周盐渍土浸水后产生溶陷，将导致垫层侧向位移挤入侧壁盐渍土中，使基础沉降增大。

6.5.4　强夯法和强夯置换法适用于处理盐渍土地区的碎石土、砂土、非饱和粉土和黏性土地基以及由此组成的素填土和杂填土地基。强夯置换法在设计前，应通过现场试验确定其适用性和处理效果。强夯法和强夯置换法的有效加固深度、夯击工艺和参数应通过当地经验或现场试夯确定。强夯置换法夯坑换填料应为非盐渍土的砂石类集合料，并应做好基础地下排水设计。

6.5.5　砂石（碎石）桩法包括用挤密法施工的砂石桩和用振冲法施工的砂石桩，适用于处理盐渍土地区的砂土、碎石土、粉土、黏性土、素填土和杂填土等地基。采用砂石桩应在设计和施工前选择有代表性的场地进行现场试验，确定施工机械、施工参数和处理效果。砂石桩顶和基础之间宜铺设一层厚500mm左右的砂石垫层，并应做好地下排水设施，宜在基础和垫层间设置盐分隔离层。

6.5.6　浸水预溶法适用于处理盐渍土地区厚度较大、渗透性较好的盐渍土地基。盐渍土的盐溶危害是盐渍土地基的主要病害之一。当地基发生盐溶时，地基承载力大幅度下降。浸水预溶法可以改变地基土体结构，并在一定程度上降低地基土的含盐量。浸水预溶法可与强夯法、预压法等其他地基处理方法结合使用。重要工程或大型工程，施工前应进行浸水试验，确定浸水量、浸水所需时间、浸水有效影响深度及浸水降低的溶陷量等。国内有部分建筑在采用浸水预溶法进行地基处理后，上部结构施工完成后仍然出现较大的竖向变形，主要原因就是有效浸水影响深度不够。浸水坑的外放尺寸要求与其余地基处理工艺原则类似。水头高度对有效浸水影响深度、预溶速度都有重要的影响。

7　基坑支护工程

7.1　一般规定

7.1.1　基坑支护结构质量检查与验收需要分阶段进行。施工过程的质量控制，是确保支护结构质量的基础，应把好每道工序关，严格按操作规程及相应标准检查，随时纠正不符合要求的操作。质量验收应按本标准的相应要求实施，如有不符合要求的，应与设计配合，采取补救措施后方能进行基坑开挖。基坑开挖时的检查，主要是截渗体系渗漏、构件偏位等，如严重或偏位过多，也应采取措施及时处置。

7.1.3　降水、排水系统对维护基坑的安全极为重要，必须在基坑开挖施工期间安全运转，应时刻检查其工作状况。邻近有建筑物或有公共设施，在降水过程中要予以观测，不得因降水而危及这些建筑物或设施的安全。

7.1.5　基坑工程的现场监测可以为基坑工程信息化施工、设计优化等提供依据；更重要的是通过检测和预警，可以及时发现安全隐患，保护基坑及周边环境的安全。因此基坑工程的监测也是基坑工程实施过程中必不可少的一环。基坑支护工程中主要支护结构变形应根据设计要求设置报警值，对周边主要保护对象的变形应根据环境保护要求设置报警值。监测的相关要求应符合现行国家标准《建筑基坑工程监测技术规范》GB 50497的规定。

7.2　排　桩

7.2.2　保证成孔质量是确保成桩质量的关键之一，如测得的孔径、垂直度、孔壁稳定和沉渣厚度等现场实测指标不符合设计要求时，应及时采取技术措施或重新考虑施工工艺。试成孔可选取非排桩设计位置进行，有成熟施工经验时也可选择排桩设计位置进行试成孔。在钻成孔至设计桩底标高并完成一清后，静置一段时间（模拟成孔至成桩的施工历时时段，通常宜取12h～24h或按

设计要求)考察孔壁稳定性。从开始测得初始值后，每间隔3h～4h测定一次孔径曲线(含孔深、桩身扩径缩径等数据信息)、垂直度、沉渣厚度、泥浆指标等，以核对地质资料、检验施工设备施工工艺等是否适宜，在正式施工前调整选择好施工参数。选取非排桩设计位置进行试成孔时，试成孔完毕后的孔位应以砂浆或其他材料密实封填。

7.2.4 采用"桩墙合一"技术，考虑将原有废弃的临时围护排桩利用作为永久地下室侧壁挡土结构的一部分，可以减少地下室外墙的厚度，甚至可减少结构外墙下边桩的数量，以节约社会资源，实现建筑节能和可持续发展的基坑支护结构设计。"桩墙合一"构造节点见图1。

"桩墙合一"围护桩由于作为永久结构的一部分，其施工与检测的要求高于常规临时围护排桩。其中垂直度偏差提高要求主要考虑减小围护桩施工误差对后期地下室外墙施工的影响，建议采

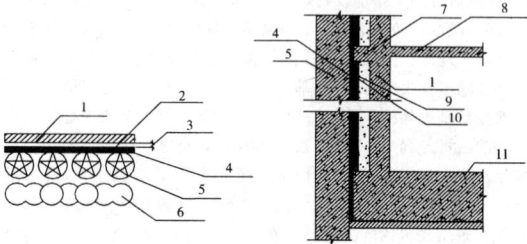

图1 "桩墙合一"构造节点
1—地下室外墙；2—防水保温层；3—预留施工偏差与围护变形空间；
4—挂网喷浆；5—围护桩；6—截水帷幕；7—传力板带；
8—地下室楼板；9—防水层；10—保温层；11—基础楼板

用旋挖工艺成孔进行"桩墙合一"围护桩的施工。

7.3 板桩围护墙

7.3.1 我国常用的钢板桩可采用等截面U型、Z型、直线型、组合型和槽钢等。常用的预制钢筋混凝土板桩可采用矩型、T型和Ⅰ型截面钢板桩，外形尺寸及截面特性、锁口尺寸等可按现行行业标准《冷弯钢板桩》JG/T 196和现行国家标准《热轧U型钢板桩》GB/T 20933的规定执行。预制混凝土板桩目前常用的截面形式主要是矩形截面槽榫结合的形式。

7.4 咬合桩围护墙

7.4.1 咬合桩施工前，应沿咬合桩两侧设置导墙，导墙结构应建于坚实的地基上，并能承受施工机械设备等附加荷载。全套管钻孔咬合桩施工期间，导墙经常承受静、动荷载的作用。为了便于桩机作业，导墙内侧净空应较桩径稍大一些，导墙的施工精度直接影响钻孔咬合桩的施工精度。

7.5 型钢水泥土搅拌墙

7.5.3 进行浆液试块强度试验确定墙体强度时，浆液试块应根据土层特点和开挖深度选取不同深度的浆液试块，严禁在钻头上提取浆液试块。浆液试块采用与搅拌桩类似的条件养护(地下水位以下的应采用水下养护)，达到设计龄期要求(一般为28d)后进行强度试验。

7.5.4 型钢水泥土搅拌墙其质量检查与验收除满足本节规定外，尚应符合行业现行标准《型钢水泥土搅拌墙技术规程》JGJ/T 199和《渠式切割水泥土连续墙技术规程》JGJ/T 303的规定。

7.6 土 钉 墙

7.6.3 进行抗拔承载力检测的土钉应随机抽样，检测试验应在注浆固结体强度达到10MPa或达到设计强度的70%后进行。

7.7 地下连续墙

7.7.1 导墙在施工中具有多种功能，为了保证导墙具有足够的强度和稳定性，导墙断面要根据使用要求和地质条件等通过计算确定。在确定导墙形式时，应考虑下列因素：表层土的特性、荷载情况、地下连续墙施工时对邻近建筑物可能产生的影响、地下水位的变化情况、施工作业面在地面以下时对先期施工的临时支护结构的影响等。

7.7.2 护壁泥浆使用前应根据材料和地质条件进行试配，并进行室内性能试验，新拌制的泥浆应经充分水化，成槽时泥浆的供应及处理系统应满足泥浆使用量的要求。槽段开挖结束后及钢筋笼入槽前，应对槽底泥浆和沉淀物进行置换。

导墙接头可采用圆弧型接头、橡胶带接头、十字钢板接头、工字型钢接头或套铣接头。

7.7.4 混凝土抗渗等级不宜小于P6级，墙体混凝土强度等级不应低于C30，水下浇筑时混凝土强度等级应按相关标准要求提高。

7.7.5 作为永久结构的地下连续墙需同时满足基坑开挖和永久使用两个阶段的受力和使用要求，对墙体的质量检验尤为重要。墙体质量检测应对墙体完整性、墙体厚度、墙体深度及墙底沉渣厚度等项目进行超声波检测，对于检测数量的要求，本条规定同类型槽段的检验数量不应少于10%，且不得少于3幅，每个检验墙段的预埋超声波管数不应少于4个。对墙体混凝土的强度或质量存在疑问时，可采用钻芯法进行检验。

7.8 重力式水泥土墙

7.8.1 本节中重力式水泥土墙指采用双轴水泥土搅拌桩施工工艺形成的重力式水泥土墙，采用其他施工工艺时，可参照本标准中相应章节进行质量检验。

7.8.4 成桩施工期应严格进行每项工序的质量管理，每根桩都应有完整的施工记录。应有专人记录搅拌机钻头每米下沉或提升的时间，深度记录误差不大于100mm，时间记录误差不大于5s。桩位偏差不是定位偏差，一般来说，为了保证桩位偏差在50mm以内，需要保证定位偏差在20mm以内。桩位偏差在50mm以内，垂直度偏差在1%之内可保证10m～15m长度范围内相邻桩有良好的搭接。

7.9 土 体 加 固

7.9.6 采用注浆法进行土体加固时，其施工质量检验参照注浆地基的要求进行。根据地基加固的特点，可不进行地基承载力和地基土变形指标的检测。

7.10 内 支 撑

7.10.4 基坑工程的工况中，设计允许在未达到28d龄期的情况进入下一工况时，应根据设计要求增加对混凝土支撑的强度检测，并相应的增加混凝土试块留设数量。

7.10.5 施加预应力的钢支撑杆件在基坑开挖过程中会产生一定的预应力损失，为了保证预应力达到设计要求，当预应力损失达到一定程度后应及时进行补充、复加轴力。

7.10.6 立柱转向不宜大于5°，避免影响水平支撑和地下水平结构的钢筋施工。

7.11 锚 杆

7.11.3 进行抗拔承载力检测的锚杆应随机抽样，检测试验应在注浆固结体强度达到15MPa或达到设计强度的75%后进行。

7.12 与主体结构相结合的基坑支护

7.12.4 由于施工过程中产生的各种问题而对钢管混凝土支承柱

的施工质量产生异议时,可采用声波透射法或侧向钻取芯样进行辅助质量检测,以作为钢管混凝土支承柱质量检测的参考依据。声波透射法检测需要在钢管混凝土支承柱施工时预埋钢管。

7.12.5 竖向支承桩柱作为永久结构,其质量检验标准高于临时立柱。

8 地下水控制

8.1 一般规定

8.1.1 排水系统的有效性是影响降排水能否正常运行的关键因素,特别是在排水量比较大的工程中,往往因前期设置的排水系统无法满足降排水的要求导致降水中止。因此,降水运行前检查工程场区的排水系统是非常必要的。为了避免其他因素,如雨季大气降水造成排水不畅,根据工程经验,本条规定排水系统最大排水能力不应小于工程降排水最大流量的1.2倍。

8.1.2 不同性质的土层含水量、渗透性差异较大,对预降水时间的要求也不同。一般来说,土质基坑开挖深度越深、土层含水量越高、渗透性越差,需要的预降水时间越长。另外,不同的降排水工艺需要的预降水时间也不同,例如软土地层中真空负压管井比自流管井预降水时间缩短30%～50%。

减压降水验证试验应结合土质基坑开挖工况验证减压降水的有效性,并根据试验过程中达到安全水位的时间确定减压预降水时间。

8.1.3 控制土质基坑工程开挖土层中的地下水位在开挖面以下0.5m～1.0m,主要是为了便于开挖干作业,确保混凝土垫层浇筑和养护的条件。

深部承压含水层的水位则应控制在经抗突涌稳定性验算后确定的安全水位埋深以下,以确保当前开挖面不会发生承压水突涌的风险。但承压水位不应过度低于安全水位埋深,以免过度减压降水引起工程周边环境变形。

当基坑开挖面位于承压含水层中或与承压含水层顶板的竖向距离小于2m时,坑底已无有效的(半)隔水层。为保证基坑稳定性与施工安全,则需将承压水位控制在基坑开挖面以下1.0m。

8.1.4 本条规定适用于设置截水帷幕且在坑内降水的基坑。通过坑外水位的变化来判断帷幕的止水效果,往往还受到其他因素的影响容易产生偏差。因此,在实际工程中发现坑外水位产生异常时,还应当排除水位的自然变幅、大气降水、水位观测井或水位观测孔的有效性等各方面影响因素,结合帷幕施工时的情况进行综合分析。

8.2 降 排 水

8.2.2 不同的地区选用的降水井管材质是不同的,一般在降水时都会因地制宜结合地区经验确定管材。管材质量的好坏直接关系着降水井后期运行过程中的成活率,例如塑料管、水泥管比较容易遭到破坏,而钢管相对而言其强度和刚度都能够普遍满足各种地区降水施工要求。根据上海地区的工程经验,一般采用钢管时,管径不小于273mm,壁厚不小于4mm。

不同土层选用的滤管,其单位长度孔隙率与土层的颗粒大小、不均匀系数及渗透性是相关联的;一般来说,土层颗粒越大,不均匀系数越小,渗透性越强的土层选用的滤料孔隙率应越大。根据软土地区经验,在夹薄层粉土或砂土的(粉)质黏土层及非承压的饱和粉土层、砂土层中,采用单位长度孔隙率不小于15%的滤管,在保障预降水时间及满足成井质量要求的前提下,可以实现预期的降水效果;在主要颗粒为粉砂～砾卵石的承压含水层中,采用单位长度孔隙率不小于20%的滤管,可以实现预期的降水效果。

滤料的作用一方面是保持良好的透水性能,另一方面还要阻挡土层颗粒进入井内。因此,滤料既要考虑粒径与降水目的层的土层颗粒匹配,同时也要保持较好的均匀性。一般来说,滤料应选用磨圆度较好的硬质岩层砾、砂,不宜采用棱角形石渣料、风化料或黏岩岩层成分的砾、砂。根据国内不同地区成井施工的经验,滤料的粒径规格一般按如下确定:

(1)黏土、砂土层:

$$D_{50} = (8 \sim 12)d_{50} \qquad (4)$$

式中:D_{50}——小于该粒径的滤料质量占总滤料质量50%所对应的粒径(mm);

d_{50}——小于该粒径的土的质量占总土质量50%所对应的土层颗粒的粒径(mm)。

(2)对于$d_{20} < 2$mm的碎石类土含水层:

$$D_{50} = (6 \sim 8)d_{20} \qquad (5)$$

式中:d_{20}——小于该粒径的土的质量占总土质量20%所对应的含水层土层颗粒的粒径(mm)。

(3)对$d_{20} \geqslant 2$mm的碎石土含水层,宜充填粒径为10mm～20mm的滤料。

8.2.3 试成井的目的是核实地质资料,检验所选的成孔施工工艺、施工技术参数以及施工设备是否适宜。通过试成井可以了解选用的施工工艺的可行性,通过掌握成孔钻进的难度、孔壁的稳定性以及试成井的出水效果调整施工工艺,提高成井水平。一般需通过2口试成井进行对比检验,根据试成井的结果,对选用的施工工艺进行确定或完善,并熟悉、掌握施工操作要点。

8.2.4 控制成孔垂直度是保证成井质量的基本条件。成孔垂直度偏差过大,容易影响井(点)管居中沉设,造成滤料层厚度不均匀,影响抽水效果甚至导致降水井(点)出砂。根据工程实践经验,成孔垂直度偏差控制在1/100以内,同时确保井(点)管拼装的平直度及居中竖直沉设,可保证滤料厚度基本均匀,有效发挥过滤作用。

8.2.5 成井施工完成后,通过试抽水检验实际降水效果与设计要求的偏差。以上海地区承压水减压降水为例,一般分别实施单井降水检验和群井降水检验。在检验过程中记录每口井的出水量、抽水井内稳定水位埋深、水位观测井的水位变化状况等,停抽后还应测量抽水井内恢复水位及水位观测井的恢复水位。通过这些检验,一方面掌握了成井质量状况,另一方面还了解了整体降水效果是否能够满足设计的要求。并且在检验过程中还可以结合后续施工的工况分阶段了解满足不同阶段降水要求的降水井开启的数量、降排水的流量等,便于实现"按需降水",非常有益于科学指导工程实施。

8.2.6 连续降水的工程对用电要求非常高,一旦出现断电长时间不恢复将带来降水运行的中止,从而带来工程风险。为防止出现这种情况,目前各种降水工程中都强调配备两路以上不同变电站供电的独立电源,确保一路电源供电异常后能及时切换至备用电路。如现场不具备两路不同变电站供电的条件,可以采用发电机作为备用电源。

8.2.7 在悬挂式帷幕的基坑或盾构进出洞、顶管进出洞、隧道旁通道开挖等类型的工程中进行降水时,降水极易造成工程场区外的地下水位下降从而引起环境变形。因此,本条规定这些类型的降水工程应当计量和记录降水井抽水量,便于后续发生过度的环境变形时进行分析。

8.3 回 灌

8.3.4 回灌管井的孔壁回填有特殊的要求,必须防止回灌入含水层中的水沿着孔壁回渗至浅部土层甚至从地面冒出。因此,回灌管井除了采用黏土球封填孔壁外,还应当进行注浆或采用混凝土回填剩余的空间。注浆或混凝土回填完成后,应保持14d以上休止期让混凝土达到强度。

8.3.6 一般来说,回灌期间应当同时观测及记录降水区和回灌区观测井水位抬升情况,这样便于根据观测井水位变化和周边环境变形监测的结果,动态调整降水和回灌量,保持抽灌平衡。

8.3.9 回灌水源的水质要求非常高,一方面要防止回灌水源污染地下水,另一方面要避免回灌井因地下水中的金属离子氧化后形成悬浮物堵塞回灌井滤管。目前工程上较多的是采用自来水进行回灌,但这既不经济,同时也是水资源的一大浪费。目前国家级"抽灌一体"地下水控制工法,利用降排出的地下水经过沉淀、曝气氧化、物理吸附以及锰砂过滤等一系列处理措施降低水中杂质和易氧化的化学物质含量,达到处理后高于原地下水水质的标准后再回灌至含水层中。一方面既保障了回灌水源的水质,保持了回灌的持久性;另一方面减少了地下水资源的浪费,节约了经济成本。因此,本条并不强调一定采用自来水作为回灌水源。

为了避免回灌压力过大造成回灌井孔渗水,甚至产生其他不可预见的危害,除了加强回灌井孔的封堵效果外,一般在满足回灌要求的情况下都采用自然回灌。自然回灌注水压力一般控制在0.05MPa~0.10MPa。自然回灌不能满足回灌水量要求时,可采用加压回灌。但加压回灌的回灌压力必须通过现场试验后确定。加压回灌期间还应密切观测回灌井孔及四周土体渗水状况,出现渗水现象时,应当降低回灌压力。

回灌井的回扬能够有效排出回灌管井滤管部位的气泡、杂质等。一般来说,每天回扬不少于1次,每次回扬时间可控制在20min~30min。

9 土石方工程

9.1 一般规定

9.1.1 基坑工程应根据设计文件编制基坑支护结构和土石方开挖的施工方案,并按相关规定完成评审工作后方可施工。当基坑土石方开挖采用无支护结构的放坡开挖时,应做好基坑放坡周边地面的挡水措施,防止地面明水流入基坑。基坑底设置明沟及集水井等排水设施,排除坑内明水,防止坡脚及坑底受水浸泡发生位移、坍塌等险情对土石方工程施工产生影响。

在土石方开挖前应针对施工现场水文、地质的实际情况,周边的环境(建筑物、地铁和地下管线等),开挖边坡与建筑物的距离,建筑物的结构,地下设施和开挖深度进行综合考虑,编制地面排水和地下水控制的专项施工方案。

土石方开挖应根据施工现场条件尽可能连续开挖,加快施工进度,缩短基坑暴露时间。开挖前抢险物资必须到位。

9.1.2 在土石方工程施工测量中,除开工前的复during放线外,还应配合施工对平面位置(包括控制边界线、分界线、边坡上的上口线和底口线等)、边坡坡率(包括放坡线、变坡线)和标高(包括各个地段的标高)等经常测量,并校核是否符合设计要求。上述施工测量的基准——平面控制桩和水准控制点,也应定期进行复测和检查。对于复杂基坑的开挖施工,还应加强信息化施工,做好基坑变形的监测测量,确保土石方施工安全顺利进行。

9.1.3 重要的基坑工程,支撑安装的及时性极为重要,根据工程实践,基坑变形与施工时间有很大关系。因此,施工过程应尽量缩短工期,特别是在支撑体系未形成情况下的基坑暴露时间应予以减少,要重视基坑变形的时空效应。"开槽支撑,先撑后挖,分层开挖,严禁超挖"的十六字原则对确保基坑开挖的安全是必须的。

9.2 土方开挖

9.2.5 本标准表9.2.5-1~表9.2.5-4所列数值适用于附近无重要建(构)筑物或重要公共设施,且暴露时间不长的条件。

土方开挖应保证平面几何尺寸(长度、宽度等)达到设计要求,土方开挖平面边界尺寸受支护结构控制时,如排桩、板桩、咬合桩、

地下连续墙、SMW工法等支护的基坑土方开挖,不受本条件限制,支护结构的施工质量与允许偏差应符合设计文件和相关专业标准要求。

9.3 岩质基坑开挖

9.3.1 岩质基坑开挖应根据岩石的类别、风化程度和节理发育程度等确定开挖方式。对软地质岩石和强风化岩石,可以采用机械开挖或人工开挖。对于坚硬岩石宜采用爆破开挖。爆破开挖应编制专项施工方案,必须按有关规定进行安全评估,并报所在地公安消防部门批准后再进行爆破作业。爆破作业做好安全准备工作。爆破器材不能过期或变质,爆破器材临时储存及修建临时爆破器材库房必须有公安消防部门的许可,修建临时库房应通过安全评价合格的程序要求。对开挖区周边有防震要求的重要建(构)筑物的地区进行开挖,宜采用机械与人工开挖或控制爆破。

9.3.2 采用爆破施工时,应加强环境监测。距离建(构)物较近时,宜采取现场爆破质点振动监测。质点振动速度应符合设计要求,当无设计要求时应符合本标准条文说明表4的规定。

9.4 土石方堆放与运输

9.4.3 本条对在基坑、基槽、管沟等周边的堆载限值和安全堆载范围作了相关要求,以确保基坑、基槽、管沟边坡的稳定。针对河岸、地铁和建(构)筑物影响范围内堆土的情况作了安全方面的相关要求,主要是为了避免由于地面堆土引起的周边建(构)筑物、地铁等地基附加变形,从而引起安全事故的发生。

施工现场要求在设计明确的堆载范围以外堆土的,应由施工总承包单位验收并制定专项方案,明确堆土高度和范围,并经基坑围护设计单位同意和报监理审核后方可实施。

在已建建(构)筑物周边堆载或覆土,建设单位必须委托已建建(构)筑物原主体结构设计单位复核由于地面堆载引起的周边建(构)筑物地基附加变形,经确认符合要求后方可实施。

9.5 土石方回填

9.5.1 基底不得有垃圾、树根等杂物,坑穴积水抽除,淤泥挖净,基底处理应符合设计要求。土石方回填施工前应将回填料的性质和条件通过试验分析,然后根据施工区域土料特性确定其回填部位和方法,按不同质量要求合理调配土石方,并根据不同的土质和回填质量要求选择合理的压实设备及方法。

回填料的施工含水量与最佳含水量之差可控制在规定的范围内(-6%~+2%),取样的频率宜为5000m³取1次,或土质发生变化时取样。

9.5.2 对重要工程土石方回填的施工参数(每层填筑厚度、压实遍数和压实系数)均应做现场试验确定或由设计提供。检测回填料压实系数的方法一般采用环刀法、灌砂法、灌水法。

9.5.4 回填料每层压实系数应符合设计要求。采用环刀法取样时,基坑和室内回填,每层按100m²~500m²取样1组,且每层不少于1组;柱基回填,每层抽样柱基总数的10%,且不少于5组;基槽或管沟回填,每层按长度20m~50m取样1组,且每层不少于1组;室外回填,每层按400m²~900m²取样1组,且每层不少于1组,取样部位应在每层压实后的下半部。

采用灌砂或灌水法取样时,取样数量可较环刀法适当减少,但每层不少于1组。

10 边坡工程

10.1 一般规定

10.1.3 边坡工程应由设计提出监测要求,由业主委托有资质的监测单位编制监测方案,经设计、监理和业主等共同认可后实施。

方案应包括监测项目、监测目的、测试方法、测点布置、监测项目报警值、信息反馈制度和现场原始状态资料记录要求等内容。

10.2 喷锚支护

10.2.3 无锚固工程经验的岩土层内的锚杆(索)是指施工单位没有施工过岩土锚杆(索)工程或很少施工锚杆(索),缺乏一定的实践经验,对锚杆(索)锚固判断能力差,因此要做基本试验来确定施工能力。

10.3 挡 土 墙

10.3.1 挡土墙墙背填筑所用的填料应采用透水性材料或设计规定的材料,土方施工应满足本标准第9.4节、第9.5节的规定并应符合设计要求。当设计无要求时,不得采用膨胀土、高液限黏土、耕植土、淤泥质土、草皮、树根、生活垃圾等不良填料。

10.3.2 验槽的主要内容包括挡土墙基础宽度、埋深、放坡坡率、挡土墙的地基持力层等内容。墙身砌体应分层砌筑,采用挤浆法,确保灰缝饱满。砌体应牢固,内外搭砌,上下错缝,拉接石、丁砌石交错布置;墙身泄水孔通畅,严禁倒坡。

10.3.3 重力式挡土墙砌体墙面应平整、整齐,外形美观,两端面与基础连接处应密贴。砌缝均匀,无开裂现象,勾缝密实均匀、平顺美观;沉降缝、伸缩缝整齐平直、上下贯通,缝宽不小于设计值;反滤层材料级配符合设计要求,透水性良好。泄水孔的位置应符合设计要求,孔坡向外,无堵塞现象。

10.4 边 坡 开 挖

10.4.2 边坡坡率、平面尺寸、标高的控制决定着边坡轮廓面的成型和保留岩体的开挖质量,需要经常量测。

10.4.4 距离建(构)筑物较近时,宜采取爆破引起振动效应的监测措施,质点振动速度应符合设计要求,当设计无要求时应符合表4的规定。

表 4 质点安全振速表

序	检查项目		规定值或允许偏差(cm/s)	检查方法和频率
1	土窑洞、土坯房、毛石房屋		0.5~1.5	采用爆破振动监测仪进行监测,监测工作与爆破同步进行
2	一般砖房、非抗震的大型砌块建筑物		2.0~3.0	
3	钢筋混凝土结构房屋		3.0~5.0	
4	石油、天然气管道		2.5	
5	一般古建筑与古迹*		0.1~0.5	
6	边坡面		10	
7	交通隧道		10~20	
8	排水洞基础或壁面		10	
9	输水洞竖井基础或壁面		10	
10	已灌浆部位		1.2~1.5	
11	已锚固部位		1.2~1.5	
12	新浇大体积混凝土	龄期:初凝~3d	2.0~3.0	
		龄期:3d~7d	3.0~7.0	
		龄期:7d~28d	7.0~12.0	

注:* 省级以上(含省级)重点保护古建筑与古迹的安全允许振速,应经专家论证选取,并报相应文物管理部门批准。

采用光面爆破或预裂爆破开挖边坡时,钻孔质量应符合表5的规定。

表 5 开挖钻孔质量指标表

序号	检查项目	规定值或允许偏差			检查方法和频率
		主炮孔	缓冲孔	光爆孔、预裂孔	
1	排距(mm)	±50	±50		随机抽查10%的炮孔尺量,查看钻孔记录表
2	孔距(mm)	±50	±50	±10	
3	倾斜度(mm)	±3°	±1°	±1°	
4	孔深(mm)	0 -20	0 -20	+5 -10	

10.4.5 岩质边坡应满足设计要求,并应确保边坡稳定、无松石。岩质边坡和土质边坡的坡面应平顺,边线应顺直,严禁出现倒坡。

中华人民共和国国家标准

混凝土结构设计规范

Code for design of concrete structures

GB 50010—2010

（2015 年版）

主编部门：中华人民共和国住房和城乡建设部
批准部门：中华人民共和国住房和城乡建设部
施行日期：２０１１ 年 ７ 月 １ 日

中华人民共和国住房和城乡建设部
公　告

第 919 号

住房城乡建设部关于发布国家标准
《混凝土结构设计规范》局部修订的公告

现批准《混凝土结构设计规范》GB 50010‑2010 局部修订的条文，自发布之日起实施。经此次修改的原条文同时废止。

局部修订的条文及具体内容，将刊登在我部有关网站和近期出版的《工程建设标准化》刊物上。

中华人民共和国住房和城乡建设部

2015 年 9 月 22 日

修 订 说 明

本次局部修订系根据住房和城乡建设部《关于同意国家标准〈混凝土结构设计规范〉GB 50010‑2010 局部修订的函》（建标标函 [2013] 29 号）要求，由中国建筑科学研究院会同有关单位对《混凝土结构设计规范》GB 50010‑2010 局部修订而成。

本次修订对混凝土结构用钢筋的品种和规格进行了调整。修订过程中广泛征求了各方面的意见，对具体修订内容进行了反复的讨论和修改，与相关标准进行协调，最后经审查定稿。

此次局部修订，共涉及 9 个条文的修改，分别为第 4.2.1 条、第 4.2.2 条、第 4.2.3 条、第 4.2.4 条、第 4.2.5 条、第 9.3.2 条、第 9.7.6 条、第 11.7.11 条和第 G.0.12 条。

本规范条文下划线部分为修改的内容；用黑体字表示的条文为强制性条文，必须严格执行。

本次局部修订的主编单位：中国建筑科学研究院

本次局部修订的参编单位：重庆大学

　　　　　　　　　　　　郑州大学

　　　　　　　　　　　　北京市建筑设计研究院

　　　　　　　　　　　　华东建筑设计研究院有限公司

　　　　　　　　　　　　南京市建筑设计研究院有限公司

　　　　　　　　　　　　中国建筑西南设计研究院

本规范主要起草人员：赵基达　徐有邻

　　　　　　　　　　黄小坤　朱爱萍

　　　　　　　　　　王晓锋　傅剑平

　　　　　　　　　　刘立新　柯长华

　　　　　　　　　　张凤新　左　江

　　　　　　　　　　吴小宾　刘　刚

本规范主要审查人员：徐　建　任庆英

　　　　　　　　　　娄　宇　白生翔

　　　　　　　　　　钱稼茹　李　霆

　　　　　　　　　　王丽敏　耿树江

　　　　　　　　　　张同亿

中华人民共和国住房和城乡建设部
公　告

第 743 号

关于发布国家标准
《混凝土结构设计规范》的公告

现批准《混凝土结构设计规范》为国家标准，编号为 GB 50010-2010，自 2011 年 7 月 1 日起实施。其中，第 3.1.7、3.3.2、4.1.3、4.1.4、4.2.2、4.2.3、8.5.1、10.1.1、11.1.3、11.2.3、11.3.1、11.3.6、11.4.12、11.7.14 条为强制性条文，必须严格执行。原《混凝土结构设计规范》GB 50010-2002 同时废止。

本规范由我部标准定额研究所组织中国建筑工业出版社出版发行。

中华人民共和国住房和城乡建设部

2010 年 8 月 18 日

前　　言

根据原建设部《关于印发〈2006 年工程建设标准规范制订、修订计划（第一批）〉的通知》（建标[2006] 77 号文）要求，本规范由中国建筑科学研究院会同有关单位经调查研究，认真总结实践经验，参考有关国际标准和国外先进标准，并在广泛征求意见的基础上修订完成。

本规范的主要内容是：总则、术语和符号、基本设计规定、材料、结构分析、承载能力极限状态计算、正常使用极限状态验算、构造规定、结构构件的基本规定、预应力混凝土结构构件、混凝土结构构件抗震设计以及有关的附录。

本规范修订的主要技术内容是：1. 补充了结构方案、结构防连续倒塌、既有结构设计和无粘结预应力设计的原则规定；2. 修改了正常使用极限状态验算的有关规定；3. 增加了 500MPa 级带肋钢筋，以 300MPa 级光圆钢筋取代了 235MPa 级钢筋；4. 补充了复合受力构件设计的相关规定，修改了受剪、受冲切承载力计算公式；5. 调整了钢筋的保护层厚度、钢筋锚固长度和纵向受力钢筋最小配筋率的有关规定；6. 补充、修改了柱双向受剪、连梁和剪力墙边缘构件的抗震设计相关规定；7. 补充、修改了预应力混凝土构件及板柱节点抗震设计的相关要求。

本规范中以黑体字标志的条文为强制性条文，必须严格执行。

本规范由住房和城乡建设部负责管理和对强制性条文的解释，由中国建筑科学研究院负责具体技术内容的解释。执行本规范过程中如有意见或建议，请寄

送中国建筑科学研究院国家标准《混凝土结构设计规范》管理组（地址：北京市北三环东路 30 号，邮编：100013）。

本 规 范 主 编 单 位：中国建筑科学研究院

本 规 范 参 编 单 位：清华大学

同济大学

重庆大学

天津大学

东南大学

郑州大学

大连理工大学

哈尔滨工业大学

浙江大学

湖南大学

西安建筑科技大学

河海大学

国家建筑工程质量监督检验中心

中国建筑设计研究院

北京市建筑设计研究院

华东建筑设计研究院有限公司

中国建筑西南设计研究院

南京市建筑设计研究院有限公司

中国航空工业规划设计研究院

目　　次

Contents

1 总　则

1.0.1 为了在混凝土结构设计中贯彻执行国家的技术经济政策，做到安全、适用、经济、保证质量，制定本规范。

1.0.2 本规范适用于房屋和一般构筑物的钢筋混凝土、预应力混凝土以及素混凝土结构的设计。本规范不适用于轻骨料混凝土及特种混凝土结构的设计。

1.0.3 本规范依据现行国家标准《工程结构可靠性设计统一标准》GB 50153 及《建筑结构可靠度设计统一标准》GB 50068 的原则制定。本规范是对混凝土结构设计的基本要求。

1.0.4 混凝土结构的设计除应符合本规范外，尚应符合国家现行有关标准的规定。

2　术语和符号

2.1　术　语

2.1.1 混凝土结构　concrete structure
以混凝土为主制成的结构，包括素混凝土结构、钢筋混凝土结构和预应力混凝土结构等。

2.1.2 素混凝土结构　plain concrete structure
无筋或不配置受力钢筋的混凝土结构。

2.1.3 普通钢筋　steel bar
用于混凝土结构构件中的各种非预应力筋的总称。

2.1.4 预应力筋　prestressing tendon and/or bar
用于混凝土结构构件中施加预应力的钢丝、钢绞线和预应力螺纹钢筋等的总称。

2.1.5 钢筋混凝土结构　reinforced concrete structure
配置受力普通钢筋的混凝土结构。

2.1.6 预应力混凝土结构　prestressed concrete structure
配置受力的预应力筋，通过张拉或其他方法建立预加应力的混凝土结构。

2.1.7 现浇混凝土结构　cast-in-situ concrete structure
在现场原位支模并整体浇筑而成的混凝土结构。

2.1.8 装配式混凝土结构　precast concrete structure
由预制混凝土构件或部件装配、连接而成的混凝土结构。

2.1.9 装配整体式混凝土结构 assembled monolithic concrete structure
由预制混凝土构件或部件通过钢筋、连接件或施加预应力加以连接，并在连接部位浇筑混凝土而形成整体受力的混凝土结构。

2.1.10 叠合构件　composite member
由预制混凝土构件（或既有混凝土结构构件）和后浇混凝土组成，以两阶段成型的整体受力结构构件。

2.1.11 深受弯构件　deep flexural member
跨高比小于 5 的受弯构件。

2.1.12 深梁　deep beam
跨高比小于 2 的简支单跨梁或跨高比小于 2.5 的多跨连续梁。

2.1.13 先张法预应力混凝土结构　pretensioned prestressed concrete structure
在台座上张拉预应力筋后浇筑混凝土，并通过放张预应力筋由粘结传递而建立预应力的混凝土结构。

2.1.14 后张法预应力混凝土结构　post-tensioned prestressed concrete structure
浇筑混凝土并达到规定强度后，通过张拉预应力筋并在结构上锚固而建立预应力的混凝土结构。

2.1.15 无粘结预应力混凝土结构　unbonded prestressed concrete structure
配置与混凝土之间可保持相对滑动的无粘结预应力筋的后张法预应力混凝土结构。

2.1.16 有粘结预应力混凝土结构　bonded prestressed concrete structure
通过灌浆或与混凝土直接接触使预应力筋与混凝土之间相互粘结而建立预应力的混凝土结构。

2.1.17 结构缝　structural joint
根据结构设计需求而采取的分割混凝土结构间隔的总称。

2.1.18 混凝土保护层　concrete cover
结构构件中钢筋外边缘至构件表面范围用于保护钢筋的混凝土，简称保护层。

2.1.19 锚固长度　anchorage length
受力钢筋依靠其表面与混凝土的粘结作用或端部构造的挤压作用而达到设计承受应力所需的长度。

2.1.20 钢筋连接　splice of reinforcement
通过绑扎搭接、机械连接、焊接等方法实现钢筋之间内力传递的构造形式。

2.1.21 配筋率　ratio of reinforcement
混凝土构件中配置的钢筋面积（或体积）与规定的混凝土截面面积（或体积）的比值。

2.1.22 剪跨比　ratio of shear span to effective depth
截面弯矩与剪力和有效高度乘积的比值。

2.1.23 横向钢筋　transverse reinforcement
垂直于纵向受力钢筋的箍筋或间接钢筋。

2.2　符　号

2.2.1 材料性能
E_c——混凝土的弹性模量；

E_s——钢筋的弹性模量;

C30——立方体抗压强度标准值为 $30N/mm^2$ 的混凝土强度等级;

HRB500——强度级别为 500MPa 的普通热轧带肋钢筋;

HRBF400——强度级别为 400MPa 的细晶粒热轧带肋钢筋;

RRB400——强度级别为 400MPa 的余热处理带肋钢筋;

HPB300——强度级别为 300MPa 的热轧光圆钢筋;

HRB400E——强度级别为 400MPa 且有较高抗震性能的普通热轧带肋钢筋;

f_{ck}、f_c——混凝土轴心抗压强度标准值、设计值;

f_{tk}、f_t——混凝土轴心抗拉强度标准值、设计值;

f_{yk}、f_{pyk}——普通钢筋、预应力筋屈服强度标准值;

f_{stk}、f_{ptk}——普通钢筋、预应力筋极限强度标准值;

f_y、f'_y——普通钢筋抗拉、抗压强度设计值;

f_{py}、f'_{py}——预应力筋抗拉、抗压强度设计值;

f_{yv}——横向钢筋的抗拉强度设计值;

δ_{gt}——钢筋最大力下的总伸长率,也称均匀伸长率。

2.2.2 作用和作用效应

N——轴向力设计值;

N_k、N_q——按荷载标准组合、准永久组合计算的轴向力值;

N_{u0}——构件的截面轴心受压或轴心受拉承载力设计值;

N_{p0}——预应力构件混凝土法向预应力等于零时的预加力;

M——弯矩设计值;

M_k、M_q——按荷载标准组合、准永久组合计算的弯矩值;

M_u——构件的正截面受弯承载力设计值;

M_{cr}——受弯构件的正截面开裂弯矩值;

T——扭矩设计值;

V——剪力设计值;

F_l——局部荷载设计值或集中反力设计值;

σ_s、σ_p——正截面承载力计算中纵向钢筋、预应力筋的应力;

σ_{pe}——预应力筋的有效预应力;

σ_l、σ'_l——受拉区、受压区预应力筋在相应阶段的预应力损失值;

τ——混凝土的剪应力;

w_{max}——按荷载准永久组合或标准组合,并考虑长期作用影响的计算最大裂缝宽度。

2.2.3 几何参数

b——矩形截面宽度,T 形、I 形截面的腹板宽度;

c——混凝土保护层厚度;

d——钢筋的公称直径(简称直径)或圆形截面的直径;

h——截面高度;

h_0——截面有效高度;

l_{ab}、l_a——纵向受拉钢筋的基本锚固长度、锚固长度;

l_0——计算跨度或计算长度;

s——沿构件轴线方向上横向钢筋的间距、螺旋筋的间距或箍筋的间距;

x——混凝土受压区高度;

A——构件截面面积;

A_s、A'_s——受拉区、受压区纵向普通钢筋的截面面积;

A_p、A'_p——受拉区、受压区纵向预应力筋的截面面积;

A_l——混凝土局部受压面积;

A_{cor}——箍筋、螺旋筋或钢筋网所围的混凝土核心截面面积;

B——受弯构件的截面刚度;

I——截面惯性矩;

W——截面受拉边缘的弹性抵抗矩;

W_t——截面受扭塑性抵抗矩。

2.2.4 计算系数及其他

α_E——钢筋弹性模量与混凝土弹性模量的比值;

γ——混凝土构件的截面抵抗矩塑性影响系数;

λ——计算截面的剪跨比,即 $M/(Vh_0)$;

ρ——纵向受力钢筋的配筋率;

ρ_v——间接钢筋或箍筋的体积配筋率;

ϕ——表示钢筋直径的符号,$\phi20$ 表示直径为 20mm 的钢筋。

3 基本设计规定

3.1 一般规定

3.1.1 混凝土结构设计应包括下列内容:

1 结构方案设计,包括结构选型、构件布置及传力途径;

2 作用及作用效应分析;

3 结构的极限状态设计;

4 结构及构件的构造、连接措施;

5 耐久性及施工的要求；

6 满足特殊要求结构的专门性能设计。

3.1.2 本规范采用以概率理论为基础的极限状态设计方法，以可靠指标度量结构构件的可靠度，采用分项系数的设计表达式进行设计。

3.1.3 混凝土结构的极限状态设计应包括：

1 承载能力极限状态：结构或结构构件达到最大承载力、出现疲劳破坏、发生不适于继续承载的变形或因结构局部破坏而引发的连续倒塌；

2 正常使用极限状态：结构或结构构件达到正常使用的某项规定限值或耐久性能的某种规定状态。

3.1.4 结构上的直接作用（荷载）应根据现行国家标准《建筑结构荷载规范》GB 50009 及相关标准确定；地震作用应根据现行国家标准《建筑抗震设计规范》GB 50011 确定。

间接作用和偶然作用应根据有关的标准或具体情况确定。

直接承受吊车荷载的结构构件应考虑吊车荷载的动力系数。预制构件制作、运输及安装时应考虑相应的动力系数。对现浇结构，必要时应考虑施工阶段的荷载。

3.1.5 混凝土结构的安全等级和设计使用年限应符合现行国家标准《工程结构可靠性设计统一标准》GB 50153 的规定。

混凝土结构中各类结构构件的安全等级，宜与整个结构的安全等级相同。对其中部分结构构件的安全等级，可根据其重要程度适当调整。对于结构中重要构件和关键传力部位，宜适当提高其安全等级。

3.1.6 混凝土结构设计应考虑施工技术水平以及实际工程条件的可行性。有特殊要求的混凝土结构，应提出相应的施工要求。

3.1.7 设计应明确结构的用途；在设计使用年限内未经技术鉴定或设计许可，不得改变结构的用途和使用环境。

3.2 结 构 方 案

3.2.1 混凝土结构的设计方案应符合下列要求：

1 选用合理的结构体系、构件形式和布置；

2 结构的平、立面布置宜规则，各部分的质量和刚度宜均匀、连续；

3 结构传力途径应简捷、明确，竖向构件宜连续贯通、对齐；

4 宜采用超静定结构，重要构件和关键传力部位应增加冗余约束或有多条传力途径；

5 宜采取减小偶然作用影响的措施。

3.2.2 混凝土结构中结构缝的设计应符合下列要求：

1 应根据结构受力特点及建筑尺度、形状、使用功能要求，合理确定结构缝的位置和构造形式；

2 宜控制结构缝的数量，并应采取有效措施减

少设缝对使用功能的不利影响；

3 可根据需要设置施工阶段的临时性结构缝。

3.2.3 结构构件的连接应符合下列要求：

1 连接部位的承载力应保证被连接构件之间的传力性能；

2 当混凝土构件与其他材料构件连接时，应采取可靠的措施；

3 应考虑构件变形对连接节点及相邻结构或构件造成的影响。

3.2.4 混凝土结构设计应符合节省材料、方便施工、降低能耗与保护环境的要求。

3.3 承载能力极限状态计算

3.3.1 混凝土结构的承载能力极限状态计算应包括下列内容：

1 结构构件应进行承载力（包括失稳）计算；

2 直接承受重复荷载的构件应进行疲劳验算；

3 有抗震设防要求时，应进行抗震承载力计算；

4 必要时尚应进行结构的倾覆、滑移、漂浮验算；

5 对于可能遭受偶然作用，且倒塌可能引起严重后果的重要结构，宜进行防连续倒塌设计。

3.3.2 对持久设计状况、短暂设计状况和地震设计状况，当用内力的形式表达时，结构构件应采用下列承载能力极限状态设计表达式：

$$\gamma_0 S \leqslant R \tag{3.3.2-1}$$

$$R = R(f_c, f_s, a_k, \cdots)/\gamma_{Rd} \tag{3.3.2-2}$$

式中：γ_0——结构重要性系数：在持久设计状况和短暂设计状况下，对安全等级为一级的结构构件不应小于 1.1，对安全等级为二级的结构构件不应小于 1.0，对安全等级为三级的结构构件不应小于 0.9；对地震设计状况下应取 1.0；

S——承载能力极限状态下作用组合的效应设计值：对持久设计状况和短暂设计状况应按作用的基本组合计算；对地震设计状况应按作用的地震组合计算；

R——结构构件的抗力设计值；

$R(\cdot)$——结构构件的抗力函数；

γ_{Rd}——结构构件的抗力模型不定性系数：静力设计取 1.0，对不确定性较大的结构构件根据具体情况取大于 1.0 的数值；抗震设计应采用承载力抗震调整系数 γ_{RE} 代替 γ_{Rd}；

f_c、f_s——混凝土、钢筋的强度设计值，应根据本规范第 4.1.4 条及第 4.2.3 条的规定取值；

a_k——几何参数的标准值，当几何参数的变异性对结构性能有明显的不利影响时，应增减一个附加值。

注：公式（3.3.2-1）中的 $\gamma_0 S$ 为内力设计值，在本规范各章中用 N、M、V、T 等表达。

3.3.3 对二维、三维混凝土结构构件，当按弹性或弹塑性方法分析并以应力形式表达时，可将混凝土应力按区域等代成内力设计值，按本规范第 3.3.2 条进行计算；也可直接采用多轴强度准则进行设计验算。

3.3.4 对偶然作用下的结构进行承载能力极限状态设计时，公式（3.3.2-1）中的作用效应设计值 S 按偶然组合计算，结构重要性系数 γ_0 取不小于 1.0 的数值；公式（3.3.2-2）中混凝土、钢筋的强度设计值 f_c、f_s 改用强度标准值 f_{ck}、f_{yk}（或 f_{pyk}）。

当进行结构防连续倒塌验算时，结构构件的承载力函数应按本规范第 3.6 节的原则确定。

3.3.5 对既有结构的承载能力极限状态设计，应按下列规定进行：

1 对既有结构进行安全复核、改变用途或延长使用年限而需验算承载能力极限状态时，宜符合本规范第 3.3.2 条的规定；

2 对既有结构进行改建、扩建或加固改造而重新设计时，承载能力极限状态的计算应符合本规范第 3.7 节的规定。

3.4 正常使用极限状态验算

3.4.1 混凝土结构构件应根据其使用功能及外观要求，按下列规定进行正常使用极限状态验算：

1 对需要控制变形的构件，应进行变形验算；

2 对不允许出现裂缝的构件，应进行混凝土拉应力验算；

3 对允许出现裂缝的构件，应进行受力裂缝宽度验算；

4 对舒适度有要求的楼盖结构，应进行竖向自振频率验算。

3.4.2 对于正常使用极限状态，钢筋混凝土构件、预应力混凝土构件应分别按荷载的准永久组合并考虑长期作用的影响或标准组合并考虑长期作用的影响，采用下列极限状态设计表达式进行验算：

$$S \leqslant C \qquad (3.4.2)$$

式中：S——正常使用极限状态荷载组合的效应设计值；

C——结构构件达到正常使用要求所规定的变形、应力、裂缝宽度和自振频率等的限值。

3.4.3 钢筋混凝土受弯构件的最大挠度应按荷载的准永久组合，预应力混凝土受弯构件的最大挠度应按荷载的标准组合，并均应考虑荷载长期作用的影响进行计算，其计算值不应超过表 3.4.3 规定的挠度限值。

表 3.4.3 受弯构件的挠度限值

构件类型		挠度限值
吊车梁	手动吊车	$l_0/500$
	电动吊车	$l_0/600$
屋盖、楼盖及楼梯构件	当 $l_0 < 7m$ 时	$l_0/200$（$l_0/250$）
	当 $7m \leqslant l_0 \leqslant 9m$ 时	$l_0/250$（$l_0/300$）
	当 $l_0 > 9m$ 时	$l_0/300$（$l_0/400$）

注：1 表中 l_0 为构件的计算跨度；计算悬臂构件的挠度限值时，其计算跨度 l_0 按实际悬臂长度的 2 倍取用；

2 表中括号内的数值适用于使用上对挠度有较高要求的构件；

3 如果构件制作时预先起拱，且使用上也允许，则在验算挠度时，可将计算所得的挠度值减去起拱值；对预应力混凝土构件，尚可减去预加力所产生的反拱值；

4 构件制作时的起拱值和预加力所产生的反拱值，不宜超过构件在相应荷载组合作用下的计算挠度值。

3.4.4 结构构件正截面的受力裂缝控制等级分为三级，等级划分及要求应符合下列规定：

一级——严格要求不出现裂缝的构件，按荷载标准组合计算时，构件受拉边缘混凝土不应产生拉应力。

二级——一般要求不出现裂缝的构件，按荷载标准组合计算时，构件受拉边缘混凝土拉应力不应大于混凝土抗拉强度的标准值。

三级——允许出现裂缝的构件：对钢筋混凝土构件，按荷载准永久组合并考虑长期作用影响计算时，构件的最大裂缝宽度不应超过本规范表 3.4.5 规定的最大裂缝宽度限值。对预应力混凝土构件，按荷载标准组合并考虑长期作用的影响计算时，构件的最大裂缝宽度不应超过本规范第 3.4.5 条规定的最大裂缝宽度限值；对二 a 类环境的预应力混凝土构件，尚应按荷载准永久组合计算，且构件受拉边缘混凝土的拉应力不应大于混凝土的抗拉强度标准值。

3.4.5 结构构件应根据结构类型和本规范第 3.5.2 条规定的环境类别，按表 3.4.5 的规定选用不同的裂缝控制等级及最大裂缝宽度限值 w_{lim}。

表 3.4.5 结构构件的裂缝控制等级及最大裂缝宽度的限值（mm）

环境类别	钢筋混凝土结构		预应力混凝土结构	
	裂缝控制等级	w_{lim}	裂缝控制等级	w_{lim}
一	三级	0.30 (0.40)	三级	0.20
二 a		0.20		0.10
二 b			二级	—
三 a、三 b			一级	—

注：1 对处于年平均相对湿度小于 60％地区一类环境下的受弯构件，其最大裂缝宽度限值可采用括号内的数值；

　　2 在一类环境下，对钢筋混凝土屋架、托架及需作疲劳验算的吊车梁，其最大裂缝宽度限值应取为 0.20mm；对钢筋混凝土屋面梁和托梁，其最大裂缝宽度限值应取为 0.30mm；

　　3 在一类环境下，对预应力混凝土屋架、托架及双向板体系，应按二级裂缝控制等级进行验算；对一类环境下的预应力混凝土屋面梁、托梁、单向板，应按表中二 a 类环境的要求进行验算；在一类和二 a 类环境下需作疲劳验算的预应力混凝土吊车梁，应按裂缝控制等级不低于二级的构件进行验算；

　　4 表中规定的预应力混凝土构件的裂缝控制等级和最大裂缝宽度限值仅适用于正截面的验算；预应力混凝土构件的斜截面裂缝控制验算应符合本规范第 7 章的有关规定；

　　5 对于烟囱、筒仓和处于液体压力下的结构，其裂缝控制要求应符合专门标准的有关规定；

　　6 对于处于四、五类环境下的结构构件，其裂缝控制要求应符合专门标准的有关规定；

　　7 表中的最大裂缝宽度限值为用于验算荷载作用引起的最大裂缝宽度。

3.4.6 对混凝土楼盖结构应根据使用功能的要求进行竖向自振频率验算，并宜符合下列要求：

　　1 住宅和公寓不宜低于 5Hz；

　　2 办公楼和旅馆不宜低于 4Hz；

　　3 大跨度公共建筑不宜低于 3Hz。

3.5 耐久性设计

3.5.1 混凝土结构应根据设计使用年限和环境类别进行耐久性设计，耐久性设计包括下列内容：

　　1 确定结构所处的环境类别；

　　2 提出对混凝土材料的耐久性基本要求；

　　3 确定构件中钢筋的混凝土保护层厚度；

　　4 不同环境条件下的耐久性技术措施；

　　5 提出结构使用阶段的检测与维护要求。

　　注：对临时性的混凝土结构，可不考虑混凝土的耐久性要求。

3.5.2 混凝土结构暴露的环境类别应按表 3.5.2 的要求划分。

表 3.5.2 混凝土结构的环境类别

环境类别	条　件
一	室内干燥环境； 无侵蚀性静水浸没环境
二 a	室内潮湿环境； 非严寒和非寒冷地区的露天环境； 非严寒和非寒冷地区与无侵蚀性的水或土壤直接接触的环境； 严寒和寒冷地区的冰冻线以下与无侵蚀性的水或土壤直接接触的环境
二 b	干湿交替环境； 水位频繁变动环境； 严寒和寒冷地区的露天环境； 严寒和寒冷地区冰冻线以上与无侵蚀性的水或土壤直接接触的环境
三 a	严寒和寒冷地区冬季水位变动区环境； 受除冰盐影响环境； 海风环境
三 b	盐渍土环境； 受除冰盐作用环境； 海岸环境
四	海水环境
五	受人为或自然的侵蚀性物质影响的环境

注：1 室内潮湿环境是指构件表面经常处于结露或湿润状态的环境；

　　2 严寒和寒冷地区的划分应符合现行国家标准《民用建筑热工设计规范》GB 50176 的有关规定；

　　3 海岸环境和海风环境宜根据当地情况，考虑主导风向及结构所处迎风、背风部位等因素的影响，由调查研究和工程经验确定；

　　4 受除冰盐影响环境是指受到除冰盐盐雾影响的环境；受除冰盐作用环境是指被除冰盐溶液溅射的环境以及使用除冰盐地区的洗车房、停车楼等建筑；

　　5 暴露的环境是指混凝土结构表面所处的环境。

3.5.3 设计使用年限为 50 年的混凝土结构，其混凝土材料宜符合表 3.5.3 的规定。

表 3.5.3 结构混凝土材料的耐久性基本要求

环境等级	最大水胶比	最低强度等级	最大氯离子含量（％）	最大碱含量（kg/m³）
一	0.60	C20	0.30	不限制
二 a	0.55	C25	0.20	3.0
二 b	0.50(0.55)	C30(C25)	0.15	3.0
三 a	0.45(0.50)	C35(C30)	0.15	3.0
三 b	0.40	C40	0.10	3.0

注：1 氯离子含量系指其占胶凝材料总量的百分比；

　　2 预应力构件混凝土中的最大氯离子含量为 0.06％；其最低混凝土强度等级宜按表中的规定提高两个等级；

　　3 素混凝土构件的水胶比及最低强度等级的要求可适当放松；

　　4 有可靠工程经验时，二类环境中的最低混凝土强度等级可降低一个等级；

　　5 处于严寒和寒冷地区二 b、三 a 类环境中的混凝土应使用引气剂，并可采用括号中的有关参数；

　　6 当使用非碱活性骨料时，对混凝土中的碱含量可不作限制。

3.5.4 混凝土结构及构件尚应采取下列耐久性技术措施：

1 预应力混凝土结构中的预应力筋应根据具体情况采取表面防护、孔道灌浆、加大混凝土保护层厚度等措施，外露的锚固端应采取封锚和混凝土表面处理等有效措施；

2 有抗渗要求的混凝土结构，混凝土的抗渗等级应符合有关标准的要求；

3 严寒及寒冷地区的潮湿环境中，结构混凝土应满足抗冻要求，混凝土抗冻等级应符合有关标准的要求；

4 处于二、三类环境中的悬臂构件宜采用悬臂梁-板的结构形式，或在其上表面增设防护层；

5 处于二、三类环境中的结构构件，其表面的预埋件、吊钩、连接件等金属部件采取可靠的防锈措施，对于后张预应力混凝土外露金属锚具，其防护要求见本规范第 10.3.13 条；

6 处在三类环境中的混凝土结构构件，可采用阻锈剂、环氧树脂涂层钢筋或其他具有耐腐蚀性能的钢筋、采取阴极保护措施或采用可更换的构件等措施。

3.5.5 一类环境中，设计使用年限为 100 年的混凝土结构应符合下列规定：

1 钢筋混凝土结构的最低强度等级为 C30；预应力混凝土结构的最低强度等级为 C40；

2 混凝土中的最大氯离子含量为 0.06%；

3 宜使用非碱活性骨料，当使用碱活性骨料时，混凝土中的最大碱含量为 3.0kg/m³；

4 混凝土保护层厚度应符合本规范第 8.2.1 条的规定；当采取有效的表面防护措施时，混凝土保护层厚度可适当减小。

3.5.6 二、三类环境中，设计使用年限 100 年的混凝土结构应采取专门的有效措施。

3.5.7 耐久性环境类别为四类和五类的混凝土结构，其耐久性要求应符合有关标准的规定。

3.5.8 混凝土结构在设计使用年限内尚应遵守下列规定：

1 建立定期检测、维修制度；

2 设计中可更换的混凝土构件应按规定更换；

3 构件表面的防护层，应按规定维护或更换；

4 结构出现可见的耐久性缺陷时，应及时进行处理。

3.6 防连续倒塌设计原则

3.6.1 混凝土结构防连续倒塌设计宜符合下列要求：

1 采取减小偶然作用效应的措施；

2 采取使重要构件及关键传力部位避免直接遭受偶然作用的措施；

3 在结构容易遭受偶然作用影响的区域增加冗余约束，布置备用的传力途径；

4 增强疏散通道、避难空间等重要结构构件及关键传力部位的承载力和变形性能；

5 配置贯通水平、竖向构件的钢筋，并与周边构件可靠地锚固；

6 设置结构缝，控制可能发生连续倒塌的范围。

3.6.2 重要结构的防连续倒塌设计可采用下列方法：

1 局部加强法：提高可能遭受偶然作用而发生局部破坏的竖向重要构件和关键传力部位的安全储备，也可直接考虑偶然作用进行设计。

2 拉结构件法：在结构局部竖向构件失效的条件下，可根据具体情况分别按梁-拉结模型、悬索-拉结模型和悬臂-拉结模型进行承载力验算，维持结构的整体稳固性。

3 拆除构件法：按一定规则拆除结构的主要受力构件，验算剩余结构体系的极限承载力；也可采用倒塌全过程分析进行设计。

3.6.3 当进行偶然作用下结构防连续倒塌的验算时，作用宜考虑结构相应部位倒塌冲击引起的动力系数。在抗力函数的计算中，混凝土强度取强度标准值 f_{ck}；普通钢筋强度取极限强度标准值 f_{stk}，预应力筋强度取极限强度标准值 f_{ptk} 并考虑锚具的影响。宜考虑偶然作用下结构倒塌对结构几何参数的影响。必要时尚应考虑材料性能在动力作用下的强化和脆性，并取相应的强度特征值。

3.7 既有结构设计原则

3.7.1 既有结构延长使用年限、改变用途、改建、扩建或需要进行加固、修复等，均应对其进行评定、验算或重新设计。

3.7.2 对既有结构进行安全性、适用性、耐久性及抗灾害能力评定时，应符合现行国家标准《工程结构可靠性设计统一标准》GB 50153 的原则要求，并应符合下列规定：

1 应根据评定结果、使用要求和后续使用年限确定既有结构的设计方案；

2 既有结构改变用途或延长使用年限时，承载能力极限状态验算宜符合本规范的有关规定；

3 对既有结构进行改建、扩建或加固改造而重新设计时，承载能力极限状态的计算应符合本规范和相关标准的规定；

4 既有结构的正常使用极限状态验算及构造要求宜符合本规范的规定；

5 必要时可对使用功能作相应的调整，提出限制使用的要求。

3.7.3 既有结构的设计应符合下列规定：

1 应优化结构方案，保证结构的整体稳固性；

2 荷载可按现行规范的规定确定，也可根据使用功能作适当的调整；

3 结构既有部分混凝土、钢筋的强度设计值应根据强度的实测值确定；当材料的性能符合原设计的要求时，可按原设计的规定取值；

4 设计时应考虑既有结构构件实际的几何尺寸、截面配筋、连接构造和已有缺陷的影响；当符合原设计的要求时，可按原设计的规定取值；

5 应考虑既有结构的承载历史及施工状态的影响；对二阶段成形的叠合构件，可按本规范第9.5节的规定进行设计。

4 材 料

4.1 混 凝 土

4.1.1 混凝土强度等级应按立方体抗压强度标准值确定。立方体抗压强度标准值系指按标准方法制作、养护的边长为150mm的立方体试件，在28d或设计规定龄期以标准试验方法测得的具有95%保证率的抗压强度值。

4.1.2 素混凝土结构的混凝土强度等级不应低于C15；钢筋混凝土结构的混凝土强度等级不应低于C20；采用强度等级400MPa及以上的钢筋时，混凝土强度等级不应低于C25。

预应力混凝土结构的混凝土强度等级不宜低于C40，且不应低于C30。

承受重复荷载的钢筋混凝土构件，混凝土强度等级不应低于C30。

4.1.3 混凝土轴心抗压强度的标准值 f_{ck} 应按表4.1.3-1采用；轴心抗拉强度的标准值 f_{tk} 应按表4.1.3-2采用。

表4.1.3-1　混凝土轴心抗压强度标准值（N/mm²）

强度	混凝土强度等级													
	C15	C20	C25	C30	C35	C40	C45	C50	C55	C60	C65	C70	C75	C80
f_{ck}	10.0	13.4	16.7	20.1	23.4	26.8	29.6	32.4	35.5	38.5	41.5	44.5	47.4	50.2

表4.1.3-2　混凝土轴心抗拉强度标准值（N/mm²）

强度	混凝土强度等级													
	C15	C20	C25	C30	C35	C40	C45	C50	C55	C60	C65	C70	C75	C80
f_{tk}	1.27	1.54	1.78	2.01	2.20	2.39	2.51	2.64	2.74	2.85	2.93	2.99	3.05	3.11

4.1.4 混凝土轴心抗压强度的设计值 f_c 应按表4.1.4-1采用；轴心抗拉强度的设计值 f_t 应按表4.1.4-2采用。

表4.1.4-1　混凝土轴心抗压强度设计值（N/mm²）

强度	混凝土强度等级													
	C15	C20	C25	C30	C35	C40	C45	C50	C55	C60	C65	C70	C75	C80
f_c	7.2	9.6	11.9	14.3	16.7	19.1	21.1	23.1	25.3	27.5	29.7	31.8	33.8	35.9

表4.1.4-2　混凝土轴心抗拉强度设计值（N/mm²）

强度	混凝土强度等级													
	C15	C20	C25	C30	C35	C40	C45	C50	C55	C60	C65	C70	C75	C80
f_t	0.91	1.10	1.27	1.43	1.57	1.71	1.80	1.89	1.96	2.04	2.09	2.14	2.18	2.22

4.1.5 混凝土受压和受拉的弹性模量 E_c 宜按表4.1.5采用。

混凝土的剪切变形模量 G_c 可按相应弹性模量值的40%采用。

混凝土泊松比 ν_c 可按0.2采用。

表4.1.5　混凝土的弹性模量（×10⁴N/mm²）

混凝土强度等级	C15	C20	C25	C30	C35	C40	C45	C50	C55	C60	C65	C70	C75	C80
E_c	2.20	2.55	2.80	3.00	3.15	3.25	3.35	3.45	3.55	3.60	3.65	3.70	3.75	3.80

注：1 当有可靠试验依据时，弹性模量可根据实测数据确定；

2 当混凝土中掺有大量矿物掺合料时，弹性模量可按规定龄期根据实测数据确定。

4.1.6 混凝土轴心抗压疲劳强度设计值 f_c^f、轴心抗拉疲劳强度设计值 f_t^f 应分别按表4.1.4-1、表4.1.4-2中的强度设计值乘疲劳强度修正系数 γ_ρ 确定。混凝土受压或受拉疲劳强度修正系数 γ_ρ 应根据疲劳应力比值 ρ_c^f 分别按表4.1.6-1、表4.1.6-2采用；当混凝土承受拉-压疲劳应力作用时，疲劳强度修正系数 γ_ρ 取0.60。

疲劳应力比值 ρ_c^f 应按下列公式计算：

$$\rho_c^f = \frac{\sigma_{c,min}^f}{\sigma_{c,max}^f} \qquad (4.1.6)$$

式中：$\sigma_{c,min}^f$、$\sigma_{c,max}^f$ ——构件疲劳验算时，截面同一纤维上混凝土的最小应力、最大应力。

表4.1.6-1　混凝土受压疲劳强度修正系数 γ_ρ

ρ_c^f	$0 \leqslant \rho_c^f < 0.1$	$0.1 \leqslant \rho_c^f < 0.2$	$0.2 \leqslant \rho_c^f < 0.3$	$0.3 \leqslant \rho_c^f < 0.4$	$0.4 \leqslant \rho_c^f < 0.5$	$\rho_c^f \geqslant 0.5$
γ_ρ	0.68	0.74	0.80	0.86	0.93	1.00

表4.1.6-2　混凝土受拉疲劳强度修正系数 γ_ρ

ρ_c^f	$0 < \rho_c^f < 0.1$	$0.1 \leqslant \rho_c^f < 0.2$	$0.2 \leqslant \rho_c^f < 0.3$	$0.3 \leqslant \rho_c^f < 0.4$	$0.4 \leqslant \rho_c^f < 0.5$
γ_ρ	0.63	0.66	0.69	0.72	0.74
ρ_c^f	$0.5 \leqslant \rho_c^f < 0.6$	$0.6 \leqslant \rho_c^f < 0.7$	$0.7 \leqslant \rho_c^f < 0.8$	$\rho_c^f \geqslant 0.8$	—
γ_ρ	0.76	0.80	0.90	1.00	—

注：直接承受疲劳荷载的混凝土构件，当采用蒸汽养护时，养护温度不宜高于60℃。

4.1.7 混凝土疲劳变形模量 E_c^f 应按表4.1.7采用。

表 4.1.7　混凝土的疲劳变形模量（×10⁴ N/mm²）

强度等级	C30	C35	C40	C45	C50	C55	C60	C65	C70	C75	C80
E_c^f	1.30	1.40	1.50	1.55	1.60	1.65	1.70	1.75	1.80	1.85	1.90

4.1.8 当温度在 0℃～100℃ 范围内时，混凝土的热工参数可按下列规定取值：

线膨胀系数 α_c：$1×10^{-5}$/℃；

导热系数 λ：10.6kJ/(m·h·℃)；

比热容 c：0.96kJ/(kg·℃)。

4.2 钢 筋

4.2.1 混凝土结构的钢筋应按下列规定选用：

1　纵向受力普通钢筋可采用 HRB400、HRB500、HRBF400、HRBF500、HRB335、RRB400、HPB300 钢筋；梁、柱和斜撑构件的纵向受力普通钢筋宜采用 HRB400、HRB500、HRBF400、HRBF500 钢筋。

2　箍筋宜采用 HRB400、HRBF400、HRB335、HPB300、HRB500、HRBF500 钢筋。

3　预应力筋宜采用预应力钢丝、钢绞线和预应力螺纹钢筋。

4.2.2 钢筋的强度标准值应具有不小于 95% 的保证率。普通钢筋的屈服强度标准值 f_{yk}、极限强度标准值 f_{stk} 应按表 4.2.2-1 采用；预应力钢丝、钢绞线和预应力螺纹钢筋的极限强度标准值 f_{ptk} 及屈服强度标准值 f_{pyk} 应按表 4.2.2-2 采用。

表 4.2.2-1　普通钢筋强度标准值（N/mm²）

牌号	符号	公称直径 d（mm）	屈服强度标准值 f_{yk}	极限强度标准值 f_{stk}
HPB300	φ	6～14	300	420
HRB335	Φ	6～14	335	455
HRB400 HRBF400 RRB400	Φ ΦF ΦR	6～50	400	540
HRB500 HRBF500	Φ ΦF	6～50	500	630

表 4.2.2-2　预应力筋强度标准值（N/mm²）

种类		符号	公称直径 d（mm）	屈服强度标准值 f_{pyk}	极限强度标准值 f_{ptk}
中强度预应力钢丝	光面	φ^{PM}	5、7、9	620	800
	螺旋肋	φ^{HM}		780	970
				980	1270

续表 4.2.2-2

种类		符号	公称直径 d（mm）	屈服强度标准值 f_{pyk}	极限强度标准值 f_{ptk}
预应力螺纹钢筋	螺纹	φ^T	18、25、32、40、50	785	980
				930	1080
				1080	1230
消除应力钢丝	光面	φ^P	5	—	1570
				—	1860
	螺旋肋	φ^H	7	—	1570
			9	—	1470
				—	1570
钢绞线	1×3 (三股)	φ^S	8.6、10.8、12.9	—	1570
				—	1860
				—	1960
	1×7 (七股)		9.5、12.7、15.2、17.8	—	1720
				—	1860
				—	1960
			21.6	—	1860

注：极限强度标准值为 1960N/mm² 的钢绞线作后张预应力配筋时，应有可靠的工程经验。

4.2.3 普通钢筋的抗拉强度设计值 f_y、抗压强度设计值 f_y' 应按表 4.2.3-1 采用；预应力筋的抗拉强度设计值 f_{py}、抗压强度设计值 f_{py}' 应按表 4.2.3-2 采用。

当构件中配有不同种类的钢筋时，每种钢筋应采用各自的强度设计值。

对轴心受压构件，当采用 HRB500、HRBF500 钢筋时，钢筋的抗压强度设计值 f_y' 应取 400 N/mm²。横向钢筋的抗拉强度设计值 f_{yv} 应按表中 f_y 的数值采用；但用作受剪、受扭、受冲切承载力计算时，其数值大于 360N/mm² 时应取 360N/mm²。

表 4.2.3-1　普通钢筋强度设计值（N/mm²）

牌号	抗拉强度设计值 f_y	抗压强度设计值 f_y'
HPB300	270	270
HRB335	300	300
HRB400、HRBF400、RRB400	360	360
HRB500、HRBF500	435	435

表 4.2.3-2 预应力筋强度设计值（N/mm²）

种类	极限强度标准值 f_{ptk}	抗拉强度设计值 f_{py}	抗压强度设计值 f'_{py}
中强度预应力钢丝	800	510	410
	970	650	
	1270	810	
消除应力钢丝	1470	1040	410
	1570	1110	
	1860	1320	
钢绞线	1570	1110	390
	1720	1220	
	1860	1320	
	1960	1390	
预应力螺纹钢筋	980	650	400
	1080	770	
	1230	900	

注：当预应力筋的强度标准值不符合表 **4.2.3-2** 的规定
时，其强度设计值应进行相应的比例换算。

4.2.4 普通钢筋及预应力筋在最大力下的总伸长率
δ_{gt} 不应小于表 4.2.4 规定的数值。

**表 4.2.4 普通钢筋及预应力筋在
最大力下的总伸长率限值**

钢筋品种	普通钢筋			预应力筋
	HPB300	HRB335、HRB400、HRBF400、HRB500、HRBF500	RRB400	
δ_{gt}（%）	10.0	7.5	5.0	3.5

4.2.5 普通钢筋和预应力筋的弹性模量 E_s 可按表
4.2.5 采用。

表 4.2.5 钢筋的弹性模量（×10⁵ N/mm²）

牌号或种类	弹性模量 E_s
HPB300	2.10
HRB335、HRB400、HRB500、HRBF400、HRBF500、RRB400、预应力螺纹钢筋	2.00
消除应力钢丝、中强度预应力钢丝	2.05
钢绞线	1.95

4.2.6 普通钢筋和预应力筋的疲劳应力幅限值 Δf^f_y

和 Δf^f_{py} 应根据钢筋疲劳应力比值 ρ^f_s、ρ^f_p 分别按表
4.2.6-1、表 4.2.6-2 线性内插取值。

表 4.2.6-1 普通钢筋疲劳应力幅限值（N/mm²）

疲劳应力比值 ρ^f_s	疲劳应力幅限值 Δf^f_y	
	HRB335	HRB400
0	175	175
0.1	162	162
0.2	154	156
0.3	144	149
0.4	131	137
0.5	115	123
0.6	97	106
0.7	77	85
0.8	54	60
0.9	28	31

注：当纵向受拉钢筋采用闪光接触对焊连接时，其接头处
的钢筋疲劳应力幅限值应按表中数值乘以 0.8 取用。

表 4.2.6-2 预应力筋疲劳应力幅限值（N/mm²）

疲劳应力比值 ρ^f_p	钢绞线 $f_{ptk}=1570$	消除应力钢丝 $f_{ptk}=1570$
0.7	144	240
0.8	118	168
0.9	70	88

注：1 当 ρ^f_p 不小于 0.9 时，可不作预应力筋疲劳验算；
2 当有充分依据时，可对表中规定的疲劳应力幅限
值作适当调整。

普通钢筋疲劳应力比值 ρ^f_s 应按下列公式计算：

$$\rho^f_s = \frac{\sigma^f_{s,min}}{\sigma^f_{s,max}} \quad (4.2.6-1)$$

式中：$\sigma^f_{s,min}$、$\sigma^f_{s,max}$ ——构件疲劳验算时，同一层钢筋
的最小应力、最大应力。

预应力筋疲劳应力比值 ρ^f_p 应按下列公式计算：

$$\rho^f_p = \frac{\sigma^f_{p,min}}{\sigma^f_{p,max}} \quad (4.2.6-2)$$

式中：$\sigma^f_{p,min}$、$\sigma^f_{p,max}$ ——构件疲劳验算时，同一层预应
力筋的最小应力、最大应力。

4.2.7 构件中的钢筋可采用并筋的配置形式。直径
28mm 及以下的钢筋并筋数量不应超过 3 根；直径
32mm 的钢筋并筋数量宜为 2 根；直径 36mm 及以上
的钢筋不应采用并筋。并筋按单根等效钢筋进行计
算，等效钢筋的等效直径应按截面面积相等的原则换
算确定。

4.2.8 当进行钢筋代换时，除应符合设计要求的构
件承载力、最大力下的总伸长率、裂缝宽度验算以及
抗震规定以外，尚应满足最小配筋率、钢筋间距、保

护层厚度、钢筋锚固长度、接头面积百分率及搭接长度等构造要求。

4.2.9 当构件中采用预制的钢筋焊接网片或钢筋骨架配筋时，应符合国家现行有关标准的规定。

4.2.10 各种公称直径的普通钢筋、预应力筋的公称截面面积及理论重量应按本规范附录 A 采用。

5 结 构 分 析

5.1 基 本 原 则

5.1.1 混凝土结构应进行整体作用效应分析，必要时尚应对结构中受力状况特殊部位进行更详细的分析。

5.1.2 当结构在施工和使用期的不同阶段有多种受力状况时，应分别进行结构分析，并确定其最不利的作用组合。

结构可能遭遇火灾、飓风、爆炸、撞击等偶然作用时，尚应按国家现行有关标准的要求进行相应的结构分析。

5.1.3 结构分析的模型应符合下列要求：

1 结构分析采用的计算简图、几何尺寸、计算参数、边界条件、结构材料性能指标以及构造措施等应符合实际工作状况；

2 结构上可能的作用及其组合、初始应力和变形状况等，应符合结构的实际状况；

3 结构分析中所采用的各种近似假定和简化，应有理论、试验依据或经工程实践验证；计算结果的精度应符合工程设计的要求。

5.1.4 结构分析应符合下列要求：

1 满足力学平衡条件；

2 在不同程度上符合变形协调条件，包括节点和边界的约束条件；

3 采用合理的材料本构关系或构件单元的受力-变形关系。

5.1.5 结构分析时，应根据结构类型、材料性能和受力特点等选择下列分析方法：

1 弹性分析方法；

2 塑性内力重分布分析方法；

3 弹塑性分析方法；

4 塑性极限分析方法；

5 试验分析方法。

5.1.6 结构分析所采用的计算软件应经考核和验证，其技术条件应符合本规范和国家现行有关标准的要求。

应对分析结果进行判断和校核，在确认其合理、有效后方可应用于工程设计。

5.2 分 析 模 型

5.2.1 混凝土结构宜按空间体系进行结构整体分析，并宜考虑结构单元的弯曲、轴向、剪切和扭转等变形对结构内力的影响。

当进行简化分析时，应符合下列规定：

1 体形规则的空间结构，可沿柱列或墙轴线分解为不同方向的平面结构分别进行分析，但应考虑平面结构的空间协同工作；

2 构件的轴向、剪切和扭转变形对结构内力分析影响不大时，可不予考虑。

5.2.2 混凝土结构的计算简图宜按下列方法确定：

1 梁、柱、杆等一维构件的轴线宜取为截面几何中心的连线，墙、板等二维构件的中轴面宜取为截面中心线组成的平面或曲面；

2 现浇结构和装配整体式结构的梁柱节点、柱与基础连接处等可作为刚接；非整体浇筑的次梁两端及板跨两端可近似作为铰接；

3 梁、柱等杆件的计算跨度或计算高度可按其两端支承长度的中心距或净距确定，并应根据支承节点的连接刚度或支承反力的位置加以修正；

4 梁、柱等杆件间连接部分的刚度远大于杆件中间截面的刚度时，在计算模型中可作为刚域处理。

5.2.3 进行结构整体分析时，对于现浇结构或装配整体式结构，可假定楼盖在其自身平面内为无限刚性。当楼盖开有较大洞口或其局部会产生明显的平面内变形时，在结构分析中应考虑其影响。

5.2.4 对现浇楼盖和装配整体式楼盖，宜考虑楼板作为翼缘对梁刚度和承载力的影响。梁受压区有效翼缘计算宽度 b_f' 可按表 5.2.4 所列情况中的最小值取用；也可采用梁刚度增大系数法近似考虑，刚度增大系数应根据梁有效翼缘尺寸与梁截面尺寸的相对比例确定。

表 5.2.4 受弯构件受压区有效翼缘计算宽度 b_f'

	情 况	T 形、I 形截面		倒 L 形截面
		肋形梁（板）	独立梁	肋形梁（板）
1	按计算跨度 l_0 考虑	$l_0/3$	$l_0/3$	$l_0/6$
2	按梁（肋）净距 s_n 考虑	$b+s_n$	—	$b+s_n/2$
3	按翼缘高度 h_f' 考虑，$h_f'/h_0 \geqslant 0.1$	—	$b+12h_f'$	—
	$0.1 > h_f'/h_0 \geqslant 0.05$	$b+12h_f'$	$b+6h_f'$	$b+5h_f'$
	$h_f'/h_0 < 0.05$	$b+12h_f'$	b	$b+5h_f'$

注：1 表中 b 为梁的腹板厚度；

2 肋形梁在梁跨内设有间距小于纵肋间距的横肋时，可不考虑表中情况 3 的规定；

3 加腋的 T 形、I 形和倒 L 形截面，当受压区加腋的高度 h_h 不小于 h_f' 且加腋的长度 b_h 不大于 $3h_h$ 时，其翼缘计算宽度可按表中情况 3 的规定分别增加 $2b_h$（T 形、I 形截面）和 b_h（倒 L 形截面）；

4 独立梁受压区的翼缘板在荷载作用下经验算沿纵肋方向可能产生裂缝时，其计算宽度应取腹板宽度 b。

5.2.5 当地基与结构的相互作用对结构的内力和变形有显著影响时，结构分析中宜考虑地基与结构相互作用的影响。

5.3 弹 性 分 析

5.3.1 结构的弹性分析方法可用于正常使用极限状态和承载能力极限状态作用效应的分析。

5.3.2 结构构件的刚度可按下列原则确定：

1 混凝土的弹性模量可按本规范表4.1.5采用；

2 截面惯性矩可按匀质的混凝土全截面计算；

3 端部加腋的杆件，应考虑其截面变化对结构分析的影响；

4 不同受力状态下构件的截面刚度，宜考虑混凝土开裂、徐变等因素的影响予以折减。

5.3.3 混凝土结构弹性分析宜采用结构力学或弹性力学等分析方法。体形规则的结构，可根据作用的种类和特性，采用适当的简化分析方法。

5.3.4 当结构的二阶效应可能使作用效应显著增大时，在结构分析中应考虑二阶效应的不利影响。

混凝土结构的重力二阶效应可采用有限元分析方法计算，也可采用本规范附录B的简化方法。当采用有限元分析方法时，宜考虑混凝土构件开裂对构件刚度的影响。

5.3.5 当边界支承位移对双向板的内力及变形有较大影响时，在分析中宜考虑边界支承竖向变形及扭转等的影响。

5.4 塑性内力重分布分析

5.4.1 混凝土连续梁和连续单向板，可采用塑性内力重分布方法进行分析。

重力荷载作用下的框架、框架-剪力墙结构中的现浇梁以及双向板等，经弹性分析求得内力后，可对支座或节点弯矩进行适度调幅，并确定相应的跨中弯矩。

5.4.2 按考虑塑性内力重分布分析方法设计的结构和构件，应选用符合本规范第4.2.4条规定的钢筋，并应满足正常使用极限状态要求且采取有效的构造措施。

对于直接承受动力荷载的构件，以及要求不出现裂缝或处于三a、三b类环境情况下的结构，不应采用考虑塑性内力重分布的分析方法。

5.4.3 钢筋混凝土梁支座或节点边缘截面的负弯矩调幅幅度不宜大于25%；弯矩调整后的梁端截面相对受压区高度不应超过0.35，且不宜小于0.10。

钢筋混凝土板的负弯矩调幅幅度不宜大于20%。

预应力混凝土梁的弯矩调幅幅度应符合本规范第10.1.8条的规定。

5.4.4 对属于协调扭转的混凝土结构构件，受相邻构件约束的支承梁的扭矩宜考虑内力重分布的影响。

考虑内力重分布后的支承梁，应按弯剪扭构件进行承载力计算。

注：当有充分依据时，也可采用其他设计方法。

5.5 弹塑性分析

5.5.1 重要或受力复杂的结构，宜采用弹塑性分析方法对结构整体或局部进行验算。结构的弹塑性分析宜遵循下列原则：

1 应预先设定结构的形状、尺寸、边界条件、材料性能和配筋等；

2 材料的性能指标宜取平均值，并宜通过试验分析确定，也可按本规范附录C的规定确定；

3 宜考虑结构几何非线性的不利影响；

4 分析结果用于承载力设计时，宜考虑抗力模型不定性系数对结构的抗力进行适当调整。

5.5.2 混凝土结构的弹塑性分析，可根据实际情况采用静力或动力分析方法。结构的基本构件计算模型宜按下列原则确定：

1 梁、柱、杆等杆系构件可简化为一维单元，宜采用纤维束模型或塑性铰模型；

2 墙、板等构件可简化为二维单元，宜采用膜单元、板单元或壳单元；

3 复杂的混凝土结构、大体积混凝土结构、结构的节点或局部区域需作精细分析时，宜采用三维块体单元。

5.5.3 构件、截面或各种计算单元的受力-变形本构关系宜符合实际受力情况。某些变形较大的构件或节点进行局部精细分析时，宜考虑钢筋与混凝土间的粘结-滑移本构关系。

钢筋、混凝土材料的本构关系宜通过试验分析确定，也可按本规范附录C采用。

5.6 塑性极限分析

5.6.1 对不承受多次重复荷载作用的混凝土结构，当有足够的塑性变形能力时，可采用塑性极限理论的分析方法进行结构的承载力计算，同时应满足正常使用的要求。

5.6.2 整体结构的塑性极限分析计算应符合下列规定：

1 对可预测结构破坏机制的情况，结构的极限承载力可根据设定的结构塑性屈服机制，采用塑性极限理论进行分析；

2 对难于预测结构破坏机制的情况，结构的极限承载力可采用静力或动力弹塑性分析方法确定；

3 对直接承受偶然作用的结构构件或部位，应根据偶然作用的动力特征考虑其动力效应的影响。

5.6.3 承受均布荷载的周边支承的双向矩形板，可采用塑性铰线法或条带法等塑性极限分析方法进行承载能力极限状态的分析与设计。

5.7 间接作用分析

5.7.1 当混凝土的收缩、徐变以及温度变化等间接作用在结构中产生的作用效应可能危及结构的安全或正常使用时，宜进行间接作用效应的分析，并应采取相应的构造措施和施工措施。

5.7.2 混凝土结构进行间接作用效应的分析，可采用本规范第5.5节的弹塑性分析方法；也可考虑裂缝和徐变对构件刚度的影响，按弹性方法进行近似分析。

6 承载能力极限状态计算

6.1 一般规定

6.1.1 本章适用于钢筋混凝土构件、预应力混凝土构件的承载能力极限状态计算；素混凝土结构构件设计应符合本规范附录D的规定。

深受弯构件、牛腿、叠合式构件的承载力计算应符合本规范第9章的有关规定。

6.1.2 对于二维或三维非杆系结构构件，当按弹性或弹塑性分析方法得到构件的应力设计值分布后，可根据主拉应力设计值的合力在配筋方向的投影确定配筋量，按主拉应力的分布区域确定钢筋布置，并应符合相应的构造要求；当混凝土处于受压状态时，可考虑受压钢筋和混凝土共同作用，受压钢筋配置应符合构造要求。

6.1.3 采用应力表达式进行混凝土结构构件的承载能力极限状态验算时，应符合下列规定：

1 应根据设计状况和构件性能设计目标确定混凝土和钢筋的强度取值。

2 钢筋应力不应大于钢筋的强度取值。

3 混凝土应力不应大于混凝土的强度取值；多轴应力状态混凝土强度取值和验算可按本规范附录C.4的有关规定进行。

6.2 正截面承载力计算

（Ⅰ）正截面承载力计算的一般规定

6.2.1 正截面承载力应按下列基本假定进行计算：

1 截面应变保持平面。

2 不考虑混凝土的抗拉强度。

3 混凝土受压的应力与应变关系按下列规定取用：

当 $\varepsilon_c \leqslant \varepsilon_0$ 时

$$\sigma_c = f_c \left[1 - \left(1 - \frac{\varepsilon_c}{\varepsilon_0} \right)^n \right] \qquad (6.2.1\text{-}1)$$

当 $\varepsilon_0 < \varepsilon_c \leqslant \varepsilon_{cu}$ 时

$$\sigma_c = f_c \qquad (6.2.1\text{-}2)$$

$$n = 2 - \frac{1}{60}(f_{cu,k} - 50) \qquad (6.2.1\text{-}3)$$

$$\varepsilon_0 = 0.002 + 0.5(f_{cu,k} - 50) \times 10^{-5} \qquad (6.2.1\text{-}4)$$

$$\varepsilon_{cu} = 0.0033 - (f_{cu,k} - 50) \times 10^{-5} \qquad (6.2.1\text{-}5)$$

式中：σ_c —— 混凝土压应变为 ε_c 时的混凝土压应力；

f_c —— 混凝土轴心抗压强度设计值，按本规范表4.1.4-1采用；

ε_0 —— 混凝土压应力达到 f_c 时的混凝土压应变，当计算的 ε_0 值小于0.002时，取为0.002；

ε_{cu} —— 正截面的混凝土极限压应变，当处于非均匀受压且按公式（6.2.1-5）计算的值大于0.0033时，取为0.0033；当处于轴心受压时取为 ε_0；

$f_{cu,k}$ —— 混凝土立方体抗压强度标准值，按本规范第4.1.1条确定；

n —— 系数，当计算的 n 值大于2.0时，取为2.0。

4 纵向受拉钢筋的极限拉应变取为0.01。

5 纵向钢筋的应力取钢筋应变与其弹性模量的乘积，但其值应符合下列要求：

$$-f'_y \leqslant \sigma_{si} \leqslant f_y \qquad (6.2.1\text{-}6)$$

$$\sigma_{p0i} - f'_{py} \leqslant \sigma_{pi} \leqslant f_{py} \qquad (6.2.1\text{-}7)$$

式中：σ_{si}、σ_{pi} —— 第 i 层纵向普通钢筋、预应力筋的应力，正值代表拉应力，负值代表压应力；

σ_{p0i} —— 第 i 层纵向预应力筋截面重心处混凝土法向应力等于零时的预应力筋应力，按本规范公式（10.1.6-3）或公式（10.1.6-6）计算；

f_y、f_{py} —— 普通钢筋、预应力筋抗拉强度设计值，按本规范表4.2.3-1、表4.2.3-2采用；

f'_y、f'_{py} —— 普通钢筋、预应力筋抗压强度设计值，按本规范表4.2.3-1、表4.2.3-2采用；

6.2.2 在确定中和轴位置时，对双向受弯构件，其内、外弯矩作用平面应相互重合；对双向偏心受力构件，其轴向力作用点、混凝土和受压钢筋的合力点以及受拉钢筋的合力点应在同一条直线上。当不符合上述条件时，尚应考虑扭转的影响。

6.2.3 弯矩作用平面内截面对称的偏心受压构件，当同一主轴方向的杆端弯矩比 $\frac{M_1}{M_2}$ 不大于0.9且轴压比不大于0.9时，若构件的长细比满足公式（6.2.3）的要求，可不考虑轴向压力在该方向挠曲杆件中产生的附加弯矩影响；否则应根据本规范第6.2.4条的规定，按截面的两个主轴方向分别考虑轴向压力在挠曲杆件中产生的附加弯矩影响。

$$l_c/i \leqslant 34 - 12(M_1/M_2) \quad (6.2.3)$$

式中：M_1、M_2——分别为已考虑侧移影响的偏心受压构件两端截面按结构弹性分析确定的对同一主轴的组合弯矩设计值，绝对值较大端为 M_2，绝对值较小端为 M_1，当构件按单曲率弯曲时，M_1/M_2 取正值，否则取负值；

l_c——构件的计算长度，可近似取偏心受压构件相应主轴方向上下支撑点之间的距离；

i——偏心方向的截面回转半径。

6.2.4 除排架结构柱外，其他偏心受压构件考虑轴向压力在挠曲杆件中产生的二阶效应后控制截面的弯矩设计值，应按下列公式计算：

$$M = C_m \eta_{ns} M_2 \quad (6.2.4-1)$$

$$C_m = 0.7 + 0.3 \frac{M_1}{M_2} \quad (6.2.4-2)$$

$$\eta_{ns} = 1 + \frac{1}{1300(M_2/N + e_a)/h_0} \left(\frac{l_c}{h}\right)^2 \zeta_c \quad (6.2.4-3)$$

$$\zeta_c = \frac{0.5 f_c A}{N} \quad (6.2.4-4)$$

当 $C_m \eta_{ns}$ 小于 1.0 时取 1.0；对剪力墙及核心筒墙，可取 $C_m \eta_{ns}$ 等于 1.0。

式中：C_m——构件端截面偏心距调节系数，当小于 0.7 时取 0.7；

η_{ns}——弯矩增大系数；

N——与弯矩设计值 M_2 相应的轴向压力设计值；

e_a——附加偏心距，按本规范第 6.2.5 条确定；

ζ_c——截面曲率修正系数，当计算值大于 1.0 时取 1.0；

h——截面高度；对环形截面，取外直径；对圆形截面，取直径；

h_0——截面有效高度；对环形截面，取 $h_0 = r_2 + r_s$；对圆形截面，取 $h_0 = r + r_s$；此处，r、r_2 和 r_s 按本规范第 E.0.3 条和第 E.0.4 条确定；

A——构件截面面积。

6.2.5 偏心受压构件的正截面承载力计算时，应计入轴向压力在偏心方向存在的附加偏心距 e_a，其值应取 20mm 和偏心方向截面最大尺寸的 1/30 两者中的较大值。

6.2.6 受弯构件、偏心受力构件正截面承载力计算时，受压区混凝土的应力图形可简化为等效的矩形应力图。

矩形应力图的受压区高度 x 可取截面应变保持平面的假定所确定的中和轴高度乘以系数 β_1。当混凝土强度等级不超过 C50 时，β_1 取为 0.80，当混凝土强度等级为 C80 时，β_1 取为 0.74，其间按线性内插法确定。

矩形应力图的应力值可由混凝土轴心抗压强度设计值 f_c 乘以系数 α_1 确定。当混凝土强度等级不超过 C50 时，α_1 取为 1.0，当混凝土强度等级为 C80 时，α_1 取为 0.94，其间按线性内插法确定。

6.2.7 纵向受拉钢筋屈服与受压区混凝土破坏同时发生时的相对界限受压区高度 ξ_b 应按下列公式计算：

1 钢筋混凝土构件

有屈服点普通钢筋

$$\xi_b = \frac{\beta_1}{1 + \frac{f_y}{E_s \varepsilon_{cu}}} \quad (6.2.7-1)$$

无屈服点普通钢筋

$$\xi_b = \frac{\beta_1}{1 + \frac{0.002}{\varepsilon_{cu}} + \frac{f_y}{E_s \varepsilon_{cu}}} \quad (6.2.7-2)$$

2 预应力混凝土构件

$$\xi_b = \frac{\beta_1}{1 + \frac{0.002}{\varepsilon_{cu}} + \frac{f_{py} - \sigma_{p0}}{E_s \varepsilon_{cu}}} \quad (6.2.7-3)$$

式中：ξ_b——相对界限受压区高度，取 x_b/h_0；

x_b——界限受压区高度；

h_0——截面有效高度：纵向受拉钢筋合力点至截面受压边缘的距离；

E_s——钢筋弹性模量，按本规范表 4.2.5 采用；

σ_{p0}——受拉区纵向预应力筋合力点处混凝土法向应力等于零时的预应力筋应力，按本规范公式（10.1.6-3）或公式（10.1.6-6）计算；

ε_{cu}——非均匀受压时的混凝土极限压应变，按本规范公式（6.2.1-5）计算；

β_1——系数，按本规范第 6.2.6 条的规定计算。

注：当截面受拉区内配置有不同种类或不同预应力值的钢筋时，受弯构件的相对界限受压区高度应分别计算，并取其较小值。

6.2.8 纵向钢筋应力应按下列规定确定：

1 纵向钢筋应力宜按下列公式计算：

普通钢筋

$$\sigma_{si} = E_s \varepsilon_{cu} \left(\frac{\beta_1 h_{0i}}{x} - 1\right) \quad (6.2.8-1)$$

预应力筋

$$\sigma_{pi} = E_s \varepsilon_{cu} \left(\frac{\beta_1 h_{0i}}{x} - 1\right) + \sigma_{p0i} \quad (6.2.8-2)$$

2 纵向钢筋应力也可按下列近似公式计算：

普通钢筋

$$\sigma_{si} = \frac{f_y}{\xi_b - \beta_1}\left(\frac{x}{h_{0i}} - \beta_1\right) \quad (6.2.8\text{-}3)$$

预应力筋

$$\sigma_{pi} = \frac{f_{py} - \sigma_{p0i}}{\xi_b - \beta_1}\left(\frac{x}{h_{0i}} - \beta_1\right) + \sigma_{p0i} \quad (6.2.8\text{-}4)$$

3 按公式（6.2.8-1）～公式（6.2.8-4）计算的纵向钢筋应力应符合本规范第6.2.1条第5款的相关规定。

式中：h_{0i}——第 i 层纵向钢筋截面重心至截面受压边缘的距离；

x——等效矩形应力图形的混凝土受压区高度；

σ_{si}、σ_{pi}——第 i 层纵向普通钢筋、预应力筋的应力，正值代表拉应力，负值代表压应力；

σ_{p0i}——第 i 层纵向预应力筋截面重心处混凝土法向应力等于零时的预应力筋应力，按本规范公式（10.1.6-3）或公式（10.1.6-6）计算。

6.2.9 矩形、I 形、T 形截面构件的正截面承载力可按本节规定计算；任意截面、圆形及环形截面构件的正截面承载力可按本规范附录 E 的规定计算。

（Ⅱ） 正截面受弯承载力计算

6.2.10 矩形截面或翼缘位于受拉边的倒 T 形截面受弯构件，其正截面受弯承载力应符合下列规定（图6.2.10）：

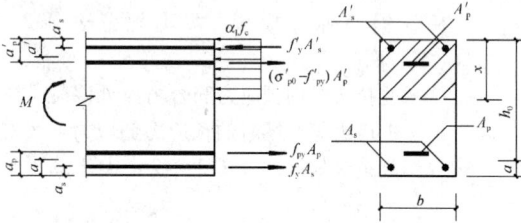

图 6.2.10　矩形截面受弯构件正截面
受弯承载力计算

$$M \leqslant \alpha_1 f_c bx\left(h_0 - \frac{x}{2}\right) + f'_y A'_s(h_0 - a'_s)$$
$$- (\sigma'_{p0} - f'_{py})A'_p(h_0 - a'_p) \quad (6.2.10\text{-}1)$$

混凝土受压区高度应按下列公式确定：

$$\alpha_1 f_c bx = f_y A_s - f'_y A'_s + f_{py} A_p + (\sigma'_{p0} - f'_{py})A'_p$$
$$(6.2.10\text{-}2)$$

混凝土受压区高度尚应符合下列条件：

$$x \leqslant \xi_b h_0 \quad (6.2.10\text{-}3)$$

$$x \geqslant 2a' \quad (6.2.10\text{-}4)$$

式中：M——弯矩设计值；

α_1——系数，按本规范第6.2.6条的规定计算；

f_c——混凝土轴心抗压强度设计值，按本规范

表4.1.4-1采用；

A_s、A'_s——受拉区、受压区纵向普通钢筋的截面面积；

A_p、A'_p——受拉区、受压区纵向预应力筋的截面面积；

σ'_{p0}——受压区纵向预应力筋合力点处混凝土法向应力等于零时的预应力筋应力；

b——矩形截面的宽度或倒 T 形截面的腹板宽度；

h_0——截面有效高度；

a'_s、a'_p——受压区纵向普通钢筋合力点、预应力筋合力点至截面受压边缘的距离；

a'——受压区全部纵向钢筋合力点至截面受压边缘的距离，当受压区未配置纵向预应力筋或受压区纵向预应力筋应力（$\sigma'_{p0} - f'_{py}$）为拉应力时，公式（6.2.10-4）中的 a' 用 a'_s 代替。

6.2.11 翼缘位于受压区的 T 形、I 形截面受弯构件（图6.2.11），其正截面受弯承载力计算应符合下列规定：

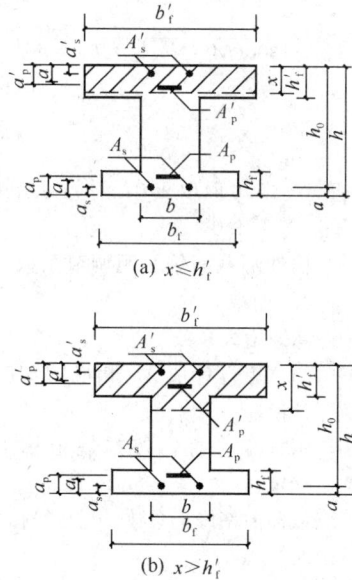

图 6.2.11　I 形截面受弯构件受压区高度位置

1 当满足下列条件时，应按宽度为 b'_f 的矩形截面计算：

$$f_y A_s + f_{py} A_p \leqslant \alpha_1 f_c b'_f h'_f + f'_y A'_s - (\sigma'_{p0} - f'_{py})A'_p$$
$$(6.2.11\text{-}1)$$

2 当不满足公式（6.2.11-1）的条件时，应按下列公式计算：

$$M \leqslant \alpha_1 f_c bx\left(h_0 - \frac{x}{2}\right) + \alpha_1 f_c (b'_f - b)h'_f\left(h_0 - \frac{h'_f}{2}\right)$$
$$+ f'_y A'_s(h_0 - a'_s) - (\sigma'_{p0} - f'_{py})A'_p(h_0 - a'_p)$$
$$(6.2.11\text{-}2)$$

混凝土受压区高度应按下列公式确定：

$$\alpha_1 f_c[bx + (b'_f - b)h'_f] = f_y A_s - f'_y A'_s + f_{py} A_p$$
$$+ (\sigma'_{p0} - f_{py})A'_p$$

$$(6.2.11-3)$$

式中：h'_f——T形、I形截面受压区的翼缘高度；

b'_f——T形、I形截面受压区的翼缘计算宽度，按本规范第 6.2.12 条的规定确定。

按上述公式计算 T 形、I 形截面受弯构件时，混凝土受压区高度仍应符合本规范公式（6.2.10-3）和公式（6.2.10-4）的要求。

6.2.12 T形、I形及倒 L 形截面受弯构件位于受压区的翼缘计算宽度 b'_f 可按本规范表 5.2.4 所列情况中的最小值取用。

6.2.13 受弯构件正截面受弯承载力计算应符合本规范公式（6.2.10-3）的要求。当由构造要求或按正常使用极限状态验算要求配置的纵向受拉钢筋截面面积大于受弯承载力要求的配筋面积时，按本规范公式（6.2.10-2）或公式（6.2.11-3）计算的混凝土受压区高度 x，可仅计入受弯承载力条件所需的纵向受拉钢筋截面面积。

6.2.14 当计算中计入纵向普通受压钢筋时，应满足本规范公式（6.2.10-4）的条件；当不满足此条件时，正截面受弯承载力应符合下列规定：

$$M \leq f_{py} A_p(h - a_p - a'_s) + f_y A_s(h - a_s - a'_s)$$
$$+ (\sigma'_{p0} - f_{py})A'_p(a'_p - a'_s)$$

$$(6.2.14)$$

式中：a_s、a_p——受拉区纵向普通钢筋、预应力筋至受拉边缘的距离。

（Ⅲ）正截面受压承载力计算

6.2.15 钢筋混凝土轴心受压构件，当配置的箍筋符合本规范第 9.3 节的规定时，其正截面受压承载力应符合下列规定（图 6.2.15）：

$$N \leq 0.9\varphi(f_c A + f'_y A'_s)$$

$$(6.2.15)$$

式中：N——轴向压力设计值；

φ——钢筋混凝土构件的稳定系数，按表 6.2.15 采用；

f_c——混凝土轴心抗压强度设计值，按本规范表 4.1.4-1 采用；

A——构件截面面积；

A'_s——全部纵向普通钢筋的截面面积。

当纵向普通钢筋的配筋率大于 3% 时，公式（6.2.15）中的 A 应改用 $(A - A'_s)$ 代替。

表 6.2.15 钢筋混凝土轴心受压构件的稳定系数

l_0/b	≤8	10	12	14	16	18	20	22	24	26	28
l_0/d	≤7	8.5	10.5	12	14	15.5	17	19	21	22.5	24
l_0/i	≤28	35	42	48	55	62	69	76	83	90	97
φ	1.00	0.98	0.95	0.92	0.87	0.81	0.75	0.70	0.65	0.60	0.56

续表 6.2.15

l_0/b	30	32	34	36	38	40	42	44	46	48	50
l_0/d	26	28	29.5	31	33	34.5	36.5	38	40	41.5	43
l_0/i	104	111	118	125	132	139	146	153	160	167	174
φ	0.52	0.48	0.44	0.40	0.36	0.32	0.29	0.26	0.23	0.21	0.19

注：1 l_0 为构件的计算长度，对钢筋混凝土柱可按本规范第 6.2.20 条的规定取用；

2 b 为矩形截面的短边尺寸，d 为圆形截面的直径，i 为截面的最小回转半径。

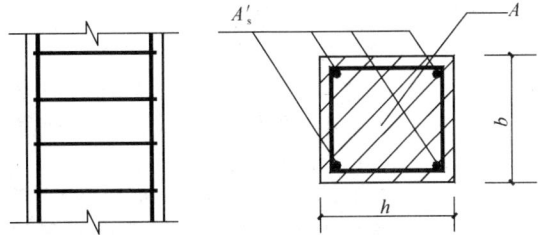

图 6.2.15 配置箍筋的钢筋混凝土轴心受压构件

6.2.16 钢筋混凝土轴心受压构件，当配置的螺旋式或焊接环式间接钢筋符合本规范第 9.3.2 条的规定时，其正截面受压承载力应符合下列规定（图 6.2.16）：

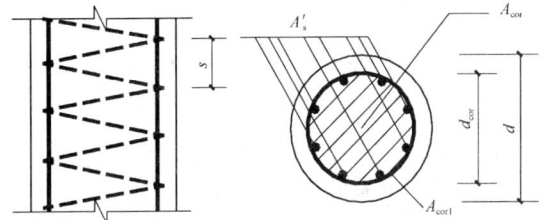

图 6.2.16 配置螺旋式间接钢筋的钢筋混凝土轴心受压构件

$$N \leq 0.9(f_c A_{cor} + f'_y A'_s + 2\alpha f_{yv} A_{ss0})$$

$$(6.2.16-1)$$

$$A_{ss0} = \frac{\pi d_{cor} A_{ss1}}{s}$$

$$(6.2.16-2)$$

式中：f_{yv}——间接钢筋的抗拉强度设计值，按本规范第 4.2.3 条的规定采用；

A_{cor}——构件的核心截面面积，取间接钢筋内表面范围内的混凝土截面面积；

A_{ss0}——螺旋式或焊接环式间接钢筋的换算截面面积；

d_{cor}——构件的核心截面直径，取间接钢筋内表面之间的距离；

A_{ss1}——螺旋式或焊接环式单根间接钢筋的截面面积；

s ——间接钢筋沿构件轴线方向的间距;

α ——间接钢筋对混凝土约束的折减系数:
当混凝土强度等级不超过 C50 时,取
1.0,当混凝土强度等级为 C80 时,取
0.85,其间按线性内插法确定。

注:1 按公式(6.2.16-1)算得的构件受压承
载力设计值不应大于按本规范公式
(6.2.15)算得的构件受压承载力设计值
的 1.5 倍;

2 当遇到下列任意一种情况时,不应计入
间接钢筋的影响,而应按本规范第
6.2.15 条的规定进行计算:
1)当 $l_0/d > 12$ 时;
2)当按公式(6.2.16-1)算得的受压承
载力小于按本规范公式(6.2.15)算
得的受压承载力时;
3)当间接钢筋的换算截面面积 A_{ss0} 小于
纵向普通钢筋的全部截面面积的
25% 时。

6.2.17 矩形截面偏心受压构件正截面受压承载力应
符合下列规定(图 6.2.17):

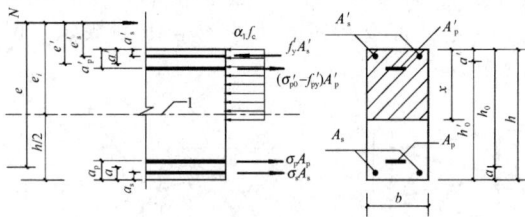

图 6.2.17 矩形截面偏心受压构件
正截面受压承载力计算
1—截面重心轴

$$N \leqslant \alpha_1 f_c b x + f'_y A'_s - \sigma_s A_s - (\sigma'_{p0} - f'_{py}) A'_p - \sigma_p A_p$$
$$(6.2.17\text{-}1)$$

$$Ne \leqslant \alpha_1 f_c b x \left(h_0 - \frac{x}{2} \right) + f'_y A'_s (h_0 - a'_s)$$
$$- (\sigma'_{p0} - f'_{py}) A'_p (h_0 - a'_p)$$
$$(6.2.17\text{-}2)$$

$$e = e_i + \frac{h}{2} - a \qquad (6.2.17\text{-}3)$$

$$e_i = e_0 + e_a \qquad (6.2.17\text{-}4)$$

式中:e ——轴向压力作用点至纵向受拉普通钢筋和
受拉预应力筋的合力点的距离;

σ_s、σ_p ——受拉边或受压较小边的纵向普通钢筋、
预应力筋的应力;

e_i ——初始偏心距;

a ——纵向受拉普通钢筋和受拉预应力筋的合
力点至截面近边缘的距离;

e_0 ——轴向压力对截面重心的偏心距,取为
M/N,当需要考虑二阶效应时,M 为按
本规范第 5.3.4 条、第 6.2.4 条规定确
定的弯矩设计值;

e_a ——附加偏心距,按本规范第 6.2.5 条确定。

按上述规定计算时,尚应符合下列要求:

1 钢筋的应力 σ_s、σ_p 可按下列情况确定:
1)当 ξ 不大于 ξ_b 时为大偏心受压构件,取 σ_s
为 f_y、σ_p 为 f_{py},此处,ξ 为相对受压区高
度,取为 x/h_0;
2)当 ξ 大于 ξ_b 时为小偏心受压构件,σ_s、σ_p 按
本规范第 6.2.8 条的规定进行计算。

2 当计算中计入纵向受压普通钢筋时,受压区
高度应满足本规范公式(6.2.10-4)的条件;当不满
足此条件时,其正截面受压承载力可按本规范第
6.2.14 条的规定进行计算,此时,应将本规范公式
(6.2.14)中的 M 以 Ne'_s 代替,此处,e'_s 为轴向压力
作用点至受压区纵向普通钢筋合力点的距离;初始偏
心距应按公式(6.2.17-4)确定。

3 矩形截面非对称配筋的小偏心受压构件,当
N 大于 $f_c b h$ 时,尚应按下列公式进行验算:

$$Ne' \leqslant f_c b h \left(h'_0 - \frac{h}{2} \right) + f'_y A_s (h'_0 - a_s)$$
$$- (\sigma_{p0} - f_{py}) A_p (h'_0 - a_p) \quad (6.2.17\text{-}5)$$

$$e' = \frac{h}{2} - a' - (e_0 - e_a) \quad (6.2.17\text{-}6)$$

式中:e' ——轴向压力作用点至受压区纵向普通钢筋
和预应力筋的合力点的距离;

h'_0 ——纵向受压钢筋合力点至截面远边的
距离。

4 矩形截面对称配筋($A'_s = A_s$)的钢筋混凝
土小偏心受压构件,也可按下列近似公式计算纵向普
通钢筋截面面积:

$$A'_s = \frac{Ne - \xi(1 - 0.5\xi)\alpha_1 f_c b h_0^2}{f'_y (h_0 - a'_s)}$$
$$(6.2.17\text{-}7)$$

此处,相对受压区高度 ξ 可按下列公式计算:

$$\xi = \frac{N - \xi_b \alpha_1 f_c b h_0}{\dfrac{Ne - 0.43\alpha_1 f_c b h_0^2}{(\beta_1 - \xi_b)(h_0 - a'_s)} + \alpha_1 f_c b h_0} + \xi_b$$
$$(6.2.17\text{-}8)$$

6.2.18 I 形截面偏心受压构件的受压翼缘计算宽度
b'_f 应按本规范第 6.2.12 条确定,其正截面受压承载
力应符合下列规定:

1 当受压区高度 x 不大于 h'_f 时,应按宽度为受
压翼缘计算宽度 b'_f 的矩形截面计算。

2 当受压区高度 x 大于 h'_f 时(图 6.2.18),应
符合下列规定:

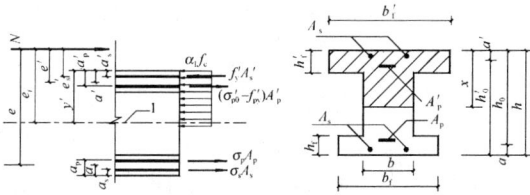

图 6.2.18 I 形截面偏心受压构件
正截面受压承载力计算
1—截面重心轴

$$N \leqslant \alpha_1 f_c \left[bx + (b'_f - b) h'_f \right] + f'_y A'_s$$
$$- \sigma_s A_s - (\sigma'_{p0} - f'_{py}) A'_p - \sigma_p A_p$$

$$(6.2.18\text{-}1)$$

$$Ne \leqslant \alpha_1 f_c \left[bx \left(h_0 - \frac{x}{2} \right) + (b'_f - b) h'_f \left(h_0 - \frac{h'_f}{2} \right) \right]$$
$$+ f'_y A'_s (h_0 - a'_s) - (\sigma'_{p0} - f'_{py}) A'_p (h_0 - a'_p)$$

$$(6.2.18\text{-}2)$$

公式中的钢筋应力 σ_s、σ_p 以及是否考虑纵向受压普通钢筋的作用,均应按本规范第 6.2.17 条的有关规定确定。

3 当 x 大于 $(h - h_f)$ 时,其正截面受压承载力计算应计入受压较小边翼缘受压部分的作用,此时,受压较小边翼缘计算宽度 b_f 应按本规范第 6.2.12 条确定。

4 对采用非对称配筋的小偏心受压构件,当 N 大于 $f_c A$ 时,尚应按下列公式进行验算:

$$Ne' \leqslant f_c \left[bh \left(h'_0 - \frac{h}{2} \right) + (b_f - b) h_f \left(h'_0 - \frac{h_f}{2} \right) \right.$$
$$\left. + (b'_f - b) h'_f \left(\frac{h'_f}{2} - a' \right) \right]$$
$$+ f'_y A_s (h'_0 - a_s)$$
$$- (\sigma_{p0} - f'_{py}) A_p (h'_0 - a_p) \qquad (6.2.18\text{-}3)$$
$$e' = y' - a' - (e_0 - e_a) \qquad (6.2.18\text{-}4)$$

式中:y'——截面重心至离轴向压力较近一侧受压边的距离,当截面对称时,取 $h/2$。

注:对仅在离轴向压力较近一侧有翼缘的 T 形截面,可取 b_f 为 b;对仅在离轴向压力较远一侧有翼缘的倒 T 形截面,可取 b'_f 为 b。

6.2.19 沿截面腹部均匀配置纵向普通钢筋的矩形、T 形或 I 形截面钢筋混凝土偏心受压构件(图 6.2.19),其正截面受压承载力宜符合下列规定:

$$N \leqslant \alpha_1 f_c \left[\xi b h_0 + (b'_f - b) h'_f \right] + f'_y A'_s - \sigma_s A_s + N_{sw}$$

$$(6.2.19\text{-}1)$$

$$Ne \leqslant \alpha_1 f_c \left[\xi (1 - 0.5\xi) b h_0^2 + (b'_f - b) h'_f \left(h_0 - \frac{h'_f}{2} \right) \right]$$
$$+ f'_y A'_s (h_0 - a'_s) + M_{sw} \qquad (6.2.19\text{-}2)$$

$$N_{sw} = \left(1 + \frac{\xi - \beta_1}{0.5 \beta_1 \omega} \right) f_{yw} A_{sw} \qquad (6.2.19\text{-}3)$$

$$M_{sw} = \left[0.5 - \left(\frac{\xi - \beta_1}{\beta_1 \omega} \right)^2 \right] f_{yw} A_{sw} h_{sw}$$

$$(6.2.19\text{-}4)$$

式中:A_{sw}——沿截面腹部均匀配置的全部纵向普通钢筋截面面积;

f_{yw}——沿截面腹部均匀配置的纵向普通钢筋强度设计值,按本规范表 4.2.3-1 采用;

N_{sw}——沿截面腹部均匀配置的纵向普通钢筋所承担的轴向压力,当 ξ 大于 β_1 时,取为 β_1 进行计算;

M_{sw}——沿截面腹部均匀配置的纵向普通钢筋的内力对 A_s 重心的力矩,当 ξ 大于 β_1 时,取为 β_1 进行计算;

ω——均匀配置纵向普通钢筋区段的高度 h_{sw} 与截面有效高度 h_0 的比值(h_{sw}/h_0),宜取 h_{sw} 为 $(h_0 - a'_s)$。

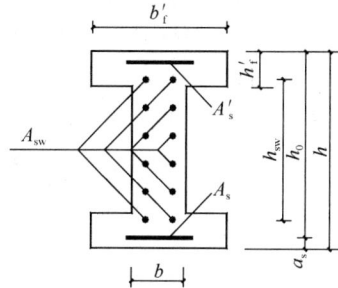

图 6.2.19 沿截面腹部均匀配筋
的 I 形截面

受拉边或受压较小边普通钢筋 A_s 中的应力 σ_s 以及在计算中是否考虑受压普通钢筋和受压较小边翼缘受压部分的作用,应按本规范第 6.2.17 条和第 6.2.18 条的有关规定确定。

注:本条适用于截面腹部均匀配置纵向普通钢筋的数量每侧不少于 4 根的情况。

6.2.20 轴心受压和偏心受压柱的计算长度 l_0 可按下列规定确定:

1 刚性屋盖单层房屋排架柱、露天吊车柱和栈桥柱,其计算长度 l_0 可按表 6.2.20-1 取用。

表 6.2.20-1 刚性屋盖单层房屋排架柱、露天吊车柱和栈桥柱的计算长度

柱的类别		l_0		
		排架方向	垂直排架方向	
			有柱间支撑	无柱间支撑
无吊车房屋柱	单跨	1.5H	1.0H	1.2H
	两跨及多跨	1.25H	1.0H	1.2H

续表 6.2.20-1

柱的类别		l_0		
		排架方向	垂直排架方向	
			有柱间支撑	无柱间支撑
有吊车房屋柱	上柱	$2.0H_u$	$1.25H_u$	$1.5H_u$
	下柱	$1.0H_l$	$0.8H_l$	$1.0H_l$
露天吊车柱和栈桥柱		$2.0H_l$	$1.0H_l$	—

注：1 表中 H 为从基础顶面算起的柱子全高；H_l 为从基础顶面至装配式吊车梁底面或现浇式吊车梁顶面的柱子下部高度；H_u 为从装配式吊车梁底面或从现浇式吊车梁顶面算起的柱子上部高度；

2 表中有吊车房屋排架柱的计算长度，当计算中不考虑吊车荷载时，可按无吊车房屋柱的计算长度采用，但上柱的计算长度仍可按有吊车房屋采用；

3 表中有吊车房屋排架柱的上柱在排架方向的计算长度，仅适用于 H_u/H_l 不小于 0.3 的情况；当 H_u/H_l 小于 0.3 时，计算长度宜采用 $2.5H_u$。

2 一般多层房屋中梁柱为刚接的框架结构，各层柱的计算长度 l_0 可按表 6.2.20-2 取用。

表 6.2.20-2　框架结构各层柱的计算长度

楼盖类型	柱的类别	l_0
现浇楼盖	底层柱	$1.0H$
	其余各层柱	$1.25H$
装配式楼盖	底层柱	$1.25H$
	其余各层柱	$1.5H$

注：表中 H 为底层柱从基础顶面到一层楼盖顶面的高度；对其余各层柱为上下两层楼盖顶面之间的高度。

6.2.21 对截面具有两个互相垂直的对称轴的钢筋混凝土双向偏心受压构件（图 6.2.21），其正截面受压承载力可选用下列两种方法之一进行计算：

1 按本规范附录 E 的方法计算，此时，附录 E 公式（E.0.1-7）和公式（E.0.1-8）中的 M_x、M_y 应分别用 Ne_{ix}、Ne_{iy} 代替，其中，初始偏心距应按下列公式计算：

$$e_{ix} = e_{0x} + e_{ax} \qquad (6.2.21-1)$$

$$e_{iy} = e_{0y} + e_{ay} \qquad (6.2.21-2)$$

式中：e_{0x}、e_{0y}——轴向压力对通过截面重心的 y 轴、x 轴的偏心距，即 M_{0x}/N、M_{0y}/N；

M_{0x}、M_{0y}——轴向压力在 x 轴、y 轴方向的弯矩设计值，为按本规范第 5.3.4 条、6.2.4 条规定确定的弯矩设计值；

e_{ax}、e_{ay}——x 轴、y 轴方向上的附加偏心距，按本规范第 6.2.5 条的规定确定；

2 按下列近似公式计算：

$$N \leqslant \cfrac{1}{\cfrac{1}{N_{ux}} + \cfrac{1}{N_{uy}} - \cfrac{1}{N_{u0}}} \qquad (6.2.21-3)$$

式中：N_{u0}——构件的截面轴心受压承载力设计值；

N_{ux}——轴向压力作用于 x 轴并考虑相应的计算偏心距 e_{ix} 后，按全部纵向普通钢筋计算的构件偏心受压承载力设计值；

N_{uy}——轴向压力作用于 y 轴并考虑相应的计算偏心距 e_{iy} 后，按全部纵向普通钢筋计算的构件偏心受压承载力设计值。

构件的截面轴心受压承载力设计值 N_{u0}，可按本规范公式（6.2.15）计算，但应取等号，将 N 以 N_{u0} 代替，且不考虑稳定系数 φ 及系数 0.9。

构件的偏心受压承载力设计值 N_{ux}，可按下列情况计算：

1) 当纵向普通钢筋沿截面两对边配置时，N_{ux} 可按本规范第 6.2.17 条或第 6.2.18 条的规定进行计算，但应取等号，将 N 以 N_{ux} 代替。

2) 当纵向普通钢筋沿截面腹部均匀配置时，N_{ux} 可按本规范第 6.2.19 条的规定进行计算，但应取等号，将 N 以 N_{ux} 代替。

构件的偏心受压承载力设计值 N_{uy} 可采用与 N_{ux} 相同的方法计算。

（Ⅳ）正截面受拉承载力计算

6.2.22 轴心受拉构件的正截面受拉承载力应符合下列规定：

$$N \leqslant f_y A_s + f_{py} A_p \qquad (6.2.22)$$

式中：N——轴向拉力设计值；

A_s、A_p——纵向普通钢筋、预应力筋的全部截面面积。

6.2.23 矩形截面偏心受拉构件的正截面受拉承载力应符合下列规定：

1 小偏心受拉构件

当轴向拉力作用在钢筋 A_s 与 A_p 的合力点和 A'_s

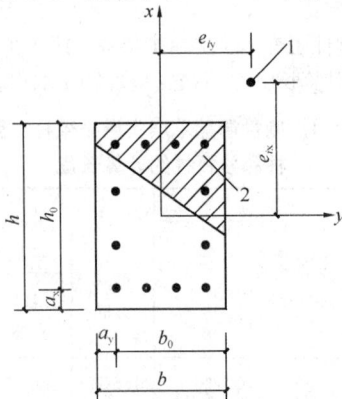

图 6.2.21　双向偏心受压构件截面
1—轴向压力作用点；2—受压区

与 A'_p 的合力点之间时（图 6.2.23a）：

$$Ne \leqslant f_y A'_s (h_0 - a'_s) + f_{py} A'_p (h_0 - a'_p)$$
$$(6.2.23-1)$$

$$Ne' \leqslant f_y A_s (h'_0 - a_s) + f_{py} A_p (h'_0 - a_p)$$
$$(6.2.23-2)$$

2 大偏心受拉构件

当轴向拉力不作用在钢筋 A_s 与 A_p 的合力点和 A'_s 与 A'_p 的合力点之间时（图 6.2.23b）：

$$N \leqslant f_y A_s + f_{py} A_p - f'_y A'_s + (\sigma'_{p0} - f'_{py}) A'_p - \alpha_1 f_c bx$$
$$(6.2.23-3)$$

$$Ne \leqslant \alpha_1 f_c bx \left(h_0 - \frac{x}{2}\right) + f'_y A'_s (h_0 - a'_s)$$
$$- (\sigma'_{p0} - f'_{py}) A'_p (h_0 - a'_p)$$
$$(6.2.23-4)$$

此时，混凝土受压区的高度应满足本规范公式（6.2.10-3）的要求。当计算中计入纵向受压普通钢筋时，尚应满足本规范公式（6.2.10-4）的条件；当不满足时，可按公式（6.2.23-2）计算。

3 对称配筋的矩形截面偏心受拉构件，不论大、小偏心受拉情况，均可按公式（6.2.23-2）计算。

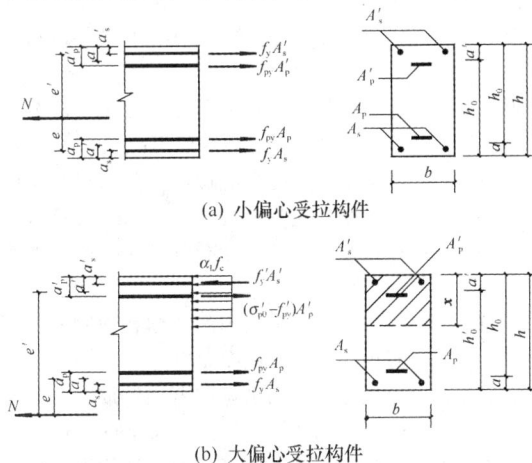

(a) 小偏心受拉构件

(b) 大偏心受拉构件

图 6.2.23 矩形截面偏心受拉构件
正截面受拉承载力计算

6.2.24 沿截面腹部均匀配置纵向普通钢筋的矩形、T 形或 I 形截面钢筋混凝土偏心受拉构件，其正截面受拉承载力应符合本规范公式（6.2.25-1）的规定，式中正截面受弯承载力设计值 M_u 可按本规范公式（6.2.19-1）和公式（6.2.19-2）进行计算，但应取等号，同时应分别取 N 为 0 和以 M_u 代替 Ne_i。

6.2.25 对称配筋的矩形截面钢筋混凝土双向偏心受拉构件，其正截面受拉承载力应符合下列规定：

$$N \leqslant \frac{1}{\dfrac{1}{N_{u0}} + \dfrac{e_0}{M_u}}$$
$$(6.2.25-1)$$

式中：N_{u0}——构件的轴心受拉承载力设计值；

e_0——轴向拉力作用点至截面重心的距离；

M_u——按通过轴向拉力作用点的弯矩平面计

算的正截面受弯承载力设计值。

构件的轴心受拉承载力设计值 N_{u0}，按本规范公式（6.2.22）计算，但应取等号，并以 N_{u0} 代替 N。按通过轴向拉力作用点的弯矩平面计算的正截面受弯承载力设计值 M_u，可按本规范第 6.2 节（I）的有关规定进行计算。

公式（6.2.25-1）中的 e_0/M_u 也可按下列公式计算：

$$\frac{e_0}{M_u} = \sqrt{\left(\frac{e_{0x}}{M_{ux}}\right)^2 + \left(\frac{e_{0y}}{M_{uy}}\right)^2} \quad (6.2.25-2)$$

式中：e_{0x}、e_{0y}——轴向拉力对截面重心 y 轴、x 轴的偏心距；

M_{ux}、M_{uy}——x 轴、y 轴方向的正截面受弯承载力设计值，按本规范第 6.2 节（II）的规定计算。

6.3 斜截面承载力计算

6.3.1 矩形、T 形和 I 形截面受弯构件的受剪截面应符合下列条件：

当 $h_w/b \leqslant 4$ 时

$$V \leqslant 0.25 \beta_c f_c b h_0 \quad (6.3.1-1)$$

当 $h_w/b \geqslant 6$ 时

$$V \leqslant 0.2 \beta_c f_c b h_0 \quad (6.3.1-2)$$

当 $4 < h_w/b < 6$ 时，按线性内插法确定。

式中：V——构件斜截面上的最大剪力设计值；

β_c——混凝土强度影响系数：当混凝土强度等级不超过 C50 时，β_c 取 1.0；当混凝土强度等级为 C80 时，β_c 取 0.8；其间按线性内插法确定；

b——矩形截面的宽度，T 形截面或 I 形截面的腹板宽度；

h_0——截面的有效高度；

h_w——截面的腹板高度：矩形截面，取有效高度；T 形截面，取有效高度减去翼缘高度；I 形截面，取腹板净高。

注：1 对 T 形或 I 形截面的简支受弯构件，当有实践经验时，公式（6.3.1-1）中的系数可改用 0.3；

2 对受拉边倾斜的构件，当有实践经验时，其受剪截面的控制条件可适当放宽。

6.3.2 计算斜截面受剪承载力时，剪力设计值的计算截面应按下列规定采用：

1 支座边缘处的截面（图 6.3.2a、b 截面 1-1）；

2 受拉区弯起钢筋弯起点处的截面（图 6.3.2a 截面 2-2、3-3）；

3 箍筋截面面积或间距改变处的截面（图 6.3.2b 截面 4-4）；

4 截面尺寸改变处的截面。

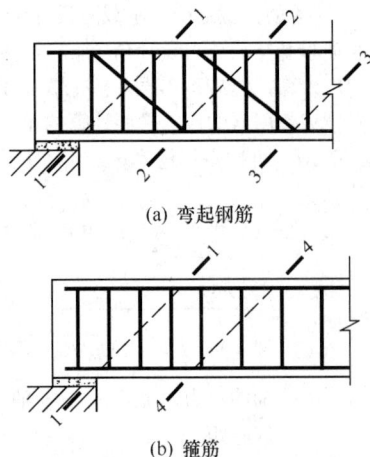

(a) 弯起钢筋

(b) 箍筋

图 6.3.2 斜截面受剪承载力剪力设计值的计算截面

1-1 支座边缘处的斜截面；2-2、3-3 受拉区弯起钢筋弯
起点的斜截面；4-4 箍筋截面面积或间距改变处的斜截面

注：1 受拉边倾斜的受弯构件，尚应包括梁的高度开
始变化处、集中荷载作用处和其他不利的截面；

2 箍筋的间距以及弯起钢筋前一排（对支座而言）
的弯起点至后一排的弯终点的距离，应符合本
规范第 9.2.8 和第 9.2.9 条的构造要求。

6.3.3 不配置箍筋和弯起钢筋的一般板类受弯构件，
其斜截面受剪承载力应符合下列规定：

$$V \leqslant 0.7\beta_h f_t b h_0 \quad (6.3.3-1)$$

$$\beta_h = \left(\frac{800}{h_0}\right)^{1/4} \quad (6.3.3-2)$$

式中：β_h——截面高度影响系数：当 h_0 小于 800mm
时，取 800mm；当 h_0 大于 2000mm 时，
取 2000mm。

6.3.4 当仅配置箍筋时，矩形、T 形和 I 形截面受
弯构件的斜截面受剪承载力应符合下列规定：

$$V \leqslant V_{cs} + V_p \quad (6.3.4-1)$$

$$V_{cs} = \alpha_{cv} f_t b h_0 + f_{yv}\frac{A_{sv}}{s}h_0 \quad (6.3.4-2)$$

$$V_p = 0.05 N_{p0} \quad (6.3.4-3)$$

式中：V_{cs}——构件斜截面上混凝土和箍筋的受剪承
载力设计值；

V_p——由预加力所提高的构件受剪承载力设
计值；

α_{cv}——斜截面混凝土受剪承载力系数，对于
一般受弯构件取 0.7；对集中荷载作用
下（包括作用有多种荷载，其中集中
荷载对支座截面或节点边缘所产生的
剪力值占总剪力的 75% 以上的情况）
的独立梁，取 α_{cv} 为 $\frac{1.75}{\lambda+1}$，λ 为计算截
面的剪跨比，可取 λ 等于 a/h_0，当 λ 小
于 1.5 时，取 1.5，当 λ 大于 3 时，取
3，a 取集中荷载作用点至支座截面或
节点边缘的距离；

A_{sv}——配置在同一截面内箍筋各肢的全部截
面面积，即 nA_{sv1}，此处，n 为在同一
个截面内箍筋的肢数，A_{sv1} 为单肢箍筋
的截面面积；

s——沿构件长度方向的箍筋间距；

f_{yv}——箍筋的抗拉强度设计值，按本规范第
4.2.3 条的规定采用；

N_{p0}——计算截面上混凝土法向预应力等于零
时的预加力，按本规范第 10.1.13 条
计算；当 N_{p0} 大于 $0.3 f_c A_0$ 时，取 0.3
$f_c A_0$，此处，A_0 为构件的换算截面
面积。

注：1 对预加力 N_{p0} 引起的截面弯矩与外弯矩方向相
同的情况，以及预应力混凝土连续梁和允许出
现裂缝的预应力混凝土简支梁，均应取 V_p 为 0；

2 先张法预应力混凝土构件，在计算预加力 N_{p0}
时，应按本规范第 7.1.9 条的规定考虑预应力
筋传递长度的影响。

6.3.5 当配置箍筋和弯起钢筋时，矩形、T 形和 I
形截面受弯构件的斜截面受剪承载力应符合下列
规定：

$$V \leqslant V_{cs} + V_p + 0.8 f_y A_{sb}\sin\alpha_s + 0.8 f_{py} A_{pb}\sin\alpha_p$$

$$(6.3.5)$$

式中：V——配置弯起钢筋处的剪力设计值，按本规
范第 6.3.6 条的规定取用；

V_p——由预加力所提高的构件受剪承载力设计
值，按本规范公式（6.3.4-3）计算，但
计算预加力 N_{p0} 时不考虑弯起预应力筋
的作用；

A_{sb}、A_{pb}——分别为同一平面内的弯起普通钢筋、弯
起预应力筋的截面面积；

α_s、α_p——分别为斜截面上弯起普通钢筋、弯起预
应力筋的切线与构件纵轴线的夹角。

6.3.6 计算弯起钢筋时，截面剪力设计值可按下列
规定取用（图 6.3.2a）：

1 计算第一排（对支座而言）弯起钢筋时，取
支座边缘处的剪力值；

2 计算以后的每一排弯起钢筋时，取前一排
（对支座而言）弯起钢筋弯起点处的剪力值。

6.3.7 矩形、T 形和 I 形截面的一般受弯构件，当
符合下式要求时，可不进行斜截面的受剪承载力计
算，其箍筋的构造要求应符合本规范第 9.2.9 条的有
关规定。

$$V \leqslant \alpha_{cv} f_t b h_0 + 0.05 N_{p0} \quad (6.3.7)$$

式中：α_{cv}——截面混凝土受剪承载力系数，按本规范
第 6.3.4 条的规定采用。

6.3.8 受拉边倾斜的矩形、T 形和 I 形截面受弯构
件，其斜截面受剪承载力应符合下列规定（图 6.3.8）：

$$V \leqslant V_{cs} + V_{sp} + 0.8 f_y A_{sb}\sin\alpha_s \quad (6.3.8-1)$$

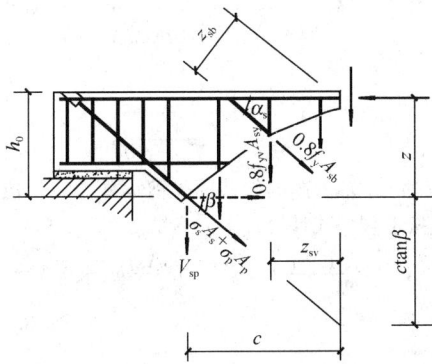

图 6.3.8 受拉边倾斜的受弯构件的
斜截面受剪承载力计算

$$V_{sp} = \frac{M - 0.8(\sum f_{yv}A_{sv}z_{sv} + \sum f_y A_{sb}z_{sb})}{z + c\tan\beta}\tan\beta$$

(6.3.8-2)

式中：M——构件斜截面受压区末端的弯矩设计值；

V_{cs}——构件斜截面上混凝土和箍筋的受剪承载力设计值，按本规范公式（6.3.4-2）计算，其中 h_0 取斜截面受拉区始端的垂直截面有效高度；

V_{sp}——构件截面上受拉边倾斜的纵向非预应力和预应力受拉钢筋的合力设计值在垂直方向的投影：对钢筋混凝土受弯构件，其值不应大于 $f_y A_s \sin\beta$；对预应力混凝土受弯构件，其值不应大于 $(f_{py}A_p + f_y A_s)\sin\beta$，且不应小于 $\sigma_{pe}A_p \sin\beta$；

z_{sv}——同一截面内箍筋的合力至斜截面受压区合力点的距离；

z_{sb}——同一弯起平面内的弯起普通钢筋的合力至斜截面受压区合力点的距离；

z——斜截面受拉区始端处纵向受拉钢筋合力的水平分力至斜截面受压区合力点的距离，可近似取为 $0.9h_0$；

β——斜截面受拉区始端处倾斜的纵向受拉钢筋的倾角；

c——斜截面的水平投影长度，可近似取为 h_0。

注：在梁截面高度开始变化处，斜截面的受剪承载力应按等截面高度梁和变截面高度梁的有关公式分别计算，并应按不利者配置箍筋和弯起钢筋。

6.3.9 受弯构件斜截面的受弯承载力应符合下列规定（图 6.3.9）：

$$M \leqslant (f_y A_s + f_{py}A_p)z + \sum f_y A_{sb}z_{sb} + \sum f_{py}A_{pb}z_{pb}$$
$$+ \sum f_{yv}A_{sv}z_{sv} \quad (6.3.9\text{-}1)$$

此时，斜截面的水平投影长度 c 可按下列条件确定：

$$V = \sum f_y A_{sb}\sin\alpha_s + \sum f_{py}A_{pb}\sin\alpha_p + \sum f_{yv}A_{sv}$$

(6.3.9-2)

式中：V——斜截面受压区末端的剪力设计值；

z——纵向受拉普通钢筋和预应力筋的合力点至受压区合力点的距离，可近似取为 $0.9h_0$；

z_{sb}、z_{pb}——分别为同一弯起平面内的弯起普通钢筋、弯起预应力筋的合力点至斜截面受压区合力点的距离；

z_{sv}——同一斜截面上箍筋的合力点至斜截面受压区合力点的距离。

在计算先张法预应力混凝土构件端部锚固区的斜截面受弯承载力时，公式中的 f_{py} 应按下列规定确定：锚固区内的纵向预应力筋抗拉强度设计值在锚固起点处应取为零，在锚固终点处应取为 f_{py}，在两点之间可按线性内插法确定。此时，纵向预应力筋的锚固长度 l_a 应按本规范第 8.3.1 条确定。

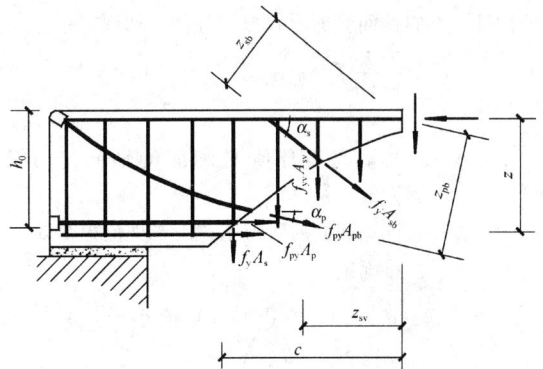

图 6.3.9 受弯构件斜截面受弯承载力计算

6.3.10 受弯构件中配置的纵向钢筋和箍筋，当符合本规范第 8.3.1 条～第 8.3.5 条、第 9.2.2 条～第 9.2.4 条、第 9.2.7 条～第 9.2.9 条规定的构造要求时，可不进行构件斜截面的受弯承载力计算。

6.3.11 矩形、T 形和 I 形截面的钢筋混凝土偏心受压构件和偏心受拉构件，其受剪截面应符合本规范第 6.3.1 条的规定。

6.3.12 矩形、T 形和 I 形截面的钢筋混凝土偏心受压构件，其斜截面受剪承载力应符合下列规定：

$$V \leqslant \frac{1.75}{\lambda + 1}f_t b h_0 + f_{yv}\frac{A_{sv}}{s}h_0 + 0.07N$$

(6.3.12)

式中：λ——偏心受压构件计算截面的剪跨比，取为 $M/(Vh_0)$；

N——与剪力设计值 V 相应的轴向压力设计值，当大于 $0.3f_c A$ 时，取 $0.3f_c A$，此处，A 为构件的截面面积。

计算截面的剪跨比 λ 应按下列规定取用：

1 对框架结构中的框架柱，当其反弯点在层高范围内时，可取为 $H_n/(2h_0)$。当 λ 小于 1 时，取 1；当 λ 大于 3 时，取 3。此处，M 为计算截面上与剪力设计值 V 相应的弯矩设计值，H_n 为柱净高。

2 其他偏心受压构件，当承受均布荷载时，取 1.5；当承受符合本规范第 6.3.4 条所述的集中荷载时，取为 a/h_0，且当 λ 小于 1.5 时取 1.5，当 λ 大于 3 时取 3。

6.3.13 矩形、T 形和 I 形截面的钢筋混凝土偏心受压构件，当符合下列要求时，可不进行斜截面受剪承载力计算，其箍筋构造要求应符合本规范第 9.3.2 条的规定。

$$V \leqslant \frac{1.75}{\lambda+1}f_t b h_0 + 0.07N \quad (6.3.13)$$

式中：剪跨比 λ 和轴向压力设计值 N 应按本规范第 6.3.12 条确定。

6.3.14 矩形、T 形和 I 形截面的钢筋混凝土偏心受拉构件，其斜截面受剪承载力应符合下列规定：

$$V \leqslant \frac{1.75}{\lambda+1}f_t b h_0 + f_{yv}\frac{A_{sv}}{s}h_0 - 0.2N$$
$$(6.3.14)$$

式中：N——与剪力设计值 V 相应的轴向拉力设计值；

λ——计算截面的剪跨比，按本规范第 6.3.12 条确定。

当公式（6.3.14）右边的计算值小于 $f_{yv}\dfrac{A_{sv}}{s}h_0$ 时，应取等于 $f_{yv}\dfrac{A_{sv}}{s}h_0$，且 $f_{yv}\dfrac{A_{sv}}{s}h_0$ 值不应小于 $0.36f_t b h_0$。

6.3.15 圆形截面钢筋混凝土受弯构件和偏心受压、受拉构件，其截面限制条件和斜截面受剪承载力可按本规范第 6.3.1 条～第 6.3.14 条计算，但上述条文公式中的截面宽度 b 和截面有效高度 h_0 应分别以 $1.76r$ 和 $1.6r$ 代替，此处，r 为圆形截面的半径。计算所得的箍筋截面面积应作为圆形箍筋的截面面积。

6.3.16 矩形截面双向受剪的钢筋混凝土框架柱，其受剪截面应符合下列要求：

$$V_x \leqslant 0.25\beta_c f_c b h_0 \cos\theta \quad (6.3.16-1)$$
$$V_y \leqslant 0.25\beta_c f_c b_0 h \sin\theta \quad (6.3.16-2)$$

式中：V_x——x 轴方向的剪力设计值，对应的截面有效高度为 h_0，截面宽度为 b；

V_y——y 轴方向的剪力设计值，对应的截面有效高度为 b_0，截面宽度为 h；

θ——斜向剪力设计值 V 的作用方向与 x 轴的夹角，$\theta = \arctan(V_y/V_x)$。

6.3.17 矩形截面双向受剪的钢筋混凝土框架柱，其斜截面受剪承载力应符合下列规定：

$$V_x \leqslant \frac{V_{ux}}{\sqrt{1+\left(\dfrac{V_{ux}\tan\theta}{V_{uy}}\right)^2}} \quad (6.3.17-1)$$

$$V_y \leqslant \frac{V_{uy}}{\sqrt{1+\left(\dfrac{V_{uy}}{V_{ux}\tan\theta}\right)^2}} \quad (6.3.17-2)$$

x 轴、y 轴方向的斜截面受剪承载力设计值 V_{ux}、V_{uy} 应按下列公式计算：

$$V_{ux} = \frac{1.75}{\lambda_x+1}f_t b h_0 + f_{yv}\frac{A_{svx}}{s}h_0 + 0.07N$$
$$(6.3.17-3)$$

$$V_{uy} = \frac{1.75}{\lambda_y+1}f_t h b_0 + f_{yv}\frac{A_{svy}}{s}b_0 + 0.07N$$
$$(6.3.17-4)$$

式中：λ_x、λ_y——分别为框架柱 x 轴、y 轴方向的计算剪跨比，按本规范第 6.3.12 条的规定确定；

A_{svx}、A_{svy}——分别为配置在同一截面内平行于 x 轴、y 轴的箍筋各肢截面面积的总和；

N——与斜向剪力设计值 V 相应的轴向压力设计值，当 N 大于 $0.3f_c A$ 时，取 $0.3f_c A$，此处，A 为构件的截面面积。

在计算截面箍筋时，可在公式（6.3.17-1）、公式（6.3.17-2）中近似取 V_{ux}/V_{uy} 等于 1 计算。

6.3.18 矩形截面双向受剪的钢筋混凝土框架柱，当符合下列要求时，可不进行斜截面受剪承载力计算，其构造箍筋要求应符合本规范第 9.3.2 条的规定。

$$V_x \leqslant \left(\frac{1.75}{\lambda_x+1}f_t b h_0 + 0.07N\right)\cos\theta$$
$$(6.3.18-1)$$

$$V_y \leqslant \left(\frac{1.75}{\lambda_y+1}f_t h b_0 + 0.07N\right)\sin\theta$$
$$(6.3.18-2)$$

6.3.19 矩形截面双向受剪的钢筋混凝土框架柱，当斜向剪力设计值 V 的作用方向与 x 轴的夹角 θ 在 $0° \sim 10°$ 或 $80° \sim 90°$ 时，可仅按单向受剪构件进行截面承载力计算。

6.3.20 钢筋混凝土剪力墙的受剪截面应符合下列条件：

$$V \leqslant 0.25\beta_c f_c b h_0 \quad (6.3.20)$$

6.3.21 钢筋混凝土剪力墙在偏心受压时的斜截面受剪承载力应符合下列规定：

$$V \leqslant \frac{1}{\lambda-0.5}\left(0.5f_t b h_0 + 0.13N\frac{A_w}{A}\right) + f_{yv}\frac{A_{sh}}{s_v}h_0$$
$$(6.3.21)$$

式中：N——与剪力设计值 V 相应的轴向压力设计值，当 N 大于 $0.2f_c b h$ 时，取 $0.2f_c b h$；

A——剪力墙的截面面积；

A_w——T 形、I 形截面剪力墙腹板的截面面积，对矩形截面剪力墙，取为 A；

A_{sh}——配置在同一截面内的水平分布钢筋的全部截面面积；

s_v——水平分布钢筋的竖向间距；

λ——计算截面的剪跨比，取为 $M/(Vh_0)$；当 λ 小于 1.5 时，取 1.5，当 λ 大于 2.2 时，取 2.2；此处，M 为与剪力设计值 V 相应的弯矩设计值；当计算截面与墙底之间的距离小于 $h_0/2$ 时，λ 可按距墙底 $h_0/2$ 处的弯矩值与剪力值计算。

当剪力设计值 V 不大于公式（6.3.21）中右边第一项时，水平分布钢筋可按本规范第 9.4.2 条、9.4.4 条、9.4.6 条的构造要求配置。

6.3.22 钢筋混凝土剪力墙在偏心受拉时的斜截面受剪承载力应符合下列规定：

$$V \leqslant \frac{1}{\lambda - 0.5}\left(0.5f_t bh_0 - 0.13N\frac{A_w}{A}\right) + f_{yv}\frac{A_{sh}}{s_v}h_0$$

$$(6.3.22)$$

当上式右边的计算值小于 $f_{yv}\dfrac{A_{sh}}{s_v}h_0$ 时，取等于 $f_{yv}\dfrac{A_{sh}}{s_v}h_0$。

式中：N——与剪力设计值 V 相应的轴向拉力设计值；

λ——计算截面的剪跨比，按本规范第 6.3.21 条采用。

6.3.23 剪力墙洞口连梁的受剪截面应符合本规范第 6.3.1 条的规定，其斜截面受剪承载力应符合下列规定：

$$V \leqslant 0.7f_t bh_0 + f_{yv}\frac{A_{sv}}{s}h_0 \qquad (6.3.23)$$

6.4 扭曲截面承载力计算

6.4.1 在弯矩、剪力和扭矩共同作用下，h_w/b 不大于 6 的矩形、T 形、I 形截面和 h_w/t_w 不大于 6 的箱形截面构件（图 6.4.1），其截面应符合下列条件：

当 h_w/b（或 h_w/t_w）不大于 4 时

$$\frac{V}{bh_0} + \frac{T}{0.8W_t} \leqslant 0.25\beta_c f_c \qquad (6.4.1-1)$$

当 h_w/b（或 h_w/t_w）等于 6 时

$$\frac{V}{bh_0} + \frac{T}{0.8W_t} \leqslant 0.2\beta_c f_c \qquad (6.4.1-2)$$

当 h_w/b（或 h_w/t_w）大于 4 但小于 6 时，按线性内插法确定。

式中：T——扭矩设计值；

b——矩形截面的宽度，T 形或 I 形截面取腹板宽度，箱形截面取两侧壁总厚度 $2t_w$；

W_t——受扭构件的截面受扭塑性抵抗矩，按本规范第 6.4.3 条的规定计算；

h_w——截面的腹板高度；对矩形截面，取有效

高度 h_0；对 T 形截面，取有效高度减去翼缘高度；对 I 形和箱形截面，取腹板净高；

t_w——箱形截面壁厚，其值不应小于 $b_h/7$，此处，b_h 为箱形截面的宽度。

注：当 h_w/b 大于 6 或 h_w/t_w 大于 6 时，受扭构件的截面尺寸要求及扭曲截面承载力计算应符合专门规定。

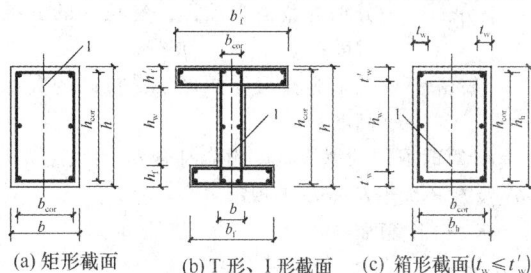

图 6.4.1 受扭构件截面
1—弯矩、剪力作用平面

6.4.2 在弯矩、剪力和扭矩共同作用下的构件，当符合下列要求时，可不进行构件受剪扭承载力计算，但应按本规范第 9.2.5 条、第 9.2.9 条和第 9.2.10 条的规定配置构造纵向钢筋和箍筋。

$$\frac{V}{bh_0} + \frac{T}{W_t} \leqslant 0.7f_t + 0.05\frac{N_{p0}}{bh_0} \qquad (6.4.2-1)$$

或

$$\frac{V}{bh_0} + \frac{T}{W_t} \leqslant 0.7f_t + 0.07\frac{N}{bh_0} \qquad (6.4.2-2)$$

式中：N_{p0}——计算截面上混凝土法向预应力等于零时的预加力，按本规范第 10.1.13 条的规定计算，当 N_{p0} 大于 $0.3f_c A_0$ 时，取 $0.3f_c A_0$，此处，A_0 为构件的换算截面面积；

N——与剪力、扭矩设计值 V、T 相应的轴向压力设计值，当 N 大于 $0.3f_c A$ 时，取 $0.3f_c A$，此处，A 为构件的截面面积。

6.4.3 受扭构件的截面受扭塑性抵抗矩可按下列规定计算：

1 矩形截面

$$W_t = \frac{b^2}{6}(3h - b) \qquad (6.4.3-1)$$

式中：b、h——分别为矩形截面的短边尺寸、长边尺寸。

2 T 形和 I 形截面

$$W_t = W_{tw} + W'_{tf} + W_{tf} \qquad (6.4.3-2)$$

腹板、受压翼缘及受拉翼缘部分的矩形截面受扭塑性抵抗矩 W_{tw}、W'_{tf} 和 W_{tf}，可按下列规定计算：

1）腹板

$$W_{tw} = \frac{b^2}{6}(3h - b) \qquad (6.4.3-3)$$

2）受压翼缘

$$W'_{tf} = \frac{h'^2_f}{2}(b'_f - b) \qquad (6.4.3-4)$$

3）受拉翼缘

$$W_{tf} = \frac{h^2_f}{2}(b_f - b) \qquad (6.4.3-5)$$

式中：b、h——分别为截面的腹板宽度、截面高度；

b'_f、b_f——分别为截面受压区、受拉区的翼缘宽度；

h'_f、h_f——分别为截面受压区、受拉区的翼缘高度。

计算时取用的翼缘宽度尚应符合 b'_f 不大于 $b+6h'_f$ 及 b_f 不大于 $b+6h_f$ 的规定。

3 箱形截面

$$W_t = \frac{b^2_h}{6}(3h_h - b_h) - \frac{(b_h - 2t_w)^2}{6}\left[3h_w - (b_h - 2t_w)\right]$$

$$(6.4.3-6)$$

式中：b_h、h_h——分别为箱形截面的短边尺寸、长边尺寸。

6.4.4 矩形截面纯扭构件的受扭承载力应符合下列规定：

$$T \leqslant 0.35f_t W_t + 1.2\sqrt{\zeta}f_{yv}\frac{A_{st1}A_{cor}}{s}$$

$$(6.4.4-1)$$

$$\zeta = \frac{f_y A_{stl} s}{f_{yv} A_{st1} u_{cor}} \qquad (6.4.4-2)$$

偏心距 e_{p0} 不大于 $h/6$ 的预应力混凝土纯扭构件，当计算的 ζ 值不小于 1.7 时，取 1.7，并可在公式 (6.4.4-1) 的右边增加预加力影响项 $0.05\frac{N_{p0}}{A_0}W_t$，此处，$N_{p0}$ 的取值应符合本规范第 6.4.2 条的规定。

式中：ζ——受扭的纵向普通钢筋与箍筋的配筋强度比值，ζ 值不应小于 0.6，当 ζ 大于 1.7 时，取 1.7；

A_{stl}——受扭计算中取对称布置的全部纵向普通钢筋截面面积；

A_{st1}——受扭计算中沿截面周边配置的箍筋单肢截面面积；

f_{yv}——受扭箍筋的抗拉强度设计值，按本规范第 4.2.3 条采用；

A_{cor}——截面核心部分的面积，取为 $b_{cor}h_{cor}$，此处，b_{cor}、h_{cor} 分别为箍筋内表面范围内截面核心部分的短边、长边尺寸；

u_{cor}——截面核心部分的周长，取 $2(b_{cor}+h_{cor})$。

注：当 ζ 小于 1.7 或 e_{p0} 大于 $h/6$ 时，不应考虑预加力影响项，而应按钢筋混凝土纯扭构件计算。

6.4.5 T 形和 I 形截面纯扭构件，可将其截面划分为几个矩形截面，分别按本规范第 6.4.4 条进行受扭承载力计算。每个矩形截面的扭矩设计值可按下列规定计算：

1 腹板

$$T_w = \frac{W_{tw}}{W_t}T \qquad (6.4.5-1)$$

2 受压翼缘

$$T'_f = \frac{W'_{tf}}{W_t}T \qquad (6.4.5-2)$$

3 受拉翼缘

$$T_f = \frac{W_{tf}}{W_t}T \qquad (6.4.5-3)$$

式中：T_w——腹板所承受的扭矩设计值；

T'_f、T_f——分别为受压翼缘、受拉翼缘所承受的扭矩设计值。

6.4.6 箱形截面钢筋混凝土纯扭构件的受扭承载力应符合下列规定：

$$T \leqslant 0.35\alpha_h f_t W_t + 1.2\sqrt{\zeta}f_{yv}\frac{A_{st1}A_{cor}}{s}$$

$$(6.4.6-1)$$

$$\alpha_h = 2.5\,t_w/b_h \qquad (6.4.6-2)$$

式中：α_h——箱形截面壁厚影响系数，当 α_h 大于 1.0 时，取 1.0。

ζ——同本规范第 6.4.4 条。

6.4.7 在轴向压力和扭矩共同作用下的矩形截面钢筋混凝土构件，其受扭承载力应符合下列规定：

$$T \leqslant \left(0.35f_t + 0.07\frac{N}{A}\right)W_t + 1.2\sqrt{\zeta}f_{yv}\frac{A_{st1}A_{cor}}{s}$$

$$(6.4.7)$$

式中：N——与扭矩设计值 T 相应的轴向压力设计值，当 N 大于 $0.3f_c A$ 时，取 $0.3f_c A$；

ζ——同本规范第 6.4.4 条。

6.4.8 在剪力和扭矩共同作用下的矩形截面剪扭构件，其受剪扭承载力应符合下列规定：

1 一般剪扭构件

1）受剪承载力

$$V \leqslant (1.5 - \beta_t)(0.7f_t bh_0 + 0.05N_{p0}) + f_{yv}\frac{A_{sv}}{s}h_0$$

$$(6.4.8-1)$$

$$\beta_t = \frac{1.5}{1 + 0.5\dfrac{VW_t}{Tbh_0}} \qquad (6.4.8-2)$$

式中：A_{sv}——受剪承载力所需的箍筋截面面积；

β_t——一般剪扭构件混凝土受扭承载力降低系数：当 β_t 小于 0.5 时，取 0.5；当 β_t 大于 1.0 时，取 1.0。

2）受扭承载力

$$T \leqslant \beta_t(0.35f_t + 0.05\frac{N_{p0}}{A_0})W_t + 1.2\sqrt{\zeta}f_{yv}\frac{A_{st1}A_{cor}}{s}$$

$$(6.4.8-3)$$

式中：ζ——同本规范第 6.4.4 条。

2 集中荷载作用下的独立剪扭构件

1）受剪承载力

$$V \leqslant (1.5 - \beta_t) \left(\frac{1.75}{\lambda + 1} f_t b h_0 + 0.05 N_{p0} \right) + f_{yv} \frac{A_{sv}}{s} h_0$$

$$(6.4.8-4)$$

$$\beta_t = \frac{1.5}{1 + 0.2 (\lambda + 1) \dfrac{V W_t}{T b h_0}} \qquad (6.4.8-5)$$

式中：λ——计算截面的剪跨比，按本规范第 6.3.4 条的规定取用；

β_t——集中荷载作用下剪扭构件混凝土受扭承载力降低系数：当 β_t 小于 0.5 时，取 0.5；当 β_t 大于 1.0 时，取 1.0。

    2）受扭承载力

受扭承载力仍应按公式（6.4.8-3）计算，但式中的 β_t 应按公式（6.4.8-5）计算。

6.4.9　T 形和 I 形截面剪扭构件的受剪扭承载力应符合下列规定：

    1　受剪承载力可按本规范公式（6.4.8-1）与公式（6.4.8-2）或公式（6.4.8-4）与公式（6.4.8-5）进行计算，但应将公式中的 T 及 W_t 分别代之以 T_w 及 W_{tw}；

    2　受扭承载力可根据本规范第 6.4.5 条的规定划分为几个矩形截面分别进行计算。其中，腹板可按本规范公式（6.4.8-3）、公式（6.4.8-2）或公式（6.4.8-3）、公式（6.4.8-5）进行计算，但应将公式中的 T 及 W_t 分别代之以 T_w 及 W_{tw}；受压翼缘及受拉翼缘可按本规范第 6.4.4 纯扭构件的规定进行计算，但应将 T 及 W_t 分别代之以 T'_f 及 W'_{tf} 或 T_f 及 W_{tf}。

6.4.10　箱形截面钢筋混凝土剪扭构件的受剪扭承载力可按下列规定计算：

    1　一般剪扭构件

      1）受剪承载力

$$V \leqslant 0.7 (1.5 - \beta_t) f_t b h_0 + f_{yv} \frac{A_{sv}}{s} h_0$$

$$(6.4.10-1)$$

      2）受扭承载力

$$T \leqslant 0.35 \alpha_h \beta_t f_t W_t + 1.2 \sqrt{\zeta} f_{yv} \frac{A_{st1} A_{cor}}{s}$$

$$(6.4.10-2)$$

式中：β_t——按本规范公式（6.4.8-2）计算，但式中的 W_t 应代之以 $\alpha_h W_t$；

    α_h——按本规范第 6.4.6 条的规定确定；

    ζ——按本规范第 6.4.4 条的规定确定。

    2　集中荷载作用下的独立剪扭构件

      1）受剪承载力

$$V \leqslant (1.5 - \beta_t) \frac{1.75}{\lambda + 1} f_t b h_0 + f_{yv} \frac{A_{sv}}{s} h_0$$

$$(6.4.10-3)$$

式中：β_t——按本规范公式（6.4.8-5）计算，但式中

的 W_t 应代之以 $\alpha_h W_t$。

    2）受扭承载力

受扭承载力仍应按公式（6.4.10-2）计算，但式中的 β_t 值应按本规范公式（6.4.8-5）计算。

6.4.11　在轴向拉力和扭矩共同作用下的矩形截面钢筋混凝土构件，其受扭承载力可按下列规定计算：

$$T \leqslant \left(0.35 f_t - 0.2 \frac{N}{A} \right) W_t + 1.2 \sqrt{\zeta} f_{yv} \frac{A_{st1} A_{cor}}{s}$$

$$(6.4.11)$$

式中：ζ——按本规范第 6.4.4 条的规定确定；

    A_{st1}——受扭计算中沿截面周边配置的箍筋单肢截面面积；

    A_{stl}——对称布置受扭用的全部纵向普通钢筋的截面面积；

    N——与扭矩设计值相应的轴向拉力设计值，当 N 大于 $1.75 f_t A$ 时，取 $1.75 f_t A$；

    A_{cor}——截面核心部分的面积，取 $b_{cor} h_{cor}$，此处 b_{cor}、h_{cor} 为箍筋内表面范围内截面核心部分的短边、长边尺寸；

    u_{cor}——截面核心部分的周长，取 $2(b_{cor} + h_{cor})$。

6.4.12　在弯矩、剪力和扭矩共同作用下的矩形、T 形、I 形和箱形截面的弯剪扭构件，可按下列规定进行承载力计算：

    1　当 V 不大于 $0.35 f_t b h_0$ 或 V 不大于 $0.875 f_t b h_0 / (\lambda + 1)$ 时，可仅计算受弯构件的正截面受弯承载力和纯扭构件的受扭承载力；

    2　当 T 不大于 $0.175 f_t W_t$ 或 T 不大于 $0.175 \alpha_h f_t W_t$ 时，可仅验算受弯构件的正截面受弯承载力和斜截面受剪承载力。

6.4.13　矩形、T 形、I 形和箱形截面弯剪扭构件，其纵向钢筋截面面积应分别按受弯构件的正截面受弯承载力和剪扭构件的受扭承载力计算确定，并应配置在相应的位置；箍筋截面面积应分别按剪扭构件的受剪承载力和受扭承载力计算确定，并应配置在相应的位置。

6.4.14　在轴向压力、弯矩、剪力和扭矩共同作用下的钢筋混凝土矩形截面框架柱，其受剪扭承载力可按下列规定计算：

    1　受剪承载力

$$V \leqslant (1.5 - \beta_t) \left(\frac{1.75}{\lambda + 1} f_t b h_0 + 0.07 N \right) + f_{yv} \frac{A_{sv}}{s} h_0$$

$$(6.4.14-1)$$

    2　受扭承载力

$$T \leqslant \beta_t \left(0.35 f_t + 0.07 \frac{N}{A} \right) W_t + 1.2 \sqrt{\zeta} f_{yv} \frac{A_{st1} A_{cor}}{s}$$

$$(6.4.14-2)$$

式中：λ——计算截面的剪跨比，按本规范第 6.3.12 条确定；

    β_t——按本规范第 6.4.8 条计算并符合相关

要求；

ζ——按本规范第 6.4.4 条的规定采用。

6.4.15 在轴向压力、弯矩、剪力和扭矩共同作用下的钢筋混凝土矩形截面框架柱，当 T 不大于 $(0.175f_t + 0.035N/A)W_t$ 时，可仅计算偏心受压构件的正截面承载力和斜截面受剪承载力。

6.4.16 在轴向压力、弯矩、剪力和扭矩共同作用下的钢筋混凝土矩形截面框架柱，其纵向普通钢筋截面面积应分别按偏心受压构件的正截面承载力和剪扭构件的受扭承载力计算确定，并应配置在相应的位置；箍筋截面面积应分别按剪扭构件的受剪承载力和受扭承载力计算确定，并应配置在相应的位置。

6.4.17 在轴向拉力、弯矩、剪力和扭矩共同作用下的钢筋混凝土矩形截面框架柱，其受剪扭承载力应符合下列规定：

1 受剪承载力

$$V \leqslant (1.5 - \beta_t)\left(\frac{1.75}{\lambda+1}f_t bh_0 - 0.2N\right) + f_{yv}\frac{A_{sv}}{s}h_0$$

$$(6.4.17-1)$$

2 受扭承载力

$$T \leqslant \beta_t\left(0.35f_t - 0.2\frac{N}{A}\right)W_t + 1.2\sqrt{\zeta}f_{yv}\frac{A_{st1}A_{cor}}{s}$$

$$(6.4.17-2)$$

当公式（6.4.17-1）右边的计算值小于 $f_{yv}\dfrac{A_{sv}}{s}h_0$

时，取 $f_{yv}\dfrac{A_{sv}}{s}h_0$；当公式（6.4.17-2）右边的计算值

小于 $1.2\sqrt{\zeta}f_{yv}\dfrac{A_{st1}A_{cor}}{s}$ 时，取 $1.2\sqrt{\zeta}f_{yv}\dfrac{A_{st1}A_{cor}}{s}$。

式中：λ——计算截面的剪跨比，按本规范第 6.3.12 条确定；

A_{sv}——受剪承载力所需的箍筋截面面积；

N——与剪力、扭矩设计值 V、T 相应的轴向拉力设计值；

β_t——按本规范第 6.4.8 条计算并符合相关要求；

ζ——按本规范第 6.4.4 条的规定采用。

6.4.18 在轴向拉力、弯矩、剪力和扭矩共同作用下的钢筋混凝土矩形截面框架柱，当 $T \leqslant (0.175f_t - 0.1N/A)W_t$ 时，可仅计算偏心受拉构件的正截面承载力和斜截面受剪承载力。

6.4.19 在轴向拉力、弯矩、剪力和扭矩共同作用下的钢筋混凝土矩形截面框架柱，其纵向普通钢筋截面面积应分别按偏心受拉构件的正截面承载力和剪扭构件的受扭承载力计算确定，并应配置在相应的位置；箍筋截面面积应分别按剪扭构件的受剪承载力和受扭承载力计算确定，并应配置在相应的位置。

6.5 受冲切承载力计算

6.5.1 在局部荷载或集中反力作用下，不配置箍筋或弯起钢筋的板的受冲切承载力应符合下列规定（图 6.5.1）：

$$F_l \leqslant (0.7\beta_h f_t + 0.25\sigma_{pc,m})\eta u_m h_0$$

$$(6.5.1-1)$$

公式（6.5.1-1）中的系数 η，应按下列两个公式计算，并取其中较小值：

$$\eta_1 = 0.4 + \frac{1.2}{\beta_s}$$

$$(6.5.1-2)$$

$$\eta_2 = 0.5 + \frac{\alpha_s h_0}{4u_m}$$

$$(6.5.1-3)$$

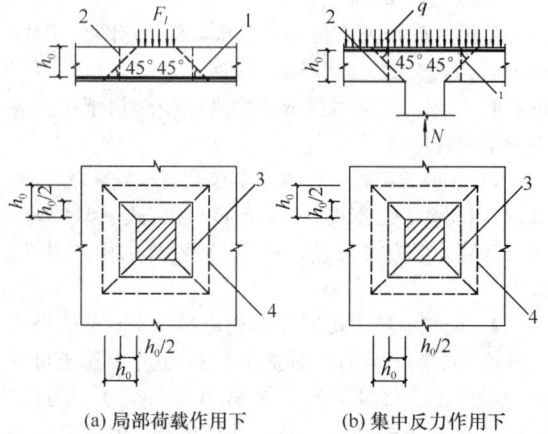

(a) 局部荷载作用下　　**(b) 集中反力作用下**

图 6.5.1 板受冲切承载力计算

1—冲切破坏锥体的斜截面；2—计算截面；
3—计算截面的周长；4—冲切破坏锥体的底面线

式中：F_l——局部荷载设计值或集中反力设计值；板柱节点，取柱所承受的轴向压力设计值的层间差值减去柱顶冲切破坏锥体范围内板所承受的荷载设计值；当有不平衡弯矩时，应按本规范第 6.5.6 条的规定确定；

β_h——截面高度影响系数：当 h 不大于 800mm 时，取 β_h 为 1.0；当 h 不小于 2000mm 时，取 β_h 为 0.9，其间按线性内插法取用；

$\sigma_{pc,m}$——计算截面周长上两个方向混凝土有效预压应力按长度的加权平均值，其值宜控制在 1.0N/mm² ～3.5N/mm² 范围内；

u_m——计算截面的周长，取距离局部荷载或集中反力作用面积周边 $h_0/2$ 处板垂直截面的最不利周长；

h_0——截面有效高度，取两个方向配筋的截面有效高度平均值；

η_1——局部荷载或集中反力作用面积形状的影响系数；

η_2——计算截面周长与板截面有效高度之比的影响系数；

β_s ——局部荷载或集中反力作用面积为矩形时的长边与短边尺寸的比值，β_s 不宜大于 4；当 β_s 小于 2 时取 2；对圆形冲切面，β_s 取 2；

α_s ——柱位置影响系数：中柱，α_s 取 40；边柱，α_s 取 30；角柱，α_s 取 20。

6.5.2 当板开有孔洞且孔洞至局部荷载或集中反力作用面积边缘的距离不大于 $6h_0$ 时，受冲切承载力计算中取用的计算截面周长 u_m，应扣除局部荷载或集中反力作用面积中心至开孔外边画出两条切线之间所包含的长度（图 6.5.2）。

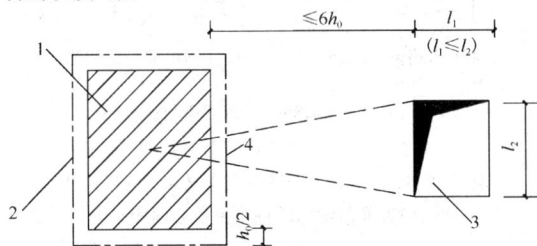

图 6.5.2 邻近孔洞时的计算截面周长

1—局部荷载或集中反力作用面；2—计算截面周长；
3—孔洞；4—应扣除的长度

注：当图中 l_1 大于 l_2 时，孔洞边长 l_2 用 $\sqrt{l_1 l_2}$ 代替。

6.5.3 在局部荷载或集中反力作用下，当受冲切承载力不满足本规范第 6.5.1 条的要求且板厚受到限制时，可配置箍筋或弯起钢筋，并应符合本规范第 9.1.11 条的构造规定。此时，受冲切截面及受冲切承载力应符合下列要求：

1 受冲切截面

$$F_l \leqslant 1.2 f_t \eta u_m h_0 \qquad (6.5.3-1)$$

2 配置箍筋、弯起钢筋时的受冲切承载力

$$F_l \leqslant (0.5 f_t + 0.25\sigma_{pc,m}) \eta u_m h_0 \\ + 0.8 f_{yv} A_{svu} + 0.8 f_y A_{sbu} \sin\alpha \qquad (6.5.3-2)$$

式中：f_{yv} ——箍筋的抗拉强度设计值，按本规范第 4.2.3 条的规定采用；

A_{svu} ——与呈 45°冲切破坏锥体斜截面相交的全部箍筋截面面积；

A_{sbu} ——与呈 45°冲切破坏锥体斜截面相交的全部弯起钢筋截面面积；

α ——弯起钢筋与板底面的夹角。

注：当有条件时，可采取配置栓钉、型钢剪力架等形式的抗冲切措施。

6.5.4 配置抗冲切钢筋的冲切破坏锥体以外的截面，尚应按本规范第 6.5.1 条的规定进行受冲切承载力计算，此时，u_m 应取配置抗冲切钢筋的冲切破坏锥体以外 $0.5h_0$ 处的最不利周长。

6.5.5 矩形截面柱的阶形基础，在柱与基础交接处以及基础变阶处的受冲切承载力应符合下列规定（图 6.5.5）：

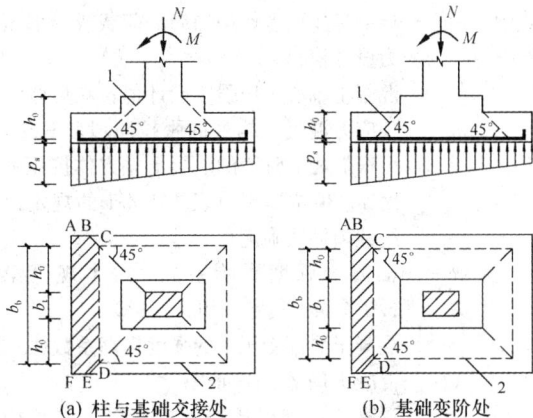

图 6.5.5 计算阶形基础的受冲切承载力截面位置

1—冲切破坏锥体最不利一侧的斜截面；
2—冲切破坏锥体的底面线

$$F_l \leqslant 0.7\beta_h f_t b_m h_0 \qquad (6.5.5-1)$$

$$F_l = p_s A \qquad (6.5.5-2)$$

$$b_m = \frac{b_t + b_b}{2} \qquad (6.5.5-3)$$

式中：h_0 ——柱与基础交接处或基础变阶处的截面有效高度，取两个方向配筋的截面有效高度平均值；

p_s ——按荷载效应基本组合计算并考虑结构重要性系数的基础底面地基反力设计值（可扣除基础自重及其上的土重），当基础偏心受力时，可取用最大的地基反力设计值；

A ——考虑冲切荷载时取用的多边形面积（图 6.5.5 中的阴影面积 ABCDEF）；

b_t ——冲切破坏锥体最不利一侧斜截面的上边长：当计算柱与基础交接处的受冲切承载力时，取柱宽；当计算基础变阶处的受冲切承载力时，取上阶宽；

b_b ——柱与基础交接处或基础变阶处的冲切破坏锥体最不利一侧斜截面的下边长，取 $b_t + 2h_0$。

6.5.6 在竖向荷载、水平荷载作用下，当考虑板柱节点计算截面上的剪应力传递不平衡弯矩时，其集中反力设计值 F_l 应以等效集中反力设计值 $F_{l,eq}$ 代替，$F_{l,eq}$ 可按本规范附录 F 的规定计算。

6.6 局部受压承载力计算

6.6.1 配置间接钢筋的混凝土结构构件，其局部受压区的截面尺寸应符合下列要求：

$$F_l \leqslant 1.35 \beta_c \beta_l f_c A_{ln} \qquad (6.6.1-1)$$

$$\beta_l = \sqrt{\frac{A_b}{A_l}} \qquad (6.6.1-2)$$

式中：F_l——局部受压面上作用的局部荷载或局部压力设计值；

f_c——混凝土轴心抗压强度设计值；在后张法预应力混凝土构件的张拉阶段验算中，可根据相应阶段的混凝土立方体抗压强度 f'_{cu} 值按本规范表 4.1.4-1 的规定以线性内插法确定；

β_c——混凝土强度影响系数，按本规范第 6.3.1 条的规定取用；

β_l——混凝土局部受压时的强度提高系数；

A_l——混凝土局部受压面积；

A_{ln}——混凝土局部受压净面积；对后张法构件，应在混凝土局部受压面积中扣除孔道、凹槽部分的面积；

A_b——局部受压的计算底面积，按本规范第 6.6.2 条确定。

6.6.2 局部受压的计算底面积 A_b，可由局部受压面积与计算底面积按同心、对称的原则确定；常用情况，可按图 6.6.2 取用。

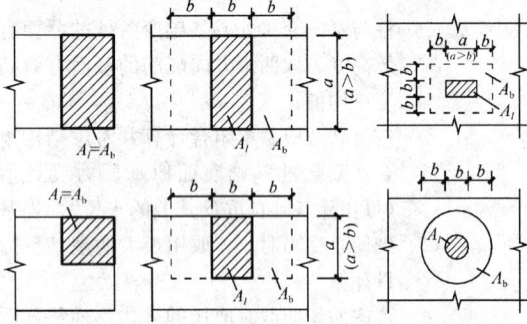

图 6.6.2 局部受压的计算底面积

A_l—混凝土局部受压面积；A_b—局部受压的计算底面积

6.6.3 配置方格网式或螺旋式间接钢筋（图 6.6.3）的局部受压承载力应符合下列规定：

$$F_l \leqslant 0.9(\beta_c\beta_l f_c + 2\alpha\rho_v\beta_{cor} f_{yv})A_{ln}$$

(6.6.3-1)

当为方格网式配筋时（图 6.6.3a），钢筋网两个方向上单位长度内钢筋截面面积的比值不宜大于 1.5，其体积配筋率 ρ_v 应按下列公式计算：

$$\rho_v = \frac{n_1 A_{s1} l_1 + n_2 A_{s2} l_2}{A_{cor} s}$$
(6.6.3-2)

当为螺旋式配筋时（图 6.6.3b），其体积配筋率 ρ_v 应按下列公式计算：

$$\rho_v = \frac{4A_{ss1}}{d_{cor} s}$$
(6.6.3-3)

式中：β_{cor}——配置间接钢筋的局部受压承载力提高系数，可按本规范公式（6.6.1-2）计算，但公式中 A_b 应代之以 A_{cor}，且当 A_{cor} 大于 A_b 时，A_{cor} 取 A_b；当 A_{cor} 不大于混凝土局部受压面积 A_l 的 1.25 倍

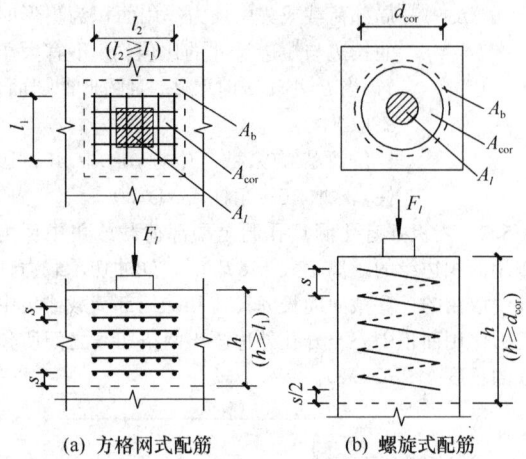

(a) 方格网式配筋　　　(b) 螺旋式配筋

图 6.6.3 局部受压区的间接钢筋

A_l—混凝土局部受压面积；A_b—局部受压的计算底面积；A_{cor}—方格网式或螺旋式间接钢筋内表面范围内的混凝土核心面积

时，β_{cor} 取 1.0；

α——间接钢筋对混凝土约束的折减系数，按本规范第 6.2.16 条的规定取用；

f_{yv}——间接钢筋的抗拉强度设计值，按本规范第 4.2.3 条的规定采用；

A_{cor}——方格网式或螺旋式间接钢筋内表面范围内的混凝土核心截面面积，应大于混凝土局部受压面积 A_l，其重心应与 A_l 的重心重合，计算中按同心、对称的原则取值；

ρ_v——间接钢筋的体积配筋率；

n_1、A_{s1}——分别为方格网沿 l_1 方向的钢筋根数、单根钢筋的截面面积；

n_2、A_{s2}——分别为方格网沿 l_2 方向的钢筋根数、单根钢筋的截面面积；

A_{ss1}——单根螺旋式间接钢筋的截面面积；

d_{cor}——螺旋式间接钢筋内表面范围内的混凝土截面直径；

s——方格网式或螺旋式间接钢筋的间距，宜取 30mm～80mm。

间接钢筋应配置在图 6.6.3 所规定的高度 h 范围内，方格网式钢筋，不应少于 4 片；螺旋式钢筋，不应少于 4 圈。柱接头，h 尚不应小于 15d，d 为柱的纵向钢筋直径。

6.7 疲 劳 验 算

6.7.1 受弯构件的正截面疲劳应力验算时，可采用下列基本假定：

1 截面应变保持平面；

2 受压区混凝土的法向应力图形取为三角形；

3 钢筋混凝土构件，不考虑受拉区混凝土的抗

拉强度，拉力全部由纵向钢筋承受；要求不出现裂缝的预应力混凝土构件，受拉区混凝土的法向应力图形取为三角形；

4 采用换算截面计算。

6.7.2 在疲劳验算中，荷载应取用标准值；吊车荷载应乘以动力系数，并应符合现行国家标准《建筑结构荷载规范》GB 50009的规定。跨度不大于12m的吊车梁，可取用一台最大吊车的荷载。

6.7.3 钢筋混凝土受弯构件疲劳验算时，应计算下列部位的混凝土应力和钢筋应力幅：

1 正截面受压区边缘纤维的混凝土应力和纵向受拉钢筋的应力幅；

2 截面中和轴处混凝土的剪应力和箍筋的应力幅。

注：纵向受压普通钢筋可不进行疲劳验算。

6.7.4 钢筋混凝土和预应力混凝土受弯构件正截面疲劳应力应符合下列要求：

1 受压区边缘纤维的混凝土压应力

$$\sigma_{cc,max}^f \leqslant f_c^f \qquad (6.7.4\text{-}1)$$

2 预应力混凝土构件受拉区边缘纤维的混凝土拉应力

$$\sigma_{ct,max}^f \leqslant f_t^f \qquad (6.7.4\text{-}2)$$

3 受拉区纵向普通钢筋的应力幅

$$\Delta\sigma_{si}^f \leqslant \Delta f_y^f \qquad (6.7.4\text{-}3)$$

4 受拉区纵向预应力筋的应力幅

$$\Delta\sigma_p^f \leqslant \Delta f_{py}^f \qquad (6.7.4\text{-}4)$$

式中：$\sigma_{cc,max}^f$ —— 疲劳验算时截面受压区边缘纤维的混凝土压应力，按本规范公式（6.7.5-1）计算；

$\sigma_{ct,max}^f$ —— 疲劳验算时预应力混凝土截面受拉区边缘纤维的混凝土拉应力，按本规范第 6.7.11 条计算；

$\Delta\sigma_{si}^f$ —— 疲劳验算时截面受拉区第 i 层纵向钢筋的应力幅，按本规范公式（6.7.5-2）计算；

$\Delta\sigma_p^f$ —— 疲劳验算时截面受拉区最外层纵向预应力筋的应力幅，按本规范公式（6.7.11-3）计算；

f_c^f、f_t^f —— 分别为混凝土轴心抗压、抗拉疲劳强度设计值，按本规范第 4.1.6 条确定；

Δf_y^f —— 钢筋的疲劳应力幅限值，按本规范表 4.2.6-1 采用；

Δf_{py}^f —— 预应力筋的疲劳应力幅限值，按本规范表 4.2.6-2 采用。

注：当纵向受拉钢筋为同一钢种时，可仅验算最外层钢筋的应力幅。

6.7.5 钢筋混凝土受弯构件正截面的混凝土压应力以及钢筋的应力幅应按下列公式计算：

1 受压区边缘纤维的混凝土压应力

$$\sigma_{cc,max}^f = \frac{M_{max}^f x_0}{I_0^f} \qquad (6.7.5\text{-}1)$$

2 纵向受拉钢筋的应力幅

$$\Delta\sigma_{si}^f = \sigma_{si,max}^f - \sigma_{si,min}^f \qquad (6.7.5\text{-}2)$$

$$\sigma_{si,min}^f = \alpha_E^f \frac{M_{min}^f(h_{0i} - x_0)}{I_0^f} \qquad (6.7.5\text{-}3)$$

$$\sigma_{si,max}^f = \alpha_E^f \frac{M_{max}^f(h_{0i} - x_0)}{I_0^f} \qquad (6.7.5\text{-}4)$$

式中：M_{max}^f、M_{min}^f —— 疲劳验算时同一截面上在相应荷载组合下产生的最大、最小弯矩值；

$\sigma_{si,min}^f$、$\sigma_{si,max}^f$ —— 由弯矩 M_{min}^f、M_{max}^f 引起相应截面受拉区第 i 层纵向钢筋的应力；

α_E^f —— 钢筋的弹性模量与混凝土疲劳变形模量的比值；

I_0^f —— 疲劳验算时相应于弯矩 M_{max}^f 与 M_{min}^f 为相同方向时的换算截面惯性矩；

x_0 —— 疲劳验算时相应于弯矩 M_{max}^f 与 M_{min}^f 为相同方向时的换算截面受压区高度；

h_{0i} —— 相应于弯矩 M_{max}^f 与 M_{min}^f 为相同方向时的截面受压区边缘至受拉区第 i 层纵向钢筋截面重心的距离。

当弯矩 M_{min}^f 与弯矩 M_{max}^f 的方向相反时，公式（6.7.5-3）中 h_{0i}、x_0 和 I_0^f 应以截面相反位置的 h'_{0i}、x'_0 和 $I_0^{f'}$ 代替。

6.7.6 钢筋混凝土受弯构件疲劳验算时，换算截面的受压区高度 x_0、x'_0 和惯性矩 I_0^f、$I_0^{f'}$ 应按下列公式计算：

1 矩形及翼缘位于受拉区的 T 形截面

$$\frac{bx_0^2}{2} + \alpha_E^f A'_s(x_0 - a'_s) - \alpha_E^f A_s(h_0 - x_0) = 0 \qquad (6.7.6\text{-}1)$$

$$I_0^f = \frac{bx_0^3}{3} + \alpha_E^f A'_s(x_0 - a'_s)^2 + \alpha_E^f A_s(h_0 - x_0)^2 \qquad (6.7.6\text{-}2)$$

2 I 形及翼缘位于受压区的 T 形截面

1）当 x_0 大于 h'_f 时（图 6.7.6）

$$\frac{b'_f x_0^2}{2} - \frac{(b'_f - b)(x_0 - h'_f)^2}{2} + \alpha_E^f A'_s(x_0 - a'_s) - \alpha_E^f A_s(h_0 - x_0) = 0 \qquad (6.7.6\text{-}3)$$

$$I_0^f = \frac{b'_f x_0^3}{3} - \frac{(b'_f - b)(x_0 - h'_f)^3}{3} + \alpha_E^f A'_s(x_0 - a'_s)^2 + \alpha_E^f A_s(h_0 - x_0)^2 \qquad (6.7.6\text{-}4)$$

2）当 x_0 不大于 h'_f 时，按宽度为 b'_f 的矩形截面计算。

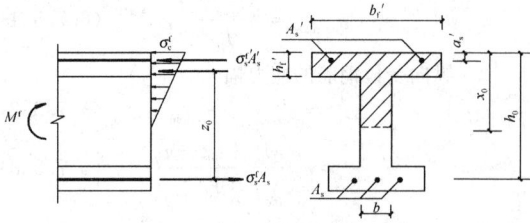

图 6.7.6 钢筋混凝土受弯构件正截面疲劳应力计算

3 x_0'、I_0^f 的计算，仍可采用上述 x_0、I_0^f 的相应公式；当弯矩 M_{min}^f 与 M_{max}^f 的方向相反时，与 x_0'、x_0 相应的受压区位置分别在该截面的下侧和上侧；当弯矩 M_{min}^f 与 M_{max}^f 的方向相同时，可取 $x_0' = x_0$，$I_0^{f'} = I_0^f$。

注：1 当纵向受拉钢筋沿截面高度分多层布置时，公式（6.7.6-1）、公式（6.7.6-3）中 $a_E^f A_s$ $(h_0 - x_0)$ 项可用 $a_E^f \sum_{i=1}^{n} A_{si}(h_{0i} - x_0)$ 代替，公式（6.7.6-2）、公式（6.7.6-4）中 $a_E^f A_s$ $(h_0 - x_0)^2$ 项可用 $a_E^f \sum_{i=1}^{n} A_{si}(h_{0i} - x_0)^2$ 代替，此处，n 为纵向受拉钢筋的总层数，A_{si} 为第 i 层全部纵向钢筋的截面面积；

2 纵向受压钢筋的应力应符合 $a_E^f \sigma_c^f \leqslant f_y'$ 的条件；当 $a_E^f \sigma_c^f > f_y'$ 时，本条各公式中 $a_E^f A_s'$ 应以 $f_y' A_s' / \sigma_c^f$ 代替，此处，f_y' 为纵向钢筋的抗压强度设计值，σ_c^f 为纵向受压钢筋合力点处的混凝土应力。

6.7.7 钢筋混凝土受弯构件斜截面的疲劳验算及剪力的分配应符合下列规定：

1 当截面中和轴处的剪应力符合下列条件时，该区段的剪力全部由混凝土承受，此时，箍筋可按构造要求配置；

$$\tau^f \leqslant 0.6 f_t^f \qquad (6.7.7-1)$$

式中：τ^f——截面中和轴处的剪应力，按本规范第 6.7.8 条计算；

f_t^f——混凝土轴心抗拉疲劳强度设计值，按本规范第 4.1.6 条确定。

2 截面中和轴处的剪应力不符合公式（6.7.7-1）的区段，其剪力应由箍筋和混凝土共同承受。此时，箍筋的应力幅 $\Delta\sigma_{sv}^f$ 应符合下列规定：

$$\Delta\sigma_{sv}^f \leqslant \Delta f_{yv}^f \qquad (6.7.7-2)$$

式中：$\Delta\sigma_{sv}^f$——箍筋的应力幅，按本规范公式（6.7.9-1）计算；

Δf_{yv}^f——箍筋的疲劳应力幅限值，按本规范表 4.2.6-1 采用。

6.7.8 钢筋混凝土受弯构件中和轴处的剪应力应按下列公式计算：

$$\tau^f = \frac{V_{max}^f}{bz_0} \qquad (6.7.8)$$

式中：V_{max}^f——疲劳验算时在相应荷载组合下构件验算截面的最大剪力值；

b——矩形截面宽度，T形、I形截面的腹板宽度；

z_0——受压区合力点至受拉钢筋合力点的距离，此时，受压区高度 x_0 按本规范公式（6.7.6-1）或公式（6.7.6-3）计算。

6.7.9 钢筋混凝土受弯构件斜截面上箍筋的应力幅应按下列公式计算：

$$\Delta\sigma_{sv}^f = \frac{(\Delta V_{max}^f - 0.1\eta f_t^f bh_0)s}{A_{sv}z_0} \qquad (6.7.9-1)$$

$$\Delta V_{max}^f = V_{max}^f - V_{min}^f \qquad (6.7.9-2)$$

$$\eta = \Delta V_{max}^f / V_{max}^f \qquad (6.7.9-3)$$

式中：ΔV_{max}^f——疲劳验算时构件验算截面的最大剪力幅值；

V_{min}^f——疲劳验算时在相应荷载组合下构件验算截面的最小剪力值；

η——最大剪力幅相对值；

s——箍筋的间距；

A_{sv}——配置在同一截面内箍筋各肢的全部截面面积。

6.7.10 预应力混凝土受弯构件疲劳验算时，应计算下列部位的应力、应力幅：

1 正截面受拉区和受压区边缘纤维的混凝土应力及受拉区纵向预应力筋、普通钢筋的应力幅；

2 截面重心及截面宽度剧烈改变处的混凝土主拉应力。

注：1 受压区纵向钢筋可不进行疲劳验算；

2 一级裂缝控制等级的预应力混凝土构件的钢筋可不进行疲劳验算。

6.7.11 要求不出现裂缝的预应力混凝土受弯构件，其正截面的混凝土、纵向预应力筋和普通钢筋的最小、最大应力和应力幅应按下列公式计算：

1 受拉区或受压区边缘纤维的混凝土应力

$$\sigma_{c,min}^f \text{ 或 } \sigma_{c,max}^f = \sigma_{pc} + \frac{M_{min}^f}{I_0}y_0 \qquad (6.7.11-1)$$

$$\sigma_{c,max}^f \text{ 或 } \sigma_{c,min}^f = \sigma_{pc} + \frac{M_{max}^f}{I_0}y_0 \qquad (6.7.11-2)$$

2 受拉区纵向预应力筋的应力及应力幅

$$\Delta\sigma_p^f = \sigma_{p,max}^f - \sigma_{p,min}^f \qquad (6.7.11-3)$$

$$\sigma_{p,min}^f = \sigma_{pe} + \alpha_{pE}\frac{M_{min}^f}{I_0}y_{0p} \qquad (6.7.11-4)$$

$$\sigma_{p,max}^f = \sigma_{pe} + \alpha_{pE}\frac{M_{max}^f}{I_0}y_{0p} \qquad (6.7.11-5)$$

3 受拉区纵向普通钢筋的应力及应力幅

$$\Delta\sigma_s^f = \sigma_{s,max}^f - \sigma_{s,min}^f \qquad (6.7.11-6)$$

$$\sigma_{s,min}^f = \sigma_{s0} + \alpha_E \frac{M_{min}^f}{I_0} y_{0s} \quad (6.7.11-7)$$

$$\sigma_{s,max}^f = \sigma_{s0} + \alpha_E \frac{M_{max}^f}{I_0} y_{0s} \quad (6.7.11-8)$$

式中：$\sigma_{c,min}^f$、$\sigma_{c,max}^f$ —— 疲劳验算时受拉区或受压区边缘纤维混凝土的最小、最大应力，最小、最大应力以其绝对值进行判别；

σ_{pc} —— 扣除全部预应力损失后，由预加力在受拉区或受压区边缘纤维处产生的混凝土法向应力，按本规范公式（10.1.6-1）或公式（10.1.6-4）计算；

M_{max}^f、M_{min}^f —— 疲劳验算时同一截面上在相应荷载组合下产生的最大、最小弯矩值；

α_{pE} —— 预应力钢筋弹性模量与混凝土弹性模量的比值：$\alpha_{pE} = E_s/E_c$；

I_0 —— 换算截面的惯性矩；

y_0 —— 受拉区边缘或受压区边缘至换算截面重心的距离；

$\sigma_{p,min}^f$、$\sigma_{p,max}^f$ —— 疲劳验算时受拉区最外层预应力筋的最小、最大应力；

$\Delta\sigma_p^f$ —— 疲劳验算时受拉区最外层预应力筋的应力幅；

σ_{pe} —— 扣除全部预应力损失后受拉区最外层预应力筋的有效预应力，按本规范公式（10.1.6-2）或公式（10.1.6-5）计算；

y_{0s}、y_{0p} —— 受拉区最外层普通钢筋、预应力筋截面重心至换算截面重心的距离；

$\sigma_{s,min}^f$、$\sigma_{s,max}^f$ —— 疲劳验算时受拉区最外层普通钢筋的最小、最大应力；

$\Delta\sigma_s^f$ —— 疲劳验算时受拉区最外层普通钢筋的应力幅；

σ_{s0} —— 消压弯矩 M_{p0} 作用下受拉区最外层普通钢筋中产生的应力；此处，M_{p0} 为受拉区最外层普通钢筋重心处的混凝土法向预加应力等于零时的相应弯矩值。

注：公式（6.7.11-1）、公式（6.7.11-2）中的 σ_{pc}、$(M_{min}^f/I_0)y_0$、$(M_{max}^f/I_0)y_0$，当为拉应力时以正值代入；当为压应力时以负值代入；公式（6.7.11-7）、公式（6.7.11-8）中的 σ_{s0} 以负值代入。

6.7.12 预应力混凝土受弯构件斜截面混凝土的主拉应力应符合下列规定：

$$\sigma_{tp}^f \leqslant f_t^f \quad (6.7.12)$$

式中：σ_{tp}^f —— 预应力混凝土受弯构件斜截面疲劳验算纤维处的混凝土主拉应力，按本规范第7.1.7条的公式计算；对吊车荷载，应计入动力系数。

7 正常使用极限状态验算

7.1 裂缝控制验算

7.1.1 钢筋混凝土和预应力混凝土构件，应按下列规定进行受拉边缘应力或正截面裂缝宽度验算：

1 一级裂缝控制等级构件，在荷载标准组合下，受拉边缘应力应符合下列规定：

$$\sigma_{ck} - \sigma_{pc} \leqslant 0 \quad (7.1.1-1)$$

2 二级裂缝控制等级构件，在荷载标准组合下，受拉边缘应力应符合下列规定：

$$\sigma_{ck} - \sigma_{pc} \leqslant f_{tk} \quad (7.1.1-2)$$

3 三级裂缝控制等级时，钢筋混凝土构件的最大裂缝宽度可按荷载准永久组合并考虑长期作用影响的效应计算，预应力混凝土构件的最大裂缝宽度可按荷载标准组合并考虑长期作用影响的效应计算。最大裂缝宽度应符合下列规定：

$$w_{max} \leqslant w_{lim} \quad (7.1.1-3)$$

对环境类别为二a类的预应力混凝土构件，在荷载准永久组合下，受拉边缘应力尚应符合下列规定：

$$\sigma_{cq} - \sigma_{pc} \leqslant f_{tk} \quad (7.1.1-4)$$

式中：σ_{ck}、σ_{cq} —— 荷载标准组合、准永久组合下抗裂验算边缘的混凝土法向应力；

σ_{pc} —— 扣除全部预应力损失后在抗裂验算边缘混凝土的预压应力，按本规范公式（10.1.6-1）和公式（10.1.6-4）计算；

f_{tk} —— 混凝土轴心抗拉强度标准值，按本规范表4.1.3-2采用；

w_{max} —— 按荷载的标准组合或准永久组合并考虑长期作用影响计算的最大裂缝宽度，按本规范第7.1.2条计算；

w_{lim} —— 最大裂缝宽度限值，按本规范第3.4.5条采用。

7.1.2 在矩形、T形、倒T形和I形截面的钢筋混凝土受拉、受弯和偏心受压构件及预应力混凝土轴心受拉和受弯构件中，按荷载标准组合或准永久组合并考虑长期作用影响的最大裂缝宽度可按下列公式计算：

$$w_{max} = \alpha_{cr}\psi\frac{\sigma_s}{E_s}\left(1.9c_s + 0.08\frac{d_{eq}}{\rho_{te}}\right)$$
$$(7.1.2-1)$$

$$\psi = 1.1 - 0.65\frac{f_{tk}}{\rho_{te}\sigma_s} \quad (7.1.2-2)$$

$$d_{eq} = \frac{\sum n_i d_i^2}{\sum n_i \nu_i d_i} \qquad (7.1.2-3)$$

$$\rho_{te} = \frac{A_s + A_p}{A_{te}} \qquad (7.1.2-4)$$

式中：α_{cr}——构件受力特征系数，按表 7.1.2-1 采用；

ψ——裂缝间纵向受拉钢筋应变不均匀系数：当 $\psi < 0.2$ 时，取 $\psi = 0.2$；当 $\psi > 1.0$ 时，取 $\psi = 1.0$；对直接承受重复荷载的构件，取 $\psi = 1.0$；

σ_s——按荷载准永久组合计算的钢筋混凝土构件纵向受拉普通钢筋应力或按标准组合计算的预应力混凝土构件纵向受拉钢筋等效应力；

E_s——钢筋的弹性模量，按本规范表 4.2.5 采用；

c_s——最外层纵向受拉钢筋外边缘至受拉区底边的距离（mm）：当 $c_s < 20$ 时，取 $c_s = 20$；当 $c_s > 65$ 时，取 $c_s = 65$；

ρ_{te}——按有效受拉混凝土截面面积计算的纵向受拉钢筋配筋率；对无粘结后张构件，仅取纵向受拉普通钢筋计算配筋率；在最大裂缝宽度计算中，当 $\rho_{te} < 0.01$ 时，取 $\rho_{te} = 0.01$；

A_{te}——有效受拉混凝土截面面积：对轴心受拉构件，取构件截面面积；对受弯、偏心受压和偏心受拉构件，取 $A_{te} = 0.5bh + (b_f - b)h_f$，此处，$b_f$、$h_f$ 为受拉翼缘的宽度、高度；

A_s——受拉区纵向普通钢筋截面面积；

A_p——受拉区纵向预应力筋截面面积；

d_{eq}——受拉区纵向钢筋的等效直径（mm）；对无粘结后张构件，仅为受拉区纵向受拉普通钢筋的等效直径（mm）；

d_i——受拉区第 i 种纵向钢筋的公称直径；对于有粘结预应力钢绞线束的直径取为 $\sqrt{n_1} d_{p1}$，其中 d_{p1} 为单根钢绞线的公称直径，n_1 为单束钢绞线根数；

n_i——受拉区第 i 种纵向钢筋的根数；对于有粘结预应力钢绞线，取为钢绞线束数；

ν_i——受拉区第 i 种纵向钢筋的相对粘结特性系数，按表 7.1.2-2 采用。

注：1 对承受吊车荷载但不需作疲劳验算的受弯构件，可将计算求得的最大裂缝宽度乘以系数 0.85；

2 对按本规范第 9.2.15 条配置表层钢筋网片的梁，按公式（7.1.2-1）计算的最大裂缝宽度可适当折减，折减系数可取 0.7；

3 对 $e_0/h_0 \leqslant 0.55$ 的偏心受压构件，可不验算裂缝宽度。

表 7.1.2-1 构件受力特征系数

类 型	α_{cr}	
	钢筋混凝土构件	预应力混凝土构件
受弯、偏心受压	1.9	1.5
偏心受拉	2.4	—
轴心受拉	2.7	2.2

表 7.1.2-2 钢筋的相对粘结特性系数

钢筋类别	钢筋		先张法预应力筋			后张法预应力筋		
	光圆钢筋	带肋钢筋	带肋钢筋	螺旋肋钢丝	钢绞线	带肋钢筋	钢绞线	光面钢丝
ν_i	0.7	1.0	1.0	0.8	0.6	0.8	0.5	0.4

注：对环氧树脂涂层带肋钢筋，其相对粘结特性系数应按表中系数的 80% 取用。

7.1.3 在荷载准永久组合或标准组合下，钢筋混凝土构件、预应力混凝土构件开裂截面处受压边缘混凝土压应力、不同位置处钢筋的拉应力及预应力筋的等效应力宜按下列假定计算：

1 截面应变保持平面；

2 受压区混凝土的法向应力图取为三角形；

3 不考虑受拉区混凝土的抗拉强度；

4 采用换算截面。

7.1.4 在荷载准永久组合或标准组合下，钢筋混凝土构件受拉区纵向普通钢筋的应力或预应力混凝土构件受拉区纵向钢筋的等效应力也可按下列公式计算：

1 钢筋混凝土构件受拉区纵向普通钢筋的应力

1）轴心受拉构件

$$\sigma_{sq} = \frac{N_q}{A_s} \qquad (7.1.4-1)$$

2）偏心受拉构件

$$\sigma_{sq} = \frac{N_q e'}{A_s (h_0 - a_s')} \qquad (7.1.4-2)$$

3）受弯构件

$$\sigma_{sq} = \frac{M_q}{0.87 h_0 A_s} \qquad (7.1.4-3)$$

4）偏心受压构件

$$\sigma_{sq} = \frac{N_q (e - z)}{A_s z} \qquad (7.1.4-4)$$

$$z = \left[0.87 - 0.12 (1 - \gamma_f') \left(\frac{h_0}{e} \right)^2 \right] h_0 \qquad (7.1.4-5)$$

$$e = \eta_s e_0 + y_s \qquad (7.1.4-6)$$

$$\gamma_f' = \frac{(b_f' - b)h_f'}{bh_0} \qquad (7.1.4-7)$$

$$\eta_s = 1 + \frac{1}{4000 e_0/h_0} \left(\frac{l_0}{h} \right)^2 \qquad (7.1.4-8)$$

式中：A_s——受拉区纵向普通钢筋截面面积：对轴心受拉构件，取全部纵向普通钢筋截面面积；对偏心受拉构件，取受拉较大边的纵向普通钢筋截面面积；对受弯、偏心受压构件，取受拉区纵向普通钢筋截面面积；

N_q、M_q —— 按荷载准永久组合计算的轴向力值、弯矩值；

e' —— 轴向拉力作用点至受压区或受拉较小边纵向普通钢筋合力点的距离；

e —— 轴向压力作用点至纵向受拉普通钢筋合力点的距离；

e_0 —— 荷载准永久组合下的初始偏心距，取为 M_q/N_q；

z —— 纵向受拉普通钢筋合力点至截面受压区合力点的距离，且不大于 $0.87h_0$；

η_s —— 使用阶段的轴向压力偏心距增大系数，当 l_0/h 不大于 14 时，取 1.0；

y_s —— 截面重心至纵向受拉普通钢筋合力点的距离；

γ'_f —— 受压翼缘截面面积与腹板有效截面面积的比值；

b'_f、h'_f —— 分别为受压区翼缘的宽度、高度；在公式（7.1.4-7）中，当 h'_f 大于 $0.2h_0$ 时，取 $0.2h_0$。

2 预应力混凝土构件受拉区纵向钢筋的等效应力

1）轴心受拉构件

$$\sigma_{sk} = \frac{N_k - N_{p0}}{A_p + A_s} \qquad (7.1.4-9)$$

2）受弯构件

$$\sigma_{sk} = \frac{M_k - N_{p0}(z - e_p)}{(\alpha_1 A_p + A_s)z} \qquad (7.1.4-10)$$

$$e = e_p + \frac{M_k}{N_{p0}} \qquad (7.1.4-11)$$

$$e_p = y_{ps} - e_{p0} \qquad (7.1.4-12)$$

式中：A_p —— 受拉区纵向预应力筋截面面积；对轴心受拉构件，取全部纵向预应力筋截面面积；对受弯构件，取受拉区纵向预应力筋截面面积；

N_{p0} —— 计算截面上混凝土法向预应力等于零时的预加力，应按本规范第 10.1.13 条的规定计算；

N_k、M_k —— 按荷载标准组合计算的轴向力值、弯矩值；

z —— 受拉区纵向普通钢筋和预应力筋合力点至截面受压区合力点的距离，按公式（7.1.4-5）计算，其中 e 按公式（7.1.4-11）计算；

α_1 —— 无粘结预应力筋的等效折减系数，取

α_1 为 0.3；对灌浆的后张预应力筋，取 α_1 为 1.0；

e_p —— 计算截面上混凝土法向预应力等于零时的预加力 N_{p0} 的作用点至受拉区纵向预应力筋和普通钢筋合力点的距离；

y_{ps} —— 受拉区纵向预应力筋和普通钢筋合力点的偏心距；

e_{p0} —— 计算截面上混凝土法向预应力等于零时的预加力 N_{p0} 作用点的偏心距，应按本规范第 10.1.13 条的规定计算。

7.1.5 在荷载标准组合和准永久组合下，抗裂验算时截面边缘混凝土的法向应力应按下列公式计算：

1 轴心受拉构件

$$\sigma_{ck} = \frac{N_k}{A_0} \qquad (7.1.5-1)$$

$$\sigma_{cq} = \frac{N_q}{A_0} \qquad (7.1.5-2)$$

2 受弯构件

$$\sigma_{ck} = \frac{M_k}{W_0} \qquad (7.1.5-3)$$

$$\sigma_{cq} = \frac{M_q}{W_0} \qquad (7.1.5-4)$$

3 偏心受拉和偏心受压构件

$$\sigma_{ck} = \frac{M_k}{W_0} + \frac{N_k}{A_0} \qquad (7.1.5-5)$$

$$\sigma_{cq} = \frac{M_q}{W_0} + \frac{N_q}{A_0} \qquad (7.1.5-6)$$

式中：A_0 —— 构件换算截面面积；

W_0 —— 构件换算截面受拉边缘的弹性抵抗矩。

7.1.6 预应力混凝土受弯构件应分别对截面上的混凝土主拉应力和主压应力进行验算：

1 混凝土主拉应力

1）一级裂缝控制等级构件，应符合下列规定：

$$\sigma_{tp} \leqslant 0.85 f_{tk} \qquad (7.1.6-1)$$

2）二级裂缝控制等级构件，应符合下列规定：

$$\sigma_{tp} \leqslant 0.95 f_{tk} \qquad (7.1.6-2)$$

2 混凝土主压应力

对一、二级裂缝控制等级构件，均应符合下列规定：

$$\sigma_{cp} \leqslant 0.60 f_{ck} \qquad (7.1.6-3)$$

式中：σ_{tp}、σ_{cp} —— 分别为混凝土的主拉应力、主压应力，按本规范第 7.1.7 条确定。

此时，应选择跨度内不利位置的截面，对该截面的换算截面重心处和截面宽度突变处进行验算。

注：对允许出现裂缝的吊车梁，在静力计算中应符合公

式（7.1.6-2）和公式（7.1.6-3）的规定。

7.1.7 混凝土主拉应力和主压应力应按下列公式计算：

$$\left.\begin{array}{l}\sigma_{tp}\\\sigma_{cp}\end{array}\right\}=\frac{\sigma_x+\sigma_y}{2}\pm\sqrt{\left(\frac{\sigma_x-\sigma_y}{2}\right)^2+\tau^2}$$

$$\tag{7.1.7-1}$$

$$\sigma_x=\sigma_{pc}+\frac{M_k y_0}{I_0} \tag{7.1.7-2}$$

$$\tau=\frac{(V_k-\sum\sigma_{pe}A_{pb}\sin\alpha_p)S_0}{I_0 b} \tag{7.1.7-3}$$

式中：σ_x——由预加力和弯矩值 M_k 在计算纤维处产生的混凝土法向应力；

σ_y——由集中荷载标准值 F_k 产生的混凝土竖向压应力；

τ——由剪力值 V_k 和弯起预应力筋的预加力在计算纤维处产生的混凝土剪应力；当计算截面上有扭矩作用时，尚应计入扭矩引起的剪应力；对超静定后张法预应力混凝土结构构件，在计算剪应力时，尚应计入预加力引起的次剪力；

σ_{pc}——扣除全部预应力损失后，在计算纤维处由预加力产生的混凝土法向应力，按本规范公式（10.1.6-1）或公式（10.1.6-4）计算；

y_0——换算截面重心至计算纤维处的距离；

I_0——换算截面惯性矩；

V_k——按荷载标准组合计算的剪力值；

S_0——计算纤维以上部分的换算截面面积对构件换算截面重心的面积矩；

σ_{pe}——弯起预应力筋的有效预应力；

A_{pb}——计算截面上同一弯起平面内的弯起预应力筋的截面面积；

α_p——计算截面上弯起预应力筋的切线与构件纵向轴线的夹角。

注：公式（7.1.7-1）、公式（7.1.7-2）中的 σ_x、σ_y、σ_{pc} 和 $M_k y_0/I_0$，当为拉应力时，以正值代入；当为压应力时，以负值代入。

7.1.8 对预应力混凝土吊车梁，在集中力作用点两侧各 $0.6h$ 的长度范围内，由集中荷载标准值 F_k 产生的混凝土竖向压应力和剪应力的简化分布可按图7.1.8确定，其应力的最大值可按下列公式计算：

$$\sigma_{y,max}=\frac{0.6F_k}{bh} \tag{7.1.8-1}$$

$$\tau_F=\frac{\tau^l-\tau^r}{2} \tag{7.1.8-2}$$

$$\tau^l=\frac{V_k^l S_0}{I_0 b} \tag{7.1.8-3}$$

$$\tau^r=\frac{V_k^r S_0}{I_0 b} \tag{7.1.8-4}$$

式中：τ^l、τ^r——分别为位于集中荷载标准值 F_k 作用点左侧、右侧 $0.6h$ 处截面上的剪

应力；

τ_F——集中荷载标准值 F_k 作用截面上的剪应力；

V_k^l、V_k^r——分别为集中荷载标准值 F_k 作用点左侧、右侧截面上的剪力标准值。

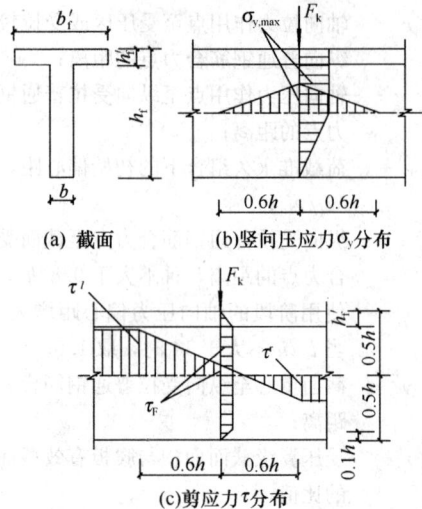

图 7.1.8 预应力混凝土吊车梁集中力作用点附近的应力分布

7.1.9 对先张法预应力混凝土构件端部进行正截面、斜截面抗裂验算时，应考虑预应力筋在其预应力传递长度 l_{tr} 范围内实际应力值的变化。预应力筋的实际应力可考虑为线性分布，在构件端部取为零，在其预应力传递长度的末端取有效预应力值 σ_{pe}（图7.1.9），预应力筋的预应力传递长度 l_{tr} 应按本规范第10.1.9条确定。

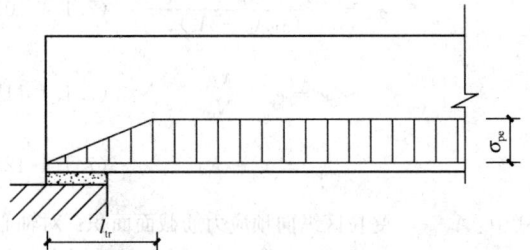

图 7.1.9 预应力传递长度范围内有效预应力值的变化

7.2 受弯构件挠度验算

7.2.1 钢筋混凝土和预应力混凝土受弯构件的挠度可按照结构力学方法计算，且不应超过本规范表3.4.3规定的限值。

在等截面构件中，可假定各同号弯矩区段内的刚度相等，并取用该区段内最大弯矩处的刚度。当计算跨度内的支座截面刚度不大于跨中截面刚度的2倍或不小于跨中截面刚度的1/2时，该跨也可按等刚度构件进行计算，其构件刚度可取跨中最大弯矩截面的

刚度。

7.2.2 矩形、T 形、倒 T 形和 I 形截面受弯构件考虑荷载长期作用影响的刚度 B 可按下列规定计算：

1 采用荷载标准组合时

$$B = \frac{M_k}{M_q(\theta - 1) + M_k} B_s \qquad (7.2.2-1)$$

2 采用荷载准永久组合时

$$B = \frac{B_s}{\theta} \qquad (7.2.2-2)$$

式中：M_k——按荷载的标准组合计算的弯矩，取计算区段内的最大弯矩值；

M_q——按荷载的准永久组合计算的弯矩，取计算区段内的最大弯矩值；

B_s——按荷载准永久组合计算的钢筋混凝土受弯构件或按标准组合计算的预应力混凝土受弯构件的短期刚度，按本规范第 7.2.3 条计算；

θ——考虑荷载长期作用对挠度增大的影响系数，按本规范第 7.2.5 条取用。

7.2.3 按裂缝控制等级要求的荷载组合作用下，钢筋混凝土受弯构件和预应力混凝土受弯构件的短期刚度 B_s，可按下列公式计算：

1 钢筋混凝土受弯构件

$$B_s = \frac{E_s A_s h_0^2}{1.15\psi + 0.2 + \dfrac{6\alpha_E \rho}{1 + 3.5\gamma_f}} \qquad (7.2.3-1)$$

2 预应力混凝土受弯构件

1） 要求不出现裂缝的构件

$$B_s = 0.85 E_c I_0 \qquad (7.2.3-2)$$

2） 允许出现裂缝的构件

$$B_s = \frac{0.85 E_c I_0}{\kappa_{cr} + (1 - \kappa_{cr})\omega} \qquad (7.2.3-3)$$

$$\kappa_{cr} = \frac{M_{cr}}{M_k} \qquad (7.2.3-4)$$

$$\omega = \left(1.0 + \frac{0.21}{\alpha_E \rho}\right)(1 + 0.45\gamma_f) - 0.7 \qquad (7.2.3-5)$$

$$M_{cr} = (\sigma_{pc} + \gamma f_{tk}) W_0 \qquad (7.2.3-6)$$

$$\gamma_f = \frac{(b_f - b) h_f}{b h_0} \qquad (7.2.3-7)$$

式中：ψ——裂缝间纵向受拉普通钢筋应变不均匀系数，按本规范第 7.1.2 条确定；

α_E——钢筋弹性模量与混凝土弹性模量的比值，即 E_s/E_c；

ρ——纵向受拉钢筋配筋率：对钢筋混凝土受弯构件，取为 $A_s/(bh_0)$；对预应力混凝土受弯构件，取为 $(\alpha_1 A_p + A_s)/(bh_0)$，对灌浆的后张预应力筋，取 $\alpha_1 = 1.0$，对无粘结后张预应力筋，取 $\alpha_1 = 0.3$；

I_0——换算截面惯性矩；

γ_f——受拉翼缘截面面积与腹板有效截面面积

的比值；

b_f、h_f——分别为受拉区翼缘的宽度、高度；

κ_{cr}——预应力混凝土受弯构件正截面的开裂弯矩 M_{cr} 与弯矩 M_k 的比值，当 $\kappa_{cr} > 1.0$ 时，取 $\kappa_{cr} = 1.0$；

σ_{pc}——扣除全部预应力损失后，由预加力在抗裂验算边缘产生的混凝土预压应力；

γ——混凝土构件的截面抵抗矩塑性影响系数，按本规范第 7.2.4 条确定。

注：对预压时预拉区出现裂缝的构件，B_s 应降低 10%。

7.2.4 混凝土构件的截面抵抗矩塑性影响系数 γ 可按下列公式计算：

$$\gamma = \left(0.7 + \frac{120}{h}\right)\gamma_m \qquad (7.2.4)$$

式中：γ_m——混凝土构件的截面抵抗矩塑性影响系数基本值，可按正截面应变保持平面的假定，并取受拉区混凝土应力图形为梯形、受拉边缘混凝土极限拉应变为 $2f_{tk}/E_c$ 确定；对常用的截面形状，γ_m 值可按表 7.2.4 取用；

h——截面高度（mm）：当 $h < 400$ 时，取 $h = 400$；当 $h > 1600$ 时，取 $h = 1600$；对圆形、环形截面，取 $h = 2r$，此处，r 为圆形截面半径或环形截面的外环半径。

表 7.2.4　截面抵抗矩塑性影响系数基本值 γ_m

项次	1	2	3		4		5
截面形状	矩形截面	翼缘位于受压区的 T 形截面	对称 I 形截面或箱形截面		翼缘位于受拉区的倒 T 形截面		圆形和环形截面
			$b_f/b \leqslant 2$，h_f/h 为任意值	$b_f/b > 2$，$h_f/h < 0.2$	$b_f/b \leqslant 2$，h_f/h 为任意值	$b_f/b > 2$，$h_f/h < 0.2$	
γ_m	1.55	1.50	1.45	1.35	1.50	1.40	$1.6 - 0.24 r_1/r$

注：1　对 $b_f' > b_f$ 的 I 形截面，可按项次 2 与项次 3 之间的数值采用；对 $b_f' < b_f$ 的 I 形截面，可按项次 3 与项次 4 之间的数值采用。

2　对于箱形截面，b 系指各肋宽度的总和。

3　r_1 为环形截面的内环半径，对圆形截面取 r_1 为零。

7.2.5 考虑荷载长期作用对挠度增大的影响系数 θ 可按下列规定取用：

1 钢筋混凝土受弯构件

当 $\rho' = 0$ 时，取 $\theta = 2.0$；当 $\rho' = \rho$ 时，取 $\theta = 1.6$；当 ρ' 为中间数值时，θ 按线性内插法取用。此处，$\rho' = A_s'/(bh_0)$，$\rho = A_s/(bh_0)$。

对翼缘位于受拉区的倒 T 形截面，θ 应增加 20%。

2 预应力混凝土受弯构件，取 $\theta = 2.0$。

7.2.6 预应力混凝土受弯构件在使用阶段的预加力反拱值，可用结构力学方法按刚度 $E_c I_0$ 进行计算，并应考虑预压应力长期作用的影响，计算中预应力筋的应力应扣除全部预应力损失。简化计算时，可将计算的反拱值乘以增大系数 2.0。

对重要的或特殊的预应力混凝土受弯构件的长期反拱值，可根据专门的试验分析确定或根据配筋情况采用考虑收缩、徐变影响的计算方法分析确定。

7.2.7 对预应力混凝土构件应采取措施控制反拱和挠度，并宜符合下列规定：

1 当考虑反拱后计算的构件长期挠度不符合本规范第 3.4.3 条的有关规定时，可采用施工预先起拱等方式控制挠度；

2 对永久荷载相对于可变荷载较小的预应力混凝土构件，应考虑反拱过大对正常使用的不利影响，并应采取相应的设计和施工措施。

8 构 造 规 定

8.1 伸 缩 缝

8.1.1 钢筋混凝土结构伸缩缝的最大间距可按表 8.1.1 确定。

表 8.1.1 钢筋混凝土结构伸缩缝最大间距（m）

结构类别		室内或土中	露天
排架结构	装配式	100	70
框架结构	装配式	75	50
	现浇式	55	35
剪力墙结构	装配式	65	40
	现浇式	45	30
挡土墙、地下室墙壁等类结构	装配式	40	30
	现浇式	30	20

注：1 装配整体式结构的伸缩缝间距，可根据结构的具体情况取表中装配式结构与现浇式结构之间的数值；

2 框架-剪力墙结构或框架-核心筒结构房屋的伸缩缝间距，可根据结构的具体情况取表中框架结构与剪力墙结构之间的数值；

3 当屋面无保温或隔热措施时，框架结构、剪力墙结构的伸缩缝间距宜按表中露天栏的数值取用；

4 现浇挑檐、雨罩等外露结构的局部伸缩缝间距不宜大于 12m。

8.1.2 对下列情况，本规范表 8.1.1 中的伸缩缝最大间距宜适当减小：

1 柱高（从基础顶面算起）低于 8m 的排架结构；

2 屋面无保温、隔热措施的排架结构；

3 位于气候干燥地区、夏季炎热且暴雨频繁地区的结构或经常处于高温作用下的结构；

4 采用滑模类工艺施工的各类墙体结构；

5 混凝土材料收缩较大，施工期外露时间较长的结构。

8.1.3 如有充分依据，对下列情况本规范表 8.1.1 中的伸缩缝最大间距可适当增大：

1 采取减小混凝土收缩或温度变化的措施；

2 采用专门的预加应力或增配构造钢筋的措施；

3 采用低收缩混凝土材料，采取跳仓浇筑、后浇带、控制缝等施工方法，并加强施工养护。

当伸缩缝间距增大较多时，尚应考虑温度变化和混凝土收缩对结构的影响。

8.1.4 当设置伸缩缝时，框架、排架结构的双柱基础可不断开。

8.2 混凝土保护层

8.2.1 构件中普通钢筋及预应力筋的混凝土保护层厚度应满足下列要求：

1 构件中受力钢筋的保护层厚度不应小于钢筋的公称直径 d；

2 设计使用年限为 50 年的混凝土结构，最外层钢筋的保护层厚度应符合表 8.2.1 的规定；设计使用年限为 100 年的混凝土结构，最外层钢筋的保护层厚度不应小于表 8.2.1 中数值的 1.4 倍。

表 8.2.1 混凝土保护层的最小厚度 c（mm）

环境类别	板、墙、壳	梁、柱、杆
一	15	20
二 a	20	25
二 b	25	35
三 a	30	40
三 b	40	50

注：1 混凝土强度等级不大于 C25 时，表中保护层厚度数值应增加 5mm；

2 钢筋混凝土基础宜设置混凝土垫层，基础中钢筋的混凝土保护层厚度应从垫层顶面算起，且不应小于 40mm。

8.2.2 当有充分依据并采取下列措施时，可适当减小混凝土保护层的厚度：

1 构件表面有可靠的防护层；

2 采用工厂化生产的预制构件；

3 在混凝土中掺加阻锈剂或采用阴极保护处理等防锈措施；

4 当对地下室墙体采取可靠的建筑防水做法或防护措施时，与土层接触一侧钢筋的保护层厚度可适当减少，但不应小于 25mm。

8.2.3 当梁、柱、墙中纵向受力钢筋的保护层厚度大于 50mm 时，宜对保护层采取有效的构造措施。当在保护层内配置防裂、防剥落的钢筋网片时，网片钢筋的保护层厚度不应小于 25mm。

8.3 钢筋的锚固

8.3.1 当计算中充分利用钢筋的抗拉强度时，受拉钢筋的锚固应符合下列要求：

1 基本锚固长度应按下列公式计算：

普通钢筋

$$l_{ab} = \alpha \frac{f_y}{f_t} d \qquad (8.3.1-1)$$

预应力筋

$$l_{ab} = \alpha \frac{f_{py}}{f_t} d \qquad (8.3.1-2)$$

式中：l_{ab}——受拉钢筋的基本锚固长度；

f_y、f_{py}——普通钢筋、预应力筋的抗拉强度设计值；

f_t——混凝土轴心抗拉强度设计值，当混凝土强度等级高于 C60 时，按 C60 取值；

d——锚固钢筋的直径；

α——锚固钢筋的外形系数，按表 8.3.1 取用。

表 8.3.1　锚固钢筋的外形系数 α

钢筋类型	光圆钢筋	带肋钢筋	螺旋肋钢丝	三股钢绞线	七股钢绞线
α	0.16	0.14	0.13	0.16	0.17

注：光圆钢筋末端应做 180°弯钩，弯后平直段长度不应小于 $3d$，但作受压钢筋时可不做弯钩。

2 受拉钢筋的锚固长度应根据锚固条件按下列公式计算，且不应小于 200mm：

$$l_a = \zeta_a l_{ab} \qquad (8.3.1-3)$$

式中：l_a——受拉钢筋的锚固长度；

ζ_a——锚固长度修正系数，对普通钢筋按本规范第 8.3.2 条的规定取用，当多于一项时，可按连乘计算，但不应小于 0.6；对预应力筋，可取 1.0。

梁柱节点中纵向受拉钢筋的锚固要求应按本规范第 9.3 节（Ⅱ）中的规定执行。

3 当锚固钢筋的保护层厚度不大于 $5d$ 时，锚固长度范围内应配置横向构造钢筋，其直径不应小于 $d/4$；对梁、柱、斜撑等构件间距不应大于 $5d$，对板、墙等平面构件间距不应大于 $10d$，且均不应大于 100mm，此处 d 为锚固钢筋的直径。

8.3.2 纵向受拉普通钢筋的锚固长度修正系数 ζ_a 应按下列规定取用：

1 当带肋钢筋的公称直径大于 25mm 时取 1.10；

2 环氧树脂涂层带肋钢筋取 1.25；

3 施工过程中易受扰动的钢筋取 1.10；

4 当纵向受力钢筋的实际配筋面积大于其设计计算面积时，修正系数取设计计算面积与实际配筋面积的比值，但对有抗震设防要求及直接承受动力荷载的结构构件，不应考虑此项修正；

5 锚固钢筋的保护层厚度为 $3d$ 时修正系数可取 0.80，保护层厚度不小于 $5d$ 时修正系数可取 0.70，中间按内插取值，此处 d 为锚固钢筋的直径。

8.3.3 当纵向受拉普通钢筋末端采用弯钩或机械锚固措施时，包括弯钩或锚固端头在内的锚固长度（投影长度）可取为基本锚固长度 l_{ab} 的 60%。弯钩和机械锚固的形式（图 8.3.3）和技术要求应符合表 8.3.3 的规定。

表 8.3.3　钢筋弯钩和机械锚固的形式和技术要求

锚固形式	技术要求
90°弯钩	末端 90°弯钩，弯钩内径 $4d$，弯后直段长度 $12d$
135°弯钩	末端 135°弯钩，弯钩内径 $4d$，弯后直段长度 $5d$
一侧贴焊锚筋	末端一侧贴焊长 $5d$ 同直径钢筋
两侧贴焊锚筋	末端两侧贴焊长 $3d$ 同直径钢筋
焊端锚板	末端与厚度 d 的锚板穿孔塞焊
螺栓锚头	末端旋入螺栓锚头

注：1　焊缝和螺纹长度应满足承载力要求；

2　螺栓锚头和焊接锚板的承压净面积不应小于锚固钢筋截面积的 4 倍；

3　螺栓锚头的规格应符合相关标准的要求；

4　螺栓锚头和焊接锚板的钢筋净间距不宜小于 $4d$，否则应考虑群锚效应的不利影响；

5　截面角部的弯钩和一侧贴焊锚筋的布筋方向宜向截面内侧偏置。

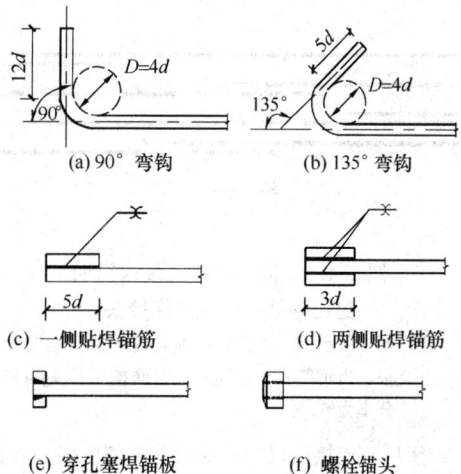

(a) 90°弯钩	(b) 135°弯钩
(c) 一侧贴焊锚筋	(d) 两侧贴焊锚筋
(e) 穿孔塞焊锚板	(f) 螺栓锚头

图 8.3.3　弯钩和机械锚固的形式和技术要求

8.3.4 混凝土结构中的纵向受压钢筋，当计算中充分利用其抗压强度时，锚固长度不应小于相应受拉锚固长度的 70%。

受压钢筋不应采用末端弯钩和一侧贴焊锚筋的锚固措施。

受压钢筋锚固长度范围内的横向构造钢筋应符合本规范第8.3.1条的有关规定。

8.3.5 承受动力荷载的预制构件，应将纵向受力普通钢筋末端焊接在钢板或角钢上，板或角钢应可靠地锚固在混凝土中。钢板或角钢的尺寸应按计算确定，其厚度不宜小于10mm。

其他构件中受力普通钢筋的末端也可通过焊接钢板或型钢实现锚固。

8.4 钢筋的连接

8.4.1 钢筋连接可采用绑扎搭接、机械连接或焊接。机械连接接头及焊接接头的类型及质量应符合国家现行有关标准的规定。

混凝土结构中受力钢筋的连接接头宜设置在受力较小处。在同一根受力钢筋上宜少设接头。在结构的重要构件和关键传力部位，纵向受力钢筋不宜设置连接接头。

8.4.2 轴心受拉及小偏心受拉杆件的纵向受力钢筋不得采用绑扎搭接；其他构件中的钢筋采用绑扎搭接时，受拉钢筋直径不宜大于25mm，受压钢筋直径不宜大于28mm。

8.4.3 同一构件中相邻纵向受力钢筋的绑扎搭接接头宜互相错开。钢筋绑扎搭接接头连接区段的长度为1.3倍搭接长度，凡搭接接头中点位于该连接区段长度内的搭接接头均属于同一连接区段（图8.4.3）。同一连接区段内纵向受力钢筋搭接接头面积百分率为该区段内有搭接接头的纵向受力钢筋与全部纵向受力钢筋截面面积的比值。当直径不同的钢筋搭接时，按直径较小的钢筋计算。

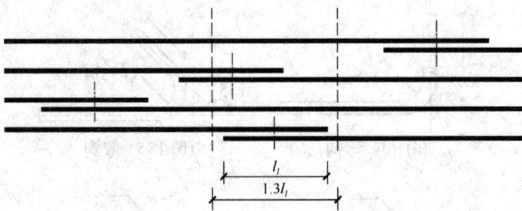

图 8.4.3 同一连接区段内纵向
受拉钢筋的绑扎搭接接头

注：图中所示同一连接区段内的搭接接头钢筋为两根，当钢筋直径相同时，钢筋搭接接头面积百分率为50%。

位于同一连接区段内的受拉钢筋搭接接头面积百分率：对梁类、板类及墙类构件，不宜大于25%；对柱类构件，不宜大于50%。当工程中确有必要增大受拉钢筋搭接接头面积百分率时，对梁类构件，不宜大于50%；对板、墙、柱及预制构件的拼接处，可根据实际情况放宽。

并筋采用绑扎搭接连接时，应按每根单筋错开搭接的方式连接。接头面积百分率应按同一连接区段内所有的单根钢筋计算。并筋中钢筋的搭接长度应按单筋分别计算。

8.4.4 纵向受拉钢筋绑扎搭接接头的搭接长度，应根据位于同一连接区段内的钢筋搭接接头面积百分率按下列公式计算，且不应小于300mm。

$$l_l = \zeta_l l_a \qquad (8.4.4)$$

式中：l_l——纵向受拉钢筋的搭接长度；

ζ_l——纵向受拉钢筋搭接长度修正系数，按表8.4.4取用。当纵向搭接钢筋接头面积百分率为表的中间值时，修正系数可按内插取值。

表 8.4.4 纵向受拉钢筋搭接长度修正系数

纵向搭接钢筋接头面积百分率（%）	≤25	50	100
ζ_l	1.2	1.4	1.6

8.4.5 构件中的纵向受压钢筋当采用搭接连接时，其受压搭接长度不应小于本规范第8.4.4条纵向受拉钢筋搭接长度的70%，且不应小于200mm。

8.4.6 在梁、柱类构件的纵向受力钢筋搭接长度范围内的横向构造钢筋应符合本规范第8.3.1条的要求；当受压钢筋直径大于25mm时，尚应在搭接接头两个端面外100mm的范围内各设置两道箍筋。

8.4.7 纵向受力钢筋的机械连接接头宜相互错开。钢筋机械连接区段的长度为35d，d为连接钢筋的较小直径。凡接头中点位于该连接区段长度内的机械连接接头均属于同一连接区段。

位于同一连接区段内的纵向受拉钢筋接头面积百分率不宜大于50%；但对板、墙、柱及预制构件的拼接处，可根据实际情况放宽。纵向受压钢筋的接头百分率可不受限制。

机械连接套筒的保护层厚度宜满足有关钢筋最小保护层厚度的规定。机械连接套筒的横向净间距不宜小于25mm；套筒处箍筋的间距仍应满足相应的构造要求。

直接承受动力荷载结构构件中的机械连接接头，除应满足设计要求的抗疲劳性能外，位于同一连接区段内的纵向受力钢筋接头面积百分率不应大于50%。

8.4.8 细晶粒热轧带肋钢筋以及直径大于28mm的带肋钢筋，其焊接应经试验确定；余热处理钢筋不宜焊接。

纵向受力钢筋的焊接接头应相互错开。钢筋焊接接头连接区段的长度为35d且不小于500mm，d为连接钢筋的较小直径，凡接头中点位于该连接区段长度内的焊接接头均属于同一连接区段。

纵向受拉钢筋的接头面积百分率不宜大于50%，但对预制构件的拼接处，可根据实际情况放宽。纵向受压钢筋的接头百分率可不受限制。

8.4.9 需进行疲劳验算的构件，其纵向受拉钢筋不得采用绑扎搭接接头，也不宜采用焊接接头，除端部锚固外不得在钢筋上焊有附件。

当直接承受吊车荷载的钢筋混凝土吊车梁、屋面梁及屋架下弦的纵向受拉钢筋采用焊接接头时，应符合下列规定：

1 应采用闪光接触对焊，并去掉接头的毛刺及卷边；

2 同一连接区段内纵向受拉钢筋焊接接头面积百分率不应大于 25%，焊接接头连接区段的长度应取为 $45d$，d 为纵向受力钢筋的较大直径；

3 疲劳验算时，焊接接头应符合本规范第 4.2.6 条疲劳应力幅限值的规定。

8.5 纵向受力钢筋的最小配筋率

8.5.1 钢筋混凝土结构构件中纵向受力钢筋的配筋百分率 ρ_{min} 不应小于表 8.5.1 规定的数值。

表 8.5.1 纵向受力钢筋的最小配筋百分率 ρ_{min}（%）

受 力 类 型			最小配筋百分率
受压构件	全部纵向钢筋	强度等级 500MPa	0.50
		强度等级 400MPa	0.55
		强度等级 300MPa、335MPa	0.60
	一侧纵向钢筋		0.20
受弯构件、偏心受拉、轴心受拉构件一侧的受拉钢筋			0.20 和 $45f_t/f_y$ 中的较大值

注：1 受压构件全部纵向钢筋最小配筋百分率，当采用 C60 以上强度等级的混凝土时，应按表中规定增加 0.10；
    2 板类受弯构件（不包括悬臂板）的受拉钢筋，当采用强度等级 400MPa、500MPa 的钢筋时，其最小配筋百分率应允许采用 0.15 和 $45f_t/f_y$ 中的较大值；
    3 偏心受拉构件中的受压钢筋，应按受压构件一侧纵向钢筋考虑；
    4 受压构件的全部纵向钢筋和一侧纵向钢筋的配筋率以及轴心受拉构件和小偏心受拉构件一侧受拉钢筋的配筋率均应按构件的全截面面积计算；
    5 受弯构件、大偏心受拉构件一侧受拉钢筋的配筋率应按全截面面积扣除受压翼缘面积 $(b'_f-b)h'_f$ 后的截面面积计算；
    6 当钢筋沿构件截面周边布置时，"一侧纵向钢筋"系指沿受力方向两个对边中一边布置的纵向钢筋。

8.5.2 卧置于地基上的混凝土板，板中受拉钢筋的最小配筋率可适当降低，但不应小于 0.15%。

8.5.3 对结构中次要的钢筋混凝土受弯构件，当构造所需截面高度远大于承载的需求时，其纵向受拉钢筋的配筋率可按下列公式计算：

$$\rho_s \geqslant \frac{h_{cr}}{h}\rho_{min} \tag{8.5.3-1}$$

$$h_{cr} = 1.05\sqrt{\frac{M}{\rho_{min}f_y b}} \tag{8.5.3-2}$$

式中：ρ_s——构件按全截面计算的纵向受拉钢筋的配筋率；

ρ_{min}——纵向受力钢筋的最小配筋率，按本规范第 8.5.1 条取用；

h_{cr}——构件截面的临界高度，当小于 $h/2$ 时取 $h/2$；

h——构件截面的高度；

b——构件的截面宽度；

M——构件的正截面受弯承载力设计值。

9 结构构件的基本规定

9.1 板

（Ⅰ）基 本 规 定

9.1.1 混凝土板按下列原则进行计算：

1 两对边支承的板应按单向板计算；

2 四边支承的板应按下列规定计算：

1）当长边与短边长度之比不大于 2.0 时，应按双向板计算；

2）当长边与短边长度之比大于 2.0，但小于 3.0 时，宜按双向板计算；

3）当长边与短边长度之比不小于 3.0 时，宜按沿短边方向受力的单向板计算，并应沿长边方向布置构造钢筋。

9.1.2 现浇混凝土板的尺寸宜符合下列规定：

1 板的跨厚比：钢筋混凝土单向板不大于 30，双向板不大于 40；无梁支承的有柱帽板不大于 35，无梁支承的无柱帽板不大于 30。预应力板可适当增加；当板的荷载、跨度较大时宜适当减小。

2 现浇钢筋混凝土板的厚度不应小于表 9.1.2 规定的数值。

表 9.1.2 现浇钢筋混凝土板的最小厚度（mm）

板 的 类 别		最小厚度
单向板	屋面板	60
	民用建筑楼板	60
	工业建筑楼板	70
	行车道下的楼板	80
双向板		80
密肋楼盖	面板	50
	肋高	250
悬臂板（根部）	悬臂长度不大于 500mm	60
	悬臂长度 1200mm	100
无梁楼板		150
现浇空心楼盖		200

9.1.3 板中受力钢筋的间距，当板厚不大于 150mm 时不宜大于 200mm；当板厚大于 150mm 时不宜大于板厚的 1.5 倍，且不宜大于 250mm。

9.1.4 采用分离式配筋的多跨板，板底钢筋宜全部伸入支座；支座负弯矩钢筋向跨内延伸的长度应根据负弯矩图确定，并满足钢筋锚固的要求。

简支板或连续板下部纵向受力钢筋伸入支座的锚固长度不应小于钢筋直径的 5 倍，且宜伸过支座中心线。当连续板内温度、收缩应力较大时，伸入支座的长度宜适当增加。

9.1.5 现浇混凝土空心楼板的体积空心率不宜大于 50%。

采用箱形内孔时，顶板厚度不应小于肋间净距的 1/15 且不应小于 50mm。当底板配置受力钢筋时，其厚度不应小于 50mm。内孔间肋宽与内孔高度比不宜小于 1/4，且肋宽不应小于 60mm，对预应力板不应小于 80mm。

采用管形内孔时，孔顶、孔底板厚均不应小于 40mm，肋宽与内孔径之比不宜小于 1/5，且肋宽不应小于 50mm，对预应力板不应小于 60mm。

（Ⅱ）构 造 配 筋

9.1.6 按简支或非受力边设计的现浇混凝土板，当与混凝土梁、墙整体浇筑或嵌固在砌体墙内时，应设置板面构造钢筋，并符合下列要求：

1 钢筋直径不宜小于 8mm，间距不宜大于 200mm，且单位宽度内的配筋面积不宜小于跨中相应方向板底钢筋截面面积的 1/3。与混凝土梁、混凝土墙整体浇筑单向板的非受力方向，钢筋截面面积尚不宜小于受力方向跨中板底钢筋截面面积的 1/3。

2 钢筋从混凝土梁边、柱边、墙边伸入板内的长度不宜小于 $l_0/4$，砌体墙支座处钢筋伸入板内的长度不宜小于 $l_0/7$，其中计算跨度 l_0 对单向板按受力方向考虑，对双向板按短边方向考虑。

3 在楼板角部，宜沿两个方向正交、斜向平行或放射状布置附加钢筋。

4 钢筋应在梁内、墙内或柱内可靠锚固。

9.1.7 当按单向板设计时，应在垂直于受力的方向布置分布钢筋，单位宽度上的配筋不宜小于单位宽度上的受力钢筋的 15%，且配筋率不宜小于 0.15%；分布钢筋直径不宜小于 6mm，间距不宜大于 250mm；当集中荷载较大时，分布钢筋的配筋面积尚应增加，且间距不宜大于 200mm。

当有实践经验或可靠措施时，预制单向板的分布钢筋可不受本条的限制。

9.1.8 在温度、收缩应力较大的现浇板区域，应在板的表面双向配置防裂构造钢筋。配筋率均不宜小于 0.10%，间距不宜大于 200mm。防裂构造钢筋可利用原有钢筋贯通布置，也可另行设置钢筋并与原有钢筋按受拉钢筋的要求搭接或在周边构件中锚固。

楼板平面的瓶颈部位宜适当增加板厚和配筋。沿板的洞边、凹角部位宜加配防裂构造钢筋，并采取可靠的锚固措施。

9.1.9 混凝土厚板及卧置于地基上的基础筏板，当板的厚度大于 2m 时，除应沿板的上、下表面布置的纵、横方向钢筋外，尚宜在板厚度不超过 1m 范围内设置与板面平行的构造钢筋网片，网片钢筋直径不宜小于 12mm，纵横方向的间距不宜大于 300mm。

9.1.10 当混凝土板的厚度不小于 150mm 时，对板的无支承边的端部，宜设置 U 形构造钢筋并与板顶、板底的钢筋搭接，搭接长度不宜小于 U 形构造钢筋直径的 15 倍且不宜小于 200mm；也可采用板面、板底钢筋分别向下、上弯折搭接的形式。

（Ⅲ）板 柱 结 构

9.1.11 混凝土板中配置抗冲切箍筋或弯起钢筋时，应符合下列构造要求：

1 板的厚度不应小于 150mm；

2 按计算所需的箍筋及相应的架立钢筋应配置在与 45°冲切破坏锥面相交的范围内，且从集中荷载作用面或柱截面边缘向外的分布长度不应小于 $1.5h_0$（图 9.1.11a）；箍筋直径不应小于 6mm，且应做成封闭式，间距不应大于 $h_0/3$，且不应大于 100mm；

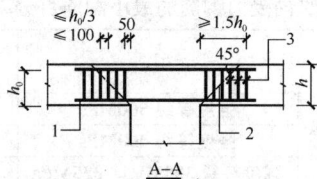

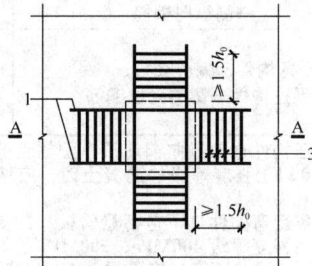

（a）用箍筋作抗冲切钢筋

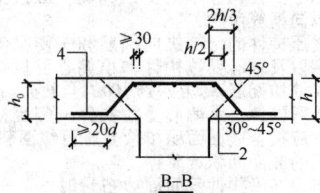

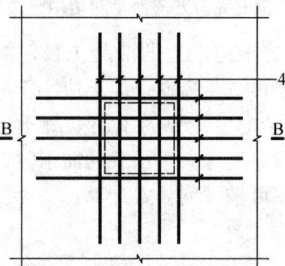

（b）用弯起钢筋作抗冲切钢筋

图 9.1.11 板中抗冲切钢筋布置

注：图中尺寸单位 mm。
1—架立钢筋；2—冲切破坏锥面；
3—箍筋；4—弯起钢筋

3 按计算所需弯起钢筋的弯起角度可根据板的厚度在30°～45°之间选取；弯起钢筋的倾斜段应与冲切破坏锥面相交（图9.1.11b），其交点应在集中荷载作用面或柱截面边缘以外(1/2～2/3)h的范围内。弯起钢筋直径不宜小于12mm，且每一方向不宜少于3根。

9.1.12 板柱节点可采用带柱帽或托板的结构形式。板柱节点的形状、尺寸应包容45°的冲切破坏锥体，并应满足受冲切承载力的要求。

柱帽的高度不应小于板的厚度h；托板的厚度不应小于$h/4$。柱帽或托板在平面两个方向上的尺寸均不宜小于同方向上柱截面宽度b与$4h$的和（图9.1.12）。

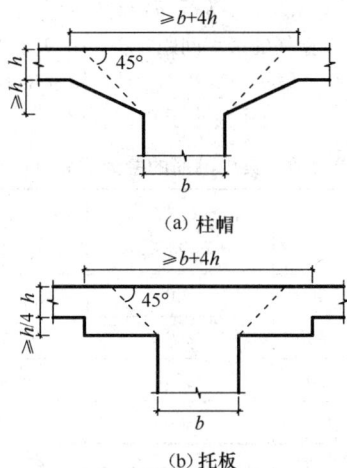

(a) 柱帽

(b) 托板

图9.1.12 带柱帽或托板的板柱结构

9.2 梁

（Ⅰ）纵向配筋

9.2.1 梁的纵向受力钢筋应符合下列规定：

1 伸入梁支座范围内的钢筋不应少于2根。

2 梁高不小于300mm时，钢筋直径不应小于10mm；梁高小于300mm时，钢筋直径不应小于8mm。

3 梁上部钢筋水平方向的净间距不应小于30mm和1.5d；梁下部钢筋水平方向的净间距不应小于25mm和d。当下部钢筋多于2层时，2层以上钢筋水平方向的中距应比下面2层的中距增大一倍；各层钢筋之间的净间距不应小于25mm和d，d为钢筋的最大直径。

4 在梁的配筋密集区域宜采用并筋的配筋形式。

9.2.2 钢筋混凝土简支梁和连续梁简支端的下部纵向受力钢筋，从支座边缘算起伸入支座内的锚固长度应符合下列规定：

1 当V不大于$0.7f_tbh_0$时，不小于5d；当V大于$0.7f_tbh_0$时，对带肋钢筋不小于12d，对光圆钢筋不小于15d，d为钢筋的最大直径；

2 如纵向受力钢筋伸入梁支座范围内的锚固长度不符合本条第1款要求时，可采取弯钩或机械锚固措施，并应满足本规范第8.3.3条的规定；

3 支承在砌体结构上的钢筋混凝土独立梁，在纵向受力钢筋的锚固长度范围内应配置不少于2个箍筋，其直径不宜小于$d/4$，d为纵向受力钢筋的最大直径；间距不宜大于10d，当采取机械锚固措施时箍筋间距尚不宜大于5d，d为纵向受力钢筋的最小直径。

注：混凝土强度等级为C25及以下的简支梁和连续梁的简支端，当距支座边1.5h范围内作用有集中荷载，且V大于$0.7f_tbh_0$时，对带肋钢筋宜采取有效的锚固措施，或取锚固长度不小于15d，d为锚固钢筋的直径。

9.2.3 钢筋混凝土梁支座截面负弯矩纵向受拉钢筋不宜在受拉区截断，当需要截断时，应符合以下规定：

1 当V不大于$0.7f_tbh_0$时，应延伸至按正截面受弯承载力计算不需要该钢筋的截面以外不小于20d处截断，且从该钢筋强度充分利用截面伸出的长度不应小于1.2l_a；

2 当V大于$0.7f_tbh_0$时，应延伸至按正截面受弯承载力计算不需要该钢筋的截面以外不小于h_0且不小于20d处截断，且从该钢筋强度充分利用截面伸出的长度不应小于1.2l_a与h_0之和；

3 若按本条第1、2款确定的截断点仍位于负弯矩对应的受拉区内，则应延伸至按正截面受弯承载力计算不需要该钢筋的截面以外不小于1.3h_0且不小于20d处截断，且从该钢筋强度充分利用截面伸出的长度不应小于1.2l_a与1.7h_0之和。

9.2.4 在钢筋混凝土悬臂梁中，应有不少于2根上部钢筋伸至悬臂梁外端，并向下弯折不小于12d；其余钢筋不应在梁的上部截断，而应按本规范第9.2.8条规定的弯起点位置向下弯折，并按本规范第9.2.7条的规定在梁的下边锚固。

9.2.5 梁内受扭纵向钢筋的最小配筋率$\rho_{tl,min}$应符合下列规定：

$$\rho_{tl,min} = 0.6\sqrt{\frac{T}{Vb}}\frac{f_t}{f_y} \qquad (9.2.5)$$

当$T/(Vb) > 2.0$时，取$T/(Vb) = 2.0$。

式中：$\rho_{tl,min}$——受扭纵向钢筋的最小配筋率，取$A_{stl}/(bh)$；

b——受剪的截面宽度，按本规范第6.4.1条的规定取用，对箱形截面构件，b应以b_h代替；

A_{stl}——沿截面周边布置的受扭纵向钢筋总截面面积。

沿截面周边布置受扭纵向钢筋的间距不应大于

200mm 及梁截面短边长度；除应在梁截面四角设置受扭纵向钢筋外，其余受扭纵向钢筋宜沿截面周边均匀对称布置。受扭纵向钢筋应按受拉钢筋锚固在支座内。

在弯剪扭构件中，配置在截面弯曲受拉边的纵向受力钢筋，其截面面积不应小于按本规范第 8.5.1 条规定的受弯构件受拉钢筋最小配筋率计算的钢筋截面面积与按本条受扭纵向钢筋配筋率计算并分配到弯曲受拉边的钢筋截面面积之和。

9.2.6 梁的上部纵向构造钢筋应符合下列要求：

1 当梁端按简支计算但实际受到部分约束时，应在支座区上部设置纵向构造钢筋。其截面面积不应小于梁跨中下部纵向受力钢筋计算所需截面面积的 1/4，且不应少于 2 根。该纵向构造钢筋自支座边缘向跨内伸出的长度不应小于 $l_0/5$，l_0 为梁的计算跨度。

2 对架立钢筋，当梁的跨度小于 4m 时，直径不宜小于 8mm；当梁的跨度为 4m～6m 时，直径不应小于 10mm；当梁的跨度大于 6m 时，直径不宜小于 12mm。

（Ⅱ）横 向 配 筋

9.2.7 混凝土梁宜采用箍筋作为承受剪力的钢筋。

当采用弯起钢筋时，弯起角宜取 45° 或 60°；在弯终点外应留有平行于梁轴线方向的锚固长度，且在受拉区不应小于 20d，在受压区不应小于 10d，d 为弯起钢筋的直径；梁底层钢筋中的角部钢筋不应弯起，顶层钢筋中的角部钢筋不应弯下。

9.2.8 在混凝土梁的受拉区中，弯起钢筋的弯起点可设在按正截面受弯承载力计算不需要该钢筋的截面之前，但弯起钢筋与梁中心线的交点应位于不需要该钢筋的截面之外（图 9.2.8）；同时弯起点与按计算充分利用该钢筋的截面之间的距离不应小于 $h_0/2$。

当按计算需要设置弯起钢筋时，从支座起前一排

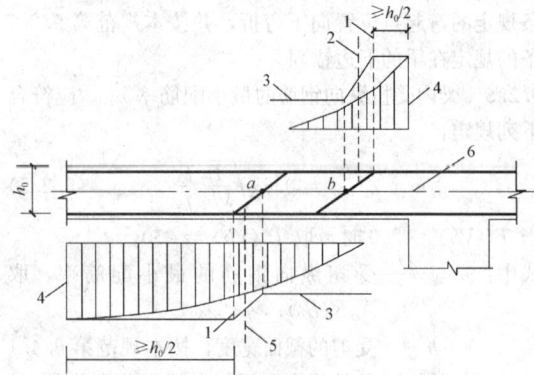

图 9.2.8 弯起钢筋弯起点与弯矩图的关系
1—受拉区的弯起点；2—按计算不需要钢筋"b"的截面；
3—正截面受弯承载力图；4—按计算充分利用钢筋"a"或
"b"强度的截面；5—按计算不需要钢筋"a"的截面；
6—梁中心线

的弯起点至后一排的弯终点的距离不应大于本规范表 9.2.9 中 "$V > 0.7f_tbh_0 + 0.05N_{p0}$" 时的箍筋最大间距。弯起钢筋不得采用浮筋。

9.2.9 梁中箍筋的配置应符合下列规定：

1 按承载力计算不需要箍筋的梁，当截面高度大于 300mm 时，应沿梁全长设置构造箍筋；当截面高度 h＝150mm～300mm 时，可仅在构件端部 $l_0/4$ 范围内设置构造箍筋，l_0 为跨度。但当在构件中部 $l_0/2$ 范围内有集中荷载作用时，则应沿梁全长设置箍筋。当截面高度小于 150mm 时，可以不设置箍筋。

2 截面高度大于 800mm 的梁，箍筋直径不宜小于 8mm；对截面高度不大于 800mm 的梁，不宜小于 6mm。梁中配有计算需要的纵向受压钢筋时，箍筋直径尚不应小于 d/4，d 为受压钢筋最大直径。

3 梁中箍筋的最大间距宜符合表 9.2.9 的规定；当 V 大于 $0.7f_tbh_0 + 0.05N_{p0}$ 时，箍筋的配筋率 ρ_{sv} [$\rho_{sv} = A_{sv}/(bs)$] 尚不应小于 $0.24f_t/f_{yv}$。

表 9.2.9 梁中箍筋的最大间距（mm）

梁高 h	$V > 0.7f_tbh_0$ $+ 0.05N_{p0}$	$V \leqslant 0.7f_tbh_0$ $+ 0.05N_{p0}$
$150 < h \leqslant 300$	150	200
$300 < h \leqslant 500$	200	300
$500 < h \leqslant 800$	250	350
$h > 800$	300	400

4 当梁中配有按计算需要的纵向受压钢筋时，箍筋应符合以下规定：

1）箍筋应做成封闭式，且弯钩直线段长度不应小于 5d，d 为箍筋直径。

2）箍筋的间距不应大于 15d，并不应大于 400mm。当一层内的纵向受压钢筋多于 5 根且直径大于 18mm 时，箍筋间距不应大于 10d，d 为纵向受压钢筋的最小直径。

3）当梁的宽度大于 400mm 且一层内的纵向受压钢筋多于 3 根时，或当梁的宽度不大于 400mm 但一层内的纵向受压钢筋多于 4 根时，应设置复合箍筋。

9.2.10 在弯剪扭构件中，箍筋的配筋率 ρ_{sv} 不应小于 $0.28f_t/f_{yv}$。

箍筋间距应符合本规范表 9.2.9 的规定，其中受扭所需的箍筋应做成封闭式，且应沿截面周边布置。当采用复合箍筋时，位于截面内部的箍筋不应计入受扭所需的箍筋面积。受扭所需箍筋的末端应做成 135° 弯钩，弯钩端头平直段长度不应小于 10d，d 为箍筋直径。

在超静定结构中，考虑协调扭转而配置的箍筋，其间距不宜大于 0.75b，此处 b 按本规范第 6.4.1 条的规定取用，但对箱形截面构件，b 均应以 b_h 代替。

（Ⅲ）局部配筋

9.2.11 位于梁下部或梁截面高度范围内的集中荷载，应全部由附加横向钢筋承担；附加横向钢筋宜采用箍筋。

箍筋应布置在长度为 $2h_1$ 与 $3b$ 之和的范围内（图 9.2.11）。当采用吊筋时，弯起段应伸至梁的上边缘，且末端水平段长度不应小于本规范第 9.2.7 条的规定。

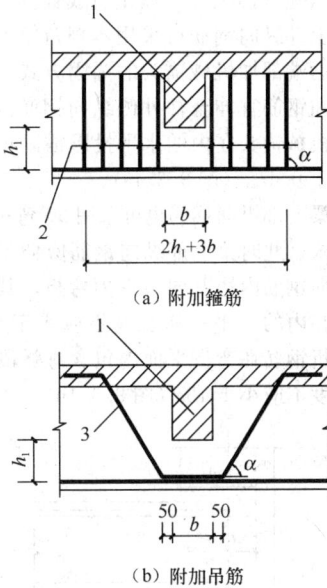

图 9.2.11　梁截面高度范围内有集中荷载
作用时附加横向钢筋的布置
注：图中尺寸单位 mm。
1—传递集中荷载的位置；2—附加箍筋；
3—附加吊筋

附加横向钢筋所需的总截面面积应符合下列规定：

$$A_{sv} \geqslant \frac{F}{f_{yv} \sin\alpha} \qquad (9.2.11)$$

式中：A_{sv}——承受集中荷载所需的附加横向钢筋总截面面积；当采用附加吊筋时，A_{sv} 应为左、右弯起段截面面积之和；

F——作用在梁的下部或梁截面高度范围内的集中荷载设计值；

α——附加横向钢筋与梁轴线间的夹角。

9.2.12 折梁的内折角处应增设箍筋（图 9.2.12）。箍筋应能承受未在受压区锚固纵向受拉钢筋的合力，且在任何情况下不应小于全部纵向钢筋合力的 35%。

由箍筋承受的纵向受拉钢筋的合力按下列公式计算：

未在受压区锚固的纵向受拉钢筋的合力为：

$$N_{s1} = 2f_y A_{s1} \cos\frac{\alpha}{2} \qquad (9.2.12\text{-}1)$$

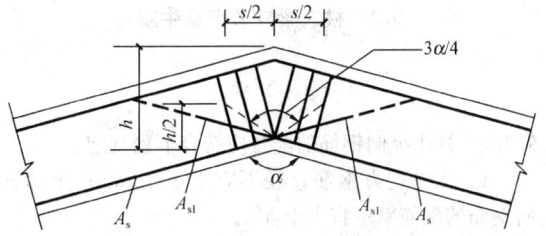

图 9.2.12　折梁内折角处的配筋

全部纵向受拉钢筋合力的 35% 为：

$$N_{s2} = 0.7f_y A_s \cos\frac{\alpha}{2} \qquad (9.2.12\text{-}2)$$

式中：A_s——全部纵向受拉钢筋的截面面积；

A_{s1}——未在受压区锚固的纵向受拉钢筋的截面面积；

α——构件的内折角。

按上述条件求得的箍筋应设置在长度 s 等于 $h \tan(3\alpha/8)$ 的范围内。

9.2.13 梁的腹板高度 h_w 不小于 450mm 时，在梁的两个侧面应沿高度配置纵向构造钢筋。每侧纵向构造钢筋（不包括梁上、下部受力钢筋及架立钢筋）的间距不宜大于 200mm，截面面积不应小于腹板截面面积（bh_w）的 0.1%，但当梁宽较大时可以适当放松。此处，腹板高度 h_w 按本规范第 6.3.1 条的规定取用。

9.2.14 薄腹梁或需作疲劳验算的钢筋混凝土梁，应在下部 1/2 梁高的腹板内沿两侧配置直径 8mm～14mm 的纵向构造钢筋，其间距为 100mm～150mm 并按下密上疏的方式布置。在上部 1/2 梁高的腹板内，纵向构造钢筋可按本规范第 9.2.13 条的规定配置。

9.2.15 当梁的混凝土保护层厚度大于 50mm 且配置表层钢筋网片时，应符合下列规定：

1 表层钢筋宜采用焊接网片，其直径不宜大于 8mm，间距不应大于 150mm；网片应配置在梁底和梁侧，梁侧的网片钢筋应延伸至梁高的 2/3 处。

2 两个方向上表层网片钢筋的截面积均不应小于相应混凝土保护层（图 9.2.15 阴影部分）面积的 1%。

9.2.16 深受弯构件的设计应符合本规范附录 G 的规定。

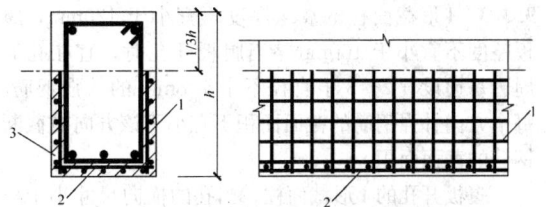

图 9.2.15　配置表层钢筋网片的构造要求
1—梁侧表层钢筋网片；2—梁底表层钢筋网片；
3—配置网片钢筋区域

9.3 柱、梁柱节点及牛腿

（Ⅰ）柱

9.3.1 柱中纵向钢筋的配置应符合下列规定：

1 纵向受力钢筋直径不宜小于 12mm；全部纵向钢筋的配筋率不宜大于 5%；

2 柱中纵向钢筋的净间距不应小于 50mm，且不宜大于 300mm；

3 偏心受压柱的截面高度不小于 600mm 时，在柱的侧面上应设置直径不小于 10mm 的纵向构造钢筋，并相应设置复合箍筋或拉筋；

4 圆柱中纵向钢筋不宜少于 8 根，不应少于 6 根，且宜沿周边均匀布置；

5 在偏心受压柱中，垂直于弯矩作用平面的侧面上的纵向受力钢筋以及轴心受压柱中各边的纵向受力钢筋，其中距不宜大于 300mm。

注：水平浇筑的预制柱，纵向钢筋的最小净间距可按本规范第 9.2.1 条关于梁的有关规定取用。

9.3.2 柱中的箍筋应符合下列规定：

1 箍筋直径不应小于 $d/4$，且不应小于 6mm，d 为纵向钢筋的最大直径；

2 箍筋间距不应大于 400mm 及构件截面的短边尺寸，且不应大于 15d，d 为纵向钢筋的最小直径；

3 柱及其他受压构件中的周边箍筋应做成封闭式；对圆柱中的箍筋，搭接长度不应小于本规范第 8.3.1 条规定的锚固长度，且末端应做成 135°弯钩，弯钩末端平直段长度不应小于 5d，d 为箍筋直径；

4 当柱截面短边尺寸大于 400mm 且各边纵向钢筋多于 3 根时，或当柱截面短边尺寸不大于 400mm 但各边纵向钢筋多于 4 根时，应设置复合箍筋；

5 柱中全部纵向受力钢筋的配筋率大于 3% 时，箍筋直径不应小于 8mm，间距不应大于 10d，且不应大于 200mm，d 为纵向受力钢筋的最小直径。箍筋末端应做成 135°弯钩，且弯钩末端平直段长度不应小于箍筋直径的 10 倍；

6 在配有螺旋式或焊接环式箍筋的柱中，如在正截面受压承载力计算中考虑间接钢筋的作用时，箍筋间距不应大于 80mm 及 $d_{cor}/5$，且不宜小于 40mm，d_{cor} 为按箍筋内表面确定的核心截面直径。

9.3.3 I 形截面柱的翼缘厚度不宜小于 120mm，腹板厚度不宜小于 100mm。当腹板开孔时，宜在孔洞周边每边设置 2～3 根直径不小于 8mm 的补强钢筋，每个方向补强钢筋的截面面积不宜小于该方向被截断钢筋的截面面积。

腹板开孔的 I 形截面柱，当孔的横向尺寸小于柱截面高度的一半、孔的竖向尺寸小于相邻两孔之间的净间距时，柱的刚度可按实腹 I 形截面柱计算，但在计算承载力时应扣除孔洞的削弱部分。当开孔尺寸超

过上述规定时，柱的刚度和承载力应按双肢柱计算。

（Ⅱ）梁柱节点

9.3.4 梁纵向钢筋在框架中间层端节点的锚固应符合下列要求：

1 梁上部纵向钢筋伸入节点的锚固：

1）当采用直线锚固形式时，锚固长度不应小于 l_a，且应伸过柱中心线，伸过的长度不宜小于 5d，d 为梁上部纵向钢筋的直径。

2）当柱截面尺寸不满足直线锚固要求时，梁上部纵向钢筋可采用本规范第 8.3.3 条钢筋端部加机械锚头的锚固方式。梁上部纵向钢筋宜伸至柱外侧纵向钢筋内边，包括机械锚头在内的水平投影锚固长度不应小于 0.4l_{ab}（图 9.3.4a）。

3）梁上部纵向钢筋也可采用 90°弯折锚固的方式，此时梁上部纵向钢筋应伸至柱外侧纵向钢筋内边并向节点内弯折，其包含弯弧在内的水平投影长度不应小于 0.4l_{ab}，弯折钢筋在弯折平面内包含弯弧段的投影长度不应小于 15d（图 9.3.4b）。

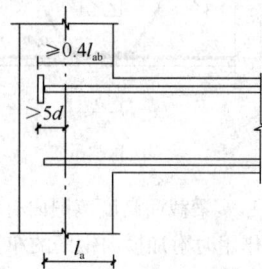

（a）钢筋端部加锚头锚固

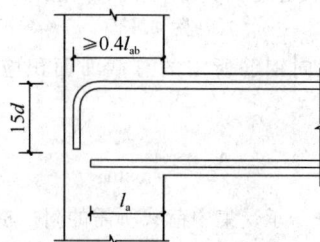

（b）钢筋末端 90°弯折锚固

图 9.3.4　梁上部纵向钢筋在中间
层端节点内的锚固

2 框架梁下部纵向钢筋伸入端节点的锚固：

1）当计算中充分利用该钢筋的抗拉强度时，钢筋的锚固方式及长度应与上部钢筋的规定相同。

2）当计算中不利用该钢筋的强度或仅利用该钢筋的抗压强度时，伸入节点的锚固长度应分别符合本规范第 9.3.5 条中间节点梁下部纵向钢筋锚固的规定。

9.3.5 框架中间层中间节点或连续梁中间支座，梁的上部纵向钢筋应贯穿节点或支座。梁的下部纵向钢筋宜贯穿节点或支座。当必须锚固时，应符合下列锚固要求：

1 当计算中不利用该钢筋的强度时，其伸入节点或支座的锚固长度对带肋钢筋不小于 $12d$，对光面钢筋不小于 $15d$，d 为钢筋的最大直径；

2 当计算中充分利用钢筋的抗压强度时，钢筋应按受压钢筋锚固在中间节点或中间支座内，其直线锚固长度不应小于 $0.7l_a$；

3 当计算中充分利用钢筋的抗拉强度时，钢筋可采用直线方式锚固在节点或支座内，锚固长度不应小于钢筋的受拉锚固长度 l_a（图 9.3.5a）；

4 当柱截面尺寸不足时，宜按本规范第 9.3.4 条第 1 款的规定采用钢筋端部加锚头的机械锚固措施，也可采用 90°弯折锚固的方式；

5 钢筋可在节点或支座外梁中弯矩较小处设置搭接接头，搭接长度的起始点至节点或支座边缘的距离不应小于 $1.5h_0$（图 9.3.5b）。

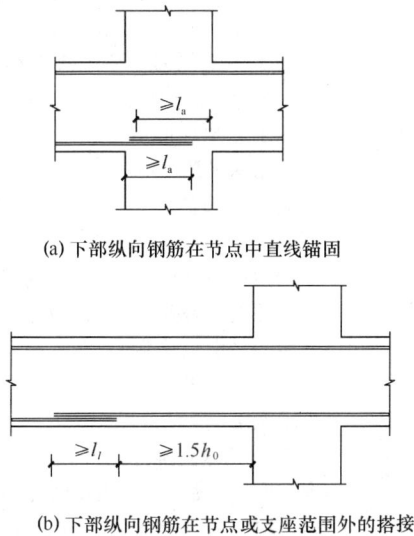

（a）下部纵向钢筋在节点中直线锚固

（b）下部纵向钢筋在节点或支座范围外的搭接

图 9.3.5 梁下部纵向钢筋在中间节点或中间支座范围的锚固与搭接

9.3.6 柱纵向钢筋应贯穿中间层的中间节点或端节点，接头应设在节点区以外。

柱纵向钢筋在顶层中节点的锚固应符合下列要求：

1 柱纵向钢筋应伸至柱顶，且自梁底算起的锚固长度不应小于 l_a。

2 当截面尺寸不满足直线锚固要求时，可采用 90°弯折锚固措施。此时，包括弯弧在内的钢筋垂直投影锚固长度不应小于 $0.5l_{ab}$，在弯折平面内包含弯弧段的水平投影长度不宜小于 $12d$（图 9.3.6a）。

3 当截面尺寸不足时，也可采用带锚头的机械锚固措施。此时，包含锚头在内的竖向锚固长度不应小于 $0.5l_{ab}$（图 9.3.6b）。

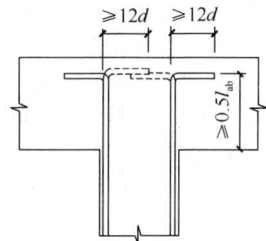

（a）柱纵向钢筋90°弯折锚固

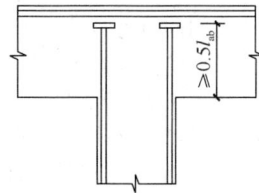

（b）柱纵向钢筋端头加锚板锚固

图 9.3.6 顶层节点中柱纵向钢筋在节点内的锚固

4 当柱顶有现浇楼板且板厚不小于 100mm 时，柱纵向钢筋也可向外弯折，弯折后的水平投影长度不宜小于 $12d$。

9.3.7 顶层端节点柱外侧纵向钢筋可弯入梁内作梁上部纵向钢筋；也可将梁上部纵向钢筋与柱外侧纵向钢筋在节点及附近部位搭接，搭接可采用下列方式：

1 搭接接头可沿顶层端节点外侧及梁端顶部布置，搭接长度不应小于 $1.5l_{ab}$（图 9.3.7a）。其中，伸入梁内的柱外侧钢筋截面面积不宜小于其全部面积

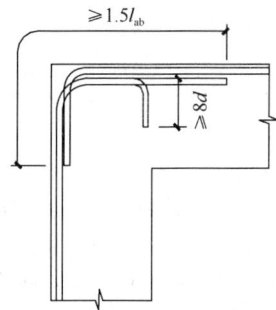

（a）搭接接头沿顶层端节点外侧及梁端顶部布置

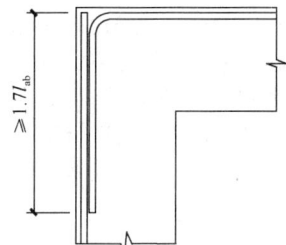

（b）搭接接头沿节点外侧直线布置

图 9.3.7 顶层端节点梁、柱纵向钢筋在节点内的锚固与搭接

的 65%；梁宽范围以外的柱外侧钢筋宜沿节点顶部伸至柱内边锚固。当柱外侧纵向钢筋位于柱顶第一层时，钢筋伸至柱内边后宜向下弯折不小于 8d 后截断（图 9.3.7a），d 为柱纵向钢筋的直径；当柱外侧纵向钢筋位于柱顶第二层时，可不向下弯折。当现浇板厚度不小于 100mm 时，梁宽范围以外的柱外侧纵向钢筋也可伸入现浇板内，其长度与伸入梁内的柱纵向钢筋相同。

2 当柱外侧纵向钢筋配筋率大于 1.2% 时，伸入梁内的柱纵向钢筋应满足本条第 1 款规定且宜分两批截断，截断点之间的距离不宜小于 20d，d 为柱外侧纵向钢筋的直径。梁上部纵向钢筋应伸至节点外侧并向下弯至梁下边缘高度位置截断。

3 纵向钢筋搭接接头也可沿节点柱顶外侧直线布置（图 9.3.7b），此时，搭接长度自柱顶算起不应小于 $1.7l_{ab}$。当梁上部纵向钢筋的配筋率大于 1.2% 时，弯入柱外侧的梁上部纵向钢筋应满足本条第 1 款规定的搭接长度，且宜分两批截断，其截断点之间的距离不宜小于 20d，d 为梁上部纵向钢筋的直径。

4 当梁的截面高度较大，梁、柱纵向钢筋相对较小，从梁底算起的直线搭接长度未延伸至柱顶即已满足 $1.5l_{ab}$ 的要求时，应将搭接长度延伸至柱顶并满足搭接长度 $1.7l_{ab}$ 的要求；或者从梁底算起的弯折搭接长度未延伸至柱内侧边缘即已满足 $1.5l_{ab}$ 的要求时，其弯折后包括弯弧在内的水平段的长度不应小于 15d，d 为柱纵向钢筋的直径。

5 柱内侧纵向钢筋的锚固应符合本规范第 9.3.6 条关于顶层中节点的规定。

9.3.8 顶层端节点处梁上部纵向钢筋的截面面积 A_s 应符合下列规定：

$$A_s \leqslant \frac{0.35\beta_c f_c b_b h_0}{f_y} \quad (9.3.8)$$

式中：b_b ——梁腹板宽度；

$\quad\quad\ h_0$ ——梁截面有效高度。

梁上部纵向钢筋与柱外侧纵向钢筋在节点角部的弯弧内半径，当钢筋直径不大于 25mm 时，不宜小于 6d；大于 25mm 时，不宜小于 8d。钢筋弯弧外的混凝土中应配置防裂、防剥落的构造钢筋。

9.3.9 在框架节点内应设置水平箍筋，箍筋应符合本规范第 9.3.2 条柱中箍筋的构造规定，但间距不宜大于 250mm。对四边均有梁的中间节点，节点内可只设置沿周边的矩形箍筋。当顶层端节点内有梁上部纵向钢筋和柱外侧纵向钢筋的搭接接头时，节点内水平箍筋应符合本规范第 8.4.6 条的规定。

（Ⅲ）牛　腿

9.3.10 对于 a 不大于 h_0 的柱牛腿（图 9.3.10），其截面尺寸应符合下列要求：

1 牛腿的裂缝控制要求

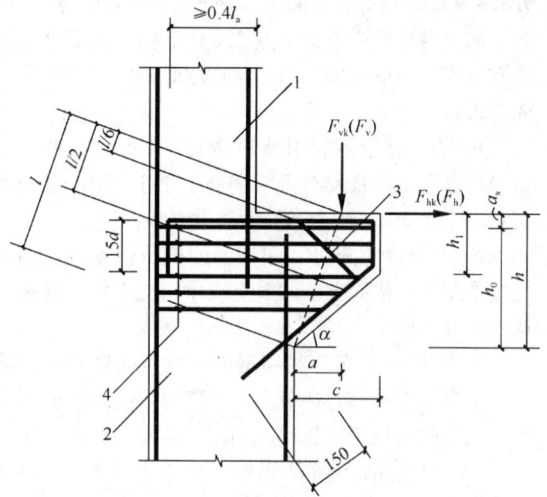

图 9.3.10　牛腿的外形及钢筋配置
注：图中尺寸单位 mm。
1—上柱；2—下柱；3—弯起钢筋；4—水平箍筋

$$F_{vk} \leqslant \beta\left(1 - 0.5\frac{F_{hk}}{F_{vk}}\right)\frac{f_{tk}bh_0}{0.5 + \dfrac{a}{h_0}} \quad (9.3.10)$$

式中：F_{vk} ——作用于牛腿顶部按荷载效应标准组合计算的竖向力值；

$\quad\quad F_{hk}$ ——作用于牛腿顶部按荷载效应标准组合计算的水平拉力值；

$\quad\quad\quad \beta$ ——裂缝控制系数：支承吊车梁的牛腿取 0.65；其他牛腿取 0.80；

$\quad\quad\quad a$ ——竖向力作用点至下柱边缘的水平距离，应考虑安装偏差 20mm；当考虑安装偏差后的竖向力作用点仍位于下柱截面以内时取等于 0；

$\quad\quad\quad b$ ——牛腿宽度；

$\quad\quad\quad h_0$ ——牛腿与下柱交接处的垂直截面有效高度，取 $h_1 - a_s + c \cdot \tan\alpha$，当 α 大于 45° 时，取 45°，c 为下柱边缘到牛腿外边缘的水平长度。

2 牛腿的外边缘高度 h_1 不应小于 h/3，且不应小于 200mm。

3 在牛腿顶受压面上，竖向力 F_{vk} 所引起的局部压应力不应超过 $0.75f_c$。

9.3.11 在牛腿中，由承受竖向力所需的受拉钢筋截面面积和承受水平拉力所需的锚筋截面面积所组成的纵向受力钢筋的总截面面积，应符合下列规定：

$$A_s \geqslant \frac{F_v a}{0.85 f_y h_0} + 1.2\frac{F_h}{f_y} \quad (9.3.11)$$

当 a 小于 $0.3h_0$ 时，取 a 等于 $0.3h_0$。

式中：F_v ——作用在牛腿顶部的竖向力设计值；

$\quad\quad\ F_h$ ——作用在牛腿顶部的水平拉力设计值。

9.3.12 沿牛腿顶部配置的纵向受力钢筋，宜采用

HRB400 级或 HRB500 级热轧带肋钢筋。全部纵向受力钢筋及弯起钢筋宜沿牛腿外边缘向下伸入下柱内 150mm 后截断（图 9.3.10）。

纵向受力钢筋及弯起钢筋伸入上柱的锚固长度，当采用直线锚固时不应小于本规范第 8.3.1 条规定的受拉钢筋锚固长度 l_a；当上柱尺寸不足时，钢筋的锚固应符合本规范第 9.3.4 条梁上部钢筋在框架中间层端节点中带 90°弯折的锚固规定。此时，锚固长度应从上柱内边算起。

承受竖向力所需的纵向受力钢筋的配筋率不应小于 0.20% 及 $0.45f_t/f_y$，也不宜大于 0.60%，钢筋数量不宜少于 4 根直径 12mm 的钢筋。

当牛腿设于上柱柱顶时，宜将牛腿对边的柱外侧纵向受力钢筋沿柱顶水平弯入牛腿，作为牛腿纵向受拉钢筋使用。当牛腿顶面纵向受拉钢筋与牛腿对边的柱外侧纵向钢筋分开配置时，牛腿顶面纵向受拉钢筋应弯入柱外侧，并应符合本规范第 8.4.4 条有关钢筋搭接的规定。

9.3.13 牛腿应设置水平箍筋，箍筋直径宜为 6mm～12mm，间距宜为 100mm～150mm；在上部 $2h_0/3$ 范围内的箍筋总截面面积不宜小于承受竖向力的受拉钢筋截面面积的 1/2。

当牛腿的剪跨比不小于 0.3 时，宜设置弯起钢筋。弯起钢筋宜采用 HRB400 级或 HRB500 级热轧带肋钢筋，并宜使其与集中荷载作用点到牛腿斜边下端点连线的交点位于牛腿上部 $l/6～l/2$ 之间的范围内，l 为该连线的长度（图 9.3.10）。弯起钢筋截面面积不宜小于承受竖向力的受拉钢筋截面面积的 1/2，且不宜少于 2 根直径 12mm 的钢筋。纵向受拉钢筋不得兼作弯起钢筋。

9.4 墙

9.4.1 竖向构件截面长边、短边（厚度）比值大于 4 时，宜按墙的要求进行设计。

支撑预制楼（屋面）板的墙，其厚度不宜小于 140mm；对剪力墙结构尚不宜小于层高的 1/25，对框架-剪力墙结构尚不宜小于层高的 1/20。

当采用预制板时，支承墙的厚度应满足墙内竖向钢筋贯通的要求。

9.4.2 厚度大于 160mm 的墙应配置双排分布钢筋网；结构中重要部位的剪力墙，当其厚度不大于 160mm 时，也宜配置双排分布钢筋网。

双排分布钢筋网应沿墙的两个侧面布置，且应采用拉筋连系；拉筋直径不宜小于 6mm，间距不宜大于 600mm。

9.4.3 在平行于墙面的水平荷载和竖向荷载作用下，墙体宜根据结构分析所得的内力和本规范第 6.2 节的有关规定，分别按偏心受压或偏心受拉进行正截面承载力计算，并按本规范第 6.3 节的有关规定进行斜截面受剪承载力计算。在集中荷载作用处，尚应按本规范第 6.6 节进行局部受压承载力计算。

在承载力计算中，剪力墙的翼缘计算宽度可取剪力墙的间距、门窗洞间翼墙的宽度、剪力墙厚度加两侧各 6 倍翼墙厚度、剪力墙墙肢总高度的 1/10 四者中的最小值。

9.4.4 墙水平及竖向分布钢筋直径不宜小于 8mm，间距不宜大于 300mm。可利用焊接钢筋网片进行墙内配筋。

墙水平分布钢筋的配筋率 $\rho_{sh}\left(\dfrac{A_{sh}}{bs_v}, s_v \text{ 为水平分布}\right.$ 钢筋的间距 $\Big)$ 和竖向分布钢筋的配筋率 $\rho_{sv}\left(\dfrac{A_{sv}}{bs_h}, s_h \text{ 为}\right.$ 竖向分布钢筋的间距 $\Big)$ 不宜小于 0.20%；重要部位的墙，水平和竖向分布钢筋的配筋率宜适当提高。

墙中温度、收缩应力较大的部位，水平分布钢筋的配筋率宜适当提高。

9.4.5 对于房屋高度不大于 10m 且不超过 3 层的墙，其截面厚度不应小于 120mm，其水平与竖向分布钢筋的配筋率均不宜小于 0.15%。

9.4.6 墙中配筋构造应符合下列要求：

1 墙竖向分布钢筋可在同一高度搭接，搭接长度不应小于 $1.2l_a$。

2 墙水平分布钢筋的搭接长度不应小于 $1.2l_a$。同排水平分布钢筋的搭接接头之间以及上、下相邻水平分布钢筋的搭接接头之间，沿水平方向的净间距不宜小于 500mm。

3 墙中水平分布钢筋应伸至墙端，并向内水平弯折 $10d$，d 为钢筋直径。

4 端部有翼墙或转角的墙，内墙两侧和外墙内侧的水平分布钢筋应伸至翼墙或转角外边，并分别向两侧水平弯折 $15d$。在转角墙处，外墙外侧的水平分布钢筋应在端部外角处弯入翼墙，并与翼墙外侧的水平分布钢筋搭接。

5 带边框的墙，水平和竖向分布钢筋宜分别贯穿柱、梁或锚固在柱、梁内。

9.4.7 墙洞口连梁应沿全长配置箍筋，箍筋直径不应小于 6mm，间距不宜大于 150mm。在顶层洞口连梁纵向钢筋伸入墙内的锚固长度范围内，应设置间距不大于 150mm 的箍筋，箍筋直径宜与墙内箍筋直径相同。同时，门窗洞边的竖向钢筋应满足受拉钢筋锚固长度的要求。

墙洞口上、下两边的水平钢筋除应满足洞口连梁正截面受弯承载力的要求外，尚不应少于 2 根直径不小于 12mm 的钢筋。对于计算分析中可忽略的洞口，洞边钢筋截面面积分别不宜小于洞口截断的水平分布钢筋总截面面积的一半。纵向钢筋自洞口边伸入墙内的长度不应小于受拉钢筋的锚固长度。

9.4.8 剪力墙墙肢两端应配置竖向受力钢筋，并与墙内的竖向分布钢筋共同用于墙的正截面受弯承载力计算。每端的竖向受力钢筋不宜少于 4 根直径为 12mm 或 2 根直径为 16mm 的钢筋，并宜沿该竖向钢筋方向配置直径不小于 6mm、间距为 250mm 的箍筋或拉筋。

9.5 叠合构件

（Ⅰ）水平叠合构件

9.5.1 二阶段成形的水平叠合受弯构件，当预制构件高度不足全截面高度的 40% 时，施工阶段应有可靠的支撑。

施工阶段有可靠支撑的叠合受弯构件，可按整体受弯构件设计计算，但其斜截面受剪承载力和叠合面受剪承载力应按本规范附录 H 计算。

施工阶段无支撑的叠合受弯构件，应对底部预制构件及浇筑混凝土后的叠合构件按本规范附录 H 的要求进行二阶段受力计算。

9.5.2 混凝土叠合梁、板应符合下列规定：

1 叠合梁的叠合层混凝土的厚度不宜小于 100mm，混凝土强度等级不宜低于 C30。预制梁的箍筋应全部伸入叠合层，且各肢伸入叠合层的直线段长度不宜小于 10d，d 为箍筋直径。预制梁的顶面应做成凹凸差不小于 6mm 的粗糙面。

2 叠合板的叠合层混凝土厚度不应小于 40mm，混凝土强度等级不宜低于 C25。预制板表面应做成凹凸差不小于 4mm 的粗糙面。承受较大荷载的叠合板以及预应力叠合板，宜在预制底板上设置伸入叠合层的构造钢筋。

9.5.3 在既有结构的楼板、屋盖上浇筑混凝土叠合层的受弯构件，应符合本规范第 9.5.2 条的规定，并按本规范第 3.3 节、第 3.7 节的有关规定进行施工阶段和使用阶段计算。

（Ⅱ）竖向叠合构件

9.5.4 由预制构件及后浇混凝土成形的叠合柱和墙，应按施工阶段及使用阶段的工况分别进行预制构件及整体结构的计算。

9.5.5 在既有结构柱的周边或墙的侧面浇筑混凝土而成形的竖向叠合构件，应考虑承载历史以及施工支顶的情况，并按本规范第 3.3 节、第 3.7 节规定的原则进行施工阶段和使用阶段的承载力计算。

9.5.6 依托既有结构的竖向叠合柱、墙在使用阶段的承载力计算中，应根据实测结果考虑既有构件部分几何参数变化的影响。

竖向叠合柱、墙既有构件部分混凝土、钢筋的强度设计值按本规范第 3.7.3 条确定；后浇混凝土部分混凝土、钢筋的强度应按本规范第 4 章的规定乘以强

度利用的折减系数确定，且宜考虑施工时支顶的实际情况适当调整。

9.5.7 柱外二次浇筑混凝土层的厚度不应小于 60mm，混凝土强度等级不应低于既有柱的强度。粗糙结合面的凹凸差不应小于 6mm，并宜通过植筋、焊接等方法设置界面构造钢筋。后浇层中纵向受力钢筋直径不应小于 14mm；箍筋直径不应小于 8mm 且不应小于柱内相应箍筋的直径，箍筋间距应与柱内相同。

墙外二次浇筑混凝土层的厚度不应小于 50mm，混凝土强度等级不应低于既有墙的强度。粗糙结合面的凹凸差应不小于 4mm，并宜通过植筋、焊接等方法设置界面构造钢筋。后浇层中竖向、水平钢筋直径不宜小于 8mm 且不应小于墙中相应钢筋的直径。

9.6 装配式结构

9.6.1 装配式、装配整体式混凝土结构中各类预制构件及连接构造应按下列原则进行设计：

1 应在结构方案和传力途径中确定预制构件的布置及连接方式，并在此基础上进行整体结构分析和构件及连接设计；

2 预制构件的设计应满足建筑使用功能，并符合标准化要求；

3 预制构件的连接宜设置在结构受力较小处，且宜便于施工；结构构件之间的连接构造应满足结构传递内力的要求；

4 各类预制构件及其连接构造应按从生产、施工到使用过程中可能产生的不利工况进行验算，对预制非承重构件尚应符合本规范第 9.6.8 条的规定。

9.6.2 预制混凝土构件在生产、施工过程中应按实际工况的荷载、计算简图、混凝土实体强度进行施工阶段验算。验算时应将构件自重乘以相应的动力系数：对脱模、翻转、吊装、运输时可取 1.5，临时固定时可取 1.2。

注：动力系数尚可根据具体情况适当增减。

9.6.3 装配式、装配整体式混凝土结构中各类预制构件的连接构造，应便于构件安装、装配整体式。对计算时不考虑传递内力的连接，也应有可靠的固定措施。

9.6.4 装配整体式结构中框架梁的纵向受力钢筋和柱、墙中的竖向受力钢筋宜采用机械连接、焊接等形式；板、墙等构件中的受力钢筋可采用搭接连接形式；混凝土接合面应进行粗糙处理或做成齿槽；拼接处应采用强度等级不低于预制构件的混凝土灌缝。

装配整体式结构的梁柱节点处，柱的纵向钢筋应贯穿节点；梁的纵向钢筋应满足本规范第 9.3 节的锚固要求。

当柱采用装配式榫式接头时，接头附近区段内截面的轴心受压承载力宜为该截面计算所需承载力的

1.3~1.5倍。此时，可采取在接头及其附近区段的混凝土内加设横向钢筋网、提高后浇混凝土强度等级和设置附加纵向钢筋等措施。

9.6.5 采用预制板的装配整体式楼盖、屋盖应采取下列构造措施：

1 预制板侧应为双齿边；拼缝上口宽度不应小于30mm；空心板端孔中应有堵头，深度不宜少于60mm；拼缝中应浇灌强度等级不低于C30的细石混凝土；

2 预制板端宜伸出锚固钢筋互相连接，并宜与板的支承结构（圈梁、梁顶或墙顶）伸出的钢筋及板端拼缝中设置的通长钢筋连接。

9.6.6 整体性要求较高的装配整体式楼盖、屋盖，应采用预制构件加现浇叠合层的形式；或在预制板侧设置配筋混凝土后浇带，并在板端设置负弯矩钢筋、板的周边沿拼缝设置拉结钢筋与支座连接。

9.6.7 装配整体式结构中预制承重墙板沿周边设置的连接钢筋应与支承结构及相邻墙板互相连接，并浇筑混凝土与周边楼盖、墙体连成整体。

9.6.8 非承重预制构件的设计应符合下列要求：

1 与支承结构之间宜采用柔性连接方式；

2 在框架内镶嵌或采用焊接连接时，应考虑其对框架抗侧移刚度的影响；

3 外挂板与主体结构的连接构造应具有一定的变形适应性。

9.7 预埋件及连接件

9.7.1 受力预埋件的锚板宜采用Q235、Q345级钢，锚板厚度应根据受力情况计算确定，且不宜小于锚筋直径的60%；受拉和受弯预埋件的锚板厚度尚宜大于$b/8$，b为锚筋的间距。

受力预埋件的锚筋应采用HRB400或HPB300钢筋，不应采用冷加工钢筋。

直锚筋与锚板应采用T形焊接。当锚筋直径不大于20mm时宜采用压力埋弧焊；当锚筋直径大于20mm时宜采用穿孔塞焊。当采用手工焊时，焊缝高度不宜小于6mm，且对300MPa级钢筋不宜小于0.5d，对其他钢筋不宜小于0.6d，d为锚筋的直径。

9.7.2 由锚板和对称配置的直锚筋所组成的受力预埋件（图9.7.2），其锚筋的总截面面积A_s应符合下列规定：

1 当有剪力、法向拉力和弯矩共同作用时，应按下列两个公式计算，并取其中的较大值：

$$A_s \geqslant \frac{V}{\alpha_r \alpha_v f_y} + \frac{N}{0.8 \alpha_b f_y} + \frac{M}{1.3 \alpha_r \alpha_b f_y z}$$
(9.7.2-1)

$$A_s \geqslant \frac{N}{0.8 \alpha_b f_y} + \frac{M}{0.4 \alpha_r \alpha_b f_y z}$$
(9.7.2-2)

2 当有剪力、法向压力和弯矩共同作用时，应按下列两个公式计算，并取其中的较大值：

$$A_s \geqslant \frac{V - 0.3N}{\alpha_r \alpha_v f_y} + \frac{M - 0.4Nz}{1.3 \alpha_r \alpha_b f_y z}$$
(9.7.2-3)

$$A_s \geqslant \frac{M - 0.4Nz}{0.4 \alpha_r \alpha_b f_y z}$$
(9.7.2-4)

当M小于$0.4Nz$时，取$0.4Nz$。

上述公式中的系数α_v、α_b，应按下列公式计算：

$$\alpha_v = (4.0 - 0.08d)\sqrt{\frac{f_c}{f_y}}$$
(9.7.2-5)

$$\alpha_b = 0.6 + 0.25 \frac{t}{d}$$
(9.7.2-6)

当α_v大于0.7时，取0.7；当采取防止锚板弯曲变形的措施时，可取α_b等于1.0。

式中：f_y——锚筋的抗拉强度设计值，按本规范第4.2节采用，但不应大于300N/mm²；

V——剪力设计值；

N——法向拉力或法向压力设计值，法向压力设计值不应大于$0.5f_cA$，此处，A为锚板的面积；

M——弯矩设计值；

α_r——锚筋层数的影响系数；当锚筋按等间距布置时：两层取1.0；三层取0.9；四层取0.85；

α_v——锚筋的受剪承载力系数；

d——锚筋直径；

α_b——锚板的弯曲变形折减系数；

t——锚板厚度；

z——沿剪力作用方向最外层锚筋中心线之间的距离。

9.7.3 由锚板和对称配置的弯折锚筋及直锚筋共同承受剪力的预埋件（图9.7.3），其弯折锚筋的截面面积A_{sb}应符合下列规定：

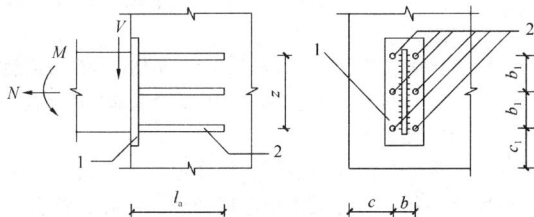

图9.7.2 由锚板和直锚筋组成的预埋件
1—锚板；2—直锚筋

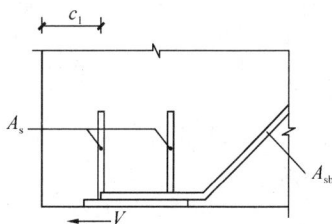

图9.7.3 由锚板和弯折锚筋及直锚筋组成的预埋件

$$A_{sb} \geqslant 1.4 \frac{V}{f_y} - 1.25\alpha_v A_s \qquad (9.7.3)$$

式中系数 α_v 按本规范第 9.7.2 条取用。当直锚筋按构造要求设置时，A_s 应取为 0。

> 注：弯折锚筋与钢板之间的夹角不宜小于 $15°$，也不宜大于 $45°$。

9.7.4 预埋件锚筋中心至锚板边缘的距离不应小于 $2d$ 和 20mm。预埋件的位置应使锚筋位于构件的外层主筋的内侧。

预埋件的受力直锚筋直径不宜小于 8mm，且不宜大于 25mm。直锚筋数量不宜少于 4 根，且不宜多于 4 排；受剪预埋件的直锚筋可采用 2 根。

对受拉和受弯预埋件（图 9.7.2），其锚筋的间距 b、b_1 和锚筋至构件边缘的距离 c、c_1，均不应小于 $3d$ 和 45mm。

对受剪预埋件（图 9.7.2），其锚筋的间距 b 及 b_1 不应大于 300mm，且 b_1 不应小于 $6d$ 和 70mm；锚筋至构件边缘的距离 c_1 不应小于 $6d$ 和 70mm，b、c 均不应小于 $3d$ 和 45mm。

受拉直锚筋和弯折锚筋的锚固长度不应小于本规范第 8.3.1 条规定的受拉钢筋锚固长度；当锚筋采用 HPB300 级钢筋时末端还应有弯钩。当无法满足锚固长度的要求时，应采取其他有效的锚固措施。受剪和受压直锚筋的锚固长度不应小于 $15d$，d 为锚筋的直径。

9.7.5 预制构件宜采用内埋式螺母、内埋式吊杆或预留吊装孔，并采用配套的专用吊具实现吊装，也可采用吊环吊装。

内埋式螺母或内埋式吊杆的设计与构造，应满足起吊方便和吊装安全的要求。专用内埋式螺母或内埋式吊杆及配套的吊具，应根据相应的产品标准和应用技术规定选用。

9.7.6 吊环应采用 HPB300 钢筋或 Q235B 圆钢，并应符合下列规定：

1 吊环锚入混凝土中的深度不应小于 $30d$ 并应焊接或绑扎在钢筋骨架上，d 为吊环钢筋或圆钢的直径。

2 应验算在荷载标准值作用下的吊环应力，验算时每个吊环可按两个截面计算。对 HPB300 钢筋，吊环应力不应大于 65N/mm^2；对 Q235B 圆钢，吊环应力不应大于 50N/mm^2。

3 当在一个构件上设有 4 个吊环时，应按 3 个吊环进行计算。

9.7.7 混凝土预制构件吊装设施的位置应能保证构件在吊装、运输过程中平稳受力。设置预埋件、吊环、吊装孔及各种内埋式预留吊具时，应对构件在该处承受吊装荷载作用的效应进行承载力的验算，并应采取相应的构造措施，避免吊点处混凝土局部破坏。

10 预应力混凝土结构构件

10.1 一般规定

10.1.1 预应力混凝土结构构件，除应根据设计状况进行承载力计算及正常使用极限状态验算外，尚应对施工阶段进行验算。

10.1.2 预应力混凝土结构设计应计入预应力作用效应；对超静定结构，相应的次弯矩、次剪力及次轴力等应参与组合计算。

对承载能力极限状态，当预应力作用效应对结构有利时，预应力作用分项系数 γ_p 应取 1.0，不利时 γ_p 应取 1.2；对正常使用极限状态，预应力作用分项系数 γ_p 应取 1.0。

对参与组合的预应力作用效应项，当预应力作用效应对承载力有利时，结构重要性系数 γ_0 应取 1.0；当预应力作用效应对承载力不利时，结构重要性系数 γ_0 应按本规范第 3.3.2 条确定。

10.1.3 预应力筋的张拉控制应力 σ_{con} 应符合下列规定：

1 消除应力钢丝、钢绞线

$$\sigma_{con} \leqslant 0.75 f_{ptk} \qquad (10.1.3-1)$$

2 中强度预应力钢丝

$$\sigma_{con} \leqslant 0.70 f_{ptk} \qquad (10.1.3-2)$$

3 预应力螺纹钢筋

$$\sigma_{con} \leqslant 0.85 f_{pyk} \qquad (10.1.3-3)$$

式中：f_{ptk}——预应力筋极限强度标准值；

f_{pyk}——预应力螺纹钢筋屈服强度标准值。

消除应力钢丝、钢绞线、中强度预应力钢丝的张拉控制应力值不应小于 $0.4f_{ptk}$；预应力螺纹钢筋的张拉应力控制值不宜小于 $0.5f_{pyk}$。

当符合下列情况之一时，上述张拉控制应力限值可相应提高 $0.05f_{ptk}$ 或 $0.05f_{pyk}$：

1） 要求提高构件在施工阶段的抗裂性能而在使用阶段受压区内设置的预应力筋；

2） 要求部分抵消由于应力松弛、摩擦、钢筋分批张拉以及预应力筋与张拉台座之间的温差等因素产生的预应力损失。

10.1.4 施加预应力时，所需的混凝土立方体抗压强度应经计算确定，但不宜低于设计的混凝土强度等级值的 75%。

> 注：当张拉预应力筋是为防止混凝土早期出现的收缩裂缝时，可不受上述限制，但应符合局部受压承载力的规定。

10.1.5 后张法预应力混凝土超静定结构，由预应力引起的内力和变形可采用弹性理论分析，并宜符合下列规定：

1 按弹性分析计算时，次弯矩 M_2 宜按下列公式计算：

$$M_2 = M_r - M_1 \qquad (10.1.5\text{-}1)$$
$$M_1 = N_p e_{pn} \qquad (10.1.5\text{-}2)$$

式中：N_p——后张法预应力混凝土构件的预加力，按本规范公式（10.1.7-3）计算；

e_{pn}——净截面重心至预加力作用点的距离，按本规范公式（10.1.7-4）计算；

M_1——预加力 N_p 对净截面重心偏心引起的弯矩值；

M_r——由预加力 N_p 的等效荷载在结构构件截面上产生的弯矩值。

次剪力可根据构件次弯矩的分布分析计算，次轴力宜根据结构的约束条件进行计算。

2 在设计中宜采取措施，避免或减少支座、柱、墙等约束构件对梁、板预应力作用效应的不利影响。

10.1.6 由预加力产生的混凝土法向应力及相应阶段预应力筋的应力，可分别按下列公式计算：

1 先张法构件

由预加力产生的混凝土法向应力

$$\sigma_{pc} = \frac{N_{p0}}{A_0} \pm \frac{N_{p0} e_{p0}}{I_0} y_0 \qquad (10.1.6\text{-}1)$$

相应阶段预应力筋的有效预应力

$$\sigma_{pe} = \sigma_{con} - \sigma_l - \alpha_E \sigma_{pc} \qquad (10.1.6\text{-}2)$$

预应力筋合力点处混凝土法向应力等于零时的预应力筋应力

$$\sigma_{p0} = \sigma_{con} - \sigma_l \qquad (10.1.6\text{-}3)$$

2 后张法构件

由预加力产生的混凝土法向应力

$$\sigma_{pc} = \frac{N_p}{A_n} \pm \frac{N_p e_{pn}}{I_n} y_n + \sigma_{p2} \qquad (10.1.6\text{-}4)$$

相应阶段预应力筋的有效预应力

$$\sigma_{pe} = \sigma_{con} - \sigma_l \qquad (10.1.6\text{-}5)$$

预应力筋合力点处混凝土法向应力等于零时的预应力筋应力

$$\sigma_{p0} = \sigma_{con} - \sigma_l + \alpha_E \sigma_{pc} \qquad (10.1.6\text{-}6)$$

式中：A_n——净截面面积，即扣除孔道、凹槽等削弱部分以外的混凝土全部截面面积及纵向非预应力筋截面面积换算成混凝土的截面面积之和；对由不同混凝土强度等级组成的截面，应根据混凝土弹性模量比值换算成同一混凝土强度等级的截面面积；

A_0——换算截面面积：包括净截面面积以及全部纵向预应力筋截面面积换算成混凝土的截面面积；

I_0、I_n——换算截面惯性矩、净截面惯性矩；

e_{p0}、e_{pn}——换算截面重心、净截面重心至预加力作用点的距离，按本规范第10.1.7条的规定计算；

y_0、y_n——换算截面重心、净截面重心至所计算纤维处的距离；

σ_l——相应阶段的预应力损失值，按本规范第10.2.1条～第10.2.7条的规定计算；

α_E——钢筋弹性模量与混凝土弹性模量的比值：$\alpha_E = E_s / E_c$，此处，E_s 按本规范表 4.2.5 采用，E_c 按本规范表 4.1.5 采用；

N_{p0}、N_p——先张法构件、后张法构件的预加力，按本规范第10.1.7条计算；

σ_{p2}——由预应力次内力引起的混凝土截面法向应力。

注：在公式（10.1.6-1）、公式（10.1.6-4）中，右边第二项与第一项的应力方向相同时取加号，相反时取减号；公式（10.1.6-2）、公式（10.1.6-6）适用于 σ_{pc} 为压应力的情况，当 σ_{pc} 为拉应力时，应以负值代入。

10.1.7 预加力及其作用点的偏心距（图10.1.7）宜按下列公式计算：

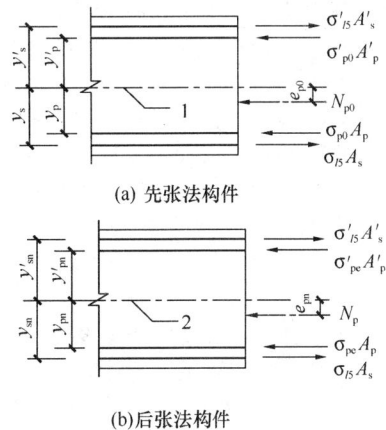

(a) 先张法构件

(b)后张法构件

图 10.1.7 预加力作用点位置
1—换算截面重心轴；2—净截面重心轴

1 先张法构件

$$N_{p0} = \sigma_{p0} A_p + \sigma'_{p0} A'_p - \sigma_{l5} A_s - \sigma'_{l5} A'_s \qquad (10.1.7\text{-}1)$$

$$e_{p0} = \frac{\sigma_{p0} A_p y_p - \sigma'_{p0} A'_p y'_p - \sigma_{l5} A_s y_s + \sigma'_{l5} A'_s y'_s}{\sigma_{p0} A_p + \sigma'_{p0} A'_p - \sigma_{l5} A_s - \sigma'_{l5} A'_s} \qquad (10.1.7\text{-}2)$$

2 后张法构件：

$$N_p = \sigma_{pe} A_p + \sigma'_{pe} A'_p - \sigma_{l5} A_s - \sigma'_{l5} A'_s \qquad (10.1.7\text{-}3)$$

$$e_{pn} = \frac{\sigma_{pe} A_p y_{pn} - \sigma'_{pe} A'_p y'_{pn} - \sigma_{l5} A_s y_{sn} + \sigma'_{l5} A'_s y'_{sn}}{\sigma_{pe} A_p + \sigma'_{pe} A'_p - \sigma_{l5} A_s - \sigma'_{l5} A'_s} \qquad (10.1.7\text{-}4)$$

式中：σ_{p0}、σ'_{p0}——受拉区、受压区预应力筋合力点处混凝土法向应力等于零时的预应力筋应力；

σ_{pe}、σ'_{pe}——受拉区、受压区预应力筋的有效

予应力；

A_p、A'_p——受拉区、受压区纵向预应力筋的截面面积；

A_s、A'_s——受拉区、受压区纵向普通钢筋的截面面积；

y_p、y'_p——受拉区、受压区预应力合力点至换算截面重心的距离；

y_s、y'_s——受拉区、受压区普通钢筋重心至换算截面重心的距离；

σ_{l5}、σ'_{l5}——受拉区、受压区预应力筋在各自合力点处混凝土收缩和徐变引起的预应力损失值，按本规范第10.2.5条的规定计算；

y_{pn}、y'_{pn}——受拉区、受压区预应力合力点至净截面重心的距离；

y_{sn}、y'_{sn}——受拉区、受压区普通钢筋重心至净截面重心的距离。

注：1 当公式（10.1.7-1）～公式（10.1.7-4）中的 $A'_p = 0$ 时，可取式中 $\sigma'_{l5} = 0$；

2 当计算次内力时，公式（10.1.7-3）、公式（10.1.7-4）中的 σ_{l5} 和 σ'_{l5} 可近似取零。

10.1.8 对允许出现裂缝的后张法有粘结预应力混凝土框架梁及连续梁，在重力荷载作用下按承载能力极限状态计算时，可考虑内力重分布，并应满足正常使用极限状态验算要求。当截面相对受压区高度 ξ 不小于 0.1 且不大于 0.3 时，其任一跨内的支座截面最大负弯矩设计值可按下列公式确定：

$$M = (1-\beta)(M_{GQ} + M_2) \quad (10.1.8\text{-}1)$$
$$\beta = 0.2(1 - 2.5\xi) \quad (10.1.8\text{-}2)$$

且调幅幅度不宜超过重力荷载下弯矩设计值的 20%。

式中：M——支座控制截面弯矩设计值；

M_{GQ}——控制截面按弹性分析计算的重力荷载弯矩设计值；

ξ——截面相对受压区高度，应按本规范第 6 章的规定计算；

β——弯矩调幅系数。

10.1.9 先张法构件预应力筋的预应力传递长度 l_{tr} 应按下列公式计算：

$$l_{tr} = \alpha \frac{\sigma_{pe}}{f'_{tk}} d \quad (10.1.9)$$

式中：σ_{pe}——放张时预应力筋的有效预应力；

d——预应力筋的公称直径，按本规范附录 A 采用；

α——预应力筋的外形系数，按本规范表 8.3.1 采用；

f'_{tk}——与放张时混凝土立方体抗压强度 f'_{cu} 相应的轴心抗拉强度标准值，按本规范表 4.1.3-2 以线性内插法确定。

当采用骤然放张预应力的施工工艺时，对光面预

应力钢丝，l_{tr} 的起点应从距构件末端 $l_{tr}/4$ 处开始计算。

10.1.10 计算先张法预应力混凝土构件端部锚固区的正截面和斜截面受弯承载力时，锚固长度范围内的预应力筋抗拉强度设计值在锚固起点处应取为零，在锚固终点处应取为 f_{py}，两点之间可按线性内插法确定。预应力筋的锚固长度 l_a 应按本规范第 8.3.1 条确定。

当采用骤然放张预应力的施工工艺时，对光面预应力钢丝的锚固长度应从距构件末端 $l_{tr}/4$ 处开始计算。

10.1.11 对制作、运输及安装等施工阶段预拉区允许出现拉应力的构件，或预压时全截面受压的构件，在预加力、自重及施工荷载作用下（必要时应考虑动力系数）截面边缘的混凝土法向应力宜符合下列规定（图 10.1.11）：

$$\sigma_{ct} \leqslant f'_{tk} \quad (10.1.11\text{-}1)$$
$$\sigma_{cc} \leqslant 0.8 f'_{ck} \quad (10.1.11\text{-}2)$$

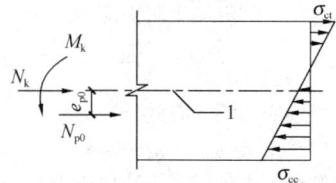

(a) 先张法构件

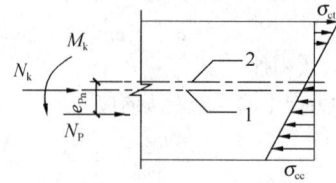

(b) 后张法构件

图 10.1.11　预应力混凝土构件施工阶段验算
1—换算截面重心轴；2—净截面重心轴

简支构件的端部区段截面预拉区边缘纤维的混凝土拉应力允许大于 f'_{tk}，但不应大于 $1.2f'_{tk}$。

截面边缘的混凝土法向应力可按下列公式计算：

$$\sigma_{cc} \text{ 或 } \sigma_{ct} = \sigma_{pc} + \frac{N_k}{A_0} \pm \frac{M_k}{W_0} \quad (10.1.11\text{-}3)$$

式中：σ_{ct}——相应施工阶段计算截面预拉区边缘纤维的混凝土拉应力；

σ_{cc}——相应施工阶段计算截面预压区边缘纤维的混凝土压应力；

f'_{tk}、f'_{ck}——与各施工阶段混凝土立方体抗压强度 f'_{cu} 相应的抗拉强度标准值、抗压强度标准值，按本规范表 4.1.3-2、表 4.1.3-1 以线性内插法分别确定；

N_k、M_k——构件自重及施工荷载的标准组合在计算截面产生的轴向力值、弯矩值；

W_0——验算边缘的换算截面弹性抵抗矩。

注：1 预拉区、预压区分别系指施加预应力时形成的截面拉应力区、压应力区；

2 公式（10.1.11-3）中，当 σ_{pc} 为压应力时取正值，当 σ_{pc} 为拉应力时取负值；当 N_k 为轴向压力时取正值，当 N_k 为轴向拉力时取负值；当 M_k 产生的边缘纤维应力为压应力时式中符号取加号，拉应力时式中符号取减号；

3 当有可靠的工程经验时，叠合式受弯构件预拉区的混凝土法向拉应力可按 σ_{ct} 不大于 $2f'_{tk}$ 控制。

10.1.12 施工阶段预拉区允许出现拉应力的构件，预拉区纵向钢筋的配筋率 $(A'_s + A'_p)/A$ 不宜小于 0.15%，对后张法构件不应计入 A'_p，其中，A 为构件截面面积。预拉区纵向普通钢筋的直径不宜大于 14mm，并应沿构件预拉区的外边缘均匀配置。

注：施工阶段预拉区不允许出现裂缝的板类构件，预拉区纵向钢筋的配筋可根据具体情况按实践经验确定。

10.1.13 先张法和后张法预应力混凝土结构构件，在承载力和裂缝宽度计算中，所用的混凝土法向预应力等于零时的预加力 N_{p0} 及其作用点的偏心距 e_{p0}，均应按本规范公式（10.1.7-1）及公式（10.1.7-2）计算，此时，先张法和后张法构件预应力筋的应力 σ_{p0}、σ'_{p0} 均应按本规范第 10.1.6 条的规定计算。

10.1.14 无粘结预应力矩形截面受弯构件，在进行正截面承载力计算时，无粘结预应力筋的应力设计值 σ_{pu} 宜按下列公式计算：

$$\sigma_{pu} = \sigma_{pe} + \Delta\sigma_p \qquad (10.1.14\text{-}1)$$

$$\Delta\sigma_p = (240 - 335\xi_p)\left(0.45 + 5.5\frac{h}{l_0}\right)\frac{l_2}{l_1} \qquad (10.1.14\text{-}2)$$

$$\xi_p = \frac{\sigma_{pe}A_p + f_yA_s}{f_c b h_p} \qquad (10.1.14\text{-}3)$$

对于跨数不少于 3 跨的连续梁、连续单向板及连续双向板，$\Delta\sigma_p$ 取值不应小于 50N/mm^2。

无粘结预应力筋的应力设计值 σ_{pu} 尚应符合下列条件：

$$\sigma_{pu} \leqslant f_{py} \qquad (10.1.14\text{-}4)$$

式中：σ_{pe}——扣除全部预应力损失后，无粘结预应力筋中的有效预应力（N/mm^2）；

$\Delta\sigma_p$——无粘结预应力筋中的应力增量（N/mm^2）；

ξ_p——综合配筋特征值，不宜大于 0.4；对于连续梁、板，取各跨内支座和跨中截面综合配筋特征值的平均值；

h——受弯构件截面高度；

h_p——无粘结预应力筋合力点至截面受压边缘的距离；

l_1——连续无粘结预应力筋两个锚固端间的总长度；

l_2——与 l_1 相关的由活荷载最不利布置图确定的荷载跨长度之和。

翼缘位于受压区的 T 形、I 形截面受弯构件，当受压区高度大于翼缘高度时，综合配筋特征值 ξ_p 可按下式计算：

$$\xi_p = \frac{\sigma_{pe}A_p + f_yA_s - f_c(b'_f - b)h'_f}{f_c b h_p} \qquad (10.1.14\text{-}5)$$

式中：h'_f——T 形、I 形截面受压区的翼缘高度；

b'_f——T 形、I 形截面受压区的翼缘计算宽度。

10.1.15 无粘结预应力混凝土受弯构件的受拉区，纵向普通钢筋截面面积 A_s 的配置应符合下列规定：

1 单向板

$$A_s \geqslant 0.002bh \qquad (10.1.15\text{-}1)$$

式中：b——截面宽度；

h——截面高度。

纵向普通钢筋直径不应小于 8mm，间距不应大于 200mm。

2 梁

A_s 应取下列两式计算结果的较大值：

$$A_s \geqslant \frac{1}{3}\left(\frac{\sigma_{pu}h_p}{f_yh_s}\right)A_p \qquad (10.1.15\text{-}2)$$

$$A_s \geqslant 0.003bh \qquad (10.1.15\text{-}3)$$

式中：h_s——纵向受拉普通钢筋合力点至截面受压边缘的距离。

纵向受拉普通钢筋直径不宜小于 14mm，且宜均匀分布在梁的受拉边缘。

对按一级裂缝控制等级设计的梁，当无粘结预应力筋承担不小于 75% 的弯矩设计值时，纵向受拉普通钢筋面积应满足承载力计算和公式（10.1.15-3）的要求。

10.1.16 无粘结预应力混凝土板柱结构中的双向平板，其纵向普通钢筋截面面积 A_s 及其分布应符合下列规定：

1 在柱边的负弯矩区，每一方向上纵向普通钢筋的截面面积应符合下列规定：

$$A_s \geqslant 0.00075hl \qquad (10.1.16\text{-}1)$$

式中：l——平行于计算纵向受力钢筋方向上板的跨度；

h——板的厚度。

由上式确定的纵向普通钢筋，应分布在各离柱边 $1.5h$ 的板宽范围内。每一方向至少应设置 4 根直径不小于 16mm 的钢筋。纵向钢筋间距不应大于 300mm，外伸出柱边长度至少为支座每一边净跨的 1/6。在承载力计算中考虑纵向普通钢筋的作用时，其伸出柱边的长度应按计算确定，并应符合本规范第 8.3 节对锚固长度的规定。

2 在荷载标准组合下，当正弯矩区每一方向上抗裂验算边缘的混凝土法向拉应力满足下列规定时，正弯矩区可仅按构造配置纵向普通钢筋：

$$\sigma_{ck} - \sigma_{pc} \leqslant 0.4f_{tk} \qquad (10.1.16\text{-}2)$$

3 在荷载标准组合下，当正弯矩区每一个方向上抗裂验算边缘的混凝土法向拉应力超过 $0.4f_{tk}$ 且不大于

$1.0f_{tk}$时，纵向普通钢筋的截面面积应符合下列规定：

$$A_s \geqslant \frac{N_{tk}}{0.5f_y} \qquad (10.1.16\text{-}3)$$

式中：N_{tk}——在荷载标准组合下构件混凝土未开裂截面受拉区的合力；

f_y——钢筋的抗拉强度设计值，当 f_y 大于 360N/mm^2 时，取 360N/mm^2。

纵向普通钢筋应均匀分布在板的受拉区内，并应靠近受拉边缘通长布置。

4 在平板的边缘和拐角处，应设置暗圈梁或设置钢筋混凝土边梁。暗圈梁的纵向钢筋直径不应小于 12mm，且不应少于 4 根；箍筋直径不应小于 6mm，间距不应大于 150mm。

注：在温度、收缩应力较大的现浇双向平板区域内，应按本规范第 9.1.8 条配置普通构造钢筋网。

10.1.17 预应力混凝土受弯构件的正截面受弯承载力设计值应符合下列要求：

$$M_u \geqslant M_{cr} \qquad (10.1.17)$$

式中：M_u——构件的正截面受弯承载力设计值，按本规范公式（6.2.10-1）、公式（6.2.11-2）或公式（6.2.14）计算，但应取等号，并将 M 以 M_u 代替；

M_{cr}——构件的正截面开裂弯矩值，按本规范公式（7.2.3-6）计算。

10.2 预应力损失值计算

10.2.1 预应力筋中的预应力损失值可按表 10.2.1 的规定计算。

表 10.2.1 预应力损失值（N/mm²）

引起损失的因素		符号	先张法构件	后张法构件
张拉端锚具变形和预应力筋内缩		σ_{l1}	按本规范第10.2.2条的规定计算	按本规范第10.2.2条和第10.2.3条的规定计算
预应力筋的摩擦	与孔道壁之间的摩擦	σ_{l2}	—	按本规范第10.2.4条的规定计算
	张拉端锚口摩擦		按实测值或厂家提供的数据确定	
	在转向装置处的摩擦		按实际情况确定	
混凝土加热养护时，预应力筋与承受拉力的设备之间的温差		σ_{l3}	$2\Delta t$	—
预应力筋的应力松弛		σ_{l4}	消除应力钢丝、钢绞线 普通松弛： $0.4\left(\dfrac{\sigma_{con}}{f_{ptk}}-0.5\right)\sigma_{con}$ 低松弛： 当 $\sigma_{con}\leqslant 0.7f_{ptk}$ 时 $0.125\left(\dfrac{\sigma_{con}}{f_{ptk}}-0.5\right)\sigma_{con}$ 当 $0.7f_{ptk}<\sigma_{con}\leqslant 0.8f_{ptk}$ 时 $0.2\left(\dfrac{\sigma_{con}}{f_{ptk}}-0.575\right)\sigma_{con}$ 中强度预应力钢丝：$0.08\sigma_{con}$ 预应力螺纹钢筋：$0.03\sigma_{con}$	

续表 10.2.1

引起损失的因素	符号	先张法构件	后张法构件
混凝土的收缩和徐变	σ_{l5}	按本规范第10.2.5条的规定计算	
用螺旋式预应力筋作配筋的环形构件，当直径 d 不大于 3m 时，由于混凝土的局部挤压	σ_{l6}	—	30

注：1 表中 Δt 为混凝土加热养护时，预应力筋与承受拉力的设备之间的温差（℃）；

2 当 $\sigma_{con}/f_{ptk}\leqslant 0.5$ 时，预应力筋的应力松弛损失值可取为零。

当计算求得的预应力总损失值小于下列数值时，应按下列数值取用：

先张法构件 100N/mm^2；

后张法构件 80N/mm^2。

10.2.2 直线预应力筋由于锚具变形和预应力筋内缩引起的预应力损失值 σ_{l1} 应按下列公式计算：

$$\sigma_{l1} = \frac{a}{l}E_s \qquad (10.2.2)$$

式中：a——张拉端锚具变形和预应力筋内缩值（mm），可按表 10.2.2 采用；

l——张拉端至锚固端之间的距离（mm）。

表 10.2.2 锚具变形和预应力筋内缩值 a（mm）

锚具类别		a
支承式锚具（钢丝束镦头锚具等）	螺帽缝隙	1
	每块后加垫板的缝隙	1
夹片式锚具	有顶压时	5
	无顶压时	6～8

注：1 表中的锚具变形和预应力筋内缩值也可根据实测数据确定；

2 其他类型的锚具变形和预应力筋内缩值应根据实测数据确定。

块体拼成的结构，其预应力损失尚应计及块体间填缝的预压变形。当采用混凝土或砂浆为填缝材料时，每条填缝的预压变形值可取为1mm。

10.2.3 后张法构件曲线预应力筋或折线预应力筋由于锚具变形和预应力筋内缩引起的预应力损失值 σ_{l1}，应根据曲线预应力筋或折线预应力筋与孔道壁之间反向摩擦影响长度 l_f 范围内的预应力筋变形值等于锚具变形和预应力筋内缩值的条件确定，反向摩擦系数可按表 10.2.4 中的数值采用。

反向摩擦影响长度 l_f 及常用束形的后张预应力筋在反向摩擦影响长度 l_f 范围内的预应力损失值 σ_{l1} 可按本规范附录 J 计算。

10.2.4 预应力筋与孔道壁之间的摩擦引起的预应力损失值 σ_{l2}，宜按下列公式计算：

$$\sigma_{l2} = \sigma_{con}\left(1 - \frac{1}{e^{\kappa x + \mu\theta}}\right) \qquad (10.2.4\text{-}1)$$

当（$\kappa x + \mu\theta$）不大于 0.3 时，σ_{l2} 可按下列近似

公式计算：

$$\sigma_{l2} = (\kappa x + \mu\theta)\sigma_{con} \quad (10.2.4\text{-}2)$$

注：当采用夹片式群锚体系时，在 σ_{con} 中宜扣除锚口摩擦损失。

式中：x——从张拉端至计算截面的孔道长度，可近似取该段孔道在纵轴上的投影长度（m）；

θ——从张拉端至计算截面曲线孔道各部分切线的夹角之和（rad）；

κ——考虑孔道每米长度局部偏差的摩擦系数，按表 10.2.4 采用；

μ——预应力筋与孔道壁之间的摩擦系数，按表 10.2.4 采用。

表 10.2.4 摩擦系数

孔道成型方式	κ	μ 钢绞线、钢丝束	μ 预应力螺纹钢筋
预埋金属波纹管	0.0015	0.25	0.50
预埋塑料波纹管	0.0015	0.15	—
预埋钢管	0.0010	0.30	—
抽芯成型	0.0014	0.55	0.60
无粘结预应力筋	0.0040	0.09	—

注：摩擦系数也可根据实测数据确定。

在公式（10.2.4-1）中，对按抛物线、圆弧曲线变化的空间曲线及可分段后叠加的广义空间曲线，夹角之和 θ 可按下列近似公式计算：

抛物线、圆弧曲线：$\theta = \sqrt{\alpha_v^2 + \alpha_h^2} \quad (10.2.4\text{-}3)$

广义空间曲线：$\theta = \sum \sqrt{\Delta\alpha_v^2 + \Delta\alpha_h^2} \quad (10.2.4\text{-}4)$

式中：α_v、α_h——按抛物线、圆弧曲线变化的空间曲线预应力筋在竖直向、水平向投影所形成抛物线、圆弧曲线的弯转角；

$\Delta\alpha_v$、$\Delta\alpha_h$——广义空间曲线预应力筋在竖直向、水平向投影所形成分段曲线的弯转角增量。

10.2.5 混凝土收缩、徐变引起受拉区和受压区纵向预应力筋的预应力损失值 σ_{l5}、σ'_{l5} 可按下列方法确定：

1 一般情况

先张法构件

$$\sigma_{l5} = \frac{60 + 340\dfrac{\sigma_{pc}}{f'_{cu}}}{1 + 15\rho} \quad (10.2.5\text{-}1)$$

$$\sigma'_{l5} = \frac{60 + 340\dfrac{\sigma'_{pc}}{f'_{cu}}}{1 + 15\rho'} \quad (10.2.5\text{-}2)$$

后张法构件

$$\sigma_{l5} = \frac{55 + 300\dfrac{\sigma_{pc}}{f'_{cu}}}{1 + 15\rho} \quad (10.2.5\text{-}3)$$

$$\sigma'_{l5} = \frac{55 + 300\dfrac{\sigma'_{pc}}{f'_{cu}}}{1 + 15\rho} \quad (10.2.5\text{-}4)$$

式中：σ_{pc}、σ'_{pc}——受拉区、受压区预应力筋合力点处的混凝土法向压应力；

f'_{cu}——施加预应力时的混凝土立方体抗压强度；

ρ、ρ'——受拉区、受压区预应力筋和普通钢筋的配筋率：对先张法构件，$\rho = (A_p + A_s)/A_0$，$\rho' = (A'_p + A'_s)/A_0$；对后张法构件，$\rho = (A_p + A_s)/A_n$，$\rho' = (A'_p + A'_s)/A_n$；对于对称配置预应力筋和普通钢筋的构件，配筋率 ρ、ρ' 应按钢筋总截面面积的一半计算。

受拉区、受压区预应力筋合力点处的混凝土法向压应力 σ_{pc}、σ'_{pc} 应按本规范第 10.1.6 条及第 10.1.7 条的规定计算。此时，预应力损失值仅考虑混凝土预压前（第一批）的损失，其普通钢筋中的应力 σ_{l5}、σ'_{l5} 值应取为零；σ_{pc}、σ'_{pc} 值不得大于 $0.5f'_{cu}$；当 σ'_{pc} 为拉应力时，公式（10.2.5-2）、公式（10.2.5-4）中的 σ'_{pc} 应取为零。计算混凝土法向应力 σ_{pc}、σ'_{pc} 时，可根据构件制作情况考虑自重的影响。

当结构处于年平均相对湿度低于 40% 的环境下，σ_{l5} 和 σ'_{l5} 值应增加 30%。

2 对重要的结构构件，当需要考虑与时间相关的混凝土收缩、徐变及预应力筋应力松弛预应力损失值时，宜按本规范附录 K 进行计算。

10.2.6 后张法构件的预应力筋采用分批张拉时，应考虑后批张拉预应力筋所产生的混凝土弹性压缩或伸长对于先批张拉预应力筋的影响，可将先批张拉预应力筋的张拉控制应力值 σ_{con} 增加或减小 $\alpha_E\sigma_{pci}$。此处，σ_{pci} 为后批张拉预应力筋在先批张拉预应力筋重心处产生的混凝土法向应力。

10.2.7 预应力混凝土构件在各阶段的预应力损失值宜按表 10.2.7 的规定进行组合。

表 10.2.7 各阶段预应力损失值的组合

预应力损失值的组合	先张法构件	后张法构件
混凝土预压前（第一批）的损失	$\sigma_{l1} + \sigma_{l2} + \sigma_{l3} + \sigma_{l4}$	$\sigma_{l1} + \sigma_{l2}$
混凝土预压后（第二批）的损失	σ_{l5}	$\sigma_{l4} + \sigma_{l5} + \sigma_{l6}$

注：先张法构件由于预应力筋应力松弛引起的损失值 σ_{l4} 在第一批和第二批损失中所占的比例，如需区分，可根据实际情况确定。

10.3 预应力混凝土构造规定

10.3.1 先张法预应力筋之间的净间距不宜小于其公称直径的 2.5 倍和混凝土粗骨料最大粒径的 1.25 倍，

且应符合下列规定：预应力钢丝，不应小于 15mm；三股钢绞线，不应小于 20mm；七股钢绞线，不应小于 25mm。当混凝土振捣密实性具有可靠保证时，净间距可放宽为最大粗骨料粒径的 1.0 倍。

10.3.2 先张法预应力混凝土构件端部宜采取下列构造措施：

1 单根配置的预应力筋，其端部宜设置螺旋筋；

2 分散布置的多根预应力筋，在构件端部 10d 且不小于 100mm 长度范围内，宜设置 3～5 片与预应力筋垂直的钢筋网片，此处 d 为预应力筋的公称直径；

3 采用预应力钢丝配筋的薄板，在板端 100mm 长度范围内宜适当加密横向钢筋；

4 槽形板类构件，应在构件端部 100mm 长度范围内沿构件板面设置附加横向钢筋，其数量不应少于 2 根。

10.3.3 预制肋形板，宜设置加强其整体性和横向刚度的横肋。端横肋的受力钢筋应弯入纵肋内。当采用先张长线法生产有端横肋的预应力混凝土肋形板时，应在设计和制作上采取防止放张预应力时端横肋产生裂缝的有效措施。

10.3.4 在预应力混凝土屋面梁、吊车梁等构件靠近支座的斜向主拉应力较大部位，宜将一部分预应力筋弯起配置。

10.3.5 预应力筋在构件端部全部弯起的受弯构件或直线配筋的先张法构件，当构件端部与下部支承结构焊接时，应考虑混凝土收缩、徐变及温度变化所产生的不利影响，宜在构件端部可能产生裂缝的部位设置纵向构造钢筋。

10.3.6 后张法预应力筋所用锚具、夹具和连接器等的形式和质量应符合国家现行有关标准的规定。

10.3.7 后张法预应力筋及预留孔道布置应符合下列构造规定：

1 预制构件中预留孔道之间的水平净间距不宜小于 50mm，且不宜小于粗骨料粒径的 1.25 倍；孔道至构件边缘的净间距不宜小于 30mm，且不宜小于孔道直径的 50%。

2 现浇混凝土梁中预留孔道在竖直方向的净间距不应小于孔道外径，水平方向的净间距不宜小于 1.5 倍孔道外径，且不应小于粗骨料粒径的 1.25 倍；从孔道外壁至构件边缘的净间距，梁底不宜小于 50mm，梁侧不宜小于 40mm，裂缝控制等级为三级的梁，梁底、梁侧分别不宜小于 60mm 和 50mm。

3 预留孔道的内径宜比预应力束外径及需穿过孔道的连接器外径大 6mm～15mm，且孔道的截面积宜为穿入预应力束截面积的 3.0～4.0 倍。

4 当有可靠经验并能保证混凝土浇筑质量时，预留孔道可水平并列贴紧布置，但并排的数量不应超过 2 束。

5 在现浇楼板中采用扁形锚固体系时，穿过每个预留孔道的预应力筋数量宜为 3～5 根；在常用荷载情况下，孔道在水平方向的净间距不应超过 8 倍板厚及 1.5m 中的较大值。

6 板中单根无粘结预应力筋的间距不宜大于板厚的 6 倍，且不宜大于 1m；带状束的无粘结预应力筋根数不宜多于 5 根，带状束间距不宜大于板厚的 12 倍，且不宜大于 2.4m。

7 梁中集束布置的无粘结预应力筋，集束的水平净间距不宜小于 50mm，束至构件边缘的净距不宜小于 40mm。

10.3.8 后张法预应力混凝土构件的端部锚固区，应按下列规定配置间接钢筋：

1 采用普通垫板时，应按本规范第 6.6 节的规定进行局部受压承载力计算，并配置间接钢筋，其体积配筋率不应小于 0.5%，垫板的刚性扩散角应取 45°；

2 局部受压承载力计算时，局部压力设计值对有粘结预应力混凝土构件取 1.2 倍张拉控制力，对无粘结预应力混凝土取 1.2 倍张拉控制力和（$f_{ptk}A_p$）中的较大值；

3 当采用整体铸造垫板时，其局部受压区的设计应符合相关标准的规定；

4 在局部受压间接钢筋配置区以外，在构件端部长度 l 不小于截面重心线上部或下部预应力筋的合力点至邻近边缘的距离 e 的 3 倍、但不大于构件端部截面高度 h 的 1.2 倍，高度为 $2e$ 的附加配筋区范围内，应均匀配置附加防劈裂箍筋或网片（图 10.3.8），配筋面积可按下列公式计算：

$$A_{sb} \geq 0.18\left(1-\frac{l_l}{l_b}\right)\frac{P}{f_{yv}} \quad (10.3.8\text{-}1)$$

且体积配筋率不应小于 0.5%。

式中：P——作用在构件端部截面重心线上部或下部预应力筋的合力设计值，可按本条第 2 款的规定确定；

l_l、l_b——分别为沿构件高度方向 A_l、A_b 的边长或直径，A_l、A_b 按本规范第 6.6.2 条确定；

f_{yv}——附加防劈裂钢筋的抗拉强度设计值，按本规范第 4.2.3 条的规定采用。

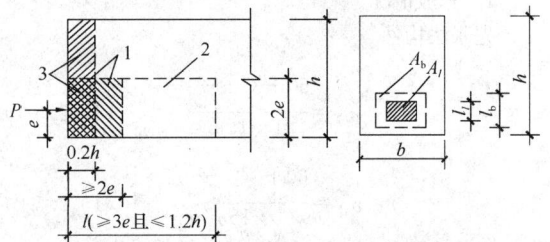

图 10.3.8 防止端部裂缝的配筋范围
1—局部受压间接钢筋配置区；2—附加防劈裂钢筋区；
3—附加防端面裂缝配筋区

5 当构件端部预应力筋需集中布置在截面下部或集中布置在上部和下部时，应在构件端部 $0.2h$ 范围内设置附加竖向防端面裂缝构造钢筋（图 10.3.8），其截面面积应符合下列公式要求：

$$A_{sv} \geq \frac{T_s}{f_{yv}} \quad (10.3.8\text{-}2)$$

$$T_s = \left(0.25 - \frac{e}{h}\right)P \quad (10.3.8\text{-}3)$$

式中：T_s——锚固端端面拉力；

P——作用在构件端部截面重心线上部或下部预应力筋的合力设计值，可按本条第 2 款的规定确定；

e——截面重心线上部或下部预应力筋的合力点至截面近边缘的距离；

h——构件端部截面高度。

当 e 大于 $0.2h$ 时，可根据实际情况适当配置构造钢筋。竖向防端面裂缝钢筋宜靠近端面配置，可采用焊接钢筋网、封闭式箍筋或其他的形式，且宜采用带肋钢筋。

当端部截面上部和下部均有预应力筋时，附加竖向钢筋的总截面面积应按上部和下部的预应力合力分别计算的较大值采用。

在构件端面横向也应按上述方法计算抗端面裂缝钢筋，并与上述竖向钢筋形成网片筋配置。

10.3.9 当构件在端部有局部凹进时，应增设折线构造钢筋（图 10.3.9）或其他有效的构造钢筋。

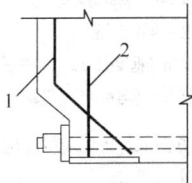

图 10.3.9　端部凹进处构造钢筋
1—折线构造钢筋；2—竖向构造钢筋

10.3.10 后张法预应力混凝土构件中，当采用曲线预应力束时，其曲率半径 r_p 宜按下列公式确定，但不宜小于 4m。

$$r_p \geq \frac{P}{0.35 f_c d_p} \quad (10.3.10)$$

式中：P——预应力束的合力设计值，可按本规范第 10.3.8 条第 2 款的规定确定；

r_p——预应力束的曲率半径（m）；

d_p——预应力束孔道的外径；

f_c——混凝土轴心抗压强度设计值；当验算张拉阶段曲率半径时，可取与施工阶段混凝土立方体抗压强度 f'_{cu} 对应的抗压强度设计值 f'_c，按本规范表 4.1.4-1 以线性内插法确定。

对于折线配筋的构件，在预应力束弯折处的曲率半径可适当减小。当曲率半径 r_p 不满足上述要求时，可在曲线预应力束弯折处内侧设置钢筋网片或螺旋筋。

10.3.11 在预应力混凝土结构中，当沿构件凹面布置曲线预应力束时（图 10.3.11），应进行防崩裂设计。当曲率半径 r_p 满足下列公式要求时，可仅配置构造 U 形插筋。

$$r_p \geq \frac{P}{f_t(0.5 d_p + c_p)} \quad (10.3.11\text{-}1)$$

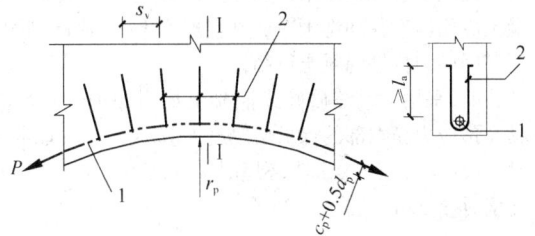

(a) 抗崩裂 U 形插筋布置　　(b)Ⅰ—Ⅰ剖面

图 10.3.11　抗崩裂 U 形插筋构造示意
1—预应力束；2—沿曲线预应力束均匀布置的 U 形插筋

当不满足时，每单肢 U 形插筋的截面面积应按下列公式确定：

$$A_{sv1} \geq \frac{P s_v}{2 r_p f_{yv}} \quad (10.3.11\text{-}2)$$

式中：P——预应力束的合力设计值，可按本规范第 10.3.8 条第 2 款的规定确定；

f_t——混凝土轴心抗拉强度设计值；或与施工张拉阶段混凝土立方体抗压强度 f'_{cu} 相应的抗拉强度设计值 f'_t，按本规范表 4.1.4-2 以线性内插法确定；

c_p——预应力束孔道净混凝土保护层厚度；

A_{sv1}——每单肢插筋截面面积；

s_v——U 形插筋间距；

f_{yv}——U 形插筋抗拉强度设计值，按本规范表 4.2.3-1 采用，当大于 360N/mm² 时取 360N/mm²。

U 形插筋的锚固长度不应小于 l_a；当实际锚固长度 l_e 小于 l_a 时，每单肢 U 形插筋的截面面积可按 A_{sv1}/k 取值。其中，k 取 $l_e/15d$ 和 $l_e/200$ 中的较小值，且 k 不大于 1.0。

当有平行的几个孔道，且中心距不大于 $2d_p$ 时，预应力筋的合力设计值应按相邻全部孔道内的预应力筋确定。

10.3.12 构件端部尺寸应考虑锚具的布置、张拉设备的尺寸和局部受压的要求，必要时应适当加大。

10.3.13 后张预应力混凝土外露金属锚具，应采取可靠的防腐及防火措施，并应符合下列规定：

1 无粘结预应力筋外露锚具应采用注有足量防腐油脂的塑料帽封闭锚具端头，并应采用无收缩砂浆或细石混凝土封闭；

2 对处于二 b、三 a、三 b 类环境条件下的无粘结预应力锚固系统，应采用全封闭的防腐蚀体系，其封锚端及各连接部位应能承受 10kPa 的静水压力而不得透水；

3 采用混凝土封闭时，其强度等级宜与构件混凝土强度等级一致，且不应低于 C30。封锚混凝土与构件混凝土应可靠粘结，如锚具在封闭前应将周围混凝土界面凿毛并冲洗干净，且宜配置 1～2 片钢筋网，钢筋网应与构件混凝土拉结；

4 采用无收缩砂浆或混凝土封闭保护时，其锚具及预应力筋端部的保护层厚度不应小于：一类环境时 20mm，二 a、二 b 类环境时 50mm，三 a、三 b 环境时 80mm。

11 混凝土结构构件抗震设计

11.1 一般规定

11.1.1 抗震设防的混凝土结构，除应符合本规范第 1 章～第 10 章的要求外，尚应根据现行国家标准《建筑抗震设计规范》GB 50011 规定的抗震设计原则，按本章的规定进行结构构件的抗震设计。

11.1.2 抗震设防的混凝土建筑，应按现行国家标准《建筑工程抗震设防分类标准》GB 50223 确定其抗震设防类别和相应的抗震设防标准。

注：本章甲类、乙类、丙类建筑分别为现行国家标准《建筑工程抗震设防分类标准》GB 50223 中特殊设防类、重点设防类、标准设防类建筑的简称。

11.1.3 房屋建筑混凝土结构构件的抗震设计，应根据设防类别、烈度、结构类型和房屋高度采用不同的抗震等级，并应符合相应的计算和构造措施要求。丙类建筑的抗震等级应按表 11.1.3 确定。

表 11.1.3 丙类建筑混凝土结构的抗震等级

结构类型		设防烈度							
		6		7		8		9	
框架结构	高度 (m)	≤24	>24	≤24	>24	≤24	>24	≤24	
	普通框架	四	三	三	二	二	一	一	
	大跨度框架	三		二		一		一	
框架-剪力墙结构	高度 (m)	≤60	>60	≤24	>24且≤60	>60	≤24	>24且≤60	>60	≤24	>24且≤50
	框架	四	三	四	三	二	三	二	一	二	一
	剪力墙	三	三	三	二	二	二	一	一	一	一

续表 11.1.3

结构类型		设防烈度							
		6		7		8		9	
剪力墙结构	高度 (m)	≤80	>80	≤24	>24且≤80	>80	≤24	>24且≤80	>80	24～60
	剪力墙	四	三	四	三	二	三	二	一	一
部分框支剪力墙结构	高度 (m)	≤80	>80	≤24	>24且≤80	>80	≤24	>24且≤80		
	剪力墙 一般部位	四	三	四	三	二	三	二		
	剪力墙 加强部位	三	二	三	二	一	二	一		
	框支层框架	二		二		一				
筒体结构	框架-核心筒 框架	三		二		一		一	
	框架-核心筒 核心筒	二		二		一		一	
	筒中筒 内筒	三		二		一		一	
	筒中筒 外筒	三		二		一		一	
板柱-剪力墙结构	高度 (m)	≤35	>35	≤35	>35	≤35	>35		
	板柱及周边框架	三	二	二	二	一	一		
	剪力墙	二	二	二	一	二	一		
单层厂房结构	铰接排架	四		三		二		一	

注：1 建筑场地为Ⅰ类时，除 6 度设防烈度外应允许按本地区降低一度所对应的抗震等级采取抗震构造措施，但相应的计算要求不应降低；

2 接近或等于高度分界时，应允许结合房屋不规则程度及场地、地基条件确定抗震等级；

3 大跨度框架指跨度不小于 18m 的框架；

4 表中框架结构不包括异形柱框架；

5 房屋高度不大于 60m 的框架-核心筒结构按框架-剪力墙结构的要求设计时，应按表中框架-剪力墙结构确定抗震等级。

11.1.4 确定钢筋混凝土房屋结构构件的抗震等级时，尚应符合下列要求：

1 对框架-剪力墙结构，在规定的水平地震力作用下，框架底部所承担的倾覆力矩大于结构底部总倾覆力矩的 50% 时，其框架的抗震等级应按框架结构确定。

2 与主楼相连的裙房，除应按裙房本身确定抗震等级外，相关范围不应低于主楼的抗震等级；主楼结构在裙房顶板对应的相邻上下各一层应适当加强抗震构造措施。裙房与主楼分离时，应按裙房本身确定抗震等级。

3 当地下室顶板作为上部结构的嵌固部位时，地下一层的抗震等级应与上部结构相同，地下一层以下确定抗震构造措施的抗震等级可逐层降低一级，但不应低于四级。地下室中无上部结构的部分，其抗震构造措施的抗震等级可根据具体情况采用三级或四级。

4 甲、乙类建筑按规定提高一度确定其抗震等级时，如其高度超过对应的房屋最大适用高度，则应采取比相应抗震等级更有效的抗震构造措施。

11.1.5 剪力墙底部加强部位的范围，应符合下列规定：

1 底部加强部位的高度应从地下室顶板算起。

2 部分框支剪力墙结构的剪力墙，底部加强部位的高度可取框支层加框支层以上两层的高度和落地剪力墙总高度的1/10二者的较大值。其他结构的剪力墙，房屋高度大于24m时，底部加强部位的高度可取底部两层和墙肢总高度的1/10二者的较大值；房屋高度不大于24m时，底部加强部位可取底部一层。

3 当结构计算嵌固端位于地下一层的底板或以下时，按本条第1、2款确定的底部加强部位的范围尚宜向下延伸到计算嵌固端。

11.1.6 考虑地震组合验算混凝土结构构件的承载力时，均应按承载力抗震调整系数 γ_{RE} 进行调整，承载力抗震调整系数 γ_{RE} 应按表11.1.6采用。

正截面抗震承载力应按本规范第6.2节的规定计算，但应在相关计算公式右端项除以相应的承载力抗震调整系数 γ_{RE}。

当仅计算竖向地震作用时，各类结构构件的承载力抗震调整系数 γ_{RE} 均应取为1.0。

表11.1.6 承载力抗震调整系数

结构构件类别	正截面承载力计算					斜截面承载力计算	受冲切承载力计算	局部受压承载力计算
	受弯构件	偏心受压柱		偏心受拉构件	剪力墙	各类构件及框架节点		
		轴压比小于0.15	轴压比不小于0.15					
γ_{RE}	0.75	0.75	0.8	0.85	0.85	0.85	0.85	1.0

注：预埋件锚筋截面计算的承载力抗震调整系数 γ_{RE} 取为1.0。

11.1.7 混凝土结构构件的纵向受力钢筋的锚固和连接除应符合本规范第8.3节和第8.4节的有关规定外，尚应符合下列要求：

1 纵向受拉钢筋的抗震锚固长度 l_{aE} 应按下式计算：

$$l_{aE}=\zeta_{aE}l_a \qquad (11.1.7\text{-}1)$$

式中：ζ_{aE}——纵向受拉钢筋抗震锚固长度修正系数，对一、二级抗震等级取1.15，对三级抗震等级取1.05，对四级抗震等级取1.00；

l_a——纵向受拉钢筋的锚固长度，按本规范第8.3.1条确定。

2 当采用搭接连接时，纵向受拉钢筋的抗震搭接长度 l_{lE} 应按下列公式计算：

$$l_{lE}=\zeta_l l_{aE} \qquad (11.1.7\text{-}2)$$

式中：ζ_l——纵向受拉钢筋搭接长度修正系数，按本规范第8.4.4条确定。

3 纵向受力钢筋的连接可采用绑扎搭接、机械

连接或焊接。

4 纵向受力钢筋连接的位置宜避开梁端、柱端箍筋加密区；如必须在此连接时，应采用机械连接或焊接。

5 混凝土构件位于同一连接区段内的纵向受力钢筋接头面积百分率不宜超过50%。

11.1.8 箍筋宜采用焊接封闭箍筋、连续螺旋箍筋或连续复合螺旋箍筋。当采用非焊接封闭箍筋时，其末端应做成135°弯钩，弯钩端头平直段长度不应小于箍筋直径的10倍；在纵向钢筋搭接长度范围内的箍筋间距不应大于搭接钢筋较小直径的5倍，且不宜大于100mm。

11.1.9 考虑地震作用的预埋件，应满足下列规定：

1 直锚钢筋截面面积可按本规范第9章的有关规定计算并增大25%，且应适当增大锚板厚度。

2 锚筋的锚固长度应符合本规范第9.7节的有关规定并增加10%；当不能满足时，应采取有效措施。在靠近锚板处，宜设置一根直径不小于10mm的封闭箍筋。

3 预埋件不宜设置在塑性铰区；当不能避免时应采取有效措施。

11.2 材　　料

11.2.1 混凝土结构的混凝土强度等级应符合下列规定：

1 剪力墙不宜超过C60；其他构件，9度时不宜超过C60，8度时不宜超过C70。

2 框支梁、框支柱以及一级抗震等级的框架梁、柱及节点，不应低于C30；其他各类结构构件，不应低于C20。

11.2.2 梁、柱、支撑以及剪力墙边缘构件中，其受力钢筋宜采用热轧带肋钢筋；当采用现行国家标准《钢筋混凝土用钢　第2部分：热轧带肋钢筋》GB 1499.2中牌号带"E"的热轧带肋钢筋时，其强度和弹性模量应按本规范第4.2节有关热轧带肋钢筋的规定采用。

11.2.3 按一、二、三级抗震等级设计的框架和斜撑构件，其纵向受力普通钢筋应符合下列要求：

1 钢筋的抗拉强度实测值与屈服强度实测值的比值不应小于1.25；

2 钢筋的屈服强度实测值与屈服强度标准值的比值不应大于1.30；

3 钢筋最大拉力下的总伸长率实测值不应小于9%。

11.3 框　架　梁

11.3.1 梁正截面受弯承载力计算中，计入纵向受压钢筋的梁端混凝土受压区高度应符合下列要求：

一级抗震等级

$$x \leqslant 0.25h_0 \quad (11.3.1\text{-}1)$$

二、三级抗震等级

$$x \leqslant 0.35h_0 \quad (11.3.1\text{-}2)$$

式中：x——混凝土受压区高度；

h_0——截面有效高度。

11.3.2 考虑地震组合的框架梁端剪力设计值 V_b 应按下列规定计算：

1 一级抗震等级的框架结构和 9 度设防烈度的一级抗震等级框架

$$V_b = 1.1 \frac{(M_{bua}^l + M_{bua}^r)}{l_n} + V_{Gb} \quad (11.3.2\text{-}1)$$

2 其他情况

一级抗震等级

$$V_b = 1.3 \frac{(M_b^l + M_b^r)}{l_n} + V_{Gb} \quad (11.3.2\text{-}2)$$

二级抗震等级

$$V_b = 1.2 \frac{(M_b^l + M_b^r)}{l_n} + V_{Gb} \quad (11.3.2\text{-}3)$$

三级抗震等级

$$V_b = 1.1 \frac{(M_b^l + M_b^r)}{l_n} + V_{Gb} \quad (11.3.2\text{-}4)$$

四级抗震等级，取地震组合下的剪力设计值。

式中：M_{bua}^l、M_{bua}^r——框架梁左、右端按实配钢筋截面面积（计入受压钢筋及梁有效翼缘宽度范围内的楼板钢筋）、材料强度标准值，且考虑承载力抗震调整系数的正截面抗震受弯承载力所对应的弯矩值；

M_b^l、M_b^r——考虑地震组合的框架梁左、右端弯矩设计值；

V_{Gb}——考虑地震组合时的重力荷载代表值产生的剪力设计值，可按简支梁计算确定；

l_n——梁的净跨。

在公式（11.3.2-1）中，M_{bua}^l 与 M_{bua}^r 之和，应分别按顺时针和逆时针方向进行计算，并取其较大值。

公式（11.3.2-2）～公式（11.3.2-4）中，M_b^l 与 M_b^r 之和，应分别取顺时针和逆时针方向计算的两端考虑地震组合的弯矩设计值之和的较大值；一级抗震等级，当两端弯矩均为负弯矩时，绝对值较小的弯矩值应取零。

11.3.3 考虑地震组合的矩形、T 形和 I 形截面框架梁，当跨高比大于 2.5 时，其受剪截面应符合下列条件：

$$V_b \leqslant \frac{1}{\gamma_{RE}}(0.20\beta_c f_c bh_0) \quad (11.3.3\text{-}1)$$

当跨高比不大于 2.5 时，其受剪截面应符合下列条件：

$$V_b \leqslant \frac{1}{\gamma_{RE}}(0.15\beta_c f_c bh_0) \quad (11.3.3\text{-}2)$$

11.3.4 考虑地震组合的矩形、T 形和 I 形截面的框架梁，其斜截面受剪承载力应符合下列规定：

$$V_b \leqslant \frac{1}{\gamma_{RE}}\left[0.6\alpha_{cv}f_t bh_0 + f_{yv}\frac{A_{sv}}{s}h_0\right] \quad (11.3.4)$$

式中：α_{cv}——截面混凝土受剪承载力系数，按本规范第 6.3.4 条取值。

11.3.5 框架梁截面尺寸应符合下列要求：

1 截面宽度不宜小于 200mm；

2 截面高度与宽度的比值不宜大于 4；

3 净跨与截面高度的比值不宜大于 4。

11.3.6 框架梁的钢筋配置应符合下列规定：

1 纵向受拉钢筋的配筋率不应小于表 11.3.6-1 规定的数值；

表 11.3.6-1 框架梁纵向受拉钢筋的
最小配筋百分率（%）

抗震等级	梁 中 位 置	
	支 座	跨 中
一级	0.40 和 80f_t/f_y 中的较大值	0.30 和 65f_t/f_y 中的较大值
二级	0.30 和 65f_t/f_y 中的较大值	0.25 和 55f_t/f_y 中的较大值
三、四级	0.25 和 55f_t/f_y 中的较大值	0.20 和 45f_t/f_y 中的较大值

2 框架梁梁端截面的底部和顶部纵向受力钢筋截面面积的比值，除按计算确定外，一级抗震等级不应小于 0.5；二、三级抗震等级不应小于 0.3；

3 梁端箍筋的加密区长度、箍筋最大间距和箍筋最小直径，应按表 11.3.6-2 采用；当梁端纵向受拉钢筋配筋率大于 2% 时，表中箍筋最小直径应增大 2mm。

表 11.3.6-2 框架梁梁端箍筋加密区的构造要求

抗震等级	加密区长度（mm）	箍筋最大间距（mm）	最小直径（mm）
一级	2 倍梁高和 500 中的较大值	纵向钢筋直径的 6 倍，梁高的 1/4 和 100 中的最小值	10
二级	1.5 倍梁高和 500 中的较大值	纵向钢筋直径的 8 倍，梁高的 1/4 和 100 中的最小值	8
三级		纵向钢筋直径的 8 倍，梁高的 1/4 和 150 中的最小值	8
四级		纵向钢筋直径的 8 倍，梁高的 1/4 和 150 中的最小值	6

注：箍筋直径大于 12mm、数量不少于 4 肢且肢距不大于 150mm 时，一、二级的最大间距应允许适当放宽，但不得大于 150mm。

11.3.7 梁端纵向受拉钢筋的配筋率不宜大于

2.5%。沿梁全长顶面和底面至少应各配置两根通长的纵向钢筋，对一、二级抗震等级，钢筋直径不应小于14mm，且分别不应少于梁两端顶面和底面纵向受力钢筋中较大截面面积的1/4；对三、四级抗震等级，钢筋直径不应小于12mm。

11.3.8 梁箍筋加密区长度内的箍筋肢距：一级抗震等级，不宜大于200mm和20倍箍筋直径的较大值；二、三级抗震等级，不宜大于250mm和20倍箍筋直径的较大值；各抗震等级下，均不宜大于300mm。

11.3.9 梁端设置的第一个箍筋距框架节点边缘不应大于50mm。非加密区的箍筋间距不宜大于加密区箍筋间距的2倍。沿梁全长箍筋的面积配筋率 ρ_{sv} 应符合下列规定：

一级抗震等级

$$\rho_{sv} \geq 0.30 \frac{f_t}{f_{yv}} \qquad (11.3.9-1)$$

二级抗震等级

$$\rho_{sv} \geq 0.28 \frac{f_t}{f_{yv}} \qquad (11.3.9-2)$$

三、四级抗震等级

$$\rho_{sv} \geq 0.26 \frac{f_t}{f_{yv}} \qquad (11.3.9-3)$$

11.4 框架柱及框支柱

11.4.1 除框架顶层柱、轴压比小于0.15的柱以及框支梁与框支柱的节点外，框架柱节点上、下端和框支柱的中间层节点上、下端的截面弯矩设计值应符合下列要求：

1 一级抗震等级的框架结构和9度设防烈度的一级抗震等级框架

$$\sum M_c = 1.2 \sum M_{bua} \qquad (11.4.1-1)$$

2 框架结构

二级抗震等级

$$\sum M_c = 1.5 \sum M_b \qquad (11.4.1-2)$$

三级抗震等级

$$\sum M_c = 1.3 \sum M_b \qquad (11.4.1-3)$$

四级抗震等级

$$\sum M_c = 1.2 \sum M_b \qquad (11.4.1-4)$$

3 其他情况

一级抗震等级

$$\sum M_c = 1.4 \sum M_b \qquad (11.4.1-5)$$

二级抗震等级

$$\sum M_c = 1.2 \sum M_b \qquad (11.4.1-6)$$

三、四级抗震等级

$$\sum M_c = 1.1 \sum M_b \qquad (11.4.1-7)$$

式中：$\sum M_c$——考虑地震组合的节点上、下柱端的弯矩设计值之和；柱端弯矩设计值的确定，在一般情况下，可将公式（11.4.1-1）～公式（11.4.1-5）计算的弯矩之和，按上、下柱端弹性分析所得的考虑地震组合的弯矩比进行分配；

$\sum M_{bua}$——同一节点左、右梁端按顺时针和逆

时针方向采用实配钢筋和材料强度标准值，且考虑承载力抗震调整系数计算的正截面受弯承载力所对应的弯矩值之和的较大值。当有现浇板时，梁端的实配钢筋应包含梁有效翼缘宽度范围内楼板的纵向钢筋；

$\sum M_b$——同一节点左、右梁端，按顺时针和逆时针方向计算的两端考虑地震组合的弯矩设计值之和的较大值；一级抗震等级，当两端弯矩均为负弯矩时，绝对值较小的弯矩值应取零。

11.4.2 一、二、三、四级抗震等级框架结构的底层，柱下端截面组合的弯矩设计值，应分别乘以增大系数1.7、1.5、1.3和1.2。底层柱纵向钢筋应按柱上、下端的不利情况配置。

注：底层指无地下室的基础以上或地下室以上的首层。

11.4.3 框架柱、框支柱的剪力设计值 V_c 应按下列公式计算：

1 一级抗震等级的框架结构和9度设防烈度的一级抗震等级框架

$$V_c = 1.2 \frac{(M_{cua}^t + M_{cua}^b)}{H_n} \qquad (11.4.3-1)$$

2 框架结构

二级抗震等级

$$V_c = 1.3 \frac{(M_c^t + M_c^b)}{H_n} \qquad (11.4.3-2)$$

三级抗震等级

$$V_c = 1.2 \frac{(M_c^t + M_c^b)}{H_n} \qquad (11.4.3-3)$$

四级抗震等级

$$V_c = 1.1 \frac{(M_c^t + M_c^b)}{H_n} \qquad (11.4.3-4)$$

3 其他情况

一级抗震等级

$$V_c = 1.4 \frac{(M_c^t + M_c^b)}{H_n} \qquad (11.4.3-5)$$

二级抗震等级

$$V_c = 1.2 \frac{(M_c^t + M_c^b)}{H_n} \qquad (11.4.3-6)$$

三、四级抗震等级

$$V_c = 1.1 \frac{(M_c^t + M_c^b)}{H_n} \qquad (11.4.3-7)$$

式中：M_{cua}^t、M_{cua}^b——框架柱上、下端按实配钢筋截面面积和材料强度标准值，且考虑承载力抗震调整系数计算的正截面抗震承载力所对应的弯矩值；

M_c^t、M_c^b——考虑地震组合，且经调整后的框架柱上、下端弯矩设计值；

H_n——柱的净高。

在公式（11.4.3-1）中，M_{cua}^t 与 M_{cua}^b 之和应分别按顺时针和逆时针方向进行计算，并取其较大值；N 可取重力荷载代表值产生的轴向压力设计值。

在公式（11.4.3-2）~公式（11.4.3-5）中，M_c^t 与 M_c^b 之和应分别按顺时针和逆时针方向进行计算，并取其较大值。M_c^t、M_c^b 的取值应符合本规范第 11.4.1 条和第 11.4.2 条的规定。

11.4.4　一、二级抗震等级的框支柱，由地震作用引起的附加轴向应力分别乘以增大系数 1.5、1.2；计算轴压比时，可不考虑增大系数。

11.4.5　各级抗震等级的框架角柱，其弯矩、剪力设计值应在按本规范第 11.4.1 条~第 11.4.3 条调整的基础上再乘以不小于 1.1 的增大系数。

11.4.6　考虑地震组合的矩形截面框架柱和框支柱，其受剪截面应符合下列条件：

剪跨比 λ 大于 2 的框架柱

$$V_c \leqslant \frac{1}{\gamma_{RE}}\,(0.2\beta_c f_c bh_0) \qquad (11.4.6\text{-}1)$$

框支柱和剪跨比 λ 不大于 2 的框架柱

$$V_c \leqslant \frac{1}{\gamma_{RE}}\,(0.15\beta_c f_c bh_0) \qquad (11.4.6\text{-}2)$$

式中：λ——框架柱、框支柱的计算剪跨比，取 $M/(Vh_0)$；此处，M 宜取柱上、下端考虑地震组合的弯矩设计值的较大值，V 取与 M 对应的剪力设计值，h_0 为柱截面有效高度；当框架结构中的框架柱的反弯点在柱层高范围内时，可取 λ 等于 $H_n/(2h_0)$，此处，H_n 为柱净高。

11.4.7　考虑地震组合的矩形截面框架柱和框支柱，其斜截面受剪承载力应符合下列规定：

$$V_c \leqslant \frac{1}{\gamma_{RE}}\left[\frac{1.05}{\lambda+1}f_t bh_0 + f_{yv}\frac{A_{sv}}{s}h_0 + 0.056N\right]$$
$$(11.4.7)$$

式中：λ——框架柱、框支柱的计算剪跨比；当 λ 小于 1.0 时，取 1.0；当 λ 大于 3.0 时，取 3.0；

N——考虑地震组合的框架柱、框支柱轴向压力设计值，当 N 大于 $0.3f_cA$ 时，取 $0.3f_cA$。

11.4.8　考虑地震组合的矩形截面框架柱和框支柱，当出现拉力时，其斜截面抗震受剪承载力应符合下列规定：

$$V_c \leqslant \frac{1}{\gamma_{RE}}\left[\frac{1.05}{\lambda+1}f_t bh_0 + f_{yv}\frac{A_{sv}}{s}h_0 - 0.2N\right]$$
$$(11.4.8)$$

式中：N——考虑地震组合的框架柱轴向拉力设计值。

当上式右边括号内的计算值小于 $f_{yv}\dfrac{A_{sv}}{s}h_0$ 时，取等于 $f_{yv}\dfrac{A_{sv}}{s}h_0$，且 $f_{yv}\dfrac{A_{sv}}{s}h_0$ 值不应小于 $0.36f_t bh_0$。

11.4.9　考虑地震组合的矩形截面双向受剪的钢筋混凝土框架柱，其受剪截面应符合下列条件：

$$V_x \leqslant \frac{1}{\gamma_{RE}}0.2\beta_c f_c bh_0 \cos\theta \qquad (11.4.9\text{-}1)$$

$$V_y \leqslant \frac{1}{\gamma_{RE}}0.2\beta_c f_c hb_0 \sin\theta \qquad (11.4.9\text{-}2)$$

式中：V_x——x 轴方向的剪力设计值，对应的截面有效高度为 h_0，截面宽度为 b；

V_y——y 轴方向的剪力设计值，对应的截面有效高度为 b_0，截面宽度为 h；

θ——斜向剪力设计值 V 的作用方向与 x 轴的夹角，取为 $\arctan(V_y/V_x)$。

11.4.10　考虑地震组合时，矩形截面双向受剪的钢筋混凝土框架柱，其斜截面受剪承载力应符合下列条件：

$$V_x \leqslant \frac{V_{ux}}{\sqrt{1+\left(\dfrac{V_{ux}\tan\theta}{V_{uy}}\right)^2}} \qquad (11.4.10\text{-}1)$$

$$V_y \leqslant \frac{V_{uy}}{\sqrt{1+\left(\dfrac{V_{uy}}{V_{ux}\tan\theta}\right)^2}} \qquad (11.4.10\text{-}2)$$

$$V_{ux}=\frac{1}{\gamma_{RE}}\left[\frac{1.05}{\lambda_x+1}f_t bh_0 + f_{yv}\frac{A_{svx}}{s_x}h_0 + 0.056N\right]$$
$$(11.4.10\text{-}3)$$

$$V_{uy}=\frac{1}{\gamma_{RE}}\left[\frac{1.05}{\lambda_y+1}f_t hb_0 + f_{yv}\frac{A_{svy}}{s_y}b_0 + 0.056N\right]$$
$$(11.4.10\text{-}4)$$

式中：λ_x、λ_y——框架柱的计算剪跨比，按本规范 6.3.12 条的规定确定；

A_{svx}、A_{svy}——配置在同一截面内平行于 x 轴、y 轴的箍筋各肢截面面积的总和；

N——与斜向剪力设计值 V 相应的轴向压力设计值，当 N 大于 $0.3f_cA$ 时，取 $0.3f_cA$，此处，A 为构件的截面面积。

在计算截面箍筋时，在公式（11.4.10-1）、公式（11.4.10-2）中可近似取 V_{ux}/V_{uy} 等于 1 计算。

11.4.11　框架柱的截面尺寸应符合下列要求：

1　矩形截面柱，抗震等级为四级或层数不超过 2 层时，其最小截面尺寸不宜小于 300mm，一、二、三级抗震等级且层数超过 2 层时不宜小于 400mm；圆柱的截面直径，抗震等级为四级或层数不超过 2 层时不宜小于 350mm，一、二、三级抗震等级且层数超过 2 层时不宜小于 450mm；

2　柱的剪跨比宜大于 2；

3　柱截面长边与短边的边长比不宜大于 3。

11.4.12　框架柱和框支柱的钢筋配置，应符合下列要求：

1　框架柱和框支柱中全部纵向受力钢筋的配筋百分率不应小于表 **11.4.12-1** 规定的数值，同时，每一侧的配筋百分率不应小于 0.2；对 IV 类场地上较高的高层建筑，最小配筋百分率应增加 0.1；

表 11.4.12-1　柱全部纵向受力钢筋
最小配筋百分率（%）

柱类型	抗震等级			
	一级	二级	三级	四级
中柱、边柱	0.9 (1.0)	0.7 (0.8)	0.6 (0.7)	0.5 (0.6)
角柱、框支柱	1.1	0.9	0.8	0.7

注：1　表中括号内数值用于框架结构的柱；

2　采用 335MPa 级、400MPa 级纵向受力钢筋时，应分别按表中数值增加 0.1 和 0.05 采用；

3　当混凝土强度等级为 C60 以上时，应按表中数值增加 0.1 采用。

2　框架柱和框支柱上、下两端箍筋应加密，加密区的箍筋最大间距和箍筋最小直径应符合表 11.4.12-2 的规定；

表 11.4.12-2　柱端箍筋加密区的构造要求

抗震等级	箍筋最大间距（mm）	箍筋最小直径（mm）
一级	纵向钢筋直径的 6 倍和 100 中的较小值	10
二级	纵向钢筋直径的 8 倍和 100 中的较小值	8
三级	纵向钢筋直径的 8 倍和 150（柱根 100）中的较小值	8
四级	纵向钢筋直径的 8 倍和 150（柱根 100）中的较小值	6（柱根 8）

注：柱根系指底层柱下端的箍筋加密区范围。

3　框支柱和剪跨比不大于 2 的框架柱应在柱全高范围内加密箍筋，且箍筋间距应符合本条第 2 款一级抗震等级的要求；

4　一级抗震等级框架柱的箍筋直径大于 12mm 且箍筋肢距不大于 150mm 及二级抗震等级框架柱的直径不小于 10mm 且箍筋肢距不大于 200mm 时，除底层柱下端外，箍筋间距应允许采用 150mm；四级抗震等级框架柱剪跨比不大于 2 时，箍筋直径不应小于 8mm。

11.4.13　框架边柱、角柱及剪力墙端柱在地震组合下处于小偏心受拉时，柱内纵向受力钢筋总截面面积应比计算值增加 25%。

框架柱、框支柱中全部纵向受力钢筋配筋率不应大于 5%。柱的纵向钢筋宜对称配置。截面尺寸大于 400mm 的柱，纵向钢筋的间距不宜大于 200mm。当按一级抗震等级设计，且柱的剪跨比不大于 2 时，柱每侧纵向钢筋的配筋率不宜大于 1.2%。

11.4.14　框架柱的箍筋加密区长度，应取柱截面长边尺寸（或圆形截面直径）、柱净高的 1/6 和 500mm 中的最大值；一、二级抗震等级的角柱应沿柱全高加密箍筋。底层柱根箍筋加密区长度应取不小于该层柱净高的 1/3；当有刚性地面时，除柱端箍筋加密区外尚应在刚性地面上、下各 500mm 的高度范围内加密箍筋。

11.4.15　柱箍筋加密区内的箍筋肢距：一级抗震等级不宜大于 200mm；二、三级抗震等级不宜大于 250mm 和 20 倍箍筋直径中的较大值；四级抗震等级不宜大于 300mm。每隔一根纵向钢筋宜在两个方向有箍筋或拉筋约束；当采用拉筋且箍筋与纵向钢筋有绑扎时，拉筋宜紧靠纵向钢筋并勾住箍筋。

11.4.16　一、二、三、四级抗震等级的各类结构的框架柱、框支柱，其轴压比不宜大于表 11.4.16 规定的限值。对Ⅳ类场地上较高的高层建筑，柱轴压比限值应适当减小。

表 11.4.16　柱轴压比限值

结构体系	抗震等级			
	一级	二级	三级	四级
框架结构	0.65	0.75	0.85	0.90
框架-剪力墙结构、筒体结构	0.75	0.85	0.90	0.95
部分框支剪力墙结构	0.60	0.70	—	—

注：1　轴压比指柱地震作用组合的轴向压力设计值与柱的全截面面积和混凝土轴心抗压强度设计值乘积之比值；

2　当混凝土强度等级为 C65、C70 时，轴压比限值宜按表中数值减小 0.05；混凝土强度等级为 C75、C80 时，轴压比限值宜按表中数值减小 0.10；

3　表内限值适用于剪跨比大于 2、混凝土强度等级不高于 C60 的柱；剪跨比不大于 2 的柱轴压比限值应降低 0.05；剪跨比小于 1.5 的柱，轴压比限值应专门研究并采取特殊构造措施；

4　沿柱全高采用井字复合箍，且箍筋间距不大于 100mm、肢距不大于 200mm、直径不小于 12mm，或沿柱全高采用复合螺旋箍，且螺距不大于 100mm、肢距不大于 200mm、直径不小于 12mm，或沿柱全高采用连续复合矩形螺旋箍，且螺旋净距不大于 80mm、肢距不大于 200mm、直径不小于 10mm 时，轴压比限值均可按表中数值增加 0.10；

5　当柱截面中部设置由附加纵向钢筋形成的芯柱，且附加纵向钢筋的总截面面积不少于柱截面面积的 0.8% 时，轴压比限值可按表中数值增加 0.05；此项措施与注 4 的措施同时采用时，轴压比限值可按表中数值增加 0.15，但箍筋的配箍特征值 λ_v 仍应按轴压比增加 0.10 的要求确定；

6　调整后的柱轴压比限值不应大于 1.05。

11.4.17　箍筋加密区箍筋的体积配筋率应符合下列规定：

1　柱箍筋加密区箍筋的体积配筋率，应符合下列规定：

$$\rho_v \geqslant \lambda_v \frac{f_c}{f_{yv}} \qquad (11.4.17)$$

式中：ρ_v——柱箍筋加密区的体积配筋率，按本规范

第6.6.3条的规定计算，计算中应扣除重叠部分的箍筋体积；

f_{yv}——箍筋抗拉强度设计值；

f_c——混凝土轴心抗压强度设计值；当强度等级低于C35时，按C35取值；

λ_v——最小配箍特征值，按表11.4.17采用。

表 11.4.17 柱箍筋加密区的箍筋最小配箍特征值 λ_v

抗震等级	箍筋形式	轴压比								
		≤0.3	0.4	0.5	0.6	0.7	0.8	0.9	1.0	1.05
一级	普通箍、复合箍	0.10	0.11	0.13	0.15	0.17	0.20	0.23	—	—
	螺旋箍、复合或连续复合矩形螺旋箍	0.08	0.09	0.11	0.13	0.15	0.18	0.21	—	—
二级	普通箍、复合箍	0.08	0.09	0.11	0.13	0.15	0.17	0.19	0.22	0.24
	螺旋箍、复合或连续复合矩形螺旋箍	0.06	0.07	0.09	0.11	0.13	0.15	0.17	0.20	0.22
三、四级	普通箍、复合箍	0.06	0.07	0.09	0.11	0.13	0.15	0.17	0.20	0.22
	螺旋箍、复合或连续复合矩形螺旋箍	0.05	0.06	0.07	0.09	0.11	0.13	0.15	0.18	0.20

注：1 普通箍指单个矩形箍筋或单个圆形箍筋；螺旋箍指单个螺旋箍筋；复合箍指由矩形、多边形、圆形箍筋或拉筋组成的箍筋；复合螺旋箍指由螺旋箍与矩形、多边形、圆形箍或拉筋组成的箍筋；连续复合矩形螺旋箍指全部螺旋箍为同一根钢筋加工成的箍筋；

2 在计算复合螺旋箍的体积配筋率时，其中非螺旋箍筋的体积应乘以系数0.8；

3 混凝土强度等级高于C60时，箍筋宜采用复合箍、复合螺旋箍或连续复合矩形螺旋箍，当轴压比不大于0.6时，其加密区的最小配箍特征值宜按表中数值增加0.02；当轴压比大于0.6时，宜按表中数值增加0.03。

2 对一、二、三、四级抗震等级的柱，其箍筋加密区的箍筋体积配筋率分别不应小于0.8%、0.6%、0.4%和0.4%；

3 框支柱宜采用复合螺旋箍或井字复合箍，其最小配箍特征值应按表11.4.17中的数值增加0.02采用，且体积配筋率不应小于1.5%；

4 当剪跨比 λ 不大于2时，宜采用复合螺旋箍

或井字复合箍，其箍筋体积配筋率不应小于1.2%；9度设防烈度一级抗震等级时，不应小于1.5%。

11.4.18 在箍筋加密区外，箍筋的体积配筋率不宜小于加密区配筋率的一半；对一、二级抗震等级，箍筋间距不应大于10d；对三、四级抗震等级，箍筋间距不应大于15d，此处，d 为纵向钢筋直径。

11.5 铰接排架柱

11.5.1 铰接排架柱的纵向受力钢筋和箍筋，应按地震组合下的弯矩设计值及剪力设计值，并根据本规范第11.4节的有关规定计算确定；其构造除应符合本节的有关规定外，尚应符合本规范第8章、第9章、第11.1节以及第11.2节的有关规定。

11.5.2 铰接排架柱的箍筋加密区应符合下列规定：

1 箍筋加密区长度：

1）对柱顶区段，取柱顶以下500mm，且不小于柱顶截面高度；

2）对吊车梁区段，取上柱根部至吊车梁顶面以上300mm；

3）对柱根区段，取基础顶面至室内地坪以上500mm；

4）对牛腿区段，取牛腿全高；

5）对柱间支撑与柱连接的节点和柱位移受约束的部位，取节点上、下各300mm。

2 箍筋加密区内的箍筋最大间距为100mm；箍筋的直径应符合表11.5.2的规定。

表 11.5.2 铰接排架柱箍筋加密区的箍筋最小直径（mm）

加密区区段	抗震等级和场地类别				
	一级 各类场地	二级 Ⅲ、Ⅳ类场地	二级 Ⅰ、Ⅱ类场地	三级 Ⅲ、Ⅳ类场地	三级 Ⅰ、Ⅱ类场地 四级 各类场地
一般柱顶、柱根区段	8（10）	8			6
角柱柱顶	10	10			8
吊车梁、牛腿区段 有支撑的柱根区段	10	8			8
有支撑的柱顶区段 柱变位受约束的部位	10	10			8

注：表中括号内数值用于柱根。

11.5.3 当铰接排架侧向受约束且约束点至柱顶的高度不大于柱截面在该方向边长的2倍，柱顶预埋钢板和柱顶箍筋加密区的构造尚应符合下列要求：

1 柱顶预埋钢板沿排架平面方向的长度，宜取柱顶的截面高度 h，但在任何情况下不得小于 $h/2$ 及300mm；

2 当柱顶轴向力在排架平面内的偏心距 e_0 在 $h/$

6~h/4 范围内时，柱顶箍筋加密区的箍筋体积配筋率：一级抗震等级不宜小于 1.2%；二级抗震等级不宜小于 1.0%；三、四级抗震等级不宜小于 0.8%。

11.5.4 在地震组合的竖向力和水平拉力作用下，支承不等高厂房低跨屋面梁、屋架等屋盖结构的柱牛腿，除应按本规范第 9.3 节的规定进行计算和配筋外，尚应符合下列要求：

1 承受水平拉力的锚筋：一级抗震等级不应少于 2 根直径为 16mm 的钢筋，二级抗震等级不应少于 2 根直径为 14mm 的钢筋，三、四级抗震等级不应少于 2 根直径为 12mm 的钢筋；

2 牛腿中的纵向受拉钢筋和锚筋的锚固措施及锚固长度应符合本规范第 9.3.12 条的有关规定，但其中的受拉钢筋锚固长度 l_a 应以 l_{aE} 代替；

3 牛腿水平箍筋最小直径为 8mm，最大间距为 100mm。

11.5.5 铰接排架柱柱顶预埋件直锚筋除应符合本规范第 11.1.9 条的要求外，尚应符合下列规定：

1 一级抗震等级时，不应小于 4 根直径 16mm 的直锚钢筋；

2 二级抗震等级时，不应小于 4 根直径 14mm 的直锚钢筋；

3 有柱间支撑的柱子，柱顶预埋件应增设抗剪钢板。

11.6 框架梁柱节点

11.6.1 一、二、三级抗震等级的框架应进行节点核心区抗震受剪承载力验算；四级抗震等级的框架节点可不进行计算，但应符合抗震构造措施的要求。框支柱中间层节点的抗震受剪承载力验算方法及抗震构造措施与框架中间层节点相同。

11.6.2 一、二、三级抗震等级的框架梁柱节点核心区的剪力设计值 V_j，应按下列规定计算：

1 顶层中间节点和端节点

1）一级抗震等级的框架结构和 9 度设防烈度的一级抗震等级框架：

$$V_j = \frac{1.15 \sum M_{bua}}{h_{b0} - a'_s} \quad (11.6.2-1)$$

2）其他情况：

$$V_j = \frac{\eta_{jb} \sum M_b}{h_{b0} - a'_s} \quad (11.6.2-2)$$

2 其他层中间节点和端节点

1）一级抗震等级的框架结构和 9 度设防烈度的一级抗震等级框架：

$$V_j = \frac{1.15 \sum M_{bua}}{h_{b0} - a'_s}\left(1 - \frac{h_{b0} - a'_s}{H_c - h_b}\right) \quad (11.6.2-3)$$

2）其他情况：

$$V_j = \frac{\eta_{jb} \sum M_b}{h_{b0} - a'_s}\left(1 - \frac{h_{b0} - a'_s}{H_c - h_b}\right) \quad (11.6.2-4)$$

式中：$\sum M_{bua}$ ——节点左、右两侧的梁端反时针或顺时针方向实配的正截面抗震受弯承载力所对应的弯矩值之和，可根据实配钢筋面积（计入纵向受压钢筋）和材料强度标准值确定；

$\sum M_b$ ——节点左、右两侧的梁端反时针或顺时针方向组合弯矩设计值之和，一级抗震等级框架节点左右梁端均为负弯矩时，绝对值较小的弯矩应取零；

η_{jb} ——节点剪力增大系数，对于框架结构，一级取 1.50，二级取 1.35，三级取 1.20；对于其他结构中的框架，一级取 1.35，二级取 1.20，三级取 1.10；

h_{b0}、h_b ——分别为梁的截面有效高度、截面高度，当节点两侧梁高不相同时，取其平均值；

H_c ——节点上柱和下柱反弯点之间的距离；

a'_s ——梁纵向受压钢筋合力点至截面近边的距离。

11.6.3 框架梁柱节点核心区的受剪水平截面应符合下列条件：

$$V_j \leqslant \frac{1}{\gamma_{RE}}(0.3\eta_j \beta_c f_c b_j h_j) \quad (11.6.3)$$

式中：h_j ——框架节点核心区的截面高度，可取验算方向的柱截面高度 h_c；

b_j ——框架节点核心区的截面有效验算宽度，当 b_b 不小于 $b_c/2$ 时，可取 b_c；当 b_b 小于 $b_c/2$ 时，可取 $(b_b + 0.5h_c)$ 和 b_c 中的较小值；当梁与柱的中线不重合且偏心距 e_0 不大于 $b_c/4$ 时，可取 $(b_b + 0.5h_c)$、$(0.5b_b + 0.5b_c + 0.25h_c - e_0)$ 和 b_c 三者中的最小值。此处，b_b 为验算方向梁截面宽度，b_c 为该侧柱截面宽度；

η_j ——正交梁对节点的约束影响系数：当楼板为现浇、梁柱中线重合、四侧各梁截面宽度不小于该侧柱截面宽度 1/2，且正交方向梁高度不小于较高框架梁高度的 3/4 时，可取 η_j 为 1.50，但对 9 度设防烈度宜取 η_j 为 1.25；当不满足上述条件时，应取 η_j 为 1.00。

11.6.4 框架梁柱节点的抗震受剪承载力应符合下列规定：

1 9 度设防烈度的一级抗震等级框架

$$V_j \leqslant \frac{1}{\gamma_{RE}} \left(0.9 \eta_j f_t b_j h_j + f_{yv} A_{svj} \frac{h_{b0} - a'_s}{s} \right)$$

$$(11.6.4-1)$$

2 其他情况

$$V_j \leqslant \frac{1}{\gamma_{RE}} \left(1.1 \eta_j f_t b_j h_j + 0.05 \eta_j N \frac{b_j}{b_c} + f_{yv} A_{svj} \frac{h_{b0} - a'_s}{s} \right)$$

$$(11.6.4-2)$$

式中：N——对应于考虑地震组合剪力设计值的节点
上柱底部的轴向力设计值；当 N 为压
力时，取轴向压力设计值的较小值，且
当 N 大于 $0.5 f_c b_c h_c$ 时，取 $0.5 f_c b_c h_c$；
当 N 为拉力时，取为 0；

A_{svj}——核心区有效验算宽度范围内同一截面验
算方向箍筋各肢的全部截面面积；

h_{b0}——框架梁截面有效高度，节点两侧梁截面
高度不等时取平均值。

11.6.5 圆柱框架的梁柱节点，当梁中线与柱中线重
合时，其受剪水平截面应符合下列条件：

$$V_j \leqslant \frac{1}{\gamma_{RE}} \left(0.3 \eta_j \beta_c f_c A_j \right) \qquad (11.6.5)$$

式中：A_j——节点核心区有效截面面积：当梁宽 b_b
$\geqslant 0.5D$ 时，取 $A_j = 0.8D^2$；当 $0.4D \leqslant$
$b_b < 0.5D$ 时，取 $A_j = 0.8D(b_b + 0.5D)$；

D——圆柱截面直径；

b_b——梁的截面宽度；

η_j——正交梁对节点的约束影响系数，按本规
范第 11.6.3 条取用。

11.6.6 圆柱框架的梁柱节点，当梁中线与柱中线重
合时，其抗震受剪承载力应符合下列规定：

1 9 度设防烈度的一级抗震等级框架

$$V_j \leqslant \frac{1}{\gamma_{RE}} \left(1.2 \eta_j f_t A_j + 1.57 f_{yv} A_{sh} \frac{h_{b0} - a'_s}{s} + f_{yv} A_{svj} \frac{h_{b0} - a'_s}{s} \right)$$

$$(11.6.6-1)$$

2 其他情况

$$V_j \leqslant \frac{1}{\gamma_{RE}} \left(1.5 \eta_j f_t A_j + 0.05 \eta_j \frac{N}{D^2} A_j + 1.57 f_{yv} A_{sh} \right.$$
$$\left. \frac{h_{b0} - a'_s}{s} + f_{yv} A_{svj} \frac{h_{b0} - a'_s}{s} \right)$$

$$(11.6.6-2)$$

式中：h_{b0}——梁截面有效高度；

A_{sh}——单根圆形箍筋的截面面积；

A_{svj}——同一截面验算方向的拉筋和非圆形箍
筋各肢的全部截面面积。

11.6.7 框架梁和框架柱的纵向受力钢筋在框架节点
区的锚固和搭接应符合下列要求：

1 框架中间层中间节点处，框架梁的上部纵向
钢筋应贯穿中间节点。贯穿中柱的每根梁纵向钢筋直
径，对于 9 度设防烈度的各类框架和一级抗震等级的
框架结构，当柱为矩形截面时，不宜大于柱在该方向

截面尺寸的 1/25，当柱为圆形截面时，不宜大于纵
向钢筋所在位置柱截面弦长的 1/25；对一、二、三
级抗震等级，当柱为矩形截面时，不宜大于柱在该方
向截面尺寸的 1/20，对圆柱截面，不宜大于纵向钢
筋所在位置柱截面弦长的 1/20。

2 对于框架中间层中间节点、中间层端节点、
顶层中间节点以及顶层端节点，梁、柱纵向钢筋在节
点部位的锚固和搭接，应符合图 11.6.7 的相关构造
规定。图中 l_{lE} 按本规范第 11.1.7 条规定取用，l_{abE} 按
下式取用：

$$l_{abE} = \zeta_{aE} l_{ab} \qquad (11.6.7)$$

式中：ζ_{aE}——纵向受拉钢筋锚固长度修正系数，按
第 11.1.7 条规定取用。

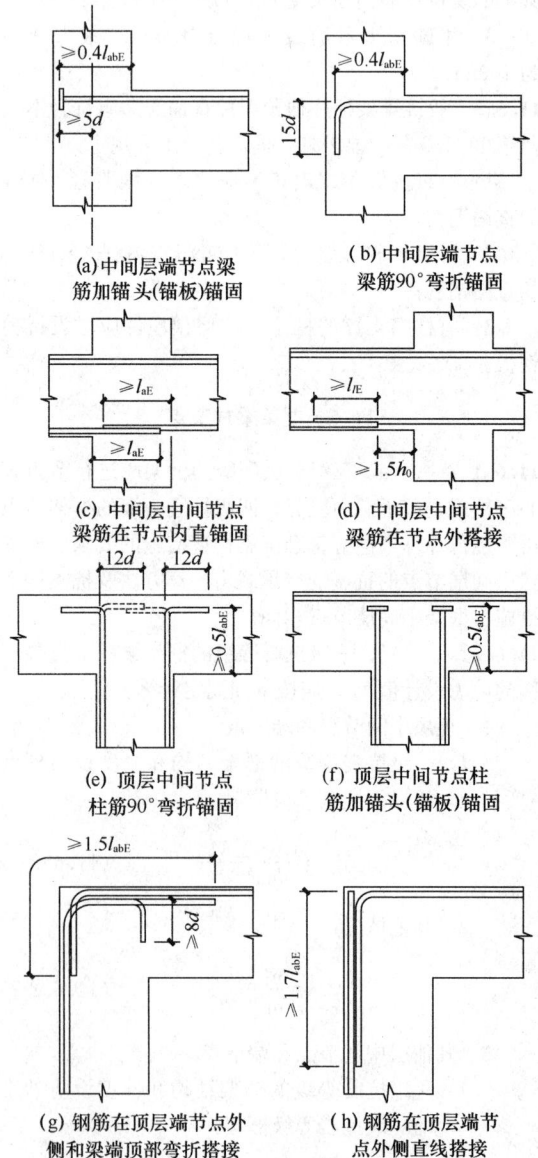

(a) 中间层端节点梁
筋加锚头(锚板)锚固

(b) 中间层端节点
梁筋 90°弯折锚固

(c) 中间层中间节点
梁筋在节点内直锚固

(d) 中间层中间节点
梁筋在节点外搭接

(e) 顶层中间节点
柱筋 90°弯折锚固

(f) 顶层中间节点柱
筋加锚头(锚板)锚固

(g) 钢筋在顶层端节点外
侧和梁端顶部弯折搭接

(h) 钢筋在顶层端节
点外侧直线搭接

图 11.6.7 梁和柱的纵向受力钢筋
在节点区的锚固和搭接

11.6.8 框架节点区箍筋的最大间距、最小直径宜按本规范表 11.4.12-2 采用。对一、二、三级抗震等级的框架节点核心区，配箍特征值 λ_v 分别不宜小于 0.12、0.10 和 0.08，且其箍筋体积配筋率分别不宜小于 0.6%、0.5% 和 0.4%。当框架柱的剪跨比不大于 2 时，其节点核心区体积配箍率不宜小于核心区上、下柱端体积配箍率中的较大值。

11.7 剪力墙及连梁

11.7.1 一级抗震等级剪力墙各墙肢截面考虑地震组合的弯矩设计值，底部加强部位应按墙肢截面地震组合弯矩设计值采用，底部加强部位以上部位应按墙肢截面地震组合弯矩设计值乘增大系数，其值可取 1.2；剪力设计值应作相应调整。

11.7.2 考虑剪力墙的剪力设计值 V_w 应按下列规定计算：

1 底部加强部位

1）9 度设防烈度的一级抗震等级剪力墙

$$V_w = 1.1 \frac{M_{wua}}{M} V \qquad (11.7.2\text{-}1)$$

2）其他情况

一级抗震等级

$$V_w = 1.6V \qquad (11.7.2\text{-}2)$$

二级抗震等级

$$V_w = 1.4V \qquad (11.7.2\text{-}3)$$

三级抗震等级

$$V_w = 1.2V \qquad (11.7.2\text{-}4)$$

四级抗震等级取地震组合下的剪力设计值。

2 其他部位

$$V_w = V \qquad (11.7.2\text{-}5)$$

式中：M_{wua}——剪力墙底部截面按实配钢筋截面面积、材料强度标准值且考虑承载力抗震调整系数计算的正截面抗震承载力所对应的弯矩值；有翼墙时应计入墙两侧各一倍翼墙厚度范围内的纵向钢筋；

M——考虑地震组合的剪力墙底部截面的弯矩设计值；

V——考虑地震组合的剪力墙的剪力设计值。

公式（11.7.2-1）中，M_{wua} 值可按本规范第 6.2.19 条的规定，采用本规范第 11.4.3 条有关计算框架柱端 M_{cua} 值的相同方法确定，但其 γ_{RE} 值应取剪力墙的正截面承载力抗震调整系数。

11.7.3 剪力墙的受剪截面应符合下列要求：

当剪跨比大于 2.5 时

$$V_w \leqslant \frac{1}{\gamma_{RE}} (0.2\beta_c f_c b h_0) \qquad (11.7.3\text{-}1)$$

当剪跨比不大于 2.5 时

$$V_w \leqslant \frac{1}{\gamma_{RE}} (0.15\beta_c f_c b h_0) \qquad (11.7.3\text{-}2)$$

式中：V_w——考虑地震组合的剪力墙的剪力设计值。

11.7.4 剪力墙在偏心受压时的斜截面抗震受剪承载力应符合下列规定：

$$V_w \leqslant \frac{1}{\gamma_{RE}} \left[\frac{1}{\lambda - 0.5} \left(0.4 f_t b h_0 + 0.1 N \frac{A_w}{A} \right) + 0.8 f_{yv} \frac{A_{sh}}{s} h_0 \right]$$

$$(11.7.4)$$

式中：N——考虑地震组合的剪力墙轴向压力设计值中的较小者；当 N 大于 $0.2 f_c b h$ 时取 $0.2 f_c b h$；

λ——计算截面处的剪跨比，$\lambda = M/(V h_0)$；当 λ 小于 1.5 时取 1.5；当 λ 大于 2.2 时取 2.2；此处，M 为与设计剪力值 V 对应的弯矩设计值；当计算截面与墙底之间的距离小于 $h_0/2$ 时，应按距离墙底 $h_0/2$ 处的弯矩设计值与剪力设计值计算。

11.7.5 剪力墙在偏心受拉时的斜截面抗震受剪承载力应符合下列规定：

$$V_w \leqslant \frac{1}{\gamma_{RE}} \left[\frac{1}{\lambda - 0.5} \left(0.4 f_t b h_0 - 0.1 N \frac{A_w}{A} \right) + 0.8 f_{yv} \frac{A_{sh}}{s} h_0 \right]$$

$$(11.7.5)$$

式中：N——考虑地震组合的剪力墙轴向拉力设计值中的较大值。

当公式（11.7.5）右边方括号内的计算值小于 $0.8 f_{yv} \frac{A_{sh}}{s} h_0$ 时，取等于 $0.8 f_{yv} \frac{A_{sh}}{s} h_0$。

11.7.6 一级抗震等级的剪力墙，其水平施工缝处的受剪承载力应符合下列规定：

$$V_w \leqslant \frac{1}{\gamma_{RE}} (0.6 f_y A_s + 0.8N) \qquad (11.7.6)$$

式中：N——考虑地震组合的水平施工缝处的轴向力设计值，压力时取正值，拉力时取负值；

A_s——剪力墙水平施工缝处全部竖向钢筋截面面积，包括竖向分布钢筋、附加竖向插筋以及边缘构件（不包括两侧翼墙）纵向钢筋的总截面面积。

11.7.7 筒体及剪力墙洞口连梁，当采用对称配筋时，其正截面受弯承载力应符合下列规定：

$$M_b \leqslant \frac{1}{\gamma_{RE}} [f_y A_s (h_0 - a'_s) + f_{sd} A_{sd} z_{sd} \cos\alpha]$$

$$(11.7.7)$$

式中：M_b——考虑地震组合的剪力墙连梁梁端弯矩设计值；

f_y——纵向钢筋抗拉强度设计值;

f_{yd}——对角斜筋抗拉强度设计值;

A_s——单侧受拉纵向钢筋截面面积;

A_{sd}——单向对角斜筋截面面积,无斜筋时取 0;

z_{sd}——计算截面对角斜筋至截面受压区合力点的距离;

α——对角斜筋与梁纵轴线夹角;

h_0——连梁截面有效高度。

11.7.8 筒体及剪力墙洞口连梁的剪力设计值 V_{wb} 应按下列规定计算:

1 9 度设防烈度的一级抗震等级连梁

$$V_{wb}=1.1\frac{M^l_{bua}+M^r_{bua}}{l_n}+V_{Gb} \quad (11.7.8-1)$$

2 其他情况

$$V_{wb}=\eta_{vb}\frac{M^l_b+M^r_b}{l_n}+V_{Gb} \quad (11.7.8-2)$$

式中:M^l_{bua}、M^r_{bua}——分别为连梁左、右端顺时针或逆时针方向实配的受弯承载力所对应的弯矩值,应按实配钢筋面积(计入受压钢筋)和材料强度标准值并考虑承载力抗震调整系数计算;

M^l_b、M^r_b——分别为考虑地震组合的剪力墙及筒体连梁左、右梁端弯矩设计值。应分别按顺时针方向和逆时针方向计算 M^l_b 与 M^r_b 之和,并取其较大值。对一级抗震等级,当两端弯矩均为负弯矩时,绝对值较小的弯矩值应取零;

l_n——连梁净跨;

V_{Gb}——考虑地震组合时的重力荷载代表值产生的剪力设计值,可按简支梁计算确定;

η_{vb}——连梁剪力增大系数。对于普通箍筋连梁,一级抗震等级取 1.3,二级取 1.2,三级取 1.1,四级取 1.0;配置有对角斜筋的连梁 η_{vb} 取 1.0。

11.7.9 各抗震等级的剪力墙及筒体洞口连梁,当配置普通箍筋时,其截面限制条件及斜截面受剪承载力应符合下列规定:

1 跨高比大于 2.5 时

1) 受剪截面应符合下列要求:

$$V_{wb}\leqslant\frac{1}{\gamma_{RE}}(0.20\beta_c f_c bh_0) \quad (11.7.9-1)$$

2) 连梁的斜截面受剪承载力应符合下列要求:

$$V_{wb}\leqslant\frac{1}{\gamma_{RE}}\left(0.42f_t bh_0+\frac{A_{sv}}{s}f_{yv}h_0\right)$$
$$(11.7.9-2)$$

2 跨高比不大于 2.5 时

1) 受剪截面应符合下列要求:

$$V_{wb}\leqslant\frac{1}{\gamma_{RE}}(0.15\beta_c f_c bh_0) \quad (11.7.9-3)$$

2) 连梁的斜截面受剪承载力应符合下列要求:

$$V_{wb}\leqslant\frac{1}{\gamma_{RE}}\left(0.38f_t bh_0+0.9\frac{A_{sv}}{s}f_{yv}h_0\right)$$
$$(11.7.9-4)$$

式中:f_t——混凝土抗拉强度设计值;

f_{yv}——箍筋抗拉强度设计值;

A_{sv}——配置在同一截面内的箍筋截面面积。

11.7.10 对于一、二级抗震等级的连梁,当跨高比不大于 2.5 时,除普通箍筋外宜另配置斜向交叉钢筋,其截面限制条件及斜截面受剪承载力可按下列规定计算:

1 当洞口连梁截面宽度不小于 250mm 时,可采用交叉斜筋配筋(图 11.7.10-1),其截面限制条件及斜截面受剪承载力应符合下列规定:

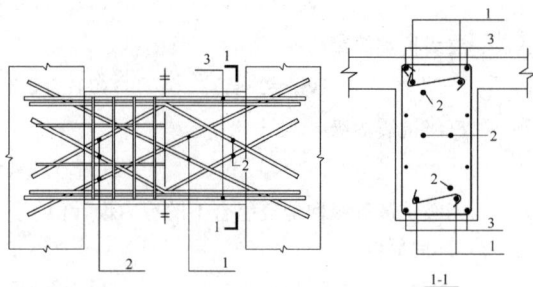

图 11.7.10-1 交叉斜筋配筋连梁
1—对角斜筋;2—折线筋;3—纵向钢筋

1) 受剪截面应符合下列要求:

$$V_{wb}\leqslant\frac{1}{\gamma_{RE}}(0.25\beta_c f_c bh_0) \quad (11.7.10-1)$$

2) 斜截面受剪承载力应符合下列要求:

$$V_{wb}\leqslant\frac{1}{\gamma_{RE}}[0.4f_t bh_0+(2.0\sin\alpha+0.6\eta)f_{yd}A_{sd}]$$
$$(11.7.10-2)$$

$$\eta=(f_{sv}A_{sv}h_0)/(sf_{yd}A_{sd}) \quad (11.7.10-3)$$

式中:η——箍筋与对角斜筋的配筋强度比,当小于 0.6 时取 0.6,当大于 1.2 时取 1.2;

α——对角斜筋与梁纵轴的夹角;

f_{yd}——对角斜筋的抗拉强度设计值;

A_{sd}——单向对角斜筋的截面面积;

A_{sv}——同一截面内箍筋各肢的全部截面面积。

2 当连梁截面宽度不小于 400mm 时，可采用集中对角斜筋配筋（图 11.7.10-2）或对角暗撑配筋（图 11.7.10-3），其截面限制条件及斜截面受剪承载力应符合下列规定：

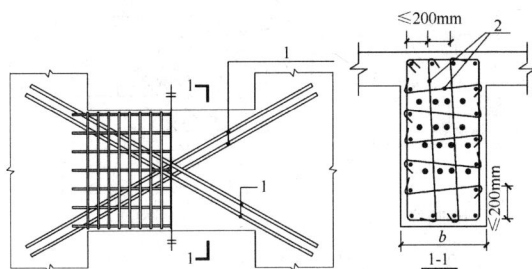

图 11.7.10-2　集中对角斜筋配筋连梁
1—对角斜筋；2—拉筋

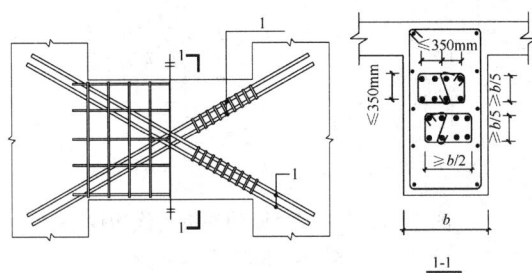

图 11.7.10-3　对角暗撑配筋连梁
1—对角暗撑

1) 受剪截面应符合式（11.7.10-1）的要求。

2) 斜截面受剪承载力应符合下列要求：

$$V_{wb} \leq \frac{2}{\gamma_{RE}} f_{yd} A_{sd} \sin\alpha \qquad (11.7.10-4)$$

11.7.11 剪力墙及筒体洞口连梁的纵向钢筋、斜筋及箍筋的构造应符合下列要求：

1 连梁沿上、下边缘单侧纵向钢筋的最小配筋率不应小于 0.15%，且配筋不宜少于 2φ12；交叉斜筋配筋连梁单向对角斜筋不宜少于 2φ12，单组折线筋的截面面积可取为单向对角斜筋截面面积的一半，且直径不宜小于 12mm；集中对角斜筋配筋连梁和对角暗撑连梁中每组对角斜筋应至少由 4 根直径不小于 14mm 的钢筋组成。

2 交叉斜筋配筋连梁的对角斜筋在梁端部位应设置不少于 3 根拉筋，拉筋的间距不应大于连梁宽度和 200mm 的较小值，直径不应小于 6mm；集中对角斜筋配筋连梁应在梁截面内沿水平方向及竖直方向设置双向拉筋，拉筋应勾住外侧纵向钢筋，间距不应大于 200mm，直径不应小于 8mm；对角暗撑配筋连梁中暗撑箍筋的外缘沿梁截面宽度方向不宜小于梁宽的一半，另一方向不宜小于梁宽的 1/5；对角暗撑约束箍筋的间距不宜大于暗撑钢筋直径的 6 倍，当计算间距小于 100mm 时可取 100mm，箍筋肢距不应大于

于 350mm。

除集中对角斜筋配筋连梁以外，其余连梁的水平钢筋及箍筋形成的钢筋网之间应采用拉筋拉结，拉筋直径不宜小于 6mm，间距不宜大于 400mm。

3 沿连梁全长箍筋的构造宜按本规范第 11.3.6 条和第 11.3.8 条框架梁梁端加密区箍筋的构造要求采用；对角暗撑配筋连梁沿连梁全长箍筋的间距可按本规范表 11.3.6-2 中规定值的两倍取用。

4 连梁纵向受力钢筋、交叉斜筋伸入墙内的锚固长度不应小于 l_{aE}，且不应小于 600mm；顶层连梁纵向钢筋伸入墙体的长度范围内，应配置间距不大于 150mm 的构造箍筋，箍筋直径应与该连梁的箍筋直径相同。

5 剪力墙的水平分布钢筋可作为连梁的纵向构造钢筋在连梁范围内贯通。当梁的腹板高度 h_w 不小于 450mm 时，其两侧面沿梁高范围设置的纵向构造钢筋的直径不应小于 8mm，间距不应大于 200mm；对跨高比不大于 2.5 的连梁，梁两侧的纵向构造钢筋的面积配筋率尚不应小于 0.3%。

11.7.12 剪力墙的墙肢截面厚度应符合下列规定：

1 剪力墙结构：一、二级抗震等级时，一般部位不应小于 160mm，且不宜小于层高或无支长度的 1/20；三、四级抗震等级时，不应小于 140mm，且不宜小于层高或无支长度的 1/25。一、二级抗震等级的底部加强部位，不应小于 200mm，且不宜小于层高或无支长度的 1/16，当墙端无端柱或翼墙时，墙厚不宜小于层高或无支长度的 1/12。

2 框架-剪力墙结构：一般部位不应小于 160mm，且不宜小于层高或无支长度的 1/20；底部加强部位不应小于 200mm，且不宜小于层高或无支长度的 1/16。

3 框架-核心筒结构、筒中筒结构：一般部位不应小于 160mm，且不宜小于层高或无支长度的 1/20；底部加强部位不应小于 200mm，且不宜小于层高或无支长度的 1/16。筒体底部加强部位及其上一层不宜改变墙体厚度。

11.7.13 剪力墙厚度大于 140mm 时，其竖向和水平向分布钢筋不应少于双排布置。

11.7.14 剪力墙的水平和竖向分布钢筋的配筋应符合下列规定：

1 一、二、三级抗震等级的剪力墙的水平和竖向分布钢筋配筋率均不应小于 0.25%；四级抗震等级剪力墙不应小于 0.2%；

2 部分框支剪力墙结构的剪力墙底部加强部位，水平和竖向分布钢筋配筋率不应小于 0.3%。

注：对高度小于 24m 且剪压比很小的四级抗震等级剪力墙，其竖向分布钢筋最小配筋率允许按 0.15% 采用。

11.7.15 剪力墙水平和竖向分布钢筋的间距不宜大

于 300mm，直径不宜大于墙厚的 1/10，且不应小于 8mm；竖向分布钢筋直径不宜小于 10mm。

部分框支剪力墙结构的底部加强部位，剪力墙水平和竖向分布钢筋的间距不宜大于 200mm。

11.7.16 一、二、三级抗震等级的剪力墙，其底部加强部位的墙肢轴压比不宜超过表 11.7.16 的限值。

表 11.7.16　剪力墙轴压比限值

抗震等级（设防烈度）	一级（9 度）	一级（7、8 度）	二级、三级
轴压比限值	0.4	0.5	0.6

注：剪力墙肢轴压比指在重力荷载代表值作用下墙的轴压力设计值与墙的全截面面积和混凝土轴心抗压强度设计值乘积的比值。

11.7.17 剪力墙两端及洞口两侧应设置边缘构件，并宜符合下列要求：

1 一、二、三级抗震等级剪力墙，在重力荷载代表值作用下，当墙肢底截面轴压比大于表 11.7.17 规定时，其底部加强部位及其以上一层墙肢应按本规范第 11.7.18 条的规定设置约束边缘构件；当墙肢轴压比不大于表 11.7.17 规定时，可按本规范第 11.7.19 条的规定设置构造边缘构件；

表 11.7.17　剪力墙设置构造边缘构件的最大轴压比

抗震等级（设防烈度）	一级（9 度）	一级（7、8 度）	二级、三级
轴压比	0.1	0.2	0.3

2 部分框支剪力墙结构中，一、二、三级抗震等级落地剪力墙的底部加强部位及以上一层的墙肢两端，宜设置翼墙或端柱，并应按本规范第 11.7.18 条的规定设置约束边缘构件；不落地的剪力墙，应在底部加强部位及以上一层剪力墙的墙肢两端设置约束边缘构件；

3 一、二、三级抗震等级的剪力墙的一般部位剪力墙以及四级抗震等级剪力墙，应按本规范第 11.7.19 条设置构造边缘构件；

4 对框架-核心筒结构，一、二、三级抗震等级的核心筒角部墙体的边缘构件尚应按下列要求加强：底部加强部位墙肢约束边缘构件的长度宜取墙肢截面高度的 1/4，且约束边缘构件范围内宜全部采用箍筋；底部加强部位以上宜按本规范图 11.7.18 的要求设置约束边缘构件。

11.7.18 剪力墙端部设置的约束边缘构件（暗柱、端柱、翼墙和转角墙）应符合下列要求（图 11.7.18）：

1 约束边缘构件沿墙肢的长度 l_c 及配箍特征值 λ_v 宜满足表 11.7.18 的要求，箍筋的配置范围及相应的配箍特征值 λ_v 和 $\lambda_v/2$ 的区域如图 11.7.18 所示，

其体积配筋率 ρ_v 应符合下列要求：

$$\rho_v \geqslant \lambda_v \frac{f_c}{f_{yv}} \tag{11.7.18}$$

式中：λ_v ——配箍特征值，计算时可计入拉筋。

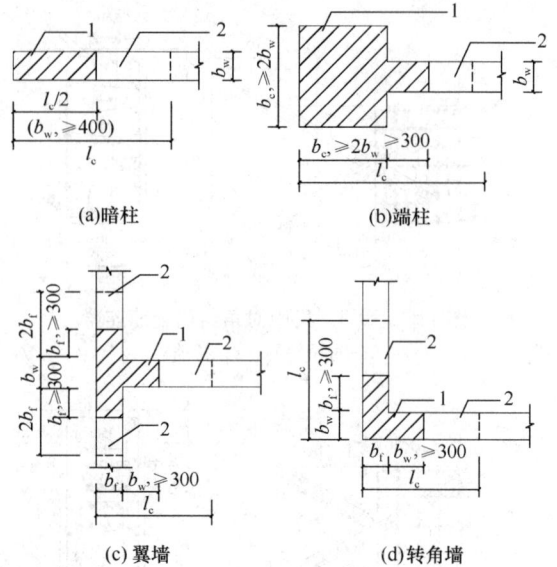

图 11.7.18　剪力墙的约束边缘构件

注：图中尺寸单位为 mm。

1—配箍特征值为 λ_v 的区域；2—配箍特征值为 $\lambda_v/2$ 的区域

计算体积配箍率时，可适当计入满足构造要求且在墙端有可靠锚固的水平分布钢筋的截面面积。

2 一、二、三级抗震等级剪力墙约束边缘构件的纵向钢筋的截面面积，对图 11.7.18 所示暗柱、端柱、翼墙与转角墙分别不应小于图中阴影部分面积的 1.2%、1.0% 和 1.0%。

3 约束边缘构件的箍筋或拉筋沿竖向的间距，对一级抗震等级不宜大于 100mm，对二、三级抗震等级不宜大于 150mm。

表 11.7.18　约束边缘构件沿墙肢的长度 l_c 及其配箍特征值 λ_v

抗震等级（设防烈度）		一级（9 度）		一级（7、8 度）		二级、三级	
轴压比		≤0.2	>0.2	≤0.3	>0.3	≤0.4	>0.4
λ_v		0.12	0.20	0.12	0.20	0.12	0.20
l_c (mm)	暗柱	$0.20h_w$	$0.25h_w$	$0.15h_w$	$0.20h_w$	$0.15h_w$	$0.20h_w$
	端柱、翼墙或转角墙	$0.15h_w$	$0.20h_w$	$0.10h_w$	$0.15h_w$	$0.10h_w$	$0.15h_w$

注：1　两侧翼墙长度小于其厚度 3 倍时，视为无翼墙剪力墙；端柱截面边长小于墙厚 2 倍时，视为无端柱剪力墙；

2　约束边缘构件沿墙肢长度 l_c 除满足表 11.7.18 的要求外，且不宜小于墙厚和 400mm；当有端柱、翼墙或转角墙时，尚不应小于翼墙厚度或端柱沿墙肢方向截面高度加 300mm；

3　h_w 为剪力墙的墙肢截面高度。

11.7.19 剪力墙端部设置的构造边缘构件（暗柱、端柱、翼墙和转角墙）的范围，应按图11.7.19确定，构造边缘构件的纵向钢筋除应满足计算要求外，尚应符合表11.7.19的要求。

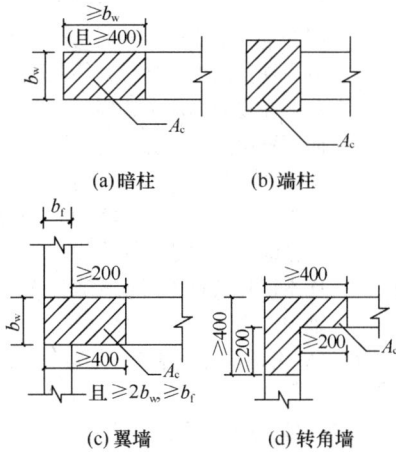

图 11.7.19 剪力墙的构造边缘构件

注：图中尺寸单位为mm。

表 11.7.19 构造边缘构件的构造配筋要求

抗震等级	底部加强部位			其 他 部 位		
	纵向钢筋最小配筋量（取较大值）	箍筋、拉筋		纵向钢筋最小配筋量（取较大值）	箍筋、拉筋	
		最小直径(mm)	最大间距(mm)		最小直径(mm)	最大间距(mm)
一	$0.01A_c,6\phi16$	8	100	$0.008A_c,6\phi14$	8	150
二	$0.008A_c,6\phi14$	8	150	$0.006A_c,6\phi12$	8	200
三	$0.006A_c,6\phi12$	6	150	$0.005A_c,4\phi12$	6	200
四	$0.005A_c,4\phi12$	6	200	$0.004A_c,4\phi12$	6	250

注：1　A_c 为图11.7.19中所示的阴影面积；

2　对其他部位，拉筋的水平间距不应大于纵向钢筋间距的2倍，转角处宜设置箍筋；

3　当端柱承受集中荷载时，应满足框架柱的配筋要求。

11.8　预应力混凝土结构构件

11.8.1　预应力混凝土结构可用于抗震设防烈度6度、7度、8度区，当9度区需采用预应力混凝土结构时，应有充分依据，并采取可靠措施。

无粘结预应力混凝土结构的抗震设计，应符合专门规定。

11.8.2　抗震设计时，后张预应力框架、门架、转换层的转换大梁，宜采用有粘结预应力筋；承重结构的预应力受拉杆件和抗震等级为一级的预应力框架，应采用有粘结预应力筋。

11.8.3　预应力混凝土结构的抗震计算，应符合下列规定：

1　预应力混凝土框架结构的阻尼比宜取0.03；在框架-剪力墙结构、框架-核心筒结构及板柱-剪力墙结构中，当仅采用预应力混凝土梁或板时，阻尼比应取0.05；

2　预应力混凝土结构构件截面抗震验算时，在地震组合中，预应力作用分项系数，当预应力作用效应对构件承载力有利时应取用1.0，不利时应取用1.2；

3　预应力筋穿过框架节点核心区时，节点核心区的截面抗震受剪承载力应按本规范第11.6节的有关规定进行验算，并可考虑有效预加力的有利影响。

11.8.4　预应力混凝土框架的抗震构造，除应符合钢筋混凝土结构的要求外，尚应符合下列规定：

1　预应力混凝土框架梁端截面，计入纵向受压钢筋的混凝土受压区高度应符合本规范第11.3.1条的规定；按普通钢筋抗拉强度设计值换算的全部纵向受拉钢筋配筋率不宜大于2.5%。

2　在预应力混凝土框架梁中，应采用预应力筋和普通钢筋混合配筋的方式，梁端截面配筋宜符合下列要求。

$$A_s \geqslant \frac{1}{3}\left(\frac{f_{py}h_p}{f_y h_s}\right)A_p \qquad (11.8.4)$$

注：对二、三级抗震等级的框架-剪力墙、框架-核心筒结构中的后张有粘结预应力框架，式（11.8.4）右端项系数1/3可改为1/4。

3　预应力混凝土框架梁梁端截面的底部纵向普通钢筋和顶部纵向受力钢筋截面面积的比值，应符合本规范第11.3.6条第2款的规定。计算顶部纵向受力钢筋截面面积时，应将预应力筋按抗拉强度设计值换算为普通钢筋截面面积。

框架梁端底面纵向普通钢筋配筋率尚不应小于0.2%。

4　当计算预应力混凝土框架柱的轴压比时，轴向压力设计值应取柱组合的轴向压力设计值加上预应力筋有效预加力的设计值，其轴压比应符合本规范第11.4.16条的相应要求。

5　预应力混凝土框架柱的箍筋宜全高加密。大跨度框架边柱可采用在截面受拉较大的一侧配置预应力筋和普通钢筋的混合配筋，另一侧仅配置普通钢筋的非对称配筋方式。

11.8.5　后张预应力混凝土板柱-剪力墙结构，其板柱柱上板带的端截面应符合本规范第11.8.4条对受压区高度的规定和公式（11.8.4）对截面配筋的要求。

板柱节点应符合本规范第11.9节的规定。

11.8.6　后张预应力筋的锚具、连接器不宜设置在梁柱节点核心区内。

11.9 板柱节点

11.9.1 对一、二、三级抗震等级的板柱节点，应按本规范第11.9.3条及附录F进行抗震受冲切承载力验算。

11.9.2 8度设防烈度时宜采用有托板或柱帽的板柱节点，柱帽及托板的外形尺寸应符合本规范第9.1.10条的规定。同时，托板或柱帽根部的厚度（包括板厚）不应小于柱纵向钢筋直径的16倍，且托板或柱帽的边长不应小于4倍板厚与柱截面相应边长之和。

11.9.3 在地震组合下，当考虑板柱节点临界截面上的剪应力传递不平衡弯矩时，其考虑抗震等级的等效集中反力设计值 $F_{l,eq}$ 可按本规范附录F的规定计算，此时，F_l 为板柱节点临界截面所承受的竖向力设计值。由地震组合的不平衡弯矩在板柱节点处引起的等效集中反力设计值应乘以增大系数，对一、二、三级抗震等级板柱结构的节点，该增大系数可分别取1.7、1.5、1.3。

11.9.4 在地震组合下，配置箍筋或栓钉的板柱节点，受冲切截面及受冲切承载力应符合下列要求：

1 受冲切截面

$$F_{l,eq} \leqslant \frac{1}{\gamma_{RE}}(1.2f_t\eta u_m h_0) \qquad (11.9.4\text{-}1)$$

2 受冲切承载力

$$F_{l,eq} \leqslant \frac{1}{\gamma_{RE}}\big[(0.3f_t + 0.15\sigma_{pc,m})\eta u_m h_0 + 0.8f_{yv}A_{svu}\big]$$
$$(11.9.4\text{-}2)$$

3 对配置抗冲切钢筋的冲切破坏锥体以外的截面，尚应按下式进行受冲切承载力验算：

$$F_{l,eq} \leqslant \frac{1}{\gamma_{RE}}(0.42f_t + 0.15\sigma_{pc,m})\eta u_m h_0$$
$$(11.9.4\text{-}3)$$

式中：u_m——临界截面的周长，公式（11.9.4-1）、公式（11.9.4-2）中的 u_m，按本规范第6.5.1条的规定采用；公式（11.9.4-3）中的 u_m，应取最外排抗冲切钢筋周边以外 $0.5h_0$ 处的最不利周长。

11.9.5 无柱帽平板宜在柱上板带中设置构造暗梁，暗梁宽度可取柱宽加柱两侧各不大于1.5倍板厚。暗梁支座上部纵向钢筋应不小于柱上板带纵向钢筋截面积的1/2，暗梁下部纵向钢筋不宜少于上部纵向钢筋截面面积的1/2。

暗梁箍筋直径不应小于8mm，间距不宜大于3/4倍板厚，肢距不宜大于2倍板厚；支座处暗梁箍筋加密区长度不应小于3倍板厚，其箍筋间距不宜大于100mm，肢距不宜大于250mm。

11.9.6 沿两个主轴方向贯通节点柱截面的连续预应力筋及板底纵向普通钢筋，应符合下列要求：

1 沿两个主轴方向贯通节点柱截面的连续钢筋的总截面面积，应符合下式要求：

$$f_{py}A_p + f_y A_s \geqslant N_G \qquad (11.9.6)$$

式中：A_s——贯通柱截面的板底纵向普通钢筋截面积；对一端在柱截面对边按受拉弯折锚固的普通钢筋，截面面积按一半计算；

A_p——贯通柱截面连续预应力筋截面面积；对一端在柱截面对边锚固的预应力筋，截面面积按一半计算；

f_{py}——预应力筋抗拉强度设计值，对无粘结预应力筋，应按本规范第10.1.14条取用无粘结预应力筋的应力设计值 σ_{pu}；

N_G——在本层楼板重力荷载代表值作用下的柱轴向压力设计值。

2 连续预应力筋应布置在板柱节点上部，呈下凹进入板跨中。

3 板底纵向普通钢筋的连接位置，宜在距柱面 l_{aE} 与2倍板厚的较大值以外，且应避开板底受拉区范围。

附录 A 钢筋的公称直径、公称截面面积及理论重量

表 A.0.1 钢筋的公称直径、公称截面面积及理论重量

公称直径 (mm)	不同根数钢筋的公称截面面积 (mm²)									单根钢筋理论重量 (kg/m)
	1	2	3	4	5	6	7	8	9	
6	28.3	57	85	113	142	170	198	226	255	0.222
8	50.3	101	151	201	252	302	352	402	453	0.395
10	78.5	157	236	314	393	471	550	628	707	0.617
12	113.1	226	339	452	565	678	791	904	1017	0.888
14	153.9	308	461	615	769	923	1077	1231	1385	1.21
16	201.1	402	603	804	1005	1206	1407	1608	1809	1.58
18	254.5	509	763	1017	1272	1527	1781	2036	2290	2.00(2.11)
20	314.2	628	942	1256	1570	1884	2199	2513	2827	2.47
22	380.1	760	1140	1520	1900	2281	2661	3041	3421	2.98
25	490.9	982	1473	1964	2454	2945	3436	3927	4418	3.85(4.10)
28	615.8	1232	1847	2463	3079	3695	4310	4926	5542	4.83
32	804.2	1609	2413	3217	4021	4826	5630	6434	7238	6.31(6.65)
36	1017.9	2036	3054	4072	5089	6107	7125	8143	9161	7.99
40	1256.6	2513	3770	5027	6283	7540	8796	10053	11310	9.87(10.34)
50	1963.5	3928	5892	7856	9820	11784	13748	15712	17676	15.42(16.28)

注：括号内为预应力螺纹钢筋的数值。

表 A.0.2　钢绞线的公称直径、公称截面面积及理论重量

种类	公称直径 （mm）	公称截面面积 （mm²）	理论重量 （kg/m）
1×3	8.6	37.7	0.296
	10.8	58.9	0.462
	12.9	84.8	0.666
1×7 标准型	9.5	54.8	0.430
	12.7	98.7	0.775
	15.2	140	1.101
	17.8	191	1.500
	21.6	285	2.237

表 A.0.3　钢丝的公称直径、公称截面面积及理论重量

公称直径 （mm）	公称截面面积 （mm²）	理论重量 （kg/m）
5.0	19.63	0.154
7.0	38.48	0.302
9.0	63.62	0.499

附录 B　近似计算偏压构件侧移二阶效应的增大系数法

B.0.1　在框架结构、剪力墙结构、框架-剪力墙结构及筒体结构中，当采用增大系数法近似计算结构因侧移产生的二阶效应（P-Δ 效应）时，应对未考虑 P-Δ 效应的一阶弹性分析所得的柱、墙肢端弯矩和梁端弯矩以及层间位移分别按公式（B.0.1-1）和公式（B.0.1-2）乘以增大系数 η_s：

$$M = M_{ns} + \eta_s M_s \qquad (\text{B.0.1-1})$$
$$\Delta = \eta_s \Delta_1 \qquad (\text{B.0.1-2})$$

式中：M_s——引起结构侧移的荷载或作用所产生的一阶弹性分析构件端弯矩设计值；

M_{ns}——不引起结构侧移荷载产生的一阶弹性分析构件端弯矩设计值；

Δ_1——一阶弹性分析的层间位移；

η_s——P-Δ 效应增大系数，按第 B.0.2 条或第 B.0.3 条确定，其中，梁端 η_s 取为相应节点处上、下柱端或上、下墙肢端 η_s 的平均值。

B.0.2　在框架结构中，所计算楼层各柱的 η_s 可按下列公式计算：

$$\eta_s = \frac{1}{1 - \dfrac{\sum N_j}{D H_0}} \qquad (\text{B.0.2})$$

式中：D——所计算楼层的侧向刚度。在计算结构构件弯矩增大系数与计算结构位移增大系数时，应分别按本规范第 B.0.5 条的规定取用结构构件刚度；

N_j——所计算楼层第 j 列柱轴力设计值；

H_0——所计算楼层的层高。

B.0.3　剪力墙结构、框架-剪力墙结构、筒体结构中的 η_s 可按下列公式计算：

$$\eta_s = \frac{1}{1 - 0.14 \dfrac{H^2 \sum G}{E_c J_d}} \qquad (\text{B.0.3})$$

式中：$\sum G$——各楼层重力荷载设计值之和；

$E_c J_d$——与所设计结构等效的竖向等截面悬臂受弯构件的弯曲刚度，可按该悬臂受弯构件与所设计结构在倒三角形分布水平荷载下顶点位移相等的原则计算。在计算结构构件弯矩增大系数与计算结构位移增大系数时，应分别按本规范第 B.0.5 条规定取用结构构件刚度；

H——结构总高度。

B.0.4　排架结构柱考虑二阶效应的弯矩设计值可按下列公式计算：

$$M = \eta_s M_0 \qquad (\text{B.0.4-1})$$
$$\eta_s = 1 + \frac{1}{1500 e_i / h_0} \left(\frac{l_0}{h}\right)^2 \zeta_c \qquad (\text{B.0.4-2})$$
$$\zeta_c = \frac{0.5 f_c A}{N} \qquad (\text{B.0.4-3})$$
$$e_i = e_0 + e_a \qquad (\text{B.0.4-4})$$

式中：ζ_c——截面曲率修正系数；当 $\zeta_c > 1.0$ 时，取 $\zeta_c = 1.0$；

e_i——初始偏心距；

M_0——一阶弹性分析柱端弯矩设计值；

e_0——轴向压力对截面重心的偏心距，$e_0 = M_0 / N$；

e_a——附加偏心距，按本规范第 6.2.5 条规定确定；

l_0——排架柱的计算长度，按本规范表 6.2.20-1 取用；

h, h_0——分别为所考虑弯曲方向柱的截面高度和截面有效高度；

A——柱的截面面积。对于 I 形截面取：$A = bh + 2(b_f - b) h_f'$。

B.0.5　当采用本规范第 B.0.2 条、第 B.0.3 条计算各类结构中的弯矩增大系数 η_s 时，宜对构件的弹性抗弯刚度 $E_c I$ 乘以折减系数：对梁，取 0.4；对柱，取 0.6；对剪力墙肢及核心筒壁墙肢，取 0.45；当计算各结构中位移的增大系数 η_s 时，不对刚度进行折减。

> 注：当验算表明剪力墙肢或核心筒壁墙肢各控制截面不开裂时，计算弯矩增大系数 η_s 时的刚度折减系数可取为0.7。

附录 C 钢筋、混凝土本构关系与混凝土多轴强度准则

C.1 钢筋本构关系

C.1.1 普通钢筋的屈服强度及极限强度的平均值 f_{ym}、f_{stm} 可按下列公式计算：

$$f_{ym} = f_{yk}/(1-1.645\delta_s) \quad (C.1.1-1)$$
$$f_{stm} = f_{stk}/(1-1.645\delta_s) \quad (C.1.1-2)$$

式中：f_{yk}、f_{ym} ——钢筋屈服强度的标准值、平均值；

f_{stk}、f_{stm} ——钢筋极限强度的标准值、平均值；

δ_s ——钢筋强度的变异系数，宜根据试验统计确定。

C.1.2 钢筋单调加载的应力-应变本构关系曲线（图C.1.2）可按下列规定确定。

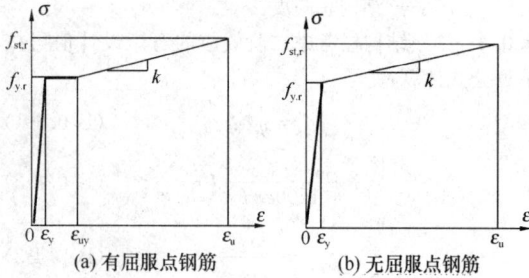

图 C.1.2 钢筋单调受拉应力-应变曲线

1 有屈服点钢筋

$$\sigma_s = \begin{cases} E_s\varepsilon_s & \varepsilon_s \leqslant \varepsilon_y \\ f_{y,r} & \varepsilon_y < \varepsilon_s \leqslant \varepsilon_{uy} \\ f_{y,r} + k(\varepsilon_s - \varepsilon_{uy}) & \varepsilon_{uy} < \varepsilon_s \leqslant \varepsilon_u \\ 0 & \varepsilon_s > \varepsilon_u \end{cases}$$

$$(C.1.2-1)$$

2 无屈服点钢筋

$$\sigma_p = \begin{cases} E_s\varepsilon_s & \varepsilon_s \leqslant \varepsilon_y \\ f_{y,r} + k(\varepsilon_s - \varepsilon_y) & \varepsilon_y < \varepsilon_s \leqslant \varepsilon_u \\ 0 & \varepsilon_s > \varepsilon_u \end{cases}$$

$$(C.1.2-2)$$

式中：E_s ——钢筋的弹性模量；

σ_s ——钢筋应力；

ε_s ——钢筋应变；

$f_{y,r}$ ——钢筋的屈服强度代表值，其值可根据实际结构分析需要分别取 f_y、f_{yk} 或 f_{ym}；

$f_{st,r}$ ——钢筋极限强度代表值，其值可根据实际结构分析需要分别取 f_{st}、f_{stk} 或 f_{stm}；

ε_y ——与 $f_{y,r}$ 相应的钢筋屈服应变，可取

$f_{y,r}/E_s$；

ε_{uy} ——钢筋硬化起点应变；

ε_u ——与 $f_{st,r}$ 相应的钢筋峰值应变；

k ——钢筋硬化段斜率，$k = (f_{st,r} - f_{y,r})/(\varepsilon_u - \varepsilon_{uy})$。

C.1.3 钢筋反复加载的应力-应变本构关系曲线（图C.1.3）宜按下列公式确定，也可采用简化的折线形式表达。

$$\sigma_s = E_s(\varepsilon_s - \varepsilon_a) - \left(\frac{\varepsilon_s - \varepsilon_a}{\varepsilon_b - \varepsilon_a}\right)^p [E_s(\varepsilon_b - \varepsilon_a) - \sigma_b]$$

$$(C.1.3-1)$$

$$p = \frac{(E_s - k)(\varepsilon_b - \varepsilon_a)}{E_s(\varepsilon_b - \varepsilon_a) - \sigma_b} \quad (C.1.3-2)$$

式中：ε_a ——再加载路径起点对应的应变；

σ_b、ε_b ——再加载路径终点对应的应力和应变，如再加载方向钢筋未曾屈服过，则 σ_b、ε_b 取钢筋初始屈服点的应力和应变。如再加载方向钢筋已经屈服过，则取该方向钢筋历史最大应力和应变。

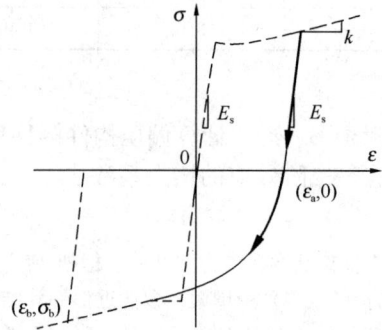

图 C.1.3 钢筋反复加载应力-应变曲线

C.2 混凝土本构关系

C.2.1 混凝土的抗压强度及抗拉强度的平均值 f_{cm}、f_{tm} 可按下列公式计算：

$$f_{cm} = f_{ck}/(1-1.645\delta_c) \quad (C.2.1-1)$$
$$f_{tm} = f_{tk}/(1-1.645\delta_c) \quad (C.2.1-2)$$

式中：f_{cm}、f_{ck} ——混凝土抗压强度的平均值、标准值；

f_{tm}、f_{tk} ——混凝土抗拉强度的平均值、标准值；

δ_c ——混凝土强度变异系数，宜根据试验统计确定。

C.2.2 本节规定的混凝土本构模型应适用于下列条件：

1 混凝土强度等级 C20～C80；

2 混凝土质量密度 2200kg/m³～2400kg/m³；

3 正常温度、湿度环境；

4 正常加载速度。

C.2.3 混凝土单轴受拉的应力-应变曲线（图 C.2.3）可按下列公式确定：

$$\sigma = (1 - d_t) E_c \varepsilon \qquad (C.2.3\text{-}1)$$

$$d_t = \begin{cases} 1 - \rho_t \left[1.2 - 0.2 x^5 \right] & x \leqslant 1 \\ 1 - \dfrac{\rho_t}{\alpha_t (x-1)^{1.7} + x} & x > 1 \end{cases}$$
$$(C.2.3\text{-}2)$$

$$x = \frac{\varepsilon}{\varepsilon_{t,r}} \qquad (C.2.3\text{-}3)$$

$$\rho_t = \frac{f_{t,r}}{E_c \varepsilon_{t,r}} \qquad (C.2.3\text{-}4)$$

式中：α_t —— 混凝土单轴受拉应力-应变曲线下降段的参数值，按表 C.2.3 取用；

$f_{t,r}$ —— 混凝土的单轴抗拉强度代表值，其值可根据实际结构分析需要分别取 f_t、f_{tk} 或 f_{tm}；

$\varepsilon_{t,r}$ —— 与单轴抗拉强度代表值 $f_{t,r}$ 相应的混凝土峰值拉应变，按表 C.2.3 取用；

d_t —— 混凝土单轴受拉损伤演化参数。

表 C.2.3　混凝土单轴受拉应力-应变曲线的参数取值

$f_{t,r}$ (N/mm²)	1.0	1.5	2.0	2.5	3.0	3.5	4.0
$\varepsilon_{t,r}$ (10⁻⁶)	65	81	95	107	118	128	137
α_t	0.31	0.70	1.25	1.95	2.81	3.82	5.00

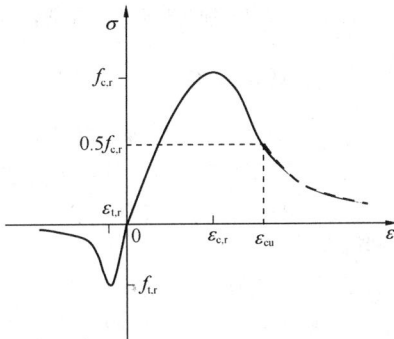

图 C.2.3　混凝土单轴应力-应变曲线

注：混凝土受拉、受压的应力-应变曲线示意图绘于同一坐标系中，但取不同的比例。符号取"受拉为负、受压为正"。

C.2.4 混凝土单轴受压的应力-应变曲线（图 C.2.3）可按下列公式确定：

$$\sigma = (1 - d_c) E_c \varepsilon \qquad (C.2.4\text{-}1)$$

$$d_c = \begin{cases} 1 - \dfrac{\rho_c n}{n - 1 + x^n} & x \leqslant 1 \\ 1 - \dfrac{\rho_c}{\alpha_c (x-1)^2 + x} & x > 1 \end{cases}$$
$$(C.2.4\text{-}2)$$

$$\rho_c = \frac{f_{c,r}}{E_c \varepsilon_{c,r}} \qquad (C.2.4\text{-}3)$$

$$n = \frac{E_c \varepsilon_{c,r}}{E_c \varepsilon_{c,r} - f_{c,r}} \qquad (C.2.4\text{-}4)$$

$$x = \frac{\varepsilon}{\varepsilon_{c,r}} \qquad (C.2.4\text{-}5)$$

式中：α_c —— 混凝土单轴受压应力-应变曲线下降段参数值，按表 C.2.4 取用；

$f_{c,r}$ —— 混凝土单轴抗压强度代表值，其值可根据实际结构分析的需要分别取 f_c、f_{ck} 或 f_{cm}；

$\varepsilon_{c,r}$ —— 与单轴抗压强度 $f_{c,r}$ 相应的混凝土峰值压应变，按表 C.2.4 取用；

d_c —— 混凝土单轴受压损伤演化参数。

表 C.2.4　混凝土单轴受压应力-应变曲线的参数取值

$f_{c,r}$ (N/mm²)	20	25	30	35	40	45	50	55	60	65	70	75	80
$\varepsilon_{c,r}$ (10⁻⁶)	1470	1560	1640	1720	1790	1850	1920	1980	2030	2080	2130	2190	2240
α_c	0.74	1.06	1.36	1.65	1.94	2.21	2.48	2.74	3.00	3.25	3.50	3.75	3.99
$\varepsilon_{cu}/\varepsilon_{c,r}$	3.0	2.6	2.3	2.1	2.0	1.9	1.9	1.8	1.8	1.7	1.7	1.7	1.6

注：ε_{cu} 为应力应变曲线下降段应力等于 $0.5 f_{c,r}$ 时的混凝土压应变。

C.2.5 在重复荷载作用下，受压混凝土卸载及再加载应力路径（图 C.2.5）可按下列公式确定：

$$\sigma = E_r (\varepsilon - \varepsilon_z) \qquad (C.2.5\text{-}1)$$

$$E_r = \frac{\sigma_{un}}{\varepsilon_{un} - \varepsilon_z} \qquad (C.2.5\text{-}2)$$

$$\varepsilon_z = \varepsilon_{un} - \left[\frac{(\varepsilon_{un} + \varepsilon_{ca}) \sigma_{un}}{\sigma_{un} + E_c \varepsilon_{ca}} \right] \qquad (C.2.5\text{-}3)$$

$$\varepsilon_{ca} = \max \left(\frac{\varepsilon_c}{\varepsilon_c + \varepsilon_{un}}, \frac{0.09 \varepsilon_{un}}{\varepsilon_c} \right) \sqrt{\varepsilon_c \varepsilon_{un}}$$
$$(C.2.5\text{-}4)$$

式中：　σ —— 受压混凝土的压应力；

ε —— 受压混凝土的压应变；

ε_z —— 受压混凝土卸载至零应力点时的残余应变；

E_r —— 受压混凝土卸载/再加载的变形模量；

σ_{un}、ε_{un} —— 分别为受压混凝土从骨架线开始卸载时的应力和应变；

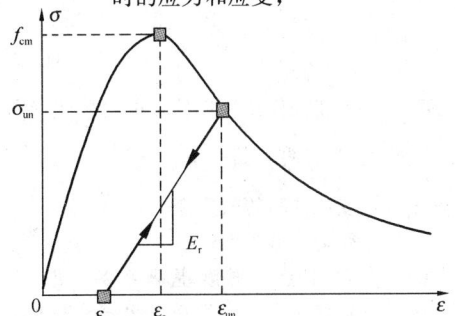

图 C.2.5　重复荷载作用下混凝土应力-应变曲线

ε_{ca}——附加应变；

ε_c——混凝土受压峰值应力对应的应变。

C.2.6 混凝土在双轴加载、卸载条件下的本构关系可采用损伤模型或弹塑性模型。弹塑性本构关系可采用弹塑性增量本构理论，损伤本构关系按下列公式确定：

1 双轴受拉区 ($\sigma'_1 < 0$, $\sigma'_2 < 0$)

1）加载方程

$$\begin{Bmatrix} \sigma_1 \\ \sigma_2 \end{Bmatrix} = (1 - d_t) \begin{Bmatrix} \sigma'_1 \\ \sigma'_2 \end{Bmatrix} \quad (C.2.6\text{-}1)$$

$$\varepsilon_{t,e} = -\sqrt{\frac{1}{1-\nu^2}\left[(\varepsilon_1)^2 + (\varepsilon_2)^2 + 2\nu\varepsilon_1\varepsilon_2\right]}$$

$$(C.2.6\text{-}2)$$

$$\begin{Bmatrix} \sigma'_1 \\ \sigma'_2 \end{Bmatrix} = \frac{E_c}{1-\nu^2}\begin{bmatrix} 1 & \nu \\ \nu & 1 \end{bmatrix}\begin{Bmatrix} \varepsilon_1 \\ \varepsilon_2 \end{Bmatrix} \quad (C.2.6\text{-}3)$$

式中：d_t——受拉损伤演化参数，可由式 (C.2.3-2) 计算，其中 $x = \dfrac{\varepsilon_{t,e}}{\varepsilon_t}$；

$\varepsilon_{t,e}$——受拉能量等效应变；

σ'_1、σ'_2——有效应力；

ν——混凝土泊松比，可取 0.18～0.22。

2）卸载方程

$$\begin{Bmatrix} \sigma_1 - \sigma_{un,1} \\ \sigma_2 - \sigma_{un,2} \end{Bmatrix} = (1 - d_t)\frac{E_c}{1-\nu^2}\begin{bmatrix} 1 & \nu \\ \nu & 1 \end{bmatrix}\begin{Bmatrix} \varepsilon_1 - \varepsilon_{un,1} \\ \varepsilon_2 - \varepsilon_{un,2} \end{Bmatrix}$$

$$(C.2.6\text{-}4)$$

式中：$\sigma_{un,1}$、$\sigma_{un,2}$、$\varepsilon_{un,1}$、$\varepsilon_{un,2}$——二维卸载点处的应力、应变。

在加载方程中，损伤演化参数应采用即时应变换算得到的能量等效应变计算；卸载方程中的损伤演化参数应采用卸载点处的应变换算的能量等效应变计算，并且在整个卸载和再加载过程中保持不变。

2 双轴受压区 ($\sigma'_1 \geqslant 0$, $\sigma'_2 \geqslant 0$)

1）加载方程

$$\begin{Bmatrix} \sigma_1 \\ \sigma_2 \end{Bmatrix} = (1 - d_c)\begin{Bmatrix} \sigma'_1 \\ \sigma'_2 \end{Bmatrix} \quad (C.2.6\text{-}5)$$

$$\varepsilon_{c,e} = \frac{1}{(1-\nu^2)(1-\alpha_s)}\Big[\alpha_s(1+\nu)(\varepsilon_1+\varepsilon_2)$$

$$+\sqrt{(\varepsilon_1+\varkappa\varepsilon_2)^2+(\varepsilon_2+\varkappa\varepsilon_1)^2-(\varepsilon_1+\varkappa\varepsilon_2)(\varepsilon_2+\varkappa\varepsilon_1)}\Big]$$

$$(C.2.6\text{-}6)$$

$$\alpha_s = \frac{r-1}{2r-1} \quad (C.2.6\text{-}7)$$

式中：d_c——受压损伤演化参数，可由公式 (C.2.4-2) 计算，其中 $x = \dfrac{\varepsilon_{c,e}}{\varepsilon_c}$；

$\varepsilon_{c,e}$——受压能量等效应变；

α_s——受剪屈服参数；

r——双轴受压强度提高系数，取值范围 1.15～1.30，可根据实验数据确定，在缺乏实验数据时可取 1.2。

2）卸载方程

$$\begin{Bmatrix} \sigma_1 - \sigma_{un,1} \\ \sigma_2 - \sigma_{un,2} \end{Bmatrix} = (1 - \eta_d d_c)\frac{E_c}{1-\nu^2}\begin{bmatrix} 1 & \nu \\ \nu & 1 \end{bmatrix}$$

$$\begin{Bmatrix} \varepsilon_1 - \varepsilon_{un,1} \\ \varepsilon_2 - \varepsilon_{un,2} \end{Bmatrix}$$

$$(C.2.6\text{-}8)$$

$$\eta_d = \frac{\varepsilon_{c,e}}{\varepsilon_{c,e} + \varepsilon_{ca}} \quad (C.2.6\text{-}9)$$

式中：η_d——塑性因子；

ε_{ca}——附加应变，按公式 (C.2.5-4) 计算。

3 双轴拉压区 ($\sigma'_1 < 0$, $\sigma'_2 \geqslant 0$) 或 ($\sigma'_1 \geqslant 0$, $\sigma'_2 < 0$)

1）加载方程

$$\begin{Bmatrix} \sigma_1 \\ \sigma_2 \end{Bmatrix} = \begin{bmatrix} (1-d_t) & 0 \\ 0 & (1-d_c) \end{bmatrix}\begin{Bmatrix} \sigma'_1 \\ \sigma'_2 \end{Bmatrix}$$

$$(C.2.6\text{-}10)$$

$$\varepsilon_{t,e} = -\sqrt{\frac{1}{(1-\nu^2)}\varepsilon_1(\varepsilon_1+\gamma\varepsilon_2)}$$

$$(C.2.6\text{-}11)$$

式中：d_t——受拉损伤演化参数，可由式 (C.2.3-2) 计算，其中 $x = \dfrac{\varepsilon_{t,e}}{\varepsilon_t}$；

d_c——受压损伤演化参数，可由式 (C.2.4-2) 计算，其中 $x = \dfrac{\varepsilon_{c,e}}{\varepsilon_c}$；

$\varepsilon_{t,e}$、$\varepsilon_{c,e}$——能量等效应变，其中，$\varepsilon_{c,e}$ 按式 (C.2.6-6) 计算，$\varepsilon_{t,e}$ 可按式 (C.2.6-11) 计算。

2）卸载方程

$$\begin{Bmatrix} \sigma_1 - \sigma_{un,1} \\ \sigma_2 - \sigma_{un,2} \end{Bmatrix} = \frac{E_c}{1-\nu^2}\begin{bmatrix} (1-d_t) & (1-d_t)\nu \\ (1-\eta_d d_c)\nu & (1-\eta_d d_c) \end{bmatrix}\begin{Bmatrix} \varepsilon_1 - \varepsilon_{un,1} \\ \varepsilon_2 - \varepsilon_{un,2} \end{Bmatrix}$$

$$(C.2.6\text{-}12)$$

式中：η_d——塑性因子。

C.3 钢筋-混凝土粘结滑移本构关系

C.3.1 混凝土与热轧带肋钢筋之间的粘结应力-滑移 ($\tau - s$) 本构关系曲线（图 C.3.1）可按下列规定确定，曲线特征点的参数值可按表 C.3.1 取用。

线性段 $\quad \tau = k_1 s \quad 0 \leqslant s \leqslant s_{cr}$ （C.3.1-1）

劈裂段 $= \tau_{cr} + k_2(s - s_{cr}) \quad s_{cr} < s \leqslant s_u$

$$(C.3.1\text{-}2)$$

下降段 $= \tau_u + k_3(s - s_u) \quad s_u < s \leqslant s_r$

$$(C.3.1\text{-}3)$$

残余段 $\quad \tau = \tau_r \quad s > s_r$ （C.3.1-4）

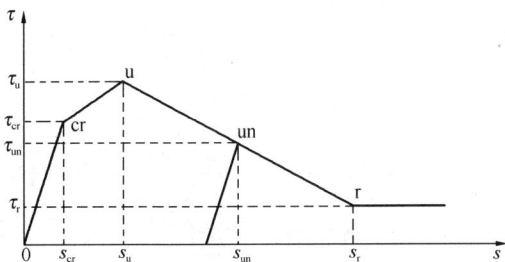

图 C.3.1 混凝土与钢筋间的粘结应力-滑移曲线

卸载段 $\quad \tau = \tau_{un} + k_1(s - s_{un})$ (C.3.1-5)

式中：τ——混凝土与热轧带肋钢筋之间的粘结应力（N/mm²）；

s——混凝土与热轧带肋钢筋之间的相对滑移（mm）；

k_1——线性段斜率，τ_{cr}/s_{cr}；

k_2——劈裂段斜率，$(\tau_u - \tau_{cr})/(s_u - s_{cr})$；

k_3——下降段斜率，$(\tau_r - \tau_u)/(s_r - s_u)$；

τ_{un}——卸载点的粘结应力（N/mm²）；

s_{un}——卸载点的相对滑移（mm）。

表 C.3.1 混凝土与钢筋间粘结应力-滑移曲线的参数值

特征点	劈裂（cr）		峰值（u）		残余（r）	
粘结应力（N/mm²）	τ_{cr}	$2.5f_{t,r}$	τ_u	$3f_{t,r}$	τ_r	$f_{t,r}$
相对滑移（mm）	s_{cr}	$0.025d$	s_u	$0.04d$	s_r	$0.55d$

注：表中 d 为钢筋直径（mm）；$f_{t,r}$ 为混凝土的抗拉强度特征值（N/mm²）。

C.3.2 除热轧带肋钢筋外，其余种类钢筋的粘结力-滑移本构关系曲线的参数值可根据试验确定。

C.4 混凝土强度准则

C.4.1 当采用混凝土多轴强度准则进行承载力计算时，材料强度参数取值及抗力计算应符合下列原则：

1 当采用弹塑性方法确定作用效应时，混凝土强度指标宜取平均值；

2 当采用弹性方法或弹塑性方法分析结果进行构件承载力计算时，混凝土强度指标可根据需要，取其强度设计值（f_c 或 f_t）或标准值（f_{ck} 或 f_{tk}）。

3 采用弹性分析或弹塑性分析求得混凝土的应力分布和主应力值后，混凝土多轴强度验算应符合下列要求：

$$|\sigma_i| \leqslant |f_i| \quad (i=1、2、3) \quad (C.4.1)$$

式中：σ_i——混凝土主应力值，受拉为负，受压为正，且 $\sigma_1 \geqslant \sigma_2 \geqslant \sigma_3$；

f_i——混凝土多轴强度代表值，受拉为负，受压为正，且 $f_1 \geqslant f_2 \geqslant f_3$。

C.4.2 在二轴应力状态下，混凝土的二轴强度由下列 4 条曲线连成的封闭曲线（图 C.4.2）确定；也可以根据表 C.4.2-1、表 C.4.2-2 和表 C.4.2-3 所列的数值内插取值。

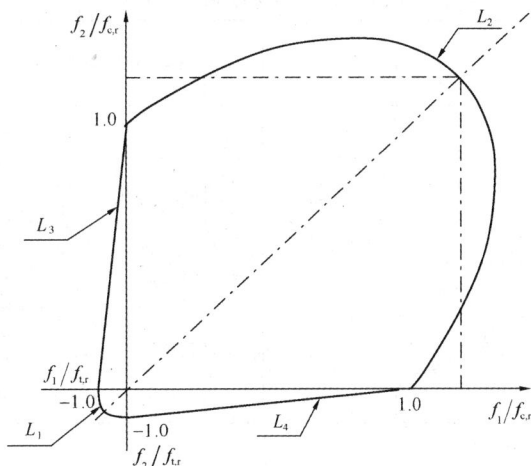

图 C.4.2 混凝土二轴应力的强度包络图

强度包络曲线方程应符合下列公式的规定：

$$\begin{cases} L_1: & f_1^2 + f_2^2 - 2\nu f_1 f_2 = (f_{t,r})^2 \\ L_2: & \sqrt{f_1^2 + f_2^2 - f_1 f_2} - \alpha_s(f_1 + f_2) = (1-\alpha_s)f_{c,r} \\ L_3: & \dfrac{f_2}{f_{c,r}} - \dfrac{f_1}{f_{t,r}} = 1 \\ L_4: & \dfrac{f_1}{f_{c,r}} - \dfrac{f_2}{f_{t,r}} = 1 \end{cases}$$

(C.4.2)

式中：α_s——受剪屈服参数，由公式（C.2.6-7）确定。

表 C.4.2-1 混凝土在二轴拉-压应力状态下的抗拉、抗压强度

$f_2/f_{t,r}$	0	-0.1	-0.2	-0.3	-0.4	-0.5	-0.6	-0.7	-0.8	-0.9	-1.0
$f_1/f_{c,r}$	1.00	0.90	0.80	0.70	0.60	0.50	0.40	0.30	0.20	0.10	0

表 C.4.2-2 混凝土在二轴受压状态下的抗压强度

$f_1/f_{c,r}$	1.0	1.05	1.10	1.15	1.20	1.25	1.29	1.25	1.20	1.16
$f_2/f_{c,r}$	0	0.074	0.16	0.25	0.36	0.50	0.88	1.03	1.11	1.16

表 C.4.2-3 混凝土在二轴受拉状态下的抗拉强度

$f_1/f_{t,r}$	-0.79	-0.7	-0.6	-0.5	-0.4	-0.3	-0.2	-0.1	0
$f_2/f_{t,r}$	-0.79	-0.86	-0.93	-0.97	-1.00	-1.02	-1.02	-1.02	-1.00

C.4.3 混凝土在三轴应力状态下的强度可按下列规定确定：

1 在三轴受拉（拉-拉-拉）应力状态下，混凝土的三轴抗拉强度 f_3 均可取单轴抗拉强度的 0.9 倍；

2 三轴拉压（拉-拉-压、拉-压-压）应力状态下混凝土的三轴抗压强度 f_1 可根据应力比 σ_3/σ_1 和 σ_2/σ_1 按图 C.4.3-1 确定，或根据表 C.4.3-1 内插取值，其最高强度不宜超过单轴抗压强度的 1.2 倍；

表 C.4.3-1　混凝土在三轴拉-压状态下抗压强度的调整系数（$f_1/f_{c,r}$）

σ_3/σ_1 ＼ σ_2/σ_1	−0.75	−0.50	−0.25	−0.10	−0.05	0	0.25	0.35	0.36	0.50	0.70	0.75	1.00
−1.00	0	0	0	0	0	0	0	0	0	0	0	0	0
−0.75	0.10	0.10	0.10	0.10	0.10	0.10	0.05	0.05	0.05	0.05	0.05	0.05	0.05
−0.50	—	0.10	0.10	0.10	0.10	0.10	0.10	0.10	0.10	0.10	0.10	0.10	0.10
−0.25	—	—	0.20	0.20	0.20	0.20	0.20	0.20	0.20	0.20	0.20	0.20	0.20
−0.12				0.30	0.30	0.30	0.30	0.30	0.30	0.30	0.30	0.30	0.30
−0.10				0.40	0.40	0.40	0.40	0.40	0.40	0.40	0.40	0.40	0.40
−0.08					0.50	0.50	0.50	0.50	0.50	0.50	0.50	0.50	0.50
−0.05					0.60	0.60	0.60	0.60	0.60	0.60	0.60	0.60	0.60
−0.04						0.70	0.70	0.70	0.70	0.70	0.70	0.70	0.70
−0.02						0.80	0.80	0.80	0.80	0.80	0.80	0.80	0.80
−0.01						0.90	0.90	0.90	0.90	0.90	0.90	0.90	0.90
0						1.00	1.20	1.20	1.20	1.20	1.20	1.20	1.20

注：正值为压，负值为拉。

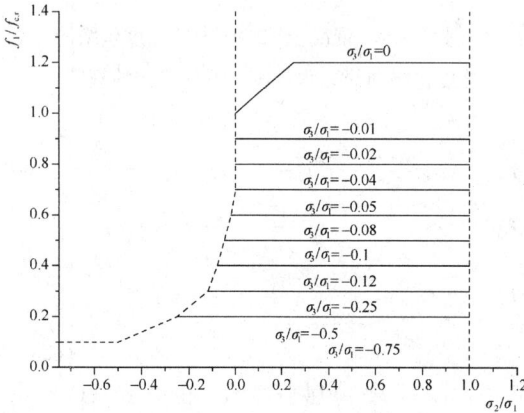

图 C.4.3-1　三轴拉-压应力状态下混凝土的三轴抗压强度

3　三轴受压（压-压-压）应力状态下混凝土的三轴抗压强度 f_1 可根据应力比 σ_3/σ_1 和 σ_2/σ_1 按图 C.4.3-2 确定，或根据表 C.4.3-2 内插取值，其最高强度不宜超过单轴抗压强度的 3 倍。

表 C.4.3-2　混凝土在三轴受压状态下抗压强度的提高系数（$f_1/f_{c,r}$）

σ_3/σ_1 ＼ σ_2/σ_1	0	0.05	0.10	0.15	0.20	0.25	0.30	0.40	0.60	0.80	1.00
0	1.00	1.05	1.10	1.15	1.20	1.20	1.20	1.20	1.20	1.20	1.20
0.05	—	1.40	1.40	1.40	1.40	1.40	1.40	1.40	1.40	1.40	1.40
0.08	—	—	1.64	1.64	1.64	1.64	1.64	1.64	1.64	1.64	1.64
0.10	—	—	—	1.80	1.80	1.80	1.80	1.80	1.80	1.80	1.80
0.12	—	—	—	—	2.00	2.00	2.00	2.00	2.00	2.00	2.00
0.15	—	—	—	—	2.30	2.30	2.30	2.30	2.30	2.30	2.30
0.18	—	—	—	—	—	2.72	2.72	2.72	2.72	2.72	2.72
0.20	—	—	—	—	—	3.00	3.00	3.00	3.00	3.00	3.00

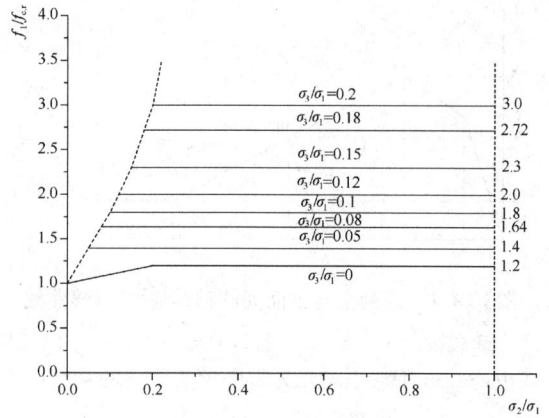

图 C.4.3-2　三轴受压状态下混凝土的三轴抗压强度

附录 D　素混凝土结构构件设计

D.1　一般规定

D.1.1　素混凝土构件主要用于受压构件。素混凝土受弯构件仅允许用于卧置在地基上以及不承受活荷载的情况。

D.1.2　素混凝土结构构件应进行正截面承载力计算；对承受局部荷载的部位尚应进行局部受压承载力计算。

D.1.3　素混凝土墙和柱的计算长度 l_0 可按下列规定采用：

1　两端支承在刚性的横向结构上时，取 $l_0 = H$；

2　具有弹性移动支座时，取 $l_0 = 1.25H \sim 1.50H$；

3　对自由独立的墙和柱，取 $l_0 = 2H$。

此处，H 为墙或柱的高度，以层高计。

D.1.4　素混凝土结构伸缩缝的最大间距，可按表 D.1.4 的规定采用。

整片的素混凝土墙壁式结构，其伸缩缝宜做成贯通式，将基础断开。

表 D.1.4　素混凝土结构伸缩缝最大间距（m）

结构类别	室内或土中	露天
装配式结构	40	30
现浇结构（配有构造钢筋）	30	20
现浇结构（未配构造钢筋）	20	10

D.2　受压构件

D.2.1　素混凝土受压构件，当按受压承载力计算时，不考虑受拉区混凝土的工作，并假定受压区的法向应力图形为矩形，其应力值取素混凝土的轴心抗压强度设计值，此时，轴向力作用点与受压区混凝土合力点相重合。

素混凝土受压构件的受压承载力应符合下列规定：

1 对称于弯矩作用平面的截面

$$N \leqslant \varphi f_{cc} A'_c \qquad (D.2.1-1)$$

受压区高度 x 应按下列条件确定：

$$e_c = e_0 \qquad (D.2.1-2)$$

此时，轴向力作用点至截面重心的距离 e_0 尚应符合下列要求：

$$e_0 \leqslant 0.9 y'_0 \qquad (D.2.1-3)$$

2 矩形截面（图 D.2.1）

$$N \leqslant \varphi f_{cc} b (h - 2e_0) \qquad (D.2.1-4)$$

式中：N——轴向压力设计值；

φ——素混凝土构件的稳定系数，按表 D.2.1 采用；

f_{cc}——素混凝土的轴心抗压强度设计值，按本规范表 4.1.4-1 规定的混凝土轴心抗压强度设计值 f_c 值乘以系数 0.85 取用；

A'_c——混凝土受压区的面积；

e_c——受压区混凝土的合力点至截面重心的距离；

y'_0——截面重心至受压区边缘的距离；

b——截面宽度；

h——截面高度。

当按公式(D.2.1-1)或公式(D.2.1-4)计算时，对 e_0 不小于 $0.45 y'_0$ 的受压构件，应在混凝土受拉区配置构造钢筋。其配筋率不应少于构件截面面积的 0.05%。但当符合本规范公式（D.2.2-1）或公式（D.2.2-2）的条件时，可不配置此项构造钢筋。

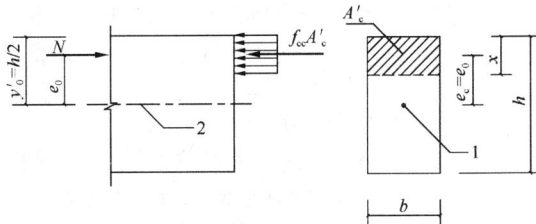

图 D.2.1 矩形截面的素混凝土
受压构件受压承载力计算
1—重心；2—重心线

表 D.2.1 素混凝土构件的稳定系数 φ

l_0/b	<4	4	6	8	10	12	14	16	18	20	22	24	26	28	30
l_0/i	<14	14	21	28	35	42	49	56	63	70	76	83	90	97	104
φ	1.00	0.98	0.96	0.91	0.86	0.82	0.77	0.72	0.68	0.63	0.59	0.55	0.51	0.47	0.44

注：在计算 l_0/b 时，b 的取值：对偏心受压构件，取弯矩作用平面的截面高度；对轴心受压构件，取截面短边尺寸。

D.2.2 对不允许开裂的素混凝土受压构件（如处于液体压力下的受压构件、女儿墙等），当 e_0 不小于 $0.45 y'_0$ 时，其受压承载力应按下列公式计算：

1 对称于弯矩作用平面的截面

$$N \leqslant \varphi \frac{\gamma f_{ct} A}{\dfrac{e_0 A}{W} - 1} \qquad (D.2.2-1)$$

2 矩形截面

$$N \leqslant \varphi \frac{\gamma f_{ct} bh}{\dfrac{6e_0}{h} - 1} \qquad (D.2.2-2)$$

式中：f_{ct}——素混凝土轴心抗拉强度设计值，按本规范表 4.1.4-2 规定的混凝土轴心抗拉强度设计值 f_t 值乘以系数 0.55 取用；

γ——截面抵抗矩塑性影响系数，按本规范第 7.2.4 条取用；

W——截面受拉边缘的弹性抵抗矩；

A——截面面积。

D.2.3 素混凝土偏心受压构件，除应计算弯矩作用平面的受压承载力外，尚应按轴心受压构件验算垂直于弯矩作用平面的受压承载力。此时，不考虑弯矩作用，但应考虑稳定系数 φ 的影响。

D.3 受 弯 构 件

D.3.1 素混凝土受弯构件的受弯承载力应符合下列规定：

1 对称于弯矩作用平面的截面

$$M \leqslant \gamma f_{ct} W \qquad (D.3.1-1)$$

2 矩形截面

$$M \leqslant \frac{\gamma f_{ct} bh^2}{6} \qquad (D.3.1-2)$$

式中：M——弯矩设计值。

D.4 局部构造钢筋

D.4.1 素混凝土结构在下列部位应配置局部构造钢筋：

1 结构截面尺寸急剧变化处；

2 墙壁高度变化处（在不小于 1m 范围内配置）；

3 混凝土墙壁中洞口周围。

注：在配置局部构造钢筋后，伸缩缝的间距仍应按本规范表 D.1.4 中未配构造钢筋的现浇结构采用。

D.5 局 部 受 压

D.5.1 素混凝土构件的局部受压承载力应符合下列规定：

1 局部受压面上仅有局部荷载作用

$$F_l \leqslant \alpha \beta_l f_{cc} A_l \qquad (D.5.1-1)$$

2 局部受压面上尚有非局部荷载作用

$$F_l \leqslant \omega\beta_l (f_{cc} - \sigma)A_l \qquad \text{(D.5.1-2)}$$

式中：F_l——局部受压面上作用的局部荷载或局部压力设计值；

A_l——局部受压面积；

ω——荷载分布的影响系数：当局部受压面上的荷载为均匀分布时，取 $\omega = 1$；当局部荷载为非均匀分布时（如梁、过梁等的端部支承面），取 $\omega = 0.75$；

σ——非局部荷载设计值产生的混凝土压应力；

β_l——混凝土局部受压时的强度提高系数，按本规范公式（6.6.1-2）计算。

附录 E 任意截面、圆形及环形构件正截面承载力计算

E.0.1 任意截面钢筋混凝土和预应力混凝土构件，其正截面承载力可按下列方法计算：

1 将截面划分为有限多个混凝土单元、纵向钢筋单元和预应力筋单元（图 E.0.1a），并近似取单元内应变和应力为均匀分布，其合力点在单元重心处；

2 各单元的应变按本规范第 6.2.1 条的截面应变保持平面的假定由下列公式确定（图 E.0.1b）：

$$\varepsilon_{ci} = \phi_u \left[(x_{ci}\sin\theta + y_{ci}\cos\theta) - r \right] \quad \text{(E.0.1-1)}$$

$$\varepsilon_{sj} = -\phi_u \left[(x_{sj}\sin\theta + y_{sj}\cos\theta) - r \right]$$
$$\text{(E.0.1-2)}$$

$$\varepsilon_{pk} = -\phi_u \left[(x_{pk}\sin\theta + y_{pk}\cos\theta) - r \right] + \varepsilon_{p0k}$$
$$\text{(E.0.1-3)}$$

3 截面达到承载能力极限状态时的极限曲率 ϕ_u 应按下列两种情况确定：

1）当截面受压区外边缘的混凝土压应变 ε_c 达到混凝土极限压应变 ε_{cu} 且受拉区最外排钢筋的应变 ε_{s1} 小于 0.01 时，应按下列公式计算：

$$\phi_u = \frac{\varepsilon_{cu}}{x_n} \qquad \text{(E.0.1-4)}$$

2）当截面受拉区最外排钢筋的应变 ε_{s1} 达到 0.01 且受压区外边缘的混凝土压应变 ε_c 小于混凝土极限压应变 ε_{cu} 时，应按下列公式计算：

$$\phi_u = \frac{0.01}{h_{01} - x_n} \qquad \text{(E.0.1-5)}$$

4 混凝土单元的压应力和普通钢筋单元、预应力筋单元的应力应按本规范第 6.2.1 条的基本假定确定；

5 构件正截面承载力应按下列公式计算（图

E.0.1）：

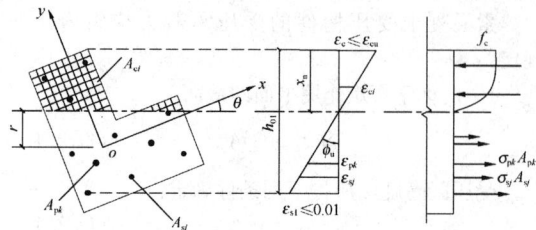

(a) 截面、配筋及其单元划分 (b) 应变分布 (c) 应力分布

图 E.0.1 任意截面构件正截面承载力计算

$$N \leqslant \sum_{i=1}^{l} \sigma_{ci}A_{ci} - \sum_{j=1}^{m} \sigma_{sj}A_{sj} - \sum_{k=1}^{n} \sigma_{pk}A_{pk}$$
$$\text{(E.0.1-6)}$$

$$M_x \leqslant \sum_{i=1}^{l} \sigma_{ci}A_{ci}x_{ci} - \sum_{j=1}^{m} \sigma_{sj}A_{sj}x_{sj} - \sum_{k=1}^{n} \sigma_{pk}A_{pk}x_{pk}$$
$$\text{(E.0.1-7)}$$

$$M_y \leqslant \sum_{i=1}^{l} \sigma_{ci}A_{ci}y_{ci} - \sum_{j=1}^{m} \sigma_{sj}A_{sj}y_{sj} - \sum_{k=1}^{n} \sigma_{pk}A_{pk}y_{pk}$$
$$\text{(E.0.1-8)}$$

式中： N——轴向力设计值，当为压力时取正值，当为拉力时取负值；

M_x、M_y——偏心受力构件截面 x 轴、y 轴方向的弯矩设计值：当为偏心受压时，应考虑附加偏心距引起的附加弯矩；轴向压力作用在 x 轴的上侧时 M_y 取正值，轴向压力作用在 y 轴的右侧时 M_x 取正值；当为偏心受拉时，不考虑附加偏心的影响；

ε_{ci}、σ_{ci}——分别为第 i 个混凝土单元的应变、应力，受压时取正值，受拉时应取应力 $\sigma_{ci} = 0$；序号 i 为 1，2，…，l，此处，l 为混凝土单元数；

A_{ci}——第 i 个混凝土单元面积；

x_{ci}、y_{ci}——分别为第 i 个混凝土单元重心到 y 轴、x 轴的距离，x_{ci} 在 y 轴右侧及 y_{ci} 在 x 轴上侧时取正值；

ε_{sj}、σ_{sj}——分别为第 j 个普通钢筋单元的应变、应力，受拉时取正值，应力 σ_{si} 应满足本规范公式（6.2.1-6）的条件；序号 j 为 1，2，…，m，此处，m 为钢筋单元数；

A_{sj}——第 j 个普通钢筋单元面积；

x_{sj}、y_{sj}——分别为第 j 个普通钢筋单元重心到 y 轴、x 轴的距离，x_{sj} 在 y 轴右侧及 y_{sj} 在 x 轴上侧时取正值；

ε_{pk}、σ_{pk}——分别为第 k 个预应力筋单元的应变、应力，受拉时取正值，应力 σ_{pk} 应满足本规范公式（6.2.1-7）的条件，

序号 k 为 1，2，…，n，此处，n 为预应力筋单元数；

ε_{p0k} —— 第 k 个预应力筋单元在该单元重心处混凝土法向应力等于零时的应变，其值取 σ_{p0k} 除以预应力筋的弹性模量，当受拉时取正值；σ_{p0k} 按本规范公式（10.1.6-3）或公式（10.1.6-6）计算；

A_{pk} —— 第 k 个预应力筋单元面积；

x_{pk}、y_{pk} —— 分别为第 k 个预应力筋单元重心到 y 轴、x 轴的距离，x_{pk} 在 y 轴右侧及 y_{pk} 在 x 轴上侧时取正值；

x、y —— 分别为以截面重心为原点的直角坐标系的两个坐标轴；

r —— 截面重心至中和轴的距离；

h_{01} —— 截面受压区外边缘至受拉区最外排普通钢筋之间垂直于中和轴的距离；

θ —— x 轴与中和轴的夹角，顺时针方向取正值；

x_n —— 中和轴至受压区最外侧边缘的距离。

E.0.2 环形和圆形截面受弯构件的正截面受弯承载力，应按本规范第 E.0.3 条和第 E.0.4 条的规定计算。但在计算时，应在公式（E.0.3-1）、公式（E.0.3-3）和公式（E.0.4-1）中取等号，并取轴向力设计值 $N=0$；同时，应将公式（E.0.3-2）、公式（E.0.3-4）和公式（E.0.4-2）中 Ne_i 以弯矩设计值 M 代替。

E.0.3 沿周边均匀配置纵向钢筋的环形截面偏心受压构件（图 E.0.3），其正截面受压承载力宜符合下列规定：

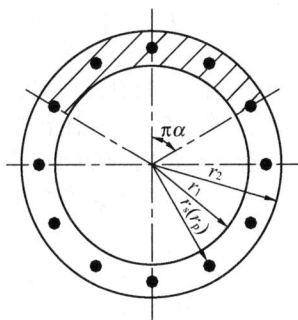

图 E.0.3 沿周边均匀配筋的环形截面

1 钢筋混凝土构件

$$N \leqslant \alpha\alpha_1 f_c A + (\alpha - \alpha_t) f_y A_s \quad (E.0.3-1)$$

$$Ne_i \leqslant \alpha_1 f_c A (r_1 + r_2) \frac{\sin\pi\alpha}{2\pi} + f_y A_s r_s \frac{(\sin\pi\alpha + \sin\pi\alpha_t)}{\pi} \quad (E.0.3-2)$$

2 预应力混凝土构件

$$N \leqslant \alpha\alpha_1 f_c A - \sigma_{p0} A_p + \alpha f'_{py} A_p - \alpha_t (f_{py} - \sigma_{p0}) A_p \quad (E.0.3-3)$$

$$Ne_i \leqslant \alpha_1 f_c A (r_1 + r_2) \frac{\sin\pi\alpha}{2\pi} + f'_{py} A_p r_p \frac{\sin\pi\alpha}{\pi}$$
$$+ (f_{py} - \sigma_{p0}) A_p r_p \frac{\sin\pi\alpha_t}{\pi} \quad (E.0.3-4)$$

在上述各公式中的系数和偏心距，应按下列公式计算：

$$\alpha_t = 1 - 1.5\alpha \quad (E.0.3-5)$$

$$e_i = e_0 + e_a \quad (E.0.3-6)$$

式中：
A —— 环形截面面积；

A_s —— 全部纵向普通钢筋的截面面积；

A_p —— 全部纵向预应力筋的截面面积；

r_1、r_2 —— 环形截面的内、外半径；

r_s —— 纵向普通钢筋重心所在圆周的半径；

r_p —— 纵向预应力筋重心所在圆周的半径；

e_0 —— 轴向压力对截面重心的偏心距；

e_a —— 附加偏心距，按本规范第 6.2.5 条确定；

α —— 受压区混凝土截面面积与全截面面积的比值；

α_t —— 纵向受拉钢筋截面面积与全部纵向钢筋截面面积的比值，当 α 大于 2/3 时，取 α_t 为 0。

3 当 α 小于 $\arccos\left(\frac{2r_1}{r_1 + r_2}\right)/\pi$ 时，环形截面偏心受压构件可按本规范第 E.0.4 条规定的圆形截面偏心受压构件正截面受压承载力公式计算。

注：本条适用于截面内纵向钢筋数量不少于 6 根且 r_1/r_2 不小于 0.5 的情况。

E.0.4 沿周边均匀配置纵向普通钢筋的圆形截面钢筋混凝土偏心受压构件（图 E.0.4），其正截面受压承载力宜符合下列规定：

$$N \leqslant \alpha\alpha_1 f_c A \left(1 - \frac{\sin 2\pi\alpha}{2\pi\alpha}\right) + (\alpha - \alpha_t) f_y A_s \quad (E.0.4-1)$$

$$Ne_i \leqslant \frac{2}{3} \alpha_1 f_c A r \frac{\sin^3\pi\alpha}{\pi} + f_y A_s r_s \frac{\sin\pi\alpha + \sin\pi\alpha_t}{\pi} \quad (E.0.4-2)$$

$$\alpha_t = 1.25 - 2\alpha \quad (E.0.4-3)$$

$$e_i = e_0 + e_a \quad (E.0.4-4)$$

式中：A —— 圆形截面面积；

A_s —— 全部纵向普通钢筋的截面面积；

r —— 圆形截面的半径；

r_s —— 纵向普通钢筋重心所在圆周的半径；

e_0 —— 轴向压力对截面重心的偏心距；

e_a —— 附加偏心距，按本规范第 6.2.5 条确定；

α —— 对应于受压区混凝土截面面积的圆心角（rad）与 2π 的比值；

α_t —— 纵向受拉普通钢筋截面面积与全部纵向普通钢筋截面面积的比值，当 α 大于

0.625 时，取 α_t 为 0。

注：本条适用于截面内纵向普通钢筋数量不少于 6 根的情况。

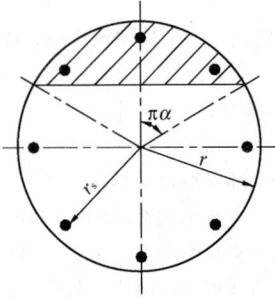

图 E.0.4　沿周边均匀配筋的圆形截面

E.0.5 沿周边均匀配置纵向钢筋的环形和圆形截面偏心受拉构件，其正截面受拉承载力应符合本规范公式（6.2.25-1）的规定，式中的正截面受弯承载力设计值 M_u 可按本规范第 E.0.2 条的规定进行计算，但应取等号，并以 M_u 代替 Ne_i。

附录 F　板柱节点计算用等
效集中反力设计值

F.0.1　在竖向荷载、水平荷载作用下的板柱节点，其受冲切承载力计算中所用的等效集中反力设计值 $F_{l,eq}$ 可按下列情况确定：

1　传递单向不平衡弯矩的板柱节点

当不平衡弯矩作用平面与柱矩形截面两个轴线之一相重合时，可按下列两种情况进行计算：

1）由节点受剪传递的单向不平衡弯矩 $\alpha_0 M_{unb}$，当其作用的方向指向图 F.0.1 的 AB 边时，等效集中反力设计值可按下列公式计算：

$$F_{l,eq} = F_l + \frac{\alpha_0 M_{unb} a_{AB}}{I_c} u_m h_0 \quad \text{(F.0.1-1)}$$

$$M_{unb} = M_{unb,c} - F_l e_g \quad \text{(F.0.1-2)}$$

2）由节点受剪传递的单向不平衡弯矩 $\alpha_0 M_{unb}$，当其作用的方向指向图 F.0.1 的 CD 边时，等效集中反力设计值可按下列公式计算：

$$F_{l,eq} = F_l + \frac{\alpha_0 M_{unb} a_{CD}}{I_c} u_m h_0 \quad \text{(F.0.1-3)}$$

$$M_{unb} = M_{unb,c} + F_l e_g \quad \text{(F.0.1-4)}$$

式中：F_l——在竖向荷载、水平荷载作用下，柱所承受的轴向压力设计值的层间差值减去柱顶冲切破坏锥体范围内板所承受的荷载设计值；

α_0——计算系数，按本规范第 F.0.2 条计算；

M_{unb}——竖向荷载、水平荷载引起对临界截面周长重心轴（图 F.0.1 中的轴线 2）处的不平衡弯矩设计值；

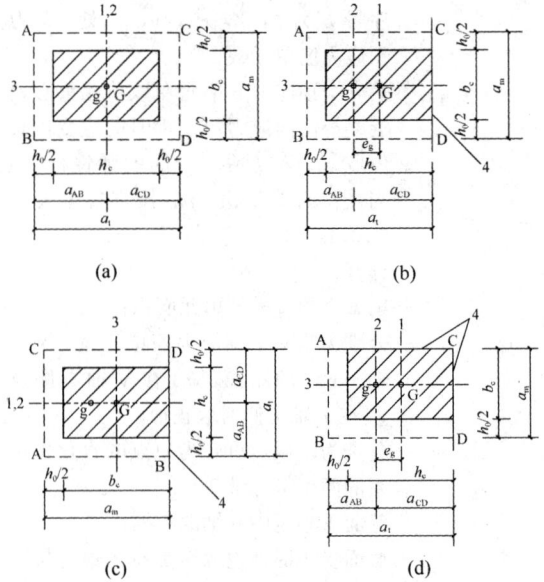

图 F.0.1　矩形柱及受冲切承载力计算的几何参数
(a) 中柱截面；(b) 边柱截面（弯矩作用平面垂直于自由边）；(c) 边柱截面（弯矩作用平面平行于自由边）；(d) 角柱截面
1—柱截面重心 G 的轴线；2—临界截面周长重心 g 的轴线；
3—不平衡弯矩作用平面；4—自由边

$M_{unb,c}$——竖向荷载、水平荷载引起对柱截面重心轴（图 F.0.1 中的轴线 1）处的不平衡弯矩设计值；

a_{AB}、a_{CD}——临界截面周长重心轴至 AB、CD 边缘的距离；

I_c——按临界截面计算的类似极惯性矩，按本规范第 F.0.2 条计算；

e_g——在弯矩作用平面内柱截面重心轴至临界截面周长重心轴的距离，按本规范第 F.0.2 条计算；对中柱截面和弯矩作用平面平行于自由边的边柱截面，$e_g = 0$。

2　传递双向不平衡弯矩的板柱节点

当节点受剪传递到临界截面周长两个方向的不平衡弯矩为 $\alpha_{0x} M_{unb,x}$、$\alpha_{0y} M_{unb,y}$ 时，等效集中反力设计值可按下列公式计算：

$$F_{l,eq} = F_l + \tau_{unb,max} u_m h_0 \quad \text{(F.0.1-5)}$$

$$\tau_{unb,max} = \frac{\alpha_{0x} M_{unb,x} a_x}{I_{cx}} + \frac{\alpha_{0y} M_{unb,y} a_y}{I_{cy}}$$

$$\text{(F.0.1-6)}$$

式中：$\tau_{unb,max}$——由受剪传递的双向不平衡弯矩在临界截面上产生的最大剪应力设计值；

$M_{unb,x}$、$M_{unb,y}$——竖向荷载、水平荷载引起对临界截面周长重心处 x 轴、y 轴方向的不平衡弯矩设计值，可按公式（F.0.1-2）或公式（F.0.1-4）同样的方法确定；

α_{0x}、α_{0y}——x 轴、y 轴的计算系数，按本规范第 F.0.2 条和第 F.0.3 条确定;

I_{cx}、I_{cy}——对 x 轴、y 轴按临界截面计算的类似极惯性矩，按本规范第 F.0.2 条和第 F.0.3 条确定;

a_x、a_y——最大剪应力 τ_{max} 的作用点至 x 轴、y 轴的距离。

3 当考虑不同的荷载组合时，应取其中的较大值作为板柱节点受冲切承载力计算用的等效集中反力设计值。

F.0.2 板柱节点考虑受剪传递单向不平衡弯矩的受冲切承载力计算中，与等效集中反力设计值 $F_{l,eq}$ 有关的参数和本附录图 F.0.1 中所示的几何尺寸，可按下列公式计算:

1 中柱处临界截面的类似极惯性矩、几何尺寸及计算系数可按下列公式计算（图 F.0.1a）:

$$I_c = \frac{h_0 a_t^3}{6} + 2h_0 a_m \left(\frac{a_t}{2}\right)^2 \quad (F.0.2-1)$$

$$a_{AB} = a_{CD} = \frac{a_t}{2} \quad (F.0.2-2)$$

$$e_g = 0 \quad (F.0.2-3)$$

$$\alpha_0 = 1 - \frac{1}{1 + \frac{2}{3}\sqrt{\frac{h_c + h_0}{b_c + h_0}}} \quad (F.0.2-4)$$

2 边柱处临界截面的类似极惯性矩、几何尺寸及计算系数可按下列公式计算:

1）弯矩作用平面垂直于自由边（图 F.0.1b）

$$I_c = \frac{h_0 a_t^3}{6} + h_0 a_m a_{AB}^2 + 2h_0 a_t \left(\frac{a_t}{2} - a_{AB}\right)^2 \quad (F.0.2-5)$$

$$a_{AB} = \frac{a_t^2}{a_m + 2a_t} \quad (F.0.2-6)$$

$$a_{CD} = a_t - a_{AB} \quad (F.0.2-7)$$

$$e_g = a_{CD} - \frac{h_c}{2} \quad (F.0.2-8)$$

$$\alpha_0 = 1 - \frac{1}{1 + \frac{2}{3}\sqrt{\frac{h_c + h_0/2}{b_c + h_0}}} \quad (F.0.2-9)$$

2）弯矩作用平面平行于自由边（图 F.0.1c）

$$I_c = \frac{h_0 a_t^3}{12} + 2h_0 a_m \left(\frac{a_t}{2}\right)^2 \quad (F.0.2-10)$$

$$a_{AB} = a_{CD} = \frac{a_t}{2} \quad (F.0.2-11)$$

$$e_g = 0 \quad (F.0.2-12)$$

$$\alpha_0 = 1 - \frac{1}{1 + \frac{2}{3}\sqrt{\frac{h_c + h_0}{b_c + h_0/2}}} \quad (F.0.2-13)$$

3 角柱处临界截面的类似极惯性矩、几何尺寸及计算系数可按下列公式计算（图 F.0.1d）:

$$I_c = \frac{h_0 a_t^3}{12} + h_0 a_m a_{AB}^2 + h_0 a_t \left(\frac{a_t}{2} - a_{AB}\right)^2 \quad (F.0.2-14)$$

$$a_{AB} = \frac{a_t^2}{2(a_m + a_t)} \quad (F.0.2-15)$$

$$a_{CD} = a_t - a_{AB} \quad (F.0.2-16)$$

$$e_g = a_{CD} - \frac{h_c}{2} \quad (F.0.2-17)$$

$$\alpha_0 = 1 - \frac{1}{1 + \frac{2}{3}\sqrt{\frac{h_c + h_0/2}{b_c + h_0/2}}} \quad (F.0.2-18)$$

F.0.3 在按本附录公式（F.0.1-5）、公式（F.0.1-6）进行板柱节点考虑传递双向不平衡弯矩的受冲切承载力计算中，如将本附录第 F.0.2 条的规定视作 x 轴（或 y 轴）的类似极惯性矩、几何尺寸及计算系数，则与其相应的 y 轴（或 x 轴）的类似极惯性矩、几何尺寸及计算系数，可将前述的 x 轴（或 y 轴）的相应参数进行置换确定。

F.0.4 当边柱、角柱部位有悬臂板时，临界截面周长可计算至垂直于自由边的板端处，按此计算的临界截面周长应与按中柱计算的临界截面周长相比较，并取两者中的较小值。在此基础上，应按本规范第 F.0.2 条和第 F.0.3 条的原则，确定板柱节点考虑受剪传递不平衡弯矩的受冲切承载力计算所用等效集中反力设计值 $F_{l,eq}$ 的有关参数。

附录 G 深受弯构件

G.0.1 简支钢筋混凝土单跨深梁可采用由一般方法计算的内力进行截面设计;钢筋混凝土多跨连续深梁应采用由二维弹性分析求得的内力进行截面设计。

G.0.2 钢筋混凝土深受弯构件的正截面受弯承载力应符合下列规定:

$$M \leqslant f_y A_s z \quad (G.0.2-1)$$

$$z = \alpha_d (h_0 - 0.5x) \quad (G.0.2-2)$$

$$\alpha_d = 0.80 + 0.04 \frac{l_0}{h} \quad (G.0.2-3)$$

当 $l_0 < h$ 时，取内力臂 $z = 0.6l_0$。

式中:x——截面受压区高度，按本规范第 6.2 节计算;当 $x < 0.2h_0$ 时，取 $x = 0.2h_0$;

h_0——截面有效高度:$h_0 = h - a_s$，其中 h 为截面高度;当 $l_0/h \leqslant 2$ 时，跨中截面 a_s 取 0.1h，支座截面 a_s 取 0.2h;当 $l_0/h > 2$ 时，a_s 按受拉区纵向钢筋截面重心至受拉边缘的实际距离取用。

G.0.3 钢筋混凝土深受弯构件的受剪截面应符合下列条件:

当 h_w/b 不大于 4 时

$$V \leqslant \frac{1}{60}(10 + l_0/h)\beta_c f_c b h_0 \quad (G.0.3-1)$$

当 h_w/b 不小于 6 时

$$V \leqslant \frac{1}{60}(7 + l_0/h)\beta_c f_c b h_0 \quad (G.0.3-2)$$

当 h_w/b 大于 4 且小于 6 时，按线性内插法取用。

式中：V——剪力设计值；

l_0——计算跨度，当 l_0 小于 $2h$ 时，取 $2h$；

b——矩形截面的宽度以及 T 形、I 形截面的腹板厚度；

h、h_0——截面高度、截面有效高度；

h_w——截面的腹板高度：矩形截面，取有效高度 h_0；T 形截面，取有效高度减去翼缘高度；I 形和箱形截面，取腹板净高；

β_c——混凝土强度影响系数，按本规范第 6.3.1 条的规定取用。

G.0.4 矩形、T 形和 I 形截面的深受弯构件，在均布荷载作用下，当配有竖向分布钢筋和水平分布钢筋时，其斜截面的受剪承载力应符合下列规定：

$$V \leqslant 0.7\frac{(8 - l_0/h)}{3}f_t b h_0 + \frac{(l_0/h - 2)}{3}f_{yv}\frac{A_{sv}}{s_h}h_0$$
$$+ \frac{(5 - l_0/h)}{6}f_{yh}\frac{A_{sh}}{s_v}h_0 \quad (G.0.4-1)$$

对集中荷载作用下的深受弯构件（包括作用有多种荷载，且其中集中荷载对支座截面所产生的剪力值占总剪力值的 75% 以上的情况），其斜截面的受剪承载力应符合下列规定：

$$V \leqslant \frac{1.75}{\lambda + 1}f_t b h_0 + \frac{(l_0/h - 2)}{3}f_{yv}\frac{A_{sv}}{s_h}h_0$$
$$+ \frac{(5 - l_0/h)}{6}f_{yh}\frac{A_{sh}}{s_v}h_0 \quad (G.0.4-2)$$

式中：λ——计算剪跨比：当 l_0/h 不大于 2.0 时，取 $\lambda = 0.25$；当 l_0/h 大于 2 且小于 5 时，取 $\lambda = a/h_0$，其中，a 为集中荷载到深受弯构件支座的水平距离；λ 的上限值为 $(0.92l_0/h - 1.58)$，下限值为 $(0.42l_0/h - 0.58)$；

l_0/h——跨高比，当 l_0/h 小于 2 时，取 2.0；

G.0.5 一般要求不出现斜裂缝的钢筋混凝土深梁，应符合下列条件：

$$V_k \leqslant 0.5 f_{tk} b h_0 \quad (G.0.5)$$

式中：V_k——按荷载效应的标准组合计算的剪力值。

此时可不进行斜截面受剪承载力计算，但应按本规范第 G.0.10 条、第 G.0.12 条的规定配置分布钢筋。

G.0.6 钢筋混凝土深梁在承受支座反力的作用部位以及集中荷载作用部位，应按本规范第 6.6 节的规定进行局部受压承载力计算。

G.0.7 深梁的截面宽度不应小于 140mm。当 l_0/h 不

小于 1 时，h/b 不宜大于 25；当 l_0/h 小于 1 时，l_0/b 不宜大于 25。深梁的混凝土强度等级不应低于 C20。当深梁支承在钢筋混凝土柱上时，宜将柱伸至深梁顶。深梁顶部应与楼板等水平构件可靠连接。

G.0.8 钢筋混凝土深梁的纵向受拉钢筋宜采用较小的直径，且宜按下列规定布置：

1 单跨深梁和连续深梁的下部纵向钢筋宜均匀布置在梁下边缘以上 $0.2h$ 的范围内（图 G.0.8-1 及图 G.0.8-2）。

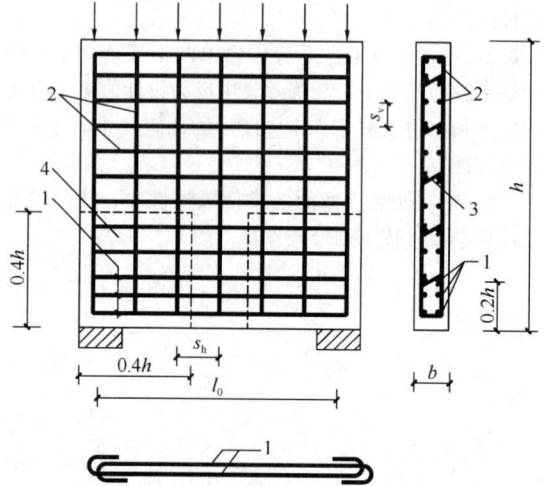

图 G.0.8-1 单跨深梁的钢筋配置
1—下部纵向受拉钢筋及弯折锚固；
2—水平及竖向分布钢筋；
3—拉筋；4—拉筋加密区

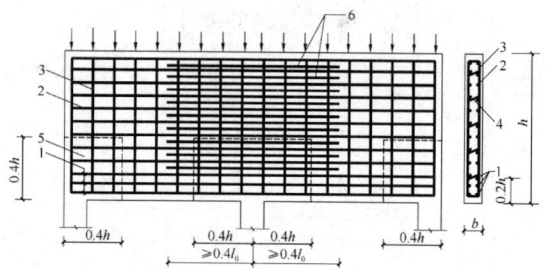

图 G.0.8-2 连续深梁的钢筋配置
1—下部纵向受拉钢筋；2—水平分布钢筋；
3—竖向分布钢筋；4—拉筋；5—拉筋加密区；
6—支座截面上部的附加水平钢筋

2 连续深梁中间支座截面的纵向受拉钢筋宜按图 G.0.8-3 规定的高度范围和配筋比例均匀布置在相应高度范围内。对于 l_0/h 小于 1 的连续深梁，在中间支座底面以上 $0.2l_0 \sim 0.6l_0$ 高度范围内的纵向受拉钢筋配筋率尚不宜小于 0.5%。水平分布钢筋可用作支座部位的上部纵向受拉钢筋，不足部分可由附加水平钢筋补足，附加水平钢筋自支座向跨中延伸的长度不宜小于 $0.4l_0$（图 G.0.8-2）。

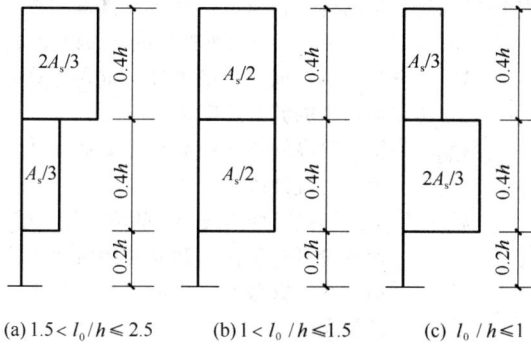

(a) $1.5 < l_0/h \leqslant 2.5$　　(b) $1 < l_0/h \leqslant 1.5$　　(c) $l_0/h \leqslant 1$

图 G.0.8-3　连续深梁中间支座截面纵向受拉钢筋在
不同高度范围内的分配比例

G.0.9　深梁的下部纵向受拉钢筋应全部伸入支座，
不应在跨中弯起或截断。在简支单跨深梁支座及连续
深梁梁端的简支支座处，纵向受拉钢筋应沿水平方向
弯折锚固（图 G.0.8-1），其锚固长度应按本规范第
8.3.1 条规定的受拉钢筋锚固长度 l_a 乘以系数 1.1 采
用；当不能满足上述锚固长度要求时，应采取在钢筋
上加焊锚固钢板或将钢筋末端焊成封闭式等有效的锚
固措施。连续深梁的下部纵向受拉钢筋应全部伸过中
间支座的中心线，其自支座边缘算起的锚固长度不应
小于 l_a。

G.0.10　深梁应配置双排钢筋网，水平和竖向分布
钢筋直径均不应小于 8mm，间距不应大于 200mm。

　　当沿深梁端部竖向边缘设柱时，水平分布钢筋应
锚入柱内。在深梁上、下边缘处，竖向分布钢筋宜做
成封闭式。

　　在深梁双排钢筋之间应设置拉筋，拉筋沿纵横两
个方向的间距均不宜大于 600mm，在支座区高度为
0.4h，宽度为从支座伸出 0.4h 的范围内（图 G.0.8-
1 和图 G.0.8-2 中的虚线部分），尚应适当增加拉筋
的数量。

G.0.11　当深梁全跨沿下边缘作用有均布荷载时，
应沿梁全跨均匀布置附加竖向吊筋，吊筋间距不宜大
于 200mm。

　　当有集中荷载作用于深梁下部 3/4 高度范围内
时，该集中荷载应全部由附加吊筋承受，吊筋应采用
竖向吊筋或斜向吊筋。竖向吊筋的水平分布长度 s 应
按下列公式确定（图 G.0.11a）：

　　当 h_1 不大于 $h_b/2$ 时

$$s = b_b + h_b \tag{G.0.11-1}$$

　　当 h_1 大于 $h_b/2$ 时

$$s = b_b + 2h_1 \tag{G.0.11-2}$$

式中：b_b——传递集中荷载构件的截面宽度；

　　　h_b——传递集中荷载构件的截面高度；

　　　h_1——从深梁下边缘到传递集中荷载构件底边
的高度。

　　竖向吊筋应沿梁两侧布置，并从梁底伸到梁顶，

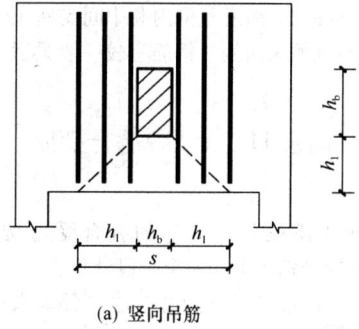

(a) 竖向吊筋

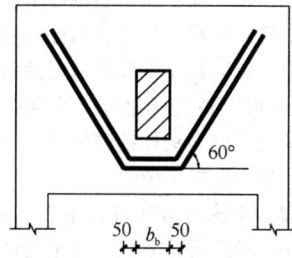

(b) 斜向吊筋

图 G.0.11　深梁承受集中荷载作用时的附加吊筋
注：图中尺寸单位 mm。

在梁顶和梁底应做成封闭式。

　　附加吊筋总截面面积 A_{sv} 应按本规范第 9.2 节进
行计算，但吊筋的设计强度 f_{yv} 应乘以承载力计算附
加系数 0.8。

G.0.12　深梁的纵向受拉钢筋配筋率 $\rho\left(\rho = \dfrac{A_s}{bh}\right)$、水
平分布钢筋配筋率 $\rho_{sh}\left(\rho_{sh} = \dfrac{A_{sh}}{bs_v},s_v\right.$ 为水平分布钢筋
的间距$\Big)$和竖向分布钢筋配筋率 $\rho_{sv}\left(\rho_{sv} = \dfrac{A_{sv}}{bs_h},s_h\right.$ 为竖
向分布钢筋的间距$\Big)$不宜小于表 G.0.12 规定的数值。

表 G.0.12　深梁中钢筋的最小配筋百分率（%）

钢筋牌号	纵向受拉钢筋	水平分布钢筋	竖向分布钢筋
HPB300	0.25	0.25	0.20
HRB400、HRBF400、RRB400、HRB335	0.20	0.20	0.15
HRB500、HRBF500	0.15	0.15	0.10

注：当集中荷载作用于连续深梁上部 1/4 高度范围内且
l_0/h 大于 1.5 时，竖向分布钢筋最小配筋百分率应增
加 0.05。

G.0.13　除深梁以外的深受弯构件，其纵向受力钢
筋、箍筋及纵向构造钢筋的构造规定与一般梁相同，

但其截面下部 1/2 高度范围内和中间支座上部 1/2 高度范围内布置的纵向构造钢筋宜较一般梁适当加强。

附录 H　无支撑叠合梁板

H.0.1　施工阶段不加支撑的叠合受弯构件（梁、板），内力应分别按下列两个阶段计算。

　　1　第一阶段　后浇的叠合层混凝土未达到强度设计值之前的阶段。荷载由预制构件承担，预制构件按简支构件计算；荷载包括预制构件自重、预制楼板自重、叠合层自重以及本阶段的施工活荷载。

　　2　第二阶段　叠合层混凝土达到设计规定的强度值之后的阶段。叠合构件按整体结构计算；荷载考虑下列两种情况并取较大值：

　　施工阶段　考虑叠合构件自重、预制楼板自重、面层、吊顶等自重以及本阶段的施工活荷载；

　　使用阶段　考虑叠合构件自重、预制楼板自重、面层、吊顶等自重以及使用阶段的可变荷载。

H.0.2　预制构件和叠合构件的正截面受弯承载力应按本规范第 6.2 节计算，其中，弯矩设计值应按下列规定取用：

　　预制构件

$$M_1 = M_{1G} + M_{1Q} \qquad (H.0.2\text{-}1)$$

　　叠合构件的正弯矩区段

$$M = M_{1G} + M_{2G} + M_{2Q} \qquad (H.0.2\text{-}2)$$

　　叠合构件的负弯矩区段

$$M = M_{2G} + M_{2Q} \qquad (H.0.2\text{-}3)$$

　　式中：M_{1G}——预制构件自重、预制楼板自重和叠合层自重在计算截面产生的弯矩设计值；

　　　　　M_{2G}——第二阶段面层、吊顶等自重在计算截面产生的弯矩设计值；

　　　　　M_{1Q}——第一阶段施工活荷载在计算截面产生的弯矩设计值；

　　　　　M_{2Q}——第二阶段可变荷载在计算截面产生的弯矩设计值，取本阶段施工活荷载和使用阶段可变荷载在计算截面产生的弯矩设计值中的较大值。

　　在计算中，正弯矩区段的混凝土强度等级，按叠合层取用；负弯矩区段的混凝土强度等级，按计算截面受压区的实际情况取用。

H.0.3　预制构件和叠合构件的斜截面受剪承载力，应按本规范第 6.3 节的有关规定进行计算。其中，剪力设计值应按下列规定取用：

　　预制构件

$$V_1 = V_{1G} + V_{1Q} \qquad (H.0.3\text{-}1)$$

　　叠合构件

$$V = V_{1G} + V_{2G} + V_{2Q} \qquad (H.0.3\text{-}2)$$

　　式中：V_{1G}——预制构件自重、预制楼板自重和叠合层自重在计算截面产生的剪力设计值；

　　　　　V_{2G}——第二阶段面层、吊顶等自重在计算截面产生的剪力设计值；

　　　　　V_{1Q}——第一阶段施工活荷载在计算截面产生的剪力设计值；

　　　　　V_{2Q}——第二阶段可变荷载产生的剪力设计值，取本阶段施工活荷载和使用阶段可变荷载在计算截面产生的剪力设计值中的较大值。

　　在计算中，叠合构件斜截面上混凝土和箍筋的受剪承载力设计值 V_{cs} 应取叠合层和预制构件中较低的混凝土强度等级进行计算，且不低于预制构件的受剪承载力设计值；对预应力混凝土叠合构件，不考虑预应力对受剪承载力的有利影响，取 $V_p = 0$。

H.0.4　当叠合梁符合本规范第 9.2 节梁的各项构造要求时，其叠合面的受剪承载力应符合下列规定：

$$V \leqslant 1.2 f_t bh_0 + 0.85 f_{yv} \frac{A_{sv}}{s} h_0 \quad (H.0.4\text{-}1)$$

此处，混凝土的抗拉强度设计值 f_t 取叠合层和预制构件中的较低值。

　　对不配箍筋的叠合板，当符合本规范叠合界面粗糙度的构造规定时，其叠合面的受剪强度应符合下列公式的要求：

$$\frac{V}{bh_0} \leqslant 0.4 (\text{N/mm}^2) \qquad (H.0.4\text{-}2)$$

H.0.5　预应力混凝土叠合受弯构件，其预制构件和叠合构件应进行正截面抗裂验算。此时，在荷载的标准组合下，抗裂验算边缘混凝土的拉应力不应大于预制构件的混凝土抗拉强度标准值 f_{tk}。抗裂验算边缘混凝土的法向应力应按下列公式计算：

　　预制构件

$$\sigma_{ck} = \frac{M_{1k}}{W_{01}} \qquad (H.0.5\text{-}1)$$

　　叠合构件

$$\sigma_{ck} = \frac{M_{1Gk}}{W_{01}} + \frac{M_{2k}}{W_0} \qquad (H.0.5\text{-}2)$$

　　式中：M_{1Gk}——预制构件自重、预制楼板自重和叠合层自重标准值在计算截面产生的弯矩值；

　　　　　M_{1k}——第一阶段荷载标准组合下在计算截面产生的弯矩值，取 $M_{1k} = M_{1Gk} + M_{1Qk}$，此处，$M_{1Qk}$ 为第一阶段施工活荷载标准值在计算截面产生的弯矩值；

　　　　　M_{2k}——第二阶段荷载标准组合下在计算截面上产生的弯矩值，取 $M_{2k} = M_{2Gk} + M_{2Qk}$，此处 M_{2Gk} 为面层、吊顶等自重标准值在计算截面产生的弯矩值；M_{2Qk} 为使用阶段可变荷载标准值在计算截面产生的弯矩值；

W_{01}——预制构件换算截面受拉边缘的弹性抵抗矩；

W_0——叠合构件换算截面受拉边缘的弹性抵抗矩，此时，叠合层的混凝土截面面积应按弹性模量比换算成预制构件混凝土的截面面积。

H.0.6 预应力混凝土叠合构件，应按本规范第7.1.5条的规定进行斜截面抗裂验算；混凝土的主拉应力及主压应力应考虑叠合构件受力特点，并按本规范第7.1.6条的规定计算。

H.0.7 钢筋混凝土叠合受弯构件在荷载准永久组合下，其纵向受拉钢筋的应力 σ_{sq} 应符合下列规定：

$$\sigma_{sq} \leqslant 0.9 f_y \qquad (\text{H.0.7-1})$$

$$\sigma_{sq} = \sigma_{s1k} + \sigma_{s2q} \qquad (\text{H.0.7-2})$$

在弯矩 M_{1Gk} 作用下，预制构件纵向受拉钢筋的应力 σ_{s1k} 可按下列公式计算：

$$\sigma_{s1k} = \frac{M_{1Gk}}{0.87 A_s h_{01}} \qquad (\text{H.0.7-3})$$

式中：h_{01}——预制构件截面有效高度。

在荷载准永久组合相应的弯矩 M_{2q} 作用下，叠合构件纵向受拉钢筋中的应力增量 σ_{s2q} 可按下列公式计算：

$$\sigma_{s2q} = \frac{0.5\left(1 + \dfrac{h_1}{h}\right) M_{2q}}{0.87 A_s h_0} \qquad (\text{H.0.7-4})$$

当 $M_{1Gk} < 0.35 M_{1u}$ 时，公式（H.0.7-4）中 $0.5\left(1 + \dfrac{h_1}{h}\right)$ 值应取等于 1.0；此处，M_{1u} 为预制构件正截面受弯承载力设计值，应按本规范第 6.2 节计算，但式中应取等号，并以 M_{1u} 代替 M。

H.0.8 混凝土叠合构件应验算裂缝宽度，按荷载准永久组合或标准组合并考虑长期作用影响所计算的最大裂缝宽度 w_{max}，不应超过本规范第 3.4 节规定的最大裂缝宽度限值。

按荷载准永久组合或标准组合并考虑长期作用影响的最大裂缝宽度 w_{max} 可按下列公式计算：

钢筋混凝土构件

$$w_{max} = 2\frac{\psi(\sigma_{s1k} + \sigma_{s2q})}{E_s}\left(1.9c + 0.08\frac{d_{eq}}{\rho_{tel}}\right)$$

$$(\text{H.0.8-1})$$

$$\psi = 1.1 - \frac{0.65 f_{tkl}}{\rho_{tel}\sigma_{s1k} + \rho_{te}\sigma_{s2q}} \qquad (\text{H.0.8-2})$$

预应力混凝土构件

$$w_{max} = 1.6\frac{\psi(\sigma_{s1k} + \sigma_{s2k})}{E_s}\left(1.9c + 0.08\frac{d_{eq}}{\rho_{tel}}\right)$$

$$(\text{H.0.8-3})$$

$$\psi = 1.1 - \frac{0.65 f_{tkl}}{\rho_{tel}\sigma_{s1k} + \rho_{te}\sigma_{s2k}} \qquad (\text{H.0.8-4})$$

式中：d_{eq}——受拉区纵向钢筋的等效直径，按本规范第 7.1.2 条的规定计算；

ρ_{tel}、ρ_{te}——按预制构件、叠合构件的有效受拉混凝土截面面积计算的纵向受拉钢筋配筋率，按本规范第 7.1.2 条计算；

f_{tkl}——预制构件的混凝土抗拉强度标准值。

H.0.9 叠合构件应按本规范第 7.2.1 条的规定进行正常使用极限状态下的挠度验算。其中，叠合受弯构件按荷载准永久组合或标准组合并考虑长期作用影响的刚度可按下列公式计算：

钢筋混凝土构件

$$B = \frac{M_q}{\left(\dfrac{B_{s2}}{B_{s1}} - 1\right) M_{1Gk} + \theta M_q} B_{s2} \quad (\text{H.0.9-1})$$

预应力混凝土构件

$$B = \frac{M_k}{\left(\dfrac{B_{s2}}{B_{s1}} - 1\right) M_{1Gk} + (\theta - 1) M_q + M_k} B_{s2}$$

$$(\text{H.0.9-2})$$

$$M_k = M_{1Gk} + M_{2k} \qquad (\text{H.0.9-3})$$

$$M_q = M_{1Gk} + M_{2Gk} + \psi_q M_{2Qk} \qquad (\text{H.0.9-4})$$

式中：θ——考虑荷载长期作用对挠度增大的影响系数，按本规范第 7.2.5 条采用；

M_k——叠合构件按荷载标准组合计算的弯矩值；

M_q——叠合构件按荷载准永久组合计算的弯矩值；

B_{s1}——预制构件的短期刚度，按本规范第 H.0.10 条取用；

B_{s2}——叠合构件第二阶段的短期刚度，按本规范第 H.0.10 条取用；

ψ_q——第二阶段可变荷载的准永久值系数。

H.0.10 荷载准永久组合或标准组合下叠合式受弯构件正弯矩区段内的短期刚度，可按下列规定计算。

1 钢筋混凝土叠合构件

1） 预制构件的短期刚度 B_{s1} 可按本规范公式（7.2.3-1）计算。

2） 叠合构件第二阶段的短期刚度可按下列公式计算：

$$B_{s2} = \frac{E_s A_s h_0^2}{0.7 + 0.6\dfrac{h_1}{h} + \dfrac{45\alpha_E\rho}{1 + 3.5\gamma_f'}}$$

$$(\text{H.0.10-1})$$

式中：α_E——钢筋弹性模量与叠合层混凝土弹性模量的比值：$\alpha_E = E_s/E_{c2}$。

2 预应力混凝土叠合构件

1) 预制构件的短期刚度 B_{s1} 可按本规范公式（7.2.3-2）计算。

2) 叠合构件第二阶段的短期刚度可按下列公式计算：

$$B_{s2} = 0.7E_{c1}I_0 \quad (\text{H}.0.10\text{-}2)$$

式中：E_{c1}——预制构件的混凝土弹性模量；

I_0——叠合构件换算截面的惯性矩，此时，叠合层的混凝土截面面积应按弹性模量比换算成预制构件混凝土的截面面积。

H.0.11 荷载准永久组合或标准组合下叠合式受弯构件负弯矩区段内第二阶段的短期刚度 B_{s2} 可按本规范公式（7.2.3-1）计算，其中，弹性模量的比值取 $\alpha_E = E_s/E_{c1}$。

H.0.12 预应力混凝土叠合构件在使用阶段的预应力反拱值可用结构力学方法按预制构件的刚度进行计算。在计算中，预应力钢筋的应力应扣除全部预应力损失；考虑预应力长期影响，可将计算所得的预应力反拱值乘以增大系数 1.75。

附录 J　后张曲线预应力筋由锚具变形和预应力筋内缩引起的预应力损失

J.0.1 在后张法构件中，应计算曲线预应力筋由锚具变形和预应力筋内缩引起的预应力损失。

1 反摩擦影响长度 l_f(mm)（图 J.0.1）可按下列公式计算：

$$l_f = \sqrt{\dfrac{a \cdot E_p}{\Delta\sigma_d}} \quad (\text{J}.0.1\text{-}1)$$

$$\Delta\sigma_d = \dfrac{\sigma_0 - \sigma_l}{l} \quad (\text{J}.0.1\text{-}2)$$

式中：a——张拉端锚具变形和预应力筋内缩值（mm），按本规范表 10.2.2 采用；

$\Delta\sigma_d$——单位长度由管道摩擦引起的预应力损失（MPa/mm）；

σ_0——张拉端锚下控制应力，按本规范第 10.1.3 条的规定采用；

σ_l——预应力筋扣除沿途摩擦损失后锚固端应力；

l——张拉端至锚固端的距离（mm）。

2 当 $l_f \leqslant l$ 时，预应力筋离张拉端 x 处考虑反摩擦后的预应力损失 σ_{l1} 可按下列公式计算：

$$\sigma_{l1} = \Delta\sigma \dfrac{l_f - x}{l_f} \quad (\text{J}.0.1\text{-}3)$$

$$\Delta\sigma = 2\Delta\sigma_d l_f \quad (\text{J}.0.1\text{-}4)$$

式中：$\Delta\sigma$——预应力筋考虑反向摩擦后在张拉端锚下的预应力损失值。

3 当 $l_f > l$ 时，预应力筋离张拉端 x' 处考虑反向摩擦后的预应力损失 σ'_{l1} 可按下列公式计算：

$$\sigma'_{l1} = \Delta\sigma' - 2x'\Delta\sigma_d \quad (\text{J}.0.1\text{-}5)$$

式中：$\Delta\sigma'$——预应力筋考虑反向摩擦后在张拉端锚下的预应力损失值，可按以下方法求得：在图 J.0.1 中设 "$ca'bd$" 等腰梯形面积 $A = a \cdot E_p$，试算得到 cd，则 $\Delta\sigma' = cd$。

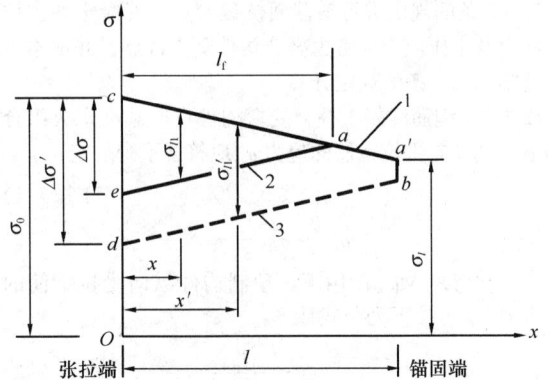

图 J.0.1　考虑反向摩擦后预应力损失计算

注：1　caa' 表示预应力筋扣除管道正摩擦损失后的应力分布线；

2　eaa' 表示 $l_f \leqslant l$ 时，预应力筋扣除管道正摩擦和内缩（考虑反摩擦）损失后的应力分布线；

3　db 表示 $l_f > l$ 时，预应力筋扣除管道正摩擦和内缩（考虑反摩擦）损失后的应力分布线。

J.0.2 两端张拉（分次张拉或同时张拉）且反摩擦损失影响长度有重叠时，在重叠范围内同一截面扣除正摩擦和回缩反摩擦损失后预应力筋的应力可取：两端分别张拉、锚固，分别计算正摩擦和回缩反摩擦损失，分别将张拉端锚下控制应力减去上述应力计算结果所得较大值。

J.0.3 常用束形的后张曲线预应力筋或折线预应力筋，由于锚具变形和预应力筋内缩在反向摩擦影响长度 l_f 范围内的预应力损失值 σ_{l1}，可按下列公式计算：

1 抛物线形预应力筋可近似按圆弧形曲线预应力筋考虑（图 J.0.3-1）。当其对应的圆心角 $\theta \leqslant 45°$ 时（对无粘结预应力筋 $\theta \leqslant 90°$），预应力损失值 σ_{l1} 可按下列公式计算：

$$\sigma_{l1} = 2\sigma_{con}l_f\left(\dfrac{\mu}{r_c} + \kappa\right)\left(1 - \dfrac{x}{l_f}\right) \quad (\text{J}.0.3\text{-}1)$$

反向摩擦影响长度 l_f（m）可按下列公式计算：

$$l_f = \sqrt{\dfrac{aE_s}{1000\sigma_{con}(\mu/r_c + \kappa)}} \quad (\text{J}.0.3\text{-}2)$$

式中：r_c——圆弧形曲线预应力筋的曲率半径（m）；

μ——预应力筋与孔道壁之间的摩擦系数，按本规范表 10.2.4 采用；

κ——考虑孔道每米长度局部偏差的摩擦系数，按本规范表 10.2.4 采用；

x——张拉端至计算截面的距离（m）；

a——张拉端锚具变形和预应力筋内缩值（mm），按本规范表10.2.2采用；

E_s——预应力筋弹性模量。

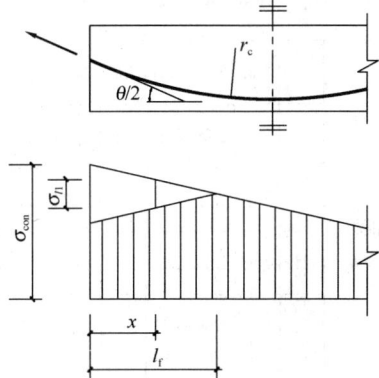

图 J.0.3-1　圆弧形曲线预应力筋的预应力损失 σ_{l1}

2　端部为直线（直线长度为 l_0），而后由两条圆弧形曲线（圆弧对应的圆心角 $\theta \leqslant 45°$，对无粘结预应力筋取 $\theta \leqslant 90°$）组成的预应力筋（图 J.0.3-2），预应力损失值 σ_{l1} 可按下列公式计算：

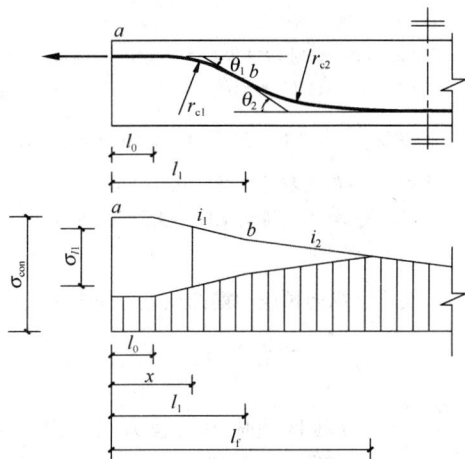

图 J.0.3-2　两条圆弧形曲线组成的预应力筋的预应力损失 σ_{l1}

当 $x \leqslant l_0$ 时

$$\sigma_{l1} = 2i_1(l_1 - l_0) + 2i_2(l_f - l_1) \quad (J.0.3-3)$$

当 $l_0 < x \leqslant l_1$ 时

$$\sigma_{l1} = 2i_1(l_1 - x) + 2i_2(l_f - l_1) \quad (J.0.3-4)$$

当 $l_1 < x \leqslant l_f$ 时

$$\sigma_{l1} = 2i_2(l_f - x) \quad (J.0.3-5)$$

反向摩擦影响长度 $l_f(m)$ 可按下列公式计算：

$$l_f = \sqrt{\frac{aE_s}{1000i_2} - \frac{i_1(l_1^2 - l_0^2)}{i_2} + l_1^2} \quad (J.0.3-6)$$

$$i_1 = \sigma_a(\kappa + \mu/r_{c1}) \quad (J.0.3-7)$$

$$i_2 = \sigma_b(\kappa + \mu/r_{c2}) \quad (J.0.3-8)$$

式中：l_1——预应力筋张拉端起点至反弯点的水平投影长度；

i_1、i_2——第一、二段圆弧形曲线预应力筋中应力近似直线变化的斜率；

r_{c1}、r_{c2}——第一、二段圆弧形曲线预应力筋的曲率半径；

σ_a、σ_b——预应力筋在 a、b 点的应力。

3　当折线形预应力筋的锚固损失消失于折点 c 之外时（图 J.0.3-3），预应力损失值 σ_{l1} 可按下列公式计算：

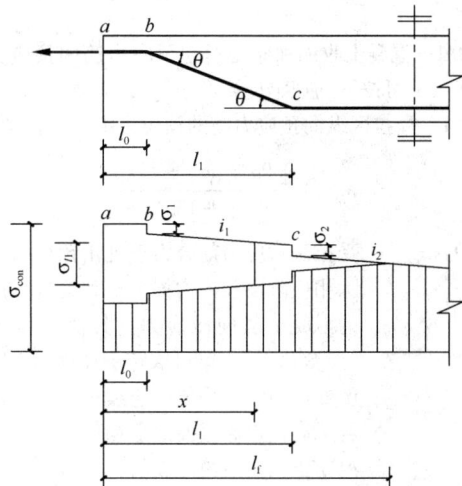

图 J.0.3-3　折线形预应力筋的预应力损失 σ_{l1}

当 $x \leqslant l_0$ 时

$$\sigma_{l1} = 2\sigma_1 + 2i_1(l_1 - l_0) + 2\sigma_2 + 2i_2(l_f - l_1)$$

$$(J.0.3-9)$$

当 $l_0 < x \leqslant l_1$ 时

$$\sigma_{l1} = 2i_1(l_1 - x) + 2\sigma_2 + 2i_2(l_f - l_1)$$

$$(J.0.3-10)$$

当 $l_1 < x \leqslant l_f$ 时

$$\sigma_{l1} = 2i_2(l_f - x) \quad (J.0.3-11)$$

反向摩擦影响长度 $l_f(m)$ 可按下列公式计算：

$$l_f = \sqrt{\frac{aE_s}{1000i_2} - \frac{i_1(l_1 - l_0)^2 + 2i_1 l_0(l_1 - l_0) + 2\sigma_1 l_0 + 2\sigma_2 l_1}{i_2} + l_1^2}$$

$$(J.0.3-12)$$

$$i_1 = \sigma_{con}(1 - \mu\theta)\kappa \quad (J.0.3-13)$$

$$i_2 = \sigma_{con}[1 - \kappa(l_1 - l_0)](1 - \mu\theta)^2\kappa$$

$$(J.0.3-14)$$

$$\sigma_1 = \sigma_{con}\mu\theta \quad (J.0.3-15)$$

$$\sigma_2 = \sigma_{con}[1 - \kappa(l_1 - l_0)](1 - \mu\theta)\mu\theta$$

$$(J.0.3-16)$$

式中：i_1——预应力筋 bc 段中应力近似直线变化的

斜率；

i_2——预应力筋在折点 c 以外应力近似直线变化的斜率；

l_1——张拉端起点至预应力筋折点 c 的水平投影长度。

附录 K 与时间相关的预应力损失

K.0.1 混凝土收缩和徐变引起预应力筋的预应力损失终极值可按下列规定计算：

1 受拉区纵向预应力筋的预应力损失终极值 σ_{l5}

$$\sigma_{l5} = \frac{0.9\alpha_p \sigma_{pc} \varphi_\infty + E_s \varepsilon_\infty}{1 + 15\rho} \quad \text{(K.0.1-1)}$$

式中：σ_{pc}——受拉区预应力筋合力点处由预加力（扣除相应阶段预应力损失）和梁自重产生的混凝土法向压应力，其值不得大于 $0.5f'_{cu}$；简支梁可取跨中截面与 1/4 跨度处截面的平均值；连续梁和框架可取若干有代表性截面的平均值；

φ_∞——混凝土徐变系数终极值；

ε_∞——混凝土收缩应变终极值；

E_s——预应力筋弹性模量；

α_p——预应力筋弹性模量与混凝土弹性模量的比值；

ρ——受拉区预应力筋和普通钢筋的配筋率：先张法构件，$\rho = (A_p + A_s)/A_0$；后张法构件，$\rho = (A_p + A_s)/A_n$；对于对称配置预应力筋和普通钢筋的构件，配筋率 ρ 取钢筋总截面面积的一半。

当无可靠资料时，φ_∞、ε_∞ 值可按表 K.0.1-1 及表 K.0.1-2 采用。如结构处于年平均相对湿度低于 40% 的环境下，表列数值应增加 30%。

表 K.0.1-1 混凝土收缩应变终极值 ε_∞ （×10^{-4}）

年平均相对湿度 RH		40%≤RH<70%				70%≤RH≤99%			
理论厚度 2A/u (mm)		100	200	300	≥600	100	200	300	≥600
预加应力时的混凝土龄期 t_0 (d)	3	4.83	4.09	3.57	3.09	3.47	2.95	2.60	2.26
	7	4.35	3.89	3.44	3.01	3.12	2.80	2.49	2.18
	10	4.06	3.77	3.37	2.96	2.91	2.70	2.42	2.14
	14	3.73	3.62	3.27	2.91	2.67	2.59	2.35	2.10
	28	2.90	3.20	3.01	2.77	2.07	2.28	2.15	1.98
	60	1.92	2.54	2.58	2.54	1.37	1.80	1.82	1.80
	≥90	1.45	2.12	2.27	2.38	1.03	1.50	1.60	1.68

表 K.0.1-2 混凝土徐变系数终极值 φ_∞

年平均相对湿度 RH		40%≤RH<70%				70%≤RH≤99%			
理论厚度 2A/u (mm)		100	200	300	≥600	100	200	300	≥600
预加应力时的混凝土龄期 t_0 (d)	3	3.51	3.14	2.94	2.63	2.78	2.55	2.43	2.23
	7	3.00	2.68	2.51	2.25	2.37	2.18	2.08	1.91
	10	2.80	2.51	2.35	2.10	2.22	2.04	1.94	1.78
	14	2.63	2.35	2.21	1.97	2.08	1.91	1.82	1.67
	28	2.31	2.06	1.93	1.73	1.82	1.68	1.60	1.47
	60	1.99	1.78	1.67	1.49	1.58	1.45	1.38	1.27
	≥90	1.85	1.65	1.55	1.38	1.46	1.34	1.28	1.17

注：1 预加力时的混凝土龄期，先张法构件可取 3d～7d，后张法构件可取 7d～28d；

2 A 为构件截面面积，u 为该截面与大气接触的周边长度；当构件为变截面时，A 和 u 均可取其平均值；

3 本表适用于由一般的硅酸盐类水泥或快硬水泥配置而成的混凝土；表中数值系按强度等级 C40 混凝土计算所得，对 C50 及以上混凝土，表列数值应乘以 $\sqrt{\dfrac{32.4}{f_{ck}}}$，式中 f_{ck} 为混凝土轴心抗压强度标准值（MPa）；

4 本表适用于季节性变化的平均温度 -20℃～+40℃；

5 当实际构件的理论厚度和预加力时的混凝土龄期为表列数值的中间值时，可按线性内插法确定。

2 受压区纵向预应力筋的预应力损失终极值 σ'_{l5}

$$\sigma'_{l5} = \frac{0.9\alpha_p \sigma'_{pc} \varphi_\infty + E_s \varepsilon_\infty}{1 + 15\rho'} \quad \text{(K.0.1-2)}$$

式中：σ'_{pc}——受压区预应力筋合力点处由预加力（扣除相应阶段预应力损失）和梁自重产生的混凝土法向压应力，其值不得大于 $0.5f'_{cu}$，当 σ'_{pc} 为拉应力时，取 $\sigma'_{pc} = 0$；

ρ'——受压区预应力筋和普通钢筋的配筋率：先张法构件，$\rho' = (A'_p + A'_s)/A_0$；后张法构件，$\rho' = (A'_p + A'_s)/A_n$。

注：受压区配置预应力筋 A'_p 及普通钢筋 A'_s 的构件，在计算公式（K.0.1-1）、公式（K.0.1-2）中的 σ_{pc} 及 σ'_{pc} 时，应按截面全部预加力进行计算。

K.0.2 考虑时间影响的混凝土收缩和徐变引起的预应力损失值，可由第 K.0.1 条计算的预应力损失终极值 σ_{l5}、σ'_{l5} 乘以表 K.0.2 中相应的系数确定。

考虑时间影响的预应力筋应力松弛引起的预应力损失值，可由本规范第 10.2.1 条计算的预应力损失值 σ_{l4} 乘以表 K.0.2 中相应的系数确定。

表 K.0.2 随时间变化的预应力损失系数

时间（d）	松弛损失系数	收缩徐变损失系数
2	0.50	—
10	0.77	0.33
20	0.88	0.37
30	0.95	0.40
40		0.43
60		0.50
90	1.00	0.60
180		0.75
365		0.85
1095		1.00

注：1 先张法预应力混凝土构件的松弛损失时间从张拉完成开始计算，收缩徐变损失从放张完成开始计算；

2 后张法预应力混凝土构件的松弛损失、收缩徐变损失均从张拉完成开始计算。

本规范用词说明

1 为了便于在执行本规范条文时区别对待，对要求严格程度不同的用词说明如下：

  1）表示很严格，非这样做不可的：

    正面词采用"必须"，反面词采用"严禁"；

  2）表示严格，在正常情况下均应这样做的：

    正面词采用"应"，反面词采用"不应"或"不得"；

  3）表示允许稍有选择，在条件允许时首先这样做的：

    正面词采用"宜"，反面词采用"不宜"；

  4）表示有选择，在一定条件下可以这样做的，采用"可"。

2 规范中指定应按其他有关标准、规范执行时，写法为："应符合……的规定"或"应按……执行"。

引用标准名录

1 《建筑结构荷载规范》GB 50009

2 《建筑抗震设计规范》GB 50011

3 《建筑结构可靠度设计统一标准》GB 50068

4 《工程结构可靠性设计统一标准》GB 50153

5 《民用建筑热工设计规范》GB 50176

6 《建筑工程抗震设防分类标准》GB 50223

7 《钢筋混凝土用钢 第 2 部分：热轧带肋钢筋》GB 1499.2

中华人民共和国国家标准

混凝土结构设计规范

GB 50010—2010

（2015年版）

条 文 说 明

修 订 说 明

《混凝土结构设计规范》GB 50010-2010 经住房和城乡建设部 2010 年 8 月 18 日以第 743 号公告批准、发布。

本规范是在《混凝土结构设计规范》GB 50010-2002 的基础上修订而成的，上一版的主编单位是中国建筑科学研究院，参编单位是清华大学、天津大学、重庆建筑大学、湖南大学、东南大学、河海大学、大连理工大学、哈尔滨建筑大学、西安建筑科技大学、建设部建筑设计院、北京市建筑设计研究院、首都工程有限公司、中国轻工业北京设计院、铁道部专业设计院、交通部水运规划设计院、西北水电勘测设计院、冶金材料行业协会预应力委员会，主要起草人员是李明顺、徐有邻、白生翔、白绍良、孙慧中、沙志国、吴学敏、陈健、胡德炘、程懋堃、王振东、王振华、过镇海、庄崖屏、朱龙、邹银生、宋玉普、沈聚敏、邸小坛、吴佩刚、周氏、姜维山、陶学康、康谷贻、蓝宗建、干城、夏琪俐。

本规范修订过程中，修订组进行了广泛的调查研究，总结了我国工程建设的实践经验，同时参考了国外先进技术法规、技术标准，许多单位和学者进行了卓有成效的试验和研究，为本次修订提供了极有价值的参考资料。

为便于广大设计、施工、科研、学校等单位有关人员在使用本规范时能正确理解和执行条文规定，《混凝土结构设计规范》修订组按章、节、条顺序编制了本规范的条文说明，对条文规定的目的、依据以及执行中需注意的有关事项进行了说明，还着重对强制性条文的强制性理由作了解释。但是条文说明不具备与标准正文同等的效力，仅供使用者作为理解和把握规范规定的参考。

目　　次

1 总　则

1.0.1 本次修订根据多年来的工程经验和研究成果，并总结了上一版规范的应用情况和存在问题，贯彻国家"四节一环保"的技术政策，对部分内容进行了补充和调整。适当扩充了混凝土结构耐久性的相关内容；引入了强度级别为500MPa级的热轧带肋钢筋；对承载力极限状态计算方法、正常使用极限状态验算方法进行了改进；完善了部分结构构件的构造措施；补充了结构防连续倒塌和既有结构设计的相关内容等。

本次修订继承上一版规范为实现房屋、铁路、公路、港口和水利水电工程混凝土结构共性技术问题设计方法统一的原则，修订力求使本规范的共性技术问题能进一步为各行业规范认可。

1.0.2 本次修订补充了对结构防连续倒塌设计和既有结构设计的基本原则，同时增加了无粘结预应力混凝土结构的相关内容。

对采用陶粒、浮石、煤矸石等为骨料的轻骨料混凝土结构，应按专门标准进行设计。

设计下列结构时，尚应符合专门标准的有关规定：

1 超重混凝土结构、防辐射混凝土结构、耐酸（碱）混凝土结构等；

2 修建在湿陷性黄土、膨胀土地区或地下采掘区等的结构；

3 结构表面温度高于100℃或有生产热源且结构表面温度经常高于60℃的结构；

4 需作振动计算的结构。

1.0.3 本规范依据工程结构以及建筑结构的可靠性统一标准修订。本规范的内容是基于现阶段混凝土结构设计的成熟做法和对混凝土结构承载力以及正常使用的最低要求。当结构受力情况、材料性能等基本条件与本规范的编制依据有出入时，则需根据具体情况通过专门试验或分析加以解决。

1.0.4 本规范与相关的标准、规范进行了合理的分工和衔接，执行时尚应符合相关标准、规范的规定。

2 术语和符号

2.1 术　语

术语是根据现行国家标准《工程结构设计基本术语标准》GB/T 50083并结合本规范的具体情况给出的。

本次修订删节、简化了其他标准已经定义的常用术语，补充了各类钢筋及其性能、各类型混凝土构件、构造等混凝土结构特有的专用术语，如配筋率、混凝土保护层、锚固长度、结构缝等。原规范有关可靠度及荷载等方面的术语，在相关标准中已有表述，故不再列出。

原规范中混凝土结构的结构形式如排架结构、框架结构、剪力墙结构、框架-剪力墙结构、筒体结构、板柱结构等，作为常识也不再作为术语列出。

2.2 符　号

本次修订基本沿用原《混凝土结构设计规范》GB 50010-2002的符号。一些不常用的符号在条文相应处已有说明，在此不再列出。

2.2.1 用"C"后加数字表达混凝土的强度等级；用"HRB"、"HRBF"、"HPB"、"RRB"后加数字表达钢筋的牌号及强度等级。

增加了钢筋在最大拉力下的总伸长率（均匀伸长率）的符号"δ_{gt}"，等同于现行国家标准《钢筋混凝土用钢 第2部分：热轧带肋钢筋》GB 1499.2、《预应力混凝土用钢丝》GB/T 5223和《预应力混凝土用钢绞线》GB/T 5224中的"A_{gt}"。

2.2.4 偏心受压构件考虑二阶效应影响的增大系数有两个：在考虑结构侧移的二阶效应时用"η_s"表示；考虑构件自身挠曲的二阶效应时用"η_{ns}"表示。

增加斜体希腊字母符号"ϕ"，仅表示钢筋直径，不代表钢筋的牌号。

3 基本设计规定

3.1 一般规定

3.1.1 为满足建筑方案并从根本上保证结构安全，设计的内容应在以构件设计为主的基础上扩展到考虑整个结构体系的设计。本次修订补充有关结构设计的基本要求，包括结构方案、内力分析、截面设计、连接构造、耐久性、施工可行性及特殊工程的性能设计等。

3.1.2 本规范根据现行国家标准《工程结构可靠性设计统一标准》GB 50153及《建筑结构可靠度设计统一标准》GB 50068的规定，采用概率极限状态设计方法，以分项系数的形式表达。包括结构重要性系数、荷载分项系数、材料性能分项系数（材料分项系数，有时直接以材料的强度设计值表达）、抗力模型不定性系数（构件承载力调整系数）等。对难于定量计算的间接作用和耐久性等，仍采用基于经验的定性方法进行设计。

本规范中的荷载分项系数应按现行国家标准《建筑结构荷载规范》GB 50009的规定取用。

3.1.3 对混凝土结构极限状态的分类系根据《工程结构可靠性设计统一标准》GB 50153确定的。极限状态仍分为两类，但内容比原规范有所扩大：在承载能力极限状态中增加了结构防连续倒塌的内容；在正常使用极限状态中增加了楼盖舒适度的要求。

3.1.4 本条规定了确定结构上作用的原则，直接作用根据现行国家标准《建筑结构荷载规范》GB 50009 确定；地震作用根据现行国家标准《建筑抗震设计规范》GB 50011 确定；对于直接承受吊车荷载的构件以及预制构件、现浇结构等，应按不同工况确定相应的动力系数或施工荷载。

对于混凝土结构的疲劳问题，主要是吊车梁构件的疲劳验算。其设计方法与吊车的工作级别和材料的疲劳强度有关，近年均有较大变化。当设计直接承受重级工作制吊车的吊车梁时，建议根据工程经验采用钢结构的形式。

本次修订增加了对间接作用的规定。间接作用包括温度变化、混凝土收缩与徐变、强迫位移、环境引起材料性能劣化等造成的影响，设计时应根据有关标准、工程特点及具体情况确定，通常仍采用经验性的构造措施进行设计。

对于罕遇自然灾害以及爆炸、撞击、火灾等偶然作用以及非常规的特殊作用，应根据有关标准或由具体条件和设计要求确定。

3.1.5 混凝土结构的安全等级由现行国家标准《工程结构可靠性设计统一标准》GB 50153 确定。本条仅补充规定：可以根据实际情况调整构件的安全等级。对破坏引起严重后果的重要构件和关键传力部位，宜适当提高安全等级、加大构件重要性系数；对一般结构中的次要构件及可更换构件，可根据具体情况适当降低其重要性系数。

3.1.6 设计应根据现有技术条件(材料、工艺、机具等)考虑施工的可行性。对特殊结构，应提出控制关键技术的要求，以达到设计目标。

3.1.7 各类建筑结构的设计使用年限并不一致，应按《建筑结构可靠度设计统一标准》GB 50068 的规定取用，相应的荷载设计值及耐久性措施均应依据设计使用年限确定。改变用途和使用环境(如超载使用、结构开洞、改变使用功能、使用环境恶化等)的情况均会影响其安全及使用年限。任何对结构的改变(无论是在建结构或既有结构)均须经设计许可或技术鉴定，以保证结构在设计使用年限内的安全和使用功能。

3.2 结 构 方 案

3.2.1 灾害调查和事故分析表明：结构方案对建筑物的安全有着决定性的影响。在与建筑方案协调时应考虑结构体形(高宽比、长宽比)适当；传力途径和构件布置能够保证结构的整体稳固性；避免因局部破坏引发结构连续倒塌。本条提出了在方案阶段应考虑加强结构整体稳固性的设计原则。

3.2.2 结构设计时通过设置结构缝将结构分割为若干相对独立的单元。结构缝包括伸缩缝、缩缝、沉降

缝、防震缝、构造缝、防连续倒塌的分割缝等。不同类型的结构缝是为消除下列不利因素的影响：混凝土收缩、温度变化引起的胀缩变形；基础不均匀沉降；刚度及质量突变；局部应力集中；结构防震；防止连续倒塌等。除永久性的结构缝以外，还应考虑设置施工接槎、后浇带、控制缝等临时性的缝以消除某些暂时性的不利影响。

结构缝的设置应考虑对建筑功能(如装修观感、止水防渗、保温隔声等)、结构传力(如结构布置、构件传力)、构造做法和施工可行性等造成的影响。应遵循"一缝多能"的设计原则，采取有效的构造措施。

3.2.3 构件之间连接构造设计的原则是：保证连接节点处被连接构件之间的传力性能符合设计要求；保证不同材料(混凝土、钢、砌体等)结构构件之间的良好结合；选择可靠的连接方式以保证可靠传力；连接节点尚应考虑被连接构件之间变形的影响以及相容条件，以避免、减少不利影响。

3.2.4 本条提出了结构方案设计阶段应综合考虑的"四节一环保"等问题。

3.3 承载能力极限状态计算

3.3.1 本条列出了各类设计状况下的结构构件承载能力极限状态计算应考虑的内容。

对只承受安装或检修用吊车的构件，根据使用情况和设计经验可不作疲劳验算。

在各种偶然作用(罕遇自然灾害、人为过失以及爆炸、撞击、火灾等人为灾害)下，混凝土结构应能保证必要的整体稳固性。因此本次修订对倒塌可能引起严重后果的特别重要结构，增加了防连续倒塌设计的要求。

3.3.2 本条为承载能力极限状态设计的基本表达式，适用于本规范结构构件的承载力计算。

符号 S 在现行国家标准《建筑结构荷载规范》GB 50009 中为荷载组合的效应设计值；在现行国家标准《建筑抗震设计规范》GB 50011 中为地震作用效应与其他荷载效应基本组合的设计值，在本条中均为以内力形式表达。

根据《工程结构可靠性设计统一标准》GB 50153 的规定，本次修订提出了构件抗力模型不定性系数(构件抗力调整系数)γ_{Rd} 的概念，在抗震设计中为抗震承载力调整系数 γ_{RE}。

当几何参数的变异性对结构性能有明显影响时，需考虑其不利影响。例如，薄板的截面有效高度的变异性对薄板正截面承载力有明显影响，在计算截面有效高度时宜考虑施工允许偏差带来的不利影响。

3.3.3 对二维、三维的混凝土结构，当采用应力设计的形式进行承载能力极限状态设计时，可按等代内力的简化方法计算；当采用多轴强度准则进行设计验算时，应符合本规范附录 C.4 的有关规定。

3.3.4 对偶然作用下结构的承载能力极限状态设计，根据其受力特点对承载能力极限状态设计的表达形式进行了修正：作用效应设计值 S 按偶然组合计算；结构重要性系数 γ_0 取不小于 1.0 的数值；材料强度取标准值。当进行防连续倒塌验算时，按本规范第 3.6 节的原则计算。

3.3.5 对既有结构进行承载能力验算时，既有结构的承载力应符合复核验算的要求；而对既有结构重新设计时，则应按本规范第 3.7 节的原则计算。

3.4 正常使用极限状态验算

3.4.1 正常使用极限状态是通过对作用组合效应值的限值进行控制而实现的。本次修订根据对使用功能的进一步要求，新增加了对楼盖结构舒适度验算的要求。

3.4.2 对正常使用极限状态，89 版规范规定按荷载的持久性采用两种组合：短期效应组合和长期效应组合。02 版规范根据《建筑结构可靠度设计统一标准》GB 50068 的规定，将荷载的短期效应组合、长期效应组合改为荷载效应的标准组合、准永久组合。在标准组合中，含有起控制作用的一个可变荷载标准值效应；在准永久组合中，含有可变荷载准永久值效应。这就使荷载效应组合的名称与荷载代表值的名称相对应。

本次修订对构件挠度、裂缝宽度计算采用的荷载组合进行了调整，对钢筋混凝土构件改为采用荷载准永久组合并考虑长期作用的影响；对预应力混凝土构件仍采用荷载标准组合并考虑长期作用的影响。

3.4.3 构件变形挠度的限值应以不影响结构使用功能、外观及与其他构件的连接等要求为目的。工程实践表明，原规范验算的挠度限值基本合适，本次修订未作改动。

悬臂构件是工程实践中容易发生事故的构件，表注 1 中规定设计时对其挠度的控制要求；表注 4 中参照欧洲标准 EN1992 的规定，提出了起拱、反拱的限制，目的是为防止起拱、反拱过大引起的不良影响。当构件的挠度满足表 3.4.3 的要求，但相对使用要求仍然过大时，设计时可根据实际情况提出比表括号中的限值更加严格的要求。

3.4.4 本规范将裂缝控制等级划分为三级，等级是对裂缝控制严格程度而言的，设计人员需根据具体情况选用不同的等级。关于构件裂缝控制等级的划分，国际上一般都根据结构的功能要求、环境条件对钢筋的腐蚀影响、钢筋种类对腐蚀的敏感性和荷载作用的时间等因素来考虑。本规范在裂缝控制等级的划分上也考虑了以上因素。

在具体划分裂缝控制等级和确定有关限值时，主要参考了下列资料：历次混凝土结构设计规范修订的有关规定及历史背景；工程实践经验及调查统计国内

常用构件的设计状况及实际效果；耐久性专题研究对典型地区实际工程的调查以及长期暴露试验与快速试验的结果；国外规范的有关规定。

经调查研究及与国外规范对比，原规范对受力裂缝的控制相对偏严，可适当放松。对结构构件正截面受力裂缝的控制等级仍按原规范划分为三个等级。一级保持不变；二级适当放松，仅控制拉应力不超过混凝土的抗拉强度标准值，删除了原规范中按荷载准永久组合计算构件边缘混凝土不宜产生拉应力的要求。

对于裂缝控制三级的钢筋混凝土构件，根据现行国家标准《工程结构可靠性设计统一标准》GB 50153 以及作为主要依据的现行国际标准《结构可靠性总原则》ISO 2394 和欧洲规范《结构设计基础》EN 1990 的规定，相应的荷载组合按正常使用极限状态的外观要求（限制过大的裂缝和挠度）的限值作了修改，选用荷载的准永久组合并考虑长期作用的影响进行裂缝宽度与挠度验算。

对裂缝控制三级的预应力混凝土构件，考虑到结构安全及耐久性，基本维持原规范的要求，裂缝宽度限值 0.20mm。仅在不利环境（二 a 类环境）时按荷载的标准组合验算裂缝宽度限值 0.10mm；并按荷载的准永久组合并考虑长期作用的影响验算拉应力不大于混凝土的抗拉强度标准值。

3.4.5 本条对于裂缝宽度限值的要求基本依据原规范，并按新增的环境类别进行了调整。

室内正常环境条件（一类环境）下钢筋混凝土构件最大裂缝剖形观察结果表明，不论裂缝宽度大小、使用时间长短、地区湿度高低，凡钢筋上不出现结露或水膜，则其裂缝处钢筋基本上未发现明显的锈蚀现象；国外的一些工程调查结果也表明了同样的观点。因此对于采用普通钢筋配筋的混凝土结构构件的裂缝宽度限值，考虑了现行国内外规范的有关规定，并参考了耐久性专题研究组对裂缝的调查结果，规定了裂缝宽度的限值。而对钢筋混凝土屋架、托架、主要屋面承重结构等构件，根据以往的工程经验，裂缝宽度限值宜从严控制；对吊车梁的裂缝宽度限值，也适当从严控制，分别在表注中作出了具体规定。

对处于露天或室内潮湿环境（二类环境）条件下的钢筋混凝土构件，剖形观察结果表明，裂缝处钢筋都有不同程度的表面锈蚀，而当裂缝宽度小于或等于 0.2mm 时，裂缝处钢筋上只有轻微的表面锈蚀。根据上述情况，并参考国内外有关资料，规定最大裂缝宽度限值采用 0.20mm。

对使用除冰盐等的三类环境，锈蚀试验及工程实践表明，钢筋混凝土结构构件的受力裂缝宽度对耐久性的影响不是太大，故仍允许存在受力裂缝。参考国内外有关规范，规定最大裂缝宽度限值为 0.2mm。

对采用预应力钢丝、钢绞线及预应力螺纹钢筋的预应力混凝土构件，考虑到钢丝直径较小等原

因，一旦出现裂缝会影响结构耐久性，故适当加严。本条规定在室内正常环境下控制裂缝宽度采用0.20mm；在露天环境（二a类）下控制裂缝宽度0.10mm。

需指出，当混凝土保护层较大时，虽然受力裂缝宽度计算值也较大，但较大的混凝土保护层厚度对防止裂缝锈蚀是有利的。因此，对混凝土保护层厚度较大的构件，当在外观的要求上允许时，可根据实践经验，对表3.4.5中规范的裂缝宽度允许值作适当放大。

3.4.6 本条提出了控制楼盖竖向自振频率的限值。对跨度较大的楼盖及业主有要求时，可按本条执行。一般楼盖的竖向自振频率可采用简化方法计算。对有特殊要求工业建筑，可参照现行国家标准《多层厂房楼盖抗微振设计规范》GB 50190进行验算。

3.5 耐久性设计

3.5.1 混凝土结构的耐久性按正常使用极限状态控制，特点是随时间发展因材料劣化而引起性能衰减。耐久性极限状态表现为：钢筋混凝土构件表面出现锈胀裂缝；预应力筋开始锈蚀；结构表面混凝土出现可见的耐久性损伤（酥裂、粉化等）。材料劣化进一步发展还可能引起构件承载力问题，甚至发生破坏。

由于影响混凝土结构材料性能劣化的因素比较复杂，其规律不确定性很大，一般建筑结构的耐久性设计只能采用经验性的定性方法解决。参考现行国家标准《混凝土结构耐久性设计规范》GB/T 50476的规定，根据调查研究及我国国情，并考虑房屋建筑混凝土结构的特点加以简化和调整，本规范规定了混凝土结构耐久性定性设计的基本内容。

3.5.2 结构所处环境是影响其耐久性的外因。本次修订对影响混凝土结构耐久性的环境类别进行了较详细的分类。环境类别是指混凝土暴露表面所处的环境条件，设计可根据实际情况确定适当的环境类别。

干湿交替主要指室内潮湿、室外露天、地下水浸润、水位变动的环境。由于水和氧的反复作用，容易引起钢筋锈蚀和混凝土材料劣化。

非严寒和非寒冷地区与严寒和寒冷地区的区别主要在于有无冰冻及冻融循环现象。关于严寒和寒冷地区的定义，《民用建筑热工设计规范》GB 50176-93规定如下：严寒地区：最冷月平均温度低于或等于−10℃，日平均温度低于或等于5℃的天数不少于145d的地区；寒冷地区：最冷月平均温度高于−10℃，低于或等于0℃，日平均温度低于或等于5℃的天数不少于90d且少于145d的地区。也可参考该规范的附录采用。各地可根据当地气象台站的气象参数确定所属气候区域，也可根据《建筑气象参数标准》JGJ 35提供的参数确定所属气候区域。

三类环境主要是指近海海风、盐渍土及使用除冰盐的环境。滨海室外环境与盐渍土地区的地下结构、北方城市冬季依靠喷洒盐水消除冰雪而对立交桥、周边结构及停车楼，都可能造成钢筋腐蚀的影响。

四类和五类环境的详细划分和耐久性设计方法不再列入本规范，它们由有关的标准规范解决。

3.5.3 混凝土材料的质量是影响结构耐久性的内因。根据对既有混凝土结构耐久性状态的调查结果和混凝土材料性能的研究，从材料抵抗性能退化的角度，表3.5.3提出了设计使用年限为50年的结构混凝土材料耐久性的基本要求。

影响耐久性的主要因素是：混凝土的水胶比、强度等级、氯离子含量和碱含量。近年来水泥中多加入不同的掺合料，有效胶凝材料含量不确定性较大，故配合比设计的水灰比难以反映有效成分的影响。本次修订改用胶凝材料总量作水胶比及各种含量的控制，原规范中的"水灰比"改成"水胶比"，并删去了对于"最小水泥用量"的限制。混凝土的强度反映了其密实度而影响耐久性，故也提出了相应的要求。

试验研究及工程实践均表明，在冻融循环环境中采用引气剂的混凝土抗冻性能可显著改善。故对采用引气剂抗冻的混凝土，可以适当降低强度等级的要求，采用括号中的数值。

长期受到水作用的混凝土结构，可能引发碱骨料反应。对一类环境中的房屋建筑混凝土结构则可不作碱含量限制；对其他环境中混凝土结构应考虑碱含量的影响，计算方法可参考协会标准《混凝土碱含量限值标准》CECS 53：93。

试验研究及工程实践均表明：混凝土的碱性可使钢筋表面钝化，免遭锈蚀；而氯离子引起钢筋脱钝和电化学腐蚀，会严重影响混凝土结构的耐久性。本次修订加严了氯离子含量的限值。为控制氯离子含量，应严格限制使用含功能性氯化物的外加剂（例如含氯化钙的促凝剂等）。

3.5.4 本条对不良环境及耐久性有特殊要求的混凝土结构构件提出了针对性的耐久性保护措施。

对结构表面采用保护层及表面处理的防护措施，形成有利的混凝土表面小环境，是提高耐久性的有效措施。

预应力筋存在应力腐蚀、氢脆等不利于耐久性的弱点，且其直径一般较细，对腐蚀比较敏感，破坏后果严重。为此应对预应力筋、连接器、锚夹具、锚头等容易遭受腐蚀的部位采取有效的保护措施。

提高混凝土抗渗、抗冻性能有利于混凝土结构在恶劣环境下的耐久性。混凝土抗冻性能和抗渗性能的等级划分、配合比设计及试验方法等，应按有关标准的规定执行。混凝土抗渗和抗冻的设计可参考《水工混凝土结构设计规范》DL/T 5057的规定。

对露天环境中的悬臂构件，如不采取有效防护措施，不宜采用悬臂板的结构形式而宜采用梁-板结构。

室内正常环境以外的预埋件、吊钩等外露金属件容易引导锈蚀，宜采用内埋式或采取有效的防锈措施。

对于可能导致严重腐蚀的三类环境中的构件，提出了提高耐久性的附加措施：如采用阻锈剂、环氧树脂或其他材料的涂层钢筋、不锈钢筋、阴极保护等方法。环氧树脂涂层钢筋是采用静电喷涂环氧树脂粉末工艺，在钢筋表面形成一定厚度的环氧树脂防腐涂层。这种涂层可将钢筋与其周围混凝土隔开，使侵蚀性介质（如氯离子等）不直接接触钢筋表面，从而避免钢筋受到腐蚀。使用时应符合行业标准《环氧树脂涂层钢筋》JG 3042 的规定。

对某些恶劣环境中难以避免材料性能劣化的情况，还可以采取设计可更换构件的方法。

3.5.5、3.5.6 调查分析表明，国内实际使用超过100年的混凝土结构不多，但室内正常环境条件下实际使用 70～80 年的房屋建筑混凝土结构大多基本完好。因此在适当加严混凝土材料的控制、提高混凝土强度等级和保护层厚度并补充规定建立定期检查、维修制度的条件下，一类环境中混凝土结构的实际使用年限达到 100 年是可以得到保证的。而对于不利环境条件下的设计使用年限 100 年的结构，由于缺乏研究及工程经验，由专门设计解决。

3.5.7 更恶劣环境（海水环境、直接接触除冰盐的环境及其他侵蚀性环境）中混凝土结构耐久性的设计，可参考现行国家标准《混凝土结构耐久性设计规范》GB/T 50476。四类环境可参考现行国家行业标准《港口工程混凝土结构设计规范》JTJ 267；五类环境可参考现行国家标准《工业建筑防腐蚀设计规范》GB 50046。

3.5.8 设计应提出设计使用年限内房屋建筑使用维护的要求，使用者应按规定的功能正常使用并定期检查、维修或者更换。

3.6 防连续倒塌设计原则

房屋结构在遭受偶然作用时如发生连续倒塌，将造成人员伤亡和财产损失，是对安全的最大威胁。总结结构倒塌和未倒塌的规律，采取针对性的措施加强结构的整体稳固性，就可以提高结构的抗灾性能，减少结构连续倒塌的可能性。

混凝土结构防连续倒塌是提高结构综合抗灾能力的重要内容。在特定类型的偶然作用发生时或发生后，结构能够承受这种作用，或当结构体系发生局部垮塌时，依靠剩余结构体系仍能继续承载，避免发生与作用不相匹配的大范围破坏或连续倒塌。这就是结构防连续倒塌设计的目标。无法抗拒的地质灾害破坏作用，不包括在防连续倒塌设计的范围内。

结构防连续倒塌设计涉及作用回避、作用宣泄、障碍防护等问题，本规范仅提出混凝土结构防连续倒塌的设计基本原则和概念设计的要求。

3.6.1 结构防连续倒塌设计的难度和代价很大，一般结构只需进行防连续倒塌的概念设计。本条给出了结构防连续倒塌概念设计的基本原则，以定性设计的方法增强结构的整体稳固性，控制发生连续倒塌和大范围破坏。当结构发生局部破坏时，如不引发大范围倒塌，即认为结构具有整体稳定性。结构和材料的延性、传力途径的多重性以及超静定结构体系，均能加强结构的整体稳定性。

设置竖直方向和水平方向通长的纵向钢筋并应采取有效的连接、锚固措施，将整个结构连系成一个整体，是提供结构整体稳定性的有效方法之一。此外，加强楼梯、避难室、底层边墙、角柱等重要构件；在关键传力部位设置缓冲装置（防撞墙、裙房等）或泄能通道（开敞式布置或轻质墙体、屋盖等）；布置分割缝以控制房屋连续倒塌的范围；增加重要构件及关键传力部位的冗余约束及备用传力途径（斜撑、拉杆）等，都是结构防连续倒塌概念设计的有效措施。

3.6.2 倒塌可能引起严重后果的安全等级为一级的可能遭受偶然作用的重要结构，以及为抵御灾害作用而必须增强抗灾能力的重要结构，宜进行防连续倒塌的设计。由于灾害和偶然作用的发生概率极小，且真正实现"防连续倒塌"的代价太大，应由业主根据实际情况确定。

局部加强法是对多条传力途径交汇的关键传力部位和可能引发大面积倒塌的重要构件通过提高安全储备和变形能力，直接考虑偶然作用的影响进行设计。这种按特定的局部破坏状态的荷载组合进行构件设计，是保证结构整体稳定性的有效措施之一。

当偶然事件产生特大荷载时，按效应的偶然组合进行设计以保持结构体系完整无缺往往代价太高，有时甚至不现实。此时，拉结构件法设计允许爆炸或撞击造成结构局部破坏，在某个竖向构件失效后，使其影响范围仅限于局部。按新的结构简图采用梁、悬索、悬臂的拉结模型继续承载受力，按整个结构不发生倒塌的原则进行设计，从而避免结构的整体垮塌。

拆除构件法是按一定规则撤去结构体系中某部分构件，验算剩余结构的抗倒塌能力的计算方法。可采用弹性分析方法或非线性全过程动力分析方法。

实际工程的防连续倒塌设计，应根据具体条件进行适当的选择。

3.6.3 本条介绍了混凝土结构防连续倒塌设计中有关设计参数的取值原则。效应除按偶然作用计算外，还宜考虑倒塌冲击引起的动力系数。材料强度取用标准值，钢筋强度改用极限强度，对无粘结预应力构件则应注意锚夹具对预应力筋有效强度的影响，还宜考虑动力作用下材料强化和脆性的影响，取相应的强度特征值。此外还应考虑倒塌对结构几何参数变化的影响。

3.7 既有结构设计原则

既有结构为已建成、使用的结构。由于历史的原因，我国既有混凝土结构的设计将成为未来工程设计的重要内容。为保证既有结构的安全可靠并延长其使用年限，满足近年日益增多的既有结构加固改建的需要，本次修订新增一节，强调既有混凝土结构设计的原则。

3.7.1 既有结构设计适用于下列几种情况：达到设计年限后延长继续使用的年限；为消除安全隐患而进行的设计校核；结构改变用途和使用环境而进行的复核性设计；对既有结构进行改建、扩建；结构事故或灾后受损结构的修复、加固等。应根据不同的目的，选择不同的设计方案。

3.7.2 既有结构设计前，应根据现行国家标准《建筑结构检测技术标准》GB/T 50344 等进行检测，根据现行国家标准《工程结构可靠性设计统一标准》GB 50153、《工业建筑可靠性鉴定标准》GB 50144、《民用建筑可靠性鉴定标准》GB 50292 等的要求，对其安全性、适用性、耐久性及抗灾害能力进行评定，从而确定设计方案。设计方案有两类：复核性验算和重新进行设计。

鉴于我国传统结构设计安全度偏低以及结构耐久性不足的历史背景，有大量的既有结构面临评定、验算等问题。验算宜符合本规范的规定，强调"宜"是可以根据具体情况作适当调整，如控制使用荷载和功能，控制使用年限等。因为充分利用既有建筑符合可持续发展的基本国策。

当对既有结构进行改建、扩建或加固修复时，须重新进行设计。为保证安全，承载能力极限状态计算"应"按本规范要求进行，但对正常使用状态验算及构造措施仅作"宜"符合本规范的要求。同样可根据具体情况作适当调整，尽量减少重新设计在构造要求方面的经济代价。

无论是复核验算和重新设计，均应考虑检测、评定以实测的结果确定相应的设计参数。

3.7.3 本条规定了既有结构设计的原则。避免只考虑局部加固处理的片面做法。本规范强调既有结构加强整体稳固性的原则，适用的范围更为广泛和系统。应避免由于仅对局部进行加固引起结构承载力或刚度的突变。

设计应考虑既有结构的现状，通过检测分析确定既有部分的材料强度和几何参数，并尽量利用原设计的规定值。结构后加部分则完全按本规范的规定取值。应注意新旧材料结构间的可靠连接，并反映既有结构的承载历史以及施工支撑卸载状态对内力分配的影响。

4 材　料

4.1 混　凝　土

4.1.1 混凝土强度等级由立方体抗压强度标准值确定，立方体抗压强度标准值 $f_{cu,k}$ 是本规范混凝土各种力学指标的基本代表值。混凝土强度等级的保证率为95%：按混凝土强度总体分布的平均值减去1.645倍标准差的原则确定。

由于粉煤灰等矿物掺合料在水泥及混凝土中大量应用，以及近年混凝土工程发展的实际情况，确定混凝土立方体抗压强度标准值的试验龄期不仅限于28d，可由设计根据具体情况适当延长。

4.1.2 我国建筑工程实际应用的混凝土强度和钢筋强度均低于发达国家。我国结构安全度总体上比国际水平低，但材料用量并不少，其原因在于国际上较高的安全度是依靠较高强度的材料实现的。为提高材料的利用效率，工程中应用的混凝土强度等级宜适当提高。C15级的低强度混凝土仅限用于素混凝土结构，各种配筋混凝土结构的混凝土强度等级也普遍稍有提高。

本规范不适用于山砂混凝土及高炉矿渣混凝土，本次修订删除原规范中相关的注，其应符合专门标准的规定。

4.1.3 混凝土的强度标准值由立方体抗压强度标准值 $f_{cu,k}$ 经计算确定。

1　轴心抗压强度标准值 f_{ck}

考虑到结构中混凝土的实体强度与立方体试件混凝土强度之间的差异，根据以往的经验，结合试验数据分析并参考其他国家的有关规定，对试件混凝土强度的修正系数取为0.88。

棱柱强度与立方强度之比值 α_{c1}：对 C50 及以下普通混凝土取0.76；对高强混凝土 C80 取0.82，中间按线性插值；

C40 以上的混凝土考虑脆性折减系数 α_{c2}：对 C40 取1.00，对高强混凝土 C80 取0.87，中间按线性插值。

轴心抗压强度标准值 f_{ck} 按 $0.88\alpha_{c1}\alpha_{c2}f_{cu,k}$ 计算，结果见表 4.1.3-1。

2　轴心抗拉强度标准值 f_{tk}

轴心抗拉强度标准值 f_{tk} 按 $0.88 \times 0.395 f_{cu,k}^{0.55}(1-1.645\delta)^{0.45} \times \alpha_{c2}$ 计算，结果见表 4.1.3-2。其中系数0.395和指数0.55为轴心抗拉强度与立方体抗压强度的折算关系，是根据试验数据进行统计分析以后确定的。

C80 以上的高强混凝土，目前虽偶有工程应用但数量很少，且对其性能的研究尚不够，故暂未列入。

4.1.4 混凝土的强度设计值由强度标准值除混凝土材料分项系数 γ_c 确定。混凝土的材料分项系数取为 1.40。

1 轴心抗压强度设计值 f_c

轴心抗压强度设计值等于 $f_{ck}/1.40$，结果见表 4.1.4-1。

2 轴心抗拉强度设计值 f_t

轴心抗拉强度设计值等于 $f_{tk}/1.40$，结果见表 4.1.4-2。

修订规范还删除了 02 版规范表注中受压构件尺寸效应的规定。该规定源于前苏联规范，最近俄罗斯规范已经取消。对离心混凝土的强度设计值，应按专门的标准取用，也不再列入。

4.1.5 混凝土的弹性模量、剪切变形模量及泊松比同原规范。混凝土的弹性模量 E_c 以其强度等级值（$f_{cu,k}$ 为代表）按下列公式计算：

$$E_c = \frac{10^5}{2.2 + \frac{34.7}{f_{cu,k}}} \quad (N/mm^2)$$

由于混凝土组成成分不同（掺入粉煤灰等）而导致变形性能的不确定性，增加了表注，强调在必要时可根据试验确定弹性模量。

4.1.6、4.1.7 根据等幅疲劳 2×10^6 次的试验研究结果，列出了混凝土的疲劳指标。疲劳指标包括混凝土疲劳强度设计值、混凝土疲劳变形模量。而疲劳强度设计值是混凝土强度设计值乘疲劳强度修正系数 γ_ρ 的数值。上述指标包括高强度混凝土的疲劳验算，但不包括变幅疲劳。

结构构件中的混凝土，可能遭遇受压疲劳、受拉疲劳或拉-压交变疲劳的作用。本次修订根据试验研究，将不同的疲劳受力状态分别表达，扩大了疲劳应力比值的覆盖范围，并将疲劳强度修正系数的数值作了相应调整与补充。

当蒸养温度超过 60℃ 时混凝土容易产生裂缝，并不能简单依靠提高设计强度解决。因此，本次修订删去了蒸养温度超过 60℃ 时，计算需要的混凝土强度设计值需提高 20% 的规定。

4.1.8 本条提供了进行混凝土间接作用效应计算所需的基本热工参数。包括线膨胀系数、导热系数和比热容，数据引自《水工混凝土结构设计规范》DL/T 5057 的规定，并作了适当简化。

4.2 钢 筋

4.2.1 国家现行钢筋产品标准中，不再限制钢筋材料的化学成分和制作工艺，而按性能确定钢筋的牌号和强度级别，并以相应的符号表达。

本次修订根据"四节一环保"要求，提倡应用高强、高性能钢筋。根据混凝土构件对受力性能要求，规定了各种牌号钢筋的选用原则。

1 增加强度为 500MPa 级的高强热轧带肋钢筋；将 400MPa、500MPa 级高强热轧带肋钢筋作为纵向受力的主导钢筋推广应用，尤其是梁、柱和斜撑构件的纵向受力配筋应优先采用 400MPa、500MPa 级高强钢筋，500MPa 级高强钢筋用于高层建筑的柱、大跨度与重荷载梁的纵向受力配筋更为有利；淘汰直径 16mm 及以上的 HRB335 热轧带肋钢筋，保留小直径的 HRB335 钢筋，主要用于中、小跨度楼板配筋以及剪力墙的分布筋配筋，还可用于构件的箍筋与构造配筋；用 300MPa 级光圆钢筋取代 235MPa 级光圆钢筋，将其规格限于直径 6mm～14mm，主要用于小规格梁柱的箍筋与其他混凝土构件的构造配筋。对既有结构进行再设计时，235MPa 级光圆钢筋的设计值仍可按原规范取值。

2 推广应用具有较好延性、可焊性、机械连接性能及施工适应性的 HRB 系列普通热轧带肋钢筋。列入采用控温轧制工艺生产的 HRBF400、HRBF500 系列细晶粒带肋钢筋，取消牌号 HRBF335 钢筋。

3 RRB400 余热处理钢筋由轧制钢筋经高温淬水，余热处理后提高强度，资源能源消耗低、生产成本低。其延性、可焊性、机械连接性能及施工适应性也相应降低，一般可用于对变形性能及加工性能要求不高的构件中，如延性要求不高的基础、大体积混凝土、楼板以及次要的中小结构构件等。

4 增加预应力筋的品种。增补高强、大直径的钢绞线；列入大直径预应力螺纹钢筋（精轧螺纹钢筋）；列入中强度预应力钢丝以补充中等强度预应力筋的空缺，用于中、小跨度的预应力构件，但其在最大力下的总伸长率应满足本规范第 4.2.4 条的要求；淘汰锚固性能很差的刻痕钢丝。

5 箍筋用于抗剪、抗扭及抗冲切设计时，其抗拉强度设计值发挥受到限制，不宜采用强度高于 400MPa 级的钢筋。当用于约束混凝土的间接配筋（如连续螺旋配箍或封闭焊接箍等）时，钢筋的高强度可以得到充分发挥，采用 500MPa 级钢筋具有一定的经济效益。

6 近年来，我国强度高、性能好的预应力筋（钢丝、钢绞线）已可充分供应，故冷加工钢筋不再列入本规范。

4.2.2 钢筋及预应力筋的强度取值按现行国家标准《钢筋混凝土用钢》GB 1499、《钢筋混凝土用余热处理钢筋》GB 13014、《中强度预应力混凝土用钢丝》YB/T156、《预应力混凝土用螺纹钢筋》GB/T 20065、《预应力混凝土用钢丝》GB/T 5223、《预应力混凝土用钢绞线》GB/T 5224 等的规定给出，其应具有不小于 95% 的保证率。

普通钢筋采用屈服强度标志。屈服强度标准值 f_{yk} 相当于钢筋标准中的屈服强度特征值 R_{eL}。由于结构抗倒塌设计的需要，本次修订增列了钢筋极限强度（即钢筋拉断前相应于最大拉力下的强度）标准值 f_{stk}，相当于钢筋标准中的抗拉强度特征值 R_m。

国家标准《钢筋混凝土用钢　第2部分：热轧带肋钢筋》GB 1499.2 修订报批稿中，已不再列入 HRBF335 钢筋和直径不小于 16mm 的 HRB335 钢筋；对 HPB300 光圆钢筋从产品供应与实际应用中已基本不采用直径不小于 16mm 的规格。故本次局部修订中删去了牌号为 HRBF335 钢筋，对 HPB300、HRB335 牌号的钢筋的最大公称直径限制为 14mm 以下。

预应力筋没有明显的屈服点，一般采用极限强度标志。极限强度标准值 f_{ptk} 相当于钢筋标准中的钢筋抗拉强度 σ_b。在钢筋标准中一般取 0.002 残余应变所对应的应力 $\sigma_{p0.2}$ 作为其条件屈服强度标准值 f_{pyk}。本条对新增的预应力螺纹钢筋及中强度预应力钢丝列出了有关的设计参数。

本次修订补充了强度级别为 1960MPa 和直径为 21.6mm 的钢绞线。当用作后张预应力配筋时，应注意其与锚夹具的匹配性。应经检验并确认锚夹具及工艺可靠后方可在工程中应用。原规范预应力筋强度分档太琐碎，故删除不常使用的预应力筋的强度等级和直径，以简化设计时的选择。

4.2.3　钢的强度设计值由强度标准值除以材料分项系数 γ_s 得到。延性较好的热轧钢筋，γ_s 取 1.10；对本次修订列入的 500MPa 级高强钢筋，为了适当提高安全储备，γ_s 取为 1.15。对预应力筋的强度设计值，取其条件屈服强度标准值除以材料分项系数 γ_s，由于延性稍差，预应力筋 γ_s 一般取不小于 1.20。对传统的预应力钢丝、钢绞线取 $0.85\sigma_b$ 作为条件屈服点，材料分项系数 1.2，保持原规范值；对新增的中强度预应力钢丝和螺纹钢筋，按上述原则计算并考虑工程经验适当调整，列于表 4.2.3-2 中。

普通钢筋抗压强度设计值 f'_y 取与抗拉强度相同。在偏心受压状态下，混凝土所能达到的压应变可以保证 500MPa 级钢筋的抗压强度达到与抗拉强度相同的值，因此本次局部修订中将 500MPa 级钢筋的抗压强度设计值从 410N/mm² 调整到 435N/mm²；对轴心受压构件，由于混凝土压应力达到 f_c 时混凝土压应变为 0.002，当采用 500MPa 级钢筋时，其钢筋的抗压强度设计值取为 400N/mm²。而预应力筋抗压强度设计值较小，这是由于构件中钢筋受到混凝土极限受压应变的控制，受压强度受到制约的缘故。

根据试验研究结果，限定受剪、受扭、受冲切箍筋的抗拉强度设计值 f_{yv} 不大于 360N/mm²；但用作围箍约束混凝土的间接配筋时，其强度设计值不受此限。

钢筋标准中预应力钢丝、钢绞线的强度等级繁多，对于表中未列出的强度等级可按比例换算，插值确定强度设计值。无粘结预应力筋不考虑抗压强度。预应力筋配筋位置偏离受拉区较远时，应根据实际受力情况对强度设计值进行折减。

删去了原规范中有关轴心受拉和小偏心受拉构件中的抗拉强度设计取值的注，这是由于采用裂缝宽度计算控制，无须再限制强度值了。

当构件中配有不同牌号和强度等级的钢筋时，可采用各自的强度设计值进行计算。因为尽管强度不同，但极限状态下各种钢筋先后均已达到屈服。

按预应力钢筋抗压强度设计值的取值原则，本次局部修订将预应力螺纹钢筋的抗压强度设计值由 2010 版规范中 410MPa 修改为 400MPa。

4.2.4　本条明确提出了对钢筋延性的要求。根据我国钢筋标准，将最大力下总伸长率 δ_{gt}（相当于钢筋标准中的 A_{gt}）作为控制钢筋延性的指标。最大力下总伸长率 δ_{gt} 不受断口-颈缩区域局部变形的影响，反映了钢筋拉断前达到最大力（极限强度）时的均匀应变，故又称均匀伸长率。

对中强度预应力钢丝，产品标准规定其最大力下总伸长率 δ_{gt} 为 2.5%。但本规范规定，中强度预应力钢丝用做预应力钢筋时，规定其最大力下总伸长率 δ_{gt} 应不小于 3.5%。

4.2.5　钢筋的弹性模量同原规范。由于制作偏差、基圆面积率不同以及钢绞线捻绞紧度差异等因素的影响，实际钢筋受力后的变形模量存在一定的不确定性，而且通常不同程度地偏小。因此，必要时可通过试验测定钢筋的实际弹性模量，用于设计计算。

本次局部修订中，删除了 HRBF335 钢筋牌号，取消了原表注，正文中的"应"改为"可"。

4.2.6　国内外的疲劳试验研究表明：影响钢筋疲劳强度的主要因素为钢筋的疲劳应力幅（$\sigma_{s,max}^f - \sigma_{s,min}^f$ 或 $\sigma_{p,max}^f - \sigma_{p,min}^f$）。本次修订根据钢筋疲劳强度设计值，给出了考虑疲劳应力比值的钢筋疲劳应力幅限值 Δf_y^f 或 Δf_{py}^f，并改变了表达形式：将原规范按应力比值区间取一个值，改为应力比值与应力幅限值对应而由内插取值，使计算更加准确。

出于对延性的考虑，表中未列入细晶粒 HRBF 钢筋，当其用于疲劳荷载作用的构件时，应经试验验证。HRB500 级带肋钢筋尚未进行充分的疲劳试验研究，因此承受疲劳作用的钢筋宜选用 HRB400 热轧带肋钢筋。RRB400 级钢筋不宜用于直接承受疲劳荷载的构件。

钢绞线的疲劳应力幅限值参考了我国现行规范《铁路桥涵钢筋混凝土和预应力混凝土结构设计规范》TB 10002.3。该规范根据 1860MPa 级高强钢绞线的试验，规定疲劳应力幅限值为 140N/mm²。考虑到本规范中钢绞线强度为 1570MPa 级以及预应力钢筋在曲线管道中等因素的影响，故表中采用偏安全的限值。

4.2.7　为解决粗钢筋及配筋密集引起设计、施工的困难，本次修订提出了受力钢筋可采用并筋（钢筋束）的布置方式。国外标准中允许采用绑扎并筋的配筋形式，我国某些行业规范中已有类似的规定。经试验研究并借鉴国内、外的成熟做法，给出了利用截面积相等原则计算并筋等效直径的简便方法。本条还给出了应用并筋时，钢筋最大直径及并筋数量的限制。

并筋等效直径的概念适用于本规范中钢筋间距、保护层厚度、裂缝宽度验算、钢筋锚固长度、搭接接头面积百分率及搭接长度等有关条文的计算及构造规定。

相同直径的二并筋等效直径可取为 1.41 倍单根钢筋直径；三并筋等效直径可取为 1.73 倍单根钢筋直径。二并筋可按纵向或横向的方式布置；三并筋宜按品字形布置，并均按并筋的重心作为等效钢筋的重心。

4.2.8 钢筋代换除应满足等强代换的原则外，尚应综合考虑不同钢筋牌号的性能差异对裂缝宽度验算、最小配筋率、抗震构造要求等的影响，并应满足钢筋间距、保护层厚度、锚固长度、搭接接头面积百分率及搭接长度等的要求。

4.2.9 钢筋的专业化加工配送有利于节省材料、方便施工、提高工程质量。采用钢筋焊接网片时应符合《钢筋焊接网混凝土结构技术规程》JGJ 114 的规定。宜进一步推广钢筋专业加工配送生产预制钢筋骨架的设计、施工方式。

4.2.10 混凝土结构设计中，要用到各类钢筋的公称直径、公称截面面积及理论重量。根据有关钢筋标准的规定在附录 A 中列出了有关的参数。

5 结 构 分 析

本次修订补充、完善了 02 版规范的内容：丰富了分析模型、弹性分析、弹塑性分析、塑性极限分析等内容；增加了间接作用分析一节，弥补了 02 版规范中结构分析内容的不足。所列条款基本反映了我国混凝土结构的设计现状、工程经验和试验研究等方面所取得的进展，同时也参考了国外标准规范的相关内容。

本规范只列入了结构分析的基本原则和各种分析方法的应用条件。各种结构分析方法的具体内容在有关标准中有更详尽的规定，可遵照执行。

5.1 基 本 原 则

5.1.1 在所有的情况下均应对结构的整体进行分析。结构中的重要部位、形状突变部位以及内力和变形有异常变化的部位（例如较大孔洞周围、节点及其附近、支座和集中荷载附近等），必要时应另作更详细的局部分析。

对结构的两种极限状态进行结构分析时，应取用相应的作用组合。

5.1.2 结构在不同的工作阶段，例如结构的施工期、检修期和使用期，预制构件的制作、运输和安装阶段

等，以及遭遇偶然作用的情况下，都可能出现多种不利的受力状况，应分别进行结构分析，并确定其可能的不利作用组合。

5.1.3 结构分析应以结构的实际工作状况和受力条件为依据。结构分析的结果应有相应的构造措施加以保证。例如，固定端和刚节点的承受弯矩能力和对变形的限制；塑性铰充分转动的能力；适筋截面的配筋率或受压区相对高度的限制等。

5.1.4 结构分析方法均应符合三类基本方程，即力学平衡方程，变形协调（几何）条件和本构（物理）关系。其中力学平衡条件必须满足；变形协调条件应在不同程度上予以满足；本构关系则需合理地选用。

5.1.5 结构分析方法分类较多，各类方法的主要特点和应用范围如下：

1 弹性分析方法是最基本和最成熟的结构分析方法，也是其他分析方法的基础和特例。它适用于分析一般结构。大部分混凝土结构的设计均基于此法。

结构内力的弹性分析和截面承载力的极限状态设计相结合，实用上简便可行。按此设计的结构，其承载力一般偏于安全。少数结构因混凝土开裂部分的刚度减小而发生内力重分布，可影响其他部分的开裂和变形状况。

考虑到混凝土结构开裂后刚度的减小，对梁、柱构件可分别取用不同的刚度折减值，且不再考虑刚度随作用效应而变化。在此基础上，结构的内力和变形仍可采用弹性方法进行分析。

2 考虑塑性内力重分布的分析方法可用于超静定混凝土结构设计。该方法具有充分发挥结构潜力，节约材料，简化设计和方便施工等优点。但应注意到，抗弯能力调低部位的变形和裂缝可能相应增大。

3 弹塑性分析方法以钢筋混凝土的实际力学性能为依据，引入相应的本构关系后，可进行结构受力全过程分析，而且可以较好地解决各种体形和受力复杂结构的分析问题。但这种分析方法比较复杂，计算工作量大，各种非线性本构关系尚不够完善和统一，且要有成熟、稳定的软件提供使用，至今应用范围仍然有限，主要用于重要、复杂结构工程的分析和罕遇地震作用下的结构分析。

4 塑性极限分析方法又称塑性分析法或极限平衡法。此法主要用于周边有梁或墙支承的双向板设计。工程设计和施工实践经验证明，在规定条件下按此法进行计算和构造设计简便易行，可以保证结构的安全。

5 结构或其部分的体形不规则和受力状态复杂，又无恰当的简化分析方法时，可采用试验分析的方法。例如剪力墙及其孔洞周围，框架和桁架的主要节点，构件的疲劳，受力状态复杂的水坝等。

5.1.6 结构设计中采用计算机分析日趋普遍，商业的和自编的电算软件都必须保证其运算的可靠性。而

且对每一项电算的结果都应作必要的判断和校核。

5.2 分析模型

5.2.1 结构分析时都应结合工程的实际情况和采用的力学模型，对承重结构进行适当简化，使其既能较正确反映结构的真实受力状态，又能够适应所选用分析软件的力学模型和运算能力，从根本上保证所分析结果的可靠性。

5.2.2 计算简图宜根据结构的实际形状、构件的受力和变形状况、构件间的连接和支承条件以及各种构造措施等，作合理的简化后确定。例如，支座或柱底的固定端应有相应的构造和配筋作保证；有地下室的建筑底层柱，其固定端的位置还取决于底板（梁）的刚度；节点连接构造的整体性决定连接处是按刚接还是按铰接考虑等。

当钢筋混凝土梁柱构件截面尺寸相对较大时，梁柱交汇点会形成相对的刚性节点区域。刚域尺寸的合理确定，会在一定程度上影响结构整体分析的精度。

5.2.3 一般的建筑结构的楼层大多数为现浇钢筋混凝土楼盖或有现浇面层的预制装配式楼盖，可近似假定楼盖在其自身平面内为无限刚性，以减少结构分析的自由度数，提高结构分析效率。实践证明，采用刚性楼盖假定对大多数建筑结构的分析精度都能够满足工程设计的需要。

若因结构布置的变化导致楼盖面内刚度削弱或不均匀时，结构分析应考虑楼盖面内变形的影响。根据楼面结构的具体情况，楼盖面内弹性变形可按全楼、部分楼层或部分区域考虑。

5.2.4 现浇楼盖和装配整体式楼盖的楼板作为梁的有效翼缘，与梁一起形成 T 形截面，提高了楼面梁的刚度，结构分析时应予以考虑。当采用梁刚度放大系数法时，应考虑各梁截面尺寸大小的差异，以及各楼层楼板厚度的差异。

5.2.5 本条规定了考虑地基对上部结构影响的原则。

5.3 弹 性 分 析

5.3.1 本条规定了弹性分析的应用范围。

5.3.2 按构件全截面计算截面惯性矩时，可进行简化，既不计钢筋的换算面积，也不扣除预应力筋孔道等的面积。

5.3.3 本条规定了弹性分析的计算方法。

5.3.4 结构中的二阶效应指作用在结构上的重力或构件中的轴压力在变形后的结构或构件中引起的附加内力和附加变形。建筑结构的二阶效应包括重力二阶效应（$P-\Delta$ 效应）和受压构件的挠曲效应（$P-\delta$ 效应）两部分。严格地讲，考虑 $P-\Delta$ 效应和 $P-\delta$ 效应进行结构分析，应考虑材料的非线性和裂缝、构件的曲率和层间侧移、荷载的持续作用、混凝土的收缩和徐变等因素。但要实现这样的分析，在目前条件下

还有困难，工程分析中一般都采用简化的分析方法。

重力二阶效应计算属于结构整体层面的问题，一般在结构整体分析中考虑，本规范给出了两种计算方法：有限元法和增大系数法。受压构件的挠曲效应计算属于构件层面的问题，一般在构件设计时考虑，详见本规范第 6.2 节。

需要提醒注意的是，附录 B.0.4 给出的排架结构二阶效应计算公式，其中也考虑了 $P-\delta$ 效应的影响。即排架结构的二阶效应计算仍维持 02 版规范的规定。

5.3.5 本条规定考虑支承位移对双向板的内力、变形影响的原则。

5.4 塑性内力重分布分析

5.4.1 超静定混凝土结构在出现塑性铰的情况下，会发生内力重分布。可利用这一特点进行构件截面之间的内力调幅，以达到简化构造、节约配筋的目的。本条给出了可以采用塑性调幅设计的构件或结构类型。

5.4.2 本条提出了考虑塑性内力重分布分析方法设计的条件。按考虑塑性内力重分布的计算方法进行构件或结构的设计时，由于塑性铰的出现，构件的变形和抗弯能力调小部位的裂缝宽度均较大。故本条进一步明确允许考虑塑性内力重分布构件的使用环境，并强调应进行构件变形和裂缝宽度验算，以满足正常使用极限状态的要求。

5.4.3 采用基于弹性分析的塑性内力重分布方法进行弯矩调幅时，弯矩调整的幅度及受压区的高度均应满足本条的规定，以保证构件出现塑性铰的位置有足够的转动能力并限制裂缝宽度。

5.4.4 钢筋混凝土结构的扭转，应区分两种不同的类型：

1 平衡扭转：由平衡条件引起的扭转，其扭矩在梁内不会产生内力重分布；

2 协调扭转：由于相邻构件的弯曲转动受到支承梁的约束，在支承梁内引起的扭转，其扭矩会由于支承梁的开裂产生内力重分布而减小，条文给出了宜考虑内力重分布影响的原则要求。

5.5 弹 塑 性 分 析

5.5.1 弹塑性分析可根据结构的类型和复杂性、要求的计算精度等选择相应的计算方法。进行弹塑性分析时，结构构件各部分的尺寸、截面配筋以及材料性能指标都必须预先设定。应根据实际情况采用不同的离散尺度，确定相应的本构关系，如应力-应变关系、弯矩-曲率关系、内力-变形关系等。

采用弹塑性分析方法确定结构的作用效应时，钢筋和混凝土的材料特征值及本构关系宜经试验分析确定，也可采用附录 C 提供的材料平均强度、本构模型或多轴强度准则。

需要提醒注意的是，在采用弹塑性分析方法确定结构的作用效应时，需先进行作用组合，并考虑结构重要性系数，然后方可进行分析。

5.5.2 结构构件的计算模型以及离散尺度应根据实际情况以及计算精度的要求确定。若一个方向的正应力明显大于其余两个正交方向的应力，则构件可简化为一维单元；若两个方向的正应力均显著大于另一个方向的应力，则应简化为二维单元；若构件三个方向的正应力无显著差异，则构件应按三维单元考虑。

5.5.3 本条给出了在结构弹塑性分析中选用钢筋和混凝土材料本构关系的原则规定。钢筋混凝土界面的粘结、滑移对其分析结果影响较显著的构件（如：框架结构梁柱的节点区域等），建议在进行分析时考虑钢筋与混凝土的粘结-滑移本构关系。

5.6 塑性极限分析

5.6.1 对于超静定结构，结构中的某一个截面（或某几个截面）达到屈服，整个结构可能并没有达到其最大承载能力，外荷载还可以继续增加。先达到屈服截面的塑性变形会随之不断增大，并且不断有其他截面陆续达到屈服。直至有足够数量的截面达到屈服，使结构体系即将形成几何可变机构，结构才达到最大承载能力。因此，利用超静定结构的这一受力特征，可采用塑性极限分析方法来计算超静定结构的最大承载力，并以达到最大承载力时的状态，作为整个超静定结构的承载能力极限状态。这样既可以使超静定结构的内力分析更接近实际内力状态，也可以充分发挥超静定结构的承载潜力，使设计更经济合理。但是，超静定结构达到承载力极限状态（最大承载力）时，结构中较早达到屈服的截面已处于塑性变形阶段，即已形成塑性铰，这些截面实际上已具有一定程度的损伤。如果塑性铰具有足够的变形能力，则这种损伤对于一次加载情况的最大承载力影响不大。

5.6.2 结构极限分析可采用精确解、上限解和下限解法。当采用上限解法时，应根据具体结构的试验结果或弹性理论的内力分布，预先建立可能的破坏机构，然后采用机动法或极限平衡法求解结构的极限荷载。当采用下限解法时，可参考弹性理论的内力分布，假定一个满足极限条件的内力场，然后用平衡条件求解结构的极限荷载。

5.6.3 本条介绍双向矩形板采用塑性铰线法或条带法的计算原则。

5.7 间接作用分析

5.7.1 大体积混凝土结构、超长混凝土结构等约束积累较大的超静定结构，在间接作用下的裂缝问题比较突出，宜对结构进行间接作用效应分析。对于允许出现裂缝的钢筋混凝土结构构件，应考虑裂缝的开展使构件刚度降低的影响，以减少作用效应计算的失真。

5.7.2 间接作用效应分析可采用弹塑性分析方法，也可采用简化的弹性分析方法，但计算时应考虑混凝土的徐变及混凝土的开裂引起的应力松弛和重分布。

6 承载能力极限状态计算

6.1 一般规定

6.1.1 钢筋混凝土构件、预应力混凝土构件一般均可按本章的规定进行正截面、斜截面及复合受力状态下的承载力计算（验算）。素混凝土结构构件在房屋建筑中应用不多，低配筋混凝土构件的研究和工程实践经验尚不充分。因此，本次修订对素混凝土构件的设计要求未作调整，其内容见本规范附录D。

02版规范已有的深受弯构件、牛腿、叠合构件等的承载力计算，仍然独立于本章之外给出，深受弯构件见附录G，牛腿见第9.3节，叠合构件见第9.5节及附录H。

有关构件的抗震承载力计算（验算），见本规范第11章的相关规定。

6.1.2 对混凝土结构中的二维、三维非杆系构件，可采用弹性或弹塑性方法求得其主应力分布，其承载力极限状态设计应符合本规范第3.3.2条、第3.3.3条的规定，宜通过计算配置受拉区的钢筋和验算受压区的混凝土强度。按应力进行截面设计的原则和方法与02版规范第5.2.8条的规定相同。

受拉钢筋的配筋量可根据主应力的合力进行计算，但一般不考虑混凝土的抗拉设计强度；受拉钢筋的配筋分布可按主拉应力分布图形及方向确定。具体可参考行业标准《水工混凝土结构设计规范》DL/T 5057的有关规定。受压钢筋可根据计算确定，此时可由混凝土和受压钢筋共同承担受压应力的合力。受拉钢筋或受压钢筋的配置均应符合相关构造要求。

6.1.3 复杂或有特殊要求的混凝土结构以及二维、三维非杆系混凝土结构构件，通常需要考虑弹塑性分析方法进行承载力校核、验算。根据不同的设计状况（如持久、短暂、地震、偶然等）和不同的性能设计目标，承载力极限状态往往会采用不同的组合，但通常会采用基本组合、地震组合或偶然组合，因此结构和构件的抗力计算也要相应采用不同的材料强度取值。例如，对于荷载偶然组合的效应，材料强度可取用标准值或极限值；对于地震作用组合的效应，材料强度可以根据抗震性能设计目标取用设计值或标准值等。承载力极限状态验算就是要考察构件的内力或应力是否超过材料的强度取值。

对于多轴应力状态，混凝土主应力验算可按本规范附录C.4的有关规定进行。对于二维尤其是三维受压的混凝土结构构件，校核受压应力设计值可采用混凝土多轴强度准则，可以强度代表值的相对形式，利用多轴受压时的强度提高。

6.2 正截面承载力计算

6.2.1 本条对正截面承载力计算方法作了基本假定。

1 平截面假定

试验表明，在纵向受拉钢筋的应力达到屈服强度之前及达到屈服强度后的一定塑性转动范围内，截面的平均应变基本符合平截面假定。因此，按照平截面假定建立判别纵向受拉钢筋是否屈服的界限条件和确定屈服之前钢筋的应力 σ_s 是合理的。平截面假定作为计算手段，即使钢筋已达屈服，甚至进入强化段时，也还是可行的，计算值与试验值符合较好。

引用平截面假定可以将各种类型截面（包括周边配筋截面）在单向或双向受力情况下的正截面承载力计算贯穿起来，提高了计算方法的逻辑性和条理性，使计算公式具有明确的物理概念。引用平截面假定也为利用电算进行混凝土构件正截面全过程分析（包括非线性分析）提供了必不可少的截面变形条件。

国际上的主要规范，均采用了平截面假定。

2 混凝土的应力-应变曲线

随着混凝土强度的提高，混凝土受压时的应力-应变曲线将逐渐变化，其上升段将逐渐趋向线性变化，且对应于峰值应力的应变稍有提高；下降段趋于变陡，极限应变有所减少。为了综合反映低、中强度混凝土和高强混凝土的特性，与 02 版规范相同，本规范对正截面设计用的混凝土应力-应变关系采用如下简化表达形式：

上升段　　$\sigma_c = f_c \left[1 - \left(1 - \dfrac{\varepsilon_c}{\varepsilon_0} \right)^n \right]$ 　　$(\varepsilon_c \leqslant \varepsilon_0)$

下降段　　$\sigma_c = f_c$ 　　$(\varepsilon_0 < \varepsilon_c \leqslant \varepsilon_{cu})$

根据国内中、低强度混凝土和高强度混凝土偏心受压短柱的试验结果，在条文中给出了有关参数：n、ε_0、ε_{cu} 的取值，与试验结果较为接近。

3 纵向受拉钢筋的极限拉应变

纵向受拉钢筋的极限拉应变本规范规定为 0.01，作为构件达到承载能力极限状态的标志之一。对有物理屈服点的钢筋，该值相当于钢筋应变进入了屈服台阶；对无屈服点的钢筋，设计所用的强度是以条件屈服点为依据的。极限拉应变的规定是限制钢筋的强化强度，同时，也表示设计采用的钢筋的极限拉应变不得小于 0.01，以保证结构构件具有必要的延性。对预应力混凝土结构构件，其极限拉应变应从混凝土消压时的预应力筋应力 σ_{p0} 处开始算起。

对非均匀受压构件，混凝土的极限压应变达到 ε_{cu} 或者受拉钢筋的极限拉应变达到 0.01，即这两个极限应变中只要具备其中一个，就标志着构件达到了承载能力极限状态。

6.2.2 本条的规定同 02 版规范。

6.2.3 轴向压力在挠曲杆件中产生的二阶效应（$P-\delta$ 效应）是偏压杆件中由轴向压力在产生了挠曲变形的杆件内引起的曲率和弯矩增量。例如在结构中常见的反弯点位于柱高中部的偏压构件中，这种二阶效应虽能增大构件除两端区域外各截面的曲率和弯矩，但增大后的弯矩通常不可能超过柱两端控制截面的弯矩。因此，在这种情况下，$P-\delta$ 效应不会对杆件截面的偏心受压承载能力产生不利影响。但是，在反弯点不在杆件高度范围内（即沿杆件长度均为同号弯矩）的较细长且轴压比偏大的偏压构件中，经 $P-\delta$ 效应增大后的杆件中部弯矩有可能超过柱端控制截面的弯矩。此时，就必须在截面设计中考虑 $P-\delta$ 效应的附加影响。因后一种情况在工程中较少出现，为了不对各个偏压构件逐一进行验算，本条给出了可以不考虑 $P-\delta$ 效应的条件。该条件是根据分析结果并参考国外规范给出的。

6.2.4 本条给出了在偏压构件中考虑 $P-\delta$ 效应的具体方法，即 $C_m - \eta_{ns}$ 法。该方法的基本思路与美国 ACI 318-08 规范所用方法相同。其中 η_{ns} 使用中国习惯的极限曲率表达式。该表达式是借用 02 版规范偏心距增大系数 η 的形式，并作了下列调整后给出的：

1 考虑本规范所用钢材强度总体有所提高，故将 02 版规范 η 公式中反映极限曲率的 "1/1400" 改为 "1/1300"。

2 根据对 $P-\delta$ 效应规律的分析，取消了 02 版规范 η 公式中在细长度偏大情况下减小构件挠曲变形的系数 ζ_2。

本条 C_m 系数的表达形式与美国 ACI 318-08 规范所用形式相似，但取值略偏高，这是根据我国所做的系列试验结果，考虑钢筋混凝土偏心压杆 $P-\delta$ 效应规律的较大离散性而给出的。

对剪力墙、核心筒墙肢类构件，由于 $P-\delta$ 效应不明显，计算时可以忽略。对排架结构柱，当采用本规范第 B.0.4 条的规定计算二阶效应后，不再按本条规定计算 $P-\delta$ 效应；当排架柱未按本规范第 B.0.4 条计算其侧移二阶效应时，仍应按本规范第 B.0.4 条考虑其 $P-\delta$ 效应。

6.2.5 由于工程中实际存在着荷载作用位置的不定性、混凝土质量的不均匀性及施工的偏差等因素，都可能产生附加偏心距。很多国家的规范中都有关于附加偏心距的具体规定，因此参照国外规范的经验，规定了附加偏心距 e_a 的绝对值与相对值的要求，并取其较大值用于计算。

6.2.6 在承载力计算中，可采用合适的压应力图形，只要在承载力计算上能与可靠的试验结果基本符合。为简化计算，本规范采用了等效矩形压应力图形，此时，矩形应力图的应力取 f_c 乘以系数 α_1，矩形应力图的高度可取等于按平截面假定所确定的中和轴高度

x_n 乘以系数 β_1。对中低强度混凝土，当 $n=2$，$\varepsilon_0=0.002$，$\varepsilon_{cu}=0.0033$ 时，$\alpha_1=0.969$，$\beta_1=0.824$；为简化计算，取 $\alpha_1=1.0$，$\beta_1=0.8$。对高强度混凝土，用随混凝土强度提高而逐渐降低的系数 α_1、β_1 值来反映高强度混凝土的特点，这种处理方法能适应混凝土强度进一步提高的要求，也是多数国家规范采用的处理方法。上述的简化计算与试验结果对比大体接近。应当指出，将上述简化计算的规定用于三角形截面、圆形截面的受压区，会带来一定的误差。

6.2.7 构件达到界限破坏是指正截面上受拉钢筋屈服与受压区混凝土破坏同时发生时的破坏状态。对应于这一破坏状态，受压边混凝土应变达到 ε_{cu}；对配置有屈服点钢筋的钢筋混凝土构件，纵向受拉钢筋的应变取 f_y/E_s。界限受压区高度 x_b 与界限中和轴高度 x_{nb} 的比值为 β_1，根据平截面假定，可得截面相对界限受压区高度 ξ_b 的公式（6.2.7-1）。

对配置无屈服点钢筋的钢筋混凝土构件或预应力混凝土构件，根据条件屈服点的定义，应考虑 0.2% 的残余应变，普通钢筋应变取 $(f_y/E_s+0.002)$、预应力筋应变取 $[(f_{py}-\sigma_{p0})/E_s+0.002]$。根据平截面假定，可得公式（6.2.7-2）和公式（6.2.7-3）。

无屈服点的普通钢筋通常是指细规格的带肋钢筋，无屈服点的特性主要取决于钢筋的轧制和调直等工艺。在钢筋标准中，有屈服点钢筋的屈服强度以 σ_s 表示，无屈服点钢筋的屈服强度以 $\sigma_{p0.2}$ 表示。

6.2.8 钢筋应力 σ_s 的计算公式，是以混凝土达到极限压应变 ε_{cu} 作为构件达到承载能力极限状态标志而给出的。

按平截面假定可写出截面任意位置处的普通钢筋应力 σ_{si} 的计算公式（6.2.8-1）和预应力筋应力 σ_{pi} 的计算公式（6.2.8-2）。

为了简化计算，根据我国大量的试验资料及计算分析表明，小偏心受压情况下实测受拉或受压较小边的钢筋应力 σ_s 与 ξ 接近直线关系。考虑以 $\xi=\xi_b$ 及 $\xi=\beta_1$ 作为界限条件，取 σ_s 与 ξ 之间为线性关系，就可得到公式（6.2.8-3）、公式（6.2.8-4）。

按上述线性关系式，在求解正截面承载力时，一般情况下为二次方程。

6.2.9 在 02 版规范中，将圆形、圆环形截面混凝土构件的正截面承载力列在正文，本次修订将圆形截面、圆环形截面与任意截面构件的正截面承载力计算一同列入附录。

6.2.10~6.2.14 保留 02 版规范的实用计算方法。

构件中如无纵向受压钢筋或不考虑纵向受压钢筋时，不需要符合公式（6.2.10-4）的要求。

6.2.15 保留了 02 版规范的规定。为保持与偏心受压构件正截面承载力计算具有相近的可靠度，在正文公式（6.2.15）右端乘以系数 0.9。

02 版规范第 7.3.11 条规定的受压构件计算长度

l_0 主要适用于有侧移受偏心压力作用的构件，不完全适用于上下端有支点的轴心受压构件。对于上下端有支点的轴心受压构件，其计算长度 l_0 可偏安全地取构件上下端支点之间距离的 1.1 倍。

当需用公式计算 φ 值时，对矩形截面也可近似用 $\varphi=\left[1+0.002\left(\dfrac{l_0}{b}-8\right)^2\right]^{-1}$ 代替查表取值。当 l_0/b 不超过 40 时，公式计算值与表列数值误差不致超过 3.5%。在用上式计算 φ 时，对任意截面可取 $b=\sqrt{12i}$，对圆形截面可取 $b=\sqrt{3}d/2$。

6.2.16 保留了 02 版规范的规定。根据国内外的试验结果，当混凝土强度等级大于 C50 时，间接钢筋混凝土的约束作用将会降低，为此，在混凝土强度等级为 C50~C80 的范围内，给出折减系数 α 值。基于与第 6.2.15 条相同的理由，在公式（6.2.16-1）右端乘以系数 0.9。

6.2.17 矩形截面偏心受压构件：

1 对非对称配筋的小偏心受压构件，当偏心距很小时，为了防止 A_s 产生受压破坏，尚应按公式（6.2.17-5）进行验算，此处引入了初始偏心距 $e_i=e_0-e_a$，这是考虑了不利方向的附加偏心距。计算表明，只有当 $N>f_cbh$ 时，钢筋 A_s 的配筋率才有可能大于最小配筋率的规定。

2 对称配筋小偏心受压的钢筋混凝土构件近似计算方法：

当应用偏心受压构件的基本公式（6.2.17-1）、公式（6.2.17-2）及公式（6.2.8-1）求解对称配筋小偏心受压构件承载力时，将出现 ξ 的三次方程。第 6.2.17 条第 4 款的简化公式是取 $\xi\left(1-\dfrac{1}{2}\xi\right)\dfrac{\xi_b-\xi}{\xi_b-\beta_1}\approx 0.43\dfrac{\xi_b-\xi}{\xi_b-\beta_1}$，使求解 ξ 的方程降为一次方程，便于直接求得小偏压构件所需的配筋面积。

同理，上述简化方法也可扩展用于 T 形和 I 形截面的构件。

3 本次对偏心受压构件二阶效应的计算方法进行了修订，即除排架结构柱以外，不再采用 $\eta-l_0$ 法。新修订的方法主要希望通过计算机进行结构分析时一并考虑由结构侧移引起的二阶效应。为了进行截面设计时内力取值的一致性，当需要利用简化计算方法计算由结构侧移引起的二阶效应和需要考虑杆件自身挠曲引起的二阶效应时，也应先按照附录 B 的简化计算方法和按照第 6.2.3 条和第 6.2.4 条的规定进行考虑二阶效应的内力计算。即在进行截面设计时，其内力已经考虑了二阶效应。

6.2.18 给出了 I 形截面偏心受压构件正截面受压承载力计算公式，对 T 形、倒 T 形截面则可按条文注的规定进行计算；同时，对非对称配筋的小偏心受压构件，给出了验算公式及其适用的近似条件。

6.2.19 沿截面腹部均匀配置纵向钢筋（沿截面腹部配置等直径、等间距的纵向受力钢筋）的矩形、T形或I形截面偏心受压构件，其正截面承载力可根据第6.2.1条中一般计算方法的基本假定列出平衡方程进行计算。但由于计算公式较繁，不便于设计应用，故作了必要简化，给出了公式（6.2.19-1）～公式（6.2.19-4）。

根据第6.2.1条的基本假定，均匀配筋的钢筋应变到达屈服的纤维距中和轴的距离为 $\beta\eta/\beta_1$，此处，$\beta = f_{yw}/(E_s\varepsilon_{cu})$。分析表明，常用的钢筋 β 值变化幅度不大，而且对均匀配筋的内力影响很小。因此，将按平截面假定写出的均匀配筋内力 N_{sw}、M_{sw} 的表达式分别用直线及二次曲线近似拟合，即给出公式（6.2.19-3）、公式（6.2.19-4）这两个简化公式。

计算分析表明，对两对边集中配筋与腹部均匀配筋呈一定比例的条件下，本条的简化计算与按一般方法精确计算的结果相比误差不大，并可使计算工作量得到很大简化。

6.2.20 规范对排架柱计算长度的规定引自1974年的规范《钢筋混凝土结构设计规范》TJ 10-74，其计算长度值是在当时的弹性分析和工程经验基础上确定的。在没有新的研究分析结果之前，本规范继续沿用原规范的规定。

本次规范修订，对有侧移框架结构的 $P-\Delta$ 效应简化计算，不再采用 $\eta-l_0$ 法，而采用层增大系数法。因此，进行框架结构 $P-\Delta$ 效应计算时不再需要计算框架柱的计算长度 l_0，因此取消了02版规范第7.3.11条第3款中框架柱计算长度公式（7.3.11-1）、公式（7.3.11-2）。本规范第6.2.20条第2款表6.2.20-2中框架柱的计算长度 l_0 主要用于计算轴心受压框架柱稳定系数 φ，以及计算偏心受压构件裂缝宽度的偏心距增大系数时采用。

6.2.21 本条对对称双向偏心受压构件正截面承载力的计算作了规定：

1 当按本规范附录E的一般方法计算时，本条规定了分别按 x、y 轴计算 e_i 的公式；有可靠试验依据时，也可采用更合理的其他公式计算。

2 给出了双向偏心受压的倪克勤（N. V. Nikitin）公式，并指明了两种配筋形式的计算原则。

3 当需要考虑二阶弯矩的影响时，给出的弯矩设计值 M_{0x}、M_{0y} 已经包含了二阶弯矩的影响，即取消了02版规范第7.3.14条中的弯矩增大系数 η_x、η_y，原因详见第6.2.17条条文说明。

6.2.22～6.2.25 保留了02版规范的相应条文。

对沿截面高度或周边均匀配筋的矩形、T形或I形偏心受拉截面，其正截面承载力基本符合 $\frac{N}{N_{u0}} + \frac{M}{M_u} = 1$ 的变化规律，且略偏于安全；此公式改写后即为公式（6.2.25-1）。试验表明，它也适用于对称配筋矩形截面钢筋混凝土双向偏心受拉构件。公式（6.2.25-1）是89规范在条文说明中提出的公式。

6.3 斜截面承载力计算

6.3.1 混凝土构件的受剪截面限制条件仍采用02版规范的表达形式。

规定受弯构件的受剪截面限制条件，其目的首先是防止构件截面发生斜压破坏（或腹板压坏），其次是限制在使用阶段可能发生的斜裂缝宽度，同时也是构件斜截面受剪破坏的最大配箍率条件。

本条同时给出了划分普通构件与薄腹构件截面限制条件的界限，以及两个截面限制条件的过渡办法。

6.3.2 本条给出了需要进行斜截面受剪承载力计算的截面位置。在一般情况下是指最可能发生斜截面破坏的位置，包括可能受力最大的梁端截面、截面尺寸突然变化处、箍筋数量变化和弯起钢筋配置处等。

6.3.3 由于混凝土受弯构件受剪破坏的影响因素众多，破坏形态复杂，对混凝土构件受剪机理的认识尚不很充分，至今未能像正截面承载力计算一样建立一套较完整的理论体系。国外各主要规范及国内各行业标准中斜截面承载力计算方法各异，计算模式也不尽相同。

对无腹筋受弯构件的斜截面受剪承载力计算：

1 根据收集到大量的均布荷载作用下无腹筋简支浅梁、无腹筋简支短梁、无腹筋简支深梁以及无腹筋连续浅梁的试验数据以支座处的剪力值为依据进行分析，可得到承载均布荷载为主的无腹筋一般受弯构件受剪承载力 V_c 偏下值的计算公式如下：

$$V_c = 0.7\beta_h\beta_p f_t bh_0$$

2 综合国内外的试验结果和规范规定，对不配置箍筋和弯起钢筋的钢筋混凝土板的受剪承载力计算中，合理地反映了截面尺寸效应的影响。在第6.3.3条的公式中用系数 $\beta_h = (800/h_0)^{\frac{1}{4}}$ 来表示；同时给出了截面高度的适用范围，当截面有效高度超过2000mm后，其受剪承载力还将会有所降低，但对此试验研究尚不够，未能作出进一步规定。

对第6.3.3条中的一般板类受弯构件，主要指受均布荷载作用下的单向板和双向板需按单向板计算的构件。试验研究表明，对较厚的钢筋混凝土板，除沿板的上、下表面按计算或构造配置双向钢筋网之外，如按本规范第9.1.11条的规定，在板厚中间部位配置双向钢筋网，将会较好地改善其受剪性能。

3 根据试验分析，纵向受拉钢筋的配筋率 ρ 对无腹筋梁受剪承载力 V_c 的影响可用系数 $\beta_p = (0.7 + 20\rho)$ 来表示；通常在 ρ 大于1.5%时，纵向受拉钢筋的配筋率 ρ 对无腹筋梁受剪承载力的影响才较为明显，所以，在公式中未纳入系数 β_p。

4 这里应当说明，以上虽然分析了无腹筋梁受剪承载力的计算公式，但并不表示设计的梁不需配置箍筋。考虑到剪切破坏有明显的脆性，特别是斜拉破坏，斜裂缝一旦出现梁即告剪坏，单靠混凝土承受剪力是不安全的。除了截面高度不大于150mm的梁外，一般梁即使满足 $V \leqslant V_c$ 的要求，仍应按构造要求配置箍筋。

6.3.4 02版规范的受剪承载力设计公式分为集中荷载独立梁和一般受弯构件两种情况，较国外多数国家的规范繁琐，且两个公式在临近集中荷载为主的情况附近计算值不协调，且有较大差异。因此，建立一个统一的受剪承载力计算公式是规范修订和发展的趋势。

但考虑到我国的国情和规范的设计习惯，且过去规范的受剪承载力设计公式分两种情况用于设计也是可行的，此次修订实质上仍保留了受剪承载力计算的两种形式，只是在原有受弯构件两个斜截面承载力计算公式的基础上进行了整改，具体做法是混凝土项系数不变，仅对一般受弯构件公式的箍筋项系数进行了调整，由1.25改为1.0。通过对55个均布荷载作用下有腹筋简支梁构件试验的数据进行分析（试验数据来自原冶金建筑研究总院、同济大学、天津大学、重庆大学、原哈尔滨建筑大学、R.B.L.Smith等），结果表明，此次修订公式的可靠度有一定程度的提高。采用本次修订公式进行设计时，箍筋用钢量比02版规范计算值可能增加约25%。箍筋项系数由1.25改为1.0，也是为将来统一成一个受剪承载力计算公式建立基础。

试验研究表明，预应力对构件的受剪承载力起有利作用，主要因为预压应力能阻滞斜裂缝的出现和开展，增加了混凝土剪压区高度，从而提高了混凝土剪压区所承担的剪力。

根据试验分析，预应力混凝土梁受剪承载力的提高主要与预加力的大小及其作用点的位置有关。此外，试验还表明，预加力对梁受剪承载力的提高作用应给予限制。因此，预应力混凝土梁受剪承载力的计算，可在非预应力梁计算公式的基础上，加上一项施加预应力所提高的受剪承载力设计值 $0.05N_{p0}$，且当 N_{p0} 超过 $0.3f_cA_0$ 时，只取 $0.3f_cA_0$，以达到限制的目的。同时，它仅适用于预应力混凝土简支梁，且只有当 N_{p0} 对梁产生的弯矩与外弯矩相反时才能予以考虑。对于预应力混凝土连续梁，尚未作深入研究；此外，对允许出现裂缝的预应力混凝土简支梁，考虑到构件达到承载力时，预应力可能消失，在未有充分试验依据之前，暂不考虑预应力对截面抗剪的有利作用。

6.3.5、6.3.6 试验表明，与破坏斜截面相交的非预应力弯起钢筋和预应力弯起钢筋可以提高构件的斜截面受剪承载力，因此，除垂直于构件轴线的箍筋外，弯起钢筋也可以作为构件的抗剪钢筋。公式（6.3.5）给出了箍筋和弯起钢筋并用时，斜截面受剪承载力的计算公式。考虑到弯起钢筋与破坏斜截面相交位置的不定性，其应力可能达不到屈服强度，因此在公式中引入了弯起钢筋应力不均匀系数0.8。

由于每根弯起钢筋只能承受一定范围内的剪力，当按第6.3.6条的规定确定剪力设计值并按公式（6.3.5）计算弯起钢筋时，其配筋构造应符合本规范第9.2.8条的规定。

6.3.7 试验表明，箍筋能抑制斜裂缝的发展，在不配置箍筋的梁中，斜裂缝的突然形成可能导致脆性的斜拉破坏。因此，本规范规定当剪力设计值小于无腹筋梁的受剪承载力时，应按本规范第9.2.9条的规定配置最小用量的箍筋；这些箍筋还能提高构件抵抗超载和承受由于变形所引起应力的能力。

02版规范中，本条计算公式也分为一般受弯构件和集中荷载作用下的独立梁两种形式，此次修订与第6.3.4条相协调，统一为一个公式。

6.3.8 受拉边倾斜的受弯构件，其受剪破坏的形态与等高度的受弯构件相类似；但在受剪破坏时，其倾斜受拉钢筋的应力可能发挥得比较高，在受剪承载力中将占有相当的比例。根据对试验结果的分析，提出了公式（6.3.8-2），并与等高度的受弯构件的受剪承载力公式相匹配，给出了公式（6.3.8-1）。

6.3.9、6.3.10 受弯构件斜截面的受弯承载力计算是在受拉区纵向受力钢筋达到屈服强度的前提下给出的，此时，在公式（6.3.9-1）中所需的斜截面水平投影长度 c，可由公式（6.3.9-2）确定。

如果构件设计符合第6.3.10条列出的相关规定，构件的斜截面受弯承载力一般可满足第6.3.9条的要求，因此可不进行斜截面的受弯承载力计算。

6.3.11～6.3.14 试验研究表明，轴向压力对构件的受剪承载力起有利作用，主要是因为轴向压力能阻滞斜裂缝的出现和开展，增加了混凝土剪压区高度，从而提高混凝土所承担的剪力。轴压比限值范围内，斜截面水平投影长度与相同参数的无轴向压力梁相比基本不变，故对箍筋所承担的剪力没有明显的影响。

轴向压力对构件受剪承载力的有利作用是有限度的，当轴压比在0.3～0.5的范围时，受剪承载力达到最大值；若再增加轴向压力，将导致受剪承载力的降低，并转变为带有斜裂缝的正截面小偏心受压破坏，因此应对轴向压力的受剪承载力提高范围予以限制。

基于上述考虑，通过对偏压构件、框架柱试验资料的分析，对矩形截面的钢筋混凝土偏心构件的斜截面受剪承载力计算，可在集中荷载作用下的矩形截面独立梁计算公式的基础上，加一项轴向压力所提高的受剪承载力设计值，即 $0.07N$，且当 N 大于 $0.3f_cA$ 时，规定仅取为 $0.3f_cA$，相当于试验结果的偏低值。

对承受轴向压力的框架结构的框架柱，由于柱两端受到约束，当反弯点在层高范围内时，其计算截面的剪跨比可近似取 $H_n/(2h_0)$；而对其他各类结构的框架柱的剪跨比则取为 M/Vh_0，与截面承受的弯矩和剪力有关。同时，还规定了计算剪跨比取值的上、下限值。

偏心受拉构件的受力特点是：在轴向拉力作用下，构件上可能产生横贯全截面、垂直于杆轴的初始垂直裂缝；施加横向荷载后，构件顶部裂缝闭合而底部裂缝加宽，且斜裂缝可能直接穿过初始垂直裂缝向上发展，也可能沿初始垂直裂缝延伸再斜向发展。斜裂缝呈现宽度较大、倾角较大，斜裂缝末端剪压区高度减小，甚至没有剪压区，从而截面的受剪承载力要比受弯构件的受剪承载力有明显的降低。根据试验结果并偏稳妥地考虑，减去一项轴向拉力所降低的受剪承载力设计值，即 $0.2N$。此外，第 6.3.14 条还对受拉截面总受剪承载力设计值的下限值和箍筋的最小配筋特征值作了规定。

对矩形截面钢筋混凝土偏心受压和偏心受拉构件受剪要求的截面限制条件，与第 6.3.1 条的规定相同，与 02 版规范相同。

与 02 版规范公式比较，本次修订的偏心受力构件斜截面受剪承载力计算公式，只对 02 版规范公式中的混凝土项采用公式（6.3.4-2）中的混凝土项代替，并将适用范围由矩形截面扩大到 T 形和 I 形截面，且箍筋项的系数取为 1.0。偏心受压构件受剪承载力计算公式（6.3.12）及偏心受拉构件受剪承载力计算公式（6.3.14）与试验数据相比较，计算值也是相当于试验结果的偏低值。

6.3.15 在分析了国内外一定数量圆形截面受弯构件、偏心受压构件试验数据的基础上，借鉴国外有关规范的相关规定，提出了采用等效惯性矩原则确定等效截面宽度和等效截面高度的取值方法，从而对圆形截面受弯和偏心受压构件，可直接采用配置垂直箍筋的矩形截面受弯和偏心受压构件的受剪截面限制条件和受剪承载力计算公式进行计算。

6.3.16～6.3.19 试验表明，矩形截面钢筋混凝土柱在斜向水平荷载作用下的抗剪性能与在单向水平荷载作用下的受剪性能存在着明显的差别。根据国外的有关研究资料以及国内配置周边箍筋的斜向受剪试件的试验结果，经分析表明，构件的受剪承载力大致服从椭圆规律：

$$\left(\frac{V_x}{V_{ux}}\right)^2 + \left(\frac{V_y}{V_{uy}}\right)^2 = 1$$

本规范第 6.3.17 条的公式（6.3.17-1）和公式（6.3.17-2），实质上就是由上面的椭圆方程式转化成在形式上与单向偏心受压构件受剪计算公式相当的设计表达式。在复核截面时，可直接按公式进行验算；在进行截面设计时，可近似选取公式

（6.3.17-1）和公式（6.3.17-2）中的 V_{ux}/V_{uy} 比值等于 1.0，而后再进行箍筋截面面积的计算。设计时宜采用封闭箍筋，必要时也可配置单肢箍筋。当复合封闭箍筋相重叠部分的箍筋长度小于截面周边箍筋长边或短边长度时，不应将该箍筋较短方向上的箍筋截面面积计入 A_{svx} 或 A_{svy} 中。

第 6.3.16 条和第 6.3.18 条同样采用了以椭圆规律的受剪承载力方程式为基础并与单向偏心受压构件受剪的截面要求相衔接的表达式。

同时提出，为了简化计算，对剪力设计值 V 的作用方向与 x 轴的夹角 θ 在 0°～10° 和 80°～90° 时，可按单向受剪计算。

6.3.20 本条规定与 02 版规范相同，目的是规定剪力墙截面尺寸的最小值，或者说限制了剪力墙截面的最大名义剪应力值。剪力墙的名义剪应力值过高，会在早期出现斜裂缝；因极限状态下的抗剪强度受混凝土抗斜压能力控制，抗剪钢筋不能充分发挥作用。

6.3.21、6.3.22 在剪力墙设计时，通过构造措施防止发生剪拉破坏和斜压破坏，通过计算确定墙中水平钢筋，防止发生剪切破坏。

在偏心受压墙肢中，轴向压力有利于抗剪承载力，但压力增大到一定程度后，对抗剪的有利作用减小，因此对轴力的取值需加以限制。

在偏心受拉墙肢中，考虑了轴向拉力的不利影响。

6.3.23 剪力墙连梁的斜截面受剪承载力计算，采用和普通框架梁一致的截面承载力计算方法。

6.4 扭曲截面承载力计算

6.4.1、6.4.2 混凝土扭曲截面承载力计算的截面限制条件是以 h_w/b 不大于 6 的试验为依据的。公式（6.4.1-1）、公式（6.4.1-2）的规定是为了保证构件在破坏时混凝土不首先被压碎。公式（6.4.1-1）、公式（6.4.1-2）中的纯扭构件截面限制条件相当于取用 $T = (0.16～0.2)f_c W_t$；当 T 等于 0 时，公式（6.4.1-1）、公式（6.4.1-2）可与本规范第 6.3.1 条的公式相协调。

6.4.3 本条对常用的 T 形、I 形和箱形截面受扭塑性抵抗矩的计算方法作了具体规定。

T 形、I 形截面可划分成矩形截面，划分的原则是：先按截面总高度确定腹板截面，然后再划分受压翼缘和受拉翼缘。

本条提供的截面受扭塑性抵抗矩公式是近似的，主要是为了方便受扭承载力的计算。

6.4.4 公式（6.4.4-1）是根据试验统计分析后，取用试验数据的偏低值给出的。经过对高强混凝土纯扭构件的试验验证，该公式仍然适用。

试验表明，当 ζ 值在 0.5～2.0 范围内，钢筋混

凝土受扭构件破坏时，其纵筋和箍筋基本能达到屈服强度。为稳妥起见，取限制条件为 $0.6 \leqslant \zeta \leqslant 1.7$。当 $\zeta > 1.7$ 时取 1.7。当 ζ 接近 1.2 时为钢筋达到屈服的最佳值。因截面内力平衡的需要，对不对称配置纵向钢筋截面面积的情况，在计算中只取对称布置的纵向钢筋截面面积。

预应力混凝土纯扭构件的试验研究表明，预应力可提高构件受扭承载力的前提是纵向钢筋不能屈服，当预加力产生的混凝土法向压应力不超过规定的限值时，纯扭构件受扭承载力可提高 $0.08 \dfrac{N_{p0}}{A_0} W_t$。考虑到实际上应力分布不均匀性等不利影响，在条文中该提高值取为 $0.05 \dfrac{N_{p0}}{A_0} W_t$，且仅限于偏心距 $e_{p0} \leqslant h/6$ 且 ζ 不小于 1.7 的情况；在计算 ζ 时，不考虑预应力筋的作用。

试验研究还表明，对预应力的有利作用应有所限制：当 N_{p0} 大于 $0.3 f_c A_0$ 时，取 $0.3 f_c A_0$。

6.4.6 试验研究表明，对受纯扭作用的箱形截面构件，当壁厚符合一定要求时，其截面的受扭承载力与实心截面是类同的。在公式（6.4.6-1）中的混凝土项受扭承载力与实心截面的取法相同，即取箱形截面开裂扭矩的 50%，此外，尚应乘以箱形截面壁厚的影响系数 α_h；钢筋项受扭承载力取与实心矩形截面相同。通过国内外试验结果的分析比较，公式（6.4.6-1）的取值是稳妥的。

6.4.7 试验研究表明，轴向压力对纵筋应变的影响十分显著；由于轴向压力能使混凝土较好地参加工作，同时又能改善混凝土的咬合作用和纵向钢筋的销栓作用，因而提高了构件的受扭承载力。在本条公式中考虑了这一有利因素，它对受扭承载力的提高值偏安全地取为 $0.07NW_t/A$。

试验表明，当轴向压力大于 $0.65 f_c A$ 时，构件受扭承载力将会逐步下降，因此，在条文中对轴向压力的上限值作了稳妥的规定，即取轴向压力 N 的上限值为 $0.3 f_c A$。

6.4.8 无腹筋剪扭构件的试验研究表明，无量纲剪扭承载力的相关关系符合四分之一圆的规律；对有腹筋剪扭构件，假设混凝土部分对剪扭承载力的贡献与无腹筋剪扭构件一样，也可认为符合四分之一圆的规律。

本条公式适用于钢筋混凝土和预应力混凝土剪扭构件，它是以有腹筋构件的剪扭承载力为四分之一圆的相关曲线作为校正线，采用混凝土部分相关、钢筋部分不相关的原则获得的近似拟合公式。此时，可找到剪扭构件混凝土受扭承载力降低系数 β_t，其值略大于无腹筋构件的试验结果，但采用此 β_t 值后与有腹筋构件的四分之一圆相关曲线较为接近。

经分析表明，在计算预应力混凝土构件的 β_t 时，可近似取与非预应力构件相同的计算公式，而不考虑预应力合力 N_{p0} 的影响。

6.4.9 本条规定了 T 形和 I 形截面剪扭构件承载力计算方法。腹板部分要承受全部剪力和分配给腹板的扭矩。这种规定方法是与受弯构件受剪承载力计算相协调的；翼缘仅承受所分配的扭矩，但翼缘中配置的箍筋应贯穿整个翼缘。

6.4.10 根据钢筋混凝土箱形截面纯扭构件受扭承载力计算公式（6.4.6-1）并借助第 6.4.8 剪扭构件的相同方法，可导出公式（6.4.10-1）～公式（6.4.10-3），经与箱形截面试件的试验结果比较，所提供的方法是稳妥的。

6.4.11 本条是此次修订新增的内容。

在轴向拉力 N 作用下构件的受扭承载力可表示为：

$$T_u = T_c^N + T_s^N$$

式中：T_c^N——混凝土承担的扭矩；

$\qquad T_s^N$——钢筋承担的扭矩。

1 混凝土承担的扭矩

考虑轴向拉力对构件抗裂性能的影响，拉扭构件的开裂扭矩可按下式计算：

$$T_{cr}^N = \gamma \omega f_t W_t$$

式中，T_{cr}^N 为拉扭构件的开裂扭矩；γ 为考虑截面不能完全进入塑性状态等的综合系数，取 $\gamma = 0.7$；ω 为轴向拉力影响系数，根据最大主应力理论，可按下列公式计算：

$$\omega = \sqrt{1 - \frac{\sigma_t}{f_t}}$$

$$\sigma_t = \frac{N}{A}$$

从而有：

$$T_{cr}^N = 0.7 f_t W_t \sqrt{1 - \frac{\sigma_t}{f_t}}$$

对于钢筋混凝土纯扭构件混凝土承担的扭矩，本规范取为：

$$T_c^0 = T_{cr}^0 = 0.35 f_t W_t$$

拉扭构件中混凝土承担的扭矩即可取为：

$$T_c^N = \frac{1}{2} T_{cr}^N = 0.35 f_t W_t \sqrt{1 - \frac{\sigma_t}{f_t}}$$

当 $\dfrac{\sigma_t}{f_t}$ 不大于 1 时 $\sqrt{1 - \dfrac{\sigma_t}{f_t}}$ 近似以 $1 - \dfrac{\sigma_t}{1.75 f_t}$ 表述，因此有：

$$T_c^N = \frac{1}{2} T_{cr}^N = 0.35 \left(1 - \frac{\sigma_t}{1.75 f_t}\right) f_t W_t$$

$$= 0.35 f_t W_t - 0.2 \frac{N}{A} W_t$$

2 钢筋部分承担的扭矩

对于拉扭构件，轴向拉力 N 使纵筋产生附加拉应力，因此纵筋的受扭作用受到削弱，从而降低了构件的受扭承载力。根据变角度空间桁架模型和斜弯理论，其受扭承载力可按下式计算：

$$T_s^N = 2\sqrt{\frac{(f_y A_{st1} - N)s}{f_{yv} A_{st1} u_{cor}}} \cdot \frac{f_{yv} A_{st1} A_{cor}}{s}$$

但为了与无拉力情况下的抗扭公式保持一致，在与试验结果对比后仍取：

$$T_s^N = 1.2\sqrt{\zeta} f_{yv} \frac{A_{st1} A_{cor}}{s}$$

根据以上说明，即可得出本条文设计计算公式（6.4.11），式中 A_{stl} 为对称布置的受扭用的全部纵向钢筋的截面面积，承受拉力 N 作用的纵向钢筋截面面积不应计入。

与国内进行的 25 个拉扭试件的试验结果比较，本条公式的计算值与试验值之比的平均值为 0.947（0.755～1.189），是可以接受的。

6.4.12 对弯剪扭构件，当 $V \leqslant 0.35 f_t b h_0$ 或 $V \leqslant 0.875 f_t b h_0 / (\lambda + 1)$ 时，剪力对构件承载力的影响可不予考虑，此时，构件的配筋由正截面受弯承载力和受扭承载力的计算确定；同理，$T \leqslant 0.175 f_t W_t$ 或 $T \leqslant 0.175 \alpha_h f_t W_t$ 时，扭矩对构件承载力的影响可不予考虑，此时，构件的配筋由正截面受弯承载力和斜截面受剪承载力的计算确定。

6.4.13 分析表明，按照本条规定的配筋方法，构件的受弯承载力、受剪承载力与受扭承载力之间具有相关关系，且与试验结果大致相符。

6.4.14～6.4.16 在钢筋混凝土矩形截面框架柱受剪扭承载力计算中，考虑了轴向压力的有利作用。分析表明，在 β_t 计算公式中可不考虑轴向压力的影响，仍可按公式（6.4.8-5）进行计算。

当 $T \leqslant (0.175 f_t + 0.035 N/A) W_t$ 时，则可忽略扭矩对框架柱承载力的影响。

6.4.17 本条给出了在轴向拉力、弯矩、剪力和扭矩共同作用下的钢筋混凝土矩形截面框架柱的剪、扭承载力设计计算公式。与在轴向压力、弯矩、剪力和扭矩共同作用下钢筋混凝土矩形截面框架柱的剪、扭承载力 β_t 计算公式相同，为简化设计，不考虑轴向拉力的影响。与考虑轴向拉力影响的 β_t 计算公式比较，β_t 计算值有降低，$(1.5 - \beta_t)$ 值略有提高；从而当轴向拉力 N 较小时，受扭钢筋用量略有增大，受剪箍筋用量有减小，但箍筋总用量没有显著差别。当轴向拉力较大，当 N 不小于 $1.75 f_t A$ 时，公式（6.4.17-2）右方第 1 项为零。从而公式（6.4.17-1）和公式（6.4.17-2）蜕变为剪扭混凝土作用项几乎不相关的、偏安全的设计计算公式。

6.5 受冲切承载力计算

6.5.1 02 版规范的受冲切承载力计算公式，形式简单，计算方便，但与国外规范进行对比，在多数情况下略显保守，且考虑因素不够全面。根据不配置箍筋或弯起钢筋的钢筋混凝土板的试验资料的分析，参考国内外有关规范，本次修订保留了 02 版规范的公式形式，仅将公式中的系数 0.15 提高到 0.25。

本条具体规定的考虑因素如下：

1 截面高度的尺寸效应。截面高度的增大对受冲切承载力起削弱作用，为此，在公式（6.5.1-1）中引入了截面尺寸效应系数 β_h，以考虑这种不利影响。

2 预应力对受冲切承载力的影响。试验研究表明，双向预应力对板柱节点的冲切承载力起有利作用，主要是由于预应力的存在阻滞了斜裂缝的出现和开展，增加了混凝土剪压区的高度。公式（6.5.1-1）主要是参考我国的科研成果及美国 ACI 318 规范，将板中两个方向按长度加权平均有效预压应力的有利作用增大为 $0.25 \sigma_{pc,m}$，但仍偏安全地未计及在板柱节点处预应力竖向分量的有利作用。

对单向预应力板，由于缺少试验数据，暂不考虑预应力的有利作用。

3 参考美国 ACI 318 等有关规范的规定，给出了两个调整系数 η_1、η_2 的计算公式（6.5.1-2）、公式（6.5.1-3）。对矩形形状的加载面积边长之比作了限制，因为边长之比大于 2 后，剪力主要集中于角隅，将不能形成严格意义上的冲切极限状态的破坏，使受冲切承载力达不到预期的效果，为此，引入了调整系数 η_1，且基于稳妥的考虑，对加载面积边长之比作了不宜大于 4 的限制；此外，当临界截面相对周长 u_m / h_0 过大时，同样会引起受冲切承载力的降低。有必要指出，公式（6.5.1-2）是在美国 ACI 规范的取值基础上略作调整后给出的。公式（6.5.1-1）的系数 η 只能取 η_1、η_2 中的较小值，以确保安全。

本条中所指的临界截面是为了简明表述而设定的截面，它是冲切最不利的破坏锥体底面线与顶面线之间的平均周长 u_m 处板的垂直截面。板的垂直截面，对等厚板为垂直于板中心平面的截面，对变高度板为垂直于板受拉面的截面。

对非矩形截面柱（异形截面柱）的临界截面周长，选取周长 u_m 的形状要呈凸形折线，其折角不能大于 $180°$，由此可得到最小的周长，此时在局部周长区段离柱边的距离允许大于 $h_0/2$。

6.5.2 为满足设备或管道布置要求，有时要在柱边附近板上开孔。板中开孔会减小冲切的最不利周长，从而降低板的受冲切承载力。在参考了国外规范的基础上给出了本条的规定。

6.5.3、6.5.4 当混凝土板的厚度不足以保证受冲切承载力时，可配置抗冲切钢筋。设计可同时配置箍筋和弯起钢筋，也可分别配置箍筋或弯起钢筋作为抗冲切钢筋。试验表明，配有冲切钢筋的钢筋混凝土板，其破坏形态和受力特性与有腹筋梁相类似，当抗冲切钢筋的数量达到一定程度时，板的受冲切承载力几乎不再增加。为了使抗冲切箍筋或弯起钢筋能够充分发挥作用，本条规定了板的受冲切截面限制条件，即公式（6.5.3-1），实际上是对抗冲切箍筋或弯起钢筋数量的限制，以避免其不能充分发挥作用和使用阶段在局部荷载附近的斜裂缝过大。本次修订参考美国 ACI 规范及我国的工程经验，对该限制条件作了适当放宽，将系数由 02 版规范规定的 1.05 放宽至 1.2。

钢筋混凝土板配置抗冲切钢筋后，在混凝土与抗冲切钢筋共同作用下，混凝土项的抗冲切承载力 V'_c 与无抗冲切钢筋板的承载力 V_c 的关系，各国规范取法并不一致，如我国 02 版规范、美国及加拿大规范取 $V'_c = 0.5V_c$，CEB-FIP MC 90 规范及欧洲规范 EN 1992-2 取 $V'_c = 0.75V_c$，英国规范 BS 8110 及俄罗斯规范取 $V'_c = V_c$。我国的试验及理论分析表明，在混凝土与抗冲切钢筋共同作用下，02 版规范取混凝土所能提供的承载力是无抗冲切钢筋板承载力的 50%，取值偏低。根据国内外的试验研究，并考虑混凝土开裂后骨料咬合、配筋剪切摩擦有利作用等，在抗冲切钢筋配置区，本次修订将混凝土所能承担的承载力 V'_c 适当提高，取无抗冲切钢筋板承载力 V_c 的约 70%。与试验结果比较，本条给出的受冲切承载力计算公式是偏于安全的。

本条提及的其他形式的抗冲切钢筋，包括但不限于工字钢、槽钢、抗剪栓钉、扁钢 U 形箍等。

6.5.5 阶形基础的冲切破坏可能会在柱与基础交接处或基础变阶处发生，这与阶形基础的形状、尺寸有关。对阶形基础受冲切承载力计算公式，也引进了本规范第 6.5.1 条的截面高度影响系数 β_h。在确定基础的 F_l 时，取用最大的地基反力值，这样做是偏于安全的。

6.5.6 板柱节点传递不平衡弯矩时，其受力特性及破坏形态更为复杂。为安全起见，对板柱节点存在不平衡弯矩时的受冲切承载力计算，借鉴了美国 ACI 318 规范和我国的《无粘结预应力混凝土结构技术规程》JGJ 92-93 的有关规定，在本条中提出了考虑问题的原则，具体可按本规范附录 F 计算。

6.6 局部受压承载力计算

6.6.1 本条对配置间接钢筋的混凝土结构构件局部受压区截面尺寸规定了限制条件，其理由如下：

1 试验表明，当局压区配筋过多时，局压板底面下的混凝土会产生过大的下沉变形；当符合公式（6.6.1-1）时，可限制下沉变形不致过大。为适当提高可靠度，将公式右边抗力项乘以系数 0.9。式中系数 1.35 系由 89 版规范公式中的系数 1.5 乘以 0.9 而给出。

2 为了反映混凝土强度等级提高对局部受压的影响，引入了混凝土强度影响系数 β_c。

3 在计算混凝土局部受压时的强度提高系数 β_l（也包括本规范第 6.6.3 条的 β_{cor}）时，不应扣除孔道

面积，经试验校核，此种计算方法比较合适。

4 在预应力锚头下的局部受压承载力的计算中，按本规范第 10.1.2 条的规定，当预应力作为荷载效应且对结构不利时，其荷载效应的分项系数取为 1.2。

6.6.2 计算底面积 A_b 的取值采用了"同心、对称"的原则。要求计算底面积 A_b 与局压面积 A_l 具有相同的重心位置，并呈对称；沿 A_l 各边向外扩大的有效距离不超过受压板短边尺寸 b（对圆形受压板，可沿周边扩大一倍直径），此法便于记忆和使用。

对各类型垫板试件的试验表明，试验值与计算值符合较好，且偏于安全。试验还表明，当构件处于边角局压时，β_l 值在 1.0 上下波动且离散性较大，考虑使用简便、形式统一和保证安全（温度、混凝土的收缩、水平力对边角局压承载力的影响较大），取边角局压时的 $\beta_l = 1.0$ 是恰当的。

6.6.3 试验结果表明，配置方格网式或螺旋式间接钢筋的局部受压承载力，可表达为混凝土项承载力和间接钢筋项承载力之和。间接钢筋项承载力与其体积配筋率有关；且随混凝土强度等级的提高，该项承载力有降低的趋势。为了反映这个特性，公式中引入了系数 α。为便于使用且保证安全，系数 α 与本规范第 6.2.16 条的取值相同。基于与本规范第 6.6.1 条同样的理由，在公式（6.6.3-1）也考虑了折减系数 0.9。

本条还规定了 A_{cor} 大于 A_b 时，在计算中只能取为 A_b 的要求。此规定用以保证充分发挥间接钢筋的作用，且能确保安全。此外，当 A_{cor} 不大于混凝土局部受压面积 A_l 的 1.25 倍时，间接钢筋对局部受压承载力的提高不明显，故不予考虑。

为避免长、短两个方向配筋相差过大而导致钢筋不能充分发挥强度，对公式（6.6.3-2）规定了配筋量的限制条件。

间接钢筋的体积配筋率取为核心面积 A_{cor} 范围内单位混凝土体积所含间接钢筋的体积，是在满足方格网或螺旋式间接钢筋的核心面积 A_{cor} 大于混凝土局部受压面积 A_l 的条件下计算得出的。

6.7 疲 劳 验 算

6.7.1 保留了 89 规范的基本假定，它为试验所证实，并作为第 6.7.5 条和第 6.7.11 条建立钢筋混凝土和预应力混凝土受弯构件截面疲劳应力计算公式的依据。

6.7.2 本条是根据规范第 3.1.4 条和吊车出现在跨度不大于 12m 的吊车梁上的可能情况而作出的规定。

6.7.3 本条明确规定，钢筋混凝土受弯构件正截面和斜截面疲劳验算中起控制作用的部位需作相应的应力或应力幅计算。

6.7.4 国内外试验研究表明，影响钢筋疲劳强度的

主要因素为应力幅，即（$\sigma_{max} - \sigma_{min}$），所以在本节中涉及钢筋的疲劳应力时均按应力幅计算。受拉钢筋的应力幅 $\Delta\sigma_s^f$ 要小于或等于钢筋的疲劳应力幅限值 Δf_y^f，其含义是在同一疲劳应力比下，应力幅（$\sigma_{max} - \sigma_{min}$）越小越好，即两者越接近越好。例如，当疲劳应力比保持 $\rho^f = 0.2$ 不变时，可能出现很多组循环应力，诸如 $\sigma_{min} = 2N/mm^2$，$\sigma_{max} = 10N/mm^2$；$\sigma_{min} = 20N/mm^2$，$\sigma_{max} = 100N/mm^2$；$\sigma_{min} = 200N/mm^2$，$\sigma_{max} = 1000N/mm^2$；它们的应力幅值分别为 $8N/mm^2$、$80N/mm^2$、$800N/mm^2$。若使用 HRB335 级钢筋，则从本规范表 4.2.6-1 可以查得，当应力比 $\rho_s^f = 0.2$ 时，疲劳应力幅限值为 $154N/mm^2$，所以上面所举各组应力幅值中，应力幅值为 $800N/mm^2$ 的情况不满足要求。

6.7.5、6.7.6 按照第 6.7.1 条的基本假定，具体给出了钢筋混凝土受弯构件正截面疲劳验算中所需的截面特征值及其相应的应力和应力幅计算公式。

6.7.7～6.7.9 原 89 版规范未给出斜截面疲劳验算公式，而采用计算配筋的方法满足疲劳要求。02 版规范根据我国大量的试验资料提出了斜截面疲劳验算公式。本规范继续沿用了 02 版规范的规定。

钢筋混凝土受弯构件斜截面的疲劳验算分为两种情况：第一种情况，当按公式（6.7.8）计算的剪应力 τ_c^f 符合公式（6.7.7-1）时，表示混凝土可全部承担截面剪力，仅需按构造配置箍筋；第二种情况，当剪应力 τ_c^f 不符合公式（6.7.7-1）时，该区段的剪应力应由混凝土和垂直箍筋共同承担。试验表明，受压区混凝土所承担的剪应力 τ_c^f 值，与荷载值大小、剪跨比、配筋率等因素有关，在公式（6.7.9-1）中取 $\tau_c^f = 0.1f_t^f$ 是较稳妥的。

按照我国以往的经验，对（$\tau^f - \tau_c^f$）部分的剪应力应由垂直箍筋和弯起钢筋共同承担。但国内的试验表明，同时配有垂直箍筋和弯起钢筋的斜截面疲劳破坏，都是弯起钢筋首先疲劳断裂；按照 45°桁架模型和开裂截面的应变协调关系，可得到密排弯起钢筋应力 σ_{sb} 与垂直箍筋应力 σ_{sv} 之间的关系式：

$$\sigma_{sb} = \sigma_{sv}(\sin\alpha + \cos\alpha)^2 = 2\sigma_{sv}$$

此处，α 为弯起钢筋的弯起角。显然，由上式可以得到 $\sigma_{sb} > \sigma_{sv}$ 的结论。

为了防止配置少量弯起钢筋而引起其疲劳破坏，由此导致垂直箍筋所能承担的剪力大幅度降低，本规范不提倡采用弯起钢筋作为抗疲劳的抗剪钢筋（密排斜向箍筋除外），所以在第 6.7.9 条中仅提供配有垂直箍筋的应力幅计算公式。

6.7.10～6.7.12 基本保留了原规范对要求不出现裂缝的预应力混凝土受弯构件的疲劳强度验算方法，对普通钢筋和预应力筋，则用应力幅的验算方法。

按条文公式计算的混凝土应力 $\sigma_{c,min}^f$ 和 $\sigma_{c,max}^f$，是指在截面同一纤维计算点处一次循环过程中的最小应力和最大应力，其最小、最大以其绝对值进行判别，且拉应力为正、压应力为负；在计算 $\rho_c^f = \sigma_{c,min}^f/\sigma_{c,max}^f$ 时，应注意应力的正负号及最大、最小应力的取值。

第 6.7.10 条注 2 增加了一级裂缝控制等级的预应力混凝土构件（即全预应力混凝土构件）中的钢筋的应力幅可不进行疲劳验算。这是由于大量的试验资料表明，只要混凝土不开裂，钢筋就不会疲劳破坏，即不裂不疲。而一级裂缝控制等级的预应力混凝土构件（即全预应力混凝土构件）不仅不开裂，而且混凝土截面不出现拉应力，所以更不会出现钢筋疲劳破坏。美国规范 如 AASHTO LRFD Bridge Design Specifications 也规定全预应力混凝土构件中的钢筋可不进行疲劳验算。

7 正常使用极限状态验算

7.1 裂缝控制验算

7.1.1 根据本规范第 3.4.5 条的规定，具体给出了对钢筋混凝土和预应力混凝土构件边缘应力、裂缝宽度的验算要求。

有必要指出，按概率统计的观点，符合公式（7.1.1-2）的情况下，并不意味着构件绝对不会出现裂缝；同样，符合公式（7.1.1-3）的情况下，构件由荷载作用而产生的最大裂缝宽度大于最大裂缝限值大致会有 5% 的可能性。

7.1.2 本次修订，构件最大裂缝宽度的基本计算公式仍采用 02 版规范的形式：

$$w_{max} = \tau_l \tau_s w_m \qquad (1)$$

式中，w_m 为平均裂缝宽度，按下式计算：

$$w_m = \alpha_c \psi \frac{\sigma_{sk}}{E_s} l_{cr} \qquad (2)$$

根据对各类受力构件的平均裂缝间距的试验数据进行统计分析，当最外层纵向受拉钢筋外边缘至受拉区底边的距离 c_s 不大于 65mm 时，对配置带肋钢筋混凝土构件的平均裂缝间距 l_{cr} 仍按 02 版规范的计算公式：

$$l_{cr} = \beta\left(1.9c + 0.08\frac{d}{\rho_{te}}\right) \qquad (3)$$

此处，对轴心受拉构件，取 $\beta = 1.1$；对其他受力构件，均取 $\beta = 1.0$。

当配置不同钢种、不同直径的钢筋时，公式（3）中 d 应改为等效直径 d_{eq}，可按正文公式（7.1.2-3）进行计算确定，其中考虑了钢筋混凝土和预应力混凝土构件配置不同的钢种，钢筋表面形状以及预应力钢筋采用先张法或后张法（灌浆）等不同的施工工艺，它们与混凝土之间的粘结性能有所不同，这种差异将通过等效直径予以反映。为此，对钢筋混凝土用钢筋，根据国内有关试验资料；对预应力钢筋，参照欧洲混凝土桥梁规范 ENV 1992-2（1996）的规定，给出了正文表7.1.2-2的钢筋相对粘结特性系数。对有粘结的预应力筋 d_i 的取值，可按照 $d_i = 4A_p/u_p$ 求得，其中 u_p 本应取为预应力筋与混凝土的实际接触周长；分析表明，按照上述方法求得的 d_i 值与按预应力筋的公称直径进行计算，两者较为接近。为简化起见，对 d_i 统一取用公称直径。对环氧树脂涂层钢筋的相对粘结特性系数是根据试验结果确定的。

根据试验研究结果，受弯构件裂缝间纵向受拉钢筋应变不均匀系数的基本公式可表述为：

$$\psi = \omega_1 \left(1 - \frac{M_{cr}}{M_k}\right) \qquad (4)$$

公式（4）可作为规范简化公式的基础，并扩展应用到其他构件。式中系数 ω_1 与钢筋和混凝土的握裹力有一定关系，对光圆钢筋，ω_1 则较接近 1.1。根据偏拉、偏压构件的试验资料，以及为了与轴心受拉构件的计算公式相协调，将 ω_1 统一为 1.1。同时，为了简化计算，并便于与偏心受力构件的计算相协调，将上式展开并作一定的简化，就可得到以钢筋应力 σ_s 为主要参数的公式（7.1.2-2）。

α_c 为反映裂缝间混凝土伸长对裂缝宽度影响的系数。根据近年来国内多家单位完成的配置 400MPa、500MPa 带肋钢筋的钢筋混凝土、预应力混凝土梁的裂缝宽度加载试验结果，经分析统计，试验平均裂缝宽度 w_m 均小于原规范公式计算值。根据试验资料综合分析，本次修订对受弯、偏心受压构件统一取 $\alpha_c = 0.77$，其他构件仍同 02 版规范，即 $\alpha_c = 0.85$。

短期裂缝宽度的扩大系数 τ_s，根据试验数据分析，对受弯构件和偏心受压构件，取 $\tau_s = 1.66$；对偏心受拉和轴心受拉构件，取 $\tau_s = 1.9$。扩大系数 τ_s 的取值的保证率约为 95%。

根据试验结果，给出了考虑长期作用影响的扩大系数 $\tau_l = 1.5$。

试验表明，对偏心受压构件，当 $e_0/h_0 \leqslant 0.55$ 时，裂缝宽度较小，均能符合要求，故规定不必验算。

在计算平均裂缝间距 l_{cr} 和 ψ 时引进了按有效受拉混凝土面积计算的纵向受拉配筋率 ρ_{te}，其有效受拉混凝土面积取 $A_{te} = 0.5bh + (b_f - b) h_f$，由此可达到 ψ 计算公式的简化，并能适用于受弯、偏心受拉和偏心受压构件。经试验结果校准，尚能符合各类受力情况。

鉴于对配筋率较小情况下的构件裂缝宽度等的试验资料较少，采取当 $\rho_{te} < 0.01$ 时，取 $\rho_{te} = 0.01$ 的办法，限制计算最大裂缝宽度的使用范围，以减少对最大裂缝宽度计算值偏小的情况。

当混凝土保护层厚度较大时，虽然裂缝宽度计算值也较大，但较大的混凝土保护层厚度对防止钢筋锈蚀是有利的。因此，对混凝土保护层厚度较大的构件，当在外观的要求上允许时，可根据实践经验，对本规范表 3.4.5 中所规定的裂缝宽度允许值作适当放大。

考虑到本条钢筋应力计算对钢筋混凝土构件和预应力混凝土构件分别采用荷载准永久组合和标准组合，故符号由 02 版规范的 σ_{sk} 改为 σ_s。对沿截面上下或周边均匀配置纵向钢筋的构件裂缝宽度计算，研究尚不充分，本规范未作明确规定。在荷载的标准组合或准永久组合下，这类构件的受拉钢筋应力可能很高，甚至可能超过钢筋抗拉强度设计值。为此，当按公式（7.1.2-1）计算时，关于钢筋应力 σ_s 及 A_{te} 的取用原则等应按更合理的方法计算。

对混凝土保护层厚度较大的梁，国内试验研究结果表明表层钢筋网片有利于减少裂缝宽度。本条建议可对配置表层钢筋网片梁的裂缝计算结果乘以折减系数，并根据试验研究结果提出折减系数可取 0.7。

本次修订根据国内多家单位科研成果，在本规范裂缝宽度计算公式的基础上，经过适当调整 ρ_{te}、d_{eq} 及 σ_s 值计算方法，即可将原规范公式用于计算无粘结部分预应力混凝土构件的裂缝宽度。

7.1.3 本条提出了正常使用极限状态验算时的平截面基本假定。在荷载准永久组合或标准组合下，对允许出现裂缝的受弯构件，其正截面混凝土压应力、预应力筋的应力增量及钢筋的拉应力，可按大偏心受压的钢筋混凝土开裂换算截面计算。对后张法预应力混凝土连续梁等超静定结构，在外弯矩 M_s 中尚应包括由预加力引起的次弯矩 M_2。在本条计算假定中，对预应力混凝土截面，可按本规范公式（10.1.7-1）及（10.1.7-2）计算 N_{p0} 和 e_{p0}，以考虑混凝土收缩、徐变在钢筋中所产生附加压力的影响。

按开裂换算截面进行应力分析，具有较高的精度和通用性，可用于重要钢筋混凝土及预应力混凝土构件的裂缝宽度及开裂截面刚度计算。计算换算截面时，必要时可考虑混凝土塑性变形对混凝土弹性模量的影响。

7.1.4 本条给出的钢筋混凝土构件的纵向受拉钢筋应力和预应力混凝土构件的纵向受拉钢筋等效应力，是指在荷载的准永久组合或标准组合下构件裂缝截面上产生的钢筋应力，下面按受力性质分别说明：

1 对钢筋混凝土轴心受拉和受弯构件，钢筋应力 σ_{sq} 仍按原规范的方法计算。受弯构件裂缝截面的内力臂系数，仍取 $\eta_0 = 0.87$。

2 对钢筋混凝土偏心受拉构件，其钢筋应力计算公式（7.1.4-2）是由外力与截面内力对受压区钢筋合力点取矩确定，此即表示不管轴向力作用在 A_s 和 A_s' 之间或之外，均近似取内力臂 $z = h_0 - a_s'$。

3 对预应力混凝土构件的纵向受拉钢筋等效应力，是指在该钢筋合力点处混凝土预压应力抵消后钢筋中的应力增量，可视它为等效于钢筋混凝土构件中的钢筋应力 σ_{sk}。

预应力混凝土轴心受拉构件的纵向受拉钢筋等效应力的计算公式（7.1.4-9）就是基于上述的假定给出的。

4 对钢筋混凝土偏压构件和预应力混凝土受弯构件，其纵向受拉钢筋的应力和等效应力可根据相同的概念给出。此时，可把预应力及非预应力钢筋的合力 N_{p0} 作为压力与弯矩值 M_k 一起作用于截面，这样，预应力混凝土受弯构件就等效于钢筋混凝土偏心受压构件。

对裂缝截面的纵向受拉钢筋应力和等效应力，由建立内、外力对受压区合力取矩的平衡条件，可得公式（7.1.4-4）和公式（7.1.4-10）。

纵向受拉钢筋合力点至受压区合力点之间的距离 $z = \eta h_0$，可近似按本规范第 6.2 节的基本假定确定。考虑到计算的复杂性，通过计算分析，可采用下列内力臂系数的拟合公式：

$$\eta = \eta_p - (\eta_p - \eta_0)\left(\frac{M_0}{M_e}\right)^2 \qquad (5)$$

式中：η_p——钢筋混凝土受弯构件在使用阶段的裂缝截面内力臂系数；

η_0——纵向受拉钢筋截面重心处混凝土应力为零时的截面内力臂系数；

M_0——受拉钢筋截面重心处混凝土应力为零时的消压弯矩；对偏压构件，取 $M_0 = N_k \eta_0 h_0$；对预应力混凝土受弯构件，取 $M_0 = N_{p0}(\eta_0 h_0 - e_p)$；

M_e——外力对受拉钢筋合力点的力矩；对偏压构件，取 $M_e = N_k e$；对预应力混凝土受弯构件，取 $M_e = M_k + N_{p0} e_p$ 或 $M_e = N_{p0} e$。

公式（5）可进一步改写为：

$$\eta = \eta_p - \alpha\left(\frac{h_0}{e}\right)^2 \qquad (6)$$

通过分析，适当考虑了混凝土的塑性影响，并经有关构件的试验结果校核后，本规范给出了以上述拟合公式为基础的简化公式（7.1.4-5）。当然，本规范不排斥采用更精确的方法计算预应力混凝土受弯构件的内力臂 z。

对钢筋混凝土偏心受压构件，当 $l_0/h > 14$ 时，试验表明应考虑构件挠曲对轴向力偏心距的影响，本规范仍按 02 版规范进行规定。

5 根据国内多家单位的科研成果，在本规范预应力混凝土受弯构件受拉区纵向钢筋等效应力计算公式的基础上，采用无粘结预应力筋等效面积折减系数 α_l，即可将原公式用于无粘结部分预应力混凝土受弯构件 σ_{sk} 的相关计算。

7.1.5 在抗裂验算中，边缘混凝土的法向应力计算公式是按弹性应力给出的。

7.1.6 从裂缝控制要求对预应力混凝土受弯构件的斜截面混凝土主拉应力进行验算，是为了避免斜裂缝的出现，同时按裂缝等级不同予以区别对待；对混凝土主压应力的验算，是为了避免过大的压应力导致混凝土抗拉强度过大地降低和裂缝过早地出现。

7.1.7、7.1.8 第 7.1.7 条提供了混凝土主拉应力和主压应力的计算方法；第 7.1.8 条提供了考虑集中荷载产生的混凝土竖向压应力及剪应力分布影响的实用方法，是依据弹性理论分析和试验验证后给出的。

7.1.9 对先张法预应力混凝土构件端部预应力传递长度范围内进行正截面、斜截面抗裂验算时，采用本条对预应力传递长度范围内有效预应力 σ_{pe} 按近似的线性变化规律的假定后，利于简化计算。

7.2 受弯构件挠度验算

7.2.1 混凝土受弯构件的挠度主要取决于构件的刚度。本条假定在同号弯矩区段内的刚度相等，并取该区段内最大弯矩处所对应的刚度；对于允许出现裂缝的构件，它就是该区段内的最小刚度，这样做是偏于安全的。当支座截面刚度与跨中截面刚度之比在本条规定的范围内时，采用等刚度计算构件挠度，其误差一般不超过 5%。

7.2.2 在受弯构件短期刚度 B_s 基础上，分别提出了考虑荷载准永久组合和荷载标准组合的长期作用对挠度增大的影响，给出了刚度计算公式。

7.2.3 本条提供的钢筋混凝土和预应力混凝土受弯构件的短期刚度是在理论与试验研究的基础上提出的。

1 钢筋混凝土受弯构件的短期刚度

截面刚度与曲率的理论关系式为：

$$\frac{M_k}{B_s} = \frac{\varepsilon_{sm} + \varepsilon_{cm}}{h_0} \qquad (7)$$

式中：ε_{sm}——纵向受拉钢筋的平均应变；

ε_{cm}——截面受压区边缘混凝土的平均应变。

根据裂缝截面受拉钢筋和受压区边缘混凝土各自的应变与相应的平均应变，可建立下列关系：

$$\varepsilon_{sm} = \psi \frac{M_k}{E_s A_s \eta h_0}$$

$$\varepsilon_{cm} = \frac{M_k}{\zeta E_c b h_0^2}$$

将上述平均应变代入前式，即可得短期刚度的基本公式：

$$B_s = \frac{E_s A_s h_0^2}{\dfrac{\psi}{\eta} + \dfrac{\alpha_E \rho}{\zeta}} \qquad (8)$$

公式（8）中的系数由试验分析确定：

1）系数 ψ，采用与裂缝宽度计算相同的公式，当 $\psi < 0.2$ 时，取 $\psi = 0.2$，这将能更好地符

合试验结果。

2) 根据试验资料回归，系数 $\alpha_E\rho/\xi$ 可按下列公式计算：

$$\frac{\alpha_E\rho}{\zeta} = 0.2 + \frac{6\alpha_E\rho}{1+3.5\gamma_f} \quad (9)$$

3) 对力臂系数 η，近似取 $\eta=0.87$。

将上述系数与表达式代入公式（8），即可得到公式（7.2.3-1）。

2 预应力混凝土受弯构件的短期刚度

1) 不出现裂缝构件的短期刚度，考虑混凝土材料特性统一取 $0.85E_cI_0$，是比较稳妥的。

2) 允许出现裂缝构件的短期刚度。对使用阶段已出现裂缝的预应力混凝土受弯构件，假定弯矩与曲率（或弯矩与挠度）曲线是由双折直线组成，双折线的交点位于开裂弯矩 M_{cr} 处，则可求得短期刚度的基本公式为：

$$B_s = \frac{E_cI_0}{\dfrac{1}{\beta_{0.4}} + \dfrac{\dfrac{M_{cr}}{M_k}-0.4}{0.6}\left(\dfrac{1}{\beta_{cr}} - \dfrac{1}{\beta_{0.4}}\right)} \quad (10)$$

式中：$\beta_{0.4}$ 和 β_{cr} 分别为 $\dfrac{M_{cr}}{M_k}=0.4$ 和 1.0 时的刚度降低系数。对 β_{cr}，可取为 0.85；对 $\dfrac{1}{\beta_{0.4}}$，根据试验资料分析，取拟合的近似值为：

$$\frac{1}{\beta_{0.4}} = \left(0.8 + \frac{0.15}{\alpha_E\rho}\right)(1+0.45\gamma_f) \quad (11)$$

将 β_{cr} 和 $\dfrac{1}{\beta_{0.4}}$ 代入上述公式（10），并经适当调整后即得本条公式（7.2.3-3）。

本次修订根据国内多家单位的科研成果，在预应力混凝土构件短期刚度计算公式的基础上，采用无粘结预应力筋等效面积折减系数 α_1，适当调整 ρ 值，即可将原公式用于无粘结部分预应力混凝土构件的短期刚度计算。

7.2.4 本条同 02 版规范。计算混凝土截面抵抗矩塑性影响系数 γ 的基本假定取受拉区混凝土应力图形为梯形。

7.2.5、7.2.6 钢筋混凝土受弯构件考虑荷载长期作用对挠度增大的影响系数 θ 是根据国内一些单位长期试验结果并参考国外规范的规定给出的。

预应力混凝土受弯构件在使用阶段的反拱值计算中，短期反拱值的计算以及考虑预加应力长期作用对反拱增大的影响系数仍保留原规范取为 2.0 的规定。由于它未能反映混凝土收缩、徐变损失以及配筋率等因素的影响，因此，对长期反拱值，如有专门的试验分析或根据收缩、徐变理论进行计算分析，则也可不遵守本条的有关规定。

反拱值的精确计算方法可采用美国 ACI、欧洲 CEB-FIP 等规范推荐的方法，这些方法可考虑与时间有关的预应力、材料性质、荷载等的变化，使计算达到要求的准确性。

7.2.7 全预应力混凝土受弯构件，因为消压弯矩始终大于荷载准永久组合作用下的弯矩，在一般情况下预应力混凝土梁总是向上弯曲的；但对部分预应力混凝土梁，常为允许开裂，其上拱值将减小，当梁的永久荷载与可变荷载的比值较大时，有可能随时间的增长出现梁逐渐下挠的现象。因此，对预应力混凝土梁规定应采取措施控制挠度。

当预应力长期反拱值小于按荷载标准组合计算的长期挠度时，则需要进行施工起拱，其值可取为荷载标准组合计算的长期挠度与预加力长期反拱值之差。对永久荷载较小的构件，当预应力产生的长期反拱值大于按荷载标准组合计算的长期挠度时，梁的上拱值将增大。因此，在设计阶段需要进行专项设计，并通过控制预应力度、选择预应力筋配筋数量、在施工上也可配合采取措施控制反拱。

对于长期上拱值的计算，可采用本规范提出的简单增大系数，也可采用其他精确计算方法。

8 构 造 规 定

8.1 伸 缩 缝

8.1.1 混凝土结构的伸（膨胀）缝、缩（收缩）缝合称伸缩缝。伸缩缝是结构缝的一种，目的是为减小由于温差（早期水化热或使用期季节温差）和体积变化（施工期或使用早期的混凝土收缩）等间接作用效应积累的影响，将混凝土结构分割为较小的单元，避免引起较大的约束应力和开裂。

由于现代水泥强度等级提高、水化热加大、凝固时间缩短；混凝土强度等级提高、拌合物流动性加大、结构的体量越来越大；为满足混凝土泵送、免振等工艺，混凝土的组分变化造成收缩增加，近年由此而引起的混凝土体积收缩呈增大趋势，现浇混凝土结构的裂缝问题比较普遍。

工程调查和试验研究表明，影响混凝土间接裂缝的因素很多，不确定性很大，而且近年间接作用的影响还有增大的趋势。

工程实践表明，超长结构采取有效措施后也可以避免发生裂缝。本次修订基本维持原规范的规定，将原规范中的"宜符合"改为"可采用"，进一步放宽对结构伸缩缝间距的限制，由设计者根据具体情况自行确定。

表注 1 中的装配整体式结构，也包括由叠合构件加后浇层形成的结构。由于预制混凝土构件已基本完成收缩，故伸缩缝的间距可适当加大。应根据具体情况，在装配与现浇之间取值。表注 2 的规定同理。表注 3、表注 4 则由于受到环境条件的影响较大，加严了伸缩缝间距的要求。

8.1.2 对于某些间接作用效应较大的不利情况，伸缩缝的间距宜适当减小。总结近年的工程实践，本次修订对温度变化和混凝土收缩较大的不利情况加严了要求，较原规范作了少量修改和补充。

"滑模施工"应用对象由"剪力墙"扩大为一般墙体结构。"混凝土材料收缩较大"是指泵送混凝土及免振混凝土施工的情况。"施工外露时间较长"是指跨季节施工，尤其是北方地区跨越冬期施工时，室内结构如果未加封闭和保暖，则低温、干燥、多风都可能引起收缩裂缝。

8.1.3 近年许多工程实践表明：采取有效的综合措施，伸缩缝间距可以适当增大。总结成功的工程经验，在本条中增加了有关的措施及应注意的问题。

施工阶段采取的措施对于早期防裂最为有效。本次修订增加了采用低收缩混凝土；加强浇筑后的养护；采用跳仓法、后浇带、控制缝等施工措施。后浇带是避免施工期收缩裂缝的有效措施，但间隔期及具体做法不确定性很大，难以统一规定时间，由施工、设计根据具体情况确定。应该注意的是：设置后浇带可适当增大伸缩缝间距，但不能代替伸缩缝。

控制缝也称引导缝，是采取弱化截面的构造措施，引导混凝土裂缝在规定的位置产生，并预先做好防渗、止水等措施，或采用建筑手法（线脚、饰条等）加以掩饰。

结构在形状曲折、刚度突变，孔洞凹角等部位容易在温差和收缩作用下开裂。在这些部位增加构造配筋可以控制裂缝。施加预应力也可以有效地控制温度变化和收缩的不利影响，减小混凝土开裂的可能性。本条中所指的"预加应力措施"是指专门用于抵消温度、收缩应力的预应力措施。

容易受到温度变化和收缩影响的结构部位是指施工期的大体积混凝土（水化热）以及暴露的屋盖、山墙部位（季节温差）等。在这些部位应分别采取针对性的措施（如施工控温、设置保温层等）以减少温差和收缩的影响。

本条特别强调增大伸缩缝间距对结构的影响。设计者应通过有效的分析或计算慎重考虑各种不利因素对结构内力和裂缝的影响，确定合理的伸缩缝间距。

本条中的"有充分依据"，不应简单地理解为"已经有了未发现问题的工程实例"。由于环境条件不同，不能盲目照搬。应对具体工程中各种有利和不利因素的影响方式和程度，作出有科学依据的分析和判断，并由此确定伸缩缝间距的增减。

8.1.4 由于混凝土结构的地下部分，温度变化和混凝土收缩能够得到有效的控制，规范规定了有关结构在地下可以不设伸缩缝的规定。对不均匀沉降结构设置沉降缝的情况不包括在内，设计时可根据具体情

况自行掌握。

8.2 混凝土保护层

8.2.1 根据我国对混凝土结构耐久性的调研及分析，并参考《混凝土结构耐久性设计规范》GB/T 50476以及国外相应规范、标准的有关规定，对混凝土保护层的厚度进行了以下调整：

1 混凝土保护层厚度不小于受力钢筋直径（单筋的公称直径或并筋的等效直径）的要求，是为了保证握裹层混凝土对受力钢筋的锚固。

2 从混凝土碳化、脱钝和钢筋锈蚀的耐久性角度考虑，不再以纵向受力钢筋的外缘，而以最外层钢筋（包括箍筋、构造筋、分布筋等）的外缘计算混凝土保护层厚度。因此本次修订后的保护层实际厚度比原规范实际厚度有所加大。

3 根据第 3.5 节对结构所处耐久性环境类别的划分，调整混凝土保护层厚度的数值。对一般情况下混凝土结构的保护层厚度稍有增加；而对恶劣环境下的保护层厚度则增幅较大。

4 简化表 8.2.1 的表达：根据混凝土碳化反应的差异和构件的重要性，按平面构件（板、墙、壳）及杆状构件（梁、柱、杆）分两类确定保护层厚度；表中不再列入强度等级的影响，C30 及以上统一取值，C25 及以下均增加 5mm。

5 考虑碳化速度的影响，使用年限 100 年的结构，保护层厚度取 1.4 倍。其余措施已在第 3.5 节中表达，不再列出。

6 为保证基础钢筋的耐久性，根据工程经验基础底面要求做垫层，基底保护层厚度仍取 40mm。

8.2.2 根据工程经验及具体情况采取有效的综合措施，可以提高构件的耐久性能，减小保护层的厚度。

构件的表面防护是指表面抹灰层以及其他各种有效的保护性涂料层。例如，地下室墙体采用防水、防腐做法时，与土壤接触面的保护层厚度可适当放松。

由工厂生产的预制混凝土构件，经过检验而有较好质量保证时，可根据相关标准或工程经验对保护层厚度要求适当放松。

使用阻锈剂应经试验检验效果良好，并应在确定有效的工艺参数后应用。

采用环氧树脂涂层钢筋、镀锌钢筋或采取阴极保护处理等防锈措施时，保护层厚度可适当放松。

8.2.3 当保护层很厚时（例如配置粗钢筋；框架顶层端节点弯弧钢筋以外的区域等），宜采取有效的措施对厚保护层混凝土进行拉结，防止混凝土开裂剥落、下坠。通常为保护层采用纤维混凝土或加配钢筋网片。为保证防裂钢筋网片不致成为引导锈蚀的通道，应对其采取有效的绝缘和定位措施，此时网片钢筋的保护层厚度可适当减小，但不应小于 25mm。

8.3 钢筋的锚固

8.3.1 我国钢筋强度不断提高，结构形式的多样性也使锚固条件有了很大的变化，根据近年来系统试验研究及可靠度分析的结果并参考国外标准，规范给出了以简单计算确定受拉钢筋锚固长度的方法。其中基本锚固长度 l_{ab} 取决于钢筋强度 f_y 及混凝土抗拉强度 f_t，并与锚固钢筋的直径及外形有关。

公式（8.3.1-1）为计算基本锚固长度 l_{ab} 的通式，其中分母项反映了混凝土对粘结锚固强度的影响，用混凝土的抗拉强度表达。表 8.3.1 中不同外形钢筋的锚固外形系数 α 是经对各类钢筋进行系统粘结锚固试验研究及可靠度分析得出的。本次修订删除了原规范中锚固性能很差的刻痕钢丝。预应力螺纹钢筋通常采用后张法端部专用螺母锚固，故未列入锚固长度的计算方法。

公式（8.3.1-3）规定，工程中实际的锚固长度 l_a 为钢筋基本锚固长度 l_{ab} 乘锚固长度修正系数 ζ_a 后的数值。修正系数 ζ_a 根据锚固条件按第 8.3.2 条取用，且可连乘。为保证可靠锚固，在任何情况下受拉钢筋的锚固长度不能小于最低限度（最小锚固长度），其数值不应小于 $0.6l_{ab}$ 及 200mm。

试验研究表明，高强混凝土的锚固性能有所增强，原规范混凝土强度最高等级取 C40 偏于保守，本次修订将混凝土强度等级提高到 C60，充分利用混凝土强度提高对锚固的有利影响。

本条还提出了当混凝土保护层厚度不大于 5d 时，在钢筋锚固长度范围内配置构造钢筋（箍筋或横向钢筋）的要求，以防止保护层混凝土劈裂时钢筋突然失锚。其中对于构造钢筋的直径根据最大锚固钢筋的直径确定；对于构造钢筋的间距，按最小锚固钢筋的直径取值。

8.3.2 本条介绍了不同锚固条件下的锚固长度的修正系数。这是通过试验研究并参考了工程经验和国外标准而确定的。

为反映粗直径带肋钢筋相对肋高减小对锚固作用降低的影响，直径大于 25mm 的粗直径带肋钢筋的锚固长度应适当加大，乘以修正系数 1.10。

为反映环氧树脂涂层钢筋表面光滑状态对锚固的不利影响，其锚固长度应乘以修正系数 1.25。这是根据试验分析的结果并参考国外标准的有关规定确定的。

施工扰动（例如滑模施工或其他施工期依托钢筋承载的情况）对钢筋锚固作用的不利影响，反映为施工扰动的影响。修正系数与原规范数值相当，取 1.10。

配筋设计时实际配筋面积往往因构造原因大于计算值，故钢筋实际应力通常小于强度设计值。根据试验研究并参照国外规范，受力钢筋的锚固长度可以按比例缩短，修正系数取决于配筋余量的数值。但其适用范围有一定限制：不适用于抗震设计及直接承受动力荷载结构中的受力钢筋锚固。

锚固钢筋常因外围混凝土的纵向劈裂而削弱锚固作用，当混凝土保护层厚度较大时，握裹作用加强，锚固长度可以减短。经试验研究及可靠度分析，并根据工程实践经验，当保护层厚度大于锚固钢筋直径的 3 倍时，可乘修正系数 0.80；保护层厚度大于锚固钢筋直径的 5 倍时，可乘修正系数 0.70；中间情况插值。

8.3.3 在钢筋末端配置弯钩和机械锚固是减小锚固长度的有效方式，其原理是利用受力钢筋端部锚头（弯钩、贴焊锚筋、焊接锚板或螺栓锚头）对混凝土的局部挤压作用加大锚固承载力。锚头对混凝土的局部挤压保证了钢筋不会发生锚固拔出破坏，但锚头前必须有一定的直段锚固长度，以控制锚固钢筋的滑移，使构件不致发生较大的裂缝和变形。因此对钢筋末端弯钩和机械锚固可以乘修正系数 0.6，有效地减小锚固长度。应该注意的是上述修正的锚固长度已达到 $0.6l_{ab}$，不应再考虑第 8.3.2 条的修正。

根据近年的试验研究，参考国外规范并考虑方便施工，提出几种钢筋弯钩和机械锚固的形式：筋端弯钩及一侧贴焊锚筋的情况用于截面侧边、角部的偏置锚固时，锚头偏置方向还应向截面内侧偏斜。

根据试验研究并参考国外规范，局部受压与其承压面积有关，对锚头或锚板的净挤压面积，应不小于 4 倍锚筋截面积，即总投影面积的 5 倍。对方形锚板边长为 1.98d、圆形锚板直径为 2.24d，d 为锚筋的直径。锚筋端部的焊接锚板或贴焊锚筋，应满足《钢筋焊接及验收规程》JGJ 18 的要求。对弯钩，要求在弯折角度不同时弯后直线长度分别为 12d 和 5d。

机械锚固局部受压承载力与锚固区混凝土的厚度及约束程度有关。考虑锚头集中布置后对局部受压承载力的影响，锚头宜在纵、横两个方向错开，净间距均为不宜小于 4d。

8.3.4 柱及桁架上弦等构件中的受压钢筋也存在着锚固问题。受压钢筋的锚固长度为相应受拉锚固长度的 70%。这是根据工程经验、试验研究及可靠度分析，并参考国外规范确定的。对受压钢筋锚固区域的横向配筋也提出了要求。

8.3.5 根据长期工程实践经验，规定了承受重复荷载预制构件中钢筋的锚固措施。本条规定采用受力钢筋末端焊接在钢板或角钢（型钢）上的锚固方式。这种形式同样适用于其他构件的钢筋锚固。

8.4 钢筋的连接

8.4.1 钢筋连接的形式（搭接、机械连接、焊接）各自适用于一定的工程条件。各种类型钢筋接头的传力性能（强度、变形、恢复力、破坏状态等）均不如直接传力的整根钢筋，任何形式的钢筋连接均会削弱其传力性能。因此钢筋连接的基本原则为：连接接头设置在受力较小处；限制钢筋在构件同一跨度或同一层高内的接头数量；避开结构的关键受力部位，如柱端、梁端的箍筋加密区，并限制接头面积百分率等。

8.4.2 由于近年钢筋强度提高以及各种机械连接技术的发展，对绑扎搭接连接钢筋的应用范围及直径限制都较原规范适当加严。

8.4.3 本条用图及文字表达了钢筋绑扎搭接连接区段的定义，并提出了控制在同一连接区段内接头面积百分率的要求。搭接钢筋应错开布置，且钢筋端面位置应保持一定间距。首尾相接形式的布置会在搭接端面引起应力集中和局部裂缝，应予以避免。搭接钢筋接头中心的纵向间距应不大于1.3倍搭接长度。当搭接钢筋端部距离不大于搭接长度的30%时，均属位于同一连接区段的搭接接头。

粗、细钢筋在同一区段搭接时，按较细钢筋的截面积计算接头面积百分率及搭接长度。这是因为钢筋通过接头传力时，均按受力较小的细直径钢筋考虑承载受力，而粗直径钢筋往往有较大的余量。此原则对于其他连接方式同样适用。

对梁、板、墙、柱类构件的受拉钢筋搭接接头面积百分率分别提出了控制条件。其中，对板类、墙类及柱类构件，尤其是预制装配整体式构件，在实现传力性能的条件下，可根据实际情况适当放宽搭接接头面积百分率的限制。

并筋分散、错开的搭接方式有利于各根钢筋内力传递的均匀过渡，改善了搭接钢筋的传力性能及裂缝状态。因此并筋应采用分散、错开搭接的方式实现连接，并按截面内各根单筋计算搭接长度及接头面积百分率。

8.4.4 本条规定了受拉钢筋绑扎搭接接头搭接长度的计算方法，其中反映了接头面积百分率的影响。这是根据有关的试验研究及可靠度分析，并参考国外有关规范的做法确定的。搭接长度随接头面积百分率的提高而增大，是因为搭接接头受力后，相互搭接的两根钢筋将产生相对滑移，且搭接长度越小，滑移越大。为了使接头充分受力的同时变形刚度不致过差，就需要相应增大搭接长度。

为保证受力钢筋的传力性能，按接头百分率修正搭接长度，并提出最小搭接长度的限制。当纵向搭接钢筋接头面积百分率为表8.4.4的中间值时，修正系数可按内插取值。

8.4.5 按原规范的做法，受压构件中（包括柱、撑杆、屋架上弦等）纵向受压钢筋的搭接长度规定为受拉钢筋的70%。为避免偏心受压引起的屈曲，受压纵向钢筋端头不应设置弯钩或单侧焊锚筋。

8.4.6 搭接接头区域的配箍构造措施对保证搭接钢筋传力至关重要。对于搭接长度范围内的构造钢筋（箍筋或横向钢筋）提出了与锚固长度范围同样的要求，其中构造钢筋的直径按最大搭接钢筋直径取值；间距按最小搭接钢筋的直径取值。

本次修订对受压钢筋搭接的配箍构造要求取与受拉钢筋搭接相同，比原规范要求加严。根据工程经验，为防止粗钢筋在搭接接头的局部挤压产生裂缝，提出了在受压搭接接头端部增加配箍的要求。

8.4.7 为避免机械连接接头处相对滑移变形的影响，定义机械连接区段的长度为以套筒为中心长度35d的范围，并由此控制接头面积百分率。钢筋机械连接的质量应符合《钢筋机械连接技术规程》JGJ 107的有关规定。

本条还规定了机械连接的应用原则：接头宜互相错开，并避开受力较大部位。由于在受力最大处受拉钢筋传力的重要性，机械连接接头在该处的接头面积百分率不宜大于50%。但对于板、墙等钢筋间距很大的构件，以及装配式构件的拼接处，可根据情况适当放宽。

由于机械连接套筒直径加大，对保护层厚度的要求有所放松，由"应"改为"宜"。此外，提出了在机械连接套筒两侧减小箍筋间距布置，避开套筒的解决办法。

8.4.8 不同牌号钢筋可焊性及焊后力学性能影响有差别，对细晶粒钢筋（HRBF）、余热处理钢筋（RRB）焊接分别提出了不同的控制要求。此外粗直径钢筋的（大于28mm）焊接质量不易保证，工艺要求从严。对上述情况，均应符合《钢筋焊接及验收规程》JGJ 18的有关规定。

焊接连接区段长度的规定同原规范，工程实践证明这些规定是可行的。

8.4.9 承受疲劳荷载吊车梁等有关构件中受力钢筋焊接的要求，与原规范的有关内容相同。

8.5 纵向受力钢筋的最小配筋率

8.5.1 我国建筑结构混凝土构件的最小配筋率与其他国家相比明显偏低，历次规范修订最小配筋率设置水平不断提高。受拉钢筋最小配筋百分率仍维持原规范由配筋特征值（$45 f_t/f_y$）及配筋率常数限值0.20的双控方式。但由于主力钢筋已由335N/mm^{2}提高到400N/mm^2～500N/mm^2，实际上配筋水平已有明显提高。但受弯板类构件的混凝土强度一般不超过C30，配筋基本全都由配筋率常数限值控制，对高强度的400N/mm^{2}钢筋，其强度得不到发挥。故对此类情况的最小配筋率常数限值由原规范的0.20%改为0.15%，实际效果基本与原规范持平，仍可保证结构的安全。

受压构件是指柱、压杆等截面长宽比不大于4的构件。规定受压构件最小配筋率的目的是改善其性能，避免混凝土突然压溃，并使受压构件具有必要的刚度和抵抗偶然偏心作用的能力。本次修订规范对受压构件纵向钢筋的最小配筋率基本不变，即受压构件一侧纵筋最小配筋率仍保持 0.2% 不变，而对不同强度的钢筋分别给出了受压构件全部钢筋的最小配筋率：0.50、0.55 和 0.60 三档，比原规范稍有提高。考虑到强度等级偏高时混凝土脆性特征更为明显，故规定当混凝土强度等级为 C60 以上时，最小配筋率上调 0.1%。

8.5.2 卧置于地基上的钢筋混凝土厚板，其配筋量多由最小配筋率控制。根据实际受力情况，最小配筋率可适当降低，但规定了最低限值 0.15%。

8.5.3 本条为新增条文。参照国内外有关规范的规定，对于截面厚度很大而内力相对较小的非主要受弯构件，提出了少筋混凝土配筋的概念。

由构件截面的内力（弯矩 M）计算截面的临界厚度（h_{cr}）。按此临界厚度相应最小配筋率计算的配筋，仍可保证截面相应的受弯承载力。因此，在截面高度继续增大的条件下维持原有的实际配筋量，虽配筋率减少，但仍应能保证构件应有的承载力。但为保证一定的配筋量，应限制临界厚度不小于截面的一半。这样，在保证构件安全的条件下可以大大减少配筋量，具有明显的经济效益。

9 结构构件的基本规定

9.1 板

（Ⅰ）基 本 规 定

9.1.1 分析结果表明，四边支承板长短边长度的比值大于或等于 3.0 时，板可按沿短边方向受力的单向板计算；此时，沿长边方向配置本规范第 9.1.7 条规定的分布钢筋已经足够。当长短边长度比在 2～3 之间时，板虽仍可按沿短边方向受力的单向板计算，但沿长边方向按分布钢筋配筋尚不足以承担该方向弯矩，应适当增大配筋量。当长短边长度比小于 2 时，应按双向板计算和配筋。

9.1.2 本条考虑结构安全及舒适度（刚度）的要求，根据工程经验，提出了常用混凝土板的跨厚比，并从构造角度提出了现浇板最小厚度的要求。现浇板的合理厚度应在符合承载力极限状态和正常使用极限状态要求的前提下，按经济合理的原则选定，并考虑防火、防爆等要求，但不应小于表 9.1.2 的规定。

本次修订从安全和耐久性的角度适当增加了密肋楼盖、悬臂板的厚度要求。还对悬臂板的外挑长度作出了限制，外挑过长时宜采取悬臂梁-板的结构形式。此外，根据工程经验，还给出了现浇空心楼盖最小厚度的要求。

根据已有的工程经验，对制作条件较好的预制构件面板，在采取耐久性保护措施的情况下，其厚度可适当减薄。

9.1.3 受力钢筋的间距过大不利于板的受力，且不利于裂缝控制。根据工程经验，规定了常用混凝土板中受力钢筋的最大间距。

9.1.4 分离式配筋施工方便，已成为我国工程中混凝土板的主要配筋形式。本条规定了板中钢筋配置以及支座锚固的构造要求。对简支或连续板的下部纵向受力钢筋伸入支座的锚固长度作出了规定。

9.1.5 为节约材料、减轻自重及减小地震作用，近年来现浇空心楼盖的应用逐渐增多。本条为新增条文，根据工程经验和国内有关标准，提出了空心楼板体积空心率限值的建议，并对箱形内孔及管形内孔楼板的基本构造尺寸作出了规定。当箱体内模兼作楼盖板底的饰面时，可按密肋楼盖计算。

（Ⅱ）构 造 配 筋

9.1.6 与支承梁或墙整体浇筑的混凝土板，以及嵌固在砌体墙内的现浇混凝土板，往往在其非主要受力方向的侧边上由于边界约束产生一定的负弯矩，从而导致板面裂缝。为此往往在板边和板角部位配置防裂的板面构造钢筋。本条提出了相应的构造要求：包括钢筋截面积、直径、间距、伸入板内的锚固长度以及板角配筋的形式、范围等。这些要求在原规范的基础上作了适当的合并和简化。

9.1.7 考虑到现浇板中存在温度-收缩应力，根据工程经验提出了板应在垂直于受力方向上配置横向分布钢筋的要求。本条规定了分布钢筋配筋率、直径、间距等配筋构造措施；同时对集中荷载较大的情况，提出了应适当增加分布钢筋用量的要求。

9.1.8 混凝土收缩和温度变化易在现浇楼板内引起约束拉应力而导致裂缝，近年来现浇板的裂缝问题比较严重。重要原因是混凝土收缩和温度变化在现浇楼板内引起的约束拉应力。设置温度收缩钢筋有助于减少这类裂缝。该钢筋宜在未配筋板面双向配置，特别是温度、收缩应力的主要作用方向。鉴于受力钢筋和分布钢筋也可以起到一定的抵抗温度、收缩应力的作用，故应主要在未配筋的部位或配筋数量不足的部位布置温度收缩钢筋。

板中温度、收缩应力目前尚不易准确计算，本条根据工程经验给出了配置温度收缩钢筋的原则和最低数量规定。如有计算温度、收缩应力的可靠经验，计算结果亦可作为确定附加钢筋用量的参考。此外，在产生应力集中的蜂腰、洞口、转角等易开裂部位，提出了配置防裂构造钢筋的规定。

9.1.9 在混凝土厚板中沿厚度方向以一定间隔配置钢筋网片，不仅可以减少大体积混凝土中温度-收缩的影响，而且有利于提高构件的受剪承载力。本条作出了相应的构造规定。

9.1.10 为保证柱支承板或悬臂楼板自由边端部的受力性能，参考国外标准的做法，应在板的端面加配U形构造钢筋，并与板面、板底钢筋搭接；或利用板面、板底钢筋向下、上弯折，对楼板的端面加以封闭。

（Ⅲ）板 柱 结 构

9.1.11 板柱结构及基础筏板，在板与柱相交的部位都处于冲切受力状态。试验研究表明，在与冲切破坏面相交的部位配置箍筋或弯起钢筋，能够有效地提高板的抗冲切承载力。本条的构造措施是为了保证箍筋或弯起钢筋的抗冲切作用。

国内外工程实践表明，在与冲切破坏面相交的部位配置销钉或型钢剪力架，可以有效地提高板的受冲切承载力，具体计算及构造措施可见相关的技术文件。

9.1.12 为加强板柱结构节点处的受冲切承载力，可采取柱帽或托板的结构形式加强板的抗力。本条提出了相应的构造要求，包括平面尺寸、形状和厚度等。必要时可配置抗剪栓钉。

9.2 梁

（Ⅰ）纵 向 配 筋

9.2.1 根据长期工程实践经验，为了保证混凝土浇筑质量，提出梁内纵向钢筋数量、直径及布置的构造要求，基本同原规范的规定。提出了当配筋过于密集时，可以采用并筋的配筋形式。

9.2.2 对于混合结构房屋中支承在砌体、垫块等简支支座上的钢筋混凝土梁，或预制钢筋混凝土梁的简支支座，给出了在支座处纵向钢筋锚固的要求以及在支座范围内配箍的规定。与原规范相同。工程实践证明，这些措施是有效的。

9.2.3 在连续梁和框架梁的跨内，支座负弯矩受拉钢筋在向跨内延伸时，可根据弯矩图在适当部位截断。当梁端作用剪力较大时，在支座负弯矩钢筋的延伸区段范围内将形成由负弯矩引起的垂直裂缝和斜裂缝，并可能在斜裂缝区前端沿该钢筋形成劈裂裂缝，使纵筋拉应力由于斜弯作用和粘结退化而增大，并使钢筋受拉范围相应向跨中扩展。因此钢筋混凝土梁的支座负弯矩纵向受力钢筋（梁上部钢筋）不宜在受拉区截断。

国内外试验研究结果表明，为了使负弯矩钢筋的截断不影响它在各截面中发挥所需的抗弯能力，应通过两个条件控制负弯矩钢筋的截断点。第一个控制条件（即从不需要该批钢筋的截面伸出的长度）是使该批钢筋截断后，继续前伸的钢筋能保证通过截断点的斜截面具有足够的受弯承载力；第二个控制条件（即

从充分利用截面向前伸出的长度）是使负弯矩钢筋在梁顶部的特定锚固条件下具有必要的锚固长度。根据对分批截断负弯矩纵向钢筋时钢筋延伸区段受力状态的实测结果，规范作出了上述规定。

当梁端作用剪力较小（$V \leqslant 0.7 f_t b h_0$）时，控制钢筋截断点位置的两个条件仍按无斜向开裂的条件取用。

当梁端作用剪力较大（$V > 0.7 f_t b h_0$），且负弯矩区相对长度不大时，规范给出的第二控制条件可继续使用；第一控制条件从不需要该钢筋截面伸出长度不小于 $20d$ 的基础上，增加了同时不小于 h_0 的要求。

若负弯矩区相对长度较大，按以上二条件确定的截断点仍位于与支座最大负弯矩对应的负弯矩受拉区内时，延伸长度应进一步增大。增大后的延伸长度分别为自充分利用截面伸出长度，以及自不需要该批钢筋的截面伸出长度，在两者中取较大值。

9.2.4 由于悬臂梁剪力较大且全长承受负弯矩，"斜弯作用"及"沿筋劈裂"引起的受力状态更为不利。试验表明，在作用剪力较大的悬臂梁内，因梁全长受负弯矩作用，临界斜裂缝的倾角明显较小，因此悬臂梁的负弯矩纵向受力钢筋不宜切断，而应按弯矩图分批下弯，且必须有不少于 2 根上部钢筋伸至梁端，并向下弯折锚固。

9.2.5 梁中受扭纵向钢筋最小配筋率的要求，是以纯扭构件受扭承载力和剪扭条件下不需进行承载力计算而仅按构造配筋的控制条件为基础拟合给出的。本条还给出了受扭纵向钢筋沿截面周边的布置原则和在支座处的锚固要求。对箱形截面构件，偏安全地采用了与实心截面构件相同的构造要求。

9.2.6 根据工程经验给出了在按简支计算但实际受有部分约束的梁端上部，为避免负弯矩裂缝而配置纵向钢筋的构造规定；还对梁架立筋的直径作出了规定。

（Ⅱ）横 向 配 筋

9.2.7 梁的受剪承载力宜由箍筋承担。梁的角部钢筋应通长设置，不仅为方便配筋，而且加强了对芯部混凝土的围箍约束。当采用弯筋承剪时，对其应用条件和构造要求作出了规定，与原规范相同。

9.2.8 利用弯矩图确定弯起钢筋的布置（弯起点或弯终点位置、角度、锚固长度等）是我国传统设计的方法，工程实践表明有关弯起钢筋的构造要求是有效的，故维持不变。

9.2.9 对梁的箍筋配置构造要求作出了规定，包括在不同受力条件下配箍的直径、间距、范围、形式等。维持原版规范的规定不变，仅合并统一表达。开口箍不利于纵向钢筋的定位，且不能约束芯部混凝土。故除小过梁外，一般构件不应采用开口箍。

9.2.10 梁内弯剪扭箍筋的构造要求与原规范相同，

工程实践证明是可行的。

（Ⅲ）局部配筋

9.2.11 本条为梁腰集中荷载作用处附加横向配筋的构造要求。

当集中荷载在梁高范围内或梁下部传入时，为防止集中荷载影响区下部混凝土的撕裂及裂缝，并弥补间接加载导致的梁斜截面受剪承载力降低，应在集中荷载影响区 s 范围内配置附加横向钢筋。试验研究表明，当梁受剪箍筋配筋率满足要求时，由本条公式计算确定的附加横向钢筋能较好发挥承剪作用，并限制斜裂缝及局部受拉裂缝的宽度。

在设计中，不允许布置在集中荷载影响区内的受剪箍筋代替附加横向钢筋。此外，当传入集中力的次梁宽度 b 过大时，宜适当减小由 $3b+2h_1$ 所确定的附加横向钢筋的布置宽度。当梁下部作用有均布荷载时，可参照本规范计算深梁下部配置悬吊钢筋的方法确定附加悬吊钢筋的数量。

当有两个沿梁长度方向相互距离较小的集中荷载作用于梁高范围内时，可能形成一个总的撕裂效应和撕裂破坏面。偏安全的做法是，在不减少两个集中荷载之间应配附加钢筋数量的同时，分别适当增大两个集中荷载作用点以外附加横向钢筋的数量。

还应该说明的是：当采用弯起钢筋作附加钢筋时，明确规定公式中的 A_{sv} 应为左右弯起段截面面积之和；弯起式附加钢筋的弯起段应伸至梁上边缘，且其尾部应按规定设置水平锚固段。

9.2.12 本条为折梁的配筋构造要求。对受拉区有内折角的梁，梁底的纵向受拉钢筋应伸至对边并在受压区锚固。受压区范围可按计算的实际受压区高度确定。直线锚固应符合本规范第 8.3 节钢筋锚固的规定；弯折锚固则参考本规范第 9.3 节节点内弯折锚固的做法。

9.2.13 本条提出了大尺寸梁腹板内配置腰筋的构造要求。

现代混凝土构件的尺度越来越大，工程中大截面尺寸现浇混凝土梁日益增多。由于配筋较少，往往在梁腹板范围内的侧面产生垂直于梁轴线的收缩裂缝。为此，应在大尺寸梁的两侧沿梁长度方向布置纵向构造钢筋（腰筋），以控制裂缝。根据工程经验，对腰筋的最大间距和最小配筋率给出了相应的配筋构造要求。腰筋的最小配筋率按扣除了受压及受拉翼缘的梁腹板截面面积确定。

9.2.14 本条规定了薄腹梁及需作疲劳验算的梁，加强下部纵向钢筋的构造措施。与 02 版规范相同，工程实践证明是可行的。

9.2.15 本条参考欧洲规范 EN1992-1-1：2004 的有关规定，为防止表层混凝土碎裂、坠落和控制裂缝宽度，提出了在厚保护层混凝土梁下部配置表层分布钢筋（表层钢筋）的构造要求。表层分布钢筋宜采用焊接网片。其混凝土保护层厚度可按第 8.2.3 条减小为 25mm，但应采取有效的定位、绝缘措施。

9.2.16 深受弯构件（包括深梁）是梁的特殊类型，在承受重型荷载的现代混凝土结构中得到越来越广泛的应用，其内力及设计方法与一般梁有显著差别。本条为引导性条文，具体设计方法见本规范附录 G。

9.3 柱、梁柱节点及牛腿

（Ⅰ）柱

9.3.1 本条规定了柱中纵向钢筋（包括受力钢筋及构造钢筋）的基本构造要求。

柱宜采用大直径钢筋作纵向受力钢筋。配筋过多的柱在长期受压混凝土徐变后卸载，钢筋弹性回复会在柱中引起横裂，故应对柱最大配筋率作出限制。

对圆柱提出了最低钢筋数量以及均匀配筋的要求，但当圆柱作方向性配筋时不在此例。

此外还规定了柱中纵向钢筋的间距。间距过密影响混凝土浇筑密实；过疏则难以维持对芯部混凝土的围箍约束。同样，柱侧构造筋及相应的复合箍筋或拉筋也是为了维持对芯部混凝土的约束。

9.3.2 柱中配置箍筋的作用是为了架立纵向钢筋；承担剪力和扭矩；并与纵筋一起形成对芯部混凝土的围箍约束。为此对柱的配箍提出系统的构造措施，包括直径、间距、数量、形式等。

为保持对柱中混凝土的围箍约束作用，柱周边箍筋应做成封闭式。对圆柱及配筋率较大的柱，还对箍筋提出了更严格的要求：末端 135° 弯钩，且弯后余长不小于 $5d$（或 $10d$），且应勾住纵筋。对纵筋较多的情况，为防止受压屈曲还提出设置复合箍筋的要求。

采用焊接封闭环式箍筋、连续螺旋箍筋或连续复合螺旋箍筋，都可以有效地增强对柱芯部混凝土的围箍约束而提高承载力。当考虑其间接配筋的作用时，对其配箍的最大间距作出限制。但间距也不能太密，以免影响混凝土的浇筑施工。

对连续螺旋箍筋、焊接封闭环式箍筋或连续复合螺旋箍筋，已有成熟的工艺和设备。施工中采用预制的专用产品，可以保证应有的质量。

9.3.3 对承载较大的 I 形截面柱的配筋构造提出要求，包括翼缘、腹板的厚度；以及腹板开孔时的配筋构造要求。基本同原规范的要求。

（Ⅱ）梁柱节点

9.3.4 本条为框架中间层端节点的配筋构造要求。

在框架中间层端节点处，根据柱截面高度和钢筋直径，梁上部纵向钢筋可以采用直线的锚固方式。

试验研究表明，当柱截面高度不足以容纳直线锚固段时，可采用带 90° 弯折段的锚固方式。这种锚固端的锚固力由水平段的粘结锚固和弯弧-垂直段的挤压锚固作用组成。规范强调此时梁筋应伸到柱对边再向下弯折。在承受静力荷载为主的情况下，水平段的粘结能力起主导作用。当水平段投影长度不小于 $0.4l_{ab}$，弯弧-垂直段投影长度为 $15d$ 时，已能可靠保证梁筋的锚固强度和抗滑移刚度。

本次修订还增加了采用筋端加锚头的机械锚固方法，以提高锚固效果，减少锚固长度。但要求锚固钢筋在伸到柱对边柱纵向钢筋的内侧，以增大锚固力。有关的试验研究表明，这种做法有效，而且施工比较方便。

规范还规定了框架梁下部纵向钢筋在端节点处的锚固要求。

9.3.5 本条为框架中间层中间节点梁纵筋的配筋构造要求。

中间层中间节点的梁下部纵向钢筋，修订提出了宜贯穿节点与支座的要求，当需要锚固时其在节点中的锚固要求仍沿用原规范有关梁纵向钢筋在不同受力情况下锚固的规定。中间层端节点、顶层中间节点以及顶层端节点处的梁下部纵向钢筋，也可按同样的方法锚固。

由于设计、施工不便，不提倡原规范梁钢筋在节点中弯折锚固的做法。

当梁的下部钢筋根数较多，且分别从两侧锚入中间节点时，将造成节点下部钢筋过分拥挤。故也可将中间节点下部梁的纵向钢筋贯穿节点，并在节点以外搭接。搭接的位置宜在节点以外梁弯矩较小的 $1.5h_0$ 以外，这是为了避让梁端塑性铰区和箍筋加密区。

当中间层中间节点左、右跨梁的上表面不在同一标高时，左、右跨梁的上部钢筋可分别锚固在节点内。当中间层中间节点左、右梁端上部钢筋用量相差较大时，除左、右数量相同的部分贯穿节点外，多余的梁筋亦可锚固在节点内。

9.3.6 本条为框架顶层中节点柱纵筋的配筋构造要求。

伸入顶层中间节点的全部柱筋及伸入顶层端节点的内侧柱筋应可靠锚固在节点内。规范强调柱筋应伸至柱顶。当顶层节点高度不足以容纳柱筋直线锚固长度时，柱筋可在柱顶向节点内弯折，或在有现浇板且板厚大于 100mm 时可向节点外弯折，锚固于板内。试验研究表明，当充分利用柱筋的受拉强度时，其锚固条件不如水平锚筋，因此在柱筋弯折前的竖向锚固长度不应小于 $0.5l_{ab}$，弯折后的水平投影长度不宜小于 $12d$，以保证可靠受力。

本次修订还增加了采用机械锚固锚头的方法，以提高锚固效果，减少锚固长度。但要求柱纵向钢筋应伸到柱顶以增大锚固力。有关的试验研究表明，这种做法有效，而且方便施工。

9.3.7 本条为框架顶层端节点钢筋搭接连接的构造要求。

在承受以静力荷载为主的框架中，顶层端节点处的梁、柱端均主要承受负弯矩作用，相当于 $90°$ 的折梁。当梁上部钢筋和柱外侧钢筋数量匹配时，可将柱外侧处于梁截面宽度内的纵向钢筋直接弯入梁上部，作梁负弯矩钢筋使用。也可使梁上部钢筋与柱外侧钢筋在顶层端节点区域搭接。

规范推荐了两种搭接方案。其中设在节点外侧和梁端顶面的带 $90°$ 弯折搭接做法适用于梁上部钢筋和柱外侧钢筋数量不致过多的民用或公共建筑框架。其优点是梁上部钢筋不伸入柱内，有利于在梁底标高处设置柱内混凝土的施工缝。

但当梁上部和柱外侧钢筋数量过多时，该方案将造成节点顶部钢筋拥挤，不利于自上而下浇筑混凝土。此时，宜改用梁、柱钢筋直线搭接，接头位于柱顶部外侧。

本次修订还增加了梁、柱截面较大而钢筋相对较细时，钢筋搭接连接的方法。

在顶层端节点处，节点外侧钢筋不是锚固受力，而属于搭接传力问题。故不允许采用将柱筋伸至柱顶，而将梁上部钢筋锚入节点的做法。因这种做法无法保证梁、柱钢筋在节点区的搭接传力，使梁、柱端钢筋无法发挥出所需的正截面受弯承载力。

9.3.8 本条为框架顶层端节点的配筋面积、纵筋弯弧及防裂钢筋等的构造要求。

试验研究表明，当梁上部和柱外侧钢筋配筋率过高时，将引起顶层端节点核心区混凝土的斜压破坏，故对相应的配筋率作出限制。

试验研究还表明，当梁上部钢筋和柱外侧纵向钢筋在顶层端节点角部的弯弧处半径过小时，弯弧内的混凝土可能发生局部受压破坏，故对钢筋的弯弧半径最小值作了相应规定。框架角节点钢筋弯弧以外，可能形成保护层很厚的素混凝土区域，应配构造钢筋加以约束，防止混凝土裂缝、坠落。

9.3.9 本条为框架节点中配箍的构造要求。根据我国工程经验并参考国外有关规范，在框架节点内应设置水平箍筋。当节点四边有梁时，由于除四角以外的节点周边柱纵向钢筋已经不存在过早压屈的危险，故可以不设复合箍筋。

（Ⅲ）牛　腿

9.3.10 本条为对牛腿截面尺寸的控制。

牛腿（短悬臂）的受力特征可以用由顶部水平的纵向受力钢筋作为拉杆和牛腿内的混凝土斜压杆组成的简化三角桁架模型描述。竖向荷载将由水平拉杆的拉力和斜压杆的压力承担；作用在牛腿顶部向外的水平拉力则由水平拉杆承担。

牛腿要求不致因斜压杆压力较大而出现斜压裂

缝，故其截面尺寸通常以不出现斜裂缝为条件，即由本条的计算公式控制，并通过公式中的裂缝控制系数 β 考虑不同使用条件对牛腿的不同抗裂要求。公式中的 $(1-0.5F_{hk}/F_{vk})$ 项是按牛腿在竖向力和水平拉力共同作用下斜裂缝宽度不超过 0.1mm 为条件确定的。

符合本条计算公式要求的牛腿不需再作受剪承载力验算。这是因为通过在 $a/h_0<0.3$ 时取 $a/h_0=0.3$，以及控制牛腿上部水平钢筋的最大配筋率，已能保证牛腿具有足够的受剪承载力。

在计算公式中还对沿下柱边的牛腿截面有效高度 h_0 作出限制。这是考虑当斜角 α 大于 45°时，牛腿的实际有效高度不会随 α 的增大而进一步增大。

9.3.11 本条为牛腿纵向受力钢筋的计算。规定了承受竖向力的受拉钢筋及承受水平力的锚固钢筋的计算方法，同原规范的规定。

9.3.12 承受动力荷载牛腿的纵向受力钢筋宜采用延性较好的牌号为 HRB 的热轧带肋钢筋。本条明确规定了牛腿上部纵向受拉钢筋伸入柱内的锚固要求，以及当牛腿设在柱顶时，为了保证牛腿顶面受拉钢筋与柱外侧纵向钢筋的可靠传力而应采取的构造措施。

9.3.13 牛腿中应配置水平箍筋，特别是在牛腿上部配置一定数量的水平箍筋，能有效地减少在该部位过早出现斜裂缝的可能性。在牛腿内设置一定数量的弯起钢筋是我国工程界的传统做法。但试验表明，它对提高牛腿的受剪承载力和减少斜向开裂的可能性都不起明显作用，故适度减少了弯起钢筋的数量。

9.4 墙

9.4.1 根据工程经验并参考国外有关的规范，长短边比例大于 4 的竖向构件定义为墙，比例不大于 4 的则应按柱进行设计。

墙的混凝土强度要求比 02 版规范适当提高。出于承载受力的要求，提出了墙厚度限制的要求。对预制板的搁置长度，在满足墙中竖筋贯通的条件下（例如预制板采用硬架支模方式）不再作强制规定。

9.4.2 本条提出墙双排配筋及配置拉结筋的要求。这是为了保证板中的配筋能够充分发挥强度，满足承载力的要求。

9.4.3 本条规定了在墙面水平、竖向荷载作用下，钢筋混凝土剪力墙承载力计算的方法以及截面设计参数的确定方法。

9.4.4 为保证剪力墙的受力性能，提出了剪力墙内水平、竖向分布钢筋直径、间距及配筋率的构造要求。可以利用焊接网片作墙内配筋。

对重要部位的剪力墙：主要是指框架-剪力墙结构中的剪力墙和框架-核心筒结构中的核心筒墙体，宜根据工程经验提高墙体分布钢筋的配筋率。

温度、收缩应力的影响是造成墙体开裂的主要原因。对于温度、收缩应力较大的剪力墙或剪力墙的易开裂部位，应根据工程经验提高墙体水平分布钢筋的配筋率。

9.4.5 本条为有关低层混凝土房屋结构墙的新增内容，配合墙体改革的要求。钢筋混凝土结构墙应用于低层房屋（乡村、集镇的住宅及民用房屋）的情况有所增多。钢筋混凝土结构墙性能优于砖砌墙体，但按高层房屋剪力墙的构造规定设计过于保守，且最小配筋率难以控制。本条提出混凝土结构墙的基本构造要求。结构墙配筋适当减小，其余构造基本同剪力墙。多层混凝土房屋结构墙尚未进行系统研究，故暂缺，拟在今后通过试验研究及工程应用，在成熟时纳入。抗震构造要求在第 11 章中表达，以边缘构件的形式予以加强。

9.4.6 为保证剪力墙的承载受力，规定了墙内水平、竖向钢筋锚固、搭接的构造要求。其中水平钢筋搭接要求错开布置；竖向钢筋则允许在同一截面上搭接，即接头面积百分率 100%。此外，对翼墙、转角墙、带边框的墙等也提出了相应的配筋构造要求。

9.4.7 本条提出了剪力墙墙洞口连梁的配筋构造要求，包括洞边钢筋及洞口连梁的受力纵筋及锚固，洞口连梁配箍的直径及间距等。还对墙上开洞的配筋构造提出了要求。

9.4.8 本条规定了剪力墙墙肢两端竖向受力钢筋的构造要求，包括配筋的数量、直径及拉筋的规定。

9.5 叠合构件

预制（既有）-现浇叠合式构件的特点是两阶段成形，两阶段受力。第一阶段可为预制构件，也可为既有结构；第二阶段则为后续配筋、浇筑而形成整体的叠合混凝土构件。叠合构件兼有预制装配和整体现浇的优点，也常用于既有结构的加固，对于水平的受弯构件(梁、板)及竖向的受压构件(柱、墙)均适用。

叠合构件主要用于装配整体式结构，其原则也适用于对既有结构进行重新设计。基于上述原因及建筑产业化趋势，近年国内外叠合结构的发展很快，是一种有前途的结构形式。

（Ⅰ）水平叠合构件

9.5.1 后浇混凝土高度不足全高的 40% 的叠合式受弯构件，由于底部较薄，施工时应有可靠的支撑，使预制构件在二次成形浇筑混凝土的重量及施工荷载下，不至于发生影响内力的变形。有支撑二次成形的叠合构件按整体受弯构件设计计算。

施工阶段无支撑的叠合式受弯构件，二次成形浇筑混凝土的重量及施工荷载的作用影响了构件的内力和变形。应根据附录 H 的有关规定按二阶段受力的叠合构件进行设计计算。

9.5.2 对一阶段采用预制梁、板的叠合受弯构件，提出了叠合受力的构造要求。主要是后浇叠合层混凝土的厚度；混凝土强度等级；叠合面粗糙度；界面构造钢筋等。这些要求是保证界面两侧混凝土共同承载、协调受力的必要条件。当预制板为预应力板时，由于预应力造成的反拱、徐变的影响，宜设置界面构造钢筋加强其整体性。

9.5.3 在既有结构上配筋、浇筑混凝土而成形的叠合受弯构件，将在结构加固、改建中得到越来越广泛的应用。其可根据二阶段受力叠合受弯构件的原理进行设计。设计时应考虑既有结构的承载历史、实测评估的材料性能、施工时支撑对既有结构卸载的具体情况，根据本规范第3.3节、第3.7节的规定确定设计参数及荷载组合进行设计。

对于叠合面可采取剔凿、植筋等方法加强叠合面两侧混凝土的共同受力。

（Ⅱ）竖向叠合构件

9.5.4 二阶段成形的竖向叠合柱、墙，当第一阶段为预制构件时，应根据具体情况进行施工阶段验算；使用阶段则按整体构件进行设计。

9.5.6 本条是根据对既有结构再设计的工程实践及经验，对叠合受压构件中的既有构件及后浇部分构件，提出了根据具体工程情况确定承载力及材料协调受力相应折减系数的原则。

考虑既有构件的承载历史及施工卸载条件，确定承载力计算的原则：考虑实测结构既有构件的几何形状变化以及材料的实际状况，经统计、分析确定相应的设计参数。结构后加部分材料强度按本规范确定，但考虑协调受力对强度利用的影响，应乘小于1的修正系数并应根据施工支顶等卸载情况适当增减。

9.5.7 根据工程实践及经验，提出了满足两部分协调受力的构造措施。竖向叠合柱、墙的基本构造要求包括后浇层的厚度、混凝土强度等级、叠合面粗糙度、界面构造钢筋、后浇层中的配筋及锚固连接等，这是叠合界面两侧的共同受力的必要条件。

9.6 装配式结构

根据节能、减耗、环保的要求及建筑产业化的发展，更多的建筑工程量将转为以工厂构件化生产产品的形式制作，再运输到现场完成原位安装、连接的施工。混凝土预制构件及装配式结构将通过技术进步，产品升级而得到发展。

9.6.1 本条提出了装配式结构的设计原则：根据结构方案和传力途径进行内力分析及构件设计；保证连接处的传力性能；考虑不同阶段成形的影响；满足综合功能的需要。为满足预制构件工厂化批量生产和标准化的要求，标准设计时应考虑构件尺寸的模数化、使用荷载的系列化和构造措施的统一规定。

9.6.2 预制构件应按脱模起吊、运输码放、安装就位等工况及相应的计算简图分别进行施工阶段验算。本条给出了不同工况下的设计条件及动力系数。

9.6.3 本条提出装配式结构连接构造的原则：装配整体式结构中的接头应能传递结构整体分析所确定的内力。对传递内力较大的装配整体式连接，宜采用机械连接的形式。当采用焊接连接的形式时，应考虑焊接应力对接头的不利影响。

不考虑传递内力的一般装配式结构接头，也应有可靠的固定连接措施，例如预制板、墙与支承构件的焊接或螺栓连接等。

9.6.4 为实现装配整体式结构的整体受力性能，提出了对不同预制构件纵向受力钢筋连接及混凝土拼缝灌筑的构造要求。其中整体装配的梁、柱，其受力钢筋的连接应采用机械连接、焊接的方式；墙、板可以搭接；混凝土拼缝应作粗糙处理以能传递剪力并协调变形。

各种装配连接的构造措施，在标准设计及构造手册中多有表达，可以参考。

9.6.5、9.6.6 根据我国长期的工程实践经验，提出了房屋结构中大量应用的装配式楼盖（包括屋盖）加强整体性的构造措施。包括齿槽形板侧、拼缝灌筑、板端互连、与支承结构的连接、板间后浇带、板端负弯矩钢筋等加强楼盖整体性的构造措施。工程实践表明，这些措施对于加强楼盖的整体性是有效的。《建筑物抗震构造详图》G 329 及有关标准图对此有详细的规定，可以参考。

高层建筑楼盖，当采用预制装配式时，应设置钢筋混凝土现浇层，具体要求应根据《高层建筑混凝土结构技术规程》JGJ 3 的规定进行设计。

9.6.7 为形成结构整体受力，对预制墙板及与周边构件的连接构造提出要求。包括与相邻墙体及楼板的钢筋连接、灌缝混凝土、边缘构件加强等措施。

9.6.8 本条为新增条文，阐述非承重预制构件的设计原则。灾害及事故表明，传力体系以外仅承受自重等荷载的非结构预制构件，也应进行构件及构件连接的设计，以避免影响结构受力，甚至坠落伤人。此类构件及连接的设计原则为：承载安全、适应变形、有冗余约束、满足建筑功能以及耐久性要求等。

9.7 预埋件及连接件

9.7.1 预埋件的材料选择、锚筋与锚板的连接构造基本未作修改，工程实践证明是有效的。再次强调了禁止采用延性较差的冷加工钢筋作锚筋，而用HPB300 钢筋代换了已淘汰的 HPB235 钢筋。锚板厚度与实际受力情况有关，宜通过计算确定。

9.7.2 承受剪力的预埋件，其受剪承载力与混凝土强度等级、锚筋抗拉强度、面积和直径等有关。在保证锚筋锚固长度和锚筋到构件边缘合理距离的前提下，根据试验研究结果提出了确定锚筋截面面积的半理论半经验公式。其中通过系数 α_r 考虑了锚筋排数的影响；通过系数 α_v 考虑了锚筋直径以及混凝土抗压强度与锚筋抗拉强度比值 f_c/f_y 的影响。承受法向拉力的预埋件，其钢板一般都将产生弯曲变形。这时，锚筋不仅承受拉力，还承受钢板弯曲变形引起的剪力，使锚筋处于复合受力状态。通过折减系数 α_b 考虑了锚板弯曲变形的影响。

承受拉力和剪力以及拉力和弯矩的预埋件，根据试验研究结果，锚筋承载力均可按线性的相关关系处理。

只承受剪力和弯矩的预埋件，根据试验结果，当 $V/V_{u0} > 0.7$ 时，取剪弯承载力线性相关；当 $V/V_{u0} \leqslant 0.7$ 时，可按受剪承载力与受弯承载力不相关处理。其 V_{u0} 为预埋件单独受剪时的承载力。

承受剪力、压力和弯矩的预埋件，其锚筋截面面积计算公式偏于安全。由于当 $N < 0.5f_cA$ 时，可近似取 $M - 0.4Nz = 0$ 作为压剪承载力和压弯剪承载力计算的界限条件，故本条相应的计算公式即以 $N \leqslant 0.5f_cA$ 为前提条件。本条公式不等式右侧第一项中的系数 0.3 反映了压力对预埋件抗剪能力的影响程度。与试验结果相比，其取值偏安全。

在承受法向拉力和弯矩的锚筋截面面积计算公式中，对拉力项的抗力均乘了折减系数 0.8，这是考虑到预埋件的重要性和受力的复杂性，而对承受拉力这种更不利的受力状态，采取了提高安全储备的措施。

对有抗震要求的重要预埋件，不宜采用以锚固钢筋承力的形式，而宜采用锚筋穿透墙面后，固定在背面锚板上的夹板式双面锚固形式。

9.7.3 受剪预埋件弯折锚筋面积计算同原规范。

当预埋件由对称于受力方向布置的直锚筋和弯折锚筋共同承受剪力时，所需弯折锚筋的截面面积可由下式计算：

$$A_{sh} \geqslant (1.1V - \alpha_v f_y A_s)/0.8f_y$$

上式意味着从作用剪力中减去由直锚筋承担的剪力即为需要由弯折锚筋承担的剪力。上式经调整后即为本条公式。根据国外有关规范和国内对钢与混凝土组合结构中弯折锚筋的试验结果，弯折锚筋的角度对受剪承载力影响不大。考虑到工程中的一般做法，在本条注中给出弯折钢筋的角度宜取在 15°～45°之间。在这一弯折角度范围内，可按上式计算锚筋截面面积，而不需对锚筋抗拉强度作进一步折减。上式中乘在作用剪力项上的系数 1.1 是考虑直锚筋与弯折锚筋共同工作时的不均匀系数 0.9 的倒数。预埋件可以只设弯折钢筋来承担剪力，此时可不设或只按构造设置直锚筋，并在计算公式中取 $A_s = 0$。

9.7.4 预埋件中锚筋的布置不能太密集，否则影响锚固受力的效果。同时为了预埋件的承载受力，还必须保证锚筋的锚固长度以及位置。本条对不同受力状态的预埋件锚筋的构造要求作出规定，同原规范。

9.7.5 为了达到节约材料、方便施工、避免外露金属件引起耐久性问题，预制构件的吊装方式宜优先选择内埋式螺母、内埋式吊杆或吊装孔。根据国内外的工程经验，采用这些吊装方式比传统的预埋吊环施工方便，吊装可靠，不造成耐久性问题。内埋式吊具已有专门技术和配套产品，根据情况选用。

9.7.6 确定吊环钢筋所需面积时，钢筋的抗拉强度设计值应乘以折减系数。在折减系数中考虑的因素有：构件自重荷载分项系数取为 1.2，吸附作用引起的超载系数取为 1.2，钢筋弯折后的应力集中对强度的折减系数取为 1.4，动力系数取为 1.5，钢丝绳角度对吊环承载力的影响系数取为 1.4，于是，当取 HPB300 级钢筋的抗拉强度设计值为 $f_y = 270\text{N}/\text{mm}^2$ 时，吊环钢筋实际取用的允许拉应力值约为 $65\text{N}/\text{mm}^2$。

作用于吊环的荷载应根据实际情况确定，一般为构件自重、悬挂设备自重及活荷载。吊环截面应力验算时，荷载取标准值。

由于本次局部修订将 HPB300 钢筋的直径限于不大于 14mm，因此当吊环直径小于等于 14mm 时，可以采用 HPB300 钢筋；当吊环直径大于 14mm 时，可采用 Q235B 圆钢，其材料性能应符合现行国家标准《碳素结构钢》GB/T 700 的规定。

根据耐久性要求，恶劣环境下吊环钢筋或圆钢绑扎接触配筋骨架时应隔垫绝缘材料或采取可靠的防锈措施。

9.7.7 预制构件吊点位置的选择应考虑吊装可靠、平稳。吊装着力点的受力区域应作局部承载验算，以确保安全，同时避免产生引起构件裂缝或过大变形的内力。

10 预应力混凝土结构构件

10.1 一般规定

10.1.1 为确保预应力混凝土结构在施工阶段的安全，明确规定了在施工阶段应进行承载能力极限状态等验算，施工阶段包括制作、张拉、运输及安装等工序。

10.1.2 根据现行国家标准《工程结构可靠性设计统一标准》GB 50153 的有关规定，当进行预应力混凝土构件承载能力极限状态及正常使用极限状态的荷载组合时，应计算预应力作用效应并参与组合，对后张法预应力混凝土超静定结构，预应力效应为综合内力 M_r、V_r 及 N_r，包括预应力产生的次弯矩、次剪力和次轴力。在承载能力极限状态下，预应力作用分项系数 γ_p 应按预应力作用的有利或不利分别取 1.0 或 1.2。当不利时，如后张法预应力混凝土构件锚头局压区的张拉控制力，预应力作用分项系数 γ_p 应取

1.2。在正常使用极限状态下，预应力作用分项系数 γ_p 通常取 1.0。当按承载能力极限状态计算时，预应力筋超出有效预应力值达到强度设计值之间的应力增量仍为结构抗力部分；当按本规范第 6 章的实用方法进行承载力计算时，仅次内力应参与荷载效应组合和设计计算。

对承载能力极限状态，当预应力作用效应列为公式左端项参与作用效应组合时，由于预应力筋的数量和设计参数已由裂缝控制等级的要求确定，且总体上是有利的，根据工程经验，对参与组合的预应力作用效应项，应取结构重要性系数 $\gamma_0 = 1.0$；对局部受压承载力计算、框架梁端预应力筋偏心弯矩在柱中产生的次弯矩等，其预应力作用效应为不利时，γ_0 应按本规范公式（3.3.2-1）执行。

本规范为避免出现冗长的公式，在诸多计算公式中并没有具体列出相关次内力。因此，当应用本规范公式进行正截面受弯、受压及受拉承载力计算，斜截面受剪及受扭截面承载力计算，以及裂缝控制验算时，均应计入相关次内力。

本次修订增加了无粘结预应力混凝土结构承受静力荷载的设计规定，主要有裂缝控制，张拉控制应力限值，有关的预应力损失值计算，受弯构件正截面承载力计算时无粘结预应力筋的应力设计值、斜截面受剪承载力计算，受弯构件的裂缝控制验算及挠度验算，受弯构件和板柱结构中有粘结纵向钢筋的配置，以及施工张拉阶段截面边缘混凝土法向应力控制和预拉区构造配筋，防腐及防火措施。以上规定的条款列在本章及本规范相关章节的条款中。

10.1.3 本次修订增加了中强度预应力钢丝及预应力螺纹钢筋的张拉控制应力限值。

10.1.5 通常对预应力筋由于布置上的几何偏心引起的内弯矩 $N_p e_{pn}$ 以 M_1 表示。由该弯矩对连续梁引起的支座反力称为次反力，由次反力对梁引起的弯矩称为次弯矩 M_2。在预应力混凝土超静定梁中，由预加力对任一截面引起的总弯矩 M_r 为内弯矩 M_1 与次弯矩 M_2 之和，即 $M_r = M_1 + M_2$。次剪力可根据结构构件各截面次弯矩分布按力学分析方法计算。此外，在后张法梁、板构件中，当预加力引起的结构变形受到柱、墙等侧向构件约束时，在梁、板中将产生与预加力反向的次轴力。为求次轴力也需要应用力学分析方法。

为确保预应力能够有效地施加到预应力结构构件中，应采用合理的结构布置方案，合理布置竖向支承构件，如将抗侧力构件布置在结构位移中心不动点附近；采用相对细长的柔性柱以减少约束力，必要时应在柱中配置附加钢筋承担约束作用产生的附加弯矩。在预应力框架梁施加预应力阶段，可将梁与柱之间的节点设计成在张拉过程中可产生滑动的无约束支座，张拉后再将该节点做成刚接。对后张楼板为减少约束

力，可采用后浇带或施工缝将结构分段，使其与约束柱或墙暂时分开；对于不能分开且刚度较大的支承构件，可在板与墙、柱结合处开设结构洞以减少约束力，待张拉完毕后补强。对于平面形状不规则的板，宜划分为平面规则的单元，使各部分能独立变形，以减少约束；当大部分收缩变形完成后，如有需要仍可以连为整体。

10.1.7 当按裂缝控制要求配置的预应力筋不能满足承载力要求时，承载力不足部分可由普通钢筋承担，采用混合配筋的设计方法。这种部分预应力混凝土既具有全预应力混凝土与钢筋混凝土二者的主要优点，又基本上排除了两者的主要缺点，现已成为加筋混凝土系列中的主要发展趋势。当然也带来了一些新的课题。当预应力混凝土构件配置钢筋时，由于混凝土收缩和徐变的影响，会在这些钢筋中产生内力。这些内力减少了受拉区混凝土的法向预压应力，使构件的抗裂性能降低，因而计算时应考虑这种影响。为简化计算，假定钢筋的应力取等于混凝土收缩和徐变引起的预应力损失值。但严格地说，这种简化计算当预应力筋和钢筋重心位置不重合时是有一定误差的。

10.1.8 近年来，国内开展了后张法预应力混凝土连续梁内力重分布的试验研究，并探讨次弯矩存在对内力重分布的影响。这些试验研究及有关文献建议，对存在次弯矩的后张法预应力混凝土超静定结构，其弯矩重分布规律可描述为：$(1-\beta)M_d + \alpha M_2 \leqslant M_u$，其中，$\alpha$ 为次弯矩消失系数。直接弯矩的调幅系数定义为：$\beta = 1 - M_a/M_d$，此处，M_a 为调整后的弯矩值，M_d 为按弹性分析算得的荷载弯矩设计值；直接弯矩调幅系数 β 的变化幅度是：$0 \leqslant \beta \leqslant \beta_{max}$，此处，$\beta_{max}$ 为最大调幅系数。次弯矩随结构构件刚度改变和塑性铰转动而逐步消失，它的变化幅度是：$0 \leqslant \alpha \leqslant 1.0$；且当 $\beta = 0$ 时，取 $\alpha = 1.0$；当 $\beta = \beta_{max}$ 时，可取 α 接近于 0。且 β 可取其正值或负值，当取 β 为正值时，表示支座处的直接弯矩向跨中调幅；当取 β 为负值时，表示跨中的直接弯矩向支座处调幅。上述试验结果从概念设计的角度说明，在超静定预应力混凝土结构中存在的次弯矩，随着预应力构件开裂、裂缝发展以及刚度减小，在极限荷载阶段会相应减小。当截面配筋率高时，次弯矩的变化较小，反之可能大部分次弯矩都会消失。本次修订考虑到上述情况，采用次弯矩参与重分布的方案，即内力重分布所考虑的最大弯矩除了荷载弯矩设计值外，还包括预应力次弯矩在内。并参考美国 ACI 规范、欧洲规范 EN 1992-2 等，规定对预应力混凝土框架梁及连续梁在重力荷载作用下，当受压区高度 $x \leqslant 0.30h_0$ 时，可允许有限量的弯矩重分配，同时可考虑次弯矩变化对截面内力的影响，但总调幅值不宜超过 20%。

10.1.9 对光面钢丝、螺旋肋钢丝、三股和七股钢绞线的预应力传递长度，均在原规范规定的预应力传递

长度的基础上，根据试验研究结果作了调整，并通过给出的公式由其有效预应力值计算预应力传递长度。预应力筋传递长度的外形系数取决于与锚固性能有关的钢筋的外形。

10.1.11、10.1.12 为确保预应力混凝土结构在施工阶段的安全，本规范第10.1.1条规定了在施工阶段应进行承载能力极限状态验算。在施工阶段对截面边缘混凝土法向应力的限值条件，是根据国内外相关规范校准并吸取国内的工程设计经验而得的。其中，对混凝土法向应力的限值，均用与各施工阶段混凝土抗压强度 f'_{cu} 相对应的抗拉强度及抗压强度标准值表示。

预拉区纵向钢筋的构造配筋率，取略低于本规范第8.5.1条的最小配筋率要求。

10.1.13 先张法及后张法预应力混凝土构件的受剪承载力、受扭承载力及裂缝宽度计算，均需用到混凝土法向预应力为零时的预应力筋合力 N_{p0}。本条对此作了规定。

10.1.14 影响无粘结预应力混凝土构件抗弯能力的因素较多，如无粘结预应力筋有效预应力的大小、无粘结预应力筋与普通钢筋的配筋率、受弯构件的跨高比、荷载种类、无粘结预应力筋与管壁之间的摩擦力、束的形状和材料性能等。因此，受弯破坏状态下无粘结预应力筋的极限应力必须通过试验来求得。国内所进行的无粘结预应力梁（板）试验，得出无粘结预应力筋于梁破坏瞬间的极限应力，主要与配筋率、有效预应力、钢筋设计强度、混凝土的立方体抗压强度、跨高比以及荷载形式有关，积累了宝贵的数据。

本次修订采用了现行行业标准《无粘结预应力混凝土结构技术规程》JGJ 92 的相关表达式。该表达式以综合配筋指标 ξ_0 为主要参数，考虑了跨高比变化影响。为反映在连续多跨梁板中应用的情况，增加了考虑连续跨影响的设计应力折减系数。在设计框架梁时，无粘结预应力筋外形布置宜与弯矩包络图相接近，以防在框架梁顶部反弯点附近出现裂缝。

10.1.15 在无粘结预应力受弯构件的预压受拉区，配置一定数量的普通钢筋，可以避免该类构件在极限状态下发生双折线形的脆性破坏现象，并改善开裂状态下构件的裂缝性能和延性性能。

1 单向板的普通钢筋最小面积

本规范对钢筋混凝土受弯构件，规定最小配筋率为 0.2% 和 $45f_t/f_y$ 中的较大值。美国通过试验认为，在无粘结预应力受弯构件的受拉区至少应配置从受拉边缘至毛截面重心之间面积 0.4% 的普通钢筋。综合上述两方面的规定和研究成果，并结合以往的设计经验，作出了本规范对无粘结预应力混凝土板受拉区普通钢筋最小配筋率的限制。

2 梁正弯矩区普通钢筋的最小面积

无粘结预应力梁的试验表明，为了改善构件在正常使用下的变形性能，应采用预应力筋及有粘结普通钢筋混合配筋方案。在全部配筋中，有粘结纵向普通钢筋的拉力占到承载力设计值 M_u 产生总拉力的 25% 或更多时，可更有效地改善无粘结预应力梁的性能，如裂缝分布、间距和宽度，以及变形性能，从而达到接近有粘结预应力梁的性能。本规范公式（10.1.15-2）是根据此比值要求，并考虑预应力筋及普通钢筋重心离截面受压区边缘纤维的距离 h_p、h_s 影响得出的。

对按一级裂缝控制等级设计的无粘结预应力混凝土构件，根据试验研究结果，可仅配置比最小配筋率略大的非预应力普通钢筋，取 ρ_{min} 等于 0.003。

10.1.16 对无粘结预应力混凝土板柱结构中的双向平板，所要求配置的普通钢筋分述如下：

负弯矩区普通钢筋的配置。美国进行过 $1:3$ 的九区格后张无粘结预应力平板的模型试验。结果表明，只要在柱宽及两侧各离柱边 $1.5\sim2$ 倍的板厚范围内，配置占柱上板带横截面面积 0.15% 的普通钢筋，就能很好地控制和分散裂缝，并使柱带区域内的弯曲和剪切强度都能充分发挥出来。此外，这些钢筋应集中通过柱子和靠近柱子布置。钢筋的中到中间距应不超过 $300mm$，而且每一方向应不少于 4 根钢筋。对通常的跨度，这些钢筋的总长度应等于跨度的 $1/3$。我国进行的 $1:2$ 无粘结部分预应力平板的试验也证实在上述柱面积范围内配置的钢筋是适当的。本规范根据公式(10.1.16-1)，矩形板在长跨方向将布置更多的钢筋。

正弯矩区普通钢筋的配置。在正弯矩区，双向板在使用荷载下按照抗裂验算边缘混凝土法向拉应力确定普通筋配置数量的规定，是参照美国 ACI 规范对双向板柱结构关于有粘结普通钢筋最小截面面积的规定，并结合国内多年来对该板按二级裂缝控制和配置有粘结普通钢筋的工程经验作出规定的。针对温度、收缩应力所需配置的普通钢筋应按本规范第9.1节的相关规定执行。

在楼盖的边缘和拐角处，通过设置钢筋混凝土边梁，并考虑柱头剪切作用，将该梁的箍筋加密配置，可提高边柱和角柱节点的受冲切承载力。

10.1.17 本条规定了预应力混凝土构件的弯矩设计值不小于开裂弯矩，其目的是控制受拉钢筋总配筋量不能过少，使构件具有应有的延性，以防止预应力受弯构件开裂后的突然脆断。

10.2 预应力损失值计算

10.2.1 预应力混凝土用钢丝、钢绞线的应力松弛试验表明，应力松弛损失值与钢丝的初始应力值和极限强度有关。表中给出的普通松弛和低松弛预应力钢丝、钢绞线的松弛损失值计算公式，是按国家标准《预应力混凝土用钢丝》GB/T 5223-2002 及《预应力混凝土用钢绞线》GB/T 5224-2003 中规定的数值综合成统一的公式，以便于应用。当 $\sigma_{con}/f_{ptk} \leqslant 0.5$ 时，实际的松弛损失值已很小，为简化计算取松弛损失值为零。预应力螺纹钢筋、中强度预应力钢丝的应力松弛损失值是分别根据国家标准《预应力混凝土用螺纹钢筋》GB/T 20065-2006、行业标准《中强度预应力混凝土用钢丝》YB/T 156-1999 的相关规定提出的。

10.2.2 根据锚固原理的不同，将锚具分为支承式和夹片式两类，对每类作出规定。对夹片式锚具的锚具变形和预应力筋内缩值按有顶压或无顶压分别作了规定。

10.2.4 预应力筋与孔道壁之间的摩擦引起的预应力损失，包括沿孔道长度上局部位置偏移和曲线弯道摩擦影响两部分。在计算公式中，x 值为从张拉端至计算截面的孔道长度；但在实际工程中，构件的高度和长度相比常很小，为简化计算，可近似取该段孔道在纵轴上的投影长度代替孔道长度；θ 值应取从张拉端至计算截面的长度上预应力孔道各部分切线的夹角（以弧度计）之和。本次修订根据国内工程经验，增加了按抛物线、圆弧曲线变化的空间曲线及可分段叠加的广义空间曲线 θ 弯转角的近似计算公式。

研究表明，孔道局部偏差的摩擦系数 κ 值与下列因素有关：预应力筋的表面形状；孔道成型的质量；预应力筋接头的外形；预应力筋与孔壁的接触程度（孔道的尺寸，预应力筋与孔壁之间的间隙大小以及预应力筋在孔道中的偏心距大小）等。在曲线预应力筋摩擦损失中，预应力筋与曲线弯道之间摩擦引起的损失是控制因素。

根据国内的试验研究资料及多项工程的实测数据，并参考国外规范的规定，补充了预埋塑料波纹管、无粘结预应力筋的摩擦影响系数。当有可靠的试验数据时，本规范表 10.2.4 所列系数值可根据实测数据确定。

10.2.5 根据国内对混凝土收缩、徐变的试验研究，应考虑预应力筋和普通钢筋的配筋率对 σ_{l5} 值的影响，其影响可通过构件的总配筋率 $\rho(\rho = \rho_p + \rho_s)$ 来反映。在公式（10.2.5-1）～公式（10.2.5-4）中，分别给出先张法和后张法两类构件受拉区及受压区预应力筋处的混凝土收缩和徐变引起的预应力损失。公式反映了上述各项因素的影响。此计算方法比仅按预应力筋合力点处的混凝土法向预应力计算预应力损失的方法更为合理。此外，考虑到现浇后张预应力混凝土施加预应力的时间比 28d 龄期有所提前等因素，对上述收缩和徐变计算公式中的有关项在数值上作了调整。调整的依据为：预加力时混凝土龄期，先张法取 7d，后张法取 14d；理论厚度均取 200mm；相对湿度为 40%～70%，预加力后至使用荷载作用前延续的时间取 1 年的收缩应变和徐变系数终极值，并与附录 K 计算结果进行校核得出。

在附录 K 中，本次修订的混凝土收缩应变和徐变系数终极值，是根据欧洲规范 EN 1992-2：《混凝土结构设计——第 1 部分：总原则和对建筑结构的规定》所提供的公式计算得出。混凝土收缩应变和徐变系数终极值是按周围空气相对湿度为 40%～70% 及 70%～99% 分别给出的。混凝土收缩和徐变引起的预应力损失简化公式是按周围空气相对湿度为 40%～70% 得出的，将其用于相对湿度大于 70% 的情况是偏于安全的。对泵送混凝土，其收缩和徐变引起的预应力损失值亦可根据实际情况采用其他可靠数据。

10.3 预应力混凝土构造规定

10.3.1 根据先张法预应力筋的锚固及预应力传递性能，提出了配筋净间距的要求，其数值是根据试验研究及工程经验确定的。根据多年来的工程经验，为确保预制构件的耐久性，适当增加了预应力筋净间距的限值。

10.3.2 先张法预应力传递长度范围内局部挤压造成的环向拉应力容易导致构件端部混凝土出现劈裂缝。因此端部应采取构造措施，以保证自锚端的局部承载力。所提出的措施是长期工程经验和试验研究结果的总结。近年来随着生产工艺技术的提高，也有一些预制构件不配置端部加强钢筋的情况，故在特定条件下可根据可靠的工程经验适当放宽。

10.3.3～10.3.5 为防止预应力构件端部及预拉区的裂缝，根据多年工程实践经验及原规范的执行情况，这几条对各种预制构件（肋形板、屋面梁、吊车梁等）提出了配置防裂钢筋的措施。

10.3.6 预应力锚具应根据现行国家标准《预应力筋用锚具、夹具和连接器》GB/T 14370、现行行业标准《预应力筋用锚具、夹具和连接器应用技术规程》JGJ 85 的有关规定选用，并满足相应的质量要求。

10.3.7 规定了后张预应力筋配置及孔道布置的要求。由于对预制构件预应力筋孔道间距的控制比现浇结构构件更容易，且混凝土浇筑质量更容易保证，故对预制构件预应力筋孔道间距的规定比现浇结构构件的小。要求孔道的竖向净间距不应小于孔道直径，主要考虑曲线孔道张拉预应力筋时出现的局部挤压应力不致造成孔道间混凝土的剪切破坏。而对三级裂缝控制等级的梁提出更厚的保护层厚度要求，主要是考虑其裂缝状态下的耐久性。预留孔道的截面积宜为穿入预应力筋截面积的 3.0～4.0 倍，是根据工程经验提出的。有关预应力孔道的并列贴紧布置，是为方便截面较小的梁类构件的预应力筋配置。

板中单根无粘结预应力筋、带状束及梁中集束无粘结预应力筋的布置要求，是根据国内推广应用无粘结预应力混凝土的工程经验作出规定的。

10.3.8 后张预应力混凝土构件端部锚固区和构件端

面在预应力筋张拉后常出现两类裂缝：其一是局部承压区承压垫板后面的纵向劈裂裂缝；其二是当预应力束在构件端部偏心布置，且偏心距较大时，在构件端面附近会产生较高的沿竖向的拉应力，故产生位于截面高度中部的纵向水平端面裂缝。为确保安全可靠地将张拉力通过锚具和垫板传递给混凝土构件，并控制这些裂缝的发生和开展，在试验研究的基础上，在条文中作出了加强配筋的具体规定。为防止第一类劈裂裂缝，规范给出了配置附加钢筋的位置和配筋面积计算公式；为防止第二类端面裂缝，要求合理布置预应力筋，尽量使锚具能沿构件端部均匀布置，以减少横向拉力。当难于做到均匀布置时，为防止端面出现宽度过大的裂缝，根据理论分析和试验结果，本条提出了限制这类裂缝的竖向附加钢筋截面面积的计算公式以及相应的构造措施。本次修订允许采用强度较高的热轧带肋钢筋。

对局部承压加强钢筋，提出当垫板采用普通钢板开穿筋孔的制作方式时，可按本规范第6.6节的规定执行，采用有关局部受压承载力计算公式确定应配置的间接钢筋；而当采用整体铸造的带有二次翼缘的垫板时，本规范局部受压公式不再适用，需通过专门的试验确认其传力性能，所以应选用经按有关规范标准验证的产品，并配置规定的加强钢筋，同时满足锚具布置对间距和边距要求。所述要求可按现行行业标准《预应力筋用锚具、夹具和连接器应用技术规程》JGJ 85的有关规定执行。

本条规定主要是针对后张法预制构件及现浇结构中的悬臂梁等构件的端部锚固区及梁中间开槽锚固的情况提出的。

10.3.9 为保证端面有局部凹进的后张预应力混凝土构件端部锚固区的强度和裂缝控制性能，根据试验和工程经验，规定了增设折线构造钢筋的防裂措施。

10.3.10、10.3.11 曲线预应力束最小曲率半径 r_p 的计算公式是按本规范附录D有关素混凝土构件局部受压承载力公式推导得出的，并与国外规范公式对比后确定的。$10\phi15$以下常用曲线预应力钢丝束、钢绞线束的曲率半径不宜小于4m是根据工程经验给出的。当后张预应力束曲线段的曲率半径过小时，在局部挤压力作用下可能导致混凝土局部破坏，故应配置局部加强钢筋，加强钢筋可采用网片筋或螺旋筋，其数量可按本规范有关配置间接钢筋局部受压承载力的计算规定确定。

在预应力混凝土结构构件中，当预应力筋近凹侧混凝土保护层较薄，且曲率半径较小时，容易导致混凝土崩裂。相关计算公式按预应力筋所产生的径向崩裂力不超过混凝土保护层的受剪承载力推导得出。当混凝土保护层厚度不满足计算要求时，第10.3.11条提供了配置U形插筋用量的计算方法及构造措施，用以抵抗崩裂径向力。在计算应配置U形插筋截面

面积的公式中，未计入混凝土的抗力贡献。

这两条是在工程经验的基础上，参考日本预应力混凝土设计施工规范及美国AASHTO规范作出规定的。

10.3.13 为保证预应力混凝土结构的耐久性，提出了对构件端部锚具的封闭保护要求。

国内外应用经验表明，对处于二b、三a、三b类环境条件下的无粘结预应力锚固系统，应采用全封闭体系。参考美国ACI和PTI的有关规定，对全封闭体系应进行不透水试验，要求安装后的张拉端、固定端及中间连接部位在不小于10kPa静水压力下，保持24h不透水，具体漏水位置可用在水中加颜色等方法检查。当用于游泳池、水箱等结构时，可根据设计提出更高静水压力的要求。

11 混凝土结构构件抗震设计

11.1 一般规定

11.1.1、11.1.2 《建筑工程抗震设防分类标准》GB 50223根据对各类建筑抗震性能的不同要求，将建筑分为特殊设防类、重点设防类、标准设防类和适度设防类四类，简称甲、乙、丙、丁类，并规定了各类别建筑的抗震设防标准，包括抗震措施和地震作用的确定原则。《建筑抗震设计规范》GB 50011则规定，6度时的不规则建筑结构、Ⅳ类场地上较高的高层建筑和7度及以上时的各类建筑结构，均应进行多遇地震作用下的截面抗震验算，并符合有关抗震措施要求；6度时的其他建筑结构则只应符合有关抗震措施要求。

在对抗震钢筋混凝土结构进行设计时，除应符合《建筑工程抗震设防分类标准》GB 50223和《建筑抗震设计规范》GB 50011所规定的设计原则外，其构件设计应符合本章以及本规范第1章～第10章的有关规定。本章主要对应进行抗震设计的钢筋混凝土结构主要构件类别的抗震承载力计算和抗震措施作出规定。其中包括对材料抗震性能的要求，以及框架梁、框架柱、剪力墙及连梁、梁柱节点、板柱节点、单层工业厂房中的铰接排架柱以及预应力混凝土结构构件的抗震承载力验算和相应的抗震构造要求。有关混凝土结构房屋抗震体系、房屋适用的最大高度、地震作用计算、结构稳定验算、侧向变形验算等内容，应遵守《建筑抗震设计规范》GB 50011的有关规定。

本次修订不再列入钢筋混凝土房屋建筑适用最大高度的规定。该规定由《建筑抗震设计规范》GB 50011给出。

11.1.3 抗震措施是在按多遇地震作用进行构件截面承载力设计的基础上保证抗震结构在所在地可能出现的最强地震地面运动下具有足够的整体延性和塑性耗

能能力，保持对重力荷载的承载能力，维持结构不发生严重损毁或倒塌的基本措施。其中主要包括两类措施。一类是宏观限制或控制条件和对重要构件在考虑多遇地震作用的组合内力设计值时进行调整增大；另一类则是保证各类构件基本延性和塑性耗能能力的各类抗震构造措施（其中也包括对柱和墙肢的轴压比上限控制条件）。由于对不同抗震条件下各类结构构件的抗震措施要求不同，故用"抗震等级"对其进行分级。抗震等级按抗震措施从强到弱分为一、二、三、四级。本章有关条文中的抗震措施规定将全部按抗震等级给出。根据我国抗震设计经验，应按设防类别、建筑物所在地的设防烈度、结构类型、房屋高度以及场地类别的不同分别选取不同的抗震等级。在表11.1.3中给出了丙类建筑按设防烈度、结构类型和房屋高度制定的结构中不同部分应取用的抗震等级。甲、乙类和丁类建筑的抗震等级应按《建筑工程抗震设防分类标准》GB 50223的规定在表11.1.3的基础上进行调整。

与02规范相比，表11.1.3作了下列主要调整：

1 考虑到框架结构的侧向刚度及抗水平力能力与其他结构类型相比相对偏弱，根据2008年汶川地震震害经验以及优化设计方案的考虑，将框架结构在9度区的最大高度限值以及其他烈度区不同抗震等级的划分高度由30m降为24m。

2 考虑到近年来因禁用黏土砖而使层数不多的框架-剪力墙结构、剪力墙结构的建造数量增加，为了更合理地考虑房屋高度对抗震等级的影响，将框架-剪力墙结构、剪力墙结构和部分框支剪力墙结构的高度分档从两档增为三档，对高度最低一档（小于24m）适度降低了抗震等级要求。

3 因异形柱框架的抗震性能与一般框架有明显差异，故在表注中明确指出框架的抗震等级规定不适用于异形柱框架；异形柱框架应按有关行业标准进行设计。

4 根据近年来的工程经验，调整了对板柱-剪力墙结构抗震等级的有关规定。

5 根据近年来的工程实践经验，明确了当框架-核心筒结构的高度低于60m并符合框架-剪力墙结构的有关要求时，其抗震等级允许按框架-剪力墙结构取用。

表11.1.3的另一重含义是，表中列出的结构类型也是根据我国抗震设计经验，在《建筑抗震设计规范》GB 50011规定的最大高度限制条件下，适用于抗震的钢筋混凝土结构类型。

11.1.4 本条给出了在选用抗震等级时，除表11.1.3外应满足的要求。其中第1款中的"结构底部的总倾覆力矩"一般是指在多遇地震作用下通过振型组合求得楼层地震剪力并换算出各楼层水平力后，用该水平力求得的底部总倾覆力矩。第2款中裙房与

主楼相连时的"相关范围"，一般是指主楼周边外扩不少于三跨的裙房范围。该范围内结构的抗震等级不应低于按主楼确定的抗震等级，该范围以外裙房结构的抗震等级可按裙房自身结构确定。当主楼与裙房由防震缝分开时，主楼和裙房分别按自身结构确定其抗震等级。

11.1.5 按本规范设置了约束边缘构件，并采取了相应构造措施的剪力墙和核心筒壁的墙肢底部，通常已具有较大的偏心受压强度储备，在罕遇水准地震地面运动下，该部位边缘构件纵筋进入屈服后变形状态的几率通常不会很大。但因墙肢底部对整体结构在罕遇地震地面运动下的抗倒塌安全性起关键作用，故设计中仍应预计到墙肢底部形成塑性铰的可能性，并对预计的塑性铰区采取保持延性和塑性耗能能力的抗震构造措施。所规定的采取抗震构造措施的范围即为"底部加强部位"，它相当于塑性铰区的高度再加一定的安全余量。该底部加强部位高度是根据试验结果及工程经验确定的。其中，为了简化设计，只考虑了高度条件。本次修订根据经验将02版规范规定的确定底部加强部位高度的条件之一，即不小于总高度的1/8改为1/10；并明确，当墙肢嵌固端设置在地下室顶板以下时，底部加强部位的高度仍从地下室顶板算起，但相应抗震构造措施应向下延伸到设定的嵌固端处。

11.1.6 表11.1.6中各类构件的承载力抗震调整系数γ_{RE}是根据现行国家标准《建筑抗震设计规范》GB 50011的规定给出的。该系数是在该规范采用的多遇地震作用取值和地震作用分项系数取值的前提下，为了使多遇地震作用组合下的各类构件承载力具有适宜的安全性水准而采取的对抗力项的必要调整措施。此次修订，根据需要，补充了受冲切承载力计算的承载力抗震调整系数γ_{RE}。

本次修订把02版规范分别写在框架梁、框架柱及框支柱以及剪力墙各节中的抗震正截面承载力计算规定统一汇集在本条内集中表示，即所有这些构件的正截面设计均可按非抗震情况下正截面设计的同样方法完成，只需在承载力计算公式右边除以相应的承载力抗震调整系数γ_{RE}。这样做的理由是，大量各类构件的试验研究结果表明，构件多次反复受力条件下滞回曲线的骨架线与一次单调加载的受力曲线具有足够程度的一致性。故对这些构件的抗震正截面计算方法不需要像对抗震斜截面受剪承载力计算方法那样在静力设计方法的基础上进行调整。

11.1.7 在地震作用下，钢筋在混凝土中的锚固端可能处于拉、压反复受力状态或拉力大小交替变化状态。其粘结锚固性能较静力粘结锚固性能偏弱（锚固强度退化，锚固段的滑移量偏大）。为保证在反复荷载作用下钢筋与其周围混凝土之间具有必要的粘结锚固性能，根据试验结果并参考国外规范的规定，在静

力要求的纵向受拉钢筋锚固长度 l_a 的基础上，对一、二、三级抗震等级的构件，规定应乘以不同的锚固长度增大系数。

对允许采用搭接接头的钢筋，其考虑抗震要求的搭接长度应根据搭接接头百分率取纵向受拉钢筋的抗震锚固长度 l_{aE}，乘以纵向受拉钢筋搭接长度修正系数 ζ。

梁端、柱端是潜在塑性铰容易出现的部位，必须预计到塑性铰区内的受拉和受压钢筋都将屈服，并可能进入强化阶段。为了避免该部位的各类钢筋接头干扰或削弱钢筋在该部位所应具有的较大的屈服后伸长率，规范要求钢筋连接接头宜尽量避开梁端、柱端箍筋加密区。当工程中无法避开时，应采用经试验确定的与母材等强度并具有足够伸长率的高质量机械连接接头或焊接接头，且接头面积百分率不宜超过 50%。

11.1.8 箍筋对抗震设计的混凝土构件具有重要的约束作用，采用封闭箍筋、连续螺旋箍筋和连续复合矩形螺旋箍筋可以有效提高对构件混凝土和纵向钢筋的约束效果，改善构件的抗震延性。对于绑扎箍筋，试验研究和震害经验表明，对箍筋末端的构造要求是保证地震作用下箍筋对混凝土和纵向钢筋起到有效约束作用的必要条件。本次修订强调采用焊接封闭箍筋，主要是倡导和适应工厂化加工配送钢筋的需求。

11.1.9 预埋件反复荷载作用试验表明，弯剪、拉剪、压剪情况下锚筋的受剪承载力降低的平均值在 20% 左右。对预埋件，规定取 γ_{RE} 等于 1.0，故将考虑地震作用组合的预埋件的锚筋截面积偏保守地取为静力计算值的 1.25 倍，锚筋的锚固长度偏保守地取为静力值的 1.10 倍。构造上要求在靠近锚板的锚筋根部设置一根直径不小于 10mm 的封闭箍筋，以起到约束端部混凝土、保证受剪承载力的作用。

11.2 材 料

11.2.1 本条根据抗震性能要求给出了混凝土最高和最低强度等级的限制。由于混凝土强度对保证构件塑性铰区发挥延性能力具有较重要作用，故对重要性较高的框支梁、框支柱、延性要求相对较高的一级抗震等级的框架梁和框架柱以及受力复杂的梁柱节点的混凝土最低强度等级提出了比非抗震情况更高的要求。

近年来国内高强度混凝土的试验研究和工程应用已有很大进展，但因高强度混凝土表现出的明显脆性，以及因侧向变形系数偏小而使箍筋对它的约束效果受到一定削弱，故对地震高烈度区高强度混凝土的应用作了必要的限制。

11.2.2 结构构件中纵向受力钢筋的变形性能直接影响结构构件在地震力作用下的延性。考虑地震作用的框架梁、框架柱、支撑、剪力墙边缘构件的纵向受力钢筋宜选用 HRB400、HRB500 牌号热轧带肋钢筋；箍筋宜选用 HRB400、HRB335、HPB300、HRB500

牌号热轧钢筋。对抗震延性有较高要求的混凝土结构构件（如框架梁、框架柱、斜撑等），其纵向受力钢筋应采用现行国家标准《钢筋混凝土用钢 第2部分：热轧带肋钢筋》GB 1499.2 中牌号为 HRB400E、HRB500E、HRB335E、HRBF400E、HRBF500E 的钢筋。这些带"E"的钢筋牌号钢筋的强屈比、屈强比和极限应变（延伸率）均符合本规范第 11.2.3 条的要求；这些钢筋的强度指标及弹性模量的取值与不带"E"的同牌号热轧带肋钢筋相同，应符合本规范第 4.2 节的有关规定。

11.2.3 对按一、二、三级抗震等级设计的各类框架构件（包括斜撑构件），要求纵向受力钢筋检验所得的抗拉强度实测值（即实测最大强度值）与受拉屈服强度的比值（强屈比）不小于 1.25，目的是使结构某部位出现较大塑性变形或塑性铰后，钢筋在大变形条件下具有必要的强度潜力，保证构件的基本抗震承载力；要求钢筋受拉屈服强度实测值与钢筋的受拉强度标准值的比值（屈强比）不应大于 1.3，主要是为了保证"强柱弱梁"、"强剪弱弯"设计要求的效果不致因钢筋屈服强度离散性过大而受到干扰；钢筋最大力下的总伸长率不应小于 9%，主要是为了保证在抗震大变形条件下，钢筋具有足够的塑性变形能力。

现行国家标准《钢筋混凝土用钢 第2部分：热轧带肋钢筋》GB 1499.2 中牌号带"E"的钢筋符合本条要求。其余钢筋牌号是否符合本条要求应经试验确定。

11.3 框 架 梁

11.3.1 由于梁端区域能通过采取相对简单的抗震构造措施而具有相对较高的延性，故常通过"强柱弱梁"措施引导框架中的塑性铰首先在梁端形成。设计框架梁时，控制梁端截面混凝土受压区高度（主要是控制负弯矩下截面下部的混凝土受压区高度）的目的是控制梁端塑性铰区具有较大的塑性转动能力，以保证框架梁端截面具有足够的曲率延性。根据国内的试验结果和参考国外经验，当相对受压区高度控制在 0.25～0.35 时，梁的位移延性可达到 4.0～3.0 左右。在确定混凝土受压区高度时，可把截面内的受压钢筋计算在内。

11.3.2 在框架结构抗震设计中，特别是一级抗震等级框架的设计中，应力求做到在罕遇地震作用下的框架中形成延性和塑性耗能能力良好的接近"梁铰型"的塑性耗能机构（即塑性铰主要在梁端形成，柱端塑性铰出现数量相对较少）。这就需要在设法保证形成接近梁铰型塑性机构的同时，防止梁端塑性铰区在梁端达到罕遇地震下预计的塑性变形状态之前发生脆性的剪切破坏。在本规范中，这一要求是从两个方面来保证的。一方面对梁端抗震受剪承载力提出合理的计算公式，另一方面在梁端进入屈服后状态的条件下适度提高梁端经结构弹性分析得出的截面组合剪力设计值（后一个方面即为通常所说的"强剪弱弯"措施或"组合剪力设计值增强措施"）。本条给出了各类抗震等级框架组合剪力设计值增强措施的具体规定。

对9度设防烈度的一级抗震等级框架和一级抗震等级的框架结构，规定应考虑左、右端纵向受拉钢筋可能超配等因素所形成的屈服抗弯能力偏大的不利情况，取用按实配钢筋、强度标准值，且考虑承载力抗震调整系数算得的受弯承载力值，即 M_{bua} 作为确定增大后的剪力设计值的依据。M_{bua} 可按下列公式计算：

$$M_{bua} = \frac{M_{buk}}{\gamma_{RE}} \approx \frac{1}{\gamma_{RE}} f_{yk} A_s^a (h_0 - a_s')$$

与02版规范相比，本次修订规定在计算 M_{bua} 的 A_s^a 中考虑受压钢筋及有效板宽范围内的板筋。这里的板筋指有效板宽范围内平行框架梁方向的板内实配钢筋。对于这里使用的有效板宽，美国 ACI 318-08 规范规定取为与非抗震设计时相同的等效翼缘宽度，这就相当于取梁每侧6倍板厚作为有效板宽范围。这一规定是根据进入接近罕遇地震水准侧向变形状态的缩尺框架结构试验中对参与抵抗梁端负弯矩的板筋应力的实测结果确定的。欧洲规范 EN 1998 则建议取用较小的有效板宽，即每侧2倍板厚。这大致相当于梁端屈服后不久的受力状态。本规范建议，取用每侧6倍板厚的范围作为"有效板宽"，是偏于安全的。

对其他情况下框架梁剪力设计值的确定，则根据不同抗震等级，直接取用与梁端考虑地震作用组合的弯矩设计值相平衡的组合剪力设计值乘以不同的增大系数。

11.3.3 矩形、T形和I形截面框架梁，其受剪要求的截面控制条件是在静力受剪要求的基础上，考虑反复荷载作用的不利影响确定的。在截面控制条件中还对较高强度的混凝土考虑了混凝土强度影响系数 β_c。

11.3.4 国内外低周反复荷载作用下钢筋混凝土连续梁和悬臂梁受剪承载力试验表明，低周反复荷载作用使梁的斜截面受剪承载力降低，其主要原因是起控制作用的梁端下部混凝土受压区因表层混凝土在上部纵向钢筋屈服后的大变形状态下剥落而导致的剪压区抗剪强度的降低，以及交叉斜裂缝的开展所导致的沿斜裂缝混凝土咬合力及纵向钢筋暗销力的降低。试验表明，在抗震受剪承载力中，箍筋项承载力降低不明显。为此，仍以截面总受剪承载力试验值的下包线作为计算公式的取值标准，将混凝土项取为非抗震情况下的60%，箍筋项则不予折减。同时，对各抗震等级均近似取用相同的抗震受剪承载力计算公式，这在抗震设防烈度偏低时偏安全。

11.3.5 为了保证框架梁对框架节点的约束作用，以及减小框架梁塑性铰区段在反复受力下侧屈的风险，

框架梁的截面宽度和梁的宽高比不宜过小。

考虑到净跨与梁高的比值小于4的梁，作用剪力与作用弯矩的比值偏高，适应较大塑性变形的能力较差，因此，对框架梁的跨高比作了限制。

11.3.6 本规范在非抗震和抗震框架梁纵向受拉钢筋最小配筋率的取值上统一取用双控方案，即一方面规定具体数值，另一方面使用与混凝土抗拉强度设计值和钢筋抗拉强度设计值相关的特征值参数进行控制。本条规定的数值是在非抗震受弯构件规定数值的基础上，参考国外经验制定的，并按纵向受拉钢筋在梁中的不同位置和不同抗震等级分别给出了最小配筋率的相应控制值。这些取值高于非抗震受弯构件的取值。

本条还给出了梁端箍筋加密区内底部纵向钢筋和顶部纵向钢筋的面积比最小取值。通过这一规定对底部纵向钢筋的最低用量进行控制，一方面是考虑到地震作用的随机性，在按计算梁端不出现正弯矩或出现较小正弯矩的情况下，有可能在较强地震下出现偏大的正弯矩。故需在底部正弯矩受拉钢筋用量上给以一定储备，以免下部钢筋的过早屈服甚至拉断。另一方面，提高梁端底部纵向钢筋的数量，也有助于改善梁端塑性铰区在负弯矩作用下的延性性能。本条梁底部钢筋限值的规定是根据我国的试验结果及设计经验并参考国外规范确定的。

框架梁的抗震设计除应满足计算要求外，梁端塑性铰区箍筋的构造要求极其重要，它是保证该塑性铰区延性能力的基本构造措施。本规范对梁端箍筋加密区长度、箍筋最大间距和箍筋最小直径的要求作了规定，其目的是从构造上对框架梁塑性铰区的受压混凝土提供约束，并约束纵向受压钢筋，防止它在保护层混凝土剥落后过早压屈，及其后受压区混凝土的随即压溃。

本次修订将梁端纵筋最大配筋率限制不再作为强制性规定，相关规定移至本规范第11.3.7条。

11.3.7～11.3.9 沿梁全长配置一定数量的通长钢筋，是考虑到框架梁在地震作用过程中反弯点位置可能出现的移动。这里"通长"的含义是保证梁各个部位都配置有这部分钢筋，并不意味着不允许这部分钢筋在适当部位设置接头。

此次修订时考虑到梁端箍筋过密，难于施工，对梁箍筋加密区长度内的箍筋肢距规定作了适当放松，且考虑了箍筋直径与肢距的合理搭配，此次修订维持02版规范的规定不变。

沿梁全长箍筋的配筋率 ρ_{sv} 是在非抗震设计要求的基础上适当增大后给出的。

11.4 框架柱及框支柱

11.4.1 由于框架柱中存在轴压力，即使在采取必要的抗震构造措施后，其延性能力通常仍比框架梁偏小；加之框架柱是结构中的重要竖向承重构件，对防

止结构在罕遇地震下的整体或局部倒塌起关键作用，故在抗震设计中通常均需采取"强柱弱梁"措施，即人为增大柱截面的抗弯能力，以减小柱端形成塑性铰的可能性。

在总结 2008 年汶川地震震害经验的基础上，认为有必要对 02 版规范的柱抗弯能力增强措施作相应加强。具体做法是：对 9 度设防烈度的一级抗震等级框架和 9 度以外一级抗震等级的框架结构，要求仅按左、右梁端实际配筋（考虑梁截面受压钢筋及有效板宽范围内与梁平行的板内配筋）和材料强度标准值求得的梁端抗弯能力及相应的增强系数增大柱端弯矩；对于二、三、四级抗震等级的框架结构以及一、二、三、四级抗震等级的其他框架均分别提高了从左、右梁端考虑地震作用的组合弯矩设计值计算柱端弯矩时的增强系数。其中有必要强调的是，在按实际配筋确定梁端抗弯能力时，有效板宽范围与本规范第 11.3.2 条处相同，建议取用每侧 6 倍板厚。

11.4.2 为了减小框架结构底层柱下端截面和框支柱顶层柱上端和底层柱下端截面出现塑性铰的可能性，对此部位柱的弯矩设计值采用直接乘以增强系数的方法，以增大其正截面受弯承载力。本次修订对这些部位使用的增强系数作了与第 11.4.1 条处相呼应的调整。

11.4.3 对于框架柱同样需要通过设计措施防止其在达到罕遇地震对应的变形状态之前过早出现非延性的剪切破坏。为此，一方面应使其抗震受剪承载能力计算公式具有保持抗剪能力达到该变形状态的能力；另一方面应通过对柱截面作用剪力的增强措施考虑柱端截面纵向钢筋数量偏多以及强度偏高有可能带来的作用剪力增大效应。这后一方面的因素也就是柱的"强剪弱弯"措施所要考虑的因素。

本次修订根据与"强柱弱梁"措施处相同的理由，相应适度增大了框架结构柱剪力的增大系数。

在按柱端实际配筋计算柱增强后的作用剪力时，对称配筋矩形截面大偏心受压柱按柱端实际配筋考虑承载力抗震调整系数的正截面受弯承载力 M_{cua}，可按下列公式计算：

由 $\sum x = 0$ 的条件，得出

$$N = \frac{1}{\gamma_{RE}} \alpha_1 f_c bx$$

由 $\sum M = 0$ 的条件，得出

$$Ne = N[\eta_i + 0.5(h_0 - a'_s)]$$
$$= \frac{1}{\gamma_{RE}}[\alpha_1 f_{ck} bx(h_0 - 0.5x) + f_{yk} A^a_s (h_0 - a'_s)]$$

用以上二式消去 x，并取 $h = h_0 + a_s$，$a_s = a'_s$，可得

$$M_{cua} = \frac{1}{\gamma_{RE}}\left[0.5\gamma_{RE} Nh\left(1 - \frac{\gamma_{RE} N}{\alpha_1 f_{ck} bh}\right) + f'_{yk} A^a_s (h_0 - a'_s)\right]$$

式中：N —— 重力荷载代表值产生的柱轴向压力设计值；

f_{ck} —— 混凝土轴心受压强度标准值；

f'_{yk} —— 普通受压钢筋强度标准值；

A^a_s —— 普通受压钢筋实配截面面积。

对其他配筋形式或截面形状的框架柱，其 M_{cua} 值可仿照上述方法确定。

11.4.4 对一、二级抗震等级的框支柱，规定由地震作用引起的附加轴力应乘以增大系数，以使框支柱的轴向承载能力适应因地震作用而可能出现的较大轴力作用情况。

11.4.5 对一、二、三、四级抗震等级的框架角柱，考虑到以往震害中角柱震害相对较重，且受扭转、双向剪切等不利作用，其受力复杂，当其内力计算按两个主轴方向分别考虑地震作用时，其弯矩、剪力设计值应取经调整后的弯矩、剪力设计值再乘以不小于 1.1 的增大系数。

11.4.6 本条规定了框架柱、框支柱的受剪承载力上限值，也就是按受剪要求提出的截面尺寸限制条件，它是在非抗震限制条件基础上考虑反复荷载影响后给出的。

11.4.7 抗震钢筋混凝土框架柱的受剪承载力计算公式需保证柱在框架达到其罕遇地震变形状态时仍不致发生剪切破坏，从而防止在以往多次地震中发现的柱剪切破坏。具体方法仍是将非抗震受剪承载力计算公式中的混凝土项乘以 0.6，箍筋项则保持不变。该公式经试验验证能够达到使柱在强震非弹性变形过程中不形成过早剪切破坏的控制目标。

11.4.8 本条给出了偏心受拉抗震框架柱和框支柱的受剪承载力计算公式。该公式是在非抗震偏心受拉构件受剪承载力计算公式的基础上，通过对混凝土项乘以 0.6 后得出的。由于轴向拉力对抗剪能力起不利作用，故对公式中的轴向拉力项不作折减。

11.4.9、11.4.10 这两条是本次修订新增条文，是在非抗震偏心受压构件双向受剪承载力限制条件和计算公式的基础上，考虑反复荷载影响后得出的。

根据国内在低周反复荷载作用下双向受剪钢混凝土柱的试验结果，对双向受剪承载力计算公式仍采用在非抗震公式的基础上只对混凝土项进行折减，箍筋项则不予折减的做法。这意味着与非抗震情况下的方法相同，考虑到计算方法的简洁，对于两向相关的影响，在双向受剪承载力计算公式中仍采用椭圆模式表达。

11.4.11 2008 年汶川地震震害经验表明，当柱截面选用过小但仍符合 02 版规范要求时，即使按要求完成了抗震设计，由于多种偶然因素影响，结构中的框架柱仍有可能震害偏重。为此，对 02 版规范中框架柱截面尺寸的限制条件从偏安全的角度作了适当调整。

11.4.12 框架柱纵向钢筋最小配筋率是抗震设计中的一项较重要的构造措施。其主要作用是：考虑到实际地震作用在大小及作用方式上的随机性，经计算确定的配筋数量仍可能在结构中造成某些估计不到的薄弱构件或薄弱截面；通过纵向钢筋最小配筋率规定可以对这些薄弱部位进行补救，以提高结构整体地震反应能力的可靠性；此外，与非抗震情况相同，纵向钢筋最小配筋率同样可以保证柱截面开裂后抗弯刚度不致削弱过多；另外，最小配筋率还可以使设防烈度不高地区一部分框架柱的抗弯能力在"强柱弱梁"措施基础上有进一步提高，这也相当于对"强柱弱梁"措施的某种补充。考虑到推广应用高强钢筋以及适当提高安全度的需要，表 11.4.12-1 中的纵向钢筋最小配筋率值与 02 版规范相比有所提高，但采用 335MPa级钢筋仍保留了 02 版规范的控制水平未变。

本次修订根据工程经验对柱箍筋间距的规定作了局部调整，以利于保证混凝土的施工质量。

11.4.13 当框架柱在地震作用组合下处于小偏心受拉状态时，柱的纵筋总截面面积应比计算值增加25%，是为了避免柱的受拉纵筋屈服后再受压时，由于包兴格效应导致纵筋压屈。

为了避免纵筋配置过多，施工不便，对框架柱的全部纵向受力钢筋配筋率作了限制。

柱净高与截面高度的比值为 3～4 的短柱试验表明，此类框架柱易发生粘结型剪切破坏和对角斜拉型剪切破坏。为减少这种破坏，这类柱纵向钢筋配筋率不宜过大。为此，对一级抗震等级且剪跨比不大于 2的框架柱，规定每侧纵向受拉钢筋配筋率不宜大于1.2%，并应沿柱全长采用复合箍筋。对其他抗震等级虽未作此规定，但也宜适当控制。

11.4.14、11.4.15 框架柱端箍筋加密区长度的规定是根据试验结果及震害经验作出的。该长度相当于柱端潜在塑性铰区的范围再加一定的安全余量。对箍筋肢距作出的限制是为了保证塑性铰区内箍筋对混凝土和受压纵筋的有效约束。

11.4.16 试验研究表明，受压构件的位移延性随轴压比增加而减小，因此对设计轴压比上限进行控制就成为保证框架柱和框支柱具有必要延性的重要措施之一。为满足不同结构类型框架柱、框支柱在地震作用组合下的位移延性要求，本条规定了不同结构体系中框架柱设计轴压比的上限值。此次修订对设计轴压比上限值的规定作了以下调整：

1 将设计轴压比上限值的规定扩展到四级抗震等级；

2 根据 2008 年汶川地震的震害经验，适度加严了框架结构的设计轴压比限值；

3 框架-剪力墙结构和筒体结构主要依靠剪力墙和内筒承受水平地震作用，其中框架部分，特别是中、下层框架，受水平地震作用的影响相对较轻。本

次修订在保持 02 版规范对其设计轴压比给出比框架结构柱偏松的控制条件的同时，对其中个别取值作了调整。

近年来，国内外试验研究结果表明，采用螺旋箍筋、连续复合矩形螺旋箍筋等配筋方式，能在一般复合箍筋的基础上进一步提高对核心混凝土的约束效应，改善柱的位移延性性能，故规定当配置复合箍筋、螺旋箍筋或连续复合矩形螺旋箍筋，且配箍量达到一定程度时，允许适当放宽柱设计轴压比的上限控制条件。同时，国内研究表明，在钢筋混凝土柱中设置矩形核芯柱不仅能提高柱的受压承载力，也可提高柱的位移延性，且有利于在大变形情况下防止倒塌，类似于型钢混凝土结构中型钢的作用。因此，在设置矩形核芯柱，且核芯柱的纵向钢筋配置数量达到一定要求的情况下，也适当放宽了设计轴压比的上限控制条件。在放宽轴压比上限控制条件后，箍筋加密区的最小体积配箍率应按放松后的设计轴压比确定。

11.4.17 在柱端箍筋加密区内配置一定数量的箍筋（用体积配箍率衡量）是使柱具有必要的延性和塑性耗能能力的另一项重要措施。因抗震等级越高，抗震性能要求相应提高；加之轴压比越高，混凝土强度越高，也需要更高的配箍率，方能达到相同的延性；而箍筋强度越高，配箍率则可相应降低。为此，先根据抗震等级及轴压比给出所需的柱端配箍特征值，再经配箍特征值及混凝土与钢筋的强度设计值算得所需的体积配箍率。02 版规范给出的配箍特征值是根据日本及我国完成的钢筋混凝土柱抗震延性性能系列试验按位移延性系数不低于 3.0 的标准给出的。

虽然 2008 年汶川地震中柱端破坏情况多有发现，但规范修订组经研究，拟主要通过适度的柱抗弯能力增强措施（"强柱弱梁"措施）和适度降低框架结构柱轴压比上限条件来进一步改善框架结构柱的抗震性能。对 02 版规范柱端体积配箍率的规定则不作变动。

需要说明的是，因《建筑抗震设计规范》GB50011 规定，对 6 度设防烈度的一般建筑可不进行考虑地震作用的结构分析和截面抗震验算，在按第11.4.16 条及本条确定其轴压比时，轴压力可取为无地震作用组合的轴力设计值，对于 6 度设防烈度，建造于Ⅳ类场地上较高的高层建筑，因需进行考虑地震作用的结构分析，故应采用考虑地震作用组合的轴向力设计值。

另外，当计算箍筋的体积配箍率时，各强度等级箍筋应分别采用其强度设计值，根据本规范第 4.2.3条的表述，其抗拉强度设计值不受 360MPa 的限制。

11.4.18 本条规定了考虑地震作用框架柱箍筋非加密区的箍筋配置要求。

11.5 铰接排架柱

11.5.1、11.5.2 国内地震震害调查表明，单层厂房

屋架或屋面梁与柱连接的柱顶和高低跨厂房交接处支承低跨屋盖的柱牛腿损坏较多，阶形柱上柱的震害往往发生在上下柱变截面处（上柱根部）和与吊车梁上翼缘连接的部位。为了避免排架柱在上述区段内产生剪切破坏并使排架柱在形成塑性铰后有足够的延性，这些区段内的箍筋应加密。按此构造配箍后，铰接排架柱在一般情况下可不进行受剪承载力计算。

根据排架结构的受力特点，对排架结构柱不需要考虑"强柱弱梁"措施和"强剪弱弯"措施。在设有工作平台等特殊情况下，斜截面受剪承载力可能对剪跨比较小的铰接排架柱起控制作用。此时，可按本规范公式（11.4.7）进行抗震受剪承载力计算。

11.5.3 震害调查表明，排架柱柱头损坏最多的是侧向变形受到限制的柱，如靠近生活间或披屋的柱，或有横隔墙的柱。这种情况改变了柱的侧移刚度，使柱头处于短柱的受力状态。由于该柱的侧移刚度大于相邻各柱，当受水平地震作用的屋盖发生整体侧移时，该柱实际上承受了比相邻各柱大得多的水平剪力，使柱顶产生剪切破坏。对屋架与柱顶连接节点进行的抗震性能的试验结果表明，不同的柱顶连接形式仅对节点的延性产生影响，不影响柱头本身的受剪承载力；柱顶预埋钢板的大小和其在柱顶的位置对柱头的水平承载力有一定影响。当预埋钢板长度与柱截面高度相等时，水平受剪承载力大约是柱顶预埋钢板长度为柱截面高度一半时的 1.65 倍。故在条文中规定了柱顶预埋钢板长度和直锚筋的要求。试验结果还表明，沿水平剪力方向的轴向力偏心距对受剪承载力亦有影响，要求不得大于 $h/4$。当 $h/6 \leqslant e_0 \leqslant h/4$ 时，一般要求柱头配置四肢箍，并按不同的抗震等级，规定不同的体积配箍率，以此来满足受剪承载力要求。

11.5.4 不等高厂房支承低跨屋盖的柱牛腿（柱肩梁）亦是震害较重的部位之一，最常见的是支承低跨的牛腿（肩梁）被拉裂。试验结果与工程实践均证明，为了改善牛腿和肩梁抵抗水平地震作用的能力，可在其顶面钢垫板下设水平锚筋，直接承受并传递水平力。承受竖向力所需的纵向受拉钢筋和承受水平拉力的水平锚筋的截面面积，仍按公式（9.3.11）计算。其锚固长度及锚固构造仍按本规范第 9.3 节的规定取用，但其中应以受拉钢筋的抗震锚固长度 l_{aE} 代替 l_a。

11.5.5 为加强柱牛腿预埋板的锚固，要把相当于承受水平拉力的纵向钢筋与预埋板焊连。

11.6 框架梁柱节点

11.6.1、11.6.2 02 版规范规定对三、四级抗震等级的框架节点可不进行受剪承载力验算，仅需满足抗震构造措施的要求。根据近几年进行的框架结构的非线性动力反应分析结果以及对框架结构的震害调查表明，对于三级抗震等级的框架节点，仅满足抗震构造

措施的要求略显不足。因此，本次修订增加了对三级抗震等级框架节点受剪承载力的验算要求，同时要求满足相应抗震构造措施。

对节点剪力增大系数作了部分调整，即将二级抗震等级的 1.2 调整为 1.25，三级抗震等级节点需要进行抗震受剪承载力计算后，增大系数取为 1.1。

11.6.3~11.6.6 节点截面的限制条件相当于其抗震受剪承载力的上限。这意味着当考虑了增大系数后的节点作用剪力超过其截面限制条件时，再增大箍筋已无法进一步有效提高节点的受剪承载力。

框架节点的受剪承载力由混凝土斜压杆和水平箍筋两部分受剪承载力组成，其中水平箍筋是通过其对节点区混凝土斜压杆的约束效应来增强节点受剪承载力的。

依据试验结果，节点核心区内混凝土斜压杆截面面积虽然可随柱端轴力的增加而稍有增加，使得在作用剪力较小时，柱轴压力的增大对防止节点的开裂和提高节点的抗震受剪承载力起一定的有利作用；但当节点作用剪力较大时，因核心区混凝土斜向压应力已经较高，轴压力的增大反会使节点更早发生混凝土斜压型剪切破坏，从而削弱节点的抗震受剪承载力。02 版规范考虑这一因素后已在 9 度设防烈度节点受剪承载力计算公式中取消了轴压力的有利影响。但为了不致使节点中箍筋用量增加过多，在除 9 度设防烈度以外的其他节点受剪承载力计算公式中，保留了轴力项的有利影响。这一做法与试验结果不符，只是一种权宜性的做法。

试验证明，当节点在两个正交方向有梁且在周边有现浇板时，梁和现浇板增加了对节点区混凝土的约束，从而可以在一定程度上提高节点的受剪承载力。但若两个方向的梁截面较小，或不是沿四周均有现浇板，则其约束作用就不明显。因此，规定在两个正交方向有梁，梁的宽度、高度都能满足一定要求，且有现浇板时，才可考虑梁与现浇板对节点的约束系数。对于梁截面较小或只沿一个方向有梁的中节点，或周边未被现浇板充分围绕的中节点，以及边节点、角节点等情况均不考虑梁对节点约束的有利影响。

根据国内试验结果，参考圆柱斜截面受剪承载力计算公式的建立模型，对圆柱截面框架节点提出了受剪承载力计算方法。

11.6.7 在本条规定中，对各类有抗震要求节点的构造措施作了以下调整：

1 对贯穿中间层中间节点梁筋直径与长度比值（相对直径）的限制条件，02 规范主要是根据梁、柱配置 335MPa 级纵向钢筋的节点试验结果并参考国外规范的相关规定从不致给设计中选用梁筋直径造成过大限制的偏松角度制定的。为方便应用，原规定没有体现钢筋强度及混凝土强度对梁筋粘结性能的影响，仅限制了贯穿节点梁筋的相对直径。当梁柱纵筋采用

400MPa级和500MPa级钢筋后，反复荷载作用下的节点试验表明，梁筋的粘结退化将明显提前、加重。为保证高烈度区罕遇地震作用下使用高强钢筋的节点中梁筋粘结性能不致过度退化，本次修订将9度设防烈度的各类框架和一级抗震等级框架结构中的梁柱节点中梁筋相对直径的限制条件作了略偏严格的调整。

2 近几年进行的框架结构非线性动力反应分析表明，顶层节点的延性需求通常比中间层节点偏小。框架震害结果也显示出顶层的震害一般比其他楼层的震害偏轻。为便于施工，在本次修订中，取消了原规范第11.6.7条第2款图11.6.7e中顶层端节点梁柱负弯矩钢筋在节点外侧搭接时柱筋在节点顶部向内水平弯折12d的要求，改为梁柱负弯矩钢筋在节点外侧直线搭接。

11.6.8 本条对节点核心区的箍筋最大间距和最小直径作了规定。本次修订增加了对节点箍筋肢距的规定。同时，通过箍筋最小配箍特征值及最小体积配箍率以双控方式控制节点中的最低箍筋用量，以保证箍筋对核心区混凝土的最低约束作用和节点的基本抗震受剪承载力。

11.7 剪力墙及连梁

11.7.1 根据研究成果和地震震害经验，本条规定一级抗震等级剪力墙底部加强部位高度范围内各墙肢截面的弯矩设计值不再取用墙肢底部截面的组合弯矩设计值。由于从剪力墙底部截面向上的纵向受拉钢筋中高应力区向整个塑性铰区高度的扩展，也导致塑性铰区以上墙肢各截面的作用弯矩相应有所增大，故本条规定对底部加强部位以上墙肢各截面的组合弯矩设计值乘以1.2的增大系数。弯矩调整增大后，剪力设计值应相应提高。

11.7.2 对于剪力墙肢底部截面同样需要考虑"强剪弱弯"的要求，即对其作用剪力设计值通过增强系数予以增大。对于9度设防烈度的剪力墙墙肢要求按底部截面纵向钢筋实际配置情况确定作用剪力的增大幅度，具体做法是用底部截面的"实配弯矩"M_{wua}与该截面的组合弯矩设计值的比值与一个增强系数的乘积来增大作用剪力设计值。其中M_{wua}按材料强度的标准值及底部截面纵向钢筋实际布置的位置和数量计算。

11.7.3 国内外剪力墙的受剪承载力试验结果表明，剪跨比λ大于2.5时，大部分墙的受剪承载力上限接近于$0.25f_cbh_0$；在反复荷载作用下，其受剪承载力上限下降约20%。据此给出了抗震剪力墙肢的受剪承载力上限值。

11.7.4 剪力墙的反复和单调加载受剪承载力对比试验表明，反复加载时的受剪承载力比单调加载时降低约15%～20%。因此，将非抗震受剪承载力计算公式中各个组成项均乘以降低系数0.8，作为抗震偏

心受压剪力墙肢的斜截面受剪承载力计算公式。鉴于对高轴压力作用下的受剪承载力尚缺乏试验研究，公式中对轴压力的有利作用给予了必要的限制，即不超过$0.2f_cbh$。

11.7.5 对偏心受拉剪力墙的受剪承载力未做过试验研究。本条根据其受力特征，参照一般偏心受拉构件的受剪性能规律及偏心受压剪力墙的受剪承载力计算公式，给出了偏心受拉剪力墙的受剪承载力计算公式。

11.7.6 水平施工缝处的竖向钢筋配置数量需满足受剪要求。根据剪力墙水平缝剪摩擦理论以及对剪力墙施工缝滑移问题的试验研究，并参照国外有关规范的规定提出本条的要求。

11.7.7 剪力墙及筒体的洞口连梁因跨度通常不大，竖向荷载相对偏小，主要承受水平地震产生的弯矩和剪力。其中，弯矩作用的反弯点位于跨中，各截面所受的剪力基本相等。在地震反复作用下，连梁通常采用上、下纵向钢筋用量基本相等的配筋方式，在受弯承载力极限状态下，梁截面的受压区高度很小，如忽略截面中纵向构造钢筋的作用，正截面受弯承载力计算时截面的内力臂可近似取为截面有效高度h_0与a_s'的差值。在设置有斜筋的连梁中，受弯承载力中应考虑穿过连梁端截面顶部和底部的斜向钢筋在梁端截面中的水平分量的抗弯作用。

11.7.8 为了实现强剪弱弯，使连梁具有一定的延性，对于普通配筋连梁给出了连梁剪力设计值的增大系数。对于配置斜筋的连梁，由于斜筋的水平分量会提高梁的抗弯能力，而竖向分量会提高梁的抗剪能力，因此对配置斜筋的连梁，不能通过增加斜筋数量单纯提高梁的抗剪能力，形成强剪弱弯。考虑到满足本规范第11.7.10条规定的连梁已具有必要的延性，故对这几种配置斜筋连梁的剪力增大系数。可取为1.0。

11.7.9～11.7.11 02版规范缺少对跨高比小于2.5的剪力墙连梁抗震受剪承载力设计的具体规定。目前在进行小跨高比剪力墙连梁的抗震设计中，为防止连梁过早发生剪切破坏，通常在进行结构内力分析时，采用较大幅度地折减连梁的刚度以降低连梁的作用剪力。近年来对混凝土剪力墙结构的非线性动力反应分析以及对小跨高比连梁的抗震受剪性能试验表明，较大幅度人为折减连梁刚度的做法将导致地震作用下连梁过早屈服，延性需求增大，并且仍不能避免发生延性不足的剪切破坏。国内外进行的连梁抗震受剪性能试验表明，通过改变小跨高比连梁的配筋方式，可在不降低或有限降低连梁相对作用剪力（即不折减或有限折减连梁刚度）的条件下提高连梁的延性，使该类连梁发生剪切破坏时，其延性能力能够达到地震作用时剪力墙对连梁的延性需求。在对试验结果及相关成果进行分析研究的基础上，本次规范修订补充了跨高

比小于 2.5 的连梁的抗震受剪设计规定。

跨高比小于 2.5 时的连梁抗震受剪试验结果表明，采取不同的配筋方式，连梁达到所需延性时能承受的最大剪压比是不同的。本次修订增加了跨高比小于 2.5 适用于两个剪压比水平的 3 种不同配筋形式连梁各自的配筋计算公式和构造措施。其中配置普通箍筋连梁的设计规定是参考我国现行行业标准《高层建筑混凝土结构技术规程》JGJ 3 的相关规定和国内外的试验结果得出的；交叉斜筋配筋连梁的设计规定是根据近年来国内外试验结果及分析得出的；集中对角斜筋配筋连梁和对角暗撑配筋连梁是参考美国 ACI 318-08 规范的相关规定和国内外进行的试验结果给出的。国内外各种配筋形式连梁的试验结果表明，发生破坏时连梁位移延性指标，能够达到非线性地震反应分析时结构对连梁的延性需求，设计时可根据连梁的适应条件以及连梁宽度等要求选择相应的配筋形式和设计方法。

11.7.12 为保证剪力墙的承载力和侧向（平面外）稳定要求，给出了各种结构体系剪力墙肢截面厚度的规定。与 02 版规范相比，本次修订根据近年来的工程经验对各类结构中剪力墙的最小厚度规定作了进一步的细化和局部调整。

因端部无端柱或翼墙的剪力墙与端部有端柱或翼墙的剪力墙相比，其正截面受力性能、变形能力以及端部侧向稳定性能均有一定降低。试验表明，极限位移将减小一半左右，耗能能力将降低 20% 左右。故适当加大了一、二级抗震等级墙端无端柱或翼墙的剪力墙的最小墙厚。

本次修订，对剪力墙最小厚度除具体尺寸要求外，还给出了用层高或无支长度的分数表示的厚度要求。其中，无支长度是指墙肢沿水平方向上无支撑约束的最大长度。

11.7.13 为了提高剪力墙侧向稳定和受弯承载力，规定了剪力墙厚度大于 140mm 时，应配置双排或多排钢筋。

11.7.14 根据试验研究和设计经验，并参考国外有关规范的规定，按不同的结构体系和不同的抗震等级规定了水平和竖向分布钢筋的最小配筋率的限值。

美国 ACI 318 规定，当抗震结构墙的设计剪力小于 $A_{cv}\sqrt{f_c'}$（A_{cv} 为腹板截面面积，f_c' 为混凝土的规定抗压强度，该设计剪力对应的剪压比小于 0.02）时，腹板的竖向分布钢筋允许降到同非抗震的要求。因此，本次修订，四级抗震墙的剪压比低于上述数值时，竖向分布筋允许按不小于 0.15% 控制。

11.7.15 给出了剪力墙分布钢筋最大间距、最大直径和最小直径的规定。

11.7.16 ～11.7.19 剪力墙肢和筒壁墙肢的底部在罕遇地震作用下有可能进入屈服后变形状态。该部位也是防止剪力墙结构、框架-剪力墙结构和筒体结构

在罕遇地震作用下发生倒塌的关键部位。为了保证该部位的抗震延性能力和塑性耗能能力，通常采用的抗震构造措施包括：（1）对一、二、三级抗震等级的剪力墙肢和筒壁墙肢的轴压比进行限制；（2）对一、二、三级抗震等级的剪力墙肢和筒壁墙肢，当底部轴压比超过一定限值后，在墙肢或筒壁墙肢两侧设置约束边缘构件，同时对约束边缘构件中纵向钢筋的最低配置数量以及约束边缘构件范围内箍筋的最低配置数量作出限制。

设计中应注意，表 11.7.16 中的轴压比限值是一、二、三级抗震等级的剪力墙肢和筒壁墙肢应满足的基本要求。而表 11.7.17 中的"最大轴压比"则是在剪力墙肢和筒壁墙肢底部设置约束边缘构件的必要条件。

对剪力墙肢和筒壁墙肢底部约束边缘构件中纵向钢筋最低数量作出规定，除为了保证剪力墙肢和筒壁墙肢底部所需的延性和塑性耗能能力之外，也是为了对剪力墙肢和筒壁墙肢底部的抗弯能力作必要的加强，以便在联肢剪力墙和联肢筒壁墙肢中使塑性铰首先在各层洞口连梁中形成，而使剪力墙肢和筒壁墙肢底部的塑性铰推迟形成。

本次修订提高了三级抗震等级剪力墙的设计要求。

11.8 预应力混凝土结构构件

11.8.1 多年来的抗震性能研究以及震害调查证明，预应力混凝土结构只要设计得当，重视概念设计，采用预应力筋和普通钢筋混合配筋的方式、设计为在活荷载作用下允许出现裂缝的部分预应力混凝土，采取保证延性的措施，构造合理，仍可获得较好的抗震性能。考虑到 9 度设防烈度地区地震反应强烈，对预应力混凝土结构的使用应慎重对待。故当 9 度设防烈度地区需要采用预应力混凝土结构时，应专门进行试验或分析研究，采取保证结构具有必要延性的有效措施。

11.8.3 研究表明，预应力混凝土框架结构在弹性阶段阻尼比约为 0.03，当出现裂缝后，在弹塑性阶段可取与钢筋混凝土相同的阻尼比 0.05；在框架-剪力墙、框架-核心筒或板柱-剪力墙结构中，对仅采用预应力混凝土梁或平板的情况，其阻尼比仍应取 0.05 进行抗震设计。

预应力混凝土结构构件的地震作用效应和其他荷载效应的基本组合主要按照现行国家标准《建筑抗震设计规范》GB 50011 的有关规定确定，并加入了预应力作用效应项，预应力作用分项系数是参考国内外有关规范作出规定的。

由于预应力对节点的侧向约束作用，使节点混凝土处于双向受压状态，不仅可以提高节点的开裂荷载，也可提高节点的受剪承载力。国内试验资料表

明，在考虑反复荷载使有效预应力降低后，可取预应力作用的承剪力 $V_p = 0.4N_{pe}$，式中 N_{pe} 为作用在节点核心区预应力筋的总有效预加力。

11.8.4 框架梁是框架结构的主要承重构件之一，应保证其必要的承载力和延性。

试验研究表明，为保证预应力混凝土框架梁的延性要求，应对梁的混凝土截面相对受压区高度作一定的限制。当允许配置受压钢筋平衡部分纵向受拉钢筋以减小混凝土受压区高度时，考虑到截面受拉区配筋过多会引起梁端截面中较大的剪力，以及钢筋拥挤不方便施工的原因，故对纵向受拉钢筋的配筋率作出不宜大于 2.5% 的限制。

采用有粘结预应力筋和普通钢筋混合配筋的部分预应力混凝土是提高结构抗震耗能能力的有效途径之一。但预应力筋的拉力与预应力筋及普通钢筋拉力之和的比值要结合工程具体条件，全面考虑使用阶段和抗震性能两方面要求。从使用阶段看，该比值大一些好；从抗震角度，其值不宜过大。为使梁的抗震性能与使用性能较为协调，按工程经验和试验研究该比值不宜大于 0.75。本规范公式（11.8.4）对普通钢筋数量的要求，是按该限值并考虑预应力筋及普通钢筋重心离截面受压区边缘纤维距离 h_p、h_s 的影响得出的。本条要求是在相对受压区高度、配箍率、钢筋面积 A_s、A_s' 等得到满足的情况下得出的。

梁端箍筋加密区内，底部纵向普通钢筋和顶部纵向受力钢筋的截面面积应符合一定的比例，其理由及规定同钢筋混凝土框架。

考虑地震作用组合的预应力混凝土框架柱，可等效为承受预应力作用的非预应力偏心受压构件，在计算中将预应力作用按总有效预加力表示，并乘以预应力分项系数 1.2，故预应力作用引起的轴压力设计值为 $1.2N_{pe}$。

对于承受较大弯矩而轴向压力较小的框架顶层边柱，可以按预应力混凝土梁设计，采用非对称配筋的预应力混凝土柱，弯矩较大截面的受拉一侧采用预应力筋和普通钢筋混合配筋，另一侧仅配普通钢筋，并应符合一定的配筋构造要求。

11.9　板柱节点

11.9.2 关于柱帽可否在地震区应用，国外有试验及分析研究认为，若抵抗竖向冲切荷载设计的柱帽较小，在地震荷载作用下，较大的不平衡弯矩将在柱帽附近产生反向的冲切裂缝。因此，按竖向冲切荷载设计的小柱帽或平托板不宜在地震区采用。按柱纵向钢筋直径 16 倍控制板厚是为了保证板柱节点的抗弯刚度。本规范给出了平托板或柱帽按抗震设计的边长及板厚要求。

11.9.3、11.9.4 根据分析研究及工程实践经验，对一级、二级和三级抗震等级板柱节点，分别给出由

地震作用组合所产生不平衡弯矩的增大系数，以及板柱节点配置抗冲切钢筋，如箍筋、抗剪栓钉等受冲切承载力计算方法。对板柱-剪力墙结构，除在板柱节点处的板中配置抗冲切钢筋外，也可采用增加板厚、增加结构侧向刚度来减小层间位移角等措施，以避免板柱节点发生冲切破坏。

11.9.5、11.9.6 强调在板柱的柱上板带中宜设置暗梁，并给出暗梁的配筋构造要求。为了有效地传递不平衡弯矩，板柱节点除满足受冲切承载力要求外，其连接构造亦十分重要，设计中应给予充分重视。

公式（11.9.6）是为了防止在极限状态下楼板塑性变形充分发育时从柱上脱落，要求两个方向贯通柱截面的后张预应力筋及板底普通钢筋受拉承载力之和不小于该层柱承担的楼板重力荷载代表值作用下的柱轴压力设计值。对于边柱和角柱，贯通钢筋在柱截面对边弯折锚固时，在计算中应只取其截面面积的一半。

附录A　钢筋的公称直径、公称截面面积及理论重量

表 A.0.1 普通钢筋和预应力螺纹钢筋的公称直径是指与其公称截面面积相等的圆的直径。光面钢筋的公称截面面积与承载受力面积相同；而带肋钢筋承载受力的截面面积小于按理论重量计算的截面面积，基圆面积率约为 0.94。而预应力螺纹钢筋的有关数值也不完全对应，故在表中以括号及注另行表达。必要时，尚应考虑基圆面积率的影响。

表 A.0.2 本规范将钢绞线外接圆直径称作公称直径；而公称截面面积即现行国家标准《预应力混凝土用钢绞线》GB/T 5224 中的"参考截面面积"。由于捻绞松紧程度的不同，其值可能有波动，工程应用时如果有必要，可以根据实测确定。

表 A.0.3 钢丝的公称直径、公称截面面积及理论重量之间的关系与普通钢筋相似，但基圆面积率较大，约为 0.97。

附录B　近似计算偏压构件侧移二阶效应的增大系数法

B.0.1 根据本规范第 5.3.4 条的规定，必要时，也可以采用本附录给出的增大系数法来考虑各类结构中的 P-Δ 效应。根据结构中二阶效应的基本规律，P-Δ 效应只会增大由引起结构侧移的荷载或作用所产生的构件内力，而不增大由不引起结构侧移的荷载（例如较为对称结构上作用的对称竖向荷载）所产生的构件内力。因此，在计算 P-Δ 效应增大后的杆件弯矩时，

公式（B.0.1-1）中的 η_s 应只乘 M_s。

因 $P\text{-}\Delta$ 效应既增大竖向构件中引起结构侧移的弯矩，同时也增大水平构件中引起结构侧移的弯矩，因此公式（B.0.1-1）同样适用于梁端控制截面的弯矩计算。另外，根据本规范第 11.4.1 条的规定，抗震框架各节点处柱端弯矩之和 ΣM_c 应根据同一节点处的梁端弯矩之和 ΣM_b 进行增大，因此，按公式（B.0.1-1）用 η_s 增大梁端引起结构侧移的弯矩，也能使 $P\text{-}\Delta$ 效应的影响在 ΣM_b 和增大后的 ΣM_c 中保留下来。

B.0.2 本条对框架结构的 η_s 采用层增大系数法计算，各楼层计算出的 η_s 分别适用于该楼层的所有柱段。该方法直接引自《高层建筑混凝土结构技术规程》JGJ 3-2002。当用 η_s 按公式（B.0.1-1）增大柱端及梁端弯矩时，公式（B.0.2）中的楼层侧向刚度 D 应按第 B.0.5 条给出的构件折减刚度计算。

B.0.3 剪力墙结构、框架-剪力墙结构和筒体结构中的 η_s 用整体增大系数法计算。用该方法算得的 η_s 适用于该结构全部的竖向构件。该方法直接引自《高层建筑混凝土结构技术规程》JGJ 3-2002。当用 η_s 按公式（B.0.1-1）增大柱端、墙肢端部和梁端弯矩时，应采用按第 B.0.5 条给出的构件折减刚度计算公式（B.0.3）中的等效竖向悬臂受弯构件的弯曲刚度 E_cJ_d。

B.0.4 排架结构，特别是工业厂房排架结构的荷载作用复杂，其二阶效应规律有待详细探讨。到目前为止国内已完成的分析研究工作尚不足以提出更为合理的考虑二阶效应的设计方法，故继续沿用 02 版规范中的 $\eta\text{-}l_0$ 法考虑排架结构的 $P\text{-}\Delta$ 效应。其中，就工业厂房排架结构而言，除屋盖重力荷载外的其他各项荷载都将使排架产生侧移，同时也为了计算方便，故在该方法中采用将增大系数 η_s 统乘排架柱各截面组合弯矩的近似做法，即取 $M=\eta_s(M_{ns}+M_s)=\eta_s M_0$。另外，在排架结构所用的 η_s 计算公式中考虑到：（1）目前所用钢材的强度水平普遍有所提高；（2）引起排架柱各截面弯矩的各项荷载中，大部分均属短期作用，故不再考虑引起极限曲率增长的长期作用影响系数；故将 02 版规范 η 公式中的 1/1400 改为 1/1500。基于与第 6.2.4 条相同的理由，取消了 02 版规范 η 公式中的系数 ζ_2。

B.0.5 细长钢筋混凝土偏心压杆考虑二阶效应影响的受力状态大致对应于受拉钢筋屈服后不久的非弹性受力状态。因此，在考虑二阶效应的结构分析中，结构内各类构件的受力状态也应与此相呼应。钢筋混凝土结构在这类受力状态下由于受拉区开裂以及其他非弹性性能的发展，从而导致构件截面弯曲刚度降低。由于各类构件沿长度方向各截面所受弯矩的大小不同，非弹性性能的发展特征也各有不同，这导致了构件弯曲刚度的降低规律较为复杂。为了便于工程应

用，通常是通过考虑非弹性性能的结构分析，并参考试验结果，按结构非弹性侧向位移相等的原则，给出按构件类型的统一当量刚度折减系数（弹性刚度中的截面惯性矩仍按不考虑钢筋的混凝土毛截面计算）。本条给出的刚度折减系数是以我国完成的结构及构件非弹性性能模拟分析结果和试验结果为依据的，与国外规范给出的相应数值相近。

附录 C 钢筋、混凝土本构关系与混凝土多轴强度准则

本附录的内容与原规范基本相同，仅在混凝土一维本构关系中引入了损伤概念，并新增了混凝土的二维本构关系以及钢筋-混凝土之间的粘结-滑移本构关系。

本附录用于混凝土结构的弹塑性分析和结构的承载力验算。

C.1 钢筋本构关系

C.1.1 钢筋强度的平均值主要用于弹塑性分析时的本构关系，宜实测确定。本条文给出了基于统计的建议值。在 89 规范和 02 规范，钢筋强度参数采用的都是 20 世纪 80 年代的统计数据，当时统计的主要对象是 HPB235、HRB335 钢筋，表 1 中为上述钢筋强度的变异系数。2008～2010 年对全国 HRB335、HRB400 和 HRB500 钢筋强度参数进行了统计分析，与 20 世纪 80 年代的统计结果相比，钢筋强度的变异系数略有减小，但考虑新统计数据有限，且缺少 HRBF、RRB 和 HRB-E、HRBF-E 系列钢筋的统计数据，本规范可参考表 1 的数值确定。

表 1 热轧带肋钢筋强度的变异系数 δ_s（%）

强度等级	HPB235	HRB335
δ_s	8.95	7.43

C.1.2 钢筋单调加载的应力-应变本构关系曲线采用由双折线段或三折线组成，在没有实验数据时，可根据本规范第 4.2.4 条取 $\varepsilon_u=\delta_{gt}$。

C.1.3 新增了钢筋在反复荷载作用下的本构关系曲线，建议钢筋卸载曲线为直线，并给出了钢筋反向再加载曲线的表达式。

C.2 混凝土本构关系

C.2.1 混凝土强度的平均值主要用于弹塑性分析时的本构关系，宜实测确定。本条给出了基于统计的建议值。在 89 规范和 02 规范中，混凝土强度参数采用的都是 20 世纪 80 年代的统计数据，表 2 中数值为 20 世纪 80 年代以现场搅拌为主的混凝土的变异系数。目前全国普遍采用的都是商品混凝土。2008～2010

年对全国商品混凝土参数进行了统计，结果表明，与20世纪80年代统计的现场搅拌混凝土相比，目前普遍采用的商品混凝土的变异系数略有减小，但因统计数据有限，本规范可参考表2中的数值采用。

表2　混凝土强度的变异系数 δ_c（%）

强度等级	C15	C20	C25	C30	C35	C40	C45	C50	C60
δ_c	23.3	20.6	18.9	17.2	16.4	15.6	15.6	14.9	14.1

C.2.2　现有混凝土的强度和应力-应变本构关系大都是基于正常环境下的短期试验结果。若结构混凝土的材料种类、环境和受力条件等与标准试验条件相差悬殊，则其强度和本构关系都将发生不同程度的变化。例如，采用轻混凝土或重混凝土、全级配或大骨料的大体积混凝土、龄期变化、高温、截面非均匀受力、荷载长期持续作用、快速加载或冲击荷载作用等情况，均应自行试验测定，或参考有关文献作相应的修正。

C.2.3　混凝土单轴受拉的本构关系，原则上采用02版规范附录C的基本表达式与建议参数。根据近期相关的研究工作，给出了与之等效的损伤本构关系表述，以便与二维本构关系相协调。

修订后的混凝土单轴受拉应力-应变曲线分作上升段和下降段，二者在峰值点处连续。在原规范基础上引入了混凝土单轴受拉损伤参数。与原规范附录相似，曲线方程中引入形状参数，可适合不同强度等级混凝土的曲线形状变化。

表C.2.3中的参数按以下公式计算取值：

$$\varepsilon_{t,r} = f_{t,r}^{0.54} \times 65 \times 10^{-6}$$

$$\alpha_t = 0.312 f_{t,r}^2$$

C.2.4　混凝土单轴受压本构关系，对原规范的上升段进行了修订，下降段在本质上与原规范表达式等价。为与二维本构关系相一致，根据近期相关的研究工作在表述形式上作了调整。

修订后的混凝土单轴受压应力-应变曲线也分为上升段和下降段，二者在峰值点处连续。表C.2.4相应的参数计算式如下：

$$\varepsilon_{c,r} = (700 + 172\sqrt{f_c}) \times 10^{-6}$$

$$\alpha_c = 0.157 f_c^{0.785} - 0.905$$

$$\frac{\varepsilon_{cu}}{\varepsilon_{c,r}} = \frac{1}{2\alpha_c}(1 + 2\alpha_c + \sqrt{1 + 4\alpha_c})$$

钢筋混凝土结构中混凝土常受到横向和纵向应变梯度、箍筋约束作用、纵筋变形等因素的影响，其应力-应变关系与混凝土棱柱体轴心受压试验结果有差别。可根据构件或结构的力学性能试验结果对混凝土的抗压强度代表值（$f_{c,r}$）、峰值压应变（$\varepsilon_{c,r}$）以及曲线形状参数（α_c）作适当修正。

C.2.5　新增了受压混凝土在重复荷载作用下的应力-应变本构曲线，以反映混凝土滞回、刚度退化及强度退化的特性。为简化表述，卸载段应力路径采用直线

表达方式。

C.2.6　根据近期相关的研究工作，给出了混凝土二维本构关系的表达式，以为混凝土非线性有限元分析提供依据。该本构关系包括了卸载本构方程，实现了一维卸载的残余应变与二维卸载残余应变计算的统一。

C.3　钢筋-混凝土粘结滑移本构关系

修订规范新增了钢筋与混凝土的粘结应力-滑移本构关系，为结构大变形时进行更精确的分析提供了界面的粘结-滑移参数。钢筋与混凝土之间的粘结应力-滑移本构关系适用范围与第C.1节、第C.2节相同。

建议的带肋钢筋与混凝土之间的粘结滑移本构关系是通过大量试验量测，经统计分析后提出的一般形式。影响粘结-滑移本构关系的因素很多，如混凝土的强度、级配，锚固钢筋的直径、强度、变形指标、外形参数，箍筋配置，侧向压力等都会影响粘结-滑移本构关系。因此，在条件许可的情况下，建议通过试验测定表达式中的参数。

C.4　混凝土强度准则

C.4.1　当以应力设计方式采用多轴强度准则进行承载能力极限状态计算时，混凝土强度指标应以相对值形式表达，且可根据需要，对承载力计算取相对的设计值；对防连续倒塌计算取相对的标准值。

C.4.2　混凝土的二轴强度包络图是由4条曲线连成的封闭曲线（图C.4.2），图中每条曲线中应力符号均遵循"受拉为负、受压为正"的原则，根据其对应象限确定。根据相关的研究，给出了混凝土二维强度准则的分区表达式，这些表达式原则上也可以由前述混凝土本构关系给出。

为方便应用，二轴强度还可以根据表C.4.2-1～表C.4.2-3所列的数值内插取值。

C.4.3　混凝土的三轴受拉应力状态在实际结构中极其罕见，试验数据也极少。取 $f_3 = 0.9 f_{c,r}$，约为试验平均值。

混凝土三轴抗压强度（f_1，图C.4.3-2）的取值显著低于试验值，且略低于一些国外设计规范规定的值。本规范给出了最高强度（$5f_c$）的限制，用于承载力验算可确保结构安全。混凝土的三轴抗压强度可按照表C.4.3-2取值，也可以按照下列公式计算：

$$\frac{-f_1}{f_{c,r}} = 1.2 + 33\left(\frac{\sigma_1}{\sigma_3}\right)^{1.8}$$

附录D　素混凝土结构构件设计

本附录的内容与02版规范附录A相同，对素混

凝土结构构件的计算和构造作出了规定。

附录 E 任意截面、圆形及环形 构件正截面承载力计算

E.0.1 本条给出了任意截面任意配筋的构件正截面承载力计算的一般公式。

随着计算机的普遍使用，对任意截面、外力和配筋的构件，正截面承载力的一般计算方法，可按本规范第 6.2.1 条的基本假定，通过数值积分方法进行迭代计算。在计算各单元的应变时，通常应通过混凝土极限压应变为 ε_{cu} 的受压区顶点作一条与中和轴平行的直线；在某些情况下，尚应通过最外排纵向受拉钢筋极限拉应变 0.01 为顶点作一条与中和轴平行的直线，然后再作一条与中和轴垂直的直线，以此直线作为基准线按平截面假定确定各单元的应变及相应的应力。

在建立本条公式时，为使公式的形式简单，坐标原点取在截面重心处；在具体进行计算或编制计算程序时，可根据计算的需要，选择合适的坐标系。

E.0.3、E.0.4 环形及圆形截面偏心受压构件正截面承载力计算。

均匀配筋的环形、圆形截面的偏心受压构件，其正截面承载力计算可采用第 6.2.1 条的基本假定列出平衡方程进行计算，但计算过于繁琐，不便于设计应用。公式（E.0.3-1）～公式（E.0.3-6）及公式（E.0.4-1）～公式（E.0.4-4）是将沿截面梯形应力分布的受压及受拉钢筋应力简化为等效矩形应力图，其相对钢筋面积分别为 α 及 α_t，在计算时，不需判断大小偏心情况，简化公式与精确解误差不大。对环形截面，当 α 较小时实际受压区为环内弓形面积，简化公式可能会低估了截面承载力，此时可按圆形截面公式计算。

附录 F 板柱节点计算用等 效集中反力设计值

F.0.1 在垂直荷载、水平荷载作用下，板柱结构节点传递不平衡弯矩时，其等效集中反力设计值由两部分组成：

1 由柱所承受的轴向压力设计值减去柱顶冲切破坏锥体范围内板所承受的荷载设计值，即 F_l；

2 由节点受剪传递不平衡弯矩而在临界截面上产生的最大剪应力经折算而得的附加集中反力设计值，即 $\tau_{max} u_m h_0$。

本条的公式（F.0.1-1）、公式（F.0.1-3）、公式（F.0.1-5）就是根据上述方法给出的。

竖向荷载、水平荷载引起临界截面周长重心处的不平衡弯矩，可由柱截面重心处的不平衡弯矩与 F_l 对临界截面周长重心轴取矩之和确定。本条的公式（F.0.1-2）、公式（F.0.1-4）就是按此原则给出的；在应用上述公式中应注意两个弯矩的作用方向，当两者相同时，应取加号，当两者相反时，应取减号。

F.0.2、F.0.3 条文中提供了图 F.0.1 所示的中柱、边柱和角柱处临界截面的几何参数计算公式。这些参数是按行业标准《无粘结预应力混凝土结构技术规程》JGJ 92—93 的规定给出的，其中对类似惯性矩的计算公式中，忽略了 h_0^3 项的影响，即在公式（F.0.2-1）、公式（F.0.2-5）中略去了 $a_t h_0^3/6$ 项；在公式（F.0.2-10）、公式（F.0.2-14）中略去了 $a_t h_0^3/12$ 项，这表示忽略了临界截面上水平剪应力的作用，对通常的板柱结构的板厚而言，这样近似处理是可以的。

F.0.4 当边柱、角柱部位有悬臂板时，在受冲切承载力计算中，可能是按图 F.0.1 所示的临界截面周长，也可能是如中柱的冲切破坏而形成的临界截面周长，应通过计算比较，以取其不利者作为设计计算的依据。

附录 G 深受弯构件

根据分析及试验结果，国内外均将跨高比小于 2 的简支梁及跨高比小于 2.5 的连续梁视为深梁；而跨高比小于 5 的梁统称为深受弯构件（短梁）。其受力性能与一般梁有一定区别，故单列附录加以区别，作出专门的规定。

G.0.1 对于深梁的内力分析，简支深梁与一般梁相同，但连续深梁的内力值及其沿跨度的分布规律与一般连续梁不同。其跨中正弯矩比一般连续梁偏大，支座负弯矩偏小，且随跨高比和跨数而变化。在工程设计中，连续深梁的内力应由二维弹性分析确定，且不宜考虑内力重分布。具体内力值可采用弹性有限元方法或查阅根据二维弹性分析结果制作的连续深梁的内力表格确定。

G.0.2 深受弯构件的正截面受弯承载力计算采用内力臂表达式，该式在 $l_0/h=5.0$ 时能与一般梁计算公式衔接。试验表明，水平分布筋对受弯承载力的作用约占 10%～30%。故在正截面计算公式中忽略了这部分钢筋的作用。这样处理偏安全。

G.0.3 本条给出了适用于 $l_0/h<5.0$ 的全部深受弯构件的受剪截面控制条件。该条件在 $l_0/h=5$ 时与一般受弯构件受剪截面控制条件相衔接。

G.0.4 在深受弯构件受剪承载力计算公式中，竖向钢筋受剪承载力计算项的系数，根据第 6.3.4 条的修

改由 1.25 调整为 1.0。

此外，公式中混凝土项反映了随 l_0/h 的减小，剪切破坏模式由剪压型向斜压型过渡，混凝土项在受剪承载力中所占的比例增大。而竖向分布筋和水平分布筋项则分别反映了从 $l_0/h=5.0$ 时只有竖向分布筋（箍筋）参与受剪，过渡到 l_0/h 较小时只有水平分布筋能发挥有限受剪作用的变化规律。在 $l_0/h=5.0$ 时，该式与一般梁受剪承载力计算公式相衔接。

在主要承受集中荷载的深受弯构件的受剪承载力计算公式中，含有跨高比 l_0/h 和计算剪跨比 λ 两个参数。对于 $l_0/h \leq 2.0$ 的深梁，统一取 $\lambda=0.25$；而 $l_0/h \geq 5.0$ 的一般受弯构件的剪跨比上、下限值则分别为 3.0、1.5。为了使深梁、短梁、一般梁的受剪承载力计算公式连续过渡，本条给出了深受弯构在 2.0 $< l_0/h < 5.0$ 时 λ 上、下限值的线性过渡规律。

应注意的是，由于深梁中水平及竖向分布钢筋对受剪承载力的作用有限，当深梁受剪承载力不足时，应主要通过调整截面尺寸或提高混凝土强度等级来满足受剪承载力要求。

G.0.5 试验表明，随着跨高比的减小，深梁斜截面抗裂能力有一定提高。为了简化计算，本条给出了防止深梁出现斜裂缝的验算条件，这是按试验结果偏下限给出的，并作了合理的放宽。当满足本条公式的要求时，可不再进行受剪承载力计算。

G.0.6 深梁支座的支承面和深梁顶集中荷载作用面的混凝土都有发生局部受压破坏的可能性，应进行局部受压承载力验算，在必要时还应配置间接钢筋。按本规范第 G.0.7 条的规定，将支承深梁的柱伸到深梁顶部能够有效地降低支座传力面发生局部受压破坏的可能性。

G.0.7 为了保证深梁平面外的稳定性，本条对深梁的高厚比 (h/b) 或跨厚比 (l_0/b) 作了限制。此外，简支深梁在顶部、连续深梁在顶部和底部应尽可能与其他水平刚度较大的构件（如楼盖）相连接，以进一步加强其平面外稳定性。

G.0.8 在弹性受力阶段，连续深梁支座截面中的正应力分布规律随深梁的跨高比变化，由此确定深梁的配筋分布。

当 $l_0/h>1.5$ 时，支座截面受压区约在梁底以上 $0.2h$ 的高度范围内，再向上为拉应力区，最大拉应力位于梁顶；随着 l_0/h 的减小，最大拉应力下移；到 $l_0/h=1.0$ 时，较大拉应力位于从梁底算起 $0.2h \sim 0.6h$ 的范围内，梁顶拉应力相对偏小。达到承载力极限状态时，支座截面因开裂导致的应力重分布使深梁支座截面上部钢筋拉力增大。

本条以图示给出了支座截面负弯矩受拉钢筋沿截面高度的分区布置规定，比较符合正常使用极限状态支座截面的受力特点。水平钢筋数量的这种分区布置规定，虽未充分反映承载力极限状态下的受力特点，

但更有利于正常使用极限状态下支座截面的裂缝控制，同时也不影响深梁在承载力极限状态下的安全性。

本条保留了从梁底算起 $0.2h \sim 0.6h$ 范围内水平钢筋最低用量的控制条件，以减少支座截面在这一高度范围内过早开裂的可能性。

G.0.9 深梁在垂直裂缝以及斜裂缝出现后将形成拉杆拱的传力机制，此时下部受拉钢筋直到支座附近仍拉力较大，应在支座中妥善锚固。鉴于在"拱肋"压力的协同作用下，钢筋锚固端的竖向弯钩很可能引起深梁支座区沿深梁中面的劈裂，故钢筋锚固端的弯折建议改为平放，并按弯折 180°的方式锚固。

G.0.10 试验表明，当仅配有两层钢筋网时，如果网与网之间未设拉筋，由于钢筋网在深梁平面外的变形未受到专门约束，当拉杆拱拱肋内斜向压力较大时，有可能发生沿深梁中面劈开的侧向劈裂型斜压破坏。故应在双排钢筋网之间配置拉筋。而且，在本规范图 G.0.8-1 和图 G.0.8-2 深梁支座附近由虚线标示的范围内应适当增配拉筋。

G.0.11 深梁下部作用有集中荷载或均布荷载时，吊筋的受拉能力不宜充分利用，其目的是为了控制悬吊作用引起的裂缝宽度。当作用在深梁下部的集中荷载的计算剪跨比 $\lambda>0.7$ 时，按第 9.2.11 条规定设置的吊筋和按第 G.0.12 条规定设置的竖向分布钢筋仍不能完全防止斜拉型剪切破坏的发生，故应在剪跨内适度增大竖向分布钢筋的数量。

G.0.12 深梁的水平和竖向分布钢筋对受剪承载力所起的作用虽然有限，但能限制斜裂缝的开展。当分布钢筋采用较小直径和较小间距时，这种作用就越发明显。此外，分布钢筋对控制深梁中温度、收缩裂缝的出现也起作用。本条给出的分布钢筋最小配筋率是构造要求的最低数量，设计者应根据具体情况合理选择分布筋的配置数量。

G.0.13 本条给出了对介于深梁和浅梁之间的"短梁"的一般性构造规定。

附录 H　无支撑叠合梁板

H.0.1 本条给出"二阶段受力叠合受弯构件"在叠合层混凝土达到设计强度前的第一阶段和达到设计强度后的第二阶段所应考虑的荷载。在第二阶段，因为当叠合层混凝土达到设计强度后仍可能存在施工活荷载，且其产生的荷载效应可能超过使用阶段可变荷载产生的荷载效应，故应按这两种荷载效应中的较大值进行设计。

H.0.2 本条给出了预制构件和叠合构件的正截面受弯承载力的计算方法。当预制构件高度与叠合构件高度之比 h_1/h 较小（较薄）时，预制构件正截面受弯

承载力计算中可能出现 $\zeta > \zeta_b$ 的情况，此时纵向受拉钢筋的强度 f_y、f_{py} 应该用应力值 σ_s、σ_p 代替，σ_s、σ_p 应按本规范第 6.2.8 条计算，也可取 $\zeta = \zeta_b$ 进行计算。

H.0.3 由于二阶段受力叠合梁斜截面受剪承载力试验研究尚不充分，本规范规定叠合梁斜截面受剪承载力仍按普通钢筋混凝土梁受剪承载力公式计算。在预应力混凝土叠合梁中，由于预应力效应只影响预制构件，故在斜截面受剪承载力计算中暂不考虑预应力的有利影响。在受剪承载力计算中混凝土强度偏安全地取预制梁与叠合层中的较低者；同时受剪承载力应不低于预制梁的受剪承载力。

H.0.4 叠合构件叠合面有可能先于斜截面达到其受剪承载能力极限状态。叠合面受剪承载力计算公式是以剪摩擦传力模型为基础，根据叠合构件试验结果和剪摩擦试件试验结果给出的。叠合式受弯构件的箍筋应按斜截面受剪承载力计算和叠合面受剪承载力计算得出的较大值配置。

不配筋叠合面的受剪承载力离散性较大，故本规范用于这类叠合面的受剪承载力计算公式暂不与混凝土强度等级挂钩，这与国外规范的处理手法类似。

H.0.5、H.0.6 叠合式受弯构件经受施工阶段和使用阶段的不同受力状态，故预应力混凝土叠合受弯构件的抗裂要求应分别对预制构件和叠合构件进行抗裂验算。验算要求其受拉边缘的混凝土应力不大于预制构件的混凝土抗拉强度标准值。由于预制构件和叠合层可能选用强度等级不同的混凝土，故在正截面抗裂验算和斜截面抗裂验算中应按折算截面确定叠合后构件的弹性抵抗矩、惯性矩和面积矩。

H.0.7 由于叠合构件在施工阶段先以截面高度小的预制构件承担该阶段全部荷载，使得受拉钢筋中的应力比假定用叠合构件全截面承担同样荷载时大。这一现象通常称为"受拉钢筋应力超前"。

当叠合层混凝土达到强度从而形成叠合构件后，整个截面在使用阶段荷载作用下除去在受拉钢筋中产生应力增量和在受压区混凝土中首次产生压应力外，还会由于抵消预制构件受压区原有的压应力而在该部位形成附加拉力。该附加拉力虽然会在一定程度上减小受力钢筋中的应力超前现象，但仍使叠合构件与同样截面普通受弯构件相比钢筋拉应力及曲率偏大，并有可能使受拉钢筋在弯矩准永久值作用下过早达到屈服。这种情况在设计中应予防止。

为此，根据试验结果给出了公式计算的受拉钢筋应力控制条件。该条件属叠合受弯构件正常使用极限状态的附加验算条件。该验算条件与裂缝宽度控制条件和变形控制条件不能相互代用。

由于钢筋混凝土构件采用荷载效应的准永久组合，计算公式作了局部调整。

H.0.8 以普通钢筋混凝土受弯构件裂缝宽度计算公式为基础，结合二阶段受力叠合受弯构件的特点，经局部调整，提出了用于钢筋混凝土叠合受弯构件的裂缝宽度计算公式。其中考虑到若第一阶段预制构件所受荷载相对较小，受拉区弯曲裂缝在第一阶段不一定出齐；在随后由叠合截面承受 M_{2k} 时，由于叠合截面的 ρ_{te} 相对偏小，有可能使最终的裂缝间距偏大。因此当计算叠合式受弯构件的裂缝间距时，应对裂缝间距乘以扩大系数 1.05。这相当于将本规范公式 (7.1.2-1) 中的 α_{cr} 由普通钢筋混凝土构件的 1.9 增大到 2.0，由预应力混凝土构件的 1.5 增大到 1.6。此外，还要用 $\rho_{te1}\sigma_{s1k} + \rho_{te}\sigma_{s2k}$ 取代普通钢筋混凝土梁 ψ 计算公式中的 $\rho_{te}\sigma_{sk}$，以近似考虑叠合构件二阶段受力特点。

由于钢筋混凝土构件与预应力混凝土构件在计算正常使用极限状态后的裂缝宽度与挠度时，采用了不同的荷载效应组合，故分列公式表达裂缝宽度的计算。

H.0.9 叠合受弯构件的挠度计算方法同前，本条给出了刚度 B 的计算方法。其考虑了二阶段受力的特征且按荷载效应准永久组合或标准组合并考虑荷载长期作用影响。该公式是在假定荷载对挠度的长期影响均发生在受力第二阶段的前提下，根据第一阶段和第二阶段的弯矩曲率关系导出的。

同样，由于钢筋混凝土构件与预应力混凝土构件在计算正常使用极限状态后的裂缝宽度与挠度时，采用了不同的荷载效应组合，故分列公式表达刚度的计算。

H.0.10～H.0.12 钢筋混凝土二阶段受力叠合受弯构件第二阶段短期刚度是在一般钢筋混凝土受弯构件短期刚度计算公式的基础上考虑了二阶段受力对叠合截面的受压区混凝土应力形成的滞后效应后经简化得出的。对要求不出现裂缝的预应力混凝土二阶段受力叠合受弯构件，第二阶段短期刚度公式中的系数 0.7 是根据试验结果确定的。

对负弯矩区段内第二阶段的短期刚度和使用阶段的预应力反拱值，给出了计算原则。

附录 J　后张曲线预应力筋由锚具变形和预应力筋内缩引起的预应力损失

后张法构件的曲线预应力筋放张时，由于锚具变形和预应力筋内缩引起的预应力损失值，应考虑曲线预应力筋受到曲线孔道上反摩擦力的阻止，按变形协调原理，取张拉端锚具的变形和预应力筋内缩值等于反摩擦力引起的预应力筋变形值，可求出预应力损失值 σ_{l1} 的范围和数值。由图 1 推导过程说明如下，假定：(1) 孔道摩擦损失按近似直线公式计算；(2) 回缩发生的反向摩擦力和张拉摩擦力的摩擦系数相等。

因此，代表锚固前和锚固后瞬间预应力筋应力变化的两根直线 ab 和 $a'b$ 的斜率是相等的，但方向则相反。这样，锚固后整根预应力筋的应力变化线可用折线 $a'bc$ 来代表。为确定该折线，需要求出两个未知量，一个张拉端的摩擦损失应力 $\Delta\sigma$，另一个是预应力反向摩擦影响长度 l_f。

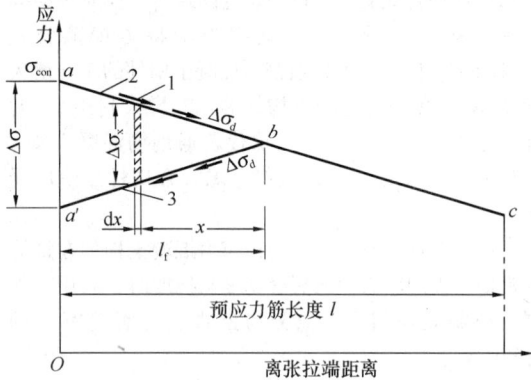

图 1　锚固前后张拉端预应力筋应力变化示意
1—摩擦力；2—锚固前应力分布线；3—锚固后应力分布线

由于 ab 和 $a'b$ 两条线是对称的，张拉端的预应力损失将为

$$\Delta\sigma = 2\Delta\sigma_\text{d}l_\text{f}$$

式中：$\Delta\sigma_\text{d}$——单位长度的摩擦损失值（MPa/mm）；

l_f——预应力筋反向摩擦影响长度（mm）。

反向摩擦影响长度 l_f 可根据锚具变形和预应力筋内缩值 a 用积分法求得：

$$a = \int_0^{l_\text{f}} \Delta\varepsilon \mathrm{d}x = \int_0^{l_\text{f}} \frac{\Delta\sigma_\text{x}}{E_\text{p}} \mathrm{d}x = \int_0^{l_\text{f}} \frac{2\Delta\sigma_\text{d}x}{E_\text{p}} \mathrm{d}x = \frac{\Delta\sigma_\text{d}}{E_\text{p}} l_\text{f}^2$$

化简得

$$l_\text{f} = \sqrt{\frac{aE_\text{p}}{\Delta\sigma_\text{d}}}$$

该公式仅适用于一端张拉时 l_f 不超过构件全长 l 的情况，如果正向摩擦损失较小，应力降低曲线比较平坦，或者回缩值较大，则 l_f 有可能超过构件全长 l，此时，只能在 l 范围内按预应力筋变形和锚具内缩变形相协调，并通过试算方法以求张拉端锚下预应力锚固损失值。

本附录给出了常用束形的预应力筋在反向摩擦影响长度 l_f 范围内的预应力损失值 σ_{l1} 的计算公式，这是假设 $\kappa x + \mu\theta$ 不大于 0.3，摩擦损失按直线近似公式计算得出的。由于无粘结预应力筋的摩擦系数小，经过核算，故将允许的圆心角放大为 $90°$。此外，该计算公式适用于忽略初始直线段 l_0 中摩擦损失影响的情况。

附录 K　与时间相关的预应力损失

K. 0. 1、K. 0. 2 考虑预加力时的龄期、理论厚度等

多种因素影响的混凝土收缩、徐变引起的预应力损失计算方法，是参考"部分预应力混凝土结构设计建议"的计算方法，并经过与本规范公式（10.2.5-1）～公式（10.2.5-4）计算结果分析比较后给出的。所采用的方法考虑了普通钢筋对混凝土收缩、徐变所引起预应力损失的影响，考虑预应力筋松弛对徐变损失计算值的影响，将徐变损失项按 0.9 折减。考虑预加力时的龄期、理论厚度影响的混凝土收缩应变和徐变系数终极值，系根据欧洲规范 EN 1992-2：《混凝土结构设计　第 1 部分：总原则和对建筑结构的规定》提供的公式计算得出的。所列计算结果一般适用于周围空气相对湿度 RH 为 40%～70% 和 70%～99%，温度为 $-20℃$～$+40℃$，由一般的硅酸盐类水泥或快硬水泥配制而成的强度等级为 C30～C50 混凝土。在年平均相对湿度低于 40% 的条件下使用的结构，收缩应变和徐变系数终极值应增加 30%。当无可靠资料时，混凝土收缩应变和徐变系数终极值可按表 K. 0. 1-1 及表 K. 0. 1-2 采用。对泵送混凝土，其收缩和徐变引起的预应力损失值亦可根据实际情况采用其他可靠数据。松弛损失和收缩、徐变中间值系数取自现行行业标准《铁路桥涵钢筋混凝土和预应力混凝土结构设计规范》TB 10002.3。

对受压区配置预应力筋 A'_p 及普通钢筋 A'_s 的构件，可近似地按公式（K. 0. 1-1）计算，此时，取 $A'_\text{p} = A'_\text{s} = 0$；$\sigma'_{l5}$ 则按公式（K. 0. 1-2）求出。在计算公式（K. 0. 1-1）、公式（K. 0. 1-2）中的 σ_pc 及 σ'_pc 时，应采用全部预加力值。

本附录 K 所列混凝土收缩和徐变引起的预应力损失计算方法，供需要考虑施加预应力时混凝土龄期、理论厚度影响，以及需要计算松弛及收缩、徐变损失随时间变化中间值的重要工程设计使用。

欧洲规范 EN 1992-2 中有关混凝土收缩应变和徐变系数计算公式及计算结果如下：

1　收缩应变

1）混凝土总收缩应变由干缩应变和自收缩应变组成。其总收缩应变 ε_cs 的值按下式得到：

$$\varepsilon_\text{cs} = \varepsilon_\text{cd} + \varepsilon_\text{ca} \tag{12}$$

式中：ε_cs——总收缩应变；

ε_cd——干缩应变；

ε_ca——自收缩应变。

2）干缩应变随时间的发展可按下式得到：

$$\varepsilon_\text{cd}(t) = \beta_\text{ds}(t, t_\text{s}) \cdot k_\text{h} \cdot \varepsilon_\text{cd,0} \tag{13}$$

$$\beta_\text{ds}(t, t_\text{s}) = \frac{(t - t_\text{s})}{(t - t_\text{s}) + 0.04\sqrt{\left(\frac{2A}{u}\right)^3}} \tag{14}$$

$$\varepsilon_\text{cd,0} = 0.85\left[(220 + 110 \cdot \alpha_\text{ds1}) \cdot \exp\left(-\alpha_\text{ds2} \cdot \frac{f_\text{cm}}{f_\text{cmo}}\right)\right] \cdot 10^{-6} \cdot \beta_\text{RH} \tag{15}$$

$$\beta_{RH} = -1.55\left[1-\left(\frac{RH}{RH_0}\right)^3\right] \quad (16)$$

式中：$\varepsilon_{cd,0}$——混凝土的名义无约束干缩值；

$\beta_{ds}(t,t_s)$——描述干缩应变与时间和理论厚度 $2A/u$（mm）相关的系数；

k_h——与理论厚度 $2A/u$（mm）相关的系数，可按表3采用；

f_{cm}——混凝土圆柱体 28d 龄期平均抗压强度（MPa）；

f_{cmo}——10MPa；

α_{ds1}——与水泥品种有关的系数，计算按一般硅酸盐水泥或快硬水泥，取为 4；

α_{ds2}——与水泥品种有关的系数，计算按一般硅酸盐水泥或快硬水泥，取为 0.12；

RH——周围环境相对湿度（%）；

RH_0——100%；

t——混凝土龄期（d）；

t_s——干缩开始时的混凝土龄期（d），通常为养护结束的时间，本规范计算中取 $t_s=3$d；

$(t-t_s)$——混凝土养护结束后的干缩持续期（d）。

表3　与理论厚度 $2A/u$ 相关的系数 k_h

$2A/u$(mm)	k_h
100	1.0
200	0.85
300	0.75
≥500	0.70

注：A 为构件截面面积，u 为该截面与大气接触的周边长度。

3）混凝土自收缩应变可按下式计算：

$$\varepsilon_{ca}(t) = \beta_{as}(t)\cdot\varepsilon_{ca}(\infty) \quad (17)$$

$$\beta_{as}(t) = 1-\exp(-0.2t^{0.5}) \quad (18)$$

$$\varepsilon_{ca}(\infty) = 2.5(f_{ck}-10)10^{-6} \quad (19)$$

式中：f_{ck}——混凝土圆柱体 28d 龄期抗压强度特征值（MPa）。

4）根据公式（12）～公式（19），预应力混凝土构件从预加应力时混凝土龄期 t_0 起，至混凝土龄期 t 的收缩应变值，可按下式计算：

$$\varepsilon_{cs}(t,t_0) = \varepsilon_{cd,0}\cdot k_h\cdot[\beta_{ds}(t,t_s)-\beta_{ds}(t_0,t_s)] \\ +\varepsilon_{ca}(\infty)\cdot[\beta_{as}(t)-\beta_{as}(t_0)] \quad (20)$$

2　徐变系数

混凝土的徐变系数可按下列公式计算：

$$\varphi(t,t_0) = \varphi_0\cdot\beta_c(t,t_0) \quad (21)$$

$$\varphi_0 = \varphi_{RH}\cdot\beta(f_{cm})\cdot\beta(t_0) \quad (22)$$

$$\beta_c(t,t_0) = \left[\frac{(t-t_0)}{\beta_H+(t-t_0)}\right]^{0.3} \quad (23)$$

公式（22）中的系数 φ_{RH}、$\beta(f_{cm})$ 及 $\beta(t_0)$ 可按下列公式计算：

当 $f_{cm}\leqslant35$MPa 时，

$$\varphi_{RH} = 1+\frac{1-RH/100}{0.1\cdot\sqrt[3]{\dfrac{2A}{u}}} \quad (24)$$

当 $f_{cm}>35$MPa 时，

$$\varphi_{RH} = \left[1+\frac{1-RH/100}{0.1\cdot\sqrt[3]{\dfrac{2A}{u}}}\cdot\alpha_1\right]\cdot\alpha_2 \quad (25)$$

$$\beta(f_{cm}) = \frac{16.8}{\sqrt{f_{cm}}} \quad (26)$$

$$\beta(t_0) = \frac{1}{0.1+t_0^{0.20}} \quad (27)$$

公式（23）中的系数 β_H 可按下列两个公式计算：

当 $f_{cm}\leqslant35$MPa 时，

$$\beta_H = 1.5[1+(0.012RH)^{18}]\frac{2A}{u}+250\leqslant1500 \quad (28)$$

当 $f_{cm}>35$MPa 时，

$$\beta_H = 1.5[1+(0.012RH)^{18}]\frac{2A}{u}+250\alpha_3\leqslant1500\alpha_3 \quad (29)$$

式中：φ_0——名义徐变系数；

$\beta_c(t,t_0)$——预应力混凝土构件预加应力后徐变随时间发展的系数；

t——混凝土龄期（d）；

t_0——预加应力时的混凝土龄期（d）；

φ_{RH}——考虑环境相对湿度和理论厚度 $2A/u$ 对徐变系数影响的系数；

$\beta(f_{cm})$——考虑混凝土强度对徐变系数影响的系数；

$\beta(t_0)$——考虑加载时混凝土龄期对徐变系数影响的系数；

f_{cm}——混凝土圆柱体 28d 龄期平均抗压强度（MPa）；

RH——周围环境相对湿度（%）；

β_H——取决于环境相对湿度 RH（%）和理论厚度 $2A/u$（mm）的系数；

$t-t_0$——预加应力后的加载持续期（d）；

α_1、α_2、α_3——考虑混凝土强度影响的系数：

$$\alpha_1 = \left[\frac{35}{f_{cm}}\right]^{0.7} \qquad \alpha_2 = \left[\frac{35}{f_{cm}}\right]^{0.2} \qquad \alpha_3 = \left[\frac{35}{f_{cm}}\right]^{0.5}$$

3　与计算相关的技术条件

1）根据国家统计局发布的 1996 年～2005 年（缺 2002 年）我国主要城市气候情况的数据，年平均温度在 5℃～25℃之间，年平均相对湿度 RH 除海口为 81.2% 外，其余均在 40%～80% 之间，若按 40%≤RH<

60%、60% $\leqslant RH <$ 70%、70% $\leqslant RH <$ 80%分组，分别有11、8、14个城市。现将相对湿度分为40% $\leqslant RH <$ 70%、70% $\leqslant RH <$ 80%两档，年平均相对湿度分别取其中间值55%、75%进行计算。对于环境相对湿度在80%～100%的情况，采用75%作为其代表值的计算结果，在工程应用中是偏于安全的。本附录表列数据，可近似地适用于温度在-20℃～+40℃之间季节性变化的混凝土。

2）本计算适用于由一般硅酸盐类水泥或快硬水泥配置而成的混凝土。考虑到我国预应力混凝土结构工程常用的混凝土强度等级为C30～C50，因此选取C40作为代表值进行计算。在计算中，需要对我国规范的混凝土强度等级向欧洲规范中的强度进行转换：根据欧洲规范 EN 1992-2，我国强度等级C40的混凝土对应欧洲规范混凝土立方体抗压强度 $f_{ck,cube} = 40MPa$，通过查表插值计算得到对应的混凝土圆柱体抗压强度特征值 $f_{ck} = 32MPa$，圆柱体28d平均抗压强度 $f_{cm} = f_{ck} + 8 = 40MPa$。

3）混凝土开始收缩的龄期 t_s 取混凝土工程通常采用的养护时间3d，混凝土收缩或徐变持续时间 t 取1年、10年分别进行计算。对于普通混凝土结构，10年后其收缩应变值与徐变系数值的增长很小，可以忽略不计，因此可认为 t 取10年所计算出来的值是混凝土收缩应变或徐变系数终极值。

4）当混凝土加载龄期 $t_0 \geqslant 90d$，混凝土构件理论厚度 $\frac{2A}{u} \geqslant 600mm$ 时，按 $t_0 = 90d$、$2A/u = 600mm$ 计算。计算结果比实际结果偏大，在工程应用中是偏安全的。

5）有关混凝土收缩应变或徐变系数终极值的计算结果，大体适用于强度等级 C30～C50 混凝土。试验表明，高强混凝土的收缩量，尤其是徐变量要比普通强度的混凝土有所减少，且与 $\sqrt{f_{ck}}$ 成反比。因此，本规范对 C50 及以上强度等级混凝土的收缩应变和徐变系数，需按计算所得的表列值乘以 $\sqrt{\dfrac{32.4}{f_{ck}}}$ 进行折减。式中 32.4 为 C50 混凝土轴心抗压强度标准值，f_{ck} 为混凝土轴心抗压强度标准值。

计算所得混凝土1年、10年收缩应变终值及终极值和徐变系数终值及终极值分别见表4、表5、表6、表7。

表4　混凝土1年收缩应变终值 ε_{1y}（×10^{-4}）

年平均相对湿度 RH		40% $\leqslant RH <$ 70%				70% $\leqslant RH \leqslant$ 99%			
理论厚度 2A/u（mm）		100	200	300	$\geqslant$ 600	100	200	300	$\geqslant$ 600
预加应力时的混凝土龄期 t_0（d）	3	4.42	3.28	2.51	1.57	3.18	2.39	1.86	1.21
	7	3.94	3.09	2.39	1.49	2.83	2.24	1.75	1.13
	10	3.65	2.96	2.31	1.44	2.62	2.14	1.69	1.08
	14	3.32	2.82	2.22	1.39	2.38	2.03	1.61	1.04
	28	2.49	2.39	1.95	1.25	1.78	1.71	1.41	0.92
	60	1.51	1.73	1.52	1.02	1.08	1.23	1.08	0.74
	$\geqslant$ 90	1.04	1.32	1.21	0.86	0.74	0.94	0.86	0.62

表5　混凝土10年收缩应变终极值 ε_{∞}（×10^{-4}）

年平均相对湿度 RH		40% $\leqslant RH <$ 70%				70% $\leqslant RH \leqslant$ 99%			
理论厚度 2A/u（mm）		100	200	300	$\geqslant$ 600	100	200	300	$\geqslant$ 600
预加应力时的混凝土龄期 t_0（d）	3	4.83	4.09	3.57	3.09	3.47	2.95	2.60	2.26
	7	4.35	3.89	3.44	3.01	3.12	2.80	2.49	2.18
	10	4.06	3.77	3.37	2.96	2.91	2.70	2.42	2.14
	14	3.73	3.62	3.27	2.91	2.67	2.59	2.35	2.10
	28	2.90	3.20	3.01	2.77	2.07	2.28	2.15	1.98
	60	1.92	2.54	2.58	2.54	1.37	1.80	1.82	1.80
	$\geqslant$ 90	1.45	2.12	2.27	2.38	1.03	1.50	1.60	1.68

表 6 混凝土 1 年徐变系数终值 φ_{1y}

年平均相对湿度 RH		$40\% \leqslant RH < 70\%$				$70\% \leqslant RH \leqslant 99\%$			
理论厚度 $2A/u$ (mm)		100	200	300	$\geqslant 600$	100	200	300	$\geqslant 600$
预加应力时的混凝土龄期 t_0 (d)	3	2.91	2.49	2.25	1.87	2.29	2.00	1.84	1.55
	7	2.48	2.12	1.92	1.59	1.95	1.71	1.57	1.32
	10	2.32	1.98	1.79	1.48	1.82	1.60	1.46	1.24
	14	2.17	1.86	1.68	1.39	1.70	1.49	1.37	1.16
	28	1.89	1.62	1.46	1.21	1.49	1.30	1.19	1.00
	60	1.61	1.37	1.24	1.02	1.26	1.10	1.01	0.85
	$\geqslant 90$	1.46	1.24	1.12	0.92	1.15	1.00	0.91	0.76

表 7 混凝土 10 年徐变系数终极值 φ_∞

年平均相对湿度 RH		$40\% \leqslant RH < 70\%$				$70\% \leqslant RH \leqslant 99\%$			
理论厚度 $2A/u$ (mm)		100	200	300	$\geqslant 600$	100	200	300	$\geqslant 600$
预加应力时的混凝土龄期 t_0 (d)	3	3.51	3.14	2.94	2.63	2.78	2.55	2.43	2.23
	7	3.00	2.68	2.51	2.25	2.37	2.18	2.08	1.91
	10	2.80	2.51	2.35	2.10	2.22	2.04	1.94	1.78
	14	2.63	2.35	2.21	1.97	2.08	1.91	1.82	1.67
	28	2.31	2.06	1.93	1.73	1.82	1.68	1.60	1.47
	60	1.99	1.78	1.67	1.49	1.58	1.45	1.38	1.27
	$\geqslant 90$	1.85	1.65	1.55	1.38	1.46	1.34	1.28	1.17

中华人民共和国国家标准

混凝土结构工程施工质量验收规范

Code for quality acceptance of concrete
structure construction

GB 50204—2015

主编部门：中华人民共和国住房和城乡建设部
批准部门：中华人民共和国住房和城乡建设部
施行日期：2 0 1 5 年 9 月 1 日

中华人民共和国住房和城乡建设部
公　告

第 705 号

住房城乡建设部关于发布国家标准
《混凝土结构工程施工质量验收规范》的公告

现批准《混凝土结构工程施工质量验收规范》为国家标准，编号为 GB 50204 - 2015，自 2015 年 9 月 1 日起实施。其中，第 4.1.2、5.2.1、5.2.3、5.5.1、6.2.1、6.3.1、6.4.2、7.2.1、7.4.1 条为强制性条文，必须严格执行。原国家标准《混凝土结构工程施工质量验收规范》GB 50204 - 2002 同时废止。

本规范由我部标准定额研究所组织中国建筑工业出版社出版发行。

中华人民共和国住房和城乡建设部

2014 年 12 月 31 日

前　　言

根据住房和城乡建设部《关于印发〈2011 年工程建设标准规范制订、修订计划〉的通知》（建标〔2011〕17 号文）的要求，规范编制组经广泛调查研究，认真总结工程实践经验，参考有关国际标准和国外先进标准，并在广泛征求意见的基础上，修订了《混凝土结构工程施工质量验收规范》GB 50204 - 2002。

本规范的主要技术内容是：总则、术语、基本规定、模板分项工程、钢筋分项工程、预应力分项工程、混凝土分项工程、现浇结构分项工程、装配式结构分项工程、混凝土结构子分部工程以及有关的附录。

本规范修订的主要技术内容是：

1. 完善了验收基本规定；

2. 增加了认证产品或连续检验合格产品的检验批容量扩大规定；

3. 删除了模板拆除的验收规定；

4. 增加了成型钢筋等钢筋应用新技术的验收规定；

5. 增加了无粘结预应力筋全封闭防水性能的验收规定；

6. 完善了预拌混凝土的进场验收规定；

7. 完善了预制构件的进场验收规定；

8. 增加了结构位置与尺寸偏差的实体检验规定；

9. 增加了回弹-取芯法检验结构实体混凝土强度的方法。

本规范中以黑体字标志的条文为强制性条文，必须严格执行。

本规范由住房和城乡建设部负责管理和对强制性条文的解释，由中国建筑科学研究院负责具体技术内容的解释。执行本规范过程中如有意见或建议，请寄送中国建筑科学研究院（地址：北京市朝阳区北三环东路 30 号；邮政编码：100013；电子邮箱：GB 50204@163.com）。

本 规 范 主 编 单 位：中国建筑科学研究院

本 规 范 参 编 单 位：国家建筑工程质量监督检验中心

北京建工集团有限责任公司

上海建工集团股份有限公司

北京市建设监理协会

中国人民解放军工程与环境质量监督局

中电投工程研究检测评定中心

中国建筑第八工程局有限公司

广州建筑股份有限公司

中国建筑技术集团有限公司

新疆生产建设兵团第五建筑安装工程公司

青建集团股份公司

同济大学

哈尔滨工业大学

舟山市金土木混凝土技术
开发有限公司

北京榆构有限公司

海南建设工程股份有限
公司

廊坊凯博建设机械科技有
限公司

中冶建筑研究总院有限
公司

中国华西企业股份有限
公司

北京首钢建设集团有限
公司

华夏建宇（北京）混凝土

技术研究院

本规范主要起草人员： 李东彬　张仁瑜　张元勃
　　　　　　　　　　龚　剑　王晓锋　张显来
　　　　　　　　　　吴兆军　翟传明　王玉岭
　　　　　　　　　　高俊岳　路来军　周岳年
　　　　　　　　　　蒋勤俭　代伟明　李小阳
　　　　　　　　　　赵　伟　邹超英　周建民
　　　　　　　　　　赵　勇　刘绍明　张同波
　　　　　　　　　　吴亚春　耿树江　杨申武
　　　　　　　　　　陈跃熙　王振丰　吴　杰
本规范主要审查人员： 叶可明　杨嗣信　胡德均
　　　　　　　　　　徐有邻　白生翔　艾永祥
　　　　　　　　　　韩素芳　汪道金　吴月华
　　　　　　　　　　甘永辉　李宏伟　冯　健
　　　　　　　　　　刘曹威　陈廷华　杨秀云

目　　次

Contents

1 总 则

1.0.1 为加强建筑工程质量管理，统一混凝土结构工程施工质量的验收，保证工程施工质量，制定本规范。

1.0.2 本规范适用于建筑工程混凝土结构施工质量的验收。

1.0.3 混凝土结构工程施工质量的验收除应执行本规范外，尚应符合国家现行有关标准的规定。

2 术 语

2.0.1 混凝土结构 concrete structure

以混凝土为主制成的结构，包括素混凝土结构、钢筋混凝土结构和预应力混凝土结构，按施工方法可分为现浇混凝土结构和装配式混凝土结构。

2.0.2 现浇混凝土结构 cast-in-situ concrete structure

在现场原位支模并整体浇筑而成的混凝土结构，简称现浇结构。

2.0.3 装配式混凝土结构 precast concrete structure

由预制混凝土构件或部件装配、连接而成的混凝土结构，简称装配式结构。

2.0.4 缺陷 defect

混凝土结构施工质量不符合规定要求的检验项或检验点，按其程度可分为严重缺陷和一般缺陷。

2.0.5 严重缺陷 serious defect

对结构构件的受力性能、耐久性能或安装、使用功能有决定性影响的缺陷。

2.0.6 一般缺陷 common defect

对结构构件的受力性能、耐久性能或安装、使用功能无决定性影响的缺陷。

2.0.7 检验 inspection

对被检验项目的特征、性能进行量测、检查、试验等，并将结果与标准规定的要求进行比较，以确定项目每项性能是否合格的活动。

2.0.8 检验批 inspection lot

按相同的生产条件或规定的方式汇总起来供抽样检验用的、由一定数量样本组成的检验体。

2.0.9 进场验收 site acceptance

对进入施工现场的材料、构配件、器具及半成品等，按有关标准的要求进行检验，并对其质量达到合格与否做出确认的过程。主要包括外观检查、质量证明文件检查、抽样检验等。

2.0.10 结构性能检验 inspection of structural performance

针对结构构件的承载力、挠度、裂缝控制性能等

各项指标所进行的检验。

2.0.11 结构实体检验 entitative inspection of structure

在结构实体上抽取试样，在现场进行检验或送至有相应检测资质的检测机构进行的检验。

2.0.12 质量证明文件 quality certificate document

随同进场材料、构配件、器具及半成品等一同提供用于证明其质量状况的有效文件。

3 基 本 规 定

3.0.1 混凝土结构子分部工程可划分为模板、钢筋、预应力、混凝土、现浇结构和装配式结构等分项工程。各分项工程可根据与生产和施工方式相一致且便于控制施工质量的原则，按进场批次、工作班、楼层、结构缝或施工段划分为若干检验批。

3.0.2 混凝土结构子分部工程的质量验收，应在钢筋、预应力、混凝土、现浇结构和装配式结构等相关分项工程验收合格的基础上，进行质量控制资料检查、观感质量验收及本规范第10.1节规定的结构实体检验。

3.0.3 分项工程的质量验收应在所含检验批验收合格的基础上，进行质量验收记录检查。

3.0.4 检验批的质量验收应包括实物检查和资料检查，并应符合下列规定：

1 主控项目的质量经抽样检验均应合格。

2 一般项目的质量经抽样检验应合格；一般项目当采用计数抽样检验时，除本规范各章有专门规定外，其合格点率应达到80％及以上，且不得有严重缺陷。

3 应具有完整的质量检验记录，重要工序应具有完整的施工操作记录。

3.0.5 检验批抽样样本应随机抽取，并应满足分布均匀、具有代表性的要求。

3.0.6 不合格检验批的处理应符合下列规定：

1 材料、构配件、器具及半成品检验批不合格时不得使用；

2 混凝土浇筑前施工质量不合格的检验批，应返工、返修，并应重新验收；

3 混凝土浇筑后施工质量不合格的检验批，应按本规范有关规定进行处理。

3.0.7 获得认证的产品或来源稳定且连续三批均一次检验合格的产品，进场验收时检验批的容量可按本规范的有关规定扩大一倍，且检验批容量仅可扩大一倍。扩大检验批后的检验中，出现不合格情况时，应按扩大前的检验批容量重新验收，且该产品不得再次扩大检验批容量。

3.0.8 混凝土结构工程采用的材料、构配件、器具及半成品应按进场批次进行检验。属于同一工程项目且同期施工的多个单位工程，对同一厂家生产的同批

材料、构配件、器具及半成品，可统一划分检验批进行验收。

3.0.9 检验批、分项工程、混凝土结构子分部工程的质量验收可按本规范附录 A 记录。

4 模板分项工程

4.1 一般规定

4.1.1 模板工程应编制施工方案。爬升式模板工程、工具式模板工程及高大模板支架工程的施工方案，应按有关规定进行技术论证。

4.1.2 模板及支架应根据安装、使用和拆除工况进行设计，并应满足承载力、刚度和整体稳固性要求。

4.1.3 模板及支架的拆除应符合现行国家标准《混凝土结构工程施工规范》GB 50666 的规定和施工方案的要求。

4.2 模板安装

主控项目

4.2.1 模板及支架用材料的技术指标应符合国家现行有关标准的规定。进场时应抽样检验模板和支架材料的外观、规格和尺寸。

　　检查数量：按国家现行有关标准的规定确定。
　　检验方法：检查质量证明文件；观察，尺量。

4.2.2 现浇混凝土结构模板及支架的安装质量，应符合国家现行有关标准的规定和施工方案的要求。

　　检查数量：按国家现行有关标准的规定确定。
　　检验方法：按国家现行有关标准的规定执行。

4.2.3 后浇带处的模板及支架应独立设置。

　　检查数量：全数检查。
　　检验方法：观察。

4.2.4 支架竖杆或竖向模板安装在土层上时，应符合下列规定：

　　1　土层应坚实、平整，其承载力或密实度应符合施工方案的要求；

　　2　应有防水、排水措施；对冻胀性土，应有预防冻融措施；

　　3　支架竖杆下应有底座或垫板。

　　检查数量：全数检查。
　　检验方法：观察；检查土层密实度检测报告、土层承载力验算或现场检测报告。

一般项目

4.2.5 模板安装应符合下列规定：

　　1　模板的接缝应严密；

　　2　模板内不应有杂物、积水或冰雪等；

　　3　模板与混凝土的接触面应平整、清洁；

　　4　用作模板的地坪、胎膜等应平整、清洁，不应有影响构件质量的下沉、裂缝、起砂或起鼓；

　　5　对清水混凝土及装饰混凝土构件，应使用能达到设计效果的模板。

　　检查数量：全数检查。
　　检验方法：观察。

4.2.6 隔离剂的品种和涂刷方法应符合施工方案的要求。隔离剂不得影响结构性能及装饰施工；不得沾污钢筋、预应力筋、预埋件和混凝土接槎处；不得对环境造成污染。

　　检查数量：全数检查。
　　检验方法：检查质量证明文件；观察。

4.2.7 模板的起拱应符合现行国家标准《混凝土结构工程施工规范》GB 50666 的规定，并应符合设计及施工方案的要求。

　　检查数量：在同一检验批内，对梁，跨度大于 18m 时应全数检查，跨度不大于 18m 时应抽查构件数量的 10%，且不应少于 3 件；对板，应按有代表性的自然间抽查 10%，且不应少于 3 间；对大空间结构，板可按纵、横轴线划分检查面，抽查 10%，且不应少于 3 面。

　　检验方法：水准仪或尺量。

4.2.8 现浇混凝土结构多层连续支模应符合施工方案的规定。上下层模板支架的竖杆宜对准。竖杆下垫板的设置应符合施工方案的要求。

　　检查数量：全数检查。
　　检验方法：观察。

4.2.9 固定在模板上的预埋件和预留孔洞不得遗漏，且应安装牢固。有抗渗要求的混凝土结构中的预埋件，应按设计及施工方案的要求采取防渗措施。

　　预埋件和预留孔洞的位置应满足设计和施工方案的要求。当设计无具体要求时，其位置偏差应符合表 4.2.9 的规定。

　　检查数量：在同一检验批内，对梁、柱和独立基础，应抽查构件数量的 10%，且不应少于 3 件；对墙和板，应按有代表性的自然间抽查 10%，且不应少于 3 间；对大空间结构，墙可按相邻轴线间高度 5m 左右划分检查面，板可按纵、横轴线划分检查面，抽查 10%，且均不应少于 3 面。

　　检验方法：观察，尺量。

表 4.2.9　预埋件和预留孔洞的安装允许偏差

项　目		允许偏差（mm）
预埋板中心线位置		3
预埋管、预留孔中心线位置		3
插筋	中心线位置	5
	外露长度	+10，0

续表4.2.9

项 目		允许偏差（mm）
预埋螺栓	中心线位置	2
	外露长度	+10，0
预留洞	中心线位置	10
	尺寸	+10，0

注：检查中心线位置时，沿纵、横两个方向量测，并取其中偏差的较大值。

4.2.10 现浇结构模板安装的偏差及检验方法应符合表4.2.10的规定。

检查数量：在同一检验批内，对梁、柱和独立基础，应抽查构件数量的10%，且不应少于3件；对墙和板，应按有代表性的自然间抽查10%，且不应少于3间；对大空间结构，墙可按相邻轴线间高度5m左右划分检查面，板可按纵、横轴线划分检查面，抽查10%，且均不应少于3面。

表4.2.10 现浇结构模板安装的允许偏差及检验方法

项 目		允许偏差（mm）	检验方法
轴线位置		5	尺量
底模上表面标高		±5	水准仪或拉线、尺量
模板内部尺寸	基础	±10	尺量
	柱、墙、梁	±5	尺量
	楼梯相邻踏步高差	5	尺量
柱、墙垂直度	层高≤6m	8	经纬仪或吊线、尺量
	层高＞6m	10	经纬仪或吊线、尺量
相邻模板表面高差		2	尺量
表面平整度		5	2m靠尺和塞尺量测

注：检查轴线位置，当有纵横两个方向时，沿纵、横两个方向量测，并取其中偏差的较大值。

4.2.11 预制构件模板安装的偏差及检验方法应符合表4.2.11的规定。

检查数量：首次使用及大修后的模板应全数检查；使用中的模板应抽查10%，且不应少于5件，不足5件时应全数检查。

表4.2.11 预制构件模板安装的允许偏差及检验方法

项 目		允许偏差（mm）	检验方法
长度	梁、板	±4	尺量两侧边，取其中较大值
	薄腹梁、桁架	±8	
	柱	0，−10	
	墙板	0，−5	
宽度	板、墙板	0，−5	尺量两端及中部，取其中较大值
	梁、薄腹梁、桁架	+2，−5	
高（厚）度	板	+2，−3	尺量两端及中部，取其中较大值
	墙板	0，−5	
	梁、薄腹梁、桁架、柱	+2，−5	
侧向弯曲	梁、板、柱	$L/1000$ 且≤15	拉线、尺量最大弯曲处
	墙板、薄腹梁、桁架	$L/1500$ 且≤15	
板的表面平整度		3	2m靠尺和塞尺量测
相邻模板表面高差		1	尺量
对角线差	板	7	尺量两对角线
	墙板	5	
翘曲	板、墙板	$L/1500$	水平尺在两端量测
设计起拱	薄腹梁、桁架、梁	±3	拉线、尺量跨中

注：L 为构件长度（mm）。

5 钢筋分项工程

5.1 一般规定

5.1.1 浇筑混凝土之前，应进行钢筋隐蔽工程验收。隐蔽工程验收应包括下列主要内容：

1 纵向受力钢筋的牌号、规格、数量、位置；

2 钢筋的连接方式、接头位置、接头质量、接头面积百分率、搭接长度、锚固方式及锚固长度；

3 箍筋、横向钢筋的牌号、规格、数量、间距、位置，箍筋弯钩的弯折角度及平直段长度；

4 预埋件的规格、数量和位置。

5.1.2 钢筋、成型钢筋进场检验，当满足下列条件之一时，其检验批容量可扩大一倍：

1 获得认证的钢筋、成型钢筋；

2 同一厂家、同一牌号、同一规格的钢筋，连续三批均一次检验合格；

3 同一厂家、同一类型、同一钢筋来源的成型钢筋，连续三批均一次检验合格。

5.2 材 料

一主控项目

5.2.1 钢筋进场时，应按国家现行相关标准的规定抽取试件作屈服强度、抗拉强度、伸长率、弯曲性能和重量偏差检验，检验结果应符合相应标准的规定。

检查数量：按进场批次和产品的抽样检验方案确定。

检验方法：检查质量证明文件和抽样检验报告。

5.2.2 成型钢筋进场时，应抽取试件作屈服强度、抗拉强度、伸长率和重量偏差检验，检验结果应符合国家现行有关标准的规定。

对由热轧钢筋制成的成型钢筋，当有施工单位或监理单位的代表驻厂监督生产过程，并提供原材钢筋力学性能第三方检验报告时，可仅进行重量偏差检验。

检查数量：同一厂家、同一类型、同一钢筋来源的成型钢筋，不超过30t为一批，每批中每种钢筋牌号、规格均应至少抽取1个钢筋试件，总数不应少于3个。

检验方法：检查质量证明文件和抽样检验报告。

5.2.3 对按一、二、三级抗震等级设计的框架和斜撑构件（含梯段）中的纵向受力普通钢筋应采用HRB335E、HRB400E、HRB500E、HRBF335E、HRBF400E或HRBF500E钢筋，其强度和最大力下总伸长率的实测值应符合下列规定：

1 抗拉强度实测值与屈服强度实测值的比值不应小于1.25；

2 屈服强度实测值与屈服强度标准值的比值不应大于1.30；

3 最大力下总伸长率不应小于9%。

检查数量：按进场的批次和产品的抽样检验方案确定。

检验方法：检查抽样检验报告。

一般项目

5.2.4 钢筋应平直、无损伤，表面不得有裂纹、油污、颗粒状或片状老锈。

检查数量：全数检查。

检验方法：观察。

5.2.5 成型钢筋的外观质量和尺寸偏差应符合国家现行有关标准的规定。

检查数量：同一厂家、同一类型的成型钢筋，不超过30t为一批，每批随机抽取3个成型钢筋。

检验方法：观察，尺量。

5.2.6 钢筋机械连接套筒、钢筋锚固板以及预埋件等的外观质量应符合国家现行有关标准的规定。

检查数量：按国家现行有关标准的规定确定。

检验方法：检查产品质量证明文件；观察，尺量。

5.3 钢 筋 加 工

一主控项目

5.3.1 钢筋弯折的弯弧内直径应符合下列规定：

1 光圆钢筋，不应小于钢筋直径的2.5倍；

2 335MPa级、400MPa级带肋钢筋，不应小于钢筋直径的4倍；

3 500MPa级带肋钢筋，当直径为28mm以下时不应小于钢筋直径的6倍，当直径为28mm及以上时不应小于钢筋直径的7倍；

4 箍筋弯折处尚不应小于纵向受力钢筋的直径。

检查数量：同一设备加工的同一类型钢筋，每工作班抽查不应少于3件。

检验方法：尺量。

5.3.2 纵向受力钢筋的弯折后平直段长度应符合设计要求。光圆钢筋末端做180°弯钩时，弯钩的平直段长度不应小于钢筋直径的3倍。

检查数量：同一设备加工的同一类型钢筋，每工作班抽查不应少于3件。

检验方法：尺量。

5.3.3 箍筋、拉筋的末端应按设计要求做弯钩，并应符合下列规定：

1 对一般结构构件，箍筋弯钩的弯折角度不应小于90°，弯折后平直段长度不应小于箍筋直径的5倍；对有抗震设防要求或设计有专门要求的结构构件，箍筋弯钩的弯折角度不应小于135°，弯折后平直段长度不应小于箍筋直径的10倍；

2 圆形箍筋的搭接长度不应小于其受拉锚固长度，且两末端弯钩的弯折角度不应小于135°，弯折后平直段长度对一般结构构件不应小于箍筋直径的5倍，对有抗震设防要求的结构构件不应小于箍筋直径的10倍；

3 梁、柱复合箍筋中的单肢箍筋两端弯钩的弯折角度均不应小于135°，弯折后平直段长度应符合本条第1款对箍筋的有关规定。

检查数量：同一设备加工的同一类型钢筋，每工作班抽查不应少于3件。

检验方法：尺量。

5.3.4 盘卷钢筋调直后应进行力学性能和重量偏差检验，其强度应符合国家现行有关标准的规定，其断后伸长率、重量偏差应符合表5.3.4的规定。力学性能和重量偏差检验应符合下列规定：

1 应对3个试件先进行重量偏差检验，再取其中2个试件进行力学性能检验。

2 重量偏差应按下式计算：

$$\Delta = \frac{W_{\mathrm{d}} - W_0}{W_0} \times 100 \qquad (5.3.4)$$

式中：Δ——重量偏差（%）；

W_{d}——3个调直钢筋试件的实际重量之和（kg）；

W_0——钢筋理论重量（kg），取每米理论重量（kg/m）与3个调直钢筋试件长度之和（m）的乘积。

3 检验重量偏差时，试件切口应平滑并与长度方向垂直，其长度不应小于500mm；长度和重量的量测精度分别不应低于1mm和1g。

采用无延伸功能的机械设备调直的钢筋，可不进行本条规定的检验。

检查数量：同一设备加工的同一牌号、同一规格的调直钢筋，重量不大于30t为一批，每批见证抽取3个试件。

检验方法：检查抽样检验报告。

表5.3.4 盘卷钢筋调直后的断后伸长率、重量偏差要求

钢筋牌号	断后伸长率 A（%）	重量偏差（%）	
		直径6mm～12mm	直径14mm～16mm
HPB300	≥21	≥−10	—
HRB335、HRBF335	≥16		
HRB400、HRBF400	≥15	≥−8	≥−6
RRB400	≥13		
HRB500、HRBF500	≥14		

注：断后伸长率 A 的量测标距为5倍钢筋直径。

一 般 项 目

5.3.5 钢筋加工的形状、尺寸应符合设计要求，其偏差应符合表5.3.5的规定。

检查数量：同一设备加工的同一类型钢筋，每工作班抽查不应少于3件。

检验方法：尺量。

表5.3.5 钢筋加工的允许偏差

项　　目	允许偏差（mm）
受力钢筋沿长度方向的净尺寸	±10
弯起钢筋的弯折位置	±20
箍筋外廓尺寸	±5

5.4　钢　筋　连　接

主 控 项 目

5.4.1 钢筋的连接方式应符合设计要求。

检查数量：全数检查。

检验方法：观察。

5.4.2 钢筋采用机械连接或焊接连接时，钢筋机械连接接头、焊接接头的力学性能、弯曲性能应符合国家现行有关标准的规定。接头试件应从工程实体中截取。

检查数量：按现行行业标准《钢筋机械连接技术规程》JGJ 107和《钢筋焊接及验收规程》JGJ 18的规定确定。

检验方法：检查质量证明文件和抽样检验报告。

5.4.3 钢筋采用机械连接时，螺纹接头应检验拧紧扭矩值，挤压接头应量测压痕直径，检验结果应符合现行行业标准《钢筋机械连接技术规程》JGJ 107的相关规定。

检查数量：按现行行业标准《钢筋机械连接技术规程》JGJ 107的规定确定。

检验方法：采用专用扭力扳手或专用量规检查。

一 般 项 目

5.4.4 钢筋接头的位置应符合设计和施工方案要求。有抗震设防要求的结构中，梁端、柱端箍筋加密区范围内不应进行钢筋搭接。接头末端至钢筋弯起点的距离不应小于钢筋直径的10倍。

检查数量：全数检查。

检验方法：观察，尺量。

5.4.5 钢筋机械连接接头、焊接接头的外观质量应符合现行行业标准《钢筋机械连接技术规程》JGJ 107和《钢筋焊接及验收规程》JGJ 18的规定。

检查数量：按现行行业标准《钢筋机械连接技术规程》JGJ 107和《钢筋焊接及验收规程》JGJ 18的规定确定。

检验方法：观察，尺量。

5.4.6 当纵向受力钢筋采用机械连接接头或焊接接头时，同一连接区段内纵向受力钢筋的接头面积百分率应符合设计要求；当设计无具体要求时，应符合下列规定：

1 受拉接头，不宜大于50%；受压接头，可不受限制；

2 直接承受动力荷载的结构构件中，不宜采用焊接；当采用机械连接时，不应超过50%。

检查数量：在同一检验批内，对梁、柱和独立基础，应抽查构件数量的10%，且不应少于3件；对墙和板，应按有代表性的自然间抽查10%，且不应少于3间；对大空间结构，墙可按相邻轴线间高度5m

左右划分检查面，板可按纵横轴线划分检查面，抽查10%，且均不应少于3面。

检验方法：观察，尺量。

注：1　接头连接区段是指长度为 35d 且不小于 500mm 的区段，d 为相互连接两根钢筋的直径较小值。

2　同一连接区段内纵向受力钢筋接头面积百分率为接头中点位于该连接区段内的纵向受力钢筋截面面积与全部纵向受力钢筋截面面积的比值。

5.4.7 当纵向受力钢筋采用绑扎搭接头时，接头的设置应符合下列规定：

1　接头的横向净间距不应小于钢筋直径，且不应小于 25mm；

2　同一连接区段内，纵向受拉钢筋的接头面积百分率应符合设计要求；当设计无具体要求时，应符合下列规定：

1）梁类、板类及墙类构件，不宜超过 25%；基础筏板，不宜超过 50%。

2）柱类构件，不宜超过 50%。

3）当工程中确有必要增大接头面积百分率时，对梁类构件，不应大于 50%。

检查数量：在同一检验批内，对梁、柱和独立基础，应抽查构件数量的 10%，且不应少于 3 件；对墙和板，应按有代表性的自然间抽查 10%，且不应少于 3 间；对大空间结构，墙可按相邻轴线间高度 5m 左右划分检查面，板可按纵横轴线划分检查面，抽查10%，且均不应少于3面。

检验方法：观察，尺量。

注：1　接头连接区段是指长度为 1.3 倍搭接长度的区段。搭接长度取相互连接两根钢筋中较小直径计算。

2　同一连接区段内纵向受力钢筋接头面积百分率为接头中点位于该连接区段长度内的纵向受力钢筋截面面积与全部纵向受力钢筋截面面积的比值。

5.4.8 梁、柱类构件的纵向受力钢筋搭接长度范围内箍筋的设置应符合设计要求；当设计无具体要求时，应符合下列规定：

1　箍筋直径不应小于搭接钢筋较大直径的 1/4；

2　受拉搭接区段的箍筋间距不应大于搭接钢筋较小直径的 5 倍，且不应大于 100mm；

3　受压搭接区段的箍筋间距不应大于搭接钢筋较小直径的 10 倍，且不应大于 200mm；

4　当柱中纵向受力钢筋直径大于 25mm 时，应在搭接接头两个端面外 100mm 范围内各设置二道箍筋，其间距宜为 50mm。

检查数量：在同一检验批内，应抽查构件数量的 10%，且不应少于 3 件。

检验方法：观察，尺量。

5.5　钢筋安装

主控项目

5.5.1 钢筋安装时，受力钢筋的牌号、规格和数量必须符合设计要求。

检查数量：全数检查。

检验方法：观察，尺量。

5.5.2 钢筋应安装牢固。受力钢筋的安装位置、锚固方式应符合设计要求。

检查数量：全数检查。

检验方法：观察，尺量。

一般项目

5.5.3 钢筋安装偏差及检验方法应符合表 5.5.3 的规定，受力钢筋保护层厚度的合格点率应达到 90% 及以上，且不得有超过表中数值 1.5 倍的尺寸偏差。

检查数量：在同一检验批内，对梁、柱和独立基础，应抽查构件数量的 10%，且不应少于 3 件；对墙和板，应按有代表性的自然间抽查 10%，且不应少于 3 间；对大空间结构，墙可按相邻轴线间高度 5m 左右划分检查面，板可按纵、横轴线划分检查面，抽查 10%，且均不应少于 3 面。

表 5.5.3　钢筋安装允许偏差和检验方法

项　目		允许偏差（mm）	检 验 方 法
绑扎钢筋网	长、宽	±10	尺量
	网眼尺寸	±20	尺量连续三档，取最大偏差值
绑扎钢筋骨架	长	±10	尺量
	宽、高	±5	尺量
纵向受力钢筋	锚固长度	−20	尺量
	间距	±10	尺量两端、中间各一点，取最大偏差值
	排距	±5	
纵向受力钢筋、箍筋的混凝土保护层厚度	基础	±10	尺量
	柱、梁	±5	尺量
	板、墙、壳	±3	尺量
绑扎箍筋、横向钢筋间距		±20	尺量连续三档，取最大偏差值
钢筋弯起点位置		20	尺量
预埋件	中心线位置	5	尺量
	水平高差	+3，0	塞尺量测

注：检查中心线位置时，沿纵、横两个方向量测，并取其中偏差的较大值。

6 预应力分项工程

6.1 一般规定

6.1.1 浇筑混凝土之前，应进行预应力隐蔽工程验收。隐蔽工程验收应包括下列主要内容：

1 预应力筋的品种、规格、级别、数量和位置；

2 成孔管道的规格、数量、位置、形状、连接以及灌浆孔、排气兼泌水孔；

3 局部加强钢筋的牌号、规格、数量和位置；

4 预应力筋锚具和连接器及锚垫板的品种、规格、数量和位置。

6.1.2 预应力筋、锚具、夹具、连接器、成孔管道的进场检验，当满足下列条件之一时，其检验批容量可扩大一倍：

1 获得认证的产品；

2 同一厂家、同一品种、同一规格的产品，连续三批均一次检验合格。

6.1.3 预应力筋张拉机具及压力表应定期维护。张拉设备和压力表应配套标定和使用，标定期限不应超过半年。

6.2 材 料

主 控 项 目

6.2.1 预应力筋进场时，应按国家现行相关标准的规定抽取试件作抗拉强度、伸长率检验，其检验结果应符合相应标准的规定。

检查数量：按进场的批次和产品的抽样检验方案确定。

检验方法：检查质量证明文件和抽样检验报告。

6.2.2 无粘结预应力钢绞线进场时，应进行防腐润滑脂量和护套厚度的检验，检验结果应符合现行行业标准《无粘结预应力钢绞线》JG 161 的规定。

经观察认为涂包质量有保证时，无粘结预应力筋可不作油脂量和护套厚度的抽样检验。

检查数量：按现行行业标准《无粘结预应力钢绞线》JG 161 的规定确定。

检验方法：观察，检查质量证明文件和抽样检验报告。

6.2.3 预应力筋用锚具应和锚垫板、局部加强钢筋配套使用，锚具、夹具和连接器进场时，应按现行行业标准《预应力筋用锚具、夹具和连接器应用技术规程》JGJ 85 的相关规定对其性能进行检验，检验结果应符合该标准的规定。

锚具、夹具和连接器用量不足检验批规定数量的 50%，且供货方提供有效的检验报告时，可不作静载锚固性能检验。

检查数量：按现行行业标准《预应力筋用锚具、夹具和连接器应用技术规程》JGJ 85 的规定确定。

检验方法：检查质量证明文件、锚固区传力性能试验报告和抽样检验报告。

6.2.4 处于三 a、三 b 类环境条件下的无粘结预应力筋用锚具系统，应按现行行业标准《无粘结预应力混凝土结构技术规程》JGJ 92 的相关规定检验其防水性能，检验结果应符合该标准的规定。

检查数量：同一品种、同一规格的锚具系统为一批，每批抽取 3 套。

检验方法：检查质量证明文件和抽样检验报告。

6.2.5 孔道灌浆用水泥应采用硅酸盐水泥或普通硅酸盐水泥，水泥、外加剂的质量应分别符合本规范第 7.2.1 条、第 7.2.2 条的规定；成品灌浆材料的质量应符合现行国家标准《水泥基灌浆材料应用技术规范》GB/T 50448 的规定。

检查数量：按进场批次和产品的抽样检验方案确定。

检验方法：检查质量证明文件和抽样检验报告。

一 般 项 目

6.2.6 预应力筋进场时，应进行外观检查，其外观质量应符合下列规定：

1 有粘结预应力筋的表面不应有裂纹、小刺、机械损伤、氧化铁皮和油污等，展开后应平顺、不应有弯折；

2 无粘结预应力钢绞线护套应光滑、无裂缝，无明显褶皱；轻微破损处应外包防水塑料胶带修补，严重破损者不得使用。

检查数量：全数检查。

检验方法：观察。

6.2.7 预应力筋用锚具、夹具和连接器进场时，应进行外观检查，其表面应无污物、锈蚀、机械损伤和裂纹。

检查数量：全数检查。

检验方法：观察。

6.2.8 预应力成孔管道进场时，应进行管道外观质量检查、径向刚度和抗渗漏性能检验，其检验结果应符合下列规定：

1 金属管道外观应清洁，内外表面应无锈蚀、油污、附着物、孔洞；金属波纹管不应有不规则褶皱，咬口应无开裂、脱扣；钢管焊缝应连续；

2 塑料波纹管的外观应光滑、色泽均匀，内外壁不应有气泡、裂口、硬块、油污、附着物、孔洞及影响使用的划伤；

3 径向刚度和抗渗漏性能应符合现行行业标准《预应力混凝土桥梁用塑料波纹管》JT/T 529 或《预应力混凝土用金属波纹管》JG 225 的规定。

检查数量：外观应全数检查；径向刚度和抗渗漏

性能的检查数量应按进场的批次和产品的抽样检验方案确定。

检验方法：观察，检查质量证明文件和抽样检验报告。

6.3 制作与安装

一主 控 项 目一

6.3.1 预应力筋安装时，其品种、规格、级别和数量必须符合设计要求。

检查数量：全数检查。

检验方法：观察，尺量。

6.3.2 预应力筋的安装位置应符合设计要求。

检查数量：全数检查。

检验方法：观察，尺量。

一般 项 目一

6.3.3 预应力筋端部锚具的制作质量应符合下列规定：

1 钢绞线挤压锚具挤压完成后，预应力筋外端露出挤压套筒的长度不应小于1mm；

2 钢绞线压花锚具的梨形头尺寸和直线锚固段长度不应小于设计值；

3 钢丝镦头不应出现横向裂纹，镦头的强度不得低于钢丝强度标准值的98%。

检查数量：对挤压锚，每工作班抽查5%，且不应少于5件；对压花锚，每工作班抽查3件；对钢丝镦头强度，每批钢丝检查6个镦头试件。

检验方法：观察，尺量，检查镦头强度试验报告。

6.3.4 预应力筋或成孔管道的安装质量应符合下列规定：

1 成孔管道的连接应密封；

2 预应力筋或成孔管道应平顺，并应与定位支撑钢筋绑扎牢固；

3 当后张有粘结预应力筋曲线孔道波峰和波谷的高差大于300mm，且采用普通灌浆工艺时，应在孔道波峰设置排气孔；

4 锚垫板的承压面应与预应力筋或孔道曲线末端垂直，预应力筋或孔道曲线末端直线段长度应符合表6.3.4规定。

检查数量：第1~3款应全数检查；第4款应抽查预应力束总数的10%，且不少于5束。

检验方法：观察，尺量。

表 6.3.4　预应力筋曲线起始点与张拉锚固点之间直线段最小长度

预应力筋张拉控制力 N（kN）	N≤1500	1500<N≤6000	N>6000
直线段最小长度（mm）	400	500	600

6.3.5 预应力筋或成孔管道定位控制点的竖向位置偏差应符合表6.3.5的规定，其合格点率应达到90%及以上，且不得有超过表中数值1.5倍的尺寸偏差。

检查数量：在同一检验批内，应抽查各类型构件总数的10%，且不少于3个构件，每个构件不应少于5处。

检验方法：尺量。

表 6.3.5　预应力筋或成孔管道定位控制点的竖向位置允许偏差

构件截面高（厚）度（mm）	h≤300	300<h≤1500	h>1500
允许偏差（mm）	±5	±10	±15

6.4 张拉和放张

一主 控 项 目一

6.4.1 预应力筋张拉或放张前，应对构件混凝土强度进行检验。同条件养护的混凝土立方体试件抗压强度应符合设计要求，当设计无具体要求时应符合下列规定：

1 应达到配套锚固产品技术要求的混凝土最低强度且不应低于设计混凝土强度等级值的75%；

2 对采用消除应力钢丝或钢绞线作为预应力筋的先张法构件，不应低于30MPa。

检查数量：全数检查。

检验方法：检查同条件养护试件抗压强度试验报告。

6.4.2 对后张法预应力结构构件，钢绞线出现断裂或滑脱的数量不应超过同一截面钢绞线总根数的3%，且每根断裂的钢绞线断丝不得超过一丝；对多跨双向连续板，其同一截面应按每跨计算。

检查数量：全数检查。

检验方法：观察，检查张拉记录。

6.4.3 先张法预应力筋张拉锚固后，实际建立的预应力值与工程设计规定检验值的相对允许偏差为±5%。

检查数量：每工作班抽查预应力筋总数的1%，且不应少于3根。

检验方法：检查预应力筋应力检测记录。

一般 项 目一

6.4.4 预应力筋张拉质量应符合下列规定：

1 采用应力控制方法张拉时，张拉力下预应力筋的实测伸长值与计算伸长值的相对允许偏差为±6%；

2 最大张拉应力应符合现行国家标准《混凝土

结构工程施工规范》GB 50666 的规定。

检查数量：全数检查。

检验方法：检查张拉记录。

6.4.5 先张法预应力构件，应检查预应力筋张拉后的位置偏差，张拉后预应力筋的位置与设计位置的偏差不应大于 5mm，且不应大于构件截面短边边长的 4%。

检查数量：每工作班抽查预应力筋总数的 3%，且不应少于 3 束。

检验方法：尺量。

6.4.6 锚固阶段张拉端预应力筋的内缩量应符合设计要求；当设计无具体要求时，应符合表 6.4.6 的规定。

检查数量：每工作班抽查预应力筋总数的 3%，且不少于 3 束。

检验方法：尺量。

表 6.4.6 张拉端预应力筋的内缩量限值

锚具类别		内缩量限值（mm）
支承式锚具（镦头锚具等）	螺帽缝隙	1
	每块后加垫板的缝隙	1
锥塞式锚具		5
夹片式锚具	有顶压	5
	无顶压	6～8

6.5 灌浆及封锚

一般项目

主控项目

6.5.1 预留孔道灌浆后，孔道内水泥浆应饱满、密实。

检查数量：全数检查。

检验方法：观察，检查灌浆记录。

6.5.2 灌浆用水泥浆的性能应符合下列规定：

1 3h 自由泌水率宜为 0，且不应大于 1%，泌水应在 24h 内全部被水泥浆吸收；

2 水泥浆中氯离子含量不应超过水泥重量的 0.06%；

3 当采用普通灌浆工艺时，24h 自由膨胀率不应大于 6%；当采用真空灌浆工艺时，24h 自由膨胀率不应大于 3%。

检查数量：同一配合比检查一次。

检验方法：检查水泥浆性能试验报告。

6.5.3 现场留置的灌浆用水泥浆试件的抗压强度不应低于 30MPa。

试件抗压强度检验应符合下列规定：

1 每组应留取 6 个边长为 70.7mm 的立方体试件，并应标准养护 28d；

2 试件抗压强度应取 6 个试件的平均值；当一组试件中抗压强度最大值或最小值与平均值相差超过 20% 时，应取中间 4 个试件强度的平均值。

检查数量：每工作班留置一组。

检验方法：检查试件强度试验报告。

6.5.4 锚具的封闭保护措施应符合设计要求。当设计无具体要求时，外露锚具和预应力筋的混凝土保护层厚度不应小于：一类环境时 20mm，二 a、二 b 类环境时 50mm，三 a、三 b 类环境时 80mm。

检查数量：在同一检验批内，抽查预应力筋总数的 5%，且不应少于 5 处。

检验方法：观察，尺量。

一 般 项 目

6.5.5 后张法预应力筋锚固后，锚具外预应力筋的外露长度不应小于其直径的 1.5 倍，且不应小于 30mm。

检查数量：在同一检验批内，抽查预应力筋总数的 3%，且不应少于 5 束。

检验方法：观察，尺量。

7 混凝土分项工程

7.1 一 般 规 定

7.1.1 混凝土强度应按现行国家标准《混凝土强度检验评定标准》GB/T 50107 的规定分批检验评定。划入同一检验批的混凝土，其施工持续时间不宜超过 3 个月。

检验评定混凝土强度时，应采用 28d 或设计规定龄期的标准养护试件。

试件成型方法及标准养护条件应符合现行国家标准《普通混凝土力学性能试验方法标准》GB/T 50081 的规定。采用蒸汽养护的构件，其试件应先随构件同条件养护，然后再置入标准养护条件下继续养护至 28d 或设计规定龄期。

7.1.2 当采用非标准尺寸试件时，应将其抗压强度乘以尺寸折算系数，折算成边长为 150mm 的标准尺寸试件抗压强度。尺寸折算系数应按现行国家标准《混凝土强度检验评定标准》GB/T 50107 采用。

7.1.3 当混凝土试件强度评定不合格时，应委托具有资质的检测机构按国家现行有关标准的规定对结构构件中的混凝土强度进行检测推定，并应按本规范第 10.2.2 条的规定进行处理。

7.1.4 混凝土有耐久性指标要求时，应按现行行业标准《混凝土耐久性检验评定标准》JGJ/T 193 的规定检验评定。

7.1.5 大批量、连续生产的同一配合比混凝土，混凝土生产单位应提供基本性能试验报告。

7.1.6 预拌混凝土的原材料质量、制备等应符合现行国家标准《预拌混凝土》GB/T 14902 的规定。

7.1.7 水泥、外加剂进场检验，当满足下列条件之一时，其检验批容量可扩大一倍：

1 获得认证的产品；

2 同一厂家、同一品种、同一规格的产品，连续三次进场检验均一次检验合格。

7.2 原 材 料

主 控 项 目

7.2.1 水泥进场时，应对其品种、代号、强度等级、包装或散装编号、出厂日期等进行检查，并应对水泥的强度、安定性和凝结时间进行检验，检验结果应符合现行国家标准《通用硅酸盐水泥》GB 175 等的相关规定。

检查数量：按同一厂家、同一品种、同一代号、同一强度等级、同一批号且连续进场的水泥，袋装不超过 200t 为一批，散装不超过 500t 为一批，每批抽样数量不应少于一次。

检验方法：检查质量证明文件和抽样检验报告。

7.2.2 混凝土外加剂进场时，应对其品种、性能、出厂日期等进行检查，并应对外加剂的相关性能指标进行检验，检验结果应符合现行国家标准《混凝土外加剂》GB 8076 和《混凝土外加剂应用技术规范》GB 50119 等的规定。

检查数量：按同一厂家、同一品种、同一性能、同一批号且连续进场的混凝土外加剂，不超过 50t 为一批，每批抽样数量不应少于一次。

检验方法：检查质量证明文件和抽样检验报告。

一 般 项 目

7.2.3 混凝土用矿物掺合料进场时，应对其品种、技术指标、出厂日期等进行检查，并应对矿物掺合料的相关技术指标进行检验，检验结果应符合国家现行有关标准的规定。

检查数量：按同一厂家、同一品种、同一技术指标、同一批号且连续进场的矿物掺合料，粉煤灰、石灰石粉、磷渣粉和钢铁渣粉不超过 200t 为一批，粒化高炉矿渣粉和复合矿物掺合料不超过 500t 为一批，沸石粉不超过 120t 为一批，硅灰不超过 30t 为一批，每批抽样数量不应少于一次。

检验方法：检查质量证明文件和抽样检验报告。

7.2.4 混凝土原材料中的粗骨料、细骨料质量应符合现行行业标准《普通混凝土用砂、石质量及检验方法标准》JGJ 52 的规定，使用经过净化处理的海砂应符合现行行业标准《海砂混凝土应用技术规范》JGJ 206 的规定，再生混凝土骨料应符合现行国家标准《混凝土用再生粗骨料》GB/T 25177 和《混凝土和砂

浆用再生细骨料》GB/T 25176 的规定。

检查数量：按现行行业标准《普通混凝土用砂、石质量及检验方法标准》JGJ 52 的规定确定。

检验方法：检查抽样检验报告。

7.2.5 混凝土拌制及养护用水应符合现行行业标准《混凝土用水标准》JGJ 63 的规定。采用饮用水时，可不检验；采用中水、搅拌站清洗水、施工现场循环水等其他水源时，应对其成分进行检验。

检查数量：同一水源检查不应少于一次。

检验方法：检查水质检验报告。

7.3 混凝土拌合物

主 控 项 目

7.3.1 预拌混凝土进场时，其质量应符合现行国家标准《预拌混凝土》GB/T 14902 的规定。

检查数量：全数检查。

检验方法：检查质量证明文件。

7.3.2 混凝土拌合物不应离析。

检查数量：全数检查。

检验方法：观察。

7.3.3 混凝土中氯离子含量和碱总含量应符合现行国家标准《混凝土结构设计规范》GB 50010 的规定和设计要求。

检查数量：同一配合比的混凝土检查不应少于一次。

检验方法：检查原材料试验报告和氯离子、碱的总含量计算书。

7.3.4 首次使用的混凝土配合比应进行开盘鉴定，其原材料、强度、凝结时间、稠度等应满足设计配合比的要求。

检查数量：同一配合比的混凝土检查不应少于一次。

检验方法：检查开盘鉴定资料和强度试验报告。

一 般 项 目

7.3.5 混凝土拌合物稠度应满足施工方案的要求。

检查数量：对同一配合比混凝土，取样应符合下列规定：

1 每拌制 100 盘且不超过 100m³ 时，取样不得少于一次；

2 每工作班拌制不足 100 盘时，取样不得少于一次；

3 连续浇筑超过 1000m³ 时，每 200m³ 取样不得少于一次；

4 每一楼层取样不得少于一次。

检验方法：检查稠度抽样检验记录。

7.3.6 混凝土有耐久性指标要求时，应在施工现场随机抽取试件进行耐久性检验，其检验结果应符合国

家现行有关标准的规定和设计要求。

检查数量：同一配合比的混凝土，取样不应少于一次，留置试件数量应符合国家现行标准《普通混凝土长期性能和耐久性能试验方法标准》GB/T 50082和《混凝土耐久性检验评定标准》JGJ/T 193 的规定。

检验方法：检查试件耐久性试验报告。

7.3.7 混凝土有抗冻要求时，应在施工现场进行混凝土含气量检验，其检验结果应符合国家现行有关标准的规定和设计要求。

检查数量：同一配合比的混凝土，取样不应少于一次，取样数量应符合现行国家标准《普通混凝土拌合物性能试验方法标准》GB/T 50080 的规定。

检验方法：检查混凝土含气量试验报告。

7.4 混凝土施工

主控项目

7.4.1 混凝土的强度等级必须符合设计要求。用于检验混凝土强度的试件应在浇筑地点随机抽取。

检查数量：对同一配合比混凝土，取样与试件留置应符合下列规定：

1 每拌制 100 盘且不超过 100m³ 时，取样不得少于一次；

2 每工作班拌制不足 100 盘时，取样不得少于一次；

3 连续浇筑超过 1000m³ 时，每 200m³ 取样不得少于一次；

4 每一楼层取样不得少于一次；

5 每次取样应至少留置一组试件。

检验方法：检查施工记录及混凝土强度试验报告。

一般项目

7.4.2 后浇带的留设位置应符合设计要求。后浇带和施工缝的留设及处理方法应符合施工方案要求。

检查数量：全数检查。

检验方法：观察。

7.4.3 混凝土浇筑完毕后应及时进行养护，养护时间以及养护方法应符合施工方案要求。

检查数量：全数检查。

检验方法：观察，检查混凝土养护记录。

8 现浇结构分项工程

8.1 一 般 规 定

8.1.1 现浇结构质量验收应符合下列规定：

1 现浇结构质量验收应在拆模后、混凝土表面

未作修整和装饰前进行，并应作出记录；

2 已经隐蔽的不可直接观察和量测的内容，可检查隐蔽工程验收记录；

3 修整或返工的结构构件或部位应有实施前后的文字及图像记录。

8.1.2 现浇结构的外观质量缺陷应由监理单位、施工单位等各方根据其对结构性能和使用功能影响的严重程度按表 8.1.2 确定。

表 8.1.2 现浇结构外观质量缺陷

名称	现　　象	严重缺陷	一般缺陷
露筋	构件内钢筋未被混凝土包裹而外露	纵向受力钢筋有露筋	其他钢筋有少量露筋
蜂窝	混凝土表面缺少水泥砂浆而形成石子外露	构件主要受力部位有蜂窝	其他部位有少量蜂窝
孔洞	混凝土中孔穴深度和长度均超过保护层厚度	构件主要受力部位有孔洞	其他部位有少量孔洞
夹渣	混凝土中夹有杂物且深度超过保护层厚度	构件主要受力部位有夹渣	其他部位有少量夹渣
疏松	混凝土中局部不密实	构件主要受力部位有疏松	其他部位有少量疏松
裂缝	裂缝从混凝土表面延伸至混凝土内部	构件主要受力部位有影响结构性能或使用功能的裂缝	其他部位有少量不影响结构性能或使用功能的裂缝
连接部位缺陷	构件连接处混凝土有缺陷或连接钢筋、连接件松动	连接部位有影响结构传力性能的缺陷	连接部位有基本不影响结构传力性能的缺陷
外形缺陷	缺棱掉角、棱角不直、翘曲不平、飞边凸肋等	清水混凝土构件有影响使用功能或装饰效果的外形缺陷	其他混凝土构件有不影响使用功能的外形缺陷
外表缺陷	构件表面麻面、掉皮、起砂、沾污等	具有重要装饰效果的清水混凝土构件有外表缺陷	其他混凝土构件有不影响使用功能的外表缺陷

8.1.3 装配式结构现浇部分的外观质量、位置偏差、尺寸偏差验收应符合本章要求。

8.2 外 观 质 量

主控项目

8.2.1 现浇结构的外观质量不应有严重缺陷。

对已经出现的严重缺陷，应由施工单位提出技术处理方案，并经监理单位认可后进行处理；对裂缝或连接部位的严重缺陷及其他影响结构安全的严重缺陷，技术处理方案尚应经设计单位认可。对经处理的部位应重新验收。

检查数量：全数检查。

检验方法：观察，检查处理记录。

一般项目

8.2.2 现浇结构的外观质量不应有一般缺陷。

对已经出现的一般缺陷，应由施工单位按技术处理方案进行处理。对经处理的部位应重新验收。

检查数量：全数检查。

检验方法：观察，检查处理记录。

8.3 位置和尺寸偏差

主控项目

8.3.1 现浇结构不应有影响结构性能或使用功能的尺寸偏差；混凝土设备基础不应有影响结构性能或设备安装的尺寸偏差。

对超过尺寸允许偏差且影响结构性能或安装、使用功能的部位，应由施工单位提出技术处理方案，并经监理、设计单位认可后进行处理。对经处理的部位应重新验收。

检查数量：全数检查。

检验方法：量测，检查处理记录。

一般项目

8.3.2 现浇结构的位置和尺寸偏差及检验方法应符合表8.3.2的规定。

检查数量：按楼层、结构缝或施工段划分检验批。在同一检验批内，对梁、柱和独立基础，应抽查构件数量的10%，且不应少于3件；对墙和板，应按有代表性的自然间抽查10%，且不应少于3间；对大空间结构，墙可按相邻轴线间高度5m左右划分检查面，板可按纵、横轴线划分检查面，抽查10%，且均不应少于3面；对电梯井，应全数检查。

表8.3.2 现浇结构位置和尺寸允许偏差及检验方法

项	目		允许偏差（mm）	检验方法
轴线位置	整体基础		15	经纬仪及尺量
	独立基础		10	经纬仪及尺量
	柱、墙、梁		8	尺量

续表8.3.2

项	目		允许偏差（mm）	检验方法
垂直度	层高	≤6m	10	经纬仪或吊线、尺量
		>6m	12	经纬仪或吊线、尺量
	全高（H）≤300m		$H/30000+20$	经纬仪、尺量
	全高（H）>300m		$H/10000$ 且≤80	经纬仪、尺量
标高	层高		±10	水准仪或拉线、尺量
	全高		±30	水准仪或拉线、尺量
截面尺寸	基础		+15，−10	尺量
	柱、梁、板、墙		+10，−5	尺量
	楼梯相邻踏步高差		6	尺量
电梯井	中心位置		10	尺量
	长、宽尺寸		+25，0	尺量
表面平整度			8	2m靠尺和塞尺量测
预埋件中心位置	预埋板		10	尺量
	预埋螺栓		5	尺量
	预埋管		5	尺量
	其他		10	尺量
预留洞、孔中心线位置			15	尺量

注：1 检查柱轴线、中心线位置时，沿纵、横两个方向测量，并取其中偏差的较大值。

2 H 为全高，单位为mm。

8.3.3 现浇设备基础的位置和尺寸应符合设计和设备安装的要求。其位置和尺寸偏差及检验方法应符合表8.3.3的规定。

检查数量：全数检查。

表8.3.3 现浇设备基础位置和尺寸允许偏差及检验方法

项 目	允许偏差（mm）	检验方法
坐标位置	20	经纬仪及尺量
不同平面标高	0，−20	水准仪或拉线、尺量
平面外形尺寸	±20	尺量
凸台上平面外形尺寸	0，−20	尺量

续表 8.3.3

项 目		允许偏差（mm）	检验方法
凹槽尺寸		+20, 0	尺量
平面水平度	每米	5	水平尺、塞尺量测
	全长	10	水准仪或拉线、尺量
垂直度	每米	5	经纬仪或吊线、尺量
	全高	10	经纬仪或吊线、尺量
预埋地脚螺栓	中心位置	2	尺量
	顶标高	+20, 0	水准仪或拉线、尺量
	中心距	±2	尺量
	垂直度	5	吊线、尺量
预埋地脚螺栓孔	中心线位置	10	尺量
	截面尺寸	+20, 0	尺量
	深度	+20, 0	尺量
	垂直度	$h/100$ 且≤10	吊线、尺量
预埋活动地脚螺栓锚板	中心线位置	5	尺量
	标高	+20, 0	水准仪或拉线、尺量
	带槽锚板平整度	5	直尺、塞尺量测
	带螺纹孔锚板平整度	2	直尺、塞尺量测

注：1 检查坐标、中心线位置时，应沿纵、横两个方向测量，并取其中偏差的较大值。
　　2 h 为预埋地脚螺栓孔孔深，单位为 mm。

9 装配式结构分项工程

9.1 一般规定

9.1.1 装配式结构连接部位及叠合构件浇筑混凝土之前，应进行隐蔽工程验收。隐蔽工程验收应包括下列主要内容：

　　1 混凝土粗糙面的质量，键槽的尺寸、数量、位置；

　　2 钢筋的牌号、规格、数量、位置、间距，箍筋弯钩的弯折角度及平直段长度；

　　3 钢筋的连接方式、接头位置、接头数量、接头面积百分率、搭接长度、锚固方式及锚固长度；

　　4 预埋件、预留管线的规格、数量、位置。

9.1.2 装配式结构的接缝施工质量及防水性能应符合设计要求和国家现行有关标准的规定。

9.2 预制构件

主控项目

9.2.1 预制构件的质量应符合本规范、国家现行有关标准的规定和设计的要求。

　　检查数量：全数检查。

　　检验方法：检查质量证明文件或质量验收记录。

9.2.2 专业企业生产的预制构件进场时，预制构件结构性能检验应符合下列规定：

　　1 梁板类简支受弯预制构件进场时应进行结构性能检验，并应符合下列规定：

　　　　1）结构性能检验应符合国家现行有关标准的有关规定及设计的要求，检验要求和试验方法应符合本规范附录 B 的规定。

　　　　2）钢筋混凝土构件和允许出现裂缝的预应力混凝土构件应进行承载力、挠度和裂缝宽度检验；不允许出现裂缝的预应力混凝土构件应进行承载力、挠度和抗裂检验。

　　　　3）对大型构件及有可靠应用经验的构件，可只进行裂缝宽度、抗裂和挠度检验。

　　　　4）对使用数量较少的构件，当能提供可靠依据时，可不进行结构性能检验。

　　2 对其他预制构件，除设计有专门要求外，进场时可不做结构性能检验。

　　3 对进场时不做结构性能检验的预制构件，应采取下列措施：

　　　　1）施工单位或监理单位代表应驻厂监督生产过程。

　　　　2）当无驻厂监督时，预制构件进场时应对其主要受力钢筋数量、规格、间距、保护层厚度及混凝土强度等进行实体检验。

　　检验数量：同一类型预制构件不超过 1000 个为一批，每批随机抽取 1 个构件进行结构性能检验。

　　检验方法：检查结构性能检验报告或实体检验报告。

　　注："同类型"是指同一钢种、同一混凝土强度等级、同一生产工艺和同一结构形式。抽取预制构件时，宜从设计荷载最大、受力最不利或生产数量最多的预制构件中抽取。

9.2.3 预制构件的外观质量不应有严重缺陷，且不应有影响结构性能和安装、使用功能的尺寸偏差。

　　检查数量：全数检查。

　　检验方法：观察，尺量；检查处理记录。

9.2.4 预制构件上的预埋件、预留插筋、预埋管线等的规格和数量以及预留孔、预留洞的数量应符合设计要求。

检查数量：全数检查。

检验方法：观察。

一般项目

9.2.5 预制构件应有标识。

检查数量：全数检查。

检验方法：观察。

9.2.6 预制构件的外观质量不应有一般缺陷。

检查数量：全数检查。

检验方法：观察，检查处理记录。

9.2.7 预制构件尺寸偏差及检验方法应符合表9.2.7的规定；设计有专门规定时，尚应符合设计要求。施工过程中临时使用的预埋件，其中心线位置允许偏差可取表9.2.7中规定数值的2倍。

检查数量：同一类型的构件，不超过100个为一批，每批应抽查构件数量的5%，且不应少于3个。

表9.2.7 预制构件尺寸允许偏差及检验方法

<table>
<tr><td colspan="3">项 目</td><td>允许偏差（mm）</td><td>检验方法</td></tr>
<tr><td rowspan="4">长度</td><td rowspan="3">楼板、梁、柱、桁架</td><td>＜12m</td><td>±5</td><td rowspan="3">尺量</td></tr>
<tr><td>≥12m且＜18m</td><td>±10</td></tr>
<tr><td>≥18m</td><td>±20</td></tr>
<tr><td colspan="2">墙板</td><td>±4</td></tr>
<tr><td rowspan="2">宽度、高（厚）度</td><td colspan="2">楼板、梁、柱、桁架</td><td>±5</td><td rowspan="2">尺量一端及中部，取其中偏差绝对值较大处</td></tr>
<tr><td colspan="2">墙板</td><td>±4</td></tr>
<tr><td rowspan="2">表面平整度</td><td colspan="2">楼板、梁、柱、墙板内表面</td><td>5</td><td rowspan="2">2m靠尺和塞尺量测</td></tr>
<tr><td colspan="2">墙板外表面</td><td>3</td></tr>
<tr><td rowspan="2">侧向弯曲</td><td colspan="2">楼板、梁、柱</td><td>L/750且≤20</td><td rowspan="2">拉线、直尺量测最大侧向弯曲处</td></tr>
<tr><td colspan="2">墙板、桁架</td><td>L/1000且≤20</td></tr>
<tr><td rowspan="2">翘曲</td><td colspan="2">楼板</td><td>L/750</td><td rowspan="2">调平尺在两端量测</td></tr>
<tr><td colspan="2">墙板</td><td>L/1000</td></tr>
<tr><td rowspan="2">对角线</td><td colspan="2">楼板</td><td>10</td><td rowspan="2">尺量两个对角线</td></tr>
<tr><td colspan="2">墙板</td><td>5</td></tr>
<tr><td rowspan="2">预留孔</td><td colspan="2">中心线位置</td><td>5</td><td rowspan="2">尺量</td></tr>
<tr><td colspan="2">孔尺寸</td><td>±5</td></tr>
<tr><td rowspan="2">预留洞</td><td colspan="2">中心线位置</td><td>10</td><td rowspan="2">尺量</td></tr>
<tr><td colspan="2">洞口尺寸、深度</td><td>±10</td></tr>
<tr><td rowspan="6">预埋件</td><td colspan="2">预埋板中心线位置</td><td>5</td><td rowspan="6">尺量</td></tr>
<tr><td colspan="2">预埋板与混凝土面平面高差</td><td>0，−5</td></tr>
<tr><td colspan="2">预埋螺栓</td><td>2</td></tr>
<tr><td colspan="2">预埋螺栓外露长度</td><td>+10，−5</td></tr>
<tr><td colspan="2">预埋套筒、螺母中心线位置</td><td>2</td></tr>
<tr><td colspan="2">预埋套筒、螺母与混凝土面平面高差</td><td>±5</td></tr>
<tr><td rowspan="2">预留插筋</td><td colspan="2">中心线位置</td><td>5</td><td rowspan="2">尺量</td></tr>
<tr><td colspan="2">外露长度</td><td>+10，−5</td></tr>
<tr><td rowspan="3">键槽</td><td colspan="2">中心线位置</td><td>5</td><td rowspan="3">尺量</td></tr>
<tr><td colspan="2">长度、宽度</td><td>±5</td></tr>
<tr><td colspan="2">深度</td><td>±10</td></tr>
</table>

注：1 L为构件长度，单位为mm；

2 检查中心线、螺栓和孔道位置偏差时，沿纵、横两个方向量测，并取其中偏差较大值。

9.2.8 预制构件的粗糙面的质量及键槽的数量应符合设计要求。

检查数量：全数检查。

检验方法：观察。

9.3 安装与连接

主 控 项 目

9.3.1 预制构件临时固定措施应符合施工方案的要求。

检查数量：全数检查。

检验方法：观察。

9.3.2 钢筋采用套筒灌浆连接时，灌浆应饱满、密实，其材料及连接质量应符合国家现行行业标准《钢筋套筒灌浆连接应用技术规程》JGJ 355 的规定。

检查数量：按国家现行行业标准《钢筋套筒灌浆连接应用技术规程》JGJ 355 的规定确定。

检验方法：检查质量证明文件、灌浆记录及相关检验报告。

9.3.3 钢筋采用焊接连接时，其接头质量应符合现行行业标准《钢筋焊接及验收规程》JGJ 18 的规定。

检查数量：按现行行业标准《钢筋焊接及验收规程》JGJ 18 的有关规定确定。

检验方法：检查质量证明文件及平行加工试件的检验报告。

9.3.4 钢筋采用机械连接时，其接头质量应符合现行行业标准《钢筋机械连接技术规程》JGJ 107 的规定。

检查数量：按现行行业标准《钢筋机械连接技术规程》JGJ 107 的规定确定。

检验方法：检查质量证明文件、施工记录及平行加工试件的检验报告。

9.3.5 预制构件采用焊接、螺栓连接等连接方式时，其材料性能及施工质量应符合国家现行标准《钢结构工程施工质量验收规范》GB 50205 和《钢筋焊接及验收规程》JGJ 18 的相关规定。

检查数量：按国家现行标准《钢结构工程施工质量验收规范》GB 50205 和《钢筋焊接及验收规程》JGJ 18 的规定确定。

检验方法：检查施工记录及平行加工试件的检验报告。

9.3.6 装配式结构采用现浇混凝土连接构件时，构件连接处后浇混凝土的强度应符合设计要求。

检查数量：按本规范第 7.4.1 条的规定确定。

检验方法：检查混凝土强度试验报告。

9.3.7 装配式结构施工后，其外观质量不应有严重缺陷，且不应有影响结构性能和安装、使用功能的尺寸偏差。

检查数量：全数检查。

检验方法：观察，量测；检查处理记录。

一 般 项 目

9.3.8 装配式结构施工后，其外观质量不应有一般缺陷。

检查数量：全数检查。

检验方法：观察，检查处理记录。

9.3.9 装配式结构施工后，预制构件位置、尺寸偏差及检验方法应符合设计要求；当设计无具体要求时，应符合表 9.3.9 的规定。预制构件与现浇结构连接部位的表面平整度应符合表 9.3.9 的规定。

检查数量：按楼层、结构缝或施工段划分检验批。在同一检验批内，对梁、柱和独立基础，应抽查构件数量的 10%，且不应少于 3 件；对墙和板，应按有代表性的自然间抽查 10%，且不应少于 3 间；对大空间结构，墙可按相邻轴线间高度 5m 左右划分检查面，板可按纵、横轴线划分检查面，抽查 10%，且均不应少于 3 面。

**表 9.3.9 装配式结构构件位置和
尺寸允许偏差及检验方法**

项　目			允许偏差（mm）	检验方法
构件轴线位置	竖向构件（柱、墙板、桁架）		8	经纬仪及尺量
	水平构件（梁、楼板）		5	
标高	梁、柱、墙板楼板底面或顶面		±5	水准仪或拉线、尺量
构件垂直度	柱、墙板安装后的高度	≤6m	5	经纬仪或吊线、尺量
		>6m	10	
构件倾斜度	梁、桁架		5	经纬仪或吊线、尺量
相邻构件平整度	梁、楼板底面	外露	3	2m 靠尺和塞尺量测
		不外露	5	
	柱、墙板	外露	5	
		不外露	8	
构件搁置长度	梁、板		±10	尺量
支座、支垫中心位置	板、梁、柱、墙板、桁架		10	尺量
墙板接缝宽度			±5	尺量

10 混凝土结构子分部工程

10.1 结构实体检验

10.1.1 对涉及混凝土结构安全的有代表性的部位应进行结构实体检验。结构实体检验应包括混凝土强度、钢筋保护层厚度、结构位置与尺寸偏差以及合同约定的项目；必要时可检验其他项目。

结构实体检验应由监理单位组织施工单位实施，并见证实施过程。施工单位应制定结构实体检验专项方案，并经监理单位审核批准后实施。除结构位置与尺寸偏差外的结构实体检验项目，应由具有相应资质的检测机构完成。

10.1.2 结构实体混凝土强度应按不同强度等级分别检验，检验方法宜采用同条件养护试件方法；当未取得同条件养护试件强度或同条件养护试件强度不符合要求时，可采用回弹-取芯法进行检验。

结构实体混凝土同条件养护试件强度检验应符合本规范附录C的规定；结构实体混凝土回弹-取芯法强度检验应符合本规范附录D的规定。

混凝土强度检验时的等效养护龄期可取日平均温度逐日累计达到600℃·d时所对应的龄期，且不应小于14d。日平均温度为0℃及以下的龄期不计入。

冬期施工时，等效养护龄期计算时温度可取结构构件实际养护温度，也可根据结构构件的实际养护条件，按照同条件养护试件强度与在标准养护条件下28d龄期试件强度相等的原则由监理、施工等各方共同确定。

10.1.3 钢筋保护层厚度检验应符合本规范附录E的规定。

10.1.4 结构位置与尺寸偏差检验应符合本规范附录F的规定。

10.1.5 结构实体检验中，当混凝土强度或钢筋保护层厚度检验结果不满足要求时，应委托具有资质的检测机构按国家现行有关标准的规定进行检测。

10.2 混凝土结构子分部工程验收

10.2.1 混凝土结构子分部工程施工质量验收合格应符合下列规定：

1 所含分项工程质量验收应合格；
2 应有完整的质量控制资料；
3 观感质量验收应合格；
4 结构实体检验结果应符合本规范第10.1节的要求。

10.2.2 当混凝土结构施工质量不符合要求时，应按下列规定进行处理：

1 经返工、返修或更换构件、部件的，应重新进行验收；
2 经有资质的检测机构按国家现行有关标准检测鉴定达到设计要求的，应予以验收；
3 经有资质的检测机构按国家现行有关标准检测鉴定达不到设计要求，但经原设计单位核算并确认仍可满足结构安全和使用功能的，可予以验收；
4 经返修或加固处理能够满足结构可靠性要求的，可根据技术处理方案和协商文件进行验收。

10.2.3 混凝土结构子分部工程施工质量验收时，应提供下列文件和记录：

1 设计变更文件；
2 原材料质量证明文件和抽样检验报告；
3 预拌混凝土的质量证明文件；
4 混凝土、灌浆料的性能检验报告；
5 钢筋接头的试验报告；
6 预制构件的质量证明文件和安装验收记录；
7 预应力筋用锚具、连接器的质量证明文件和抽样检验报告；
8 预应力筋安装、张拉的检验记录；
9 钢筋套筒灌浆连接及预应力孔道灌浆记录；
10 隐蔽工程验收记录；
11 混凝土工程施工记录；
12 混凝土试件的试验报告；
13 分项工程验收记录；
14 结构实体检验记录；
15 工程的重大质量问题的处理方案和验收记录；
16 其他必要的文件和记录。

10.2.4 混凝土结构工程子分部工程施工质量验收合格后，应按有关规定将验收文件存档备案。

附录A 质量验收记录

A.0.1 检验批质量验收可按表A.0.1记录。

编号：

单位（子单位）工程名称			分部（子分部）工程名称			分项工程名称		
施工单位			项目负责人			检验批容量		
分包单位			分包单位项目负责人			检验批部位		
施工依据					验收依据			

		验收项目	设计要求及规范规定	样本总数	最小/实际抽样数量	检查记录	检查结果
主控项目	1						
	2						
	3						
	4						
	5						
	6						
	7						
	8						
一般项目	1						
	2						
	3						
	4						
	5						

施工单位检查结果	专业工长： 项目专业质量检查员： 年　月　日
监理单位验收结论	专业监理工程师： 年　月　日

A.0.2 分项工程质量验收可按表 A.0.2 记录。

表 A.0.2 ＿＿＿＿分项工程质量验收记录　　　　　　编号：

单位（子单位）工程名称			分部（子分部）工程名称			
分项工程数量			检验批数量			
施工单位			项目负责人		项目技术负责人	
分包单位			分包单位项目负责人		分包内容	
序号	检验批名称	检验批容量	部位/区段	施工单位检查结果	监理单位验收结论	
1						
2						
3						
4						
5						
6						
7						
8						
9						
10						
11						
12						
13						
14						
15						
说明：						
施工单位检查结果		项目专业技术负责人： 年　月　日				
监理单位验收结论		专业监理工程师： 年　月　日				

A.0.3 混凝土结构子分部工程质量验收可按表 A.0.3 记录。

表 A.0.3 混凝土结构子分部工程质量验收记录   编号：

单位（子单位） 工程名称				分项工程 数量	
施工单位		项目负责人		技术（质量） 负责人	
分包单位		分包单位 负责人		分包内容	

序号	分项工程名称	检验批数量	施工单位检查结果	监理单位 验收结论
1	钢筋分项工程			
2	预应力分项工程			
3	混凝土分项工程			
4	现浇结构分项工程			
5	装配式结构分项工程			
	质量控制资料			
	结构实体检验报告			
	观感质量检验结果			

综合验收结论	

施工单位 项目负责人： 年 月 日	设计单位 项目负责人： 年 月 日	监理单位 总监理工程师： 年 月 日

附录 B 受弯预制构件结构性能检验

B.1 检 验 要 求

B.1.1 预制构件的承载力检验应符合下列规定：

1 当按现行国家标准《混凝土结构设计规范》GB 50010 的规定进行检验时，应满足下式的要求：

$$\gamma_u^0 \geqslant \gamma_0 [\gamma_u] \qquad (B.1.1-1)$$

式中：γ_u^0——构件的承载力检验系数实测值，即试件的荷载实测值与荷载设计值（均包括自重）的比值；

γ_0——结构重要性系数，按设计要求的结构等级确定，当无专门要求时取 1.0；

$[\gamma_u]$——构件的承载力检验系数允许值，按表 B.1.1 取用。

2 当按构件实配钢筋进行承载力检验时，应满足下式的要求：

$$\gamma_u^0 \geqslant \gamma_0 \eta [\gamma_u] \qquad (B.1.1-2)$$

式中：η——构件承载力检验修正系数，根据现行国家标准《混凝土结构设计规范》GB 50010 按实配钢筋的承载力计算确定。

表 B.1.1 构件的承载力检验系数允许值

受力情况	达到承载能力极限状态的检验标志		$[\gamma_u]$
受弯	受拉主筋处的最大裂缝宽度达到 1.5mm；或挠度达到跨度的 1/50	有屈服点热轧钢筋	1.20
		无屈服点钢筋（钢丝、钢绞线、冷加工钢筋、无屈服点热轧钢筋）	1.35
	受压区混凝土破坏	有屈服点热轧钢筋	1.30
		无屈服点钢筋（钢丝、钢绞线、冷加工钢筋、无屈服点热轧钢筋）	1.50
	受拉主筋拉断		1.50
受弯构件的受剪	腹部斜裂缝达到 1.5mm，或斜裂缝末端受压混凝土剪压破坏		1.40
	沿斜截面混凝土斜压、斜拉破坏；受拉主筋在端部滑脱或其他锚固破坏		1.55
	叠合构件叠合面、接槎处		1.45

B.1.2 预制构件的挠度检验应符合下列规定：

1 当按现行国家标准《混凝土结构设计规范》GB 50010 规定的挠度允许值进行检验时，应满足下式的要求：

$$a_s^0 \leqslant [a_s] \qquad (B.1.2-1)$$

式中：a_s^0——在检验用荷载标准组合值或荷载准永久组合值作用下的构件挠度实测值；

$[a_s]$——挠度检验允许值，按本规范第 B.1.3 条的有关规定计算。

2 当按构件实配钢筋进行挠度检验或仅检验构件的挠度、抗裂或裂缝宽度时，应满足下式的要求：

$$a_s^0 \leqslant 1.2 a_s^c \qquad (B.1.2-2)$$

a_s^0 应同时满足公式（B.1.2-1）的要求。

式中：a_s^c——在检验用荷载标准组合值或荷载准永久组合值作用下，按实配钢筋确定的构件短期挠度计算值，按现行国家标准《混凝土结构设计规范》GB 50010 确定。

B.1.3 挠度检验允许值 $[a_s]$ 应按下列公式进行计算：

按荷载准永久组合值计算钢筋混凝土受弯构件

$$[a_s] = [a_f]/\theta \qquad (B.1.3-1)$$

按荷载标准组合值计算预应力混凝土受弯构件

$$[a_s] = \frac{M_k}{M_q(\theta - 1) + M_k}[a_f] \qquad (B.1.3-2)$$

式中：M_k——按荷载标准组合值计算的弯矩值；

M_q——按荷载准永久组合值计算的弯矩值；

θ——考虑荷载长期效应组合对挠度增大的影响系数，按现行国家标准《混凝土结构设计规范》GB 50010 确定；

$[a_f]$——受弯构件的挠度限值，按现行国家标准《混凝土结构设计规范》GB 50010 确定。

B.1.4 预制构件的抗裂检验应满足公式（B.1.4-1）的要求：

$$\gamma_{cr}^0 \geqslant [\gamma_{cr}] \qquad (B.1.4-1)$$

$$[\gamma_{cr}] = 0.95 \frac{\sigma_{pc} + \gamma f_{tk}}{\sigma_{ck}} \qquad (B.1.4-2)$$

式中：γ_{cr}^0——构件的抗裂检验系数实测值，即试件的开裂荷载实测值与检验用荷载标准组合值（均包括自重）的比值；

$[\gamma_{cr}]$——构件的抗裂检验系数允许值；

σ_{pc}——由预加力产生的构件抗拉边缘混凝土法向应力值，按现行国家标准《混凝土结构设计规范》GB 50010 确定；

γ——混凝土构件截面抵抗矩塑性影响系数，按现行国家标准《混凝土结构设计规范》GB 50010 确定；

f_{tk}——混凝土抗拉强度标准值；

σ_{ck}——按荷载标准组合值计算的构件抗拉边缘混凝土法向应力值，按现行国家标准《混凝土结构设计规范》GB 50010 确定。

B.1.5 预制构件的裂缝宽度检验应满足下式的要求：

$$w_{s,max}^0 \leqslant [w_{max}] \qquad (B.1.5)$$

式中：$w_{s,max}^0$——在检验用荷载标准组合值或荷载准
永久组合值作用下，受拉主筋处的
最大裂缝宽度实测值；

$[w_{max}]$——构件检验的最大裂缝宽度允许值，
按表 B.1.5 取用。

表 B.1.5 构件的最大裂缝宽度允许值（mm）

设计要求的最大 裂缝宽度限值	0.1	0.2	0.3	0.4
$[w_{max}]$	0.07	0.15	0.20	0.25

B.1.6 预制构件结构性能检验的合格判定应符合下
列规定：

1 当预制构件结构性能的全部检验结果均满足
本规范第 B.1.1 条～第 B.1.5 条的检验要求时，该
批构件可判为合格；

2 当预制构件的检验结果不满足第 1 款的要求，
但又能满足第二次检验指标要求时，可再抽取两个预制
构件进行二次检验。第二次检验指标，对承载力及抗
裂检验系数的允许值应取本规范第 B.1.1 条和第
B.1.4 条规定的允许值减 0.05；对挠度的允许值应取
本规范第 B.1.3 条规定允许值的 1.10 倍；

3 当进行二次检验时，如第一个检验的预制构
件的全部检验结果均满足本规范第 B.1.1 条～第
B.1.5 条的要求，该批构件可判为合格；如两个预制
构件的全部检验结果均满足第二次检验指标的要求，
该批构件也可判为合格。

B.2 检验方法

B.2.1 进行结构性能检验时的试验条件应符合下列
规定：

1 试验场地的温度应在 0℃ 以上；

2 蒸汽养护后的构件应在冷却至常温后进行
试验；

3 预制构件的混凝土强度应达到设计强度的
100% 以上；

4 构件在试验前应量测其实际尺寸，并检查构
件表面，所有的缺陷和裂缝应在构件上标出；

5 试验用的加荷设备及量测仪表应预先进行标
定或校准。

B.2.2 试验预制构件的支承方式应符合下列规定：

1 对板、梁和桁架等简支构件，试验时应一端
采用铰支承，另一端采用滚动支承。铰支承可采用角
钢、半圆型钢或焊于钢板上的圆钢，滚动支承可采用
圆钢；

2 对四边简支或四角简支的双向板，其支承方
式应保证支承处构件能自由转动，支承面可相对水平
移动；

3 当试验的构件承受较大集中力或支座反力时，
应对支承部分进行局部受压承载力验算；

4 构件与支承面应紧密接触；钢垫板与构件、
钢垫板与支墩间，宜铺砂浆垫平；

5 构件支承的中心线位置应符合设计的要求。

B.2.3 试验荷载布置应符合设计的要求。当荷载布
置不能完全与设计的要求相符时，应按荷载效应等效
的原则换算，并应计入荷载布置改变后对构件其他部
位的不利影响。

B.2.4 加载方式应根据设计加载要求、构件类型及
设备等条件选择。当按不同形式荷载组合进行加载试
验时，各种荷载应按比例增加，并应符合下列规定：

1 荷重块加载可用于均布加载试验。荷重块应
按区格成垛堆放，垛与垛之间的间隙不宜小于
100mm，荷重块的最大边长不宜大于 500mm。

2 千斤顶加载可用于集中加载试验。集中加载
可采用分配梁系统实现多点加载。千斤顶的加载值宜
采用荷载传感器量测，也可采用油压表量测。

3 梁或桁架可采用水平对顶加荷方法，此时构
件应垫平且不应妨碍构件在水平方向的位移。梁也可
采用竖直对顶的加荷方法。

4 当屋架仅作挠度、抗裂或裂缝宽度检验时，
可将两榀屋架并列，安放屋面板后进行加载试验。

B.2.5 加载过程应符合下列规定：

1 预制构件应分级加载。当荷载小于标准荷载
时，每级荷载不应大于标准荷载值的 20%；当荷载
大于标准荷载时，每级荷载不应大于标准荷载值的
10%；当荷载接近抗裂检验荷载值时，每级荷载不应
大于标准荷载值的 5%；当荷载接近承载力检验荷载
值时，每级荷载不应大于荷载设计值的 5%；

2 试验设备重量及预制构件自重应作为第一次
加载的一部分；

3 试验前宜对预制构件进行预压，以检查试验
装置的工作是否正常，但应防止构件因预压而开裂；

4 对仅作挠度、抗裂或裂缝宽度检验的构件应
分级卸载。

B.2.6 每级加载完成后，应持续 10min ～15min；
在标准荷载作用下，应持续 30min。在持续时间内，
应观察裂缝的出现和开展，以及钢筋有无滑移等；在
持续时间结束时，应观察并记录各项读数。

B.2.7 进行承载力检验时，应加载至预制构件出现
本规范表 B.1.1 所列承载能力极限状态的检验标志之
一后结束试验。当在规定的荷载持续时间内出现上述
检验标志之一时，应取本级荷载值与前一级荷载值的
平均值作为其承载力检验荷载实测值；当在规定的荷
载持续时间结束后出现上述检验标志之一时，应取本
级荷载值作为其承载力检验荷载实测值。

B.2.8 挠度量测应符合下列规定：

1 挠度可采用百分表、位移传感器、水平仪等

进行观测。接近破坏阶段的挠度，可采用水平仪或拉线、直尺等测量。

2 试验时，应量测构件跨中位移和支座沉陷。对宽度较大的构件，应在每一量测截面的两边或两肋布置测点，并取其量测结果的平均值作为该处的位移。

3 当试验荷载竖直向下作用时，对水平放置的试件，在各级荷载下的跨中挠度实测值应按下列公式计算：

$$a_t^0 = a_q^0 + a_g^0 \qquad (B.2.8-1)$$

$$a_q^0 = v_m^0 - \frac{1}{2}(v_l^0 + v_r^0) \qquad (B.2.8-2)$$

$$a_g^0 = \frac{M_g}{M_b}a_b^0 \qquad (B.2.8-3)$$

式中：a_t^0——全部荷载作用下构件跨中的挠度实测值，mm；

a_q^0——外加试验荷载作用下构件跨中的挠度实测值，mm；

a_g^0——构件自重及加荷设备重产生的跨中挠度值，mm；

v_m^0——外加试验荷载作用下构件跨中的位移实测值，mm；

v_l^0, v_r^0——外加试验荷载作用下构件左、右端支座沉陷的实测值，mm；

M_g——构件自重和加荷设备重产生的跨中弯矩值，kN·m；

M_b——从外加试验荷载开始至构件出现裂缝的前一级荷载为止的外加荷载产生的跨中弯矩值，kN·m；

a_b^0——从外加试验荷载开始至构件出现裂缝的前一级荷载为止的外加荷载产生的跨中挠度实测值，mm。

4 当采用等效集中力加载模拟均布荷载进行试验时，挠度实测值应乘以修正系数 ψ。当采用三分点加载时 ψ 可取 0.98；当采用其他形式集中力加载时，ψ 应经计算确定。

B.2.9 裂缝观测应符合下列规定：

1 观察裂缝出现可采用放大镜。试验中未能及时观察到正截面裂缝的出现时，可取荷载-挠度曲线上第一弯转段两端点切线的交点的荷载值作为构件的开裂荷载实测值；

2 在对构件进行抗裂检验时，当在规定的荷载持续时间内出现裂缝时，应取本级荷载值与前一级荷载值的平均值作为其开裂荷载实测值；当在规定的荷载持续时间结束后出现裂缝时，应取本级荷载值作为其开裂荷载实测值；

3 裂缝宽度宜采用精度为 0.05mm 的刻度放大镜等仪器进行观测，也可采用满足精度要求的裂缝检验卡进行观测；

4 对正截面裂缝，应量测受拉主筋处的最大裂缝宽度；对斜截面裂缝，应量测腹部斜裂缝的最大裂缝宽度。当确定受弯构件受拉主筋处的裂缝宽度时，应在构件侧面量测。

B.2.10 试验时应采用安全防护措施，并应符合下列规定：

1 试验的加荷设备、支架、支墩等，应有足够的承载力安全储备；

2 试验屋架等大型构件时，应根据设计要求设置侧向支承；侧向支承应不妨碍构件在其平面内的位移；

3 试验过程中应采取安全措施保护试验人员和试验设备安全。

B.2.11 试验报告应符合下列规定：

1 试验报告内容应包括试验背景、试验方案、试验记录、检验结论等，不得有漏项缺检；

2 试验报告中的原始数据和观察记录应真实、准确，不得任意涂抹篡改；

3 试验报告宜在试验现场完成，并应及时审核、签字、盖章、登记归档。

附录 C 结构实体混凝土同条件养护试件强度检验

C.0.1 同条件养护试件的取样和留置应符合下列规定：

1 同条件养护试件所对应的结构构件或结构部位，应由施工、监理等各方共同选定，且同条件养护试件的取样宜均匀分布于工程施工周期内；

2 同条件养护试件应在混凝土浇筑入模处见证取样；

3 同条件养护试件应留置在靠近相应结构构件的适当位置，并应采取相同的养护方法；

4 同一强度等级的同条件养护试件不宜少于 10 组，且不应少于 3 组。每连续两层楼取样不应少于 1 组；每 2000m³ 取样不得少于一组。

C.0.2 每组同条件养护试件的强度值应根据强度试验结果按现行国家标准《普通混凝土力学性能试验方法标准》GB/T 50081 的规定确定。

C.0.3 对同一强度等级的同条件养护试件，其强度值应除以 0.88 后按现行国家标准《混凝土强度检验评定标准》GB/T 50107 的有关规定进行评定，评定结果符合要求时可判结构实体混凝土强度合格。

附录 D 结构实体混凝土回弹-取芯法强度检验

D.0.1 回弹构件的抽取应符合下列规定：

1 同一混凝土强度等级的柱、梁、墙、板，抽取构件最小数量应符合表 D.0.1 的规定，并应均匀分布；

2 不宜抽取截面高度小于 300mm 的梁和边长小于 300mm 的柱。

表 D.0.1 回弹构件抽取最小数量

构件总数量	最小抽样数量
20 以下	全数
20～150	20
151～280	26
281～500	40
501～1200	64
1201～3200	100

D.0.2 每个构件应选取不少于 5 个测区进行回弹检测及回弹值计算，并应符合现行行业标准《回弹法检测混凝土抗压强度技术规程》JGJ/T 23 对单个构件检测的有关规定。楼板构件的回弹宜在板底进行。

D.0.3 对同一强度等级的混凝土，应将每个构件 5 个测区中的最小测区平均回弹值进行排序，并在其最小的 3 个测区各钻取 1 个芯样。芯样应采用带水冷却装置的薄壁空心钻钻取，其直径宜为 100mm，且不宜小于混凝土骨料最大粒径的 3 倍。

D.0.4 芯样试件的端部宜采用环氧胶泥或聚合物水泥砂浆补平，也可采用硫黄胶泥修补。加工后芯样试件的尺寸偏差与外观质量应符合下列规定：

1 芯样试件的高度与直径之比实测值不应小于 0.95，也不应大于 1.05；

2 沿芯样高度的任一直径与其平均值之差不应大于 2mm；

3 芯样试件端面的不平整度在 100mm 长度内不应大于 0.1mm；

4 芯样试件端面与轴线的不垂直度不应大于 1°；

5 芯样不应有裂缝、缺陷及钢筋等杂物。

D.0.5 芯样试件尺寸的量测应符合下列规定：

1 应采用游标卡尺在芯样试件中部互相垂直的两个位置测量直径，取其算术平均值作为芯样试件的直径，精确至 0.1mm；

2 应采用钢板尺测量芯样试件的高度，精确至 1mm；

3 垂直度应采用游标量角器测量芯样试件两个端线与轴线的夹角，精确至 0.1°；

4 平整度应采用钢板尺或角尺紧靠在芯样试件端面上，一面转动钢板尺，一面用塞尺测量钢板尺与芯样试件端面之间的缝隙；也可采用其他专用设备测量。

D.0.6 芯样试件应按现行国家标准《普通混凝土力学性能试验方法标准》GB/T 50081 中圆柱体试件的规定进行抗压强度试验。

D.0.7 对同一强度等级的混凝土，当符合下列规定时，结构实体混凝土强度可判为合格：

1 三个芯样的抗压强度算术平均值不小于设计要求的混凝土强度等级值的 88%；

2 三个芯样抗压强度的最小值不小于设计要求的混凝土强度等级值的 80%。

附录 E 结构实体钢筋保护层厚度检验

E.0.1 结构实体钢筋保护层厚度检验构件的选取应均匀分布，并应符合下列规定：

1 对非悬挑梁板类构件，应各抽取构件数量的 2% 且不少于 5 个构件进行检验。

2 对悬挑梁，应抽取构件数量的 5% 且不少于 10 个构件进行检验；当悬挑梁数量少于 10 个时，应全数检验。

3 对悬挑板，应抽取构件数量的 10% 且不少于 20 个构件进行检验；当悬挑板数量少于 20 个时，应全数检验。

E.0.2 对选定的梁类构件，应对全部纵向受力钢筋的保护层厚度进行检验；对选定的板类构件，应抽取不少于 6 根纵向受力钢筋的保护层厚度进行检验。对每根钢筋，应选择有代表性的不同部位量测 3 点取平均值。

E.0.3 钢筋保护层厚度的检验，可采用非破损或局部破损的方法，也可采用非破损方法并用局部破损方法进行校准。当采用非破损方法检验时，所使用的检测仪器应经过计量检验，检测操作应符合相应规程的规定。

钢筋保护层厚度检验的检测误差不应大于 1mm。

E.0.4 钢筋保护层厚度检验时，纵向受力钢筋保护层厚度的允许偏差应符合表 E.0.4 的规定。

表 E.0.4 结构实体纵向受力钢筋保护层厚度的允许偏差

构件类型	允许偏差（mm）
梁	+10，−7
板	+8，−5

E.0.5 梁类、板类构件纵向受力钢筋的保护层厚度应分别进行验收，并应符合下列规定：

1 当全部钢筋保护层厚度检验的合格率为 90% 及以上时，可判为合格；

2 当全部钢筋保护层厚度检验的合格率小于 90% 但不小于 80% 时，可再抽取相同数量的构件进行检验；当按两次抽样总和的计算的合格率为 90% 及以上时，仍可判为合格；

3 每次抽样检验结果中不合格点的最大偏差均不应大于本规范附录 E.0.4 条规定允许偏差的 1.5 倍。

附录 F　结构实体位置与尺寸偏差检验

F.0.1　结构实体位置与尺寸偏差检验构件的选取应均匀分布，并应符合下列规定：

1　梁、柱应抽取构件数量的 1%，且不应少于 3 个构件；

2　墙、板应按有代表性的自然间抽取 1%，且不应少于 3 间；

3　层高应按有代表性的自然间抽查 1%，且不应少于 3 间。

F.0.2　对选定的构件，检验项目及检验方法应符合表 F.0.2 的规定，允许偏差及检验方法应符合本规范表 8.3.2 和表 9.3.9 的规定，精确至 1mm。

**表 F.0.2　结构实体位置与尺寸偏差
检验项目及检验方法**

项　目	检　验　方　法
柱截面尺寸	选取柱的一边量测柱中部、下部及其他部位，取 3 点平均值
柱垂直度	沿两个方向分别量测，取较大值
墙厚	墙身中部量测 3 点，取平均值；测点间距不应小于 1m
梁高	量测一侧边跨中及两个距离支座 0.1m 处，取 3 点平均值；量测值可取腹板高度加上此处楼板的实测厚度
板厚	悬挑板取距离支座 0.1m 处，沿宽度方向取包括中心位置在内的随机 3 点取平均值；其他楼板，在同一对角线上量测中间及距离两端各 0.1m 处，取 3 点平均值
层高	与板厚测点相同，量测板顶至上层楼板板底净高，层高量测值为净高与板厚之和，取 3 点平均值

F.0.3　墙厚、板厚、层高的检验可采用非破损或局部破损的方法，也可采用非破损方法并用局部破损方法进行校准。当采用非破损方法检验时，所使用的检测仪器应经过计量检验，检测操作应符合国家现行有关标准的规定。

F.0.4　结构实体位置与尺寸偏差项目应分别进行验收，并应符合下列规定：

1　当检验项目的合格率为 80% 及以上时，可判为合格；

2　当检验项目的合格率小于 80% 但不小于 70% 时，可再抽取相同数量的构件进行检验；当按两次抽样总和计算的合格率为 80% 及以上时，仍可判为合格。

本规范用词说明

1　为了便于在执行本规范条文时区别对待，对要求严格程度不同的用词说明如下：

1）表示很严格，非这样做不可的用词：
正面词采用"必须"；反面词采用"严禁"；

2）表示严格，在正常情况下均应这样做的用词：
正面词采用"应"；反面词采用"不应"或"不得"；

3）表示允许稍有选择，在条件允许时首先这样做的用词：
正面词采用"宜"；反面词采用"不宜"；

4）表示有选择，在一定条件下可以这样做的用词，采用"可"。

2　本条文中指明应按其他有关标准执行的写法为："应符合……的规定"或"应按……执行"。

引用标准名录

1　《混凝土结构设计规范》GB 50010

2　《普通混凝土拌合物性能试验方法标准》GB/T 50080

3　《普通混凝土力学性能试验方法标准》GB/T 50081

4　《普通混凝土长期性能和耐久性能试验方法标准》GB/T 50082

5　《混凝土强度检验评定标准》GB/T 50107

6　《混凝土外加剂应用技术规范》GB 50119

7　《钢结构工程施工质量验收规范》GB 50205

8　《水泥基灌浆材料应用技术规范》GB/T 50448

9　《混凝土结构工程施工规范》GB 50666

10　《通用硅酸盐水泥》GB 175

11　《混凝土外加剂》GB 8076

12　《预拌混凝土》GB/T 14902

13　《混凝土和砂浆用再生细骨料》GB/T 25176

14　《混凝土用再生粗骨料》GB/T 25177

15　《钢筋焊接及验收规程》JGJ 18

16　《回弹法检测混凝土抗压强度技术规程》JGJ/T 23

17　《普通混凝土用砂、石质量及检验方法标准》JGJ 52

18　《混凝土用水标准》JGJ 63

19　《预应力筋用锚具、夹具和连接器应用技术规程》JGJ 85

20　《无粘结预应力混凝土结构技术规程》JGJ 92

21 《钢筋机械连接技术规程》JGJ 107

22 《混凝土耐久性检验评定标准》JGJ/T 193

23 《海砂混凝土应用技术规范》JGJ 206

24 《钢筋套筒灌浆连接应用技术规程》JGJ 355

25 《无粘结预应力钢绞线》JG 161

26 《预应力混凝土用金属波纹管》JG 225

27 《预应力混凝土桥梁用塑料波纹管》JT/T 529

中华人民共和国国家标准

混凝土结构工程施工质量验收规范

GB 50204—2015

条 文 说 明

修 订 说 明

《混凝土结构工程施工质量验收规范》GB 50204 - 2015 经住房和城乡建设部 2014 年 12 月 31 日以第 705 号公告批准、发布。

本规范是在《混凝土结构工程施工质量验收规范》GB 50204 - 2002 的基础上修订而成，上一版的主编单位是中国建筑科学研究院，参编单位是北京建工集团有限公司、北京城建集团有限责任公司混凝土分公司、北京市建设工程质量监督总站、上海市第一建筑有限公司、中国建筑第一工程局第五建筑公司、国家建筑工程质量监督检验中心、中国人民解放军工程质量监督总站、北京市建委开发办公室，主要起草人员是徐有邻、程志军、白生翔、韩素芳、艾永祥、李东彬、张元勃、路来军、马兴宝、高小旺、马洪晔、蒋寅、彭尚银、周磊坚、翟传明。

本规范修订过程中，修订组进行了广泛的调查研究，总结了我国工程建设的实践经验，同时参考了国外先进技术法规、技术标准，许多单位和学者进行了卓有成效的试验和研究，为本次修订提供了极有价值的参考资料。

为便于广大设计、施工、科研、学校等单位有关人员在使用本规范时能正确理解和执行条文规定，《混凝土结构工程施工质量验收规范》修订组按章、节、条顺序编制了本规范的条文说明，对条文规定的目的、依据以及执行中需注意的有关事项进行了说明，还着重对强制性条文的强制性理由做了解释。但是，本条文说明不具备与规范正文同等的法律效力，仅供使用者作为理解和把握规范规定的参考。

目 次

1 总　　则

1.0.1 编制本规范的目的是为了统一混凝土结构工程施工质量的验收，保证工程施工质量。

1.0.2 本规范的适用范围为建筑工程的混凝土结构工程，包括现浇混凝土结构和装配式混凝土结构。

对于轻骨料混凝土结构及特殊混凝土结构，其混凝土分项工程施工技术有所不同，但其验收仍可按本规范各章的有关规定执行；当针对轻骨料混凝土及特殊混凝土的国家现行有关标准有专门的验收要求时，尚应符合国家现行有关标准的有关规定。

对于地基与基础分部工程中的混凝土基础子分部工程，以及主体结构分部工程中的型钢混凝土结构、钢管混凝土结构、砌体结构等子分部工程，其模板、钢筋、预应力、混凝土等分项工程的验收可按本规范执行。

预拌混凝土生产、预制构件生产、钢筋加工等场外施工除应符合国家现行相关产品标准的规定外，也应符合本规范的规定。

1.0.3 国家标准《建筑工程施工质量验收统一标准》GB 50300－2013规定了建筑工程各专业工程施工质量验收规范编制的统一准则，该规范是建筑工程质量验收的基础性标准，是各类工程质量验收规范编制的基础和依据。因此，执行本规范时，尚应遵守该标准的相关规定。

混凝土结构施工质量的验收综合性强、牵涉面广，既有原材料方面的内容（如水泥、钢筋等），也有半成品、成品方面的内容（如预拌混凝土、预制构件等），并与其他施工技术和质量控制方面的标准密切相关。因此，本规范有规定的应遵照本规范执行；本规范无规定的应按照国家现行有关标准的规定执行。对本规范未包括的施工过程的质量控制要求，可按《混凝土结构工程施工规范》GB 50666等国家现行标准执行。

2 术　　语

在2002版规范的基础上，适当修改后给出本规范有关章节引用的12个术语。

在编写本章术语时，参考了《工程结构设计基本术语标准》GB/T 50083等国家标准中的相关术语。

本规范的术语是从混凝土结构工程施工质量验收的角度赋予其涵义的。还给出了相应的推荐性英文术语，供参考。

3 基 本 规 定

3.0.1 本次规范修订，在与国家标准《建筑工程施工质量验收统一标准》GB 50300－2013进行协调的基础上，不再特定地列出现浇混凝土结构、装配式混凝土结构、钢筋混凝土结构、预应力混凝土结构等子分部工程，而是统一为混凝土结构子分部工程。本条列出了混凝土结构工程可能包括的分项工程和各分项工程划分为检验批的原则，工程验收时可根据工程实际情况确定混凝土结构子分部工程包括的分项工程。例如，钢筋混凝土结构子分部工程包括模板、钢筋、混凝土、现浇结构等4个分项工程；预应力混凝土结构子分部工程在钢筋混凝土结构子分部基础上增加预应力分项工程；对于装配式混凝土结构子分部工程，尚应增加装配式结构分项工程；对于全部由预制构件拼装而无现浇混凝土的结构，其子分部工程仅包括装配式结构一个分项工程。

本规范中"结构缝"系指为避免温度胀缩、地基沉降和地震中相互碰撞等而在相邻两建筑物或建筑物的两部分之间设置的伸缩缝、沉降缝和防震缝等的总称。

检验批是工程质量验收的基本单元。检验批通常按下列原则划分：

　1　检验批内质量均匀一致，抽样应符合随机性和真实性的原则；

　2　贯彻过程控制的原则，按施工次序、便于质量验收和控制关键工序质量的需要划分检验批。

3.0.2 本条是对混凝土结构子分部工程质量验收内容的规定。模板工程仅作为分项工程验收，旨在确保模板工程的质量，并尽量避免因模板工程质量问题造成的各类安全事故，对混凝土结构子分部工程验收来讲，模板不再是其中的一部分，因此不作为混凝土结构子分部验收的内容。

子分部工程验收应在各分项工程验收合格的基础上，进行各种质量控制资料检查、观感质量验收，以及本规范第10.1节规定的结构实体检验。

3.0.3 分项工程的验收是以检验批为基础进行的。分项工程质量合格的条件是构成分项工程的各检验批验收资料齐全完整，且各检验批均已验收合格。

3.0.4 本条给出了检验批质量验收合格的条件：主控项目均应合格，一般项目经抽样检验合格，且资料完整。检验批的合格质量主要取决于主控项目和一般项目的检验结果。

主控项目是对检验批的基本质量起决定性影响的检验项目，这种项目的检验结果具有否决权。

对采用计数检验的一般项目，本规范要求其合格点率为80%及以上，且在允许存在的20%以下的不合格点中不得有严重缺陷。本规范中少量采用计数检验的一般项目，合格点率要求为90%及以上，同时规定不得有严重缺陷，这在本规范有关章节中有具体规定。

计数检验的偏差项目作为一般项目作出规定，并不意味着偏差项目不重要，相反有些质量要求尽管以偏差项目作出规定，但同样影响结构安全性和耐久性，以及后续的安装或使用功能，因此，根据其重要性给出了80%的基本合格点率，以及更高的合格点率90%及以上的规定。严重缺陷是指对结构构件的受力性能，耐久性能或安装要求、使用功能有决定性影响的缺陷。具体的缺陷严重程度一般很难量化确定，通常需要现场监理、施工单位根据专业知识和经验分析判断。

资料检查应包括材料、构配件、器具及半成品等的进场验收资料、重要工序施工记录、抽样检验报告、隐蔽工程验收记录等。

资料检查中，重要工序施工记录是过程质量控制的有效依据。本规范所指的重要工序，由施工单位根据项目特点，在施工组织设计或施工方案中明确，并经监理单位核准。如预应力筋张拉记录、混凝土养护记录等。

3.0.5 本条规定了检验批的抽样要求。随机抽取，是指检验批中的每个样本都具有相同的被抽取到的几率；分布均匀，是指被抽取的样本在总体样本中的分布应大致均匀；具有代表性，是指被抽取的样本质量能够代表大多数样本的总体质量状况。

《建筑工程施工质量验收统一标准》GB 50300-2013规定：明显不合格的个体可不纳入检验批，但应进行处理并重新验收。在确定检验批时，可按该规定执行。检验批中明显不符合要求的个体通常可通过目测观察或简单的测试确定，这些个体的检验指标往往与其他个体存在较大差异，纳入检验批后会增大验收结果的离散性，影响整体质量水平的客观评价。

3.0.6 本条规定了不合格检验批的处理原则。进场验收不合格的材料、构配件、器具及半成品不得用于工程中。对混凝土浇筑前出现的施工质量不合格的检验批，允许返工、返修后重新验收。对混凝土浇筑后出现的施工质量不合格的检验批，通常不易直接进行返工处理，因此在相关各章中作出处理的规定。

3.0.7 产品进场检验是在出厂合格的前提下进行的抽检工作。本条规定的目的是降低质量控制的社会成本，并鼓励优质产品进入工程现场。获得认证的产品，意味着其产品的生产设备、人员配备、质量管理等环节对质量控制的有效性，产品质量是稳定且有保证的；连续三批均一次检验合格，同样体现了产品的质量稳定性，"一次检验合格"不包括二次抽样复检合格的情况。满足上述两个条件之一时，其检验批容量可按本规范的有关规定扩大一倍；同时满足两个条件时，也仅扩大一倍。检验批容量扩大一倍后，抽样比例及抽样最小数量仍按未扩大前的规定执行。然而，无论是获得认证的产品，还是连续三次检验均一次合格的产品，扩大检验批容量后，若出现检验不合格的情况，则应恢复到扩大前的检验批容量，且该产

品在此工程应用中不得再次按本条规定扩大检验批容量。

3.0.8 本条规定的目的是解决同一施工单位施工的工程中，同批进场材料可能用于多个单位工程的情况，避免由于单位工程规模较小或材料用量较少，出现针对同批材料多次重复验收的情况。

4 模板分项工程

模板分项工程是对混凝土浇筑成型用的模板及支架的设计、安装、拆除等一系列技术工作和所完成实体的总称。由于模板及支架的材料、配件可以周转重复使用，故模板及支架验收时的检验批划分可根据模板及支架的数量或混凝土结构（构件）的数量确定。

现行国家标准《混凝土结构工程施工规范》GB 50666已经包含有模板拆除的规定，此次修订本着"控制关键工序、淡化一般过程控制"的原则，删除了原规范中模板拆除的内容。实施中应注意，模板拆除虽不参与混凝土结构质量验收，但应遵照现行国家标准《混凝土结构工程施工规范》GB 50666的有关规定执行。

4.1 一般规定

4.1.1 根据住房和城乡建设部《危险性较大的分部分项工程安全管理办法》（建质〔2009〕87号）的要求和多项现行国家标准的规定，编制、审查并认真实施施工方案是施工单位控制模板工程质量和安全的基本措施之一。因此本规范将是否按照相关规定编制施工方案列为验收的一般规定。

模板工程施工方案一般宜包括下列内容：模板及支架的类型；模板及支架的材料要求；模板及支架的计算书和施工图；模板及支架安装、拆除相关技术措施；施工安全和应急措施（预案）、文明施工、环境保护等技术要求。

模板工程施工方案的编制，除应符合相关管理文件的要求外，尚应符合国家现行有关标准的规定。关于模板工程有多项标准，如国家标准《混凝土结构工程施工规范》GB 50666、《组合钢模板技术规范》GB/T 50214，行业标准《建筑施工模板安全技术规范》JGJ 162、《钢框胶合板模板技术规程》JGJ 96、《液压爬升模板工程技术规程》JGJ 195、《液压滑动模板施工安全技术规程》JGJ 65、《建筑工程大模板技术规程》JGJ 74等，均应遵照执行，并将其要求纳入施工方案中。

模板工程的安全一直是施工现场安全生产管理的重点和难点。本条专门提出了对"爬升式模板工程、工具式模板工程及高大模板支架工程的施工方案，应按有关规定进行技术论证"的要求。本条所称爬升式模板是指滑模、爬模等施工工艺所采用的模板体系。

本条所称工具式模板是指台模等整体装拆、重复周转使用的模板。本条所称高大模板支架是指具备下列四个条件之一的模板支架工程：支模高度超过8m，或构件跨度超过18m，或施工总荷载超过15kN/m²，或施工线荷载超过20kN/m。上述条件系由《建设工程高大模板支撑系统施工安全监督管理导则》（建质〔2009〕254号）规定。国外相关规范也有区分基本模板工程、特殊模板工程的类似规定。

4.1.2 本条给出了模板及支架设计的基本要求，即承载力、刚度和稳固性必须满足规定要求，且计算时应考虑各种不同的工况。

模板及支架虽然是施工过程中的临时结构，但其受力情况复杂，在施工过程中可能遇到多种不同的荷载及其组合，某些荷载还具有不确定性，故其设计既要符合建筑结构设计的基本要求，考虑结构形式、荷载大小等，又要结合施工过程的安装、使用和拆除等各种主要工况进行设计，以保证其安全可靠，在任何一种可能遇到的工况下仍具有足够的承载力、刚度和稳固性。

现行国家标准《工程结构可靠性设计统一标准》GB 50153规定：结构的整体稳固性系指结构在遭遇偶然事件时，仅产生局部损坏而不致出现与起因不相称的整体性破坏。模板及支架的整体稳固性系指在遭遇不利施工荷载工况时，不因构造不合理或局部支撑杆件缺失造成整体坍塌。模板及支架设计时应考虑模板及支架自重、新浇筑混凝土自重、钢筋自重、施工人员及施工设备荷载、新浇筑混凝土对模板的侧压力、混凝土下料产生的冲击荷载、泵送混凝土或不均匀堆载等因素产生的附加荷载、风荷载等。

各种工况可以理解为各种可能遇到的荷载及其组合。

本条规定直接影响模板及支架的安全，并与混凝土结构施工质量密切相关，故列为强制性条文，必须严格执行。

4.1.3 本规范未将模板及支架拆除列为验收内容，但考虑到模板及支架的拆除如果措施不当，也会影响到混凝土结构的质量，故本规范将模板及支架拆除要求作为一般规定。国家标准《混凝土结构工程施工规范》GB 50666－2011第4.5节给出了模板及支架拆除与维护的基本要求，更详细的拆除要求应在施工方案中列明。

4.2 模 板 安 装

4.2.1 本条对模板及支架材料的技术指标提出要求，主要指标为模板、支架及配件的材质、规格、尺寸及力学性能等。目前常用的模板及支架材料种类繁多，其规格尺寸、材质和力学性能等各异，且多为周转重复使用，其质量差异较大。部分材料、配件的材质、规格尺寸、力学性能等如果不符合要求，将给模板及支架的质量、安全留下隐患，甚至可能酿成事故，故本条将模板及支架材料的技术指标作为主控项目列为进场验收内容。

考虑到现场条件，以及现实中模板及支架材料的租赁、周转等情况比较复杂，正常情况下的主要检验方法是核查质量证明文件，并对实物的外观、规格、尺寸进行观察和必要的尺量检查。当实物的质量差异较大时，宜在检查前进行必要的分类筛选。

本条的尺寸检查包括模板的厚度、平整度等，支架杆件的直径、壁厚、外观等，连接件的规格、尺寸、重量、外观等，实施时可根据检验对象进行补充或调整。

4.2.2 本条要求对安装完成后的模板及支架进行验收。现浇混凝土结构的模板及支架类型众多，验收检查的项目和重点也不相同，主要类型已有相应的国家或行业标准，故要求应按照有关标准进行验收。

国家有关标准通常给出的是对模板及支架安装的基本和通用要求，安装的详细要求往往由施工方案根据工程的具体情况规定，如支架杆件的间距、各种支撑的设置数量、位置等，故本条规定验收时除了应符合有关标准以外，还应符合施工方案的要求。主要检验方法由有关标准规定。

4.2.3 后浇带模板及支架由于施工中留置时间较长，不能与相邻的混凝土模板及支架同时拆除，且不宜拆除后二次支撑，故制定施工方案时应考虑独立设置，使其装拆方便，且不影响相邻混凝土结构的质量。

4.2.4 在土层上直接安装支架竖杆或竖向模板，原则上应按照地基基础设计规范的要求进行设计计算，但施工中有时被忽视，个别施工单位甚至将模板竖杆直接支撑在未经处理的普通场地土上。为此，本条除了要求基土应坚实、平整并应有防水、排水、预防冻融等措施外，还明确要求基土承载力或密实度应符合施工方案的要求。施工方案可根据具体情况对基土提出密实度（压实系数）的要求。验收时应检查土层密实度检测报告、土层承载力验算或现场检测报告。

基土上支模时应采取防水、排水措施，是指预先考虑并做好各项准备，而不能仅靠临时采取应急措施。对于湿陷性黄土、膨胀性土和冻胀性土，由于其对水浸或冻融十分敏感，尤其应该注意。

土层上支模时竖杆下应设置垫板，是国家标准《混凝土结构工程施工规范》GB 50666－2011规定的重要构造措施，应明确列入施工方案并加以具体化。对垫板的检查内容主要包括：是否按照施工方案的要求设置，垫板的面积是否足够分散竖杆压力，垫板是否中心承载，竖杆与垫板是否顶紧，支撑在通长垫板上的竖杆受力是否均匀等。

4.2.5 本条为保证混凝土成型质量而设置。

无论采用何种材料制作的模板，其接缝都应严密，避免漏浆，但木模板需考虑浇水湿润时的木材膨胀情况。模板内部及与混凝土的接触面应清理干净，以避免出现麻面、夹渣等缺陷。对清水混凝土及装饰混凝土，为了使浇筑后的混凝土表面满足设计效果，宜事先对所使用的模板和浇筑工艺制作样板或进行试验。

4.2.6 隔离剂主要功能为帮助模板顺利脱模，此外还具有保护混凝土结构的表面质量，增加模板的周转使用次数，降低工程成本等功能。

隔离剂的品种、性能和涂刷方法应在施工方案中加以规定。选择隔离剂时，应避免使用可能会对混凝土结构受力性能和耐久性造成不利影响（如对混凝土中钢筋具有腐蚀性）的隔离剂，或影响混凝土表面后期装修（如使用废机油等）的隔离剂。

工程实践中，当有条件时，隔离剂宜在支模前涂刷，当受施工条件限制或支模工艺不同时，也可现场涂刷。现场涂刷隔离剂容易沾污钢筋、预埋件和混凝土接槎处，可能会对混凝土结构受力性能造成不利影响，故应采取适当措施加以避免。

本条验收内容为两项，即：隔离剂的品种、性能和隔离剂的涂刷质量。前者主要检查隔离剂质量证明文件以判定其品种、性能等是否符合要求，是否可能影响结构性能及装饰施工，是否可能对环境造成污染；后者主要是观察涂刷质量，并可对施工记录进行检查。

对于长效隔离剂，宜对其周转使用的实际效果进行检验或试验。

4.2.7 对跨度较大的现浇混凝土梁、板的模板，由于其施工阶段自重作用，竖向支撑出现变形和下沉，如果不起拱可能造成跨间明显变形，严重时可能影响装饰和美观，故模板在安装时适度起拱有利于保证构件的形状和尺寸。

起拱高度可执行国家标准《混凝土结构工程施工规范》GB 50666 给出的规定，通常跨度不小于 4m 时宜起拱，起拱高度宜为梁、板跨度的 1/1000～3/1000，应根据具体工程情况并结合施工经验选择，对刚度较大的钢模板钢管支架等可采用较小值，对刚度较小的木模板木支架等可采用较大值。需注意国家标准《混凝土结构工程施工规范》GB 50666 给出的起拱值未包括设计为了抵消构件在外荷载下出现的过大挠度所给出的要求。

对梁、板起拱的检查验收应注意起拱后的构件截面高度问题。少数施工单位对起拱的机理、作用理解不准确，在模板起拱的同时将梁的高度或板的厚度减少，使构件截面高度受到影响，故国家标准《混凝土结构工程施工规范》GB 50666 规定"起拱不得减少构件截面高度"，执行本条时应注意检查梁板在跨中部位侧模的高度。

4.2.8 多层连续支模的情况比较复杂，故基本要求是应符合施工方案的规定。执行本条规定，编制严谨全面、符合要求的施工方案是重要前提。

上、下层模板支架的竖杆对准，利于混凝土重力及施工荷载的连续直接传递，减少楼板的附加应力，属于保证施工安全和结构质量的措施之一。

实际施工中，楼层和模板支架的情况可能有很大差别，竖杆对准的要求是指大致对准，检查方法通常采用目测观察即可。当确实没有条件对准时，应采取措施，并确保受力结构的安全。

当混凝土结构设置后浇带时，后浇带及相邻部位由于模板及支架的拆除时间、受力状况与其他部位不同，故对于竖杆对准更应严格要求。

对于多层连续支模，本条要求除上、下层模板支架的竖杆应对准外，上层支模时尚应按照施工方案的要求，通过计算确定保持其下层竖杆的层数。为安全计，根据施工经验，最少应为 2 层。应根据施工荷载和施工组织设计的要求，对下层连续支撑进行检查。

在土层上支模时竖杆下应设置垫板，已由现行国家标准《混凝土结构工程施工规范》GB 50666 和本规范第 4.2.4 条规定。当模板支架的竖杆支承于混凝土楼面上时，是否需要设置垫板应由施工方案根据工程的具体情况确定。当支撑面的混凝土实际强度较低时，为防止楼面混凝土破损，亦应设置垫板。对垫板的检查内容，可参照本规范第 4.2.4 条的条文说明。

4.2.9 本条适用于对固定在模板上的预埋件和预留孔、洞内置模板的检查验收。主要包括数量、位置、尺寸的检查，安装牢固程度的检查、防渗措施的检查和对预埋螺栓外露长度的检查。

检查的基本依据为设计和施工方案的要求。

预埋件的外露长度只允许有正偏差，不允许有负偏差；对预留洞内部尺寸，只允许大，不允许小。在允许偏差表中，不允许有负偏差的以"0"表示。

本条对尺寸偏差的检查，除可采用条文中给出的方法外，也可采用其他方法和相应的检测工具。

本条对安装牢固的检查，可以检查预埋件在模板上的固定方式、预留孔、洞的内置模板固定措施等藉以对其牢固程度加以判断；也可用力扳动，模拟混凝土浇筑时受到冲击、挤压会否移位等。

4.2.10、4.2.11 该两条给出了现浇结构和预制构件模板安装的尺寸允许偏差及检验方法，其中预制构件模板安装的允许偏差除了适用于预制构件厂外，也适用于现场制作的预制构件。由于模板验收时尚未浇筑混凝土，发现过大偏差时应当在浇筑之前修整。过大偏差可按照允许偏差的 1.5 倍取值，也可由施工方案根据工程具体情况确定。

与原规范相比，现浇结构模板的允许偏差增加了现浇楼梯模板相邻踏步高度的允许偏差，调整了现浇混凝土结构模板层高垂直度的允许偏差，并对预制构件模板的抽样数量和检验方法进行了调整，删去了原规范中对使用中的预制构件模板应"定期检查"并

"根据使用情况不定期抽查"的模糊规定，明确规定了抽查数量，并修改了原规范中部分检验方法。

5 钢筋分项工程

钢筋分项工程是普通钢筋及成型钢筋进场检验、钢筋加工、钢筋连接、钢筋安装等一系列技术工作和完成实体的总称。钢筋分项工程所含的检验批可根据施工工序和验收的需要确定。

5.1 一 般 规 定

5.1.1 钢筋隐蔽工程反映钢筋分项工程施工的综合质量，在浇筑混凝土之前验收是为了确保受力钢筋等的加工、连接、安装满足设计要求和本规范的有关规定。对于钢筋隐蔽工程验收的内容，本次修订在原规范的基础上增加了钢筋搭接长度、锚固长度、锚固方式及箍筋位置、弯钩弯折角度、平直段长度等内容；除本条规定的主要内容外，可根据工程实际情况，增加影响工程质量的其他重要内容。

根据工程实际情况，钢筋隐蔽工程验收可与钢筋安装检验批验收同时进行。

5.1.2 本条规定对应于本规范第3.0.7条，是其在钢筋分项工程验收中的具体规定。对于获得认证或生产质量稳定的钢筋、成型钢筋，在进场检验时，可比常规检验批容量扩大一倍。

当钢筋、成型钢筋满足本条各款中的两个条件时，检验批容量只扩大一次。当扩大检验批后的检验出现一次不合格情况时，应按扩大前的检验批容量重新验收，并不得再次扩大检验批容量。

5.2 材 料

5.2.1 钢筋对混凝土结构的承载能力至关重要，对其质量应从严要求。

与热轧光圆钢筋、热轧带肋钢筋、余热处理钢筋、钢筋焊接网性能及检验相关的国家现行标准有：《钢筋混凝土用钢 第1部分：热轧光圆钢筋》GB1499.1、《钢筋混凝土用钢 第2部分：热轧带肋钢筋》GB 1499.2、《钢筋混凝土用余热处理钢筋》GB13014、《钢筋混凝土用钢 第3部分：钢筋焊接网》GB/T 1499.3。与冷加工钢筋性能及检验相关的国家现行标准有：《冷轧带肋钢筋》GB 13788、《高延性冷轧带肋钢筋》YB/T 4260、《冷轧扭钢筋》JG 190及《冷轧带肋钢筋混凝土结构技术规程》JGJ 95、《冷轧扭钢筋混凝土构件技术规程》JGJ 115、《冷拔低碳钢丝应用技术规程》JGJ 19等。

钢筋进场时，应检查产品合格证和出厂检验报告，并按有关标准的规定进行抽样检验。由于工程量、运输条件和各种钢筋的用量等的差异，很难对钢筋进场的批量大小作出统一规定。实际验收时，若有

关标准中对进场检验作了具体规定，应遵照执行；若有关标准中只有对产品出厂检验的规定，则在进场检验时，批量应按下列情况确定：

1 对同一厂家、同一牌号、同一规格的钢筋，当一次进场的数量大于该产品的出厂检验批量时，应划分为若干个出厂检验批，并按出厂检验的抽样方案执行。

2 对同一厂家、同一牌号、同一规格的钢筋，当一次进场的数量小于或等于该产品的出厂检验批量时，应作为一个检验批，并按出厂检验的抽样方案执行。

3 对不同时间进场的同批钢筋，当确有可靠依据时，可按一次进场的钢筋处理。

本规范中，涉及原材料进场检查数量和检验方法时，除有明确规定外，均应该按以上叙述理解、执行。

本条的检验方法中，质量证明文件包括产品合格证、出厂检验报告，有时产品合格证、出厂检验报告可以合并；当用户有特别要求时，还应列出某些专门检验数据。进场抽样检验的结果是钢筋材料能否在工程中应用的判断依据。

对于每批钢筋的检验数量，应按相关产品标准执行。国家标准《钢筋混凝土用钢 第1部分：热轧光圆钢筋》GB 1499.1-2008和《钢筋混凝土用钢 第2部分：热轧带肋钢筋》GB 1499.2-2007中规定热轧钢筋每批抽取5个试件，先进行重量偏差检验，再取其中2个试件进行拉伸试验检验屈服强度、抗拉强度、伸长率，另取其中2个试件进行弯曲性能检验。对于钢筋伸长率，牌号带"E"的钢筋必须检验最大力下总伸长率。

本条为强制性条文，应严格执行。

5.2.2 根据成型钢筋应用的实际情况，本条规定了成型钢筋进场的抽样检验规定。本条规定的成型钢筋指按产品标准《混凝土结构用成型钢筋》JG/T 226-2008生产的产品，成型钢筋类型包括箍筋、纵筋、焊接网、钢筋笼等。

对由热轧钢筋组成的成型钢筋，当有施工单位或监理单位的代表驻厂监督加工过程，并能提交该批成型钢筋原材钢筋第三方检验报告时，可只进行重量偏差检验。此时成型钢筋进场的质量证明文件主要为产品合格证、产品标准要求的出厂检验报告和成型钢筋所用原材钢筋的第三方检验报告。

对由热轧钢筋组成的成型钢筋不满足上述条件时，及由冷加工钢筋组成的成型钢筋，进场时应按本条规定作屈服强度、抗拉强度、伸长率和重量偏差检验。此时成型钢筋的质量证明文件主要为产品合格证、产品标准要求的出厂检验报告；对成型钢筋所用原材钢筋，生产企业可参照本规范及相关专业规范的规定自行检验，其检验报告在成型钢筋进场时可不提

供，但应在生产企业存档保留，以便需要时查阅。

对于钢筋焊接网，材料进场还需按现行行业标准《钢筋焊接网混凝土结构技术规程》JGJ 114的有关规定检验弯曲、抗剪等项目。

考虑到目前成型钢筋生产的实际情况，本条规定同一厂家、同一类型、同一钢筋来源的成型钢筋，其检验批不应大于30t。同一钢筋来源指成型钢筋加工所用钢筋为同一企业生产。根据本规范第5.1.2条的相关规定，经产品认证符合要求的成型钢筋及连续三批均一次检验合格的同一厂家、同一类型、同一钢筋来源的成型钢筋，检验批量可扩大到不大于60t。

当每车进场的成型钢筋包括不同类型时，可将多车的同类型成型钢筋合并为一个检验批进行验收。对不同时间进场的同批成型钢筋，当有可靠依据时，可按一次进场的成型钢筋处理。

本条规定每批不同牌号、规格均应抽取1个钢筋试件进行检验，试件总数不应少于3个。当同批的成型钢筋为相同牌号、规格时，应抽取3个试件，检验结果可按3个试件的平均值判断；当同批的成型钢筋存在不同钢筋牌号、规格时，每种钢筋牌号、规格均应抽取1个钢筋试件，且总数量不应少于3个，此时所有抽取试件的检验结果均应合格；当仅存在2种钢筋牌号、规格时，3个试件中的2个为相同牌号、规格，但下一批取样相同的牌号、规格应改变，此时相同牌号、规格的2个试件可按平均值判断检验结果。

考虑到钢筋试件抽取的随机性，每批抽取的试件应在不同成型钢筋上抽取，成型钢筋截取钢筋试件后可采用搭接或焊接的方式进行修补。当进行屈服强度、抗拉强度、伸长率和重量偏差检验时，每批中抽取的试件应先进行重量偏差检验，再进行力学性能检验，试件截取长度应满足两种试验要求。

5.2.3 本条提出了针对部分框架、斜撑构件（含梯段）中纵向受力钢筋强度、伸长率的规定，其目的是保证重要结构构件的抗震性能。本条第1款中抗拉强度实测值与屈服强度实测值的比值工程中习惯称为"强屈比"，第2款中屈服强度实测值与屈服强度标准值的比值工程中习惯称为"超强比"或"超屈比"，第3款中最大力下总伸长率习惯称为"均匀伸长率"。

牌号带"E"的钢筋是专门为满足本条性能要求生产的钢筋，其表面轧有专用标志。

本条中的框架包括框架梁、框架柱、框支梁、框支柱及板柱-抗震墙的柱等，其抗震等级应根据国家现行有关标准由设计确定；斜撑构件包括伸臂桁架的斜撑、楼梯的梯段等，有关标准中未对斜撑构件规定抗震等级，当建筑中其他构件需要应用牌号带"E"钢筋时，则建筑中所有斜撑构件均应满足本条规定；对不做受力斜撑构件使用的简支预制楼梯，可不遵守本条规定；剪力墙及其连梁与边缘构件、筒体、楼板、基础不属于本条规定的范围。

本条为强制性条文，必须严格执行。

5.2.4 钢筋进场时和使用前均应加强外观质量的检查。弯曲不直或经弯折损伤、有裂纹的钢筋不得使用；表面有油污、颗粒状或片状老锈的钢筋亦不得使用，以防止影响钢筋握裹力或锚固性能。

5.2.5 成型钢筋在加工及出厂过程中均由专业加工厂质量管理人员进行检验，检验合格的产品才能入库和出厂。为规避成型钢筋在储存和运输过程中可能出现质量波动影响工程质量，本条规定了进入施工现场时的成型钢筋整体的外观质量和尺寸偏差检验要求。尺寸主要包括成型钢筋形状尺寸，本规范第5.3.5条规定的偏差为主要检验内容之一，其他内容应符合有关标准的规定。对于钢筋焊接网和焊接骨架，外观质量尚应包括开焊点、漏焊点数量，焊网钢筋间距等项目。

本规范第5.2.2条检验要求抽取的是钢筋试件，本条根据外观质量、尺寸偏差检验需求抽取的是成型钢筋试件，故检验批划分不再要求"同一钢筋来源"。本条要求每批随机抽取3个成型钢筋试件，如每批存在3个以上的成型钢筋类型，不同批成型钢筋应抽取不同的类型，以体现"随机性"。

5.2.6 钢筋机械连接用套筒的外观质量应符合现行行业标准《钢筋机械连接技术规程》JGJ 107、《钢筋机械连接用套筒》JG/T 163的有关规定。钢筋锚固板质量应符合现行行业标准《钢筋锚固板应用技术规程》JGJ 256的规定。本条规定还适用于按商品进场验收的预埋件等结构配件。

钢筋机械连接套筒、钢筋锚固板以及预埋件等外观质量的进场检验项目及合格要求应按有关标准的规定确定。

5.3 钢 筋 加 工

5.3.1 本条对不同级别钢筋的弯弧内径作出了具体规定，钢筋加工时应按本条规定选择弯折机弯头，防止因弯弧内径太小使钢筋弯折后弯弧外侧出现裂缝，影响钢筋受力或锚固性能。第4款规定"箍筋弯折处尚不应小于纵向受力钢筋的直径"，纵向受力钢筋指箍筋弯折处的纵向受力钢筋，除此规定外，拉筋弯折尚应考虑拉筋实际勾住钢筋的具体情况。

5.3.2 本条规定的纵向受力钢筋弯折后平直段长度包括受拉光面钢筋180°弯钩、带肋钢筋在节点内弯折锚固、带肋钢筋弯钩锚固、分批截断钢筋延伸锚固等情况，本规范仅规定了光圆钢筋180°弯钩的弯折后平直段长度，其他构造应符合设计要求。

5.3.3 本条提出对箍筋及用作复合箍筋拉筋的弯钩构造的验收要求。有抗震设防要求的结构构件，即设计图纸和有关标准中规定具有抗震等级的结构构件，箍筋弯钩可按不小于135°弯折。本条中的设计专门要求指构件受扭、弯剪扭等复合受力状态，也包括全部纵向受力钢筋配筋率大于 3‰的柱。

5.3.4 本条规定了盘卷钢筋调直后力学性能和重量偏差的检验要求，所有用于工程的调直钢筋均应按本条规定执行。提出本条检验规定是为加强对调直后钢筋性能质量的控制，防止冷拉加工过度改变钢筋的力学性能。

钢筋的相关国家现行标准有：《钢筋混凝土用钢 第1部分：热轧光圆钢筋》GB 1499.1、《钢筋混凝土用钢 第2部分：热轧带肋钢筋》GB 1499.2、《钢筋混凝土用余热处理钢筋》GB 13014 等。表5.3.4规定的断后伸长率、重量偏差要求，是在上述标准规定的指标基础上考虑了正常冷拉调直对指标的影响给出的。

对钢筋调直机械设备是否有延伸功能的判定，可由施工单位检查并经监理单位确认；当不能判定或对判定结果有争议时，应按本条规定进行检验。

考虑到建筑工程钢筋检验的实际情况，盘卷钢筋调直后的重量偏差不符合要求时不允许复检，本条还取消了力学性能人工时效的规定。

5.3.5 本条规定了钢筋加工形状、尺寸和允许偏差值及检查数量和方法。国家标准《混凝土结构设计规范》GB 50010 - 2010 已将混凝土保护层厚度按最外层钢筋（箍筋）规定，此种情况下截面尺寸减两倍保护层厚度后将直接得到箍筋外廓尺寸，故本条将原规范的箍筋内净尺寸改为外廓尺寸。

5.4 钢 筋 连 接

5.4.1 本条提出了纵向受力钢筋连接方式的基本要求，这是保证受力钢筋应力传递及结构构件受力性能所必需的。如设计没有规定钢筋的连接方式，可由施工单位根据《混凝土结构设计规范》GB 50010 等国家现行有关标准的相关规定和施工现场条件与设计共同商定，并据此进行验收。

5.4.2 国家现行标准《钢筋机械连接技术规程》JGJ 107、《钢筋焊接及验收规程》JGJ 18 分别对钢筋机械连接、焊接的力学性能、弯曲性能（仅针对焊接）质量验收等提出了明确的规定，应按其规定进行验收。对机械连接，质量证明文件应包括有效的型式检验报告。为保证接头试件能够代表实际工程质量，本条要求接头试件应在钢筋安装后、混凝土浇筑前从工程实体中截取。

5.4.3 螺纹接头的拧紧扭矩值和挤压接头的压痕直径是钢筋机械连接过程中的重要技术参数，应按现行行业标准《钢筋机械连接技术规程》JGJ 107 的相关规定进行检验，检验应使用专用扭力扳手或专用量规检查。

5.4.4 钢筋接头的位置影响受力性能，应根据设计和施工方案要求设置在受力较小处。梁端、柱端箍筋加密区的范围可按现行国家标准《混凝土结构设计规

范》GB 50010 的有关规定确定，加密区范围内尽可能不设置钢筋接头，如需连接则应采用性能较好的机械连接和焊接接头。

5.4.5 本条对施工现场的机械连接接头和焊接接头提出了外观质量验收要求。

5.4.6 本条规定了纵向受力钢筋机械连接和焊接接头百分率验收要求。计算接头连接区段长度时，d 为相互连接两根钢筋中较小直径，并按该直径计算连接区段内的接头面积百分率；当同一构件内不同连接钢筋计算的连接区段长度不同时取大值。根据相关规范的规定，板、墙、柱中受拉机械连接接头及装配式混凝土结构构件连接处受拉机械连接、焊接接头，可根据实际情况放宽接头面积百分率要求。

5.4.7 本条规定了纵向受力钢筋绑扎搭接接头间距及百分率验收要求。计算接头连接区段长度时，搭接长度可取相互连接两根钢筋中较小直径计算，并按该直径计算连接区段内的接头面积百分率；当同一构件内不同连接钢筋计算的连接区段长度不同时取大值。同一连接区段内纵向受力钢筋接头面积百分率为接头中点位于该连接区段长度内的纵向受力钢筋截面面积与全部纵向受力钢筋截面面积的比值，图1所示搭接接头同一连接区段内的搭接钢筋为两根，当各钢筋直径相同时，接头面积百分率为 50%。

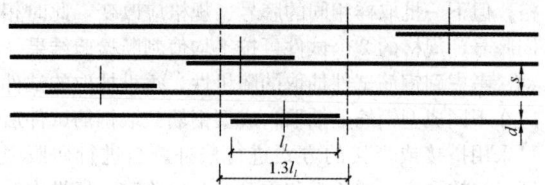

图 1 钢筋绑扎搭接接头连接区段及
接头面积百分率

对于接头百分率的，本条规定当确有必要放松时对梁类构件不应大于 50%。根据有关规范规定，对其他构件可根据实际情况放宽。

5.4.8 设计文件及现行国家标准《混凝土结构工程施工规范》GB 50666 规定了搭接长度范围内的箍筋直径、间距等构造要求，应按此进行验收。

5.5 钢 筋 安 装

5.5.1 受力钢筋的牌号、规格和数量对结构构件的受力性能有重要影响，必须符合设计要求。较大直径带肋钢筋的牌号、规格可根据钢筋外观的轧制标志识别。光圆钢筋和小直径带肋钢筋外观没有轧制标志，安装时应对其牌号特别注意。本条为强制性条文，应严格执行。

5.5.2 钢筋的安装位置、锚固方式同样影响结构受力性能，应按设计要求进行验收。钢筋的安装位置主要包括钢筋安装的部位，如梁顶部与底部、柱的长边与短边等。

5.5.3 本条规定了钢筋安装的允许偏差。考虑到纵向受力钢筋锚固长度对结构受力性能的重要性，本条增加了锚固长度的允许偏差要求，表 5.5.3 中规定纵向受力钢筋锚固长度负偏差不大于 20mm，对正偏差没有要求。国家标准《混凝土结构设计规范》GB 50010-2010 已将混凝土保护层最小厚度按最外层钢筋规定，本条中对于钢筋的混凝土保护层厚度允许偏差同时规定了纵向受力钢筋和箍筋。

考虑保护层厚度对结构的安全性、耐久性的重要影响，本条将受力钢筋保护层厚度的合格率统一提高为 90% 及以上。

6 预应力分项工程

预应力分项工程是预应力筋、锚具、夹具、连接器等材料的进场检验、后张法预留管道设置或预应力筋布置、预应力筋张拉、放张、灌浆直至封锚保护等一系列技术工作和完成实体的总称。由于预应力施工工艺复杂，专业性较强，质量要求较高，故预应力分项工程所含检验项目较多，且规定较为具体。

6.1 一 般 规 定

6.1.1 预应力隐蔽工程验收反映预应力分项工程施工的安装质量，在浇筑混凝土之前验收是为了确保预应力筋等在混凝土结构中发挥其应有的作用。本条对预应力隐蔽工程验收的内容作出了具体规定。本条规定的局部加强钢筋指预应力张拉锚固体系中的螺旋筋等局部承压加强钢筋。

由于预应力分项工程的施工工艺不同，在进行隐蔽工程验收时需验收的项目也会有所不同，应根据工程实际对需进行隐蔽验收的项目进行验收。

6.1.2 对于获得第三方产品认证机构认证的预应力工程材料和同一厂家、同一品种、同一规格的预应力工程材料连续三次进场检验均一次检验合格时，可以认为其产品质量稳定，本规范规定可以放宽其检验批容量，这样不仅可节省大量的检验成本，同时鼓励和促进企业生产并提供质量有保证的产品，对工程质量提高和社会成本的降低均有积极意义。

6.1.3 本条规定了预应力张拉设备的校验和标定要求。张拉设备（千斤顶、油泵及压力表等）应配套标定，以确定压力表读数与千斤顶输出力之间的关系曲线。这种关系曲线对应于特定的一套张拉设备，故配套标定后应配套使用。当使用过程中出现反常现象或张拉设备检修后，应重新标定。

6.2 材 料

6.2.1 预应力筋分为有粘结预应力筋和无粘结预应力筋两种，进场时均应按本条的规定进行力学性能检验。

常用的预应力筋有钢丝、钢绞线、精轧螺纹钢筋等。不同的预应力筋产品，其质量标准及检验批容量均由相关产品标准作了明确的规定，制定产品抽样检验方案时应按不同产品标准的具体规定执行。目前常用的预应力筋的相应产品标准有：《预应力混凝土用钢绞线》GB/T 5224、《预应力混凝土用钢丝》GB/T 5223、《预应力混凝土用螺纹钢筋》GB/T 20065 和《无粘结预应力钢绞线》JG 161 等。

预应力筋是预应力分项工程中最重要的原材料，进场时应根据进场批次和产品的抽样检验方案确定检验批，进行抽样检验。由于各厂家提供的预应力筋产品合格证内容与格式不尽相同，为统一及明确有关内容，要求厂家除了提供产品合格证外，还应提供反映预应力筋主要性能的出厂检验报告，两者也可合并提供。抽样检验可仅作预应力筋抗拉强度与伸长率试验；松弛率试验由于时间较长，成本较高，同时目前产品质量比较稳定，一般不需要进行该项检验，当工程确有需要时，可进行检验。

本条为强制性条文，应严格执行。

6.2.2 无粘结预应力钢绞线的进场检验包括钢绞线力学性能检验和涂包质量检验两部分，现行国家标准《预应力混凝土用钢绞线》GB/T 5224 规定了无粘结预应力筋用钢绞线的力学性能要求，现行行业标准《无粘结预应力钢绞线》JG 161 规定了无粘结预应力筋的涂包质量要求。无粘结预应力筋在进场后，应按本规范第 6.2.1 条的规定检验其力学性能，由于其涂包质量对保证预应力筋防腐及准确地建立预应力也非常重要，还应按现行行业标准《无粘结预应力钢绞线》JG 161 的规定检验其油脂含量与涂包层厚度。

无粘结预应力筋的涂包质量比较稳定，进场后经观察检查其涂包外观质量较好，且有厂家提供的涂包质量检验报告时，为简化验收，可不进行油脂用量和护套厚度的抽样检验。

6.2.3 锚具、夹具和连接器的进场检验主要做锚具（夹具、连接器）的静载锚固性能试验，锚固区传力性能、材质、机加工尺寸及热处理硬度等可按出厂时的质量证明文件进行核对。

预应力筋用锚具、锚垫板、局部加强钢筋等产品是生产厂家通过锚固区传力性能试验得到的能够保证其正常工作性能和安全性的匹配性组合，能够在工程应用中保证锚固区的安全性，因此现行行业标准《预应力筋用锚具、夹具和连接器应用技术规程》JGJ 85 规定锚具、夹具和连接器产品应配套使用（包括锚垫板和局部加强钢筋），并对其性能要求进行了明确的规定，在进场验收时应检查锚固区传力性能试验报告。

静载锚固性能试验工作，费工、费时、经费开支较大，购货量大的工程进行此项工作是必要的，购货量小的工程可能会造成试验费用负担过重，因此，对锚具用量较少的工程，可由产品供应商提供本批次产品的检验报告，作为进场验收的依据。

6.2.4 无粘结预应力混凝土结构所处环境类别可根据现行国家标准《混凝土结构设计规范》GB 50010 的有关规定确定。国内外工程经验表明，对处于三 a、三 b 类环境条件下的无粘结预应力锚固系统，采用全封闭体系可有效保证其耐久性。现行行业标准《无粘结预应力混凝土结构技术规程》JGJ 92 参考美国 ACI 和 PTI 的有关规定，要求对全封闭体系应进行不透水试验，要求安装后的张拉端、固定端及中间连接部位在不小于 10kPa 静水压力下，保持 24h 不透水。当用于游泳池、水箱等结构时，可根据设计提出更高静水压力的要求。由于锚具全封闭性能由锚具系统中各组件共同作用决定，其性能在系统组件相同情况下能够保证，故对同一品种、同一规格的锚具系统仅抽取 3 套进行检验。

6.2.5 孔道灌浆一般采用素水泥浆，配制水泥浆用的硅酸盐水泥或普通硅酸盐水泥性能应符合本规范第 7 章的有关规定。水泥浆中掺入外加剂可改善其稠度和密实性等，但预应力筋对应力腐蚀较为敏感，故水泥和外加剂中均不应含有对预应力筋有害的化学成分。

6.2.6 预应力筋进场后可能由于保管不当引起锈蚀、污染等，使用前应进行外观质量检查。对有粘结预应力筋，可按各有关标准进行检查。对无粘结预应力筋，若出现护套破损，不仅影响密封性，也会增加预应力摩擦损失，故需保护其塑料套，尤其在地下结构等潮湿环境中采用无粘结预应力筋时，更需要注意其护套要完整。对于轻微破损处可用防水聚乙烯胶带封闭，其中每圈胶带搭接宽度一般大于胶带宽度的 1/2，缠绕层数不少于 2 层，而且缠绕长度超过破损长度 30mm。

6.2.7 当锚具、夹具及连接器进场入库时间较长时，可能造成锈蚀、污染等，影响其使用性能，因此应在储存时加强保护措施，并在使用前重新对其外观进行逐一检查。

6.2.8 后张法预应力成孔主要采用塑料波纹管以及金属波纹管，而竖向孔道常采用钢管。与塑料波纹管相关的现行行业标准为《预应力混凝土桥梁用塑料波纹管》JT/T 529，与金属波纹管相关的现行行业标准为《预应力混凝土用金属波纹管》JG 225。

成孔管道受到污染、变形时，可能增大张拉时的摩擦损失，影响构件有效预应力的建立；或影响灌浆后的粘结效果，对构件的耐久性造成影响。目前，后张预应力工程中多采用金属波纹管预留孔道，由于其在运输、存放过程中可能出现伤痕、变形、锈蚀、污染等，故使用前应进行外观质量检查。塑料波纹管尽管没有锈蚀问题，仍应注意保护其不受外力作用下的变形，以及油污等污染，同时应避免阳光直射造成老化。

检验成孔管道的径向刚度和抗渗漏性能，是为了确保成孔质量，从而保证预应力筋的张拉和孔道灌浆质量能满足设计要求。

6.3 制作与安装

6.3.1 预应力筋的品种、规格、强度级别和数量对保证预应力结构构件的承载能力、抗裂度至关重要，故必须符合设计要求。

本条为强制性条文，应严格执行。

6.3.2 预应力筋在结构构件中的位置由设计人员依据结构构件的受力特点确定，对保证预应力结构构件的正常使用性能与承载能力至关重要，故必须符合设计要求。

6.3.3 预应力筋的端部锚具制作质量对可靠地建立预应力非常重要。本条规定了挤压锚、压花锚、镦头锚的制作质量要求。本条对镦头锚制作质量的要求，主要是为了检测钢丝的可镦性，故规定按钢丝的进场批量检查。

6.3.4 浇筑混凝土时，预留孔道定位不牢固可能会发生移位，影响建立预应力的效果。为确保孔道成型质量，除应符合设计要求外，还应符合本条对预留孔道安装质量作出的相应规定。对后张预应力混凝土结构中预留孔道的灌浆孔、泌水管等的间距和位置要求，是为了保证灌浆质量。

6.3.5 预应力筋束形直接影响建立预应力的效果，并影响截面的承载力和抗裂性能，应严格加以控制。本条按截面高度设定束形控制点的竖向位置允许偏差，以便于实际控制。

6.4 张拉和放张

6.4.1 过早地对混凝土施加预应力，会引起较大的收缩及徐变损失，同时可能因局部受压应力过大而引起混凝土损伤。本条对预应力筋张拉及放张时混凝土强度的规定与现行国家标准《混凝土结构设计规范》GB 50010 一致。若设计对此有明确要求，则应按设计要求执行。

6.4.2 由于预应力筋断裂或滑脱对结构构件的受力性能影响极大，而出现断裂意味着在其材料、安装及张拉环节存在缺陷或隐患，因此作出此规定以确保相关材料及工序的质量。先张法预应力构件中的预应力筋不允许出现断裂或滑脱，若在浇筑混凝土前出现断裂或滑脱，相应的预应力筋应予以更换。本条为强制性条文，应严格执行。

6.4.3 预应力筋张拉锚固后，实际建立的预应力值与量测时间有关。相隔时间越长，预应力损失值越大，故检验应力应由设计通过计算确定。预应力筋张拉后实际建立的预应力值对结构受力性能影响很大，应予以保证。先张法施工中可以用应力测定仪器直接测定张拉锚固后预应力筋的应力值。

6.4.4 实际张拉时通常采用张拉力控制方法，但为了确保张拉质量，还应对实际伸长值进行校核，6%的允许偏差是基于工程实践提出的，对保证张拉质量是有效的。

实际施工时，为了部分抵消预应力损失等，可采取超张拉方法，但应符合设计及施工方案的要求，并且最大张拉应力不应大于现行国家标准《混凝土结构工程施工规范》GB 50666 的规定。

6.4.5 对先张法构件，施工时应采取措施减小张拉后预应力筋位置与设计位置的偏差。

6.4.6 实际工程中，由于锚具种类、张拉锚固工艺及放张速度等各种因素的影响，内缩量可能有较大波动，导致实际建立的预应力值出现较大偏差。因此，应控制锚固阶段张拉端预应力筋的内缩量。当设计对张拉端预应力筋的内缩量有具体要求时，应按设计要求执行。

6.5 灌浆及封锚

6.5.1 预应力筋张拉后处于高应力状态，对腐蚀非常敏感，所以应尽早对孔道进行灌浆。灌浆是对预应力筋的永久保护措施，要求孔道内水泥浆饱满、密实，完全握裹住预应力筋。灌浆质量的检验应着重现场观察检查，必要时也可凿孔或采用无损检查。

6.5.2 灌浆用水泥浆在满足必要的稠度的前提下尽量减小泌水率，以获得密实饱满的灌浆效果。水泥浆中水的泌出往往造成孔道内的空腔，并引起预应力筋腐蚀。1%左右的泌水一般可被灰浆吸收，因此应按本条的规定控制泌水率。水泥浆中的氯离子会腐蚀预应力筋，而预应力筋对腐蚀非常敏感，故水泥和外加剂中均不能含有对预应力筋有害的化学成分，特别是氯离子的含量需严加控制，计算水泥浆中的氯离子含量时，应包含水、掺合料、水泥及骨料中的氯离子。

水泥浆的适度膨胀有利于提高灌浆密实性，提高灌浆饱满度，但过度的膨胀可能造成孔道破损，反而影响预应力工程质量，故应控制其膨胀率，本规范用自由膨胀率来控制，并考虑普通灌浆工艺和真空灌浆工艺的差异。

6.5.3 灌浆质量应强调其密实性从而对预应力筋提供可靠的防腐保护，而孔道灌浆材料与预应力筋之间的粘结力同时也是预应力筋与混凝土共同工作的前提。参考国外的有关规定并考虑目前建筑工程中强度为 30MPa 的孔道灌浆材料可有效提供对预应力筋的防护并提供足够的粘结力，故本条规定了孔道灌浆材料的抗压强度不应小于 30MPa。

留置试件时应采用带底模的钢试模，直接采用试验结果评定孔道灌浆材料强度。

6.5.4 为确保暴露于结构外的锚具和外露预应力筋能够正常工作，应防止锚具和外露预应力筋锈蚀，为

此，应遵照设计要求执行，并在施工方案中作出具体规定，并且需满足本条的规定。

锚具和预应力筋的混凝土保护层厚度应分两步进行检查：在封锚前应检查封锚模板的安装质量，混凝土浇筑后应复查封锚混凝土的外形尺寸，确保锚具和预应力筋的混凝土保护层厚度满足本条的要求。

6.5.5 预应力筋外露长度的规定，主要是考虑到锚具正常工作及氧-乙炔焰切割时可能的热影响，切割位置不宜距离锚具太近，同时不应影响构件安装。

7 混凝土分项工程

混凝土分项工程是包括原材料进场检验、混凝土制备与运输、混凝土现场施工等一系列技术工作和完成实体的总称。本章提出了预拌混凝土和现场搅拌混凝土的验收要求，其中水泥、外加剂等原材料验收规定也适用于预拌混凝土生产单位。混凝土分项工程所含的检验批可根据施工工序和验收的需要确定。

7.1 一般规定

7.1.1 混凝土强度的评定应符合现行国家标准《混凝土强度检验评定标准》GB/T 50107 的规定，且进行混凝土强度评定时，不宜将施工持续时间超过 3 个月的混凝土划分为一个检验批。

为了改善混凝土性能并实现节能减排，目前多数混凝土中掺有矿物掺合料，尤其是大体积混凝土。实验表明，掺加矿物掺合料混凝土的强度与不掺矿物掺合料的混凝土相比，早期强度偏低，而后期强度发展较快，在温度较低条件下更为明显。为了充分反映掺加矿物掺合料混凝土的后期强度，本规范规定，混凝土强度进行合格评定时的试验龄期可以大于 28d（如 60d、90d），具体龄期可由建筑结构设计人员规定。

设计规定龄期是指混凝土在掺加矿物掺合料后，设计人员根据矿物掺合料的掺加量及结构设计要求，所规定的标准养护试件的试验龄期。

在《普通混凝土力学性能试验方法标准》GB/T 50081 中规定，采用标准养护的试件，应在温度为 (20 ± 5)℃的环境中静置一昼夜至二昼夜，然后编号、拆模。拆模后应立即放入温度为 (20 ± 2)℃，相对湿度为 95% 以上的标准养护室中养护，或在温度为 (20 ± 2)℃的不流动 $Ca(OH)_2$ 饱和溶液中养护。标准养护室内的试件应放在支架上，彼此间隔 10mm～20mm，试件表面应保持潮湿，并不得被水直接冲淋。龄期从搅拌加水开始计时。

采用蒸汽养护的构件，其试件应先随构件同条件养护，然后应置入标准养护条件下继续养护，两段养护时间的总和为龄期。

7.1.2 对于强度等级不低于 C60 的混凝土，目前尚无统一的尺寸折算系数，当采用非标准尺寸试件将其

抗压强度折算为标准尺寸试件抗压强度时，折算系数需要通过试验确定，在《混凝土强度检验评定标准》GB/T 50107 中规定了试验的最小试件数量，有利于提高折算系数的准确性。

7.1.3 混凝土试件强度评定不合格时，可根据《回弹法检测混凝土抗压强度技术规程》JGJ/T 23 等国家现行标准，采用各种检测方法推定结构中的混凝土强度，并可作为结构是否需要处理的依据。

7.1.4 依据行业标准《混凝土耐久性检验评定标准》JGJ/T 193，可以评定混凝土的抗冻等级、抗冻标号、抗渗等级、抗硫酸盐等级、抗氯离子渗透性能等级、抗碳化性能等级以及早期抗裂性能等级等有关耐久性指标。

7.1.5 根据《普通混凝土拌合物性能试验方法标准》GB/T 50080、《普通混凝土力学性能试验方法标准》GB/T 50081、《普通混凝土长期性能和耐久性能试验方法标准》GB/T 50082，混凝土的基本性能主要包括稠度、凝结时间、坍落度经时损失、泌水与压力泌水、表观密度、含气量、抗压强度、轴心抗压强度、静力受压弹性模量、劈裂抗拉强度、抗折强度、抗冻性能、动弹性模量、抗水渗透、抗氯离子渗透、收缩性能、早期抗裂、受压徐变、碳化性能、混凝土中钢筋锈蚀、抗压疲劳变形、抗硫酸盐侵蚀和碱-骨料反应等。

　　本条要求的大批量、连续生产是指同一工程项目、同一配合比的混凝土生产量为 2000m³ 以上。此时，混凝土浇筑前，其生产单位应提供稠度、凝结时间、坍落度经时损失、泌水、表观密度等性能试验报告；当设计有要求，应按设计要求提供其他性能试验报告。上述性能试验报告可由混凝土生产单位试验室或第三方提供。

7.1.6 现行国家标准《预拌混凝土》GB/T 14902 对预拌混凝土的定义、分类、性能等级及标记，原材料和配合比，质量要求，制备，试验方法，检验规划，订货与交货等进行了规定。

7.1.7 对于获得认证或生产质量稳定的水泥和外加剂，在进场检验时，可比常规检验批容量扩大一倍。当水泥和外加剂满足本条的两个条件时，检验批容量也只扩大一倍。当扩大检验批后的检验出现一次不合格情况时，应按扩大前的检验批容量重新验收，并不得再次扩大检验批容量。

　　对于混凝土原材料来讲，只有水泥和外加剂可以扩大检验批容量。

7.2 原 材 料

7.2.1 无论是预拌混凝土还是现场搅拌混凝土，水泥进场时，应根据产品合格证检查其品种、代号、强度等级等，并有序存放，以免造成混料错批。强度、安定性和凝结时间是水泥的重要性能指标，进场时应

抽样检验，其质量应符合现行国家标准《通用硅酸盐水泥》GB 175 等的要求。质量证明文件包括产品合格证、有效的型式检验报告、出厂检验报告。

7.2.2 混凝土外加剂种类较多，且均有国家现行有关的质量标准，使用时，混凝土外加剂的质量不仅要符合有关国家标准的规定，也应符合相关行业标准的规定。外加剂的检验项目、检验方法和批量应符合有关标准的规定。质量证明文件包括产品合格证、有效的型式检验报告、出厂检验报告。

7.2.3 混凝土用矿物掺合料的种类主要有粉煤灰、粒化高炉矿渣粉、石灰石粉、硅灰、沸石粉、磷渣粉、钢铁渣粉和复合矿物掺合料等，对各种矿物掺合料，均应符合相应的标准要求，例如《矿物掺合料应用技术规范》GB/T 51003、《用于水泥和混凝土中的粉煤灰》GB/T 1596、《用于水泥和混凝土中的粒化高炉矿渣粉》GB/T 18046、《石灰石粉在混凝土中应用技术规程》JGJ/T 318、《混凝土用粒化电炉磷渣粉》JG/T 317、《砂浆和混凝土用硅灰》GB/T 27690、《钢铁渣粉》GB/T 28293 等。矿物掺合料的掺量应通过试验确定，并符合《普通混凝土配合比设计规程》JGJ 55 的规定。质量证明文件包括产品合格证、有效的型式检验报告、出厂检验报告等。

7.2.4 《普通混凝土用砂、石质量及检验方法标准》JGJ 52 中包含了天然砂、人工砂、碎石和卵石的质量要求和检验方法等。海砂、再生骨料和轻骨料在使用时应符合国家现行有关标准的规定。

7.2.5 考虑到今后生产中利用工业处理水的发展趋势，除采用饮用水外，也可采用其他水源，使用前应对其成分进行检验，并应符合国家现行标准《混凝土用水标准》JGJ 63 的要求。

7.3 混凝土拌合物

7.3.1 预拌混凝土的质量证明文件主要包括混凝土配合比通知单、混凝土质量合格证、强度检验报告、混凝土运输单以及合同规定的其他资料。对大批量、连续生产的混凝土，质量证明文件还包括本规范第7.1.5条规定的基本性能试验报告。由于混凝土的强度试验需要一定的龄期，强度检验报告可以在达到确定混凝土强度龄期后提供。预拌混凝土所用的水泥、骨料、矿物掺合料等均应参照本规范的有关规定进行检验，其检验报告在预拌混凝土进场时可不提供，但应在生产企业存档保留，以便需要时查阅使用。

　　除检查质量证明文件外，尚应按本节有关规定对预拌混凝土进行进场检验。

7.3.2 混凝土拌合物发生离析，将影响其和易性和匀质性，以及硬化后的强度和表面质量等。

7.3.3 在混凝土中，水泥、骨料、外加剂和拌合用水等都可能含有氯离子，可能引起混凝土结构中钢筋的锈蚀，应严格控制其氯离子含量。混凝土碱含量过

高，在一定条件下会导致碱骨料反应。钢筋锈蚀或碱骨料反应都将严重影响结构构件受力性能和耐久性。国家标准《混凝土结构设计规范》GB 50010 - 2010在第3.5节"耐久性设计"中对混凝土中氯离子含量和碱总含量进行了规定。除了《混凝土结构设计规范》GB 50010的规定外，设计也可能有更严格的规定，所生产的混凝土都应该满足上述要求。

7.3.4 开盘鉴定是为了验证混凝土的实际质量与设计要求的一致性。开始生产时应至少留置一组标准养护试件，作为验证配合比的依据。开盘鉴定资料包括混凝土原材料检验报告、混凝土配合比通知单、强度试验报告以及配合比设计所要求的性能等。

7.3.5 混凝土拌合物稠度，根据现行国家标准《普通混凝土拌合物性能试验方法标准》GB/T 50080的规定，包括坍落度、坍落扩展度、维勃稠度等。通常，在现场测定混凝土坍落度。但是，对于大流动度的混凝土，仅用坍落度已无法全面反映混凝土的流动性能，所以对于坍落度大于220mm的混凝土，还应测量坍落扩展度，用混凝土坍落扩展度、坍落度的相互关系来综合评价混凝土的稠度。对于骨料最大粒径不超过40mm，维勃稠度在（5～30）s之间的干硬性混凝土拌合物，则用维勃稠度表达混凝土的流动性。

7.3.6 依据《混凝土耐久性检验评定标准》JGJ/T 193，涉及混凝土耐久性的指标有：抗冻等级、抗冻标号、抗渗等级、抗硫酸盐等级、抗氯离子渗透性能等级、抗碳化性能等级以及早期抗裂性能等级等，不同的耐久性试验需要制作不同的试件，具体要求应按照现行国家标准《普通混凝土长期性能和耐久性能试验方法标准》GB/T 50082的规定执行。

7.3.7 在混凝土中加入具有引气功能的外加剂后，能够增加混凝土中的含气量，有利于提高混凝土的抗冻性，使混凝土具有更好的耐久性和长期性能。混凝土的含气量低于设计要求，将降低混凝土的抗冻性能；高于设计要求，往往对混凝土的强度产生不利影响，故应严格控制混凝土的含气量。

7.4 混凝土施工

7.4.1 本条规定了两项内容。其一，混凝土的强度等级必须符合设计要求。执行这项规定时应注意，本条所要求的是混凝土强度等级，是针对强度评定检验批而言的，应将整个检验批的所有各组混凝土试件强度代表值按《混凝土强度检验评定标准》GB/T 50107的有关公式进行计算，以评定该检验批的混凝土强度等级，并非指某一组或几组混凝土标准养护试件的抗压强度代表值。其二，对用于检验混凝土强度的试件的规定，包含两个要求，一是试件制作地点和抽样方法的要求，二是试件制作数量的要求。试件制作的地点应为浇筑地点，通常指入模处。如需3d、7d、14d等过程质量控制试件，可根据实际情况自行

确定。

7.4.2 混凝土后浇带对控制混凝土结构的温度、收缩裂缝有较大作用。混凝土后浇带位置应按设计要求留置，后浇带混凝土浇筑时间、处理方法也应事先在施工方案中确定。

混凝土施工缝不应随意留置，其位置应事先在施工方案中确定。确定施工缝位置的原则为：尽可能留置在受力较小的部位；留置部位应便于施工。承受动力作用的设备基础，原则上不应留置施工缝；当需要留置时，应符合设计要求并按施工方案执行。

7.4.3 养护条件对于混凝土强度的增长有重要影响。在施工过程中，应根据原材料、配合比、浇筑部位和季节等具体情况，制订合理的养护技术方案，采取有效的养护措施，保证混凝土强度正常增长。

养护方案应该确定具体的养护方法及养护时间，并应符合现行国家标准《混凝土结构工程施工规范》GB 50666的规定。

8 现浇结构分项工程

现浇结构分项工程以模板、钢筋、预应力、混凝土四个分项工程为依托，是拆除模板后的混凝土结构实体外观质量、几何尺寸检验等一系列技术工作的总称。现浇结构分项工程可按楼层、结构缝或施工段划分检验批。

8.1 一 般 规 定

8.1.1 本条提出了混凝土现浇结构质量验收的基本条件和要求。

现浇结构外观和尺寸质量验收应在拆模后及时进行。即使混凝土表面存在缺陷，验收前也不应进行修整、装饰或各种方式的覆盖。

本条第2款中已经隐蔽的内容，是指与混凝土外观质量、几何尺寸有关而又不可直接观察和量测的部位和项目，如地下室防水混凝土外墙厚度、混凝土施工缝处理等。

修整或返工的结构构件或部位，其实施前后的文字及图像记录是指对缺陷情况和缺陷等级的描述、处理方案、实施过程图像记录以及实施后外观的文字和图像记录。

8.1.2 对现浇结构外观质量的验收，采用检查缺陷，并对缺陷的性质和数量加以限制的方法进行。本条提出了确定现浇结构外观质量严重缺陷、一般缺陷的一般原则。各种缺陷的数量限制可根据实际情况确定。

在具体实施中，外观质量缺陷对结构性能和使用功能等的影响程度，应由监理、施工等各方根据其对结构性能和使用功能影响的严重程度共同确定。对于具有外观质量要求较高的清水混凝土，考虑到其装饰效果属于主要使用功能，可将其表面外形缺陷、外表

缺陷定为严重缺陷。

8.1.3 本条仅是对后浇部分的要求，预制构件的要求在本规范第9章有具体规定。

8.2 外观质量

8.2.1 外观质量的严重缺陷通常会影响到结构性能、使用功能或耐久性。对已经出现的严重缺陷，应由施工单位根据缺陷的具体情况提出技术处理方案，经监理单位认可后进行处理，并重新检查验收。对于影响结构安全的严重缺陷，除上述程序外，技术处理方案尚应经设计单位认可。"影响结构安全的严重缺陷"包括本规范表8.1.2中的裂缝、连接部位的严重缺陷，也包括露筋、蜂窝、孔洞、夹渣、疏松、外形、外表等严重缺陷中可能影响结构安全的情况。

8.2.2 外观质量的一般缺陷不会对结构性能、使用功能造成严重影响，但有碍观瞻。故对已经出现的一般缺陷，也应及时处理，并重新检查验收。

8.3 位置和尺寸偏差

8.3.1 过大的尺寸偏差可能影响结构构件的受力性能、使用功能，也可能影响设备在基础上的安装、使用。验收时，应根据现浇结构、混凝土设备基础尺寸偏差的具体情况，由施工、监理各方共同确定尺寸偏差对结构性能和安装使用功能的影响程度。对超过尺寸允许偏差且影响结构性能和安装、使用功能的部位，应由施工单位根据尺寸偏差的具体情况提出技术处理方案，经监理、设计单位认可后进行处理，并重新检查验收。

8.3.2、8.3.3 给出了现浇结构和设备基础尺寸的允许偏差及检验方法。在实际应用时，尺寸偏差除应符合本条规定外，还应满足设计或设备安装提出的要求。尺寸偏差的检验方法可采用表8.3.2和表8.3.3中的方法，也可采用其他方法和相应的检测工具。

根据建筑工程的实际情况，修订时对表8.3.2中允许偏差规定适当调整：柱、墙、梁的轴线位置偏差统一，并包括剪力墙；层高内垂直度偏差按6m层高划分，并适当调整偏差要求；全高垂直偏差考虑国内高层建筑的实际情况，提出了新的计算公式，并适当放宽了超高层建筑的总要求；增加了混凝土基础的截面尺寸偏差要求；增加了楼梯相邻踏步高差要求；考虑到混凝土结构子分部工程验收增加了结构实体构件尺寸偏差检验，且同样要用到本条偏差指标要求，本条将柱、墙、梁、板的截面尺寸偏差统一为＋10mm和－5mm；对于电梯井洞，考虑安装要求需要，不再提出垂直度要求，而改为要求中心位置；增加了预埋板、预埋螺栓、预埋管之外的其他预埋件中心位置偏差要求。

9 装配式结构分项工程

装配式结构分项工程的验收包括预制构件进场、预制构件安装以及装配式结构特有的钢筋连接和构件连接等内容。对于装配式结构现场施工中涉及的钢筋绑扎、混凝土浇筑等内容，应分别纳入钢筋、混凝土、预应力等分项工程进行验收。本章的预制构件包括在专业企业生产和总承包单位制作的构件。对于专业企业的预制构件，本规范规定其作为"产品"进行进场验收，本章不再规定专业企业生产过程中的质量控制及出厂验收要求，具体应符合国家现行有关标准的规定，也可参照本规范其他各章相关规定执行。装配式结构分项工程可按楼层、结构缝或施工段划分检验批。

9.1 一般规定

9.1.1 本条规定的验收内容涉及采用后浇混凝土连接及采用叠合构件的装配整体式结构，故将此内容列为装配式结构分项工程的隐蔽工程验收内容提出。本条提出的隐蔽工程反映钢筋、现浇结构分项工程施工的综合质量，后浇混凝土处钢筋既包括预制构件外伸的钢筋，也包括后浇混凝土中设置的纵向钢筋和箍筋。在浇筑混凝土之前验收是为了确保其连接构造性能满足设计要求。对于装配式结构现场施工中涉及的钢筋、预应力内容，应按本规范第5章钢筋分项工程、第6章预应力分项工程的有关要求进行验收。

9.1.2 装配式结构的接缝防水施工是非常关键的质量检验内容，应按设计及有关防水施工要求进行验收。考虑到此项验收内容与结构施工密切相关，故列入本规范。

9.2 预制构件

9.2.1 本条对预制构件的质量提出了基本要求。

对专业企业生产的预制构件，进场时应检查质量证明文件。质量证明文件包括产品合格证明书、混凝土强度检验报告及其他重要检验报告等；预制构件的钢筋、混凝土原材料、预应力材料、预埋件等均应参照本规范及国家现行有关标准的规定进行检验，其检验报告在预制构件进场时可不提供，但应在构件生产企业存档保留，以便需要时查阅。按本规范第9.2.2条的有关规定，对于进场时不做结构性能检验的预制构件，质量证明文件尚应包括预制构件生产过程中的关键验收记录。

对总承包单位制作的预制构件，没有"进场"的验收环节，其材料和制作质量应按本规范各章的规定进行验收。对构件的验收方式为检查构件制作中的质量验收记录。

9.2.2 本条规定了专业企业生产预制构件进场时的

结构性能检验要求。结构性能检验通常应在构件进场时进行，但考虑检验方便，工程中多在各方参与下在预制构件生产场地进行。

考虑构件特点及加载检验条件，本条仅提出了梁板类简支受弯预制构件的结构性能检验要求；其他预制构件除设计有专门要求外，进场时可不做结构性能检验。对于用于叠合板、叠合梁的梁板类受弯预制构件（叠合底板、底梁），是否进行结构性能检验、结构性能检验的方式应根据设计要求确定。

对多个工程共同使用的同类型预制构件，也可在多个工程的施工、监理单位见证下共同委托进行结构性能检验，其结果对多个工程共同有效。

本规范附录 B 给出了受弯预制构件的抗裂、变形及承载力性能的检验要求和检验方法。

本条还对简支梁板类受弯预制构件提出了结构性能检验的简化条件。大型构件一般指跨度大于 18m 的构件；可靠应用经验指该单位生产的标准构件在其他工程已多次应用，如预制楼梯、预制空心板、预制双 T 板等；使用数量较少一般指数量在 50 件以内，近期完成的合格结构性能检验报告可作为可靠依据。不做结构性能检验时，尚应满足本条第 3 款的规定。

对所有进场时不做结构性能检验的预制构件，可通过施工单位或监理单位代表驻厂监督生产的方式进行质量控制，此时构件进场的质量证明文件应经监督代表确认。当无驻厂监督时，预制构件进场时应对预制构件主要受力钢筋数量、规格、间距及混凝土强度、混凝土保护层厚度等进行实体检验，具体可按以下原则执行：

1 实体检验宜采用非破损方法，也可采用破损方法，非破损方法应采用专业仪器并符合国家现行有关标准的有关规定。

2 检查数量可根据工程情况由各方商定。一般情况下，可为不超过 1000 个同类型预制构件为一批，每批抽取构件数量的 2% 且不少于 5 个构件。

3 检查方法可参考本规范附录 D、附录 E 的有关规定。

对所有进场时不做结构性能检验的预制构件，进场时的质量证明文件宜增加构件生产过程检查文件，如钢筋隐蔽工程验收记录、预应力筋张拉记录等。

9.2.3 预制构件的外观质量缺陷可按本规范第 8 章及国家现行有关标准的规定进行判断。对于预制构件的严重缺陷及影响结构性能和安装、使用功能的尺寸偏差，处理方式同本规范第 8.2 节、第 8.3 节的有关规定。现场制作的预制构件应按本规范第 8 章的有关规定处理，并检查技术处理方案。专业企业生产的预制构件，应由预制构件生产企业按技术方案处理，并重新检查验收。

9.2.4 预制构件的预埋件和预留孔洞等应在进场时按设计要求抽检，合格后方可使用，避免在构件安装时发现问题造成不必要的损失。

9.2.5 预制构件表面的标识应清晰、可靠，以确保能够识别预制构件的"身份"，并在施工全过程中对发生的质量问题可追溯。预制构件表面的标识内容一般包括生产单位、构件型号、生产日期、质量验收标志等，如有必要，尚需通过约定标识表示构件在结构中安装的位置和方向、吊运过程中的朝向等。

9.2.6 对预制构件的外观质量一般缺陷的处理原则同本规范第 9.2.3 条。

9.2.7 本条给出的预制构件尺寸偏差和预制构件上的预留孔、预留洞、预埋件、预留插筋、键槽位置偏差的基本要求。如根据具体工程要求提出高于本条规定时，应按设计要求或合同规定执行。

9.2.8 装配整体式结构中预制构件与后浇混凝土结合的界面称为结合面，具体可为粗糙面或键槽两种形式。有需要时，还应在键槽、粗糙面上配置抗剪或抗拉钢筋等，以确保结构的整体性。

9.3 安装与连接

9.3.1 临时固定措施是装配式结构安装过程中承受施工荷载、保证构件定位、确保施工安全的有效措施。临时支撑是常用的临时固定措施，包括水平构件下方的临时竖向支撑、水平构件两端支承构件上设置的临时牛腿、竖向构件的临时斜撑等。

9.3.2 钢筋采用套筒灌浆连接时，连接接头的质量及传力性能是影响装配式结构受力性能的关键，应严格控制。灌浆饱满、密实是灌浆质量的基本要求。套筒灌浆连接的验收应按现行行业标准《钢筋套筒灌浆连接应用技术规程》JGJ 355 的有关规定执行。

9.3.3 钢筋采用焊接连接时，应按现行行业标准《钢筋焊接及验收规程》JGJ 18 的有关规定进行验收。考虑到装配式混凝土结构中钢筋连接的特殊性，很难做到连接试件原位截取，故要求制作平行加工试件。平行加工试件应与实际钢筋连接接头的施工环境相似，并宜在工程结构附近制作。

9.3.4 钢筋采用机械连接时，应按现行行业标准《钢筋机械连接技术规程》JGJ 107 的有关规定进行验收。平行加工试件要求的相关规定同本规范第 9.3.3 条。对于机械连接接头，应按本规范第 5.4.3 条的规定检验螺纹接头拧紧扭矩和挤压接头压痕直径。

9.3.5 在装配式结构中，常会采用钢筋或钢板焊接、螺栓连接等"干式"连接方式，此时钢材、焊条、螺栓等产品或材料应按批进行进场检验，施工焊缝及螺栓连接质量应按国家现行标准《钢结构工程施工质量验收规范》GB 50205、《钢筋焊接及验收规程》JGJ 18 的相关规定进行检查验收。

9.3.6 当叠合层或连接部位等的后浇混凝土与现浇结构同时浇筑时，可以合并验收。对有特殊要求的后浇混凝土应单独制作试块进行检验评定。

9.3.7 装配式结构的外观质量缺陷可按本规范第8章的有关规定进行判断。对于出现的严重缺陷及影响结构性能和安装、使用功能的尺寸偏差，处理方式同本规范第8.2节、第8.3节的有关规定。

9.3.8 装配式结构的外观质量缺陷可按本规范第8章的有关规定进行判断。对于出现的一般缺陷时，处理方式同本规范第8.2.2条的有关规定。

9.3.9 本条表9.3.9提出了装配式混凝土中涉及预制安装部分的位置和尺寸偏差要求，全高垂直度、电梯井洞及其他现浇结构部分按第8章有关规定执行。叠合构件可按现浇结构考虑。

对于现浇与预制构件的交接部位，如现浇结构与预制安装部分的尺寸偏差不一致，实际工程应控制二者尺寸偏差相互协调。预制构件与现浇结构连接部位的表面平整度应符合表9.3.9的规定。现浇结构的其他位置、尺寸偏差应符合本规范表8.3.2的规定。

10 混凝土结构子分部工程

10.1 结构实体检验

10.1.1 根据国家标准《建筑结构施工质量验收统一标准》GB 50300－2013的规定，在混凝土结构子分部工程验收前应进行结构实体检验。结构实体检验的范围仅限于涉及结构安全的重要部位，结构实体检验采用由各方参与的见证抽样形式，以保证检验结果的公正性。

对结构实体进行检验，并不是在子分部工程验收前的重新检验，而是在相应分项工程验收合格的基础上，对重要项目进行的验证性检验，其目的是为了强化混凝土结构的施工质量验收，真实地反映结构混凝土强度、受力钢筋位置、结构位置与尺寸等质量指标，确保结构安全。

考虑到目前的检测手段，并为了控制检验工作量，本条规定3个结构实体检验项目，其中结构位置与尺寸偏差检验为新增项目。当工程合同有约定时，可根据合同确定其他检验项目和相应的检验方法、检验数量、合格条件，但其要求不得低于本规范的规定。

结构性能检验应由监理工程师组织并见证，混凝土强度、钢筋保护层厚度应由具有相应资质的检测机构完成，结构位置与尺寸偏差可由专业检测机构完成，也可由监理单位组织施工单位完成。为保证结构实体检验的可行性、代表性，施工单位应编制结构性能检验专项方案，并经监理单位审核批准后实施。结构实体混凝土同条件养护试件强度检验的方案应在施工前编制，其他检验方案应在检验前编制。

装配式混凝土结构的结构位置与尺寸偏差实体检验同现浇混凝土结构，混凝土强度、钢筋保护层厚度检验可按下列规定执行：

1 连接预制构件的后浇混凝土结构同现浇混凝土结构；

2 进场时不进行结构性能检验的预制构件部分同现浇混凝土结构；

3 进场时按批次进行结构性能检验的预制构件部分可不进行检验。

10.1.2 在原规范混凝土强度实体强度检验方法的基础上，本次修订新提出了回弹-取芯法。回弹-取芯法仅适用于本规范规定的混凝土结构子分部工程验收中的混凝土强度实体检验，不可扩大范围使用。

结构实体混凝土强度检验应按不同强度等级分别检验，应优先选用同条件养护试件方法检验结构实体混凝土强度。当未取得同条件养护试件强度或同条件养护试件强度检验不符合要求时，可采用回弹-取芯的方法进行检验。根据本规范附录C、附录D的有关规定，混凝土强度实体检验的范围主要为柱、梁、墙、楼板。

当结构实体混凝土强度检验不合格时，应按本规范第10.1.5条处理。当选用同条件养护试件方法时，如按本规范附录C规定判为不合格时，可按附录D的回弹-取芯法再次对不合格强度等级的混凝土进行检验，如满足要求可判为合格，如再不合格仍可按本规范第10.1.5条处理。

试验研究表明，通常条件下，当逐日累计养护温度达到600℃·d时，由于基本反映了养护温度对混凝土强度增长的影响，同条件养护试件强度与标准养护条件下28d龄期的试件强度之间有较好的对应关系。混凝土强度检验时的等效养护龄期按混凝土实体强度与在标准养护条件下28d龄期时间强度相等的原则确定，应在达到等效养护龄期后进行混凝土强度实体检验，本规范根据上述研究取按日平均温度逐日累计不小于600℃·d对应的龄期。等效养护龄期可按下列规定计算确定：

1 对于日平均温度，当无实测值时，可采用为当地天气预报的最高温、最低温的平均值。

2 采用同条件养护试件法检验结构实体混凝土强度时，实际操作宜日平均温度逐日累计达到(560～640)℃·d时所对应的龄期。对于确定等效养护龄期的日期，本次规范修订考虑工程实际情况，仅提出了14d的最小规定，不再规定上限。

3 对于设计规定标准养护试件验收龄期大于28d的大体积混凝土，混凝土实体强度检验的等效养护龄期也应相应按比例延长，如规定龄期为60d时，等效养护龄期的度日积为1200℃·d。

4 冬期施工时，同条件养护试件的养护条件、养护温度应与结构构件相同，等效养护龄期计算时温度可以取结构构件实际养护温度，也可以根据结构构件的实际养护条件，按照同条件养护试件强度与在标准养护条件下 28d 龄期试件强度相等的原则由监理、施工等各方共同确定。

10.1.5 本条规定的出现不合格的情况专门针对实体验收阶段。尽管实体验收阶段，结构实体混凝土强度、钢筋保护层厚度等均是第三方检测机构完成的，为在确保质量前提下尽量减轻验收管理工作量，施工质量验收阶段有关检测的抽样数量规定的相对较少。因此规定，当出现不合格的情况时，应委托第三方按国家现行有关标准规定进行检测，其检测面将较大，且更具有代表性。检测的结果将作为进一步验收的依据。

10.2 混凝土结构子分部工程验收

10.2.1 根据国家标准《建筑结构施工质量验收统一标准》GB 50300-2013 的规定，给出了混凝土结构子分部工程质量的合格条件。其中，观感质量验收应按本规范第 8 章、第 9 章的有关混凝土结构外观质量的规定检查。

10.2.2 根据国家标准《建筑结构施工质量验收统一标准》GB 50300-2013 的规定，给出了当检验批、分项工程、子分部实体检验项目质量不符合要求时的处理方法。这些不同的验收处理方式是为了适应我国目前的经济技术发展水平，在保证结构安全和基本使用功能的条件下，避免造成不必要的经济损失和资源浪费。

当按本规范第 10.1 节规定进行的结构实体混凝土强度检验不满足要求时，应委托具有资质的检测机构按国家现行有关标准的规定进行检测，且此时不可采用本规范附录 D 规定的回弹-取芯法。

10.2.3 本条列出了混凝土结构子分部工程施工质量验收时应提供的主要文件和记录，其内容在原规范的基础上根据工程实际情况适当增加。本条规定反映了从基本的检验批开始，贯彻于整个施工过程的质量控制结果，落实了过程控制的基本原则，是确保工程质量的依据。

10.2.4 本条提出了对验收文件存档的要求。这不仅是为了落实在设计使用年限内的责任，而且在有必要进行维护、修理、检测、加固或改变使用功能时，可以提供有效的依据。

附录 A　质量验收记录

A.0.1　检验批的质量验收记录应由施工项目专业质量检查员填写，监理工程师组织项目专业质量检查员等进行验收。

本条给出的检验批质量验收记录表也可作为施工单位自行检验评定的记录表格。检验批验收记录表应按《建筑工程施工质量验收统一标准》GB 50300-

2013 的规定根据验收检查原始记录填写。

A.0.2　各分项工程质量应由监理工程师组织项目专业技术负责人等进行验收。

分项工程的质量验收在检验批验收合格的基础上进行。一般情况下，两者具有相同或相近的性质，只是批量大小可能存在差异，因此，分项工程质量验收记录是各检验批质量验收记录的汇总。

A.0.3　混凝土结构子分部工程的工程质量应由总监理工程师组织施工项目负责人和有关设计单位项目负责人进行验收。根据混凝土结构子分部工程验收的实际情况，本表不再要求勘察单位项目负责人参加验收。

由于模板不是混凝土结构子分部工程的组成部分，且结构外观质量、尺寸偏差等项目的检验体现了模板工程的质量，因此，模板分项工程不在本条表中列出。

附录 B　受弯预制构件结构性能检验

B.1　检 验 要 求

B.1.1　本条为预制构件承载力检验的要求。根据预制构件应用及检验要求，本条增加了叠合构件叠合面、接槎处的检验系数允许值。在加载试验过程中，应取首先达到的标志所对应的检验系数允许值进行检验。

承载力检验时，荷载设计值为承载能力极限状态下，根据构件设计控制截面上的内力设计值与构件检验的加荷方式，经换算后确定的荷载值（包括自重）；构件承载力检验修正系数取构件按实配钢筋计算的承载力设计值与按荷载设计值（均包括自重）计算的构件内力设计值之比。

B.1.2、B.1.3　本条为预制构件挠度检验的要求。挠度检验公式(B.1.2-1)和公式(B.1.2-2)分别为根据《混凝土结构设计规范》GB 50010 规定的使用要求和按实际构件配筋情况确定的挠度允许值。对于挠度检验的荷载，根据《混凝土结构设计规范》GB 50010-2010 的修改，增加准永久值的规定。

检验用荷载标准组合值、荷载准永久组合值是指在正常使用极限状态下，采用构件设计控制截面上的荷载标准组合或准永久组合下的弯矩，并根据构件检验加载方式换算后确定的组合值。考虑挠度检验的实际情况，荷载计算一般不包括构件自重。

B.1.4　本条为预应力预制构件抗裂检验的要求。检验指标的计算公式是根据预应力混凝土构件的受力原理，并按留有一定检验余量的原则而确定的。

B.1.5　本条为预制构件裂缝宽度检验的要求。本条条文规定主要是考虑国家标准《混凝土结构设计规范》GB 50010-2010 中将允许出现裂缝的构件最大长期裂缝宽度限值 w_{lim} 规定为 0.1mm、0.2mm、0.3mm 和 0.4mm 等四种。在构件检验时，考虑标准荷载与长期荷载的关系，换算为最大裂缝宽度的检验允许值 $[w_{max}]$。

B.1.6 本条给出了预制构件结构性能检验的合格判定条件。

预制构件结构性能检验的数量不宜过多。为了提高检验效率，结构性能检验的承载力、挠度和抗裂（裂缝宽度）三项指标均采用了复式抽样检验方案。当第一次检验的预制构件有某些项检验实测值不满足相应的检验指标要求，但能满足第二次检验指标要求时，可进行二次抽样检验。由于量测精度所限，未规定裂缝宽度的第二次检验指标，可认为其与表 B.1.5 规定的数值相同。

本条将承载力及抗裂检验二次抽检的条件确定为检验系数的允许值减 0.05。这样可与附录 B 第 B.2 节中的加载程序实现同步，明确并简化了加载检验。

承载力、挠度和抗裂（裂缝宽度）三项指标是否完全检验由各方根据设计及本规范的有关要求确定。抽检的每一个预制构件，必须完整地取得需要项目的检验结果，不得因某一项检验项目达到二次抽样检验指标要求就中途停止试验而不再对其余项目进行检验，以免漏判。

B.2 检验方法

B.2.1 考虑低于 0℃ 的低温对混凝土性能的影响，明确规定构件应在 0℃ 以上的温度中进行试验。蒸汽养护出池后的构件不能立即进行试验，因为此时混凝土性能尚未处于稳定状态，应冷却至常温后方可进行试验。要求预制构件混凝土强度达到设计要求，是为了避免强度不够影响检验结果，同样可采用同条件养护的混凝土立方体试件的抗压强度作为判断依据。

B.2.2 承受较大集中力或支座反力的构件，为避免可能引起的局部受压破坏，应对试验可能达到的最大荷载值做充分的估计，并按设计规范进行局部受压承载力验算。局部受压处配筋构造应予加强，以保证安全。

B.2.3 本条提出了荷载布置的一般要求和荷载等效的原则。按荷载效应等效的原则换算，就是使构件试验的内力图形与设计的内力图形相似，并使控制截面上的内力值相等。

B.2.4 当进行不同形式荷载的组合加载（包括均布荷载、集中荷载、水平荷载、垂直荷载等组合）试验时，各加载值应按比例增加，以与实际荷载受力相符。

B.2.5 在正常使用极限状态检验时，每级加载值不宜大于标准荷载的 20% 或 10%；当接近抗裂荷载检验值时，每级加载值不宜大于标准荷载值的 5%。当

进入承载力极限状态检验时，每级加载值不宜大于荷载设计值的 5%。这给加载等级设计以更大的灵活性，以适应检验指标调整带来的影响，并可方便地确认是否满足二次检验指标要求。

B.2.6 为了反映混凝土材料的塑性特征，规定了加载后的持荷时间。

B.2.7 本条明确规定了承载力检验荷载实测值的取值方法。此处"规定的荷载持续时间结束后"系指本级荷载持续时间结束后至下一级荷载加荷完成前的一段时间。

B.2.8 公式（B.2.8-1）中，a_q^0 为外加试验荷载作用下构件跨中的挠度实测值，其取值应避免混入构件自重和加载设备重产生的挠度。公式（B.2.8-3）中，M_b 和 a_b^0 为开裂前一级的外加试验荷载的相应值，计算时不应任意取值。此时，近似认为挠度随荷载增大仍为线性变化。

等效集中力加载时，虽控制截面上的主要内力值相等，但变形及其他内力仍有差异，因此应考虑加载形式不同引起的变化。

B.2.9 本条提出了混凝土预制构件裂缝观测的要求和开裂荷载实测值的确定方法。

B.2.10 预制构件加载试验时，应采取可靠措施保证试验人员仪表设备的安全。本条提出了试验时的安全注意事项。

B.2.11 结构性能检验试验报告的原则要求是真实、准确、完整。本条提出了试验报告的具体要求。

附录 C 结构实体混凝土同条件养护试件强度检验

C.0.1 本条根据对结构性能的影响及检验结果的代表性，提出了结构实体检验用同条件养护试件的取样和留置要求。本附录规定的强度实体检验主要针对柱、梁、墙、楼板，取样数量应根据混凝土工程量和重要性确定。

在原规范规定的基础上，增加要求试件取样均匀分布于工程施工周期内，此均匀包括时间、空间、构件类型等多方面。如同一强度等级的混凝土包括多个构件类型，同条件养护试件取样应包括所有构件类型。如遇冬期施工，冬期施工尚应多留置不少于 2 组同条件养护试件。

本条要求同条件养护试件在混凝土浇筑入模处见证取样，留置在靠近相应结构构件的适当位置，主要是考虑试件尽量与结构混凝土"同条件"，"相应结构构件"表示与同条件养护试件同批混凝土浇筑。

同一强度等级的同条件养护试件的留置数量不宜少于 10 组，以构成按统计方法评定混凝土强度的基本条件；留置数量不应少于 3 组，是为了按非统计方法评定混凝土强度时，有足够的代表性。

C.0.2 每组同条件养护试件的 3 个立方体混凝土试件应根据试验结果，按现行国家标准《普通混凝土力学性能试验方法标准》GB/T 50081 的规定得出该组试件的强度值。

C.0.3 结构混凝土强度通常低于标准养护条件下的混凝土强度，这主要是由于同条件养护试件养护条件与标准养护条件的差异，包括温度、湿度等条件的差异。同条件养护试件检验时，可将每组试件的强度值除以系数 0.88 后，将同强度等级的各组试件的强度值按现行国家标准《混凝土强度检验评定标准》GB/T 50107 进行评定。系数 0.88 主要是考虑到实际混凝土结构及同条件养护试件可能失水等不利于强度增长的因素，经试验研究及工程调查而确定的。

附录 D 结构实体混凝土回弹- 取芯法强度检验

D.0.1 采用回弹-取芯法进行结构实体混凝土强度检验时，先确定回弹检测试件，并根据回弹结果选择取芯构件。本条规定了回弹检测构件选取的原则和数量。

选取回弹检测构件时，先确定柱、梁、墙、楼板的总数量（每间楼板按一个构件计），再根据总数量按表 D.0.1 确定抽样数量。

对于尺寸较小的构件，钻芯的难度较大，且对构件有一定的损伤，故一般不进行取芯检验。

D.0.2 本条引用现行行业标准《回弹法检测混凝土抗压强度技术规程》JGJ/T 23，规定了单个构件测区布置、回弹值检测及计算的要求，其中对非水平方向检测的回弹值、混凝土浇筑表面或底面的回弹值应按 JGJ/T 23 进行修正。回弹测区的布置，还应综合考虑后续取芯对结构安全及取芯操作的影响，避开不宜或无法钻取芯样的部位。

考虑到回弹检测时，混凝土的龄期较短，故不考虑碳化对检测的影响。

回弹仪的技术要求、检定和保养等也应符合现行行业标准《回弹法检测混凝土抗压强度技术规程》JGJ/T 23 的有关规定。

D.0.3 在确定取芯位置时，对每个构件 5 个测区中的最小测区平均回弹值进行排序，排序中的 3 个最小值对应的测区即为取芯位置，每个测区各钻取一个芯样。当测区位于钢筋较密的部位时，可采用直径为 70mm 的芯样。

D.0.4、D.0.5 对芯样试件的尺寸偏差与加工提出相应要求，是为了减小试验结果的误差和标准差。芯样试件端面的修补是为了减少对试验结果的不利影响。修补材料的强度应略高于芯样试件的强度，补平层的厚度不宜大于 1.5mm，应尽量的薄。

D.0.7 根据编制组开展的试验研究，并参考国外标准，规定了实体混凝土强度的合格要求。规范编制组分别在北京、新疆、海南、哈尔滨、昆明、舟山等地区的十余项工程中进行了回弹-取芯法实体混凝土强度检验，表明本附录方法具有较好的可操作性，并能够较好的反映混凝土的实际强度。

附录 E 结构实体钢筋保护层厚度检验

E.0.1 本条提出了选取钢筋保护层厚度检验构件的原则。构件选取应在建筑平面范围内均匀分布，对板类构件可按有代表性的自然间检查，对大空间结构的板可按纵、横轴线划分检查面，然后抽检。

对结构实体钢筋保护层厚度的检验，其检验范围主要是钢筋位置可能显著影响结构构件承载力和耐久性的构件和部位，如梁、板类构件的纵向受力钢筋。由于悬臂构件上部受力钢筋移位可能严重削弱结构构件的承载力，故更应重视对悬臂构件受力钢筋保护层厚度的检验，本条针对悬臂构件单独提出了更高的检验比例及数量要求。

E.0.2 虽然在钢筋分项工程验收中，本规范第 5.5.3 条同时对纵向受力钢筋和箍筋的混凝土保护层厚度提出了要求，但考虑结构实体钢筋保护层厚度检验的实际情况，本条只检验纵向受力钢筋的保护层厚度。对梁柱节点等钢筋密集的部位，如存在困难，在检验时可避开这些部位。

"有代表性的部位"是指该处钢筋保护层厚度可能对构件承载力或耐久性有显著影响的部位。考虑到检测的准确性，本条要求对每根选取的钢筋选择有代表性的不同部位量测 3 点取平均值。

E.0.3 保护层厚度的检测，可根据具体情况，采用保护层厚度测定仪器量测，或局部开槽钻孔测定，但应及时修补。

E.0.4 考虑施工扰动等不利因素的影响，结构实体钢筋保护层厚度检验时，其允许偏差在钢筋安装允许偏差的基础上作了适当调整。

E.0.5 本条规定了结构实体检验中钢筋保护层厚度的合格率应达到 90% 及以上。考虑到实际工程中钢筋保护层厚度可能在某些部位出现较大偏差，以及抽样检验的偶然性，当一次检测结果的合格率小于 90% 但不小于 80% 时，可再次抽样，并按两次抽样总和的检验结果进行判定。本条还对抽样检验不合格点最大偏差值作出了限制。

附录 F 结构实体位置与尺寸偏差检验

F.0.1 本条提出了选取结构位置与尺寸偏差检验构

件的原则。本附录为混凝土结构子分部工程验收时进行的结构实体位置与尺寸偏差抽检，故抽样比例与数量要求远小于本规范第8.3.2条的现浇分项工程检验批和第9.3.9条装配式结构分项工程检验批验收要求。

F.0.2、F.0.3 考虑到本附录为在现浇结构分项工程和装配式结构分项工程验收后，在混凝土结构子分部验收阶段进行的抽检，故仅选择柱截面尺寸、柱垂直度、墙厚、梁高、板厚、层高等6个主要指标进行检验，其偏差要求与检验方法与检验批检验相同。

墙厚、板厚、层高的检验可利用楼板开洞处尺量，也可采用专用检测仪器进行检测；如需要，也可采用破损方法人工开洞后尺量，但应对开洞墙、楼板及时修补。

F.0.4 本条明确规定了结构实体位置与尺寸偏差检验的合格率应达到80%及以上。考虑到实际工程中可能出现的较大偏差，以及抽样检验的偶然性，当一次检测结果的合格率小于80%但不小于70%时，可再次抽样，并按两次抽样总和的检验结果进行判定。

中华人民共和国行业标准

组合结构设计规范

Code for design of composite structures

JGJ 138—2016

批准部门：中华人民共和国住房和城乡建设部
施行日期：２０１６年１２月１日

中华人民共和国住房和城乡建设部
公　　告

第 1145 号

住房城乡建设部关于发布行业标准
《组合结构设计规范》的公告

现批准《组合结构设计规范》为行业标准，编号为 JGJ 138 - 2016，自 2016 年 12 月 1 日起实施。其中，第 3.1.5、3.2.3、4.3.8 条为强制性条文，必须严格执行。原《型钢混凝土组合结构技术规程》JGJ 138 - 2001 同时废止。

本规范由我部标准定额研究所组织中国建筑工业出版社出版发行。

中华人民共和国住房和城乡建设部
2016 年 6 月 14 日

前　　言

根据原建设部《关于印发〈二〇〇四年度工程建设城建、建工行业标准制订、修订计划〉的通知》（建标［2004］66 号）的要求，规范编制组经广泛调查研究，认真总结工程实践经验，参考国际标准和国外先进标准，并在广泛征求意见的基础上，修订了《型钢混凝土组合结构技术规程》JGJ 138 - 2001。

本规范的主要技术内容是：1. 总则；2. 术语和符号；3. 材料；4. 结构设计基本规定；5. 型钢混凝土框架梁和转换梁；6. 型钢混凝土框架柱和转换柱；7. 矩形钢管混凝土框架柱和转换柱；8. 圆形钢管混凝土框架柱和转换柱；9. 型钢混凝土剪力墙；10. 钢板混凝土剪力墙；11. 带钢斜撑混凝土剪力墙；12. 钢与混凝土组合梁；13. 组合楼板；14. 连接构造。

本规范修订的主要技术内容是：1. 增加了组合结构房屋最大适用高度的规定；2. 补充了型钢混凝土框架柱的设计和构造规定；3. 补充了型钢混凝土转换梁和转换柱的设计和构造规定；4. 增加了矩形钢管混凝土柱、圆形钢管混凝土柱的设计和构造规定；5. 增加了型钢混凝土剪力墙、钢板混凝土剪力墙、带钢斜撑混凝土剪力墙的设计和构造规定；6. 增加了各类组合柱柱脚的设计和构造规定；7. 增加了钢与混凝土组合梁的设计和构造规定；8. 增加了钢与混凝土组合楼板的设计和构造规定。

本规范中以黑体字标志的条文为强制性条文，必须严格执行。

本规范由住房和城乡建设部负责管理和对强制性

条文的解释，由中国建筑科学研究院负责具体技术内容的解释，执行过程中如有意见和建议，请寄送中国建筑科学研究院（地址：北京市北三环东路 30 号，邮编：100013）。

本 规 范 主 编 单 位：中国建筑科学研究院
本 规 范 参 编 单 位：西安建筑科技大学
　　　　　　　　　　　西南交通大学建筑勘察设计研究院
　　　　　　　　　　　华南理工大学建筑学院
　　　　　　　　　　　华东建筑设计研究院有限公司
　　　　　　　　　　　大连市建筑设计研究院有限公司
　　　　　　　　　　　同济大学
　　　　　　　　　　　清华大学
　　　　　　　　　　　中冶集团建筑研究总院
　　　　　　　　　　　中建一局发展公司

本规范主要起草人员：孙慧中　王翠坤　姜维山
　　　　　　　　　　　王祖华　赵世春　汪大绥
　　　　　　　　　　　王立长　吕西林　肖从真
　　　　　　　　　　　聂建国　白力更　包联进
　　　　　　　　　　　陈才华　高华杰

本规范主要审查人员：柯长华　钱稼茹　傅学怡
　　　　　　　　　　　窦南华　任庆英　周建龙
　　　　　　　　　　　娄　宇　左　江　丁洁民
　　　　　　　　　　　陈　星

目 次

Contents

1 总 则

1.0.1 为在建筑工程中合理应用钢与混凝土组合结构，做到安全适用、技术先进、经济合理、方便施工，制定本规范。

1.0.2 本规范适用于非地震区和抗震设防烈度为6度至9度地震区的高层建筑、多层建筑和一般构筑物的钢与混凝土组合结构的设计。

1.0.3 组合结构的设计，除应符合本规范的规定外，尚应符合国家现行有关标准的规定。

2 术语和符号

2.1 术 语

2.1.1 组合结构构件 composite structure members

由型钢、钢管或钢板与钢筋混凝土组合能整体受力的结构构件。

2.1.2 组合结构 composite structures

由组合结构构件组成的结构，以及由组合结构构件与钢构件、钢筋混凝土构件组成的结构。

2.1.3 型钢混凝土框架梁 steel reinforced concrete frame beams

钢筋混凝土截面内配置型钢的框架梁。

2.1.4 型钢混凝土转换梁 steel reinforced concrete transfer beams

承托上部楼层墙或柱，实现上部楼层到下部楼层结构形式转变或结构布置改变的型钢混凝土梁；部分框支剪力墙结构的转换梁亦称框支梁。

2.1.5 型钢混凝土框架柱 steel reinforced concrete frame columns

钢筋混凝土截面内配置型钢的框架柱。

2.1.6 矩形钢管混凝土框架柱 concrete-filled rectangular steel tube frame columns

矩形钢管内填混凝土形成钢管与混凝土共同受力的框架柱。

2.1.7 圆形钢管混凝土框架柱 concrete-filled circular steel tube frame columns

圆形钢管内填混凝土形成钢管与混凝土共同受力的框架柱。

2.1.8 转换柱 transfer columns

承托上部楼层墙或柱，实现上部楼层到下部楼层结构形式转变或结构布置改变的柱。

2.1.9 型钢混凝土剪力墙 steel concrete composite shear walls

钢筋混凝土剪力墙的边缘构件中配置实腹型钢的剪力墙。

2.1.10 钢板混凝土剪力墙 steel plate concrete composite shear walls

钢筋混凝土截面内配置钢板和端部型钢的剪力墙。

2.1.11 带钢斜撑混凝土剪力墙 steel concealed bracing concrete composite shear walls

钢筋混凝土截面内配置型钢斜撑和端部型钢的剪力墙。

2.1.12 钢与混凝土组合梁 steel and concrete composite beams

混凝土翼板与钢梁通过抗剪连接件组合而成能整体受力的梁。

2.1.13 组合楼板 composite slabs

压型钢板上现浇混凝土组成压型钢板与混凝土共同承受载荷的楼板。

2.2 符 号

2.2.1 材料性能

E_a——型钢（钢管、钢板）弹性模量；

E_c——混凝土弹性模量；

E_s——钢筋弹性模量；

f_a、f'_a——型钢（钢管、钢板）抗拉、抗压强度设计值；

f_{ak}、f'_{ak}——型钢（钢管、钢板）抗拉、抗压强度标准值；

f_{ck}、f_c——混凝土轴心抗压强度标准值、设计值；

f_t——混凝土轴心抗拉强度设计值；

f_y、f'_y——钢筋抗拉、抗压强度设计值；

f_{yh}——剪力墙水平分布钢筋抗拉强度设计值；

f_{yk}、f'_{yk}——钢筋抗拉、抗压强度标准值；

f_{yv}——横向钢筋抗拉强度设计值；

f_{yw}——剪力墙竖向分布钢筋抗拉强度设计值。

2.2.2 作用和作用效应

M——弯矩设计值；

N——轴向力设计值；

V——剪力设计值；

σ_s、σ'_s——正截面承载力计算中纵向钢筋的受拉、受压应力；

σ_a、σ'_a——正截面承载力计算中型钢翼缘的受拉、受压应力；

ω_{max}——最大裂缝宽度。

2.2.3 几何参数

A_c、A_a、A_s、A'_s——混凝土全截面、型钢全截

面、受拉钢筋总截面、受压钢筋总截面的面积；

A_{af}、A'_{af}、A_{aw}、A_{sw}——型钢受拉翼缘截面、型钢受压翼缘截面、型钢腹板截面的面积，剪力墙竖向分布钢筋的全部截面面积；

a_s、a'_s——纵向受拉钢筋合力点、纵向受压钢筋合力点至混凝土截面近边的距离；

a_a、a'_a——型钢受拉翼缘截面重心、型钢受压翼缘截面重心至混凝土截面近边的距离；

B——型钢混凝土框架梁截面考虑长期作用影响的刚度；

B_s——型钢混凝土框架梁截面短期刚度；

b——混凝土矩形截面宽度；

b_f——型钢翼缘宽度；

c——混凝土保护层厚度；

e——轴向力作用点至纵向受拉钢筋和型钢受拉翼缘合力点之间的距离；对矩形钢管混凝土柱为轴向力作用点至矩形钢管远端钢板厚度中心的距离；

e_a——附加偏心距；

e_i——初始偏心距；

e_0——轴向力对截面重心的偏心距；

h——混凝土截面高度；

h_a——型钢截面高度；

h_0——型钢受拉翼缘和纵向受拉钢筋合力点至混凝土截面受压边缘的距离；

h_{0s}、h_{0f}——纵向受拉钢筋、型钢受拉翼缘截面重心到混凝土截面受压边缘的距离；

h_w——型钢腹板高度；

I_a——型钢截面惯性矩；

I_c——混凝土截面惯性矩；

s——箍筋间距；

t_f——型钢翼缘厚度；

t_w——型钢腹板厚度；

x——混凝土受压区高度。

2.2.4 计算系数及其他

k——考虑柱身弯矩分布梯度影响的等效长度系数；

α_1——受压区混凝土压应力影响系数；

α_E——钢与混凝土弹性模量之比；

β_1——受压区混凝土应力图形影响系数；

β_c——混凝土强度影响系数；

β_h——柱脚计算中有关冲切截面高度的影响系数；

β_r——带边框型钢混凝土剪力墙，周边柱对混凝土墙体的约束系数；

θ——圆钢管混凝土的套箍指标；

ξ——混凝土相对受压区高度；

ρ_s、ρ'_s——纵向受拉钢筋、受压钢筋配筋率；

ρ_{sv}——箍筋面积配筋率；

ρ_v——箍筋体积配筋率；

φ_e——考虑偏心率影响的承载力折减系数；

φ_l——考虑长细比影响的承载力折减系数；

ω——剪力墙竖向分布钢筋配置范围 h_{sw} 与截面有效高度 h_{w0} 的比值。

3 材 料

3.1 钢 材

3.1.1 组合结构构件中钢材宜采用 Q345、Q390、Q420 低合金高强度结构钢及 Q235 碳素结构钢，质量等级不宜低于 B 级，且应分别符合现行国家标准《低合金高强度结构钢》GB/T 1591 和《碳素结构钢》GB/T 700 的规定。当采用较厚的钢板时，可选用材质、材性符合现行国家标准《建筑结构用钢板》GB/T 19879 的各牌号钢板，其质量等级不宜低于 B 级。当采用其他牌号的钢材时，尚应符合国家现行有关标准的规定。

3.1.2 钢材应具有屈服强度、抗拉强度、伸长率、冲击韧性和硫、磷含量的合格保证，对焊接结构尚应具有碳含量的合格保证及冷弯试验的合格保证。

3.1.3 钢材宜采用镇静钢。

3.1.4 钢板厚度大于或等于 40mm，且承受沿板厚方向拉力的焊接连接板件，钢板厚度方向截面收缩率，不应小于现行国家标准《厚度方向性能钢板》GB/T 5313 中 Z15 级规定的容许值。

3.1.5 考虑地震作用的组合结构构件的钢材应符合国家标准《建筑抗震设计规范》GB 50011‐2010 第 3.9.2 条的有关规定。

3.1.6 钢材强度指标应按表 3.1.6‐1、表 3.1.6‐2 采用。

表 3.1.6-1　钢材强度指标（N/mm²）

钢材牌号	钢板厚度（mm）	极限抗拉强度最小值 f_{au}	屈服强度 f_{ay}	强度标准值 抗拉、抗压、抗弯 f_{ak}	强度设计值 抗拉、抗压、抗弯 f_a	强度设计值 抗剪 f_{av}	端面承压（刨平顶紧）设计值 f_{ce}
Q235	≤16	370	235	235	215	125	325
	>16～40	370	225	225	205	120	
	>40～60	370	215	215	200	115	
	>60～100	370	215	215	190	110	
Q345	≤16	470	345	345	310	180	400
	>16～35	470	335	335	295	170	
	>35～50	470	325	325	265	155	
	>50～100	470	315	315	250	145	
Q345GJ	6～16	490	345	345	310	180	400
	>16～35	490	345	345	310	180	
	>35～50	490	335	335	300	175	
	>50～100	490	325	325	290	170	
Q390	≤16	490	390	390	350	205	415
	>16～35	490	370	370	335	190	
	>35～50	490	350	350	315	180	
	>50～100	490	330	330	295	170	
Q420	≤16	520	420	420	380	220	440
	>16～35	520	400	400	360	210	
	>35～50	520	380	380	340	195	
	>50～100	520	360	360	325	185	

表 3.1.6-2　冷弯成型矩形钢管强度设计值（N/mm²）

钢材牌号	抗拉、抗压、抗弯 f_a	抗剪 f_{av}	端面承压（刨平顶紧）f_{ce}
Q235	205	120	310
Q345	300	175	400

3.1.7　钢材物理性能指标应按表 3.1.7 采用。

表 3.1.7　钢材物理性能指标

弹性模量 E_a（N/mm²）	剪切模量 G_a（N/mm²）	线膨胀系数 α（以每℃计）	质量密度（kg/m³）
2.06×10⁵	79×10³	12×10⁻⁶	7850

注：压型钢板采用冷轧钢板时，弹性模量取 1.90×10⁵。

3.1.8　压型钢板质量应符合现行国家标准《建筑用压型钢板》GB/T 12755 的规定，压型钢板的基板应选用热浸镀锌钢板，不宜选用镀铝锌板。镀锌层应符合现行国家标准《连续热镀锌薄钢板及钢带》GB/T 2518 的规定。

3.1.9　压型钢板宜采用符合现行国家标准《连续热镀锌薄钢板及钢带》GB/T 2518 规定的 S250（S250GD＋Z、S250GD＋ZF）、S350（S350GD＋Z、S350GD＋ZF）、S550（S550GD＋Z、S550GD＋ZF）牌号的结构用钢，其强度标准值、设计值应按表 3.1.9 的规定采用。

表 3.1.9　压型钢板强度标准值、设计值（N/mm²）

牌号	强度标准值 抗拉、抗压、抗弯 f_{ak}	强度设计值 抗拉、抗压、抗弯 f_a	强度设计值 抗剪 f_{av}
S250	250	205	120
S350	350	290	170
S550	470	395	230

3.1.10 钢材的焊接材料应符合下列规定：

1 手工焊接用焊条应与主体金属力学性能相适应，且应符合现行国家标准《非合金钢及细晶粒钢焊条》GB/T 5117、《热强钢焊条》GB/T 5118 的规定。

2 自动焊接或半自动焊接采用的焊丝和焊剂，应与主体金属力学性能相适应，且应符合现行国家标准《埋弧焊用碳钢焊丝和焊剂》GB/T 5293、《埋弧焊用低合金钢焊丝和焊剂》GB/T 12470、《气体保护电弧焊用碳钢、低合金钢焊丝》GB/T 8110 的规定。

3.1.11 焊缝质量等级应符合现行国家标准《钢结构工程施工质量验收规范》GB 50205 的规定，焊缝强度设计值应按表 3.1.11 的规定采用。

表 3.1.11 焊缝强度设计值（N/mm²）

焊接方法焊条型号	钢材牌号	钢板厚度(mm)	对接焊缝强度设计值				角焊缝强度设计值
			抗压 f_c^w	抗拉 f_t^w		抗剪 f_v^w	抗拉、抗压、抗剪 f_f^w
				一级、二级	三级		
自动焊、半自动焊和 E43××型焊条的手工焊	Q235	≤16	215 (205)	215 (205)	185 (175)	125 (120)	160 (140)
		>16～40	205	205	175	120	
		>40～60	200	200	170	115	
		>60～100	190	190	160	110	
自动焊、半自动焊和 E50××型焊条的手工焊	Q345	≤16	310 (300)	310 (300)	265 (255)	180 (170)	200 (195)
		>16～35	295	295	250	170	
		>35～50	265	265	225	155	
		>50～100	250	250	210	145	
自动焊、半自动焊和 E55 型焊条的手工焊	Q390	≤16	350	350	300	205	220
		>16～35	335	335	285	190	
		>35～50	315	315	270	180	
		>50～100	295	295	250	170	
	Q420	≤16	380	380	320	220	220
		>16～35	360	360	305	210	
		>35～50	340	340	290	195	
		>50～100	325	325	275	185	

注：1 表中所列一级、二级、三级指焊缝质量等级；
　　2 括号中的数值用于冷成型薄壁型钢。

3.1.12 钢构件连接使用的螺栓、锚栓材料应符合下列规定：

1 普通螺栓应符合现行国家标准《六角头螺栓》GB/T 5782 和《六角头螺栓-C 级》GB/T 5780 的规定；A、B 级螺栓孔的精度和孔壁表面粗糙度，C 级螺栓孔的允许偏差和孔壁表面粗糙度，均应符合现行国家标准《钢结构工程施工质量验收规范》GB 50205 的规定。

2 高强度螺栓应符合现行国家标准《钢结构用高强度大六角头螺栓》GB/T 1228、《钢结构用高强度大六角螺母》GB/T 1229、《钢结构用高强度垫圈》GB/T 1230、《钢结构用高强度大六角头螺栓、大六角螺母、垫圈技术条件》GB/T 1231 或《钢结构用扭剪型高强度螺栓连接副》GB/T 3632 的规定。

3 普通螺栓连接的强度设计值应按表 3.1.12-1 采用；高强度螺栓连接的钢材摩擦面抗滑移系数值应按表 3.1.12-2 采用；高强度螺栓连接的设计预拉力应按表 3.1.12-3 采用。

4 锚栓可采用符合现行国家标准《碳素结构钢》GB/T 700、《低合金高强度结构钢》GB/T 1591 规定的 Q235 钢、Q345 钢。

表 3.1.12-1 螺栓连接的强度设计值（N/mm²）

螺栓的性能等级、锚栓和构件钢材的牌号		普通螺栓						锚栓	承压型连接高强度螺栓			
		C级螺栓			A级、B级螺栓							
		抗拉 f_t^b	抗剪 f_v^b	承压 f_c^b	抗拉 f_t^b	抗剪 f_v^b	承压 f_c^b	抗拉 f_t^a	抗拉 f_t^b	抗剪 f_v^b	承压 f_c^b
普通螺栓	4.6级、4.8级	170	140	—	—	—	—	—	—	—	—
	5.6级	—	—	—	210	190	—	—	—	—	—
	8.8级	—	—	—	400	320	—	—	—	—	—
锚栓（C级普通螺栓）	Q235	(165)	(125)	—	—	—	—	140	—	—	—
	Q345	—	—	—	—	—	—	180	—	—	—
承压型连接高强度螺栓	8.8级	—	—	—	—	—	—	—	400	250	—
	10.9级	—	—	—	—	—	—	—	500	310	—
承压构件	Q235	—	—	305 (295)	—	—	405	—	—	—	470
	Q345	—	—	385 (370)	—	—	510	—	—	—	590
	Q390	—	—	400	—	—	530	—	—	—	615
	Q420	—	—	425	—	—	560	—	—	—	655

注：1 A级螺栓用于 $d \leqslant 24mm$ 和 $l \leqslant 10d$ 或 $l \leqslant 150mm$（按较小值）的螺栓；B级螺栓用于 $d > 24mm$ 或 $l > 10d$ 或 $l > 150mm$（按较小值）的螺栓。d 为公称直径，l 为螺杆公称长度。

2 表中带括号的数值用于冷成型薄壁型钢。

表 3.1.12-2 摩擦面的抗滑移系数

连接处构件接触面的处理方法	构件的钢号		
	Q235	Q345、Q390	Q420
喷砂（丸）	0.45	0.50	0.50
喷砂（丸）后涂无机富锌漆	0.35	0.40	0.40
喷砂（丸）后生赤锈	0.45	0.50	0.50
钢丝刷清除浮锈或未经处理的干净轧制表面	0.30	0.35	0.40

表 3.1.12-3 一个高强度螺栓的预拉力（kN）

螺栓的性能等级	螺栓公称直径（mm）					
	M16	M20	M22	M24	M27	M30
8.8级	80	125	150	175	230	280
10.9级	100	155	190	225	290	355

3.1.13 栓钉应符合现行国家标准《电弧螺柱焊用圆柱头焊钉》GB/T 10433 的规定，其材料及力学性能应符合表 3.1.13 规定。

表 3.1.13 栓钉材料及力学性能

材料	极限抗拉强度（N/mm²）	屈服强度（N/mm²）	伸长率（%）
ML15、ML15Al	≥400	≥320	≥14

3.1.14 一个圆柱头栓钉的抗剪承载力设计值应符合下式规定：

$$N_v^c = 0.43A_s \sqrt{E_c f_c} \leqslant 0.7A_s f_{at} \quad (3.1.14)$$

式中：N_v^c——栓钉的抗剪承载力设计值；

E_c——混凝土弹性模量；

f_c——混凝土受压强度设计值；

A_s——圆柱头栓钉钉杆截面面积；

f_{at}——圆柱头栓钉极限抗拉强度设计值，其值取为 360N/mm²。

3.2 钢 筋

3.2.1 纵向受力钢筋宜采用 HRB400、HRB500、HRB335 热轧钢筋；箍筋宜采用 HRB400、HRB335、HPB300、HRB500，其强度标准值、设计值应按表 3.2.1 的规定采用。

表 3.2.1 钢筋强度标准值、设计值（N/mm²）

牌号	符号	公称直径 d（mm）	屈服强度标准值 f_{yk}	极限强度标准值 f_{stk}	最大拉力下总伸长率 δ_{gt}（%）	抗拉强度设计值 f_y	抗压强度设计值 f_y'
HPB300	Φ	6~22	300	420	不小于 10	270	270
HRB335	Ф	6~50	335	455	不小于 7.5	300	300
HRB400	Ф	6~50	400	540		360	360
HRB500	Ф	6~50	500	630		435	410

注：1 当采用直径大于 40mm 的钢筋时，应有可靠的工程经验。

2 用作受剪、受扭、受冲切承载力计算的箍筋，其强度设计值 f_{yv} 应按表中 f_y 数值取用，且其值不应大于 360N/mm²。

3.2.2 钢筋弹性模量 E_s 应按表 3.2.2 采用。

表 3.2.2　钢筋弹性模量（$\times 10^5\,\mathrm{N/mm^2}$）

种类	E_s
HPB300	2.1
HRB400、HRB500、HRB335	2.0

3.2.3 抗震等级为一、二、三级的框架和斜撑构件，其纵向受力钢筋应符合国家标准《混凝土结构设计规范》GB 50010－2010 第 11.2.3 条的有关规定。

3.3　混　凝　土

3.3.1 型钢混凝土结构构件采用的混凝土强度等级不宜低于C30；有抗震设防要求时，剪力墙不宜超过 C60；其他构件，设防烈度 9 度时不宜超过 C60；8 度时不宜超过 C70。钢管中的混凝土强度等级，对 Q235 钢管，不宜低于 C40；对 Q345 钢管，不宜低于 C50；对 Q390、Q420 钢管，不应低于 C50。组合楼板用的混凝土强度等级不应低于 C20。

3.3.2 混凝土轴心抗压强度标准值 f_{ck}、轴心抗拉强度标准值 f_{tk} 应按表 3.3.2-1 的规定采用；轴心抗压强度设计值 f_c、轴心抗拉强度设计值 f_t 应按表 3.3.2-2 的规定采用。

3.3.3 混凝土受压和受拉弹性模量 E_c 应按表 3.3.3 的规定采用，混凝土的剪切变形模量可按相应弹性模量值的 0.4 倍采用，混凝土泊松比可按 0.2 采用。

表 3.3.2-1　混凝土强度标准值（$\mathrm{N/mm^2}$）

强度	混凝土强度等级												
	C20	C25	C30	C35	C40	C45	C50	C55	C60	C65	C70	C75	C80
f_{ck}	13.4	16.7	20.1	23.4	26.8	29.6	32.4	35.5	38.5	41.5	44.5	47.4	50.2
f_{tk}	1.54	1.78	2.01	2.20	2.39	2.51	2.64	2.74	2.85	2.93	2.99	3.05	3.11

表 3.3.2-2　混凝土强度设计值（$\mathrm{N/mm^2}$）

强度	混凝土强度等级												
	C20	C25	C30	C35	C40	C45	C50	C55	C60	C65	C70	C75	C80
f_c	9.6	11.9	14.3	16.7	19.1	21.1	23.1	25.3	27.5	29.7	31.8	33.8	35.9
f_t	1.10	1.27	1.43	1.57	1.71	1.80	1.89	1.96	2.04	2.09	2.14	2.18	2.22

表 3.3.3　混凝土弹性模量（$\times 10^4\,\mathrm{N/mm^2}$）

混凝土强度等级	C20	C25	C30	C35	C40	C45	C50	C55	C60	C65	C70	C75	C80
E_c	2.55	2.80	3.00	3.15	3.25	3.35	3.45	3.55	3.60	3.65	3.70	3.75	3.80

3.3.4 型钢混凝土组合结构构件的混凝土最大骨料直径宜小于型钢外侧混凝土保护层厚度的 1/3，且不宜大于 25mm。对浇筑难度较大或复杂节点部位，宜采用骨料更小，流动性更强的高性能混凝土。钢管混凝土构件中混凝土最大骨料直径不宜大于 25mm。

4　结构设计基本规定

4.1　一　般　规　定

4.1.1 组合结构构件可用于框架结构、框架-剪力墙结构、部分框支剪力墙结构、框架-核心筒结构、筒中筒结构等结构体系。

4.1.2 各类结构体系中，可整个结构体系采用组合结构构件，也可采用组合结构构件与钢结构、钢筋混凝土结构构件同时使用。

4.1.3 考虑地震作用组合的各类结构体系中的框架柱，沿房屋高度宜采用同类结构构件。当采用不同类型结构构件时，应设置过渡层，并应符合本规范有关柱与柱连接构造的规定。

4.1.4 各类结构体系中的楼盖结构应具有良好的水平刚度和整体性，其楼面宜采用组合楼板或现浇钢筋混凝土楼板；采用组合楼板时，对转换层、加强层以及有大开洞楼层，宜增加组合楼板的有效厚度或采用现浇钢筋混凝土楼板。

4.2　结构体系及结构构件类型

4.2.1 型钢混凝土柱内埋置的型钢，宜采用实腹式焊接型钢（图 4.2.1a、b、c）；对于型钢混凝土巨型柱，其型钢宜采用多个焊接型钢通过钢板连接成整体的实腹式焊接型钢（图 4.2.1d）。

4.2.2 型钢混凝土梁的型钢，宜采用充满型实腹型钢，其型钢的一侧翼缘宜位于受压区，另一侧翼缘应位于受拉区（图 4.2.2）。

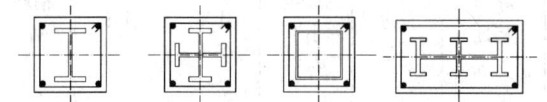

(a)工字形实腹　(b)十字形实腹　(c)箱形实腹　(d)钢板连接成整
　式焊接型钢　　式焊接型钢　　式焊接型钢　体实腹式焊接型钢

图 4.2.1　型钢混凝土柱的型钢截面配筋形式

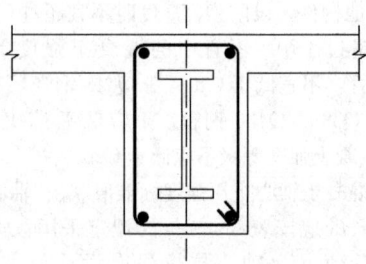

图 4.2.2 型钢混凝土梁的型钢截面配筋形式

4.2.3 矩形钢管混凝土柱的矩形钢管，可采用热轧钢板焊接成型的钢管，也可采用热轧成型钢管或冷成型的直缝焊接钢管。

4.2.4 圆形钢管混凝土柱的圆形钢管，宜采用直焊缝钢管或无缝钢管，也可采用螺旋焊缝钢管，不宜选用输送流体用的螺旋焊管。

4.2.5 钢与混凝土组合剪力墙可采用型钢混凝土剪力墙（图 4.2.5a）、钢板混凝土剪力墙（图 4.2.5b）、带钢斜撑混凝土剪力墙（图 4.2.5c）以及有端柱或带边框型钢混凝土剪力墙（图 4.2.5d）。

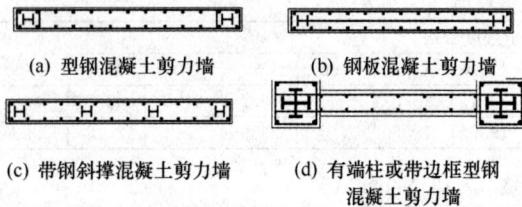

(a) 型钢混凝土剪力墙 (b) 钢板混凝土剪力墙

(c) 带钢斜撑混凝土剪力墙 (d) 有端柱或带边框型钢混凝土剪力墙

图 4.2.5 钢与混凝土组合剪力墙截面形式

4.2.6 钢与混凝土组合梁的翼板可采用现浇混凝土板、混凝土叠合板或压型钢板混凝土组合板（图 4.2.6）。

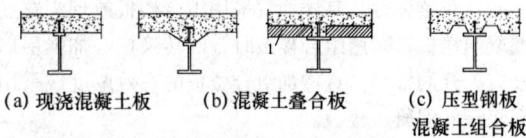

(a) 现浇混凝土板 (b) 混凝土叠合板 (c) 压型钢板混凝土组合板

图 4.2.6 钢与混凝土组合梁

1—预制板

4.2.7 钢与混凝土组合楼板中的压型钢板可采用开口型压型钢板、缩口型压型钢板和闭口型压型钢板（图 4.2.7）。

(a)开口型压型钢板 (b)缩口型压型钢板 (c)闭口型压型钢板

图 4.2.7 钢与混凝土组合楼板中压型钢板的形式

4.3 设计计算原则

4.3.1 钢与混凝土组合结构多、高层建筑，其结构地震作用或风荷载作用组合下的内力和位移计算、水平位移限值、舒适度要求、结构整体稳定验算，以及结构抗震性能化设计、抗连续倒塌设计等，应符合国家现行标准《建筑结构荷载规范》GB 50009、《建筑抗震设计规范》GB 50011、《混凝土结构设计规范》GB 50010、《高层建筑混凝土结构技术规程》JGJ 3 等的相关规定。

4.3.2 组合结构构件应按承载能力极限状态和正常使用极限状态进行设计。

4.3.3 组合结构构件的承载力设计应符合下列公式的规定：

1 持久、短暂设计状况

$$\gamma_0 S \leqslant R \qquad (4.3.3-1)$$

2 地震设计状况

$$S \leqslant R/\gamma_{RE} \qquad (4.3.3-2)$$

式中：S——构件内力组合设计值，应按现行国家标准《建筑结构荷载规范》GB 50009、《建筑抗震设计规范》GB 50011 的规定进行计算；

γ_0——构件的重要性系数，对安全等级为一级的结构构件不应小于 1.1，对安全等级为二级的结构构件不应小于 1.0；

R——构件承载力设计值；

γ_{RE}——承载力抗震调整系数，其值应按表 4.3.3 的规定采用。

表 4.3.3 承载力抗震调整系数

构件类型	组合结构构件									钢构件	
	梁	柱、支撑				剪力墙	各类构件	节点		梁、柱、支撑	柱、支撑
受力特性	受弯	偏压轴压比小于0.15	偏压轴压比不小于0.15	轴压	偏拉、轴拉	偏压、偏拉	局压	受剪	受剪	强度	稳定
γ_{RE}	0.75	0.75	0.80	0.80	0.85	0.85	1.0	0.85	0.85	0.75	0.80

注：圆形钢管混凝土偏心受压柱 γ_{RE} 取 0.8。

4.3.4 在进行结构内力和变形计算时，型钢混凝土和钢管混凝土组合结构构件的刚度，可按下列规定计算：

1 型钢混凝土结构构件、钢管混凝土结构构件的截面抗弯刚度、轴向刚度和抗剪刚度可按下列公式计算：

$$EI = E_cI_c + E_aI_a \qquad (4.3.4-1)$$

$$EA = E_cA_c + E_aA_a \qquad (4.3.4-2)$$

$$GA = G_cA_c + G_aA_a \qquad (4.3.4-3)$$

式中：EI、EA、GA——构件截面抗弯刚度、轴向刚度、抗剪刚度；

E_cI_c、E_cA_c、G_cA_c——钢筋混凝土部分的截面抗弯刚度、轴向刚度、抗剪刚度；

E_aI_a、E_aA_a、G_aA_a——型钢或钢管部分的截面抗弯刚度、轴向刚度、抗剪刚度。

2 型钢混凝土剪力墙、钢板混凝土剪力墙、带钢斜撑混凝土剪力墙的截面刚度可按下列原则计算：

1） 型钢混凝土剪力墙，其截面刚度可近似按相同截面的钢筋混凝土剪力墙计算截面刚度，可不计入端部型钢对截面刚度的提高作用；

2） 有端柱型钢混凝土剪力墙，其截面刚度可按端柱中混凝土截面面积加上型钢按弹性模量比折算的等效混凝土面积计算其抗弯刚度和轴向刚度；墙的抗剪刚度可不计入型钢作用；

3） 钢板混凝土剪力墙，可把钢板按弹性模量比折算为等效混凝土面积计算其截面刚度；

4） 带钢斜撑混凝土剪力墙，可不考虑钢斜撑对其截面刚度的影响。

4.3.5 采用组合结构构件作为主要抗侧力结构的各种组合结构体系，其房屋最大适用高度应符合表4.3.5的规定。表中框架结构、框架-剪力墙结构中的型钢（钢管）混凝土框架，系指型钢（钢管）混凝土柱与钢梁、型钢混凝土梁或钢筋混凝土梁组成的框架；表中框架-核心筒结构中的型钢（钢管）混凝土框架和筒中筒结构中的型钢（钢管）混凝土外筒，系指结构全高由型钢（钢管）混凝土柱与钢梁或型钢混凝土梁组成的框架、外筒。

表 4.3.5　组合结构房屋的最大适用高度（m）

结构体系		非抗震设计	抗震设防烈度				
			6 度	7 度	8 度		9 度
					0.20g	0.30g	
框架结构	型钢（钢管）混凝土框架	70	60	50	40	35	24
框架-剪力墙结构	型钢（钢管）混凝土框架-钢筋混凝土剪力墙	150	130	120	100	80	50
剪力墙结构	钢筋混凝土剪力墙	150	140	120	100	80	60
部分框支剪力墙结构	型钢（钢管）混凝土转换柱-钢筋混凝土剪力墙	130	120	100	80	50	不应采用
框架-核心筒结构	钢框架-钢筋混凝土核心筒	210	200	160	120	100	70
	型钢（钢管）混凝土框架-钢筋混凝土核心筒	240	220	190	150	130	70
筒中筒结构	钢外筒-钢筋混凝土核心筒	280	260	210	160	140	80
	型钢（钢管）混凝土外筒-钢筋混凝土核心筒	300	280	230	170	150	90

注：1　平面和竖向均不规则的结构，最大适用高度宜适当降低；
　　2　表中"钢筋混凝土剪力墙"、"钢筋混凝土核心筒"，系指其剪力墙全部是钢筋混凝土剪力墙以及结构局部部位是型钢混凝土剪力墙或钢板混凝土剪力墙。

4.3.6 组合结构在多遇地震作用下的结构阻尼比可取为0.04，房屋高度超过200m时，阻尼比可取为0.03；当楼盖梁采用钢筋混凝土梁时，相应结构阻尼比可增加0.01；风荷载作用下楼层位移验算和构件设计时，阻尼比可取为0.02～0.04；结构舒适度验算时的阻尼比可取为0.01～0.02。

4.3.7 采用型钢（钢管）混凝土转换柱的部分框支剪力墙结构，在地面以上的框支层层数，设防烈度8度时不宜超过4层，7度时不宜超过6层。

4.3.8 组合结构构件的抗震设计，应根据设防烈度、结构类型、房屋高度采用不同的抗震等级，并应符合相应的计算和构造措施规定。丙类建筑组合结构构件的抗震等级应按表4.3.8确定。

表 4.3.8　组合结构房屋的抗震等级

框架结构

结构类型	设防烈度						
	6度		7度		8度		9度
房屋高度（m）	≤24	>24	≤24	>24	≤24	>24	≤24
型钢（钢管）混凝土普通框架	四	三	三	二	二	一	一
型钢（钢管）混凝土大跨度框架	三		二		一		一

框架-剪力墙结构

结构类型	设防烈度									
	6度		7度			8度			9度	
房屋高度（m）	≤60	>60	≤24	25～60	>60	≤24	25～60	>60	≤24	25～50
型钢（钢管）混凝土框架	四	三	四	三	二	三	二	一	二	一
钢筋混凝土剪力墙	三	三	三	三	二	二	二	一	一	一

剪力墙结构

结构类型	设防烈度									
	6度		7度			8度			9度	
房屋高度（m）	≤80	>80	≤24	25～80	>80	≤24	25～80	>80	≤24	25～60
钢筋混凝土剪力墙	四	三	四	三	二	三	二	一	二	一

部分框支剪力墙结构

结构类型	设防烈度						
	6度		7度			8度	
房屋高度（m）	≤80	>80	≤24	25～80	>80	≤24	25～80
非底部加强部位剪力墙	四	三	四	三	二	三	二
底部加强部位剪力墙	三	三	三	二	一	二	一
型钢（钢管）混凝土框支框架	二	二	二	一	一	一	一

（8度 >80 及 9度栏以斜线划去，不适用）

框架-核心筒结构

结构类型		设防烈度						
		6度		7度		8度		9度
房屋高度（m）		≤150	>150	≤130	>130	≤100	>100	≤70
型钢（钢管）混凝土框架-钢筋混凝土核心筒	框架	三	二	二	—	—	—	—
	核心筒	二	二	二	—	—	特一	特一
钢框架-钢筋混凝土核心筒	框架	四		三		二		—
	核心筒	二	二	特一	特一	特一	特一	特一

筒中筒结构

结构类型		设防烈度						
		6度		7度		8度		9度
房屋高度（m）		≤180	>180	≤150	>150	≤120	>120	≤90
型钢（钢管）混凝土外筒-钢筋混凝土核心筒	外筒	三	二	二	—	—	—	—
	核心筒	二	二	二	—	—	特一	特一
钢外筒-钢筋混凝土核心筒	外筒	四		三		二		—
	核心筒	二	二	特一	特一	特一	特一	特一

注：1　建筑场地为Ⅰ类时，除 6 度外应允许按表内降低一度所对应的抗震等级采取抗震构造措施，但相应的计算要求不应降低；
　　2　底部带转换层的筒体结构，其转换框架的抗震等级应按表中框支剪力墙结构的规定采用；
　　3　高度不超过 60m 的框架-核心筒结构，其抗震等级允许按框架-剪力墙结构采用；
　　4　大跨度框架指跨度不小于 18m 的框架。

4.3.9　多高层组合结构在正常使用条件下，按风荷载或多遇地震标准值作用下，以弹性方法计算的楼层层间最大水平位移与层高的比值，以及结构的薄弱层层间弹塑性位移，应符合国家现行标准《建筑抗震设计规范》GB 50011、《高层建筑混凝土结构技术规程》JGJ 3 的规定。

4.3.10　型钢混凝土梁、钢与混凝土组合梁及组合楼板的最大挠度，应按荷载效应的准永久组合，并考虑荷载长期作用的影响进行计算，其计算值不应超过表 4.3.10-1 和表 4.3.10-2 规定的挠度限值。

表 4.3.10-1　型钢混凝土梁及组合楼板挠度限值（mm）

跨度	挠度限值（以计算跨度 l_0 计算）
$l_0 < 7m$	$l_0/200$　（$l_0/250$）
$7m \leqslant l_0 \leqslant 9m$	$l_0/250$　（$l_0/300$）
$l_0 > 9m$	$l_0/300$　（$l_0/400$）

注：1　表中 l_0 为构件的计算跨度；悬臂构件的 l_0 按实际悬臂长度的 2 倍取用；
　　2　构件有起拱时，可将计算所得挠度值减去起拱值；
　　3　表中括号中的数值适用于使用上对挠度有较高要求的构件。

表 4.3.10-2　钢与混凝土组合梁挠度限值（mm）

类型	挠度限值（以计算跨度 l_0 计算）
主梁	$l_0/300$（$l_0/400$）
其他梁	$l_0/250$（$l_0/300$）

注：1　表中 l_0 为构件的计算跨度；悬臂构件的 l_0 按实际悬臂长度的 2 倍取用；

2　表中数值为永久荷载和可变荷载组合产生的挠度允许值，有起拱时可减去起拱值；

3　表中括号内数值为可变荷载标准值产生的挠度允许值。

4.3.11 型钢混凝土梁按荷载效应的准永久值，并考虑荷载长期作用影响的最大裂缝宽度，不应大于表 4.3.11 规定的最大裂缝宽度限值。

表 4.3.11　型钢混凝土梁最大裂缝宽度限值（mm）

耐久性环境等级	裂缝控制等级	最大裂缝宽度限值 ω_{max}
一	三级	0.3（0.4）
二 a		
二 b		0.2
三 a　三 b		

注：对于年平均相对湿度小于 60％ 地区一级环境下的型钢混凝土梁，其裂缝最大宽度限值可采用括号内的数值。

4.3.12 钢管混凝土柱的钢管在施工阶段的轴向应力不应大于其抗压强度设计值的 60％，并应符合稳定性验算的规定。

4.3.13 框架-核心筒、筒中筒组合结构，在施工阶段应计算竖向构件压缩变形的差异，根据分析结果预调构件的加工长度和安装标高，并应采取必要的措施控制由差异变形产生的结构附加内力。

4.4　一般构造

4.4.1 型钢混凝土和钢管混凝土组合结构构件，其梁、柱、支撑的节点构造、钢筋机械连接套筒、连接板设置位置、型钢上预留钢筋孔和混凝土浇筑孔、排气孔位置等应进行专业深化设计。

4.4.2 组合结构中的钢结构制作、安装应符合现行国家标准《钢结构工程施工质量验收规范》GB 50205、《钢结构焊接规范》GB 50661 的规定。

4.4.3 焊缝的坡口形式和尺寸，应符合现行国家标准《气焊、焊条电弧焊、气体保护焊和高能束焊的推荐坡口》GB/T 985.1 和《埋弧焊的推荐坡口》GB/T 985.2 的规定。

4.4.4 型钢混凝土柱和钢管混凝土柱采用埋入式柱脚时，型钢、钢管与底板的连接焊缝宜采用坡口全熔透焊缝，焊缝等级为二级；当采用非埋入式柱脚时，型钢、钢管与柱脚底板的连接应采用坡口全熔透焊缝，焊缝等级为一级。

4.4.5 抗剪栓钉的直径规格宜选用 19mm 和 22mm，其长度不宜小于 4 倍栓钉直径，水平和竖向间距不宜小于 6 倍栓钉直径且不宜大于 200mm。栓钉中心至型钢翼缘边缘距离不应小于 50mm，栓钉顶面的混凝土保护层厚度不宜小于 15mm。

4.4.6 钢筋连接可采用绑扎搭接、机械连接或焊接，纵向受拉钢筋的接头面积百分率不宜大于 50％。机械连接宜用于直径不小于 16mm 受力钢筋的连接，其接头质量应符合现行行业标准《钢筋机械连接技术规程》JGJ 107、《钢筋机械连接用套筒》JG/T 163 的规定。当纵向受力钢筋与钢构件连接时，可采用可焊接机械连接套筒或连接板。可焊接机械连接套筒的抗拉强度不应小于连接钢筋抗拉强度标准值的 1.1 倍。可焊接机械连接套筒与钢构件应采用等强焊接并在工厂完成。连接板与钢构件、钢筋连接时应保证焊接质量。

5　型钢混凝土框架梁和转换梁

5.1　一般规定

5.1.1 型钢混凝土框架梁和转换梁正截面承载力应按下列基本假定进行计算：

1 截面应变保持平面；

2 不考虑混凝土的抗拉强度；

3 受压边缘混凝土极限压应变 ε_{cu} 取 0.003，相应的最大压应力取混凝土轴心抗压强度设计值 f_c 乘以受压区混凝土压应力影响系数 α_1，当混凝土强度等级不超过 C50 时，α_1 取为 1.0；当混凝土强度等级为 C80 时，α_1 取为 0.94，其间按线性内插法确定；受压区应力图简化为等效的矩形应力图，其高度取按平截面假定所确定的中和轴高度乘以受压区混凝土应力图形影响系数 β_1，当混凝土强度等级不超过 C50 时，β_1 取为 0.8，当混凝土强度等级为 C80 时，β_1 取为 0.74，其间按线性内插法确定；

4 型钢腹板的应力图形为拉压梯形应力图形，计算时简化为等效矩形应力图形；

5 钢筋、型钢的应力等于钢筋、型钢应变与其弹性模量的乘积，其绝对值不应大于其相应的强度设计值；纵向受拉钢筋和型钢受拉翼缘的极限拉应变取 0.01。

5.1.2 型钢混凝土框架梁和转换梁中的型钢钢板厚度不宜小于 6mm，其钢板宽厚比（图 5.1.2）应符合表 5.1.2 的规定。

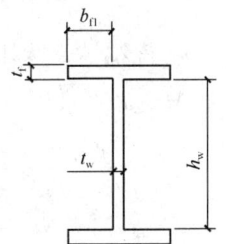

图 5.1.2　型钢混凝土梁的型钢钢板宽厚比

表 5.1.2 型钢混凝土梁的型钢钢板宽厚比限值

钢号	b_{f1}/t_f	h_w/t_w
Q235	≤23	≤107
Q345、Q345GJ	≤19	≤91
Q390	≤18	≤83
Q420	≤17	≤80

5.1.3 型钢混凝土框架梁和转换梁最外层钢筋的混凝土保护层最小厚度应符合现行国家标准《混凝土结构设计规范》GB 50010 的规定。型钢的混凝土保护层最小厚度（图 5.1.3）不宜小于 100mm，且梁内型钢翼缘离两侧边距离 b_1、b_2 之和不宜小于截面宽度的 1/3。

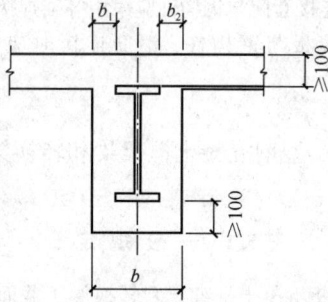

图 5.1.3 型钢混凝土梁中型钢的混凝土
保护层最小厚度

5.2 承载力计算

5.2.1 型钢截面为充满型实腹型钢的型钢混凝土框架梁和转换梁，其正截面受弯承载力应符合下列规定（图 5.2.1）：

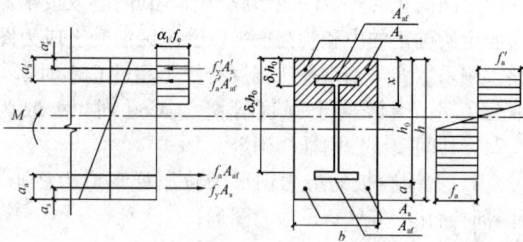

图 5.2.1 梁正截面受弯承载力计算参数示意

1 持久、短暂设计状况

$$M \leqslant \alpha_1 f_c b x \left(h_0 - \frac{x}{2}\right) + f_y' A_s' (h_0 - a_s')$$
$$+ f_a' A_{af}' (h_0 - a_a') + M_{aw} \quad (5.2.1\text{-}1)$$

$$\alpha_1 f_c b x + f_y' A_s' + f_a' A_{af}' - f_y A_s$$
$$- f_a A_{af} + N_{aw} = 0 \quad (5.2.1\text{-}2)$$

2 地震设计状况

$$M \leqslant \frac{1}{\gamma_{RE}} \Big[\alpha_1 f_c b x \left(h_0 - \frac{x}{2}\right) + f_y' A_s' (h_0 - a_s')$$

$$+ f_a' A_{af}' (h_0 - a_a') + M_{aw} \Big] \quad (5.2.1\text{-}3)$$

$$\alpha_1 f_c b x + f_y' A_s' + f_a' A_{af}' - f_y A_s$$
$$- f_a A_{af} + N_{aw} = 0 \quad (5.2.1\text{-}4)$$

$$h_0 = h - a \quad (5.2.1\text{-}5)$$

3 当 $\delta_1 h_0 < 1.25x$，$\delta_2 h_0 > 1.25x$ 时，M_{aw}、N_{aw} 应按下列公式计算：

$$M_{aw} = \Big[0.5(\delta_1^2 + \delta_2^2) - (\delta_1 + \delta_2) + 2.5\frac{x}{h_0}$$
$$- \left(1.25\frac{x}{h_0}\right)^2 \Big] t_w h_0^2 f_a \quad (5.2.1\text{-}6)$$

$$N_{aw} = \Big[2.5\frac{x}{h_0} - (\delta_1 + \delta_2) \Big] t_w h_0 f_a$$

$$(5.2.1\text{-}7)$$

4 混凝土等效受压区高度应符合下列公式的规定：

$$x \leqslant \xi_b h_0 \quad (5.2.1\text{-}8)$$

$$x \geqslant a_a' + t_f' \quad (5.2.1\text{-}9)$$

$$\xi_b = \frac{\beta_1}{1 + \dfrac{f_y + f_a}{2 \times 0.003 E_s}} \quad (5.2.1\text{-}10)$$

式中：M——弯矩设计值；

M_{aw}——型钢腹板承受的轴向合力对型钢受拉翼缘和纵向受拉钢筋合力点的力矩；

N_{aw}——型钢腹板承受的轴向合力；

α_1——受压区混凝土应力影响系数；

β_1——受压区混凝土应力图形影响系数；

f_c——混凝土轴心抗压强度设计值；

f_a、f_a'——型钢抗拉、抗压强度设计值；

f_y、f_y'——钢筋抗拉、抗压强度设计值；

A_s、A_s'——受拉、受压钢筋的截面面积；

A_{af}、A_{af}'——型钢受拉、受压翼缘的截面面积；

b——截面宽度；

h——截面高度；

h_0——截面有效高度；

t_w——型钢腹板厚度；

t_f、t_f'——型钢受拉、受压翼缘厚度；

ξ_b——相对界限受压区高度；

E_s——钢筋弹性模量；

x——混凝土等效受压区高度；

a_s、a_a——受拉区钢筋、型钢翼缘合力点至截面受拉边缘的距离；

a_s'、a_a'——受压区钢筋、型钢翼缘合力点至截面受压边缘的距离；

a——型钢受拉翼缘与受拉钢筋合力点至截面受拉边缘的距离；

δ_1——型钢腹板上端至截面上边的距离与 h_0 的比值，$\delta_1 h_0$ 为型钢腹板上端至截面上边的距离；

δ_2——型钢腹板下端至截面上边的距离与 h_0 的比值，$\delta_2 h_0$ 为型钢腹板下端至截面上边的距离。

5.2.2 型钢混凝土框架梁和转换梁的剪力设计值应按下列规定计算：

1 一级抗震等级的框架结构和 9 度设防烈度的一级抗震等级框架

$$V_b = 1.1 \frac{(M^l_{bua} + M^r_{bua})}{l_n} + V_{Gb} \quad (5.2.2-1)$$

2 其他情况

一级抗震等级

$$V_b = 1.3 \frac{(M^l_b + M^r_b)}{l_n} + V_{Gb} \quad (5.2.2-2)$$

二级抗震等级

$$V_b = 1.2 \frac{(M^l_b + M^r_b)}{l_n} + V_{Gb} \quad (5.2.2-3)$$

三级抗震等级

$$V_b = 1.1 \frac{(M^l_b + M^r_b)}{l_n} + V_{Gb} \quad (5.2.2-4)$$

四级抗震等级，取地震作用组合下的剪力设计值。

3 公式 (5.2.2-1) 中的 M^l_{bua} 与 M^r_{bua} 之和，应分别按顺时针和逆时针方向进行计算，并取其较大值。公式 (5.2.2-2)～(5.2.2-4) 中的 M^l_b 与 M^r_b 之和，应分别按顺时针和逆时针方向进行计算的两端考虑地震组合的弯矩设计值之和的较大值，对一级抗震等级框架，两端弯矩均为负弯矩时，绝对值较小的弯矩应取零。

式中：M^l_{bua}、M^r_{bua}——梁左、右端顺时针或逆时针方向按实配钢筋和型钢截面积（计入受压钢筋及梁有效翼缘宽度范围内的楼板钢筋）、材料强度标准值，且考虑承载力抗震调整系数的正截面受弯承载力所对应的弯矩值；梁有效翼缘宽度取梁两侧跨度的 1/6 和翼板厚度 6 倍中的较小者；

M^l_b、M^r_b——考虑地震作用组合的梁左、右端顺时针或逆时针方向弯矩设计值；

V_b——梁剪力设计值；

V_{Gb}——考虑地震作用组合时的重力荷载代表值产生的剪力设计值，可按简支梁计算确定；

l_n——梁的净跨。

5.2.3 型钢混凝土框架梁的受剪截面应符合下列公式的规定：

1 持久、短暂设计状况

$$V_b \leqslant 0.45\beta_c f_c b h_0 \quad (5.2.3-1)$$

$$\frac{f_a t_w h_w}{\beta_c f_c b h_0} \geqslant 0.10 \quad (5.2.3-2)$$

2 地震设计状况

$$V_b \leqslant \frac{1}{\gamma_{RE}} (0.36\beta_c f_c b h_0) \quad (5.2.3-3)$$

$$\frac{f_a t_w h_w}{\beta_c f_c b h_0} \geqslant 0.10 \quad (5.2.3-4)$$

式中：h_w——型钢腹板高度；

β_c——混凝土强度影响系数，当混凝土强度等级不超过 C50 时，取 $\beta_c = 1.0$；当混凝土强度等级为 C80 时，取为 $\beta_c = 0.8$；其间按线性内插法确定。

5.2.4 型钢混凝土转换梁的受剪截面应符合下列公式的规定：

1 持久、短暂设计状况

$$V_b \leqslant 0.4\beta_c f_c b h_0 \quad (5.2.4-1)$$

$$\frac{f_a t_w h_w}{\beta_c f_c b h_0} \geqslant 0.10 \quad (5.2.4-2)$$

2 地震设计状况

$$V_b \leqslant \frac{1}{\gamma_{RE}} (0.3\beta_c f_c b h_0) \quad (5.2.4-3)$$

$$\frac{f_a t_w h_w}{\beta_c f_c b h_0} \geqslant 0.10 \quad (5.2.4-4)$$

5.2.5 型钢截面为充满型实腹型钢的型钢混凝土框架梁和转换梁，其斜截面受剪承载力应符合下列公式的规定：

1 一般框架梁和转换梁

1) 持久、短暂设计状况

$$V_b \leqslant 0.8 f_t b h_0 + f_{yv} \frac{A_{sv}}{s} h_0 + 0.58 f_a t_w h_w$$

$$(5.2.5-1)$$

2) 地震设计状况

$$V_b \leqslant \frac{1}{\gamma_{RE}} \left(0.5 f_t b h_0 + f_{yv} \frac{A_{sv}}{s} h_0 + 0.58 f_a t_w h_w \right)$$

$$(5.2.5-2)$$

2 集中荷载作用下框架梁和转换梁

1) 持久、短暂设计状况

$$V_b \leqslant \frac{1.75}{\lambda + 1} f_t b h_0 + f_{yv} \frac{A_{sv}}{s} h_0 + \frac{0.58}{\lambda} f_a t_w h_w$$

$$(5.2.5-3)$$

2) 地震设计状况

$$V_b \leqslant \frac{1}{\gamma_{RE}} \left(\frac{1.05}{\lambda + 1} f_t b h_0 + f_{yv} \frac{A_{sv}}{s} h_0 + \frac{0.58}{\lambda} f_a t_w h_w \right)$$

$$(5.2.5-4)$$

式中：f_{yv}——箍筋的抗拉强度设计值；

A_{sv}——配置在同一截面内箍筋各肢的全部截面面积；

s——沿构件长度方向上箍筋的间距；

λ——计算截面剪跨比，λ 可取 $\lambda = a/h$，a 为计算截面至支座截面或节点边缘的距离，计算截面取集中荷载作用点处的截面；当 $\lambda < 1.5$ 时，取 $\lambda = 1.5$；当 $\lambda > 3$ 时，取 $\lambda = 3$；

f_t——混凝土抗拉强度设计值。

5.2.6 配置桁架式型钢的型钢混凝土梁，其受弯承载力计算可将桁架的上、下弦型钢等效为纵向钢筋，受剪承载力计算可将桁架的斜腹杆按其承载力的竖向分力等效为抗剪箍筋，按现行国家标准《混凝土结构设计规范》GB 50010 中钢筋混凝土梁的相关规定计算。

5.3 裂缝宽度验算

5.3.1 型钢混凝土框架梁和转换梁应验算裂缝宽度，最大裂缝宽度应按荷载的准永久值并考虑长期作用的影响进行计算。

5.3.2 型钢混凝土梁的最大裂缝宽度可按下列公式计算（图 5.3.2）。

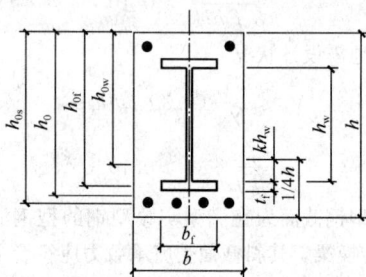

图 5.3.2 型钢混凝土梁最大裂缝宽度计算参数示意

$$\omega_{max} = 1.9\psi\frac{\sigma_{sa}}{E_s}\left(1.9c_s + 0.08\frac{d_e}{\rho_{te}}\right)$$

$$(5.3.2-1)$$

$$\psi = 1.1(1 - M_{cr}/M_q) \qquad (5.3.2-2)$$

$$M_{cr} = 0.235bh^2 f_{tk} \qquad (5.3.2-3)$$

$$\sigma_{sa} = \frac{M_q}{0.87(A_s h_{0s} + A_{af} h_{0f} + kA_{aw} h_{0w})}$$

$$(5.3.2-4)$$

$$k = \frac{0.25h - 0.5t_f - a_a}{h_w} \qquad (5.3.2-5)$$

$$d_e = \frac{4(A_s + A_{af} + kA_{aw})}{u} \qquad (5.3.2-6)$$

$$u = n\pi d_s + (2b_f + 2t_f + 2kh_{aw}) \times 0.7$$

$$(5.3.2-7)$$

$$\rho_{te} = \frac{A_s + A_{af} + kA_{aw}}{0.5bh} \qquad (5.3.2-8)$$

式中：ω_{max}——最大裂缝宽度；

M_q——按荷载效应的准永久值计算的弯矩值；

M_{cr}——梁截面抗裂弯矩；

c_s——最外层纵向受拉钢筋的混凝土保护层厚度（mm）；当 $c_s > 65$ 时，取 $c_s = 65$；

ψ——考虑型钢翼缘作用的钢筋应变不均匀系数；当 $\psi < 0.2$ 时，取 $\psi = 0.2$；当 $\psi > 1.0$ 时，取 $\psi = 1.0$；

k——型钢腹板影响系数，其值取梁受拉侧 $1/4$ 梁高范围中腹板高度与整个腹板高度的比值；

n——纵向受拉钢筋数量；

b_f、t_f——受拉翼缘宽度、厚度；

d_e、ρ_{te}——考虑型钢受拉翼缘与部分腹板及受拉钢筋的有效直径、有效配筋率；

σ_{sa}——考虑型钢受拉翼缘与部分腹板及受拉钢筋的钢筋应力值；

A_s、A_{af}——纵向受拉钢筋、型钢受拉翼缘面积；

A_{aw}、h_{aw}——型钢腹板面积、高度；

h_{0s}、h_{0f}、h_{0w}——纵向受拉钢筋、型钢受拉翼缘、kA_{aw} 截面重心至混凝土截面受压边缘的距离；

u——纵向受拉钢筋和型钢受拉翼缘与部分腹板周长之和。

5.4 挠 度 验 算

5.4.1 型钢混凝土框架梁和转换梁在正常使用极限状态下的挠度不应超过本规范表 4.3.10-1 规定的限值。对于等截面构件，计算中可假定各同号弯矩区段内的刚度相等，并取用该区段内最大弯矩处的刚度。

5.4.2 型钢混凝土框架梁和转换梁的纵向受拉钢筋配筋率为 $0.3\% \sim 1.5\%$ 时，按荷载的准永久值计算的短期刚度和考虑长期作用影响的长期刚度，可按下列公式计算：

$$B_s = \left(0.22 + 3.75\frac{E_s}{E_c}\rho_s\right)E_c I_c + E_a I_a$$

$$(5.4.2-1)$$

$$B = \frac{B_s - E_a I_a}{\theta} + E_a I_a \qquad (5.4.2-2)$$

$$\theta = 2.0 - 0.4\frac{\rho'_{sa}}{\rho_{sa}} \qquad (5.4.2-3)$$

式中：B_s——梁的短期刚度；

B——梁的长期刚度；

ρ_{sa}——梁截面受拉区配置的纵向受拉钢筋和型钢受拉翼缘面积之和的截面配筋率；

ρ'_{sa}——梁截面受压区配置的纵向受压钢筋和型钢受压翼缘面积之和的截面配筋率；

ρ_s——纵向受拉钢筋配筋率；

E_c——混凝土弹性模量；

E_a——型钢弹性模量；

E_s——钢筋弹性模量；

I_c——按截面尺寸计算的混凝土截面惯性矩；

I_a——型钢的截面惯性矩；

θ——考虑荷载长期作用对挠度增大的影响系数。

5.5 构造措施

5.5.1 型钢混凝土框架梁截面宽度不宜小于300mm；型钢混凝土托柱转换梁截面宽度，不应小于其所托柱在梁宽度方向截面宽度。托墙转换梁截面宽度不宜大于转换柱相应方向的截面宽度，且不宜小于其上墙体截面厚度的2倍和400mm的较大值。

5.5.2 型钢混凝土框架梁和转换梁中纵向受拉钢筋不宜超过二排，其配筋率不宜小于0.3%，直径宜取16mm～25mm，净距不宜小于30mm和1.5d，d为纵筋最大直径；梁的上部和下部纵向钢筋伸入节点的锚固构造要求应符合现行国家标准《混凝土结构设计规范》GB 50010的规定。

5.5.3 型钢混凝土框架梁和转换梁的腹板高度大于或等于450mm时，在梁的两侧沿高度方向每隔200mm应设置一根纵向腰筋，且每侧腰筋截面面积不宜小于梁腹板截面面积的0.1%。

5.5.4 考虑地震作用组合的型钢混凝土框架梁和转换梁应采用封闭箍筋，其末端应有135°弯钩，弯钩端头平直段长度不应小于10倍箍筋直径。

5.5.5 考虑地震作用组合的型钢混凝土框架梁，梁端应设置箍筋加密区，其加密区长度、加密区箍筋最大间距和箍筋最小直径应符合表5.5.5的要求。非加密区的箍筋间距不宜大于加密区箍筋间距的2倍。

表5.5.5 抗震设计型钢混凝土梁箍筋加密区的构造要求

抗震等级	箍筋加密区长度	加密区箍筋最大间距（mm）	箍筋最小直径（mm）
一级	2h	100	12
二级	1.5h	100	10
三级	1.5h	150	10
四级	1.5h	150	8

注：1 h为梁高；

2 当梁跨度小于梁截面高度4倍时，梁全跨应按箍筋加密区配置；

3 一级抗震等级框架梁箍筋直径大于12mm、二级抗震等级框架梁箍筋直径大于10mm，箍筋数量不少于4肢且肢距不大于150mm时，箍筋加密区最大间距应允许适当放宽，但不得大于150mm。

5.5.6 非抗震设计时，型钢混凝土框架梁应采用封闭箍筋，其箍筋直径不应小于8mm，箍筋间距不应大于250mm。

5.5.7 梁端设置的第一个箍筋距节点边缘不应大于50mm。沿梁全长箍筋的面积配筋率应符合下列规定：

1 持久、短暂设计状况

$$\rho_{sv} \geq 0.24 f_t / f_{yv} \qquad (5.5.7\text{-}1)$$

2 地震设计状况

一级抗震等级

$$\rho_{sv} \geq 0.30 f_t / f_{yv} \qquad (5.5.7\text{-}2)$$

二级抗震等级

$$\rho_{sv} \geq 0.28 f_t / f_{yv} \qquad (5.5.7\text{-}3)$$

三、四级抗震等级

$$\rho_{sv} \geq 0.26 f_t / f_{yv} \qquad (5.5.7\text{-}4)$$

3 箍筋的面积配筋率应按下式计算：

$$\rho_{sv} = \frac{A_{sv}}{bs} \qquad (5.5.7\text{-}5)$$

5.5.8 型钢混凝土框架梁和转换梁的箍筋肢距，可按现行国家标准《混凝土结构设计规范》GB 50010的规定适当放松。

5.5.9 型钢混凝土托柱转换梁，在离柱边1.5倍梁截面高度范围内应设置箍筋加密区，其箍筋直径不应小于12mm，间距不应大于100mm，加密区箍筋的面积配筋率应符合下列公式的规定：

1 持久、短暂设计状况

$$\rho_{sv} \geq 0.9 f_t / f_{yv} \qquad (5.5.9\text{-}1)$$

2 地震设计状况

一级抗震等级

$$\rho_{sv} \geq 1.2 f_t / f_{yv} \qquad (5.5.9\text{-}2)$$

二级抗震等级

$$\rho_{sv} \geq 1.1 f_t / f_{yv} \qquad (5.5.9\text{-}3)$$

三、四级抗震等级

$$\rho_{sv} \geq 1.0 f_t / f_{yv} \qquad (5.5.9\text{-}4)$$

5.5.10 型钢混凝土托柱转换梁与托柱截面中线宜重合，在托柱位置宜设置正交方向楼面梁或框架梁，且在托柱位置的型钢腹板两侧应对称设置支承加劲肋。

5.5.11 型钢混凝土托墙转换梁与转换柱截面中线宜重合；托墙转换梁的梁端以及托墙设有门洞的门洞边，在离柱边和门洞边1.5倍梁截面高度范围内应设置箍筋加密区，其箍筋直径、箍筋面积配筋率宜符合本规范第5.5.5条、第5.5.7条、第5.5.9条的规定。在托墙门洞边位置，型钢腹板两侧应对称设置支承加劲肋。

5.5.12 当转换梁处于偏心受拉时，其支座上部纵向钢筋应至少有50%沿梁全长贯通，下部纵向钢筋应全部直通到柱内；沿梁高应配置间距不大于200mm、直径不小于16mm的腰筋。

5.5.13 配置桁架式型钢的型钢混凝土框架梁，其压杆的长细比不宜大于120。

5.5.14 对于配置实腹式型钢的托墙转换梁、托柱转换梁、悬臂梁和大跨度框架梁等主要承受竖向重力荷载的梁，型钢上翼缘应设置栓钉，栓钉的设置宜符合本规范第4.4.5条的规定。

5.5.15 在型钢混凝土梁上开孔时，其孔位宜设置在剪力较小截面附近，且宜采用圆形孔。当孔洞位于离支座 1/4 跨度以外时，圆形孔的直径不宜大于 0.4 倍梁高，且不宜大于型钢截面高度的 0.7 倍；当孔洞位于离支座 1/4 跨度以内时，圆孔的直径不宜大于 0.3 倍梁高，且不宜大于型钢截面高度的 0.5 倍。孔洞周边宜设置钢套管，管壁厚度不宜小于梁型钢腹板厚度，套管与梁型钢腹板连接的角焊缝高度宜取 0.7 倍腹板厚度；腹板孔周围两侧宜各焊上厚度稍小于腹板厚度的环形补强板，其环板宽度可取 75mm ~ 125mm；且孔边应加设构造箍筋和水平筋（图 5.5.15）。

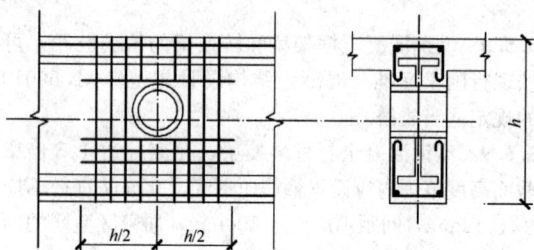

图 5.5.15　圆形孔孔口加强措施

5.5.16 型钢混凝土框架梁的圆孔孔洞截面处，应进行受弯承载力和受剪承载力计算。受弯承载力应按本规范第 5.2.1 条计算，计算中应扣除孔洞面积；受剪承载力应符合下列公式的规定：

1 持久、短暂设计状况

$$V_b \leqslant 0.8f_t bh_0 \left(1 - 1.6\frac{D_h}{h}\right)$$
$$+ 0.58f_a t_w (h_w - D_h)\gamma$$
$$+ \sum f_{yv} A_{sv} \qquad (5.5.16\text{-}1)$$

2 地震设计状况

$$V_b \leqslant \frac{1}{\gamma_{RE}} \left[0.6f_t bh_0 \left(1 - 1.6\frac{D_h}{h}\right) \right.$$
$$+ 0.58f_a t_w (h_w - D_h)\gamma$$
$$\left. + 0.8\sum f_{yv} A_{sv} \right] \qquad (5.5.16\text{-}2)$$

式中：γ——孔边条件系数，孔边设置钢套管时取 1.0，孔边不设钢套管时取 0.85；

D_h——圆孔洞直径；

$\sum f_{yv} A_{sv}$——加强箍筋的受剪承载力。

6 型钢混凝土框架柱和转换柱

6.1 一般规定

6.1.1 型钢混凝土框架柱和转换柱正截面承载力计算的基本假定应按本规范第 5.1.1 条的规定采用。

6.1.2 型钢混凝土框架柱和转换柱受力型钢的含钢率不宜小于 4%，且不宜大于 15%。当含钢率大于 15% 时，应增加箍筋、纵向钢筋的配筋量，并宜通过试验进行专门研究。

6.1.3 型钢混凝土框架柱和转换柱纵向受力钢筋的直径不宜小于 16mm，其全部纵向受力钢筋的总配筋率不宜小于 0.8%，每一侧的配筋百分率不宜小于 0.2%；纵向受力钢筋与型钢的最小净距不宜小于 30mm；柱内纵向钢筋的净距不宜小于 50mm 且不宜大于 250mm。纵向受力钢筋的最小锚固长度、搭接长度应符合现行国家标准《混凝土结构设计规范》GB 50010 的规定。

6.1.4 型钢混凝土框架柱和转换柱最外层纵向受力钢筋的混凝土保护层最小厚度应符合现行国家标准《混凝土结构设计规范》GB 50010 的规定。型钢的混凝土保护层最小厚度（图 6.1.4）不宜小于 200mm。

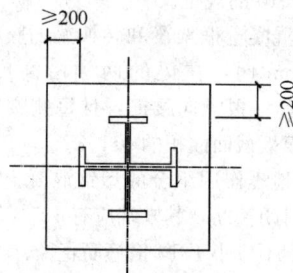

图 6.1.4　型钢混凝土柱中型钢保护层最小厚度

6.1.5 型钢混凝土柱中型钢钢板厚度不宜小于 8mm，其钢板宽厚比（图 6.1.5）应符合表 6.1.5 的规定。

表 6.1.5　型钢混凝土柱中型钢钢板宽厚比限值

钢号	柱		
	b_{fl}/t_f	h_w/t_w	B/t
Q235	≤23	≤96	≤72
Q345、Q345GJ	≤19	≤81	≤61
Q390	≤18	≤75	≤56
Q420	≤17	≤71	≤54

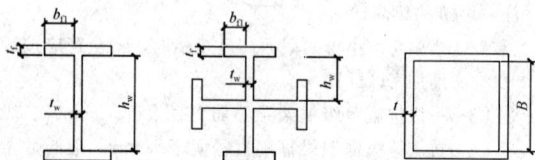

图 6.1.5　型钢混凝土柱中型钢钢板宽厚比

6.2 承载力计算

6.2.1 型钢混凝土轴心受压柱的正截面受压承载力应符合下列公式的规定：

1 持久、短暂设计状况

$$N \leqslant 0.9\varphi(f_c A_c + f'_y A'_s + f'_a A'_a) \tag{6.2.1-1}$$

2 地震设计状况

$$N \leqslant \frac{1}{\gamma_{RE}}[0.9\varphi(f_c A_c + f'_y A'_s + f'_a A'_a)] \tag{6.2.1-2}$$

式中：N——轴向压力设计值；

A_c、A'_s、A'_a——混凝土、钢筋、型钢的截面面积；

f_c、f'_y、f'_a——混凝土、钢筋、型钢的抗压强度设计值；

φ——轴心受压柱稳定系数，应按表 6.2.1 采用。

表 6.2.1 型钢混凝土柱轴心受压稳定系数 φ

l_0/i	≤28	35	42	48	55	62	69	76	83	90	97	104
φ	1.00	0.98	0.95	0.92	0.87	0.81	0.75	0.70	0.65	0.60	0.56	0.52

注：1 l_0 为构件的计算长度；

2 i 为截面的最小回转半径，$i = \sqrt{\dfrac{E_c I_c + E_a I_a}{E_c A_c + E_a A_a}}$。

6.2.2 型钢截面为充满型实腹型钢的型钢混凝土偏心受压框架柱和转换柱，其正截面受压承载力应符合下列规定（图 6.2.2）：

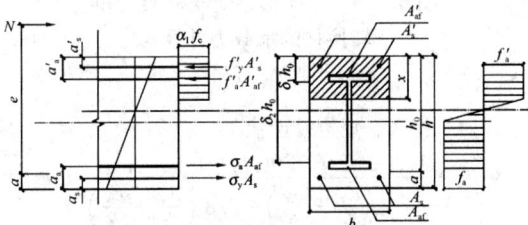

图 6.2.2 偏心受压框架柱和转换柱的承载力计算参数示意

1 持久、短暂设计状况

$$N \leqslant \alpha_1 f_c b x + f'_y A'_s + f'_a A'_{af} - \sigma_s A_s - \sigma_a A_{af} + N_{aw} \tag{6.2.2-1}$$

$$Ne \leqslant \alpha_1 f_c b x \left(h_0 - \frac{x}{2}\right) + f'_y A'_s (h_0 - a'_s) + f'_a A'_{af}(h_0 - a'_a) + M_{aw} \tag{6.2.2-2}$$

2 地震设计状况

$$N \leqslant \frac{1}{\gamma_{RE}}(\alpha_1 f_c b x + f'_y A'_s + f'_a A'_{af} - \sigma_s A_s - \sigma_a A_{af} + N_{aw}) \tag{6.2.2-3}$$

$$Ne \leqslant \frac{1}{\gamma_{RE}}\left[\alpha_1 f_c b x\left(h_0 - \frac{x}{2}\right) + f'_y A'_s(h_0 - a'_s) + f'_a A'_{af}(h_0 - a'_a) + M_{aw}\right] \tag{6.2.2-4}$$

$$h_0 = h - a \tag{6.2.2-5}$$

$$e = e_i + \frac{h}{2} - a \tag{6.2.2-6}$$

$$e_i = e_0 + e_a \tag{6.2.2-7}$$

$$e_0 = \frac{M}{N} \tag{6.2.2-8}$$

3 N_{aw}、M_{aw} 应按下列公式计算：

1） 当 $\delta_1 h_0 < \dfrac{x}{\beta_1}$，$\delta_2 h_0 > \dfrac{x}{\beta_1}$ 时，

$$N_{aw} = \left[\frac{2x}{\beta_1 h_0} - (\delta_1 + \delta_2)\right] t_w h_0 f_a \tag{6.2.2-9}$$

$$M_{aw} = \left[0.5(\delta_1^2 + \delta_2^2) - (\delta_1 + \delta_2) + \frac{2x}{\beta_1 h_0} - \left(\frac{x}{\beta_1 h_0}\right)^2\right] t_w h_0^2 f_a \tag{6.2.2-10}$$

2） 当 $\delta_1 h_0 < \dfrac{x}{\beta_1}$，$\delta_2 h_0 < \dfrac{x}{\beta_1}$ 时，

$$N_{aw} = (\delta_2 - \delta_1) t_w h_0 f_a \tag{6.2.2-11}$$

$$M_{aw} = \left[0.5(\delta_1^2 - \delta_2^2) + (\delta_2 - \delta_1)\right] t_w h_0^2 f_a \tag{6.2.2-12}$$

4 受拉或受压较小边的钢筋应力 σ_s 和型钢翼缘应力 σ_a 可按下列规定计算：

1） 当 $x \leqslant \xi_b h_0$ 时，$\sigma_s = f_y$，$\sigma_a = f_a$；

2） 当 $x > \xi_b h_0$ 时，

$$\sigma_s = \frac{f_y}{\xi_b - \beta_1}\left(\frac{x}{h_0} - \beta_1\right) \tag{6.2.2-13}$$

$$\sigma_a = \frac{f_a}{\xi_b - \beta_1}\left(\frac{x}{h_0} - \beta_1\right) \tag{6.2.2-14}$$

3） ξ_b 可按下式计算：

$$\xi_b = \frac{\beta_1}{1 + \dfrac{f_y + f_a}{2 \times 0.003 E_s}} \tag{6.2.2-15}$$

式中：e——轴向力作用点至纵向受拉钢筋和型钢受拉翼缘的合力点之间的距离；

e_0——轴向力对截面重心的偏心距；

e_i——初始偏心距；

e_a——附加偏心距，按本规范第 6.2.4 条规定计算；

α_1——受压区混凝土压应力影响系数；

β_1——受压区混凝土应力图形影响系数；

M——柱端较大弯矩设计值；当需要考虑挠曲产生的二阶效应时，柱端弯矩 M 应按现行国家标准《混凝土结构设计规范》GB 50010 的规定确定；

N——与弯矩设计值 M 相对应的轴向压力设计值；

M_{aw}——型钢腹板承受的轴向合力对受拉或受压较小边型钢翼缘和纵向钢筋合力点的力矩；

N_{aw}——型钢腹板承受的轴向合力；

f_c——混凝土轴心抗压强度设计值；

f_a、f'_a——型钢抗拉、抗压强度设计值；

f_y、f'_y——钢筋抗拉、抗压强度设计值；

A_s、A_s'——受拉、受压钢筋的截面面积；

A_{af}、A_{af}'——型钢受拉、受压翼缘的截面面积；

b——截面宽度；

h——截面高度；

h_0——截面有效高度；

t_w——型钢腹板厚度；

t_f、t_f'——型钢受拉、受压翼缘厚度；

ξ_b——相对界限受压区高度；

E_s——钢筋弹性模量；

x——混凝土等效受压区高度；

a_s、a_a——受拉区钢筋、型钢翼缘合力点至截面受拉边缘的距离；

a_s'、a_a'——受压区钢筋、型钢翼缘合力点至截面受压边缘的距离；

a——型钢受拉翼缘与受拉钢筋合力点至截面受拉边缘的距离；

δ_1——型钢腹板上端至截面上边的距离与 h_0 的比值，$\delta_1 h_0$ 为型钢腹板上端至截面上边的距离；

δ_2——型钢腹板下端至截面上边的距离与 h_0 的比值，$\delta_2 h_0$ 为型钢腹板下端至截面上边的距离。

6.2.3 配置十字形型钢的型钢混凝土偏心受压框架柱和转换柱（图 6.2.3），其正截面受压承载力计算中可折算计入腹板两侧的侧腹板面积，其等效腹板厚度 t_w' 可按下式计算。

$$t_w' = t_w + \frac{0.5 \Sigma A_{aw}}{h_w} \qquad (6.2.3)$$

式中：ΣA_{aw}——两侧的侧腹板总面积；

t_w——腹板厚度。

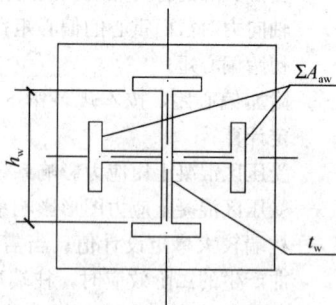

图 6.2.3　配置十字形型钢的型钢混凝土柱

6.2.4 型钢混凝土偏心受压框架柱和转换柱的正截面受压承载力计算，应考虑轴向压力在偏心方向存在的附加偏心距 e_a，其值宜取 20mm 和偏心方向截面尺寸的 1/30 两者中的较大值。

6.2.5 对截面具有两个互相垂直的对称轴的型钢混凝土双向偏心受压框架柱和转换柱，应符合 X 向和 Y 向单向偏心受压承载力计算要求；其双向偏心受压承载力计算可按下列规定计算，也可按基于平截面假定、通过划分为材料单元的截面极限平衡方程，用数

值积分的方法进行迭代计算。

1 型钢混凝土双向偏心受压框架柱和转换柱，其正截面受压承载力可按下列公式计算：

1）持久、短暂设计状况

$$N \leqslant \frac{1}{\dfrac{1}{N_{ux}} + \dfrac{1}{N_{uy}} - \dfrac{1}{N_{u0}}} \qquad (6.2.5-1)$$

2）地震设计状况

$$N \leqslant \frac{1}{\gamma_{RE}} \left(\frac{1}{\dfrac{1}{N_{ux}} + \dfrac{1}{N_{uy}} - \dfrac{1}{N_{u0}}} \right) \qquad (6.2.5-2)$$

2 型钢混凝土双向偏心受压框架柱和转换柱，当 e_{iy}/h、e_{ix}/b 不大于 0.6 时，其正截面受压承载力可按下列公式计算（图 6.2.5）：

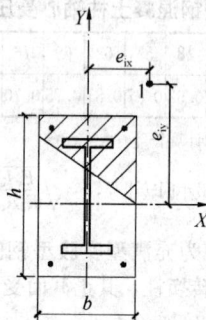

图 6.2.5　双向偏心受压框架柱和
转换柱的承载力计算
1—轴向力作用点

1）持久、短暂设计状况

$$N \leqslant \frac{A_c f_c + A_s f_y + A_a f_a / (1.7 - \sin\alpha)}{1 + 1.3 \left(\dfrac{e_{ix}}{b} + \dfrac{e_{iy}}{h} \right) + 2.8 \left(\dfrac{e_{ix}}{b} + \dfrac{e_{iy}}{h} \right)^2} k_1 k_2$$

$$(6.2.5-3)$$

2）地震设计状况

$$N \leqslant \frac{1}{\gamma_{RE}} \left[\frac{A_c f_c + A_s f_y + A_a f_a / (1.7 - \sin\alpha)}{1 + 1.3 \left(\dfrac{e_{ix}}{b} + \dfrac{e_{iy}}{h} \right) + 2.8 \left(\dfrac{e_{ix}}{b} + \dfrac{e_{iy}}{h} \right)^2} k_1 k_2 \right]$$

$$(6.2.5-4)$$

$$k_1 = 1.09 - 0.015 \frac{l_0}{b} \qquad (6.2.5-5)$$

$$k_2 = 1.09 - 0.015 \frac{l_0}{h} \qquad (6.2.5-6)$$

式中：　N——双偏心轴向压力设计值；

N_{u0}——柱截面的轴心受压承载力设计值，应按本规范第 6.2.1 条计算，并将此式改为等号；

N_{ux}、N_{uy}——柱截面的 X 轴方向和 Y 轴方向的单向偏心受压承载力设计值；应按本规范第 6.2.2 条规定计算，公式中的 N 应分别用 N_{ux}、N_{uy} 替换。

l_0——柱计算长度；

f_c、f_y、f_a——混凝土、纵向钢筋、型钢的抗压强

度设计值;

A_c、A_s、A_a——混凝土、纵向钢筋、型钢的截面面积;

e_{ix}、e_{iy}——轴向力 N 对 X 轴及 Y 轴的计算偏心距,按本规范第 6.2.2 条中公式 (6.2.2-6)~(6.2.2-8) 计算;

b、h——柱的截面宽度、高度;

k_1、k_2——X 轴和 Y 轴构件长细比影响系数;

α——荷载作用点与截面中心点连线相对于 X 或 Y 轴的较小偏心角,取 $\alpha \leqslant 45°$。

6.2.6 型钢混凝土轴心受拉柱的正截面受拉承载力应符合下列公式的规定:

1 持久、短暂设计状况

$$N \leqslant f_y A_s + f_a A_a \qquad (6.2.6\text{-}1)$$

2 地震设计状况

$$N \leqslant \frac{1}{\gamma_{RE}}(f_y A_s + f_a A_a) \qquad (6.2.6\text{-}2)$$

式中:N——构件的轴向拉力设计值;

A_s、A_a——纵向受力钢筋和型钢的截面面积;

f_y、f_a——纵向受力钢筋和型钢的材料抗拉强度设计值。

6.2.7 型钢截面为充满型实腹型钢的型钢混凝土偏心受拉框架柱和转换柱,其正截面受拉承载力应符合下列规定(图 6.2.7):

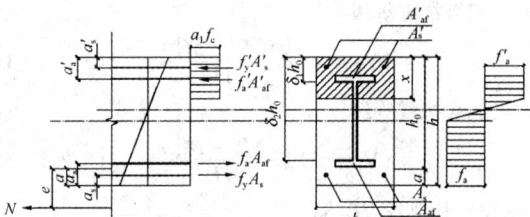

(a) 大偏心受拉

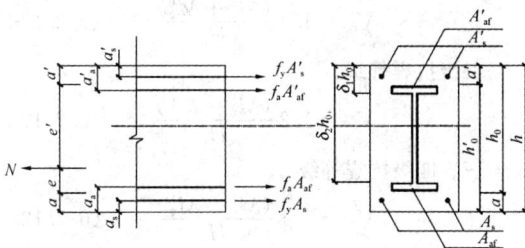

(b) 小偏心受拉

图 6.2.7 偏心受拉框架柱和转换柱的承载力计算参数示意

1 大偏心受拉

1) 持久、短暂设计状况

$$N \leqslant f_y A_s + f_a A_{af} - f'_y A'_s - f'_a A'_{af} - \alpha_1 f_c bx + N_{aw} \qquad (6.2.7\text{-}1)$$

$$Ne \leqslant \alpha_1 f_c bx \left(h_0 - \frac{x}{2} \right) + f'_y A'_s (h_0 - a'_s)$$

$$+ f'_a A'_{af} (h_0 - a'_a) + M_{aw} \qquad (6.2.7\text{-}2)$$

2) 地震设计状况

$$N \leqslant \frac{1}{\gamma_{RE}} \big[f_y A_s + f_a A_{af} - f'_y A'_s - f'_a A'_{af} - \alpha_1 f_c bx + N_{aw} \big] \qquad (6.2.7\text{-}3)$$

$$Ne \leqslant \frac{1}{\gamma_{RE}} \Big[\alpha_1 f_c bx \left(h_0 - \frac{x}{2} \right) + f'_y A'_s (h_0 - a'_s)$$

$$+ f'_a A'_{af} (h_0 - a'_a) + M_{aw} \Big] \qquad (6.2.7\text{-}4)$$

$$h_0 = h - a \qquad (6.2.7\text{-}5)$$

$$e = e_0 - \frac{h}{2} + a \qquad (6.2.7\text{-}6)$$

$$e_0 = \frac{M}{N} \qquad (6.2.7\text{-}7)$$

3) N_{aw}、M_{aw} 应按下列公式计算:

当 $\delta_1 h_0 < \dfrac{x}{\beta_1}$,$\delta_2 h_0 > \dfrac{x}{\beta_1}$ 时,

$$N_{aw} = \left[(\delta_1 + \delta_2) - \frac{2x}{\beta_1 h_0} \right] t_w h_0 f_a \qquad (6.2.7\text{-}8)$$

$$M_{aw} = \left[(\delta_1 + \delta_2) + \left(\frac{x}{\beta_1 h_0} \right)^2 - \frac{2x}{\beta_1 h_0} \right.$$

$$\left. - 0.5(\delta_1^2 + \delta_2^2) \right] t_w h_0^2 f_a \qquad (6.2.7\text{-}9)$$

当 $\delta_1 h_0 > \dfrac{x}{\beta_1}$,$\delta_2 h_0 > \dfrac{x}{\beta_1}$ 时,

$$N_{aw} = (\delta_2 - \delta_1) t_w h_0 f_a \qquad (6.2.7\text{-}10)$$

$$M_{aw} = \left[(\delta_2 - \delta_1) - 0.5(\delta_2^2 - \delta_1^2) \right] t_w h_0^2 f_a \qquad (6.2.7\text{-}11)$$

4) 当 $x < 2a'_a$ 时,可按本条 6.2.7-1~6.2.7-4 计算,式中 f'_a 应改为 σ'_a,σ'_a 可按下式计算:

$$\sigma'_a = \left(1 - \frac{\beta_1 a'_a}{x} \right) \varepsilon_{cu} E_a \qquad (6.2.7\text{-}12)$$

2 小偏心受拉

1) 持久、短暂设计状况

$$Ne \leqslant f'_y A'_s (h_0 - a'_s) + f'_a A'_{af} (h_0 - a'_a) + M_{aw} \qquad (6.2.7\text{-}13)$$

$$Ne' \leqslant f_y A_s (h'_0 - a_s) + f_a A_{af} (h_0 - a_a) + M'_{aw} \qquad (6.2.7\text{-}14)$$

2) 地震设计状况

$$Ne \leqslant \frac{1}{\gamma_{RE}} \big[f'_y A'_s (h_0 - a'_s) + f'_a A'_{af} (h_0 - a'_a) + M_{aw} \big] \qquad (6.2.7\text{-}15)$$

$$Ne' \leqslant \frac{1}{\gamma_{RE}} \big[f_y A_s (h'_0 - a_s) + f_a A_{af} (h'_0 - a_a) + M'_{aw} \big] \qquad (6.2.7\text{-}16)$$

$$M_{aw} = \left[(\delta_2 - \delta_1) - 0.5(\delta_2^2 - \delta_1^2) \right] t_w h_0^2 f_a \qquad (6.2.7\text{-}17)$$

$$M'_{aw} = \left[0.5(\delta_2^2 - \delta_1^2) - (\delta_2 - \delta_1) \frac{a'}{h_0} \right] t_w h_0^2 f_a \qquad (6.2.7\text{-}18)$$

$$e' = e_0 + \frac{h}{2} - a \qquad (6.2.7\text{-}19)$$

式中：e——轴向拉力作用点至纵向受拉钢筋和型钢受拉翼缘的合力点之间的距离；

e'——轴向拉力作用点至纵向受压钢筋和型钢受压翼缘的合力点之间的距离。

6.2.8 考虑地震作用组合一、二、三、四级抗震等级的框架柱的节点上、下端的内力设计值应按下列公式计算：

1 节点上、下柱端的弯矩设计值

1）一级抗震等级的框架结构和9度设防烈度一级抗震等级的各类框架

$$\Sigma M_c = 1.2 \Sigma M_{bua} \qquad (6.2.8-1)$$

2）框架结构

二级抗震等级

$$\Sigma M_c = 1.5 \Sigma M_b \qquad (6.2.8-2)$$

三级抗震等级

$$\Sigma M_c = 1.3 \Sigma M_b \qquad (6.2.8-3)$$

四级抗震等级

$$\Sigma M_c = 1.2 \Sigma M_b \qquad (6.2.8-4)$$

3）其他各类框架

一级抗震等级

$$\Sigma M_c = 1.4 \Sigma M_b \qquad (6.2.8-5)$$

二级抗震等级

$$\Sigma M_c = 1.2 \Sigma M_b \qquad (6.2.8-6)$$

三、四级抗震等级

$$\Sigma M_c = 1.1 \Sigma M_b \qquad (6.2.8-7)$$

式中：ΣM_c——考虑地震作用组合的节点上、下柱端的弯矩设计值之和；柱端弯矩设计值可取调整后的弯矩设计值之和按弹性分析的弯矩比例进行分配；

ΣM_{bua}——同一节点左、右梁端按顺时针和逆时针方向采用实配钢筋和实配型钢材料强度标准值，且考虑承载力抗震调整系数的正截面受弯承载力之和的较大值；应按本规范第5.2.2条的有关规定计算；

ΣM_b——同一节点左、右梁端，按顺时针和逆时针方向计算的两端考虑地震作用组合的弯矩设计值之和的较大值；一级抗震等级，当两端弯矩均为负弯矩时，绝对值较小的弯矩值应取零。

2 考虑地震作用组合的框架结构底层柱下端截面的弯矩设计值，对一、二、三、四级抗震等级应分别乘以弯矩增大系数1.7、1.5、1.3和1.2。底层柱纵向钢筋宜按柱上、下端的不利情况配置。

3 与转换构件相连的一、二级抗震等级的转换柱上端和底层柱下端截面的弯矩设计值应分别乘以弯矩增大系数1.5和1.3。

4 顶层柱、轴压比小于0.15柱，其柱端弯矩设计值可取地震作用组合下的弯矩设计值。

5 节点上、下柱端的轴向力设计值，应取地震作用组合下各自的轴向力设计值。

6.2.9 一、二级抗震等级的转换柱由地震作用产生的柱轴力应分别乘以增大系数1.5和1.2，但计算柱轴压比时可不计该项增大。

6.2.10 框架角柱和转换角柱宜按双向偏心受力构件进行正截面承载力计算。一、二、三、四级抗震等级的框架角柱和转换角柱的弯矩设计值和剪力设计值应取调整后的设计值乘以不小于1.1的增大系数。

6.2.11 地下室顶板作为上部结构的嵌固部位时，地下一层柱截面每侧的纵向钢筋面积除应符合计算要求外，不应小于地上一层对应柱每侧纵向钢筋面积的1.1倍，地下一层梁端顶面及底面的纵向钢筋应比计算值增大10%。

6.2.12 考虑地震作用组合一、二、三、四级抗震等级的框架柱、转换柱的剪力设计值应按下列规定计算：

1 一级抗震等级的框架结构和9度设防烈度一级抗震等级的各类框架

$$V_c = 1.2 \frac{(M_{cua}^t + M_{cua}^b)}{H_n} \qquad (6.2.12-1)$$

2 框架结构

二级抗震等级

$$V_c = 1.3 \frac{(M_c^t + M_c^b)}{H_n} \qquad (6.2.12-2)$$

三级抗震等级

$$V_c = 1.2 \frac{(M_c^t + M_c^b)}{H_n} \qquad (6.2.12-3)$$

四级抗震等级

$$V_c = 1.1 \frac{(M_c^t + M_c^b)}{H_n} \qquad (6.2.12-4)$$

3 其他各类框架

一级抗震等级

$$V_c = 1.4 \frac{(M_c^t + M_c^b)}{H_n} \qquad (6.2.12-5)$$

二级抗震等级

$$V_c = 1.2 \frac{(M_c^t + M_c^b)}{H_n} \qquad (6.2.12-6)$$

三、四级抗震等级

$$V_c = 1.1 \frac{(M_c^t + M_c^b)}{H_n} \qquad (6.2.12-7)$$

4 公式（6.2.12-1）中M_{cua}^t与M_{cua}^b之和，应分别按顺时针和逆时针方向进行计算，并取其较大值。M_{cua}^t与M_{cua}^b的值可按本规范第6.2.2条的规定计算，但在计算中应将材料的强度设计值以强度标准值代替，并取实配的纵向钢筋截面面积，不等式改为等式，对于对称配筋截面柱，将Ne以$\left[M_{cua} + N\left(\frac{h}{2} - a\right)\right]$代替。公式（6.2.12-2～6.2.12-7）中M_c^t与M_c^b之和应分别按顺时针和逆时针方向进行计算，并取其较大值。

式中：V_c——柱剪力设计值；

M_{cua}^t、M_{cua}^b ——柱上、下端顺时针或逆时针方向按实配钢筋和型钢截面积、材料强度标准值，且考虑承载力抗震调整系数的正截面受弯承载力所对应的弯矩值；

M_c^t、M_c^b ——考虑地震作用组合，且经调整后的柱上、下端弯矩设计值；

H_n ——柱的净高。

6.2.13 型钢混凝土框架柱的受剪截面应符合下列公式的规定：

1 持久、短暂设计状况

$$V_c \leqslant 0.45\beta_c f_c b h_0 \qquad (6.2.13-1)$$

$$\frac{f_a t_w h_w}{\beta_c f_c b h_0} \geqslant 0.10 \qquad (6.2.13-2)$$

2 地震设计状况

$$V_c \leqslant \frac{1}{\gamma_{RE}}(0.36\beta_c f_c b h_0) \qquad (6.2.13-3)$$

$$\frac{f_a t_w h_w}{\beta_c f_c b h_0} \geqslant 0.10 \qquad (6.2.13-4)$$

式中：h_w ——型钢腹板高度；

β_c ——混凝土强度影响系数，当混凝土强度等级不超过 C50 时，取 $\beta_c=1.0$；当混凝土强度等级为 C80 时，取为 $\beta_c=0.8$；其间按线性内插法确定。

6.2.14 型钢混凝土转换柱的受剪截面应符合下列公式的规定：

1 持久、短暂设计状况

$$V_c \leqslant 0.40\beta_c f_c b h_0 \qquad (6.2.14-1)$$

$$\frac{f_a t_w h_w}{\beta_c f_c b h_0} \geqslant 0.10 \qquad (6.2.14-2)$$

2 地震设计状况

$$V_c \leqslant \frac{1}{\gamma_{RE}}(0.30\beta_c f_c b h_0) \qquad (6.2.14-3)$$

$$\frac{f_a t_w h_w}{\beta_c f_c b h_0} \geqslant 0.10 \qquad (6.2.14-4)$$

6.2.15 配置十字形型钢的型钢混凝土框架柱和转换柱，其斜截面受剪承载力计算中可折算计入腹板两侧的侧腹板面积，等效腹板厚度可按本规范第 6.2.3 条规定计算。

6.2.16 型钢混凝土偏心受压框架柱和转换柱，其斜截面受剪承载力应符合下列公式的规定：

1 持久、短暂设计状况

$$V_c \leqslant \frac{1.75}{\lambda+1}f_t b h_0 + f_{yv}\frac{A_{sv}}{s}h_0 + \frac{0.58}{\lambda}f_a t_w h_w + 0.07N \qquad (6.2.16-1)$$

2 地震设计状况

$$V_c \leqslant \frac{1}{\gamma_{RE}}\left[\frac{1.05}{\lambda+1}f_t b h_0 + f_{yv}\frac{A_{sv}}{s}h_0 + \frac{0.58}{\lambda}f_a t_w h_w + 0.056N\right] \qquad (6.2.16-2)$$

式中：f_{yv} ——箍筋的抗拉强度设计值；

A_{sv} ——配置在同一截面内箍筋各肢的全部截

面面积；

s ——沿构件长度方向上箍筋的间距；

λ ——柱的计算剪跨比，其值取上、下端较大弯矩设计值 M 与对应的剪力设计值 V 和柱截面有效高度 h_0 的比值，即 $M/(Vh_0)$；当框架结构中框架柱的反弯点在柱层高范围内时，柱剪跨比也可采用 1/2 柱净高与柱截面有效高度 h_0 的比值；当 $\lambda < 1$ 时，取 $\lambda=1$；当 $\lambda > 3$ 时，取 $\lambda=3$；

N ——柱的轴向压力设计值；当 $N > 0.3 f_c A_c$ 时，取 $N=0.3 f_c A_c$。

6.2.17 型钢混凝土偏心受拉框架柱和转换柱，其斜截面受剪承载力应符合下列公式的规定：

1 持久、短暂设计状况

$$V_c \leqslant \frac{1.75}{\lambda+1}f_t b h_0 + f_{yv}\frac{A_{sv}}{s}h_0 + \frac{0.58}{\lambda}f_a t_w h_w - 0.2N \qquad (6.2.17-1)$$

当 $V_c \leqslant f_{yv}\frac{A_{sv}}{s}h_0 + \frac{0.58}{\lambda}f_a t_w h_w$ 时，应取 $V_c = f_{yv}\frac{A_{sv}}{s}h_0 + \frac{0.58}{\lambda}f_a t_w h_w$；

2 地震设计状况

$$V_c \leqslant \frac{1}{\gamma_{RE}}\left[\frac{1.05}{\lambda+1}f_t b h_0 + f_{yv}\frac{A_{sv}}{s}h_0 + \frac{0.58}{\lambda}f_a t_w h_w - 0.2N\right] \qquad (6.2.17-2)$$

当 $V_c \leqslant \frac{1}{\gamma_{RE}}\left(f_{yv}\frac{A_{sv}}{s}h_0 + \frac{0.58}{\lambda}f_a t_w h_w\right)$ 时，应取 $V_c = \frac{1}{\gamma_{RE}}\left(f_{yv}\frac{A_{sv}}{s}h_0 + \frac{0.58}{\lambda}f_a t_w h_w\right)$。

式中：λ ——柱的计算剪跨比，按本规范第 6.2.16 条确定；

N ——柱的轴向拉力设计值。

6.2.18 考虑地震作用组合的剪跨比不大于 2.0 的偏心受压柱，其斜截面受剪承载力宜取下列公式计算的较小值。

$$V_c \leqslant \frac{1}{\gamma_{RE}}\left[\frac{1.05}{\lambda+1}f_t b h_0 + f_{yv}\frac{A_{sv}}{s}h_0 + \frac{0.58}{\lambda}f_a t_w h_w + 0.056N\right] \qquad (6.2.18-1)$$

$$V_c \leqslant \frac{1}{\gamma_{RE}}\left[\frac{4.2}{\lambda+1.4}f_t b_0 h_0 + f_{yv}\frac{A_{sv}}{s}h_0 + \frac{0.58}{\lambda-0.2}f_a t_w h_w\right] \qquad (6.2.18-2)$$

式中：b_0 ——型钢截面外侧混凝土的宽度，取柱截面宽度与型钢翼缘宽度之差。

6.2.19 考虑地震作用组合的框架柱和转换柱，其轴压比应按下式计算，且不宜大于表 6.2.19 规定的限值。

$$n = \frac{N}{f_c A_c + f_a A_a} \qquad (6.2.19)$$

式中：n——柱轴压比；

N——考虑地震作用组合的柱轴向压力设计值。

表 6.2.19　型钢混凝土框架柱和转换柱的轴压比限值

结构类型	柱类型	抗震等级			
		一级	二级	三级	四级
框架结构	框架柱	0.65	0.75	0.85	0.90
框架-剪力墙结构	框架柱	0.70	0.80	0.90	0.95
框架-筒体结构	框架柱	0.70	0.80	0.90	—
	转换柱	0.60	0.70	0.80	—
筒中筒结构	框架柱	0.70	0.80	0.90	—
	转换柱	0.60	0.70	0.80	—
部分框支剪力墙结构	转换柱	0.60	0.70	—	—

注：1　剪跨比不大于 2 的柱，其轴压比限值应比表中数值减小 0.05；

2　当混凝土强度等级采用 C65～C70 时，轴压比限值应比表中数值减小 0.05；当混凝土强度等级采用 C75～C80 时，轴压比限值应比表中数值减小 0.10。

6.3　裂缝宽度验算

6.3.1　在正常使用极限状态下，当型钢混凝土轴心受拉构件允许出现裂缝时，应验算裂缝宽度，最大裂缝宽度应按荷载的准永久组合并考虑长期效应组合的影响进行计算。

6.3.2　配置工字形型钢的型钢混凝土轴心受拉构件，按荷载的准永久组合并考虑长期效应组合的影响的最大裂缝宽度可按下列公式计算，并不应大于本规范第 4.3.11 条规定的限值。

$$\omega_{max} = 2.7\psi \frac{\sigma_{sq}}{E_s}\left(1.9c + 0.07\frac{d_e}{\rho_{te}}\right)$$
$$\qquad (6.3.2\text{-}1)$$

$$\psi = 1.1 - 0.65\frac{f_{tk}}{\rho_{te}\sigma_{sq}} \qquad (6.3.2\text{-}2)$$

$$\sigma_{sq} = \frac{N_q}{A_s + A_a} \qquad (6.3.2\text{-}3)$$

$$\rho_{te} = \frac{A_s + A_a}{A_{te}} \qquad (6.3.2\text{-}4)$$

$$d_e = \frac{4(A_s + A_a)}{u} \qquad (6.3.2\text{-}5)$$

$$u = n\pi d_s + 4(b_f + t_f) + 2h_w \qquad (6.3.2\text{-}6)$$

式中：ω_{max}——最大裂缝宽度；

c_s——纵向受拉钢筋的混凝土保护层厚度；

ψ——裂缝间受拉钢筋和型钢应变不均匀系数；当 $\psi < 0.2$ 时，取 0.2；当 $\psi > 1$ 时，取 $\psi = 1$；

N_q——按荷载效应的准永久组合计算的轴向拉力值；

σ_{sq}——按荷载效应的准永久组合计算的型钢混凝土构件纵向受拉钢筋和受拉型钢的应力的平均应力值；

d_e、ρ_{te}——综合考虑受拉钢筋和受拉型钢的有效直径和有效配筋率；

A_{te}——轴心受拉构件的横截面面积；

u——纵向受拉钢筋和型钢截面的总周长；

n、d_s——纵向受拉变形钢筋的数量和直径；

b_f、t_f、h_w——型钢截面的翼缘宽度、厚度和腹板高度。

6.4　构造措施

6.4.1　考虑地震作用组合的型钢混凝土框架柱应设置箍筋加密区。加密区的箍筋最大间距和箍筋最小直径应符合表 6.4.1 的规定。

表 6.4.1　柱端箍筋加密区的构造要求

抗震等级	加密区箍筋间距（mm）	箍筋最小直径（mm）
一级	100	12
二级	100	10
三、四级	150（柱根 100）	8

注：1　底层柱的柱根指地下室的顶面或无地下室情况的基础顶面；

2　二级抗震等级框架柱的箍筋直径大于 10mm，且箍筋采用封闭复合箍、螺旋箍时，除柱根外加密区箍筋最大间距允许采用 150mm。

6.4.2　考虑地震作用组合的型钢混凝土框架柱，其箍筋加密区应为下列范围：

1　柱上、下两端，取截面长边尺寸、柱净高的 1/6 和 500mm 中的最大值；

2　底层柱下端不小于 1/3 柱净高的范围；

3　刚性地面上、下各 500mm 的范围；

4　一、二级框架角柱的全高范围。

6.4.3　考虑地震作用组合的型钢混凝土框架柱箍筋加密区箍筋的体积配筋率应符合下式规定：

$$\rho_v \geqslant 0.85\lambda_v \frac{f_c}{f_{yv}} \qquad (6.4.3)$$

式中：ρ_v——柱箍筋加密区箍筋的体积配筋率；

f_c——混凝土轴心抗压强度设计值，当强度等级低于 C35 时，按 C35 取值；

f_{yv}——箍筋及拉筋抗拉强度设计值；

λ_v——最小配箍特征值，按表6.4.3采用。

表6.4.3 柱箍筋最小配箍特征值 λ_v

抗震等级	箍筋形式	轴压比						
		≤0.3	0.4	0.5	0.6	0.7	0.8	0.9
一级	普通箍、复合箍	0.10	0.11	0.13	0.15	0.17	0.20	0.23
	螺旋箍、复合或连续复合矩形螺旋箍	0.08	0.09	0.11	0.13	0.15	0.18	0.21
二级	普通箍、复合箍	0.08	0.09	0.11	0.13	0.15	0.17	0.19
	螺旋箍、复合或连续复合矩形螺旋箍	0.06	0.07	0.09	0.11	0.13	0.15	0.17
三、四级	普通箍、复合箍	0.06	0.07	0.09	0.11	0.13	0.15	0.17
	螺旋箍、复合或连续复合矩形螺旋箍	0.05	0.06	0.07	0.09	0.11	0.13	0.15

注：1 普通箍指单个矩形箍筋或单个圆形箍筋；螺旋箍指单个螺旋箍筋；复合箍指由多个矩形或多边形、圆形箍筋与拉筋组成的箍筋；复合螺旋箍指矩形、多边形、圆形螺旋箍筋与拉筋组成的箍筋；连续复合螺旋箍指全部螺旋箍筋为同一根钢筋加工而成的箍筋；

2 在计算复合螺旋箍筋的体积配筋率时，其中非螺旋箍筋的体积应乘以换算系数0.8；

3 对一、二、三、四级抗震等级的柱，其箍筋加密区的箍筋体积配筋率分别不应小于0.8%、0.6%、0.4%和0.4%；

4 混凝土强度等级高于C60时，箍筋宜采用复合箍、复合螺旋箍或连续复合矩形螺旋箍；当轴压比不大于0.6时，其加密区的最小配箍特征值宜按表中数值增加0.02；当轴压比大于0.6时，宜按表中数值增加0.03。

6.4.4 考虑地震作用组合的型钢混凝土框架柱非加密区箍筋的体积配筋率不宜小于加密区的一半；箍筋间距不应大于加密区箍筋间距的2倍。一、二级抗震等级，箍筋间距尚不应大于10倍纵向钢筋直径；三、四级抗震等级，箍筋间距尚不应大于15倍纵向钢筋直径。

6.4.5 考虑地震作用组合的型钢混凝土框架柱，应采用封闭复合箍筋，其末端应有135°弯钩，弯钩端头平直段长度不应小于10倍箍筋直径。截面中纵向钢筋在两个方向宜有箍筋或拉筋约束。当部分箍筋采用拉筋时，拉筋宜紧靠纵向钢筋并勾住封闭箍筋。在符合箍筋配筋率计算和构造要求的情况下，对箍筋加密区内的箍筋肢距可按现行国家标准《混凝土结构设计规范》GB 50010的规定作适当放松，但应配置不少于两道封闭复合箍筋或螺旋箍筋（图6.4.5）。

6.4.6 型钢混凝土转换柱箍筋应采用封闭复合箍或螺旋箍，箍筋直径不应小于12mm，箍筋间距不应大

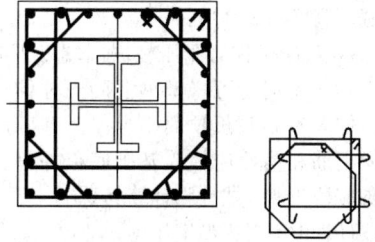

图6.4.5 箍筋配置

于100mm和6倍纵筋直径的较小值并沿全高加密，箍筋末端应有135°弯钩，弯钩端头平直段长度不应小于10倍箍筋直径。

6.4.7 考虑地震作用组合的型钢混凝土转换柱，其箍筋最小配箍特征值 λ_v 应按本规范表6.4.3的数值增大0.02，且箍筋体积配筋率不应小于1.5%。

6.4.8 考虑地震作用组合的剪跨比不大于2的型钢混凝土框架柱，箍筋宜采用封闭复合箍或螺旋箍，箍筋间距不应大于100mm并沿全高加密；其箍筋体积配筋率不应小于1.2%；9度设防烈度时，不应小于1.5%。

6.4.9 非抗震设计时，型钢混凝土框架柱和转换柱应采用封闭箍筋，其箍筋直径不应小于8mm，箍筋间距不应大于250mm。

6.5 柱脚设计及构造

Ⅰ 一般规定

6.5.1 型钢混凝土柱可根据不同的受力特点采用型钢埋入基础底板（承台）的埋入式柱脚或非埋入式柱脚。考虑地震作用组合的偏心受压柱宜采用埋入式柱脚；不考虑地震作用组合的偏心受压柱可采用埋入式柱脚，也可采用非埋入式柱脚；偏心受拉柱应采用埋入式柱脚（图6.5.1）。

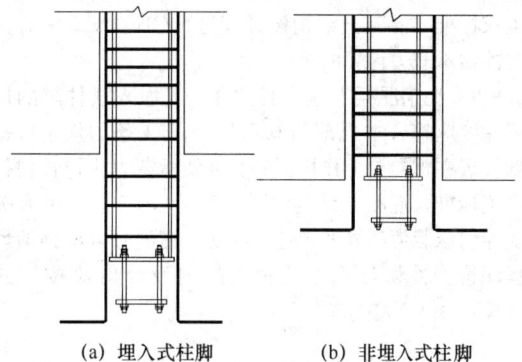

(a) 埋入式柱脚　　(b) 非埋入式柱脚

图6.5.1 型钢混凝土柱脚

6.5.2 无地下室或仅有一层地下室的型钢混凝土柱的埋入式柱脚，其型钢在基础底板（承台）中的埋置深度除应符合本规范第6.5.4条规定外，尚不应小于

柱型钢截面高度的 2.0 倍。

6.5.3 型钢混凝土偏心受压柱嵌固端以下有两层及两层以上地下室时，可将型钢混凝土柱伸入基础底板，也可伸至基础底板顶面。当伸至基础底板顶面时，纵向钢筋和锚栓应锚入基础底板并符合锚固要求；柱脚应按非埋入式柱脚计算其受压、受弯和受剪承载力，计算中不考虑型钢作用，轴力、弯矩和剪力设计值应取柱底部的相应设计值。

Ⅱ 埋入式柱脚

6.5.4 型钢混凝土偏心受压柱，其埋入式柱脚的埋置深度应符合下式规定（图 6.5.4）：

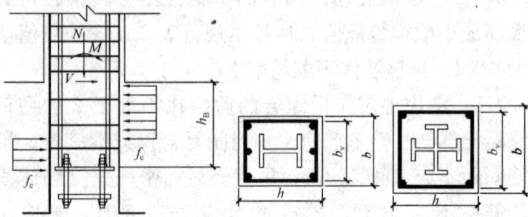

图 6.5.4 埋入式柱脚的埋置深度

$$h_{\mathrm{B}} \geqslant 2.5\sqrt{\dfrac{M}{b_{\mathrm{v}} f_{\mathrm{c}}}} \qquad (6.5.4)$$

式中：h_{B} ——型钢混凝土柱脚埋置深度；

M ——埋入式柱脚最大组合弯矩设计值；

f_{c} ——基础底板混凝土抗压强度设计值；

b_{v} ——型钢混凝土柱垂直于计算弯曲平面方向的箍筋边长。

6.5.5 型钢混凝土偏心受压柱，其埋入式柱脚在柱轴向压力作用下，基础底板的局部受压承载力应符合现行国家标准《混凝土结构设计规范》GB 50010 中有关局部受压承载力计算的规定。

6.5.6 型钢混凝土偏心受压柱，其埋入式柱脚在柱轴向压力作用下，基础底板受冲切承载力应符合现行国家标准《混凝土结构设计规范》GB 50010 中有关受冲切承载力计算的规定。

6.5.7 型钢混凝土偏心受拉柱，其埋入式柱脚的埋置深度应符合本规范第 6.5.2、6.5.4 条的规定。基础底板在轴向拉力作用下的受冲切承载力应符合现行国家标准《混凝土结构设计规范》GB 50010 中有关受冲切承载力计算的规定，冲切面高度应取型钢的埋置深度，冲切计算中的轴向拉力设计值应按下式计算：

$$N_{\mathrm{t}} = N_{\mathrm{tmax}} \dfrac{f_{\mathrm{a}} A_{\mathrm{a}}}{f_{\mathrm{y}} A_{\mathrm{s}} + f_{\mathrm{a}} A_{\mathrm{a}}} \qquad (6.5.7)$$

式中：N_{t} ——冲切计算中的轴向拉力设计值；

N_{tmax} ——埋入式柱脚最大组合轴向拉力设计值；

A_{a} ——型钢截面面积；

A_{c} ——全部纵向钢筋截面面积；

f_{a} ——型钢抗拉强度设计值；

f_{y} ——纵向钢筋抗拉强度设计值。

6.5.8 型钢混凝土柱的埋入式柱脚，其型钢底板厚度不应小于柱脚型钢翼缘厚度，且不宜小于 25mm。

6.5.9 型钢混凝土柱的埋入式柱脚，其埋入范围及其上一层的型钢翼缘和腹板部位应设置栓钉，栓钉直径不宜小于 19mm，水平和竖向间距不宜大于 200mm，栓钉离型钢翼缘板边缘不宜小于 50mm，且不宜大于 100mm。

6.5.10 型钢混凝土柱的埋入式柱脚，伸入基础内型钢外侧的混凝土保护层的最小厚度，中柱不应小于 180mm，边柱和角柱不应小于 250mm（图 6.5.10）。

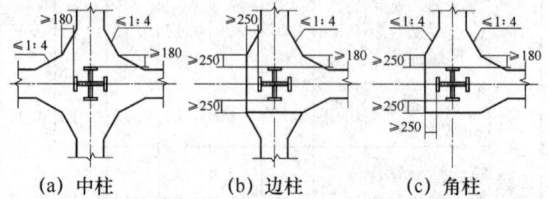

(a) 中柱　　(b) 边柱　　(c) 角柱

图 6.5.10 埋入式柱脚混凝土保护层厚度

6.5.11 型钢混凝土柱的埋入式柱脚，在其埋入部分顶面位置处，应设置水平加劲肋，加劲肋的厚度宜与型钢翼缘等厚，其形状应便于混凝土浇筑。

6.5.12 埋入式柱脚型钢底板处设置的锚栓埋置深度，以及柱内纵向钢筋在基础底板中的锚固长度，应符合现行国家标准《混凝土结构设计规范》GB 50010 的规定，柱内纵向钢筋锚入基础底板部分应设置箍筋。

Ⅲ 非埋入式柱脚

6.5.13 型钢混凝土偏心受压柱，其非埋入式柱脚型钢底板截面处的锚栓配置，应符合下列偏心受压正截面承载力计算规定（图 6.5.13）：

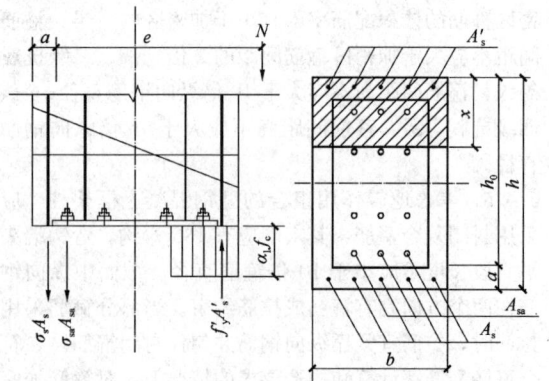

图 6.5.13 柱脚底板锚栓配置计算参数示意

1 持久、短暂设计状况

$$N \leqslant \alpha_1 f_{\mathrm{c}} bx + f_{\mathrm{y}}' A_{\mathrm{s}}' - \sigma_{\mathrm{s}} A_{\mathrm{s}} - 0.75\sigma_{\mathrm{sa}} A_{\mathrm{sa}}$$

(6.5.13-1)

$$Ne \leqslant \alpha_1 f_c bx \left(h_0 - \frac{x}{2}\right) + f'_y A'_s (h_0 - a'_s) \tag{6.5.13-2}$$

2 地震设计状况

$$N \leqslant \frac{1}{\gamma_{RE}} (\alpha_1 f_c bx + f'_y A'_s - \sigma_s A_s - 0.75\sigma_{sa} A_{sa}) \tag{6.5.13-3}$$

$$Ne \leqslant \frac{1}{\gamma_{RE}} \left[\alpha_1 f_c bx \left(h_0 - \frac{x}{2}\right) + f'_y A'_s (h_0 - a'_s)\right] \tag{6.5.13-4}$$

$$e = e_i + \frac{h}{2} - a \tag{6.5.13-5}$$

$$e_i = e_0 + e_a \tag{6.5.13-6}$$

$$e_0 = \frac{M}{N} \tag{6.5.13-7}$$

$$h_0 = h - a \tag{6.5.13-8}$$

3 纵向受拉钢筋应力 σ_s 和受拉一侧最外排锚栓应力 σ_{sa} 可按下列规定计算：

1） 当 $x \leqslant \xi_b h_0$ 时，$\sigma_s = f_y$，$\sigma_{sa} = f_{sa}$；

2） 当 $x \geqslant \xi_b h_0$ 时，

$$\sigma_s = \frac{f_y}{\xi_b - \beta_1} \left(\frac{x}{h_0} - \beta_1\right) \tag{6.5.13-9}$$

$$\sigma_{sa} = \frac{f_{sa}}{\xi_b - \beta_1} \left(\frac{x}{h_0} - \beta_1\right) \tag{6.5.13-10}$$

3） ξ_b 可按下式计算：

$$\xi_b = \frac{\beta_1}{1 + \frac{f_y + f_{sa}}{2 \times 0.003 E_s}} \tag{6.5.13-11}$$

式中：N——非埋入式柱脚底板截面处轴向压力设计值；

M——非埋入式柱脚底板截面处弯矩设计值；

e——轴向力作用点至纵向受拉钢筋与受拉一侧最外排锚栓合力点之间的距离；

e_0——轴向力对截面重心的偏心矩；

e_a——附加偏心距；按本规范第6.2.4条规定计算；

A_s、A'_s、A_{sa}——纵向受拉钢筋、纵向受压钢筋、受拉一侧最外排锚栓的截面面积；

σ_s、σ_{sa}——纵向受拉钢筋、受拉一侧最外排锚栓应力；

a——纵向受拉钢筋与受拉一侧最外排锚栓合力点至受拉边缘的距离；

E_s——钢筋弹性模量；

x——混凝土受压区高度；

b、h——型钢混凝土柱截面宽度、高度；

h_0——截面有效高度；

ξ_b——相对界限受压区高度；

f_y、f_{sa}——钢筋抗拉强度设计值、锚栓抗拉强度设计值；

α_1——受压区混凝土压应力影响系数，按本规范第5.1.1条取值；

β_1——受压区混凝土应力图形影响系数，按本规范第5.1.1条取值。

6.5.14 型钢混凝土偏心受压柱，其非埋入式柱脚在柱轴向压力作用下，基础底板的局部受压承载力应符合现行国家标准《混凝土结构设计规范》GB 50010中有关局部受压承载力计算的规定。

6.5.15 型钢混凝土偏心受压柱，其非埋入式柱脚在柱轴向压力作用下，基础底板的受冲切承载力应符合现行国家标准《混凝土结构设计规范》GB 50010中有关受冲切承载力计算的规定。

6.5.16 型钢混凝土偏心受压柱非埋入式柱脚底板截面处的偏心受压正截面承载力不符合本规范第6.5.13条计算规定时，可在柱周边外包钢筋混凝土增大柱截面，并配置计算所需的纵向钢筋及构造规定的箍筋。外包钢筋混凝土应延伸至基础底板以上一层的层高范围，其纵筋锚入基础底板的锚固长度应符合现行国家标准《混凝土结构设计规范》GB 50010的规定，钢筋端部应设置弯钩。

6.5.17 型钢混凝土偏心受压柱，其非埋入式柱脚型钢底板截面处的受剪承载力应符合下列规定（图6.5.17）：

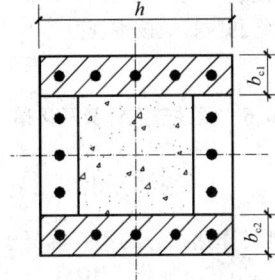

图 6.5.17 型钢混凝土柱非埋入式柱脚受剪承载力的计算参数示意

1 柱脚型钢底板下不设置抗剪连接件时

$$V \leqslant 0.4 N_B + V_{rc} \tag{6.5.17-1}$$

2 柱脚型钢底板下设置抗剪连接件时

$$V \leqslant 0.4 N_B + V_{rc} + 0.58 f_a A_{wa} \tag{6.5.17-2}$$

$$N_B = N \frac{E_a A_a}{E_c A_c + E_a A_a} \tag{6.5.17-3}$$

$$V_{rc} = 1.5 f_t (b_{c1} + b_{c2}) h + 0.5 f_y A_{s1} \tag{6.5.17-4}$$

式中：V——柱脚型钢底板处剪力设计值；

N_B——柱脚型钢底板下按弹性刚度分配的轴向压力设计值；

N——柱脚型钢底板处与剪力设计值 V 相应的轴向压力设计值；

A_c——型钢混凝土柱混凝土截面面积；

A_a——型钢混凝土柱型钢截面面积；

b_{c1}、b_{c2}——柱脚型钢底板周边箱形混凝土截面左、右侧沿受剪方向的有效受剪宽度；

h——柱脚底板周边箱形混凝土截面沿受剪方向的高度；

A_c、A_s、A_a——型钢混凝土柱的混凝土截面面积、全部纵向钢筋截面面积、型钢截面面积；

A_{s1}——柱脚底板周边箱形混凝土截面沿受剪方向的有效受剪宽度和高度范围内的纵向钢筋截面面积；

A_{wa}——抗剪连接件型钢腹板的受剪截面面积。

6.5.18 型钢混凝土偏心受压柱，其非埋入式柱脚型钢底板厚度不应小于柱脚型钢翼缘厚度，且不宜小于 30mm。

6.5.19 型钢混凝土偏心受压柱，其非埋入式柱脚型钢底板的锚栓直径不宜小于 25mm，锚栓锚入基础底板的长度不宜小于 40 倍锚栓直径。纵向钢筋锚入基础的长度应符合受拉钢筋锚固规定，外围纵向钢筋锚入基础部分应设置箍筋。柱与基础在一定范围内混凝土宜连续浇筑。

6.5.20 型钢混凝土偏心受压柱，其非埋入式柱脚上一层的型钢翼缘和腹板应按本规范第 6.5.9 条的规定设置栓钉。

6.6 梁柱节点计算及构造

I 承载力计算

6.6.1 考虑地震作用组合的型钢混凝土框架梁柱节点的剪力设计值应按下列公式计算：

1 型钢混凝土柱与钢梁连接的梁柱节点

1）一级抗震等级的框架结构和 9 度设防烈度一级抗震等级的各类框架顶层中间节点和端节点

$$V_j = 1.15 \frac{M_{au}^l + M_{au}^r}{h_a} \quad (6.6.1\text{-}1)$$

其他层的中间节点和端节点

$$V_j = 1.15 \frac{(M_{au}^l + M_{au}^r)}{h_a} \left(1 - \frac{h_a}{H_c - h_a}\right)$$
$$(6.6.1\text{-}2)$$

2）框架结构
二级抗震等级
顶层中间节点和端节点

$$V_j = 1.20 \frac{M_a^l + M_a^r}{h_a} \quad (6.6.1\text{-}3)$$

其他层的中间节点和端节点

$$V_j = 1.20 \frac{(M_a^l + M_a^r)}{h_a} \left(1 - \frac{h_a}{H_c - h_a}\right)$$
$$(6.6.1\text{-}4)$$

3）其他各类框架
一级抗震等级
顶层中间节点和端节点

$$V_j = 1.35 \frac{M_a^l + M_a^r}{h_a} \quad (6.6.1\text{-}5)$$

其他层的中间节点和端节点

$$V_j = 1.35 \frac{(M_a^l + M_a^r)}{h_a} \left(1 - \frac{h_a}{H_c - h_a}\right)$$
$$(6.6.1\text{-}6)$$

二级抗震等级
顶层中间节点和端节点

$$V_j = 1.20 \frac{M_a^l + M_a^r}{h_a} \quad (6.6.1\text{-}7)$$

其他层的中间节点和端节点

$$V_j = 1.20 \frac{(M_a^l + M_a^r)}{h_a} \left(1 - \frac{h_a}{H_c - h_a}\right)$$
$$(6.6.1\text{-}8)$$

2 型钢混凝土柱与型钢混凝土梁或钢筋混凝土梁连接的梁柱节点

1）一级抗震等级框架结构和 9 度设防烈度一级抗震等级的各类框架
顶层中间节点和端节点

$$V_j = 1.15 \frac{M_{bua}^l + M_{bua}^r}{Z} \quad (6.6.1\text{-}9)$$

其他层中间节点和端节点

$$V_j = 1.15 \frac{M_{bua}^l + M_{bua}^r}{Z} \left(1 - \frac{Z}{H_c - h_b}\right)$$
$$(6.6.1\text{-}10)$$

2）框架结构
二级抗震等级
顶层中间节点和端节点

$$V_j = 1.35 \frac{M_b^l + M_b^r}{Z} \quad (6.6.1\text{-}11)$$

其他层的中间节点和端节点

$$V_j = 1.35 \frac{(M_b^l + M_b^r)}{Z} \left(1 - \frac{Z}{H_c - h_b}\right)$$
$$(6.6.1\text{-}12)$$

3）其他各类框架
一级抗震等级
顶层中间节点和端节点

$$V_j = 1.35 \frac{(M_b^l + M_b^r)}{Z} \quad (6.6.1\text{-}13)$$

其他层的中间节点和端节点

$$V_j = 1.35 \frac{(M_b^l + M_b^r)}{Z} \left(1 - \frac{Z}{H_c - h_b}\right)$$
$$(6.6.1\text{-}14)$$

二级抗震等级
顶层中间节点和端节点

$$V_j = 1.20 \frac{(M_b^l + M_b^r)}{Z} \quad (6.6.1\text{-}15)$$

其他层的中间节点和端节点

$$V_j = 1.20 \frac{(M_b^l + M_b^r)}{Z}\left(1 - \frac{Z}{H_c - h_b}\right)$$
(6.6.1-16)

式中： V_j ——框架梁柱节点的剪力设计值；

M_{au}^l、M_{au}^r ——节点左、右两侧钢梁的正截面受弯承载力对应的弯矩值，其值应按实际型钢面积和钢材强度标准值计算；

M_a^l、M_a^r ——节点左、右两侧钢梁的梁端弯矩设计值；

M_{bua}^l、M_{bua}^r ——节点左、右两侧型钢混凝土梁或钢筋混凝土梁的梁端考虑承载力抗震调整系数的正截面受弯承载力对应的弯矩值，其值应按本规范第5.2.1条或现行国家标准《混凝土结构设计规范》GB 50010 的规定计算；

M_b^l、M_b^r ——节点左、右两侧型钢混凝土梁或钢筋混凝土梁的梁端弯矩设计值；

H_c ——节点上柱和下柱反弯点之间的距离；

Z ——对型钢混凝土梁，取型钢上翼缘和梁上部钢筋合力点与型钢下翼缘和梁下部钢筋合力点间的距离；对钢筋混凝土梁，取梁上部钢筋合力点与梁下部钢筋合力点间的距离；

h_a ——型钢截面高度，当节点两侧梁高不相同时，梁截面高度 h_a 应取其平均值；

h_b ——梁截面高度，当节点两侧梁高不相同时，梁截面高度 h_b 应取其平均值。

6.6.2 考虑地震作用组合的框架梁柱节点，其核心区的受剪水平截面应符合下式规定：
$$V_j \leqslant \frac{1}{\gamma_{RE}}(0.36\eta_j f_c b_j h_j)$$
(6.6.2)

式中： h_j ——节点截面高度，可取受剪方向的柱截面高度；

b_j ——节点有效截面宽度，可按本规范第6.6.3条取值；

η_j ——梁对节点的约束影响系数，对两个正交方向有梁约束，且节点核心区内有十字形型钢的中间节点，当梁的截面宽度均大于柱截面宽度的1/2，且正交方向梁截面高度不小于较高框架梁截面高度的3/4时，可取 $\eta_j=1.3$，但9度设防烈度宜取1.25；其他情况的节点，可取 $\eta_j=1$。

6.6.3 框架梁柱节点有效截面宽度应按下列公式计算：

1 型钢混凝土柱与钢梁节点
$$b_j = b_c/2$$

2 型钢混凝土柱与型钢混凝土梁节点
$$b_j = (b_b + b_c)/2$$

3 型钢混凝土柱与钢筋混凝土梁节点

  1）梁柱轴线重合

当 $b_b > b_c/2$ 时，
$$b_j = b_c$$

当 $b_b \leqslant b_c/2$ 时，
$$b_j = \min(b_b + 0.5h_c, b_c)$$

  2）梁柱轴线不重合，且偏心距不大于柱截面宽度的1/4
$$b_j = \min(0.5b_c + 0.5b_b + 0.25h_c - e_0,$$
$$b_b + 0.5h_c, b_c)$$

式中： b_c ——柱截面宽度；

h_c ——柱截面高度；

b_b ——梁截面宽度。

6.6.4 型钢混凝土框架梁柱节点的受剪承载力应符合下列公式的规定：

1 一级抗震等级的框架结构和9度设防烈度一级抗震等级的各类框架

  1）型钢混凝土柱与钢梁连接的梁柱节点
$$V_j \leqslant \frac{1}{\gamma_{RE}}\left[1.7\phi_j \eta_j f_t b_j h_j + f_{yv}\frac{A_{sv}}{s}\right.$$
$$\left.(h_0 - a_s') + 0.58 f_a t_w h_w\right]$$
(6.6.4-1)

  2）型钢混凝土柱与型钢混凝土梁连接的梁柱节点
$$V_j \leqslant \frac{1}{\gamma_{RE}}\left[2.0\phi_j \eta_j f_t b_j h_j + f_{yv}\frac{A_{sv}}{s}\right.$$
$$\left.(h_0 - a_s') + 0.58 f_a t_w h_w\right]$$
(6.6.4-2)

  3）型钢混凝土柱与钢筋混凝土梁连接的梁柱节点
$$V_j \leqslant \frac{1}{\gamma_{RE}}\left[1.0\phi_j \eta_j f_t b_j h_j + f_{yv}\frac{A_{sv}}{s}\right.$$
$$\left.(h_0 - a_s') + 0.3 f_a t_w h_w\right]$$
(6.6.4-3)

2 其他各类框架

  1）型钢混凝土柱与钢梁连接的梁柱节点
$$V_j \leqslant \frac{1}{\gamma_{RE}}\left[1.8\phi_j f_t b_j h_j + f_{yv}\frac{A_{sv}}{s}\right.$$
$$\left.(h_0 - a_s') + 0.58 f_a t_w h_w\right]$$
(6.6.4-4)

  2）型钢混凝土柱与型钢混凝土梁连接的梁柱节点
$$V_j \leqslant \frac{1}{\gamma_{RE}}\left[2.3\phi_j \eta_j f_t b_j h_j + f_{yv}\frac{A_{sv}}{s}\right.$$
$$\left.(h_0 - a_s') + 0.58 f_a t_w h_w\right]$$
(6.6.4-5)

  3）型钢混凝土柱与钢筋混凝土梁连接的梁柱节点
$$V_j \leqslant \frac{1}{\gamma_{RE}}\left[1.2\phi_j \eta_j f_t b_j h_j + f_{yv}\frac{A_{sv}}{s}\right.$$
$$\left.(h_0 - a_s') + 0.3 f_a t_w h_w\right]$$
(6.6.4-6)

式中： ϕ_j ——节点位置影响系数，对中柱中间节点取 1，边柱节点及顶层中间节点取 0.6，顶层边节点取 0.3。

6.6.5 型钢混凝土柱与型钢混凝土梁节点双向受剪承载力宜按下式计算：

$$\left(\frac{V_{jx}}{1.1V_{jux}}\right)^2 + \left(\frac{V_{jy}}{1.1V_{juy}}\right)^2 = 1 \quad (6.6.5)$$

式中： V_{jx}、V_{jy} —— X方向、Y方向剪力设计值；
V_{jux}、V_{juy} —— X方向、Y方向单向极限受剪承载力。

6.6.6 型钢混凝土柱与型钢混凝土梁节点抗裂计算宜符合下列公式的规定：

$$\frac{\sum M_{bk}}{Z}\left(1 - \frac{Z}{H_c - h_b}\right) \leqslant A_c f_t(1+\beta) + 0.05N$$

$$(6.6.6-1)$$

$$\beta = \frac{E_a}{E_c} \frac{t_w h_w}{b_c(h_b - 2c)} \quad (6.6.6-2)$$

式中： β ——型钢抗裂系数；
t_w ——柱型钢腹板厚度；
h_w ——柱型钢腹板高度；
c ——柱钢筋保护层厚度；
$\sum M_{bk}$ ——节点左右梁端逆时针或顺时针方向组合弯矩准永久值之和；
Z ——型钢混凝土梁中型钢上翼缘和梁上部钢筋合力点与型钢下翼缘和梁下部钢筋合力点间的距离；
A_c ——柱截面面积。

6.6.7 型钢混凝土框架梁柱节点的梁端、柱端的型钢和钢筋混凝土各自承担的受弯承载力之和，宜分别符合下列公式的规定：

$$0.4 \leqslant \frac{\sum M_c^a}{\sum M_b^a} \leqslant 2.0 \quad (6.6.7-1)$$

$$\frac{\sum M_c^{rc}}{\sum M_b^{rc}} \geqslant 0.4 \quad (6.6.7-2)$$

式中： $\sum M_c^a$ ——节点上、下柱端型钢受弯承载力之和；
$\sum M_b^a$ ——节点左、右梁端型钢受弯承载力之和；
$\sum M_c^{rc}$ ——节点上、下柱端钢筋混凝土截面受弯承载力之和；
$\sum M_b^{rc}$ ——节点左、右梁端钢筋混凝土截面受弯承载力之和。

Ⅱ 梁柱节点形式

6.6.8 型钢混凝土框架梁柱节点的连接构造应做到构造简单，传力明确，便于混凝土浇捣和配筋。梁柱连接可采用下列几种形式：

1 型钢混凝土柱与钢梁的连接；
2 型钢混凝土柱与型钢混凝土梁的连接；
3 型钢混凝土柱与钢筋混凝土梁的连接。

6.6.9 在各种结构体系中，型钢混凝土柱与钢梁、型钢混凝土梁或钢筋混凝土梁的连接，其柱内型钢宜采用贯通型，柱内型钢的拼接构造应符合钢结构的连接规定。当钢梁采用箱形等空腔截面时，钢梁与柱型钢连接所形成的节点区混凝土不连续部位，宜采用同等强度等级的自密实低收缩混凝土填充（图6.6.9）。

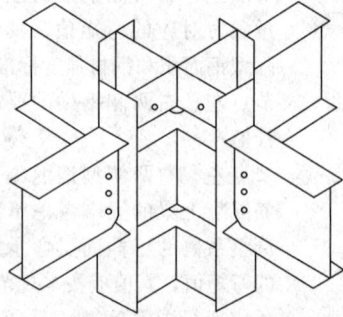

图 6.6.9 型钢混凝土梁柱节点及水平加劲肋

6.6.10 型钢混凝土柱与钢梁或型钢混凝土梁采用刚性连接时，其柱内型钢与钢梁或型钢混凝土梁内型钢的连接应采用刚性连接。当钢梁直接与钢柱连接时，钢梁翼缘与柱内型钢翼缘应采用全熔透焊缝连接；梁腹板与柱宜采用摩擦型高强度螺栓连接；当采用柱边伸出钢悬臂梁段时，悬臂梁段与柱应采用全熔透焊缝连接。具体连接构造应符合国家现行标准《钢结构设计规范》GB 50017、《高层民用建筑钢结构技术规程》JGJ 99的规定（图6.6.10）。

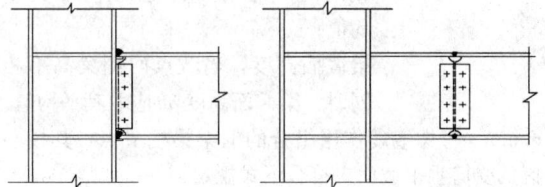

图 6.6.10 型钢混凝土柱与钢梁或型钢混凝土梁内型钢的连接构造

6.6.11 型钢混凝土柱与钢梁采用铰接时，可在型钢柱上焊接短牛腿，牛腿端部宜焊接与柱边平齐的封口板，钢梁腹板与封口板宜采用高强螺栓连接；钢梁翼缘与牛腿翼缘不应焊接（图6.6.11）。

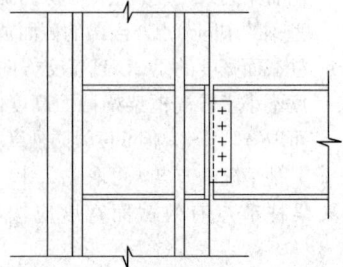

图 6.6.11 型钢混凝土柱与钢梁铰接连接

6.6.12 型钢混凝土柱与钢筋混凝土梁的梁柱节点宜采用刚性连接，梁的纵向钢筋应伸入柱节点，且应符

合现行国家标准《混凝土结构设计规范》GB 50010
对钢筋的锚固规定。柱内型钢的截面形式和纵向钢筋
的配置，宜减少梁纵向钢筋穿过柱内型钢柱的数量，
且不宜穿过型钢翼缘，也不应与柱内型钢直接焊接连
接。梁柱连接节点可采用下列连接方式：

1 梁的纵向钢筋可采取双排钢筋等措施尽可能
多的贯通节点，其余纵向钢筋可在柱内型钢腹板上预
留贯穿孔，型钢腹板截面损失率宜小于腹板面积的
20%（图 6.6.12a）。

2 当梁纵向钢筋伸入柱节点与柱内型钢翼缘相碰
时，可在柱型钢翼缘上设置可焊接机械连接套筒与梁纵
筋连接，并应在连接套筒位置的柱型钢内设置水平加劲
肋，加劲肋形式应便于混凝土浇灌（图6.6.12b）。

3 梁纵筋可与型钢柱上设置的钢牛腿可靠焊接，
且宜有不少于1/2梁纵筋面积穿过型钢混凝土柱连续
配置。钢牛腿的高度不宜小于0.7倍混凝土梁高，长
度不宜小于混凝土梁截面高度的1.5倍。钢牛腿的
上、下翼缘应设置栓钉，直径不宜小于19mm，间距
不宜大于200mm，且栓钉至牛腿翼缘边缘距离不
应小于50mm。梁端至牛腿端部以外1.5倍梁高范围
内，箍筋设置应符合现行国家标准《混凝土结构设计
规范》GB 50010 梁端箍筋加密区的规定（图
6.6.12c）。

(a) 梁柱节点　　(b) 可焊接连　　(c) 钢牛腿焊接
　　穿筋构造　　　接器连接

图 6.6.12　型钢混凝土柱与钢筋混凝土梁的连接

6.6.13 型钢混凝土柱与钢梁、钢斜撑连接的复杂梁
柱节点，其节点核心区除在纵筋外围设置间距为
200mm的构造箍筋外，可设置外包钢板。外包钢板宜
与柱表面平齐，其高度宜与梁型钢高度相同，厚度可
取柱截面宽度的1/100，钢板与钢梁的翼缘和腹板可
靠焊接。梁型钢上、下部可设置条形小钢板箍，条形
小钢板箍尺寸应符合下列公式的规定（图6.6.13）。

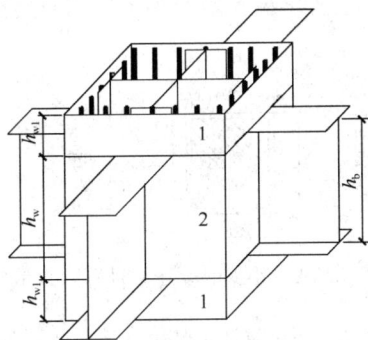

图 6.6.13　型钢混凝土柱与钢梁连接节点
1—小钢板箍；2—大钢板箍

$$t_{w1}/h_b \geqslant 1/30 \qquad (6.6.13\text{-}1)$$

$$t_{w1}/b_c \geqslant 1/30 \qquad (6.6.13\text{-}2)$$

$$h_{w1}/h_b \geqslant 1/5 \qquad (6.6.13\text{-}3)$$

式中：t_{w1}——小钢板箍厚度；

　　　h_{w1}——小钢板箍高度；

　　　h_b——钢梁高度；

　　　b_c——柱截面宽度。

Ⅲ　构　造　措　施

6.6.14 型钢混凝土节点核心区的箍筋最小直径宜符
合本规范第6.4.1条的规定。对一、二、三级抗震等
级的框架节点核心区，其箍筋最小体积配筋率分别不
宜小于0.6%、0.5%、0.4%；且箍筋间距不宜大于
柱端加密区间距的1.5倍，箍筋直径不宜小于柱端箍
筋加密区的箍筋直径；柱纵向受力钢筋不应在各层节
点中切断。

6.6.15 型钢柱的翼缘与竖向腹板间连接焊缝宜采用
坡口全熔透焊缝或部分熔透焊缝。在节点区及梁翼缘
上下各500mm范围内，应采用坡口全熔透焊缝；在
高层建筑底部加强区，应采用坡口全熔透焊缝；焊缝
质量等级应为一级。

6.6.16 型钢柱沿高度方向，对应于钢梁或型钢混凝
土梁内型钢的上、下翼缘处或钢筋混凝土梁的上下边
缘处，应设置水平加劲肋，加劲肋形式宜便于混凝土
浇筑；对钢梁或型钢混凝土梁，水平加劲肋厚度不宜
小于梁端型钢翼缘厚度，且不宜小于12mm；对于钢
筋混凝土梁，水平加劲肋厚度不宜小于型钢柱腹板厚
度。加劲肋与型钢翼缘的连接宜采用坡口全熔透焊
缝，与型钢腹板可采用角焊缝，焊缝高度不宜小于加
劲肋厚度。

7　矩形钢管混凝土框架柱和转换柱

7.1　一　般　规　定

7.1.1 矩形钢管混凝土框架柱和转换柱的截面最小
边尺寸不宜小于400mm，钢管壁壁厚不宜小于8mm，
截面高宽比不宜大于2。当矩形钢管混凝土柱截面边
长大于等于1000mm时，应在钢管内壁设置竖向加
劲肋。

7.1.2 矩形钢管混凝土框架柱和转换柱管壁宽厚比
b/t、h/t应符合下列公式的规定（图7.1.2）：

$$b/t \leqslant 60 \sqrt{235/f_{ak}} \qquad (7.1.2\text{-}1)$$

$$h/t \leqslant 60 \sqrt{235/f_{ak}} \qquad (7.1.2\text{-}2)$$

式中：b、h——矩形钢管管壁宽度、高度；

　　　t——矩形钢管管壁厚度；

　　　f_{ak}——矩形钢管抗拉强度标准值。

7.1.3 矩形钢管混凝土框架柱和转换柱，其内设的

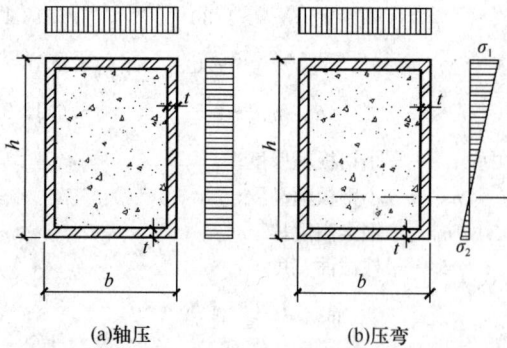

(a)轴压　　　　　　(b)压弯

图 7.1.2　矩形钢管截面板件应力分布示意

钢隔板宽厚比 h_{w1}/t_{w1}、h_{w2}/t_{w2} 宜符合本规范第 6.1.5 条 h_w/t_w 的限值规定（图 7.1.3）。

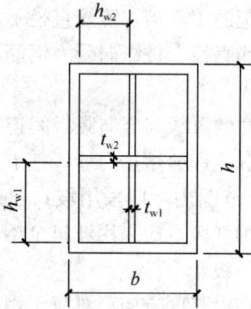

图 7.1.3　钢隔板位置及尺寸示意

7.2　承载力计算

7.2.1　矩形钢管混凝土框架柱和转换柱，其正截面承载力计算的基本假定应按本规范第 5.1.1 条的规定采用。

7.2.2　矩形钢管混凝土轴心受压柱的受压承载力应符合下列公式的规定（图 7.2.2）：

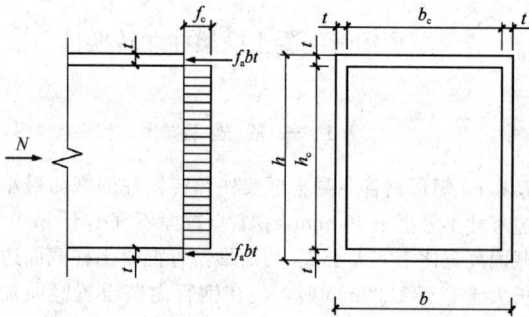

图 7.2.2　轴心受压柱受压承载力计算参数示意

1　持久、短暂设计状况

$$N \leqslant 0.9\varphi(\alpha_1 f_c b_c h_c + 2f_a bt + 2f_a h_c t)$$

$$(7.2.2\text{-}1)$$

2　地震设计状况

$$N \leqslant \frac{1}{\gamma_{RE}}[0.9\varphi(\alpha_1 f_c b_c h_c + 2f_a bt + 2f_a h_c t)]$$

$$(7.2.2\text{-}2)$$

式中：N——矩形钢管柱轴向压力设计值；

γ_{RE}——承载力抗震调整系数；

f_a、f_c——矩形钢管抗压和抗拉强度设计值、内填混凝土抗压强度设计值；

b、h——矩形钢管截面宽度、高度；

b_c——矩形钢管内填混凝土的截面宽度；

h_c——矩形钢管内填混凝土的截面高度；

t——矩形钢管的管壁厚度；

α_1——受压区混凝土压应力影响系数，按本规范第 5.1.1 条取值；

φ——轴心受压柱稳定系数，按本规范第 6.2.1 条的规定取值。

7.2.3　矩形钢管混凝土偏心受压框架柱和转换柱正截面受压承载力应符合下列规定：

1　当 $x \leqslant \xi_b h_c$ 时（图 7.2.3-1）：

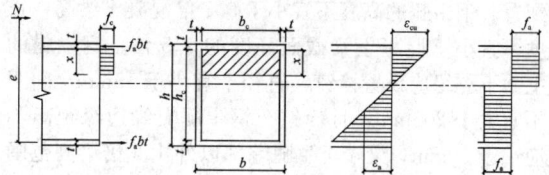

图 7.2.3-1　大偏心受压柱计算参数示意

1）持久、短暂设计状况

$$N \leqslant \alpha_1 f_c b_c x + 2f_a t \left(2\frac{x}{\beta_1} - h_c\right) \quad (7.2.3\text{-}1)$$

$$Ne \leqslant \alpha_1 f_c b_c x(h_c + 0.5t - 0.5x)$$
$$+ f_a bt(h_c + t) + M_{aw} \quad (7.2.3\text{-}2)$$

2）地震设计状况

$$N \leqslant \frac{1}{\gamma_{RE}}\left[\alpha_1 f_c b_c x + 2f_a t \left(2\frac{x}{\beta_1} - h_c\right)\right]$$

$$(7.2.3\text{-}3)$$

$$Ne \leqslant \frac{1}{\gamma_{RE}}[\alpha_1 f_c b_c x(h_c + 0.5t - 0.5x)$$
$$+ f_a bt(h_c + t) + M_{aw}] \quad (7.2.3\text{-}4)$$

$$M_{aw} = f_a t \frac{x}{\beta_1}\left(2h_c + t - \frac{x}{\beta_1}\right) - f_a t$$
$$\left(h_c - \frac{x}{\beta_1}\right)\left(h_c + t - \frac{x}{\beta_1}\right) \quad (7.2.3\text{-}5)$$

2　当 $x > \xi_b h_c$ 时（图 7.2.3-2）：

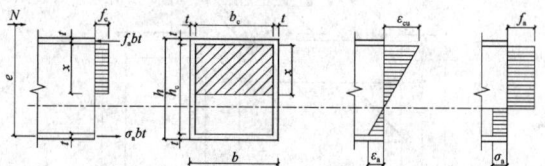

图 7.2.3-2　小偏心受压柱计算参数示意

1）持久、短暂设计状况

$$N \leqslant \alpha_1 f_c b_c x + f_a bt + 2f_a t \frac{x}{\beta_1}$$

$$-2\sigma_a t\left(h_c-\frac{x}{\beta_1}\right)-\sigma_a bt \qquad (7.2.3\text{-}6)$$

$$Ne\leqslant \alpha_1 f_c b_c x(h_c+0.5t-0.5x)$$
$$+f_a bt(h_c+t)+M_{aw} \qquad (7.2.3\text{-}7)$$

2）地震设计状况

$$N\leqslant \frac{1}{\gamma_{RE}}\Big[\alpha_1 f_c b_c x+f_a bt+2f_a t\frac{x}{\beta_1}$$
$$-2\sigma_a t\left(h_c-\frac{x}{\beta_1}\right)-\sigma_a bt\Big] \qquad (7.2.3\text{-}8)$$

$$Ne\leqslant \frac{1}{\gamma_{RE}}\big[\alpha_1 f_c b_c x(h_c+0.5t-0.5x)$$
$$+f_a bt(h_c+t)+M_{aw}\big] \qquad (7.2.3\text{-}9)$$

$$M_{aw}=f_a t\frac{x}{\beta_1}\left(2h_c+t-\frac{x}{\beta_1}\right)-\sigma_a t$$
$$\left(h_c-\frac{x}{\beta_1}\right)\left(h_c+t-\frac{x}{\beta_1}\right)$$
$$(7.2.3\text{-}10)$$

$$\sigma_a=\frac{f_a}{\xi_b-\beta_1}\left(\frac{x}{h_c}-\beta_1\right) \qquad (7.2.3\text{-}11)$$

3　ξ_b、e 应按下列公式计算：

$$\xi_b=\frac{\beta_1}{1+\dfrac{f_a}{E_a\varepsilon_{cu}}} \qquad (7.2.3\text{-}12)$$

$$e=e_i+\frac{h}{2}-\frac{t}{2} \qquad (7.2.3\text{-}13)$$

$$e_i=e_0+e_a \qquad (7.2.3\text{-}14)$$

$$e_0=M/N \qquad (7.2.3\text{-}15)$$

式中：e——轴力作用点至矩形钢管远端翼缘钢板厚度中心的距离；

e_0——轴力对截面重心的偏心距；

e_a——附加偏心距，按本规范第7.2.4条规定计算；

M——柱端较大弯矩设计值，当考虑挠曲产生的二阶效应时，柱端弯矩 M 应按现行国家标准《混凝土结构设计规范》GB 50010 的规定确定；

N——与弯矩设计值 M 相对应的轴向压力设计值；

M_{aw}——钢管腹板轴向合力对受拉或受压较小端钢管翼缘钢板厚度中心的力矩；

σ_a——受拉或受压较小端钢管翼缘应力；

x——混凝土等效受压区高度；

ε_{cu}——混凝土极限压应变，按本规范第5.1.1条规定确定；

ξ_b——相对界限受压区高度；

h_c——矩形钢管内填混凝土的截面高度；

E_a——钢管弹性模量；

β_1——受压区混凝土应力图形影响系数，应按本规范第5.1.1条规定。

7.2.4 矩形钢管混凝土偏心受压框架柱和转换柱的正截面受压承载力计算，应考虑轴向压力在偏心方向

存在的附加偏心距，其值宜取 20mm 和偏心方向截面尺寸的 1/30 两者中的较大者。

7.2.5 矩形钢管混凝土轴心受拉柱的受拉承载力应符合下列公式的规定：

1 持久、短暂设计状况

$$N\leqslant 2f_a bt+2f_a h_c t \qquad (7.2.5\text{-}1)$$

2 地震设计状况

$$N\leqslant \frac{1}{\gamma_{RE}}(2f_a bt+2f_a h_c t) \qquad (7.2.5\text{-}2)$$

7.2.6 矩形钢管混凝土偏心受拉框架柱和转换柱正截面受拉承载力应符合下列公式的规定：

1 大偏心受拉（图 7.2.6-1）

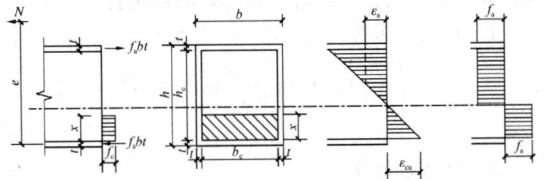

图 7.2.6-1　大偏心受拉柱计算参数示意

1）持久、短暂设计状况

$$N\leqslant 2f_a t\left(h_c-2\frac{x}{\beta_1}\right)-\alpha_1 f_c b_c x \quad (7.2.6\text{-}1)$$

$$Ne\leqslant \alpha_1 f_c b_c x(h_c+0.5t-0.5x)$$
$$+f_a bt(h_c+t)+M_{aw} \qquad (7.2.6\text{-}2)$$

2）地震设计状况

$$N\leqslant \frac{1}{\gamma_{RE}}\left[2f_a t\left(h_c-2\frac{x}{\beta_1}\right)-\alpha_1 f_c b_c x\right]$$
$$(7.2.6\text{-}3)$$

$$Ne\leqslant \frac{1}{\gamma_{RE}}\big[\alpha_1 f_c b_c x(h_c+0.5t-0.5x)$$
$$+f_a bt(h_c+t)+M_{aw}\big] \qquad (7.2.6\text{-}4)$$

$$M_{aw}=f_a t\frac{x}{\beta_1}\left(2h_c+t-\frac{x}{\beta_1}\right)-f_a t$$
$$\left(h_c-\frac{x}{\beta_1}\right)\left(h_c+t-\frac{x}{\beta_1}\right) \quad (7.2.6\text{-}5)$$

$$e=e_0-\frac{h}{2}+\frac{t}{2} \qquad (7.2.6\text{-}6)$$

2 小偏心受拉（图 7.2.6-2）

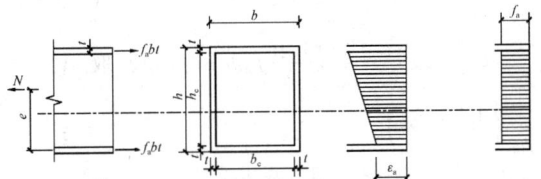

图 7.2.6-2　小偏心受拉柱计算参数示意

1）持久、短暂设计状况

$$N \leqslant 2f_a bt + 2f_a h_c t \qquad (7.2.6-7)$$

$$Ne \leqslant f_a bt(h_c + t) + M_{aw} \qquad (7.2.6-8)$$

2）地震设计状况

$$N \leqslant \frac{1}{\gamma_{RE}}[2f_a bt + 2f_a h_c t] \qquad (7.2.6-9)$$

$$Ne \leqslant \frac{1}{\gamma_{RE}}[f_a bt(h_c + t) + M_{aw}]$$

$$\qquad (7.2.6-10)$$

$$M_{aw} = f_a h_c t(h_c + t) \qquad (7.2.6-11)$$

$$e = \frac{h}{2} - \frac{t}{2} - e_0 \qquad (7.2.6-12)$$

7.2.7 矩形钢管混凝土偏心受压框架柱和转换柱的斜截面受剪承载力应符合下列公式的规定：

1 持久、短暂设计状况

$$V_c \leqslant \frac{1.75}{\lambda + 1} f_t b_c h_c + \frac{1.16}{\lambda} f_a th + 0.07N$$

$$\qquad (7.2.7-1)$$

2 地震设计状况

$$V_c \leqslant \frac{1}{\gamma_{RE}}\left(\frac{1.05}{\lambda + 1} f_t b_c h_c + \frac{1.16}{\lambda} f_a th + 0.056N\right)$$

$$\qquad (7.2.7-2)$$

式中：λ——框架柱计算剪跨比，取上下端较大弯矩设计值 M 与对应剪力设计值 V 和柱截面高度 h 的比值，即 $M/(Vh)$；当框架结构中的框架柱反弯点在柱层高范围内时，也可采用 1/2 柱净高与柱截面高度 h 的比值；当 λ 小于 1 时，取 $\lambda=1$；当 λ 大于 3 时，取 $\lambda=3$；

N——框架柱和转换柱的轴向压力设计值；当 $N > 0.3f_c b_c h_c$ 时，取 $N = 0.3f_c b_c h_c$。

7.2.8 矩形钢管混凝土偏心受拉框架柱和转换柱的斜截面受剪承载力应符合下列公式的规定：

1 持久、短暂设计状况

$$V_c \leqslant \frac{1.75}{\lambda + 1} f_t b_c h_c + \frac{1.16}{\lambda} f_a th - 0.2N$$

$$\qquad (7.2.8-1)$$

当 $V_c \leqslant \frac{1.16}{\lambda} f_a th$ 时，应取 $V_c = \frac{1.16}{\lambda} f_a th$；

2 地震设计状况

$$V_c \leqslant \frac{1}{\gamma_{RE}}\left(\frac{1.05}{\lambda + 1} f_t b_c h_c + \frac{1.16}{\lambda} f_a th - 0.2N\right)$$

$$\qquad (7.2.8-2)$$

当 $V_c \leqslant \frac{1}{\gamma_{RE}}\left(\frac{1.16}{\lambda} f_a th\right)$ 时，应取 $V_c = \frac{1}{\gamma_{RE}}\left(\frac{1.16}{\lambda} f_a th\right)$。

式中：N——柱轴向拉力设计值。

7.2.9 考虑地震作用组合的框架柱和转换柱的内力设计值应按本规范第 6.2.8～6.2.12 条规定计算。

7.2.10 考虑地震作用组合的矩形钢管混凝土框架柱和转换柱，其轴压比应按下式计算，且不宜大于表 7.2.10 中规定的限值。

$$n = \frac{N}{f_c A_c + f_a A_a} \qquad (7.2.10)$$

式中：n——柱轴压比；

N——考虑地震作用组合的柱轴向压力设计值；

A_c——矩形钢管内填混凝土面积；

A_a——矩形钢管壁截面面积。

表 7.2.10　矩形钢管混凝土框架柱和转换柱的轴压比限值

结构类型	柱类型	抗震等级			
		一级	二级	三级	四级
框架结构	框架柱	0.65	0.75	0.85	0.90
框架-剪力墙结构	框架柱	0.70	0.80	0.90	0.95
框架-筒体结构	框架柱	0.70	0.80	0.90	—
	转换柱	0.60	0.70	0.80	—
筒中筒结构	框架柱	0.70	0.80	0.90	—
	转换柱	0.60	0.70	0.80	—
部分框支剪力墙结构	转换柱	0.60	0.70	—	—

注：1　剪跨比不大于 2 的柱，其轴压比限值应比表中数值减小 0.05；

2　当混凝土强度等级采用 C65～C70 时，轴压比限值应比表中数值减小 0.05；当混凝土强度等级采用 C75～C80 时，轴压比限值应比表中数值减小 0.10。

7.3　构造措施

7.3.1 矩形钢管混凝土柱与钢梁、型钢混凝土梁或钢筋混凝土梁的连接宜采用刚性连接，矩形钢管混凝土柱与钢梁也可采用铰接连接。当采用刚性连接时，对应钢梁上、下翼缘或钢筋混凝土梁上、下边缘处应设置水平加劲肋，水平加劲肋与钢梁翼缘等厚，且不宜小于 12mm；水平加劲肋的中心部位宜设置混凝土浇筑孔，孔径不宜小于 200mm；加劲肋周边宜设置排气孔，孔径宜为 50mm。

7.3.2 矩形钢管混凝土柱边长大于等于 2000mm 时，应设置内隔板形成多个封闭截面；矩形钢管混凝土柱边长或由内隔板分隔的封闭截面边长大于或等于 1500mm 时，应在柱内或封闭截面中设置竖向加劲肋和构造钢筋笼。内隔板的厚度宜符合本规范第 7.1.3 条宽厚比的规定，构造钢筋笼纵筋的最小配筋率不宜小于柱截面或分隔后封闭截面面积的 0.3%。

7.3.3 每层矩形钢管混凝土柱下部的钢管壁上应对称设置两个排气孔，孔径宜为 20mm。

7.3.4 焊接矩形钢管上、下柱的对接焊缝应采用坡口全熔透焊缝。

7.4 柱脚设计及构造

Ⅰ 一般规定

7.4.1 矩形钢管混凝土柱可根据不同的受力特点采用埋入式柱脚或非埋入式柱脚，且应符合本规范第6.5.1条的规定。

7.4.2 无地下室或仅有一层地下室的矩形钢管混凝土柱的埋入式柱脚，其在基础底板（承台）中的埋置深度除应符合本规范第7.4.4条规定外，尚不应小于矩形钢管柱长边尺寸的2.0倍。

7.4.3 矩形钢管混凝土偏心受压柱嵌固端以下有两层及两层以上地下室时，可将矩形钢管混凝土柱伸入基础底板，也可伸至基础底板顶面。当伸至基础底板顶面时，柱脚锚栓应锚入基础，且应符合锚固规定，柱脚应按非埋入式柱脚计算其受压、受弯和受剪承载力。

Ⅱ 埋入式柱脚

7.4.4 矩形钢管混凝土偏心受压柱，其埋入式柱脚的埋置深度应符合下式规定：

$$h_{\mathrm{B}} \geqslant 2.5 \sqrt{\frac{M}{b f_{\mathrm{c}}}} \qquad (7.4.4)$$

式中：h_{B}——矩形钢管混凝土柱埋置深度；

M——埋入式柱脚弯矩设计值；

f_{c}——基础底板混凝土抗压强度设计值；

b——矩形钢管混凝土柱垂直于计算弯曲平面方向的柱边长。

7.4.5 矩形钢管混凝土偏心受压柱，其埋入式柱脚在柱轴向压力作用下，基础底板的局部受压承载力应符合现行国家标准《混凝土结构设计规范》GB 50010中有关局部受压承载力计算的规定。

7.4.6 矩形钢管混凝土偏心受压柱，其埋入式柱脚在柱轴向压力作用下，基础底板受冲切承载力应符合现行国家标准《混凝土结构设计规范》GB 50010中有关受冲切承载力计算的规定。

7.4.7 矩形钢管混凝土偏心受拉柱，其埋入式柱脚的埋置深度应符合本规范第7.4.2条、第7.4.4条的规定。基础底板在轴向拉力作用下的受冲切计算应符合现行国家标准《混凝土结构设计规范》GB 50010中有关受冲切承载力计算的规定，计算中冲切面高度应取钢管的埋置深度。

7.4.8 矩形钢管混凝土柱埋入式柱脚的钢管底板厚度，不应小于柱脚钢管壁的厚度，且不宜小于25mm。

7.4.9 矩形钢管混凝土柱埋入式柱脚的埋置深度范围内的钢管壁外侧应设置栓钉，栓钉的直径不宜小于19mm，水平和竖向间距不宜大于200mm，栓钉离侧

边不宜小于50mm且不宜大于100mm。

7.4.10 矩形钢管混凝土柱埋入式柱脚，在其埋入部分的顶面位置，应设置水平加劲肋，加劲肋的厚度不宜小于25mm，且加劲肋应留有混凝土浇筑孔。

7.4.11 矩形钢管混凝土柱埋入式柱脚钢管底板处的锚栓埋置深度，应符合现行国家标准《混凝土结构设计规范》GB 50010 的规定。

Ⅲ 非埋入式柱脚

7.4.12 矩形钢管混凝土偏心受压柱，其非埋入式柱脚宜采用由矩形环底板、加劲肋和刚性锚栓组成的柱脚（图7.4.12）。

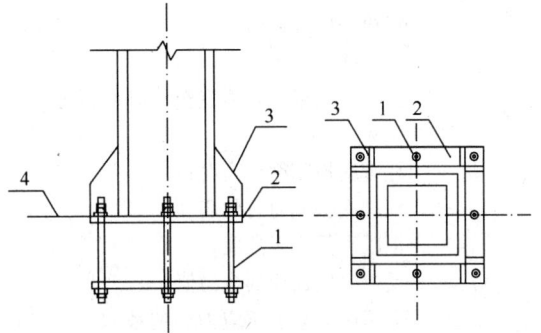

图 7.4.12 矩形钢管混凝土柱非埋入式柱脚
1—锚栓；2—矩形环底板；3—加劲肋；4—基础顶面

7.4.13 矩形钢管混凝土偏心受压柱，其非埋入式柱脚在柱脚底板截面处的锚栓配置，应符合下列偏心受压正截面承载力计算规定：

1 持久、短暂设计状况

$$N \leqslant \alpha_1 f_{\mathrm{c}} b_{\mathrm{a}} x - 0.75 \sigma_{\mathrm{sa}} A_{\mathrm{sa}} \qquad (7.4.13-1)$$

$$Ne \leqslant \alpha_1 f_{\mathrm{c}} b_{\mathrm{a}} x \left(h_0 - \frac{x}{2} \right) \qquad (7.4.13-2)$$

2 地震设计状况

$$N \leqslant \frac{1}{\gamma_{\mathrm{RE}}} \left(\alpha_1 f_{\mathrm{c}} b_{\mathrm{a}} x - 0.75 \sigma_{\mathrm{sa}} A_{\mathrm{sa}} \right)$$
$$(7.4.13-3)$$

$$Ne \leqslant \frac{1}{\gamma_{\mathrm{RE}}} \left[\alpha_1 f_{\mathrm{c}} b_{\mathrm{a}} x \left(h_0 - \frac{x}{2} \right) \right]$$
$$(7.4.13-4)$$

$$e = e_{\mathrm{i}} + \frac{h_{\mathrm{a}}}{2} - a \qquad (7.4.13-5)$$

$$e_{\mathrm{i}} = e_0 + e_{\mathrm{a}} \qquad (7.4.13-6)$$

$$e_0 = \frac{M}{N} \qquad (7.4.13-7)$$

$$h_0 = h_{\mathrm{a}} - a_{\mathrm{sa}} \qquad (7.4.13-8)$$

3 受拉一侧锚栓应力 σ_{sa} 可按下列规定计算：

1）当 $x \leqslant \xi_{\mathrm{b}} h_0$ 时，$\sigma_{\mathrm{sa}} = f_{\mathrm{sa}}$；

2）当 $x > \xi_{\mathrm{b}} h_0$ 时，

$$\sigma_{\mathrm{sa}} = \frac{f_{\mathrm{sa}}}{\xi_{\mathrm{b}} - \beta_1} \left(\frac{x}{h_0} - \beta_1 \right) \qquad (7.4.13-9)$$

3）ξ_b 可按下式计算：

$$\xi_b = \frac{\beta_1}{1 + \frac{f_{sa}}{0.003E_{sa}}}$$ (7.4.13-10)

式中：N——非埋入式柱脚底板截面处轴向压力设计值；

M——非埋入式柱脚底板截面处弯矩设计值；

e——轴向力作用点至受拉一侧锚栓合力点之间的距离；

e_0——轴向力对截面重心的偏心矩；

e_a——附加偏心距，应按本规范第7.2.4条规定计算；

A_{sa}——受拉一侧锚栓截面面积；

f_{sa}——锚栓强度设计值；

E_{sa}——锚栓弹性模量；

a_{sa}——受拉一侧锚栓合力点至柱脚底板近边的距离；

b_a、h_a——柱脚底板宽度、高度；

h_0——柱脚底板截面有效高度；

x——混凝土受压区高度；

σ_{sa}——受拉一侧锚栓的应力值；

α_1——受压区混凝土压应力影响系数，按本规范第5.1.1条取值；

β_1——受压区混凝土应力图形影响系数，按本规范第5.1.1条取值。

7.4.14 矩形钢管混凝土偏心受压柱，其非埋入式柱脚在柱轴向压力作用下，基础底板局部受压承载力应符合现行国家标准《混凝土结构设计规范》GB 50010 中有关局部受压承载力计算的规定。

7.4.15 矩形钢管混凝土偏心受压柱，其非埋入式柱脚在柱轴向压力作用下，基础底板受冲切承载力应符合现行国家标准《混凝土结构设计规范》GB 50010 中有关受冲切承载力计算的规定。

7.4.16 矩形钢管混凝土偏心受压柱，其非埋入式柱脚底板截面处的偏心受压正截面承载力不符合本规范第7.4.13条规定时，可在钢管周围外包钢筋混凝土增大柱截面，并配置计算所需的纵向钢筋及构造规定的箍筋。外包钢筋混凝土应延伸至基础底板以上一层的层高范围，其纵筋锚入基础底板的锚固长度应符合现行国家标准《混凝土结构设计规范》GB 50010 的规定，钢筋端部应设置弯钩。钢管壁外侧应按本规范第7.4.9条设置栓钉。

7.4.17 矩形钢管混凝土偏心受压柱，其非埋入式柱脚底板截面处的受剪承载力应符合下列公式的规定：

1 柱脚矩形环底板下不设置抗剪连接件时

$$V \leqslant 0.4N_B + 1.5f_t A_{cl}$$ (7.4.17-1)

2 柱脚矩形环底板下设置抗剪连接件时

$$V \leqslant 0.4N_B + 1.5f_t A_{cl} + 0.58f_a A_{wa}$$ (7.4.17-2)

3 柱脚矩形环底板内的核心混凝土中设置钢筋笼时

$$V \leqslant 0.4N_B + 1.5f_t A_{cl} + 0.5f_y A_{sl}$$ (7.4.17-3)

$$N_B = N \frac{E_a A_a}{E_c A_c + E_a A_a}$$ (7.4.17-4)

式中：V——非埋入式柱脚底板截面处的剪力设计值；

N_B——矩形环底板按弹性刚度分配的轴向压力设计值；

N——柱脚底板截面处与剪力设计值 V 相应的轴向压力设计值；

A_{cl}——矩形钢管混凝土柱环形底板内上下贯通的核心混凝土截面面积；

A_c——矩形钢管混凝土柱内填混凝土截面面积；

A_a——矩形钢管混凝土柱钢管壁截面面积；

A_{wa}——矩形环底板下抗剪连接件型钢腹板的受剪截面面积；

A_{sl}——矩形环底板内核心混凝土中配置的纵向钢筋截面面积；

f_a——抗剪连接件的抗拉强度设计值；

f_y——纵向钢筋抗拉强度设计值；

f_t——矩形钢管混凝土柱环形底板内核心混凝土抗拉强度设计值。

7.4.18 矩形钢管混凝土偏心受压柱，采用矩形环板的非埋入式柱脚构造应符合下列规定：

1 矩形环板的厚度不宜小于钢管壁厚的1.5倍，宽度不宜小于钢管壁厚的6倍；

2 锚栓直径不宜小于25mm，间距不宜大于200mm，锚栓锚入基础的长度不宜小于40倍锚栓直径和1000mm的较大值；

3 钢管壁外加劲肋厚度不宜小于钢管壁厚，加劲肋高度不宜小于柱脚板外伸宽度的2倍，加劲肋间距不应大于柱脚底板厚度的10倍。

7.5 梁柱节点计算及构造

I 承载力计算

7.5.1 考虑地震作用的矩形钢管混凝土框架梁柱节点，其内力设计值应按本规范第6.6.1条的规定计算。

7.5.2 在各种结构体系中，矩形钢管混凝土柱与框架梁或转换梁形成的框架梁柱节点，其框架梁或转换梁宜采用钢梁、型钢混凝土梁，也可采用钢筋混凝土梁。

7.5.3 带内隔板的矩形钢管混凝土柱与钢梁的刚性焊接节点，其框架节点受剪承载力应按下列公式计算（图7.5.3）：

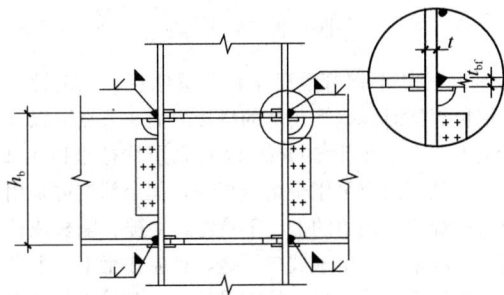

图 7.5.3 带内隔板的刚性节点示意

$$V_{j} = \frac{2N_{y}h_{c} + 4M_{uw} + 4M_{uj} + 0.5N_{cv}h_{c}}{h_{b}}$$

$$(7.5.3-1)$$

$$N_{y} = \min\left(\frac{a_{c}h_{b}f_{w}}{\sqrt{3}}, \frac{t h_{b}f_{a}}{\sqrt{3}}\right) \quad (7.5.3-2)$$

$$M_{uw} = \frac{h_{b}^{2}t\left[1 - \cos(\sqrt{3}h_{c}/h_{b})\right]f_{w}}{6}$$

$$(7.5.3-3)$$

$$M_{uj} = \frac{1}{4}b_{c}t_{j}^{2}f_{j} \quad (7.5.3-4)$$

$$N_{cv} = \frac{2b_{c}h_{c}f_{c}}{4 + \left(\frac{h_{c}}{h_{b}}\right)^{2}} \quad (7.5.3-5)$$

式中：V_{j}——梁柱节点剪力设计值；

M_{uw}——焊缝受弯承载力；

M_{uj}——内隔板受弯承载力；

N_{cv}——核心混凝土受剪承载力；

t,t_{j}——钢管壁、钢管内隔板厚度；

f_{w},f_{a},f_{j}——焊缝、柱钢管壁、内隔板抗拉强度设计值；

b_{c},h_{c}——矩形钢管内填混凝土截面宽度、高度；

h_{b}——钢梁高度；

a_{c}——钢梁翼缘与钢管柱壁的有效焊缝厚度。

Ⅱ 梁柱节点形式

7.5.4 矩形钢管混凝土柱与钢梁的连接可采用下列形式：

1 带牛腿内隔板式刚性连接：矩形钢管内设横隔板，钢管外焊接钢牛腿，钢梁翼缘应与牛腿翼缘焊接，钢梁腹板与牛腿腹板宜采用摩擦型高强螺栓连接（图 7.5.4-1）。

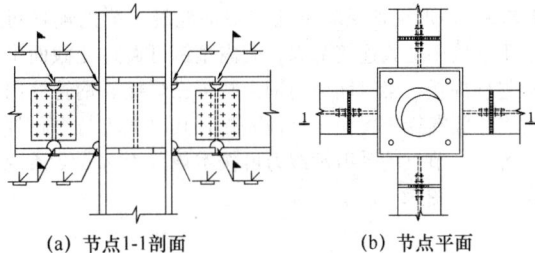

(a) 节点1-1剖面   (b) 节点平面

图 7.5.4-1 带牛腿内隔板式梁柱连接示意

2 内隔板式刚性连接：矩形钢管内设横隔板，钢梁翼缘应与钢管壁焊接，钢梁腹板与钢管壁宜采用摩擦型高强螺栓连接（图 7.5.4-2）。

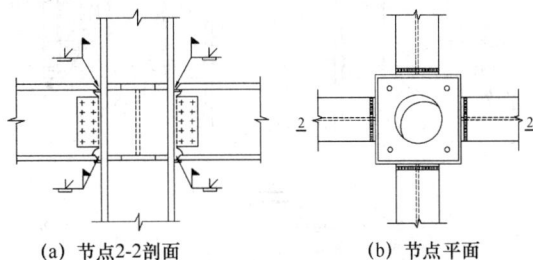

(a) 节点2-2剖面   (b) 节点平面

图 7.5.4-2 内隔板式梁柱连接示意

3 外环板式刚性连接：钢管外焊接环形牛腿，钢梁翼缘应与环板焊接，钢梁腹板与牛腿腹板宜采用摩擦型高强螺栓连接；环板挑出宽度 c 应符合下列规定（图 7.5.4-3）：

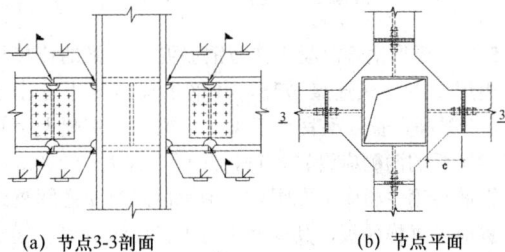

(a) 节点3-3剖面   (b) 节点平面

图 7.5.4-3 外环板式梁柱连接示意

$$100mm \leqslant c \leqslant 15t_{j}\sqrt{235/f_{ak}} \quad (7.5.4)$$

式中：t_{j}——外环板厚度；

f_{ak}——外环板钢材的屈服强度标准值。

4 外伸内隔板式刚性连接：矩形钢管内设贯通钢管壁的横隔板，钢管与隔板焊接，钢梁翼缘应与外伸内隔板焊接，钢梁腹板与钢管壁宜采用摩擦型高强度螺栓连接（图 7.5.4-4）。

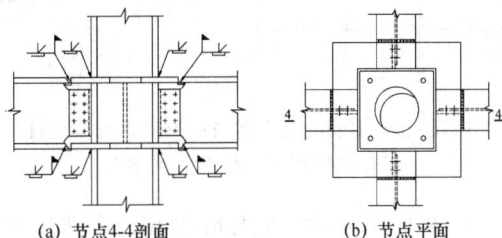

(a) 节点4-4剖面   (b) 节点平面

图 7.5.4-4 外伸内隔板式梁柱连接示意

7.5.5 矩形钢管混凝土柱与型钢混凝土梁的连接可采用焊接牛腿式连接节点，梁内型钢可通过变截面牛腿与柱焊接，梁纵筋应与钢牛腿可靠焊接，钢管柱内对应牛腿翼缘位置应设置横隔板，其厚度应与牛腿翼缘等厚。节点的受剪承载力可按本规范第 7.5.3 条规定计算（图 7.5.5）。

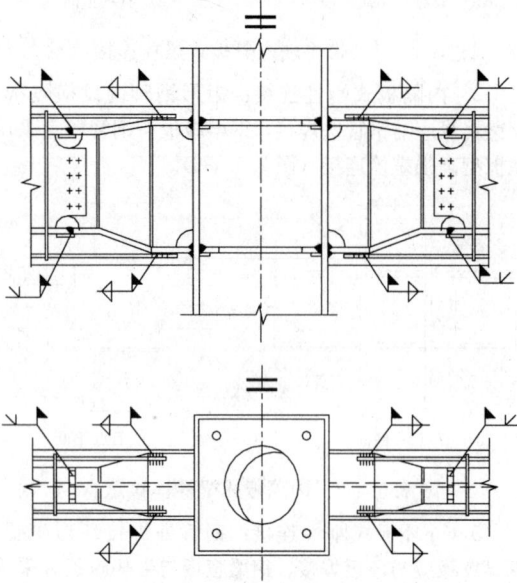

图 7.5.5 型钢混凝土梁与矩形钢管混凝土柱连接节点示意

7.5.6 矩形钢管混凝土柱与钢筋混凝土梁的连接可采用焊接牛腿式连接节点，其钢牛腿高度不宜小于 0.7 倍梁高，长度不宜小于 1.5 倍梁高；牛腿上下翼缘和腹板的两侧应设置栓钉，间距不宜大于 200mm；梁纵筋与钢牛腿应可靠焊接。钢管柱内对应牛腿翼缘位置应设置横隔板，其厚度应与牛腿翼缘等厚。梁端应设置箍筋加密区，箍筋加密区范围除钢牛腿长度以外，尚应从钢牛腿外端点处为起点并符合箍筋加密区长度的规定；加密区箍筋构造应符合现行国家标准《建筑抗震设计规范》GB 50011 和《混凝土结构设计规范》GB 50010 的规定（图 7.5.6）。

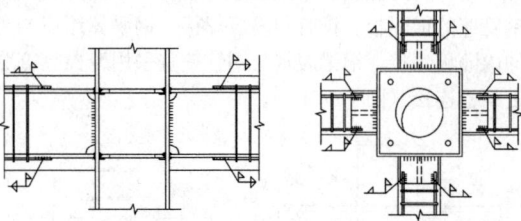

图 7.5.6 钢筋混凝土梁与矩形钢管混凝土柱焊接牛腿式连接节点示意

7.5.7 矩形钢管混凝土柱与钢筋混凝土梁采用钢牛腿连接时，其梁端抗剪及抗弯均应由牛腿承担。

7.5.8 当矩形钢管混凝土柱与梁刚接，且钢管为四块钢板焊接时，钢管角部的拼接焊缝在节点区以及框架梁上、下不小于 600mm 以及底层柱柱根以上 1/3 柱净高范围内应采用全熔透焊缝，其余部位可采用部分熔透焊缝。钢梁的上、下翼缘与牛腿、隔板或柱焊接时，应采用全熔透坡口焊缝，且应在梁上、下翼缘的底面设置焊接衬板。抗震设计时，对采用与柱面直接连接的刚节点，梁下翼缘焊接用的衬板在翼缘施焊完毕后，应在底面与柱相连处用角焊缝沿衬板全长焊接，或将衬板割除再补焊焊根。当柱钢管壁较薄时，在节点处应加强以利于与钢梁焊接。

7.5.9 矩形钢管混凝土柱短边尺寸不小于 1500mm 时，钢管角部拼接焊缝应沿柱全高采用全熔透焊缝。

7.5.10 当设防烈度为 8 度、场地为Ⅲ、Ⅳ类或设防烈度为 9 度时，柱与钢梁的刚性连接宜采用能将梁塑性铰外移的连接方式。

7.5.11 当钢梁与柱为铰接连接时，钢梁翼缘与钢管可不焊接。腹板连接宜采用内隔板式连接形式。

7.5.12 矩形钢管混凝土柱内隔板厚度应符合板件的宽厚比限值，且不应小于钢梁翼缘厚度。钢管外隔板厚度不应小于钢梁翼缘厚度。

7.5.13 矩形钢管混凝土柱内竖向隔板与柱的焊接在节点区和框架梁上、下 600mm 范围应采用坡口全熔透焊。

8 圆形钢管混凝土框架柱和转换柱

8.1 一 般 规 定

8.1.1 圆形钢管混凝土框架柱和转换柱的钢管外直径不宜小于 400mm，壁厚不宜小于 8mm。

8.1.2 圆形钢管混凝土框架柱和转换柱的套箍指标 θ 宜取 0.5～2.5；套箍指标应按下式计算：

$$\theta = \frac{f_a A_a}{f_c A_c} \quad (8.1.2)$$

式中：A_c、f_c——钢管内的核心混凝土横截面面积、抗压强度设计值；

A_a、f_a——钢管的横截面面积、抗拉和抗压强度设计值。

8.1.3 圆形钢管混凝土框架柱和转换柱的钢管外直径与钢管壁厚之比 D/t 应符合下式规定（图 8.1.3）：

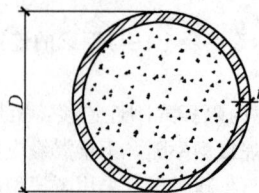

图 8.1.3 圆形钢管混凝土柱截面

$$D/t \leqslant 135(235/f_{ak}) \qquad (8.1.3)$$

式中：D——钢管外直径；

　　　t——钢管壁厚；

　　　f_{ak}——钢管的抗拉强度标准值。

8.1.4 圆形钢管混凝土框架柱和转换柱的等效计算长度与钢管外直径之比 L_e/D 不宜大于 20。

8.2 承载力计算

8.2.1 圆形钢管混凝土轴心受压柱的正截面受压承载力应符合下列规定：

1 持久、短暂设计状况

当 $\theta \leqslant [\theta]$ 时：
$$N \leqslant 0.9\varphi_l f_c A_c (1+\alpha\theta) \qquad (8.2.1\text{-}1)$$

当 $\theta > [\theta]$ 时：
$$N \leqslant 0.9\varphi_l f_c A_c (1+\sqrt{\theta}+\theta) \qquad (8.2.1\text{-}2)$$

2 地震设计状况

当 $\theta \leqslant [\theta]$ 时：
$$N \leqslant \frac{1}{\gamma_{RE}}[0.9\varphi_l f_c A_c (1+\alpha\theta)] \qquad (8.2.1\text{-}3)$$

当 $\theta > [\theta]$ 时：
$$N \leqslant \frac{1}{\gamma_{RE}}[0.9\varphi_l f_c A_c (1+\sqrt{\theta}+\theta)]$$
$$(8.2.1\text{-}4)$$

式中：N——圆形钢管混凝土柱的轴向压力设计值；

　　　α——与混凝土强度等级有关的系数，按表 8.2.1 取值；

　　　$[\theta]$——与混凝土强度等级有关的套箍指标界限值，按表 8.2.1 取值；

　　　φ_l——考虑长细比影响的承载力折减系数，按本规范第 8.2.2 条计算。

8.2.2 圆形钢管混凝土轴心受压柱考虑长细比影响的承载力折减系数 φ_l 应按下列公式计算：

当 $L_e/D > 4$ 时：
$$\varphi_l = 1 - 0.115\sqrt{L_e/D - 4} \qquad (8.2.2\text{-}1)$$

当 $L_e/D \leqslant 4$ 时：
$$\varphi_l = 1 \qquad (8.2.2\text{-}2)$$
$$L_e = \mu L \qquad (8.2.2\text{-}3)$$

式中：L——柱的实际长度；

　　　D——钢管的外直径；

　　　L_e——柱的等效计算长度；

　　　μ——考虑柱端约束条件的计算长度系数，根据梁柱刚度的比值，按现行国家标准《钢结构设计规范》GB 50017 确定。

表 8.2.1 系数 α、套箍指标界限值 $[\theta]$

混凝土等级	$\leqslant$C50	C55～C80
α	2.00	1.8
$[\theta]=\dfrac{1}{(\alpha-1)^2}$	1.00	1.56

8.2.3 圆形钢管混凝土偏心受压框架柱和转换柱的正截面受压承载力应符合下列规定：

1 持久、短暂设计状况

当 $\theta \leqslant [\theta]$ 时：
$$N \leqslant 0.9\varphi_l \varphi_e f_c A_c (1+\alpha\theta) \qquad (8.2.3\text{-}1)$$

当 $\theta > [\theta]$ 时：
$$N \leqslant 0.9\varphi_l \varphi_e f_c A_c (1+\sqrt{\theta}+\theta) \qquad (8.2.3\text{-}2)$$

2 地震设计状况

当 $\theta \leqslant [\theta]$ 时：
$$N \leqslant \frac{1}{\gamma_{RE}}[0.9\varphi_l \varphi_e f_c A_c (1+\alpha\theta)] \qquad (8.2.3\text{-}3)$$

当 $\theta > [\theta]$ 时：
$$N \leqslant \frac{1}{\gamma_{RE}}[0.9\varphi_l \varphi_e f_c A_c (1+\sqrt{\theta}+\theta)]$$
$$(8.2.3\text{-}4)$$

3 $\varphi_l\varphi_e$ 应符合下式规定：
$$\varphi_l\varphi_e \leqslant \varphi_0 \qquad (8.2.3\text{-}5)$$

式中：φ_e——考虑偏心率影响的承载力折减系数，按本规范第 8.2.4 条计算；

　　　φ_l——考虑长细比影响的承载力折减系数，按本规范第 8.2.5 条计算；

　　　φ_0——按轴心受压柱考虑的长细比影响的承载力折减系数 φ_l 值，按本规范第 8.2.2 条计算。

8.2.4 圆形钢管混凝土框架柱和转换柱考虑偏心率影响的承载力折减系数 φ_e 应按下列公式计算：

当 $e_0/r_c \leqslant 1.55$ 时：
$$\varphi_e = \frac{1}{1+1.85\dfrac{e_0}{r_c}} \qquad (8.2.4\text{-}1)$$

当 $e_0/r_c > 1.55$ 时：
$$\varphi_e = \frac{1}{3.92-5.16\varphi_l+\varphi_l\dfrac{e_0}{0.3r_c}} \qquad (8.2.4\text{-}2)$$
$$e_0 = \frac{M}{N} \qquad (8.2.4\text{-}3)$$

式中：e_0——柱端轴向压力偏心距之较大值；

　　　r_c——核心混凝土横截面的半径；

　　　M——柱端较大弯矩设计值；

　　　N——轴向压力设计值。

8.2.5 圆形钢管混凝土偏心受压框架柱和转换柱考虑长细比影响的承载力折减系数 φ_l 应按下列公式计算：

当 $L_e/D > 4$ 时：
$$\varphi_l = 1 - 0.115\sqrt{L_e/D - 4} \qquad (8.2.5\text{-}1)$$

当 $L_e/D \leqslant 4$ 时：
$$\varphi_l = 1 \qquad (8.2.5\text{-}2)$$
$$L_e = \mu k L \qquad (8.2.5\text{-}3)$$

式中：k——考虑柱身弯矩分布梯度影响的等效长度系数，按本规范第 8.2.6 条计算。

8.2.6 圆形钢管混凝土框架柱和转换柱考虑柱身弯矩分布梯度影响的等效长度系数 k，应按下列公式计算（图8.2.6）：

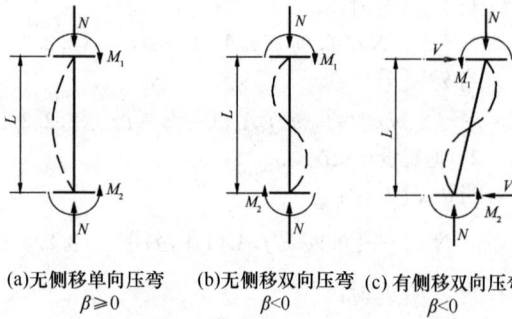

(a)无侧移单向压弯   (b)无侧移双向压弯   (c)有侧移双向压弯
    $\beta \geqslant 0$ $\beta < 0$ $\beta < 0$

图 8.2.6 框架有无侧移示意图

1 无侧移

$$k = 0.5 + 0.3\beta + 0.2\beta^2 \qquad (8.2.6\text{-}1)$$

$$\beta = M_1/M_2 \qquad (8.2.6\text{-}2)$$

2 有侧移

当 $e_0/r_c \leqslant 0.8$ 时：

$$k = 1 - 0.625 e_0/r_c \qquad (8.2.6\text{-}3)$$

当 $e_0/r_c > 0.8$ 时：

$$k = 0.5 \qquad (8.2.6\text{-}4)$$

式中：β——柱两端弯矩设计值之绝对值较小者 M_1 与较大者 M_2 的比值；单向压弯时，β 为正值；双曲压弯时，β 为负值。

8.2.7 圆形钢管混凝土轴心受拉柱的正截面受拉承载力应符合下列公式的规定：

1 持久、短暂设计状况

$$N \leqslant f_a A_a \qquad (8.2.7\text{-}1)$$

2 地震设计状况

$$N \leqslant \frac{1}{\gamma_{RE}} f_a A_a \qquad (8.2.7\text{-}2)$$

8.2.8 圆形钢管混凝土偏心受拉框架柱和转换柱的正截面受拉承载力应符合下列公式的规定：

1 持久、短暂设计状况

$$N \leqslant \frac{1}{\dfrac{1}{N_{ut}} + \dfrac{e_0}{M_u}} \qquad (8.2.8\text{-}1)$$

2 地震设计状况

$$N \leqslant \frac{1}{\gamma_{RE}} \left[\frac{1}{\dfrac{1}{N_{ut}} + \dfrac{e_0}{M_u}} \right] \qquad (8.2.8\text{-}2)$$

3 N_{ut}、M_u 按下列公式计算

$$N_{ut} = f_a A_a \qquad (8.2.8\text{-}3)$$

$$M_u = 0.3 r_c N_0 \qquad (8.2.8\text{-}4)$$

当 $\theta \leqslant [\theta]$ 时：

$$N_0 = 0.9 f_c A_c (1 + \alpha\theta) \qquad (8.2.8\text{-}5)$$

当 $\theta > [\theta]$ 时：

$$N_0 = 0.9 f_c A_c (1 + \sqrt{\theta} + \theta) \qquad (8.2.8\text{-}6)$$

式中：N——圆形钢管混凝土柱轴向拉力设计值；

    M——圆形钢管混凝土柱柱端较大弯矩设计值；

    N_{ut}——圆形钢管混凝土柱轴心受拉承载力计算值；

    M_u——圆形钢管混凝土柱正截面受弯承载力计算值；

    N_0——圆形钢管混凝土轴心受压短柱的承载力计算值。

8.2.9 圆形钢管混凝土框架柱和转换柱轴力为0的正截面受弯承载力应符合下列公式的规定：

1 持久、短暂设计状况

$$M \leqslant M_u \qquad (8.2.9\text{-}1)$$

2 地震设计状况

$$M \leqslant \frac{1}{\gamma_{RE}} M_u \qquad (8.2.9\text{-}2)$$

式中：M_u——圆形钢管混凝土柱正截面受弯承载力计算值，按本规范第8.2.8条计算。

8.2.10 圆形钢管混凝土偏心受压框架柱和转换柱，当剪跨小于柱直径 D 的2倍时，应验算其斜截面受剪承载力。斜截面受剪承载力应符合下列公式的规定：

1 持久、短暂设计状况

$$V \leqslant [0.2 f_c A_c (1 + 3\theta) + 0.1N]$$
$$\left(1 - 0.45\sqrt{\frac{a}{D}}\right) \qquad (8.2.10\text{-}1)$$

2 地震设计状况

$$V \leqslant \frac{1}{\gamma_{RE}} [0.2 f_c A_c (0.8 + 3\theta) + 0.1N]$$
$$\left(1 - 0.45\sqrt{\frac{a}{D}}\right) \qquad (8.2.10\text{-}2)$$

$$a = \frac{M}{V} \qquad (8.2.10\text{-}3)$$

式中：V——柱剪力设计值；

    N——与剪力设计值对应的轴向力设计值；

    M——与剪力设计值对应的弯矩设计值；

    D——钢管混凝土柱的外径；

    a——剪跨。

8.2.11 考虑地震作用组合的圆形钢管混凝土框架柱和转换柱的内力设计值应按本规范第6.2.8～6.2.12条的规定计算。

8.3 构 造 措 施

8.3.1 圆形钢管混凝土柱与钢梁、型钢混凝土梁或钢筋混凝土梁的连接宜采用刚性连接，圆形钢管混凝土柱与钢梁也可采用铰接连接。对于刚性连接，柱内或柱外应设置与梁上、下翼缘位置对应的水平加劲肋，设置在柱内的水平加劲肋应留有混凝土浇筑孔；设置在柱外的水平加劲肋应形成加劲环肋。加劲肋的厚度与钢梁翼缘等厚，且不宜小于12mm。

8.3.2 圆形钢管混凝土柱的直径大于或等于 2000mm 时，宜采取在钢管内设置纵向钢筋和构造箍筋形成芯柱等有效构造措施，减少钢管内混凝土收缩对其受力性能的影响。

8.3.3 焊接圆形钢管的焊缝应采用坡口全熔透焊缝。

8.4 柱脚设计及构造

I 一般规定

8.4.1 圆形钢管混凝土柱可根据不同的受力特点采用埋入式柱脚或非埋入式柱脚，且应符合本规范第 6.5.1 条的规定。

8.4.2 无地下室或仅有一层地下室的圆形钢管混凝土柱的埋入式柱脚，其在基础中的埋置深度除应符合本规范第 8.4.4 条计算规定外，尚不应小于圆形钢管直径的 2.5 倍。

8.4.3 圆形钢管混凝土偏心受压柱嵌固端以下有两层及两层以上地下室时，可将圆形钢管混凝土柱伸入基础底板，也可伸至基础底板顶面。当伸至基础底板顶面时，柱脚锚栓应锚入基础，且应符合锚固规定，柱脚应按非埋入式柱脚计算其受压、受弯和受剪承载力。

II 埋入式柱脚

8.4.4 圆形钢管混凝土偏心受压柱，其埋入式柱脚的埋置深度应符合下式规定：

$$h_B \geq 2.5\sqrt{\frac{M}{0.4Df_c}} \qquad (8.4.4)$$

式中：h_B ——圆形钢管混凝土柱埋置深度；

M ——埋入式柱脚弯矩设计值；

D ——钢管柱外直径。

8.4.5 圆形钢管混凝土偏心受压柱，其埋入式柱脚在柱轴向压力作用下，基础底板的局部受压承载力应符合现行国家标准《混凝土结构设计规范》GB 50010 中有关局部受压承载力计算的规定。

8.4.6 圆形钢管混凝土偏心受压柱，其埋入式柱脚在柱轴向压力作用下，基础底板受冲切承载力应符合现行国家标准《混凝土结构设计规范》GB 50010 中的有关受冲切承载力计算的规定。

8.4.7 圆形钢管混凝土偏心受拉柱，其埋入式柱脚的埋置深度应符合本规范第 8.4.2 条、第 8.4.4 条的规定。基础底板在柱轴向拉力作用下的受冲切计算应符合现行国家标准《混凝土结构设计规范》GB 50010 中有关受冲切承载力计算的规定，计算中冲切面高度可取钢管的埋置深度。

8.4.8 圆形钢管混凝土柱埋入式柱脚的柱脚底板厚度不应小于圆形钢管壁厚，且不应小于 25mm。

8.4.9 圆形钢管混凝土柱埋入式柱脚的埋置深度范

围内的钢管壁外侧应设置栓钉，栓钉的直径不宜小于 19mm，水平和竖向间距不宜大于 200mm。

8.4.10 圆形钢管混凝土埋入式柱脚，在其埋入部分的顶面位置，应设置水平加劲肋，加劲肋的厚度不宜小于 25mm，且加劲肋应留有混凝土浇筑孔。

8.4.11 圆形钢管混凝土埋入式柱脚钢管底板处的锚栓埋置深度，应符合现行国家标准《混凝土结构设计规范》GB 50010 的规定。

III 非埋入式柱脚

8.4.12 圆形钢管混凝土偏心受压柱，其非埋入式柱脚底板宜采用由环形底板、加劲肋和刚性锚栓组成的端承式柱脚（图 8.4.12）。

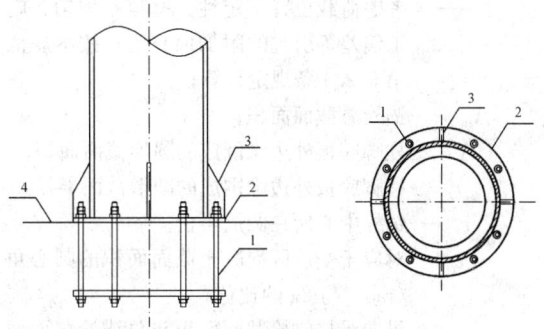

图 8.4.12 圆形钢管混凝土柱非埋入式柱脚
1—锚栓；2—环形底板；3—加劲肋；4—基础顶面

8.4.13 圆形钢管混凝土偏心受压柱，其非埋入式柱脚在柱脚底板截面处的锚栓配置，应符合下列偏心受压正截面承载力计算公式的规定（图 8.4.13）：

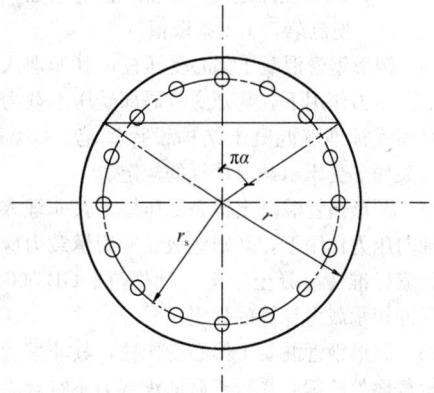

图 8.4.13 柱脚环形底板锚栓配置计算

1 持久、短暂设计状况

$$N \leq \alpha\alpha_1 f_c A\left(1 - \frac{\sin2\pi\alpha}{2\pi\alpha}\right) - 0.75\alpha_t f_{sa} A_{sa}$$

$$(8.4.13\text{-}1)$$

$$Ne_i \leq \frac{2}{3}\alpha_1 f_c Ar \frac{\sin^3\pi\alpha}{\pi} + 0.75 f_{sa} A_{sa} r_s \frac{\sin\pi\alpha_t}{\pi}$$

$$(8.4.13\text{-}2)$$

2 地震设计状况

$$N \leqslant \frac{1}{\gamma_{RE}} \left[\alpha\alpha_1 f_c A \left(1 - \frac{\sin 2\pi\alpha}{2\pi\alpha} \right) \right.$$
$$\left. - 0.75\alpha_t f_{sa} A_{sa} \right] \qquad (8.4.13\text{-}3)$$

$$Ne_i \leqslant \frac{1}{\gamma_{RE}} \left[\frac{2}{3} \alpha_1 f_c A r \frac{\sin^3 \pi\alpha}{\pi} \right.$$
$$\left. + 0.75 f_{sa} A_{sa} r_s \frac{\sin \pi\alpha_t}{\pi} \right]$$
$$\qquad (8.4.13\text{-}4)$$

$$\alpha_t = 1.25 - 2\alpha \qquad (8.4.13\text{-}5)$$
$$e_i = e_0 + e_a \qquad (8.4.13\text{-}6)$$
$$e_0 = \frac{M}{N} \qquad (8.4.13\text{-}7)$$

式中：N——柱脚底板截面处轴向压力设计值；

M——柱脚底板截面处弯矩设计值；

e_0——轴向力对截面重心的偏心矩；

e_a——考虑荷载位置不定性、材料不均匀、施工偏差等引起的附加偏心距；按本规范第 6.2.4 条规定计算；

A_{sa}——锚栓总截面面积；

A——柱脚底板外边缘围成的圆形截面面积；

r——柱脚底板外边缘围成的圆形截面半径；

r_s——锚栓中心所在圆周半径；

α——对应于受压区混凝土截面面积的圆心角（rad）与 2π 的比值；

α_t——纵向受拉锚栓截面面积与总锚栓截面面积的比值，当 α_t 大于 0.625 时，取 α_t 为 0；

f_{sa}——锚栓强度设计值；

α_1——受压区混凝土压应力影响系数，按本规范第 5.1.1 条取值；

β_1——受压区混凝土应力图形影响系数，按本规范第 5.1.1 条取值。

8.4.14 圆形钢管混凝土偏心受压柱，其非埋入式柱脚在轴向压力作用下，基础底板局部受压承载力应符合现行国家标准《混凝土结构设计规范》GB 50010 中的有关局部受压承载力计算的规定。

8.4.15 圆形钢管混凝土偏心受压柱，其非埋入式柱脚在轴向压力作用下，基础底板受冲切承载力应符合现行国家标准《混凝土结构设计规范》GB 50010 中有关受冲切承载力计算的规定。

8.4.16 圆形钢管混凝土偏心受压柱，其非埋入式柱脚底板截面处的偏心受压正截面承载力不符合本规范第 8.4.13 条计算规定时，可在钢管周围外包钢筋混凝土增大柱截面，并配置计算所需的纵向钢筋及构造规定的箍筋。外包钢筋混凝土应延伸至基础底板以上一层的层高范围，其纵筋锚入基础底板的锚固长度应符合现行国家标准《混凝土结构设计规范》GB 50010 的规定，钢筋端部应设置弯钩。钢管壁外侧应按本规范第 8.4.9 条规定设置栓钉。

8.4.17 圆形钢管混凝土偏心受压柱，其非埋入式柱脚底板截面处的受剪承载力应符合下列公式的规定：

1 柱脚环形底板下不设置抗剪连接件时

$$V \leqslant 0.4N_B + 1.5 f_t A_{cl} \qquad (8.4.17\text{-}1)$$

2 柱脚环形底板下设置抗剪连接件时

$$V \leqslant 0.4N_B + 1.5 f_t A_{cl} + 0.58 f_a A_{wa}$$
$$\qquad (8.4.17\text{-}2)$$

3 柱脚环形底板内的核心混凝土中设置芯柱时

$$V \leqslant 0.4N_B + 1.5 f_t A_{cl} + 0.5 f_y A_{sl}$$
$$\qquad (8.4.17\text{-}3)$$

$$N_B = N \frac{E_a A_a}{E_c A_c + E_a A_a} \qquad (8.4.17\text{-}4)$$

式中：V——非埋入式柱脚底板截面处的剪力设计值；

N_B——环形底板按弹性刚度分配的轴向压力设计值；

N——柱脚底板截面处与剪力设计值 V 相应的轴向压力设计值；

A_{cl}——环形底板内上下贯通的核心混凝土截面面积；

A_c——圆形钢管混凝土柱内填混凝土截面面积；

A_a——圆形钢管截面面积；

A_{wa}——环形底板下抗剪连接件型钢腹板的受剪截面面积；

A_{sl}——环形底板内核心混凝土中配置的纵向钢筋截面面积；

f_a——抗剪连接件的抗压强度设计值；

f_y——环形底板内核心混凝土中配置的纵向钢筋抗压强度设计值；

f_t——环形底板内核心混凝土抗拉强度设计值。

8.4.18 圆形钢管混凝土偏心受压柱，采用环形底板的非埋入式柱脚构造宜符合下列规定：

1 环形底板的厚度不宜小于钢管壁厚的 1.5 倍，且不应小于 20mm；

2 环形底板的宽度不宜小于钢管壁厚的 6 倍，且不应小于 100mm；

3 钢管壁外加劲肋厚度不宜小于钢管壁厚，加劲肋高度不宜小于柱脚板外伸宽度的 2 倍，加劲肋间距不应大于柱脚底板厚度的 10 倍；

4 锚栓直径不宜小于 25mm，间距不宜大于 200mm，锚栓锚入基础的长度不宜小于 40 倍锚栓直径和 1000mm 的较大值。

8.5 梁柱节点形式及构造

8.5.1 在各种结构体系中，圆形钢管混凝土柱与框架梁或转换梁连接的梁柱节点，其框架梁或转换梁宜采用钢梁、型钢混凝土梁，也可采用钢筋混凝土梁。

8.5.2 圆形钢管混凝土柱与钢梁的连接可采用外加强环或内加强环形式，并应符合下列规定：

1 外加强环应是环绕柱的封闭钢环，外加强环与钢管外壁应采用全熔透焊缝连接，外加强环与钢梁应采用栓焊连接，环板厚度不宜小于钢梁翼缘厚度，宽度（*c*）不宜小于钢梁翼缘宽度的 0.7 倍（图 8.5.2-1）。

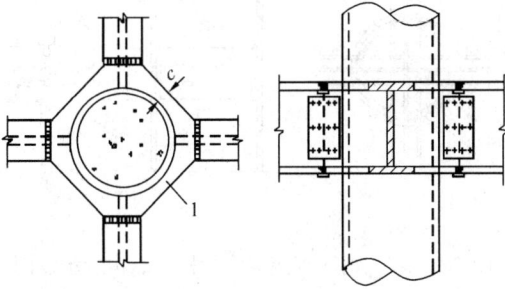

图 8.5.2-1 钢梁与圆形钢管混凝土柱外设置
加强环连接构造
1—外加强环

2 内加强环与钢管外壁应采用全熔透焊缝连接；梁与柱可采用现场焊缝连接，也可以在柱上设置悬臂梁段现场拼接，型钢翼缘应采用全熔透焊缝，腹板宜采用摩擦型高强螺栓连接（图 8.5.2-2）。

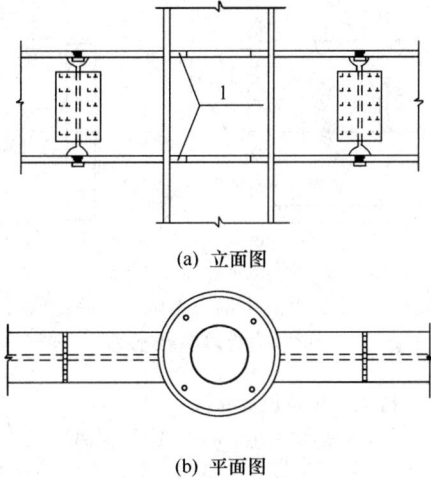

(a) 立面图

(b) 平面图

图 8.5.2-2 钢梁与圆形钢管混凝土柱设置内
加强环连接构造
1—内加强环

8.5.3 圆形钢管混凝土柱与钢筋混凝土梁连接时，钢管外剪力传递可采用环形牛腿或承重销；钢管混凝土柱与钢筋混凝土无梁楼板或井式密肋楼板连接时，钢管外剪力传递可采用台锥式环形深牛腿；其构造应符合下列规定：

1 环形牛腿或台锥式环形深牛腿由均匀分布的肋板和上、下加强环组成，肋板与钢管壁、加强环与

钢管壁及肋板与加强环均可采用角焊缝连接；牛腿下加强环应预留直径不小于 50mm 的排气孔（图 8.5.3-1）。其受剪承载力宜按下列公式计算：

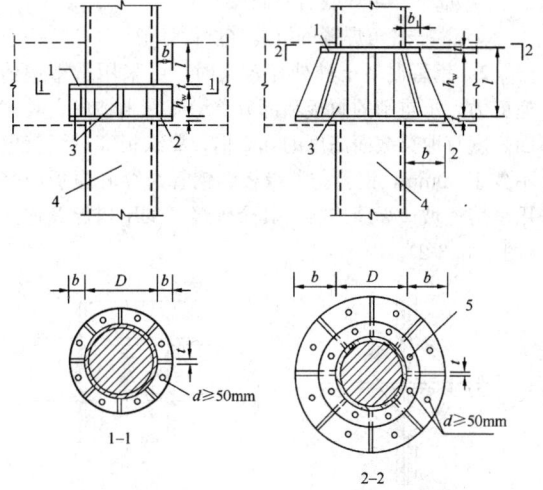

(a) 环形牛腿　　　　(b) 台锥式深牛腿

图 8.5.3-1 环形牛腿、台锥式深牛腿构造
1—上加强环；2—下加强环；3—腹板（肋板）；
4—钢管混凝土柱；5—根据上加强环宽确定是否开孔

$$V_u = \min\{V_{u1}, V_{u2}, V_{u3}, V_{u4}, V_{u5}\} \quad (8.5.3\text{-}1)$$

$$V_{u1} = \pi(D+b)b\beta_2 f_c \quad (8.5.3\text{-}2)$$

$$V_{u2} = nh_w t_w f_v \quad (8.5.3\text{-}3)$$

$$V_{u3} = \sum l_w h_e f_f^w \quad (8.5.3\text{-}4)$$

$$V_{u4} = \pi(D+2b)l \cdot 2f_t \quad (8.5.3\text{-}5)$$

$$V_{u5} = 4\pi t(h_w + t)f_a \quad (8.5.3\text{-}6)$$

式中：V_{u1}——由环形牛腿支承面上的混凝土局部承压强度决定的受剪承载力；

V_{u2}——由肋板抗剪强度决定的受剪承载力；

V_{u3}——由肋板与管壁的焊接强度决定的受剪承载力；

V_{u4}——由环形牛腿上部混凝土的直剪（或冲切）强度决定的受剪承载力；

V_{u5}——由环形牛腿上、下环板决定的受剪承载力；

β_2——混凝土局部承压强度提高系数，β_2 可取为 1；

D——钢管的外径；

b——环板的宽度；

l——直剪面的高度；

t——环板的厚度；

n——肋板的数量；

h_w——肋板的高度；

t_w——肋板的厚度；

f_v——钢材的抗剪强度设计值；

f_a——钢材的抗拉（压）强度设计值；

$\sum l_w$——肋板与钢管壁连接角焊缝的计算总长度；

h_e——角焊缝有效高度；

f_f^w——角焊缝的抗剪强度设计值。

2 钢管混凝土柱外径较大时，可采用承重销传递剪力。承重销的腹板和部分翼缘应深入柱内，其截面高度宜取梁截面高度的0.5倍，翼缘板穿过钢管壁不少于50mm，钢管与翼缘板、钢管与穿心腹板应采用全熔透坡口焊缝连接，其余焊缝可采用角焊缝连接（图8.5.3-2）。

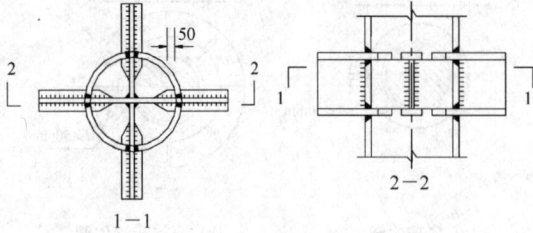

图8.5.3-2　承重销构造

8.5.4 钢筋混凝土梁与圆形钢管混凝土柱的弯矩传递可采用设置钢筋混凝土环梁或纵向钢筋直接穿入梁柱节点，其构造应符合下列规定：

1 钢筋混凝土环梁的配筋应由计算确定，环梁的构造应符合下列规定（图8.5.4-1）：

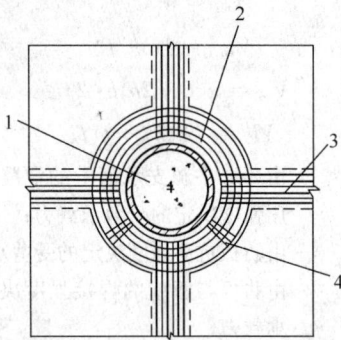

图8.5.4-1　钢筋混凝土环梁构造示意图
1—钢管混凝土柱；2—主梁环筋；
3—框架梁纵筋；4—环梁箍筋

1) 环梁截面高度宜比框架梁高50mm；

2) 环梁的截面宽度不宜小于框架梁宽度；

3) 钢筋混凝土梁的纵向钢筋应伸入环梁，在环梁内的锚固长度应符合现行国家标准《混凝土结构设计规范》GB 50010的规定；

4) 环梁上、下环筋的截面积，分别不应小于梁上、下纵筋截面积的0.7倍；

5) 环梁内、外侧应设置环向腰筋，其直径不宜小于16mm，间距不宜大于150mm；

6) 环梁按构造设置的箍筋直径不宜小于

10mm，外侧间距不宜大于150mm。

2 钢筋直接穿入梁柱节点时，宜采用双筋并股穿孔，钢管开孔的区段应采用内衬管段或外套管段与钢管壁紧贴焊接，衬（套）管的壁厚不应小于钢管的壁厚，穿筋孔的环向净距s不应小于孔的长径b，衬（套）管端面至孔边的净距w不应小于孔长径b的2.5倍（图8.5.4-2）。

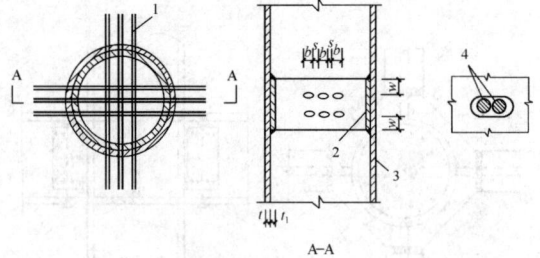

图8.5.4-2　钢筋直接穿入梁柱节点构造示意图
1—双钢筋；2—内衬管段；3—柱钢管；4—双筋并股穿孔

9　型钢混凝土剪力墙

9.1　承载力计算

9.1.1 型钢混凝土偏心受压剪力墙，其正截面受压承载力应符合下列规定（图9.1.1）：

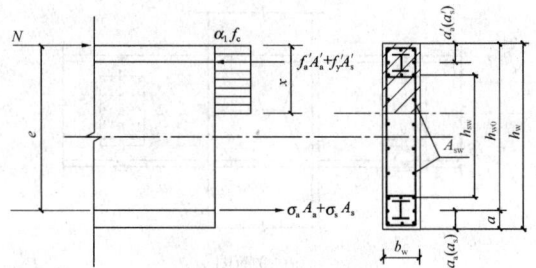

图9.1.1　型钢混凝土偏心受压剪力墙正截面受压承载力计算参数示意

1 持久、短暂设计状况

$$N \leqslant \alpha_1 f_c b_w x + f'_a A'_a + f'_y A'_s - \sigma_a A_a - \sigma_s A_s + N_{sw} \quad (9.1.1-1)$$

$$Ne \leqslant \alpha_1 f_c b_w x \left(h_{w0} - \frac{x}{2}\right) + f'_y A'_s (h_{w0} - a'_s) + f'_a A'_a (h_{w0} - a'_a) + M_{sw} \quad (9.1.1-2)$$

2 地震设计状况

$$N \leqslant \frac{1}{\gamma_{RE}} (\alpha_1 f_c b_w x + f'_a A'_a + f'_y A'_s - \sigma_a A_a - \sigma_s A_s + N_{sw}) \quad (9.1.1-3)$$

$$Ne \leqslant \frac{1}{\gamma_{RE}} \left[\alpha_1 f_c b_w x \left(h_{w0} - \frac{x}{2}\right) + f'_y A'_s (h_{w0} - a'_s) + f'_a A'_a (h_{w0} - a'_a) + M_{sw}\right]$$

$$(9.1.1-4)$$

$$e = e_0 + \frac{h_w}{2} - a \qquad (9.1.1\text{-}5)$$

$$e_0 = \frac{M}{N} \qquad (9.1.1\text{-}6)$$

$$h_{w0} = h_w - a \qquad (9.1.1\text{-}7)$$

3 N_{sw}、M_{sw} 应按下列公式计算：

1）当 $x \leqslant \beta_1 h_{w0}$ 时，

$$N_{sw} = \left(1 + \frac{x - \beta_1 h_{w0}}{0.5\beta_1 h_{sw}}\right) f_{yw} A_{sw} \qquad (9.1.1\text{-}8)$$

$$M_{sw} = \left[0.5 - \left(\frac{x - \beta_1 h_{w0}}{\beta_1 h_{sw}}\right)^2\right] f_{yw} A_{sw} h_{sw} \qquad (9.1.1\text{-}9)$$

2）当 $x > \beta_1 h_{w0}$ 时，

$$N_{sw} = f_{yw} A_{sw} \qquad (9.1.1\text{-}10)$$

$$M_{sw} = 0.5 f_{yw} A_{sw} h_{sw} \qquad (9.1.1\text{-}11)$$

4 受拉或受压较小边的钢筋应力 σ_s 和型钢翼缘应力 σ_a 可按下列规定计算：

1）当 $x \leqslant \xi_b h_{w0}$ 时，取 $\sigma_s = f_y$，$\sigma_a = f_a$；

2）当 $x > \xi_b h_{w0}$ 时，

$$\sigma_s = \frac{f_y}{\xi_b - \beta_1}\left(\frac{x}{h_{w0}} - \beta_1\right) \qquad (9.1.1\text{-}12)$$

$$\sigma_a = \frac{f_a}{\xi_b - \beta_1}\left(\frac{x}{h_{w0}} - \beta_1\right) \qquad (9.1.1\text{-}13)$$

3）ξ_b 可按下式计算：

$$\xi_b = \frac{\beta_1}{1 + \dfrac{f_y + f_a}{2 \times 0.003 E_s}} \qquad (9.1.1\text{-}14)$$

式中：e_0——轴向压力对截面重心的偏心矩；

e——轴向力作用点到受拉型钢和纵向受拉钢筋合力点的距离；

M——剪力墙弯矩设计值；

N——剪力墙弯矩设计值 M 相对应的轴向压力设计值；

a_s、a_a——受拉端钢筋、型钢合力点至截面受拉边缘的距离；

a'_s、a'_a——受压端钢筋、型钢合力点至截面受压边缘的距离；

a——受拉端型钢和纵向受拉钢筋合力点至受拉边缘的距离；

α_1——受压区混凝土压应力影响系数，按本规范第 5.1.1 条取值；

h_w——剪力墙截面高度；

h_{w0}——剪力墙截面有效高度；

x——受压区高度；

A_a、A'_a——剪力墙受拉、受压边缘构件阴影部分内配置的型钢截面面积；

A_s、A'_s——剪力墙受拉、受压边缘构件阴影部分内配置的纵向钢筋截面面积；

A_{sw}——剪力墙边缘构件阴影部分外的竖向分布钢筋总面积；

f_{yw}——剪力墙竖向分布钢筋抗拉强度设计值；

β_1——受压区混凝土应力图形影响系数，按本规范第 5.1.1 条取值；

N_{sw}——剪力墙竖向分布钢筋所承担的轴向力；

M_{sw}——剪力墙竖向分布钢筋的合力对受拉端型钢截面重心的力矩；

h_{sw}——剪力墙边缘构件阴影部分外的竖向分布钢筋配置高度；

b_w——剪力墙厚度。

9.1.2 型钢混凝土偏心受拉剪力墙，其正截面受拉承载力应符合下列公式的规定：

1 持久、短暂设计状况

$$N \leqslant \frac{1}{\dfrac{1}{N_{0u}} + \dfrac{e_0}{M_{wu}}} \qquad (9.1.2\text{-}1)$$

2 地震设计状况

$$N \leqslant \frac{1}{\gamma_{RE}}\left[\frac{1}{\dfrac{1}{N_{0u}} + \dfrac{e_0}{M_{wu}}}\right] \qquad (9.1.2\text{-}2)$$

3 N_{0u}、M_{wu} 应按下列公式计算：

$$N_{0u} = f_y(A_s + A'_s) + f_a(A_a + A'_a) + f_{yw} A_{sw} \qquad (9.1.2\text{-}3)$$

$$M_{wu} = f_y A_s (h_{w0} - a'_s) + f_a A_a (h_{w0} - a'_a) + f_{yw} A_{sw}\left(\frac{h_{w0} - a'_s}{2}\right) \qquad (9.1.2\text{-}4)$$

式中：N——型钢混凝土剪力墙轴向拉力设计值；

e_0——轴向拉力对截面重心的偏心矩；

N_{0u}——型钢混凝土剪力墙轴向受拉承载力；

M_{wu}——型钢混凝土剪力墙受弯承载力。

9.1.3 特一级抗震等级的型钢混凝土剪力墙，底部加强部位的弯矩设计值应乘以 1.1 的增大系数，其他部位的弯矩设计值应乘以 1.3 的增大系数；一级抗震等级的型钢混凝土剪力墙，底部加强部位以上墙肢的组合弯矩设计值应乘以 1.2 的增大系数。

9.1.4 考虑地震作用组合的型钢混凝土剪力墙，其剪力设计值应按下列公式计算：

1 底部加强部位

1）9 度设防烈度的一级抗震等级

$$V = 1.1 \frac{M_{wua}}{M_w} V_w \qquad (9.1.4\text{-}1)$$

2）其他情况

特一级抗震等级

$$V = 1.9 V_w \qquad (9.1.4\text{-}2)$$

一级抗震等级

$$V = 1.6 V_w \qquad (9.1.4\text{-}3)$$

二级抗震等级

$$V = 1.4 V_w \qquad (9.1.4\text{-}4)$$

三级抗震等级

$$V = 1.2 V_w \qquad (9.1.4\text{-}5)$$

四级抗震等级

$$V = V_w \qquad (9.1.4\text{-}6)$$

2 其他部位

特一级抗震等级

$$V = 1.4V_w \qquad (9.1.4\text{-}7)$$

一级抗震等级

$$V = 1.3V_w \qquad (9.1.4\text{-}8)$$

二、三、四级抗震等级

$$V = V_w \qquad (9.1.4\text{-}9)$$

式中：V ——考虑地震作用组合的剪力墙墙肢截面的剪力设计值；

V_w ——考虑地震作用组合的剪力墙墙肢截面的剪力计算值；

M_{wua} ——考虑承载力抗震调整系数 γ_{RE} 后的剪力墙墙肢正截面受弯承载力，计算中应按实际配筋面积、材料强度标准值和轴向力设计值确定，有翼墙时应计入墙两侧各一倍翼墙厚度范围内的纵向钢筋；

M_w ——考虑地震作用组合的剪力墙墙肢截面的弯矩计算值。

9.1.5 型钢混凝土剪力墙的受剪截面应符合下列公式的规定：

1 持久、短暂设计状况

$$V_{cw} \leqslant 0.25\beta_c f_c b_w h_{w0} \qquad (9.1.5\text{-}1)$$

$$V_{cw} = V - \frac{0.4}{\lambda} f_a A_{a1} \qquad (9.1.5\text{-}2)$$

2 地震设计状况

1）当剪跨比大于 2.5 时：

$$V_{cw} \leqslant \frac{1}{\gamma_{RE}}(0.20\beta_c f_c b_w h_{w0}) \qquad (9.1.5\text{-}3)$$

2）当剪跨比不大于 2.5 时：

$$V_{cw} \leqslant \frac{1}{\gamma_{RE}}(0.15\beta_c f_c b_w h_{w0}) \qquad (9.1.5\text{-}4)$$

3）V_{cw} 应按下式计算：

$$V_{cw} = V - \frac{0.32}{\lambda} f_a A_{a1} \qquad (9.1.5\text{-}5)$$

式中：V_{cw} ——仅考虑墙肢截面钢筋混凝土部分承受的剪力设计值；

λ ——计算截面处的剪跨比，$\lambda = \dfrac{M}{Vh_{w0}}$；当 $\lambda < 1.5$ 时，取 1.5；当 $\lambda > 2.2$ 时，取 $\lambda = 2.2$；此处，M 为与剪力设计值 V 对应的弯矩设计值，当计算截面与墙底之间距离小于 $0.5h_{w0}$ 时，应按距离墙底 $0.5h_{w0}$ 处的弯矩设计值与剪力设计值计算；

A_{a1} ——剪力墙一端所配型钢的截面面积，当两端所配型钢截面面积不同时，取较小一端的面积；

β_c ——混凝土强度影响系数，按本规范第 5.2.3 条取值。

9.1.6 型钢混凝土偏心受压剪力墙，其斜截面受剪承载力应符合下列公式的规定（图 9.1.6）：

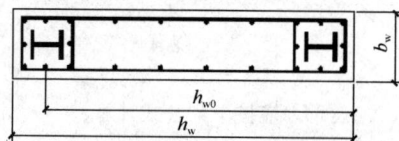

图 9.1.6 型钢混凝土剪力墙斜截面
受剪承载力计算参数示意

1 持久、短暂设计状况

$$V \leqslant \frac{1}{\lambda - 0.5}\left(0.5 f_t b_w h_{w0} + 0.13N\frac{A_w}{A}\right)$$
$$+ f_{yh}\frac{A_{sh}}{s}h_{w0} + \frac{0.4}{\lambda}f_a A_{a1} \qquad (9.1.6\text{-}1)$$

2 地震设计状况

$$V \leqslant \frac{1}{\gamma_{RE}}\left[\frac{1}{\lambda - 0.5}\left(0.4 f_t b_w h_{w0} + 0.1N\frac{A_w}{A}\right)\right.$$
$$\left. + 0.8 f_{yh}\frac{A_{sh}}{s}h_{w0} + \frac{0.32}{\lambda}f_a A_{a1}\right] \qquad (9.1.6\text{-}2)$$

式中：N ——剪力墙的轴向压力设计值，当 $N > 0.2 f_c b_w h_w$ 时，取 $N = 0.2 f_c b_w h_w$；

A ——剪力墙的截面面积，当有翼缘时，翼缘有效面积可按本规范第 9.1.7 条规定计算；

A_w ——剪力墙腹板的截面面积，对矩形截面剪力墙应取 $A_w = A$；

A_{sh} ——配置在同一水平截面内的水平分布钢筋的全部截面面积；

f_{yh} ——剪力墙水平分布钢筋抗拉强度设计值；

s ——水平分布钢筋的竖向间距。

9.1.7 在承载力计算中，剪力墙的翼缘计算宽度可取剪力墙的间距、门窗洞口间翼墙的宽度、剪力墙厚度加两侧各 6 倍翼墙厚度、剪力墙墙肢总高度的 1/10 四者中的最小值。

9.1.8 型钢混凝土偏心受拉剪力墙，其斜截面受剪承载力应符合下列公式的规定：

1 持久、短暂设计状况

$$V \leqslant \frac{1}{\lambda - 0.5}\left(0.5 f_t b_w h_{w0} - 0.13N\frac{A_w}{A}\right)$$
$$+ f_{yh}\frac{A_{sh}}{s}h_{w0} + \frac{0.4}{\lambda}f_a A_{a1} \qquad (9.1.8\text{-}1)$$

当上式右端的计算值小于 $f_{yh}\dfrac{A_{sh}}{s}h_{w0} + \dfrac{0.4}{\lambda}f_a A_{a1}$

时，应取等于 $f_{yh}\dfrac{A_{sh}}{s}h_{w0} + \dfrac{0.4}{\lambda}f_a A_{a1}$。

2 地震设计状况

$$V \leqslant \frac{1}{\gamma_{RE}}\left[\frac{1}{\lambda - 0.5}\left(0.4 f_t b h_0 - 0.1N\frac{A_w}{A}\right)\right.$$
$$\left. + 0.8 f_{yh}\frac{A_{sh}}{s}h_{w0} + \frac{0.32}{\lambda}f_a A_{a1}\right] \qquad (9.1.8\text{-}2)$$

当上式右端的计算值小于 $\dfrac{1}{\gamma_{RE}}\left[0.8f_{yh}\dfrac{A_{sh}}{s}h_{w0}+\right.$

$\left.\dfrac{0.32}{\lambda}f_a A_{al}\right]$ 时，应取等于 $\dfrac{1}{\gamma_{RE}}\left[0.8f_{yh}\dfrac{A_{sh}}{s}h_{w0}+\right.$

$\left.\dfrac{0.32}{\lambda}f_a A_{al}\right]$。

式中：N——剪力墙的轴向拉力设计值。

9.1.9 带边框型钢混凝土偏心受压剪力墙，其正截面受压承载力可按本规范第9.1.1条计算，计算截面应按工字形截面计算，有关受压区混凝土部分的承载力可按现行国家标准《混凝土结构设计规范》GB 50010 中工字形截面偏心受压构件的计算方法计算。

9.1.10 带边框型钢混凝土偏心受压剪力墙，其斜截面受剪承载力应符合下列公式的规定（图9.1.10）：

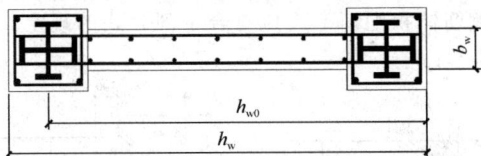

图 9.1.10 带边框型钢混凝土剪力墙斜截面受剪承载力计算参数示意

1 持久、短暂设计状况

$$V \leqslant \frac{1}{\lambda - 0.5}\left(0.5\beta_r f_t b_w h_{w0} + 0.13N\frac{A_w}{A}\right)$$
$$+ f_{yh}\frac{A_{sh}}{s}h_{w0} + \frac{0.4}{\lambda}f_a A_{al} \qquad (9.1.10\text{-}1)$$

2 地震设计状况

$$V \leqslant \frac{1}{\gamma_{RE}}\left[\frac{1}{\lambda-0.5}\left(0.4\beta_r f_t b_w h_{w0} + 0.1N\frac{A_w}{A}\right)\right.$$
$$\left. + 0.8f_{yh}\frac{A_{sh}}{s}h_{w0} + \frac{0.32}{\lambda}f_a A_{al}\right] (9.1.10\text{-}2)$$

式中：V——带边框型钢混凝土剪力墙整个墙肢截面的剪力设计值；

N——剪力墙整个墙肢截面的轴向压力设计值；

A_{al}——带边框型钢混凝土剪力墙一端边框柱中宽度等于墙肢厚度范围内的型钢截面面积；

β_r——周边柱对混凝土墙体的约束系数，取1.2。

9.1.11 带边框型钢混凝土偏心受拉剪力墙，其斜截面受剪承载力应符合下列公式的规定：

1 持久、短暂设计状况

$$V \leqslant \frac{1}{\lambda-0.5}\left(0.5\beta_r f_t b_w h_{w0} - 0.13N\frac{A_w}{A}\right)$$
$$+ f_{yh}\frac{A_{sh}}{s}h_{w0} + \frac{0.4}{\lambda}f_a A_{al} \qquad (9.1.11\text{-}1)$$

当上式右端的计算值小于 $f_{yh}\dfrac{A_{sh}}{s}h_{w0}+\dfrac{0.4}{\lambda}f_a A_{al}$

时，取等于 $f_{yh}\dfrac{A_{sh}}{s}h_{w0}+\dfrac{0.4}{\lambda}f_a A_{al}$。

2 地震设计状况

$$V \leqslant \frac{1}{\gamma_{RE}}\left[\frac{1}{\lambda-0.4}\left(0.4\beta_r f_t b_w h_{w0} - 0.1N\frac{A_w}{A}\right)\right.$$
$$\left. + 0.8f_{yh}\frac{A_{sh}}{s}h_{w0} + \frac{0.32}{\lambda}f_a A_{al}\right] (9.1.11\text{-}2)$$

当上式右端的计算值小于 $\dfrac{1}{\gamma_{RE}}\left[0.8f_{yh}\dfrac{A_{sh}}{s}h_{w0}+\right.$

$\left.\dfrac{0.32}{\lambda}f_a A_{al}\right]$ 时，取等于 $\dfrac{1}{\gamma_{RE}}\left[0.8f_{yh}\dfrac{A_{sh}}{s}h_{w0}+\right.$

$\left.\dfrac{0.32}{\lambda}f_a A_{al}\right]$。

式中：N——剪力墙整个墙肢截面的轴向拉力设计值。

9.1.12 型钢混凝土剪力墙连梁的剪力设计值应按下列公式计算：

1 特一级、一级抗震等级

$$V = 1.3\frac{(M_b^l + M_b^r)}{l_n} + V_{Gb} \qquad (9.1.12\text{-}1)$$

2 二级抗震等级

$$V = 1.2\frac{(M_b^l + M_b^r)}{l_n} + V_{Gb} \qquad (9.1.12\text{-}2)$$

3 三级抗震等级

$$V = 1.1\frac{(M_b^l + M_b^r)}{l_n} + V_{Gb} \qquad (9.1.12\text{-}3)$$

4 四级抗震等级，取地震作用组合下的剪力设计值。

式中：M_{bua}^l、M_{bua}^r——连梁左、右端顺时针或逆时针方向，按实配钢筋面积、型钢截面面积、材料强度标准值，且考虑承载力抗震调整系数的正截面受弯承载力所对应的弯矩值；

M_b^l、M_b^r——连梁左、右端考虑地震作用组合的弯矩设计值；

V_{Gb}——重力荷载代表值作用下按简支梁计算的梁端截面剪力设计值；

l_n——梁的净跨。

9.1.13 型钢混凝土剪力墙中的钢筋混凝土连梁的受剪截面应符合下列公式的规定：

1 持久、短暂设计状况

$$V \leqslant 0.25\beta_c f_c b_b h_{b0} \qquad (9.1.13\text{-}1)$$

2 地震设计状况

1）跨高比大于2.5

$$V \leqslant \frac{1}{\gamma_{RE}}(0.20\beta_c f_c b_b h_{b0}) \qquad (9.1.13\text{-}2)$$

2）跨高比不大于 2.5

$$V \leqslant \frac{1}{\gamma_{\mathrm{RE}}}(0.15\beta_{\mathrm{c}}f_{\mathrm{c}}b_{\mathrm{b}}h_{\mathrm{b0}}) \quad (9.1.13\text{-}3)$$

式中：V——连梁截面剪力设计值；

$\quad b_{\mathrm{b}}$——连梁截面宽度；

$\quad h_{\mathrm{b0}}$——连梁截面高度。

9.1.14 型钢混凝土剪力墙中的钢筋混凝土连梁，其斜截面受剪承载力应符合下列公式的规定：

1 持久、短暂设计状况

$$V \leqslant 0.7f_{\mathrm{t}}b_{\mathrm{b}}h_{\mathrm{b0}} + f_{\mathrm{yv}}\frac{A_{\mathrm{sv}}}{s}h_{\mathrm{b0}} \quad (9.1.14\text{-}1)$$

2 地震设计状况

1）跨高比大于 2.5

$$V \leqslant \frac{1}{\gamma_{\mathrm{RE}}}\left(0.42f_{\mathrm{t}}b_{\mathrm{b}}h_{\mathrm{b0}} + f_{\mathrm{yv}}\frac{A_{\mathrm{sv}}}{s}h_{\mathrm{b0}}\right)$$

$$(9.1.14\text{-}2)$$

2）跨高比不大于 2.5

$$V \leqslant \frac{1}{\gamma_{\mathrm{RE}}}\left(0.38f_{\mathrm{t}}b_{\mathrm{b}}h_{\mathrm{b0}} + 0.9f_{\mathrm{yv}}\frac{A_{\mathrm{sv}}}{s}h_{\mathrm{b0}}\right)$$

$$(9.1.14\text{-}3)$$

式中：V——调整后的连梁截面剪力设计值。

9.1.15 当钢筋混凝土连梁的受剪截面不符合本规范第 9.1.13 条的规定时，可采取在连梁中设置型钢或钢板等措施。

9.1.16 考虑地震作用的型钢混凝土剪力墙，其重力荷载代表值作用下墙肢的轴压比应按下式计算，且不宜超过表 9.1.16 的限值。

$$n = \frac{N}{f_{\mathrm{c}}A_{\mathrm{c}} + f_{\mathrm{a}}A_{\mathrm{a}}} \quad (9.1.16)$$

式中：n——型钢混凝土剪力墙轴压比；

$\quad N$——墙肢重力荷载代表值作用下轴向压力设计值；

$\quad A_{\mathrm{a}}$——剪力墙两端暗柱中全部型钢截面面积。

表 9.1.16 型钢混凝土剪力墙轴压比限值

抗震等级	特一级、一级（9 度）	一级（6、7、8 度）	二、三级
轴压比限值	0.4	0.5	0.6

注：当剪力墙中部设置型钢且与墙内型钢暗梁相连时，计算剪力墙轴压比可考虑中部型钢的截面面积。

9.2 构 造 措 施

9.2.1 考虑地震作用组合的型钢混凝土剪力墙，其端部型钢周围应设置纵向钢筋和箍筋组成内配型钢的约束边缘构件或构造边缘构件。端部型钢宜设置在本规范第 9.2.3 条、第 9.2.6 条规定的阴影部分内。

9.2.2 特一、一、二、三级抗震等级的型钢混凝土剪力墙墙肢底截面在重力荷载代表值作用下轴压比大于表 9.2.2 的规定值时，以及部分框支剪力墙结构的剪力墙，其底部加强部位及其上一层墙肢端部应设置约束边缘构件。墙肢截面轴压比不大于表 9.2.2 的规定时，可设置构造边缘构件。

表 9.2.2 型钢混凝土剪力墙可不设约束边缘构件的最大轴压比

抗震等级	特一级、一级（9 度）	一级（6、7、8 度）	二、三级
轴压比限值	0.1	0.2	0.3

9.2.3 型钢混凝土剪力墙端部约束边缘构件沿墙肢的长度 l_{c}、配箍特征值 λ_{v} 宜符合表 9.2.3 的规定。在约束边缘构件长度 l_{c} 范围内，阴影部分和非阴影部分的箍筋体积配筋率 ρ_{v} 应符合下列公式的规定（图 9.2.3）：

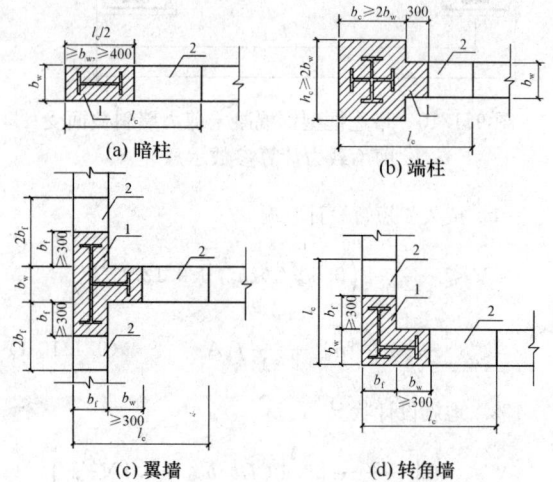

(a) 暗柱 (b) 端柱

(c) 翼墙 (d) 转角墙

图 9.2.3 型钢混凝土剪力墙约束边缘构件
1—阴影部分；2—非阴影部分

1 阴影部分

$$\rho_{\mathrm{v}} \geqslant \lambda_{\mathrm{v}}\frac{f_{\mathrm{c}}}{f_{\mathrm{yv}}} \quad (9.2.4\text{-}1)$$

2 非阴影部分

$$\rho_{\mathrm{v}} \geqslant 0.5\lambda_{\mathrm{v}}\frac{f_{\mathrm{c}}}{f_{\mathrm{yv}}} \quad (9.2.4\text{-}2)$$

式中：ρ_{v}——箍筋体积配筋率，计入箍筋、拉筋截面积；当水平分布钢筋伸入约束边缘构件，绕过端部型钢后 90°弯折延伸至另一排分布筋并勾住其竖向钢筋时，可计入水平分布钢筋截面积，但计入的体积配箍率不应大于总体积配箍率的 30%；

$\quad \lambda_{\mathrm{v}}$——约束边缘构件的配箍特征值；

$\quad f_{\mathrm{c}}$——混凝土轴心抗压强度设计值；当强度等级低于 C35 时，按 C35 取值；

$\quad f_{\mathrm{yv}}$——箍筋及拉筋的抗拉强度设计值。

表 9.2.3 型钢混凝土剪力墙约束边缘构件沿墙肢长度 l_c 及配箍特征值 λ_v

抗震等级	特一级		一级(9度)		一级(6、7、8度)		二、三级	
轴压比	$n \leq 0.2$	$n > 0.2$	$n \leq 0.2$	$n > 0.2$	$n \leq 0.3$	$n > 0.3$	$n \leq 0.4$	$n > 0.4$
l_c（暗柱）	$0.20h_w$	$0.25h_w$	$0.20h_w$	$0.25h_w$	$0.15h_w$	$0.20h_w$	$0.15h_w$	$0.20h_w$
l_c（翼墙或端柱）	$0.15h_w$	$0.20h_w$	$0.15h_w$	$0.20h_w$	$0.10h_w$	$0.15h_w$	$0.10h_w$	$0.15h_w$
λ_v	0.14	0.24	0.12	0.20	0.12	0.20	0.12	0.20

注：1 两侧翼墙长度小于其厚度 3 倍时，视为无翼墙剪力墙；端柱截面边长小于墙厚 2 倍时，视为无端柱剪力墙；

    2 约束边缘构件沿墙肢长度 l_c 除符合本表 9.2.3 的规定外，且不宜小于墙厚和 400mm；当有端柱、翼墙或转角墙时，尚不应小于翼墙厚度或端柱沿墙肢方向截面高度加 300mm；

    3 h_w 为墙肢长度。

9.2.4 特一、一、二、三级抗震等级的型钢混凝土剪力墙端部约束边缘构件的纵向钢筋截面面积分别不应小于本规范图 9.2.3 中阴影部分面积的 1.4%、1.2%、1.0%、1.0%。

9.2.5 型钢混凝土剪力墙约束边缘构件内纵向钢筋应有箍筋约束，当部分箍筋采用拉筋时，应配置不少于一道封闭箍筋。箍筋或拉筋沿竖向的间距，特一级、一级不宜大于 100mm，二、三级不宜大于 150mm。

9.2.6 型钢混凝土剪力墙构造边缘构件的范围宜按图 9.2.6 阴影部分采用，其纵向钢筋、箍筋的设置应符合表 9.2.6 的规定。

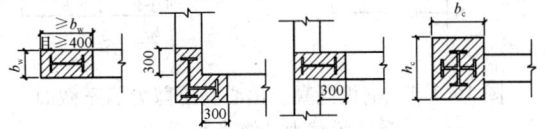

图 9.2.6 型钢混凝土剪力墙构造边缘构件

表 9.2.6 型钢混凝土剪力墙构造边缘构件的最小配筋

抗震等级	底部加强部位			其他部位		
	竖向钢筋最小量（取较大值）	箍筋		竖向钢筋最小量（取较大值）	拉筋	
		最小直径（mm）	沿竖向最大间距（mm）		最小直径（mm）	沿竖向最大间距（mm）
一	$0.010A_c$，$6\phi16$	8	100	$0.008A_c$，$6\phi14$	8	150
二	$0.008A_c$，$6\phi14$	8	150	$0.006A_c$，$6\phi12$	8	200
三	$0.006A_c$，$6\phi12$	6	150	$0.005A_c$，$4\phi12$	6	200
四	$0.005A_c$，$4\phi12$	6	200	$0.004A_c$，$4\phi12$	6	200

注：1 A_c 为构造边缘构件的截面面积，即图 9.2.6 剪力墙截面的阴影部分；

    2 符号 ϕ 表示钢筋直径；

    3 其他部位的转角处宜采用箍筋。

9.2.7 在各种结构体系中的剪力墙，当下部采用型钢混凝土约束边缘构件，上部采用型钢混凝土构造边缘构件或钢筋混凝土构造边缘构件时，宜在两类边缘构件间设置 1～2 层过渡层，其型钢、纵向钢筋和箍筋配置可低于下部约束边缘构件的规定，但应高于上部构造边缘构件的规定。

9.2.8 型钢混凝土剪力墙的水平和竖向分布钢筋的最小配筋率应符合表 9.2.8 规定，分布钢筋间距不宜大于 300mm，直径不应小于 8mm，拉结筋间距不宜大于 600mm。部分框支剪力墙结构的底部加强部位，水平和竖向分布钢筋间距不宜大于 200mm。

表 9.2.8 型钢混凝土剪力墙分布钢筋最小配筋率

抗震等级	特一级	一级、二级、三级	四级
水平和竖向分布钢筋	0.35%	0.25%	0.2%

注：1 特一级底部加强部位取 0.4%；

    2 部分框支剪力墙结构的剪力墙底部加强部位不应小于 0.3%。

9.2.9 型钢混凝土剪力墙端部型钢的混凝土保护层厚度不宜小于 150mm；水平分布钢筋应绕过墙端型钢，且应符合钢筋锚固长度规定。

9.2.10 周边有型钢混凝土柱和梁的带边框型钢混凝土剪力墙，剪力墙的水平分布钢筋宜全部绕过或穿过周边柱型钢，且应符合钢筋锚固长度规定；当采用间隔穿过时，宜另加补强钢筋。周边柱的型钢、纵向钢筋、箍筋配置应符合型钢混凝土柱的设计规定，周边梁可采用型钢混凝土梁或钢筋混凝土梁；当不设周边梁时，应设置钢筋混凝土暗梁，暗梁的高度可取 2 倍墙厚。

9.2.11 剪力墙洞口连梁中配置的型钢或钢板，其高度不宜小于 0.7 倍连梁高度，型钢或钢板应伸入洞口边，其伸入墙体长度不应小于 2 倍型钢或钢板高度；型钢腹板及钢板两侧应设置栓钉，栓钉应按本规范第 4.4.5 条的规定配置。

10 钢板混凝土剪力墙

10.1 承载力计算

10.1.1 钢板混凝土偏心受压剪力墙，其正截面受压承载力应符合下列规定：

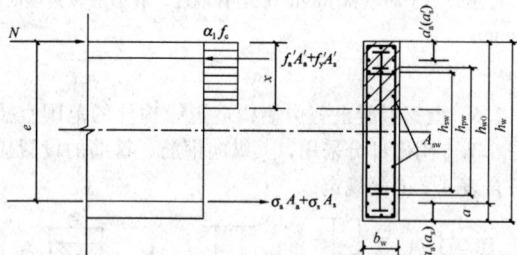

图 10.1.1 钢板混凝土偏心受压剪力墙正截面
受压承载力计算参数示意

1 持久、短暂设计状况

$$N \leqslant \alpha_1 f_c b_w x + f'_a A'_a + f'_y A'_s - \sigma_a A_a$$
$$- \sigma_s A_s + N_{sw} + N_{pw} \qquad (10.1.1-1)$$

$$Ne \leqslant \alpha_1 f_c b_w x \left(h_{w0} - \frac{x}{2}\right) + f'_y A'_s (h_{w0} - a'_s)$$
$$+ f'_a A'_a (h_{w0} - a'_a) + M_{sw} + M_{pw}$$
$$\qquad (10.1.1-2)$$

2 地震设计状况

$$N \leqslant \frac{1}{\gamma_{RE}} [\alpha_1 f_c b_w x + f'_a A'_a + f'_y A'_s$$
$$- \sigma_a A_a - \sigma_s A_s + N_{sw} + N_{pw}]$$
$$\qquad (10.1.1-3)$$

$$Ne \leqslant \frac{1}{\gamma_{RE}} [\alpha_1 f_c b_w x (h_{w0} - \frac{x}{2})$$
$$+ f'_y A'_s (h_{w0} - a'_s) + f'_a A'_a$$
$$(h_{w0} - a'_a) + M_{sw} + M_{pw}]$$
$$\qquad (10.1.1-4)$$

$$e = e_0 + \frac{h_w}{2} - a \qquad (10.1.1-5)$$

$$e_0 = \frac{M}{N} \qquad (10.1.1-6)$$

$$h_{w0} = h_w - a \qquad (10.1.1-7)$$

3 N_{sw}、N_{pw}、M_{sw}、M_{pw} 应按下列公式计算：

1）当 $x \leqslant \beta_1 h_{w0}$ 时，

$$N_{sw} = \left(1 + \frac{x - \beta_1 h_{w0}}{0.5 \beta_1 h_{sw}}\right) f_{yw} A_{sw} \qquad (10.1.1-8)$$

$$N_{pw} = \left(1 + \frac{x - \beta_1 h_{w0}}{0.5 \beta_1 h_{pw}}\right) f_p A_p \qquad (10.1.1-9)$$

$$M_{sw} = \left[0.5 - \left(\frac{x - \beta_1 h_{w0}}{\beta_1 h_{sw}}\right)^2\right]$$
$$f_{yw} A_{sw} h_{sw} \qquad (10.1.1-10)$$

$$M_{pw} = \left[0.5 - \left(\frac{x - \beta_1 h_{w0}}{\beta_1 h_{pw}}\right)^2\right] f_p A_p h_{pw}$$
$$\qquad (10.1.1-11)$$

2）当 $x > \beta_1 h_{w0}$ 时，

$$N_{sw} = f_{yw} A_{sw} \qquad (10.1.1-12)$$

$$N_{pw} = f_p A_p \qquad (10.1.1-13)$$

$$M_{sw} = 0.5 f_{yw} A_{sw} h_{sw} \qquad (10.1.1-14)$$

$$M_{pw} = 0.5 f_p A_p h_{pw} \qquad (10.1.1-15)$$

4 受拉或受压较小边的钢筋应力 σ_s 和型钢翼缘应力 σ_a 可按下列规定计算：

1）当 $x \leqslant \xi_b h_{w0}$ 时，取 $\sigma_s = f_y$，$\sigma_a = f_a$；

2）当 $x > \xi_b h_{w0}$ 时，

$$\sigma_s = \frac{f_y}{\xi_b - \beta_1} \left(\frac{x}{h_{w0}} - \beta_1\right) \qquad (10.1.1-16)$$

$$\sigma_a = \frac{f_a}{\xi_b - \beta_1} \left(\frac{x}{h_{w0}} - \beta_1\right) \qquad (10.1.1-17)$$

3）ξ_b 可按下式计算：

$$\xi_b = \frac{\beta_1}{1 + \dfrac{f_y + f_a}{2 \times 0.003 E_s}} \qquad (10.1.1-18)$$

式中：e_0——轴向压力对截面重心的偏心矩；

e——轴向力作用点到受拉型钢和纵向受拉钢筋合力点的距离；

M——剪力墙弯矩设计值；

N——剪力墙弯矩设计值 M 相对应的轴向压力设计值；

a_s、a_a——受拉端钢筋、型钢合力点至截面受拉边缘的距离；

a'_s、a'_a——受压端钢筋、型钢合力点至截面受压边缘的距离；

a——受拉端型钢和纵向受拉钢筋合力点到受拉边缘的距离；

x——受压区高度；

α_1——受压区混凝土压应力影响系数，按本规范第 5.1.1 条规定取值；

A_a、A'_a——剪力墙受拉、受压边缘构件阴影部分内配置的型钢截面面积；

A_{sw}——剪力墙边缘构件阴影部分外的竖向分布钢筋总面积；

f_{yw}——剪力墙竖向分布钢筋强度设计值；

A_p——剪力墙截面内配置的钢板截面面积；

f_p——剪力墙截面内配置钢板的抗拉和抗压强

度设计值；

β_1 —— 受压区混凝土应力图形影响系数，按本规范第 5.1.1 条规定取值；

N_{sw} —— 剪力墙竖向分布钢筋所承担的轴向力；

M_{sw} —— 剪力墙竖向分布钢筋合力对受拉型钢截面重心的力矩；

N_{pw} —— 剪力墙截面内配置钢板所承担轴向力；

M_{pw} —— 剪力墙截面配置钢板合力对受拉型钢截面重心的力矩；

h_{sw} —— 剪力墙边缘构件阴影部分外的竖向分布钢筋配置高度；

h_{pw} —— 剪力墙截面钢板配置高度；

h_{w0} —— 剪力墙截面有效高度；

b_w —— 剪力墙厚度；

h_w —— 剪力墙截面高度。

10.1.2 钢板混凝土偏心受拉剪力墙，其正截面受拉承载力应符合下列公式的规定：

1 持久、短暂设计状况

$$N \leqslant \frac{1}{\dfrac{1}{N_{0u}} + \dfrac{e_0}{M_{wu}}} \quad (10.1.2\text{-}1)$$

2 地震设计状况

$$N \leqslant \frac{1}{\gamma_{RE}} \left[\frac{1}{\dfrac{1}{N_{0u}} + \dfrac{e_0}{M_{wu}}} \right] \quad (10.1.2\text{-}2)$$

3 N_{0u}、M_{wu} 应按下列公式计算：

$$N_{0u} = f_y (A_s + A'_s) + f_a (A_a + A'_a) + f_{yw} A_{sw} + f_p A_p \quad (10.1.2\text{-}3)$$

$$M_{wu} = f_y A_s (h_{w0} - a'_s) + f_a A_a (h_{w0} - a'_a) + f_{yw} A_{sw} \left(\frac{h_{w0} - a'_s}{2} \right) + f_p A_p \left(\frac{h_{w0} - a'_a}{2} \right) \quad (10.1.2\text{-}4)$$

式中：N —— 钢板混凝土剪力墙轴向拉力设计值；

e_0 —— 钢板混凝土剪力墙轴向拉力对截面重心的偏心距；

N_{0u} —— 钢板混凝土剪力墙轴向受拉承载力；

M_{wu} —— 钢板混凝土剪力墙受弯承载力。

10.1.3 考虑地震作用的钢板混凝土剪力墙，其弯矩设计值、剪力设计值应按本规范第 9.1.3 条、第 9.1.4 条的规定计算。

10.1.4 钢板混凝土剪力墙的受剪截面应符合下列公式的规定：

1 持久、短暂设计状况

$$V_{cw} \leqslant 0.25 \beta_c f_c b_w h_{w0} \quad (10.1.4\text{-}1)$$

$$V_{cw} = V - \left(\frac{0.3}{\lambda} f_a A_{a1} + \frac{0.6}{\lambda - 0.5} f_p A_p \right) \quad (10.1.4\text{-}2)$$

2 地震设计状况

1）当剪跨比大于 2.5 时：

$$V_{cw} \leqslant \frac{1}{\gamma_{RE}} 0.20 \beta_c f_c b_w h_{w0} \quad (10.1.4\text{-}3)$$

2）当剪跨比不大于 2.5 时：

$$V_{cw} \leqslant \frac{1}{\gamma_{RE}} 0.15 \beta_c f_c b_w h_{w0} \quad (10.1.4\text{-}4)$$

3）V_{cw} 应按下式计算：

$$V_{cw} = V - \frac{1}{\gamma_{RE}} \left(\frac{0.25}{\lambda} f_a A_{a1} + \frac{0.5}{\lambda - 0.5} f_p A_p \right) \quad (10.1.4\text{-}5)$$

式中：V —— 钢板混凝土剪力墙的墙肢截面剪力设计值；

V_{cw} —— 仅考虑墙肢截面钢筋混凝土部分承受的剪力值，即墙肢剪力设计值减去端部型钢和钢板承受的剪力值；

λ —— 计算截面处的剪跨比，$\lambda = \dfrac{M}{V h_{w0}}$。当 $\lambda < 1.5$ 时，取 $\lambda = 1.5$，当 $\lambda > 2.2$ 时，取 $\lambda = 2.2$；当计算截面与墙底之间的距离小于 $0.5 h_{w0}$ 时，λ 应按距离墙底 $0.5 h_{w0}$ 处的弯矩值与剪力值计算；

A_{a1} —— 钢板混凝土剪力墙一端所配型钢的截面面积，当两端所配型钢截面面积不同时，取较小一端的面积；

β_c —— 混凝土强度影响系数，按本规范第 5.2.3 条取值。

10.1.5 钢板混凝土偏心受压剪力墙，其斜截面受剪承载力应符合下列公式的规定：

1 持久、短暂设计状况

$$V \leqslant \frac{1}{\lambda - 0.5} \left(0.5 f_t b_w h_{w0} + 0.13 N \frac{A_w}{A} \right) + f_{yh} \frac{A_{sh}}{s} h_{w0} + \frac{0.3}{\lambda} f_a A_{a1} + \frac{0.6}{\lambda - 0.5} f_p A_p \quad (10.1.5\text{-}1)$$

2 地震设计状况

$$V \leqslant \frac{1}{\gamma_{RE}} \left[\frac{1}{\lambda - 0.5} \left(0.4 f_t b_w h_{w0} + 0.1 N \frac{A_w}{A} \right) + 0.8 f_{yh} \frac{A_{sh}}{s} h_{w0} + \frac{0.25}{\lambda} f_a A_{a1} + \frac{0.5}{\lambda - 0.5} f_p A_p \right] \quad (10.1.5\text{-}2)$$

式中：N —— 钢板混凝土剪力墙的轴向压力设计值，当 $N > 0.2 f_c b_w h_w$ 时，取 $N = 0.2 f_c b_w h_w$；

A —— 钢板混凝土剪力墙截面面积；

A_w —— 剪力墙腹板的截面面积，对矩形截面剪力墙应取 $A_w = A$；

f_{yh} —— 剪力墙水平分布钢筋抗拉强度设计值；

s —— 剪力墙水平分布钢筋间距；

A_{sh} —— 配置在同一水平截面内的水平分布钢筋的全部截面面积。

10.1.6 钢板混凝土偏心受拉剪力墙，其斜截面受剪承载力应符合下列公式的规定：

1 持久、短暂设计状况

$$V \leqslant \frac{1}{\lambda - 0.5}\left(0.5f_t b_w h_{w0} - 0.13N\frac{A_w}{A}\right)$$
$$+ f_{yh}\frac{A_{sh}}{s}h_{w0} + \frac{0.3}{\lambda}f_a A_{a1}$$
$$+ \frac{0.6}{\lambda - 0.5}f_p A_p \qquad (10.1.6-1)$$

当上式右端的计算值小于 $f_{yh}\frac{A_{sh}}{s}h_{w0} + \frac{0.3}{\lambda}f_a A_{a1}$
$+ \frac{0.6}{\lambda - 0.5}f_p A_p$ 时，应取等于 $f_{yh}\frac{A_{sh}}{s}h_{w0} + \frac{0.3}{\lambda}f_a A_{a1} +$
$\frac{0.6}{\lambda - 0.5}f_p A_p$。

2 地震设计状况

$$V \leqslant \frac{1}{\gamma_{RE}}\left[\frac{1}{\lambda - 0.5}\left(0.4f_t b_w h_{w0} - 0.1N\frac{A_w}{A}\right)\right.$$
$$+ 0.8f_{yh}\frac{A_{sh}}{s}h_{w0} + \frac{0.25}{\lambda}f_a A_{a1}$$
$$\left.+ \frac{0.5}{\lambda - 0.5}f_p A_p\right] \qquad (10.1.6-2)$$

当上式右端的计算值小于 $\frac{1}{\gamma_{RE}}\left[0.8f_{yh}\frac{A_{sh}}{s}\right.$
$+ \frac{0.25}{\lambda}f_a A_{a1} + \frac{0.5}{\lambda - 0.5}f_p A_p\right]$ 时，应取等于 $\frac{1}{\gamma_{RE}}\left[0.8f_{yh}\right.$
$\frac{A_{sh}}{s}h_{w0} + \frac{0.25}{\lambda}f_a A_{a1} + \frac{0.5}{\lambda - 0.5}f_p A_p\right]$。

式中：N——钢板混凝土剪力墙的轴向拉力设计值。

10.1.7 考虑地震作用的钢板混凝土剪力墙，其重力荷载代表值作用下墙肢的轴压比应按下式计算，且不宜超过表 10.1.7 的限值。

$$n = \frac{N}{f_c A_c + f_a A_a + f_p A_P} \qquad (10.1.7)$$

式中：n——钢板混凝土剪力墙轴压比；

N——墙肢重力荷载代表值作用下轴向压力设计值；

A_a——剪力墙两端暗柱中全部型钢截面面积；

A_p——剪力墙截面内配置的钢板截面面积。

表 10.1.7 钢板混凝土剪力墙轴压比限值

抗震等级	特一级、一级（9度）	一级（6、7、8度）	二、三级
轴压比限值	0.4	0.5	0.6

10.1.8 钢板混凝土剪力墙中的钢板两侧面应设置栓钉，每片钢板的栓钉数量应按下列公式计算：

$$n_f = \frac{V_{min}}{N_v^c} \qquad (10.1.8-1)$$

$$V_{min} = \min(V_{cw}, V_p) \qquad (10.1.8-2)$$

$$V_{cw} = 0.5f_t b_w h_{w0} + 0.13N$$
$$+ f_{yh}\frac{A_{sh}}{s}h_{w0} \qquad (10.1.8-3)$$

$$V_p = 0.6A_p f_p \qquad (10.1.8-4)$$

式中：n_f——每片钢板两侧应设置的栓钉总数量；

V_{cw}——钢板混凝土剪力墙中钢筋混凝土部分承受的剪力值；

V_p——钢板混凝土剪力墙中钢板部分承受的总剪力值；

f_t——混凝土轴心抗拉强度设计值；

f_p——钢板抗拉和抗压强度设计值；

A_p——剪力墙内配置的钢板的截面面积；

E_c——混凝土的弹性模量；

f_c——混凝土轴心抗压强度；

N_v^c——一个圆柱头栓钉连接件的抗剪承载力，按本规范第 3.1.14 条规定计算。

10.2 构 造 措 施

10.2.1 钢板混凝土剪力墙，其钢板厚度不宜小于 10mm，且钢板厚度与墙体厚度之比不宜大于 1/15。

10.2.2 钢板混凝土剪力墙的水平和竖向分布钢筋的最小配筋率应符合表 10.2.2 的规定，分布钢筋间距不宜大于 200mm，拉结钢筋间距不宜大于 400mm，分布钢筋及拉结钢筋与钢板间应有可靠连接。

表 10.2.2 钢板混凝土剪力墙分布钢筋最小配筋率

抗震等级	特一级	一级、二级、三级	四级
水平和竖向分布钢筋	0.45%	0.4%	0.3%

10.2.3 钢板混凝土剪力墙的端部型钢周围应配置纵向钢筋和箍筋，组成内配型钢的约束边缘构件或构造边缘构件。边缘构件沿墙肢的长度、纵向钢筋和箍筋的配置应符合本规范第 9 章有关型钢混凝土剪力墙边缘构件的规定。

10.2.4 钢板混凝土剪力墙在楼层标高处应设置型钢暗梁。钢板混凝土剪力墙内钢板与四周型钢宜采用焊接连接。

10.2.5 钢板混凝土剪力墙端部型钢的混凝土保护层厚度不宜小于 150mm，水平分布钢筋应绕过墙端型钢，且应符合钢筋锚固长度规定。

10.2.6 钢板混凝土剪力墙的钢板两侧和端部型钢翼缘应设置栓钉，栓钉直径不宜小于 16mm，间距不宜大于 300mm。

10.2.7 钢板混凝土剪力墙角部 1/5 板跨且不小于 1000mm 范围内墙体分布钢筋和抗剪栓钉宜适当加密。

10.2.8 钢板混凝土剪力墙约束边缘构件阴影部分的箍筋应穿过钢板或与钢板焊接形成封闭箍筋；阴影部分外的箍筋可采用封闭箍筋或与钢板有连接的拉筋。

11 带钢斜撑混凝土剪力墙

11.1 承载力计算

11.1.1 带钢斜撑混凝土偏心受压和偏心受拉剪力墙（图11.1.1），其正截面受压承载力和受拉承载力可按本规范第9.1.1条、第9.1.2条计算，计算中不考虑钢斜撑的压弯和拉弯作用。

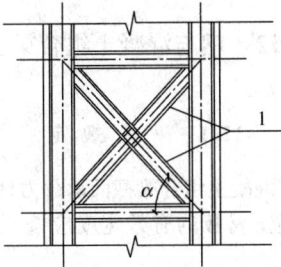

图 11.1.1 带钢斜撑混凝土剪力墙
1—钢斜撑

11.1.2 带钢斜撑混凝土剪力墙，其弯矩设计值、剪力设计值应按本规范第9.1.3条、第9.1.4条的规定计算。

11.1.3 带钢斜撑混凝土剪力墙的受剪截面应符合下列公式的规定：

1 持久、短暂设计状况

$$V_{cw} \leqslant 0.25\beta_c f_c b_w h_{w0} \qquad (11.1.3\text{-}1)$$

$$V_{cw} = V - \left[\frac{0.3}{\lambda} f_a A_{a1} + (f_g A_g + \varphi f'_g A'_g)\cos\alpha \right] \qquad (11.1.3\text{-}2)$$

2 地震设计状况

1） 当剪跨比大于2时：

$$V_{cw} \leqslant \frac{1}{\gamma_{RE}}(0.20\beta_c f_c b_w h_{w0}) \qquad (11.1.3\text{-}3)$$

2） 当剪跨比不大于2时：

$$V_{cw} \leqslant \frac{1}{\gamma_{RE}}(0.15\beta_c f_c b_w h_{w0}) \qquad (11.1.3\text{-}4)$$

3） V_{cw} 应按下式计算：

$$V_{cw} = V - \frac{1}{\gamma_{RE}}\left(\frac{0.25}{\lambda} f_a A_{a1} + 0.8(f_g A_g + \varphi f'_g A'_g)\cos\alpha \right) \qquad (11.1.3\text{-}5)$$

式中：V ——剪力墙的剪力设计值；

V_{cw} ——仅考虑墙肢截面钢筋混凝土部分承受的剪力值，即墙肢剪力设计值减去端部型钢和钢斜撑承受的剪力值；

λ ——计算截面处的剪跨比，当 $\lambda < 1.5$ 时，取 $\lambda = 1.5$，当 $\lambda > 2.2$ 时，取 $\lambda = 2.2$；当计算截面与墙底之间的距离小于 $0.5h_{w0}$ 时，λ 应按距离墙底 $0.5h_{w0}$ 处的

弯矩值与剪力值计算；

A_{a1} ——剪力墙一端所配型钢的截面面积，当两端所配型钢截面面积不同时，取较小一端的面积；

f_c ——混凝土轴心抗压强度设计值；

f_a ——剪力墙端部型钢抗拉、抗压强度设计值；

f_g、f'_g ——剪力墙受拉、受压钢斜撑的强度设计值；

A_g、A'_g ——剪力墙受拉、受压钢斜撑截面面积；

φ ——受压斜撑面外稳定系数，按现行国家标准《钢结构设计规范》GB 50017 的规定计算；

α ——斜撑与水平方向的倾斜角度；

h_{w0} ——剪力墙截面有效高度；

b_w ——剪力墙厚度；

h_w ——剪力墙截面高度；

β_c ——混凝土强度影响系数，按本规范第5.2.3条取值。

11.1.4 带钢斜撑混凝土偏心受压剪力墙，其斜截面受剪承载力应符合下列公式的规定：

1 持久、短暂设计状况

$$V \leqslant \frac{1}{\lambda - 0.5}\left(0.5f_t b_w h_{w0} + 0.13N\frac{A_w}{A} \right)$$
$$+ f_{yh}\frac{A_{sh}}{s} h_{w0} + \frac{0.3}{\lambda} f_a A_{a1}$$
$$+ (f_g A_g + \varphi f'_g A'_g)\cos\alpha \qquad (11.1.4\text{-}1)$$

2 地震设计状况

$$V \leqslant \frac{1}{\gamma_{RE}}\left[\frac{1}{\lambda - 0.5}\left(0.4f_t b_w h_{w0} + 0.1N\frac{A_w}{A} \right) \right.$$
$$+ 0.8f_{yh}\frac{A_{sh}}{s} h_{w0} + \frac{0.25}{\lambda} f_a A_{a1} + 0.8$$
$$\left. (f_g A_g + \varphi f'_g A'_g)\cos\alpha \right] \qquad (11.1.4\text{-}2)$$

式中：N ——剪力墙的轴向压力设计值，当 $N > 0.2f_c b_w h_w$ 时，取 $N = 0.2f_c b_w h_w$；

A ——剪力墙截面面积；

A_w ——剪力墙腹板的截面面积，对矩形截面剪力墙，取 $A_w = A$；

A_{sh} ——配置在同一水平截面内的水平分布钢筋的全部截面面积；

f_t ——混凝土轴心抗拉强度设计值；

f_{yh} ——剪力墙水平分布钢筋抗拉强度设计值；

s ——剪力墙水平分布钢筋间距。

11.1.5 带钢斜撑混凝土偏心受拉剪力墙，其斜截面受剪承载力应符合下列公式的规定：

1 持久、短暂设计状况

$$V \leqslant \frac{1}{\lambda - 0.5}\left(0.5f_t b_w h_{w0} - 0.13N\frac{A_w}{A}\right)$$
$$+ f_{yh}\frac{A_{sh}}{s}h_{w0} + \frac{0.3}{\lambda}f_a A_{al}$$
$$+ (f_g A_g + \varphi f'_g A'_g)\cos\alpha \qquad (11.1.5\text{-}1)$$

当上式右端的计算值小于 $f_{yh}\dfrac{A_{sh}}{s}h_{w0} + \dfrac{0.3}{\lambda}f_a A_{al}$

$+ (f_g A_g + \varphi f'_g A'_g)\cos\alpha$ 时，取等于 $f_{yh}\dfrac{A_{sh}}{s}h_{w0} +$

$\dfrac{0.3}{\lambda}f_a A_{al} + (f_g A_g + \varphi f'_g A'_g)\cos\alpha$。

2 地震设计状况

$$V \leqslant \frac{1}{\gamma_{RE}}\left[\frac{1}{\lambda - 0.5}\left(0.4f_t b_w h_{w0} - 0.1N\frac{A_w}{A}\right)\right.$$
$$+ 0.8f_{yh}\frac{A_{sh}}{s}h_{w0} + \frac{0.25}{\lambda}f_a A_{al}$$
$$\left. + 0.8(f_g A_g + \varphi f'_g A'_g)\cos\alpha\right] \qquad (11.1.5\text{-}2)$$

当上式右端的计算值小于 $\dfrac{1}{\gamma_{RE}}\Big[0.8f_{yh}$

$\dfrac{A_{sh}}{s}h_{w0} + \dfrac{0.25}{\lambda}f_a A_{al} + 0.8(f_g A_g + \varphi f'_g A'_g)\cos\alpha\Big]$ 时，

取等于 $\dfrac{1}{\gamma_{RE}}\Big[0.8f_{yh}\dfrac{A_{sh}}{s}h_{w0} + \dfrac{0.25}{\lambda}f_a A_{al} + 0.8(f_g A_g$

$+ \varphi f'_g A'_g)\cos\alpha\Big]$。

式中：N——剪力墙轴向拉力设计值。

11.1.6 考虑地震作用的带钢斜撑混凝土剪力墙，其重力荷载代表值作用下墙肢的轴压比应按下式计算，且不宜超过表 11.1.6 的限值。

$$n = \frac{N}{f_c A_c + f_a A_a} \qquad (11.1.6)$$

式中：n——带钢斜撑混凝土剪力墙轴压比；

N——墙肢重力荷载代表值作用下轴向压力设计值；

A_a——带钢斜撑混凝土剪力墙两端暗柱中全部型钢截面面积。

表 11.1.6 带钢斜撑混凝土剪力墙轴压比限值

抗震等级	特一级、一级（9度）	一级（6、7、8度）	二、三级
轴压比限值	0.4	0.5	0.6

11.2 构 造 措 施

11.2.1 带钢斜撑混凝土剪力墙，其端部型钢周围应配置纵向钢筋和箍筋，组成内配型钢的约束边缘构件或构造边缘构件。边缘构件沿墙肢的长度、纵向钢筋和箍筋的配置应符合本规范第 9 章有关型钢混凝土剪力墙边缘构件的规定。

11.2.2 带钢斜撑混凝土剪力墙在楼层标高处应设置型钢，其钢斜撑与周边型钢应采用刚性连接。

11.2.3 带钢斜撑混凝土剪力墙，其端部型钢的混凝土保护层厚度不宜小于 150mm；钢斜撑每侧混凝土厚度不宜小于墙厚的 1/4，且不宜小于 100mm；水平及竖向分布钢筋设置应符合本规范第 10.2.2 条的规定。

11.2.4 钢斜撑全长范围和横梁端 1/5 跨度范围的型钢翼缘部位应设置栓钉，其直径不宜小于 16mm，间距不宜大于 200mm。

11.2.5 钢斜撑倾角宜取 40°～60°。

12 钢与混凝土组合梁

12.1 一般规定

12.1.1 钢与混凝土组合梁截面承载力计算时，跨中及支座处混凝土翼板的有效宽度应按下式计算（图 12.1.1）：

$$b_e = b_0 + b_1 + b_2 \qquad (12.1.1)$$

式中：b_e——混凝土翼板的有效宽度；

b_0——板托顶部的宽度，当板托倾角 $\alpha < 45°$ 时，应按 $\alpha = 45°$ 计算板托顶部的宽度；当无板托时，则取钢梁上翼缘的宽度；

b_1，b_2——梁外侧和内侧的翼板计算宽度，各取梁等效跨度 l_e 的 1/6；b_1 尚不应超过翼板实际外伸宽度 S_1；b_2 尚不应超过相邻钢梁上翼缘或板托间净距 S_0 的 1/2；

l_e——等效跨度，对于简支组合梁，取为简支组合梁的跨度 l；对于连续组合梁，中间跨正弯矩区取为 $0.6l$，边跨正弯矩区取为 $0.8l$，支座负弯矩区取为相邻两跨跨度之和的 0.2 倍。

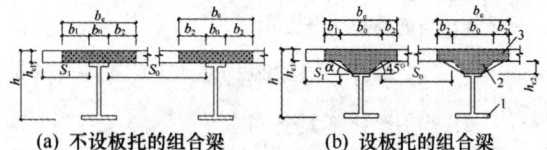

图 12.1.1 混凝土翼板的计算宽度
1—钢梁；2—板托；3—混凝土翼板

（a）不设板托的组合梁　　（b）设板托的组合梁

12.1.2 进行结构整体内力和变形计算时，对于仅承受竖向荷载的梁柱铰接简支或连续组合梁，每跨混凝土翼板有效宽度可取为定值，按本规范第 12.1.1 条规定的跨中有效缘宽度取值计算；对于承受竖向荷载并参与结构整体抗侧力作用的梁柱刚接框架组合梁，宜考虑楼板与钢梁之间的组合作用，其抗弯惯性矩 I_e 可按下列公式计算：

$$I_e = \alpha I_s \qquad (12.1.2\text{-}1)$$

$$\alpha = \frac{2.2}{(I_s/I_c)^{0.3} - 0.5} + 1 \qquad (12.1.2\text{-}2)$$

$$I_c = \frac{[\min(0.1L, B_1) + \min(0.1L, B_2)]h_{c1}^3}{12\alpha_E}$$

(12.1.2-3)

式中：I_s——钢梁抗弯惯性矩；

α——刚度放大系数，当 $\alpha > 2$ 时，宜取 $\alpha = 2$；

I_c——混凝土翼板等效抗弯惯性矩；

L——梁跨度；

B_1、B_2——分别为组合梁两侧实际混凝土翼板宽度，取为梁中心线到混凝土翼板边缘的距离，或梁中心线到相邻梁中心线之间距离的一半；

h_{c1}——混凝土翼板厚度，不考虑托板、压型钢板肋的高度；

α_E——钢材和混凝土弹性模量比。

12.1.3 组合梁承载力按本规范第 12.2 节塑性分析方法进行计算时，连续组合梁和框架组合梁在竖向荷载作用下的梁端负弯矩可进行调幅，其调幅系数不宜超过 30%。

12.2 承载力计算

12.2.1 完全抗剪连接组合梁的正截面受弯承载力应符合下列公式的规定：

1 正弯矩作用区段

1）当 $A_a f_a \leqslant f_c b_e h_{c1}$ 时，中和轴在混凝土翼板内（图 12.2.1-1）：

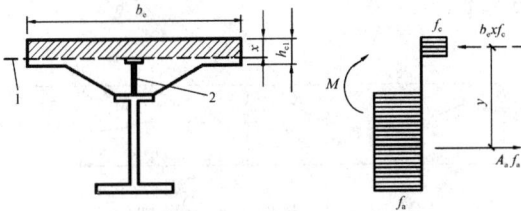

图 12.2.1-1 中和轴在混凝土翼板内时的组合梁截面及应力图形

1—组合梁塑性中和轴；2—栓钉

持久、短暂设计状况：

$$M \leqslant f_c b_e x y \qquad (12.2.1-1)$$
$$f_c b_e x = A_a f_a \qquad (12.2.1-2)$$

地震设计状况：

$$M \leqslant \frac{1}{\gamma_{RE}} f_c b_e x y \qquad (12.2.1-3)$$
$$f_c b_e x = A_a f_a \qquad (12.2.1-4)$$

2）当 $A_a f_a > f_c b_e h_{c1}$ 时，中和轴在钢梁截面内（图 12.2.1-2）：

持久、短暂设计状况：

$$M \leqslant f_c b_e h_{c1} y_1 + A_{ac} f_a y_2 \qquad (12.2.1-5)$$
$$f_c b_e h_{c1} + f_a A_{ac} = f_a (A_a - A_{ac})$$

(12.2.1-6)

地震设计状况：

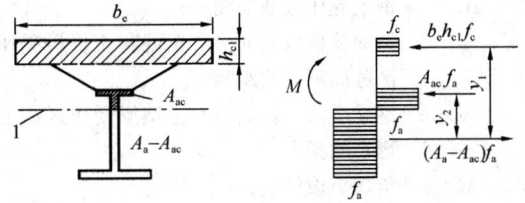

图 12.2.1-2 中和轴在钢梁内时的组合梁截面及应力图形

1—组合梁塑性中和轴

$$M \leqslant \frac{1}{\gamma_{RE}} (f_c b_e h_{c1} y_1 + A_{ac} f_a y_2)$$

(12.2.1-7)

$$f_c b_e h_{c1} + f_a A_{ac} = f_a (A_a - A_{ac})$$

(12.2.1-8)

2 负弯矩作用区段（图 12.2.1-3）

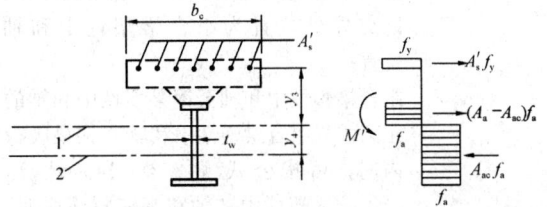

图 12.2.1-3 负弯矩作用时组合梁截面和计算简图

1—组合梁塑性中和轴；2—钢梁塑性中和轴

1）持久、短暂设计状况

$$M' \leqslant M_s + A_s' f_y (y_3 + y_4/2) \qquad (12.2.1-9)$$
$$f_y A_s' + f_a (A_a - A_{ac}) = f_a A_{ac}$$

(12.2.1-10)

2）地震设计状况

$$M' \leqslant \frac{1}{\gamma_{RE}} [M_s + A_s' f_y (y_3 + y_4/2)]$$

(12.2.1-11)

$$f_y A_s' + f_a (A_a - A_{ac}) = f_a A_{ac}$$

(12.2.1-12)

$$M_s = (S_t + S_b) f_a \qquad (12.2.1-13)$$
$$y_4 = 0.5 A_s' f_y / (f_a t_w) \qquad (12.2.1-14)$$

式中：M——正弯矩设计值；

A_a——钢梁的截面面积；

h_{c1}——混凝土翼板厚度，不考虑托板、压型钢板肋的高度；

x——混凝土翼板受压区高度；

y——钢梁截面应力的合力至混凝土受压区截面应力的合力间的距离；

f_c——混凝土抗压强度设计值；

f_a——钢梁的抗压和抗拉强度设计值；

b_e——组合梁混凝土翼板有效宽度，按本规范第 12.1.1 条规定计算；

γ_{RE}——承载力抗震调整系数，取 0.75；

A_{ac} ——钢梁受压区截面面积；

y_1 ——钢梁受拉区截面形心至混凝土翼板受压区截面形心的距离；

y_2 ——钢梁受拉区截面形心至钢梁受压区截面形心的距离；

M' ——负弯矩设计值；

M_s ——钢梁塑性弯矩；

S_t, S_b ——钢梁塑性中和轴以上和以下截面对该轴的面积矩；

A'_s ——负弯矩区混凝土翼板有效宽度范围内的纵向钢筋截面面积；

f_y ——钢筋抗拉强度设计值；

y_3 ——钢筋截面形心到钢筋和钢梁形成的组合截面塑性中和轴的距离。根据截面轴力平衡式（12.2.1-10）或（12.2.1-12）求出钢梁受压区面积 A_{ac}，取钢梁拉压区交界处位置为组合梁塑性中和轴位置；

y_4 ——组合梁塑性中和轴至钢梁塑性中和轴的距离。当组合梁塑性中和轴在钢梁腹板内时，可按公式（12.2.1-14）计算，当组合梁塑性中和轴在钢梁翼缘内时，可取 y_4 等于钢梁塑性中和轴至腹板上边缘的距离。

12.2.2 部分抗剪连接组合梁正截面受弯承载力应符合下列规定：

1 正弯矩作用区段（图12.2.2）

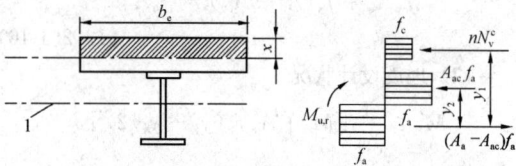

图 12.2.2 部分抗剪连接组合梁计算简图
1—组合梁塑性中和轴

1）持久、短暂设计状况

$$M_{u,r} \leqslant f_c b_e x y_1 + 0.5(A_a f_a - f_c b_e x) y_2$$
(12.2.2-1)

$$f_c b_e x = A_a f_a - 2 f_a A_{ac}$$ (12.2.2-2)

2）地震设计状况

$$M_{u,r} \leqslant \frac{1}{\gamma_{RE}} [f_c b_e x y_1 + 0.5(A_a f_a$$
$$- f_c b_e x) y_2]$$ (12.2.2-3)

$$f_c b_e x = A_a f_a - 2 f_a A_{ac}$$ (12.2.2-4)

$$f_c b_e x = n N_v^c$$ (12.2.2-5)

式中：$M_{u,r}$ ——部分抗剪连接时组合梁截面抗弯承载力；

n ——部分抗剪连接时最大正弯矩验算截面到最近零弯矩点之间的抗剪连接件

数目；

N_v^c ——一个抗剪连接件的纵向抗剪承载力，按本规范第12.2.7条的规定计算。

2 负弯矩作用区段

应按本规范式（12.2.1-9）或（12.2.1-11）计算，计算中将 $A'_s f_y$ 改为 nN_v^c 和 $A'_s f_y$ 两者的较小值，n 为最大负弯矩验算截面到最近零弯矩点之间的抗剪连接件数目。

12.2.3 组合梁根据抗剪连接栓钉的数量可分为完全抗剪连接和部分抗剪连接，其混凝土翼板与钢梁间设置的抗剪连接件应符合下列公式的规定：

1 完全抗剪连接

$$n \geqslant V_s/N_v^c$$ (12.2.3-1)

2 部分抗剪连接

$$n \geqslant 0.5 V_s/N_v^c$$ (12.2.3-2)

式中：V_s ——每个剪跨区段内钢梁与混凝土翼板交界面的纵向剪力，按本规范第12.2.4条规定计算；

N_v^c ——一个抗剪连接件的纵向抗剪承载力，按本规范第12.2.7条的规定计算；

n ——完全抗剪连接的组合梁在一个剪跨区的抗剪连接件数目。

12.2.4 钢梁与混凝土翼板交界面的纵向剪力应以弯矩绝对值最大点及支座为界限，划分若干剪跨区计算，各剪跨区纵向剪力应按下列公式计算（图12.2.4）：

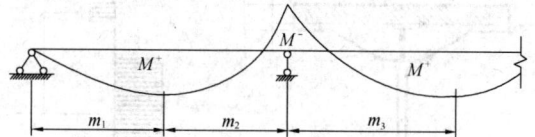

图 12.2.4 连续梁剪跨区划分

1 正弯矩最大点到边支座区段，即 m_1 区段：

$$V_s = \min\{A_a f_a, f_c b_e h_{c1}\}$$ (12.2.4-1)

2 正弯矩最大点到中支座（负弯矩最大点）区段，即 m_2 和 m_3 区段：

$$V_s = \min\{A_a f_a, f_c b_e h_{c1}\} + A'_s f_y$$
(12.2.4-2)

12.2.5 组合梁的受剪承载力应符合下列公式的规定：

1 持久、短暂设计状况

$$V_b \leqslant h_w t_w f_{av}$$ (12.2.5-1)

2 地震设计状况

$$V_b \leqslant \frac{1}{\gamma_{RE}} h_w t_w f_{av}$$ (12.2.5-2)

式中：V_b ——剪力设计值，抗震设计时应按本规范第5.2.2条的规定计算；

h_w, t_w ——钢梁的腹板高度和厚度；

f_{av} ——钢梁腹板的抗剪强度设计值；

γ_{RE}——承载力抗震调整系数，取 0.75。

12.2.6 用塑性设计法计算组合梁正截面受弯承载力时，受正弯矩的组合梁可不考虑弯矩和剪力的相互影响，受负弯矩的组合梁应考虑弯矩与剪力间的相互影响，按下列规定对腹板抗压、抗拉强度设计值进行折减：

1 当剪力设计值 $V_b > 0.5 h_w t_w f_{av}$ 时，

$$f_{ae} = (1-\rho)f_a \qquad (12.2.6\text{-}1)$$

$$\rho = [2V_b/(h_w t_w f_{av})-1]^2 \qquad (12.2.6\text{-}2)$$

2 当 $V_b \leqslant 0.5 h_w t_w f_{av}$ 时，可不对腹板强度设计值进行折减。

式中：f_{ae}——折减后的钢梁腹板抗压、抗拉强度设计值；

f_a——钢梁腹板抗压和抗拉强度设计值；

ρ——折减系数。

12.2.7 组合梁的抗剪连接件宜采用圆柱头焊钉，也可采用槽钢。一个抗剪连接件的承载力设计值应符合下列规定（图 12.2.7）：

(a) 圆柱头焊钉连接件　　(b) 槽钢连接件

图 12.2.7　组合梁抗剪连接件

1 圆柱头焊钉连接件

$$N_v^c = 0.43A_s \sqrt{E_c f_c} \leqslant 0.7 A_s f_{at}$$
$$(12.2.7\text{-}1)$$

2 槽钢连接件

$$N_v^c = 0.26(t+0.5t_w)l_c \sqrt{E_c f_c}$$
$$(12.2.7\text{-}2)$$

3 槽钢连接件通过肢尖肢背两条通长角焊缝与钢梁连接，角焊缝应按承受该连接件的抗剪承载力设计值 N_v^c 进行计算。

4 位于负弯矩区段的抗剪连接件，其一个抗剪连接件的承载力设计值 N_v^c 应乘以折减系数，中间支座两侧的折减系数为 0.9，悬臂部分的折减系数为 0.8。

式中：N_v^c——一个抗剪连接件的纵向抗剪承载力；

A_s——圆柱头焊钉钉杆截面面积；

f_{at}——圆柱头焊钉极限强度设计值；

E_c——混凝土的弹性模量；

t——槽钢翼缘的平均厚度；

t_w——槽钢腹板的厚度；

l_c——槽钢的长度。

12.2.8 对于用压型钢板混凝土组合板做翼板的组合梁，一个圆柱头焊钉连接件的抗剪承载力设计值应分别按下列规定予以折减：

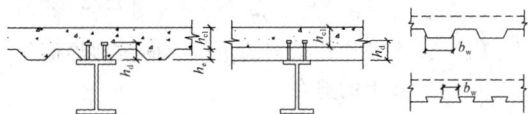

(a) 肋与钢梁平行的　(b) 肋与钢梁垂直的　(c) 压型钢板作底模
　　组合梁截面　　　　组合梁截面　　　　的楼板剖面

图 12.2.8　用压型钢板作混凝土翼板底模的组合梁

1 当压型钢板肋平行于钢梁布置（图 12.2.8a），$b_w/h_e < 1.5$ 时，焊钉抗剪连接件承载力设计值的折减系数应按下式计算：

$$\beta_v = 0.6 \frac{b_w}{h_e}\left(\frac{h_d - h_e}{h_e}\right) \qquad (12.2.8\text{-}1)$$

2 当压型钢板肋垂直于钢梁布置时（图 12.2.8b），焊钉抗剪连接件承载力设计值的折减系数应按下式计算：

$$\beta_v = \frac{0.85}{\sqrt{n_0}} \frac{b_w}{h_e}\left(\frac{h_d - h_e}{h_e}\right) \qquad (12.2.8\text{-}2)$$

式中：β_v——抗剪连接件承载力折减系数，当 $\beta_v \geqslant 1$ 时取 $\beta_v = 1$；

b_w——混凝土凸肋的平均宽度，当肋的上部宽度小于下部宽度时（图 12.2.8c），取其上部宽度；

h_e——混凝土凸肋高度；

h_d——焊钉高度；

n_0——梁截面处一个肋中布置的栓钉数，当多于 3 个时，按 3 个计算。

12.2.9 连接件数量可在对应的剪跨区段内均匀布置。当在此剪跨区段内有较大集中荷载作用时，应将连接件个数按剪力图面积比例分配后再各自均匀布置。

12.2.10 组合梁由荷载作用引起的单位纵向抗剪界面长度上的剪力设计值应按下列规定计算（图 12.2.10）：

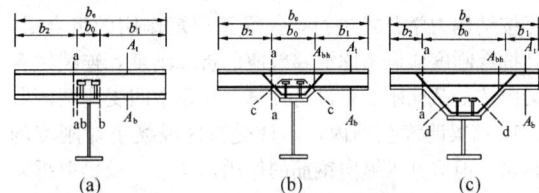

(a)　　　　　　(b)　　　　　　(c)

图 12.2.10　托板及翼板的纵向受剪界面及
纵向剪力简化计算图

1 a-a 界面，应按下列公式计算并取其较大值：

$$V_{bl} = \frac{V_s}{m_i} \times \frac{b_1}{b_e} \qquad (12.2.10\text{-}1)$$

$$V_{bl} = \frac{V_s}{m_i} \times \frac{b_2}{b_e} \qquad (12.2.10\text{-}2)$$

2 b-b、c-c、d-d 界面：

$$V_{bl} = \frac{V_s}{m_i} \qquad (12.2.10-3)$$

式中：V_{bl} ——荷载作用引起的单位纵向抗剪界面长度上的剪力；

V_s ——每个剪跨区段内钢梁与混凝土翼板交界面的纵向剪力，按本规范第12.2.4条的规定计算；

m_i ——剪跨区段长度，按本规范第12.2.4条规定计算；

b_e ——混凝土翼板的有效宽度，按本规范第12.1.1条的规定取跨中有效宽度；

b_1、b_2 ——混凝土翼板左、右两侧挑出的宽度。

12.2.11 组合梁由荷载作用引起的单位纵向抗剪界面长度上的斜截面受剪承载力应符合下列公式的规定：

$$V_{bl} \leqslant 0.7 f_t b_f + 0.8 A_e f_{yv} \qquad (12.2.11-1)$$

$$V_{bl} \leqslant 0.25 f_c b_f \qquad (12.2.11-2)$$

式中：f_t ——混凝土抗拉强度设计值；

b_f ——垂直于纵向抗剪界面的长度，按图12.2.10所示的 a-a、b-b、c-c 及 d-d 连线在抗剪连接件以外的最短长度取值；

A_e ——单位纵向抗剪界面长度上的横向钢筋截面面积。对于界面 a-a，$A_e = A_b + A_t$；对于界面 b-b，$A_e = 2A_b$；对于有板托的界面 c-c，$A_e = 2(A_b + A_{bh})$；对于有板托的界面 d-d，$A_e = 2A_{bh}$；

f_{yv} ——横向钢筋抗拉强度设计值。

12.2.12 混凝土板横向钢筋最小配筋宜符合下式规定：

$$A_e f_{yv}/b_f > 0.75(N/mm^2) \qquad (12.2.12)$$

12.3 挠度计算及负弯矩区裂缝宽度计算

12.3.1 组合梁的挠度应分别按荷载的标准组合和准永久组合并考虑长期作用的影响进行计算。挠度计算可按结构力学公式进行，仅受正弯矩作用的组合梁，其抗弯刚度应取考虑滑移效应的折减刚度，连续组合梁应按变截面刚度梁进行计算，在距中间支座两侧各0.15倍层跨度范围内，不计受拉区混凝土对刚度的影响，但应计入纵向钢筋的作用，其余区段仍取折减刚度。在此两种荷载组合中，组合梁应取其相应的折减刚度。

12.3.2 组合梁考虑滑移效应的折减刚度 B 可按下式确定：

$$B = \frac{EI_{eq}}{1+\xi} \qquad (12.3.2)$$

式中：E ——钢的弹性模量；

I_{eq} ——组合梁的换算截面惯性矩；对荷载的标准组合，可将截面中的混凝土翼板有效宽度除以钢与混凝土弹性模量的比值 α_E 换算为钢截面宽度后，计算整个截面的惯性矩；对荷载的准永久组合，则除以 $2\alpha_E$ 进行换算；对于钢梁与压型钢板混凝土组合板构成的组合梁，取其较弱截面的换算截面进行计算，且不计压型钢板的作用；

ξ ——刚度折减系数，按本规范第12.3.3条规定计算；

α_E ——钢与混凝土弹性模量的比值。

12.3.3 刚度折减系数 ξ 可按下列公式计算：

$$\xi = \eta\left[0.4 - \frac{3}{(jl)^2}\right] \qquad (12.3.3-1)$$

$$\eta = \frac{36Ed_c pA_0}{n_s khl^2} \qquad (12.3.3-2)$$

$$j = 0.81\sqrt{\frac{n_s N_v^c A_1}{EI_0 p}} \qquad (12.3.3-3)$$

$$A_0 = \frac{A_{cf}A}{\alpha_E A + A_{cf}} \qquad (12.3.3-4)$$

$$A_1 = \frac{I_0 + A_0 d_c^2}{A_0} \qquad (12.3.3-5)$$

$$I_0 = I + \frac{I_{cf}}{\alpha_E} \qquad (12.3.3-6)$$

式中：ξ ——刚度折减系数，当 $\xi \leqslant 0$ 时，取 $\xi = 0$；

A_{cf} ——混凝土翼板截面面积；对压型钢板混凝土组合板的翼板，取其较弱截面的面积，且不考虑压型钢板的面积（mm²）；

A ——钢梁截面面积（mm²）；

I ——钢梁截面惯性矩（mm⁴）；

I_{cf} ——混凝土翼板的截面惯性矩；对压型钢板混凝土组合板的翼板，取其较弱截面的惯性矩，且不考虑压型钢板（mm⁴）；

d_c ——钢梁截面形心到混凝土翼板截面（对压型钢板混凝土组合板为其较弱截面）形心的距离（mm）；

h ——组合梁截面高度（mm）；

l ——组合梁的跨度（mm）；

N_v^c ——抗剪连接件的承载力设计值，按本规范第12.2.7条的规定计算（N）；

k ——抗剪连接件的刚度系数，取 $k = N_v^c$（N/mm）；

p ——抗剪连接件的纵向平均间距（mm）；

n_s ——抗剪连接件在一根梁上的列数；

α_E ——钢与混凝土弹性模量的比值，当按荷载效应的准永久组合进行计算时，α_E 应乘以2。

12.3.4 组合梁负弯矩区段混凝土在正常使用极限状态下考虑长期作用影响的最大裂缝宽度应按现行国家标准《混凝土结构设计规范》GB 50010 轴心受拉构件的规定计算，其值不得大于现行国家标准《混凝土结构设计规范》GB 50010 规定的限值。

12.3.5 按荷载效应的标准组合计算的开裂截面纵向受拉钢筋的应力可按下列公式计算：

$$\sigma_{sk} = \frac{M_k y_s}{I_{cr}} \qquad (12.3.5\text{-}1)$$

$$M_k = M_e (1 - \alpha_r) \qquad (12.3.5\text{-}2)$$

式中：I_{cr}——由纵向普通钢筋与钢梁形成的组合截面的惯性矩；

σ_{sk}——纵向受拉钢筋应力；

y_s——钢筋截面重心至钢筋和钢梁形成的组合截面中和轴的距离；

M_k——钢与混凝土形成组合截面之后，考虑了弯矩调幅的标准荷载作用下支座截面负弯矩组合值；对于悬臂组合梁，M_k 应根据平衡条件计算得到；

M_e——钢与混凝土形成组合截面之后，标准荷载作用下按照未开裂模型进行弹性计算得到的连续组合梁中支座负弯矩值；

α_r——正常使用极限状态连续组合梁中支座负弯矩调幅系数，其取值不宜超过 15%。

12.4 构 造 措 施

12.4.1 组合梁截面高度不宜超过钢梁截面高度的 2 倍；混凝土板托高度不宜超过翼板厚度的 1.5 倍。

12.4.2 有板托的组合梁边梁混凝土翼板伸出长度不宜小于板托高度；无板托时，伸出钢梁中心线不应小于 150mm、伸出钢梁翼缘边不应小于 50mm（图 12.4.2）。

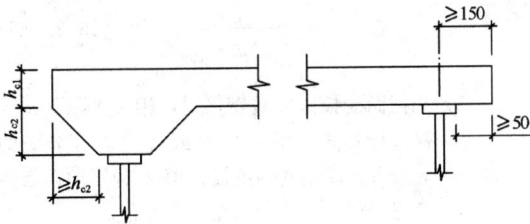

图 12.4.2 边梁构造

12.4.3 连续组合梁在中间支座负弯矩区的上部纵向钢筋及分布钢筋，应按现行国家标准《混凝土结构设计规范》GB 50010 的规定设置。负弯矩区的钢梁下翼缘在没有采取防止局部失稳的特殊措施时，其宽厚比应符合塑性设计规定。

12.4.4 抗剪连接件的设置应符合下列规定：

1 圆柱头焊钉连接件钉头下表面或槽钢连接件上翼缘下表面高出翼板底部钢筋顶面的距离不宜小于 30mm；

2 连接件沿梁跨度方向的最大间距不应大于混凝土翼板及板托厚度的 3 倍，且不应大于 300mm；当组合梁受压上翼缘不符合塑性设计规定的宽厚比限值，但连接件设置符合下列规定时，仍可采用塑性方法进行设计：

　　1）当混凝土板沿全长和组合梁接触时，连接件最大间距不大于 $22t_f \sqrt{235/f_y}$；当混凝土板和组合梁部分接触时，连接件最大间距不大于 $15t_f \sqrt{235/f_y}$；t_f 为钢梁受压上翼缘厚度；

　　2）连接件的外侧边缘与钢梁翼缘边缘之间的距离不大于 $9t_f \sqrt{235/f_y}$，t_f 为钢梁受压上翼缘厚度；

3 连接件的外侧边缘与钢梁翼缘边缘之间的距离不应小于 20mm；

4 连接件的外侧边缘至混凝土翼板边缘间的距离不应小于 100mm；

5 连接件顶面的混凝土保护层厚度不应小于 15mm。

12.4.5 圆柱头焊钉连接件除应符合 12.4.4 条规定外，尚应符合下列规定：

1 钢梁上翼缘承受拉力时，焊钉杆直径不应大于钢梁上翼缘厚度的 1.5 倍；当钢梁上翼缘不承受拉力时，焊钉杆直径不应大于钢梁上翼缘厚度的 2.5 倍；

2 焊钉长度不应小于其杆径的 4 倍；

3 焊钉沿梁轴线方向的间距不应小于杆径的 6 倍；垂直于梁轴线方向的间距不应小于杆径的 4 倍；

4 用压型钢板作底模的组合梁，焊钉杆直径不宜大于 19mm，混凝土凸肋宽度不应小于焊钉杆直径的 2.5 倍；焊钉高度不应小于（$h_e + 30$）mm，且不应大于（$h_e + 75$）mm，h_e 为混凝土凸肋高度。

12.4.6 槽钢连接件宜采用 Q235 钢，截面不宜大于 $[$12.6。

12.4.7 板托的外形尺寸及构造应符合下列规定（图 12.4.7）：

1 板托边缘距抗剪连接件外侧的距离不得小于 40mm，同时板托外形轮廓应在抗剪连接件根部算起的 45°仰角线之外；

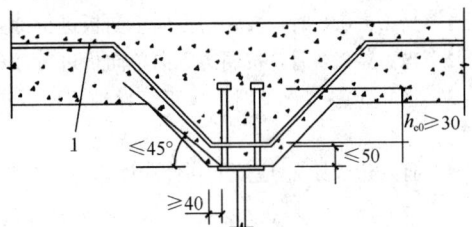

图 12.4.7 板托的构造规定
1— 弯筋

2 板托中邻近钢梁上翼缘的部分混凝土应配加强筋，板托中横向钢筋的下部水平段应该设置在距钢梁上翼缘 50mm 的范围之内；

3 横向钢筋的间距不应大于 $4h_{e0}$ 且不应大于 200mm，h_{e0} 为圆柱头焊钉连接件钉头下表面或槽钢连接件上翼缘下表面高出翼板底部钢筋顶面的距离。

12.4.8 无板托的组合梁，混凝土翼板中的横向钢筋应符合本规范第 12.4.7 条中第 2 款、第 3 款的规定。

12.4.9 对于承受负弯矩的箱形截面组合梁，可在钢箱梁底板上方或腹板内侧设置抗剪连接件并浇筑混凝土。

13 组合楼板

13.1 一般规定

13.1.1 组合楼板用压型钢板应根据腐蚀环境选择镀锌量，可选择两面镀锌为 $275g/m^2$ 的基板。组合楼板不宜采用钢板表面无压痕的光面开口型压型钢板，且基板净厚度不应小于 0.75mm。作为永久模板使用的压型钢板基板的净厚度不宜小于 0.5mm。

13.1.2 压型钢板浇筑混凝土面的槽口宽度，开口型压型钢板凹槽重心轴处宽度（b_r）、缩口型压型钢板和闭口型压型钢板槽口最小浇筑宽度（b_r）不应小于 50mm。当槽内放置栓钉时，压型钢板总高（h_s，包括压痕）不宜大于 80mm（图 13.1.2）。

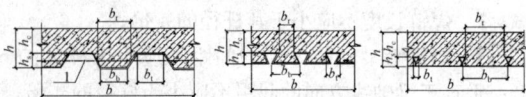

(a) 开口型压型钢板　(b) 缩口型压型钢板　(c) 闭口型压型钢板

图 13.1.2　组合楼板截面凹槽宽度示意图
1—压型钢板重心轴

13.1.3 组合楼板总厚度 h 不应小于 90mm，压型钢板肋顶部以上混凝土厚度 h_c 不应小于 50mm。

13.1.4 组合楼板中的压型钢板肋顶以上混凝土厚度 h_c 为 50mm～100mm 时，组合楼板可沿强边（顺肋）方向按单向板计算。

13.1.5 组合楼板中的压型钢板肋顶以上混凝土厚度 h_c 大于 100mm 时，组合楼板的计算应符合下列规定：

1 当 $\lambda_e < 0.5$ 时，按强边方向单向板进行计算；

2 当 $\lambda_e > 2.0$ 时，按弱边方向单向板进行计算；

3 当 $0.5 \leqslant \lambda_e \leqslant 2.0$ 时，按正交异性双向板进行计算；

4 有效边长比 λ_e 应按下列公式计算：

$$\lambda_e = \frac{l_x}{\mu l_y} \qquad (13.1.5-1)$$

$$\mu = \left(\frac{I_x}{I_y}\right)^{1/4} \qquad (13.1.5-2)$$

式中：λ_e——有效边长比；

I_x——组合楼板强边计算宽度的截面惯性矩；

I_y——组合楼板弱边方向计算宽度的截面惯性矩，只考虑压型钢板肋顶以上混凝土的厚度；

l_x、l_y——组合楼板强边、弱边方向的跨度。

13.2 承载力计算

13.2.1 组合楼板截面在正弯矩作用下，其正截面受弯承载力应符合下列规定（图 13.2.1）：

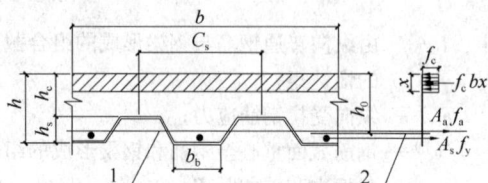

图 13.2.1　组合楼板的受弯计算简图
1—压型钢板重心轴；2—钢材合力点

1 正截面受弯承载力计算：

$$M \leqslant f_c bx\left(h_0 - \frac{x}{2}\right) \qquad (13.2.1-1)$$

$$f_c bx = A_a f_a + A_s f_y \qquad (13.2.1-2)$$

2 混凝土受压区高度应符合下列条件：

$$x \leqslant h_c \qquad (13.2.1-3)$$

$$x \leqslant \xi_b h_0 \qquad (13.2.1-4)$$

3 相对界限受压区高度应按下列公式计算：

1）有屈服点钢材

$$\xi_b = \frac{\beta_1}{1 + \dfrac{f_a}{E_a \varepsilon_{cu}}} \qquad (13.2.1-5)$$

2）无屈服点钢材

$$\xi_b = \frac{\beta_1}{1 + \dfrac{0.002}{\varepsilon_{cu}} + \dfrac{f_a}{E_a \varepsilon_{cu}}} \qquad (13.2.1-6)$$

3）当截面受拉区配置钢筋时，相对界限受压区高度计算式（13.2.1-5）或（13.2.1-6）中的 f_a 应分别用钢筋强度设计值 f_y 和压型钢板强度设计值 f_a 代入计算取其较小值。

式中：M——计算宽度内组合楼板的弯矩设计值；

h_c——压型钢板肋以上混凝土厚度；

b——组合楼板计算宽度，一般情况计算宽度可为 1m；

x——混凝土受压区高度；

h_0——组合楼板截面有效高度，取压型钢板及钢筋拉力合力点至混凝土受压边的距离；

A_a——计算宽度内压型钢板截面面积；

A_s——计算宽度内板受拉钢筋截面面积；

f_a——压型钢板抗拉强度设计值；

f_y——钢筋抗拉强度设计值；

f_c——混凝土抗压强度设计值；

ε_{cu}——受压区混凝土极限压应变，其值取 0.0033；

ξ_b——相对界限受压区高度；

β_1——受压区混凝土应力图形影响系数，按本规范第 5.1.1 条取值。

13.2.2 组合楼板截面在负弯矩作用下，可不考虑压型钢板受压，将组合楼板截面简化成等效 T 形截面，其正截面承载力应符合下列公式的规定（图 13.2.2）：

$$M \leqslant f_c b_{\min} \left(h_0' - \frac{x}{2} \right) \qquad (13.2.2\text{-}1)$$

$$f_c bx = A_s f_y \qquad (13.2.2\text{-}2)$$

$$b_{\min} = \frac{b}{c_s} b_b \qquad (13.2.2\text{-}3)$$

式中：M——计算宽度内组合楼板的负弯矩设计值；

h_0'——负弯矩区截面有效高度；

$b_{\min}$——计算宽度内组合楼板换算腹板宽度；

b——组合楼板计算宽度；

c_s——压型钢板板肋中心线间距；

b_b——压型钢板单个波槽的最小宽度。

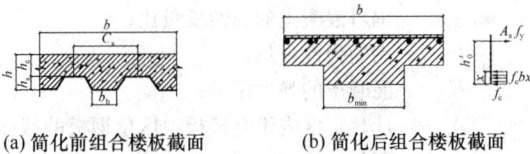

(a) 简化前组合楼板截面　　　(b) 简化后组合楼板截面

图 13.2.2　简化的 T 形截面

13.2.3 组合楼板斜截面受剪承载力应符合下式规定：

$$V \leqslant 0.7 f_t b_{\min} h_0 \qquad (13.2.3)$$

式中：V——组合楼板最大剪力设计值；

f_t——混凝土抗拉强度设计值。

13.2.4 组合楼板中压型钢板与混凝土间的纵向剪切粘结承载力应符合下式规定：

$$V \leqslant m \frac{A_a h_0}{1.25a} + k f_t b h_0 \qquad (13.2.4)$$

式中：V——组合楼板最大剪力设计值；

f_t——混凝土抗拉强度设计值；

a——剪跨，均布荷载作用时取 $a = l_n/4$；

l_n——板净跨度，连续板可取反弯点之间的距离；

A_a——计算宽度内组合楼板截面压型钢板面积；

m、k——剪切粘结系数，按本规范附录 A 取值。

13.2.5 在局部集中荷载作用下，组合楼板应对作用力较大处进行单独验算，其有效工作宽度应按下列公式计算（图 13.2.5）：

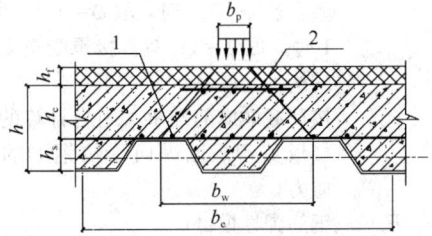

图 13.2.5　局部荷载分布有效宽度

1—承受局部集中荷载钢筋；2—局部承压附加钢筋

1　受弯计算

简支板：$b_e = b_w + 2 l_p (1 - l_p/l)$ 　(13.2.5-1)

连续板：$b_e = b_w + 4 l_p (1 - l_p/l)/3$ 　(13.2.5-2)

2　受剪计算

$$b_e = b_w + l_p (1 - l_p/l) \qquad (13.2.5\text{-}3)$$

3　b_w 应按下式计算：

$$b_w = b_p + 2(h_c + h_f) \qquad (13.2.5\text{-}4)$$

式中：l——组合楼板跨度；

l_p——荷载作用中点至楼板支座的较近距离；

b_e——局部荷载在组合楼板中的有效工作宽度；

b_w——局部荷载在压型钢板中的工作宽度；

b_p——局部荷载宽度；

h_c——压型钢板肋以上混凝土厚度；

h_f——地面饰面层厚度。

13.2.6 在局部集中荷载作用下的受冲切承载力应符合现行国家标准《混凝土结构设计规范》GB 50010 的有关规定，混凝土板的有效高度可取组合楼板肋以上混凝土厚度。

13.3　正常使用极限状态验算

13.3.1 组合楼板负弯矩区最大裂缝宽度应按下列公式计算：

$$\omega_{\max} = 1.9 \psi \frac{\sigma_{sq}}{E_s} \left(1.9 c_s + 0.08 \frac{d_{eq}}{\rho_{te}} \right)$$

$$(13.3.1\text{-}1)$$

$$\sigma_{sq} = \frac{M_q}{0.87 h_0' A_s} \qquad (13.3.1\text{-}2)$$

$$\psi = 1.1 - 0.65 \frac{f_{tk}}{\rho_{te} \sigma_{sq}} \qquad (13.3.1\text{-}3)$$

$$d_{eq} = \frac{\sum n_i d_i^2}{\sum n_i v_i d_i} \qquad (13.3.1\text{-}4)$$

$$\rho_{te} = \frac{A_s}{A_{te}} \qquad (13.3.1\text{-}5)$$

$$A_{te} = 0.5b_{min}h + (b - b_{min})h_c \quad (13.3.1\text{-}6)$$

式中：ω_{max}——最大裂缝宽度；

ψ——裂缝间纵向受拉钢筋应变不均匀系数：当 $\psi < 0.2$ 时，取 $\psi = 0.2$；当 $\psi > 1$ 时，取 $\psi = 1$；对直接承受重复荷载的构件，取 $\psi = 1$；

σ_{sq}——按荷载效应的准永久组合计算的组合楼板负弯矩区纵向受拉钢筋的等效应力；

E_s——钢筋弹性模量；

c_s——最外层纵向受拉钢筋外边缘至受拉区底边的距离，当 $c_s < 20mm$ 时，取 $c_s = 20mm$；

ρ_{te}——按有效受拉混凝土截面面积计算的纵向受拉钢筋配筋率；在最大裂缝宽度计算中，当 $\rho_{te} < 0.01$ 时，取 $\rho_{te} = 0.01$；

A_{te}——有效受拉混凝土截面面积；

A_s——受拉区纵向钢筋截面面积；

d_{eq}——受拉区纵向钢筋的等效直径；

d_i——受拉区第 i 种纵向钢筋的公称直径；

n_i——受拉区第 i 种纵向钢筋的根数；

ν_i——受拉区第 i 种纵向钢筋的相对粘结特性系数，光面钢筋 $\nu_i = 0.7$，带肋钢筋 $\nu_i = 1.0$；

A_s——受拉区纵向钢筋截面面积；

h_0'——组合楼板负弯矩区板的有效高度；

M_q——按荷载效应的准永久组合计算的弯矩值。

13.3.2 使用阶段组合楼板挠度应按结构力学的方法计算，组合楼板在准永久荷载作用下的截面抗弯刚度可按下列公式计算（图 13.3.2）：

$$B_s = E_c I_{eq}^s \quad (13.3.2\text{-}1)$$

$$I_{eq}^s = \frac{I_u^s + I_c^s}{2} \quad (13.3.2\text{-}2)$$

$$I_u^s = \frac{bh_c^3}{12} + bh_c(y_{cc} - 0.5h_c)^2 + \alpha_E I_a + \alpha_E A_a y_{cs}^2 + \frac{b_r b h_s}{c_s}\left[\frac{h_s^2}{12} + (h - y_{cc} - 0.5h_s)^2\right] \quad (13.3.2\text{-}3)$$

$$y_{cc} = \frac{0.5bh_c^2 + \alpha_E A_a h_0 + b_r h_s(h_0 - 0.5h_s)b/c_s}{bh_c + \alpha_E A_a + b_r h_s b/c_s} \quad (13.3.2\text{-}4)$$

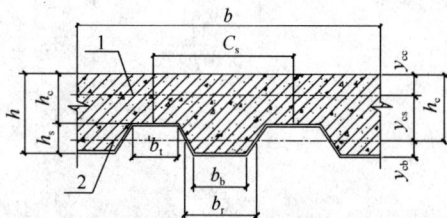

图 13.3.2 组合楼板截面刚度计算简图
1—中和轴；2—压型钢板重心轴

$$I_c^s = \frac{by_{cc}^3}{3} + \alpha_E A_a y_{cs}^2 + \alpha_E I_a \quad (13.3.2\text{-}5)$$

$$y_{cc} = \left(\sqrt{2\rho_a \alpha_E + (\rho_a \alpha_E)^2} - \rho_a \alpha_E\right)h_0 \quad (13.3.2\text{-}6)$$

$$y_{cs} = h_0 - y_{cc} \quad (13.3.2\text{-}7)$$

$$\alpha_E = E_a/E_c \quad (13.3.2\text{-}8)$$

式中：B_s——短期荷载作用下的截面抗弯刚度；

I_{eq}^s——准永久荷载作用下的平均换算截面惯性矩；

I_u^s——准永久荷载作用下未开裂换算截面惯性矩；

I_c^s——准永久荷载作用下开裂换算截面惯性矩；

b——组合楼板计算宽度；

c_s——压型钢板板肋中心线间距；

b_r——开口板为槽口的平均宽度，锁口板、闭口板为槽口的最小宽度；

h_c——压型钢板肋顶上混凝土厚度；

h_s——压型钢板的高度；

h_0——组合板截面有效高度；

y_{cc}——截面中和轴距混凝土顶边距离，当 $y_{cc} > h_c$ 时，取 $y_{cc} = h_c$；

y_{cs}——截面中和轴距压型钢板截面重心轴距离；

α_E——钢对混凝土的弹性模量比；

E_a——钢的弹性模量；

E_c——混凝土的弹性模量；

A_a——计算宽度内组合楼板中压型钢板的截面面积；

I_a——计算宽度内组合楼板中压型钢板的截面惯性矩；

ρ_a——计算宽度内组合楼板截面压型钢板含钢率。

13.3.3 组合楼板长期荷载作用下截面抗弯刚度可按下列公式计算：

$$B = 0.5E_c I_{eq}^t \quad (13.3.3\text{-}1)$$

$$I_{eq}^t = \frac{I_u^t + I_c^t}{2} \quad (13.3.3\text{-}2)$$

式中：B——长期荷载作用下的截面抗弯刚度；

I_{eq}^t——长期荷载作用下的平均换算截面惯性矩；

I_u^t、I_c^t——长期荷载作用下未开裂换算截面惯性矩及开裂换算截面惯性矩，按本规范公式 (13.3.2-3)、(13.3.2-6) 计算，计算中 α_E 改用 $2\alpha_E$。

13.3.4 组合楼盖应进行舒适度验算，舒适度验算可采用动力时程分析方法，也可采用本规范附录 B 的方法；对高层建筑也可按现行行业标准《高层建筑混凝土结构技术规程》JGJ 3 的方法验算。

13.4 构 造 措 施

13.4.1 组合楼板正截面承载力不足时，可在板底沿顺肋方向配置纵向抗拉钢筋，钢筋保护层净厚度不应小于 15mm，板底纵向钢筋与上部纵向钢筋间应设置拉筋。

13.4.2 组合楼板在有较大集中（线）荷载作用部位应设置横向钢筋，其截面面积不应小于压型钢板肋以上混凝土截面面积的 0.2%，延伸宽度不应小于集中（线）荷载分布的有效宽度。钢筋间距不宜大于 150mm，直径不宜小于 6mm。

13.4.3 组合楼板支座处构造钢筋及板面温度钢筋配置应符合现行国家标准《混凝土结构设计规范》GB 50010 的有关规定。

13.4.4 组合楼板支承于钢梁上时，其支承长度对边梁不应小于 75mm（图 13.4.4a）；对中间梁，当压型钢板不连续时不应小于 50mm（图 13.4.4b）；当压型钢板连续时不应小于 75mm（图 13.4.4c）。

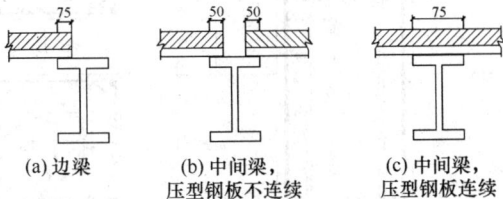

(a)边梁　(b)中间梁，　(c)中间梁，
　　　　压型钢板不连续　压型钢板连续

图 13.4.4　组合楼板支承于钢梁上

13.4.5 组合楼板支承于混凝土梁上时，应在混凝土梁上设置预埋件，预埋件设计应符合现行国家标准《混凝土结构设计规范》GB 50010 的规定，不得采用膨胀螺栓固定预埋件。组合楼板在混凝土梁上的支承长度，对边梁不应小于 100mm（图 13.4.5a）；对中间梁，当压型钢板不连续时不应小于 75mm（图 13.4.5b）；当压型钢板连续时不应小于 100mm（图 13.4.5c）。

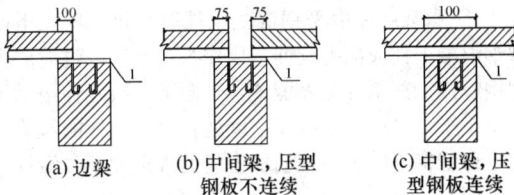

(a)边梁　(b)中间梁，压型　(c)中间梁，压型
　　　　钢板不连续　　钢板连续

图 13.4.5　组合楼板支承于混凝土梁上
1—预埋件

13.4.6 组合楼板支承于砌体墙上时，应在砌体墙上设混凝土圈梁，并在圈梁上设置预埋件，组合楼板应支承于预埋件上，并应符合本规范第 13.4.5 条的规定。

13.4.7 组合楼板支承于剪力墙侧面时，宜支承在剪力墙侧面设置的预埋件上，剪力墙内宜预留钢筋并与组合楼板负弯矩钢筋连接，埋件设置以及预留钢筋的锚固长度应符合现行国家标准《混凝土结构设计规范》GB 50010 的规定（图 13.4.7）。

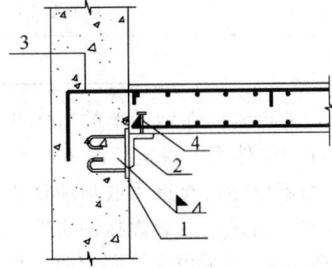

图 13.4.7　组合楼板与剪力墙连接构造
1—预埋件；2—角钢或槽钢；
3—剪力墙内预留钢筋；4—栓钉

13.4.8 组合楼板栓钉的设置应符合本规范第 12.4.4 条和第 12.4.5 条的规定。

13.5 施工阶段验算及规定

13.5.1 在施工阶段，压型钢板作为模板计算时，应考虑下列荷载：

1 永久荷载：压型钢板、钢筋和混凝土自重。

2 可变荷载：施工荷载与附加荷载。施工荷载应包括施工人员和施工机具等，并考虑施工过程中可能产生的冲击和振动。当有过量的冲击、混凝土堆放以及管线等应考虑附加荷载。可变荷载应以工地实际荷载为依据。

3 当没有可变荷载实测数据或施工荷载实测值小于 1.0kN/m² 时，施工荷载取值不应小于 1.0kN/m²。

13.5.2 计算压型钢板施工阶段承载力时，湿混凝土荷载分项系数取应 1.4。

13.5.3 压型钢板在施工阶段承载力应符合现行国家标准《冷弯薄壁型钢结构技术规范》GB 50018 的规定，结构重要性系数 γ_0 可取 0.9。

13.5.4 压型钢板施工阶段应按荷载的标准组合计算挠度，并应按现行国家标准《冷弯薄壁型钢结构技术规范》GB 50018 计算得到的有效截面惯性矩 I_{ae} 计算，挠度不应大于板支撑跨度 l 的 1/180，且不应大于 20mm。

13.5.5 压型钢板端部支座处宜采用栓钉与钢梁或预埋件固定，栓钉应设置在支座的压型钢板凹槽处，每槽不应少于 1 个，并应穿透压型钢板与钢梁焊牢，栓钉中心到压型钢板自由边距离不应小于 2 倍栓钉直径。栓钉直径可根据楼板跨度按表 13.5.5 采用。当固定栓钉作为组合楼板与钢梁之间的抗剪栓钉使用时，尚应符合本规范第 12 章的相关规定。

表 13.5.5　固定压型钢板的栓钉直径

楼板跨度 l（m）	栓钉直径（mm）
l＜3	13
3≤l≤6	16，19
l＞6	19

13.5.6　压型钢板侧向在钢梁上的搭接长度不应小于 25mm，在预埋件上的搭接长度不应小于 50mm。组合楼板压型钢板侧向与钢梁或预埋件之间应采取有效固定措施。当采用点焊焊接固定时，点焊间距不宜大于 400mm。当采用栓钉固定时，栓钉间距不宜大于 400mm；栓钉直径应符合本规范第 13.5.5 条的规定。

14　连接构造

14.1　型钢混凝土柱的连接构造

14.1.1　在各种结构体系中，当结构下部楼层采用型钢混凝土柱，上部楼层采用钢筋混凝土柱时，在此两种结构类型间应设置结构过渡层，过渡层应符合下列规定（图 14.1.1）：

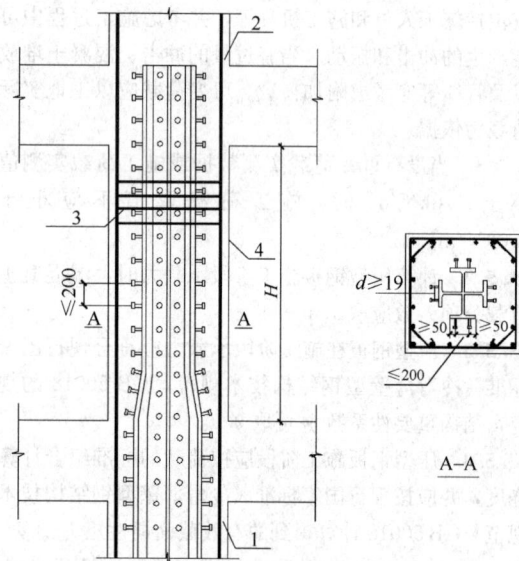

图 14.1.1　型钢混凝土柱与钢筋混凝土柱的
过渡层连接构造
1—型钢混凝土柱；2—钢筋混凝土柱；
3—柱箍筋全高加密；4—过渡层

1　设计中确定某层柱由型钢混凝土柱改为钢筋混凝土柱时，下部型钢混凝土柱中的型钢应向上延伸一层或二层作为过渡层，过渡层柱的型钢截面可适当减小，纵向钢筋和箍筋配置应按钢筋混凝土柱计算，不考虑型钢作用；箍筋应沿柱全高加密；

2　结构过渡层内的型钢翼缘应设置栓钉，栓钉的直径不应小于 19mm，栓钉的水平及竖向间距不宜大于 200mm，栓钉至型钢钢板边缘距离不宜小于 50mm。

14.1.2　在各种结构体系中，当结构下部楼层采用型钢混凝土柱，上部楼层采用钢柱时，在此两种结构类型间应设置结构过渡层，过渡层应符合下列规定（图 14.1.2）：

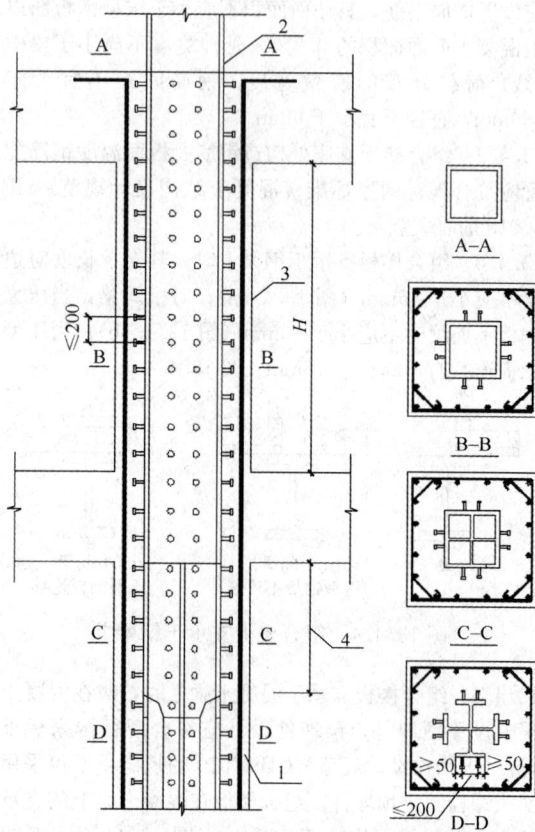

图 14.1.2　型钢混凝土柱与钢柱的过渡层连接构造
1—型钢混凝土柱；2—钢柱；3—过渡层；
4—过渡层型钢向下延伸高度

1　当某层柱由型钢混凝土柱改为钢柱时，下部型钢混凝土柱应向上延伸一层作为过渡层。过渡层中型钢应按上部钢柱截面配置，且向下一层延伸至梁下部不小于 2 倍柱型钢截面高度处；过渡层柱的箍筋应按下部型钢混凝土柱箍筋加密区的规定配置并沿柱全高加密。

2　过渡层柱的截面刚度应为下部型钢混凝土柱截面刚度 $(EI)_{SRC}$ 与上部钢柱截面刚度 $(EI)_S$ 的过渡值，宜取 $0.6[(EI)_{SRC}+(EI)_S]$；其截面配筋应符合型钢混凝土柱承载力计算和构造规定；过渡层柱中型钢应按本规范第 14.1.1 条规定设置栓钉。

3　当下部型钢混凝土柱中的型钢为十字形型钢，上部钢柱为箱形截面时，十字形型钢腹板宜深入箱形钢柱内，其伸入长度不宜小于十字形型钢截面高度的

1.5倍。

14.1.3 型钢混凝土柱中的型钢柱需改变截面时，宜保持型钢截面高度不变，仅改变翼缘的宽度、厚度或腹板厚度。当改变柱截面高度时，截面高度宜逐步过渡，且在变截面的上、下端应设置加劲肋；当变截面段位于梁柱连接节点处时，变截面位置宜设置在两端距梁翼缘不小于150mm位置处（图14.1.3）。

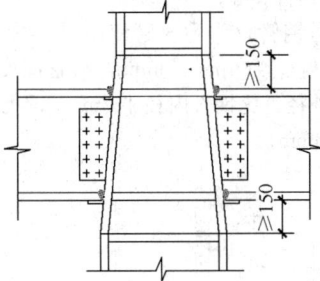

图 14.1.3 型钢柱变截面构造

14.1.4 型钢混凝土柱中的型钢柱拼接连接节点，翼缘宜采用全熔透的坡口对接焊缝；腹板可采用高强螺栓连接或全熔透坡口对接焊缝，腹板较厚时宜采用焊缝连接。柱拼接位置宜设置安装耳板，应根据柱安装单元的自重确定耳板的厚度、长度、固定螺栓数目及焊缝高度。耳板厚度不宜小于10mm，安装螺栓不宜少于6个M20，耳板与翼缘间宜采用双面角焊缝，焊脚高度不宜小于8mm（图14.1.4）。

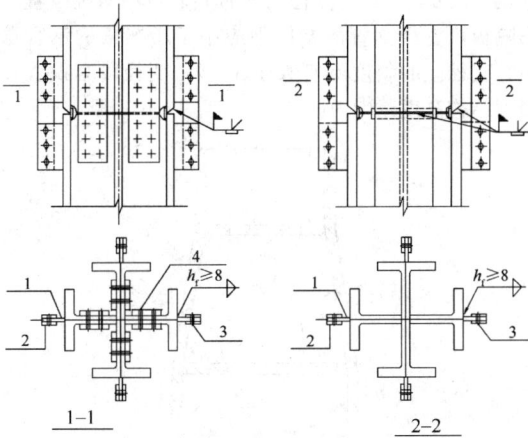

图 14.1.4 十字形截面型钢柱拼接节点的构造
1—耳板；2—连接板；3—安装螺栓；4—高强螺栓

14.2 矩形钢管混凝土柱的连接构造

14.2.1 矩形钢管混凝土柱的钢管对接应考虑构造和运输要求，可按多个楼层下料分段制作，分段接头宜设在楼面上1.0m～1.3m处。

14.2.2 不同壁厚的矩形钢管柱段的对接拼接宜采用下列方式：

1 矩形钢管的工厂拼接

1）对内壁平齐的对接拼接，当钢管壁厚相差不大于4mm时，可直接拼接（图14.2.2-1a）；当钢管壁厚相差大于4mm时，较厚钢管的管壁应加工成斜坡后连接，斜坡坡度不应大于1∶2.5（图14.2.2-1b）。

2）对外壁平齐的对接拼接，当较薄钢管的公称壁厚不大于5mm时，钢管壁厚相差应小于1.5mm；当较薄钢管的公称壁厚大于5mm时，壁厚相差不应大于1mm加公称壁厚的0.1倍，且不大于8mm；当两钢管的壁厚相差较大而不符合以上规定时，应采用有厚度差的内衬板（图14.2.2-1c）或将较厚钢管内壁加工成斜坡（图14.2.2-1d），斜坡坡度不应大于1∶2.5。

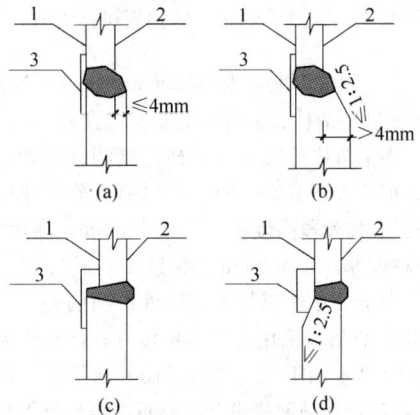

图 14.2.2-1 不同壁厚钢管的工厂拼接
1—内壁；2—外壁；3—内衬板

3）采用较厚钢管的管壁加工成斜坡连接时，下柱顶端管壁厚度宜与上柱底端管壁厚度相等或相差不大于4mm，内衬板的厚度不宜小于6mm。

2 矩形钢管的现场拼接

钢管在现场拼接时，下节柱的上端应设置开孔隔板或环形隔板，顶面与柱口平齐或略低。接口应采用坡口全熔透焊接，管内应设衬管或衬板（图14.2.2-2）。

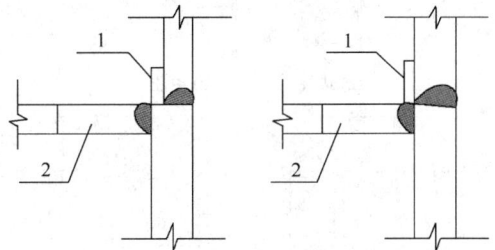

图 14.2.2-2 钢管的现场拼接
1—衬管或衬板；2—开孔隔板或环形隔板

14.2.3 矩形钢管混凝土柱的柱段截面宽度或高度明显不同时，宜采用下列方式拼接：

1 当上节柱外壁与下节柱外壁之间的差距 s 不大于 25mm 时，可采用顶板拼接方式（图 14.2.3-1a），顶板厚度应符合下式规定：

$$t \geqslant s - t_1 + t_2 \qquad (14.2.3)$$

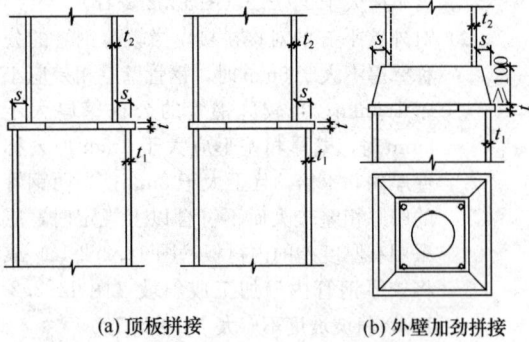

(a) 顶板拼接   (b) 外壁加劲拼接

图 14.2.3-1　钢管柱的顶板拼接方式

式中：t——顶板厚度，当 $t<20$mm 时取 $t=20$mm；

t_1、t_2——下节柱、上节柱的壁厚，且 $t_1 \geqslant t_2$。

2 当上节柱外壁与下节柱外壁间的差距 s 大于 25mm，但不大于 50mm 时，可采用上节柱外壁加劲拼接方式。加劲段高度不宜小于 100mm，顶板厚度 t 宜比下柱壁厚 t_1 增加 2mm（图 14.2.3-1b）。

3 当上节柱外壁与下节柱外壁间的差距 s 大于 50mm 时，钢管宜采用台锥形拼接方式，台锥坡度不应大于 $1:2.5$（图 14.2.3-2a、b）。在下节柱顶面和台锥形拼接钢管顶面应设开孔隔板。当台锥形拼接钢管位于梁柱接头部位时，梁翼缘与台锥应采用坡口全熔透焊接，并在梁翼缘高度处设置开孔隔板，梁腹板与台锥可采用高强螺栓连接，拼接钢管两端宜突出梁翼缘外侧不小于 150mm（图 14.2.3-2c）；也可在拼接钢管两端设置开孔外伸隔板，梁翼缘与隔板应采用坡口全熔透焊接，梁腹板与台锥可采用双面角焊缝连接（图 14.2.3-2d）。

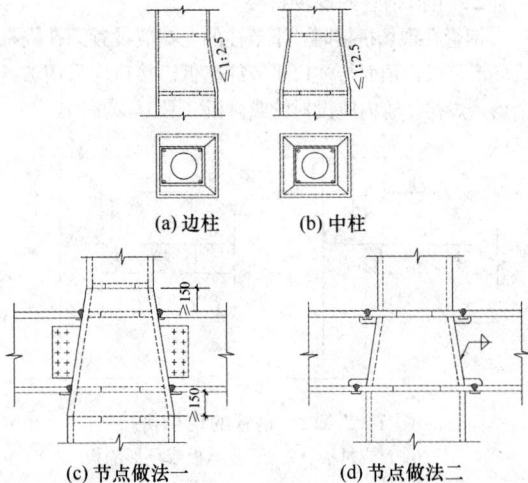

(a) 边柱   (b) 中柱

(c) 节点做法一   (d) 节点做法二

图 14.2.3-2　钢管柱的台锥形拼接方式

14.3　圆形钢管混凝土柱的连接构造

14.3.1 等直径钢管对接时宜设置环形隔板和内衬钢管段，内衬钢管段也可兼作为抗剪连接件，并应符合下列规定：

1 上下钢管之间应采用全熔透坡口焊缝，焊缝位置宜高出楼面 1000mm～1300mm，直焊缝钢管对接处应错开钢管焊缝；

2 内衬钢管仅作为衬管使用时（图 14.3.1a），衬管管壁厚度宜为 4mm～6mm，衬管高度不宜小于 50mm，其外径宜比钢管内径小 2mm；环形隔板宽度不宜小于 80mm；

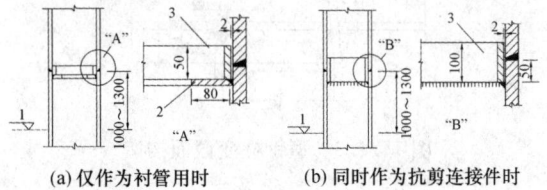

(a) 仅作为衬管用时   (b) 同时作为抗剪连接件时

图 14.3.1　等直径钢管对接构造
1—楼面；2—环形隔板；3—内衬钢管

3 内衬钢管兼作为抗剪连接件时（图 14.3.1b），衬管管壁厚度不宜小于 16mm，衬管高度不宜小于 100mm，其外径宜比钢管内径小 2mm。内衬钢管焊缝与对接焊缝间距不宜小于 50mm。

14.3.2 不同直径钢管对接时，宜采用一段变径钢管连接（图 14.3.2）。变径钢管的上下两端均宜设置环形隔板，变径钢管的壁厚不应小于所连接的钢管壁厚，变径段的斜度不宜大于 $1:6$，变径段宜设置在楼盖结构高度范围内。

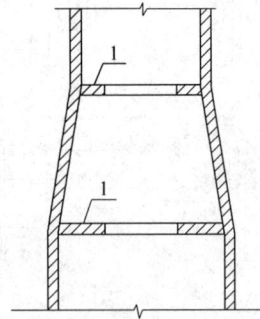

图 14.3.2　不同直径钢管接长构造示意图
1—环形隔板

14.4　梁与梁连接构造

14.4.1 当框架柱一侧为型钢混凝土梁，另一侧为钢筋混凝土梁时，型钢混凝土梁中的型钢，宜延伸至钢筋混凝土梁 1/4 跨度处，且在伸长段型钢上、下翼缘设置栓钉。栓钉直径不宜小于 19mm，间距不宜大于 200mm，且在梁端至伸长段外 2 倍梁高范围内，箍筋应加密（图 14.4.1）。

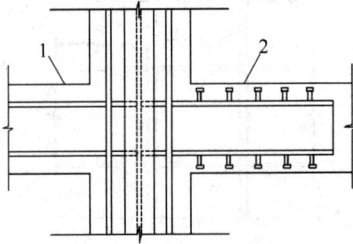

图 14.4.1 框架柱一侧为型钢混凝土梁，
另一侧为钢筋混凝土梁的连接
1—型钢混凝土梁；2—钢筋混凝土梁

14.4.2 钢筋混凝土次梁与型钢混凝土主梁连接，次梁纵向钢筋应穿过或绕过型钢混凝土梁的型钢。

14.4.3 钢次梁与型钢混凝土主梁连接，其主梁和次梁的型钢可采用刚接或铰接，主梁的腰筋应穿过钢次梁。

14.5 梁与墙连接构造

14.5.1 型钢混凝土梁或钢梁与钢筋混凝土墙的连接，可采用铰接或刚接，并应符合下列规定：

1 铰接连接可在钢筋混凝土墙中设置预埋件，型钢梁腹板与预埋件之间通过连接板采用高强螺栓连接（图14.5.1a、b）；预埋件应能传递剪力及弯矩作用，其计算和构造应符合现行国家标准《混凝土结构设计规范》GB 50010 的规定。

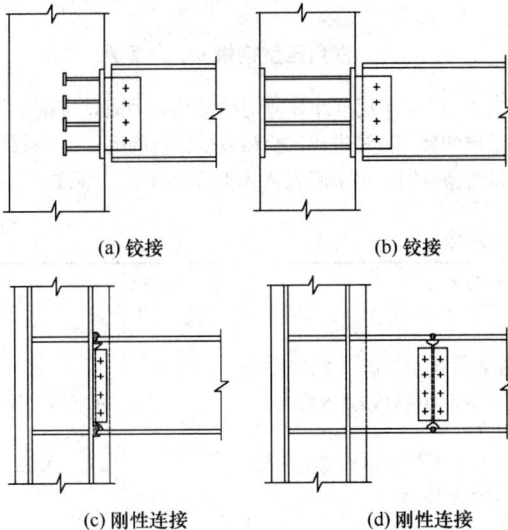

(a) 铰接   (b) 铰接

(c) 刚性连接   (d) 刚性连接

图 14.5.1 梁与墙的连接构造

2 刚性连接可采用在钢筋混凝土墙中设置型钢柱，型钢梁与墙中型钢柱或外伸钢梁刚性连接（图14.5.1c、d）。对于型钢混凝土梁，其纵向钢筋应伸入墙中，且锚固长度应符合现行国家标准《混凝土结构设计规范》GB 50010 的规定。

14.6 斜撑与梁、柱连接构造

14.6.1 斜撑宜采用 H 型钢、钢管等钢斜撑，也可采用型钢混凝土斜撑或钢管混凝土斜撑，其截面形式宜与梁柱节点以及框架梁截面形式相适应。

14.6.2 斜撑与钢梁或型钢混凝土梁内型钢以及型钢混凝土柱内型钢的连接应采用刚性连接，并应符合下列规定（图14.6.2）：

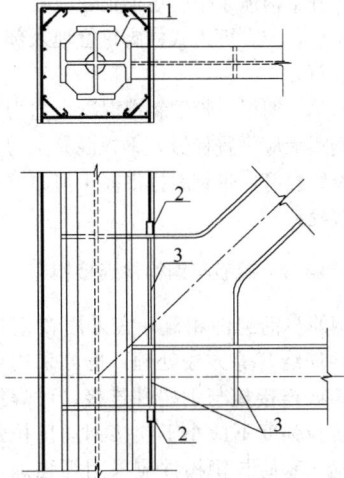

图 14.6.2 斜撑与梁、柱连接构造
1—水平加劲肋；2—纵筋机械连接器；3—竖向加劲肋

1 斜撑与梁、柱间应采用全熔透焊缝连接，在对应于斜撑翼缘处应分别在梁内型钢和柱内型钢设置加劲肋，加劲肋应与斜撑翼缘等厚，且厚度不宜小于 12mm。

2 型钢混凝土柱内纵筋应贯通，纵筋布置宜减少与型钢相碰，相碰的纵筋可采用机械连接套筒连接或与连接板焊接；型钢混凝土柱箍筋可通过腹板穿孔通过或采用带状连接板焊接。连接板以及焊缝的计算、构造应符合国家现行标准《钢结构设计规范》GB 50017 和《高层民用建筑钢结构技术规程》JGJ 99 的规定。

14.7 抗剪连接件构造

14.7.1 各种结构体系中的型钢混凝土柱，宜在下列部位设置抗剪栓钉：

1 埋入式柱脚型钢翼缘埋入部分及其上一层柱全高；

2 非埋入式柱脚上部第一层的型钢翼缘和腹板部位；

3 结构类型转换所设置的过渡层及其相邻层全高范围内的翼缘部位；

4 结构体系中设置的腰桁架层和伸臂桁架加强层及其相邻楼层全高范围内的翼缘部位；

5 梁柱节点区上、下各 2 倍型钢截面高度范围的型钢柱翼缘部位；

6 受力复杂的节点、承受较大外加竖向荷载或附加弯矩的节点区，在节点上、下各1/3柱高范围的型钢柱翼缘部位；

7 框支层及其上、下层的型钢柱全高范围的翼缘部位；

8 各类体系中底层和顶层型钢柱全高范围的翼缘部位。

14.7.2 各种结构体系中的矩形钢管混凝土柱和圆形钢管混凝土柱，应在埋入式柱脚钢管埋入部分的外壁设置抗剪栓钉。

14.7.3 型钢、钢板、带钢斜撑混凝土剪力墙边缘构件中的型钢翼缘应设置栓钉，钢板混凝土剪力墙的钢板两侧应设置栓钉，带钢斜撑混凝土剪力墙的钢斜撑翼缘应设置栓钉。

14.8 钢筋与钢构件连接构造

14.8.1 钢筋与钢构件相碰，宜采用在钢构件上开洞穿孔、并筋绕开等方法处理，也可采用可焊接机械连接套筒或连接板与钢构件连接，可焊接机械连接套筒的抗拉强度不应小于连接钢筋抗拉强度标准值的1.1倍，套筒与钢构件应采用等强焊接并在工厂完成。可焊接机械连接套筒接头应采用现行行业标准《钢筋机械连接技术规程》JGJ 107中规定的一级接头，同一区段内焊接于钢构件上的钢筋面积率不应超过30%。其连接部位应验算钢构件的局部承载力，钢筋的拉力或压力应取钢筋实际拉断力或标准强度的1.1倍。

14.8.2 焊接于钢构件翼缘的可焊接机械连接套筒，应在钢构件内对应套筒位置设置加劲肋，加劲肋宜正对可焊接机械连接套筒，并应按现行国家标准《钢结构设计规范》GB 50017的规定验算加劲肋、腹板及焊缝的承载力（图14.8.2）。

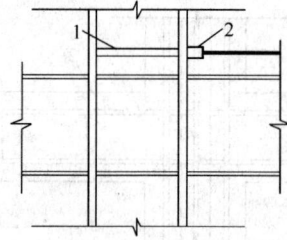

图 14.8.2 对应钢筋连接套筒位置的加劲肋设置
1—加劲肋；2—可焊接机械连接套筒

14.8.3 可焊接机械连接套筒与钢构件的焊接应采用熔透焊缝与角焊缝的组合焊缝（图14.8.3），组合焊缝的焊缝高度应按计算确定，角焊缝高度不小于坡口深度加1mm。当在钢构件上焊接多个可焊接机械连接套筒时，其净距不应小于30mm，且不应小于连接器外直径。

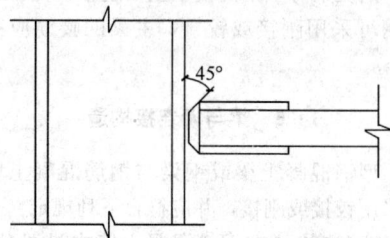

图 14.8.3 可焊接机械连接套筒焊接示意

附录 A 常用压型钢板组合楼板的剪切粘结系数及标准试验方法

A.1 常用压型钢板 m、k 系数

A.1.1 采用本规范计算剪切粘结承载力时，应按本附录给出的标准方法进行试验和数据分析确定 m、k 系数，无试验条件时，可采用表 A.1.1 给出的 m、k 系数。

表 A.1.1 m、k 系数

压型钢板截面及型号	端部剪力件	适用板跨	m、k
 YL75-600	当板跨小于2700mm时，采用焊后高度不小于135mm、直径不小于13mm的栓钉；当板跨大于2700mm时，采用焊后高度不小于135mm、直径不小于16mm的栓钉，且一个压型钢板宽度内每边不少于4个，栓钉应穿透压型钢板	1800mm～3600mm	$m=203.92$ N/mm^2； $k=-0.022$
 YL76-688	当板跨小于2700mm时，采用焊后高度不小于135mm、直径不小于13mm的栓钉；当板跨大于2700mm时，采用焊后高度不小于135mm、直径不小于16mm的栓钉，且一个压型钢板宽度内每边不少于4个，栓钉应穿透压型钢板	1800mm～3600mm	$m=213.25$ N/mm^2； $k=-0.0016$

压型钢板截面及型号	端部剪力件	适用板跨	m、k
YL65-510 170 170 170 / 510 / 65	无剪力件	1800mm～ 3600mm	$m=182.25$ N/mm^2; $k=0.1061$
YL51-915 305 305 305 / 915 / 51	无剪力件	1800mm～ 3600mm	$m=101.58$ N/mm^2; $k=-0.0001$
YL76-915 305 305 305 / 915 / 76	无剪力件	1800mm～ 3600mm	$m=137.08$ N/mm^2; $k=-0.0153$
YL51-595 200 200 200 / 595 / 51	无剪力件	1800mm～ 3600mm	$m=245.54$ N/mm^2; $k=0.0527$
YL66-720 240 240 240 / 720 / 66	无剪力件	1800mm～ 3600mm	$m=183.40$ N/mm^2; $k=0.0332$
YL46-600 200 200 200 / 600 / 46	无剪力件	1800mm～ 3600mm	$m=238.94$ N/mm^2; $k=0.0178$
YL65-555 185 185 185 / 555 / 65	无剪力件	2000mm～ 3400mm	$m=137.16$ N/mm^2; $k=0.2468$
YL40-740 185 185 185 185 / 740 / 40	无剪力件	2000mm～ 3000mm	$m=172.90$ N/mm^2; $k=0.1780$
YL50-620 155 155 155 155 / 620 / 50	无剪力件	1800mm～ 4150mm	$m=234.60$ N/mm^2; $k=0.0513$

注：表中组合楼板端部剪力件为最小设置规定；端部未设剪力件的相关数据可用于设置剪力件的实际工程。

A.2 标准试验方法

A.2.1 试件所用压型钢板应符合本规范规定，钢筋、混凝土应符合现行国家标准《混凝土结构设计规范》GB 50010 的规定。

A.2.2 试件尺寸应符合下列规定：

1 长度：试件的长度应取实际工程，且应符合本规范第 A.2.3 条中有关剪跨的规定；

2 宽度：所有构件的宽度应至少等于一块压型钢板的宽度，且不应小于 600mm；

3 板厚：板厚应按实际工程选择，且应符合本规范的构造规定。

A.2.3 试件数量应符合下列规定：

1 组合楼板试件总量不应少于 6 个，其中必须保证有两组试验数据分别落在 A 和 B 两个区域（表 A.2.3），每组不应少于 2 个试件。

2 应在 A、B 两个区域之间增加一组不少于 2 个试件或分别在 A、B 两个区域内各增加一个校验数据。

3 A 区组合楼板试件的厚度应大于 90mm，剪跨 a 应大于 900mm；B 区组合楼板试件可取最大板厚，剪跨 a 应不小于 450mm，且应小于试件截面宽度。试件设计应保证试件破坏形式为剪切粘结破坏。

表 A.2.3 厚度及剪跨限值

区域	板厚 h	剪跨 a
A	$h_{min} \geqslant 90mm$	$a > 900mm$，但 $P \times a/2 < 0.9M_u$
B	h_{max}	$450mm \leqslant a \leqslant$ 试件截面宽度

注：M_u 为试件以材料实测强度代入本规范式（5.3.1-1）计算所得的受弯极限承载力，计算公式改为等号。

A.2.4 试件剪力件的设计应与实际工程一致。

A.3 试 验 步 骤

A.3.1 试验加载应符合下列规定：

1 试验可采用集中加载方案，剪跨 a 取板跨 l_n 的 1/4（图 A.3.1）；也可采用均布荷载加载，此时剪跨 a 应取支座到主要破坏裂缝的距离。

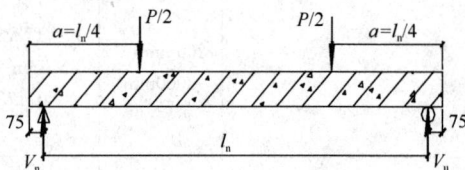

图 A.3.1 集中加载试验

2 施加荷载应按所估计破坏荷载的 1/10 逐级加载，除在每级荷载读仪表记录有暂停外，应对构件连续加载，并无冲击作用。加载速率不应超过混凝土受压纤维极限的应变率（约为 1MPa/min）。

A.3.2 荷载测试仪器精度不应低于 ±1%。跨中变形及钢板与混凝土间的端部滑移在每级荷载作用下测量精度应为 0.01mm。

A.3.3 试验应对试验材料、试验过程进行详细记录。

A.4 试验结果分析

A.4.1 剪切极限承载力应按下式计算：

$$V_u = \frac{P}{2} + \frac{\gamma g_k l_n}{2} \qquad (A.4.1)$$

式中：P——试验加载值；

g_k——试件单位长度自重；

l_n——试验时试件支座之间的净距离；

γ——试件制作时与支撑条件有关的支撑系数，应按本规范表 A.4.1 取用。

表 A.4.1 支撑系数 γ

支撑条件	满支撑	三分点支撑	中点支撑	无支撑
支撑系数 γ	1.0	0.733	0.625	0.0

A.4.2 剪切粘结 m、k 系数应按下列规定得出：

1 建立坐标系，竖向坐标为 $\frac{V_u}{bh_0 f_{t,m}}$，横向坐标为 $\frac{\rho_a h_0}{a \cdot f_{t,m}}$（图 A.4.2）。其中，$V_u$ 为剪切极限承载力；b、h_0 为组合楼板试件的截面宽度和有效高度；ρ_a 为试件中压型钢板含钢率；$f_{t,m}$ 为混凝土轴心抗拉强度平均值，可由混凝土立方体抗压强度计算，$f_{t,m} = 0.395 f_{cu,m}^{0.55}$，$f_{cu,m}$ 为混凝土立方体抗压强度平均值。由试验数据得出的坐标点确定剪切粘结曲线，应采用线性回归分析的方法得到该线的截距 k_1 和斜率 m_1。

2 回归分析得到的 m_1、k_1 值应分别降低 15%

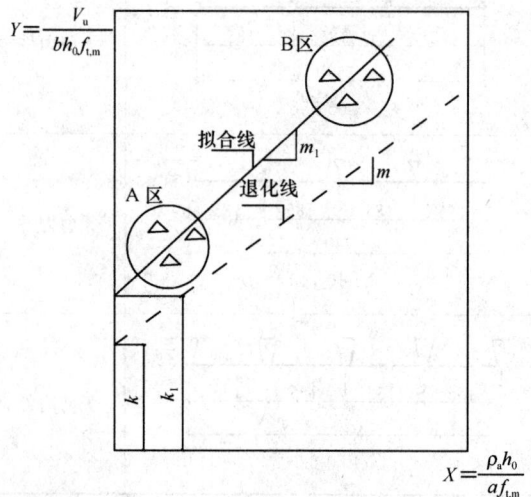

图 A.4.2 剪切粘结实验拟合曲线

得到剪切粘结系数 m、k 值，该值可用于本规范第 5.4.1 条的剪切粘结承载力计算。如果数据分析中有多于 8 个试验数据，则可分别降低 10%。

A.4.3 当某个试验数据的坐标值 $\dfrac{V_u}{bh_0 f_{t,m}}$ 偏离该组平均值大于 $\pm15\%$ 时，至少应再进行同类型的两个附加试验并应采用两个最低值确定剪切粘结系数。

A.5 试验结果应用

A.5.1 试验分析得到的剪切粘结 m、k 系数，应用前应得到设计人员的确认。

A.5.2 已有试验结果的应用应符合下列规定：

1 对以往的试验数据，若是按本试验方法得到的数据，且符合本规范第 A.2.3 条关于试验数据的规定，其 m、k 系数可用于该工程。

2 已有的试验数据未按本规范表 A.2.3 的规定落入 A 区和 B 区，可做补充试验，试验数据至少应有一个落入 A 区和一个落入 B 区，同以往数据一起分析 m、k 系数。

A.5.3 试验中无剪力件试件的试验结果所得到的 m、k 系数可用于有剪力件的组合楼板设计；当设计中采用有剪力件试件的试验结果所得到的 m、k 系数时，剪力件的形式应与试验试件相同且数量不得少于试件所采用的剪力件数量。

附录 B　组合楼盖舒适度验算

B.0.1 组合楼盖舒适度应验算振动板格的峰值加速度，板格划分可取由柱或剪力墙在平面内围成的区域（图 B.0.1），峰值加速度不应超过表 B.0.1-1 的规定。

$$\frac{a_p}{g} = \frac{P_0 \exp(-0.35 f_n)}{\xi G_E} \quad (B.0.1)$$

式中：a_p——组合楼盖加速度峰值；

f_n——组合楼盖自振频率，可按本规范第 B.0.2 条计算或采用动力有限元计算；

G_E——计算板格的有效荷载，按本规范第 B.0.3 条计算；

P_0——人行走产生的激振作用力，一般可取 0.3kN；

g——重力加速度；

ξ——楼盖阻尼比，可按表 B.0.1-2 取值。

表 B.0.1-1　振动峰值加速度限值

房屋功能	住宅、办公	餐饮、商场
a_p/g	0.005	0.015

注：当 $f_n<3Hz$ 或 $f_n>9Hz$ 时或其他房间应做专门研究。

表 B.0.1-2　楼盖阻尼比 ξ

房间功能	住宅、办公	商业、餐饮
计算板格内无家具或家具很少、没有非结构构件或非结构构件很少	0.02	0.02
计算板格内有少量家具、有少量可拆式隔墙	0.03	
计算板格内有较重家具、有少量可拆式隔墙	0.04	
计算板格内每层都有非结构分隔墙	0.05	

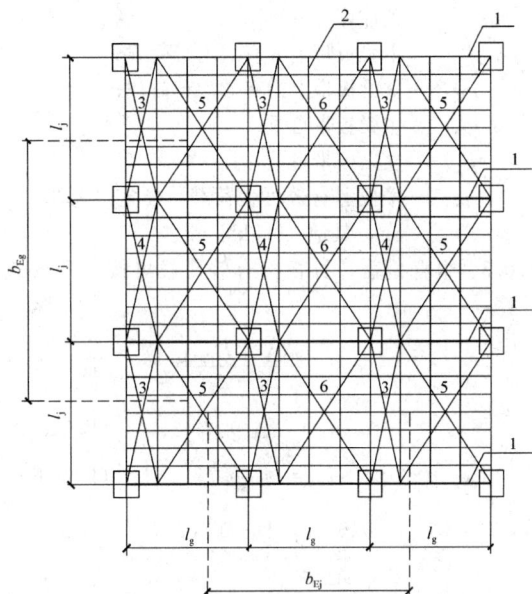

图 B.0.1　组合楼盖板格
1—主梁；2—次梁；3—计算主梁挠度边区格；
4—计算主梁挠度内区格；5—计算次梁挠度边区格；
6—计算次梁挠度内区格

B.0.2 对于简支梁或等跨连续梁形成的组合楼盖，其自振频率可按下列规定计算，计算值不宜小于 3Hz 且不宜大于 9Hz：

1 频率计算公式

$$f_n = \frac{18}{\sqrt{\Delta_j + \Delta_g}} \quad (B.0.2-1)$$

2 板带挠度应按有效均布荷载计算，有效均布荷载可按下列公式计算：

$$g_{Eg} = g_{gk} + q_e \quad (B.0.2-2)$$

$$g_{Ej} = g_{jk} + q_e \quad (B.0.2-3)$$

3 当主梁跨度 l_g 小于有效宽度 b_{Ej} 时，式（B.0.2-1）中的主梁挠度 Δ_g 应替换为 Δ'_g，Δ'_g 可按下式计算：

$$\Delta'_g = \frac{l_g}{b_{Ej}} \Delta_g \qquad (\text{B.0.2-4})$$

式中：Δ_j——组合楼盖板格中次梁板带的挠度，限于简支次梁或等跨连续次梁，此时均按有效均布荷载作用下的简支梁计算，在板格内各梁板带挠度不同时取挠度较大值（mm）；

Δ_g——组合楼盖板格中主梁板带的挠度，限于简支主梁或等跨连续主梁，此时均按有效均布荷载作用下的简支梁计算，在板格内各梁板带挠度不同时取挠度较大值（mm）；

l_g——主梁跨度；

b_{Ej}——次梁板带有效宽度，按本规范第 B.0.3 条计算；

g_{Eg}——主梁板带上的有效均布荷载；

g_{Ej}——次梁板带上的有效均布荷载；

g_{gk}——主梁板带自重；

g_{jk}——次梁板带自重；

q_e——楼板上有效可变荷载，住宅：0.25kN/m^2，其他：0.5kN/m^2。

B.0.3 组合楼盖计算板格有效荷载可按下列公式计算：

$$G_E = \frac{G_{Ej}\Delta_j + G_{Eg}\Delta_g}{\Delta_j + \Delta_g} \qquad (\text{B.0.3-1})$$

$$G_{Eg} = \alpha g_{Eg} b_{Eg} l_g \qquad (\text{B.0.3-2})$$

$$G_{Ej} = \alpha g_{Ej} b_{Ej} l_j \qquad (\text{B.0.3-3})$$

$$b_{Ej} = C_j (D_s/D_j)^{\frac{1}{4}} l_j \qquad (\text{B.0.3-4})$$

$$b_{Eg} = C_g (D_j/D_g)^{\frac{1}{4}} l_g \qquad (\text{B.0.3-5})$$

$$D_s = \frac{h_0^3}{12(\alpha_E/1.35)} \qquad (\text{B.0.3-6})$$

式中：G_{Eg}——主梁上的有效荷载；

G_{Ej}——次梁上的有效荷载；

α——系数，当为连续梁时，取1.5，简支梁取1.0；

l_j——次梁跨度；

l_g——主梁跨度；

b_{Ej}——次梁板带有效宽度，当所计算的板格有相邻板格时，b_{Ej}不超过计算板格与相邻板格宽度一半之和（图 B.0.1）；

b_{Eg}——主梁板带有效宽度，当所计算的板格有相邻板格时，b_{Eg}不超过计算板格与相邻板格宽度一半之和（图 B.0.1）；

C_j——楼板受弯连续性影响系数，计算板格为内板格取2.0，边板格取1.0；

D_s——垂直于次梁方向组合楼板单位惯性矩；

h_0——组合楼板有效高度；

α_E——钢与混凝土弹性模量比值；

D_j——梁板带单位宽度截面惯性矩，等于次梁板带上的次梁按组合梁计算的惯性矩平均到次梁板带上；

C_g——主梁支撑影响系数，支撑次梁时，取1.8；支撑框架梁时，取1.6；

D_g——主梁板带单位宽度截面惯性矩，等于计算板格内主梁惯性矩（按组合梁考虑）平均到计算板格内。

本规范用词说明

1 为便于在执行本规范条文时区别对待，对要求严格程度不同的用词说明如下：

1） 表示很严格，非这样做不可的：

正面词采用"必须"，反面词采用"严禁"；

2） 表示严格，在正常情况均应这样做的：

正面词采用"应"，反面词采用"不应"或"不得"；

3） 表示允许稍有选择，在条件许可时首先应这样做的：

正面词采用"宜"，反面词采用"不宜"；

4） 表示有选择，在一定条件下可这样做的，采用"可"。

2 条文中指明应按其他有关标准执行的写法为："应符合……规定"或"应按……执行"。

引用标准名录

1 《建筑结构荷载规范》GB 50009

2 《混凝土结构设计规范》GB 50010

3 《建筑抗震设计规范》GB 50011

4 《钢结构设计规范》GB 50017

5 《冷弯薄壁型钢结构技术规范》GB 50018

6 《钢结构工程施工质量验收规范》GB 50205

7 《钢结构焊接规范》GB 50661

8 《碳素结构钢》GB/T 700

9 《气焊、焊条电弧焊、气体保护焊和高能束焊的推荐坡口》GB/T 985.1

10 《埋弧焊的推荐坡口》GB/T 985.2

11 《钢结构用高强度大六角头螺栓》GB/T 1228

12 《钢结构用高强度大六角头螺母》GB/T 1229

13 《钢结构用高强度垫圈》GB/T 1230

14 《钢结构用高强度大六角头螺栓、大六角螺母、垫圈技术条件》GB/T 1231

15 《低合金高强度结构钢》GB/T 1591

16 《连续热镀锌薄钢板及钢带》GB/T 2518

17 《钢结构用扭剪型高强度螺栓连接副》GB/T 3632

18 《非合金钢及细晶粒钢焊条》GB/T 5117

19 《热强钢焊条》GB/T 5118

20 《埋弧焊用碳钢焊丝和焊剂》GB/T 5293

21 《厚度方向性能钢板》GB/T 5313

22 《六角头螺栓－C 级》GB/T 5780

23 《六角头螺栓》GB/T 5782

24 《气体保护电弧焊用碳钢、低合金钢焊丝》GB/T 8110

25 《电弧螺柱焊用圆柱头焊钉》GB/T 10433

26 《埋弧焊用低合金钢焊丝和焊剂》GB/T 12470

27 《建筑用压型钢板》GB/T 12755

28 《建筑结构用钢板》GB/T 19879

29 《高层建筑混凝土结构技术规程》JGJ 3

30 《高层民用建筑钢结构技术规程》JGJ 99

31 《钢筋机械连接技术规程》JGJ 107

32 《钢筋机械连接用套筒》JG/T 163

中华人民共和国行业标准

组合结构设计规范

JGJ 138—2016

条 文 说 明

修 订 说 明

《组合结构设计规范》JGJ 138 - 2016 经住房和城乡建设部 2016 年 6 月 14 日以第 1145 号公告批准、发布。

本规范是在《型钢混凝土组合结构技术规程》JGJ 138 - 2001 的基础上修订而成的。上一版的主编单位是中国建筑科学研究院，参编单位是西安建筑科技大学、西南交通大学建筑勘察设计研究院、华南理工大学、东南大学。主要起草人是孙慧中、姜维山、赵世春、王祖华、袁必果。

本次修订增加了组合结构房屋的最大适用高度，补充了型钢混凝土组合构件的设计和构造规定，增加了矩形钢管混凝土柱、圆形钢管混凝土柱、钢板混凝土剪力墙、带钢斜撑混凝土剪力墙、钢与混凝土组合梁以及钢与混凝土组合楼板的设计和构造规定。修订后的规范包含了各种类型的组合结构构件，扩大了适用范围。

在本规范修订过程中，规范编制组进行了广泛的调查研究，查阅了大量国外相关文献，认真总结了组合结构在我国工程实践中的经验，开展了多项相关的试验研究和专题研究工作，参考国外先进标准，与我国相关标准进行了协调，完成本规范修订编制。

为便于广大设计、施工、科研、学校等单位的有关人员在使用本规范时能正确理解和执行条文规定，《组合结构设计规范》编制组按章、节、条顺序编制了本规范的条文说明，对条文规定的目的、依据以及执行中需注意的有关事项进行了说明，还着重对强制性条文的强制性理由作了解释。但条文说明不具备与规范正文同等的法律效力，仅供使用者作为理解和把握规范规定的参考。

目　　次

1 总　则

1.0.1 随着我国高层建筑的迅速发展，钢与混凝土组合结构得到了广泛应用，也积累了很多工程经验和研究成果。

本规范在《型钢混凝土组合结构技术规程》JGJ 138-2001 的基础上，对原条款进行了补充修订，并增加了有关组合结构构件的设计内容，包括矩形钢管混凝土柱、圆形钢管混凝土柱、钢板混凝土剪力墙、带钢斜撑混凝土剪力墙、钢与混凝土组合梁、组合楼板的设计规定。

1.0.2、1.0.3 组合结构是钢与混凝土组合成的一种独立的结构形式。由于受力截面除了钢筋混凝土外，型钢（钢管、钢板）以其固有的强度和延性与钢筋、混凝土三位一体地工作，使组合结构具备了比传统的钢筋混凝土结构承载力大、刚度大、抗震性能好的优点；而与钢结构相比，具有防火性能好，结构局部和整体稳定性好，节省钢材的优点。有针对性地推广应用此类结构，对促进我国高层建筑以及多层建筑的发展、提高结构整体抗震性能、增加结构使用空间都具有极其重要的意义。

本规范针对组合结构构件的适用范围、设计方法、构造措施作出规定，规范适用于非地震区和设防烈度为 6 度至 9 度地震区的高层建筑以及多层建筑的钢与混凝土组合结构的设计。

2 术语和符号

2.1 术　语

2.1.1~2.1.13 本节给出了组合结构、组合结构构件、型钢混凝土组合结构构件、矩形钢管混凝土结构构件、圆形钢管混凝土结构构件、钢与混凝土组合梁、组合楼板等术语的含义。

2.2 符　号

2.2.1~2.2.4 符号是根据现行国家标准《工程结构设计基本术语标准》GB/T 50083 的规定制定的。

3 材　料

3.1 钢　材

3.1.1 组合结构构件中钢材的选用标准，是依据现行国家标准《钢结构设计规范》GB 50017、《碳素结构钢》GB/T 700 和《低合金高强度结构钢》GB/T 1591 规定的。组合结构构件中的钢材性能应与钢结构对钢材性能的规定相同。

3.1.2 组合结构构件中的钢材是截面的主要承重部分，钢材性能应符合屈服强度、抗拉强度、伸长率、冲击韧性和硫、磷含量的合格保证。为了保证钢材的可焊性，焊接结构的碳含量和冷弯性能应具有合格保证。

3.1.3 沸腾钢含氧量较高，内部组织不够致密，硫、磷偏析大，冲击韧性较低，冷脆和时效倾向大，为此规范规定钢材宜采用镇静钢。

3.1.4 厚钢板存在各向异性，Z 轴向性能指标较差，对采用厚度大于或等于 40mm 的钢板，应符合现行国家标准《厚度方向性能钢板》GB/T 5313 中有关 Z15 级的断面收缩率指标的规定，它相当于硫含量不超过 0.01%。

3.1.5 地震区钢材应具有较好的延性，其性能应符合现行国家标准《建筑抗震设计规范》GB 50011 的相关规定。钢材的极限抗拉强度是决定结构安全储备的关键，因此与屈服强度不能太接近，屈强比不应大于 0.85；同时钢材应有明显的屈服台阶、伸长率应大于 20%，以保证构件具有足够的塑性变形能力。

3.1.6、3.1.7 钢材强度指标和物理性能指标应按现行国家标准《钢结构设计规范》GB 50017 的规定取用。

3.1.8、3.1.9 现行国家标准《连续热镀锌薄钢板及钢带》GB/T 2518 不仅给出了钢板热镀锌技术条件，还给出了镀锌钢板牌号，本规范推荐目前工程中常用的 S250（S250GD＋Z，S250GD＋ZF），S350（S350GD＋Z，S350GD＋ZF），S550（S550GD＋Z，S550GD＋ZF）牌号钢作为压型钢板的基板。表 3.1.9 中给出的压型钢板强度标准值和设计值，是以公称屈服强度为抗拉强度标准值，材料分项系数取 1.2，得到抗拉强度设计值。对强屈比小于 1.15 的 S550 级的钢材，抗拉强度标准值取抗拉极限强度的 85%。

3.1.10、3.1.11 对钢材的焊接用焊条、焊丝和焊剂的质量要求作出规定，焊缝强度设计值按现行国家标准《钢结构设计规范》GB 50017 的规定取用。

3.1.12 对钢构件使用的普通螺栓、高强螺栓、锚栓的材料及强度设计值作出规定。

3.1.13 在型钢混凝土组合结构构件中，采用作为抗剪连接件的栓钉，应该是符合现行国家标准《电弧螺柱焊用圆柱头焊钉》GB/T 10433 规定的合格产品，不得用短钢筋代替栓钉。栓钉的力学性能指标不应低于表 3.1.13 规定。

3.1.14 一个栓钉的抗剪承载力设计值计算公式取自现行国家标准《钢结构设计规范》GB 50017，圆柱头栓钉极限抗拉强度设计值取为 360kN/mm²。

3.2 钢　筋

3.2.1、3.2.2 组合结构构件中配置的纵向钢筋宜采用具有较好延性和可焊性的 HRB400、HRB500、

HRB335 热轧带肋钢筋；箍筋宜采用 HRB400、HRB335、HRB500 热轧带肋钢筋或 HPB300 光圆热轧钢筋。

3.2.3 抗震等级一、二、三级的框架和斜撑构件，其纵向受力钢筋应满足现行国家标准《混凝土结构设计规范》GB 50010 对抗震设计时材料的相关规定。纵向受力钢筋的抗拉强度实测值与屈服强度实测值的比值不应小于 1.25，是为了保证构件某部位出现塑性铰以后，塑性铰处的钢筋能提供足够的转动能力和耗能能力。基于设计中"强柱弱梁""强剪弱弯"的设计概念都以钢筋的强度设计值为基础进行内力调整，所以还规定钢筋屈服强度实测值与屈服强度标准值的比值不应大于 1.30。钢筋最大拉力下的总伸长率实测值不应小于 9％ 的规定是为了保证结构构件具有足够的延性性能。

3.3 混 凝 土

3.3.1～3.3.3 为了充分发挥组合结构构件中钢材的作用和保证构件在地震作用下，有必要的承载力和延性，混凝土强度等级不宜过低，本规范规定了型钢混凝土结构构件的混凝土强度等级不宜低于 C30。基于高强混凝土的脆性以及目前对强度在 C70 以上的混凝土的组合结构构件性能研究不够，因此设防烈度 8 度时不宜超过 C70，设防烈度 9 度时不宜超过 C60；对剪力墙，考虑到大面积墙体，高强度混凝土的收缩、脆性易带来墙体裂缝，规范规定不宜超过 C60。钢管混凝土结构构件给出了不同钢号的钢管对应的混凝土强度规定。组合楼板中混凝土强度等级不应低于 C20。

3.3.4 为便于混凝土的浇筑，需对混凝土最大骨科直径加以限制。

4 结构设计基本规定

4.1 一 般 规 定

4.1.1 钢与混凝土组合结构构件的结构基本性能试验研究表明，组合结构构件相比于钢筋混凝土结构构件具有承载力大、延性性能好、刚度大的特点。目前，国内高层建筑中大量采用组合结构构件，尤其是由型钢（钢管）混凝土柱和钢梁形成的外框架（外筒）与钢筋混凝土核心筒组成的框架-核心筒、筒中筒结构体系，更显示了其固有的优良结构特性，提高了结构抗震性能，增加了使用面积，满足了工程的需要。

4.1.2 在多、高层建筑的各种体系中，型钢混凝土结构构件可以与钢筋混凝土结构构件组合，也可与钢结构构件组合，不同结构发挥其自身特点。在组合结构设计中主要应处理好不同结构形式的连接节点，以

及沿高度改变结构类型带来的承载力和刚度的突变。

4.1.3 对房屋的下部分采用型钢混凝土，上部分采用钢筋混凝土的框架柱，日本的阪神地震震害表明，凡是刚度和强度突变处容易发生破坏，因此，本规范规定考虑地震作用组合的各类结构体系中的框架柱沿房屋高度宜采用同类结构构件。当采用不同类型结构构件时，应设置过渡层。

4.1.4 各类结构体系中楼盖结构的水平刚度和整体性对结构形成整体抗侧能力十分重要。当楼面采用压型钢板组合楼板时，对受力特殊的楼层，如转换层、加强层以及开大洞楼层等，设计中宜采取加强措施。

4.2 结构体系及结构构件类型

4.2.1 试验表明，配置实腹式型钢的型钢混凝土柱具有良好的变形性能和耗能能力；而配置空腹式型钢的型钢混凝土柱的试验研究及震害调查都表明其变形性能和抗剪性能相对较差，为此规范规定宜采用实腹式焊接型钢。对于型钢混凝土巨柱，根据结合工程进行的型钢分散配置、相互间不设连接板和设置连接板的型钢混凝土巨型柱对比试验结果，为保证其整体承载力和延性性能，防止由于薄弱面引起竖向裂缝产生，规范强调型钢混凝土巨型柱宜采用由多个焊接型钢通过钢板连接成整体的实腹式焊接型钢。

4.2.2 为提高型钢混凝土梁的承载力和刚度，型钢混凝土框架梁内的型钢配置，宜采用充满型实腹型钢。充满型实腹型钢，是指型钢上翼缘处于截面受压区，下翼缘处于截面受拉区，即设计中应考虑在符合型钢混凝土保护层规定和便于施工的前提下，型钢的上翼缘和下翼缘尽量靠近混凝土截面的近边。当梁截面高度较高时，可采用内配桁架式型钢的型钢混凝土梁。

4.2.3、4.2.4 根据钢管成型方式不同分为不同类型的钢管，在工程中常用的是热轧钢板焊接成型的矩形钢管和直缝焊接圆形钢管，对于螺旋焊接圆形钢管应由专业生产厂加工制造。

4.2.5 为提高剪力墙的承载力和延性，在剪力墙两端的边缘构件中配置型钢组成型钢混凝土剪力墙以及有端柱或带边框型钢混凝土剪力墙。近年来，为满足高层建筑设计要求，经试验研究提出了在剪力墙中除边缘构件设置型钢外，墙体中增设了钢板或型钢斜撑。试验表明，此类剪力墙可有效地提高剪力墙的抗侧能力和延性，减小墙体厚度，增加使用空间。

4.2.6 由混凝土翼板与钢梁组合成的组合梁可有效提高梁的承载力和刚度。

4.2.7 规范给出了组合楼板中常用的压型钢板形式。

4.3 设计计算原则

4.3.1 钢与混凝土组合结构多、高层建筑的设计计算，除了基本的内力、位移计算外，尚应进行稳定性

验算和风荷载作用组合下的舒适度验算，必要时进行风洞试验；对于超高和复杂建筑，还应进行结构抗震性能设计、抗连续倒塌设计；以上设计验算均应符合国家现行标准的相关规定。

4.3.2 组合结构构件的两个极限状态的设计规定，与现行国家标准《混凝土结构设计规范》GB 50010、《建筑抗震设计规范》GB 50011 一致。

4.3.3 组合结构构件的承载力设计，应符合现行国家标准《建筑结构荷载规范》GB 50009、《建筑抗震设计规范》GB 50011、《混凝土结构设计规范》GB 50010 有关极限状态设计表达式的规定，规范对非抗震设计规定的结构构件重要性系数和抗震设计的承载力抗震调整系数作出规定；组合结构构件系数的取值与钢筋混凝土结构构件一致。

4.3.4 在进行弹性阶段的内力和位移计算中，除了需要钢与混凝土组合结构构件的截面换算弹性抗弯刚度外，在考虑构件的剪切变形、轴向变形时，还需要换算截面剪切刚度和轴向刚度。计算中采用了钢筋混凝土的截面刚度和型钢截面刚度叠加的方法。

4.3.5 采用组合结构构件作为主要抗侧力结构的框架结构、框架－剪力墙结构、剪力墙结构、部分框支剪力墙结构的最大适用高度与现行行业标准《高层建筑混凝土结构技术规程》JGJ 3 中 A 级高度钢筋混凝土高层建筑的最大适用高度一致。对于型钢（钢管）混凝土框架（框筒）与钢筋混凝土核心筒组成的框架-核心筒结构、筒中筒结构的最大适用高度与现行行业标准《高层建筑混凝土结构技术规程》JGJ 3 中的混合结构最大适用高度一致。此体系除了钢筋混凝土核心筒具有较强的抗侧能力外，组合结构的框架自身也具有良好延性，故采用该体系的房屋最大适用高度可比同样体系的 A 级高度钢筋混凝土高层建筑提高 40%～50%，但必须指出此体系中的框架梁应采用钢梁或型钢混凝土梁，框架柱、框筒柱应全高采用型钢（钢管）混凝土柱。

4.3.6 影响结构阻尼比的因素很多，准确确定结构的阻尼比是一件非常困难的事情。根据工程实测和试验研究结果，抗震设计时，钢结构的阻尼比可取为0.02，钢筋混凝土结构的阻尼比可取为 0.05，组合结构的阻尼比介于两者之间，一般取为 0.04；房屋高度超过 200m 的超高层建筑的阻尼比宜适当降低。风荷载作用下楼层位移验算和构件设计时，结构阻尼比取值一般比抗震设计时小，可取为 0.02～0.04，舒适度验算时阻尼比可取 0.01～0.02。

4.3.7 根据现行行业标准《高层建筑混凝土结构技术规程》JGJ 3 的有关部分框支剪力墙结构不同设防烈度，在地面以上的框支层层数的规定，提出了相应的设计规定。

4.3.8 对于采用组合结构构件的框架结构、框剪结

构、剪力墙结构、部分框支剪力墙结构，其抗震等级的规定与国家标准《建筑抗震设计规范》GB 50011-2010 第 6.1.2 条强制性条文、国家标准《混凝土结构设计规范》GB 50010-2010 第 11.1.3 条强制性条文一致。组合结构钢构件组成的框架-核心筒结构、筒中筒结构的抗震等级的规定与行业标准《高层建筑混凝土结构技术规程》JGJ 3-2010 第 11.1.4 条强制性条文相一致。

4.3.9 考虑到钢与混凝土组合结构的延性和耗能能力的特点已在框架柱的轴压比限值中体现了，因此，对于在正常使用极限状态下，按风荷载或地震作用组合的楼层层间位移、顶点位移的限值不作放松，应符合国家现行标准《建筑抗震设计规范》GB 50011、《高层建筑混凝土结构技术规程》JGJ 3 的限值规定。

4.3.10、4.3.11 规范对型钢混凝土梁、钢与混凝土组合梁及组合楼板的最大挠度限值作出规定，且对型钢混凝土梁按荷载效应的准永久组合，并考虑长期作用影响计算的最大裂缝宽度限值作出规定。

4.3.12 规范对钢管混凝土柱施工阶段钢管轴向应力给出了限制条件，并规定保证钢管施工阶段的稳定性。

4.3.13 框架-核心筒、筒中筒组合结构，在施工阶段，考虑到钢筋混凝土核心筒与外框架的压缩应变的差异，规定调整构件加工长度和安装标高，以符合设计规定。

4.4 一 般 构 造

4.4.1 基于组合结构构件是由钢、混凝土和钢筋多种材料组成，在施工前进行专业深化设计是必要的。

4.4.2、4.4.3 组合结构中钢结构制作、安装、焊接、坡口形式和规定应符合现行国家标准的规定，以保证施工质量。

4.4.4 对采用不同柱脚形式的型钢混凝土柱、钢管混凝土柱中型钢、钢管与底板的焊接质量提出规定，以保证柱内力的传递。

4.4.5 为发挥栓钉传递剪力作用，栓钉的直径、长度、间距宜正确的选定。

4.4.6 受力钢筋的连接，规范规定了接头百分率；对于机械连接接头质量应符合有关标准的规定。对纵向受力钢筋与钢构件连接，规范也作出了可焊接机械连接套筒的抗拉强度和焊接质量规定。

5 型钢混凝土框架梁和转换梁

5.1 一 般 规 定

5.1.1 型钢混凝土结构构件由型钢、钢筋和混凝土三种材料组成，其受力性能的研究是此类结构构件应用于工程的关键。型钢混凝土压弯构件试验表明，压

弯构件在外荷载作用下，截面的混凝土、钢筋、型钢的应变保持平面，受压极限变形接近于 0.003，破坏形态以型钢受压翼缘以上混凝土突然压碎、型钢翼缘达到屈服为标志，基本性能与钢筋混凝土压弯构件相似，由此，建立了型钢混凝土框架梁和转换梁正截面承载力计算的基本假定。

5.1.2　型钢混凝土框架梁和转换梁中型钢钢板不宜过薄，以利于焊接和保持局部稳定。考虑到型钢受混凝土和箍筋的约束，不易发生局部压屈，因此，型钢钢板的宽厚比可比现行国家标准《钢结构设计规范》GB 50017 的规定适当放松，参考日本有关资料，规定钢板宽厚比大致比纯钢结构放松 1.5～1.7 倍。

5.1.3　在确定型钢的截面尺寸和位置时，型钢应有一定的混凝土保护层厚度，以防止型钢发生局部压屈变形，保证型钢、钢筋混凝土相互粘结而整体工作，同时也是提高耐火性、耐久性的必要条件。

5.2　承载力计算

5.2.1　配置充满型实腹型钢的型钢混凝土框架梁和转换梁，包括托墙转换梁和托柱转换梁，其正截面受弯承载力计算方法是通过试验研究和理论分析提出的，将型钢翼缘也作为纵向受力钢筋的一部分，在平衡式中增加了型钢腹板受弯承载力项 M_{aw} 和型钢腹板轴向承载力项 N_{aw}。M_{aw}、N_{aw} 的确定是通过对型钢腹板应力分布积分，再做一定的简化得出的。根据平截面假定提出了判断适筋梁的相对界限受压区高度 ξ_b 的计算公式。

5.2.2　为使框架梁符合"强剪弱弯"规定，对不同抗震等级的框架梁和转换梁剪力设计值 V_b 进行调整。调整原则与现行国家标准《混凝土结构设计规范》GB 50010 一致。

5.2.3、5.2.4　型钢混凝土梁的剪切破坏形式与剪跨比相关，存在剪压破坏和斜压破坏两种形式。防止剪压破坏由受剪承载力计算来保证，斜压破坏由截面控制条件来保证。通过集中荷载作用下斜截面受剪承载力试验，建立了控制斜压破坏的截面控制条件，即给出了型钢混凝土梁受剪承载力的上限，此条件对均布荷载是偏于安全的。考虑到转换梁的重要性，对型钢混凝土转换梁的受剪截面控制条件做适当加严。

5.2.5　在试验研究的基础上，提出了型钢混凝土梁斜截面受剪承载力计算公式，分别考虑型钢和钢筋混凝土两部分的承载力。通过 52 根试验梁数据回归分析和可靠度分析，得出了型钢部分对受剪承载力的贡献为型钢腹板部分的受剪承载力，其值与腹板强度、腹板面积有关，对集中荷载作用下的梁，还与剪跨比有关，而且近似假定型钢腹板全截面处于纯剪状态，即 $\tau_{xy} = \dfrac{f_a}{\sqrt{3}} = 0.58 f_a$。集中荷载作用下的梁一般指

楼盖中有次梁搁置的主框架梁和转换梁，或集中荷载对支座截面或节点边缘所产生的剪力值占总剪力的 75% 以上的梁。

5.2.6　当梁的荷载较大，截面高度较高时，为增加刚度、节省钢材、减少自重，可采用桁架式空腹型钢的型钢混凝土梁。由于对型钢混凝土宽扁梁尚未进行试验研究，规范规定的框架梁受剪承载力计算公式对宽扁梁不能直接采用，有待进一步研究。

5.3　裂缝宽度验算

5.3.1、5.3.2　基于把型钢翼缘作为纵向受力钢筋，且考虑部分型钢腹板的影响，按现行国家标准《混凝土结构设计规范》GB 50010 有关裂缝宽度计算公式的形式，建立了型钢混凝土梁在短期效应组合作用下并考虑长期效应组合影响的最大裂缝宽度计算公式。

型钢混凝土梁裂缝宽度计算公式通过试验研究验证，根据 8 根梁的试验结果，在（0.4～0.8）倍极限弯矩范围内，短期荷载作用下的裂缝宽度的计算值与试验值之比的平均值为 1.001，均方差为 0.24。

5.4　挠度验算

5.4.1、5.4.2　型钢混凝土框架梁和转换梁在正常使用极限状态下的挠度，可根据构件的刚度采用结构力学的计算方法计算。试验表明，型钢混凝土梁在加载过程中截面平均应变符合平截面假定，且型钢与混凝土截面变形的平均曲率相同，因此，截面抗弯刚度可以采用钢筋混凝土截面抗弯刚度和型钢截面抗弯刚度叠加的原则来处理。

通过不同配筋率，混凝土强度等级，截面尺寸的型钢混凝土梁的刚度试验，认为钢筋混凝土截面抗弯刚度主要与受拉钢筋配筋率有关，经研究分析，确定了钢筋混凝土截面部分抗弯刚度的简化计算公式。

长期荷载作用下，由于压区混凝土的徐变、钢筋与混凝土之间的粘结滑移徐变，混凝土收缩等使截面刚度下降，根据现行国家标准《混凝土结构设计规范》GB 50010 的有关规定，引进了荷载长期效应组合对挠度的增大系数 θ，确定了长期刚度的计算公式。

5.5　构　造　措　施

5.5.1　为保证框架梁对框架节点的约束作用，以及便于型钢混凝土梁的混凝土浇筑，框架梁的截面宽度不宜过小；截面高度与宽度比值过大对梁抗扭和侧向稳定不利；因此对框架梁的最小宽度作了规定。对托柱转换梁和托墙转换梁最小宽度的规定是保证转换部位的内力传递。

5.5.2　为保证梁底部混凝土浇筑密实，梁中纵向受力钢筋不宜超过二排，如超过二排，施工上应采取措

施，如分层浇筑等，以保证梁底混凝土密实；纵向受拉钢筋配筋率、直径、净距的规定，是保证混凝土与钢筋与型钢有良好的粘结力，同时，也有利于梁在正常使用极限状态下的裂缝分布均匀和减小裂缝宽度。

5.5.3 梁两侧沿高度配置一定量的腰筋，其目的是增加箍筋、纵筋、腰筋所形成的整体骨架对混凝土的约束作用；同时也有助于防止由于混凝土收缩引起的收缩裂缝的出现。

5.5.4 钢与混凝土组合结构构件是钢和混凝土两种材料的组合体。在此组合体中，箍筋的作用尤为突出，它除了增强截面抗剪承载力，避免结构发生剪切脆性破坏外，还起到约束核心混凝土，增强塑性铰区变形能力和耗能能力的作用；对钢与混凝土组合结构构件而言，更起到保证混凝土、型钢、纵筋三者整体工作的重要作用。因此，为保证在大变形情况下能维持箍筋对混凝土的约束，箍筋应做成封闭箍筋，其末端应有135°弯钩，弯钩平直段也应有一定长度。

5.5.5～5.5.8 考虑地震作用的框架梁端应设置箍筋加密区，是从构造上增强对梁端混凝土的约束，且保证梁端塑性铰区"强剪弱弯"的规定。关于型钢混凝土框架梁和转换梁的箍筋肢距，为便于施工，在符合本规范规定的箍筋面积配筋率和构造要求的情况下，可比钢筋混凝土梁适当放松。

5.5.9、5.5.10 针对托柱转换梁受力复杂的特点，根据现行行业标准《高层建筑混凝土结构技术规程》JGJ 3的规定，对型钢混凝土托柱转换梁，提出了抗震设计、非抗震设计梁端箍筋加密区高于一般框架梁的最小面积配筋率的规定。

5.5.11 托墙转换梁的梁端以及托墙设有门洞的门洞边，应按本规范第5.5.5条、5.5.7条、5.5.9条的规定配置箍筋，且托墙门洞边位置，在型钢腹板两侧应设置加劲肋。

5.5.12 当转换梁承受弯矩、剪力、拉力时，设计时应有一定量的纵向钢筋承受拉力作用。

5.5.13 为保证桁架式的型钢混凝土框架梁的压杆稳定，给出了压杆长细比的限制条件。

5.5.14 转换梁、悬臂梁和大跨度梁，其荷载大、受力复杂，为增加负弯矩区混凝土和型钢上翼缘的粘结剪应力，宜在梁端型钢上翼缘设置栓钉。

5.5.15 为保证开孔型钢混凝土梁开孔截面的受剪承载力，应控制圆形孔的直径相对于梁高和型钢截面高度的比例不能过大；且由于孔洞周边存在应力集中情况，应采取一定的构造措施。

5.5.16 圆形孔洞截面处的受剪承载力计算是参考了日本的计算方法并结合国内试验研究确定的。计算方法中考虑了扣除开孔影响后混凝土受剪承载力，以及孔洞周围补强钢筋和型钢腹板扣除孔洞后的受剪承载力。

6 型钢混凝土框架柱和转换柱

6.1 一般规定

6.1.1 型钢混凝土框架柱和转换柱的正截面承载力计算假定与型钢混凝土梁相同。

6.1.2 型钢混凝土框架柱和转换柱型钢的含钢率不宜过低，配置一定量的型钢，才能发挥型钢提高承载力、增加延性的作用；对工程中作为构造措施规定配置的型钢数量，可不受此限制。含钢率也不宜过高，高含钢率柱如果没有足够的纵向钢筋和箍筋的约束，不能保证型钢、混凝土和纵向钢筋三位一体的工作；为此规范规定含钢率大于15%时，应通过试验研究，增加箍筋的配筋量。

6.1.3 型钢混凝土框架柱和转换柱应配置一定数量的纵向钢筋，以便在混凝土、纵筋、箍筋的约束下的型钢能充分发挥其强度和延性性能。考虑到型钢混凝土柱承受的弯矩和轴力较大，纵向钢筋直径不宜过小；为便于浇筑混凝土，对纵向钢筋与型钢的最小净距、钢筋间最小净距作出规定；对于箍筋，规定必须与纵筋牢固连接，以便起到约束混凝土的作用。

6.1.4 在确定型钢的截面尺寸和位置时，型钢应有一定的保护层厚度，以防止型钢发生局部压屈变形，且有利于提高结构耐火性、耐久性，便于箍筋配置。

6.1.5 型钢混凝土柱中型钢钢板厚度不宜过薄，以利于焊接和保证局部稳定。基于型钢处于混凝土、箍筋的约束状态，钢板宽厚比限值可比现行行业标准《高层民用建筑钢结构技术规程》JGJ 99的规定放松，参考日本有关资料，规范规定的宽厚比大致比纯钢结构放松1.5倍～1.7倍。

6.2 承载力计算

6.2.1 型钢混凝土轴心受压柱由截面内的混凝土、纵向钢筋、型钢共同承受轴向压力，并在承载力计算式中考虑了柱的稳定系数。

6.2.2 配置充满型实腹型钢的型钢混凝土框架柱和转换柱的正截面偏心受压承载力计算公式，是在基本假定基础上，采用极限平衡方法，以及型钢腹板应力图形简化为拉压矩形应力图情况下，作出的简化计算方法。

6.2.3 配置十字形型钢的型钢混凝土框架柱和转换柱，其偏心受压承载力计算中，可考虑腹板两侧的侧腹板的承载力。

6.2.4 工程中实际存在着荷载作用位置的不确定性、混凝土质量的不均匀性及施工偏差等因素，都可能产生附加偏心距。型钢混凝土柱的附加偏心距取值与现行国家标准《混凝土结构设计规范》GB 50010中的规定相同。

6.2.5 截面具有两个互相垂直对称轴的框架柱和转换柱的双向偏心受压正截面承载力计算，首先应符合单向偏心受压承载力的规定，在此基础上再进行双向偏心受压承载力的计算。

关于双向受压承载力计算，可按基于平截面假定，通过划分为材料单元的截面极限平衡方程，采用数值积分的方法进行迭代计算。同时给出了两个近似计算方法，一个是以现行国家标准《混凝土结构设计规范》GB 50010 为依据，在型钢混凝土柱单偏压承载力计算的基础上建立的尼克勤（N. V. Nikitin）公式；另一个是以试验为基础考虑柱的长细比、裂缝发展等因素建立的，有一定的适用条件的双偏压承载力计算公式。

6.2.6 型钢混凝土轴心受拉柱承载力计算公式是考虑了型钢和纵向受力钢筋共同承受轴向拉力作用。

6.2.7 型钢混凝土偏心受拉柱正截面承载力计算方法的建立是采用与型钢混凝土偏心受压柱正截面承载力计算相同的极限平衡法原理，有些计算公式也采用了与本规范第 6.2.2 条相同条件的积分法推导得出。对于配置十字形型钢的型钢混凝土框架柱及转换柱其腹板两侧的侧腹板的承载力同样可按本规范第 6.2.3 条计算。条文中的大偏心受拉是指轴向拉力作用在受拉钢筋和受拉型钢翼缘的合力点与受压钢筋和受压型钢翼缘的合力点之外，小偏心受拉是指轴向拉力作用在受拉钢筋和受拉型钢翼缘的合力点与受压钢筋和受压型钢翼缘的合力点之间。

6.2.8～6.2.12 考虑地震组合的框架柱内力调整，包括柱端弯矩设计值、柱剪力设计值的确定，都符合国家现行标准《建筑抗震设计规范》GB 50011、《混凝土结构设计规范》GB 50010、《高层建筑混凝土结构技术规程》JGJ 3 的规定。

6.2.13～6.2.15 型钢混凝土框架柱的受剪截面限制条件与本规范第 5.2.3 条型钢混凝土梁的规定一致，对转换柱给予适当加严。配置十字形型钢的型钢混凝土框架柱和转换柱，受剪截面计算时可按本规范第 6.2.3 条的规定考虑腹板两侧的侧腹板作用。

6.2.16、6.2.17 试验研究表明，型钢混凝土柱的斜截面受剪承载力可由钢筋混凝土和型钢两部分的斜截面受剪承载力组成，压力对受剪承载力具有有利影响，拉力对受剪承载力具有不利影响。计算公式中型钢部分对受剪承载力的贡献只考虑型钢腹板部分的受剪承载力。由此建立了型钢混凝土框架柱和转换柱在偏心受压、偏心受拉时的斜截面承载力计算公式。

6.2.18 试验表明框架柱的破坏形态与剪跨比有关，当剪跨比为 1.5～2.0 时，将出现粘结破坏，粘结破坏时的承载力值与型钢翼缘宽度有关，为此规范规定剪跨比不大于 2.0 的框架柱，其偏心受压构件斜截面受剪承载力宜取两种剪切破坏状态下受剪承载力的较小值。

6.2.19 型钢混凝土框架柱轴压比限值的规定，是保证框架柱具有较好的延性和耗能性能的必要条件，通过不同轴压比情况下，承受低周反复荷载作用的型钢混凝土压弯构件试验表明，框架柱的设计轴压比 $\dfrac{N}{f_cA_c + f_aA_a}$ 为 0.62 时，其延性系数能达到 3.58；规范以此作为框架结构一级抗震等级的轴压比限值，对不同结构类型、不同抗震等级以及转换柱作相应的放松或加严。

6.3 裂缝宽度验算

6.3.1、6.3.2 通过研究分析，规范规定了正常使用极限状态下与现行国家标准《混凝土结构设计规范》GB 50010 相应的型钢混凝土轴心受拉构件的裂缝宽度计算公式。

6.4 构 造 措 施

6.4.1、6.4.2 对于型钢混凝土框架柱，为保证柱端塑性铰区有足够的箍筋约束混凝土，使框架柱有一定的变形能力，为此，柱上下端以及受力较大部位，必须从构造上设置箍筋加密区。柱箍筋加密区除符合箍筋间距和直径规定外，还应符合箍筋体积配筋率的规定。

6.4.3 箍筋符合间距构造规定而配箍率不同的型钢混凝土柱反复荷载作用下的试验表明，基于截面内型钢对混凝土有一定的约束作用，适当减小加密区箍筋的体积配筋率的规定，仍能符合柱端塑性铰转动的延性规定；为此，规范规定不同抗震等级框架柱箍筋加密区的体积配箍率相对于钢筋混凝土框架柱可减少 15%。

6.4.4 本条对框架柱非加密区箍筋配置作了规定。

6.4.5 对考虑地震作用组合的型钢混凝土框架柱箍筋配置规定了构造规定。对部分箍筋采用拉结筋时，规范强调了拉筋宜紧靠纵筋并勾住封闭箍筋。考虑到截面中配置了型钢，在符合箍筋配箍率和构造规定情况下，箍筋肢距可作适当放松。

6.4.6、6.4.7 型钢混凝土转换柱受力大，且较为复杂，其箍筋的配置给予加严。

6.4.8 剪跨比不大于 2 的框架柱，规范除规定箍筋间距规定全高加密外，还对箍筋体积配筋率作了加严规定；对 9 度设防烈度的框架柱也作了加严规定。

6.4.9 对型钢混凝土框架柱和转换柱非抗震设计时的箍筋构造作了规定。

6.5 柱脚设计及构造

Ⅰ 一 般 规 定

6.5.1 目前工程设计中的型钢混凝土柱的柱脚，根据工程情况，除了采用埋入式柱脚外，也有采用非埋入式柱脚。日本阪神地震震害表明，对无地下室的建筑，其非埋入式柱脚直接设置在±0.00标高，在大地震作用下，柱脚往往因抵御不了巨大的反复倾覆弯矩和水平剪力的作用而破坏。为此，规范规定：偏心受拉柱应采用埋入式柱脚；不考虑地震作用组合的偏心受压柱可采用埋入式柱脚，也可采用非埋入式柱脚。

6.5.2、6.5.3 对不同埋置深度的型钢混凝土柱埋入式柱脚进行的试验表明，承受轴向压力、弯矩、剪力作用的埋入式柱脚的埋置深度可由原行业标准《型钢混凝土结构技术规程》JGJ 138－2001规定的"埋置深度不小于柱型钢截面高度的3倍"改为2.0倍，此埋置深度能符合柱端嵌固规定。对于型钢混凝土偏心受压柱嵌固端以下有两层及两层以上地下室时，柱脚除采用埋入式柱脚外，考虑到型钢在嵌固端以下已有一定的埋置深度，而且当伸至基础底板顶面时，柱的轴向压力增大，弯矩、剪力一般较小，为便于施工，柱型钢可伸至基础顶面，其柱脚应符合非埋入式柱脚的计算规定。

Ⅱ 埋入式柱脚

6.5.4 偏心受压埋入柱脚的埋置深度计算公式是假设埋入式柱脚由型钢混凝土柱与基础混凝土之间的侧压力来平衡型钢混凝土柱受到的弯矩和剪力，并对由此建立的计算公式进行简化，通过试验验证，该公式适用于压弯与拉弯两种情况。

6.5.5、6.5.6 型钢混凝土偏心受压柱埋入式柱脚，在轴向压力作用下，基础底板应符合局部受压承载力和受冲切承载力的规定。

6.5.7 型钢混凝土偏心受拉柱的埋入式柱脚冲切计算中，规范规定了冲切面高度和用于冲切验算的轴向拉力设计值。当冲切承载力不符合规定时，可配置抗冲切钢筋，也可在柱脚设置符合锚固构造规定的受拉锚栓。

6.5.8 型钢混凝土偏心受压柱埋入式柱脚，型钢底板应有一定厚度，以满足轴向压力作用要求。

6.5.9 型钢混凝土柱的埋入式柱脚的埋入范围及上一层型钢应按构造规定设置栓钉，以保证型钢与混凝土共同工作。

6.5.10～6.5.12 对型钢混凝土埋入式柱脚，伸入基础内型钢外侧混凝土应具有一定厚度，才能保证对型钢提供侧向压力作用，为此，规范对型钢外侧混凝土保护层厚度提出了规定。对埋入式柱脚，顶面位置应设置水平加劲肋以助于传递弯矩和剪力，柱脚底板应设置锚栓。为保证埋入式柱脚底板有效固定，柱脚底板处设置的锚栓和柱内纵筋在底板下锚固深度应符合相关规范规定，锚入基础底板的纵向钢筋周围应设置构造箍筋，以有效地约束混凝土。

Ⅲ 非埋入式柱脚

6.5.13 型钢混凝土偏心受压柱，当采用非埋入式柱脚时，基于型钢不埋入基础，柱脚底板截面处的轴力、弯矩、剪力由锚入基础底板的锚栓、纵向钢筋和混凝土承受，为此规范规定其偏心受压的正截面受压承载力宜按现行国家标准《混凝土结构设计规范》GB 50010有关钢筋混凝土偏心受压柱正截面受压承载力计算，不考虑型钢作用。

6.5.14、6.5.15 型钢混凝土偏心受压柱非埋入式柱脚，其基础底板在轴向压力作用下应进行局部受压承载力和受冲切承载力计算。

6.5.16 型钢混凝土偏心受压柱非埋入式柱脚，当柱脚底板截面处正截面受压承载力不满足要求时，设计中可增大柱截面尺寸，并配置纵向钢筋和箍筋以符合承载力规定。其外包钢筋混凝土应向上延伸一层。

6.5.17 型钢混凝土偏心受压柱非埋入式柱脚底板截面处应进行受剪承载力计算，受剪承载力由柱脚型钢底板下轴向压力对底板产生的摩擦力和柱脚型钢底板周边箱形混凝土沿剪力方向两侧边的有效截面及其范围内配置的纵向钢筋抗剪承载力组成。混凝土部分承担的剪力是参考日本有关标准确定直剪状态下混凝土和纵向钢筋的受剪承载力。

6.5.18、6.5.19 对非埋入式柱脚底板厚度、锚栓和纵向钢筋锚入基础构造、箍筋配置提出规定。基于日本阪神地震的震害经验，对非埋入式柱脚，锚栓直径和埋置深度应具有更高的安全度，为此规范规定锚栓除应满足计算要求外，还应符合相应的构造规定。

6.5.20 非埋入式柱脚上一层的型钢翼缘和腹板应设置栓钉，保证型钢与混凝土共同工作。

6.6 梁柱节点计算及构造

Ⅰ 承载力计算

6.6.1 型钢混凝土框架节点包括型钢混凝土柱与钢梁、型钢混凝土梁或钢筋混凝土梁组成的节点，各类节点都需保证在梁端出现塑性铰后，节点不发生剪切脆性破坏，因此梁柱节点的剪力设计值需要调整。

6.6.2 规定节点截面限制条件，是为了防止混凝土截面过小，造成节点核心区混凝土承受过大的斜压应力，以致使节点发生斜压破坏，混凝土被压碎。规范规定的节点截面限制条件是根据静力剪切试验确定。

6.6.3 不同类型梁对型钢混凝土柱的约束作用不同，故其组成节点的有效截面宽度计算公式存在差异。

6.6.4 型钢混凝土梁柱节点试验表明，其受剪承载力由混凝土、箍筋和型钢组成；混凝土的受剪承载力，由于型钢约束作用，混凝土所承担的受剪承载力增大；为安全起见，不考虑轴压力对混凝土受剪承载力的有利影响。基于型钢混凝土柱与各种不同类型的梁形成的节点，其梁端内力传递到柱的途径有差异，给出了不同的梁柱节点受剪承载力计算公式。

6.6.5、6.6.6 在试验研究和分析基础上，给出了型钢混凝土梁柱节点双向受剪承载力计算公式和节点抗裂计算公式。

6.6.7 钢梁或型钢混凝土梁与型钢混凝土柱的连接节点的内力传递机理较复杂,根据日本的试验结果,当梁为型钢混凝土梁或钢梁时,如果型钢混凝土柱中的型钢过小,使型钢混凝土柱中的型钢部分与梁型钢的弯矩分配比在40%以下时,不能充分发挥柱中型钢的抗弯承载力,且在反复荷载作用下,其荷载—位移滞回曲线将出现捏拢现象,由此设计中规定型钢混凝土柱中的型钢部分与梁型钢的弯矩分配比不小于40%。同时,当梁为型钢混凝土梁时,设计规定柱中的混凝土部分与梁中的混凝土部分的弯矩分配比也不小于40%。

当梁为钢筋混凝土梁、柱为型钢混凝土柱时,如果型钢混凝土柱的混凝土截面过小,同样使型钢混凝土柱中的钢筋混凝土的抗弯承载力不能充分发挥,在反复荷载作用下,其荷载—位移滞回曲线也将出现捏拢现象。因此设计中宜符合本规范(6.6.7-2)式的规定。

Ⅱ 梁柱节点形式

6.6.8~6.6.10 型钢混凝土梁柱节点包括柱与钢梁、型钢混凝土梁、钢筋混凝土梁连接,节点设计应符合传力明确、可靠、施工方便的规定。在各种结构体系中,梁柱连接最好采用钢梁或型钢混凝土梁与型钢混凝土柱连接的梁柱连接方式,其传力直接,施工简单。型钢混凝土柱中型钢柱的加劲肋布置,除了按钢结构构造配置以外,为保证梁端内力更好地传递,型钢混凝土柱应在梁上、下边缘位置处设置水平加劲肋。型钢混凝土柱与各类梁包括钢筋混凝土梁或型钢混凝土梁的连接,宜采用刚性连接,设计中应从柱型钢截面形式和纵向钢筋的配置上,考虑到便于梁内纵向钢筋贯穿节点,以尽可能减少纵向钢筋穿过柱型钢的数量。

6.6.11 型钢混凝土柱与钢梁连接采用铰接连接时,必须保证高强螺栓的施工质量。

6.6.12 型钢混凝土柱与钢筋混凝土梁连接节点的刚性连接,规范列出了3种连接方式。当采用梁纵向钢筋伸入节点的连接方式,梁筋应尽量绕过柱内型钢,直接贯通节点,不能贯通的纵向钢筋宜尽量穿过型钢腹板,而不穿过型钢翼缘。在有梁约束情况下的节点区,其抗剪承载力的储备较大,但仍需要规定型钢腹板损失率的限值。关于采取在型钢柱上设置钢牛腿的方法,从试验中发现,在钢牛腿末端位置处,由于截面承载力和刚度突变,很容易发生混凝土挤压破坏,因此,需加强此种连接方式的构造。

6.6.13 型钢混凝土柱与钢梁连接,并带有斜向钢支撑的复杂梁柱节点,可采用钢板箍代替钢筋箍,以避免箍筋穿筋困难,以及柱节点区上、下边缘混凝土局部压坏。设置钢板箍的节点的受剪承载力可按下式计算:

$$V_j = \frac{1}{\gamma_{RE}}\left[1.7\phi_j f_t b_j h_j + 0.4\sum t_{w2}h_{w2}f_a + 0.58 f_a t_w h_w\right]$$

(1)

式中: t_{w2}——大钢板箍厚度;
h_{w2}——大钢板箍高度。

Ⅲ 构 造 措 施

6.6.14 四边有梁约束的型钢混凝土框架节点,其受剪承载力和变形能力较大,因此框架节点的箍筋体积配筋率可适当放松,但箍筋直径不宜小于柱端箍筋加密区的箍筋直径。

6.6.15 为保证梁柱节点区以及梁上、下翼缘500mm范围型钢的整体受力性能,规定了型钢混凝土柱中型钢的焊接做法及焊缝质量等级。

6.6.16 设置水平加劲肋的目的是确保节点内力可靠传递,但加劲肋会影响混凝土的浇筑,因此应采用合理的加劲肋形式减小对混凝土浇筑质量的影响。本条对水平加劲肋的构造作了具体规定。

7 矩形钢管混凝土框架柱和转换柱

7.1 一 般 规 定

7.1.1、7.1.2 对矩形钢管混凝土构件的截面尺寸、钢管壁厚和截面高宽比作出了规定,为避免矩形钢管混凝土柱管壁受压屈曲,除了构造上规定截面边长大于等于1000mm时应在钢管内壁设置竖向加劲肋外,还提出了管壁宽厚比的规定,根据日本资料,矩形钢管混凝土柱的钢管壁的宽厚比限制条件比箱形钢管放宽1.5倍。竖向加劲肋的设计,可按现行国家标准《钢结构设计规范》GB 50017的规定。

7.1.3 考虑到矩形钢管混凝土构件内设隔板处于混凝土约束状态,其隔板的宽厚比可按型钢混凝土柱的型钢宽厚比规定确定。

7.2 承 载 力 计 算

7.2.1 计算基本假定与型钢混凝土柱计算基本假定一致。在设计计算中,假定矩形钢管腹板的强度能充分发挥,将其应力分布简化为等效矩形应力图形。

7.2.2 根据钢管和混凝土共同工作的机制,建立轴心受压构件承载力计算公式。事实上,钢管对混凝土的约束效应和混凝土的徐变都会影响对构件的承载力产生影响,但考虑到此影响因素较为复杂,且对矩形钢管混凝土轴心受压构件承载力的提高并不显著,对于管壁较薄的构件更是如此,因此本规范规定的轴心受压承载力计算公式未考虑此影响。

7.2.3 偏心受压矩形钢管混凝土构件，在本规范第5.1.1条基本假定基础上，按照钢管和混凝土协同工作理论建立计算公式。

7.2.4 由于工程中存在着荷载作用位置的不确定性、混凝土质量的不均匀性及施工偏差等因素，都可能产生附加偏心距。钢管混凝土柱的附加偏心距取值与现行国家标准《混凝土结构设计规范》GB 50010 中的规定相同。

7.2.5 矩形钢管混凝土轴心受拉承载力计算，仅考虑钢管管壁承受其轴向拉力。

7.2.6 偏心受拉采用与偏心受压相同的截面计算基本假定，同时假定矩形钢管上、下管壁分别为上、下翼缘，侧管壁为腹板，以此建立矩形钢管混凝土柱偏心受拉承载力计算公式。

7.2.7 矩形钢管混凝土柱的受剪性能与型钢混凝土柱相似，偏心受压矩形钢管混凝土柱的斜截面受剪承载力由混凝土和两侧管壁承受，计算中考虑了轴向压力的有利作用。通常情况下，由于矩形钢管抗剪承载力较大，出现构件剪切破坏的情况较少。

7.2.8 矩形钢管混凝土框架柱和转换柱偏心受拉时斜截面受剪承载力计算中考虑了轴向拉力对受剪承载力的不利作用。

7.2.9 考虑地震作用组合的矩形钢管混凝土框架柱和转换柱弯矩和剪力设计值的调整与型钢混凝土柱的规定一致。

7.2.10 矩形钢管混凝土柱在不同轴压比低周反复水平力作用下的试验表明，轴压比大小对构件破坏形态和滞回特性影响较大。但根据工程实践经验，在矩形钢管混凝土结构中，当层间位移角限值符合规定后，柱的轴压比一般较小，因此对轴压比没有必要提出更高的规定。规范规定考虑地震作用组合的矩形钢管混凝土框架柱和转换柱的轴压比限值的规定与型钢混凝土柱的规定一致。

7.3 构造措施

7.3.1 梁柱连接宜采用刚接，柱与钢梁也可采用铰接。对刚性连接时矩形钢管混凝土柱节点处水平加劲肋、混凝土浇筑孔和排气孔作出了规定。

7.3.2 为了防止矩形钢管混凝土柱管壁受压屈曲，同时考虑内填混凝土收缩对钢管和混凝土的共同工作性能会产生不利影响，根据构件试验结果，规范规定柱最小边长尺寸大于等于 2000mm 时应设置内隔板；当矩形钢管混凝土柱边长或分隔的封闭截面最小边长大于或等于 1500mm 时，在封闭截面中宜设置竖向加劲肋、钢筋笼等构造措施。

7.4 柱脚设计及构造

Ⅰ 一般规定

7.4.1 为更有效地保证矩形钢管混凝土柱脚安全可靠的承受各种外力作用，对矩形钢管混凝土柱的柱脚规定了和型钢混凝土柱脚相同的适用条件。震害表明非埋入式柱脚抗震性能较差，因此规定仅可用于非地震作用的偏心受压柱。

7.4.2、7.4.3 为确保柱端的嵌固作用，对于无地下室或仅有一层地下室的矩形钢管混凝土埋入式柱脚规定了最小埋深的限制条件。另外，考虑到工程设计中在嵌固端以下有两层及两层以上的地下室时，除采用埋入式柱脚外，还可将柱伸至基础底板顶面，考虑到其柱脚已有相当深的埋深，柱轴力增加，弯矩减小，为方便施工，可采用非埋入式柱脚，但应符合非埋入式柱脚的计算及构造规定。

Ⅱ 埋入式柱脚

7.4.4 矩形钢管混凝土柱的埋入式柱脚在埋置深度范围内，基础混凝土对柱的侧压力可以平衡柱承受的弯矩和剪力，为此采用与型钢混凝土柱相同的埋置深度的计算公式，式中 b 为柱计算弯曲平面方向的柱边长。

7.4.5、7.4.6 矩形钢管混凝土偏心受压柱埋入式柱脚，在轴向压力作用下，基础底板应符合局部受压承载力和受冲切承载力的规定。

7.4.7、7.4.8 偏心受拉柱的埋入式柱脚，在符合规范规定的埋置深度基础上，基础底板在轴向拉力作用下的受冲切承载力应符合规范规定，计算中冲切面高度取钢管的埋置深度。当冲切承载力不符合规定时，可配置抗冲切钢筋，也可在柱脚处设置符合构造规定的受拉锚栓。柱脚底板从构造上应符合一定厚度的规定。

7.4.9 矩形钢管混凝土的埋入式柱脚，包括偏心受压柱、偏心受拉柱，其埋置深度范围内应设置栓钉，以增加钢管壁与混凝土之间的粘结力以及竖向抗剪能力。

7.4.10 矩形钢管混凝土埋入式柱脚顶面应设置水平加劲肋以增加截面刚度。

7.4.11 为保证柱脚受力的可靠性，对矩形钢管混凝土柱埋入式柱脚底板处的锚栓埋置深度作出规定。

Ⅲ 非埋入式柱脚

7.4.12 矩形钢管混凝土偏心受压柱，非埋入式柱脚由矩形环底板、加劲肋和刚性锚栓组成。

7.4.13 矩形钢管混凝土偏心受压柱，当采用非埋入式柱脚时，柱脚底板截面处的轴力、弯矩和剪力由锚入基础底板的锚栓和混凝土承受，所需的锚栓面积应符合正截面受压承载力计算的规定。

7.4.14、7.4.15 矩形钢管混凝土偏心受压柱非埋入式柱脚，在轴向压力作用下，基础底板应符合局部受压承载力和受冲切承载力的规定。

7.4.16 矩形钢管混凝土偏心受压柱采用非埋入式柱

脚，其柱脚底板截面处的正截面承载力不能符合计算规定时，可采用外包钢筋混凝土增大柱脚截面并配置计算所需的纵向钢筋和符合构造规定的箍筋，外包范围应延伸至基础底板以上一层的层高范围。

7.4.17 矩形钢管混凝土偏心受压柱非埋入式柱脚底板截面处，应进行受剪承载力计算。其受剪承载力由环形底板下轴向压力产生的摩擦力和环内核心混凝土的直剪承载力组成。在环形底板下设置抗剪件或核心混凝土内配置钢筋笼时，可考虑其抗剪承载力。

7.4.18 矩形钢管混凝土偏心受压柱非埋入式柱脚宜采用矩形环板式柱脚，本条规定了其构造措施，以保证非埋入式柱脚的可靠性。

7.5 梁柱节点计算及构造

Ⅰ 承载力计算

7.5.1、7.5.2 矩形钢管混凝土梁柱节点，其框架梁宜采用钢梁或型钢混凝土梁，以保证其节点具有可靠的承载力和延性性能。节点的内力设计值调整与型钢混凝土柱的梁柱节点相同。

7.5.3 带内隔板的矩形钢管混凝土柱与钢梁的刚性焊接节点的抗剪承载力计算公式中分别考虑了柱焊缝、柱腹板、内隔板和混凝土斜压受力对节点的抗剪贡献。

矩形钢管混凝土柱与型钢混凝土梁的连接节点，基于仅考虑梁中型钢的抗剪承载力，可采用与钢梁相同的节点受剪承载力公式。

Ⅱ 梁柱节点形式

7.5.4 矩形钢管混凝土柱与钢梁的连接，从承载力和施工构造等方面提出了较为成熟的连接方式。

7.5.5 矩形钢管混凝土柱与型钢混凝土梁的刚性连接，规范规定可采用焊接牛腿式连接节点，梁纵筋与牛腿焊接。

7.5.6、7.5.7 矩形钢管混凝土柱与现浇钢筋混凝土梁连接的情况，可采用焊接牛腿式连接节点，其梁端抗剪及抗弯均由牛腿承担。

矩形钢管混凝土柱与现浇钢筋混凝土梁的焊接牛腿式连接节点，钢牛腿高度不宜小于 0.7 倍梁高，主要是考虑到梁中混凝土剪力传递给牛腿时，大部分是通过翼缘板的承压来传递，这需要翼缘有一定的承压面积。抗震设计时，钢牛腿强于钢筋混凝土梁段，因此钢筋混凝土梁的塑性铰区外移了。矩形钢管混凝土柱与钢筋混凝土梁连接节点的受剪承载力的计算是考虑梁端剪力和弯矩由钢牛腿承受。

Ⅲ 构造措施

7.5.8 矩形钢管柱与梁刚接，为保证节点刚性及传力可靠，规定了节点连接的焊接构造做法。在节点区

及底层柱等受力复杂部位应采用坡口全熔透焊缝，其余部位可采用部分熔透焊缝，但在施工浇筑混凝土时，应采取有效措施防止钢管爆裂。

7.5.9 考虑到高层建筑底部的柱截面较大，其弯矩作用的反弯点不一定在柱中部，因此规范规定当柱最小边长尺寸不小于 1500mm 时，钢管角部的拼接焊缝应沿柱高采用全熔透焊缝。

7.5.10 当水平构件为钢梁时，纯钢结构中的做法可以用于矩形钢管混凝土结构中。

常用的钢梁和柱刚性的连接形式有：全部焊接、栓焊混合连接和全部用高强度螺栓连接。全部焊接适合于工厂连接，不适用于工地连接，而全部用高强度螺栓连接费用太高，我国目前大多数采用栓焊混合的现场连接形式。

对 8 度设防Ⅲ、Ⅳ类场地或 9 度设防时柱与钢梁的刚性连接，宜采用能将塑性铰外移的连接。具体措施可按现行国家标准《建筑抗震设计规范》GB 50011 的规定。

7.5.11 高层钢结构中柱与梁的典型刚性连接，是梁腹板用高强度螺栓连接，梁翼缘用焊接。这种接头的施工顺序为，先拧紧腹板上的螺栓，再焊接梁翼缘板的焊缝（"先栓后焊"）。当钢梁与柱铰连接时，钢梁翼缘与柱翼缘或外隔板无须焊接。

7.5.12 此规定是为了防止内隔板在管内未填充混凝土时出现失稳破坏。

7.5.13 本条对矩形钢管混凝土柱内设置的竖向隔板与钢管的焊接作了规定。

8 圆形钢管混凝土框架柱和转换柱

8.1 一般规定

8.1.1 圆形钢管的直径不宜过小，以保证混凝土浇筑质量。圆形钢管混凝土柱一般采用薄壁钢管，但钢管壁不宜太薄，以避免钢管壁屈曲。

8.1.2 套箍指标 θ 反映了钢管对混凝土的约束程度。θ 过小，钢管对混凝土的约束作用不够，影响构件延性；若过大，则钢管壁可能较厚，不经济。

8.1.3 D/t 的规定是保证管壁局部稳定的规定，是基于空钢管轴心受压时分析的结果；对于管内存在混凝土的情况是偏于安全的。

8.1.4 对圆形钢管混凝土柱的等效计算长度与钢管外直径之比的限制相当于限制其长细比不宜大于 80。

8.2 承载力计算

8.2.1 钢管混凝土柱承载力的计算采用基于实验的极限平衡理论。计算公式是在总结国内外约 480 个试验资料的基础上，用极限平衡法推导得出的。公式中的 α 系数的取值，主要与混凝土强度等级有关。经大

量试验资料归纳分析，并考虑到计算的简便，α系数的取值对普通混凝土（≤C50）取α=2.0；对高强混凝土（C50~C80）取α=1.8。试验结果和理论分析表明，该公式对于钢管与核心混凝土同时受载、仅核心混凝土直接受载以及钢管在弹性极限内预先受载，然后再与核心混凝土共同受载等加载方式均适用。公式中考虑了长细比影响对承载力的折减系数φ_l。公式右端的系数0.9，是按现行国家标准《混凝土结构设计规范》GB 50010规定，为提高安全度而引入的附加系数。

8.2.2 考虑长细比影响的承载力折减系数公式是总结国内外大量试验结果（约340个）得出的经验公式。对于普通混凝土，在$L_e/D \leqslant 50$的范围内，对于高强混凝土，在$L_e/D \leqslant 20$的范围内，该公式的计算值与试验实测值均符合良好。从现有的试验数据看，钢管径厚比D/t，钢材品种以及混凝土强度等级或套箍指标等的变化，对φ_l值的影响无明显规律，其变化幅度都在试验结果的离散程度以内，故公式中对这些因素都不予考虑。

8.2.3 圆形钢管混凝土偏心受压构件正截面承载力计算原理与轴心受压构件相同，其承载力计算公式采用双系数乘积对轴心受压构件承载力公式进行修正得到。其中双系数乘积规律是根据试验结果确定的，经用国内外大量试验结果（约360个）复核，证明该公式与试验结果符合良好。

8.2.4 由极限平衡理论建立的钢管混凝土柱在轴力N和端弯矩M共同作用下的广义屈服条件，在M-N直角坐标系中是一条外凸曲线，并可足够精确地简化为两条直线AB和BC（图8.2.4-1）。其中A为轴心受压；C为纯弯受力状态，由试验数据得纯弯时的抗弯强度取$M_0 = 0.3N_0r_c$；B为大小偏心受压的分界点，$\dfrac{e_0}{r_c} = 1.55$，$M_u = M_1 = 0.4N_0r_c$。

计算中定义考虑偏心率影响的承载力折减系数$\varphi_e = \dfrac{N_u}{\varphi_l N_0}$，经简单变换后，可得公式（8.2.4-1）和

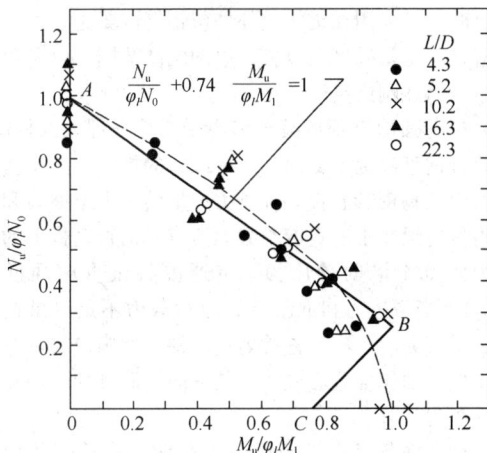

图1 M-N 相关曲线

（8.2.4-3）。令二式的φ_e相等，即得界限偏心率$\dfrac{e_0}{r_c} = 1.55$。

考虑偏心率影响的承载力折减系数φ_e的计算公式是通过试验所得的相关曲线建立的，对高强混凝土的钢管混凝土柱，其折减系数φ_e实测值与计算值吻合较好。

8.2.5、8.2.6 规范规定的等效计算长度考虑了柱端约束条件（转动和侧移）和沿柱身弯矩分布梯度等因素对柱承载力的影响。

柱端约束条件的影响，借引入"计算长度"的办法予以考虑，与现行国家标准《钢结构设计规范》GB 50017所采用的办法完全相同。其中有侧移框架和无侧移框架的判定标准按现行国家标准《钢结构设计规范》GB 50017采用。

为考虑沿柱身弯矩分布梯度的影响，在实用上可采用等效标准单元柱的办法予以考虑。即将各种一次弯矩分布图不为矩形的两端铰支柱以及悬臂柱等非标准柱转换为具有相同承载力的一次弯矩分布图呈矩形的等效标准柱。我国《钢结构设计规范》GB 50017和国外的一些结构设计规范，例如美国ACI混凝土结构规范，采用的是等效弯矩法，即将非标准柱的较大端弯矩予以缩减，取等效弯矩系数$c \leqslant 1$，相应的柱长保持不变（图2a）；本规范采用的则是等效长度法，即将非标准柱的长度予以缩减，取等效长度系数$k \leqslant 1$，相应的柱端较大弯矩M_2保持不变（图2b）。两种处理办法的效果是相同的。本规范采用等效长度法，在概念上更为直观，对于在实验中观察到的双曲压弯下的零挠度点漂移现象，更易于解释。根据试验研究结果建立了等效长度系数的经验公式。

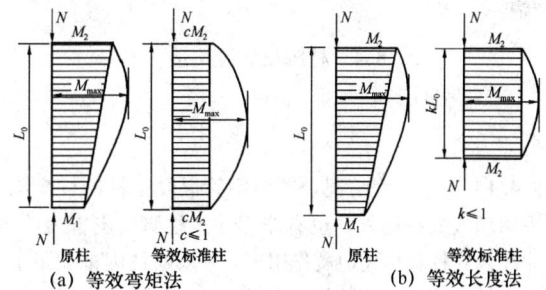

图2 非标准单元柱的两种等效转换法

8.2.7~8.2.9 虽然钢管混凝土柱的优势在抗压，只宜作受压构件，但在个别特殊工况下，钢管混凝土柱也可能有处于受拉状态的情况。为验算这种工况下的安全性，本规范增加了钢管混凝土柱轴向受拉承载能力的计算方法。计算中假定钢管承担全部拉力，不考虑核心混凝土的作用。这对于小偏心受拉，即偏心距不超过截面核心点（$e_0 \leqslant 0.25r_c$）是合适的，对于大偏心受拉，因忽略核心混凝土的抗压作用，则偏于保守。

8.2.10 钢管混凝土柱的钢管，是一种特殊形式的配筋，系三维连续的配筋场，既是纵筋，又是横向箍筋，无论构件受到压、拉、弯、剪、扭等何种作用，钢管均可随着应变场的变化而自行调节变换其配筋功能。一般情况下，钢管混凝土柱主要受压弯作用，在按压弯构件确定了柱的钢管截面尺寸和套箍指标后，其抗剪配筋场亦相应确定，不需做抗剪配筋设计。以往的试验观察表明，钢管混凝土柱在剪跨柱径比 $a/D > 2$ 时，都是弯曲型破坏。在一般建筑工程中的钢管混凝土框架柱，其高度与径之比（即剪跨柱径比）大都在 3 以上，横向抗剪问题不突出。工程实践表明，在某些情况下，例如钢管混凝土柱之间设有斜撑的节点处，大跨重载梁的梁柱节点区等，仍可能出现钢管混凝土小剪跨抗剪问题。为解决这一问题，进行了专门的抗剪试验研究，并根据试验结果提出了本条的计算公式。

8.2.11 考虑地震作用组合的圆形钢管混凝土框架柱和转换柱的内力调整与型钢混凝土柱相同。

8.3 构造措施

8.3.1 圆钢管柱与钢梁、型钢混凝土梁或钢筋混凝土梁的连接宜采用刚性连接，本条规定了刚性连接时圆钢管柱加劲肋设置的构造措施。

8.3.2 当钢管直径过大时，管内混凝土收缩会造成钢管与混凝土脱开，影响钢管与混凝土的共同受力，因此需要采取有效措施减少混凝土收缩的影响，如在钢管内配置芯柱等构造措施。

8.3.3 钢管混凝土柱的钢管除纵向受压外，同时承受环向拉力作用。因此，规定采用熔透的等强对接焊缝。

8.4 柱脚设计及构造

Ⅰ 一般规定

8.4.1 根据工程情况，圆形钢管混凝土柱的柱脚除采用埋入式柱脚外，也有非埋入式柱脚。震害表明，非埋入式柱脚在大地震作用下，柱脚往往因抵御不了巨大的地震作用而破坏。为保证柱脚的安全，规范规定了柱脚的适用条件，非埋入式柱脚仅可用于非地震作用的偏心受压柱。

8.4.2、8.4.3 通过对圆形钢管混凝土柱，采用不同埋置深度的埋入式柱脚试验表明，承受轴向压力、弯矩、剪力作用的埋入式柱脚的埋置深度可取为 2.5 倍钢管直径，此埋置深度能符合柱端嵌固规定。对于有两层及两层以上地下室的柱脚，除采用埋入式柱脚外，考虑到此时作用于柱脚的弯矩一般较小，为便于施工，可采用非埋入式柱脚，但应符合非埋入式柱脚的计算及构造规定。

Ⅱ 埋入式柱脚

8.4.4 圆形钢管混凝土偏心受压柱埋入柱脚的埋置深度计算公式是假设埋入式柱脚由钢管混凝土柱与基础混凝土之间的侧压力来平衡钢管混凝土柱受到的弯矩和剪力，并对由此建立的计算公式进行简化，并与试验结果进行比较，该公式适用于压弯与拉弯两种情况。

8.4.5、8.4.6 圆形钢管混凝土偏心受压柱的埋入式柱脚，在柱轴向压力作用下，基础底板应符合局部受压承载力和受冲切承载力规定。

8.4.7 圆形钢管混凝土偏心受拉柱的埋入式柱脚，在符合规范规定的埋置深度基础上，基础底板在轴向拉力作用下的受冲切承载力应符合规范规定，计算中冲切面高度取钢管的埋置深度。当冲切承载力不符合规定时，可配置抗冲切钢筋，也可在柱脚处设置符合构造规定的受拉锚栓。

8.4.8、8.4.9 规范对圆形钢管混凝土柱埋入式柱脚底板厚度以及埋置深度范围内栓钉设置作出了规定。

8.4.10 埋入式柱脚的埋入部分顶面位置，应设置水平加劲肋，以利于圆钢管整体工作，增加截面刚度。

8.4.11 为保证柱脚受力的可靠性，对圆形钢管混凝土柱埋入式柱脚底板处的锚栓埋置深度作出规定。

Ⅲ 非埋入式柱脚

8.4.12 圆形钢管混凝土偏心受压柱非埋入式柱脚，由环形底板、加劲肋和刚性锚栓组成。

8.4.13 圆形钢管混凝土偏心受压柱采用非埋入式柱脚，设计中应重视柱脚底板截面处锚栓的配置，在轴压力、弯矩作用下，锚栓配置应符合正截面受压承载力的规定。计算中不考虑受压锚栓的作用。

8.4.14、8.4.15 圆形钢管混凝土偏心受压柱非埋入式柱脚，在轴向压力作用下，基础底板应符合局部受压承载力和受冲切承载力的规定。

8.4.16 圆形钢管混凝土偏心受压柱采用非埋入式柱脚，其柱脚底板截面处的正截面承载力不能符合计算规定时，可采用在钢管壁外外包钢筋混凝土，外包范围应延伸至基础底板以上一层的层高范围，以避免层间承载力和刚度突变。

8.4.17 圆形钢管混凝土偏心受压柱非埋入式柱脚，应符合钢管底板下截面受剪承载力的规定，其受剪承载力由柱脚钢管底板下轴向压力产生的水平摩擦力和底板内贯通混凝土的直剪承载力组成。钢管底板下的摩擦力取 0.4 倍的轴压力，贯通混凝土直剪强度取 $1.5f_t$。当摩擦力和混凝土直剪承载力不足以抵抗柱脚水平剪力时，应设置抗剪连接件。如构造需要在混凝土核心部分配置芯柱时，其纵向钢筋可计入柱脚受剪承载力计算。

8.4.18 本条规定了环形底板非埋入式柱脚的构造措施。

8.5 梁柱节点形式及构造

8.5.1 考虑到节点抗震性能及构造的难易性，钢管混凝土柱宜优先采用钢梁或型钢混凝土梁。

8.5.2 钢管混凝土柱与钢梁用外加强环的连接是常用的刚接节点。在正对钢梁的上下翼缘，在管柱上用坡口对接熔透焊缝焊接带短梁（牛腿）的加强环。牛腿的尺寸和所连接的钢梁相同。其翼缘的连接可用高强度螺栓，也可用对接焊缝，对接焊缝必须与母材等强；腹板的连接常采用高强度螺栓。采用内加强环连接时，梁与柱之间最好通过悬臂梁段连接。悬臂梁段在工厂与钢管采用全焊连接，即梁翼缘与钢管壁全熔透对接口焊缝连接、梁腹板与为钢管壁角焊缝连接；悬臂梁段在现场与梁拼接，可以采用栓焊连接，也可以采用全螺栓连接。采用不等截面悬臂梁段，即翼缘端部加宽或腹板加腋或同时翼缘端部加宽和腹板加腋，或采用梁端加盖板或骨形连接，均可有效转移塑性铰，避免悬臂梁段与钢管的连接破坏。

8.5.3 环形牛腿（台锥式环形深牛腿）的受剪承载力由5个环节中的最薄弱环节决定。公式（8.5.3-2）～（8.5.3-6）分别用来计算这5个环节。为了简化，公式未考虑管外剪力的不均匀分布（不利因素），因此，计算时应取与环形牛腿相连接的各梁中最大的梁端剪力乘以梁端的数量，作为该牛腿的管外剪力 V 的设计值。此外，公式未考虑某些有利因素，以留作安全储备，如：取混凝土局部承压强度提高系数 $\beta = 1.0$；不计混凝土与钢管壁接触面的粘结强度；不计上下加强环板对肋板受剪承载力的贡献；不计上下加强环板与钢管壁之间的焊缝沿钢管轴向的抗剪强度。

公式（8.5.3-6）用于计算由上下加强环决定的受剪承载力。推导如下：由钢管外剪力 V 在钢管柱单位周长上产生的扭矩为：

$$m = \frac{Vb/2}{\pi D} \quad (2)$$

由此得作用于环形牛腿的环向弯矩为：

$$M = m \cdot \frac{D}{2} = \frac{Vb}{4\pi} \quad (3)$$

由上下环板提供的环向抵抗矩为：

$$\overline{M} = bt f_a (h_w + t) \quad (4)$$

令 $M = \overline{M}$ 和 $V = V_{u5}$，即得：

$$V_{u5} = 4\pi t (h_w + t) f_a \quad (5)$$

式中：f_a——钢材的抗拉（压）强度设计值；
$\quad b$——环板的宽度；
$\quad t$——环板的厚度；
$\quad h_w$——肋板的高度。

当上下环板的宽度不等时，须校核并符合：

$$b_1 t_1 \geqslant bt \quad (6)$$

式中：b_1，t_1——分别为较窄环板的宽度和厚度。

本条还规定了传递剪力的承重销的构造措施。

8.5.4 规定了钢筋混凝土环梁的构造措施，目的是使框架梁端弯矩能平稳地传递给钢管混凝土柱，并使环梁不先于框架梁端出现塑性铰。环梁的配筋计算，可参考有关文献。"穿筋"节点增设内衬管或外套管，是为了弥补钢管开孔所造成的管壁削减。穿筋后，孔与筋的间隙可以补焊。框架梁端可水平加腋，梁的部分纵筋宜从柱侧绕过，以减少穿筋的数量。

钢筋混凝土梁与钢管混凝土柱的连接方式，上一条及本条分别针对管外剪力传递和管外弯矩传递两个方面做了具体规定，在相应条文的图示中只针对剪力传递或弯矩传递的一个方面做了表示，工程中的连接节点可以根据工程特点采用不同的剪力和弯矩传递方式进行组合。

9 型钢混凝土剪力墙

9.1 承载力计算

9.1.1 在钢筋混凝土剪力墙的边缘构件中配置型钢所形成的型钢混凝土剪力墙，试验研究表明，在轴压力和弯矩作用下的压弯承载力提高，延性改善，其压弯承载力计算可采用现行国家标准《混凝土结构设计规范》GB 50010 中截面腹部均匀配置纵向钢筋的偏心受压构件的正截面受压承载力计算公式，计算中把端部配置的型钢作为纵向受力钢筋的一部分考虑。

9.1.2 偏心受拉型钢混凝土剪力墙正截面受弯承载力计算采用现行行业标准《高层建筑混凝土结构设计规程》JGJ 3 中有关偏心受拉剪力墙正截面受弯承载力的计算公式，公式中有关剪力墙轴向受拉承载力和受弯承载力计算考虑了端部型钢的作用。

9.1.3、9.1.4 考虑地震作用的型钢混凝土剪力墙的弯矩、剪力设计值的确定与国家现行标准《混凝土结构设计规范》GB 50010 以及《高层建筑混凝土结构设计规程》JGJ 3 一致。

9.1.5 型钢混凝土剪力墙受剪截面控制条件中剪力设计值可扣除剪力墙一端所配型钢的抗剪承载力。

9.1.6 两端配有型钢的型钢混凝土剪力墙的受剪性能试验表明，端部设置了型钢，由于型钢的暗销抗剪作用和对墙体的约束作用，受剪承载力大于钢筋混凝土剪力墙，本条所提出的剪力墙在偏心受压时的斜截面受剪承载力计算公式中，加入了端部型钢的暗销抗剪和约束作用这一项。

9.1.7 剪力墙翼缘计算宽度按现行国家标准《混凝土结构设计规范》GB 50010 相关规定。

9.1.8 两端配有型钢的型钢混凝土剪力墙，偏心受拉时的斜截面受剪承载力，基于轴向拉力存在，降低了剪力墙的抗剪承载力，为此在计算公式中应考虑轴向拉力的不利影响。

9.1.9 带边框剪力墙的正截面偏心受压承载力计算

应按两端配有型钢的型钢混凝土剪力墙正截面偏心受压承载力的计算公式计算，不同的是由于边框柱的存在，计算截面应按工字形截面计算，计算中有关受压区混凝土轴向承载力和抗弯承载力计算方法可根据现行国家标准《混凝土结构设计规范》GB 50010 中有关工字形截面偏心受压构件计算中的有关公式。

9.1.10、9.1.11 带边框剪力墙偏心受压和偏心受拉时的斜截面受剪承载力同样由混凝土部分、水平分布钢筋、周边柱内型钢三部分的受剪承载力之和组成。公式中考虑了轴向压力的有利作用和轴向拉力的不利作用以及边框柱对墙体的约束作用。考虑到工程中带边框剪力墙的边框柱柱边长相对于墙宽相差过大，为偏于安全，在计算公式中抗剪型钢面积只考虑一端边框柱中宽度等于墙肢厚度范围内的型钢面积。

9.1.12、9.1.13 型钢混凝土剪力墙连梁的剪力调整、截面限制条件与现行行业标准《高层建筑混凝土结构设计规程》JGJ 3 中钢筋混凝土剪力墙连梁相关规定一致。

9.1.14、9.1.15 型钢混凝土剪力墙中的钢筋混凝土连梁斜截面抗剪计算与现行行业标准《高层建筑混凝土结构设计规程》JGJ 3 中钢筋混凝土剪力墙连梁相关规定一致；当钢筋混凝土连梁斜截面受剪承载力不符合计算规定时，可采取在连梁中设置型钢或钢板，其斜截面抗剪承载力计算可考虑型钢或钢板的作用。

9.1.16 型钢混凝土剪力墙中，由于型钢的存在，改善和提高了剪力墙的延性性能，在计算轴压比时应考虑两端型钢的作用，本条给出了特一、一、二、三级抗震等级型钢混凝土剪力墙轴压比限值的规定。

9.2 构 造 措 施

9.2.1 钢筋混凝土剪力墙端部应设置边缘构件，以提高剪力墙正截面受压承载力和改善延性性能。对型钢混凝土剪力墙，也应在端部型钢周围设置纵向钢筋和箍筋，形成剪力墙端部阴影部分配置型钢的约束边缘构件和构造边缘构件。

9.2.2 试验表明，轴压比是影响剪力墙在地震作用下延性性能的重要因素，剪力墙端部设置边缘构件，即在端部一定范围内配置纵向钢筋和封闭箍筋，可提高剪力墙在高轴压比情况下的塑性变形能力。为此规范规定剪力墙轴压比超过一定限值时以及部分框支剪力墙结构，应在底部加强部位和相邻上一层设置约束边缘构件；其他部位应设置构造边缘构件。轴压比小于限值时，可设置构造边缘构件。

9.2.3~9.2.5 对型钢混凝土剪力墙端部约束边缘构件阴影部分和非阴影部分箍筋体积配筋率、纵向钢筋配筋率等构造作出了规定。型钢混凝土剪力墙约束边缘构件的箍筋配置应符合最小体积配筋率的规定，箍筋体积配筋率的计算可计入箍筋、拉筋、水平分布钢筋，但水平分布钢筋的配置应满足相应的构造要求，

且计入的数量不应大于总体积配筋率的 30%。

9.2.6 本条规定了型钢混凝土剪力墙构造边缘构件的范围以及底部加强部位和其他部位的纵向钢筋、箍筋的构造措施。

9.2.7 为避免剪力墙承载力突变，当下部型钢混凝土剪力墙端部设置了约束边缘构件而上部为型钢混凝土或钢筋混凝土构造边缘构件时，应在两种边缘构件之间设置过渡层。

9.2.8、9.2.9 对型钢混凝土剪力墙分布钢筋的最小配筋率、间距、最小直径、拉结筋间距、端部型钢保护层等构造措施作出规定，其目的是保证分布钢筋对墙体混凝土的约束作用和型钢混凝土剪力墙的整体工作性能。

9.2.10 带边框柱的型钢混凝土的剪力墙，周边梁可采用型钢混凝土梁或钢筋混凝土梁，当不设周边梁时，也应在相应位置设置钢筋混凝土暗梁。另外，为保证现浇混凝土剪力墙与周边柱的整体作用，规定剪力墙中的水平分布钢筋绕过或穿过周边柱的型钢，且要符合钢筋锚固规定。

9.2.11 型钢混凝土剪力墙当采用型钢混凝土连梁或钢板混凝土连梁时，为了保证其与混凝土墙体可靠连接，规定了型钢和钢板伸入墙体的长度和栓钉设置等构造措施。

10 钢板混凝土剪力墙

10.1 承载力计算

10.1.1 随着高层建筑的发展，针对核心筒剪力墙的研究成为工程界极为关注的问题，截面中配置钢板、两端配置型钢且两者焊接为整体的钢板混凝土剪力墙，是一种既能提高抗弯、抗剪承载力，又能改善剪力墙延性、提高抗震性能，减小墙体厚度的结构形式。钢板混凝土剪力墙受弯性能、受剪性能试验研究表明，由于加入了钢板，正截面受弯承载力明显提高。其正截面偏心受压承载力计算沿用型钢混凝土剪力墙的计算公式，但公式中增加了截面配置的钢板所承担的轴力值和弯矩值，计算结果与实验结果吻合较好。

10.1.2 钢板混凝土剪力墙正截面偏心受拉承载力计算，沿用型钢混凝土剪力墙正截面偏心受拉承载力计算公式，计算公式中增加了截面配置的钢板所承担的轴力值和弯矩值。

10.1.4 钢板混凝土剪力墙剪力由钢筋混凝土墙体、端部型钢以及截面中所配钢板三部分承担，本条提出的截面限制条件即控制剪压比的目的是为了防止当剪力墙截面尺寸过小而横向配筋过多时，在横向钢筋充分发挥作用之前，墙腹部混凝土会产生斜压破坏。钢板混凝土剪力墙受剪性能试验表明，由钢板混凝土剪

力墙试件的破坏过程和破坏形态看，即使剪力超过了钢筋混凝土的截面抗剪限制条件，但由于钢板的存在，并未出现以上斜压破坏的情况，还是表现为剪压破坏的特征。因此本条规定钢板混凝土剪力墙的受剪截面限制条件中的剪力设计值仅考虑墙肢截面钢筋混凝土部分承受的剪力值。

10.1.5、10.1.6 根据钢板混凝土剪力墙抗剪试验结果，提出了考虑钢板抗剪承载力的斜截面受剪承载力计算公式。

10.1.7 试验表明，钢板混凝土剪力墙在轴力和弯矩作用下，延性和耗能能力比剪力墙有明显提高，轴压比计算可考虑钢板的承压能力，轴压比限值的规定与现行行业标准《高层建筑混凝土结构技术规程》JGJ 3一致。

10.1.8 对钢板混凝土剪力墙，只有当钢板与混凝土共同工作时，钢板才能发挥作用，因此钢板与混凝土之间应设置栓钉，以保证其共同工作。根据试验结果并参照其他相关规范，提出了栓钉数量的计算方法。

10.2 构 造 措 施

10.2.1 钢板混凝土剪力墙，其钢板外侧混凝土墙体对保证钢板的侧向稳定有重要作用，因此钢板厚度与墙体厚度宜有一个合理的比值。钢板混凝土剪力墙在平面内承受压、弯、剪，在平面外可认为仅受压。根据钢结构中对压杆的支撑刚度规定，推算出钢筋混凝土墙体厚度与钢板厚度的关系。据此计算，规定混凝土墙的厚度与钢板的厚度之比不宜小于14，规范作了适当调整，规定混凝土墙的厚度与钢板的厚度之比不宜小于15。

10.2.2 对钢板混凝土剪力墙的水平和竖向分布钢筋的最小配筋率、间距，拉结钢筋的间距作出了比型钢混凝土剪力墙更严的规定，其目的是增加钢板两侧钢筋混凝土对钢板的约束作用，防止钢板屈曲失稳；同时促使钢筋混凝土部分与钢板部分承载力相协调，从而提高整个墙体的承载力。

10.2.3 钢板混凝土剪力墙端部型钢周围应配置纵向钢筋和箍筋，以形成暗柱、翼墙等边缘构件，由此保证端部在纵向钢筋、箍筋、型钢以及钢板共同组合作用下增强剪力墙的受弯、受剪承载力和塑性变形能力。边缘构件的设置应符合型钢混凝土剪力墙端部边缘构件的规定。

10.2.4 钢板混凝土剪力墙除了钢板两侧边设置型钢外，在楼层标高处也应设置型钢暗梁，使墙内钢板处于四周约束状态，保证钢板发挥抗剪、抗弯作用。

10.2.5 钢板混凝土剪力墙端部型钢的混凝土保护层宜有一定的厚度，由此保证钢筋混凝土对型钢的约束，也便于箍筋、纵筋和分布钢筋的施工。

10.2.6、10.2.7 为保证钢筋混凝土与钢板共同工作，钢板与钢筋混凝土之间应有可靠的连接，因此规定了钢板上栓钉的构造措施。

10.2.8 钢板混凝土剪力墙端部约束边缘构件阴影部分的箍筋应穿过钢板或与钢板焊接形成封闭箍筋，其目的是保证端部边缘构件箍筋对型钢和混凝土的约束作用，形成型钢、钢筋、混凝土三位一体共同工作的有效边缘构件。

11 带钢斜撑混凝土剪力墙

11.1 承载力计算

11.1.1、11.1.2 试验表明，带钢斜撑混凝土剪力墙，其斜撑对剪力墙的正截面受弯承载力的提高作用不明显，为此，其正截面受弯承载力按型钢混凝土剪力墙计算。

11.1.3 试验研究表明，带钢斜撑混凝土剪力墙可有效提高剪力墙受剪承载力。其剪力主要由钢筋混凝土墙体、端部型钢以及型钢斜撑承担。本条提出截面限制条件即控制剪压比，其目的是为了防止当剪力墙截面尺寸过小，在横向钢筋充分发挥作用之前，墙腹部混凝土产生斜压破坏。因此受剪截面限制条件中的剪力设计值规定为仅考虑截面钢筋混凝土部分承受的剪力值。

11.1.4、11.1.5 试验研究表明，带钢斜撑混凝土剪力墙可有效提高剪力墙受剪承载力。根据试验研究结果并与相关规范的协调，确定了带钢斜撑混凝土偏心受压和偏心受拉剪力墙受剪承载力的计算公式。

11.1.6 试验研究表明，带钢斜撑混凝土剪力墙对延性有改善，基于试验研究数量有限，暂不考虑配置型钢斜撑对轴压比的贡献。

11.2 构 造 措 施

11.2.1、11.2.2 带钢斜撑混凝土剪力墙是在型钢混凝土剪力墙的腹部设置钢斜撑，目的是提高其受剪承载力，改善其延性。因此，规定带钢斜撑混凝土剪力墙端部型钢周围应配置纵向钢筋和箍筋以形成暗柱、翼墙等边缘构件。同时，为保证墙内钢筋混凝土墙、型钢斜撑与端部型钢共同工作，规定型钢斜撑与周边型钢应采用刚性连接。

11.2.3 带型钢剪力墙的端部型钢及斜撑应具有一定的保护层厚度，且配置与钢板混凝土剪力墙相同规定的分布钢筋，以防止钢斜撑局部压屈变形，保证钢斜撑、型钢与钢筋混凝土三位一体的整体工作。

11.2.4 为保证钢斜撑与钢筋混凝土之间有可靠的连接，规定了钢板上栓钉的设置构造措施。

11.2.5 本条规定了钢斜撑受力较为合适的倾角范围。

12 钢与混凝土组合梁

12.1 一般规定

12.1.1 钢-混凝土组合梁的混凝土翼缘板可以带板托，也可以不带板托，是否带板托应该由组合梁的承载力、刚度和材料用量及施工便利性等条件确定。相对而言，不带板托的组合梁施工较为方便，带板托的组合梁材料较省，但板托构造复杂，施工不便。

与混凝土结构类似，组合梁混凝土板同样存在剪力滞后效应，目前各国规范均采用有效宽度的方法考虑混凝土板剪力滞后效应的影响，但有效宽度计算法不尽相同：

1 美国钢结构协会的《钢结构建筑荷载及抗力系数设计规范》（AISC-LRFD，1999）规定，混凝土翼缘板的有效宽度 b_e 取为钢梁轴线两侧有效宽度之和，其中一侧的混凝土有效宽度为以下三者的较小值：a) 组合梁跨度的1/8，其中梁跨度取为支座中线之间的距离；b) 相邻组合梁间距的1/2；c) 钢梁至混凝土翼板边缘的距离。

2 欧洲规范4规定，对于连续组合梁中间跨和中间支座以及边支座的有效宽度分别按下列规定计算（图3）。

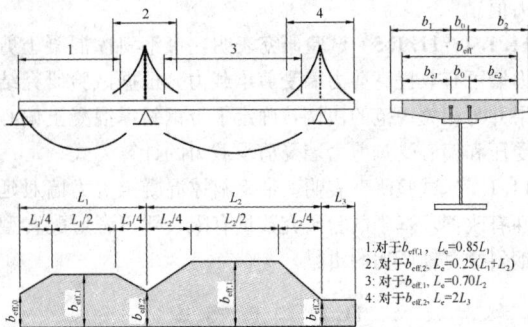

1：对于 $b_{\text{eff},1}$，$L_e=0.85L_1$
2：对于 $b_{\text{eff},2}$，$L_e=0.25(L_1+L_2)$
3：对于 $b_{\text{eff},1}$，$L_e=0.70L_2$
4：对于 $b_{\text{eff},1}$，$L_e=2L_3$

图 3 混凝土翼板的等效跨径及
有效宽度（欧洲规范4）

1） 中间跨和中间支座的有效宽度按下式计算：

$$b_{\text{eff}} = b_0 + \sum b_{ei} \tag{7}$$

2） 边支座的有效宽度按下列公式计算：

$$b_{\text{eff}} = b_0 + \sum \beta_i b_{ei} \tag{8}$$

$$\beta_i = (0.55 + 0.025 L_e/b_{ei}) \leqslant 1.0 \tag{9}$$

式中：b_0——同一截面最外侧抗剪连接件间的横向间距；

b_{ei}——钢梁腹板一侧的混凝土桥面板有效宽度，取为 $L_e/8$，但不超过板的实际宽度 b_i。b_i 取为最外侧的抗剪连接件至两根钢梁间中线的距离，对于自由端则取为混凝土悬臂板的长度。

L_e——组合梁的有效跨径，为反弯点间的近似长度；对简支梁取为梁的实际跨度；对于连续组合梁，其正弯矩区有效宽度与正弯矩区的长度有关，负弯矩区有效宽度则与负弯矩区（中支座区）的长度有关，应根据控制设计的弯矩包络图来确定。

以上有效宽度规定用于截面极限承载力验算，当采用弹性方法对组合梁进行整体分析时，每一跨的有效宽度可以采用定值：对于中间跨和简支跨可采用上述规定的中间跨有效宽度 $b_{\text{eff},1}$，对于悬臂跨则采用上述规定的支座有效宽度 $b_{\text{eff},2}$。

3 美国各州公路及运输工作者协会（AASHTO）制定的公路桥梁设计规范规定，混凝土翼板有效宽度 b_e 应等于或小于1/4的跨度以及12倍的最小板厚。对于边梁，外侧部分的有效宽度应不超过其实际悬挑长度。如果边梁仅一侧有混凝土板时，则有效宽度应等于或小于跨度的1/12以及6倍的最小板厚。

4 英国规范（BS5400）第5部分根据有限元分析及试验研究的成果，以表格的形式给出了对应于不同宽跨比的组合梁混凝土桥面板有效宽度。

相比较而言，欧洲规范4对组合梁混凝土板有效宽度的计算方法概念明确，并将简支组合梁和连续组合梁的计算方法统一起来，摒弃了混凝土板有效宽度与厚度相关的规定，适用性更强。

本条给出的组合梁混凝土翼板的有效宽度，系参考现行国家标准《混凝土结构设计规范》GB 50010和《钢结构设计规范》GB 50017的相关规定，同时根据已有的研究成果并借鉴欧洲规范4的相关条文。

严格说来，楼盖边部无翼板时，其内侧的 b_2 值应小于中部两侧有翼板的 b_2，集中荷载作用时的 b_2 值应小于均布荷载作用时的 b_2 值。

以上计算组合梁混凝土翼板有效宽度的方法基本都是依据组合梁在弹性阶段的受力性能所建立起来的。而当组合梁达到极限承载力时，混凝土翼板已进入塑性状态，此时翼板中的应力分布趋向均匀，塑性阶段混凝土翼板的有效宽度大于弹性阶段。因此，将根据弹性分析得到的翼板有效宽度应用于塑性计算，计算结果偏于安全。

12.1.2 当组合梁和柱子铰接或组合梁作为次梁时，仅承受竖向荷载，不参与结构整体抗侧，参考欧洲规范4的相关建议，混凝土翼板的有效宽度可统一取为跨中截面的有效宽度取值。

近年来，组合框架在多层及高层建筑中的应用十分广泛，试验研究表明，楼板的空间组合作用对组合框架结构体系的整体抗侧刚度有显著的提高作用。近年来清华大学分析国内外大量组合框架结构的试验结果，表明采用固定刚度放大系数在某些情况下会低估楼板对组合框架梁刚度的提高作用，从而可能低估结构整体抗侧刚度，低估结构承受的地震剪力。另外楼板对组合框架梁的刚度放大作用还会改变框架结构的整体变形特性，使结构剪切型变形的特征更为明显，对组合框架梁刚度的低估会导致为符合框架-核心筒结构体系外框剪力承担率的规定，使外框钢梁截面高度偏大而影响组合梁经济性优势的发挥。大量的数值算例和试验结果表明，组合框架梁的刚度放大系数和钢梁对于混凝土板的相对刚度密切相关，本条采用的刚度放大系数公式正是基于这一结论通过大量参数分析归纳得到，其精度经过了国内外组合框架结构体系试验和大量数值算例结果的验证。考虑到实际工程的复杂性，规定刚度放大系数 α 的计算值大于 2 时取为 2。

12.1.3 尽管连续组合梁和框架组合梁在竖向荷载作用下负弯矩区混凝土受拉、钢梁受压，但组合梁具有较好的内力重分布性能，故仍然具有较好的经济效益。负弯矩区可以利用混凝土板钢筋和钢梁共同抵抗弯矩，通过弯矩调幅后可使连续组合梁的结构高度进一步减小。欧洲规范 4 建议，当采用非开裂分析时，对于第一类截面，调幅系数可取 40%，第二类截面30%，第三类截面 20%，第四类截面 10%，而符合塑性设计规定的截面基本符合第一类截面规定。根据国内大量连续组合梁的试验结果，并参考欧洲规范 4 的相关建议，考虑负弯矩区混凝土板开裂以及截面塑性发展的影响，将连续组合梁和框架组合梁竖向荷载作用下承载能力验算时的弯矩调幅系数上限定为30% 是合理安全的。

12.2 承载力计算

12.2.1 完全抗剪连接组合梁是指抗剪连接件的抗剪承载力足够符合充分发挥组合梁抗弯承载力的需求。组合梁设计可按简单塑性理论形成塑性铰的假定来计算组合梁的抗弯承载能力。即：

1) 位于塑性中和轴一侧的受拉混凝土因为开裂而不参加工作，板托部分亦不予考虑，混凝土受压区假定为均匀受压，并达到轴心抗压强度设计值；

2) 根据塑性中和轴的位置，钢梁可能全部受拉或部分受压部分受拉，但都假定为均匀受力，并达到钢材的抗拉或抗压强度设计值。当塑性中和轴在钢梁腹板内时，钢梁受压区板件宽厚比应符合现行国家标准《钢结构设计规范》GB 50017 中关于"塑性设计"的规定。此外，忽略钢筋混凝土翼板受压区中钢筋的作用。用塑性设计法计算组合梁最终承载力时，可不考虑施工过程中有无支承及混凝土的徐变、收缩与温度作用的影响。

试验研究表明，组合梁具有良好的抗震性能，具有和钢结构类似的延性和耗能能力，故抗震设计时组合梁抗弯承载力抗震调整系数按现行国家标准《建筑抗震设计规范》GB 50011 关于钢梁构件在强度验算时的规定取值。

12.2.2 当抗剪连接件的设置受构造等原因影响不能全部配置，因而不足以承受组合梁上最大弯矩点和邻近支座之间剪跨区段内所需的纵向水平剪力时，可采用部分抗剪连接设计法。对于单跨简支梁，是采用简化塑性理论按下列假定确定的：

1) 在所计算截面左右两个剪跨内，取连接件抗剪承载力设计值之和 nN_v^c 中的较小值，作为混凝土翼板中等效矩形应力块合力的大小；

2) 抗剪连接件必须具有一定的柔性，且全部进入理想的塑性状态；

3) 钢梁与混凝土翼板间产生相对滑移，以致在截面的应变图中混凝土翼板与钢梁有各自的中和轴。

部分抗剪连接组合梁的抗弯承载力计算公式，实际上是考虑最大弯矩截面到零弯矩截面之间混凝土翼板的平衡条件。混凝土翼板等效矩形应力块合力的大小，取决于最大弯矩截面到零弯矩截面之间抗剪连接件能够提供的总剪力。

12.2.3 为了保证部分抗剪连接的组合梁能有较好的工作性能，在任一剪跨区内，部分抗剪连接时连接件的数量不得少于按完全抗剪连接设计时该剪跨区内所需抗剪连接件总数 n_f 的 50%，否则，将按单根钢梁计算，不考虑组合作用。国内外研究成果表明，在承载力和变形都能符合规定时，采用部分抗剪连接组合梁是可行的。

12.2.4 试验研究表明，采用栓钉等柔性抗剪连接件的组合梁具有很好的剪力重分布能力，因此没有必要按照剪力图布置连接件，可在每个剪跨区内按极限平衡的方法均匀布置，这样可给设计和施工带来很大方便。

对于采用柔性抗剪连接件的组合梁，每个剪跨区段内的界面纵向剪力 V_s 可按简化塑性方法确定。为了便于设计，应以最大弯矩点和支座为界限划分区段，并在每个区段内均匀布置连接件，计算时应注意各区段内混凝土翼板隔离体的平衡。

12.2.5 试验研究表明，假定全部剪力仅由钢梁腹板承担是偏于安全的，因为混凝土翼板的抗剪作用亦较大。由于组合梁抗剪承载力仅考虑钢梁腹板的贡献，故其抗震调整系数按现行国家标准《建筑抗震设计规范》GB 50011 关于钢梁构件在强度验算时的规定取值。

12.2.6 连续组合梁的中间支座截面的弯矩和剪力都较大。钢梁由于同时受弯、剪作用，截面的极限抗弯承载能力会有所降低。采用欧洲规范 4 建议的相关设计方法，对于正弯矩区组合梁截面不用考虑弯矩和剪力的相互影响，对于负弯矩区组合梁截面，通过对钢梁腹板强度的折减来考虑剪力和弯矩的相互作用，其代表的组合梁负弯矩弯剪承载力相关关系为：

1) 如果竖向剪力设计值 V_b 不超过竖向塑性抗剪承载力 V_p 的一半，即 $V_b \leq 0.5V_p$ 时，竖向剪力对抗弯承载力的不利影响可以忽略，抗弯计算时可以利用整个组合截面。

2) 如果竖向剪力设计值 V_b 等于竖向塑性抗剪承载力 V_p，即 $V_b = V_p$，则钢梁腹板只用于抗剪，不能再承担外荷载引起的弯矩，此时的设计弯矩由混凝土翼板有效宽度内的纵向钢筋和钢梁上下翼缘共同承担。

3) 如果 $0.5V_p < V_b < V_p$，弯剪作用的相关曲线则用一段抛物线表示。

12.2.7 目前应用最广泛的抗剪连接件为圆柱头焊钉连接件，在没有条件使用焊钉连接件的地区，可以采用槽钢连接件代替。

本条给出的连接件抗剪承载力计算公式是通过推导与试验确定的。

1) 圆柱头焊钉连接件：试验表明，焊钉在混凝土中的抗剪工作类似于弹性地基梁，在焊钉根部混凝土受局部承压作用，因而影响抗剪承载力的主要因素有：焊钉的直径（或焊钉的截面积 $A_s = \pi d^2/4$）、混凝土的弹性模量 E_c 以及混凝土的强度等级。当焊钉长度为直径的 4 倍以上时，焊钉抗剪承载力为：

$$N_v^c = 0.5A_s \sqrt{E_c f_c^{\text{Actual}}} \tag{10}$$

该公式既可用于普通混凝土，也可用于轻骨料混凝土。

考虑可靠度的因素后，公式（10）中的 f_c^{Actual} 除应以混凝土的轴心抗压强度设计值 f_c 代替外，尚应乘以折减系数 0.85，这样就得到条文中的焊钉抗剪承载力设计公式（12.2.7-1）。

试验研究表明，焊钉的抗剪承载力并非随着混凝土强度的提高而无限地提高，存在一个与焊钉抗拉强度有关的上限值，该上限值为 $0.7A_s f_{at}$，约相当于焊钉的极限抗剪强度。根据现行国家标准《电弧螺柱焊用圆柱头焊钉》GB/T 10433 的相关规定，圆柱头焊钉的极限强度设计值 f_{at} 不得小于 400MPa。

2) 槽钢连接件：其工作性能与焊钉相似，混凝土对其影响的因素亦相同，只是槽钢连接件根部的混凝土局部承压区局限于槽钢上翼缘下表面范围内。各国规范中采用的公式基本上是一致的，我国在这方面的试验也极为接近，即：

$$N_v^c = 0.3(t + 0.5t_w)l_c \sqrt{E_c f_c^{\text{Actual}}} \tag{11}$$

考虑可靠度的因素后，公式（11）中的 f_c^{Actual} 除

应以混凝土的轴心抗压强度设计值 f_c 代替外，尚应再乘以折减系数 0.85，这样就得到条文中的抗剪承载力设计值公式（12.2.7-2）。

抗剪连接件起抗剪和抗拔作用，一般情况下，连接件的抗拔规定自然符合，不需要专门验算。有时在负弯矩区，为了释放混凝土板的拉应力，也可以采用只有抗拔作用而无抗剪作用的特殊连接件。

当焊钉位于负弯矩区时，混凝土翼缘处于受拉状态，焊钉周围的混凝土对其约束程度不如位于正弯矩区的焊钉受到其周围混凝土的约束程度高，故位于负弯矩区的焊钉抗剪承载力也应予以折减。

12.2.8 采用压型钢板混凝土组合板时，其抗剪连接件一般用圆柱头焊钉。由于焊钉需穿过压型钢板而焊接至钢梁上，且焊钉根部周围没有混凝土的约束，当压型钢板肋垂直于钢梁时，由压型钢板的波纹形成的混凝土肋是不连续的，故对焊钉的抗剪承载力应予以折减。本条规定的折减系数是根据试验分析而得到的。

12.2.9 对于简支组合梁，可以将抗剪连接件均匀布置在最大正弯矩截面至支座截面之间。对于连续组合梁，可以把抗剪连接件分别在图 12.2.4 中 m_1、m_2、m_3 区段内均匀布置，但应注意各区段内混凝土翼板隔离体的平衡。当剪力有较大突变时，考虑到抗剪连接件变形能力的限制，应在大剪力分布区段集中布置连接件。

12.2.10 国内外试验表明，在剪力连接件集中剪力作用下，组合梁混凝土板可能发生纵向开裂现象，组合梁纵向抗剪能力与混凝土板尺寸及板内横向钢筋的配筋率等因素密切相关，作为组合梁设计最为特殊的一部分，组合梁纵向抗剪验算应引起足够的重视。

沿着一个既定的平面抗剪称为界面抗剪，组合梁的混凝土板（承托、翼板）在纵向水平剪力作用时属于界面抗剪。图 12.2.10 给出对应不同翼板形式的组合梁纵向抗剪最不利界面，a-a 抗剪界面长度为混凝土板厚度；b-b 抗剪截面长度取刚好包络焊钉外缘时对应的长度；c-c、d-d 抗剪界面长度取最外侧的焊钉外边缘连线长度加上距承托两侧斜边轮廓线的垂线长度。

组合梁单位纵向抗剪界面长度上的纵向剪力设计值 V_{bl} 可以按实际受力状态计算，也可以按极限状态下的平衡关系计算。按实际受力状态计算时，采用弹性分析方法，计算较为繁琐；而按极限状态下的平衡关系计算时，采用塑性简化分析方法，计算方便，且和承载能力塑性设计方法相统一，同时公式偏于安全，故建议采用塑性简化分析方法计算组合梁单位纵向抗剪界面长度上的纵向剪力值。

12.2.11 国内外研究成果表明，组合梁混凝土板纵向抗剪能力主要由混凝土和横向钢筋两部分提供，横向钢筋配筋率对组合梁纵向抗剪承载力影响最为显

著。普通钢筋混凝土板的抗剪承载力可按下式计算：

$$V_{lu,1} = 1.38b_f + 0.8A_e f_r \leq 0.3f_c b_f \quad (12)$$

结合国内外已有的试验研究成果，对混凝土抗剪贡献一项作适当调整，得到了公式（12.2.11-1）和（12.2.11-2），该公式考虑了混凝土强度等级对混凝土板抗剪贡献的影响。

12.2.12 组合梁横向钢筋最小配筋率规定是为了保证组合梁在达到承载力极限状态之前不发生纵向剪切破坏，并考虑到荷载长期效应和混凝土收缩等不利因素的影响。

12.3 挠度计算及负弯矩区裂缝宽度计算

12.3.1 组合梁的挠度计算与钢筋混凝土梁类似，需要分别计算在荷载标准组合及荷载准永久组合下的截面折减刚度并以此来计算组合梁的挠度。

12.3.2、12.3.3 国内外试验研究表明，采用焊钉、槽钢等柔性抗剪连接件的钢-混凝土组合梁，连接件在传递钢梁与混凝土翼缘交界面的剪力时，本身会发生变形，其周围的混凝土也会发生压缩变形，导致钢梁与混凝土翼缘的交界面产生滑移应变，引起附加曲率，从而引起附加挠度。可以通过对组合梁的换算截面抗弯刚度 EI_{eq} 进行折减的方法来考虑滑移效应。本规范公式（12.3.2）是考虑滑移效应的组合梁折减刚度计算方法，它既适用于完全抗剪连接组合梁，也适用于部分抗剪连接组合梁和钢梁与压型钢板混凝土组合板构成的组合梁。对于后者，公式（12.3.3-3）中抗剪连接件承载力 N_v^c 应按本规范 12.2.8 条予以折减。

12.3.4 混凝土的抗拉强度很低，因此对于没有施加预应力的连续组合梁，负弯矩区的混凝土翼板很容易开裂，且往往贯通混凝土翼板的上下表面，但下表面裂缝宽度一般均小于上表面，计算时可不予验算。引起组合梁翼板开裂的因素很多，如材料质量、施工工艺、环境条件以及荷载作用等。混凝土翼板开裂后会降低结构的刚度，并影响其外观及耐久性，如板顶面的裂缝容易渗入水分或其他腐蚀性物质，加速钢筋的锈蚀和混凝土的碳化等。因此，应对正常使用条件下的连续组合梁的裂缝宽度进行验算，其最大裂缝宽度不得超过现行国家标准《混凝土结构设计规范》GB 50010 的限值。

相关试验研究结果表明，组合梁负弯矩区混凝土翼板的受力状况与钢筋混凝土轴心受拉构件相似，因此可采用现行国家标准《混凝土结构设计规范》GB 50010 的有关公式计算组合梁负弯矩区的最大裂缝宽度。在验算混凝土裂缝时，可仅按荷载的标准组合进行计算，因为在荷载标准组合下计算裂缝的公式中已考虑了荷载长期作用的影响。

12.3.5 连续组合梁负弯矩开裂截面纵向受拉钢筋的应力水平 σ_{sk} 是决定裂缝宽度的重要因素之一，要计算该应力值，需要得到标准荷载作用下截面负弯矩组合值 M_k，由于支座混凝土的开裂导致截面刚度下降，正常使用极限状态连续组合梁会出现内力重分布现象，可以采用调幅系数法考虑内力重分布对支座负弯矩的降低，试验证明，正常使用极限状态弯矩调幅系数上限取为 15% 是可行的。

需要指出的是，M_k 的计算需要考虑施工步骤的影响，仅考虑形成组合截面之后施工阶段荷载及使用阶段续加荷载产生的弯矩值。对于悬臂组合梁，M_k 应根据平衡条件计算。

在连续组合梁中，栓钉用于组合梁正弯矩区时，能充分保证钢梁与混凝土板的组合作用，提高结构刚度和承载力，但用于负弯矩区时，组合作用会使混凝土板受拉而易于开裂，可能会影响结构的使用性能和耐久性。针对该问题，可以采用优化混凝土板浇筑顺序、合理确定支撑拆除时机等施工措施，降低负弯矩区混凝土板的拉应力，达到理想的抗裂效果。通常，负弯矩区段的混凝土板可以在正弯矩形成组合作用并拆除临时支撑后再进行浇筑。

12.4 构 造 措 施

12.4.1 组合梁的高跨比一般为 $h/l \geq 1/15 \sim 1/20$，为使钢梁的抗剪强度与组合梁的抗弯强度相协调，钢梁截面高度 h_s 宜大于组合梁截面高度 h 的 $1/2$，即 $h \leq 2h_s$。

12.4.3 用于符合本规范 12.2.11 条纵向剪切规定的组合梁混凝土翼板中的横向钢筋，除了板托中的横向钢筋 A_{bh} 外，其余的横向钢筋 A_t 和 A_b 可同时作为混凝土板的受力钢筋和构造钢筋使用（图 12.2.10），并应符合现行国家标准《混凝土结构设计规范》GB 50010 的有关构造规定。

12.4.4 本条规定了抗剪连接件的构造。

1 圆柱头焊钉钉头下表面或槽钢连接件上翼缘下表面高出混凝土底部钢筋 30mm 的规定，主要是为了保证连接件在混凝土翼板与钢梁之间发挥抗掀起作用，且底部钢筋能作为连接件根部附近混凝土的横向钢筋，防止混凝土由于连接件的局部受压而开裂。

2 连接件沿梁跨度方向的最大间距规定，主要是为了防止在混凝土翼板与钢梁接触面间产生过大的裂缝，影响组合梁的整体工作性能和耐久性。此外，焊钉能为钢板提供有效的面外约束，因此具有提高板件受压局部稳定性的作用，若焊钉的间距足够小，那么即使板件不符合塑性设计规定的宽厚比值，同样能够在达到塑性极限承载力之前不发生局部屈曲，此时也可采用塑性方法进行设计而不受板件宽厚比限制，本条参考了欧洲规范 4 的相关条文，给出了不符合板件宽厚比值仍可采用塑性设计方法的焊钉最大间距规定。

12.4.5 为保证栓钉的抗剪承载力能充分发挥，规定了栓钉的构造措施。

12.4.7 关于板托中横向加强钢筋的规定，主要是因为板托中邻近钢梁上翼缘的部分混凝土受到抗剪连接件的局部压力作用，容易产生劈裂，需要配筋加强。

12.4.9 组合梁承受负弯矩时，钢箱梁底板受压，在其上方浇筑的混凝土与钢箱梁底板形成组合作用，可共同承受压力，并有效提高受压钢板的稳定性。此外，在梁端负弯矩区剪力较大的区域，为提高其抗剪承载力和刚度，可在钢箱梁腹板内侧设置抗剪连接件并浇筑混凝土以充分发挥钢梁腹板和内填混凝土的组合抗剪作用。

13 组 合 楼 板

13.1 一 般 规 定

13.1.1 从构造上规定了组合楼板用压型钢板基板的最小厚度。

13.1.2 保证一定的凹槽宽度，使混凝土骨料容易浇入压型钢板槽口内，从而保证混凝土密实。由于目前还未见到总高度 h_s 大于 80mm 的压型钢板用于组合楼板，对其性能没有试验数据。如开发出 $h_s > 80$mm 的压型钢板时，应有足够的试验数据证明其形成组合楼板后的性能符合本规范各项规定。

13.1.3 从构造上规定了组合楼板的最小厚度以及肋顶以上混凝土最小厚度限值，限值的规定是保证混凝土与压型钢板共同工作，数值与国际上相关标准一致。组合楼板刚度计算的有效截面，包括压型钢板肋以上的混凝土、压型钢板槽内的混凝土以及压型钢板组成的有效截面。其厚度应在考虑承载力极限状态和正常使用极限状态以及耐火性能等前提下，按经济合理的原则确定。

13.1.4、13.1.5 规定了组合楼板按单向板或双向板计算的判断原则。

13.2 承载力计算

13.2.1 组合楼板受弯计算时认为压型钢板全部屈服，并以压型钢板截面重心为合力点。当配有受拉钢筋时，则受拉合力点为钢筋和压型钢板截面的重心。图 13.2.1 是以开口型压型钢板组合楼板给出的，缩口型、闭口型压型钢板组合楼板亦同样。

当 $x > h_c$ 时，表明压型钢板肋以上混凝土受压面积不够，还需部分压型钢板内的混凝土连同该部分压型钢板受压，这种情况出现在压型钢板截面面积很大时，这时精确计算受弯承载力非常繁琐，当遇到这种情况时，由于目前压型钢板种类、型号很多，可采用重新选择压型钢板解决。

13.2.2 将单位宽度的组合楼板简化为倒 T 形截面计算。压型钢板肋槽多为梯形截面，简化公式

（13.2.2-3）偏于安全地取了梯形截面小边尺寸。

13.2.3 将组合楼板简化为 T 形截面，组合楼板斜截面承载能力主要由腹板承担，实际上这是组合楼板最小截面的规定。

13.2.4 将以往我国称之为纵向剪切一词改为国际上通用的剪切粘结承载力，同时采用了国际上通用的剪切粘结计算公式，并将国际通用公式中的 $\sqrt{f_c}$ 换成了我国混凝土抗拉强度特征值表示方法 f_t。

13.2.5 当压型钢板组合楼板上有较大的集中荷载或沿顺肋方向有较大的集中线荷载时，局部范围内组合楼板受力较大，因此应对该部分承载力进行单独验算。

13.2.6 组合楼板受冲切验算，按板厚为 h_c 的普通钢筋混凝土板计算，不考虑压型钢板槽内混凝土和压型钢板的作用，计算简单且偏于安全。

13.3 正常使用极限状态验算

13.3.1 组合楼板负弯矩区最大裂缝宽度验算应按现行国家标准《混凝土结构设计规范》GB 50010 进行，并应符合其相关规定。本条规定的裂缝宽度计算公式是由现行国家标准《混凝土结构设计规范》GB 50010 中受弯构件裂缝宽度计算公式演变而来。

13.3.2、13.3.3 目前我国组合楼板刚度计算，在不同的计算手册中给出了不同的计算方法，本规范给出的计算方法是 ASCE-3 标准中给出的方法，即将压型钢板换算成混凝土的单质未开裂换算截面及开裂换算截面。经对建筑物中在用组合楼板的测试表明，本方法与实测值符合较好。

13.3.4 对组合楼盖峰值加速度和自振频率的验算，是保证组合楼盖使用阶段的舒适度的验算。试验和理论分析表明楼盖舒适度不仅仅取决于楼板的自振频率，还与组合楼盖的峰值加速度有关。

13.4 构 造 措 施

13.4.1 考虑到压型钢板具有防腐性能，保护层厚度可以适当减少，但其净厚度不应小于 15mm，以保证钢筋与混凝土的粘结。

13.4.2 配置横向钢筋可起到分散板面荷载，扩大集中荷载或线荷载的分布范围，改善组合楼板的工作性能。

13.4.4～13.4.6 规范对组合楼板在梁上的支承长度提出了最低规定。当组合楼板支承在混凝土构件上时，可在混凝土构件上设置预埋件，固定方式则同混凝土梁；组合楼板支承于砌体墙上时，可采用在砌体墙上设混凝土圈梁，将组合楼板支承在砌体墙上转换为支承在混凝土圈梁上。由于膨胀螺栓不能承受振动荷载，因此本规范特别强调预埋件不得用膨胀螺栓固定。

13.4.7 组合楼板支承于剪力墙侧面时，宜利用预埋

件传递剪力，本条规定了节点构造做法。

13.5 施工阶段验算及规定

13.5.1 施工荷载系指施工人员和施工机具等，并考虑施工过程中可能产生的冲击和振动。若有过量的冲击、混凝土堆放以及管线等，应考虑附加荷载。由于施工习惯和方法的不同，施工阶段的可变荷载也不完全相同，因此测量施工时的施工荷载是十分重要的。楼承板施工阶段的承载力和挠度，应按实际施工荷载计算。

13.5.2 混凝土在浇筑过程中，处于非均匀的流动状态，可能造成单块楼承板受力较大，为保证安全，提高了混凝土在湿状态下的荷载分项系数。

13.5.3、13.5.4 施工阶段验算应包括承载力验算和变形验算。承载力验算时重要性系数可取 0.9，挠度验算时应按荷载标准组合计算，且挠度应满足施工阶段的限值要求。

13.5.5 压型钢板与其下部支承结构之间的固定工程中有很多方法，如焊接固定、射钉法、钢筋插入法、拧"麻花"法等，这些方法目前大部分都已淘汰，因此本条推荐采用栓钉固定这一常用的方法，并对栓钉构造作了规定。若按组合梁设计，尚应符合本规范第12章的规定。当采用其他方法固定压型钢板时，应参考相应的规范，确保固定可靠。

13.5.6 对压型钢板侧向与梁或预埋件之间的搭接长度提出了最低规定，并对具体固定措施的构造作了规定。

14 连 接 构 造

14.1 型钢混凝土柱的连接构造

14.1.1 结构竖向布置中，如下部楼层采用型钢混凝土结构，而上部楼层采用钢筋混凝土结构，则应考虑避免这两种结构的刚度和承载力的突变，以避免形成薄弱层。日本1995年阪神地震中曾发生过此类震害。因此，设计中应设置过渡层，且提出了计算及构造规定。

14.1.2 在国内的高层钢结构工程中，结构上部采用钢结构柱，下部采用型钢混凝土柱，此两种结构类型的突变，必须设置过渡层，并提出了计算及构造规定。

14.1.3 型钢混凝土柱中，当型钢某层改变截面时，宜考虑型钢截面承载力和刚度的逐步过渡，且需考虑便于施工操作。

14.2 矩形钢管混凝土柱的连接构造

14.2.1 矩形钢管混凝土柱钢管的分段应综合考虑构件加工、运输、吊装以及施工等要求，并选择合理的接头位置。

14.2.2 为了确保不同壁厚的矩形钢管柱段的拼接质量，在工厂拼接时可根据壁厚差采用不同的构造措施，现场拼接时应设置内衬管或衬板，并确保焊接质量。

14.2.3 为了确保不同截面宽度或高度的矩形钢管柱段的拼接质量，在拼接时应根据截面尺寸差采取不同的处理措施。

14.3 圆形钢管混凝土柱的连接构造

14.3.1 受加工能力、吊装能力、运输能力等的影响，圆形钢管的长度都是有限制的，需要在施工现场对接。等直径钢管对接时，为了确保连接质量，可采用本条规定的连接方法和构造。

14.3.2 对不等直径钢管的拼接方式作出了规定。不同直径的钢管对接时，不能直接对接，宜设置变直径钢管过渡。因过渡段钢管转折处存在较大的横向作用，因此过渡段的坡度不宜过大，且在转折处宜设置环形隔板抵抗横向作用。

14.4 梁与梁连接构造

14.4.1 梁与梁的连接，当两侧均是型钢混凝土梁时，则梁内型钢的连接，应符合钢结构规定；当一侧为型钢混凝土梁，另一侧为钢筋混凝土梁时，为保证型钢的锚固和传递，应有相应的措施。

14.4.2、14.4.3 为保证钢筋混凝土次梁和型钢混凝土主梁连接整体，规定次梁中的钢筋的锚固和传递，应符合相应的构造措施。当钢次梁与型钢混凝土主梁连接，主梁的腰筋应穿过次梁。

14.5 梁与墙连接构造

14.5.1 型钢混凝土梁垂直于现浇钢筋混凝土剪力墙的连接，应保证其内力传递。梁深入墙内的节点可以形成铰接和刚接，都应符合相应的构造规定。

14.6 斜撑与梁、柱连接构造

14.6.1、14.6.2 为减少节点区施工复杂性，斜撑宜采用钢斜撑，规范对支撑与梁及柱型钢的焊接及加劲肋提出了焊接和板厚规定。

14.7 抗剪连接件构造

14.7.1～14.7.3 为保证型钢和混凝土之间剪力传递，以形成钢与混凝土共同工作的整体性能，在各种结构体系中对型钢混凝土框架柱所处的主要部位应设置抗剪栓钉，对于复杂结构中主要受力部位还应作加强处理。

14.8 钢筋与钢构件连接构造

14.8.1 在截面配筋设计时，应尽量减少钢筋与钢构件相碰，当无法避免时，可采用开洞穿孔、可焊接机械连接套筒连接或焊连接板的方法。采用套筒连接时，应确保其连接强度大于钢筋强度标准值。

14.8.2 为确保钢筋内力的可靠传递，在可焊接机械连接套筒对应位置应设置加劲肋，并验算其承载力。

14.8.3 为确保套筒与钢构件的焊接质量，对其焊缝形式和构造作了规定。为方便焊接施工同时便于混凝土浇筑，规定了可焊接机械连接套筒之间的最小净距。

附录 A 常用压型钢板组合楼板的剪切粘结系数及标准试验方法

A.1 常用压型钢板 m、k 系数

A.1.1 表 A.1.1 给出的 m、k 系数是规范组试验结果，基本涵盖了目前我国组合楼板常用的压型钢板，压型钢板的产品型号未采用市场上流行的型号代号，市场流行的型号代号各企业并不完全相同，按现行国家标准《建筑用压型钢板》GB/T 12755 的规定重新命名了型号代号，例如 YL75-600，以往多称为 YX75-200-600。表 A.1.1 中给出了截面尺寸，方便设计人员将流行型号代号转换为国家标准的型号代号。表 A.1.1 中除 YL75-600 和 YL76-688 之外，表中给出的剪切粘结系数均不包含栓钉的贡献，而本规范 13.4.6 条规定设有一定数量的构造栓钉，栓钉可较大的提高组合楼板剪切粘结承载力，因此按表 A.1.1 取 m、k 值计算剪切粘结承载力是偏于安全的。

A.2 标准试验方法

A.2.1 试件材料应符合现行国家标准的相关规定。

A.2.2 试件尺寸对剪切粘结承载力都有一定的影响，将试件尺寸限定在一个范围内，使构件制作标准化。

A.2.3 试验数据应具有一定的代表性，本规范规定试件总量不应少于 6 个，其中最大、最小剪跨区内的数据对剪切粘结承载力影响较大，因此须保证有两组试验数据分别落在 A 和 B 两个区域。为了对试验数据进行校核，保证数据可靠性，本规范规定需增加两个试验数据，这组数据可以在 A、B 两个区域各增加一个，也可在 A、B 两个区域之间增加一组。

当 $P \times a/2 > 0.9 M_u$ 时，理论上可能会出现弯曲破坏，试验应保证是剪切粘结破坏。

A.2.4 规范没有采用 $V \leqslant \left(m \dfrac{\rho_a h_0}{1.25a} + k f_t \right) b h_0 +$ （栓钉贡献）形式的公式，采用了美国 ASCE-3 规范的形式，将剪力件对剪切粘结承载能力的贡献隐含在 m、k 系数中，因此规定试件剪力件的设计应与实际工程一致。

A.3 试验步骤

A.3.1 一般楼板多承受均布荷载作用，但试验采用均布荷载是比较困难的。剪跨 a 取板跨 l_n 的 1/4 是近似模拟均布荷载的情况。施加荷载的规定是将加载对试验结果的影响降到可以接受的程度。

A.3.2 对测量仪器精度的规定，将仪器对试验结果的影响降到可以接受的程度。

A.3.3 保存试验必要的数据记录，可以对试验结果进行追溯。

A.4 试验结果分析

A.4.1 极限荷载应考虑试件制作过程对承载能力的影响。

A.4.2 剪切粘结 m_1、k_1 系数由回归分析得到，由于这种试验试件数量偏少，因此规范规定试验回归得到的剪切粘结系数用于本规范设计时，应降低 15%，当试件数量多于 8 个时，可降低 10%。

m、k 系数从物理意义上讲，m 大致可以理解为机械咬合效应的度量，k 可以理解为摩擦效应的度量。当压型钢板板型对跨度敏感时，k 可能会出现负值，这是正常的。

A.4.3 当试验数据值偏离该组平均值超出 ±15% 时，说明数据离散性较大，为了保证数据的准确性，本规范规定至少应再进行同类型的 2 个附加试验，为保证安全应用两个最低值确定剪切粘结系数。

A.5 试验结果应用

A.5.1 设计人员确认试验符合所设计的工程，设计人员有权判定试验数据是否符合所设计的工程的需要。

A.5.3 无剪力件的试验结果所得到的 m、k 系数，如果用于有剪力件的工程是偏于保守的，因此可用在有剪力件的组合楼板设计；有剪力件的试验结果所得到的 m、k 系数，由于剪力件的影响包含在 m、k 系数中，因此规定组合楼板设计中采用的剪力件应与试验采用的剪力件完全相同。

附录 B 组合楼盖舒适度验算

B.0.1~B.0.3 楼盖的舒适度即楼盖振动控制目前国际上均采用了 ISO263 的相关控制规定，验算峰值加速度（亦即正常使用状态下允许加速度极限值）即式 (B.0.1)。规范所采用的方法主要参考了美国 AISC Steel Design Guide Series 11：《Floor Vibrations Due to Human Activity》。

楼盖振动是主次梁双方向振动，计算板格内两个方向参与振动的有效荷载并不一定相同，有效荷载按主梁、次梁的挠度取加权平均值。

板带是参与到一个板格内楼盖振动的由梁板构成的一个区域，但板带并不仅是在计算板格内，在计算板格外也有部分参与到该板格的振动，参与振动的板带宽度称之为板带有效宽度 b_{Ej}、b_{Eg}。板带有效宽度取决于楼盖两个方向的单位截面惯性矩。次梁板带有效宽度 b_{Ej}，取决于组合楼板单位截面惯性矩（一般情况下是顺肋方向单位惯性矩）D_s 和次梁板带单位截面惯性矩 D_j，即式（B.0.3-4），次梁板带单位截面惯性矩 D_j 是将次梁板带上的次梁按组合梁计算的惯性矩平均到次梁板带上，当次梁截面和间距相等时，则等于次梁惯性矩（可按组合梁考虑）除以次梁间距；主梁板带有效宽度 b_{Eg}，取决于次梁板带单位截面 D_j 和主梁板带单位截面惯性矩 D_g，即式（B.0.3-5），主梁板带单位截面惯性矩 D_g 是将计算板格内的主梁惯性矩（按组合梁考虑）平均到板格内，当主梁为中间梁时等于 I_g/l_j，当主梁为边梁时等于 $2I_g/l_j$。

中华人民共和国国家标准

钢结构设计标准

Standard for design of steel structures

GB 50017—2017

主编部门：中华人民共和国住房和城乡建设部
批准部门：中华人民共和国住房和城乡建设部
施行日期：2 0 1 8 年 7 月 1 日

中华人民共和国住房和城乡建设部
公 告

第 1771 号

住房城乡建设部关于发布国家标准
《钢结构设计标准》的公告

现批准《钢结构设计标准》为国家标准，编号为 GB 50017-2017，自 2018 年 7 月 1 日起实施。其中，第 4.3.2、4.4.1、4.4.3、4.4.4、4.4.5、4.4.6、18.3.3 条为强制性条文，必须严格执行。原《钢结构设计规范》GB 50017-2003 同时废止。

本标准在住房城乡建设部门户网站(www. mo-hurd. gov. cn)公开，并由我部标准定额研究所组织中国建筑工业出版社出版发行。

中华人民共和国住房和城乡建设部

2017 年 12 月 12 日

前 言

根据住房和城乡建设部《关于印发〈2008 年工程建设标准规范制订、修订计划〉的通知》（建标〔2008〕105 号）的要求，标准编制组经广泛调查研究，认真总结实践经验，参考有关国际标准和国外先进标准，并在广泛征求意见的基础上，修订了《钢结构设计规范》GB 50017-2003。

本标准的主要内容是：1. 总则；2. 术语和符号；3. 基本设计规定；4. 材料；5. 结构分析与稳定性设计；6. 受弯构件；7. 轴心受力构件；8. 拉弯、压弯构件；9. 加劲钢板剪力墙；10. 塑性及弯矩调幅设计；11. 连接；12. 节点；13. 钢管连接节点；14. 钢与混凝土组合梁；15. 钢管混凝土柱及节点；16. 疲劳计算及防脆断设计；17. 钢结构抗震性能化设计；18. 钢结构防护等。

本次修订的主要内容是：

1. "基本设计规定（第 3 章）"增加了截面板件宽厚比等级，"材料选用"及"设计指标"内容移入新章节"材料（第 4 章）"，关于结构计算内容移入新章节"结构分析及稳定性设计（第 5 章）"，"构造要求（原标准第 8 章）"中"大跨度屋盖结构"及"制作、运输及安装"的内容并入本章；

2. "受弯构件的计算（原规范第 4 章）"改为"受弯构件（第 6 章）"，增加了腹板开孔的内容，"构造要求（原规范第 8 章）"的"结构构件"中与梁设计相关的内容移入本章；

3. "轴心受力构件和拉弯、压弯构件的计算（原规范第 5 章）"改为"轴心受力构件（第 7 章）"及

"拉弯、压弯构件（第 8 章）"两章，"构造要求（原规范第 8 章）"中与柱设计相关的内容移入第 7 章；

4. "疲劳计算（原规范第 6 章）"改为"疲劳计算及防脆断设计（第 16 章）"，增加了简便快速验算疲劳强度的方法，"构造要求（原规范第 8 章）"中"对吊车梁和吊车桁架（或类似结构）的要求"及"提高寒冷地区结构抗脆断能力的要求"移入本章，并增加了抗脆断设计的规定；

5. "连接计算（原规范第 7 章）"改为"连接（第 11 章）"及"节点（第 12 章）"两章，"构造要求（原规范第 8 章）"中有关焊接及螺栓连接的内容并入第 11 章、柱脚内容并入第 12 章；

6. "构造要求（原规范第 8 章）"中的条文根据其内容，分别并入相关各章，其中"防护和隔热"移入"钢结构防护（第 18 章）"；

7. "塑性设计（原规范第 9 章）"改为"塑性及弯矩调幅设计（第 10 章）"，采用了利用钢结构塑性进行内力重分配的思路进行设计；

8. "钢管结构（原规范第 10 章）"改为"钢管连接节点（第 13 章）"，丰富了计算的节点连接形式，另外，增加了节点刚度判别的内容；

9. "钢与混凝土组合梁（原规范第 11 章，修订后为第 14 章）"，补充了纵向抗剪设计内容，删除了与弯筋连接件有关的内容。

本次修订新增了材料（第 4 章）、结构分析与稳定性设计（第 5 章）、加劲钢板剪力墙（第 9 章）、钢管混凝土柱及节点（第 15 章）、钢结构抗震性能化设

计（第 17 章）、钢结构防护（第 18 章）等章节，同时在附录中增加了常用建筑结构体系、钢与混凝土组合梁的疲劳验算等内容。

本标准中以黑体字标志的条文为强制性条文，必须严格执行。

本标准由住房和城乡建设部负责管理和对强制性条文的解释，中冶京诚工程技术有限公司负责具体技术内容的解释。执行过程中如有意见或建议请寄送中冶京诚工程技术有限公司（地址：北京经济技术开发区建安街 7 号，邮编：100176）。

本 标 准 主 编 单 位：中冶京诚工程技术有限公司

本 标 准 参 编 单 位：北京京诚华宇建筑设计研究院有限公司

西安建筑科技大学

同济大学

清华大学

浙江大学

中冶建筑研究总院有限公司

上海宝钢工程技术有限公司

哈尔滨工业大学

天津大学

重庆大学

东南大学

湖南大学

北京工业大学

青岛理工大学

华南理工大学

中国建筑标准设计研究院

华东建筑设计研究院有限公司

中国建筑设计研究院

中冶赛迪工程技术股份有限公司

北京市建筑设计研究院

中国机械工业集团公司

中国电子工程设计院

中国航空规划建设发展有限公司

中冶南方工程技术有限公司

中冶华天工程技术有限公司

中水东北勘测设计研究有限责任公司

中国石化工程建设有限公司

中国中元国际工程公司

中国电力工程顾问集团西北电力设计院有限公司

江苏沪宁钢机股份有限公司

北京多维联合集团有限公司

上海宝冶集团有限公司

博思格巴特勒（中国）公司

安徽鸿路钢结构（集团）股份有限公司

本 标 准 参 加 单 位：浙江杭萧钢构股份有限公司

浙江东南网架股份有限公司

安徽富煌钢构股份有限公司

宝钢钢构有限公司

马鞍山钢铁股份有限公司

浙江精工结构集团有限公司

本标准主要起草人员：施　设　王立军　余海群

陈绍蕃　沈祖炎　童根树

陈　炯　柴　昶　崔　佳

郁银泉　汪大绥　吴耀华

舒赣平　舒兴平　郝际平

范　峰　石永久　范　重

陈以一　聂建国　陈志华

李国强　柯长华　张爱林

武振宇　童乐为　王元清

何文汇　但泽义　郭彦林

郭耀杰　娄　宇　戴国欣

侯兆新　赵春莲　顾　强

穆海生　徐　建　陈瑞金

崔元山　王　燕　马天鹏

关晓松　李茂新　朱　丹

贺明玄　王　湛　丁　阳

王玉银　张同亿　姜学宜

谭晋鹏　高继领　王保强

罗兴隆　张　伟　张亚军

孙雅欣

本标准主要审查人员：周绪红　徐厚军　侯忠良

戴国莹　戴为志　刘锡良

陈绍礼　武人岱　葛家琪

陈禄如　冯　远　邓　华

金天德　王仕统　田春雨

目　次

Contents

1 总 则

1.0.1 为在钢结构设计中贯彻执行国家的技术经济政策，做到技术先进、安全适用、经济合理、保证质量，制定本标准。

1.0.2 本标准适用于工业与民用建筑和一般构筑物的钢结构设计。

1.0.3 钢结构设计除应符合本标准外，尚应符合国家现行有关标准的规定。

2 术语和符号

2.1 术 语

2.1.1 脆断 brittle fracture

结构或构件在拉应力状态下没有出现警示性的塑性变形而突然发生的断裂。

2.1.2 一阶弹性分析 first-order elastic analysis

不考虑几何非线性对结构内力和变形产生的影响，根据未变形的结构建立平衡条件，按弹性阶段分析结构内力及位移。

2.1.3 二阶 $P\text{-}\Delta$ 弹性分析 second-order $P\text{-}\Delta$ elastic analysis

仅考虑结构整体初始缺陷及几何非线性对结构内力和变形产生的影响，根据位移后的结构建立平衡条件，按弹性阶段分析结构内力及位移。

2.1.4 直接分析设计法 direct analysis method of design

直接考虑对结构稳定性和强度性能有显著影响的初始几何缺陷、残余应力、材料非线性、节点连接刚度等因素，以整个结构体系为对象进行二阶非线性分析的设计方法。

2.1.5 屈曲 buckling

结构、构件或板件达到受力临界状态时在其刚度较弱方向产生另一种较大变形的状态。

2.1.6 板件屈曲后强度 post-buckling strength of steel plate

板件屈曲后尚能继续保持承受更大荷载的能力。

2.1.7 正则化长细比或正则化宽厚比 normalized slenderness ratio

参数，其值等于钢材受弯、受剪或受压屈服强度与相应的构件或板件抗弯、抗剪或抗承压弹性屈曲应力之商的平方根。

2.1.8 整体稳定 overall stability

构件或结构在荷载作用下能整体保持稳定的能力。

2.1.9 有效宽度 effective width

计算板件屈曲后极限强度时，将承受非均匀分布极限应力的板件宽度用均匀分布的屈服应力等效，所得的折减宽度。

2.1.10 有效宽度系数 effective width factor

板件有效宽度与板件实际宽度的比值。

2.1.11 计算长度系数 effective length ratio

与构件屈曲模式及两端转动约束条件相关的系数。

2.1.12 计算长度 effective length

计算稳定性时所用的长度，其值等于构件在其有效约束点间的几何长度与计算长度系数的乘积。

2.1.13 长细比 slenderness ratio

构件计算长度与构件截面回转半径的比值。

2.1.14 换算长细比 equivalent slenderness ratio

在轴心受压构件的整体稳定计算中，按临界力相等的原则，将格构式构件换算为实腹式构件进行计算，或将弯扭与扭转失稳换算为弯曲失稳计算时，所对应的长细比。

2.1.15 支撑力 nodal bracing force

在为减少受压构件（或构件的受压翼缘）自由长度所设置的侧向支撑处，沿被支撑构件（或构件受压翼缘）的屈曲方向，作用于支撑的侧向力。

2.1.16 无支撑框架 unbraced frame

利用节点和构件的抗弯能力抵抗荷载的结构。

2.1.17 支撑结构 bracing structure

在梁柱构件所在的平面内，沿斜向设置支撑构件，以支撑轴向刚度抵抗侧向荷载的结构。

2.1.18 框架-支撑结构 frame-bracing structure

由框架及支撑共同组成抗侧力体系的结构。

2.1.19 强支撑框架 frame braced with strong bracing system

在框架-支撑结构中，支撑结构（支撑桁架、剪力墙、筒体等）的抗侧移刚度较大，可将该框架视为无侧移的框架。

2.1.20 摇摆柱 leaning column

设计为只承受轴向力而不考虑侧向刚度的柱子。

2.1.21 节点域 panel zone

框架梁柱的刚接节点处及柱腹板在梁高度范围内上下边设有加劲肋或隔板的区域。

2.1.22 球形钢支座 spherical steel bearing

钢球面作为支承面使结构在支座处可以沿任意方向转动的铰接支座或可移动支座。

2.1.23 钢板剪力墙 steel-plate shear wall

设置在框架梁柱间的钢板，用以承受框架中的水平剪力。

2.1.24 主管 chord member

钢管结构构件中，在节点处连续贯通的管件，如桁架中的弦杆。

2.1.25 支管 brace member

钢管结构中，在节点处断开并与主管相连的管件，如桁架中与主管相连的腹杆。

2.1.26 间隙节点 gap joint

两支管的趾部离开一定距离的管节点。

2.1.27 搭接节点 overlap joint

在钢管节点处，两支管相互搭接的节点。

2.1.28 平面管节点 uniplanar joint

支管与主管在同一平面内相互连接的节点。

2.1.29 空间管节点 multiplanar joint

在不同平面内的多根支管与主管相接而形成的管节点。

2.1.30 焊接截面 welded section

由板件（或型钢）焊接而成的截面。

2.1.31 钢与混凝土组合梁 composite steel and concrete beam

由混凝土翼板与钢梁通过抗剪连接件组合而成的可整体受力的梁。

2.1.32 支撑系统 bracing system

由支撑及传递其内力的梁（包括基础梁）、柱组成的抗侧力系统。

2.1.33 消能梁段 link

在偏心支撑框架结构中，位于两斜支撑端头之间的梁段或位于一斜支撑端头与柱之间的梁段。

2.1.34 中心支撑框架 concentrically braced frame

斜支撑与框架梁柱汇交于一点的框架。

2.1.35 偏心支撑框架 eccentrically braced frame

斜支撑至少有一端在梁柱节点外与横梁连接的框架。

2.1.36 屈曲约束支撑 buckling-restrained brace

由核心钢支撑、外约束单元和两者之间的无粘结构造层组成不会发生屈曲的支撑。

2.1.37 弯矩调幅设计 moment redistribution design

利用钢结构的塑性性能进行弯矩重分布的设计方法。

2.1.38 畸变屈曲 distorsional buckling

截面形状发生变化，且板件与板件的交线至少有一条会产生位移的屈曲形式。

2.1.39 塑性耗能区 plastic energy dissipative zone

在强烈地震作用下，结构构件首先进入塑性变形并消耗能量的区域。

2.1.40 弹性区 elastic region

在强烈地震作用下，结构构件仍处于弹性工作状态的区域。

2.2 符 号

2.2.1 作用和作用效应设计值

F——集中荷载；

G——重力荷载；

H——水平力；

M——弯矩；

N——轴心力；

P——高强度螺栓的预拉力；

R——支座反力；

V——剪力。

2.2.2 计算指标

E——钢材的弹性模量；

E_c——混凝土的弹性模量；

f——钢材的抗拉、抗压和抗弯强度设计值；

f_v——钢材的抗剪强度设计值；

f_{ce}——钢材的端面承压强度设计值；

f_y——钢材的屈服强度；

f_u——钢材的抗拉强度最小值；

f_t^a——锚栓的抗拉强度设计值；

f_t^b、f_v^b、f_c^b——螺栓的抗拉、抗剪和承压强度设计值；

f_t^r、f_v^r、f_c^r——铆钉的抗拉、抗剪和承压强度设计值；

f_t^w、f_v^w、f_c^w——对接焊缝的抗拉、抗剪和抗压强度设计值；

f_f^w——角焊缝的抗拉、抗剪和抗压强度设计值；

f_c——混凝土的抗压强度设计值；

G——钢材的剪变模量；

N_t^a——一个锚栓的受拉承载力设计值；

N_t^b、N_v^b、N_c^b——一个螺栓的受拉、受剪和承压承载力设计值；

N_t^r、N_v^r、N_c^r——一个铆钉的受拉、受剪和承压承载力设计值；

N_v^c——组合结构中一个抗剪连接件的受剪承载力设计值；

S_b——支撑结构的层侧移刚度，即施加于结构上的水平力与其产生的层间位移角的比值；

Δu——楼层的层间位移；

$[v_Q]$——仅考虑可变荷载标准值产生的挠度的容许值；

$[v_T]$——同时考虑永久和可变荷载标准值产生的挠度的容许值；

σ——正应力；

σ_c——局部压应力；

σ_f——垂直于角焊缝长度方向，按焊缝有效截面计算的应力；

$\Delta\sigma$——疲劳计算的应力幅或折算应力幅；

$\Delta\sigma_e$——变幅疲劳的等效应力幅；

$[\Delta\sigma]$——疲劳容许应力幅；

σ_{cr}、$\sigma_{c,cr}$、τ_{cr}——分别为板件的弯曲应力、局部压应

力和剪应力的临界值；

τ ——剪应力；

τ_f ——角焊缝的剪应力。

2.2.3 几何参数

A ——毛截面面积；

A_n ——净截面面积；

b ——翼缘板的外伸宽度；

b_0 ——箱形截面翼缘板在腹板之间的无支承宽度；混凝土板托顶部的宽度；

b_s ——加劲肋的外伸宽度；

b_e ——板件的有效宽度；

d ——直径；

d_e ——有效直径；

d_0 ——孔径；

e ——偏心距；

H ——柱的高度；

H_1、H_2、H_3 ——阶形柱上段、中段（或单阶柱下段）、下段的高度；

h ——截面全高；

h_e ——焊缝的计算厚度；

h_f ——角焊缝的焊脚尺寸；

h_w ——腹板的高度；

h_0 ——腹板的计算高度；

I ——毛截面惯性矩；

I_t ——自由扭转常数；

I_ω ——毛截面扇性惯性矩；

I_n ——净截面惯性矩；

i ——截面回转半径；

l ——长度或跨度；

l_1 ——梁受压翼缘侧向支承间距离；螺栓（或铆钉）受力方向的连接长度；

l_w ——焊缝的计算长度；

l_z ——集中荷载在腹板计算高度边缘上的假定分布长度；

S ——毛截面面积矩；

t ——板的厚度；

t_s ——加劲肋的厚度；

t_w ——腹板的厚度；

W ——毛截面模量；

W_n ——净截面模量；

W_p ——塑性毛截面模量；

W_{np} ——塑性净截面模量。

2.2.4 计算系数及其他

K_1、K_2 ——构件线刚度之比；

n_f ——高强度螺栓的传力摩擦面数目；

n_v ——螺栓或铆钉的剪切面数目；

α_E ——钢材与混凝土弹性模量之比；

α_e ——梁截面模量考虑腹板有效宽度的折减系数；

α_f ——疲劳计算的欠载效应等效系数；

α_i^{II} ——考虑二阶效应框架第 i 层杆件的侧移弯矩增大系数；

β_E ——非塑性耗能区内力调整系数；

β_f ——正面角焊缝的强度设计值增大系数；

β_m ——压弯构件稳定的等效弯矩系数；

γ_0 ——结构的重要性系数；

γ_x、γ_y ——对主轴 x、y 的截面塑性发展系数；

ε_k ——钢号修正系数，其值为235 与钢材牌号中屈服点数值的比值的平方根；

η ——调整系数；

η_1、η_2 ——用于计算阶形柱计算长度的参数；

η_{ov} ——管节点的支管搭接率；

λ ——长细比；

$\lambda_{n,b}$、$\lambda_{n,s}$、$\lambda_{n,c}$、λ_n ——正则化宽厚比或正则化长细比；

μ ——高强度螺栓摩擦面的抗滑移系数；柱的计算长度系数；

μ_1、μ_2、μ_3 ——阶形柱上段、中段（或单阶柱下段）、下段的计算长度系数；

ρ_i ——各板件有效截面系数；

φ ——轴心受压构件的稳定系数；

φ_b ——梁的整体稳定系数；

ψ ——集中荷载的增大系数；

ψ_n、ψ_a、ψ_d ——用于计算直接焊接钢管节点承载力的参数；

Ω ——抗震性能系数。

3 基本设计规定

3.1 一 般 规 定

3.1.1 钢结构设计应包括下列内容：

1 结构方案设计，包括结构选型、构件布置；

2 材料选用及截面选择；

3 作用及作用效应分析；

4 结构的极限状态验算；

5 结构、构件及连接的构造；

6 制作、运输、安装、防腐和防火等要求；

7 满足特殊要求结构的专门性能设计。

3.1.2 本标准除疲劳计算和抗震设计外，应采用以概率理论为基础的极限状态设计方法，用分项系数设计表达式进行计算。

3.1.3 除疲劳设计应采用容许应力法外，钢结构应按承载能力极限状态和正常使用极限状态进行设计：

1 承载能力极限状态应包括：构件或连接的强度破坏、脆性断裂，因过度变形而不适用于继续承载，结构或构件丧失稳定，结构转变为机动体系和结构倾覆；

2 正常使用极限状态应包括：影响结构、构件、非结构构件正常使用或外观的变形，影响正常使用的振动，影响正常使用或耐久性能的局部损坏。

3.1.4 钢结构的安全等级和设计使用年限应符合现行国家标准《建筑结构可靠度设计统一标准》GB 50068 和《工程结构可靠性设计统一标准》GB 50153 的规定。一般工业与民用建筑钢结构的安全等级应取为二级，其他特殊建筑钢结构的安全等级应根据具体情况另行确定。建筑物中各类结构构件的安全等级，宜与整个结构的安全等级相同。对其中部分结构构件的安全等级可进行调整，但不得低于三级。

3.1.5 按承载能力极限状态设计钢结构时，应考虑荷载效应的基本组合，必要时尚应考虑荷载效应的偶然组合。按正常使用极限状态设计钢结构时，应考虑荷载效应的标准组合。

3.1.6 计算结构或构件的强度、稳定性以及连接的强度时，应采用荷载设计值；计算疲劳时，应采用荷载标准值。

3.1.7 对于直接承受动力荷载的结构：计算强度和稳定性时，动力荷载设计值应乘以动力系数；计算疲劳和变形时，动力荷载标准值不乘动力系数。计算吊车梁或吊车桁架及其制动结构的疲劳和挠度时，起重机荷载应按作用在跨间内荷载效应最大的一台起重机确定。

3.1.8 预应力钢结构的设计应包括预应力施工阶段和使用阶段的各种工况。预应力索膜结构设计应包括找形分析、荷载分析及裁剪分析三个相互制约的过程，并宜进行施工过程分析。

3.1.9 结构构件、连接及节点应采用下列承载能力极限状态设计表达式：

1 持久设计状况、短暂设计状况：

$$\gamma_0 S \leqslant R \qquad (3.1.9\text{-}1)$$

2 地震设计状况：

多遇地震

$$S \leqslant R/\gamma_{RE} \qquad (3.1.9\text{-}2)$$

设防地震

$$S \leqslant R_k \qquad (3.1.9\text{-}3)$$

式中：γ_0——结构的重要性系数：对安全等级为一级的结构构件不应小于 1.1，对安全等级为二级的结构构件不应小于 1.0，对安全等级为三级的结构构件不应小于 0.9；

S——承载能力极限状况下作用组合的效应设计值；对持久或短暂设计状况应按作用的基本组合计算；对地震设计状况应按作用的地震组合计算；

R——结构构件的承载力设计值；

R_k——结构构件的承载力标准值；

γ_{RE}——承载力抗震调整系数，应按现行国家标准《建筑抗震设计规范》GB 50011 的规定取值。

3.1.10 对安全等级为一级或可能遭受爆炸、冲击等偶然作用的结构，宜进行防连续倒塌控制设计，保证部分梁或柱失效时结构有一条竖向荷载重分布的途径，保证部分梁或楼板失效时结构的稳定性，保证部分构件失效后节点仍可有效传递荷载。

3.1.11 钢结构设计时，应合理选择材料、结构方案和构造措施，满足结构构件在运输、安装和使用过程中的强度、稳定性和刚度要求并应符合防火、防腐蚀要求。宜采用通用和标准化构件，当考虑结构部分构件替换可能性时应提出相应的要求。钢结构的构造应便于制作、运输、安装、维护并使结构受力简单明确，减少应力集中，避免材料三向受拉。

3.1.12 钢结构设计文件应注明所采用的规范或标准、建筑结构设计使用年限、抗震设防烈度、钢材牌号、连接材料的型号（或钢号）和设计所需的附加保证项目。

3.1.13 钢结构设计文件应注明螺栓防松构造要求、端面刨平顶紧部位、钢结构最低防腐蚀设计年限和防护要求及措施、对施工的要求。对焊接连接，应注明焊缝质量等级及承受动荷载的特殊构造要求；对高强度螺栓连接，应注明预拉力、摩擦面处理和抗滑移系数；对抗震设防的钢结构，应注明焊缝及钢材的特殊要求。

3.1.14 抗震设防的钢结构构件和节点可按现行国家标准《建筑抗震设计规范》GB 50011 或《构筑物抗震设计规范》GB 50191 的规定设计，也可按本标准第 17 章的规定进行抗震性能化设计。

3.2 结 构 体 系

3.2.1 钢结构体系的选用应符合下列原则：

1 在满足建筑及工艺需求前提下，应综合考虑结构合理性、环境条件、节约投资和资源、材料供应、制作安装便利性等因素；

2 常用建筑结构体系的设计宜符合本标准附录 A 的规定。

3.2.2 钢结构的布置应符合下列规定：

1 应具备竖向和水平荷载传递途径；

2 应具有刚度和承载力、结构整体稳定性和构件稳定性；

　　3　应具有冗余度，避免因部分结构或构件破坏导致整个结构体系丧失承载能力；

　　4　隔墙、外围护等宜采用轻质材料。

　　3.2.3　施工过程对主体结构的受力和变形有较大影响时，应进行施工阶段验算。

3.3　作　用

　　3.3.1　钢结构设计时，荷载的标准值、荷载分项系数、荷载组合值系数、动力荷载的动力系数等应按现行国家标准《建筑结构荷载规范》GB 50009 的规定采用；地震作用应根据现行国家标准《建筑抗震设计规范》GB 50011 确定。对支承轻屋面的构件或结构，当仅有一个可变荷载且受荷水平投影面积超过 60m² 时，屋面均布活荷载标准值可取为 0.3kN/m²。门式刚架轻型房屋的风荷载和雪荷载应符合现行国家标准《门式刚架轻型房屋钢结构技术规范》GB 51022 的规定。

　　3.3.2　计算重级工作制吊车梁或吊车桁架及其制动结构的强度、稳定性以及连接的强度时，应考虑由起重机摆动引起的横向水平力，此水平力不宜与荷载规范规定的横向水平荷载同时考虑。作用于每个轮压处的横向水平力标准值可按下式计算：

$$H_k = \alpha P_{k,\max} \qquad (3.3.2)$$

式中：$P_{k,\max}$——起重机最大轮压标准值（N）；

　　　　α——系数，对软钩起重机，取 0.1；对抓斗或磁盘起重机，取 0.15；对硬钩起重机，取 0.2。

　　3.3.3　屋盖结构考虑悬挂起重机和电动葫芦的荷载时，在同一跨间每条运动线路上的台数：对梁式起重机不宜多于 2 台，对电动葫芦不宜多于 1 台。

　　3.3.4　计算冶炼车间或其他类似车间的工作平台结构时，由检修材料所产生的荷载对主梁可乘以 0.85，柱及基础可乘以 0.75。

　　3.3.5　在结构的设计过程中，当考虑温度变化的影响时，温度的变化范围可根据地点、环境、结构类型及使用功能等实际情况确定。当单层房屋和露天结构的温度区段长度不超过表 3.3.5 的数值时，一般情况下可不考虑温度应力和温度变形的影响。单层房屋和露天结构伸缩缝设置宜符合下列规定：

　　1　围护结构可根据具体情况参照有关规范单独设置伸缩缝；

　　2　无桥式起重机房屋的柱间支撑和有桥式起重机房屋吊车梁或吊车桁架以下的柱间支撑，宜对称布置于温度区段中部，当不对称布置时，上述柱间支撑的中点（两道柱间支撑时为两柱间支撑的中点）至温度区段端部的距离不宜大于表 3.3.5 纵向温度区段长度的 60%；

　　3　当横向为多跨高低屋面时，表 3.3.5 中横向

温度区段长度值可适当增加；

　　4　当有充分依据或可靠措施时，表 3.3.5 中数字可予以增减。

表 3.3.5　温度区段长度值（m）

结构情况	纵向温度区段（垂直屋架或构架跨度方向）	横向温度区段（沿屋架或构架跨度方向）	
		柱顶为刚接	柱顶为铰接
采暖房屋和非采暖地区的房屋	220	120	150
热车间和采暖地区的非采暖房屋	180	100	125
露天结构	120	—	—
围护构件为金属压型钢板的房屋	250	150	

3.4　结构或构件变形及舒适度的规定

　　3.4.1　结构或构件变形的容许值宜符合本标准附录 B 的规定。当有实践经验或有特殊要求时，可根据不影响正常使用和观感的原则对本标准附录 B 中的构件变形容许值进行调整。

　　3.4.2　计算结构或构件的变形时，可不考虑螺栓或铆钉孔引起的截面削弱。

　　3.4.3　横向受力构件可预先起拱，起拱大小应视实际需要而定，可取恒载标准值加 1/2 活载标准值所产生的挠度值。当仅为改善外观条件时，构件挠度应取在恒荷载和活荷载标准值作用下的挠度计算值减去起拱值。

　　3.4.4　竖向和水平荷载引起的构件和结构的振动，应满足正常使用或舒适度要求。

　　3.4.5　高层民用建筑钢结构舒适度验算应符合现行行业标准《高层民用建筑钢结构技术规程》JGJ 99 的规定。

3.5　截面板件宽厚比等级

　　3.5.1　进行受弯和压弯构件计算时，截面板件宽厚比等级及限值应符合表 3.5.1 的规定，其中参数 α_0 应按下式计算：

$$\alpha_0 = \frac{\sigma_{\max} - \sigma_{\min}}{\sigma_{\max}} \qquad (3.5.1)$$

式中：$\sigma_{\max}$——腹板计算边缘的最大压应力（N/mm²）；

　　　　$\sigma_{\min}$——腹板计算高度另一边缘相应的应力（N/mm²），压应力取正值，拉应力取负值。

表 3.5.1　压弯和受弯构件的截面板件宽厚比等级及限值

构件	截面板件宽厚比等级		S1 级	S2 级	S3 级	S4 级	S5 级
压弯构件（框架柱）	H 形截面	翼缘 b/t	$9\varepsilon_k$	$11\varepsilon_k$	$13\varepsilon_k$	$15\varepsilon_k$	20
		腹板 h_0/t_w	$(33+13\alpha_0^{1.3})\varepsilon_k$	$(38+13\alpha_0^{1.39})\varepsilon_k$	$(40+18\alpha_0^{1.5})\varepsilon_k$	$(45+25\alpha_0^{1.66})\varepsilon_k$	250
	箱形截面	壁板（腹板）间翼缘 b_0/t	$30\varepsilon_k$	$35\varepsilon_k$	$40\varepsilon_k$	$45\varepsilon_k$	—
	圆钢管截面	径厚比 D/t	$50\varepsilon_k^2$	$70\varepsilon_k^2$	$90\varepsilon_k^2$	$100\varepsilon_k^2$	—
受弯构件（梁）	工字形截面	翼缘 b/t	$9\varepsilon_k$	$11\varepsilon_k$	$13\varepsilon_k$	$15\varepsilon_k$	20
		腹板 h_0/t_w	$65\varepsilon_k$	$72\varepsilon_k$	$93\varepsilon_k$	$124\varepsilon_k$	250
	箱形截面	壁板（腹板）间翼缘 b_0/t	$25\varepsilon_k$	$32\varepsilon_k$	$37\varepsilon_k$	$42\varepsilon_k$	—

注：1　ε_k 为钢号修正系数，其值为 235 与钢材牌号中屈服点数值的比值的平方根；

2　b 为工字形、H 形截面的翼缘外伸宽度，t、h_0、t_w 分别是翼缘厚度、腹板净高和腹板厚度，对轧制型截面，腹板净高不包括翼缘腹板过渡处圆弧段；对于箱形截面，b_0、t 分别为壁板间的距离和壁板厚度；D 为圆管截面外径；

3　箱形截面梁及单向受弯的箱形截面柱，其腹板限值可根据 H 形截面腹板采用；

4　腹板的宽厚比可通过设置加劲肋减小；

5　当按国家标准《建筑抗震设计规范》GB 50011－2010 第 9.2.14 条第 2 款的规定设计，且 S5 级截面的板件宽厚比小于 S4 级经 ε_σ 修正的板件宽厚比时，可视作 C 类截面，ε_σ 为应力修正因子，$\varepsilon_\sigma=\sqrt{f_y/\sigma_{max}}$。

3.5.2　当按本标准第 17 章进行抗震性能化设计时，支撑截面板件宽厚比等级及限值应符合表 3.5.2 的规定。

表 3.5.2　支撑截面板件宽厚比等级及限值

截面板件宽厚比等级		BS1 级	BS2 级	BS3 级
H 形截面	翼缘 b/t	$8\varepsilon_k$	$9\varepsilon_k$	$10\varepsilon_k$
	腹板 h_0/t_w	$30\varepsilon_k$	$35\varepsilon_k$	$42\varepsilon_k$
箱形截面	壁板间翼缘 b_0/t	$25\varepsilon_k$	$28\varepsilon_k$	$32\varepsilon_k$
角钢	角钢肢宽厚比 w/t	$8\varepsilon_k$	$9\varepsilon_k$	$10\varepsilon_k$
圆钢管截面	径厚比 D/t	$40\varepsilon_k^2$	$56\varepsilon_k^2$	$72\varepsilon_k^2$

注：w 为角钢平直段长度。

4　材　料

4.1　钢材牌号及标准

4.1.1　钢材宜采用 Q235、Q345、Q390、Q420、Q460 和 Q345GJ 钢，其质量应分别符合现行国家标准《碳素结构钢》GB/T 700、《低合金高强度结构钢》GB/T 1591 和《建筑结构用钢板》GB/T 19879 的规定。结构用钢板、热轧工字钢、槽钢、角钢、H 型钢和钢管等型材产品的规格、外形、重量及允许偏差应符合国家现行相关标准的规定。

4.1.2　焊接承重结构为防止钢材的层状撕裂而采用 Z 向钢时，其质量应符合现行国家标准《厚度方向性能钢板》GB/T 5313 的规定。

4.1.3　处于外露环境，且对耐腐蚀有特殊要求或处于侵蚀性介质环境中的承重结构，可采用 Q235NH、Q355NH 和 Q415NH 牌号的耐候结构钢，其质量应符合现行国家标准《耐候结构钢》GB/T 4171 的规定。

4.1.4　非焊接结构用铸钢件的质量应符合现行国家标准《一般工程用铸造碳钢件》GB/T 11352 的规定，焊接结构用铸钢件的质量应符合现行国家标准《焊接结构用铸钢件》GB/T 7659 的规定。

4.1.5　当采用本标准未列出的其他牌号钢材时，宜按照现行国家标准《建筑结构可靠度设计统一标准》GB 50068 进行统计分析，研究确定其设计指标及适用范围。

4.2　连接材料型号及标准

4.2.1　钢结构用焊接材料应符合下列规定：

1　手工焊接所用的焊条应符合现行国家标准《非合金钢及细晶粒钢焊条》GB/T 5117 的规定，所选用的焊条型号应与主体金属力学性能相适应；

2　自动焊或半自动焊用焊丝应符合现行国家标准《熔化焊用钢丝》GB/T 14957、《气体保护电弧焊用碳钢、低合金钢焊丝》GB/T 8110、《碳钢药芯焊丝》GB/T 10045、《低合金钢药芯焊丝》GB/T 17493 的规定；

3 埋弧焊用焊丝和焊剂应符合现行国家标准《埋弧焊用碳钢焊丝和焊剂》GB/T 5293、《埋弧焊用低合金钢焊丝和焊剂》GB/T 12470 的规定。

4.2.2 钢结构用紧固件材料应符合下列规定：

1 钢结构连接用 4.6 级与 4.8 级普通螺栓（C 级螺栓）及 5.6 级与 8.8 级普通螺栓（A 级或 B 级螺栓），其质量应符合现行国家标准《紧固件机械性能 螺栓、螺钉和螺柱》GB/T 3098.1 和《紧固件公差 螺栓、螺钉、螺柱和螺母》GB/T 3103.1 的规定；C 级螺栓与 A 级、B 级螺栓的规格和尺寸应分别符合现行国家标准《六角头螺栓 C 级》GB/T 5780 与《六角头螺栓》GB/T 5782 的规定；

2 圆柱头焊（栓）钉连接件的质量应符合现行国家标准《电弧螺柱焊用圆柱头焊钉》GB/T 10433 的规定；

3 钢结构用大六角高强度螺栓的质量应符合现行国家标准《钢结构用高强度大六角头螺栓》GB/T 1228、《钢结构用高强度大六角螺母》GB/T 1229、《钢结构用高强度垫圈》GB/T 1230、《钢结构用高强度大六角头螺栓、大六角螺母、垫圈技术条件》GB/T 1231 的规定。扭剪型高强度螺栓的质量应符合现行国家标准《钢结构用扭剪型高强度螺栓连接副》GB/T 3632 的规定；

4 螺栓球节点用高强度螺栓的质量应符合现行国家标准《钢网架螺栓球节点用高强度螺栓》GB/T 16939 的规定；

5 连接用铆钉应采用 BL2 或 BL3 号钢制成，其质量应符合行业标准《标准件用碳素钢热轧圆钢及盘条》YB/T 4155-2006 的规定。

4.3 材料选用

4.3.1 结构钢材的选用应遵循技术可靠、经济合理的原则，综合考虑结构的重要性、荷载特征、结构形式、应力状态、连接方法、工作环境、钢材厚度和价格等因素，选用合适的钢材牌号和材性保证项目。

4.3.2 承重结构所用的钢材应具有屈服强度、抗拉强度、断后伸长率和硫、磷含量的合格保证，对焊接结构尚应具有碳当量的合格保证。焊接承重结构以及重要的非焊接承重结构采用的钢材应具有冷弯试验的合格保证；对直接承受动力荷载或需验算疲劳的构件所用钢材尚应具有冲击韧性的合格保证。

4.3.3 钢材质量等级的选用应符合下列规定：

1 A 级钢仅可用于结构工作温度高于 0℃ 的不需要验算疲劳的结构，且 Q235A 钢不宜用于焊接结构。

2 需验算疲劳的焊接结构用钢材应符合下列规定：

 1） 当工作温度高于 0℃ 时其质量等级不应低

于 B 级；

 2） 当工作温度不高于 0℃ 但高于 −20℃ 时，Q235、Q345 钢不应低于 C 级，Q390、Q420 及 Q460 钢不应低于 D 级；

 3） 当工作温度不高于 −20℃ 时，Q235 钢和 Q345 钢不应低于 D 级，Q390 钢、Q420 钢、Q460 钢应选用 E 级。

3 需验算疲劳的非焊接结构，其钢材质量等级要求可较上述焊接结构降低一级但不应低于 B 级。吊车起重量不小于 50t 的中级工作制吊车梁，其质量等级要求应与需要验算疲劳的构件相同。

4.3.4 工作温度不高于 −20℃ 的受拉构件及承重构件的受拉板材应符合下列规定：

1 所用钢材厚度或直径不宜大于 40mm，质量等级不宜低于 C 级；

2 当钢材厚度或直径不小于 40mm 时，其质量等级不宜低于 D 级；

3 重要承重结构的受拉板材宜满足现行国家标准《建筑结构用钢板》GB/T 19879 的要求。

4.3.5 在 T 形、十字形和角形焊接的连接节点中，当其板件厚度不小于 40mm 且沿板厚方向有较高撕裂拉力作用，包括较高约束拉应力作用时，该部位板件钢材宜具有厚度方向抗撕裂性能即 Z 向性能的合格保证，其沿板厚方向断面收缩率不小于按现行国家标准《厚度方向性能钢板》GB/T 5313 规定的 Z15 级允许限值。钢板厚度方向承载性能等级应根据节点形式、板厚、熔深或焊缝尺寸、焊接时节点拘束度以及预热、后热情况等综合确定。

4.3.6 采用塑性设计的结构及进行弯矩调幅的构件，所采用的钢材应符合下列规定：

1 屈强比不应大于 0.85；

2 钢材应有明显的屈服台阶，且伸长率不应小于 20%。

4.3.7 钢管结构中的无加劲直接焊接相贯节点，其管材的屈强比不宜大于 0.8；与受拉构件焊接连接的钢管，当管壁厚度大于 25mm 且沿厚度方向承受较大拉应力时，应采取措施防止层状撕裂。

4.3.8 连接材料的选用应符合下列规定：

1 焊条或焊丝的型号和性能应与相应母材的性能相适应，其熔敷金属的力学性能应符合设计规定，且不应低于相应母材标准的下限值；

2 对直接承受动力荷载或需要验算疲劳的结构，以及低温环境下工作的厚板结构，宜采用低氢型焊条；

3 连接薄钢板采用的自攻螺钉、钢拉铆钉（环槽铆钉）、射钉等应符合有关标准的规定。

4.3.9 锚栓可选用 Q235、Q345、Q390 或强度更高的钢材，其质量等级不宜低于 B 级。工作温度不高于 −20℃ 时，锚栓尚应满足本标准第 4.3.4 条的要求。

4.4 设计指标和设计参数

4.4.1 钢材的设计用强度指标，应根据钢材牌号、厚度或直径按表4.4.1采用。

表4.4.1 钢材的设计用强度指标（N/mm²）

钢材牌号		钢材厚度或直径（mm）	强度设计值			屈服强度 f_y	抗拉强度 f_u
			抗拉、抗压、抗弯 f	抗剪 f_v	端面承压（刨平顶紧）f_{ce}		
碳素结构钢	Q235	≤16	215	125	320	235	370
		>16，≤40	205	120		225	
		>40，≤100	200	115		215	
低合金高强度结构钢	Q345	≤16	305	175	400	345	470
		>16，≤40	295	170		335	
		>40，≤63	290	165		325	
		>63，≤80	280	160		315	
		>80，≤100	270	155		305	
	Q390	≤16	345	200	415	390	490
		>16，≤40	330	190		370	
		>40，≤63	310	180		350	
		>63，≤100	295	170		330	
	Q420	≤16	375	215	440	420	520
		>16，≤40	355	205		400	
		>40，≤63	320	185		380	
		>63，≤100	305	175		360	
	Q460	≤16	410	235	470	460	550
		>16，≤40	390	225		440	
		>40，≤63	355	205		420	
		>63，≤100	340	195		400	

注：1 表中直径指实芯棒材直径，厚度系指计算点的钢材或钢管壁厚度，对轴心受拉和轴心受压构件系指截面中较厚板件的厚度；

2 冷弯型材和冷弯钢管，其强度设计值应按国家现行有关标准的规定采用。

4.4.2 建筑结构用钢板的设计用强度指标，可根据钢材牌号、厚度或直径按表4.4.2采用。

表4.4.2 建筑结构用钢板的设计用强度指标（N/mm²）

建筑结构用钢板	钢材厚度或直径（mm）	强度设计值			屈服强度 f_y	抗拉强度 f_u
		抗拉、抗压、抗弯 f	抗剪 f_v	端面承压（刨平顶紧）f_{ce}		
Q345GJ	>16，≤50	325	190	415	345	490
	>50，≤100	300	175		335	

4.4.3 结构用无缝钢管的强度指标应按表4.4.3采用。

表4.4.3 结构用无缝钢管的强度指标（N/mm²）

钢管钢材牌号	壁厚（mm）	强度设计值			屈服强度 f_y	抗拉强度 f_u
		抗拉、抗压和抗弯 f	抗剪 f_v	端面承压（刨平顶紧）f_{ce}		
Q235	≤16	215	125	320	235	375
	>16，≤30	205	120		225	
	>30	195	115		215	
Q345	≤16	305	175	400	345	470
	>16，≤30	290	170		325	
	>30	260	150		295	
Q390	≤16	345	200	415	390	490
	>16，≤30	330	190		370	
	>30	310	180		350	
Q420	≤16	375	220	445	420	520
	>16，≤30	355	205		400	
	>30	340	195		380	
Q460	≤16	410	240	470	460	550
	>16，≤30	390	225		440	
	>30	355	205		420	

4.4.4 铸钢件的强度设计值应按表4.4.4采用。

表4.4.4 铸钢件的强度设计值（N/mm²）

类别	钢号	铸件厚度（mm）	抗拉、抗压和抗弯 f	抗剪 f_v	端面承压（刨平顶紧）f_{ce}
非焊接结构用铸钢件	ZG230-450	≤100	180	105	290
	ZG270-500		210	120	325
	ZG310-570		240	140	370
焊接结构用铸钢件	ZG230-450H	≤100	180	105	290
	ZG270-480H		210	120	310
	ZG300-500H		235	135	325
	ZG340-550H		265	150	355

注：表中强度设计值仅适用于本表规定的厚度。

4.4.5 焊缝的强度指标应按表 4.4.5 采用并应符合下列规定：

1 手工焊用焊条、自动焊和半自动焊所采用的焊丝和焊剂，应保证其熔敷金属的力学性能不低于母材的性能。

2 焊缝质量等级应符合现行国家标准《钢结构焊接规范》GB 50661 的规定，其检验方法应符合现行国家标准《钢结构工程施工质量验收规范》GB 50205 的规定。其中厚度小于 6mm 钢材的对接焊缝，不应采用超声波探伤确定焊缝质量等级。

3 对接焊缝在受压区的抗弯强度设计值取 f_c^w，在受拉区的抗弯强度设计值取 f_t^w。

4 计算下列情况的连接时，表 4.4.5 规定的强度设计值应乘以相应的折减系数；几种情况同时存在时，其折减系数应连乘：

1）施工条件较差的高空安装焊缝应乘以系数 0.9；

2）进行无垫板的单面施焊对接焊缝的连接计算应乘折减系数 0.85。

4.4.6 螺栓连接的强度指标应按表 4.4.6 采用。

表 4.4.5 焊缝的强度指标（N/mm²）

焊接方法和焊条型号	构件钢材		对接焊缝强度设计值				角焊缝强度设计值 对接焊缝抗拉、抗压和抗剪 f_f^w	对接焊缝抗拉强度 f_u^w	角焊缝抗拉、抗压和抗剪强度 f_u^f
	牌号	厚度或直径（mm）	抗压 f_c^w	焊缝质量为下列等级时，抗拉 f_t^w		抗剪 f_v^w			
				一级、二级	三级				
自动焊、半自动焊和 E43 型焊条手工焊	Q235	≤16	215	215	185	125	160	415	240
		>16，≤40	205	205	175	120			
		>40，≤100	200	200	170	115			
自动焊、半自动焊和 E50、E55 型焊条手工焊	Q345	≤16	305	305	260	175	200	480（E50） 540（E55）	280（E50） 315（E55）
		>16，≤40	295	295	250	170			
		>40，≤63	290	290	245	165			
		>63，≤80	280	280	240	160			
		>80，≤100	270	270	230	155			
	Q390	≤16	345	345	295	200	200（E50） 220（E55）		
		>16，≤40	330	330	280	190			
		>40，≤63	310	310	265	180			
		>63，≤100	295	295	250	170			
自动焊、半自动焊和 E55、E60 型焊条手工焊	Q420	≤16	375	375	320	215	220（E55） 240（E60）	540（E55） 590（E60）	315（E55） 340（E60）
		>16，≤40	355	355	300	205			
		>40，≤63	320	320	270	185			
		>63，≤100	305	305	260	175			
自动焊、半自动焊和 E55、E60 型焊条手工焊	Q460	≤16	410	410	350	235	220（E55） 240（E60）	540（E55） 590（E60）	315（E55） 340（E60）
		>16，≤40	390	390	330	225			
		>40，≤63	355	355	300	205			
		>63，≤100	340	340	290	195			
自动焊、半自动焊和 E50、E55 型焊条手工焊	Q345GJ	>16，≤35	310	310	265	180	200	480（E50） 540（E55）	280（E50） 315（E55）
		>35，≤50	290	290	245	170			
		>50，≤100	285	285	240	165			

注：表中厚度系指计算点的钢材厚度，对轴心受拉和轴心受压构件系指截面中较厚板件的厚度。

表 4.4.6 螺栓连接的强度指标（N/mm²）

螺栓的性能等级、锚栓和构件钢材的牌号		强度设计值										高强度螺栓的抗拉强度 f_u^b
		普通螺栓						锚栓	承压型连接或网架用高强度螺栓			
		C 级螺栓			A 级、B 级螺栓							
		抗拉 f_t^b	抗剪 f_v^b	承压 f_c^b	抗拉 f_t^b	抗剪 f_v^b	承压 f_c^b	抗拉 f_t^a	抗拉 f_t^b	抗剪 f_v^b	承压 f_c^b	
普通螺栓	4.6 级、4.8 级	170	140	—	—	—	—	—	—	—	—	—
	5.6 级	—	—	—	210	190	—	—	—	—	—	—
	8.8 级	—	—	—	400	320	—	—	—	—	—	—
锚栓	Q235	—	—	—	—	—	—	140	—	—	—	—
	Q345	—	—	—	—	—	—	180	—	—	—	—
	Q390	—	—	—	—	—	—	185	—	—	—	—
承压型连接高强度螺栓	8.8 级	—	—	—	—	—	—	—	400	250	—	830
	10.9 级	—	—	—	—	—	—	—	500	310	—	1040
螺栓球节点用高强度螺栓	9.8 级	—	—	—	—	—	—	—	385	—	—	—
	10.9 级	—	—	—	—	—	—	—	430	—	—	—
构件钢材牌号	Q235	—	—	305	—	—	405	—	—	—	470	—
	Q345	—	—	385	—	—	510	—	—	—	590	—
	Q390	—	—	400	—	—	530	—	—	—	615	—
	Q420	—	—	425	—	—	560	—	—	—	655	—
	Q460	—	—	450	—	—	595	—	—	—	695	—
	Q345GJ	—	—	400	—	—	530	—	—	—	615	—

注：1 A 级螺栓用于 $d \leqslant 24mm$ 和 $L \leqslant 10d$ 或 $L \leqslant 150mm$（按较小值）的螺栓；B 级螺栓用于 $d > 24mm$ 和 $L > 10d$ 或 $L > 150mm$（按较小值）的螺栓；d 为公称直径，L 为螺栓公称长度；

2 A 级、B 级螺栓孔的精度和孔壁表面粗糙度，C 级螺栓孔的允许偏差和孔壁表面粗糙度，均应符合现行国家标准《钢结构工程施工质量验收规范》GB 50205 的要求；

3 用于螺栓球节点网架的高强度螺栓，M12～M36 为 10.9 级，M39～M64 为 9.8 级。

4.4.7 铆钉连接的强度设计值应按表 4.4.7 采用，并应按下列规定乘以相应的折减系数，当下列几种情况同时存在时，其折减系数应连乘：

1 施工条件较差的铆钉连接应乘以系数 0.9；

2 沉头和半沉头铆钉连接应乘以系数 0.8。

表 4.4.7 铆钉连接的强度设计值（N/mm²）

铆钉钢号和构件钢材牌号		抗拉（钉头拉脱）f_t^r	抗剪 f_v^r		承压 f_c^r	
			Ⅰ类孔	Ⅱ类孔	Ⅰ类孔	Ⅱ类孔
铆钉	BL2 或 BL3	120	185	155	—	—
构件钢材牌号	Q235	—	—	—	450	365
	Q345	—	—	—	565	460
	Q390	—	—	—	590	480

注：1 属于下列情况者为 Ⅰ 类孔：

1）在装配好的构件上按设计孔径钻成的孔；

2）在单个零件和构件上按设计孔径分别用钻模钻成的孔；

3）在单个零件上先钻成或冲成较小的孔径，然后在装配好的构件上再扩钻至设计孔径的孔。

2 在单个零件上一次冲成或不用钻模钻设计孔径的孔属于 Ⅱ 类孔。

4.4.8 钢材和铸钢件的物理性能指标应按表 4.4.8 采用。

表 4.4.8 钢材和铸钢件的物理性能指标

弹性模量 E（N/mm²）	剪变模量 G（N/mm²）	线膨胀系数 α（以每℃计）	质量密度 ρ（kg/m³）
206×10^3	79×10^3	12×10^{-6}	7850

5 结构分析与稳定性设计

5.1 一般规定

5.1.1 建筑结构的内力和变形可按结构静力学方法进行弹性或弹塑性分析，采用弹性分析结果进行设计时，截面板件宽厚比等级为 S1 级、S2 级、S3 级的构件可有塑性变形发展。

5.1.2 结构稳定性设计应在结构分析或构件设计中考虑二阶效应。

5.1.3 结构的计算模型和基本假定应与构件连接的实际性能相符合。

5.1.4 框架结构的梁柱连接宜采用刚接或铰接。梁柱采用半刚性连接时，应计入梁柱交角变化的影响，在内力分析时，应假定连接的弯矩-转角曲线，并在节点设计时，保证节点的构造与假定的弯矩-转角曲线符合。

5.1.5 进行桁架杆件内力计算时应符合下列规定：

1 计算桁架杆件轴力时可采用节点铰接假定；

2 采用节点板连接的桁架腹杆及荷载作用于节点的弦杆，其杆件截面为单角钢、双角钢或 T 形钢时，可不考虑节点刚性引起的弯矩效应；

3 除无斜腹杆的空腹桁架外，直接相贯连接的钢管结构节点，当符合本标准第 13 章各类节点的几何参数适用范围且主管节间长度与截面高度或直径之比不小于 12、支管杆件长度与截面高度或直径之比不小于 24 时，可视为铰接节点；

4 H 形或箱形截面杆件的内力计算宜符合本标准第 8.5 节的规定。

5.1.6 结构内力分析可采用一阶弹性分析、二阶 P-Δ 弹性分析或直接分析，应根据下列公式计算的最大二阶效应系数 $\theta_{i,\max}^{\mathrm{II}}$ 选用适当的结构分析方法。当 $\theta_{i,\max}^{\mathrm{II}} \leqslant 0.1$ 时，可采用一阶弹性分析；当 $0.1 < \theta_{i,\max}^{\mathrm{II}} \leqslant 0.25$ 时，宜采用二阶 P-Δ 弹性分析或采用直接分析；当 $\theta_{i,\max}^{\mathrm{II}} > 0.25$ 时，应增大结构的侧移刚度或采用直接分析。

1 规则框架结构的二阶效应系数可按下式计算：

$$\theta_i^{\mathrm{II}} = \frac{\sum N_i \cdot \Delta u_i}{\sum H_{ki} \cdot h_i} \qquad (5.1.6\text{-}1)$$

式中：$\sum N_i$ ——所计算 i 楼层各柱轴心压力设计值之和（N）；

$\sum H_{ki}$ ——产生层间侧移 Δu 的计算楼层及以上各层的水平力标准值之和（N）；

h_i ——所计算 i 楼层的层高（mm）；

Δu_i ——$\sum H_{ki}$ 作用下按一阶弹性分析求得的计算楼层的层间侧移（mm）。

2 一般结构的二阶效应系数可按下式计算：

$$\theta_i^{\mathrm{II}} = \frac{1}{\eta_{cr}} \qquad (5.1.6\text{-}2)$$

式中：η_{cr} ——整体结构最低阶弹性临界荷载与荷载设计值的比值。

5.1.7 二阶 P-Δ 弹性分析应考虑结构整体初始几何缺陷的影响，直接分析应考虑初始几何缺陷和残余应力的影响。

5.1.8 当对结构进行连续倒塌分析、抗火分析或在其他极端荷载作用下的结构分析时，可采用静力直接分析或动力直接分析。

5.1.9 以整体受压或受拉为主的大跨度钢结构的稳定性分析应采用二阶 P-Δ 弹性分析或直接分析。

5.2 初始缺陷

5.2.1 结构整体初始几何缺陷模式可按最低阶整体屈曲模态采用。框架及支撑结构整体初始几何缺陷代表值的最大值 Δ_0（图 5.2.1-1）可取为 $H/250$，H 为结构总高度。框架及支撑结构整体初始几何缺陷代表值也可按式（5.2.1-1）确定（图 5.2.1-1）；或可通过在每层柱顶施加假想水平力 H_{ni} 等效考虑，假想水平力可按式（5.2.1-2）计算，施加方向应考虑荷载的最不利组合（图 5.2.1-2）。

$$\Delta_i = \frac{h_i}{250}\sqrt{0.2 + \frac{1}{n_s}} \qquad (5.2.1\text{-}1)$$

$$H_{ni} = \frac{G_i}{250}\sqrt{0.2 + \frac{1}{n_s}} \qquad (5.2.1\text{-}2)$$

式中：Δ_i ——所计算第 i 楼层的初始几何缺陷代表值（mm）；

n_s ——结构总层数，当 $\sqrt{0.2 + \dfrac{1}{n_s}} < \dfrac{2}{3}$ 时取此根号值为 $\dfrac{2}{3}$；当 $\sqrt{0.2 + \dfrac{1}{n_s}} > 1.0$ 时，取此根号值为 1.0；

h_i ——所计算楼层的高度（mm）；

G_i ——第 i 楼层的总重力荷载设计值（N）。

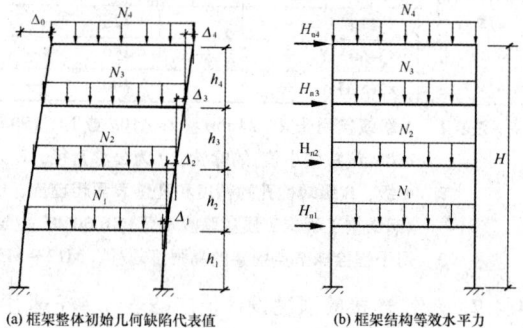

图 5.2.1-1 框架结构整体初始几何缺陷代表值及等效水平力

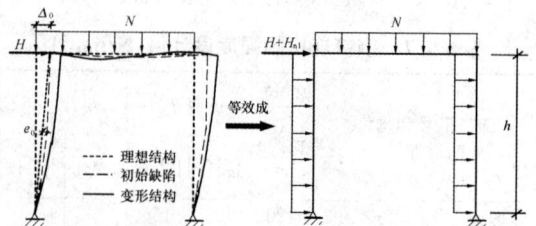

图 5.2.1-2 框架结构计算模型
h—层高；H—水平力；H_{n1}—假想水平力；
e_0—构件中点处的初始变形值

5.2.2 构件的初始缺陷代表值可按式（5.2.2-1）计算确定，该缺陷值包括了残余应力的影响 [图 5.2.2 (a)]。构件的初始缺陷也可采用假想均布荷载进行等效简化计算，假想均布荷载可按式（5.2.2-2）确定 [图 5.2.2 (b)]。

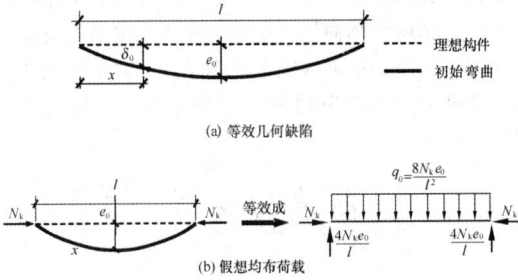

(a) 等效几何缺陷

(b) 假想均布荷载

图 5.2.2　构件的初始缺陷

$$\delta_0 = e_0 \sin \frac{\pi x}{l} \qquad (5.2.2-1)$$

$$q_0 = \frac{8N_k e_0}{l^2} \qquad (5.2.2-2)$$

式中：δ_0——离构件端部 x 处的初始变形值（mm）；

　　　e_0——构件中点处的初始变形值（mm）；

　　　x——离构件端部的距离（mm）；

　　　l——构件的总长度（mm）；

　　　q_0——等效分布荷载（N/mm）；

　　　N_k——构件承受的轴力标准值（N）。

构件初始弯曲缺陷值 $\dfrac{e_0}{l}$，当采用直接分析不考虑材料弹塑性发展时，可按表 5.2.2 取构件综合缺陷代表值；当按本标准第 5.5 节采用直接分析考虑材料弹塑性发展时，应按本标准第 5.5.8 条或第 5.5.9 条考虑构件初始缺陷。

表 5.2.2　构件综合缺陷代表值

对应于表 7.2.1-1 和表 7.2.1-2 中的柱子曲线	二阶分析采用的 $\dfrac{e_0}{l}$ 值
a 类	1/400
b 类	1/350
c 类	1/300
d 类	1/250

5.3　一阶弹性分析与设计

5.3.1　钢结构的内力和位移计算采用一阶弹性分析时，应按本标准第 6 章～第 8 章的有关规定进行构件设计，并应按本标准有关规定进行连接和节点设计。

5.3.2　对于形式和受力复杂的结构，当采用一阶弹性分析方法进行结构分析与设计时，应按结构弹性稳定理论确定构件的计算长度系数，并应按本标准第 6 章～第 8 章的有关规定进行构件设计。

5.4　二阶 P-Δ 弹性分析与设计

5.4.1　采用仅考虑 P-Δ 效应的二阶弹性分析时，应按本标准第 5.2.1 条考虑结构的整体初始缺陷，计算结构在各种荷载或作用设计值下的内力和标准下的

位移，并应按本标准第 6 章～第 8 章的有关规定进行各结构构件的设计，同时应按本标准的有关规定进行连接和节点设计。计算构件轴心受压稳定承载力时，构件计算长度系数 μ 可取 1.0 或其他认可的值。

5.4.2　二阶 P-Δ 效应可按近似的二阶理论对一阶弯矩进行放大来考虑。对无支撑框架结构，杆件杆端的弯矩 M_Δ^{II} 也可采用下列近似公式进行计算：

$$M_\Delta^{II} = M_q + \alpha_i^{II} M_H \qquad (5.4.2-1)$$

$$\alpha_i^{II} = \frac{1}{1 - \theta_i^{II}} \qquad (5.4.2-2)$$

式中：M_q——结构在竖向荷载作用下的一阶弹性弯矩（N·mm）；

　　　M_Δ^{II}——仅考虑 P-Δ 效应的二阶弯矩（N·mm）；

　　　M_H——结构在水平荷载作用下的一阶弹性弯矩（N·mm）；

　　　θ_i^{II}——二阶效应系数，可按本标准第 5.1.6 条规定采用；

　　　α_i^{II}——第 i 层杆件的弯矩增大系数，当 $\alpha_i^{II}>$ 1.33 时，宜增大结构的侧移刚度。

5.5　直接分析设计法

5.5.1　直接分析设计法应采用考虑二阶 P-Δ 和 P-δ 效应，按本标准第 5.2.1 条、第 5.2.2 条、第 5.5.8 条和第 5.5.9 条同时考虑结构和构件的初始缺陷、节点连接刚度和其他对结构稳定性有显著影响的因素，允许材料的弹塑性发展和内力重分布，获得各种荷载设计值（作用）下的内力和标准值（作用）下位移，同时在分析的所有阶段，各结构构件的设计均应符合本标准第 6 章～第 8 章的有关规定，但不需要按计算长度法进行构件受压稳定承载力验算。

5.5.2　直接分析不考虑材料弹塑性发展时，结构分析应限于第一个塑性铰的形成，对应的荷载水平不应低于荷载设计值，不允许进行内力重分布。

5.5.3　直接分析法按二阶弹塑性分析时宜采用塑性铰法或塑性区法。塑性铰形成的区域，构件和节点应有足够的延性保证以便内力重分布，允许一个或者多个塑性铰产生，构件的极限状态应根据设计目标及构件在整个结构中的作用来确定。

5.5.4　直接分析法按二阶弹塑性分析时，钢材的应力-应变关系可为理想弹塑性，屈服强度可取本标准规定的强度设计值，弹性模量可按本标准第 4.4.8 条采用。

5.5.5　直接分析法按二阶弹塑性分析时，钢结构构件截面应为双轴对称截面或单轴对称截面，塑性铰处截面板件宽厚比等级应为 S1 级、S2 级，其出现的截面或区域应保证有足够的转动能力。

5.5.6　当结构采用直接分析设计法进行连续倒塌分析时，结构材料的应力-应变关系宜考虑应变率的影

响；进行抗火分析时，应考虑结构材料在高温下的应力-应变关系对结构和构件内力产生的影响。

5.5.7 结构和构件采用直接分析设计法进行分析和设计时，计算结果可直接作为承载能力极限状态和正常使用极限状态下的设计依据，应按下列公式进行构件截面承载力验算：

1 当构件有足够侧向支撑以防止侧向失稳时：

$$\frac{N}{Af} + \frac{M_x^{II}}{M_{cx}} + \frac{M_y^{II}}{M_{cy}} \leqslant 1.0 \qquad (5.5.7-1)$$

当构件可能产生侧向失稳时：

$$\frac{N}{Af} + \frac{M_x^{II}}{\varphi_b W_x f} + \frac{M_y^{II}}{M_{cy}} \leqslant 1.0 \qquad (5.5.7-2)$$

2 当截面板件宽厚比等级不符合 S2 级要求时，构件不允许形成塑性铰，受弯承载力设计值应按式 (5.5.7-3)、式 (5.5.7-4) 确定：

$$M_{cx} = \gamma_x W_x f \qquad (5.5.7-3)$$
$$M_{cy} = \gamma_y W_y f \qquad (5.5.7-4)$$

当截面板件宽厚比等级符合 S2 级要求时，不考虑材料弹塑性发展时，受弯承载力设计值应按式 (5.5.7-3)、式 (5.5.7-4) 确定，按二阶弹塑性分析时，受弯承载力设计值应按式 (5.5.7-5)、式 (5.5.7-6) 确定：

$$M_{cx} = W_{px} f \qquad (5.5.7-5)$$
$$M_{cy} = W_{py} f \qquad (5.5.7-6)$$

式中：M_x^{II}、M_y^{II} ——分别为绕 x 轴、y 轴的二阶弯矩设计值，可由结构分析直接得到 （N·mm）；

　　　　A ——构件的毛截面面积 （mm²）；

　　　　M_{cx}、M_{cy} ——分别为绕 x 轴、y 轴的受弯承载力设计值 （N·mm）；

　　　　W_x、W_y ——当构件板件宽厚比等级为 S1 级、S2 级、S3 级或 S4 级时，为构件绕 x 轴、y 轴的毛截面模量；当构件板件宽厚比等级为 S5 级时，为构件绕 x 轴、y 轴的有效截面模量 （mm³）；

　　　　W_{px}、W_{py} ——构件绕 x 轴、y 轴的塑性毛截面模量 （mm³）；

　　　　γ_x、γ_y ——截面塑性发展系数，应按本标准第 6.1.2 条的规定采用；

　　　　φ_b ——梁的整体稳定系数，应按本标准附录 C 确定。

5.5.8 采用塑性铰法进行直接分析设计时，除应按本标准第 5.2.1 条、第 5.2.2 条考虑初始缺陷外，当受压构件所受轴力大于 $0.5Af$ 时，其弯曲刚度还应乘以刚度折减系数 0.8。

5.5.9 采用塑性区法进行直接分析设计时，应按不小于 1/1000 的出厂加工精度考虑构件的初始几何缺陷，并考虑初始残余应力。

5.5.10 大跨度钢结构体系的稳定性分析宜采用直接分析法。结构整体初始几何缺陷模式可按最低阶整体屈曲模态采用，最大缺陷值可取 $L/300$，L 为结构跨度。构件的初始缺陷可按本标准第 5.2.2 条的规定采用。

6 受 弯 构 件

6.1 受弯构件的强度

6.1.1 在主平面内受弯的实腹式构件，其受弯强度应按下式计算：

$$\frac{M_x}{\gamma_x W_{nx}} + \frac{M_y}{\gamma_y W_{ny}} \leqslant f \qquad (6.1.1)$$

式中：M_x、M_y ——同一截面处绕 x 轴和 y 轴的弯矩设计值 （N·mm）；

　　　　W_{nx}、W_{ny} ——对 x 轴和 y 轴的净截面模量，当截面板件宽厚比等级为 S1 级、S2 级、S3 级或 S4 级时，应取全截面模量，当截面板件宽厚比等级为 S5 级时，应取有效截面模量，均匀受压翼缘有效外伸宽度可取 $15\varepsilon_k$，腹板有效截面可按本标准第 8.4.2 条的规定采用 （mm³）；

　　　　γ_x、γ_y ——对主轴 x、y 的截面塑性发展系数，应按本标准第 6.1.2 条的规定取值；

　　　　f ——钢材的抗弯强度设计值 （N/mm²）。

6.1.2 截面塑性发展系数应按下列规定取值：

1 对工字形和箱形截面，当截面板件宽厚比等级为 S4 或 S5 级时，截面塑性发展系数应取为 1.0，当截面板件宽厚比等级为 S1 级、S2 级及 S3 级时，截面塑性发展系数应按下列规定取值：

　　1） 工字形截面（x 轴为强轴，y 轴为弱轴）：
　　　　$\gamma_x = 1.05$，$\gamma_y = 1.20$；

　　2） 箱形截面：$\gamma_x = \gamma_y = 1.05$。

2 其他截面的塑性发展系数可按本标准表 8.1.1 采用。

3 对需要计算疲劳的梁，宜取 $\gamma_x = \gamma_y = 1.0$。

6.1.3 在主平面内受弯的实腹式构件，除考虑腹板屈曲后强度者外，其受剪强度应按下式计算：

$$\tau = \frac{VS}{It_w} \leqslant f_v \qquad (6.1.3)$$

式中：V ——计算截面沿腹板平面作用的剪力设计值 （N）；

　　　　S ——计算剪应力处以上（或以下）毛截面对中和轴的面积矩 （mm³）；

　　　　I ——构件的毛截面惯性矩 （mm⁴）；

t_w——构件的腹板厚度（mm）；

f_v——钢材的抗剪强度设计值（N/mm²）。

6.1.4 当梁受集中荷载且该荷载处又未设置支承加劲肋时，其计算应符合下列规定：

1 当梁上翼缘受有沿腹板平面作用的集中荷载且该荷载处又未设置支承加劲肋时，腹板计算高度上边缘的局部承压强度应按下列公式计算：

$$\sigma_c = \frac{\psi F}{t_w l_z} \leqslant f \qquad (6.1.4-1)$$

$$l_z = 3.25 \sqrt[3]{\frac{I_R + I_f}{t_w}} \qquad (6.1.4-2)$$

或 $\qquad l_z = a + 5h_y + 2h_R \qquad (6.1.4-3)$

式中：F——集中荷载设计值，对动力荷载应考虑动力系数（N）；

ψ——集中荷载的增大系数；对重级工作制吊车梁，$\psi = 1.35$；对其他梁，$\psi = 1.0$；

l_z——集中荷载在腹板计算高度上边缘的假定分布长度，宜按式（6.1.4-2）计算，也可采用简化式（6.1.4-3）计算（mm）；

I_R——轨道绕自身形心轴的惯性矩（mm⁴）；

I_f——梁上翼缘绕翼缘中面的惯性矩（mm⁴）；

a——集中荷载沿梁跨度方向的支承长度（mm），对钢轨上的轮压可取50mm；

h_y——自梁顶面至腹板计算高度上边缘的距离；对焊接梁为上翼缘厚度，对轧制工字形截面梁，是梁顶面到腹板过渡完成点的距离（mm）；

h_R——轨道的高度，对梁顶无轨道的梁取值为0（mm）；

f——钢材的抗压强度设计值（N/mm²）。

2 在梁的支座处，当不设置支承加劲肋时，也应按式（6.1.4-1）计算腹板计算高度下边缘的局部压应力，但 ψ 取1.0。支座集中反力的假定分布长度，应根据支座具体尺寸按式（6.1.4-3）计算。

6.1.5 在梁的腹板计算高度边缘处，若同时承受较大的正应力、剪应力和局部压应力，或同时承受较大的正应力和剪应力时，其折算应力应按下列公式计算：

$$\sqrt{\sigma^2 + \sigma_c^2 - \sigma\sigma_c + 3\tau^2} \leqslant \beta_1 f \qquad (6.1.5-1)$$

$$\sigma = \frac{M}{I_n} y_1 \qquad (6.1.5-2)$$

式中：σ、τ、σ_c——腹板计算高度边缘同一点上同时产生的正应力、剪应力和局部压应力，τ 和 σ_c 应按本标准式（6.1.3）和式（6.1.4-1）计算，σ 应按式（6.1.5-2）计算，σ 和 σ_c 以拉应力为正值，压应力为负值（N/mm²）；

I_n——梁净截面惯性矩（mm⁴）；

y_1——所计算点至梁中和轴的距离（mm）；

β_1——强度增大系数；当 σ 与 σ_c 异号时，取 $\beta_1 = 1.2$；当 σ 与 σ_c 同号或 $\sigma_c = 0$ 时，取 $\beta_1 = 1.1$。

6.2 受弯构件的整体稳定

6.2.1 当铺板密铺在梁的受压翼缘上并与其牢固相连，能阻止梁受压翼缘的侧向位移时，可不计算梁的整体稳定性。

6.2.2 除本标准第6.2.1条所规定情况外，在最大刚度主平面内受弯的构件，其整体稳定性应按下式计算：

$$\frac{M_x}{\varphi_b W_x f} \leqslant 1.0 \qquad (6.2.2)$$

式中：M_x——绕强轴作用的最大弯矩设计值（N·mm）；

W_x——按受压最大纤维确定的梁毛截面模量，当截面板件宽厚比等级为S1级、S2级、S3级或S4级时，应取全截面模量；当截面板件宽厚比等级为S5级时，应取有效截面模量，均匀受压翼缘有效外伸宽度可取 $15\varepsilon_k$，腹板有效截面可按本标准第8.4.2条的规定采用（mm³）；

φ_b——梁的整体稳定性系数，应按本标准附录C确定。

6.2.3 除本标准第6.2.1条所指情况外，在两个主平面受弯的H型钢截面或工字形截面构件，其整体稳定性应按下式计算：

$$\frac{M_x}{\varphi_b W_x f} + \frac{M_y}{\gamma_y W_y f} \leqslant 1.0 \qquad (6.2.3)$$

式中：W_y——按受压最大纤维确定的对 y 轴的毛截面模量（mm³）；

φ_b——绕强轴弯曲所确定的梁整体稳定系数，应按本标准附录C计算。

6.2.4 当箱形截面简支梁符合本标准第6.2.1条的要求或其截面尺寸（图6.2.4）满足 $h/b_0 \leqslant 6$，l_1/b_0

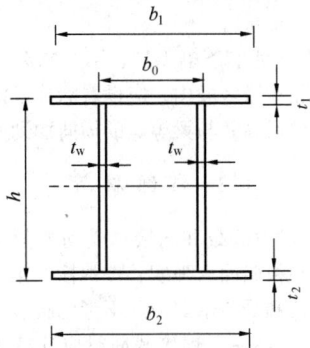

图 6.2.4　箱形截面

$\leqslant 95\varepsilon_k^2$ 时，可不计算整体稳定性，l_1 为受压翼缘侧向支承点间的距离（梁的支座处视为有侧向支承）。

6.2.5 梁的支座处应采取构造措施，以防止梁端截面的扭转。当简支梁仅腹板与相邻构件相连，钢梁稳定性计算时侧向支承点距离应取实际距离的 1.2 倍。

6.2.6 用作减小梁受压翼缘自由长度的侧向支撑，其支撑力应将梁的受压翼缘视为轴心压杆计算。

6.2.7 支座承担负弯矩且梁顶有混凝土楼板时，框架梁下翼缘的稳定性计算应符合下列规定：

1 当 $\lambda_{n,b} \leqslant 0.45$ 时，可不计算框架梁下翼缘的稳定性。

2 当不满足本条第 1 款时，框架梁下翼缘的稳定性应按下列公式计算：

$$\frac{M_x}{\varphi_d W_{1x} f} \leqslant 1.0 \qquad (6.2.7-1)$$

$$\lambda_e = \pi \lambda_{n,b} \sqrt{\frac{E}{f_y}} \qquad (6.2.7-2)$$

$$\lambda_{n,b} = \sqrt{\frac{f_y}{\sigma_{cr}}} \qquad (6.2.7-3)$$

$$\sigma_{cr} = \frac{3.46 b_1 t_1^3 + h_w t_w^3 (7.27\gamma + 3.3)\varphi_1}{h_w^2 (12 b_1 t_1 + 1.78 h_w t_w)} E$$

$$(6.2.7-4)$$

$$\gamma = \frac{b_1}{t_w} \sqrt{\frac{b_1 t_1}{h_w t_w}} \qquad (6.2.7-5)$$

$$\varphi_1 = \frac{1}{2} \left(\frac{5.436 \gamma h_w^2}{l^2} + \frac{l^2}{5.436 \gamma h_w^2} \right)$$

$$(6.2.7-6)$$

式中：b_1 ——受压翼缘的宽度（mm）；

t_1 ——受压翼缘的厚度（mm）；

W_{1x} ——弯矩作用平面内对受压最大纤维的毛截面模量（mm^3）；

φ_d ——稳定系数，根据换算长细比 λ_e 按本标准附录 D 表 D.0.2 采用；

$\lambda_{n,b}$ ——正则化长细比；

σ_{cr} ——畸变屈曲临界应力（N/mm^2）；

l ——当框架主梁支承次梁且次梁高度不小于主梁高度一半时，取次梁到框架柱的净距；除此情况外，取梁净距的一半（mm）。

3 当不满足本条第 1 款、第 2 款时，在侧向未受约束的受压翼缘区段内，应设置隅撑或沿梁长设间距不大于 2 倍梁高并与梁等宽的横向加劲肋。

6.3 局 部 稳 定

6.3.1 承受静力荷载和间接承受动力荷载的焊接截面梁可考虑腹板屈曲后强度，按本标准第 6.4 节的规定计算其受弯和受剪承载力。不考虑腹板屈曲后强度时，当 $h_0/t_w > 80\varepsilon_k$，焊接截面梁应计算腹板的稳定性。$h_0$ 为腹板的计算高度，t_w 为腹板的厚度。轻级、

中级工作制吊车梁计算腹板的稳定性时，吊车轮压设计值可乘以折减系数 0.9。

6.3.2 焊接截面梁腹板配置加劲肋应符合下列规定：

1 当 $h_0/t_w \leqslant 80\varepsilon_k$ 时，对有局部压应力的梁，宜按构造配置横向加劲肋；当局部压应力较小时，可不配置加劲肋。

2 直接承受动力荷载的吊车梁及类似构件，应按下列规定配置加劲肋（图 6.3.2）：

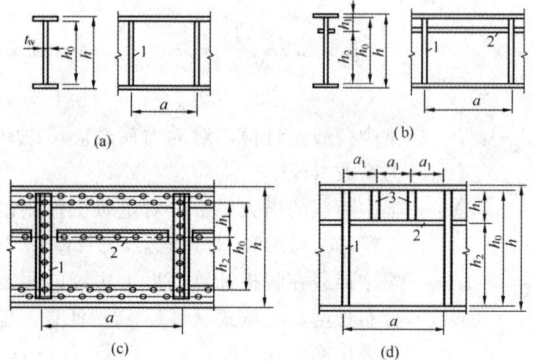

图 6.3.2 加劲肋布置
1—横向加劲肋；2—纵向加劲肋；3—短加劲肋

1) 当 $h_0/t_w > 80\varepsilon_k$ 时，应配置横向加劲肋；

2) 当受压翼缘扭转受到约束且 $h_0/t_w > 170\varepsilon_k$、受压翼缘扭转未受到约束且 $h_0/t_w > 150\varepsilon_k$，或按计算需要时，应在弯曲应力较大区格的受压区增加配置纵向加劲肋。局部压应力很大的梁，必要时尚宜在受压区配置短加劲肋；对单轴对称梁，当确定是否要配置纵向加劲肋时，h_0 应取腹板受压区高度 h_c 的 2 倍。

3 不考虑腹板屈曲后强度时，当 $h_0/t_w > 80\varepsilon_k$ 时，宜配置横向加劲肋。

4 h_0/t_w 不宜超过 250。

5 梁的支座处和上翼缘受有较大固定集中荷载处，宜设置支承加劲肋。

6 腹板的计算高度 h_0 应按下列规定采用：对轧制型钢梁，为腹板与上、下翼缘相接处两内弧起点间的距离；对焊接截面梁，为腹板高度；对高强度螺栓连接（或铆接）梁，为上、下翼缘与腹板连接的高强度螺栓（或铆钉）线间最近距离（图 6.3.2）。

6.3.3 仅配置横向加劲肋的腹板［图 6.3.2（a）］，其各区格的局部稳定应按下列公式计算：

$$\left(\frac{\sigma}{\sigma_{cr}} \right)^2 + \left(\frac{\tau}{\tau_{cr}} \right)^2 + \frac{\sigma_c}{\sigma_{c,cr}} \leqslant 1.0 \quad (6.3.3-1)$$

$$\tau = \frac{V}{h_w t_w} \qquad (6.3.3-2)$$

σ_{cr} 应按下列公式计算：

当 $\lambda_{n,b} \leqslant 0.85$ 时：

$$\sigma_{cr} = f \qquad (6.3.3-3)$$

当 $0.85 < \lambda_{n,b} \leqslant 1.25$ 时：

$$\sigma_{cr} = [1 - 0.75(\lambda_{n,b} - 0.85)]f \quad (6.3.3-4)$$

当 $\lambda_{n,b} > 1.25$ 时：

$$\sigma_{cr} = 1.1f/\lambda_{n,b}^2 \quad (6.3.3-5)$$

当梁受压翼缘扭转受到约束时：

$$\lambda_{n,b} = \frac{2h_c/t_w}{177} \cdot \frac{1}{\varepsilon_k} \quad (6.3.3-6)$$

当梁受压翼缘扭转未受到约束时：

$$\lambda_{n,b} = \frac{2h_c/t_w}{138} \cdot \frac{1}{\varepsilon_k} \quad (6.3.3-7)$$

τ_{cr} 应按下列公式计算：

当 $\lambda_{n,s} \leqslant 0.8$ 时：

$$\tau_{cr} = f_v \quad (6.3.3-8)$$

当 $0.8 < \lambda_{n,s} \leqslant 1.2$ 时：

$$\tau_{cr} = [1 - 0.59(\lambda_{n,s} - 0.8)]f_v \quad (6.3.3-9)$$

当 $\lambda_{n,s} > 1.2$ 时：

$$\tau_{cr} = 1.1f_v/\lambda_{n,s}^2 \quad (6.3.3-10)$$

当 $a/h_0 \leqslant 1$ 时：

$$\lambda_{n,s} = \frac{h_0/t_w}{37\eta \sqrt{4 + 5.34(h_0/a)^2}} \cdot \frac{1}{\varepsilon_k}$$

$$(6.3.3-11)$$

当 $a/h_0 > 1$ 时：

$$\lambda_{n,s} = \frac{h_0/t_w}{37\eta \sqrt{5.34 + 4(h_0/a)^2}} \cdot \frac{1}{\varepsilon_k}$$

$$(6.3.3-12)$$

$\sigma_{c,cr}$ 应按下列公式计算：

当 $\lambda_{n,c} \leqslant 0.9$ 时：

$$\sigma_{c,cr} = f \quad (6.3.3-13)$$

当 $0.9 < \lambda_{n,c} \leqslant 1.2$ 时：

$$\sigma_{c,cr} = [1 - 0.79(\lambda_{n,c} - 0.9)]f$$

$$(6.3.3-14)$$

当 $\lambda_{n,c} > 1.2$ 时：

$$\sigma_{c,cr} = 1.1f/\lambda_{n,c}^2 \quad (6.3.3-15)$$

当 $0.5 \leqslant a/h_0 \leqslant 1.5$ 时：

$$\lambda_{n,c} = \frac{h_0/t_w}{28 \sqrt{10.9 + 13.4(1.83 - a/h_0)^3}} \cdot \frac{1}{\varepsilon_k}$$

$$(6.3.3-16)$$

当 $1.5 < a/h_0 \leqslant 2.0$ 时：

$$\lambda_{n,c} = \frac{h_0/t_w}{28 \sqrt{18.9 - 5a/h_0}} \cdot \frac{1}{\varepsilon_k} \quad (6.3.3-17)$$

式中：　σ——计算腹板区格内，由平均弯矩产生的腹板计算高度边缘的弯曲压应力（N/mm²）；

　　　τ——所计算腹板区格内，由平均剪力产生的腹板平均剪应力（N/mm²）；

　　　σ_c——腹板计算高度边缘的局部压应力，应按本标准式（6.1.4-1）计算，但取式中的 $\psi = 1.0$（N/mm²）；

　　　h_w——腹板高度（mm）；

σ_{cr}、τ_{cr}、$\sigma_{c,cr}$——各种应力单独作用下的临界应力（N/mm²）；

　　　$\lambda_{n,b}$——梁腹板受弯计算的正则化宽厚比；

　　　h_c——梁腹板弯曲受压区高度，对双轴对称截面 $2h_c = h_0$（mm）；

　　　$\lambda_{n,s}$——梁腹板受剪计算的正则化宽厚比；

　　　η——简支梁取 1.11，框架梁梁端最大应力区取 1；

　　　$\lambda_{n,c}$——梁腹板受局部压力计算时的正则化宽厚比。

6.3.4 同时用横向加劲肋和纵向加劲肋加强的腹板 [图 6.3.2（b）、图 6.3.2（c）]，其局部稳定性应按下列公式计算：

1 受压翼缘与纵向加劲肋之间的区格：

$$\frac{\sigma}{\sigma_{cr1}} + \left(\frac{\sigma_c}{\sigma_{c,cr1}}\right)^2 + \left(\frac{\tau}{\tau_{cr1}}\right)^2 \leqslant 1.0 \quad (6.3.4-1)$$

其中 σ_{cr1}、τ_{cr1}、$\sigma_{c,cr1}$ 应分别按下列方法计算：

1）σ_{cr1} 应按本标准式（6.3.3-3）～式（6.3.3-5）计算：但式中的 $\lambda_{n,b}$ 改用下列 $\lambda_{n,b1}$ 代替。

当梁受压翼缘扭转受到约束时：

$$\lambda_{n,b1} = \frac{h_1/t_w}{75\varepsilon_k} \quad (6.3.4-2)$$

当梁受压翼缘扭转未受到约束时：

$$\lambda_{n,b1} = \frac{h_1/t_w}{64\varepsilon_k} \quad (6.3.4-3)$$

2）τ_{cr1} 应按本标准式（6.3.3-8）～式（6.3.3-12）计算，但将式中的 h_0 改为 h_1。

3）$\sigma_{c,cr1}$ 应按本标准式（6.3.3-3）～式（6.3.3-5）计算，但式中的 $\lambda_{n,b}$ 改用 $\lambda_{n,c1}$ 代替。

当梁受压翼缘扭转受到约束时：

$$\lambda_{n,c1} = \frac{h_1/t_w}{56\varepsilon_k} \quad (6.3.4-4)$$

当梁受压翼缘扭转未受到约束时：

$$\lambda_{n,c1} = \frac{h_1/t_w}{40\varepsilon_k} \quad (6.3.4-5)$$

2 受拉翼缘与纵向加劲肋之间的区格：

$$\left(\frac{\sigma_2}{\sigma_{cr2}}\right)^2 + \left(\frac{\tau}{\tau_{cr2}}\right)^2 + \frac{\sigma_{c2}}{\sigma_{c,cr2}} \leqslant 1.0 \quad (6.3.4-6)$$

其中 σ_{cr2}、τ_{cr2}、$\sigma_{c,cr2}$ 应分别按下列方法计算：

1）σ_{cr2} 应按本标准式（6.3.3-3）～式（6.3.3-5）计算，但式中的 $\lambda_{n,b}$ 改用 $\lambda_{n,b2}$ 代替。

$$\lambda_{n,b2} = \frac{h_2/t_w}{194\varepsilon_k} \quad (6.3.4-7)$$

2）τ_{cr2} 应按本标准式（6.3.3-8）～式（6.3.3-12）计算，但将式中的 h_0 改为 h_2（$h_2 = h_0 - h_1$）。

3）$\sigma_{c,cr2}$ 应按本标准式（6.3.3-13）～式（6.3.3-17）计算，但式中的 h_0 改为 h_2，当

$a/h_2 > 2$ 时，取 $a/h_2 = 2$。

式中：h_1——纵向加劲肋至腹板计算高度受压边缘的距离（mm）；

σ_2——所计算区格内由平均弯矩产生的腹板在纵向加劲肋处的弯曲压应力（N/mm²）；

σ_{c2}——腹板在纵向加劲肋处的横向压应力，取 $0.3\sigma_c$（N/mm²）。

6.3.5 在受压翼缘与纵向加劲肋之间设有短加劲肋的区格［图 6.3.2（d）］，其局部稳定性应按本标准式（6.3.4-1）计算。该式中的 σ_{crl} 仍按本标准第 6.3.4 条第 1 款计算；τ_{crl} 按本标准式（6.3.3-8）～式（6.3.3-12）计算，但将 h_0 和 a 改为 h_1 和 a_1，a_1 为短加劲肋间距；$\sigma_{c,crl}$ 按本标准式（6.3.3-3）～式（6.3.3-5）计算，但式中 $\lambda_{n,b}$ 改用下列 $\lambda_{n,cl}$ 代替。

当梁受压翼缘扭转受到约束时：

$$\lambda_{n,cl} = \frac{a_1/t_w}{87\varepsilon_k} \qquad (6.3.5\text{-}1)$$

当梁受压翼缘扭转未受到约束时：

$$\lambda_{n,cl} = \frac{a_1/t_w}{73\varepsilon_k} \qquad (6.3.5\text{-}2)$$

对 $a_1/h_1 > 1.2$ 的区格，式（6.3.5-1）或式（6.3.5-2）右侧应乘以 $\dfrac{1}{\sqrt{0.4 + 0.5a_1/h_1}}$。

6.3.6 加劲肋的设置应符合下列规定：

1 加劲肋宜在腹板两侧成对配置，也可单侧配置，但支承加劲肋、重级工作制吊车梁的加劲肋不应单侧配置。

2 横向加劲肋的最小间距应为 $0.5h_0$，除无局部压应力的梁，当 $h_0/t_w \leqslant 100$ 时，最大间距可采用 $2.5h_0$ 外，最大间距应为 $2h_0$。纵向加劲肋至腹板计算高度受压边缘的距离应为 $h_c/2.5 \sim h_c/2$。

3 在腹板两侧成对配置的钢板横向加劲肋，其截面尺寸应符合下列公式规定：

外伸宽度：

$$b_s = \frac{h_0}{30} + 40 \quad (\text{mm}) \qquad (6.3.6\text{-}1)$$

厚度：

承压加劲肋 $t_s \geqslant \dfrac{b_s}{15}$，不受力加劲肋 $t_s \geqslant \dfrac{b_s}{19}$

$$(6.3.6\text{-}2)$$

4 在腹板一侧配置的横向加劲肋，其外伸宽度应大于按式（6.3.6-1）算得的 1.2 倍，厚度应符合式（6.3.6-2）的规定。

5 在同时采用横向加劲肋和纵向加劲肋加强的腹板中，横向加劲肋的截面尺寸除符合本条第 1 款～第 4 款规定外，其截面惯性矩 I_z 尚应符合下式要求：

$$I_z \geqslant 3h_0 t_w^3 \qquad (6.3.6\text{-}3)$$

纵向加劲肋的截面惯性矩 I_y，应符合下列公式要求：

当 $a/h_0 \leqslant 0.85$ 时：

$$I_y \geqslant 1.5h_0 t_w^3 \qquad (6.3.6\text{-}4)$$

当 $a/h_0 > 0.85$ 时：

$$I_y \geqslant \left(2.5 - 0.45\frac{a}{h_0}\right)\left(\frac{a}{h_0}\right)^2 h_0 t_w^3$$

$$(6.3.6\text{-}5)$$

6 短加劲肋的最小间距为 $0.75h_1$。短加劲肋外伸宽度应取横向加劲肋外伸宽度的 0.7 倍～1.0 倍，厚度不应小于短加劲肋外伸宽度的 1/15。

7 用型钢（H 型钢、工字钢、槽钢、肢尖焊于腹板的角钢）做成的加劲肋，其截面惯性矩不得小于相应钢板加劲肋的惯性矩。在腹板两侧成对配置的加劲肋，其截面惯性矩应按梁腹板中心线为轴线进行计算。在腹板一侧配置的加劲肋，其截面惯性矩应按加劲肋相连的腹板边缘为轴线进行计算。

8 焊接梁的横向加劲肋与翼缘板、腹板相接处应切角，当作为焊接工艺孔时，切角宜采用半径 $R = 30\text{mm}$ 的 1/4 圆弧。

6.3.7 梁的支承加劲肋应符合下列规定：

1 应按承受梁支座反力或固定集中荷载的轴心受压构件计算其在腹板平面外的稳定性；此受压构件的截面应包括加劲肋和加劲肋每侧 $15h_w\varepsilon_k$ 范围内的腹板面积，计算长度取 h_0；

2 当梁支承加劲肋的端部为刨平顶紧时，应按其所承受的支座反力或固定集中荷载计算其端面承压应力；突缘支座的突缘加劲肋的伸出长度不得大于其厚度的 2 倍；当端部为焊接时，应按传力情况计算其焊缝应力；

3 支承加劲肋与腹板的连接焊缝，应按传力需要进行计算。

6.4 焊接截面梁腹板考虑屈曲后强度的计算

6.4.1 腹板仅配置支承加劲肋且较大荷载处尚有中间横向加劲肋，同时考虑屈曲后强度的工字形焊接截面梁［图 6.3.2（a）］，应按下列公式验算受弯和受剪承载能力：

$$\left(\frac{V}{0.5V_u} - 1\right)^2 + \frac{M - M_f}{M_{eu} - M_f} \leqslant 1.0$$

$$(6.4.1\text{-}1)$$

$$M_f = \left(A_{f1}\frac{h_{m1}^2}{h_{m2}} + A_{f2}h_{m2}\right)f \qquad (6.4.1\text{-}2)$$

梁受弯承载力设计值 M_{eu} 应按下列公式计算：

$$M_{eu} = \gamma_x \alpha_e W_x f \qquad (6.4.1\text{-}3)$$

$$\alpha_e = 1 - \frac{(1-\rho)h_c^3 t_w}{2I_x} \qquad (6.4.1\text{-}4)$$

当 $\lambda_{n,b} \leqslant 0.85$ 时：

$$\rho = 1.0 \qquad (6.4.1\text{-}5)$$

当 $0.85 < \lambda_{n,b} \leqslant 1.25$ 时：

$$\rho = 1 - 0.82(\lambda_{n,b} - 0.85) \qquad (6.4.1\text{-}6)$$

当 $\lambda_{n,b} > 1.25$ 时：

$$\rho = \frac{1}{\lambda_{n,b}}\left(1 - \frac{0.2}{\lambda_{n,b}}\right) \quad (6.4.1-7)$$

梁受剪承载力设计值 V_u 应按下列公式计算：

当 $\lambda_{n,s} \leqslant 0.8$ 时：

$$V_u = h_w t_w f_v \quad (6.4.1-8)$$

当 $0.8 < \lambda_{n,s} \leqslant 1.2$ 时：

$$V_u = h_w t_w f_v [1 - 0.5(\lambda_{n,s} - 0.8)]$$
$$(6.4.1-9)$$

当 $\lambda_{n,s} > 1.2$ 时：

$$V_u = h_w t_w f_v / \lambda_{n,s}^{1.2} \quad (6.4.1-10)$$

式中：M、V——所计算同一截面上梁的弯矩设计值（N·mm）和剪力设计值（N）；计算时，当 $V < 0.5V_u$，取 $V = 0.5V_u$；当 $M < M_f$，取 $M = M_f$；

M_f——梁两翼缘所能承担的弯矩设计值（N·mm）；

A_{f1}、h_{m1}——较大翼缘的截面积（mm^2）及其形心至梁中和轴的距离（mm）；

A_{f2}、h_{m2}——较小翼缘的截面积（mm^2）及其形心至梁中和轴的距离（mm）；

α_e——梁截面模量考虑腹板有效高度的折减系数；

W_x——按受拉或受压最大纤维确定的梁毛截面模量（mm^3）；

I_x——按梁截面全部有效算得的绕 x 轴的惯性矩（mm^4）；

h_c——按梁截面全部有效算得的腹板受压区高度（mm）；

γ_x——梁截面塑性发展系数；

ρ——腹板受压区有效高度系数；

$\lambda_{n,b}$——用于腹板受弯计算时的正则化宽厚比，按本标准式（6.3.3-6）、式（6.3.3-7）计算；

$\lambda_{n,s}$——用于腹板受剪计算时的正则化宽厚比，按本标准式（6.3.3-11）、式（6.3.3-12）计算，当焊接截面梁仅配置支座加劲肋时，取本标准式（6.3.3-12）中的 $h_0/a = 0$。

6.4.2 加劲肋的设计应符合下列规定：

1 当仅配置支座加劲肋不能满足本标准式（6.4.1-1）的要求时，应在两侧成对配置中间横向加劲肋。中间横向加劲肋和上端受有集中压力的中间支承加劲肋，其截面尺寸除应满足本标准式（6.3.6-1）和式（6.3.6-2）的要求外，尚应按轴心受压构件计算其在腹板平面外的稳定性，轴心压力应按下式计算：

$$N_s = V_u - \tau_{cr} h_w t_w + F \quad (6.4.2-1)$$

式中：V_u——按本标准式（6.4.1-8）～式（6.4.1-10）计算（N）；

h_w——腹板高度（mm）；

τ_{cr}——按本标准式（6.3.3-8）～式（6.3.3-10）计算（N/mm^2）；

F——作用于中间支承加劲肋上端的集中压力（N）。

2 当腹板在支座旁的区格 $\lambda_{n,s} > 0.8$ 时，支座加劲肋除承受梁的支座反力外，尚应承受拉力场的水平分力 H，应按压弯构件计算其强度和在腹板平面外的稳定，支座加劲肋截面和计算长度应符合本标准第 6.3.6 条的规定，H 的作用点在距腹板计算高度上边缘 $h_0/4$ 处，其值应按下式计算：

$$H = (V_u - \tau_{cr} h_w t_w)\sqrt{1 + (a/h_0)^2}$$
$$(6.4.2-2)$$

式中：a——对设中间横向加劲肋的梁，取支座端区格的加劲肋间距；对不设中间加劲肋的腹板，取梁支座至跨内剪力为零点的距离（mm）。

3 当支座加劲肋采用图 6.4.2 的构造形式时，可按下述简化方法进行计算：加劲肋 1 作为承受支座反力 R 的轴心压杆计算，封头肋板 2 的截面积不应小于按下式计算的数值：

$$A_c = \frac{3h_0 H}{16ef} \quad (6.4.2-3)$$

4 考虑腹板屈曲后强度的梁，腹板高厚比不应大于 250，可按构造需要设置中间横向加劲肋。$a > 2.5h_0$ 和不设中间横向加劲肋的腹板，当满足本标准式（6.3.3-1）时，可取水平分力 $H = 0$。

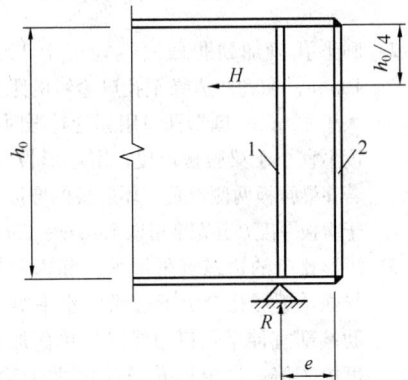

图 6.4.2 设置封头肋板的梁端构造
1—加劲肋；2—封头肋板

6.5 腹板开孔要求

6.5.1 腹板开孔梁应满足整体稳定及局部稳定要求，并应进行下列计算：

1 实腹及开孔截面处的受弯承载力验算；

2 开孔处顶部及底部 T 形截面受弯剪承载力验算。

6.5.2 腹板开孔梁，当孔型为圆形或矩形时，应符合下列规定：

1 圆孔孔口直径不宜大于梁高的 0.70 倍，矩形孔口高度不宜大于梁高的 0.50 倍，矩形孔口长度不宜大于梁高及 3 倍孔高。

2 相邻圆形孔口边缘间的距离不宜小于梁高的 0.25 倍，矩形孔口与相邻孔口的距离不宜小于梁高及矩形孔口长度。

3 开孔处梁上下 T 形截面高度均不宜小于梁高的 0.15 倍，矩形孔口上下边缘至梁翼缘外皮的距离不宜小于梁高的 0.25 倍。

4 开孔长度（或直径）与 T 形截面高度的比值不宜大于 12。

5 不应在距梁端相当于梁高范围内设孔，抗震设防的结构不应在隔撑与梁柱连接区域范围内设孔。

6 开孔腹板补强宜符合下列规定：

1）圆形孔直径小于或等于 1/3 梁高时，可不予补强。当大于 1/3 梁高时，可用环形加劲肋加强 [图 6.5.2 (a)]，也可用套管 [图 6.5.2 (b)] 或环形补强板 [图 6.5.2 (c)] 加强；

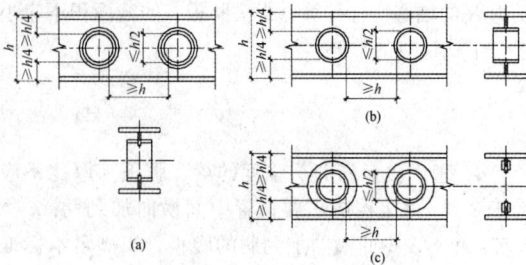

图 6.5.2 钢梁圆形孔口的补强

2）圆形孔口加劲肋截面不宜小于 100mm× 10mm，加劲肋边缘至孔口边缘的距离不宜大于 12mm；圆形孔口用套管补强时，其厚度不宜小于梁腹板厚度；用环形板补强时，若在梁腹板两侧设置，环形板的厚度可稍小于腹板厚度，其宽度可取 75mm～125mm；

3）矩形孔口的边缘宜采用纵向和横向加劲肋加强，矩形孔口上下边缘的水平纵向加劲肋端部宜伸至孔口边缘以外单面加劲肋宽度的 2 倍，当矩形孔口长度大于梁高时，其横向加劲肋应沿梁全高设置；

4）矩形孔口加劲肋截面总宽度不宜小于翼缘宽度的 1/2，厚度不宜小于翼缘厚度；当孔口长度大于 500mm 时，应在梁腹板两面设置加劲肋。

7 腹板开孔梁材料的屈服强度不应大于 420N/mm²。

6.6 梁的构造要求

6.6.1 当弧曲杆沿弧面受弯时宜设置加劲肋，在强度和稳定计算中应考虑其影响。

6.6.2 焊接梁的翼缘宜采用一层钢板，当采用两层钢板时，外层钢板与内层钢板厚度之比宜为 0.5～ 1.0。不沿梁通长设置的外层钢板，其理论截断点处的外伸长度 l_1 应符合下列规定：

1 端部有正面角焊缝：

当 $h_f \geq 0.75t$ 时：$l_1 \geq b$　　(6.6.2-1)

当 $h_f < 0.75t$ 时：$l_1 \geq 1.5b$　　(6.6.2-2)

2 端部无正面角焊缝：

$$l_1 \geq 2b \qquad (6.6.2-3)$$

式中：b——外层翼缘板的宽度（mm）；

t——外层翼缘板的厚度（mm）；

h_f——侧面角焊缝和正面角焊缝的焊脚尺寸（mm）。

7 轴心受力构件

7.1 截面强度计算

7.1.1 轴心受拉构件，当端部连接及中部拼接处组成截面的各板件都由连接件直接传力时，其截面强度计算应符合下列规定：

1 除采用高强度螺栓摩擦型连接者外，其截面强度应采用下列公式计算：

毛截面屈服：

$$\sigma = \frac{N}{A} \leq f \qquad (7.1.1-1)$$

净截面断裂：

$$\sigma = \frac{N}{A_n} \leq 0.7 f_u \qquad (7.1.1-2)$$

2 采用高强度螺栓摩擦型连接的构件，其毛截面强度计算应采用式（7.1.1-1），净截面断裂应按下式计算：

$$\sigma = \left(1 - 0.5\frac{n_1}{n}\right)\frac{N}{A_n} \leq 0.7 f_u \quad (7.1.1-3)$$

3 当构件为沿全长都有排列较密螺栓的组合构件时，其截面强度应按下式计算：

$$\frac{N}{A_n} \leq f \qquad (7.1.1-4)$$

式中：N——所计算截面处的拉力设计值（N）；

f——钢材的抗拉强度设计值（N/mm²）；

A——构件的毛截面面积（mm²）；

A_n——构件的净截面面积，当构件多个截面有孔时，取最不利的截面（mm²）；

f_u——钢材的抗拉强度最小值（N/mm²）；

n——在节点或拼接处，构件一端连接的高强度螺栓数目；

n_1——所计算截面（最外列螺栓处）高强度螺栓数目。

7.1.2 轴心受压构件，当端部连接及中部拼接处组成截面的各板件都由连接件直接传力时，截面强度应按本标准式（7.1.1-1）计算。但含有虚孔的构件尚需在孔心所在截面按本标准式（7.1.1-2）计算。

7.1.3 轴心受拉构件和轴心受压构件，当其组成板件在节点或拼接处并非全部直接传力时，应将危险截面的面积乘以有效截面系数 η，不同构件截面形式和连接方式的 η 值应符合表 7.1.3 的规定。

表 7.1.3 轴心受力构件节点或拼接处危险截面有效截面系数

构件截面形式	连接形式	η	图例
角钢	单边连接	0.85	
工字形、H形	翼缘连接	0.90	
	腹板连接	0.70	

7.2 轴心受压构件的稳定性计算

7.2.1 除可考虑屈服后强度的实腹式构件外，轴心受压构件的稳定性计算应符合下式要求：

$$\frac{N}{\varphi A f} \leqslant 1.0 \qquad (7.2.1)$$

式中：φ——轴心受压构件的稳定系数（取截面两主轴稳定系数中的较小者），根据构件的长细比（或换算长细比）、钢材屈服强度和表 7.2.1-1、表 7.2.1-2 的截面分类，按本标准附录 D 采用。

表 7.2.1-1 轴心受压构件的截面分类

（板厚 $t < 40\text{mm}$）

截面形式		对 x 轴	对 y 轴
轧制		a 类	a 类

截面形式		对 x 轴	对 y 轴
轧制	$b/h \leqslant 0.8$	a 类	b 类
	$b/h > 0.8$	a* 类	b* 类
轧制等边角钢		a* 类	a* 类
焊接、翼缘为焰切边 / 焊接		a* 类	a* 类
轧制		a* 类	a* 类
轧制、焊接（板件宽厚比 >20）/ 轧制或焊接		b 类	b 类
焊接 / 轧制截面和翼缘为焰切边的焊接截面		b 类	b 类
格构式 / 焊接，板件边缘焰切		b 类	b 类
焊接，翼缘为轧制或剪切边		b 类	c 类
焊接，板件边缘轧制或剪切 / 轧制、焊接（板件宽厚比≤20）		c 类	c 类

注：1 a* 类含义为 Q235 钢取 b 类，Q345、Q390、Q420 和 Q460 钢取 a 类；b* 类含义为 Q235 钢取 c 类，Q345、Q390、Q420 和 Q460 钢取 b 类；

2 无对称轴且剪心和形心不重合的截面，其截面分类可按有对称轴的类似截面确定，如不等边角钢采用等边角钢的类别；当无类似截面时，可取 c 类。

表 7.2.1-2 轴心受压构件的截面分类

（板厚 $t \geqslant 40mm$）

截面形式		对 x 轴	对 y 轴
轧制工字形或 H 形截面	$t < 80mm$	b 类	c 类
	$t \geqslant 80mm$	c 类	d 类
焊接工字形截面	翼缘为焰切边	b 类	b 类
	翼缘为轧制或剪切边	c 类	d 类
焊接箱形截面	板件宽厚比 > 20	b 类	b 类
	板件宽厚比 ≤ 20	c 类	c 类

7.2.2 实腹式构件的长细比 λ 应根据其失稳模式，由下列公式确定：

1 截面形心与剪心重合的构件：

1）当计算弯曲屈曲时，长细比按下列公式计算：

$$\lambda_x = \frac{l_{0x}}{i_x} \qquad (7.2.2-1)$$

$$\lambda_y = \frac{l_{0y}}{i_y} \qquad (7.2.2-2)$$

式中：l_{0x}、l_{0y} ——分别为构件对截面主轴 x 和 y 的计算长度，根据本标准第 7.4 节的规定采用（mm）；

i_x、i_y ——分别为构件截面对主轴 x 和 y 的回转半径（mm）。

2）当计算扭转屈曲时，长细比应按下式计算，双轴对称十字形截面板件宽厚比不超过 $15\varepsilon_k$ 者，可不计算扭转屈曲。

$$\lambda_z = \sqrt{\frac{I_0}{I_t/25.7 + I_\omega/l_\omega^2}} \qquad (7.2.2-3)$$

式中：I_0、I_t、I_ω ——分别为构件毛截面对剪心的极惯性矩（mm⁴）、自由扭转常数（mm⁴）和扇性惯性矩（mm⁶），对十字形截面可近似取 $I_\omega = 0$；

l_ω ——扭转屈曲的计算长度，两端铰支且端截面可自由翘曲者，取几何长度 l；两端嵌固且端部截面的翘曲完全受到约束者，取 $0.5l$（mm）。

2 截面为单轴对称的构件：

1）计算绕非对称主轴的弯曲屈曲时，长细比应由式（7.2.2-1）、式（7.2.2-2）计算确定。计算绕对称主轴的弯扭屈曲时，长细比应按下式计算确定：

$$\lambda_{yz} = \left[\frac{(\lambda_y^2 + \lambda_z^2) + \sqrt{(\lambda_y^2 + \lambda_z^2)^2 - 4\left(1 - \frac{y_s^2}{i_0^2}\right)\lambda_y^2\lambda_z^2}}{2} \right]^{1/2}$$

$$(7.2.2-4)$$

式中：y_s ——截面形心至剪心的距离（mm）；

i_0 ——截面对剪心的极回转半径，单轴对称截面 $i_0^2 = y_s^2 + i_x^2 + i_y^2$（mm）；

λ_z ——扭转屈曲换算长细比，由式（7.2.2-3）确定。

2）等边单角钢轴心受压构件当绕两主轴弯曲的计算长度相等时，可不计算弯扭屈曲。塔架单角钢压杆应符合本标准第 7.6 节的相关规定。

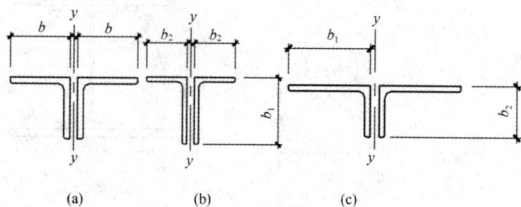

图 7.2.2-1 双角钢组合 T 形截面

b —等边角钢肢宽度；b_1 —不等边角钢长肢宽度；

b_2 —不等边角钢短肢宽度

3）双角钢组合 T 形截面构件绕对称轴的换算长细比 λ_{yz} 可按下列简化公式确定：

等边双角钢 [图 7.2.2-1（a）]：

当 $\lambda_y \geqslant \lambda_z$ 时：

$$\lambda_{yz} = \lambda_y \left[1 + 0.16\left(\frac{\lambda_z}{\lambda_y}\right)^2 \right]$$

$$(7.2.2-5)$$

当 $\lambda_y < \lambda_z$ 时：

$$\lambda_{yz} = \lambda_z \left[1 + 0.16\left(\frac{\lambda_y}{\lambda_z}\right)^2 \right]$$

$$(7.2.2-6)$$

$$\lambda_z = 3.9 \frac{b}{t} \qquad (7.2.2-7)$$

长肢相并的不等边双角钢 [图 7.2.2-1(b)]：

当 $\lambda_y \geqslant \lambda_z$ 时：

$$\lambda_{yz} = \lambda_y \left[1 + 0.25\left(\frac{\lambda_z}{\lambda_y}\right)^2 \right]$$

$$(7.2.2-8)$$

当 $\lambda_y < \lambda_z$ 时：

$$\lambda_{yz} = \lambda_z \left[1 + 0.25\left(\frac{\lambda_y}{\lambda_z}\right)^2 \right]$$

$$(7.2.2-9)$$

$$\lambda_z = 5.1 \frac{b_2}{t} \qquad (7.2.2-10)$$

短肢相并的不等边双角钢[图7.2.2-1(c)]:

当 $\lambda_y \geqslant \lambda_z$ 时:

$$\lambda_{yz} = \lambda_y \left[1 + 0.06 \left(\frac{\lambda_z}{\lambda_y} \right)^2 \right]$$

$$(7.2.2-11)$$

当 $\lambda_y < \lambda_z$ 时:

$$\lambda_{yz} = \lambda_z \left[1 + 0.06 \left(\frac{\lambda_y}{\lambda_z} \right)^2 \right]$$

$$(7.2.2-12)$$

$$\lambda_z = 3.7 \frac{b_1}{t} \qquad (7.2.2-13)$$

3 截面无对称轴且剪心和形心不重合的构件,应采用下列换算长细比:

$$\lambda_{xyz} = \pi \sqrt{\frac{EA}{N_{xyz}}} \qquad (7.2.2-14)$$

$$(N_x - N_{xyz})(N_y - N_{xyz})(N_z - N_{xyz}) - N_{xyz}^2$$

$$(N_x - N_{xyz}) \left(\frac{y_s}{i_0} \right)^2 - N_{xyz}^2 (N_y - N_{xyz}) \left(\frac{x_s}{i_0} \right)^2 = 0$$

$$(7.2.2-15)$$

$$i_0^2 = i_x^2 + i_y^2 + x_s^2 + y_s^2 \qquad (7.2.2-16)$$

$$N_x = \frac{\pi^2 EA}{\lambda_x^2} \qquad (7.2.2-17)$$

$$N_y = \frac{\pi^2 EA}{\lambda_y^2} \qquad (7.2.2-18)$$

$$N_z = \frac{1}{i_0^2} \left(\frac{\pi^2 EI_\omega}{l_\omega^2} + GI_t \right) \qquad (7.2.2-19)$$

式中: N_{xyz} ——弹性完善杆的弯扭屈曲临界力,由式 (7.2.2-15) 确定 (N);

x_s、y_s ——截面剪心的坐标 (mm);

i_0 ——截面对剪心的极回转半径 (mm);

N_x、N_y、N_z ——分别为绕 x 轴和 y 轴的弯曲屈曲临界力和扭转屈曲临界力 (N);

E、G ——分别为钢材弹性模量和剪变模量 (N/mm²)。

4 不等边角钢轴心受压构件的换算长细比可按下列简化公式确定(图7.2.2-2):

当 $\lambda_v \geqslant \lambda_z$ 时:

$$\lambda_{xyz} = \lambda_v \left[1 + 0.25 \left(\frac{\lambda_z}{\lambda_v} \right)^2 \right] \quad (7.2.2-20)$$

当 $\lambda_v < \lambda_z$ 时:

$$\lambda_{xyz} = \lambda_z \left[1 + 0.25 \left(\frac{\lambda_v}{\lambda_z} \right)^2 \right] \quad (7.2.2-21)$$

$$\lambda_z = 4.21 \frac{b_1}{t} \qquad (7.2.2-22)$$

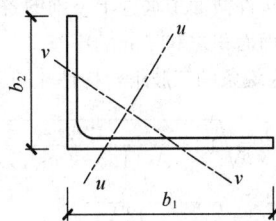

图 7.2.2-2 不等边角钢

注: v 轴为角钢的弱轴,b_1 为角钢长肢宽度

7.2.3 格构式轴心受压构件的稳定性应按本标准式 (7.2.1) 计算,对实轴的长细比应按本标准式 (7.2.2-1) 或式 (7.2.2-2) 计算,对虚轴 [图7.2.3 (a)] 的 x 轴及图7.2.3 (b)、图7.2.3 (c) 的 x 轴和 y 轴应取换算长细比。换算长细比应按下列公式计算:

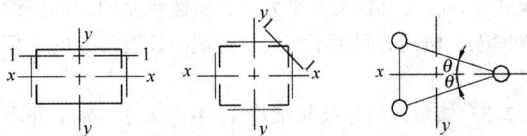

(a) 双肢组合构件   (b) 四肢组合构件   (c) 三肢组合构件

图 7.2.3 格构式组合构件截面

1 双肢组合构件 [图7.2.3 (a)]:

当缀件为缀板时:

$$\lambda_{0x} = \sqrt{\lambda_x^2 + \lambda_1^2} \qquad (7.2.3-1)$$

当缀件为缀条时:

$$\lambda_{0x} = \sqrt{\lambda_x^2 + 27 \frac{A}{A_{1x}}} \qquad (7.2.3-2)$$

式中: λ_x ——整个构件对 x 轴的长细比;

λ_1 ——分肢对最小刚度轴1-1的长细比,其计算长度取为:焊接时,为相邻两缀板的净距离;螺栓连接时,为相邻两缀板边缘螺栓的距离;

A_{1x} ——构件截面中垂直于 x 轴的各斜缀条毛截面面积之和 (mm²)。

2 四肢组合构件 [图7.2.3 (b)]:

当缀件为缀板时:

$$\lambda_{0x} = \sqrt{\lambda_x^2 + \lambda_1^2} \qquad (7.2.3-3)$$

$$\lambda_{0y} = \sqrt{\lambda_y^2 + \lambda_1^2} \qquad (7.2.3-4)$$

当缀件为缀条时:

$$\lambda_{0x} = \sqrt{\lambda_x^2 + 40 \frac{A}{A_{1x}}} \qquad (7.2.3-5)$$

$$\lambda_{0y} = \sqrt{\lambda_y^2 + 40 \frac{A}{A_{1y}}} \qquad (7.2.3-6)$$

式中: λ_y ——整个构件对 y 轴的长细比;

A_{1y} ——构件截面中垂直于 y 轴的各斜缀条毛截面面积之和（mm^2）。

3 缀件为缀条的三肢组合构件 [图 7.2.3 (c)]:

$$\lambda_{0x} = \sqrt{\lambda_x^2 + \frac{42A}{A_1(1.5 - \cos^2\theta)}} \quad (7.2.3-7)$$

$$\lambda_{0y} = \sqrt{\lambda_y^2 + \frac{42A}{A_1\cos^2\theta}} \quad (7.2.3-8)$$

式中: A_1 ——构件截面中各斜缀条毛截面面积之和（mm^2）;

θ ——构件截面内缀条所在平面与 x 轴的夹角。

7.2.4 缀件面宽度较大的格构式柱宜采用缀条柱，斜缀条与构件轴线间的夹角应为 $40°\sim70°$。缀条柱的分肢长细比 λ_1 不应大于构件两方向长细比较大值 λ_{max} 的 0.7 倍，对虚轴取换算长细比。格构式柱和大型实腹式柱，在受有较大水平力处和运送单元的端部应设置横隔，横隔的间距不宜大于柱截面长边尺寸的 9 倍且不宜大于 8m。

7.2.5 缀板柱的分肢长细比 λ_1 不应大于 $40\varepsilon_k$，并不应大于 λ_{max} 的 0.5 倍，当 $\lambda_{max} < 50$ 时，取 $\lambda_{max} = 50$。缀板柱中同一截面处缀板或型钢横杆的线刚度之和不得小于柱较大分肢线刚度的 6 倍。

7.2.6 用填板连接而成的双角钢或双槽钢构件，采用普通螺栓连接时应按格构式构件进行计算；除此之外，可按实腹式构件进行计算，但受压构件填板间的距离不应超过 $40i$，受拉构件填板间的距离不应超过 $80i$。i 为单肢截面回转半径，应按下列规定采用:

1 当为图 7.2.6 (a)、图 7.2.6 (b) 所示的双角钢或双槽钢截面时，取一个角钢或一个槽钢对与填板平行的形心轴的回转半径;

2 当为图 7.2.6 (c) 所示的十字形截面时，取一个角钢的最小回转半径。

受压构件的两个侧向支承点之间的填板数不应少于 2 个。

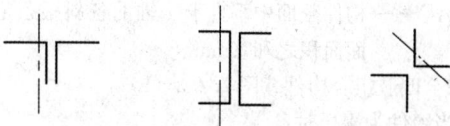

(a) T字形双角钢截面 (b) 双槽钢截面 (c) 十字形双角钢截面

图 7.2.6 计算截面回转半径时的轴线示意图

7.2.7 轴心受压构件剪力 V 值可认为沿构件全长不变，格构式轴心受压构件的剪力 V 应由承受该剪力的缀材面（包括用整体板连接的面）分担，其值应按下式计算:

$$V = \frac{Af}{85\varepsilon_k} \quad (7.2.7)$$

7.2.8 两端铰支的梭形圆管或方管状截面轴心受压构件（图 7.2.8）的稳定性应按本标准式（7.2.1）计算。其中 A 取端截面的截面面积 A_1，稳定系数 φ 应根据按下列公式计算的换算长细比 λ_e 确定:

$$\lambda_e = \frac{l_0/i_1}{(1+\gamma)^{3/4}} \quad (7.2.8-1)$$

$$l_0 = \frac{l}{2}\left[1 + (1 + 0.853\gamma)^{-1}\right] \quad (7.2.8-2)$$

$$\gamma = (D_2 - D_1)/D_1 \text{ 或} (b_2 - b_1)/b_1 \quad (7.2.8-3)$$

式中: l_0 ——构件计算长度（mm）;

i_1 ——端截面回转半径（mm）;

γ ——构件楔率;

D_2、b_2 ——分别为跨中截面圆管外径和方管边长（mm）;

D_1、b_1 ——分别为端截面圆管外径和方管边长（mm）。

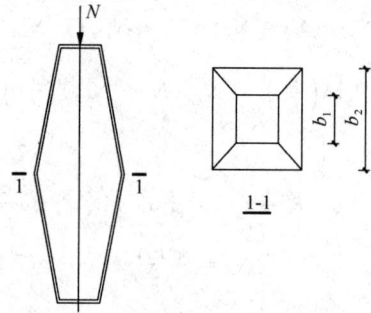

图 7.2.8 梭形管状轴心受压构件

7.2.9 钢管梭形格构柱的跨中截面应设置横隔。横隔可采用水平放置的钢板且与周边缀管焊接，也可采用水平放置的钢管并使跨中截面成为稳定截面。两端铰支的三肢钢管梭形格构柱应按本标准式（7.2.1）计算整体稳定。稳定系数 φ 应根据下列公式计算的换算长细比 λ_0 确定:

$$\lambda_0 = \pi\sqrt{\frac{3A_sE}{N_{cr}}} \quad (7.2.9-1)$$

$$N_{cr} = \min(N_{cr,s}, N_{cr,a}) \quad (7.2.9-2)$$

$N_{cr,s}$ 应按下列公式计算:

$$N_{cr,s} = N_{cr0,s}/\left(1 + \frac{N_{cr0,s}}{K_{v,s}}\right) \quad (7.2.9-3)$$

$$N_{cr0,s} = \frac{\pi^2EI_0}{L^2}(1 + 0.72\eta_1 + 0.28\eta_2) \quad (7.2.9-4)$$

$N_{cr,a}$ 应按下列公式计算:

$$N_{cr,a} = N_{cr0,a}/\left(1 + \frac{N_{cr0,a}}{K_{v,a}}\right) \quad (7.2.9-5)$$

$$N_{cr0,a} = \frac{4\pi^2EI_0}{L^2}(1 + 0.48\eta_1 + 0.12\eta_2) \quad (7.2.9-6)$$

η_1、η_2 应按下列公式计算：

$$\eta_1 = (4I_m - I_1 - 3I_0)/I_0 \qquad (7.2.9\text{-}7)$$

$$\eta_2 = 2(I_0 + I_1 - 2I_m)/I_0 \qquad (7.2.9\text{-}8)$$

$$I_0 = 3I_s + 0.5b_0^2 A_s \qquad (7.2.9\text{-}9)$$

$$I_m = 3I_s + 0.5b_m^2 A_s \qquad (7.2.9\text{-}10)$$

$$I_1 = 3I_s + 0.5b_1^2 A_s \qquad (7.2.9\text{-}11)$$

$$K_{v,s} = 1\Big/\Big(\frac{l_{s0}b_0}{18EI_d} + \frac{5l_{s0}^2}{144EI_s}\Big) \qquad (7.2.9\text{-}12)$$

$$K_{v,a} = 1\Big/\Big(\frac{l_{s0}b_m}{18EI_d} + \frac{5l_{s0}^2}{144EI_s}\Big) \qquad (7.2.9\text{-}13)$$

式中：A_s ——单根分肢的截面面积（mm²）；

N_{cr}、$N_{cr,s}$、$N_{cr,a}$ ——分别为屈曲临界力、对称屈曲模态与反对称屈曲模态对应的屈曲临界力（N）；

I_0、I_m、I_1 ——分别为钢管梭形格构柱柱端、1/4 跨处以及跨中截面对应的惯性矩（图 7.2.9）（mm⁴）；

$K_{v,s}$、$K_{v,a}$ ——分别为对称屈曲与反对称屈曲对应的截面抗剪刚度（N）；

η_1、η_2 ——与截面惯性矩有关的计算系数；

b_0、b_m、b_1 ——分别为梭形柱柱端、1/4 跨处和跨中截面的边长（mm）；

l_{s0} ——梭形柱节间高度（mm）；

I_d、I_s ——横缀杆和弦杆的惯性矩（mm⁴）；

A_s ——单个分肢的截面面积（mm²）；

E ——材料的弹性模量（N/mm²）。

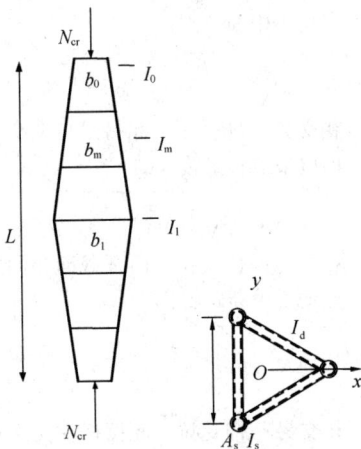

图 7.2.9 钢管梭形格构柱

7.3 实腹式轴心受压构件的局部稳定和屈曲后强度

7.3.1 实腹轴心受压构件要求不出现局部失稳者，其板件宽厚比应符合下列规定：

1 H 形截面腹板

$$h_0/t_w \leqslant (25 + 0.5\lambda)\varepsilon_k \qquad (7.3.1\text{-}1)$$

式中：λ ——构件的较大长细比；当 $\lambda < 30$ 时，取为 30；当 $\lambda > 100$ 时，取为 100；

h_0、t_w ——分别为腹板计算高度和厚度，按本标准表 3.5.1 注 2 取值（mm）。

2 H 形截面翼缘

$$b/t_f \leqslant (10 + 0.1\lambda)\varepsilon_k \qquad (7.3.1\text{-}2)$$

式中：b、t_f ——分别为翼缘板自由外伸宽度和厚度，按本标准表 3.5.1 注 2 取值。

3 箱形截面壁板

$$b/t \leqslant 40\varepsilon_k \qquad (7.3.1\text{-}3)$$

式中：b ——壁板的净宽度，当箱形截面设有纵向加劲肋时，为壁板与加劲肋之间的净宽度。

4 T 形截面翼缘宽厚比限值应按式（7.3.1-2）确定。

T 形截面腹板宽厚比限值为：

热轧剖分 T 形钢

$$h_0/t_w \leqslant (15 + 0.2\lambda)\varepsilon_k \qquad (7.3.1\text{-}4)$$

焊接 T 形钢

$$h_0/t_w \leqslant (13 + 0.17\lambda)\varepsilon_k \qquad (7.3.1\text{-}5)$$

对焊接构件，h_0 取腹板高度 h_w；对热轧构件，h_0 取腹板平直段长度，简要计算时，可取 $h_0 = h_w - t_f$，但不小于 $(h_w - 20)$mm。

5 等边角钢轴心受压构件的肢件宽厚比限值为：
当 $\lambda \leqslant 80\varepsilon_k$ 时：

$$w/t \leqslant 15\varepsilon_k \qquad (7.3.1\text{-}6)$$

当 $\lambda > 80\varepsilon_k$ 时：

$$w/t \leqslant 5\varepsilon_k + 0.125\lambda \qquad (7.3.1\text{-}7)$$

式中：w、t ——分别为角钢的平板宽度和厚度，简要计算时 w 可取为 $b - 2t$，b 为角钢宽度；

λ ——按角钢绕非对称主轴回转半径计算的长细比。

6 圆管压杆的外径与壁厚之比不应超过 $100\varepsilon_k^2$。

7.3.2 当轴心受压构件的压力小于稳定承载力 φAf 时，可将其板件宽厚比限值由本标准第 7.3.1 条相关公式算得后乘以放大系数 $\alpha = \sqrt{\varphi Af/N}$ 确定。

7.3.3 板件宽厚比超过本标准第 7.3.1 条规定的限值时，可采用纵向加劲肋加强；当可考虑屈曲后强度时，轴心受压杆件的强度和稳定性可按下列公式计算：

强度计算

$$\frac{N}{A_{ne}} \leqslant f \qquad (7.3.3\text{-}1)$$

稳定性计算

$$\frac{N}{\varphi A_e f} \leqslant 1.0 \qquad (7.3.3\text{-}2)$$

$$A_{ne} = \sum \rho_i A_{ni} \qquad (7.3.3\text{-}3)$$

$$A_e = \sum \rho_i A_i \qquad (7.3.3\text{-}4)$$

式中：A_{ne}、A_e——分别为有效净截面面积和有效毛截面面积（mm^2）；

$\quad A_{ni}$、A_i——分别为各板件净截面面积和毛截面面积（mm^2）；

$\quad \varphi$——稳定系数，可按毛截面计算；

$\quad \rho_i$——各板件有效截面系数，可按本标准第7.3.4条的规定计算。

7.3.4 H形、工字形、箱形和单角钢截面轴心受压构件的有效截面系数 ρ 可按下列规定计算：

1 箱形截面的壁板、H形或工字形的腹板：

1）当 $b/t \leqslant 42\varepsilon_k$ 时：

$$\rho = 1.0 \qquad (7.3.4\text{-}1)$$

2）当 $b/t > 42\varepsilon_k$ 时：

$$\rho = \frac{1}{\lambda_{n,p}}\left(1 - \frac{0.19}{\lambda_{n,p}}\right) \qquad (7.3.4\text{-}2)$$

$$\lambda_{n,p} = \frac{b/t}{56.2\varepsilon_k} \qquad (7.3.4\text{-}3)$$

当 $\lambda > 52\varepsilon_k$ 时：

$$\rho \geqslant (29\varepsilon_k + 0.25\lambda)t/b \qquad (7.3.4\text{-}4)$$

式中：b、t——分别为壁板或腹板的净宽度和厚度。

2 单角钢：

当 $w/t > 15\varepsilon_k$ 时：

$$\rho = \frac{1}{\lambda_{n,p}}\left(1 - \frac{0.1}{\lambda_{n,p}}\right) \qquad (7.3.4\text{-}5)$$

$$\lambda_{n,p} = \frac{w/t}{16.8\varepsilon_k} \qquad (7.3.4\text{-}6)$$

当 $\lambda > 80\varepsilon_k$ 时：

$$\rho \geqslant (5\varepsilon_k + 0.13\lambda)t/w \qquad (7.3.4\text{-}7)$$

7.3.5 H形、工字形和箱形截面轴心受压构件的腹板，当用纵向加劲肋加强以满足宽厚比限值时，加劲肋宜在腹板两侧成对配置，其一侧外伸宽度不应小于 $10t_w$，厚度不应小于 $0.75t_w$。

7.4 轴心受力构件的计算长度和容许长细比

7.4.1 确定桁架弦杆和单系腹杆的长细比时，其计算长度 l_0 应按表7.4.1-1的规定采用；采用相贯焊接连接的钢管桁架，其构件计算长度 l_0 可按表7.4.1-2的规定取值；除钢管结构外，无节点板的腹杆计算长度在任意平面内均应取其等于几何长度。桁架再分式腹杆体系的受压主斜杆及K形腹杆体系的竖杆等，在桁架平面内的计算长度则取节点中心间距离。

表7.4.1-1 桁架弦杆和单系腹杆的计算长度 l_0

弯曲方向	弦杆	腹杆	
		支座斜杆和支座竖杆	其他腹杆
桁架平面内	l	l	$0.8l$
桁架平面外	l_1	l	l
斜平面	—	l	$0.9l$

注：1 l 为构件的几何长度（节点中心间距离），l_1 为桁架弦杆侧向支承点之间的距离；

　　2 斜平面系指与桁架平面斜交的平面，适用于构件截面两主轴均不在桁架平面内的单角钢腹杆和双角钢十字形截面腹杆。

表7.4.1-2 钢管桁架构件计算长度 l_0

桁架类别	弯曲方向	弦杆	腹杆	
			支座斜杆和支座竖杆	其他腹杆
平面桁架	平面内	$0.9l$	l	$0.8l$
	平面外	l_1	l	l
立体桁架		$0.9l$	l	$0.8l$

注：1 l_1 为平面外无支撑长度，l 为杆件的节间长度；

　　2 对端部缩头或压扁的圆管腹杆，其计算长度取 l；

　　3 对于立体桁架，弦杆平面外的计算长度取 $0.9l$，同时尚应以 $0.9l_1$ 按格构式压杆验算其稳定性。

7.4.2 确定在交叉点相互连接的桁架交叉腹杆的长细比时，在桁架平面内的计算长度应取节点中心到交叉点的距离；在桁架平面外的计算长度，当两交叉杆长度相等且在中点相交时，应按下列规定采用：

1 压杆。

1）相交另一杆受压，两杆截面相同并在交叉点均不中断，则：

$$l_0 = l\sqrt{\frac{1}{2}\left(1 + \frac{N_0}{N}\right)} \qquad (7.4.2\text{-}1)$$

2）相交另一杆受压，此另一杆在交叉点中断但以节点板搭接，则：

$$l_0 = l\sqrt{1 + \frac{\pi^2}{12} \cdot \frac{N_0}{N}} \qquad (7.4.2\text{-}2)$$

3）相交另一杆受拉，两杆截面相同并在交叉点均不中断，则：

$$l_0 = l\sqrt{\frac{1}{2}\left(1 - \frac{3}{4} \cdot \frac{N_0}{N}\right)} \geqslant 0.5l \qquad (7.4.2\text{-}3)$$

4）相交另一杆受拉，此拉杆在交叉点中断但以节点板搭接，则：

$$l_0 = l\sqrt{1 - \frac{3}{4} \cdot \frac{N_0}{N}} \geqslant 0.5l \qquad (7.4.2\text{-}4)$$

5）当拉杆连续而压杆在交叉点中断但以节点板搭接，若 $N_0 \geqslant N$ 或拉杆在桁架平面外的弯曲刚度 $EI_y \geqslant \frac{3N_0 l^2}{4\pi^2}\left(\frac{N}{N_0} - 1\right)$ 时，取 $l_0 =$

$0.5l$。

式中：l——桁架节点中心间距离（交叉点不作为节点考虑）（mm）；

N、N_0——所计算杆的内力及相交另一杆的内力，均为绝对值；两杆均受压时，取 $N_0 \leqslant N$，两杆截面应相同（N）。

2 拉杆，应取 $l_0 = l$。当确定交叉腹杆中单角钢杆件斜平面内的长细比时，计算长度应取节点中心至交叉点的距离。当交叉腹杆为单边连接的单角钢时，应按本标准第 7.6.2 条的规定确定杆件等效长细比。

7.4.3 当桁架弦杆侧向支承点之间的距离为节间长度的 2 倍（图 7.4.3）且两节间的弦杆轴心压力不相同时，该弦杆在桁架平面外的计算长度应按下式确定（但不应小于 $0.5l_1$）：

$$l_0 = l_1 \left(0.75 + 0.25 \frac{N_2}{N_1}\right) \quad (7.4.3)$$

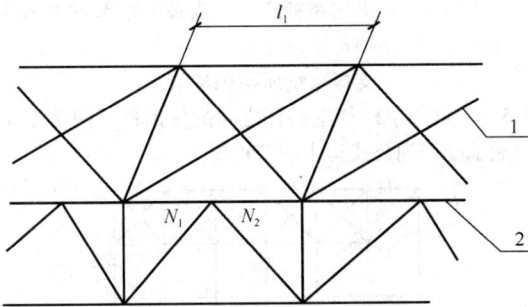

图 7.4.3 弦杆轴心压力在侧向支承点间有
变化的桁架简图
1—支撑；2—桁架

式中：N_1——较大的压力，计算时取正值；

N_2——较小的压力或拉力，计算时压力取正值，拉力取负值。

7.4.4 塔架的单角钢主杆，应按所在两个侧面的节点分布情况，采用下列长细比确定稳定系数 φ：

1 当两个侧面腹杆体系的节点全部重合时［图 7.4.4(a)］：

$$\lambda = l/i_y \quad (7.4.4-1)$$

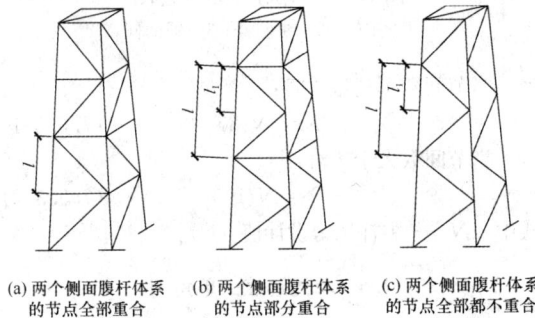

(a) 两个侧面腹杆体系 (b) 两个侧面腹杆体系 (c) 两个侧面腹杆体系
的节点全部重合 的节点部分重合 的节点全部不重合

图 7.4.4 不同腹杆体系的塔架

2 当两个侧面腹杆体系的节点部分重合时［图 7.4.4(b)］：

3 当两个侧面腹杆体系的节点全部都不重合时［图 7.4.4(c)］：

$$\lambda = 1.2l/i_u \quad (7.4.3-3)$$

式中：i_y——截面绕非对称主轴的回转半径；

l、i_u——分别为较大的节间长度和绕平行轴的回转半径。

4 当角钢宽厚比符合本标准第 7.3.4 条第 2 款要求时，应按该款规定确定系数 φ，并按本标准第 7.3.3 条的规定计算主杆的承载力。

7.4.5 塔架单角钢人字形或 V 形主斜杆，当辅助杆多于两道时，宜连接两相邻侧面的主斜杆以减小其计算长度。当连接有不多于两道辅助杆时，其长细比宜乘以 1.1 的放大系数。

7.4.6 验算容许长细比时，可不考虑扭转效应，计算单角钢受压构件的长细比时，应采用角钢的最小回转半径，但计算在交叉点相互连接的交叉杆件平面外的长细比时，可采用与角钢肢边平行轴的回转半径。轴心受压构件的容许长细比宜符合下列规定：

1 跨度等于或大于 60m 的桁架，其受压弦杆、端压杆和直接承受动力荷载的受压腹杆的长细比不宜大于 120；

2 轴心受压构件的长细比不宜超过表 7.4.6 规定的容许值，但当杆件内力设计值不大于承载能力的 50% 时，容许长细比值可取 200。

表 7.4.6 受压构件的长细比容许值

构 件 名 称	容许长细比
轴心受压柱、桁架和天窗架中的压杆	150
柱的缀条、吊车梁或吊车桁架以下的柱间支撑	150
支撑	200
用以减小受压构件计算长度的杆件	200

7.4.7 验算容许长细比时，在直接或间接承受动力荷载的结构中，计算单角钢受拉构件的长细比时，应采用角钢的最小回转半径，但计算在交叉点相互连接的交叉杆件平面外的长细比时，可采用与角钢肢边平行轴的回转半径。受拉构件的容许长细比宜符合下列规定：

1 除对腹杆提供平面外支点的弦杆外，承受静力荷载的结构受拉构件，可仅计算竖向平面内的长细比；

2 中级、重级工作制吊车桁架下弦杆的长细比不宜超过 200；

3 在设有夹钳或刚性料耙等硬钩起重机的厂房中，支撑的长细比不宜超过 300；

4 受拉构件在永久荷载与风荷载组合作用下受压时，其长细比不宜超过 250；

5 跨度等于或大于 60m 的桁架，其受拉弦杆和腹杆的长细比，承受静力荷载或间接承受动力荷载时不宜超过 300，直接承受动力荷载时不宜超过 250；

6 受拉构件的长细比不宜超过表 7.4.7 规定的容许值。柱间支撑按拉杆设计时，竖向荷载作用下柱子的轴力应按无支撑时考虑。

表 7.4.7　受拉构件的容许长细比

构件名称	承受静力荷载或间接承受动力荷载的结构			直接承受动力荷载的结构
	一般建筑结构	对腹杆提供平面外支点的弦杆	有重级工作制起重机的厂房	
桁架的构件	350	250	250	250
吊车梁或吊车桁架以下柱间支撑	300	—	200	—
除张紧的圆钢外的其他拉杆、支撑、系杆等	400	—	350	—

7.4.8 上端与梁或桁架铰接且不能侧向移动的轴心受压柱，计算长度系数应根据柱脚构造情况采用，对铰轴柱脚应取为 1.0，对底板厚度不小于柱翼缘厚度 2 倍的平板支座柱脚可取为 0.8。由侧向支撑分为多段的柱，当各段长度相差 10% 以上时，宜根据相关屈曲的原则确定柱在支撑平面内的计算长度。

7.5　轴心受压构件的支撑

7.5.1 用作减小轴心受压构件自由长度的支撑，应能承受沿被撑构件屈曲方向的支撑力，其值应按下列方法计算：

1 长度为 l 的单根柱设置一道支撑时，支撑力 F_{b1} 应按下列公式计算：

当支撑杆位于柱高度中央时：

$$F_{b1} = N/60 \qquad (7.5.1-1)$$

当支撑杆位于距柱端 al 处时（$0 < \alpha < 1$）：

$$F_{b1} = \frac{N}{240\alpha(1-\alpha)} \qquad (7.5.1-2)$$

2 长度为 l 的单根柱设置 m 道等间距及间距不等但与平均间距相比相差不超过 20% 的支撑时，各支承点的支撑力 F_{bm} 应按下式计算：

$$F_{bm} = \frac{N}{42\sqrt{m+1}} \qquad (7.5.1-3)$$

3 被撑构件为多根柱组成的柱列，在柱高度中央附近设置一道支撑时，支撑力应按下式计算：

$$F_{bn} = \frac{\sum N_i}{60}\left(0.6 + \frac{0.4}{n}\right) \qquad (7.5.1-4)$$

式中：N——被撑构件的最大轴心压力（N）；

n——柱列中被撑柱的根数；

$\sum N_i$——被撑柱同时存在的轴心压力设计值之和（N）。

4 当支撑同时承担结构上其他作用的效应时，应按实际可能发生的情况与支撑力组合。

5 支撑的构造应使被撑构件在撑点处既不能平移，又不能扭转。

7.5.2 桁架受压弦杆的横向支撑系统中系杆和支承斜杆应能承受下式给出的节点支撑力（图 7.5.2）：

$$F = \frac{\sum N}{42\sqrt{m+1}}\left(0.6 + \frac{0.4}{n}\right) \qquad (7.5.2)$$

式中：$\sum N$——被撑各桁架受压弦杆最大压力之和（N）；

m——纵向系杆道数（支撑系统节间数减去 1）；

n——支撑系统所撑桁架数。

7.5.3 塔架主杆与主斜杆之间的辅助杆（图 7.5.3）应能承受下列公式给出的节点支撑力：

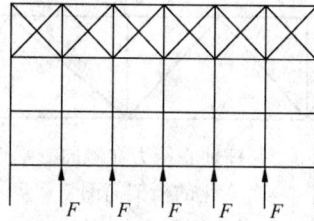

图 7.5.2　桁架受压弦杆横向
支撑系统的节点支撑

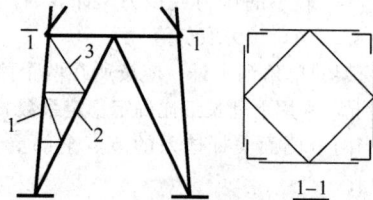

图 7.5.3　塔架下端示意图
1—主杆；2—主斜杆；3—辅助杆

当节间数不超过 4 时：

$$F = N/80 \qquad (7.5.3-1)$$

当节间数大于 4 时：

$$F = N/100 \qquad (7.5.3-2)$$

式中：N——主杆压力设计值（N）。

7.6　单边连接的单角钢

7.6.1 桁架的单角钢腹杆，当以一个肢连接于节点板时（图 7.6.1），除弦杆亦为单角钢，并位于节点板同侧者外，应符合下列规定：

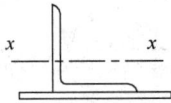

图 7.6.1 角钢的平行轴

1 轴心受力构件的截面强度应按本标准式（7.1.1-1）和式（7.1.1-2）计算，但强度设计值应乘以折减系数 0.85。

2 受压构件的稳定性应按下列公式计算：

$$\frac{N}{\eta\varphi Af} \leq 1.0 \qquad (7.6.1\text{-}1)$$

等边角钢

$$\eta = 0.6 + 0.0015\lambda \qquad (7.6.1\text{-}2)$$

短边相连的不等边角钢

$$\eta = 0.5 + 0.0025\lambda \qquad (7.6.1\text{-}3)$$

长边相连的不等边角钢

$$\eta = 0.7 \qquad (7.6.1\text{-}4)$$

式中：λ——长细比，对中间无联系的单角钢压杆，应按最小回转半径计算，当 $\lambda < 20$ 时，取 $\lambda = 20$；

η——折减系数，当计算值大于 1.0 时取为 1.0。

3 当受压斜杆用节点板和桁架弦杆相连接时，节点板厚度不宜小于斜杆肢宽的 1/8。

7.6.2 塔架单边连接单角钢交叉斜杆中的压杆，当两杆截面相同并在交叉点均不中断，计算其平面外的稳定性时，稳定系数 φ 应由下列等效长细比查本标准附录 D 表格确定：

$$\lambda_0 = \alpha_e \mu_u \lambda_e \geq \frac{l_1}{l}\lambda_x \qquad (7.6.2\text{-}1)$$

当 $20 \leq \lambda_u \leq 80$ 时：

$$\lambda_e = 80 + 0.65\lambda_u \qquad (7.6.2\text{-}2)$$

当 $80 < \lambda_u \leq 160$ 时：

$$\lambda_e = 52 + \lambda_u \qquad (7.6.2\text{-}3)$$

当 $\lambda_u > 160$ 时：

$$\lambda_e = 20 + 1.2\lambda_u \qquad (7.6.2\text{-}4)$$

$$\lambda_u = \frac{l}{i_u} \cdot \frac{1}{\varepsilon_k} \qquad (7.6.2\text{-}5)$$

$$\mu_u = l_0 / l \qquad (7.6.2\text{-}6)$$

式中：α_e——系数，应按表 7.6.2 的规定取值；

μ_u——计算长度系数；

l_1——交叉点至节点间的较大距离（图 7.6.2）（mm）；

λ_e——换算长细比；

l_0——计算长度，当相交另一杆受压，应按本标准式（7.4.2-1）计算；当相交另一杆受拉，应按本标准式（7.4.2-3）计算（mm）。

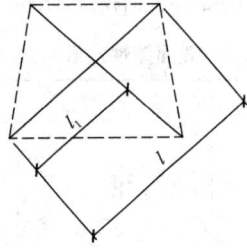

图 7.6.2 在非中点相交的斜杆

表 7.6.2 系数 α_e 取值

主杆截面	另杆受拉	另杆受压	另杆不受力
单角钢	0.75	0.90	0.75
双轴对称截面	0.90	0.75	0.90

7.6.3 单边连接的单角钢压杆，当肢件宽厚比 w/t 大于 $14\varepsilon_k$ 时，由本标准式（7.2.1）和式（7.6.1-1）确定的稳定承载力应乘以按下式计算的折减系数 ρ_e：

$$\rho_e = 1.3 - \frac{0.3w}{14t\varepsilon_k} \qquad (7.6.3)$$

8 拉弯、压弯构件

8.1 截面强度计算

8.1.1 弯矩作用在两个主平面内的拉弯构件和压弯构件，其截面强度应符合下列规定：

1 除圆管截面外，弯矩作用在两个主平面内的拉弯构件和压弯构件，其截面强度应按下式计算：

$$\frac{N}{A_n} \pm \frac{M_x}{\gamma_x W_{nx}} \pm \frac{M_y}{\gamma_y W_{ny}} \leq f \qquad (8.1.1\text{-}1)$$

2 弯矩作用在两个主平面内的圆形截面拉弯构件和压弯构件，其截面强度应按下式计算：

$$\frac{N}{A_n} + \frac{\sqrt{M_x^2 + M_y^2}}{\gamma_m W_n} \leq f \qquad (8.1.1\text{-}2)$$

式中：N——同一截面处轴心压力设计值（N）；

M_x、M_y——分别为同一截面处对 x 轴和 y 轴的弯矩设计值（N·mm）；

γ_x、γ_y——截面塑性发展系数，根据其受压板件的内力分布情况确定其截面板件宽厚比等级，当截面板件宽厚比等级不满足 S3 级要求时，取 1.0，满足 S3 级要求时，可按本标准表 8.1.1 采用；需要验算疲劳强度的拉弯、压弯构件，宜取 1.0；

γ_m——圆形构件的截面塑性发展系数，对于实腹圆形截面取 1.2，当圆管截面板件宽厚比等级不满足 S3 级要求时取 1.0，满足 S3 级要求时取 1.15；需要验算疲劳强度的拉弯、压弯构件，宜取 1.0；

A_n——构件的净截面面积（mm²）；

W_n——构件的净截面模量（mm³）。

表 8.1.1 截面塑性发展系数 γ_x、γ_y

项次	截 面 形 式	γ_x	γ_y
1			1.2
2		1.05	1.05
			1.05
3			1.2
4		$\gamma_{x1}=1.05$ $\gamma_{x2}=1.2$	1.05
5		1.2	1.2
6		1.15	1.15
7			1.05
8			1.0

8.2 构件的稳定性计算

8.2.1 除圆管截面外，弯矩作用在对称轴平面内的实腹式压弯构件，弯矩作用平面内稳定性应按式（8.2.1-1）计算，弯矩作用平面外稳定性应按式（8.2.1-3）计算；对于本标准表 8.1.1 第 3 项、第 4 项中的单轴对称压弯构件，当弯矩作用在对称平面内且翼缘受压时，除应按式（8.2.1-1）计算外，尚应按式（8.2.1-4）计算；当框架内力采用二阶弹性分析时，柱弯矩由无侧移弯矩和放大的侧移弯矩组成，此时可对两部分弯矩分别乘以无侧移柱和有侧移柱的等效弯矩系数。

平面内稳定性计算：

$$\frac{N}{\varphi_x Af}+\frac{\beta_{mx}M_x}{\gamma_x W_{1x}(1-0.8N/N'_{Ex})f} \leqslant 1.0$$
(8.2.1-1)

$$N'_{Ex}=\pi^2 EA/(1.1\lambda_x^2)$$
(8.2.1-2)

平面外稳定性计算：

$$\frac{N}{\varphi_y Af}+\eta\frac{\beta_{tx}M_x}{\varphi_b W_{1x}f} \leqslant 1.0$$
(8.2.1-3)

$$\left|\frac{N}{Af}-\frac{\beta_{mx}M_x}{\gamma_x W_{2x}(1-1.25N/N'_{Ex})f}\right| \leqslant 1.0$$
(8.2.1-4)

式中：N——所计算构件范围内轴心压力设计值（N）；

N'_{Ex}——参数，按式（8.2.1-2）计算（mm）；

φ_x——弯矩作用平面内轴心受压构件稳定系数；

M_x——所计算构件段范围内的最大弯矩设计值（N·mm）；

W_{1x}——在弯矩作用平面内对受压最大纤维的毛截面模量（mm³）；

φ_y——弯矩作用平面外的轴心受压构件稳定系数，按本标准第 7.2.1 条确定；

φ_b——均匀弯曲的受弯构件整体稳定系数，按本标准附录 C 计算，其中工字形和 T 形截面的非悬臂构件，可按本标准附录 C 第 C.0.5 条的规定确定；对闭口截面，$\varphi_b=1.0$；

η——截面影响系数，闭口截面 $\eta=0.7$，其他截面 $\eta=1.0$；

W_{2x}——无翼缘端的毛截面模量（mm³）。

等效弯矩系数 β_{mx} 应按下列规定采用：

1 无侧移框架柱和两端支承的构件：

1） 无横向荷载作用时，β_{mx} 应按下式计算：

$$\beta_{mx}=0.6+0.4\frac{M_2}{M_1}$$
(8.2.1-5)

式中：M_1，M_2——端弯矩（N·mm），构件无反弯点时取同号；构件有反弯点时取异号，$|M_1| \geqslant |M_2|$。

2） 无端弯矩但有横向荷载作用时，β_{mx} 应按下列公式计算：

跨中单个集中荷载：

$$\beta_{mx}=1-0.36N/N_{cr}$$
(8.2.1-6)

全跨均布荷载：

$$\beta_{mx}=1-0.18N/N_{cr}$$
(8.2.1-7)

$$N_{cr}=\frac{\pi^2 EI}{(\mu l)^2}$$
(8.2.1-8)

式中：N_{cr}——弹性临界力（N）；

μ——构件的计算长度系数。

3） 端弯矩和横向荷载同时作用时，式（8.2.1-1）的 $\beta_{mx}M_x$ 应按下式计算：

$$\beta_{mx}M_x = \beta_{mqx}M_{qx} + \beta_{m1x}M_1 \quad (8.2.1-9)$$

式中：M_{qx}——横向均布荷载产生的弯矩最大值（N·mm）；

$\quad M_1$——跨中单个横向集中荷载产生的弯矩（N·mm）；

$\quad \beta_{m1x}$——取按本条第1款第1项计算的等效弯矩系数；

$\quad \beta_{mqx}$——取本条第1款第2项计算的等效弯矩系数。

2 有侧移框架柱和悬臂构件，等效弯矩系数 β_{mx} 应按下列规定采用：

1）除本款第2项规定之外的框架柱，β_{mx} 应按下式计算：

$$\beta_{mx} = 1 - 0.36N/N_{cr} \quad (8.2.1-10)$$

2）有横向荷载的柱脚铰接的单层框架柱和多层框架的底层柱，$\beta_{mx}=1.0$。

3）自由端作用有弯矩的悬臂柱，β_{mx} 应按下式计算：

$$\beta_{mx} = 1 - 0.36(1-m)N/N_{cr} \quad (8.2.1-11)$$

式中：m——自由端弯矩与固定端弯矩之比，当弯矩图无反弯点时取正号，有反弯点时取负号。

等效弯矩系数 β_{tx} 应按下列规定采用：

1 在弯矩作用平面外有支承的构件，应根据两相邻支承间构件段内的荷载和内力情况确定：

1）无横向荷载作用时，β_{tx} 应按下式计算：

$$\beta_{tx} = 0.65 + 0.35\frac{M_2}{M_1} \quad (8.2.1-12)$$

2）端弯矩和横向荷载同时作用时，β_{tx} 应按下列规定取值：使构件产生同向曲率时：

$$\beta_{tx} = 1.0$$

使构件产生反向曲率时

$$\beta_{tx} = 0.85$$

3）无端弯矩有横向荷载作用时，$\beta_{tx}=1.0$。

2 弯矩作用平面外为悬臂的构件，$\beta_{tx}=1.0$。

8.2.2 弯矩绕虚轴作用的格构式压弯构件整体稳定性计算应符合下列规定：

1 弯矩作用平面内的整体稳定性应按下列公式计算：

$$\frac{N}{\varphi_x Af} + \frac{\beta_{mx}M_x}{W_{1x}\left(1 - \frac{N}{N'_{Ex}}\right)f} \leq 1.0 \quad (8.2.2-1)$$

$$W_{1x} = I_x/y_0 \quad (8.2.2-2)$$

式中：I_x——对虚轴的毛截面惯性矩（mm⁴）；

$\quad y_0$——由虚轴到压力较大分肢的轴线距离或者到压力较大分肢腹板外边缘的距离，二者取较大者（mm）；

$\quad \varphi_x$、N'_{Ex}——分别为弯矩作用平面内轴心受压构件稳定系数和参数，由换算长细比确定。

2 弯矩作用平面外的整体稳定性可不计算，但

应计算分肢的稳定性，分肢的轴心力应按桁架的弦杆计算。对缀板柱的分肢尚应考虑由剪力引起的局部弯矩。

8.2.3 弯矩绕实轴作用的格构式压弯构件，其弯矩作用平面内和平面外的稳定性计算均与实腹式构件相同。但在计算弯矩作用平面外的整体稳定性时，长细比应取换算长细比，φ_b 应取1.0。

8.2.4 当柱段中没有很大横向力或集中弯矩时，双向压弯圆管的整体稳定按下列公式计算：

$$\frac{N}{\varphi Af} + \frac{\beta M}{\gamma_m W\left(1 - 0.8\frac{N}{N'_{Ex}}\right)f} \leq 1.0 \quad (8.2.4-1)$$

$$M = \max\left(\sqrt{M_{xA}^2 + M_{yA}^2}, \sqrt{M_{xB}^2 + M_{yB}^2}\right) \quad (8.2.4-2)$$

$$\beta = \beta_x\beta_y \quad (8.2.4-3)$$

$$\beta_x = 1 - 0.35\sqrt{N/N_E} + 0.35\sqrt{N/N_E}(M_{2x}/M_{1x}) \quad (8.2.4-4)$$

$$\beta_y = 1 - 0.35\sqrt{N/N_E} + 0.35\sqrt{N/N_E}(M_{2y}/M_{1y}) \quad (8.2.4-5)$$

$$N_E = \frac{\pi^2 EA}{\lambda^2} \quad (8.2.4-6)$$

式中：$\quad \varphi$——轴心受压构件的整体稳定系数，按构件最大长细比取值；

$\quad M$——计算双向压弯圆管构件整体稳定时采用的弯矩值，按式（8.2.4-2）计算（N·mm）；

M_{xA}、M_{yA}、M_{xB}、M_{yB}——分别为构件A端关于 x 轴、y 轴的弯矩和构件B端关于 x 轴、y 轴的弯矩（N·mm）；

$\quad \beta$——计算双向压弯整体稳定时采用的等效弯矩系数；

M_{1x}、M_{2x}、M_{1y}、M_{2y}——分别为 x 轴、y 轴端弯矩（N·mm）；构件无反弯点时取同号，构件有反弯点时取异号；$|M_{1x}| \geq |M_{2x}|$，$|M_{1y}| \geq |M_{2y}|$；

$\quad N_E$——根据构件最大长细比计算的欧拉力，按式（8.2.4-6）计算。

8.2.5 弯矩作用在两个主平面内的双轴对称实腹式工字形和箱形截面的压弯构件，其稳定性应按下列公式计算：

$$\frac{N}{\varphi_x Af} + \frac{\beta_{mx}M_x}{\gamma_x W_x\left(1 - 0.8\frac{N}{N'_{Ex}}\right)f} + \eta\frac{\beta_{ty}M_y}{\varphi_{by}W_y f} \leq 1.0$$

$$(8.2.5-1)$$

$$\frac{N}{\varphi_y Af} + \eta \frac{\beta_{tx} M_x}{\varphi_{bx} W_x f} + \frac{\beta_{my} M_y}{\gamma_y W_y \left(1 - 0.8 \frac{N}{N'_{Ey}}\right) f} \leqslant 1.0$$

$$(8.2.5-2)$$

$$N'_{Ey} = \pi^2 EA / (1.1 \lambda_y^2) \qquad (8.2.5-3)$$

式中：φ_x、φ_y——对强轴 x-x 和弱轴 y-y 的轴心受压
构件整体稳定系数；

φ_{bx}、φ_{by}——均匀弯曲的受弯构件整体稳定性系
数，应按本标准附录 C 计算，其中
工字形截面的非悬臂构件的 φ_{bx} 可
按本标准附录 C 第 C.0.5 条的规定
确定，φ_{by} 可取为 1.0；对闭合截
面，取 $\varphi_{bx} = \varphi_{by} = 1.0$；

M_x、M_y——所计算构件段范围内对强轴和弱轴
的最大弯矩设计值（N·mm）；

W_x、W_y——对强轴和弱轴的毛截面模量
（mm³）；

β_{mx}、β_{my}——等效弯矩系数，应按本标准第
8.2.1 条弯矩作用平面内的稳定计
算有关规定采用；

β_{tx}、β_{ty}——等效弯矩系数，应按本标准第
8.2.1 条弯矩作用平面外的稳定计
算有关规定采用。

8.2.6 弯矩作用在两个主平面内的双肢格构式压弯
构件，其稳定性应按下列规定计算：

1 按整体计算：

$$\frac{N}{\varphi_x Af} + \frac{\beta_{mx} M_x}{W_{1x}\left(1 - \frac{N}{N'_{Ex}}\right) f} + \frac{\beta_{ty} M_y}{W_{1y} f} \leqslant 1.0$$

$$(8.2.6-1)$$

式中：W_{1y}——在 M_y 作用下，对较大受压纤维的毛
截面模量（mm³）。

2 按分肢计算：

在 N 和 M_x 作用下，将分肢作为桁架弦杆计算其
轴心力，M_y 按式（8.2.6-2）和式（8.2.6-3）分配给
两分肢（图 8.2.6），然后按本标准第 8.2.1 条的规定
计算分肢稳定性。

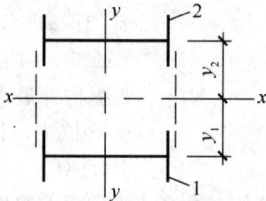

图 8.2.6　格构式构件截面
1—分肢 1；2—分肢 2

分肢 1：
$$M_{y1} = \frac{I_1/y_1}{I_1/y_1 + I_2/y_2} \cdot M_y$$

$$(8.2.6-2)$$

分肢 2：
$$M_{y2} = \frac{I_2/y_2}{I_1/y_1 + I_2/y_2} \cdot M_y$$

$$(8.2.6-3)$$

式中：I_1、I_2——分肢 1、分肢 2 对 y 轴的惯性矩
（mm⁴）；

y_1、y_2——M_y 作用的主轴平面至分肢 1、分肢
2 的轴线距离（mm）。

8.2.7 计算格构式缀件时，应取构件的实际剪力和
按本标准式（7.2.7）计算的剪力两者中的较大值进
行计算。

8.2.8 用作减小压弯构件弯矩作用平面外计算长度
的支撑，对实腹式构件应将压弯构件的受压翼缘，对
格构式构件应将压弯构件的受压分肢视为轴心受压构
件，并按本标准第 7.5 节的规定计算各自的支撑力。

8.3　框架柱的计算长度

8.3.1 等截面柱，在框架平面内的计算长度应等于
该层柱的高度乘以计算长度系数 μ。框架应分为无支
撑框架和有支撑框架。当采用二阶弹性分析方法计算
内力且在每层柱顶附加考虑假想水平力 H_{ni} 时，框架
柱的计算长度系数可取 1.0 或其他认可的值。当采用
一阶弹性分析方法计算内力时，框架柱的计算长度系
数 μ 应按下列规定确定：

1 无支撑框架：

1）框架柱的计算长度系数 μ 应按本标准附录
E 表 E.0.2 有侧移框架柱的计算长度系数
确定，也可按下列简化公式计算：

$$\mu = \sqrt{\frac{7.5 K_1 K_2 + 4(K_1 + K_2) + 1.52}{7.5 K_1 K_2 + K_1 + K_2}}$$

$$(8.3.1-1)$$

式中：K_1、K_2——分别为相交于柱上端、柱下端的
横梁线刚度之和与柱线刚度之和
的比值，K_1、K_2 的修正应按本标
准附录 E 表 E.0.2 注确定。

2）设有摇摆柱时，摇摆柱自身的计算长度系
数应取 1.0，框架柱的计算长度系数应乘
以放大系数 η，η 应按下式计算：

$$\eta = \sqrt{1 + \frac{\sum(N_1/h_1)}{\sum(N_f/h_f)}} \qquad (8.3.1-2)$$

式中：$\sum(N_f/h_f)$——本层各框架柱轴心压力设计值
与柱子高度比值之和；

$\sum(N_1/h_1)$——本层各摇摆柱轴心压力设计值
与柱子高度比值之和。

3）当有侧移框架同层各柱的 N/I 不相同时，
柱计算长度系数宜按式（8.3.1-3）计算；
当框架附有摇摆柱时，框架柱的计算长度系
数宜按式（8.3.1-5）确定；当根据式
（8.3.1-3）或式（8.3.1-5）计算而得的 μ_i
小于 1.0 时，应取 $\mu_i = 1$。

$$\mu_i = \sqrt{\frac{N_{Ei}}{N_i} \cdot \frac{1.2}{K} \sum \frac{N_i}{h_i}} \qquad (8.3.1\text{-}3)$$

$$N_{Ei} = \pi^2 EI_i / h_i^2 \qquad (8.3.1\text{-}4)$$

$$\mu_i = \sqrt{\frac{N_{Ei}}{N_i} \cdot \frac{1.2 \sum (N_i/h_i) + \sum (N_{1j}/h_j)}{K}}$$
$$(8.3.1\text{-}5)$$

式中：N_i——第 i 根柱轴心压力设计值（N）；

$\quad\quad N_{Ei}$——第 i 根柱的欧拉临界力（N）；

$\quad\quad h_i$——第 i 根柱高度（mm）；

$\quad\quad K$——框架层侧移刚度，即产生层间单位侧移所需的力（N/mm）；

$\quad\quad N_{1j}$——第 j 根摇摆柱轴心压力设计值（N）；

$\quad\quad h_j$——第 j 根摇摆柱的高度（mm）。

4）计算单层框架和多层框架底层的计算长度系数时，K 值宜按柱脚的实际约束情况进行计算，也可按理想情况（铰接或刚接）确定 K 值，并对算得的系数 μ 进行修正。

5）当多层单跨框架的顶层采用轻型屋面，或多跨多层框架的顶层抽柱形成较大跨度时，顶层框架柱的计算长度系数应忽略屋面梁对柱子的转动约束。

2 有支撑框架：

当支撑结构（支撑桁架、剪力墙等）满足式（8.3.1-6）要求时，为强支撑框架，框架柱的计算长度系数 μ 可按本标准附录 E 表 E.0.1 无侧移框架柱的计算长度系数确定，也可按式（8.3.1-7）计算。

$$S_b \geqslant 4.4 \left[\left(1 + \frac{100}{f_y}\right) \sum N_{bi} - \sum N_{0i} \right]$$
$$(8.3.1\text{-}6)$$

$$\mu = \sqrt{\frac{(1 + 0.41K_1)(1 + 0.41K_2)}{(1 + 0.82K_1)(1 + 0.82K_2)}}$$
$$(8.3.1\text{-}7)$$

式中：$\sum N_{bi}$、$\sum N_{0i}$——分别为第 i 层层间所有框架柱用无侧移框架和有侧移框架柱计算长度系数算得的轴压杆稳定承载力之和（N）；

$\quad\quad S_b$——支撑结构层侧移刚度，即施加于结构上的水平力与其产生的层间位移角的比值（N）；

$\quad\quad K_1$、K_2——分别为相交于柱上端、柱下端的横梁线刚度之和与柱线刚度之和的比值。K_1、K_2 的修正见本标准附录 E 表 E.0.1 注。

8.3.2 单层厂房框架下端刚性固定的带牛腿等截面柱在框架平面内的计算长度应按下列公式确定：

$$H_0 = \alpha_N \left[\sqrt{\frac{4 + 7.5K_b}{1 + 7.5K_b}} - \alpha_K \left(\frac{H_1}{H}\right)^{1 + 0.8k_b} \right] H$$
$$(8.3.2\text{-}1)$$

$$K_b = \frac{\sum (I_{bi}/l_i)}{I_c/H} \qquad (8.3.2\text{-}2)$$

当 $K_b < 0.2$ 时：

$$\alpha_K = 1.5 - 2.5K_b \qquad (8.3.2\text{-}3)$$

当 $0.2 \leqslant K_b < 2.0$ 时：

$$\alpha_K = 1.0 \qquad (8.3.2\text{-}4)$$

$$\gamma = \frac{N_1}{N_2} \qquad (8.3.2\text{-}5)$$

当 $\gamma \leqslant 0.2$ 时：

$$\alpha_N = 1.0 \qquad (8.3.2\text{-}6)$$

当 $\gamma > 0.2$ 时：

$$\alpha_N = 1 + \frac{H_1}{H_2} \frac{(\gamma - 0.2)}{1.2} \qquad (8.3.2\text{-}7)$$

式中：H_1、H——分别为柱在牛腿表面以上的高度和柱总高度（图 8.3.2）（m）；

$\quad\quad K_b$——与柱连接的横梁线刚度之和与柱线刚度之比；

$\quad\quad \alpha_K$——和比值 K_b 有关的系数；

$\quad\quad \alpha_N$——考虑压力变化的系数；

$\quad\quad \gamma$——柱上、下段压力比；

$\quad\quad N_1$、N_2——分别为上、下段柱的轴心压力设计值（N）；

$\quad\quad I_{bi}$、l_i——分别为第 i 根梁的截面惯性矩（mm⁴）和跨度（mm）；

$\quad\quad I_c$——为柱截面惯性矩（mm⁴）。

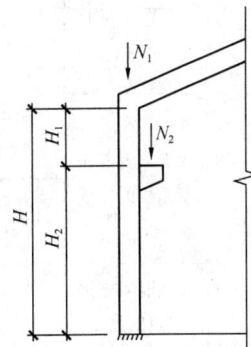

图 8.3.2 单层厂房框架示意

8.3.3 单层厂房框架下端刚性固定的阶形柱，在框架平面内的计算长度应按下列规定确定：

1 单阶柱：

1）下段柱的计算长度系数 μ_2：当柱上端与横梁铰接时，应按本标准附录 E 表 E.0.3 的数值乘以表 8.3.3 的折减系数；当柱上端与桁架型横梁刚接时，应按本标准附录 E 表 E.0.4 的数值乘以表 8.3.3 的折减系数。

2）当柱上端与实腹梁刚接时，下段柱的计算长度系数 μ_2，应按下列公式计算的系数 μ_2^1 乘以表 8.3.3 的折减系数，系数 μ_2^1 不应大于按柱上端与横梁铰接计算时得到的 μ_2 值，且不小于按柱上端与桁架型横梁刚接计算时得到的 μ_2 值。

$$K_c = \frac{I_1/H_1}{I_2/H_2} \tag{8.3.3-1}$$

$$\mu_2^1 = \frac{\eta_1^2}{2(\eta_1+1)} \cdot \sqrt[3]{\frac{\eta_1 - K_b}{K_b}} + (\eta_1 - 0.5)K_c + 2 \tag{8.3.3-2}$$

$$\eta_1 = \frac{H_1}{H_2}\sqrt{\frac{N_1}{N_2} \cdot \frac{I_2}{I_1}} \tag{8.3.3-3}$$

式中：I_1、H_1——阶形柱上段柱的惯性矩（mm⁴）和柱高（mm）；

I_2、H_2——阶形柱下段柱的惯性矩（mm⁴）和柱高（mm）；

K_c——阶形柱上段柱线刚度与下段柱线刚度的比值；

η_1——参数，根据式（8.3.3-3）计算。

表 8.3.3 单层厂房阶形柱计算长度的折减系数

厂 房 类 型			折减系数
单跨或多跨	纵向温度区段内一个柱列的柱子数	屋面情况	厂房两侧是否有通长的屋盖纵向水平支撑	
单跨	等于或少于 6 个	—	—	0.9
	多于 6 个	非大型混凝土屋面板的屋面	无纵向水平支撑	
			有纵向水平支撑	
		大型混凝土屋面板的屋面	—	0.8
多跨	—	非大型混凝土屋面板的屋面	无纵向水平支撑	
			有纵向水平支撑	0.7
		大型混凝土屋面板的屋面	—	

3）上段柱的计算长度系数 μ_1 应按下式计算：

$$\mu_1 = \frac{\mu_2}{\eta_1} \tag{8.3.3-4}$$

2 双阶柱：

1）下段柱的计算长度系数 μ_3：当柱上端与横梁铰接时，应取本标准附录 E 表 E.0.5 的数值乘以表 8.3.3 的折减系数；当柱上端与横梁刚接时，应取本标准附录 E 表 E.0.6 的数值乘以表 8.3.3 的折减系数。

2）上段柱和中段柱的计算长度系数 μ_1 和 μ_2，应按下列公式计算：

$$\mu_1 = \frac{\mu_3}{\eta_1} \tag{8.3.3-5}$$

$$\mu_2 = \frac{\mu_3}{\eta_2} \tag{8.3.3-6}$$

式中：η_1、η_2——参数，可根据本标准式（8.3.3-3）计算；计算 η_1 时，H_1、N_1、I_1 分别为上柱的柱高（m）、轴力压力设计值（N）和惯性矩（mm⁴），H_2、N_2、I_2 分别为下柱的柱高（m）、轴力压力设计值（N）和惯性矩（mm⁴）；计算 η_2 时，H_1、N_1、I_1 分别为中柱的柱高（m）、轴力压力设计值（N）和惯性矩（mm⁴），H_2、N_2、I_2 分别为下柱的柱高（m）、轴力压力设计值（N）和惯性矩（mm⁴）。

8.3.4 当计算框架的格构式柱和桁架式横梁的惯性矩时，应考虑柱或横梁截面高度变化和缀件（或腹杆）变形的影响。

8.3.5 框架柱在框架平面外的计算长度可取面外支撑点之间距离。

8.4 压弯构件的局部稳定和屈曲后强度

8.4.1 实腹压弯构件要求不出现局部失稳者，其腹板高厚比、翼缘宽厚比应符合本标准表 3.5.1 规定的压弯构件 S4 级截面要求。

8.4.2 工字形和箱形截面压弯构件的腹板高厚比超过本标准表 3.5.1 规定的 S4 级截面要求时，其构件设计应符合下列规定：

1 应以有效截面代替实际截面按本条第 2 款计算杆件的承载力。

1）工字形截面腹板受压区的有效宽度应取为：

$$h_e = \rho h_c \tag{8.4.2-1}$$

当 $\lambda_{n,p} \leqslant 0.75$ 时：$\rho = 1.0$ (8.4.2-2a)

当 $\lambda_{n,p} > 0.75$ 时：

$$\rho = \frac{1}{\lambda_{n,p}}\left(1 - \frac{0.19}{\lambda_{n,p}}\right) \tag{8.4.2-2b}$$

$$\lambda_{n,p} = \frac{h_w/t_w}{28.1\sqrt{k_\sigma}} \cdot \frac{1}{\varepsilon_k} \tag{8.4.2-3}$$

$$k_{\sigma} = \frac{16}{2 - \alpha_0 + \sqrt{(2-\alpha_0)^2 + 0.112\alpha_0^2}}$$

$$(8.4.2-4)$$

式中：h_c、h_e——分别为腹板受压区宽度和有效宽度，当腹板全部受压时，$h_c = h_w$（mm）；

ρ——有效宽度系数，按式（8.4.2-2）计算；

α_0——参数，应按式（3.5.1）计算。

2）工字形截面腹板有效宽度 h_e 应按下列公式计算：

当截面全部受压，即 $\alpha_0 \leqslant 1$ 时[图 8.4.2(a)]：

$$h_{e1} = 2h_e/(4+\alpha_0) \qquad (8.4.2-5)$$

$$h_{e2} = h_e - h_{e1} \qquad (8.4.2-6)$$

当截面部分受拉，即 $\alpha_0 > 1$ 时[图 8.4.2(b)]：

$$h_{e1} = 0.4h_e \qquad (8.4.2-7)$$

$$h_{e2} = 0.6h_e \qquad (8.4.2-8)$$

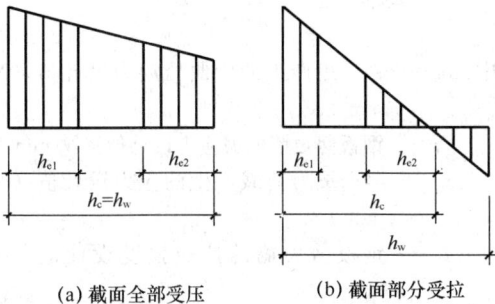

(a) 截面全部受压   (b) 截面部分受拉

图 8.4.2 有效宽度的分布

3）箱形截面压弯构件翼缘宽厚比超限时也应按式（8.4.2-1）计算其有效宽度，计算时取 $k_{\sigma} = 4.0$。有效宽度在两侧均等分布。

2 应采用下列公式计算其承载力：

强度计算：

$$\frac{N}{A_{ne}} \pm \frac{M_x + Ne}{\gamma_x W_{nex}} \leqslant f \qquad (8.4.2-9)$$

平面内稳定计算：

$$\frac{N}{\varphi_x A_e f} + \frac{\beta_{mx} M_x + Ne}{\gamma_x W_{elx}(1 - 0.8N/N'_{Ex})f} \leqslant 1.0$$

$$(8.4.2-10)$$

平面外稳定计算：

$$\frac{N}{\varphi_y A_e f} + \eta \frac{\beta_{tx} M_x + Ne}{\varphi_b W_{elx} f} \leqslant 1.0 \quad (8.4.2-11)$$

式中：A_{ne}、A_e——分别为有效净截面面积和有效毛截面面积（mm²）；

W_{nex}——有效截面的净截面模量（mm³）；

W_{elx}——有效截面对较大受压纤维的毛截面模量（mm³）；

e——有效截面形心至原截面形心的距离（mm）。

8.4.3 压弯构件的板件当用纵向加劲肋加强以满足宽厚比限值时，加劲肋宜在板件两侧成对配置，其一侧外伸宽度不应小于板件厚度 t 的 10 倍，厚度不宜小于 $0.75t$。

8.5 承受次弯矩的桁架杆件

8.5.1 除本标准第 5.1.5 条第 3 款规定的结构外，杆件截面为 H 形或箱形的桁架，应计算节点刚性引起的弯矩。在轴力和弯矩共同作用下，杆件端部截面的强度计算可考虑塑性应力重分布，按本标准第 8.5.2 条计算，杆件的稳定计算应按本标准第 8.2 节压弯构件的规定进行。

8.5.2 只承受节点荷载的杆件截面为 H 形或箱形的桁架，当节点具有刚性连接的特征时，应按刚接桁架计算杆件次弯矩，拉杆和板件宽厚比满足本标准表 3.5.1 压弯构件 S2 级要求的压杆，截面强度宜按下列公式计算：

当 $\varepsilon = \dfrac{MA}{NW} \leqslant 0.2$ 时：

$$\frac{N}{A} \leqslant f \qquad (8.5.2-1)$$

当 $\varepsilon > 0.2$ 时：

$$\frac{N}{A} + \alpha \frac{M}{W_p} \leqslant \beta f \qquad (8.5.2-2)$$

式中：W、W_p——分别为弹性截面模量和塑性截面模量（mm³）；

M——为杆件在节点处的次弯矩（N·mm）；

α、β——系数，应按表 8.5.2 的规定采用。

表 8.5.2 系数 α 和 β

杆件截面形式	α	β
H 形截面，腹板位于桁架平面内	0.85	1.15
H 形截面，腹板垂直于桁架平面	0.60	1.08
正方箱形截面	0.80	1.13

9 加劲钢板剪力墙

9.1 一般规定

9.1.1 钢板剪力墙可采用纯钢板剪力墙、防屈曲钢板剪力墙及组合剪力墙，纯钢板剪力墙可采用无加劲钢板剪力墙和加劲钢板剪力墙。

9.1.2 宜采取减少恒荷载传递至剪力墙的措施。竖向加劲肋宜双面或交替双面设置，水平加劲肋可单面、双面或交替双面设置。

9.2 加劲钢板剪力墙的计算

9.2.1 本节适用于不考虑屈曲后强度的钢板剪力墙。

9.2.2 宜采取减少重力荷载传递至竖向加劲肋的构造措施。

9.2.3 同时设置水平和竖向加劲肋的钢板剪力墙，纵横加劲肋划分的剪力墙板区格的宽高比宜接近1，剪力墙板区格的宽厚比宜符合下列规定：

采用开口加劲肋时：

$$\frac{a_1 + h_1}{t_w} \leqslant 220\varepsilon_k \qquad (9.2.3\text{-}1)$$

采用闭口加劲肋时：

$$\frac{a_1 + h_1}{t_w} \leqslant 250\varepsilon_k \qquad (9.2.3\text{-}2)$$

式中：a_1——剪力墙板区格宽度（mm）；

h_1——剪力墙板区格高度（mm）；

ε_k——钢号调整系数；

t_w——钢板剪力墙的厚度（mm）。

9.2.4 同时设置水平和竖向加劲肋的钢板剪力墙，加劲肋的刚度参数宜符合下列公式的要求。

$$\eta_x = \frac{EI_{sx}}{Dh_1} \geqslant 33 \qquad (9.2.4\text{-}1)$$

$$\eta_y = \frac{EI_{sy}}{Da_1} \geqslant 50 \qquad (9.2.4\text{-}2)$$

$$D = \frac{Et_w^3}{12(1-\nu^2)} \qquad (9.2.4\text{-}3)$$

式中：η_x、η_y——分别为水平、竖向加劲肋的刚度参数；

E——钢材的弹性模量（N/mm²）；

I_{sx}、I_{sy}——分别为水平、竖向加劲肋的惯性矩（mm⁴），可考虑加劲肋与钢板剪力墙有效宽度组合截面，单侧钢板加劲剪力墙的有效宽度取 15 倍的钢板厚度；

D——单位宽度的弯曲刚度（N·mm）；

ν——钢材的泊松比。

9.2.5 设置加劲肋的钢板剪力墙，应根据下列规定计算其稳定性：

1 正则化宽厚比 $\lambda_{n,s}$、$\lambda_{n,\sigma}$、$\lambda_{n,b}$ 应根据下列公式计算：

$$\lambda_{n,s} = \sqrt{\frac{f_{yv}}{\tau_{cr}}} \qquad (9.2.5\text{-}1)$$

$$\lambda_{n,\sigma} = \sqrt{\frac{f_y}{\sigma_{cr}}} \qquad (9.2.5\text{-}2)$$

$$\lambda_{n,b} = \sqrt{\frac{f_y}{\sigma_{bcr}}} \qquad (9.2.5\text{-}3)$$

式中：f_{yv}——钢材的屈服抗剪强度（N/mm²），取钢材屈服强度的58%；

f_y——钢材屈服强度（N/mm²）；

τ_{cr}——弹性剪切屈曲临界应力（N/mm²），按本标准附录 F 的规定计算；

σ_{cr}——竖向受压弹性屈曲临界应力（N/mm²），按本标准附录 F 的规定计算；

σ_{bcr}——竖向受弯弹性屈曲临界应力（N/mm²），按本标准附录 F 的规定计算。

2 弹塑性稳定系数 φ_s、φ_σ、φ_{bs} 应根据下列公式计算：

$$\varphi_s = \frac{1}{\sqrt[3]{0.738 + \lambda_{n,s}^6}} \leqslant 1.0 \qquad (9.2.5\text{-}4)$$

$$\varphi_\sigma = \frac{1}{(1 + \lambda_{n,\sigma}^{2.4})^{5/6}} \leqslant 1.0 \qquad (9.2.5\text{-}5)$$

$$\varphi_{bs} = \frac{1}{\sqrt[3]{0.738 + \lambda_{n,b}^6}} \leqslant 1.0 \qquad (9.2.5\text{-}6)$$

3 稳定性计算应符合下列公式要求：

$$\frac{\sigma_b}{\varphi_{bs}f} \leqslant 1.0 \qquad (9.2.5\text{-}7)$$

$$\frac{\tau}{\varphi_s f_v} \leqslant 1.0 \qquad (9.2.5\text{-}8)$$

$$\frac{\sigma_G}{0.35\varphi_\sigma f} \leqslant 1.0 \qquad (9.2.5\text{-}9)$$

$$\left(\frac{\sigma_b}{\varphi_{bs}f}\right)^2 + \left(\frac{\tau}{\varphi_s f_v}\right)^2 + \frac{\sigma_\sigma}{\varphi_\sigma f} \leqslant 1.0$$
$$(9.2.5\text{-}10)$$

式中：σ_b——由弯矩产生的弯曲压应力设计值（N/mm²）；

τ——钢板剪力墙的剪应力设计值（N/mm²）；

σ_G——竖向重力荷载产生的应力设计值（N/mm²）；

f_v——钢板剪力墙的抗剪强度设计值（N/mm²）；

f——钢板剪力墙的抗压和抗弯强度设计值（N/mm²）；

σ_σ——钢板剪力墙承受的竖向应力设计值。

9.3 构 造 要 求

9.3.1 加劲钢板墙可采用横向加劲、竖向加劲、井字加劲等形式。加劲肋宜采用型钢且与钢板墙焊接。为运输方便，当设置水平加劲肋时，可采用横向加劲肋贯通、钢板剪力墙水平切断等形式。

9.3.2 加劲钢板剪力墙与边缘构件的连接应符合下列规定：

1 钢板剪力墙与钢柱连接可采用角焊缝，焊缝强度应满足等强连接要求；

2 钢板剪力墙跨的钢梁，腹板厚度不应小于钢板剪力墙厚度，翼缘可采用加劲肋代替，其截面不应小于所需要的钢梁截面。

9.3.3 加劲钢板剪力墙在有洞口时应符合下列规定：

1 计算钢板剪力墙的水平受剪承载力时，不应计算洞口水平投影部分。

2 钢板剪力墙上开设门洞时，门洞口边的加劲肋应符合下列规定：

1）加劲肋的刚度参数 η_x、η_y 不应小于150；

2）竖向边加劲肋应延伸至整个楼层高度，门洞上边的边缘加劲肋延伸的长度不宜小于 600mm。

10 塑性及弯矩调幅设计

10.1 一般规定

10.1.1 本章规定宜用于不直接承受动力荷载的下列结构或构件：

1 超静定梁；

2 由实腹式构件组成的单层框架结构；

3 2 层～6 层框架结构其层侧移不大于容许侧移的 50%。

4 满足下列条件之一的框架-支撑（剪力墙、核心筒等）结构中的框架部分：

   1）结构下部 1/3 楼层的框架部分承担的水平力不大于该层总水平力的 20%；

   2）支撑（剪力墙）系统能够承担所有水平力。

10.1.2 塑性及弯矩调幅设计时，容许形成塑性铰的构件应为单向弯曲的构件。

10.1.3 结构或构件采用塑性或弯矩调幅设计时应符合下列规定：

1 按正常使用极限状态设计时，应采用荷载的标准值，并应按弹性理论进行计算；

2 按承载能力极限状态设计时，应采用荷载的设计值，用简单塑性理论进行内力分析；

3 柱端弯矩及水平荷载产生的弯矩不得进行调幅。

10.1.4 采用塑性设计的结构及进行弯矩调幅的构件，钢材性能应符合本标准第 4.3.6 条的规定。

10.1.5 采用塑性及弯矩调幅设计的结构构件，其截面板件宽厚比等级应符合下列规定：

1 形成塑性铰并发生塑性转动的截面，其截面板件宽厚比等级应采用 S1 级；

2 最后形成塑性铰的截面，其截面板件宽厚比等级不应低于 S2 级截面要求；

3 其他截面板件宽厚比等级不应低于 S3 级截面要求。

10.1.6 构成抗侧力支撑系统的梁、柱构件，不得进行弯矩调幅设计。

10.1.7 采用塑性设计，或采用弯矩调幅设计且结构为有侧移失稳时，框架柱的计算长度系数应乘以 1.1 的放大系数。

10.2 弯矩调幅设计要点

10.2.1 当采用一阶弹性分析的框架-支撑结构进行弯矩调幅设计时，框架柱计算长度系数可取为 1.0，支撑系统应满足本标准式（8.3.1-6）的要求。

10.2.2 当采用一阶弹性分析时，对于连续梁、框架

梁和钢梁及钢-混凝土组合梁的调幅幅度限值及挠度和侧移增大系数应按表 10.2.2-1 及表 10.2.2-2 的规定采用。

表 10.2.2-1 钢梁调幅幅度限值及侧移增大系数

调幅幅度限值	梁截面板件宽厚比等级	侧移增大系数
15%	S1 级	1.00
20%	S1 级	1.05

表 10.2.2-2 钢-混凝土组合梁调幅幅度限值及挠度和侧移增大系数

梁分析模型	调幅幅度限值	梁截面板件宽厚比等级	挠度增大系数	侧移增大系数
变截面模型	5%	S1 级	1.00	1.00
	10%	S1 级	1.05	1.05
等截面模型	15%	S1 级	1.00	1.00
	20%	S1 级	1.00	1.05

10.3 构件的计算

10.3.1 除塑性铰部位的强度计算外，受弯构件的强度和稳定性计算应符合本标准第 6 章的规定。

10.3.2 受弯构件的剪切强度应符合下式要求：

$$V \leqslant h_w t_w f_v \tag{10.3.2}$$

式中：h_w、t_w——腹板高度和厚度（mm）；

V——构件的剪力设计值（N）；

f_v——钢材抗剪强度设计值（N/mm²）。

10.3.3 除塑性铰部位的强度计算外，压弯构件的强度和稳定性计算应符合本标准第 8 章的规定。

10.3.4 塑性铰部位的强度计算应符合下列规定：

1 采用塑性设计和弯矩调幅设计时，塑性铰部位的强度计算应符合下列公式的规定：

$$N \leqslant 0.6 A_n f \tag{10.3.4-1}$$

当 $\dfrac{N}{A_n f} \leqslant 0.15$ 时：

塑性设计：

$$M_x \leqslant 0.9 W_{npx} f \tag{10.3.4-2}$$

弯矩调幅设计：

$$M_x \leqslant \gamma_x w_x f \tag{10.3.4-3}$$

当 $\dfrac{N}{A_n f} > 0.15$ 时：

塑性设计：

$$M_x \leqslant 1.05 \left(1 - \dfrac{N}{A_n f}\right) W_{npx} f \tag{10.3.4-4}$$

弯矩调幅设计：

$$M_x \leqslant 1.15 \left(1 - \dfrac{N}{A_n f}\right) \gamma_x W_x f \tag{10.3.4-5}$$

2 当 $V > 0.5 h_w t_w f_v$ 时，验算受弯承载力所用的腹板强度设计值 f 可折减为 $(1-\rho) f$，折减系数

ρ 应按下式计算：

$$\rho = \left[2V/(h_w t_w f_v) - 1 \right]^2 \quad (10.3.4\text{-}6)$$

式中：N——构件的压力设计值（N）；

M_x——构件的弯矩设计值（N·mm）；

A_n——净截面面积（mm^2）；

W_{npx}——对 x 轴的塑性净截面模量（mm^3）；

f——钢材的抗弯强度设计值（N/mm^2）。

10.4 容许长细比和构造要求

10.4.1 受压构件的长细比不宜大于 $130\varepsilon_k$。

10.4.2 当钢梁的上翼缘没有通长的刚性铺板或防止侧向扭转屈曲的构件时，在构件出现塑性铰的截面处应设置侧向支承。该支承点与其相邻支承点间构件的长细比 λ_y 应符合下列规定：

当 $-1 \leqslant \dfrac{M_1}{\gamma_x W_x f} \leqslant 0.5$ 时：

$$\lambda_y \leqslant \left(60 - 40\frac{M_1}{\gamma_x W_x f} \right)\varepsilon_k \quad (10.4.2\text{-}1)$$

当 $0.5 < \dfrac{M_1}{\gamma_x W_x f} \leqslant 1$ 时：

$$\lambda_y \leqslant \left(45 - 10\frac{M_1}{\gamma_x W_x f} \right)\varepsilon_k \quad (10.4.2\text{-}2)$$

$$\lambda_y = \frac{l_1}{i_y} \quad (10.4.2\text{-}3)$$

式中：λ_y——弯矩作用平面外的长细比；

l_1——侧向支承点间距离（mm）；对不出现塑性铰的构件区段，其侧向支承点间距应由本标准第 6 章和第 8 章内有关弯矩作用平面外的整体稳定计算确定；

i_y——截面绕弱轴的回转半径（mm）；

M_1——与塑性铰距离为 l_1 的侧向支承点处的弯矩（N·mm）；当长度 l_1 内为同向曲率时，$M_1/(\gamma_x' W_x f)$ 为正；当为反向曲率时，$M_1/(\gamma_x W_x f)$ 为负。

10.4.3 当工字钢梁受拉的上翼缘有楼板或刚性铺板与钢梁可靠连接时，形成塑性铰的截面应满足下列要求之一：

1 根据本标准公式（6.2.7-3）计算的正则化长细比不大于 0.3；

2 布置间距不大于 2 倍梁高的加劲肋；

3 受压下翼缘设置侧向支撑。

10.4.4 用作减少构件弯矩作用平面外计算长度的侧向支撑，其轴心力应按本标准第 7.5.1 条确定。

10.4.5 所有节点及其连接应有足够的刚度，应保证在出现塑性铰前节点处各构件间的夹角保持不变。构件拼接和构件间的连接应能传递该处最大弯矩设计值的 1.1 倍，且不得低于 $0.5\gamma_x W_x f$。

10.4.6 当构件采用手工气割或剪切机割时，应将出现塑性铰部位的边缘刨平。当螺栓孔位于构件塑性铰部位的受拉板件上时，应采用钻成孔或先冲后扩钻孔。

11 连 接

11.1 一 般 规 定

11.1.1 钢结构构件的连接应根据施工环境条件和作用力的性质选择其连接方法。

11.1.2 同一连接部位中不得采用普通螺栓或承压型高强度螺栓与焊接共用的连接；在改、扩建工程中作为加固补强措施，可采用摩擦型高强度螺栓与焊接承受同一作用力的栓焊并用连接，其计算与构造宜符合行业标准《钢结构高强度螺栓连接技术规程》JGJ 82-2011 第 5.5 节的规定。

11.1.3 C 级螺栓宜用于沿其杆轴方向受拉的连接，在下列情况下可用于抗剪连接：

1 承受静力荷载或间接承受动力荷载结构中的次要连接；

2 承受静力荷载的可拆卸结构的连接；

3 临时固定构件用的安装连接。

11.1.4 沉头和半沉头铆钉不得用于其杆轴方向受拉的连接。

11.1.5 钢结构焊接连接构造设计应符合下列规定：

1 尽量减少焊缝的数量和尺寸；

2 焊缝的布置宜对称于构件截面的形心轴；

3 节点区留有足够空间，便于焊接操作和焊后检测；

4 应避免焊缝密集和双向、三向相交；

5 焊缝位置宜避开最大应力区；

6 焊缝连接宜选择等强匹配；当不同强度的钢材连接时，可采用与低强度钢材相匹配的焊接材料。

11.1.6 焊缝的质量等级应根据结构的重要性、荷载特性、焊缝形式、工作环境以及应力状态等情况，按下列原则选用：

1 在承受动荷载且需要进行疲劳验算的构件中，凡要求与母材等强连接的焊缝应焊透，其质量等级应符合下列规定：

1) 作用力垂直于焊缝长度方向的横向对接焊缝或 T 形对接与角接组合焊缝，受拉时应为一级，受压时不应低于二级；

2) 作用力平行于焊缝长度方向的纵向对接焊缝不应低于二级；

3) 重级工作制（A6～A8）和起重量 Q≥50t 的中级工作制（A4、A5）吊车梁的腹板与上翼缘之间以及吊车桁架上弦杆与节点板之间的 T 形连接部位焊缝应焊透，焊缝形式宜为对接与角接的组合焊缝，其质量等级不应低于二级。

2 在工作温度等于或低于-20℃的地区，构件对接焊缝的质量不得低于二级。

3 不需要疲劳验算的构件中，凡要求与母材等强的对接焊缝宜焊透，其质量等级受拉时不应低于二级，受压时不宜低于二级。

4 部分焊透的对接焊缝、采用角焊缝或部分焊透的对接与角接组合焊缝的 T 形连接部位，以及搭接连接角焊缝，其质量等级应符合下列规定：

　　1）直接承受动荷载且需要疲劳验算的结构和吊车起重量等于或大于 50t 的中级工作制吊车梁以及梁柱、牛腿等重要节点不应低于二级；

　　2）其他结构可为三级。

11.1.7 焊接工程中，首次采用的新钢种应进行焊接性试验，合格后应根据现行国家标准《钢结构焊接规范》GB 50661 的规定进行焊接工艺评定。

11.1.8 钢结构的安装连接应采用传力可靠、制作方便、连接简单、便于调整的构造形式，并应考虑临时定位措施。

11.2 焊缝连接计算

11.2.1 全熔透对接焊缝或对接与角接组合焊缝应按下列规定进行强度计算：

1 在对接和 T 形连接中，垂直于轴心拉力或轴心压力的对接焊接或对接与角接组合焊缝，其强度应按下式计算：

$$\sigma = \frac{N}{l_w h_e} \leqslant f_t^w \text{ 或 } f_c^w \quad (11.2.1\text{-}1)$$

式中：N——轴心拉力或轴心压力（N）；

　　　　l_w——焊缝长度（mm）；

　　　　h_e——对接焊缝的计算厚度（mm），在对接连接节点中取连接件的较小厚度，在 T 形连接节点中取腹板的厚度；

　　f_t^w、f_c^w——对接焊缝的抗拉、抗压强度设计值（N/mm²）。

2 在对接和 T 形连接中，承受弯矩和剪力共同作用的对接焊缝或对接与角接组合焊缝，其正应力和剪应力应分别进行计算。但在同时受有较大正应力和剪应力处（如梁腹板横向对接焊缝的端部）应按下式计算折算应力：

$$\sqrt{\sigma^2 + 3\tau^2} \leqslant 1.1 f_t^w \quad (11.2.1\text{-}2)$$

11.2.2 直角角焊缝应按下列规定进行强度计算：

1 在通过焊缝形心的拉力、压力或剪力作用下：

正面角焊缝（作用力垂直于焊缝长度方向）：

$$\sigma_f = \frac{N}{h_e l_w} \leqslant \beta_f f_f^w \quad (11.2.2\text{-}1)$$

侧面角焊缝（作用力平行于焊缝长度方向）：

$$\tau_f = \frac{N}{h_e l_w} \leqslant f_f^w \quad (11.2.2\text{-}2)$$

2 在各种力综合作用下，σ_f 和 τ_f 共同作用处：

$$\sqrt{\left(\frac{\sigma_f}{\beta_f}\right)^2 + \tau_f^2} \leqslant f_f^w \quad (11.2.2\text{-}3)$$

式中：σ_f——按焊缝有效截面（$h_e l_w$）计算，垂直于焊缝长度方向的应力（N/mm²）；

　　　　τ_f——按焊缝有效截面计算，沿焊缝长度方向的剪应力（N/mm²）；

　　　　h_e——直角角焊缝的计算厚度（mm），当两焊件间隙 $b \leqslant 1.5$mm 时，$h_e = 0.7 h_f$；1.5mm$< b \leqslant$5mm 时，$h_e = 0.7(h_f - b)$，h_f 为焊脚尺寸（图 11.2.2）；

　　　　l_w——角焊缝的计算长度（mm），对每条焊缝取其实际长度减去 $2h_f$；

　　　　f_f^w——角焊缝的强度设计值（N/mm²）；

　　　　β_f——正面角焊缝的强度设计值增大系数，对承受静力荷载和间接承受动力荷载的结构，$\beta_f = 1.22$；对直接承受动力荷载的结构，$\beta_f = 1.0$。

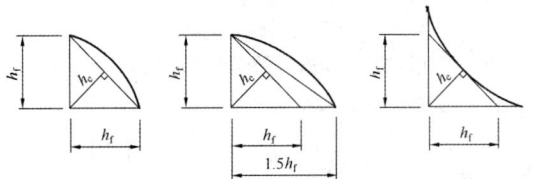

(a) 等边直角焊缝截面　(b) 不等边直角焊缝截面　(c) 等边凹形直角焊缝截面

图 11.2.2　直角角焊缝截面

11.2.3 两焊脚边夹角为 $60° \leqslant \alpha \leqslant 135°$ 的 T 形连接的斜角角焊缝（图 11.2.3-1），其强度应按本标准式（11.2.2-1）～式（11.2.2-3）计算，但取 $\beta_f = 1.0$，其计算厚度 h_e（图 11.2.3-2）的计算应符合下列规定：

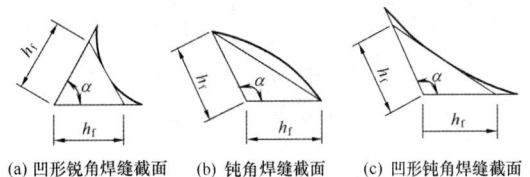

(a) 凹形锐角焊缝截面　(b) 钝角焊缝截面　(c) 凹形钝角焊缝截面

图 11.2.3-1　T 形连接的斜角角焊缝截面

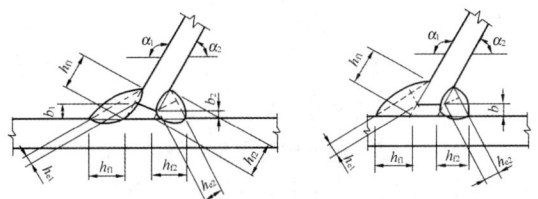

图 11.2.3-2　T 形连接的根部间隙和焊缝截面

1 当根部间隙 b、b_1 或 $b_2 \leqslant 15\text{mm}$ 时，$h_e = h_f \cos\frac{\alpha}{2}$；

2 当根部间隙 b、b_1 或 $b_2 > 15\text{mm}$ 但 $\leqslant 5\text{mm}$ 时，

$$h_e = \left[h_f - \frac{b\,(\text{或}\ b_1、b_2)}{\sin\alpha}\right]\cos\frac{\alpha}{2}$$；

3 当 $30° \leqslant \alpha < 60°$ 或 $\alpha < 30°$ 时，斜角角焊缝计算厚度 h_e 应按现行国家标准《钢结构焊接规范》GB 50661 的有关规定计算取值。

11.2.4 部分熔透的对接焊缝（图 11.2.4）和 T 形对接与角接组合焊缝[图 11.2.4（c）]的强度，应按式（11.2.2-1）～式（11.2.2-3）计算，当熔合线处焊缝截面边长等于或接近于最短距离 s 时，抗剪强度设计值应按角焊缝的强度设计值乘以 0.9。在垂直于焊缝长度方向的压力作用下，取 $\beta_f = 1.22$，其他情况取 $\beta_f = 1.0$，其计算厚度 h_e 宜按下列规定取值，其中 s 为坡口深度，即根部至焊缝表面（不考虑余高）的最短距离（mm）；α 为 V 形、单边 V 形或 K 形坡口角度：

1 V 形坡口[图 11.2.4（a）]：当 $\alpha \geqslant 60°$ 时，$h_e = s$；当 $\alpha < 60°$ 时，$h_e = 0.75s$；

2 单边 V 形和 K 形坡口[图 11.2.4（b）、图 11.2.4（c）]：当 $\alpha = 45° \pm 5°$ 时，$h_e = s-3$；

3 U 形和 J 形坡口[图 11.2.4（d）、图 11.2.4（e）]：当 $\alpha = 45° \pm 5°$ 时，$h_e = s$。

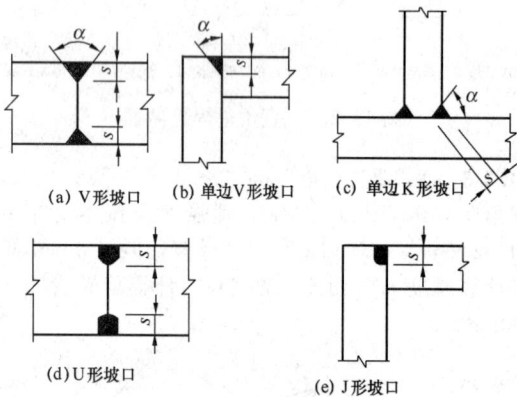

(a) V形坡口　(b) 单边V形坡口　(c) 单边K形坡口

(d)U形坡口　　　　　(e) J形坡口

图 11.2.4　部分熔透的对接焊缝和 T 形对接与角接组合焊缝截面

11.2.5 圆形塞焊焊缝和圆孔或槽孔内角焊缝的强度应分别按式（11.2.5-1）和式（11.2.5-2）计算：

$$\tau_f = \frac{N}{A_w} \leqslant f_f^w \qquad (11.2.5\text{-}1)$$

$$\tau_f = \frac{N}{h_e l_w} \leqslant f_f^w \qquad (11.2.5\text{-}2)$$

式中：A_w——塞焊圆孔面积；

l_w——圆孔内或槽孔内角焊缝的计算长度。

11.2.6 角焊缝的搭接焊缝连接中，当焊缝计算长度 l_w 超过 $60h_f$ 时，焊缝的承载力设计值应乘以折减系

数 α_f，$\alpha_f = 1.5 - \dfrac{l_w}{120h_f}$，并不小于 0.5。

11.2.7 焊接截面工字形梁翼缘与腹板的焊缝连接强度计算应符合下列规定：

1 双面角焊缝连接，其强度应按下式计算，当梁上翼缘受有固定集中荷载时，宜在该处设置顶紧上翼缘的支承加劲肋，按式（11.2.7）计算时取 $F = 0$。

$$\frac{1}{2h_e}\sqrt{\left(\frac{VS_f}{I}\right)^2 + \left(\frac{\psi F}{\beta_f l_z}\right)^2} \leqslant f_f^w \qquad (11.2.7)$$

式中：S_f——所计算翼缘毛截面对梁中和轴的面积矩（mm³）；

I——梁的毛截面惯性矩（mm⁴）；

F、ψ、l_z——按本标准第 6.1.4 条采用。

2 当腹板与翼缘的连接焊缝采用焊透的 T 形对接与角接组合焊缝时，其焊缝强度可不计算。

11.2.8 圆管与矩形管 T、Y、K 形相贯节点焊缝的构造与计算厚度取值应符合现行国家标准《钢结构焊接规范》GB 50661 的相关规定。

11.3　焊缝连接构造要求

11.3.1 受力和构造焊缝可采用对接焊缝、角接焊缝、对接与角接组合焊缝、塞焊焊缝、槽焊焊缝，重要连接或有等强要求的对接焊缝应为熔透焊缝，较厚板件或无需焊透时可采用部分熔透焊缝。

11.3.2 对接焊缝的坡口形式，宜根据板厚和施工条件按现行国家标准《钢结构焊接规范》GB 50661 要求选用。

11.3.3 不同厚度和宽度的材料对接时，应作平缓过渡，其连接处坡度值不宜大于 1∶25（图 11.3.3-1 和图 11.3.3-2）。

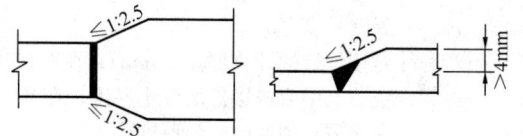

图 11.3.3-1　不同宽度或厚度钢板的拼接

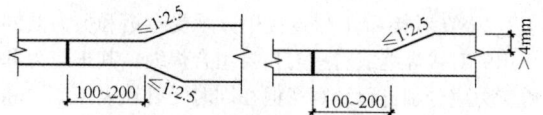

(a) 不同宽度对接　　　　(b) 不同厚度对接

图 11.3.3-2　不同宽度或厚度铸钢件的拼接

11.3.4 承受动荷载时，塞焊、槽焊、角焊、对接连接应符合下列规定：

1 承受动荷载不需要进行疲劳验算的构件，采用塞焊、槽焊时，孔或槽的边缘到构件边缘在垂直于应力方向上的间距不应小于此构件厚度的 5 倍，且不应小于孔或槽宽度的 2 倍；构件端部搭接连接的纵向

角焊缝长度不应小于两侧焊缝间的垂直间距 a，且在无塞焊、槽焊等其他措施时，间距 a 不应大于较薄件厚度 t 的 16 倍（图 11.3.4）；

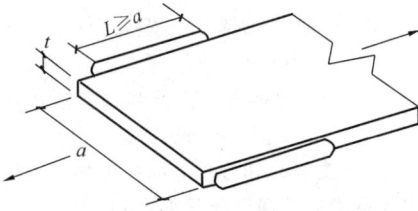

图 11.3.4 承受动载不需进行疲劳验算时
构件端部纵向角焊缝长度及间距要求
a—不应大于 $16t$（中间有塞焊焊缝或槽焊焊缝时除外）

2 不得采用焊脚尺寸小于 5mm 的角焊缝；

3 严禁采用断续坡口焊缝和断续角焊缝；

4 对接与角接组合焊缝和 T 形连接的全焊透坡口焊缝应采用角焊缝加强，加强焊脚尺寸不应大于连接部位较薄件厚度的 1/2，但最大值不得超过 10mm；

5 承受动载需经疲劳验算的连接，当拉应力与焊缝轴线垂直时，严禁采用部分焊透对接焊缝；

6 除横焊位置以外，不宜采用 L 形和 J 形坡口；

7 不同板厚的对接连接承受动载时，应按本标准第 11.3.3 条的规定做成平缓过渡。

11.3.5 角焊缝的尺寸应符合下列规定：

1 角焊缝的最小计算长度应为其焊脚尺寸 h_f 的 8 倍，且不应小于 40mm；焊缝计算长度应为扣除引弧、收弧长度后的焊缝长度；

2 断续角焊缝焊段的最小长度不应小于最小计算长度；

3 角焊缝最小焊脚尺寸宜按表 11.3.5 取值，承受动荷载时角焊缝焊脚尺寸不宜小于 5mm；

4 被焊构件中较薄板厚度不小于 25mm 时，宜采用开局部坡口的角焊缝；

5 采用角焊缝焊接连接，不宜将厚板焊接到较薄板上。

表 11.3.5 角焊缝最小焊脚尺寸（mm）

母材厚度 t	角焊缝最小焊脚尺寸 h_f
$t \leq 6$	3
$6 < t \leq 12$	5
$12 < t \leq 20$	6
$t > 20$	8

注：1 采用不预热的非低氢焊接方法进行焊接时，t 等于焊接连接部位中较厚件厚度，宜采用单道焊缝；采用预热的非低氢焊接方法或低氢焊接方法进行焊接时，t 等于焊接连接部位中较薄件厚度。

2 焊缝尺寸 h_f 不要求超过焊接连接部位中较薄件厚度的情况除外。

11.3.6 搭接连接角焊缝的尺寸及布置应符合下列规定：

1 传递轴向力的部件，其搭接连接最小搭接长度应为较薄件厚度的 5 倍，且不应小于 25mm（图 11.3.6-1），并应施焊纵向或横向双角焊缝；

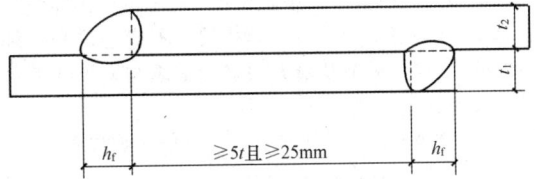

图 11.3.6-1 搭接连接双角焊缝的要求
t—t_1 和 t_2 中较小者；h_f—焊脚尺寸，按设计要求

2 只采用纵向角焊缝连接型钢杆件端部时，型钢杆件的宽度不应大于 200mm，当宽度大于 200mm 时，应加横向角焊缝或中间塞焊；型钢杆件每一侧纵向角焊缝的长度不应小于型钢杆件的宽度；

3 型钢杆件搭接连接采用围焊时，在转角处应连续施焊。杆件端部搭接角焊缝作绕焊时，绕焊长度不应小于焊脚尺寸的 2 倍，并应连续施焊；

4 搭接焊缝沿母材棱边的最大焊脚尺寸，当板厚不大于 6mm 时，应为母材厚度，当板厚大于 6mm 时，应为母材厚度减去 1mm~2mm（图 11.3.6-2）；

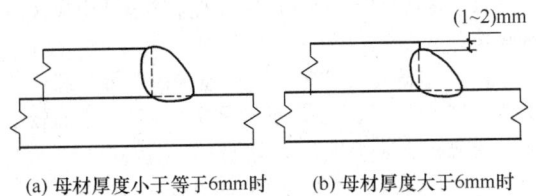

(a) 母材厚度小于等于 6mm 时　(b) 母材厚度大于 6mm 时

图 11.3.6-2 搭接焊缝沿母材棱边的最大焊脚尺寸

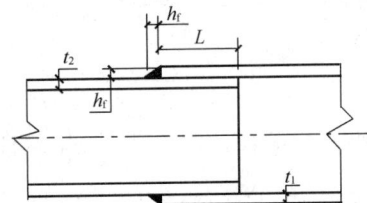

图 11.3.6-3 管材套管连接
的搭接焊缝最小长度
h_f—焊脚尺寸，按设计要求

5 用搭接焊缝传递荷载的套管连接可只焊一条角焊缝，其管材搭接长度 L 不应小于 5（$t_1 + t_2$），且不应小于 25mm。搭接焊缝焊脚尺寸应符合设计要求（图 11.3.6-3）。

11.3.7 塞焊和槽焊焊缝的尺寸、间距、焊缝高度应符合下列规定：

1 塞焊和槽焊的有效面积应为贴合面上圆孔或长槽孔的标称面积。

2 塞焊焊缝的最小中心间隔应为孔径的 4 倍，槽焊焊缝的纵向最小间距应为槽孔长度的 2 倍，垂直于槽孔长度方向的两排槽孔的最小间距应为槽孔宽度的 4 倍。

3 塞焊孔的最小直径不得小于开孔板厚度加 8mm，最大直径应为最小直径加 3mm 和开孔件厚度的 2.25 倍两值中较大者。槽孔长度不应超过开孔件厚度的 10 倍，最小及最大槽宽规定应与塞焊孔的最小及最大孔径规定相同。

4 塞焊和槽焊的焊缝高度应符合下列规定：

1）当母材厚度不大于 16mm 时，应与母材厚度相同；

2）当母材厚度大于 16mm 时，不应小于母材厚度的一半和 16mm 两值中较大者。

5 塞焊焊缝和槽焊焊缝的尺寸应根据贴合面上承受的剪力计算确定。

11.3.8 在次要构件或次要焊接连接中，可采用断续角焊缝。断续角焊缝焊段的长度不得小于 $10h_f$ 或 50mm，其净距不应大于 $15t$（对受压构件）或 $30t$（对受拉构件），t 为较薄焊件厚度。腐蚀环境中不宜采用断续角焊缝。

11.4 紧固件连接计算

11.4.1 普通螺栓、锚栓或铆钉的连接承载力应按下列规定计算：

1 在普通螺栓或铆钉抗剪连接中，每个螺栓的承载力设计值应取受剪和承压承载力设计值中的较小者。受剪和承压承载力设计值应分别按式（11.4.1-1）、式（11.4.1-2）和式（11.4.1-3）、式（11.4.1-4）计算。

普通螺栓： $$N_v^b = n_v \frac{\pi d^2}{4} f_v^b \qquad (11.4.1\text{-}1)$$

铆钉： $$N_v^r = n_v \frac{\pi d_0^2}{4} f_v^r \qquad (11.4.1\text{-}2)$$

普通螺栓： $$N_c^b = d \Sigma t f_c^b \qquad (11.4.1\text{-}3)$$

铆钉： $$N_c^r = d_0 \Sigma t f_c^r \qquad (11.4.1\text{-}4)$$

式中： n_v ——受剪面数目；

d ——螺杆直径（mm）；

d_0 ——铆钉孔直径（mm）；

Σt ——在不同受力方向中一个受力方向承压构件总厚度的较小值（mm）；

f_v^b、f_c^b ——螺栓的抗剪和承压强度设计值（N/mm²）；

f_v^r、f_c^r ——铆钉的抗剪和承压强度设计值（N/mm²）。

2 在普通螺栓、锚栓或铆钉杆轴向方向受拉的连接中，每个普通螺栓、锚栓或铆钉的承载力设计值应按下列公式计算：

普通螺栓 $$N_t^b = \frac{\pi d_e^2}{4} f_t^b \qquad (11.4.1\text{-}5)$$

锚栓 $$N_t^a = \frac{\pi d_e^2}{4} f_t^a \qquad (11.4.1\text{-}6)$$

铆钉 $$N_t^r = \frac{\pi d_0^2}{4} f_t^r \qquad (11.4.1\text{-}7)$$

式中： d_e ——螺栓或锚栓在螺纹处的有效直径（mm）；

f_t^b、f_t^a、f_t^r ——普通螺栓、锚栓和铆钉的抗拉强度设计值（N/mm²）。

3 同时承受剪力和杆轴方向拉力的普通螺栓和铆钉，其承载力应分别符合下列公式的要求：

普通螺栓

$$\sqrt{\left(\frac{N_v}{N_v^b}\right)^2 + \left(\frac{N_t}{N_t^b}\right)^2} \leqslant 1.0 \quad (11.4.1\text{-}8)$$

$$N_v \leqslant N_c^b \qquad (11.4.1\text{-}9)$$

铆钉

$$\sqrt{\left(\frac{N_v}{N_v^r}\right)^2 + \left(\frac{N_t}{N_t^r}\right)^2} \leqslant 1.0 \quad (11.4.1\text{-}10)$$

$$N_v \leqslant N_c^r \qquad (11.4.1\text{-}11)$$

式中： N_v、N_t ——分别为某个普通螺栓所承受的剪力和拉力（N）；

N_v^b、N_t^b、N_c^b ——一个普通螺栓的抗剪、抗拉和承压承载力设计值（N）；

N_v^r、N_t^r、N_c^r ——一个铆钉抗剪、抗拉和承压承载力设计值（N）。

11.4.2 高强度螺栓摩擦型连接应按下列规定计算：

1 在受剪连接中，每个高强度螺栓的承载力设计值按下式计算：

$$N_v^b = 0.9 k n_f \mu P \qquad (11.4.2\text{-}1)$$

式中： N_v^b ——一个高强度螺栓的受剪承载力设计值（N）；

k ——孔型系数，标准孔取 1.0；大圆孔取 0.85；内力与槽孔长向垂直时取 0.7；内力与槽孔长向平行时取 0.6；

n_f ——传力摩擦面数目；

μ ——摩擦面的抗滑移系数，可按表 11.4.2-1 取值；

P ——一个高强度螺栓的预拉力设计值（N），按表 11.4.2-2 取值。

2 在螺栓杆轴方向受拉的连接中，每个高强度螺栓的承载力应按下式计算：

$$N_t^b = 0.8P \qquad (11.4.2\text{-}2)$$

3 当高强度螺栓摩擦型连接同时承受摩擦面间的剪力和螺栓杆轴方向的外拉力时，承载力应符合下式要求：

$$\frac{N_v}{N_v^b} + \frac{N_t}{N_t^b} \leqslant 1.0 \qquad (11.4.2\text{-}3)$$

式中： N_v、N_t ——分别为某个高强度螺栓所承受的剪力和拉力（N）；

N_v^b、N_t^b——一个高强度螺栓的受剪、受拉承载力设计值（N）。

表 11.4.2-1 钢材摩擦面的抗滑移系数 μ

连接处构件接触面的处理方法	构件的钢材牌号		
	Q235 钢	Q345 钢或 Q390 钢	Q420 钢或 Q460 钢
喷硬质石英砂或铸钢棱角砂	0.45	0.45	0.45
抛丸（喷砂）	0.40	0.40	0.40
钢丝刷清除浮锈或未经处理的干净轧制面	0.30	0.35	—

注：1 钢丝刷除锈方向应与受力方向垂直；

2 当连接构件采用不同钢材牌号时，μ 按相应较低强度者取值；

3 采用其他方法处理时，其处理工艺及抗滑移系数值均需经试验确定。

表 11.4.2-2 一个高强度螺栓的预拉力设计值 P（kN）

螺栓的承载性能等级	螺栓公称直径（mm）					
	M16	M20	M22	M24	M27	M30
8.8 级	80	125	150	175	230	280
10.9 级	100	155	190	225	290	355

11.4.3 高强度螺栓承压型连接应按下列规定计算：

1 承压型连接的高强度螺栓预拉力 P 的施拧工艺和设计值取值应与摩擦型连接高强度螺栓相同；

2 承压型连接中每个高强度螺栓的受剪承载力设计值，其计算方法与普通螺栓相同，但当计算剪切面在螺纹处时，其受剪承载力设计值应按螺纹处的有效截面积进行计算；

3 在杆轴受拉的连接中，每个高强度螺栓的受拉承载力设计值的计算方法与普通螺栓相同；

4 同时承受剪力和杆轴方向拉力的承压型连接，承载力应符合下列公式的要求：

$$\sqrt{\left(\frac{N_v}{N_v^b}\right)^2 + \left(\frac{N_t}{N_t^b}\right)^2} \leqslant 1.0 \quad (11.4.3\text{-}1)$$

$$N_v \leqslant N_c^b/1.2 \quad (11.4.3\text{-}2)$$

式中：N_v、N_t——所计算的某个高强度螺栓所承受的剪力和拉力（N）；

N_v^b、N_t^b、N_c^b——一个高强度螺栓按普通螺栓计算时的受剪、受拉和承压承载力设计值；

11.4.4 在下列情况的连接中，螺栓或铆钉的数目应予增加：

1 一个构件借助填板或其他中间板与另一构件连接的螺栓（摩擦型连接的高强度螺栓除外）或铆钉数目，应按计算增加 10%；

2 当采用搭接或拼接板的单面连接传递轴心力时，因偏心引起连接部位发生弯曲时，螺栓（摩擦型连接的高强度螺栓除外）数目应按计算增加 10%；

3 在构件的端部连接中，当利用短角钢连接型钢（角钢或槽钢）的外伸肢以缩短连接长度时，在短角钢两肢中的一肢上，所用的螺栓或铆钉数目应按计算增加 50%；

4 当铆钉连接的铆合总厚度超过铆钉孔径的 5 倍时，总厚度每超过 2mm，铆钉数目应按计算增加 1%（至少应增加 1 个铆钉），但铆合总厚度不得超过铆钉孔径的 7 倍。

11.4.5 在构件连接节点的一端，当螺栓沿轴向受力方向的连接长度 l_1 大于 $15d_0$ 时（d_0 为孔径），应将螺栓的承载力设计值乘以折减系数 $\left(1.1 - \dfrac{l_1}{150d_0}\right)$，当大于 $60d_0$ 时，折减系数取为定值 0.7。

11.5 紧固件连接构造要求

11.5.1 螺栓孔的孔径与孔型应符合下列规定：

1 B 级普通螺栓的孔径 d_0 较螺栓公称直径 d 大 0.2mm～0.5mm，C 级普通螺栓的孔径 d_0 较螺栓公称直径 d 大 1.0mm～1.5mm；

2 高强度螺栓承压型连接采用标准圆孔时，其孔径 d_0 可按表 11.5.1 采用；

3 高强度螺栓摩擦型连接可采用标准孔、大圆孔和槽孔，孔型尺寸可按表 11.5.1 采用；采用扩大孔连接时，同一连接面只能在盖板和芯板其中之一的板上采用大圆孔或槽孔，其余仍采用标准孔；

表 11.5.1 高强度螺栓连接的孔型尺寸匹配（mm）

螺栓公称直径		M12	M16	M20	M22	M24	M27	M30
孔型	标准孔 直径	13.5	17.5	22	24	26	30	33
	大圆孔 直径	16	20	24	28	30	35	38
	槽孔 短向	13.5	17.5	22	24	26	30	33
	槽孔 长向	22	30	37	40	45	50	55

4 高强度螺栓摩擦型连接盖板按大圆孔、槽孔制孔时，应增大垫圈厚度或采用连续型垫板，其孔径与标准垫圈相同，对 M24 及以下的螺栓，厚度不宜小于 8mm；对 M24 以上的螺栓，厚度不宜小于 10mm。

11.5.2 螺栓（铆钉）连接宜采用紧凑布置，其连接中心宜与被连接构件截面的重心相一致。螺栓或铆钉的间距、边距和端距容许值应符合表 11.5.2 的规定。

表 11.5.2　螺栓或铆钉的孔距、边距和端距容许值

名称	位置和方向			最大容许间距（取两者的较小值）	最小容许间距
中心间距	外排（垂直内力方向或顺内力方向）			$8d_0$ 或 $12t$	$3d_0$
	中间排	垂直内力方向		$16d_0$ 或 $24t$	
		顺内力方向	构件受压力	$12d_0$ 或 $18t$	
			构件受拉力	$16d_0$ 或 $24t$	
	沿对角线方向			—	
中心至构件边缘距离	顺内力方向			$2d_0$	
	垂直内力方向	剪切边或手工切割边		$4d_0$ 或 $8t$	$1.5d_0$
		轧制边、自动气割或锯割边	高强度螺栓		
			其他螺栓或铆钉		$1.2d_0$

注：1　d_0 为螺栓或铆钉的孔径，对槽孔为短向尺寸，t 为外层较薄板件的厚度；
　　2　钢板边缘与刚性构件（如角钢，槽钢等）相连的高强度螺栓的最大间距，可按中间排的数值采用；
　　3　计算螺栓孔引起的截面削弱时可取 $d+4$mm 和 d_0 的较大者。

11.5.3　直接承受动力荷载构件的螺栓连接应符合下列规定：

　　1　抗剪连接时应采用摩擦型高强度螺栓；

　　2　普通螺栓受拉连接应采用双螺帽或其他能防止螺帽松动的有效措施。

11.5.4　高强度螺栓连接设计应符合下列规定：

　　1　本章的高强度螺栓连接均应按本标准表 11.4.2-2 施加预拉力；

　　2　采用承压型连接时，连接处构件接触面应清除油污及浮锈，仅承受拉力的高强度螺栓连接，不要求对接触面进行抗滑移处理；

　　3　高强度螺栓承压型连接不应用于直接承受动力荷载的结构，抗剪承压型连接在正常使用极限状态下应符合摩擦型连接的设计要求；

　　4　当高强度螺栓连接的环境温度为 100℃～150℃时，其承载力应降低 10%。

11.5.5　当型钢构件拼接采用高强度螺栓连接时，其拼接件宜采用钢板。

11.5.6　螺栓连接设计应符合下列规定：

　　1　连接处应有必要的螺栓施拧空间；

　　2　螺栓连接或拼接节点中，每一杆件一端的永久性的螺栓数不宜少于 2 个；对组合构件的缀条，其端部连接可采用 1 个螺栓；

　　3　沿杆轴方向受拉的螺栓连接中的端板（法兰板），宜设置加劲肋。

11.6　销　轴　连　接

11.6.1　销轴连接适用于铰接柱脚或拱脚以及拉索、拉杆端部的连接，销轴与耳板宜采用 Q345、Q390 与 Q420，也可采用 45 号钢、35CrMo 或 40Cr 等钢材。当销孔和销轴表面要求机加工时，其质量要求应符合相应的机械零件加工标准的规定。当销轴直径大于 120mm 时，宜采用锻造加工工艺制作。

11.6.2　销轴连接的构造应符合下列规定（图 11.6.2）：

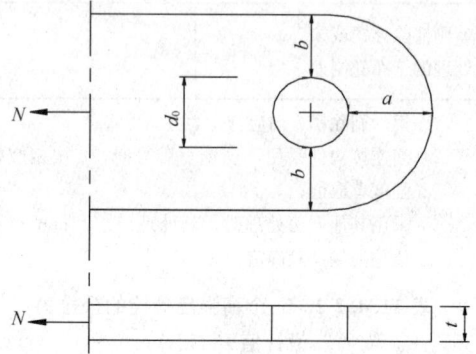

图 11.6.2　销轴连接耳板

　　1　销轴孔中心应位于耳板的中心线上，其孔径与直径相差不应大于 1mm。

　　2　耳板两侧宽厚比 b/t 不宜大于 4，几何尺寸应符合下列公式规定：

$$a \geqslant \frac{4}{3} b_e \qquad (11.6.2-1)$$

$$b_e = 2t + 16 \leqslant b \qquad (11.6.2-2)$$

式中：b——连接耳板两侧边缘与销轴孔边缘净距（mm）；

　　　　t——耳板厚度（mm）；

　　　　a——顺受力方向，销轴孔边距板边缘最小距离（mm）。

　　3　销轴表面与耳板孔周表面宜进行机加工。

11.6.3　连接耳板应按下列公式进行抗拉、抗剪强度的计算：

　　1　耳板孔净截面处的抗拉强度：

$$\sigma = \frac{N}{2tb_1} \leqslant f \qquad (11.6.3-1)$$

$$b_1 = \min\left(2t + 16, b - \frac{d_0}{3}\right) \qquad (11.6.3-2)$$

　　2　耳板端部截面抗拉（劈开）强度：

$$\sigma = \frac{N}{2t\left(a - \frac{2d_0}{3}\right)} \leqslant f \qquad (11.6.3-3)$$

　　3　耳板抗剪强度：

$$\tau = \frac{N}{2tZ} \leqslant f_v \qquad (11.6.3\text{-}4)$$

$$Z = \sqrt{(a + d_0/2)^2 - (d_0/2)^2} \qquad (11.6.3\text{-}5)$$

式中：N——杆件轴向拉力设计值（N）；

b_1——计算宽度（mm）；

d_0——销轴孔径（mm）；

f——耳板抗拉强度设计值（N/mm²）。

Z——耳板端部抗剪截面宽度（图 11.6.3）（mm）；

f_v——耳板钢材抗剪强度设计值（N/mm²）。

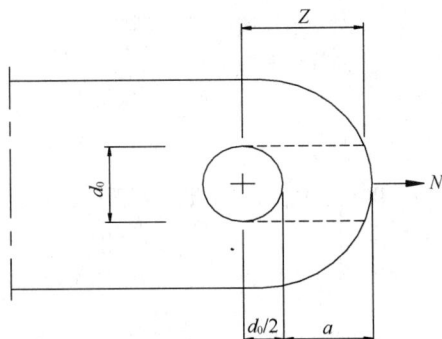

图 11.6.3 销轴连接耳板受剪面示意图

11.6.4 销轴应按下列公式进行承压、抗剪与抗弯强度的计算：

1 销轴承压强度：

$$\sigma_c = \frac{N}{dt} \leqslant f_c^b \qquad (11.6.4\text{-}1)$$

2 销轴抗剪强度：

$$\tau_b = \frac{N}{n_v \pi \frac{d^2}{4}} \leqslant f_v^b \qquad (11.6.4\text{-}2)$$

3 销轴的抗弯强度：

$$\sigma_b = \frac{M}{15 \frac{\pi d^3}{32}} \leqslant f^b \qquad (11.6.4\text{-}3)$$

$$M = \frac{N}{8}(2t_e + t_m + 4s) \qquad (11.6.4\text{-}4)$$

4 计算截面同时受弯受剪时组合强度应按下式验算：

$$\sqrt{\left(\frac{\sigma_b}{f^b}\right)^2 + \left(\frac{\tau_b}{f_v^b}\right)^2} \leqslant 1.0 \qquad (11.6.4\text{-}5)$$

式中：d——销轴直径（mm）；

f_c^b——销轴连接中耳板的承压强度设计值（N/mm²）；

n_v——受剪面数目；

f_v^b——销轴的抗剪强度设计值（N/mm²）；

M——销轴计算截面弯矩设计值（N·mm）；

f^b——销轴的抗弯强度设计值（N/mm²）；

t_e——两端耳板厚度（mm）；

t_m——中间耳板厚度（mm）；

s——端耳板和中间耳板间间距（mm）。

11.7 钢管法兰连接构造

11.7.1 法兰板可采用环状板或整板，并宜设置加劲肋。

11.7.2 法兰板上螺孔应均匀分布，螺栓宜采用较高强度等级。

11.7.3 当钢管内壁不作防腐蚀处理时，管端部法兰应作气密性焊接封闭。当钢管用热浸镀锌作内外防腐蚀处理时，管端不应封闭。

12 节 点

12.1 一般规定

12.1.1 钢结构节点设计应根据结构的重要性、受力特点、荷载情况和工作环境等因素选用节点形式、材料与加工工艺。

12.1.2 节点设计应满足承载力极限状态要求，传力可靠，减少应力集中。

12.1.3 节点构造应符合结构计算假定，当构件在节点偏心相交时，尚应考虑局部弯矩的影响。

12.1.4 构造复杂的重要节点应通过有限元分析确定其承载力，并宜进行试验验证。

12.1.5 节点构造应便于制作、运输、安装、维护，防止积水、积尘，并应采取防腐与防火措施。

12.1.6 拼接节点应保证被连接构件的连续性。

12.2 连接板节点

12.2.1 连接节点处板件在拉、剪作用下的强度应按下列公式计算：

$$\frac{N}{\sum(\eta_i A_i)} \leqslant f \qquad (12.2.1\text{-}1)$$

$$A_i = t l_i \qquad (12.2.1\text{-}2)$$

$$\eta_i = \frac{1}{\sqrt{1 + 2\cos^2\alpha_i}} \qquad (12.2.1\text{-}3)$$

式中：N——作用于板件的拉力（N）；

A_i——第 i 段破坏面的截面积，当为螺栓连接时，应取净截面面积（mm²）；

t——板件厚度（mm）；

l_i——第 i 破坏段的长度，应取板件中最危险的破坏线长度（图 12.2.1）（mm）；

η_i——第 i 段的拉剪折算系数；

α_i——第 i 段破坏线与拉力轴线的夹角。

12.2.2 桁架节点板（杆件轧制 T 形和双板焊接 T

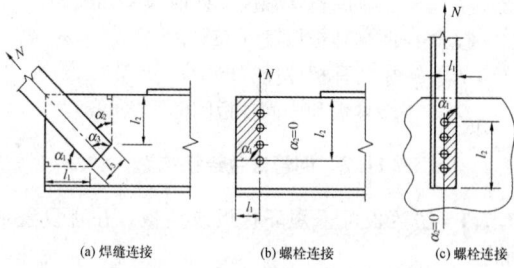

图 12.2.1　板件的拉、剪撕裂

形截面者除外）的强度除可按本标准第 12.2.1 条相关公式计算外，也可用有效宽度法按下式计算：

$$\sigma = \frac{N}{b_e t} \leq f \quad (12.2.2)$$

式中：b_e——板件的有效宽度（图 12.2.2）（mm）；

当用螺栓（或铆钉）连接时，应减去孔径，孔径应取比螺栓（或铆钉）标称尺寸大 4mm。

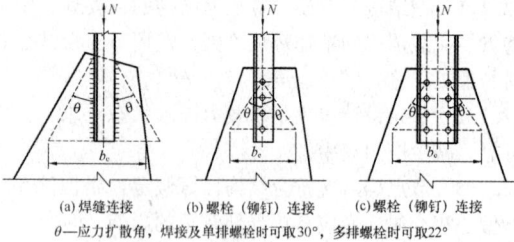

θ——应力扩散角，焊接及单排螺栓时可取 30°，多排螺栓时取 22°。

图 12.2.2　板件的有效宽度

12.2.3　桁架节点板在斜腹杆压力作用下的稳定性可用下列方法进行计算：

1　对有竖腹杆相连的节点板，当 $c/t \leq 15\varepsilon_k$ 时，可不计算稳定，否则应按本标准附录 G 进行稳定计算，在任何情况下，c/t 不得大于 $22\varepsilon_k$，c 为受压腹杆连接肢端面中点沿腹杆轴线方向至弦杆的净距离；

2　对无竖腹杆相连的节点板，当 $c/t \leq 10\varepsilon_k$ 时，节点板的稳定承载力可取为 $0.8b_e t f$；当 $c/t > 10\varepsilon_k$ 时，应按本标准附录 G 进行稳定计算，但在任何情况下，c/t 不得大于 $17.5\varepsilon_k$。

12.2.4　当采用本标准第 12.2.1 条～第 12.2.3 条方法计算桁架节点板时，尚应符合下列规定：

1　节点板边缘与腹杆轴线之间的夹角不应小于 15°；

2　斜腹杆与弦杆的夹角应为 30°～60°；

3　节点板的自由边长度 l_f 与厚度 t 之比不得大于 $60\varepsilon_k$。

12.2.5　垂直于杆件轴向设置的连接板或梁的翼缘采用焊接方式与工字形、H 形或其他截面的未设水平加劲肋的杆件翼缘相连，形成 T 形接合时，其母材和焊缝均应根据有效宽度进行强度计算。

1　工字形或 H 形截面杆件的有效宽度应按下列

公式计算[图 12.2.5(a)]：

$$b_e = t_w + 2s + 5kt_f \quad (12.2.5\text{-}1)$$

$$k = \frac{t_f}{t_p} \cdot \frac{f_{yc}}{f_{yp}}；当 k > 1.0 时取 1 \quad (12.2.5\text{-}2)$$

式中：b_e——T 形接合的有效宽度（mm）；

f_{yc}——被连接杆件翼缘的钢材屈服强度（N/mm²）；

f_{yp}——连接板的钢材屈服强度（N/mm²）；

t_w——被连接杆件的腹板厚度（mm）；

t_f——被连接杆件的翼缘厚度（mm）；

t_p——连接板厚度（mm）；

s——对于被连接杆件，轧制工字形或 H 形截面杆件取为圆角半径 r；焊接工字形或 H 形截面杆件取为焊脚尺寸 h_f（mm）。

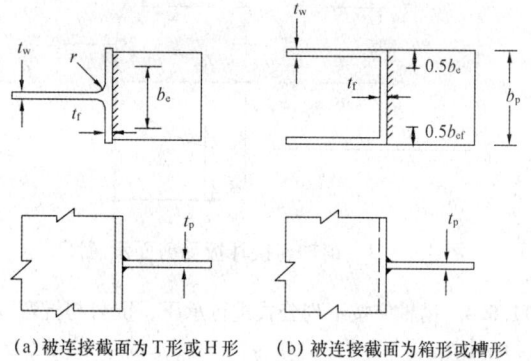

图 12.2.5　未加劲 T 形连接节点的有效宽度

2　当被连接杆件截面为箱形或槽形，且其翼缘宽度与连接板件宽度相近时，有效宽度应按下式计算[图 12.2.5(b)]：

$$b_e = 2t_w + 5kt_f \quad (12.2.5\text{-}3)$$

3　有效宽度 b_e 尚应满足下式要求：

$$b_e \geq \frac{f_{yp} b_p}{f_{up}} \quad (12.2.5\text{-}4)$$

式中：f_{up}——连接板的极限强度（N/mm²）；

b_p——连接板宽度（mm）。

4　当节点板不满足式（12.2.5-4）要求时，被连接杆件的翼缘应设置加劲肋。

5　连接板与翼缘的焊缝应按能传递连接板的抗力 $b_p t_p f_{yp}$（假定为均布应力）进行设计。

12.2.6　杆件与节点板的连接焊缝（图 12.2.6）宜采用两面侧焊，也可以三面围焊，所有围焊的转角处必须连续施焊；弦杆与腹杆、腹杆与腹杆之间的间隙不应小于 20mm，相邻角焊缝焊趾间净距不应小于 5mm。

12.2.7　节点板厚度宜根据所连接杆件内力的计算确定，但不得小于 6mm。节点板的平面尺寸应考虑制作和装配的误差。

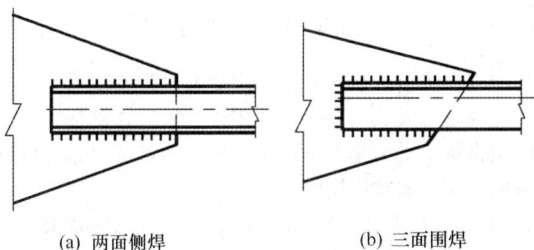

(a) 两面侧焊   (b) 三面围焊

图 12.2.6　杆件与节点板的焊缝连接

12.3　梁柱连接节点

12.3.1　梁柱连接节点可采用栓焊混合连接、螺栓连接、焊接连接、端板连接、顶底角钢连接等构造。

12.3.2　梁柱采用刚性或半刚性节点时，节点应进行在弯矩和剪力作用下的强度验算。

12.3.3　当梁柱采用刚性连接，对应于梁翼缘的柱腹板部位设置横向加劲肋时，节点域应符合下列规定：

　　1　当横向加劲肋厚度不小于梁的翼缘板厚度时，节点域的受剪正则化宽厚比 $\lambda_{n,s}$ 不应大于 0.8；对单层和低层轻型建筑，$\lambda_{n,s}$ 不得大于 1.2。节点域的受剪正则化宽厚比 $\lambda_{n,s}$ 应按下式计算：

当 $h_c/h_b \geqslant 10$ 时：

$$\lambda_{n,s} = \frac{h_b/t_w}{37\sqrt{5.34+4\,(h_b/h_c)^2}}\frac{1}{\varepsilon_k}$$

(12.3.3-1)

当 $h_c/h_b < 10$ 时：

$$\lambda_{n,s} = \frac{h_b/t_w}{37\sqrt{4+5.34\,(h_b/h_c)^2}}\frac{1}{\varepsilon_k}$$

(12.3.3-2)

式中：h_c、h_b——分别为节点域腹板的宽度和高度。

　　2　节点域的承载力应满足下式要求：

$$\frac{M_{b1}+M_{b2}}{V_p} \leqslant f_{ps}$$

(12.3.3-3)

H 形截面柱：

$$V_p = h_{b1}h_{c1}t_w$$

(12.3.3-4)

箱形截面柱：

$$V_p = 1.8h_{b1}h_{c1}t_w$$

(12.3.3-5)

圆管截面柱：

$$V_p = (\pi/2)h_{b1}d_ct_c$$

(12.3.3-6)

式中：M_{b1}、M_{b2}——分别为节点域两侧梁端弯矩设计值（N・mm）；

　　　　V_p——节点域的体积（mm³）；

　　　　h_{c1}——柱翼缘中心线之间的宽度和梁腹板高度（mm）；

　　　　h_{b1}——梁翼缘中心线之间的高度（mm）；

　　　　t_w——柱腹板节点域的厚度（mm）；

　　　　d_c——钢管直径线上管壁中心线之间的距离（mm）；

t_c——节点域钢管壁厚（mm）；

　　　f_{ps}——节点域的抗剪强度（N/mm²）。

　　3　节点域的受剪承载力 f_{ps} 应根据节点域受剪正则化宽厚比 $\lambda_{n,s}$ 按下列规定取值：

　　1）当 $\lambda_{n,s} \leqslant 0.6$ 时，$f_{ps} = \dfrac{4}{3}f_v$；

　　2）当 $0.6 < \lambda_{n,s} \leqslant 0.8$ 时，$f_{ps} = \dfrac{1}{3}(7-5\lambda_{n,s})f_v$；

　　3）当 $0.8 < \lambda_{n,s} \leqslant 1.2$ 时，$f_{ps} = [1-0.75(\lambda_{n,s}-0.8)]f_v$；

　　4）当轴压比 $\dfrac{N}{Af} > 0.4$ 时，受剪承载力 f_{ps} 应乘以修正系数，当 $\lambda_{n,s} \leqslant 0.8$ 时，修正系数可取为 $\sqrt{1-\left(\dfrac{N}{Af}\right)^2}$。

　　4　当节点域厚度不满足式（12.3.3-3）的要求时，对 H 形截面柱节点域可采用下列补强措施：

　　1）加厚节点域的柱腹板，腹板加厚的范围应伸出梁的上下翼缘外不小于 150mm；

　　2）节点域处焊贴补强板加强，补强板与柱加劲肋和翼缘可采用角焊缝连接，与柱腹板采用塞焊连成整体，塞焊点之间的距离不应大于较薄焊件厚度的 $21\varepsilon_k$ 倍。

　　3）设置节点域斜向加劲肋加强。

12.3.4　梁柱刚性节点中当工字形梁翼缘采用焊透的 T 形对接焊缝与 H 形柱的翼缘焊接，同时对应的柱腹板未设置水平加劲肋时，柱翼缘和腹板厚度应符合下列规定：

　　1　在梁的受压翼缘处，柱腹板厚度 t_w 应同时满足：

$$t_w \geqslant \frac{A_{fb}f_b}{b_ef_c}$$

(12.3.4-1)

$$t_w \geqslant \frac{h_c}{30}\frac{1}{\varepsilon_{k,c}}$$

(12.3.4-2)

$$b_e = t_f + 5h_y$$

(12.3.4-3)

　　2　在梁的受拉翼缘处，柱翼缘板的厚度 t_c 应满足下式要求：

$$t_c \geqslant 0.4\sqrt{A_{ft}f_b/f_c}$$

(12.3.4-4)

式中：A_{fb}——梁受压翼缘的截面积（mm²）；

　　　f_b、f_c——分别为梁和柱钢材抗拉、抗压强度设计值（N/mm²）；

　　　b_e——在垂直于柱翼缘的集中压力作用下，柱腹板计算高度边缘处压应力的假定分布长度（mm）；

　　　h_y——自柱顶面至腹板计算高度上边缘的距离，对轧制型钢截面取柱翼缘边缘至内弧起点间的距离，对焊接截面取柱翼缘厚度（mm）；

　　　t_f——梁受压翼缘厚度（mm）；

　　　h_c——柱腹板的宽度（mm）；

$\varepsilon_{k,c}$——柱的钢号修正系数；

A_{ft}——梁受拉翼缘的截面积（mm²）。

12.3.5 采用焊接连接或栓焊混合连接（梁翼缘与柱焊接，腹板与柱高强度螺栓连接）的梁柱刚接节点，其构造应符合下列规定：

1 H形钢柱腹板对应于梁翼缘部位宜设置横向加劲肋，箱形（钢管）柱对应于梁翼缘的位置宜设置水平隔板。

2 梁柱节点宜采用柱贯通构造，当柱采用冷成型管截面或壁板厚度小于翼缘厚度较多时，梁柱节点宜采用隔板贯通式构造。

3 节点采用隔板贯通式构造时，柱与贯通式隔板应采用全熔透坡口焊缝连接。贯通式隔板挑出长度 l 宜满足 $25mm \leqslant l \leqslant 60mm$；隔板宜采用拘束度较小的焊接构造与工艺，其厚度不应小于梁翼缘厚度和柱壁板的厚度。当隔板厚度不小于 36mm 时，宜选用厚度方向钢板。

4 梁柱节点区柱腹板加劲肋或隔板应符合下列规定：

1）横向加劲肋的截面尺寸应经计算确定，其厚度不宜小于梁翼缘厚度；其宽度应符合传力、构造和板件宽厚比限值的要求；

2）横向加劲肋的上表面宜与梁翼缘的上表面对齐，并以焊透的 T 形对接焊缝与柱翼缘连接，当梁与 H 形截面柱弱轴方向连接，即与腹板垂直相连形成刚接时，横向加劲肋与柱腹板的连接宜采用焊透对接焊缝；

3）箱形柱中的横向隔板与柱翼缘的连接宜采用焊透的 T 形对接焊缝，对无法进行电弧焊的焊缝且柱壁板厚度不小于 16mm 的可采用熔化嘴电渣焊；

4）当采用斜向加劲肋加强节点域时，加劲肋及其连接应能传递柱腹板所能承担剪力之外的剪力；其截面尺寸应符合传力和板件宽厚比限值的要求。

12.3.6 端板连接的梁柱刚接节点应符合下列规定：

1 端板宜采用外伸式端板。端板的厚度不宜小于螺栓直径；

2 节点中端板厚度与螺栓直径应由计算决定，计算时宜计入撬力的影响；

3 节点区柱腹板对应于梁翼缘部位应设置横向加劲肋，其与柱翼缘围成的节点域应按本标准第 12.3.3 条进行抗剪强度的验算，强度不足时宜设斜加劲肋加强。

12.3.7 采用端板连接的节点，应符合下列规定：

1 连接应采用高强度螺栓，螺栓间距应满足本标准表 11.5.2 的规定；

2 螺栓应成对称布置，并应满足拧紧螺栓的施工要求。

12.4 铸钢节点

12.4.1 铸钢节点应满足结构受力、铸造工艺、连接构造与施工安装的要求，适用于几何形式复杂、杆件汇交密集、受力集中的部位。铸钢节点与相邻构件可采取焊接、螺纹或销轴等连接方式。

12.4.2 铸钢节点应满足承载力极限状态的要求，节点应力应符合下式要求：

$$\sqrt{\frac{1}{2}\left[(\sigma_1 - \sigma_2)^2 + (\sigma_2 - \sigma_3)^2 + (\sigma_3 - \sigma_1)^2\right]} \leqslant \beta_f f$$

(12.4.2)

式中：σ_1、σ_2、σ_3——计算点处在相邻构件荷载设计值作用下的第一、第二、第三主应力；

β_f——强度增大系数。当各主应力均为压应力时，$\beta_f = 1.2$；当各主应力均为拉应力时，$\beta_f = 1.0$，且最大主应力应满足 $\sigma_1 \leqslant 1.1f$；其他情况时，$\beta_f = 1.1$。

12.4.3 铸钢节点可采用有限元法确定其受力状态，并可根据实际情况对其承载力进行试验验证。

12.4.4 焊接结构用铸钢节点材料的碳当量及硫、磷含量应符合现行国家标准《焊接结构用铸钢件》GB/T 7659 的规定。

12.4.5 铸钢节点应根据铸件轮廓尺寸、夹角大小与铸造工艺确定最小壁厚、内圆角半径与外圆角半径。铸钢件壁厚不宜大于 150mm，应避免壁厚急剧变化，壁厚变化斜率不宜大于 1/5。内部肋板厚度不宜大于外侧壁厚。

12.4.6 铸造工艺应保证铸钢节点内部组织致密、均匀，铸钢件宜进行正火或调质热处理，设计文件应注明铸钢件毛皮尺寸的容许偏差。

12.5 预应力索节点

12.5.1 预应力高强拉索的张拉节点应保证节点张拉区有足够的施工空间，便于施工操作，且锚固可靠。预应力索张拉节点与主体结构的连接应考虑超张拉和使用荷载阶段拉索的实际受力大小，确保连接安全。

12.5.2 预应力索锚固节点应采用传力可靠、预应力损失低且施工便利的锚具，应保证锚固区的局部承压强度和刚度。应对锚固节点区域的主要受力杆件、板域进行应力分析和连接计算。节点区应避免焊缝重叠、开孔等。

12.5.3 预应力索转折节点应设置滑槽或孔道，滑槽或孔道内可涂润滑剂或加衬垫，或采用摩擦系数低的材料；应验算转折节点处的局部承压强度，并采取加强措施。

12.6 支 座

12.6.1 梁或桁架支于砌体或混凝土上的平板支座，

应验算下部砌体或混凝土的承压强度，底板厚度应根据支座反力对底板产生的弯矩进行计算，且不宜小于 12mm。

梁的端部支承加劲肋的下端，按端面承压强度设计值进行计算时，应刨平顶紧，其中突缘加劲板的伸出长度不得大于其厚度的 2 倍，并宜采取限位措施（图 12.6.1）。

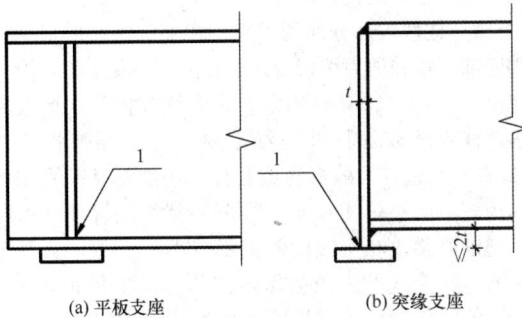

图 12.6.1 梁的支座
1—刨平顶紧；t—端板厚度

12.6.2 弧形支座（图 12.6.2a）和辊轴支座（图 12.6.2b）的支座反力 R 应满足下式要求：

$$R \leqslant 40ndlf^2/E \qquad (12.6.2)$$

式中：d——弧形表面接触点曲率半径 r 的 2 倍；

n——辊轴数目，对弧形支座 $n=1$；

l——弧形表面或滚轴与平板的接触长度（mm）。

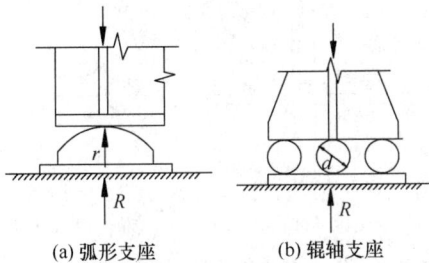

图 12.6.2 弧形支座与辊轴支座示意图

12.6.3 铰轴支座节点（图 12.6.3）中，当两相同半径的圆柱形弧面自由接触面的中心角 $\theta \geqslant 90°$ 时，其

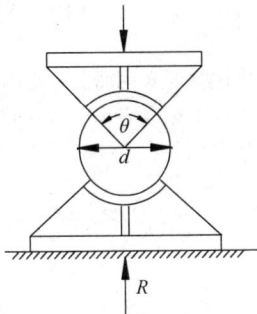

图 12.6.3 铰轴式支座示意图

圆柱形枢轴的承压应力应按下式计算：

$$\sigma = \frac{2R}{dl} \leqslant f \qquad (12.6.3)$$

式中：d——枢轴直径（mm）；

l——枢轴纵向接触面长度（mm）。

12.6.4 板式橡胶支座设计应符合下列规定：

1 板式橡胶支座的底面面积可根据承压条件确定；

2 橡胶层总厚度应根据橡胶剪切变形条件确定；

3 在水平力作用下，板式橡胶支座应满足稳定性和抗滑移要求；

4 支座锚栓按构造设置时数量宜为 2 个～4 个，直径不宜小于 20mm；对于受拉锚栓，其直径及数量应按计算确定，并应设置双螺母防止松动；

5 板式橡胶支座应采取防老化措施，并应考虑长期使用后因橡胶老化进行更换的可能性；

6 板式橡胶支座宜采取限位措施。

12.6.5 受力复杂或大跨度结构宜采用球形支座。球形支座应根据使用条件采用固定、单向滑动或双向滑动等形式。球形支座上盖板、球芯、底座和箱体均应采用铸钢加工制作，滑动面应采取相应的润滑措施、支座整体应采取防尘及防锈措施。

12.7 柱　脚

Ⅰ　一般规定

12.7.1 多高层结构框架柱的柱脚可采用埋入式柱脚、插入式柱脚及外包式柱脚，多层结构框架柱尚可采用外露式柱脚，单层厂房刚接柱脚可采用插入式柱脚、外露式柱脚，铰接柱脚宜采用外露式柱脚。

12.7.2 外包式、埋入式及插入式柱脚，钢柱与混凝土接触的范围内不得涂刷油漆；柱脚安装时，应将钢柱表面的泥土、油污、铁锈和焊渣等用砂轮清刷干净。

12.7.3 轴心受压柱或压弯柱的端部为铣平端时，柱身的最大压力应直接由铣平端传递，其连接焊缝或螺栓应按最大压力的 15% 与最大剪力中的较大值进行抗剪计算；当压弯柱出现受拉区时，该区的连接尚应按最大拉力计算。

Ⅱ　外露式柱脚

12.7.4 柱脚锚栓不宜用以承受柱脚底部的水平反力，此水平反力由底板与混凝土基础间的摩擦力（摩擦系数可取 0.4）或设置抗剪键承受。

12.7.5 柱脚底板尺寸和厚度应根据柱端弯矩、轴心力、底板的支承条件和底板下混凝土的反力以及柱脚构造确定。外露式柱脚的锚栓应考虑使用环境由计算确定。

12.7.6 柱脚锚栓应有足够的埋置深度，当埋置深度受限或锚栓在混凝土中的锚固较长时，则可设置锚板或锚梁。

Ⅲ 外包式柱脚

12.7.7 外包式柱脚（图 12.7.7）的计算与构造应符合下列规定：

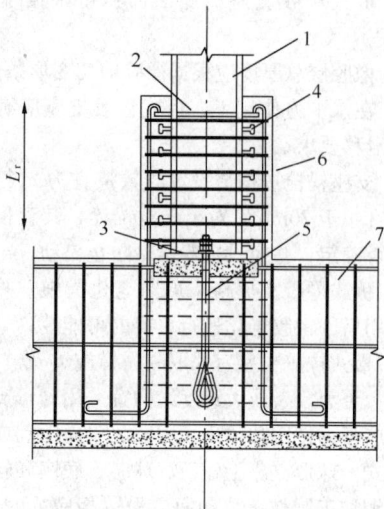

图 12.7.7 外包式柱脚

1—钢柱；2—水平加劲肋；3—柱底板；4—栓钉（可选）；5—锚栓；6—外包混凝土；7—基础梁；

L_r—外包混凝土顶部箍筋至柱底板的距离

1 外包式柱脚底板应位于基础梁或筏板的混凝土保护层内；外包混凝土厚度，对 H 形截面柱不宜小于 160mm，对矩形管或圆管柱不宜小于 180mm，同时不宜小于钢柱截面高度的 30%；混凝土强度等级不宜低于 C30；柱脚混凝土外包高度，H 形截面柱不宜小于柱截面高度的 2 倍，矩形管柱或圆管柱宜为矩形管柱截面长边尺寸或圆管直径的 2.5 倍；当没有地下室时，外包宽度和高度宜增大 20%；当仅有一层地下室时，外包宽度宜增大 10%；

2 柱脚底板尺寸和厚度应按结构安装阶段荷载作用下轴心力、底板的支承条件计算确定，其厚度不宜小于 16mm；

3 柱脚锚栓应按构造要求设置，直径不宜小于 16mm，锚固长度不宜小于其直径的 20 倍；

4 柱在外包混凝土的顶部箍筋处应设置水平加劲肋或横隔板，其宽厚比应符合本标准第 6.4 节的相关规定；

5 当框架柱为圆管或矩形管时，应在管内浇灌混凝土，强度等级不应小于基础混凝土。浇灌高度应高于外包混凝土，且不宜小于圆管直径或矩形管的长边；

6 外包钢筋混凝土的受弯和受剪承载力验算及受拉钢筋和箍筋的构造要求应符合现行国家标准《混凝土结构设计规范》GB 50010 的有关规定，主筋伸入基础内的长度不应小于 25 倍直径，四角主筋两端应加弯钩，下弯长度不应小于 150mm，下弯段宜与钢柱焊接，顶部箍筋应加强加密，并不应小于 3 根直径 12mm 的 HRB335 级热轧钢筋。

Ⅳ 埋入式柱脚

12.7.8 埋入式柱脚应符合下列规定：

1 柱埋入部分四周设置的主筋、箍筋应根据柱脚底部弯矩和剪力按现行国家标准《混凝土结构设计规范》GB 50010 计算确定，并应符合相关的构造要求。柱翼缘或管柱外边缘混凝土保护层厚度（图 12.7.8）、边列柱的翼缘或管柱外边缘至基础梁端部的距离不应小于 400mm，中间柱翼缘或管柱外边缘至基础梁梁边相交线的距离不应小于 250mm；基础梁梁边相交线的夹角应做成钝角，其坡度不应大于 1:4 的斜角；在基础护筏板的边部，应配置水平 U 形箍筋抵抗柱的水平冲切；

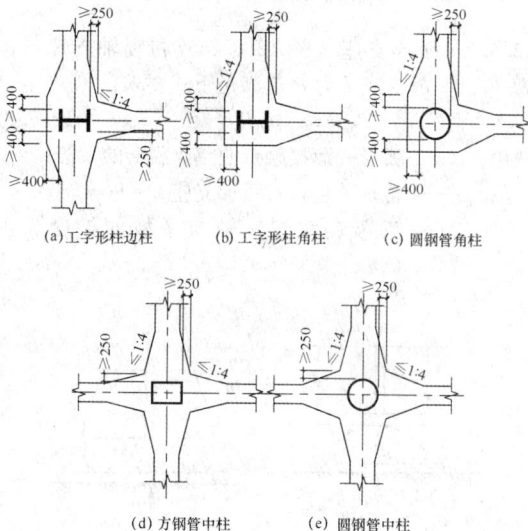

(a) 工字形柱边柱 (b) 工字形柱角柱 (c) 圆钢管角柱

(d) 方钢管中柱 (e) 圆钢管中柱

图 12.7.8 柱翼缘或管柱外边缘混凝土保护层厚度

2 柱脚端部及底板、锚栓、水平加劲肋或横隔板的构造要求应符合本标准第 12.7.7 条的有关规定；

3 圆管柱和矩形管柱应在管内浇灌混凝土；

4 对于有拔力的柱，宜在柱埋入混凝土部分设置栓钉。

12.7.9 埋入式柱脚埋入钢筋混凝土的深度 d 应符合下列公式的要求与本标准表 12.7.10 的规定：

H 形、箱形截面柱：

$$\frac{V}{b_f d} + \frac{2M}{b_f d^2} + \frac{1}{2}\sqrt{\left(\frac{2V}{b_f d} + \frac{4M}{b_f d^2}\right)^2 + \frac{4V^2}{b_f^2 d^2}} \leqslant f_c$$

(12.7.9-1)

圆管柱：

$$\frac{V}{Dd} + \frac{2M}{Dd^2} + \frac{1}{2}\sqrt{\left(\frac{2V}{Dd} + \frac{4M}{Dd^2}\right)^2 + \frac{4V^2}{D^2d^2}} \leqslant 0.8f_c$$

$$(12.7.9\text{-}2)$$

式中：M、V——柱脚底部的弯矩（N·mm）和剪力
　　　　　　设计值（N）；

　　　　d——柱脚埋深（mm）；

　　　　b_f——柱翼缘宽度（mm）；

　　　　D——钢管外径（mm）；

　　　　f_c——混凝土抗压强度设计值，应按现行
　　　　　　国家标准《混凝土结构设计规范》
　　　　　　GB 50010 的规定采用（N/mm²）。

V 插入式柱脚

12.7.10 插入式柱脚插入混凝土基础杯口的深度应
符合表 12.7.10 的规定，实腹截面柱柱脚应根据本标
准第 12.7.9 条的规定计算，双肢格构柱柱脚应根据
下列公式计算：

$$d \geqslant \frac{N}{f_t S} \qquad (12.7.10\text{-}1)$$

$$S = \pi(D + 100) \qquad (12.7.10\text{-}2)$$

式中：N——柱肢轴向拉力设计值（N）；

　　　　f_t——杯口内二次浇灌层细石混凝土抗拉强度
　　　　　　设计值（N/mm²）；

　　　　S——柱肢外轮廓线的周长，对圆管柱可按式
　　　　　　（12.7.10-2）计算。

表 12.7.10　钢柱插入杯口的最小深度

柱截面形式	实腹柱	双肢格构柱（单杯口或双杯口）
最小插入深度 d_{min}	$1.5h_c$ 或 $1.5D$	$0.5h_c$ 和 $1.5b_c$（或 D）的较大值

注：1　实腹 H 形柱或矩形管柱的 h_c 为截面高度（长边尺
　　　寸），b_c 为柱截面宽度，D 为圆管柱的外径；

　　2　格构柱的 h_c 为两肢垂直于虚轴方向最外边的距
　　　离，b_c 为沿虚轴方向的柱肢宽度；

　　3　双肢格构柱柱脚插入混凝土基础杯口的最小深度
　　　不宜小于 500mm，亦不宜小于吊装时柱长度的
　　　1/20。

12.7.11 插入式柱脚设计应符合下列规定：

　　1　H 形钢实腹柱宜设柱底板，钢管柱应设柱底
板，柱底板应设排气孔或浇筑孔；

　　2　实腹柱柱底至基础杯口底的距离不应小于
50mm，当有柱底板时，其距离可采用 150mm；

　　3　实腹柱、双肢格构柱杯口基础底板应验算柱
吊装时的局部受压和冲切承载力；

　　4　宜采用便于施工时临时调整的技术措施；

　　5　杯口基础的杯壁应根据柱底部内力设计值作

用于基础顶面配置钢筋，杯壁厚度不应小于现行国家
标准《建筑地基基础设计规范》GB 50007 的有关
规定。

13 钢管连接节点

13.1 一般规定

13.1.1 本章规定适用于不直接承受动力荷载的钢管
桁架、拱架、塔架等结构中的钢管间连接节点。

13.1.2 圆钢管的外径与壁厚之比不应超过 $100\varepsilon_k^2$；方
（矩）形管的最大外缘尺寸与壁厚之比不应超过 $40\varepsilon_k$，ε_k
为钢号修正系数。

13.1.3 采用无加劲直接焊接节点的钢管材料应符合
本标准第 4.3.7 条的规定。

13.1.4 采用无加劲直接焊接节点的钢管桁架，当节
点偏心不超过本标准式（13.2.1）限制时，在计算节
点和受拉主管承载力时，可忽略因偏心引起的弯矩的
影响，但受压主管应考虑按下式计算的偏心弯矩
影响：

$$M = \Delta N \cdot e \qquad (13.1.4)$$

式中：ΔN——节点两侧主管轴力之差值；

　　　　e——偏心矩（图 13.1.4）。

13.1.5 无斜腹杆的空腹桁架采用无加劲钢管直接焊
接节点时，应符合本标准附录 H 的规定。

13.2 构造要求

13.2.1 钢管直接焊接节点的构造应符合下列规定：

　　1　主管的外部尺寸不应小于支管的外部尺寸，
主管的壁厚不应小于支管的壁厚，在支管与主管的连
接处不得将支管插入主管内。

　　2　主管与支管或支管轴线间的夹角不宜小
于 30°。

　　3　支管与主管的连接节点处宜避免偏心；偏心
不可避免时，其值不宜超过下式的限制：

$$-0.55 \leqslant e/D\text{（或 }e/h\text{）} \leqslant 0.25 \qquad (13.2.1)$$

式中：e——偏心距（图 13.1.4）；

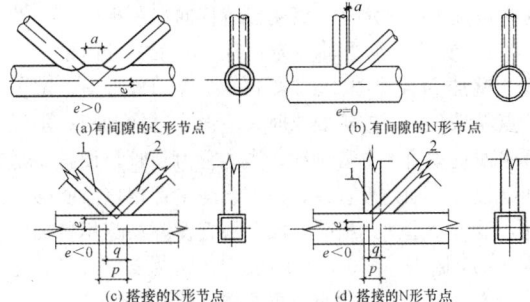

(a) 有间隙的 K 形节点　　(b) 有间隙的 N 形节点

(c) 搭接的 K 形节点　　(d) 搭接的 N 形节点

图 13.1.4　K 形和 N 形管节点的偏心和间隙
1—搭接管；2—被搭接管

12—57

D——圆管主管外径（mm）；

h——连接平面内的方（矩）形管主管截面高度（mm）。

4 支管端部应使用自动切管机切割，支管壁厚小于 6mm 时可不切坡口。

5 支管与主管的连接焊缝，除支管搭接应符合本标准第 13.2.2 条的规定外，应沿全周连续焊接并平滑过渡；焊缝形式可沿全周采用角焊缝，或部分采用对接焊缝，部分采用角焊缝，其中支管管壁与主管管壁之间的夹角大于或等于 120°的区域宜采用对接焊缝或带坡口的角焊缝；角焊缝的焊脚尺寸不宜大于支管壁厚的 2 倍；搭接支管周边焊缝宜为 2 倍支管壁厚。

6 在主管表面焊接的相邻支管的间隙 a 不应小于两支管壁厚之和［图 13.1.4(a)、图 13.1.4(b)］。

13.2.2 支管搭接型的直接焊接节点的构造尚应符合下列规定：

1 支管搭接的平面 K 形或 N 形节点［图 13.2.2(a)、图 13.2.2(b)］，其搭接率 $\eta_{ov} = q/p \times 100\%$ 应满足 25% ≤ η_{ov} ≤ 100%，且应确保在搭接的支管之间的连接焊缝能可靠地传递内力；

2 当互相搭接的支管外部尺寸不同时，外部尺寸较小者应搭接在尺寸较大者上；当支管壁厚不同时，较小壁厚者应搭接在较大壁厚者上；承受轴心压力的支管宜在下方。

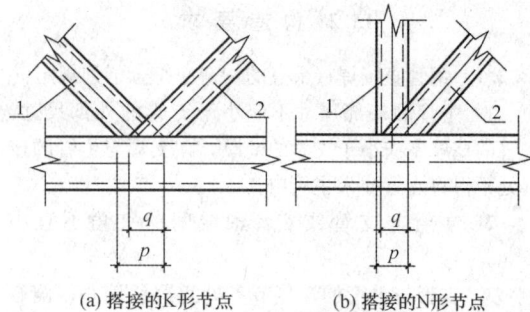

(a) 搭接的K形节点　　(b) 搭接的N形节点

图 13.2.2 支管搭接的构造
1—搭接支管；2—被搭接支管

13.2.3 无加劲直接焊接方式不能满足承载力要求时，可按下列规定在主管内设置横向加劲板：

1 支管以承受轴力为主时，可在主管内设 1 道或 2 道加劲板［图 13.2.3-1(a)、图 13.2.3-1(b)］；节点需满足抗弯连接要求时，应设 2 道加劲板；加劲板中面宜垂直于主管轴线；当主管为圆管，设置 1 道加劲板时，加劲板宜设置在支管与主管相贯面的鞍点处，设置 2 道加劲板时，加劲板宜设置在距相贯面冠点 $0.1D_1$ 附近［图 13.2.3-1(b)］，D_1 为支管外径；主管为方管时，加劲肋宜设置 2 块（图 13.2.3-2）；

2 加劲板厚度不得小于支管壁厚，也不宜小于主管壁厚的 2/3 和主管内径的 1/40；加劲板中央开孔

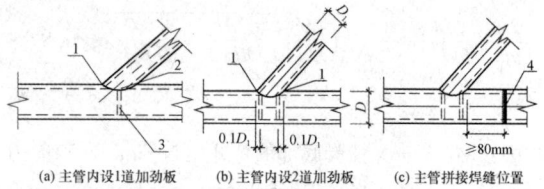

(a) 主管内设1道加劲板　(b) 主管内设2道加劲板　(c) 主管拼接焊缝位置

图 13.2.3-1 支管为圆管时横向加劲板的位置
1—冠点；2—鞍点；3—加劲板；4—主管拼缝

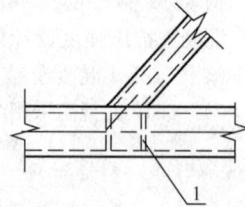

图 13.2.3-2 支管为方管或矩形管时加劲板的位置
1—加劲板

时，环板宽度与板厚的比值不宜大于 $15\varepsilon_k$；

3 加劲板宜采用部分熔透焊缝焊接，主管为方管的加劲板靠支管一边与两侧边宜采用部分熔透焊接，与支管连接反向一边可不焊接；

4 当主管直径较小，加劲板的焊接必须断开主管钢管时，主管的拼接焊缝宜设置在距支管相贯焊缝最外侧冠点 80mm 以外处［图 13.2.3-1(c)］。

13.2.4 钢管直接焊接节点采用主管表面贴加强板的方法加强时，应符合下列规定：

1 主管为圆管时，加强板宜包覆主管半圆［图 13.2.4(a)］，长度方向两侧均应超过支管最外侧焊缝 50mm 以上，但不宜超过支管直径的 2/3，加强板厚度不宜小于 4mm。

2 主管为方（矩）形管且在与支管相连表面设置加强板［图 13.2.4(b)］时，加强板长度 l_p 可按下列公式确定，加强板宽度 b_p 宜接近主管宽度，并预留适当的焊缝位置，加强板厚度不宜小于支管最大厚度的 2 倍。

T、Y 和 X 形节点

$$l_p \geq \frac{h_1}{\sin\theta_1} + \sqrt{b_p(b_p - b_1)} \quad (13.2.4\text{-}1)$$

K 形间隙节点

$$l_p \geq 1.5\left(\frac{h_1}{\sin\theta_1} + a + \frac{h_2}{\sin\theta_2}\right) \quad (13.2.4\text{-}2)$$

式中：l_p、b_p——加强板的长度和宽度（mm）；

h_1、h_2——支管 1、2 的截面高度（mm）；

b_1——支管 1 的截面宽度（mm）；

θ_1、θ_2——支管 1、2 轴线和主管轴线的夹角；

a——两支管在主管表面的距离（mm）。

3 主管为方（矩）形管且在主管两侧表面设置加强板［图 13.2.4(c)］时，K 形间隙节点：加强板长度 l_p 可按式（13.2.4-2）确定，T 和 Y 形节点的加强板

长度 l_p 可按下式确定：

$$l_p \geqslant \frac{1.5h_1}{\sin\theta_1} \quad (13.2.4\text{-}3)$$

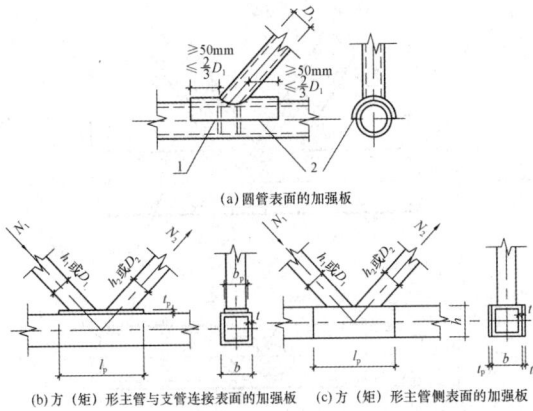

(a) 圆管表面的加强板

(b) 方（矩）形主管与支管连接表面的加强板　(c) 方（矩）形主管侧表面的加强板

图 13.2.4　主管外表面贴加强板的加劲方式
1—四周围焊；2—加强板

4　加强板与主管应采用四周围焊。对 K、N 形节点焊缝有效高度不应小于腹杆壁厚。焊接前宜在加强板上先钻一个排气小孔，焊后应用塞焊将孔封闭。

13.3　圆钢管直接焊接节点和局部加劲节点的计算

13.3.1　采用本节进行计算时，圆钢管连接节点应符合下列规定：

1　支管与主管外径及壁厚之比均不得小于 0.2，且不得大于 1.0；

2　主支管轴线间的夹角不得小于 30°；

3　支管轴线在主管横截面所在平面投影的夹角不得小于 60°，且不得大于 120°。

13.3.2　无加劲直接焊接的平面节点，当支管按仅承受轴心力的构件设计时，支管在节点处的承载力设计值不得小于其轴心力设计值。

1　平面 X 形节点（图 13.3.2-1）：

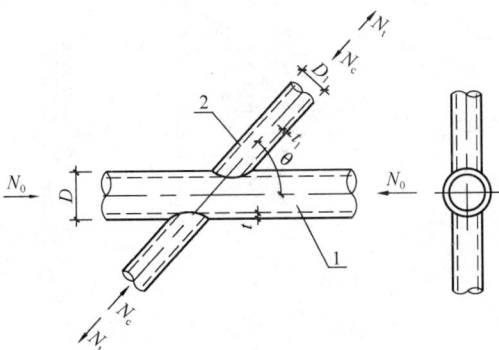

图 13.3.2-1　X 形节点
1—主管；2—支管

1）　受压支管在管节点处的承载力设计值 N_{cX} 应按下列公式计算：

$$N_{cX} = \frac{5.45}{(1-0.81\beta)\sin\theta}\psi_n t^2 f \quad (13.3.2\text{-}1)$$

$$\beta = D_i/D \quad (13.3.2\text{-}2)$$

$$\psi_n = 1 - 0.3\frac{\sigma}{f_y} - 0.3\left(\frac{\sigma}{f_y}\right)^2 \quad (13.3.2\text{-}3)$$

式中：ψ_n——参数，当节点两侧或者一侧主管受拉时，取 $\psi_n = 1$，其余情况按式（13.3.2-3）计算；

t——主管壁厚（mm）；

f——主管钢材的抗拉、抗压和抗弯强度设计值（N/mm²）；

θ——主支管轴线间小于直角的夹角；

D、D_i——分别为主管和支管的外径（mm）；

f_y——主管钢材的屈服强度（N/mm²）；

σ——节点两侧主管轴心压应力中较小值的绝对值（N/mm²）。

2）　受拉支管在管节点处的承载力设计值 N_{tX} 应按下式计算：

$$N_{tX} = 0.78\left(\frac{D}{t}\right)^{0.2} N_{cX} \quad (13.3.2\text{-}4)$$

2　平面 T 形（或 Y 形）节点（图 13.3.2-2 和图 13.3.2-3）：

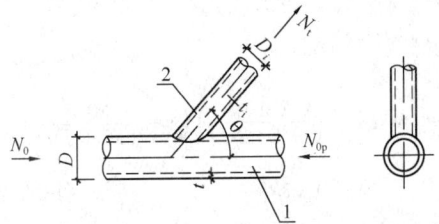

图 13.3.2-2　T 形（或 Y 形）受拉节点
1—主管；2—支管

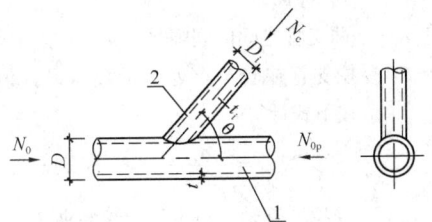

图 13.3.2-3　T 形（或 Y 形）受压节点
1—主管；2—支管

1）　受压支管在管节点处的承载力设计值 N_{cT} 应按下式计算：

$$N_{cT} = \frac{11.51}{\sin\theta}\left(\frac{D}{t}\right)^{0.2}\psi_n \psi_d t^2 f \quad (13.3.2\text{-}5)$$

当 $\beta \leqslant 0.7$ 时：

$$\psi_d = 0.069 + 0.93\beta \quad (13.3.2\text{-}6)$$

当 $\beta > 0.7$ 时：

$$\psi_d = 2\beta - 0.68 \qquad (13.3.2\text{-}7)$$

2）受拉支管在管节点处的承载力设计值 N_{tT} 应按下列公式计算：

当 $\beta \leqslant 0.6$ 时：

$$N_{tT} = 1.4 N_{cT} \qquad (13.3.2\text{-}8)$$

当 $\beta > 0.6$ 时：

$$N_{tT} = (2 - \beta) N_{cT} \qquad (13.3.2\text{-}9)$$

3 平面 K 形间隙节点（图 13.3.2-4）：

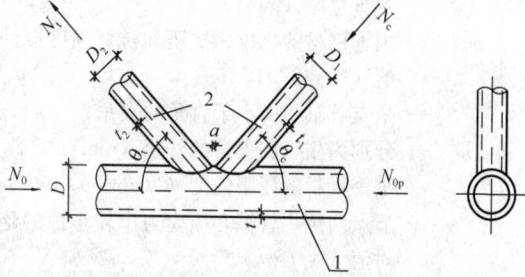

图 13.3.2-4　平面 K 形间隙节点
1—主管；2—支管

1）受压支管在管节点处的承载力设计值 N_{cK} 应按下列公式计算：

$$N_{cK} = \frac{11.51}{\sin\theta_c}\left(\frac{D}{t}\right)^{0.2}\psi_n\psi_d\psi_a t^2 f$$

$$(13.3.2\text{-}10)$$

$$\psi_a = 1 + \left(\frac{2.19}{1 + 7.5a/D}\right)\left(1 - \frac{20.1}{6.6 + D/t}\right)$$

$$(1 - 0.77\beta) \qquad (13.3.2\text{-}11)$$

式中：θ_c ——受压支管轴线与主管轴线的夹角；

ψ_a ——参数，按式（13.3.2-11）计算；

ψ_d ——参数，按式（13.3.2-6）或式（13.3.2-7）计算；

a ——两支管之间的间隙（mm）。

2）受拉支管在管节点处的承载力设计值 N_{tK} 应按下式计算：

$$N_{tK} = \frac{\sin\theta_c}{\sin\theta_t} N_{cK} \qquad (13.3.2\text{-}12)$$

式中：θ_t ——受拉支管轴线与主管轴线的夹角。

4 平面 K 形搭接节点（图 13.3.2-5）：

支管在管节点处的承载力设计值 N_{cK}、N_{tK} 应按下列公式计算：

受压支管

$$N_{cK} = \left(\frac{29}{\psi_q + 25.2} - 0.074\right)A_c f$$

$$(13.3.2\text{-}13)$$

受拉支管

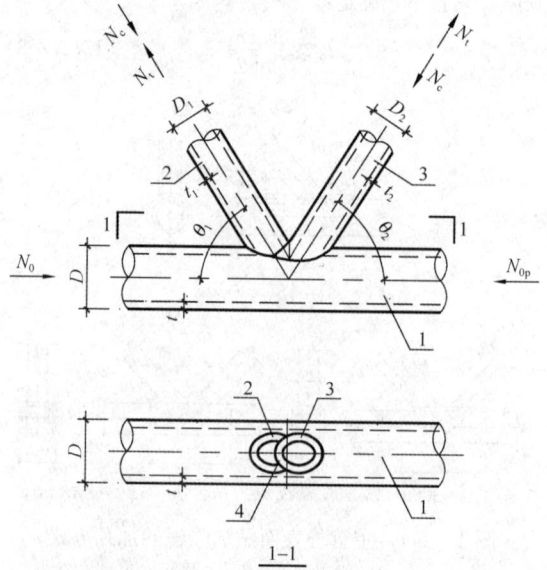

图 13.3.2-5　平面 K 形搭接节点
1—主管；2—搭接支管；3—被搭接支管；
4—被搭接支管内隐藏部分

$$N_{tK} = \left(\frac{29}{\psi_q + 25.2} - 0.074\right)A_t f$$

$$(13.3.2\text{-}14)$$

$$\psi_q = \beta^{\eta_{ov}}\gamma\tau^{0.8 - \eta_{ov}} \qquad (13.3.2\text{-}15)$$

$$\gamma = D/(2t) \qquad (13.3.2\text{-}16)$$

$$\tau = t_i/t \qquad (13.3.2\text{-}17)$$

式中：ψ_q ——参数；

A_c ——受压支管的截面面积（mm^2）；

A_t ——受拉支管的截面面积（mm^2）；

f ——支管钢材的强度设计值（N/mm^2）；

t_i ——支管壁厚（mm）。

5 平面 DY 形节点（图 13.3.2-6）：

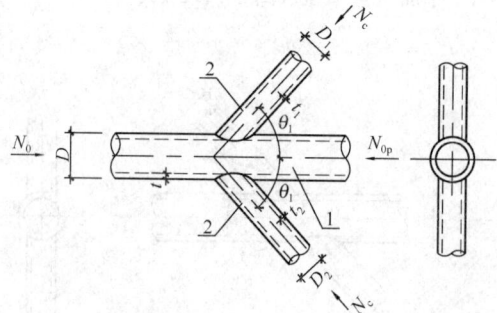

图 13.3.2-6　平面 DY 形节点
1—主管；2—支管

两受压支管在管节点处的承载力设计值 N_{cDY} 应按下式计算：

$$N_{cDY} = N_{cX} \qquad (13.3.2\text{-}18)$$

式中：N_{cX} ——X 形节点中受压支管极限承载力设计值（N）。

6 平面 DK 形节点：

1） 荷载正对称节点（图 13.3.2-7）：

四支管同时受压时，支管在管节点处的承载力应按下列公式验算：

$$N_1 \sin\theta_1 + N_2 \sin\theta_2 \leqslant N_{cXi} \sin\theta_i$$

(13.3.2-19)

$$N_{cXi} \sin\theta_i = \max(N_{cX1} \sin\theta_1, N_{cX2} \sin\theta_2)$$

(13.3.2-20)

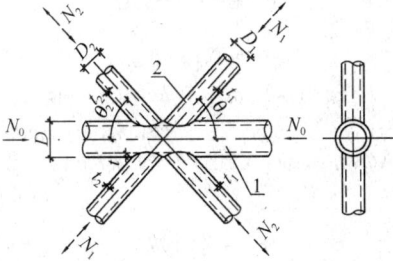

图 13.3.2-7　荷载正对称平面 DK 形节点
1—主管；2—支管

四支管同时受拉时，支管在管节点处的承载力应按下列公式验算：

$$N_1 \sin\theta_1 + N_2 \sin\theta_2 \leqslant N_{tXi} \sin\theta_i$$

(13.3.2-21)

$$N_{tXi} \sin\theta_i = \max(N_{tX1} \sin\theta_1, N_{tX2} \sin\theta_2)$$

(13.3.2-22)

式中：N_{cX1}，N_{cX2} ——X 形节点中支管受压时节点承载力设计值（N）；

N_{tX1}，N_{tX2} ——X 形节点中支管受拉时节点承载力设计值（N）。

2） 荷载反对称节点（图 13.3.2-8）：

$$N_1 \leqslant N_{cK}$$

(13.3.2-23)

$$N_2 \leqslant N_{tK}$$

(13.3.2-24)

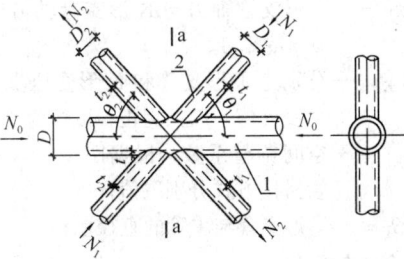

图 13.3.2-8　荷载反对称平面 DK 形节点
1—主管；2—支管

对于荷载反对称作用的间隙节点（图 13.3.2-8），还需补充验算截面 a-a 的塑性剪切承载力：

$$\sqrt{\left(\frac{\sum N_i \sin\theta_i}{V_{pl}}\right)^2 + \left(\frac{N_a}{N_{pl}}\right)^2} \leqslant 1.0$$

(13.3.2-25)

$$V_{pl} = \frac{2}{\pi} A f_v$$

(13.3.2-26)

$$N_{pl} = \pi(D-t)tf$$

(13.3.2-27)

式中：N_{cK} ——平面 K 形节点中受压支管承载力设计值（N）；

N_{tK} ——平面 K 形节点中受拉支管承载力设计值（N）；

V_{pl} ——主管剪切承载力设计值（N）；

A ——主管截面面积（mm²）；

f_v ——主管钢材抗剪强度设计值（N/mm²）；

N_{pl} ——主管轴向承载力设计值（N）；

N_a ——截面 a-a 处主管轴力设计值（N）。

7 平面 KT 形（图 13.3.2-9）：

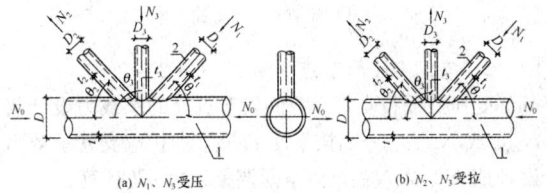

(a) N_1、N_3 受压　　　(b) N_2、N_3 受拉

图 13.3.2-9　平面 KT 形节点
1—主管；2—支管

对有间隙的 KT 形节点，当竖杆不受力时，可按没有竖杆的 K 形节点计算，其间隙值 a 取为两斜杆的趾间距；当竖杆受压力时，可按下列公式计算：

$$N_1 \sin\theta_1 + N_3 \sin\theta_3 \leqslant N_{cK1} \sin\theta_1$$

(13.3.2-28)

$$N_2 \sin\theta_2 \leqslant N_{cK1} \sin\theta_1$$

(13.3.2-29)

当竖杆受拉力时，尚应按下式计算：

$$N_1 \leqslant N_{cK1}$$

(13.3.2-30)

式中：N_{cK1} ——K 形节点支管承载力设计值，由式（13.3.2-11）计算，式（13.3.2-11）中 $\beta = (D_1 + D_2 + D_3)/3D$，$a$ 为受压支管与受拉支管在主管表面的间隙。

8 T、Y、X 形和有间隙的 K、N 形、平面 KT 形节点的冲剪验算，支管在节点处的冲剪承载力设计值 N_{si} 应按下式进行补充验算：

$$N_{si} = \pi \frac{1 + \sin\theta_i}{2 \sin^2\theta_i} t D_i f_v$$

(13.3.2-31)

13.3.3 无加劲直接焊接的空间节点，当支管按仅承受轴力的构件设计时，支管在节点处的承载力设计值不得小于其轴心力设计值。

1 空间 TT 形节点（图 13.3.3-1）：

1） 受压支管在管节点处的承载力设计值 N_{cTT} 应按下列公式计算：

$$N_{cTT} = \psi_{a0} N_{cT} \qquad (13.3.3-1)$$

$$\psi_{a0} = 1.28 - 0.64 \frac{a_0}{D} \leqslant 1.1 \qquad (13.3.3-2)$$

式中：a_0——两支管的横向间隙。

2）受拉支管在管节点处的承载力设计值 N_{tTT} 应按下式计算：

$$N_{tTT} = N_{cTT} \qquad (13.3.3-3)$$

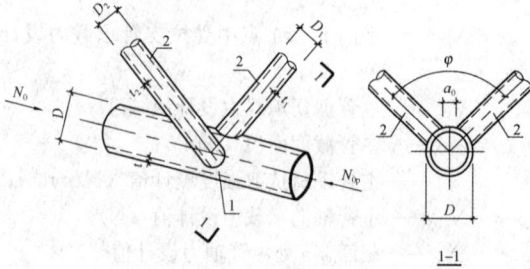

图 13.3.3-1 空间 TT 形节点
1—主管；2—支管

2 空间 KK 形节点（图 13.3.3-2）：

受压或受拉支管在空间管节点处的承载力设计值 N_{cKK} 或 N_{tKK} 应分别按平面 K 形节点相应支管承载力设计值 N_{cK} 或 N_{tK} 乘以空间调整系数 μ_{KK} 计算。

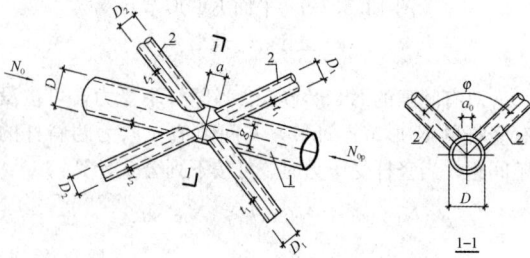

图 13.3.3-2 空间 KK 形节点
1—主管；2—支管

支管为非全搭接型

$$\mu_{KK} = 0.9 \qquad (13.3.3-4)$$

支管为全搭接型

$$\mu_{KK} = 0.74 \gamma^{0.1} \exp(0.6\zeta_t) \qquad (13.3.3-5)$$

$$\zeta_t = \frac{q_0}{D} \qquad (13.3.3-6)$$

式中：ζ_t——参数；

q_0——平面外两支管的搭接长度（mm）。

3 空间 KT 形圆管节点（图 13.3.3-3、图 13.3.3-4）：

1）K 形受压支管在管节点处的承载力设计值 N_{cKT} 应按下列公式计算：

$$N_{cKT} = Q_n \mu_{KT} N_{cK} \qquad (13.3.3-7)$$

$$Q_n = \cfrac{1}{1 + \cfrac{0.7 n_{TK}^2}{1 + 0.6 n_{TK}^2}} \qquad (13.3.3-8)$$

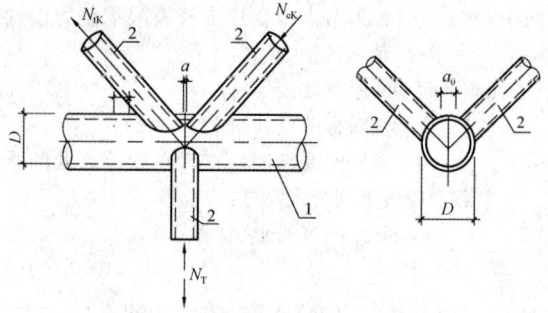

图 13.3.3-3 空间 KT 形节点
1—主管；2—支管

$$n_{TK} = N_T / |N_{cK}| \qquad (13.3.3-9)$$

$$\mu_{KT} = \begin{cases} 1.15\beta_T^{0.07}\exp(-0.2\zeta_0) & \text{空间 KT 形间隙节点} \\ 1.0 & \text{空间 KT 形平面内搭接节点} \\ 0.74\gamma^{0.1}\exp(-0.25\zeta_0) & \text{空间 KT 形全搭接节点} \end{cases}$$

$$\qquad (13.3.3-10)$$

$$\zeta_0 = \frac{a_0}{D} \ \text{或} \ \frac{q_0}{D} \qquad (13.3.3-11)$$

2）K 形受拉支管在管节点处的承载力设计值 N_{tKT} 应按下式计算：

$$N_{tKT} = Q_n \mu_{KT} N_{tK} \qquad (13.3.3-12)$$

3）T 形支管在管节点处的承载力设计值 N_{KT} 应按下式计算：

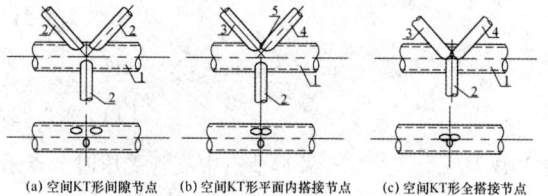

(a) 空间 KT 形间隙节点　(b) 空间 KT 形平面内搭接节点　(c) 空间 KT 形全搭接节点

图 13.3.3-4 空间 KT 形节点分类
1—主管；2—支管；3—贯通支管；4—搭接支管；
5—内隐蔽部分

$$N_{KT} = |n_{TK}| N_{cKT} \qquad (13.3.3-13)$$

式中：Q_n——支管轴力比影响系数；

n_{TK}——T 形支管轴力与 K 形支管轴力比，$-1 \leqslant n_{TK} \leqslant 1$。

N_T、N_{cK}——分别为 T 形支管和 K 形受压支管的轴力设计值，以拉为正，以压为负（N）；

μ_{KT}——空间调整系数，根据图 13.3.3-4 的支管搭接方式分别取值；

β_T——T 形支管与主管的直径比；

ζ_0——参数；

a_0——K 形支管与 T 形支管的平面外间隙（mm）；

q_0——K 形支管与 T 形支管的平面外搭接长度（mm）。

13.3.4 无加劲直接焊接的平面 T、Y、X 形节点，当支管承受弯矩作用时（图 13.3.4-1 和图 13.3.4-2），节点承载力应按下列规定计算：

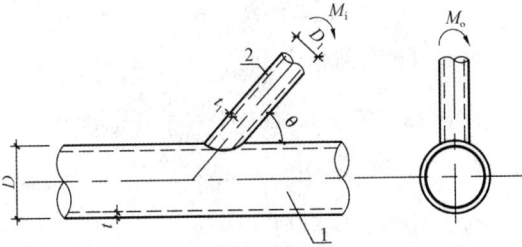

图 13.3.4-1　T 形（或 Y 形）节点的平面内受弯与平面外受弯
1—主管；2—支管

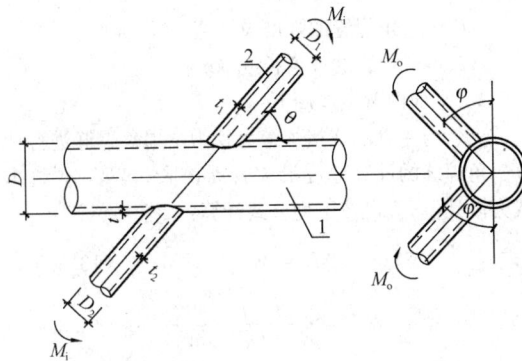

图 13.3.4-2　X 形节点的平面内受弯与平面外受弯
1—主管；2—支管

1　支管在管节点处的平面内受弯承载力设计值 M_{iT} 应按下列公式计算（图 13.3.4-2）：

$$M_{\mathrm{iT}} = Q_{\mathrm{x}} Q_{\mathrm{f}} \frac{D_{\mathrm{i}} t^2 f}{\sin\theta} \qquad (13.3.4\text{-}1)$$

$$Q_{\mathrm{x}} = 6.09 \beta \gamma^{0.42} \qquad (13.3.4\text{-}2)$$

当节点两侧或一侧主管受拉时：

$$Q_{\mathrm{f}} = 1 \qquad (13.3.4\text{-}3)$$

当节点两侧主管受压时：

$$Q_{\mathrm{f}} = 1 - 0.3 n_{\mathrm{p}} - 0.3 n_{\mathrm{p}}^2 \qquad (13.3.4\text{-}4)$$

$$n_{\mathrm{p}} = \frac{N_{0\mathrm{p}}}{A f_{\mathrm{y}}} + \frac{M_{0\mathrm{p}}}{W f_{\mathrm{y}}} \qquad (13.3.4\text{-}5)$$

当 $D_{\mathrm{i}} \leqslant D - 2t$ 时，平面内弯矩不应大于下式规定的抗冲剪承载力设计值：

$$M_{\mathrm{siT}} = \left(\frac{1 + 3\sin\theta}{4 \sin^2\theta} \right) D_{\mathrm{i}}^2 t f_{\mathrm{v}} \qquad (13.3.4\text{-}6)$$

式中：Q_{x} ——参数；

$\quad\quad\quad Q_{\mathrm{f}}$ ——参数；

$\quad\quad\quad N_{0\mathrm{p}}$ ——节点两侧主管轴心压力的较小绝对值（N）；

$\quad\quad\quad M_{0\mathrm{p}}$ ——节点与 $N_{0\mathrm{p}}$ 对应一侧的主管平面内弯矩

绝对值（N·mm）；

$\quad\quad A$ ——与 $N_{0\mathrm{p}}$ 对应一侧的主管截面积（mm^2）；

$\quad\quad W$ ——与 $N_{0\mathrm{p}}$ 对应一侧的主管截面模量（mm^3）。

2　支管在管节点处的平面外受弯承载力设计值 M_{oT} 应按下列公式计算：

$$M_{\mathrm{oT}} = Q_{\mathrm{y}} Q_{\mathrm{f}} \frac{D_{\mathrm{i}} t^2 f}{\sin\theta} \qquad (13.3.4\text{-}7)$$

$$Q_{\mathrm{y}} = 3.2 \gamma^{(0.5 \beta^2)} \qquad (13.3.4\text{-}8)$$

当 $D_{\mathrm{i}} \leqslant D - 2t$ 时，平面外弯矩不应大于下式规定的抗冲剪承载力设计值：

$$M_{\mathrm{soT}} = \left(\frac{3 + \sin\theta}{4 \sin^2\theta} \right) D_{\mathrm{i}}^2 t f_{\mathrm{v}} \qquad (13.3.4\text{-}9)$$

3　支管在平面内、外弯矩和轴力组合作用下的承载力应按下式验算：

$$\frac{N}{N_{\mathrm{j}}} + \frac{M_{\mathrm{i}}}{M_{\mathrm{iT}}} + \frac{M_{\mathrm{o}}}{M_{\mathrm{oT}}} \leqslant 1.0 \qquad (13.3.4\text{-}10)$$

式中：N、M_{i}、M_{o} ——支管在管节点处的轴心力（N）、平面内弯矩、平面外弯矩设计值（N·mm）；

$\quad\quad\quad N_{\mathrm{j}}$ ——支管在管节点处的承载力设计值，根据节点形式按本标准第 13.3.2 条的规定计算（N）。

13.3.5　主管呈弯曲状的平面或空间圆管焊接节点，当主管曲率半径 $R \geqslant 5\mathrm{m}$ 且主管曲率半径 R 与主管直径 D 之比不小于 12 时，可采用本标准第 13.3.2 条和第 13.3.4 条所规定的计算公式进行承载力计算。

13.3.6　主管采用本标准第 13.2.4 条第 1 款外贴加强板方式的节点：当支管受压时，节点承载力设计值取相应未加强时节点承载力设计值的 $(0.23 \tau_{\mathrm{r}}^{1.18} \beta^{-0.68} + 1)$ 倍；当支管受拉时，节点承载力设计值取相应未加强时节点承载力设计值的 $1.13 \tau_{\mathrm{r}}^{0.59}$ 倍；τ_{r} 为加强板厚度与主管壁厚的比值。

13.3.7　支管为方（矩）形管的平面 T、X 形节点，支管在节点处的承载力应按下列规定计算：

1　T 形节点：

　1）支管在节点处的轴向承载力设计值应按下式计算：

$$N_{\mathrm{TR}} = (4 + 20 \beta_{\mathrm{RC}}^2)(1 + 0.25 \eta_{\mathrm{RC}}) \psi_{\mathrm{n}} t^2 f$$

$$(13.3.7\text{-}1)$$

$$\beta_{\mathrm{RC}} = \frac{b_1}{D} \qquad (13.3.7\text{-}2)$$

$$\eta_{\mathrm{RC}} = \frac{h_1}{D} \qquad (13.3.7\text{-}3)$$

　2）支管在节点处的平面内受弯承载力设计值应按下式计算：

$$M_{\mathrm{iTR}} = h_1 N_{\mathrm{TR}} \qquad (13.3.7\text{-}4)$$

3) 支管在节点处的平面外受弯承载力设计值应按下式计算：

$$M_{oTR} = 0.5b_1 N_{TR} \quad (13.3.7\text{-}5)$$

式中：β_{RC}——支管的宽度与主管直径的比值，且需满足 $\beta_{RC} \geqslant 0.4$；

η_{RC}——支管的高度与主管直径的比值，且需满足 $\eta_{RC} \leqslant 4$；

b_1——支管的宽度（mm）；

h_1——支管的平面内高度（mm）；

t——主管壁厚（mm）；

f——主管钢材的抗拉、抗压和抗弯强度设计值（N/mm²）。

2 X形节点：

1) 节点轴向承载力设计值应按下式计算：

$$N_{XR} = \frac{5(1+0.25\eta_{RC})}{1-0.81\beta_{RC}} \psi_n t^2 f \quad (13.3.7\text{-}6)$$

2) 节点平面内受弯承载力设计值应按下式计算：

$$M_{iXR} = h_i N_{XR} \quad (13.3.7\text{-}7)$$

3) 节点平面外受弯承载力设计值应按下式计算：

$$M_{oXR} = 0.5b_i N_{XR} \quad (13.3.7\text{-}8)$$

3 节点尚应按下式进行冲剪计算：

$$(N_1/A_1 + M_{x1}/W_{x1} + M_{y1}/W_{y1})t_1 \leqslant t f_v$$

$$(13.3.7\text{-}9)$$

式中：N_1——支管的轴向力（N）；

A_1——支管的横截面积（mm²）；

M_{x1}——支管轴线与主管表面相交处的平面内弯矩（N·mm）；

W_{x1}——支管在其轴线与主管表面相交处的平面内弹性抗弯截面模量（mm³）；

M_{y1}——支管轴线与主管表面相交处的平面外弯矩（N·mm）；

W_{y1}——支管在其轴线与主管表面相交处的平面外弹性抗弯截面模量（mm³）；

t_1——支管壁厚（mm）；

f_v——主管钢材的抗剪强度设计值（N/mm²）。

13.3.8 在节点处，支管沿周边与主管相焊；支管互相搭接处，搭接支管沿搭接边与被搭接支管相焊。焊缝承载力不应小于节点承载力。

13.3.9 T(Y)、X 或 K 形间隙节点及其他非搭接节点中，支管为圆管时的焊缝承载力设计值应按下列规定计算：

1 支管仅受轴力作用时：

非搭接支管与主管的连接焊缝可视为全周角焊缝进行计算。角焊缝的计算厚度沿支管周长取 $0.7h_f$，焊缝承载力设计值 N_f 可按下列公式计算：

$$N_f = 0.7h_f l_w f_f^w \quad (13.3.9\text{-}1)$$

当 $D_i/D \leqslant 0.65$ 时：

$$l_w = (3.25D_i - 0.025D)\left(\frac{0.534}{\sin\theta_i} + 0.446\right)$$

$$(13.3.9\text{-}2)$$

当 $0.65 < D_i/D \leqslant 1$ 时：

$$l_w = (3.81D_i - 0.389D)\left(\frac{0.534}{\sin\theta_i} + 0.446\right)$$

$$(13.3.9\text{-}3)$$

式中：h_f——焊脚尺寸（mm）；

f_f^w——角焊缝的强度设计值（N/mm²）；

l_w——焊缝的计算长度（mm）。

2 平面内弯矩作用下：

支管与主管的连接焊缝可视为全周角焊缝进行计算。角焊缝的计算厚度沿支管周长取 $0.7h_f$，焊缝承载力设计值 M_{fi} 可按下列公式计算：

$$M_{fi} = W_{fi} f_f^w \quad (13.3.9\text{-}4)$$

$$W_{fi} = \frac{I_{fi}}{x_c + D/(2\sin\theta_i)} \quad (13.3.9\text{-}5)$$

$$x_c = (-0.34\sin\theta_i + 0.34) \cdot (2.188\beta^2$$
$$+ 0.059\beta + 0.188) \cdot D_i \quad (13.3.9\text{-}6)$$

$$I_{fi} = \left(\frac{0.826}{\sin^2\theta} + 0.113\right) \cdot (1.04 + 0.124\beta$$
$$- 0.322\beta^2) \cdot \frac{\pi}{64} \cdot \frac{(D+1.4h_f)^4 - D^4}{\cos\phi_{fi}}$$

$$(13.3.9\text{-}7)$$

$$\phi_{fi} = \arcsin(D_i/D) = \arcsin\beta \quad (13.3.9\text{-}8)$$

式中：W_{fi}——焊缝有效截面的平面内抗弯模量，按式（13.3.9-5）计算（mm³）；

x_c——参数，按式（13.3.9-6）计算（mm）；

I_{fi}——焊缝有效截面的平面内抗弯惯性矩，按式（13.3.9-7）计算（mm⁴）。

3 平面外弯矩作用下：

支管与主管的连接焊缝可视为全周角焊缝进行计算。角焊缝的计算厚度沿支管周长取 $0.7h_f$，焊缝承载力设计值 M_{fo} 可按下列公式计算：

$$M_{fo} = W_{fo} f_f^w \quad (13.3.9\text{-}9)$$

$$W_{fo} = \frac{I_{fo}}{D/(2\cos\phi_{fo})} \quad (13.3.9\text{-}10)$$

$$\phi_{fo} = \arcsin(D_i/D) = \arcsin\beta$$

$$(13.3.9\text{-}11)$$

$$I_{fo} = (0.26\sin\theta + 0.74) \cdot (1.04 - 0.06\beta)$$
$$\cdot \frac{\pi}{64} \cdot \frac{(D + 1.4h_f)^4 - D^4}{\cos^3\phi_{fo}} \quad (13.3.9\text{-}12)$$

式中：W_{fo}——焊缝有效截面的平面外抗弯模量，按式（13.3.9-10）计算（mm³）；

I_{fo}——焊缝有效截面的平面外抗弯惯性矩，按式（13.3.9-12）计算（mm⁴）。

13.4 矩形钢管直接焊接节点和局部加劲节点的计算

13.4.1 本节规定适用于直接焊接且主管为矩形管，支管为矩形管或圆管的钢管节点（图 13.4.1），其适用范围应符合表 13.4.1 的要求。

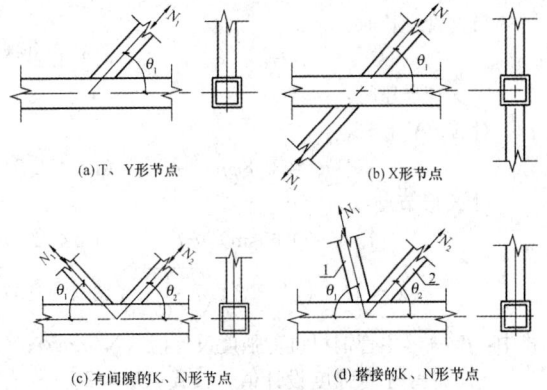

(a) T、Y形节点 (b) X形节点

(c) 有间隙的K、N形节点 (d) 搭接的K、N形节点

图 13.4.1　矩形管直接焊接平面节点
1—搭接支管；2—被搭接支管

表 13.4.1　主管为矩形管，支管为矩形管或圆管的节点几何参数适用范围

截面及节点形式		节点几何参数，$i=1$ 或 2，表示支管；j 表示被搭接支管					
		$\frac{b_i}{b}$、$\frac{h_i}{b}$ 或 $\frac{D_i}{b}$	$\frac{b_i}{t_i}$、$\frac{h_i}{t_i}$ 或 $\frac{D_i}{t_i}$		$\frac{h_i}{b_i}$	$\frac{b}{t}$、$\frac{h}{t}$	a 或 η_{ov} $\frac{b_i}{b_j}$、$\frac{t_i}{t_j}$
			受压	受拉			
支管为矩形管	T、Y 与 X	$\geqslant 0.25$					—
	K 与 N 间隙节点	$\geqslant 0.1 + 0.01\frac{b}{t}$ $\beta \geqslant 0.35$	$\leqslant 37\varepsilon_{k,i}$ 且 $\leqslant 35$	$\leqslant 35$	$0.5 \leqslant \frac{h_i}{b_i} \leqslant 2.0$	$\leqslant 35$	$0.5(1-\beta) \leqslant \frac{a}{b}$ $\leqslant 1.5(1-\beta)$ $a \geqslant t_1 + t_2$
	K 与 N 搭接节点	$\geqslant 0.25$	$\leqslant 33\varepsilon_{k,i}$			$\leqslant 40$	$25\% \leqslant \eta_{ov} \leqslant 100\%$ $\frac{t_i}{t_j} \leqslant 1.0$ $0.75 \leqslant \frac{b_i}{b_j} \leqslant 1.0$
支管为圆管		$0.4 \leqslant \frac{D_i}{b} \leqslant 0.8$	$\leqslant 44\varepsilon_{k,i}$	$\leqslant 50$		取 $b_i = D_i$ 仍能满足上述相应条件	

注：1. 当 $\frac{a}{b} > 1.5(1-\beta)$，则按 T 形或 Y 形节点计算；

2. b_i、h_i、t_i 分别为第 i 个矩形支管的截面宽度、高度和壁厚；D_i、t_i 分别为第 i 个圆支管的外径和壁厚；b、h、t 分别为矩形主管的截面宽度、高度和壁厚；a 为支管间的间隙；η_{ov} 为搭接率；$\varepsilon_{k,i}$ 为第 i 个支管钢材的钢号调整系数；β 为参数：对 T、Y、X 形节点，$\beta = \frac{b_1}{b}$ 或 $\frac{D_1}{b}$，对 K、N 形节点，$\beta = \frac{b_1 + b_2 + h_1 + h_2}{4b}$ 或 $\beta = \frac{D_1 + D_2}{b}$。

13.4.2 无加劲直接焊接的平面节点，当支管按仅承受轴心力的构件设计时，支管在节点处的承载力设计值不得小于其轴心力设计值。

1 支管为矩形管的平面 T、Y 和 X 形节点：

　1）当 $\beta \leqslant 0.85$ 时，支管在节点处的承载力设计值 N_{ui} 应按下列公式计算：

$$N_{ui} = 1.8\left(\frac{h_i}{bC\sin\theta_i} + 2\right)\frac{t^2 f}{C\sin\theta_i}\psi_n$$
$$(13.4.2\text{-}1)$$
$$C = (1-\beta)^{0.5} \quad (13.4.2\text{-}2)$$

主管受压时：

$$\psi_n = 1.0 - \frac{0.25\sigma}{\beta f} \quad (13.4.2\text{-}3)$$

主管受拉时：

$$\psi_n = 1.0 \quad (13.4.2\text{-}4)$$

式中：C——参数，按式（13.4.2-2）计算；

ψ_n——参数，按式（13.4.2-3）或式（13.4.2-4）计算；

σ——节点两侧主管轴心压应力的较大绝对值（N/mm²）。

　2）当 $\beta = 1.0$ 时，支管在节点处的承载力设计值 N_{ui} 应按下式计算：

$$N_{ui} = \left(\frac{2h_i}{\sin\theta_i} + 10t\right)\frac{tf_k}{\sin\theta_i}\psi_n \quad (13.4.2\text{-}5)$$

对于 X 形节点，当 $\theta_i < 90°$ 且 $h \geqslant h_i/\cos\theta_i$ 时，尚应按下式计算：

$$N_{ui} = \frac{2htf_v}{\sin\theta_i} \quad (13.4.2\text{-}6)$$

当支管受拉时：

$$f_k = f \qquad (13.4.2-7)$$

当支管受压时：

对 T、Y 形节点：

$$f_k = 0.8\varphi f \qquad (13.4.2-8)$$

对 X 形节点：

$$f_k = (0.65\sin\theta_i)\varphi f \qquad (13.4.2-9)$$

$$\lambda = 1.73\left(\frac{h}{t}-2\right)\sqrt{\frac{1}{\sin\theta_i}} \qquad (13.4.2-10)$$

式中：f_v——主管钢材抗剪强度设计值（N/mm²）；

f_k——主管强度设计值，按式(13.4.2-7)~式
(13.4.2-9)计算(N/mm²)；

φ——长细比按式（13.4.2-10）确定的轴心
受压构件的稳定系数。

3）当 $0.85 < \beta < 1.0$ 时，支管在节点处的承
载力设计值 N_{ui} 应按式（13.4.2-1）、式
（13.4.2-5）或式（13.4.2-6）所计算的值，
根据 β 进行线性插值。此外，尚应不超过
式（13.4.2-11）的计算值：

$$N_{ui} = 2.0(h_i - 2t_i + b_{ei})t_i f_i$$
$$(13.4.2-11)$$

$$b_{ei} = \frac{10}{b/t} \cdot \frac{tf_y}{t_i f_{yi}} \cdot b_i \leqslant b_i \qquad (13.4.2-12)$$

4）当 $0.85 \leqslant \beta \leqslant 1-2t/b$ 时，N_{ui} 尚应不超过
下列公式的计算值：

$$N_{ui} = 2.0\left(\frac{h_i}{\sin\theta_i}+b'_{ei}\right)\frac{tf_v}{\sin\theta_i} \qquad (13.4.2-13)$$

$$b'_{ei} = \frac{10}{b/t} \cdot b_i \leqslant b_i \qquad (13.4.2-14)$$

式中：f_i——支管钢材抗拉、抗压和抗弯强度设计值
（N/mm²）。

2 支管为矩形管的有间隙的平面 K 形和 N 形
节点：

1）节点处任一支管的承载力设计值应取下列
各式的较小值：

$$N_{ui} = \frac{8}{\sin\theta_i}\beta\left(\frac{b}{2t}\right)^{0.5}t^2 f\psi_n \qquad (13.4.2-15)$$

$$N_{ui} = \frac{A_v f_v}{\sin\theta_i} \qquad (13.4.2-16)$$

$$N_{ui} = 2.0\left(h_i - 2t_i + \frac{b_i + b_{ei}}{2}\right)t_i f_i$$
$$(13.4.2-17)$$

当 $\beta \leqslant 1-2t/b$ 时，尚应不超过式（13.4.2-18）
的计算值：

$$N_{ui} = 2.0\left(\frac{h_i}{\sin\theta_i}+\frac{b_i+b_{ei}}{2}\right)\frac{tf_v}{\sin\theta_i}$$
$$(13.4.2-18)$$

$$A_v = (2h+\alpha b)t \qquad (13.4.2-19)$$

$$\alpha = \sqrt{\frac{3t^2}{3t^2+4a^2}} \qquad (13.4.2-20)$$

式中：A_v——主管的受剪面积，应按式（13.4.2-19）

计算（mm²）；

α——参数，应按式（13.4.2-20）计算，（支
管为圆管时 $\alpha=0$）。

2）节点间隙处的主管轴心受力承载力设计
值为：

$$N = (A-\alpha_v A_v)f \qquad (13.4.2-21)$$

$$\alpha_v = 1-\sqrt{1-\left(\frac{V}{V_p}\right)^2} \qquad (13.4.2-22)$$

$$V_p = A_v f_v \qquad (13.4.2-23)$$

式中：α_v——剪力对主管轴心承载力的影响系数，按
式（13.4.2-22）计算；

V——节点间隙处弦杆所受的剪力，可按任
一支管的竖向分力计算（N）；

A——主管横截面面积（mm²）。

3 支管为矩形管的搭接的平面 K 形和 N 形
节点：

搭接支管的承载力设计值应根据不同的搭接率
η_{ov} 按下列公式计算（下标 j 表示被搭接支管）：

1）当 $25\% \leqslant \eta_{ov} < 50\%$ 时：

$$N_{ui} = 2.0\left[(h_i-2t_i)\frac{\eta_{ov}}{0.5}+\frac{b_{ei}+b_{ej}}{2}\right]t_i f_i$$
$$(13.4.2-24)$$

$$b_{ej} = \frac{10}{b_j/t_j} \cdot \frac{t_j f_{yj}}{t_i f_{yi}} \cdot b_i \leqslant b_i \qquad (13.4.2-25)$$

2）当 $50\% \leqslant \eta_{ov} < 80\%$ 时：

$$N_{ui} = 2.0\left(h_i-2t_i+\frac{b_{ei}+b_{ej}}{2}\right)t_i f_i$$
$$(13.4.2-26)$$

3）当 $80\% \leqslant \eta_{ov} < 100\%$ 时：

$$N_{ui} = 2.0\left(h_i-2t_i+\frac{b_i+b_{ej}}{2}\right)t_i f_i$$
$$(13.4.2-27)$$

被搭接支管的承载力应满足下式要求：

$$\frac{N_{uj}}{A_j f_{yj}} \leqslant \frac{N_{ui}}{A_i f_{yi}} \qquad (13.4.2-28)$$

4 支管为矩形管的平面 KT 形节点：

1）当为间隙 KT 形节点时，若垂直支管内力
为零，则假设垂直支管不存在，按 K 形节
点计算。若垂直支管内力不为零，可通过
对 K 形和 N 形节点的承载力公式进行修正
来计算，此时 $\beta \leqslant (b_1+b_2+b_3+h_1+h_2+h_3)/(6b)$，间隙值取为两根受力较大且力的
符号相反（拉或压）的腹杆间的最大间隙。
对于图 13.4.2(a)、图 13.4.2(b) 所示受
荷情况（P 为节点横向荷载，可为零），应
满足式（13.4.2-29）与式（13.4.2-30）的
要求：

$$N_{u1}\sin\theta_1 \geqslant N_2\sin\theta_2 + N_3\sin\theta_3$$
$$\text{(13.4.2-29)}$$

$$N_{u1} \geqslant N_1 \qquad \text{(13.4.2-30)}$$

式中：N_1、N_2、N_3——腹杆所受的轴向力（N）。

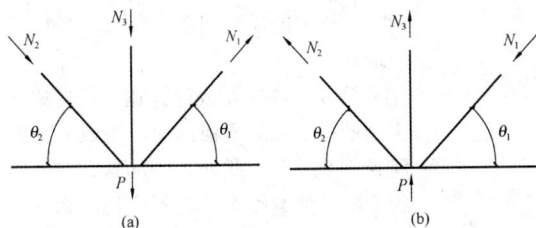

图 13.4.2 KT 形节点受荷情况

2）当为搭接 KT 形方管节点时，可采用搭接 K 形和 N 形节点的承载力公式检验每一根支管的承载力。计算支管有效宽度时应注意支管搭接次序。

5 支管为圆管的各种形式平面节点：

支管为圆管的 T、Y、X、K 及 N 形节点时，支管在节点处的承载力可用上述相应的支管为矩形管的节点的承载力公式计算，这时需用 D_i 替代 b_i 和 h_i，并将计算结果乘以 $\pi/4$。

13.4.3 无加劲直接焊接的 T 形方管节点，当支管承受弯矩作用时，节点承载力应按下列规定计算：

1 当 $\beta \leqslant 0.85$ 且 $n \leqslant 0.6$ 时，按式（13.4.3-1）验算；当 $\beta \leqslant 0.85$ 且 $n > 0.6$ 时，按式（13.4.3-2）验算；当 $\beta > 0.85$ 时，按式（13.4.3-2）验算。

$$\left(\frac{N}{N_{u1}^*}\right)^2 + \left(\frac{M}{M_{u1}}\right)^2 \leqslant 1.0 \qquad \text{(13.4.3-1)}$$

$$\frac{N}{N_{u1}^*} + \frac{M}{M_{u1}} \leqslant 1.0 \qquad \text{(13.4.3-2)}$$

式中：N_{u1}^*——支管在节点处的轴心受压承载力设计值，应按本条第 2 款的规定计算（N）；

M_{u1}——支管在节点处的受弯承载力设计值，应按本条第 3 款的规定计算（N·mm）。

2 N_{u1}^* 的计算应符合下列规定：

1）当 $\beta \leqslant 0.85$ 时，按下式计算：

$$N_{u1}^* = t^2 f\left[\frac{h_1/b}{1-\beta}(2-n^2) + \frac{4}{\sqrt{1-\beta}}(1-n^2)\right]$$
$$\text{(13.4.3-3)}$$

2）当 $\beta > 0.85$ 时，按本标准第 13.4.2 条中的相关规定计算。

3 M_{u1} 的计算应符合下列规定：

当 $\beta \leqslant 0.85$ 时：

$$M_{u1} = t^2 h_1 f\left(\frac{b}{2h_1} + \frac{2}{\sqrt{1-\beta}} + \frac{h_1/b}{1-\beta}\right)(1-n^2)$$
$$\text{(13.4.3-4)}$$

$$n = \frac{\sigma}{f} \qquad \text{(13.4.3-5)}$$

当 $\beta > 0.85$ 时，其受弯承载力设计值取式（13.4.3-6）和式（13.4.3-8）或式（13.4.3-9）计算结果的较小值：

$$M_{u1} = \left[W_1 - \left(1 - \frac{b_e}{b}\right)b_1 t_1(h_1 - t_1)\right]f_1$$
$$\text{(13.4.3-6)}$$

$$b_e = \frac{10}{b/t} \cdot \frac{tf_y}{t_1 f_{y1}} b_1 \leqslant b_1 \qquad \text{(13.4.3-7)}$$

当 $t \leqslant 2.75\text{mm}$：

$$M_{u1} = 0.595t(h_1 + 5t)^2(1 - 0.3n)f$$
$$\text{(13.4.3-8)}$$

当 $2.75\text{mm} < t \leqslant 14\text{mm}$：

$$M_{u1} = 0.0025t(t^2 - 26.8t + 304.6)$$
$$(h_1 + 5t)^2(1 - 0.3n)f \qquad \text{(13.4.3-9)}$$

式中：n——参数，按式（13.4.3-5）计算，受拉时取 $n = 0$；

b_e——腹杆翼缘的有效宽度，按式（13.4.3-7）计算（mm）；

W_1——支管截面模量（mm^3）。

13.4.4 采用局部加强的方（矩）形管节点时，支管在节点加强处的承载力设计值应按下列规定计算：

1 主管与支管相连一侧采用加强板 [图 13.2.4(b)]：

1）对支管受拉的 T、Y 和 X 形节点，支管在节点处的承载力设计值应按下列公式计算：

$$N_{ui} = 1.8\left(\frac{h_i}{b_p C_p \sin\theta_i} + 2\right)\frac{t_p^2 f_p}{C_p \sin\theta_i}$$
$$\text{(13.4.4-1)}$$

$$C_p = (1 - \beta_p)^{0.5} \qquad \text{(13.4.4-2)}$$

$$\beta_p = b_i/b_p \qquad \text{(13.4.4-3)}$$

式中：f_p——加强板强度设计值（N/mm^2）；

C_p——参数，按式（13.4.4-2）计算。

2）对支管受压的 T、Y 和 X 形节点，当 $\beta_p \leqslant 0.8$ 时可应用下式进行加强板的设计：

$$l_p \geqslant 2b/\sin\theta_i \qquad \text{(13.4.4-4)}$$

$$t_p \geqslant 4t_1 - t \qquad \text{(13.4.4-5)}$$

3）对 K 形间隙节点，可按本标准第 13.4.2 条中相应的公式计算承载力，这时用 t_p 代替 t，用加强板设计强度 f_p 代替主管设计强度 f。

2 对于侧板加强的 T、Y、X 和 K 形间隙方管节点 [图 13.2.4(c)]，可用本标准第 13.4.2 条中相应的计算主管侧壁承载力的公式计算，此时用 $t + t_p$ 代替侧壁厚 t，A_v 取为 $2h(t + t_p)$。

13.4.5 方（矩）形管节点处焊缝承载力不应小于节

点承载力，支管沿周边与主管相焊时，连接焊缝的计算应符合下列规定：

1 直接焊接的方（矩）形管节点中，轴心受力支管与主管的连接焊缝可视为全周角焊缝，焊缝承载力设计值 N_f 可按下式计算：

$$N_f = h_e l_w f_f^w \qquad (13.4.5\text{-}1)$$

式中：h_e——角焊缝计算厚度，当支管承受轴力时，平均计算厚度可取 $0.7h_f$（mm）；

l_w——焊缝的计算长度，按本条第 2 款或第 3 款计算（mm）；

f_f^w——角焊缝的强度设计值（N/mm²）。

2 支管为方（矩）形管时，角焊缝的计算长度可按下列公式计算：

1） 对于有间隙的 K 形和 N 形节点：

当 $\theta_i \geqslant 60°$ 时：

$$l_w = \frac{2h_i}{\sin\theta_i} + b_i \qquad (13.4.5\text{-}2)$$

当 $\theta_i \leqslant 50°$ 时：

$$l_w = \frac{2h_i}{\sin\theta_i} + 2b_i \qquad (13.4.5\text{-}3)$$

当 $50° < \theta_i < 60°$ 时：l_w 按插值法确定。

2） 对于 T、Y 和 X 形节点：

$$l_w = \frac{2h_i}{\sin\theta_i} \qquad (13.4.5\text{-}4)$$

3 当支管为圆管时，焊缝计算长度应按下列公式计算：

$$l_w = \pi(a_0 + b_0) - D_i \qquad (13.4.5\text{-}5)$$

$$a_0 = \frac{R_i}{\sin\theta_i} \qquad (13.4.5\text{-}6)$$

$$b_0 = R_i \qquad (13.4.5\text{-}7)$$

式中：a_0——椭圆相交线的长半轴（mm）；

b_0——椭圆相交线的短半轴（mm）；

R_i——圆支管半径（mm）；

θ_i——支管轴线与主管轴线的交角。

14 钢与混凝土组合梁

14.1 一般规定

14.1.1 本章规定适用于不直接承受动力荷载的组合梁。对于直接承受动力荷载的组合梁，应按本标准附录 J 的要求进行疲劳计算，其承载能力应按弹性方法进行计算。组合梁的翼板可采用现浇混凝土板、混凝土叠合板或压型钢板混凝土组合板等，其中混凝土板除应符合本章的规定外，尚应符合现行国家标准《混凝土结构设计规范》GB 50010 的有关规定。

14.1.2 在进行组合梁截面承载能力验算时，跨中及中间支座处混凝土翼板的有效宽度 b_e（图 14.1.2）应按下式计算：

$$b_e = b_0 + b_1 + b_2 \qquad (14.1.2)$$

式中：b_0——板托顶部的宽度；当板托倾角 $\alpha < 45°$ 时，应按 $\alpha = 45°$ 计算；当无板托时，则取钢梁上翼缘的宽度；当混凝土板和钢梁不直接接触（如之间有压型钢板分隔）时，取栓钉的横向间距，仅有一列栓钉时取 0（mm）；

b_1、b_2——梁外侧和内侧的翼板计算宽度，当塑性中和轴位于混凝土板内时，各取梁等效跨径 l_e 的 1/6。此外，b_1 尚不应超过翼板实际外伸宽度 S_1；b_2 不应超过相邻钢梁上翼缘或板托间净距 S_0 的 1/2（mm）；

l_e——等效跨径。对于简支组合梁，取为简支组合梁的跨度；对于连续组合梁，中间跨正弯矩区取为 $0.6l$，边跨正弯矩区取为 $0.8l$，l 为组合梁跨度，支座负弯矩区取为相邻两跨跨度之和的 20%（mm）。

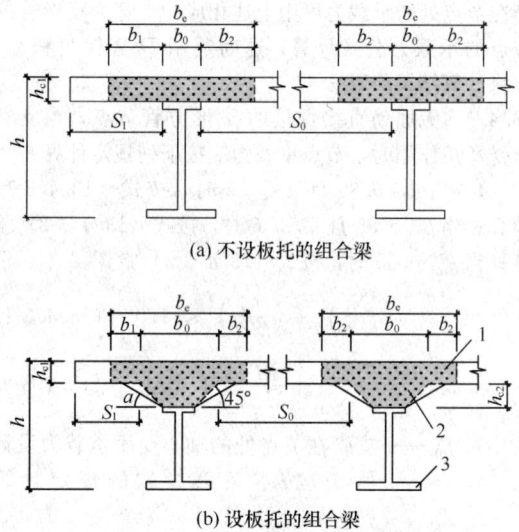

(a) 不设板托的组合梁

(b) 设板托的组合梁

图 14.1.2 混凝土翼板的计算宽度
1—混凝土翼板；2—板托；3—钢梁

14.1.3 组合梁进行正常使用极限状态验算时应符合下列规定：

1 组合梁的挠度应按弹性方法进行计算，弯曲刚度宜按本标准第 14.4.2 条的规定计算；对于连续组合梁，在距中间支座两侧各 0.15l（l 为梁的跨度）范围内，不应计入受拉区混凝土对刚度的影响，但宜计入翼板有效宽度 b_e 范围内纵向钢筋的作用；

2 连续组合梁应按本标准第 14.5 节的规定验算负弯矩区段混凝土最大裂缝宽度，其负弯矩内力可按不考虑混凝土开裂的弹性分析方法计算并进行调幅；

3 对于露天环境下使用的组合梁以及直接受热

源辐射作用的组合梁，应考虑温度效应的影响。钢梁和混凝土翼板间的计算温度差应按实际情况采用；

4 混凝土收缩产生的内力及变形可按组合梁混凝土板与钢梁之间的温差－15℃计算；

5 考虑混凝土徐变影响时，可将钢与混凝土的弹性模量比放大一倍。

14.1.4 组合梁施工时，混凝土硬结前的材料重量和施工荷载应由钢梁承受，钢梁应根据实际临时支撑的情况按本标准第3章和第7章的规定验算其强度、稳定性和变形。

计算组合梁挠度和负弯矩区裂缝宽度时应考虑施工方法及工序的影响。计算组合梁挠度时，应将施工阶段的挠度和使用阶段续加荷载产生的挠度相叠加，当钢梁下有临时支撑时，应考虑拆除临时支撑时引起的附加变形。计算组合梁负弯矩区裂缝宽度时，可仅考虑形成组合截面后引入的支座负弯矩值。

14.1.5 在强度和变形满足要求时，组合梁可按部分抗剪连接进行设计。

14.1.6 按本章进行设计的组合梁，钢梁受压区的板件宽厚比应符合本标准第10章中塑性设计的相关规定。当组合梁受压上翼缘不符合塑性设计要求的板件宽厚比限值，但连接件满足下列要求时，仍可采用塑性方法进行设计：

1 当混凝土板沿全长和组合梁接触（如现浇楼板）时，连接件最大间距不大于$22t_f\varepsilon_k$；当混凝土板和组合梁部分接触（如压型钢板横肋垂直于钢梁）时，连接件最大间距不大于$15t_f\varepsilon_k$；ε_k为钢号修正系数，t_f为钢梁受压上翼缘厚度。

2 连接件的外侧边缘与钢梁翼缘边缘之间的距离不大于$9t_f\varepsilon_k$。

14.1.7 组合梁承载能力按塑性分析方法进行计算时，连续组合梁和框架组合梁在竖向荷载作用下的内力可采用不考虑混凝土开裂的模型进行弹性分析，并按本标准第10章的规定对弯矩进行调幅，楼板的设计应符合现行国家标准《混凝土结构设计规范》GB 50010的有关规定。

14.1.8 组合梁应按本标准第14.6节的规定进行混凝土翼板的纵向抗剪验算；在组合梁的强度、挠度和裂缝计算中，可不考虑板托截面。

14.2 组合梁设计

14.2.1 完全抗剪连接组合梁的受弯承载力应符合下列规定：

1 正弯矩作用区段：

1）塑性中和轴在混凝土翼板内（图14.2.1-1），即$Af \leqslant b_e h_{c1} f_c$时：
$$M \leqslant b_e x f_c y \tag{14.2.1-1}$$
$$x = Af/(b_e f_c) \tag{14.2.1-2}$$

式中：M——正弯矩设计值（N·mm）；

A——钢梁的截面面积（mm^2）；

x——混凝土翼板受压区高度（mm）；

y——钢梁截面应力的合力至混凝土受压区截面应力的合力间的距离（mm）；

f_c——混凝土抗压强度设计值（N/mm^2）。

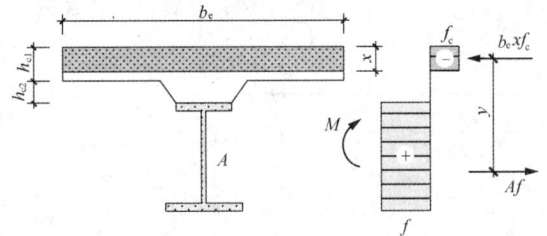

图14.2.1-1 塑性中和轴在混凝土翼板内时的组合梁截面及应力图形

2）塑性中和轴在钢梁截面内（图14.2.1-2），即$Af > b_e h_{c1} f_c$时：
$$M \leqslant b_e h_{c1} f_c y_1 + A_c f y_2 \tag{14.2.1-3}$$
$$A_c = 0.5(A - b_e h_{c1} f_c/f) \tag{14.2.1-4}$$

式中：A_c——钢梁受压区截面面积（mm^2）；

y_1——钢梁受拉区截面形心至混凝土翼板受压区截面形心的距离（mm）；

y_2——钢梁受拉区截面形心至钢梁受压区截面形心的距离（mm）。

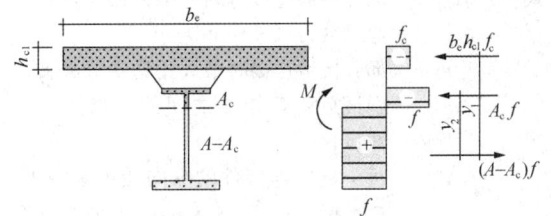

图14.2.1-2 塑性中和轴在钢梁内时的组合梁截面及应力图形

2 负弯矩作用区段（图14.2.1-3）：
$$M' \leqslant M_s + A_{st} f_{st}(y_3 + y_4/2) \tag{14.2.1-5}$$
$$M_s = (S_1 + S_2)f \tag{14.2.1-6}$$
$$f_{st} A_{st} + f(A - A_c) = fA_c \tag{14.2.1-7}$$

式中：M'——负弯矩设计值（N·mm）；

S_1、S_2——钢梁塑性中和轴（平分钢梁截面积的轴线）以上和以下截面对该轴的面积矩（mm^3）；

A_{st}——负弯矩区混凝土翼板有效宽度范围内的纵向钢筋截面面积（mm^2）；

f_{st}——钢筋抗拉强度设计值（N/mm^2）；

y_3——纵向钢筋截面形心至组合梁塑性中和轴的距离，根据截面轴力平衡式（14.2.1-7）求出钢梁受压区面积A_c，取钢梁拉压区交界处位置为组合梁塑性中和轴位置（mm）；

y_4——组合梁塑性中和轴至钢梁塑性中和轴的距离。当组合梁塑性中和轴在钢梁腹板内时，取 $y_4 = A_{st} f_{st}/(2t_w f)$，当该中和轴在钢梁翼缘内时，可取 y_4 等于钢梁塑性中和轴至腹板上边缘的距离（mm）。

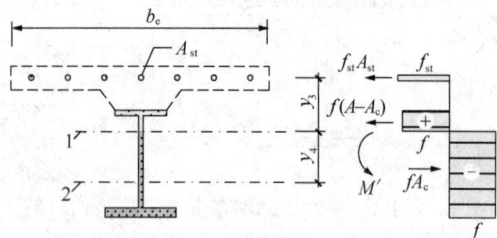

图 14.2.1-3 负弯矩作用时组合梁截面及应力图形
1—组合截面塑性中和轴；2—钢梁截面塑性中和轴

14.2.2 部分抗剪连接组合梁在正弯矩区段的受弯承载力宜符合下列公式规定（图 14.2.2）：

$$x = n_r N_v^c/(b_e f_c) \qquad (14.2.2-1)$$

$$A_c = (Af - n_r N_v^c)/(2f) \qquad (14.2.2-2)$$

$$M_{u,r} = n_r N_v^c y_1 + 0.5(Af - n_r N_v^c)y_2$$

$$(14.2.2-3)$$

式中：$M_{u,r}$——部分抗剪连接时组合梁截面正弯矩受弯承载力（N·mm）；

n_r——部分抗剪连接时最大正弯矩验算截面到最近零弯矩点之间的抗剪连接件数目；

N_v^c——每个抗剪连接件的纵向受剪承载力，按本标准第 14.3 节的有关公式计算（N）；

y_1、y_2——如图 14.2.2 所示，可按式（14.2.2-2）所示的轴力平衡关系式确定受压钢梁的面积 A_c，进而确定组合梁塑性中和轴的位置（mm）。

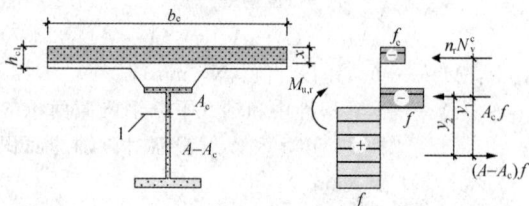

图 14.2.2 部分抗剪连接组合梁计算简图
1—组合梁塑性中和轴

计算部分抗剪连接组合梁在负弯矩作用区段的受弯承载力时，仍按本标准式（14.2.1-5）计算，但 $A_{st} f_{st}$ 应取 $n_r N_v^c$ 和 $A_{st} f_{st}$ 两者中的较小值，n_r 取为最

大负弯矩验算截面到最近零弯矩点之间的抗剪连接件数目。

14.2.3 组合梁的受剪强度应按本标准式（10.3.2）计算。

14.2.4 用弯矩调幅设计法计算组合梁强度时，按下列规定考虑弯矩与剪力的相互影响：

1 受正弯矩的组合梁截面不考虑弯矩和剪力的相互影响；

2 受负弯矩的组合梁截面，当剪力设计值 $V \leqslant 0.5h_w t_w f_v$ 时，可不对验算负弯矩受弯承载力所用的腹板钢材强度设计值进行折减；当 $V > 0.5h_w t_w f_v$ 时，验算负弯矩受弯承载力所用的腹板钢材强度设计值 f 按本标准第 10.3.4 条的规定计算。

14.3 抗剪连接件的计算

14.3.1 组合梁的抗剪连接件宜采用圆柱头焊钉，也可采用槽钢或有可靠依据的其他类型连接件（图14.3.1）。单个抗剪连接件的受剪承载力设计值应由下列公式确定：

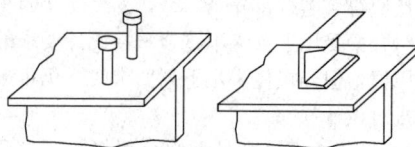

(a) 圆柱头焊钉连接件　(b) 槽钢连接件

图 14.3.1 连接件的外形

1 圆柱头焊钉连接件：

$$N_v^c = 0.43A_s \sqrt{E_c f_c} \leqslant 0.7A_s f_u$$

$$(14.3.1-1)$$

式中：E_c——混凝土的弹性模量（N/mm²）；

A_s——圆柱头焊钉钉杆截面面积（mm²）；

f_u——圆柱头焊钉极限抗拉强度设计值，需满足现行国家标准《电弧螺柱焊用圆柱头焊钉》GB/T 10433 的要求（N/mm²）。

2 槽钢连接件：

$$N_v^c = 0.26(t + 0.5t_w)l_c \sqrt{E_c f_c}$$

$$(14.3.1-2)$$

式中：t——槽钢翼缘的平均厚度（mm）；

t_w——槽钢腹板的厚度（mm）；

l_c——槽钢的长度（mm）。

槽钢连接件通过肢尖肢背两条通长角焊缝与钢梁连接，角焊缝按承受该连接件的受剪承载力设计值 N_v^c 进行计算。

14.3.2 对于用压型钢板混凝土组合板做翼板的组合梁（图 14.3.2），其焊钉连接件的受剪承载力设计值应分别按以下两种情况予以降低：

1 当压型钢板肋平行于钢梁布置［图 14.3.2 (a)］，$b_w/h_e < 1.5$ 时，按本标准式（14.3.1-1）算得

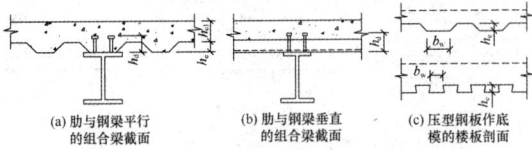

(a) 肋与钢梁平行　　(b) 肋与钢梁垂直　　(c) 压型钢板作底
　的组合梁截面　　　　的组合梁截面　　　　模的楼板剖面

图 14.3.2　用压型钢板作混凝土翼板底模的组合梁

的 N_v^c 应乘以折减系数 β_v 后取用。β_v 值按下式计算：

$$\beta_v = 0.6 \frac{b_w}{h_e} \left(\frac{h_d - h_e}{h_e} \right) \leqslant 1 \qquad (14.3.2\text{-}1)$$

式中：b_w——混凝土凸肋的平均宽度，当肋的上部宽度小于下部宽度时［图 14.3.2(c)］，改取上部宽度（mm）；

h_e——混凝土凸肋高度（mm）；

h_d——焊钉高度（mm）。

2　当压型钢板肋垂直于钢梁布置时［图 14.3.2(b)］，焊钉连接件承载力设计值的折减系数按下式计算：

$$\beta_v = \frac{0.85}{\sqrt{n_0}} \frac{b_w}{h_e} \left(\frac{h_d - h_e}{h_e} \right) \leqslant 1 \qquad (14.3.2\text{-}2)$$

式中：n_0——在梁某截面处一个肋中布置的焊钉数，当多于 3 个时，按 3 个计算。

14.3.3　位于负弯矩区段的抗剪连接件，其受剪承载力设计值 N_v^c 应乘以折减系数 0.9。

14.3.4　当采用柔性抗剪连接件时，抗剪连接件的计算应以弯矩绝对值最大点及支座为界限，划分为若干个区段（图 14.3.4），逐段进行布置。每个剪跨区段内钢梁与混凝土翼板交界面的纵向剪力 V_s 应按下列公式确定：

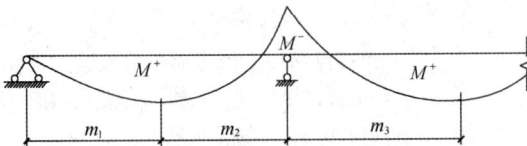

图 14.3.4　连续梁剪跨区划分图

1　正弯矩最大点到边支座区段，即 m_1 区段，V_s 取 Af 和 $b_e h_{c1} f_c$ 中的较小者。

2　正弯矩最大点到中支座（负弯矩最大点）区段，即 m_2 和 m_3 区段：

$$V_s = \min\{Af, b_e h_{c1} f_c\} + A_{st} f_{st}$$
$$(14.3.4\text{-}1)$$

按完全抗剪连接设计时，每个剪跨区段内需要的连接件总数 n_f，按下式计算：

$$n_f = V_s / N_v^c \qquad (14.3.4\text{-}2)$$

部分抗剪连接组合梁，其连接件的实配个数不得少于 n_f 的 50%。

按式（14.3.4-2）算得的连接件数量，可在对应

的剪跨区段内均匀布置。当在此剪跨区段内有较大集中荷载作用时，应将连接件个数 n_f 按剪力图面积比例分配后再各自均匀布置。

14.4　挠　度　计　算

14.4.1　组合梁的挠度应分别按荷载的标准组合和准永久组合进行计算，以其中的较大值作为依据。挠度可按结构力学方法进行计算，仅受正弯矩作用的组合梁，其弯曲刚度应取考虑滑移效应的折减刚度，连续组合梁宜按变截面刚度梁进行计算。按荷载的标准组合和准永久组合进行计算时，组合梁应各取其相应的折减刚度。

14.4.2　组合梁考虑滑移效应的折减刚度 B 可按下式确定：

$$B = \frac{EI_{eq}}{1 + \xi} \qquad (14.4.2)$$

式中：E——钢梁的弹性模量（N/mm²）；

I_{eq}——组合梁的换算截面惯性矩；对荷载的标准组合，可将截面中的混凝土翼板有效宽度除以钢与混凝土弹性模量的比值 α_E 换算为钢截面宽度后，计算整个截面的惯性矩；对荷载的准永久组合，则除以 $2\alpha_E$ 进行换算；对于钢梁与压型钢板混凝土组合板构成的组合梁，应取其较弱截面的换算截面进行计算，且不计压型钢板的作用（mm⁴）；

ξ——刚度折减系数，宜按本标准第 14.4.3 条进行计算。

14.4.3　刚度折减系数 ξ 宜按下列公式计算（当 $\xi \leqslant 0$ 时，取 $\xi = 0$）：

$$\xi = \eta \left[0.4 - \frac{3}{(jl)^2} \right] \qquad (14.4.3\text{-}1)$$

$$\eta = \frac{36 E d_c p A_0}{n_s k h l^2} \qquad (14.4.3\text{-}2)$$

$$j = 0.81 \sqrt{\frac{n_s N_v^c A_1}{E I_0 p}} \, (\text{mm}^{-1}) \qquad (14.4.3\text{-}3)$$

$$A_0 = \frac{A_{cf} A}{\alpha_E A + A_{cf}} \qquad (14.4.3\text{-}4)$$

$$A_1 = \frac{I_0 + A_0 d_c^2}{A_0} \qquad (14.4.3\text{-}5)$$

$$I_0 = I + \frac{I_{cf}}{\alpha_E} \qquad (14.4.3\text{-}6)$$

式中：A_{cf}——混凝土翼板截面面积；对压型钢板混凝土组合板的翼板，应取其较弱截面的面积，且不考虑压型钢板（mm²）；

I——钢梁截面惯性矩（mm⁴）；

I_{cf}——混凝土翼板的截面惯性矩；对压型钢板混凝土组合板的翼板，应取其较弱

截面的惯性矩，且不考虑压型钢板
（mm^4）；

d_c——钢梁截面形心到混凝土翼板截面（对压型钢板混凝土组合板为其较弱截面）形心的距离（mm）；

h——组合梁截面高度（mm）；

p——抗剪连接件的纵向平均间距（mm）；

k——抗剪连接件刚度系数，$k = N_v^c$（N/mm）；

n_s——抗剪连接件在一根梁上的列数。

14.5 负弯矩区裂缝宽度计算

14.5.1 组合梁负弯矩区段混凝土在正常使用极限状态下考虑长期作用影响的最大裂缝宽度 w_{max} 应按现行国家标准《混凝土结构设计规范》GB 50010 的规定按轴心受拉构件进行计算，其值不得大于现行国家标准《混凝土结构设计规范》GB 50010 所规定的限值。

14.5.2 按荷载效应的标准组合计算的开裂截面纵向受拉钢筋的应力 σ_{sk} 按下列公式计算：

$$\sigma_{sk} = \frac{M_k y_s}{I_{cr}} \qquad (14.5.2-1)$$

$$M_k = M_e(1 - \alpha_r) \qquad (14.5.2-2)$$

式中：I_{cr}——由纵向普通钢筋与钢梁形成的组合截面的惯性矩（mm^4）；

y_s——钢筋截面重心至钢筋和钢梁形成的组合截面中和轴的距离（mm）；

M_k——钢与混凝土形成组合截面之后，考虑了弯矩调幅的标准荷载作用下支座截面负弯矩组合值，对于悬臂组合梁，式（14.5.2-2）中的 M_k 应根据平衡条件计算得到（N·mm）；

M_e——钢与混凝土形成组合截面之后，标准荷载作用下按未开裂模型进行弹性计算得到的连续组合梁中支座负弯矩值（N·mm）；

α_r——正常使用极限状态连续组合梁中支座负弯矩调幅系数，其取值不宜超过 15%。

14.6 纵向抗剪计算

14.6.1 组合梁板托及翼缘板纵向受剪承载力验算时，应分别验算图 14.6.1 所示的纵向受剪界面 a-a、b-b、c-c 及 d-d。

14.6.2 单位纵向长度内受剪界面上的纵向剪力设计值应按下列公式计算：

1 单位纵向长度上 b-b、c-c 及 d-d 受剪界面（图 14.6.1）的计算纵向剪力为：

$$v_{l,1} = \frac{V_s}{m_i} \qquad (14.6.2-1)$$

2 单位纵向长度上 a-a 受剪界面（图 14.6.1）

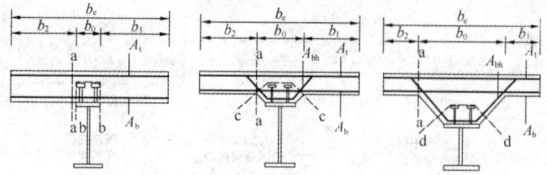

图 14.6.1　混凝土板纵向受剪界面

A_t—混凝土板顶部附近单位长度内钢筋面积的总和（mm^2/mm）。包括混凝土板内抗弯和构造钢筋；A_b、A_{bh}—分别为混凝土板底部、承托底部单位长度内钢筋面积的总和（mm^2/mm）

的计算纵向剪力为：

$$v_{l,1} = \max\left(\frac{V_s}{m_i} \times \frac{b_1}{b_e}, \frac{V_s}{m_i} \times \frac{b_2}{b_e}\right)$$

$$(14.6.2-2)$$

式中：$v_{l,1}$——单位纵向长度内受剪界面上的纵向剪力设计值（N/mm）；

V_s——每个剪跨区段内钢梁与混凝土翼板交界面的纵向剪力，按本标准第 14.3.4 条的规定计算（N）；

m_i——剪跨区段长度（图 14.3.4）（mm）；

b_1、b_2——分别为混凝土翼板左右两侧挑出的宽度（图 14.6.1）（mm）；

b_e——混凝土翼板有效宽度，应按对应跨的跨中有效宽度取值，有效宽度应按本标准第 14.1.2 条的规定计算（mm）。

14.6.3 组合梁承托及翼缘板界面纵向受剪承载力计算应符合下列公式规定：

$$v_{l,1} \leqslant v_{lu,1} \qquad (14.6.3-1)$$

$$v_{lu,1} = 0.7 f_t b_f + 0.8 A_e f_r \qquad (14.6.3-2)$$

$$v_{lu,1} = 0.25 b_f f_c \qquad (14.6.3-3)$$

式中：$v_{lu,1}$——单位纵向长度内界面受剪承载力（N/mm），取式（14.6.3-2）和式（14.6.3-3）的较小值；

f_t——混凝土抗拉强度设计值（N/mm^2）；

b_f——受剪界面的横向长度，按图 14.6.1 所示的 a-a、b-b、c-c 及 d-d 连线在抗剪连接件以外的最短长度取值（mm）；

A_e——单位长度上横向钢筋的截面面积（mm^2/mm），按图 14.6.1 和表 14.6.3 取值；

f_r——横向钢筋的强度设计值（N/mm^2）。

表 14.6.3　单位长度上横向钢筋的截面积 A_e

剪切面	a-a	b-b	c-c	d-d
A_e	$A_b + A_t$	$2A_b$	$2(A_b + A_{bh})$	$2A_{bh}$

14.6.4 横向钢筋的最小配筋率应满足下式要求：

$$A_e f_r / b_f > 0.75 \,(\text{N}/mm^2) \qquad (14.6.4)$$

14.7 构造要求

14.7.1 组合梁截面高度不宜超过钢梁截面高度的2倍，混凝土板托高度 h_{c2} 不宜超过翼板厚度 h_{c1} 的1.5倍。

14.7.2 组合梁边梁混凝土翼板的构造应满足下列要求：

1 有板托时，伸出长度不宜小于 h_{c2}；

2 无板托时，应同时满足伸出钢梁中心线不小于150mm、伸出钢梁翼缘边不小于50mm的要求（图14.7.2）。

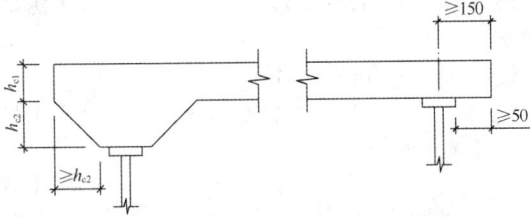

图14.7.2　边梁构造图

14.7.3 连续组合梁在中间支座负弯矩区的上部纵向钢筋及分布钢筋，应按现行国家标准《混凝土结构设计规范》GB 50010的规定设置。

14.7.4 抗剪连接件的设置应符合下列规定：

1 圆柱头焊钉连接件钉头下表面或槽钢连接件上翼缘下表面与翼板底部钢筋顶面的距离 h_{e0} 不宜小于30mm；

2 连接件沿梁跨度方向的最大间距不应大于混凝土翼板（包括板托）厚度的3倍，且不大于300mm；连接件的外侧边缘与钢梁翼缘边缘之间的距离不应小于20mm；连接件的外侧边缘至混凝土翼板边缘间的距离不应小于100mm；连接件顶面的混凝土保护层厚度不应小于15mm。

14.7.5 圆柱头焊钉连接件除应满足本标准第14.7.4条的要求外，尚应符合下列规定：

1 当焊钉位置不正对钢梁腹板时，如钢梁上翼缘承受拉力，则焊钉钉杆直径不应大于钢梁上翼缘厚度的1.5倍；如钢梁上翼缘不承受拉力，则焊钉钉杆直径不应大于钢梁上翼缘厚度的2.5倍；

2 焊钉长度不应小于其杆径的4倍；

3 焊钉沿梁轴线方向的间距不应小于杆径的6倍，垂直于梁轴线方向的间距不应小于杆径的4倍；

4 用压型钢板作底模的组合梁，焊钉钉杆直径不宜大于19mm，混凝土凸肋宽度不应小于焊钉钉杆直径的2.5倍；焊钉高度 h_d 应符合 $h_d \geqslant h_e + 30$ 的要求（本标准图14.3.2）。

14.7.6 槽钢连接件一般采用Q235钢，截面不宜大于[12.6。

14.7.7 横向钢筋的构造要求应符合下列规定：

1 横向钢筋的间距不应大于 $4h_{e0}$，且不应大于200mm；

2 板托中应配U形横向钢筋加强（本标准图14.6.1）。板托中横向钢筋的下部水平段应该设置在距钢梁上翼缘50mm的范围以内。

14.7.8 对于承受负弯矩的箱形截面组合梁，可在钢箱梁底板上方或腹板内侧设置抗剪连接件并浇筑混凝土。

15 钢管混凝土柱及节点

15.1 一般规定

15.1.1 本章适用于不直接承受动力荷载的钢管混凝土柱及节点的设计和计算。

15.1.2 钢管混凝土柱可用于框架结构、框架-剪力墙结构、框架-核心筒结构、框架-支撑结构、筒中筒结构、部分框支-剪力墙结构和杆塔结构。

15.1.3 在工业与民用建筑中，与钢管混凝土柱相连的框架梁宜采用钢梁或钢-混凝土组合梁，也可采用现浇钢筋混凝土梁。

15.1.4 钢管的选用应符合本标准第4章的有关规定，混凝土的强度等级应与钢材强度相匹配，不得使用对钢管有腐蚀作用的外加剂，混凝土的抗压强度和弹性模量应按现行国家标准《混凝土结构设计规范》GB 50010的规定采用。

15.1.5 钢管混凝土柱和节点的计算应符合现行国家标准《钢管混凝土结构技术规范》GB 50936的有关规定。

15.1.6 钢管混凝土柱除应进行使用阶段的承载力设计外，尚应进行施工阶段的承载力验算。进行施工阶段的承载力验算时，应采用空钢管截面，空钢管柱在施工阶段的轴向应力，不应大于其抗压强度设计值的60%，并应满足稳定性要求。

15.1.7 钢管内浇筑混凝土时，应采取有效措施保证混凝土的密实性。

15.1.8 钢管混凝土柱宜考虑混凝土徐变对稳定承载力的不利影响。

15.2 矩形钢管混凝土柱

15.2.1 矩形钢管可采用冷成型的直缝钢管或螺旋缝焊接管及热轧管，也可采用冷弯型钢或热轧钢板、型钢焊接成型的矩形管。连接可采用高频焊、自动或半自动焊和手工对接焊缝。当矩形钢管混凝土构件采用钢板或型钢组合时，其壁板间的连接焊缝应采用全熔透焊缝。

15.2.2 矩形钢管混凝土柱边长尺寸不宜小于150mm，钢管壁厚不应小于3mm。

15.2.3 矩形钢管混凝土柱应考虑角部对混凝土约束

作用的减弱，当长边尺寸大于 1m 时，应采取构造措施增强矩形钢管对混凝土的约束作用和减小混凝土收缩的影响。

15.2.4 矩形钢管混凝土柱受压计算时，混凝土的轴心受压承载力承担系数可考虑钢管与混凝土的变形协调来分配；受拉计算时，可不考虑混凝土的作用，仅计算钢管的受拉承载力。

15.3 圆形钢管混凝土柱

15.3.1 圆钢管可采用焊接圆钢管或热轧无缝钢管等。

15.3.2 圆形钢管混凝土柱截面直径不宜小于 180mm，壁厚不应小于 3mm。

15.3.3 圆形钢管混凝土柱应采取有效措施保证钢管对混凝土的环箍作用；当直径大于 2m 时，应采取有效措施减小混凝土收缩的影响。

15.3.4 圆形钢管混凝土柱受拉弹性阶段计算时，可不考虑混凝土的作用，仅计算钢管的受拉承载力；钢管屈服后，可考虑钢管和混凝土共同工作，受拉承载力可适当提高。

15.4 钢管混凝土柱与钢梁连接节点

15.4.1 矩形钢管混凝土柱与钢梁连接节点可采用隔板贯通节点、内隔板节点、外环板节点和外肋环板节点。

15.4.2 圆形钢管混凝土柱与钢梁连接节点可采用外加强环节点、内加强环节点、钢梁穿心式节点、牛腿式节点和承重销式节点。

15.4.3 柱内隔板上应设置混凝土浇筑孔和透气孔，混凝土浇筑孔孔径不应小于 200mm，透气孔孔径不宜小于 25mm。

15.4.4 节点设置外环板或外加强环时，外环板的挑出宽度应满足可靠传递梁端弯矩和局部稳定要求。

16 疲劳计算及防脆断设计

16.1 一 般 规 定

16.1.1 直接承受动力荷载重复作用的钢结构构件及其连接，当应力变化的循环次数 n 等于或大于 5×10^4 次时，应进行疲劳计算。

16.1.2 本章规定的结构构件及其连接的疲劳计算，不适用于下列条件：

1　构件表面温度高于 150℃；

2　处于海水腐蚀环境；

3　焊后经热处理消除残余应力；

4　构件处于低周-高应变疲劳状态。

16.1.3 疲劳计算应采用基于名义应力的容许应力幅法，名义应力应按弹性状态计算，容许应力幅应按构

件和连接类别、应力循环次数以及计算部位的板件厚度确定。对非焊接的构件和连接，其应力循环中不出现拉应力的部位可不计算疲劳强度。

16.1.4 在低温下工作或制作安装的钢结构构件应进行防脆断设计。

16.1.5 需计算疲劳构件所用钢材应具有冲击韧性的合格保证，钢材质量等级的选用应符合本标准第4.3.3 条的规定。

16.2 疲 劳 计 算

16.2.1 在结构使用寿命期间，当常幅疲劳或变幅疲劳的最大应力幅符合下列公式时，则疲劳强度满足要求。

1　正应力幅的疲劳计算：

$$\Delta\sigma < \gamma_t [\Delta\sigma_L]_{1\times10^8} \quad (16.2.1\text{-}1)$$

对焊接部位：

$$\Delta\sigma = \sigma_{max} - \sigma_{min} \quad (16.2.1\text{-}2)$$

对非焊接部位：

$$\Delta\sigma = \sigma_{max} - 0.7\sigma_{min} \quad (16.2.1\text{-}3)$$

2　剪应力幅的疲劳计算：

$$\Delta\tau < [\Delta\tau_L]_{1\times10^8} \quad (16.2.1\text{-}4)$$

对焊接部位：

$$\Delta\tau = \tau_{max} - \tau_{min} \quad (16.2.1\text{-}5)$$

对非焊接部位：

$$\Delta\tau < \tau_{max} - 0.7\tau_{min} \quad (16.2.1\text{-}6)$$

3　板厚或直径修正系数 γ_t 应按下列规定采用：

1）对于横向角焊缝连接和对接焊缝连接，当连接板厚 t（mm）超过 25mm 时，应按下式计算：

$$\gamma_t = \left(\frac{25}{t}\right)^{0.25} \quad (16.2.1\text{-}7)$$

2）对于螺栓轴向受拉连接，当螺栓的公称直径 d（mm）大于 30mm 时，应按下式计算：

$$\gamma_t = \left(\frac{30}{d}\right)^{0.25} \quad (16.2.1\text{-}8)$$

3）其余情况取 $\gamma_t = 1.0$。

式中：$\Delta\sigma$ ——构件或连接计算部位的正应力幅（N/mm²）；

σ_{max} ——计算部位应力循环中的最大拉应力（取正值）（N/mm²）；

σ_{min} ——计算部位应力循环中的最小拉应力或压应力（N/mm²），拉应力取正值，压应力取负值；

$\Delta\tau$ ——构件或连接计算部位的剪应力幅（N/mm²）；

τ_{max} ——计算部位应力循环中的最大剪应力（N/mm²）；

τ_{min} ——计算部位应力循环中的最小剪应力

(N/mm^2);

$[\Delta\sigma_L]_{1\times10^8}$ ——正应力幅的疲劳截止限,根据本标准附录 K 规定的构件和连接类别按表 16.2.1-1 采用 (N/mm^2);

$[\Delta\tau_L]_{1\times10^8}$ ——剪应力幅的疲劳截止限,根据本标准附录 K 规定的构件和连接类别按表 16.2.1-2 采用 (N/mm^2)。

表 16.2.1-1 正应力幅的疲劳计算参数

构件与连接类别	构件与连接相关系数		循环次数 n 为 2×10^6 次的容许正应力幅 $[\Delta\sigma]_{2\times10^6}$ (N/mm^2)	循环次数 n 为 5×10^6 次的容许正应力幅 $[\Delta\sigma]_{5\times10^6}$ (N/mm^2)	疲劳截止限 $[\Delta\sigma_L]_{1\times10^8}$ (N/mm^2)
	C_Z	β_Z			
Z1	1920×10^{12}	4	176	140	85
Z2	861×10^{12}	4	144	115	70
Z3	3.91×10^{12}	3	125	92	51
Z4	2.81×10^{12}	3	112	83	46
Z5	2.00×10^{12}	3	100	74	41
Z6	1.46×10^{12}	3	90	66	36
Z7	1.02×10^{12}	3	80	59	32
Z8	0.72×10^{12}	3	71	52	29
Z9	0.50×10^{12}	3	63	46	25
Z10	0.35×10^{12}	3	56	41	23
Z11	0.25×10^{12}	3	50	37	20
Z12	0.18×10^{12}	3	45	33	18
Z13	0.13×10^{12}	3	40	29	16
Z14	0.09×10^{12}	3	36	26	14

注:构件与连接的分类应符合本标准附录 K 的规定。

表 16.2.1-2 剪应力幅的疲劳计算参数

构件与连接类别	构件与连接的相关系数		循环次数 n 为 2×10^6 次的容许剪应力幅 $[\Delta\tau]_{2\times10^6}$ (N/mm^2)	疲劳截止限 $[\Delta\tau_L]_{1\times10^8}$ (N/mm^2)
	C_J	β_J		
J1	4.10×10^{11}	3	59	16
J2	2.00×10^{16}	5	100	46
J3	8.61×10^{21}	8	90	55

注:构件与连接的类别应符合本标准附录 K 的规定。

16.2.2 当常幅疲劳计算不能满足本标准式 (16.2.1-1) 或式 (16.2.1-4) 要求时,应按下列规定进行计算:

1 正应力幅的疲劳计算应符合下列公式规定:

$$\Delta\sigma \leqslant \gamma_t[\Delta\sigma] \qquad (16.2.2-1)$$

当 $n\leqslant5\times10^6$ 时:

$$[\Delta\sigma] = \left(\frac{C_z}{n}\right)^{1/\beta_z} \qquad (16.2.2-2)$$

当 $5\times10^6<n\leqslant1\times10^8$ 时:

$$[\Delta\sigma] = \left[\left([\Delta\sigma]_{5\times10^6}\right)\frac{C_z}{n}\right]^{1/(\beta_z+2)} \qquad (16.2.2-3)$$

当 $n>1\times10^8$ 时:

$$[\Delta\sigma] = [\Delta\sigma_L]_{1\times10^8} \qquad (16.2.2-4)$$

2 剪应力幅的疲劳计算应符合下列公式规定:

$$\Delta\tau \leqslant [\Delta\tau] \qquad (16.2.2-5)$$

当 $n\leqslant1\times10^8$ 时:

$$[\Delta\tau] = \left(\frac{C_J}{n}\right)^{1/\beta_J} \qquad (16.2.2-6)$$

当 $n>1\times10^8$ 时:

$$[\Delta\tau] = [\Delta\tau_L]_{1\times10^8} \qquad (16.2.2-7)$$

式中:$[\Delta\sigma]$ ——常幅疲劳的容许正应力幅 (N/mm^2);

n ——应力循环次数;

C_z、β_z ——构件和连接的相关参数,应根据本标准附录 K 规定的构件和连接类别,按本标准表 16.2.1-1 采用;

$[\Delta\sigma]_{5\times10^6}$ ——循环次数 n 为 5×10^6 次的容许正应力幅 (N/mm^2),应根据本标准附录 K 规定的构件和连接类别,按本标准表 16.2.1-1 采用;

$[\Delta\tau]$ ——常幅疲劳的容许剪应力幅 (N/mm^2);

C_J、β_J ——构件和连接的相关系数,应根据本标准附录 K 规定的构件和连接类别,按本标准表 16.2.1-2 采用。

16.2.3 当变幅疲劳的计算不能满足本标准式 (16.2.1-1)、式 (16.2.1-4) 要求,可按下列公式规定计算:

1 正应力幅的疲劳计算应符合下列公式规定:

$$\Delta\sigma_e \leqslant \gamma_t[\Delta\sigma]_{2\times10^6} \qquad (16.2.3-1)$$

$$\Delta\sigma_e = \left[\frac{\sum n_i(\Delta\sigma_i)^{\beta_z} + ([\Delta\sigma]_{5\times10^6})^{-2}\sum n_j(\Delta\sigma_j)^{\beta_z+2}}{2\times10^6}\right]^{1/\beta_z}$$

$$(16.2.3-2)$$

2 剪应力幅的疲劳计算应符合下列公式规定:

$$\Delta\tau_e \leqslant [\Delta\tau]_{2\times10^6} \qquad (16.2.3-3)$$

$$\Delta\tau_e = \left[\frac{\sum n_i(\Delta\tau_i)^{\beta_J}}{2\times10^6}\right]^{1/\beta_J} \qquad (16.2.3-4)$$

式中:$\Delta\sigma_e$ ——由变幅疲劳预期使用寿命(总循环次数 $n = \sum n_i + \sum n_j$)折算成循环次数 n 为 2×10^6 次的等效正应力幅 (N/mm^2);

$[\Delta\sigma]_{2\times10^6}$ ——循环次数 n 为 2×10^6 次的容许正应力幅（N/mm²），应根据本标准附录 K 规定的构件和连接类别，按本标准表 16.2.1-1 采用；

$\Delta\sigma_i$、n_i ——应力谱中在 $\Delta\sigma_i \geqslant [\Delta\sigma]_{5\times10^6}$ 范围内的正应力幅（N/mm²）及其频次；

$\Delta\sigma_j$、n_j ——应力谱中在 $[\Delta\sigma_L]_{1\times10^6} \leqslant \Delta\sigma_j < [\Delta\sigma]_{5\times10^6}$ 范围内的正应力幅（N/mm²）及其频次；

$\Delta\tau_e$ ——由变幅疲劳预期使用寿命（总循环次数 $n=\Sigma n_i$）折算成循环次数 n 为 2×10^6 次常幅疲劳的等效剪应力幅（N/mm²）；

$[\Delta\tau]_{2\times10^6}$ ——循环次数 n 为 2×10^6 次的容许剪应力幅（N/mm²），应根据本标准附录 K 规定的构件和连接类别，按本标准表 16.2.1-2 采用；

$\Delta\tau_i$、n_i ——应力谱中在 $\Delta\tau_i \geqslant [\Delta\tau_L]_{1\times10^6}$ 范围内的剪应力幅（N/mm²）及其频次。

16.2.4 重级工作制吊车梁和重级、中级工作制吊车桁架的变幅疲劳可取应力循环中最大的应力幅按下列公式计算：

1 正应力幅的疲劳计算应符合下式要求：

$$\alpha_f \Delta\sigma \leqslant \gamma_t [\Delta\sigma]_{2\times10^6} \qquad (16.2.4-1)$$

2 剪应力幅的疲劳计算应符合下式要求：

$$\alpha_f \Delta\tau \leqslant [\Delta\tau]_{2\times10^6} \qquad (16.2.4-2)$$

式中：α_f ——欠载效应的等效系数，按表 16.2.4 采用。

表 16.2.4 吊车梁和吊车桁架欠载效应的等效系数 α_f

吊车类别	α_f
A6、A7、A8 工作级别（重级）的硬钩吊车	1.0
A6、A7 工作级别（重级）的软钩吊车	0.8
A4、A5 工作级别（中级）的吊车	0.5

16.2.5 直接承受动力荷载重复作用的高强度螺栓连接，其疲劳计算应符合下列原则：

1 抗剪摩擦型连接可不进行疲劳验算，但其连接处开孔主体金属应进行疲劳计算；

2 栓焊并用连接应力应按全部剪力由焊缝承担的原则，对焊缝进行疲劳计算。

16.3 构 造 要 求

16.3.1 直接承受动力重复作用并需进行疲劳验算的焊接连接除应符合本标准第 11.3.4 的规定外，尚应符合下列规定：

1 严禁使用塞焊、槽焊、电渣焊和气电立焊连接；

2 焊接连接中，当拉应力与焊缝轴线垂直时，严禁采用部分焊透对接焊缝、背面不清根的无衬垫焊缝；

3 不同厚度板材或管材对接时，均应加工成斜坡过渡；接口的错边量小于较薄板件厚度时，宜将焊缝焊成斜坡状，或将较厚板的一面（或两面）及管材的外壁（或内壁）在焊前加工成斜坡，其坡度最大允许值为 1:4。

16.3.2 需要验算疲劳的吊车梁、吊车桁架及类似结构应符合下列规定：

1 焊接吊车梁的翼缘板宜用一层钢板，当采用两层钢板时，外层钢板宜沿梁通长设置，并应在设计和施工中采用措施使上翼缘两层钢板紧密接触。

2 支承夹钳或刚性料耙硬钩起重机以及类似起重机的结构，不宜采用吊车桁架和制动桁架。

3 焊接吊车桁架应符合下列规定：

1) 在桁架节点处，腹杆与弦杆之间的间隙 a 不宜小于 50mm，节点板的两侧宜做成半径 r 不小于 60mm 的圆弧；节点板边缘与腹杆轴线的夹角 θ 不应小于 30°（图 16.3.2-1）；节点板与角钢弦杆的连接焊缝，起落弧点应至少缩进 5mm [图 16.3.2-1(a)]；节点板与 H 形截面弦杆的 T 形对接与角接组合焊缝应予焊透，圆弧处不得有起落弧缺陷，其中重级工作制吊车桁架的圆弧处应予打磨，使之与弦杆平缓过渡 [图 16.3.2-1(b)]；

2) 杆件的填板当用焊缝连接时，焊缝起落弧点应缩进至少 5mm [图 16.3.2-1(c)]，重级工作制吊车桁架杆件的填板应采用高强度螺栓连接。

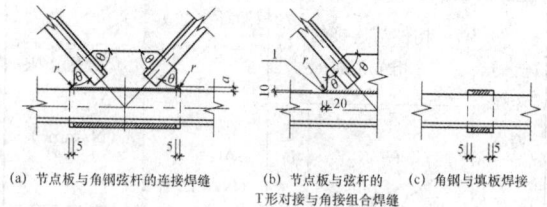

(a) 节点板与角钢弦杆的连接焊缝　(b) 节点板与弦杆的 T 形对接与角接组合焊缝　(c) 角钢与填板焊接

图 16.3.2-1 吊车桁架节点
1—用砂轮磨去

4 吊车梁翼缘板或腹板的焊接拼接应采用加引弧板和引出板的焊透对接焊缝，引弧板和引出板割去处应予打磨平整。焊接吊车梁和焊接吊车桁架的工地整段拼接应采用焊接或高强度螺栓的摩擦型连接。

5 在焊接吊车梁或吊车桁架中，焊透的 T 形连接对接与角接组合焊缝焊趾距腹板的距离宜采用腹板厚度的一半和 10mm 中的较小值（图 16.3.2-2）。

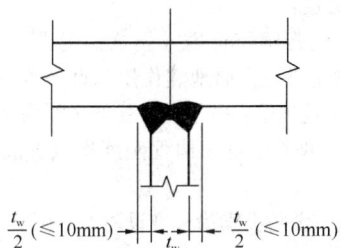

图 16.3.2-2 焊透的 T 形连接对接与角接组合焊缝

6 吊车梁横向加劲肋宽度不宜小于 90mm。在支座处的横向加劲肋应在腹板两侧成对设置，并与梁上下翼缘刨平顶紧。中间横向加劲肋的上端应与梁上翼缘刨平顶紧，在重级工作制吊车梁中，中间横向加劲肋亦应在腹板两侧成对布置，而中、轻级工作制吊车梁则可单侧设置或两侧错开设置。在焊接吊车梁中，横向加劲肋（含短加劲肋）不得与受拉翼缘相焊，但可与受压翼缘焊接。端部支承加劲肋可与梁上下翼缘相焊，中间横向加劲肋的下端宜在距受拉下翼缘 50mm～100mm 处断开，其与腹板的连接焊缝不宜在肋下端起落弧。当吊车梁受拉翼缘（或吊车桁架下弦）与支撑连接时，不宜采用焊接。

7 直接铺设轨道的吊车桁架上弦，其构造要求应与连续吊车梁相同。

8 重级工作制吊车梁中，上翼缘与柱或制动桁架传递水平力的连接宜采用高强度螺栓的摩擦型连接，而上翼缘与制动梁的连接可采用高强度螺栓摩擦型连接或焊缝连接。吊车梁端部与柱的连接构造应设法减少由于吊车梁弯曲变形而在连接处产生的附加应力。

9 当吊车桁架和重级工作制吊车梁跨度等于或大于 12m，或轻、中级工作制吊车梁跨度等于或大于 18m 时，宜设置辅助桁架和下翼缘（下弦）水平支撑系统。当设置垂直支撑时，其位置不宜在吊车梁或吊车桁架竖向挠度较大处。对吊车桁架，应采取构造措施，以防止其上弦因轨道偏心而扭转。

10 重级工作制吊车梁的受拉翼缘板（或吊车桁架的受拉弦杆）边缘，宜为轧制边或自动气割边，当用手工气割或剪切机切割时，应沿全长刨边。

11 吊车梁的受拉翼缘（或吊车桁架的受拉弦杆）上不得焊接悬挂设备的零件，并不宜在该处打火或焊接夹具。

12 起重机钢轨的连接构造应保证车轮平稳通过。当采用焊接长轨且用压板与吊车梁连接时，压板与钢轨间应留有水平空隙（约 1mm）。

13 起重量 $Q \geqslant 1000kN$（包括吊具重量）的重级工作制（A6～A8 级）吊车梁，不宜采用变截面。简支变截面吊车梁不宜采用圆弧式突变支座，宜采用直角式突变支座。重级工作制（A6～A8 级）简支变

截面吊车梁应采用直角式突变支座，支座截面高度 h_2 不宜小于原截面高度的 2/3，支座加劲板距变截面处距离 a 不宜大于 $0.5h_2$，下翼缘连接长度 b 不宜小于 $1.5a$（图 16.3.2-3）。

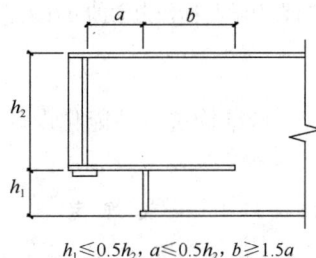

$h_1 \leqslant 0.5h_2$, $a \leqslant 0.5h_2$, $b \geqslant 1.5a$

图 16.3.2-3 直角式突变支座构造

16.4 防脆断设计

16.4.1 钢结构设计时应符合下列规定：

1 钢结构连接构造和加工工艺的选择应减少结构的应力集中和焊接约束应力，焊接构件宜采用较薄的板件组成；

2 应避免现场低温焊接；

3 减少焊缝的数量和降低焊缝尺寸，同时避免焊缝过分集中或多条焊缝交汇。

16.4.2 在工作温度等于或低于 $-30℃$ 的地区，焊接构件宜采用实腹式构件，避免采用手工焊接的格构式构件。

16.4.3 在工作温度等于或低于 $-20℃$ 的地区，焊接连接的构造应符合下列规定：

1 在桁架节点板上，腹杆与弦杆相邻焊缝焊趾间净距不宜小于 $2.5t$，t 为节点板厚度；

2 节点板与构件主材的焊接连接处（图 16.3.2-1）宜做成半径 r 不小于 60mm 的圆弧并予以打磨，使之平缓过渡；

3 在构件拼接连接部位，应使拼接件自由段的长度不小于 $5t$，t 为拼接件厚度（图 16.4.3）。

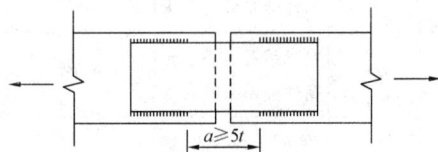

图 16.4.3 盖板拼接处的构造

16.4.4 在工作温度等于或低于 $-20℃$ 的地区，结构设计及施工应符合下列规定：

1 承重构件和节点的连接宜采用螺栓连接，施工临时安装连接应避免采用焊缝连接；

2 受拉构件的钢材边缘宜为轧制边或自动气割边，对厚度大于 10mm 的钢材采用手工气割或剪切边时，应沿全长刨边；

3 板件制孔应采用钻成孔或先冲后扩钻孔；

4 受拉构件或受弯构件的拉应力区不宜使用角焊缝；

5 对接焊缝的质量等级不得低于二级。

16.4.5 对于特别重要或特殊的结构构件和连接节点，可采用断裂力学和损伤力学的方法对其进行抗脆断验算。

17 钢结构抗震性能化设计

17.1 一般规定

17.1.1 本章适用于抗震设防烈度不高于 8 度（0.20g），结构高度不高于 100m 的框架结构、支撑结构和框架-支撑结构的构件和节点的抗震性能化设计。地震动参数和性能化设计原则应符合现行国家标准《建筑抗震设计规范》GB 50011 的规定。

17.1.2 钢结构建筑的抗震设防类别应按现行国家标准《建筑工程抗震设防分类标准》GB 50223 的规定采用。

17.1.3 钢结构构件的抗震性能化设计应根据建筑的抗震设防类别、设防烈度、场地条件、结构类型和不规则性，结构构件在整个结构中的作用、使用功能和附属设施功能的要求、投资大小、震后损失和修复难易程度等，经综合分析比较选定其抗震性能目标。构件塑性耗能区的抗震承载性能等级及其在不同地震动水准下的性能目标可按表 17.1.3 划分。

表 17.1.3 构件塑性耗能区的抗震承载性能等级和目标

承载性能等级	地震动水准		
	多遇地震	设防地震	罕遇地震
性能 1	完好	完好	基本完好
性能 2	完好	基本完好	基本完好～轻微变形
性能 3	完好	实际承载力满足高性能系数的要求	轻微变形
性能 4	完好	实际承载力满足较高性能系数的要求	轻微变形～中等变形
性能 5	完好	实际承载力满足中性能系数的要求	中等变形
性能 6	基本完好	实际承载力满足低性能系数的要求	中等变形～显著变形
性能 7	基本完好	实际承载力满足最低性能系数的要求	显著变形

注：性能 1～性能 7 性能目标依次降低，性能系数的高、低取值见本标准第 17.2 节。

17.1.4 钢结构构件的抗震性能化设计可采用下列基本步骤和方法：

1 按现行国家标准《建筑抗震设计规范》GB 50011 的规定进行多遇地震作用验算，结构承载力及侧移应满足其规定，位于塑性耗能区的构件进行承载力计算时，可考虑将该构件刚度折减形成等效弹性模型。

2 抗震设防类别为标准设防类（丙类）的建筑，可按表 17.1.4-1 初步选择塑性耗能区的承载性能等级。

表 17.1.4-1 塑性耗能区承载性能等级参考选用表

设防烈度	单层	H≤50m	50m<H≤100m
6 度（0.05g）	性能 3～7	性能 4～7	性能 5～7
7 度（0.10g）	性能 3～7	性能 5～7	性能 6～7
7 度（0.15g）	性能 4～7	性能 5～7	性能 6～7
8 度（0.20g）	性能 4～7	性能 6～7	性能 7

注：H 为钢结构房屋的高度，即室外地面到主要屋面板板顶的高度（不包括局部突出屋面的部分）。

3 按本标准第 17.2 节的有关规定进行设防地震下的承载力抗震验算：

1) 建立合适的结构计算模型进行结构分析；

2) 设定塑性耗能区的性能系数、选择塑性耗能区截面，使其实际承载性能等级与设定的性能系数尽量接近；

3) 其他构件承载力标准值应进行计入性能系数的内力组合效应验算，当结构构件承载力满足延性等级为 V 级的内力组合效应验算时，可忽略机构控制验算；

4) 必要时可调整截面或重新设定塑性耗能区的性能系数。

4 构件和节点的延性等级应根据设防类别及塑性耗能区最低承载性能等级按表 17.1.4-2 确定，并按本标准第 17.3 节的规定对不同延性等级的相应要求采取抗震措施。

表 17.1.4-2 结构构件最低延性等级

设防类别	塑性耗能区最低承载性能等级						
	性能 1	性能 2	性能 3	性能 4	性能 5	性能 6	性能 7
适度设防类（丁类）	—	—	—	V 级	IV 级	III 级	II 级
标准设防类（丙类）	—	—	V 级	IV 级	III 级	II 级	I 级
重点设防类（乙类）	—	V 级	IV 级	III 级	II 级	I 级	—
特殊设防类（甲类）	V 级	IV 级	III 级	II 级	I 级	—	—

注：I 级至 V 级，结构构件延性等级依次降低。

5 当塑性耗能区的最低承载性能等级为性能5、性能6或性能7时，通过罕遇地震下结构的弹塑性分析或按构件工作状态形成新的结构等效弹性分析模型，进行竖向构件的弹塑性层间位移角验算，应满足现行国家标准《建筑抗震设计规范》GB 50011的弹塑性层间位移角限值；当所有构造要求均满足结构构件延性等级为Ⅰ级的要求时，弹塑性层间位移角限值可增加25%。

17.1.5 钢结构构件的性能系数应符合下列规定：

1 整个结构中不同部位的构件、同一部位的水平构件和竖向构件，可有不同的性能系数；塑性耗能区及其连接的承载力应符合强节点弱杆件的要求；

2 对框架结构，同层框架柱的性能系数宜高于框架梁；

3 对支撑结构和框架-中心支撑结构的支撑系统，同层框架柱的性能系数宜高于框架梁，框架梁的性能系数宜高于支撑；

4 框架-偏心支撑结构的支撑系统，同层框架柱的性能系数宜高于支撑，支撑的性能系数宜高于框架梁，框架梁的性能系数应高于消能梁段；

5 关键构件的性能系数不应低于一般构件。

17.1.6 采用抗震性能化设计的钢结构构件，其材料应符合下列规定：

1 钢材的质量等级应符合下列规定：

1）当工作温度高于0℃时，其质量等级不应低于B级；

2）当工作温度不高于0℃但高于−20℃时，Q235、Q345钢不应低于B级，Q390、Q420及Q460钢不应低于C级；

3）当工作温度不高于−20℃时，Q235、Q345钢不应低于C级，Q390、Q420及Q460钢不应低于D级。

2 构件塑性耗能区采用的钢材尚应符合下列规定：

1）钢材的屈服强度实测值与抗拉强度实测值的比值不应大于0.85；

2）钢材应有明显的屈服台阶，且伸长率不应小于20%；

3）钢材应满足屈服强度实测值不高于上一级钢材屈服强度规定值的条件；

4）钢材工作温度时夏比冲击韧性不宜低于27J。

3 钢结构构件关键性焊缝的填充金属应检验V形切口的冲击韧性，其工作温度时夏比冲击韧性不应低于27J。

17.1.7 钢结构布置应符合现行国家标准《建筑抗震设计规范》GB 50011的规定。

17.2 计 算 要 点

17.2.1 结构的分析模型及其参数应符合下列规定：

1 模型应正确反映构件及其连接在不同地震动水准下的工作状态；

2 整个结构的弹性分析可采用线性方法，弹塑性分析可根据预期构件的工作状态，分别采用增加阻尼的等效线性化方法及静力或动力非线性设计方法；

3 在罕遇地震下应计入重力二阶效应；

4 弹性分析的阻尼比可按现行国家标准《建筑抗震设计规范》GB 50011的规定采用，弹塑性分析的阻尼比可适当增加，采用等效线性化方法时不宜大于5%；

5 构成支撑系统的梁柱，计算重力荷载代表值产生的效应时，不宜考虑支撑作用。

17.2.2 钢结构构件的性能系数应符合下列规定：

1 钢结构构件的性能系数应按下式计算：

$$\Omega_i \geqslant \beta_e \Omega_{i,\min}^a \qquad (17.2.2\text{-}1)$$

2 塑性耗能区的性能系数应符合下列规定：

1）对框架结构、中心支撑结构、框架-支撑结构，规则结构塑性耗能区不同承载性能等级对应的性能系数最小值宜符合表17.2.2-1的规定：

表17.2.2-1 规则结构塑性耗能区不同承载性能等级对应的性能系数最小值

承载性能等级	性能1	性能2	性能3	性能4	性能5	性能6	性能7
性能系数最小值	1.10	0.9	0.70	0.55	0.45	0.35	0.28

2）不规则结构塑性耗能区的构件性能系数最小值，宜比规则结构增加15%~50%。

3）塑性耗能区实际性能系数可按下列公式计算：

框架结构：

$$\Omega_0^a = (W_E f_y - M_{GE} - 0.4M_{Ehk2})/M_{Evk2} \qquad (17.2.2\text{-}2)$$

支撑结构：

$$\Omega_0^a = \frac{(N'_{br} - N'_{GE} - 0.4N'_{Evk2})}{(1 + 0.7\beta_i)N'_{Ehk2}} \qquad (17.2.2\text{-}3)$$

框架-偏心支撑结构：

设防地震性能组合的消能梁段轴力$N_{p,l}$，可按下式计算：

$$N_{p,l} = N_{GE} + 0.28N_{Ehk2} + 0.4N_{Evk2} \qquad (17.2.2\text{-}4)$$

当$N_{p,l} \leqslant 0.15Af_y$时，实际性能系数应取式（17.2.2-5）和式（17.2.2-6）的较小值：

$$\Omega_0^a = (W_{p,l}f_y - M_{GE} - 0.4M_{Evk2})/M_{Ehk2} \qquad (17.2.2\text{-}5)$$

$$\Omega_0^a = (V_l - V_{GE} - 0.4V_{Evk2})/V_{Ehk2}$$
$$(17.2.2-6)$$

当 $N_{p,l} > 0.15Af_y$ 时，实际性能系数应取式 (17.2.2-7) 和式 (17.2.2-8) 的较小值：

$$\Omega_0^a = (1.2W_{p,l}f_y[1 - N_{p,l}/(Af_y)] - M_{GE} - 0.4M_{Evk2})/M_{Ehk2} \quad (17.2.2-7)$$

$$\Omega_0^a = (V_{lc} - V_{GE} - 0.4V_{Evk2})/V_{Ehk2}$$
$$(17.2.2-8)$$

4) 支撑系统的水平地震作用非塑性耗能区内力调整系数应按下式计算：

$$\beta_{br,ei} = 1.1\eta_y(1 + 0.7\beta_i) \quad (17.2.2-9)$$

5) 支撑结构及框架-中心支撑结构的同层支撑性能系数最大值与最小值之差不宜超过最小值的 20%。

3 当支撑结构的延性等级为 V 级时，支撑的实际性能系数应按下式计算：

$$\Omega_{br}^a = \frac{(N_{br} - N_{GE} - 0.4N_{Evk2})}{N_{Ehk2}}$$
$$(17.2.2-10)$$

式中：　Ω_i —— i 层构件性能系数；

η_y —— 钢材超强系数，可按本标准第 17.2.2-3 采用，其中塑性耗能区、弹性区分别采用梁、柱替代；

β_e —— 水平地震作用非塑性耗能区内力调整系数，塑性耗能区构件应取 1.0，其余构件不宜小于 $1.1\eta_y$，支撑系统应按式 (17.2.2-9) 计算确定；

$\Omega_{i,min}^a$ —— i 层构件塑性耗能区实际性能系数最小值；

Ω_0^a —— 构件塑性耗能区实际性能系数；

W_E —— 构件塑性耗能区截面模量 (mm³)，按表 17.2.2-2 取值；

f_y —— 钢材屈服强度 (N/mm²)；

M_{GE}, N_{GE}, V_{GE} —— 分别为重力荷载代表值产生的弯矩效应(N·mm)、轴力效应(N)和剪力效应 (N)，可按现行国家标准《建筑抗震设计规范》GB 50011 的规定采用；

M_{Ehk2}, M_{Evk2} —— 分别为按弹性或等效弹性计算的构件水平设防地震作用标准值的弯矩效应、8度且高度大于50m时按弹性或等效弹性计算的构件竖向设防地震作用标准值的弯矩效应 (N·mm)；

V_{Ehk2}, V_{Evk2} —— 分别为按弹性或等效弹性计算的构件水平设防地震作用标准值的剪力效应、8度且高度大于50m时按弹性或等效弹性计算的构件

竖向设防地震作用标准值的剪力效应 (N)；

N_{br}', N_{GE}' —— 支撑对承载力标准值、重力荷载代表值产生的轴力效应 (N)。计算承载力标准值时，压杆的承载力应乘以按式 (17.2.4-3) 计算的受压支撑剩余承载力系数 η；

N_{Ehk2}', N_{Evk2}' —— 分别为按弹性或等效弹性计算的支撑对水平设防地震作用标准值的轴力效应、8度且高度大于50m时按弹性或等效弹性计算的支撑对竖向设防地震作用标准值的轴力效应 (N)；

N_{Ehk2}, N_{Evk2} —— 分别为按弹性或等效弹性计算的支撑水平设防地震作用标准值的轴力效应、8度且高度大于50m时按弹性或等效弹性计算的支撑竖向设防地震作用标准值的轴力效应 (N)；

$W_{p,l}$ —— 消能梁段塑性截面模量 (mm³)；

V_l, V_{lc} —— 分别为消能梁段受剪承载力和计入轴力影响的受剪承载力 (N)；

β_i —— i 层支撑水平地震剪力分担率，当大于 0.714 时，取为 0.714。

表 17.2.2-2　构件截面模量 W_E 取值

截面板件宽厚比等级	S1	S2	S3	S4	S5
构件截面模量	$W_E = W_p$	$W_E = \gamma_x W$	$W_E = W$		有效截面模量

注：W_p 为塑性截面模量；γ_x 为截面塑性发展系数，按本标准表 8.1.1 采用；W 为弹性截面模量；有效截面模量，均匀受压翼缘有效外伸宽度不大于 $15\varepsilon_k$，腹板可按本标准第 8.4.2 条的规定采用。

表 17.2.2-3　钢材超强系数 η_y

弹性区 \ 塑性耗能区	Q235	Q345、Q345GJ
Q235	1.15	1.05
Q345、Q345GJ、Q390、Q420、Q460	1.2	1.1

注：当塑性耗能区的钢材为管材时，η_y 可取表中数值乘以 1.1。

4 当钢结构构件延性等级为 V 级时，非塑性耗能区内力调整系数可采用 1.0。

17.2.3 钢结构构件的承载力应按下列公式验算：

$$S_{E2} = S_{GE} + \Omega_i S_{Ehk2} + 0.4S_{Evk2} \quad (17.2.3-1)$$

$$S_{E2} \leqslant R_k \qquad (17.2.3-2)$$

式中：　S_{E2}——构件设防地震内力性能组合值（N）；

　　　　S_{GE}——构件重力荷载代表值产生的效应，按现行国家标准《建筑抗震设计规范》GB 50011 或《构筑物抗震设计规范》GB 50191 的规定采用（N）；

　　S_{Ehk2}、S_{Evk2}——分别为按弹性或等效弹性计算的构件水平设防地震作用标准值效应、8度且高度大于 50m 时按弹性或等效弹性计算的构件竖向设防地震作用标准值效应；

　　　　R_k——按屈服强度计算的构件实际截面承载力标准值（N/mm²）。

17.2.4 框架梁的抗震承载力验算应符合下列规定：

1 框架结构中框架梁进行受剪计算时，剪力应按下式计算：

$$V_{pb} = V_{Gb} + \frac{W_{Eb,A}f_y + W_{Eb,B}f_y}{l_n}$$

$$(17.2.4-1)$$

2 框架-偏心支撑结构中非消能梁段的框架梁，应按压弯构件计算；计算弯矩及轴力效应时，其非塑性耗能区内力调整系数宜按 $1.1\eta_y$ 采用。

3 交叉支撑系统中的框架梁，应按压弯构件计算；轴力可按式（17.2.4-2）计算，计算弯矩效应时，其非塑性耗能区内力调整系数宜按式（17.2.2-9）确定。

$$N = A_{br1}f_y\cos\alpha_1 - \eta\varphi A_{br2}f_y\cos\alpha_2$$

$$(17.2.4-2)$$

$$\eta = 0.65 + 0.35\tanh(4 - 10.5\lambda_{n,br})$$

$$(17.2.4-3)$$

$$\lambda_{n,br} = \frac{\lambda_{br}}{\pi}\sqrt{\frac{f_y}{E}} \qquad (17.2.4-4)$$

4 人字形、V 形支撑系统中的框架梁在支撑连接处应保持连续，并按压弯构件计算；轴力可按式（17.2.4-2）计算；弯矩效应宜按不计入支撑支点作用的梁承受重力荷载和支撑屈曲时不平衡力作用计算，竖向不平衡力计算宜符合下列规定：

　　1） 除顶层和出屋面房间的框架梁外，竖向不平衡力可按下列公式计算：

$$V = \eta_{red}(1 - \eta\varphi)A_{br}f_y\sin\alpha \qquad (17.2.4-5)$$

$$\eta_{red} = 1.25 - 0.75\frac{V_{P,F}}{V_{br,k}} \qquad (17.2.4-6)$$

　　2） 顶层和出屋面房间的框架梁，竖向不平衡力宜按式（17.2.4-5）计算的 50% 取值。

　　3） 当为屈曲约束支撑，计算轴力效应时，非塑性耗能区内力调整系数宜取 1.0；弯矩效应宜按不计入支撑支点作用的梁承受重力荷载和支撑拉压力标准组合下的不平衡力作用计算，在恒载和支撑最大拉压力标准组合下的

变形不宜超过不考虑支撑支点的梁跨度的 1/240。

式中：　V_{Gb}——梁在重力荷载代表值作用下截面的剪力值（N）；

　$W_{Eb,A}$、$W_{Eb,B}$——梁端截面 A 和 B 处的构件截面模量，可按本标准表 17.2.2-2 的规定采用（mm³）；

　　　　l_n——梁的净跨（mm）；

　　A_{br1}、A_{br2}——分别为上、下层支撑截面面积（mm²）；

　　α_1、α_2——分别为上、下层支撑斜杆与横梁的交角；

　　　λ_{br}——支撑最小长细比；

　　　　η——受压支撑剩余承载力系数，应按式（17.2.4-3）计算；

　　$\lambda_{n,br}$——支撑正则化长细比；

　　　　E——钢材弹性模量（N/mm²）；

　　　　α——支撑斜杆与横梁的交角；

　　　η_{red}——竖向不平衡力折减系数，当按式（17.2.4-6）计算的结果小于 0.3 时，应取为 0.3；大于 1.0 时，应取 1.0；

　　　A_{br}——支撑杆截面面积（mm²）；

　　　　φ——支撑的稳定系数；

　　　$V_{P,F}$——框架独立形成侧移机构时的抗侧承载力标准值（N）；

　　　$V_{br,k}$——支撑发生屈曲时，由人字形支撑提供的抗侧承载力标准值（N）。

17.2.5 框架柱的抗震承载力验算应符合下列规定：

1 柱端截面的强度应符合下列规定：

　　1） 等截面梁：

　　柱截面板件宽厚比等级为 S1、S2 时：

$$\sum W_{Ec}(f_{yc} - N_p/A_c) \geqslant \eta_y \sum W_{Eb}f_{yb}$$

$$(17.2.5-1)$$

　　柱截面板件宽厚比等级为 S3、S4 时：

$$\sum W_{Ec}(f_{yc} - N_p/A_c) \geqslant 1.1\eta_y \sum W_{Eb}f_{yb}$$

$$(17.2.5-2)$$

　　2） 端部翼缘为变截面的梁：

　　柱截面板件宽厚比等级为 S1、S2 时：

$$\sum W_{Ec}(f_{yc} - N_p/A_c) \geqslant \eta_y(\sum W_{Eb1}f_{yb} + V_{pb}s)$$

$$(17.2.5-3)$$

　　柱截面板件宽厚比等级为 S3、S4 时：

$$\sum W_{Ec}(f_{yc} - N_p/A_c) \geqslant 1.1\eta_y(\sum W_{Eb1}f_{yb} + V_{pb}s)$$

$$(17.2.5-4)$$

2 符合下列情况之一的框架柱可不按本条第 1 款的要求验算：

　　1） 单层框架和框架顶层柱；

　　2） 规则框架，本层的受剪承载力比相邻上一层的受剪承载力高出 25%；

3）不满足强柱弱梁要求的柱子提供的受剪承载力之和，不超过总受剪承载力的20%；

4）与支撑斜杆相连的框架柱；

5）框架柱轴压比（N_p/N_y）不超过0.4且柱的截面板件宽厚比等级满足S3级要求；

6）柱满足构件延性等级为Ⅴ级时的承载力要求。

3 框架柱应按压弯构件计算，计算弯矩效应和轴力效应时，其非塑性耗能区内力调整系数不宜小于$1.1\eta_y$。对于框架结构，进行受剪计算时，剪力应按式（17.2.5-5）计算；计算弯矩效应时，多高层钢结构底层柱的非塑性耗能区内力调整系数不应小于1.35。对于框架-中心支撑结构和支撑结构，框架柱计算长度系数不宜小于1。计算支撑系统框架柱的弯矩效应和轴力效应时，其非塑性耗能区内力调整系数宜按式（17.2.2-9）采用，支撑处重力荷载代表值产生的效应宜由框架柱承担。

$$V_{pc} = V_{Gc} + \frac{W_{Ec,A}f_y + W_{Ec,B}f_y}{h_n}$$

$$(17.2.5-5)$$

式中：W_{Ec}、W_{Eb}——分别为交汇于节点的柱和梁的截面模量（mm^3），应按本标准表17.2.2-2的规定采用；

W_{Eb1}——梁塑性铰截面的截面模量（mm^3），应按本标准表17.2.2-2的规定采用；

f_{yc}、f_{yb}——分别是柱和梁的钢材屈服强度（N/mm^2）；

N_p——设防地震内力性能组合的柱轴力（N），应按本标准式（17.2.3-1）计算，非塑性耗能区内力调整系数可取1.0，性能系数可根据承载性能等级按本标准表17.2.2-1采用；

A_c——框架柱的截面面积（mm^2）；

V_{pb}、V_{pc}——产生塑性铰时塑性铰截面的剪力（N），应分别按本标准式（17.2.4-1）、式（17.2.5-5）计算；

s——塑性铰截面至柱侧面的距离（mm）；

V_{Gc}——在重力荷载代表值作用下柱的剪力效应（N）；

$W_{Ec,A}$、$W_{Ec,B}$——柱端截面A和B处的构件截面模量，应按本标准表（17.2.2-2）的规定采用（mm^2）；

h_n——柱的净高（mm）。

17.2.6 受拉构件或构件受拉区域的截面应符合下式要求：

$$Af_y \leqslant A_n f_u \qquad (17.2.6)$$

式中：A——受拉构件或构件受拉区域的毛截面面积（mm^2）；

A_n——受拉构件或构件受拉区域的净截面面积（mm^2），当构件多个截面有孔时，应取最不利截面；

f_y——受拉构件或构件受拉区域钢材屈服强度（N/mm^2）；

f_u——受拉构件或构件受拉区域钢材抗拉强度最小值（N/mm^2）。

17.2.7 偏心支撑结构中支撑的非塑性耗能区内力调整系数应取$1.1\eta_y$。

17.2.8 消能梁段的受剪承载力计算应符合下列规定：

当$N_{p,l} \leqslant 0.15Af_y$时，受剪承载力应取式（17.2.8-1）和式（17.2.8-2）的较小值。

$$V_l = A_w f_{yv} \qquad (17.2.8-1)$$

$$V_l = 2W_{p,l}f_y/a \qquad (17.2.8-2)$$

当$N_{p,l} > 0.15Af_y$时，受剪承载力应取式（17.2.8-3）和式（17.2.8-4）的较小值。

$$V_{lc} = 2.4W_{p,l}f_y[1-N_{p,l}/(Af_y)]/a$$

$$(17.2.8-3)$$

$$V_{lc} = A_w f_{yv} \sqrt{1-[N_{p,l}/(Af_y)]^2}$$

$$(17.2.8-4)$$

式中：A_w——消能梁段腹板截面面积（mm^2）；

f_{yv}——钢材的屈服抗剪强度，可取钢材屈服强度的0.58倍（N/mm^2）；

a——消能梁段的净长（mm）。

17.2.9 塑性耗能区的连接计算应符合下列规定：

1 与塑性耗能区连接的极限承载力应大于与其连接构件的屈服承载力。

2 梁与柱刚性连接的极限承载力应按下列公式验算：

$$M_u^j \geqslant \eta_j W_E f_y \qquad (17.2.9-1)$$

$$V_u^j \geqslant 1.2[2(W_E f_y)/l_n] + V_{Gb} \qquad (17.2.9-2)$$

3 与塑性耗能区的连接及支撑拼接的极限承载力应按下列公式验算：

支撑连接和拼接 $\quad N_{ubr}^j \geqslant \eta_j A_{br} f_y \qquad (17.2.9-3)$

梁的连接 $\quad M_{ub,sp}^j \geqslant \eta_j W_{Ec} f_y \qquad (17.2.9-4)$

4 柱脚与基础的连接极限承载力应按下式验算：

$$M_{u,base}^j \geqslant \eta_j M_{pc} \qquad (17.2.9-5)$$

式中：V_{Gb}——梁在重力荷载代表值作用下，按简支梁分析的梁端截面剪力效应（N）；

M_{pc}——考虑轴心影响时柱的塑性受弯承载力；

M_u^j、V_u^j——分别为连接的极限受弯、受剪承载力（N/mm^2）；

N_{ubr}^j、$M_{ub,sp}$——分别为支撑连接和拼接的极限受拉（压）承载力（N）、梁拼接的极限受弯承载力（N·mm）；

$M_{u,base}$——柱脚的极限受弯承载力（N·mm）；

η_j——连接系数，可按表 17.2.9 采用，当梁腹板采用改进型过焊孔时，梁柱刚性连接的连接系数可乘以不小于 0.9 的折减系数。

表 17.2.9 连接系数

母材牌号	梁柱连接		支撑连接、构件拼接		柱脚	
	焊接	螺栓连接	焊接	螺栓连接		
Q235	1.40	1.45	1.25	1.30	埋入式	1.2
Q345	1.30	1.35	1.20	1.25	外包式	1.2
Q345GJ	1.25	1.30	1.15	1.20	外露式	1.2

注：1 屈服强度高于 Q345 的钢材，按 Q345 的规定采用；
   2 屈服强度高于 Q345GJ 的 GJ 钢材，按 Q345GJ 的规定采用；
   3 翼缘焊接腹板栓接时，连接系数分别按表中连接形式取用。

17.2.10 当框架结构的梁柱采用刚性连接时，H 形和箱形截面柱的节点域抗震承载力应符合下列规定：

1 当与梁翼缘平齐的柱横向加劲肋的厚度不小于梁翼缘厚度时，H 形和箱形截面柱的节点域抗震承载力验算应符合下列规定：

1） 当结构构件延性等级为Ⅰ级或Ⅱ级时，节点域的承载力验算应符合下式要求：

$$\alpha_p \frac{M_{pb1} + M_{pb2}}{V_p} \leq \frac{4}{3} f_{yv} \quad (17.2.10\text{-}1)$$

2） 当结构构件延性等级为Ⅲ级、Ⅳ级或Ⅴ级时，节点域的承载力应符合下列要求：

$$\frac{M_{b1} + M_{b2}}{V_p} \leq f_{ps} \quad (17.2.10\text{-}2)$$

式中：M_{b1}、M_{b2}——分别为节点域两侧梁端的设防地震性能组合的弯矩，应按本标准式（17.2.3-1）计算，非塑性耗能区内力调整系数可取 1.0（N·mm）；

M_{pb1}、M_{pb2}——分别为与框架柱节点域连接的左、右梁端截面的全塑性受弯承载力（N·mm）；

V_p——节点域的体积，应按本标准第 12.3.3 条规定计算（mm³）；

f_{ps}——节点域的抗剪强度，应按本标准第 12.3.3 条的规定计算（N/mm²）；

α_p——节点域弯矩系数，边柱取 0.95，中柱取 0.85。

2 当节点域的计算不满足第 1 款规定时，应根据本标准第 12.3.3 条的规定采取加厚柱腹板或贴焊补强板的构造措施。补强板的厚度及其焊接应按传递补强板所分担剪力的要求设计。

17.2.11 支撑系统的节点计算应符合下列规定：

1 交叉支撑结构、成对布置的单斜支撑结构的支撑系统，上、下层支撑斜杆交汇处节点的极限承载力不宜小于按下列公式确定的竖向不平衡剪力 V 的 η_j 倍，其中，η_j 为连接系数，应按表 17.2.9 采用。

$$V = \eta \varphi A_{br1} f_y \sin\alpha_1 + A_{br2} f_y \sin\alpha_2 + V_G \quad (17.2.11\text{-}1)$$

$$V = A_{br1} f_y \sin\alpha_1 + \eta \varphi A_{br2} f_y \sin\alpha_2 - V_G \quad (17.2.11\text{-}2)$$

2 人字形或 V 形支撑，支撑斜杆、横梁与立柱的汇交点，节点的极限承载力不宜小于按下式计算的剪力 V 的 η_j 倍。

$$V = A_{br} f_y \sin\alpha + V_G \quad (17.2.11\text{-}3)$$

式中：V——支撑斜杆交汇处的竖向不平衡剪力；

φ——支撑稳定系数；

V_G——在重力荷载代表值作用下的横梁梁端剪力（对于人字形或 V 形支撑，不应计入支撑的作用）；

η——受压支撑剩余承载力系数，可按本标准式（17.2.4-3）计算。

3 当同层同一竖向平面内有两个支撑斜杆汇交于一个柱子时，该节点的极限承载力不宜小于左右支撑屈服和屈曲产生的不平衡力的 η_j 倍。

17.2.12 柱脚的承载力验算应符合下列规定：

1 支撑系统的立柱柱脚的极限承载力，不宜小于与其相连斜撑的 1.2 倍屈服拉力产生的剪力和组合拉力。

2 柱脚进行受剪承载力验算时，剪力性能系数不宜小于 1.0。

3 对于框架结构或框架承担总水平地震剪力 50% 以上的双重抗侧力结构中框架部分的框架柱柱脚，采用外露式柱脚时，锚栓宜符合下列规定：

1） 实腹柱刚接柱脚，按锚栓毛截面屈服计算的受弯承载力不宜小于钢柱全截面塑性受弯承载力的 50%；

2） 格构柱分离式柱脚，受拉肢的锚栓毛截面受拉承载力标准值不宜小于钢柱分肢受拉承载力标准值的 50%；

3） 实腹柱铰接柱脚，锚栓毛截面受拉承载力标准值不宜小于钢柱最薄弱截面受拉承载力标准值的 50%。

17.3 基本抗震措施

Ⅰ 一般规定

17.3.1 抗震设防的钢结构节点连接应符合《钢结构焊接规范》GB 50661-2011 第 5.7 节的规定，结构高度大于 50m 或地震烈度高于 7 度的多高层钢结构截面板件宽厚比等级不宜采用 S5 级；截面板件宽厚比等级采用 S5 级的构件，其板件经 $\sqrt{\sigma_{max}/f_y}$ 修正后宜满足 S4 级截面要求。

17.3.2 构件塑性耗能区应符合下列规定：

1 塑性耗能区板件间的连接应采用完全焊透的对接焊缝；

2 位于塑性耗能的梁或支撑宜采用整根材料，当热轧型钢超过材料最大长度规格时，可进行等强拼接；

3 位于塑性耗能区的支撑不宜进行现场拼接。

17.3.3 在支撑系统之间，直接与支撑系统构件相连的刚接钢梁，当其在受压斜杆屈曲前屈服时，应按框架结构的框架梁设计，非塑性耗能区内力调整系数可取 1.0，截面板件宽厚比等级宜满足受弯构件 S1 级要求。

Ⅱ 框架结构

17.3.4 框架梁应符合下列规定：

1 结构构件延性等级对应的塑性耗能区（梁端）截面板件宽厚比等级和设防地震性能组合下的最大轴力 N_{E2}、按本标准式（17.2.4-1）计算的剪力 V_{pb} 应符合表 17.3.4-1 的要求：

表 17.3.4-1 结构构件延性等级对应的塑性耗能区（梁端）截面板件宽厚比等级和轴力、剪力限值

结构构件延性等级	V级	Ⅳ级	Ⅲ级	Ⅱ级	Ⅰ级
截面板件宽厚比最低等级	S5	S4	S3	S2	S1
N_{E2}	—	$\leqslant 0.15Af$		$\leqslant 0.15Af_y$	
V_{pb}（未设置纵向加劲肋）	—	$\leqslant 0.5h_wt_wf_v$		$\leqslant 0.5h_wt_wf_{vy}$	

注：单层或顶层无需满足最大轴力与最大剪力的限值。

2 当梁端塑性耗能区为工字形截面时，尚应符合下列要求之一：

1）工字形梁上翼缘有楼板且布置间距不大于 2 倍梁高的加劲肋；

2）工字形梁受弯正则化长细比 $\lambda_{n,b}$ 限值符合表 17.3.4-2 的要求；

3）上、下翼缘均设置侧向支承。

表 17.3.4-2 工字形梁受弯正则化长细比 $\lambda_{n,b}$ 限值

结构构件延性等级	Ⅰ级、Ⅱ级	Ⅲ级	Ⅳ级	V级
上翼缘有楼板	0.25	0.40	0.55	0.80

注：受弯正则化长细比 $\lambda_{n,b}$ 应按本标准式（6.2.7-3）计算。

17.3.5 框架柱长细比宜符合表 17.3.5 的要求：

表 17.3.5 框架柱长细比要求

结构构件延性等级	V级	Ⅳ级	Ⅰ级、Ⅱ级、Ⅲ级
$N_p/(Af_y) \leqslant 0.15$	180	150	$120\varepsilon_k$
$N_p/(Af_y) > 0.15$	125 $[1-N_p/(Af_y)]\varepsilon_k$		

17.3.6 当框架结构的梁柱采用刚性连接时，H 形和箱形截面柱的节点域受剪正则化宽厚比 $\lambda_{n,s}$ 限值应符合表 17.3.6 的规定。

表 17.3.6 H 形和箱形截面柱节点域受剪正则化宽厚比 $\lambda_{n,s}$ 的限值

结构构件延性等级	Ⅰ级、Ⅱ级	Ⅲ级	Ⅳ级	V级
$\lambda_{n,s}$	0.4	0.6	0.8	1.2

注：节点受剪正则化宽厚比 $\lambda_{n,s}$，应按本标准式（12.3.3-1）或式（12.3.3-2）计算。

17.3.7 当框架结构塑性耗能区延性等级为Ⅰ级或Ⅱ级时，梁柱刚性节点应符合下列规定：

1 梁翼缘与柱翼缘焊接时，应采用全熔透焊缝。

2 在梁翼缘上下各 600mm 的节点范围内，柱翼缘与柱腹板间或箱形柱壁板间的连接焊缝应采用全熔透焊缝。在梁上、下翼缘标高处设置的柱水平加劲肋或隔板的厚度不应小于梁翼缘厚度。

3 梁腹板的过焊孔应使其端部与梁翼缘和柱翼缘间的全熔透坡口焊缝完全隔开，并宜采用改进型过焊孔，亦可采用常规型过焊孔。

4 梁翼缘和柱翼缘焊接孔下焊接衬板长度不应小于翼缘宽度加 50mm 和翼缘宽度加两倍翼缘厚度；与柱翼缘的焊接构造（图 17.3.7）应符合下列规定：

1）上翼缘的焊接衬板可采用角焊缝，引弧部分应采用绕角焊；

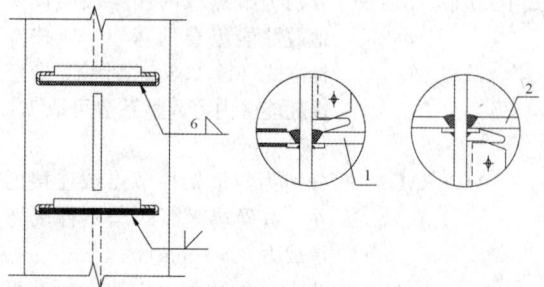

图 17.3.7 衬板与柱翼缘的焊接构造
1—下翼缘；2—上翼缘

2）下翼缘衬板应采用从上部往下熔透的焊缝与柱翼缘焊接。

17.3.8 当梁柱刚性节点采用骨形节点（图17.3.8）时，应符合下列规定：

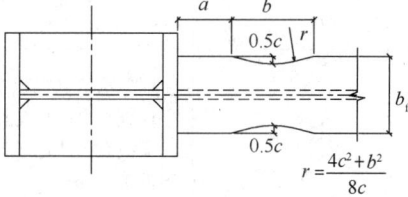

图 17.3.8 骨形节点

1 内力分析模型按未削弱截面计算时，无支撑框架结构侧移限值应乘以0.95；钢梁的挠度限值应乘以0.90；

2 进行削弱截面的受弯承载力验算时，削弱截面的弯矩可按梁端弯矩的0.80倍进行验算；

3 梁的线刚度可按等截面计算的数值乘以0.90倍计算；

4 强柱弱梁应满足本标准式（17.2.5-3）、式（17.2.5-4）要求；

5 骨形削弱段应采用自动切割，可按图17.3.8设计，尺寸 a、b、c 可按下列公式计算：

$$a = (0.5 \sim 0.75)b_f \quad (17.3.8-1)$$
$$b = (0.65 \sim 0.85)h_b \quad (17.3.8-2)$$
$$c = (0.15 \sim 0.25)b_f \quad (17.3.8-3)$$

式中：b_f——框架梁翼缘宽度（mm）；

h_b——框架梁截面高度（mm）。

17.3.9 当梁柱节点采用梁端加强的方法来保证塑性铰外移要求时，应符合下列规定：

1 加强段的塑性弯矩的变化宜与梁端形成塑性铰时的弯矩图相接近；

2 采用盖板加强节点时，盖板的计算长度应以离开柱子表面50mm处为起点；

3 采用翼缘加宽的方法时，翼缘边的斜角不应大于1：2.5；加宽的起点和柱翼缘间的距离宜为（0.3～0.4）h_b，h_b 为梁截面高度；翼缘加宽后的宽厚比不应超过 $13\varepsilon_k$；

4 当柱子为箱形截面时，宜增加翼缘厚度。

17.3.10 当框架梁上覆混凝土楼板时，其楼板钢筋应可靠锚固。

Ⅲ 支撑结构及框架-支撑结构

17.3.11 框架-中心支撑结构的框架部分，即不传递支撑内力的梁柱构件，其抗震构造应根据本标准表17.1.4-2确定的延性等级按框架结构采用。

17.3.12 支撑长细比、截面板件宽厚比等级应根据其结构构件延性等级符合表17.3.12的要求，其中支撑截面板件宽厚比应按本标准表3.5.2对应的构件板件宽厚比等级的限值采用。

表 17.3.12 支撑长细比、截面板件宽厚比等级

抗侧力构件	结构构件延性等级			支撑长细比	支撑截面板件宽厚比最低等级	备注
	支撑结构	框架-中心支撑结构	框架-偏心支撑结构			
交叉中心支撑或对称设置的单斜杆支撑	V级	V级	—	符合本标准第7.4.6条的规定，当内力计算时不计入压杆作用按只受拉斜杆计算时，符合本标准第7.4.7条的规定	符合本标准第7.3.1条的规定	—
	Ⅳ级	Ⅲ级	—	$65\varepsilon_k < \lambda \leqslant 130$	BS3	—
	Ⅲ级	Ⅱ级	—	$33\varepsilon_k < \lambda \leqslant 65\varepsilon_k$	BS2	—
				$130 < \lambda \leqslant 180$	BS2	—
	Ⅱ级	Ⅰ级	—	$\lambda \leqslant 33\varepsilon_k$	BS1	—
人字形或V形中心支撑	V级	V级	—	符合本标准第7.4.6条的规定	符合本标准第7.3.1条的规定	—
	Ⅳ级	Ⅲ级	—	$65\varepsilon_k < \lambda \leqslant 130$	BS3	与支撑相连的梁截面板件宽厚比等级不低于S3级
	Ⅲ级	Ⅱ级	—	$33\varepsilon_k < \lambda \leqslant 65\varepsilon_k$	BS2	与支撑相连的梁截面板件宽厚比等级不低于S2级

抗侧力构件	结构构件延性等级			支撑长细比	支撑截面板件宽厚比最低等级	备注
	支撑结构	框架-中心支撑结构	框架-偏心支撑结构			
人字形或V形中心支撑	Ⅲ级	Ⅱ级	—	$130<\lambda\leqslant180$	BS2	框架承担50%以上总水平地震剪力;与支撑相连的梁截面板件宽厚比等级不低于S1级
	Ⅱ级	Ⅰ级	—	$\lambda\leqslant33\varepsilon_k$	BS1	与支撑相连的梁截面板件宽厚比等级不低于S1级
	采用屈曲约束支撑				—	—
偏心支撑	—	—	Ⅰ级	$\lambda\leqslant120\varepsilon_k$	符合本标准第7.3.1条的规定	消能梁段截面板件宽厚比要求应符合现行国家标准《建筑抗震设计规范》GB 50011 的有关规定

注:λ为支撑的最小长细比。

17.3.13 中心支撑结构应符合下列规定:

1 支撑宜成对设置,各层同一水平地震作用方向的不同倾斜方向杆件截面水平投影面积之差不宜大于10%;

2 交叉支撑结构、成对布置的单斜杆支撑结构的支撑系统,当支撑斜杆的长细比大于130,内力计算时可不计入压杆作用仅按受拉斜杆计算,当结构层数超过两层时,长细比不应大于180。

17.3.14 钢支撑连接节点应符合下列规定:

1 支撑和框架采用节点板连接时,支撑端部至节点板最近嵌固点在沿支撑杆件轴线方向的距离,不宜小于节点板的2倍;

2 人字形支撑与横梁的连接节点处应设置侧向支承,轴力设计值不得小于梁轴向承载力设计值的2%。

17.3.15 当结构构件延性等级为Ⅰ级时,消能梁段的构造应符合下列规定:

1 当 $N_{p,l}>0.16Af_y$ 时,消能梁段的长度应符合下列规定:

当 $\rho(A_w/A)<0.3$ 时:

$$a<1.6W_{p,l}f_y/V_l \qquad (17.3.15\text{-}1)$$

当 $\rho(A_w/A)\geqslant0.3$ 时:

$$a<[1.15-0.5\rho(A_w/A)]1.6W_{p,l}f_y/V_l$$
$$(17.3.15\text{-}2)$$

$$\rho=N_{p,l}/V_{p,l} \qquad (17.3.15\text{-}3)$$

式中:a——消能梁段的长度(mm);

$V_{p,l}$——设防地震性能组合的消能梁段剪力(N)。

2 消能梁段的腹板不得贴焊补强板,也不得开孔。

3 消能梁段与支撑连接处应在其腹板两侧配置加劲肋,加劲肋的高度应为梁腹板高度,一侧的加劲肋宽度不应小于 $(b_f/2-t_w)$,厚度不应小于 $0.75t_w$ 和 10mm 中的较大值。

4 消能梁段应按下列要求在其腹板上设置中间加劲肋:

1) 当 $a\leqslant1.6W_{p,l}f_y/V_l$ 时,加劲肋间距不应大于 $(30t_w-h/5)$;

2) 当 $2.6W_{p,l}f_y/V_l<a\leqslant5W_{p,l}f_y/V_l$ 时,应在距消能梁端部 $1.5b_f$ 处配置中间加劲肋,且中间加劲肋间距不应大于 $(52t_w-h/5)$;

3) 当 $1.6W_{p,l}f_y/V_l<a\leqslant2.6W_{p,l}f_y/V_l$ 时,中间加劲肋的间距宜在上述二者间采用线性插入法确定;

4) 当 $a>5W_{p,l}f_y/V_l$ 时,可不配置中间加劲肋;

5) 中间加劲肋应与消能梁段的腹板等高;当消能梁段截面高度不大于 640mm 时,可配置单向加劲肋;当消能梁段截面高度大于 640mm 时,应在两侧配置加劲肋,一侧加劲肋的宽度不应小于 $(b_f/2-t_w)$,厚度不应小于 t_w 和 10mm 中的较大值。

5 消能梁段与柱连接时，其长度不得大于 $1.6W_{p,t}f_y/V_l$，且应满足相关标准的规定。

6 消能梁段两端上、下翼缘应设置侧向支撑，支撑的轴力设计值不得小于消能梁段翼缘轴向承载力设计值的6％。

Ⅳ 柱　脚

17.3.16 实腹式柱脚采用外包式、埋入式及插入式柱脚的埋入深度应符合现行国家标准《建筑抗震设计规范》GB 50011 或《构筑物抗震设计规范》GB 50191 的有关规定。

18　钢结构防护

18.1　抗火设计

18.1.1 钢结构防火保护措施及其构造应根据工程实际，考虑结构类型、耐火极限要求、工作环境等因素，按照安全可靠、经济合理的原则确定。

18.1.2 建筑钢构件的设计耐火极限应符合现行国家标准《建筑设计防火规范》GB 50016 中的有关规定。

18.1.3 当钢构件的耐火时间不能达到规定的设计耐火极限要求时，应进行防火保护设计，建筑钢结构应按现行国家标准《建筑钢结构防火技术规范》GB 51249 进行抗火性能验算。

18.1.4 在钢结构设计文件中，应注明结构的设计耐火等级、构件的设计耐火极限、所需的防火保护措施及其防火保护材料的性能要求。

18.1.5 构件采用防火涂料进行防火保护时，其高强度螺栓连接处的涂层厚度不应小于相邻构件的涂料厚度。

18.2　防腐蚀设计

18.2.1 钢结构应遵循安全可靠、经济合理的原则，按下列要求进行防腐蚀设计：

1 钢结构防腐蚀设计应根据建筑物的重要性、环境腐蚀条件、施工和维修条件等要求合理确定防腐蚀设计年限；

2 防腐蚀设计应考虑环保节能的要求；

3 钢结构除必须采取防腐蚀措施外，尚应尽量避免加速腐蚀的不良设计；

4 防腐蚀设计中应考虑钢结构全寿命期内的检查、维护和大修。

18.2.2 钢结构防腐蚀设计应综合考虑环境中介质的腐蚀性、环境条件、施工和维修条件等因素，因地制宜，从下列方案中综合选取防腐蚀方案或其组合：

1 防腐蚀涂料；

2 各种工艺形成的锌、铝等金属保护层；

3 阴极保护措施；

4 耐候钢。

18.2.3 对危及人身安全和维修困难的部位，以及重要的承重结构和构件应加强防护。对处于严重腐蚀的使用环境且仅靠涂装难以有效保护的主要承重钢结构构件，宜采用耐候钢或外包混凝土。

当某些次要构件的设计使用年限与主体结构的设计使用年限不相同时，次要构件应便于更换。

18.2.4 结构防腐蚀设计应符合下列规定：

1 当采用型钢组合的杆件时，型钢间的空隙宽度宜满足防护层施工、检查和维修的要求；

2 不同金属材料接触会加速腐蚀时，应在接触部位采用隔离措施；

3 焊条、螺栓、垫圈、节点板等连接构件的耐腐蚀性能，不应低于主材材料；螺栓直径不应小于12mm。垫圈不应采用弹簧垫圈。螺栓、螺母和垫圈应采用镀锌等方法防护，安装后再采用与主体结构相同的防腐蚀方案；

4 设计使用年限大于或等于25年的建筑物，对不易维修的结构应加强防护；

5 避免出现难于检查、清理和涂漆之处，以及能积留湿气和大量灰尘的死角或凹槽；闭口截面构件应沿全长和端部焊接封闭；

6 柱脚在地面以下的部分应采用强度等级较低的混凝土包裹（保护层厚度不应小于50mm），包裹的混凝土高出室外地面不应小于150mm，室内地面不宜小于50mm，并宜采取措施防止水分残留；当柱脚底面在地面以上时，柱脚底面高出室外地面不应小于100mm，室内地面不宜小于50mm。

18.2.5 钢材表面原始锈蚀等级和钢材除锈等级标准应符合现行国家标准《涂覆涂料前钢材表面处理　表面清洁度的目视评定》GB/T 8923 的规定。

1 表面原始锈蚀等级为 D 级的钢材不应用作结构钢；

2 喷砂或抛丸用的磨料等表面处理材料应符合防腐蚀产品对表面清洁度和粗糙度的要求，并符合环保要求。

18.2.6 钢结构防腐蚀涂料的配套方案，可根据环境腐蚀条件、防腐蚀设计年限、施工和维修条件等要求设计。修补和焊缝部位的底漆应能适应表面处理的条件。

18.2.7 在钢结构设计文件中应注明防腐蚀方案，如采用涂（镀）层方案，须注明所要求的钢材除锈等级和所要用的涂料（或镀层）及涂（镀）层厚度，并注明使用单位在使用过程中对钢结构防腐蚀进行定期检查和维修的要求，建议制订防腐蚀维护计划。

18.3　隔　热

18.3.1 处于高温工作环境中的钢结构，应考虑高温作用对结构的影响。高温工作环境的设计状况为持久状况，高温作用为可变荷载，设计时应按承载力极限状态和正常使用极限状态设计。

18.3.2 钢结构的温度超过 100℃ 时，进行钢结构的承载力和变形验算时，应该考虑长期高温作用对钢材和钢结构连接性能的影响。

18.3.3 高温环境下的钢结构温度超过 100℃ 时，应进行结构温度作用验算，并应根据不同情况采取防护措施：

    1 当钢结构可能受到炽热熔化金属的侵害时，应采用砌块或耐热固体材料做成的隔热层加以保护；

    2 当钢结构可能受到短时间的火焰直接作用时，应采用加耐热隔热涂层、热辐射屏蔽等隔热防护措施；

    3 当高温环境下钢结构的承载力不满足要求时，应采取增大构件截面、采用耐火钢或采用加耐热隔热涂层、热辐射屏蔽、水套隔热降温措施等隔热降温措施；

    4 当高强度螺栓连接长期受热达 150℃ 以上时，应采用加耐热隔热涂层、热辐射屏蔽等隔热防护措施。

18.3.4 钢结构的隔热保护措施在相应的工作环境下应具有耐久性，并与钢结构的防腐、防火保护措施相容。

附录 A 常用建筑结构体系

A.1 单层钢结构

A.1.1 单层钢结构可采用框架、支撑结构。厂房主要由横向、纵向抗侧力体系组成，其中横向抗侧力体系可采用框架结构，纵向抗侧力体系宜采用中心支撑体系，也可采用框架结构。

A.1.2 每个结构单元均应形成稳定的空间结构体系。

A.1.3 柱间支撑的间距应根据建筑的纵向柱距、受力情况和安装条件确定。当房屋高度相对于柱间距较大时，柱间支撑宜分层设置。

A.1.4 屋面板、檩条和屋盖承重结构之间应有可靠连接，一般应设置完整的屋面支撑系统。

A.2 多高层钢结构

A.2.1 按抗侧力结构的特点，多高层钢结构常用的结构体系可按表 A.2.1 分类。

表 A.2.1 多高层钢结构常用体系

结构体系		支撑、墙体和筒形式
框架		
支撑结构	中心支撑	普通钢支撑，屈曲约束支撑

续表 A.2.1

结构体系		支撑、墙体和筒形式
框架-支撑	中心支撑	普通钢支撑，屈曲约束支撑
	偏心支撑	普通钢支撑
框架-剪力墙板		钢板墙，延性墙板
筒体结构	筒体	普通桁架筒密柱深梁筒斜交网格筒剪力墙板筒
	框架-筒体	
	筒中筒	
	束筒	
巨型结构	巨型框架	—
	巨型框架-支撑	

注：为增加结构刚度，高层钢结构可设置伸臂桁架或环带桁架，伸臂桁架设置处宜同时设置环带桁架。伸臂桁架应贯穿整个楼层，伸臂桁架与环带桁架构件的尺度应与相连构件的尺度相协调。

A.2.2 结构布置应符合下列原则：

    1 建筑平面宜简单、规则，结构平面布置宜对称，水平荷载的合力作用线宜接近抗侧力结构的刚度中心；高层钢结构两个主轴方向动力特性宜相近；

    2 结构竖向体型宜规则、均匀，竖向布置宜使侧向刚度和受剪承载力沿竖向均匀变化；

    3 高层建筑不应采用单跨框架结构，多层建筑不宜采用单跨框架结构；

    4 高层钢结构宜选用风压和横风向振动效应较小的建筑体型，并应考虑相邻高层建筑对风荷载的影响；

    5 支撑布置平面上宜均匀、分散，沿竖向宜连续布置，设置地下室时，支撑应延伸至基础或在地下室相应位置设置剪力墙；支撑无法连续时应适当增加错开支撑并加强错开支撑之间的上下楼层水平刚度。

A.3 大跨度钢结构

A.3.1 大跨度钢结构体系可按表 A.3.1 分类。

表 A.3.1 大跨度钢结构体系分类

体系分类	常见形式
以整体受弯为主的结构	平面桁架、立体桁架、空腹桁架、网架、组合网架钢结构以及与钢索组合形成的各种预应力钢结构
	实腹钢拱、平面或立体桁架形式的拱形结构、网壳、组合网壳钢结构以及与钢索组合形成的各种预应力钢结构
以整体受拉为主的结构	悬索结构、索桁架结构、索穹顶等

A.3.2 大跨度钢结构的设计原则应符合下列规定：

1 大跨度钢结构的设计应结合工程的平面形状、体型、跨度、支承情况、荷载大小、建筑功能综合分析确定，结构布置和支承形式应保证结构具有合理的传力途径和整体稳定性；平面结构应设置平面外的支撑体系；

2 预应力大跨度钢结构应进行结构张拉形态分析，确定索或拉杆的预应力分布，不得因个别索的松弛导致结构失效；

3 对以受压为主的拱形结构、单层网壳以及跨厚比较大的双层网壳应进行非线性稳定分析；

4 地震区的大跨度钢结构，应按抗震规范考虑水平及竖向地震作用效应；对于大跨度钢结构楼盖，应按使用功能满足相应的舒适度要求；

5 应对施工过程复杂的大跨度钢结构或复杂的预应力大跨度钢结构进行施工过程分析；

6 杆件截面的最小尺寸应根据结构的重要性、跨度、网格大小按计算确定，普通型钢不宜小于 L50×3，钢管不宜小于 ϕ48×3，对大、中跨度的结构，钢管不宜小于 ϕ60×3.5。

附录 B 结构或构件的变形容许值

B.1 受弯构件的挠度容许值

B.1.1 吊车梁、楼盖梁、屋盖梁、工作平台梁以及墙架构件的挠度不宜超过表 B.1.1 所列的容许值。

表 B.1.1 受弯构件的挠度容许值

项次	构件类别	挠度容许值	
		$[\nu_T]$	$[\nu_Q]$
1	吊车梁和吊车桁架（按自重和起重量最大的一台吊车计算挠度） 1）手动起重机和单梁起重机（含悬挂起重机） 2）轻级工作制桥式起重机 3）中级工作制桥式起重机 4）重级工作制桥式起重机	$l/500$ $l/750$ $l/900$ $l/1000$	— — — —
2	手动或电动葫芦的轨道梁	$l/400$	—
3	有重轨（重量等于或大于 38kg/m）轨道的工作平台梁 有轻轨（重量等于或小于 24kg/m）轨道的工作平台梁	$l/600$ $l/400$	— —

续表 B.1.1

项次	构件类别	挠度容许值	
		$[\nu_T]$	$[\nu_Q]$
4	楼（屋）盖梁或桁架、工作平台梁（第3项除外）和平台板 1）主梁或桁架（包括设有悬挂起重设备的梁和桁架） 2）仅支承压型金属板屋面和冷弯型钢檩条 3）除支承压型金属板屋面和冷弯型钢檩条外，尚有吊顶 4）抹灰顶棚的次梁 5）除第1）款～第4）款外的其他梁（包括楼梯梁） 6）屋盖檩条 支承压型金属板屋面者 支承其他屋面材料者 有吊顶 7）平台板	$l/400$ $l/180$ $l/240$ $l/250$ $l/250$ $l/150$ $l/200$ $l/240$ $l/150$	$l/500$ — — $l/350$ $l/300$ — — — —
5	墙架构件（风荷载不考虑风阵风系数） 1）支柱（水平方向） 2）抗风桁架（作为连续支柱的支承时，水平位移） 3）砌体墙的横梁（水平方向） 4）支承压型金属板的横梁（水平方向） 5）支承其他墙面材料的横梁（水平方向） 6）带有玻璃窗的横梁（竖直和水平方向）	— — — — — $l/200$	$l/400$ $l/1000$ $l/300$ $l/100$ $l/200$ $l/200$

注：1 l 为受弯构件的跨度（对悬臂梁和伸臂梁为悬臂长度的 2 倍）；

2 $[\nu_T]$ 为永久和可变荷载标准值产生的挠度（如有起拱应减去拱度）的容许值，$[\nu_Q]$ 为可变荷载标准值产生的挠度的容许值；

3 当吊车梁或吊车桁架跨度大于 12m 时，其挠度容许值 $[\nu_T]$ 应乘以 0.9 的系数；

4. 当墙面采用延性材料或与结构采用柔性连接时，墙架构件的支柱水平位移容许值可采用 $l/300$，抗风桁架（作为连续支柱的支承时）水平位移容许值可采用 $l/800$。

B.1.2 冶金厂房或类似车间中设有工作级别为 A7、A8 级起重机的车间，其跨间每侧吊车梁或吊车桁架的制动结构，由一台最大起重机横向水平荷载（按荷载规范取值）所产生的挠度不宜超过制动结构跨度的 1/2200。

B.2 结构的位移容许值

B.2.1 单层钢结构水平位移限值宜符合下列规定：

1 在风荷载标准值作用下，单层钢结构柱顶水平位移宜符合下列规定

    1） 单层钢结构柱顶水平位移不宜超过表 B.2.1-1 的数值；

    2） 无桥式起重机时，当围护结构采用砌体墙，柱顶水平位移不应大于 $H/240$，当围护结构采用轻型钢墙板且房屋高度不超过 18m 时，柱顶水平位移可放宽至 $H/60$；

    3） 有桥式起重机时，当房屋高度不超过 18m，采用轻型屋盖，吊车起重量不大于 20t 工作级别为 A1～A5 且吊车由地面控制时，柱顶水平位移可放宽至 $H/180$。

表 B.2.1-1　风荷载作用下单层钢结构柱顶水平位移容许值

结构体系	吊车情况	柱顶水平位移
排架、框架	无桥式起重机	$H/150$
	有桥式起重机	$H/400$

注：H 为柱高度，当围护结构采用轻型钢墙板时，柱顶水平位移要求可适当放宽。

2 在冶金厂房或类似车间中设有 A7、A8 级吊车的厂房柱和设有中级和重级工作制吊车的露天栈桥柱，在吊车梁或吊车桁架的顶面标高处，由一台最大吊车水平荷载（按荷载规范取值）所产生的计算变形值，不宜超过表 B.2.1-2 所列的容许值。

表 B.2.1-2　吊车水平荷载作用下柱水平位移（计算值）容许值

项次	位移的种类	按平面结构图形计算	按空间结构图形计算
1	厂房柱的横向位移	$H_c/1250$	$H_c/2000$
2	露天栈桥柱的横向位移	$H_c/2500$	—
3	厂房和露天栈桥柱的纵向位移	$H_c/4000$	

注：1　H_c 为基础顶面至吊车梁或吊车桁架的顶面的高度；

    2　计算厂房或露天栈桥柱的纵向位移时，可假定吊车的纵向水平制动力分配在温度区段内所有的柱间支撑或纵向框架上；

    3　在设有 A8 级吊车的厂房中，厂房柱的水平位移（计算值）容许值不宜大于表中数值的 90%；

    4　在设有 A6 级吊车的厂房柱的纵向位移宜符合表中的要求。

B.2.2 多层钢结构层间位移限值宜符合下列规定：

1 在风荷载标准值作用下，有桥式起重机时，多层钢结构的弹性层间位移角不宜超过 1/400。

2 在风荷载标准值作用下，无桥式起重机时，多层钢结构的弹性层间位移角不宜超过表 B.2.2 的数值。

表 B.2.2　层间位移角容许值

结构体系			层间位移角
框架、框架-支撑			1/250
框-排架	侧向框-排架		1/250
	竖向框-排架	排架	1/150
		框架	1/250

注：1　对室内装修要求较高的建筑，层间位移角宜适当减小；无墙壁的建筑，层间位移角可适当放宽；

    2　当围护结构可适应较大变形时，层间位移角可适当放宽；

    3　在多遇地震作用下多层钢结构的弹性层间位移角不宜超过 1/250。

B.2.3 高层建筑钢结构在风荷载和多遇地震作用下弹性层间位移角不宜超过 1/250。

B.2.4 大跨度钢结构位移限值宜符合下列规定：

1 在永久荷载与可变荷载的标准组合下，结构挠度宜符合下列规定：

    1） 结构的最大挠度值不宜超过表 B.2.4-1 中的容许挠度值；

    2） 网架与桁架可预先起拱，起拱值可取不大于短向跨度的 1/300；当仅为改善外观条件时，结构挠度可取永久荷载与可变荷载标准值作用下的挠度计算值减去起拱值，但结构在可变荷载下的挠度不宜大于结构跨度的 1/400；

    3） 对于设有悬挂起重设备的屋盖结构，其最大挠度值不宜大于结构跨度的 1/400，在可变荷载下的挠度不宜大于结构跨度的 1/500。

2 在重力荷载代表值与多遇竖向地震作用标准值下的组合最大挠度值不宜超过表 B.2.4-2 的限值。

表 B.2.4-1　非抗震组合时大跨度钢结构容许挠度值

结构类型		跨中区域	悬挑结构
受弯为主的结构	桁架、网架、斜拉结构、张弦结构等	$L/250$（屋盖）$L/300$（楼盖）	$L/125$（屋盖）$L/150$（楼盖）
受压为主的结构	双层网壳	$L/250$	$L/125$
	拱架、单层网壳	$L/400$	—
受拉为主的结构	单层单索屋盖	$L/200$	
	单层索网、双层索系以及横向加劲索系的屋盖、索穹顶屋盖	$L/250$	

注：1　表中 L 为短向跨度或者悬挑跨度；

    2　索网结构的挠度为预应力之后的挠度。

表 B.2.4-2　地震作用组合时大跨度钢结构容许挠度值

结构类型		跨中区域	悬挑结构
受弯为主的结构	桁架、网架、斜拉结构、张弦结构等	$L/250$（屋盖） $L/300$（楼盖）	$L/125$（屋盖） $L/150$（楼盖）
受压为主的结构	双层网壳、弦支穹顶	$L/300$	$L/150$
	拱架、单层网壳	$L/400$	—

注：表中 L 为短向跨度或者悬挑跨度。

附录 C　梁的整体稳定系数

C.0.1　等截面焊接工字形和轧制 H 型钢（图 C.0.1）简支梁的整体稳定系数 φ_b 应按下列公式计算：

$$\varphi_b = \beta_b \frac{4320}{\lambda_y^2} \cdot \frac{Ah}{W_x} \left[\sqrt{1 + \left(\frac{\lambda_y t_1}{4.4h} \right)^2} + \eta_b \right] \varepsilon_k \tag{C.0.1-1}$$

$$\lambda_y = \frac{l_1}{i_y} \tag{C.0.1-2}$$

截面不对称影响系数 η_b 应按下列公式计算：

对双轴对称截面［图 C.0.1(a)、图 C.0.1(d)］：

$$\eta_b = 0 \tag{C.0.1-3}$$

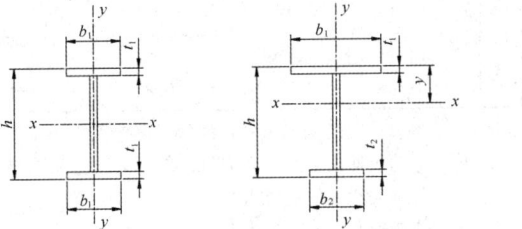

(a) 双轴对称焊接工字形截面　(b) 加强受压翼缘的单轴对称焊接工字形截面

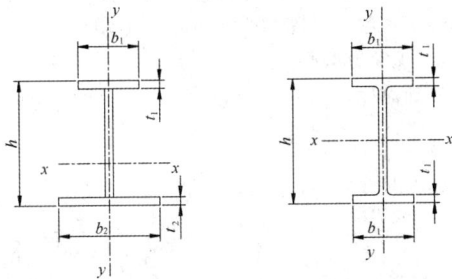

(c) 加强受拉翼缘的单轴对称焊接工字形截面　(d) 轧制 H 型钢截面

图 C.0.1　焊接工字形和轧制 H 型钢

对单轴对称工字形截面［图 C.0.1(b)、图 C.0.1(c)］：

加强受压翼缘　$\eta_b = 0.8(2\alpha_b - 1)$　(C.0.1-4)

加强受拉翼缘　$\eta_b = 2\alpha_b - 1$　(C.0.1-5)

$$\alpha_b = \frac{I_1}{I_1 + I_2} \tag{C.0.1-6}$$

当按公式（C.0.1-1）算得的 φ_b 值大于 0.6 时，应用下式计算的 φ_b' 代替 φ_b 值：

$$\varphi_b' = 1.07 - \frac{0.282}{\varphi_b} \leqslant 1.0 \tag{C.0.1-7}$$

式中：β_b——梁整体稳定的等效弯矩系数，应按表 C.0.1 采用；

λ_y——梁在侧向支承点间对截面弱轴 y—y 的长细比；

A——梁的毛截面面积（mm^2）；

h、t_1——梁截面的全高和受压翼缘厚度，等截面铆接（或高强度螺栓连接）简支梁，其受压翼缘厚度 t_1 包括翼缘角钢厚度在内（mm）；

l_1——梁受压翼缘侧向支承点之间的距离（mm）；

i_y——梁毛截面对 y 轴的回转半径（mm）；

I_1、I_2——分别为受压翼缘和受拉翼缘对 y 轴的惯性矩（mm^3）。

表 C.0.1　H 型钢和等截面工字形简支梁的系数 β_b

项次	侧向支承	荷载		$\xi \leqslant 2.0$	$\xi > 2.0$	适用范围
1	跨中无侧向支承	均布荷载作用在	上翼缘	$0.69 + 0.13\xi$	0.95	图 C.0.1(a)、(b) 和 (d) 的截面
2			下翼缘	$1.73 - 0.20\xi$	1.33	
3		集中荷载作用在	上翼缘	$0.73 + 0.18\xi$	1.09	
4			下翼缘	$2.23 - 0.28\xi$	1.67	
5	跨度中点有一个侧向支承点	均布荷载作用在	上翼缘	1.15		图 C.0.1 中的所有截面
6			下翼缘	1.40		
7		集中荷载作用在截面高度的任意位置		1.75		
8	跨中有不少于两个等距离侧向支承点	任意荷载作用在	上翼缘	1.20		
9			下翼缘	1.40		
10	梁端有弯矩，但跨中无荷载作用			$1.75 - 1.05\left(\dfrac{M_2}{M_1}\right) + 0.3\left(\dfrac{M_2}{M_1}\right)^2$ 但 $\leqslant 2.3$		

注：1　ξ 为参数，$\xi = \dfrac{l_1 t_1}{b_1 h}$，其中 b_1 为受压翼缘的宽度；

2　M_1 和 M_2 为梁的端弯矩，使梁产生同向曲率时 M_1 和 M_2 取同号，产生反向曲率时取异号，$|M_1| \geqslant |M_2|$；

3　表中项次 3、4 和 7 的集中荷载是指一个或少数几个集中荷载位于跨中央附近的情况，对其他情况的集中荷载，应按表中项次 1、2、5、6 内的数值采用；

4　表中项次 8、9 的 β_b，当集中荷载作用在侧向支承点上时，取 $\beta_b = 1.20$；

5　荷载作用在上翼缘系指荷载作用点在翼缘表面，方向指向截面形心；荷载作用在下翼缘系指荷载作用点在翼缘表面，方向背向截面形心；

6　对 $\alpha_b > 0.8$ 的加强受压翼缘工字形截面，下列情况的 β_b 值应乘以相应的系数：
　项次 1：当 $\xi \leqslant 1.0$ 时，乘以 0.95；
　项次 3：当 $\xi \leqslant 0.5$ 时，乘以 0.90；当 $0.5 < \xi \leqslant 1.0$ 时，乘以 0.95。

C.0.2　轧制普通工字形简支梁的整体稳定系数 φ_b 应按表 C.0.2 采用，当所得的 φ_b 值大于 0.6 时，应取本标准式（C.0.1-7）算得的 φ_b' 代替值。

表 C.0.2 轧制普通工字钢简支梁的 φ_b

项次	荷载情况		工字钢型号	自由长度 l_1（mm）								
				2	3	4	5	6	7	8	9	10
1	跨中无侧向支承点的梁	集中荷载作用于 上翼缘	10～20	2.00	1.30	0.99	0.80	0.68	0.58	0.53	0.48	0.43
			22～32	2.40	1.48	1.09	0.86	0.72	0.62	0.54	0.49	0.45
			36～63	2.80	1.60	1.07	0.83	0.68	0.56	0.50	0.45	0.40
2		集中荷载作用于 下翼缘	10～20	3.10	1.95	1.34	1.01	0.82	0.69	0.63	0.57	0.52
			22～40	5.50	2.80	1.84	1.37	1.07	0.86	0.73	0.64	0.56
			45～63	7.30	3.60	2.30	1.62	1.20	0.96	0.80	0.69	0.60
3		均布荷载作用于 上翼缘	10～20	1.70	1.12	0.84	0.68	0.57	0.50	0.45	0.41	0.37
			22～40	2.10	1.30	0.93	0.73	0.60	0.51	0.45	0.40	0.36
			45～63	2.60	1.45	0.97	0.73	0.59	0.50	0.44	0.38	0.35
4		均布荷载作用于 下翼缘	10～20	2.50	1.55	1.08	0.83	0.68	0.56	0.52	0.47	0.42
			22～40	4.00	2.20	1.45	1.10	0.85	0.70	0.60	0.52	0.46
			45～63	5.60	2.80	1.25	1.25	0.95	0.78	0.65	0.55	0.49
5	跨中有侧向支承点的梁（不论荷载作用点在截面高度上的位置）		10～20	2.20	1.39	1.01	0.79	—0.66	0.57	0.52	0.47	0.42
			22～40	3.00	1.80	1.24	0.96	0.76	0.65	0.56	0.49	0.43
			45～63	4.00	2.20	1.38	1.01	0.80	0.66	0.56	0.49	0.43

注：1 同表 C.0.1 的注 3、注 5；

2 表中的 φ_b 适用于 Q235 钢。对其他钢号，表中数值应乘以 ε_k^2。

C.0.3 轧制槽钢简支梁的整体稳定系数，不论荷载的形式和荷载作用点在截面高度上的位置，均可按下式计算：

$$\varphi_b = \frac{570bt}{l_1 h} \cdot \varepsilon_k^2 \qquad (C.0.3)$$

式中：h、b、t——槽钢截面的高度、翼缘宽度和平均厚度。

当按公式（C.0.3）算得的 φ_b 值大于 0.6 时，应按本标准式（C.0.1-7）算得相应的 φ'_b 代替 φ_b 值。

C.0.4 双轴对称工字形等截面悬臂梁的整体稳定系数，可按本标准式（C.0.1-1）计算，但式中系数 β_b 应按表 C.0.4 查得，当按本标准式（C.0.1-2）计算长细比 λ_y 时，l_1 为悬臂梁的悬伸长度。当求得的 φ_b 值大于 0.6 时，应按本标准式（C.0.1-7）算得的 φ'_b 代替 φ_b 值。

表 C.0.4 双轴对称工字形等截面悬臂梁的系数 β_b

项次	荷载形式		$0.60 \leqslant \xi$ $\leqslant 1.24$	$1.24 < \xi$ $\leqslant 1.96$	$1.96 < \xi$ $\leqslant 3.10$
1	自由端一个集中荷载作用在	上翼缘	0.21+ 0.67ξ	0.72+ 0.26ξ	1.17+ 0.03ξ
2		下翼缘	2.94— 0.65ξ	2.64— 0.40ξ	2.15— 0.15ξ

续表 C.0.4

项次	荷载形式	$0.60 \leqslant \xi$ $\leqslant 1.24$	$1.24 < \xi$ $\leqslant 1.96$	$1.96 < \xi$ $\leqslant 3.10$
3	均布荷载作用在上翼缘	0.62+ 0.82ξ	1.25+ 0.31ξ	1.66+ 0.10ξ

注：1 本表是按支承端为固定的情况确定的，当用于由邻跨延伸出来的伸臂梁时，应在构造上采取措施加强支承处的抗扭能力；

2 表中 ξ 见表 C.0.1 注 1。

C.0.5 均匀弯曲的受弯构件，当 $\lambda_y \leqslant 120\varepsilon_k$ 时，其整体稳定系数 φ_b 可按下列近似公式计算：

1 工字形截面：

双轴对称

$$\varphi_b = 1.07 - \frac{\lambda_y^2}{44000\varepsilon_k^2} \qquad (C.0.5-1)$$

单轴对称

$$\varphi_b = 1.07 - \frac{W_x}{(2\alpha_b + 0.1)Ah} \cdot \frac{\lambda_y^2}{14000\varepsilon_k^2}$$

$$(C.0.5-2)$$

2 弯矩作用在对称轴平面，绕 x 轴的 T 形截面：

1） 弯矩使翼缘受压时：

双角钢 T 形截面

$$\varphi_b = 1 - 0.0017\lambda_y/\varepsilon_k \qquad (C.0.5-3)$$

剖分 T 型钢和两板组合 T 形截面

$$\varphi_b = 1 - 0.0022\lambda_y/\varepsilon_k \qquad (C.0.5-4)$$

2) 弯矩使翼缘受拉且腹板宽厚比不大于 18εk 时:

$$\varphi_b = 1 - 0.0005\lambda_y/\varepsilon_k \qquad (C.0.5\text{-}5)$$

当按公式(C.0.5-1)和公式(C.0.5-2)算得的 φ_b 值大于 1.0 时,取 $\varphi_b=1.0$。

附录 D 轴心受压构件的稳定系数

D.0.1 a类截面轴心受压构件的稳定系数应按表 D.0.1 取值。

表 D.0.1　a类截面轴心受压构件的稳定系数 φ

λ/εk	0	1	2	3	4	5	6	7	8	9
0	1.000	1.000	1.000	1.000	0.999	0.999	0.998	0.998	0.997	0.996
10	0.995	0.994	0.993	0.992	0.991	0.989	0.988	0.986	0.985	0.983
20	0.981	0.979	0.977	0.976	0.974	0.972	0.970	0.968	0.966	0.964
30	0.963	0.961	0.959	0.957	0.954	0.952	0.950	0.948	0.946	0.944
40	0.941	0.939	0.937	0.934	0.932	0.929	0.927	0.924	0.921	0.918
50	0.916	0.913	0.910	0.907	0.903	0.900	0.897	0.893	0.890	0.886
60	0.883	0.879	0.875	0.871	0.867	0.862	0.858	0.854	0.849	0.844
70	0.839	0.834	0.829	0.824	0.818	0.813	0.807	0.801	0.795	0.789
80	0.783	0.776	0.770	0.763	0.756	0.749	0.742	0.735	0.728	0.721
90	0.713	0.706	0.698	0.691	0.683	0.676	0.668	0.660	0.653	0.645
100	0.637	0.630	0.622	0.614	0.607	0.599	0.592	0.584	0.577	0.569
110	0.562	0.555	0.548	0.541	0.534	0.527	0.520	0.513	0.507	0.500
120	0.494	0.487	0.481	0.475	0.469	0.463	0.457	0.451	0.445	0.439
130	0.434	0.428	0.423	0.417	0.412	0.407	0.402	0.397	0.392	0.387
140	0.382	0.378	0.373	0.368	0.364	0.360	0.355	0.351	0.347	0.343
150	0.339	0.335	0.331	0.327	0.323	0.319	0.316	0.312	0.308	0.305
160	0.302	0.298	0.295	0.292	0.288	0.285	0.282	0.279	0.276	0.273
170	0.270	0.267	0.264	0.261	0.259	0.256	0.253	0.250	0.248	0.245
180	0.243	0.240	0.238	0.235	0.233	0.231	0.228	0.226	0.224	0.222
190	0.219	0.217	0.215	0.213	0.211	0.209	0.207	0.205	0.203	0.201
200	0.199	0.197	0.196	0.194	0.192	0.190	0.188	0.187	0.185	0.183
210	0.182	0.180	0.178	0.177	0.175	0.174	0.172	0.171	0.169	0.168
220	0.166	0.165	0.163	0.162	0.161	0.159	0.158	0.157	0.155	0.154
230	0.153	0.151	0.150	0.149	0.148	0.147	0.145	0.144	0.143	0.142
240	0.141	0.140	0.139	0.137	0.136	0.135	0.134	0.133	0.132	0.131

注:表中值系按本标准第 D.0.5 条中的公式计算而得。

D.0.2 b类截面轴心受压构件的稳定系数应按表 D.0.2 取值。

表 D.0.2　b类截面轴心受压构件的稳定系数 φ

λ/εk	0	1	2	3	4	5	6	7	8	9
0	1.000	1.000	1.000	0.999	0.999	0.998	0.997	0.996	0.995	0.994
10	0.992	0.991	0.989	0.987	0.985	0.983	0.981	0.978	0.976	0.973
20	0.970	0.967	0.963	0.960	0.957	0.953	0.950	0.946	0.943	0.939
30	0.936	0.932	0.929	0.925	0.922	0.918	0.914	0.910	0.906	0.903
40	0.899	0.895	0.891	0.886	0.882	0.878	0.874	0.870	0.865	0.861
50	0.856	0.852	0.847	0.842	0.837	0.833	0.828	0.823	0.818	0.812
60	0.807	0.802	0.796	0.791	0.785	0.780	0.774	0.768	0.762	0.757
70	0.751	0.745	0.738	0.732	0.726	0.720	0.713	0.707	0.701	0.694
80	0.687	0.681	0.674	0.668	0.661	0.654	0.648	0.641	0.634	0.628
90	0.621	0.614	0.607	0.601	0.594	0.587	0.581	0.574	0.568	0.561
100	0.555	0.548	0.542	0.535	0.529	0.523	0.517	0.511	0.504	0.498
110	0.492	0.487	0.481	0.475	0.469	0.464	0.458	0.453	0.447	0.442
120	0.436	0.431	0.426	0.421	0.416	0.411	0.406	0.401	0.396	0.392
130	0.387	0.383	0.378	0.374	0.369	0.365	0.361	0.357	0.352	0.348
140	0.344	0.340	0.337	0.333	0.329	0.325	0.322	0.318	0.314	0.311
150	0.308	0.304	0.301	0.297	0.294	0.291	0.288	0.285	0.282	0.279

续表 D.0.2

λ/εk	0	1	2	3	4	5	6	7	8	9
160	0.276	0.273	0.270	0.267	0.264	0.262	0.259	0.256	0.253	0.251
170	0.248	0.246	0.243	0.241	0.238	0.236	0.234	0.231	0.229	0.227
180	0.225	0.222	0.220	0.218	0.216	0.214	0.212	0.210	0.208	0.206
190	0.204	0.202	0.200	0.198	0.196	0.195	0.193	0.191	0.189	0.188
200	0.186	0.184	0.183	0.181	0.179	0.178	0.176	0.175	0.173	0.172
210	0.170	0.169	0.167	0.166	0.164	0.163	0.162	0.160	0.159	0.158
220	0.156	0.155	0.154	0.152	0.151	0.150	0.149	0.147	0.146	0.145
230	0.144	0.143	0.142	0.141	0.139	0.138	0.137	0.136	0.135	0.134
240	0.133	0.132	0.131	0.130	0.129	0.128	0.127	0.126	0.125	0.124
250	0.123									

注:表中值系按本标准第 D.0.5 条中的公式计算而得。

D.0.3 c类截面轴心受压构件的稳定系数应按表 D.0.3 取值。

表 D.0.3　c类截面轴心受压构件的稳定系数 φ

λ/εk	0	1	2	3	4	5	6	7	8	9
0	1.000	1.000	1.000	0.999	0.999	0.998	0.997	0.996	0.995	0.993
10	0.992	0.990	0.988	0.986	0.983	0.981	0.978	0.976	0.973	0.970
20	0.966	0.959	0.953	0.947	0.940	0.934	0.928	0.921	0.915	0.909
30	0.902	0.896	0.890	0.883	0.877	0.871	0.865	0.858	0.852	0.845
40	0.839	0.833	0.826	0.820	0.813	0.807	0.800	0.794	0.787	0.781
50	0.774	0.768	0.761	0.755	0.748	0.742	0.735	0.728	0.722	0.715
60	0.709	0.702	0.695	0.689	0.682	0.675	0.669	0.662	0.656	0.649
70	0.642	0.636	0.629	0.623	0.616	0.610	0.603	0.597	0.591	0.584
80	0.578	0.572	0.565	0.559	0.553	0.547	0.541	0.535	0.529	0.523
90	0.517	0.511	0.505	0.499	0.494	0.488	0.483	0.477	0.471	0.467
100	0.462	0.458	0.453	0.449	0.445	0.440	0.436	0.432	0.427	0.423
110	0.419	0.415	0.411	0.407	0.402	0.398	0.394	0.390	0.386	0.383
120	0.379	0.375	0.371	0.367	0.363	0.360	0.356	0.352	0.349	0.345
130	0.342	0.338	0.335	0.332	0.328	0.325	0.322	0.318	0.315	0.312
140	0.309	0.306	0.303	0.300	0.297	0.294	0.291	0.288	0.285	0.282
150	0.279	0.277	0.274	0.271	0.269	0.266	0.263	0.261	0.258	0.256
160	0.253	0.251	0.248	0.246	0.244	0.241	0.239	0.237	0.235	0.232
170	0.230	0.228	0.226	0.224	0.222	0.220	0.218	0.216	0.214	0.212
180	0.210	0.208	0.206	0.204	0.203	0.201	0.199	0.197	0.195	0.194
190	0.192	0.190	0.189	0.187	0.185	0.184	0.182	0.181	0.179	0.178
200	0.176	0.175	0.173	0.172	0.170	0.169	0.167	0.166	0.165	0.163
210	0.162	0.161	0.159	0.158	0.157	0.155	0.154	0.153	0.152	0.151
220	0.149	0.148	0.147	0.146	0.145	0.144	0.142	0.141	0.140	0.139
230	0.138	0.137	0.136	0.135	0.134	0.133	0.132	0.131	0.130	0.130
240	0.128	0.127	0.126	0.125	0.124	0.123	0.123	0.122	0.121	0.120
250	0.119	—								

注:表中值系按本标准第 D.0.5 条中的公式计算而得。

D.0.4 d类截面轴心受压构件的稳定系数应按表 D.0.4 取值。

表 D.0.4　d类截面轴心受压构件的稳定系数 φ

λ/εk	0	1	2	3	4	5	6	7	8	9
0	1.000	0.999	0.999	0.999	0.998	0.996	0.994	0.992	0.990	0.987
10	0.984	0.981	0.978	0.974	0.969	0.965	0.960	0.955	0.949	0.944
20	0.937	0.927	0.918	0.909	0.900	0.891	0.883	0.874	0.865	0.857
30	0.848	0.840	0.831	0.823	0.815	0.807	0.798	0.790	0.782	0.774
40	0.766	0.758	0.751	0.743	0.735	0.727	0.720	0.712	0.705	0.697
50	0.690	0.682	0.675	0.668	0.660	0.653	0.646	0.639	0.632	0.625
60	0.618	0.611	0.605	0.598	0.591	0.585	0.578	0.571	0.565	0.559
70	0.552	0.546	0.540	0.534	0.528	0.521	0.516	0.510	0.504	0.498
80	0.492	0.487	0.481	0.476	0.470	0.465	0.459	0.454	0.449	0.444
90	0.439	0.434	0.429	0.424	0.419	0.414	0.409	0.405	0.401	0.397
100	0.393	0.390	0.386	0.383	0.380	0.376	0.373	0.369	0.366	0.363
110	0.359	0.356	0.353	0.350	0.346	0.343	0.340	0.337	0.334	0.331
120	0.328	0.325	0.322	0.319	0.316	0.313	0.310	0.307	0.304	0.301
130	0.298	0.296	0.293	0.290	0.288	0.285	0.282	0.280	0.277	0.275
140	0.272	0.270	0.267	0.265	0.262	0.260	0.257	0.255	0.253	0.250
150	0.248	0.246	0.244	0.242	0.239	0.237	0.235	0.233	0.231	0.229
160	0.227	0.225	0.223	0.221	0.219	0.217	0.215	0.213	0.211	0.210
170	0.208	0.206	0.204	0.202	0.201	0.199	0.197	0.196	0.194	0.192
180	0.191	0.189	0.187	0.186	0.184	0.183	0.181	0.180	0.178	0.177
190	0.175	0.174	0.173	0.171	0.170	0.168	0.167	0.166	0.164	0.163
200	0.162									

注:表中值系按本标准第 D.0.5 条中的公式计算而得。

D.0.5 当构件的 λ/ε_k 超出表 D.0.1～表 D.0.4 范围时，轴心受压构件的稳定系数应按下列公式计算：

当 $\lambda_n \leqslant 0.215$ 时：

$$\varphi = 1 - \alpha_1 \lambda_n^2 \qquad (D.0.5\text{-}1)$$

$$\lambda_n = \frac{\lambda}{\pi} \sqrt{f_y/E} \qquad (D.0.5\text{-}2)$$

当 $\lambda_n > 0.215$ 时：

$$\varphi = \frac{1}{2\lambda_n^2} \left[(\alpha_2 + \alpha_3 \lambda_n + \lambda_n^2) - \sqrt{(\alpha_2 + \alpha_3 \lambda_n + \lambda_n^2)^2 - 4\lambda_n^2} \right] \qquad (D.0.5\text{-}3)$$

式中：α_1、α_2、α_3——系数，应根据本标准表 7.2.1 的截面分类，按表 D.0.5 采用。

表 D.0.5 系数 α_1、α_2、α_3

截面类别		α_1	α_2	α_3
a 类		0.41	0.986	0.152
b 类		0.65	0.965	0.300
c 类	$\lambda_n \leqslant 1.05$	0.73	0.906	0.595
	$\lambda_n > 1.05$		1.216	0.302
d 类	$\lambda_n \leqslant 1.05$	1.35	0.868	0.915
	$\lambda_n > 1.05$		1.375	0.432

附录 E 柱的计算长度系数

E.0.1 无侧移框架柱的计算长度系数 μ 应按表 E.0.1 取值，同时符合下列规定：

1 当横梁与柱铰接时，取横梁线刚度为零。

2 对低层框架柱，当柱与基础铰接时，应取 $K_2 = 0$，当柱与基础刚接时，应取 $K_2 = 10$，平板支座可取 $K_2 = 0.1$。

3 当与柱刚接的横梁所受轴心压力 N_b 较大时，横梁线刚度折减系数 α_N 应按下列公式计算：

横梁远端与柱刚接和横梁远端与柱铰接时：

$$\alpha_N = 1 - N_b/N_{Eb} \qquad (E.0.1\text{-}1)$$

横梁远端嵌固时：

$$\alpha_N = 1 - N_b/(2N_{Eb}) \qquad (E.0.1\text{-}2)$$

$$N_{Eb} = \pi^2 EI_b/l^2 \qquad (E.0.1\text{-}3)$$

式中：I_b——横梁截面惯性矩（mm^4）；

l——横梁长度（mm）。

表 E.0.1 无侧移框架柱的计算长度系数 μ

K_2 \ K_1	0	0.05	0.1	0.2	0.3	0.4	0.5	1	2	3	4	5	≥10
0	1.000	0.990	0.981	0.964	0.949	0.935	0.922	0.875	0.820	0.791	0.773	0.760	0.732
0.05	0.990	0.981	0.971	0.955	0.940	0.926	0.914	0.867	0.814	0.784	0.766	0.754	0.726
0.1	0.981	0.971	0.962	0.946	0.931	0.918	0.906	0.860	0.807	0.778	0.760	0.748	0.721
0.2	0.964	0.955	0.946	0.930	0.916	0.903	0.891	0.846	0.795	0.767	0.749	0.737	0.711
0.3	0.949	0.940	0.931	0.916	0.902	0.889	0.878	0.834	0.784	0.756	0.739	0.728	0.701
0.4	0.935	0.926	0.918	0.903	0.889	0.877	0.866	0.823	0.774	0.747	0.730	0.719	0.693
0.5	0.922	0.914	0.906	0.891	0.878	0.866	0.855	0.813	0.765	0.738	0.721	0.710	0.685
1	0.875	0.867	0.860	0.846	0.834	0.823	0.813	0.774	0.729	0.704	0.688	0.677	0.654
2	0.820	0.814	0.807	0.795	0.784	0.774	0.765	0.729	0.686	0.663	0.648	0.638	0.615
3	0.791	0.784	0.778	0.767	0.756	0.747	0.738	0.704	0.663	0.640	0.625	0.616	0.593
4	0.773	0.766	0.760	0.749	0.739	0.730	0.721	0.688	0.648	0.625	0.611	0.601	0.580
5	0.760	0.754	0.748	0.737	0.728	0.719	0.710	0.677	0.638	0.616	0.601	0.592	0.570
≥10	0.732	0.726	0.721	0.711	0.701	0.693	0.685	0.654	0.615	0.593	0.580	0.570	0.549

注：表中的计算长度系数 μ 值系按下式计算得出：

$$\left[\left(\frac{\pi}{\mu}\right)^2 + 2(K_1 + K_2) - 4K_1 K_2 \right] \frac{\pi}{\mu} \cdot \sin\frac{\pi}{\mu} - 2\left[(K_1 + K_2)\left(\frac{\pi}{\mu}\right)^2 + 4K_1 K_2 \right] \cos\frac{\pi}{\mu} + 8K_1 K_2 = 0$$

式中，K_1、K_2 分别为相交于柱上端、柱下端的横梁线刚度之和与柱线刚度之和的比值。当梁远端为铰接时，应将横梁线刚度乘以 1.5；当横梁远端为嵌固时，则将横梁线刚度乘以 2。

E.0.2 有侧移框架柱的计算长度系数 μ 应按表 E.0.2 取值，同时符合下列规定：

1 当横梁与柱铰接时，取横梁线刚度为零。

2 对低层框架柱，当柱与基础铰接时，应取 $K_2 = 0$，当柱与基础刚接时，应取 $K_2 = 10$，平板支座可取 $K_2 = 0.1$。

3 当与柱刚接的横梁所受轴心压力 N_b 较大时，

横梁线刚度折减系数 α_N 应按下列公式计算：

横梁远端与柱刚接时：

$$\alpha_N = 1 - N_b/(4N_{Eb}) \qquad (E.0.2\text{-}1)$$

横梁远端与柱铰接时：

$$\alpha_N = 1 - N_b/N_{Eb} \qquad (E.0.2\text{-}2)$$

横梁远端嵌固时：

$$\alpha_N = 1 - N_b/(2N_{Eb}) \qquad (E.0.2\text{-}3)$$

表 E.0.2 有侧移框架柱的计算长度系数 μ

K_2 \ K_1	0	0.05	0.1	0.2	0.3	0.4	0.5	1	2	3	4	5	≥10
0	∞	6.02	4.46	3.42	3.01	2.78	2.64	2.33	2.17	2.11	2.08	2.07	2.03
0.05	6.02	4.16	3.47	2.86	2.58	2.42	2.31	2.07	1.94	1.90	1.87	1.86	1.83
0.1	4.46	3.47	3.01	2.56	2.33	2.20	2.11	1.90	1.79	1.75	1.73	1.72	1.70
0.2	3.42	2.86	2.56	2.23	2.05	1.94	1.87	1.70	1.60	1.57	1.55	1.54	1.52
0.3	3.01	2.58	2.33	2.05	1.90	1.80	1.74	1.58	1.49	1.46	1.45	1.44	1.42
0.4	2.78	2.42	2.20	1.94	1.80	1.71	1.65	1.50	1.42	1.39	1.37	1.37	1.35
0.5	2.64	2.31	2.11	1.87	1.74	1.65	1.59	1.45	1.37	1.34	1.32	1.32	1.30
1	2.33	2.07	1.90	1.70	1.58	1.50	1.45	1.32	1.24	1.21	1.20	1.19	1.17
2	2.17	1.94	1.79	1.60	1.49	1.42	1.37	1.24	1.16	1.14	1.12	1.12	1.10
3	2.11	1.90	1.75	1.57	1.46	1.39	1.34	1.21	1.14	1.11	1.10	1.09	1.07
4	2.08	1.87	1.73	1.55	1.45	1.37	1.32	1.20	1.12	1.10	1.08	1.08	1.06
5	2.07	1.86	1.72	1.54	1.44	1.37	1.32	1.19	1.12	1.09	1.08	1.07	1.05
≥10	2.03	1.83	1.70	1.52	1.42	1.35	1.30	1.17	1.10	1.07	1.06	1.05	1.03

注：表中的计算长度系数 μ 值系按下式计算得出：

$$\left[36K_1K_2 - \left(\frac{\pi}{\mu}\right)^2\right]\sin\frac{\pi}{\mu} + 6(K_1+K_2)\frac{\pi}{\mu}\cdot\cos\frac{\pi}{\mu} = 0$$

式中，K_1、K_2 分别为相交于柱上端、柱下端的横梁线刚度之和与柱线刚度之和的比值。当横梁远端为铰接时，应将横梁线刚度乘以 0.5；当横梁远端为嵌固时，则应乘以 2/3。

E.0.3 柱上端为自由的单阶柱下段的计算长度系数 μ_2 应按表 E.0.3 取值。

表 E.0.3 柱上端为自由的单阶柱下段的计算长度系数 μ_2

简图	K_1 \ η_1	0.06	0.08	0.10	0.12	0.14	0.16	0.18	0.20	0.22	0.24	0.26	0.28	0.3	0.4	0.5	0.6	0.7	0.8
	0.2	2.00	2.01	2.01	2.01	2.01	2.01	2.01	2.02	2.02	2.02	2.02	2.02	2.02	2.03	2.04	2.05	2.06	2.07
	0.3	2.01	2.02	2.02	2.02	2.03	2.03	2.03	2.04	2.04	2.05	2.05	2.05	2.06	2.08	2.10	2.12	2.13	2.15
	0.4	2.02	2.03	2.04	2.04	2.05	2.06	2.07	2.07	2.08	2.09	2.09	2.10	2.11	2.14	2.18	2.21	2.25	2.28
	0.5	2.04	2.05	2.06	2.07	2.09	2.10	2.11	2.12	2.13	2.15	2.16	2.17	2.18	2.24	2.29	2.35	2.40	2.45
	0.6	2.06	2.08	2.10	2.12	2.14	2.16	2.18	2.19	2.21	2.23	2.25	2.26	2.28	2.36	2.44	2.52	2.59	2.66
	0.7	2.10	2.13	2.16	2.18	2.21	2.24	2.26	2.29	2.31	2.34	2.36	2.38	2.41	2.52	2.62	2.72	2.81	2.90
	0.8	2.15	2.20	2.24	2.27	2.31	2.34	2.38	2.41	2.44	2.47	2.50	2.53	2.56	2.70	2.82	2.94	3.06	3.16
$K_1 = \dfrac{I_1}{I_2}\cdot\dfrac{H_2}{H_1}$	0.9	2.24	2.29	2.35	2.39	2.44	2.48	2.52	2.56	2.60	2.63	2.67	2.71	2.74	2.90	3.05	3.19	3.32	3.44
	1.0	2.36	2.43	2.48	2.54	2.59	2.64	2.69	2.73	2.77	2.82	2.86	2.90	2.94	3.12	3.29	3.45	3.59	3.74
$\eta_1 = \dfrac{H_1}{H_2}\sqrt{\dfrac{N_1}{N_2}\cdot\dfrac{I_2}{I_1}}$	1.2	2.69	2.76	2.83	2.89	2.95	3.01	3.07	3.12	3.17	3.22	3.27	3.32	3.37	3.59	3.80	3.99	4.17	4.34
	1.4	3.07	3.14	3.22	3.29	3.36	3.42	3.48	3.55	3.61	3.66	3.72	3.78	3.83	4.09	4.33	4.56	4.77	4.97
N_1——上段柱的轴心力；	1.6	3.47	3.55	3.63	3.71	3.78	3.85	3.92	3.99	4.07	4.12	4.18	4.25	4.31	4.61	4.88	5.14	5.38	5.62
	1.8	3.88	3.97	4.05	4.13	4.21	4.29	4.37	4.44	4.52	4.59	4.66	4.73	4.80	5.13	5.44	5.73	6.00	6.26
N_2——下段柱的轴心力	2.0	4.29	4.39	4.48	4.57	4.65	4.74	4.82	4.90	4.99	5.07	5.14	5.22	5.30	5.66	6.00	6.32	6.63	6.92
	2.2	4.71	4.81	4.91	5.00	5.10	5.19	5.28	5.37	5.46	5.54	5.63	5.71	5.80	6.19	6.57	6.92	7.26	7.58
	2.4	5.13	5.24	5.34	5.44	5.54	5.64	5.74	5.84	5.93	6.03	6.12	6.21	6.30	6.73	7.14	7.52	7.89	8.24
	2.6	5.55	5.66	5.77	5.88	5.99	6.10	6.20	6.31	6.41	6.51	6.61	6.71	6.80	7.27	7.71	8.13	8.52	8.90
	2.8	5.97	6.09	6.21	6.33	6.44	6.55	6.67	6.78	6.89	6.99	7.10	7.21	7.31	7.81	8.28	8.73	9.16	9.57
	3.0	6.39	6.52	6.64	6.77	6.89	7.01	7.12	7.25	7.37	7.48	7.59	7.71	7.82	8.35	8.86	9.34	9.80	10.24

注：表中的计算长度系数 μ_2 值系按下式计算得出：

$$\eta_1 K_1 \cdot tg\frac{\pi}{\mu_2}\cdot tg\frac{\pi\eta_1}{\mu_2} - 1 = 0$$

E.0.4 柱上端可移动但不转动的单阶柱下段计算长度系数 μ_2 应按表 E.0.4 取值。

表 E.0.4 柱上端可移动但不转动的单阶柱下段的计算长度系数 μ_2

K_1 / η_1	0.06	0.08	0.10	0.12	0.14	0.16	0.18	0.20	0.22	0.24	0.26	0.28	0.3	0.4	0.5	0.6	0.7	0.8
0.2	1.96	1.94	1.93	1.91	1.90	1.89	1.88	1.86	1.85	1.84	1.83	1.82	1.81	1.76	1.72	1.68	1.65	1.62
0.3	1.96	1.94	1.93	1.92	1.91	1.89	1.88	1.87	1.86	1.85	1.84	1.83	1.82	1.77	1.73	1.70	1.66	1.63
0.4	1.96	1.95	1.94	1.92	1.91	1.90	1.89	1.88	1.87	1.86	1.85	1.84	1.83	1.79	1.75	1.72	1.68	1.66
0.5	1.96	1.95	1.94	1.93	1.92	1.91	1.90	1.89	1.88	1.87	1.86	1.85	1.85	1.81	1.77	1.74	1.71	1.69
0.6	1.97	1.96	1.95	1.94	1.93	1.92	1.91	1.90	1.90	1.89	1.88	1.87	1.87	1.83	1.80	1.78	1.75	1.73
0.7	1.97	1.97	1.96	1.95	1.94	1.94	1.93	1.92	1.92	1.91	1.90	1.90	1.89	1.86	1.84	1.82	1.80	1.78
0.8	1.98	1.98	1.97	1.96	1.96	1.95	1.95	1.94	1.94	1.93	1.93	1.93	1.92	1.90	1.88	1.87	1.86	1.84
0.9	1.99	1.99	1.98	1.98	1.98	1.97	1.97	1.97	1.97	1.96	1.96	1.96	1.96	1.95	1.94	1.93	1.92	1.92
1.0	2.00	2.00	2.00	2.00	2.00	2.00	2.00	2.00	2.00	2.00	2.00	2.00	2.00	2.00	2.00	2.00	2.00	2.00
1.2	2.03	2.04	2.04	2.05	2.06	2.07	2.07	2.08	2.08	2.09	2.10	2.10	2.11	2.13	2.15	2.17	2.18	2.20
1.4	2.07	2.09	2.11	2.12	2.14	2.16	2.17	2.18	2.20	2.21	2.22	2.23	2.24	2.29	2.33	2.37	2.40	2.42
1.6	2.13	2.16	2.19	2.22	2.25	2.27	2.30	2.32	2.34	2.36	2.37	2.39	2.41	2.48	2.54	2.59	2.63	2.67
1.8	2.22	2.27	2.31	2.35	2.39	2.42	2.45	2.48	2.50	2.53	2.55	2.57	2.59	2.69	2.76	2.83	2.88	2.93
2.0	2.35	2.41	2.46	2.50	2.55	2.59	2.62	2.66	2.69	2.72	2.75	2.77	2.80	2.91	3.00	3.08	3.14	3.20
2.2	2.51	2.57	2.63	2.68	2.73	2.77	2.81	2.85	2.89	2.92	2.95	2.98	3.01	3.14	3.25	3.33	3.41	3.47
2.4	2.68	2.75	2.81	2.87	2.92	2.97	3.01	3.05	3.09	3.13	3.17	3.20	3.24	3.38	3.50	3.59	3.68	3.75
2.6	2.87	2.94	3.00	3.06	3.12	3.17	3.22	3.27	3.31	3.35	3.39	3.43	3.46	3.62	3.75	3.86	3.95	4.03
2.8	3.06	3.14	3.20	3.27	3.33	3.38	3.43	3.48	3.53	3.58	3.62	3.66	3.70	3.87	4.01	4.13	4.23	4.32
3.0	3.26	3.34	3.41	3.47	3.54	3.60	3.65	3.70	3.75	3.80	3.85	3.89	3.93	4.12	4.27	4.40	4.51	4.61

简图

$$K_1 = \frac{I_1}{I_2} \cdot \frac{H_2}{H_1}$$

$$\eta_1 = \frac{H_1}{H_2}\sqrt{\frac{N_1}{N_2} \cdot \frac{I_2}{I_1}}$$

N_1——上段柱的轴心力；

N_2——下段柱的轴心力

注：表中的计算长度系数 μ_2 值系按下式计算得出：

$$\tan\frac{\pi\eta_1}{\mu_2} + \eta_1 K_1 \cdot \tan\frac{\pi}{\mu_2} = 0$$

E.0.5 柱上端为自由的双阶柱下段的计算长度系数 μ_3 应按下列公式计算，也可按表 E.0.5 取值。

表 E.0.5　柱上端为自由的双阶柱下段的计算长度系数 μ_3

简图：

$K_1 = \dfrac{I_1}{I_3} \cdot \dfrac{H_3}{H_1}$

$K_2 = \dfrac{I_2}{I_3} \cdot \dfrac{H_3}{H_2}$

$\eta_1 = \dfrac{H_1}{H_3}\sqrt{\dfrac{N_1}{N_3} \cdot \dfrac{I_3}{I_1}}$

$\eta_2 = \dfrac{H_2}{H_3}\sqrt{\dfrac{N_2}{N_3} \cdot \dfrac{I_3}{I_2}}$

N_1——上段柱的轴心力；
N_2——中段柱的轴心力；
N_3——下段柱的轴心力。

η_1	K_2	0.05											0.10										
K_1→		0.2	0.3	0.4	0.5	0.6	0.7	0.8	0.9	1.0	1.1	1.2	0.2	0.3	0.4	0.5	0.6	0.7	0.8	0.9	1.0	1.1	1.2
0.2	0.2	2.02	2.03	2.04	2.05	2.05	2.06	2.07	2.08	2.09	2.10	2.10	2.03	2.03	2.04	2.05	2.06	2.07	2.08	2.08	2.09	2.10	2.11
	0.4	2.08	2.11	2.15	2.19	2.22	2.25	2.29	2.32	2.35	2.39	2.42	2.09	2.12	2.16	2.19	2.23	2.26	2.29	2.33	2.36	2.39	2.42
	0.6	2.20	2.29	2.37	2.45	2.52	2.60	2.67	2.73	2.80	2.87	2.93	2.21	2.30	2.38	2.45	2.53	2.60	2.67	2.74	2.81	2.87	2.93
	0.8	2.42	2.57	2.71	2.83	2.95	3.06	3.17	3.27	3.37	3.47	3.56	2.44	2.58	2.71	2.84	2.96	3.07	3.17	3.28	3.37	3.47	3.56
	1.0	2.75	2.95	3.13	3.30	3.45	3.60	3.74	3.87	4.00	4.13	4.25	2.76	2.96	3.14	3.30	3.46	3.60	3.74	3.88	4.01	4.13	4.25
	1.2	3.13	3.38	3.60	3.80	4.00	4.18	4.35	4.51	4.67	4.82	4.97	3.15	3.39	3.61	3.81	4.00	4.18	4.35	4.52	4.68	4.83	4.98
0.4	0.2	2.04	2.05	2.05	2.06	2.07	2.08	2.09	2.09	2.10	2.11	2.12	2.07	2.07	2.08	2.08	2.09	2.10	2.11	2.12	2.12	2.13	2.14
	0.4	2.10	2.14	2.17	2.23	2.24	2.27	2.31	2.34	2.37	2.40	2.43	2.14	2.17	2.20	2.23	2.26	2.30	2.33	2.36	2.39	2.42	2.46
	0.6	2.24	2.32	2.40	2.47	2.54	2.62	2.68	2.75	2.82	2.88	2.94	2.28	2.36	2.43	2.50	2.57	2.64	2.71	2.77	2.84	2.90	2.96
	0.8	2.47	2.60	2.73	2.85	2.97	3.08	3.19	3.29	3.38	3.48	3.57	2.53	2.65	2.77	2.88	3.00	3.10	3.21	3.31	3.40	3.50	3.59
	1.0	2.79	2.98	3.15	3.32	3.47	3.62	3.75	3.89	4.02	4.14	4.26	2.85	3.02	3.19	3.34	3.49	3.64	3.77	3.91	4.03	4.16	4.28
	1.2	3.18	3.41	3.62	3.82	4.01	4.19	4.36	4.52	4.68	4.83	4.98	3.24	3.45	3.65	3.85	4.03	4.21	4.38	4.54	4.70	4.85	4.99
0.6	0.2	2.09	2.09	2.10	2.11	2.11	2.12	2.12	2.13	2.14	2.15	2.15	2.22	2.19	2.18	2.17	2.18	2.18	2.19	2.19	2.20	2.20	2.21
	0.4	2.17	2.19	2.22	2.25	2.28	2.31	2.34	2.38	2.41	2.44	2.47	2.31	2.30	2.31	2.33	2.35	2.38	2.41	2.44	2.47	2.49	2.52
	0.6	2.32	2.38	2.45	2.52	2.59	2.66	2.72	2.79	2.85	2.91	2.97	2.48	2.49	2.54	2.60	2.66	2.72	2.78	2.84	2.90	2.96	3.02
	0.8	2.56	2.67	2.79	2.90	3.01	3.11	3.22	3.32	3.41	3.50	3.60	2.72	2.78	2.87	2.97	3.07	3.17	3.27	3.36	3.46	3.55	3.64
	1.0	2.88	3.04	3.20	3.36	3.50	3.65	3.78	3.91	4.04	4.16	4.26	3.04	3.15	3.28	3.42	3.56	3.70	3.83	3.95	4.08	4.20	4.31
	1.2	3.26	3.46	3.66	3.86	4.04	4.22	4.38	4.55	4.70	4.85	5.00	3.40	3.56	3.74	3.91	4.09	4.26	4.42	4.58	4.73	4.88	5.03
0.8	0.2	2.29	2.24	2.22	2.21	2.21	2.22	2.22	2.22	2.23	2.23	2.24	2.63	2.49	2.43	2.40	2.38	2.37	2.37	2.36	2.36	2.37	2.37
	0.4	2.37	2.34	2.34	2.36	2.38	2.40	2.43	2.45	2.48	2.51	2.54	2.71	2.59	2.55	2.54	2.54	2.55	2.57	2.59	2.61	2.63	2.65
	0.6	2.52	2.52	2.56	2.61	2.67	2.73	2.79	2.85	2.91	2.96	3.02	2.86	2.76	2.76	2.78	2.82	2.86	2.91	2.96	3.01	3.07	3.12
	0.8	2.74	2.79	2.88	2.98	3.08	3.17	3.27	3.36	3.46	3.55	3.63	3.06	3.02	3.06	3.11	3.20	3.29	3.37	3.46	3.54	3.63	3.71
	1.0	3.04	3.15	3.28	3.42	3.56	3.69	3.82	3.95	4.07	4.19	4.35	3.33	3.35	3.44	3.55	3.67	3.79	3.90	4.03	4.15	4.26	4.37
	1.2	3.39	3.55	3.73	3.91	4.08	4.25	4.42	4.58	4.73	4.88	5.02	3.65	3.73	3.86	4.02	4.18	4.34	4.49	4.64	4.79	4.94	5.08
1.0	0.2	2.69	2.57	2.51	2.48	2.46	2.45	2.45	2.44	2.44	2.44	2.44	3.18	2.95	2.84	2.77	2.73	2.70	2.68	2.67	2.66	2.65	2.65
	0.4	2.75	2.64	2.60	2.59	2.59	2.59	2.60	2.62	2.63	2.65	2.67	3.24	3.03	2.93	2.88	2.85	2.84	2.84	2.84	2.85	2.86	2.87
	0.6	2.86	2.78	2.77	2.79	2.83	2.87	2.91	2.96	3.01	3.06	3.10	3.36	3.16	3.09	3.08	3.08	3.09	3.12	3.15	3.19	3.23	3.27
	0.8	3.04	3.01	3.05	3.11	3.19	3.27	3.36	3.44	3.52	3.61	3.69	3.52	3.37	3.34	3.36	3.41	3.46	3.53	3.60	3.67	3.75	3.82
	1.0	3.29	3.32	3.41	3.52	3.64	3.76	3.89	4.01	4.13	4.24	4.35	3.74	3.64	3.67	3.74	3.83	3.93	4.03	4.14	4.25	4.35	4.46
	1.2	3.60	3.69	3.83	3.99	4.15	4.31	4.47	4.62	4.77	4.92	5.06	4.00	3.97	4.05	4.17	4.31	4.45	4.59	4.73	4.87	5.01	5.14
1.2	0.2	3.16	3.00	2.92	2.87	2.84	2.81	2.80	2.79	2.78	2.77	2.77	3.77	3.47	3.32	3.23	3.17	3.12	3.09	3.07	3.05	3.04	3.03
	0.4	3.21	3.05	2.98	2.94	2.92	2.90	2.90	2.90	2.90	2.91	2.92	3.82	3.53	3.39	3.31	3.26	3.22	3.20	3.19	3.19	3.19	3.19
	0.6	3.30	3.15	3.10	3.08	3.08	3.10	3.12	3.15	3.18	3.22	3.26	3.91	3.64	3.51	3.45	3.42	3.42	3.42	3.43	3.45	3.48	3.50
	0.8	3.43	3.32	3.30	3.33	3.37	3.43	3.49	3.56	3.63	3.71	3.78	4.04	3.80	3.71	3.68	3.69	3.72	3.76	3.81	3.86	3.92	3.98
	1.0	3.62	3.57	3.60	3.68	3.77	3.87	3.98	4.09	4.20	4.31	4.42	4.21	4.02	3.97	3.99	4.05	4.12	4.20	4.29	4.39	4.48	4.58
	1.2	3.88	3.88	3.98	4.11	4.25	4.39	4.54	4.68	4.83	4.97	5.10	4.43	4.30	4.31	4.38	4.48	4.60	4.72	4.85	4.98	5.11	5.24
1.4	0.2	3.66	3.46	3.36	3.29	3.25	3.23	3.20	3.19	3.18	3.17	3.16	4.37	4.01	3.82	3.71	3.63	3.58	3.54	3.51	3.49	3.47	3.45
	0.4	3.70	3.50	3.40	3.35	3.31	3.29	3.27	3.26	3.26	3.26	3.25	4.41	4.06	3.88	3.77	3.70	3.66	3.63	3.60	3.59	3.58	3.57
	0.6	3.77	3.58	3.52	3.49	3.47	3.46	3.45	3.45	3.45	3.49	3.49	4.48	4.15	3.98	3.89	3.83	3.80	3.79	3.78	3.79	3.80	3.81
	0.8	3.87	3.70	3.63	3.60	3.59	3.60	3.63	3.68	3.81	3.86	3.92	4.59	4.28	4.13	4.07	4.04	4.04	4.06	4.08	4.12	4.16	4.21
	1.0	4.02	3.90	3.84	3.83	3.85	3.90	3.98	4.10	4.31	4.41	4.51	4.74	4.45	4.35	4.32	4.34	4.38	4.43	4.50	4.58	4.66	4.74
	1.2	4.23	4.15	4.19	4.27	4.39	4.51	4.64	4.77	4.91	5.04	5.17	4.92	4.69	4.63	4.65	4.72	4.80	4.90	5.00	5.13	5.24	5.36

续表 E.5

简图：

$K_1=\dfrac{I_1}{I_3}\cdot\dfrac{H_3}{H_1}$

$K_2=\dfrac{I_2}{I_3}\cdot\dfrac{H_3}{H_2}$

$\eta_1=\dfrac{H_1}{H_3}\sqrt{\dfrac{N_1}{N_3}\cdot\dfrac{I_3}{I_1}}$

$\eta_2=\dfrac{H_2}{H_3}\sqrt{\dfrac{N_2}{N_3}\cdot\dfrac{I_3}{I_2}}$

N_1——上段柱的轴心力；
N_2——中段柱的轴心力；
N_3——下段柱的轴心力

η_1	K_1＼K_2＼η_2	0.20												0.30									
		0.2	0.3	0.4	0.5	0.6	0.7	0.8	0.9	1.0	1.1	1.2	0.2	0.3	0.4	0.5	0.6	0.7	0.8	0.9	1.0	1.1	1.2
0.2	0.2	2.04	2.04	2.05	2.06	2.07	2.08	2.08	2.09	2.10	2.11	2.12	2.05	2.05	2.06	2.07	2.08	2.09	2.09	2.10	2.11	2.12	2.13
	0.4	2.10	2.13	2.17	2.20	2.24	2.27	2.30	2.34	2.37	2.40	2.43	2.12	2.15	2.18	2.21	2.25	2.28	2.31	2.35	2.38	2.41	2.44
	0.6	2.23	2.31	2.39	2.47	2.54	2.61	2.68	2.75	2.82	2.88	2.94	2.25	2.33	2.41	2.48	2.56	2.63	2.69	2.76	2.83	2.89	2.95
	0.8	2.46	2.60	2.73	2.85	2.97	3.08	3.18	3.29	3.38	3.48	3.57	2.49	2.62	2.75	2.87	2.98	3.09	3.20	3.30	3.39	3.49	3.58
	1.0	2.79	2.98	3.15	3.32	3.47	3.61	3.75	3.89	4.02	4.14	4.26	2.93	3.00	3.17	3.33	3.48	3.63	3.76	3.90	4.02	4.15	4.27
	1.2	3.18	3.41	3.62	3.82	4.01	4.19	4.36	4.52	4.68	4.83	4.98	3.20	3.43	3.64	3.83	4.02	4.20	4.37	4.53	4.69	4.84	4.99
0.4	0.2	2.15	2.13	2.13	2.14	2.14	2.15	2.15	2.16	2.17	2.17	2.18	2.26	2.21	2.20	2.19	2.19	2.20	2.20	2.21	2.21	2.22	2.23
	0.4	2.36	2.24	2.26	2.29	2.32	2.35	2.38	2.41	2.44	2.47	2.50	2.36	2.33	2.33	2.35	2.38	2.40	2.43	2.46	2.49	2.51	2.54
	0.6	2.40	2.44	2.50	2.56	2.63	2.69	2.76	2.82	2.88	2.94	3.00	2.54	2.54	2.58	2.63	2.69	2.75	2.81	2.87	2.93	2.99	3.04
	0.8	2.66	2.74	2.84	2.95	3.05	3.15	3.25	3.35	3.44	3.53	3.62	2.79	2.83	2.91	3.01	3.10	3.20	3.30	3.39	3.48	3.57	3.66
	1.0	2.98	3.12	3.25	3.40	3.54	3.68	3.81	3.94	4.07	4.19	4.30	3.11	3.20	3.32	3.46	3.59	3.72	3.85	3.98	4.10	4.22	4.33
	1.2	3.35	3.53	3.71	3.90	4.08	4.25	4.41	4.57	4.73	4.87	5.02	3.47	3.60	3.77	3.95	4.12	4.29	4.45	4.60	4.75	4.90	5.04
0.6	0.2	2.57	2.42	2.37	2.34	2.33	2.32	2.32	2.32	2.32	2.32	2.33	2.93	2.68	2.57	2.52	2.49	2.47	2.46	2.45	2.45	2.45	2.45
	0.4	2.67	2.54	2.50	2.50	2.51	2.52	2.54	2.56	2.58	2.61	2.63	3.02	2.79	2.71	2.67	2.66	2.66	2.67	2.68	2.70	2.72	2.74
	0.6	2.83	2.74	2.73	2.76	2.80	2.85	2.90	2.96	3.01	3.06	3.12	3.17	2.98	2.93	2.93	2.95	2.98	3.02	3.07	3.11	3.16	3.21
	0.8	3.06	3.01	3.05	3.12	3.20	3.29	3.38	3.46	3.55	3.63	3.72	3.37	3.24	3.23	3.27	3.33	3.41	3.48	3.56	3.64	3.72	3.80
	1.0	3.34	3.35	3.44	3.56	3.68	3.80	3.92	4.04	4.15	4.27	4.38	3.64	3.56	3.60	3.69	3.79	3.90	4.01	4.12	4.23	4.34	4.45
	1.2	3.67	3.74	3.88	4.03	4.19	4.35	4.50	4.65	4.80	4.94	5.08	3.94	3.92	4.02	4.15	4.29	4.43	4.58	4.72	4.87	5.01	5.14
0.8	0.2	3.25	2.96	2.82	2.74	2.69	2.66	2.64	2.62	2.61	2.61	2.60	3.78	3.38	3.18	3.06	2.98	2.93	2.89	2.86	2.84	2.83	2.82
	0.4	3.33	3.05	2.93	2.87	2.84	2.83	2.83	2.83	2.84	2.85	2.87	3.85	3.47	3.28	3.18	3.12	3.09	3.07	3.06	3.06	3.06	3.06
	0.6	3.45	3.21	3.12	3.10	3.10	3.12	3.14	3.14	3.22	3.26	3.30	3.96	3.61	3.46	3.39	3.36	3.35	3.36	3.38	3.41	3.44	3.47
	0.8	3.63	3.44	3.39	3.41	3.45	3.51	3.57	3.64	3.71	3.79	3.86	4.12	3.82	3.70	3.67	3.70	3.72	3.76	3.82	3.88	3.94	4.01
	1.0	3.86	3.73	3.73	3.80	3.88	3.98	4.08	4.18	4.29	4.39	4.50	4.32	4.07	4.01	4.03	4.08	4.16	4.24	4.33	4.43	4.52	4.62
	1.2	4.13	4.07	4.13	4.24	4.36	4.50	4.64	4.78	4.91	5.05	5.18	4.57	4.38	4.38	4.44	4.54	4.66	4.78	4.90	5.03	5.16	5.29
1.0	0.2	4.00	3.60	3.39	3.26	3.18	3.13	3.08	3.05	3.03	3.01	3.00	4.68	4.15	3.86	3.69	3.57	3.49	3.43	3.38	3.35	3.32	3.30
	0.4	4.06	3.67	3.48	3.37	3.30	3.26	3.23	3.21	3.21	3.21	3.21	4.73	4.21	3.94	3.78	3.68	3.61	3.57	3.54	3.51	3.50	3.49
	0.6	4.15	3.79	3.63	3.54	3.50	3.48	3.49	3.50	3.51	3.54	3.57	4.82	4.33	4.08	3.95	3.87	3.83	3.80	3.80	3.80	3.81	3.83
	0.8	4.29	3.97	3.84	3.80	3.79	3.81	3.85	3.90	3.95	4.01	4.07	4.94	4.49	4.28	4.18	4.14	4.13	4.14	4.17	4.20	4.25	4.29
	1.0	4.48	4.21	4.13	4.13	4.17	4.23	4.31	4.39	4.48	4.57	4.66	5.10	4.70	4.53	4.48	4.48	4.51	4.56	4.62	4.70	4.77	4.85
	1.2	4.70	4.49	4.47	4.52	4.60	4.71	4.82	4.94	5.07	5.19	5.31	5.30	4.95	4.84	4.83	4.88	4.96	5.05	5.15	5.26	5.37	5.48
1.2	0.2	4.76	4.26	4.00	3.83	3.72	3.65	3.59	3.54	3.51	3.48	3.46	5.53	4.93	4.57	4.35	4.20	4.10	4.01	3.95	3.90	3.86	3.83
	0.4	4.81	4.32	4.07	3.91	3.82	3.75	3.70	3.67	3.65	3.63	3.62	5.57	4.98	4.64	4.43	4.29	4.19	4.12	4.07	4.03	4.01	3.98
	0.6	4.89	4.43	4.19	4.05	3.98	3.93	3.91	3.89	3.89	3.90	3.91	5.64	5.08	4.75	4.56	4.44	4.37	4.32	4.29	4.27	4.26	4.26
	0.8	5.00	4.57	4.36	4.26	4.21	4.20	4.21	4.23	4.26	4.30	4.34	5.74	5.21	4.91	4.75	4.66	4.61	4.59	4.59	4.60	4.62	4.65
	1.0	5.15	4.76	4.59	4.53	4.53	4.55	4.60	4.66	4.73	4.80	4.88	5.86	5.38	5.12	5.00	4.95	4.94	4.95	4.99	5.03	5.09	5.15
	1.2	5.34	5.00	4.88	4.87	4.91	4.98	5.07	5.17	5.27	5.38	5.49	6.02	5.59	5.38	5.31	5.30	5.33	5.39	5.46	5.54	5.63	5.73
1.4	0.2	5.53	4.94	4.62	4.42	4.29	4.19	4.12	4.06	4.02	3.98	3.95	6.49	5.72	5.30	5.03	4.85	4.72	4.62	4.54	4.48	4.43	4.38
	0.4	5.57	4.99	4.68	4.49	4.36	4.27	4.21	4.16	4.13	4.10	4.08	6.53	5.77	5.35	5.10	4.93	4.80	4.71	4.64	4.59	4.55	4.51
	0.6	5.64	5.07	4.78	4.60	4.49	4.42	4.38	4.35	4.33	4.32	4.32	6.63	5.85	5.45	5.21	5.05	4.95	4.87	4.82	4.78	4.76	4.74
	0.8	5.74	5.19	4.92	4.77	4.69	4.64	4.62	4.62	4.63	4.65	4.67	6.68	5.96	5.59	5.37	5.24	5.15	5.10	5.08	5.06	5.06	5.07
	1.0	5.86	5.35	5.12	5.00	4.95	4.94	4.96	4.99	5.03	5.09	5.15	6.79	6.10	5.76	5.58	5.48	5.43	5.41	5.41	5.44	5.47	5.51
	1.2	6.02	5.55	5.36	5.29	5.28	5.31	5.37	5.44	5.52	5.61	5.71	6.93	6.28	5.98	5.84	5.78	5.76	5.79	5.83	5.89	5.95	6.03

注：表中的计算长度系数 μ_3 值按下式计算得出：

$$\frac{\eta_1 K_1}{\eta_2 K_2}\cdot\frac{\pi\eta_1}{\mu_3}\cdot\operatorname{tg}\frac{\pi\eta_1}{\mu_3}+\eta_1 K_1\cdot\operatorname{tg}\frac{\pi\eta_2}{\mu_3}+\eta_2 K_2\cdot\operatorname{tg}\frac{\pi}{\mu_3}-1=0$$

E.0.6 柱顶可移动但不转动的双阶柱下段的计算长度系数 μ_3 应按表 E.0.6 取值。

表 E.0.6 柱顶可移动但不转动的双阶柱下段的计算长度系数 μ_3

简图与参数：

$$K_1 = \frac{I_1}{I_3}\cdot\frac{H_3}{H_1} \qquad K_2 = \frac{I_2}{I_3}\cdot\frac{H_3}{H_2}$$

$$\eta_1 = \frac{H_1}{H_3}\sqrt{\frac{N_1}{N_3}\cdot\frac{I_3}{I_1}} \qquad \eta_2 = \frac{H_2}{H_3}\sqrt{\frac{N_2}{N_3}\cdot\frac{I_3}{I_2}}$$

N_1——上段柱的轴心力；
N_2——中段柱的轴心力；
N_3——下段柱的轴心力。

$K_1 = 0.10$（上方各列为 K_2 值）

η_1	η_2	K_2=1.2	1.1	1.0	0.9	0.8	0.7	0.6	0.5	0.4	0.3	0.2
0.2	0.2	2.02	2.01	2.00	2.00	1.99	1.98	1.98	1.97	1.97	1.96	1.96
	0.4	2.29	2.26	2.23	2.20	2.17	2.14	2.11	2.08	2.05	2.02	2.00
	0.6	2.75	2.69	2.64	2.56	2.50	2.43	2.36	2.29	2.22	2.14	2.07
	0.8	3.33	3.24	3.14	3.05	2.94	2.84	2.73	2.61	2.48	2.35	2.20
	1.0	3.97	3.85	3.72	3.59	3.46	3.32	3.17	3.01	2.83	2.64	2.41
	1.2	4.64	4.49	4.34	4.18	4.01	3.84	3.65	3.45	3.23	2.99	2.70
0.4	0.2	2.03	2.02	2.01	2.00	2.00	1.99	1.98	1.98	1.97	1.97	1.96
	0.4	2.30	2.27	2.24	2.21	2.18	2.15	2.12	2.09	2.06	2.03	2.00
	0.6	2.76	2.70	2.64	2.57	2.51	2.44	2.37	2.30	2.23	2.15	2.08
	0.8	3.34	3.24	3.15	3.05	2.95	2.85	2.73	2.62	2.49	2.36	2.21
	1.0	3.97	3.85	3.73	3.60	3.47	3.33	3.18	3.02	2.84	2.65	2.43
	1.2	4.64	4.49	4.34	4.19	4.02	3.85	3.66	3.46	3.24	3.00	2.71
0.6	0.2	2.04	2.03	2.02	2.02	2.01	2.00	2.00	1.99	1.98	1.98	1.97
	0.4	2.32	2.29	2.26	2.23	2.19	2.16	2.13	2.10	2.07	2.04	2.01
	0.6	2.77	2.71	2.65	2.59	2.52	2.46	2.39	2.32	2.24	2.17	2.09
	0.8	3.35	3.26	3.16	3.07	2.97	2.86	2.75	2.64	2.51	2.38	2.23
	1.0	3.98	3.86	3.74	3.61	3.48	3.34	3.19	3.03	2.86	2.68	2.45
	1.2	4.65	4.50	4.35	4.20	4.03	3.86	3.67	3.48	3.26	3.02	2.74
0.8	0.2	2.06	2.05	2.04	2.04	2.03	2.02	2.01	2.01	2.00	1.99	1.99
	0.4	2.34	2.31	2.28	2.25	2.22	2.19	2.16	2.12	2.09	2.06	2.03
	0.6	2.79	2.73	2.67	2.61	2.55	2.48	2.41	2.34	2.27	2.19	2.12
	0.8	3.37	3.28	3.18	3.09	2.99	2.89	2.78	2.66	2.54	2.41	2.27
	1.0	4.00	3.88	3.76	3.63	3.50	3.36	3.21	3.06	2.89	2.70	2.49
	1.2	4.66	4.52	4.37	4.21	4.05	3.88	3.69	3.50	3.29	3.05	2.78
1.0	0.2	2.09	2.07	2.07	2.05	2.06	2.05	2.05	2.04	2.03	2.02	2.01
	0.4	2.37	2.34	2.31	2.28	2.25	2.22	2.19	2.16	2.13	2.10	2.07
	0.6	2.82	2.76	2.70	2.64	2.58	2.51	2.45	2.38	2.31	2.24	2.16
	0.8	3.39	3.30	3.21	3.12	3.02	2.92	2.81	2.70	2.58	2.46	2.32
	1.0	4.02	3.90	3.78	3.66	3.53	3.39	3.25	3.09	2.93	2.75	2.55
	1.2	4.68	4.54	4.39	4.26	4.10	3.93	3.76	3.57	3.37	3.16	2.92
1.2	0.2	2.13	2.11	2.10	2.09	2.09	2.08	2.07	2.06	2.06	2.05	2.04
	0.4	2.41	2.38	2.35	2.33	2.30	2.27	2.24	2.21	2.18	2.16	2.13
	0.6	2.86	2.80	2.74	2.68	2.63	2.56	2.50	2.43	2.37	2.30	2.24
	0.8	3.42	3.33	3.24	3.15	3.06	2.96	2.90	2.75	2.64	2.52	2.41
	1.0	4.04	3.93	3.81	3.69	3.56	3.43	3.36	3.14	2.98	2.82	2.64
	1.2	4.70	4.56	4.41	4.26	4.10	3.97	3.76	3.57	3.37	3.16	2.92
1.4	0.2	2.20	2.20	2.19	2.19	2.18	2.18	2.17	2.17	2.17	2.18	2.20
	0.4	2.47	2.44	2.42	2.39	2.37	2.34	2.32	2.29	2.27	2.26	2.26
	0.6	2.91	2.85	2.80	2.74	2.68	2.63	2.57	2.51	2.46	2.40	2.37
	0.8	3.46	3.37	3.29	3.22	3.11	3.01	2.93	2.82	2.75	2.60	2.53
	1.0	4.07	3.96	3.84	3.72	3.60	3.47	3.34	3.20	3.05	2.90	2.75
	1.2	4.73	4.59	4.44	4.29	4.13	3.97	3.80	3.62	3.43	3.23	3.02

$K_1 = 0.05$（上方各列为 K_2 值）

η_1	η_2	K_2=1.2	1.1	1.0	0.9	0.8	0.7	0.6	0.5	0.4	0.3	0.2
0.2	0.2	2.06	2.05	2.04	2.03	2.02	2.02	2.01	2.00	2.00	1.99	1.99
	0.4	2.35	2.32	2.29	2.25	2.22	2.19	2.16	2.12	2.09	2.06	2.03
	0.6	2.83	2.77	2.71	2.64	2.57	2.50	2.43	2.36	2.28	2.20	2.12
	0.8	3.43	3.34	3.25	3.15	3.04	2.94	2.82	2.70	2.57	2.43	2.28
	1.0	4.10	3.98	3.85	3.72	3.59	3.44	3.31	3.13	2.96	2.76	2.53
	1.2	4.79	4.64	4.49	4.33	4.16	3.99	3.80	3.61	3.39	3.15	2.86
0.4	0.2	2.06	2.05	2.04	2.04	2.03	2.02	2.01	2.01	2.00	1.99	1.99
	0.4	2.35	2.32	2.29	2.26	2.23	2.19	2.16	2.13	2.09	2.06	2.03
	0.6	2.84	2.77	2.71	2.64	2.58	2.51	2.44	2.36	2.28	2.20	2.12
	0.8	3.44	3.35	3.26	3.15	3.05	2.94	2.83	2.71	2.58	2.44	2.30
	1.0	4.10	3.98	3.85	3.72	3.59	3.45	3.30	3.14	2.96	2.77	2.54
	1.2	4.79	4.65	4.49	4.33	4.17	3.99	3.81	3.62	3.40	3.15	2.87
0.6	0.2	2.07	2.06	2.05	2.04	2.04	2.03	2.02	2.01	2.00	2.01	1.99
	0.4	2.36	2.33	2.30	2.27	2.23	2.20	2.17	2.14	2.10	2.08	2.05
	0.6	2.84	2.78	2.72	2.65	2.59	2.52	2.45	2.37	2.29	2.23	2.15
	0.8	3.44	3.35	3.27	3.16	3.06	2.95	2.84	2.72	2.59	2.47	2.32
	1.0	4.11	3.99	3.86	3.73	3.60	3.46	3.32	3.15	2.97	2.80	2.56
	1.2	4.80	4.65	4.50	4.34	4.17	4.00	3.82	3.63	3.41	3.19	2.89
0.8	0.2	2.08	2.07	2.06	2.05	2.05	2.04	2.03	2.02	2.02	2.01	2.00
	0.4	2.37	2.34	2.31	2.28	2.25	2.21	2.18	2.15	2.12	2.08	2.05
	0.6	2.85	2.79	2.73	2.67	2.60	2.53	2.46	2.39	2.31	2.23	2.15
	0.8	3.45	3.36	3.27	3.17	3.07	2.96	2.85	2.73	2.61	2.47	2.32
	1.0	4.11	3.99	3.87	3.74	3.61	3.47	3.32	3.16	2.99	2.80	2.59
	1.2	4.81	4.66	4.51	4.35	4.18	4.01	3.83	3.65	3.42	3.21	2.92
1.0	0.2	2.09	2.09	2.08	2.07	2.06	2.05	2.05	2.04	2.03	2.02	2.01
	0.4	2.39	2.36	2.33	2.30	2.26	2.23	2.20	2.17	2.14	2.10	2.07
	0.6	2.87	2.81	2.75	2.68	2.62	2.55	2.48	2.41	2.33	2.26	2.16
	0.8	3.47	3.38	3.28	3.19	3.08	2.98	2.87	2.76	2.63	2.50	2.32
	1.0	4.12	4.01	3.88	3.75	3.62	3.48	3.34	3.18	3.01	2.83	2.55
	1.2	4.81	4.67	4.52	4.36	4.20	4.02	3.82	3.65	3.44	3.21	2.84
1.2	0.2	2.12	2.11	2.10	2.09	2.09	2.08	2.07	2.06	2.06	2.05	2.04
	0.4	2.41	2.38	2.35	2.32	2.29	2.26	2.23	2.20	2.17	2.13	2.10
	0.6	2.89	2.83	2.77	2.71	2.64	2.58	2.51	2.44	2.37	2.29	2.22
	0.8	3.48	3.39	3.30	3.20	3.11	3.00	2.90	2.78	2.67	2.54	2.41
	1.0	4.14	4.02	3.90	3.77	3.64	3.50	3.36	3.21	3.04	2.87	2.68
	1.2	4.83	4.68	4.55	4.37	4.21	4.04	3.89	3.67	3.47	3.25	3.00
1.4	0.2	2.15	2.15	2.14	2.14	2.13	2.12	2.11	2.11	2.10	2.10	2.10
	0.4	2.44	2.41	2.39	2.36	2.33	2.30	2.27	2.24	2.21	2.19	2.17
	0.6	2.91	2.86	2.80	2.74	2.67	2.61	2.55	2.48	2.41	2.35	2.29
	0.8	3.50	3.41	3.32	3.23	3.14	3.03	2.93	2.82	2.71	2.60	2.48
	1.0	4.15	4.04	3.92	3.79	3.66	3.53	3.39	3.24	3.08	2.92	2.74
	1.2	4.84	4.70	4.55	4.39	4.23	4.06	3.89	3.70	3.50	3.29	3.06

简图：

$K_1 = \dfrac{I_1}{I_3} \cdot \dfrac{H_3}{H_1}$

$K_2 = \dfrac{I_2}{I_3} \cdot \dfrac{H_3}{H_2}$

$\eta_1 = \dfrac{H_1}{H_3}\sqrt{\dfrac{N_1}{N_3} \cdot \dfrac{I_3}{I_1}}$

$\eta_2 = \dfrac{H_2}{H_3}\sqrt{\dfrac{N_2}{N_3} \cdot \dfrac{I_3}{I_2}}$

N_1——上段柱的轴心力；
N_2——中段柱的轴心力；
N_3——下段柱的轴心力。

η₂ = 0.30

η₁	K₂\η₂	1.2	1.1	1.0	0.9	0.8	0.7	0.6	0.5	0.4	0.3	0.2
0.2	0.2	1.91	1.90	1.90	1.90	1.90	1.89	1.89	1.89	1.90	1.91	1.92
	0.4	2.13	2.11	2.08	2.06	2.04	2.01	1.99	1.97	1.96	1.95	1.95
	0.6	2.52	2.46	2.41	2.35	2.29	2.24	2.18	2.13	2.08	2.03	1.99
	0.8	3.01	2.93	2.84	2.75	2.66	2.57	2.47	2.37	2.27	2.16	2.07
	1.0	3.57	3.46	3.35	3.23	3.10	2.97	2.83	2.69	2.53	2.37	2.20
	1.2	4.17	4.03	3.89	3.74	3.58	3.42	3.24	3.05	2.85	2.63	2.39
0.4	0.2	1.92	1.92	1.92	1.91	1.91	1.91	1.90	1.90	1.91	1.91	1.92
	0.4	2.15	2.12	2.10	2.08	2.08	2.03	2.01	1.99	1.97	1.96	1.95
	0.6	2.53	2.48	2.42	2.37	2.31	2.26	2.20	2.14	2.09	2.04	2.00
	0.8	3.03	2.95	2.86	2.77	2.68	2.59	2.49	2.39	2.28	2.18	2.08
	1.0	3.59	3.48	3.36	3.24	3.12	2.99	2.85	2.71	2.55	2.39	2.22
	1.2	4.18	4.04	3.90	3.75	3.60	3.43	3.26	3.07	2.87	2.65	2.41
0.6	0.2	1.95	1.95	1.94	1.94	1.93	1.93	1.93	1.92	1.92	1.93	1.93
	0.4	2.18	2.16	2.13	2.11	2.08	2.06	2.03	2.01	1.99	1.97	1.96
	0.6	2.57	2.51	2.46	2.40	2.35	2.29	2.23	2.17	2.12	2.06	2.02
	0.8	3.06	2.98	2.89	2.80	2.71	2.62	2.52	2.42	2.32	2.21	2.11
	1.0	3.61	3.50	3.39	3.27	3.15	3.02	2.88	2.74	2.59	2.42	2.25
	1.2	4.20	4.07	3.93	3.78	3.62	3.46	3.29	3.11	2.91	2.69	2.44
0.8	0.2	2.00	1.99	1.99	1.98	1.98	1.97	1.97	1.96	1.96	1.95	1.96
	0.4	2.23	2.21	2.18	2.15	2.13	2.10	2.08	2.05	2.03	2.01	1.99
	0.6	2.62	2.56	2.51	2.45	2.40	2.34	2.28	2.22	2.16	2.10	2.05
	0.8	3.10	3.02	2.92	2.85	2.76	2.67	2.57	2.47	2.37	2.26	2.15
	1.0	3.65	3.54	3.43	3.31	3.19	3.07	2.93	2.79	2.64	2.48	2.30
	1.2	4.23	4.10	3.96	3.81	3.66	3.50	3.33	3.15	2.96	2.74	2.50
1.0	0.2	2.07	2.07	2.06	2.06	2.05	2.04	2.04	2.03	2.02	2.02	2.01
	0.4	2.31	2.28	2.26	2.23	2.21	2.18	2.16	2.14	2.11	2.09	2.06
	0.6	2.68	2.63	2.58	2.53	2.47	2.42	2.36	2.30	2.25	2.19	2.14
	0.8	3.16	3.08	3.00	2.92	2.83	2.74	2.65	2.55	2.45	2.35	2.24
	1.0	3.70	3.59	3.48	3.37	3.25	3.13	3.00	2.86	2.72	2.57	2.40
	1.2	4.28	4.14	4.01	3.86	3.71	3.56	3.39	3.22	3.03	2.83	2.60
1.2	0.2	2.19	2.18	2.18	2.17	2.17	2.16	2.16	2.16	2.16	2.16	2.17
	0.4	2.41	2.39	2.36	2.34	2.32	2.30	2.28	2.26	2.24	2.22	2.22
	0.6	2.77	2.72	2.67	2.62	2.58	2.53	2.49	2.44	2.56	2.54	2.55
	0.8	3.23	3.16	3.08	3.00	2.92	2.84	2.75	2.67	2.56	2.49	2.41
	1.0	3.84	3.74	3.64	3.53	3.43	3.32	3.20	3.09	2.98	2.87	2.77
	1.2	4.39	4.26	4.13	4.00	3.86	3.72	3.57	3.41	3.26	3.09	2.94
1.4	0.2	2.34	2.34	2.34	2.34	2.34	2.34	2.35	2.35	2.37	2.40	2.45
	0.4	2.55	2.53	2.51	2.49	2.48	2.46	2.45	2.44	2.44	2.47	2.48
	0.6	2.88	2.84	2.80	2.75	2.71	2.67	2.63	2.60	2.56	2.54	2.55
	0.8	3.33	3.25	3.18	3.11	3.04	2.96	2.89	2.81	2.74	2.68	2.64
	1.0	3.84	3.74	3.64	3.53	3.43	3.32	3.20	3.11	2.98	2.87	2.77
	1.2	4.39	4.26	4.13	4.00	3.86	3.72	3.57	3.41	3.26	3.09	2.94

η₂ = 0.20

η₁	K₂\η₂	1.2	1.1	1.0	0.9	0.8	0.7	0.6	0.5	0.4	0.3	0.2
0.2	0.2	1.96	1.95	1.95	1.94	1.94	1.93	1.93	1.93	1.93	1.93	1.94
	0.4	2.20	2.17	2.15	2.12	2.09	2.07	2.04	2.02	1.99	1.98	1.96
	0.6	2.62	2.56	2.50	2.44	2.38	2.32	2.26	2.19	2.13	2.07	2.02
	0.8	3.15	3.07	2.98	2.88	2.78	2.68	2.58	2.47	2.35	2.23	2.12
	1.0	3.75	3.63	3.51	3.39	3.26	3.12	2.97	2.82	2.65	2.47	2.28
	1.2	4.38	4.23	4.09	3.93	3.77	3.60	3.42	3.22	3.01	2.77	2.50
0.4	0.2	1.97	1.96	1.96	1.95	1.95	1.94	1.94	1.93	1.93	1.93	1.93
	0.4	2.22	2.19	2.16	2.13	2.11	2.08	2.05	2.03	2.00	1.98	1.97
	0.6	2.63	2.58	2.52	2.46	2.40	2.33	2.27	2.21	2.14	2.08	2.03
	0.8	3.17	3.08	2.99	2.90	2.80	2.70	2.59	2.48	2.37	2.25	2.14
	1.0	3.76	3.64	3.53	3.40	3.27	3.13	2.98	2.83	2.66	2.48	2.29
	1.2	4.39	4.23	4.09	3.94	3.78	3.61	3.43	3.23	3.01	2.77	2.50
0.6	0.2	1.99	1.99	1.98	1.98	1.97	1.96	1.96	1.95	1.95	1.95	1.95
	0.4	2.24	2.21	2.19	2.16	2.14	2.11	2.08	2.05	2.02	2.00	1.98
	0.6	2.66	2.60	2.54	2.48	2.42	2.36	2.30	2.23	2.17	2.11	2.05
	0.8	3.22	3.13	3.05	2.96	2.86	2.76	2.66	2.55	2.44	2.32	2.21
	1.0	3.81	3.69	3.57	3.45	3.31	3.18	3.05	2.89	2.73	2.54	2.35
	1.2	4.42	4.29	4.14	3.99	3.83	3.66	3.49	3.29	3.07	2.81	2.53
0.8	0.2	2.03	2.02	2.01	2.01	2.00	1.99	1.99	1.98	1.98	1.97	1.97
	0.4	2.28	2.25	2.22	2.20	2.17	2.14	2.11	2.08	2.06	2.03	2.00
	0.6	2.69	2.64	2.58	2.52	2.46	2.40	2.34	2.27	2.21	2.14	2.08
	0.8	3.22	3.13	3.09	3.00	2.91	2.81	2.72	2.60	2.49	2.37	2.24
	1.0	3.84	3.73	3.61	3.50	3.37	3.24	3.10	2.96	2.81	2.62	2.40
	1.2	4.46	4.32	4.17	4.02	3.87	3.71	3.53	3.35	3.15	2.86	2.60
1.0	0.2	2.08	2.07	2.07	2.06	2.05	2.05	2.04	2.03	2.02	2.02	2.01
	0.4	2.33	2.31	2.28	2.25	2.23	2.20	2.17	2.14	2.11	2.09	2.06
	0.6	2.74	2.70	2.63	2.58	2.52	2.46	2.40	2.34	2.27	2.21	2.14
	0.8	3.26	3.15	3.09	3.00	2.98	2.89	2.72	2.60	2.49	2.37	2.27
	1.0	3.92	3.78	3.66	3.55	3.43	3.30	3.17	3.04	2.89	2.74	2.56
	1.2	4.49	4.36	4.22	4.07	3.92	3.76	3.59	3.42	3.23	2.94	2.60
1.2	0.2	2.16	2.16	2.15	2.15	2.14	2.14	2.13	2.13	2.12	2.12	2.13
	0.4	2.41	2.38	2.36	2.34	2.31	2.29	2.26	2.24	2.22	2.22	2.23
	0.6	2.81	2.76	2.70	2.65	2.60	2.54	2.49	2.43	2.37	2.32	2.41
	0.8	3.32	3.23	3.15	3.07	2.98	2.89	2.80	2.70	2.60	2.50	2.56
	1.0	3.89	3.78	3.66	3.55	3.43	3.30	3.17	3.04	2.89	2.74	2.74
	1.2	4.49	4.36	4.22	4.07	3.92	3.76	3.59	3.42	3.23	3.01	2.74
1.4	0.2	2.28	2.28	2.27	2.27	2.27	2.27	2.27	2.28	2.29	2.31	2.35
	0.4	2.51	2.49	2.47	2.45	2.43	2.41	2.39	2.38	2.37	2.37	2.40
	0.6	2.89	2.85	2.80	2.75	2.70	2.65	2.61	2.56	2.52	2.49	2.55
	0.8	3.38	3.31	3.23	3.15	3.07	2.98	2.90	2.82	2.73	2.66	2.60
	1.0	3.94	3.84	3.73	3.62	3.50	3.38	3.26	3.14	3.01	2.87	2.77
	1.2	4.54	4.41	4.27	4.13	3.98	3.83	3.67	3.50	3.33	3.15	2.97

注：表中的计算长度系数 μ_3 值系按下式计算得出：

$$\frac{\eta_1 K_1}{\eta_2 K_2} \cdot \frac{\pi\eta_1}{\mu_3} \cdot \mathrm{ctg}\frac{\pi\eta_1}{\mu_3} \cdot \frac{\pi\eta_2}{\mu_3} \cdot \mathrm{ctg}\frac{\pi\eta_2}{\mu_3} + \frac{\eta_1 K_1}{\eta_2 K_2} \cdot \frac{\pi\eta_2}{\mu_3} \cdot \mathrm{ctg}\frac{\pi\eta_2}{\mu_3} + \frac{1}{(\eta_2 K_2)^2} \cdot \frac{\pi}{\mu_3} \cdot \mathrm{ctg}\frac{\pi}{\mu_3} \cdot \frac{\pi}{\mu_3} \cdot \mathrm{ctg}\frac{\pi}{\mu_3} - 1 = 0$$

附录 F 加劲钢板剪力墙的弹性屈曲临界应力

F.1 仅设置竖向加劲的钢板剪力墙

F.1.1 仅设置竖向加劲的钢板剪力墙，其弹性剪切屈曲临界应力 τ_{cr} 计算应符合下列规定：

1 参数 η_y、η_{rth} 应按下列公式计算：

$$\eta_y = \frac{EI_{sy}}{Da_1} \qquad \text{(F.1.1-1)}$$

$$\eta_{rth} = 6\eta_k(7\beta^2 - 5) \geqslant 10 \qquad \text{(F.1.1-2)}$$

$$\eta_k = 0.42 + \frac{0.58}{[1 + 5.42(I_{t,sy}/I_{sy})^{2.6}]^{0.77}} \qquad \text{(F.1.1-3)}$$

$$0.8 \leqslant \beta = \frac{H_n}{a_1} \leqslant 5 \qquad \text{(F.1.1-4)}$$

式中：E——加劲肋的弹性模量（N/mm²）；

I_{sy}——竖向加劲肋的惯性矩（mm⁴），可考虑加劲肋与钢板剪力墙有效宽度组合截面，单侧钢板剪力墙的有效宽度取 15 倍的钢板厚度；

D——单位宽度的弯曲刚度（N·mm），根据本标准式（9.2.4-3）计算；

a_1——剪力墙板区格宽度（mm）；

H_n——钢板剪力墙的净高度（mm）；

$I_{t,sy}$——竖向加劲肋自由扭转常数（mm⁴）。

2 当 $\eta_y \geqslant \eta_{rth}$ 时，弹性剪切屈曲临界应力 τ_{cr} 应按下列公式计算：

$$\tau_{cr} = \tau_{crp} = k_{\tau p} \frac{\pi^2 D}{a_1^2 t_w} \qquad \text{(F.1.1-5)}$$

当 $\frac{H_n}{a_1} \geqslant 1$ 时：

$$k_{\tau p} = \chi\left[5.34 + \frac{4}{(H_n/a_1)^2}\right] \qquad \text{(F.1.1-6)}$$

当 $\frac{H_n}{a_1} < 1$ 时：

$$k_{\tau p} = \chi\left[4 + \frac{5.34}{(H_n/a_1)^2}\right] \qquad \text{(F.1.1-7)}$$

式中：t_w——剪力墙板的厚度（mm）；

χ——采用闭口加劲肋时取 1.23，开口加劲肋时取 1.0。

3 当 $\eta_y < \eta_{rth}$ 时，弹性剪切屈曲临界应力 τ_{cr} 应按下列公式计算：

$$\tau_{cr} = k_{ss} \frac{\pi^2 D}{a_1^2 t_w} \qquad \text{(F.1.1-8)}$$

$$k_{ss} = k_{ss0}\left(\frac{a_1}{L_n}\right)^2 + \left[k_{\tau p} - k_{ss0}\left(\frac{a_1}{L_n}\right)^2\right]\left(\frac{n_y}{\eta_{rth}}\right)^{0.6} \qquad \text{(F.1.1-9)}$$

当 $\frac{H_n}{L_n} \geqslant 1$ 时：

$$k_{ss0} = 6.5 + \frac{5}{(H_n/L_n)^2} \qquad \text{(F.1.1-10)}$$

当 $\frac{H_n}{L_n} < 1$ 时：

$$k_{ss0} = 5 + \frac{6.5}{(H_n/L_n)^2} \qquad \text{(F.1.1-11)}$$

式中：L_n——钢板剪力墙的净宽度（mm）。

F.1.2 仅设置竖向加劲肋的钢板剪力墙，其竖向受压弹性屈曲临界应力 σ_{cr} 的计算应符合下列规定：

1 参数 $\eta_{\sigma th}$ 应按下列公式计算：

$$\eta_{\sigma th} = 1.5\left(1 + \frac{1}{n_v}\right)\left[k_{pan}(n_v + 1)^2 - k_{\sigma 0}\right]\left(\frac{H_n}{L_n}\right)^2 \qquad \text{(F.1.2-1)}$$

$$k_{\sigma 0} = \chi\left(\frac{L_n}{H_n} + \frac{H_n}{L_n}\right)^2 \qquad \text{(F.1.2-2)}$$

式中：k_{pan}——小区格竖向受压屈曲系数，可以取 $k_{pan} = 4\chi$，χ 是嵌固系数，闭口加劲肋时取 1.23，开口加劲肋时取 1；

n_v——竖向加劲肋的道数。

2 竖向受压弹性屈曲临界应力 σ_{cr} 应按下列公式计算：

当 $\eta_y \geqslant \eta_{\sigma th}$ 时：

$$\sigma_{cr} = \sigma_{crp} = k_{pan} \frac{\pi^2 D}{a_1^2 t_w} \qquad \text{(F.1.2-3)}$$

当 $\eta_y < \eta_{\sigma th}$ 时：

$$\sigma_{cr} = \sigma_{cr0} + (\sigma_{crp} - \sigma_{cr0})\frac{\eta_y}{\eta_{\sigma th}} \qquad \text{(F.1.2-4)}$$

$$\sigma_{cr0} = \frac{\pi^2 k_{\sigma 0} D}{L_n^2 t_w} \qquad \text{(F.1.2-5)}$$

式中：$k_{\sigma 0}$——参数，按本标准式（F.1.2-2）计算。

F.1.3 仅设置竖向加劲肋的钢板剪力墙，其竖向抗弯弹性屈曲临界应力 σ_{bcr} 应按下列公式计算：

当 $\eta_y \geqslant \eta_{\sigma th}$ 时：

$$\sigma_{bcr} = \sigma_{bcrp} = k_{bpan} \frac{\pi^2 D}{a_1^2 t_w} \qquad \text{(F.1.3-1)}$$

$$k_{bpan} = 4 + 2\beta_\sigma + 2\beta_\sigma^3 \qquad \text{(F.1.3-2)}$$

当 $\eta_y < \eta_{\sigma th}$ 时：

$$\sigma_{bcr} = \sigma_{bcr0} + (\sigma_{bcrp} - \sigma_{bcr0})\frac{\eta_y}{\eta_{\sigma th}} \qquad \text{(F.1.3-3)}$$

$$\sigma_{bcr0} = \frac{\pi^2 k_{b0} D}{L_n^2 t_w} \qquad \text{(F.1.3-4)}$$

$$k_{b0} = 14 + 11\left(\frac{H_n}{L_n}\right)^2 + 2.2\left(\frac{L_n}{H_n}\right)^2 \qquad \text{(F.1.3-5)}$$

式中：k_{bpan}——小区格竖向不均匀受压屈曲系数；

β_σ——区格两边的应力差除以较大的压应力。

F.2 设置水平加劲的钢板剪力墙

F.2.1 仅设置水平加劲的钢板剪力墙，其弹性剪切屈曲临界应力 τ_{cr} 计算应符合下列规定：

1 参数 η_x、$\eta_{\tau th,h}$ 应按下列公式计算：

$$\eta_x = \frac{EI_{sx}}{Dh_1} \quad (F.2.1\text{-}1)$$

$$\eta_{\tau th,h} = 6\eta_h(7\beta_h^2 - 4) \geqslant 5 \quad (F.2.1\text{-}2)$$

$$\eta_h = 0.42 + \frac{0.58}{[1 + 5.42(I_{t,sx}/I_{sx})^{2.6}]^{0.77}} \quad (F.2.1\text{-}3)$$

$$0.8 \leqslant \beta_h = \frac{L_n}{h_1} \leqslant 5 \quad (F.2.1\text{-}4)$$

式中：I_{sx}——水平方向加劲肋的惯性矩（mm^4），可考虑加劲肋与钢板剪力墙有效宽度组合截面，单侧钢板剪力墙的有效宽度取 15 倍的钢板厚度；

h_1——剪力墙板区格高度（mm）；

$I_{t,sx}$——水平加劲肋自由扭转常数（mm^4）。

2 当 $\eta_x \geqslant \eta_{\tau th,h}$ 时，弹性剪切屈曲临界应力 τ_{cr} 应按下列公式计算：

$$\tau_{cr} = \tau_{crp} = k_{\tau p} \frac{\pi^2 D}{L_n^2 t_w} \quad (F.2.1\text{-}5)$$

当 $\frac{h_1}{L_n} \geqslant 1$ 时：

$$k_{\tau p} = \chi\left[5.34 + \frac{4}{(h_1/L_n)^2}\right] \quad (F.2.1\text{-}6)$$

当 $\frac{h_1}{L_n} < 1$ 时：

$$k_{\tau p} = \chi\left[4 + \frac{5.34}{(h_1/L_n)^2}\right] \quad (F.2.1\text{-}7)$$

3 当 $\eta_x < \eta_{\tau th,h}$ 时，弹性剪切屈曲临界应力 τ_{cr} 应按下列公式计算：

$$\tau_{cr} = k_{ss} \frac{\pi^2 D}{L_n^2 t_w} \quad (F.2.1\text{-}8)$$

$$k_{ss} = k_{ss0} + [k_{\tau p} - k_{ss0}]\left(\frac{\eta_x}{\eta_{\tau th,h}}\right)^{0.6} \quad (F.2.1\text{-}9)$$

式中：k_{ss0}——参数，根据本标准式（F.1.1-10）、式（F.1.1-11）计算。

F.2.2 仅设置水平加劲肋的钢板剪力墙，其竖向受压弹性屈曲临界应力 σ_{cr} 的计算应符合下列规定：

1 参数 η_{x0} 应按下式计算：

$$\eta_{x0} = 0.3\left(1 + \cos\frac{\pi}{n_h + 1}\right)\left[1 + \left(\frac{L_n}{h_1}\right)^2\right]^2 \quad (F.2.2\text{-}1)$$

式中：n_h——水平加劲肋的道数。

2 竖向受压弹性屈曲临界应力 σ_{cr} 应按下列公式计算：

当 $\eta_x \geqslant \eta_{x0}$ 时

$$\sigma_{cr} = \sigma_{crp} = k_{pan} \frac{\pi^2 D}{L_n^2 t_w} \quad (F.2.2\text{-}2)$$

$$k_{pan} = \left(\frac{L_n}{h_1} + \frac{h_1}{L_n}\right)^2 \quad (F.2.2\text{-}3)$$

当 $\eta_x < \eta_{x0}$ 时：

$$\sigma_{cr} = \sigma_{cr0} + (\sigma_{crp} - \sigma_{cr0})\left(\frac{\eta_y}{\eta_{\text{eth}}}\right)^{0.6} \quad (F.2.2\text{-}4)$$

式中：σ_{cr0}——未加劲钢板剪力墙的竖向弯曲屈曲应力（N/mm^2），按本标准式（F.1.2-5）计算。

F.2.3 仅设置水平加劲肋的钢板剪力墙，其竖向抗弯弹性屈曲临界应力 σ_{bcr} 应按下列公式计算：

当 $\eta_x \geqslant \eta_{x0}$ 时：

$$\sigma_{bcr} = \sigma_{bcrp} = k_{bpan} \frac{\pi^2 D}{L_n^2 t_w} \quad (F.2.3\text{-}1)$$

$$k_{bpan} = 14 + 11\left(\frac{h_1}{L_n}\right)^2 + 2.2\left(\frac{L_n}{h_1}\right)^2 \quad (F.2.3\text{-}2)$$

当 $\eta_x < \eta_{x0}$ 时：

$$\sigma_{bcr} = \sigma_{bcr0} + (\sigma_{bcrp} - \sigma_{bcr0})\left(\frac{\eta_y}{\eta_{\sigma th}}\right)^{0.6} \quad (F.2.3\text{-}3)$$

式中：σ_{bcr0}——未加劲钢板剪力墙的竖向弯曲屈曲应力（N/mm^2），按本标准式（F.1.3-4）计算。

F.3 同时设置水平和竖向加劲肋的钢板剪力墙

F.3.1 同时设置水平和竖向加劲肋的钢板剪力墙（图 F.3.1），其弹性剪切屈曲临界应力 τ_{cr} 的计算应符合下列规定：

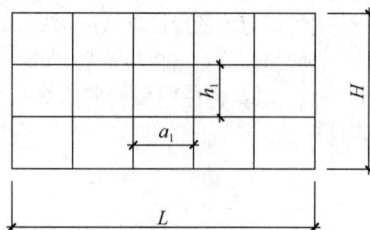

图 F.3.1 带加劲肋的钢板剪力墙

1 当加劲肋的刚度满足本标准第 9.2.4 条的要求时，其弹性剪切屈曲临界应力 τ_{cr} 应按下列公式计算：

$$\tau_{cr} = \tau_{crp} = k_{ss}^1 \frac{\pi^2 D}{a_1^2 t_w} \quad (F.3.1\text{-}1)$$

当 $\frac{h_1}{a_1} \geqslant 1$ 时

$$k_{ss}^1 = 6.5 + \frac{5}{(h_1/a_1)^2} \quad (F.3.1\text{-}2)$$

当 $\frac{h_1}{a_1} < 1$ 时

$$k_{ss}^1 = 5 + \frac{6.5}{(a_1/h_1)^2} \quad (F.3.1\text{-}3)$$

2 当加劲肋的刚度不满足本标准第 9.2.4 条的要求时，其弹性剪切屈曲临界应力 τ_{cr} 应按下列公式计算：

$$\tau_{cr} = \tau_{cr0} + (\tau_{crp} - \tau_{cr0})\left(\frac{\eta_{av}}{33}\right)^{0.7} \leqslant \tau_{crp} \tag{F.3.1-4}$$

$$\tau_{cr0} = k_{ss0}\frac{\pi^2 D}{L_n^2 t_w} \tag{F.3.1-5}$$

$$\eta_{av} = \sqrt{0.66\frac{EI_{sx}}{Da_1} \cdot \frac{EI_{sy}}{Dh_1}} \tag{F.3.1-6}$$

式中：τ_{crp}——小区格的剪切屈曲临界应力（N/mm²）；

τ_{cr0}——未加劲板的剪切屈曲临界应力（N/mm²）。

F.3.2 同时设置水平和竖向加劲肋的钢板剪力墙，其竖向受压弹性屈曲临界应力 σ_{cr} 的计算应符合下列规定：

1 当加劲肋的刚度满足本标准第 9.2.4 条的要求时，其竖向受压弹性屈曲临界应力 σ_{cr} 应按下列公式计算：

$$\sigma_{cr} = k_{\sigma0}^1\frac{\pi^2 D}{a_1^2 t_w} \tag{F.3.2-1}$$

$$k_{\sigma0}^1 = \chi\left(\frac{a_1}{h_1} + \frac{h_1}{a_1}\right)^2 \tag{F.3.2-2}$$

2 当加劲肋的刚度不满足本标准第 9.2.4 条的要求时，其竖向受压弹性屈曲临界应力 σ_{cr} 的计算应符合下列规定：

1） 参数 D_x、D_y、D_{xy} 应按下列公式计算：

$$D_x = D + \frac{EI_{sx}}{h_1} \tag{F.3.2-3}$$

$$D_y = D + \frac{EI_{sy}}{a_1} \tag{F.3.2-4}$$

$$D_{xy} = D + \frac{1}{2}\left[\frac{GI_{t,sy}}{a_1} + \frac{GI_{t,sx}}{h_1}\right] \tag{F.3.2-5}$$

式中：G——加劲肋的剪变模量（N/mm²）。

2） 竖向临界应力应按下列公式计算：

当 $\dfrac{H_n}{L_n} \leqslant \left(\dfrac{D_y}{D_x}\right)^{0.25}$ 时：

$$\sigma_{cr} = \frac{\pi^2}{L_n^2 t_w}\left[\left(\frac{H_n}{L_n}\right)^2 D_x + \left(\frac{L_n}{H_n}\right)^2 D_y + 2D_{xy}\right] \tag{F.3.2-6}$$

当 $\dfrac{H_n}{L_n} > \left(\dfrac{D_y}{D_x}\right)^{0.25}$ 时：

$$\sigma_{cr} = \frac{2\pi^2}{L_n^2 t_w}\left[\sqrt{D_x D_y} + D_{xy}\right] \tag{F.3.2-7}$$

F.3.3 同时设置水平和竖向加劲肋的钢板剪力墙，其竖向抗弯弹性屈曲临界应力 σ_{bcr} 应按下列公式计算：

当 $\dfrac{H_n}{L_n} \leqslant \dfrac{2}{3}\left(\dfrac{D_y}{D_x}\right)^{0.25}$ 时：

$$\sigma_{bcr} = \frac{6\pi^2}{L_n^2 t_w}\left[\left(\frac{H_n}{L_n}\right)^2 D_x + \left(\frac{L_n}{H_n}\right)^2 D_y + 2D_{xy}\right] \tag{F.3.3-1}$$

当 $\dfrac{H_n}{L_n} > \dfrac{2}{3}\left(\dfrac{D_y}{D_x}\right)^{0.25}$ 时：

$$\sigma_{bcr} = \frac{12\pi^2}{L_n^2 t_w}\left[\sqrt{D_x D_y} + D_{xy}\right] \tag{F.3.3-2}$$

附录 G 桁架节点板在斜腹杆压力作用下的稳定计算

G.0.1 桁架节点板在斜腹杆压力作用下的稳定计算宜采用下列基本假定：

1 图 G.0.1 中 B-A-C-D 为节点板失稳时的屈折线，其中 $\overline{BA}$ 平行于弦杆，$\overline{CD} \perp \overline{BA}$。

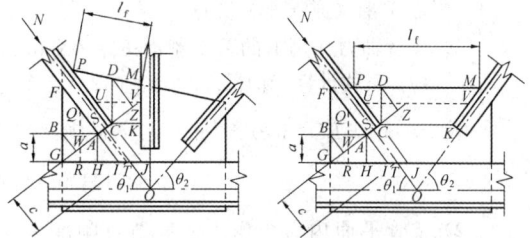

(a) 有竖杆时　　　(b) 无竖杆时

图 G.0.1　节点板稳定计算简图

2 在斜腹杆轴向压力 N 的作用下，$\overline{BA}$ 区（FB-GHA 板件）、$\overline{AC}$ 区（AIJC 板件）和 $\overline{CD}$ 区（CKMP 板件）同时受压，当其中某一区先失稳后，其他区即相继失稳。

G.0.2 桁架节点板在斜腹杆压力作用下宜采用下列公式分别计算各区的稳定：

$\overline{BA}$ 区：

$$\frac{b_1}{(b_1 + b_2 + b_3)}N\sin\theta_1 \leqslant l_1 t\varphi_1 f \tag{G.0.2-1}$$

$\overline{AC}$ 区：

$$\frac{b_2}{(b_1 + b_2 + b_3)}N \leqslant l_2 t\varphi_2 f \tag{G.0.2-2}$$

$\overline{CD}$ 区：

$$\frac{b_3}{(b_1 + b_2 + b_3)}N\cos\theta_1 \leqslant l_3 t\varphi_3 f \tag{G.0.2-3}$$

式中：t——节点板厚度（mm）；

N——受压斜腹杆的轴向力（N）；

l_1、l_2、l_3——分别为屈折线 $\overline{BA}$、$\overline{AC}$、$\overline{CD}$ 的长度（mm）；

φ_1、φ_2、φ_3——各受压区板件的轴心受压稳定系数，可按 b 类截面查取；其相应的长细比分别为：$\lambda_1 = 2.77\dfrac{\overline{QR}}{t}$，$\lambda_2 = 2.77\dfrac{\overline{ST}}{t}$，$\lambda_3 = 2.77\dfrac{\overline{UV}}{t}$；式中 $\overline{QR}$、$\overline{ST}$、$\overline{UV}$ 为 $\overline{BA}$、$\overline{AC}$、$\overline{CD}$ 三区受压板件的中线长度；其中 $\overline{ST} = c$；b_1（$\overline{WA}$）、b_2（$\overline{AC}$）、b_3（$\overline{CZ}$）为各屈折线段

在有效长度线上的投影长度。

G.0.3 对 $l_f/t>60\varepsilon_k$ 且沿自由边加劲的无竖腹杆节点板（l_f 为节点板自由边的长度），亦可按本标准第 G.0.2 条计算，只是仅需验算 $\overline{BA}$ 区和 $\overline{AC}$ 区，而不必验算 $\overline{CD}$ 区。

附录 H 无加劲钢管直接焊接节点刚度判别

H.0.1 空腹桁架、单层网格结构中无加劲圆钢管直接焊接节点的刚度应按下列规定计算。

1 平面 T 形（或 Y 形）节点：

    1) 支管轴力作用下的节点刚度 K_{nT}^j（N/mm）应按下式计算（图 13.3.2-2 和图 13.3.2-3）：

$$K_{nT}^j = 0.105ED(\sin\theta)^{-2.36}\gamma^{-1.90}\tau^{-0.12}e^{2.44\beta}$$

$$(H.0.1-1)$$

    2) 支管平面内弯矩作用下的节点刚度 K_{mT}^j（Nmm²/mm）应按下式计算（图 13.3.3-1）：

$$K_{mT}^j = 0.362ED^3(\sin\theta)^{-1.47}\gamma^{-1.79}\tau^{-0.08}\beta^{2.29}$$

$$(H.0.1-2)$$

其中，$30°\leqslant\theta\leqslant90°$，$0.2\leqslant\beta\leqslant1.0$，$5\leqslant\gamma\leqslant50$，$0.2\leqslant\tau\leqslant1.0$。

2 平面/微曲面 X 形节点：

    1) 支管轴力作用下的节点刚度 K_{nX}^j（N/mm）应按下式计算（图 13.3.2-1）：

$$K_{nX}^j = 0.952ED(\sin\theta)^{-1.74}\gamma^{0.97}\beta^{2.58-2.65}\exp(1.16\beta)$$

$$(H.0.1-3)$$

其中，$60°\leqslant\theta\leqslant90°$，$0.5\leqslant\beta\leqslant0.9$，$5\leqslant\gamma\leqslant25$，$0.5\leqslant\tau\leqslant1.0$。

    2) 支管平面内弯矩作用下的节点刚度 K_{mX}^j（N·mm²/mm）应按下式计算（图 13.3.3-2）：

$$K_{mX}^j = 0.303ED^3\beta^{2.35}\gamma^{0.3\beta^{13.62}-1.75}(\sin\theta)^{2.89\beta-2.52}$$

$$(H.0.1-4)$$

    3) 支管平面外弯矩作用下的节点刚度 K_{moX}^j 应按下式计算（图 13.3.3-2）：

$$K_{moX}^j = 2.083ED^3(\sin\theta)^{-1.23}(\cos\varphi')^{6.85}\gamma^{-2.44}\beta^{2.27}$$

$$(H.0.1-5)$$

其中，$30°\leqslant\theta\leqslant90°$，$0°\leqslant\varphi'\leqslant30°$，$0.2\leqslant\beta\leqslant0.9$，$5\leqslant\gamma\leqslant50$，$0.2\leqslant\tau\leqslant0.8$。

式中：E——弹性模量（N/mm²）；

    D——主管的外径（mm）；

    β——支管和主管的外径比值；

    γ——主管的半径和壁厚的比值；

    τ——支管和主管的壁厚比值；

    θ——主支管轴线间小于直角的夹角；

    φ'——支管轴线在平面外的抬起角度。

H.0.2 空腹桁架中无加劲方管直接焊接节点的刚度计算宜符合下列规定。

1 当 $\beta\leqslant0.85$ 时，T 形节点的轴向刚度 K_n（N/mm）可按下列公式计算：

$$K_n = \frac{5Et^{2.2}}{b^2(1-\beta)^3}\left[(1+\beta)(1-\beta)^{3/2}+2\eta+\sqrt{1-\beta}\right]\mu_1$$

$$(H.0.2-1)$$

$$\mu_1 = (2.06-1.75\beta)(1.09\eta^2-1.37\eta+1.43)$$

$$(H.0.2-2)$$

2 当 $\beta\leqslant0.85$ 时，T 形节点的弯曲刚度 K_m（N·mm²/mm）可按下式计算：

$$K_m = 5.49\times10^8(\beta^3-1.298\beta^2+0.59\beta-0.073)$$
$$(\eta^2+0.066\eta+0.1)(t^2-1.659t+0.711)$$

$$(H.0.2-3)$$

式中：t——矩形主管的壁厚（mm）；

    b——矩形主管的宽度（mm）；

    β——支管截面宽度与主管截面宽度的比值；

    η——支管截面高度与主管截面宽度的比值。

H.0.3 空腹桁架采用无加劲钢管直接焊接节点时应按下列规定进行刚度判别：

1 符合 T 形节点相应的几何参数的适用范围；

2 当空腹桁架跨数为偶数时，在节点平面内弯曲刚度与支管线刚度之比不小于 $\frac{60}{1+G}$ 时，可将节点视为刚接，否则应视为半刚接；其中 G 为该节点相邻的支管线刚度与主管线刚度的比值；

3 当空腹桁架跨数为奇数时，在与跨中相邻节点的平面内弯曲刚度与支管线刚度之比不小于 $\frac{1080G}{(3G+1)(3G+4)}$ 时，可将该节点视为刚接；在除与跨中相邻节点以外的其他节点的平面内弯曲刚度与支管线刚度之比不小于 $\frac{60}{1+G}$ 时，可将该节点视为刚接。

附录 J 钢与混凝土组合梁的疲劳验算

J.0.1 本附录规定仅针对直接承受动力荷载的组合梁。组合梁的疲劳验算应符合本标准第 16 章的规定。

J.0.2 当抗剪连接件为圆柱头焊钉时，应按本标准第 16 章的规定对承受剪力的圆柱头焊钉进行剪应力幅疲劳验算，构件和连接类别取为 J3。

J.0.3 当抗剪连接件焊于承受拉应力的钢梁翼缘时，应按本标准第 16 章的规定对焊有焊钉的受拉钢板进行正应力幅疲劳验算，构件和连接类别取为 Z7。同时尚应满足下列要求：

对常幅疲劳或变幅疲劳：

$$\frac{\Delta\tau}{[\Delta\tau]}+\frac{\Delta\sigma}{[\Delta\sigma]}\leqslant 1.3 \qquad (J.0.3\text{-}1)$$

对于重级工作制吊车梁和重级、中级工作制吊车桁架：

$$\frac{\alpha_f\Delta\tau}{[\Delta\tau]_{2\times10^6}}+\frac{\alpha_f\Delta\sigma}{[\Delta\sigma]_{2\times10^6}}\leqslant 1.3 \qquad (J.0.3\text{-}2)$$

式中： $\Delta\tau$——焊钉名义剪应力幅或等效名义剪应力幅（N/mm^2），按本标准第 16.2 节的规定计算；

$[\Delta\tau]$——焊钉容许剪应力幅（N/mm^2），按本标准式(16.2.2-4)计算，构件和连接类别取为 J3；

$\Delta\sigma$——焊有焊钉的受拉钢板名义正应力幅或等效名义正应力幅（N/mm^2），按本标准 16.2 节的规定计算；

$[\Delta\sigma]$——焊有焊钉的受拉钢板容许正应力幅（N/mm^2），按本标准式（16.2.2-2）计算，构件和连接类别取为 Z7；

α_f——欠载系数，按本标准表 16.2.4 的规定计算；

$[\Delta\tau]_{2\times10^6}$——循环次数 n 为 2×10^6 次焊钉的容许剪应力幅（N/mm^2），按本标准表 16.2.1-2 的规定计算，构件和连接类别取为 J3；

$[\Delta\sigma]_{2\times10^6}$——循环次数 n 为 2×10^6 次焊有焊钉受拉钢板的容许正应力幅（N/mm^2），按本标准表 16.2.1-1 的规定计算，构件和连接类别取为 Z7。

附录 K 疲劳计算的构件和连接分类

K.0.1 非焊接的构件和连接分类应符合表 K.0.1 的规定。

表 K.0.1 非焊接的构件和连接分类

项次	构造细节	说明	类别
1		● 无连接处的母材 轧制型钢	Z1
2		● 无连接处的母材 钢板 (1) 两边为轧制边或刨边 (2) 两侧为自动、半自动切割边（切割质量标准应符合现行国家标准《钢结构工程施工质量验收规范》GB 50205）	Z1 Z2
3		● 连系螺栓和虚孔处的母材 应力以净截面面积计算	Z4
4		● 螺栓连接处的母材 高强度螺栓摩擦型连接应力以毛截面面积计算；其他螺栓连接应力以净截面面积计算 ● 铆钉连接处的母材 连接应力以净截面面积计算	Z2 Z4

项次	构造细节	说明	类别
5		● 受拉螺栓的螺纹处母材 连接板件应有足够的刚度，保证不产生撬力。否则受拉正应力应考虑撬力及其他因素产生的全部附加应力 对于直径大于 30mm 螺栓，需要考虑尺寸效应对容许应力幅进行修正，修正系数 γ_t： $\gamma_t = \left(\dfrac{30}{d}\right)^{0.25}$ d——螺栓直径，单位为 mm	Z11

注：箭头表示计算应力幅的位置和方向。

K.0.2 纵向传力焊缝的构件和连接分类应符合表 K.0.2 的规定。

表 K.0.2 纵向传力焊缝的构件和连接分类

项次	构造细节	说明	类别
6		● 无垫板的纵向对接焊缝附近的母材 焊缝符合二级焊缝标准	Z2
7		● 有连续垫板的纵向自动对接焊缝附近的母材 （1）无起弧、灭弧 （2）有起弧、灭弧	Z4 Z5
8		● 翼缘连接焊缝附近的母材 翼缘板与腹板的连接焊缝 自动焊，二级 T 形对接与角接组合焊缝 自动焊，角焊缝，外观质量标准符合二级 手工焊，角焊缝，外观质量标准符合二级 双层翼缘板之间的连接焊缝 自动焊，角焊缝，外观质量标准符合二级 手工焊，角焊缝，外观质量标准符合二级	Z2 Z4 Z5 Z4 Z5
9		● 仅单侧施焊的手工或自动对接焊缝附近的母材，焊缝符合二级焊缝标准，翼缘与腹板很好贴合	Z5
10		● 开工艺孔处焊缝符合二级焊缝标准的对接焊缝、焊缝外观质量符合二级焊缝标准的角焊缝等附近的母材	Z8

续表 K.0.2

项次	构造细节	说明	类别
11		● 节点板搭接的两侧面角焊缝端部的母材	Z10
		● 节点板搭接的三面围焊时两侧角焊缝端部的母材	Z8
		● 三面围焊或两侧面角焊缝的节点板母材（节点板计算宽度按应力扩散角 θ 等于 30°考虑）	Z8

注：箭头表示计算应力幅的位置和方向。

K.0.3 横向传力焊缝的构件和连接分类应符合表 K.0.3 的规定。

表 K.0.3　横向传力焊缝的构件和连接分类

项次	构造细节	说明	类别
12		● 横向对接焊缝附近的母材，轧制梁对接焊缝附近的母材 符合现行国家标准《钢结构工程施工质量验收规范》GB 50205 的一级焊缝，且经加工、磨平	Z2
		符合现行国家标准《钢结构工程施工质量验收规范》GB 50205 的一级焊缝	Z4
13	坡度≤1/4	● 不同厚度（或宽度）横向对接焊缝附近的母材 符合现行国家标准《钢结构工程施工质量验收规范》GB 50205 的一级焊缝，且经加工、磨平	Z2
		符合现行国家标准《钢结构工程施工质量验收规范》GB 50205 的一级焊缝	Z4
14		● 有工艺孔的轧制梁对接焊缝附近的母材，焊缝加工成平滑过渡并符合一级焊缝标准	Z6
15	d	● 带垫板的横向对接焊缝附近的母材 垫板端部超出母板距离 d $d \geqslant 10mm$ $d < 10mm$	Z8 Z11
16		● 节点板搭接的端面角焊缝的母材	Z7

项次	构造细节	说明	类别
17		● 不同厚度直接横向对接焊缝附近的母材，焊缝等级为一级，无偏心	Z8
18		● 翼缘盖板中断处的母材（板端有横向端焊缝）	Z8
19		● 十字形连接、T形连接 （1）K形坡口、T形对接与角接组合焊缝处的母材，十字型连接两侧轴线偏离距离小于 $0.15t$，焊缝为二级，焊趾角 $\alpha \leqslant 45°$ （2）角焊缝处的母材，十字形连接两侧轴线偏离距离小于 $0.15t$	Z6 Z8
20		● 法兰焊缝连接附近的母材 （1）采用对接焊缝，焊缝为一级 （2）采用角焊缝	Z8 Z13

注：箭头表示计算应力幅的位置和方向。

K.0.4 非传力焊缝的构件和连接分类应符合表 K.0.4 的规定。

表 K.0.4 非传力焊缝的构件和连接分类

项次	构造细节	说明	类别
21		● 横向加劲肋端部附近的母材 肋端焊缝不断弧（采用回焊） 肋端焊缝断弧	Z5 Z6
22		● 横向焊接附件附近的母材 （1）$t \leqslant 50mm$ （2）$50mm < t \leqslant 80mm$ t 为焊接附件的板厚	Z7 Z8

项次	构造细节	说明	类别
23		● 矩形节点板焊接于构件翼缘或腹板处的母材 （节点板焊缝方向的长度 $L>150$mm）	Z8
24		● 带圆弧的梯形节点板用对接焊缝焊于梁翼缘、腹板以及桁架构件处的母材，圆弧过渡处在焊后铲平、磨光、圆滑过渡，不得有焊接起弧、灭弧缺陷	Z6
25		● 焊接剪力栓钉附近的钢板母材	Z7

注：箭头表示计算应力幅的位置和方向。

K.0.5 钢管截面的构件和连接分类应符合表 K.0.5 的规定。

表 K.0.5 钢管截面的构件和连接分类

项次	构造细节	说明	类别
26		● 钢管纵向自动焊缝的母材 （1）无焊接起弧、灭弧点 （2）有焊接起弧、灭弧点	Z3 Z6
27		● 圆管端部对接焊缝附近的母材，焊缝平滑过渡并符合现行国家标准《钢结构工程施工质量验收规范》GB 50205 的一级焊缝标准，余高不大于焊缝宽度的 10% （1）圆管壁厚 8mm$<t\leqslant12.5$mm （2）圆管壁厚 $t\leqslant8$mm	Z6 Z8
28		● 矩形管端部对接焊缝附近的母材，焊缝平滑过渡并符合一级焊缝标准，余高不大于焊缝宽度的 10% （1）方管壁厚 8mm$<t\leqslant12.5$mm （2）方管壁厚 $t\leqslant8$mm	Z8 Z10
29		● 焊有矩形管或圆管的构件，连接角焊缝附近的母材，角焊缝为非承载焊缝，其外观质量标准符合二级，矩形管宽度或圆管直径不大于 100mm	Z8

项次	构造细节	说明	类别
30		● 通过端板采用对接焊缝拼接的圆管母材,焊缝符合一级质量标准 (1) 圆管壁厚 8mm<t≤12.5mm (2) 圆管壁厚 t≤8mm	Z10 Z11
31		● 通过端板采用对接焊缝拼接的矩形管母材,焊缝符合一级质量标准 (1) 方管壁厚 8mm<t≤12.5mm (2) 方管壁厚 t≤8mm	Z11 Z12
32		● 通过端板采用角焊缝拼接的圆管母材,焊缝外观质量标准符合二级,管壁厚度 t≤8mm	Z13
33		● 通过端板采用角焊缝拼接的矩形管母材,焊缝外观质量标准符合二级,管壁厚度 t≤8mm	Z14
34		● 钢管端部压扁与钢板对接焊缝连接(仅适用于直径小于 200mm 的钢管),计算时采用钢管的应力幅	Z8
35		● 钢管端部开设槽口与钢板角焊缝连接,槽口端部为圆弧,计算时采用钢管的应力幅 (1) 倾斜角 α≤45° (2) 倾斜角 α>45°	Z8 Z9

注:箭头表示计算应力幅的位置和方向。

K.0.6 剪应力作用下的构件和连接分类应符合表 K.0.6 的规定。

表 K.0.6 剪应力作用下的构件和连接分类

项次	构造细节	说明	类别
36		● 各类受剪角焊缝 剪应力按有效截面计算	J1
37		● 受剪力的普通螺栓 采用螺杆截面的剪应力	J2
38		● 焊接剪力栓钉 采用栓钉名义截面的剪应力	J3

注：箭头表示计算应力幅的位置和方向。

本标准用词说明

1 为了便于在执行本标准条文时区别对待，对要求严格程度不同的用词说明如下：

　　1）表示很严格，非这样做不可的：
　　　　正面词采用"必须"；反面词采用"严禁"；
　　2）表示严格，在正常情况下均应这样做的：
　　　　正面词采用"应"；反面词采用"不应"或"不得"；
　　3）表示允许稍有选择，在条件许可时首先应这样做的：
　　　　正面词采用"宜"或"可"；反面词采用"不宜"；
　　4）表示有选择，在一定条件可以这样做的，采用"可"。

2 条文中指定应按其他有关标准、规范执行时，写法为"应符合……规定"或"应按……执行"。

引用标准名录

1 《建筑地基基础设计规范》GB 50007
2 《建筑结构荷载规范》GB 50009
3 《混凝土结构设计规范》GB 50010
4 《建筑抗震设计规范》GB 50011 - 2010
5 《建筑设计防火规范》GB 50016
6 《建筑结构可靠度设计统一标准》GB 50068
7 《工程结构可靠性设计统一标准》GB 50153
8 《构筑物抗震设计规范》GB 50191
9 《钢结构工程施工质量验收规范》GB 50205
10 《建筑工程抗震设防分类标准》GB 50223
11 《钢结构焊接规范》GB 50661 - 2011
12 《钢管混凝土结构技术规范》GB 50936
13 《门式刚架轻型房屋钢结构技术规范》GB 51022
14 《建筑钢结构防火技术规范》GB 51249
15 《碳素结构钢》GB/T 700
16 《钢结构用高强度大六角头螺栓》GB/T 1228
17 《钢结构用高强度大六角螺母》GB/T 1229
18 《钢结构用高强度垫圈》GB/T 1230
19 《钢结构用高强度大六角头螺栓、大六角螺母、垫圈技术条件》GB/T 1231
20 《低合金高强度结构钢》GB/T 1591
21 《紧固件机械性能　螺栓、螺钉和螺柱》GB/T 3098.1
22 《紧固件公差　螺栓、螺钉、螺柱和螺母》GB/T 3103.1
23 《钢结构用扭剪型高强度螺栓连接副》GB/T 3632
24 《耐候结构钢》GB/T 4171
25 《非合金钢及细晶粒钢焊条》GB/T 5117
26 《埋弧焊用碳钢焊丝和焊剂》GB/T 5293

27 《厚度方向性能钢板》GB/T 5313

28 《六角头螺栓 C 级》GB/T 5780

29 《六角头螺栓》GB/T 5782

30 《焊接结构用铸钢件》GB/T 7659

31 《气体保护电弧焊用碳钢、低合金钢焊丝》GB/T 8110

32 《涂覆涂料前钢材表面处理　表面清洁度的目视评定》GB/T 8923

33 《碳钢药芯焊丝》GB/T 10045

34 《电弧螺柱焊用圆柱头焊钉》GB/T 10433

35 《一般工程用铸造碳钢件》GB/T 11352

36 《埋弧焊用低合金钢焊丝和焊剂》GB/T 12470

37 《熔化焊用钢丝》GB/T 14957

38 《钢网架螺栓球节点用高强度螺栓》GB/T 16939

39 《低合金钢药芯焊丝》GB/T 17493

40 《建筑结构用钢板》GB/T 19879

41 《高层民用建筑钢结构技术规程》JGJ 99

42 《钢结构高强度螺栓连接技术规程》JGJ 82 - 2011

43 《标准件用碳素钢热轧圆钢及盘条》YB/T 4155 - 2006

中华人民共和国国家标准

钢结构设计标准

GB 50017—2017

条 文 说 明

编 制 说 明

《钢结构设计标准》GB 50017 - 2017，经住房和城乡建设部 2017 年 12 月 12 日以第 1771 号公告批准、发布。

本标准是在《钢结构设计规范》GB 50017 - 2003 的基础上修订而成。上一版的主编单位是北京钢铁设计研究总院，参编单位是重庆大学、西安建筑科技大学、重庆钢铁设计研究院、清华大学、浙江大学、哈尔滨工业大学、同济大学、天津大学、华南理工大学、水电部东北勘测设计院、中国航空规划设计院、中元国际工程设计研究院、西北电力设计院、马鞍山钢铁设计研究院、中国石化工程建设公司、武汉钢铁设计研究院、上海冶金设计院、马鞍山钢铁股份有限公司、杭萧钢构公司、莱芜钢铁集团、喜利得(中国)有限公司、浙江精工钢结构公司、鞍山东方轧钢公司、宝力公司、上海彭浦总厂，主要起草人是：张启文、夏志斌、黄友明、陈绍蕃、王国周、魏明钟、赵熙元、崔佳、张耀春、沈祖炎、刘锡良、梁启智、俞国音、刘树屯、崔元山、冯廉、夏正中、戴国欣、童根树、顾强、舒兴平、邹浩、石永久、但泽义、聂建国、陈以一、丁阳、徐国彬、魏潮文、陈传铮、陈国栋、穆海生、张平远、陶红斌、王稚、田思方、李茂新、陈瑞金、曹品然、武振宇、邹亦农、侯崴、郭耀杰、芦小松、朱丹、刘刚、张小平、黄明鑫、胡勇、张继宏、严正庭。

本标准在修订过程中，修订组进行了大量的调查研究，总结了近年来我国钢结构科研、设计、施工、加工等领域的实践经验，同时参考了国际标准及先进的国外规范，通过大量试验和实际工程应用，取得本次标准修订的重要技术参数。

为了便于广大设计、施工、科研、学校等单位有关人员在使用本标准时能正确理解和执行条文规定，《钢结构设计标准》修订组按章、节、条顺序编制了本标准的条文说明，对条文规定的目的、依据以及执行中需注意的有关事项进行了说明，还着重对强制性条文的强制性理由作了解释。但条文说明不具备与标准正文同等的法律效力，仅供使用者作为理解和把握标准规定的参考。

目 次

1 总　　则

1.0.1 本次修订根据多年来的工程经验和研究成果，同时总结《钢结构设计规范》GB 50017-2003（以下简称原规范）的应用情况和存在的问题，对部分内容进行了补充和调整，使钢结构规范从构件规范成为真正的结构标准，切实指导设计人员的钢结构设计，并为合理的钢结构规范体系的完善奠定基础。本次修订调整较大，增加了结构分析与稳定性设计、加劲钢板剪力墙、钢管混凝土柱及节点、钢结构抗震性能化设计等方面内容，引入了 Q345GJ、Q460 等钢材，补充完善了材料及材料选用、各种钢结构构件及节点的承载力极限设计方法、弯矩调幅设计法、钢结构防护等方面内容。

本次修订力求实现房屋、铁路、公路、港口和水利水电工程钢结构共性技术问题、设计方法的统一。

1.0.3 对有特殊设计要求（如抗震设防要求、防火设计要求等）和在特殊情况下的钢结构（如高耸结构、板壳结构、特殊构筑物以及受高温、高压或强烈侵蚀作用的结构）尚应符合国家现行有关专门规范和标准的规定。当进行构件的强度和稳定性及节点的强度计算时，除钢管连接节点外，由冷弯成型钢材制作的构件及其连接尚应符合相关标准规范的规定。另外，本标准与相关的标准规范间有一定的分工和衔接，执行时尚应符合相关标准规范的规定。

2 术语和符号

2.1 术　　语

本次修订根据现行国家标准《工程结构设计通用符号标准》GB/T 50132、《工程结构设计基本术语标准》GB/T 50083 并结合本标准的具体情况进行部分修改，删除了原规范中非钢结构专用术语及不推荐使用的结构术语，具体有：强度、承载能力、强度标准值、强度设计值、橡胶支座、弱支撑框架；增加了部分常用的钢结构术语及与抗震相关的术语，具体有：直接分析设计法、框架-支撑结构、钢板剪力墙、支撑系统、消能梁段、中心支撑框架、偏心支撑框架、屈曲约束支撑、弯矩调幅设计、畸变屈曲、塑性耗能区、弹性区。修改了下列术语：组合构件修改为焊接截面；通用高厚比修改为正则化宽厚比，对于构件定义为正则化长细比。

2.2 符　　号

基本沿用了原规范的符号，只列出常用的符号，并且对其中部分符号进行了修改，以求与国际通用符号保持一致；当采用多个下标时，一般按材料类别、受力状态、部位、方向、原因和性质的顺序排列。对于其他不常用的符号，标准条文及说明中已进行解答。增加的符号钢号修正系数 ε_k 取值按表 1 采用。

表 1　钢号修正系数 ε_k 取值

钢材牌号	Q235	Q345	Q390	Q420	Q460
ε_k	1	0.825	0.776	0.748	0.715

3 基本设计规定

3.1 一般规定

3.1.1 为满足建筑方案的要求并从根本上保证结构安全，设计内容除构件设计外还应包括整个结构体系的设计。本次修订补充有关钢结构设计的基本要求，包括结构方案、材料选用、内力分析、截面设计、连接构造、耐久性、施工要求、抗震设计等。

进行钢结构设计时，本条所规定的设计内容必须完成。关于结构方案的选择，可根据相关理论及工程实践经验按照本标准第 3 章的规定进行，材料选择的规定见第 4.3 节，内力分析方面的规定见第 5 章，第 6 章～第 9 章规定了主要受力构件的截面设计，第 11 章、第 12 章为连接及节点设计的相关规定，与抗震相关的规定统一见第 17 章，钢结构防护方面的规定见第 18 章，其他各章为关于特定构件或节点的规定。对于某些结构可采用本标准第 10 章规定的塑性或弯矩调幅设计法，值得说明的是，这类结构进行抗震设计时，不管采用何种抗震设计途径，采用的内力均应为经过调整后的内力。

3.1.2 原规范采用以概率理论为基础的极限状态设计法，其中设计的目标安全度是按可靠指标校准值的平均值进行总体控制的。

遵照现行国家标准《建筑结构可靠度设计统一标准》GB 50068，本标准继续沿用以概率论为基础的极限设计方法并以应力形式表达的分项系数设计表达式进行设计计算，钢结构设计标准采用的最低 β 值为 3.2。

关于钢结构的疲劳计算，由于疲劳极限状态的概念还不够确切，对各种有关因素研究不足，只能沿用过去传统的容许应力设计法，即将过去以应力比概念为基础的疲劳设计改为以应力幅为准的疲劳强度设计。

3.1.3 本标准继续沿用原规范采用的以概率理论为基础的极限状态设计方法，同时以应力表达式的分项系数设计表达式进行强度设计计算，以设计值与承载力的比值的表达方式进行稳定承载力设计。

承载能力极限状态可理解为结构或构件发挥允许的最大承载功能的状态。结构或构件由于塑性变形而使其几何形状发生显著改变，虽未到达最大承载能力，但已彻底不能使用，也属于达到这种极限状态；另外，如结构或构件的变形导致内力发生显著变化，致使结构或构件超过最大承载功能，同样认为达到承载能力极限状态。

正常使用极限状态可理解为结构或构件达到使用功能上允许的某个限值的状态。如某些结构必须控制变形、裂缝才能满足使用要求，因为过大的变形会造成房屋内部粉刷层脱落、填充墙和隔断墙开裂，以及屋面积水等后果，过大的裂缝会影响结构的耐久性，同时过大的变形或裂缝也会使人们在心理上产生不安全感。

3.1.4 本条基本沿用原规范第3.1.3条，增加补充规定：可以根据实际情况调整构件的安全等级；对破坏后将产生严重后果的重要构件和关键传力部位，宜适当提高其安全等级；对一般结构中的次要构件及可更换构件，可根据具体情况适当降低其重要性系数。

3.1.5 荷载效应的组合原则是根据现行国家标准《建筑结构可靠度设计统一标准》GB 50068 的规定，结合钢结构的特点提出来的。对荷载效应的偶然组合，统一标准只作出原则性的规定，具体的设计表达式及各种系数应符合专门标准规范的有关规定。对于正常使用极限状态，钢结构一般只考虑荷载效应的标准组合，当有可靠依据和实践经验时，亦可考虑荷载效应的频遇组合。对钢与混凝土组合梁及钢管混凝土柱，因需考虑混凝土在长期荷载作用下的蠕变影响，除应考虑荷载效应的标准组合外，尚应考虑准永久组合。

3.1.6 根据现行国家标准《建筑结构可靠度设计统一标准》GB 50068，结构或构件的变形属于正常使用极限状态，应采用荷载标准值进行计算；而强度、疲劳和稳定属于承载能力极限状态，在设计表达式中均考虑了荷载分项系数，采用荷载设计值（荷载标准值乘以荷载分项系数）进行计算，但其中疲劳的极限状态设计目前还处在研究阶段，所以仍沿用原规范按弹性状态计算的容许应力幅的设计方法，采用荷载标准值进行计算。钢结构的连接强度虽然统计数据有限，尚无法按可靠度进行分析，但已将其容许应力用校准的方法转化为以概率理论为基础的极限状态设计表达式（包括各种抗力分项系数），故采用荷载设计值进行计算。

3.1.7 直接承受动力荷载指直接承受冲击等，不包括风荷载和地震作用。虽然对于疲劳计算是应该乘以动力系数的，但由于一般的动力系数已在各个构造细节分类的疲劳强度($S-N$)曲线中反映，因此，疲劳计算时采用的标准值不乘动力系数。

3.1.8 由于不同的施工张拉方法可能对预应力索膜结构成型后的受力状态产生影响，故为了确保结构安全，一般情况下均应对其进行从张拉开始到张拉成型后加载的全过程仿真分析。

3.1.9 本条为承载能力极限状态设计的基本表达式，适用于本标准结构构件的承载力计算。

符号 S 在现行国家标准《建筑结构荷载规范》GB 50009 中为荷载组合的效应设计值；在现行国家标准《建筑抗震设计规范》GB 50011 中为地震作用效应与其他荷载效应基本组合的设计值；在现行国家标准《混凝土结构设计规范》GB 50010 中为以内力形式表达。在本条中，强度计算时，以应力形式表达；稳定计算时，以内力设计值与承载力比值的形式表达。

式(3.1.9-3)适用于按本标准第17章的规定采用抗震性能化设计的钢结构。

3.1.10 在各种偶然作用(罕遇自然灾害、人为过失及灾害)下，结构应能保证必要的鲁棒性(防连续倒塌能力)。本次修订对倒塌可能引起严重后果的重要结构，增加了防连续倒塌的设计要求。

3.1.11 钢结构设计对钢结构工程的造价和质量产生决定性的影响，因此除考虑合理选择结构体系外，还应考虑制作、运输和安装的便利性和经济性。

3.1.12、3.1.13 本条提出在设计文件(如图纸和材料订货单等)中应注明的一些事项，这些事项都与保证工程质量密切相关。其中钢材的牌号应与有关钢材的现行国家标准或其他技术标准相符；对钢材性能的要求，凡我国钢材标准中各牌号能基本保证的项目可不再列出，只提附加保证和协议要求的项目；设计文件中还应注明所选用焊缝或紧固件连接材料的型号、强度级别及其应符合的材料标准和检验、验收应符合的技术标准。

3.2 结 构 体 系

3.2.1 本条为选择钢结构体系时需要遵循的基本原则。

1 结构体系的选择不只是单一的结构合理性问题，同时受到建筑及工艺要求、经济性、结构材料和施工条件的制约，是一个综合的技术经济问题，应全面考虑确定；

2 成熟结构体系是在长期工程实践基础上形成的，有利于保证设计质量。钢结构材料性能的优越性给结构设计提供了更多的自由度，应该鼓励选用新型结构体系，但由于新型结构体系缺少实践检验，因此必须进行更为深入的分析，必要时需结合试验研究加以验证。

3.2.2 本条是建筑结构体系布置的一般原则，也是钢结构体系布置要遵循的基本原则。

钢结构本身具有自重较小的优势，采用轻质隔墙和围护等可以使这一轻质的优势充分发挥；同时由于钢结构刚度较小，一般轻质隔墙和围护能适应较大的变形，而且轻质隔墙对结构刚度的影响也相对较小。

3.2.3 结构刚度是随着结构的建造过程逐步形成的，荷载也是分步作用在刚度逐步形成的结构上，其内力分布与将全部荷载一次性施加在最终成形结构上进行受力分析的结果有一定的差异，对于超高层钢结构，这一差异会比较显著，因此应采用能够反映结构实际内力分布的分析方法；对于大跨度和复杂空间钢结构，特别是非线性效应明显的索结构和预应力钢结构，不同的结构安装方式会导致结构刚度形成路径的不同，进而影响结构最终成形时的内力和变形。结构分析中，应充分考虑这些因素，必要时进行施工模拟分析。

3.3 作 用

3.3.1 结构重要性系数 γ_0 应按结构构件的安全等级、设计工作寿命并考虑工作经验确定。对设计寿命为 25 年的结构构件，大体上属于替换性构件，其可靠度可适当降低，重要性系数可按经验取为 0.95。

在现行国家标准《建筑结构荷载规范》GB 50009 中，将屋面均布活荷载标准值规定为 0.5kN/mm²，并注明"对不同结构可按有关设计规范的规定采用，但不得低于 0.3kN/mm²"。本标准沿用原规范的规定，对支承轻屋面的构件或结构，当受荷的水平投影面积超过 60m² 时，屋面均布活荷载标准值取为 0.3kN/mm²。这个取值仅适用于只有一个可变荷载的情况，当有两个及以上可变荷载考虑荷载组合值系数参与组合时(如尚有积灰荷载)，屋面活荷载仍应取 0.5kN/mm²。另外，由于门式刚架轻型房屋的风荷载和雪荷载等另有规定，故需按相关标准规范取值。

3.3.2 本条中关于吊车横向水平荷载的增大系数 α 沿用原规范的规定。

现行国家标准《起重机设计规范》GB/T 3811 规定起重机工作级别为 A1～A8 级，它是利用等级(设计寿命期内总的工作循环次数)和荷载谱系数综合划分的。为便于计算，本标准所指的工作制与现行国家标准《建筑结构荷载规范》GB 50009 中的荷载状态相同，即轻级工作制(轻级载荷状态)吊车相当于 A1～A3 级，中级工作制相当于 A4、A5 级，重级工作制相当于 A6～A8 级，其中 A8 为特重级。这样区分在一般情况下是可以的，但并没有全面反映工作制的含义，因为起重机工作制与其使用等级关系很大，故设计人员在按工艺专业提供的起重机级别来确定吊车的工作制时，尚应根据起重机的具体操作情况及实践经验考虑，必要时可做适当调整。

3.3.3 本条规定的屋盖结构悬挂起重机和电动葫芦在每一跨间每条运行线路上考虑的台数，系按设计单位的使用经验确定。

3.3.5 本条为原规范第 8.1.5 条的修改和补充，增加了对于温度作用的原则性规定和围护构件为金属压型钢板房屋的温度区段规定。

3.4 结构或构件变形及舒适度的规定

3.4.1 结构位移限值与结构体系密切相关，该部分内容见本标准附录 B 第 B.2 节。

多遇地震和风荷载下结构层间位移的限制，主要是防止非结构构件和装饰材料的损坏，与非结构构件本身的延性性能及其与主体结构连接方式的延性相关。玻璃幕墙、砌块隔墙等视为脆性非结构构件，金属幕墙、各类轻质隔墙等视为延性非结构构件，砂浆砌筑、无平动或转动余地的连接视为刚性连接，通过柔性材料过渡的或有平动、转动余地的连接可视为柔性连接。脆性非结构构件采用刚性连接时，层间位移角限值宜适当减小。

3.4.2 由于孔洞对整个构件抗弯刚度的影响一般很小，故习惯上均按毛截面计算。

3.4.3 起拱的目的是为了改善外观和符合使用条件，因此起拱的大小应视实际需要而定，不能硬性规定单一的起拱值。例如，大跨度吊车梁的起拱度应与安装吊车轨道时的平直度要求相协调，位于飞机库大门上面的大跨度桁架的起拱度应与大门顶部的吊挂条件相适应，等等。但在一般情况下，起拱度可以用恒载标准值加 1/2 活载标准值所产生的挠度来表示。这是国内外习惯用的，亦是合理的。按照这个数值起拱，在全部荷载作用下构件的挠度将等于 $\frac{1}{2}\upsilon_Q$，由可变荷载产生的挠度将围绕水平线在 $\pm\frac{1}{2}\upsilon_Q$ 范围内变动。当然用这个方法计算起拱度往往比较麻烦，有经验的设计人员可以参考某些技术资料用简化方法处理，如对跨度 $L \geqslant 15m$ 的三角形屋架和 $L \geqslant 24m$ 的梯形或平行弦桁架，其起拱度可取为 $L/500$。

3.4.4 钢结构由于材料强度高，满足承载力要求所需的结构刚度相对较小，从而使结构的振动问题显现出来，主要包括活载引起的楼面局部竖向振动和大悬挑体块的整体竖向振动、风荷载作用下超高层结构的水平向振动，一般以控制结构的加速度响应为目标。

3.5 截面板件宽厚比等级

截面板件宽厚比指截面板件平直段的宽度和厚度之比，受弯或压弯构件腹板平直段的高度与腹板厚度之比也可称为板件高厚比。

3.5.1 绝大多数钢构件由板件构成，而板件宽厚比大小直接决定了钢构件的承载力和受弯及压弯构件的塑性转动变形能力，因此钢构件截面的分类，是钢结构设计技术的基础，尤其是钢结构抗震设计方法的基础。原规范关于截面板件宽厚比的规定分散在受弯构件、压弯构件的计算及塑性设计各章节中。

根据截面承载力和塑性转动变形能力的不同，国际上一般将钢构件截面分为四类，考虑到我国在受弯构件设计中采用截面塑性发展系数 γ_x，本次修订将截面根据其板件宽厚比分为 5 个等级。

1 S1 级：可达全截面塑性，保证塑性铰具有塑性设计要求的转动能力，且在转动过程中承载力不降低，称为一级塑性截面，也可称为塑性转动截面；此时图1所示的曲线1可以表示其弯矩-曲率关系，ϕ_{p_2}一般要求达到塑性弯矩 M_p 除以弹性初始刚度得到的曲率 ϕ_p 的8倍～15倍；

2 S2级截面：可达全截面塑性，但由于局部屈曲，塑性铰转动能力有限，称为二级塑性截面；此时的弯矩-曲率关系见图1所示的曲线2，ϕ_{p_1} 大约是 ϕ_p 的2倍～3倍；

3 S3级截面：翼缘全部屈服，腹板可发展不超过1/4截面高度的塑性，称为弹塑性截面；作为梁时，其弯矩-曲率关系如图1所示的曲线3；

4 S4级截面：边缘纤维可达屈服强度，但由于局部屈曲而不能发展塑性，称为弹性截面；作为梁时，其弯矩-曲率关系如图1所示的曲线4；

5 S5级截面：在边缘纤维达屈服应力前，腹板可能发生局部屈曲，称为薄壁截面；作为梁时，其弯矩-曲率关系为图1所示的曲线5。

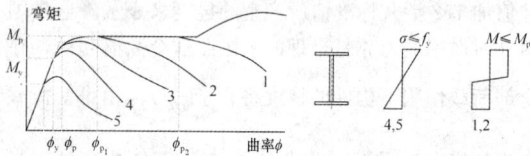

图1 截面的分类及其转动能力

截面的分类决定于组成截面板件的分类。

对工字形截面的翼缘，三边简支一边自由的板件的屈曲系数 K 为0.43，按式（1）计算，临界应力达到屈服应力 $f_y = 235$ N/mm² 时板件宽厚比为18.6。

$$\left(\frac{b_1}{t}\right)_y = \sqrt{\frac{K\pi^2 E}{12(1-\nu^2)f_y}} \tag{1}$$

式中：K——屈曲系数；

E——钢材弹性模量；

f_y——钢材屈服强度；

ν——钢材的泊松比。

五级分类的界限宽厚比分别是 $\left(\frac{b_1}{t}\right)_y$ 的0.5、0.6、0.7、0.8和1.1倍取整数。带有自由边的板件，局部屈曲后可能带来截面刚度中心的变化，从而改变构件的受力，所以即使S5级可采用有效截面法计算承载力，本次修订时仍然对板件宽厚比给予限制。

对箱形截面的翼缘，四边简支板的屈曲系数 K 为4，按式（1）计算，临界应力达到屈服应力 $f_y = 235$ N/mm² 时板件宽厚比为56.29。S1级、S2级、S3级和S4级分类的界限宽厚比分别为 $\left(\frac{b}{t}\right)_y$ 的0.5、0.6、0.7和0.8倍并适当调整成整数。对S5级，因为两纵向边支承的翼缘有屈曲后强度，所以板件宽厚比不再作额外限制。四边简支腹板承受压弯荷

载时，屈曲系数按下式计算，其中参数 α_0 按本标准式（3.5.1）计算：

$$K = \frac{16}{\sqrt{(2-\alpha_0)^2 + 0.112\alpha_0{}^2} + 2 - \alpha_0} \tag{2}$$

屈服宽厚比、0.5倍～0.8倍的屈服宽厚比，以及四个分级界限宽厚比的对比见图2，考虑到不同等级的宽厚比的用途不同，没有严格地按照屈服高厚比的倍数，如厂房跨度大，截面高，截面希望高一些，腹板较薄，得到翼缘的约束大，宽厚比适当放大，而截面宽厚比等级为S1级或S2级的，往往是抗震设计的民用建筑，在作为框架梁设计为塑性耗能区时（$\alpha_0 = 2$），要求在设防烈度的地震作用下形成塑性铰，所以宽厚比反而比0.5、0.6的倍数更加严格。

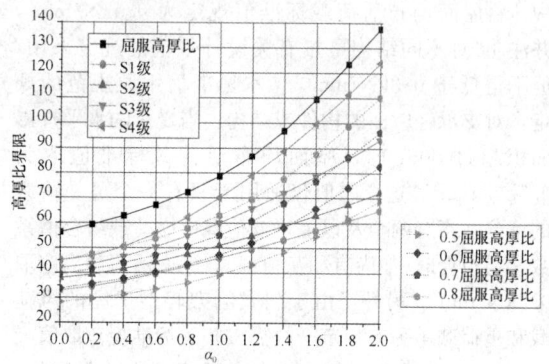

图2 腹板分级的界限高厚比的对比

缺陷敏感型的理想圆柱壳，其临界应力是 $\sigma_{cr} = 0.3\frac{Et}{D}$，其屈曲荷载严重依赖于圆柱壳初始缺陷的大小，而民用建筑的钢管构件不属于薄壳范畴，初始弯曲相对于板厚一般小于 $w_0/t < 0.2$，此时真实的临界荷载与理想弹性临界荷载的比值在0.5左右，即 $\sigma_{cr} \approx 0.15\frac{Et}{D} = f_y$，临界应力达到屈服应力的直径厚度比值计算如下：

$$\left[\frac{D}{t}\right]_y = \frac{0.15E}{f_y} = 131.5 \tag{3}$$

宽厚比/屈服径厚比为0.5、0.6、0.7和0.8的数据也在表2给出，本次修订的S1级、S2级、S3级和S4级分级界限采用了欧洲钢结构设计规范 EC3：Design of steel structures 的规定。

综上所述，各种截面屈曲宽厚比和标准取值比较见表2。

表2 各种截面屈曲宽厚比和标准取值比较

	宽厚比/屈服宽厚比	1.0	0.5	0.6	0.7	0.8	备 注
翼缘	三边支承一边自由	18.46	9.23	11.07	12.92	14.77	屈曲系数 K = 0.43
	标准取值	—	9	11	13	15	—

续表2

	宽厚比/屈服宽厚比	1.0	0.5	0.6	0.7	0.8	备 注
箱形截面翼缘	四边支承，轴压	56.29	28.15	33.78	39.41	45.04	屈曲系数 $K=4$
	标准取值 箱形柱	—	30	35	40	45	用作柱子时，因为腹板的存在，当翼缘的屈曲波长变化，系数略高，所以标准取值略有放大，用作梁时则因为塑性变形要求高，所以适当加严
	标准取值 箱形梁	—	25	32	37	42	
圆钢管	两边支承，轴压	131.5	65.8	78.9	92.05	105.2	参照于欧洲钢结构设计规范 EC3
	标准取值	—	50	70	90	100	

另外，表 3.5.1 压弯构件腹板的截面板件宽厚比等级限值与其应力状态相关，除塑性耗能区部分及 S5 级截面，其值可考虑采用 ε_σ 修正，ε_σ 为应力修正因子，$\varepsilon_\sigma = \sqrt{f_y/\sigma_{\max}}$。

4 材 料

4.1 钢材牌号及标准

4.1.1 钢结构用钢材应为按国家现行标准所规定的性能、技术与质量要求生产的钢材。本条增列了近年来已成功使用的 Q460 钢及《建筑结构用钢板》GB/T 19879-2015 中的 GJ 系列钢材。《建筑结构用钢板》GB/T 19879-2015 中的 Q345GJ 钢与《低合金高强度结构钢》GB/T 1591-2008 中的 Q345 钢的力学性能指标相近，二者在各厚度组别的强度设计值十分接近。因此一般情况下采用 Q345 钢比较经济，但 Q345GJ 钢中微合金元素含量得到了控制，塑性性能较好，屈服强度变化范围小，有冷加工成型要求（如方矩管）或抗震要求的构件宜优先采用。需要说明的是，符合现行国家标准《建筑结构用钢板》GB/T 19879 的 GJ 系列钢材各项指标均优于普通钢材的同级别产品。如采用 GJ 钢代替普通钢材，对于设计而言可靠度更高。

Q420 钢、Q460 钢厚板已在大型钢结构工程中批量应用，成为关键受力部位的主选钢材。调研和试验结果表明，其整体质量水平还有待提高，在工程应用中应加强监测。

结构用钢板、型钢等产品的尺寸规格、外形、重量和允许偏差应符合相关的现行国家标准的规定，但当前钢结构材料市场的产品厚度负偏差现象普遍，调研发现在厚度小于 16mm 时尤其严重。因此必要时设计可附加要求，限定厚度负偏差（现行国家标准《建筑结构用钢板》GB/T 19879 规定不得超过 0.3mm）。

4.1.2 在钢结构制造中，由于钢材质量和焊接构造等原因，当构件沿厚度方向产生较大应变时，厚板容易出现层状撕裂，对沿厚度方向受拉的接头更为不利。为此，需要时应采用厚度方向性能钢板。防止板材产生层状撕裂的节点、选材和工艺措施可参照现行国家标准《钢结构焊接规范》GB 50661。

4.1.3 通过添加少量合金元素 Cu、P、Cr、Ni 等，使其在金属基体表面形成保护层，以提高耐大气腐蚀性能的钢称为耐候钢。耐候结构钢分为高耐候钢和焊接耐候钢两类，高耐候结构钢具有较好的耐大气腐蚀性能，而焊接耐候钢具有较好的焊接性能。耐候结构钢的耐大气腐蚀性能为普通钢的 2 倍~8 倍。因此，当有技术经济依据时，将耐候钢用于外露大气环境或有中度侵蚀性介质环境中的重要钢结构，可取得较好的效果。

4.1.4 本条关于铸钢件的材料，增加了应用于焊接结构的铸钢。

4.1.5 采用本标准未列出的其他牌号钢材时宜按照现行国家标准《建筑结构可靠度设计统一标准》GB 50068 进行统计分析，经试验研究、专家论证，确定其设计指标。为保证钢材质量与性能要求，采用新钢材或国外钢材时可按下列要求进行设计控制：（1）产品符合相关的国家或国际钢材标准要求和设计文件要求，对新研制的钢材，以经国家产品鉴定认可的企业产品标准作为依据，有质量证明文件；（2）钢材生产厂要求通过国际或国内生产过程质量控制认证；（3）对实际产品进行专门的验证试验和统计分析，判定质量等级，得出设计强度取值。检测内容包括钢材的化学成分、力学性能、外形尺寸、表面质量、工艺性能及约定的其他附加保证性能的指标或参数。其中，力学性能的检测，按照以下规定：

1 对于已有国家材料标准，但尚未列入钢结构设计标准的钢材：

  1）对每一牌号每个厚度组别的钢材，至少应提供 30 组钢材力学性能和化学成分数据；

  2）提交 30 个样本试件（取自不同型材和炉号）进行复核性试验；

  3）汇总两组数据进行统计分析，初步确定抗力分项系数和设计强度，由《钢结构设计标准》国家标准管理组审核、试用；

  4）经过对 3 个（或 3 个以上）钢厂的同类产品进行调研、试验和统计分析后，列入设计标准；

  5）当有可靠依据时，可参照同类产品的设计指标使用，比如应用 Q420GJ 钢可采用 Q420 钢材指标。

2 对国外进口且满足国际材料标准的钢材：

  1）如既有国外标准，又有相同或相近中国标准，应按中国钢结构工程施工质量验收规范要求验收，可就近就低按中国标准规范取用设计强度，在具体工程中使用；

　　2）如有国外标准，但无相近中国标准可供参照，则将材料质量证明文件和验收试验资料提供给《钢结构设计标准》国家标准管理组，经统计分析和专家会商后确定设计强度，在具体工程中使用。

　　3　常用的钢材国家标准如下：

《碳素结构钢》GB/T 700

《低合金高强度结构钢》GB/T 1591

《建筑结构用钢板》GB/T 19879

《厚度方向性能钢板》GB/T 5313

《结构用无缝钢管》GB/T 8162

《建筑结构用冷成型焊接圆钢管》JG/T 381

《建筑结构用冷弯矩形钢管》JG/T 178

《耐候结构钢》GB/T 4171

《一般工程用铸造碳钢件》GB/T 11352

《焊接结构用铸钢件》GB/T 7659

《钢拉杆》GB/T 20934

《热轧型钢》GB/T 706

《热轧 H 型钢和剖分 T 型钢》GB/T 11263

《焊接 H 型钢》YB 3301

《重要用途钢丝绳》GB 8918

《预应力混凝土用钢绞线》GB/T 5224

《高强度低松弛预应力热镀锌钢绞线》YB/T 152

4.2　连接材料型号及标准

4.2.1　在钢结构用焊接材料中，新增加了埋弧焊用焊丝及焊剂的相关标准。

4.2.2　在钢结构紧固件中，新列入了螺栓球节点用的高强度螺栓。铆钉连接目前极少采用，鉴于在旧结构的修复工程中或有特殊需要处仍有可能遇到铆钉连接，故本标准予以保留。

4.3　材 料 选 用

4.3.1　本条提出了合理选用钢材应综合考虑的基本要素。荷载特征即静荷载、直接动荷载或地震作用，应力状态要考虑是否为疲劳应力、残余应力，连接方法要考虑焊接还是螺栓连接，钢材厚度对于其强度、韧性、抗层状撕裂性能均有较大的影响，工作环境包括温度、湿度及环境腐蚀性能。

4.3.2　本条为强制性条文。规定了承重结构的钢材应具有的力学性能和化学成分等合格保证的项目，分述如下：

　　1　抗拉强度。钢材的抗拉强度是衡量钢材抵抗拉断的性能指标，它不仅是一般强度的指标，而且直接反映钢材内部组织的优劣，并与疲劳强度有着比较密切的关系。

　　2　断后伸长率。钢材的伸长率是衡量钢材塑性性能的指标。钢材的塑性是在外力作用下产生永久变形时抵抗断裂的能力。因此承重结构用的钢材，不论在静力荷载或动力荷载作用下，还是在加工制作过程中，除了应具有较高的强度外，尚应要求具有足够的伸长率。

　　3　屈服强度（或屈服点）。钢材的屈服强度（或屈服点）是衡量结构的承载能力和确定强度设计值的重要指标。碳素结构钢和低合金结构钢在受力到达屈服强度以后，应变急剧增长，从而使结构的变形迅速增加以致不能继续使用。所以钢结构的强度设计值一般都是以钢材屈服强度为依据而确定的。对于一般非承重或由构造决定的构件，只要保证钢材的抗拉强度和断后伸长率即能满足要求；对于承重的结构则必须具有钢材的抗拉强度、伸长率、屈服强度三项合格的保证。

　　4　冷弯试验。钢材的冷弯试验是衡量其塑性指标之一，同时也是衡量其质量的一个综合性指标。通过冷弯试验，可以检查钢材颗粒组织、结晶情况和非金属夹杂物分布等缺陷，在一定程度上也是鉴定焊接性能的一个指标。结构在制作、安装过程中要进行冷加工，尤其是焊接结构焊后变形的调直等工序，都需要钢材有较好的冷弯性能。而非焊接的重要结构（如吊车梁、吊车桁架、有振动设备或有大吨位吊车厂房的屋架、托架，大跨度重型桁架等）以及需要弯曲成型的构件等，亦都要求具有冷弯试验合格的保证。

　　5　硫、磷含量。硫、磷都是建筑钢材中的主要杂质，对钢材的力学性能和焊接接头的裂纹敏感性都有较大影响。硫能生成易于熔化的硫化铁，当热加工或焊接的温度达到 800℃～1200℃ 时，可能出现裂纹，称为热脆；硫化铁又能形成夹杂物，不仅会促使钢材起层，还会引起应力集中，降低钢材的塑性和冲击韧性。硫又是钢中偏析最严重的杂质之一，偏析程度越大越不利。磷是以固体的形式溶解于铁素体中，这种固溶体很脆，加以磷的偏析比硫更严重，形成的富磷区促使钢变脆（冷脆），降低钢的塑性、韧性及可焊性。因此，所有承重结构对硫、磷的含量均应有合格保证。

　　6　碳当量。在焊接结构中，建筑钢的焊接性能主要取决于碳当量，碳当量宜控制在 0.45% 以下，超出该范围的幅度愈多，焊接性能变差的程度愈大。《钢结构焊接规范》GB 50661 根据碳当量的高低等指标确定了焊接难度等级。因此，对焊接承重结构尚应具有碳当量的合格保证。

　　7　冲击韧性（或冲击吸收能量）表示材料在冲击载荷作用下抵抗变形和断裂的能力。材料的冲击韧性值随温度的降低而减小，且在某一温度范围内发生急剧降低，这种现象称为冷脆，此温度范围称为"韧脆转变温度"。因此，对直接承受动力荷载或需验算疲劳的构件或处于低温工作环境的钢材尚应具有冲击韧性合格保证。

4.3.3、4.3.4 规定了选材时对钢材的冲击韧性的要求，原规范中仅对需要验算疲劳的结构钢材提出了冲击韧性的要求，本次修订将范围扩大，针对低温条件和钢板厚度作出更详细的规定，可总结为表3的要求。

由于钢板厚度增大，硫、磷含量过高会对钢材的冲击韧性和抗脆断性能造成不利影响，因此承重结构

在低于−20℃环境下工作时，钢材的硫、磷含量不宜大于0.030%；焊接构件宜采用较薄的板件；重要承重结构的受拉厚板宜选用细化晶粒的钢板。

严格来说，结构工作温度的取值与可靠度相关。为便于使用，在室外工作的构件，本标准的结构工作温度可按国家标准《采暖通风与空气调节设计规范》GBJ 19−87（2001年版）的最低日平均气温采用，见表4。

表3 钢板质量等级选用

		工作温度（℃）		
		$T>0$	$-20<T\leqslant0$	$-40<T\leqslant-20$
不需验算疲劳	非焊接结构	B（允许用A）	B	B	受拉构件及承重结构的受拉板件： 1. 板厚或直径小于40mm：C； 2. 板厚或直径不小于40mm：D； 3. 重要承重结构的受拉板材宜选用建筑结构用钢板
	焊接结构	B(允许用Q345A～Q420A)			
需验算疲劳	非焊接结构	B	Q235B Q390C Q345GJC Q420C Q345B Q460 C	Q235C Q390D Q345GJC Q420D Q345C Q460D	
	焊接结构	B	Q235C Q390D Q345GJC Q420D Q345C Q460D	Q235D Q390E Q345GJD Q420E Q345D Q460E	

表4 最低日平均气温（℃）

省市名	北京	天津	河北		山西	内蒙古	辽宁	吉林		黑龙江		上海
城市名	北京	天津	唐山	石家庄	太原	呼和浩特	沈阳	吉林	长春	齐齐哈尔	哈尔滨	上海
最低日气温	−15.9	−13.1	−15.0	−17.1	−17.8	−25.1	−24.9	−33.8	−29.8	−32.0	−33.0	−6.9

省市名	江苏		浙江			安徽		福建		江西		山东
城市名	连云港	南京	杭州	宁波	温州	蚌埠	合肥	福州	厦门	九江	南昌	烟台
最低日气温	−11.4	−9.0	−6.0	−4.3	−1.8	−12.3	−12.5	1.6	4.9	−6.8	−5.6	−11.9

省市名	山东		河南		湖北	湖南	广东			海南	广西
城市名	济南	青岛	洛阳	郑州	武汉	长沙	汕头	广州	湛江	海口	桂林	南宁
最低日气温	−13.7	−12.5	−11.6	−11.4	−11.3	−6.9	5.1	2.9	4.2	6.9	−2.9	2.4

省市名	广西	四川		贵州	云南	西藏	陕西	甘肃	青海	宁夏	新疆	
城市名	北海	成都	重庆	贵阳	昆明	拉萨	西安	兰州	西宁	银川	乌鲁木齐	吐鲁番
最低日气温	2.6	−1.1	0.9	−5.9	3.5	−10.3	−12.3	−15.8	−20.3	−23.4	−33.3	−23.7

省市名	台湾		香港	—	—	—	—	—	—	—	—	—
城市名	台北	花莲	香港	—	—	—	—	—	—	—	—	—
最低日气温	7.0	9.8	6.0	—	—	—	—	—	—	—	—	—

对于室内工作的构件，如能确保始终在某一温度以上，可将其作为工作温度，如采暖房间的工作温度可视为0℃以上；否则可按表4最低日气温增加5℃采用。

4.3.5 由于当焊接熔融面平行于材料表面时，层状

撕裂较易发生，因此T形、十字形、角形焊接连接节点宜满足下列要求：

1 当翼缘板厚度等于或大于40mm且连接焊缝熔透高度等于或大于25mm或连接角焊缝单面高度大于35mm时，设计宜采用对厚度方向性能有要求的抗

层状撕裂钢板，其 Z 向承载性能等级不宜低于 Z15（限制钢板的含硫量不大于 0.01%）；当翼缘板厚度等于或大于 40mm 且连接焊缝熔透高度大于 40mm 或连接角焊缝单面高度大于 60mm 时，Z 向承载性能等级宜为 Z25（限制钢板的含硫量不大于 0.007%）；

2 翼缘板厚度大于或等于 25mm，且连接焊缝熔透高度等于或大于 16mm 时，宜限制钢板的含硫量不大于 0.01%。

4.3.6 根据工程调研和独立试验实测数据，国产建筑钢材 Q235～Q460 钢的屈强比标准值都小于 0.83，伸长率都大于 20%，故均可采用。塑性区不宜采用屈服强度过高的钢材。

4.3.7 本条对无加劲的直接焊接的相贯节点部位钢管提出材料使用上的注意点。无加劲钢管的主要破坏模式之一是贯通钢管管壁局部弯曲导致的塑性破坏，若无一定的塑性性能保证，相关的计算方法并不适用。因目前国内外在钢管节点的试验研究中，其钢材的屈服强度仅限于 355N/mm² 及其以下，屈强比均不大于 0.8。而对于 Q420 和 Q460 级钢材，在钢管节点中试验研究和工程中应用尚少，参照欧洲钢结构设计规范 EC3：Design of steel structures（EN 1993-1-8）第 7 章的规定，可按本标准给出的公式计算节点静力承载力，然后乘以 0.9 的折减系数。对我国的 Q390 级钢，难以找到国外强度级别与其对应的钢材，其静力承载力折减系数可按相关工程设计经验确定（或近似取 0.95）。根据欧洲钢结构设计规范 EC3：Design of steel structures 的规定，主管管壁厚度不应超过 25mm，除非采取措施能充分保证钢板厚度方向的性能。当主管壁厚超过 25mm 时，管节点施焊时应采取焊前预热等措施降低焊接残余应力，防止出现层状撕裂，或采用具有厚度方向性能要求的 Z 向钢。

此外，由于兼顾外观尺寸和承载强度两者的需求，将遇到不得不采用径厚比为 10 左右的钢管的情况。如果采用非轧制厚壁钢管，则必须确认有可行、可靠的加工工艺，不会因之造成成型钢管的材质劣化。

钢管结构中对钢材性能的要求是基于最终成品（钢管及方矩管），而不是基于母材的性能，对冷成型的钢管（如方矩管的弯角处），其性能的变化设计者应予以重视，特别是用于抗震或者直接承受疲劳荷载的管节点，对钢管成品的材料性能应作出规定。

钢管结构中的钢管主要承受轴力，因此成品钢管材料的轴向性能必须得到保证。钢板的性能与轧制方向有关，一般塑性和冲击韧性沿轧制方向的性能指标较高，平行于轧制方向的冲击韧性要比横向高 5%～10%，因此在卷制或压制钢管时，应优先选取卷曲方向与轧制方向垂直，以保证成品钢管轴向的强度、塑性和冲击韧性均能满足设计要求。当卷曲方向与轧制方向相同时，宜附加要求钢板横向冲击韧性的合格保证。

钢管按照成型方法不同可分为热轧无缝钢管和冷弯焊接钢管，热轧钢管又分为热挤压和热扩两种；冷弯圆管则分为冷卷制与冷压制两种；而冷弯矩形管也有圆变方与直接成方两种。不同的成型方法会对管材产品的性能有不同的影响，热轧无缝钢管和最终热成型钢管残余应力小，在轴心受压构件的截面分类中属于 a 类；冷弯焊接钢管品种规格范围广，但是其残余应力大，在轴心受压构件的截面分类中属于 b 类。

对冷成型钢管的径厚比及成型工艺的限制，是要避免冷成型后钢材塑性及韧性过度降低，保证冷成型后圆管、方矩管的材料质量等级（塑性和冲击韧性）。在条件许可时，设计可要求冷成型后再进行热处理。冷成型钢管选材宜采用同强度级 GJ 钢或高一质量等级的碳素结构钢、低合金结构钢作为原材。

4.3.8 与常用结构钢材相匹配的焊接材料可按表 5 的规定选用。

表 5 常用钢材的焊接材料选用匹配推荐表

母材				焊接材料			
GB/T 700 和 GB/T 1591 标准钢材	GB/T 19879 标准钢材	GB/T 4171 标准钢材	GB/T 7659 标准钢材	焊条电弧焊 SMAW	实心焊丝气体保护焊 GMAW	药芯焊丝气体保护焊 FCAW	埋弧焊 SAW
Q235	Q235GJ	Q235NH Q295NH Q295GNH	ZG270-480H	GB/T 5117：E43XX E50XX E50XX-X	GB/T 8110：ER49-X ER50-X	GB/T 10045 E43XTX-X E50XTX-X GB/T 17493：E43XTX-X E49XTX-X	GB/T 5293：F4XX-H08A GB/T 12470：F48XX-H08MnA
Q345 Q390	Q345GJ Q390GJ	Q355NH Q345GNH Q345GNHL Q390GNH	—	GB/T 5117：E50XX E5015、16-X	GB/T 8110：ER50-X ER55-X	GB/T 10045 E50XTX-X GB/T 17493：E50XTX-X	GB/T 5293：F5XX-H08MnA F5XX-H10Mn2 GB/T12470：F48XX-H08MnA F48XX-H10Mn2 F48XX-H10Mn2A

母材				焊接材料			
GB/T 700 和 GB/T 1591 标准钢材	GB/T 19879 标准钢材	GB/T 4171 标准钢材	GB/T 7659 标准钢材	焊条电弧焊 SMAW	实心焊丝气体保护焊 GMAW	药芯焊丝气体保护焊 FCAW	埋弧焊 SAW
Q420	Q420GJ	Q415NH	—	GB/T 5117：E5515、16-X	GB/T 8110：ER55-X	GB/T 17493：E55XTX-X	GB/T12470：F55XX-H10Mn2A F55XX-H08MnMoA
Q460	Q460GJ	Q460NH	—	GB/T5117：E5515、16-X	GB/T 8110：ER55-X	GB/T 17493：E55XTX-X E60XTX-X	GB/T12470：F55XX-H08MnMoA F55XX-H08Mn2Mo2VA

注：1 表中 X 为对应焊材标准中的焊材类别；
2 当所焊接头的板厚大于或等于 25mm 时，宜采用低氢型焊接材料；
3 被焊母材有冲击要求时，熔敷金属的冲击功不应低于母材的规定。

4.4 设计指标和设计参数

4.4.1 本条为强制性条文。对于钢材强度的设计取值，本次修订在大量调研和试验的基础上，新增了 Q460 钢材；钢材强度设计值按板厚或直径的分组，遵照现行钢材标准进行修改；对抗力分项系数作了较大的调整和补充。

1 调研工作的内容

为配合《钢结构设计标准》修编，确定各类钢材抗力分项系数和强度设计值，调研和试验工作包括以下五个方面：

1）收集整理大型工程如中央电视台新址工程、国贸三期、国家游泳馆、深圳证券大楼、石家庄开元环球中心、锦州国际会展中心、新加坡圣淘沙名胜世界等所用钢材的质检报告和钢材的复检报告，其中包括 Q235、Q345、Q390、Q420 和 Q460 钢。钢材生产年限从 2004 年到 2009 年，厚度范围为 5mm～100mm（少量为 100mm～135mm），数据既包括力学性能，还包括化学元素含量等，总计为 14608 组；

2）从钢材生产厂舞钢、湘钢、首钢、武钢、太钢、鞍钢、安阳、新余、济钢、宝钢征集指定钢材牌号、规定钢板厚度的拉伸试件，板厚范围为 16mm～100mm，牌号为 Q345、Q390、Q420 和 Q460 钢，集中后统一由独立的第三方进行试验，在人员、设备和方法一致的条件下，获得公正客观的数据，力学和化学分析数据合计为 557 组；

3）对影响材性不定性的试验因素（如加载速度和试验机柔度）进行系统的测试分析，以 3 种牌号钢材、3 种板厚、3 种加载速度、2 种刚度的试验机为试验参数，共进行 245 件试验；

4）通过十一家钢结构制造厂（安徽鸿路、安徽富煌、江苏沪宁、上海宝冶、宝钢钢构、浙江恒达、东南网架、杭萧钢构、二十二冶、鞍钢建设、中建阳光），测定钢厂生产的钢板、型钢和钢结构厂制作构件的厚度和几何尺寸偏差，共计 25578 组，进行截面几何参数不定性统计分析；

5）其他试验及统计分析，如延伸率、屈强比、裂纹敏感性指数和碳当量、硫含量及厚度方向断面收缩率等。

独立的第三方试验数据和工程调研数据相互印证，能够反映我国钢材生产的真实水平，在各钢材牌号、厚度组别一致时，二者的屈服强度平均值、标准差、统计标准值接近，可以以工程调研和独立试验的组合数据作为钢结构设计标准确定抗力分项系数和强度设计指标的基础。

2 钢材力学性能统计分析结果

本次钢材力学性能数据和此前各次相比，其统计分布情况有新的变化，且更为复杂。各牌号钢材质量情况如下：

1）Q235 钢的屈服强度平均值比 1988 年统计有明显增加，但其标准差却成倍增加，屈服强度波动范围加大，统计标准值变化不大，整体质量水平比以前稍有下降；

2）Q345 钢在板厚小于或等于 16mm 时，屈服强度平均值比旧统计值稍有增加，波动区间增大，统计标准差略增，计算标准值反而有些下降；当板厚大于 16mm 且不超过 35mm 时，屈服强度平均值、标准差、标准值与原统计值十分接近，基本符合《低合金高强度结构钢》GB/T 1591-1994 标准要求，也接近《低合金高强度结构钢》GB/T 1591-2008 标准要求；板厚在大于 35mm 且不超过 50mm 时，屈服强度平均值、标准值已超过

《低合金高强度结构钢》GB/T 1591－1994 标准，接近《低合金高强度结构钢》GB/T 1591－2008 标准要求；当板厚大于 50mm 且不超过 100mm 时，屈服强度平均值和标准值均较高，超过《低合金高强度结构钢》GB/T 1591－1994 标准，并达到《低合金高强度结构钢》GB/T 1591－2008 标准要求。由 2004～2009 年生产的 Q345 钢厚板统计数据表明，Q345 的实际质量水平已接近或达到《低合金高强度结构钢》GB/T 1591－2008 材料标准；

3）Q390 钢各厚度组屈服强度平均值普遍较高，强度波动较小，变异系数也普遍较低，屈服强度统计标准值都高于钢材标准规定值，各项指标全都符合要求；

4）Q420 钢板厚分为 35mm～50mm（不包括 35mm）、50mm～100mm（不包括 50mm）两组，钢厂质检数据和工程复检数据中存在一定数量屈服强度低于标准较多的数据，不仅屈服强度平均值低、标准差大，并且统计标准值普遍低于材料标准的规定值，是各牌号钢材中最差的一组，因而使抗力分项系数增大，强度设计值仅略大于 Q390 钢相应厚度组；

5）Q460 钢板厚分为 35mm～50mm（不包括 35mm）、50mm～100mm（不包括 50mm）两组，也存在少量屈服强度略低于标准规定的数据，屈服强度平均值稍低，个别统计标准值低于材料标准的规定，就整体而言，已接近合格标准。

国产 Q420、Q460 钢在建筑中应用仅几年时间，基本上满足了国内重大钢结构工程关键部位的需要，统计结果表明，产品还不能全面达到《低合金高强度结构钢》GB/T 1591－2008 的要求。钢厂质检和工地复检也出现了不合格的事例，总体水平还有待提高，在工程使用中应加强复检。

3 抗力分项系数取值

《低合金高强度结构钢》GB/T 1591－1994 编制时，用户曾要求提高 16Mn 钢的强度，并减小厚度组别的强度级差，当时因炼钢、轧制技术和管理方面的差距，没有仿照国外同类标准缩小级差。《低合金高强度结构钢》GB/T 1591－2008 修改了厚度组距，并明确了屈服强度为下屈服强度。Q345 钢的屈服强度普遍提高，各厚度组的屈服强度级差降为 10N/mm²，其中 63mm～80mm（不包括 63mm）厚度组的屈服强度由 275 N/mm² 提高至 315 N/mm²；80mm～100mm（不包括 80mm）厚度组屈服强度由 275 N/mm² 提高到 300 N/mm²，分别提高了 14.5% 和 10.9%。由于 Q390、Q420 和 Q460 钢与《低合金高强度结构钢》GB/T 1591－1994 相

比，除厚度组距变化外，屈服强度值并未变化，因此原统计分析结果仍可适用。本统计钢材都是 2009 年前生产的，独立试验取样的钢板也是 2009 年～2010 年按《低合金高强度结构钢》GB/T 1591－1994 标准生产的。从统计结果看，在厚度为 40mm～100mm（不包括 40mm）范围内，工程调研、独立试验的屈服强度都较高，与《低合金高强度结构钢》GB/T 1591－1994 标准相比有一定余量，且已达到《低合金高强度结构钢》GB/T 1591－2008 标准要求。基于各牌号钢材和各厚度组别调研和试验数据，按照现行国家标准《建筑结构可靠度设计统一标准》GB 50068 的要求进行数理统计和可靠性分析，并考虑设计方便，最终确定钢材的抗力分项系数值（见表6）。

表6　Q235、Q345、Q390、Q420、Q460
钢材抗力分项系数 γ_R

厚度分组(mm)		6～40	>40, ≤100	原规范值
钢牌号	Q235 钢	1.090		1.087
	Q345 钢	1.125		1.111
	Q390 钢			
	Q420 钢	1.125	1.180	
	Q460 钢			—

4 抗力分项系数变化原因分析

根据国家标准《建筑结构可靠度设计统一标准》GB 50068－2001 规定，本标准采用的最低可靠指标 β 值应为 3.2，而原规范最低可靠指标 β 值可为 3.2－0.25＝2.95。

通过编程运算得出的抗力分项系数，一般以国家标准《建筑结构荷载规范》GB 50009－2001 新增加的荷载组合 $S = 1.35 S_{GK} + 1.4 \times 0.7 S_{QK}$ 在应力比 $\rho = S_{GK}/S_{QK} = 0.25$ 为最大。

近年来，钢材屈服强度分布规律发生变化，突出表现在 Q235、Q345 钢屈服强度平均值提高的同时，离散性明显增大，变异系数成倍加大。而 Q420、Q460 钢厚板强度整体偏低，迫使增大抗力分项系数，还导致低合金钢及不同厚度组之间抗力分项系数有一定的差异。但为了方便设计使用，需要将其适当归并，为了保证安全度，归并后的抗力分项系数对于某些厚度组会偏大。

钢板、型钢厚度负偏差情况较以往严重，在公称厚度较小时更为严重，存在超过现行国家标准《热轧钢板和钢带的尺寸、外形、重量及允许偏差》GB/T 709 规定的现象。

以上诸因素导致本次采用的抗力分项系数比《钢结构设计规范》GBJ 17－88（以下简称 88 版规范）和原规范普遍有所增大。

本标准表 4.4.1～表 4.4.5 的各项强度设计值是根据表7的换算关系并取5的修约成整倍数而得。

表 7 强度设计值的换算关系

材料和连接种类		应力种类		换算关系
钢材		抗拉、抗压和抗弯	Q235 钢	$f = f_y/\gamma_R = f_y/1.090$
			Q345 钢、Q390 钢	$f = f_y/\gamma_R = f_y/1.125$
			Q420 钢、Q460 钢	$f = f_y/\gamma_R$
		抗剪		$f_v = f/\sqrt{3}$
		端面承压（刨平顶紧）	Q235 钢	$f_{ce} = f_u/1.15$
			Q345 钢、Q390 钢、Q420 钢、Q460 钢	$f_{ce} = f_u/1.175$
焊缝	对接焊缝	抗压		$f_c^w = f$
		抗拉	焊缝质量为一级、二级	$f_t^w = f$
			焊缝质量为三级	$f_t^w = 0.85f$
		抗剪		$f_v^w = f_v$
	角焊缝	抗拉、抗压和抗剪	Q235 钢	$f_f^w = 0.38 f_u^w$
			Q345、Q390、Q420、Q460 钢	$f_f^w = 0.41 f_u^w$
螺栓连接	普通螺栓	C 级螺栓	抗拉	$f_t^b = 0.42 f_u^b$
			抗剪	$f_v^b = 0.35 f_u^b$
			承压	$f_c^b = 0.82 f_u^b$
		A 级 B 级螺栓	抗拉	$f_t^b = 0.42 f_u^b$ (5.6 级) $f_t^b = 0.50 f_u^b$ (8.8 级)
			抗剪	$f_v^b = 0.38 f_u^b$ (5.6 级) $f_v^b = 0.40 f_u^b$ (8.8 级)
			承压	$f_c^b = 1.08 f_u$
	承压型高强度螺栓		抗拉	$f_t^b = 0.48 f_u^b$
			抗剪	$f_v^b = 0.30 f_u^b$
			承压	$f_c^b = 1.26 f_u$
	锚栓		抗拉	$f_t^a = 0.38 f_u^a$
铸钢件		抗拉、抗压和抗弯		$f = f_y/1.282$
		抗剪		$f_v = f/\sqrt{3}$
		端面承压（刨平顶紧）		$f_{ce} = 0.65 f_u$

4.4.2 本条为新增条文，Q345GJ 钢计算模式不定性 K_P 的均值和变异系数仍采用 88 版规范 16Mn 的数据，故指标偏于保守。表 4.4.2 Q345GJ 钢抗力分项系数见表 8。

表 8 Q345GJ 钢材料抗力分项系数

厚度分组（mm）	6～16	>16，≤50	>50，≤100
抗力分项系数 γ_R	1.059	1.059	1.120

根据国内 Q345GJ 钢强度设计值研究，提出了 Q345GJ 钢材的强度设计建议值（表 9），简要情况如下：

2011 年完成轴心受压构件足尺试验（试件 12 件），计算模式不定性 K_P 的均值和变异系数分别可取 1.100 和 0.071；其抗力不定性的均值和变异系数经计算分别为 1.15 和 0.09。2012 年进行受弯构件足尺试验（试件 32 件），试验数据稳定且优于预期。其计算模式不定性 K_P 抗力不定性优于上述轴心受压构件。

按照《结构可靠性总原则》（《General Principles on Reliability for Structures》）ISO 2394 和现行国家标准《建筑结构可靠度设计统一标准》GB 50068 的相关规定，材料性能、几何特征、计算模式三个主要影响因素的统计代表值均可通过 Q345GJ 试验获得。综合可靠性分析以后，出于慎重再将其分析结果适当降低，抗力分项系数取 1.05，从而求得表 9 的数值，复核结果可靠度水平全部符合现行国家标准《工程结构可靠性设计统一标准》GB 50153 和《建筑结构可靠度设计统一标准》GB 50068 的强制规定。

表 9 Q345GJ 钢材的强度设计建议值（N/mm²）

牌号	钢材标准号	厚度或直径（mm）	钢材屈服强度标准值	抗拉、抗压、和抗弯 f	抗剪 f_v	端面承压（刨平顶紧） f_{ce}
Q345GJ	GB/T 19879	≤16	345	330	190	450
		>16，≤35	345	330	190	
		>35，≤50	335	320	185	
		>50，≤100	325	310	180	

符合现行国家标准《建筑结构用钢板》GB/T 19879 的 GJ 类钢材为高性能优质钢材，其性能明显好于符合现行国家标准《碳素结构钢》GB/T 700 或《低合金高强度结构钢》GB/T 1591 的普通钢材，同等级 GJ 类钢材强度设计值理应高于普通钢材，戴国欣教授的研究结果也证明了这一点，但由于 Q345GJ 钢试件来源单一，数据量有限，因此本次修订暂不采用表 9，当有可靠依据时，Q345GJ 钢设计强度值可参考表 9 适当提高。

4.4.3 本条为新增强制性条文，由于现行国家标准《结构用无缝钢管》GB/T 8162 中，钢管壁厚的分组、材料的屈服强度、抗拉强度均与现行国家标准《低合金高强度结构钢》GB/T 1591 有所不同，表 4.4.3 的强度设计值是由钢管材料标准中的屈服强度除以相应的抗力分项系数得出的。

4.4.4 本条为强制性条文。

4.4.5 本条为强制性条文，焊缝强度设计指标中，对接焊缝的抗拉强度采用了相匹配的焊条和焊丝二者的较小值。角焊缝的抗拉强度取对接焊缝的抗拉强度的 58%。

4.4.6 本条为强制性条文，表中各项强度设计值的换算关系与原规范相同。增加了网架用高强度螺栓，螺栓球节点网架用的高强度螺栓的外形、连接副、受力机理、施工安装方法及强度设计值与普钢钢结构用的高强度螺栓不同。增加了 Q390 钢作为锚栓，柱脚锚栓一般不能用于承受水平剪力（本标准第 12.7.4 条）；表中还增加了螺栓与 Q460 钢、Q345GJ 钢构件连接的承压强度设计值，为适应钢结构抗震性能化设计要求增加了高强度螺栓的抗拉强度最小值。

由于螺栓球网架一般采用根据内力选择螺栓的设计思路，因此螺栓球节点用高强度螺栓未给出抗拉强度最小值。高强度螺栓连接进入极限状态产生的破坏模式有两种：摩擦面滑移后螺栓螺杆和螺纹部分进入承压状态后出现螺栓或连接板剪切破坏。摩擦型连接和承压型连接在极限状态下破坏模式一致，因此，本标准给出的承压型高强度螺栓的抗拉强度最小值同样适用于摩擦型高强度螺栓连接。

5 结构分析与稳定性设计

5.1 一 般 规 定

5.1.1 本条规定结构分析时可根据分析方法相应地对材料采用弹性或者弹塑性假定。在进行弹性分析时，延性好的S1、S2、S3级截面允许采用截面塑性发展系数 γ_x、γ_y 来考虑塑性变形发展。当允许多个塑性铰形成、结构产生内力重分布时，一般应采用二阶弹塑性分析。

5.1.2 二阶效应是稳定性的根源，一阶分析采用计算长度法时这些效应在设计阶段考虑；而二阶弹性 $P\text{-}\Delta$ 分析法在结构分析中仅考虑了 $P\text{-}\Delta$ 效应，应在设计阶段附加考虑 $P\text{-}\delta$ 效应；直接分析则将这些效应直接在结构分析中进行考虑，故设计阶段不再考虑二阶效应。

5.1.5 本条为原规范第8.4.5条、第10.1.4条的修改和补充。把结构分析时可以当成铰接节点的情况在本条进行了集中说明。

5.1.6 本条为新增条文。本条对结构分析方法的选择进行了原则性的规定。对于二阶效应明显的有侧移框架结构，应采用二阶弹性分析方法。当二阶效应系数大于0.25时，二阶效应影响显著，设计时需要更高的分析，不能把握时，宜增加结构刚度。直接分析法可适用于任意的二阶效应系数、任意的结构类型。

钢结构根据抗侧力构件在水平力作用下的变形形态，可分为剪切型（框架结构）、弯曲型（如高跨比为6以上的支撑架）和弯剪型。式（5.1.6-1）只适用于剪切型结构，对于弯曲型和弯剪型结构，采用式（5.1.6-2）计算二阶效应系数。强调整体屈曲模态，是要排除可能出现的一些最薄弱构件的屈曲模态。

二阶效应系数也可以采用下式计算：

$$\theta_i^{\text{II}} = 1 - \frac{\Delta u_i^{\text{II}}}{\Delta u_i^{\text{I}}} \tag{4}$$

式中 Δu_i^{II} ——按二阶弹性分析求得的计算 i 楼层的层间侧移；

Δu_i ——按一阶弹性分析求得的计算 i 楼层的层间侧移。

5.1.7 初始几何缺陷是结构或者构件失稳的诱因，残余应力则会降低构件的刚度，故采用二阶 $P\text{-}\Delta$ 弹性分析时考虑结构整体的初始几何缺陷，采用直接分析时考虑初始几何缺陷和残余应力的影响。

5.1.8 本条规定在连续倒塌、抗火分析、极端荷载（作用）等涉及严重的材料非线性、内力需要重分布的情况下，应采用直接分析法以反映结构的真实响应。上述情况，若采用一阶弹性分析，则不满足安全设计的原则。考虑到经济性，一般应采用考虑材料弹塑性发展的直接分析法。当结构因材料非线性产生若干个塑性铰时，系统刚度可能发生较大变化，此时基于未变形结构而获得计算长度系数已不再适用，因此无法用于稳定性设计。

5.1.9 以整体受拉或受压为主的结构如张拉体系、各种单层网壳等，其二阶效应通常难以用传统的计算长度法进行考虑，尤其是一些大跨度结构，其失稳模态具有整体性或者局部整体性，甚至可能产生跃越屈曲，基于构件稳定的计算长度法已不能解决此类结构的稳定性问题，故增加本条。

5.2 初 始 缺 陷

结构的初始缺陷包含结构整体的初始几何缺陷和构件的初始几何缺陷、残余应力及初偏心。结构的初始几何缺陷包括节点位置的安装偏差、杆件的初弯曲、杆件对节点的偏心等。一般，结构的整体初始几何缺陷的最大值可根据施工验收规范所规定的最大允许安装偏差取值，按最低阶屈曲模态分布，但由于不同的结构形式对缺陷的敏感程度不同，所以各规范可根据各自结构体系的特点规定其整体缺陷值，如现行行业标准《空间网格结构技术规程》JGJ 7 - 2010规定：网壳缺陷最大计算值可按网壳跨度的1/300取值。

5.2.1 本条对框架结构整体初始几何缺陷值给出了具体取值，经国内外规范对比分析，显示框架结构的初始几何缺陷值不仅跟结构层间高度有关，而且也与结构层数的多少有关，式（5.2.1-1）是从式（5.2.1-2）推导而来，即：

$$\Delta_i = \frac{H_{ni}h_i}{G_i} = \frac{h_i}{250}\sqrt{0.2 + \frac{1}{n_s}} \tag{5}$$

按照现行国家标准《钢结构工程施工质量验收规范》GB 50205的有关要求，结构的最大水平安装误差不大于 $h_i/1000$。综合各种因素，框架结构的初始几何缺陷代表值取为 Δ_i 和 $h_i/1000$ 中的较大值。根据规定 $\sqrt{0.2 + \frac{1}{n_s}}$ 不小于 $\frac{2}{3}$，可知 $\Delta_i = \frac{H_{ni}h_i}{G_i} = \frac{h_i}{250}$

$\sqrt{0.2 + \frac{1}{n_s}} \geqslant \frac{h_i}{250} \cdot \frac{2}{3} = \frac{h_i}{375} > \frac{h_i}{1000}$，因此规定框架结构的初始几何缺陷代表值取为 Δ_i。

当采用二阶 $P\text{-}\Delta$ 弹性分析时，因初始几何缺陷不可避免地存在，且有可能对结构的整体稳定性起很大作用，故应在此类分析中充分考虑其对结构变形和内力的影响。对于框架结构也可通过在框架每层柱的柱顶作用附加的假想水平力 H_{ni} 来替代整体初始几何缺陷。研究表明，框架的层数越多，构件的缺陷影响越小，且每层柱数的影响亦不大。采用假想水平力的方法来替代初始侧移时，假想水平力取值大小即是使得结构侧向变形为初始侧移值时所对应的水平力，与钢材强度没有直接关系，因此本次修订取消了原规范式(3.2.8-1)中钢材强度影响系数。本标准假想水平力计算公式的形式与欧洲钢结构设计规范 EC3：Design of steel structures 类似，并考虑了框架总层数的影响；通过对典型工况的计算对比得到，本次修订后公式的计算结果与欧洲钢结构设计规范 EC3 较为接近。需要注意的是，采用假想水平力法时，应施加在最不利的方向，即假想力不能起到抵消外荷载（作用）的效果。

5.2.2 表 5.2.2 构件综合缺陷代表值同时考虑了初始几何缺陷和残余应力的等效缺陷。

构件的初始几何缺陷形状可用正弦波来模拟，构件初始几何缺陷代表值由柱子失稳曲线拟合而来，故本标准针对不同的截面和主轴，给出了 4 个值，分别对应 a、b、c、d 四条柱子失稳曲线。为了便于计算，构件的初始几何缺陷也可用均布荷载和支座反力代替，均布荷载数值可由结构力学求解方法得到，支座反力值为 $q_0 l/2$，如图 3 所示。

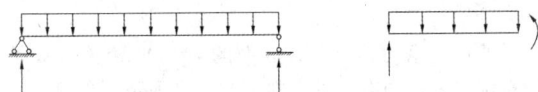

图 3 均布荷载计算简图

推导过程如下：

根据 $\Sigma M = 0$，得

$$N_k e_0 + q_0 \cdot \frac{l}{2} \cdot \frac{l}{4} - \frac{q_0 l}{2} \cdot \frac{l}{2} = 0 \quad (6)$$

$$q_0 = \frac{8 N_k e_0}{l^2} \quad (7)$$

5.3 一阶弹性分析与设计

本节所有条文均为新增条文。本节着重对一阶弹性分析设计方法的适用条件和设计过程进行了说明，基本延续了原规范对无侧移框架和有侧移框架的设计方法。

5.4 二阶 **P-Δ** 弹性分析与设计

5.4.1 二阶 $P\text{-}\Delta$ 弹性分析设计方法考虑了结构在荷载作用下产生的变形（$P\text{-}\Delta$）、结构整体初始几何缺陷（$P\text{-}\Delta_0$）、节点刚度等对结构和构件变形和内力产生的影响。进行计算分析时，可直接建立带有初始整体几何缺陷的结构，也可把此类缺陷的影响用等效水平荷载来代替，并应考虑假想力与设计荷载的最不利组合。

采用仅考虑 $P\text{-}\Delta$ 效应的二阶弹性分析与设计方法只考虑了结构整体层面上的二阶效应的影响，并未涉及构件的对结构整体变形和内力的影响，因此这部

分的影响还应通过稳定系数来进行考虑，此时的构件计算长度系数应取 1.0 或其他认可的值。当结构无侧移影响时，如近似一端固接、一端铰接的柱子，其计算长度系数小于 1.0。

采用本方法进行设计时，不能采用荷载效应的组合，而应采用荷载组合进行非线性求解。本方法作为一种全过程的非线性分析方法，不允许进行荷载效应的迭加。

5.4.2 本条基本沿用原规范第 3.2.8 条，用等效水平荷载来代替初始几何缺陷的影响。与原规范的式（3.2.8-2）相比，式（5.4.2-1）将二阶效应仅与框架受水平荷载相关联，不需要在楼层和屋顶标高设置虚拟水平支座和计算其反力，只需分别计算框架在竖向荷载和水平荷载下的一阶弹性内力，即可求得近似的二阶弹性弯矩。该式概念清楚、计算简便，研究表明适用于 $0.1 < \theta_i^{II} \leqslant 0.25$ 范围。

5.5 直接分析设计法

5.5.1 当采用直接分析设计法时，可以直接建立带有初始几何缺陷的结构和构件单元模型，也可以用等效荷载来替代。在直接分析设计法中，应能充分考虑各种对结构刚度有贡献的因素，如初始缺陷、二阶效应、材料弹塑性、节点半刚性等，以便能准确预测结构行为。

采用直接分析设计法时，分析和设计阶段是不可分割的。两者既有同时进行的部分（如初始缺陷应在分析的时候引入），也有分开的部分（如分析得到应力状态，再采用设计准则判断是否塑性）。两者在非线性迭代中不断进行修正、相互影响，直至达到设计荷载水平下的平衡为止。这也是直接分析法区别于一般非线性分析方法之处，传统的非线性强调了分析却忽略了设计上的很多要求，因而其结果是不可以"直接"作为设计依据的。

由于直接分析设计法已经在分析过程中考虑了一阶弹性设计中计算长度所要考虑的因素，故不再需要进行基于计算长度的稳定性验算了。

对于一些特殊荷载下的结构分析，比如连续倒塌分析、抗火分析等，因涉及几何非线性、材料非线性、全过程弹塑性分析，采用一阶弹性分析或者二阶 $P\text{-}\Delta$ 弹性分析并不能得到正确的内力结果，应采用直接分析设计法进行结构分析和设计。

直接分析设计法作为一种全过程的非线性分析方法，不允许进行荷载效应的迭加，而应采用荷载组合进行非线性求解。

5.5.2 二阶 $P\text{-}\Delta\text{-}\delta$ 弹性分析是直接分析法的一种特例，也是常用的一种分析手段。该方法不考虑材料非线性，只考虑几何非线性，以第一塑性铰为准则，不允许进行内力重分布。

5.5.3 二阶弹塑性分析作为一种设计工具，虽然在

学术界和工程界仍有争议，但世界各主流规范均将其纳入规范，以便适应各种需要考虑材料弹塑性发展的情况。

工程界常采用一维梁柱单元来进行弹塑性分析，二维的板壳元和三维的实体元因涉及大量计算一般仅在学术界中采用，塑性铰法和塑性区法是基于梁柱单元的两种常用的考虑材料非线性的方法。

本条规定针对给定的设计目标，二阶弹塑性分析可生成多个塑性铰，直至达到设计荷载水平为止。

对结构进行二阶弹塑性分析，由材料和截面确定的弯矩-曲率关系、节点的半刚性直接影响计算结果，同时分析结果的可靠性有时依赖于结构的破坏模式，不同破坏模式适用的非线性分析增量-迭代策略可能不一样。另外，由于可靠度不同，正常荷载工况下的设计和非正常荷载工况下的设计（如抗倒塌分析或罕遇地震作用下的设计等）对构件极限状态的要求不同。

一般来说，进行二阶弹塑性分析应符合下列规定：

1 除非有充分依据证明一根构件能可靠地由一个单元所模拟（如只受拉支撑），一般构件划分单元数不宜小于 4。构件的几何缺陷和残余应力应能在所划分的单元里考虑到。

2 钢材的应力-应变曲线为理想弹塑性，混凝土的应力-应变曲线可按现行国家标准《混凝土结构设计规范》GB 50010 的要求采用。

3 工字形（H 形）截面柱与钢梁刚接时，应有足够的措施防止节点域的变形，否则应在结构整体分析时予以考虑。

4 当工字形（H 形）截面构件缺少翘曲扭转约束时，应在结构整体分析时予以考虑。

5 可按现行国家标准《建筑结构荷载规范》GB 50009 的规定考虑活荷载折减。抗震设计的结构，采用重力荷载代表值后，不得进行活荷载折减。

6 应输出下列计算结果以验证是否符合设计要求：

1）荷载标准组合的效应设计值作用下的挠度和侧移；

2）各塑性铰的曲率；

3）没有出现塑性变形的部位，应输出应力比。

5.5.7 直接分析设计法是一种全过程二阶非线性弹塑性分析设计方法，可以全面考虑结构和构件的初始缺陷、几何非线性、材料非线性等对结构和构件内力的影响，其分析设计过程可用式（8）来表达。用直接分析设计法求得的构件的内力可以直接作为校核构件的依据，进行如下的截面验算即可。

$$\frac{N}{A} + \frac{M_x + N(\Delta_x + \Delta_{xi} + \delta_x + \delta_{x0})}{M_{cx}}$$
$$+ \frac{M_y + N(\Delta_y + \Delta_{yi} + \delta_y + \delta_{y0})}{M_{cy}} \leqslant f \qquad (8)$$

直接分析法不考虑材料弹塑性发展，或按弹塑性分析截面板件宽厚比等级不符合 S2 级要求时，$M_{cx} = \gamma_x W_x f$，$M_{cy} = \gamma_y W_y f$；按弹塑性分析，截面板件宽厚比等级符合 S2 级要求时，$M_{cx} = W_{px} f$，$M_{cy} = W_{py} f$。

式中：N——构件的轴力设计值（N）；

A——构件的毛截面面积（mm^2）；

M_x、M_y——绕着构件 x、y 轴的一阶弯矩承载力设计值（N·mm）；

W_x、W_y——绕着构件 x、y 轴的毛截面模量（mm^3）；

W_{px}、W_{py}——绕着构件 x、y 轴的毛截面塑性模量（mm^3）；

γ_x、γ_y——截面塑性发展系数；

Δ_x、Δ_y——由于结构在荷载作用下的变形所产生的构件两端相对位移值（mm）；

Δ_{xi}、Δ_{yi}——由于结构的整体初始几何缺陷所产生的构件两端相对位移值（mm）；

δ_x、δ_y——荷载作用下构件在 x、y 轴方向的变形值（mm）；

δ_{x0}、δ_{y0}——构件在 x、y 轴方向的初始缺陷值（mm）。

值得注意的是，上式截面的 $N-M$ 相关公式是相对保守的，当有足够资料证明时可采用更为精确的 $N-M$ 相关公式进行验算。

5.5.8 本条对采用塑性铰法进行直接分析设计做了补充要求。因塑生铰法一般只将塑性集中在构件两端，而假定构件的中段保持弹性，当轴力较大时通常高估其刚度，为考虑该效应，故需折减其刚度。

5.5.9 本条对采用塑性区法进行直接分析设计给出了一种开放性的方案，一方面可以精确计算出结构响应，另一方面也为新材料、新截面类型的应用创造了条件。

6 受弯构件

6.1 受弯构件的强度

6.1.1 计算梁的抗弯强度时，考虑截面部分发展塑性变形，因此在计算公式（6.1.1）中引进了截面塑性发展系数 γ_x 和 γ_y。γ_x 和 γ_y 的取值原则是：使截面的塑性发展深度不致过大；与本标准第 8 章压弯构件的计算规定表 8.1.1 相衔接。当考虑截面部分发展塑性时，为了保证翼缘不丧失局部稳定，受压翼缘自由外伸宽度与其厚度之比应不大于 $13\varepsilon_k$。

直接承受动力荷载的梁也可以考虑塑性发展，但为了可靠，对需要计算疲劳的梁还是以不考虑截面塑性发展为宜。

考虑腹板屈曲后强度时，腹板弯曲受压区已部分退出工作，本条采用有效截面模量考虑其影响，本标准第 6.4 节采用另外的方法计算其抗弯强度。

6.1.2 本条为新增条文。截面板件宽厚比等级可按本标准表 3.5.1 根据各板件受压区域应力状态确定。

条文中箱形截面的塑性发展系数偏低，箱形截面的塑性发展系数应该介于 1.05～1.2 之间，参见表 10。

表 10 箱形截面的塑性发展系数

截面号	B	H	t_f	t_w	F_x	γ_x	F_y	γ_y
J1-1	400	400	10	10	1.153	1.05	1.153	1.05
J1-2	400	400	15	10	1.131	1.05	1.197	1.05
J1-3	400	400	20	10	1.125	1.05	1.233	1.05
J1.5-1	400	600	15	15	1.197	1.066	1.131	1.05
J1.5-2	400	600	20	15	1.175	1.066	1.156	1.05
J1.5-3	400	600	25	15	1.162	1.066	1.179	1.05
J2-1	400	800	20	20	1.233	1.081	1.125	1.05
J2-2	400	800	30	20	1.199	1.081	1.155	1.05
J2-3	400	800	40	20	1.182	1.081	1.182	1.05
J3-1	400	1200	30	30	1.288	1.108	1.129	1.05
J3-2	400	1200	35	30	1.273	1.108	1.137	1.05
J3-3	400	1200	40	30	1.260	1.108	1.145	1.05

6.1.3 考虑腹板屈曲后强度的梁，其受剪承载力有较大的提高，不必受公式（6.1.3）的抗剪强度计算控制。

6.1.4 计算腹板计算高度边缘的局部承压强度时，集中荷载的分布长度 l_z，早在 20 世纪 40 年代中期，苏联的科学家已经利用半无限空间上的弹性地基梁上模型的级数解，获得了地基梁下反力分布的近似解析解，并被英国、欧洲、美国和苏联钢结构设计规范用于轨道下的等效分布长度计算。最新的数值分析表明，基于弹性地基梁的模型得到的承压长度［式（6.1.4-2）中的系数改为 3.25 就是苏联、英国、欧洲、日本、ISO 等采用的公式］偏大，应改为 2.83；随后进行的理论上更加严密的解析分析表明，弹性地基梁的变形集中在荷载作用点附近很短的一段，应考虑轨道梁的剪切变形，因此改用半无限空间上的 Timoshenko 梁的模型，这样得到的承压长度的解析公式的系数从 3.25 下降到 2.17，在梁模型中承压应力的计算应计入荷载作用高度的影响，考虑到轮压作用在轨道上表面，承压应力的扩散更宽，系数可增加到 2.83，经综合考虑条文式（6.1.4-2）中系数取 3.25，相当于利用塑性发展系数是 1.1484。

集中荷载的分布长度 l_z 的简化计算方法，为原规范计算公式，也与式（6.1.4-2）直接计算的结果颇为接近。因此该式中的 50mm 应该被理解为为了拟合式（6.1.4-2）而引进的，不宜被理解为轮子和轨道的接触面的长度。真正的接触面长度应在 20mm～30mm 之间。

表 11 式（6.1.4-2）和式（6.1.4-3）计算的承压长度对比

腹板厚度（mm）	参数	轨道规格及其惯性矩（cm⁴）								
		24kg	33kg	38kg	43kg	50kg	QU70	QU80	QU100	QU120
		486	821.9	1204.4	1489	2037	1082	1547.4	2864.73	4923.79
5	—	322.2	383.7	435.7	467.7	519.2				
6	—	303.4	361.3	410.3	440.3	488.6	395.9			
8	—	276.0	328.5	372.9	400.2	444.1	359.9	405.3		
10	—	257.9	306.2	347.1	372.4	412.9	335.1	377.0	462.3	
12	—	244.0	289.0	327.4	350.9	389.0	316.1	355.4	435.5	520.1
14	—		277.4	313.2	335.3	371.2	302.7	339.5	414.9	495.8
16	—			302.4	323.2	357.1	292.5	327.2	398.5	475.4
18	—				313.6	345.6	284.7	317.3	385.0	458.5
20	—					336.4	278.7	309.5	373.9	444.2
—	$2h_R$	214	240	268	280	304	240	260	300	340
—	$2h_R+50$	264	290	318	330	354	290	310	350	390
—	$5\times30+2h_R+50$					504	440	460	500	540
—	$5\times7.5+2h_R+50$	301.5	327.5	355.5	367.5	391.5	—	—	—	—

轨道上作用轮压，压力穿过具有抗弯刚度的轨道向梁腹板内扩散，可以判断：轨道的抗弯刚度越大，扩散的范围越大，下部腹板越薄（即下部越软弱），则扩散的范围越大，因此式（6.1.4-2）正确地反映了这个规律。而为了简化计算，本条给出了式（6.1.4-3），但是考虑到腹板越厚翼缘也越厚的规律，式（6.1.4-3）实际上反映了与式（6.1.4-2）不同的规律，应用时应注意。

6.1.5 同时受有较大的正应力和剪应力处，指连续梁中支座处或梁的翼缘截面改变处等。

折算应力公式（6.1.5-1）是根据能量强度理论保证钢材在复杂受力状态下处于弹性状态的条件。考虑到需验算折算应力的部位只是梁的局部区域，故公式中取 β_1 大于 1。当 σ 和 σ_c 同号时，其塑性变形能力低于 σ 和 σ_c 异号时的数值，因此对前者取 $\beta_1 = 1.1$，而对后者取 $\beta_1 = 1.2$。

复合应力作用下允许应力少量放大，不应理解为钢材的屈服强度增大，而应理解为允许塑性开展。这是因为最大应力出现在局部个别部位，基本不影响整体性能。

6.2 受弯构件的整体稳定

6.2.1 钢梁整体失去稳定性时，梁将发生较大的侧向弯曲和扭转变形，因此为了提高梁的稳定承载能力，任何钢梁在其端部支承处都应采取构造措施，以防止其端部截面的扭转。当有铺板密铺在梁的受压翼缘上并与其牢固相连，能阻止受压翼缘的侧向位移时，梁就不会丧失整体稳定，因此也不必计算梁的整体稳定性。

6.2.3 在两个主平面内受弯的构件，其整体稳定性计算很复杂，本条所列公式（6.2.3）是一个经验公式。1978 年国内曾进行过少数几根双向受弯梁的荷载试验，分三组共 7 根，包括热轧工字钢 I18 和 I24a 与一组单轴对称加强上翼缘的焊接工字梁。每组梁中 1 根为单向受弯，其余 1 根或 2 根为双向受弯（最大刚度平面内受纯弯和跨度中点上翼缘处受一水平集中力）以资对比。试验结果表明，双向受弯梁的破坏荷载都比单向低，三组梁破坏荷载的比值各为 0.91、0.90 和 0.88。双向受弯梁跨度中点上翼缘的水平位移和跨度中点截面扭转角也都远大于单向受弯梁。

用上述少数试验结果验证本条公式（6.2.3），证明是可行的。公式左边第二项分母中引进绕弱轴的截面塑性发展系数 γ_y，并不意味绕弱轴弯曲出现塑性，而是适当降低第二项的影响，并使公式与本章式（6.1.1）和式（6.2.2）形式上相协调。

6.2.4 对箱形截面简支梁，本条直接给出了其应满足的最大 h/b_0 和 l_1/b_0 比值。满足了这些比值，梁的整体稳定性就得到保证。由于箱形截面的抗侧向弯曲刚度和抗扭转刚度远远大于工字形截面，整体稳定性

很强，本条规定的 h/b_0 和 l_1/b_0 值很容易得到满足。

6.2.5 梁端支座，弯曲铰支容易理解也容易达成，扭转铰支却往往被疏忽，因此本条特别规定。对仅腹板连接的钢梁，因为钢梁腹板容易变形，抗扭刚度小，并不能保证梁端截面不发生扭转，因此在稳定性计算时，计算长度应放大。

6.2.6 减小梁侧向计算长度的支撑，应设置在受压翼缘，此时对支撑的设计可以参照本标准第 7.5.1 条用于减小压杆计算长度的侧向支撑。

6.2.7 本条针对框架主梁的负弯矩区的稳定性计算提出，负弯矩区下翼缘受压，上翼缘受拉，且上翼缘有楼板起侧向支撑和提供扭转约束，因此负弯矩区的失稳是畸变失稳。

将下翼缘作为压杆，腹板作为对下翼缘提供侧向弹性支撑的部件，上翼缘看成固定，则可以求出纯弯简支梁下翼缘发生畸变屈曲的临界应力，考虑到支座条件接近嵌固，弯矩快速下降变成正弯矩等有利因素，以及实际结构腹板高厚比的限值，腹板对翼缘能够提供强大的侧向约束，因此框架梁负弯矩区的畸变屈曲并不是一个需要特别加以精确计算的问题，因此本条提出了很简单的畸变屈曲临界应力公式（6.2.7-4）。

正则化长细比小于或等于 0.45 时，弹塑性畸变屈曲应力基本达到钢材的屈服强度，此时截面尺寸刚好满足式（6.2.7-1）。对于抗震设计，要求应更加严格。

不满足式（6.2.7-1），则设置加劲肋能够为下翼缘提供更加刚强的约束，并带动楼板对框架梁提供扭转约束。设置加劲肋后，刚度很大，一般不再需要计算整体稳定和畸变屈曲。

6.3 局 部 稳 定

6.3.1 对无局部压应力且承受静力荷载的工字形截面梁推荐按本标准第 6.4 节利用腹板屈曲后强度。保留了原规范对轻、中级吊车轮压允许乘以 0.9 系数的规定，是为了保持与原规范在一定程度上的连续性。

6.3.2 需要配置纵向加劲肋的腹板高厚比，不是按硬性规定的界限值来确定而是根据计算需要配置，但仍然给出高厚比的限值，并按梁受压翼缘扭转受到约束与否分为两档，即 $170\varepsilon_k$ 和 $150\varepsilon_k$；在任何情况下高厚比不应超过 250，以免高厚比过大时产生焊接翘曲。

6.3.3 本条基本保留了原规范的规定。由于腹板应力最大处翼缘应力也很大，后者对前者并不提供约束。将原规范式（4.3.3-2e）分母中的 153 改为 138。

式（6.3.3-1）代表弯曲应力、承压应力和剪应力共同作用下腹板发生屈曲的近似的相关公式。在设计简支吊车梁时，需要计算部位是弯矩最大部位和靠近支座的区格，弯矩最大截面，剪应力的影响比较

小，支座区格弯曲应力较小。

相关公式各项的分母，在各自的正则化长细比较小的时候，弹塑性局部屈曲的承载力都能够达到各自对应的屈服强度。在最不利的均匀受压的情况下，局部屈曲的稳定系数取 1.0 对应的正则化长细比大约在 0.7（美国 AISI 规范是 0.673）。钢梁腹板稳定性计算的三种应力的稳定性应好于均匀受压的，稳定系数取 1.0 的正则化长细比应大于 0.7，本条对弯曲、剪切和局部承压三种情况，分别取 0.85，0.8 和 0.9；弹性失稳的起点位置的正则化长细比分别取 1.25，1.2 和 1.2，弹性失稳阶段，式（6.3.3-5）、式（6.3.3-10）、式（6.3.3-15）的分子均为 1.1，这同样是为了与原规范保持一定程度上的连续性。弹塑性阶段，承载力和正则化长细比的关系是直线。

6.3.4 有纵向加劲肋时，多种应力作用下的临界条件也有改变。受拉翼缘和纵向加劲肋之间的区格，相关公式和仅设横向加劲肋者形式上相同，而受压翼缘和纵向加劲肋之间的区格则在原公式的基础上对局部压应力项加上平方。这一区格的特点是高度比宽度小很多，在 σ_c 和 σ（或 τ）的相关曲线上凸得比较显著。单项临界应力的计算公式都和仅设横向加劲肋时一样，只是由于屈曲系数不同，正则化宽厚比的计算公式有些变化。

局部横向压应力作用下，由于纵横加劲肋及上翼缘围合而成的区格高宽比常在 4 以上，宜作为上下两边支承的均匀受压板看待，取腹板有效宽度为 h_1 的 2 倍。当受压翼缘扭转未受到约束时，上下两端均视为铰支，计算长度为 h_1；扭转受到完全约束时，则计算长度取 $0.7h_1$。规范式（6.3.4-4）、式（6.3.4-5）就是这样得出的。

6.3.5 在受压翼缘与纵向加劲肋之间设置短加劲肋使腹板上部区格宽度减小，对弯曲压应力的临界值并无影响。对剪应力的临界值虽有影响，仍可用仅设横向加劲肋的临界应力公式计算，计算时以区格高度 h_1 和宽度 a_1 代替 h_0 和 a。影响最大的是横向局部压应力的临界值，需要用式（6.3.5-1）、式（6.3.5-2）代替式（6.3.4-2）、式（6.3.4-3）来计算 $\lambda_{n,c1}$。

6.3.6 为使梁的整体受力不致产生人为的侧向偏心，加劲肋最好两侧成对配置。但考虑到有些构件不得不在腹板一侧配置横向加劲肋的情况（见图 4），故本条增加了一侧配置横向加劲肋的规定。其外伸宽度应大于按公式（6.3.6-1）算得值的 1.2 倍，厚度应大于其外伸宽度的 1/15。其理由如下：

钢板横向加劲肋成对配置时，其对腹板水平轴

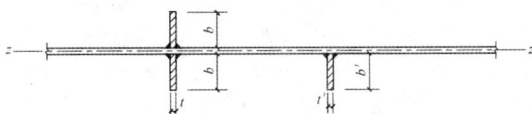

图 4 横向加劲肋的配置方式

（z-z 轴）的惯性矩 I_z 为：

$$I_z \approx \frac{1}{12}(2b_s)^3 t_s = \frac{2}{3} b_s^3 t_s \qquad (9)$$

一侧配置时，其惯性矩为：

$$I'_z \approx \frac{1}{12}(b'_s)^3 t'_s + b'_s t'_s \left(\frac{b'_s}{2}\right)^2 = \frac{1}{3}(b'_s)^3 t'_s \qquad (10)$$

两者的线刚度相等，才能使加劲效果相同。即：

$$\frac{I_z}{h_0} = \frac{I'_z}{h_0} \qquad (11)$$

$$(b'_s)^3 t'_s = 2b_s^3 t_s \qquad (12)$$

取：

$$t'_s = \frac{1}{15} b'_s \qquad (13)$$

$$t_s = \frac{1}{15} b_s \qquad (14)$$

则：

$$(b'_s)^4 = 2b_s^4 \qquad (15)$$

$$b'_s = 1.2b_s \qquad (16)$$

纵向加劲肋截面对腹板竖直轴线的惯性矩，本标准规定了分界线 $a/h_0 = 0.85$。当 $a/h_0 \leqslant 0.85$ 时，用公式（6.3.6-4）计算；当 $a/h_0 > 0.85$ 时，用公式（6.3.6-5）计算。

对于不受力加劲肋的厚度可以适当放宽，借鉴欧洲相关规范的规定，故取 $t_s \geqslant \frac{1}{19} b_s$。

对短加劲肋外伸宽度及其厚度均提出规定，其根据是要求短加劲肋的线刚度等于横向加劲肋的线刚度。即：

$$\frac{I_z}{h_0} = \frac{I_{zs}}{h_1} \qquad (17)$$

$$\frac{2b_s^3 t_s}{3h_0} = \frac{2b_{ss}^3 t_{ss}}{3h_1} \qquad (18)$$

取：

$$t_{ss} = \frac{b_{ss}}{15}, t_s = \frac{b_s}{15}, \frac{h_1}{h_0} = \frac{1}{4} \qquad (19)$$

得：

$$b_{ss} = 0.7b_s \qquad (20)$$

故规定短加劲肋外伸宽度为横向加劲肋外伸宽度的 0.7 倍～1.0 倍。

本条还规定了短加劲肋最小间距为 $0.75h_1$，这是根据 $a/h_2 = 1/2$、$h_2 = 3h_1$、$a_1 = a/2$ 等常用边长之比的情况导出的。

为了避免三向焊缝交叉，加劲肋与翼缘板相接处应切角，但直接受动力荷载的梁（如吊车梁）的中间加劲肋下端不宜与受拉翼缘焊接，一般在距受拉翼缘不少于 50mm 处断开，故对此类梁的中间加劲肋，本条第 8 款关于切角尺寸的规定仅适用于与受压翼缘相连接处。

6.4 焊接截面梁腹板考虑屈曲后强度的计算

本节条款暂不适用于吊车梁，原因是多次反复屈曲可能导致腹板边缘出现疲劳裂纹。有关资料还不充分。

利用腹板屈曲后强度，一般不再考虑纵向加劲

肋。对 Q235 钢，受压翼缘扭转受到约束的梁，当腹板高厚比达到 200 时（或受压翼缘扭转不受约束的梁，当腹板高厚比达到 175 时），受弯承载力与按全截面有效的梁相比，仅下降 5% 以内。

6.4.1 工字形截面梁考虑腹板屈曲后强度，包括单纯受弯、单纯受剪和弯剪共同作用三种情况。就腹板强度而言，当边缘正应力达到屈服点时，还可承受剪力 $0.6V_u$。弯剪联合作用下的屈曲后强度与此有些类似，剪力不超过 $0.5V_u$ 时，腹板受弯屈曲后强度不下降。相关公式和欧洲钢结构设计规范 EC3：Design of steel structures 相同。

梁腹板受弯屈曲后强度的计算是利用有效截面的概念。腹板受压区有效高度系数 ρ 和局部稳定计算一样以正则化宽厚比作为参数。ρ 值也分为三个区段，分界点和局部稳定计算相同。梁截面模量的折减系数 α_e 的计算公式是按截面塑性发展系数 $\gamma_x = 1$ 得出的偏安全的近似公式，也可用于 $\gamma_x = 1.05$ 的情况。如图 5 所示，忽略腹板受压屈曲后梁中和轴的变动，并把受压区的有效高度 $\rho、h_c$ 等分在两边，同时在受拉区也和受压区一样扣去 $(1-\rho)h_c t_w$，在计算腹板有效截面的惯性矩时不计扣除截面绕自身形心轴的惯性矩。算得梁的有效截面惯性矩为：

$$I_{xe} = \alpha_e I_x \tag{21}$$

$$\alpha_e = 1 - \frac{(1-\rho)h_c^3 t_w}{2I_x} \tag{22}$$

此式虽由双轴对称工字形截面得出，也可用于单轴对称工字形截面。

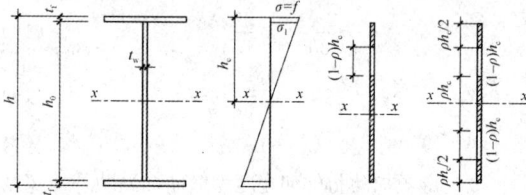

图 5　梁截面模量折减系数简化计算简图

梁腹板受剪屈曲后强度计算是利用拉力场概念。腹板的极限剪力大于屈曲剪力。精确确定拉力场剪力值需要算出拉力场宽度，比较复杂。为简化计算，条文采用相当于下限的近似公式。极限剪力计算也以相应的正则化宽厚比 $\lambda_{n,s}$ 为参数。计算 $\lambda_{n,s}$ 时保留了原来采用的嵌固系数 1.23。拉力场剪力值参考了欧盟规范的"简单屈曲后方法"。但是，由于拉力带还有弯曲应力，因此把欧盟规范的拉力场乘以 0.8。欧盟规范不计嵌固系数，极限剪应力并不比我们采用的高。

6.4.2 当利用腹板受剪屈曲后强度时，拉力场对横向加劲肋的作用可以分成竖向和水平两个分力。对中间加劲肋来说，可以认为两相邻区格的水平力由翼缘承受。因此这类加劲肋只按轴心压力计算其在腹板平面外的稳定。

对于支座加劲肋，当和它相邻的区格利用屈曲后强度时，则必须考虑拉力场水平分力的影响，按压弯构件计算其在腹板平面外的稳定。本条除给出支座反力的计算公式和作用部位外，还给出多加一块封头板时的近似计算公式。

6.5　腹板开孔要求

6.5.1 本条只给出了原则性的规定。实际腹板开孔梁多用于布设设备管线，避免管线从梁下穿过使建筑物层高增加的问题，尤其对高层建筑非常有利。

6.5.2 本条提出的梁腹板开洞时孔口及其位置的尺寸规定，主要参考美国钢结构标准节点构造大样。

用套管补强有孔梁的承载力时，可根据以下三点考虑：（1）可分别验算受弯和受剪时的承载力；（2）弯矩仅由翼缘承受；（3）剪力由套管和梁腹板共同担，即：

$$V = V_s + V_w \tag{23}$$

式中：V_s ——套管的受剪承载力；

V_w ——梁腹板的受剪承载力。

补强管的长度一般等于梁翼缘宽度或稍短，管壁厚度宜比梁腹板厚度大一级。角焊缝的焊脚长度可取 $0.7t$，t 为梁腹板厚度。

研究表明，腹板开孔梁的受力特性与焊接截面梁类似。当需要进行补强时，采用孔上下纵向加劲肋的方法明显优于横向或沿孔外围加劲效果。钢梁矩形孔被补强以后，弯矩可以仅由翼缘承担，剪力由腹板和补强板共同承担。对于矩形开孔，美国 Steel Design Guide Series 2 中给出了下面一些计算公式：

1 不带补强的腹板开孔梁最大受弯承载力 M_m 按下列公式进行计算［见图 6（a）］：

$$M_m = M_p \left[1 - \frac{\Delta A_s \left(\frac{h_0}{4} + e \right)}{Z} \right] \tag{24}$$

式中：M_p ——塑性极限弯矩，$M_p = f_y Z$（N·mm）；

ΔA_s ——腹板开孔削弱面积，$\Delta A_s = h_0 t_w$（mm^2）；

h_0 ——腹板开孔高度（mm）；

t_w ——腹板厚度（mm）；

e ——开孔偏心量，取正值（mm）；

Z ——未开孔截面塑性截面模量（mm^3）；

f_y ——钢材的屈服强度（N/mm^2）。

2 带补强的腹板开孔梁最大受弯承载力 M_m 按下列公式进行计算［见图 6（b）］：

当 $t_w e < A_r$ 时：

$$M_m = M_p \left[1 - \frac{t_w \left(\frac{h_0^2}{4} + h_0 e - e^2 \right) - A_r h_0}{Z} \right] \leqslant M_p \tag{25}$$

(a) 开孔不带补强

(b) 开孔带补强

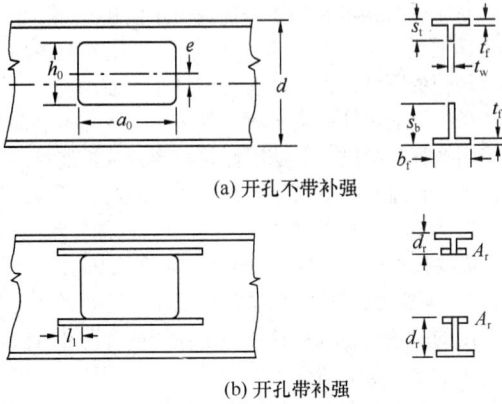

图 6 腹板开孔梁计算几何图形

当 $t_w e \geqslant A_r$ 时：

$$M_m = M_p \left[1 - \frac{\Delta A_s \left(\frac{h_0}{4} + e - \frac{A_r}{2t_w} \right)}{Z} \right] \leqslant M_p$$

(26)

式中：ΔA_s——腹板开孔削弱面积，$\Delta A_s = h_0 t_w - 2A_r$；

A_r——腹板单侧加劲肋截面积。

上式中带补强指的是腹板矩形开孔上下用加劲肋对称补强的情况，对其他形状的孔可以适当简化成矩形孔的情况进行处理。更多的情况详见美国 Steel Design Guide Series 2。

6.6 梁的构造要求

6.6.1 本条为新增条文。弧曲杆受弯时，上下翼缘产生平面外应力（图 7），对于圆弧，其值和曲率半径成反比，未设置加劲肋时，由梁腹板承其产生的拉力或压力，设置加劲肋后，则由加劲肋和梁腹板共同承担。翼缘除原有应力外，还应考虑其平面外应力，按三边支承板计算。

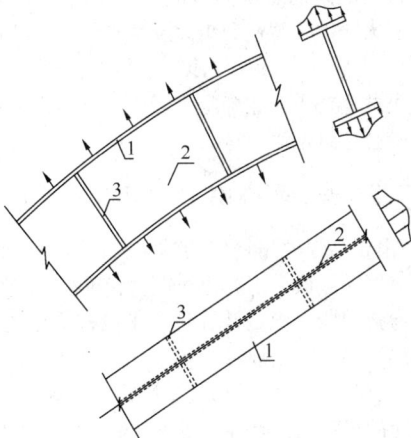

图 7 弧曲杆受力示意
（上翼缘受压下翼缘受拉）

1—翼缘；2—腹板；3—加劲肋

另外，需要注意的是，由于接近腹板处翼缘的刚度较大，因此按弹性计算时翼缘平面外应力分布呈距离腹板越近数值越大的规律，沿翼缘平面内应力的分布也呈同样特点。

6.6.2 多层板焊接组成的焊接梁，由于其翼缘板间是通过焊缝连接，在施焊过程中将会产生较大的焊接应力和焊接变形，且受力不均匀，尤其在翼缘变截面处内力线突变，出现应力集中，使梁处于不利的工作状态，因此推荐采用一层翼缘板。当荷载较大，单层翼缘板无法满足强度或可焊性的要求时，可采用双层翼缘板。

当外层翼缘板不通长设置时，理论截断点处的外伸长度 l_1 的取值是根据国内外的试验研究结果确定的。在焊接双层翼缘板梁中，翼缘板内的实测应力与理论计算值在距翼缘板端部一定长度 l_1 范围内是有差别的，在端部差别最大，往里逐渐缩小，直至距端部 l_1 处及以后，两者基本一致。l_1 的大小与有无端焊缝、焊缝厚度与翼缘板厚度的比值等因素有关。

7 轴心受力构件

7.1 截面强度计算

7.1.1 原规范在条文说明中给出了式（7.1.1-1）和式（7.1.1-2），并指出"如果今后采用屈强比更大的钢材，宜用这两个公式来计算，以确保安全"。当前，屈强比高于 0.8 的 Q460 钢已开始采用，为此，用这两个公式取代了净截面屈服的计算公式。对于 Q235 和 Q345 钢，用这两个公式可以节约钢材。

当沿构件长度有排列较密的螺栓孔时，应由净截面屈服控制，以免变形过大。

7.1.2 轴压构件孔洞有螺栓填充者，不必验算净截面强度。

7.1.3 有效截面系数是考虑了杆端非全部直接传力造成的剪切滞后和截面上正应力分布不均匀的影响。

7.2 轴心受压构件的稳定性计算

7.2.1 式（7.2.1）改用轴心压力设计值与构件承载力之比的表达式，有别于截面强度的应力表达式，使概念明确。

热轧型钢的残余应力峰值和钢材强度无关，它的不利影响随钢材强度的提高而减弱，因此，对屈服强度达到和超过 345MPa 的 $b/h > 0.8$ 的 H 型钢和等边角钢的稳定系数 φ 可提高一类采用。

板件宽厚比超过本标准第 7.3.1 条规定的实腹式构件应按本标准式（7.3.3-1）计算轴心受压构件的稳定性。

7.2.2 本条对原规范第 5.1.2 条进行了局部修改。截面单轴对称构件换算长细比的计算公式（7.2.2-4）

和单、双角钢的简化公式，都来自弹性稳定理论，这些公式用于弹塑性范围时偏于保守，原因是当构件进入非弹性后其弹性模量下降为 $E_t = \tau E$，但剪切模量 G 并不和 E 同步下降，在构件截面全部屈服之前可以认为 G 保持常量。计算分析和试验都表明，等边单角钢轴压构件当两端铰支且没有中间支点时，绕强轴弯扭屈曲的承载力总是高于绕弱轴弯曲屈曲承载力，因此条文明确指出这类构件无须计算弯扭屈曲，并删去了原公式（5.1.2-5）。双角钢截面轴压构件抗扭刚度较强，对弯扭屈曲承载力的影响较弱，仍保留原来的弹性公式，只是表达方式上作了改变。绕平行轴屈曲的单角钢压杆，一般在端部用一个肢连接，压力有偏心，并且中间常连有其他构件，其换算长细比的规定见本标准第 7.6 节。

本条增加了截面无对称轴构件弯扭屈曲换算长细比的计算公式（7.2.2-14）和不等边单角钢的简化公式（7.2.2-20）、公式（7.2.2-21），这些公式用于弹性构件，在非弹性范围偏于安全，若要提高计算精度，可以在式（7.2.2-22）的右端乘以

$$\sqrt{\tau} = \lambda_n \sqrt{1 - 0.21\lambda_n^2} \ (\text{用于} \ \lambda_n \leqslant 1.19) \quad (27)$$

式中：λ_n——构件正则化长细比，$\lambda_n = \dfrac{\lambda}{93} \cdot \dfrac{1}{\varepsilon_k}$，可取弱主轴 y 的长细比 λ_y。

用式（7.2.2-20）、式（7.2.2-21）计算 λ_{xyz} 时，所有 λ_z（包括公式适用条件）都乘以 $\sqrt{\tau}$。

7.2.3 对实腹式构件，剪力对弹性屈曲的影响很小，一般不予考虑。但是格构式轴心受压构件，当绕虚轴弯曲时，剪切变形较大，对弯曲屈曲临界力有较大影响，因此计算式应采用换算长细比来考虑此不利影响。换算长细比的计算公式是按弹性稳定理论公式经简化而得。

一般来说，四肢构件截面总的刚度比双肢的差，构件截面形状保持不变的假定不一定能完全做到，而且分肢的受力也较不均匀，因此换算长细比宜取值偏大一些。

7.2.4、7.2.5 对格构式受压构件的分肢长细比 λ_1 的要求，主要是为了不使分肢先于构件整体失去承载能力。对缀条组合的轴心受压构件，由于初弯曲等缺陷的影响，构件受力时呈弯曲状态，使两分肢的内力不等。对缀板组合轴心受压构件，与缀条组合的构件类似。

缀条柱在缀材平面内的抗剪与抗弯刚度比缀板柱好，故对缀材面剪力较大的格构式柱宜采用缀条柱。但缀板柱构件简单，故常用作轴心受压构件。

在格构式柱和大型实腹柱中设置横隔是为了增加抗扭刚度，根据我国的实践经验，本条对横隔的间距作了具体规定。

7.2.6 对双角钢或双槽钢构件的填板间距作了规定，对于受压构件是为了保证一个角钢或一个槽钢的稳

定；对于受拉构件是为了保证两个角钢和两个槽钢共同工作并受力均匀。由于此种构件两分肢的距离很小，填板的刚度很大，根据我国多年的使用经验，满足本条要求的构件可按实腹构件进行计算，不必对虚轴采用换算长细比。但是用普通螺栓和填板连接的构件，由于孔隙情况不同，容易造成两肢受力不等，连接变形达不到实腹构件的水平，影响杆件的承载力，因此需要按格构式计算，公式为本标准式（7.2.3-1）。

7.2.8 本条为新增内容，式（7.2.8）是基于稳定分析得出的。梭形钢管柱整体稳定性计算及设计方法主要参考清华大学的研究工作。首先，通过对梭形钢管柱整体弹性屈曲荷载的理论推导与数值计算结果的比对，提出了其换算长细比的计算公式。其次，利用大挠度弹塑性有限元数值分析方法，取多组算例对梭形钢管柱的稳定承载力进行研究，并形成梭形钢管柱的稳定承载力与换算长细比之间的曲线关系。最后，仍以上述换算长细比为基本参数，比较梭形钢管柱弹塑性计算稳定承载力与等截面柱子曲线之间的关系，进而合理确定梭形钢管柱整体稳定承载力的设计方法。在梭形柱弹塑性承载力数值计算中，考虑了柱子初始缺陷的不利影响，其楔率的变化范围在 0～1.5 之间。

7.2.9 空间多肢钢管梭形格构柱常用于轴心受压构件，在工程上应用愈来愈多，但目前缺乏设计理论指导。清华大学与同济大学的理论和试验研究结果表明，挺直钢管梭形格构柱的屈曲模态（最低阶）依据其几何及截面尺寸可能发生单波形的对称屈曲和反对称屈曲。通过理论推导与对大量的弹性屈曲有限元计算结果进行分析，证明公式（7.2.9-3）与（7.2.9-5）能够比较准确地估算钢管梭形格构柱的对称与反对称屈曲荷载。考虑其几何初始缺陷的影响，其破坏时的变形模式表现为单波形、非对称"S"形及反对称三种，取决于挺直钢管梭形格构柱的失稳模态与初始缺陷的分布及幅值大小。考虑钢管梭形格构柱的整体几何初始缺陷的影响（幅值取 $L/750$），对其承载力进行了大挠度弹塑性分析以及试验研究。研究结果表明，按照式（7.2.9-1）计算获得的换算长细比并采用 b 类截面柱子曲线确定钢管梭形格构柱整体稳定系数比较合适且偏于安全。

7.3 实腹式轴心受压构件的局部稳定和屈曲后强度

7.3.1 由于高强度角钢应用的需要，增加了等边角钢肢的宽厚比限值。不等边角钢没有对称轴，失稳时总是呈弯扭屈曲，稳定计算包含了肢件宽厚比影响，不再对局部稳定作出规定。

7.3.2 根据等稳准则，构件实际压力低于其承载力时，相应的局部屈曲临界力可以降低，从而使宽厚比限值放宽。

7.3.4 为计算简便起见，本条区分 ρ 是否小于 1.0 的界限由本标准式（7.3.1-3）、式（7.3.1-6）及式

(7.3.1-8) 确定，虽然对长细比大于 $52\varepsilon_k$ 的箱形截面和长细比大于 $80\varepsilon_k$ 的单角钢偏于安全。但和原规范第 5.4.6 条相比，本条已有较大的改进。

7.4 轴心受力构件的计算长度和容许长细比

7.4.1 本条沿用原规范第 5.3.1 条的一部分并补充了钢管桁架构件的计算长度系数。由于立体钢管桁架应用非常普遍，钢管桁架构件的计算长度系数应反映出立体钢管桁架与平面钢管桁架的区别。一般情况下，立体桁架杆件的端部约束比平面桁架强，故在本标准中对立体桁架与平面桁架杆件的计算长度系数的取值稍有区分，以反映其约束强弱的影响。

对于弦杆平面内计算长度系数的取值，考虑到平面桁架与立体桁架对杆件面内约束的差别不大，故均取 0.9。对于支座斜杆和支座竖杆，由于其受力较大，受周边构件的约束较弱，其计算长度系数取 1.0。

关于再分式腹杆体系的主斜杆和 K 形腹杆体系的竖杆在桁架平面内的计算长度，由于此种杆件的上段与受压弦杆相连，端部的约束作用较差，因此规定该段在桁架平面内的计算长度系数采用 1.0 而不采用 0.8。

7.4.2 桁架交叉腹杆的压杆在桁架平面外的计算长度，参考德国规范进行了修改，列出了四种情况的计算公式，适用两杆长度和截面均相同的情况。

7.4.3 桁架弦杆侧向支承点之间相邻两节间的压力不等时，通常按较大压力计算稳定，这比实际受力情况有利。通过理论分析并加以简化，采用了公式 (7.4.3) 的折减计算长度办法来考虑此有利因素的影响。

桁架再分式腹杆体系的受压主斜杆及 K 形腹杆体系的竖杆等，在桁架平面外的计算长度也应按式 (7.4.3) 确定（受拉主斜杆仍取 l_1）。

7.4.4 相邻侧面节点全部重合者，主杆绕非对称主轴（即最小轴）屈曲。节点部分重合者绕平行轴屈曲并伴随着扭转，计算长度因扭转因素而增大。节点全部不重合者同时绕两个主轴弯曲并伴随着扭转，计算长度增大得更多。

7.4.5 主斜杆对辅助杆提供平面外支点，因而计算长度需要增大。

7.4.6 构件容许长细比的规定，主要是避免构件柔度太大，在本身自重作用下产生过大的挠度和运输、安装过程中造成弯曲，以及在动力荷载作用下发生较大振动。对受压构件来说，由于刚度不足产生的不利影响远比受拉构件严重。

调查证明，主要受压构件的容许长细比值取为 150，一般的支撑压杆为 200，能满足正常使用的要求。考虑到国外多数规范对压杆的容许长细比值的规定均较宽泛，一般不分压杆受力情况均规定为

200，经研究并参考国外资料，在第 2 款中增加了内力不大于承载能力 50% 的杆件，其长细比可放宽到 200。

相比原规范，本条适当增加了容许长细比为 200 的构件范围。

7.4.7 受拉构件的容许长细比值，基本上保留了我国多年使用经验所规定的数值。

吊车梁下的交叉支撑在柱压缩变形影响下有可能产生压力，因此，当其按拉杆进行柱设计时不应考虑由于支撑的作用而导致的轴力降低。

桁架受压腹杆在平面外的计算长度取 l_0（见表 7.4.1-1）是以下端为不动点为条件的。为此，起支承作用的下弦杆必须有足够的平面外刚度。

7.4.8 平板柱脚在柱压力作用下有一定转动刚度，刚度大小和底板厚度有关，当底板厚度不小于柱翼缘厚度 2 倍时，柱计算长度系数可取 0.8。

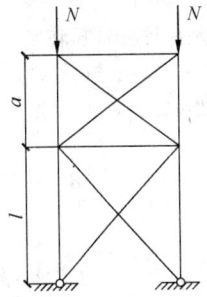

图 8　有支撑的二段柱

柱屈曲时上、下两段为一整体。考虑两段的相互约束关系，可以充分利用材料的潜力。

当柱分为两段时，计算长度可由下式确定（图 8）：

$$l_0 = \mu l \qquad (28)$$
$$\mu = 1 - 0.3(1-\beta)^{0.7} \qquad (29)$$

式中：β——短段与长段长度之比，$\beta = a/l$。

当采用平板柱脚，其底板厚度不小于翼缘厚度两倍时，下段长度可乘以系数 0.8。

7.5 轴心受压构件的支撑

7.5.1 本条除第 4 款、第 5 款外均沿用原规范第 5.1.7 条。当其他荷载效应使支撑杆件受压时，它的支撑作用相应减弱，原规范第 4 款规定有可能导致可靠度不足，现加以修改，还新增了第 5 款以保证支撑能够起应有的作用。

支撑多根柱的支撑，往往承受较大的支撑力，因此不能再只按容许长细比选择截面，需要按支撑力进行计算，且一道支撑架在一个方向所撑柱数不宜超过 8 根。

7.5.2 式 (7.5.2) 相当于本标准式 (7.5.1-3) 和式 (7.5.1-4) 的组合。

7.5.3 式 (7.5.3) 也可用于两主斜杆之间的辅助杆，此时 N 应取两主斜杆压力之和。

7.6 单边连接的单角钢

7.6.1 本条基本沿用原规范的规定。若腹杆与弦杆

在节点板同侧（图9），偏心较小，可按一般单角钢对待。

7.6.2 单边连接的单角钢交叉斜杆平面外稳定性计算，既要考虑杆与杆的约束作用，又要考虑端部偏心和约束的影响。端部偏心的状况随主杆截面不同而有所区别，需要采用不同的系数 α_e。

7.6.3 单边连接的单角钢受压后，不仅呈现弯曲，还同时呈现扭转。限制肢件宽厚比的目的主要是保证杆件扭转刚度达到一定水平，以免过早失稳。对于高强度钢材，这一限值有时难以达到，因此给出超限时的承载力计算公式。

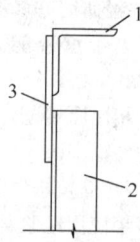

图9 腹板与弦杆的同侧连接
1—弦杆；2—腹杆；3—节点板

8 拉弯、压弯构件

8.1 截面强度计算

8.1.1 在轴心力 N 和弯矩 M 的共同作用下，当截面出现塑性铰时，拉弯或压弯构件达到强度极限，这时 N/N_p 和 M/M_p 的相关曲线是凸曲线（这里的 N_p 是无弯矩作用时全截面屈服的应力，M_p 是无轴力作用时截面的塑性铰弯矩），其承载力极限值大于按直线公式计算所得的结果。本标准对承受静力荷载或不需验算疲劳的承受动力荷载的拉弯和压弯构件，用塑性发展系数的方式将此有影响的部分计入设计中。对需要验算疲劳的构件则不考虑截面塑性的发展。

截面塑性发展系数 γ 的数值是与截面形式、塑性发展深度和截面高度的比值 μ、腹板面积和一个翼缘面积的比值 α 以及应力状态有关。截面板件宽厚比等级可按本标准表 3.5.1 根据各板件受压区域应力状态确定。

相比原规范，本条补充了圆形截面拉弯构件和压弯构件的计算。采用式（8.1.1-2）计算圆管件的双向压弯的应力，计算概念清晰。

8.2 构件的稳定性计算

8.2.1 压弯构件的（整体）稳定，对实腹式构件来说，要进行弯矩作用平面内和弯矩作用平面外稳定计算。

 1 弯矩平面内的稳定。实腹式压弯构件，当弯矩作用在对称轴平面内时（绕 x 轴），其弯矩作用平面内的稳定性应按最大强度理论进行分析。

 2 弯矩作用平面外的稳定性。压弯构件弯矩作用平面外的稳定性计算的相关公式是以屈曲理论为依据导出的。

原规范对等效弯矩系数的规定不够细致，大多偏于安全。此项系数不仅和弯矩图形有关，也和轴心压力与临界力之比有关，引进参数 N/N_{cr} 可以提高系数的精度，并且不增加很多计算工作量，因为它和式（8.2.1-1）中的 N/N'_{Ex} 只差一个 1.1 的系数。

另一方面，原规范对采用二阶内力分析时 β_{mx} 系数的规定不够恰当，本条进行了必要的改正。

和原规范类似，在本标准附录 C 中给出了工字形和 H 形截面 φ_b 系数的简化公式，用于压弯构件弯矩作用平面外的稳定计算。

8.2.2 弯矩绕虚轴作用的格构式压弯构件，其弯矩作用平面内稳定性的计算宜采用边缘屈服准则。弯矩作用平面外的整体稳定性不必计算，但要求计算分肢的稳定性。这是因为受力最大的分肢平均应力大于整体构件的平均应力，只要分肢在两个方向的稳定得到保证，整个构件在弯矩作用平面外的稳定也可以得到保证。

本条对原规范公式进行了修改，原公式是承载力的上限，尤其不适用 $\varphi_x \leqslant 0.8$ 的格构柱。

8.2.4 对双向压弯圆管柱而言，当沿构件长度分布的弯矩主矢量不在一个方向上时，根据有限元数值分析，适合于开口截面构件和箱形截面构件的线性叠加公式在许多情况下有较大误差，并可能偏于不安全。为此，本标准对两主轴方向不同端弯矩比值的双向压弯圆管柱进行了大量计算，回归总结了本条相关公式。当结构按平面分析或圆管柱仅为平面压弯时，按 $\beta = \beta_x$ 设定等效弯矩系数，这里的 x 方向为弯曲轴方向。计算分析表明，该公式具有良好精度。本条规定适合于计算柱段中没有很大横向力或集中弯矩的情况。

8.2.5 双向弯矩的压弯构件，其稳定承载力极限值的计算，需要考虑几何非线性和物理非线性问题。即使只考虑问题的弹性解，所得到的结果也是非线性的表达式。本标准采用的线性相关公式是偏于安全的。

采用此种线性相关公式的形式，使双向弯矩压弯构件的稳定计算与轴心受压构件、单向弯曲压弯构件以及双向弯曲的构件的稳定计算都能互相衔接。

8.2.6 对于双肢格构式压弯构件，当弯矩作用在两个主平面内时，应分两次计算构件的稳定性。第一次按整体计算时，把截面视为箱形截面。第二次按分肢计算时，将构件的轴心力 N 和最大弯矩设计值 M_x 按桁架弦杆那样换算为分肢的轴心力 N_1 和 N_2。

8.2.7 格构式压弯构件缀材计算时取用的剪力值：按道理，实际剪力与构件有初弯曲时导出的剪力是有可能叠加的，但考虑到这样叠加的机率很小，本标准规定的取两者中的较大值还是可行的。

8.2.8 压弯构件弯矩作用平面外的支撑，应将压弯构件的受压翼缘（对实腹式构件）或受压分肢（对格构式构件）视为轴心压杆计算各自的支撑力。应用本标准第 7.5.1 条时，轴心力 N 为受压翼缘或分肢所受应力的合力。应注意到，弯矩较小的压弯构件往往两侧翼缘或两侧分肢均受压；另外，对框架柱和墙架柱等压弯构件，弯矩有正、反两个方向，两侧翼缘或两侧分肢都有受压的可能性。这些情况的 N 应取为两侧翼缘或两侧分肢压力之和，最好设置双片支撑，每片支撑按各自翼缘或分肢的压力进行计算。

8.3　框架柱的计算长度

8.3.1　本条综合了原规范第 5.3.3 条、第 5.3.6 条的规定，增加了无支撑框架和有支撑框架 μ 系数的简化公式（8.3.1-1）和式（8.3.1-7）；改进了强弱支撑框架的分界准则和强支撑框架柱稳定系数计算公式，考虑到不推荐采用弱支撑框架，因此取消了弱支撑框架柱稳定系数的计算公式。

　　（1）材料是线弹性的；

　　（2）框架只承受作用在节点上的竖向荷载；

　　（3）框架中的所有柱子是同时丧失稳定的，即各柱同时达到其临界荷载；

　　（4）当柱子开始失稳时，相交于同一节点的横梁对柱子提供的约束弯矩，按柱子的线刚度之比分配给柱子；

　　（5）在无侧移失稳时，横梁两端的转角大小相等方向相反；在有侧移失稳时，横梁两端的转角不但大小相等而且方向亦相同。

　　根据以上基本假定，并为简化计算起见，只考虑直接与所研究的柱子相连的横梁约束作用，略去不直接与该柱子连接的横梁约束影响，将框架按其侧向支撑情况用位移法进行稳定分析。

　　附有摇摆柱的框（刚）架柱，其计算长度应乘以增大系数 η。多跨框架可以把一部分柱和梁组成框架体系来抵抗侧力，而把其余的柱做成两端铰接。这些不参与承受侧力的柱称为摇摆柱，它们的截面较小，连接构造简单，从而造价较低。不过这种上下均为铰接的摇摆柱承受荷载的倾覆作用必然由支持它的框（刚）架来抵抗，使框（刚）架柱的计算长度增大。公式（8.3.1-2）表达的增大系数 η 为近似值，与按弹性稳定导出的值接近且略偏安全。

8.3.2　带牛腿的常截面柱属于变轴力的压弯构件。过去设计这类构件，按照全柱都承受（N_1+N_2）轴力计算其稳定性，偏于保守。式（8.3.2-1）考虑了压力变化的实际条件，经济而合理。式（8.3.2-1）并未考虑相邻柱的支撑作用（相邻柱的起重机压力较小）。同时柱脚实际上并非完全刚性，这一不利因素没有加以考虑。两个因素同时忽略的结果略偏安全。

8.3.3　原规范的规定适用于重型厂房，框架横梁均为桁架。因桁架线刚度较大，与柱刚接时可视为无限刚性，原规范附录 D 表 D.0.4 就是按柱顶不能转动算得的。现在中型框架也采用单阶钢柱，但横梁为实腹钢梁，其线刚度不及桁架。虽然实腹梁对单阶柱也提供一定的转动约束，但还不到转角可以忽略的程

度，为此，需要增添上端有一定约束时 μ_2 系数的计算公式。

8.3.4　由于缀件或腹杆变形的影响，格构式柱和桁架式横梁的变形比具有相同截面惯性矩的实腹式构件大，因此计算框架的格构式柱和桁架式横梁的线刚度时，所用截面惯性矩要根据上述变形增大影响进行折减。对于截面高度变化的横梁或柱，计算线刚度时习惯采用截面高度最大处的截面惯性矩，根据同样理由，也应对其数值进行折减。

8.3.5　本条只是对原规范第 5.3.7 条进行了少量文字修改。

8.4　压弯构件的局部稳定和屈曲后强度

8.4.2　本条对原规范第 5.4.6 条进行了修改和补充。

　　1　本条有效宽度系数和本标准第 7.3.3 条有效屈服截面系数完全相同。第 7.3.3 条均匀受压正方箱形截面，四块壁板的宽厚比同样超限，整个截面的承载力乘以系数 ρ 进行折减，既可看作是 A 的折减系数，也可看作是 f 的折减系数。

　　2　当压弯构件的弯矩效应在相关公式中占有重要地位，且最大弯矩出现在构件端部截面时，强度验算显然应该针对该截面计算，A_{ne} 和 W_{nex} 都取自该截面。但构件稳定计算也取此截面的 A_e 和 W_{e1x} 则将低估构件的承载力，原因是各个截面的有效面积不相同。由于有效截面的形心偏离原截面形心，增加了式（8.4.2-9）~式（8.4.2-11）。

　　此时，计算构件在框架平面外的稳定性，可取计算段中间 1/3 范围内弯矩最大截面的有效截面特性。平面内稳定计算在没有适当计算方法之前则仍取弯矩最大处的有效截面特性，不过必然偏于安全。

8.5　承受次弯矩的桁架杆件

8.5.2　原规范第 8.4.5 条规定杆件为 H 形、箱形截面的桁架，当杆件较为短粗时，需要考虑节点刚性所引起的次弯矩，但如何考虑次弯矩的效应并未作出具体规定。拉杆和少数压杆在次弯矩和轴力共同作用下，杆端可能会出现塑性铰。在出现塑性铰后，由于塑性重分布，轴力仍然可以增大，直至达到 $N=Af_y$。但是，从工程实践角度弯曲次应力不宜超过主应力的 20%，否则桁架变形过大。因此只有杆件细长的桁架，次弯矩值相对较小，才能忽略次弯矩效应。此外，忽略次弯矩效应只限于拉杆和不先行失稳的压杆。次弯矩对压杆稳定性的不利影响始终存在，即使是次应力相对较小，也不能忽视。

9　加劲钢板剪力墙

9.1　一般规定

9.1.2　主要用于抗震的抗侧力构件不宜承担竖向荷

载，但是具体构造很难做到这一点，对这个要求应灵活理解：设置钢板剪力墙的开间的框架梁和柱，不能因为钢板剪力墙承担了竖向荷载而减小截面。这样即使钢板剪力墙发生了屈曲，在弹性阶段由钢板剪力墙承担的竖向荷载会转移到框架梁和柱，框架梁、柱也能够承担这部分转移过来的荷载，较大的梁柱截面还能够限制钢板剪力墙屈曲变形的发展。竖向加劲肋宜优先采用闭口截面加劲肋。

9.2 加劲钢板剪力墙的计算

9.2.2 加劲肋采取不承担竖向应力的构造的办法是在每层的钢梁部位，竖向加劲肋中断。不承担竖向荷载，使得地震作用下，加劲肋可以起到类似屈曲约束支撑的外套管那样的作用，能够提高钢板剪力墙的抗震性能（延性和耗能能力）。

9.2.3 为简化设计，本标准直接给出了加劲肋的间距要求，式（9.2.3-2）适用于竖向加劲肋采用闭口截面的情况，即加劲肋采用槽形或类似截面，其翼缘的开口边与钢板墙焊接形成闭口截面的情况。图10为加劲钢板剪力墙示意。

设计时，加劲肋分隔的区格，边长比宜限制在0.66～1.5之间。

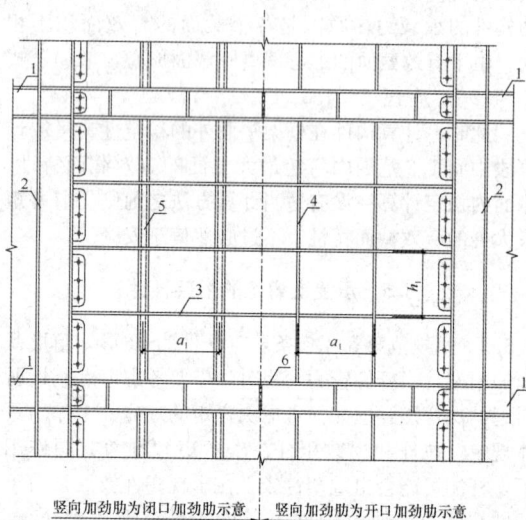

图 10 加劲钢板剪力墙示意

1—钢梁；2—钢柱；3—水平加劲肋；4—竖向开口加劲肋；
5—竖向闭口加劲肋；6—贯通式加劲肋兼梁的翼缘

9.2.4 经过分析表明，在设置了水平加劲肋的情况下，只要 η_x、$\eta_y \geqslant 22$，就不会发生整体的屈曲，计入一部分缺陷影响放大1.5倍即 η_x、$\eta_y \geqslant 33$。

竖向加劲肋，虽然不要求它承担竖向应力，但是无论采用何种构造，它都会承担荷载，其抗震刚度就要折减，因此对竖向加劲肋的刚度要求增加50%。

9.2.5 剪切应力作用下，竖向和水平加劲肋不受力，加劲肋的刚度完全被用来对钢板提供支撑，使其剪切

屈曲应力得到提高，此时按照支撑的概念来对设置加劲肋以后的临界剪应力提出计算公式。ANSYS 分析表明，《高层民用建筑钢结构技术规程》JGJ 99-98 的公式，即式（30）不够安全：

$$\tau_{cr} = 3.5 \frac{\pi^2}{h_s^2 t_s} D_x^{1/4} D_y^{3/4} \tag{30}$$

这个公式本身，按照正交异性板剪切失稳的理论分析来判断，已经非常保守，但与 ANSYS 的剪切临界应力计算结果相比仍然偏大。因此在剪切临界应力的计算上，我们放弃正交异性板的理论。

在竖向应力作用下，加劲钢板剪力墙的屈曲则完全不同，此时竖向加劲肋参与承受竖向荷载，并且还可能是钢板对加劲肋提供支承。

9.3 构造要求

9.3.2 虽然按本标准第9.2节计算加劲钢板剪力墙时不考虑屈曲后强度，但考虑到钢板剪力墙主要使用对象为多高层钢结构，同时一般均需考虑地震作用而且采用高延性-低承载力的抗震设计思路，在地震作用下考虑钢板剪力墙发生屈曲，弹性阶段由钢板剪力墙承担的竖向荷载将转移到框架梁和柱，因此钢板剪力墙与柱的连接应满足等强要求。但由于强烈地震后钢板剪力墙属可替换构件，连接构造要求可适当放宽，采用对接焊缝时焊缝质量可采用三级。另外，考虑施工安装的便利性，也可采用钢板与框架梁柱连接。

10 塑性及弯矩调幅设计

10.1 一 般 规 定

10.1.1 本条规定了塑性设计及弯矩调幅设计的应用范围。连续梁是塑性及弯矩调幅设计最适合应用的领域，多层框架在层侧移不大于允许侧移的50%时，如果当单层框架或采用塑性设计的多层框架的框架柱形成塑性铰，则框架柱需符合本标准第10.3.4条的规定。

对框架-支撑结构，按照协同分析，支撑架（核心筒）承担的水平荷载达到80%以上或支撑架（核心筒）实际上能够承担100%的水平力时，均可以对框架部分进行塑性设计。

当采用塑性或弯矩调幅设计时，构件计算及抗震设计（包括本标准第17章抗震性能化设计）采用的内力均应采用调整后的内力。

10.1.2 双向受弯构件，达到塑性铰弯矩、发生塑性转动后，相互垂直的两个弯矩如何发生塑性流动是很难掌握的，由此本条规定，塑性设计只适用于单向弯曲的构件。

10.1.3 本条规定了塑性设计承载力和使用极限状态

验算时采用的荷载。梁式塑性机构，是指仅在梁内形成塑性铰，是一种局部的塑性机构，一根梁形成塑性机构，使用极限状态的挠度应比照弹性计算的增大15%，然后与容许挠度进行比较。另外，本条允许采用弯矩调幅代替塑性机构分析，使得塑性设计能够结合到弹性分析的程序中去，将使得塑性设计实用化。目前规定弯矩调幅的最大幅度是 20%，而等截面梁形成塑性机构相当于调幅 30%，因此，目前的规定较为保守，确有经验时调幅幅度可适当增加。

10.1.4 塑性设计采用的钢材应保证塑性变形能力。

10.1.5 本条规定对构件的宽厚比采用区别对待的原则，形成塑性铰、发生塑性转动的部位，宽厚比要求较严，不形成塑性铰的部位，宽厚比放宽要求，使得塑性设计和采用弯矩调幅法设计的结构具有更好的经济性。

10.1.6 抗侧力系统的梁，承受较大的轴力，类似于柱子，不建议对其进行调幅。

10.1.7 塑性或弯矩调幅设计，直观上理解，其抗侧移刚度要比弹性设计的有所下降，因此本条规定框架柱发生有侧移失稳时，计算长度系数加大 10%，相当于假设刚度下降了 20%。框架发生无侧移失稳时，计算长度系数可以取为 1.0。

10.2 弯矩调幅设计要点

10.2.1 本条规定了框架-支撑结构，如果采用弯矩调幅设计框架梁，支撑架必须满足的条件。

10.2.2 弯矩调幅幅度不同，塑性开展的程度不一样，因此宽厚比的限值也不一样；对钢梁和组合梁的挠度计算也有所区别。

10.3 构件的计算

10.3.1 本条规定了塑性或弯矩调幅设计时，受弯构件的强度和稳定性计算方法。对于受弯构件采用弯矩调幅设计进行强度计算时，原规范塑性设计采用的截面塑性弯矩 M_p，本次修订为 $\gamma_x W_{nx} f$，原因如下：

1 对连续梁，采用 $\gamma_x W_{nx} f$，可以使得正常使用状态下，弯矩最大截面的屈服区深度得到一定程度的控制，减小使用阶段的变形；

2 对单层和没有设置支撑架的多层框架，如果形成塑性机构，则框架结构的物理刚度已经达到 0 的状态，但是此时框架上还有竖向重力荷载，重力荷载对于结构是一种负的刚度（几何刚度），因此在物理刚度已经为 0 的情况下，结构的总刚度（物理刚度与几何刚度之和）为负，按照结构稳定理论，此时已经超过了稳定承载力极限状态，荷载-位移曲线进入了卸载阶段。为避免这种情况的出现，在塑性弯矩的利用上应进行限制。

10.3.4 同时承受压力和弯矩的塑性铰截面，塑性铰转动时，会发生弯矩-轴力极限曲面上的塑性流动，

受力性能复杂化，因此形成塑性铰的截面，轴压比不宜过大。

10.4 容许长细比和构造要求

10.4.2 形成塑性铰的梁，侧向长细比应加以限制，以避免塑性弯矩达到之前发生弯扭失稳。

10.4.3 钢梁上翼缘有楼板时，不会发生侧向弯扭失稳，但可能发生受压下翼缘的侧向失稳，这是一种畸变屈曲。满足本条第 1 款，畸变屈曲不再会发生，因而无需采取措施，不满足则要采取额外的措施防止下翼缘的侧向屈曲。

本条的规定为住宅钢结构和办公楼避免角部设置不受欢迎的隅撑创造了条件。

11 连　接

11.1 一般规定

11.1.1 一般工厂加工构件采用焊接，主要承重构件的现场连接或拼接采用高强螺栓连接或焊接。

11.1.2 普通螺栓连接受力状态下容易产生较大变形，而焊接连接刚度大，两者难以协同工作，在同一连接接头中不得考虑普通螺栓和焊接的共同工作受力；同样，承压型高强度螺栓连接与焊缝变形不协调，难以共同工作；而摩擦型高强度螺栓连接刚度大，受静力荷载作用可考虑与焊缝协同工作，但仅限于在钢结构加固补强中采用栓焊并用连接。

11.1.3 C 级螺栓与孔壁间有较大空隙，故不宜用于重要的连接。例如：

1 制动梁与吊车梁上翼缘的连接：承受着反复的水平制动力和卡轨力，应优先采用高强度螺栓，其次是低氢型焊条的焊接，不得采用 C 级螺栓；

2 制动梁或吊车梁上翼缘与柱的连接：由于传递制动梁的水平支承反力，同时受到反复的动力荷载作用，不得采用 C 级螺栓；

3 在柱间支撑处吊车梁下翼缘与柱的连接，柱间支撑与柱的连接等承受剪力较大的部位，均不得用 C 级螺栓承受剪力。

11.1.5 本条参考了《钢结构焊接规范》GB 50661-2011 的第 5.1.1 条，对焊缝连接构造提出基本要求。值得说明的是，根据目前的疲劳试验结果，预留过焊孔的疲劳构造比实施交叉焊缝的疲劳构造性能差很多，该结果主要归功于近年焊接制造工艺技术的提升和改进，因此在精细工艺控制下允许部分交叉焊缝的存在。

1 根据试验，Q235 钢与 Q345 钢钢材焊接时，若用 E50XX 型焊条，焊缝强度比用 E43XX 型焊条时提高不多，设计时只能取用 E43XX 型焊条的焊缝强度设计值；此外，从连接的韧性和经济方面考虑，故

规定宜采用与低强度钢材相适应的焊接材料；

2 焊缝在施焊后，由于冷却引起了收缩应力，施焊的焊脚尺寸愈大，则收缩应力愈大，故规定焊脚尺寸不要过分加大；

3 在大面积板材（如实腹梁的腹板）的拼接中，往往会遇到纵横两个方向的拼接焊缝。过去这种焊缝一般采用T形交叉，有意避开十字形交叉。但根据国内有关单位的试验研究和使用经验以及两种焊缝形式机械性能的比较，十字形焊缝可以应用于各种结构的板材拼接中。从焊缝应力的观点看，无论十字形或T形，其中只有一条后焊焊缝的内应力起主导作用，先焊好的一条焊缝在焊缝交叉点附近受后焊焊缝的热影响已释放了应力。因此可采用十字形或T形交叉。当采用T形交叉时，一般将交叉点的距离控制在200mm以上。

11.1.6 本条参考了《钢结构焊接规范》GB 50661-2011的第5.1.5条。条文对焊缝质量等级的选用作了较具体的规定，这是多年实践经验的总结。众所周知，焊缝的质量等级是由现行国家标准《钢结构工程施工质量验收规范》GB 50205规定，为避免设计中的某些模糊认识，本条内容实质上是对过去工程实践经验的系统总结，并根据本标准修订过程中收集到的意见加以补充修改而成。条文所遵循的原则为：

1 焊缝质量等级主要与其受力情况有关，受拉焊缝的质量等级要高于受压或受剪的焊缝；受动力荷载的焊缝质量等级要高于受静力荷载的焊缝；

2 凡对接焊缝，除非作为角焊缝考虑的部分熔透的焊缝，一般都要求熔透并与母材等强，故需要进行无损探伤；对接焊缝的质量等级不宜低于二级；

3 在建筑钢结构中，角焊缝一般不进行无损探伤检验，但对外观缺陷的等级见《钢结构工程施工质量验收规范》GB 50205-2001附录A，可按实际需要选用二级或三级；

4 根据现行国家标准《焊接术语》GB/T 3375，凡T形、十字形或角接接头的对接焊缝基本上都没有焊脚，这不符合建筑钢结构对这类接头焊缝截面形状的要求。为避免混淆，对上述对接焊缝应一律按现行国家标准《焊接术语》GB/T 3375书写为"对接与角接组合焊缝"（下同）。

本条是供设计人员如何根据焊缝的重要性、受力情况、工作条件和设计要求等对焊缝质量等级的选用作出原则和具体规定，而本标准表4.4.5则是根据对接焊缝的不同质量等级对各种受力情况下的强度设计值作出规定，这是两种性质不同的规定。在表4.4.5中，虽然受压和受剪的对接焊缝不论其质量等级如何均具有相同的强度设计值，但不能据此就误认为这种焊缝可以不考虑其重要性和其他条件而一律采用三级焊缝。正如质量等级为一、二级的受拉对接焊缝虽具有相同的强度设计值，但设计时不能据此一律选用二

级焊缝的情况相同。

另外，为了在工程质量标准上与国际接轨，对要求熔透的与母材等强的对接焊缝（不论是承受动力荷载或静力荷载，亦不论是受拉或受压），其焊缝质量等级均不宜低于二级，因为在美国《钢结构焊接规范》AWS中对上述焊缝的质量均要求进行无损探伤，而我国规范对三级焊缝是不进行无损探伤的。

11.1.7 焊接性试验指评定母材金属的试验，钢材的焊接性指钢材对焊接加工的适应性，是用以衡量钢材在一定工艺条件下获得优质接头的难易程度和该接头能否在使用条件下可靠运行的具体技术指标。焊接性试验是对设计首次使用的钢种可焊性的具有探索性的科研试验，具有一定的风险性。

新钢种焊接性试验主要分为直接性试验和间接性试验，间接性试验包括SH-CCT图、WM-CCT图、冷、热裂纹敏感性试验，再热裂纹敏感性试验，层状撕裂窗口试验等。焊接性试验是焊接工艺评定的技术依据，国际上明确规定由钢材供应商和科研机构进行这样的工作，而我国没有明确规定，在采用新钢种设计的焊接工程中，本条规定避免了遗漏不可缺少的焊接性试验。

焊接工艺评定是在钢结构工程开始焊接前，按照焊接性试验结果所拟定的焊接工艺，根据现行国家标准《钢结构焊接规范》GB 50661的有关规定测定焊接接头是否具有所要求的使用性能，从而验证所拟定的焊接工艺是否正确的技术工作。钢结构进行焊接工艺评定的主要目的如下：

1 验证所拟定的焊接工艺是否正确。

这项工作包括通过金属焊接性试验或根据有关焊接性能的技术资料所拟定的工艺，也包括已经评定合格，但由于某种原因需要改变一个或一个以上的焊接工艺参数的工艺。

金属焊接性试验制定的工艺也经历了一系列试验，是具有探索性，同时也具有一定风险性的科研工作，主要任务是研究钢材的焊接性能。由于目的不同，与实际工程相比，焊接条件尚存在一定的差距，需要把实验室的数据变为工程的工艺，因此需要进行检验。

2 评价施工单位是否能焊出符合有关要求的焊接接头。

焊接工艺评定具有不可输入性，不可以转让。焊接工艺评定必须根据本单位的实际情况来进行。因为焊接质量由"人员、机器、物料、方法、环境"五大管理要素决定，单位不同其管理要素也不同，所完成的焊接工艺评定的水平也不同，进而带来的焊接技术也不同。事实上，在进行焊接工艺评定的过程中，有的单位经常有不合格的情况发生，充分证实了这一点。

11.1.8 结构的安装连接构造除应考虑连接的可靠性

外，还必须考虑施工方便。

1 根据连接的受力和安装误差情况分别采用 C 级螺栓、焊接、高强螺栓或栓焊接头连接。其选用原则是：

1）凡沿螺栓杆轴方向受拉的连接或受剪力较小的次要连接，宜用 C 级螺栓；

2）凡安装误差较大的，受静力荷载或间接受动力荷载的连接，可优先选用焊接或者栓焊连接；

3）凡直接承受动力荷载的连接或高空施焊困难的重要连接，均宜采用高强度螺栓摩擦型连接或者栓焊连接。

2 梁或桁架的铰接支承宜采用平板支座直接支于柱顶或牛腿上。

3 当梁或桁架与柱侧面连接时，应设置承力支托或安装支托。安装时，先将构件放在支托上，再上紧螺栓，比较方便。此外，这类构件的长度不能有正公差，以便于插接，承力支托的焊接，计算时应考虑施工误差造成的偏心影响。

4 除特殊情况外，一般不采用铆钉连接。

11.2 焊缝连接计算

11.2.1 凡要求等强的对接焊缝施焊时均应采用引弧板和引出板，以避免焊缝两端的起、落弧缺陷。在某些特殊情况下无法采用引弧板和引出板时，计算每条焊缝长度时应减去 $2t$（t 为焊件的较小厚度），因为缺陷长度与焊件的厚度有关，这是参照苏联钢结构设计规范的规定。

当承受轴心力的板件用斜焊缝对接，焊缝与作用力间的夹角 θ 符合 $\tan\theta \leqslant 1.5$ 时，其强度可不计算。

11.2.2 角焊缝两焊脚边夹角为直角的称为直角角焊缝，两焊脚边夹角为锐角或钝角的称为斜角角焊缝。角焊缝的有效面积应为焊缝计算长度与计算厚度（h_e）的乘积。对任何方向的荷载，角焊缝上的应力应视为作用在这一有效面积上。本条规定的计算方法仅适用于直角角焊缝的计算。

角焊缝按它与外力方向的不同可分为侧面焊缝、正面焊缝、斜焊缝以及由它们组合而成的围焊缝。由于角焊缝的应力状态极为复杂，因而建立角焊缝计算公式要靠试验分析。国内外的大量试验结果证明，角焊缝的强度和外力的方向有直接关系。其中，侧面焊缝的强度最低，正面焊缝的强度最高，斜焊缝的强度介于二者之间。

国内对直角角焊缝的大批试验结果表明：正面焊缝的破坏强度是侧面焊缝的 1.35 倍～1.55 倍。并且通过有关的试验数据，通过加权回归分析和偏于安全方面的修正，对任何方向的直角角焊缝的强度条件可用下式表达（图 11）：

$$\sqrt{\sigma_\perp^2 + 3(\tau_\perp^2 + \tau_{//}^2)} \leqslant \sqrt{3} f_f^w \qquad (31)$$

式中：$\sigma_\perp$ ——垂直于焊缝有效截面（$h_e l_w$）的正应力（N/mm²）；

$\tau_\perp$ ——有效截面上垂直焊缝长度方向的剪应力（N/mm²）；

$\tau_{//}$ ——有效截面上平行于焊缝长度方向的剪应力（N/mm²）；

f_f^w ——角焊缝的强度设计值（即侧面焊缝的强度设计值）（N/mm²）。

式（31）的计算结果与国外的试验和推荐的计算方法的计算结果是相符的。

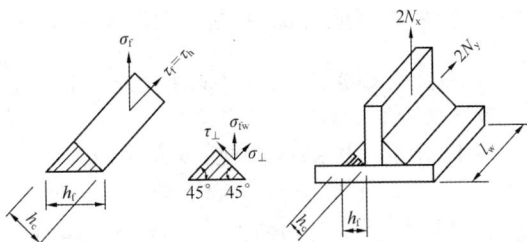

图 11　角焊缝的计算

现将式（31）转换为便于使用的计算式，如图 11 所示，令 σ_f 为垂直于焊缝长度方向按焊缝有效截面计算的应力：

$$\sigma_f = \frac{N_x}{h_e l_w} \qquad (32)$$

它既不是正应力也不是剪应力，但可分解为：

$$\sigma_\perp = \frac{\sigma_f}{\sqrt{2}}, \tau_\perp = \frac{\sigma_f}{\sqrt{2}} \qquad (33)$$

又令 τ_f 为沿焊缝长度方向按焊缝有效截面计算的剪应力，显然：

$$\tau_{//} = \tau_f = \frac{N_y}{h_e l_w} \qquad (34)$$

将上述 $\sigma_\perp$、$\tau_\perp$、$\tau_{//}$ 代入公式（31）中，得：

$$\sqrt{\left(\frac{\sigma_f}{\beta_f}\right)^2 + \tau_f^2} \leqslant f_f^w \qquad (35)$$

式中：β_f ——正面角焊缝强度的增大系数，$\beta_f = 1.22$。

对正面角焊缝，$N_y = 0$，只有垂直于焊缝长度方向的轴心力 N_x 作用：

$$\sigma_f = \frac{N_x}{h_e l_w} \leqslant \beta_f f_f^w \qquad (36)$$

对侧面角焊缝，$N_x = 0$，只有平行于焊缝长度方向的轴心力 N_y 作用：

$$\tau_f = \frac{N_y}{h_e l_w} \leqslant f_f^w \qquad (37)$$

对承受静力荷载和间接承受动力荷载的结构，采用上述公式，令 $\beta_f = 1.22$，可以保证安全。但对直接承受动力荷载的结构，正面角焊缝强度虽高但刚度较大，应力集中现象也较严重，又缺乏足够的试验依据，故规定取 $\beta_f = 1$。

当垂直于焊缝长度方向的应力有分别垂直于焊缝两个直角边的应力 σ_{fx} 和 σ_{fy} 时（图 12），可从公式

（31）导出下式：

$$\sqrt{\frac{\sigma_{fx}^2 + \sigma_{fy}^2 - \sigma_{fx}\sigma_{fy}}{\beta_f^2} + \tau_f^2} \leqslant f_f^w \qquad (38)$$

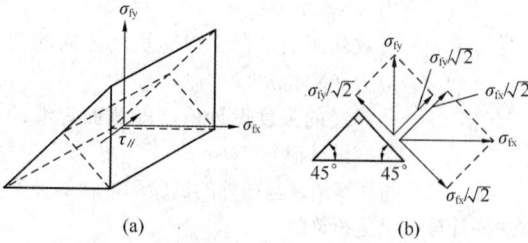

图 12　角焊缝 σ_{fx}、σ_{fy}、τ_f 共同作用

式中对使用焊缝有效截面受拉的 σ_{fx} 或 σ_{fy} 取为正值，反之取负值。

由于此种受力复杂的角焊缝还研究得不够，在工程实践中又极少遇到，所以未将此种情况列入标准。建议这种角焊缝采用不考虑应力方向的计算式进行计算，即：

$$\sqrt{\sigma_{fx}^2 + \sigma_{fy}^2 + \tau_f^2} \leqslant f_f^w \qquad (39)$$

11.2.3　在 T 形接头直角和斜角角焊缝的强度计算中，原规范规定锐角角焊缝 $\alpha \geqslant 60°$，钝角 $\alpha \leqslant 135°$。T 形接头角焊缝的计算厚度应按图 13 中的 h_{e1} 或 h_{e2} 取用。

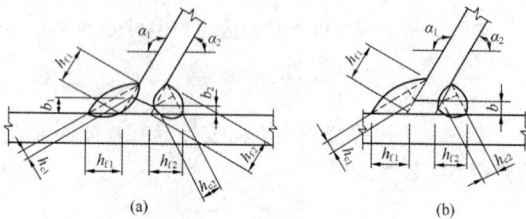

图 13　T 形接头的根部间隙和焊缝截面
b—根部间隙；h_f—焊脚尺寸；h_e—焊缝计算厚度

由图 13 中几何关系可知：

在锐角 α_2 一侧，$h_{e2} = \left[h_{f2} - \dfrac{b(\text{或 } b_2)}{\sin\alpha_2} \right] \dfrac{\cos\alpha_2}{2}$

$$\qquad (40)$$

在钝角 α_1 一侧，$h_{e1} = \left[h_{f1} - \dfrac{b(\text{或 } b_1)}{\sin\alpha_1} \right] \dfrac{\cos\alpha_1}{2}$

$$\qquad (41)$$

由此可得斜角角焊缝计算厚度 h_{ei} 的通式：

$$h_{ei} = \left[h_f - \frac{b(\text{或 } b_1、b_2)}{\sin\alpha_i} \right] \frac{\cos\alpha_i}{2} \qquad (42)$$

当 $b_i \leqslant 1.5\text{mm}$ 时，可取 $b_i = 0$，代入式（42）后，即得 $h_{ei} = h_{fi}\cos\alpha_i/2$

当 $b_i \geqslant 5\text{mm}$ 时，焊缝质量不能保证，应采取专门措施解决。一般是图 13（a）中的 b_1 可能大于 5mm，则可将板边切成图 13（b）的形式，并使 $b \leqslant 5\text{mm}$。

另外，本次修订增加了当 $30° \leqslant \alpha < 60°$ 及 $\alpha <$

30°时，斜角焊缝计算厚度的计算取值规定。

上述规定与现行国家标准《钢结构焊接规范》GB 50661 的规定相同。对于斜 T 形接头的角焊缝，在设计图中应绘制大样，详细标明两侧角焊缝的焊脚尺寸。

11.2.4　本条为原规范第 7.1.5 条的修改和补充。部分熔透对接焊缝及对接与角接组合焊缝，其焊缝计算厚度 h_e 应根据焊接方法、坡口形状及尺寸、焊接位置分别对坡口深度予以折减。其计算方法可按现行国家标准《钢结构焊接规范》GB 50661 执行。

部分焊透的对接焊缝，包括部分焊透的对接与角接组合焊缝，其工作情况与角焊缝类似，取 $\beta_f = 1.0$，即不考虑应力方向。

考虑到 $\alpha \geqslant 60°$ 的 V 形坡口，焊缝根部可以焊满，故取 $h_e = s$；当 $\alpha < 60°$ 时，取 $h_e = 0.75s$，是考虑焊缝根部不易焊满和在熔合线上强度较低的情况。

参照 AWS 1998，并与现行国家标准《钢结构焊接规范》GB 50661 相协调，将单边 V 形和 K 形坡口从 V 形坡口中分离出来，单独立项，并补充规定了这种焊缝计算厚度的计算方法。

严格地说，上述各种焊缝的计算厚度应根据焊接方法、坡口形式及尺寸和焊缝位置的不同分别确定，详见现行国家标准《钢结构焊接规范》GB 50661。由于差别较小，本条采用了简化的表达方式，其计算结果与现行国家标准《钢结构焊接规范》GB 50661 基本相同。

另外，由于熔合线上的焊缝强度比有效截面处低约 10%，所以规定为：当熔合线处焊缝截面边长等于或接近于最小距离 s 时，抗剪强度设计值应按角焊缝的强度设计值乘以 0.9。对于垂直于焊缝长度方向受力的不予焊透对接焊缝，因取 $\beta_f = 1.0$，已具有一定的潜力，此种情况不再乘以 0.9。

在垂直于焊缝长度方向的压力作用下，由于可以通过焊件直接传递一部分内力，根据试验研究，可将强度设计值乘以 1.22，相当于取 $\beta_f = 1.22$，而且不论熔合线处焊缝截面边长是否等于最小距离 s，均可如此处理。

11.2.5　塞焊焊缝、圆孔或槽孔内焊缝在抗剪连接和防止板件屈曲的约束连接中有较多应用，参照角焊缝的抗剪计算方法给出圆形塞焊焊缝、圆孔或槽孔内焊缝的抗剪承载力计算公式，参考了 Eurocode 3 part1.8 的规定。

11.2.6　考虑到大于 $60h_f$ 的长角焊缝在工程中的应用增多，在计算焊缝强度时可以不考虑超过 $60h_f$ 部分的长度，也可对全长焊缝的承载力进行折减，以考虑长焊缝内力分布不均匀的影响，但有效焊缝计算长度不应超过 $180h_f$，本条参考了 Eurocode 3 part1.8 的规定。

11.2.7 本条所列公式是工程中常用的方法，引入系数 β_f 是为了区分因荷载状态的不同使焊缝连接的承载力有差异。

对直接承受动力荷载的梁（如吊车梁），取 $\beta_f = 1.0$，对承受静力荷载或间接承受动力荷载的梁（当集中荷载处无支承加劲肋时），取 $\beta_f = 1.22$。

11.3 焊缝连接构造要求

11.3.1 本条为新增内容，原规范中对圆形塞焊焊缝、圆孔或槽孔内角焊缝没有作出规定，考虑工程中已有较多应用，因此将圆形塞焊焊缝、圆孔或槽孔内角焊缝列入标准，且只能用于抗剪和防止板件屈曲的约束连接。

11.3.3 本条与现行国家标准《钢结构焊接规范》GB 50661 的规定基本一致，取消了原规范直接承受动力荷载且需要进行疲劳计算的结构斜角坡度不大于 1∶4 的规定。

当较薄板件厚度大于 12mm 且一侧厚度差不大于 4mm 时，焊缝表面的斜度已足以满足和缓传递的要求；当较薄板件厚度不大于 9mm 且不采用斜角时，一侧厚度差容许值为 2mm；其他情况下，一侧厚度差容许值均为 3mm。

考虑到改变厚度时对钢板的切削很费事，故一般不宜改变厚度。

11.3.4 本条为塞焊、槽焊、角焊、对接焊接头承受动荷载时的规定，与现行国家标准《钢结构焊接规范》GB 50661 的规定保持一致。

对受动力荷载的构件，当垂直于焊缝长度方向受力时，未焊透处的应力集中会产生不利的影响，因此规定不宜采用。但当外荷载平行于焊缝长度方向时，如起重机臂的纵向焊缝［图 14（b）］、吊车梁下翼缘焊缝等，只承受剪应力，则可用于受动力荷载的结构。

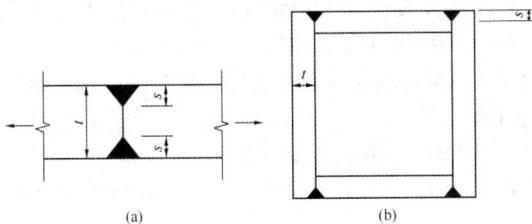

图 14 部分焊透的对接焊

11.3.5 本条为角焊缝的尺寸要求，与现行国家标准《钢结构焊接规范》GB 50661 的规定保持一致。

11.3.6 本条对搭接焊缝的要求，为原规范第 8.2.10 条～第 8.2.13 条的修改和补充，与现行国家标准《钢结构焊接规范》GB 50661 的规定保持一致。

为防止搭接部位角焊缝在荷载作用下张开，规定搭接连接角焊缝在传递部件受轴向力时应采用双角焊缝；同时为防止搭接部位受轴向力时发生偏转，规定了搭接连接的最小搭接长度。

为防止构件因翘曲一致使贴合不好，规定了搭接部位采用纵向角焊缝连接构件端部时的最小搭接长度，必要时增加横向角焊缝或塞焊。

使用绕角焊时可避免起落弧的缺陷发生在应力集中较大处，但在施焊时必须在转角处连续焊，不能断弧。

为防止焊接时材料棱边熔塌，规定了搭接焊缝与材料棱边的最小间距。

此外，根据实践经验，增加了薄板搭接长度不得小于 25mm 的规定。

11.3.7 本条对塞焊焊缝和槽焊焊缝的尺寸等细部构造做出了规定。

11.3.8 断续角焊缝是应力集中的根源，故不宜用于重要结构或重要的焊接连接。为保证构件受拉时有效传递荷载，受压时保持稳定，规定了断续角焊缝最大纵向间距。此外，断续角焊缝焊段的长度与现行国家标准《钢结构焊接规范》GB 50661 的规定保持一致。

11.4 紧固件连接计算

11.4.1 式（11.4.1-1）和式（11.4.1-2）的相关公式是保证普通螺栓或铆钉的杆轴不致在剪力和拉力联合作用下破坏；式（11.4.1-3）和式（11.4.1-4）是保证连接板件不致因承压强度不足而破坏。

11.4.2 本条参考了《钢结构高强度螺栓连接技术规程》JGJ 82-2011 第 4.1.1 条，当高强度螺栓摩擦型连接采用大圆孔或槽孔时应对抗剪承载力进行折减，乘以孔形折减系数 k_2。国内外研究和工程实践表明，摩擦型连接的摩擦面抗滑移系数 μ 主要与钢材表面处理工艺和涂层厚度有关，本条补充规定了对应不同接触面处理方法的抗滑移系数值。另外，根据工程实践及相关研究，本次修订调整了抗滑移系数，使其最大值不超过 0.45。

1 高强度螺栓摩擦型连接是靠被连接板叠间的摩擦阻力传递内力，以摩擦阻力刚被克服作为连接承载能力的极限状态。摩擦阻力值取决于板叠间的法向压力即螺栓预拉力 P、接触表面的抗滑移系数 μ 以及传力摩擦面数目 n_f，故一个摩擦型高强度螺栓的最大受剪承载力为 $n_f \mu P$ 除以抗力分项系数 1.111，即得：

$$N_v^b = 0.9 n_f \mu P \tag{43}$$

2 关于表 11.4.2-1 的抗滑移系数，这次修订时增加了 Q460 钢的 μ 值，考虑到高强度钢材连接需要较高的连接强度，故未列入接触面处理为钢丝刷清除浮锈或未经处理的干净轧制面的抗滑移系数。另外，原规范规定了当接触面处理为喷砂（丸）或喷砂（丸）后生赤锈时的 μ 值，本次修订考虑到生赤锈程度很难规范也无检验标准，故予取消。

考虑到酸洗除锈在建筑结构上很难做到，即使小型构件能用酸洗，但往往有残存的酸液会继续腐蚀摩擦面，故未列入。

在实际工程中，还可能采用砂轮打磨（打磨方向应与受力方向垂直）等接触面处理方法，其抗滑移系数应根据试验确定。

另外，按本标准式（11.4.2-1）计算时，没有限定板束的总厚度和连接板叠的块数，当总厚度超出螺栓直径的 10 倍时，宜在工程中进行试验以确定施工时的技术参数（如转角法的转角）以及受剪承载力。

3 高强度螺栓预拉力 P 的取值根据原规范的规定采用，预拉力 P 值以螺栓的抗拉强度为准，再考虑必要的系数，用螺栓的有效截面经计算确定。

拧紧螺栓时，除使螺栓产生拉应力外，还产生剪应力。在正常施工条件下，即螺母的螺纹和下支承面涂黄油润滑剂，或在供货状态原润滑剂未干的情况下拧紧螺栓，对应力会产生显著影响，根据试验结果其影响系数考虑为 1.2。

考虑螺栓材质的不均匀性，引进一折减系数 0.9。

施工时为了补偿螺栓预拉力的松弛，一般超张拉 5%～10%，为此采用一个超张拉系数 0.9。由于以螺栓的抗拉强度为准，为安全起见再引入一个附加安全系数 0.9，这样高强度螺栓预拉力值应由下式计算：

$$P = \frac{0.9 \times 0.9 \times 0.9}{1.2} f_u A_e \quad (44)$$

式中：f_u——螺栓经热处理后的最低抗拉强度（N/mm²）；对 8.8 级，取 $f_u = 830$N/mm²，对 10.9 级，取 $f_u = 1040$ N/mm²；

A_e——螺纹处的有效面积（mm²）。

本标准表 11.4.2-2 中的 P 值就是按式（44）计算的（取 5kN 的整倍数值），计算结果小于国外规范的规定值，AISC 1939 和 Eurocode 3 1993 均取预拉力 $P = 0.7 A_e f_u^t$，日本的取值亦与此相仿（日本《钢构造限界状态设计指针》1998）。

扭剪型螺栓虽然不存在超张拉问题，但国标中对 10.9 级螺栓连接副紧固轴力的最小值与本标准表 11.4.2-2 的 P 值基本相等，而此紧固轴力的最小值（即 P 值）却为其公称值的 0.9 倍。

4 关于摩擦型连接的高强度螺栓，其杆轴方向受拉的承载力设计值 $N_t^b = 0.8P$ 的问题：试验证明，当外拉力 N_t 过大时，螺栓将发生松弛现象，这样就丧失了摩擦型连接高强度螺栓的优越性。为避免螺栓松弛并保留一定的余量，因此本标准规定为：每个高强度螺栓在其杆轴方向的外拉力的设计值 N_t 不得大于 $0.8P$。

5 同时承受剪力 N_v 和栓杆轴向外拉力 N_t 的高强度螺栓摩擦型连接，其承载力可以采用直线相关公式表达，即本标准公式（11.4.2-3）。

11.4.3 本条为高强度螺栓承压型连接的计算要求。

1 制造厂生产供应的高强度螺栓并无用于摩擦型连接和承压型连接之分，采用的预应力也无区别；

2 由于高强度螺栓承压型连接是以承载力极限值作为设计准则，其最后破坏形式与普通螺栓相同，即栓杆被剪断或连接板被挤压破坏，因此其计算方法也与普通螺栓相同。但要注意：当剪切面在螺纹处时，其受剪承载力设计值应按螺栓螺纹处的有效面积计算（普通螺栓的抗剪强度设计值是根据连接的试验数据统计而定的，试验时不分剪切面是否在螺纹处，故普通螺栓没有这个问题）；

3 当承压型连接高强度螺栓沿杆轴方向受拉时，本标准表 4.4.6 给出了螺栓的抗拉强度设计值 $f_t^b \approx 0.48 f_u^b$，抗拉承载力的计算公式与普通螺栓相同，本款亦适用于未施加预拉力的高强度螺栓沿杆轴方向受拉连接的计算；

4 同时承受剪力和杆轴方向拉力的高强度螺栓承压型连接：当满足本标准公式（11.4.3-1）、式（11.4.3-2）的要求时，可保证栓杆不致在剪力和拉力联合作用下破坏。

本标准公式（11.4.3-2）是保证连接板件不致因承压强度不足而破坏。由于只承受剪力的连接中，高强度螺栓对板叠有强大的压紧作用，使承压的板件孔前区形成三向压应力场，因而其承压强度设计值比普通螺栓的要高得多。但对受有杆轴方向拉力的高强度螺栓，板叠之间的压紧作用随外拉力的增加而减小，因而承压强度设计值也随之降低。承压型高强度螺栓的承压强度设计值是随外拉力的变化而变化的。为了计算方便，本标准规定只要有外拉力作用，就将承压强度设计值除以 1.2 予以降低。所以本标准公式（11.4.3-2）中右侧的系数 1.2 实质上是承压强度设计值的降低系数。计算 N_c^b 时，仍应采用本标准表 4.4.6 中的承压强度设计值。

11.4.5 当构件的节点处或拼接接头的一端，螺栓（包括普通螺栓和高强度螺栓）或铆钉的连接长度 l_1 过大时，螺栓或铆钉的受力很不均匀，端部的螺栓或铆钉受力最大，往往首先破坏，并将依次向内逐个破坏。因此规定当 $l_1 > 15 d_0$ 时，应将承载力设计值乘以折减系数。

11.5 紧固件连接构造要求

11.5.1 本条与现行行业标准《钢结构高强度螺栓连接技术规程》JGJ 82 的规定基本一致。对普通螺栓的孔径 d_0 做出补充规定，并提出高强度螺栓摩擦型连接可采用大圆孔和槽孔。值得注意的是，只有采用标准孔时，高强度螺栓摩擦型连接的极限状态可转变为承压型连接，对于需要进行极限状态设计的连接节点尤其需要强调这一点。

11.5.2 本条是基于铆接结构的规定而统一用之于普通螺栓和高强度螺栓，其中高强度螺栓是经试验研究结果确定的，现将表11.5.2的取值说明如下：

1 紧固件的最小中心距和边距。

1）在垂直于作用力方向：

① 应使钢材净截面的抗拉强度大于或等于钢材的承压强度；

② 尽量使毛截面屈服先于净截面破坏；

③ 受力时避免在孔壁周围产生过度的应力集中；

④ 施工时的影响，如打铆时不振松邻近的铆钉和便于拧紧螺帽等。

2）顺内力方向，按母材抗挤压和抗剪切等强度的原则而定：

① 端距 $2d_0$ 是考虑钢板在端部不致被紧固件撕裂；

② 紧固件的中心距，其理论值约为 $2.5d$，考虑上述其他因素取为 $3d_0$。

2 紧固件最大中心距和边距。

1）顺内力方向：取决于钢板的紧密贴合以及紧固件间钢板的稳定；

2）垂直内力方向：取决于钢板间的紧密贴合条件。

11.5.3 本条为原规范第8.3.6条。防止螺栓松动的措施中除采用双螺帽外，尚有用弹簧垫圈，或将螺帽和螺杆焊死等方法。

11.5.4 当摩擦面处理方法相同且用于使螺栓受剪的连接时，从单个螺栓受剪的工作曲线（图15）可以看出：当以曲线上的"1"作为连接受剪承载力的极限时，即仅靠板叠间的摩擦阻力传递剪力，这就是摩擦型的计算准则。但实际上此连接尚有较大的承载潜力。承压型高强度螺栓是以曲线的最高点"3"作为连接承载力极限，因此更加充分利用了螺栓的承载能力。由于承压型连接和摩擦型连接是同一高强度螺栓连接的两个不同阶段，因此可将摩擦型连接定义为承压型连接的正常使用状态。另外，进行连接极限承载力计算时，承压型连接可视为摩擦型连接的损伤极限状态。

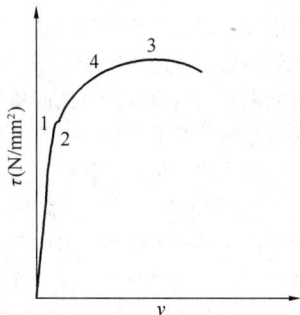

图15 单个螺栓受剪时的工作曲线

因高强度螺栓承压型连接的剪切变形比摩擦型的大，所以只适于承受静力荷载或间接承受动力荷载的结构中。另外，高强度螺栓承压型连接在荷载设计值作用下将产生滑移，也不宜用于承受反向内力的连接。

11.5.5 本条为原规范第8.3.7条。主要原因是型钢的抗弯刚度大，用高强度螺栓不易使摩擦面贴紧。

11.5.6 根据实践经验，允许在组合构件的缀条中采用1个螺栓（或铆钉）。某些塔桅结构的腹杆已有用1个螺栓的。

因撬力很难精确计算，故沿杆轴方向受拉的螺栓（铆钉）连接中的端板（法兰板），应采取构造措施（如设置加劲肋等）适当增强其刚度，以免有时撬力过大影响紧固件的安全。

11.6 销 轴 连 接

11.6.1 本节所有条文均为新增条文。结构工程中的销轴常用 Q235 或 Q345 等结构用钢，也有用 45 号钢、35CrMo 和 40Cr 等非结构常用钢材。现行国家标准《销轴》GB/T 882 对公称直径 3mm～100mm 的销轴作了规定。结构工程中荷载较大时需要用到直径大于 100mm 的销轴，目前没有标准的规格。也没有像精制螺栓这样的标准规定销轴的精度要求。因此设计人员在设计文件中应注明对销轴和耳板销轴孔精度、表面质量和销轴表面处理的要求。

对于非结构常用钢材按本标准4.1.5条规定的原则确定设计强度指标。

11.6.2 本条连接耳板的构造要求除宽厚比外，其余是参考美国标准 ANSI/AISC 360-05 Specification for Structural Steel Building 给出。宽厚比要求主要是考虑避免连接耳板端部平面外失稳而提出的。

11.6.3、11.6.4 这两条规定了销轴与连接板的计算。

销轴连接中耳板可能进入四种承载力极限状态（图16）。

1 耳板净截面受拉

美国标准 ANSI/AISC 360-05 Specification for Structural Steel Building、欧洲标准 EN 1993-1-8：2005 和我国行业标准《公路桥涵钢结构及木结构设计规范》JTJ 025-86 计算耳板净截面的受拉承载力可分别表达如下：

1）ANSI/AISC360-05：

$$\sigma = \frac{N}{2tb_{\text{eff}}} \leqslant 0.75 f_{\text{u}} \qquad (45)$$

2）EN1993-1-8：2005：

$$\sigma = \frac{N}{2t(b - d_0/3)} \leqslant f \qquad (46)$$

3）《公路桥涵钢结构及木结构设计规范》JTJ 025-86：

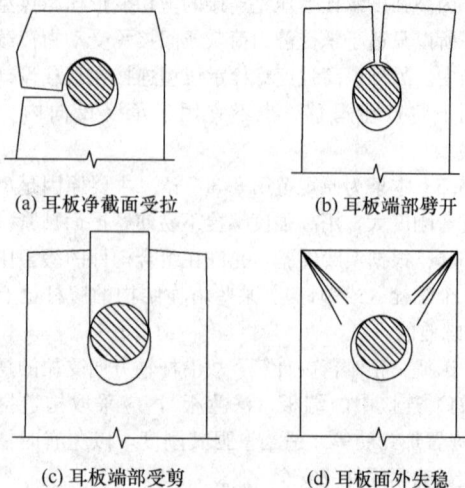

(a) 耳板净截面受拉　　　(b) 耳板端部劈开

(c) 耳板端部受剪　　　(d) 耳板面外失稳

图 16　销轴连接中耳板四种承载力极限状

$$\sigma = k_1 \frac{N}{2tb} \leqslant f \tag{47}$$

式中：$k_1 = 1.4$。

若用美国标准构造要求假定销轴连接的几何尺寸然后分别按美国标准和欧洲标准计算耳板净截面的抗拉承载力，发现两者相差很大，前者约为后者的 $1.2 \sim 4$ 倍。根据我国钢结构构件弹性设计极限状态的含义并考虑耳板净截面处应力分布不均匀性，我们参考欧洲标准并同时参考美国标准最大有效计算宽度提出本标准的计算公式。与我国行业标准《公路桥涵钢结构及木结构设计规范》JTJ 025-86 比较，本标准计算公式对应于 $k_1 = 1.33 \sim 1.54$。

2　耳板端部劈开强度计算

美国标准 ANSI/AISC 360-05 没有耳板端部劈开强度计算公式。但通过构造要求可有：

$$a \geqslant \frac{4}{3} b_{\text{eff}} \tag{48}$$

1）参考 ASME 2006 定义的公式可表达成：

$$\sigma = \frac{N}{t\left(1.13a + \dfrac{0.92b}{1 + b/d_0}\right)} \leqslant f \tag{49}$$

2）参考欧洲标准 EN 1993-1-8：2005 计算耳板端部尺寸 a 的公式，可表达成：

$$\sigma = \frac{N}{2t\left(a - \dfrac{2d_0}{3}\right)} \leqslant f \tag{50}$$

3）参考《公路桥涵钢结构及木结构设计规范》JTJ 025-86 可表达成：

$$\sigma = k_2 \frac{N}{ta} \leqslant f \tag{51}$$

式中：$k_2 = 2$。

我们用式（49）、式（50）试算，结果若满足式（50）则一般均能满足式（49）。本标准采用式（50），与我国行业标准 JTJ 025-86 比较，对应于 $k_2 = 1.65 \sim 2.08$。

3　耳板端部受剪承载力计算

美国标准 ANSI/AISC 360-05：

$$\tau = \frac{N}{2t(a + d_0/2)} \leqslant 0.75 \times 0.6 f_u \tag{52}$$

本标准根据两个受剪面实际尺寸，则：

$$\tau = \frac{N}{2tZ} \leqslant f_v \tag{53}$$

4　耳板面外失稳

在净截面抗拉强度计算中规定了有效宽度 $b_{\text{eff}} = 2t + 16$，一般能满足 $b_{\text{eff}} \leqslant 4t$，ASME 有关文献表明，当 $b_{\text{eff}} \leqslant 4t$ 时不会发生耳板面外失稳。

11.7　钢管法兰连接构造

11.7.1　当钢管直径较大时，法兰板一般采用环状，钢管与环板的连接应采用双面角焊缝；当钢管直径较小时，法兰板也可采用整板，当钢管与法兰板的连接采用单面角焊缝时，必须设置加劲肋。一般钢管法兰连接均需设置加劲肋。

另外，加劲板应保持平面稳定。焊缝尽量避免三向交汇。

11.7.2　法兰连接的用钢量较大，为提高连接效率，减少用钢量，宜采用高强度螺栓并尽量使螺栓贴紧管壁。

11.7.3　一般钢管内壁不作防腐蚀处理的方法为涂料防腐蚀或热喷锌铝复合涂层防腐蚀，两端作气密性封闭后内部不涂防腐蚀层，亦可防腐。热浸镀锌防腐蚀时，内外同浸锌，封闭后浸锌易爆裂，故不应封闭。

12　节　点

12.1　一般规定

12.1.1　随着钢结构的迅速发展，节点的形式与复杂性也大大增加，本章给出了典型钢结构节点的设计原则与设计方法。

12.1.2　节点的安全性主要决定于其强度与刚度，应防止焊缝与螺栓等连接部位开裂引起节点失效，或节点变形过大造成结构内力重分配。

12.1.3　应通过合理的节点构造设计，使结构受力与计算简图中的刚接、铰接等假定相一致，节点传力应顺畅，尽量做到相邻构件的轴线交汇于一点。

12.1.4　本标准未明确给出设计方法的特殊节点应通过有限元分析确定其承载力。由于对节点安全性的影响因素很多，经验往往不足，故新型节点宜通过试验验证其承载力。当采用有限元法计算节点的承载力时，一般节点允许局部进入塑性，但应严格控制节点板件、侧壁的变形量。重要节点应保持弹性。

12.1.5　节点设计应考虑加工制作、交通运输、现场安装的简单便捷，便于使用维护，防止积水、积尘，并采取有效的防腐、防火措施。

12.2 连接板节点

12.2.1 本条基本沿用原规范第 7.5.1 条。连接节点处板件在拉、剪共同作用下的强度计算公式是根据我国对双角钢杆件桁架节点板的试验研究中拟合出来的，它同样适用于连接节点处的其他板件，如本标准中图 12.2.1。

试验的桁架节点板大多数是弦杆和腹杆均为双角钢的 K 形节点，仅少数是竖杆为工字钢的 N 形节点。抗拉试验共有 6 种不同形式的 16 个试件。所有试件的破坏特征均为沿最危险的线段撕裂破坏，即图 17 中的 $\overline{BA}-\overline{AC}-\overline{CD}$ 二折线撕裂，其中 $\overline{AB}$、$\overline{CD}$ 与节点板的边界线基本垂直。

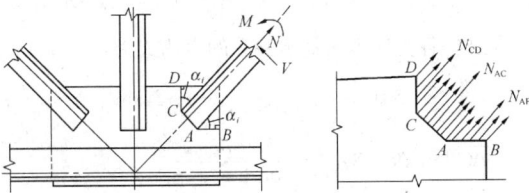

图 17 节点板受拉计算简图

本标准式（12.2.1-1）的推导过程如下：

在图 17 中，沿 BACD 撕裂线割取自由体，由于板内塑性区的发展引起的应力重分布，假定在破坏时撕裂面上各线段的应力 σ_i' 在线段内均匀分布且平行于腹杆轴力，当各撕裂段上的折算应力同时达到抗拉强度 f_u 时，试件破坏。根据平衡条件并忽略很小的 M 和 V，则：

$$\Sigma N_i = \Sigma \sigma_i' \cdot l_i \cdot t = N$$

式中 l_i 为第 i 撕裂段的长度，t 为节点板厚度。设 α_i 为第 i 段撕裂线与腹杆轴线的夹角，则第 i 段撕裂面上的平均正应力 σ_i 和平均剪应力 τ_i 为：

$$\sigma_i = \sigma_i' \sin\alpha_i = \frac{N_i}{l_i t} \sin\alpha_i$$

$$\tau_i = \sigma_i' \cos\alpha_i = \frac{N_i}{l_i t} \cos\alpha_i$$

$$\sigma_{red} = \sqrt{\sigma_i^2 + 3\tau_i^2} = \frac{N_i}{l_i t} \sqrt{\sin^2\alpha_i + 3\cos^2\alpha_i}$$
$$= \frac{N_i}{l_i t} \sqrt{1 + 2\cos^2\alpha_i} \leqslant f_u$$

$$N_i \leqslant \frac{1}{\sqrt{1 + 2\cos^2\alpha_i}} l_i t f_u$$

令 $\eta_i = 1/\sqrt{1 + 2\cos^2\alpha_i}$ 则：

$$N_i \leqslant \eta_i l_i t f_u \leqslant \eta_i A_i f_u$$
$$\Sigma N_i = \Sigma \eta_i A_i f_u \geqslant N_u \qquad (54)$$

按极限状态设计法，即：$\Sigma \eta_i A_i f \geqslant N$

式中：f——节点板钢材的强度设计值（N/mm²）；

N——斜腹杆的轴向内力设计值（N）；

A_i——为第 i 段撕裂面的净截面积（mm²）。

式（54）符合破坏机理，其计算值与试验值之比平均为 87.5%，略偏于安全且离散性较小。

12.2.2 考虑到桁架节点板的外形往往不规则，用本标准式（12.2.1-1）计算比较麻烦，加之一些受动力荷载的桁架需要计算节点板的疲劳时，该公式更不适用，故参照国外多数国家的经验，建议对桁架节点板可采用有效宽度法进行承载力计算。所谓有效宽度即认为腹杆轴力 N 将通过连接件在节点板内按照某一个应力扩散角传至连接件端部与 N 相垂直的一定宽度范围内，该一定宽度即称为有效宽度 b_e。

在试验研究中，假定 b_e 范围内的节点板应力达到 f_u，并令 $b_e t f_u = N_u$（N_u 为节点板破坏时的腹杆轴力），按此法拟合的结果：

当应力扩散角 $\theta = 27°$ 时精确度最高，计算值与试验值的比值平均为 98.9%；当 $\theta = 30°$ 时此比值为 106.8%。考虑到国外多数国家对应力扩散角均取 30°，为与国际接轨且误差较小，故亦建议取 $\theta = 30°$。

有效宽度法计算简单，概念清楚，适用于腹杆与节点板的多种连接情况，如侧焊、围焊和铆钉、螺栓连接等（当采用钢钉或螺栓连接时，b_e 应取为有效净宽度）。

当桁架弦杆或腹杆为 T 型钢或双板焊接 T 形截面时，节点构造方式有所不同，节点内的应力状态更加复杂，故本标准公式（12.2.1）和式（12.2.2）均不适用。

用有效宽度法可以制作腹杆内力 N 与节点板厚度 t 的关系表，我们先制作了 $N-\frac{t}{b}$ 表，反映了影响有效宽度的斜腹杆连接肢宽度 b 和侧焊缝焊脚尺寸 h_{f1}、h_{f2} 的作用，因而该表比以往的 N-t 表更精确。但由于表形较复杂且参数 b 和 h_f 的可变性较大，使用不便。为方便设计，便在 N-$\frac{t}{b}$ 表的基础上按不同参数组合下的最不利情况整理出 N-t 包络图（表 12），使该表具有较充分的依据，而且在常用不同参数 b、h_f 下亦是安全的。

表 12 单壁式桁架节点板厚度选用

桁架腹板内力或三角形屋架弦杆端节点内力 N （kN）	≤170	171～290	291～510	511～680	681～910	911～1290	1291～1770	1771～3090
中间节点板厚度 t (mm)	6	8	10	12	14	16	18	20

表 12 的适用范围为：

1 适用于焊接桁架的节点板强度验算，节点板钢材为 Q235，焊条 E43；

2 节点板边缘与腹杆轴线之间的夹角应不小于 30°；

3 节点板与腹杆周侧焊缝连接，当采用围焊时，节点板的厚度应通过计算确定；

4 对有竖腹杆的节点板，当 $c/t \leqslant 15\varepsilon_k$ 时，可不验算节点板的稳定；对无竖杆的节点板，当 $c/t \leqslant 10\varepsilon_k$ 时，可将受压腹杆的内力乘以增大系数 1.25 后再查表求节点饭厚度，此时亦可不验算节点极的稳定；式中 c 为受压腹杆连接肢端面中点沿腹杆轴线方向至弦杆的净距离。

对于表 12 中的单壁式桁架节点，支座节点板的厚度宜较中间节点板增加 2mm。

12.2.3 参照国外研究资料，补充了净截面计算时孔径扣除尺寸要求和修改了多排螺栓时应力扩散角的取值。本条为桁架节点板的稳定计算要求。

1 共做了 8 个节点板在受压斜腹杆作用下的试验，其中有无竖腹杆的各 4 个试件。试验表明：

    1) 当节点板自由边长度 l_f 与其厚度 t 之比 $l_f/t > 60\varepsilon_k$ 时，节点板的稳定性很差，将很快失稳，故此时应沿自由边加劲。

    2) 有竖腹杆的节点板或 $l_f/t \leqslant 60\varepsilon_k$ 的无竖腹杆节点板在斜腹杆压力作用下，失稳均呈 $\overline{BA}-\overline{AC}-\overline{CD}$ 三折线屈折破坏，其屈折线的位置和方向，均与受拉时的撕裂线类同。

    3) 节点板的抗压性能取决于 c/t 的大小（c 为受压斜腹杆连接肢端面中点沿腹杆轴线方向至弦杆的净距，t 为节点板厚度）。在一般情况下，c/t 愈大，稳定承载力愈低。

对有竖腹杆的节点板，当 $c/t \leqslant 15\varepsilon_k$ 时，节点板的抗压极限承载力 $N_{R,c}$ 与抗拉极限承载力 $N_{R,t}$ 大致相等，破坏的安全度相同，故此时可不进行稳定验算。当 $c/t > 15\varepsilon_k$ 时，$N_{R,c} < N_{R,t}$，应按本标准附录 F 的近似法验算稳定；当 $c/t > 22\varepsilon_k$ 时，近似法算出的计算值将大于试验值，不安全，故规定 $c/t \leqslant 22\varepsilon_k$。

对无竖腹杆的节点板，$N_{R,c} < N_{R,t}$，故一般都应该验算稳定，当 $c/t > 17.5\varepsilon_k$ 时，节点板用近似法的计算值将大于试验值，不安全，故规定 $c/t \leqslant 17.5\varepsilon_k$。

    4) $l_f/t > 60\varepsilon_k$ 的无竖腹杆节点板沿自由边加劲后，在受压斜腹杆作用下，节点板呈 $\overline{BA}-\overline{AC}$ 两折线屈折，这是由于 $\overline{CD}$ 区因加劲加强后，稳定承载力有较大提高所致。但此时 $N_{R,c} < N_{R,t}$，故仍需验算稳定，不过仅需验算 $\overline{BA}$ 区和 $\overline{AC}$ 区而不必验算 $\overline{CD}$ 区而已。

2 本标准附录 F 所列桁架节点板在斜腹杆轴力作用下的稳定计算公式是根据 8 个试件的试验结果拟合出来的。根据破坏特征，节点板失稳时的屈折线主要是 $\overline{BA}-\overline{AC}-\overline{CD}$ 三折线形（见本标准附录 G 图 G.0.1）。为计算方便且与实际情况基本相符，假定 $\overline{BA}$ 平行于弦杆，$\overline{CD} \perp \overline{BA}$。

从试验可知，在斜腹杆轴压力 N 作用下，节点板内存在三个受压区，即 $\overline{BA}$ 区（FBGHA 板件）、$\overline{AC}$ 区（AIJC 板件）和 $\overline{CD}$ 区（CKMP 板件）。当其中某一个受压区先失稳后，其他各区立即相继失稳，因此有必要对三个区分别进行验算。其中 $\overline{AC}$ 区往往起控制作用。

计算时要先将腹杆轴压力 N 分解为三个平行分力各自作用于三个受压区屈折线的中点。平行分力的分配比例假定为各屈折线段在有效宽度线（在本标准附录 G 图 G.0.1 中为 $\overline{AC}$ 的延长线）上投影长度 b_i 与 Σb_i 的比值。然后再将此平行分力分解为垂直于各屈折线的力 N_i；N_i 应小于或等于各受压区板件的稳定承载力。而受压区板件则可假定为宽度等于屈折线长度的钢板，按轴压构件计算其稳定承载力。铜板长度取为板件的中线长度 c_i，计算长度系数经拟合后取为 0.8，长细比 $\lambda_i = \dfrac{l_{0i}}{i} = \dfrac{0.8c_i}{t/\sqrt{12}} = 2.77\dfrac{c_i}{t}$。

这样各受压板区稳定验算的表达式为：

$\overline{BA}$ 区：$N_1(N_{BA}) = \dfrac{b_1}{b_1+b_2+b_3}N\sin\theta_1 \leqslant l_1 t\varphi_1 f$

$\overline{AC}$ 区：$N_2(N_{AC}) = \dfrac{b_1}{b_1+b_2+b_3}N \leqslant l_2 t\varphi_2 f$

$\overline{CD}$ 区：$N_3(N_{CD}) = \dfrac{b_1}{b_1+b_2+b_3}N\cos\theta_1 \leqslant l_3 t\varphi_3 f$

其中 l_1、l_2、l_3 分别为各区屈折线 $\overline{BA}$、$\overline{AC}$、$\overline{CD}$ 的长度；b_1、b_2、b_3 为各屈折线在有效宽度线上的投影长度；t 为板厚；φ_i 为各受压板区的轴压稳定系数，按 λ_i 计算。

对 $l_f/t > 60\varepsilon_k$ 且沿自由边加劲的无竖腹杆节点板失稳时，一般呈 $\overline{BA}-\overline{AC}$ 两屈折线屈曲，显然，在 $\overline{CD}$ 区因加劲后其稳定承载力大为提高，已不起控制作用，故只需用上述方法验算 $\overline{BA}$ 区和 $\overline{AC}$ 区的稳定。

用上述拟合的近似法计算稳定的结果表明，试件的极限承载力计算值 $N_{R,c}$ 与试验值 $N_{R,c}^0$ 之比平均为 85%，计算值偏于安全。

3 为了尽量缩小稳定计算的范围，对于无竖腹杆的节点板，我们利用国家标准图集《梯形钢屋架》05G511 和《钢托架》05G513 中的 16 个节点，用同一根斜腹杆对节点板做稳定和强度计算，并进行对比以达到用强度计算的方法来代替稳定计算的目的。对比结果表明：

当 $c/t \leqslant 10\varepsilon_k$ 时，大多数节点的 N_c^s 大于 $0.9N_c^i$（N_c^s、N_c^i 为节点板的稳定和强度计算承载力），仅少数节点的 $N_c^s = (0.83 \sim 0.9)N_c^i$，此时的斜腹杆倾角 θ_1 大多接近 60°，这说明 θ_1 的大小对稳定承载力的影响较大。

因为强度计算时的有效宽度 $b_e = \overline{AC} + (l_{f1} + l_{f2})\tan 30°$，而稳定计算中假定斜腹杆轴压力 N 分配的有效宽度 $\Sigma b_i = b_e' = \overline{AC} + (l_{f1} + l_{f2})\sin\theta_1\cos\theta_1$（式中 l_{f1}、l_{f2} 为斜腹杆两侧角焊缝的长度）。当 $\theta_1 = 60°$ 或 30° 时，$\sin\theta_1\cos\theta_1 = 0.433$，与 $\tan 30°(=0.577)$ 相差

最大，此时的稳定计算承载力亦最低。设 $\overline{AC} = k(l_{f1} + l_{f2})$，经统计，$k \approx 0.356$，因此当 $\theta_1 = 60°$ 或 $30°$ 时的 b_e'、b_e 值分别为：

$$b_e' = (k+0.433)(l_{f1}+l_{f2}) = 0.789(l_{f1}+l_{f2})$$

$$b_e = (k+0.577)(l_{f1}+l_{f2}) = 0.933(l_{f1}+l_{f2})$$

由本标准附录 G 式（G.0.2-2），则 $N_c^c = l_2 t \varphi_2 f(b_1+b_2+b_3)/b_2$

∵ $l_2 = b_2$，$b_1+b_2+b_3 = b_e'$

∴ $N_c^c = b_e' t f \varphi_2$

当 $c/t = 10$ 时，$\lambda = 27.71$，$\varphi_2 = 0.94$（Q235 钢）和 0.91（Q420 钢），这样，稳定承载力计算值 N_c^c 与受拉计算抗力 N_t^c 之比为：

$$\frac{N_c^c}{N_t^c} = \frac{b_e' t f \varphi_2}{b_e t f} = \frac{0.789}{0.933} \times 0.944（或 0.910）$$

$$\approx 0.798 \sim 0.770,$$

$$\text{平均为 } 0.784。$$

因此对无竖腹杆的节点板，当 $c/t = 10\varepsilon_k$ 且 $30° \leqslant \theta_1 \leqslant 60°$ 时，可将按强度计算［公式（54）］的节点板抗力乘以折减系数 0.784 作为稳定承载力。考虑到稳定计算公式偏安全约近 15%，故可将折减系数取为 0.8（0.8/0.784=1.020），以方便计算。

当然，必要时亦可专门进行稳定计算，若 $c/t > 10\varepsilon_k$ 时，则应按近似公式计算稳定。

12.2.5 本条为新增条文。根据试验研究，在节点板板件（或梁翼缘）拉力作用下，柱翼缘有如两块受线荷载作用的三边嵌固板 $ABCD$、$A'B'C'D'$（见图 18），拉力在柱翼缘板的影响长度为 $p \approx 12t_c$，每块板所能承受的拉力可近似取为 $3.5f_{yc}t_c^2$，两嵌固边之间 CC' 范围内的受拉板（或梁翼缘）屈服，因此板件（或梁翼缘）传来拉力平衡式为：

$$2 \times 3.5t_c^2 f_{y,c} + f_{y,p}t_p(t_w+2s) = T \quad (55)$$

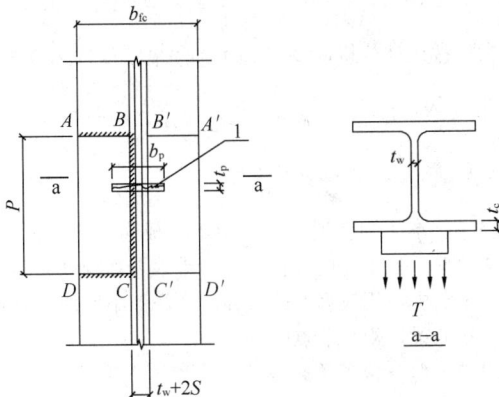

图 18　柱翼缘受力示意

1—荷载；T—拉力；P—影响长度

引入有效宽度 b_e 概念，令：

$$b_e t_p f_{y,p} = T \quad (56)$$

即可化为：

$$f_{y,p}t_p\left[7\frac{t_c^2 f_{y,c}}{t_p f_{y,p}}+(t_w+2s)\right] = b_e f_{y,p}t_p \quad (57)$$

得：

$$b_e = 7kt_c + t_w + 2s \quad (58)$$

$$k = \frac{t_c f_{y,c}}{t_p f_{y,p}} \quad (59)$$

式（58）即是欧洲钢结构设计规范 EC3：Design of steel structuresEurocode-3（BS EN1993-1-8：2005）中采用的板件或工字形、H 形截面梁的翼缘与工字形、H 形截面的未设水平加劲肋的柱相连，形成 T 形接合时，板件或梁的翼缘的有效宽度计算公式。考虑到柱翼缘中间和两侧部分刚度不同，难以充分发挥共同作用，翼缘承担的部分应有所减弱，为安全起见，同时与本标准第 12.3.4 条翼缘受拉情况公式建立条件（考虑了 0.8 折减系数）协调，系数 7 改为 5，这样与按有限元模拟加载试验所得结果较为接近。

12.2.6 本条沿用原规范第 8.4.6 条、第 8.2.11 条，取消了角钢的 L 形围焊。在桁架节点处各相互杆件连接焊缝之间宜留有一定的净距，以利施焊且改善焊缝附近钢材的抗脆断性能。本条根据我国的实践经验对节点处相邻焊缝之间的最小净距作出了具体规定。管结构相贯连接节点处的焊缝连接另有较详细的规定（见本标准第 13.2 节），故不受此限制。

围焊中有端焊缝和侧焊缝，端焊缝的刚度较大，弹性模量 $E \approx 1.5 \times 10^6$；而侧焊缝的刚度较小，$E \approx (0.7 \sim 1) \times 10^6$，所以在弹性工作阶段，端焊缝的实际负担要高于侧焊缝；但围焊试验中，在静力荷载作用下，届临塑性阶段时，应力渐趋于平均，其破坏强度与仅有侧焊缝时差不多，但其破坏较为突然且塑性变形较小。此外，从国内外几个单位所做的动力试验证明，就焊缝本身来说围焊比侧焊的疲劳强度高，国内某些单位曾在桁架的加固中使用了围焊，效果亦较好。但从"焊接桁架式钢吊车梁下弦及腹杆的疲劳性能"的研究报告中，认为当腹杆端部采用围焊时，对桁架节点板受力不利，节点板有开裂现象，故建议在直接承受动力荷载的桁架腹杆中，节点板应适当加大或加厚。鉴于上述情况，本标准规定：宜采用两面侧焊，也可用三面围焊。

围焊的转角处是连接的重要部位，如在此处熄火或起落弧会加剧应力集中的影响，故规定在转角处必须连续施焊。

12.3　梁柱连接节点

12.3.1、12.3.2 这两条为新增条文。

12.3.3 原规范以及现行国家标准《建筑抗震设计规范》GB 50011 的节点域计算公式，系参考日本 AIJ-ASD 的规定给出。AIJ-ASD 的节点域承载力验算公式，采用节点域受剪承载力提高到4/3倍的方式，以考虑略去柱剪力（一般的框架结构中，略去柱端剪力项，会导致节点域弯矩增加约1.1倍～1.2倍）、节点域弹性变形占结构整体的份额小、节点域屈服后的承载力有所提高等有利因素。鉴于节点域承载力的这种简化验算已施行了10多年，工程师已很习惯，故条文未改变其形式，只是根据最新资料和具体情况作一些修正。

节点域的受剪承载力与其宽厚比紧密相关。AIJ《钢结构接合部设计指针》介绍了受剪承载力提高系数取4/3的定量评估。定量评估均基于试验结果，并给出了试验的范围。据核算，试验范围的节点域受剪正则化宽厚比 $\lambda_{n,s}$ 上限为0.52。鉴于本标准中 $\lambda_{n,s}=0.8$ 是腹板塑性和弹塑性屈曲的拐点，此时节点域受剪承载力已不适宜提高到4/3倍。为方便设计应用，本次修订把节点域受剪承载力提高到4/3倍的上限宽厚比确定为 $\lambda_{n,s}=0.6$；而在 $0.6<\lambda_{n,s}\leqslant0.8$ 的过渡段，节点域受剪承载力按 $\lambda_{n,s}$ 在 f_v 和 $4/3f_v$ 之间插值计算。

参考日本 AIJ-LSD，轴力对节点域抗剪承载力的影响在轴压比较小时可略去，而轴压比大于0.4时，则按屈服条件进行修正。

$0.8<\lambda_{n,s}\leqslant1.2$ 仅用于门式刚架轻型房屋等采用薄柔截面的单层和低层结构。条文中的承载力验算式的适用范围为 $0.8<\lambda_{n,s}\leqslant1.4$，但考虑到节点域腹板不宜过薄，故节点域 $\lambda_{n,s}$ 的上限取为1.2。同时，由于一般情况下这类结构的柱轴力较小，其对节点域受剪承载力的影响可略去。如轴力较大，则可按板件局部稳定承载力相关公式采用 $\sqrt{1-N/(A\sigma_{cr})}$（$\sigma_{cr}$ 为受压临界应力）系数对节点域受剪承载力进行修正。但这种修正比较复杂，宜采用在节点域设置斜向加劲肋加强的措施。

12.3.4 梁与柱刚性连接时，如不设置柱腹板的横向加劲肋，对柱腹板和翼缘厚度的要求是：

1 在梁受压翼缘处，柱腹板的厚度应满足强度和局部稳定的要求。公式（12.3.4-1）是根据梁受压翼缘与柱腹板在有效宽度 b_e 范围内等强的条件来计算柱腹板所需的厚度。计算时忽略了柱腹板轴向（竖向）内力的影响，因为在主框架节点内，框架梁的支座反力主要通过柱翼缘传递，而连于柱腹板上的纵向梁的支座反力主要通过柱翼缘传递，而连于柱腹板上的纵向梁的支座反力一般较小，可忽略不计。日本和美国均不考虑柱腹板竖向应力的影响。

公式（12.3.4-2）是根据柱腹板在梁受压翼缘集中力作用下的局部稳定条件，偏安全地采用的柱腹板宽厚比的限值。

2 柱翼缘板按强度计算所需的厚度 t_c 可用本标准公式（12.3.4-4）表示，此式源于 AISC，其他各国亦沿用之。现简要推演如下（图19）：

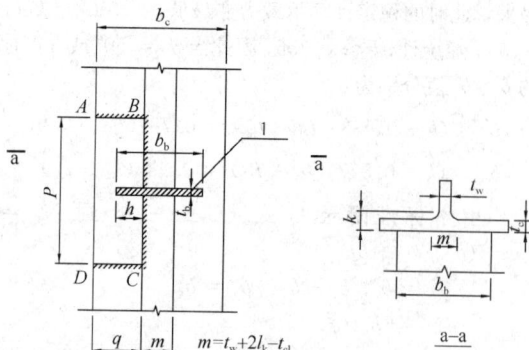

图19 柱翼缘在拉力下的受力情况
1—线荷载 T；T—拉力；P—影响长度

在梁受拉翼缘处，柱翼缘板受到梁翼缘传来的拉力 $T=A_{ft}f_b$（A_{ft} 为梁受拉翼缘截面积，f_b 为梁钢材抗拉强度设计值）。T 由柱翼缘板的三个组成部分承担，中间部分（分布长度为 m）直接传给柱腹板的力为 f_ct_bm，其余各由两侧 ABCD 部分的板件承担。根据试验研究，拉力在柱翼缘板上的影响长度 $p\approx12t_c$，并可将此受力部分视为三边固定一边自由的板件，在固定边将因受弯而形成塑性铰。因此可用屈服线理论导出此板的承载力设计值为 $p=C_1f_ct_c^2$，式中 C_1 为系数，与几何尺寸 p、h、q 等有关。对实际工程中常用的宽翼缘梁和柱，$C_1=3.5\sim5.0$，可偏安全地取 $p=3.5f_ct_c^2$。这样，柱翼缘板受拉时的总承载力为：$2\times3.5f_ct_c^2+f_ct_bm$。考虑到翼板中间和两侧部分的抗拉刚度不同，难以充分发挥共同工作，可乘以0.8的折减系数后再与拉力 T 相平衡：

$$\because \quad 0.8(7f_ct_c^2+f_ct_bm)\geqslant A_{ft}f_b$$

$$\therefore \quad t_c\geqslant\sqrt{\frac{A_{ft}f_b}{7f_c}\left(1.25-\frac{f_ct_bm}{A_{ft}f_b}\right)}$$

在上式中 $\dfrac{f_ct_bm}{A_{ft}f_b}=\dfrac{f_ct_bm}{b_bt_bf_b}=\dfrac{f_cm}{b_bf_b}$，$m/b_b$ 愈小，t_c 愈大。按统计分析，$f_cm/(b_bf_b)$ 的最小值约为0.15，以此代入，即得 $t_c\geqslant0.396\sqrt{\dfrac{A_{ft}f_b}{f_c}}$，即 $t_c\geqslant0.4\sqrt{\dfrac{A_{ft}f_b}{f_c}}$。

12.3.6 本条为新增条文，由于端板连接施工方便、做法简单、施工速度较快、受弯承载力和刚度大，在实际工程中应用较多，故此在本次修订中增加了对端板连接的梁柱刚性节点的规定。

12.3.7 本条为新增条文，具体规定了端板连接节点的连接方式，并规定了对高强螺栓设计与施工方面的要求。

12.4 铸 钢 节 点

12.4.1 本条为新增条文，铸钢节点主要适用于特殊部位、复杂部位、重点部位，其节点形式多种多样。

12.4.2 本条为新增条文，根据铸钢材料的特点，可以采用第四强度理论进行节点极限承载力计算。

12.4.3 本条为新增条文，铸钢节点的有限元分析应采用实体单元，径厚比不小于 10 的部位可采用板壳单元。作用于节点的外荷载和约束力的平衡条件应与设计内力保持一致，并应根据节点的具体情况确定与实际相似的边界条件。

铸钢节点属于下列情况之一时，宜进行节点试验：设计或建设方认为对结构安全至关重要的节点；8 度、9 度抗震设防时，对结构安全有重要影响的节点；铸钢件与其他构件采用复杂连接方式的节点。铸钢节点试验可根据需要进行验证性试验或破坏性试验。试件应采用与实际铸钢节点相同的加工制作参数。验证性试验的荷载值不应小于荷载设计值的 1.3 倍，根据破坏性试验确定的荷载设计值不应大于试验值的 1/2。

12.4.4 本条为新增条文，非焊接结构用铸钢节点的材料应符合现行国家标准《一般工程用铸造碳钢件》GB/T 11352 的要求，焊接结构用铸钢节点的材料应具有良好的可焊性，符合现行国家标准《焊接结构用铸钢件》GB/T 7659 的要求。铸钢节点与构件母材焊接时，在碳当量基本相同的情况下，可按与构件母材相同技术要求选用相应的焊条、焊丝与焊剂，并应进行焊接工艺评定。

12.4.5 根据铸造工艺的特点，提出对铸钢节点外形、壁厚等几何尺寸方面的要求。

12.4.6 提出对铸钢节点铸造质量、热处理工艺与容许误差等方面的要求。

12.5 预应力索节点

本节所有条文均为新增条文，包括了预应力索张拉节点、锚固节点与转折节点三种节点形式，分别对其计算分析要点、构造要求以及施工性能做出了相关规定。

12.5.3 本条规定主要针对钢结构中允许预应力索滑动时的情况，不适用于大跨度空间结构环向索与径向索不允许滑动的索夹节点等情况。

12.6 支 座

12.6.1 对工程中最常用的平板支座的设计作出了具体规定。

从钢材小试件的受压试验中看到，当高厚比不大于 2 时，一般不会产生明显的弯扭现象，应力超过屈服点时，试件虽明显缩短，但压力尚能继续增加。所以突缘支座的伸出长度不大于 2 倍端加劲肋厚度时，可用端面承压的强度设计值 f_{ce} 进行计算。否则，应将伸出部分作为轴心受压构件来验算其强度和稳定性。

12.6.2 本条沿用原规范第 7.6.2 条，弧形支座在目前应用比较多，辊轴支座目前仍有应用。

12.6.3 本条沿用原规范第 7.6.3 条。

12.6.4 本条在沿用原规范第 7.6.5 条的基础上增加了相关具体规定。橡胶支座有板式和盆式两种，板式承载力小，盆式承载力大，构造简单，安装方便。盆式橡胶支座除压力外还可承受剪力，但不能承受较大拔力，不能防震，容许位移值可达 150mm。但橡胶易老化，各项指标不易确定且随时间改变。

12.6.5 本条为原规范第 7.6.4 条的修改和补充。万向球形钢支座和新型双曲型钢支座可分为固定支座和可移动支座，其计算方法按计算机程序进行。在地震区则可采用相应的抗震、减震支座，其减震效果可由计算得出，最多能降低地震力 10 倍以上。这种支座可承受压力、拔力和各向剪力，其抗拔力可达 20000kN。

12.7 柱 脚

Ⅰ 一般规定

12.7.1 刚接柱脚按柱脚位置分为外露式、外包式、埋入式和插入式四种。四种柱脚的适用范围主要与现行行业标准《高层民用建筑钢结构技术规程》JGJ 99 的有关规定相协调，同时参考了国内相关试验研究以及多年来的工程实践总结。

Ⅱ 外露式柱脚

12.7.4 按我国习惯，柱脚锚栓不考虑承受剪力，特别是有靴梁的锚栓更不能承受剪力。但对于没有靴梁的锚栓，国外有两种意见，一种认为可以承受剪力，另一种则不考虑（见 G. BALLIO, F. M. MAZZOLANI 著《钢结构理论与设计》，冶金部建筑研究总院译，1985 年 12 月）。另外，在我国亦有资料建议，在抗震设计中可用半经验半理论的方法适当考虑外露式钢柱脚（不管有无靴梁）受压侧锚栓的抗剪作用，因此条文中采用"不宜"。至于摩擦系数的取值，现在国内外已普遍采用 0.4，故列入。

12.7.5 柱脚锚栓的工作环境变化较大，露天和室内工作的腐蚀情况不尽相同，对于容易锈蚀的环境，锚栓应按计算面积为基准预留适当腐蚀量。

12.7.6 本条主要是根据工程实践经验总结，对外露式柱脚的设计和构造做出了具体的规定。

非受力锚栓宜采用 Q235B 钢制成，锚栓在混凝土基础中的锚固长度不宜小于直径的 20 倍。当锚栓直径大于 40mm 时，锚栓端部宜焊锚板，其锚固长度不宜小于直径的 12 倍。

Ⅲ 外包式柱脚

12.7.7 外包式柱脚属于钢和混凝土组合结构，内力传递复杂，影响因素多，目前还存在一些未充分明晰的内容。因此，诸如各部分的形状、尺寸以及补强方法等构造要求较多。

混凝土外包式柱脚的钢柱弯矩（图20），大致上外包柱脚顶部钢筋位置处最大，底板处约为零。在此弯矩分布假定下所对应的承载机构如图21所示。也即在外包混凝土刚度较大且充分配置顶部钢筋的条件下，主要假定外包柱脚顶部开始从钢柱向混凝土传递内力。

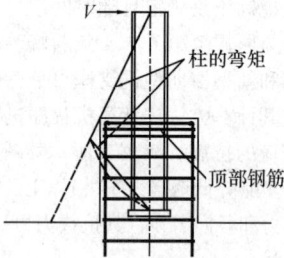

图20　外包式柱脚的弯矩

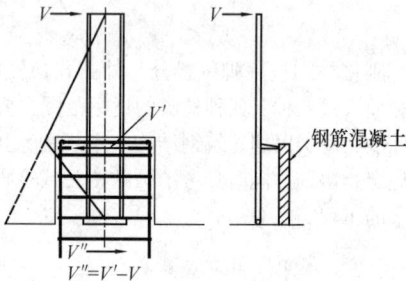

图21　计算简图

外包式柱脚典型的破坏模式（图22）有：钢柱的压力导致顶部混凝土压坏；外包混凝土剪力引起的斜裂缝；主筋在外包混凝土锚固区破坏；主筋弯曲屈服。

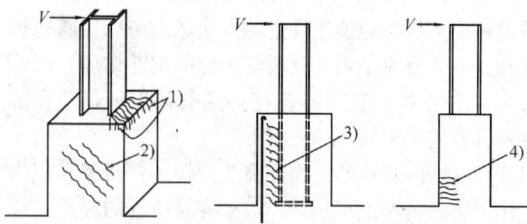

图22　外包式柱脚的主要破坏模式

其中，前三种破坏模式会导致承载力急剧下降，变形能力较差。因此外包混凝土顶部应配置足够的抗剪补强钢筋，通常集中配置3道构造箍筋，以防止顶部混凝土被压碎和保证水平剪力传递。外包式柱脚箍筋按100mm的间距配置，以避免出现受剪斜裂缝，并应保证钢筋的锚固长度和混凝土的外包厚度。

随外包柱脚加高，外包混凝土上作用的剪力相应变小，但主筋锚固力变大，可有效提高破坏承载力。外包混凝土高度通常取柱宽的2.5倍及以上。

综上所述，钢柱向外包混凝土传递内力在顶部钢

筋处实现，因此外包混凝土部分按钢筋混凝土悬臂梁设计（图23）即可。

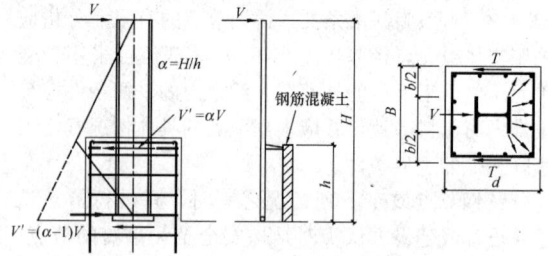

图23　外包式柱脚的计算概念图

外包混凝土尺寸较大时，放大柱脚底板宽度，柱外侧配置锚栓，可按这些锚栓承担一定程度的弯矩来设计外包式柱脚，其传力机构如图24所示，此时底板下部轴力和弯矩可分开处理。简言之，轴力由底板直接传递至基础，对于弯矩，受拉侧纵向钢筋和锚栓看作受拉钢筋，用柱脚内力中减去锚栓传递部分的弯矩。

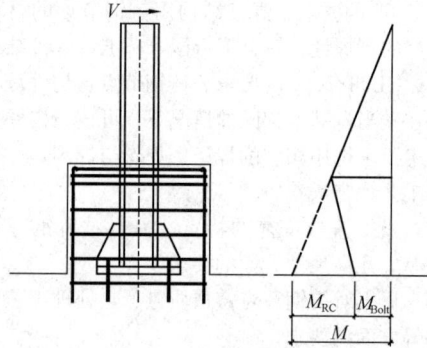

图24　外包式柱脚地脚螺栓的计算方法

柱脚受拉时，当在弯矩较小的钢柱中性轴附近追加设置锚栓时，较为简便的设计方法是由锚栓承担拉力。

外包式柱脚的柱底钢板可根据计算确定，但其厚度不宜小于16mm；锚栓直径规格不宜小于M16，且应有足够的锚固深度。

Ⅳ　埋入式柱脚

12.7.8　将钢柱直接埋入混凝土构件（如地下室墙、基础梁等）中的柱脚称为埋入式柱脚（图25）；而将钢柱置于混凝土构件上又伸出钢筋，在钢柱四周外包一段钢筋混凝土者为外包式柱脚，亦称为非埋入式柱脚。这两种柱脚常用于多、高层钢结构建筑物。本条规定与现行行业标准《高层民用建筑钢结构技术规程》JGJ 99 以及《钢骨混凝土结构设计规程》YB 9082 中相类似的构造要求相协调。

研究表明，栓钉对于传递弯矩和剪力没有支配作用，但对于抗拉，由于栓钉受剪，能传递内力。因此对于有拔力的柱，规定了宜设栓钉的要求。

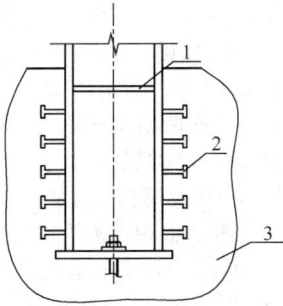

图 25 埋入式柱脚
1—加劲肋；2—栓钉；3—钢筋混凝土基础

12.7.9 柱脚边缘混凝土的承压应力主要依据钢柱侧面混凝土受压区的支承反力形成的抗力与钢柱的弯距和剪力平衡，便可得出钢柱与基础的刚性连接的埋入深度以及柱脚边缘混凝土的承压应力小于或等于混凝土抗压强度设计值的计算式。

Ⅴ 插入式柱脚

12.7.10 当钢柱直接插入混凝土杯口基础内用二次浇灌层固定时，即为插入式柱脚（图 26）。近年来，北京钢铁设计研究总院和重庆钢铁设计研究院等单位均对插入式钢柱脚进行过试验研究，并曾在多项单层工业厂房工程中使用，效果较好，并不影响安装调整。本条规定是参照北京钢铁设计研究总院土建三室于 1991 年 6 月编写的"钢柱杯口式柱脚设计规定"（土三结规 2-91）提出来的，同时还参考了有关钢管混凝土结构设计规程，其中钢柱插入杯口的最小深度与我国电力行业标准《钢-混凝土组合结构设计规程》DL/T 5085-1999 的插入深度比较接近，而国家建材局《钢管混凝土结构设计与施工规程》JC J01-89 中对插入深度的取值过大，故未予采用。另外，本条规定的数值大于预制混凝土柱插入杯口的深度，这是合适的。

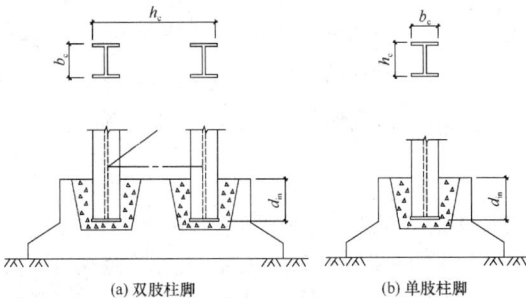

(a) 双肢柱脚 　　　　　 (b) 单肢柱脚

图 26 插入式柱脚

对双肢柱的插入深度，北京钢铁设计研究总院原取为 $(1/3\sim1/2)h_c$。而混凝土双肢柱为 $(1/3\sim2/3)h_c$，并说明当柱安装采用缆绳固定时才用 $1/3\,h_c$。为安全计，本条将最小插入深度改为 $0.5\,h_c$。

在原规范第 8.4.15 条的基础上，增加了单层、多层、高层和单层厂房双肢格构柱插入基础深度的计算。插入式柱脚是指钢柱直接插入已浇筑好的杯口内，经校准后用细石混凝土浇灌至基础顶面，使钢柱与基础刚性连接。柱脚的作用是将钢柱下端的内力（轴力、弯矩、剪力）通过二次浇灌的细石混凝土传给基础，其作用力的传递机理与埋入式柱脚基本相同。钢柱下部的弯矩和剪力，主要是通过二次浇灌层细石混凝土对钢柱翼缘的侧向压力所产生的弯矩来平衡，轴向力由二次浇灌层的粘结力和柱底反力承受。钢柱侧面混凝土的支承反力形成的抵抗弯矩和承压高度范围内混凝土的抗力与钢柱的弯矩和剪力平衡，便可得出保证钢柱与基础刚性连接的插入深度。20 世纪 80 年代～90 年代国内对双肢格构柱插入式钢柱脚进行了试验研究，并已在单层工业厂房和多高层房屋工程得到使用，效果很好。这种柱脚构造简单、节约钢材、安全可靠。

12.7.11 柱脚构造及杯口基础的设计规定主要是工程设计实践经验的总结。

13 钢管连接节点

13.1 一 般 规 定

13.1.1 本章关于"钢管连接节点"的规定，适用于被连接构件中至少有一根为圆钢管或方管、矩形管，不包含椭圆钢管与其他异形钢管，也不适用四块钢板焊接而成的箱形截面构件。

钢管不仅用于桁架、拱架、塔架和网架、网壳等结构，也广泛用于框架结构，本标准关于框架结构中的钢管连接节点设计与构造由本标准第 12 章规定。

本章不涉及高周疲劳计算。疲劳计算相关问题由本标准第 16 章规定。

13.1.2 限制钢管的径厚比或宽厚比是为了防止钢管发生局部屈曲。本条规定的限值与国外第 3 类截面（边缘纤维达到屈服，但局部屈曲阻碍全塑性发展）比较接近。

13.1.4 本条沿用原规范第 10.1.5 条的一部分。主管上因节间荷载产生的弯矩应在设计主管和节点时加以考虑。此时可将主管按连续杆件单元模型进行计算（图 27）。

当节点偏心超过本标准第 13.2.1 条的规定时，

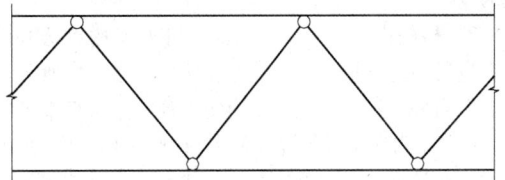

图 27 无偏心的腹杆端铰接桁架内力计算模型

应考虑偏心弯矩对节点强度和杆件承载力的影响，可按图 28 和图 29 所示模型进行计算。对分配有弯矩的每一个支管应按照节点在支管轴力和弯矩共同作用下的相关公式验算节点的强度，同时对分配有弯矩的主管和支管按偏心受力构件进行验算。

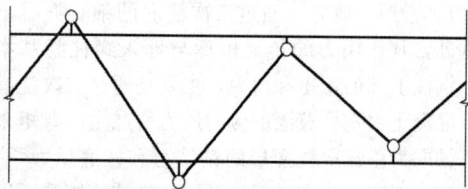

图 28　节点偏心的腹杆端铰接桁架内力计算模型

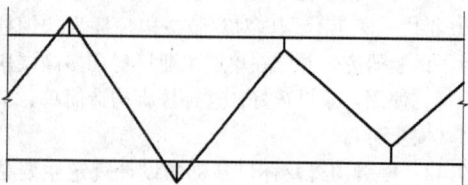

图 29　节点偏心的腹杆端刚接桁架内力计算模型

13.1.5　本条部分沿用原规范第 10.1.4 条，根据国外的经验（参见钢结构设计规范 EC3：Design of steel structures Eurocode 3 1993），钢管结构满足本标准第 5.1.5 条第 3 款的规定时，可忽略节点刚性和偏心的影响，按铰接体系分析桁架杆件的内力，不满足时，T 形节点的刚度判别参见本标准附录 H 的条文说明。

13.2　构造要求

13.2.1　本条沿用原规范第 10.1.5 条的一部分及第 10.2.1 条、第 10.2.2 条、第 10.2.5 条。本节各项构造规定是用于保证节点连接的施工质量，从而保证实现计算规定的各种性能。

　1　当主管采用冷成型方矩形管时，其弯角部位的钢材受加工硬化作用产生局部变脆，不宜在此部位焊接支管；另一方面，如果支管与主管同宽，弯角部位的焊缝构造处理困难，因此支管宽度宜小于主管宽度。

　2　"连接处主管与支管轴线间夹角以及各支管轴线间夹角不宜小于 30°"的规定是为了保证施焊条件，便于焊根熔透，也有利于减少尖端处焊缝的撕裂应力。

　3　格构式构件在一定条件下可近似按铰接杆件体系进行内力分析，因此节点连接处应尽可能避免偏心。但当偏心不可避免（如为使支管间隙满足本条第 6 款要求而调整支管位置）但未超过式（13.2.1）限制时，在计算节点和受拉主管承载力时，可不考虑偏心引起的弯矩作用，在计算受压主管承载力时应考虑

偏心弯矩 $M = \Delta N \cdot e$（ΔN 为节点两侧主管轴力之差值）的影响；搭接型连接时，由于受到搭接率规定的影响（本标准第 13.2.2 第 1 款），可能突破式（13.2.1）的限制，此时格构式构件（桁架、拱架、塔架等）可按有偏心刚架进行内力分析。

　4　支管端部形状及焊缝形式随支管和主管相交位置、支管壁厚不同以及焊接条件变化而异，如果不采用精密的机械加工，不易保证装配焊缝质量。我国成规模的钢结构加工制造企业已经普遍装备了自动切管机，因此本次修订要求支管端部加工都采用自动切管机。

　5　由于断续焊缝易产生咬边、夹渣等焊缝缺陷，以及不均匀热影响区的材质缺陷，恶化焊缝的性能，故主管和支管的连续焊缝应沿全周连续焊接，焊缝尺寸应适中，形状合理。在保证节点设计承载力大于支管设计内力的条件下，多数情况下角焊缝焊脚尺寸达到 1.5 倍支管厚度是可以满足承载要求的；但当支管设计内力接近支管设计承载力时，角焊缝尺寸只有达到 2 倍支管厚度才能满足承载要求。角焊缝尺寸应由计算确定，满足受力条件时不必过分加大，限制最大焊脚尺寸的目的在于防止过度焊接的不利影响。

13.2.2　本条基本沿用原规范第 10.2.3 条、第 10.2.4 条。空间节点中，支管轴线不在同一平面内时，如采用搭接型连接，构造措施可参照本条规定。

　　K 形搭接节点中，两支管间应有足够的搭接区域以保证支管间内力平顺地传递。研究表明（图 30），搭接率小于 25% 时，节点承载力将有较大程度地降低，故搭接节点中需限制搭接率。

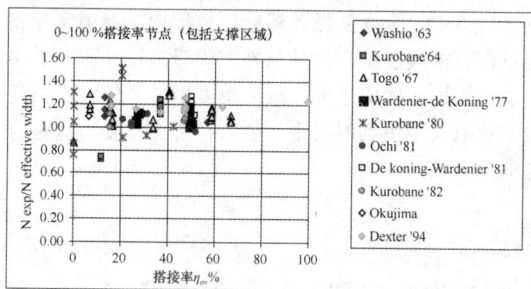

图 30　搭接率对节点承载力的影响

　　支管互相搭接时，从传力合理、施焊可行的原则出发，需对不同搭接支管（位于上方）与被搭接支管（位于下方）的相对关系予以规定。原规范规定"当支管钢材强度等级不同时，低强度管应搭接在高强度管上"，考虑到实际工程中很少出现这种情况，本次修订从正文中删去这一规定，但如遇见此种情况仍可按此原则处理。实际工程中还可能遇到如外部尺寸较大支管反而壁厚较小的情况，此时因外部尺寸较大管置于下方，对被搭接支管在搭接处的管壁承载力应进行计算，不能满足强度要求时，被搭接部位应考虑加

劲措施。

搭接型连接中，位于下方的被搭接支管在组装、定位后，该支管与主管接触的一部分区域被搭接支管从上方覆盖，称为隐蔽部位。隐蔽部位无法从外部直接焊接，施焊十分困难。圆钢管直接焊接节点中，当搭接支管轴线在同一平面内时，除需要进行疲劳计算的节点、按中震弹性设计的节点以及对结构整体性能有重要影响的节点外，被搭接支管的隐蔽部位（图31）可不焊接；被搭接支管隐蔽部位必须焊接时，允许在搭接管上设焊接手孔（图32），在隐蔽部位施焊结束后封闭，或将搭接管在节点近旁处断开，隐蔽部位施焊后再接上其余管段（图33）。

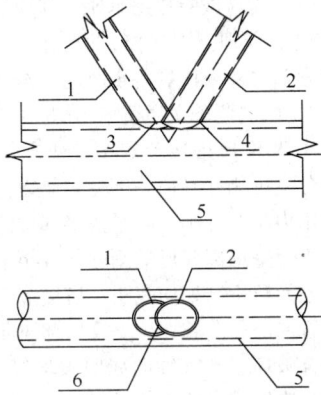

图 31 搭接连接的隐蔽部位
1—搭接支管；2—被搭接支管；3—趾部；4—跟部；5—主管；6—被搭接支管内隐蔽部分

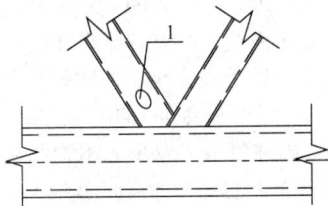

图 32 焊接手孔示意
1—焊接手孔

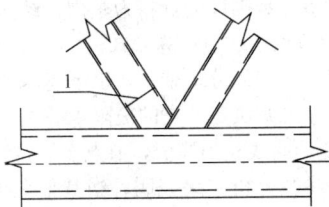

图 33 隐蔽部分施焊时搭接
支管断开示意
1—断开位置

日本建筑学会（AIJ）1990 年版《钢管结构设计指南与解说》在 6.7 条解说中指出"组装后的隐蔽部位即使不焊也没有什么影响"。近年来同济大学进行了多批次搭接节点隐蔽部位焊接与否的对比试验，包括承受单调静力荷载与低周反复荷载的节点试件；这些试验涉及的节点形式为平面 K 形和 KT 形。试验结果表明，在单调荷载作用下，当搭接率在不小于 25% 且不大于 100% 范围内时，隐蔽部分焊接与否对节点部位弹性阶段的变形以及极限承载力没有显著影响。Eutocode 3 中指出，两支管垂直于主管的内力分量相差 20% 以上时，内隐蔽部位应予焊接；但同济大学的试验表明，此时节点承载力并未降低，同时国际焊接协会（IIW）最新规程亦无此规定。但是隐蔽部位的疲劳性能还缺乏实验的支持。节点承受低周反复荷载时，试验结果表明，如果发生很大的非弹性变形，也会导致承载后期节点性能的劣化，故支管隐蔽部位可不焊接的适用范围暂宜在 6 度、7 度抗震设防地区的建筑结构考虑。

K 形搭接节点的隐蔽部位焊接时，在搭接率小于 60% 时，受拉支管在下时承载力略高；但如隐蔽部位不焊接，则其承载力大为降低。相反，受压支管在下时，无论隐蔽部位焊接与否，其承载力均变化不大（<7%），综合考虑，建议搭接节点中，承受轴心压力的支管宜在下方。

13.2.3 本条为新增条文。无加劲节点直接焊接节点不能满足承载能力要求时，在节点区域采用管壁厚于杆件部分的钢管是提高其承载力有效的方法之一，也是便于制作的首选办法。此外也可以采用其他局部加强措施，如：在主管内设实心的或开孔的横向加劲板（本标准第 13.2.3 条）；在主管外表面贴加强板（本标准第 13.2.4 条）；在主管内设置纵向加劲板；在主管外周设环肋等。加强板件和主管是共同工作的，但其共同工作的机理分析复杂，因此在采取局部加强措施时，除能采用验证过的计算公式确定节点承载力或采用数值方法计算节点承载力外，应以所采取的措施能够保证节点承载力高于支管承载力为原则。

有限元数值计算结果表明，设置主管内的横向加劲板对提高节点极限承载力有显著作用，但在单一支管的下方如设置第 3 道加劲板所取得的增强效应就不明显了。数值分析还表明，满足本条第 1 款～第 3 款的构造规定，可以实现节点承载力高于相连支管承载力的要求。

在主管内设置纵向加劲板［图 34（a）］时应使加劲板与主管管壁可靠焊接，当主管孔径较小难以施焊时，应在主管上下开槽后将加劲板插入焊接。目前的研究还未提出针对这种构造的节点承载力计算公式。纵向加劲板也可伸出主管外部连接支管或其他开口截面的构件［图 34（b）］。在主管外周设环肋（图 35）有助于提高节点强度，但可能影响外观；目前其受力性能的研究也很少。

钢管间直接焊接节点采用本章未予规定的措施进行加劲时，应有充分依据。

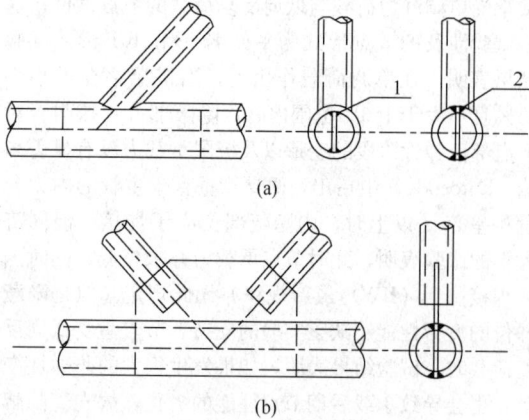

图 34　主管内纵向加劲的节点
1—内部焊接；2—开槽后焊接

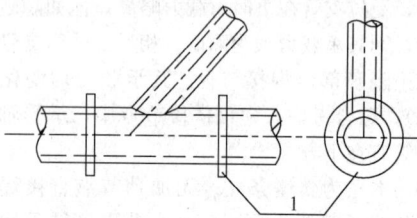

图 35　主管外周设置加劲环的节点
1—外周加劲环

13.2.4　本条为新增条文。主管为圆管的表面贴加强板方式，适用于支管与主管的直径比 β 不超过 0.7 时，此时主管管壁塑性可能成为控制模式。主管为方矩形管时，如为提高与支管相连的主管表面的受弯承载力，可采用该连接表面贴加强板的方式，如主管侧壁承载力不足时，则可采用主管侧表面贴加强板的方式。

方（矩）形主管与支管连接一侧采用加强板，主要针对主管受弯塑性破坏模式；主管侧壁承载力不足时采用侧壁加强的方式。加强板长度公式（13.2.4-1）～式（13.2.4-3）可参见 J. A. Packer 等著《空心管结构连接设计指南》第 3.7 节（曹俊杰译，科学出版社，1997）。考虑到连接焊缝以及主管可能存在弯角的原因，加强板的宽度通常小于主管的名义宽度。加强板最小厚度的建议来自上述同一文献。

13.3　圆钢管直接焊接节点和局部加劲节点的计算

13.3.1　本条沿用原规范第 10.3.3 条的一部分。主管为圆钢管的节点，本标准将其归为圆钢管节点；主管为方矩形钢管时，本标准将其归为方钢管节点。
13.3.2　本条第 1 款～第 3 款基本沿用原规范第 10.3.1 条、第 10.3.3 条，第 4 款～第 8 款为新增条款。对主要计算公式和规定说明如下：

关于第 1 款～第 3 款。88 版规范对平面 X、Y、T 形和 K 形节点处主管强度的支管轴心承载力设计值的公式是比较、分析国外有关规范和国内外有关资料的基础上，根据近 300 个各类型管节点的承载力极限值试验数据，通过回归分析归纳得出的承载力极限值经验公式，然后采用校准法换算得到的。原规范修订时，根据同济大学的研究成果，对平面节点承载力计算公式进行了若干修正。修正时主要对照了新建立的国际管节点数据库中的试验结果，并考虑了公式表达的合理性。经与日本建筑学会（AIJ）公式、国际管结构研究和发展委员会（CIDECT）公式的比较，所修正的计算公式与试验数据对比，其均值和置信区间都较之前更加合理。本次修订时，除了对 K 形节点考虑搭接影响之外未作进一步改动（本条第 1 款～第 3 款），详见原规范条文说明第 10.3.3 条。

关于第 4 款 K 形搭接节点中，两支管中垂直于主管的内力分量可相互平衡一部分，使得主管连接面所承受的作用力相对减小；同时搭接部位的存在也增大了约束主管管壁局部变形的刚度。近年来的搭接节点试验和有限元分析结果均表明，搭接节点的破坏模式主要为支管局部屈曲破坏、支管局部屈曲与主管管壁塑性的联合破坏、支管轴向屈服破坏等三种模式，与平面圆钢管连接节点的主管壁塑性破坏模式相比有很大差别。因此，目前国外各规程中均将搭接节点的承载力计算公式特别列出，有两种主要方法：其一，是如 Eurocode3 规程，保持与 K 形间隙节点公式的连续性，通过调整搭接（间隙）关系参数，给出搭接节点的计算公式；其二，是如 ISO 规程（草案），根据搭接节点的破坏模式，摒弃了原来环模型计算公式（ft2），给出与间隙节点完全不同的计算公式。本标准采用方法二。由于搭接节点的破坏主要发生在支管而非主管上，因此将节点效率表示为几何参数的函数，即采用 $N_i = f(\beta, \gamma, \tau, \eta^{0v}) \times A_i f_i$ 的公式形式；通过研究节点几何参数对节点效率的影响，选定 $f(\beta, \gamma, \tau, \eta^{0v})$ 的函数形式；以同济大学 11 个搭接节点的单调加载试验、540 个节点有限元计算结果以及国际管节点数据库的资料为基础，经回归分析得到 K 形搭接节点承载力计算公式。

对于节点有限元分析结果，以下述两个准则中最先达到的一个准则决定节点的极限承载力：受压支管轴力-节点变形曲线达到峰值，节点变形达到 3%。

有限元参数分析结果表明，当其他参数相同时，$\theta = 45°$ 与 $\theta = 60°$ 的节点承载力相比，提高幅度均在 10% 以内，平均仅 2.4%，基本可以忽略；$\theta = 30°$ 与 $\theta = 60°$ 的节点承载力相比，提高幅度不等，平均提高约 20%。若承载力公式中与原规范相似地采用 θ 函数 $1/\sin\theta$，则难以准确反映 θ 的影响。考虑到实际工程中 $\theta < 45°$ 的情况相对少见，在建立 K 形搭接节点承

载力公式时，以 $\theta=60°$ 节点的承载力数据作为基础，略偏保守但不失经济性。

影响 K 形搭接节点性能的因素除几何参数外，还包括搭接支管和贯通支管的搭接顺序、隐蔽部分焊接与否等。根据搭接顺序的不同（C—贯通支管受压，T—贯通支管受拉）和隐蔽部位是否焊接（W—焊接，N—不焊），可将 K 形搭接节点分别记为 CW、TW、CN、TN 四种类型。研究发现：

1 在隐蔽部位焊接的情况下，贯通支管受拉相比贯通支管受压，节点承载力平均高 6%；在隐蔽部位不焊的情况下，贯通支管受压相比贯通支管受拉，节点承载力平均高出 4%；

2 隐蔽部位不焊，会造成承载力某种程度的降低，且在贯通支管受拉的情况下，这种降低要显著得多（贯通支管受压时平均降低 4%、最大降低 11%，贯通支管受拉时平均降低 13%、最大降低 30%）。CW、TW、CN、TN 四种类型的搭接节点承载力的变化如图 36 所示，综合考虑其变化规律以及规范的简洁性和设计的经济性，将 CW、TW、CN、TN 四种类型的搭接节点承载力计算公式统一。本标准公式计算值（95% 保证率）与四种类型搭接节点有限元数据的对比见图 36。

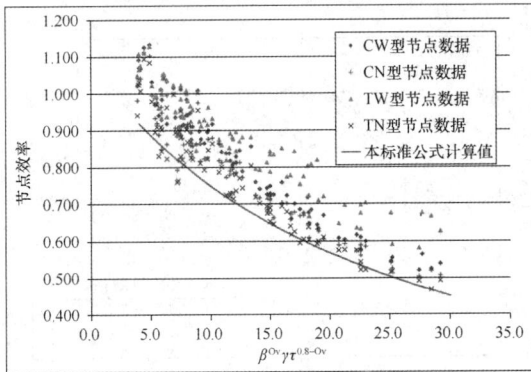

图 36　本标准公式计算值与四种类型搭接节点
有限元数据的对比

表 13 给出了本标准公式计算值与相关试验数据的对比，表中公式计算值所采用的钢材强度值为试验给出的钢材强度平均值。

关于第 5 款和第 6 款。目前平面 DY 和 DK 形节点已经应用于网架、网壳结构中。本标准平面 DY 和 DK 形节点承载力设计值公式引自钢结构设计规范 EC3：Design of steel structures（Eurocode3-1-8：2005）。

关于第 7 款。平面 KT 形节点计算公式（13.3.2-29）、式（13.3.2-30）来源于 Eurocode3-1-8：2005，本条补充了关于间隙 a 的取值规定。Eurocode 的计算方公式是依据各支管垂直于主管轴线的竖向分力合力为零的假定，但当竖杆受拉力时，仅按

式（13.3.2-28）计算，可能对节点受压的计算偏于不安全，本条补充了按式（13.3.2-30）进行计算的规定。

表 13　平面 K 形圆钢管搭接节点承载力设计公式计算结果与相关试验数据的比较

选取的数据	试件数	公式计算值/试验值				
		平均值	标准差	离散系数	最大值	最小值
同济大学试验数据	11	0.811	0.067	0.083	0.930	0.714
经筛选的国际管节点数据库	41	0.870	0.153	0.176	1.569	0.631
经筛选的国际管节点数据库，剔除 $f_{yb}/f_{yc}>1.2$ 的数据	36	0.826	0.074	0.089	0.950	0.631

关于第 8 款，J. A. Packer 在《空心管结构连接设计指南》（曹俊杰译，科学出版社，1997）中认为，平面节点的失效模式由主管管壁塑性控制，因而可以不计算主管管壁冲剪破坏。但是在管节点数据库中仍存在冲剪破坏的记录。日本建筑学会（AIJ）设计指南（1990）和欧洲钢结构设计规范 EC3：Design of steel structures（Eurocode 3-1-8：2005）要求 T、Y、X 形节点和有间隙的 K、N 形节点需进行冲剪承载力计算。考虑到这类破坏发生的可能性，本次修订规定对这类节点进行支管在节点处的冲剪承载力补充验算。本条公式引自欧洲钢结构设计规范 EC3：Design of steel structures（Eurocode3-1-8：2005）。

13.3.3 本条在原规范的基础上增加了部分规定。原规范修订时，在分析管节点数据库相关数据和对照同济大学实施的试验基础上，补充了空间 TT 形和 KK 形节点的计算规定。与日本建筑学会（AIJ）公式、国际管结构研究和发展委员会（CIDECT）公式相比，按所提出的计算公式和试验数据比较，无论其均值还是置信区间都更加合理。详见原规范条文说明第 10.3.3 条的条文说明表 12 最后 2 组数据。

但制订原规范时所依据的管节点数据库和国内大学试验研究的空间 KK 形节点都是间隙节点，即图 13.3.3-1 的情况，而工程实践中，因支管搭接与否有多种组合，除全间隙节点外，还可能遇到图 37 所示另 3 种典型情况，其中图 37（d）的情况为支管全搭接型，而前 3 种情况称为支管非全搭接型。

对图 37 中（b）、（c）、（d）三种形式节点的极限承载力进行分析，将支管全搭接型的 KK 形节点的空间调整系数采用不同于原规范的形式，其余情况则仍采用 0.9，与实验数据和有限元计算数据的对比分别见表 13 和表 14。表中还列出了欧洲钢结构设计规范 EC3：Design of steel structuresEurocode3 公式和日本建筑学会（AIJ）公式的相应比较结果。

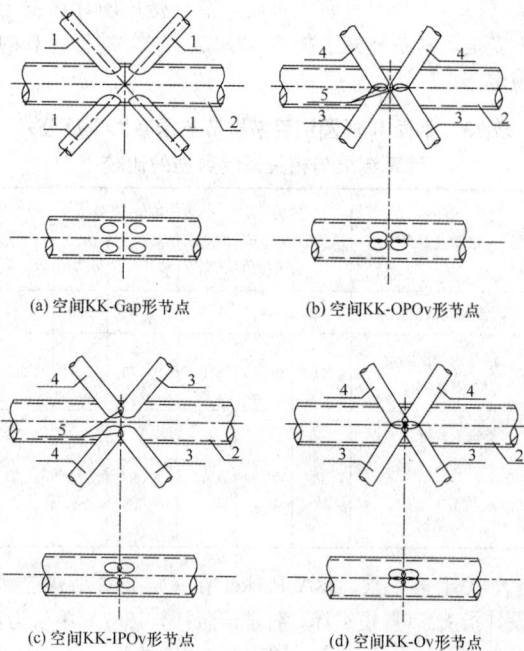

(a) 空间KK-Gap形节点

(b) 空间KK-OPOv形节点

(c) 空间KK-IPOv形节点

(d) 空间KK-Ov形节点

图37　空间KK形节点分类

1—支管；2—主管；3—搭接支管；4—被搭接支管；

5—内隐蔽部分

表13　空间KK形节点承载力计算公式与

试验数据的比较

试件编号	节点类型	试验值 (kN) (1)	本标准公式		Eurocode3		AIJ	
			计算值 (kN) (2)	(2)/ (1)	计算值 (kN) (3)	(3)/ (1)	计算值 (kN) (4)	(4)/ (1)
DKS-55	KK-OPOv	279.1	242.7	0.87	225.9	0.81	266.9	0.96
DKS-63	KK-OPOv	110.0	109.1	0.99	89.0	0.81	106.6	0.97
KK-M6	KK-OPOv	923.0	696.3	0.75	648.8	0.70	811.2	0.88
SJ17	KK-OPOv	1197.0	818.1	0.68	727.1	0.61	906.8	0.76
SJ18	KK-OPOv	1023.0	818.1	0.80	727.1	0.71	906.8	0.89
SJ16	KK-IPOv	916.0	716.2	0.78	681.9	0.74	874.6	0.95
W1	KK-Ov	442.0	300.6	0.68	279.7	0.63	363.1	0.82
W2	KK-Ov	425.0	295.9	0.70	274.1	0.64	357.0	0.84
DKS-59	KK-Ov	285.0	227.4	0.80	230.1	0.81	300.8	1.06

原规范没有空间 KT 形圆管节点强度计算公式，而近年的工程实践表明这类形式的节点在空间桁架和空间网壳中并不少见。本条第 3 款的计算公式采用在平面 K 形节点强度计算公式基础上乘以支管轴力比影响系数 Q_n 和空间调整系数 μ_{KT} 的方法。其中，μ_{KT} 反映了空间几何效应，Q_n 反映了荷载效应。分三种情况规定了 μ_{KT} 的取值，即：三支管间均有间隙（空间 KT-Gap 型）；K 形支管搭接，但与 T 形支管间有间隙（空间 KT-IPOv 型）；三支管均搭接（空间 KT-Ov 型）。

图 38 显示了空间 KT 形节点极限承载力比值 $N_{KT'K}/N^0_{KT'K}$（即 Q_n）与 T 形支管轴力比 n_{TK} 的关系曲线。其中 $N_{KT'K}$ 为空间 KT 型节点中 K 形受压支管承载力，$N^0_{KT'K}$ 为相同几何尺寸但轴力比 $n_{TK}＝0$（即 T 形支管轴力为 0）的空间 KT 型节点中 K 形受压支管承载力。轴力比 n_{TK} 是反映 T 形支管所受轴力相对大小的一个参数，n_{TK} 为正，表示 T 形支管受拉，n_{TK} 为负，表示支管受压，实际工程中 T 形支管一般不是主要受力构件，其所受轴力往往小于 K 形支管轴力，即 n_{TK} 的范围为 [−1，1]。

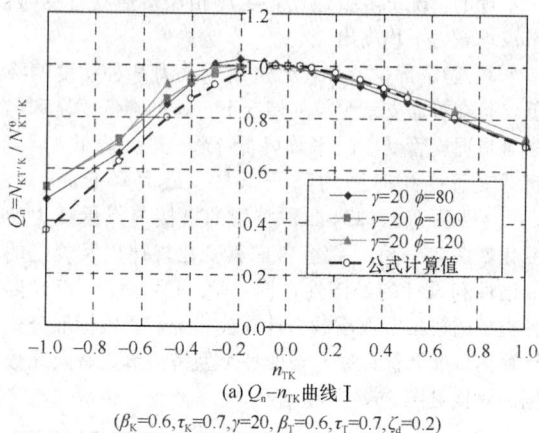

(a) Q_n-n_{TK} 曲线 I

（β_K=0.6，τ_K=0.7，γ=20，β_T=0.6，τ_T=0.7，ζ_d=0.2）

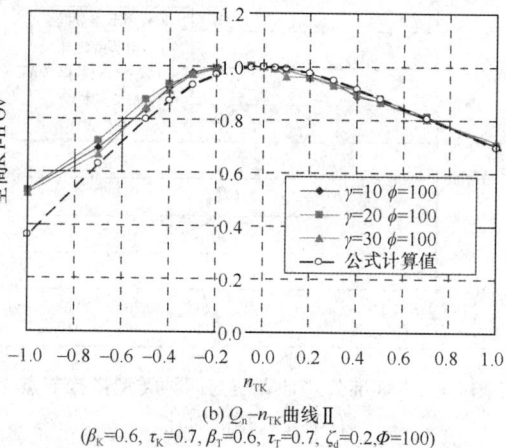

(b) Q_n-n_{TK} 曲线 II

（β_K=0.6，τ_K=0.7，β_T=0.6，τ_T=0.7，ζ_d=0.2，Φ=100）

图 38　支管轴力比影响系数 Q_n-n_{TK} 关系曲线

表14　空间KK形节点承载力计算公式与

有限元计算结果的比较

节点型式	算例数	统计量	本标准公式	EC3	AIJ
空间 KK-OPOv 型	216	最大值	1.1526	0.9838	1.2404
		最小值	0.7386	0.5405	0.6729
		平均值	0.9118	0.7589	0.9353
		标准差	0.0787	0.1074	0.1351
		离散度	0.0863	0.1416	0.1444

节点型式	算例数	统计量	本标准公式	EC3	AIJ
空间 KK-IPOv 型	174	最大值	0.9442	1.1012	1.2765
		最小值	0.5242	0.5596	0.6646
		平均值	0.7162	0.7779	0.9177
		标准差	0.1102	0.1294	0.1486
		离散度	0.1538	0.1664	0.1620
空间 KK-Ov 型	230	最大值	1.1183	1.5755	2.0439
		最小值	0.5813	0.5026	0.6627
		平均值	0.8207	0.9083	1.1972
		标准差	0.1283	0.2836	0.3732
		离散度	0.1563	0.3122	0.3117

图 38 表明：

1 对于几何尺寸不同但轴力比 n_{TK} 相同的节点，Q_n 大致相同，说明轴力比 n_{TK} 对节点极限承载力的影响是独立的，不受节点几何参数变化的影响；

2 在 $-0.2 \leqslant n_{TK} \leqslant 0.2$ 范围内，Q_n 值大体为 1，变化较小；

3 在 $n_{TK} < -0.2$ 或 $n_{TK} > 0.2$ 范围内，Q_n 值均呈下降趋势，说明 T 形支管轴力增大导致节点极限承载力降低，从图中可看出 T 形支管受轴压时更为不利。

有限元分析表明，对空间 KT-Gap 节点的空间调整系数 μ_{KT} 无量纲参数 β_T、ζ_t 的影响较大，其他参数则可不予考虑；对于空间 KT-Ov 节点，γ、ζ_t 有较大影响；对于空间 KK-IPOv 节点，各无量纲几何参数对 μ_{KT} 均无显著影响，为简单计，取 $\mu_{KT}=1.0$。

拟合的空间 KT 形节点强度计算公式与试验数据和有限元数据的比较分别见表 15 和表 16。

表 15 空间 KT 形节点承载力计算公式与试验数据的比较

试件编号	节点类型	试验值(kN)	建议公式计算值				
			n_{TK}	Q_n	μ_{KT}	计算值(kN)	计算值/试验值
TK4E0	KT-Gap	1622.3	0.091	0.995	1.06	1537.0	0.95
TK3E1	KT-Gap	1584.5	0.016	1.000	1.08	1209.7	0.76
J-2	KT-IPOv	1215	0	1.000	1.00	1184.6	0.97
W3	KT-Ov	518	-0.143	0.985	1.04	316.0	0.61

表 16 空间 KT 形节点承载力计算公式与有限元数据的比较

节点型式	算例数	统计量	本标准公式
空间 KT-Gap 型	233	最大值	1.1787
		最小值	0.6214
		平均值	0.8438
		标准差	0.0676
		离散度	0.0801

节点型式	算例数	统计量	本标准公式
空间 KT-IPOv 型	237	最大值	1.2383
		最小值	0.6297
		平均值	0.8467
		标准差	0.0705
		离散度	0.0833
空间 KT-Ov 型	235	最大值	1.1507
		最小值	0.3986
		平均值	0.7905
		标准差	0.0832
		离散度	0.1053

13.3.4 本条为新增条文。无斜腹杆的桁架（空腹桁架）、单层网壳等结构，其构件承受的弯矩在设计中是不可忽略的。这类结构采用无加劲直接焊接节点时，设计中应考虑节点的抗弯计算。本次标准修订时，在分析国外有关规范和国内外有关资料的基础上，根据近 160 个管节点的受弯承载力极限值试验数据，通过回归分析，考虑了可靠度与安全系数后得出了主管和支管均为圆管的平面 T、Y、X 形相贯节点受弯承载力设计值公式。

表 17 对应于主管塑性破坏模式的受弯承载力公式拟合试验数据的统计分析

试件数			EC 3	AIJ	ISO	HSE	API	Van der Vegte	标准公式
36	M_{ui}^l / M_{ui}	m	0.849	0.702	0.788	0.875	0.905	0.815	0.852
		σ	0.087	0.068	0.081	0.090	0.169	0.075	0.082
		υ	0.103	0.096	0.103	0.103	0.187	0.092	0.096
24	M_{uo}^l / M_{uo}	m	0.795	0.482	0.803	0.955	1.044	1.935	0.803
		σ	0.142	0.094	0.114	0.184	0.248	1.505	0.114
		υ	0.179	0.196	0.142	0.192	0.237	0.778	0.142

表 17 给出了对各国受弯承载力规范公式拟合试验数据的统计分析结果，m、σ 和 υ 分别表示公式计算值与试验值之比的均值、方差和离散度。其中 M_{ui}、M_{uo} 分别为根据公式计算得到的节点平面内与平面外受弯承载力，计算时已将各规范中的强度设计值置换为钢材屈服值，M_{ui}、M_{uo} 分别为试验测得的节点平面内与平面外受弯承载力。从表 17 中的对比可以看出，在平面内受弯承载力方面，API 公式与试验结果最为接近，但离散度较大，HSE 与 Eurocode 3 公式比试验结果低，但数据离散度较小。在平面外受弯承载力方面，HSE 公式与试验结果最为接近，API 公式次之，但数据离散度较大。Van der Vegte 公式与试验结果差别较大，且计算异常繁琐，不便于工程应用。

由于各规范公式考虑了一定的承载力安全储备，所以计算值均低于节点实际承载力。为此在上述公式的基础上提出了以下未考虑强度折减的相贯节点平面内受弯承载力计算公式：

$$M_{ui} = 7.55\beta\gamma^{0.42}Q_f \frac{d_i t^2 f}{\sin\theta} \qquad (60)$$

统计分析表明，该公式能够较好地预测相贯节点的实际平面内受弯承载力。在此基础上考虑可靠度后得到本次标准修订公式。标准修订公式拟合试验数据的统计分析结果列于表 17 中。

对应于主管冲剪破坏模式的相贯节点受弯承载力计算公式的主要来源为 CIDECT 设计指南。

无斜腹杆的桁架（空腹桁架）、单层网壳结构中的杆件，同时承受轴力和弯矩作用。本条第 3 款适用于这种条件下的节点计算。规范修订时，对比了各国规范对于节点在弯矩与轴力共同作用下的承载力相关方程，其中 N_c、N_{cu} 分别为组合荷载下支管轴压力与节点仅受轴压力作用时的极限承载力公式计算值，N_t、N_{tu} 分别为组合荷载下支管轴拉力与节点仅受轴拉力作用时的极限承载力公式计算值，M_i、M_{ui} 分别为组合荷载下支管平面内弯矩与节点仅受平面内弯矩作用时的极限承载力公式计算值，M_o、M_{uo} 分别为组合荷载下支管平面外弯矩与节点仅受平面外弯矩作用时的极限承载力公式计算值。

1 API-LRFD 相关方程：

$$1 - \cos\left[\frac{\pi}{2}\left(\frac{N}{N_u}\right)\right] + \sqrt{\left(\frac{M_i}{M_{ui}}\right)^2 + \left(\frac{M_o}{M_{uo}}\right)^2} = 1 \qquad (61)$$

2 AIJ 相关方程：

$$\frac{N}{N_u} + \frac{M_i}{M_{ui}} + \frac{M_o}{M_{uo}} = 1 \qquad (62)$$

3 Eurocode 3、HSE、ISO、NORSOK 相关方程：

$$\frac{N}{N_u} + \left(\frac{M_i}{M_{ui}}\right)^2 + \frac{M_o}{M_{uo}} = 1 \qquad (63)$$

上述公式的比较表明，钢结构设计规范 EC3：Design of steel structures 认为平面内弯矩对节点组合荷载作用下承载力的影响较平面外弯矩小，而 API 规范和日本标准则认为两者权重相同。图 39～图 42 给出了不同荷载组合下试验值与相关方程曲线的比较。可以看出，AIJ 相关公式在所有情况下都是偏于安全的，Eurocode 3 相关公式在大多数情况下是安全的，仅有个别数据点越界，而 API-LRFD 相关公式相对来说安全度稍低，有少数数据点越界。表 18 还给出了节点在轴力、平面内弯矩、平面外弯矩共同作用下试验值代入各相关公式中的计算结果，同样显示了上述现象。从安全和简化出发，标准修订时直接采用了 AIJ 公式的形式。

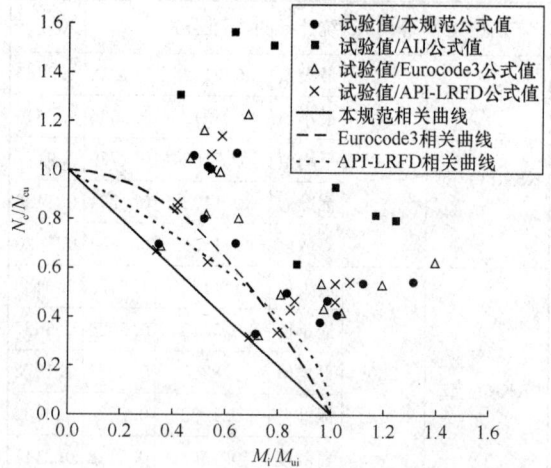

图 39 $N_c - M_i$ 相关方程与试验数据的比较

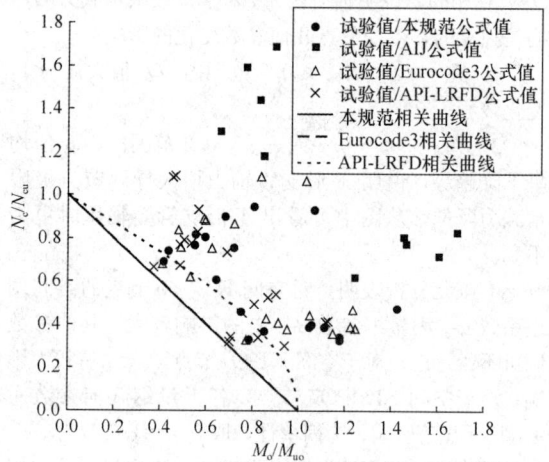

图 40 $N_c - M_o$ 相关方程与试验数据的比较

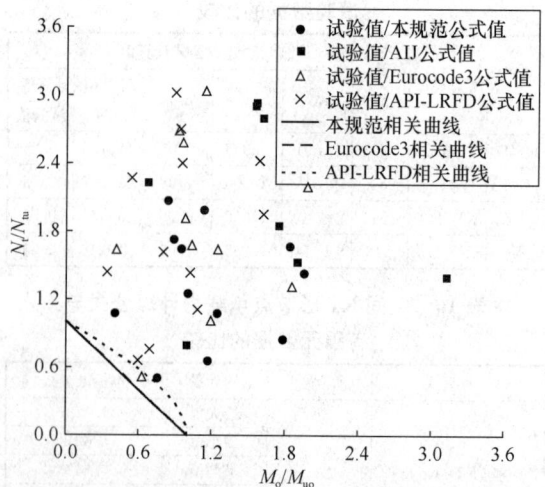

图 41 $N_t - M_o$ 相关方程与试验数据的比较

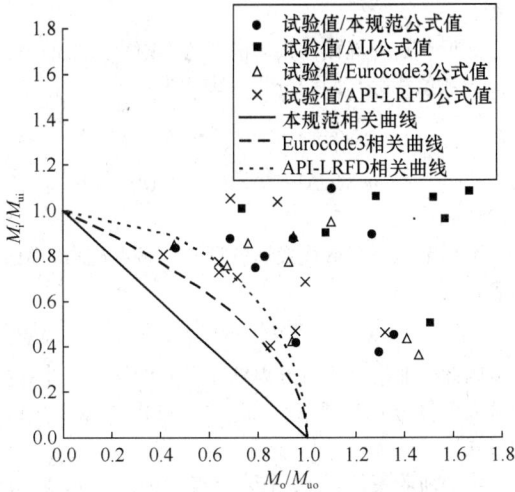

图 42 $M_i - M_o$ 相关方程与试验数据的比较

表 18 $N_c - M_i - M_o$ 相关方程与试验数据的比较

试件号	N_c (kN)	M_i (kN·m)	M_o (kN·m)	AIJ 相关公式	Eurocode 3 相关公式	API-LRFD 相关公式	本标准 相关公式
TCM-40	−34.5	2.0	1.3	2.35	1.26	0.70	1.45
TCM-41	−56.5	2.2	1.4	2.95	1.60	0.96	1.75
TCM-42	−42.0	3.2	1.3	2.88	1.74	0.97	1.83
TCM-43	−17.9	1.2	0.8	3.41	1.87	1.18	2.02
TCM-44	−140.0	7.1	5.3	4.05	2.69	1.22	2.59
TCM-45	−32.5	2.9	2.2	2.82	1.48	1.22	1.66
TCM-46	−50.0	2.3	1.5	2.77	1.41	1.35	1.60
TCM-47	−81.0	7.4	4.0	2.17	1.14	0.84	1.39
TCM-48	−113.0	5.3	2.9	2.13	1.08	0.86	1.30
TCM-49	−66.0	8.3	6.4	1.46	1.55	1.55	1.64
TCM-50	−145.0	19.8	13.5	2.27	1.23	1.10	1.54
TCM-51	−194.0	17.0	12.4	2.86	1.67	1.07	1.99

13.3.5 本条为新增条文。国内大学进行了主管为向内弯曲、向外弯曲和无弯曲（直线状）的圆管焊接节点静力加载对比试验共 15 件，节点形式有平面 K 形、空间 TT 形、KK 形、KTT 形。同时，应用有限元分析方法对节点进行了弹塑性分析，考虑的节点参数包括 β 变化范围 0.5～0.8，主管径厚比 2γ 变化范围 36～50，支管与主管的厚度比 τ 变化范围 0.5～1.0，主管轴线弯曲曲率半径 R 变化范围 5m～35m，以及轴线弯曲曲率半径 R 与主管直径 d 之比变化范围 12～110。研究表明，无论主管轴线向内还是向外弯曲，以上各种形式的圆管节点与直线状的主管节点相比，节点受力性能没有大的差别，节点极限承载力相差不超过 5%。

13.3.6 本条为新增条文。圆管加强板的几何尺寸，国外有若干试验数据发表，国内大学补充实施了新的试验，据此校验了有限元模型。采用校验过的模型对 T 形连接的极限承载力进行了数值计算。计算表明，当支管受压时，加强板和主管分担支管传递的内力，但并非如此前文献认为的那样，可以用加强板的厚度加上主管壁厚代入强度公式；根据计算结果回归分析，采用本标准图 13.2.4（a）加强板的节点承载力，是无加强时节点承载力的 $(0.23\tau_r^{1.18}\beta^{-0.68} + 1)$ 倍，其中 τ_r 是加强板厚度与主管壁厚的比值。计算也表明，当支管受拉时，由于主管对加强板有约束，并非只有加强板在起作用，根据回归分析，用按本标准图 13.2.4（a）加强板的节点承载力是无加强时节点承载力的 $1.13\tau_r^{0.59}$ 倍。

13.3.7 本条为新增条文。近年来，工程实践中出现了主管为圆管、支管为方矩形管的情况。但国内对此研究不多，仅有少数几例试验。参考 Eurocode3-1-8 的规定给出相关计算公式，与国内大学的试验资料相比较，见表 19。

表 19 X 形节点矩形支管-圆形主管连接节点公式计算值与试验结果的比较

试件号	d	t	b_R	h_R	t_1	M_{oXRC} (试验) (kN·m)	M_{oXRC} (公式) (kN·m)	破坏模式
GGJD-X1	610	12.7	300	200	7	165.6	83.75	主管塑性
GGJD-X2	610	12.7	300	200	7	175.9	83.75	主管塑性、焊缝断裂

13.3.8 为防止焊缝先于节点发生破坏，故规定焊缝承载力不应小于节点承载力。

13.3.9 本条为原规范第 10.3.2 条的修改和补充。非搭接管连接焊缝在轴力作用下的强度计算公式（13.3.9-1）～式（13.3.9-3）沿用原规范的有关规定。

本标准关于非搭接管连接焊缝在平面内与平面外弯矩作用下的强度计算公式是采用空间解析几何原理，经数值计算与回归分析后提出的。

钢管节点关于 $x\text{-}o\text{-}z$ 平面对称。根据对称性原理，可取对称面一侧结构施加总荷载的一半进行研究，如图 43（a）所示。

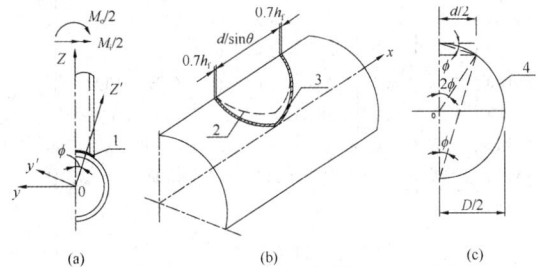

图 43 焊缝截面的简化

1—焊缝；2—水平面；3—焊缝截面；4—弦杆外壁

假设焊缝截面符合平截面假定。钢管相贯节点中连接主管与支管的焊缝截面实际为一空间曲面，建立空间坐标系 $x'y'z'$［图 43（a）］，将焊缝曲面投影至 $x'oy'$ 平面，并将平截面假定不加证明地推广至该焊缝投影平面。此外，还假定主管与支管的连接焊缝可视为全周角焊缝进行抗弯计算，角焊缝有效截面的计

算厚度 h_e 为焊脚尺寸 h_f 的 70%。

为计算钢管相贯节点焊缝截面的几何特性，将焊缝有效截面的形成方式假定如下：焊缝有效截面的内边缘线即为主管与支管外表面的相贯线，外边缘线则由主管外表面与半径为 r_1 且同支管共轴线的圆柱面相贯形成，其中 $r_1 = d/2 + 0.7h_f\sin\theta$。

当 T 形节点焊缝截面边缘相贯线在 $x'oy'$ 平面的投影近似为椭圆时，其平面内与平面外抗弯的有效截面惯性矩分别按式（64）与式（65）计算：

$$I_{fi}^T = \frac{\pi}{64} \cdot \frac{(d+1.4h_f)^4 - d^4}{\cos\phi} \quad (64)$$

$$I_{fo}^T = \frac{\pi}{64} \cdot \frac{(d+1.4h_f)^4 - d^4}{\cos^3\phi} \quad (65)$$

本标准将 Y 形节点焊缝有效截面在 $x'oy'$ 平面投影的惯性矩表示为 T 形节点焊缝惯性矩乘以相应的调整系数：

$$I_{fi} = \eta_i \cdot I_{fi}^T \quad (66)$$

$$I_{fo} = \eta_o \times I_{fo}^T \quad (67)$$

经过数值积分与回归分析，得到了调整系数的表

达式。

Y 形节点焊缝截面投影的形心至冠点边缘的最大距离经数值积分与回归分析后表达为：

$$\Delta_i = x_c + d/(2\sin\theta) \quad (68)$$

其中，$x_c = (-0.34\sin\theta + 0.34) \cdot (2.188\beta^2 + 0.059\beta + 0.188) \cdot d$。

Y 形节点焊缝截面投影的形心至鞍点边缘的距离可表达为：

$$\Delta_o = d/(2\cos\phi) \quad (69)$$

因此，非搭接管节点焊缝在平面内与平面外的抗弯截面模量分别为式（13.3.9-5）与式（13.3.9-10）的形式。

经对所收集的近 70 个管节点的极限承载力、杆件承载力、焊缝承载力与破坏模式的计算比较（如表 20 和表 21 所示，表中破坏模式符号含义如下：CLD-主管塑性；CPS-主管冲剪；BY-支管屈服；CY-主管屈服；WF-焊缝断裂；CC-主管表面焊趾裂纹），可以保证静力荷载下焊缝验算公式的适用性。

表 20　T、Y 形节点平面外受弯实测承载力与公式计算值的比较

试件	D (mm)	T (mm)	d (mm)	t (mm)	θ (°)	破坏模式	实测承载力 M_{uo} (kN·m)	焊缝承载力计算值 M_{wui} (kN·m)	支管承载力计算值 M_{bp} (kN·m)	节点承载力计算值（主管塑性）M_{pj}^u (kN·m)	节点承载力计算值（冲剪）M_{sj}^u (kN·m)
TM-1	216	4.5	216.4	4.56	90	CLD	36.1	137.0	75.3	25.5	45.8
TM-2	216	4.5	165.6	4.53	90	CLD, CPS	14.5	50.8	38.9	9.5	26.8
TM-3	216	4.58	114.3	4.56	90	CLD, CPS	6.47	22.8	17.5	4.8	13.0
TM-4	216	4.58	60.7	3.96	90	CLD, CPS	2.73	5.8	3.7	2.4	3.7
TM-5	217	6.24	114.2	4.62	90	CLD, CPS	10.4	18.3	17.6	7.1	14.0
TM-6	218	6.83	114.4	7.09	90	CLD	16.8	58.6	22.0	16.6	29.9
TM-7	217	6.65	114.6	6.96	90	CLD	19.7	82.6	21.8	22.6	41.9
TM-8	217	8.12	216.5	8.03	90	CLD, CPS	71.0	258.0	126.8	83.3	83.0
TM-9	217	8.02	114.3	7.00	90	CLD, CPS	17.1	37.6	21.8	14.9	22.8
TM-10	217	8.01	60.2	10.2	90	CLD, CPS	6.80	20.1	6.6	7.3	6.3
TM-11	165	4.7	42.7	3.3	90	—	1.81	3.1	1.6	2.2	2.3
TM-12	165	4.5	76.3	2.9	90	—	3.97	7.9	5.6	3.7	7.1
TM-13	319	4.4	60.5	3.0	90	BY, CLD	2.21	4.8	3.1	2.8	4.1
TM-14	319	4.4	139.8	4.4	90	CLD, CY, BY	6.62	36.9	26.8	6.0	21.9
TM-15	457	4.8	89.1	3.0	90	CLD, CY	3.53	9.1	7.8	4.5	8.8
TM-16	457	4.8	165.2	4.7	90	CLD, CY, BY	6.67	49.0	55.3	7.5	30.4
TM-23	169	10.55	59.8	11.10	90	CLD, BY	8.4	15.9	8.5	8.5	5.7
TM-24	168	10.28	114.5	11.3	90	CLD, BY	28.5	44.9	32.1	18.4	18.3
TM-25	168	5.78	60.6	5.63	90	CLD	3.1	6.8	4.9	2.8	3.5
TM-26	168	5.90	114.6	5.95	90	CLD	8.0	29.0	22.3	8.6	14.9
TM-27	169	5.79	168.3	5.78	90	CLD	24.5	80.9	42.1	25.2	27.6
TM-28	169	3.45	60.8	3.81	90	CLD	1.28	4.4	3.4	1.1	2.2
TM-29	169	3.42	114.7	3.90	90	CLD	3.7	16.4	11.5	2.6	7.9
TM-30	169	3.55	168.3	3.54	90	CLD	12.0	49.0	28.4	9.9	17.7
TM-42	456	15.6	319.0	8.7	90	CLD, BY	215	351.3	—	196.5	347.8
TM-44	457	21.5	317.4	8.7	90	WF	374	320.2	—	340.1	437.8
TM-114	1067	30	400	12.5	82.9	CLD	781	1054.3	—	980.8	1533.0
TM-115	1067	30	400	12.5	82.9	CLD	818	1054.3	—	980.8	1533.0

表 21 T、Y 形节点平面内受弯实测承载力与公式计算值的比较

试件	D (mm)	T (mm)	d (mm)	t (mm)	θ (°)	破坏模式	实测承载力 M_{ui} (kN·m)	焊缝承载力计算值 M_{wu} (kN·m)	支管承载力计算值 M_{bp} (kN·m)	节点承载力计算值（主管塑性）M_i^{pj} (kN·m)	节点承载力计算值（冲剪）M_i^{sj} (kN·m)
TM-31	168.7	10.55	59.8	11.10	90	CLD, BY	11.6	21.5	8.5	9.0	5.7
TM-32	168.4	10.28	114.5	11.31	90	CLD, BY	36.0	47.8	32.1	28.5	18.3
TM-33	168.3	5.78	60.6	5.63	90	CLD	4.4	7.2	4.9	3.9	3.5
TM-34	168.3	5.90	114.6	5.95	90	CLD	14.8	25.0	22.3	16.8	14.9
TM-35	168.1	5.68	168.3	5.78	90	CLD	36.5	51.3	42.1	31.3	28.3
TM-36	168.5	3.45	60.8	3.81	90	CLD	2.1	4.2	3.4	1.8	2.2
TM-37	168.5	3.42	114.7	3.90	90	CLD	7.3	14.0	11.5	6.5	7.9
TM-38	168.8	3.55	168.8	3.55	90	CLD	19.6	30.4	28.9	15.0	17.8
TM-45	165.2	4.7	42.7	3.3	90	—	2.11	3.0	2.1	2.3	2.3
TM-46	165.2	4.5	76.3	2.9	90	—	6.28	7.3	5.6	6.9	7.1
TM-47	318.5	4.4	60.5	3.0	90	CLD, CY, BY	3.33	4.6	3.1	2.7	4.1
TM-48	318.5	4.4	139.8	4.4	90	CLD, CY, BY	14.9	34.4	26.8	14.4	21.9
TM-49	457.2	4.8	89.1	3.0	90	CLD, CY	6.08	8.7	7.8	5.0	8.3
TM-50	457.2	4.8	165.2	4.7	90	CLD, CY, BY	18.0	54.2	55.3	17.1	30.4
TM-81	219.1	6.3	71.6	18.5	90	CLD	8.24	56.1	14.5	5.9	5.9
TM-82	219.1	8.9	71.6	18.5	90	CLD, CC	17.8	70.6	14.5	13.7	11.1
TM-83	298.5	7.2	101.6	16.0	90	CLD	14.3	91.3	42.5	11.5	12.6
TM-84	219.1	5.5	101.6	16.0	90	CLD	11.7	91.1	42.5	9.3	10.0
TM-85	219.1	8.4	101.6	16.0	90	CLD, CC	25.8	91.1	42.5	21.8	18.4
TM-86	219.1	10.0	101.6	16.0	90	CLD, CC	34.9	91.1	42.5	28.8	21.9
TM-87	219.1	12.3	101.6	16.0	90	CLD, CC	53.9	91.1	42.5	43.9	29.6
TM-88	219.1	6.0	139.7	17.5	90	CLD	25.8	169.2	96.5	20.8	21.2
TM-89	219.1	8.8	139.7	17.5	90	CLD, CC	58.8	172.0	96.5	51.1	41.8
TM-90	219.1	12.3	139.7	17.5	90	CLD, CC	88.3	169.2	96.5	80.7	54.4
TM-91	298.5	7.3	193.7	7.1	90	CLD	53.9	82.6	81.0	42.9	46.8
TM-92	298.5	10.0	193.7	7.1	90	WF	78.5	82.6	81.0	70.1	63.7
TM-93	298.5	10.0	193.7	7.1	90	CLD	85.6	82.6	81.0	70.1	63.7
TM-94	219.1	5.9	177.8	16.0	90	CLD	40.5	215.4	153.2	32.7	33.8
TM-95	219.1	8.6	177.8	16.0	90	CLD, CC	98.1	227.6	153.2	79.8	66.2
TM-96	219.1	12.5	177.8	16.0	90	CLD, CC	161	215.4	153.2	134.0	89.5
TM-97	508.0	12.7	193.7	6.35	90	—	77.2	73.3	67.8	86.3	93.0
TM-98	508.0	12.7	193.7	6.35	90	—	79.1	73.3	67.8	86.3	93.0
TM-99	508.0	7.9	168.3	7.94	90	—	37.0	71.7	60.7	30.5	43.3
TM-100	508.0	7.9	168.3	7.94	90	—	35.9	71.7	60.7	30.5	43.3
TM-101	273.4	12.65	219.5	12.4	90	CLD	128	181.9	158.7	135.3	102.0
TM-102	272.6	8.00	218.8	8.16	90	CLD	70.8	100.7	96.1	64.0	62.8
TM-103	273.0	5.95	219.0	6.27	90	CLD	54.4	80.8	79.8	42.9	50.1
TM-104	273.0	12.48	114.3	6.00	90	CLD	32.0	27.8	24.5	28.9	21.9
TM-105	273.0	7.70	114.3	6.00	90	CLD	18.8	27.8	24.5	16.4	16.5
TM-106	273.0	5.98	114.3	6.00	90	CLD	15.5	27.8	24.5	11.8	13.7
TM-107	168.3	6.64	76.1	4.85	90	CLD	6.64	9.9	8.0	9.5	7.8

13.4 矩形钢管直接焊接节点和局部加劲节点的计算

在原规范的基础上，根据国内大学研究成果并结合国外资料，增加了 KT 形矩形管节点的承载力设计公式，弯矩及弯矩轴力组合作用下 T 形矩形管节点承载力设计公式。

13.4.1 本条基本沿用原规范第 10.3.4 条的相关规

定。规定了直接焊接且主管为矩形管，支管为矩形管或圆管的平面节点承载力计算公式适用的节点几何参数范围。对于间隙 K、N 形节点，如果间隙尺寸过大，满足 $a/b > 1.5(1-\beta)$，则两支管间产生错动变形时，两支管间的主管表面不形成或形成较弱的张拉场作用，可以不考虑其对节点承载力的影响，节点分解成单独的 T 形或 Y 形节点计算。

13.4.2 本条为原规范第 10.3.4 条的修改和补充。本条第 1 款第 1 项针对主管与支管相连一面发生弯曲塑性破坏的模式，第 2 项针对主管侧壁破坏的模式。T 形节点是 Y 形节点的特殊情况。$\beta \leqslant 0.85$ 的节点承载力主要取决于主管表面形成的塑性铰线状况。公式（13.4.2-1）来源于塑性铰线模型，但其中考虑轴压力影响的系数 ψ_n 则为经验公式。与国外相关公式比较，ψ_n 没有突变，符合有限元分析和试验结果，并可用于 $\beta = 1.0$ 的节点。

$\beta = 1.0$ 的节点主要发生主管侧壁失稳破坏，承载力计算中 λ 取为 $1.73(h/t-2)\sqrt{1/\sin\theta_i}$，与国外规范取值相比，相当于将计算长度减少了一倍。这与主管侧壁的实际约束情况及试验结果吻合的更好。经与收集到的国外 27 个试验结果和国内大学 5 个主管截面高宽比 $h/b \geqslant 2$ 的等宽 T 形节点的有限元分析结果相比，精度远高于国外公式。以屈服应力 f_y 代入修订后的公式所得结果与试验结果的比值作为统计值，27 个试验的平均值为 0.830，其方差为 0.111，而按国外的公式计算，这两个值分别为 0.531 和 0.195。此外，式（13.4.2-5）比国外相关公式多考虑了主管轴向应力影响的系数 ψ_n，在 f_k 的取值上考虑了一个 1.25 的安全系数（受压情况）。对于 X 形节点，主管侧壁变形较 T 形节点大很多，因此 f_k 的取值减少到 T 形节点的 $0.81\sin\theta_i$ 倍；当 $\theta_i < 90°$ 且 $h \geqslant h_i/\cos\theta_i$ 时，尚应验算主管侧壁的受剪承载力。

对于所有 $\beta \geqslant 0.85$ 的节点，支管荷载主要由平行主管的支管侧壁承担，另外两个侧壁承担的荷载较少，需按公式（13.4.2-11）计算"有效宽度"失效模式控制的承载力。此时，主管表面也存在冲剪破坏的可能，需按公式（13.4.2-13）验算节点抗冲剪的承载能力。由于主管表面冲剪破坏面应在支管外侧与主管壁内侧，因此进行冲剪承载力验算的上限为 $\beta = 1 - 2t/b$。

对于间隙 K、N 形节点，公式（13.4.2-15）计算主管壁面塑性失效承载力；公式（13.4.2-16）和（13.4.2-21）计算主管在节点间隙处的受剪承载力；公式（13.4.2-17）依据有效宽度计算支管承载力；公式（13.4.2-18）计算主管抗冲剪承载力。

采用有效宽度概念计算搭接节点的承载力。搭接节点最小搭接率为 25%，搭接率从 25% 增至 50% 的过程中，承载力线性增长；从 50% 至 80%，承载力为常数；80% 以上，承载力为另一较高常数。

KT 形节点的计算是本标准新增条文，采用了 CIDECT 建议的设计方法。

13.4.3 本条为新增条文。根据压弯组合作用下 T 形矩形管节点有限元分析结果，针对 $\beta \leqslant 0.85$ 的 T 形方管节点，当 $n \leqslant 0.6$ 时，按公式（13.4.3-1）验算其承载力；当 $n > 0.6$ 或 $\beta > 0.85$ 时，按公式（13.4.3-2）验算承载力，与有限元分析结果吻合的更好。式（13.4.3-3）、（13.4.3-4）源于考虑轴压力影响的塑性铰线模型的推导结果。在塑性铰线模型中，考虑轴向压应力的影响，得到倾斜塑性铰线承载力为 $m_r = \dfrac{1-n^2}{\sqrt{1-0.97n^2}}m_p$，式中 $m_p = t f_y^2/4$。进而根据虚功原理得到考虑轴向压应力影响的在支管轴力或弯矩作用下的节点承载力公式。

13.4.4 本条为新增条文。当桁架中个别节点承载力不能满足要求时，进行节点加强是一个可行的方法。如果主管连接面塑性破坏模式起控制作用，可以采用主管与支管相连一侧采用加强板的方式加强节点，这通常发生在 $\beta < 0.85$ 的节点中。对于主管侧壁失稳起控制作用的节点，可采用侧板加强方式。主管连接面使用加强板加强的节点，当存在受拉的支管时，只考虑加强板的作用，而不考虑主管壁面。

13.4.5 本条部分沿用原规范第 10.3.2 条第 2 款，其余为新增条文。根据已有 K 形间隙节点的研究成果，当支管与主管夹角大于 60° 时，支管跟部的焊缝可以认为是无效的。在 50°～60° 间跟部焊缝从全部有效过渡到全部无效。尽管有些区域焊缝可能不是全部有效的，但从结构连续性以及产生较少其他影响角度考虑，建议沿支管四周采用同样强度的焊缝。

14 钢与混凝土组合梁

14.1 一般规定

14.1.1 本章规定适用于将钢梁和混凝土翼缘板通过抗剪连接件连成整体的钢-混凝土简支及连续组合梁。

所谓"适用于不直接承受动力荷载"主要考虑本章给出的组合梁设计方法为塑性设计法，不适用于直接承受动力荷载的组合梁。在已有研究成果和工程实践经验的基础上，本条给出了直接承受动力荷载组合梁的设计原则，与不直接承受动力荷载的组合梁相比在设计方法上有两点不同：一是需要进行疲劳验算，在本标准附录 J 中给出了具体的验算方法，主要参考国内试验结果和欧洲组合结构设计规范 EC4：Design of composite steel and concrete structures 的相关条文；二是不能采用塑性方法进行承载能力计算，应按照弹性理论进行计算，即采用换算截面法验算荷载效应设计值在组合梁截面产生的应力（包括正应力和剪应力等）小于材料的设计强度。此外，弹性设计方法还适用于板件宽厚比不符合塑性设计法要求的组合梁。

组合梁的翼缘板可用现浇混凝土板，亦可用混凝土叠合板。清华大学对钢-混凝土叠合板组合梁进行了大量的试验研究，证明叠合板组合梁具有与现浇混凝土翼缘的组合梁一样的受力性能，并且钢-混凝土叠合板组合梁在实际工程中也获得了大量的成功应用，取得了显著的技术经济效益和社会效益。混凝土叠合板翼缘是由预制板和现浇层混凝土所构成，预制板既作为模板，又作为楼板的一部分参与楼板和组合梁翼缘的受力。混凝土叠合板的设计按照现行国家标准《混凝土结构设计规范》GB 50010 的规定进行，在预制板表面采取拉毛及设置抗剪钢筋等措施以保证预制板和现浇层形成整体。

14.1.2 钢-混凝土组合梁的混凝土翼缘板既可带板托，也可不带板托。由于板托构造复杂，施工不便，在没有必要采用板托的前提下优先采用不带板托的组合梁。

与混凝土结构类似，组合梁混凝土板同样存在剪力滞后效应。目前各国规范均采用有效宽度的方法考虑混凝土板剪力滞后效应的影响，但有效宽度计算方法不尽相同：

1 美国钢结构协会《钢结构建筑荷载及抗力系数设计规范》(AISC-LRFD，1999)规定，混凝土翼缘板的有效宽度 b_e 取为钢梁轴线两侧有效宽度之和，其中一侧的混凝土有效宽度为以下三者中的较小值：组合梁跨度的 1/8，其中梁跨度取为支座中线之间的距离；相邻组合梁间距的 1/2；钢梁至混凝土翼板边缘的距离。

2 欧洲组合结构设计规范 EC4 规定，当采用弹性方法对组合梁进行整体分析时，每一跨的有效宽度可以采用定值：对于中间跨和简支边跨可采用如下规定的中间跨有效宽度 $b_{eff,1}$，对于悬臂跨则采用如下规定的支座有效宽度 $b_{eff,2}$，如图 44 所示。

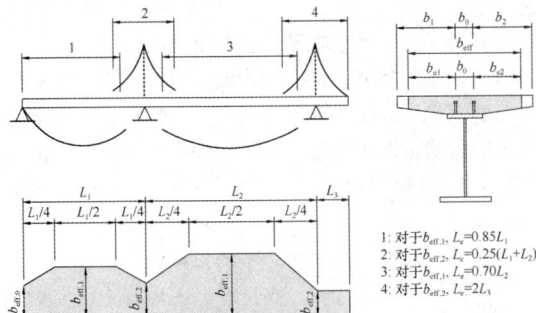

1: 对于 $b_{eff,1}$，$L_e=0.85L_1$
2: 对于 $b_{eff,2}$，$L_e=0.25(L_1+L_2)$
3: 对于 $b_{eff,1}$，$L_e=0.70L_2$
4: 对于 $b_{eff,2}$，$L_e=2L_3$

图 44 混凝土翼板的等效跨径及有效宽度
(欧洲组合结构设计规范 EC4)

1)中间跨和中间支座的有效宽度按下式计算：
$$b_{eff,1} = b_0 + \Sigma b_{ei} \tag{70}$$
式中：b_0——同一截面最外侧抗剪连接件间的横向间距；

b_{ei}——钢梁腹板一侧的混凝土翼缘板有效宽度，取 $L_e/8$，但不超过板的实际宽度 b_i。b_i 应取为最外侧的抗剪连接件至两根钢梁间中线的距离，对于自由端则取混凝土悬臂板的长度。L_e 为反弯点间的近似长度。对于一根典型的连续组合梁，应根据控制设计的弯矩包络图来确定 L_e(如图 44 所示)。

2)边支座的有效宽度按下式计算：
$$b_{eff,2} = b_0 + \Sigma \beta_i b_{ei} \tag{71}$$
$$\beta_i = (0.55 + 0.025L_e/b_{ei}) \leqslant 1.0 \tag{72}$$
组合梁各区段的混凝土板有效宽度取值见图 44。

根据欧洲组合结构设计规范 EC4，简支组合梁的有效跨径 L_e 取为梁的实际跨度。对于连续组合梁，其正弯矩区有效宽度与正弯矩区的长度有关，负弯矩区有效宽度则与负弯矩区(中支座区)的长度有关。图 44 中相邻的正负弯矩区存在长度重叠的部分，这与设计时应考虑结构的弯矩包络图的要求是一致的。需要指出的是，当忽略混凝土的抗拉作用后，负弯矩区的有效宽度主要用于定义混凝土翼板内纵向受拉钢筋的有效截面积。

3 美国各州公路及运输工作者协会(AASHTO)制定的公路桥梁设计规范规定，混凝土翼板有效宽度 b_e 应等于或小于 1/4 的跨度以及 12 倍的最小板厚。对于边梁，外侧部分的有效宽度不应超过其实际悬挑长度。如果边梁仅一侧有混凝土板时，则有效宽度应等于或小于跨度的 1/12 以及 6 倍的最小板厚。

4 英国桥梁规范(BS5400)第 5 部分根据有限元分析及试验研究的成果，以表格的形式给出了对应于不同宽跨比的组合梁混凝土翼缘板有效宽度。

相比较而言，欧洲组合结构设计规范 EC4 对组合梁混凝土板有效宽度的计算方法概念明确，并将简支组合梁和连续组合梁的计算方法统一起来，摒弃了混凝土板有效宽度与混凝土板厚相关的规定，适用性更强。

本标准给出的组合梁混凝土翼板的有效宽度，基于近年来国内大量组合楼板结构试验，并系参考现行国家标准《混凝土结构设计规范》GB 50010 的相关规定，同时根据已有的研究成果并借鉴欧洲组合结构设计规范 EC4 的相关条文，考虑到组合梁混凝土板的有效宽度主要和梁跨度有关，和混凝土板的厚度关系不大，故取消了混凝土板有效宽度与厚度相关的规定。此外，借鉴欧洲组合结构设计规范 EC4 的方法引入连续组合梁等效跨径的概念，将混凝土板有效宽度的规定推广至连续组合梁。

严格而言，组合梁采用极限状态设计法，应使用与之相匹配的塑性有效翼缘宽度，近年来，组合梁的塑性阶段有效宽度试验研究已开展较多，也积累了较多的数据，形成了较为可靠的设计公式(详见清华大学的相关研究）。本条计算组合梁混凝土翼板有效宽度的方法是基于组合梁在弹性阶段的受力性能所建立起来的，且比实际值略偏小，而当组合梁达到极限承载力时，混凝土翼板已进入塑性状态，此时翼板中的应力分布趋向均匀，塑性阶段混凝土翼板的有效宽度远大于弹性阶段，因此本条规定低估了极限状态时楼板对承载力的实际贡献，与组合梁的极限状态设计法并不完全匹配。因此将根据弹性分析得到的翼板有效宽度应用于塑性计算，计算结果偏于安全。

本条主要针对组合梁截面的承载能力验算，在进行结构整体内力和变形计算时，当组合梁和柱铰接或组合梁作为次梁时，仅承受竖向荷载，不参与结构整体抗侧，试验结果表明，混凝土翼板的有效宽度可统一按跨中截面的有效宽度取值。

14.1.3 组合梁的正常使用极限状态验算包括挠度和负弯矩区裂缝宽度验算，应采用弹性分析方法，并考虑混凝土板剪力滞后、混凝土开裂、混凝土收缩徐变、温度效应等因素的影响。原规范仅具体给出了组合梁的挠度计算方法，并提出要验算连续组合梁负弯矩区段裂缝宽度的要求。本次修订明确了正常使用极限状态组合梁的验算内容以及需要考虑的因素，同时还对计算模型和各因素的考虑方法进行了具体说明，方便设计人员操作。组合梁的正常使用极限状态验算可按弹性理论进行，原因是在荷载的标准组合作用下产生的截面弯矩小于组合梁在弹性阶段的极限弯矩，即此时的组合梁在正常使用阶段仍处于弹性工作状态。温度荷载以及混凝土收缩徐变效应可能会影响组合梁正常使用阶段的内力、变形以及负弯矩区裂缝宽度，应在正常使用极限状态验算中予以充分的考虑。

在计算组合梁的挠度时，可假定钢和混凝土都是理想的弹塑性体，从而将混凝土翼板的有效截面除以钢与混凝土弹性模量的比值 α_E，换算为钢截面（为使混凝土翼板的形心位置不变，将翼板的有效宽度除以 α_E 即可），再求出整个梁截面的换算截面刚度 EI_{eq}。此外，国内外的试验研究结果表明，由混凝土翼板和钢梁间相对滑移引起的附加挠度在 $10\%\sim15\%$，采用焊钉等柔性连接件时（特别是部分抗剪连接时），该滑移效应对挠度的影响不能忽略，否则将偏于不安全，因此在计算挠度时需要对换算截面刚度进行折减。对连续组合梁，因负弯矩区混凝土翼板开裂后退出工作，所以实际上是变截面梁。故欧洲组合结构设计规范 EC4 规定：在中间支座两侧各 $0.15l$（l 为一个跨间的跨度）的范围内确定梁的截面刚度时，不考虑混凝土翼板而只计入在翼板有效宽度 b_e 范围内负弯矩钢筋截面对截面刚度的影响，在其余区段不应取组合梁的换算截面刚度而应取其折减刚度，按变截面梁来计算其变形，计算值与试验结果吻合良好。

连续组合梁除需验算变形外，还应验算负弯矩区混凝土翼板的裂缝宽度。验算裂缝宽度首先需要进行内力分析，得到支座负弯矩截面的内力值，由于支座负弯矩区混凝土板的开裂，连续组合梁在正常使用阶段会出现明显的内力重分布现象，为方便设计，可以采用弯矩调幅法来计算连续组合梁的支座负弯矩值，即先按未开裂弹性分析得到支座负弯矩，然后对该支座负弯矩进行折减，折减幅度即为调幅系数，调幅系数的取值建议根据已有的试验数据确定，具体可见本标准第 10.2.2 条。

钢材与混凝土材料的温度线膨胀系数几乎相等（约为 $1.0\times10^{-5}\sim1.2\times10^{-5}$）。当二者温度同时提高或降低时，其温度变形基本协调，可以忽略由此引起的温度应力。但是，由于钢材的导热系数是混凝土的 50 倍左右，当外界环境温度剧烈变化时，钢材的温度很快就接近环境温度，而混凝土的温度则变化较慢，两种材料间的温度差将会在组合梁内产生自平衡应力，即为温度应力。对于简支组合梁，温度差会引起梁的挠曲变形和截面应力重分布；对于连续组合梁或者其他超静定结构，温度差还会引进一步的约束弯矩，从而对组合梁的变形和负弯矩抗裂造成影响。对于一般情况下在室内使用的组合梁，温度应力可以忽略。对于露天环境下使用的组合梁以及直接受热源辐射作用的组合梁，则需要计算温度应力。露天使用的组合梁，截面温度场的分布非常复杂。为简化分析，计算时通常可以假定：忽略同一截面内混凝土翼板和钢梁内部各自的温度梯度，整个截面内只存在混凝土与钢梁两个温度，温度差由两个温度决定；沿梁长度方向各截面的温度分布相同。一般情况下，钢梁和混凝土翼板间的计算温度差可采用 $10℃\sim15℃$，在有可能发生更显著温差的情况下则另作考虑。

混凝土在空气中凝固和硬化的过程中会发生水分散发和体积收缩。影响混凝土收缩变形的主要因素有组成成分、养护条件、使用环境以及构件的形状和尺寸等。对于素混凝土，其长期收缩变形在几十年后可达 $(300\sim600)\times10^{-6}$，在不利条件下甚至可达到 1000×10^{-6}。混凝土收缩也会在组合梁内引起自平衡的内力，效果类似于组合梁的温度应力。由于翼板内配置的钢筋可以阻止混凝土的收缩变形，钢筋混凝土翼板的收缩可取为 $(150\sim200)\times10^{-6}$，相当于混凝土的温度比钢梁降低 $15℃\sim20℃$，本标准的建议值为 $15℃$。

混凝土徐变会影响组合梁的长期性能，可采用有效弹性模量法进行计算。当计算考虑混凝土徐变影响的组合梁长期挠度时，应采用荷载准永久值组合，混凝土弹性模型折减为原来的 50%，即钢与混凝土弹性模量的比值取为原来的 2 倍。而在荷载标准组合下计算裂缝的公式中已经考虑了荷载长期作用的影响，因此无需在组合梁负弯矩区裂缝宽度验算中另行考虑混凝土徐变的影响因素。

14.1.4 组合梁的受力状态与施工条件有关，主要体现在两个方面：第一，混凝土未达到强度前，需要对钢梁进行施工阶段验算；第二，正常使用极限状态验算需要考虑施工方法和顺序的影响，包括变形和裂缝宽度验算。对于不直接承受动力荷载以及板件宽厚比满足塑性调幅设计法要求的组合梁，由于采用塑性调幅设计法，组合梁的承载力极限状态验算不必考虑施工方法和顺序的影响。而对于其他采用弹性设计方法的组合梁，其承载力极限状态验算也需考虑施工方法和顺序的影响。

具体而言，可按施工时钢梁下有无临时支撑分别考虑：

对于施工时钢梁下无临时支撑的组合梁，应分两个阶段进行计算：第一阶段在混凝土翼板强度达到75%以前，组合梁的自重以及作用在其上的全部施工荷载由钢梁单独承受，此时按一般钢梁计算其强度、挠度和稳定性，但按弹性计算的钢梁强度和梁的挠度均应留有余地，梁的跨中挠度除满足本标准附录A的要求外，尚不应超过25mm，以防止梁下凹段增加混凝土的用量和自重；第二阶段当混凝土翼板的强度达到75%以后，所增加的荷载全部由组合梁承受，在验算组合梁的挠度以及按弹性分析方法计算组合梁的强度时，应将第一阶段和第二阶段计算所得的挠度或应力相叠加，在验算组合梁的裂缝宽度时，支座负弯矩值仅考虑第二阶段形成组合截面之后产生的弯矩值，在第二阶段计算中，可不考虑钢梁的整体稳定性，而组合梁按塑性分析法计算强度时，则不必考虑应力叠加，可不分阶段按照组合梁一次承受全部荷载进行计算。

对于施工时钢梁下设临时支撑的组合梁，则应按实际支承情况验算钢梁的强度、稳定及变形，并且在计算使用阶段组合梁承受的续加荷载产生的变形和弹性应力时，应把临时支承点的反力反向作为续加荷载。如果组合梁的设计是变形控制时，可考虑将钢梁起拱等措施。对于塑性分析，有无临时支承对组合梁的极限抗弯承载力均无影响，故在计算极限抗弯承载力时，可以不分施工阶段，按组合梁一次承受全部荷载进行计算。同样，验算连续组合梁的裂缝宽度时，支座负弯矩值仅考虑形成组合截面之后施工阶段荷载及正常使用续加荷载产生的弯矩值，因此为了有效控制连续组合梁的负弯矩区裂缝宽度，可以先浇筑正弯矩区混凝土，待混凝土强度达到75%后，拆除临时支承，然后再浇筑负弯矩区混凝土，此时临时支承点的反力产生的反向续加荷载就无需计入用于验算裂缝宽度的支座负弯矩值。

在连续组合梁中，栓钉用于组合梁正弯矩区时，能充分保证钢梁与混凝土板的组合作用，提高结构刚度和承载力，但用于负弯矩区时，组合作用会使混凝土板受拉而易于开裂，可能会影响结构的使用性能和耐久性。针对该问题，可以采用优化混凝土板浇筑顺

序、合理确定支撑拆除时机等施工措施，降低负弯矩区混凝土板的拉应力，达到理想的抗裂效果。

14.1.5 部分抗剪连接组合梁是指配置的抗剪连接件数量少于完全抗剪连接所需的抗剪连接件数量，如压型钢板混凝土组合梁等，此时应按照部分抗剪连接计算其受弯承载力。国内外研究成果表明，在承载力和变形都能满足要求时，采用部分抗剪连接组合梁是可行的。

14.1.6、14.1.7 尽管连续组合梁负弯矩区是混凝土受拉而钢梁受压，但组合梁具有良好的内力重分布性能，故仍然具有很好的经济效益。负弯矩区可以利用混凝土板钢筋和钢梁共同抵抗弯矩，通过弯矩调幅后可使连续组合梁的结构高度进一步减小。欧洲组合结构设计规范EC4建议，当采用非开裂分析时，对于第一类截面，调幅系数可取40%，第二类截面30%，第三类截面20%，第四类截面10%，而原规范给出的符合塑性调幅设计法要求的截面基本满足第一类截面要求，且全部满足第二类截面要求。因此原规范规定的不超过15%的调幅系数比欧洲钢结构设计规范EC3：Design of steel structures保守得多，根据连续组合梁的试验结果，15%也低估了连续组合梁良好的内力重分布性能，影响了连续组合梁经济效益的发挥。由于发展组合梁塑性不仅需要钢结构的特殊规定，同时混凝土楼板也应满足相应的要求，本次修订将连续组合梁承载能力验算时的弯矩调幅系数上限定为20%。

板件宽厚比不符合本标准第10.1.5条规定的截面要求时，组合梁应采用弹性设计方法。此外，焊钉能为钢板提供有效的面外约束，因此具有提高板件受压局部稳定性的作用，若焊钉的间距足够小，则即使板件不符合塑性调幅设计法要求的宽厚比限值，同样能够在达到塑性极限承载力之前不发生局部屈曲，此时也可采用塑性方法进行设计而不受板件宽厚比限制，本次修订参考了欧洲组合结构设计规范EC4的相关条文，给出了不满足板件宽厚比限值仍可采用塑性调幅设计法的焊钉最大间距要求。

14.1.8 组合梁的纵向抗剪验算作为组合梁设计最为特殊的一部分，应引起足够的重视。本次修订增加了第14.6节，专门就组合梁的纵向抗剪验算进行详细说明。

因为板托对组合梁的强度、变形和裂缝宽度的影响很小，故可不考虑其作用。

14.2 组合梁设计

14.2.1 完全抗剪连接组合梁是指混凝土翼板与钢梁之间抗剪连接件的数量足以充分发挥组合梁截面的抗弯能力。组合梁设计可按简单塑性理论形成塑性铰的假定来计算组合梁的抗弯承载能力。即：

1 位于塑性中和轴一侧的受拉混凝土因为开裂

而不参加工作，板托部分亦不予考虑，混凝土受压区假定为均匀受压，并达到轴心抗压强度设计值；

2 根据塑性中和轴的位置，钢梁可能全部受拉或部分受压部分受拉，但都假定为均匀受力，并达到钢材的抗拉或抗压强度设计值。此外，忽略钢筋混凝土翼板受压区中钢筋的作用。用塑性设计法计算组合梁最终承载力时，可不考虑施工过程中有无支承及混凝土的徐变、收缩与温度作用的影响。

14.2.2 当抗剪连接件的布置受构造等原因影响不足以承受组合梁剪跨区段内总的纵向水平剪力时，可采用部分抗剪连接设计法。对于单跨简支梁，是采用简化塑性理论按下列假定确定的：

1 在所计算截面左右两个剪跨内，取连接件受剪承载力设计值之和 $n_r N_v^c$ 中的较小值，作为混凝土翼板中的剪力；

2 抗剪连接件必须具有一定的柔性，即理想的塑性状态，连接件工作时全截面进入塑性状态；

3 钢梁与混凝土翼板间产生相对滑移，以致在截面的应变图中混凝土翼板与钢梁有各自的中和轴。

部分抗剪连接组合梁的受弯承载力计算公式，实际上是考虑最大弯矩截面到零弯矩截面之间混凝土翼板的平衡条件。混凝土翼板等效矩形应力块合力的大小，取决于最大弯矩截面到零弯矩截面之间抗剪连接件能够提供的总剪力。

为了保证部分抗剪连接的组合梁能有较好的工作性能，在任一剪跨区内，部分抗剪连接时连接件的数量不得少于按完全抗剪连接设计时该剪跨区内所需抗剪连接件总数 n_f 的 50%，否则，将按单根钢梁计算，不考虑组合作用。

14.2.3 试验研究表明，按照公式(10.3.2)计算组合梁的受剪承载力是偏于安全的，国内外的试验表明，混凝土翼板的抗剪作用亦较大。

14.2.4 连续组合梁的中间支座截面的弯矩和剪力都较大。钢梁由于同时受弯、剪作用，截面的极限抗弯承载能力会有所降低。原规范只给出了不考虑弯矩和剪力相互影响的条件，对于不满足此条件的情况如何考虑弯矩和剪力的相互影响没有给出相应设计方法。本次修订采用了欧洲组合结构设计规范 EC4 建议的相关设计方法，对于正弯矩区组合梁截面不用考虑弯矩和剪力的相互影响，对于负弯矩区组合梁截面，通过对钢梁腹板强度的折减来考虑剪力和弯矩的相互作用，其代表的组合梁负弯矩弯剪承载力相关关系为：

1 如果竖向剪力设计值 V 不大于竖向塑性受剪承载力 V_p 的一半，即 $V \leqslant 0.5V_p$ 时，竖向剪力对受弯承载力的不利影响可以忽略，抗弯计算时可以利用整个组合截面；

2 如果竖向剪力设计值 V 等于竖向塑性受剪承载力 V_p，即 $V=V_p$，则钢梁腹板只用于抗剪，不能再承担外荷载引起的弯矩，此时的设计弯矩由混凝土

翼板有效宽度内的纵向钢筋和钢梁上下翼缘共同承担；

3 如果 $0.5V_p < V < V_p$，弯剪作用的相关曲线则用一段抛物线表示。

14.3 抗剪连接件的计算

14.3.1 目前应用最广泛的抗剪连接件为圆柱头焊钉连接件，在没有条件使用焊钉连接件的地区，可以采用槽钢连接件代替。原规范中给出的弯筋连接件施工不便，质量难以保证，不推荐使用，故此次修订取消了弯筋连接件的相关条文内容。

本条给出的连接件受剪承载力设计值计算公式是通过推导与试验确定的。

1 圆柱头焊钉连接件：试验表明，焊钉在混凝土中的抗剪工作类似于弹性地基梁，在焊钉根部混凝土受局部承压作用，因而影响受剪承载力的主要因素有：焊钉的直径（或焊钉的截面积 $A_s = d^2/4$）、混凝土的弹性模量 E_c 以及混凝土的强度等级。当焊钉长度为直径的 4 倍以上时，焊钉受剪承载力为：

$$N_v^c = 0.5A_s \sqrt{E_c f_c^{\text{Actual}}} \tag{73}$$

该公式既可用于普通混凝土，也可用于轻骨料混凝土。

考虑可靠度的因素后，式(73)中的 f_c^{Actual} 除应以混凝土的轴心抗压强度 f_c 代替外，尚应乘以折减系数 0.85，这样就得到条文中的焊钉受剪承载力设计公式(14.3.1-1)。

试验研究表明，焊钉的受剪承载力并非随着混凝土强度的提高而无限提高，存在一个与焊钉抗拉强度有关的上限值，该上限值为 $0.7A_s f_u$，约相当于焊钉的极限抗剪强度。根据现行国家标准《电弧螺柱焊用圆柱头焊钉》GB/T 10433 的相关规定，圆柱头焊钉的极限强度设计值 f_u 不得小于 400MPa。本次标准修订采用焊钉极限抗剪强度 f_u 替代了原规范公式中的 γf，两者相差了一个抗力分项系数，修订后的新公式物理意义更明确，计算更简便，和试验结果吻合更好，且和欧洲钢结构设计规范 EC3：Design of steel structures 的建议公式一致。

2 槽钢连接件：其工作性能与焊钉相似，混凝土对其影响的因素亦相同，只是槽钢连接件根部的混凝土局部承压区局限于槽钢上翼缘下表面范围内。各国规范中采用的公式基本上是一致的，我国在这方面的试验也极为接近，即：

$$N_v^c = 0.3(t + 0.5t_w)l_c \sqrt{E_c f_c^{\text{Actual}}} \tag{74}$$

考虑可靠度的因素后，式(74)中 f_c^{Actual} 除应以混凝土的轴心抗压强度设计值 f_c 代替外，尚应再乘以折减系数 0.85，这样就得到条文中的受剪承载力设计值公式(14.3.1-2)。

抗剪连接件起抗剪和抗拔作用，一般情况下，连接件的抗拔要求自然满足，不需要专门验算。在负弯

矩区，为了释放混凝土板的拉应力，也可以采用只有抗拔作用而无抗剪作用的特殊连接件。

14.3.2 采用压型钢板混凝土组合板时，其抗剪连接件一般用圆柱头焊钉。由于焊钉需穿过压型钢板而焊接至钢梁上，且焊钉根部周围没有混凝土的约束，当压型钢板肋垂直于钢梁时，由压型钢板的波纹形成的混凝土肋是不连续的，故对焊钉的受剪承载力应予以折减。本条规定的折减系数是根据试验分析而得到的。

14.3.3 当焊钉位于负弯矩区时，混凝土翼缘处于受拉状态，焊钉周围的混凝土对其约束程度不如位于正弯矩区的焊钉受到其周围混凝土的约束程度高，故位于负弯矩区的焊钉受剪承载力也应予以折减。

14.3.4 试验研究表明，焊钉等柔性抗剪连接件具有很好的剪力重分布能力，所以没有必要按照剪力图布置连接件，这给设计和施工带来了极大的方便。原规范以最大正、负弯矩截面以及零弯矩截面作为界限，把组合梁分为若干剪跨区段，然后在每个剪跨区段进行均匀布置，但这样划分对于连续组合梁仍然不太方便，同时也没有充分发挥柔性抗剪连接件良好的剪力重分布能力。此次修订为了进一步方便设计人员设计，进一步合并剪跨区段，以最大弯矩点和支座为界限划分区段，并在每个区段内均匀布置连接件，计算时应注意在各区段内混凝土翼板隔离体的平衡。

14.4 挠度计算

14.4.1 组合梁的挠度计算与钢筋混凝土梁类似，需要分别计算在荷载标准组合及荷载准永久组合下的截面折减刚度并以此来计算组合梁的挠度。

14.4.2 国内外试验研究表明，采用焊钉、槽钢等柔性抗剪连接件的钢-混凝土组合梁，连接件在传递钢梁与混凝土翼缘交界面的剪力时，本身会发生变形，其周围的混凝土也会发生压缩变形，导致钢梁与混凝土翼缘的交界面产生滑移应变，引起附加曲率，从而引起附加挠度。可以通过对组合梁的换算截面抗弯刚度 EI_{eq} 进行折减的方法来考虑滑移效应。式（14.4.2）是考虑滑移效应的组合梁折减刚度的计算方法，它既适用于完全抗剪连接组合梁，也适用于部分抗剪连接组合梁和钢梁与压型钢板混凝土组合板构成的组合梁。

14.4.3 对于压型钢板混凝土组合板构成的组合梁，式（14.4.3-3）中抗剪连接件承载力应按本标准14.3.2条予以折减。

14.5 负弯矩区裂缝宽度计算

14.5.1 混凝土的抗拉强度很低，因此对于没有施加预应力的连续组合梁，负弯矩区的混凝土翼板很容易开裂，且往往贯通混凝土翼板的上、下表面，但下表面裂缝宽度一般均小于上表面，计算时可不予验算。

引起组合梁翼板开裂的因素很多，如材料质量、施工工艺、环境条件以及荷载作用等。混凝土翼板开裂后会降低结构的刚度，并影响其外观和耐久性，如板顶面的裂缝容易渗入水分或其他腐蚀性物质，加速钢筋的锈蚀和混凝土的碳化等。因此应对正常使用条件下的连续组合梁的裂缝宽度进行验算，其最大裂缝宽度不得超过现行国家标准《混凝土结构设计规范》GB 50010 的限值。

相关试验研究结果表明，组合梁负弯矩区混凝土翼板的受力状况与钢筋混凝土轴心受拉构件相似，因此可采用现行国家标准《混凝土结构设计规范》GB 50010 的有关公式计算组合梁负弯矩区的最大裂缝宽度。在验算混凝土裂缝时，可仅按荷载的标准组合进行计算，因为在荷载标准组合下计算裂缝的公式中已考虑了荷载长期作用的影响。

14.5.2 连续组合梁负弯矩开裂截面纵向受拉钢筋的应力水平 σ_{sk} 是决定裂缝宽度的重要因素之一，要计算该应力值，需要得到标准荷载作用下截面负弯矩组合值 M_k，由于支座混凝土的开裂导致截面刚度下降，正常使用极限状态连续组合梁会出现内力重分布现象，可以采用调幅系数法考虑内力重分布对支座负弯矩的降低，试验证明，正常使用极限状态弯矩调幅系数上限取为 15% 是可行的。

需要指出的是，M_k 的计算需要考虑施工步骤的影响，但仅考虑形成组合截面之后施工阶段荷载及使用阶段续加荷载产生的弯矩值。

此外，对于悬臂组合梁，M_k 应根据平衡条件计算。

14.6 纵向抗剪计算

14.6.1 国内外众多试验表明，在剪力连接件集中剪力作用下，组合梁混凝土板可能发生纵向开裂现象。组合梁纵向抗剪能力与混凝土板尺寸及板内横向钢筋的配筋率等因素密切相关，作为组合梁设计最为特殊的一部分，组合梁纵向抗剪验算应引起足够的重视。

沿着一个既定的平面抗剪称为界面抗剪，组合梁的混凝土板（承托、翼板）在纵向水平剪力作用时属于界面抗剪。图 14.6.1 给出了对应不同翼板形式的组合梁纵向抗剪最不利界面，a-a 抗剪界面长度为混凝土板厚度；b-b 抗剪截面长度取刚好包络焊钉外缘时对应的长度；c-c、d-d 抗剪界面长度取最外侧的焊钉外边缘连线长度加上距承托两侧斜边轮廓线的垂线长度。

14.6.2 组合梁单位纵向长度内受剪界面上的纵向剪力 v_{l1} 可以按实际受力状态计算，也可以按极限状态下的平衡关系计算。按实际受力状态计算时，采用弹性分析方法，计算较为繁琐；而按极限状态下的平衡关系计算时，采用塑性简化分析方法，计算方便，且和承载能力塑性调幅设计法的方法相统一，同时公式偏于安全，故本标准建议采用塑性简化分析方法计算组合梁单位纵向长度内受剪界面上的纵向剪力。

14.6.3 国内外众多研究成果表明，组合梁混凝土板纵向抗剪能力主要由混凝土和横向钢筋两部分提供，横向钢筋配筋率对组合梁纵向受剪承载力影响最为显著。1972 年，A. H. Mattock 和 N. M. Hawkins 通过对剪力传递的研究，提出了普通钢筋混凝土板的抗剪强度公式：$V_{Lu,1} = 1.38b_f + 0.8A_e f_r \leqslant 0.3f_c b_f$。本条基于上述纵向抗剪计算模型，结合国内外已有的试验研究成果，对混凝土抗剪贡献一项作适当调整，得到了式（14.6.3-2）和式（14.6.3-3），这两个公式考虑了混凝土强度等级对混凝土板抗剪贡献的影响。

组合梁混凝土翼板的横向钢筋中，除了板托中的横向钢筋 A_{bh} 外，其余的横向钢筋 A_t 和 A_b 可同时作为混凝土板的受力钢筋和构造钢筋使用，并应满足现行国家标准《混凝土结构设计规范》GB 50010 的有关构造要求。

14.6.4 本条规定的组合梁横向钢筋最小配筋率要求是为了保证组合梁在达到承载力极限状态之前不发生纵向剪切破坏，并考虑到荷载长期效应和混凝土收缩等不利因素的影响。

14.7 构 造 要 求

14.7.1 组合梁的高跨比一般为 $1/20 \sim 1/15$，为使钢梁的抗剪强度与组合梁的抗弯强度相协调，钢梁截面高度 h_s 宜大于组合梁截面高度 h 的 $1/2$，即 $h \leqslant 2h_s$。

14.7.4 本条为抗剪连接件的构造要求。

圆柱头焊钉钉头下表面或槽钢连接件上翼缘下表面应满足距混凝土底部钢筋不低于 30mm 的要求，一是为了保证连接件在混凝土翼板与钢梁之间发挥抗掀起作用；二是底部钢筋能作为连接件根部附近混凝土的横向配筋，防止混凝土由于连接件的局部受压作用而开裂。

连接件沿梁跨度方向的最大间距规定，主要是为了防止在混凝土翼板与钢梁接触面间产生过大的裂缝，影响组合梁的整体工作性能和耐久性。

14.7.5 本条中关于焊钉最小间距的规定，主要是为了保证焊钉的受剪承载力能充分发挥作用。从经济方面考虑，焊钉高度一般不大于 $(h_e + 75)$mm。

14.7.7 本条中关于板托中 U 形横向加强钢筋的规定，主要是因为板托中邻近钢梁上翼缘的部分混凝土受到抗剪连接件的局部压力作用，容易产生劈裂，需要配筋加强。

14.7.8 组合梁承受负弯矩时，钢箱梁底板受压，在其上方浇筑混凝土可与钢箱梁底板形成组合作用，共同承受压力，有效提高受压钢板的稳定性。此外，在梁端负弯矩区剪力较大的区域，为提高其受剪承载力和刚度，可在钢箱梁腹板内侧设置抗剪连接件并浇筑混凝土以充分发挥钢梁腹板和内填混凝土的组合抗剪作用。

15 钢管混凝土柱及节点

15.1 一 般 规 定

本章为新增章节，包括矩形钢管混凝土柱、圆钢管混凝土柱以及梁柱连接节点。钢管混凝土柱是钢结构的一种主要构件，近年来得到广泛应用。本章内容均根据近年来科学研究成果和工程经验编制而成。

15.1.1 本章规定的钢管混凝土柱的设计和计算不适用于直接承受动力荷载的情况，本标准编制的理论分析、试验研究和工程应用总结都是建立在静力荷载或间接动力荷载作用的基础上的。

15.1.3 框架梁也可采用现浇钢筋混凝土梁，但节点构造要采取不同的措施。采用钢筋混凝土梁或钢骨混凝土梁时，应考虑混凝土徐变导致的应力重分布。

15.1.4 钢管混凝土柱中混凝土强度不应低于 C30 级，对 Q235 钢管，宜配 C30～C40 级混凝土；对 Q345 钢管，宜配 C40～C50 级的混凝土；对 Q390、Q420 钢管，宜配不低于 C50 级的混凝土。当采用 C80 以上高强混凝土时，应有可靠的依据。混凝土的强度等级、力学性能和质量标准应分别符合现行国家标准《混凝土结构设计规范》GB 50010 和《混凝土强度检验评定标准》GB 50107 的规定。对钢管有腐蚀作用的外加剂，易造成构件强度的损伤，对结构安全带来隐患，因此不得使用。

15.1.6 混凝土的湿密度在现行国家标准《建筑结构荷载规范》GB 50009 中未作规定，可以参考现行国家标准《建筑结构荷载规范》GB 50009 给出的素混凝土自重 22kN/m³～24kN/m³ 而取用。在高层建筑和单层厂房中，一般可先安装空钢管，然后一次性向管内浇灌混凝土或连续施工浇筑混凝土。这时钢管中存在初应力，将影响柱的稳定承载力。为了控制此影响在 5% 以内，经分析，应控制初应力不超过钢材受压强度设计值的 60%。

15.1.7 混凝土可采用自密实混凝土。浇筑方式可采用自下而上的压力泵送方式或者自上而下的自密实混凝土高抛工艺。

15.1.8 混凝土徐变主要发生在前 3 个月内，之后徐变放缓；徐变的产生会造成内力重分布现象，导致钢管和混凝土应力的改变，构件的稳定承载力下降，考虑混凝土徐变的影响，构件承载力最大可折减 10%。

15.2 矩形钢管混凝土柱

15.2.3 由于矩形钢管的约束作用相比圆钢管较弱，因此对于矩形钢管混凝土柱，一般规定当边长大于 1.0m 时，应考虑混凝土收缩的影响。目前工程中的常用措施包括柱子内壁焊接栓钉、纵向加劲肋等。

15.2.4 矩形钢管混凝土受拉时，由于钢管对混凝土的约束作用较弱，不论钢管是否屈服，混凝土都不能承受拉应力，因而只有钢管承担拉力。矩形钢管混凝土受压柱中，混凝土工作承担系数 α_c 应控制在 $0.1\sim 0.7$ 之间，其值可按钢管内混凝土的截面面积对应的承载力与钢管截面面积对应的承载力的比例关系确定。矩形钢管混凝土计算方法可以采用拟钢理论、统一理论或者叠加理论。

15.3 圆形钢管混凝土柱

15.3.3 圆钢管混凝土的环箍系数与含钢率有直接的关系，是决定构件延性、承载力及经济性的重要指标。钢管混凝土柱的环箍系数过小，对钢管内混凝土的约束作用不大；若环箍系数过大，则钢管壁可能较厚、不经济。当钢管直径过大时，管内混凝土收缩会造成钢管与混凝土脱开，影响钢管和混凝土的共同受力，而且管内过大的素混凝土对整个构件的受力性能也产生了不利影响，因此一般规定当直径大于 2m时，圆钢管混凝土构件需要采取有效措施减少混凝土收缩的影响，目前工程中常用的方法包括管内设置钢筋笼、钢管内壁设置栓钉等。

15.3.4 钢管混凝土构件受拉力作用时，管内混凝土将开裂，不承受拉力作用，只有钢管承担全部拉力。不过当钢管受拉力作用而伸长时，径向将收缩；由于受到管内混凝土的阻碍，因此成为纵向受拉和环向也受拉的双向拉应力状态，其受拉强度将提高 10%。圆钢管混凝土柱计算方法可以采用拟混凝土理论或者统一理论。

15.4 钢管混凝土柱与钢梁连接节点

15.4.1 钢管混凝土柱梁节点是钢结构的主要连接形式之一，其要求应满足钢结构节点的一般规定。

15.4.3 隔板厚度应满足板件的宽厚比限值，且不小于钢梁翼缘的厚度。柱内隔板上的混凝土浇筑孔孔径不应小于 200mm，透气孔孔径不宜小于 25mm，如图 45 所示。

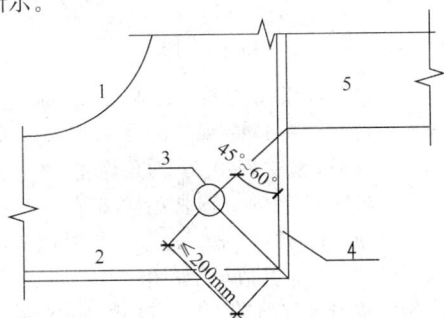

图 45 矩形钢管混凝土柱隔板开孔
1—浇筑孔；2—内隔板；3—透气孔；4—柱钢管壁；
5—梁翼缘

15.4.4 矩形钢管混凝土柱的外环板节点中，外环板的挑出宽度宜大于 100mm，且不宜大于 $15t_d\varepsilon_k$，t_d 为隔板厚度；ε_k 为钢号修正系数。圆钢管混凝土柱可采用外加强环节点，外加强环板的挑出宽度宜大于 70% 的梁翼缘宽度，其厚度不宜小于梁翼缘厚度。

16 疲劳计算及防脆断设计

16.1 一般规定

16.1.1 本条基本沿用原规范第 6.1.1 条。本条阐述本章的适用范围为直接承受动力荷载重复作用的钢结构(例如工业厂房吊车梁、有悬挂吊车的屋盖结构、桥梁、海洋钻井平台、风力发电机结构、大型旋转游乐设施等)，当其荷载产生的应力变化的循环次数 $n\geqslant 5\times 10^4$ 时的高周疲劳计算。需要进行疲劳计算的循环次数，88 版规范为 $n\geqslant 10^5$ 次，考虑到在某些情况下可能不安全，原规范修订时参考国外规定并结合建筑钢结构的实际情况，改为 $n\geqslant 5\times 10^4$ 次。本次修订仍旧保留了原规范对循环次数的规定，当钢结构承受的应力循环次数小于本条要求时，可不进行疲劳计算，且可按照不需要验算疲劳的要求选用钢材。直接承受动力荷载重复作用并需进行疲劳验算的钢结构，均应符合本标准第 16.3 节规定的相关构造要求。

16.1.2 本条沿用原规范第 6.1.2 条。本条说明本章的适用范围为在常温、无强烈腐蚀作用环境中的结构构件和连接。对于海水腐蚀环境、低周-高应变疲劳等特殊使用条件中疲劳的破坏机理与表达式各有特点，分别另属专门范畴；高温下使用和焊接经回火消除残余应力的结构构件及其连接则有不同于本章的疲劳强度值，均应另行考虑。

16.1.3 本条基本沿用原规范第 6.1.3 条。本次标准修订中有关疲劳强度计算仍采用荷载标准值按容许应力幅法进行计算，是因为目前我国对基于可靠度理论的疲劳极限状态设计方法研究还缺乏基础性研究，对不同类型构件连接的裂纹形成、扩展以致断裂这一全过程的极限状态，包括其严格的定义和影响发展过程的有关因素都还未明确，掌握的疲劳强度数据只是结构抗力表达式中的材料强度部分。

为适应焊接结构在钢结构中普遍应用的状况，本章采用目前已为国际上公认的应力幅计算表达式。多年来国内外大量的试验研究和理论分析证实：对于焊接钢结构疲劳强度起控制作用的是应力幅 $\Delta\sigma$，而几乎与最大应力、最小应力及应力比这些参量无关。这是因为：焊接及其随后的冷却，构成不均匀热循环过程，使焊接结构内部产生自相平衡的内应力，在焊接附近出现局部的残余拉应力高峰，横截面其余部分则形成残余压应力与之平衡。焊接残余拉应力最高峰值往往可达到钢材的屈服强度。此外，焊接连接部位因为原状截面的改变，总会产生不同程度的应力集中现象。残余应力和应力集中两个因素的同时存在，使疲劳裂纹发生于焊接熔合线的表面缺陷处或焊缝内部缺陷处，然后沿垂直于外力作用方向扩展，直到最后的断裂。产生裂纹部位的实际应力状态与名义应力有很大差别，在裂纹形成过程中，循环内应力的变化是以高达钢材屈服强度的最大内应力为起点，往下波动应力幅 $\Delta\sigma = \sigma_{max} - \sigma_{min}$ 与该处应力集中系数的乘积。此处 σ_{max} 和 σ_{min} 分别为名义最大应力和最小应力，在裂纹扩展阶段，裂纹扩展速率主要受控于该处的应力幅值。

试验证明，钢材静力强度不同，对大多数焊接连接类别的疲劳强度并无显著区别，仅在少数连接类别（如轧制钢材的主体金属、经切割加工的钢材和对接焊缝经严密检验和细致的表面加工时）的疲劳强度有随钢材强度提高稍微增加的趋势，而这些连接类别一般不在构件疲劳计算中起控制作用。因此为简化表达式，可认为所有类别的容许应力幅都与钢材的静力强度无关，即疲劳强度所控制的构件采用强度较高的钢材是不经济的。

钢结构的疲劳计算采用传统的基于名义应力幅的构造分类法。分类法的基本思路是，以名义应力幅作为衡量疲劳性能的指标，通过大量试验得到各种构件和连接构造的疲劳性能的统计数据，将疲劳性能相近的构件和连接构造归为一类，同一类构件和连接构造具有相同的 S-N 曲线。设计时，根据构件和连接构造形式找到相应的类别，即可确定其疲劳强度。

连接类别是影响疲劳强度的主要因素之一，主要是因为它将引起不同的应力集中（包括连接的外形变化和内在缺陷的影响）。设计中应注意尽可能不采用应力集中严重的连接构造。

容许应力幅数值的确定是根据疲劳试验数据统计分析而得，在试验结果中包括了局部应力集中可能产生屈服区的影响，因而整个构件可按弹性工作进行计算。连接形式本身的应力集中不予考虑，其他因断面突变等构造产生应力集中则应另行计算。

按应力幅概念计算，承受压应力循环与承受拉应力循环是完全相同的，国内外焊接结构的试验资料中也有压应力区发现疲劳开裂的现象。焊接结构的疲劳强度之所以与应力幅密切相关，本质上是由于焊接部位存在较大的残余拉应力，造成名义上受压应力的部位仍旧会疲劳开裂，只是裂纹扩展的速度比较缓慢，裂纹扩展的长度有限，当裂纹扩展到残余拉应力释放后便会停止。考虑到疲劳破坏通常发生在焊接部位，而钢结构连接节点的重要性和受力的复杂性，一般不容许开裂，因此本次修订规定了仅在非焊接构件和连接的条件下，在应力循环中不出现拉应力的部位可不计算疲劳。

16.1.4 本条为新增条文。所指的低温，通常指不高

于 −20℃；但对于厚板及高强度钢材，高于 −20℃ 时，也宜考虑防脆断设计。

16.2 疲 劳 计 算

16.2.1 本条在原规范第 6.2.1 条的基础上，增补了许多内容和说明，并将原规范第 6.2.1 条一分为二，形成第 16.2.1 条、第 16.2.2 条两条。当结构所受的应力幅较低时，可采用式（16.2.1-1）和式（16.2.1-4）快速验算疲劳强度。国际上的试验研究表明，无论是常幅疲劳还是变幅疲劳，低于疲劳截止限的应力幅一般不会导致疲劳破坏。

本次修订参考欧洲钢结构设计规范 EC3：Design of steel structures—Part1-9：Fatigue，增加了少量针对构造细节受剪应力幅的疲劳强度计算；同时针对正应力幅的疲劳问题，引入板厚修正系数 γ_t 来考虑壁厚效应对横向受力焊缝疲劳强度的影响。国内外大量的疲劳试验采用的试件钢板厚度一般都小于 25mm。对于板厚大于 25mm 的构件和连接，主要是横向角焊缝和对接焊缝等横向传力焊缝，试验和理论分析表明，由于板厚引起的焊趾位置的应力集中或应力梯度变化，疲劳强度随着板厚的增加有一定程度的降低，因此需要对容许应力幅针对具体的板厚进行修正。板厚修正系数 γ_t 的计算公式（16.2.1-7）参考了国际上钢结构疲劳设计规范，如日本标准 JSSC，欧洲钢结构设计规范 EC3。

考虑到非焊接与焊接构件以及连接的不同，即前者一般不存在很高的残余应力，其疲劳寿命不仅与应力幅有关，也与名义最大应力有关，因此为了疲劳强度计算统一采用应力幅的形式，对非焊接构件以及连接引入折算应力幅，以考虑 σ_{max} 的影响。折算应力幅的表达方式为：

$$\Delta\sigma = \sigma_{max} - 0.7\sigma_{min} \leqslant [\Delta\sigma] \qquad (75)$$

若按 σ_{max} 计算的表达式为：

$$\sigma_{max} \leqslant \frac{[\sigma_0^p]}{1 - k\dfrac{\sigma_{min}}{\sigma_{max}}} \qquad (76)$$

即：

$$\sigma_{max} - k\sigma_{min} \leqslant [\sigma_0^p] \qquad (77)$$

式中：k——系数，按《钢结构设计规范》TJ 17-74 规定：对主体金属：3 号钢取 $k=0.5$，16Mn 钢取 $k=0.6$；对角焊缝：3 号钢取 $k=0.8$，16Mn 钢取 $k=0.85$；

$[\sigma_0^p]$——应力比 $\rho(\rho = \sigma_{min}/\sigma_{max}) = 0$ 时疲劳容许拉应力，其值与 $[\Delta\sigma]$ 相当。

在《钢结构设计规范》TJ 17-74 中，$[\sigma_0^p]$ 考虑了欠载效应系数 1.15 和动力系数 1.1，故其值较高。但本条仅考虑常幅疲劳，应取消欠载效应系数，且 $[\Delta\sigma]$ 是试验值，已包含动载效应，所以亦不考虑动

力系数。因此[$\Delta\sigma$]的取值相当于[σ_0^8]/(1.15×1.1) = 0.79[σ_0^8]。另外88版规范以高强螺栓摩擦型连接和带孔试件为代表，将试验数据统计分析，取k=0.7，因此 $\Delta\sigma = \sigma_{max} - 0.7\sigma_{min}$。

原规范之前的修订工作，针对常幅疲劳容许应力幅做了两方面的工作，一是收集和汇总各种构件和连接形式的疲劳试验资料；二是以几种主要的形式为出发点，把众多的构件和连接形式归纳分类，每种具体连接以其所属类别给出 S-N 疲劳曲线和相关参数。为进行统计分析工作，汇集了国内现有资料，个别连接形式（如 T 形对接焊接等）适当参考了国外资料。根据不同钢号、不同尺寸的同一连接形式的所有试验资料，汇总后按应力幅计算式进行统计分析，以95%置信度取 2×10^6 次疲劳应力幅下限值，也就是疲劳试验数据线性回归值（平均值）减去 2 倍标准差。按各种连接形式疲劳强度的统计参数[非焊接连接形式考虑了最大应力（应力比）实际存在的影响]，以构件母材、高强度螺栓连接、带孔、翼缘焊缝、横向加劲肋、横向角焊缝连接和节点板连接等几种主要形式为出发点，适当照顾 S-N 曲线族的等间距设置，把连接方式和受力特点相似、疲劳强度相近的形式归成同一类，最后确定构件和连接分类为 8 种。分类后，需要确定 S-N 曲线斜率值，根据试验结果，绝大多数焊接连接的斜率在 -3.0～-3.5 之间，部分介于 -2.5～-3.0 之间，构件母材和非焊接连接则按斜率小于 -4，为简化计算取用 3 和 4 两种斜率，而在 $N=2\times10^6$ 次疲劳强度取值略与调整，以免在低循环次数出现疲劳强度过高的现象。S-N 曲线确定后，可据此求出任何循环次数下的容许应力幅（即疲劳强度）。

近 20 多年来，世界上一些先进国家在钢结构疲劳性能和设计方面开展了大量基础性的试验研究工作，取得了许多成果，发展了钢结构疲劳设计水平，提出了许多构造细节的疲劳强度数据，而我国这方面所做的基础性工作十分有限。鉴于此现状，本次标准修订时，对国际上各国的研究状况和成果进行了广泛的调研和对比分析，在保持原规范疲劳设计已有特点的基础上，借鉴和吸收了欧洲钢结构设计规范 EC3 钢结构疲劳设计的概念和做法，增加了许多新的内容，使我国可进行钢结构疲劳计算的构造细节更加丰富，具体如下：

1 将原来 8 个类别的 S-N 曲线增加到：针对正应力幅疲劳计算的，有 14 个类别，为 Z1～Z14（见正文表 16.2.1-1）；针对剪应力幅疲劳计算的，有 3 个类别，为 J1～J3（详见正文表 16.2.1-2）。

2 原来的类别 1 和 2 保持不变，即为现在的类别 Z1 和 Z2。原来的类别 3、4、5、6、7、8 分别放入到最接近现在的类别 Z4、Z5、Z6、Z7、Z8、Z10 中，在 $N=2\times10^6$ 时的新老容许应力幅的差别均在 5% 以内，在工程上可以接受。原来针对角焊缝疲劳计算的类别 8，放入到现在的类别 J1。

3 国际上研究表明，对变幅疲劳问题，低应力幅在高周循环阶段的疲劳损伤程度有所较低，且存在一个不会疲劳损伤的截止限。为此，针对正应力幅疲劳强度计算的 S-N 曲线，在 $N=5\times10^6$ 次之前的斜率为 β_Z，在 $N=5\times10^6$～1×10^8 次之间的斜率为 β_Z+2（见图46）。但是，针对剪应力幅疲劳强度计算的 S-N 曲线，斜率保持仍不变，为 β_J（见图47）。无论是正应力幅还是剪应力幅，均取 $N=1\times10^8$ 次时的应力幅为疲劳截止限。

4 在保持原规范 19 个项次的构造细节的基础上，新增加了 23 个细节，构成共计 38 个项次，并按照非焊接、纵向传力焊缝、横向传力焊缝、非传力焊缝、钢管截面、剪应力作用等情况将构造细节进行归类重新编排，同时构造细节的图例表示得更清楚，见附录表 K-1～K-6。

表 22 以 200 万次的疲劳强度为例，给出了原有构造细节在修订前后的比较，并指明了新增加的构造细节。欧洲钢结构设计规范 EC3 构造细节的疲劳强度确定的方法与我国是一致的，即依据疲劳试验数据的线性回归值（平均值）减去 2 倍标准差。

表 22　各构造细节 200 万次的类别及其疲劳强度（针对附录 K-1～K-6)

本次标准修订				原规范			欧洲钢结构设计规范 EC3
项次	修订情况	类别	疲劳强度 (MPa)	项次	类别	疲劳强度 (MPa)	类别（即疲劳强度） (MPa)
1	原有	Z1	176	1	1	176	—
2	原有	Z1，Z2	176，144		1，2	176，144	—
3	原有	Z4	112	18	3	118	⊥
4	原有	Z2	144	19	2	144	
		Z4	112	17	3	118	
5	新增	Z11	50	无	无	无	50
6	原有	Z2	144	4	2	144	

本次标准修订				原规范			欧洲钢结构设计规范 EC3
项次	修订情况	类别	疲劳强度（MPa）	项次	类别	疲劳强度（MPa）	类别（即疲劳强度）（MPa）
7	新增	Z4, Z5	112, 100		无	无	112, 100
8	原有	Z2, Z4, Z5	144, 112, 100	5	2, 3, 4	144, 118, 103	—
		Z4, Z5	112, 100		3, 4	118, 103	—
9	新增	Z5	100		无	无	100
10	新增	Z8	71		无	无	71
11	原有	Z10	56	11	8	59	—
		Z8	71	12	7	69	—
		Z8	71	13	7	69	—
12	原有	Z2, Z4	144, 112	2	2, 3	144, 118	—
13	原有	Z2	144	3	2	144	—
	新增	Z4	112		无	无	112
14	新增	Z6	90		无	无	90
15	新增	Z8, Z11	71, 50		无	无	71, 50
16	原有	Z7	80	10	6	78	—
17	新增	Z8	71		无	无	71
18	原有	Z8	71	9	7	69	—
19	原有	Z6	90	14	5	90	—
		Z8	71	15	7	69	—
20	新增	Z8, Z13	71, 40		无	无	71, 40
21	原有	Z5, Z6	100, 90	6	4, 5	103, 90	—
22	新增	Z7, Z8	80, 71		无	无	80, 71
23	原有	Z8	71	8	7	69	—
24	原有	Z6	90	7	5	90	—
25	新增	Z7	80		无	无	80
26	新增	Z3, Z6	125, 90		无	无	125, 90
27	新增	Z6, Z8	90, 71		无	无	90, 71
28	新增	Z8, Z10	71, 56		无	无	71, 56
29	新增	Z8	71		无	无	71
30	新增	Z10, Z11	56, 50		无	无	56, 50
31	新增	Z11, Z12	50, 45		无	无	50, 45
32	新增	Z13	40		无	无	40
33	新增	Z8	71		无	无	71
34	新增	Z8, Z9	71, 63		无	无	71, 63
35	新增	Z14	36		无	无	36
36	原有	J1	59	17	8	59	—
37	新增	J2	100		无	无	100
38	新增	J3	90		无	无	90

正应力幅及剪应力幅的疲劳强度 S-N 曲线见图 46、图 47。

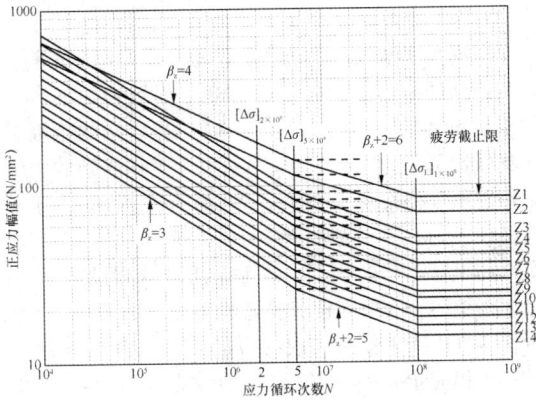

图 46 关于正应力幅的疲劳强度 S-N 曲线

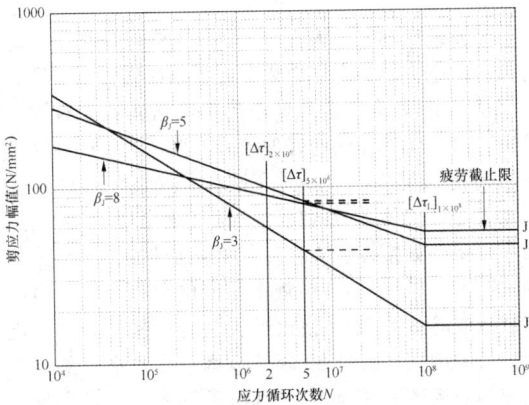

图 47 关于剪应力幅的疲劳强度 S-N 曲线

16.2.2 对不满足第 16.2.1 条中式（16.2.1-1）（正应力幅疲劳）、式（16.2.1-4）（剪应力幅疲劳）的常幅疲劳问题，应按照结构预期使用寿命，采用式（16.2.2-1）、式（16.2.2-5）进行疲劳强度计算。

原规范第 6.2.1 条对常幅疲劳的计算，无论正应力幅大小如何，将 S-N 曲线的斜率 β_z 保持不变，并且一直往下延伸。本次标准修订时，本条文正应力幅的常幅疲劳计算为了与第 16.2.3 条的变幅疲劳计算相协调和合理衔接，对应力循环次数 n 在 5×10^6 之内的容许正应力幅计算，S-N 曲线的斜率采用 β_z；对应力循环次数 n 在 5×10^6 与 1×10^8 之间的容许正应力幅计算，S-N 曲线的斜率采用 $\beta_z + 2$。同时，对正应力幅和剪应力幅的常幅疲劳计算，都在应力循环次数 $n = 1 \times 10^8$ 处分别设置疲劳截止限 $[\Delta\sigma_L]$ 和 $[\Delta\tau_L]$。

16.2.3 本条为原规范第 6.2.2 条和第 6.2.3 条的综合补充说明。对不满足本标准第 16.2.1 条中式（16.2.1-1）（正应力幅疲劳）、式（16.2.1-4）（剪应力幅疲劳）的变幅疲劳问题，提供了按照结构预期使用寿命的等效常幅疲劳强度的计算方法。实际结构中

重复作用的荷载，一般并不是固定值，若能根据结构实际的应力状况（应力的测定资料），并按雨流法或泄水法等计数方法进行应力幅的频次统计、预测或估算得到结构的设计应力谱，则可按本章将变幅疲劳转换为应力循环 200 万次常幅疲劳计算。

假设设计应力谱包括应力幅水平 $\Delta\sigma_1$、$\Delta\sigma_2$、…、$\Delta\sigma_i$、…及对应的循环次数 n_1、n_2、…n_i、…，然后按目前国际上通用的 Miner 线性累计损伤定律进行计算，其原理如下：

计算部位在某应力幅水平 $\Delta\sigma_i$ 作用有 n_i 次循环，由 S-N 曲线计算得 $\Delta\sigma_i$ 对应的疲劳寿命为 N_i，则 $\Delta\sigma_i$ 应力幅所占损伤率为 n_i / N_i，对设计应力谱内所有应力幅均做类似的损伤计算，则得：

$$\Sigma \frac{n_i}{N_i} = \frac{n_1}{N_1} + \frac{n_2}{N_2} + \cdots + \frac{n_i}{N_i} + \cdots \tag{78}$$

从工程应用的角度，粗略地可认为当 $\Sigma \frac{n_i}{N_i} = 1$ 时发生疲劳破坏。

计算疲劳累计损伤时还应涉及 S-N 曲线斜率的变化和截止应力问题。国际上的研究表明：对变幅疲劳问题，常幅疲劳所谓的疲劳极限并不适用；随着疲劳裂纹的扩展，一些低于疲劳极限的低应力幅将成为裂纹扩展的应力幅而加速疲劳累积损伤；低应力幅比高应力幅的疲劳损伤作用要弱，并且也不是任何小的低应力幅都有疲劳损伤作用，小到一定程度就没有损伤作用了。

原规范采用最简单的损伤处理方式，即保持 S-N 曲线的斜率不变，认为高应力幅与低应力幅具有相同的损伤效应，且无论多小的应力幅始终存在损伤作用，这是过于保守的做法，并不切合实际。为此，本次标准修订时，采用欧洲钢结构设计规范 EC3 国际上认可的做法，即采用本标准第 16.2.1 条文说明中 3 的方法来处理低应力幅的损伤作用。

按照图 46 与图 47 及以上 Miner 损伤定律，可将变幅疲劳问题换算成应力循环 200 万次的等效常幅疲劳进行计算。以变幅疲劳的等效正应力幅为例（图 47），推导过程如下：

设有一变幅疲劳，其应力谱由 $(\Delta\sigma_i, n_i)$ 和 $(\Delta\sigma_j, n_j)$ 两部组成，总应力循环 $\Sigma n_i + \Sigma n_j$ 次后发生疲劳破坏，则按照 S-N 曲线的方程，分别对每 i 级的应力幅 $\Delta\sigma_i$、频次 n_i 和 j 级的应力幅 $\Delta\sigma_j$、频次 n_j 有：

$$N_i = C_Z / (\Delta\sigma_i)^{\beta_z} \tag{79}$$

$$N_j = C_Z' / (\Delta\sigma_j)^{\beta_z + 2} \tag{80}$$

$$\Sigma \frac{n_i}{N_i} + \Sigma \frac{n_j}{N_j} = 1 \tag{81}$$

式中：C_Z、C_Z'——斜率 β_z 和 $\beta_z + 2$ 的 S-N 曲线参数。

由于斜率 β_z 与 $\beta_z + 2$ 的两条 S-N 曲线在 $N = 5 \times 10^6$ 处交汇，则满足下式：

$$C'_z = \frac{(\Delta\sigma_{5\times10^6})^{\beta_z+2}}{(\Delta\sigma_{5\times10^6})^{\beta_z}}C_z = (\Delta\sigma_{5\times10^6})^2 C_z \quad (82)$$

设想上述的变幅疲劳破坏与一常幅疲劳（应力幅为 $\Delta\sigma_e$，循环 200 万次）的疲劳破坏具有等效的疲劳损伤效应，则：

$$C_z = 2\times10^6 (\Delta\sigma_e)^{\beta_z} \quad (83)$$

将式（79）、式（80）、式（82）和式（83）代入式（81），可得到式（16.2.3-2）常幅疲劳 200 万次的等效应力幅表达式：

$$\Delta\sigma_e = \left[\frac{\sum n_i (\Delta\sigma_i)^{\beta_z} + ([\Delta\sigma]_{5\times10^6})^{-2} \sum n_j (\Delta\sigma_j)^{\beta_z+2}}{2\times10^6} \right]^{1/\beta_z}$$

16.2.4 本条为原规范第 6.2.3 条的补充说明。本条提出适用于重级工作制吊车梁和重级、中级工作制吊车桁架的简化的疲劳计算公式（16.2.4-1）、式（16.2.4-2）。88 版规范在修订时，为掌握吊车梁的实际应力情况，实测了 20 世纪 70 年代一些有代表性的车间吊车梁。根据吊车梁应力测定资料，按雨流法进行应力幅频次统计，得到几种主要车间吊车梁的设计应力谱以及用应力循环次数表示的结构设计寿命，并推导了各类车间实测吊车梁的等效应力幅 $\alpha_f\Delta\sigma$，此处 $\Delta\sigma$ 为设计应力谱中最大的应力幅，α_f 为变幅荷载的欠载效应系数。因不同车间实测的应力循环次数不同，为便于比较，统一以 $n=2\times10^6$ 次的疲劳强度为基准，进一步折算出相对的欠载效应等效系数 α_f，结果如表 23 所示：

表 23 不同车间的欠载效应等效系数

车间名称	推算的 50 年内应力循环次数	欠载效应系数 α_1	以 $n=2\times10^6$ 为基准的欠载效应等效系数 α_f
某钢厂 850 车间（第一次测）	9.68×10^6	0.56	0.94
某钢厂 850 车间（第二次测）	12.4×10^6	0.48	0.88
某钢厂炼钢车间	6.81×10^6	0.42	0.64
某钢厂炼钢厂	4.83×10^6	0.60	0.81
某重机厂水压机车间	9.90×10^6	0.40	0.68

分析测定数据时，都将最大实测值视为吊车满负荷设计应力 $\Delta\sigma$，然后划分应力幅水平级别。事实上，实测应力与设计应力相比，随车间生产工艺的不同（吊车吊重物后，实际运行位置与设计采用的最不利位置不完全相符）而有悬殊差异。如均热炉车间正常的最大实测应力为设计应力的 80% 以上，炼钢车间为设计应力的 50% 左右，而水压机车间仅为设计应力的 30%。

考虑到实测条件中的应力状态，难以包括长期使用时各种错综复杂的状况，忽略这一部分欠载效益是偏于安全的。

根据实测结果，提出本标准表 16.2.4 供吊车梁疲劳计算的 α_f 值：A6、A7、A8 工作级别的重级工作制硬钩吊车取用 1.0，A6、A7 工作级别的重级工作制软钩吊车为 0.8。有关 A4、A5 工作级别的中级工作制吊车桁架需要进行疲劳验算的规定，是由于实际工程中确有使用尚属频繁而满负荷率较低的一些吊车（如机械工厂的金工、锻工车间），特别是当采用吊车桁架时，有补充疲劳验算的必要，故根据以往分析资料（中级工作制欠载约为重级工作制的 1.3 倍）推算出相应于 $n=2\times10^6$ 的 α_f 值约为 0.5。至于轻级工作制吊车梁和吊车桁架以及大多数中级工作制吊车梁，根据多年来使用的情况和设计经验，可不进行疲劳计算。

需要说明的是：表 23 的计算结果都是基于当时有关"低应力幅与高应力幅有着相同损伤作用（即斜率保持不变），且无论如何小的低应力幅始终有损伤作用"这一保守方法的处理结果，得到的欠载效应等效系数 α_f 会偏高，实际上应该有所减小。然而近 30 年来工业厂房吊车梁的应用状况发生了很大的变化，吊车使用的频繁程度大幅度提高，依据近 10 年来的测试数据，采用与 88 版规范相同的分析方法，得出欠载效应等效系数 α_f 相比过去已有所提高。由于此消彼长的因素，故自 88 版规范修订以来提出的欠载效应等效系数 α_f 在数值上目前还是适用于吊车梁的疲劳强度计算。

16.3 构 造 要 求

16.3.1 本条基本沿用原规范第 8.2.4 条的一部分，同时参考《钢结构焊接规范》GB 50661 - 2011 第 5.7 节的规定。本节的构造要求主要针对直接承受动力荷载且需计算疲劳的结构的构造要求。

16.3.2 本条基本沿用原规范第 8.5 节。增加了直角式突变支座的相关规定。

宝钢一期工程中，日本设计的吊车梁构件采用圆弧式突变支座，西德设计的则采用直角式突变支座。宝钢采用圆弧式突变支座的重级工作制变截面吊车梁，由于腹板在与圆弧端封板连接附近沿切向和径向呈双向受拉工作状态，使用 10 年左右普遍出现疲劳裂缝。直角式突变支座有较好的抗疲劳性能，宝钢、中冶赛迪、中冶京诚等单位都结合实际工程进行了试验研究或有限元分析。一般情况下，本标准图 16.3.2-3 的直角式突变支座构造中，在 h_1 高度范围内的竖向端封板厚度可取与腹板等厚，并与插入板坡口焊接；插入板厚度不小于 1.5 倍腹板厚度，在 b 长度范围内开槽并与腹板焊接。大量工程实践表明，采用图 16.3.2-3 直角式突变支座构造的吊车梁，迄今尚未见有出现疲劳裂缝的情况。

直角式突变支座与圆弧式突变支座相比，造价和工厂制作的方便程度相当，因此条文要求存在疲劳破坏可能性的中级工作制变截面吊车梁、高架道路变截面钢梁等皆宜采用直角式突变支座，而不宜采用圆弧式突变支座。无论直角式突变支座还是圆弧式突变支座都不宜用于重级工作制吊车梁。

16.4 防脆断设计

16.4.1、16.4.2 这两条为原规范第 8.7.1 条的补充。从结构及构件的形式、材料的选用、焊缝的布置和焊接施工方面提出了定性的要求。

根据苏联对脆断事故调查的结果，格构式板式节点桁架结构占事故总数的 48%，而梁结构仅占 18%，板结构占 34%，可见桁架结构板式节点容易发生脆断。以往由于钢结构在寒冷地区很少使用，因此脆断情况并不严重，近年来，寒冷地区脆断事故时有发生，因此增加了防脆断设计的要求。

16.4.3 本条沿用原规范第 8.7.2 条，从焊接结构的构造方面作出规定。

16.4.4 本条沿用原规范第 8.7.3 条，从施工方面作出规定。其中对受拉构件钢材边缘加工要求的厚度限值（≤10mm），是根据苏联 1981 年规范表 84 中在空气温度 $T \geqslant -30℃$ 的地区，考虑脆断的应力折减系数为 1.0 而得出的。

虽然在我国的寒冷地区过去很少发生脆断问题，但当时的建筑物都不大，钢材亦不太厚。根据"我国低温地区钢结构使用情况调查"（《钢结构设计规范》材料二组低温冷脆分组，1973 年 1 月），所调查构件的钢材厚度为：吊车梁不大于 25mm，柱子不大于 20mm，屋架下弦不大于 10mm。随着大型钢结构建筑的兴建，钢材厚度的增加以及对结构安全重视程度的提高，钢结构的防脆断问题理应在设计中加以考虑。我们认为若能在构造上采取本节所提出的措施，对提高结构抗脆断的能力肯定是有利的，从我国目前的国情来看，亦是可以做得到的，不会增加多少投资。同时为了缩小应用范围以节约投资，建议在 $T \leqslant -20℃$ 的地区采用。在 $T > -20℃$ 的地区，对重要结构亦宜在受拉区采用一些减少应力集中和焊接残余应力的构造措施。

16.4.5 本条为此次修订新增的内容，对于特别重要或特殊的结构构件和连接节点，如板厚大于 50mm 的厚板或超厚板构件和节点、承受较大冲击荷载的构件和节点、低温和疲劳共同作用的构件和节点、强腐蚀或强辐射环境中的构件和节点等，可采用断裂力学的方法对结构构件和连接节点进行抗脆断验算。采用断裂力学方法进行构件和连接的抗脆断验算，包括含初始缺陷构件、连接节点的断裂力学参量的计算和材料断裂韧性的选取等两方面。断裂力学参量的计算首先

是需要确定初始缺陷模型，可参考构件和连接的疲劳类别、施工条件、工程质量验收规范、当前的施工水平、探伤水平等因素，假定初始缺陷的位置、形状和尺寸；断裂力学参量的计算当受力状态和几何条件较为简单时可采用简化裂纹模型，当受力状态和几何条件复杂时可采用数值模型。材料断裂韧性的确定可利用已有的相应材料的断裂韧性值，当缺乏数据时需要通过试验对材料的断裂韧性进行测定，可按现行国家标准《金属材料 准静态断裂韧度的统一试验方法》GB/T 21143 进行。具体步骤如下：

1 根据构件和连接的疲劳类别，以及结构构件的受力特征和应力状态，确定存在脆性断裂危险的构件和连接节点；根据疲劳类别的细节、质量验收要求等，假定构件和连接中可能存在的初始缺陷的位置、形状和尺寸；

2 选取断裂力学参数和断裂判据，如线弹性条件下的应力强度因子 K 判据，弹塑性条件下的围道积分 J 判据、裂纹尖端张开位移 CTOD 判据等；对含初始缺陷的结构构件或连接节点进行断裂力学计算，得到设计应力水平下的裂纹尖端断裂参量 K_1、J_1 或 CTOD；

3 确定相应设计条件（温度、板厚、焊接等）下，构件和连接节点材料的断裂韧性，如平面应变断裂韧度 K_{IC}、延性断裂韧度 J_{IC} 和裂纹尖端张开位移 CTOD 特征值等；

4 选取合理的断裂判据，对断裂力学计算得到的设计应力水平下的断裂参量和相应设计条件下的材料断裂韧性进行比较，从而完成抗脆断验算。

17 钢结构抗震性能化设计

17.1 一般规定

近年来，随着国家经济形势的变化，钢结构的应用急剧增加，结构形式日益丰富。不同结构体系和截面特性的钢结构，彼此间结构延性差异较大，为贯彻国家提出的"鼓励用钢、合理用钢"的经济政策，根据现行国家标准《建筑抗震设计规范》GB 50011 及《构筑物抗震设计规范》GB 50191 规定的抗震设计原则，针对钢结构特点，增加了钢结构构件和节点的抗震性能化设计内容。根据性能化设计的钢结构，其抗震设计准则如下：验算本地区抗震设防烈度的多遇地震作用的构件承载力和结构弹性变形（小震不坏）、根据其延性验算设防地震作用的承载力（中震可修）、验算其罕遇地震作用的弹塑性变形（大震不倒）。

本章所有规定均针对结构体系中承受地震作用的结构部分。虽然结构真正的设防目标为设防地震，但由于结构具有一定的延性，因此无需采用中震弹性的设计。在满足一定强度要求的前提下，让结构在设防

地震强度最强的时段到来之前，结构部分构件先行屈服，削减刚度，增大结构的周期，使结构的周期与地震波强度最大时段的特征周期避开，从而使结构对地震具有一定程度的免疫功能。这种利用某些构件的塑性变形削减地震输入的抗震设计方法可降低假想弹性结构的受震承载力要求。基于这样的观点，结构的抗震设计均允许结构在地震过程中发生一定程度的塑性变形，但塑性变形必须控制在对结构整体危害较小的部位。如梁端形成塑性铰是可以接受的，因为轴力较小，塑性转动能力很强，能够适应较大的塑性变形，因此结构的延性较好；而当柱子截面内出现塑性变形时，其后果就不易预料，因为柱子内出现塑性铰后，需要抵抗随后伴随侧移增加而出现的新增弯矩，而柱子内的轴力由竖向重力荷载产生的部分无法卸载，这样结构整体内将会发生较难把握的内力重分配。因此抗震设防的钢结构除应满足基本性能目标的承载力要求外，尚应采用能力设计法进行塑性机构控制，无法达成预想的破坏机构时，应采取补偿措施。

另外，对于很多结构，地震作用并不是结构设计的主要控制因素，其构件实际具有的受震承载力很高，因此抗震构造可适当降低，从而降低能耗，节省造价。

众所周知，抗震设计的本质是控制地震施加给建筑物的能量，弹性变形与塑性变形（延性）均可消耗能量。在能量输入相同的条件下，结构延性越好，弹性承载力要求越低，反之，结构延性差，则弹性承载力要求高，本标准简称为"高延性-低承载力"和"低延性-高承载力"两种抗震设计思路，均可达成大致相同的设防目标。结构根据预先设定的延性等级确定对应的地震作用的设计方法，本标准称为"性能化设计方法"。采用低延性-高承载力思路设计的钢结构，在本标准中特指在规定的设防类别下延性要求最低的钢结构。

17.1.1 我国是一个多地震国家，性能化设计的适用面广，只要提出合适的性能目标，基本可适用于所有的结构，由于目前相关设计经验不多，本章的适用范围暂时压缩在较小的范围内，在有可靠的设计经验和理论依据后，适用范围可放宽。

由于现行国家标准《构筑物抗震设计规范》GB 50191 的抗震设计原则与现行国家标准《建筑抗震设计规范》GB 50011 一致，因此本章既适用于建筑物，又适用于构筑物。

结构遵循现有抗震规范的规定，采用的也是某种性能化设计的手段，不同点仅在于地震作用按小震设计意味着延性仅有一种选择，由于设计条件及要求的多样化，实际工程按照某类特定延性的要求实施，有时将导致设计不合理，甚至难以实现。

大部分钢结构构件由薄壁板件构成，因此针对结构体系的多样性及其不同的设防要求，采用合理的抗震设计思路才能在保证抗震设防目标的前提下减少结构的用钢量。如虽然大部分多高层钢结构适合采用高延性-低承载力设计思路，但对于多层钢框架结构，在低烈度区，采用低延性-高承载力的抗震思路可能更为合理，单层工业厂房也更适合采用低延性-高承载力的抗震思路，本章可为工程师的选择提供依据。满足本章规定的钢结构无需满足现行国家标准《建筑抗震设计规范》GB 50011 及《构筑物抗震设计规范》GB 50191 中针对特定结构的构造要求和规定。应用本章规定时尚应根据各类建筑的实际情况选择合适的抗震策略，如高烈度区民用高层建筑不应采用低延性结构。

17.1.2 本章条文主要针对标准设防类钢结构。本标准采用延性等级反映构件延性，承载性能等级反映构件承载力，延性等级和承载性能等级的合理匹配实现"高延性-低承载力、低延性-高承载力"的设计思路。对于不同设防类别的设防标准，本标准按现行国家标准《建筑工程抗震设防分类标准》GB 50223 规定的原则，在其他要求一致的情况下，相对于标准设防类钢结构，重点设防类钢结构拟采用承载性能等级保持不变、延性等级提高一级或延性等级保持不变、承载性能等级提高一级的设计手法，特殊设防类钢结构采用承载性能等级保持不变、延性等级提高两级或延性等级保持不变、承载性能等级提高两级的设计手法，在延性等级保持不变的情况下，重点设防类钢结构承载力约提高 25%，特殊设防类钢结构承载力约提高 55%。

17.1.3 本条为现行国家标准《建筑抗震设计规范》GB 50011 性能化设计指标要求的具体化。本章钢结构抗震设计思路是进行塑性机构控制，由于非塑性耗能区构件和节点的承载力设计要求取决于结构体系及构件塑性耗能区的性能，因此本条仅规定了构件塑性耗能区的抗震性能目标。对于框架结构，除单层和顶层框架外，塑性耗能区宜为框架梁端；对于支撑结构，塑性耗能区宜为成对设置的支撑；对于框架-中心支撑结构，塑性耗能区宜为成对设置的支撑、框架梁端；对于框架-偏心支撑结构，塑性耗能区宜为耗能梁段、框架梁端。

完好指承载力设计值满足弹性计算内力设计值的要求，基本完好指承载力设计值满足刚度适当折减后的内力设计值要求或承载力标准值满足要求，轻微变形指层间侧移约 1/200 时塑性耗能区的变形，显著变形指层间侧移为 1/50～1/40 时塑性耗能区的变形。"多遇地震不坏"，即允许耗能构件的损坏处于日常维修范围内，此时可采用耗能构件刚度适当折减的计算模型进行弹性分析并满足承载力设计值的要求，故称之为"基本完好"。

17.1.4 为引导合理设计，避免不必要的抗震构造，本条对标准设防类的建筑根据设防烈度和结构高度提出了构件塑性耗能区不同的抗震性能要求范围，由于地震的复杂性，表 17.1.4-1 仅作为参考，不需严格执行。抗震设计仅是利用有限的财力，使地震造成的损失控制在合理的范围内，设计者应根据国家制定的安全度标准，权衡承载力和延性，采用合理的承载性能等级。

需要特别指出的是本条第 1 款，结构满足多遇地震下承载力要求，并不是要求结构所有构件满足小震承载力设计要求，比如偏心支撑的耗能梁段在多遇地震作用下即可进入塑性状态，另外，进行小震计算时，仅塑性耗能区屈服的结构可考虑刚度折减。实际上按照本章通过能力设计后，满足设防地震作用下考虑性能系数的承载力要求后，在多遇地震作用下，除塑性耗能区外，通常其余构件与节点可处于弹性状态并满足设计承载力要求。因此侧移限值要求和现行国家标准《建筑抗震设计规范》GB 50011 一致即能保证当遭受低于本地区抗震设防烈度的多遇地震影响时，主体结构不受损坏或不需修理可继续使用。

钢结构的性能化抗震设计可通过以下四个方面实现：

1 根据结构要求的不同，选用不同的性能系数，见表 17.2.2-1。一般来说，由于地震作用的不确定性，对于结构来说，延性比承载力更为重要，因此，对于多高层民用钢结构，首先必须保证必要的延性，一般应采用高延性－低承载力的设计思路；而对于工业建筑，为降低造价，宜采用低延性-高承载力的设计思路。

2 按高延性-低承载力思路进行的设计，采用下列措施进行延性开展机构的控制：

　　1）采用能力设计法，进行塑性开展机构的控制；

　　2）引入非塑性耗能区内力调整系数，引导构件相对强弱符合延性开展的要求；

　　3）引入相邻构件材料相对强弱系数，确保延性开展机构的实现。

3 根据不同的性能要求，采用不同的抗震构造。

4 通过对承载力和延性间权衡，使得结构在相同的安全度下，更具经济性。

为避免结构在罕遇地震下倒塌，除单层钢结构外，当结构延性较差时，宜提高侧移要求，即层间位移角限值要求适当加严。

本条表 17.1.4-2 为实现高延性-低承载力、低延性-高承载力设计思路的具体规定。不同结构对不同楼层的延性需求均不相同，在大多数情况下，结构底层是所有楼层延性需求最高的部分，为简化设计，整个结构可采用相同的结构构件延性等级来保证满足延性需求，当不同楼层的实际性能系数明显不同时，各楼层也可采用不同的结构构件延性等级。

当按本标准进行性能化设计，采用低延性-高承载力设计思路时，无须进行机构控制验算，本标准第 17.2.4 条～第 17.2.12 条为机构控制验算的具体规定，但当性能系数小于 1 时，支撑系统构件尚应考虑压杆屈曲和卸载的影响。

17.1.5 本条为性能化设计的基本原则，本标准第 17.2 节及第 17.3 节为这些原则的具体化，塑性耗能区性能系数取值最低，关键构件和节点取值较高，关键构件和节点可按下列原则确定：

1 通过增加其承载力保证结构预定传力途径的构件和节点；

2 关键传力部位；

3 薄弱部位。

柱脚、多高层钢结构中低于 1/3 总高度的框架柱、伸臂结构竖向桁架的立柱、水平伸臂与竖向桁架交汇区杆件、直接传递转换构件内力的抗震构件等都应按关键构件处理。关键构件和节点的性能系数不宜小于 0.55。

采用低延性-高承载力设计思路时，本条要求可适当放宽。

17.1.6 本条是对有抗震设防要求的钢结构的材料要求。

1 良好的可焊性和合格的冲击韧性是抗震结构的基本要求，本款规定了弹性区钢材在不同的工作温度下相应的质量等级要求，基本与需验算疲劳的非焊接结构的性能相当；弹性区在强烈地震作用下仍处于弹性设计阶段，因此可适当降低对材料屈强比要求，一般来说，屈强比不应高于 0.9，但此时应采取可靠措施保证其处于弹性状态。

2 本款要求与现行国家标准《建筑抗震设计规范》GB 50011 及《构筑物抗震设计规范》GB 50191 类似，但增加了对结构屈服强度上限的规定。

根据材料调研结果显示，我国钢材平均屈服强度是名义屈服强度的 1.2 倍，离散性很大，尤其是 Q235 钢，由于实际工程中经常发生高钢号钢材由于各种原因降级使用的情况，因此，为了避免塑性铰发生在非预期部位，补充规定了塑性耗能区钢材应满足屈服强度实测值不高于上一级钢材屈服强度的条件。值得特别注意的是本标准规定的材料要求，是对加工后的构件的要求，我国目前很多型材的材质报告，给出的是型材加工前的钢材特性。设计人员应避免选择在加工过程中已损失部分塑性的钢材作为塑性耗能区的钢材。当超强系数按 $\eta_y = f_{y,act}/f_y$ 计算确定时，塑性耗能区钢材可不满足屈服强度实测值不高于上一级钢材屈服强度的条件。$f_{y,act}$ 为塑性耗能区钢材屈服强度实测值；f_y 为塑性耗能区钢材设计用屈服强度。

3 按照钢结构房屋连接焊缝的重要性，并参照 AISC341-05 规范，首次提出了关键性焊缝的概念，4 条关键性焊缝分别为：

1）框架结构的梁翼缘与柱的连接焊缝；

2）框架结构的抗剪连接板与柱的连接焊缝；

3）框架结构的梁腹板与柱的连接焊缝；

4）节点域及其上下各 600mm 范围内的柱翼缘与柱腹板间或箱形柱壁板间的连接焊缝。

本款主要是为了保证焊缝与构件具有足够的塑性变形能力，真正做到"强连接弱构件"和实现设计确定的屈服机制。

17.1.7 由于地震作用的不确定性，抗震设计最重要的是概念设计，当结构均匀对称并具有清晰直接的地震力传递路径时，则对地震性能的预测更为可靠。比如，当竖向不均匀则可能出现应力集中或产生延性要求较高的区域而导致结构过早破坏，如首层为薄弱层时，屈服将限制在第一层，我们在汶川地震见到了许多此类破坏案例，当然隔震设计也是利用此原理进行。因此，按本章进行性能化设计时，除采用低延性-高承载力设计思路且采用地震危害较小的结构外，应符合现行国家标准《建筑抗震设计规范》GB 50011 第 1 章～第 5 章的规定。

17.2 计 算 要 点

为保证结构按设计预定的破坏路径进行，应满足本节各条文的规定。在进行各构件承载力计算时，抗弯强度标准值应按屈服强度 f_y 采用，抗剪强度标准值应按 $0.58 f_y$ 采用，$\gamma_x W_x$、$\gamma_y W_y$ 可根据截面宽厚比等级按表 17.2.2-2 中 W_E 采用。计算重力荷载代表值产生的效应时，可采用本标准第 10 章塑性及弯矩调幅设计。

17.2.1 本条第 5 款的规定原因如下：构成支撑系统的支撑实际会承担竖向荷载，但地震作用下这些抗侧力构件将首先达到极限状态，随着地震的往复作用，这些构件承载力将出现退化，导致原先承受的竖向力重新转移到相邻柱子。

采用弹性计算模型进行弹塑性设计时，需要选用合适的计算模型，采用合理的计算假定。

另外，由于允许结构进入塑性，因此阻尼比可采用 0.05。

17.2.2 所有构件性能系数均根据本条要求采用。

1 本款采用非塑性耗能区内力调整系数 β_e 区分结构中不同构件的差异化要求，对于关键构件和节点，非塑性耗能区内力调整系数需要适当增大。

2 由于塑性耗能区即为设计预定的屈服部位，其性能系数依据塑性耗能区的实际承载力确定，即结构在设防地震作用下，按弹性设计所需屈服强度的折减系数，由此可知，当性能系数符合表 17.2.2-1 的规定时，塑性耗能区无需进行承载力验算。

在《建筑抗震设计规范》GB 50011-2010 第 3.4 节中，对建筑的规则性作了具体的规定，当结构布置不符合抗震规定的要求时，结构延性将受到不利

影响，承载力要求必须提高。在欧洲抗震设计规范 EC8：Design of structures for earthquack resistance 中，不规则系数一般取为 1.25。

由于机构控制即控制结构的破坏路径，所以非塑性耗能区的性能系数必须高于塑性耗能区，本标准非塑性耗能区内力调整系数采用 $1.1\eta_y$，1.1 是考虑材料硬化，η_y 是考虑实际屈服强度超出设计屈服强度，当超强系数取值太高，将增加结构的用钢量；太低，则现有钢材合格率太低，综合权衡，本标准采用了结合钢号考虑的系数。

由于普通支撑结构延性较差，因此计算支撑结构的性能系数时除以 1.5 的系数。

框架-中心支撑结构中，为了接近框架结构的能量吸收能力，支撑系统的承载力根据其剪力分担率的不同乘以相应的增大系数。

结构的抗震设计具有循环论证、自我实现的性质，即塑性耗能区构件承载力越高，则结构的地震作用越大。当取某一性能系数乘以设防地震作用作为地震作用，进行内力分析并据此验证塑性耗能区构件满足承载力要求时，则塑性耗能区构件的性能系数将不低于事先设定的性能系数，这种性质可极大地简化性能化设计方法。

17.2.4 框架-中心支撑结构中非支撑系统的框架梁计算与框架结构的框架梁相同，此时可采用支撑屈曲后的计算模型。

支撑斜杆应在支撑与梁柱连接节点失效、支撑系统梁柱屈服或屈曲前发生屈服。根据研究，受压支撑的卸载系数与长细比有关，如图 48 所示。

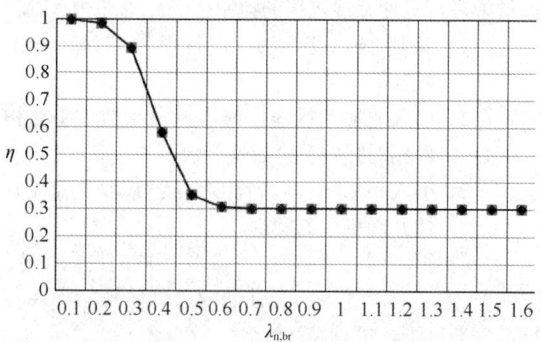

图 48 受压支撑卸载系数与支撑正则化长细比的关系

为了保证屈曲约束支撑在预期的楼层侧移下，拉压支撑均达到屈服，梁应有足够的刚度。梁在恒载和支撑最大拉压力组合下的变形要求参考了美国抗震规范 FEMA450（2003）8.6.3.4.1.2 款的规定。

本条第 4 款是考虑支撑杆件屈曲后压杆卸载情况的影响，与《建筑抗震设计规范》GB 50011-2010 第 9.2.10 条的规定基本一致。

17.2.5 强柱弱梁免除验算条款的说明如下：

1 多层框架的顶层柱顶不会随着侧移的增加而

出现二阶弯矩，弯矩不会增大，而按照塑性屈服面的规则，弯矩不增大，轴力就无需减小，因此在顶层的柱顶形成塑性铰，没有不利影响；单层框架柱顶形成塑性铰，只是演变为所谓的排架，结构不丧失稳定性；

2 当规则框架层受剪承载力比相邻上一层的受剪承载力高出 25% 时，表明本层非薄弱层，因此层间侧移发展有限，无需满足强柱弱梁的要求；

3 当柱子提供的受剪承载力之和不超过总受剪承载力的 20% 时，此类柱子承担的剪力有限，因此无需满足强柱弱梁的要求；

4 非耗能梁端、柱子和斜撑形成了一个几何不变的三角形，梁柱节点不会发生相对的塑性转动，因此无需满足强柱弱梁的要求。

17.2.6 本条为钢构件的延性要求，目的是避免构件在净截面处断裂。

17.2.9 本条与《建筑抗震设计规范》GB 50011 - 2010 第 8.2.8 条第 2 款～第 5 款的规定基本一致，但未包括梁的拼接。塑性耗能区最好不设拼接区，当无法避免时，应考虑剪应力集中于腹板中央区。

栓焊混合节点，因为腹板采用螺栓连接，螺栓孔孔径比栓径大 1.5mm～2.5mm，在罕遇地震作用下，螺栓克服摩擦力滑动，滑动过程也是剪应力重分布过程，滑移后，上、下翼缘的焊缝承担了不该承担的剪应力，导致上、下翼缘，特别是下翼缘焊缝的开裂，因此应优先采用能够把塑性变形分布在更长长度上的延性较好的改进型工艺孔。

另外，考虑到极限状态时高强螺栓一般已滑移，因此计算高强螺栓的极限承载力应按螺杆剪断或连接板拉断作为其极限破坏的判别，可按现行行业标准《高层民用建筑钢结构技术规程》JGJ 99 计算。

17.2.10 参考日本相关规定，一般要求节点域不先于梁柱进入塑性；如果节点域先于梁柱屈服，则在框架二次设计的保有承载力（水平受剪承载力）验算时必须考虑节点域屈服带来的影响。考虑到我国规范体系尚未引入这类计算，因此当框架梁采用 S1、S2 级截面时，仍要求节点域不先于框架梁端屈服。公式表达为梁端全截面塑性弯矩的形式，中柱采用 0.85 的系数系考虑了 H 形截面梁全截面塑性弯矩一般为边缘屈服弯矩的 1.15 倍左右。

柱轴压比较小时一般无需考虑轴力对节点域承载力的影响。参考日本的相关规定，在轴压比超过 0.4 时，需进行节点域受剪承载力的修正。

本条节点域验算是基于节点验算满足强柱弱梁要求。当不满足强柱弱梁验算时，梁端的受弯承载力替换为柱端的受弯承载力即可。

17.2.11 交叉支撑的节点竖向不平衡剪力示意见图 49。

17.2.12 外露式柱脚是钢结构的关键节点，也是震

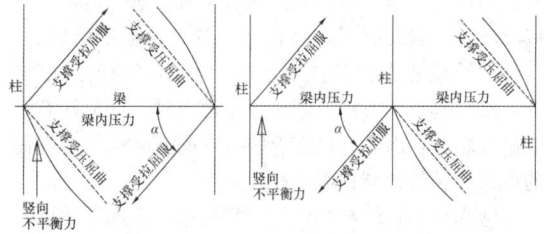

图 49 交叉支撑节点不平衡力示意

害多发部位，其表现形式是锚栓剪断、拉断或拔出，原因就是锚栓的承载力不足。条文根据一般钢结构的连续性要求，结合抗震钢结构考虑结构延性采用折减的地震作用（或者小震）分析得到结构内力进行锚栓设计的特征，规定了柱脚锚栓群的最小截面积（最小抗拉承载力）。

17.3 基本抗震措施

本节各条文的目的是保证节点破坏不先于构件破坏，同时根据不同的结构延性要求相应的构造来保证设计的经济性。

Ⅰ 一 般 规 定

17.3.1 由于地震作用为强烈的动力作用，因此节点连接应满足承受动力荷载的构造要求。另外，由于地震作用的不确定性，而截面板件宽厚比为 S5 级的构件延性较差，因此对其使用范围作了一定的限制。

17.3.2 本条是为保证塑性耗能区性能所作的规定。

17.3.3 在支撑系统之间直接与支撑系统构件相连的刚接钢梁可视为连梁。连梁可设计为塑性耗能区，此时连梁类似偏心支撑的消能梁段，当构造满足消能梁段的规定时，可按消能梁段确定承载力，否则按框架梁要求设计。

Ⅱ 框 架 结 构

17.3.4 本条为保证框架结构抗震性能的重要规定，通过控制梁内轴力和剪力来保证潜在耗能区的塑性耗能能力。

本条第 2 款与欧洲抗震设计规范 EC8 第 6.6.2 条的规定类似但不相同。宝钢在本标准课题《腹板加肋框架梁柱刚性节点抗震性能研究》中，根据 5 个框架 H 形截面子结构试件的反复加载试验，并通过有限元分析发现，无加劲的平腹板梁，塑性机构转动点会偏离截面中心轴，而腹板中央的屈服和屈曲由剪应力控制，而且剪应力集中于腹板中央区；而设置纵向加劲肋可均化塑性铰区腹板中央集中的剪应力，使整个加劲区域的腹板应力场均匀分布。因此当塑性耗能区位于梁端时，梁端无纵向加劲肋的腹板剪力不大于截面受剪承载力 50% 的规定是恰当的，而只要纵向

加劲肋设置合理，剪力可由腹板全截面承受。

17.3.5 一般情况下，柱长细比越大、轴压比越大，则结构承载能力和塑性变形能力越小，侧向刚度降低，易引起整体失稳。遭遇强烈地震时，框架柱有可能进入塑性，因此有抗震设防要求的钢结构需要控制的框架柱长细比与轴压比相关。

考虑压弯柱的结构整体弹塑性稳定性和柱塑性铰形成时的变形能力，控制长细比和轴压比的结构弹塑性失稳限界，可由弹塑性稳定分析求得。日本 AIJ《钢结构塑性设计指针》采用解析并少量试验，提出满足 $N/N_E \leqslant 0.25$（N_E——结构弹性屈曲对应的轴压力）即可避免结构整体屈曲引起的承载力显著降低。

为方便结构设计，引入轴压比 N/N_y 和长细比 λ 表示的控制条件，得：

$$\frac{N}{N_y} \leqslant 0.25 \frac{\pi^2}{\lambda^2}\left(\frac{E}{f_y}\right) \tag{84}$$

进一步简化为直线方程，则为：

$$SN400、SS400：\frac{N}{N_y} + \frac{\lambda}{120} \leqslant 1.0 \tag{85}$$

$$SN490、SS490：\frac{N}{N_y} + \frac{\lambda}{100} \leqslant 1.0 \tag{86}$$

式中：E——钢材的弹性模量；

f_y——钢材的屈服强度。

轴压比 $N/N_y \leqslant 0.15$ 时，轴压力较小，对结构失稳的影响也较小，最大长细比取 150，可不考虑轴压比和长细比耦合。

表 17.3.5 与上述 AIJ 的要求基本等价。

17.3.6 比较美国、日本及钢结构设计规范 EC3：Design of steel structures 关于 H 形和箱形截面柱的节点域计算和宽厚比限值的规定，并总结试验数据提出本条要求。本条为低弹性承载力-高延性构造，高弹性承载力-低延性构造的具体体现。

17.3.7 本条改进型过焊孔及常规型过焊孔具体规定见现行行业标准《高层民用建筑钢结构技术规程》JGJ 99。

17.3.9 在采用梁端加腋、梁端换厚板、梁翼缘楔形加宽和上下翼缘加盖板等方法，如果能够做到加强后的柱表面处的梁截面的塑性铰弯矩等于（$W_{pb}f_{yb} + V_{pb}s$）（V_{pb}——梁内塑性铰截面的剪力；s——塑性铰至柱面的距离，也即梁开始变截面或开始加强的位置到柱表面的距离）可以预计梁加强段及其等截面部分长度内均能够产生一定的塑性变形，能够将对梁端塑性铰的转动需求分散在更长的长度上，从而改善结构的延性，或减小对节点的转动需求。

17.3.10 抗弯框架上覆混凝土楼板时，在地震作用下，梁端的塑性铰区受拉，因此钢柱周边的楼板钢筋应可靠锚固，钢筋可按图 50 设置。

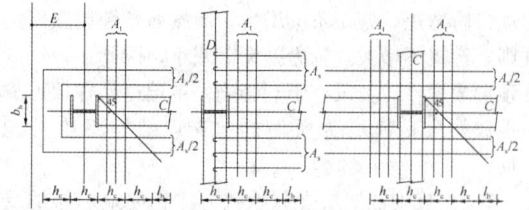

图 50　钢柱周边钢筋锚固示意图

Ⅲ　支撑结构及框架-支撑结构

17.3.12 中心支撑在各类结构中应用非常广泛，在地震往复荷载作用下，支撑必然经历失稳-拉直的过程，滞回曲线随长细比的不同变化很大。当长细比小时滞回曲线丰满而对称，当长细比大时，滞回曲线形状复杂、不对称，受压承载力不断退化，存在一个拉直的不受力的滑移阶段。因此支撑的长细比与结构构件延性等级相关。

在美国，中心支撑体系分为特殊中心支撑体系（SCB）和普通中心支撑体系（OCB），前者的抗震性能更好，地震力可以取得更小。但是在对支撑杆的长细比的限值上，前者放得更宽。欧洲抗震设计规范 EC8 则规定，中心交叉支撑的长细比，对 Q235，应该在 120～196 之间。日本也将长细比大于 130 的支撑杆与长细比为 32～59 之间的划为同一类，反而比长细比为 59～130 之间的更好，这是由于延性决定了结构的抗震能力。因此支撑设计时，长细比不是最关键的，关键的是防止局部屈曲部位过大的、集中的塑性变形而导致的开裂。长细比较大的支撑杆，因为传递的力较小，在节点部位更加容易设计成延性好的节点。长细比大的构件，结构的刚度小，更容易处在长周期范围，地震力更小。

虽然欧美同行认为长细比大的支撑，抗震性能更好，但配套的设计规定使得其应用是有条件的：美国 AISC 的 SPSSB 指出，每一列支撑，由受拉的支撑提供的抗力不得大于 70%，也不得小于 30%。如果水平力全由支撑承担，这意味着支撑杆的长细比对 Q235 不超过 120。如果是框架-中心支撑体系，支撑长细比很大，受压承载力很小，则框架部分应能够承担 30%～70% 的水平地震作用。

本标准参照日本的规定，除普通钢结构外，将支撑分为 3 个等级，长细比大的放在第 2 个等级，并且规定了使用条件。同样的支撑，框架-中心支撑结构和支撑结构相比较具有更好的延性，延性等级更高。

17.3.13 本条第 1 款的规定使得结构在任意方向荷载作用下表现出相似的荷载变形特征，从而具有更好的延性。

17.3.14 本条第 1 款的规定是为了尽量减小应力集中，使节点板在支撑杆平面外屈曲时不至于产生过大的计算中未能考虑的应力而导致焊缝的过早破坏。

17.3.15 偏心支撑的设计基本上与现行国家标准《建筑抗震设计规范》GB 50011 的规定一致。

18 钢结构防护

18.1 抗火设计

18.1.1 钢结构的抗火性能较差，其原因主要有两个方面：一是钢材热传导系数很大，火灾下钢构件升温快；二是钢材强度随温度升高而迅速降低，致使钢结构不能承受外部荷载作用而失效破坏。无防火保护的钢结构的耐火时间通常仅为 15min～20min，故极易在火灾下破坏。因此，为了防止和减小建筑钢结构的火灾危害，必须对钢结构进行科学的抗火设计，采取安全可靠、经济合理的防火保护措施。

钢结构工程中常用的防火保护措施有：外包混凝土或砌筑砌体、涂覆防火涂料、包覆防火板、包覆柔性毡状隔热材料等。这些保护措施各有其特点及适用条件。钢结构抗火设计时应立足于保护有效的条件下，针对现场的具体条件，考虑构件的具体承载形式、空间位置及环境因素等，选择施工简便、易于保证施工质量的方法。

18.1.3 本条规定了钢结构抗火设计方法以及钢构件的抗火能力不符合规定的要求时的处理方法。无防火保护的钢结构的耐火时间通常仅为 15min～20min，达不到规定的设计耐火极限要求，因此需要进行防火保护。防火保护的具体措施，如防火涂料类型、涂层厚度等，应根据相应规范进行抗火设计确定，保证构件的耐火时间达到规定耐火极限要求，并做到经济合理。

18.1.4 本条为新增条文。本条规定了钢结构抗火设计技术文件编制的要求。其中，防火保护材料的性能要求具体包括：防火保护材料的等效热传导系数或防火保护层的等效热阻、防火保护层的厚度、防火保护的构造、防火保护材料的使用年限等。

当工程实际使用的防火保护方法有更改时，应由设计单位出具设计修改文件。当工程实际使用的防火保护材料的等效热传导系数与设计文件不一致时，应按"防火保护层的等效热阻相等"原则调整防火保护层的厚度，并由设计单位确认。

18.1.5 本条为新增条文。

18.2 防腐蚀设计

18.2.1 本条及本标准第 18.2.5 条、第 18.2.6 条为原规范第 8.9.1 条、第 8.9.2 条的修改和补充。本条规定了钢结构防腐蚀设计应遵循的原则。

1 钢结构腐蚀是一个电化学过程，腐蚀速度与环境腐蚀条件、钢材质量、钢结构构造等有关，其所处的环境中水气含量和电解质含量越高，腐蚀速度越快。

防腐蚀方案的实施与施工条件有关，因此选择防腐蚀方案的时候应考虑施工条件，避免选择可能会造成施工困难的防腐蚀方案。

一般钢结构防腐蚀设计年限不宜低于 5 年；重要结构不宜低于 15 年，应权衡设计使用年限中一次投入和维护费用的高低选择合理的防腐蚀设计年限。由于钢结构防腐蚀设计年限通常低于建筑物设计年限，建筑物寿命期内通常需要对钢结构防腐蚀措施进行维修，因此选择防腐蚀方案的时候，应考虑维修条件，维修困难的钢结构应加强防腐蚀方案。同一结构不同部位的钢结构可采用不同的防腐蚀设计年限。

2 防腐蚀设计与环保节能相关的内容主要有：防腐蚀材料的挥发性有机物含量，重金属、有毒溶剂等危害健康的物质含量，防腐蚀材料生产和运输的能耗，防腐蚀施工过程的能耗等。防腐蚀设计方案本身的设计寿命越长，建筑物生命周期内大修的次数越少，消耗的材料和能源越少，这本身也是环保节能的有效措施。

3 本款将原规范第 8.9.1 条中的"防锈措施（除锈后涂以油漆或金属镀层等）"改为"防腐蚀措施"，随着对钢结构腐蚀的进一步深入研究，钢结构腐蚀已经不能仅用"防锈"概括。

删除了原规范第 8.9.1 条中关于防腐蚀方案和除锈等级等内容的简单规定，作另行规定。

加速腐蚀的不良设计是指容易导致水积聚，或者不能使水正常干燥的凹槽、死角、焊缝缝隙等。水的存在会加速钢铁腐蚀。这些不良设计的表现形式包括但不限于原规范的这些描述，因此将那些简要的描述删除。

4 如前所述，由于钢结构防腐蚀设计年限通常低于建筑物设计年限，为延长钢结构防腐蚀方案的实际使用年限，应对钢结构防腐蚀方案进行定期检查，并根据检查结果进行合适的维修。钢结构防腐蚀方案在正确定期维护下，可有效延长大修间隔期，建筑物生命周期内大修的次数越少，消耗的人力和物力就越少。因此设计中应考虑全寿命期内的检查、维护和大修，宜建议工程业主、防腐蚀施工单位、防腐蚀材料供应商等制订维护计划。

18.2.2 本条为新增条文。本条列出了常用的防腐蚀方案，其中防腐蚀涂料是最常用的防腐蚀方案，各种工艺形成的锌、铝等金属保护层包括热喷锌、热喷铝、热喷锌铝合金、热浸锌、电镀锌、冷喷铝、冷喷锌等。

对于其他内容的解释，请参考本标准第 18.2.1 条第 1 款的条文说明。

18.2.3 本条为新增条文。本条重点强调了重要构件和难以维护的构件要加强防护。

18.2.4 防腐蚀涂料施工方法有喷涂、辊涂、刷涂等，通常刷涂对空隙宽度的要求最小。防护层质量检查和维护检查采用的反光镜一般配有伸缩杆，能够刷涂到的部位都能检查到。对于维修情况，这里要求的型钢间的空隙宽度是指安装之后的宽度。

不同金属材料之间存在电位差，直接接触时会发生电偶腐蚀，电位低的金属会被腐蚀。如铁与铜直接接触时，由于铁的电位低于铜，铁会发生电偶腐蚀。

弹簧垫圈由于存在缝隙，水气和电解质易积留，易产生缝隙腐蚀。

本款将原规范第 8.9.2 条中的"对使用期间不能重新油漆的结构部位应采取特殊的防锈措施"更改成"对不易维修的结构应加强防护"。

另将原规范第 8.9.1 条关于构造的要求和第 8.9.3 条编写在此。本条第 6 款仅适用于可能接触水或腐蚀性介质的柱脚，对无水的办公楼、宾馆不适用。

18.2.5 本条为新增条文。一般来说，钢材表面处理状态是影响防腐性能最重要的因素，本条规定了钢材表面原始锈蚀等级、钢材除锈等级标准。

　　1 表面原始锈蚀等级为 D 级的钢材由于存在一些深入钢板内部的点蚀，这些点蚀还会进一步锈蚀，影响钢结构强度，因此不宜用作结构钢；

　　2 喷砂和抛丸是钢结构表面处理的常用方法，所采用的磨料特性对表面处理的效果影响很大，某些磨料难以达到某些防腐蚀产品要求的粗糙度和清洁度，有些磨料会嵌在钢材内部，这些情况都不能符合防腐蚀产品的特性；若表面处理材料的含水量、含盐量较高，会导致钢材表面处理后又快速返锈；河沙、海沙除了含水量、含盐量通常超标之外，还含有游离硅，喷砂过程产生的大量粉尘中也会含有游离硅，人体吸入一定量的游离硅之后，会导致严重的肺部疾病，因此磨料产品还应符合环保要求。

18.2.6 涂料作为防腐蚀方案，通常由几种涂料产品组成配套方案。底漆通常具有化学防腐蚀或者电化学防腐蚀的功能，中间漆通常具有隔离水气的功能，面漆通常具有保光保色等耐候性能，因此需要结合工程实际，根据环境腐蚀条件、防腐蚀设计年限、施工和维修条件等要求进行配套设计。面漆、中间漆和底漆应相容匹配，当配套方案未经工程实践，应进行相容性试验。

18.2.7 维护计划通常由工程业主和防腐蚀施工单位、防腐蚀材料供应商在工程建造时制定。投入使用后按照该维护计划进行定期检查，并根据检查结果进行维护，这些工作通常由工程业主邀请防腐蚀施工单位、防腐蚀材料供应商等专业人员进行。何时需要进行大修的标准通常依据 ISO 4628 Paints and varnishes-Evaluation of degradation of coatings-Designation of quantity and size of defects, and of intensity of uniform changes in appearance 规定的等级划分，由业主方的专业防腐蚀工程师或其他专业工程师协商确定。

一种通行的做法是当检查中发现锈蚀比例高于 1%（ISO 4628-3 Assessment of degree of rusting）时，有必要进行大修。

18.3　隔　　热

18.3.1 本条为新增条文。高温工作环境对钢结构的影响主要是温度效应，包括结构的热膨胀效应和高温对钢结构材料的力学性能的影响。在进行结构设计时，应通过传热分析确定处于高温环境下的钢结构温度分布及温度值，在结构分析中应考虑热膨胀效应的影响及高温对钢材的力学性能参数的影响。

18.3.2 高温工作环境下的温度作用是一种持续作用，与火灾这类短期高温作用有所不同。在这种持续高温下的结构钢的力学性能与火灾高温下结构钢的力学性能也不完全相同，主要体现在蠕变和松弛上。对于长时间高温环境下的钢结构，分析高温对其影响时，钢材的强度和弹性模量可按下列方法确定：当钢结构的温度不大于 100℃时，钢材的设计强度和弹性模量与常温下相同；当钢结构的温度超过 100℃时，高温下钢材的强度设计值与常温下强度设计值的比值 η_T、高温下的弹性模量与常温下弹性模量的比值 χ_T 可按表 24 确定，表中 T_s 为温度。钢材的热膨胀系数可采用 $\alpha_s = 1.2 \times 10^{-6}$ m/(m·℃)。

当高温环境下的钢结构温度超过 100℃时，对于依靠预应力工作的构件或连接应专门评估蠕变或松弛对其承载能力或正常使用性能的影响。

表 24　高温环境下钢材的强度设计值、弹性模量

T_s（℃）	η_T	χ_T	T_s（℃）	η_T	χ_T
100	1.000	1.000	410	0.632	0.812
120	0.942	0.986	420	0.616	0.797
140	0.928	0.980	440	0.584	0.763
160	0.913	0.974	460	0.551	0.722
180	0.897	0.968	480	0.516	0.673
200	0.880	0.961	500	0.480	0.617
210	0.871	0.957	510	0.461	0.585
220	0.862	0.953	520	0.441	0.551
240	0.842	0.945	540	0.401	0.475
260	0.822	0.937	560	0.359	0.388
280	0.801	0.927	580	0.315	0.288
300	0.778	0.916	600	0.269	0.173
310	0.766	0.910			
320	0.754	0.904			
340	0.729	0.889			
360	0.703	0.872			
380	0.676	0.851			
400	0.647	0.826			

18.3.3 本条为强制性条文，为原规范第8.9.5条的修改和补充。对于处于高温环境下的钢结构，当承载力或变形不能满足要求时，可通过采取措施降低构件内的应力水平、提高构件材料在高温下的强度、提高构件的截面刚度或降低构件在高温环境下的温度来使其满足要求。对于处于长时间高温环境工作的钢结构，不应采用膨胀型防火涂料作为隔热保护措施。

本条第1款、第2款均指钢结构处于特定工作状态时应该采取的防护措施，其中第2款中的钢结构包括高强度螺栓连接；第3款为高温环境下钢构件承载力不足时可采取的措施，第4款为针对高强度螺栓连接的隔热要求。

处于高温环境的钢构件，一般可分为两类，一类为本身处于热环境的钢构件，另一类为受热辐射影响的钢构件。对于本身处于热环境的钢构件，当钢构件散热不佳即吸收热量大于散发热量时，除非采用降温措施，否则钢构件温度最终将等于环境温度，所以必须满足高温环境下的承载力设计要求，如高温下烟道的设计；对于受热辐射影响的钢构件，一般采用有效的隔热降温措施，如加耐热隔热层、热辐射屏蔽或水套等，当采取隔热降温措施后钢结构温度仍然超过100℃时，仍然需要进行高温环境下的承载力验算，不够时还可采取增大构件截面、采用耐火钢提高承载力或增加隔热降温措施等，当然也可不采用隔热降温措施，直接采取增大构件截面、采用耐火钢等措施。因此有多种设计途径均能满足本条第3款要求，应根据工程实际情况综合考虑采取合适的措施。

由于超过150℃时，高强度螺栓承载力设计缺乏依据，因此采取隔热防护措施后高强度螺栓温度不应超过150℃。

18.3.4 本条为新增条文。

附录A 常用建筑结构体系

A.1 单层钢结构

A.1.1 对于厂房结构，排架和门式刚架是常用的横向抗侧力体系，对应的纵向抗侧力体系一般采用柱间支撑结构，当条件受限时纵向抗侧力体系也可采用框架结构。当采用框架作为横向抗侧力体系时，纵向抗侧力体系通常采用框架结构（包括有支撑和无支撑情况）。因此为简便起见，将单层钢结构归纳为由横向抗侧力体系和纵向抗侧力体系组成的结构体系。

轻型钢结构建筑和普通钢结构建筑没有严格的定义，一般来说，轻型钢结构建筑指采用薄壁构件、轻型屋盖和轻型围护结构的钢结构建筑。薄壁构件包括：冷弯薄壁型钢、热轧轻型型钢（工字钢、槽钢、H钢、L钢、T钢等）、焊接和高频焊接轻型型钢、圆管、方管、矩形管、由薄钢板焊成的构件等；轻型屋盖指压型钢板、瓦楞铁等有檩屋盖；轻型围护结构包括：彩色镀锌压型钢板、夹芯压型复合板、玻璃纤维增强水泥（GRC）外墙板等。一般轻型钢结构的截面板件宽厚比等级为S5级，因此构件延性较差，但由于质量较小的原因，很多结构都能满足大震弹性的要求，所以本标准专门把轻型钢结构的归类从普通钢结构中分离，使设计人员概念清晰，既能避免一些不必要的抗震构造，达到节约造价的目的；又能避免一些错误的应用，防止工程事故的发生。

除了轻型钢结构以外的钢结构建筑，统称为普通钢结构建筑。

混合形式是指排架、框架和门式刚架的组合形式，常见的混合形式见图51所示。

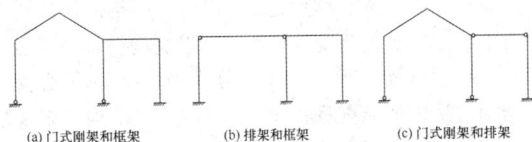

图 51 混合形式

(a)门式刚架和框架 　　(b)排架和框架 　　(c)门式刚架和排架

A.2 多高层钢结构

A.2.1 本节所列结构类型仅限于纯钢结构。

本标准将10层以下、总高度小于24m的民用建筑和6层以下、总高度小于40m的工业建筑定义为多层钢结构；超过上述高度的定义为高层钢结构。其中民用建筑层数和高度的界限与我国建筑防火规范相协调，工业建筑一般层高较高，根据实际工程经验确定。

组成结构体系的单元中，除框架的形式比较明确，支撑、剪力墙、筒体的形式都比较丰富，结构体系分类表中专门列出了常用的形式。其中消能支撑一般用于中心支撑的框架-支撑结构中，也可用于组成筒体结构的普通桁架筒或斜交网格筒中，在偏心支撑的结构中由于与耗能梁端的功能重叠，一般不同时用；斜交网格筒是全部由交叉斜杆编织成，可以提供很大的刚度，在广州电视塔和广州西塔等400m以上结构中已有应用；剪力墙板筒国内已有的实例是以钢板填充框架而形成筒体，在300m以上的天津津塔中应用。

筒体结构的细分以筒体与框架间或筒间的位置关系为依据：筒与筒间为内外位置关系的为筒中筒，筒与筒间为相邻组合位置关系的为束筒，筒体与框架组合的为框架-筒体；又可进一步分为传统意义上抗侧效率最高的外周为筒体、内部为主要承受竖向荷载的框架的外筒内框结构，与传统钢筋混凝土框筒结构相似的核心为筒体、周边为框架的外框内筒结构，以及多个筒体在框架中自由布置的框架多筒结构。

巨型结构是一个比较宽泛的概念，当竖向荷载或水平荷载在结构中以多个楼层作为其基本尺度而不是传统意义上的一个楼层进行传递时，即可视为巨型结构，如将框架或桁架的一部分当作单个组合式构件，以层或跨的尺度作为"截面"高度构成巨型梁或柱，进而形成巨大的框架体系，即为巨型框架结构，巨型梁间的次结构的竖向荷载通过巨型梁分段传递至巨型柱；在巨型框架的"巨型梁"、"巨型柱"节点间设置支撑，即形成巨型框架-支撑结构；当框架为普通尺度，而支撑的布置以建筑的面宽度为尺度时，可以称为巨型支撑结构，如香港的中国银行。

不同的结构体系由于受力和变形特点的不同，延性上也有较大差异，具有多道抗侧力防线和以非屈曲方式破坏的结构体系延性更高；同时，结构的延性还取决于节点区是否会发生脆性破坏以及构件塑性区是否有足够的延性。所列的体系分类中，框架-偏心支撑结构、采用消能支撑的框架-中心支撑结构，采用钢板墙的框架-抗震墙结构，不采用斜交网格筒的筒中筒和束筒结构，一般具有较高延性；支撑结构和全部采用斜交网格筒的筒体结构一般延性较低。

具有较高延性的结构在塑性阶段可以承受更大的变形而不发生构件屈曲和整体倒塌，因而具有更好的耗能能力，如果以设防烈度下结构应具有等量吸收地震能量的能力作为抗震设计准则，则较高延性的结构应该可以允许比较低延性结构更早进入塑性。

屈曲约束支撑可以提高结构的延性，且相比较框架-偏心支撑结构，其延性的提高更为可控。伸臂桁架和周边桁架都可以提高周边框架的抗侧贡献度，当二者同时设置时，效果更为明显，一般用于框筒结构，也可用于需要提高周边构件抗侧贡献度的各种结构体系中。伸臂桁架的上下弦杆必须在筒体范围内拉通，同时在弦杆间的筒体内设置充分的斜撑或抗剪墙以利于上下弦杆轴力在筒体内的自平衡。设置伸臂桁架的数量和位置既要考虑其总体抗侧效率，同时也要兼顾与其相连构件及节点的承受能力。

A.2.2 本条阐述了多高层建筑钢结构概念设计时在结构平面、竖向设计时应遵循的原则。

对于超高层钢结构，风荷载经常起控制作用，选择风压小的形状有重要的意义；在一定条件下，涡流脱落引起的结构横风向振动效应非常显著，结构平、立面的选择及角部处理会对横风向振动产生明显影响，应通过气弹模型风洞试验或数值模拟对风敏感结构的横风向振动效应进行研究。

多高层钢结构设置地下室时，钢框架柱宜延伸至地下一层。框架-支撑结构中沿竖向连续布置的支撑，为避免在地震反应最大的底层形成刚度突变，对抗震

不利，支撑需延伸到地下室，或采取其他有效措施提高地下室抗侧移刚度。

A.3 大跨度钢结构

A.3.1 大跨度结构的形式和种类繁多，也存在不同的分类方法，可以按照大跨度钢结构的受力特点分类；也可以按照传力途径，将大跨度钢结构可分为平面结构和空间结构，平面结构又可细分为桁架、拱及钢索、钢拉杆形成的各种预应力结构，空间结构也可细分为薄壳结构、网架结构、网壳结构及各种预应力结构；浙江大学董石麟教授提出采用组成结构的基本构件或基本单元即板壳单元、梁单元、杆单元、索单元和膜单元对空间结构分类。

按照大跨度结构的受力特点进行分类，简单、明确，能够体现结构的受力特性，设计人员比较熟悉，因此本标准根据结构受力特点对大跨度钢结构进行分类。

A.3.2 本条对大跨度钢结构的设计原则作了规定。

1 设计人员应根据工程的具体情况选择合适的大跨结构体系。结构的支承形式要和结构的受力特点匹配，支承应对以整体受弯为主的结构提供竖向约束和必要的水平约束，对整体受压为主的结构提供可靠的水平约束，对整体受拉为主的结构提供可靠的锚固，对平面结构设置可靠的平面外支撑体系。

2 分析网架、双层网壳时可假定节点为铰接，杆件只承受轴向力，采用杆单元模型；分析单层网壳时节点应假定为刚接，杆件除承受轴向力外，还承受弯矩、剪力，采用梁单元模型；分析桁架时，应根据节点的构造形式和杆件的节间长度或杆件长度与截面高度（或直径）的比例，按照现行国家标准《钢管混凝土结构技术规范》GB 50936 中的相关规定确定。模型中的钢索和钢拉杆等模拟为柔性构件时，各种杆件的计算模型应能够反应结构的受力状态。

设计大跨钢结构时，应考虑下部支承结构的影响，特别是在温度和地震荷载作用下，应考虑下部支承结构刚度的影响。考虑结构影响时，可以采用简化方法模拟下部结构刚度，如必要时采用上部大跨钢结构和下部支承结构组成的整体模型进行分析。

3 在大跨钢结构分析、设计时，应重视以下因素：

1) 当大跨钢结构的跨度较大或者平面尺寸较大且支座水平约束作用较强时，大跨钢结构的温度作用不可忽视，对结构构件和支座设计都有较大影响；除考虑正常使用阶段的温度荷载外，建议根据工程的具体情况，必要时考虑施工过程的温度荷载，与相应的荷载进行组合；

2) 当大跨钢结构的屋面恒荷载较小时，风荷载影响较大，可能成为结构的控制荷载，

应重视结构抗风分析；

3）应重视支座变形对结构承载力影响的分析，支座沉降会引起受弯为主的大跨钢结构的附加弯矩，会释放受压为主的大跨钢结构的水平推力、增大结构应力，支座变形也会使预应力结构、张拉结构的预应力状态和结构形态发生改变。

预应力结构的计算应包括初始预应力状态的确定及荷载状态的计算，初始预应力状态确定和荷载状态分析应考虑几何非线性影响。

4　单层网壳或者跨度较大的双层网壳、拱桁架的受力特征以受压为主，存在整体失稳的可能性。结构的稳定性甚有可能成为结构设计的控制因素，因此应该对这类结构进行几何非线性稳定分析，重要的结构还应当考虑几何和材料双非线性对结构进行承载力分析。

5　大跨度钢结构的地震作用效应和其他荷载效应组合时，同时计算竖向地震和水平地震作用，应包括竖向地震为主的组合。大跨钢结构的关键杆件和关键节点的地震组合内力设计值应按照现行国家标准《建筑抗震设计规范》GB 50011 的规定调整。

6　大跨钢结构用于楼盖时，除应满足承载力、刚度和稳定性要求外，还应根据使用功能的不同，满足相应舒适度的要求。可以采用提高结构刚度或采取耗能减震技术满足结构舒适度要求。

7　结构形态和结构状态随施工过程发生改变，施工过程不同阶段的结构内力同最终状态的数值不同，应通过施工过程分析，对结构的承载力、稳定性进行验算。

附录 H　无加劲钢管直接焊接节点刚度判别

H. 0. 1　本条为新增条文。近年来的研究表明，在工程常见的几何尺寸范围内，无加劲钢管直接焊接节点受荷载作用后，其相邻杆件的连接面会发生局部变形，从而引起相对位移或转动，表现出不同于铰接或完全刚接的非刚性性能。因此，相比原规范，本次修订增加了平面 T 形、Y 形和平面或微曲面 X 形节点的刚度计算公式，与节点的刚度判别原则配套使用，可以确定结构计算时节点的合理约束模型。

本次修订列入的平面 T 形、Y 形和平面或微曲面 X 形节点的刚度计算公式是在比较、分析国外有关规范和国内外有关资料的基础上，根据国内大学近十年来进行的试验、有限元分析和数值计算结果，通过回归分析归纳得出的。同时，将这些刚度公式的计算结果与 23 个管节点刚度试验数据进行了对比验证（表25～表29），吻合良好。

表 25　T、Y 形节点轴向刚度公式计算值与试验结果的比较

试件	β	γ	τ	θ	K_{NT}（试验）(kN/mm)	K_{NT}^j（公式）(kN/mm)	K_{NT}/K_{NT}^j
TC-12	0.44	35.4	0.98	90°	24.5	23.0	1.07
TC-13	0.20	46.7	0.61	90°	12.7	11.4	1.11
TC-14	0.36	46.7	0.96	90°	19.6	16.2	1.21
TC-17	0.36	46.9	0.97	90°	16.7	16.0	1.04
TC-115	1.00	23.8	1.00	90°	86.1	101.0	0.85

表 26　T、Y 形节点平面内弯曲刚度公式计算值与试验结果的比较

试件	β	γ	τ	θ	K_{MiT}（试验）(kN·m)	K_{MiT}^j（公式）(kN·m)	K_{MiT}/K_{MiT}^j
TM-33	0.36	14.6	0.97	90°	279	284	0.98
TM-35	1.00	14.8	1.0	90°	2680	2852	0.94
TM-36	0.36	24.4	1.0	90°	115	112	1.02
TM-38	1.00	23.8	1.0	90°	1430	1234	1.16
SXN	0.76	7.0	0.67	90°	5003	5910	0.85
JB-1	0.80	14.4	0.86	90°	27000	25234	1.07

表 27　X 形节点轴向刚度公式计算值和试验结果的比较

试件	D (mm)	β	γ	τ	θ	φ	K_{NX}^j（公式）(kN/m)	K_{NX}（试验）(kN/m)	K_{NX}/K_{NX}^j
XC-67	318.50	0.52	36.19	1.07	90°	0°	16.01	16.18	1.01
XC-74	140.05	0.36	7.78	1.03	90°	0°	210.95	152.00	0.72
XC-77	165.23	1.00	19.35	1.05	90°	0°	712.21	774.73	1.09
XC-78	114.41	1.00	13.40	1.05	90°	0°	913.69	637.43	0.70

表 28　X 形节点平面内抗弯刚度公式计算值和试验结果的比较

试件	D (mm)	β	γ	τ	θ	φ	K_{MiX}^j (kN·m)	K_{MiX} (kN·m)	K_{MiX}/K_{MiX}^j
XM-18	408.5	0.60	20.43	1.04	90°	0°	6542	7519	1.15
SXN3	168	0.76	7.00	0.67	90°	0°	5236	5288.46	1.01

表 29　X 形节点平面外弯曲刚度公式计算值与试验结果的比较

试件	β	γ	θ	φ	K_{MoX} (kN·m)	K_{MoX}/K_{MoX}^j 日本 AIJ 公式	K_{MoX}/K_{MoX}^j 本标准公式
B1-1	0.9	8.53	91°	6.5°	67507	7.05	2.08
B1-2	0.9	8.53	88°	6.5°	85216	8.90	2.63
B2-1	0.9	8.53	78°	0°	76895	8.03	2.21
B2-2	0.9	8.53	78°	0°	95578	9.98	2.74
B3-1	0.7	10.97	86°	12°	18926	3.19	1.00
B3-2	0.7	10.97	94°	12°	22032	3.71	1.16

H. 0. 2 本条为新增条文。

H. 0. 3 本条为新增条文。空腹桁架的主管与支管以90°夹角相互连接，因此支管与主管连接节点不能作为铰接处理，需承担弯矩，否则体系几何可变。

采用若干子结构模型来近似表达图52中的多跨空腹"桁架"的不同节点位置。这些子结构的选取原则是能够反映空腹"桁架"不同节点部位如图53所示的变形模式。所采用的子结构模型见图54。

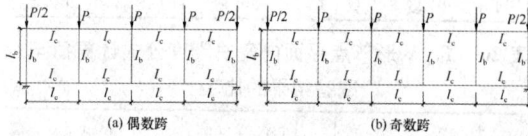

图 52 多跨空腹桁架

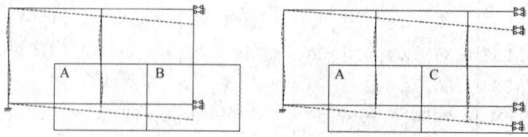

图 53 空腹格构梁的变形模式

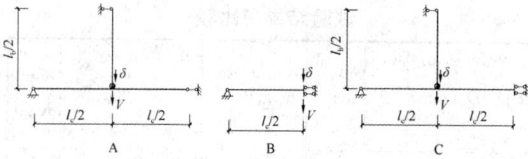

图 54 子结构模型

节点刚度对格构梁在正常使用极限状态的行为有较大的影响。因此采用以下通过位移定义的标准来区分节点的刚性与半刚性：

$$\Delta = (\delta_s - \delta_r)/\delta_r \qquad (87)$$

其中，δ_s 为具有半刚性连接的格构梁的位移；δ_r 为具有刚性连接的格构梁的位移。

用于计算位移的荷载条件如图54所示。下文基于格构梁的变形行为推导节点刚度介于刚性与半刚性之间的分界线。在位移 δ_s 和 δ_r 的计算中由于基于格构梁正常使用极限状态，所以采用小位移理论，且半刚性连接的刚度假定为线弹性。

对于具有半刚性连接的子结构 A，竖向位移 δ_s 经理论推导得：

$$\delta_s = \frac{Vl_c^2}{12K_cK_b}(K_b + K_c) + \frac{Vl_c^2}{4K_M}$$

$$= \frac{Vl_c^2}{12K_cK_bK_M}(K_MK_b + K_MK_c + 3K_cK_b) \quad (88)$$

$$K_b = \frac{EI_b}{l_b} \qquad (89)$$

$$K_c = \frac{EI_c}{l_c} \qquad (90)$$

同理，对于具有刚性连接的子结构 A，竖向位移 δ_s 经理论推导得：

$$\delta_s = \frac{Vl_c^2}{12K_cK_b}(K_b + K_c) \qquad (91)$$

$$\frac{K_M}{K_b} = \frac{3}{(1+G)\cdot\Delta} \qquad (92)$$

$$G = \frac{K_b}{K_c} \qquad (93)$$

对于子结构 B，格构梁的竖向位移与节点弯曲刚度无关，所以无需进行分界值的推导。对于具有半刚性连接的子结构 C，竖向位移 δ_s 经理论推导得：

$$\delta_s = \frac{Vl_c^2}{24K_c(3K_b + K_c)}\cdot(3K_b + 4K_c)$$

$$+ \frac{9Vl_c^2\cdot K_b^2}{4K_M(3K_b + K_c)^2}$$

$$= \delta_r + \frac{9Vl_c^2\cdot K_b^2}{4K_M(3K_b + K_c)^2} \qquad (94)$$

同理，对于具有刚性连接的子结构 C，竖向位移 δ_s 经理论推导得：

$$\frac{K_M}{K_b} = \frac{54K_bK_c}{\Delta\cdot(3K_b + K_c)(3K_b + 4K_c)}$$

$$= \frac{54G}{\Delta\cdot(3G+1)(3G+4)} \qquad (95)$$

$$\delta_s = \frac{Vl_c^2}{24K_c(3K_b + K_c)}\cdot(3K_b + 4K_c) \qquad (96)$$

若取 $\Delta = 0.05$，则得到本标准条文中所述的节点弯曲刚度分界值。

附录 J 钢与混凝土组合梁的疲劳验算

J. 0. 1 对于直接承受动力荷载的组合梁，除按照本标准第16章的相关要求同纯钢结构一样进行疲劳验算外，还需特别注意以下两个问题：

1 需专门对承受剪力的焊钉连接件进行疲劳验算；

2 若焊钉连接件焊于承受拉应力的钢梁翼缘时，应对焊有焊钉的受拉钢板进行疲劳验算，同时应考虑焊钉受剪和钢板受拉两者共同作用对组合梁疲劳寿命的不利影响。本附录的相关规定主要针对上述两个问题。

J. 0. 2 焊钉连接件的疲劳寿命问题是组合梁疲劳设计的关键问题，各国规范给出的焊钉连接件疲劳寿命和剪应力幅的关系不尽相同：

日本《钢-混凝土组合梁设计规范草案》规定焊钉的容许剪应力幅由下式计算：

$$\log N + 8.55\log\Delta\tau = 23.42 \qquad (97)$$

式中：N——失效的循环次数，即疲劳寿命；

$\Delta\tau$——焊钉连接件焊接处平均剪应力幅（N/mm²）。

英国规范 BS5400 对 67 个焊钉的疲劳试验数据进

行回归分析，得到了单个焊钉设计疲劳寿命的计算公式：

$$Nr^8 = 19.54 \tag{98}$$

式中：r——单个焊钉的剪力幅（kN）和名义静力极限受剪承载力（kN）的比值；

N——失效的循环次数，即疲劳寿命。

美国《公路桥梁设计规范》AASHTO 中所采用的焊钉疲劳寿命计算公式为 1966 年 Slutter 和 Fisher 等人拟合的公式：

$$N\sigma_r^{5.4} = 1.764 \times 10^{16} \tag{99}$$

式中：σ_r——焊钉焊接处的平均剪应力幅（N/mm²）。

在上式的基础上，AASHTO 规范发展了单个焊钉的疲劳受剪承载力计算公式。规范规定，单个焊钉的疲劳受剪承载力按下式计算：

$$Z_r = \alpha d^2 \geqslant \frac{38.0d^2}{2} \tag{100}$$

$$\alpha = 238 - 29.5\log N \tag{101}$$

式中：Z_r——单个焊钉能够承受的最大剪力幅（N）；

d——焊钉钉杆直径（mm）；

N——失效的循环次数，即疲劳寿命。

欧洲组合结构设计规范 EC4：Design of composite steel and concrete structures 规定，对于埋于普通混凝土的圆柱头焊钉，其疲劳寿命计算公式如下：

$$(\Delta\tau)^m N = (\Delta\tau_c)^m N_c \tag{102}$$

式中：$\Delta\tau$——焊钉焊接处的平均剪应力幅（N/mm²）；

N——疲劳循环次数；

m——常数，取 $m=8$；

$\Delta\tau_c$——循环次数为 2×10^6 对应的允许剪应力幅，其值为 90N/mm²。

本次修订增加"承受剪力的圆柱头焊钉"作为一种新的构件和连接类别，定为 J3 类别，其疲劳计算的参数取值采用欧洲组合结构设计规范 EC4 给出的相关建议。

J.0.3 对于焊有焊钉的受拉钢板，其疲劳裂纹会发生在焊趾和钢板的交界处，和焊钉本身的剪切疲劳破坏不同，要进行单独的疲劳验算。参考欧洲钢结构设计规范 EC3：Design of steel structures，定为 Z7 类构造。

参考欧洲组合结构设计规范 EC4 的建议，除按 Z7 类构件和连接进行疲劳验算外，焊有焊钉的受拉钢板还应同时满足式（J.0.3-1）或式（J.0.3-2）的要求，以充分考虑焊钉受剪和钢板受拉两者共同作用对组合梁疲劳寿命的不利影响。

中华人民共和国国家标准

冷弯薄壁型钢结构技术规范

Technical code of cold-formed thin-wall steel structures

GB 50018—2002

主编部门：湖北省发展计划委员会
批准部门：中华人民共和国建设部
施行日期：2003 年 1 月 1 日

中华人民共和国建设部
公 告

第 63 号

建设部关于发布国家标准
《冷弯薄壁型钢结构技术规范》的公告

现批准《冷弯薄壁型钢结构技术规范》为国家标准，编号为 GB 50018—2002，自 2003 年 1 月 1 日起实施。其中，第 3.0.6、4.1.3、4.1.7、4.2.1、4.2.3、4.2.4、4.2.5、4.2.7、9.2.2、10.2.3 条为强制性条文，必须严格执行。原《冷弯薄壁型钢结构技术规范》GBJ 18—87 同时废止。

本规范由建设部标准定额研究所组织中国计划出版社出版发行。

中华人民共和国建设部
二〇〇二年九月二十七日

前　　言

本规范是根据建设部建标〔1998〕94 号文的要求，由主编部门湖北省发展计划委员会、主编单位中南建筑设计院会同有关单位对 1987 年国家计划委员会批准颁布的《冷弯薄壁型钢结构技术规范》GBJ 18—87 进行全面修订而成的。

本规范共 11 章 5 个附录，这次修订的主要内容有：

1. 按新修订的国家标准《建筑结构可靠度设计统一标准》的规定，增加了在采用不同安全等级时需结合考虑设计使用年限的内容；

2. 增列了在单层房屋设计中考虑受力蒙皮作用的设计原则；

3. 补充了弯矩作用于非对称平面内的单轴对称开口截面压弯构件稳定性的计算公式；

4. 对三种不同的受压板件的有效宽厚比计算修改成以板组为计算单元，考虑相邻板件的约束影响，并采用统一的计算公式；

5. 新增了自攻（自钻）螺钉、拉铆钉、射钉及喇叭形焊缝等新型连接方式的内容；

6. 对广泛应用的压型钢板增加了用作非组合效应楼板、同时承受弯矩和剪力作用的计算方法；

7. 新增了应用十分广泛的薄壁型钢墙梁的设计规定与构造要求；

8. 补充了多跨门式刚架体系中刚架柱的计算长度计算公式，补充了刚架梁垂直挠度限值、柱顶侧移限值等规定。

本规范将来可能进行局部修订，有关局部修订的信息和条文内容将刊登在《工程建设标准化》杂志上。

本规范以黑体字标志的条文为强制性条文，必须严格执行。

本规范由建设部负责管理和对强制性条文的解释，中南建筑设计院负责具体技术内容的解释。

为了提高规范的质量，请各单位在执行本规范过程中，结合工程实践，认真总结经验，并将意见和建议寄至：湖北省武汉市武昌中南二路十号中南建筑设计院《冷弯薄壁型钢结构技术规范》国家标准管理组（邮编：430071，E-mail：lwssc @ public. wh. hb. cn）。

本规范主编单位、参编单位和主要起草人：

主 编 单 位： 中南建筑设计院

参 编 单 位： 同济大学
深圳大学
西安建筑科技大学
哈尔滨工业大学
福州大学
湖南大学
东风汽车公司基建管理部
武汉大学
上海交通大学
中国建筑标准设计研究所
浙江杭萧钢构股份有限公司
南昌大学
福建长祥建筑钢结构有限公司
喜利得（中国）有限公司

主要起草人： 陈雪庭　陆祖欣　沈祖炎　张中权
何保康　徐厚军　张耀春　魏潮文
周绪红　孔次融　方山峰　周国樑
蔡益燕　陈国津　郭耀杰　高轩能
单银木　熊　皓　王　稚

目　　次

1 总 则

1.0.1 为使冷弯薄壁型钢结构的设计和施工贯彻执行国家的技术经济政策，做到技术先进、经济合理、安全适用、确保质量，特制定本规范。

1.0.2 本规范适用于建筑工程的冷弯薄壁型钢结构的设计与施工。

1.0.3 本规范未考虑直接承受动力荷载的承重结构和受有强烈侵蚀作用的冷弯薄壁型钢结构的特殊要求。

1.0.4 本规范的设计原则是根据现行国家标准《建筑结构可靠度设计统一标准》GB 50068 制定的。

1.0.5 设计冷弯薄壁型钢结构时，应结合工程实际，合理选用材料、结构方案和构造措施，保证结构在运输、安装和使用过程中满足强度、稳定性和刚度要求，符合防火、防腐要求。

1.0.6 冷弯薄壁型钢结构的设计和施工，除应符合本规范外，尚应符合现行有关国家标准的规定。

2 术语、符号

2.1 术 语

2.1.1 板件 elements
薄壁型钢杆件中相邻两纵边之间的平板部分。

2.1.2 加劲板件 stiffened elements
两纵边均与其他板件相连接的板件。

2.1.3 部分加劲板件 partially stiffened elements
一纵边与其他板件相连接，另一纵边由符合要求的边缘卷边加劲的板件。

2.1.4 非加劲板件 unstiffened elements
一纵边与其他板件相连接，另一纵边为自由的板件。

2.1.5 均匀受压板件 uniformly compressed elements
承受轴心均匀压力作用的板件。

2.1.6 非均匀受压板件 non-uniformly compressed elements
承受线性非均匀分布应力作用的板件。

2.1.7 子板件 sub-elements
一纵边与其他板件相连接，另一纵边与符合要求的中间加劲肋相连接或两纵边均与符合要求的中间加劲肋相连接的板件。

2.1.8 宽厚比 width-to-thickness ratio
板件的宽度与厚度之比。

2.1.9 有效宽厚比 effective width-to-thickness ratio
考虑受压板件利用屈曲后强度时，为了简化计算，将板件的宽度予以折减，折减后板件的计算宽度与板厚之比。

2.1.10 冷弯效应 effect of cold forming
因冷弯引起钢材性能改变的现象。

2.1.11 受力蒙皮作用 stressed skin action
与支承构件可靠连接的压型钢板体系所具有的抵抗板自身平面内剪切变形的能力。

2.1.12 喇叭形焊缝 flare groove welds
连接圆角与圆角或圆角与平板间隙处的焊缝。

2.2 符 号

2.2.1 作用及作用效应

B——双力矩；

F——集中荷载；

M——弯矩；

N——轴心力；

N_t——一个连接件所承受的拉力；

N_v——一个连接件所承受的剪力；

P——高强度螺栓的预拉力；

V——剪力。

2.2.2 计算指标

E——钢材的弹性模量；

G——钢材的剪变模量；

N_v^s——电阻点焊每个焊点的抗剪承载力设计值；

N_t^b——一个螺栓的抗拉承载力设计值；

N_v^b——一个螺栓的抗剪承载力设计值；

N_c^b——一个螺栓的承压承载力设计值；

N_t^f——一个自攻螺钉或射钉的抗拉承载力设计值；

N_v^f——一个连接件的抗剪承载力设计值；

f——钢材的抗拉、抗压和抗弯强度设计值；

f_{ce}——钢材的端面承压强度设计值；

f_v——钢材的抗剪强度设计值；

f_y——钢材的屈服强度；

f_c^b, f_t^b, f_v^b——螺栓的承压、抗拉和抗剪强度设计值；

f_c^w, f_t^w, f_v^w——对接焊缝的抗压、抗拉和抗剪强度设计值；

f_f^w——角焊缝的抗压、抗拉和抗剪强度设计值；

σ——正应力；

τ——剪应力。

2.2.3 几何参数

A——毛截面面积；

A_n——净截面面积；

A_e——有效截面面积；

A_{en}——有效净截面面积；

H——柱的高度；

H_0——柱的计算高度；

I——毛截面惯性矩；

I_n——净截面惯性矩；

I_t——毛截面抗扭惯性矩；

I_w——毛截面扇性惯性矩；

I_{es}——压型钢板边加劲肋的惯性矩；

I_{is}——压型钢板中加劲肋的惯性矩；

S——毛截面面积矩；

W——毛截面模量；

W_n——净截面模量；

W_w——毛截面扇性模量；

W_e——有效截面模量；

W_{en}——有效净截面模量；

a——卷边的高度；格构式檩条上弦节间长度；连接件的间距；

a_{max}——连接件的最大容许间距；

b——截面或板件的宽度；

b_0——截面的计算宽度（或高度）；

b_s——压型钢板中子板件的宽度；

b_e——板件的有效宽度；

c——与计算板件邻接的板件的宽度；

d——直径；

d_0——构件中孔洞的直径；

d_e——螺栓螺纹处的有效直径；

e——偏心距；

e_a——荷载作用点到弯心的距离；

e_0——截面弯心在对称轴上的坐标（以形心为原点）；

e_x——等效偏心距；

h——截面或板件的高度；

h_0——腹板的计算高度；

h_f——角焊缝的焊脚尺寸；

i——回转半径；

l——长度或跨度；侧向支承点间的距离；型钢截面中心线长度；

l_w——焊缝的计算长度；

l_0——计算长度；

l_ω——扭转屈曲的计算长度；

r_1——截面第 i 个棱角内表面的弯曲半径；

t——厚度；

θ——夹角；

λ——长细比；

λ_0——换算长细比；

λ_ω——弯扭屈曲的换算长细比。

2.2.4 计算系数

k——受压板件的稳定系数；

k_1——板组约束系数；

n——连接处的螺栓数；两侧向支承点间的节间总数；

n_c——内力为压力的节间数；

n_v——每个螺栓的剪切面数；

n_1——同一截面处的连接件数；

α,β——构件的约束系数；

β_m——等效弯矩系数；

γ——钢材抗拉强度与屈服强度的比值；

γ_R——抗力分项系数；

ξ_1,ξ_2——计算受弯构件整体稳定系数时采用的系数；

η——计算受弯构件整体稳定系数时采用的系数；计算考虑冷弯效应的强度设计值时采用的系数；截面系数；

ζ——计算受弯构件整体稳定系数时采用的系数；

μ——刚架柱的计算长度系数；

μ_b——梁的侧向计算长度系数；

ρ——质量密度；受压板件有效宽厚比计算系数；

φ——轴心受压构件的稳定系数；

φ_b,φ'_b——受弯构件的整体稳定系数；

ψ——应力分布不均匀系数。

3 材 料

3.0.1 用于承重结构的冷弯薄壁型钢的带钢或钢板，应采用符合现行国家标准《碳素结构钢》GB/T 700 规定的 Q235 钢和《低合金高强度结构钢》GB/T 1591 规定的 Q345 钢。当有可靠根据时，可采用其他牌号的钢材，但应符合相应有关国家标准的要求。

3.0.2 用于承重结构的冷弯薄壁型钢的带钢或钢板，应具有抗拉强度、伸长率、屈服强度、冷弯试验和硫、磷含量的合格保证，对焊接结构尚应具有碳含量的合格保证。

3.0.3 在技术经济合理的情况下，可在同一构件中采用不同牌号的钢材。

3.0.4 焊接采用的材料应符合下列要求：

1 手工焊接用的焊条，应符合现行国家标准《碳钢焊条》GB/T 5117或《低合金钢焊条》GB/T 5118 的规定。选择的焊条型号应与主体金属力学性能相适应。

2 自动焊接或半自动焊接用的焊丝应符合现行国家标准《熔化焊用钢丝》GB/T 14957 的规定。选择的焊丝和焊剂应与主体金属相适应。

3 二氧化碳气体保护焊接用的焊丝，应符合现行国家标准《气体保护电弧焊用碳钢、低合金钢焊丝》GB/T 8110 的规定。

4 当 Q235 钢和 Q345 钢焊接时，宜采用与 Q235 钢相适应的焊条或焊丝。

3.0.5 连接件(连接材料)应符合下列要求：

1 普通螺栓应符合现行国家标准《六角头螺栓 C 级》GB/T 5780 的规定，其机械性能应符合现行国家标准《紧固件机械性能、螺栓、螺钉和螺柱》GB/T 3089.1 的规定。

2 高强度螺栓应符合现行国家标准《钢结构用高强度大六角头螺栓、大六角螺母、垫圈与技术条件》GB/T 1228～1231 或《钢结构用扭剪型高强度螺栓连接副》GB/T 3632～3633 的规定。

3 连接薄钢板或其他金属板采用的自攻螺钉应符合现行国家标准《自钻自攻螺钉》GB/T 15856.1～4、GB/T 3098.11 或《自攻螺栓》GB/T 5282～5285 的规定。

3.0.6 在冷弯薄壁型钢结构设计图纸和材料订货文件中，应注明所采用的钢材的牌号和质量等级、供货条件等以及连接材料的型号(或钢材的牌号)。必要时尚应注明对钢材所要求的机械性能和化学成分的附加保证项目。

4 基本设计规定

4.1 设计原则

4.1.1 本规范采用以概率理论为基础的极限状态设计方法，以分项系数设计表达式进行计算。

4.1.2 冷弯薄壁型钢承重结构应按承载能力极限状态和正常使用极限状态进行设计。

4.1.3 设计冷弯薄壁型钢结构时的重要性系数 γ_0 应根据结构的安全等级、设计使用年限确定。

一般工业与民用建筑冷弯薄壁型钢结构的安全等级取为二级，设计使用年限为 50 年时，其重要性系数不应小于 1.0；设计使用年限为 25 年时，其重要性系数不应小于 0.95。特殊建筑冷弯薄壁型钢结构安全等级、设计使用年限另行确定。

4.1.4 按承载能力极限状态设计冷弯薄壁型钢结构，应考虑荷载效应的基本组合，必要时尚应考虑荷载效应的偶然组合，采用荷载设计值和强度设计值进行计算。荷载设计值等于荷载标准值乘以荷载分项系数；强度设计值等于材料强度标准值除以抗力分项系数，冷弯薄壁型钢结构的抗力分项系数 $\gamma_R=1.165$。

4.1.5 按正常使用极限状态设计冷弯薄壁型钢结构，应考虑荷载效应的标准组合，采用荷载标准值和变形限值进行计算。

4.1.6 计算结构构件和连接时，荷载、荷载分项系数、荷载效应组合和荷载组合系数的取值，应符合现行国家标准《建筑结构荷载规范》GB 50009 的规定。

注：对支承轻屋面的构件或结构(屋架、框架等)，当仅承受一个可变荷载，其水平投影面积超过 60m² 时，屋面均布活荷载标准值宜取 0.3kN/m²。

4.1.7 设计刚架、屋架、檩条和墙梁时，应考虑由于风吸力作用引起构件内力变化的不利影响，此时永久荷载的荷载分项系数应取 1.0。

4.1.8 结构构件的受拉强度应按净截面计算；受压强度应按有效净截面计算；稳定性应按有效截面计算。

4.1.9 构件的变形和各种稳定系数可按毛截面计算。

4.1.10 当采用不能滑动的连接件连接压型钢板及其支承构件形成屋面和墙面等围护体系时，可在单层房屋的设计中考虑受力蒙皮作用，但应同时满足下列要求：

1 应由试验或可靠的分析方法获得蒙皮组合体的强度和刚度参数，对结构进行整体分析和设计；

2 屋脊、檐口和山墙等关键部位的檩条、墙梁、立柱及其连接等，除了考虑直接作用的荷载产生的内力外，还必须考虑由整体分析算得的附加内力进行承载力验算；

3 必须在建成的建筑物的显眼位置设立永久性标牌，标明在使用和维护过程中，不得随意拆卸压型钢板，只有设置了临时支撑后方可拆换压型钢板，并在设计文件中加以规定。

4.2 设计指标

4.2.1 钢材的强度设计值应按表4.2.1采用。

表4.2.1 钢材的强度设计值（N/mm²）

钢材牌号	抗拉、抗压和抗弯 f	抗剪 f_v	端面承压（磨平顶紧）f_{ce}
Q235 钢	205	120	310
Q345 钢	300	175	400

4.2.2 计算全截面有效的受拉、受压或受弯构件的强度，可采用按本规范附录C确定的考虑冷弯效应的强度设计值。

4.2.3 经退火、焊接和热镀锌等热处理的冷弯薄壁型钢构件不得采用考虑冷弯效应的强度设计值。

4.2.4 焊缝的强度设计值应按表4.2.4采用。

表4.2.4 焊缝的强度设计值（N/mm²）

构件钢材牌号	对接焊缝			角焊缝
	抗压 f_c^w	抗拉 f_t^w	抗剪 f_v^w	抗压、抗拉和抗剪 f_f^w
Q235 钢	205	175	120	140
Q345 钢	300	255	175	195

注：1 当Q235钢与Q345钢对接焊接时，焊缝的强度设计值应按表4.2.4中Q235钢栏的数值采用。

2 经X射线检查符合一、二级焊缝质量标准的对接焊缝的抗拉强度设计值采用抗压强度设计值。

4.2.5 C级普通螺栓连接的强度设计值应按表4.2.5采用。

表4.2.5 C级普通螺栓连接的强度设计值（N/mm²）

类别	性能等级	构件钢材的牌号	
	4.6级、4.8级	Q235 钢	Q345 钢
抗拉 f_t^b	165	—	—
抗剪 f_v^b	125	—	—
承压 f_c^b	—	290	370

4.2.6 电阻点焊每个焊点的抗剪承载力设计值应按表4.2.6采用。

表4.2.6 电阻点焊的抗剪承载力设计值

相焊板件中外层较薄板件的厚度 t(mm)	每个焊点的抗剪承载力设计值 N_v^s(kN)	相焊板件中外层较薄板件的厚度 t(mm)	每个焊点的抗剪承载力设计值 N_v^s(kN)
0.4	0.6	2.0	5.9
0.6	1.1	2.5	8.0
0.8	1.7	3.0	10.2
1.0	2.3	3.5	12.6
1.5	4.0	—	—

4.2.7 计算下列情况的结构构件和连接时，本规范4.2.1至4.2.6条规定的强度设计值，应乘以下列相应的折减系数。

1 平面格构式檩条的端部主要受压腹杆：0.85；

2 单面连接的单角钢杆件：

  1）按轴心受力计算强度和连接：0.85；

  2）按轴心受压计算稳定性：$0.6+0.0014\lambda$；

  注：对中间无联系的单角钢压杆，λ为按最小回转半径计算的杆件长细比。

3 无垫板的单面对接焊缝：0.85；

4 施工条件较差的高空安装焊缝：0.90；

5 两构件的连接采用搭接或其间填有垫板的连接以及单盖板的不对称连接：0.90。

上述几种情况同时存在时，其折减系数应连乘。

4.2.8 钢材的物理性能应符合表4.2.8的规定。

表4.2.8 钢材的物理性能

弹性模量 E (N/mm²)	剪变模量 G (N/mm²)	线膨胀系数 α (以每°C计)	质量密度 ρ (kg/m³)
206×10^3	79×10^3	12×10^{-6}	7850

4.3 构造的一般规定

4.3.1 冷弯薄壁型钢结构构件的壁厚不宜大于6mm，也不宜小于1.5mm（压型钢板除外），主要承重结构构件的壁厚不宜小于2mm。

4.3.2 构件受压部分的壁厚尚应符合下列要求：

1 构件中受压板件的最大宽厚比应符合表4.3.2的规定。

表4.3.2 受压板件的宽厚比限值

板件类别 / 钢材牌号	Q235 钢	Q345 钢
非加劲板件	45	35
部分加劲板件	60	50
加劲板件	250	200

2 圆管截面构件的外径与壁厚之比，对于Q235钢，不宜大于100；对于Q345钢，不宜大于68。

4.3.3 构件的长细比应符合下列要求：

1 受压构件的长细比不宜超过表4.3.3中所列数值；

表4.3.3 受压构件的容许长细比

项次	构件类别	容许长细比
1	主要构件（如主要承重柱、刚架柱、桁架和格构式刚架的弦杆及支座杆等）	150
2	其他构件及支撑	200

2 受拉构件的长细比不宜超过350，但张紧的圆钢拉条长细比不受此限。当受拉构件在永久荷载和风荷载组合作用下受压时，长细比不宜超过250；在吊车荷载作用下受压时，长细比不宜超过200。

4.3.4 用缀板或缀条连接的格构式柱宜设置横隔，其间距不宜大于2～3m，在每个运输单元的两端均应设置横隔。实腹式受弯及压弯构件的两端和较大集中荷载作用处应设置横向加劲肋，当构件腹板高厚比较大时，构造上宜设置横向加劲肋。

5 构件的计算

5.1 轴心受拉构件

5.1.1 轴心受拉构件的强度应按下式计算：

$$\sigma=\frac{N}{A_n}\leq f \tag{5.1.1-1}$$

式中 σ ——正应力；

N ——轴心力；

A_n ——净截面面积；

f ——钢材的抗拉、抗压和抗弯强度设计值。

高强度螺栓摩擦型连接处的强度应按下列公式计算：

$$\sigma=(1-0.5\frac{n_1}{n})\frac{N}{A_n}\leq f \tag{5.1.1-2}$$

$$\sigma=\frac{N}{A}\leq f \tag{5.1.1-3}$$

式中 n_1——所计算截面(最外列螺栓)处的高强度螺栓数;

n——在节点处或拼接处,构件一端连接的高强度螺栓数;

A——毛截面面积。

5.1.2 计算开口截面的轴心受拉构件的强度时,若截面心力不通过截面弯心(或不通过 Z 形截面的扇性零点),则应考虑双力矩的影响。

注:本条规定也适用于轴心受压、拉弯、压弯构件。

5.2 轴心受压构件

5.2.1 轴心受压构件的强度应按下式计算:

$$\sigma = \frac{N}{A_{en}} \leq f \qquad (5.2.1)$$

式中 A_{en}——有效净截面面积。

5.2.2 轴心受压构件的稳定性应按下式计算:

$$\frac{N}{\varphi A_e} \leq f \qquad (5.2.2)$$

式中 φ——轴心受压构件的稳定系数,应按本规范表 A.1.1-1 或表 A.1.1-2 采用;

A_e——有效截面面积。

5.2.3 计算闭口截面、双轴对称的开口截面和截面全部有效的不卷边的等边单角钢轴心受压构件的稳定系数时,其长细比应取按下列公式算得的较大值:

$$\lambda_x = \frac{l_{0x}}{i_x} \qquad (5.2.3-1)$$

$$\lambda_y = \frac{l_{0y}}{i_y} \qquad (5.2.3-2)$$

式中 λ_x、λ_y——构件对截面主轴 x 轴和 y 轴的长细比;

l_{0x}、l_{0y}——构件在垂直于截面主轴 x 轴和 y 轴的平面内的计算长度;

i_x、i_y——构件毛截面对其主轴 x 轴和 y 轴的回转半径。

5.2.4 计算单轴对称开口截面(如图 5.2.4 所示)轴心受压构件的稳定系数时,其长细比应取按公式 5.2.3-2 和下式算得的较大值:

$$\lambda_\omega = \lambda_x \sqrt{\frac{s^2 + i_0^2}{2s^2} + \sqrt{\left(\frac{s^2 + i_0^2}{2s^2}\right)^2 - \frac{i_0^2 - \alpha e_0^2}{s^2}}} \qquad (5.2.4-1)$$

$$s^2 = \frac{\lambda_x^2}{A}\left(\frac{I_\omega}{l_\omega^2} + 0.039 I_t\right) \qquad (5.2.4-2)$$

$$i_0^2 = e_0^2 + i_x^2 + i_y^2 \qquad (5.2.4-3)$$

式中 λ_ω——弯扭屈曲的换算长细比;

I_ω——毛截面扇性惯性矩;

I_t——毛截面抗扭惯性矩;

e_0——毛截面的弯心在对称轴上的坐标;

l_ω——扭转屈曲的计算长度,$l_\omega = \beta \cdot l$;

l——无缀板时,为构件的几何长度;有缀板时,取两相邻缀板中心线的最大间距;

α,β——约束系数,按表 5.2.4 采用。

表 5.2.4 开口截面轴心受压和压弯构件的约束系数

项次	构件两端的支承情况	无缀板		有缀板	
		α	β	α	β
1	两端铰接,端部截面可以自由翘曲	1.00	1.00	—	—
2	两端嵌固,端部截面的翘曲完全受到约束	1.00	0.50	0.80	1.00
3	两端铰接,端部截面的翘曲完全受到约束	0.72	0.50	0.80	1.00

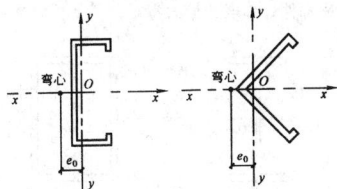

图 5.2.4 单轴对称开口截面示意图

5.2.5 有缀板的单轴对称开口截面轴心受压构件弯扭屈曲的换算长细比 λ_ω 可按公式 5.2.4-1 计算,约束系数 α,β 可按表 5.2.4 采用,但扭转屈曲的计算长度 $l_\omega = \beta \cdot a$,a 为缀板中心线的最大间距。

构件两支承点间至少应设置 2 块缀板(不包括构件支承点处的缀板或封头板在内)。

5.2.6 格构式轴心受压构件的稳定性应按公式 5.2.2 计算,其长细比应按下列规定取 λ_{0x} 和 λ_{0y} 中的较大值:

  1 缀板连接的双肢格构式构件(如图 5.2.6a 所示)。

$$\lambda_{0x} = \lambda_x \qquad (5.2.6-1)$$

$$\lambda_{0y} = \sqrt{\lambda_y^2 + \lambda_1^2} \qquad (5.2.6-2)$$

  2 缀条连接的双肢格构式构件(如图 5.2.6b 所示)。

$$\lambda_{0x} = \lambda_x$$

$$\lambda_{0y} = \sqrt{\lambda_y^2 + 27\frac{A}{A_1}} \qquad (5.2.6-3)$$

  3 缀条连接的三肢格构式构件(如图 5.2.6c 所示)。

$$\lambda_{0x} = \sqrt{\lambda_x^2 + \frac{42A}{A_1(1.5 - \cos^2\theta)}} \qquad (5.2.6-4)$$

$$\lambda_{0y} = \sqrt{\lambda_y^2 + \frac{42A}{A_1 \cdot \cos^2\theta}} \qquad (5.2.6-5)$$

式中 λ_{0x}、λ_{0y}——格构式构件的换算长细比;

λ_x——整个构件对 x 轴的长细比;

λ_y——整个构件对虚轴(y 轴)的长细比;

λ_1——单肢对其自身主轴(1 轴)的长细比,计算长度取缀板间净距;

A——所有单肢毛截面的面积之和;

A_1——构件横截面所截各斜缀条毛截面面积之和。

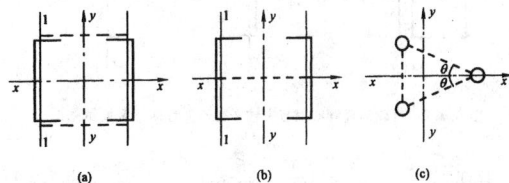

图 5.2.6 格构式构件截面示意图

格构式轴心受压构件,当缀材为缀条时,其分肢的长细比 λ_1 不应大于构件最大长细比 λ_{max} 的 0.7 倍;当缀材为缀板时,λ_1 不应大于 40,且不应大于 λ_{max} 的 0.5 倍(当 $\lambda_{max} < 50$ 时,取 $\lambda_{max} = 50$),此时可不计算单肢的强度和稳定性。

斜缀条与构件轴线间的夹角宜不小于 40°,不大于 70°。

5.2.7 格构式轴心受压构件的剪力应按下式计算:

$$V = \frac{fA}{80}\sqrt{\frac{f_y}{235}} \qquad (5.2.7)$$

式中 V——剪力;

A——构件所有单肢毛截面面积之和;

f_y——钢材的屈服强度,Q235 钢的 $f_y = 235\text{N/mm}^2$,Q345 钢的 $f_y = 345\text{N/mm}^2$。

剪力 V 值沿构件全长不变,由承受该剪力的有关缀板或缀条分担。

5.3 受弯构件

5.3.1 荷载通过截面弯心并与主轴平行的受弯构件(如图 5.3.1 所示)的强度和稳定性应按下列公式计算:

强度:
$$\sigma = \frac{M_{max}}{W_{enx}} \leq f \qquad (5.3.1-1)$$

$$\tau = \frac{V_{max}S}{It} \leq f_v \qquad (5.3.1-2)$$

稳定性：
$$\frac{M_{max}}{\varphi_{bx}W_{ex}} \leq f \qquad (5.3.1-3)$$

式中　M_{max}——跨间对主轴 x 轴的最大弯矩；

　　　V_{max}——最大剪力；

　　　W_{enx}——对主轴 x 轴的较小有效净截面模量；

　　　τ——剪应力；

　　　S——计算剪应力处以上截面对中和轴的面积矩；

　　　I——毛截面惯性矩；

　　　t——腹板厚度之和；

　　　φ_{bx}——受弯构件的整体稳定系数，应按本规范附录 A 中 A.2 的规定计算；

　　　W_{ex}——对截面主轴 x 轴的受压边缘的有效截面模量；

　　　f_v——钢材抗剪强度设计值。

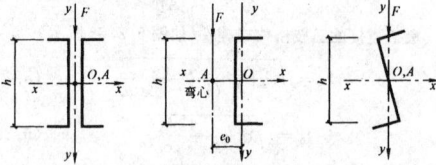

图 5.3.1　荷载通过弯心并与主轴平行的受弯构件截面示意图

5.3.2 荷载偏离截面弯心但与主轴平行的受弯构件（如图 5.3.2 所示）的强度和稳定性应按下列公式计算：

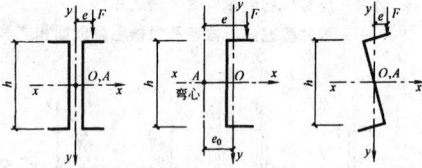

图 5.3.2　荷载偏离弯心但与主轴平行的受弯构件截面示意图

强度：
$$\sigma = \frac{M}{W_{enx}} + \frac{B}{W_\omega} \leq f \qquad (5.3.2-1)$$

稳定性：
$$\frac{M_{max}}{\varphi_{bx}W_{ex}} + \frac{B}{W_\omega} \leq f \qquad (5.3.2-2)$$

式中　M——计算弯矩；

　　　B——与所取弯矩同一截面的双力矩，当受弯构件的受压翼缘上有铺板，且与受压翼缘牢固相连并能阻止受压翼缘侧向位移和扭转时，$B=0$，此时可不验算受弯构件的稳定性。其他情况，B 可按本规范附录 A 中 A.4 的规定计算；

　　　W_ω——与弯矩引起的应力同一验算点处的毛截面扇性模量。

剪应力可按公式 5.3.1-2 验算。

5.3.3 荷载偏离截面弯心且与主轴倾斜的受弯构件（如图 5.3.3 所示），当在构造上能保证整体稳定性时，其强度可按式 5.3.3-1 计算：
$$\sigma = \frac{M_x}{W_{enx}} + \frac{M_y}{W_{eny}} + \frac{B}{W_\omega} \leq f \qquad (5.3.3-1)$$

式中　M_x、M_y——对截面主轴 x、y 轴的弯矩（图 5.3.3 所示的截面中，x 轴为强轴，y 轴为弱轴）；

　　　W_{eny}——对截面主轴 y 轴的有效净截面模量。

x 轴和 y 轴方向的剪应力可分别按公式 5.3.1-2 验算。

上述受弯构件，当不能在构造上保证整体稳定性时，可按公式 5.3.3-2 计算其稳定性：
$$\frac{M_x}{\varphi_{bx}W_{ex}} + \frac{M_y}{W_{ey}} + \frac{B}{W_\omega} \leq f \qquad (5.3.3-2)$$

式中　W_{ey}——对截面主轴 y 轴的受压边缘的有效截面模量。

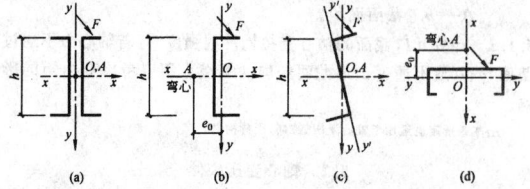

图 5.3.3　荷载偏离弯心且与主轴倾斜的受弯构件截面示意图

5.3.4 受弯构件支座处的腹板，当有加劲肋时应按公式 5.2.2 计算其平面外的稳定性，计算长度取受弯构件截面的高度，截面积取加劲肋截面积及加劲肋两侧各 $15t\sqrt{235/f_y}$ 宽度范围内的腹板截面积之和（t 为腹板厚度）。

支座处无加劲肋时，应按第 7.1.7 条的规定验算局部受压承载力。

5.4　拉弯构件

5.4.1 拉弯构件的强度应按下式计算：
$$\sigma = \frac{N}{A_n} \pm \frac{M_x}{W_{nx}} \pm \frac{M_y}{W_{ny}} \leq f \qquad (5.4.1)$$

式中　W_{nx}、W_{ny}——对截面主轴 x、y 轴的净截面模量。

若拉弯构件截面内出现受压区，且受压板件的宽厚比大于第 5.6.1 条规定的有效宽厚比时，则在计算其净截面特性时应按图 5.6.5 所示位置扣除受压板件的超出部分。

5.5　压弯构件

5.5.1 压弯构件的强度应按下式计算：
$$\sigma = \frac{N}{A_{en}} \pm \frac{M_x}{W_{enx}} \pm \frac{M_y}{W_{eny}} \leq f \qquad (5.5.1)$$

5.5.2 双轴对称截面的压弯构件，当弯矩作用于对称平面内时，应按公式 5.5.2-1 计算弯矩作用平面内的稳定性：
$$\frac{N}{\varphi A_e} + \frac{\beta_m M}{\left(1 - \dfrac{N}{N'_E}\varphi\right)W_e} \leq f \qquad (5.5.2-1)$$

式中　M——计算弯矩，取构件全长范围内的最大弯矩；

　　　β_m——等效弯矩系数；

　　　N'_E——系数，$N'_E = \dfrac{\pi^2 EA}{1.165\lambda^2}$；

　　　E——钢材的弹性模量；

　　　λ——构件在弯矩作用平面内的长细比；

　　　W_e——对最大受压边缘的有效截面模量。

当弯矩作用在最大刚度平面内时（如图 5.5.2 所示），尚应按公式 5.5.2-2 计算弯矩作用平面外的稳定性：
$$\frac{N}{\varphi_y A_e} + \frac{\eta M_x}{\varphi_{bx}W_{ex}} \leq f \qquad (5.5.2-2)$$

式中　η——截面系数，对闭口截面 $\eta=0.7$，对其他截面 $\eta=1.0$；

　　　φ_y——对 y 轴的轴心受压构件的稳定系数，其长细比应按公式 5.2.3-2 计算；

　　　φ_{bx}——当弯矩作用于最大刚度平面内时，受弯构件的整体稳定系数，应按本规范附录 A 中 A.2 的规定计算，对于闭口截面可取 $\varphi_{bx}=1.0$。

M_x 应取构件计算段的最大弯矩。

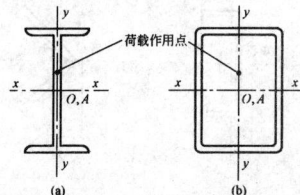

图 5.5.2　双轴对称截面示意图

5.5.3 压弯构件的等效弯矩系数 β_m 应按下列规定采用:

   1 构件端部无侧移且无中间横向荷载时:

$$\beta_m = 0.6 + 0.4\frac{M_2}{M_1} \tag{5.5.3}$$

式中 M_1、M_2——分别为绝对值较大和较小的端弯矩,当构件以单曲率弯曲时 $\frac{M_2}{M_1}$ 取正值,当构件以双曲率弯曲时,$\frac{M_2}{M_1}$ 取负值。

   2 构件端部无侧移但有中间横向荷载时:

$$\beta_m = 1.0$$

   3 构件端部有侧移时:

$$\beta_m = 1.0$$

5.5.4 单轴对称开口截面(如图 5.2.4 所示)的压弯构件,当弯矩作用于对称平面内时,除应按第 5.5.2 条计算弯矩作用平面内的稳定性外,尚应按公式 5.2.2 计算其弯矩作用平面外的稳定性,此时,公式 5.2.2 中的轴心受压构件稳定系数 φ 应按公式 5.5.4-1 算得的弯扭屈曲的换算长细比 λ_ω 由本规范表 A.1.1-1 或表 A.1.1-2 查得。

$$\lambda_\omega = \lambda_x \sqrt{\frac{s^2 + a^2}{2s^2} + \sqrt{\left(\frac{s^2 + a^2}{2s^2}\right)^2 - \frac{a^2 - \alpha(e_0 - e_x)^2}{s^2}}} \tag{5.5.4-1}$$

$$a^2 = e_0^2 + i_x^2 + i_y^2 + 2e_x\left(\frac{U_y}{2I_y} - e_0 - \xi_2 e_x\right) \tag{5.5.4-2}$$

$$U_y = \int_A x(x^2 + y^2)\,dA \tag{5.5.4-3}$$

式中 e_x——等效偏心距,$e_x = \pm\frac{\beta_m M}{N}$,当偏心在截面弯心一侧时 e_x 为负,当偏心在与截面弯心相对的另一侧时 e_x 为正。M 取构件计算段的最大弯矩;

   ξ_2——横向荷载作用位置影响系数,查表 A.2.1;

   s——计算系数,按公式 5.2.4-2 计算;

   e_a——横向荷载作用点到弯心的距离。对于偏心压杆或当横向荷载作用在弯心时 $e_a = 0$;当荷载不作用在弯心且荷载方向指向弯心时 e_a 为负,而离开弯心时 e_a 为正。

   若 $l_{0x} \le l_{0y}$,当压弯构件采用本规范表 B.1.1-3 或表 B.1.1-4 中所列型钢或当 $e_x + \frac{e_0}{2} \le 0$ 时,可不计算其弯矩作用平面外的稳定性。

   当弯矩作用在对称平面内(如图 5.2.4 所示),且使截面在弯心一侧受压时,尚应按下式计算:

$$\left|\frac{N}{A_e} - \frac{\beta_{my}M_y}{\left(1 - \frac{N}{N'_{Ey}}\right)W'_{ey}}\right| \le f \tag{5.5.4-4}$$

式中 β_{my}——对 y 轴的等效弯矩系数,应按第 5.5.3 条的规定采用;

   W'_{ey}——截面的较小有效截面模量;

   N'_{Ey}——系数,$N'_{Ey} = \frac{\pi^2 EA}{1.165\lambda_y^2}$。

5.5.5 单轴对称开口截面压弯构件,当弯矩作用于非对称主平面内时(如图 5.5.5 所示),除应按公式 5.5.5-1 计算其弯矩作用平面内的稳定性外,尚应按公式 5.5.5-2 计算其弯矩作用平面外的稳定性。

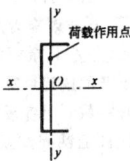

图 5.5.5 单轴对称开口截面绕对称轴弯曲示意图

$$\frac{N}{\varphi_x A_e} + \frac{\beta_m M_x}{\left(1 - \frac{N}{N'_{Ex}}\varphi_x\right)W_{ex}} + \frac{B}{W_\omega} \le f \tag{5.5.5-1}$$

$$\frac{N}{\varphi_y A_e} + \frac{M_x}{\varphi_{bx}W_{ex}} + \frac{B}{W_\omega} \le f \tag{5.5.5-2}$$

式中 φ_x——对 x 轴的轴心受压构件的稳定系数,其长细比应按公式 5.2.4-1 计算;

   N'_{Ex}——系数,$N'_{Ex} = \frac{\pi^2 EA}{1.165\lambda_x^2}$。

5.5.6 双轴对称截面双向压弯构件的稳定性应按下列公式计算:

$$\frac{N}{\varphi_x A_e} + \frac{\beta_{mx}M_x}{\left(1 - \frac{N}{N'_{Ex}}\varphi_x\right)W_{ex}} + \frac{\eta M_y}{\varphi_{by}W_{ey}} \le f \tag{5.5.6-1}$$

$$\frac{N}{\varphi_y A_e} + \frac{\eta M_x}{\varphi_{bx}W_{ex}} + \frac{\beta_{my}M_y}{\left(1 - \frac{N}{N'_{Ey}}\varphi_y\right)W_{ey}} \le f \tag{5.5.6-2}$$

式中 φ_{by}——当弯矩作用于最小刚度平面内时,受弯构件的整体稳定系数,应按本规范附录 A 中 A.2 的规定计算;

   β_{mx}——对 x 轴的等效弯矩系数,应按第 5.5.3 条的规定采用。

5.5.7 格构式压弯构件,除应计算整个构件的强度和稳定性外,尚应计算单肢的强度和稳定性。

   计算缀板或缀条内力用的剪力,应取构件的实际剪力和按第 5.2.7 条算得的剪力中的较大值。

5.5.8 格构式压弯构件,当弯矩绕实轴(x 轴)作用时,其弯矩作用平面内和平面外的整体稳定性计算均与实腹式构件相同,但在计算弯矩作用平面外的整体稳定性时,公式 5.5.2-2 中的 φ_y 应按 5.2.6 条中的换算长细比 λ_0 确定,φ_b 应取 1.0;当弯矩绕虚轴(y 轴)作用时,其弯矩作用平面内的整体稳定性应按下式计算:

$$\frac{N}{\varphi_y A_e} + \frac{\beta_{my}M_y}{\left(1 - \frac{N}{N'_{Ey}}\varphi_y\right)W_{ey}} \le f \tag{5.5.8}$$

   式中 φ_y、N'_{Ey} 均应按换算长细比 λ_0 确定,弯矩作用平面外的整体稳定性可不计算,但应计算分肢的稳定性。

5.6 构件中的受压板件

5.6.1 加劲板件、部分加劲板件和非加劲板件的有效宽厚比应按下列公式计算:

   当 $\frac{b}{t} \le 18a\rho$ 时:

$$\frac{b_e}{t} = \frac{b_c}{t} \tag{5.6.1-1}$$

   当 $18a\rho < \frac{b}{t} < 38a\rho$ 时:

$$\frac{b_e}{t} = \left(\sqrt{\frac{21.8a\rho}{\frac{b}{t}}} - 0.1\right)\frac{b_c}{t} \tag{5.6.1-2}$$

   当 $\frac{b}{t} \ge 38a\rho$ 时:

$$\frac{b_e}{t} = \frac{25a\rho}{\frac{b}{t}} \cdot \frac{b_c}{t} \tag{5.6.1-3}$$

式中 b——板件宽度;

   t——板件厚度;

   b_e——板件有效宽度;

   a——计算系数,$a = 1.15 - 0.15\psi$,当 $\psi < 0$ 时,取 $a = 1.15$;

   ψ——压应力分布不均匀系数,$\psi = \frac{\sigma_{min}}{\sigma_{max}}$;

   σ_{max}——受压板件边缘的最大压应力(N/mm²),取正值;

   σ_{min}——受压板件另一边缘的应力(N/mm²),以压应力为正,拉应力为负；

b_c——板件受压区宽度，当 $\psi \geqslant 0$ 时，$b_c = b$；当 $\psi < 0$ 时，$b_c = \dfrac{b}{1-\psi}$；

ρ——计算系数，$\rho = \sqrt{\dfrac{205 k_1 k}{\sigma_1}}$，其中 σ_1 按本规范第 5.6.7 条、5.6.8 条的规定确定；

k——板件受压稳定系数，按第 5.6.2 条的规定确定；

k_1——板组约束系数，按第 5.6.3 条的规定采用；若不计相邻板件的约束作用，可取 $k_1 = 1$。

5.6.2 受压板件的稳定系数可按下列公式计算：

1 加劲板件。

当 $1 \geqslant \psi > 0$ 时：
$$k = 7.8 - 8.15\psi + 4.35\psi^2 \qquad (5.6.2-1)$$

当 $0 \geqslant \psi \geqslant -1$ 时：
$$k = 7.8 - 6.29\psi + 9.78\psi^2 \qquad (5.6.2-2)$$

2 部分加劲板件。

1）最大压应力作用于支承边（如图 5.6.2a 所示）。

当 $\psi \geqslant -1$ 时：
$$k = 5.89 - 11.59\psi + 6.68\psi^2 \qquad (5.6.2-3)$$

2）最大压应力作用于部分加劲边（如图 5.6.2b 所示）。

当 $\psi \geqslant -1$ 时：
$$k = 1.15 - 0.22\psi + 0.045\psi^2 \qquad (5.6.2-4)$$

3 非加劲板件。

1）最大压应力作用于支承边（如图 5.6.2c 所示）。

当 $1 \geqslant \psi \geqslant 0$ 时：
$$k = 1.70 - 3.025\psi + 1.75\psi^2 \qquad (5.6.2-5)$$

当 $0 \geqslant \psi > -0.4$ 时：
$$k = 1.70 - 1.75\psi + 55\psi^2 \qquad (5.6.2-6)$$

当 $-0.4 \geqslant \psi \geqslant -1$ 时：
$$k = 6.07 - 9.51\psi + 8.33\psi^2 \qquad (5.6.2-7)$$

2）最大压应力作用于自由边（如图 5.6.2d 所示）。

当 $\psi \geqslant -1$ 时：
$$k = 0.567 - 0.213\psi + 0.071\psi^2 \qquad (5.6.2-8)$$

注：当 $\psi < -1$ 时，以上各式的 k 值按 $\psi = -1$ 的值采用。

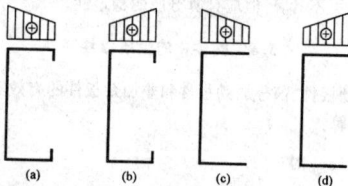

图 5.6.2 部分加劲板件和非加劲板件的应力分布示意图

5.6.3 受压板件的板组约束系数应按下列公式计算：

当 $\xi \leqslant 1.1$ 时：
$$k_1 = \frac{1}{\sqrt{\xi}} \qquad (5.6.3-1)$$

当 $\xi > 1.1$ 时：
$$k_1 = 0.11 + \frac{0.93}{(\xi - 0.05)^2} \qquad (5.6.3-2)$$

$$\xi = \frac{c}{b}\sqrt{\frac{k}{k_c}} \qquad (5.6.3-3)$$

式中 b——计算板件的宽度；

c——与计算板件邻接的板件的宽度，如果计算板件两边均有邻接板件时，即计算板件为加劲板件时，取压应力较大一边的邻接板件的宽度；

k——计算板件的受压稳定系数，由第 5.6.2 条确定；

k_c——邻接板件的受压稳定系数，由第 5.6.2 条确定。

当 $k_1 > k'_1$ 时，取 $k_1 = k'_1$，k'_1 为 k_1 的上限值。对于加劲板件 $k'_1 = 1.7$；对于部分加劲板件 $k'_1 = 2.4$；对于非加劲板件 $k'_1 = 3.0$。

当计算板件只有一边有邻接板件，即计算板件为非加劲板件或部分加劲板件，且邻接板件受拉时，取 $k_1 = k'_1$。

5.6.4 部分加劲板件中卷边的高厚比不宜大于 12，卷边的最小高厚比应根据部分加劲板的宽厚比按表 5.6.4 采用。

表 5.6.4 卷边的最小高厚比

$\dfrac{b}{t}$	15	20	25	30	35	40	45	50	55	60
$\dfrac{a}{t}$	5.4	6.3	7.2	8.0	8.5	9.0	9.5	10.0	10.5	11.0

注：a——卷边的高度；

b——带卷边板件的宽度；

t——板厚。

5.6.5 当受压板件的宽厚比大于第 5.6.1 条规定的有效宽厚比时，受压板件的有效截面应自截面的受压部分按图 5.6.5 所示位置扣除其超出部分（即图中不带斜线部分）来确定，截面的受拉部分全部有效。

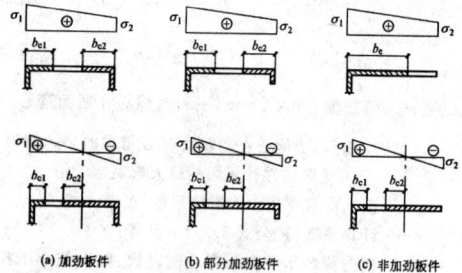

图 5.6.5 受压板件的有效截面图

图 5.6.5 中的 b_{e1} 和 b_{e2} 按下列规定计算：

对于加劲板件：

当 $\psi \geqslant 0$ 时：
$$b_{e1} = \frac{2b_e}{5-\psi}, \quad b_{e2} = b_e - b_{e1} \qquad (5.6.5-1)$$

当 $\psi < 0$ 时：
$$b_{e1} = 0.4b_e, \quad b_{e2} = 0.6b_e \qquad (5.6.5-2)$$

对于部分加劲板件及非加劲板件：
$$b_{e1} = 0.4b_e, \quad b_{e2} = 0.6b_e \qquad (5.6.5-3)$$

式中 b_e 按第 5.6.1 条确定。

5.6.6 圆管截面构件的外径与壁厚之比符合第 4.3.2 条的规定时，在计算中可取其截面全部有效。

5.6.7 在轴心受压构件中板件的有效宽厚比应根据由构件最大长细比所确定的轴心受压构件的稳定系数与钢材强度设计值的乘积（φf）作为 σ_1 按第 5.6.1 条的规定计算。

5.6.8 在拉弯、压弯和受弯构件中板件的有效宽厚比应按下列规定确定：

1 对于压弯构件，截面上各板件的压应力分布不均匀系数 ψ 应由构件毛截面按强度计算，不考虑双力矩的影响。最大压应力板件的 σ_1 取钢材的强度设计值 f，其余板件的最大压应力按 ψ 推算。有效宽厚比按第 5.6.1 条的规定计算。

2 对于受弯及拉弯构件，截面上各板件的压应力分布不均匀系数 ψ 及最大压应力应由构件毛截面按强度计算，不考虑双力矩的影响。有效宽厚比按第 5.6.1 条的规定计算。

3 板件的受拉部分全部有效。

6 连接的计算与构造

6.1 连接的计算

6.1.1 对接焊缝和角焊缝的强度应按下列公式计算：

1 对接焊缝轴心受拉。

$$\sigma = \frac{N}{l_w t} \leqslant f_t^w \qquad (6.1.1\text{-}1)$$

2 对接焊缝轴心受压。

$$\sigma = \frac{N}{l_w t} \leqslant f_c^w \qquad (6.1.1\text{-}2)$$

3 对接焊缝受弯同时受剪。

拉应力：

$$\sigma = \frac{M}{W_f} \leqslant f_t^w \qquad (6.1.1\text{-}3)$$

剪应力：

$$\tau = \frac{V S_f}{I_f t} \leqslant f_v^w \qquad (6.1.1\text{-}4)$$

对接焊缝中剪应力 τ 和正应力 σ 均较大处：

$$\sqrt{\sigma^2 + 3\tau^2} \leqslant 1.1 f_t^w \qquad (6.1.1\text{-}5)$$

4 正面直角角焊缝受剪（作用力垂直于焊缝长度方向）。

$$\sigma_f = \frac{N}{0.7 h_f l_w} \leqslant 1.22 f_f^w \qquad (6.1.1\text{-}6)$$

5 侧面直角角焊缝受剪（作用力平行于焊缝长度方向）。

$$\tau_f = \frac{N}{0.7 h_f l_w} \leqslant f_f^w \qquad (6.1.1\text{-}7)$$

6 在垂直于角焊缝长度方向的应力 σ_f 和沿角焊缝长度方向的剪应力 τ_f 共同作用处。

$$\sqrt{\left(\frac{\sigma_f}{1.22}\right)^2 + \tau_f^2} \leqslant f_f^w \qquad (6.1.1\text{-}8)$$

式中 l_w——焊缝计算长度之和。采用引弧板或引出板施焊的对接焊缝，每条焊缝的计算长度可取其实际长度 l_i；不符合上述施焊方法的对接焊缝和所有角焊缝，每条焊缝的计算长度均取实际长度 l 减去 $2h_f$；

h_f——角焊缝的焊脚尺寸；

t——连接构件中较薄板件的厚度；

W_f——焊缝截面模量；

S_f——焊缝截面的最大面积矩；

I_f——焊缝截面惯性矩；

σ_f——垂直于焊缝长度方向的应力，按焊缝有效截面（$0.7 h_f l_w$）计算；

τ_f——沿焊缝长度方向的剪应力，按焊缝有效截面（$0.7 h_f l_w$）计算；

f_c^w、f_t^w——对接焊缝的抗压、抗拉强度设计值；

f_v^w——对接焊缝的抗剪强度设计值；

f_f^w——角焊缝的抗压、抗拉和抗剪强度设计值。

6.1.2 喇叭形焊缝的强度应按下列公式计算：

1 当连接板件的最小厚度小于或等于 4mm 时，轴力 N 垂直于焊缝轴线方向作用的焊缝（如图 6.1.2-1 所示）的抗剪强度应按下式计算：

$$\tau = \frac{N}{l_w t} \leqslant 0.8 f \qquad (6.1.2\text{-}1)$$

轴力 N 平行于焊缝轴线方向作用的焊缝（如图 6.1.2-2 所示）的抗剪强度应按下式计算：

$$\tau = \frac{N}{l_w t} \leqslant 0.7 f \qquad (6.1.2\text{-}2)$$

式中 t——连接钢板的最小厚度；

l_w——焊缝计算长度之和，每条焊缝的计算长度均取实际长度 l 减去 $2h_f$，h_f 应按图 6.1.2-3 确定；

f——连接钢板的抗拉强度设计值。

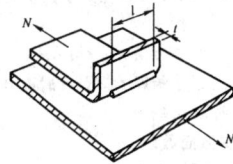

图 6.1.2-1 端缝受剪的单边喇叭形焊缝

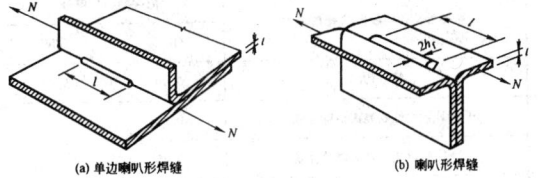

(a) 单边喇叭形焊缝　　　　(b) 喇叭形焊缝

图 6.1.2-2 纵向受剪的喇叭形焊缝

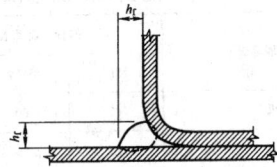

图 6.1.2-3 单边喇叭形焊缝

2 当连接板件的最小厚度大于 4mm 时，纵向受剪的喇叭形焊缝的强度除按公式 6.1.2-2 计算外，尚应按公式 6.1.1-7 做补充验算，但 h_f 应按图 6.1.2-2b 或图 6.1.2-3 确定。

6.1.3 电阻点焊可用于构件的缀合或组合连接，每个焊点所承受的最大剪力不得大于本规范表 4.2.6 中规定的抗剪承载力设计值。

6.1.4 普通螺栓的强度应按下列规定计算：

1 在普通螺栓杆轴方向受拉的连接中，每个螺栓所受的拉力不应大于按下式计算的抗拉承载力设计值 N_t^b。

$$N_t^b = \frac{\pi d_e^2}{4} f_t^b \qquad (6.1.4\text{-}1)$$

式中 d_e——螺栓螺纹处的有效直径；

f_t^b——螺栓的抗拉强度设计值。

2 在普通螺栓的受剪连接中，每个螺栓所受的剪力不应大于按下列公式计算的抗剪承载力设计值 N_v^b 和承压承载力设计值 N_c^b 的较小者。

抗剪承载力设计值：

$$N_v^b = n_v \frac{\pi d^2}{4} f_v^b \qquad (6.1.4\text{-}2)$$

承压承载力设计值：

$$N_c^b = d \sum t f_c^b \qquad (6.1.4\text{-}3)$$

式中 n_v——剪切面数；

d——螺杆直径，对于全螺纹螺栓，取 $d = d_e$；

$\sum t$——同一受力方向的承压构件的较小总厚度；

f_c^b、f_v^b——螺栓的承压、抗剪强度设计值。

3 同时承受剪力和杆轴方向拉力的普通螺栓连接，应符合下列公式要求：

$$\sqrt{\left(\frac{N_v}{N_v^b}\right)^2 + \left(\frac{N_t}{N_t^b}\right)^2} \leqslant 1 \qquad (6.1.4\text{-}4)$$

$$N_v \leqslant N_c^b \qquad (6.1.4\text{-}5)$$

式中　N_v、N_t——每个螺栓所承受的剪力和拉力。

6.1.5 高强度螺栓摩擦型连接中,高强度螺栓的强度应按下列公式计算:

1 每个螺栓所受的剪力不应大于按下式计算的抗剪承载力设计值 N_v^b。

$$N_v^b = \alpha \cdot n_f \cdot \mu \cdot P \qquad (6.1.5-1)$$

式中　α——系数,当最小板厚 $t \leqslant 6\text{mm}$ 时取 0.8,当最小板厚 $t > 6\text{mm}$ 时取 0.9;

　　　n_f——传力摩擦面数;

　　　μ——抗滑移系数,应按表 6.1.5-1 采用;

　　　P——高强度螺栓的预拉力,应按表 6.1.5-2 采用。

表 6.1.5-1　抗滑移系数 μ 值

连接处构件接触面的处理方法	构件的钢材牌号	
	Q235	Q345
喷砂(丸)	0.40	0.45
热轧钢材轧制表面清除浮锈	0.30	0.35
冷轧钢材轧制表面清除浮锈	0.25	—

注:除锈方向应与受力方向相垂直。

表 6.1.5-2　高强度螺栓的预拉力 P 值(kN)

螺栓的性能等级	螺栓公称直径(mm)		
	M12	M14	M16
8.8 级	45	60	80
10.9 级	55	75	100

2 每个螺栓所受的沿螺栓杆轴方向的拉力不应大于按下式计算的抗拉承载力设计值 N_t^b。

$$N_t^b = 0.8P \qquad (6.1.5-2)$$

3 同时承受摩擦面间的剪力 N_v 和沿螺栓杆轴方向的拉力 N_t 作用的高强度螺栓应符合下列公式要求:

$$N_v \leqslant N_v^b = \alpha \cdot n_f \cdot \mu \cdot (P - 1.25N_t) \qquad (6.1.5-3)$$

$$N_t \leqslant 0.8P \qquad (6.1.5-4)$$

6.1.6 在构件的节点处或拼接接头的一端,当螺栓沿受力方向的连接长度 l_b 大于 $15d_0$ 时,应将螺栓的承载力设计值乘以折减系数 $\left(1.1 - \dfrac{l_b}{150d_0}\right)$;当 l_b 大于 $60d_0$ 时,折减系数为 0.7,d_0 为孔径。

6.1.7 用于压型钢板之间和压型钢板与冷弯型钢构件之间紧密连接的抽芯铆钉(拉铆钉)、自攻螺钉和射钉连接的强度可按下列规定计算:

1 在压型钢板与冷弯型钢等支承构件之间的连接件杆轴方向受拉的连接中,每个自攻螺钉或射钉所受的拉力应不大于按下列公式计算的抗拉承载力设计值。

当只受静荷载作用时:

$$N_t^f = 17tf \qquad (6.1.7-1)$$

当受含有风荷载的组合荷载作用时:

$$N_t^f = 8.5tf \qquad (6.1.7-2)$$

式中　N_t^f——一个自攻螺钉或射钉的抗拉承载力设计值(N);

　　　t——紧挨钉头侧的压型钢板厚度(mm),应满足 $0.5\text{mm} \leqslant t \leqslant 1.5\text{mm}$;

　　　f——被连接钢板的抗拉强度设计值(N/mm²)。

当连接件位于压型钢板波谷的一个四分点时(如图 6.1.7b 所示),其抗拉承载力设计值应乘以折减系数 0.9;当两个四分点均设置连接件时(如图 6.1.7c 所示)则应乘以折减系数 0.7。

自攻螺钉在基材中的钻入深度 t_c 应大于 0.9mm,其所受的拉力应不大于按下式计算的抗拉承载力设计值。

$$N_t^f = 0.75t_c df \qquad (6.1.7-3)$$

式中　d——自攻螺钉的直径(mm);

　　　t_c——钉杆的圆柱状螺纹部分钻入基材中的深度(mm);

　　　f——基材的抗拉强度设计值(N/mm²)。

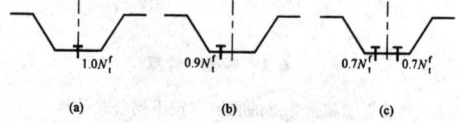

图 6.1.7　压型钢板连接示意图

2 当连接件受剪时,每个连接件所承受的剪力应不大于按下列公式计算的抗剪承载力设计值。

抽芯铆钉和自攻螺钉:

当 $\dfrac{t_1}{t} = 1$ 时:

$$N_v^f = 3.7 \sqrt{t^3 df} \qquad (6.1.7-4)$$

且

$$N_v^f \leqslant 2.4tdf \qquad (6.1.7-5)$$

当 $\dfrac{t_1}{t} \geqslant 2.5$ 时:

$$N_v^f \leqslant 2.4tdf \qquad (6.1.7-6)$$

当 $\dfrac{t_1}{t}$ 介于 1 和 2.5 之间时,N_v^f 可由公式 6.1.7-4 和 6.1.7-6 插值求得。

式中　N_v^f——一个连接件的抗剪承载力设计值(N);

　　　d——铆钉或螺钉直径(mm);

　　　t——较薄板(钉头接触侧的钢板)的厚度(mm);

　　　t_1——较厚板(在现场形成钉头一侧的板或钉尖侧的板)的厚度(mm);

　　　f——被连接钢板的抗拉强度设计值(N/mm²)。

射钉:

$$N_v^f = 3.7tdf \qquad (6.1.7-7)$$

式中　t——被固定的单层钢板的厚度(mm);

　　　d——射钉直径(mm);

　　　f——被固定钢板的抗拉强度设计值(N/mm²)。

当抽芯铆钉或自攻螺钉用于压型钢板端部与支承构件(如檩条)的连接时,其抗剪承载力设计值应乘以折减系数 0.8。

3 同时承受剪力和拉力作用的自攻螺钉和射钉连接,应符合下式要求:

$$\sqrt{\left(\dfrac{N_v}{N_v^f}\right)^2 + \left(\dfrac{N_t}{N_t^f}\right)^2} \leqslant 1 \qquad (6.1.7-8)$$

式中　N_v、N_t——一个连接件所承受的剪力和拉力;

　　　N_v^f、N_t^f——一个连接件的抗剪和抗拉承载力设计值。

6.1.8 由两槽钢(或卷边槽钢)连接而成的组合工形截面(如图 6.1.8 所示),其连接件(如焊缝、点焊、螺栓等)的最大纵向间距 a_{max} 应按下列规定采用:

1 对于压弯构件,应取按下列公式算得之较小者。

$$a_{max} = \dfrac{n_1 N_v^f I_y}{VS_y} \qquad (6.1.8-1)$$

$$a_{max} = \dfrac{li_1}{2i_y} \qquad (6.1.8-2)$$

式中　n_1——同一截面处的连接件数;

　　　N_v^f——一个连接件的抗剪承载力设计值,对于电阻点焊可取 $N_v^f = N_v^s$;

　　　I_y——组合工形截面对平行于腹板的重心轴 y 的惯性矩;

　　　V——剪力,取实际剪力及按第 5.2.7 条算得的剪力中的较大值;

　　　S_y——单个槽钢对 y 轴的面积矩;

　　　l——构件支承点间的长度;

　　　i_1——单个槽钢对其自身平行于腹板的重心轴的回转半径;

i_y——组合工形截面对 y 轴的回转半径。

2 对于受弯构件：

$$a_{max}=\frac{2N_t^f h_0}{dq_0} \qquad (6.1.8\text{-}3)$$

式中 N_t^f——一个连接件的抗拉承载力设计值，对电阻点焊可取 $N_t^f=0.3N_v^f$；

h_0——最靠近上、下翼缘的两排连接件间的垂直距离；

d——单个槽钢的腹板中面至其弯心的距离；

q_0——等效荷载集度。

受弯构件的等效荷载集度应按下列规定采用：对于分布荷载应取实际荷载集度的 3 倍；对于集中荷载或反力，应将集中力除以荷载分布长度或连接件的纵向间距，取其中的较大值。

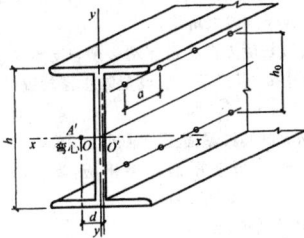

图 6.1.8 组合工形截面示意图

注：A' 系单个槽钢的弯心；

O' 系单个槽钢腹板中心线与对称轴 x 的交点。

6.2 连接的构造

6.2.1 当被连接板件的厚度 $t\leqslant 6mm$ 时，焊缝的计算长度不得小于 30mm；当 $t>6mm$ 时，不得小于 40mm。角焊缝的焊脚尺寸不宜大于 $1.5t$（t 为相连板件中较薄板件的厚度）。直接相贯的钢管节点的角焊缝焊脚尺寸可放大到 $2.0t$。

6.2.2 当采用喇叭形焊缝时，单边喇叭形焊缝的焊脚尺寸 h_f（如图 6.1.2-3 所示）不得小于被连接板件的最小厚度的 1.4 倍。

6.2.3 电阻点焊的焊点中距不宜小于 $15\sqrt{t}$（mm），焊点边距不宜小于 $10\sqrt{t}$（mm）（t 系被连接板件中较薄板件的厚度）。

6.2.4 螺栓的中距不得小于螺栓孔径 d_0 的 3 倍，端距不得小于螺栓孔径的 2 倍，边距不得小于螺栓孔径的 1.5 倍（如图 6.2.4 所示）。在靠近弯角边缘处的螺栓孔边距，尚应满足使用紧固工具的要求。

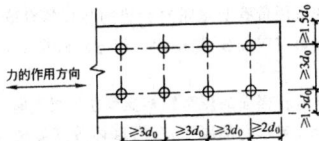

图 6.2.4 螺栓最小间距示意图

6.2.5 抽芯铆钉（拉铆钉）和自攻螺钉的钉头部分应靠在较薄的板件一侧。连接件的中距和端距不得小于连接件直径的 3 倍，边距不得小于连接件直径的 1.5 倍。受力连接中的连接件数不宜少于 2 个。

6.2.6 抽芯铆钉的适用直径为 2.6～6.4mm，在受力蒙皮结构中宜选用直径不小于 4mm 的抽芯铆钉；自攻螺钉的适用直径为 3.0～8.0mm，在受力蒙皮结构中宜选用直径不小于 5mm 的自攻螺钉。

6.2.7 自攻螺钉连接的板件上的预制孔径 d_0 应符合下式要求：

$$d_0=0.7d+0.2t_t \qquad (6.2.7\text{-}1)$$

且

$$d_0\leqslant 0.9d \qquad (6.2.7\text{-}2)$$

式中 d——自攻螺钉的公称直径（mm）；

t_t——被连接板的总厚度（mm）。

6.2.8 射钉只用于薄板与支承构件（即基材如檩条）的连接。射钉的间距不得小于射钉直径的 4.5 倍，且其中距不得小于 20mm，到基材的端部和边缘的距离不得小于 15mm，射钉的适用直径为 3.7～6.0mm。

射钉的穿透深度（指钉尖端到基材表面的深度，如图 6.2.8

所示）应不小于 10mm。

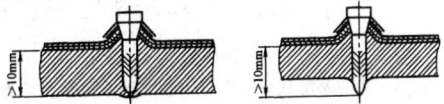

图 6.2.8 射钉的穿透深度

基材的屈服强度应不小于 $150N/mm^2$，被连钢板的最大屈服强度应不大于 $360N/mm^2$。基材和被连钢板的厚度应满足表 6.2.8-1 和表 6.2.8-2 的要求。

表 6.2.8-1 被连钢板的最大厚度（mm）

射钉直径（mm）	≥3.7	≥4.5	≥5.2
单一方向			
单层被固定钢板最大厚度	1.0	2.0	3.0
多层被固定钢板最大厚度	1.4	2.5	3.5
相反方向			
所有被固定钢板最大厚度	2.8	5.0	7.0

表 6.2.8-2 基材的最小厚度

射钉直径（mm）	≥3.7	≥4.5	≥5.2
最小厚度（mm）	4.0	6.0	8.0

6.2.9 在抗拉连接中，自攻螺钉和射钉的钉头或垫圈直径不得小于 14mm；且应通过试验保证连接件由基材中的拔出强度不小于连接件的抗拉承载力设计值。

7 压型钢板

7.1 压型钢板的计算

7.1.1 本节有关压型钢板计算的规定仅适用于屋面板、墙板和非组合效应的压型钢板楼板。

7.1.2 压型钢板（如图 7.1.2 所示）受压翼缘的有效宽厚比应按下列规定采用：

1 两纵边均与腹板相连，或一纵边与腹板相连、另一纵边与符合第 7.1.4 条要求的中间加劲肋相连的受压翼缘，可按加劲板件由本规范第 5.6.1 条确定其有效宽厚比；

2 有一纵边与符合第 7.1.4 条要求的边加劲肋相连的受压翼缘，可按部分加劲板件由本规范第 5.6.1 条确定其有效宽厚比。

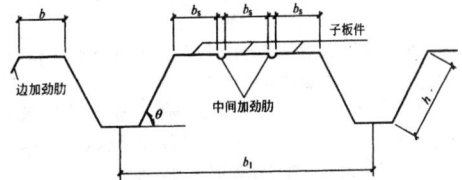

图 7.1.2 压型钢板截面示意图

7.1.3 压型钢板腹板的有效宽厚比应按本规范第 5.6.1 条规定采用。

7.1.4 压型钢板受压翼缘的纵向加劲肋应符合下列规定：

边加劲肋：

$$I_{es}\geqslant 1.83t^4\sqrt{\left(\frac{b}{t}\right)^2-\frac{27100}{f_y}} \qquad (7.1.4\text{-}1)$$

且

$$I_{es}\geqslant 9t^4$$

中间加劲肋：

$$I_{\text{is}} \geqslant 3.66t^4 \sqrt{\left(\frac{b_\text{s}}{t}\right)^2 - \frac{27100}{f_\text{y}}} \quad\quad (7.1.4\text{-}2)$$

且　　　　　　$$I_{\text{is}} \geqslant 18t^4$$

式中　I_{es}——边加劲肋截面对平行于被加劲板件截面之重心轴的惯性矩;

I_{is}——中间加劲肋截面对平行于被加劲板件截面之重心轴的惯性矩;

b_s——子板件的宽度;

b——边加劲板件的宽度;

t——板件的厚度。

7.1.5 压型钢板的强度可取一个波距或整块压型钢板的有效截面,按受弯构件计算。

7.1.6 压型钢板腹板的剪应力应符合下列公式的要求:

当 $h/t < 100$ 时:

$$\tau \leqslant \tau_{\text{cr}} = \frac{8550}{(h/t)} \quad\quad (7.1.6\text{-}1)$$

$$\tau \leqslant f_\text{v} \quad\quad (7.1.6\text{-}2)$$

当 $h/t \geqslant 100$ 时:

$$\tau \leqslant \tau_{\text{cr}} = \frac{855000}{(h/t)^2} \quad\quad (7.1.6\text{-}3)$$

式中　τ——腹板的平均剪应力(N/mm^2);

τ_{cr}——腹板的剪切屈曲临界剪应力;

h/t——腹板的高厚比。

7.1.7 压型钢板支座处的腹板,应按下式验算其局部受压承载力:

$$R \leqslant R_\text{w} \quad\quad (7.1.7\text{-}1)$$

$$R_\text{w} = \alpha t^2 \sqrt{fE}(0.5 + \sqrt{0.02l_\text{c}/t})[2.4 + (\theta/90)^2] \quad (7.1.7\text{-}2)$$

式中　R——支座反力;

R_w——一块腹板的局部受压承载力设计值;

α——系数,中间支座取 $\alpha=0.12$,端部支座取 $\alpha=0.06$;

t——腹板厚度(mm);

l_c——支座处的支承长度,$10\text{mm} < l_\text{c} < 200\text{mm}$,端部支座可取 $l_\text{c}=10\text{mm}$;

θ——腹板倾角($45° \leqslant \theta \leqslant 90°$)。

7.1.8 压型钢板同时承受弯矩 M 和支座反力 R 的截面,应满足下列要求:

$$M/M_\text{u} \leqslant 1.0 \quad\quad (7.1.8\text{-}1)$$

$$R/R_\text{w} \leqslant 1.0 \quad\quad (7.1.8\text{-}2)$$

$$M/M_\text{u} + R/R_\text{w} \leqslant 1.25 \quad\quad (7.1.8\text{-}3)$$

式中　M_u——截面的弯曲承载力设计值,$M_\text{u}=W_\text{e}f$。

7.1.9 压型钢板同时承受弯矩 M 和剪力 V 的截面,应满足下列要求:

$$\left(\frac{M}{M_\text{u}}\right)^2 + \left(\frac{V}{V_\text{u}}\right)^2 \leqslant 1 \quad\quad (7.1.9)$$

式中　V_u——腹板的抗剪承载力设计值,$V_\text{u}=(ht \cdot \sin\theta)\tau_{\text{cr}}$,$\tau_{\text{cr}}$ 按第 7.1.6 条的规定计算。

7.1.10 在压型钢板的一个波距上作用集中荷载 F 时,可按下式将集中荷载 F 折算成沿板宽方向的均布线荷载 q_{re},并按 q_{re} 进行单个波距或整块压型钢板有效截面的弯曲计算。

$$q_{\text{re}} = \eta \frac{F}{b_1} \quad\quad (7.1.10)$$

式中　F——集中荷载;

b_1——压型钢板的波距;

η——折算系数,由试验确定;无试验依据时,可取 $\eta=0.5$。

屋面压型钢板的施工或检修集中荷载按 1.0kN 计算,当施工荷载超过 1.0kN 时,则应按实际情况取用。

7.1.11 压型钢板的挠度与跨度之比不宜超过下列限值:

屋面板:屋面坡度 <1/20 时 1/250,屋面坡度 ≥1/20 时 1/200;

墙板:1/150;

楼板:1/200。

7.1.12 仅作模板使用的压型钢板上的荷载,除自重外,尚应计入湿钢筋混凝土楼板重和可能出现的施工荷载。如施工中采取了必要的措施,可不考虑浇注混凝土的冲击力,挠度计算时可不计施工荷载。

7.2 压型钢板的构造

7.2.1 压型钢板腹板与翼缘水平面之间的夹角 θ 不宜小于 45°。

7.2.2 压型钢板宜采用镀锌钢板、镀铝锌钢板或在其基材上涂有彩色有机涂层的钢板辊压成型。

7.2.3 屋面、墙面压型钢板的基板厚度宜取 0.4~1.6mm,用作楼面模板的压型钢板厚度不宜小于 0.5mm。压型钢板宜采用长尺板材,以减少板长方向之搭接。

7.2.4 压型钢板长度方向的搭接端必须与支承构件(如檩条、墙梁等)有可靠的连接,搭接部位应设置防水密封胶带,搭接长度不宜小于下列限值:

波高≥70mm 的高波屋面压型钢板:350mm;

波高<70mm 的低波屋面压型钢板:屋面坡度≤1/10 时 250mm,屋面坡度>1/10 时 200mm;

墙面压型钢板:120mm。

7.2.5 屋面压型钢板侧向可采用搭接式、扣合式或咬合式等连接方式。当侧向采用搭接式连接时,一般搭接一波,特殊要求时可搭接两波。搭接处用连接件紧固,连接件应设置在波峰上,连接件采用带有防水密封垫的自攻螺钉。对于高波压型钢板,连接件间距一般为 700~800mm;对于低波压型钢板,连接件间距一般为 300~400mm。

当侧向采用扣合式或咬合式连接时,应在檩条上设置与压型钢板波形相配套的专门固定支座,固定支座与檩条用自攻螺钉或射钉连接,压型钢板搁置在固定支座上。两片压型钢板的侧边应确保在风吸力等因素作用下的扣合或咬合连接可靠。

7.2.6 墙面压型钢板之间的侧向连接宜采用搭接连接,通常搭接一个波峰,板与板的连接件可设在波峰,亦可设在波谷。连接件宜采用带有防水密封胶垫的自攻螺钉。

7.2.7 铺设高波压型钢板屋面时,应在檩条上设置固定支架,檩条上翼缘宽度应比固定支架宽度大 10mm。固定支架用自攻螺钉或射钉与檩条连接,每波设置一个;低波压型钢板可不设固定支架,宜在波峰处采用带有防水密封胶垫的自攻螺钉或射钉与檩条连接,连接件可每波或隔波设置一个,但每块低波压型钢板不得小于 3 个连接件。

7.2.8 用作非组合楼面的压型钢板支承在钢梁上时,其支承长度不得小于 50mm;支承在混凝土、砖石砌体等其他材料上时,支承长度不得小于 75mm。在浇注混凝土前,应将压型钢板上的油脂、污垢等有害物质清除干净。

7.2.9 铺设楼面压型钢板时,应避免过大的施工集中荷载,必要时可设置临时支撑。

8 檩条与墙梁

8.1 檩条的计算

8.1.1 屋面能起阻止檩条侧向失稳和扭转作用的实腹式檩条(如图 8.1.1 所示)的强度可按下式计算:

$$\sigma = \frac{M_\text{x}}{W_{\text{enx}}} + \frac{M_\text{y}}{W_{\text{eny}}} \leqslant f \quad\quad (8.1.1\text{-}1)$$

屋面不能阻止檩条侧向失稳和扭转的实腹式檩条的稳定性可按下式计算:

$$\frac{M_\text{x}}{\varphi_\text{b} W_{\text{ex}}} + \frac{M_\text{y}}{W_{\text{ey}}} \leqslant f \quad\quad (8.1.1\text{-}2)$$

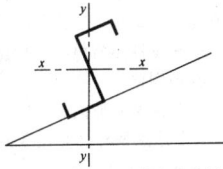

图 8.1.1 实腹式檩条示意图

8.1.2 当风荷载使实腹式檩条下翼缘受压时，其稳定性可按公式 8.1.1-2 计算。

8.1.3 平面格构式檩条上弦的强度按公式 5.5.1 计算，稳定性可按下式计算：

$$\frac{N}{\varphi_{min}A_e} + \frac{M_x}{W_{ex}} + \frac{M_y}{W_{ey}} \leq f \quad (8.1.3-1)$$

式中 φ_{min} ——轴心受压构件的稳定系数，根据构件的最大长细比按本规范附录 A 表 A.1.1 采用；

M_x、M_y ——对檩条上弦截面主轴 x 和 y 的弯矩，x 轴垂直于屋面。

公式中的弯矩 M_x 和 M_y 可按下列规定采用：

1 计算 M_x 时，拉条可作为侧向支承点。计算强度时，支承点处的 M_x 可按下式计算：

$$M_x = \frac{q_y l_1^2}{10} \quad (8.1.3-2)$$

计算稳定性时，M_x 可取侧向支承点间全长范围内的最大弯矩。

2 节点和跨中处：

$$M_y = \frac{q_x a^2}{10} \quad (8.1.3-3)$$

式中 l_1 ——侧向支承点间的距离；

a ——上弦的节间长度；

q_x ——垂直于屋面方向的均布荷载分量；

q_y ——平行于屋面方向的均布荷载分量。

8.1.4 当风荷载作用下平面格构式檩条下弦受压时，下弦应采用型钢，其强度和稳定性可按下列公式计算：

强度：

$$\sigma = \frac{N}{A_{en}} \leq f \quad (8.1.4-1)$$

稳定性：

$$\frac{N}{\varphi_{min}A_e} \leq f \quad (8.1.4-2)$$

8.1.5 平面格构式檩条受压弦杆在平面内的计算长度应取节间长度，平面外的计算长度应取侧向支承点间的距离（布置在弦杆处的拉条可作为侧向支承点），腹杆在平面内、外的计算长度均取节点几何长度。

端压腹杆的长细比不得大于 150。

8.1.6 檩条在垂直屋面方向的容许挠度与其跨度之比，可按下列规定采用：

1 瓦楞铁屋面：1/150；

2 压型钢板、钢丝网水泥瓦和其他水泥制品瓦材屋面：1/200。

8.2 檩条的构造

8.2.1 实腹式檩条可采用檩托与屋架、刚架相连接（如图 8.2.1 所示）。

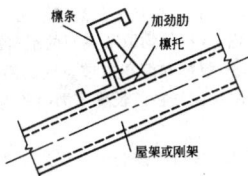

图 8.2.1 实腹式檩条端部连接示意图

8.2.2 平面格构式檩条的高度可取跨度的 1/12～1/20。

平面格构式檩条的端压腹杆应采用型钢。

当风荷载使平面格构式檩条下弦受压时，宜在檩条上、下弦杆处均设置拉条和撑杆。

8.2.3 实腹式檩条跨度大于 4m 时，在受压翼缘应设置拉条或撑杆，拉条和撑杆的截面应按计算确定。圆钢拉条直径不宜小于 10mm，撑杆的长细比不得大于 200。

当檩条上、下翼缘表面均设置压型钢板，并与檩条牢固连接时可不设拉条和撑杆。

8.2.4 利用檩条作为水平支撑压杆时，檩条长细比不得大于 200（拉条和撑杆可作为侧向支承点），并应按压弯构件验算其强度和稳定性。

8.3 墙梁的计算

8.3.1 简支墙梁（如图 5.3.3d 所示）的强度应按公式 5.3.3-1 和下列公式计算：

$$\tau_x = \frac{3V_{xmax}}{4b_0 t} \leq f_v \quad (8.3.1-1)$$

$$\tau_y = \frac{3V_{ymax}}{2h_0 t} \leq f_v \quad (8.3.1-2)$$

式中 V_{xmax}、V_{ymax} ——竖向荷载设计值（q_x）和水平风荷载设计值（q_y）所产生的剪力的最大值；

b_0、h_0 ——墙梁截面沿截面主轴 x、y 方向的计算高度，取相交板件连接处两内弧起点间的距离；

t ——墙梁截面的厚度。

两侧挂墙板的墙梁和一侧挂墙板、另一侧设有可阻止其扭转变形的拉杆的墙梁，可不计弯扭双力矩的影响（即可取 $B=0$）。

8.3.2 若构造上不能保证墙梁的整体稳定时，尚需按公式 5.3.3-2 计算其稳定性，但公式中的 φ_{bx} 应按仅作用着 M_x（忽略 M_y 及 B 的影响）的情况由附录 A 中 A.2 的规定计算。

8.3.3 墙梁的容许挠度与其跨度之比，可按下列规定采用：

1 压型钢板、瓦楞铁墙面（水平方向）：1/150；

2 窗洞顶部的墙梁（水平方向和竖向）：1/200。

且其竖向挠度不得大于 10mm。

8.4 墙梁的构造

8.4.1 墙梁主要承受水平风荷载，宜将其刚度较大主平面置于水平方向。

8.4.2 当墙梁跨度大于 4m 时，宜在跨中设置一道拉条；当墙梁跨度大于 6m 时，可在跨间三分点处各设置一道拉条。拉条承担的墙体自重通过斜拉条传至承重柱或墙架柱，一般每隔 5 道拉条设置一对斜拉条（如图 8.4.2 所示），以分段传递墙体自重。

圆钢拉条直径不宜小于 10mm，所需截面面积应通过计算确定。

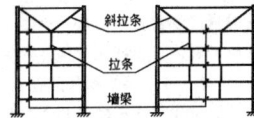

图 8.4.2 拉条布置示意图

9 屋 架

9.1 屋架的计算

9.1.1 计算屋架各杆件内力时，假定各节点均为铰接，次应力可不计算，但应考虑在屋面风吸力的作用下，可导致屋架杆件内力变号的不利影响，并核算屋架支座锚栓的抗拉承载力。

9.1.2 屋架杆件的计算长度（如图 9.1.2 所示）可按下列规定采用：

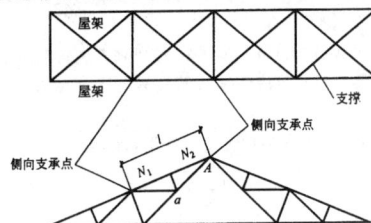

图 9.1.2 屋架杆件计算长度示意图

1 在屋架平面内，各杆件的计算长度可取节点间的距离；

2 在屋架平面外，弦杆应取侧向支承点间的距离；腹杆取节点间的距离（图 9.1.2 中的腹杆 a 应取 AB 间的距离），如等节间的受压弦杆或腹杆之侧向支承点间的距离为节间长度的 2 倍，且内力不等时，其计算长度应按下式确定：

$$l_0 = \left(0.75 + 0.25\frac{N_2}{N_1}\right)l \qquad (9.1.2\text{-}1)$$

且

$$l_0 \geqslant 0.5l \qquad (9.1.2\text{-}2)$$

式中 l_0——杆件的计算长度；

l——杆件的侧向支承点间的距离；

N_1——较大的压力，计算时取正值；

N_2——较小的压力或拉力，计算时压力取正值，拉力取负值。

侧向不能移动的点（支撑点或节点），可作为屋架的侧向支承点。当檩条、系杆或其他杆件未与水平（或垂直）支撑节点或其他不移动点相连接时，不能作为侧向支承点。

9.2 屋架的构造

9.2.1 两端简支的跨度不小于 15m 的三角形屋架和跨度不小于 24m 的梯形或平行弦屋架，当下弦无曲折时，宜起拱，拱度可取跨度的 1/500。

9.2.2 屋盖应设置支撑体系。当支撑采用圆钢时，必须具有拉紧装置。

9.2.3 屋架杆件宜采用薄壁钢管（方管、矩形管、圆管）。

9.2.4 屋架杆件的接长宜采用焊接或螺栓连接，且须与杆件等强。接长连接应设置在杆件内力较小的节间内。屋架拼装接头的数量及位置应按施工及运输条件确定。

9.2.5 屋架节点的构造应符合下列要求：

1 杆件重心轴线宜汇交于节点中心；

2 应在薄弱处增设加强板或采取其他措施增强节点的刚度；

3 应便于施焊、清除污物和涂刷油漆。

10 刚 架

10.1 刚架的计算

10.1.1 刚架梁、柱的强度和稳定性应按下列规定计算：

1 刚架梁在刚架平面内可仅按压弯构件计算其强度；实腹式刚架梁应按压弯构件计算其在刚架平面外的稳定性；

2 实腹式刚架柱应按压弯构件计算其强度和稳定性；

3 格构式刚架柱应按压弯构件计算其强度和弯矩作用平面内的稳定性；

4 格构式刚架梁和柱的弦杆、腹杆以及缀条等应分别按轴心受拉及轴心受压构件计算各单个杆件的强度和稳定性；

5 变截面刚架柱的稳定性可按最大弯矩处的有效截面进行计算，此时，轴心力应取与最大弯矩同一截面处的轴心力。

10.1.2 单跨门式刚架柱，在刚架平面内的计算长度 H_0 应按下式计算：

$$H_0 = \mu H \qquad (10.1.2\text{-}1)$$

式中 H——柱的高度，取基础顶面到柱与梁轴线交点的距离（如图 10.1.2 所示）；

μ——刚架柱的计算长度系数，按下列方法确定。

1 刚架梁为等截面构件时，μ 可按表 A.3.1 或表 A.3.2 取用；

2 刚架梁为变截面构件时，μ 可按下式计算：

$$\mu = \sqrt{\frac{24EI_1}{K \cdot H^3}} \qquad (10.1.2\text{-}2)$$

$$K = \frac{1}{\Delta} \qquad (10.1.2\text{-}3)$$

式中 K——刚架在柱顶单位水平荷载作用下的侧移刚度；

Δ——刚架按一阶弹性分析得到的在柱顶单位水平荷载作用下的柱顶侧移；

I_1——刚架柱大头截面的惯性矩。

3 对于板式柱脚上述刚架柱计算长度系数 μ 宜根据柱脚构造情况乘以下列调整系数：

柱脚铰接：0.85

柱脚刚接：1.2

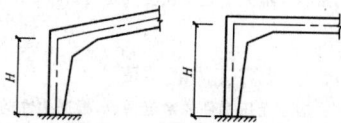

图 10.1.2 刚架柱的高度示意图

10.1.3 多跨门式刚架柱在刚架平面内的计算长度应按公式 10.1.2-1 计算，其计算长度系数可按下列规定确定。

1 当中间柱为两端铰接柱（即摇摆柱）时，边柱的计算长度系数 μ_t 可按下列公式计算：

$$\mu_t = \eta \cdot \mu \qquad (10.1.3\text{-}1)$$

$$\eta = \sqrt{1 + \frac{\sum(N_{li}/H_{li})}{\sum(N_{fj}/H_{fj})}} \qquad (10.1.3\text{-}2)$$

式中 η——放大系数；

μ——按第 10.1.2 条确定的单跨门式刚架柱的计算长度系数；

N_{li}——中间第 i 个摇摆柱的轴向力；

N_{fj}——第 j 个边柱的轴向力；

H_{li}——中间第 i 个摇摆柱的高度；

H_{fj}——第 j 个边柱的高度。

查表 A.3.1 或表 A.3.2 计算 μ 时，刚架梁的长度应取梁的跨度（即边柱到相邻中间柱之间的距离）的 2 倍。

摇摆柱的计算长度系数取 1.0。

2 当中间柱为非摇摆柱时，各刚架柱的计算长度系数可按下式计算：

$$\mu_i = \sqrt{\frac{1.2N_{Ei}}{K \cdot N_i} \cdot \sum\frac{N_i}{H_i}} \qquad (10.1.3\text{-}3)$$

$$N_{Ei} = \frac{\pi^2 EI_i}{H_i^2} \qquad (10.1.3\text{-}4)$$

式中 μ_i——第 i 根刚架柱的计算长度系数，宜根据柱脚构造情况按第 10.1.2 条第 3 款乘以相应的调整系数；

N_{Ei}——第 i 根刚架柱以大头截面为准的欧拉临界力；

H_i、N_i——第 i 根刚架柱的高度、轴压力；

I_i——第 i 根刚架柱大头截面的惯性矩。

10.1.4 实腹式刚架梁和柱在刚架平面外的计算长度，应取侧向支承点间的距离，侧向支承点可取设置隔撑处及柱间支撑连接点。当梁（或柱）两翼缘的侧向支承点间的距离不等时，应取最大受压翼缘侧向支承点间的距离。

10.1.5 格构式刚架梁和柱的弦杆、腹杆和缀条等单个构件的计算长度 l_0（如图 10.1.5 所示）应按下列规定采用：

1 在刚架平面内，各杆件均取节点间的距离；

2 在刚架平面外，腹杆和缀条取节点间的距离，弦杆取侧向支承点间的距离，若受压弦杆在该长度范围内的内力有变化时，按下列规定计算：

1）当内力均为压力时，可按公式 9.1.2-1、9.1.2-2 计算，此时式中 N_1 应取最大的压力，N_2 应取最小的压力；

2）当内力在侧向支承点间的几个节间内为压力，另几个节间内为拉力时，可按下式计算，但不得小于受压节间的总长。

$$l_0 = \left(1.5 + 0.5\frac{N_t}{N_c}\right) \cdot \frac{n_c}{n} \cdot l \qquad (10.1.5\text{-}1)$$

且 $l_0 \leqslant l$ （10.1.5-2）

式中 l——侧向支承点间的距离；

$\overline{N}_t$——所有拉力的平均值，计算时取负值；

$\overline{N}_c$——所有压力的平均值，计算时取正值；

n——两侧向支承点间节间总数；

n_c——内力为压力的节间数。

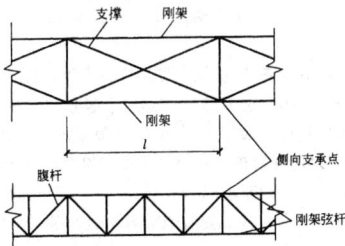

图 10.1.5 格构式刚架弦杆平面外计算长度示意图

10.1.6 刚架梁的竖向挠度与其跨度的比值，不宜大于表10.1.6-1所列限值；刚架柱在风荷载标准值作用下的柱顶水平位移与柱高度的比值，不宜大于表10.1.6-2所列限值，以保证刚架有足够的刚度及屋面墙面等的正常使用。

表 10.1.6-1 刚架梁的竖向挠度限值

屋盖情况	挠度限值
仅支撑压型钢板屋面和檩条（承受活荷载或雪荷载）	$l/180$
尚有吊顶	$l/240$
有吊顶且抹灰	$l/360$

注：1 对于单跨山形门式刚架，l 系一侧斜梁的坡面长度；对于多跨山形门式刚架，l 指相邻两柱之间斜梁一坡的坡面长度。

2 对于悬臂梁，l 取其悬伸长度的2倍。

表 10.1.6-2 刚架柱顶侧移限值

吊车情况	其他情况		柱顶侧移限值
无吊车	采用压型钢板等轻型钢墙板时		$H/75$
	采用砖墙时		$H/100$
有桥式吊车	吊车由驾驶室操作时		$H/400$
	吊车由地面操作时		$H/180$

注：表中 H 为刚架柱高度。

10.2 刚架的构造

10.2.1 用于刚架梁、柱的冷弯薄壁型钢，其壁厚不应小于2mm。

10.2.2 刚架梁的最小高度与其跨度之比：格构式梁可取 $1/15\sim1/25$；实腹式梁可取 $1/30\sim1/45$。

10.2.3 门式刚架房屋应设置支撑体系。在每个温度区段或分期建设的区段，应设置横梁上弦横向水平支撑及柱间支撑；刚架转折处（即边柱柱顶和屋脊）及多跨房屋适当位置的中间柱顶，应沿房屋全长设置刚性杆件。

10.2.4 刚架梁与柱的内翼缘（或内肢）需设置侧向支承点时，可利用作为外翼缘（或外肢）侧向支承点用的檩条或墙梁设置隔撑（如图10.2.4所示），隔撑应按压杆计算。

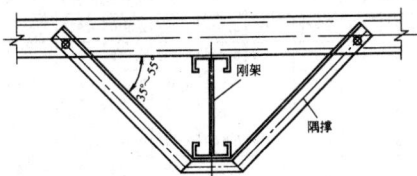

图 10.2.4 刚架梁或柱的隔撑

10.2.5 刚架梁应与檩条或屋盖的其他刚性构件可靠连接。

11 制作、安装和防腐蚀

11.1 制作和安装

11.1.1 构件上应避免刻伤。放样和号料应根据工艺要求预留制作和安装时的焊接收缩余量及切割、刨平和铣平等加工余量。

11.1.2 应保证切割部位准确、切口整齐，切割前应将钢材切割区域表面的铁锈、污物等清除干净，切割后应清除毛刺、熔渣和飞溅物。

11.1.3 钢材和构件的矫正，应符合下列要求：

1 钢材的机械矫正，应在常温下用机械设备进行。冷弯薄壁型钢结构的主要受压构件当采用方管时，其局部变形的纵向量测值（如图11.1.3所示）应符合下式要求：

$$\delta \leqslant 0.01b \qquad (11.1.3)$$

式中 δ——局部变形的纵向量测值；

b——局部变形的量测标距，取变形所在面的宽度。

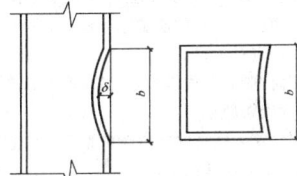

图 11.1.3 局部变形纵向量测示意图

2 碳素结构钢在环境温度低于 -16℃，低合金结构钢在环境温度低于 -12℃ 时，不得进行冷矫正和冷弯曲。

3 碳素结构钢和低合金结构钢，加热温度应根据钢材性能选定，但不得超过 900℃。低合金结构钢在加热矫正后，应在自然状态下缓慢冷却。

4 构件矫正后，挠曲矢高不应超过构件长度的 $1/1000$，且不得大于10mm。

11.1.4 构件的制孔应符合下列要求：

1 高强度螺栓孔应采用钻成孔；

2 螺栓孔周边应无毛刺、破裂、喇叭口和凹凸的痕迹，切屑应清除干净。

11.1.5 构件的组装和工地拼装应符合下列要求：

1 构件组装应在合适的工作平台及装配胎模上进行，工作平台及胎模应测平，并加以固定，使构件重心线在同一水平面上，其误差不得大于3mm。

2 应按施工图严格控制几何尺寸，结构的工作线与杆件的重心线应交汇于节点中心，两者误差不得大于3mm。

3 组装焊接件时，构件的几何尺寸应依据焊缝等收缩变形情况，预放收缩余量；对有起拱要求的构件，必须在组装前按规定的起拱量做好起拱，起拱偏差应不大于构件长度的 $1/1000$，且不大于6mm。

4 杆件应防止弯扭，拼装时其表面中心线的偏差不得大于3mm。

5 杆件搭接和对接时的错缝或错位不得大于0.5mm。

6 构件的定位焊位置应在正式焊缝部位内，不得将钢材烧穿，定位焊采用的焊接材料型号应与正式焊接用的相同。

7 构件之间连接孔中心线位置的误差不得大于2mm。

11.1.6 冷弯薄壁型钢结构的焊接应符合下列要求：

1 焊接前应熟悉冷弯薄壁型钢的特点和焊接工艺所规定的焊接方法、焊接程序和技术措施，根据试验确定具体焊接参数，保证焊接质量。

2 焊接前应把焊接部位的铁锈、污垢、积水等清除干净，焊条、焊剂应进行烘干处理。

3 型钢对接焊接或沿截面围焊时，不得在同一位置起弧灭弧，而应盖过起弧处一段距离后方能灭弧，不得在母材的非焊接部位和焊缝端部起弧或灭弧。

4 焊接完毕，应清除焊缝表面的熔渣及两侧飞溅物，并检查焊缝外观质量。

5 构件在焊接前应采取减少焊接变形的措施。

6 对接焊缝施焊时，必须根据具体情况采用适宜的焊接措施（如预留空隙、垫衬板单面焊及双面焊等方法），以保证焊透。

7 电阻点焊的各项工艺参数（如通电时间、焊接电流、电极压力等）的选择应保证焊点抗剪强度试验合格，在施焊过程中，各项参数均应保持相对稳定，焊件接触面应紧密贴合。

8 电阻点焊宜采用圆锥形的电极头，其直径应不小于 $5\sqrt{t}$（t 为焊件中外侧较薄板件的厚度），施焊过程中，直径的变动幅度不得大于 1/5。

11.1.7 冷弯薄壁型钢结构构件应在涂层干燥后进行包装，包装应保护构件涂层不受损伤，且应保证构件在运输、装卸、堆放过程中不变形、不损坏、不散失。

11.1.8 冷弯薄壁型钢结构的安装应符合下列要求：

1 结构安装前应对构件的质量进行检查。构件的变形、缺陷超出允许偏差时，应进行处理。

2 结构吊装时，应采用适当措施，防止产生永久性变形，并应垫好绳扣与构件的接触部位。

3 不得利用已安装就位的冷弯薄壁型钢构件起吊其他重物。不得在主要受力部位加焊其他物件。

4 安装屋面板前，应采取措施保证拉条拉紧和檩条的位置正确。

5 安装压型钢板屋面时，应采取有效措施将施工荷载分布至较大面积，防止因施工集中荷载造成构件局部压屈。

11.1.9 冷弯薄壁型钢结构制作和安装质量除应符合本规范规定外，尚应符合现行国家标准《钢结构工程施工质量验收规范》GB 50205 的规定。当喷涂防火涂料时，应符合现行国家标准《钢结构防火涂料通用技术条件》GB 14907 的规定。

11.2 防 腐 蚀

11.2.1 冷弯薄壁型钢结构必须采取有效的防腐蚀措施，构造上应考虑便于检查、清刷、油漆及避免积水，闭口截面构件沿全长和端部均应焊接封闭。

11.2.2 冷弯薄壁型钢结构应根据其使用条件和所处环境，选择相应的表面处理方法和防腐措施。

对冷弯薄壁型钢结构的侵蚀作用分类可参见本规范表 D.0.1。

11.2.3 冷弯薄壁型钢结构应按设计要求进行表面处理，除锈方法和除锈等级应符合现行国家标准《涂装前钢材表面锈蚀等级和除锈等级》GB 8923 的规定。

11.2.4 冷弯薄壁型钢结构采用化学除锈方法时，应选用具备除锈、磷化、钝化两个以上功能的处理液，其质量应符合现行国家标准《多功能钢铁表面处理液通用技术条件》GB/T 12612 的规定。

11.2.5 冷弯薄壁型钢结构应根据具体情况选用下列相适应的防腐措施：

1 金属保护层（表面合金化镀锌、镀铝锌等）。

2 防腐涂料：
  1）无侵蚀性或弱侵蚀性条件下，可采用油性漆、酚醛漆或醇酸漆；
  2）中等侵蚀性条件下，宜采用环氧漆、环氧酯漆、过氯乙烯漆、氯化橡胶漆或氯醋漆；
  3）防腐涂料的底漆和面漆应相互配套。

3 复合保护：
  1）用镀锌钢板制作的构件，涂装前应进行除油、磷化、钝化处理（或除油后涂磷化底漆）；
  2）表面合金化镀锌钢板、镀锌钢板（如压型钢板、瓦楞铁等）的表面不宜涂红丹防锈漆，宜涂 H06—2 锌黄环氧酯漆或其他专用涂料进行防护。

11.2.6 冷弯薄壁型钢采用的涂装材料，应具有出厂质量证明书，并应符合设计要求。涂覆方法除设计规定外，可采用手刷或机械喷涂。

11.2.7 涂料、涂装遍数、涂层厚度均应符合设计要求。当设计对涂装无明确规定时，一般宜涂 4～5 遍，干膜总厚度室外构件应大于 $150\mu m$，室内构件应大于 $120\mu m$，允许偏差为 $\pm25\mu m$。

11.2.8 涂装时的环境温度和相对湿度应符合涂料产品说明书的要求，当产品说明书无要求时，环境温度宜在 5～38℃ 之间，相对湿度不应大于 85%，构件表面有结露时不得涂装，涂装后 4h 内不得淋雨。

11.2.9 冷弯薄壁型钢结构目测涂装质量应均匀、细致、无明显色差、无流挂、失光、起皱、针孔、气泡、裂纹、脱落、脏物粘附、漏涂等，必须附着良好（用划痕法或粘力计检查）。漆膜干透后，应用干膜测厚仪测出干膜厚度，做出记录，不合规定的应补涂。涂装质量不合格的应重新处理。

11.2.10 冷弯薄壁型钢结构的防腐处理应符合下列要求：

1 钢材表面处理后 6h 内应及时涂刷防腐涂料，以免再度生锈。

2 施工图中注明不涂装的部位不得涂装，安装焊缝处应留出 30～50mm 暂不涂装。

3 冷弯薄壁型钢结构安装就位后，应对在运输、吊装过程中漆膜脱落部位以及安装焊缝两侧未油漆部位补涂油漆，使之不低于相邻部位的防护等级。

4 冷弯薄壁型钢结构外包、埋入混凝土的部位可不做涂装。

5 易淋雨或积水的构件且不易再次油漆维护的部位，应采取措施密封。

11.2.11 冷弯薄壁型钢结构在使用期间应定期进行检查与维护。维护年限可根据结构的使用条件、表面处理方法、涂料品种及漆膜厚度分别按本规范表 D.0.2 采用。

11.2.12 冷弯薄壁型钢结构重新涂装的质量应符合现行国家标准《钢结构工程施工质量验收规范》GB 50205 的规定。

附录 A 计 算 系 数

A.1 轴心受压构件的稳定系数

A.1.1 轴心受压构件的稳定系数可根据钢材的牌号按下列表格查得。

表 A.1.1-1 Q235 钢轴心受压构件的稳定系数 φ

λ	0	1	2	3	4	5	6	7	8	9
0	1.000	0.997	0.995	0.992	0.989	0.987	0.984	0.981	0.979	0.976
10	0.974	0.971	0.968	0.966	0.963	0.960	0.958	0.955	0.952	0.949
20	0.947	0.944	0.941	0.938	0.936	0.933	0.930	0.927	0.924	0.921
30	0.918	0.915	0.912	0.909	0.906	0.903	0.899	0.896	0.893	0.889
40	0.886	0.882	0.879	0.875	0.872	0.868	0.864	0.861	0.858	0.855
50	0.852	0.849	0.846	0.843	0.839	0.836	0.832	0.829	0.825	0.822
60	0.818	0.814	0.810	0.806	0.802	0.797	0.793	0.789	0.784	0.779
70	0.775	0.770	0.765	0.760	0.755	0.750	0.744	0.739	0.733	0.728
80	0.722	0.716	0.710	0.704	0.698	0.692	0.686	0.680	0.673	0.667
90	0.661	0.654	0.648	0.641	0.634	0.626	0.618	0.611	0.603	0.595
100	0.588	0.580	0.573	0.566	0.558	0.551	0.544	0.537	0.530	0.523

λ	0	1	2	3	4	5	6	7	8	9
110	0.516	0.509	0.502	0.496	0.489	0.483	0.476	0.470	0.464	0.458
120	0.452	0.446	0.440	0.434	0.428	0.423	0.417	0.412	0.406	0.401
130	0.396	0.391	0.386	0.381	0.376	0.371	0.367	0.362	0.357	0.353
140	0.349	0.344	0.340	0.336	0.332	0.328	0.324	0.320	0.316	0.312
150	0.308	0.305	0.301	0.298	0.294	0.291	0.287	0.284	0.281	0.277
160	0.274	0.271	0.268	0.265	0.262	0.259	0.256	0.253	0.251	0.248
170	0.245	0.243	0.240	0.237	0.235	0.232	0.230	0.227	0.225	0.223
180	0.220	0.218	0.216	0.214	0.211	0.209	0.207	0.205	0.203	0.201
190	0.199	0.197	0.195	0.193	0.191	0.189	0.188	0.186	0.184	0.182
200	0.180	0.179	0.177	0.175	0.174	0.172	0.171	0.169	0.167	0.166
210	0.164	0.163	0.161	0.160	0.159	0.157	0.156	0.154	0.153	0.152
220	0.150	0.149	0.148	0.146	0.145	0.144	0.143	0.141	0.140	0.139
230	0.138	0.137	0.136	0.135	0.133	0.132	0.131	0.130	0.129	0.128
240	0.127	0.126	0.125	0.124	0.123	0.122	0.121	0.120	0.119	0.118
250	0.117	—	—	—	—	—	—	—	—	—

表 A.1.1-2　Q345钢轴心受压构件的稳定系数 φ

λ	0	1	2	3	4	5	6	7	8	9
0	1.000	0.997	0.994	0.991	0.988	0.985	0.982	0.979	0.976	0.973
10	0.971	0.968	0.965	0.962	0.959	0.956	0.952	0.949	0.946	0.943
20	0.940	0.937	0.934	0.930	0.927	0.924	0.920	0.917	0.913	0.909
30	0.906	0.902	0.898	0.894	0.890	0.886	0.882	0.878	0.874	0.870
40	0.867	0.864	0.860	0.857	0.853	0.849	0.845	0.841	0.837	0.833
50	0.829	0.824	0.819	0.815	0.810	0.805	0.800	0.794	0.789	0.783
60	0.777	0.771	0.765	0.759	0.752	0.746	0.739	0.732	0.725	0.718
70	0.710	0.703	0.695	0.688	0.680	0.672	0.664	0.656	0.648	0.640
80	0.632	0.623	0.615	0.607	0.599	0.591	0.583	0.574	0.566	0.558
90	0.550	0.542	0.535	0.527	0.519	0.512	0.504	0.497	0.489	0.482
100	0.475	0.467	0.460	0.452	0.445	0.438	0.431	0.424	0.418	0.411
110	0.405	0.398	0.392	0.386	0.380	0.375	0.369	0.363	0.358	0.352
120	0.347	0.342	0.337	0.332	0.327	0.322	0.318	0.313	0.309	0.304
130	0.300	0.296	0.292	0.288	0.284	0.280	0.276	0.272	0.269	0.265
140	0.261	0.258	0.255	0.251	0.248	0.245	0.242	0.238	0.235	0.232
150	0.229	0.227	0.224	0.221	0.218	0.216	0.213	0.210	0.208	0.205
160	0.203	0.201	0.198	0.196	0.194	0.191	0.189	0.187	0.185	0.183
170	0.181	0.179	0.177	0.175	0.173	0.171	0.169	0.167	0.165	0.163
180	0.162	0.160	0.158	0.157	0.155	0.153	0.152	0.150	0.149	0.147
190	0.146	0.144	0.143	0.141	0.140	0.138	0.137	0.136	0.134	0.133
200	0.132	0.130	0.129	0.128	0.127	0.126	0.124	0.123	0.122	0.121
210	0.120	0.119	0.118	0.116	0.115	0.114	0.113	0.112	0.111	0.110
220	0.109	0.108	0.107	0.106	0.105	0.105	0.104	0.103	0.101	0.101
230	0.100	0.099	0.098	0.098	0.097	0.096	0.095	0.094	0.094	0.093
240	0.092	0.091	0.091	0.090	0.089	0.088	0.088	0.087	0.086	0.086
250	0.085	—	—	—	—	—	—	—	—	—

A.2　受弯构件的整体稳定系数

A.2.1 对于图 5.3.1 所示单轴或双轴对称截面（包括反对称截面）的简支梁，当绕对称轴（x 轴）弯曲时，其整体稳定系数应按下式计算：

$$\varphi_{bx}=\frac{4320Ah}{\lambda_y^2 W_x}\xi_1\left(\sqrt{\eta^2+\zeta}+\eta\right)\cdot\left(\frac{235}{f_y}\right) \quad (A.2.1\text{-}1)$$

$$\eta=2\xi_2 e_a/h \quad (A.2.1\text{-}2)$$

$$\zeta=\frac{4I_w}{h^2 I_y}+\frac{0.156I_t}{I_y}\left(\frac{l_0}{h}\right)^2 \quad (A.2.1\text{-}3)$$

式中　λ_y——梁在弯矩作用平面外的长细比；

　　　A——毛截面面积；

　　　h——截面高度；

　　　l_0——梁的侧向计算长度，$l_0=\mu_b l$；

　　　μ_b——梁的侧向计算长度系数，按表 A.2.1 采用；

　　　l——梁的跨度；

　　　ξ_1、ξ_2——系数，按表 A.2.1 采用；

　　　e_a——横向荷载作用点到弯心的距离；对于偏心压杆或当横向荷载作用在弯心时 $e_a=0$；当荷载不作用在弯心且荷载方向指向弯心时 e_a 为负，而离开弯心时 e_a 为正；

　　　W_x——对 x 轴的受压边缘毛截面模量；

　　　I_w——毛截面扇性惯性矩；

　　　I_y——对 y 轴的毛截面惯性矩；

　　　I_t——扭转惯性矩。

如按上列公式算得的 $\varphi_{bx}>0.7$，则应以 φ'_{bx} 值代替 φ_{bx}，φ'_{bx} 值应按下式计算：

$$\varphi'_{bx}=1.091-\frac{0.274}{\varphi_{bx}} \quad (A.2.1\text{-}4)$$

表 A.2.1　两端及跨间侧向均为简支的受弯构件的 ξ_1、ξ_2 和 μ_b 值

序号	弯矩作用平面内的荷载及支承情况	跨间无侧向支承 $\mu_b=1.00$		跨中设一道侧向支承 $\mu_b=0.50$		跨间有不少于两个等距离布置的侧向支承 $\mu_b=0.33$	
		ξ_1	ξ_2	ξ_1	ξ_2	ξ_1	ξ_2
1		1.13	0.46	1.35	0.14	1.37	0.06
2		1.35	0.55	1.83	0	1.68	0.08
3		1.00	0	1.00	0	1.00	0
4		1.32	0	1.31	0	1.31	0
5		1.83	0	1.77	0	1.75	0
6		2.39	0	2.13	0	2.03	0
7		2.24	0	1.89	0	1.77	0

A.2.2 对于图 A.2.2 所示单轴对称截面简支梁，x 轴（强轴）为不对称轴，当绕 x 轴弯曲时，其整体稳定系数仍可按公式 A.2.1-1 计算，但需以下式代替公式 A.2.1-2：

$$\eta = 2(\xi_2 e_a + \beta_y)/h \qquad \text{(A.2.2-1)}$$

$$\beta_y = \frac{U_x}{2I_x} - e_{0y} \qquad \text{(A.2.2-2)}$$

$$U_x = \int_A y(x^2 + y^2)\,\mathrm{d}A \qquad \text{(A.2.2-3)}$$

式中 I_x——对 x 轴的毛截面惯性矩;

$\quad e_{0y}$——弯心的 y 轴坐标。

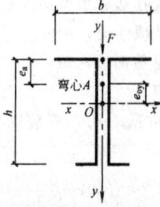

图 A.2.2 单轴对称截面示意图

A.2.3 对于图 5.3.1 所示单轴或双轴对称截面的简支梁,当绕 y 轴(弱轴)弯曲时(如图 A.2.3 所示),如需计算稳定性,其整体稳定系数 φ_{by} 可按下式计算:

$$\varphi_{by} = \frac{4320Ab}{\lambda_x^2 W_y} \xi_1 \left(\sqrt{\eta^2 + \zeta} + \eta \right) \left(\frac{235}{f_y} \right) \qquad \text{(A.2.3-1)}$$

$$\eta = 2(\xi_2 e_a + \beta_x)/b \qquad \text{(A.2.3-2)}$$

$$\zeta = \frac{4 I_w}{b^2 I_x} + \frac{0.156 I_t}{I_x} \left(\frac{l_0}{b} \right)^2 \qquad \text{(A.2.3-3)}$$

当 y 轴为对称轴时:

$$\beta_x = 0$$

当 y 轴为非对称轴时:

$$\beta_x = \frac{U_y}{2I_y} - e_{0x} \qquad \text{(A.2.3-4)}$$

$$U_y = \int_A x(x^2 + y^2)\,\mathrm{d}A \qquad \text{(A.2.3-5)}$$

式中 b——截面宽度;

$\quad \lambda_x$——弯矩作用平面外的长细比(对 x 轴);

$\quad W_y$——对 y 轴的受压边缘毛截面模量;

$\quad e_{0x}$——弯心的 x 轴坐标。

当 $\varphi_{by} > 0.7$ 时,应以 φ'_{by} 代替 φ_{by},φ'_{by} 按下式计算:

$$\varphi'_{by} = 1.091 - \frac{0.274}{\varphi_{by}} \qquad \text{(A.2.3-6)}$$

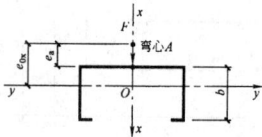

图 A.2.3 单轴对称卷边槽钢

A.3 刚架柱的计算长度系数

A.3.1 等截面刚架柱的计算长度系数 μ 见表 A.3.1。

表 A.3.1 等截面刚架柱的计算长度系数 μ

柱与基础的连接方式	K_2/K_1 0	0.2	0.3	0.5	1.0	2.0	3.0	4.0	7.0	$\geqslant 10.0$
刚 接	2.00	1.50	1.40	1.28	1.16	1.08	1.06	1.04	1.02	1.00
铰 接	∞	3.42	3.00	2.63	2.33	2.17	2.11	2.08	2.05	2.00

注:1 $K_1 = I_1/H$,$K_2 = I_2/l$;
　　2 I_1 系柱顶处的截面惯性矩;
　　　　I_2 系刚架梁的截面惯性矩;
　　　　H 系刚架柱的高度;
　　　　l 系刚架梁的长度,在山形门式刚架中为斜梁沿折线的总长度;
　　3 当横梁与柱铰接时,取 $K_2 = 0$。

A.3.2 变截面刚架柱的计算长度系数 μ 见表 A.3.2。

表 A.3.2 变截面刚架柱的计算长度系数 μ

柱与基础的连接方式	K_2/K_1 I_0/I_1	0.1	0.2	0.3	0.5	0.75	1.0	2.0	$\geqslant 10.0$
铰接	0.01	5.03	4.33	4.10	3.89	3.77	3.74	3.70	3.65
	0.05	4.90	3.98	3.65	3.39	3.25	3.19	3.10	3.05
	0.10	4.66	3.82	3.48	3.19	3.04	2.98	2.94	2.75
	0.15	4.61	3.75	3.37	3.10	2.93	2.85	2.72	2.65
	$\geqslant 0.20$	4.59	3.67	3.30	3.00	2.84	2.75	2.63	2.55

注:I_0 系柱脚处的截面惯性矩。

A.4 简支梁的双力矩 B 的计算

A.4.1 简支梁的双力矩 B 可根据荷载情况按表 A.4.1 中所列公式计算。

表 A.4.1 简支梁双力矩 B 的计算公式

序号	Ⅰ	Ⅱ	Ⅲ
荷载简图			
B（任意截面处）	$\dfrac{F \cdot e}{2k} \cdot \dfrac{\mathrm{sh}\,kz}{\mathrm{ch}\,\dfrac{kl}{2}}$	当 $z = z_1$ 时, $\dfrac{F \cdot e}{k} \cdot \dfrac{\mathrm{ch}\,\dfrac{kl}{6}}{\mathrm{ch}\,\dfrac{kl}{2}} \cdot \mathrm{sh}\,kz_1$ 当 $z = z_2$ 时 $\dfrac{F \cdot e}{k} \cdot \dfrac{\mathrm{sh}\,\dfrac{kl}{3}}{\mathrm{ch}\,\dfrac{kl}{2}} \mathrm{ch}k\left(\dfrac{l}{2}-z_2\right)$	$\dfrac{q \cdot e}{k^2} \left[1 - \dfrac{\mathrm{ch}\,k\left(\dfrac{l}{2}-z\right)}{\mathrm{ch}\,\dfrac{kl}{2}} \right]$
B_{max}（跨中）	$0.02\delta \cdot F \cdot e \cdot l$	$0.02\delta \cdot F \cdot e \cdot l$	$0.01\delta \cdot q \cdot e \cdot l^2$

注:k——弯扭特性系数,$k = \sqrt{GI_t/EI_w}$;

$\quad G$——钢材的剪变模量,$G = 0.79 \times 10^5 \text{ N/mm}^2$;

$\quad \delta$——B_{max} 的计算系数,可由下图查得。

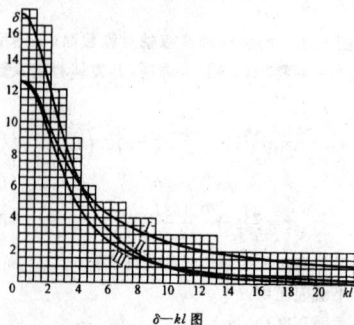

$\delta - kl$ 图

A.4.2 由双力矩 B 所产生的正向应力符号按表 A.4.2 采用。

表 A.4.2 由双力矩 B 所引起的正向应力符号

注：1 表中正应力符号"+"代表压应力，"−"代表拉应力；

2 表中外荷载 F 绕截面弯心 A 顺时针方向旋转，如外荷载 F 绕截面弯心 A 逆时针方向旋转，则表中所有符号均应反号。

附录 B 截面特性

B.1 常用截面特性表

B.1.1 常用截面特性表见表 B.1.1-1～表 B.1.1-8。

表 B.1.1-1 方钢管

尺寸(mm)		截面面积 (cm²)	每米长质量 (kg/m)	I_x (cm⁴)	i_x (cm)	W_x (cm³)
h	t					
25	1.5	1.31	1.03	1.16	0.94	0.92
30	1.5	1.61	1.27	2.11	1.14	1.40
40	1.5	2.21	1.74	5.33	1.55	2.67
40	2.0	2.87	2.25	6.66	1.52	3.33
50	1.5	2.81	2.21	10.82	1.96	4.33

续表 B.1.1-1

尺寸(mm)		截面面积 (cm²)	每米长质量 (kg/m)	I_x (cm⁴)	i_x (cm)	W_x (cm³)
h	t					
50	2.0	3.67	2.88	13.71	1.93	5.48
60	2.0	4.47	3.51	24.51	2.34	8.17
60	2.5	5.48	4.30	29.36	2.31	9.79
80	2.0	6.07	4.76	60.58	3.16	15.15
80	2.5	7.48	5.87	73.40	3.13	18.35
100	2.5	9.48	7.44	147.91	3.95	29.58
100	3.0	11.25	8.83	173.12	3.92	34.62
120	2.5	11.48	9.01	260.88	4.77	43.48
120	3.0	13.65	10.72	306.71	4.74	51.12
140	3.0	16.05	12.60	495.68	5.56	70.81
140	3.5	18.58	14.59	568.22	5.53	81.17
140	4.0	21.07	16.44	637.97	5.50	91.14
160	3.0	18.45	14.49	749.64	6.37	93.71
160	3.5	21.38	16.77	861.34	6.35	107.67
160	4.0	24.27	19.05	969.35	6.32	121.17
160	4.5	27.12	21.05	1073.66	6.29	134.21
160	5.0	29.93	23.35	1174.44	6.26	146.81

表 B.1.1-2 等边角钢

尺寸(mm)		截面面积 (cm²)	每米长质量 (kg/m)	y_0 (cm)	x_0-x_0				$x-x$		$y-y$		x_1-x_1	e_0 (cm)	I_t (cm⁴)
b	t				I_{x_0} (cm⁴)	i_{x_0} (cm)	$W_{x_0 max}$ (cm³)	$W_{x_0 min}$ (cm³)	I_x (cm⁴)	i_x (cm)	I_y (cm⁴)	i_y (cm)	I_{x1} (cm⁴)		
30	1.5	0.85	0.67	0.828	0.77	0.95	0.93	0.35	1.25	1.21	0.29	0.58	1.35	1.07	0.0064
30	2.0	1.12	0.88	0.855	0.99	0.94	1.16	0.46	1.63	1.21	0.36	0.57	1.81	1.07	0.0149
40	2.0	1.52	1.19	1.105	2.43	1.27	2.20	0.84	3.95	1.61	0.90	0.77	5.36	1.42	0.0203
40	2.5	1.87	1.47	1.132	2.96	1.26	4.22	1.03	4.85	1.61	1.07	0.76	5.36	1.42	0.0390
50	2.5	2.37	1.86	1.381	5.27	1.58	4.29	1.64	9.65	2.02	2.20	0.96	10.44	1.78	0.0494
50	3.0	2.81	2.21	1.408	6.97	1.57	4.95	1.94	11.40	2.01	2.54	0.95	12.55	1.78	0.0843
60	2.5	2.87	2.25	1.630	10.41	1.90	6.38	2.38	16.90	2.43	3.91	1.17	18.03	2.13	0.0598
60	3.0	3.41	2.68	1.657	12.29	1.90	7.42	2.83	20.02	2.42	4.56	1.16	21.66	2.13	0.1023
75	2.5	3.62	2.84	2.005	20.65	2.39	10.30	3.76	33.43	3.04	7.87	1.48	35.20	2.66	0.0755
75	3.0	4.31	3.39	2.031	24.47	2.38	12.05	4.47	39.70	3.03	9.23	1.46	42.26	2.66	0.1293

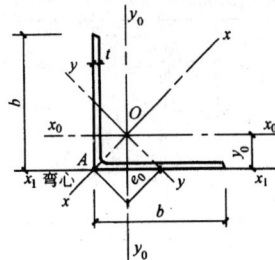

尺寸 (mm) h	b	t	截面面积 (cm²)	每米长质量 (kg/m)	x_0 (cm)	$x-x$ I_x (cm⁴)	i_x (cm)	W_x (cm³)	$y-y$ I_y (cm⁴)	i_y (cm)	W_{ymax} (cm³)	W_{ymin} (cm³)	y_1-y_1 I_{y1} (cm⁴)	e_0 (cm)	I_t (cm⁴)	I_ω (cm⁶)	k (cm⁻¹)	$W_{\omega1}$ (cm⁴)	$W_{\omega2}$ (cm⁴)
60	30	2.5	2.74	2.15	0.883	14.38	2.31	4.89	2.40	0.94	2.71	1.13	4.53	1.88	0.0571	12.21	0.0425	4.72	2.51
80	40	2.5	3.74	2.94	1.132	36.70	3.13	9.18	5.92	1.26	5.23	2.06	10.71	2.51	0.0779	57.36	0.0229	11.61	6.37
80	40	3.0	4.43	3.48	1.159	42.66	3.10	10.67	6.93	1.25	5.98	2.44	12.87	2.51	0.1328	64.58	0.0282	13.64	7.34
100	40	2.5	4.24	3.33	1.013	62.07	3.83	12.41	6.37	1.23	6.29	2.13	10.72	2.30	0.0884	99.70	0.0185	17.07	8.44
100	40	3.0	5.03	3.95	1.039	72.941	3.90	14.49	7.47	1.22	7.19	2.52	12.89	2.30	0.1508	113.23	0.0227	20.20	9.79
120	40	2.5	4.74	3.72	0.919	95.92	4.50	15.99	6.72	1.19	7.32	2.18	10.73	2.13	0.0988	156.19	0.0156	23.62	10.59
120	40	3.0	5.63	4.42	0.944	112.28	4.47	18.71	7.90	1.19	8.37	2.58	12.91	2.12	0.1688	178.49	0.0191	28.13	12.33
140	50	3.0	6.83	5.36	1.187	191.53	5.30	27.36	15.52	1.51	13.08	4.07	25.13	2.75	0.2048	487.60	0.0128	48.99	22.93
140	50	3.5	7.89	6.20	1.211	218.88	5.27	31.27	17.79	1.50	14.69	4.70	29.37	2.74	0.3223	546.44	0.0151	56.72	26.09
160	60	3.0	8.03	6.30	1.432	300.87	6.12	37.61	26.90	1.83	18.79	5.89	43.35	3.37	0.2408	1119.78	0.0091	78.25	38.21
160	60	3.5	9.29	7.20	1.456	344.94	6.09	43.12	30.92	1.82	21.23	6.81	50.63	3.37	0.3794	1264.16	0.0108	90.71	43.68

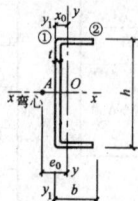

尺寸 (mm) h	b	a	t	截面面积 (cm²)	每米长质量 (kg/m)	x_0 (cm)	$x-x$ I_x (cm⁴)	i_x (cm)	W_x (cm³)	$y-y$ I_y (cm⁴)	i_y (cm)	W_{ymax} (cm³)	W_{ymin} (cm³)	y_1-y_1 I_{y1} (cm⁴)	e_0 (cm)	I_t (cm⁴)	I_ω (cm⁶)	k (cm⁻¹)	$W_{\omega1}$ (cm⁴)	$W_{\omega2}$ (cm⁴)
80	40	15	2.0	3.47	2.72	1.452	34.16	3.14	8.54	7.79	1.50	5.36	3.06	15.10	3.36	0.0462	112.9	0.0126	16.03	15.74
100	50	15	2.5	5.23	4.11	1.706	81.34	3.94	16.27	17.19	1.81	10.08	5.22	32.41	3.94	0.1090	352.8	0.0109	34.47	29.41
120	50	20	2.5	5.98	4.70	1.706	129.40	4.65	21.57	20.96	1.87	12.28	6.36	38.36	4.03	0.1246	660.9	0.0085	51.04	48.36
120	60	20	3.0	7.65	6.01	2.106	170.68	4.72	28.45	37.36	2.21	17.74	9.59	71.31	4.87	0.2296	1153.2	0.0087	75.68	68.84
140	50	20	2.0	5.27	4.14	1.590	154.03	5.41	22.00	18.56	1.88	11.68	5.44	31.86	3.87	0.0703	794.79	0.0058	51.44	52.22
140	50	20	2.2	5.76	4.52	1.590	167.40	5.39	23.91	20.03	1.87	12.62	5.87	34.53	3.84	0.0929	852.46	0.0065	55.98	56.84
140	50	20	2.5	6.48	5.09	1.580	186.78	5.39	26.68	22.11	1.85	13.96	6.47	38.38	3.80	0.1351	931.89	0.0075	62.56	63.56
140	60	20	3.0	8.25	6.48	1.964	245.42	5.45	35.06	39.49	2.19	20.11	9.79	71.33	4.61	0.2476	1589.8	0.0078	92.69	79.00
160	60	20	2.0	6.07	4.76	1.850	236.59	6.24	29.57	29.99	2.22	16.19	7.23	50.83	4.52	0.0809	1596.28	0.0044	76.92	71.30
160	60	20	2.2	6.64	5.21	1.850	257.57	6.23	32.20	32.45	2.21	17.53	7.82	55.19	4.50	0.1071	1717.82	0.0049	83.82	77.55
160	60	20	2.5	7.48	5.87	1.850	288.13	6.21	36.02	35.96	2.19	19.47	8.66	61.49	4.45	0.1559	1887.71	0.0056	93.87	86.63
160	70	20	3.0	9.45	7.42	2.224	373.64	6.29	46.71	60.42	2.53	27.17	12.65	107.20	5.25	0.2836	3070.5	0.0060	135.49	109.92
180	70	20	2.0	6.87	5.39	2.110	343.93	7.08	38.21	45.18	2.57	21.37	9.25	75.87	5.17	0.0916	2934.34	0.0035	109.50	95.22
180	70	20	2.2	7.52	5.90	2.110	374.90	7.06	41.66	48.97	2.55	23.19	10.02	82.49	5.14	0.1213	3165.62	0.0038	119.44	103.58
180	70	20	2.5	8.48	6.66	2.110	420.20	7.04	46.69	54.42	2.53	25.82	11.12	92.08	5.10	0.1767	3492.15	0.0044	133.99	115.73
200	70	20	2.0	7.27	5.71	2.000	440.04	7.78	44.00	46.71	2.54	23.32	9.35	75.88	4.96	0.0969	3672.33	0.0032	126.74	106.15
200	70	20	2.2	7.96	6.25	2.000	479.87	7.77	47.99	50.64	2.52	25.31	10.13	82.49	4.93	0.1284	3963.82	0.0035	138.26	115.74
200	70	20	2.5	8.98	7.05	2.000	538.21	7.74	53.82	56.27	2.50	28.18	11.25	92.09	4.89	0.1871	4376.18	0.0041	155.14	129.75
220	75	20	2.0	7.87	6.18	2.080	574.45	8.54	52.22	56.88	2.69	27.35	10.50	90.93	5.18	0.1049	5313.52	0.0028	158.43	127.32
220	75	20	2.2	8.62	6.77	2.080	626.85	8.53	56.99	61.71	2.68	29.70	11.38	98.91	5.15	0.1391	5742.07	0.0031	172.92	138.93
220	75	20	2.5	9.73	7.64	2.070	703.76	8.50	63.98	68.66	2.66	33.11	12.65	110.51	5.11	0.2028	6351.05	0.0035	194.18	155.94

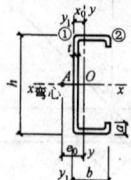

表 B.1.1-5 卷边 Z 形钢

h	b	a	t	截面面积 (cm²)	每米长质量 (kg/m)	θ (°)	I_{x1} (cm⁴)	i_{x1} (cm)	W_{x1} (cm³)	I_{y1} (cm⁴)	i_{y1} (cm)	W_{y1} (cm³)	I_x (cm⁴)	i_x (cm)	W_{x1} (cm³)	W_{x2} (cm³)	I_y (cm⁴)	i_y (cm)	W_{y1} (cm³)	W_{y2} (cm³)	I_{x1y1} (cm⁴)	I_t (cm⁴)	I_ω (cm⁶)	k (cm⁻¹)	$W_{\omega1}$ (cm⁴)	$W_{\omega2}$ (cm⁴)
尺寸 (mm)							x_1—x_1			y_1—y_1			x—x				y—y									
100	40	20	2.0	4.07	3.19	24.017	60.04	3.84	12.01	17.02	2.05	4.36	70.70	4.17	15.93	11.94	6.36	1.25	3.36	4.42	23.93	0.0542	325.0	0.0081	49.97	29.16
100	40	20	2.5	4.98	3.91	23.767	72.10	3.80	14.42	20.02	2.00	5.17	84.63	4.12	19.18	14.47	7.49	1.23	4.07	5.28	28.45	0.1038	381.9	0.0102	62.25	35.03
120	50	20	2.0	4.87	3.82	24.050	106.97	4.69	17.83	30.23	2.49	6.17	126.06	5.09	23.55	17.40	11.14	1.51	4.83	5.74	42.77	0.0649	785.2	0.0057	84.05	43.96
120	50	20	2.5	5.98	4.70	23.833	129.39	4.65	21.57	35.91	2.45	7.37	152.05	5.04	28.55	21.21	13.25	1.49	5.89	6.89	51.30	0.1246	930.9	0.0072	104.68	52.94
120	50	20	3.0	7.05	5.54	23.600	150.14	4.61	25.02	40.88	2.41	8.43	175.92	4.99	33.18	24.80	15.11	1.46	6.89	7.92	58.99	0.2116	1058.9	0.0087	125.37	61.22
140	50	20	2.5	6.48	5.09	19.417	186.77	5.37	26.68	35.91	2.35	7.37	209.19	5.67	32.55	26.34	14.48	1.49	6.69	6.78	60.75	0.1350	1289.0	0.0064	137.04	60.03
140	50	20	3.0	7.65	6.01	19.200	217.26	5.33	31.04	40.83	2.31	8.43	241.62	5.62	37.76	30.70	16.52	1.47	7.84	7.81	69.93	0.2296	1468.2	0.0077	164.94	69.51
160	60	20	2.5	7.48	5.87	19.983	288.12	6.21	36.01	58.15	2.79	9.90	323.13	6.57	44.00	34.95	23.14	1.76	9.00	8.71	96.32	0.1559	2634.3	0.0048	205.98	86.28
160	60	20	3.0	8.85	6.95	19.783	336.66	6.17	42.08	66.66	2.74	11.39	376.76	6.52	51.48	41.08	26.56	1.73	10.58	10.07	111.51	0.2656	3019.4	0.0058	247.41	100.15
160	70	20	2.5	7.98	6.27	23.767	319.13	6.32	39.89	87.74	3.32	12.76	374.76	6.85	52.35	38.23	32.11	2.01	10.53	10.86	126.37	0.1663	3793.3	0.0041	238.87	106.91
160	70	20	3.0	9.45	7.42	23.567	373.64	6.29	46.71	101.10	3.27	14.76	437.72	6.80	61.33	45.01	37.03	1.98	12.39	12.58	146.86	0.2836	4365.0	0.0050	285.78	124.26
180	70	20	2.5	8.48	6.66	20.367	420.18	7.04	46.69	87.74	3.22	12.76	473.34	7.47	57.27	44.88	34.58	2.02	11.66	10.86	143.18	0.1767	4907.9	0.0037	294.53	119.41
180	70	20	3.0	10.05	7.89	20.183	492.61	7.00	54.73	101.11	3.17	14.76	553.83	7.42	67.22	52.89	39.89	1.99	13.72	12.59	166.47	0.3016	5652.2	0.0045	353.32	138.92

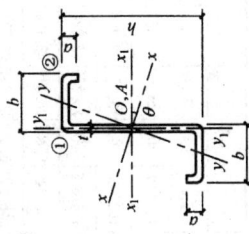

表 B.1.1-6 斜卷边 Z 形钢

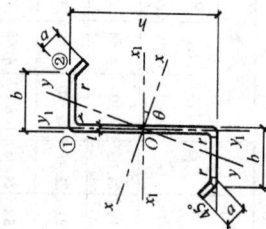

尺寸 (mm) h	b	a	t	截面面积 (cm²)	每米长质量 (kg/m)	θ (°)	x_1-x_1 I_{x1} (cm⁴)	i_{x1} (cm)	W_{x1} (cm³)	y_1-y_1 I_{y1} (cm⁴)	i_{y1} (cm)	W_{y1} (cm³)	$x-x$ I_x (cm⁴)	i_x (cm)	W_{x1} (cm³)	W_{x2} (cm³)	$y-y$ I_y (cm⁴)	i_y (cm)	W_{y1} (cm³)	W_{y2} (cm³)	I_{x1y1} (cm⁴)	I_t (cm⁴)	I_ω (cm⁶)	k (cm⁻¹)	$W_{\omega1}$ (cm⁴)	$W_{\omega2}$ (cm⁴)
140	50	20	2.0	5.392	4.233	21.986	162.065	5.482	23.152	39.363	2.702	6.234	185.962	5.872	30.377	22.470	15.466	1.694	6.107	8.067	59.189	0.0719	1298.621	0.0046	118.281	59.185
140	50	20	2.2	5.909	4.638	21.998	176.813	5.470	25.259	42.928	2.695	6.809	202.926	5.860	33.352	24.544	16.814	1.687	6.659	8.823	64.638	0.0953	1407.575	0.0051	130.014	64.382
140	50	20	2.5	6.676	5.240	22.018	198.446	5.452	28.349	48.154	2.686	7.657	227.828	5.842	37.792	27.598	18.771	1.667	7.468	9.941	72.659	0.1391	1563.520	0.0058	147.558	71.926
160	60	20	2.0	6.192	4.861	22.104	246.830	6.313	30.854	60.271	3.120	8.240	283.680	6.768	40.271	29.603	23.422	1.945	8.018	9.554	90.733	0.0826	2559.036	0.0035	175.940	82.223
160	60	20	2.2	6.789	5.329	22.113	269.592	6.302	33.699	65.802	3.113	9.009	309.891	6.756	44.225	32.367	25.503	1.938	8.753	10.450	99.179	0.1095	2779.796	0.0039	193.430	89.569
160	60	20	2.5	7.676	6.025	22.128	303.090	6.284	37.886	73.935	3.104	10.143	348.487	6.738	50.132	36.445	28.537	1.928	9.834	11.775	111.642	0.1599	3098.400	0.0044	219.605	100.26
180	70	20	2.0	6.992	5.489	22.185	356.620	7.141	39.624	87.417	3.536	10.514	410.315	7.660	51.502	37.679	33.722	2.196	10.191	11.289	131.674	0.0932	4643.994	0.0028	249.609	111.10
180	70	20	2.2	7.669	6.020	22.193	389.835	7.130	43.315	95.518	3.529	11.502	448.592	7.648	56.570	41.226	36.761	2.189	11.136	12.351	144.034	0.1237	5052.769	0.0031	274.455	121.13
180	70	20	2.5	8.676	6.810	22.205	438.835	7.112	48.759	107.460	3.519	12.964	505.087	7.630	64.143	46.471	41.208	2.179	12.528	13.923	162.307	0.1807	5654.157	0.0035	311.661	135.81
200	70	20	2.0	7.392	5.803	19.305	455.430	7.849	45.543	87.418	3.439	10.514	506.903	8.281	56.094	43.435	35.944	2.205	11.109	11.339	146.944	0.0986	5882.294	0.0025	302.430	123.44
200	70	20	2.2	8.109	6.365	19.309	498.023	7.837	49.802	95.520	3.432	11.503	554.346	8.268	61.618	47.533	39.197	2.200	12.138	12.419	160.756	0.1308	6403.010	0.0028	332.826	134.66
200	70	20	2.5	9.176	7.203	19.314	560.921	7.819	56.092	107.462	3.422	12.964	624.421	8.249	69.876	53.596	43.962	2.189	13.654	14.021	181.182	0.1912	7160.113	0.0032	378.452	151.08
220	75	20	2.0	7.992	6.274	18.300	592.787	8.612	53.890	103.580	3.600	11.751	652.866	9.038	65.085	51.328	43.500	2.333	12.829	12.343	181.661	0.1066	8483.845	0.0022	383.110	148.38
220	75	20	2.2	8.769	6.884	18.302	648.520	8.600	58.956	113.220	3.593	12.860	714.276	9.025	71.501	56.190	47.465	2.327	14.023	13.524	198.803	0.1415	9242.136	0.0024	421.750	161.95
220	75	20	2.5	9.926	7.792	18.305	730.926	8.581	66.448	127.443	3.583	14.500	805.086	9.006	81.096	63.392	53.283	2.317	15.783	15.278	224.175	0.2068	10347.50	0.0028	479.804	181.87
250	75	20	2.0	8.592	6.745	15.389	799.640	9.647	63.791	103.580	3.472	11.752	856.690	9.985	71.976	61.841	46.532	2.327	14.553	12.090	207.280	0.1146	11298.920	0.0020	485.919	169.98
250	75	20	2.2	9.429	7.402	15.387	875.145	9.634	70.012	113.223	3.465	12.860	937.579	9.972	78.870	67.773	50.789	2.321	15.946	14.211	226.864	0.1521	12314.340	0.0022	535.491	184.53
250	75	20	2.5	10.676	8.380	15.385	986.898	9.615	78.952	127.447	3.455	14.500	1057.30	9.952	89.108	76.584	57.044	2.312	18.014	16.169	255.870	0.2224	13797.020	0.0025	610.188	207.38

表 B.1.1-7　卷边等边角钢

尺寸 (mm)			截面面积 (cm²)	每米长质量 (kg/m)	y_0 (cm)	x_0-x_0				$x-x$		$y-y$		x_1-x_1	e_0 (cm)	I_t (cm⁴)	I_ω (cm⁶)
b	a	t				I_{x_0} (cm⁴)	i_{x_0} (cm)	$W_{x_0 max}$ (cm³)	$W_{x_0 min}$ (cm³)	I_x (cm⁴)	i_x (cm)	I_y (cm⁴)	i_y (cm)	I_{x1} (cm⁴)			
40	15	2.0	1.95	1.53	1.404	3.93	1.42	2.80	1.51	5.74	1.72	2.12	1.04	7.78	2.37	0.0260	3.88
60	20	2.0	2.95	2.32	2.026	13.83	2.17	6.83	3.48	20.56	2.64	7.11	1.55	25.94	3.38	0.0394	22.64
75	20	2.0	3.55	2.79	2.396	25.60	2.69	10.68	5.02	39.01	3.31	12.19	1.85	45.99	3.82	0.0473	36.55
75	20	2.5	4.36	3.42	2.401	30.76	2.66	12.81	6.03	46.91	3.28	14.60	11.83	55.90	3.80	0.0909	43.33

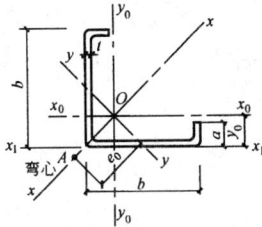

表 B.1.1-8　焊接薄壁圆钢管

尺寸 (mm)		截面面积 (cm²)	每米长质量 (kg/m)	I (cm⁴)	i (cm)	W (cm³)
d	t					
25	1.5	1.11	0.87	0.77	0.83	0.61
30	1.5	1.34	1.05	1.37	1.01	0.91
30	2.0	1.76	1.38	1.73	0.99	1.16
40	1.5	1.81	1.42	3.37	1.36	1.68
40	2.0	2.39	1.88	4.32	1.35	2.16
51	2.0	3.08	2.42	9.26	1.73	3.63
57	2.0	3.46	2.71	13.08	1.95	4.59
60	2.0	3.64	2.86	15.34	2.05	5.10
70	2.0	4.27	3.35	24.72	2.41	7.06
76	2.0	4.65	3.65	31.85	2.62	8.38
83	2.0	5.09	4.00	41.76	2.87	10.06
83	2.5	6.32	4.96	51.26	2.85	12.35
89	2.0	5.47	4.29	51.74	3.08	11.63
89	2.5	6.79	5.33	63.59	3.06	14.29
95	2.0	5.84	4.59	63.20	3.29	13.31
95	2.5	7.26	5.70	77.76	3.27	16.37
102	2.0	6.28	4.93	78.55	3.54	15.40
102	2.5	7.81	6.14	96.76	3.52	18.97
102	3.0	9.33	7.33	114.40	3.50	22.43
108	2.0	6.66	5.23	93.60	3.75	17.33
108	2.5	8.51	6.51	115.40	3.73	21.37
108	3.0	9.90	7.77	136.50	3.72	25.28
114	2.0	7.04	5.52	110.40	3.96	19.37
114	2.5	8.76	6.87	136.20	3.94	23.89
114	3.0	10.46	8.21	161.30	3.93	28.30
121	2.0	7.48	5.87	132.40	4.21	21.88
121	2.5	9.31	7.31	163.50	4.19	27.02
121	3.0	11.12	8.73	193.70	4.17	32.02
127	2.0	7.85	6.17	153.40	4.42	24.16
127	2.5	9.78	7.68	189.50	4.40	29.84
127	3.0	11.69	9.18	224.70	4.39	35.39
133	2.5	10.25	8.05	218.20	4.62	32.81
133	3.0	12.25	9.62	259.00	4.60	38.95
133	3.5	14.24	11.18	298.70	4.58	44.92
140	2.5	10.80	8.48	255.30	4.86	36.47

续表 B.1.1-8

尺寸 (mm)		截面面积 (cm²)	每米长质量 (kg/m)	I (cm⁴)	i (cm)	W (cm³)
d	t					
140	3.0	12.91	10.13	303.10	4.85	43.29
140	3.5	15.01	11.78	349.80	4.83	49.97
152	3.0	14.04	11.02	389.90	5.27	51.30
152	3.5	16.33	12.82	450.30	5.25	59.25
152	4.0	18.60	14.60	509.60	5.24	67.05
159	3.0	14.70	11.54	447.40	5.52	56.27
159	3.5	17.10	13.42	517.00	5.50	65.02
159	4.0	19.48	15.29	585.30	5.48	73.62
168	3.0	15.55	12.21	529.40	5.84	63.02
168	3.5	18.09	14.20	612.10	5.82	72.87
168	4.0	20.61	16.18	693.30	5.80	82.53
180	3.0	16.68	13.09	653.50	6.26	72.61
180	3.5	19.41	15.24	756.00	6.24	84.00
180	4.0	22.12	17.36	856.80	6.22	95.20
194	3.0	18.00	14.13	821.10	6.75	84.64
194	3.5	20.95	16.45	950.50	6.74	97.99
194	4.0	23.88	18.75	1078.00	6.72	111.10
203	3.0	18.85	15.00	943.00	7.07	92.87
203	3.5	21.94	17.22	1092.00	7.05	107.55
203	4.0	25.01	19.63	1238.00	7.04	122.01
219	3.0	20.36	15.98	1187.00	7.64	108.44
219	3.5	23.70	18.61	1376.00	7.62	125.65
219	4.0	27.02	21.81	1562.00	7.60	142.62
245	3.0	22.81	17.91	1670.00	8.56	136.30
245	3.5	26.55	20.84	1936.00	8.54	158.10
245	4.0	30.28	23.77	2199.00	8.52	179.50

B.2 截面特性的近似计算公式

下列近似计算公式均按截面中心线进行计算。

x 轴向右为正，y 轴向上为正。

B.2.1 半圆钢管。

$$A = \pi r t$$
$$z_0 = 0.363r$$
$$I_x = 1.571r^3 t$$
$$I_y = 0.298r^3 t$$
$$I_t = 1.047rt^3$$
$$I_w = 0.0374r^5 t$$
$$e_0 = 0.636r$$

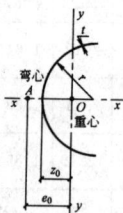

B.2.2 等边角钢。

$$A = 2bt$$
$$e_0 = \frac{b}{2\sqrt{2}}$$
$$I_x = \frac{1}{3}b^3 t$$
$$I_y = \frac{1}{12}b^3 t$$
$$I_t = \frac{2}{3}bt^3$$
$$I_w = 0$$
$$I_{x_0} = I_{y_0} = \frac{5}{24}b^3 t$$
$$y_0 = \frac{b}{4}$$
$$U_y = \frac{b^4 t}{12\sqrt{2}}$$

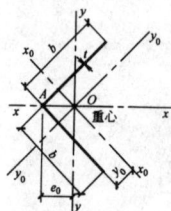

B.2.3 卷边等边角钢。

$$A = 2(b+a)t$$
$$z_0 = \frac{b+a}{2\sqrt{2}}$$
$$I_x = \frac{1}{3}(b^3 + a^3)t + ba(b-a)t$$
$$I_y = \frac{1}{12}(b+a)^3 t$$
$$I_t = \frac{2}{3}(b+a)t^3$$
$$I_w = d^2 b^2 \left(\frac{b}{3} + \frac{a}{4}\right)t + \frac{2}{3}a\left[\frac{d}{\sqrt{2}}\left(\frac{3}{2}b - a\right) - ba\right]^2 t$$
$$d = \frac{ba^2(3b-2a)}{3\sqrt{2} \cdot I_x} \cdot t$$
$$e_0 = d + z_0$$
$$y_0 = \frac{a+b}{4}$$
$$I_{x_0} = I_{y_0} = \frac{5}{24}(a-b)^3 t + \frac{a^2 bt}{4} + \frac{5}{12}b^3 t$$
$$U_y = \frac{t}{12\sqrt{2}}(b^4 + 4b^3 a - 6b^2 a^2 + a^4)$$

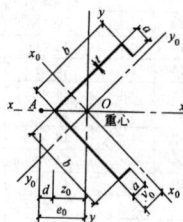

B.2.4 槽钢。

$$A = (2b+h)t$$
$$z_0 = \frac{b^2}{2b+h}$$
$$I_x = \frac{1}{12}h^3 t + \frac{1}{2}bh^2 t$$
$$I_y = hz_0^2 t + \frac{1}{6}b^3 t + 2b \cdot \left(\frac{b}{2} - z_0\right)^2 t$$
$$I_t = \frac{1}{3}(2b+h)t^3$$

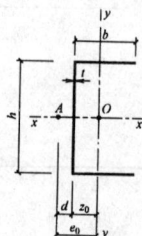

$$I_w = \frac{b^3 h^2 t}{12} \cdot \frac{2h+3b}{6b+h}$$
$$e_0 = d + z_0$$
$$d = \frac{3b^2}{6b+h}$$
$$U_y = \frac{1}{2}(b-z_0)^4 t - \frac{1}{2}z_0^4 t - z_0^3 ht + \frac{1}{4}(b-z_0)^2 h^2 t - \frac{1}{4}z_0^2 h^2 t - \frac{1}{12}z_0 h^3 t$$

B.2.5 向外卷边槽钢。

$$A = (h + 2b + 2a)t$$
$$z_0 = \frac{b(b+2a)}{h+2b+2a}$$
$$I_x = \frac{1}{12}h^3 t + \frac{1}{2}bh^2 t + \frac{1}{6}a^3 t + \frac{1}{2}a(h+a)^2 t$$
$$I_y = hz_0^2 t + \frac{1}{6}b^3 t + 2b \cdot \left(\frac{b}{2} - z_0\right)^2 t + 2a(b-z_0)^2 t$$
$$I_t = \frac{1}{3}(h+2b+2a)t^3$$
$$I_w = \frac{d^2 h^3 t}{12} + \frac{h^2}{6}[d^3 + (b-d)^3]t + \frac{a}{6}[3h^2(d-b)^2 + 6ha(d^2 - b^2) + 4a^2(d+b)^2]t$$
$$d = \frac{b}{I_x}\left(\frac{1}{4}bh^2 + \frac{1}{2}ah^2 - \frac{2}{3}a^3\right)t$$
$$e_0 = d + z_0$$
$$U_y = t\left[\frac{(b-z_0)^4}{2} - \frac{z_0^4}{2} - z_0^3 h + \frac{(b-z_0)^2 h^2}{4} - \frac{z_0^2 h^2}{4} - \frac{z_0 h^3}{12} + 2a(b-z_0)^3 + 2(b-z_0)\left(\frac{a^3}{3} + \frac{a^2 h}{2} + \frac{ah^2}{4}\right)\right]$$

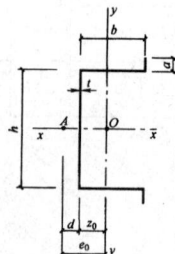

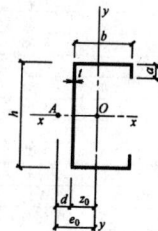

B.2.6 向内卷边槽钢。

$$A = (h + 2b + 2a)t$$
$$z_0 = \frac{b(b+2a)}{h+2b+2a}$$
$$I_x = \frac{1}{12}h^3 t + \frac{1}{2}bh^2 t + \frac{1}{6}a^3 t + \frac{1}{2}a(h-a)^2 t$$
$$I_y = hz_0^2 t + \frac{1}{6}b^3 t + 2b \cdot \left(\frac{b}{2} - z_0\right)^2 t + 2a(b-z_0)^2 t$$
$$I_t = \frac{1}{3}(h+2b+2a)t^3$$
$$I_w = \frac{d^2 h^3 t}{12} + \frac{h^2}{6}[d^3 + (b-d)^3]t + \frac{a}{6}[3h^2(d-b)^2 - 6ha(d^2 - b^2) + 4a^2(d+b)^2]t$$
$$d = \frac{b}{I_x}\left(\frac{1}{4}bh^2 + \frac{1}{2}ah^2 - \frac{2}{3}a^3\right)t$$
$$e_0 = d + z_0$$
$$U_y = t\left[\frac{(b-z_0)^4}{2} - \frac{z_0^4}{2} - z_0^3 h + \frac{(b-z_0)^2 h^2}{4} - \frac{z_0^2 h^2}{4} - \frac{z_0 h^3}{12} + 2a(b-z_0)^3 + 2(b-z_0)\left(\frac{a^3}{3} - \frac{a^2 h}{2} + \frac{ah^2}{4}\right)\right]$$

B.2.7 Z形钢。

$$A = (h+2b)t$$
$$I_{x1} = \frac{1}{12}h^3 t + \frac{1}{2}bh^2 t$$
$$I_{y1} = \frac{2}{3}b^3 t$$
$$I_t = \frac{1}{3}(h+2b)t^3$$

$$I_{x1y1} = -\frac{1}{2}b^2ht$$

$$tg2\theta = \frac{2I_{x1y1}}{I_{y1} - I_{x1}}$$

$$I_x = I_{x1}\cos^2\theta + I_{y1}\sin^2\theta - 2I_{x1y1}\sin\theta\cos\theta$$

$$I_y = I_{x1}\sin^2\theta + I_{y1}\cos^2\theta + 2I_{x1y1}\sin\theta\cos\theta$$

$$I_\omega = \frac{b^3h^2t}{12} \cdot \frac{b+2h}{h+2b}$$

$$m = \frac{b^2}{h+2b}$$

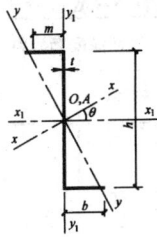

B.2.8 卷边 Z 形钢。

$$A = (h+2b+2a)t$$

$$I_{x1} = \frac{1}{12}h^3t + \frac{1}{2}bh^2t + \frac{1}{6}a^3t + \frac{1}{2}at(h-a)^2$$

$$I_{y1} = b^2t\left(\frac{2}{3}b+2a\right)$$

$$I_{x1y1} = -\frac{1}{2}bt[bh+2a(h-a)]$$

$$tg2\theta = \frac{2I_{x1y1}}{I_{y1} - I_{x1}}$$

$$I_x = I_{x1}\cos^2\theta + I_{y1}\sin^2\theta - 2I_{x1y1}\sin\theta\cos\theta$$

$$I_y = I_{x1}\sin^2\theta + I_{y1}\cos^2\theta + 2I_{x1y1}\sin\theta\cos\theta$$

$$I_t = \frac{1}{3}(h+2b+2a)t^3$$

$$I_\omega = \frac{b^2t}{12(h+2b+2a)}[h^2b(2h+b)+2ah(3h^2+6ah+4a^2)+$$
$$4abh(h+3a)+4a^3(4b+a)]$$

$$m = \frac{2ab(h+a)+b^2h}{(h+2b+2a)h}$$

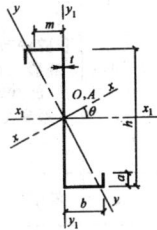

B.2.9 斜卷边 Z 形钢。

$$A = (h+2b+2a)t$$

$$I_{x1} = \frac{1}{12}h^3t + \frac{1}{2}h^2t(a+b) - a^2ht\sin\theta_1 + \frac{2}{3}a^3t\sin^2\theta_1$$

$$I_{y1} = \frac{2}{3}b^3t + 2ab^2t + 2a^2bt\cos\theta_1 + \frac{2}{3}a^3t\cos^2\theta_1$$

$$I_{x1y1} = -\frac{1}{2}hb^2t - habt + a^2bt\sin\theta_1 - \frac{1}{2}ha^2t\cos\theta_1 + \frac{2}{3}a^3t$$
$$\sin\theta_1\cos\theta_1$$

$$tg2\theta = \frac{2I_{x1y1}}{I_{y1} - I_{x1}}$$

$$I_x = I_{x1}\cos^2\theta + I_{y1}\sin^2\theta - 2I_{x1y1}\sin\theta\cos\theta$$

$$I_y = I_{x1}\sin^2\theta + I_{y1}\cos^2\theta + 2I_{x1y1}\sin\theta\cos\theta$$

$$I_t = \frac{1}{3}(h+2b+2a)t^3$$

$$I_\omega = \frac{t}{12}[2h^2m^3 + 3h^3m^2 + 2h^2(b-m)^3 +$$
$$6ah^2(b-m)^2 + 6a^2h(b-m)n + 2a^3n^2]$$

$$m = \frac{bh(b+2a)+a^2n}{(h+2b+2a)h}$$

$$n = 2b\sin\theta_1 + h\cos\theta_1$$

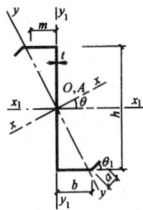

B.2.10 圆钢管。

$$A = \pi dt$$

$$I_x = I_y = \frac{1}{8}\pi td^3$$

$$i_x = \frac{d}{2\sqrt{2}}$$

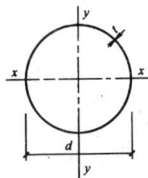

附录 C 考虑冷弯效应的强度设计值的计算方法

C.0.1 考虑冷弯效应的强度设计值 f' 可按下式计算：

$$f' = \left[1 + \frac{\eta(12\gamma-10)t}{l}\sum_{i=1}^{n}\frac{\theta_i}{2\pi}\right]f \quad (\text{C.0.1-1})$$

式中 η ——成型方式系数，对于冷弯高频焊（圆变）方、矩形管，取 $\eta=1.7$；对于圆管和其他方式成型的方、矩形管及开口型钢，取 $\eta=1.0$；

γ ——钢材的抗拉强度与屈服强度的比值，对于 Q235 钢可取 $\gamma=1.58$，对于 Q345 钢可取 $\gamma=1.48$；

n ——型钢截面所含棱角数目；

θ ——型钢截面上第 i 个棱角所对应的圆周角（如图 C.0.1 所示），以弧度为单位；

l ——型钢截面中心线的长度，可取型钢截面积与其厚度的比值。

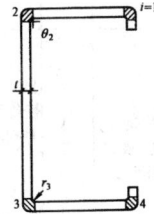

图 C.0.1　冷弯薄壁型钢截面示意图

型钢截面中心线的长度 l，亦可按下式计算：

$$l = l' + \frac{1}{2}\sum_{i=1}^{n}\theta_i(2r_i+t) \quad (\text{C.0.1-2})$$

式中 l' ——型钢平板部分宽度之和；

r_i ——型钢截面上第 i 个棱角内表面的弯曲半径；

t ——型钢厚度。

附录 D 侵蚀作用分类和防腐涂料底、面漆配套及维护年限

D.0.1 外界条件对冷弯薄壁型钢结构的侵蚀作用分类可按表 D.0.1 采用。

表 D.0.1　外界条件对冷弯薄壁型钢结构的侵蚀作用分类

序号	地区	相对湿度（%）	对结构的侵蚀作用分类		
			室内（采暖房屋）	室内（非采暖房屋）	露天
1	农村、一般城市的商业区及住宅	干燥，<60	无侵蚀性	无侵蚀性	弱侵蚀性
2		普通，60~75	无侵蚀性	弱侵蚀性	中等侵蚀性
3		潮湿，>75	弱侵蚀性	弱侵蚀性	中等侵蚀性
4	工业区、沿海地区	干燥，<60	弱侵蚀性	中等侵蚀性	中等侵蚀性
5		普通，60~75	弱侵蚀性	中等侵蚀性	中等侵蚀性
6		潮湿，>75	中等侵蚀性	中等侵蚀性	中等侵蚀性

注：1　表中的相对湿度系指当地的年平均相对湿度，对于恒温恒湿或有相对湿度指标的建筑物，则按室内相对湿度采用。
　　2　一般城市的商业区及住宅区泛指无侵蚀性介质的地区，工业区是包括受侵蚀介质影响及散发轻微侵蚀性介质的地区。

D.0.2 常用防腐涂料底、面漆配套及维护年限可按表 D.0.2 采用。

表 D.0.2 常用防腐涂料底、面漆配套及维护年限

侵蚀作用类别		表面处理	涂料类别	底面漆配套涂料						维护年限(年)
				底　漆	道数	膜厚(μ)	面　漆	道数	膜厚(μ)	
室内	无侵蚀性	喷砂(丸)除锈,酸洗除锈,手工或半机械化除锈	第一类	Y53-31 红丹油性防锈漆 Y53-32 铁红油性防锈漆 F53-31 红丹酚醛防锈漆 F53-33 铁红酚醛防锈漆 C53-31 红丹醇酸防锈漆 C06-1 铁红醇酸底漆 F53-40 云铁醇酸防锈漆	2 2 2 2 2 2 2	60 60 60 60 60 60 60	C04-2 各色醇酸磁漆 C04-45 灰醇酸磁漆 C04-5 灰云铁醇酸磁漆	2 2 2	60 60 60	15~20
	弱侵蚀性									10~15
室外	弱侵蚀性									8~10
室内	中等侵蚀性	酸洗磷化处理、喷砂(丸)除锈	第二类	H06-2 铁红环氧树脂底漆 铁红环氧化改性 M 树脂底漆 H53-30 云铁环氧树脂底漆	2 2 2	60 60 60	灰醇酸改性过氯乙烯磁漆 醇酸改性氯化橡胶磁漆 醇酸改性氯醋磁漆 聚氨酯改性氯醋磁漆	2 2 2 2	60 60 60 60	10~15
室外										5~7
				氯磺化聚乙烯防腐底漆	2	60	氯磺化聚乙烯防腐面漆	2	60	5~7

注:表中所列第一类或第二类中任何一种底漆(氯磺化聚乙烯防腐底漆除外)可同一类别中的任一种面漆配套使用。

本规范用词说明

1 为便于在执行本规范条文时区别对待,对要求严格程度不同的用词说明如下:

　　1)表示很严格,非这样做不可的用词:

　　　　正面词采用"必须";反面词采用"严禁"。

　　2)表示严格,在正常情况下均应这样做的用词:

　　　　正面词采用"应";反面词采用"不应"或"不得"。

　　3)表示允许稍有选择,在条件许可时首先应这样做的用词:

　　　　正面词采用"宜"或"可";反面词采用"不宜"。

2 规范中指明应按其他有关标准和规范执行的写法为:"应符合……要求(或规定)"或"应按……执行"。

中华人民共和国国家标准

冷弯薄壁型钢结构技术规范

GB 50018—2002

条 文 说 明

目 次

1 总　则

1.0.2　本条明确指出本规范仅适用于工业与民用房屋和一般构筑物的经冷弯（或冷压）成型的冷弯薄壁型钢结构的设计与施工，而热轧型钢的钢结构设计应符合现行国家标准《钢结构设计规范》GB 50017 的规定。

1.0.3　本条对原规范"不适用于受有强烈侵蚀作用的冷弯薄壁型钢结构"有所放宽，虽然本次修订仍保持原规范钢材壁厚不宜大于 6mm 的规定，锈蚀后果比较严重，但随着钢材材质及防腐涂料的改进，冷弯型钢的应用范围日益扩大，目前我国已能生产壁厚12.5mm 或更厚的冷弯型钢，与普通热轧型钢已无多大区别，故适当放宽。但受强烈侵蚀介质作用的薄壁型钢结构，必须综合考虑其防腐蚀的特殊要求。现行国家标准《工业建筑防腐蚀设计规范》GB 50046 中将气态介质、腐蚀性水、酸碱盐溶液、固态介质和污染土对建筑物长期作用下的腐蚀性分为四个等级，在强烈侵蚀作用的环境中一般不采用冷弯薄壁型钢结构。

3 材　料

3.0.1　本规范仍仅推荐现行国家标准《碳素结构钢》GB/T 700 中规定的 Q235 钢和《低合金高强度结构钢》GB/T 1951 中规定的 Q345 钢，原因是这两种牌号的钢材具有多年生产与使用的经验，材质稳定，性能可靠，经济指标较好，而其他牌号的钢材或因产量有限、性能尚不稳定，或因技术经济效果不佳、使用经验不多，而未获推荐应用。但本条中加列了"当有可靠根据时，可采用其他牌号的钢材"的规定。此外，在现行国家标准《碳素结构钢》中提出："A 级钢的含碳量可以不作交货条件"，由于焊接结构对钢材含碳量要求严格，所以 Q235A 级钢不宜在焊接结构中使用。

3.0.6　本条提出在设计和材料订货中应具体考虑的一些注意事项。

4 基本设计规定

4.1 设计原则

4.1.3　新修订的国家标准《建筑结构可靠度设计统一标准》GB 50068 对结构重要性系数 γ_0 做了两点改变：其一，γ_0 不仅仍考虑结构的安全等级，还考虑了结构的设计使用年限；其二，将原标准 γ_0 取值中的"等于"均改为"不应小于"，给予不同投资者对结构安全度设计要求选择的余地。对于一般工业与民用建筑冷弯薄壁型钢结构，经统计分析其安全等级多为二级，其设计使用年限为 50 年，故其重要性系数不应小于 1；对于设计使用年限为 25 年的易于替换的构件（如作为围护结构的压型钢板等），其重要性系数适当降低，取为不小于 0.95；对于特殊建筑物，其安全等级及设计使用年限应根据具体情况另行确定。

4.1.5　本条系参照现行国家标准《建筑结构荷载规范》GB 50009 规定对于正常使用极限状态，应根据不同的设计要求，采用荷载的标准组合、频遇值组合或准永久组合。对于冷弯薄壁型钢结构来说，只考虑荷载效应的标准组合，采用荷载标准值和容许变形进行计算。

4.1.9　构件的变形和各种稳定系数，按理也应分别按净截面、有效截面或有效净截面计算，但计算比较繁琐，为了简化计算而作此规定，采用毛截面计算其精度在允许范围内。

4.1.10　现场实测表明，具有可靠连接的压型钢板围护体系的建筑物，其承载能力和刚度均大于按裸骨架算得的值。这种因围护墙体在自身平面内的抗剪能力而加强了的结构整体工作性能的效应称为受力蒙皮作用。考虑受力蒙皮作用不仅能节省材料和工程造价，还能反映结构的真实工作性能，提高结构的可靠性。

连接件的类型是发挥受力蒙皮作用的关键。用自攻螺钉、抽芯铆钉（拉铆钉）和射钉等紧固件可靠连接的压型钢板和檩条、墙梁等支承构件组成的蒙皮组合体具有可观的抗剪能力，可发挥受力蒙皮作用。采用挂钩螺栓等可滑移的连接件组成的组合体不具有抗剪能力，不能发挥受力蒙皮作用。

受力蒙皮作用的大小与压型钢板的类型、屋面和墙面是否开洞、支承檩条或墙梁的布置形式以及连接件的种类和布置形式等因素有关，为了对结构进行整体分析，应由试验方法对上述各部件组成的蒙皮组合体（包括开洞的因素在内）开展试验研究，确定相应的强度和刚度等参数。

图 1a 表示有蒙皮围护的平梁门式刚架体系在水平风荷载作用下的变形情况，整个屋面像平放的深梁一样工作，檐口檩条类似上、下弦杆，除受弯外，还承受轴向压、拉作用。

为把风荷载传给基础，山墙处可设置墙梁蒙皮体系，也可设交叉支撑体系。图 1b 表示有蒙皮围护的山形门式刚架体系，在竖向屋面荷载作用下的变形情况。两侧屋面类似于斜放的深梁受弯，屋脊檩条受压，檐口檩条受拉。为保证受力蒙皮作用，山墙柱顶水平处应设置拉杆。当承受水平风荷作用时，也有类似于图 1a 的受力情况。因此脊檩、檐口檩条和山墙部位是关键部位，设计中应予重视。

由于考虑受力蒙皮作用，压型钢板及其连接等就成了整体受力结构体系的重要组成部分，不能随便拆卸。

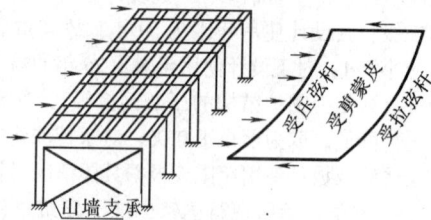

(a)

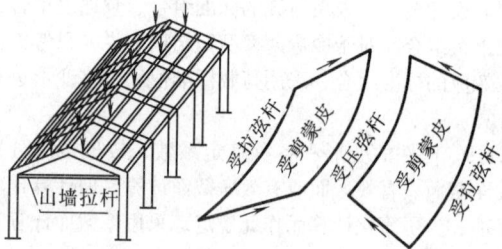

(b)

图 1　受力蒙皮作用示意图

4.2　设　计　指　标

4.2.1、4.2.4、4.2.5　本规范对钢材的强度设计值、焊缝强度设计值仍按原规范取值，但 4.2.5 条中普通粗制螺栓，改为 C 级普通螺栓并对构件钢材为 Q345 钢中螺栓的承压强度设计值 f_c^b 之值有所降低。

4.2.2　（含附录 C）冷弯薄壁型钢系由钢板或钢带经冷加工成的。由于冷作硬化的影响，冷弯型钢的屈服强度将较母材有较大的提高，提高的幅度与材质、截面形状、尺寸及成型工艺等项因素有关，原规范利用塑性理论导得了此冷弯效应的理论公式，并经试验证实作了简化处理以方便使用。由于 80 年代方、矩形钢管的成型方式均为先将钢板经冷弯高频焊成圆管，然后再冲成方、矩形钢管（即圆变方）形成两次冷加工，故其与屈服强度提高因素有关的成型方式系数 η 取 1.7，对于圆管和其他开口型钢 η 取 1.0。近年来冷弯成型方式不断改进，由圆变方的已不是唯一的成型方式，可以由钢板一次成型成方、矩管，即少了一道冷加工工序，故本规范规定其他方式成型的方矩管 η = 1.0。

4.2.3　经退火、焊接和热镀锌等热处理的冷弯薄壁型钢构件其冷弯硬化的影响已不复存在，故作此规定。

4.3　构造的一般规定

4.3.1　本条仍保持了原规范对壁厚不宜大于 6mm 的限制。由于冷弯型钢结构与普通钢结构的主要区别在于结构材料成型方式的不同以及由此导致截面特性、材性及计算理论等方面的差异，按理不宜对冷弯型钢的壁厚加以限制，且随着冷弯型钢生产状况的改善及

设备生产能力的日益发展，我国已能生产壁厚 12.5mm（部分生产厂的可达 22mm、国外为 25.4mm）的冷弯型钢，但由于实验数据不足及使用经验不多，所以仍保留壁厚的限制，但如有可靠依据，冷弯型钢结构的壁厚可放宽至 12.5mm。

5　构件的计算

5.1　轴心受拉构件

5.1.1　轴心受拉构件中的高强度螺栓摩擦型连接处，应按公式 5.1.1-2 和 5.1.1-3 计算其强度。这是因为高强度螺栓摩擦型连接系藉板间摩擦传力，而在每个螺栓孔中心截面处，该高强度螺栓所传递的力的一部分已在孔前传走，原规范考虑孔前板间的接触面可能存在缺陷，孔前传力系数可能不足一半，为安全起见，取孔前传力系数为 0.4，但根据试验，孔前传力系数大多数情况为 0.6，少数情况为 0.5，同时，为了与现行国家标准《钢结构设计规范》GB 50017 协调一致，故在公式 5.1.1-2 中取孔前传力系数为 0.5。此外由于 $\left(1 - 0.5\dfrac{n_1}{n}\right)N < N$，因此，除应按公式 5.1.1-2 计算螺栓孔处构件的净截面强度外，尚需按公式 5.1.1-3 计算构件的毛截面强度。

5.1.2　当轴心拉力不通过截面弯心（或不通过 Z 形截面的扇性零点）时，受拉构件将处于拉、扭组合的复杂受力状态，其强度应按下式计算：

$$\sigma = \frac{N}{A_n} \pm \frac{B}{W_\omega} \leqslant f \qquad (1)$$

式中　N——轴心拉力；

A_n——净截面面积；

B——双力矩；

W_ω——毛截面的扇性模量。

有时，公式 (1) 中第 2 项翘曲应力 $\sigma_\omega (= B/W_\omega)$ 可能占总应力的 30% 以上，在这种情况下，不计双力矩 B 的影响是不安全的。

但是，双力矩 B 及截面弯扭特性（除有现成图表可查者外）的计算比较繁冗，为了简化设计计算，对于闭口截面、双轴对称开口截面等的轴心受拉构件，则可不计双力矩的影响，直接按第 5.1.1 条的规定计算其强度。

由于轴心受压构件、拉弯及压弯构件均有类似情况，故亦一并列入本条。

5.2　轴心受压构件

5.2.1　当轴心受压构件截面有所削弱（如开孔或缺口等）时，应按公式 5.2.1 计算其强度，式中 A_{en} 为有效净截面面积，应按下列规定确定：

1　有效截面面积 A_e 按本规范第 5.6.7 条中的规

定算得；

2 若孔洞或缺口位于截面的无效部位，则 $A_{en} = A_e$；若孔洞或缺口位于截面的有效部位，则 $A_{en} = A_e -$（位于有效部位的孔洞或缺口的面积）。

3 开圆孔的均匀受压加劲板件的有效宽度 b'_e，可按下列公式确定。

当 $d_0/b \leqslant 0.1$ 时：

$$b'_e = b_e$$

当 $0.1 < d_0/b \leqslant 0.5$ 时：

$$b'_e = b_e - \frac{0.91d_0}{\lambda_c^2}$$

当 $0.5 < d_0/b \leqslant 0.7$ 时：

$$b'_e = b_e - \frac{1.11d_0}{\lambda_c^2}$$

$$\lambda_c = 0.53 \frac{b}{t} \cdot \sqrt{\frac{f_y}{E}}$$

式中 d_0——孔径；

b_e——相应未开孔均匀受压加劲板件的有效宽度，按第 5.6 节的规定计算；

b、t——板件的实际宽度、厚度；

f_y——钢材的屈服强度；

E——钢材的弹性模量。

若轴心受压构件截面没有削弱，则仅需按公式 5.2.2 计算其稳定性而毋须计算其强度。

5.2.2 轴心受压构件应按公式 5.2.2 计算其稳定性。

通过理论分析和对各类开口、闭口截面冷弯薄壁型钢轴心受压构件的试验研究，证实轴心受压杆件的稳定性可采用单一柱子曲线进行计算。根据对现有试验结果的统计分析和计算比较，柱子曲线可由基于边缘屈服准则的 Perry 公式计算，式中之初始相对偏心率 ε_0 系试验结果经分析比较确定。

5.2.3 闭口截面、双轴对称开口截面的轴心受压构件多系在刚度较小的主平面内弯曲失稳。不卷边的等边单角钢轴心受压构件系单轴对称截面，由于截面形心和剪心不重合，因此在轴心压力作用下，此类构件有可能发生弯扭屈曲。但若能保证等边单角钢绕外伸肢截面全部有效，则在轴心压力作用下此类构件的扭转失稳承载能力比弯曲失稳承载能力降低不多。鉴于在冷弯薄壁型钢结构中，单角钢通常用于支撑等较为次要的构件，为避免计算过于繁琐，故近似将其归入本条。

对于受力较大的不卷边等边单角钢压杆，则宜作为单轴对称开口截面按第 5.2.4 条的规定计算。

5.2.4、5.2.5 近年来，国内有关单位对单轴对称开口截面轴心受压构件弯扭失稳问题所进行的更为深入的理论分析和试验研究表明，采用"换算长细比法"来计算此类构件的整体稳定性是可行的，故本规范仍沿用原规范的规定，但对其中扭转屈曲计算长度和约束系数 β 的取值作了更明确的定义，以使有关规定

的物理意义更为明晰。

5.2.6 实腹式轴心受压直杆的弹性屈曲临界力通常均可不考虑剪切的影响，据计算，因剪切所致附加弯曲仅将使此类构件的欧拉临界力降低约 0.3% 左右。但是，对于格构式轴心受压构件来说，当其绕截面虚轴弯曲时，剪切变形较大，对构件弯曲屈曲临界力有显著影响，故计算此类构件的整体稳定性时，对虚轴应采用换算长细比来考虑剪切的影响。

本条根据理论推导，列出了几种常用的以缀板或缀条连接的双肢或三肢格构式构件换算长细比的计算公式。

本条有关格构式轴心受压构件单肢长细比 λ_1 的要求是为了保证单肢不先于构件整体失稳。

5.2.7 格构式轴心受压构件应能承受按公式 5.2.7 算得的剪力。

格构式轴心受压构件由于在制作、运输及安装过程中会产生初始弯曲（通常假定构件的初始挠曲为一正弦半波，构件中点处的最大初挠曲值不大于构件全长的 1/750），同时，轴心力的作用存在着不可避免的初始偏心（根据实测统计分析，一般可取此初始偏心值为 0.05ρ，ρ 系此构件的截面核心距），在轴心力作用下，此格构式轴心受压构件内将会产生剪力，以受力最大截面边缘屈服作为临界条件，即可求得公式 5.2.7 所示之杆内最大剪力 V。

5.3 受 弯 构 件

5.3.1～5.3.4 内容与原规范第 4.5.1 条～第 4.5.4 条基本相同。为了方便使用，在下述 3 个方面做了修订：

1 在计算梁的整体稳定系数时，一般都是对 x 轴（强轴）进行计算，而且本规范中的 x 轴大都是对称轴，因此对薄壁型钢梁而言，主要是计算 φ_{bx}，故在附录 A 中第 A.2.1 条列出了 x 轴为对称轴的 φ_{bx} 计算公式，而 x 轴为非对称轴的情况，在梁中也可能碰到，在压弯杆件中常用，故在第 A.2.2 条列出了 x 轴为非对称轴时 φ_{bx} 的计算方法。以上本来都是写成一个公式，这次把一个公式分两条，突出了 x 轴为对称轴时的计算，也考虑了 x 轴为非对称轴时的情况，最大的好处是避免了可能出现的误解。

2 有时还要计算截面绕 y 轴（弱轴）弯曲时梁的整体稳定系数 φ_{by}。一般都不写出 φ_{by} 的计算公式，而是由计算者自己按计算 φ_{bx} 的公式采代换其中相对应的几何特性，不仅使用不方便，而且可能出错。故在第 A.2.3 条列出了 φ_{by} 的计算公式，不仅解决了上述问题，而且可以提高计算工效。

3 以往在计算梁的整体稳定系数时，还要用到一个计算系数 ξ_3，对于承受横向荷载的梁它小于 1。现在按更完善的理论分析和试验证明，它的值可取为 1，它在梁的整体稳定系数计算中不起任何作用，故

取消了这个计算系数，更简化了计算。

5.4 拉弯构件

5.4.1 冷弯薄壁型钢结构构件的设计计算均不考虑截面发展塑性，而以边缘屈服作为其承载能力的极限状态，故本条规定，在轴心拉力和 2 个主平面内弯矩的作用下，拉弯构件应按公式 5.4.1 计算强度，式中的截面特性均以净截面为准。考虑到在小拉力、大弯矩情况下截面上可能出现受压区，故在条文中加列了这种情况下净截面算法的规定。

5.5 压弯构件

5.5.1 在轴心压力和 2 个主平面内弯矩的共同作用下，压弯构件的强度应按公式 5.5.1 计算，考虑到构件截面削弱的可能性，式中的截面特性均应按有效净截面确定。

5.5.2 双轴对称截面的压弯构件，当弯矩作用于对称平面内时，计算其弯矩作用平面内稳定性的相关公式 5.5.2-1 是根据边缘屈服准则，假定钢材为理想弹塑性体，构件两端简支，作用着轴心压力和两端等弯矩，并考虑了初弯曲和初偏心的综合影响，构件的变形曲线为半个正弦波，这些理想条件均满足的前提下导得的，在此基础上，引入计算长度系数来考虑其他端部约束条件的影响，以等效弯矩系数 β_m 来表征其他荷载情况（如不等端弯矩，横向荷载等）的影响，此外，公式 5.5.2-1 还考虑了轴心力所致附加弯矩的影响，因此，该式可用于各类双轴对称截面压弯构件弯矩作用平面内稳定性的计算。

双轴对称截面的压弯构件，当弯矩作用在最大刚度平面内时，应按公式 5.5.2-2 计算弯矩作用平面外的稳定性，此式系按弹性稳定理论导出的直线相关公式（对双轴对称截面的压弯构件，一般是偏于安全的），与轴心受压构件及受弯构件整体稳定性的计算公式自然衔接，且考虑了不同截面形状（开口或闭口截面）、荷载情况及侧向支承条件的影响，适用范围较为广泛。

5.5.4 对于图 2 所示的单轴对称开口截面压弯构件，当弯矩作用于对称平面内时，除应按公式 5.5.2-1 计算其弯矩作用平面内的稳定性外，尚应按公式 5.2.2 计算其弯矩作用平面外的稳定性，但式中的轴心受压构件稳定系数 φ 应按由单轴对称开口截面压弯构件弯扭屈曲理论算得的用公式 5.5.4-1 表述的换算长细比 λ_ω 确定。近年来所进行的大量较为系统的试验结果证实，上述"换算长细比法"是可行的。此外，考虑到横向荷载作用位置对构件平面外稳定性的影响，在公式 5.5.4-2 中加列了 $\xi_2 e_a$ 项，其中 ξ_2 是横向荷载作用位置的影响系数，e_a 系横向荷载作用点到弯心的距离，规定当横向荷载指向弯心时，e_a 为负值，横向荷载离开弯心时，e_a 为正值。

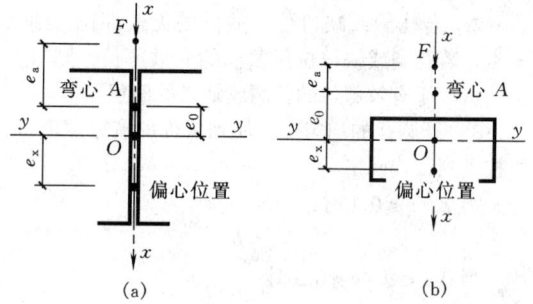

图 2 单轴对称开口截面压弯构件示意图

理论计算和试验研究表明，对于常用的单轴对称开口截面压弯构件而言，若作用于对称平面内的弯矩所致等效偏心距位于截面弯心一侧，且其绝对值不小于 $\frac{e_0}{2}$（e_0 为截面形心至弯心距离）时，构件将不会发生弯扭屈曲，故本条规定此时毋需计算其弯矩作用平面外的稳定性，以方便设计计算。

5.5.5 公式 5.5.1-1 和公式 5.5.5-2 均系半经验公式，是考虑到与轴心受压构件及受弯构件的整体稳定性计算公式的自然衔接和协调，并与有限试验结果做了分析、比较后确定的。

5.5.6 双轴对称截面的双向压弯构件稳定性的计算公式 5.5.6-1 和公式 5.5.6-2 均系半经验式，是考虑到和轴心受压构件、受弯构件及单向压弯构件的稳定性计算公式的衔接和协调，且与有关理论研究成果及少量试验资料作了对比分析后确定的。

5.5.7、5.5.8 格构式压弯构件，除应计算整个构件的强度和稳定性外，尚应计算单肢的强度和稳定性，以保证单肢不致先于整体破坏。

计算缀板和缀条的内力时，不考虑实际剪力和由构件初始缺陷所产生的剪力（由本规范第 5.2.7 条确定）的叠加作用（因为两者叠加的概率是很小的），而取两者的较大剪力较为合理。

5.6 构件中的受压板件

5.6.1 本条所指的加劲板件即为两纵边均与其他板件相连接的板件；部分加劲板件即为一纵边与其他板件相连接，另一纵边由符合第 5.6.4 条要求的卷边加劲的板件；非加劲板件即为一纵边与其他板件相连接，另一纵边为自由边的板件。例如箱形截面构件的腹板和翼板都是加劲板件；槽形截面构件的腹板是加劲板件，翼缘是非加劲板件；卷边槽形截面构件的腹板是加劲板件，翼缘是部分加劲板件。

根据上海交通大学、湖南大学和南昌大学对箱形截面、卷边槽形截面和槽形截面的轴心受压、偏心受压板件的 132 个试验所得数据的分析，发现不论是哪一类板件都具有屈曲后强度，都可以采用有效截面的方式进行计算。因此本次修改不再采用原规范第

4.6.4条关于非加劲板件及非均匀受压的部分加劲板件应全截面有效的规定。

板件按有效宽厚比计算时，有效宽厚比除与板件的宽厚比、所受应力的大小和分布情况、板件纵边的支承类型等因素有关外，还与邻接板件对它的约束程度有关。原规范在确定板件的有效宽厚比时，没有考虑邻接板件的约束影响。本条对此做了修改，增加了邻接板件的约束影响。

以上两点是本次修改时根据试验结果对本条所做的主要修改。

由于考虑相邻板件的约束影响后，确定板件有效宽厚比的参数数目又有增加，如仍采用列表的方式确定板件的有效宽厚比，表格量将大幅增加，于使用不便，因此本条采用公式确定板件的有效宽厚比。

根据对试验数据的分析，对于加劲板件、部分加劲板件和非加劲板件的有效宽厚比的计算，都可以采用一个统一的公式，即公式5.6.1-1至公式5.6.1-3，公式中的计算系数 ρ 考虑了相邻板件的约束影响、板件纵边的支承类型和板件所受应力的大小和分布情况。

$$\rho = \sqrt{\frac{205 k_1 k}{\sigma_1}} \qquad (2)$$

式中　k——板件受压稳定系数，与板件纵边的支承类型和板件所受应力的分布情况有关；

　　　k_1——板组约束系数，与邻接板件的约束程度有关；

　　　σ_1——受压板件边缘的最大控制应力（N/mm²），与板件所受力的各种情况有关。

如计算中不考虑板组约束影响，可取板组约束系数 $k_1 = 1$，此时计算得到的有效宽厚比的值与原规范的基本相符。

目前国际上已有不少国家采用统一的公式计算加劲板件、部分加劲板件和非加劲板件的有效宽厚比，而统一公式的表达形式因各国依据的实验数据而有所不同。

本次修改对受压板件有效截面的取法及分布位置也做了修改（见第5.6.5条），规定截面的受拉部分全部有效，有效宽度按一定比例分置在受压的两侧。因此，有效宽厚比计算公式5.6.1-1至公式5.6.1-3的右侧为板件受压区的宽度 b_c，即有效宽厚比用受压区宽厚比的一部分来表示。

有效宽厚比的计算公式由三段组成：第一段为当 $b/t \leqslant 180\rho$ 时，板件全部有效；第三段为当 $b/t \geqslant 38\alpha\rho$ 时，板件的有效宽厚比为一常数 $25\alpha\rho \frac{b_c}{b}$；第二段即 $18\alpha\rho < b/t < 38\alpha\rho$ 时为过渡段，衔接第一段与第三段。对于均匀受压的加劲板件（即 $\alpha = 1$，$\rho = 2$，$b_c = b$），当 $b/t \leqslant 36$ 时，板件全部有效；当 $b/t \geqslant 76$ 时，板件有效宽厚比为常数50。原规范为当 $b/t \leqslant 30$

时，板件全部有效；当 $b/t \geqslant 60$ 时，板件有效宽厚比为常数45；但当 $b/t \geqslant 130$ 后，板件有效宽厚比又有增加。原规范的数值是根据当时所做试验结果制订的，当时箱形截面试件是由两槽形截面焊接而成。由于焊接应力较大，使数值有所降低。考虑到目前型材供应的改善，焊接应力会相应降低，这次修改对数值适当提高。美国和欧洲规范的数值为：当 $b/t \leqslant 38$ 时，板件全部有效；当 b/t 很大时，板件有效宽厚比渐近于56.8；当 $b/t = 76$ 时，有效宽厚比为47.5，相当于本规范的95%。因此，本规范的数值与美国和欧洲规范的比较接近。

5.6.2　本条给出了第5.6.1条有关公式中需要的板件受压稳定系数 k 的计算公式。这些公式均为根据薄板稳定理论计算的结果经过回归得到的。

5.6.3　本条给出了第5.6.1条有关公式中需要的板组约束系数 k_1 的计算公式。板组约束系数与构件截面的形式、截面组成的几何尺寸以及所受的应力大小和分布情况等有关。根据上海交通大学、湖南大学和南昌大学对箱形截面、带卷边槽形截面和槽形截面的轴心受压、偏心受压构件132个试验所得数据的分析，发现不同的截面形式和不同的受力状况时，板组约束系数是有区别的，但对于常用的冷弯薄壁型钢构件的截面形式和尺寸其变化幅度不大。考虑到构件的有效截面特性与板组约束系数的关系并不十分敏感，为了使用上的方便，对加劲板件、部分加劲板件和非加劲板件采用了统一的板组约束系数计算公式。

板件的弹性失稳临界应力为：

$$\sigma_{cr} = \frac{\pi^2 E k}{12(1 - \mu^2)} \cdot \left(\frac{t}{b}\right)^2 \qquad (3)$$

式中　k——板件的受压稳定系数；

　　　E——弹性模量；

　　　μ——泊桑系数；

　　　b——板件的宽度；

　　　t——板件的厚度。

式（3）表明板件的临界应力与稳定系数 k 和宽厚比 b/t 有关，为了简便，式（3）可表示为：

$$\sigma_{cr} = A \frac{k}{\left(\frac{b}{t}\right)^2} \qquad (4)$$

图3表示一由板件组成的卷边槽形截面，腹板宽度为 ω，翼缘宽度为 f，厚度均为 t。作用于腹板的板组约束系数用 k_{1w} 表示，作用于翼缘的板组约束系数用 k_{1f} 表示，腹板的弹性临界应力 σ_{crw} 和翼缘的弹性临界应力 σ_{crf} 可分别用下式表示：

$$\sigma_{crw} = A \frac{k_w k_{1w}}{\left(\frac{w}{t}\right)^2} \qquad (5)$$

$$\sigma_{crf} = A \frac{k_f k_{1f}}{\left(\frac{f}{t}\right)^2} \qquad (6)$$

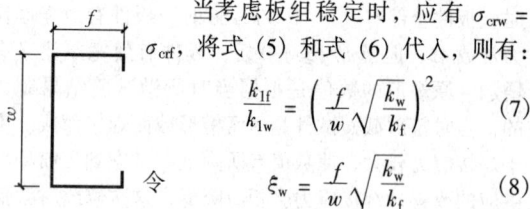

图 3 卷边槽形截面

当考虑板组稳定时，应有 $\sigma_{crw} = \sigma_{crf}$，将式（5）和式（6）代入，则有：

$$\frac{k_{1f}}{k_{1w}} = \left(\frac{f}{w} \sqrt{\frac{k_w}{k_f}} \right)^2 \tag{7}$$

令

$$\xi_w = \frac{f}{w} \sqrt{\frac{k_w}{k_f}} \tag{8}$$

得

$$\frac{k_{1f}}{k_{1w}} = \xi_w^2 \tag{9}$$

式（9）表示按板组弹性失稳时，两块相邻板的板组约束系数之间的应有关系，即翼缘的板组约束系数 k_{1f} 和腹板的板组约束系数 k_{1w} 之间应有的关系。

本条在根据试验数据拟合板组约束系数 k_1 的计算公式（3）至公式（5）时，也考虑了公式（9）所表示的关系。

表 1 至表 6 是试验数据与按第 5.6.1 条至第 5.6.3 条的规定计算得到的理论结果的比较，表中还列出了按原规范和按美国规范的计算结果。比较结果表明，这次修改是比较满意的。

表 1　34 根箱形截面试件的试验结果 N_t 与各种方法计算结果 N_c 的比较 N_t/N_c

指标＼方法	本规范方法考虑板组约束	本规范方法不考虑板组约束（$k_1=1$）	原规范方法（GBJ 18—87）	美国规范方法
平均值	1.14	1.14	1.06	1.20
均方差	0.199	0.195	0.240	0.200
最大值	1.72	1.72	1.72	1.72
最小值	0.88	0.85	0.77	0.89

表 2　13 根短柱、22 根长柱卷边槽形截面最大压应力在支承边的试件的试验结果 N_t 与各种方法计算结果 N_c 的比较 N_t/N_c

指标＼方法	本规范方法考虑板组约束		本规范方法不考虑板组约束（$k_1=1$）		原规范方法（GBJ 18—87）		美国规范方法	
	短柱	长柱	短柱	长柱	短柱	长柱	短柱	长柱
平均值	1.018	1.113	0.991	1.080	1.024	1.072	0.881	0.907
均方差	0.188	0.102	0.159	0.075	0.156	0.095	0.083	0.068
最大值	1.318	1.361	1.202	1.268	1.211	1.259	1.054	1.031
最小值	0.740	0.910	0.727	0.967	0.754	0.902	0.732	0.749

表 3　8 根短柱、7 根长柱卷边槽形截面最大压应力在卷边边的试件的试验结果 N_t 与各种方法计算结果 N_c 的比较 N_t/N_c

指标＼方法	本规范方法考虑板组约束		本规范方法不考虑板组约束（$k_1=1$）		原规范方法（GBJ 18—87）		美国规范方法	
	短柱	长柱	短柱	长柱	短柱	长柱	短柱	长柱
平均值	1.028	1.035	0.985	0.993	0.878	0.940	0.783	0.854
均方差	0.168	0.189	0.147	0.176	0.160	0.184	0.124	0.124
最大值	1.305	1.360	1.215	1.294	1.110	1.247	0.995	1.053
最小值	0.756	0.709	0.743	0.702	0.638	0.786	0.592	0.683

表 4　14 根槽形截面最大压应力在支承边的试件的试验结果 N_t 与各种方法计算结果 N_c 的比较 N_t/N_c

指标＼方法	本规范方法考虑板组约束	本规范方法不考虑板组约束（$k_1=1$）	原规范方法（GBJ 18—87）	美国规范方法
平均值	1.138	1.106	1.993	1.480
均方差	0.141	0.143	0.250	0.498
最大值	1.349	1.356	2.480	2.510
最小值	0.879	0.873	1.640	0.900

表 5　24 根槽形截面最大压应力在自由边的试件的试验结果 N_t 与各种方法计算结果 N_c 的比较 N_t/N_c

指标＼方法	本规范方法考虑板组约束	本规范方法不考虑板组约束（$k_1=1$）	原规范方法（GBJ 18—87）	美国规范方法
平均值	1.097	1.180	2.227	1.318
均方差	0.199	0.246	0.655	0.471
最大值	1.591	1.763	4.091	2.348
最小值	0.800	0.785	1.276	0.675

表 6　10 根槽形截面腹板非均匀受压试件的试验结果 N_t 与各种方法计算结果 N_c 的比较 N_t/N_c

指标＼方法	本规范方法考虑板组约束	本规范方法不考虑板组约束（$k_1=1$）	原规范方法（GBJ 18—87）	美国规范方法
平均值	0.967	0.967	1.261	0.989
均方差	0.136	0.137	0.400	0.150
最大值	1.190	1.194	1.806	1.245
最小值	0.758	0.762	0.762	0.802

表1至表6表明，与试验结果相比考虑板组约束与不考虑板组约束的计算结果在平均值与均方差方面差别不大，但在某些情况下，两者可以有较大差别，不考虑板组约束有时会偏于不安全，有时则会偏于过分保守，可由下列两例看出。

例1：箱形截面，轴心受压。

1. 不考虑板组约束。

$k=4$，$k_1=1$，$\sigma_1=205$，$\rho=2$　　　　$b/t=120$

短边：$b/t=20<18\rho=36$，$b_e/t=20$　□　$b/t=20$

长边：$b/t=120>38\rho=76$，$b_e/t=50$

故：$A_e=(2\times20+2\times50)\ t^2=140t^2$

2. 考虑板组约束。

$k=4$，$k_c=4$，$\psi=1$，$b_c=b$，$\alpha=1$，$\sigma_1=205$

k_1 计算：

长边：$\xi=20/120=1/6$，$k_1=1/\sqrt{\xi}=2.5>1.7$，取 1.7

短边：$\xi=120/20=6$，$k_1=0.11+0.93/(\xi-0.05)^2=0.136$

b_e/t 计算：

长边：$\rho=\sqrt{k_1k}=2.6$，$b/t=120>38\rho=99$，$b_e/t=25\rho=65$

短边：$\rho=\sqrt{k_1k}=0.74$，$18\rho=13<b/t=20<38\rho=28$

$$b_e/t=\left(\sqrt{\frac{21.8\rho}{b/t}}-0.1\right)\cdot\frac{b_c}{t}=16$$

故：$A_e=(2\times16+2\times65)\ t^2=162t^2$

结论：不考虑板组约束过于保守。

例2：箱形截面，轴心受压。

1. 不考虑板组约束。

$k=4$，$k_1=1$，$\sigma_1=205$，$\rho=2$

短边：$b/t=76=38\rho=76$，$b_e/t=25\rho=50$

长边：$b/t=120>38\rho=76$，$b_e/t=50$　$b/t=180$

故：$A_e=(2\times50+2\times50)t^2=200t^2$　□　$b/t=76$

2. 考虑板组约束。

$k=4$，$k_c=4$，$\psi=1$，$b_c=b$，$\alpha=1$，$\sigma_1=205$

k_1 计算：

长边：$\xi=76/180=0.422$，$k_1=1/\sqrt{\xi}=1.54$

短边：$\xi=180/76=2.368$，$k_1=0.11+0.93/(\xi-0.05)^2=0.283$

b_e/t 计算：

长边：$\rho=\sqrt{k_1k}=2.48$，$b/t=180>38\rho=94$，$b_e/t=25\rho=62$

短边：$\rho=\sqrt{k_1k}=1.06$，$b/t=76>38\rho=40.28$，$b_e/t=25\rho=26.5$

故：$A_e=(2\times26.5+2\times62)\ t^2=177t^2$

结论：不考虑板组约束偏于不安全。

对于其他截面形式及受力状况也都有这种情况，不再列举。从以上例子可以看出，考虑板组约束作用

是合理的。

5.6.4　本条规定的卷边高厚比限值是按其作为边加劲的最小刚度要求以及在保证卷边不先于平板局部屈曲的基础上确定的。

5.6.5　本条规定了受压构件有效截面的取法及位置。原规范为了方便设计计算，采用了将有效宽度平均置于板件两侧的方法。但当板件上的应力分布有拉应力时，往往会出现截面中受拉应力作用的部位也不一定全部有效，这不尽合理。本条做了修改，规定截面的受拉部分全部有效，板件的有效宽度则按一定比例分置在受压部分的两侧。

5.6.6　本条规定了轴心受压圆管构件保证局部稳定的圆管外径与壁厚之比的限值，该限值是按理想弹塑性材料推导得到的。

5.6.7　轴心受压构件截面上承受的最大应力是由压杆整体稳定控制的，其值为 φf。因此，在确定截面上板件的有效宽度时，宜将 φf 作为板件的最大控制应力 σ_1。

5.6.8　构件中板件的有效厚比与板件所受的压应力分布不均匀系数 ψ 及最大压应力 σ_{max} 有关。本条规定是关于拉弯、压弯和受弯构件中受压板件不均匀系数 ψ 和最大压应力值的计算，并据此按照第 5.6.1 条的规定计算受压板件的有效宽厚比。

压弯构件在受力过程中由于压力的 $P-\Delta$ 效应，其受力具有几何非线性性质，使截面上的内力和应力分布的计算比较复杂，为了简化计算，同时考虑到压弯构件一般由稳定控制，计及 $P-\Delta$ 效应后截面上的最大应力大多是用足或相差不大，因此本条规定截面上最大控制应力值可取为钢材的强度设计值 f，同时截面上各板件的压应力分布不均匀系数 ψ 可取按构件毛截面作强度计算时得到的值，不考虑双力矩的影响。各板件中的最大控制应力则由截面上的强度设计值 f 和各板件的应力分布不均匀系数 ψ 推算得到。

受弯及拉弯构件因没有或可以不考虑 $P-\Delta$ 效应，截面上各板件的应力分布下不均匀系数 ψ 及最大压应力值均取按构件毛截面作强度计算得到的值，不考虑双力矩的影响。

6　连接的计算与构造

6.1　连接的计算

6.1.2　以美国康奈尔大学为主的 AWS 结构焊接委员会第 11 分委员会，在试验研究的基础上，于 1976 年提出了薄板结构焊接标准的建议，其中给出了喇叭形焊缝的设计方法。试验证明，当被连板件的厚度 $t\leqslant4.5mm$ 时，沿焊缝的横向和纵向传递剪力的连接的破坏模式均为沿焊缝轮廓线处的薄板撕

裂。

美国1986年《冷弯型钢结构构件设计规范》规定，当被连板件的厚度 $t \leqslant 4\text{mm}$ 时，单边喇叭形焊缝端缝受剪时，考虑传力有一定的偏心，取标准强度为 $0.833F_u$；喇叭形焊缝纵向受剪时考虑了两种情况：当焊脚高度和被连板厚满足 $t \leqslant 0.7h_f < 2t$，或当卷边高度小于焊缝长度时，卷边部分传力甚少，薄板为单剪破坏，标准强度为 $0.75F_u$；当焊脚高度满足 $0.7h_f \geqslant 2t$，或卷边高度大于焊缝长度时，卷边部分也可传递较大的剪力，能在焊缝的两侧发生薄板的双剪破坏，标准强度成倍增长为 $1.5F_u$。该规范的安全系数取为 2.5，则上述各种情况的相应允许强度分别为：$0.333F_u$、$0.3F_u$ 和 $0.6F_u$。该规范还规定，当被连板件的厚度 $t > 4\text{mm}$ 时，尚应按一般角焊缝进行验算。

在制定本规范条文时，参考美国86规范，按着相同的安全系数，转化为我国的表达形式。设 $[R]$ 为美国规范所给的允许强度，R_k 为按我国规范设计时的标准强度，则有：

$$\frac{R_k}{\gamma_s \cdot \gamma_R} = [R] \qquad (10)$$

式中 γ_s 和 γ_R 分别为我国的荷载平均分项系数和钢材的抗力分项系数。

将上式写成我国规范的强度设计表达式，有：

$$\frac{R_k}{\gamma_R} = \gamma_s [R]$$

或

$$\frac{R_k}{\gamma_R} = [R] \frac{f}{f_u} \cdot \gamma_s \cdot \gamma_R \cdot \frac{f_u}{f_y} \qquad (11)$$

由 (11) 式，将美国规范 $[R]$ 中的 F_u 用 f 代换后得到转化为我国设计强度的转化系数为 $\gamma_s \cdot \gamma_R \cdot \frac{f_u}{f_y}$。近似取平均荷载分项系数 $\gamma_s = 1.3$，钢材的抗力分项系数 $\gamma_R = 1.165$。对 Q235 钢，最小强屈比为 1.6，则转化系数为 2.423，相应的设计强度分别为 $0.81f$、$0.71f$ 和 $1.42f$，取整数即分别为 $0.8f$、$0.7f$ 和 $1.4f$；对板厚小于 4mm 的 Q345 钢，其最小强屈比为 1.5，相应的转化系数为 2.272，设计强度分别为 $0.76f$、$0.68f$ 和 $1.36f$。考虑到喇叭形焊缝在我国的研究和应用尚不充分，在本条文的编写中，偏于安全的将双剪破坏的设计强度按单剪取值。同时将 Q345 钢的相应设计强度表达式近似取为 Q235 钢的相应式子。

6.1.4 为了与其他机械式连接件的承载力设计值表达式相协调，将普通螺栓连接强度的应力表达式改为单个螺栓的承载力设计值表达式。

6.1.7 用于压型钢板之间和压型钢板与冷弯型钢等支承构件之间的紧固件连接的承载力设计值，一般应由生产厂家通过试验确定。欧洲建议（Recommendations for Steel Construction ECCSTC7, The Design and Test-ing of Connections in Steel Sheetingand Sections）对常用的抽芯铆钉、自攻螺钉和射钉等的连接强度做过大量试验研究工作，总结出保证连接不出现脆性破坏的构造要求和偏于安全的计算方法。

大量试验表明，承受拉力的压型钢板与冷弯型钢等支承构件间的紧固件有可能被从基材中拔出而失效；也可能被连接的薄钢板沿连接件头部被剪脱或拉脱而失效。后者在承受风力作用时有可能出现疲劳破坏，因此欧洲建议中规定，遇风组合作用时，连接件的抗剪脱和抗拉脱的抗拉承载力设计值取静荷作用时的一半。建议还采用不同的折减系数，考虑连接件在压型钢板波谷的不同部位设置时，可能产生的杠杆力和两个连接件传力不等而带来的不利影响。

试验表明传递剪力的连接不存在遇风组合的疲劳问题，抗剪连接的破坏模式主要以被连接板件的撕裂和连接件的倾斜拔出为主。单个连接件的抗剪承载力设计值仅与被连接板件的厚度和其屈服强度的标准值以及连接件的直径有关。

我国一些单位也对抽芯铆钉和自攻螺钉连接做过试验研究，并证实了欧洲建议所建议的公式是偏于安全保守的。因此本规范采用了这些公式，只做了强度设计值的代换。

欧洲建议规定：永久荷载的荷载分项系数为 1.3，活荷载的为 1.5，与薄钢板连接的紧固件的抗力分项系数为 $\gamma_m = 1.1$，因此当取平均荷载分项系数为 1.4 时，欧洲建议在连接的承载力设计值之外的安全系数为 $1.4 \times 1.1 = 1.54$。我国的相应平均荷载分项系数为 1.3，取连接的抗力分项系数与钢材的相同，即 $\gamma_R = 1.165$，则相应的安全系数为 $1.3 \times 1.165 = 1.52$。可见中、欧双方在冷弯薄壁型钢结构方面的安全系数基本相当。欧洲建议中所用的屈服强度的设计值 σ_e 相当于我国的钢材标准强度 f_y，因此取 $\gamma_R f = 1.165f = \sigma_e$，对公式进行代换。也就是说对欧洲建议的公式的右侧均乘以 1.165，并用 f 取代 σ_e，即得规范中的相应公式。需要说明的是，为了简化公式，将抽芯铆钉的抗剪强度设计值计算表达式取与自攻螺钉相当的表达式。

6.2　连接的构造

6.2.1　本条补充了直接相贯的钢管节点的角焊缝尺寸可放大到 $2.0t$ 的规定。由于这种节点的角焊缝只在钢管壁的外侧施焊，不存在两侧施焊的过烧问题，是可以被接受的。另外，在具体设计中应参考现行国家标准《钢结构设计规范》GB 50017 中有关侧面角焊缝最大计算长度的规定。

6.2.5、6.2.6、6.2.8、6.2.9　这四条的规定来源于欧洲建议，这些构造规定是 6.1.7 条中各公式的适用条件，因此必须满足。

6.2.7　被连板件上安装自攻螺钉（非自钻自攻螺钉）

用的钻孔孔径直接影响连接的强度和柔度。孔径的大小应由螺钉的生产厂家规定。1981 年的欧洲建议曾以表格形式给出了孔径的建议值。本规范采用了由归纳出的公式形式给出的预制孔建议值。

7 压型钢板

7.1 压型钢板的计算

7.1.6 τ_{cr} 计算公式 7.1.6-1 和 7.1.6-3 分别为腹板弹塑性和弹性剪切屈曲临界应力设计值。

7.1.7 楼面压型钢板施工期间，可能出现较大的支座反力或集中荷载，由于压型钢板的腹板厚度 t 相对较薄，在局部集中荷载作用下，可能出现一种称之为腹板压皱（Web Crippling）现象。腹板压皱涉及因素较多，很难用理论精确分析，R_w 计算公式 7.1.7-2 是根据大量试验后给出的。该式取自欧洲建议。但公式 7.1.7-2 是取 $r = 5t$ 代入欧洲建议公式得出的。

7.1.8 支座反力处同时作用有弯矩的验算的相关公式 7.1.8，是欧洲各国做了 1500 余个试件试验整理给出的。欧洲规范 EC3—ENV1993—1—3，1996 也取用该相关公式。

7.1.9 弯矩 M 和剪力 V 共同作用截面验算的相关公式 7.1.9 取自欧洲规范 EC3—ENV1993—1—3，1996。

7.1.10 集中荷载 F 作用下的压型钢板计算，根据国内外试验资料分析，集中荷载主要由荷载作用点相邻的槽口协同工作，究竟由几个槽口参与工作，这与板型、尺寸等有关，目前尚无精确的计算方法，一般根据试验结果确定。规范给出的将集中荷载 F 沿板宽方向折算成均布线荷载 q_{re}（公式 7.1.10）是一个近似简化公式，该式取自欧洲建议，式中折算系数 η 由试验确定，若无试验资料，欧洲建议规定取 $\eta = 0.5$。此时，用该式的计算方法，近似假定为集中荷载 F 由两个槽口承受，这对多数压型钢板的板型是偏安全的。

屋面压型钢板上的集中荷载主要是施工或使用期间的检修荷载。按我国荷载规范规定，屋面板施工或检修荷载 $F = 1.0 kN$；验算时，荷载 F 不乘荷载分项系数，除自重外，不与其他荷载组合。但当施工期间的施工集中荷载超过 1.0kN，则应按实际情况取用。

7.1.11 屋面和墙面压型钢板挠度控制值是根据近十多年我国实践经验给出的。近几年，压型钢板出现不少新的板型，对特殊异形的压型钢板，建议其承载力、挠度通过试验确定。

7.2 压型钢板的构造

7.2.1～7.2.9 这些条文均是关于屋面、墙面和作为永久性模板的楼面压型钢板的构造要求规定。条文中增加了近几年在实际工程中采用的压型钢板侧向扣合

式和咬合式连接方式，这两种连接方法，连接件隐藏在压型板下面，可避免渗漏现象。此外，近几年勾头螺栓在工程中已很少采用，因此，条文中对于压型钢板连接件主要选用自攻螺栓（或射钉），但这类连接件必须带有较好的防水密封胶垫材料，以防连接点渗漏。

8 檩条与墙梁

8.1 檩条的计算

8.1.1 实腹式檩条在屋面荷载作用下，系双向受弯构件，当采用开口薄壁型钢（如卷边 Z 形钢和槽形钢）时，由于荷载作用点对截面弯心存在偏心，因而必须考虑弯扭双力矩的影响，严格说来，应按规范公式 5.3.3-1 验算截面强度，即：

$$\sigma = \frac{M_x}{W_{enx}} + \frac{M_y}{W_{eny}} + \frac{B}{W_{\omega}} \leq f$$

但是，在实际工程中，由于屋面板与檩条的连接能阻止或部分阻止檩条的侧向弯曲和扭转，M_y 和 B 的数值相应减少，如按上式计算，则算得的檩条应力过大，偏于保守；如果根据试验数据反算 M_y 和 B 的折减系数，又由于屋面和檩条的形式多样，很难定出恰当的系数，因此，本规范仍采用公式 8.1.1-1 作为强度计算公式，即：

$$\sigma = \frac{M_x}{W_{enx}} + \frac{M_y}{W_{eny}} \leq f$$

采用上式的根据是：

1 利用 M_y / W_{eny} 一项来包络由于侧向弯曲和双力矩引起的应力，按照近年来工程实践的检验，一般是偏于安全的同时也简化了计算，便于设计者使用；

2 根据对收集到的 Z 形薄壁檩条试验数据的统计分析，当活载效应与恒载效应之比为 0.5、1、2、3 时，用一次二阶矩概率方法，算得其可靠度指标 β 均大于 3.2（Q345 钢平均为 3.287，Q235.F 钢平均为 3.378；Q235 钢平均为 4.044），可见该公式是可靠的；

3 只有屋面板材与檩条有牢固的连接，即用自攻螺钉、螺栓、拉铆钉和射钉等与檩条牢固连接，且屋面板材有足够的刚度（例如压型钢板），才可认为能阻止檩条侧向失稳和扭转，可不验算其稳定性。

对塑料瓦材料等刚度较弱的瓦材或屋面板材与檩条未牢固连接的情况，例如卡固在檩条支架上的压型钢板（扣板），板材在使用状态下可自由滑动，即屋面板材与檩条未牢固连接，不能阻止檩条侧向失稳和扭转，应按公式 8.1.1-2 验算檩条的稳定性，即：

$$\frac{M_x}{\varphi_b W_{ex}} + \frac{M_y}{W_{ey}} \leq f$$

8.1.2 实腹式檩条在风荷载作用下，下翼缘受压时受压下翼缘将产生侧向失稳和扭转，虽然与屋面牢固

连接的上翼缘对受压下翼的失稳和扭转有一定的约束作用，但受力较复杂。本规范仍按公式 8.1.1-2 验算其稳定性。

8.1.3 平面格构式檩条（包括桁架式与下撑式）上弦受力情况比较复杂，一般除了轴心力 N 和弯矩 M_x、M_y 以外，还有双力矩 B 的影响，因此，计算比较繁琐。为了简化计算，通过对收集到的已建成工程的调查资料及大量试验数据的研究、分析，规范推荐公式 5.5.1 和 8.1.3-1 来计算其强度和稳定性，但对公式中的 N、M_x、M_y 的计算作了具体规定，使之能包络双力矩 B 的影响。此外，在构造上，则建议平面格构式檩条的上弦节点采用缀板与腹杆连接，以减少上弦杆的弯扭变形，减小双力矩 B 的影响。

通过近 20 根各种平面格构式檩条的试验资料表明，这两个计算公式具有足够的可靠度。

8.1.4 平面格构式檩条，过去主要用于较重屋面，风吸力使下弦内力变号问题不突出，广泛采用压型钢板屋面后，对于跨度大、檩距大等不宜采用实腹檩条的情况，格构式檩条仍具有一定的用途。本条规定平面格构式檩条在风吸力作用下下弦受压时下弦应采用型钢。同时为确保下弦平面外的稳定，应在下弦平面内布置必要的拉条和撑杆。

8.1.5 平面格构式檩条受压弦杆平面外计算长度应取侧向支承点间的距离（拉条可作为侧向支承点）。通常为了减少檩条在使用阶段和施工过程中的侧向变形和扭转，在其两侧都设置了拉条，而拉条又与端部的刚性构件（如钢筋混凝土天沟或有刚性撑杆的桁架）相连，故拉条可作为侧向支承点。

8.1.6 檩条的容许挠度限值属于正常使用极限状态，其值主要根据使用条件而定。为了保证屋面的正常使用，避免因檩条挠度过大致使屋面瓦材断裂而出现漏水现象，必须控制檩条的挠度限值。

本条所列檩条挠度限值与原规范基本相同，通过对实际工程使用情况的调查和檩条的挠度试验，均表明这些限值基本上是合适的。新增加的压型钢板虽属轻屋面，但因这种板材屋面坡度较小，通常均小于 1/10，为了防止由于檩条过大变形导致板面积水，加速钢板的锈蚀，故对其作出了较为严格的规定，将这种屋面檩条的容许挠度值提高为 1/200。

8.2 檩条的构造

8.2.1 实腹式檩条目前常用截面形式为 Z 形钢、槽钢和卷边槽钢，其截面重心较高，在屋面荷载作用下，常产生较大的扭矩，使檩条扭转和倾覆。因此，条文规定在檩条两端与屋架、刚架连接处宜采用檩托，并且上、下用两个螺栓固定，使檩条的端部形成对扭转的约束支座，籍以防止檩条在支座处的扭转变形和倾覆，并保证檩条支座范围内腹板的稳定性。当檩条高度小于 100mm 时，也可只用一排两个螺栓固定。

定。

8.2.2 通常平面格构式檩条的高度与跨度及荷载有关。根据调查，目前工业厂房的檩条跨度 l 大多为 6m，当为中等屋面荷载（檩距为 1.5m 的钢丝网水泥瓦）时，檩条高度 h 一般采用 300mm，即 $h/l = 1/20$；当为重屋面荷载（檩距为 3m 的预应力钢筋混凝土单槽瓦）时，檩条高度一般采用 500mm，即 $h/l = 1/12$，这些檩条的实测挠度在 1/250 ~ 1/500 之间，可以满足正常使用的要求。故本规范仍采用平面格构式檩条的高度可取跨度的 1/12 ~ 1/20 的规定。

此外，平面格构式檩条的试验结果表明，端部受压腹杆如采用型钢，不但其承载能力高，而且也易于保证施工质量，因此，本条明确规定端部受压腹杆应采用型钢，以确保质量。

第 8.1.4 条规定风荷载作用下，平面格构式檩条下弦受压时，下弦应采用型钢，但下弦平面外的稳定应在下弦平面上设置支承点，一般宜用拉条和撑杆组成。支承点的间距以不大于 3m 为宜。

8.2.3 拉条和撑杆的布置，系参照多年来的工程实践经验提出的，它能够起到提高檩条侧向稳定与屋面整体刚度的作用，故仍维持原规范的规定。

实腹檩条下翼缘在风荷载作用下受压时，布置在靠近下翼缘的拉条和撑杆可作为受压下翼缘平面外的侧向支承点。但此时上翼缘应与屋面板材牢固连接。

当前有较多的工程为了保温或隔热或建筑需要，在檩条上下翼缘上均设压型钢板（双层构造）。当上下压型钢板均与檩条牢固连接时，这种构造可保证檩条的整体稳定，可不设拉条和撑杆。但安装压型钢板时，应采取临时措施，以防施工过程中檩条失稳。

8.2.4 利用檩条作屋盖水平支撑压杆时，檩条的最大长细比应满足本规范第 4.3.3 条的规定，即 $\lambda \leqslant 200$，这时檩条的拉条和撑杆可作为平面外的侧向支承点。当风荷载或吊车荷载作用时檩条应按压弯构件验算其强度和稳定性。

8.3 墙梁的计算

8.3.1 墙梁的强度按公式 5.3.3-1 计算，是构造上能保证墙梁整体稳定的情况。例如墙梁两侧均设置墙板或一侧设置墙板另一侧设置可阻止其扭转变形的拉杆和撑杆时，可认为构造上能保证墙梁整体稳定性。且可不计弯扭双力矩的影响，即 $B = 0$。

8.3.2 构造上不能保证墙梁的整体稳定，系指第 8.3.1 以外的情况。例如墙板未与墙梁牢固连接或采用挂板形式；拉条或撑杆在构造上不能阻止墙梁侧向扭转等情况，均应按公式 5.3.3-2 验算其整体稳定性。

8.3.3 窗顶墙梁的挠度规定比其他墙梁的挠度严格，主要保证窗和门的开启，以及墙梁变形时门窗玻璃不致损坏。

9 屋 架

9.1 屋架的计算

9.1.1 由于屋架上弦杆件一般都是连续的，屋架节点并非理想铰接，因此，必然存在着次应力的影响，有时还是相当大的，但通常屋架的计算都忽略了次应力的影响，按节点为铰接考虑，一般都能达到应有的安全度，在实际工程中也未发现因简化计算出现安全事故。为了避免次应力的繁琐计算，采用按屋架各节点均为铰接的简化计算方法，是切实可行的，故本规范仍沿用原规范的规定。至于特别重要的工业与民用建筑中的屋架，则应在计算中考虑次应力的影响。

9.1.2 根据现行国家标准《钢结构设计规范》GB 50017 的规定，桁架腹杆（支座竖杆与支座斜杆除外）的计算长度，在屋架平面内应取 $0.8l$（l 为节点中心间的距离）。这是考虑到一般钢结构腹杆与弦杆的连接，均采用节点板或其他加劲措施，能使腹杆端部在屋架平面内的转动受到弦杆的约束，故应予折减。而冷弯薄壁型钢结构中腹杆与弦杆的连接，大都采用顶接方式，仅能起到一定的约束作用，所以，仍采用节点中心间的距离作为腹杆的计算长度。

在屋架平面外，弦杆的计算长度一般取侧向支承点间的距离。如等节间的受压弦杆或腹杆之侧向支承点为节点长度的 2 倍，且内力不等时，则可根据压弯构件或拉弯构件弹性曲线的一般方程，利用初参数法来确定其临界力及计算长度。

公式 9.1.2-1 系简化公式，其计算结果与精确公式相当接近。

9.2 屋架的构造

9.2.1 冷弯薄壁型钢屋架平面内的刚度还是比较好的，一般均能满足正常使用要求，但为了消除由于视差的错觉所引起之屋架下挠的不安全感，确保屋架下弦与吊车顶部的净空尺寸，15m 以上的屋架均宜起拱。大量试验数据证明，在设计荷载作用下相对挠度的实测值均小于跨度的 1/500，因此，规定屋架的起拱高度可取跨度的 1/500。

9.2.2 为了保证屋盖结构的空间工作，提高其整体刚度，承担或传递水平力，避免压杆的侧向失稳，以及保证屋盖在安装和使用时的稳定，应分别根据屋架跨度及其载荷的不同情况设置横向水平支撑、纵向水平支撑、垂直支撑及系杆等可靠的支撑体系。

9.2.3 为了充分发挥冷弯型钢断面性能和提高冷弯型钢屋架杆件的防腐能力及便于维修，规范推荐冷弯型钢屋架采用封闭断面。

9.2.4 屋架杆件的接长主要指弦杆。屋架拼装接头的数量和位置，应结合施工及运输的具体条件确定。

拼装接头可采用焊接或螺栓连接。

9.2.5 本条主要是指在设计屋架节点时，构造上应注意的有关事项。

10 刚 架

10.1 刚架的计算

10.1.1 刚架梁是以承受弯矩为主、轴力为次的压弯构件，其轴力随坡度的减小而减小（对于山形门式刚架，斜梁轴力沿梁长是逐渐改变的），当屋面坡度不大于 1:2.5 时，由于轴力很小，可仅按压弯构件计算其在刚架平面内的强度（此时轴压力产生的应力一般不超过总应力的 5%），而不必验算其在刚架平面内的稳定性。

刚架在其平面内的整体稳定，可由刚架柱的稳定计算来保证，变截面柱（通常为楔形柱）在刚架平面内的稳定验算可以套用等截面压弯构件的计算公式。

刚架梁、柱在刚架平面外的稳定性可由檩条和墙梁设置隅撑来保证，设置隅撑的间距可参照现行国家标准《钢结构设计规范》GB 50017 中受弯构件不验算整体稳定性的条件来确定。

10.1.2 刚架的失稳有无侧移失稳和有侧移失稳之分，而有侧移失稳一般具有最小的临界力，实际工程中，门式刚架通常在刚架平面内没有侧向支撑，且刚架梁、柱线刚度比并不太小，因此在确定刚架柱在刚架平面内的计算长度时，只考虑有侧移失稳的情况。表 A.3.1 适用于梁、柱均为等截面的单跨刚架，表 A.3.2 适用于等截面梁、楔形柱的单跨刚架。当刚架横梁为变截面时，不能采用上述方法，本条给出的计算公式有相当好的精度。

由于常用的柱脚构造并不能完全做到理想铰接或完全刚接的要求，考虑到柱脚的实际约束情况，对柱的计算长度系数予以修正。

10.1.3 多跨刚架的中间柱多采用摇摆柱，此时，摇摆柱自身的稳定性依赖刚架的抗侧移刚度，作用于摇摆柱中的轴力将起促进刚架失稳的作用，因此，边柱的计算长度系数按第 10.1.2 条的规定计算时，应乘以放大系数。而摇摆柱的计算长度系数应取 1.0。

10.1.4 在刚架平面外，实腹式梁和柱的计算长度，应取侧向支承点间的距离。作为侧向支承点的檩条、墙梁必须与水平支撑、柱间支撑或其他刚性杆件相连，否则，一般不能作为侧向支承点。但当屋面板、墙面板采用压型钢板、夹芯板等板材，而板与檩条、墙梁有可靠连接时，檩条、墙梁可以作为侧向支承点。当梁（或柱）两翼缘的侧向支承点间的距离不等时，为安全起见，应取最大受压翼缘侧向支承点间的距离。

10.1.6 为了保证刚架有足够的刚度以及屋面、墙面以及吊车梁的正常使用，必须限制刚架梁的竖向挠度和柱顶水平位移（侧移）。根据国内的研究结果并参考国外的有关资料，规范给出了表 10.1.6-1 和表 10.1.6-2 的规定。当屋面梁没有悬挂荷载时，刚架梁垂直于屋面的挠度一般均能满足表 10.1.6-1 的要求而不必验算。表 10.1.6-2 是按照平板式铰接柱脚的情况给出的，平板式柱脚按刚接计算时，表 10.1.6-2 中所列限值尚应除以 1.2。

10.2 刚架的构造

10.2.2 刚架梁的最小高度与其跨度之比的建议值，是根据工程经验给出的，但只是建议值，并非硬性规定。

10.2.3 门式刚架基本上是作为平面刚架工作的，其平面外刚度较差，设置适当的支撑体系是极为重要的，因此本规范这次修订对此作了原则规定。

支撑体系的主要作用有：平面刚架与支撑一起组成几何不变的空间稳定体系；提高其整体刚度，保证刚架的平面外稳定性；承担并传递纵向水平力；以及保证安装时的整体性和稳定性。

支撑体系包括屋盖横向水平支撑、柱间支撑及系杆等。

支撑桁架的弦杆为刚架梁（或柱），斜腹杆为交叉支撑，竖腹杆可以是檩条（或墙梁），为了保持檩条（或墙梁）的规格一致，或者当刚架间距较大，为了保证安装时有较大的整体刚度，竖腹杆及刚性系杆亦可用另加的焊接钢管、方管、H 型钢或其他截面形式的杆件。位于温度区段或分期建设区段两端的支撑桁架竖腹杆或刚性系杆按所传递的纵向水平力或所支撑构件轴力的 $1 / \left(80 \sqrt{\dfrac{235}{f_y}} \right)$ 之较大者设计（当所支撑构件为实腹梁的翼缘时，其轴力为 $A \cdot f$）。

11　制作、安装和防腐蚀

11.1　制作和安装

11.1.3 钢材和构件的矫正：

1　钢材的机械矫正，一般应在常温下用机械设备进行，矫正后的钢材，在表面上不应有凹、凹痕及其他损伤。

2　对冷矫正和冷弯曲的最低环境温度进行限制，是为了保证钢材在低温情况下受到外力时不致产生冷脆断裂。在低温下钢材受到外力脆断要比冲孔和剪切加工时而断裂更敏感，故环境温度应作严格限制。

3　碳素结构钢和低合金结构钢，允许加热矫正，但不得超过正火温度（900℃）。低合金结构钢在加热矫正后，应在自然状态下缓慢冷却，缓慢冷却是为了防止加热区脆化，故低合金结构钢加热后不应强制冷却。

11.1.4 构件用螺栓、高强度螺栓、铆钉等连接的孔，其加工方法有钻孔、冲孔等，应根据技术要求合理选择加工方法。钻孔是一种机械切削加工，孔壁损伤小，加工质量较好。冲孔是在压力下的剪切加工，孔壁周围会产生冷作硬化现象，孔壁质量较差，但其生产效率较高。

11.1.5 焊接构件组装后，经焊接矫正后产生收缩变形，影响构件的几何尺寸的正确性，因此在放组装大样或制作组装胎模时，应根据构件的规格、焊接、组装方法等不同情况，预放不同的收缩余量。对有起拱要求的构件，除在零件加工时做出起拱外，在组装时还应按规定做好起拱。

构件的定位焊是正式缝的一部分，因此定位焊缝不允许存在最终熔入正式焊缝的缺陷，定位焊采用的焊接材料型号，应与焊接材质相同匹配。

11.2　防腐蚀

11.2.3 钢材表面的锈蚀度和清洁度可按现行国家标准《涂装前钢材表面锈蚀等级和除锈等级》GB 8923，目视外观或做样板、照片对比。

11.2.4 化学除锈方法在一般钢结构制造厂已逐步淘汰，因冷弯薄壁型钢结构部分构件尚在应用化学处理方法进行表面处理，如喷（镀）锌、铝等，故本规范仍将其列入。

11.2.6 对涂覆方法，一般不作具体限制要求，可用手刷，也可采用无气或有气喷涂，但从美观看，高压无气喷涂漆面较为均匀。

11.2.8 本条规定涂装时的环境温度以 5～38℃为宜，只适合在室内无阳光直射情况。如在阳光直射情况下，钢材表面温度会比气温高 8～12℃，涂装时漆膜的耐热性只能在 40℃以下，当超过漆膜耐热性温度时，钢材表面上的漆膜就容易产生气泡而局部鼓起，使附着力降低。

低于 0℃时，室外钢材表面涂装容易使漆膜冻结不易固化，湿度超过 85% 时，钢材表面有露点凝结，漆膜附着力变差。

涂装后 4h 内不得淋雨，是因漆膜表面尚未固化，容易被雨水冲坏。

中华人民共和国国家标准

钢结构工程施工质量验收规范

Code for acceptance of construction quality of steel structures

GB 50205—2001

主编部门：中华人民共和国建设部

批准部门：中华人民共和国建设部

实行日期：2002 年 3 月 1 日

关于发布国家标准
《钢结构工程施工质量验收规范》的通知

建标〔2002〕11 号

根据我部"关于印发《二〇〇〇至二〇〇一年度工程建设国家标准制订、修订计划》的通知"（建标〔2001〕87 号）的要求，由冶金工业部建筑研究总院会同有关单位共同修订的《钢结构工程施工质量验收规范》，经有关部门会审，批准为国家标准，编号为 GB 50205—2001，自 2002 年 3 月 1 日起施行。其中，4.2.1、4.3.1、4.4.1、5.2.2、5.2.4、6.3.1、8.3.1、10.3.4、11.3.5、12.3.4、14.2.2、14.3.3 为强制性条文，必须严格执行。原《钢结构工程施工

及验收规范》GB 50205—95 和《钢结构工程质量检验评定标准》GB 50221—95 同时废止。

本规范由建设部负责管理和对强制性条文的解释，冶金工业部建筑研究总院负责具体技术内容的解释，建设部标准定额研究所组织中国计划出版社出版发行。

中华人民共和国建设部
二〇〇一年一月十日

前　　言

本规范是根据中华人民共和国建设部建标〔2001〕87 号文"关于印发《二〇〇〇至二〇〇一年度工程建设国家标准制定、修订计划》的通知"的要求，由冶金工业部建筑研究总院会同有关单位共同对原《钢结构工程施工及验收规范》GB 50205—95 和《钢结构工程质量检验评定标准》GB 50221—95 修订而成的。

在修订过程中，编制组进行了广泛的调查研究，总结了我国钢结构工程施工质量验收的实践经验，按照"验评分离，强化验收，完善手段，过程控制"的指导方针，以现行国家标准《建筑工程施工质量验收统一标准》GB 50300 为基础，进行全面修改，并以多种方式广泛征求了有关单位和专家的意见，对主要问题进行了反复修改，最后经审查定稿。

本规范共分 15 章，包括总则、术语、符号、基本规定、原材料及成品进场、焊接工程、紧固件连接工程、钢零件及钢部件加工工程、钢构件组装工程、钢构件预拼装工程、单层钢结构安装工程、多层及高层钢结构安装工程、钢网架结构安装工程、压型金属板工程、钢结构涂装工程、钢结构分部工程竣工验收以及 9 个附录。将钢结构工程原则上分成 10 个分项工程，每一个分项工程单独成章。"原材料及成品进场"虽不是分项工程，但将其单独列章是为了强调和强化原材料及成品进场准入，从源头上把好质量关。"钢结构分部工程竣工验收"单独列章是为了更好地便于质量验收工作的操作。

本规范将来可能需要进行局部修订，有关局部修

订的信息和条文内容将刊登在《工程建设标准化》杂志上。

本规范以黑体字标志的条文为强制性条文。

为了提高规范质量，请各单位在执行本规范的过程中，注意总结经验，积累资料，随时将有关的意见和建议反馈给冶金工业部建筑研究总院（北京市海淀区西土城路 33 号，邮政编码 100088），以供今后修订时参考。

本规范主编单位、参编单位和主要起草人：

主编单位： 冶金工业部建筑研究总院
参编单位： 武钢金属结构有限责任公司
北京钢铁设计研究总院
中国京冶建设工程承包公司
北京市远达建设监理有限责任公司
中建三局深圳建升和钢结构建筑安装工程有限公司
北京市机械施工公司
浙江杭萧钢构股份有限公司
中建一局钢结构工程有限公司
山东诸城高强度紧固件股份有限公司
浙江精工钢结构有限公司
喜利得（中国）有限公司

主要起草人： 侯兆欣　何奋韬　于之绰　王文涛
何乔生　贺贤娟　路克宽　刘景凤
史　进　鲍广鉴　陈国津　尹敏达
马乃广　李海峰　钱卫军

目　次

1 总 则

1.0.1 为加强建筑工程质量管理,统一钢结构工程施工质量的验收,保证钢结构工程质量,制定本规范。

1.0.2 本规范适用于建筑工程的单层、多层、高层以及网架、压型金属板等钢结构工程施工质量的验收。

1.0.3 钢结构工程施工中采用的工程技术文件、承包合同文件对施工质量验收的要求不得低于本规范的规定。

1.0.4 本规范应与现行国家标准《建筑工程施工质量验收统一标准》GB 50300 配套使用。

1.0.5 钢结构工程施工质量的验收除应执行本规范的规定外,尚应符合国家现行有关标准的规定。

2 术语、符号

2.1 术 语

2.1.1 零件 part
组成部件或构件的最小单元,如节点板、翼缘板等。

2.1.2 部件 component
由若干零件组成的单元,如焊接 H 型钢、牛腿等。

2.1.3 构件 element
由零件或由零件和部件组成的钢结构基本单元,如梁、柱、支撑等。

2.1.4 小拼单元 the smallest assembled rigid unit
钢网架结构安装工程中,除散件之外的最小安装单元,一般分平面桁架和锥体两种类型。

2.1.5 中拼单元 intermediate assembled structure
钢网架结构安装工程中,由散件和小拼单元组成的安装单元,一般分条状和块状两种类型。

2.1.6 高强度螺栓连接副 set of high strength bolt
高强度螺栓和与之配套的螺母、垫圈的总称。

2.1.7 抗滑移系数 slip coefficent of faying surface
高强度螺栓连接中,使连接件摩擦面产生滑动时的外力与垂直于摩擦面的高强度螺栓预拉力之和的比值。

2.1.8 预拼装 test assembling
为检验构件是否满足安装质量要求而进行的拼装。

2.1.9 空间刚度单元 space rigid unit
由构件构成的基本的稳定空间体系。

2.1.10 焊钉(栓钉)焊接 stud welding
将焊钉(栓钉)一端与板件(或管件)表面接触通电引弧,待接触面熔化后,给焊钉(栓钉)一定压力完成焊接的方法。

2.1.11 环境温度 ambient temperature
制作或安装时现场的温度。

2.2 符 号

2.2.1 作用及作用效应
P——高强度螺栓设计预拉力
ΔP——高强度螺栓预拉力的损失值
T——高强度螺栓检查扭矩
T_c——高强度螺栓终拧扭矩
T_o——高强度螺栓初拧扭矩

2.2.2 几何参数

a——间距
b——宽度或板的自由外伸宽度
d——直径
e——偏心距
f——挠度、弯曲矢高
H——柱高度
H_i——各楼层高度
h——截面高度
h_e——角焊缝计算厚度
l——长度、跨度
R_a——轮廓算术平均偏差(表面粗糙度参数)
r——半径
t——板、壁的厚度
Δ——增量

2.2.3 其他
K——系数

3 基本规定

3.0.1 钢结构工程施工单位应具备相应的钢结构工程施工资质,施工现场质量管理应有相应的施工技术标准、质量管理体系、质量控制及检验制度,施工现场应有经项目技术负责人审批的施工组织设计、施工方案等技术文件。

3.0.2 钢结构工程施工质量的验收,必须采用经计量检定、校准合格的计量器具。

3.0.3 钢结构工程应按下列规定进行施工质量控制:
　　1 采用的原材料及成品应进行进场验收。凡涉及安全、功能的原材料及成品应按本规范规定进行复验,并应经监理工程师(建设单位技术负责人)见证取样、送样;
　　2 各工序应按施工技术标准进行质量控制,每道工序完成后,应进行检查;
　　3 相关各专业工种之间,应进行交接检验,并经监理工程师(建设单位技术负责人)检查认可。

3.0.4 钢结构工程施工质量验收应在施工单位自检基础上,按照检验批、分项工程、分部(子分部)工程进行。钢结构分部(子分部)工程中分项工程划分应按照现行国家标准《建筑工程施工质量验收统一标准》GB 50300 的规定执行。钢结构分项工程应由一个或若干检验批组成,各分项工程检验批应按本规范的规定进行划分。

3.0.5 分项工程检验批合格质量标准应符合下列规定:
　　1 主控项目必须符合本规范合格质量标准的要求;
　　2 一般项目其检验结果应有 80% 及以上的检查点(值)符合本规范合格质量标准的要求,且最大值不应超过其允许偏差值的 1.2 倍;
　　3 质量检查记录、质量证明文件等资料应完整。

3.0.6 分项工程合格质量标准应符合下列规定:
　　1 分项工程所含的各检验批均应符合本规范合格质量标准;
　　2 分项工程所含的各检验批质量验收记录应完整。

3.0.7 当钢结构工程施工质量不符合本规范要求时,应按下列规定进行处理:
　　1 经返工重做或更换构(配)件的检验批,应重新进行验收;
　　2 经有资质的检测单位检测鉴定能够达到设计要求的检验批,应予以验收;
　　3 经有资质的检测单位检测鉴定达不到设计要求,但经原设计单位核算认可能够满足结构安全和使用功能的检验批,可予以验收;
　　4 经返修或加固处理的分项、分部工程,虽然改变外形尺寸但仍能满足安全使用要求,可按处理技术方案和协商文件进行验收。

3.0.8 通过返修或加固处理仍不能满足安全使用要求的钢结构分部工程,严禁验收。

4 原材料及成品进场

4.1 一般规定

4.1.1 本章适用于进入钢结构各分项工程实施现场的主要材料、零(部)件、成品件、标准件等产品的进场验收。

4.1.2 进场验收的检验批原则上应与各分项工程检验批一致,也可以根据工程规模及进料实际情况划分检验批。

4.2 钢 材

Ⅰ 主 控 项 目

4.2.1 钢材、钢铸件的品种、规格、性能等应符合现行国家产品标准和设计要求。进口钢材产品的质量应符合设计和合同规定标准的要求。

  检查数量:全数检查。

  检验方法:检查质量合格证明文件、中文标志及检验报告等。

4.2.2 对属于下列情况之一的钢材,应进行抽样复验,其复验结果应符合现行国家产品标准和设计要求。

  1 国外进口钢材;

  2 钢材混批;

  3 板厚等于或大于 40mm,且设计有 Z 向性能要求的厚板;

  4 建筑结构安全等级为一级,大跨度钢结构中主要受力构件所采用的钢材;

  5 设计有复验要求的钢材;

  6 对质量有疑义的钢材。

  检查数量:全数检查。

  检验方法:检查复验报告。

Ⅱ 一 般 项 目

4.2.3 钢板厚度及允许偏差应符合其产品标准的要求。

  检查数量:每一品种、规格的钢板抽查 5 处。

  检验方法:用游标卡尺量测。

4.2.4 型钢的规格尺寸及允许偏差应符合其产品标准的要求。

  检查数量:每一品种、规格的型钢抽查 5 处。

  检验方法:用钢尺和游标卡尺量测。

4.2.5 钢材的表面外观质量除应符合国家现行有关标准的规定外,尚应符合下列规定:

  1 当钢材的表面有锈蚀、麻点或划痕等缺陷时,其深度不得大于该钢材厚度负允许偏差值的 1/2;

  2 钢材表面的锈蚀等级应符合现行国家标准《涂装前钢材表面锈蚀等级和除锈等级》GB 8923 规定的 C 级及 C 级以上;

  3 钢材端边或断口处不应有分层、夹渣等缺陷。

  检查数量:全数检查。

  检验方法:观察检查。

4.3 焊 接 材 料

Ⅰ 主 控 项 目

4.3.1 焊接材料的品种、规格、性能等应符合现行国家产品标准和设计要求。

  检查数量:全数检查。

  检验方法:检查焊接材料的质量合格证明文件、中文标志及检验报告等。

4.3.2 重要钢结构采用的焊接材料应进行抽样复验,复验结果应符合现行国家产品标准和设计要求。

  检查数量:全数检查。

  检验方法:检查复验报告。

Ⅱ 一 般 项 目

4.3.3 焊钉及焊接瓷环的规格、尺寸及偏差应符合现行国家标准《圆柱头焊钉》GB 10433 中的规定。

  检查数量:按量抽查 1%,且不应少于 10 套。

  检验方法:用钢尺和游标卡尺量测。

4.3.4 焊条外观不应有药皮脱落、焊芯生锈等缺陷;焊剂不应受潮结块。

  检查数量:按量抽查 1%,且不应少于 10 包。

  检验方法:观察检查。

4.4 连接用紧固标准件

Ⅰ 主 控 项 目

4.4.1 钢结构连接用高强度大六角头螺栓连接副、扭剪型高强度螺栓连接副、钢网架用高强度螺栓、普通螺栓、铆钉、自攻钉、拉铆钉、射钉、锚栓(机械型和化学试剂型)、地脚锚栓等紧固标准件及螺母、垫圈等标准配件,其品种、规格、性能等应符合现行国家产品标准和设计要求。高强度大六角头螺栓连接副和扭剪型高强度螺栓连接副出厂时应分别随箱带有扭矩系数和紧固轴力(预拉力)的检验报告。

  检查数量:全数检查。

  检验方法:检查产品的质量合格证明文件、中文标志及检验报告等。

4.4.2 高强度大六角头螺栓连接副应按本规范附录 B 的规定检验其扭矩系数,其检验结果应符合本规范附录 B 的规定。

  检查数量:见本规范附录 B。

  检验方法:检查复验报告。

4.4.3 扭剪型高强度螺栓连接副应按本规范附录 B 的规定检验预拉力,其检验结果应符合本规范附录 B 的规定。

  检查数量:见本规范附录 B。

  检验方法:检查复验报告。

Ⅱ 一 般 项 目

4.4.4 高强度螺栓连接副,应按包装箱配套供货,包装箱上应注明批号、规格、数量及生产日期。螺栓、螺母、垫圈外观表面应涂油保护,不应出现生锈和沾染赃物,螺纹不应损伤。

  检查数量:按包装箱数抽查 5%,且不应少于 3 箱。

  检验方法:观察检查。

4.4.5 对建筑结构安全等级为一级,跨度 40m 及以上的螺栓球节点钢网架结构,其连接高强度螺栓应进行表面硬度试验,对 8.8 级的高强度螺栓其硬度应为 HRC21～29;10.9 级高强度螺栓其硬度应为 HRC32～36,且不得有裂纹或损伤。

  检查数量:按规格抽查 8 只。

  检验方法:硬度计、10 倍放大镜或磁粉探伤。

4.5 焊 接 球

Ⅰ 主 控 项 目

4.5.1 焊接球及制造焊接球所采用的原材料,其品种、规格、性能等应符合现行国家产品标准和设计要求。

  检查数量:全数检查。

  检验方法:检查产品的质量合格证明文件、中文标志及检验报告等。

4.5.2 焊接球焊缝应进行无损检验,其质量应符合设计要求,当设计无要求时应符合本规范中规定的二级质量标准。

  检查数量:每一规格按数量抽查 5%,且不应少于 3 个。

  检验方法:超声波探伤或检查检验报告。

Ⅱ 一 般 项 目

4.5.3 焊接球直径、圆度、壁厚减薄量等尺寸及允许偏差应符合本规范的规定。

  检查数量:每一规格按数量抽查 5%,且不应少于 3 个。

检验方法:用卡尺和测厚仪检查。

4.5.4 焊接球表面应无明显波纹及局部凹凸不平大于1.5mm。

检查数量:每一规格按数量抽查5%,且不应少于3个。

检验方法:用弧形套模、卡尺和观察检查。

4.6 螺栓球

Ⅰ 主控项目

4.6.1 螺栓球及制造螺栓球节点所采用的原材料,其品种、规格、性能等应符合现行国家产品标准和设计要求。

检查数量:全数检查。

检验方法:检查产品的质量合格证明文件、中文标志及检验报告等。

4.6.2 螺栓球不得有过烧、裂纹及褶皱。

检查数量:每种规格抽查5%,且不应少于5只。

检验方法:用10倍放大镜观察和表面探伤。

Ⅱ 一般项目

4.6.3 螺栓球螺纹尺寸应符合现行国家标准《普通螺纹基本尺寸》GB 196中粗牙螺纹的规定,螺纹公差必须符合现行国家标准《普通螺纹公差与配合》GB 197中6H级精度的规定。

检查数量:每种规格抽查5%,且不应少于5只。

检验方法:用标准螺纹规。

4.6.4 螺栓球直径、圆度、相邻两螺栓孔中心线夹角等尺寸及允许偏差应符合本规范的规定。

检查数量:每一规格按数量抽查5%,且不应少于3个。

检验方法:用卡尺和分度头仪检查。

4.7 封板、锥头和套筒

Ⅰ 主控项目

4.7.1 封板、锥头和套筒及制造封板、锥头和套筒所采用的原材料,其品种、规格、性能等应符合现行国家产品标准和设计要求。

检查数量:全数检查。

检验方法:检查产品的质量合格证明文件、中文标志及检验报告等。

4.7.2 封板、锥头、套筒外观不得有裂纹、过烧及氧化皮。

检查数量:每种抽查5%,且不应少于10只。

检验方法:用放大镜观察检查和表面探伤。

4.8 金属压型板

Ⅰ 主控项目

4.8.1 金属压型板及制造金属压型板所采用的原材料,其品种、规格、性能等应符合现行国家产品标准和设计要求。

检查数量:全数检查。

检验方法:检查产品的质量合格证明文件、中文标志及检验报告等。

4.8.2 压型金属泛水板、包角板和零配件的品种、规格以及防水密封材料的性能应符合现行国家产品标准和设计要求。

检查数量:全数检查。

检验方法:检查产品的质量合格证明文件、中文标志及检验报告等。

Ⅱ 一般项目

4.8.3 压型金属板的规格尺寸及允许偏差、表面质量、涂层质量等应符合设计要求和本规范的规定。

检查数量:每种规格抽查5%,且不应少于3件。

检验方法:观察和用10倍放大镜检查及尺量。

4.9 涂装材料

Ⅰ 主控项目

4.9.1 钢结构防腐涂料、稀释剂和固化剂等材料的品种、性能等应符合现行国家产品标准和设计要求。

检查数量:全数检查。

检验方法:检查产品的质量合格证明文件、中文标志及检验报告等。

4.9.2 钢结构防火涂料的品种和技术性能应符合设计要求,并应经过具有资质的检测机构检测符合国家现行有关标准的规定。

检查数量:全数检查。

检验方法:检查产品的质量合格证明文件、中文标志及检验报告等。

Ⅱ 一般项目

4.9.3 防腐涂料和防火涂料的型号、名称、颜色及有效期应与其质量证明文件相符。开启后,不应存在结皮、结块、凝胶等现象。

检查数量:按桶数抽查5%,且不应少于3桶。

检验方法:观察检查。

4.10 其 他

Ⅰ 主控项目

4.10.1 钢结构用橡胶垫的品种、规格、性能等应符合现行国家产品标准和设计要求。

检查数量:全数检查。

检验方法:检查产品的质量合格证明文件、中文标志及检验报告等。

4.10.2 钢结构工程所涉及到的其他特殊材料,其品种、规格、性能等应符合现行国家产品标准和设计要求。

检查数量:全数检查。

检验方法:检查产品的质量合格证明文件、中文标志及检验报告等。

5 钢结构焊接工程

5.1 一般规定

5.1.1 本章适用于钢结构制作和安装中的钢构件焊接和焊钉焊接的工程质量验收。

5.1.2 钢结构焊接工程可按相应的钢结构制作或安装工程检验批的划分原则划分为一个或若干个检验批。

5.1.3 碳素结构钢应在焊接冷却到环境温度、低合金结构钢应在完成焊接24h以后,进行焊缝探伤检验。

5.1.4 焊缝施焊后应在工艺规定的焊缝及部位上打上焊工钢印。

5.2 钢构件焊接工程

Ⅰ 主控项目

5.2.1 焊条、焊丝、焊剂、电渣焊熔嘴等焊接材料与母材的匹配应符合设计要求及国家现行行业标准《建筑钢结构焊接技术规程》JGJ 81的规定。焊条、焊剂、药芯焊丝、熔嘴等在使用前,应按其产品说明书及焊接工艺文件的规定进行烘焙和存放。

检查数量:全数检查。

检验方法:检查质量证明书和烘焙记录。

5.2.2 焊工必须经考试合格并取得合格证书。持证焊工必须在其考试合格项目及其认可范围内施焊。

检查数量:全数检查。

检验方法:检查焊工合格证及其认可范围、有效期。

5.2.3 施工单位对其首次采用的钢材、焊接材料、焊接方法、焊后热处理等,应进行焊接工艺评定,并应根据评定报告确定焊接工艺。

检查数量:全数检查。

检验方法:检查焊接工艺评定报告。

5.2.4 设计要求全焊透的一、二级焊缝应采用超声波探伤进行内部缺陷的检验,超声波探伤不能对缺陷作出判断时,应采用射线探伤,其内部缺陷分级及探伤方法应符合现行国家标准《钢焊缝手工超声波探伤方法和探伤结果分级》GB 11345 或《钢熔化焊对接焊接头射线照相和质量分级》GB 3323 的规定。

焊接球节点网架焊缝、螺栓球节点网架焊缝及圆管 T、K、Y 形节点相贯线焊缝,其内部缺陷分级及探伤方法应分别符合国家现行标准《焊接球节点钢网架焊缝超声波探伤方法及质量分级法》JG/T 3034.1、《螺栓球节点钢网架焊缝超声波探伤方法及质量分级法》JG/T 3034.2、《建筑钢结构焊接技术规程》JGJ 81 的规定。

一级、二级焊缝的质量等级及缺陷分级应符合表 5.2.4 的规定。

检查数量:全数检查。

检验方法:检查超声波或射线探伤记录。

表 5.2.4 一、二级焊缝质量等级及缺陷分级

焊缝质量等级		一级	二级
内部缺陷 超声波探伤	评定等级	Ⅱ	Ⅲ
	检验等级	B 级	B 级
	探伤比例	100%	20%
内部缺陷 射线探伤	评定等级	Ⅱ	Ⅲ
	检验等级	AB 级	AB 级
	探伤比例	100%	20%
注:探伤比例的计数方法应按以下原则确定:(1)对工厂制作焊缝,应按每条焊缝计算百分比,且探伤长度不应小于 200mm,当焊缝长度不足 200mm 时,应对整条焊缝进行探伤;(2)对现场安装焊缝,应按同一类型、同一施焊条件的焊缝条数计算百分比,探伤长度不应小于 200mm,并应不少于 1 条焊缝。			

5.2.5 T 形接头、十字接头、角接接头等要求熔透的对接和角对接组合焊缝,其焊脚尺寸不应小于 $t/4$(图 5.2.5a、b、c);设计有疲劳验算要求的吊车梁或类似构件的腹板与上翼缘连接焊缝的焊脚尺寸为 $t/2$(图 5.2.5d),且不应大于 10mm。焊脚尺寸的允许偏差为 0~4mm。

检查数量:资料全数检查,同类焊缝抽查 10%,且不应少于 3 条。

检验方法:观察检查,用焊缝量规抽查测量。

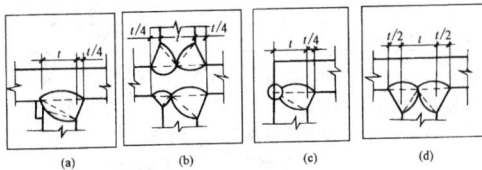

图 5.2.5 焊脚尺寸

5.2.6 焊缝表面不得有裂纹、焊瘤等缺陷。一级、二级焊缝不得有表面气孔、夹渣、弧坑裂纹、电弧擦伤等缺陷。且一级焊缝不得有咬边、未焊满、根部收缩等缺陷。

检查数量:每批同类构件抽查 10%,且不应少于 3 件;被抽查构件中,每一类型焊缝按条数抽查 5%,且不应少于 1 条;每条检查 1 处,总抽查数不应少于 10 处。

检验方法:观察检查或使用放大镜、焊缝量规和钢尺检查,当存在疑义时,采用渗透或磁粉探伤检查。

Ⅱ 一般项目

5.2.7 对于需要进行焊前预热或焊后热处理的焊缝,其预热温度或后热温度应符合国家现行有关标准的规定或通过工艺试验确定。预热区在焊道两侧,每侧宽度均应大于焊件厚度的 1.5 倍以上,且不应小于 100mm;后热处理应在焊后立即进行,保温时间应根据板厚按每 25mm 板厚 1h 确定。

检查数量:全数检查。

检验方法:检查预、后热施工记录和工艺试验报告。

5.2.8 二级、三级焊缝外观质量标准应符合本规范附录 A 中表 A.0.1 的规定。三级对接焊缝应按二级焊缝标准进行外观质量检验。

检查数量:每批同类构件抽查 10%,且不应少于 3 件;被抽查构件中,每一类型焊缝按条数抽查 5%,且不应少于 1 条;每条检查 1 处,总抽查数不应少于 10 处。

检验方法:观察检查或使用放大镜、焊缝量规和钢尺检查。

5.2.9 焊缝尺寸允许偏差应符合本规范附录 A 中表 A.0.2 的规定。

检查数量:每批同类构件抽查 10%,且不应少于 3 件;被抽查构件中,每种焊缝按条数各抽查 5%,但不应少于 1 条;每条检查 1 处,总抽查数不应少于 10 处。

检验方法:用焊缝量规检查。

5.2.10 焊成凹形的角焊缝,焊缝金属与母材间应平缓过渡;加工成凹形的角焊缝,不得在其表面留下切痕。

检查数量:每批同类构件抽查 10%,且不应少于 3 件。

检验方法:观察检查。

5.2.11 焊缝感观应达到:外形均匀、成型较好,焊道与焊道、焊道与基本金属间过渡较平滑,焊渣和飞溅物基本清除干净。

检查数量:每批同类构件抽查 10%,且不应少于 3 件;被抽查构件中,每种焊缝按数量各抽查 5%,总抽查处不应少于 5 处。

检验方法:观察检查。

5.3 焊钉(栓钉)焊接工程

Ⅰ 主控项目

5.3.1 施工单位对其采用的焊钉和钢材焊接应进行焊接工艺评定,其结果应符合设计要求和国家现行有关标准的规定。瓷环应按其产品说明书进行烘焙。

检查数量:全数检查。

检验方法:检查焊接工艺评定报告和烘焙记录。

5.3.2 焊钉焊接后应进行弯曲试验检查,其焊缝和热影响区不应有肉眼可见的裂纹。

检查数量:每批同类构件抽查 10%,且不应少于 10 件;被抽查构件中,每件检查焊钉数量的 1%,但不应少于 1 个。

检验方法:焊钉弯曲 30°后用角尺检查和观察检查。

Ⅱ 一般项目

5.3.3 焊钉根部焊脚应均匀,焊脚立面的局部未熔合或不足 360°的焊脚应进行修补。

检查数量:按总焊钉数量抽查 1%,且不应少于 10 个。

检验方法:观察检查。

6 紧固件连接工程

6.1 一般规定

6.1.1 本章适用于钢结构制作和安装中的普通螺栓、扭剪型高强度螺栓、高强度大六角头螺栓、钢网架螺栓球节点用高强度螺栓及射钉、自攻钉、拉铆钉等连接工程的质量验收。

6.1.2 紧固件连接工程可按相应的钢结构制作或安装工程检验批的划分原则划分为一个或若干个检验批。

6.2 普通紧固件连接

Ⅰ 主控项目

6.2.1 普通螺栓作为永久性连接螺栓时,当设计有要求或对其质

量有疑义时,应进行螺栓实物最小拉力载荷复验,试验方法见本规范附录B,其结果应符合现行国家标准《紧固件机械性能螺栓、螺钉和螺柱》GB 3098的规定。

检查数量:每一规格螺栓抽查8个。

检验方法:检查螺栓实物复验报告。

6.2.2 连接薄钢板采用的自攻钉、拉铆钉、射钉等其规格尺寸与被连接钢板相匹配,其间距、边距等应符合设计要求。

检查数量:按连接节点数抽查1%,且不应少于3个。

检验方法:观察和尺量检查。

Ⅱ 一般项目

6.2.3 永久性普通螺栓紧固应牢固、可靠,外露丝扣不应少于2扣。

检查数量:按连接节点数抽查10%,且不应少于3个。

检验方法:观察和用小锤敲击检查。

6.2.4 自攻螺钉、钢拉铆钉、射钉等与连接钢板应紧固密贴,外观排列整齐。

检查数量:按连接节点数抽查10%,且不应少于3个。

检验方法:观察或用小锤敲击检查。

6.3 高强度螺栓连接

Ⅰ 主控项目

6.3.1 钢结构制作和安装单位应按本规范附录B的规定分别进行高强度螺栓连接摩擦面的抗滑移系数试验和复验,现场处理的构件摩擦面应单独进行摩擦面抗滑移系数试验,其结果应符合设计要求。

检查数量:见本规范附录B。

检验方法:检查摩擦面抗滑移系数试验报告和复验报告。

6.3.2 高强度大六角头螺栓连接副终拧完成1h后、48h内应进行终拧扭矩检查,检查结果应符合本规范附录B的规定。

检查数量:按节点数抽查10%,且不应少于10个;每个被抽查节点按螺栓数抽查10%,且不应少于2个。

检验方法:见本规范附录B。

6.3.3 扭剪型高强度螺栓连接副终拧后,除因构造原因无法使用专用扳手终拧掉梅花头者外,未在终拧中拧掉梅花头的螺栓数不应大于该节点螺栓数的5%。对所有梅花头未拧掉的扭剪型高强度螺栓连接副应采用扭矩法或转角法进行终拧并作标记,且按本规范第6.3.2条的规定进行终拧扭矩检查。

检查数量:按节点数抽查10%,但不应少于10个节点;被抽查节点中梅花头未拧掉的扭剪型高强度螺栓连接副全数进行终拧扭矩检查。

检验方法:观察检查及本规范附录B。

Ⅱ 一般项目

6.3.4 高强度螺栓连接副的施拧顺序和初拧、复拧扭矩应符合设计要求和国家现行行业标准《钢结构高强度螺栓连接的设计施工及验收规程》JGJ 82的规定。

检查数量:全数检查资料。

检验方法:检查扭矩扳手标定记录和螺栓施工记录。

6.3.5 高强度螺栓连接副终拧后,螺栓丝扣外露应为2~3扣,其中允许有10%的螺栓丝扣外露1扣或4扣。

检查数量:按节点数抽查5%,且不应少于10个。

检验方法:观察检查。

6.3.6 高强度螺栓连接摩擦面应保持干燥、整洁,不应有飞边、毛刺、焊接飞溅物、焊疤、氧化铁皮、污垢等,除设计要求外摩擦面不应涂漆。

检查数量:全数检查。

检验方法:观察检查。

6.3.7 高强度螺栓应自由穿入螺栓孔。高强度螺栓孔不应采用气割扩孔,扩孔数量应征得设计同意,扩孔后的孔径不应超过1.2

d(d为螺栓直径)。

检查数量:被扩螺栓孔全数检查。

检验方法:观察检查及用卡尺检查。

6.3.8 螺栓球节点网架总拼完成后,高强度螺栓与球节点应紧固连接,高强度螺栓拧入螺栓球内的螺纹长度不应小于1.0d(d为螺栓直径),连接处不应出现有间隙、松动等未拧紧情况。

检查数量:按节点数抽查5%,且不应少于10个。

检验方法:普通扳手及尺量检查。

7 钢零件及钢部件加工工程

7.1 一般规定

7.1.1 本章适用于钢结构制作及安装中钢零件及钢部件加工的质量验收。

7.1.2 钢零件及钢部件加工工程,可按相应的钢结构制作工程或钢结构安装工程检验批的划分原则划分为一个或若干个检验批。

7.2 切 割

Ⅰ 主控项目

7.2.1 钢材切割面或剪切面应无裂纹、夹渣、分层和大于1mm的缺棱。

检查数量:全数检查。

检验方法:观察或用放大镜及百分尺检查,有疑义时作渗透、磁粉或超声波探伤检查。

Ⅱ 一般项目

7.2.2 气割的允许偏差应符合表7.2.2的规定。

检查数量:按切割面数抽查10%,且不应少于3件。

检验方法:观察检查或用钢尺、塞尺检查。

表7.2.2 气割的允许偏差(mm)

项 目	允 许 偏 差
零件宽度、长度	±3.0
切割面平面度	0.05t,且不应大于2.0
割纹深度	0.3
局部缺口深度	1.0

注:t为切割面厚度。

7.2.3 机械剪切的允许偏差应符合表7.2.3的规定。

检查数量:按切割面数抽查10%,且不应少于3件。

检验方法:观察检查或用钢尺、塞尺检查。

表7.2.3 机械剪切的允许偏差(mm)

项 目	允 许 偏 差
零件宽度、长度	±3.0
边缘缺棱	1.0
型材端部垂直度	2.0

7.3 矫正和成型

Ⅰ 主控项目

7.3.1 碳素结构钢在环境温度低于-16℃、低合金结构钢在环境温度低于-12℃时,不应进行冷矫正和冷弯曲。碳素结构钢和低合金结构钢在加热矫正时,加热温度不应超过900℃。低合金结构钢在加热矫正后应自然冷却。

检查数量:全数检查。

检验方法:检查制作工艺报告和施工记录。

7.3.2 当零件采用热加工成型时,加热温度应控制在900~1000℃;碳素结构钢和低合金结构钢在温度分别下降到700℃和800℃之前,应结束加工;低合金结构钢应自然冷却。

检查数量:全数检查。
检验方法:检查制作工艺报告和施工记录。

Ⅱ 一般项目

7.3.3 矫正后的钢材表面,不应有明显的凹面或损伤,划痕深度不得大于0.5mm,且不应大于该钢材厚度负允许偏差的1/2。
检查数量:全数检查。
检验方法:观察检查和实测检查。

7.3.4 冷矫正和冷弯曲的最小曲率半径和最大弯曲矢高应符合表7.3.4的规定。
检查数量:按冷矫正和冷弯曲的件数抽查10%,且不应少于3个。
检验方法:观察检查和实测检查。

表7.3.4 冷矫正和冷弯曲的最小曲率半径和最大弯曲矢高(mm)

钢材类别	图例	对应轴	矫正 r	矫正 f	弯曲 r	弯曲 f
钢板扁钢		$x-x$	$50t$	$\dfrac{l^2}{400t}$	$25t$	$\dfrac{l^2}{200t}$
		$y-y$(仅对扁钢轴线)	$100b$	$\dfrac{l^2}{800b}$	$50b$	$\dfrac{l^2}{400b}$
角钢		$x-x$	$90b$	$\dfrac{l^2}{720b}$	$45b$	$\dfrac{l^2}{360b}$
槽钢		$x-x$	$50h$	$\dfrac{l^2}{400h}$	$25h$	$\dfrac{l^2}{200h}$
		$y-y$	$90b$	$\dfrac{l^2}{720b}$	$45b$	$\dfrac{l^2}{360b}$
工字钢		$x-x$	$50h$	$\dfrac{l^2}{400h}$	$25h$	$\dfrac{l^2}{200h}$
		$y-y$	$50b$	$\dfrac{l^2}{400b}$	$25b$	$\dfrac{l^2}{200b}$

注:r为曲率半径;f为弯曲矢高;l为弯曲弦长;t为钢板厚度。

7.3.5 钢材矫正后的允许偏差,应符合表7.3.5的规定。
检查数量:按矫正件数抽查10%,且不应少于3件。
检验方法:观察检查和实测检查。

表7.3.5 钢材矫正后的允许偏差(mm)

项目	允许偏差	图例
钢板的局部平面度	$t\leqslant14$ → 1.5 $t>14$ → 1.0	
型钢弯曲矢高	$l/1000$且不应大于5.0	
角钢肢的垂直度	$b/100$ 双肢栓接角钢的角度不得大于90°	
槽钢翼缘对腹板的垂直度	$b/80$	
工字钢、H型钢翼缘对腹板的垂直度	$b/100$且不大于2.0	

7.4 边缘加工

Ⅰ 主控项目

7.4.1 气割或机械剪切的零件,需要进行边缘加工时,其刨削量不小于2.0mm。
检查数量:全数检查。
检验方法:检查工艺报告和施工记录。

Ⅱ 一般项目

7.4.2 边缘加工允许偏差应符合表7.4.2的规定。
检查数量:按加工面数抽查10%,且不应少于3件。
检验方法:观察检查和实测检查。

表7.4.2 边缘加工的允许偏差(mm)

项目	允许偏差
零件宽度、长度	±1.0
加工边直线度	$l/3000$,且不应大于2.0
相邻两边夹角	±6′
加工面垂直度	$0.025t$,且不应大于0.5
加工面表面粗糙度	50 ▽

7.5 管、球加工

Ⅰ 主控项目

7.5.1 螺栓球成型后,不应有裂纹、褶皱、过烧。
检查数量:每种规格抽查10%,且不应少于5个。
检验方法:10倍放大镜观察检查或表面探伤。

7.5.2 钢板压成半圆球后,表面不应有裂纹、褶皱;焊接球其对接坡口应采用机械加工,对焊缝表面应打磨平整。
检查数量:每种规格抽查10%,且不应少于5个。
检验方法:10倍放大镜观察检查或表面探伤。

Ⅱ 一般项目

7.5.3 螺栓球加工的允许偏差应符合表7.5.3的规定。
检查数量:每种规格抽查10%,且不应少于5个。
检验方法:见表7.5.3。

表7.5.3 螺栓球加工的允许偏差(mm)

项目		允许偏差	检验方法
圆度	$d\leqslant120$	1.5	用卡尺和游标卡尺检查
	$d>120$	2.5	
同一轴线上两铣平面平行度	$d\leqslant120$	0.2	用百分表V形块检查
	$d>120$	0.3	
铣平面距球中心距离		±0.2	用游标卡尺检查
相邻两螺栓孔中心线夹角		±30′	用分度头检查
两铣平面与螺栓孔轴线垂直度		$0.005r$	用百分表检查
球毛坯直径	$d\leqslant120$	+2.0 −1.0	用卡尺和游标卡尺检查
	$d>120$	+3.0 −1.5	

7.5.4 焊接球加工的允许偏差应符合表7.5.4的规定。
检查数量:每种规格抽查10%,且不应少于5个。
检验方法:见表7.5.4。

表7.5.4 焊接球加工的允许偏差(mm)

项目	允许偏差	检验方法
直径	±0.005d ±2.5	用卡尺和游标卡尺检查
圆度	2.5	用卡尺和游标卡尺检查
壁厚减薄量	$0.13t$,且不应大于1.5	用卡尺和测厚仪检查
两半球对口错边	1.0	用套模和游标卡尺检查

7.5.5 钢网架(桁架)用钢管杆件加工的允许偏差应符合表7.5.5的规定。

检查数量:每种规格抽查10%,且不应少于5根。

检验方法:见表7.5.5。

表7.5.5 钢网架(桁架)用钢管杆件加工的允许偏差(mm)

项 目	允许偏差	检验方法
长 度	±1.0	用钢尺和百分表检查
端面对管轴的垂直度	0.005r	用百分表和V形块检查
管口曲线	1.0	用套模和游标卡尺检查

7.6 制 孔

I 主控项目

7.6.1 A、B级螺栓孔(I类孔)应具有H12的精度,孔壁表面粗糙度 R_a 不应大于12.5 μm。其孔径的允许偏差应符合表7.6.1-1的规定。

C级螺栓孔(II类孔),孔壁表面粗糙度 R_a 不应大于25 μm,其允许偏差应符合表7.6.1-2的规定。

检查数量:按钢构件数量抽查10%,且不应少于3件。

检验方法:用游标卡尺或孔径量规检查。

表7.6.1-1 A、B级螺栓孔径的允许偏差(mm)

序 号	螺栓公称直径、螺栓孔直径	螺栓公称直径允许偏差	螺栓孔直径允许偏差
1	10~18	0.00 −0.18	+0.18 0.00
2	18~30	0.00 −0.21	+0.21 0.00
3	30~50	0.00 −0.25	+0.25 0.00

表7.6.1-2 C级螺栓孔的允许偏差(mm)

项 目	允许偏差
直 径	+1.0 0.0
圆 度	2.0
垂直度	0.03t,且不应大于2.0

II 一般项目

7.6.2 螺栓孔孔距的允许偏差应符合表7.6.2的规定。

检查数量:按钢构件数量抽查10%,且不应少于3件。

检验方法:用钢尺检查。

表7.6.2 螺栓孔孔距允许偏差(mm)

螺栓孔孔距范围	≤500	501~1200	1201~3000	>3000
同一组内任意两孔间距离	±1.0	±1.5	—	—
相邻两组的端孔间距离	±1.5	±2.0	±2.5	±3.0

注:1 在节点中连接板与一根杆件相连的所有螺栓孔为一组;

2 对接接头在拼接板一侧的螺栓孔为一组;

3 在两相邻节点或接头间的螺栓孔为一组,但不包括上述两款所规定的螺栓孔;

4 受弯构件翼缘上的连接螺栓孔,每米长度范围内的螺栓孔为一组。

7.6.3 螺栓孔孔距的允许偏差超过本规范表7.6.2规定的允许偏差时,应采用与母材材质相匹配的焊条补焊后重新制孔。

检查数量:全数检查。

检验方法:观察检查。

8 钢构件组装工程

8.1 一般规定

8.1.1 本章适用于钢结构制作中构件组装的质量验收。

8.1.2 钢构件组装工程可按钢结构制作工程检验批的划分原则划分为一个或若干个检验批。

8.2 焊接H型钢

I 一般项目

8.2.1 焊接H型钢的翼缘板拼接缝和腹板拼接缝的间距不应小于200mm。翼缘板拼接长度不应小于2倍板宽;腹板拼接宽度不小于300mm,长度不应小于600mm。

检查数量:全数检查。

检验方法:观察和用钢尺检查。

8.2.2 焊接H型钢的允许偏差应符合本规范附录C中表C.0.1的规定。

检查数量:按钢构件数抽查10%,宜不应少于3件。

检验方法:用钢尺、角尺、塞尺等检查。

8.3 组 装

I 主控项目

8.3.1 吊车梁和吊车桁架不应下挠。

检查数量:全数检查。

检验方法:构件直立,在两端支承后,用水准仪和钢尺检查。

II 一般项目

8.3.2 焊接连接组装的允许偏差应符合本规范附录C中表C.0.2的规定。

检查数量:按构件数抽查10%,且不应少于3个。

检验方法:用钢尺检验。

8.3.3 顶紧接触面应有75%以上的面积紧贴。

检查数量:按接触面的数量抽查10%,且不应少于10个。

检验方法:用0.3mm塞尺检查,其塞入面积应小于25%,边缘间隙不应大于0.8mm。

8.3.4 桁架结构杆件轴线交点错位的允许偏差不得大于3.0mm。

检查数量:按构件数抽查10%,且不应少于3个,每个抽查构件按节点数抽查10%,且不应少于3个节点。

检验方法:尺量检查。

8.4 端部铣平及安装焊缝坡口

I 主控项目

8.4.1 端部铣平的允许偏差应符合表8.4.1的规定。

检查数量:按铣平面数量抽查10%,且不应少于3个。

检验方法:用钢尺、角尺、塞尺等检查。

表8.4.1 端部铣平的允许偏差(mm)

项 目	允许偏差
两端铣平时构件长度	±2.0
两端铣平时零件长度	±0.5
铣平面的平面度	0.3
铣平面对轴线的垂直度	l/1500

II 一般项目

8.4.2 安装焊缝坡口的允许偏差应符合表8.4.2的规定。

检查数量:按坡口数量抽查10%,且不应少于3条。

检验方法:用焊缝量规检查。

表 8.4.2 安装焊缝坡口的允许偏差

项　目	允许偏差
坡口角度	±5°
钝边	±1.0mm

8.4.3 外露铣平面应防锈保护。

　　检查数量：全数检查。

　　检验方法：观察检查。

8.5　钢构件外形尺寸

Ⅰ　主控项目

8.5.1 钢构件外形尺寸主控项目的允许偏差应符合表 8.5.1 的规定。

　　检查数量：全数检查。

　　检验方法：用钢尺检查。

表 8.5.1　钢构件外形尺寸主控项目的允许偏差(mm)

项　目	允许偏差
单层柱、梁、桁架受力支托(支承面)表面至第一个安装孔距离	±1.0
多节柱铣平面至第一个安装孔距离	±1.0
实腹梁两端最外侧安装孔距离	±3.0
构件连接处的截面几何尺寸	±3.0
柱、梁连接处的腹板中心线偏移	2.0
受压构件(杆件)弯曲矢高	$l/1000$,且不应大于 10.0

Ⅱ　一般项目

8.5.2 钢构件外形尺寸一般项目的允许偏差应符合本规范附录 C 中表 C.0.3～表 C.0.9 的规定。

　　检查数量：按构件数量抽查 10%,且不应少于 3 件。

　　检验方法：见本规范附录 C 中表 C.0.3～表 C.0.9。

9　钢构件预拼装工程

9.1　一般规定

9.1.1 本章适用于钢构件预拼装工程的质量验收。

9.1.2 钢构件预拼装工程可按钢结构制作工程检验批的划分原则划分为一个或若干个检验批。

9.1.3 预拼装所用的支承凳或平台应测量找平,检查时应拆除全部临时固定和拉紧装置。

9.1.4 进行预拼装的钢构件,其质量应符合设计要求和本规范合格质量标准的规定。

9.2　预拼装

Ⅰ　主控项目

9.2.1 高强度螺栓和普通螺栓连接的多层板叠,应采用试孔器进行检查,并应符合下列规定:

　　1 当采用比孔公称直径小 1.0mm 的试孔器检查时,每组孔的通过率不应小于 85%;

　　2 当采用比螺栓公称直径大 0.3mm 的试孔器检查时,通过率应为 100%。

　　检查数量:按预拼装单元全数检查。

　　检验方法:采用试孔器检查。

Ⅱ　一般项目

9.2.2 预拼装的允许偏差应符合本规范附录 D 表 D 的规定。

　　检查数量:按预拼装单元全数检查。

　　检验方法:见本规范附录 D 表 D。

10　单层钢结构安装工程

10.1　一般规定

10.1.1 本章适用于单层钢结构的主体结构、地下钢结构、檩条及墙架等次要构件、钢平台、钢梯、防护栏杆等安装工程的质量验收。

10.1.2 单层钢结构安装工程可按变形缝或空间刚度单元等划分成一个或若干个检验批。地下钢结构可按不同地层划分检验批。

10.1.3 钢结构安装检验批应在进场验收和焊接连接、紧固件连接、制作等分项工程验收合格的基础上进行验收。

10.1.4 安装的测量校正、高强度螺栓安装、负温度下施工及焊接工艺等,应在安装前进行工艺试验或评定,并应在此基础上制定相应的施工工艺或方案。

10.1.5 安装偏差的检测,应在结构形成空间刚度单元并连接固定后进行。

10.1.6 安装时,必须控制屋面、楼面、平台等的施工荷载,施工荷载和冰雪荷载等严禁超过梁、桁架、楼面板、屋面板、平台铺板等的承载能力。

10.1.7 在形成空间刚度单元后,应及时对柱底板和基础顶面的空隙进行细石混凝土、灌浆料等二次浇灌。

10.1.8 吊车梁或直接承受动力荷载的梁其受拉翼缘、吊车桁架或直接承受动力荷载的桁架其受拉弦杆上不得焊接悬挂物和卡具等。

10.2　基础和支承面

Ⅰ　主控项目

10.2.1 建筑物的定位轴线、基础轴线和标高、地脚螺栓的规格及其紧固应符合设计要求。

　　检查数量：按柱基数抽查 10%,且不应少于 3 个。

　　检验方法：用经纬仪、水准仪、全站仪和钢尺现场实测。

10.2.2 基础顶面直接作为柱的支承面和基础顶面预埋钢板或支座作为柱的支承面时,其支承面、地脚螺栓(锚栓)位置的允许偏差应符合表 10.2.2 的规定。

　　检查数量：按柱基数抽查 10%,且不应少于 3 个。

　　检验方法：用经纬仪、水准仪、全站仪、水平尺和钢尺实测。

表 10.2.2　支承面、地脚螺栓(锚栓)位置的允许偏差(mm)

项　目		允许偏差
支承面	标高	±3.0
	水平度	$l/1000$
地脚螺栓(锚栓)	螺栓中心偏移	5.0
预留孔中心偏移		10.0

10.2.3 采用座浆垫板时,座浆垫板的允许偏差应符合表 10.2.3 的规定。

　　检查数量：资料全数检查。按柱基数抽查 10%,且不应少于 3 个。

　　检验方法：用水准仪、全站仪、水平尺和钢尺现场实测。

表 10.2.3　座浆垫板的允许偏差(mm)

项　目	允许偏差
顶面标高	0.0 −3.0
水平度	$l/1000$
位置	20.0

10.2.4 采用杯口基础时,杯口尺寸的允许偏差应符合表 10.2.4 的规定。

检查数量：按基础数抽查10%，且不应少于4处。

检验方法：观察及尺量检查。

表 10.2.4　杯口尺寸的允许偏差(mm)

项　目	允许偏差
底面标高	0.0 −5.0
杯口深度 H	±5.0
杯口垂直度	$H/100$，且不应大于10.0
位置	10.0

Ⅱ　一般项目

10.2.5　地脚螺栓(锚栓)尺寸的偏差应符合表10.2.5的规定。地脚螺栓(锚栓)的螺纹应受到保护。

检查数量：按柱基数抽查10%，且不应少于3个。

检验方法：用钢尺现场实测。

表 10.2.5　地脚螺栓(锚栓)尺寸的允许偏差(mm)

项　目	允许偏差
螺栓(锚栓)露出长度	+30.0 0.0
螺纹长度	+30.0 0.0

10.3　安装和校正

Ⅰ　主控项目

10.3.1　钢构件应符合设计要求和本规范的规定。运输、堆放和吊装等造成的钢构件变形及涂层脱落，应进行矫正和修补。

检查数量：按构件数抽查10%，且不应少于3个。

检验方法：用拉线、钢尺现场实测或观察。

10.3.2　设计要求顶紧的节点，接触面不应少于70%紧贴，且边缘最大间隙不应大于0.8mm。

检查数量：按节点数抽查10%，且不应少于3个。

检验方法：用钢尺及0.3mm和0.8mm厚的塞尺现场实测。

10.3.3　钢屋(托)架、桁架、梁及受压杆件的垂直度和侧向弯曲矢高的允许偏差应符合表10.3.3的规定。

检查数量：按同类构件数抽查10%，且不应少于3个。

检验方法：用吊线、拉线、经纬仪和钢尺现场实测。

表 10.3.3　钢屋(托)架、桁架、梁及受压杆件垂直度和
侧向弯曲矢高的允许偏差(mm)

项目	允许偏差	图　例
跨中的垂直度	$h/250$，且不应大于15.0	
侧向弯曲矢高 f	$l \leqslant 30m$ $l/1000$，且不应大于10.0	
	$30m < l \leqslant 60m$ $l/1000$，且不应大于30.0	
	$l > 60m$ $l/1000$，且不应大于50.0	

10.3.4　单层钢结构主体结构的整体垂直度和整体平面弯曲的允许偏差应符合表10.3.4的规定。

检查数量：对主要立面全部检查。对每个所检查的立面，除两列角柱外，尚应至少选取一列中间柱。

检验方法：采用经纬仪、全站仪等测量。

表 10.3.4　整体垂直度和整体平面弯曲的允许偏差(mm)

项　目	允许偏差	图　例
主体结构的整体垂直度	$H/1000$，且不应大于25.0	
主体结构的整体平面弯曲	$L/1500$，且不应大于25.0	

Ⅱ　一般项目

10.3.5　钢柱等主要构件的中心线及标高基准点等标记应齐全。

检查数量：按同类构件数抽查10%，且不应少于3件。

检验方法：观察检查。

10.3.6　当钢桁架(或梁)安装在混凝土柱上时，其支座中心对定位轴线的偏差不应大于10mm；当采用大型混凝土屋面板时，钢桁架(或梁)间距的偏差不应大于10mm。

检查数量：按同类构件数抽查10%，且不应少于3榀。

检验方法：用拉线和钢尺现场实测。

10.3.7　钢柱安装的允许偏差应符合本规范附录E中表E.0.1的规定。

检查数量：按钢柱数抽查10%，且不应少于3件。

检验方法：见本规范附录E中表E.0.1。

10.3.8　钢吊车梁或直接承受动力荷载的类似构件，其安装的允许偏差应符合本规范附录E中表E.0.2的规定。

检查数量：按钢吊车梁数抽查10%，且不应少于3榀。

检验方法：见本规范附录E中表E.0.2。

10.3.9　檩条、墙架等次要构件安装的允许偏差应符合本规范附录E中表E.0.3的规定。

检查数量：按同类构件数抽查10%，且不应少于3件。

检验方法：见本规范附录E中表E.0.3。

10.3.10　钢平台、钢梯、栏杆安装应符合现行国家标准《固定式钢直梯》GB 4053.1、《固定式钢斜梯》GB 4053.2、《固定式防护栏杆》GB 4053.3和《固定式钢平台》GB 4053.4的规定。钢平台、钢梯和防护栏杆安装的允许偏差应符合本规范附录E中表E.0.4的规定。

检查数量：按钢平台总数抽查10%，栏杆、钢梯按总长度各抽查10%，但钢平台不应少于1个，栏杆不应少于5m，钢梯不应少于1跑。

检验方法：见本规范附录E中表E.0.4。

10.3.11　现场焊缝组对间隙的允许偏差应符合表10.3.11的规定。

检查数量：按同类节点数抽查10%，且不应少于3个。

检验方法：尺量检查。

表 10.3.11　现场焊缝组对间隙的允许偏差(mm)

项　目	允许偏差
无垫板间隙	+3.0 0.0
有垫板间隙	+3.0 −2.0

10.3.12　钢结构表面应干净，结构主要表面不应有疤痕、泥沙等污垢。

检查数量:按同类构件数抽查10%,且不应少于3件。

检验方法:观察检查。

11 多层及高层钢结构安装工程

11.1 一般规定

11.1.1 本章适用于多层及高层钢结构的主体结构、地下钢结构、檩条及墙架等次要构件、钢平台、钢梯、防护栏杆等安装工程的质量验收。

11.1.2 多层及高层钢结构安装工程可按楼层或施工段等划分为一个或若干个检验批。地下钢结构可按不同地下层划分检验批。

11.1.3 柱、梁、支撑等构件的长度尺寸应包括焊接收缩余量等变形值。

11.1.4 安装柱时,每节柱的定位轴线应从地面控制轴线直接引上,不得从下层柱的轴线引上。

11.1.5 结构的楼层标高可按相对标高或设计标高进行控制。

11.1.6 钢结构安装检验批应在进场验收和焊接连接、紧固件连接、制作等分项工程验收合格的基础上进行验收。

11.1.7 多层及高层钢结构安装应遵照本规范第10.1.4、10.1.5、10.1.6、10.1.7、10.1.8条的规定。

11.2 基础和支承面

Ⅰ 主控项目

11.2.1 建筑物的定位轴线、基础上柱的定位轴线和标高、地脚螺栓(锚栓)的规格和位置、地脚螺栓(锚栓)紧固应符合设计要求。当设计无要求时,应符合表11.2.1的规定。

检查数量:按柱基数抽查10%,且不应少于3个。

检验方法:采用经纬仪、水准仪、全站仪和钢尺实测。

表 11.2.1 建筑物定位轴线、基础上柱的定位轴线和标高、地脚螺栓(锚栓)的允许偏差(mm)

项 目	允许偏差	图 例
建筑物定位轴线	$L/20000$,且不应大于3.0	
基础上柱的定位轴线	1.0	
基础上柱底标高	±2.0	
地脚螺栓(锚栓)位移	2.0	

11.2.2 多层建筑以基础顶面直接作为柱的支承面,或以基础顶面预埋钢板或支座作为柱的支承面时,其支承面、地脚螺栓(锚栓)位置的允许偏差应符合本规范表10.2.2的规定。

检查数量:按柱基数抽查10%,且不应少于3个。

检验方法:用经纬仪、水准仪、全站仪、水平尺和钢尺实测。

11.2.3 多层建筑采用座浆垫板时,座浆垫板的允许偏差应符合本规范表10.2.3的规定。

检查数量:资料全数检查。按柱基数抽查10%,且不应少于3个。

检验方法:用水准仪、全站仪、水平尺和钢尺实测。

11.2.4 当采用杯口基础时,杯口尺寸的允许偏差应符合本规范表10.2.4的规定。

检查数量:按基础数抽查10%,且不应少于4处。

检验方法:观察及尺量检查。

Ⅱ 一般项目

11.2.5 地脚螺栓(锚栓)尺寸的允许偏差应符合本规范表10.2.5的规定。地脚螺栓(锚栓)的螺纹应受到保护。

检查数量:按柱基数抽查10%,且不应少于3个。

检验方法:用钢尺现场实测。

11.3 安装和校正

Ⅰ 主控项目

11.3.1 钢构件应符合设计要求和本规范的规定。运输、堆放和吊装等造成的钢构件变形及涂层脱落,应进行矫正和修补。

检查数量:按构件数抽查10%,且不应少于3件。

检验方法:用拉线、钢尺现场实测或观察。

11.3.2 柱子安装的允许偏差应符合表11.3.2的规定。

检查数量:标准柱全部检查;非标准柱抽查10%,且不应少于3根。

检验方法:用全站仪或激光经纬仪和钢尺实测。

表 11.3.2 柱子安装的允许偏差(mm)

项 目	允许偏差	图 例
底层柱柱底轴线对定位轴线偏移	3.0	
柱子定位轴线	1.0	
单节柱的垂直度	$h/1000$,且不应大于10.0	

11.3.3 设计要求顶紧的节点,接触面不应少于70%紧贴,且边缘最大间隙不应大于0.8mm。

检查数量:按节点数抽查10%,且不应少于3个。

检验方法:用钢尺及0.3mm和0.8mm厚的塞尺现场实测。

11.3.4 钢主梁、次梁及受压杆件的垂直度和侧向弯曲矢高的允许偏差应符合本规范表10.3.3中有关钢屋(托)架允许偏差的规定。

检查数量:按同类构件数抽查10%,且不应少于3件。

检验方法:用吊线、拉线、经纬仪和钢尺现场实测。

11.3.5 多层及高层钢结构主体结构的整体垂直度和整体平面弯

曲的允许偏差应符合表11.3.5的规定。

检查数量：对主要立面全部检查。对每个所检查的立面，除两列角柱外，尚应至少选取一列中间柱。

检验方法：对于整体垂直度，可采用激光经纬仪、全站仪测量，也可根据各节柱的垂直度允许偏差累计（代数和）计算。对于整体平面弯曲，可按产生的允许偏差累计（代数和）计算。

表11.3.5　整体垂直度和整体平面弯曲的允许偏差（mm）

项　目	允许偏差	图　例
主体结构的整体垂直度	$(H/2500+10.0)$，且不应大于50.0	
主体结构的整体平面弯曲	$L/1500$，且不应大于25.0	

Ⅱ　一般项目

11.3.6 钢结构表面应干净，结构主要表面不应有疤痕、泥沙等污垢。

检查数量：按同类构件数抽查10％，且不应少于3件。

检验方法：观察检查。

11.3.7 钢柱等主要构件的中心线及标高基准点等标记应齐全。

检查数量：按同类构件数抽查10％，且不应少于3件。

检验方法：观察检查。

11.3.8 钢构件安装的允许偏差应符合本规范附录E中表E.0.5的规定。

检查数量：按同类构件或节点数抽查10％。其中柱和梁各不应少于3件，主梁与次梁连接节点不应少于3个，支承压型金属板的钢梁长度不应少于5m。

检验方法：见本规范附录E中表E.0.5。

11.3.9 主体结构总高度的允许偏差应符合本规范附录E中表E.0.6的规定。

检查数量：按标准柱列数抽查10％，且不应少于4列。

检验方法：采用全站仪、水准仪和钢尺实测。

11.3.10 当钢构件安装在混凝土柱上时，其柱脚中心对定位轴线的偏差不应大于10mm；当采用大型混凝土屋面板时，钢梁（或桁架）间距的偏差不应大于10mm。

检查数量：按同类构件数抽查10％，且不应少于3榀。

检验方法：用拉线和钢尺现场实测。

11.3.11 多层及高层钢结构中钢吊车梁或直接承受动力荷载的类似构件，其安装的允许偏差应符合本规范附录E中表E.0.2的规定。

检查数量：按钢吊车梁数抽查10％，且不应少于3榀。

检验方法：见本规范附录E中表E.0.2。

11.3.12 多层及高层钢结构中檩条、墙架等次要构件安装的允许偏差应符合本规范附录E中表E.0.3的规定。

检查数量：按同类构件数抽查10％，且不应少于3件。

检验方法：见本规范附录E中表E.0.3。

11.3.13 多层及高层钢结构中钢平台、钢梯、栏杆安装应符合现行国家标准《固定式钢直梯》GB 4053.1、《固定式钢斜梯》GB 4053.2、《固定式防护栏杆》GB 4053.3 和《固定式钢平台》GB 4053.4 的规定。钢平台、钢梯和防护栏杆安装的允许偏差应符合本规范附录E中表E.0.4的规定。

检查数量：按钢平台总数抽查10％，栏杆、钢梯按总长度各抽

查10％，但钢平台不应少于1个，栏杆不应少于5m，钢梯不应少于1跑。

检验方法：见本规范附录E中表E.0.4。

11.3.14 多层及高层钢结构中现场焊缝组对间隙的允许偏差应符合本规范表10.3.11的规定。

检查数量：按同类节点数抽查10％，且不应少于3个。

检验方法：尺量检查。

12　钢网架结构安装工程

12.1　一般规定

12.1.1 本章适用于建筑工程中的平板型钢网格结构（简称钢网架结构）安装工程的质量验收。

12.1.2 钢网架结构安装工程可按变形缝、施工段或空间刚度单元划分成一个或若干检验批。

12.1.3 钢网架结构安装检验批应在进场验收、焊接连接、紧固件连接、制作等分项工程验收合格的基础上进行验收。

12.1.4 钢网架结构安装应遵照本规范第10.1.4、10.1.5、10.1.6条的规定。

12.2　支承面顶板和支承垫块

Ⅰ　主控项目

12.2.1 钢网架结构支座定位轴线的位置、支座锚栓的规格应符合设计要求。

检查数量：按支座数抽查10％，且不应少于4处。

检验方法：用经纬仪和钢尺实测。

12.2.2 支承面顶板的位置、标高、水平度以及支座锚栓位置的允许偏差应符合表12.2.2的规定。

表12.2.2　支承面顶板、支座锚栓位置的允许偏差（mm）

项　目		允许偏差
支承面顶板	位置	15.0
	顶面标高	$\begin{array}{c}0\\-3.0\end{array}$
	顶面水平度	$l/1000$
支座锚栓	中心偏移	±5.0

检查数量：按支座数抽查10％，且不应少于4处。

检验方法：用经纬仪、水准仪、水平尺和钢尺实测。

12.2.3 支承垫块的种类、规格、摆放位置和朝向，必须符合设计要求和国家现行有关标准的规定。橡胶垫块与刚性垫块之间或不同类型刚性垫块之间不得互换使用。

检查数量：按支座数抽查10％，且不应少于4处。

检验方法：观察和用钢尺实测。

12.2.4 网架支座锚栓的紧固应符合设计要求。

检查数量：按支座数抽查10％，且不应少于4处。

检验方法：观察检查。

Ⅱ　一般项目

12.2.5 支座锚栓尺寸的允许偏差应符合本规范表10.2.5的规定。支座锚栓的螺纹应受到保护。

检查数量：按支座数抽查10％，且不应少于4处。

检验方法：用钢尺实测。

12.3　总拼与安装

Ⅰ　主控项目

12.3.1 小拼单元的允许偏差应符合表12.3.1的规定。

检查数量：按单元数抽查5％，且不应少于5个。

检验方法：用钢尺和拉线等辅助量具实测。

表 12.3.1　小拼单元的允许偏差(mm)

项　目		允许偏差
节点中心偏移		2.0
焊接球节点与钢管中心的偏移		1.0
杆件轴线的弯曲矢高		$L_1/1000$,且不应大于 5.0
锥体型小拼单元	弦杆长度	±2.0
	锥体高度	±2.0
	上弦杆对角线长度	±3.0
平面桁架型小拼单元	跨长 ≤24m	+3.0 −7.0
	跨长 >24m	+5.0 −10.0
	跨中高度	±3.0
	跨中拱度 设计要求起拱	±L/5000
	跨中拱度 设计未要求起拱	+10.0

注:1　L_1 为杆件长度;
2　L 为跨长。

12.3.2　中拼单元的允许偏差应符合表 12.3.2 的规定。

检查数量:全数检查。

检验方法:用钢尺和辅助量具实测。

表 12.3.2　中拼单元的允许偏差(mm)

项　目		允许偏差
单元长度≤20m,拼接长度	单跨	±10.0
	多跨连续	±5.0
单元长度>20m,拼接长度	单跨	±20.0
	多跨连续	±10.0

12.3.3　对建筑结构安全等级为一级,跨度 40m 及以上的公共建筑钢网架结构,且设计有要求时,应按下列项目进行节点承载力试验,其结果应符合以下规定:

　　1　焊接球节点应按设计指定规格的球及其匹配的钢管焊接成试件,进行轴心拉、压承载力试验,其试验破坏荷载值大于或等于 1.6 倍设计承载力为合格。

　　2　螺栓球节点应按设计指定规格的球最大螺栓孔螺纹进行抗拉强度保证荷载试验,当达到螺栓的设计承载力时,螺孔、螺纹及封板仍完好无损为合格。

检查数量:每项试验做 3 个试件。

检验方法:在万能试验机上进行检验,检查试验报告。

12.3.4　钢网架结构总拼完成后及屋面工程完成后应分别测量其挠度值,且所测的挠度值不应超过相应设计值的 1.15 倍。

检查数量:跨度 24m 及以下钢网架结构测量下弦中央一点;跨度 24m 以上钢网架结构测量下弦中央一点及各向下弦跨度的四等分点。

检验方法:用钢尺和水准仪实测。

Ⅱ　一般项目

12.3.5　钢网架结构安装完成后,其节点及杆件表面应干净,不应有明显的疤痕、泥沙和污垢。螺栓球节点应将所有接缝用油腻子填嵌严密,并应将多余螺孔封口。

检查数量:按节点及杆件数抽查 5%,且不应少于 10 个节点。

检验方法:观察检查。

12.3.6　钢网架结构安装完成后,其安装的允许偏差应符合表

12.3.6 的规定。

检查数量:全数检查。

检验方法:见表 12.3.6。

表 12.3.6　钢网架结构安装的允许偏差(mm)

项　目	允许偏差	检验方法
纵向、横向长度	$L/2000$,且不应大于 30.0 −$L/2000$,且不应小于−30.0	用钢尺实测
支座中心偏移	$L/3000$,且不应大于 30.0	用钢尺和经纬仪实测
周边支承网架相邻支座高差	$L/400$,且不应大于 15.0	用钢尺和水准仪实测
支座最大高差	30.0	
多点支承网架相邻支座高差	$L_1/800$,且不应大于 30.0	

注:1　L 为纵向、横向长度;
2　L_1 为相邻支座间距。

13　压型金属板工程

13.1　一般规定

13.1.1　本章适用于压型金属板的施工现场制作和安装工程质量验收。

13.1.2　压型金属板的制作和安装工程可按变形缝、楼层、施工段或屋面、墙面、楼面等划分为一个或若干个检验批。

13.1.3　压型金属板安装应在钢结构安装工程检验批质量验收合格后进行。

13.2　压型金属板制作

Ⅰ　主控项目

13.2.1　压型金属板成型后,其基板不应有裂纹。

检查数量:按计件数抽查 5%,且不应少于 10 件。

检验方法:观察和用 10 倍放大镜检查。

13.2.2　有涂层、镀层压型金属板成型后,涂、镀层不应有肉眼可见的裂纹、剥落和擦痕等缺陷。

检查数量:按计件数抽查 5%,且不应少于 10 件。

检验方法:观察检查。

Ⅱ　一般项目

13.2.3　压型金属板的尺寸允许偏差应符合表 13.2.3 的规定。

检查数量:按计件数抽查 5%,且不应少于 10 件。

检验方法:用拉线和钢尺检查。

13.2.4　压型金属板成型后,表面应干净,不应有明显凹凸和皱褶。

检查数量:按计件数抽查 5%,且不应少于 10 件。

检验方法:观察检查。

表 13.2.3　压型金属板的尺寸允许偏差(mm)

项　目			允许偏差
波距			±2.0
波高	压型钢板	截面高度≤70	±1.5
		截面高度>70	±2.0
	侧向弯曲	在测量长度 l_1 的范围内	20.0

注:l_1 为测量长度,指板长扣除两端各 0.5m 后的实际长度(小于 10m)或扣除后任选的 10m 长度。

13.2.5 压型金属板施工现场制作的允许偏差应符合表13.2.5的规定。

检查数量：按计件数抽查5%，且不应少于10件。

检验方法：用钢尺、角尺检查。

表13.2.5 压型金属板施工现场制作的允许偏差(mm)

项　目		允许偏差
压型金属板的覆盖宽度	截面高度≤70	+10.0，-2.0
	截面高度>70	+6.0，-2.0
板　长		±9.0
横向剪切偏差		6.0
泛水板、包角板尺寸	板　长	±6.0
	折弯面宽度	±3.0
	折弯面夹角	2°

13.3 压型金属板安装

Ⅰ 主控项目

13.3.1 压型金属板、泛水板和包角板等应固定可靠、牢固，防腐涂料涂刷和密封材料敷设应完好，连接件数量、间距应符合设计要求和国家现行有关标准规定。

检查数量：全数检查。

检验方法：观察检查及尺量。

13.3.2 压型金属板应在支承构件上可靠搭接，搭接长度应符合设计要求，且不应小于表13.3.2所规定的数值。

检查数量：按搭接部位总长度抽查10%，且不应少于10m。

检验方法：观察和用钢尺检查。

表13.3.2 压型金属板在支承构件上的搭接长度(mm)

项　目		搭接长度
截面高度>70		375
截面高度≤70	屋面坡度<1/10	250
	屋面坡度≥1/10	200
墙　面		120

13.3.3 组合楼板中压型钢板与主体结构(梁)的锚固支承长度应符合设计要求，且不应小于50mm，端部锚固连接应可靠，设置位置应符合设计要求。

检查数量：沿连接纵向长度抽查10%，且不应少于10m。

检验方法：观察和用钢尺检查。

Ⅱ 一般项目

13.3.4 压型金属板安装应平整、顺直，板面不应有施工残留物和污物。檐口和墙面下端应呈直线，不应有未经处理的错钻孔洞。

检查数量：按面积抽查10%，且不应少于10m²。

检验方法：观察检查。

13.3.5 压型金属板安装的允许偏差应符合表13.3.5的规定。

检查数量：檐口与屋脊的平行度：按长度抽查10%，不应少于10m。其他项目：每20m长度应抽查1处，不应少于2处。

检验方法：用拉线、吊线和钢尺检查。

表13.3.5 压型金属板安装的允许偏差(mm)

项　目		允许偏差
屋面	檐口与屋脊的平行度	12.0
	压型金属板波纹线对屋脊的垂直度	L/800，不应大于25.0
	檐口相邻两块压型金属板端部错位	6.0
	压型金属板卷边板件最大波浪高	4.0

续表13.3.5

项　目		允许偏差
墙面	墙板波纹线的垂直度	H/800，且不大于25.0
	墙板包角板的垂直度	H/800，且不大于25.0
	相邻两块压型金属板的下端错位	6.0

注：1　L为屋面半坡或单坡长度；
　　2　H为墙面高度。

14 钢结构涂装工程

14.1 一般规定

14.1.1 本章适用于钢结构的防腐涂料(油漆类)涂装和防火涂料涂装工程的施工质量验收。

14.1.2 钢结构涂装工程可按钢结构制作或钢结构安装工程检验批的划分原则划分成一个或若干个检验批。

14.1.3 钢结构普通涂料涂装工程应在钢结构构件组装、预拼装或钢结构安装工程检验批的施工质量验收合格后进行。钢结构防火涂料涂装工程应在钢结构安装工程检验批和钢结构普通涂料涂装检验批的施工质量验收合格后进行。

14.1.4 涂装时的环境温度和相对湿度应符合涂料产品说明书的要求，当产品说明书无要求时，环境温度宜在5~38℃之间，相对湿度不应大于85%。涂装时构件表面不应有结露；涂装后4h内应保护免受雨淋。

14.2 钢结构防腐涂料涂装

Ⅰ 主控项目

14.2.1 涂装前钢材表面除锈应符合设计要求和国家现行有关标准的规定。处理后的钢材表面不应有焊渣、焊疤、灰尘、油污、水和毛刺等。当设计无要求时，钢材表面除锈等级应符合14.2.1的规定。

检查数量：按构件数抽查10%，且同类构件不应少于3件。

检验方法：用铲刀检查和用现行国家标准《涂装前钢材表面锈蚀等级和除锈等级》GB 8923规定的图片对照观察检查。

表14.2.1 各种底漆或防锈漆要求最低的除锈等级

涂料品种	除锈等级
油性酚醛、醇酸等底漆或防锈漆	St2
高氯化聚乙烯、氯化橡胶、氯磺化聚乙烯、环氧树脂、聚氨酯等底漆或防锈漆	Sa2
无机富锌、有机硅、过氯乙烯等底漆	Sa2½

14.2.2 涂料、涂装遍数、涂层厚度均应符合设计要求。当设计对涂层厚度无要求时，涂层干漆膜总厚度：室外应为150μm，室内应为125μm，其允许偏差为-25μm。每遍涂层干漆膜厚度的允许偏差为-5μm。

检查数量：按构件数抽查10%，且同类构件不应少于3件。

检验方法：用干漆膜测厚仪检查。每个构件检测5处，每处的数值为3个相距50mm测点涂层干漆膜厚度的平均值。

Ⅱ 一般项目

14.2.3 构件表面不应误涂、漏涂，涂层不应脱皮和返锈等。涂层应均匀、无明显皱皮、流坠、针眼和气泡等。

检查数量：全数检查。

检验方法：观察检查。

14.2.4 当钢结构处在有腐蚀介质环境或外露且设计有要求时，

应进行涂层附着力测试,在检测处范围内,当涂层完整程度达到70%以上时,涂层附着力达到合格质量标准的要求。

检查数量:按构件数抽查1%,且不应少于3件,每件测3处。

检验方法:按照现行国家标准《漆膜附着力测定法》GB 1720或《色漆和清漆、漆膜的划格试验》GB 9286执行。

14.2.5 涂装完成后,构件的标志、标记和编号应清晰完整。

检查数量:全数检查。

检验方法:观察检查。

14.3 钢结构防火涂料涂装

Ⅰ 主控项目

14.3.1 防火涂料涂装前钢材表面除锈及防锈底漆涂装应符合设计要求和国家现行有关标准的规定。

检查数量:按构件数抽查10%,且同类构件不应少于3件。

检验方法:表面除锈用铲刀检查和用现行国家标准《涂装前钢材表面锈蚀等级和除锈等级》GB 8923规定的图片对照观察检查。底漆涂装用干漆膜测厚仪检查,每个构件检测5处,每处的数值为3个相距50mm测点涂层干漆膜厚度的平均值。

14.3.2 钢结构防火涂料的粘结强度、抗压强度应符合国家现行标准《钢结构防火涂料应用技术规程》CECS 24:90的规定。检验方法应符合现行国家标准《建筑构件防火喷涂材料性能试验方法》GB 9978的规定。

检查数量:每使用100t或不足100t薄涂型防火涂料应抽检一次粘结强度;每使用500t或不足500t厚涂型防火涂料应抽检一次粘结强度和抗压强度。

检验方法:检查复检报告。

14.3.3 薄涂型防火涂料的涂层厚度应符合有关耐火极限的设计要求。厚涂型防火涂料涂层的厚度,80%及以上面积应符合有关耐火极限的设计要求,且最薄处厚度不应低于设计要求的85%。

检查数量:按同类构件数抽查10%,且均不应少于3件。

检验方法:用涂层厚度测量仪、测针和钢尺检查。测量方法应符合国家现行标准《钢结构防火涂料应用技术规程》CECS 24:90的规定及本规范附录F。

14.3.4 薄涂型防火涂料涂层表面裂纹宽度不应大于0.5mm;厚涂型防火涂料涂层表面裂纹宽度不应大于1mm。

检查数量:按同类构件数抽查10%,且均不应少于3件。

检验方法:观察和用尺量检查。

Ⅱ 一般项目

14.3.5 防火涂料涂装基层不应有油污、灰尘和泥砂等污垢。

检查数量:全数检查。

检验方法:观察检查。

14.3.6 防火涂料不应有误涂、漏涂,涂层应闭合无脱层、空鼓、明显凹陷、粉化松散和浮浆等外观缺陷,乳突已剔除。

检查数量:全数检查。

检验方法:观察检查。

15 钢结构分部工程竣工验收

15.0.1 根据现行国家标准《建筑工程施工质量验收统一标准》GB 50300的规定,钢结构作为主体结构之一应按子分部工程竣工验收;当主体结构均为钢结构时应按分部工程竣工验收。大型钢结构工程可划分成若干个子分部工程进行竣工验收。

15.0.2 钢结构分部工程有关安全及功能的检验和见证检测项目见本规范附录G,检验应在其分项工程验收合格后进行。

15.0.3 钢结构分部工程有关观感质量检验应按本规范附录H执行。

15.0.4 钢结构分部工程合格质量标准应符合下列规定:

1 各分项工程质量均应符合合格质量标准;

2 质量控制资料和文件应完整;

3 有关安全及功能的检验和见证检测结果应符合本规范相应合格质量标准的要求;

4 有关观感质量应符合本规范相应合格质量标准。

15.0.5 钢结构分部工程竣工验收时,应提供下列文件和记录:

1 钢结构工程竣工图纸及相关设计文件;

2 施工现场质量管理检查记录;

3 有关安全及功能的检验和见证检测项目检查记录;

4 有关观感质量检验项目检查记录;

5 分部工程所含各分项工程质量验收记录;

6 分项工程所含各检验批质量验收记录;

7 强制性条文检验项目检查记录及证明文件;

8 隐蔽工程检验项目检查验收记录;

9 原材料、成品质量合格证明文件、中文标志及性能检测报告;

10 不合格项的处理记录及验收记录;

11 重大质量、技术问题实施方案及验收记录;

12 其他有关文件和记录。

15.0.6 钢结构工程质量验收记录应符合下列规定:

1 施工现场质量管理检查记录可按现行国家标准《建筑工程施工质量验收统一标准》GB 50300中附录A进行;

2 分项工程检验批验收记录可按本规范附录J中表J.0.1~表J.0.13进行;

3 分项工程验收记录可按现行国家标准《建筑工程施工质量验收统一标准》GB 50300中附录E进行;

4 分部(子分部)工程验收记录可按现行国家标准《建筑工程施工质量验收统一标准》GB 50300中附录F进行。

附录A 焊缝外观质量标准及尺寸允许偏差

A.0.1 二级、三级焊缝外观质量标准应符合表A.0.1的规定。

表 A.0.1 二级、三级焊缝外观质量标准(mm)

项目	允许偏差	
缺陷类型	二级	三级
未焊满(指不足设计要求)	≤0.2+0.02t,且≤1.0	≤0.2+0.04t,且≤2.0
	每100.0焊缝内缺陷总长≤25.0	
根部收缩	≤0.2+0.02t,且≤1.0	≤0.2+0.04t,且≤2.0
	长度不限	
咬边	≤0.05t,且≤0.5;连续长度≤100.0,且焊缝两侧咬边总长≤10%焊缝全长	≤0.1t且≤1.0,长度不限
弧坑裂纹	—	允许存在个别长度≤5.0的弧坑裂纹
电弧擦伤	—	允许存在个别电弧擦伤
接头不良	缺口深度0.05t,且≤0.5	缺口深度0.1t,且≤1.0
	每1000.0焊缝不应超过1处	
表面夹渣	—	深≤0.2t,长≤0.5t,且≤20.0
表面气孔	—	每50.0焊缝长度内允许直径≤0.4t,且≤3.0的气孔2个,孔距≥6倍孔径

注:表内t为连接处较薄的板厚。

A.0.2 对接焊缝及完全熔透组合焊缝尺寸允许偏差应符合表A.0.2的规定。

表 A.0.2 对接焊缝及完全熔透组合焊缝尺寸允许偏差(mm)

序号	项目	图例	允许偏差	
			一、二级	三级
1	对接焊缝余高 C		$B<20;0\sim3.0$ $B\geq20;0\sim4.0$	$B<20;0\sim4.0$ $B\geq20;0\sim5.0$
2	对接焊缝错边 d		$d<0.15t$, 且≤2.0	$d<0.15t$, 且≤3.0

A.0.3 部分焊透组合焊缝和角焊缝外形尺寸允许偏差应符合表A.0.3的规定。

表 A.0.3 部分焊透组合焊缝和角焊缝外形尺寸允许偏差(mm)

序号	项目	图例	允许偏差
1	焊脚尺寸 h_f		$h_f\leq6;0\sim1.5$ $h_f>6;0\sim3.0$
2	角焊缝余高 C		$h_f\leq6;0\sim1.5$ $h_f>6;0\sim3.0$

注:1 $h_f>8.0$mm的角焊缝其局部焊脚尺寸允许低于设计要求值1.0mm,但总长度不得超过焊缝长度10%;
　　2 焊接H形梁腹板与翼缘板的焊缝两端在其两倍翼缘板宽度范围内,焊脚的焊缝尺寸不得低于设计值。

附录 B　紧固件连接工程检验项目

B.0.1 螺栓实物最小载荷检验。

目的:测定螺栓实物的抗拉强度是否满足现行国家标准《紧固件机械性能螺栓、螺钉和螺柱》GB 3098.1的要求。

检验方法:用专用卡具将螺栓实物置于拉力试验机上进行拉力试验,为避免试件承受横向载荷,试验机的夹具应能自动调正中心,试验时夹头张拉的移动速度不应超过25mm/min。

螺栓实物的抗拉强度应根据螺纹应力截面积(A_S)计算确定,其取值应按现行国家标准《紧固件机械性能螺栓、螺钉和螺柱》GB 3098.1的规定取值。

进行试验时,承受拉力载荷的末旋合的螺纹长度应为6倍以上螺距;当试验拉力达到现行国家标准《紧固件机械性能螺栓、螺钉和螺柱》GB 3098.1中规定的最小拉力载荷($A_S·\sigma_b$)时不得断裂。当超过最小拉力载荷直至拉断时,断裂应发生在杆部或螺纹部分,而不应发生在螺头与杆部的交接处。

B.0.2 扭剪型高强度螺栓连接副预拉力复验。

复验用的螺栓应在施工现场待安装的螺栓批中随机抽取,每批应抽取8套连接副进行复验。

连接副预拉力可采用经计量检定、校准合格的轴力计进行测试。

试验用的电测轴力计、油压轴力计、电阻应变仪、扭矩扳手等计量器具,应在试验前进行标定,其误差不得超过2%。

采用轴力计方法复验连接副预拉力时,应将螺栓直接插入轴力计。紧固螺栓分初拧、终拧两次进行,初拧应采用手动扭矩扳手或专用定扭电动扳手;初拧值应为预拉力标准值的50%左右。终

拧应采用专用电动扳手,至尾部梅花头拧掉,读出预拉力值。

每套连接副只应做一次试验,不得重复使用。在紧固中垫圈发生转动时,应更换连接副,重新试验。

复验螺栓连接副的预拉力平均值和标准偏差应符合表B.0.2的规定。

表 B.0.2 扭剪型高强度螺栓紧固预拉力和标准偏差(kN)

螺栓直径(mm)	16	20	(22)	24
紧固预拉力的平均值 $\overline{P}$	$99\sim120$	$154\sim186$	$191\sim231$	$222\sim270$
标准偏差 σ_P	10.1	15.7	19.5	22.7

B.0.3 高强度螺栓连接副施工扭矩检验。

高强度螺栓连接副扭矩检验含初拧、复拧、终拧扭矩的现场无损检验。检验所用的扭矩扳手其扭矩精度误差不大于3%。

高强度螺栓连接副扭矩检验分扭矩法检验和转角法检验两种,原则上检验法与施工法应相同。扭矩检验应在施拧1h后,48h内完成。

1 扭矩法检验。

检验方法:在螺尾端头和螺母相对位置划线,将螺母退回60°左右,用扭矩扳手测定拧回至原来位置时的扭矩值。该扭矩值与施工扭矩值的偏差在10%以内为合格。

高强度螺栓连接副终拧扭矩按下式计算:

$$T_c = K·P_c·d \qquad (B.0.3\text{-}1)$$

式中　T_c——终拧扭矩值(N·m);

　　　P_c——施工预拉力值标准值(kN),见表B.0.3;

　　　d——螺栓公称直径(mm);

　　　K——扭矩系数,按附录B.0.4的规定试验确定。

高强度大六角头螺栓连接副初拧扭矩值 T_o 可按 $0.5T_c$ 取值。

扭剪型高强度螺栓连接副初拧扭矩值 T_o 可按下式计算:

$$T_o = 0.065P_c·d \qquad (B.0.3\text{-}2)$$

式中　T_o——初拧扭矩值(N·m);

　　　P_c——施工预拉力标准值(kN),见表B.0.3;

　　　d——螺栓公称直径(mm)。

2 转角法检验。

检验方法:1)检查初拧后在螺母与相对位置所画的终拧起始线和终止线所夹的角度是否达到规定值。2)在螺尾端头和螺母相对位置画线,然后全部卸松螺母,在按规定的初拧扭矩和终拧角度重新拧紧螺栓,观察与原画线是否重合。终拧转角偏差在10°以内为合格。

终拧转角与螺栓的直径、长度等因素有关,应由试验确定。

3 扭剪型高强度螺栓施工扭矩检验。

检验方法:观察尾部梅花头拧掉情况。尾部梅花头被拧掉者视同其终拧扭矩达到合格质量标准;尾部梅花头未被拧掉者应按上述扭矩法或转角法检验。

表 B.0.3 高强度螺栓连接副施工预拉力标准值(kN)

螺栓的性能等级	螺栓公称直径(mm)					
	M16	M20	M22	M24	M27	M30
8.8s	75	120	150	170	225	275
10.9s	110	170	210	250	320	390

B.0.4 高强度大六角头螺栓连接副扭矩系数复验。

复验用螺栓应在施工现场待安装的螺栓批中随机抽取,每批应抽取8套连接副进行复验。

连接副扭矩系数复验用的计量器具应在试验前进行标定,误差不得超过2%。

每套连接副只应做一次试验,不得重复使用。在紧固中垫圈发生转动时,应更换连接副,重新试验。

连接副扭矩系数的复验应将螺栓穿入轴力计,在测出螺栓预拉力 P 的同时,应测定施加于螺母上的施拧扭矩值 T,并应按下式计算扭矩系数 K。

$$K=\frac{T}{P \cdot d} \qquad (B.0.4)$$

式中 T——施拧扭矩($N \cdot m$);

d——高强度螺栓的公称直径(mm);

P——螺栓预拉力(kN)。

进行连接副扭矩系数试验时,螺栓预拉力值应符合表 B.0.4 的规定。

表 B.0.4 螺栓预拉力值范围(kN)

螺栓规格(mm)	M16	M20	M22	M24	M27	M30
预拉力值P	10.9s	93～113	142～177	175～215	206～250	265～324	325～390
	8.8s	62～78	100～120	125～150	140～170	185～225	230～275

每组 8 套连接副扭矩系数的平均值应为 0.110～0.150,标准偏差小于或等于 0.010。

扭剪型高强度螺栓连接副当采用扭矩法施工时,其扭矩系数亦按本附录的规定确定。

B.0.5 高强度螺栓连接摩擦面的抗滑移系数检验。

1 基本要求。

制造厂和安装单位应分别以钢结构制造批为单位进行抗滑移系数试验。制造批可按分部(子分部)工程划分规定的工程量每 2000t 为一批,不足 2000t 的可视为一批。选用两种及两种以上表面处理工艺时,每种处理工艺应单独检验。每批三组试件。

抗滑移系数试验应采用双摩擦面的二栓拼接的拉力试件(图 B.0.5)。

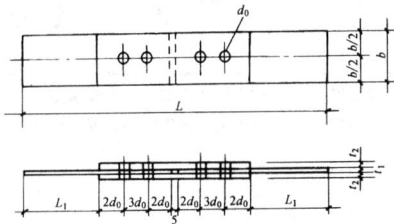

图 B.0.5 抗滑移系数拼接试件的形式和尺寸

抗滑移系数试验用的试件应由制造厂加工,试件与所代表的钢结构构件应为同一材质、同批制作、采用同一摩擦面处理工艺和具有相同的表面状态,并应用同批同一性能等级的高强度螺栓连接副,在同一环境条件下存放。

试件钢板的厚度 t_1、t_2 应根据钢结构工程中有代表性的板材厚度来确定,同时应考虑在摩擦面滑移之前,试件钢板的净截面始终处于弹性状态;宽度 b 可参照表 B.0.5 规定取值。L_1 应根据试验机夹具的要求确定。

表 B.0.5 试件板的宽度(mm)

螺栓直径 d	16	20	22	24	27	30
板宽 b	100	100	105	110	120	120

试件板面应平整,无油污,孔和板的边缘无飞边、毛刺。

2 试验方法。

试验用的试验机误差应在 1% 以内。

试验用的贴有电阻片的高强度螺栓、压力传感器和电阻应变仪应在试验前用试验机进行标定,其误差应在 2% 以内。

试件的组装顺序应符合下列规定:

先将冲钉打入试件孔定位,然后逐个换成装有压力传感器或贴有电阻片的高强度螺栓,或换成同批经预拉力复验的扭剪型高强度螺栓。

紧固高强度螺栓应分初拧、终拧。初拧应达到螺栓预拉力标准值的 50% 左右。终拧后,螺栓预拉力应符合下列规定:

1)对装有压力传感器或贴有电阻片的高强度螺栓,采用电阻应变仪实测控制试件每个螺栓的预拉力值应在 $0.95P$ ～$1.05P$(P 为高强度螺栓设计预拉力值)之间;

2)不进行实测时,扭剪型高强度螺栓的预拉力(紧固轴力)可按同批复验预拉力的平均值取用。

试件应在其侧面画出观察滑移的直线。

将组装好的试件置于拉力试验机上,试件的轴线应与试验机夹具中心严格对中。

加荷时,应先加 10% 的抗滑移设计荷载值,停 1min 后,再平稳加荷,加荷速度为 3～5kN/s。直拉至滑动破坏,测得滑移荷载 N_v。

在试验中当发生以下情况之一时,所对应的荷载可定为试件的滑移荷载:

1)试验机发生回针现象;

2)试件侧面画线发生错动;

3)X—Y 记录仪上变形曲线发生突变;

4)试件突然发生"嘣"的响声。

抗滑移系数,应根据试验所测得的滑移荷载 N_v 和螺栓预拉力 P 的实测值,按下式计算,宜取小数点二位有效数字。

$$\mu=\frac{N_v}{n_f \cdot \sum\limits_{i=1}^{m} P_i} \qquad (B.0.5)$$

式中 N_v——由试验测得的滑移荷载(kN);

n_f——摩擦面数,取 $n_f=2$;

$\sum\limits_{i=1}^{m} P_i$——试件滑移一侧高强度螺栓预拉力实测值(或同批螺栓连接副的预拉力平均值)之和(取三位有效数字)(kN);

m——试件一侧螺栓数量,取 $m=2$。

附录 C 钢构件组装的允许偏差

C.0.1 焊接 H 型钢的允许偏差应符合表 C.0.1 的规定。

表 C.0.1 焊接 H 型钢的允许偏差(mm)

项 目		允许偏差	图 例
截面高度 h	$h<500$	±2.0	
	$500<h<1000$	±3.0	
	$h>1000$	±4.0	
截面宽度 b		±3.0	
腹板中心偏移		2.0	
翼缘板垂直度 Δ		$b/100$ 且不应大于 3.0	
弯曲矢高(受压构件除外)		$l/1000$,且不应大于 10.0	

项 目	允许偏差	图 例
扭曲	h/250,且不应大于5.0	
腹板局部平面度 f	$t<14$　3.0 $t \geqslant 14$　2.0	

C.0.2 焊接连接制作组装的允许偏差应符合表 C.0.2 的规定。

表 C.0.2 焊接连接制作组装的允许偏差(mm)

项 目	允许偏差	图 例
对口错边 Δ	$t/10$,且不应大于3.0	
间隙 a	±1.0	
搭接长度 a	±5.0	
缝隙 Δ	1.5	
高度 h	±2.0	
垂直度 Δ	$b/100$,且不应大于3.0	
中心偏移 e	±2.0	
型钢错位	连接处　1.0 其他处　2.0	
箱形截面高度 h	±2.0	
宽度 b	±2.0	
垂直度 Δ	$b/200$,且不应大于3.0	

C.0.3 单层钢柱外形尺寸的允许偏差应符合表 C.0.3 的规定。

表 C.0.3 单层钢柱外形尺寸的允许偏差(mm)

项 目	允许偏差	检验方法	图 例
柱底面到柱端与桁架连接的最上一个安装孔距离 l	±l/1500 ±15.0	用钢尺检查	
柱底面到牛腿支承距离 l1	±l1/2000 ±8.0		
牛腿面的翘曲 Δ	2.0	用拉线、直角尺和钢尺检查	
柱身弯曲矢高	H/1200,且不应大于12.0		

项 目	允许偏差	检验方法	图 例
柱身扭曲	牛腿处　3.0 其他处　8.0	用拉线、吊线和钢尺检查	
柱截面几何尺寸	连接处　±3.0 非连接处　±4.0	用钢尺检查	
翼缘对腹板的垂直度	连接处　1.5 其他处　b/100,且不应大于5.0	用直角尺和钢尺检查	
柱脚底板平面度	5.0	用1m直尺和塞尺检查	
柱脚螺栓孔中心对柱轴线的距离	3.0	用钢尺检查	

C.0.4 多节钢柱外形尺寸的允许偏差应符合表 C.0.4 的规定。

表 C.0.4 多节钢柱外形尺寸的允许偏差(mm)

项 目	允许偏差	检验方法	图 例
一节柱高度 H	±3.0	用钢尺检查	
两端最外侧安装孔距离 l3	±2.0		
铣平面到第一个安装孔距离 a	±1.0		
柱身弯曲矢高 f	H/1500,且不应大于5.0	用拉线和钢尺检查	
一节柱的柱身扭曲	h/250,且不应大于5.0	用拉线、吊线和钢尺检查	
牛腿端孔到柱轴线距离 l2	±3.0	用钢尺检查	
牛腿的翘曲或扭曲 Δ	$l_2 \leqslant 1000$　2.0 $l_2 > 1000$　3.0	用拉线、直角尺和钢尺检查	
柱截面尺寸	连接处　±3.0 非连接处　±4.0	用钢尺检查	
柱脚底板平面度	5.0	用直角尺和塞尺检查	

项　目		允许偏差	检验方法	图　例
翼缘板对腹板的垂直度	连接处	1.5	用直角尺和钢尺检查	
	其他处	b/100,且不应大于5.0		
柱脚螺栓孔对柱轴线的距离 a		3.0	用钢尺检查	
箱型截面连接处对角线差		3.0		
箱型柱身板垂直度		h(b)/150,且不应大于5.0	用直角尺和钢尺检查	

项　目		允许偏差	检验方法	图　例
翼缘板对腹板的垂直度		b/100,且不应大于3.0	用直角尺和钢尺检查	
吊车梁上翼缘与轨道接触面平面度		1.0	用200mm,1m直尺和塞尺检查	
箱型截面对角线差		5.0	用钢尺检查	
箱型截面两腹板至翼缘板中心线距离 a	连接处	1.0	用钢尺检查	
	其他处	1.5		
梁端板的平面度(只允许凹进)		h/500,且不应大于2.0	用直角尺和钢尺检查	
梁端板与腹板的垂直度		h/500,且不应大于2.0	用直角尺和钢尺检查	

C.0.5　焊接实腹钢梁外形尺寸的允许偏差应符合表 C.0.5 的规定。

表 C.0.5　焊接实腹钢梁外形尺寸的允许偏差(mm)

项　目		允许偏差	检验方法	图　例
梁长度 l	端部有凸缘支座板	0 −5.0	用钢尺检查	
	其他形式	±l/2500 ±10.0		
端部高度 h	h≤2000	±2.0		
	h>2000	±3.0		
拱度	设计要求起拱	±l/5000	用拉线和钢尺检查	
	设计未要求起拱	10.0 −5.0		
侧弯矢高		l/2000,且不应大于10.0		
扭曲		h/250,且不应大于10.0	用拉线、吊线和钢尺检查	
腹板局部平面度	t≤14	5.0	用1m直尺和塞尺检查	
	t>14	4.0		

C.0.6　钢桁架外形尺寸的允许偏差应符合表 C.0.6 的规定。

表 C.0.6　钢桁架外形尺寸的允许偏差(mm)

项　目		允许偏差	检验方法	图　例
桁架最外端两个孔或两端支承面最外侧距离	l≤24m	+3.0 −7.0	用钢尺检查	
	l>24m	+5.0 −10.0		
桁架跨中高度		±10.0	用钢尺检查	
桁架跨中拱度	设计要求起拱	±l/5000		
	设计未要求起拱	10.0 −5.0		
相邻节间弦杆弯曲(受压除外)		l_1/1000		
支承面到第一个安装孔距离 a		±1.0	用钢尺检查	
檩条连接支座间距		±5.0		

C.0.7 钢管构件外形尺寸的允许偏差应符合表 C.0.7 的规定。

表 C.0.7　钢管构件外形尺寸的允许偏差(mm)

项　目	允许偏差	检验方法	图　例
直径 d	±d/500 ±5.0	用钢尺检查	
构件长度 l	±3.0		
管口圆度	d/500，且不应大于5.0		
管面对管轴的垂直度	d/500，且不应大于3.0	用焊缝量规检查	
弯曲矢高	l/1500，且不应大于5.0	用拉线、吊线和钢尺检查	
对口错边	t/10，且不应大于3.0	用拉线和钢尺检查	

注：对方矩形管，d 为长边尺寸。

C.0.8 墙架、檩条、支撑系统钢构件外形尺寸的允许偏差应符合表 C.0.8 的规定。

表 C.0.8　墙架、檩条、支撑系统钢构件外形尺寸的允许偏差(mm)

项　目	允许偏差	检验方法
构件长度 l	±4.0	用钢尺检查
构件两端最外侧安装孔距离 l₁	±3.0	
构件弯曲矢高	l/1000，且不应大于10.0	用拉线和钢尺检查
截面尺寸	+5.0 -2.0	用钢尺检查

C.0.9 钢平台、钢梯和防护钢栏杆外形尺寸的允许偏差应符合表 C.0.9 的规定。

表 C.0.9　钢平台、钢梯和防护钢栏杆外形尺寸的允许偏差(mm)

项　目	允许偏差	检验方法	图　例
平台长度和宽度	±5.0	用钢尺检查	
平台两对角线差 |l₁-l₂|	6.0		
平台支柱高度	±3.0		
平台支柱弯曲矢高	5.0	用拉线和钢尺检查	
平台表面平面度（1m 范围内）	6.0	用 1m 直尺和塞尺检查	
梯梁长度 l	±5.0	用钢尺检查	
钢梯宽度 b	±5.0		
钢梯安装孔距离 a	±3.0		
钢梯纵向挠曲矢高	l/1000	用拉线和钢尺检查	
踏步（棍）间距	±5.0	用钢尺检查	
栏杆高度	±5.0		
栏杆立柱间距	±10.0		

附录 D　钢构件预拼装的允许偏差

D.0.1 钢构件预拼装的允许偏差应符合表 D 的规定。

表 D　钢构件预拼装的允许偏差(mm)

构件类型	项　目	允许偏差	检验方法
多节柱	预拼装单元总长	±5.0	用钢尺检查
	预拼装单元弯曲矢高	l/1500，且不应大于10.0	用拉线和钢尺检查
	接口错边	2.0	用焊缝量规检查
	预拼装单元柱身扭曲	h/200，且不应大于5.0	用拉线、吊线和钢尺检查
	顶紧面至任一牛腿距离	±2.0	
梁、桁架	跨度最外两端安装孔或两端支承面最外侧距离	+5.0 -10.0	用钢尺检查
	接口截面错位	2.0	用焊缝量规检查
	拱度　设计要求起拱	±l/5000	用拉线和钢尺检查
	拱度　设计未要求起拱	l/2000	
	节点处杆件轴线错位	4.0	划线后用钢尺检查
管构件	预拼装单元总长	±5.0	用钢尺检查
	预拼装单元弯曲矢高	l/1500，且不应大于10.0	用拉线和钢尺检查
	对口错边	t/10，且不应大于3.0	用焊缝量规检查
	坡口间隙	+2.0 -1.0	
构件平面总体预拼装	各楼层柱距	±4.0	用钢尺检查
	相邻楼层梁与梁之间距离	±3.0	
	各层间框架两对角线之差	H/2000，且不应大于5.0	
	任意两对角线之差	∑H/2000，且不应大于8.0	

附录 E　钢结构安装的允许偏差

E.0.1 单层钢结构中柱子安装的允许偏差应符合表 E.0.1 的规定。

表 E.0.1　单层钢结构中柱子安装的允许偏差(mm)

项　目	允许偏差	图　例	检验方法
柱脚底座中心线对定位轴线的偏移	5.0		用吊线和钢尺检查
柱基准点标高　有吊车梁的柱	+3.0 -5.0		用水准仪检查
柱基准点标高　无吊车梁的柱	+5.0 -8.0		

项 目		允许偏差	图 例	检验方法
弯曲矢高		H/1200，且不应大于15.0		用经纬仪或拉线和钢尺检查
柱轴线垂直度	单层柱 H≤10m	H/1000		用经纬仪或吊线和钢尺检查
	单层柱 H>10m	H/1000，且不应大于25.0		
	多节柱 单节柱	H/1000，且不应大于10.0		
	多节柱 柱全高	35.0		

E.0.2 钢吊车梁安装的允许偏差应符合表 E.0.2 的规定。

表 E.0.2 钢吊车梁安装的允许偏差(mm)

项 目		允许偏差	图 例	检验方法
梁的跨中垂直度 Δ		h/500		用吊线和钢尺检查
侧向弯曲矢高		l/1500，且不应大于10.0		
垂直上拱矢高		10.0		
两端支座中心位移 Δ	安装在钢柱上时，对牛腿中心的偏移	5.0		用拉线和钢尺检查
	安装在混凝土柱上时，对定位轴线的偏移	5.0		
吊车梁支座加劲板中心与柱子承压加劲板中心的偏移 Δ1		t/2		用吊线和钢尺检查
同跨间内同一横截面吊车梁顶面高差 Δ	支座处	10.0		用经纬仪、水准仪和钢尺检查
	其他处	15.0		
同跨间内同一横截面下挂式吊车梁底面高差 Δ		10.0		
同列相邻两柱间吊车梁顶面高差 Δ		l/1500，且不应大于10.0		用水准仪和钢尺检查
相邻两吊车梁接头部位 Δ	中心错位	3.0		用钢尺检查
	上承式顶面高差	1.0		
	下承式底面高差	1.0		

项 目	允许偏差	图 例	检验方法
同跨间任一截面的吊车梁中心跨距	±10.0		用经纬仪和光电测距仪检查，跨度小时，可用钢尺检查
轨道中心对吊车梁腹板轴线的偏移 Δ	t/2		用吊线和钢尺检查

E.0.3 墙架、檩条等次要构件安装的允许偏差应符合表 E.0.3 的规定。

表 E.0.3 墙架、檩条等次要构件安装的允许偏差(mm)

项 目		允许偏差	检验方法
墙架立柱	中心线对定位轴线的偏移	10.0	用钢尺检查
	垂直度	H/1000，且不应大于10.0	用经纬仪或吊线和钢尺检查
	弯曲矢高	H/1000，且不应大于15.0	用经纬仪或吊线和钢尺检查
抗风桁架的垂直度		h/250，且不应大于15.0	用吊线和钢尺检查
檩条、墙梁的间距		±5.0	用钢尺检查
檩条的弯曲矢高		L/750，且不应大于12.0	用拉线和钢尺检查
墙梁的弯曲矢高		L/750，且不应大于10.0	用拉线和钢尺检查

注：1 H 为墙架立柱的高度；
2 h 为抗风桁架的高度；
3 L 为檩条或墙梁的长度。

E.0.4 钢平台、钢梯和防护栏杆安装的允许偏差应符合表 E.0.4 的规定。

表 E.0.4 钢平台、钢梯和防护栏杆安装的允许偏差(mm)

项 目	允许偏差	检验方法
平台高度	±15.0	用水准仪检查
平台水平度	l/1000，且不应大于20.0	用水准仪检查
平台支柱垂直度	H/1000，且不应大于15.0	用经纬仪或吊线和钢尺检查
承重平台梁侧向弯曲	l/1000，且不应大于10.0	用拉线和钢尺检查
承重平台梁垂直度	h/250，且不应大于15.0	用吊线和钢尺检查
直梯垂直度	l/1000，且不应大于15.0	用吊线和钢尺检查
栏杆高度	±15.0	用钢尺检查
栏杆立柱间距	±15.0	用钢尺检查

E.0.5 多层及高层钢结构中构件安装的允许偏差应符合表 E.0.5 的规定。

表 E.0.5 多层及高层钢结构中构件安装的允许偏差(mm)

项 目	允许偏差	图 例	检验方法
上、下柱连接处的错口 Δ	3.0		用钢尺检查
同一层柱的各柱顶高度差 Δ	5.0		用水准仪检查

续表 E.0.5

项　目	允许偏差	图　例	检验方法
同一根梁两端顶面的高差 Δ	l/1000，且不应大于 10.0		用水准仪检查
主梁与次梁表面的高差 Δ	±2.0		用直尺和钢尺检查
压型金属板在钢梁上相邻列的错位 Δ	15.00		用直尺和钢尺检查

E.0.6 多层及高层钢结构主体结构总高度的允许偏差应符合表 E.0.6 的规定。

表 E.0.6 多层及高层钢结构主体结构总高度的允许偏差(mm)

项　目	允许偏差	图　例
用相对标高控制安装	$\pm\sum(\Delta_h + \Delta_z + \Delta_w)$	
用设计标高控制安装	$H/1000$，且不应大于 30.0　$-H/1000$，且不应小于 -30.0	

注：1 Δ_h 为每节柱子长度的制造允许偏差；
　　2 Δ_z 为每节柱子长度受荷载后的压缩值；
　　3 Δ_w 为每节柱子接头焊缝的收缩值。

附录 F　钢结构防火涂料涂层厚度测定方法

F.0.1 测针：

测针(厚度测量仪)，由针杆和可滑动的圆盘组成，圆盘始终保持与针杆垂直，并在其上装有固定装置，圆盘直径不大于 30mm，以保证完全接触被测试件的表面。如果厚度测量仪不易插入被插材料中，也可使用其他适宜的方法测试。

测试时，将测厚探针(见图 F.0.1)垂直插入防火涂层直至钢基材表面上，记录标尺读数。

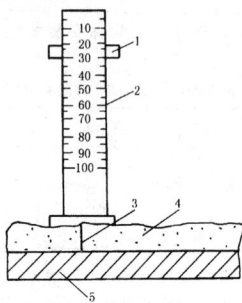

图 F.0.1　测厚度示意图
1—标尺；2—刻度；3—测针；4—防火涂层；5—钢基材

F.0.2 测点选定：

1 楼板和防火墙的防火涂层厚度测定，可选两相邻纵、横轴线相交中的面积为一个单元，在其对角线上，按每米长度选一点进行测试。

2 全钢框架结构的梁和柱的防火涂层厚度测定，在构件长度内每隔 3m 取一截面，按图 F.0.2 所示位置测试。

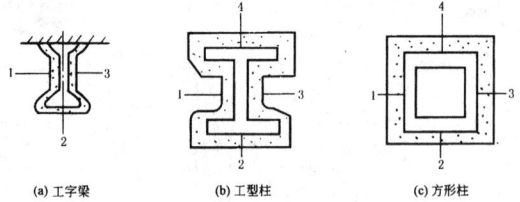

(a) 工字梁　　　(b) 工型柱　　　(c) 方形柱
图 F.0.2　测点示意图

3 桁架结构，上弦和下弦按第 2 款的规定每隔 3m 取一截面检测，其他腹杆每根取一截面检测。

F.0.3 测量结果：对于楼板和墙面，在所选择的面积中，至少测出 5 个点；对于梁和柱在所选择的位置中，分别测出 6 个和 8 个点。分别计算出它们的平均值，精确到 0.5mm。

附录 G　钢结构工程有关安全及功能的检验和见证检测项目

G.0.1 钢结构分部(子分部)工程有关安全及功能的检验和见证检测项目按表 G 规定进行。

表 G　钢结构分部(子分部)工程有关安全及功能的检验和见证检测项目

项次	项　目	抽检数量及检验方法	合格质量标准	备注
1	见证取样送样试验项目 (1)钢材及焊接材料复验 (2)高强度螺栓预拉力、扭矩系数复验 (3)摩擦面抗滑移系数复验 (4)网架节点承载力试验	见本规范第 4.2.2、4.3.2、4.4.2、4.4.3、6.3.1、12.3.3 条规定	符合设计要求和国家现行有关产品标准的规定	
2	焊缝质量： (1)内部缺陷 (2)外观缺陷 (3)焊缝尺寸	一、二级焊缝按焊缝处数随机抽检 3%，不应少于 3 处；检验采用超声波或射线探伤及本规范 5.2.6、5.2.8、5.2.9 条方法	本规范第 5.2.4、5.2.6、5.2.9 条规定	
3	高强度螺栓施工质量 (1)终拧扭矩 (2)梅花头检查 (3)网架螺栓球节点	按节点数随机抽检3%，且不应少于3个；检验按本规范第 6.3.2、6.3.3、6.3.6、6.3.8条执行	本规范第 6.3.1、6.3.3、6.3.8的规定	
4	柱脚及网架支座 (1)锚栓紧固 (2)垫板、垫块 (3)二次灌浆	按柱脚及网架座数随机抽检 10%，且不应少于 3 个；采用观察和尺量等方法检查	符合设计要求和本规范的规定	
5	主要构件变形 (1)钢屋(托)架、桁架、钢梁、吊车梁等垂直度和侧向弯曲 (2)钢柱垂直度 (3)网架结构挠度	除网架结构外，其他构件数随机抽检 3%，且不应少于 3 个；采用本规范第 10.3.3、11.3.2、11.3.4、12.3.4 条执行	本规范第 10.3.3、11.3.2、11.3.4、12.3.4 的规定	
6	主体结构尺寸 (1)整体垂直度 (2)整体平面弯曲	见本规范第10.3.4、11.3.5条的规定	本规范第 10.3.4、11.3.5条的规定	

附录 H　钢结构工程有关观感质量检查项目

H.0.1 钢结构分部(子分部)工程观感质量检查项目按表 H 规定进行。

表 H　钢结构分部(子分部)工程观感质量检查项目

项次	项　目	抽检数量	合格质量标准	备注
1	普通涂层表面	随机抽查 3 个轴线结构构件	本规范第 14.2.3 条的要求	
2	防火涂层表面	随机抽查 3 个轴线结构构件	本规范第 14.3.4、14.3.5、14.3.6 条的要求	
3	压型金属板表面	随机抽查 3 个轴线间压型金属板表面	本规范第 13.3.4 条的要求	
4	钢平台、钢梯、钢栏杆	随机抽查 10%	连接牢固，无明显外观缺陷	

附录 J 钢结构分项工程检验批质量验收记录表

J.0.1 钢结构(钢构件焊接)分项工程检验批质量验收应按表J.0.1进行记录。

表 J.0.1 钢结构(钢构件焊接)分项工程检验批质量验收记录

工程名称			检验批部位		
施工单位			项目经理		
监理单位			总监理工程师		
施工依据标准			分包单位负责人		
主控项目	合格质量标准(按本规范)	施工单位检验评定记录或结果	监理(建设)单位验收记录或结果		备注
1 焊接材料进场	第4.3.1条				
2 焊接材料复验	第4.3.2条				
3 材料匹配	第5.2.1条				
4 焊工证书	第5.2.2条				
5 焊接工艺评定	第5.2.3条				
6 内部缺陷	第5.2.4条				
7 组合焊缝尺寸	第5.2.5条				
8 焊缝表面缺陷	第5.2.6条				
一般项目	合格质量标准(按本规范)	施工单位检验评定记录或结果	监理(建设)单位验收记录或结果		备注
1 焊接材料进场	第4.3.4条				
2 预热和后热处理	第5.2.7条				
3 焊缝外观质量	第5.2.8条				
4 焊缝尺寸偏差	第5.2.9条				
5 凹形角焊缝	第5.2.10条				
6 焊缝感观	第5.2.11条				
施工单位检验评定结果	班 组 长:或专业工长: 年 月 日		质 检 员:或项目技术负责人: 年 月 日		
监理(建设)单位验收结论	监理工程师(建设单位项目技术人员): 年 月 日				

J.0.2 钢结构(焊钉焊接)分项工程检验批质量验收应按表J.0.2进行记录。

表 J.0.2 钢结构(焊钉焊接)分项工程检验批质量验收记录

工程名称			检验批部位		
施工单位			项目经理		
监理单位			总监理工程师		
施工依据标准			分包单位负责人		
主控项目	合格质量标准(按本规范)	施工单位检验评定记录或结果	监理(建设)单位验收记录或结果		备注
1 焊接材料进场	第4.3.1条				
2 焊接材料复验	第4.3.2条				
3 焊接工艺评定	第5.3.1条				
4 焊后弯曲试验	第5.3.2条				
一般项目	合格质量标准(按本规范)	施工单位检验评定记录或结果	监理(建设)单位验收记录或结果		备注
1 焊钉和瓷环尺寸	第4.3.3条				
2 焊缝外观质量	第5.3.3条				
施工单位检验评定结果	班 组 长:或专业工长: 年 月 日		质 检 员:或项目技术负责人: 年 月 日		
监理(建设)单位验收结论	监理工程师(建设单位项目技术人员): 年 月 日				

J.0.3 钢结构(普通紧固件连接)分项工程检验批质量验收应按表J.0.3进行记录。

表 J.0.3 钢结构(普通紧固件连接)分项工程检验批质量验收记录

工程名称			检验批部位		
施工单位			项目经理		
监理单位			总监理工程师		
施工依据标准			分包单位负责人		
主控项目	合格质量标准(按本规范)	施工单位检验评定记录或结果	监理(建设)单位验收记录或结果		备注
1 成品进场	第4.4.1条				
2 螺栓实物复验	第6.2.1条				
3 匹配及间距	第6.2.2条				
一般项目	合格质量标准(按本规范)	施工单位检验评定记录或结果	监理(建设)单位验收记录或结果		备注
1 螺栓紧固	第6.2.3条				
2 外观质量	第6.2.4条				
施工单位检验评定结果	班 组 长:或专业工长: 年 月 日		质 检 员:或项目技术负责人: 年 月 日		
监理(建设)单位验收结论	监理工程师(建设单位项目技术人员): 年 月 日				

J.0.4 钢结构(高强度螺栓连接)分项工程检验批质量验收应按表J.0.4进行记录。

表 J.0.4 钢结构(高强度螺栓连接)分项工程检验批质量验收记录

工程名称			检验批部位		
施工单位			项目经理		
监理单位			总监理工程师		
施工依据标准			分包单位负责人		
主控项目	合格质量标准(按本规范)	施工单位检验评定记录或结果	监理(建设)单位验收记录或结果		备注
1 成品进场	第4.4.1条				
2 扭矩系数或预拉力复验	第4.4.2条或第4.4.3条				
3 抗滑移系数试验	第6.3.1条				
4 终拧扭矩	第6.3.2条或第6.3.3条				
一般项目	合格质量标准(按本规范)	施工单位检验评定记录或结果	监理(建设)单位验收记录或结果		备注
1 成品包装	第4.4.4条				
2 表面硬度试验	第4.4.5条				
3 初拧、复拧扭矩	第6.3.4条				
4 连接外观质量	第6.3.5条				
5 摩擦面外观	第6.3.6条				
6 扩孔	第6.3.7条				
7 网架螺栓紧固	第6.3.8条				
施工单位检验评定结果	班 组 长:或专业工长: 年 月 日		质 检 员:或项目技术负责人: 年 月 日		
监理(建设)单位验收结论	监理工程师(建设单位项目技术人员): 年 月 日				

J.0.5 钢结构(零件及部件加工)分项工程检验批质量验收应按表 J.0.5 进行记录。

表 J.0.5　钢结构(零件及部件加工)分项工程检验批质量验收记录

工程名称		检验批部位		
施工单位		项目经理		
监理单位		总监理工程师		
施工依据标准		分包单位负责人		
主控项目	合格质量标准(按本规范)	施工单位检验评定记录或结果	监理(建设)单位验收记录或结果	备注
1 材料进场	第4.2.1条			
2 钢材复验	第4.2.2条			
3 切面质量	第7.2.1条			
4 矫正和成型	第7.3.1条和第7.3.2条			
5 边缘加工	第7.4.1条			
6 螺栓球、焊接球加工	第7.5.1条和第7.5.2条			
7 制孔	第7.6.1条			
一般项目	合格质量标准(按本规范)	施工单位检验评定记录或结果	监理(建设)单位验收记录或结果	备注
1 材料规格尺寸	第4.2.3条和第4.2.4条			
2 钢材表面质量	第4.2.5条			
3 切割精度	第7.2.2条或第7.2.3条			
4 矫正质量	第7.3.3条、第7.3.4条和第7.3.5条			
5 边缘加工精度	第7.4.2条			
6 螺栓球、焊接球加工精度	第7.5.3条和第7.5.4条			
7 管件加工精度	第7.5.5条			
8 制孔精度	第7.6.2条和第7.6.3条			
施工单位检验评定结果	班组长或专业工长:　　　年　月　日		质检员或项目技术负责人:　　　年　月　日	
监理(建设)单位验收结论	监理工程师(建设单位项目技术人员):　　年　月　日			

J.0.6 钢结构(构件组装)分项工程检验批质量验收应按表 J.0.6 进行记录。

表 J.0.6　钢结构(构件组装)分项工程检验批质量验收记录

工程名称		检验批部位		
施工单位		项目经理		
监理单位		总监理工程师		
施工依据标准		分包单位负责人		
主控项目	合格质量标准(按本规范)	施工单位检验评定记录或结果	监理(建设)单位验收记录或结果	备注
1 吊车梁(桁架)	第8.3.1条			
2 端部铣平精度	第8.4.1条			
3 外形尺寸	第8.5.1条			
一般项目	合格质量标准(按本规范)	施工单位检验评定记录或结果	监理(建设)单位验收记录或结果	备注
1 焊接H型钢缝	第8.2.1条			
2 焊接H型钢精度	第8.2.2条			
3 焊接组装精度	第8.3.2条			
4 顶紧接触面	第8.3.3条			
5 轴线交点错位	第8.3.4条			
6 焊缝坡口精度	第8.4.2条			
7 铣平面保护	第8.4.3条			
8 外形尺寸	第8.5.2条			
施工单位检验评定结果	班组长或专业工长:　　　年　月　日		质检员或项目技术负责人:　　　年　月　日	
监理(建设)单位验收结论	监理工程师(建设单位项目技术人员):　　　年　月　日			

J.0.7 钢结构(预拼装)分项工程检验批质量验收应按表 J.0.7 进行记录。

表 J.0.7　钢结构(预拼装)分项工程检验批质量验收记录

工程名称		检验批部位		
施工单位		项目经理		
监理单位		总监理工程师		
施工依据标准		分包单位负责人		
主控项目	合格质量标准(按本规范)	施工单位检验评定记录或结果	监理(建设)单位验收记录或结果	备注
1 多层板叠螺栓孔	第9.2.1条			
一般项目	合格质量标准(按本规范)	施工单位检验评定记录或结果	监理(建设)单位验收记录或结果	备注
1 预拼装精度	第9.2.2条			
施工单位检验评定结果	班组长或专业工长:　　　年　月　日		质检员或项目技术负责人:　　　年　月　日	
监理(建设)单位验收结论	监理工程师(建设单位项目技术人员):　　　年　月　日			

J.0.8 钢结构(单层结构安装)分项工程检验批质量验收应按表 J.0.8 进行记录。

表 J.0.8　钢结构(单层结构安装)分项工程检验批质量验收记录

工程名称		检验批部位		
施工单位		项目经理		
监理单位		总监理工程师		
施工依据标准		分包单位负责人		
主控项目	合格质量标准(按本规范)	施工单位检验评定记录或结果	监理(建设)单位验收记录或结果	备注
1 基础验收	第10.2.1条、第10.2.2条、第10.2.3条、第10.2.4条			
2 构件验收	第10.3.1条			
3 顶紧接触面	第10.3.2条			
4 垂直度和侧向弯曲	第10.3.3条			
5 主体结构尺寸	第10.3.4条			
一般项目	合格质量标准(按本规范)	施工单位检验评定记录或结果	监理(建设)单位验收记录或结果	备注
1 地脚螺栓精度	第10.2.5条			
2 标记	第10.3.5条			
3 桁架、梁安装精度	第10.3.6条			
4 钢柱安装精度	第10.3.7条			
5 吊车梁安装精度	第10.3.8条			
6 檩条等安装精度	第10.3.9条			
7 平台等安装精度	第10.3.10条			
8 现场组对精度	第10.3.11条			
9 结构表面	第10.3.12条			
施工单位检验评定结果	班组长或专业工长:　　　年　月　日		质检员或项目技术负责人:　　　年　月　日	
监理(建设)单位验收结论	监理工程师(建设单位项目技术人员):　　　年　月　日			

J.0.9 钢结构（多层及高层结构安装）分项工程检验批质量验收应按表 J.0.9 进行记录。

表 J.0.9 钢结构（多层及高层结构安装）分项工程检验批质量验收记录

工程名称				检验批部位		
施工单位				项目经理		
监理单位				总监理工程师		
施工依据标准				分包单位负责人		
主控项目		合格质量标准（按本规范）	施工单位检验评定记录或结果	监理（建设）单位验收记录或结果		备注
1	基础验收	第11.2.1条、第11.2.2条、第11.2.3条、第11.2.4条				
2	构件验收	第11.3.1条				
3	钢柱安装精度	第11.3.2条				
4	顶紧接触面	第11.3.3条				
5	垂直度和侧弯曲	第11.3.4条				
6	主体结构尺寸	第11.3.5条				
一般项目		合格质量标准（按本规范）	施工单位检验评定记录或结果	监理（建设）单位验收记录或结果		备注
1	地脚螺栓精度	第11.2.5条				
2	标记	第11.3.7条				
3	构件安装精度	第11.3.8条、第11.3.10条				
4	主体结构高度	第11.3.9条				
5	吊车梁安装精度	第11.3.11条				
6	檩条等安装精度	第11.3.12条				
7	平台等安装精度	第11.3.13条				
8	现场组对精度	第11.3.14条				
9	结构表面	第11.3.6条				
施工单位检验评定结果	班组长或专业工长：		质检员或项目技术负责人： 年 月 日			
监理（建设）单位验收结论	监理工程师（建设单位项目技术人员）： 年 月 日					

J.0.10 钢结构（网架结构安装）分项工程检验批质量验收应按表 J.0.10 进行记录。

表 J.0.10 钢结构（网架结构安装）分项工程检验批质量验收记录

工程名称				检验批部位		
施工单位				项目经理		
监理单位				总监理工程师		
施工依据标准				分包单位负责人		
主控项目		合格质量标准（按本规范）	施工单位检验评定记录或结果	监理（建设）单位验收记录或结果		备注
1	焊接球	第4.5.1条、第4.5.2条				
2	螺栓球	第4.6.1条、第4.6.2条				
3	封板、锥头、套筒	第4.7.1条、第4.7.2条				
4	橡胶垫	第4.10.1条				
5	基础验收	第12.2.1条、第12.2.2条				
6	支座	第12.2.3条、第12.2.4条				
7	拼装精度	第12.3.1条、第12.3.2条				
8	节点承载力试验	第12.3.3条				
9	结构挠度	第12.3.4条				
一般项目		合格质量标准（按本规范）	施工单位检验评定记录或结果	监理（建设）单位验收记录或结果		备注
1	焊接球精度	第4.5.3条、第4.5.4条				
2	螺栓球精度	第4.6.4条				
3	螺栓球螺纹精度	第4.6.3条				
4	锚栓精度	第12.2.5条				
5	结构表面	第12.3.5条				
6	安装精度	第12.3.6条				
施工单位检验评定结果	班组长或专业工长：		质检员或项目技术负责人： 年 月 日			
监理（建设）单位验收结论	监理工程师（建设单位项目技术人员）： 年 月 日					

J.0.11 钢结构（压型金属板）分项工程检验批质量验收应按表 J.0.11 进行记录。

表 J.0.11 钢结构（压型金属板）分项工程检验批质量验收记录

工程名称				检验批部位		
施工单位				项目经理		
监理单位				总监理工程师		
施工依据标准				分包单位负责人		
主控项目		合格质量标准（按本规范）	施工单位检验评定记录或结果	监理（建设）单位验收记录或结果		备注
1	压型金属板进场	第4.8.1条、第4.8.2条				
2	基板裂纹	第13.2.1条				
3	涂层缺陷	第13.2.2条				
4	现场安装	第13.3.1条				
5	搭接	第13.3.2条				
6	端部锚固	第13.3.3条				
一般项目		合格质量标准（按本规范）	施工单位检验评定记录或结果	监理（建设）单位验收记录或结果		备注
1	压型金属板精度	第4.8.3条				
2	轧制精度	第13.2.3条、第13.2.5条				
3	表面质量	第13.2.4条				
4	安装质量	第13.3.4条				
5	安装精度	第13.3.5条				
施工单位检验评定结果	班组长或专业工长：		质检员或项目技术负责人： 年 月 日			
监理（建设）单位验收结论	监理工程师（建设单位项目技术人员）： 年 月 日					

J.0.12 钢结构（防腐涂料涂装）分项工程检验批质量验收应按表 J.0.12 进行记录。

表 J.0.12 钢结构（防腐涂料涂装）分项工程检验批质量验收记录

工程名称				检验批部位		
施工单位				项目经理		
监理单位				总监理工程师		
施工依据标准				分包单位负责人		
主控项目		合格质量标准（按本规范）	施工单位检验评定记录或结果	监理（建设）单位验收记录或结果		备注
1	产品进场	第4.9.1条				
2	表面处理	第14.2.1条				
3	涂层厚度	第14.2.2条				
一般项目		合格质量标准（按本规范）	施工单位检验评定记录或结果	监理（建设）单位验收记录或结果		备注
1	产品进场	第4.9.3条				
2	表面质量	第14.2.3条				
3	附着力测试	第14.2.4条				
4	标志	第14.2.5条				
施工单位检验评定结果	班组长或专业工长：		质检员或项目技术负责人： 年 月 日			
监理（建设）单位验收结论	监理工程师（建设单位项目技术人员）： 年 月 日					

J.0.13 钢结构(防火涂料涂装)分项工程检验批质量验收应按表 J.0.13 进行记录。

表 J.0.13　钢结构(防火涂料涂装)分项工程检验批质量验收记录

工程名称				检验批部位		
施工单位				项目经理		
监理单位				总监理工程师		
施工依据标准				分包单位负责人		
主控项目	合格质量标准(按本规范)	施工单位检验评定记录或结果		监理(建设)单位验收记录或结果		备注
1　产品进场	第4.9.2条					
2　涂装基层验收	第14.3.1条					
3　强度试验	第14.3.2条					
4　涂层厚度	第14.3.3条					
5　表面裂纹	第14.3.4条					
一般项目	合格质量标准(按本规范)	施工单位检验评定记录或结果		监理(建设)单位验收记录或结果		备注
1　产品进场	第4.9.3条					
2　基层表面	第14.3.5条					
3　涂层表面质量	第14.3.6条					
施工单位检验评定结果	班　组　长：　　　　　　质检员： 或专业工长：　　　　　或项目技术负责人： 　　　　年 月 日　　　　　　年 月 日					
监理(建设)单位验收结论	监理工程师(建设单位项目技术人员)：　　　年　　月　　日					

本规范用词说明

1　为便于在执行本规范条文时区别对待,对要求严格程度不同的用词,说明如下:

1)表示很严格,非这样做不可的用词:

正面词采用"必须",反面词采用"严禁"。

2)表示严格,在正常情况下均应这样做的用词:

正面词采用"应",反面词采用"不应"或"不得"。

3)表示允许稍有选择,在条件许可时,首先应这样做的用词:

正面词采用"宜",反面词采用"不宜"。

表示有选择,在一定条件下可以这样做的用词,采用"可"。

2　本规范中指明应按其他有关标准、规范执行的写法为"应符合……要求或规定"或"应按……执行"。

中华人民共和国国家标准

钢结构工程施工质量验收规范

GB 50205—2001

条 文 说 明

目　次

1 总　则

1.0.1　本条是依据编制《建筑工程施工质量验收统一标准》GB 50300和建筑工程质量验收规范系列标准的宗旨，贯彻"验评分离，强化验收，完善手段，过程控制"十六字改革方针，将原来的《钢结构工程施工及验收规范》GB 50205—95与《钢结构工程质量检验评定标准》GB 50221—95修改合并成新的《钢结构工程施工质量验收规范》，以此统一钢结构工程施工质量的验收方法、程序和指标。

1.0.2　本规范的适用范围含建筑工程中的单层、多层、高层钢结构及钢网架、金属压型板等钢结构工程施工质量验收。组合结构、地下结构中的钢结构可参照本规范进行施工质量验收。对于其他行业标准没有包括的钢结构构筑物，如通廊、照明塔架、管道支架、跨线过桥等也可参照本规范进行施工质量验收。

1.0.3　钢结构图纸是钢结构工程施工的重要文件，是钢结构工程施工质量验收的基本依据；在市场经济中，工程承包合同中有关工程质量的要求具有法律效应，因此合同文件中有关工程质量的约定也是验收的依据之一，但合同文件的规定只能高于本规范的规定，本规范的规定是对施工质量最低和最基本的要求。

1.0.4　现行国家标准《建筑工程施工质量验收统一标准》GB 50300对工程质量验收的划分、验收的方法、验收的程序及组织都提出了原则性的规定，本规范对此不再重复，因此本规范强调在执行时必须与现行国家标准《建筑工程施工质量验收统一标准》GB 50300配套使用。

1.0.5　根据标准编写及标准间关系的有关规定，本规范总则中应反映其他相关标准、规范的作用。

2 术语、符号

2.1 术　语

本规范给出了11个有关钢结构工程施工质量验收方面的特定术语，再加上现行国家标准《建筑工程施工质量验收统一标准》GB 50300中给出了18个术语，以上术语都是从钢结构工程施工质量验收的角度赋予其涵义的，但涵义不一定是术语的定义。本规范给出了相应的推荐性英文术语，该英文术语不一定是国际上的标准术语，仅供参考。

2.2 符　号

本规范给出了20个符号，并对每一个符号给出了定义，这些符号都是本规范各章节中所引用的。

3 基 本 规 定

3.0.1　本条是对从事钢结构工程的施工企业进行资质和质量管理内容进行检查验收，强调市场准入制度，属于新增加的管理方面的要求。

现行国家标准《建筑工程施工质量验收统一标准》GB 50300中表A.0.1的检查内容比较细，针对钢结构工程可以进行简化，特别是对已通过ISO—9000族认证的企业，检查项目可以减少。对常规钢结构工程来讲，GB 50300表A.0.1中检查内容主要含：质量管理制度和质量检验制度、施工技术企业标准、专业技术管理和专业工种岗位证书、施工资质和分包方资质、施工组织设计（施工方案）、检验仪器设备及计量设备等。

3.0.2　钢结构工程施工质量验收所使用的计量器具必须是根据计量法规定的、定期计量检验意义上的合格，且保证在检定有效期内使用。

不同计量器具有不同的使用要求，同一计量器具在不同使用状况下，测量精度不同，因此，本规范要求严格按有关规定正确操作计量器具。

3.0.4　根据现行国家标准《建筑工程施工质量验收统一标准》GB 50300的规定，钢结构工程施工质量的验收，是在施工单位自检合格的基础上，按照检验批、分项工程、分部（子分部）工程进行。一般来说，钢结构作为主体结构，属于分部工程，对大型钢结构工程可按空间刚度单元划分为若干个子分部工程；当主体结构中同时含钢筋混凝土结构、砌体结构等时，钢结构就属于子分部工程；钢结构分项工程是按照主要工种、材料、施工工艺等进行划分，本规范将钢结构工程划分为10个分项工程，每个分项工程单独成章；将分项工程划分成检验批进行验收，有助于及时纠正施工中出现的质量问题，确保工程质量，也符合施工实际需要。钢结构分项工程检验批划分遵循以下原则：

　　1　单层钢结构按变形缝划分；

　　2　多层及高层钢结构按楼层或施工段划分；

　　3　压型金属板工程可按屋面、墙板、楼面等划分；

　　4　对于原材料及成品进场时的验收，可以根据工程规模及进料实际情况合并或分解检验批。

本规范强调检验批的验收是最小的验收单元，也是最重要和基本的验收工作内容，分项工程、（子）分部工程乃至于单位工程的验收，都是建立在检验批验收合格的基础之上的。

3.0.5　检验批的合格质量主要取决于对主控项目和一般项目的检验结果。主控项目是对检验批的基本质量起决定性影响的检验项目，因此必须全部符合本规范的规定，这意味着主控项目不允许有不符合要求的检验结果，即这种项目的检查具有否决权。一般项目是指对施工质量不起决定性作用的检验项目。本条中80%的规定是参照原验评标准及工程实际情况确定的。考虑到钢结构对缺陷的敏感性，本条对一般偏差项目设定了一个1.2倍偏差限值的门槛值。

3.0.6　分项工程的验收在检验批的基础上进行，一般情况下，两者具有相同或相近的性质，只是批量的大小不同而已，因此将有关的检验批汇集便构成分项工程的验收。分项工程合格质量的条件相对简单，只要构成分项工程的各检验批的验收资料文件完整，并且均已验收合格，则分项工程验收合格。

3.0.7　本条给出了当质量不符合要求时的处理办法。一般情况下，不符合要求的现象在最基层的验收单元——检验批时就应发现并及时处理，否则将影响后续检验批和相关的分项工程、（子）分部工程的验收。因此，所有质量隐患必须尽快消灭在萌芽状态，这也是本规范以强化验收促进过程控制原则的体现。非正常情况的处理分以下四种情况：

第一种情况：在检验批验收时，其主控项目或一般项目不能满足本规范的规定时，应及时进行处理。其中，严重的缺陷应返工重做或更换构件；一般的缺陷通过翻修、返工予以解决。应允许施工单位在采取相应的措施后重新验收，如能够符合本规范的规定，则应认为该检验批合格。

第二种情况：当个别检验批发现试件强度、原材料质量等不能满足要求或发生裂缝、变形等问题，且缺陷程度比较严重或验收各方对质量看法有较大分歧而难以通过协商解决时，应请具有资质的法定检测单位检测，并给出检测结论。当检测结果能够达到设计要求时，该检验批可通过验收。

第三种情况：如经检测鉴定达不到设计要求，但经原设计单位核算，仍能满足结构安全和使用功能的情况，该检验批可予以验收。

一般情况下,规范标准给出的是满足安全和功能的最低限度要求,而设计一般在此基础上留有一些裕量。不满足设计要求和符合相应规范标准的要求,两者并不矛盾。

第四种情况:更为严重的缺陷或者超过检验批的更大范围内的缺陷,可能影响结构的安全性和使用功能。在经法定检测单位检测鉴定以后,仍达不到规范标准的相应要求,即不能满足最低限度的安全储备和使用功能,则必须按一定的技术方案进行加固处理,使之能保证其满足安全使用的基本要求,但也造成了一些永久性的缺陷,如改变了结构外形尺寸,影响了一些次要的使用功能等。为避免更大的损失,在基本上不影响安全和主要使用功能条件下可采取按处理技术方案和协商文件在进行验收,降级使用。但不能作为轻视质量而回避责任的一种出路,这是应该特别注意的。

3.0.8 本条针对的是钢结构分部(子分部)工程的竣工验收。

4 原材料及成品进场

4.1 一般规定

4.1.1 给出本章的适用范围,并首次提出"进入钢结构各分项工程实施现场的"这样的前提,从而明确对主要材料、零件和部件、成品件和标准件等产品进行层层把关的指导思想。

4.1.2 对适用于进场验收的验收批作出统一的划分规定,理论上可行,但实际操作上确有困难,故本条只说"原则上"。这样就为具体实施单位赋予了较大的自由度,他们可以根据不同的实际情况,灵活处理。

4.2 钢 材

4.2.1 近些年,钢铸件在钢结构(特别是大跨度空间钢结构)中的应用逐渐增加,故对其规格和质量提出明确规定是完全必要的。另外,各国进口钢材标准不尽相同,所以规定对进口钢材应按设计和合同规定的标准验收。本条为强制性条文。

4.2.2 在工程实际中,对于哪些钢材需要复验,不是太明确,本条规定了6种情况应进行复验,且应为见证取样、送样的试验项目。

1 对国外进口的钢材,应进行抽样复验;当具有国家进出口质量检验部门的复验商检报告时,可以不再进行复验。

2 由于钢材经过转运、调剂等方式供应到用户后容易产生混炉号,而钢材是按炉号和批号发材质合格证,因此对于混批的钢材应进行复验。

3 厚钢板存在各向异性(X、Y、Z三个方向的屈服点、抗拉强度、伸长率、冷弯、冲击值等各指标,以Z向试验最差,尤其是塑料和冲击值)因此当板厚等于或大于40mm,且承受沿板厚方向拉力时,应进行复验。

4 对大跨度钢结构来说,弦杆或梁用钢板为主要受力构件,应进行复验。

5 当设计提出对钢材的复验要求时,应进行复验。

6 对质量有疑义主要是指:
1)对质量证明文件有疑义时的钢材;
2)质量证明文件不全的钢材;
3)质量证明书中的项目少于设计要求的钢材。

4.2.3、4.2.4 钢板的厚度、型钢的规格尺寸是影响承载力的主要因素,进场验收时重点抽查钢板厚度和型钢规格尺寸是必要的。

4.2.5 由于许多钢材基本上是露天堆放,受风吹雨淋和污染空气的侵蚀,钢材表面会出现麻点和片状锈蚀,严重者不得使用,因此对钢材表面缺陷作了本条的规定。

4.3 焊接材料

4.3.1 焊接材料对焊接质量的影响重大,因此,钢结构工程中所采用的焊接材料应按设计要求选用,同时产品应符合相应的国家现行标准要求。本条为强制性条文。

4.3.2 由于不同的生产批号质量往往存在一定的差异,本条对用于重要的钢结构工程的焊接材料的复验作出了明确规定。该复验应为见证取样、送样检验项目。本条中"重要"是指:

1 建筑结构安全等级为一级的一、二级焊缝。

2 建筑结构安全等级为二级的一级焊缝。

3 大跨度结构中一级焊缝。

4 重级工作制吊车梁结构中一级焊缝。

5 设计要求。

4.3.4 焊条、焊剂保管不当,容易受潮,不仅影响操作的工艺性能,而且会对接头的理化性能造成不利影响。对于外观不符合要求的焊接材料,不应在工程中采用。

4.4 连接用紧固标准件

4.4.1~4.4.3 高强度大六角头螺栓连接副的扭矩系数和扭剪型高强度螺栓连接副的紧固轴力(预拉力)是影响高强度螺栓连接质量最主要的因素,也是施工的重要依据。因此要求生产厂家在出厂前要进行检验,且出具检验报告,施工单位应在使用前及产品质量保证期内及时复验,该复验应为见证取样、送样检验项目。4.4.1条为强制性条文。

4.4.4 高强度螺栓连接副的生产厂家是按出厂批号包装供货和提供产品质量证明书的,在储存、运输、施工过程中,应严格按批号存放、使用。不同批号的螺栓、螺母、垫圈不得混杂使用。高强度螺栓连接副的表面经特殊处理。在使用前尽可能地保持其出厂状态,以免扭矩系数或紧固轴力(预拉力)发生变化。

4.4.5 螺栓球节点钢网架结构中高强度螺栓,其抗拉强度是影响节点承载力的主要因素,表面硬度与其强度存在着一定的内在关系,是通过控制硬度,来保证螺栓的质量。

4.5 焊 接 球

4.5.1~4.5.4 本节是指将焊接空心球作为产品看待,在进场时所进行的验收项目。焊接球焊缝检验应按照国家现行标准《焊接球节点钢网架焊缝超声波探伤方法及质量分级法》JBJ/T 3034.1执行。

4.6 螺 栓 球

4.6.1~4.6.4 本节是指将螺栓球节点作为产品看待,在进场时所进行的验收项目。在实际工程中,螺栓球节点本身的质量问题比较严重,特别是表面裂纹比较普遍,因此检查螺栓球表面裂纹是本节的重点。

4.7 封板、锥头和套筒

4.7.1、4.7.2 本节将螺栓球节点钢网架中的封板、锥头、套筒视为产品,在进场时所进行的验收项目。

4.8 金属压型板

4.8.1~4.8.3 本节将金属压型板系列产品看作成品,金属压型板包括单层压型金属板、保温板、扣板等屋面、墙面围护板材及零配件。这些产品在进场时,均应按本节要求进行验收。

4.9 涂装材料

4.9.1~4.9.3 涂料的进场验收除检查资料文件外,还要开桶抽查。开桶抽查除检查涂料结皮、结块、凝固等现象外,还要与质量证明文件对照涂料的型号、名称、颜色及有效期等。

4.10 其　他

钢结构工程所涉及到的其他材料原则上都要通过进场验收检验。

5 钢结构焊接工程

5.1 一般规定

5.1.2 钢结构焊接工程检验批的划分应符合钢结构施工检验批的检验要求。考虑不同的钢结构工程验收批其焊缝数量有较大差异，为了便于检验，可将焊接工程划分为一个或几个检验批。

5.1.3 在焊接过程中、焊缝冷却过程及以后的相当长的一段时间可能产生裂纹。普通碳素钢产生延迟裂纹的可能性很小，因此规定在焊缝冷却到环境温度后即可进行外观检查。低合金结构钢焊缝的延迟裂纹延迟时间较长，考虑到工厂存放条件、现场安装进度、工序衔接的限制以及随着时间延长，产生延迟裂纹的几率逐渐减小等因素，本规范以焊接完成24h后外观检查的结果作为验收的依据。

5.1.4 本条规定的目的是为了加强焊工施焊质量的动态管理，同时使钢结构工程焊接质量的现场管理更加直观。

5.2 钢构件焊接工程

5.2.1 焊接材料对钢结构焊接工程的质量有重大影响。其选用必须符合设计文件和国家现行标准的要求。对于进场时经验收合格的焊接材料，产品的生产日期、保存状态、使用烘焙等也直接影响焊接质量。本条即规定了焊条的选用和使用要求，尤其强调了烘焙状态，这是保证焊接质量的必要手段。

5.2.2 在国家经济建设中，特殊技能操作人员发挥着重要的作用。在钢结构工程施工焊接中，焊工是特殊工种，焊工的操作技能和资格对工程质量起到保证作用，必须充分予以重视。本条所指的焊工包括手工操作焊工、机械操作焊工。从事钢结构工程焊接施工的焊工，应根据所从事钢结构焊接工程的具体类型，按国家现行行业标准《建筑钢结构焊接技术规程》JGJ 81等技术规程的要求对施焊焊工进行考试并取得相应证书。

5.2.3 由于钢结构工程中的焊接节点和焊接接头不可能进行现场实物取样检验，而探伤仅能确定焊缝的几何缺陷，无法确定接头的理化性能。为保证工程焊接质量，必须在构件制作和结构安装施工焊接前进行焊接工艺评定，并根据焊接工艺评定的结果制定相应的施工焊接工艺规范。本条规定了施工企业必须进行工艺评定的条件，施工单位根据所承担钢结构的类型，按国家现行行业标准《建筑钢结构焊接技术规程》JGJ 81等技术规程中的具体规定进行相应的工艺评定。

5.2.4 根据结构的承载情况不同，现行国家标准《钢结构设计规范》GBJ 17中将焊缝的质量分为三个质量等级。内部缺陷的检测一般可用超声波探伤和射线探伤。射线探伤具有直观性、一致性好的优点，过去人们觉得射线探伤可靠、客观。但是射线探伤成本高、操作程序复杂、检测周期长，尤其是钢结构中大多为T形接头和角接头，射线检测的效果差，且射线探伤对裂纹、未熔合等危害性缺陷的检出率低。超声波探伤则正好相反，操作程序简单、快速，对各种接头形式的适应性好，对裂纹、未熔合的检测灵敏度高，因此世界上很多国家对钢结构内部质量的控制采用超声波探伤，一般已不采用射线探伤。

随着大型空间结构应用的不断增加，对于薄壁大曲率T、K、Y型相贯接头焊缝探伤，现行行业标准《建筑钢结构焊接技术规程》JGJ 81中给出了相应的超声波探伤方法和缺陷分级。网架结构焊缝探伤应按现行国家标准《焊接球节点钢网架焊缝超声波探伤方法及质量分级法》JBJ/T 3034.1和《螺栓球节点钢网架焊缝超声波探伤方法及质量分级法》JBJ/T 3034.2的规定执行。

本规范规定要求全焊透的一级焊缝100%检验，二级焊缝的局部检验定为抽样检验。钢结构制作一般较长，对每条焊缝按规定的百分比进行探伤，且每处不小于200mm的规定，对保证每条焊缝质量是有利的。但钢结构安装焊缝一般都不长，大部分焊缝为梁—柱连接焊缝，每条焊缝的长度大多在250~300mm之间，采用焊缝条数计数抽样检测是可行的。

5.2.5 对T型、十字型、角接接头等要求焊透的对接与角接组合焊缝，为减小应力集中，同时避免过大的焊脚尺寸，参照国内外相关规范的规定，确定了对静载结构和动载结构的不同焊脚尺寸的要求。

5.2.6 考虑不同质量等级的焊缝承载要求不同，凡是严重影响焊缝承载能力的缺陷都是严禁的，本条对严重影响焊缝承载能力的外观质量要求列入主控项目，并给出了外观合格质量要求。由于一、二级焊缝的重要性，对表面气孔、夹渣、弧坑裂纹、电弧擦伤有特定不允许存在的要求，咬边、未焊满、根部收缩等缺陷对动载影响很大，故一级焊缝不得存在该类缺陷。

5.2.7 焊接预热可降低热影响区冷却速度，对防止焊接延迟裂纹的产生有重要作用，是各国施工焊接规范关注的重点。由于我国有关钢材焊接性试验基础工作不够系统，还没有条件就焊接预热温度的确定方法提出相应的计算公式或图表，目前大多通过工艺试验确定预热温度。必与预热温度同时规定的是该温度区距离施焊部分各方向的范围，该温度范围越大，焊接热影响区冷却速度越小，反之则冷却速度越大。同样的预热温度要求，如果温度范围不确定，其预热的效果相差很大。

焊缝后热处理主要是对焊缝进行脱氢处理，以防止冷裂纹的产生，后热处理的时机和保温时间直接影响后热处理的效果，因此应在焊后立即进行，并按板厚适当增加处理时间。

5.2.8、5.2.9 焊接时容易出现的如未焊满、咬边、电弧擦伤等缺陷对动载结构是严禁的，在二、三级焊缝中应限制在一定范围内。对接焊缝的余高、错边，部分焊透的对接与角接组合焊缝及角焊缝的焊脚尺寸、余高等外型尺寸偏差也会影响钢结构的承载能力，必须加以限制。

5.2.10 为了减少应力集中，提高接头承受疲劳载荷的能力，部分角焊缝将焊缝表面焊接或加工为凹型。这类接头必须注意焊缝与母材之间的圆滑过渡。同时，在确定焊缝计算厚度时，应考虑焊缝外形尺寸的影响。

5.3 焊钉(栓钉)焊接工程

5.3.1 由于钢材的成分和焊钉的焊接质量有直接影响，因此必须按实际施工采用的钢材与焊钉匹配进行焊接工艺评定试验。瓷环在受潮或产品要求烘干时应按要求进行烘干，以保证焊接接头的质量。

5.3.2 焊钉焊后弯曲检验可用打弯的方法进行。焊可采用专用的栓钉焊接或其他电弧焊方法进行焊接。不同的焊接方法接头的外观质量要求不同。本条规定是针对采用专用的栓钉焊机所焊接头的外观质量要求。对采用其他电弧焊所焊的焊钉接头，可按角焊缝的外观质量和外型尺寸要求进行检查。

6 紧固件连接工程

6.2 普通紧固件连接

6.2.1 本条是对进场螺栓实物进行复验。其中有疑义是指不满足本规范4.4.1条的规定，没有质量证明书(出厂合格证)等质量证明文件。

6.2.5 射钉宜采用观察检查。若用小锤敲击时,应从射钉侧面或正面敲击。

6.3 高强度螺栓连接

6.3.1 抗滑移系数是高强度螺栓连接的主要设计参数之一,直接影响构件的承载力,因此构件摩擦面无论由制造厂处理还是由现场处理,均应对抗滑移系数进行测试,测得的抗滑移系数最小值应符合设计要求。本条是强制性条文。

在安装现场局部采用砂轮打磨摩擦面时,打磨范围不小于螺栓孔径的4倍,打磨方向应与构件受力方向垂直。

除设计上采用摩擦系数小于等于0.3,并明确提出可不进行抗滑移系数试验者外,其余情况在制作时为确定摩擦面的处理方法,必须按本规范附录B要求的批量用3套同材质、同处理方法的试件,进行复验。同时并附有3套同材质、同处理方法的试件,供安装前复验。

6.3.2 高强度螺栓终拧1h后,螺栓预拉力的损失已大部分完成,在随后一两天内,损失趋于平稳,当超过一个月后,损失就会停止,但在外界环境影响下,螺栓扭矩系数将会发生变化,影响检查结果的准确性。为了统一和便于操作,本条规定检查时间同一定在1h后48h之内完成。

6.3.3 本条的构造原因是指设计原因造成空间太小无法使用专用扳手进行终拧的情况。在扭剪型高强度螺栓施工中,因安装顺序、安装方向考虑不周,或终拧时因对电动扳手使用掌握不熟练,致使终拧时尾部梅花头上的棱端面滑牙(即打滑),无法拧掉梅花头,造成终拧扭矩无未知数,对此类螺栓应控制一定比例。

6.3.4 高强度螺栓初拧、复拧的目的是为了使摩擦面能密贴,且螺栓受力均匀,对大型节点强调安装顺序是防止节点中螺栓预拉力损失不均,影响连接的刚度。

6.3.7 强行穿入螺栓会损伤丝扣,改变高强度螺栓连接副的扭矩系数,甚至连螺母都拧不上,因此强调自由穿入螺栓孔。气割扩孔很不规则,既削弱了构件的有效截面,减少了压力传力面积,还会使扩孔处钢材造成缺陷,故规定不得气割扩孔。最大扩孔量的限制也是基于构件有效截面和摩擦传力面积的考虑。

6.3.8 对于螺栓球节点网架,其刚度(挠度)往往比设计值要弱,主要原因是因为螺栓球与钢管连接的高强度螺栓紧固不牢,出现间隙、松动等未拧紧情况,当下部支撑系统拆除后,由于连接间隙、松动等原因,挠度明显加大,超过规范规定的限值。

7 钢零件及钢部件加工工程

7.2 切　　割

7.2.1 钢材切割面或剪切面应无裂纹、夹渣、分层和大于1mm的缺棱。这些缺陷在气割后都能较明显地暴露出来,一般观察(用放大镜)检查即可;但有特殊要求的气割面或剪切时则不然,除观察外,必要时应采用渗透、磁粉或超声波探伤检查。

7.2.2 切割中气割偏差值是根据热切割的专业标准,并结合有关截面尺寸及缺口深度的限制,提出了气割允许偏差。

7.3 矫正和成型

7.3.1 对冷矫正和冷弯曲的最低环境温度进行限制,是为了保证钢材在低温情况下受到外力时不致产出冷脆断裂。在低温下钢材受外力而脆断要比冲孔和剪切加工时而断裂更敏感,故环境温度限制较严。

7.3.3 钢材和零件在矫正过程中,矫正设备和吊运都有可能对表面产生影响。按照钢材表面缺陷的允许程度规定了划痕深度不得大于0.5mm,且深度不得大于该钢材厚度负偏差值的1/2,以保证表面质量。

7.3.4 冷矫正和冷弯曲的最小曲率半径和最大弯曲矢高的规定是根据钢材的特性,工艺的可行性以及成形后外观质量的限制而作出的。

7.3.5 对钢材矫正成型后偏差值作了规定,除钢板的局部平面度外,其他指标在合格质量偏差和允许偏差之间有所区别,作了较严格规定。

7.4 边缘加工

7.4.1 为消除切割对主体钢材造成的冷作硬化和热影响的不利影响,使加工边缘加工达到设计规范中关于加工边缘应力取值和压杆曲线的有关要求,规定边缘加工的最小刨削量不应小于2.0mm。

7.4.2 保留了相邻两夹角和加工面垂直度的质量指标,以控制零件外形满足组装、拼装和受力的要求,加工边线度的偏差不得与尺寸偏差叠加。

7.5 管、球加工

7.5.1 螺栓球是网架杆件互相连接的受力部件,采取热锻成型,质量容易得到保证。对锻造球,应着重检查是否有裂纹、叠痕、过烧。

7.5.2 焊接球体要求表面光滑。光面不得有裂纹、褶皱。焊缝余高在符合焊缝表面质量后,在接管处应打磨平整。

7.5.4 焊接球的质量指标,规定了直径、圆度、壁厚减薄量和两半球对口错边量。偏差值基本同国家现行行业标准《网架结构设计与施工规程》JGJ 7的规定,但直径一项在φ300mm至φ500mm范围内时稍有提高,而圆度一项有所降低,这是避免控制指标突变和考虑错边量能达到的程度,并相对于大直径焊接球又控制较严,以保证接管间隙和焊接质量。

7.5.5 钢管杆件的长度,端面垂直度和管口曲线,其偏差值是按照组装、焊接和网架杆件受力的要求而提出的,杆件直线度的允许偏差应符合型钢矫正弯曲矢高的规定。管口曲线用样板靠紧检查,其间隙不应大于1.0mm。

7.6 制　　孔

7.6.1 为了与现行国家标准《钢结构设计规范》GBJ 17一致,保证加工质量,对A、B级螺栓孔的质量作了规定,根据现行国家标准《紧固件公差螺栓、螺钉和螺母》GB/T 3103.1规定产品等级为A、B、C三级,为了便于操作和严格控制,对螺栓孔直径10～18、18～30和30～50三个级别的偏差值直接作为条文。

条文中R_a是根据现行国家标准《表面粗糙度参数及其数值》确定的。

A、B级螺栓孔的精度偏差和孔壁表面粗糙度是指先钻小孔、组装后绞孔或铣孔应达到的质量标准。

C级螺栓孔,包括普通螺栓孔和高强度螺栓孔。

现行国家标准《钢结构设计规范》GBJ 17规定摩擦型高强度螺栓孔径比杆径大1.5～2.0mm,承压型高强度螺栓孔径比杆径大1.0～1.5mm并包括普通螺栓。

7.6.3 本条规定超差孔的处理方法。注意补焊后孔部位应修磨平整。

8 钢构件组装工程

8.2 焊接H型钢

8.2.1 钢板的长度和宽度有限,大多需要进行拼接,由于翼缘板与腹板相连有两条角焊缝,因此翼缘板不应再设纵向拼接缝,只允许长度拼接;而腹板则长度、宽度均可拼接,拼接缝可为"十"字形或"T"字形；翼缘板或腹板接缝应错开 200mm 以上，以避免焊缝交叉和焊缝缺陷的集中。

8.3 组 装

8.3.1 起拱度或下不挠度均指吊车梁安装就位后的状况，因此吊车梁在工厂制作完后，要检验其起拱度或下挠与否，应与安装就位的支承状况基本相同，即将吊车梁立放并在支承点处将梁垫高一点，以便检测或消除梁自重对拱度或挠度的影响。

8.5 钢构件外形尺寸

8.5.1 根据多年工程实践，综合考虑钢结构工程施工中钢构件部分外形尺寸的质量指标，对将工程质量有决定性影响的指标，如"单层柱、梁、桁架受力支托（支承面）表面至第一个安装孔距离"等6项作为主控项目，其余指标作为一般项目。

9 钢构件预拼装工程

9.1 一般规定

9.1.3 由于受运输、起吊等条件限制，构件为了检验其制作的整体性，由设计规定或合同要求在出厂前进行工厂拼装。预拼装均在工厂支架（平台）进行，因此对所用的支承凳或平台应测量找平，且预拼装时不应使用大锤锤击，检查时应拆除全部临时固定和拉紧装置。

9.2 预 拼 装

9.2.1 分段构件预拼装或构件与构件的总体预拼装，如为螺栓连接，在预拼装时，所有节点连接板均应装上，除检查各部尺寸外，还应采用试孔器检查板叠孔的通过率。本条规定了预拼装的偏差值和检验方法。

9.2.2 除壳体结构为立体预拼装，并可设卡、夹具外，其他结构一般均为平面预拼装，预拼装的构件应处于自由状态，不得强行固定；预拼装数量可按设计或合同要求执行。

10 单层钢结构安装工程

10.2 基础和支承面

10.2.1 建筑物的定位轴线与基础的标高等直接影响到钢结构的安装质量，故应给予高度重视。

10.2.3 考虑到座浆垫板设置后不可调节的特性，所以规定其顶面标高 0～−3.0mm。

10.3 安装和校正

10.3.1 依照全面质量管理中全过程进行质量管理的原则，钢结构安装工程质量应从原材料质量和构件质量抓起，不但要严格控制构件制作质量，而且要控制构件运输、堆放和吊装质量。采取切实可靠措施，防止构件在上述过程中变形或脱漆。如不慎构件产生变形或脱漆，应矫正或补漆后再安装。

10.3.2 顶紧面紧贴与否直接影响节点荷载传递，是非常重要的。

10.3.5 钢构件的定位标记（中心线和标高等标记），对工程竣工后正确地进行定期观测，积累工程档案资料和工程的改、扩建至关重要。

10.3.9 将立柱垂直度和弯曲矢高的允许偏差均加严到 $H/1000$。

以期与现行国家标准《钢结构设计规范》GBJ 17 中柱子的计算假定吻合。

10.3.12 在钢结构安装工程中，由于构件堆放和施工现场都是露天，风吹雨淋，构件表面极易粘结泥沙、油污等脏物，不仅影响建筑物美观，而且时间长还会侵蚀涂层，造成结构锈蚀。因此，本条提出要求。

焊疤系在构件上固定卡具的临时焊缝未清除干净以及焊工在焊缝接头处外引弧所造成的焊疤。构件的焊疤影响美观且易积存灰尘和粘结泥沙。

11 多层及高层钢结构安装工程

11.1 一般规定

11.1.3 多层及高层钢结构的柱与柱、主梁与柱的接头，一般用焊接方法连接，焊缝的收缩值以及荷载对柱的压缩变形，对建筑物的外形尺寸有一定的影响。因此，柱和主梁的制作长度要作如下考虑：柱要考虑荷载对柱的压缩变形值和接头焊缝的收缩变形值；梁要考虑焊缝的收缩变形值。

11.1.4 多层及高层钢结构每节柱的定位轴线，一定要从地面的控制轴线直接引上来。这是因为下面一节柱的柱顶位置有安装偏差，所以不得用下柱的柱顶位置线作上节柱的定位轴线。

11.1.5 多层及高层钢结构安装中，建筑物的高度可以按相对标高控制，也可按设计标高控制，在安装前要先决定选用哪一种方法。

12 钢网架结构安装工程

12.2 支承面顶板和支承垫块

12.2.3 在对网架结构进行分析时，其杆件内力和节点变形都是根据支座节点在一定约束条件下进行计算的。而支承垫块的种类、规格、摆放位置和朝向的改变，都会对网架支座节点的约束条件产生直接的影响。

12.3 总拼与安装

12.3.4 网架结构理论计算挠度与网架结构安装后的实际挠度有一定的出入，这除了网架结构的计算模型与其实际的情况存在差异之外，还与网架结构的连接节点实际零件的加工精度、安装精度等有着极为密切的联系。对实际工程进行的试验表明，网架安装完毕后实测的数据都比理论计算值大，约 5%～11%。所以，本条允许比设计值大 15% 是适宜的。

13 压型金属板工程

13.2 压型金属板制作

13.2.1 压型金属板的成型过程，实际上也是对基板加工性能的再次评定，必须在成型后，用肉眼和 10 倍放大镜检查。

13.2.2 压型金属板主要用于建筑物的维护结构，兼结构功能与建筑功能于一体，尤其对于表面有涂层时，涂层的完整与否直接影响压型金属板的使用寿命。

13.2.5 泛水板、包角板等配件，大多数处于建筑物边角部位，比较显眼，其良好的造型将加强建筑物立面效果，检查其折弯面宽度和折弯角度是保证建筑物外观质量的重要指标。

13.3 压型金属板安装

13.3.1 压型金属板与支承构件（主体结构或支架）之间，以及压型金属板相互之间的连接是通过不同类型连接件来实现的，固定可靠与否直接与连接件数量、间距、连接质量有关。需设置防水密封材料处，敷设良好才能保证板间不发生渗漏水现象。

13.3.2 压型金属板在支承构件上的可靠搭接是指压型金属板通过一定的长度与支承构件接触，且在该接触范围内有足够数量的紧固件将压型金属板与支承构件连接成为一体。

13.3.3 组合楼盖中的压型钢板是楼板的基层，在高层钢结构设计与施工规程中明确规定了支承长度和端部锚固连接要求。

14 钢结构涂装工程

14.1 一般规定

14.1.4 本条规定涂装时的温度以5～38℃为宜，但这个规定只适合在室内无阳光直接照射的情况，一般来说钢材表面温度要比气温高2～3℃。如果在阳光直接照射下，钢材表面温度能比气温高8～12℃，涂装时漆膜的耐热性能在40℃以下，当超过43℃

时，钢材表面上涂装的漆膜就容易产生气泡而局部鼓起，使附着力降低。

低于0℃时，在室外钢材表面涂装容易使漆膜冻结而不易固化；湿度超过85％时，钢材表面有露点凝结，漆膜附着力差。最佳涂装时间是当日日出3h之后，这时附在钢材表面的露点基本干燥，日落后3h之内停止（室内作业不限），此时空气中的相对湿度尚未回升，钢材表面尚存的温度不会导致露点形成。

涂层在4h之内，漆膜表面尚未固化，容易被雨水冲坏，故规定在4h之内不得淋雨。

14.2 钢结构防腐涂料涂装

14.2.1 目前国内各大、中型钢结构加工企业一般都具备喷射除锈的能力，所以应将喷射除锈作为首选的除锈方法，而手工和动力工具除锈仅作为喷射除锈的补充手段。

14.2.3 实验证明，在涂装后的钢材表面施焊，焊缝的根部会出现密集气孔，影响焊缝质量。误涂后，用火焰吹烧或用焊条引弧吹烧都不能彻底清除油漆，焊缝根部仍然会有气孔产生。

14.2.4 涂层附着力是反映涂装质量的综合性指标，其测试方法简单易行，故增加该项检查以便综合评价整个涂装工程质量。

14.2.5 对于安装单位来说，构件的标志、标记和编号（对于重大构件应标注重量和起吊位置）是构件安装的重要依据，故要求全数检查。